U0236188

工程建设标准年册 (2012)

（下）

住房和城乡建设部标准定额研究所　编

中国建筑工业出版社
中国计划出版社

目　　录

上

一、工程建设国家标准

中

下

二、住房和城乡建设部行业标准

三、附录　工程建设国家标准与住房和城乡建设部行业标准目录

二、住房和城乡建设部
行业标准

中华人民共和国行业标准

钢筋焊接及验收规程

Specification for welding and acceptance of reinforcing steel bars

JGJ 18—2012

批准部门：中华人民共和国住房和城乡建设部
施行日期：2 0 1 2 年 8 月 1 日

中华人民共和国住房和城乡建设部
公 告

第 1324 号

关于发布行业标准《钢筋焊接及验收规程》的公告

现批准《钢筋焊接及验收规程》为行业标准，编号为 JGJ 18 - 2012，自 2012 年 8 月 1 日起实施。其中，第 3.0.6、4.1.3、5.1.7、5.1.8、6.0.1、7.0.4 条为强制性条文，必须严格执行。原行业标准《钢筋焊接及验收规程》JGJ 18 - 2003 同时废止。

本规程由我部标准定额研究所组织中国建筑工业出版社出版发行。

中华人民共和国住房和城乡建设部
2012 年 3 月 1 日

前 言

根据住房和城乡建设部《关于印发 2009 年工程建设标准规范制定、修订计划的通知》（建标 [2009] 88 号）文的要求，标准修订组经广泛调查研究，认真总结实践经验，参考有关国际标准和国外先进标准，并在广泛征求意见的基础上，修订本规程。

本规程主要技术内容是：1 总则；2 术语和符号；3 材料；4 钢筋焊接；5 质量检验与验收；6 焊工考试；7 焊接安全。

本规程修订的主要内容是：

1 增加细晶粒热轧钢筋焊接；

2 增加部分术语和符号；

3 钢筋电渣压力焊的钢筋直径下限，从 14mm 延伸至 12mm；

4 在焊接工艺方法方面，增加箍筋闪光对焊的内容，从原来"钢筋闪光对焊"中列出，单独成节；

5 在钢筋电弧焊中，增加了二氧化碳气体保护电弧焊；

6 在钢筋气压焊方面，增加了半自动钢筋固态气压焊和钢筋氧液化石油气熔态气压焊；

7 在预埋件 T 形接头焊接中增加了钢筋埋弧螺柱焊；

8 提高了接头外观质量的规定；

9 增加了"焊接安全"的规定。

本规程中以黑体字标志的条文为强制性条文，必须严格执行。

本规程由住房和城乡建设部负责管理和对强制性条文的解释，由陕西省建筑科学研究院负责具体技术内容的解释。在执行过程中如有意见或建议，请寄送

陕西省建筑科学研究院（地址：西安市环城西路北段 272 号，邮编：710082）。

本 规 程 主 编 单 位：陕西省建筑科学研究院

本 规 程 参 编 单 位：陕西建工集团总公司

中国建筑科学研究院

北京建工集团有限责任公司

中国水利水电十二工程局有限公司

上海市建设工程检测行业协会

国家建筑钢材质量监督检验中心

中冶建筑研究总院有限公司

贵州省建设工程质量监督总站

中铁二局第一工程有限公司

钢铁研究总院

无锡市日新机械厂

成都斯达特焊接研究所

西安市阎良区建设局

广东省清远市代建项目管理局

陕西省第三建筑工程公司

冶金工业信息标准研究院

首钢总公司

山东石横特钢集团有限
公司

郑州市建设工程质量检测
有限公司

宁波市富隆焊接设备科技
有限公司

本规程主要起草人员：吴成材　陆建勇　张宣关
　　　　　　　　　　李增福　王晓锋　冯　跃
　　　　　　　　　　李本端　纪怀钦　朱建国

马德志　杨力列　袁远刚
彭　云　邹士平　黄贤聪
孙小雷　杨秀敏　宫　平
冯　超　鲁丽燕　柴建铭
张连杰　郑奶谷

本规程主要审查人员：潘际銮　白生翔　翁宇庆
　　　　　　　　　　徐滨士　徐有邻　王丽敏
　　　　　　　　　　薛永武　邵传炳　艾永祥
　　　　　　　　　　邵志范

目　次

Contents

1 总 则

1.0.1 为在钢筋焊接施工中采用合理的焊接工艺，统一质量验收标准，做到施工安全，确保质量，技术先进，节材节能，制定本规程。

1.0.2 本规程适用于一般工业与民用建筑工程混凝土结构中的钢筋焊接施工及质量检验与验收。

1.0.3 钢筋的焊接施工及其质量检验与验收，除应按本规程执行外，尚应符合国家现行有关标准的规定。

2 术语和符号

2.1 术 语

2.1.1 热轧光圆钢筋 hot rolled plain bars

经热轧成型，横截面通常为圆形，表面光滑的成品钢筋。

2.1.2 普通热轧钢筋 hot rolled bars

按热轧状态交货的钢筋，其金相组织主要是铁素体加珠光体，不得有影响使用性能的其他组织（如基圆上出现的回火马氏体组织）存在。

2.1.3 细晶粒热轧钢筋 hot rolled bars of fine grains

在热轧过程中，通过控轧和控冷工艺形成的细晶粒钢筋。其金相组织主要是铁素体加珠光体，不得有影响使用性能的其他组织（如基圆上出现的回火马氏体组织）存在，晶粒度不粗于 9 级。

2.1.4 余热处理钢筋 quenching and self-tempering ribbed steel bars

热轧后利用热处理原理进行表面控制冷却，并利用芯部余热自身完成回火处理所得的成品钢筋。余热处理钢筋有多种牌号，需要焊接时，应选用 RRB400W 可焊接余热处理钢筋。

2.1.5 冷轧带肋钢筋 cold-rolled ribbed steel wires and bars

热轧圆盘条经冷轧后，在其表面带有沿长度方向均匀分布的三面或二面横肋的钢筋。

2.1.6 冷拔低碳钢丝 cold-drawn low-carbon steel wire

低碳钢热轧圆盘条或热轧光圆钢筋经一次或多次冷拔制成的光圆钢丝。

2.1.7 钢筋电阻点焊 resistance spot welding of reinforcing steel bar

将两钢筋（丝）安放成交叉叠接形式，压紧于两电极之间，利用电阻热熔化母材金属，加压形成焊点的一种压焊方法。

2.1.8 钢筋闪光对焊 flash butt welding of reinforcing steel bar

将两钢筋以对接形式水平安放在对焊机上，利用电阻热使接触点金属熔化，产生强烈闪光和飞溅，迅速施加顶锻力完成的一种压焊方法。

2.1.9 箍筋闪光对焊 flash butt welding of stirrup

将待焊箍筋两端以对接形式安放在对焊机上，利用电阻热使接触点金属熔化，产生强烈闪光和飞溅，迅速施加顶锻力，焊接形成封闭环式箍筋的一种压焊方法。

2.1.10 钢筋焊条电弧焊 shielded metal arc welding of reinforcing steel bar

钢筋焊条电弧焊是以焊条作为一极，钢筋为另一极，利用焊接电流通过产生的电弧热进行焊接的一种熔焊方法。

2.1.11 钢筋二氧化碳气体保护电弧焊 carbon-dioxide arc welding of reinforcing steel bar

以焊丝作为一极，钢筋为另一极，并以二氧化碳气体作为电弧介质，保护金属熔滴、焊接熔池和焊接区高温金属的一种熔焊方法。二氧化碳气体保护电弧焊简称 CO_2 焊。

2.1.12 钢筋电渣压力焊 electroslag pressure welding of reinforcing steel bar

将两钢筋安放成竖向对接形式，通过直接引弧法或间接引弧法，利用焊接电流通过两钢筋端面间隙，在焊剂层下形成电弧过程和电渣过程，产生电弧热和电阻热，熔化钢筋，加压完成的一种压焊方法。

2.1.13 钢筋气压焊 gas pressure welding of reinforcing steel bar

采用氧乙炔火焰或氧液化石油气火焰（或其他火焰），对两钢筋对接处加热，使其达到热塑性状态（固态）或熔化状态（熔态）后，加压完成的一种压焊方法。

2.1.14 预埋件钢筋埋弧压力焊 submerged-arc pressure welding of reinforcing steel bar at prefabricated components

将钢筋与钢板安放成 T 形接头形式，利用焊接电流通过，在焊剂层下产生电弧，形成熔池，加压完成的一种压焊方法。

2.1.15 预埋件钢筋埋弧螺柱焊 submerged-arc stud welding of reinforcing steel bar at prefabricated components

用电弧螺柱焊焊枪夹持钢筋，使钢筋垂直对准钢板，采用螺柱焊电源设备产生强电流、短时间的焊接电弧，在熔剂层保护下使钢筋焊接端面与钢板间产生熔池后，适时将钢筋插入熔池，形成 T 形接头的焊接方法。

2.1.16 待焊箍筋 waiting weld stirrup

用调直的钢筋，按箍筋的内净空尺寸和角度弯制成设计规定的形状，等待进行闪光对焊的半成品箍筋。

2.1.17 对焊箍筋 butt welded stirrup

待焊箍筋经闪光对焊形成的封闭环式箍筋。

2.1.18 压入深度 pressed depth

在焊接骨架或焊接网的电阻点焊中，两钢筋（丝）相互压入的深度。

2.1.19 焊缝余高 reinforcement；excess weld metal

焊缝表面两焊趾连线上的那部分金属高度。

2.1.20 熔合区 bond

焊接接头中，焊缝与热影响区相互过渡的区域。

2.1.21 热影响区 heat-affected zone

焊接或热切割过程中，钢筋母材因受热的影响（但未熔化），使金属组织和力学性能发生变化的区域。

2.1.22 延性断裂 ductile fracture

形成暗淡且无光泽的纤维状剪切断口的断裂。

2.1.23 脆性断裂 brittle fracture

由解理断裂或许多晶粒沿晶界断裂而产生有光泽断口的断裂。

2.2 符　号

2.2.1 钢筋符号

Φ——HPB 300 热轧光圆钢筋；

$Φ^b$——CDW550 冷拔低碳钢丝；

$Φ^R$——CRB550 冷轧带肋钢筋；

Φ——HRB335 热轧带肋钢筋；

$Φ^F$——HRBF335 细晶粒热轧带肋钢筋；

Φ——HRB400 热轧带肋钢筋；

$Φ^F$——HRBF400 细晶粒热轧带肋钢筋；

$Φ^{RW}$——RRB400W 可焊接余热处理钢筋；

Φ——HRB500 热轧带肋钢筋；

$Φ^F$——HRBF500 细晶粒热轧带肋钢筋。

2.2.2 钢筋焊接接头尺寸符号

a_g——箍筋内净长度；

b——焊缝表面宽度；

b_g——箍筋内净宽度；

b_h——回火焊道；

b_r——绕焊焊道；

d——钢筋（箍筋）直径；

d_y——压入深度；

f_y——压焊面；

h_y——焊缝余高；

K——焊脚尺寸；

l——帮条长度、搭接长度；

L_g——箍筋下料长度；

S——焊缝有效厚度。

2.2.3 焊接工艺符号

A——烧化留量；

a_1——左烧化留量；

a_2——右烧化留量；

A_1——一次烧化留量；

$a_{1.1}$——左一次烧化留量；

$a_{2.1}$——右一次烧化留量；

A_2——二次烧化留量；

$a_{1.2}$——左二次烧化留量；

$a_{2.2}$——右二次烧化留量；

B——预热留量；

b_1——左预热留量；

b_2——右预热留量；

C——顶锻留量；

c_1——左顶锻留量；

c_2——右顶锻留量；

c_1'——左有电顶锻留量；

c_2'——右有电顶锻留量；

c_1''——左无电顶锻留量；

c_2''——右无电顶锻留量；

F_j——夹紧力；

F_d——顶锻力；

F_t——弹性压力；

I_2——二次电流；

I_{2f}——二次分流电流；

I_{2h}——二次焊接电流；

L_1——左调伸长度；

L_2——右调伸长度；

S——动钳口位移；

t_1——烧化时间；

$t_{1.1}$——一次烧化时间；

$t_{1.2}$——二次烧化时间；

t_2——预热时间；

t_3——顶锻时间；

$t_{3.1}$——有电顶锻时间；

$t_{3.2}$——无电顶锻时间；

$\triangle$——焊接总留量。

2.2.4 钢筋力学性能试验符号

A——断后伸长率；

R_{eH}——上屈服强度；

R_{eL}——下屈服强度；

R_m——抗拉强度。

3　材　料

3.0.1 焊接钢筋的化学成分和力学性能应符合国家现行有关标准的规定。

3.0.2 预埋件钢筋焊接接头、熔槽帮条焊接头和坡口焊接头中的钢板和型钢，可采用低碳钢或低合金钢，其力学性能和化学成分应符合现行国家标准《碳素结构钢》GB/T 700 或《低合金高强度结构钢》

GB/T 1591 中的规定。

3.0.3 钢筋焊条电弧焊所采用的焊条，应符合现行国家标准《碳钢焊条》GB/T 5117 或《低合金钢焊条》GB/T 5118 的规定。钢筋二氧化碳气体保护电弧焊所采用的焊丝，应符合现行国家标准《气体保护电弧焊用碳钢、低合金钢焊丝》GB/T 8110 的规定。其焊条型号和焊丝型号应根据设计确定；若设计无规定时，可按表 3.0.3 选用。

表 3.0.3　钢筋电弧焊所采用焊条、焊丝推荐表

钢筋牌号	电弧焊接头形式			
	帮条焊搭接焊	坡口焊熔槽帮条焊预埋件穿孔塞焊	窄间隙焊	钢筋与钢板搭接焊预埋件T形角焊
HPB300	E4303 ER50-X	E4303 ER50-X	E4316 E4315 ER50-X	E4303 ER50-X
HRB335 HRBF335	E5003 E4303 E5016 E5015 ER50-X	E5003 E5016 E5015 ER50-X	E5016 E5015 ER50-X	E5003 E4303 E5016 E5015 ER50-X
HRB400 HRBF400	E5003 E5516 E5515 ER50-X	E5503 E5516 E5515 ER55-X	E5516 E5515 ER55-X	E5003 E5516 E5515 ER50-X
HRB500 HRBF500	E5503 E6003 E6016 E6015 ER55-X	E6003 E6016 E6015	E6016 E6015	E5503 E6003 E6016 E6015 ER55-X
RRB400W	E5003 E5516 E5515 ER50-X	E5503 E5516 E5515 ER55-X	E5516 E5515 ER55-X	E5003 E5516 E5515 ER50-X

3.0.4 焊接用气体质量应符合下列规定：

1　氧气的质量应符合现行国家标准《工业氧》GB/T 3863 的规定，其纯度应大于或等于 99.5%；

2　乙炔的质量应符合现行国家标准《溶解乙炔》GB 6819 的规定，其纯度应大于或等于 98.0%；

3　液化石油气应符合现行国家标准《液化石油气》GB 11174 或《油气田液化石油气》GB 9052.1 的各项规定；

4　二氧化碳气体应符合现行化工行业标准《焊接用二氧化碳》HG/T 2537 中优等品的规定。

3.0.5 在电渣压力焊、预埋件钢筋埋弧压力焊和预埋件钢筋埋弧螺柱焊中，可采用熔炼型 HJ 431 焊剂；在埋弧螺柱焊中，亦可采用氟碱型烧结焊剂 SJ101。

3.0.6 施焊的各种钢筋、钢板均应有质量证明书；焊条、焊丝、氧气、溶解乙炔、液化石油气、二氧化碳气体、焊剂应有产品合格证。

钢筋进场时，应按国家现行相关标准的规定抽取试件并作力学性能和重量偏差检验，检验结果必须符合国家现行有关标准的规定。

检验数量：按进场的批次和产品的抽样检验方案确定。

检验方法：检查产品合格证、出厂检验报告和进场复验报告。

3.0.7 各种焊接材料应分类存放、妥善处理；应采取防止锈蚀、受潮变质等措施。

4　钢筋焊接

4.1　基本规定

4.1.1 钢筋焊接时，各种焊接方法的适用范围应符合表 4.1.1 的规定。

表 4.1.1　钢筋焊接方法的适用范围

焊接方法	接头形式	适用范围	
		钢筋牌号	钢筋直径(mm)
电阻点焊		HPB300	6~16
		HRB335 HRBF335	6~16
		HRB400 HRBF400	6~16
		HRB500 HRBF500	6~16
		CRB550	4~12
		CDW550	3~8
闪光对焊		HPB300	8~22
		HRB335 HRBF335	8~40
		HRB400 HRBF400	8~40
		HRB500 HRBF500	8~40
		RRB400W	8~32
箍筋闪光对焊		HPB300	6~18
		HRB335 HRBF335	6~18
		HRB400 HRBF400	6~18
		HRB500 HRBF500	6~18
		RRB400W	8~18
电弧焊 帮条焊	双面焊	HPB300	10~22
		HRB335 HRBF335	10~40
		HRB400 HRBF400	10~40
		HRB500 HRBF500	10~32
		RRB400W	10~25
	单面焊	HPB300	10~22
		HRB335 HRBF335	10~40
		HRB400 HRBF400	10~40
		HRB500 HRBF500	10~32
		RRB400W	10~25

焊接方法		接头形式	适用范围	
			钢筋牌号	钢筋直径(mm)
电弧焊	搭接焊	双面焊	HPB300	10～22
			HRB335 HRBF335	10～40
			HRB400 HRBF400	10～40
			HRB500 HRBF500	10～32
			RRB400W	10～25
		单面焊	HPB300	10～22
			HRB335 HRBF335	10～40
			HRB400 HRBF400	10～40
			HRB500 HRBF500	10～32
			RRB400W	10～25
	熔槽帮条焊		HPB300	20～22
			HRB335 HRBF335	20～40
			HRB400 HRBF400	20～40
			HRB500 HRBF500	20～32
			RRB400W	20～25
	坡口焊	平焊	HPB300	18～22
			HRB335 HRBF335	18～40
			HRB400 HRBF400	18～40
			HRB500 HRBF500	18～32
			RRB400W	18～25
		立焊	HPB300	18～22
			HRB335 HRBF335	18～40
			HRB400 HRBF400	18～40
			HRB500 HRBF500	18～32
			RRB400W	18～25
	钢筋与钢板搭接焊		HPB300	8～22
			HRB335 HRBF335	8～40
			HRB400 HRBF400	8～40
			HRB500 HRBF500	8～32
			RRB400W	8～25
	窄间隙焊		HPB300	16～22
			HRB335 HRBF335	16～40
			HRB400 HRBF400	16～40
			HRB500 HRBF500	18～32
			RRB400W	18～25
电弧焊	预埋件钢筋	角焊	HPB300	6～22
			HRB335 HRBF335	6～25
			HRB400 HRBF400	6～25
			HRB500 HRBF500	10～20
			RRB400W	10～20
		穿孔塞焊	HPB300	20～22
			HRB335 HRBF335	20～32
			HRB400 HRBF400	20～32
			HRB500	20～28
			RRB400W	20～28
		埋弧压力焊	HPB300	6～22
		埋弧螺柱焊	HRB335 HRBF335	6～28
			HRB400 HRBF400	6～28
电渣压力焊			HPB300	12～22
			HRB335	12～32
			HRB400	12～32
			HRB500	12～32

焊接方法		接头形式	适用范围	
			钢筋牌号	钢筋直径(mm)
气压焊	固态		HPB300	12～22
			HRB335	12～40
	熔态		HRB400	12～40
			HRB500	12～32

注：1 电阻点焊时，适用范围的钢筋直径指两根不同直径钢筋交叉叠接中较小钢筋的直径；

2 电弧焊含焊条电弧焊和二氧化碳气体保护电弧焊两种工艺方法；

3 在生产中，对于有较高要求的抗震结构用钢筋，在牌号后加 E，焊接工艺可按同级别热轧钢筋施焊；焊条应采用低氢型碱性焊条；

4 生产中，如果有 HPB235 钢筋需要进行焊接时，可按 HPB300 钢筋的焊接材料和焊接工艺参数，以及接头质量检验与验收的有关规定施焊。

4.1.2 电渣压力焊应用于柱、墙等构筑物现浇混凝土结构中竖向受力钢筋的连接；不得用于梁、板等构件中水平钢筋的连接。

4.1.3 在钢筋工程焊接开工之前，参与该项工程施焊的焊工必须进行现场条件下的焊接工艺试验，应经试验合格后，方准于焊接生产。

4.1.4 钢筋焊接施工之前，应清除钢筋、钢板焊接部位以及钢筋与电极接触处表面上的锈斑、油污、杂物等；钢筋端部当有弯折、扭曲时，应予以矫直或切除。

4.1.5 带肋钢筋进行闪光对焊、电弧焊、电渣压力焊和气压焊时，应将纵肋对纵肋安放和焊接。

4.1.6 焊剂应存放在干燥的库房内，若受潮时，在使用前应经250℃～350℃烘焙2h。使用中回收的焊剂应清除熔渣和杂物，并应与新焊剂混合均匀后使用。

4.1.7 两根同牌号、不同直径的钢筋可进行闪光对焊、电渣压力焊或气压焊。闪光对焊时钢筋径差不得超过4mm，电渣压力焊或气压焊时，钢筋径差不得超过7mm。焊接工艺参数可在大、小直径钢筋焊接工艺参数之间偏大选用，两根钢筋的轴线应在同一直线上，轴线偏移的允许值应按较小直径钢筋计算；对接头强度的要求，应按较小直径钢筋计算。

4.1.8 两根同直径、不同牌号的钢筋可进行闪光对焊、电弧焊、电渣压力焊或气压焊，其钢筋牌号应在本规程表4.1.1规定的范围内。焊条、焊丝和焊接工艺参数应按较高牌号钢筋选用，对接头强度的要求应按较低牌号钢筋强度计算。

4.1.9 进行电阻点焊、闪光对焊、埋弧压力焊、埋弧螺柱焊时，应随时观察电源电压的波动情况；当电源电压下降大于5%、小于8%时，应采取提高焊接变压器级数等措施；当大于或等于8%时，不得进行焊接。

4.1.10 在环境温度低于−5℃条件下施焊时，焊接工艺应符合下列要求：

    1 闪光对焊时，宜采用预热闪光焊或闪光—预热闪光焊；可增加调伸长度，采用较低变压器级数，增加预热次数和间歇时间。

    2 电弧焊时，宜增大焊接电流，降低焊接速度。电弧帮条焊或搭接焊时，第一层焊缝应从中间引弧，向两端施焊；以后各层控温施焊，层间温度应控制在150℃～350℃之间。多层施焊时，可采用回火焊道施焊。

4.1.11 当环境温度低于−20℃时，不应进行各种焊接。

4.1.12 雨天、雪天进行施焊时，应采取有效遮蔽措施。焊后未冷却接头不得碰到雨和冰雪，并应采取有效的防滑、防触电措施，确保人身安全。

4.1.13 当焊接区风速超过8m/s在现场进行闪光对焊或焊条电弧焊时，当风速超过5m/s进行气压焊时，当风速超过2m/s进行二氧化碳气体保护电弧焊时，均应采取挡风措施。

4.1.14 焊机应经常维护保养和定期检修，确保正常使用。

4.2 钢筋电阻点焊

4.2.1 混凝土结构中钢筋焊接骨架和钢筋焊接网，宜采用电阻点焊制作。

4.2.2 钢筋焊接骨架和钢筋焊接网在焊接生产中，当两根钢筋直径不同时，焊接骨架较小钢筋直径小于或等于10mm时，大、小钢筋直径之比不宜大于3倍；当较小钢筋直径为12mm～16mm时，大、小钢筋直径之比不宜大于2倍。焊接网较小钢筋直径不得小于较大钢筋直径的60%。

4.2.3 电阻点焊的工艺过程中，应包括预压、通电、锻压三个阶段（图4.2.3）。

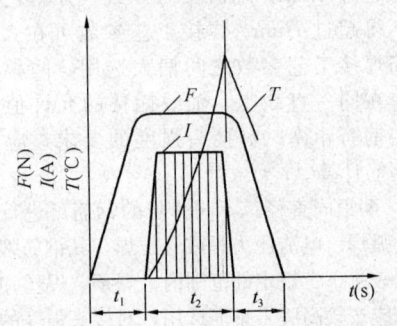

图 4.2.3 点焊过程示意
F—压力；I—电流；T—温度；t—时间；t_1—预压时间；
t_2—通电时间；t_3—锻压时间

4.2.4 电阻点焊的工艺参数应根据钢筋牌号、直径及焊机性能等具体情况，选择变压器级数、焊接通电时间和电极压力。

4.2.5 焊点的压入深度应为较小钢筋直径的18%～25%。

4.2.6 钢筋焊接网、钢筋焊接骨架宜用于成批生产；焊接时应按设备使用说明书中的规定进行安装、调试和操作，根据钢筋直径选择合适电极压力、焊接电流和焊接通电时间。

4.2.7 在点焊生产中，应经常保持电极与钢筋之间接触面的清洁平整；当电极使用变形时，应及时修整。

4.2.8 钢筋点焊生产过程中，应随时检查制品的外观质量；当发现焊接缺陷时，应查找原因并采取措施，及时消除。

4.3 钢筋闪光对焊

4.3.1 钢筋闪光对焊可采用连续闪光焊、预热闪光焊或闪光—预热闪光焊工艺方法（图4.3.1）。生产中，可根据不同条件按下列规定选用：

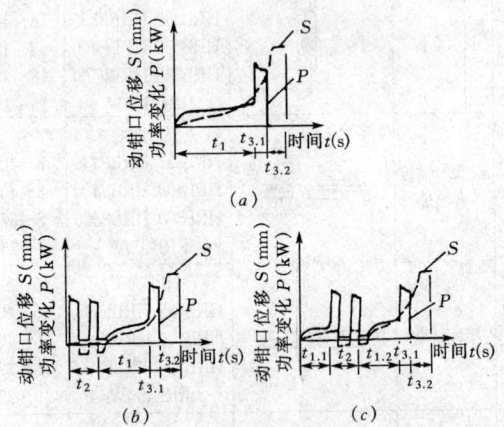

图 4.3.1 钢筋闪光对焊工艺过程图解
S—动钳口位移；P—功率变化；t—时间；
t_1—烧化时间；$t_{1.1}$—一次烧化时间；
$t_{1.2}$—二次烧化时间；t_2—预热时间；
$t_{3.1}$—有电顶锻时间；$t_{3.2}$—无电顶锻时间

    1 当钢筋直径较小，钢筋牌号较低，在本规程表4.3.2规定的范围内，可采用"连续闪光焊"；

    2 当钢筋直径超过本规程表4.3.2规定，钢筋端面较平整，宜采用"预热闪光焊"；

    3 当钢筋直径超过本规程表4.3.2规定，且钢筋端面不平整，应采用"闪光—预热闪光焊"。

4.3.2 连续闪光焊所能焊接的钢筋直径上限，应根据焊机容量、钢筋牌号等具体情况而定，并应符合表4.3.2的规定。

表 4.3.2 连续闪光焊钢筋直径上限

焊机容量 （kVA）	钢筋牌号	钢筋直径 （mm）
160 （150）	HPB300	22
	HRB335 HRBF335	22
	HRB400 HRBF400	20
100	HPB300	20
	HRB335 HRBF335	20
	HRB400 HRBF400	18
80 （75）	HPB300	16
	HRB335 HRBF335	14
	HRB400 HRBF400	12

4.3.3 施焊中，焊工应熟练掌握各项留量参数（图 4.3.3），以确保焊接质量。

4.3.4 闪光对焊时，应按下列规定选择调伸长度、烧化留量、顶锻留量以及变压器级数等焊接参数：

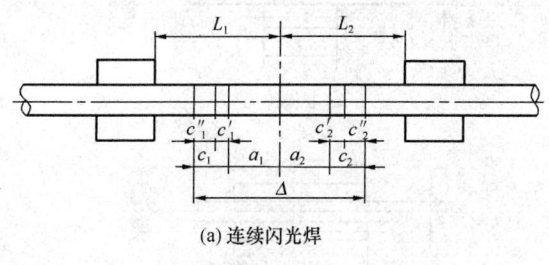
(a) 连续闪光焊

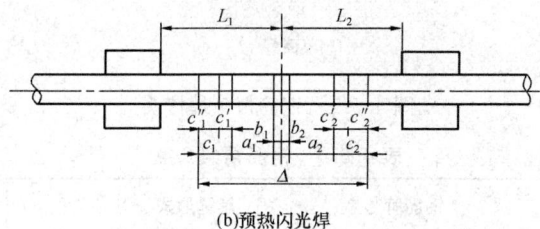
(b) 预热闪光焊

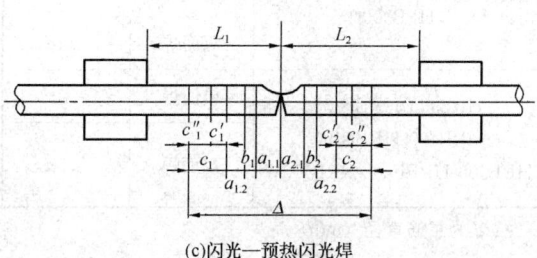
(c) 闪光—预热闪光焊

图 4.3.3 钢筋闪光对焊三种工艺方法留量图解
L_1、L_2—调伸长度；a_1+a_2—烧化留量；$a_{1.1}+a_{2.1}$—一次烧化留量；$a_{1.2}+a_{2.2}$—二次烧化留量；b_1+b_2—预热留量；c_1+c_2—顶锻留量；$c_1'+c_2'$—有电顶锻留量；$c_1''+c_2''$—无电顶锻留量；Δ—焊接总留量

1 调伸长度的选择，应随着钢筋牌号的提高和钢筋直径的加大而增长，主要是减缓接头的温度梯度，防止热影响区产生淬硬组织；当焊接 HRB400、HRBF400 等牌号钢筋时，调伸长度宜在 40mm～60mm 内选用；

2 烧化留量的选择，应根据焊接工艺方法确定。当连续闪光焊时，闪光过程应较长；烧化留量应等于两根钢筋在断料时切断机刀口严重压伤部分（包括端面的不平整度），再加 8mm～10mm；当闪光—预热闪光焊时，应区分一次烧化留量和二次烧化留量。一次烧化留量不应小于 10mm，二次烧化留量不应小于 6mm；

3 需要预热时，宜采用电阻预热法。预热留量应为 1mm～2mm，预热次数应为 1 次～4 次；每次预热时间应为 1.5s～2s，间歇时间应为 3s～4s；

4 顶锻留量应为 3mm～7mm，并应随钢筋直径的增大和钢筋牌号的提高而增加。其中，有电顶锻留量约占 1/3，无电顶锻留量约占 2/3，焊接时必须控制得当。焊接 HRB500 钢筋时，顶锻留量宜稍微增大，以确保焊接质量。

4.3.5 当 HRBF335 钢筋、HRBF400 钢筋、HRBF500 钢筋或 RRB400W 钢筋进行闪光对焊时，与热轧钢筋比较，应减小调伸长度，提高焊接变压器级数，缩短加热时间，快速顶锻，形成快热快冷条件，使热影响区长度控制在钢筋直径的 60% 范围之内。

4.3.6 变压器级数应根据钢筋牌号、直径、焊机容量以及焊接工艺方法等具体情况选择。

4.3.7 HRB500、HRBF500 钢筋焊接时，应采用预热闪光焊或闪光—预热闪光焊工艺。当接头拉伸试验结果，发生脆性断裂或弯曲试验不能达到规定要求时，尚应在焊机上进行焊后热处理。

4.3.8 在闪光对焊生产中，当出现异常现象或焊接缺陷时，应查找原因，采取措施，及时消除。

4.4 箍筋闪光对焊

4.4.1 箍筋闪光对焊的焊点位置宜设在箍筋受力较小一边的中部。不等边的多边形柱箍筋对焊点位置宜设在两个边上的中部。

4.4.2 箍筋下料长度应预留焊接总留量（Δ），其中包括烧化留量（A）、预热留量（B）和顶锻留量（C）。

矩形箍筋下料长度可按下式计算：

$$L_g = 2(a_g + b_g) + \Delta \qquad (4.4.2)$$

式中：L_g——箍筋下料长度（mm）；

a_g——箍筋内净长度（mm）；

b_g——箍筋内净宽度（mm）；

Δ——焊接总留量（mm）。

当切断机下料，增加压痕长度，采用闪光—预热闪光焊工艺时，焊接总留量 Δ 随之增大，约为 $1.0d$（d 为箍筋直径）。上列计算箍筋下料长度经试焊后核对，箍筋外皮尺寸应符合设计图纸的规定。

4.4.3 钢筋切断和弯曲应符合下列规定：

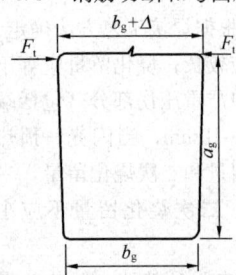

图 4.4.3 待焊箍筋
a_g—箍筋内净长度；b_g—箍筋内净宽度；Δ—焊接总留量；F_t—弹性压力

1 钢筋切断宜采用钢筋专用切割机下料；当用钢筋切断机时，刀口间隙不得大于 0.3mm；

2 切断后的钢筋端面应与轴线垂直，无压弯、无斜口；

3 钢筋按设计图纸规定尺寸弯曲成型，制成待焊箍筋，应使两个对焊钢筋头完全对准，具有一定弹性压力（图 4.4.3）。

4.4.4 待焊箍筋为半成品，应进行加工质量的检查，属中间质量检查。按每一工作班、同一牌号钢筋、同一加工设备完成的待焊箍筋作为一个检验批，每批随机抽查 5%件。检查项目应符合下列规定：

1 两钢筋头端面应闭合，无斜口；

2 接口处应有一定弹性压力。

4.4.5 箍筋闪光对焊应符合下列规定：

1 宜使用 100kVA 的箍筋专用对焊机；

2 宜采用预热闪光焊，焊接工艺参数、操作要领、焊接缺陷的产生与消除措施等，可按本规程第 4.3 节相关规定执行；

3 焊接变压器级数应适当提高，二次电流稍大；

4 两钢筋顶锻闭合后，应延续数秒钟再松开夹具。

4.4.6 箍筋闪光对焊过程中，当出现异常现象或焊接缺陷时，应查找原因，采取措施，及时消除。

4.5 钢筋电弧焊

4.5.1 钢筋电弧焊时，可采用焊条电弧焊或二氧化碳气体保护电弧焊两种工艺方法。二氧化碳气体保护电弧焊设备应由焊接电源、送丝系统、焊枪、供气系统、控制电路 5 部分组成。

4.5.2 钢筋二氧化碳气体保护电弧焊时，应根据焊机性能、焊接接头形状、焊接位置等条件选用下列焊接工艺参数：

1 焊接电流；

2 极性；

3 电弧电压（弧长）；

4 焊接速度；

5 焊丝伸出长度（干伸长）；

6 焊枪角度；

7 焊接位置；

8 焊丝直径。

4.5.3 钢筋电弧焊应包括帮条焊、搭接焊、坡口焊、窄间隙焊和熔槽帮条焊 5 种接头形式。焊接时，应符合下列规定：

1 应根据钢筋牌号、直径、接头形式和焊接位置，选择焊接材料，确定焊接工艺和焊接参数；

2 焊接时，引弧应在垫板、帮条或形成焊缝的部位进行，不得烧伤主筋；

3 焊接地线与钢筋应接触良好；

4 焊接过程中应及时清渣，焊缝表面应光滑，焊缝余高应平缓过渡，弧坑应填满。

4.5.4 帮条焊时，宜采用双面焊（图 4.5.4a）；当不能进行双面焊时，可采用单面焊（图 4.5.4b），帮条长度应符合表 4.5.4 的规定。当帮条牌号与主筋相同时，帮条直径可与主筋相同或小一个规格；当帮条直径与主筋相同时，帮条牌号可与主筋相同或低一个牌号等级。

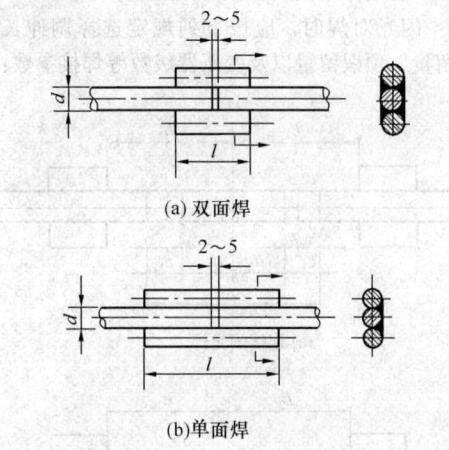

(a) 双面焊

(b)单面焊

图 4.5.4 钢筋帮条焊接头

表 4.5.4 钢筋帮条长度

钢筋牌号	焊缝形式	帮条长度（l）
HPB300	单面焊	$\geqslant 8d$
	双面焊	$\geqslant 4d$
HRB335 HRBF335 HRB400 HRBF400 HRB500 HRBF500 RRB400W	单面焊	$\geqslant 10d$
	双面焊	$\geqslant 5d$

注：d 为主筋直径（mm）。

4.5.5 搭接焊时，宜采用双面焊（图 4.5.5a）。当不能进行双面焊时，可采用单面焊（图 4.5.5b）。搭接长度可与本规程表 4.5.4 帮条长度相同。

4.5.6 帮条焊接头或搭接焊接头的焊缝有效厚度 S 不应小于主筋直径的 30%；焊缝宽度 b 不应小于主筋直径的 80%（图 4.5.6）。

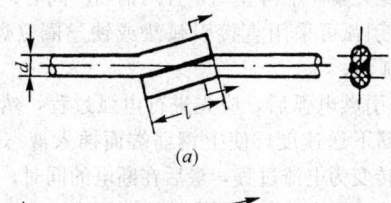

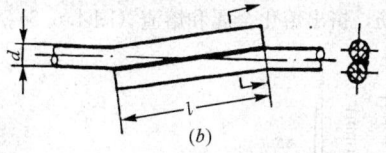

图 4.5.5　钢筋搭接焊接头

d—钢筋直径；l—搭接长度

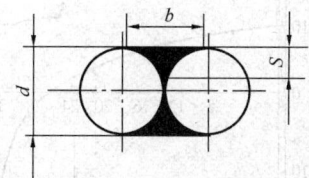

图 4.5.6　焊缝尺寸示意

d—钢筋直径；b—焊缝宽度；

S—焊缝有效厚度

4.5.7　帮条焊或搭接焊时，钢筋的装配和焊接应符合下列规定：

1　帮条焊时，两主筋端面的间隙应为 2mm～5mm；

2　搭接焊时，焊接端钢筋宜预弯，并应使两钢筋的轴线在同一直线上；

3　帮条焊时，帮条与主筋之间应用四点定位焊固定；搭接焊时，应用两点固定；定位焊缝与帮条端部或搭接端部的距离宜大于或等于 20mm；

4　焊接时，应在帮条焊或搭接焊形成焊缝中引弧；在端头收弧前应填满弧坑，并应使主焊缝与定位焊缝的始端和终端熔合。

4.5.8　坡口焊的准备工作和焊接工艺应符合下列规定（图 4.5.8）：

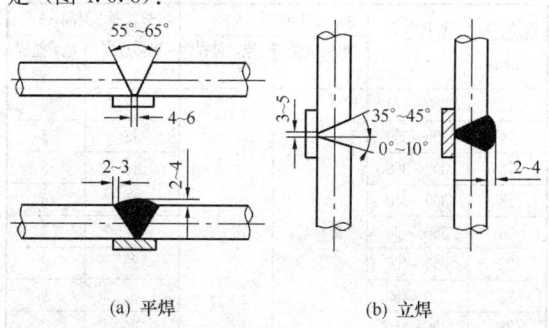

(a) 平焊　　　　　　　(b) 立焊

图 4.5.8　钢筋坡口焊接头

1　坡口面应平顺，切口边缘不得有裂纹、钝边和缺棱；

2　坡口角度应在规定范围内选用；

3　钢垫板厚度宜为 4mm～6mm，长度宜为 40mm～60mm；平焊时，垫板宽度应为钢筋直径加 10mm；立焊时，垫板宽度宜等于钢筋直径；

4　焊缝的宽度应大于 V 形坡口的边缘 2mm～3mm，焊缝余高应为 2mm～4mm，并平缓过渡至钢筋表面；

5　钢筋与钢垫板之间，应加焊二层、三层侧面焊缝；

6　当发现接头中有弧坑、气孔及咬边等缺陷时，应立即补焊。

4.5.9　窄间隙焊应用于直径 16mm 及以上钢筋的现场水平连接。焊接时，钢筋端部应置于铜模中，并应留出一定间隙，连续焊接，熔化钢筋端面，使熔敷金属填充间隙并形成接头（图 4.5.9）；其焊接工艺应符合下列规定：

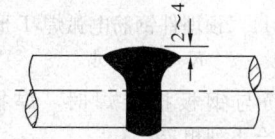

图 4.5.9　钢筋窄间隙焊接头

1　钢筋端面应平整；

2　宜选用低氢型焊接材料；

3　从焊缝根部引弧后应连续进行焊接，左右来回运弧，在钢筋端面处电弧应少许停留，并使熔合；

4　当焊至端面间隙的 4/5 高度后，焊缝逐渐扩宽；当熔池过大时，应改连续焊为断续焊，避免过热；

5　焊缝余高应为 2mm～4mm，且应平缓过渡至钢筋表面。

4.5.10　熔槽帮条焊应用于直径 20mm 及以上钢筋的现场安装焊接。焊接时应加角钢作垫板模。接头形式（图 4.5.10）、角钢尺寸和焊接工艺应符合下列规定：

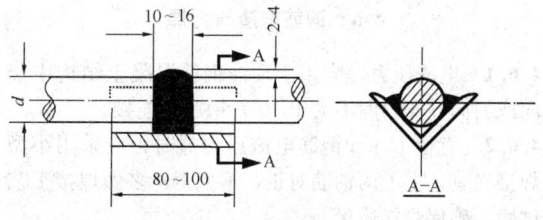

图 4.5.10　钢筋熔槽帮条焊接头

1　角钢边长宜为 40mm～70mm；

2　钢筋端头应加工平整；

3　从接缝处垫板引弧后应连续施焊，并应使钢筋端部熔合，防止未焊透、气孔或夹渣；

4　焊接过程中应及时停焊清渣；焊平后，再进行焊缝余高的焊接，其高度应为 2mm～4mm；

5　钢筋与角钢垫板之间，应加焊侧面焊缝 1 层

～3层，焊缝应饱满，表面应平整。

4.5.11 预埋件钢筋电弧焊 T 形接头可分为角焊和穿孔塞焊两种（图 4.5.11），装配和焊接时，应符合下列规定：

　　1　当采用 HPB300 钢筋时，角焊缝焊脚尺寸（K）不得小于钢筋直径的 50%；采用其他牌号钢筋时，焊脚尺寸（K）不得小于钢筋直径的 60%；

　　2　施焊中，不得使钢筋咬边和烧伤。

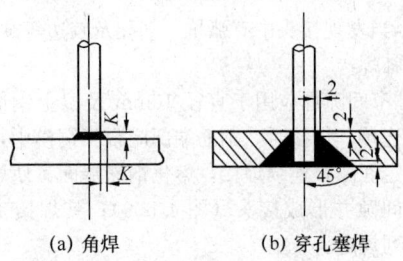

(a) 角焊　　　　　(b) 穿孔塞焊

图 4.5.11　预埋件钢筋电弧焊 T 形接头
K—焊脚尺寸

4.5.12　钢筋与钢板搭接焊时，焊接接头（图 4.5.12）应符合下列规定：

　　1　HPB300 钢筋的搭接长度（l）不得小于 4 倍钢筋直径，其他牌号钢筋搭接长度（l）不得小于 5 倍钢筋直径；

　　2　焊缝宽度不得小于钢筋直径的 60%，焊缝有效厚度不得小于钢筋直径的 35%。

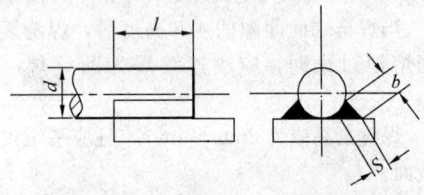

图 4.5.12　钢筋与钢板搭接焊接头
d—钢筋直径；l—搭接长度；
b—焊缝宽度；S—焊缝有效厚度

4.6　钢筋电渣压力焊

4.6.1　电渣压力焊应用于现浇钢筋混凝土结构中竖向或斜向（倾斜度不大于 10°）钢筋的连接。

4.6.2　直径 12mm 钢筋电渣压力焊时，应采用小型焊接夹具，上下两钢筋对正，不偏歪，多做焊接工艺试验，确保焊接质量。

4.6.3　电渣压力焊焊机容量应根据所焊钢筋直径选定，接线端应连接紧密，确保良好导电。

4.6.4　焊接夹具应具有足够刚度，夹具形式、型号应与焊接钢筋配套，上下钳口应同心，在最大允许荷载下应移动灵活，操作便利，电压表、时间显示器应配备齐全。

4.6.5　电渣压力焊工艺过程应符合下列规定：

　　1　焊接夹具的上下钳口应夹紧于上、下钢筋上，

钢筋一经夹紧，不得晃动，且两钢筋应同心；

　　2　引弧可采用直接引弧法或铁丝圈（焊条芯）间接引弧法；

　　3　引燃电弧后，应先进行电弧过程，然后，加快上钢筋下送速度，使上钢筋端面插入液态渣池约 2mm，转变为电渣过程，最后在断电的同时，迅速下压上钢筋，挤出熔化金属和熔渣（图 4.6.5）；

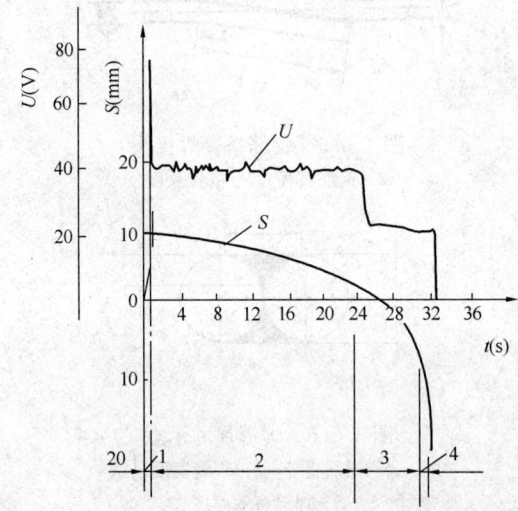

图 4.6.5　ϕ28mm 钢筋电渣压力焊工艺过程图示
U—焊接电压；S—上钢筋位移；t—焊接时间
1—引弧过程；2—电弧过程；3—电渣过程；4—顶压过程

　　4　接头焊毕，应稍作停歇，方可回收焊剂和卸下焊接夹具；敲去渣壳后，四周焊包凸出钢筋表面的高度，当钢筋直径为 25mm 及以下时不得小于 4mm；当钢筋直径为 28mm 及以上时不得小于 6mm。

4.6.6　电渣压力焊焊接参数应包括焊接电流、焊接电压和焊接通电时间；采用 HJ431 焊剂时，宜符合表 4.6.6 的规定。采用专用焊剂或自动电渣压力焊机时，应根据焊剂或焊机使用说明书中推荐数据，通过试验确定。

表 4.6.6　电渣压力焊焊接参数

钢筋直径 (mm)	焊接电流 (A)	焊接电压 (V)		焊接通电时间 (s)	
		电弧过程 $U_{2.1}$	电渣过程 $U_{2.2}$	电弧过程 t_1	电渣过程 t_2
12	280～320			12	2
14	300～350			13	4
16	300～350			15	5
18	300～350			16	6
20	350～400	35～45	18～22	18	7
22	350～400			20	8
25	350～400			22	9
28	400～450			25	10
32	450～500			30	11

4.6.7　在焊接生产中焊工应进行自检，当发现偏心、弯折、烧伤等焊接缺陷时，应查找原因，采取措施，及时消除。

4.7 钢筋气压焊

4.7.1 气压焊可用于钢筋在垂直位置、水平位置或倾斜位置的对接焊接。

4.7.2 气压焊按加热温度和工艺方法的不同，可分为固态气压焊和熔态气压焊两种，施工单位应根据设备等情况选择采用。

4.7.3 气压焊按加热火焰所用燃料气体的不同，可分为氧乙炔气压焊和氧液化石油气压焊两种。氧液化石油气火焰的加热温度稍低，施工单位应根据具体情况选用。

4.7.4 气压焊设备应符合下列规定：

    1 供气装置应包括氧气瓶、溶解乙炔气瓶或液化石油气瓶、减压器及胶管等；溶解乙炔气瓶或液化石油气瓶出口处应安装干式回火防止器；

    2 焊接夹具应能夹紧钢筋，当钢筋承受最大的轴向压力时，钢筋与夹头之间不得产生相对滑移；应便于钢筋的安装定位，并在施焊过程中保持刚度；动夹头应与定夹头同心，并且当不同直径钢筋焊接时，亦应保持同心；动夹头的位移应大于或等于现场最大直径钢筋焊接时所需要的压缩长度；

    3 采用半自动钢筋固态气压焊或半自动钢筋熔态气压焊时，应增加电动加压装置、带有加压控制开关的多嘴环管加热器，采用固态气压焊时，宜增加带有陶瓷切割片的钢筋常温直角切断机；

    4 当采用氧液化石油气火焰进行加热焊接时，应配备梅花状喷嘴的多嘴环管加热器。

4.7.5 采用固态气压焊时，其焊接工艺应符合下列规定：

    1 焊前钢筋端面应切平、打磨，使其露出金属光泽，钢筋安装夹牢，预压顶紧后，两钢筋端面局部间隙不得大于 3mm；

    2 气压焊加热开始至钢筋端面密合前，应采用碳化焰集中加热；钢筋端面密合后可采用中性焰宽幅加热；钢筋端面合适加热温度应为 1150℃～1250℃；钢筋镦粗区表面的加热温度应稍高于该温度，并随钢筋直径增大而适当提高；

    3 气压焊顶压时，对钢筋施加的顶压力应为 30MPa～40MPa；

    4 三次加压法的工艺过程应包括：预压、密合和成型 3 个阶段（图 4.7.5）；

    5 当采用半自动钢筋固态气压焊时，应使用钢筋常温直角切断机断料，两钢筋端面间隙应控制在 1mm～2mm，钢筋端面应平滑，可直接焊接。

4.7.6 采用熔态气压焊时，焊接工艺应符合下列规定：

    1 安装时，两钢筋端面之间应预留 3mm～5mm 间隙；

    2 当采用氧液化石油气熔态气压焊时，应调整

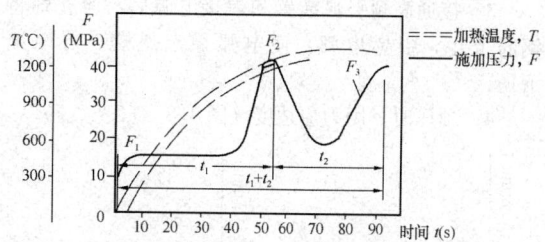

图 4.7.5 φ25mm 钢筋三次加压法焊接工艺过程图示

t_1—碳化焰对准钢筋接缝处集中加热时间；F_1——次加压、预压；t_2—中性焰往复宽幅加热时间；F_2—二次加压、接缝密合；t_1+t_2—根据钢筋直径和火焰热功率而定；F_3—三次加压、镦粗成型

好火焰，适当增大氧气用量；

    3 气压焊开始时，应首先使用中性焰加热，待钢筋端头至熔化状态，附着物随熔滴流走，端部呈凸状时，应加压，挤出熔化金属，并密合牢固。

4.7.7 在加热过程中，当在钢筋端面缝隙完全密合之前发生灭火中断现象时，应将钢筋取下重新打磨、安装，然后点燃火焰进行焊接。当灭火中断发生在钢筋端面缝隙完全密合之后，可继续加热加压。

4.7.8 在焊接生产中，焊工应自检，当发现焊接缺陷时，应查找原因，并采取措施，及时消除。

4.8 预埋件钢筋埋弧压力焊

4.8.1 预埋件钢筋埋弧压力焊设备应符合下列规定：

    1 当钢筋直径为 6mm 时，可选用 500 型弧焊变压器作为焊接电源；当钢筋直径为 8mm 及以上时，应选用 1000 型弧焊变压器作为焊接电源；

    2 焊接机构应操作方便、灵活；宜装有高频引弧装置；焊接地线宜采取对称接地法，以减少电弧偏移（图 4.8.1）；操作台面上应装有电压表和电流表；

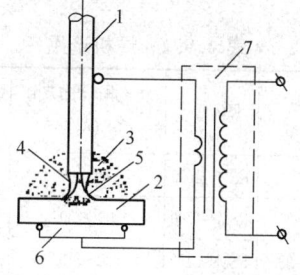

图 4.8.1 对称接地示意

1—钢筋；2—钢板；3—焊剂；4—电弧；
5—熔池；6—铜板电极；7—焊接变压器

    3 控制系统应灵敏、准确，并应配备时间显示装置或时间继电器，以控制焊接通电时间。

4.8.2 埋弧压力焊工艺过程应符合下列规定：

    1 钢板应放平，并应与铜板电极接触紧密；

    2 将锚固钢筋夹于夹钳内，应夹牢；并应放好挡圈，注满焊剂；

3 接通高频引弧装置和焊接电源后，应立即将钢筋上提，引燃电弧，使电弧稳定燃烧，再渐渐下送；

4 顶压时，用力应适度（图4.8.2）；

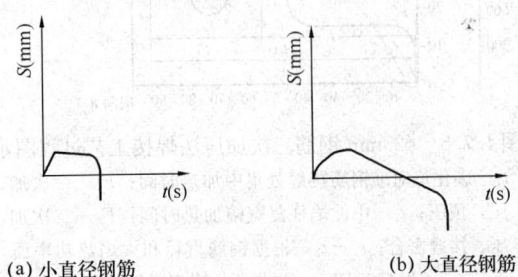

(a) 小直径钢筋　　　　　　(b) 大直径钢筋

图4.8.2　预埋件钢筋埋弧压力焊上钢筋位移

S—钢筋位移；*t*—焊接时间

5 敲去渣壳，四周焊包凸出钢筋表面的高度，当钢筋直径为18mm及以下时，不得小于3mm，当钢筋直径为20mm及以上时，不得小于4mm。

4.8.3 埋弧压力焊的焊接参数应包括引弧提升高度、电弧电压、焊接电流和焊接通电时间。

4.8.4 在埋弧压力焊生产中，引弧、燃弧（钢筋维持原位或缓慢下送）和顶压等环节应紧密配合；焊接地线应与铜板电极接触紧密，并应及时消除电极钳口的铁锈和污物，修理电极钳口的形状。

4.8.5 在埋弧压力焊生产中，焊工应自检，当发现焊接缺陷时，应查找原因，并采取措施，及时消除。

4.9　预埋件钢筋埋弧螺柱焊

4.9.1 预埋件钢筋埋弧螺柱焊设备应包括：埋弧螺柱焊机、焊枪、焊接电缆、控制电缆和钢筋夹头等。

4.9.2 埋弧螺柱焊机应由晶闸管整流器和调节-控制系统组成，有多种型号，在生产中，应根据表4.9.2选用。

表4.9.2　焊机选用

序号	钢筋直径 （mm）	焊机型号	焊接电流调节范围 （A）	焊接时间调节范围 （s）
1	6~14	RSM~1000	100~1000	1.30~13.00
2	14~25	RSM~2500	200~2500	1.30~13.00
3	16~28	RSM~3150	300~3150	1.30~13.00

4.9.3 埋弧螺柱焊焊枪有电磁铁提升式和电机拖动式两种，生产中，应根据钢筋直径和长度选用焊枪。

4.9.4 预埋件钢筋埋弧螺柱焊工艺应符合下列规定：

1 将预埋件钢板放平，在钢板的远处对称点，用两根电缆将钢板与焊机的正极连接，将焊枪与焊机的负极连接，连接应紧密、牢固；

2 将钢筋推入焊枪的夹持钳内，顶紧于钢板，在焊剂挡圈内注满焊剂；

3 应在焊机上设定合适的焊接电流和焊接通电

时间；应在焊枪上设定合适的钢筋伸出长度和钢筋提升高度（表4.9.4）；

表4.9.4　埋弧螺柱焊焊接参数

钢筋牌号	钢筋直径 （mm）	焊接电流 （A）	焊接时间 （s）	提升高度 （mm）	伸出长度 （mm）	焊剂牌号	焊机型号
	6	450~550	3.2~2.3	4.8~5.5	5.5~6.0		RSM1000
	8	470~580	3.4~2.5	4.8~5.5	5.5~6.5		RSM1000
	10	500~600	3.8~2.8	5.0~6.0	5.5~7.0		RSM1000
	12	550~650	4.0~3.0	5.5~6.5	6.5~7.0		RSM1000
HPB300 HRB335 HRBF335 HRB400 HRBF400	14	600~700	4.4~3.2	5.8~6.5	6.8~7.2	HJ 431 SJ 101	RSM1000/2500
	16	850~1100	4.8~4.0	7.0~8.5	7.5~8.5		RSM2500
	18	950~1200	5.2~4.5	7.2~8.0	7.8~8.8		RSM2500
	20	1000~1250	6.5~5.2	8.0~10.0	8.0~9.0		RSM3150/2500
	22	1200~1350	6.7~5.5	8.0~10.0	8.2~9.2		RSM3150/2500
	25	1250~1400	8.8~7.8	9.0~11.0	8.4~10.0		RSM3150/2500
	28	1350~1550	9.2~8.5	9.5~12.0	9.0~10.5		RSM3150

4 按动焊枪上按钮"开"，接通电源，钢筋上提，引燃电弧（图4.9.4）；

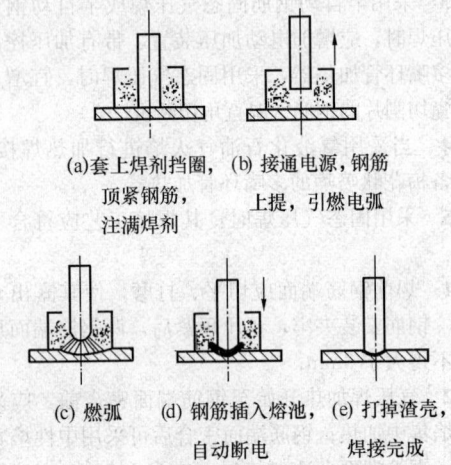

(a)套上焊剂挡圈，　(b) 接通电源，钢筋
　注满焊剂　　　　　上提，引燃电弧
顶紧钢筋，

(c) 燃弧　(d) 钢筋插入熔池，　(e) 打掉渣壳，
　　　　　自动断电　　　　焊接完成

图4.9.4　预埋件钢筋埋弧螺柱焊示意

5 经过设定燃弧时间，钢筋自动插入熔池，并断电；

6 停息数秒钟，打掉渣壳，四周焊包应凸出钢筋表面：当钢筋直径为18mm及以下时，凸出高度不得小于3mm；当钢筋直径为20mm及以上时，凸出高度不得小于4mm。

5　质量检验与验收

5.1　基本规定

5.1.1 钢筋焊接接头或焊接制品（焊接骨架、焊接网）应按检验批进行质量检验与验收。检验批的划分应符合本规程第 5.2 节~第 5.8 节的有关规定。质量检验与验收应包括外观质量检查和力学性能检验，并划分为主控项目和一般项目两类。

5.1.2 纵向受力钢筋焊接接头验收中，闪光对焊接头、电弧焊接头、电渣压力焊接头、气压焊接头和非纵向受力箍筋闪光对焊接头、预埋件钢筋 T 形接头的连接方式应符合设计要求，并应全数检查，检查方法为目视观察。焊接接头力学性能检验应为主控项目。焊接接头的外观质量检查应为一般项目。

5.1.3 不属于专门规定的电阻焊点和钢筋与钢板电弧搭接焊接头可只做外观质量检查，属一般项目。

5.1.4 纵向受力钢筋焊接接头、箍筋闪光对焊接头、预埋件钢筋 T 形接头的外观质量检查应符合下列规定：

　　1 纵向受力钢筋焊接接头，每一检验批中应随机抽取 10% 的焊接接头；箍筋闪光对焊接头和预埋件钢筋 T 形接头应随机抽取 5% 的焊接接头。检查结果，外观质量应符合本规程第 5.3 节~第 5.8 节中有关规定；

　　2 焊接接头外观质量检查时，首先应由焊工对所焊接头或制品进行自检；在自检合格的基础上由施工单位项目专业质量检查员检查，并将检查结果填写于本规程附录 A "钢筋焊接接头检验批质量验收记录。"

5.1.5 外观质量检查结果，当各小项不合格数均小于或等于抽检数的 15% 时，则该批焊接接头外观质量评为合格；当某一小项不合格数超过抽检数的 15% 时，应对该批焊接接头该小项逐个进行复检，并剔出不合格接头。对外观质量检查不合格接头采取修整或补焊措施后，可提交二次验收。

5.1.6 施工单位项目专业质量检查员应检查钢筋、钢板质量证明书、焊接材料产品合格证和焊接工艺试验时的接头力学性能试验报告。钢筋焊接接头力学性能检验时，应在接头外观质量检查合格后随机切取试件进行试验。试验方法应按现行行业标准《钢筋焊接接头试验方法标准》JGJ/T 27 有关规定执行。试验报告应包括下列内容：

　　1 工程名称、取样部位；

　　2 批号、批量；

　　3 钢筋生产厂家和钢筋批号、钢筋牌号、规格；

　　4 焊接方法；

　　5 焊工姓名及考试合格证编号；

　　6 施工单位；

　　7 焊接工艺试验时的力学性能试验报告。

5.1.7 钢筋闪光对焊接头、电弧焊接头、电渣压力焊接头、气压焊接头、箍筋闪光对焊接头、预埋件钢筋 T 形接头的拉伸试验，应从每一检验批接头中随机切取三个接头进行试验并应按下列规定对试验结果进行评定：

　　1 符合下列条件之一，应评定该检验批接头拉伸试验合格：

　　　　1）3 个试件均断于钢筋母材，呈延性断裂，其抗拉强度大于或等于钢筋母材抗拉强度标准值。

　　　　2）2 个试件断于钢筋母材，呈延性断裂，其抗拉强度大于或等于钢筋母材抗拉强度标准值；另一试件断于焊缝，呈脆性断裂，其抗拉强度大于或等于钢筋母材抗拉强度标准值的 1.0 倍。

　　注：试件断于热影响区，呈延性断裂，应视作与断于钢筋母材等同；试件断于热影响区，呈脆性断裂，应视作与断于焊缝等同。

　　2 符合下列条件之一，应进行复验：

　　　　1）2 个试件断于钢筋母材，呈延性断裂，其抗拉强度大于或等于钢筋母材抗拉强度标准值；另一试件断于焊缝，或热影响区，呈脆性断裂，其抗拉强度小于钢筋母材抗拉强度标准值的 1.0 倍。

　　　　2）1 个试件断于钢筋母材，呈延性断裂，其抗拉强度大于或等于钢筋母材抗拉强度标准值；另 2 个试件断于焊缝或热影响区，呈脆性断裂。

　　3 3 个试件均断于焊缝，呈脆性断裂，其抗拉强度均大于或等于钢筋母材抗拉强度标准值的 1.0 倍，应进行复验。当 3 个试件中有 1 个试件抗拉强度小于钢筋母材抗拉强度标准值的 1.0 倍，应评定该检验批接头拉伸试验不合格。

　　4 复验时，应切取 6 个试件进行试验。试验结果，若有 4 个或 4 个以上试件断于钢筋母材，呈延性断裂，其抗拉强度大于或等于钢筋母材抗拉强度标准值，另 2 个或 2 个以下试件断于焊缝，呈脆性断裂，其抗拉强度大于或等于钢筋母材抗拉强度标准值的 1.0 倍，应评定该检验批接头拉伸试验复验合格。

　　5 可焊接余热处理钢筋 RRB400W 焊接接头拉伸试验结果，其抗拉强度应符合同级别热轧带肋钢筋抗拉强度标准值 540MPa 的规定。

　　6 预埋件钢筋 T 形接头拉伸试验结果，3 个试件的抗拉强度均大于或等于表 5.1.7 的规定值时，应评定该检验批接头拉伸试验合格。若有一个接头试件抗拉强度小于表 5.1.7 的规定值时，应进行复验。

　　复验时，应切取 6 个试件进行试验。复验结果，其抗拉强度均大于或等于表 5.1.7 的规定值时，应评定该检验批接头拉伸试验复验合格。

表 5.1.7　预埋件钢筋 T 形接头抗拉强度规定值

钢筋牌号	抗拉强度规定值（MPa）
HPB300	400
HRB335、HRBF335	435
HRB400、HRBF400	520
HRB500、HRBF500	610
RRB400W	520

5.1.8 钢筋闪光对焊接头、气压焊接头进行弯曲试验时，应从每一个检验批接头中随机切取 3 个接头，焊缝应处于弯曲中心点，弯心直径和弯曲角度应符合表 5.1.8 的规定。

表 5.1.8 接头弯曲试验指标

钢筋牌号	弯心直径	弯曲角度（°）
HPB300	2d	90
HRB335、HRBF335	4d	90
HRB400、HRBF400、RRB400W	5d	90
HRB500、HRBF500	7d	90

注：1 d 为钢筋直径（mm）；

　　2 直径大于 25mm 的钢筋焊接接头，弯心直径应增加 1 倍钢筋直径。

弯曲试验结果应按下列规定进行评定：

1 当试验结果，弯曲至 90°，有 2 个或 3 个试件外侧（含焊缝和热影响区）未发生宽度达到 0.5mm 的裂纹，应评定该检验批接头弯曲试验合格。

2 当有 2 个试件发生宽度达到 0.5mm 的裂纹，应进行复验。

3 当有 3 个试件发生宽度达到 0.5mm 的裂纹，应评定该检验批接头弯曲试验不合格。

4 复验时，应切取 6 个试件进行试验。复验结果，当不超过 2 个试件发生宽度达到 0.5mm 的裂纹时，应评定该检验批接头弯曲试验复验合格。

5.1.9 钢筋焊接接头或焊接制品质量验收时，应在施工单位自行质量评定合格的基础上，由监理（建设）单位对检验批有关资料进行检查，组织项目专业质量检查员等进行验收，并应按本规程附录 A 规定记录。

5.2 钢筋焊接骨架和焊接网

5.2.1 不属于专门规定的焊接骨架和焊接网可按下列规定的检验批只进行外观质量检查：

1 凡钢筋牌号、直径及尺寸相同的焊接骨架和焊接网应视为同一类型制品，且每 300 件作为一批，一周内不足 300 件的亦应按一批计算，每周至少检查一次；

2 外观质量检查时，每批应抽查 5%，且不得少于 5 件。

5.2.2 焊接骨架外观质量检查结果，应符合下列规定：

1 焊点压入深度应符合本规程第 4.2.5 条的规定；

2 每件制品的焊点脱落、漏焊数量不得超过焊点总数的 4%，且相邻两焊点不得有漏焊及脱落；

3 应量测焊接骨架的长度、宽度和高度，并应抽查纵、横方向 3 个～5 个网格的尺寸，其允许偏差

应符合表 5.2.2 的规定；

4 当外观质量检查结果不符合上述规定时，应逐件检查，并剔出不合格品。对不合格品经整修后，可提交二次验收。

表 5.2.2 焊接骨架的允许偏差

项　　目		允许偏差（mm）
焊接骨架	长　度	±10
	宽　度	±5
	高　度	±5
骨架钢筋间距		±10
受力主筋	间　距	±15
	排　距	±5

5.2.3 焊接网外形尺寸检查和外观质量检查结果，应符合下列规定：

1 焊点压入深度应符合本规程第 4.2.5 条的规定；

2 钢筋焊接网间距的允许偏差应取 ±10mm 和规定间距的 ±5% 的较大值。网片长度和宽度的允许偏差应取 ±25mm 和规定长度的 ±0.5% 的较大值；网格数量应符合设计规定；

3 钢筋焊接网焊点开焊数量不应超过整张网片交叉点总数的 1%，并且任一根钢筋上开焊点不得超过该支钢筋上交叉点总数的一半；焊接网最外边钢筋上的交叉点不得开焊；

4 钢筋焊接网表面不应有影响使用的缺陷；当性能符合要求时，允许钢筋表面存在浮锈和因矫直造成的钢筋表面轻微损伤。

5.3 钢筋闪光对焊接头

5.3.1 闪光对焊接头的质量检验，应分批进行外观质量检查和力学性能检验，并应符合下列规定：

1 在同一台班内，由同一个焊工完成的 300 个同牌号、同直径钢筋焊接接头应作为一批。当同一台班内焊接的接头数量较少，可在一周之内累计计算；累计仍不足 300 个接头时，应按一批计算；

2 力学性能检验时，应从每批接头中随机切取 6 个接头，其中 3 个做拉伸试验，3 个做弯曲试验；

3 异径钢筋接头可只做拉伸试验。

5.3.2 闪光对焊接头外观质量检查结果，应符合下列规定：

1 对焊接头表面应呈圆滑、带毛刺状，不得有肉眼可见的裂纹；

2 与电极接触处的钢筋表面不得有明显烧伤；

3 接头处的弯折角度不得大于 2°；

4 接头处的轴线偏移不得大于钢筋直径的 1/10，且不得大于 1mm。

5.4 箍筋闪光对焊接头

5.4.1 箍筋闪光对焊接头应分批进行外观质量检查和力学性能检验，并应符合下列规定：

1 在同一台班内，由同一焊工完成的 600 个同牌号、同直径箍筋闪光对焊接头作为一个检验批；如超出 600 个接头，其超出部分可以与下一台班完成接头累计计算；

2 每一检验批中，应随机抽查 5% 的接头进行外观质量检查；

3 每个检验批中应随机切取 3 个对焊接头做拉伸试验。

5.4.2 箍筋闪光对焊接头外观质量检查结果，应符合下列规定：

1 对焊接头表面应呈圆滑、带毛刺状，不得有肉眼可见裂纹；

2 轴线偏移不得大于钢筋直径的 1/10，且不得大于 1mm；

3 对焊接头所在直线边的顺直度检测结果凹凸不得大于 5mm；

4 对焊箍筋外皮尺寸应符合设计图纸的规定，允许偏差应为 ±5mm；

5 与电极接触处的钢筋表面不得有明显烧伤。

5.5 钢筋电弧焊接头

5.5.1 电弧焊接头的质量检验，应分批进行外观质量检查和力学性能检验，并应符合下列规定：

1 在现浇混凝土结构中，应以 300 个同牌号钢筋、同形式接头作为一批；在房屋结构中，应在不超过连续二楼层中 300 个同牌号钢筋、同形式接头作为一批；每批随机切取 3 个接头，做拉伸试验；

2 在装配式结构中，可按生产条件制作模拟试件，每批 3 个，做拉伸试验；

3 钢筋与钢板搭接焊接头只可进行外观质量检查。

注：在同一批中若有 3 种不同直径的钢筋焊接接头，应在最大直径钢筋接头和最小直径钢筋接头中分别切取 3 个试件进行拉伸试验。钢筋电渣压力焊接头、钢筋气压焊接头取样均同。

5.5.2 电弧焊接头外观质量检查结果，应符合下列规定：

1 焊缝表面应平整，不得有凹陷或焊瘤；

2 焊接接头区域不得有肉眼可见的裂纹；

3 焊缝余高应为 2mm～4mm；

4 咬边深度、气孔、夹渣等缺陷允许值及接头尺寸的允许偏差，应符合表 5.5.2 的规定。

表 5.5.2 钢筋电弧焊接头尺寸偏差及缺陷允许值

名　　称		单位	接头形式		
			帮条焊	搭接焊钢筋与钢板搭接焊	坡口焊窄间隙焊熔槽帮条焊
帮条沿接头中心线的纵向偏移		mm	0.3d	—	—
接头处弯折角度		°	2	2	2
接头处钢筋轴线的偏移		mm	0.1d	0.1d	0.1d
			1	1	1
焊缝宽度		mm	+0.1d	+0.1d	—
焊缝长度		mm	−0.3d	−0.3d	—
咬边深度		mm	0.5	0.5	0.5
在长 2d 焊缝表面上的气孔及夹渣	数量	个	2	2	
	面积	mm²	6	6	
在全部焊缝表面上的气孔及夹渣	数量	个			2
	面积	mm²			6

注：d 为钢筋直径（mm）。

5.5.3 当模拟试件试验结果不符合要求时，应进行复验。复验应从现场焊接接头中切取，其数量和要求与初始试验相同。

5.6 钢筋电渣压力焊接头

5.6.1 电渣压力焊接头的质量检验，应分批进行外观质量检查和力学性能检验，并应符合下列规定：

1 在现浇钢筋混凝土结构中，应以 300 个同牌号钢筋接头作为一批；

2 在房屋结构中，应在不超过连续二楼层中 300 个同牌号钢筋接头作为一批；当不足 300 个接头时，仍应作为一批；

3 每批随机切取 3 个接头试件做拉伸试验。

5.6.2 电渣压力焊接头外观质量检查结果，应符合下列规定：

1 四周焊包凸出钢筋表面的高度，当钢筋直径为 25mm 及以下时，不得小于 4mm；当钢筋直径为 28mm 及以上时，不得小于 6mm；

2 钢筋与电极接触处，应无烧伤缺陷；

3 接头处的弯折角度不得大于 2°；

4 接头处的轴线偏移不得大于 1mm。

5.7 钢筋气压焊接头

5.7.1 气压焊接头的质量检验，应分批进行外观质量检查和力学性能检验，并应符合下列规定：

1 在现浇钢筋混凝土结构中，应以 300 个同牌号钢筋接头作为一批；在房屋结构中，应在不超过连续二楼层中 300 个同牌号钢筋接头作为一批；当不足 300 个接头时，仍应作为一批；

2 在柱、墙的竖向钢筋连接中，应从每批接头中随机切取 3 个接头做拉伸试验；在梁、板的水平钢筋连接中，应另切取 3 个接头做弯曲试验；

    3 在同一批中，异径钢筋气压焊接头可只做拉伸试验。

5.7.2 钢筋气压焊接头外观质量检查结果，应符合下列规定：

    1 接头处的轴线偏移 e 不得大于钢筋直径的 1/10，且不得大于 1mm（图 5.7.2a）；当不同直径钢筋焊接时，应按较小钢筋直径计算；当大于上述规定值，但在钢筋直径的 3/10 以下时，可加热矫正；当大于 3/10 时，应切除重焊；

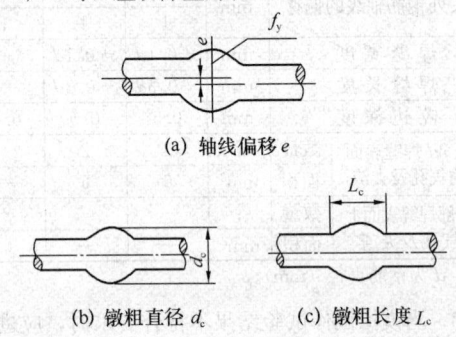

(a) 轴线偏移 e

(b) 镦粗直径 d_c (c) 镦粗长度 L_c

图 5.7.2 钢筋气压焊接头外观质量图解

f_y—压焊面

    2 接头处表面不得有肉眼可见的裂纹；

    3 接头处的弯折角度不得大于 2°；当大于规定值时，应重新加热矫正；

    4 固态气压焊接头镦粗直径 d_c 不得小于钢筋直径的 1.4 倍，熔态气压焊接头镦粗直径 d_c 不得小于钢筋直径的 1.2 倍（图 5.7.2b）；当小于上述规定值时，应重新加热镦粗；

    5 镦粗长度 L_c 不得小于钢筋直径的 1.0 倍，且凸起部分平缓圆滑（图 5.7.2c）；当小于上述规定值时，应重新加热镦长。

5.8 预埋件钢筋 T 形接头

5.8.1 预埋件钢筋 T 形接头的外观质量检查，应从同一台班内完成的同类型预埋件中抽查 5%，且不得少于 10 件。

5.8.2 预埋件钢筋 T 形接头外观质量检查结果，应符合下列规定：

    1 焊条电弧焊时，角焊缝焊脚尺寸（K）应符合本规程第 4.5.11 条第 1 款的规定；

    2 埋弧压力焊或埋弧螺柱焊时，四周焊包凸出钢筋表面的高度，当钢筋直径为 18mm 及以下时，不得小于 3mm；当钢筋直径为 20mm 及以上时，不得小于 4mm；

    3 焊缝表面不得有气孔、夹渣和肉眼可见裂纹；

    4 钢筋咬边深度不得超过 0.5mm；

    5 钢筋相对钢板的直角偏差不得大于 2°。

5.8.3 预埋件外观质量检查结果，当有 2 个接头不符合上述规定时，应对全数接头的这一项目进行检

查，并剔出不合格品，不合格接头经补焊后可提交二次验收。

5.8.4 力学性能检验时，应以 300 件同类型预埋件作为一批。一周内连续焊接时，可累计计算。当不足 300 件时，亦应按一批计算。应从每批预埋件中随机切取 3 个接头做拉伸试验。试件的钢筋长度应大于或等于 200mm，钢板（锚板）的长度和宽度应等于 60mm，并视钢筋直径的增大而适当增大（图 5.8.4）。

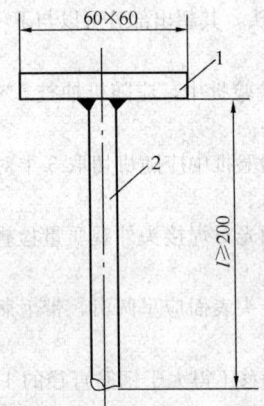

图 5.8.4 预埋件钢筋 T 形接头拉伸试件

1—钢板；2—钢筋

5.8.5 预埋件钢筋 T 形接头拉伸试验时，应采用专用夹具。

6 焊 工 考 试

6.0.1 从事钢筋焊接施工的焊工必须持有钢筋焊工考试合格证，并应按照合格证规定的范围上岗操作。

6.0.2 经专业培训结业的学员，或具有独立焊接工作能力的焊工，均应参加钢筋焊工考试。

6.0.3 焊工考试应由经设区市或设区市以上建设行政主管部门审查批准的单位负责进行。对考试合格的焊工应签发考试合格证，考试合格证式样应符合本规程附录 B 的规定。

6.0.4 钢筋焊工考试应包括理论知识考试和操作技能考试两部分；经理论知识考试合格的焊工，方可参加操作技能考试。

6.0.5 理论知识考试应包括下列内容：

    1 钢筋的牌号、规格及性能；

    2 焊机的使用和维护；

    3 焊条、焊剂、氧气、溶解乙炔、液化石油气、二氧化碳气体的性能和选用；

    4 焊前准备、技术要求、焊接接头和焊接制品的质量检验与验收标准；

    5 焊接工艺方法及其特点，焊接参数的选择；

    6 焊接缺陷产生的原因及消除措施；

7 电工知识；

8 焊接安全技术知识。

具体内容和要求应由各考试单位按焊工报考焊接方法对应出题。

6.0.6 焊工操作技能考试用的钢筋、焊条、焊剂、氧气、溶解乙炔、液化石油气、二氧化碳气体等，应符合本规程有关规定，焊接设备可根据具体情况确定。

6.0.7 焊工操作技能考试评定标准应符合表 6.0.7 的规定；焊接方法、钢筋牌号及直径、试件组合与组数，应由考试单位根据实际情况确定。焊接参数应由焊工自行选择。

表 6.0.7 焊工操作技能考试评定标准

焊接方法		钢筋牌号	钢筋直径 (mm)	每组试件数量		评定标准
				拉伸	弯曲	
闪光对焊		Φ、Φ、ΦF、Φ、ΦF、ΦF、ΦF、ΦRW	8～32	3	3	拉伸试验应按本规程第 5.1.7 条规定进行评定；弯曲试验应按本规程第 5.1.8 条规定进行评定
箍筋闪光对焊		Φ、Φ、ΦF、Φ、ΦF、ΦF、ΦF、ΦRW	6～18	3	—	
电弧焊	帮条平焊帮条立焊	Φ、Φ、ΦF、Φ、ΦF、ΦF、ΦF、ΦRW	20～32	3	—	拉伸试验应按本规程第 5.1.7 条规定进行评定
	搭接平焊搭接立焊	Φ、Φ、ΦF、Φ、ΦF、ΦF、ΦF、ΦRW	20～32			
	熔槽帮条焊	Φ、Φ、ΦF、Φ、ΦF、ΦF、ΦF、ΦRW	20～40			
	坡口平焊坡口立焊	Φ、Φ、ΦF、Φ、ΦF、ΦF、ΦF、ΦRW	18～32			
	窄间隙焊	Φ、Φ、ΦF、Φ、ΦF、ΦF、ΦF、ΦRW	16～40			
电渣压力焊		Φ、Φ、Φ	12～32	3	—	拉伸试验应按本规程第 5.1.7 条规定进行评定
气压焊		Φ、Φ、Φ	12～40	3	3	拉伸试验应按本规程第 5.1.7 条规定进行评定；弯曲试验应按本规程第 5.1.8 条规定进行评定
预埋件钢筋T形接头	焊条电弧焊	Φ、Φ、ΦF、Φ、ΦF、ΦRW	6～28	3	—	拉伸试验应按本规程第 5.1.7 条规定进行评定
	埋弧压力焊埋弧螺柱焊	Φ、Φ、ΦF、Φ、ΦF				

注：箍筋焊工考试时，提前将钢筋切断、弯曲加工成合格的待焊箍筋。

6.0.8 当拉伸试验、弯曲试验结果，在一组试件中仅有 1 个试件未达到规定的要求时，可补焊一组试件进行补试，但不得超过一次。试验要求应与初始试验相同。

6.0.9 持有合格证的焊工当在焊接生产中三个月内出现两批不合格品时，应取消其合格资格。

6.0.10 持有合格证的焊工，每两年应复试一次；当脱离焊接生产岗位半年以上，在生产操作前应首先进行复试。复试可只进行操作技能考试。

6.0.11 焊工考试完毕，考试单位应填写"钢筋焊工考试结果登记表"，连同合格证复印件一起，立卷归档备查。

6.0.12 工程质量监督单位应对上岗操作的焊工随机抽查验证。

7 焊接安全

7.0.1 安全培训与人员管理应符合下列规定：

1 承担钢筋焊接工程的企业应建立健全钢筋焊接安全生产管理制度，并应对实施焊接操作和安全管理人员进行安全培训，经考核合格后方可上岗；

2 操作人员必须按焊接设备的操作说明书或有关规程，正确使用设备和实施焊接操作。

7.0.2 焊接操作及配合人员应按下列规定并结合实际情况穿戴劳动防护用品：

1 焊接人员操作前，应戴好安全帽，佩戴电焊手套、围裙、护腿，穿阻燃工作服；穿焊工皮鞋或电焊工劳保鞋，应戴防护眼镜（滤光或遮光镜）、头罩或手持面罩；

2 焊接人员进行仰焊时，应穿戴皮制或耐火材质的套袖、披肩罩或斗篷，以防头部灼伤。

7.0.3 焊接工作区域的防护应符合下列规定：

1 焊接设备应安放在通风、干燥、无碰撞、无剧烈振动、无高温、无易燃品存在的地方；特殊环境条件下还应对设备采取特殊的防护措施；

2 焊接电弧的辐射及飞溅范围，应设不可燃或耐火板、罩、屏，防止人员受到伤害；

3 焊机不得受潮或雨淋；露天使用的焊接设备应予以保护，受潮的焊接设备在使用前必须彻底干燥并经适当试验或检测；

4 焊接作业应在足够的通风条件下（自然通风或机械通风）进行，避免操作人员吸入焊接操作产生的烟气流；

5 在焊接作业场所应当设置警告标志。

7.0.4 焊接作业区防火安全应符合下列规定：

1 焊接作业区和焊机周围 **6m** 以内，严禁堆放装饰材料、油料、木材、氧气瓶、溶解乙炔气瓶、液化石油气瓶等易燃、易爆物品；

2 除必须在施工工作面焊接外，钢筋应在专门搭设的防雨、防潮、防晒的工房内焊接；工房的屋顶应有安全防护和排水设施，地面应干燥，应有防止飞溅的金属火花伤人的设施；

3 高空作业的下方和焊接火星所及范围内，必须彻底清除易燃、易爆物品；

4 焊接作业区应配置足够的灭火设备，如水池、沙箱、水龙带、消火栓、手提灭火器。

7.0.5 各种焊机的配电开关箱内，应安装熔断器和漏电保护开关；焊接电源的外壳应有可靠的接地或接零；焊机的保护接地线应直接从接地极处引接，其接地电阻值不应大于 4Ω。

7.0.6 冷却水管、输气管、控制电缆、焊接电缆均应完好无损；接头处应连接牢固，无渗漏，绝缘良好；发现损坏应及时修理；各种管线和电缆不得挪作拖拉设备的工具。

7.0.7 在封闭空间内进行焊接操作时，应设专人监护。

7.0.8 氧气瓶、溶解乙炔气瓶或液化石油气瓶、干式回火防止器、减压器及胶管等，应防止损坏。发现压力表指针失灵，瓶阀、胶管有泄漏，应立即修理或更换；气瓶必须进行定期检查，使用期满或送检不合格的气瓶禁止继续使用。

7.0.9 气瓶使用应符合下列规定：

1 各种气瓶应摆放稳固，钢瓶在装车、卸车及运输时，应避免互相碰撞；氧气瓶不能与燃气瓶、油类材料以及其他易燃物品同车运输；

2 吊运钢瓶时应使用吊架或合适的台架，不得使用吊钩、钢索和电磁吸盘；钢瓶使用完时，要留有一定的余压力；

3 钢瓶在夏季使用时要防止暴晒，冬季使用时如发生冻结、结霜或出气量不足时，应用温水解冻。

7.0.10 贮存、使用、运输氧气瓶、溶解乙炔气瓶、液化石油气瓶、二氧化碳气瓶时，应分别按照原国家质量技术监督局颁发的现行《气瓶安全监察规定》和原劳动部颁发的现行《溶解乙炔气瓶安全监察规程》中有关规定执行。

附录 A 钢筋焊接接头检验批质量验收记录

A.0.1 钢筋闪光对焊接头检验批质量验收记录应符合表 A.0.1 的规定。

表 A.0.1 钢筋闪光对焊接头检验批质量验收记录

工程名称				验收部位			
施工单位				批号及批量			
施工执行标准名称及编号		《钢筋焊接及验收规程》JGJ 18-2012		钢筋牌号及直径(mm)			
项目经理				施工班组组长			
主控项目		质量验收规程的规定		施工单位检查评定记录		监理(建设)单位验收记录	
	1	接头试件拉伸试验	5.1.7条				
	2	接头试件弯曲试验	5.1.8条				
一般项目		质量验收规程的规定		施工单位检查评定记录			监理(建设)单位验收记录
				抽查数	合格数	不合格	
	1	对焊接头表面应呈圆滑、带毛刺状，不得有肉眼可见的裂纹	5.3.2条				
	2	与电极接触处的钢筋表面不得有明显烧伤	5.3.2条				
	3	接头处的弯折角度不得大于2°	5.3.2条				
	4	轴线偏移不得大于钢筋直径的1/10，且不得大于1mm	5.3.2条				
施工单位检查评定结果			项目专业质量检查员： 年 月 日				
监理(建设)单位验收结论			监理工程师(建设单位项目专业技术负责人)： 年 月 日				

注：1 一般项目各项检查评定不合格时，在小格内打×记号；
　　2 本表由施工单位项目专业质量检查员填写，监理工程师（建设单位项目专业技术负责人）组织项目专业质量检查员等进行验收。

A.0.2 箍筋闪光对焊接头检验批质量验收记录应符

合表 A.0.2 的规定。

表 A.0.2 箍筋闪光对焊接头检验批质量验收记录

工程名称			验收部位		
施工单位			批号及批量		
施工执行标准名称及编号		《钢筋焊接及验收规程》JGJ 18-2012	钢筋牌号及直径(mm)		
项目经理			施工班组长		
主控项目	质量验收规程的规定		施工单位检查评定记录	监理(建设)单位验收记录	
	1	接头试件拉伸试验	5.1.7条		
一般项目	质量验收规程的规定		施工单位检查评定记录		监理(建设)单位验收记录
			抽查数	合格数	不合格
	1	对焊接头表面应呈圆滑、带毛刺状,不得有肉眼可见的裂纹	5.4.2条		
	2	轴线偏移不得大于钢筋直径的1/10,且不得大于1mm	5.4.2条		
	3	直线边凹凸不得大于5mm	5.4.2条		
	4	箍筋外皮尺寸应符合设计图纸规定,偏差在±5mm之内	5.4.2条		
	5	与电极接触处无明显烧伤	5.4.2条		
施工单位检查评定结果	项目专业质量检查员: 年 月 日				
监理(建设)单位验收结论	监理工程师(建设单位项目专业技术负责人): 年 月 日				

注:1 一般项目各小项检查评定不合格时,在小格内打×记号;
　　2 本表由施工单位项目专业质量检查员填写,监理工程师(建设单位项目专业技术负责人)组织项目专业质量检查员等进行验收。

A.0.3 钢筋电弧焊接头检验批质量验收记录应符合表 A.0.3 的规定。

表 A.0.3 钢筋电弧焊接头检验批质量验收记录

工程名称			验收部位		
施工单位			批号及批量		
施工执行标准名称及编号		《钢筋焊接及验收规程》JGJ 18-2012	钢筋牌号及直径(mm)		
项目经理			施工班组长		
主控项目	质量验收规程的规定		施工单位检查评定记录	监理(建设)单位验收记录	
	1	接头试件拉伸试验	5.1.7条		
一般项目	质量验收规程的规定		施工单位检查评定记录		监理(建设)单位验收记录
			抽查数	合格数	不合格
	1	焊缝表面应平整,不得有凹陷或焊瘤	5.5.2条		
	2	接头区域不得有肉眼可见裂纹	5.5.2条		
	3	咬边深度、气孔、夹渣等缺陷允许值及接头尺寸允许偏差应符合表5.5.2规定	表5.5.2		
	4	焊缝余高应为2mm~4mm	5.5.2条		
施工单位检查评定结果	项目专业质量检查员: 年 月 日				
监理(建设)单位验收结论	监理工程师(建设单位项目专业技术负责人): 年 月 日				

注:1 一般项目各小项检查评定不合格时,在小格内打×记号;
　　2 本表由施工单位项目专业质量检查员填写,监理工程师(建设单位项目专业技术负责人)组织项目专业质量检查员等进行验收。

A.0.4 钢筋电渣压力焊接头检验批质量验收记录应符合表 A.0.4 的规定。

表 A.0.4 钢筋电渣压力焊接头检验批质量验收记录

工程名称			验收部位		
施工单位			批号及批量		
施工执行标准名称及编号	《钢筋焊接及验收规程》JGJ 18-2012		钢筋牌号及直径(mm)		
项目经理			施工班组组长		

主控项目	质量验收规程的规定		施工单位检查评定记录	监理(建设)单位验收记录
	1 接头试件拉伸试验	5.1.7条		

一般项目	质量验收规程的规定		施工单位检查评定记录			监理(建设)单位验收记录
			抽查数	合格数	不合格	
	1	当钢筋直径小于或等于25mm时,焊包高度不得小于4mm;当钢筋直径大于或等于28mm时,焊包高度不得小于6mm	5.6.2条			
	2	钢筋与电极接触处无烧伤缺陷	5.6.2条			
	3	接头处的弯折角度不得大于2°	5.6.2条			
	4	轴线偏移不得大于1mm	5.6.2条			

施工单位检查评定结果	项目专业质量检查员: 年 月 日
监理(建设)单位验收结论	监理工程师(建设单位项目专业技术负责人): 年 月 日

注:1 一般项目各小项检查评定不合格时,在小格内打×记号;
　　2 本表由施工单位项目专业质量检查员填写,监理工程师(建设单位项目专业技术负责人)组织项目专业质量检查员等进行验收。

A.0.5 钢筋气压焊接头检验批质量验收记录应符合表 A.0.5 的规定。

表 A.0.5 钢筋气压焊接头检验批质量验收记录

工程名称			验收部位		
施工单位			批号及批量		
施工执行标准名称及编号	《钢筋焊接及验收规程》JGJ 18-2012		钢筋牌号及直径(mm)		
项目经理			施工班组组长		

主控项目	质量验收规程的规定		施工单位检查评定记录	监理(建设)单位验收记录
	1 接头试件拉伸试验	5.1.7条		
	2 接头试件弯曲试验	5.1.8条		

一般项目	质量验收规程的规定		施工单位检查评定记录			监理(建设)单位验收记录
			抽查数	合格数	不合格	
	1	轴线偏移不得大于钢筋直径的1/10,且不得大于1mm	5.7.2条			
	2	接头处表面不得有肉眼可见的裂纹	5.7.2条			
	3	接头处的弯折角度不得大于2°	5.7.2条			
	4	固态镦粗直径不得小于1.4d,熔态镦粗直径不得小于1.2d	5.7.2条			
	5	镦粗长度不得小于1.0d,d为钢筋直径	5.7.2条			

施工单位检查评定结果	项目专业质量检查员: 年 月 日
监理(建设)单位验收结论	监理工程师(建设单位项目专业技术负责人): 年 月 日

注:1 一般项目各小项检查评定不合格时,在小格内打×记号;
　　2 本表由施工单位项目专业质量检查员填写,监理工程师(建设单位项目专业技术负责人)组织项目专业质量检查员等进行验收。

A.0.6 预埋件钢筋 T 形接头检验批质量验收记录应符合表 A.0.6 的规定。

表 A.0.6 预埋件钢筋 T 形接头检验批质量验收记录

工程名称			验收部位		
施工单位			批号及批量		
施工执行标准名称及编号	《钢筋焊接及验收规程》JGJ 18-2012		钢筋牌号及直径(mm)		
项目经理			施工班组组长		
主控项目	质量验收规程的规定		施工单位检查评定记录	监理(建设)单位验收记录	
	1	接头试件拉伸试验	5.1.7条		

	质量验收规程的规定		施工单位检查评定记录			监理(建设)单位验收记录
			抽查数	合格数	不合格	
一般项目	1	焊条电弧焊时：角焊缝焊脚尺寸(K)应符合第4.5.11条第1款的规定	4.5.11条			
	2	埋弧压力焊和埋弧螺柱焊时，四周焊包凸出钢筋表面的高度应符合第5.8.2条第2款的规定	5.8.2条			
	3	焊缝表面不得有气孔、夹渣和肉眼可见裂纹	5.8.2条			
	4	钢筋咬边深度不得超过0.5mm	5.8.2条			
	5	钢筋相对钢板的直角偏差不得大于2°	5.8.2条			
施工单位检查评定结果	项目专业质量检查员： 年 月 日					
监理(建设)单位验收结论	监理工程师(建设单位项目专业技术负责人)： 年 月 日					

注：1 一般项目各小项检查评定不合格时，在小格内打×记号；
　　2 本表由施工单位项目专业质量检查员填写，监理工程师(建设单位项目专业技术负责人)组织项目专业质量检查员等进行验收。

附录 B　钢筋焊工考试合格证

塑料封套　　　　　　　　　　　　　　　封1

钢 筋 焊 工 考 试

合 格 证

省　　　　市
钢筋焊工考试委员会

塑料封套（硬纸）　　　　　　　　　　　封2

本证授予操作范围

操作方法＿＿＿＿＿＿

省　　　　市
钢筋焊工考试委员会
审查批准：省市建设行政主管部门名称

塑料封套（硬纸）　　　　　　　封3　　　　证芯　　　　　　　　　　　　第1页

注 意 事 项

1　本证仅限证明焊工操作技能用；

2　本证应妥善保存，不得转借他人；

3　本证记载各项，不得私自涂改；

4　本证的有效期为两年；超过有效期限，本证无效。

合格证编号：＿＿＿＿＿＿＿＿

姓　　　名：＿＿＿＿＿＿＿＿

性　　　别：＿＿＿＿＿＿＿＿

出 生 年 月：＿＿＿＿＿＿＿＿

工 作 单 位：＿＿＿＿＿＿＿＿

考 试 单 位：＿＿＿＿＿＿＿＿

照

片

钢印

省　　　市
钢筋焊工考试委员会（公章）

发证日期：＿＿＿＿＿年　月　日

塑料封套　　　　　　　　　　　封4　　　　证芯　　　　　　　　　　　　第2页

理论知识考试：

操作技能考试：

日期	焊接方法	试件编号	钢筋牌号及直径（mm）	拉伸试验（MPa）	弯曲试验（90°）

考试委员会主任：

年　月　日

日 常 工 作 质 量 记 录
年　　月至　　年　　月

工程名称＿＿＿＿＿＿＿＿＿＿＿＿＿＿＿＿

焊接方法＿＿＿＿＿＿＿＿＿＿＿＿＿＿＿＿

检验记录档案号＿＿＿＿＿＿＿＿＿＿＿＿

合格率＿＿＿＿＿＿＿＿＿＿＿＿＿＿＿＿＿

事故记录：

复 试 签 证

日　　期	内 容 说 明	负责人签字

注：复试合格签证的有效期为两年。

本规程用词说明

1 为便于在执行本规程条文时区别对待，对于要求严格程度不同的用词说明如下：

1）表示很严格，非这样做不可的：

正面词采用"必须"；反面词采用"严禁"；

2）表示严格，在正常情况下均应这样做的：

正面词采用"应"；反面词采用"不应"或"不得"；

3）表示允许稍有选择，在条件许可时首先应这样做的：

正面词采用"宜"；反面词采用"不宜"；

4）表示有选择，在一定条件下可以这样做的，采用"可"。

2 条文中指明应按其他有关标准执行的写法为："应符合……的规定"或"应按……执行"。

引用标准名录

1 《碳素结构钢》GB/T 700

2 《低合金高强度结构钢》GB/T 1591

3 《工业氧》GB/T 3863

4 《碳钢焊条》GB/T 5117

5 《低合金钢焊条》GB/T 5118

6 《溶解乙炔》GB 6819

7 《气体保护电弧焊用碳钢、低合金钢焊丝》GB/T 8110

8 《油气田液化石油气》GB 9052.1

9 《液化石油气》GB 11174

10 《钢筋焊接接头试验方法标准》JGJ/T 27

11 《焊接用二氧化碳》HG/T 2537

中华人民共和国行业标准

钢筋焊接及验收规程

JGJ 18—2012

条 文 说 明

修 订 说 明

《钢筋焊接及验收规程》JGJ 18 - 2012，经住房和城乡建设部 2012 年 3 月 1 日以第 1324 号公告批准、发布。

本规程是在行业标准《钢筋焊接及验收规程》JGJ 18 - 2003 的基础上修订完成的。上一版的主编单位是陕西省建筑科学研究设计院，参编单位是：北京建工集团有限责任公司、北京中建建筑科学技术研究院、上海住总集团总公司、四川省建筑科学研究院、北京市建设工程质量监督总站、北京第一通用机械厂对焊机分厂、江苏省无锡市日新机械厂、中国水利水电第十二工程局施工技术研究所、首钢总公司技术研究院、贵州钢龙焊接技术有限公司。主要起草人员是：陈金安、吴成材、艾永祥、刘子健、纪怀钦、李蓄、陈英辉、张玉平、付洪、邹士平、李本端、李永东、袁远刚。

本次修订的主要内容是：增加了钢筋焊接方法，修正了焊接工艺参数，提高了钢筋焊接接头外观质量的规定。

本规程在修订过程中，编制组对细晶粒钢筋焊接进行了试验研究，规定了适用范围；对 φ12 钢筋电渣压力焊、二氧化碳气体保护电弧焊、半自动钢筋固态气压焊、氧液化石油气熔态气压焊、预埋钢筋埋弧螺柱焊等进行了调查研究，收集试验研究报告和新技术工程应用证明，总结生产实践经验，列入本规程；同时参考了国际标准《焊接 钢筋焊接 第 1 部分：承载焊接接头》ISO 17660 - 1：2006（Welding-Welding of reinforcing steel-Part 1：Load-bearing welded joints）和日本工业标准《钢筋混凝土用钢筋气压焊接头试验方法及判定标准》JIS Z 3120：2009（鉄筋コンクリート用棒鋼ガス压接继手の试验方法及び判定基準），通过部分验证试验取得有用的工艺参数。

为便于广大设计、施工、科研、学校等单位有关人员在使用本规程时能正确理解和执行条文规定，《钢筋焊接及验收规程》编制组按章、节、条顺序编写了本规程条文说明，对条文规定的目的、依据及执行中需注意的有关事项进行了说明，还着重对强制性条文的强制性理由作了解释。但是，本条文说明不具备与规程正文同等的法律效力，仅供使用者作为理解和把握规程规定的参考。

目　次

1 总 则

1.0.1 本规程对钢筋焊接设备、焊接材料、焊接工艺、焊接质量检验与验收给出具体规定，是为了保证钢筋焊接质量和施工安全。这些规定是总结我国试验研究成果和生产实践经验编制而成。

1.0.2 本规程适用于一般工业与民用建筑工程混凝土结构中钢筋焊接施工及质量检验与验收。如结构工程对钢筋焊接接头性能有特殊要求时，例如：动载疲劳性能，耐腐蚀性能，低温冲击吸收功等，应按照设计要求，并结合工程实际情况加做相应的接头性能试验。

其他土木工程，可参照使用本规程。

1.0.3 本规程是现行国家标准《混凝土结构设计规范》GB 50010 和《混凝土结构工程施工质量验收规范》GB 50204 相配套的专业技术标准。因此，在钢筋焊接施工中，除执行本规程规定外，尚应符合国家有关标准的规定，例如，在同一构件内钢筋焊接接头的设置，应符合现行国家标准《混凝土结构工程施工质量验收规范》GB 50204 中有关规定。

2 术语和符号

2.1 术 语

2.1.1 摘自现行国家标准《钢筋混凝土用钢 第 1 部分：热轧光圆钢筋》GB 1499.1。

2.1.2、2.1.3 摘自现行国家标准《钢筋混凝土用钢 第 2 部分：热轧带肋钢筋》GB 1499.2。

2.1.4 摘自现行国家标准《钢筋混凝土用余热处理钢筋》GB 13014。

2.1.5 摘自现行国家标准《冷轧带肋钢筋》GB 13788。

2.1.6 摘自现行行业标准《冷拔低碳钢丝应用技术规程》JGJ 19。

2.1.13 钢筋气压焊加热达到固态的，约 1150℃～1250℃，称钢筋固态气压焊；加热达到熔态的，在 1540℃以上，称钢筋熔态气压焊。

2.1.15 预埋件钢筋埋弧螺柱焊是将埋弧焊与螺柱焊很好结合，从而获得发明专利的一项新技术。

2.1.16、2.1.17 这两个术语是根据箍筋闪光对焊技术从试验研究到推广应用的需要而新增的。

2.1.18 压入深度为电阻点焊的焊点外观质量检查术语（图1）。

2.1.19 焊缝余高为电弧焊接头外观质量检查术语（图2）。

在《钢筋焊接及验收规程》JGJ 18-2003中，焊缝余高规定为≤3mm，这次修订中，根据有关单位建

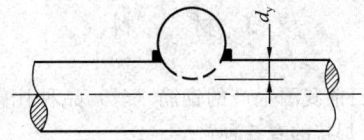

图 1 压入深度（d_y）

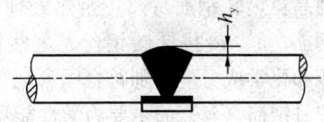

图 2 焊缝余高（h_y）

议，改为 2mm～4mm，这就是，应该有一些余高，起到对焊缝的加强作用；同时，不应过高，避免产生应力集中。

2.1.21 焊接接头一般由焊缝、熔合区、热影响区、母材四部分组成。"焊缝"和"母材"易于理解，故只列入"熔合区"和"热影响区"两个术语。热影响区又可分成晶粒长大的粗晶区（又称过热区）、混晶区（又称不完全相变区、不完全重结晶区）、细晶区（重结晶区）和再结晶区四部分。

钢筋焊接接头热影响区宽度主要决定于焊接方法；其次为焊接热输入。当采用较大热输入时，对不同焊接接头进行测定，其热影响区宽度如下，供参考使用：

1　钢筋电阻点焊焊点：0.5d；

2　钢筋闪光对焊接头：0.7d；

3　钢筋电弧焊接头：6mm～10mm；

4　钢筋电渣压力焊接头：0.8d；

5　钢筋气压焊接头：1.0d；

6　预埋件钢筋埋弧压力焊接头和埋弧螺柱焊接头：0.8d。

注：d 为钢筋直径（mm）。

2.1.22、2.1.23 这两个术语是根据现行国家标准《金属材料 力学性能试验术语》GB/T 10623 中 6.1.8"塑性断裂百分率"和 6.1.7"脆性断裂百分率"两个术语的解释，对《钢筋焊接及验收规程》JGJ 18-2003中原有术语的解释稍作修改。

2.2 符 号

2.2.1 主要摘自现行国家标准《混凝土结构设计规范》GB 50010。

2.2.2 L_g、b_g、a_g 三个符号是在这次修订中，因增加箍筋闪光对焊的需要而增列；其余符号均自本标准上一版规程《钢筋焊接及验收规程》JGJ 18-2003中延用。

2.2.3 从上一版规程《钢筋焊接及验收规程》JGJ 18-2003中延用。

2.2.4 摘自现行国家标准《金属材料 拉伸试验 第 1 部分：室温试验方法》GB/T 228.1。

3 材 料

3.0.1 目前我国生产的钢筋（丝）品种比较多，其中，进行焊接的有 5 种：

1 热轧光圆钢筋；2 热轧带肋钢筋（含普通热轧钢筋和细晶粒热轧钢筋）；3 余热处理钢筋；4 冷轧带肋钢筋；5 冷拔低碳钢丝。这些钢筋（丝）的力学性能和化学成分应分别符合国家现行标准的规定。不同牌号钢筋（丝）的主要力学性能见表1。

表 1 不同牌号钢筋（丝）的主要力学性能

序号	钢筋牌号	屈服强度 R_{eL}（或 $R_{p0.2}$）(MPa)	抗拉强度 R_m (MPa)	伸长率（%）		符号
				A	$A_{11.3}$	
		不小于				
1	HPB300	300	420	25		Φ
2	HRB335 HRBF335	335	455	17		Φ ΦF
3	HRB400 HRBF400	400	540	16		Φ ΦF
4	HRB500 HRBF500	500	630	15		Φ ΦF
5	RRB400W	430	570	16		ΦRW
6	CRB550	500	550		8	ΦR
7	CDW550		550			Φb

注：RRB400W 钢筋牌号和主要力学性能摘自国家标准《钢筋混凝土用余热处理钢筋》GB 13014，W 表示可焊，指的是闪光对焊和电弧焊等工艺，其化学成分规定为：碳（C）不大于 0.25%，硅（Si）不大于 0.80%，锰、磷、硫含量与 RRB400 相同，碳当量（C_{eq}）不大于 0.50%。

3.0.2 在预埋件钢筋 T 形接头、熔槽帮条焊接头和坡口焊接头中的钢板和型钢，可采用低碳钢或低合金钢，其力学性能和化学成分应符合现行国家标准《碳素结构钢》GB/T 700 或《低合金高强度结构钢》GB/T 1591 中的规定。

3.0.3 有关焊条的规定说明如下：

1 本规程按现行国家标准《碳钢焊条》GB/T 5117 中有关焊条型号列出。焊条型号的第一个字母 E（Electrode）表示焊条，前两位数字表示熔敷金属抗拉强度的最小值，第三位数字表示焊条的焊接位置，第三位数字和第四位数字组合时，表示焊接电流种类及药皮类型。药皮类型有很多种。表 3.0.3 中，凡后两位数字为"03"的焊条，为钛钙型药皮焊条（酸性），交、直流两用，工艺性能良好，是最常用焊条之一。在实际生产中，根据具体情况，亦可选用相同熔敷金属抗拉强度的其他药皮类型焊条。

2 窄间隙焊用焊条，当焊接 HPB300 钢筋，可采用 E4316、E4315 焊条；焊接 HRB335 或 HRBF335 钢筋，应采用 E5016、E5015 焊条；焊接 HRB400 或 HRBF400 钢筋，应采用 E5516、E5515 焊条。后两位数字为"16"焊条，其药皮类型为低氢钾型，交流或直流反接；后两位数字为"15"焊条，其药皮类型为低氢钠型，直流反接。该两种焊条均为碱性焊条；采用该两种焊条焊后，熔敷金属中含氢量极低，延性和冲击吸收功较高。

3 余热处理钢筋及细晶粒热轧钢筋进行焊条电弧焊时，宜优先采用低氢型碱性焊条，亦可采用酸性焊条。

4 在钢筋帮条焊和搭接焊中，当焊接 HRB335 钢筋时，一般采用 E50×× 型焊条，但是也可以采用不与母材等强的 E4303 焊条；现说明如下：

在这些接头中，荷载施加于接头的力不是由与钢筋等截面的焊缝金属抗拉力所承受，而是由焊缝金属抗剪力承受。焊缝金属抗剪力等于焊缝剪切面积乘以抗剪强度。所以，虽然采用该种型号焊条，其熔敷金属抗拉强度小于钢筋抗拉强度（约为 90%），焊缝金属的抗剪强度小于抗拉强度（60%），但焊缝金属剪切面积大于钢筋横截面面积甚多（约为 3.0 倍）。故允许采用 E4303 型焊条（熔敷金属抗拉强度为 420N/mm²，约 43kgf/mm²）进行 HRB335 钢筋帮条焊和搭接焊。举例计算如下：

以直径 25mm HRB335 钢筋双面搭接焊为例，采用 E4303 焊条。

钢筋抗拉力： 490.9×455＝223359.5N

焊缝剪切面积：长按 $4d$ 计，100mm

厚按 $0.3d$ 计，7.5mm

两条焊缝剪切面积：2×100 ×7.5＝1500mm²

焊缝金属抗剪强度为抗拉强度的 60%，0.6×420＝252N/mm²

焊缝金属抗拉力为：

1500×252＝378000N

焊缝金属抗拉力与钢筋抗拉力之比为：

378000/223359.5＝1.69

此外，大量试验和多年来生产应用表明，能完全满足要求，是安全的。

当进行钢筋坡口焊时，本规程中规定，对 HRB335 钢筋进行焊接时不仅采用 E5003 型焊条，并且钢筋与钢垫板之间，应加焊二层或三层侧面焊缝，这对接头起到一定加强作用。

表 3.0.3 中 ER 表示焊丝，49、50、55 表示熔敷金属抗拉强度最低值为 490MPa、500MPa、550MPa。焊丝又有多种牌号，其化学成分见现行国家标准《气体保护电弧焊用碳钢、低合金钢焊丝》GB/T 8110。

焊丝直径为 0.6mm、0.8mm、1.0mm、1.2mm、1.6mm、2.0mm、2.2mm 多种。常用的焊丝直径为 1.0mm 和 1.2mm。每盘焊丝重 15kg～20kg。

3.0.4 对氧气的质量要求，根据现行国家标准《工业氧》GB/T 3863 中规定，氧含量，按体积百分数，优等品指标为≥99.5%，一等品为≥99.2%。本规程中规定：按体积百分数，氧含量≥99.5%。

在现行国家标准《溶解乙炔》GB 6819 中规定，溶解乙炔的质量标准如下：乙炔纯度，按体积比，大于或等于98%；磷化氢、硫化氢含量，应使用硝酸银试纸不变色。

在推广应用氧液化石油气气压焊时，应使用符合现行国家标准《液化石油气》GB 11174 或《油气田液化石油气》GB 9052.1 中规定质量要求的液化石油气。

现行化工行业标准《焊接用二氧化碳》HG/T 2537 中规定，优等品要求二氧化碳含量（V/V）不得低于99.9%，水蒸气与乙醇总含量（m/m）不得高于0.005%，无异味；本规程要求采用优等品。分类见表2（注：二氧化碳气体在电弧高温作用下将发生分解，因而是一种活性气体）。

表2　焊接用二氧化碳组分含量的要求

项　目	组　分　含　量		
	优等品	一等品	合格品
二氧化碳含量，V/V，10^{-2} ≥	99.9	99.7	99.5
液态水　油	不得检出	不得检出	不得检出
水蒸气＋乙醇含量，m/m，10^{-2} ≤	0.005	0.02	0.05
气味	无异味	无异味	无异味

注：对以非发酵法所得的二氧化碳，乙醇含量不作规定。

3.0.5 在钢筋电渣压力焊和埋弧压力焊生产中，多年来一直借用埋弧焊的常用焊剂。1985年之前，焊剂无国家标准，但有企业标准和焊接材料说明书。原焊剂企业标准中，焊剂牌号按其化学成分来划分。HJ 431 焊剂为一种高锰高硅低氟焊剂，是一种最常用熔炼型焊剂；此外，HJ 330 焊剂是一种中锰高硅低氟焊剂，应用亦较多，这二种焊剂的化学成分见表3。

表3　HJ 330 和 HJ 431 焊剂化学成分（%）

焊剂牌号	SiO_2	CaF_2	CaO	MgO	Al_2O_3
HJ 330	44～48	3～6	≤3	16～20	≤4
HJ 431	40～44	3～6.5	≤5.5	5～7.5	≤4

焊剂牌号	MnO	FeO	K_2O+NaO	S	P
HJ 330	22～26	≤1.5	—	≤0.08	≤0.08
HJ 431	34～38	≤1.8	—	≤0.08	≤0.08

原焊剂企业标准，焊剂牌号的划分不涉及填充焊

丝，适合于钢筋电渣压力焊、预埋件钢筋埋弧压力焊和预埋件钢筋埋弧螺柱焊的实际情况；并且绝大部分焊剂生产厂至今仍沿用原企业标准。因此，在本规程中规定"可采用 HJ 431 焊剂"。HJ 为焊剂汉语拼音第一字母。

在现行国家标准《埋弧焊用低合金钢焊丝和焊剂》GB/T 12470 中规定，完整的焊丝－焊剂型号如下：第一个字母为 F，表示焊剂（Flux）；之后，由熔敷金属拉伸性能、试样状态、熔敷金属冲击吸收功、焊丝牌号和扩散氢限值组成。但是在电渣压力焊、埋弧压力焊和埋弧螺柱焊时，不添加焊丝，无熔敷金属，因此无法使用现行国家标准《埋弧焊用低合金钢焊丝和焊剂》GB/T 12470 中规定的焊剂型号。

3.0.6 本条文强调各种钢筋和焊接材料必须质量合格、可靠。

2010年12月20日，住房和城乡建设部关于发布国家标准《混凝土结构工程施工质量验收规范》GB 50204 - 2002 局部修订的公告（第849号），对5.2.1条钢筋进场复验作出规定，如正文；现已列入该项国家标准（2011年版）。

对于每批钢筋的检验数量，应按相关产品标准执行，国家标准《钢筋混凝土用钢　第1部分：热轧光圆钢筋》GB 1499.1 - 2008 和《钢筋混凝土用钢　第2部分：热轧带肋钢筋》GB 1499.2 - 2007 中规定每批抽取5个试件，先进行重量偏差检验，再取其中2个试件进行力学性能检验。

本规程中，涉及原材料进场检查数量和检验方法时，除有明确规定外，均应按以上叙述理解、执行。

本条文为强制性条文，应严格执行。

4　钢　筋　焊　接

4.1　基　本　规　定

4.1.1 本条各种焊接方法的适用范围，作了一些修改：

1 取消了 HPB235 钢筋，是贯彻国家逐步淘汰低强度钢筋的政策；考虑到《钢筋混凝土用钢　第1部分：热轧光圆钢筋》GB 1499.1 - 2008 中还有 HPB235 牌号钢筋以及某些偏远地区可能有这些钢筋存在，在表 4.1.1 注中予以补充说明。

2 HPB300 是新牌号钢筋，但是从其化学成分和力学性能分析，其焊接性能良好，增加列入。

3 在新的国家标准《钢筋混凝土用余热处理钢筋》GB 13014 中，规定 RRB400W 钢筋的化学成分中，C、Si 及 C_{eq} 含量均比 RRB400 钢筋低，故在表 4.1.1 的闪光对焊和电弧焊适用范围中，增加列入。

4.1.2 电渣压力焊适用于竖向钢筋的连接；若将钢筋竖向焊接，然后放置于梁、板构件中作水平钢筋之

用，是不合适的。

4.1.3 在工程开工或者每批钢筋正式焊接之前，无论采用何种焊接工艺方法，均须采用与生产相同条件进行焊接工艺试验，以便了解钢筋焊接性能，选择最佳焊接参数，以及掌握担负生产的焊工的技术水平。每种牌号、每种规格钢筋试件数量和要求与本规程第5章"质量检验与验收"中规定相同。若第1次未通过，应改进工艺，调整参数，直至合格为止。采用的焊接工艺参数应作好记录，以备查考。

在焊接过程中，如果钢筋牌号、直径发生变更，应同样进行焊接工艺试验。本条是强制性条文，应严格执行。

4.1.4 焊前准备工作的好坏直接影响焊接质量，为了防止焊接接头产生夹渣、气孔等缺陷，在焊接区域内，钢筋表面铁锈、油污、熔渣等应清除；影响接头成型的钢筋端部弯折、劈裂等，应予矫正或切除。

4.1.5 带肋钢筋进行对接连接时，应将纵肋对纵肋，以获得足够的有效连接面积，这是总结生产经验而规定的。

4.1.6 本条文规定，焊剂若受潮，必须提前进行烘焙，以防止产生气孔；使用过的焊剂与新焊剂掺和使用时，应是少量的，比例要合适。

4.1.7 在工程施工中经常遇到不同直径钢筋的连接，本次规程修订中，通过实验作出规定。

4.1.8 通过本次规程修订所做试验，作出规定。

4.1.9 生产实践证明，在采用上述焊接方法时，电源电压的波动对焊接质量有较大影响。在现场施工时，由于用电设备多，往往造成电压降较大。为此要求焊接电源箱内装设电压表，焊工可随时观察电压波动情况，及时调整焊接工艺参数，以保证焊接质量。

4.1.10 根据试验资料表明，在实验室条件下对普通低合金钢钢筋23个钢种、2300个负温焊接接头的工艺性能、力学性能、金相、硬度以及冷却速度等作了系统的试验研究，认为闪光对焊在－28℃施焊，电弧焊在－50℃下进行焊接时，如焊接工艺和参数选择适当，其接头的综合性能良好。但是考虑到试点工程最低温度为－23℃，以及由于温度过低，工人操作不便，为确保工程质量，故规定当环境温度低于－20℃时，不应进行各种焊接。

负温焊接与常温焊接相比，主要是一个负温引起的冷却速度加快的问题。因此，其接头构造和焊接工艺必须遵守常温焊接的规定外，还需在焊接工艺参数上作一些必要的调整。

1 预热：在负温条件下进行帮条电弧焊或搭接电弧焊时，从中部引弧，对两端就起到了预热的作用；

2 缓冷：采用多层施焊时，层间温度控制在150℃～350℃之间，使接头热影响区附近的冷却速度减慢1倍～2倍左右，从而减弱了淬硬倾向，改善了

接头的综合性能；

3 回火：如果采用上述两种工艺，还不能保证焊接质量时，则采用"回火焊道施焊法"，其作用是对原来的热影响区起到回火的效果。回火温度为500℃左右。如一旦产生淬硬组织，经回火后将产生回火马氏体、回火索氏体组织，从而改善接头的综合性能（图3）。

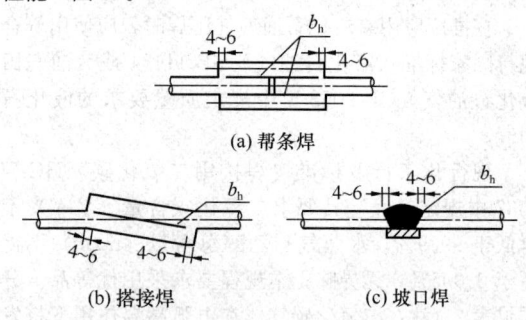

(a) 帮条焊

(b) 搭接焊   (c) 坡口焊

图3　钢筋负温电弧焊回火焊道示意
b_h—回火焊道

4.1.11 见第4.1.10条条文说明。

4.1.12 焊后未冷却接头若碰到雨或冰雪，易产生淬硬组织，应该防止。

4.1.13 风速为7.9m/s时，为四级风力；风速为5.4m/s时，为三级风力。

4.2　钢筋电阻点焊

4.2.1 采用电阻点焊焊接钢筋骨架或钢筋网，是一种生产率高，质量好的工艺方法，应积极推广采用。

4.2.2 在焊接骨架中，若大小钢筋直径之比相差悬殊，不利于保证钢筋焊接质量；焊接网大小钢筋直径之比与现行国家标准《钢筋混凝土用钢　第3部分：钢筋焊接网》GB/T 1499.3保持一致。

4.2.3 本条文强调电阻点焊工艺过程中，必须经过三个阶段，若缺少"预压"或"锻压"阶段，必将影响焊接质量。

4.2.4 当采用DN3-75型气压式点焊机焊接HPB300钢筋或CDW550钢丝时，焊接通电时间应符合表4的规定，电极压力应符合表5的规定。

表4　焊接通电时间（s）

变压器级数	较小钢筋直径（mm）						
	4	5	6	8	10	12	14
1	1.10	0.12	—	—	—	—	—
2	0.08	0.07	—	—	—	—	—
3	—	—	0.22	0.70	1.50	—	—
4	—	—	0.20	0.60	1.25	2.50	4.00
5	—	—	—	0.50	1.00	2.00	3.50
6	—	—	—	0.40	0.75	1.50	3.00
7	—	—	—	—	0.50	1.20	2.50

注：点焊HRB335、HRBF335、HRB400、HRBF400、HRB500、HRBF500或CRB550钢筋时，焊接通电时间可延长20%～25%。

表 5 电极压力（N）

较小钢筋直径 (mm)	HPB300	HRB335 HRBF335 HRB400 HRBF400 HRB500 HRBF500 CRB550 CDW550
4	980～1470	1470～1960
5	1470～1960	1960～2450
6	1960～2450	2450～2940
8	2450～2940	2940～3430
10	2940～3920	3430～3920
12	3430～4410	4410～4900
14	3920～4900	4900～5880

4.2.5 焊点压入深度过小，不能保证焊点的抗剪力；压入深度过大，对于冷轧带肋钢筋或冷拔低碳钢丝，会影响主筋的抗拉强度。

4.2.6 在焊接生产中，准确调整好各个电极之间的距离，经常检查各个焊点的焊接电流和焊接通电时间，十分重要；特别是采用钢筋焊接网成型机组，配置多个焊接变压器，更要认真安装、调试和操作，以确保各焊点质量。

4.2.7 电极的质量及表面状态对点焊质量影响较大，因此提出上述两点规定，以保证点焊质量和延长电极的使用寿命。

4.2.8 点焊制品焊接缺陷及消除措施见表 6。

表 6 点焊制品焊接缺陷及消除措施

焊接缺陷	产 生 原 因	消 除 措 施
焊点过烧	1 变压器级数过高； 2 通电时间太长； 3 上下电极不对中心； 4 继电器接触失灵	1 降低变压器级数； 2 缩短通电时间； 3 切断电源，校正电极； 4 清理触点，调节间隙
焊点脱落	1 电流过小； 2 压力不够； 3 压入深度不足； 4 通电时间太短	1 提高变压器级数； 2 加大弹簧压力或调大气压； 3 调整两电极间距离符合压入深度要求； 4 延长通电时间
钢筋表面烧伤	1 钢筋和电极接触表面太脏； 2 焊接时没有预压过程或预压力过小； 3 电流过大； 4 电极变形	1 清刷电极与钢筋表面的铁锈和油污； 2 保证预压过程和适当的预压力； 3 降低变压器级数； 4 修理或更换电极

4.3 钢筋闪光对焊

4.3.1 钢筋闪光对焊具有效率高、材料省、施焊方便，宜优先使用。施焊时，应选用合适的工艺方法和焊接参数。

4.3.2 连续闪光焊工艺方法简单、生产效率高，是焊工常用的一种方法，但是，采用这一方法，主要与焊机的容量、钢筋牌号和直径大小有密切关系，一定容量的焊机只能焊接与相适应规格的钢筋。因此，表 4.3.2 对连续闪光焊采用不同容量的焊机时，对不同牌号钢筋所能焊接的上限直径加以规定，以保证焊接质量。当超过表中限值时，应采用预热闪光焊或闪光—预热闪光焊。

4.3.4 本条列出各项工艺参数均十分重要，例如，顶锻留量太大，会形成过大的镦粗头；太小又可能使焊缝结合不良，降低了强度。经验证明，顶锻留量以 3mm～7mm 为宜。

电阻预热法即：顶紧、通电、电阻预热、松开、再顶紧……

4.3.5 本条文规定的焊接工艺措施的目的是，缩小热影响区宽度和缩短焊接接头的冷却时间 $t_{8/5}$。当采用其他焊接方法时，该项工艺措施亦可参考采用。

4.3.6 本条文强调要根据钢筋牌号、直径、焊机容量以及不同的工艺方法，选择合适变压器级数；如果太低，次级电压也低，焊接电流小，就会使闪光困难，加热不足，更不能利用闪光保护焊口免受氧化；相反，如果变压器级数太高，闪光过强，也会使大量热量被金属微粒带走，钢筋端部温度升不上去。

4.3.7 焊后热处理可按下列程序进行：

1 待接头冷却至常温，将电极钳口调至最大间距，重新夹紧；

2 应采用最低的变压器级数，进行脉冲式通电加热；每次脉冲循环，应包括通电时间和间歇时间，约为 3s；

3 焊后热处理温度应在 750℃～850℃ 之间，随后在环境温度下自然冷却。

4.3.8 钢筋闪光对焊的操作要领是：

1 预热要充分；

2 顶锻前瞬间闪光要强烈；

3 顶锻快而有力。

闪光对焊的异常现象、焊接缺陷及消除措施见表 7。

表 7 闪光对焊异常现象、焊接缺陷及消除措施

异常现象和焊接缺陷	产 生 原 因	消 除 措 施
烧化过分剧烈并产生强烈的爆炸声	1 变压器级数过高； 2 烧化速度太快	1 降低变压器级数； 2 减慢烧化速度
闪光不稳定	1 电极底部或钢筋表面有氧化物； 2 变压器级数太低； 3 烧化速度太慢	1 消除电极底部和钢筋表面的氧化物； 2 提高变压器级数； 3 加快烧化速度

异常现象和焊接缺陷	产生原因	消除措施
接头有氧化膜、未焊透或夹渣	1 预热程度不足； 2 临近顶锻时的烧化速度太慢； 3 带电顶锻不够； 4 顶锻加压力太慢； 5 顶锻压力不足	1 增加预热程度； 2 加快临近顶锻时的烧化速度； 3 确保带电顶锻过程； 4 加快顶锻压力； 5 增大顶锻压力
接头中有缩孔	1 变压器级数过高； 2 烧化过程过分强烈； 3 顶锻留量或顶锻压力不足	1 降低变压器级数； 2 避免烧化过程过分强烈； 3 适当增大顶锻留量或顶锻压力
焊缝金属过烧	1 预热过分； 2 烧化速度太慢，烧化时间过长； 3 带电顶锻时间过长	1 减低预热程度； 2 加快烧化速度，缩短焊接时间； 3 避免过多带电顶锻
接头区域裂纹	1 钢筋母材碳、硫、磷可能超标； 2 预热程度不足	1 检验钢筋的碳、硫、磷含量；若不符合规定时应更换钢筋； 2 采取低频预热方法，增加预热程度
钢筋表面微熔及烧伤	1 钢筋表面有铁锈或油污； 2 电极内表面有氧化物； 3 电极钳口磨损； 4 钢筋未夹紧	1 消除钢筋被夹紧部位的铁锈或油污； 2 消除电极内表面的氧化物； 3 改进电极槽口形状，增大接触面积； 4 夹紧钢筋

4.4 箍筋闪光对焊

4.4.1 本条文规定，一是便于施焊，二是确保结构安全。

4.4.2 本条强调箍筋下料长度应准确，要通过计算，并经试焊确定，使箍筋外皮尺寸符合设计图纸的规定。

4.4.3 钢筋的切断和端面质量对于箍筋焊接有很大影响，这里强调两点：一是按设计图纸规定弯曲成型，制成待焊箍筋；二是两个对焊头完全对准，具有一定弹性压力。

4.4.4 待焊箍筋的加工质量对于整个箍筋具有十分重要的作用，故规定要进行中间检查。

4.4.5 由于二次电流中存在分流现象（图4），因此焊接变压器级数应适当提高。

4.4.6 箍筋闪光对焊的异常现象、焊接缺陷及消除措施见表8。

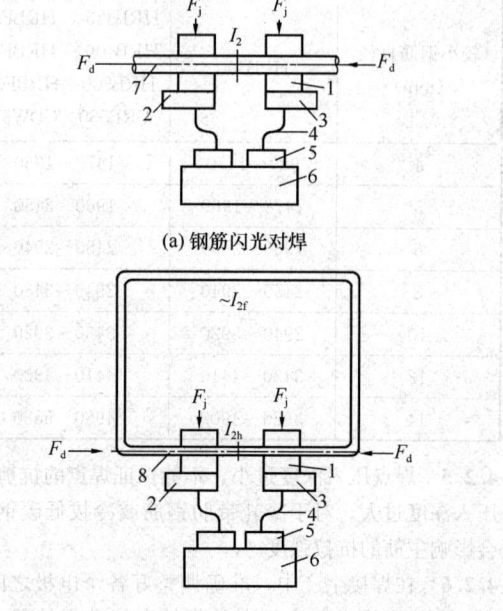

(a) 钢筋闪光对焊

(b) 箍筋闪光对焊

图4 对焊机的焊接回路与分流
1—电极；2—定板；3—动板；4—次级软导线；
5—次级线圈；6—变压器；7—钢筋；8—箍筋；
F_j—夹紧力；F_d—顶锻力；
I_2—二次电流；I_{2h}—二次焊接电流；
I_{2f}—二次分流电流

表8 箍筋闪光对焊的异常现象、焊接缺陷及消除措施

异常现象和焊接缺陷	产生原因	消除措施
箍筋下料尺寸不准，钢筋头歪斜	1 箍筋下料长度未经试验确定； 2 钢筋调直切断机性能不稳定	1 箍筋下料长度必须经弯曲和对焊试验确定； 2 选用性能稳定、下料误差±3mm，能确保钢筋端面垂直于轴线的调直切断机
待焊箍筋两头分离、错位	1 接头处两钢筋之间没有弹性压力； 2 两钢筋头不对准	1 制作箍筋时将接头对面边的两个90°角弯成87°~89°角，使接头处产生弹性压力 F_t； 2 将两钢筋头对准
焊接接头被拉开	1 电极钳口变形； 2 钢筋头变形； 3 两钢筋头未对正	1 修整电极钳口或更换电极； 2 矫直变形的钢筋头； 3 将箍筋两头对正

4.5 钢筋电弧焊

4.5.1 半自动二氧化碳气体保护电弧焊，具有设备轻巧、操作方便、焊接速度快、熔深大、变形小、清渣容易、适应性强等优点，其缺点是飞溅较大。近几年来，在钢筋焊接工程中开始推广应用，应积累经验。

4.5.2 对半自动二氧化碳气体保护电弧焊焊接工艺参数说明如下：

1 焊接电流

焊接电流与送丝速度或熔化速度以非线性关系变化，当送丝速度增加时，焊接电流也随之增大。

2 极性

大多采用反接，即焊丝接正极。这时，电弧稳定，熔滴过渡平稳，飞溅较低，焊缝成型较好，熔深较大。

3 电弧电压（弧长）

当弧长过长，难以使电弧潜入焊件表面；弧长过短，容易引起短路。当电弧电压过高时，容易产生气孔、飞溅和咬边；电弧电压过低时，会使焊丝插入熔池，成桩状。常用电弧电压是：短路过渡 20V～22V，喷射过渡 25V～28V。

4 焊接速度

中等焊接速度时熔深最大。焊接速度降低时，单位长度焊缝上熔敷金属增加，焊接速度过快时，会产生咬边倾向。

5 焊丝伸出长度（干伸长）

焊丝伸出长度是指导电嘴端头到焊丝端头的距离，短路过渡时合适的焊丝伸出长度是 6mm～13mm，其他熔滴过渡形式时为 13mm～25mm。

6 焊枪角度

在平角焊时，焊丝轴线与水平板面成 45°。

7 焊接接头位置

在平焊、横焊位置时，可以获得良好焊缝成型，当仰焊和向上立焊时，若是喷射过渡，容易引起铁水流失，要注意防范。

8 焊丝直径

半自动焊多用 $\phi0.6mm～\phi1.6mm$ 焊丝，自动焊多用 $\phi1.6mm～\phi5.0mm$ 焊丝。在钢筋结构制作与安装中，大部分为半自动焊，以 $\phi1.2mm$ 焊丝为例，常用焊接电流为 220A。

4.5.3 本条文中提出的几点要求，例如：焊接地线不得随意乱搭；焊接地线与钢筋接触不良时，很容易发生起弧现象，烧伤钢筋或局部产生淬硬组织，形成脆断的起源点。在钢筋焊接区域之外随意引燃电弧，同样也会产生上述缺陷。这些都是焊工容易忽视而又是十分重要的问题。

4.5.4 钢筋帮条焊时，若采用双面焊，接头中应力传递对称、平衡，受力性能良好；若采用单面焊，则较差。因此，尽可能采用双面焊。

帮条长度是根据计算和试验而定，多年生产应用表明，是可靠的。

4.5.5 当需要时，为防止钢筋搭接焊接头受拉时，在焊缝两端钢筋开裂，引起脆断，在焊缝两端可稍加绕焊，但不得烧伤主筋（图5）。

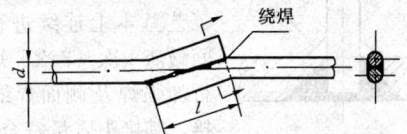

图 5 钢筋搭接焊

d—钢筋直径；l—搭接长度；b_r—绕焊焊道

4.5.6 焊缝有效厚度（S）很重要，当需要时，应截切试件，将断面磨光、腐蚀后，可以测出。

4.5.7 在电弧焊接头中，定位焊缝是接头的重要组成部分。为了保证质量，不得随便点焊，尤其不能在帮条或搭接端头的主筋上点焊。否则，对于HRB335、HRB400 钢筋，很容易因定位焊缝过小、冷却速度快而发生裂纹和产生淬硬组织，形成脆断的起源点。因此，本条文作了"定位焊缝与帮条或搭接端部的距离宜大于或等于 20mm"的规定。

在钢筋搭接焊时，焊接端钢筋宜适当预弯，以保证两钢筋的轴线在一直线上，这样，接头受力性能良好。

4.5.8 本条文中，对钢筋坡口焊提出一些要求。据调查，钢筋坡口焊在一些火电厂房建设中应用较多。这种结构一般钢筋较密，在焊接时坡口背面不易焊到，容易产生气孔、夹渣等缺陷，焊缝成型也比较困难。通过试验研究和生产实践表明，坡口平焊和坡口立焊时，加一块钢垫板，这样效果很好。不仅便于施焊，也容易保证焊接质量。钢筋与钢垫板之间，加焊侧面焊缝，目的是提高接头强度，保证质量。

4.5.9 根据窄间隙焊的试验研究和生产应用总结而提出的焊接工艺过程（图6）。推广应用表明可以取得良好技术经济效果。

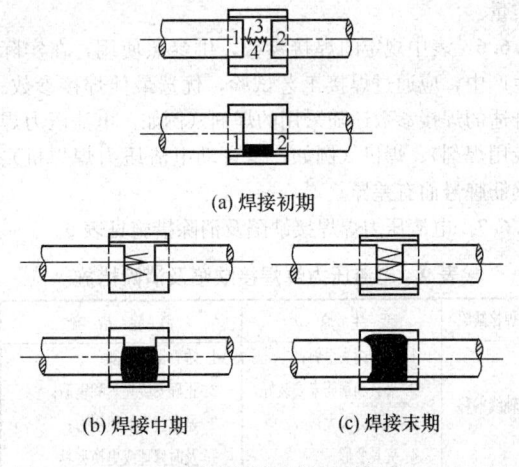

(a) 焊接初期

(b) 焊接中期　　　　(c) 焊接末期

图 6 窄间隙焊工艺过程示意

1～4—焊工操作顺序

4.5.10 根据水利水电部门的试验报告，采用以角钢作垫模的熔槽焊接头形式，专门焊接直径 20mm 及以

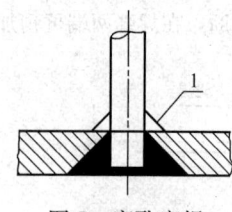

图 7 穿孔塞焊
1—内侧加焊角焊缝

上的粗直径钢筋。接头间隙 10mm～16mm，其施焊工艺基本上连续进行，中间敲渣 1 次～3 次。焊后进行加强焊及侧面焊缝的焊接，其接头质量符合要求，效果较好。角钢长 80mm～100mm，并与钢筋焊牢，具有帮条作用，结合其工艺特点，定名为熔槽帮条焊。

4.5.11 在采用穿孔塞焊中，当需要时，可在内侧加焊一圈角焊缝，以提高接头强度（图 7）。

4.6 钢筋电渣压力焊

4.6.1 钢筋电渣压力焊适用于竖向钢筋，或者倾斜度在 10°范围内钢筋的焊接；若再增大倾斜度，会影响熔池的维持和焊包成型。

4.6.2 本次规程修订，根据工程中墙体钢筋连接的需要和多个试点工程的实践，从原规程钢筋下限直径为 14mm，延伸至 12mm。由于 12mm 钢筋直径较细、较软，焊接夹具夹挂后，钢筋容易弯曲。因此规定应采用小型焊接夹具，多做焊接工艺试验，几个工程应用证明效果良好。

4.6.3 钢筋电渣压力焊时，可采用交流（或直流）焊接电源；焊机容量应根据现场最大直径钢筋选用。

4.6.4 本条文对焊接夹具提出一些技术要求，使其可靠、耐用。各工厂生产的焊接夹具形式不同，型号亦较多，应根据钢筋直径、现场施工条件选用。

4.6.5 根据调研，多数采用直接引弧法，当然，也有采用间接引弧法，即用焊条芯（铁丝圈）引弧。规定四周焊包凸出钢筋表面的高度不得小于 4mm，或者 6mm，表明钢筋周边均已熔化，以确保焊接接头质量。

4.6.6 表中规定的焊接参数，供参照使用，在实际生产中，应通过焊接工艺试验，优选最佳焊接参数。合适的焊接参数还随采用的焊剂（例如，电渣压力焊专用焊剂）、焊机（例如，全自动电渣压力焊焊机）、钢筋牌号而有差异。

4.6.7 电渣压力焊焊接缺陷及消除措施见表 9。

表 9 电渣压力焊焊接缺陷及消除措施

焊接缺陷	产生原因	消除措施
轴线偏移	1 钢筋端头歪斜； 2 夹具和钢筋未安装好； 3 顶压力太大； 4 夹具变形	1 矫直钢筋端部； 2 正确安装夹具和钢筋； 3 避免过大的顶压力； 4 及时修理或更换夹具
弯折	1 钢筋端部弯折； 2 上钢筋未未牢放正； 3 拆卸夹具过早； 4 夹具损坏松动	1 矫直钢筋端部； 2 注意安装和扶持上钢筋； 3 避免焊后过快拆卸夹具； 4 修理或者更换夹具

续表 9

焊接缺陷	产生原因	消除措施
咬边	1 焊接电流太大； 2 焊接通电时间太长； 3 上钢筋顶压不到位	1 减小焊接电流； 2 缩短焊接时间； 3 注意上钳口的起点和止点，确保上钢筋顶压到位
未焊合	1 焊接电流太小； 2 焊接通电时间不足； 3 上夹头下送不畅	1 增大焊接电流； 2 避免焊接时间过短； 3 检修夹具，确保上钢筋下送自如
焊包不均	1 钢筋端面不平整； 2 焊剂填装不匀； 3 钢筋熔化不足	1 钢筋端面应平整； 2 填装焊剂尽量均匀； 3 延长电渣过程时间，适当增加熔化量
烧伤	1 钢筋夹持部位有锈； 2 钢筋未夹紧	1 钢筋导电部位除净铁锈； 2 尽量夹紧钢筋
焊包下淌	1 焊剂筒下方未堵严； 2 回收焊剂太早	1 彻底封堵焊剂筒的漏孔； 2 避免焊后过快回收焊剂

4.7 钢筋气压焊

4.7.1 气压焊用的多嘴环管加热器和加压器比较轻巧，能随意移动，故可在多种焊接位置进行施焊。

4.7.2 两种焊接工艺方法各有特点，例如，采用固态气压焊时，增加了两钢筋之间的结合面积，接头外形整齐；采用熔态气压焊时，简化了对钢筋端面的要求，操作简便。

4.7.3 液化石油气是油田开采或炼油工业中的副产品，它在常温常压下呈现气态，其主要成分是丙烷（C_3H_8），占 50%～80%，其余是丁烷（C_4H_{10}），还有少量丙烯（C_3H_6）及丁烯（C_4H_8），为碳氢化合物组成的混合物。

液化石油气约在 0.8MPa～1.5MPa 压力下即变成液体，便于瓶装储存运输。

液化石油气与氧气混合燃烧的火焰温度为 2200℃～2800℃，稍低于氧乙炔火焰。

丙烷完全燃烧的整个化学反应式是：

$$C_3H_8 + 5O_2 \longrightarrow 3CO_2 + 4H_2O + 530.38kJ/mol$$

燃烧分两个阶段，第一阶段是：

$$C_3H_8 + 1.5O_2 \longrightarrow 3CO + 4H_2$$

来源于氧气瓶的氧与液化石油气瓶中丙烷的有效混合而燃烧，形成焰芯；并产生中间产物 $3CO + 4H_2$（图 8）。

第二阶段是：中间产物与火焰周围空气中供给的氧燃烧，形成外焰：

$$3CO + 4H_2 + 3.5O_2 \longrightarrow 3CO_2 + 4H_2O$$

同样，丁烷完全燃烧的整个化学反应式是：

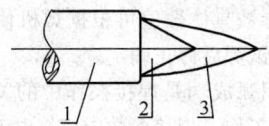

图 8　氧液化石油气火焰

1—喷嘴；2—焰芯；

3—外焰

$$C_4H_{10} + 6.5O_2 \longrightarrow 4CO_2 + 5H_2O + 687.94kJ/mol$$

第一阶段燃烧是：

$$C_4H_{10} + 2O_2 \longrightarrow 4CO + 5H_2$$

第二阶段燃烧是：

$$4CO + 5H_2 + 4.5O_2 \longrightarrow 4CO_2 + 5H_2O$$

从以上第一阶段燃烧反应式可以看出：一份丙烷需要从氧气瓶供给1.5份氧；一份丁烷需要2.0份氧。所以在氧液化石油气火焰调节时，若是中性焰，氧与液化石油气的比例应该是约1.7:1（质量比）；实际施焊时，氧的比例还要高一些。

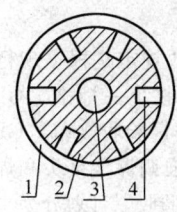

图 9　梅花状喷嘴端面形状

1—紫铜；2—黄铜；

3—大孔；4—小孔

4.7.4 所有焊接设备各部件应坚固耐用，气管接头不得漏气，电气线路接触良好，自动控制系统反应灵敏，气瓶质量符合国家有关安全监察规程的规定。使用过程中，不得违规操作。

梅花状喷嘴中间有一个大孔，四周6个小孔（图9）。

4.7.5 当使用钢筋常温直角切断机断料时，由于陶瓷片高速切断，不产生高温，不产生氧化膜，不用打磨，端面平滑，因而可直接焊接。焊工操作液压开关，节省辅助工，提高工效。

当两钢筋直径不同时，应适当调整焊接工艺参数。

4.7.7 强调在钢筋端面缝隙完全密合之前，如果发生灭火中断现象，为了保证焊接质量，必须将钢筋取下，重新打磨、安装，然后点燃火焰进行焊接操作。

4.7.8 气压焊焊接缺陷及消除措施见表10。

表 10　气压焊焊接缺陷及消除措施

焊接缺陷	产生原因	消除措施
轴线偏移（偏心）	1 焊接夹具变形，两夹头不同心，或夹具刚度不够； 2 两钢筋安装不正； 3 钢筋接合端面倾斜； 4 钢筋未夹紧进行焊接	1 检查夹具，及时修理或更换； 2 重新安装夹紧； 3 切平钢筋端面； 4 夹紧钢筋再焊
弯折	1 焊接夹具变形，两夹头不同心； 2 平焊时，钢筋自由端过长； 3 焊接夹具拆卸过早	1 检验夹具，及时修理或更换； 2 缩短钢筋自由端度； 3 熄火后半分钟再拆夹具

续表 10

焊接缺陷	产生原因	消除措施
镦粗直径不够	1 焊接夹具动夹头有效行程不够； 2 顶压油缸有效行程不够； 3 加热温度不够； 4 压力不够	1 检查夹具和顶压油缸，及时更换； 2 采用适宜的加热温度及压力
镦粗长度不够	1 加热幅度不够宽； 2 顶压力过大过急	1 增大加热幅度； 2 加压时应平稳
钢筋表面严重烧伤	1 火焰功率过大； 2 加热时间过长； 3 加热器摆动不匀	调整加热火焰，正确掌握操作方法
未焊合	1 加热温度不够或热量分布不均； 2 顶压力小； 3 接合端面不洁； 4 端面氧化； 5 中途灭火或火焰不当	合理选择焊接参数，正确掌握操作方法

4.8　预埋件钢筋埋弧压力焊

4.8.1 本条文对埋弧压力焊的设备作出一些规定，要求可靠、耐用。

4.8.2 埋弧压力焊工艺的技术关键，在于正确掌握焊接的各个过程，本条文对此作了规定。

4.8.3 当采用500型焊接变压器时，焊接参数见表11，可改善接头成型，使四周焊包更加均匀。

表 11　埋弧压力焊焊接参数

钢筋牌号	钢筋直径（mm）	引弧提升高度（mm）	电弧电压（V）	焊接电流（A）	焊接通电时间（s）
HPB300 HRB335 HRBF335 HRB400 HRBF400	6	2.5	30～35	400～450	2
	8	2.5	30～35	500～600	3
	10	2.5	30～35	500～650	5
	12	3.0	30～35	500～650	8
	14	3.5	30～35	500～650	15
	16	3.5	30～40	500～650	22
	18	3.5	30～40	500～650	30
	20	3.5	30～40	500～650	33
	22	4.0	30～40	500～650	36

有的施工单位已有1000型焊接变压器，可采用大电流、短时间的强参数焊接法，以提高劳动生产率。

例如：焊接φ10mm钢筋时，采用焊接电流550A～650A，焊接通电时间4s；焊接φ16mm钢筋时，650A～800A，11s；焊接φ25mm钢筋时，650A～

800A，23s。

4.8.5 预埋件钢筋埋弧压力焊焊接缺陷及消除措施见表12。

表12　预埋件钢筋埋弧压力焊焊接缺陷及消除措施

焊接缺陷	产 生 原 因	消 除 措 施
钢筋咬边	1 焊接电流太大或焊接时间过长； 2 顶压力不足	1 减小焊接电流或缩短焊接时间； 2 增大压力量
气孔	1 焊剂受潮； 2 钢筋或钢板上有锈、油污	1 烘焙焊剂； 2 清除钢板或钢筋上的铁锈、油污
夹渣	1 焊剂中混入杂物； 2 过早切断焊接电流； 3 顶压太慢	1 清除焊剂中熔渣等杂物； 2 避免过早切断焊接电流； 3 加快顶压速度
未焊合	1 焊接电流太小，通电时间太短； 2 顶压力不足	1 增大焊接电流，增加焊接通电时间； 2 适当加大压力
焊包不均匀	1 焊接地线接触不良； 2 未对称接地	1 保证焊接地线的接触良好； 2 使焊接处对称导电
钢板焊穿	1 焊接电流太大或焊接时间过长； 2 钢板局部悬空	1 减小焊接电流或减少焊接通电时间； 2 避免钢板局部悬空
钢筋淬硬脆断	1 焊接电流太大，焊接时间太短； 2 钢筋化学成分超标	1 减小焊接电流，延长焊接时间； 2 检查钢筋化学成分
钢板凹陷	1 焊接电流太大，焊接时间太短； 2 顶压力太大，压入量过大	1 减小焊接电流，延长焊接时间； 2 减小顶压力，减小压入量

4.9　预埋件钢筋埋弧螺柱焊

4.9.1 预埋件钢筋埋弧螺柱焊的特点是：强电流、短时间，它主要依靠埋弧螺柱焊机和焊枪来实施。

4.9.2 埋弧螺柱焊机一般采用晶闸管整流器供电，为了使焊接过程稳定，要求电源为直流、下降特性，钢筋接电源的负极（正接极性）；负载持续率一般为3％～10％，空载电压在70V～100V之间，电源最大焊接电流可达 3000A。焊接通电时间为 100ms～8000ms。

4.9.3 焊枪控制着"开-接通电源"，是进行焊接操作的重要部件。钢筋伸出量和提升量均在焊枪调节。在生产中。如果出现不稳定现象，应检查焊枪调节件是否牢固，运动件是否灵活。

4.9.4 对焊接参数说明如下：

1 焊接参数具体数值可根据焊机使用说明书提供的参数，经试焊后修正确定。

2 确保引弧成功是焊接操作中的关键，要注意做好各项准备工作。焊接参数中焊接电流和焊接通电时间由焊机精确控制，如出现不稳定情况，由焊机供应厂派人检修；或者由经培训的维修人员维修。

3 在表4.9.4的焊剂一栏中提到，除采用熔炼型的 HJ431 焊剂外，也可采用 SJ101 焊剂。SJ101 焊剂是氟碱型烧结焊剂，是一种碱性焊剂。为灰色圆形颗粒，碱度值 1.8，粒度为 2.0mm～0.28mm（10 目～60 目）。可交直流两用。电弧燃烧稳定，脱渣容易，焊缝成型美观。焊缝金属具有较高的低温冲击吸收功。该焊剂具有较好的抗吸潮性。

5　质量检验与验收

5.1　基　本　规　定

5.1.1 主控项目和一般项目的验收规定是根据现行国家标准《建筑工程施工质量验收统一标准》GB 50300 和《混凝土结构工程施工质量验收规范》GB 50204 的有关规定而制定。本条文强调焊接接头和焊接制品应按检验批进行质量检验与验收，且划分为主控项目和一般项目两类；同时，规定质量检验的内容，包括外观质量检查和力学性能检验两部分。

5.1.2 本次修订，增加箍筋闪光对焊接头和预埋件钢筋 T 形接头的连接方式应目视全数检查，接头力学性能检验为主控项目。

5.1.4 本条文规定了纵向受力钢筋焊接接头和箍筋闪光对焊接头、预埋件钢筋 T 形接头的外观质量检查的抽检比例。

5.1.5 在钢筋焊接生产中，焊工对自己所焊接头的质量，心中是比较有数的，因此这里特别强调焊工的自检。焊工自检主要是在焊接过程中，通过眼睛观察和手的感觉来完成。允许焊工主动剔出不合格的接头，并切除重焊。质量检查员的检验，是在焊工认为合格的产品中进行检查，这样有利于提高焊工的责任心和自觉性。此外，规定了各小项合格率的要求。

5.1.6 在试验报告中，增加列入钢筋生产厂家和钢筋批号。

5.1.7 本条为钢筋焊接接头拉伸试验评定标准。与《钢筋焊接及验收规程》JGJ 18 - 2003 同条比较，3个试件中脆断比例的规定更加严格；但试件脆断时的抗拉强度，从原来应大于或等于钢筋母材抗拉强度标准值的 1.1 倍调至 1.0 倍，更加符合实际；施工单位应精心施焊，确保结构安全。

钢筋电弧焊接头拉伸试验结果不应断于焊缝(图 10)。

若有一个试件断于钢筋母材，且呈脆性断裂；或有一个试件断于钢筋母材，其抗拉强度又小于钢筋母

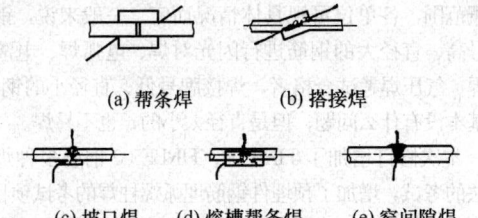

(a) 帮条焊　　(b) 搭接焊

(c) 坡口焊　(d) 熔槽帮条焊　(e) 窄间隙焊

图 10　钢筋电弧焊接头拉伸
试验断于焊缝示意

材抗拉强度标准值，应视该项试验为无效，并检验钢筋母材的化学成分和力学性能。

本条文为强制性条文，必须严格执行。

5.1.8　弯曲试验可在万能试验机、手动或电动液压弯曲试验器上进行；根据焊接接头实际情况，宜将试件受压面金属毛刺、镦粗部分消除。

本条文为强制性条文，必须严格执行。

5.2　钢筋焊接骨架和焊接网

5.2.1　本条文规定了不属于专门规定的焊接骨架和焊接网外观质量检查的批量和每批抽取试件数。

5.3　钢筋闪光对焊接头

5.3.1　闪光对焊是一种高生产率的焊接方法，每个班每一焊工所焊接的接头数量可超过 100 个，甚至超过 200 个，故每批的接头数量定为 300 个。如果同一台班的焊接接头数量较少，而又连续生产时，可以累计计算。一周内不足 300 个，亦按一批计算；超过 300 个时，按两批计算。

5.3.2　本条第 1 款规定，对焊接头外观质量检查结果，不得有肉眼可见的裂纹。这里包括环向裂纹和纵向裂纹；《钢筋焊接及验收规程》JGJ 18－2003 中规定为：不得有横向裂缝（即环向裂缝），两者比较，对其要求有所提高。施工单位、焊接班组、检查员均应十分重视，发现问题，分析原因，及时清除。以后相关条文规定均同。

本条第 3 款规定，接头处的弯折角度不得大于 2°。说明如下：接头处的弯折对接头性能带来不利影响。一个弯折的闪光对焊接头，在承受外力后，在焊缝区必然产生应力分布不均，在一侧，提前到达屈服，甚至产生裂纹，故规定为≤2°。《钢筋焊接及验收规程》JGJ 18－2003 中规定为≤3°，两者比较，要求提高一步，施焊时应精心操作。

本条第 4 款规定，接头处的轴线偏移不得大于钢筋直径的 1/10，且不得大于 1mm。《钢筋焊接及验收规程》JGJ 18－2003 中规定为：且不得大于 2mm，两者比较，对其要求有所提高，施焊时，应精心操作。

5.4　箍筋闪光对焊接头

5.4.1　箍筋闪光对焊接头的检验批说明如下：

根据箍筋的特点、受力以及数量较多情况，规定检验批的批量为 600 个接头，每批抽查 5% 进行外观质量检查；力学性能检验时只做拉伸试验，按第 5.1.7 条规定实施。

5.4.2　箍筋闪光对焊接头所在边顺直度，以对焊箍筋两角点为起点和终点，拉直线或用钢板直尺检查，其任意方向的凹凸不得大于 5mm（图 11）。

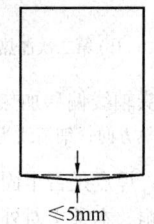

≤5mm

图 11　顺直度检测

5.5　钢筋电弧焊接头

5.5.1　如果在一个检验批中，有 3 种钢筋规格：$\phi25mm$、$\phi22mm$、$\phi20mm$，按照本条注的规定，只要从 $\phi25mm$ 和 $\phi20mm$ 钢筋接头中各切取 3 个接头做拉伸试验。

5.5.2　本条文规定了钢筋电弧焊接头外观质量检查的质量要求。裂纹是不允许的；咬边深度、气孔、夹渣的允许值在表 5.5.2 中规定，其中，焊缝宽度，只允许有正偏差，以确保接头强度。

《钢筋焊接及验收规程》JGJ 18－2003 规定焊缝余高为≤3mm，本次修订后焊缝余高规定为 2mm～4mm。钢筋焊工、质量检验员均应对此关注。

5.6　钢筋电渣压力焊接头

5.6.1　钢筋电渣压力焊接头应进行外观质量检查和力学性能检验，以 300 个同牌号钢筋焊接接头作为一批。不足 300 个时，仍作为一批。

5.6.2　本条文提出了钢筋电渣压力焊接头外观检查时的质量要求，应认真执行。规定四周焊包凸出钢筋表面的高度，当钢筋直径小于或等于 25mm 时，不得小于 4mm；当钢筋直径大于或等于 28mm 时，不得小于 6mm，这表明，上下钢筋四周已经熔合。

5.7　钢筋气压焊接头

5.7.1　本条明确规定以 300 个同牌号钢筋接头作为一批。

5.7.2　本条文规定对钢筋熔态气压焊接头的镦粗直径与固态气压焊接头相比，稍有不同。

接头轴线偏移在钢筋直径 3/10 以下时，可加热矫正（图 12）。

5.8　预埋件钢筋 T 形接头

5.8.1　预埋件不仅起着预制构件之间的联系作用，

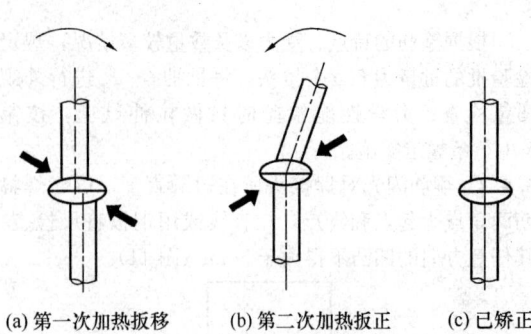

| (a) 第一次加热扳移 | (b) 第二次加热扳正 | (c) 已矫正 |

图 12　接头轴线偏移加热矫正示意

粗箭线为火焰加热方向；细箭线为用力扳移方向。

还借助它传递应力。焊点是否牢固可靠，对于结构物的安全度将产生影响。本条文对外观质量检查的抽查数量作了具体规定。

5.8.2　预埋件钢筋 T 形接头外观质量检查的要求系根据工程实践提出。

5.8.3　考虑到预埋件的实际情况，允许将外观不合格接头经补焊后，提交二次验收。

5.8.4　根据试验研究和工程应用，图 5.8.4 所示试件的钢板尺寸能够符合接头拉伸试验的需要；但是，当钢筋直径较粗，或者钢筋牌号较高时，应适当放大钢板尺寸。

在预埋件生产中，有的施工单位将钢筋扳弯 30°后，观察接头区是否出现裂纹，作为企业对 T 形接头质量检查的一种自检方法，供参考。

6　焊　工　考　试

6.0.1　钢筋焊接质量直接关系到整个工程的质量，而焊接质量在很大程度上又决定于焊工的操作技能。因此，焊工考试十分重要。本条为强制性条文，必须严格执行。

6.0.2　焊工考试应根据工程需要，在焊工进行培训的基础上，或者对于具有独立工作能力的焊工，进行钢筋焊工考试。

6.0.3　明确规定焊工考试应由经设区市或设区市级以上建设行政主管部门审查批准的单位负责进行；目的是提高培训质量，完善考试和发证制度。

6.0.4　明确经理论知识考试合格的焊工才能参加操作技能考试。

6.0.5　本条文中规定了理论知识考试的范围，考试单位应根据焊工申报参加的焊接方法，对应出题。

6.0.6　本条文强调焊工考试用的材料必须是符合国家现行标准的合格材料，否则考试会失去意义。考试用的设备，应根据各单位的具体情况确定。所有材料，焊接设备，考试场地均由考试单位负责提供。

6.0.7　在焊工操作技能考试中，表 6.0.7 所列各种焊接方法中规定的钢筋牌号及其直径，仅提供了一个

大概范围，各单位可视具体情况而定。一般来说，钢筋牌号高、直径大的钢筋进行闪光对焊、电弧焊、电渣压力焊、气压焊考试合格者，焊接牌号低、直径小的钢筋，就基本没有什么问题；但是直径太小的，也不易焊。

本次修订增加了 HRB500、HRBF500 钢筋多种焊接方法的考试，增加了预埋件钢筋埋弧螺柱焊的考试项目。

6.0.8　本条文规定的目的是，给临场失误的焊工多一次考试机会。

6.0.9　持有合格证的焊工若在焊接生产中三个月内出现两批不合格品，表明该焊工操作技能有问题；为了确保工程质量，取消其合格资格，是必要的。

6.0.10　本条文规定需要进行复试的两种情况，其作用是，经常掌握焊工的操作技能和水平。

6.0.11　"钢筋焊工考试结果登记表"式样见表 13。

表 13　钢筋焊工考试结果登记表

姓名		性别		出生日期		技术等级		
单位				登记编号				照片
理论知识考试	考试项目				培训课时数			
	审核监考单位				考试负责人			
	试卷编号			成绩		日期		
操作技能考试	基本情况	焊接方法		试件形式		焊接位置		
		钢筋牌号规格(mm)		钢材牌号规格(mm)		燃气		
		焊材型号		焊材规格		焊剂/保护气体		
	工艺参数	焊接电流(A)		二次空载电压(V) 电弧电压(V) 渣池电压(V)		气体流量		
		焊接时间		层间温度(℃)				
		其他						
	试件检验	外观质量检查						
		力学性能试验	拉伸					
			弯曲					
	监考人员			考试成绩		考试负责人		
结论	按《钢筋焊接及验收规程》JGJ 18-2012 考核，该焊工参加_____项目考试合格。该焊工允许焊接工作范围如下：							
	焊接方法			合格证编号				
	技术负责人(签字)					省　市钢筋焊工考试委员会(盖章)年　月　日		
	考试单位							

注：本表填毕后，列入焊工考试档案备查。

6.0.12 抽查验证的目的是克服有证无证一个样的弊端。

7 焊 接 安 全

7.0.1 施工企业应建立健全钢筋焊接安全生产管理制度。安全管理人员应负责核查焊接作业人员所要求的资格；将焊接可能引起的安全事故，特别是火灾事故，告知操作人员。建立必要的安全措施、操作规则和预防措施。保证使用合格的设备，保证各类防护用品的合理使用；在现场配置防火、灭火设备，指派火灾警戒人员。

7.0.2 本条文规定焊接操作人员应穿戴劳动保护用品，是为了贯彻以人为本的政策，因而十分重要。

7.0.3 本条文规范焊接作业区设备等的安全防护，应认真实施。焊接作业场所会产生烟尘、气体、弧光、火花、电击、热辐射及噪声，故应设警告标志。

7.0.4 防止焊接引发火灾，至关重要；本条文为强制性条文，必须严格执行。易燃物品指：有机灰尘、木材、木屑、棉纱棉丝、干垫干草、各种石油产品、油漆、可燃保温材料和装饰材料等。

由上方坠落火星引发火灾事故，时有发生，应吸取教训。

7.0.5 焊机的熔断器和漏电保护开关的容量、焊机电源线规格、焊机保护接地线规格，必须按焊接设备使用说明书要求配置和安装。万一有人触电，要迅速切断电源，并及时抢救。

7.0.6 本条文强调：1 管线、电缆应完好；2 管线、电缆连接应牢固；3 管线、电缆不得挪作他用。

7.0.7 封闭空间指桩基、坑、箱体内等，这时通风条件恶劣，专人监护以防发生意外事故。

7.0.8 关于气瓶应用说明如下：

1 用于氧气的气瓶、设备、管线或仪器严禁用于其他气体；

2 有缺陷的气瓶或瓶阀应做标识，送专业部门修理，经检验合格后方可重新使用。

7.0.9 本条提出气瓶使用规定共 3 款是焊接生产中最常遇到的情况，应认真实施。

7.0.10 现行《气瓶安全监察规定》是 2003 年颁发的；现行《溶解乙炔气瓶安全监察规程》是 1993 年颁发的。

中华人民共和国行业标准

钢筋混凝土薄壳结构设计规程

Specification for design of reinforced
concrete shell structures

JGJ 22—2012

批准部门：中华人民共和国住房和城乡建设部
施行日期：２０１２年８月１日

中华人民共和国住房和城乡建设部
公　　告

第 1325 号

关于发布行业标准《钢筋混凝土
薄壳结构设计规程》的公告

现批准《钢筋混凝土薄壳结构设计规程》为行业标准，编号为 JGJ 22-2012，自 2012 年 8 月 1 日起实施。其中，第 3.2.1 条为强制性条文，必须严格执行。原行业标准《钢筋混凝土薄壳结构设计规程》JGJ/T 22-98 同时废止。

本规程由我部标准定额研究所组织中国建筑工业出版社出版发行。

中华人民共和国住房和城乡建设部

2012 年 3 月 1 日

前　　言

根据住房和城乡建设部《关于印发〈2008 年工程建设标准规范制订、修订计划（第一批）〉的通知》（建标〔2008〕102 号）的要求，本规程编制组经调查研究，认真总结实践经验，参考有关国际标准和国外先进标准，并在广泛征求意见的基础上，修订本规程。

本规程的主要技术内容是：总则、术语和符号、基本规定、结构分析、圆形底旋转壳、双曲扁壳、圆柱面壳、双曲抛物面扭壳、膜型扁壳等，包括了钢筋混凝土薄壳结构的基本形式、基本要求、计算分析、构造要求等。

本次修订的主要技术内容是：新增"结构分析"一章，增加采用有限元方法分析的要求和规定；与其他相关标准协调；对原规程的薄壳计算公式和系数表进行了适当精简。

本规程中以黑体字标志的条文为强制性条文，必须严格执行。

本规程由住房和城乡建设部负责管理和对强制性条文的解释，由中国建筑科学研究院负责具体技术内容的解释。执行本规程过程中如有意见或建议，请寄送中国建筑科学研究院（地址：北京市北三环东路 30 号，邮政编码：100013）。

本 规 程 主 编 单 位：中国建筑科学研究院
本 规 程 参 编 单 位：清华大学
　　　　　　　　　　浙江大学
　　　　　　　　　　浙江省建筑设计研究院
　　　　　　　　　　华南理工大学建筑设计研究院
本规程主要起草人员：宋　涛　董石麟　赵基达
　　　　　　　　　　袁　驷　焦　俭　方小丹
　　　　　　　　　　赵　阳　叶康生　刘　枫
　　　　　　　　　　董智力
本规程主要审查人员：柯长华　张维嶽　胡绍隆
　　　　　　　　　　白生翔　曹　资　娄　宇
　　　　　　　　　　范　重　顾渭建　朱　丹

目　次

Contents

1 总 则

1.0.1 为在钢筋混凝土薄壳结构的设计中贯彻执行国家的技术经济政策，做到安全适用、技术先进、经济合理、确保质量，制定本规程。

1.0.2 本规程适用于房屋和一般构筑物的现浇或装配整体式钢筋混凝土及预应力混凝土薄壳结构的设计。

1.0.3 钢筋混凝土及预应力混凝土薄壳结构的设计，除应符合本规程外，尚应符合国家现行有关标准的规定。

2 术语和符号

2.1 术 语

2.1.1 壳板 shell plate

由两个曲面所限定，且此两曲面之间的距离远比曲面尺寸小的物体。

2.1.2 壳体 shell structure

由壳板（有时壳板上还有加劲肋）与其边缘构件组成的具有规定承载力的结构。

2.1.3 壳板中曲面 middle surface of shell

在理论分析时能定义壳板抽象形体的曲面，一般为距壳板两个表面等距离的点组成的曲面。

2.1.4 壳板厚度 thickness of shell

壳板两曲面间的法线长度。

2.1.5 壳板矢高 rise of shell plate

壳板中曲面最高处到壳板底平面的最大竖直距离。

2.1.6 壳体矢高 rise of shell structure

壳板中曲面最高处到壳体底平面的最大竖直距离。

2.1.7 薄壳 thin shell

厚度与中曲面最小曲率半径之比不大于 1/20 的壳体。

2.1.8 扁壳 shallow shell

矢高与最小跨度之比不大于 1/5 的壳体。

2.1.9 旋转壳 shell of revolution

以平面曲线为母线，绕一轴线旋转而形成中曲面的壳体。

2.1.10 球面壳 spherical shell

以圆弧线为母线，绕经过圆弧中心的轴线旋转而形成中曲面的壳体。

2.1.11 椭球面壳 rotational ellipsoidal shell

以椭圆线为母线，绕椭圆轴线旋转而形成中曲面的壳体。

2.1.12 旋转抛物面壳 rotational paraboloid shell

以抛物线为母线，绕抛物线的轴线旋转而形成中曲面的壳体。

2.1.13 移动面壳体 translational shell

以直线或平面曲线为母线，在空间沿两条准线移动而形成中曲面的壳体。

2.1.14 双曲扁壳 double curvature shallow shell

母线及准线均为单侧平面曲线（一般为抛物线或圆弧线）、具有正高斯曲率中曲面的移动面扁壳。

2.1.15 圆柱面壳 cylindrical shell

母线为直线、准线为圆弧线的移动面壳体。

2.1.16 双曲抛物面壳 hyperbolic paraboloid shell

母线为抛物线、准线为单侧平面曲线，具有负高斯曲率的移动面壳体。

2.1.17 膜型扁壳 membrane shell

两个主压应力方向上的截面内力彼此基本相等的扁壳。

2.1.18 壳板薄膜内力 membrane forces of shell

壳板中曲面内的轴向力和剪力。

2.1.19 边缘扰力 edge effect

在壳板与边缘构件连接处，由于位移协调而产生的内力。

2.2 符 号

2.2.1 荷载

q_n——壳板中曲面上法向的均布荷载；

q_z——壳板中曲面上 z 轴方向的均布荷载；

q_φ——旋转壳壳板中曲面上分布荷载的经向分量；

Q_z——旋转壳壳板计算截面以上部分的总竖向外荷载；

s——壳板中曲面的水平投影面上的均布雪荷载；

s_n——壳板中曲面上分布雪荷载的法向分量。

2.2.2 作用效应

c_t——温度效应计算系数；

m_1、m_2——壳板平行于 y、x 轴截面上的分布弯矩；

m_t——壳板截面上的分布扭矩；

m_φ——旋转壳壳板截面上经向的分布弯矩；

$m_{\varphi a}$、$m_{\varphi o}$——旋转壳壳板外环、内环处截面上经向的分布弯矩；

$\tilde{m}_{\varphi a}$、$\tilde{m}_{\varphi o}$——旋转壳壳板外环、内环边缘处经向弯矩的修正值；

n_1、n_2——壳板截面上中曲面 x、y 轴切线方向的分布轴向力；

n_φ、n_θ——旋转壳壳板截面上经向、环向的分布轴向力；

$n_{\varphi a}$、$n_{\varphi o}$——旋转壳壳板外环、内环处截面上经

向的分布轴向力；

$\tilde{n}_a$、$\tilde{n}_o$ ——旋转壳壳板外环、内环边缘处经向轴向力的修正值；

n_1^m、n_2^m、v^m ——壳板截面上沿 x、y、z 方向的分布薄膜内力；

R ——结构构件的抗力设计值；

S ——作用组合的效应设计值；

v_n ——壳板截面上的法向分布剪力；

v_{ct} ——双曲扁壳壳板角点处的分布剪力；

v_t ——壳板截面上切向的分布剪力；

$v_{\varphi n}$ ——旋转壳壳板垂直于经向的截面上法向的分布剪力；

u、v、w ——壳体 x、y、z 轴方向的位移；

u_h^m ——旋转壳壳体按薄膜理论计算的水平位移；

τ^m ——壳板截面上薄膜剪应力；

Ψ_φ^m ——旋转壳壳体按薄膜理论计算的经向转角。

2.2.3 几何特征

B ——圆柱面壳的宽度，即圆柱面壳直线边梁间的水平距离；

f ——壳板的矢高；

f_{tot} ——壳体的矢高；

f_a、f_b ——双曲扁壳 a 边、b 边上的矢高；

l ——圆柱面壳的跨度，即圆柱面壳横隔的间距；构件长度；

r_1、r_2 ——旋转壳中曲面上任意点经向、环向的曲率半径；

r_a、r_o ——壳板外环、内环边缘处的旋转半径；

r_s ——球面壳的曲率半径；等曲率壳的曲率半径；

s_1 ——旋转壳壳体沿经线方向由旋转轴至外环边缘的弧长；

s_2 ——旋转壳壳体沿经线方向由内环边缘至外环边缘的弧长；

s_a、s_o ——旋转壳由壳体外环、内环边缘至计算位置的经向弧长；

t ——壳板厚度；

φ_a、φ_o ——旋转壳外、内环边缘处环向曲率半径方向与旋转轴间的夹角；

κ ——等曲率壳的中曲面曲率；

κ_1、κ_2 ——壳板中曲面两个方向的主曲率；

κ_t ——壳板中曲面的扭曲率。

2.2.4 其他

C ——壳体的特征长度参数；

C_a、C_o ——旋转壳外环、内环边缘处的特征长度参数；

C_1、C_2 ——双曲扁壳 x、y 轴方向的特征长度参数；

D ——壳板截面的分布刚度；或带肋壳的壳板与肋的总刚度；

E_c ——混凝土的弹性模量；

α_c ——混凝土的线膨胀系数。

3 基本规定

3.1 结构选型

3.1.1 薄壳结构的形式应根据建筑设计要求、施工技术条件和经济合理性确定。

3.1.2 底面为圆形的壳体形式可采用球面壳、椭球面壳、旋转抛物面壳和膜型扁壳。

3.1.3 底面为矩形的壳体形式可采用双曲扁壳、圆柱面壳、双曲抛物面扭壳和膜型扁壳。

3.1.4 周边支承的矩形底面双曲扁壳、双曲抛物面扭壳和膜型扁壳，其底面长度与宽度的比值宜小于 2。

3.1.5 当壳体上荷载分布变化较大，或圆形底面直径大于 10m，矩形底面边长大于 8m 时，不宜采用膜型扁壳。

3.2 极限状态设计规定

3.2.1 薄壳结构构件的承载能力极限状态设计应采用下列设计表达式：

$$\gamma_0 S \leqslant R \qquad (3.2.1)$$

式中：γ_0 ——结构重要性系数，应符合现行国家标准《工程结构可靠性设计统一标准》GB 50153 等的规定；

S ——承载能力极限状态下作用组合的效应设计值，对持久设计状况和短暂设计状况应按作用的基本组合计算，对偶然设计状况应按作用的偶然组合计算，对地震设计状况应按作用的地震组合计算；

R ——结构构件的抗力设计值，应按现行国家标准《混凝土结构设计规范》GB 50010 的规定计算；在抗震设计时，应除以承载力抗震调整系数 γ_{RE}；对壳板及其边缘构件，γ_{RE} 应取 1.0。

3.2.2 薄壳结构构件的正常使用极限状态设计应根据不同要求按下式进行验算：

$$S \leqslant C \qquad (3.2.2)$$

式中：S ——正常使用极限状态下作用组合的效应设计值；

C ——结构构件达到正常使用要求所规定的裂

缝宽度、变形等的限值。

3.2.3 薄壳结构的耐久性设计应符合现行国家标准《混凝土结构设计规范》GB 50010 的规定。

3.2.4 壳板的自重荷载可按壳板的实际总重力折算成平均厚度的重力进行计算。

3.2.5 对旋转壳、圆柱面壳和双曲抛物面扭壳，应考虑风荷载对壳板的影响；对扁球壳、双曲扁壳、双曲抛物面扁扭壳和膜型扁壳，可不考虑风荷载对壳板的影响。对各类壳体均应考虑风荷载对边缘构件的影响。

3.2.6 壳体表面的风荷载取值应符合现行国家标准《建筑结构荷载规范》GB 50009 的规定。单个旋转壳的风荷载体型系数可按表 3.2.6 的规定采用。对复杂体型的壳体结构，当跨度较大时，应通过风洞试验或专门研究确定风荷载体型系数。

3.2.7 壳体水平投影面上的雪荷载取值应符合现行国家标准《建筑结构荷载规范》GB 50009 的规定。壳面积雪分布系数 μ_r 的取值与壳面类型有关，对旋转壳（包括扁球壳）和圆柱面壳，其值可按表 3.2.7 的规定采用；对双曲扁壳、双曲抛物面扁扭壳和膜型扁壳，其值可取 1.0。

表 3.2.6　旋转壳的风荷载体型系数 μ_s

壳体类型	图 形 示 意	体型系数 μ_s
球面壳		当 $\dfrac{f}{L} \leqslant \dfrac{1}{4}$ 时，$\mu_s = -\cos^2\phi$ 当 $\dfrac{f}{L} > \dfrac{1}{4}$ 时，$\mu_s = 0.5\sin^2\phi\sin\psi - \cos^2\phi$ ϕ——壳面法线与旋转轴间的夹角； ψ——壳面法线在水平面上的投影与水平纵轴间的夹角
椭球面壳和旋转抛物面壳		μ_s 应通过试验确定；无试验数据时，可近似按球面壳采用

表 3.2.7　旋转壳和圆柱面壳的积雪分布系数 μ_r

壳体类型	图 形 示 意	积雪分布系数 μ_r
旋转壳		当 $\varphi_a \leqslant 30°$ 时，$\mu_r = \dfrac{L}{8f}$ 且 $0.4 \leqslant \mu_r \leqslant 1.0$； 当 $\varphi_a > 30°$ 时，雪荷载应符合本规程第 5.3.1 条的规定
圆柱面壳		$\mu_{r1} = 1.0$，$\mu_{r2} = 2.0$ b——梁的宽度； B——圆柱面壳的宽度

3.2.8 薄壳结构的抗震验算应符合下列规定：

1 抗震设防烈度低于或等于 7 度时，对周边支承且跨度不大于 24m 的薄壳结构可不进行抗震验算，对跨度大于 24m 的薄壳结构应进行水平抗震验算；

2 抗震设防烈度为 8 度或 9 度时，对各种薄壳结构均应进行水平和竖向抗震验算；对跨度不大于 24m 的薄壳结构进行竖向抗震验算时，其竖向地震作用标准值在 8 度和 9 度时可分别取重力荷载代表值的 10% 和 20%、设计基本地震加速度为 0.3g 时可取重力荷载代表值的 15% 进行计算；

3 对体型复杂、悬挑较大或跨度大于 24m 的薄壳结构，宜采用振型分解反应谱法进行抗震计算；对其中特别不规则的薄壳结构应采用时程分析法进行多遇地震下的补充计算，并应符合现行国家标准《建筑抗震设计规范》GB 50011 的规定。

3.2.9 薄壳结构应进行稳定性验算。对于在均布荷载作用下、形状规则的圆形底旋转壳、双曲扁壳、圆柱面壳和双曲抛物面扭壳，其稳定性可分别按本规程的相关规定进行验算。

3.2.10 壳体的受力裂缝控制等级要求和裂缝控制验算应符合现行国家标准《混凝土结构设计规范》GB 50010 的规定。当壳板截面承受拉力时，最大主拉应力标准值不宜大于 3 倍混凝土抗拉强度标准值。

3.2.11 在正常使用极限状态下应验算边缘构件的变形，除有特殊要求者外，对荷载标准组合或准永久组合并考虑荷载长期作用影响下的挠度值，在跨度大于 7m 时不宜大于跨度的 1/400，在跨度不大于 7m 时不宜大于跨度的 1/250。

3.2.12 边缘构件自身平面内的刚度应满足对壳板的约束要求。

3.2.13 对装配整体式薄壳结构的预制构件，应进行装配过程中的承载力、稳定性、裂缝控制验算。验算荷载应包括自重、施工荷载和吊装动力荷载等。对大型构件，在运输和安装时应设置临时支撑。

3.3 壳体的构造和配筋

3.3.1 壳体的混凝土强度等级不应低于 C25。预应力混凝土壳体的混凝土强度等级不应低于 C40。

3.3.2 壳板的厚度不应小于 50mm。壳板的厚度除应符合承载力要求外，还应根据壳板的钢筋布置、保护层厚度、施工质量、结构稳定性、壳板和辅助构件的变形控制等因素确定，同时应符合结构的防火要求。在壳板接近边缘和支承构件的部位，宜增厚至中部厚度的 2～3 倍，并应配置抗弯钢筋。壳板增厚区应平滑过渡，过渡区的长度不应小于厚度增加值的 5 倍。

3.3.3 壳体钢筋的混凝土保护层厚度应符合下列规定：

　1　壳板的混凝土保护层厚度应符合现行国家标准《混凝土结构设计规范》GB 50010 的规定；

　2　壳板加劲肋的混凝土保护层厚度可与壳板相同；

　3　对壳板表面较陡、需用双面模板施工的区域，宜增加混凝土保护层厚度；

　4　受力钢筋的混凝土保护层厚度不应小于钢筋的公称直径；

　5　当混凝土保护层厚度不满足防火要求时，应在主应力配筋及受弯配筋处增加保护层厚度。

3.3.4 壳体的配筋应符合下列规定：

　1　壳体中应配置薄膜内力配筋、弯矩配筋、壳板边缘和孔洞附近的附加构造配筋。薄膜内力配筋可设置在壳板中面，弯矩配筋宜设置在靠近壳板表面处。

　2　壳板配筋宜采用较小直径的钢筋。除焊接钢筋网外，应全部采用带肋钢筋并合理确定钢筋间距。采用焊接钢筋网配筋时，尚应符合现行行业标准《钢筋焊接网混凝土结构技术规程》JGJ 114 的规定。

　3　薄膜内力配筋应至少由单层相互正交钢筋组成。

　4　薄膜内力配筋的钢筋直径，当采用带肋钢筋时不应小于 6mm，当采用焊接钢筋网时不应小于 5mm。钢筋的间距当采用带肋钢筋时不宜大于 5 倍壳板厚度，且不宜大于 300mm；当采用焊接钢筋网时不宜大于 4 倍壳板厚度，且不宜大于 200mm。

　5　薄膜内力配筋的最小配筋率在一个方向上不应小于 0.25%。壳板其他配筋的最小配筋率应符合现行国家标准《混凝土结构设计规范》GB 50010 对板类构件的规定。

　6　薄膜内力配筋的方向与壳体的主应力方向一致时，受拉钢筋的最大配筋率可按下式计算：

$$\rho_{\max} = 0.6 \frac{f_c}{f_y} \tag{3.3.4}$$

式中：$\rho_{\max}$ —— 薄膜内力配筋的最大配筋率；

　　　　f_c —— 混凝土轴心抗压强度设计值，当混凝土强度等级大于 C40 时，应按 C40 等级的混凝土取值；

　　　　f_y —— 钢筋抗拉强度设计值。

　7　钢筋的连接和锚固应符合现行国家标准《混凝土结构设计规范》GB 50010 的规定。

3.3.5 除膜型壳外，现浇壳体在壳板和边缘构件连接处的增厚区域内，应至少配置直径为 5mm～10mm、间距不大于 200mm 的双层钢筋，且上下两层钢筋均应按锚固长度的要求锚入边缘构件内。

3.4 装配整体式壳体

3.4.1 当抗震设防烈度为 8 度或 8 度以上时，不宜采用装配整体式薄壳结构，宜采用现浇结构。在地震区采用装配整体式薄壳结构时，应采取措施保证结构的整体性、连接和支撑的可靠性。

3.4.2 装配整体式壳体的预制构件划分应符合下列规定：

　1　应减少拼缝和预制构件类型；

　2　应便于预制构件的制作、堆放、运输和安装；

　3　应将拼缝设置于受压区或剪力与拉力较小的区域。

3.4.3 预制壳板宜采用曲板。圆柱面壳及曲率不大的扁壳可采用平板，此时壳板沿曲线边的边长不得大于 3m。

3.4.4 预制壳板分块数目应符合下列规定：

　1　扁球壳沿环向分块不应少于 8 块，沿经向分块不应少于 4 块；

　2　双曲扁壳及双曲抛物面扭壳沿每边分块均不应少于 9 块；

　3　圆柱面壳沿圆弧向分块不应少于 7 块。

3.4.5 预制壳板的周边应设置加劲肋，肋高宜为预制壳板边长的 1/20～1/15，且应满足壳体稳定性要求及预制构件在运输、安装过程中的刚度要求。

3.4.6 当预制壳板具有与边缘构件正交的加劲肋且截面满足承载力要求时，壳板边缘可不加厚；当无加劲肋时，壳板边缘应按本规程第 3.3.2 条的规定加厚。

3.4.7 在预制构件的连接边可设置齿形槽口，槽口的长度不宜大于 1.2m。当预制壳板上具有与边缘构件正交且间距不大于 3m 的加劲肋时，壳体应符合下列构造要求：

　1　壳板中可配置直径不小于 6mm 的单层正交钢筋。在肋的上部与下部应配置直径不小于 10mm 的钢筋，同时应将肋的上层钢筋及壳板钢筋伸出，并与边缘构件中伸出的钢筋焊接，焊接长度在单面焊时不应小于 10 倍钢筋直径，在双面焊时不应小于 5 倍钢筋直径。

　　2　壳板、肋和边缘构件的钢筋也可采用预埋件连接。当预制壳板的加劲肋及预埋件的间距均不大于 1.5m 时，可将肋中钢筋焊接在肋端的预埋件上，再用钢板将其与边缘构件的预埋件焊接。焊接连接的承载力不应小于肋中钢筋的承载力。当壳体跨度不小于 24m 时，肋的预埋件应设置在上表面；当壳体跨度小于 24m 时，肋的预埋件可设置在下表面。

3.4.8　预制壳板的接缝，可根据接缝处的受力情况采用混凝土接缝、钢筋混凝土接缝和预应力混凝土接缝。在接缝中浇筑细石混凝土，其强度等级不应低于预制构件的混凝土强度等级。

3.4.9　混凝土接缝应符合下列规定：

　　1　当预制壳板加劲肋的高度不大于 100mm 时，接缝上口宽度不应小于 30mm；当肋高大于 100mm 时，接缝上口宽度不应小于 50mm；

　　2　当接缝处剪应力值大于压应力的 30%、且大于混凝土抗拉强度设计值的 25% 时，预制构件的侧边加劲肋应设置齿形槽口，齿形槽口处的壳板内钢筋应伸出，并应和相邻壳板的伸出钢筋连接，且在伸出钢筋的垂直方向应另设两根附加分布钢筋。

3.4.10　钢筋混凝土接缝应符合下列规定（图 3.4.10）：

　　1　预制构件的壳板内钢筋应伸出，并在接缝中与相邻壳板的伸出钢筋连接；

　　2　肋内钢筋可不伸出，但应在接缝内设置一个双层的十字形钢筋骨架，其钢筋直径应与预制构件肋内钢筋的直径相同，十字形钢筋骨架应与预制构件壳板内伸出钢筋绑扎或焊接；

　　3　当剪应力与拉应力的矢量和大于混凝土抗拉强度设计值时，侧边加劲肋上应设置齿形槽口；

　　4　不采用钢筋绑扎或焊接连接时，可在预制构件的壳板上设置间距不大于 1.5m 的预埋件，其内表面应与加劲肋中的主钢筋焊接；在各预制构件安装就位后，应采用连接板将预埋件焊接连接。

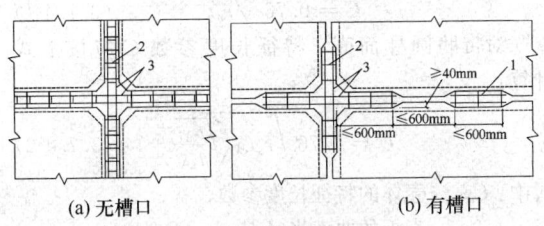

(a) 无槽口　　　　　(b) 有槽口

图 3.4.10　钢筋混凝土接缝
1—附加分布钢筋；2—壳板内伸出钢筋；
3—双层十字形钢筋骨架

3.4.11　预应力混凝土接缝处的预应力筋可穿入预留孔或槽内，预应力孔道应灌浆填充。

3.4.12　预制构件与现浇部分的连接，可采用从预制构件内伸出钢筋，与现浇部分的钢筋绑扎或焊接，然后浇筑混凝土的方法。

3.5　预应力壳体

3.5.1　在边拱拉杆、横隔、旋转壳的支座环、圆柱面壳的边梁、壳板的受拉区和剪力较大区域均可采用预应力配筋（图 3.5.1）；在受压区域也可采用预应力配筋以连接预制构件；边缘构件当支承点间的距离不小于 24m 时，宜采用预应力配筋。

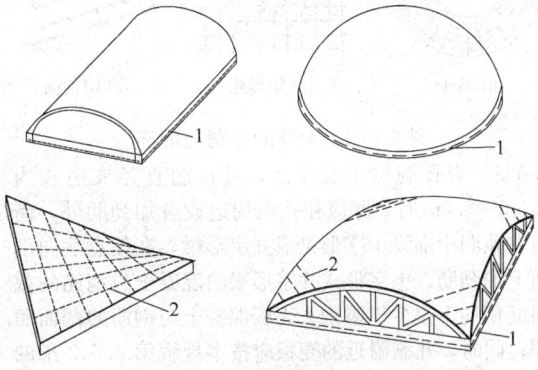

图 3.5.1　壳体预加应力
1—边缘构件预应力配筋；2—壳板预应力配筋

3.5.2　薄壳结构的预应力筋应采用直线形或曲率不大的曲线形配筋。在未经特殊处理时，应避免把预应力筋布置在壳体结构的弯折处。

3.5.3　预应力薄壳结构应进行下列验算：

　　1　施加预应力过程中结构的变形、承载力和稳定性验算；

　　2　荷载基本组合下结构的承载力和稳定性验算；

　　3　荷载标准组合下结构的变形和裂缝控制验算。

3.5.4　当预应力能满足构件裂缝控制验算要求时，承载力计算所需的其余受拉钢筋可采用非预应力筋。

3.5.5　后张预应力混凝土薄壳结构的局部受压承载力验算及端部锚固区的构造应符合现行国家标准《混凝土结构设计规范》GB 50010 的规定。

3.5.6　在地震区采用预应力时，对薄壳结构的关键构件和重要部位采用有粘结预应力筋。

3.6　孔　洞

3.6.1　当薄壳结构圆形孔洞直径或矩形孔洞的长边长度不大于壳体短边长度或直径的 1/10，且在孔洞附近符合本规程第 3.6.2 条～第 3.6.7 条的要求时，可不对开洞影响进行计算。对其他情况下的壳板开洞，应对开洞影响进行计算并应专门设计。

3.6.2　当孔洞位于受压区，且孔洞直径或边长不大于 2.0m 时，应在孔洞周边设置加劲肋，且在任意法向剖面上其混凝土与钢筋的截面面积均不得少于被割去壳板混凝土与钢筋的截面面积，同时，孔洞附近的壳板应设置双层钢筋网（图 3.6.2），上层钢筋网的钢筋直径不应小于 6mm、间距不应大于 150mm，从肋边缘伸出的长度 L_1 应符合下列规定：

$$L_1 \geqslant 2\sqrt{rt}，且\ L_1 \geqslant 1.0\text{m} \qquad (3.6.2)$$

式中：L_1——钢筋从肋边缘伸出的长度（m）；

r——壳板中曲面曲率半径（m）；

t——壳板厚度（m）。

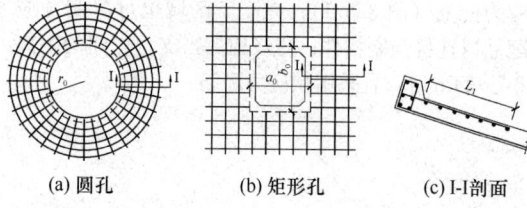

(a) 圆孔　　(b) 矩形孔　　(c) I-I 剖面

图 3.6.2　壳体的孔洞与配筋

3.6.3　当孔洞位于受压区，且孔洞直径或边长为 2.0m～3.0m 时，除应在孔洞周边设置加劲肋外，尚应在孔洞中加设十字形梁或井字形梁，在任意法向剖面上加劲肋、十字形或井字形梁的混凝土与钢筋的截面面积均不得少于被割去壳板混凝土与钢筋的截面面积；同时，孔洞附近的壳板应按本规程第 3.6.2 条的要求设置双层钢筋网。

3.6.4　当孔洞位于受拉区，且孔洞直径或边长不大于 1.0m 时，可按本规程第 3.6.3 条规定的构造要求设计。

3.6.5　孔洞与边缘构件间的净距不应小于该孔直径或矩形孔洞较大边长的 2 倍。相邻孔洞之间的净距不应小于较大孔直径或矩形孔洞较大边长的 3 倍。当采用矩形孔时，其长边与短边长度之比不宜大于 2。

3.6.6　当孔洞周边作用有线荷载 p_L 时，其值不宜大于被割去壳板上均布荷载在孔洞周边上的折算线荷载，均布荷载的折算线荷载可按下列公式计算：

对圆形孔：

$$p_L^* = qr_0/2 \qquad (3.6.6-1)$$

对矩形孔：

$$p_L^* = \frac{qa_0 b_0}{2(a_0 + b_0)} \qquad (3.6.6-2)$$

式中：p_L^*——均布荷载在孔洞周边上的折算线荷载（kN/m）；

q——壳板中曲面上的均布荷载（kN/m²）；

r_0——圆孔半径（m）；

a_0、b_0——矩形孔的边长（m）。

3.6.7　当孔洞周边作用的线荷载 p_L 大于被割去壳板上均布荷载在孔洞周边上折算线荷载的 1.5 倍时，在孔洞周边设置的加劲肋内应配置直径不小于 10mm、数量不少于 4 根的主钢筋及直径不小于 6mm、间距不大于 200mm 的封闭箍筋。

3.7　温　度　影　响

3.7.1　薄壳结构的伸缩缝应符合下列规定：

1　壳体结构在伸缩缝处可采用双边缘构件和双柱；伸缩缝的宽度应根据温度变形计算确定，且不应小于 50mm；

2　对锯齿形薄壳结构，在锯齿方向伸缩缝的间距不应大于 5 倍～6 倍该方向的跨度；

3　在地震区，伸缩缝宽度尚应符合防震缝要求。

3.7.2　考虑温度变化对除膜型壳外的壳体的影响时，温度计算应符合下列规定：

1　壳板中曲面温度变化 T_1 可按下式计算：

$$T_1 = \pm 0.6(T_s - T_w) \qquad (3.7.2-1)$$

式中：T_s——结构最高平均温度（℃）；

T_w——结构最低平均温度（℃）。

2　壳体内、外表面温度差 T_2 可按下式计算：

$$T_2 = T_e - T_i \qquad (3.7.2-2)$$

式中：T_e——壳板外表面的计算温度（℃）；

T_i——壳板内表面及带肋壳中肋的计算温度（℃）。

T_e、T_i 值应根据当地气候条件和壳体保温情况由热工计算确定。

3.7.3　当内、外表面温度差 T_2 在整个壳板上的分布为常数或接近常数时，整个壳板可只考虑由其产生的弯矩，并可按下式计算：

$$m = D\frac{\alpha_c T_2}{t} \qquad (3.7.3)$$

式中：m——壳板截面上的线分布弯矩；

α_c——混凝土的线膨胀系数；

D——壳板截面的分布刚度，对带肋壳应采用壳板与肋的总刚度；

t——壳板厚度。

3.7.4　当中曲面的温度变化 T_1 在整个壳板上的分布为常数或接近常数时，壳板内产生的三种主要温度应力的计算应符合下列规定（图 3.7.4）：

1　对圆柱面壳、旋转壳、双曲扁壳，应按壳体特征长度参数划分内力影响区，其中壳体特征长度参数的计算应符合下列规定：

1）对无肋圆柱面壳，特征长度参数 C 应按下式计算：

$$C = 0.76\sqrt{r_s t} \qquad (3.7.4-1)$$

对带肋圆柱面壳，特征长度参数 C 应按下式计算：

$$C = 0.76\sqrt{r_s t_{\varphi D}\sqrt{\frac{t_{\varphi D}}{t_{xA}}}} \qquad (3.7.4-2)$$

式中：C——壳体的特征长度参数；

r_s——壳板的曲率半径；

$t_{\varphi D}$——带肋圆柱面壳在圆弧方向按截面刚度折算面厚度；

t_{xA}——带肋圆柱面壳在直线方向按截面面积折算的厚度。

2）对无肋旋转壳，外环边缘处的特征长度参

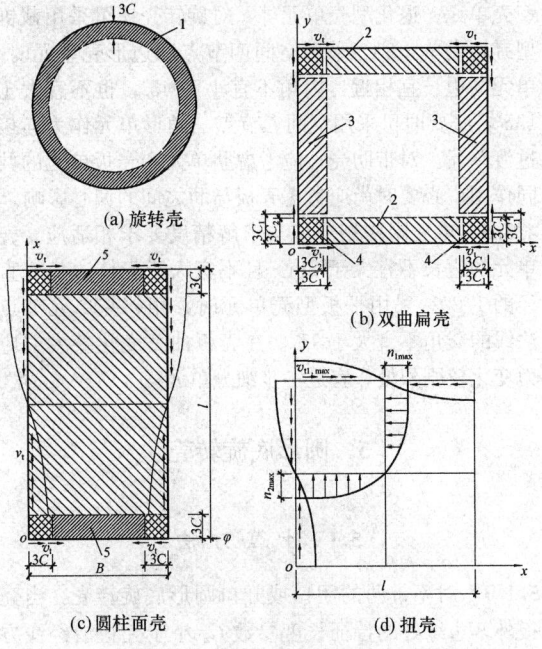

图 3.7.4　由 T_1 产生的壳板温度
应力影响区示意图

1— n_θ 及 m_θ 影响区；2— n_1 及 m_2 影响区；

3— n_2 及 m_1 影响区；

4— v_t 影响区；5— n_φ 影响区

注：图中箭头方向对应于 T_1 为正值时的应力方向

数 C 应按本规程第 5.1.1 条的规定计算；对带肋旋转壳，特征长度参数 C 应按本规程第 5.4.2 条的规定计算。

　　3）对无肋双曲扁壳，沿 x、y 轴方向的特征长度参数 C_1、C_2 应按本规程第 6.2.3 条的规定计算；对带肋双曲扁壳，C_1、C_2 应按本规程第 6.5.1 条的规定计算。

　　2　平行于边缘构件方向的轴力的计算应符合下列规定：

　　1）轴力峰值可按下式计算：

$$n_{max} = -c_t E_c t\alpha_c T_1 \qquad (3.7.4\text{-}3)$$

式中：c_t ——按边缘构件支承情况确定的系数，可按本规程第 3.7.5 条的规定计算；

　　E_c ——混凝土弹性模量；

　　t ——壳板厚度；对带肋壳，应采用按截面面积折算的厚度。

　　2）平行于边梁方向的轴力分布，对圆柱面壳应按正弦分布采用；对扭壳应按半波余弦分布采用；对旋转壳和双曲扁壳，在图 3.7.4 所示影响区内可按常数采用。

　　3　垂直于边缘构件方向的弯矩的计算应符合下列规定：

　　1）当壳板边界为简支时，分布弯矩峰值可按下式计算：

$$m_{max} = -c_t \frac{\sqrt{3}}{18} E_c t^2 \alpha_c T_1 \qquad (3.7.4\text{-}4)$$

式中：t ——壳板厚度；对带肋壳，应采用按截面刚度或惯性矩折算的厚度。

　　2）当壳板边界转角为零时，分布弯矩峰值可按下式计算：

$$m_{max} = c_t \frac{\sqrt{3}}{6} E_c t^2 \alpha_c T_1 \qquad (3.7.4\text{-}5)$$

　　3）对圆柱面壳和扭壳，弯矩可忽略不计；对旋转壳和双曲扁壳，弯矩在图 3.7.4 所示影响区内可按常数采用。

　　4　对矩形底面的简支边壳体，壳板与边缘构件交接处剪力的计算应符合下列规定：

　　1）剪力峰值可按下式计算：

$$v_{t,max} = c_t E_c t\alpha_c T_1 \qquad (3.7.4\text{-}6)$$

　　2）双曲扁壳壳板与边缘构件交接处的剪力可按常数采用；圆柱面壳壳板与边梁交接处及扭壳壳板与边缘构件交接处，剪应力应按余弦分布按下式计算：

$$v_t = c_t E_c t\alpha_c T_1 \cos(\pi x/l) \qquad (3.7.4\text{-}7)$$

　　3）当 T_1 为正值时，温度产生的剪力符号应与外荷载产生的剪力符号相同。

　　3.7.5　系数 c_t 的取值应符合下列规定：

　　1　当边缘构件支承在柱高与柱截面高度之比不小于 10 的柔性柱上，或其支点可自由滑动时，系数 c_t 应取为零。

　　2　当边缘构件支承在柱上，且其支点不能自由滑动时，系数 c_t 的计算应符合下列规定：

　　1）对矩形底面的壳体，可按下式计算：

$$c_t = \frac{0.7}{1+\dfrac{2H^3 A}{3Il}} \qquad (3.7.5\text{-}1)$$

式中：l ——边缘构件的长度；

　　A ——边缘构件的平均截面面积，如为桁架，则为其上下弦的总截面面积；

　　I ——柱子的截面惯性矩，当每边的边缘构件均支承在多根柱上时，为多根柱截面惯性矩总和的 25%；

　　H ——柱高。

　　2）对圆形底面的壳体，可按下式计算：

$$c_t = \frac{0.7}{1+\dfrac{2\pi H^3 A_r}{3nIr_r}} \qquad (3.7.5\text{-}2)$$

式中：r_r ——支座环的半径；

　　A_r ——支座环的截面面积；

　　n ——支承柱的数量。

　　3）当边缘构件底边完全支承在砖墙上时，系

数 c_t 应取 0.35；

  4）当边缘构件支承在地下基础上时，系数 c_t 应取 0.7。

3.7.6 对受有特殊温度场作用的壳体应进行专门分析。

4 结构分析

4.1 基本原则

4.1.1 薄壳结构的内力与变形分析可采用解析法、半解析法和数值分析法。对计算结果应进行分析和评估，在确认其合理、有效后方可采用。

4.1.2 对壳板及其边缘构件，可按线弹性理论分析其内力与位移。采用解析法、半解析法时，可不考虑混凝土泊松比的影响。对特别重要或受力情况特殊的薄壳结构，必要时尚应对结构整体或其部分进行弹塑性分析。

4.1.3 当薄壳结构的形体比较规则且受均布荷载或规则分布荷载作用时，其内力与位移的计算可按照本规程相关章节的规定进行。当薄壳结构形体复杂或荷载作用不规则时，应采用有限单元法进行整体分析。

4.1.4 薄壳结构分析时，应考虑下部支承结构的影响，必要时应进行薄壳与下部结构的共同作用分析。

4.1.5 壳体的计算曲率应采用中曲面的曲率。当壳板的矢高与最小跨度之比不大于 1/5 时，可采用扁壳理论进行计算。

4.2 解析法和半解析法

4.2.1 对形体比较规则且边界约束情况比较简单的薄壳结构，当采用解析法能求得其控制偏微分方程的解答时，可采用解析法求解。

4.2.2 当薄壳结构某个方向的位移和内力变化已知或可展开为一组已知函数时，可将位移和内力沿该方向展开为该组函数与另一方向一元函数的乘积和，将原偏微分方程简化为常微分方程组，用解析法或数值法求解。

4.2.3 当薄壳结构形体复杂时，可用半解析法对其内力和位移作半离散，将原偏微分方程近似为常微分方程组，用解析法或数值法求解。

4.3 数值分析法

4.3.1 数值分析法可采用有限单元法等方法。

4.3.2 数值分析法所选用的计算机程序应经过验证，其技术条件应符合本规程和国家现行有关标准的规定。

4.3.3 薄壳结构的分析模型应符合结构布置、边界条件和荷载作用等实际情况。

4.3.4 有限单元法分析可采用平板型壳单元、曲面型壳单元、退化型壳单元等，对旋转壳还可采用截锥型旋转壳单元。当采用空间四节点四边形壳单元时，单元的边长宜相近，内角不宜小于 45°，也不宜大于 135°，必要时可采用空间三节点三角形单元作为连接过渡单元。对带肋壳，应考虑肋单元和壳板单元的共同作用，必要时尚应考虑壳板与肋之间的偏心影响。

4.3.5 单元网格划分应与求解精度要求相适应。壳单元的边长不宜大于 2m，且不宜大于壳体边长或直径的 1/20。采用平板型壳单元时，相邻壳单元节点法线的交角不宜大于 15°。在壳板曲率变化较大或应力变化较剧烈处，宜进一步细分单元。

5 圆形底旋转壳

5.1 计算方法

5.1.1 对不带肋的闭口或开口圆形底旋转壳，当壳板外环边缘处的特征长度参数 C_a 小于壳板沿经线方向由旋转轴至外环边缘的弧长 s_1 的 1/3，且壳板厚度和作用在壳板上的荷载没有突变时，在轴对称荷载作用下壳板的内力（图 5.1.1）可按下列公式计算：

$$n_\varphi = n_\varphi^m - \cot\varphi \left(\frac{2}{C_a} \widetilde{m}_{\varphi a} \eta_2 + \widetilde{n}_a \eta_4 \sin\varphi_a \right)$$

$$+ \cot\varphi \left(\frac{2}{C_o} \widetilde{m}_{\varphi o} \, \overline{\eta}_2 - \widetilde{n}_o \, \overline{\eta}_4 \sin\varphi_o \right)$$

$$(5.1.1\text{-}1)$$

$$n_\theta = n_\theta^m - \frac{2r_{2a}}{C_a} \left(-\frac{\widetilde{m}_{\varphi a}}{C_a} \eta_4 + \widetilde{n}_a \eta_1 \sin\varphi_a \right)$$

$$+ \frac{2r_{2o}}{C_o} \left(\frac{\widetilde{m}_{\varphi o}}{C_o} \overline{\eta}_4 + \widetilde{n}_o \, \overline{\eta}_1 \sin\varphi_o \right) \quad (5.1.1\text{-}2)$$

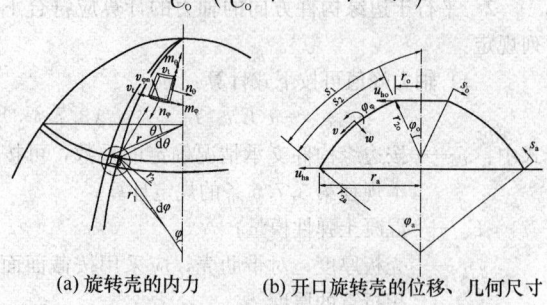

(a) 旋转壳的内力 (b) 开口旋转壳的位移、几何尺寸

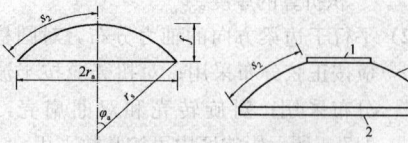

(c) 闭口球壳的几何尺寸 (d) 开口旋转壳的组成

图 5.1.1 旋转壳内力、位移和几何尺寸示意图

1—内环；2—外环；3—壳板

注：符号带下标"a"、"o"者，分别表示外环和内环边缘处之值。

$$m_\varphi = \widetilde{m}_{\varphi a} \eta_3 - C_a \widetilde{n}_a \eta_2 \sin\varphi_a + \widetilde{m}_{\varphi o} \overline{\eta}_3 + C_o \widetilde{n}_o \overline{\eta}_2 \sin\varphi_o$$

$$(5.1.1\text{-}3)$$

$$v_{\varphi n} = \frac{2}{C_a} \widetilde{m}_{\varphi a} \eta_2 + \widetilde{n}_a \eta_4 \sin\varphi_a - \frac{2}{C_o} \widetilde{m}_{\varphi o} \overline{\eta}_2 + \widetilde{n}_o \overline{\eta}_4 \sin\varphi_o$$

$$(5.1.1\text{-}4)$$

$$C_a = 0.76\sqrt{t r_{2a}} \qquad (5.1.1\text{-}5)$$

$$C_o = 0.76\sqrt{t r_{2o}} \qquad (5.1.1\text{-}6)$$

式中： n_φ ——旋转壳壳板截面上经向的
分布轴向力；

n_θ ——旋转壳壳板截面上环向的
分布轴向力；

m_φ ——旋转壳壳板截面上经向的
分布弯矩；

$v_{\varphi n}$ ——旋转壳壳板垂直于经向的
截面上法向的分布剪力；

C_a、C_o ——旋转壳外环、内环边缘处
的特征长度参数；

n_φ^m、n_θ^m ——壳板按薄膜理论计算的经
向、环向分布轴向力，可
分别按本规程式（5.1.3-
1）、式（5.1.3-3）的规定
计算；

$\widetilde{m}_{\varphi a}$、$\widetilde{n}_a$ ——壳板外环边缘处弯矩、轴
向力的修正值，可按本规
程附录 A 的规定计算；

$\widetilde{m}_{\varphi o}$、$\widetilde{n}_o$ ——壳板内环边缘处弯矩、轴
向力的修正值，可按本规
程附录 A 的规定计算；

η_i、$\overline{\eta}_i (i=1,2,3,4)$ ——系 数，可 按 本 规 程 第
5.1.2 条的规定计算；

r_{2a}、r_{2o} ——壳板外环、内环边缘处环
向的曲率半径；

φ ——壳板计算位置处环向曲率
半径方向与旋转轴间的
夹角；

φ_a、φ_o ——壳板外环、内环边缘处环
向曲率半径方向与旋转轴
间的夹角；

t ——壳板厚度。

5.1.2 本规程第 5.1.1 条中的系数 η_i、$\overline{\eta}_i (i=1,2,3,4)$ 应符合下列规定：

1 对闭口壳，系数 $\eta_i (i=1,2,3,4)$ 应按下列公式计算：

$$\eta_1 = e^{-\frac{s_a}{C_a}} \cos\frac{s_a}{C_a} \qquad (5.1.2\text{-}1)$$

$$\eta_2 = e^{-\frac{s_a}{C_a}} \sin\frac{s_a}{C_a} \qquad (5.1.2\text{-}2)$$

$$\eta_3 = \eta_1 + \eta_2 \qquad (5.1.2\text{-}3)$$

$$\eta_4 = \eta_1 - \eta_2 \qquad (5.1.2\text{-}4)$$

式中： s_a ——旋转壳由壳体外环边缘至壳板计算位置
的经向弧长。

2 对开口壳，系数 $\eta_i (i=1,2,3,4)$ 应按式
（5.1.2-1）～式（5.1.2-4）计算，系数 $\overline{\eta}_i (i=1,2,3,4)$ 应按下列公式计算：

$$\overline{\eta}_1 = e^{-\frac{s_o}{C_o}} \cos\frac{s_o}{C_o} \qquad (5.1.2\text{-}5)$$

$$\overline{\eta}_2 = e^{-\frac{s_o}{C_o}} \sin\frac{s_o}{C_o} \qquad (5.1.2\text{-}6)$$

$$\overline{\eta}_3 = \overline{\eta}_1 + \overline{\eta}_2 \qquad (5.1.2\text{-}7)$$

$$\overline{\eta}_4 = \overline{\eta}_1 - \overline{\eta}_2 \qquad (5.1.2\text{-}8)$$

式中： s_o ——旋转壳由壳体内环边缘至壳板计算位置
的经向弧长。

5.1.3 对不带肋的闭口或开口圆形底旋转壳，在轴
对称荷载作用下按薄膜理论计算的内力及位移可按下
列公式计算：

1 壳板截面上经向的内力可按下列公式计算：

$$n_\varphi^m = -\frac{Q_z}{2\pi r_2 \sin^2\varphi} \qquad (5.1.3\text{-}1)$$

$$Q_z = 2\pi\left[\int_{\varphi_o}^{\varphi} r_1 r_2 (q_n \cos\varphi + q_\varphi \sin\varphi)\sin\varphi\,\mathrm{d}\varphi + p_{Lo} r_{2o} \sin\varphi_o\right]$$

$$(5.1.3\text{-}2)$$

式中： Q_z ——作用在壳板计算截面以上部分的总竖向
外荷载；

p_{Lo} ——旋转壳内环上的竖向均布线荷载，以向
下为正；

q_n ——旋转壳壳板中曲面上分布荷载的法向
分量；

q_φ ——旋转壳壳板中曲面上分布荷载的经向
分量；

r_1 ——旋转壳壳板中曲面任意点处经向的主曲
率半径；

r_2 ——旋转壳壳板中曲面任意点处环向的主曲
率半径。

2 壳板截面上环向的内力可按下式计算：

$$n_\theta^m = -r_2\left(q_n + \frac{n_\varphi^m}{r_1}\right) \qquad (5.1.3\text{-}3)$$

3 壳板水平方向的位移可按下式计算，以向外
为正：

$$u_n^m = \frac{n_\theta^m r_2}{E_c t} \sin\varphi \qquad (5.1.3\text{-}4)$$

4 壳板的经向转角 $\varPsi_\varphi^m$ 可按下式计算，以外法
线按 φ 增加方向转动为正，按薄膜理论计算时 $\varPsi_\varphi^m$ 可
取为零。

$$\Psi_\varphi^m = \frac{1}{E_c t}\left[n_\varphi^m \cot\varphi - \frac{1}{\sin\varphi}\frac{d(n_\theta^m r_2 \sin\varphi)}{ds}\right]$$
(5.1.3-5)

5.1.4 对扁球壳，当特征长度参数 C 不小于壳板由旋转轴至外环边缘弧长 s_1 的 1/3 时，在法向均布荷载 q_n 作用下的内力和位移可按表 5.1.4 所列公式计算。公式中的积分常数，对闭口壳应根据外环处的边界条件确定，对开口壳应根据内环和外环处的边界条件确定。

表5.1.4　计算扁球壳内力和位移的公式

内力、位移 \ 形式	开口壳	闭口壳
n_φ	$\frac{2}{\gamma C^2}\left[C_1 \text{ber}'\gamma - C_2 \text{bei}'\gamma + C_3 \text{ker}'\gamma - C_4 \text{kei}'\gamma + \frac{C_5}{\gamma} - \frac{q_n r_s C^2 \gamma}{4}\right]$	$\frac{2}{\gamma C^2}\left[C_1 \text{ber}'\gamma - C_2 \text{bei}'\gamma - \frac{q_n r_s C^2 \gamma}{4}\right]$
n_θ	$\frac{2}{C^2}\left[-C_1\left(\text{bei}\gamma + \frac{1}{\gamma}\text{ber}'\gamma\right) - C_2\left(\text{ber}\gamma - \frac{1}{\gamma}\text{bei}'\gamma\right) - C_3\left(\text{kei}\gamma + \frac{1}{\gamma}\text{ker}'\gamma\right) + C_4\left(\text{ker}\gamma - \frac{1}{\gamma}\text{kei}'\gamma\right) - \frac{C_5}{\gamma^2} - \frac{q_n r_s C^2}{4}\right]$	$\frac{2}{C^2}\left[-C_1\left(\text{bei}\gamma + \frac{1}{\gamma}\text{ber}'\gamma\right) - C_2\left(\text{ber}\gamma - \frac{1}{\gamma}\text{bei}'\gamma\right) - \frac{q_n r_s C^2}{4}\right]$
m_φ	$-\frac{1}{r_s}\left[C_1\left(\text{ber}\gamma - \frac{1}{\gamma}\text{bei}'\gamma\right) - C_2\left(\text{bei}\gamma + \frac{1}{\gamma}\text{ber}'\gamma\right) + C_3\left(\text{ker}\gamma - \frac{1}{\gamma}\text{kei}'\gamma\right) - C_4\left(\text{kei}\gamma + \frac{1}{\gamma}\text{ker}'\gamma\right)\right]$	$-\frac{1}{r_s}\left[C_1\left(\text{ber}\gamma - \frac{1}{\gamma}\text{bei}'\gamma\right) - C_2\left(\text{bei}\gamma + \frac{1}{\gamma}\text{ber}'\gamma\right)\right]$
$v_{\varphi n}$	$-\frac{\sqrt{2}}{r_s C}\left[C_1 \text{ber}'\gamma - C_2 \text{bei}'\gamma + C_3 \text{ker}'\gamma - C_4 \text{kei}'\gamma\right]$	$-\frac{\sqrt{2}}{r_s C}\left[C_1 \text{ber}'\gamma - C_2 \text{bei}'\gamma\right]$
w	$\frac{\sqrt{12}}{E_c t^2}\left[C_1 \text{bei}\gamma + C_2 \text{ber}\gamma + C_3 \text{kei}\gamma + C_4 \text{ker}\gamma + C_6\right]$	$\frac{\sqrt{12}}{E_c t^2}\left[C_1 \text{bei}\gamma + C_2 \text{ber}\gamma + C_6\right]$
v	$\frac{\sqrt{2}}{E_c C}\left[-C_1 \text{ber}'\gamma + C_2 \text{bei}'\gamma - C_3 \text{ker}'\gamma + C_4 \text{kei}'\gamma - \frac{C_5}{\gamma} + C_6 - \frac{q_n r_s C^2 \gamma}{4}\right]$	$\frac{\sqrt{2}}{E_c C}\left[-C_1 \text{ber}'\gamma + C_2 \text{bei}'\gamma + C_6 - \frac{q_n r_s C^2 \gamma}{4}\right]$
Ψ	$\frac{2\sqrt{6}}{E_c t^2 C}\left[C_1 \text{bei}'\gamma + C_2 \text{ber}'\gamma + C_3 \text{kei}'\gamma + C_4 \text{ker}'\gamma\right]$	$\frac{2\sqrt{6}}{E_c t^2 C}\left[C_1 \text{bei}'\gamma + C_2 \text{ber}'\gamma\right]$

续表5.1.4

注：$\gamma=\sqrt{2}r/C$，r 为水平投影半径；$C=0.76\sqrt{t r_s}$，r_s 为球壳曲率半径；ber、ber'、bei、bei'、ker、ker'、kei、kei' 为汤姆生函数及其一阶导数。

5.1.5 壳板的边界条件应根据边界位移和内力的约束情况确定。当边缘构件截面不为矩形时，应根据其几何特征按边界处经向转角及水平位移相协调的原则确定边界条件；当边缘构件截面为矩形时（图 5.1.5），可按下列规定确定边界条件：

1 当外环截面为矩形时，弹性边界条件应按下列公式确定：

$$w_a \cos\varphi_a + v_a \sin\varphi_a = 0 \quad (5.1.5\text{-}1)$$

$$-\frac{r_a^2}{E_c A_a}\left[n_{\varphi a}\left(1 + \frac{12 e_a e_{la}}{h_a^2}\right) - \frac{12 m_{\varphi a} e_{la}}{h_a^2} + \frac{P_a}{r_a}\right] = v_a \cos\varphi_a - w_a \sin\varphi_a \quad (5.1.5\text{-}2)$$

$$\frac{r_a^2}{E_c I_a}(-n_{\varphi a} e_a + m_{\varphi a}) = \Psi_a \quad (5.1.5\text{-}3)$$

式中：w_a——壳板外环处法向的位移；

v_a——壳板外环处经向的位移；

$n_{\varphi a}$——壳板外环处截面上经向的分布轴向力；

$m_{\varphi a}$——壳板外环处截面上经向的分布弯矩；

Ψ_a——壳板外环处经向的转角；

P_a——壳板外环截面上的有效预压力值；

r_a——壳板外环边缘处的底平面半径；

I_a——壳板外环截面绕水平中心轴的惯性矩；

A_a——壳板外环截面面积；

h_a——壳板外环截面高度；

e_a——壳板截面轴线与外环竖直中心轴的交点距外环水平中心轴的距离；

e_{la}——壳板截面轴线与外环边缘交点距外环水平中心轴的距离。

2 当内环截面为矩形时，弹性边界条件应按下列公式确定：

$$v_{\varphi no}\cos\varphi_o + n_{\varphi o}\sin\varphi_o = -p_{Lo} \quad (5.1.5\text{-}4)$$

$$\frac{r_o^2}{E_c A_o}\left[n_{\varphi o}\left(1 + \frac{12 e_o e_{lo}}{h_o^2}\right) - \frac{12 e_{lo} m_{\varphi o}}{h_o^2}\right]$$

$$= v_{o}\cos\varphi_{o} - w_{o}\sin\varphi_{o} \qquad (5.1.5\text{-}5)$$

$$-\frac{r_{o}^{2}}{E_{c}I_{o}}(-n_{\varphi o}e_{o}+m_{\varphi o})=\Psi_{o} \qquad (5.1.5\text{-}6)$$

式中：w_{o} ——壳板内环处法向的位移；

$\quad\quad v_{o}$ ——壳板内环处经向的位移；

$\quad\quad p_{Lo}$ ——壳板内环上的竖向均布线荷载；

$\quad\quad n_{\varphi o}$ ——壳板内环处截面上经向的分布轴向力；

$\quad\quad m_{\varphi o}$ ——壳板内环处截面上经向的分布弯矩；

$\quad\quad v_{\varphi no}$ ——壳板内环处垂直于经向的截面上法向的分布剪力；

$\quad\quad \Psi_{o}$ ——壳板内环处经向的转角；

$\quad\quad r_{o}$ ——壳板内环边缘处的旋转半径；

$\quad\quad I_{o}$ ——壳板内环截面绕水平中心轴的惯性矩；

$\quad\quad A_{o}$ ——壳板内环截面面积；

$\quad\quad h_{o}$ ——壳板内环截面高度；

$\quad\quad e_{o}$ ——壳板截面轴线与内环竖直中心轴的交点距内环水平中心轴的距离；

$\quad\quad e_{lo}$ ——壳板截面轴线与内环边缘交点距内环水平中心轴的距离。

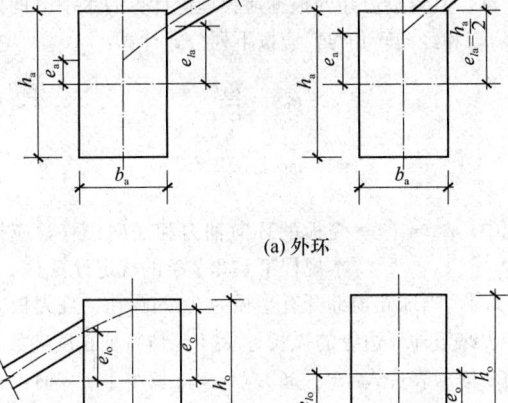

(a) 外环

(b) 内环

图 5.1.5 矩形截面边缘构件几何尺寸

5.2 集中荷载和环形荷载作用下的计算和圆孔应力集中

5.2.1 圆形底旋转壳在集中荷载作用下（图 5.2.1）的内力和位移的计算应符合下列规定：

1 扁球壳顶部作用法向集中荷载 F_n，且壳板外环边缘处的底平面半径 r_a 不小于壳体特征长度参数 C 的 3 倍时，除集中荷载作用点处外，壳板的内力和位移可按下列公式计算：

$$n_{\varphi}=-\frac{\sqrt{3}F_{n}}{\pi t}f_{1}(\gamma) \qquad (5.2.1\text{-}1)$$

$$n_{\theta}=-\frac{\sqrt{3}F_{n}}{\pi t}f_{2}(\gamma) \qquad (5.2.1\text{-}2)$$

$$m_{\varphi}=\frac{F_{n}}{2\pi}f_{3}(\gamma) \qquad (5.2.1\text{-}3)$$

$$m_{\theta}=\frac{F_{n}}{2\pi}f_{4}(\gamma) \qquad (5.2.1\text{-}4)$$

$$w=\frac{\sqrt{3}F_{n}r_{s}}{\pi E_{c}t^{2}}f_{5}(\gamma) \qquad (5.2.1\text{-}5)$$

$$\gamma=\sqrt{2}\,\frac{r}{C} \qquad (5.2.1\text{-}6)$$

$$C=0.76\sqrt{tr_{s}} \qquad (5.2.1\text{-}7)$$

式中：$\quad\quad r$ ——计算点处壳的水平投影半径；

$\quad f_{i}(\gamma),\ i=1,2,3,4,5$ ——系数，可按本规程附录 A 的规定采用。

2 扁球壳顶部法向集中荷载 F_n 作用点处，壳板的内力和位移可按下列公式计算：

$$m_{\varphi}=-\frac{\sqrt{3}F_{n}}{6\pi}\lambda_{1} \qquad (5.2.1\text{-}8)$$

$$n_{\varphi}=\frac{\sqrt{3}F_{n}}{\pi t}\lambda_{2} \qquad (5.2.1\text{-}9)$$

$$w=\frac{\sqrt{12}F_{n}r_{s}}{\pi E_{c}t^{2}}\lambda_{2} \qquad (5.2.1\text{-}10)$$

$$\gamma_{F}=\sqrt{2}\,\frac{r_{F}}{C} \qquad (5.2.1\text{-}11)$$

$$\lambda_{1}=\frac{\sqrt{3}\mathrm{ker}'\gamma_{F}}{\gamma_{F}} \qquad (5.2.1\text{-}12)$$

$$\lambda_{2}=\frac{\mathrm{ker}'\gamma_{F}}{\gamma_{F}}+\frac{1}{(\gamma_{F})^{2}} \qquad (5.2.1\text{-}13)$$

式中：r_{F} ——集中荷载实际作用区域的圆半径；

$\quad\quad \lambda_{1}$、λ_{2} ——系数，可按本规程附录 A 的规定采用。

3 扁球壳顶部作用沿经线的切向荷载 F_x，且壳板外环边缘处的半径 r_a 不小于壳体特征长度参数 C 的 3 倍时，壳板的内力和位移可按下列公式计算：

$$n_{\varphi}=\frac{F_{x}}{2\pi C}f_{6}(\gamma)\cos\theta \qquad (5.2.1\text{-}14)$$

$$n_{\theta}=\frac{F_{x}}{2\pi C}f_{7}(\gamma)\cos\theta \qquad (5.2.1\text{-}15)$$

$$m_{\varphi}=\frac{\sqrt{3}F_{x}t}{12\pi C}f_{8}(\gamma)\cos\theta \qquad (5.2.1\text{-}16)$$

$$m_{\theta}=\frac{\sqrt{3}F_{x}t}{12\pi C}f_{9}(\gamma)\cos\theta \qquad (5.2.1\text{-}17)$$

$$w=-\frac{F_{x}\sqrt{3}C}{2\pi E_{c}t^{2}}f_{10}(\gamma)\cos\theta \qquad (5.2.1\text{-}18)$$

式中：$f_{i}(\gamma),\ i=6,7,8,9,10$ ——系数，可按本规程附录 A 的规定采用。

4 扁球壳顶部作用沿经线法面内的集中力矩 M_y，且壳板外环边缘处半径 r_a 不小于壳体特征长度参数 C 的 3 倍时，壳板的内力和位移可按下列公式计算：

$$n_\varphi = \frac{M_y r_s}{\pi C^3} f_{11}(\gamma)\cos\theta \qquad (5.2.1\text{-}19)$$

$$n_\theta = \frac{M_y r_s}{\pi C^3} f_{12}(\gamma)\cos\theta \qquad (5.2.1\text{-}20)$$

$$m_\varphi = \frac{M_y}{2\pi C} f_{13}(\gamma)\cos\theta \qquad (5.2.1\text{-}21)$$

$$m_\theta = \frac{M_y}{2\pi C} f_{14}(\gamma)\cos\theta \qquad (5.2.1\text{-}22)$$

$$w = \frac{3M_y C}{\pi E_c t^3} f_{15}(\gamma)\cos\theta \qquad (5.2.1\text{-}23)$$

式中：$f_i(\gamma)$，$i = 11, 12, 13, 14, 15$ —— 系数，可按本规程附录 A 的规定采用。

5　当集中荷载不作用于扁球壳的顶部，而荷载作用点至壳板边缘的距离不小于壳体特征长度参数 C 的 3 倍时，仍可按式（5.2.1-1）～式（5.2.1-23）进行计算，但应取荷载作用点为坐标原点。

6　对其他类型的旋转壳，当受集中荷载作用时，近似计算时可按本条第 1 款至第 5 款的规定计算，但曲率半径 r_s 应按计算点处较大的主曲率半径取值。

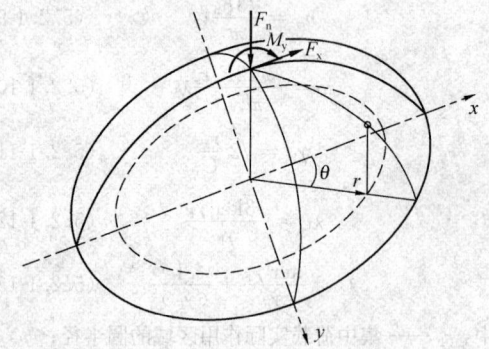

图 5.2.1　扁球壳上的集中荷载

5.2.2　当闭口扁球壳上作用有轴对称环形均布线荷载 p_L，且荷载作用点至壳板边缘的距离大于壳体特征长度参数 C 的 3 倍时，壳板的内力和位移的计算应符合下列规定：

1　当计算点处壳板的水平投影半径 r 不大于环形线荷载分布半径 a 时，壳板的内力和位移可按下列公式计算：

$$m_\varphi = p_L a \left[\mathrm{kei}\,\bar{a}\,\mathrm{ber}''\gamma + \mathrm{ker}\,\bar{a}\,\mathrm{bei}''\gamma \right]$$
$$(5.2.2\text{-}1)$$

$$n_\varphi = -\frac{\sqrt{12}\,p_L a}{t\gamma} \left[\mathrm{ber}'\gamma\,\mathrm{ker}\,\bar{a} - \mathrm{kei}\,\bar{a}\,\mathrm{bei}'\gamma \right]$$
$$(5.2.2\text{-}2)$$

$$n_\theta = \frac{\sqrt{12}\,p_L a}{t} \left[-\mathrm{ker}\,\bar{a}\,\mathrm{ber}''\gamma + \mathrm{kei}\,\bar{a}\,\mathrm{bei}''\gamma \right]$$
$$(5.2.2\text{-}3)$$

$$w = -\frac{\sqrt{12}\,p_L r_s a}{E_c t^2} \left[\mathrm{ber}\gamma\,\mathrm{kei}\,\bar{a} + \mathrm{bei}\gamma\,\mathrm{ker}\,\bar{a} \right]$$
$$(5.2.2\text{-}4)$$

$$\bar{a} = \sqrt{2}\,a/C \qquad (5.2.2\text{-}5)$$

式中：a——环形线荷载分布的水平投影半径。

2　当计算点处壳板的水平投影半径 r 大于环形线荷载分布半径 a 时，壳板的内力和位移可按下列公式计算：

$$m_\varphi = p_L a \left[\mathrm{ber}\,\bar{a}\,\mathrm{kei}''\gamma + \mathrm{bei}\,\bar{a}\,\mathrm{ker}''\gamma \right]$$
$$(5.2.2\text{-}6)$$

$$n_\varphi = -\frac{\sqrt{12}\,p_L a}{t\gamma} \left[\mathrm{ber}\,\bar{a}\,\mathrm{ker}'\gamma - \mathrm{bei}\,\bar{a}\,\mathrm{kei}'\gamma + \frac{1}{\gamma} \right]$$
$$(5.2.2\text{-}7)$$

$$n_\theta = \frac{\sqrt{12}\,p_L a}{t} \left[-\mathrm{ber}\,\bar{a}\,\mathrm{ker}''\gamma + \mathrm{bei}\,\bar{a}\,\mathrm{kei}''\gamma + \frac{1}{\gamma^2} \right]$$
$$(5.2.2\text{-}8)$$

$$w = -\frac{\sqrt{12}\,p_L r_s a}{E_c t^2} \left[\mathrm{ber}\,\bar{a}\,\mathrm{kei}\gamma + \mathrm{bei}\,\bar{a}\,\mathrm{ker}\gamma \right]$$
$$(5.2.2\text{-}9)$$

5.2.3　当闭口扁球壳上作用有轴对称环形均布线荷载 p_L，且荷载作用点至壳板边缘的距离小于壳体特征长度参数 C 的 3 倍时，或在开口扁球壳上作用环形均布荷载时，壳板的内力可按本规程第 5.1.1 条的规定计算，但壳板边界处根据薄膜理论计算的水平方向位移 u_h^m 和经向转角 Ψ_φ^m 应按下列公式计算：

$$u_h^m = \frac{n_\theta r}{E_c t} \qquad (5.2.3\text{-}1)$$

$$\Psi_\varphi^m = \frac{dw}{dr} \qquad (5.2.3\text{-}2)$$

式中：n_θ、w——壳板的环向轴力和法向位移，应按本规程第 5.2.2 条的规定计算。

5.2.4　当球壳顶部开有半径为 r_o 的圆孔，且壳板内环边缘至外环边缘的弧长 s_2 大于壳体特征长度参数 C 的 3 倍、表达式 $(r_o + 3C)/(4r_s)$ 之值小于 1/5 时，在壳面法向均布荷载 q_n 及孔边沿环向竖向均布线荷载 p_{Lo} 作用下，壳板最大经向弯矩和内环弯矩应根据内环和边梁的连接形式（中心连接、内环向下的偏心连接和内环向上的偏心连接，图 5.2.4）按下列公式计算：

$$m_{\varphi,\max} = -\frac{r_s t}{12} \left(q_n \lambda_3 + \frac{\sqrt{2}}{C} p_{Lo} \lambda_4 \right) \qquad (5.2.4\text{-}1)$$

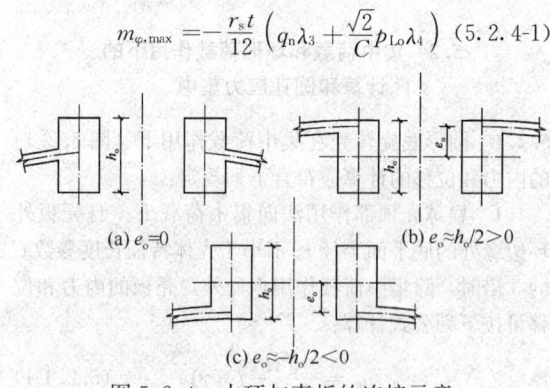

(a) $e_o = 0$　　　　(b) $e_o \approx h_o/2 > 0$

(c) $e_o \approx -h_o/2 < 0$

图 5.2.4　内环与壳板的连接示意

$$M_o = \frac{r_s r_o h_o}{2}\left(q_n \lambda_5 + \frac{\sqrt{2}}{C}p_{Lo}\lambda_6\right) \quad (5.2.4\text{-}2)$$

式中：$m_{\varphi,\max}$ —— 壳板截面上最大的经向分布弯矩；

M_o —— 内环所受的弯矩；

h_o —— 内环截面高度；

λ_3、λ_4、λ_5、λ_6 —— 系数，可按本规程附录 A 的规定采用。

5.2.5 当圆孔不位于球壳顶部，且孔边与壳板边缘或其他边孔的净距不小于壳体特征长度参数 C 的 3 倍时，可按本规程第 5.2.4 条的规定计算，但应取孔洞中心为坐标原点。当其他旋转壳顶部开有圆孔时，仍可按本规程第 5.2.4 条的规定计算，但曲率半径 r_s 应按孔边处环向主曲率半径 r_2 采用，且特征长度参数 C 应按孔边处的计算值采用。

5.3 雪、风荷载作用下的计算和稳定验算

5.3.1 旋转壳的雪荷载计算，除应符合本规程第 3.2.7 条的规定外，尚应符合下列规定：

1 当壳板最大经向角 φ_a 不大于 30°时，可按均布雪荷载计算；

2 当壳板最大经向角 φ_a 大于 30°时，除应考虑均布雪荷载外，尚应考虑雪荷载的不对称分布，不对称雪荷载可按下式计算：

$$s_n = 0.4s(1 + \sin\phi\sin\psi) \quad (5.3.1)$$

式中：s —— 壳板中曲面水平投影面上的均布雪荷载；

s_n —— 壳板中曲面上分布雪荷载的法向分量；

ϕ —— 壳面法线与旋转轴间的夹角；

ψ —— 壳面法线在水平面上的投影与水平纵轴间的夹角。

5.3.2 风荷载所引起的旋转壳内力，可按薄膜理论进行计算。

5.3.3 旋转壳的稳定性验算应符合下列规定：

1 球面壳在法向均布荷载作用下的稳定性应按下式验算：

$$q_n \leqslant 0.06E_c\left(\frac{t}{r_s}\right)^2 \quad (5.3.3)$$

式中：q_n —— 壳体的法向均布荷载设计值。

2 其他类型旋转壳的稳定性也可按式（5.3.3）验算，但曲率半径 r_s 应取中曲面最大曲率半径。

5.4 带肋壳的计算

5.4.1 本节的规定适用于沿壳面经向和环向设有均匀的正交肋，且肋间距不大于 3m、环肋不小于三圈、两个方向肋间距之比不大于 2 的带肋旋转壳。

5.4.2 带肋壳的内力和位移可按本规程第 5.1.1 条~第 5.1.5 条的规定计算，但应符合下列规定：

1 按本规程第 5.1.3 条规定计算时，壳板水平方向的位移应按下列公式计算：

$$u_h^m = \frac{n_\theta^m r_2}{E_c t_{\theta A}}\sin\varphi \quad (5.4.2\text{-}1)$$

$$t_{\theta A} = A_1 / l_1 \quad (5.4.2\text{-}2)$$

式中：$t_{\theta A}$ —— 带肋旋转壳在环向按截面面积折算的厚度；

l_1 —— 环向肋间距；

A_1 —— 环向肋截面面积与两侧肋间等分线之间的壳板横截面面积之和。

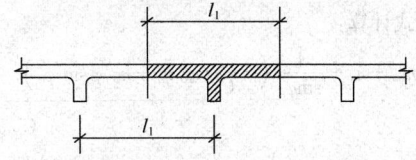

图 5.4.2 带肋壳折算截面面积

2 壳体特征长度参数应按下列公式计算：

$$C_a = 0.76\sqrt{t_{\varphi la} r_{2a}\sqrt{\frac{t_{\varphi la}}{t_{\theta A}}}} \quad (5.4.2\text{-}3)$$

$$C_o = 0.76\sqrt{t_{\varphi lo} r_{2o}\sqrt{\frac{t_{\varphi lo}}{t_{\theta A}}}} \quad (5.4.2\text{-}4)$$

$$t_{\varphi l} = \sqrt[3]{12I'} \quad (5.4.2\text{-}5)$$

$$I' = I'_1 / l'_1 \quad (5.4.2\text{-}6)$$

式中：$t_{\varphi l}$ —— 带肋旋转壳在经向按截面惯性矩折算的厚度；

$t_{\varphi la}$ —— 带肋旋转壳外环边缘处在经向按截面惯性矩折算的厚度；

$t_{\varphi lo}$ —— 带肋旋转壳内环边缘处在经向按截面惯性矩折算的厚度；

I'_1 —— 经向肋截面与宽度为肋间距的壳板截面之和对其总截面形心轴的惯性矩；

l'_1 —— 经向肋间距。

3 采用本规程附录 A 的规定计算时，壳板在内、外环边缘处的厚度应采用相应的按惯性矩折算的厚度，即系数 a_{ij} 及 $\bar{a}_{ij}$（j＝1、2）中的 t^3 应改用 $t_{\varphi la}^3$ 及 $t_{\varphi lo}^3$。

5.4.3 带肋旋转壳在法向均布荷载作用下的稳定性应按下列公式验算：

$$q_n \leqslant 0.06E_c\left(\frac{t_1}{r_s}\right)^2\sqrt{\frac{t_A}{t_1}} \quad (5.4.3\text{-}1)$$

$$t_1 = \left[\frac{1}{4}(t_{\theta l}^3 + 2t^3 + t_{\varphi l}^3)\right]^{\frac{1}{3}} \quad (5.4.3\text{-}2)$$

$$t_A = \frac{4}{\dfrac{1}{t_{\theta A}} + \dfrac{2}{t} + \dfrac{1}{t_{\varphi A}}} \quad (5.4.3\text{-}3)$$

$$t_{\varphi A} = A'_1 / l'_1 \quad (5.4.3\text{-}4)$$

$$t_{\theta l} = \sqrt[3]{12I} \quad (5.4.3\text{-}5)$$

$$I = I_1 / l_1 \quad (5.4.3\text{-}6)$$

式中：$t_{\varphi A}$ —— 带肋旋转壳在经向按截面面积折算的厚度，应取受压区内最小值；

$t_{\theta l}$ —— 带肋旋转壳在环向按截面惯性矩折算的厚度，应取受压区内最小值；

I_1 ——环向肋与宽度为肋间距的壳板截面之和对其总截面形心轴的惯性矩；

A'_1 ——经向肋截面面积与宽度为肋间距的壳板截面面积之和。

5.5 壳体环梁的内力

5.5.1 在旋转壳边缘处的水平推力作用下（图5.5.1），外环、内环的轴向内力（以拉力为正）可按下列公式计算：

$$N_{ba} = \left[n_{ha}^m + \tilde{n}_a + \frac{1}{\sin\varphi_a} \left(-\frac{2}{C_o} \tilde{m}_{\varphi o} \, \overline{\eta}_2 + \tilde{n}_o \, \overline{\eta}_4 \sin\varphi_o \right)_{s_o=s_2} \right] r_a$$

(5.5.1-1)

$$N_{bo} = -\left[n_{ho}^m + \tilde{n}_o + \frac{1}{\sin\varphi_o} \left(\frac{2}{C_a} \tilde{m}_{\varphi a} \eta_2 + \tilde{n}_a \eta_4 \sin\varphi_a \right)_{s_a=s_2} \right] r_o$$

(5.5.1-2)

$$N'_{ba} = -n_{\varphi a} r_a$$ (5.5.1-3)

$$N'_{bo} = n_{\varphi o} r_o$$ (5.5.1-4)

式中：N_{ba}、N_{bo} ——旋转壳外、内环截面上的轴向力；

N'_{ba}、N'_{bo} ——扁球壳外、内环截面上的轴向力；

$n_{\varphi a}$、$n_{\varphi o}$ ——扁球壳壳板外、内环边缘处截面上经向的分布轴向力，可按本规程第5.1.4条的规定计算。

注：公式中带下划线部分为次要项，下同。

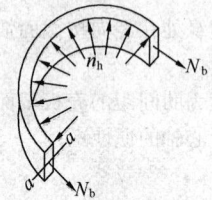

图 5.5.1　环梁截面上的　　图 5.5.2　外环力矩
轴向力

5.5.2 矩形截面外、内环在外环经向力矩 $\overline{m}_a$（图5.5.2）和内环经向力矩 $\overline{m}_o$ 作用下，外、内环中产生的绕截面水平中性轴的弯矩（截面下部受拉为正）应符合下列规定：

1 外环在经向力矩作用下产生的弯矩可按下列公式计算：

$$M_{ba} = -\overline{m}_a r_a$$ (5.5.2-1)

对一般旋转壳，

$$\overline{m}_a = m_{\varphi a} + n_{ha}^m e_a +$$
$$\left[\tilde{n}_a + \frac{1}{\sin\varphi_o} \left(-\frac{2}{C_o} \tilde{m}_{\varphi o} \, \overline{\eta}_2 + \tilde{n}_o \, \overline{\eta}_1 \sin\varphi_o \right)_{s_o=s_2} \right] e_{la}$$

(5.5.2-2)

对扁球壳，

$$\overline{m}_a = -n_{\varphi a} e_a + m_{\varphi a}$$ (5.5.2-3)

式中：$\overline{m}_a$ ——外环经向力矩。

2 内环在经向力矩作用下产生的弯矩可按下列公式计算：

$$M_{bo} = \overline{m}_o r_o$$ (5.5.2-4)

对一般旋转壳，

$$\overline{m}_o = m_{\varphi o} + n_{ho}^m e_o$$
$$+ \left[\tilde{n}_o + \frac{1}{\sin\varphi_o} \left(\frac{2}{C_a} \tilde{m}_{\varphi a} \eta_2 + \tilde{n}_a \eta_4 \sin\varphi_a \right)_{s_a=s_2} \right] e_{lo}$$

(5.5.2-5)

对扁球壳，

$$\overline{m}_o = -n_{\varphi o} e_o + m_{\varphi o}$$ (5.5.2-6)

式中：$\overline{m}_o$ ——内环经向力矩。

5.5.3 当外环支承在若干支柱上时，可按支柱为铰支点的曲梁计算其内力（图5.5.3），且应符合下列规定：

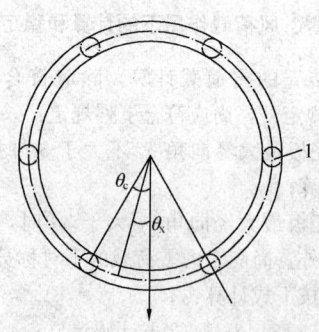

图 5.5.3　环梁的柱支承
1—柱子

1 环梁在竖向分布线荷载 p_L（包括环梁自重）作用下，各项内力计算应符合下列规定：

$$M_{bc} = p_L r_a^2 \left(\frac{\theta_c}{\sin\theta_c} - 1 \right)$$ (5.5.3-1)

$$M_{bs} = p_L r_a^2 \left(\theta_c \cot\theta_c - 1 \right)$$ (5.5.3-2)

$$M_{bx} = p_L r_a^2 \left(\frac{\theta_c \cos\theta_x}{\sin\theta_c} - 1 \right)$$ (5.5.3-3)

$$T_{bx} = p_L r_a^2 \left(\frac{\theta_c \sin\theta_x}{\sin\theta_c} - \theta_x \right)$$ (5.5.3-4)

$$\theta_{x,max} = \cos^{-1} \frac{\sin\theta_c}{\theta_c}$$ (5.5.3-5)

$$\theta_c = \pi/n$$ (5.5.3-6)

式中：M_{bc} ——环梁跨中绕截面水平中性轴的弯矩；

M_{bs} ——支柱处绕环梁截面水平中性轴的弯矩；

M_{bx} ——任意截面 θ_x 处绕环梁截面水平中性轴的弯矩；

T_{bx} ——任意截面 θ_x 处的扭矩；

θ_x ——曲梁跨中算起的圆心角；

$\theta_{x,max}$ ——最大扭矩处的 θ_x；

n ——环梁下支柱数。

2 具有常用支柱数 $n=6$、8、10、12、16、20、24 的环梁，在均布线荷载 p_L 作用下产生的内力，可按表5.5.3的规定计算。

表 5.5.3 环梁内力表

支柱数 n	θ_c	最大竖向切力 v_n ($\times p_L r_a$)	弯矩($\times p_L r_a^2$)		最大扭矩	
			跨中 M_{bc}	支柱 M_{bs}	数值 ($\times p_L r_a^2$)	位置 $\theta_{x,max}$
6	$\frac{\pi}{6}$	$\frac{\pi}{6}$	0.0472	−0.0931	0.0099	0.301
8	$\frac{\pi}{8}$	$\frac{\pi}{8}$	0.0262	−0.0519	0.0039	0.226
10	$\frac{\pi}{10}$	$\frac{\pi}{10}$	0.0166	−0.0331	0.0021	0.181
12	$\frac{\pi}{12}$	$\frac{\pi}{12}$	0.0115	−0.0229	0.0012	0.151
16	$\frac{\pi}{16}$	$\frac{\pi}{16}$	0.0065	−0.0129	0.0005	0.113
20	$\frac{\pi}{20}$	$\frac{\pi}{20}$	0.0041	−0.0082	0.0003	0.091
24	$\frac{\pi}{24}$	$\frac{\pi}{24}$	0.0029	−0.0057	0.0002	0.076

5.5.4 由支柱支承的外环受不对称风、雪荷载作用时，可根据壳体传至环梁内力的竖向分量分段按曲梁计算；作用在环梁上内力的水平分量可按全部支柱平均承担计算。

5.6 构 造 要 求

5.6.1 旋转壳应设外环梁，开口旋转壳还应设内环梁。

5.6.2 当符合下列情况时，旋转壳应加肋：

1 壳板厚度不符合稳定性要求；

2 采用装配整体式壳体；

3 壳体承受较大集中荷载处或开有孔洞处。

5.6.3 当不带肋的壳板上作用有集中荷载时，应按计算结果在集中荷载作用处设置附加钢筋，附加钢筋应位于靠近壳板表面处。

5.6.4 外环梁截面可采用矩形、槽形、L形、平板形等形式。外环梁可采用非预应力或预应力配筋。采用预应力配筋时，其有效预应力宜使外环梁应力接近于壳体边缘处按薄膜理论计算所得的环向应力值。

5.6.5 旋转壳在矩形截面的外环梁顶部或底部挑出混凝土雨篷时，应将雨篷作为外环梁的一部分进行内力分析。如果雨篷的挑出长度不大于500mm，可不考虑其对环梁内力的影响。此时，外环梁仍可按矩形截面计算和配筋，但在布置钢筋时，应将环梁顶部或底部钢筋的30%布置在雨篷的外檐口，而将其余的钢筋均匀布置在梁的顶部或底部。此外，雨篷板还应按悬臂板计算弯矩并配置经向钢筋。

5.6.6 在距内环边缘2倍壳体特征长度参数的范围内，壳体应配置双层抗弯钢筋。

6 双 曲 扁 壳

6.1 几 何 尺 寸

6.1.1 双曲扁壳应由壳板及竖向边缘构件组成，可采用等曲率或不等曲率壳。双曲扁壳的矢高与底面最小边长之比不得大于1/5。不等曲率双曲扁壳的较大曲率与较小曲率之比不宜大于2。

6.1.2 双曲扁壳的壳板曲面可采用抛物线移动曲面、圆弧移动曲面或球面等，曲面与曲率的计算应符合下列规定：

1 壳板中曲面采用抛物线移动曲面时，可取坐标系原点为壳体一边中点（图6.1.2），中曲面方程可按下式计算：

$$z = \frac{4\,(x^2 - ax)f_a}{a^2} + \frac{(4y^2 - b^2)f_b}{b^2}$$

(6.1.2-1)

中曲面在 x、y 方向的曲率 κ_1、κ_2 可按下列公式计算：

$$\kappa_1 = \frac{8f_a}{a^2}$$ (6.1.2-2)

$$\kappa_2 = \frac{8f_b}{b^2}$$ (6.1.2-3)

式中：f_a、f_b ——双曲扁壳沿 x、y 轴方向边界上的矢高；

a、b ——双曲扁壳沿 x、y 轴方向的边长。

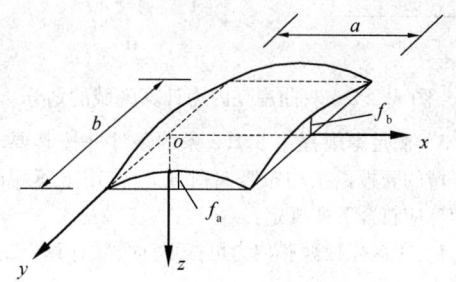

图6.1.2 双曲扁壳的坐标和几何尺寸

2 壳板中曲面采用圆弧移动曲面时，中曲面在 x、y 方向的曲率半径应分别取 x、y 方向圆弧的半径。

3 壳板中曲面采用球面时，中曲面在 x、y 方向的曲率半径应取球面半径。

6.2 均布荷载作用下的内力计算

6.2.1 双曲扁壳的位移正方向可定义为坐标轴方向；在外法线方向与坐标轴正方向一致的截面上，轴力和剪力正方向可定义为与坐标轴一致的方向；弯矩正方向可定义为使壳板下表面受拉的方向（图6.2.1）。

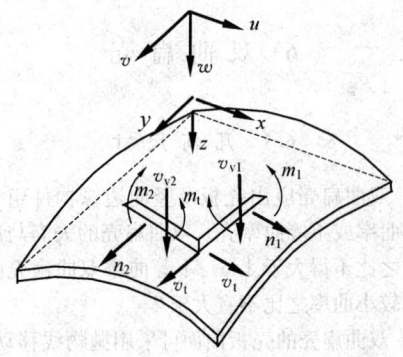

图 6.2.1　双曲扁壳内力和位移的正方向

6.2.2 当底面为矩形的双曲扁壳边长与壳体特征长度参数之比 a/C_1 和 b/C_2 均不小于 9 时，均布荷载作用下可将壳板的内力计算区域按下列规定划分（图 6.2.2）：

1 壳板四角长、宽分别为 3 倍壳体特征长度参数的矩形区域可划为Ⅲ区；

2 除去壳板四角的四个Ⅲ区外，以凹角连线 AB 和 CD 可将区域划分成四块，左右两块可划分为Ⅰ区，其他两块可划分为Ⅱ区。

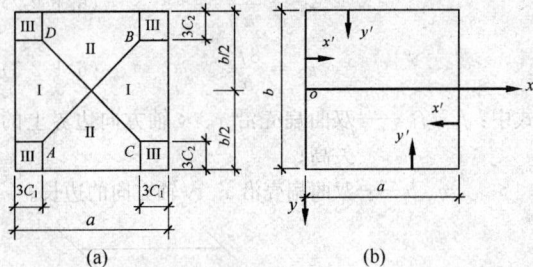

(a)　　　　　　　(b)

图 6.2.2　双曲扁壳内力计算区域的划分

6.2.3 满足本规程第 6.2.2 条的条件并按其要求划分区域的壳板，在均布竖向荷载 q_z 作用下薄膜内力的计算应符合下列规定：

1 Ⅰ区壳板薄膜内力可按下列公式计算：

$$n_1 = n_1^m \quad\quad (6.2.3\text{-}1)$$

$$n_2 = n_2^m + \frac{q_z}{\kappa_2}\mathrm{e}^{-\xi}\cos\xi \quad (6.2.3\text{-}2)$$

$$v_t = v^m \quad\quad (6.2.3\text{-}3)$$

$$\xi = x'/C_1 \quad\quad (6.2.3\text{-}4)$$

$$C_1 = 0.76\sqrt{tr_2} \quad (6.2.3\text{-}5)$$

式中：n_1 ——壳板截面上沿 x 轴中曲面切线方向的分布轴向力；

n_2 ——壳板截面上沿 y 轴中曲面切线方向的分布轴向力；

v_t ——壳板截面上切向的分布剪力；

n_1^m、n_2^m、v^m——壳板截面上的分布薄膜内力，可按本规程附录 B 的规定计算；

x' ——计算点在 x 方向距较近边的距离；

C_1 ——双曲扁壳 x 轴方向的特征长度参数；

r_2 ——y 轴方向的曲率半径。

2 Ⅱ区壳板薄膜内力可按下列公式计算：

$$n_1 = n_1^m + \frac{q_z}{\kappa_2}\mathrm{e}^{-\eta}\cos\eta \quad (6.2.3\text{-}6)$$

$$n_2 = n_2^m \quad\quad (6.2.3\text{-}7)$$

$$v_t = v^m \quad\quad (6.2.3\text{-}8)$$

$$\eta = y'/C_2 \quad\quad (6.2.3\text{-}9)$$

$$C_2 = 0.76\sqrt{tr_1} \quad (6.2.3\text{-}10)$$

式中：y' ——计算点在 y 方向距较近边的距离；

C_2 ——双曲扁壳 y 轴方向的特征长度参数；

r_1 ——x 轴方向的曲率半径。

3 Ⅲ区壳板薄膜内力可按下列公式计算：

$$n_1 = n_1^m + \frac{q_z}{\kappa_1}\mathrm{e}^{-\eta}\cos\eta \quad (6.2.3\text{-}11)$$

$$n_2 = n_2^m + \frac{q_z}{\kappa_2}\mathrm{e}^{-\xi}\cos\xi \quad (6.2.3\text{-}12)$$

$$v_t = v^m \quad\quad (6.2.3\text{-}13)$$

4 壳板角点处的分布剪力 v_{ct} 可按下列公式计算（公式中正负号与该点附近剪力 v^m 的符号相同）：

$\kappa_1 = \kappa_2 = \kappa$ 时，

$$v_{ct} = \pm\frac{2q_z}{\pi\kappa}\left[\ln\sqrt{\frac{8t}{\sqrt{3}\kappa\,(a^2+b^2)}} - 0.5772\right]$$
$$(6.2.3\text{-}14)$$

$\kappa_1 \neq \kappa_2$ 时，

$$v_{ct} = \pm\frac{2q_z}{\pi\kappa_1\kappa_2}\left\{(\kappa_1+\kappa_2)\left[\ln\sqrt{\frac{8t}{\sqrt{3\kappa_1\kappa_2}\,(a^2+b^2)}} - 0.5772\right]\right.$$
$$\left. + \frac{\kappa_1-\kappa_2}{2}\frac{a^2-b^2}{a^2+b^2}\right\}$$
$$(6.2.3\text{-}15)$$

6.2.4 满足本规程第 6.2.2 条的条件并按其要求划分区域的壳板，在均布竖向荷载 q_z 作用下分布弯矩、扭矩及竖向剪力的计算应符合下列规定：

1 Ⅰ区壳板内力可按下列公式计算：

$$m_1 = \frac{q_z C_1^2}{2}\mathrm{e}^{-\xi}\sin\xi \quad (6.2.4\text{-}1)$$

$$v_{v1} = \pm\frac{q_z C_1}{2}\mathrm{e}^{-\xi}(\cos\xi - \sin\xi) \quad (6.2.4\text{-}2)$$

式中：m_1 ——壳板平行于 y 轴方向截面上的分布弯矩；

v_{v1} ——壳板平行于 y 轴方向截面上竖向的分布剪力，式中正负号分别用于 $x=0$ 边及 $x=a$ 边的附近。

2 Ⅱ区壳板内力可按下列公式计算：

$$m_2 = \frac{q_z C_2^2}{2}\mathrm{e}^{-\eta}\sin\eta \quad (6.2.4\text{-}3)$$

$$v_{v2} = \pm\frac{q_z C_2}{2}\mathrm{e}^{-\eta}(\cos\eta - \sin\eta) \quad (6.2.4\text{-}4)$$

式中：m_2 ——壳板平行于 x 轴方向截面上的分布

弯矩；

　　v_{v2}——壳板平行于 x 轴方向截面上竖向的分布剪力，式中正负号分别用于 $y=b/2$ 边及 $y=-b/2$ 边的附近。

　　3　Ⅲ区壳板内力可按下列公式计算：

$$m_1 = \frac{q_z C_1^2}{2} e^{-\xi} \sin\xi \qquad (6.2.4-5)$$

$$m_2 = \frac{q_z C_2^2}{2} e^{-\eta} \sin\eta \qquad (6.2.4-6)$$

　　4　等曲率壳在Ⅲ区的分布扭矩可按下列公式计算：

　　非角点处，

$$m_t = \pm \frac{q_z t}{\pi \sqrt{3}\kappa} f_5(\gamma) \qquad (6.2.4-7)$$

$$\gamma = \sqrt{2(\xi^2 + \eta^2)} \qquad (6.2.4-8)$$

　　角点处，

$$m_t = \pm \frac{q_z t}{4\sqrt{3}\kappa} \qquad (6.2.4-9)$$

　　式中：m_t——壳板截面上的分布扭矩，$(0,b/2)$ 和 $(a,-b/2)$ 二点附近取负号，$(0,-b/2)$ 和 $(a,b/2)$ 二点附近取正号；

　　　　$f_5(\gamma)$——系数，可按本规程附录 A 的规定采用。

　　5　不等曲率壳在Ⅲ区的分布扭矩可按下列公式计算：

　　非角点处，

$$m_t = \pm \frac{q_z t}{\pi \sqrt{3\kappa_1\kappa_2}} f_5(\gamma) \qquad (6.2.4-10)$$

　　角点处，

$$m_t = \pm \frac{q_z t}{4\sqrt{3\kappa_1\kappa_2}} \qquad (6.2.4-11)$$

　　式中：m_t——壳板截面上的分布扭矩，$(0,b/2)$ 和 $(a,-b/2)$ 二点附近取负号，$(0,-b/2)$ 和 $(a,b/2)$ 二点附近取正号。

　　6.2.5　任意边界形状和任意边界条件的双曲扁壳在法向荷载作用下，其内力和位移可按本规程附录 B 的规定计算。

　　6.2.6　底面为正方形的球面双曲扁壳的边长与壳体特征长度参数之比小于 9 时，均布荷载作用下的内力和位移可按本规程附录 B 的规定计算。

6.3　半边荷载和水平荷载作用下的内力和位移计算

　　6.3.1　双曲扁壳在半边均布荷载作用下的内力及位移，可先按对称均布荷载和反对称均布荷载情况分别进行计算，然后叠加。

　　6.3.2　双曲扁壳受反对称均布荷载作用时，可先将原壳板一分为二，形成两个四边简支扁壳，壳板的曲率不变，而垂直于荷载反对称方向的边长为原壳体该

方向边长的 1/2，该方向边缘处的矢高为原矢高的 1/4（图 6.3.2）。然后分别计算这两个四边简支扁壳在各自均布荷载作用下的内力和位移，可得原壳体的内力和位移。这两个四边简支扁壳在均布荷载作用下的内力和位移，可按本规程第 6.2.1 条～第 6.2.6 条的规定计算。

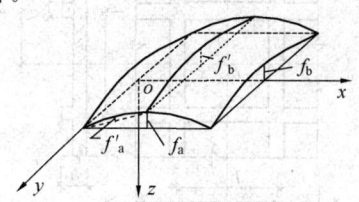

图 6.3.2　壳体对称分割

　　6.3.3　当双曲扁壳半边均布荷载 q_1 值不大于壳体全部均布荷载 q_2 的 30% 时，可将两者相加按满布荷载进行计算。

　　6.3.4　四边简支双曲扁壳受 x 轴方向的均布水平荷载 q_x 作用时，壳板的剪力 v_t 和沿 x 轴方向的位移 u 可按下列公式计算：

$$v_t = -yq_x \qquad (6.3.4-1)$$

$$u = \frac{1}{E_c t}\left[\left(\frac{b}{2}\right)^2 - y^2\right]q_x \qquad (6.3.4-2)$$

　　此时，其他的内力和位移可均取为零。

　　6.3.5　四边简支双曲扁壳受 y 轴方向均布水平荷载 q_y 作用时，可将坐标轴转换方向后，按本规程第 6.3.4 条的规定计算。

　　6.3.6　当水平荷载与 x 轴和 y 轴方向不平行时，可将其分解为 x 轴和 y 轴方向的两个分量分别计算，再进行叠加。

　　6.3.7　双曲扁壳可倾斜放置，但壳体底平面的倾角不宜大于 10°。此时，应将壳体所受的荷载分解为与底平面垂直的和平行的两个分量，并可分别按本规程第 6.2.1 条～第 6.2.6 条及第 6.3.4 条～第 6.3.6 条的规定计算。

6.4　稳　定　验　算

　　6.4.1　等曲率双曲扁壳在法向均布荷载作用下的稳定性应按下式验算：

$$q_n \leq 0.06E_c\kappa^2 t^2 \qquad (6.4.1)$$

　　式中：q_n——壳体的法向均布荷载设计值；

　　　　κ——壳板的曲率。

　　6.4.2　不等曲率双曲扁壳在法向均布荷载作用下的稳定性应按下式验算：

$$q_n \leq 0.06E_c\kappa_1\kappa_2 t^2 \qquad (6.4.2)$$

　　式中：κ_1、κ_2——壳板沿 x、y 方向的曲率。

6.5　带肋壳的计算

　　6.5.1　对沿 x 和 y 轴方向带肋的双曲扁壳（图 6.5.1），当两个方向肋的分布均比较均匀、数量不少

于 4 根、肋在 x 轴和 y 轴方向的间距 l_1 和 l_2 均不大于 3m 且两者之比不大于 2 时，壳体可按无肋壳计算内力和位移，其壳体特征长度参数的计算应符合下列规定：

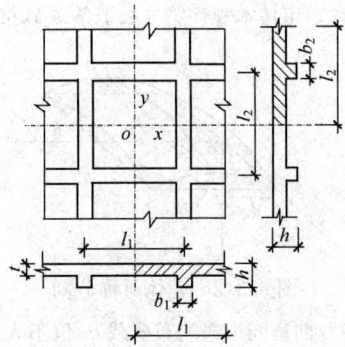

图 6.5.1　带肋壳板的平面单元

1　等曲率带肋壳特征长度参数可按下列公式计算：

$$C_1 = 0.76 \sqrt{\frac{t_{11}}{\kappa} \sqrt{\frac{t_{11}}{t_{2A}}}} \qquad (6.5.1-1)$$

$$C_2 = 0.76 \sqrt{\frac{t_{21}}{\kappa} \sqrt{\frac{t_{21}}{t_{1A}}}} \qquad (6.5.1-2)$$

$$t_{1A} = t + (h-t) b_2 / l_2, \quad t_{2A} = t + (h-t) b_1 / l_1 \qquad (6.5.1-3)$$

$$t_{11} = \sqrt[3]{12 I_1 / l_2}, \quad t_{21} = \sqrt[3]{12 I_2 / l_1} \qquad (6.5.1-4)$$

$$I_1 = \frac{1}{3} \left[(l_2 - b_2) t^3 + b_2 h^3 \right] - \frac{1}{4} \frac{\left[(l_2 - b_2) t^2 + b_2 h^2 \right]^2}{(l_2 - b_2) t + b_2 h} \qquad (6.5.1-5)$$

$$I_2 = \frac{1}{3} \left[(l_1 - b_1) t^3 + b_1 h^3 \right] - \frac{1}{4} \frac{\left[(l_1 - b_1) t^2 + b_1 h^2 \right]^2}{(l_1 - b_1) t + b_1 h} \qquad (6.5.1-6)$$

式中：C_1、C_2——双曲扁壳 x、y 轴方向的特征长度参数；

b_1、b_2——平行于 x、y 轴方向截面上的肋宽；

l_1、l_2——平行于 x、y 轴方向的肋间距；

t_{11}、t_{21}——带肋壳在 x、y 轴方向按截面惯性矩折算的厚度；

t_{1A}、t_{2A}——带肋壳在 x、y 轴方向按截面面积折算的厚度。

2　不等曲率带肋壳特征长度参数可按下列公式计算：

$$C_1 = 0.76 \sqrt{\frac{t_{11}}{\kappa_2} \sqrt{\frac{t_{11}}{t_{2A}}}} \qquad (6.5.1-7)$$

$$C_2 = 0.76 \sqrt{\frac{t_{21}}{\kappa_1} \sqrt{\frac{t_{21}}{t_{1A}}}} \qquad (6.5.1-8)$$

6.5.2　带肋双曲扁壳在法向均布荷载作用下的稳定性应按下列公式验算：

$$q_n \leqslant 0.06 E_c \frac{\kappa_1 \kappa_2}{\sqrt{\dfrac{\bar{t}_K}{\bar{t}_A}}} \bar{t}_K^2 \qquad (6.5.2-1)$$

$$\bar{t}_K = \sqrt[3]{\frac{1}{4} (t_{11}^3 + 2t^3 + t_{21}^3)} \qquad (6.5.2-2)$$

$$\bar{t}_A = \frac{4}{\dfrac{1}{t_{1A}} + \dfrac{2}{t} + \dfrac{1}{t_{2A}}} \qquad (6.5.2-3)$$

式中：q_n——壳体的法向均布荷载设计值。

6.6　边　缘　构　件

6.6.1　双曲扁壳的边缘构件可采用下列形式：带拉杆的双铰拱、拱形桁架、等截面或变截面的薄腹梁和多柱支承的曲梁等。

6.6.2　边缘构件可按空间杆系结构或平面杆系结构计算。计算时，可将壳体传至边缘构件上的分布荷载转换为若干竖向与水平的集中力及其对边缘构件中心轴产生的力矩。

6.6.3　在均布荷载作用下，壳体边缘处的剪力可作为作用在边缘构件上的均布荷载。

6.7　构造和配筋

6.7.1　现浇和装配整体式双曲扁壳的边拱可采用非预应力或预应力的构件，在构造上除应符合本规程第 3 章的有关规定外，尚应符合下列规定：

1　边拱与支承柱端部应通过预埋钢板或其他方式可靠连接；

2　边拱端部与支承柱端连接部位应进行局部受压承载力验算；

3　现浇双曲扁壳采用非预应力边拱时，两边拱的相交节点内侧可采取圆弧过渡，并应配置斜向附加钢筋（图 6.7.1a），其中附加钢筋直径宜为 12mm～16mm、数量不宜少于 3 根；采用预应力边拱时，两边拱的相交节点内侧可采取圆弧过渡，并应配置斜向附加钢筋（图 6.7.1b），其中附加钢筋直径宜为 16mm～20mm、数量不宜少于 3 根。

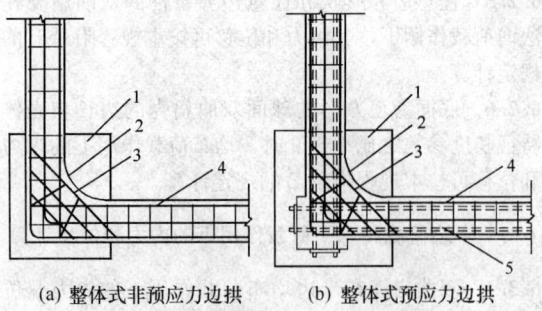

(a) 整体式非预应力边拱　　(b) 整体式预应力边拱

图 6.7.1　边拱相交节点构造形式

1—柱帽；2—过渡圆弧曲线；3—附加钢筋；
4—非预应力筋；5—预应力筋

6.7.2　双曲扁壳配筋除应符合本规程第 3 章的有关

规定外，尚应符合下列规定：

1 壳板四角应配置与边缘呈 45°角的斜钢筋，并应双层对称配置；

2 在壳板四周边缘宽度为 3 倍壳体特征长度参数范围内，宜配置双层钢筋。

7 圆柱面壳

7.1 几何尺寸和计算

7.1.1 圆柱面壳的壳体上应设置边梁和横隔。

7.1.2 圆柱面壳可按其几何特征和几何形状进行分类，并应符合下列规定：

1 根据圆柱面壳的几何特征，可分为长壳和短壳：

长壳应满足下列条件：
$$B/l \leqslant 1 \qquad (7.1.2\text{-}1)$$

短壳应满足下列条件：
$$B/l > 1 \qquad (7.1.2\text{-}2)$$

式中：B——圆柱面壳的宽度，即圆柱面壳直线边梁间的水平距离；

l——圆柱面壳的跨度，即圆柱面壳纵向支承横隔的间距。

2 根据圆柱面壳的几何形状，可分为单波和多波圆柱面壳。

7.1.3 长壳、短壳的壳板矢高 f 不应小于壳体宽度 B 的 1/8，长壳的壳体矢高 f_{tot} 不宜小于壳体跨度 l 的 1/15（图 7.1.3）。

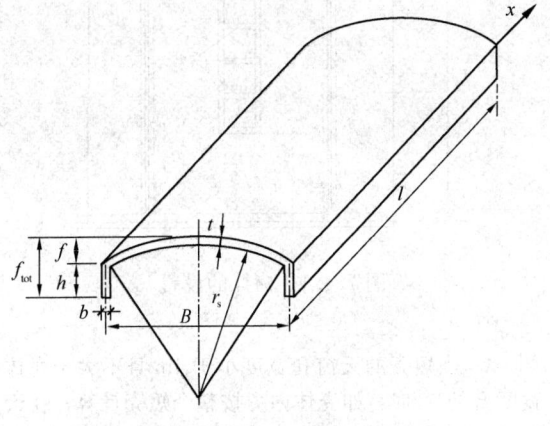

图 7.1.3 圆柱面壳的几何尺寸

7.1.4 长壳及短壳均可按弹性壳体理论计算内力和位移。当符合下列规定时，计算可简化：

1 对壳板中曲面曲率半径与跨度之比 r_s/l 不大于 0.2、且边梁无中间支承的情况，当荷载分布和壳体横截面均对称时，可按梁理论计算；在荷载分布或壳体横截面不对称时，可按薄壁构件计算；

2 对壳板中曲面曲率半径与跨度之比 r_s/l 不小

于 4 的情况，可将壳板与横隔合并，按拱或弧形桁架计算，边梁与其相邻的部分壳板（取宽度为 $l/5$）可按倒 L 形截面梁进行配筋，其荷载应包括边梁自重及其相邻板壳上的荷载。

7.1.5 多波圆柱面壳的边波外侧半边的内力可按单波柱面壳计算，内侧半边的内力可按内波柱面壳计算。

7.1.6 对任意边界条件的圆柱面壳可采用有限元法计算，并应考虑边缘构件的共同作用。

7.1.7 两端简支单跨圆柱面壳的横隔刚度应符合下列规定：

1 横隔在其平面内应具有足够的刚度，以使板壳在该处的环向位移和法向位移可近似取为零；

2 横隔在其平面外的刚度宜较小，使壳板在该处的纵向力可近似取为零。

7.1.8 圆柱面壳的稳定性验算应符合下列规定：

1 当壳体宽度与跨度之比 B/l 不大于 1 时，壳板纵向压应力应按下式验算：

$$\sigma \leqslant 0.075 \frac{E_c t}{r_s} \qquad (7.1.8\text{-}1)$$

式中：σ——壳板的纵向压应力，按荷载设计值进行计算。

2 当壳体宽度与跨度之比 B/l 大于 1 时，壳体的法向均布荷载设计值 q_n 应按下式验算：

$$q_n \leqslant 0.225 E_c \left(\frac{t}{r_s}\right)^2 \frac{1}{\dfrac{l}{\sqrt{tr_s}}-1} \qquad (7.1.8\text{-}2)$$

7.2 带肋壳的计算

7.2.1 两端简支带肋圆柱面壳的内力和位移，可将薄膜理论的特解和有矩理论基本方程的齐次解叠加而得。

7.2.2 当肋的间距不大于 3m、且两个方向的间距比较接近时，壳体的稳定性可按下列公式验算：

$$\sigma \leqslant 0.075 \frac{E_c A_1}{r_s l_1} \qquad (7.2.2\text{-}1)$$

$$q_n \leqslant 0.225 E_c \frac{A_1}{l_1 r_s^2} \sqrt{\frac{12 I_1}{A_1}} \frac{1}{\dfrac{\sqrt[4]{A_1} l}{\sqrt[4]{12 I_1 r_s^2}}-1}$$

$$(7.2.2\text{-}2)$$

式中：l_1——肋轴线间的距离；

A_1——肋截面面积与两侧肋间等分线之间的壳板横截面面积之和；

I_1——截面 A_1 的惯性矩。

7.2.3 当宽度与跨度之比 B/l 不大于 1 的圆柱面壳只有环肋，或 B/l 大于 1 的圆柱面壳只有纵肋时，壳体稳定性可分别按本规程式（7.1.8-1）和式（7.1.8-2）验算。当宽度与跨度之比 B/l 不大于 1 的圆柱面壳只有纵肋，或 B/l 大于 1 的圆柱面壳只有环肋时，壳体的稳定性可分别按本规程式（7.2.2-1）和式

(7.2.2-2) 验算。

7.2.4 壳面带肋的圆柱面长壳，可按带肋的折板结构计算。

7.3 边 缘 构 件

7.3.1 边梁可在下列五种常用形式中选用（图7.3.1）：

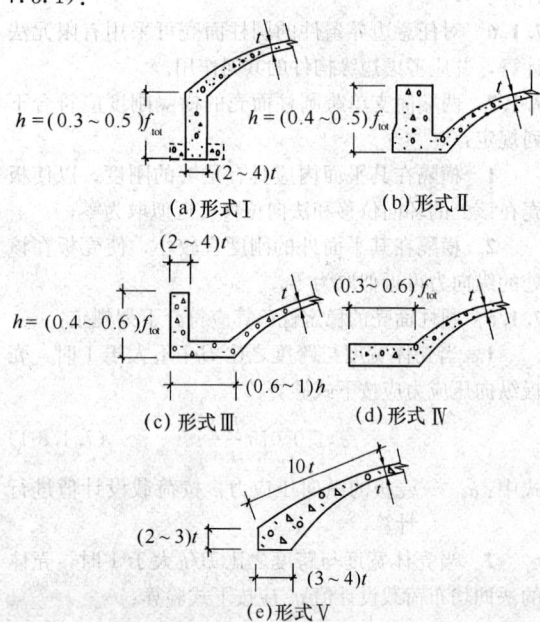

图 7.3.1 边梁的类型

1 形式Ⅰ：位于壳板边缘之下的矩形或倒T形截面梁；

2 形式Ⅱ：位于壳板边缘之上的矩形截面梁；

3 形式Ⅲ：位于壳板边缘之上的L形截面梁；

4 形式Ⅳ：位于壳板边缘侧面的平板梁，可用于边梁下墙支承的情况；

5 形式Ⅴ：壳板边缘局部加厚形成的梁，可用作小跨度壳板的边梁。

7.3.2 边梁的截面尺寸应按承载力、变形及构造要求确定，并应符合下列规定：

1 长壳边梁的截面可采用本规程图7.3.1所示的尺寸，对形式Ⅰ、Ⅱ、Ⅲ的边梁，其高度不宜小于壳体跨度的1/30；

2 短壳边梁采用形式Ⅰ、Ⅱ、Ⅲ时，其高度不宜小于壳体跨度的1/15；

3 多波壳体的边梁截面宜设计成相同的形式。

7.3.3 圆柱面壳横隔可按平面构件进行计算，横隔可采用下列形式（图7.3.3）：

1 形式Ⅰ：变截面梁或开洞变截面梁，可用于跨度和宽度较小的壳体；

2 形式Ⅱ：带拉杆的拱形横隔，宜用于半边荷载较小的壳体；

3 形式Ⅲ：弧形桁架，宜用于宽度较大的壳体。

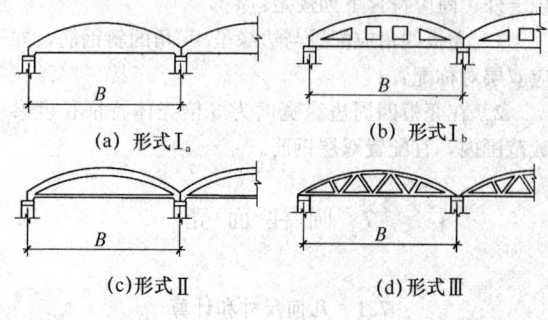

图 7.3.3 横隔的形式

7.4 构 造 要 求

7.4.1 当圆柱面壳沿跨度方向设置通长孔洞时，其位置宜设于壳体顶部，并应符合下列构造规定：

1 对长壳，在孔洞周边应加肋，并应沿孔洞纵向每隔2m～3m设置一条横撑（图7.4.1）；当壳体具有较大的不对称荷载时，除设置横撑外，还应加设斜撑；

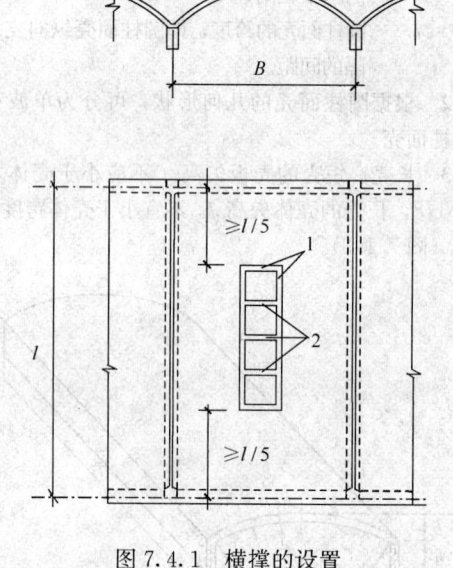

图 7.4.1 横撑的设置
1—肋；2—横撑

2 当短壳的天窗孔宽度小于4m且不大于壳体宽度B的1/3时，如壳体内力按整个短壳计算，在天窗孔中应设置间距不大于2m的横撑；

3 如将短壳分成两半，并按锯齿形或蝶形壳计算内力时，可不设横撑；

4 在圆柱面壳两端，跨度 l 的1/5范围内不应设置孔洞。

7.4.2 对有孔洞的圆柱面壳，宜用有限元法进行分析，并应考虑肋、横撑、斜撑和其他边缘构件的共同作用。

7.4.3 圆柱面壳的配筋应符合下列规定：

1 壳板受拉区的主要受拉钢筋应按计算所得的应力分布配置；受压区可按构造要求设置间距为200mm～250mm的纵向钢筋；

2 边梁所需受拉钢筋的25%～40%可设置在边梁底部，其余钢筋可按应力分布设置；边梁中除应设置直径不宜小于14mm的主要受拉钢筋外，还应设置直径不小于6mm的封闭箍筋，边梁中的主要钢筋应有50%以上锚入支座。

7.4.4 装配整体式圆柱面壳可采用下列四种形式（图7.4.4）：

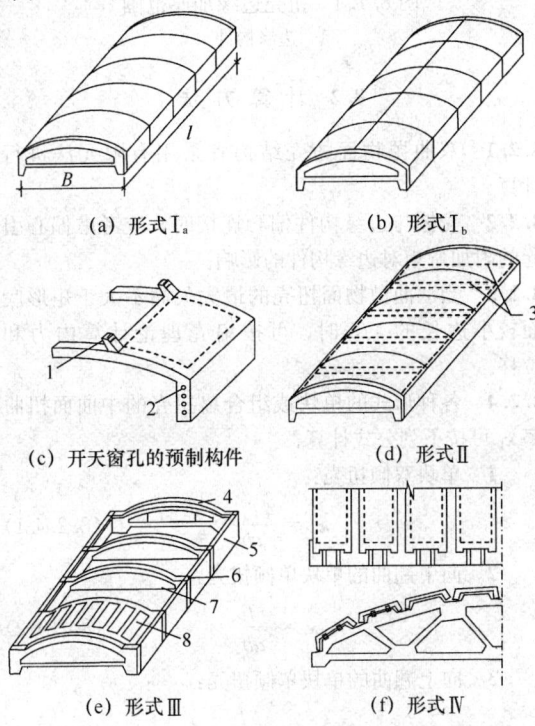

(a) 形式 I_a (b) 形式 I_b

(c) 开天窗孔的预制构件   (d) 形式 II

(e) 形式 III (f) 形式 IV

图 7.4.4 装配整体式圆柱面壳的形式
1—焊接天窗架的预埋件；2—穿预应力筋的孔洞；
3—临时拉杆；4—预制横隔；5—预制边梁段；
6—预制肋拱；7—预制肋拱的临时拉杆；
8—预制壳板

1 形式 I：壳体由预制拱形板和边梁段的横向分块组成；

2 形式 II：壳体由现浇边梁和预制拱形板组成；

3 形式 III：壳体由横隔、边梁段、肋拱及壳板组成；

4 形式 IV：壳体由预制板及预制拱架组成。

当有可靠依据时，也可采用其他形式。

7.4.5 装配整体式圆柱面壳的形式 I 应符合下列规定：

1 壳体的分块在横向可为整块（形式 I_a）或两个半块（形式 I_b），形式 I_a 宜用于较小跨度，形式 I_b 宜用于较大跨度；

2 壳体在纵向可分成若干段，每段的长度应根

据制作、运输及安装等条件确定，宜为1.5m～3m；

3 在块体的边缘处应设加劲肋；

4 对具有天窗孔的壳体，形式 I_b 的预制构件可设计成带焊接预埋件形式；

5 边梁应采用预应力配筋。

7.4.6 装配整体式圆柱面壳的形式 II 可用于较大跨度，整个壳体可划分为两个现浇的边梁、两个横隔及若干预制拱形板，每块拱形板均应设置两根临时拉杆，防止起吊时发生过大的弯曲变形。

7.4.7 装配整体式圆柱面壳的形式 III 可用于大跨度，并应符合下列规定：

1 整个壳体应由横隔、边梁段、肋拱及壳板四种平面预制构件拼成；

2 拼装时，应先将边梁段、横隔及肋拱通过边梁中预应力筋连成一空框，然后将预制壳板放置于肋拱上，通过板缝纵向预应力筋及混凝土灌缝连成整体；

3 边梁应采用预应力配筋。

7.4.8 装配整体式圆柱面壳的形式 IV 可用于短壳，整个壳体可划分为预制板及预制拱架两种构件，拱架也可设计为装配整体式结构。

7.4.9 圆柱面壳的边梁与支柱的连接可设计为铰接。当边梁施加预应力时，应考虑对柱子的影响，宜采取相应的构造措施。

8 双曲抛物面扭壳

8.1 几何尺寸

8.1.1 双曲抛物面扭壳可通过一条曲率中心向下的抛物线 $z = f_1(x)$ 沿另一条曲率中心向上的抛物线 $z = f_2(y)$ 平移而生成（图8.1.1），中曲面方程可按下式表示：

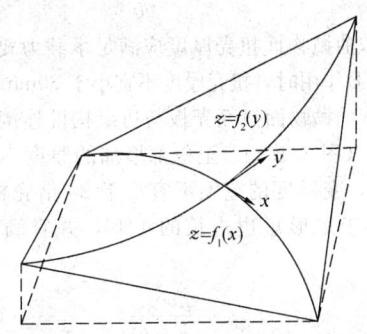

图 8.1.1 双曲抛物面扭壳

$$z = f_1(x) + f_2(y) \tag{8.1.1-1}$$

由抛物线 $z_1 = \kappa_1 x^2$ 平移于另一抛物线 $z_2 = -\kappa_2 y^2$ 生成的双曲抛物面扭壳中曲面方程可按下式表示：

$$z = \kappa_1 x^2 - \kappa_2 y^2 \tag{8.1.1-2}$$

当 $\kappa_1 = \kappa_2 = \kappa$ 时，中曲面方程可按下式表示：

$$z = \kappa(x^2 - y^2) \qquad (8.1.1\text{-}3)$$

8.1.2 矩形底面双曲抛物面扭壳的中曲面方程可按下列规定确定（图 8.1.2）：

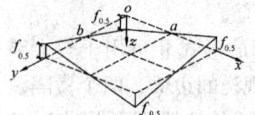
(a) 单块双倾扭壳

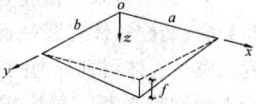
(b) 向下翘曲的单块单倾扭壳

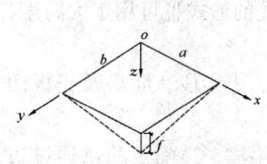
(c) 向上翘曲的单块单倾扭壳

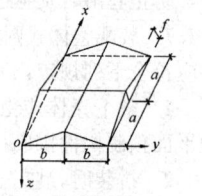
(d) 组合扭壳

图 8.1.2 双曲抛物面扭壳的形式

1 单块双倾扭壳：

$$z = \frac{f_{0.5}}{\dfrac{a}{2} \cdot \dfrac{b}{2}}\left(x - \frac{a}{2}\right)\left(y - \frac{b}{2}\right) \quad (8.1.2\text{-}1)$$

式中：a——扭壳沿 x 方向的边长；

b——扭壳沿 y 方向的边长；

$f_{0.5}$——单块双倾扭壳中曲面最大矢高的 1/2，与图示方向相反时取负值。

2 向下翘曲的单块单倾扭壳：

$$z = \frac{f}{ab}xy \qquad (8.1.2\text{-}2)$$

式中：f——扭壳的矢高，与图示方向相反时取负值。

3 向上翘曲的单块单倾扭壳：

$$z = -\frac{f}{ab}xy \qquad (8.1.2\text{-}3)$$

4 组合扭壳靠近坐标原点的部分：

$$z = -f + \frac{(x-a)(y-b)f}{ab} \quad (8.1.2\text{-}4)$$

8.1.3 双曲抛物面扭壳厚度应满足承载力要求。当有集中荷载作用时，扭壳厚度不宜小于 80mm。

8.1.4 双曲抛物面扭壳壳板与边缘构件连接部位应逐渐加厚（图 8.1.4），至根部增加的厚度不宜小于壳板厚度，变厚度的范围不宜小于 20 倍壳板厚度，且不宜小于矩形短边边长的 1/10，并宜满足下式要求：

$$t \geqslant \frac{q_z ab}{f_t(a+b)} \qquad (8.1.4)$$

式中：q_z——由壳体、面层自重及活荷载等组成的总荷载，折算成水平投影面上的竖向均布荷载设计值；

t——壳板厚度；

f_t——混凝土抗拉强度设计值；

a、b——矩形扭壳的边长。

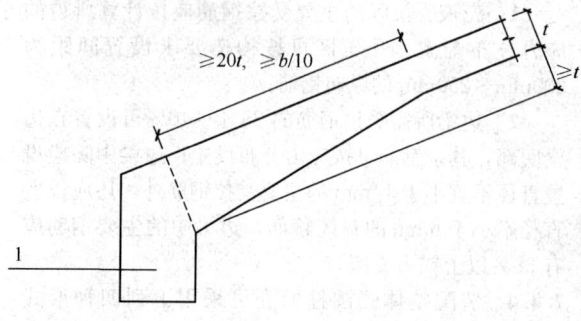

图 8.1.4 扭壳边缘加厚范围
1—边缘构件

8.2 计 算 方 法

8.2.1 双曲抛物面扭壳结构宜采用有限元法进行计算。

8.2.2 壳体与边缘构件偏心连接时，应考虑偏心引起的附加弯矩对边缘构件的影响。

8.2.3 当双曲抛物面扭壳的最大矢高不大于矩形底面较小边长的 1/5 时，可按扁壳理论计算内力和位移。

8.2.4 各种形式的单块或组合扁扭壳的中曲面扭曲率 κ_t 可按下列公式计算：

1 单块双倾扭壳：

$$\kappa_t = \frac{4f_{0.5}}{ab} \qquad (8.2.4\text{-}1)$$

2 向下翘曲的单块单倾扭壳：

$$\kappa_t = \frac{f}{ab} \qquad (8.2.4\text{-}2)$$

3 向上翘曲的单块单倾扭壳：

$$\kappa_t = -\frac{f}{ab} \qquad (8.2.4\text{-}3)$$

4 组合扭壳靠近坐标原点的部分：

$$\kappa_t = \frac{f}{ab} \qquad (8.2.4\text{-}4)$$

8.2.5 计算扁扭壳的内力时，可将壳体、面层自重及雪载、活荷载等按其总和折算成水平投影面上的竖向均布荷载。

8.2.6 方案和初步设计阶段，可按下列简化公式计算扁扭壳中的薄膜应力：

$$\tau^m = \frac{q_z}{2\kappa_t t} \qquad (8.2.6\text{-}1)$$

$$\sigma_1^m = \tau^m \qquad (8.2.6\text{-}2)$$

$$\sigma_2^m = -\tau^m \qquad (8.2.6\text{-}3)$$

式中：τ^m——剪应力；

σ_1^m——拉应力；

σ_2^m——压应力。

8.2.7 矩形底双曲抛物面扭壳在竖向均布荷载作用下的稳定性可按下式验算：

$$q_z = 0.39E_c\left(\frac{tf}{ab}\right)^2 \qquad (8.2.7)$$

式中：q_z——壳体的竖向均布荷载设计值。

8.3 边 缘 构 件

8.3.1 双曲抛物面扭壳的边缘构件可采用梁、桁架等。

8.3.2 在竖向均布荷载作用下，矩形单块扭壳边缘构件在壳体两对角支座处产生的沿对角线方向的水平推力（图 8.3.2）可按下列公式计算：

$$H_x = V_t^m a \qquad (8.3.2-1)$$

$$H_y = V_t^m b \qquad (8.3.2-2)$$

$$H = \sqrt{H_x^2 + H_y^2} \qquad (8.3.2-3)$$

式中：V_t^m——壳体作用于边缘构件的单位长度剪力，
$V_t^m = \tau^m t$；
H_x——矩形扭壳边缘构件沿 x 向的水平推力；
H_y——矩形扭壳边缘构件沿 y 向的水平推力；
H——矩形扭壳边缘构件沿对角线方向的水平推力；
a、b——矩形扭壳的边长。

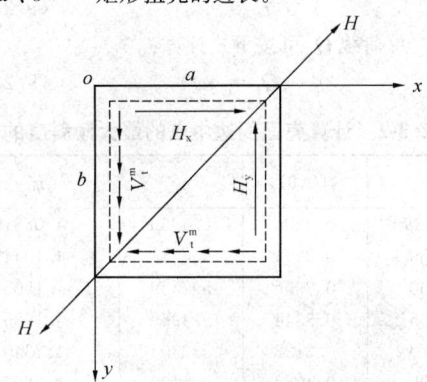

图 8.3.2 壳体支座处的水平推力

8.4 构 造 要 求

8.4.1 双曲抛物面扭壳的配筋应符合下列规定：

1 钢筋的直径不应小于 8mm，并应采用带肋钢筋；

2 当壳体厚度不大于 100mm、且壳面仅作用竖向均布荷载时，可采用单层双向配筋；当壳体有集中荷载作用时，宜局部或全部双层双向配筋；当壳体厚度大于 100mm 时，宜双层双向配筋；

3 钢筋宜沿平行于壳体直纹方向布置，间距不宜大于 200mm。

8.4.2 当在竖向荷载标准值作用下，壳体中的主拉应力大于混凝土的抗拉强度标准值时，或当扭壳的跨度大于 24m 时，宜对壳体施加预压力。预应力筋应沿壳体直纹方向双向布置。预应力扭壳的壳板厚度不宜小于 120mm。

8.4.3 现浇组合扭壳拼接部位的构造应符合下列规定：

1 当扭壳跨度不大于 24m 时，壳面脊线拼接部位应逐渐加厚，加厚的尺寸应按计算确定，且不宜小于 3 倍壳体厚度；加厚的范围不宜小于 20 倍壳板厚度，且不宜小于短边尺寸的 1/15（图 8.4.3）；

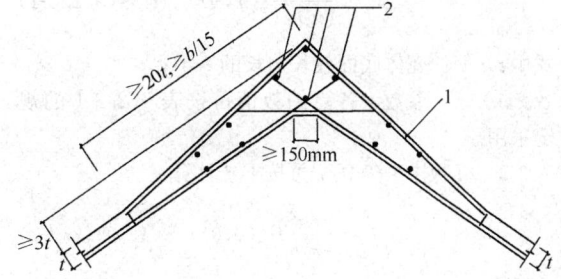

图 8.4.3 现浇组合扭壳拼接部位的构造
1—垂直于脊线的附加钢筋；2—脊线方向的纵向钢筋

2 加厚范围的配筋应按计算确定，垂直于脊线的附加钢筋直径不应小于 10mm、间距不应大于 200mm，沿脊线方向的纵向钢筋直径不应小于 12mm、数量不应少于 4 根；

3 当扭壳跨度大于 24m 时，壳面十字形拼接部位宜设置梁，梁宽度不宜小于 300mm，梁高度应按计算确定并不宜小于 4 倍壳板厚度；

4 拼接部位梁的配筋应按计算确定，纵筋直径不应小于 16mm、数量不应少于 6 根，梁箍筋直径不应小于 8mm、间距不应大于 200mm。

9 膜 型 扁 壳

9.1 适用范围和几何尺寸

9.1.1 本章的规定适用于承受均布荷载、周边在同一水平支承面内的矩形或圆形底膜型扁壳。

9.1.2 抗震设防烈度为 9 度时不宜采用膜型扁壳。

9.1.3 矩形底膜型扁壳的最大边长不宜大于 8m；圆形底膜型扁壳的最大直径不宜大于 10m。

9.1.4 矩形底膜型扁壳壳板中央的最大矢高宜为矩形底面对角线长度的 1/8～1/12；圆形底膜型扁壳壳板中央的最大矢高宜为圆形底面直径的 1/5～1/10。

9.2 成 型 计 算

9.2.1 膜型扁壳成型计算时可假定壳板中只存在相互正交的两个主压内力，且各处的主压内力均应相同，并可根据内力由薄膜理论求得中曲面方程。

9.2.2 膜型扁壳在竖向荷载作用下，中曲面的基本控制方程可按下式计算：

$$\frac{\partial^2 z}{\partial x^2} + \frac{\partial^2 z}{\partial y^2} = -\frac{q_z}{n_L} \qquad (9.2.2)$$

式中：n_L——膜型扁壳截面上给定的均布线压力；
q_z——竖向均布荷载。

9.2.3 矩形底膜型扁壳在竖向均布荷载作用下各相关参数的计算应符合下列规定（图 9.2.3）：

1 壳板中曲面的 z 坐标可按下式计算：

$$z = \frac{16a^2 q_z}{\pi^2 n_L} \zeta(x, y) \qquad (9.2.3\text{-}1)$$

式中：a ——壳体底面较长边长的一半；

$\zeta(x, y)$ ——参数，各点的数值可按表 9.2.3-1 的规定采用。

2 壳板中央矢高 f 可按下式计算：

$$f = \frac{16a^2 q_z}{\pi^2 n_L} \zeta(0, 0) \qquad (9.2.3\text{-}2)$$

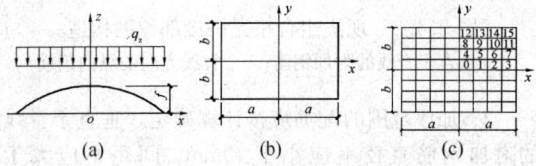

图 9.2.3 矩形底膜型扁壳

表 9.2.3-1 $\zeta(x, y)$ 在各点的数值

$\dfrac{b}{a}$	ζ_0 $x=0$ $y=0$	ζ_1 $x=\pm\dfrac{a}{4}$ $y=0$	ζ_2 $x=\pm\dfrac{a}{2}$ $y=0$	ζ_3 $x=\pm\dfrac{3a}{4}$ $y=0$	ζ_4 $x=0$ $y=\pm\dfrac{b}{4}$	ζ_5 $x=\pm\dfrac{a}{4}$ $y=\pm\dfrac{b}{4}$	ζ_6 $x=\pm\dfrac{a}{2}$ $y=\pm\dfrac{b}{4}$	ζ_7 $x=\pm\dfrac{3a}{4}$ $y=\pm\dfrac{b}{4}$
0.50	0.2206	0.2135	0.1880	0.1280	0.2701	0.2006	0.1770	0.1211
0.55	0.2591	0.2498	0.2172	0.1447	0.2435	0.2350	0.2047	0.1371
0.60	0.2966	0.2580	0.2452	0.1606	0.2784	0.2683	0.2309	0.1521
0.65	0.3344	0.3204	0.2732	0.1763	0.3145	0.3016	0.2578	0.1673
0.70	0.3722	0.3556	0.3009	0.1917	0.3503	0.3349	0.2841	0.1820
0.75	0.4085	0.3895	0.3274	0.2063	0.3848	0.3671	0.3094	0.1961
0.80	0.4454	0.4238	0.3541	0.2211	0.4199	0.3999	0.3550	0.2103
0.85	0.4801	0.4560	0.3791	0.2348	0.4537	0.4314	0.3596	0.2239
0.90	0.5106	0.4843	0.4008	0.2469	0.4823	0.4579	0.3802	0.2350
0.95	0.5407	0.5122	0.4233	0.2595	0.5116	0.4845	0.4023	0.2481
1.00	0.5709	0.5403	0.4443	0.2705	0.5403	0.5118	0.4219	0.2581
0.50	0.1663	0.1614	0.1432	0.0997	0.0976	0.0949	0.0850	0.0609
0.55	0.1964	0.1897	0.1663	0.1133	0.1158	0.1121	0.0993	0.0697
0.60	0.2248	0.2166	0.1881	0.1260	0.1329	0.1284	0.1126	0.0780
0.65	0.2541	0.2441	0.2102	0.1388	0.1504	0.1450	0.1264	0.0864
0.70	0.2829	0.2711	0.2318	0.1512	0.1631	0.1617	0.1401	0.0946
0.75	0.3121	0.2985	0.2536	0.1636	0.1863	0.1788	0.1540	0.1029
0.80	0.3415	0.3260	0.2753	0.1759	0.2072	0.1977	0.1693	0.1119
0.85	0.3694	0.3520	0.2959	0.1875	0.2201	0.2107	0.1800	0.1184
0.90	0.3946	0.3756	0.3145	0.1979	0.2381	0.2276	0.1938	0.1264
0.95	0.4168	0.3964	0.3311	0.2074	0.2523	0.2413	0.2048	0.1327
1.00	0.4443	0.4219	0.3509	0.2182	0.2706	0.2583	0.2186	0.1408

3 壳板中曲面在周边处的倾斜度 α_u 可按下列公式计算：

$$\alpha_u \big|_{x=\pm a} = \frac{8aq_z}{\pi^2 n_L} \sum_{n=1,3,5}^{\infty} \frac{1}{n^2} \left[1 - \frac{\operatorname{ch}\dfrac{n\pi y}{2a}}{\operatorname{ch}\dfrac{n\pi b}{2a}} \right]$$

$$(9.2.3\text{-}3)$$

$$\alpha_u \big|_{y=\pm b} = \frac{8aq_z}{\pi^2 n_L} \sum_{n=1,3,5}^{\infty} (-1)^{\frac{(n-1)}{2}} \frac{1}{n^2} \operatorname{th}\frac{n\pi b}{2a} \cos\frac{n\pi x}{2a}$$

$$(9.2.3\text{-}4)$$

式中：b ——壳体底面较短边长的一半。

4 壳板中曲面周边各处的倾斜度可按抛物线图形变化计算，其中点最大倾斜度 $\alpha_{u,\max}$ 可按下列公式计算：

$$\alpha_{u,\max} \big|_{x=\pm a} = \frac{f}{2a}\eta_a \qquad (9.2.3\text{-}5)$$

$$\alpha_{u,\max} \big|_{x=\pm b} = \frac{f}{2b}\eta_b \qquad (9.2.3\text{-}6)$$

式中：η_a、η_b ——系数，可按表 9.2.3-2 的规定采用。

5 壳板周边垂直于底平面的线反力 r_n 可按下式计算：

$$r_n = n_L \alpha_u \qquad (9.2.3\text{-}7)$$

6 总荷载 Q_z 可按下式计算：

$$Q_z = 4abq_z \qquad (9.2.3\text{-}8)$$

表 9.2.3-2 计算壳面周边中点的最大倾斜度的系数

$\dfrac{b}{a}$	$\zeta(0,0)$	η_a	η_b
0.50	0.2206	6.4956	4.0851
0.55	0.2591	6.0644	4.1044
0.60	0.2966	5.7539	4.1505
0.65	0.3344	5.4969	4.1936
0.70	0.3722	5.2805	4.2340
0.75	0.4085	5.1109	4.2856
0.80	0.4454	4.9505	4.3236
0.85	0.4801	4.8252	4.3748
0.90	0.5106	4.7446	4.4538
0.95	0.5407	4.6659	4.5247
1.00	0.5709	4.5846	4.5846

9.2.4 圆形底膜型扁壳在竖向均布荷载作用下各相关参数的计算应符合下列规定（图 9.2.4）：

1 壳板中曲面的 z 坐标可按下式计算：

$$z = \frac{q_z}{4n_L}(r_a^2 - r^2) \qquad (9.2.4\text{-}1)$$

式中：r_a ——壳底面半径；

r ——中曲面上计算点在底面上的投影距圆心的距离。

2 壳板中央矢高 f 可按下式计算：

$$f = \frac{q_z r_a^2}{4n_L} \qquad (9.2.4\text{-}2)$$

3 壳板中曲面在周边处的倾斜度 α_u 可按下式计算：

$$\alpha_u = \frac{q_z r_a}{2n_L} \qquad (9.2.4\text{-}3)$$

4 壳板周边垂直于底平面的线反力 r_n 可按下式计算：

$$r_n = n_L \alpha_u \qquad (9.2.4-4)$$

5 总荷载 Q_z 可按下式计算：

$$Q_z = \pi r_a^2 q_z \qquad (9.2.4-5)$$

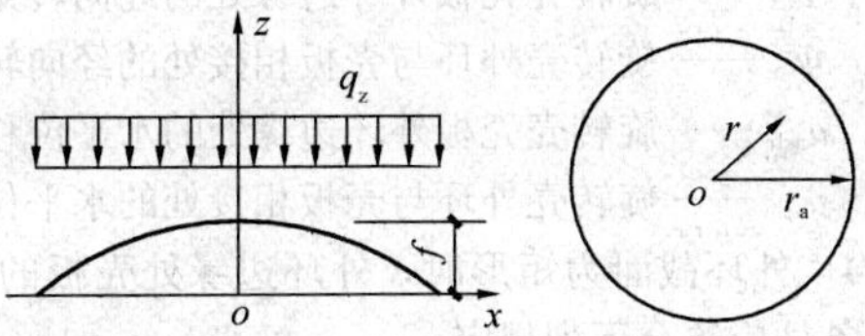

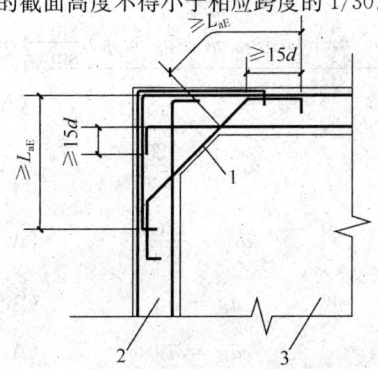

图 9.2.4 圆形底膜型扁壳

9.3 边缘构件

9.3.1 在竖向均布荷载作用下，膜型扁壳边缘构件的配筋应符合下列规定：

1 沿周边支承的圆形底膜型扁壳的边缘构件，应按下列公式进行验算：

$$\eta q_z \leqslant \frac{6}{r_a^3} \left\{ \frac{f_c}{2\varphi_r} \left[r_a^2 r_1 + \left(\frac{r_a^2}{2\varphi_r} - 1 \right) \frac{r_1^3}{3} + \frac{r_1^5}{100\varphi_r^2} \right] + f_y' A_s h_0 \right\} \qquad (9.3.1-1)$$

$$r_1 = \frac{f_y' A_s}{f_c t} \qquad (9.3.1-2)$$

$$\varphi_r = \frac{r_a^2}{2f} \qquad (9.3.1-3)$$

式中：η——荷载放大系数，取 1.2；

q_z——竖向均布荷载设计值；

A_s——圆形底膜型扁壳边缘构件中的钢筋面积；

h_0——膜型扁壳边缘构件的截面有效高度；

f_c——混凝土轴心抗压强度设计值；

f_y'——钢筋的抗压强度设计值；

f——壳板的矢高。

2 四角支承的矩形底膜型扁壳的边缘构件，应按下列公式进行验算：

$$\eta q_z \leqslant \frac{1}{abc} (M_a \sin\alpha + M_b \cos\alpha) \qquad (9.3.1-4)$$

$$M_a = \frac{f_c}{2k_a} \left[a^2 a_1 + \left(\frac{a^2}{2k_a^2} - 1 \right) \frac{a_1^3}{3} + \frac{a_1^5}{10k_a^2} \right] + f_y A_{sa} h_0 \qquad (9.3.1-5)$$

$$M_b = \frac{f_c}{2k_b} \left[b^2 b_1 + \left(\frac{b^2}{2k_b^2} - 1 \right) \frac{b_1^3}{3} + \frac{b_1^5}{10k_b^2} \right] + f_y A_{sb} h_0 \qquad (9.3.1-6)$$

$$k_a = \frac{a^2}{2f} \qquad (9.3.1-7)$$

$$k_b = \frac{b^2}{2f} \qquad (9.3.1-8)$$

$$a_1 = \frac{f_y A_{sa}}{f_c t} \qquad (9.3.1-9)$$

$$b_1 = \frac{f_y A_{sb}}{f_c t} \qquad (9.3.1-10)$$

$$\alpha = \tan^{-1} \left(\frac{b}{a} \right) \qquad (9.3.1-11)$$

$$c = \frac{1}{2} \sqrt{a^2 + b^2} \sin 2\alpha \qquad (9.3.1-12)$$

式中：M_a、M_b——膜型扁壳对应于边长 $2a$、$2b$ 的边缘构件的计算弯矩；

A_{sa}、A_{sb}——膜型扁壳对应于边长 $2a$、$2b$ 的边缘构件的钢筋截面面积。

3 沿周边支承的矩形底膜型扁壳的边缘构件，应按下列公式进行验算：

$$\eta q_z \leqslant \frac{3}{a^3} M_a \qquad (9.3.1-13)$$

$$\eta q_z \leqslant \frac{3}{b^3} M_b \qquad (9.3.1-14)$$

$$M_a = \frac{f_c t f}{a^4} \left[a^4 a_1 - \frac{1}{6} (a^2 - 2f^2) a_1^3 \right.$$
$$\left. + \frac{1}{80} \left(1 - 16 \frac{f^2}{a^2} \right) a_1^5 + \frac{3f^2}{56a^4} a_1^7 \right.$$
$$\left. + \frac{f^2}{144a^6} a_1^9 + \frac{f^2}{2816a^8} a_1^{11} \right] \qquad (9.3.1-15)$$

$$M_b = \frac{f_c t f}{b^4} \left[b^4 b_1 - \frac{1}{6} (b^2 - 2f^2) b_1^3 + \frac{1}{80} \left(1 - 16 \frac{f^2}{b^2} \right) b_1^5 \right.$$
$$\left. + \frac{3f^2}{56b^4} b_1^7 + \frac{f^2}{144b^6} b_1^9 + \frac{f^2}{2816b^8} b_1^{11} \right] \qquad (9.3.1-16)$$

9.4 构造要求

9.4.1 在矩形底膜型扁壳四角处，应设置垂直于对角线方向、间距为 150mm～200mm、直径为 6mm～8mm 的附加钢筋，设置范围不应小于由壳体角点至 1/10 对角线长度的区域。在此区域内，壳板应逐渐加厚至 2 倍壳板厚度。在壳体的两个方向应设置间距不大于 200mm、直径不小于 6mm 的构造钢筋网，并应将此钢筋锚入边缘构件内。

9.4.2 膜型扁壳应支承于周边为刚性的下部结构上。当为柱支承时，边缘构件应满足对壳板的约束刚度要求。

9.4.3 矩形底膜型扁壳周边的边缘构件，应按照刚接闭合框架梁的构造措施，在拐角处适当加腋并应设置附加钢筋（图 9.4.3）。当壳体为四角支承时，边缘构件的截面高度不得小于相应跨度的 1/30。

图 9.4.3 膜型扁壳边缘构件拐角的配筋
1—附加斜向钢筋；2—边缘构件；3—壳板

附录 A 圆形底旋转壳的计算及系数表

A.1 圆形底旋转壳的计算公式

A.1.1 圆形底旋转壳在轴对称荷载作用下，壳板的边界条件应符合下列规定：

1 外环边缘处壳板的铰支边界条件应符合下列规定：

$$\widetilde{m}_{\varphi a} + \underline{\widetilde{m}_{\varphi o}\,\bar{\eta}_3 + C_o \sin \varphi_o \bar{n}_o\,\bar{\eta}_2} = 0$$

(A.1.1-1)

$$a_{21}\widetilde{m}_{\varphi a} + a_{22}\bar{n}_a + \underline{(\bar{a}_{22}\bar{n}_o\,\bar{\eta}_1 + \bar{a}_{21}\widetilde{m}_{\varphi o}\,\bar{\eta}_4)\frac{\sin \varphi_a}{\sin \varphi_o}} + u_h^m = 0$$

(A.1.1-2)

$$a_{21} = \frac{6C_a^2}{E_c t^3}\sin \varphi_a \qquad (A.1.1-3)$$

$$\bar{a}_{21} = \frac{6C_o^2}{E_c t^3}\sin \varphi_o \qquad (A.1.1-4)$$

$$a_{22} = \frac{6C_a^3}{E_c t^3}\sin^2 \varphi_a \qquad (A.1.1-5)$$

$$\bar{a}_{22} = \frac{6C_o^3}{E_c t^3}\sin^2 \varphi_o \qquad (A.1.1-6)$$

式中：u_h^m——边界上按薄膜理论计算的水平位移，可按本规程式（5.1.3-4）计算。计算中的 φ 值应根据外环边缘或内环边缘分别采用 φ_a 或 φ_o。

注：本条公式中带下划线的项均为远端影响项，一般为次要项，下同。

2 外环边缘处壳板的固定边界条件应符合下列规定：

$$a_{11}\widetilde{m}_{\varphi a} + a_{12}\bar{n}_a + \underline{\bar{a}_{11}\widetilde{m}_{\varphi o}\,\bar{\eta}_1 + \bar{a}_{12}\bar{n}_o\,\bar{\eta}_3} + \Psi_\varphi^m = 0$$

(A.1.1-7)

$$a_{21}\widetilde{m}_{\varphi a} + a_{22}\bar{n}_a + \underline{(\bar{a}_{21}\widetilde{m}_{\varphi o}\,\bar{\eta}_4 + \bar{a}_{22}\bar{n}_o\,\bar{\eta}_1)\frac{\sin \varphi_a}{\sin \varphi_o}} + u_h^m = 0$$

(A.1.1-8)

$$a_{11} = -\frac{12C_a}{E_c t^3} \qquad (A.1.1-9)$$

$$\bar{a}_{11} = \frac{12C_o}{E_c t^3} \qquad (A.1.1-10)$$

$$a_{12} = a_{21} \qquad (A.1.1-11)$$

$$\bar{a}_{12} = \bar{a}_{21} \qquad (A.1.1-12)$$

式中：Ψ_φ^m——边界上按薄膜理论计算的经向转角，可按本规程式（5.1.3-5）计算，也可

取为零。

3 外环截面为任意形状时，外环边缘处壳板的弹性边界条件应符合下列规定：

$$\Psi_{as} = \Psi_{ar} \qquad (A.1.1-13)$$

$$u_{ash} = u_{arh} \qquad (A.1.1-14)$$

式中：Ψ_{as}——旋转壳壳板外环边缘处的经向转角；

Ψ_{ar}——旋转壳外环与壳板相接处的经向转角；

u_{ash}——旋转壳壳板外环边缘处的水平位移；

u_{arh}——旋转壳外环与壳板相接处的水平位移。

4 外环截面为矩形时，外环边缘处壳板的弹性边界条件应符合下列规定：

$$a_{11}\widetilde{m}_{\varphi a} + a_{12}\bar{n}_a + \underline{\bar{a}_{11}\widetilde{m}_{\varphi o}\,\bar{\eta}_1 + \bar{a}_{12}\bar{n}_o\,\bar{\eta}_3} + \Psi_\varphi^m$$

$$= \frac{r_a^2}{E_c I_a}\left[m_{\varphi a} + n_{ha}^m e_a + \bar{n}_a' e_{la}\right] \qquad (A.1.1-15)$$

$$a_{21}\widetilde{m}_{\varphi a} + a_{22}\bar{n}_a + \underline{(\bar{a}_{21}\widetilde{m}_{\varphi o}\,\bar{\eta}_4 + \bar{a}_{22}\bar{n}_o\,\bar{\eta}_1)\frac{\sin \varphi_a}{\sin \varphi_o}} + u_h^m$$

$$= \frac{r_a^2}{E_c A_a}\left[\begin{array}{l} \bar{n}_a'\left(1 + \dfrac{12e_{la}^2}{h_a^2}\right) + n_{ha}^m\left(1 + \dfrac{12e_a e_{la}}{h_a^2}\right) \\ + \dfrac{12m_{\varphi a}e_{la}}{h_a^2} - \dfrac{P_a}{r_a} \end{array} \right]$$

(A.1.1-16)

$$\bar{n}_a' = \bar{n}_a + \frac{1}{\sin \varphi_a}\left[-\frac{2}{C_o}\widetilde{m}_{\varphi o}\,\bar{\eta}_2 + \bar{n}_o\,\bar{\eta}_4 \sin \varphi_o\right]_{s_o = s_2}$$

(A.1.1-17)

$$m_{\varphi a} = \widetilde{m}_{\varphi a} + \underline{\left[\widetilde{m}_{\varphi a}\,\bar{\eta}_3 + C_o\bar{n}_o\,\bar{\eta}_2 \sin \varphi_o\right]_{s_o = s_2}}$$

(A.1.1-18)

$$n_{ha}^m = -n_{\varphi a}^m \cos \varphi_a \qquad (A.1.1-19)$$

式中：P_a——外环截面上的有效预加压力；

A_a——外环截面的面积；

I_a——外环截面绕水平中和轴的惯性矩；

$n_{\varphi a}^m$——壳体外环边缘处壳板截面上经向的薄膜分布轴向力，可按本规程式（5.1.3-1）计算，其中的 φ 应采用外环边缘处的值 φ_a。

5 内环边缘处壳板的自由边界条件应符合下列规定：

$$\widetilde{m}_{\varphi o} + \underline{\widetilde{m}_{\varphi a}\,\bar{\eta}_3 - C_a \sin \varphi_a \bar{\eta}_2 \bar{n}_a} = 0$$

(A.1.1-20)

$$\bar{n}_o + \underline{\frac{\sin \varphi_a}{\sin \varphi_o}\bar{n}_a\,\bar{\eta}_4 + \frac{2\widetilde{m}_{\varphi a}}{C_a \sin \varphi_o}\bar{\eta}_2} = n_{\varphi o}^m \cos \varphi_o$$

(A.1.1-21)

式中：$n_{\varphi o}^m$——壳体内环边缘处壳板截面上经向的薄膜分布轴向力，可按本规程式（5.1.3-1）计算，其中的 φ 应采用内环边缘处的值 φ_o。

6 内环截面为任意形状时，内环边缘处壳板的弹性边界条件应符合下列规定：

$$\Psi_{os} = \Psi_{or} \qquad (A.1.1\text{-}22)$$

$$u_{osh} = u_{orh} \qquad (A.1.1\text{-}23)$$

式中：Ψ_{os}——旋转壳壳板内边缘处的经向转角；

Ψ_{or}——旋转壳内环与壳板相接处的经向转角；

u_{osh}——旋转壳壳板内边缘处的水平位移；

u_{orh}——旋转壳内环与壳板相接处的水平位移。

7 内环截面为矩形时，内环边缘处壳板的弹性边界条件应符合下列规定：

$$\bar{a}_{11}\tilde{m}_{\varphi o} + \bar{a}_{12}\bar{n}_o + \underline{a_{11}\tilde{m}_{\varphi a}\eta_1 + a_{12}\bar{n}_a\eta_3} + \Psi_{\varphi}^{m}$$

$$= -\frac{r_o^2}{E_c I_o}\left[m_{\varphi o} + n_{no}^{m}e_o + \bar{n}_o'e_{lo}\right] \qquad (A.1.1\text{-}24)$$

$$\bar{a}_{21}\tilde{m}_{\varphi o} + \bar{a}_{22}\bar{n}_o + \underline{\left(a_{21}\tilde{m}_{\varphi a}\eta_4 + a_{22}\bar{n}_a\eta_1\right)\frac{\sin\varphi_o}{\sin\varphi_a}} + u_h^{m}$$

$$= -\frac{r_o^2}{E_c A_o}\left[\bar{n}_o'\left(1 + \frac{12e_o^2}{h_o^2}\right) + n_{no}^{m}\left(1 + \frac{12e_oe_{lo}}{h_o^2}\right) + \frac{12m_{\varphi o}e_{lo}}{h_o^2}\right]$$

$$\qquad (A.1.1\text{-}25)$$

$$m_{\varphi o} = \tilde{m}_{\varphi o} + \left[\tilde{m}_{\varphi o}\eta_3 - C_a\bar{n}_a\eta_2\sin\varphi_a\right]_{s_a=s_2} \qquad (A.1.1\text{-}26)$$

$$\bar{n}_o' = \bar{n}_o + \frac{1}{\sin\varphi_o}\left[\frac{2}{C_a}\tilde{m}_{\varphi a}\eta_2 + \bar{n}_a\eta_4\sin\varphi_a\right]_{s_a=s_2} \qquad (A.1.1\text{-}27)$$

式中：A_o——内环截面的面积；

I_o——内环截面绕水平中和轴的惯性矩。

A.1.2 圆形底旋转壳在轴对称荷载作用下，边缘附近各项修正内力 $\tilde{m}_{\varphi o}$、$\tilde{m}_{\varphi a}$、$\bar{n}_o$ 和 $\bar{n}_a$ 的计算应符合下列规定：

1 当壳板特征长度参数之一大于壳板内环边缘到外环边缘弧长 s_2 的 1/3 时，应根据壳板边界的实际情况，按本规程式（A.1.1-1）~式（A.1.1-27）列出内、外环边缘处的一组方程组求解。

2 当壳板特征长度参数均小于壳板内环边缘到外环边缘弧长 s_2 的 1/3 时，可在本规程式（A.1.1-1）~式（A.1.1-27）中忽略带下划线的项，并应根据壳板边界的实际情况，分别列出内、外环边缘处的两组独立的联立方程组求解。

A.2 圆形底旋转壳的系数表

A.2.1 扁球壳内力和位移公式中的系数值可按表 A.2.1-1 和表 A.2.1-2 采用。

表 A.2.1-1 扁球壳内力和位移公式中的 $f_i(\gamma)$ 值

γ	0.00	0.20	0.40	0.60	0.80	1.00	1.20	1.40
$f_1(\gamma)$	0.393	0.385	0.370	0.350	0.328	0.305	0.282	0.259
$f_2(\gamma)$	0.393	0.373	0.334	0.287	0.238	0.190	0.144	0.102
$f_3(\gamma)$	0.000	0.619	0.289	0.113	0.004	-0.066	-0.110	-0.136
$f_4(\gamma)$	0.000	1.115	0.774	0.580	0.449	0.352	0.279	0.221

γ	0.00	0.20	0.40	0.60	0.80	1.00	1.20	1.40
$f_5(\gamma)$	0.785	0.758	0.704	0.637	0.566	0.495	0.426	0.362
$f_6(\gamma)$	0.000	-10.580	-5.250	-3.459	-2.554	-2.005	-1.636	-1.371
$f_7(\gamma)$	0.000	3.617	1.924	1.399	1.158	1.023	0.937	0.875
$f_8(\gamma)$	0.000	-0.228	-0.311	-0.344	-0.348	-0.335	-0.310	-0.279
$f_9(\gamma)$	0.000	-0.088	-0.127	-0.148	-0.160	-0.164	-0.163	-0.159
$f_{10}(\gamma)$	0.000	-0.109	-0.209	-0.297	-0.371	-0.432	-0.479	-0.514
$f_{11}(\gamma)$	0.000	-0.088	-0.127	-0.148	-0.160	-0.164	-0.163	-0.159
$f_{12}(\gamma)$	0.000	-0.228	-0.311	-0.344	-0.348	-0.335	-0.310	-0.279
$f_{13}(\gamma)$	0.000	3.454	1.612	0.958	0.610	0.391	0.242	0.136
$f_{14}(\gamma)$	0.000	3.508	1.715	1.102	0.786	0.591	0.458	0.361
$f_{15}(\gamma)$	0.000	0.315	0.438	0.492	0.508	0.498	0.473	0.438
γ	1.60	1.80	2.00	2.50	3.00	3.50	4.00	5.00
$f_1(\gamma)$	0.237	0.216	0.197	0.153	0.118	0.091	0.070	0.040
$f_2(\gamma)$	0.065	0.033	0.006	-0.043	-0.067	-0.075	-0.073	-0.055
$f_3(\gamma)$	-0.150	-0.154	-0.152	-0.129	-0.098	-0.067	-0.042	-0.011
$f_4(\gamma)$	0.176	0.139	0.110	0.060	0.031	0.015	0.006	0.000
$f_5(\gamma)$	0.303	0.249	0.202	0.111	0.051	0.016	-0.002	-0.011
$f_6(\gamma)$	-1.171	-1.016	-0.892	-0.672	-0.532	-0.437	-0.371	-0.288
$f_7(\gamma)$	0.825	0.781	0.741	0.649	0.562	0.484	0.415	0.310
$f_8(\gamma)$	-0.245	-0.210	-0.176	-0.100	-0.043	-0.005	0.017	0.029
$f_9(\gamma)$	-0.152	-0.144	-0.135	-0.111	-0.087	-0.067	-0.051	-0.028
$f_{10}(\gamma)$	-0.537	-0.551	-0.556	-0.542	-0.502	-0.451	-0.398	-0.307
$f_{11}(\gamma)$	-0.152	-0.144	-0.135	-0.111	-0.087	-0.067	-0.051	-0.028
$f_{12}(\gamma)$	-0.245	-0.210	-0.176	-0.100	-0.043	-0.005	0.017	0.029
$f_{13}(\gamma)$	0.059	0.005	-0.034	-0.083	-0.091	-0.080	-0.062	-0.027
$f_{14}(\gamma)$	0.287	0.230	0.185	0.107	0.061	0.033	0.017	0.003
$f_{15}(\gamma)$	0.397	0.354	0.311	0.211	0.130	0.072	0.034	-0.001

表 A.2.1-2 扁球壳内力和位移公式中的 λ_1 和 λ_2 值

γ_F	0.01	0.02	0.04	0.06	0.08	0.10	0.12	0.14
λ_1	4.521	3.921	3.321	2.970	2.721	2.528	2.371	2.238
λ_2	0.393	0.393	0.392	0.392	0.391	0.390	0.390	0.389
γ_F	0.16	0.18	0.20	0.22	0.24	0.26	0.28	0.30
λ_1	2.123	2.021	1.931	1.849	1.774	1.706	1.642	1.584
λ_2	0.388	0.386	0.385	0.384	0.383	0.381	0.380	0.379
γ_F	0.40	0.50	0.60	0.70	0.80	0.90	1.00	
λ_1	1.340	1.154	1.005	0.882	0.777	0.688	0.610	
λ_2	0.370	0.360	0.350	0.339	0.328	0.317	0.305	

A.2.2 顶部开孔球壳内力公式中的系数值可按表 A.2.2-1~表 A.2.2-4 采用。

表 A. 2. 2-1　λ₃ 系数表

$\frac{A_o}{r_o t}$	e_o	h/t	γ 3.0	2.5	2.0	1.5	1.0	0.5	0.1
0.5	+	2	−1.941	−1.814	−1.623	−1.369	−1.071	−0.768	−0.587
		3	−1.850	−1.639	−1.396	−1.127	−0.848	−0.538	−0.427
		4	−1.649	−1.433	−1.199	−0.954	−0.706	−0.472	−0.333
		6	−1.355	−1.164	−0.964	−0.758	−0.550	−0.351	−0.230
		8	−1.186	−1.016	−0.838	−0.655	−0.469	−0.289	−0.176
		≥10	−0.672	−0.573	−0.466	−0.352	−0.229	−0.100	−0.011
	0	2	−0.542	−0.538	−0.515	−0.462	−0.357	−0.182	−0.019
		3	−0.844	−0.808	−0.744	−0.637	−0.470	−0.229	−0.023
		4	−1.047	−0.981	−0.881	−0.735	−0.528	−0.251	−0.025
		6	−1.266	−1.158	−1.014	−0.825	−0.579	−0.270	−0.027
		8	−1.366	−1.235	−1.071	−0.862	−0.599	−0.277	−0.027
		≥10	−1.520	−1.352	−1.154	−0.915	−0.627	−0.287	−0.028
	−	2	0.344	0.362	0.383	0.409	0.444	0.499	0.562
		3	0.190	0.206	0.226	0.253	0.290	0.346	0.405
		4	0.059	0.080	0.106	0.140	0.186	0.250	0.312
		6	−0.124	−0.090	−0.049	0.002	0.064	0.142	0.210
		8	−0.238	−0.192	−0.139	−0.077	−0.003	0.085	0.156
		≥10	−0.664	−0.566	−0.461	−0.347	−0.225	−0.097	−0.008
1.0	+	2	−2.279	−2.121	−1.886	−1.575	−1.202	−0.812	−0.568
		3	−2.126	−1.897	−1.624	−1.310	−0.966	−0.621	−0.403
		4	−1.929	−1.697	−1.434	−1.143	−0.830	−0.514	−0.312
		6	−1.668	−1.455	−1.220	−0.963	−0.686	−0.403	−0.216
		8	−1.521	−1.324	−1.107	−0.870	−0.613	−0.346	−0.167
		≥10	−1.070	−0.930	−0.774	−0.597	−0.397	−0.177	−0.018
	0	2	−0.983	−0.971	−0.926	−0.827	−0.640	−0.326	−0.034
		3	−1.352	−1.291	−1.188	−1.020	−0.758	−0.373	−0.038
		4	−1.556	−1.460	−1.318	−1.111	−0.810	−0.393	−0.040
		6	−1.744	−1.610	−1.430	−1.186	−0.852	−0.409	−0.041
		8	−1.821	−1.670	−1.474	−1.214	−0.868	−0.414	−0.041
		≥10	−1.930	−1.754	−1.534	−1.254	−0.889	−0.422	−0.042
	−	2	0.069	0.099	0.139	0.196	0.279	0.404	0.529
		3	−0.163	−0.123	−0.070	0.003	0.102	0.240	0.367
		4	−0.330	−0.277	−0.209	−0.121	−0.005	0.146	0.277
		6	−0.536	−0.462	−0.373	−0.262	−0.125	0.044	0.182
		8	−0.655	−0.568	−0.464	−0.340	−0.189	−0.009	0.133
		≥10	−1.063	−0.924	−0.768	−0.529	−0.393	−0.174	−0.016

续表 A. 2. 2-1

$\frac{A_o}{r_o t}$	e_o	h/t	γ 3.0	2.5	2.0	1.5	1.0	0.5	0.1
1.5	+	2	−2.407	−2.242	−1.998	−1.669	−1.265	−0.823	−0.535
		3	−2.254	−2.028	−1.750	−1.420	−1.043	−0.643	−0.378
		4	−2.080	−1.851	−1.581	−1.269	−0.918	−0.545	−0.293
		6	−1.856	−1.639	−1.391	−1.108	−0.788	−0.443	−0.205
		8	−1.730	−1.525	−1.292	−1.025	−0.722	−0.392	−0.160
		≥10	−1.334	−1.176	−0.992	−0.778	−0.526	−0.238	−0.024
	0	2	−1.277	−1.253	−1.189	−1.058	−0.817	−0.418	−0.043
		3	−1.640	−1.563	−1.437	−1.236	−0.924	−0.460	−0.047
		4	−1.820	−1.711	−1.550	−1.314	−0.968	−0.477	−0.048
		6	−1.976	−1.834	−1.642	−1.376	−1.003	−0.489	−0.050
		8	−2.037	−1.882	−1.677	−1.399	−1.015	−0.494	−0.050
		≥10	−2.121	−1.947	−1.724	−1.430	−1.032	−0.500	−0.051
	−	2	−0.175	−0.135	−0.079	0.003	0.125	0.308	0.485
		3	−0.446	−0.388	−0.310	−0.203	−0.056	0.148	0.330
		4	−0.625	−0.550	−0.454	−0.328	−0.161	0.058	0.246
		6	−0.834	−0.737	−0.616	−0.466	−0.275	−0.036	0.158
		8	−0.950	−0.839	−0.704	−0.539	−0.335	−0.085	0.113
		≥10	−1.328	−1.170	−0.988	−0.774	−0.523	−0.236	−0.022
2.0	+	2	−2.473	−2.306	−2.060	−1.726	−1.304	−0.827	−0.502
		3	−2.329	−2.110	−1.835	−1.498	−1.100	−0.659	−0.355
		4	−2.178	−1.954	−1.684	−1.362	−0.986	−0.569	−0.276
		6	−1.983	−1.768	−1.515	−1.217	−0.868	−0.476	−0.195
		8	−1.873	−1.668	−1.426	−1.142	−0.808	−0.429	−0.153
		≥10	−1.523	−1.355	−1.156	−0.917	−0.629	−0.289	−0.029
	0	2	−1.484	−1.449	−1.369	−1.213	−0.936	−0.480	−0.050
		3	−1.823	−1.735	−1.595	−1.374	−1.031	−0.517	−0.053
		4	−1.982	−1.864	−1.693	−1.441	−1.069	−0.531	−0.054
		6	−2.113	−1.968	−1.770	−1.493	−1.098	−0.542	−0.055
		8	−2.164	−2.008	−1.799	−1.512	−1.109	−0.546	−0.056
		≥10	−2.232	−2.061	−1.838	−1.538	−1.123	−0.551	−0.056
	−	2	−0.382	−0.334	−0.265	−0.162	−0.008	0.223	0.443
		3	−0.672	−0.601	−0.505	−0.372	−0.187	0.069	0.297
		4	−0.853	−0.764	−0.648	−0.494	−0.288	−0.015	0.219
		6	−1.058	−0.946	−0.805	−0.626	−0.396	−0.103	0.138
		8	−1.168	−1.043	−0.889	−0.696	−0.452	−0.148	0.097
		≥10	−1.517	−1.350	−1.151	−0.913	−0.626	−0.286	−0.027

表 A. 2. 2-2　λ₄ 系数表

A_0/r_0t	e_0	h/t	γ 3.0	2.5	2.0	1.5	1.0	0.5	0.1
0.5	+	2	0.309	0.519	0.891	1.175	1.379	1.348	0.683
		3	0.992	1.222	1.436	1.609	1.693	1.545	0.757
		4	1.360	1.533	1.685	1.797	1.825	1.629	0.788
		6	1.677	1.790	1.885	1.945	1.930	1.696	0.814
		8	1.801	1.889	1.961	2.002	1.971	1.724	0.825
		≥10	2.003	2.049	2.085	2.097	2.042	1.776	0.845
	0	2	0.542	0.645	0.773	0.923	1.072	1.092	0.561
		3	0.844	0.970	1.116	1.274	1.409	1.371	0.689
		4	1.047	1.177	1.321	1.470	1.583	1.506	0.749
		6	1.266	1.389	1.521	1.650	1.736	1.620	0.799
		8	1.366	1.482	1.606	1.725	1.797	1.664	0.818
		≥10	1.520	1.623	1.730	1.831	1.882	1.724	0.843
	−	2	1.487	1.572	1.657	1.733	1.761	1.595	0.763
		3	1.729	1.801	1.870	1.923	1.919	1.708	0.815
		4	1.848	1.911	1.967	2.004	1.982	1.749	0.833
		6	1.950	2.001	2.045	2.067	2.027	1.776	0.844
		8	1.987	2.034	2.072	2.088	2.042	1.783	0.847
		≥10	2.004	2.050	2.086	2.097	2.043	1.776	0.845
1.0	+	2	0.456	0.727	1.016	1.292	1.489	1.445	0.728
		3	1.017	1.232	1.441	1.621	1.721	1.588	0.781
		4	1.288	1.460	1.622	1.756	1.815	1.647	0.803
		6	1.517	1.646	1.767	1.863	1.889	1.695	0.821
		8	1.608	1.719	1.824	1.904	1.919	1.714	0.829
		≥10	1.777	1.854	1.927	1.981	1.975	1.755	0.844
	0	2	0.655	0.777	0.926	1.103	1.279	1.306	0.673
		3	0.901	1.033	1.188	1.360	1.515	1.494	0.758
		4	1.037	1.168	1.318	1.481	1.620	1.573	0.792
		6	1.163	1.288	1.430	1.581	1.704	1.634	0.819
		8	1.214	1.336	1.474	1.619	1.735	1.657	0.829
		≥10	1.287	1.403	1.534	1.671	1.777	1.687	0.842
	−	2	1.501	1.592	1.688	1.777	1.822	1.667	0.805
		3	1.670	1.751	1.833	1.903	1.922	1.734	0.834
		4	1.742	1.817	1.891	1.951	1.958	1.755	0.844
		6	1.793	1.863	1.931	1.984	1.981	1.766	0.849
		8	1.807	1.876	1.942	1.993	1.986	1.768	0.849
		≥10	1.778	1.855	1.928	1.982	1.975	1.755	0.844

续表 A. 2. 2-2

A_0/r_0t	e_0	h/t	γ 3.0	2.5	2.0	1.5	1.0	0.5	0.1
1.5	+	2	0.542	0.792	1.062	1.327	1.523	1.483	0.748
		3	1.006	1.207	1.411	1.596	1.713	1.600	0.792
		4	1.221	1.389	1.557	1.706	1.789	1.647	0.809
		6	1.403	1.539	1.675	1.793	1.849	1.687	0.824
		8	1.487	1.600	1.722	1.828	1.874	1.703	0.830
		≥10	1.626	1.720	1.814	1.896	1.923	1.738	0.844
	0	2	0.709	0.836	0.991	1.175	1.361	1.393	0.721
		3	0.911	1.042	1.197	1.374	1.540	1.533	0.783
		4	1.011	1.140	1.292	1.460	1.614	1.588	0.808
		6	1.098	1.223	1.368	1.529	1.671	1.631	0.826
		8	1.132	1.255	1.397	1.554	1.692	1.646	0.833
		≥10	1.179	1.298	1.437	1.589	1.720	1.666	0.842
	−	2	1.467	1.563	1.665	1.763	1.822	1.684	0.819
		3	1.595	1.682	1.774	1.858	1.897	1.732	0.840
		4	1.642	1.726	1.813	1.891	1.922	1.746	0.846
		6	1.670	1.752	1.836	1.911	1.936	1.752	0.849
		8	1.673	1.756	1.840	1.915	1.938	1.752	0.849
		≥10	1.628	1.721	1.815	1.897	1.924	1.738	0.844
2.0	+	2	0.600	0.831	1.086	1.340	1.537	1.503	0.760
		3	0.992	1.182	1.381	1.570	1.699	1.604	0.798
		4	1.171	1.335	1.504	1.663	1.764	1.645	0.813
		6	1.323	1.462	1.605	1.738	1.816	1.679	0.826
		8	1.386	1.514	1.646	1.768	1.838	1.693	0.832
		≥10	1.519	1.622	1.730	1.830	1.882	1.724	0.843
	0	2	0.742	0.869	1.026	1.213	1.403	1.440	0.747
		3	0.912	1.041	1.196	1.374	1.546	1.551	0.797
		4	0.991	1.118	1.269	1.441	1.604	1.593	0.816
		6	1.057	1.181	1.328	1.493	1.647	1.626	0.830
		8	1.082	1.205	1.349	1.512	1.663	1.637	0.835
		≥10	1.116	1.236	1.378	1.538	1.684	1.652	0.841
	−	2	1.429	1.526	1.633	1.739	1.810	1.687	0.826
		3	1.528	1.620	1.719	1.814	1.870	1.725	0.843
		4	1.561	1.651	1.747	1.839	1.888	1.735	0.847
		6	1.575	1.665	1.761	1.851	1.898	1.739	0.849
		8	1.572	1.664	1.761	1.852	1.898	1.738	0.849
		≥10	1.521	1.623	1.731	1.831	1.882	1.724	0.844

表 A. 2. 2-3　λ_5 系数表

$\frac{A_o}{r_o t}$	e_o		h/t	3.0	2.5	2.0	1.5	1.0	0.5	0.1
0.5	0	+	2	0.336	0.459	0.591	0.721	0.836	0.920	0.951
			3	0.621	0.718	0.811	0.896	0.967	1.017	1.034
			4	0.759	0.832	0.901	0.963	1.015	1.053	1.066
			6	0.865	0.916	0.964	1.009	1.048	1.079	1.091
			8	0.901	0.943	0.984	1.023	1.058	1.087	1.099
			≥10	0.934	0.965	0.997	1.030	1.064	1.095	1.110
			2	-0.452	-0.448	-0.429	-0.385	-0.298	-0.152	-0.016
			3	-0.469	-0.449	-0.413	-0.354	-0.261	-0.127	-0.013
			4	-0.436	-0.409	-0.367	-0.306	-0.220	-0.105	-0.010
			6	-0.352	-0.322	-0.282	-0.229	-0.161	-0.075	-0.007
			8	-0.285	-0.257	-0.223	-0.180	-0.125	-0.058	-0.006
			≥10	-0.003	-0.002	-0.002	-0.002	-0.001	0.000	0.000
		−	2	-0.606	-0.652	-0.705	-0.766	-0.835	-0.907	-0.949
			3	-0.726	-0.770	-0.820	-0.875	-0.935	-0.996	-1.032
			4	-0.791	-0.832	-0.878	-0.927	-0.980	-1.033	-1.064
			6	-0.854	-0.891	-0.931	-0.973	-1.019	-1.063	-1.089
			8	-0.882	-0.917	-0.953	-0.993	-1.035	-1.075	-.098
			≥10	-0.934	-0.965	-0.997	-1.030	-1.064	-1.094	-1.110
1.0	0	+	2	0.604	0.830	1.076	1.328	1.561	1.742	1.815
			3	1.021	1.200	1.383	1.562	1.727	1.858	1.913
			4	1.209	1.355	1.503	1.649	1.786	1.899	1.949
			6	1.356	1.472	1.590	1.711	1.827	1.928	1.976
			8	1.411	1.513	1.621	1.731	1.840	1.938	1.985
			≥10	1.492	1.571	1.658	1.753	1.852	1.947	1.997
			2	-0.819	-0.809	-0.772	-0.690	-0.533	-0.272	-0.028
			3	-0.751	-0.717	-0.660	-0.567	-0.421	-0.207	-0.021
			4	-0.648	-0.608	-0.549	-0.463	-0.337	-0.164	-0.017
			6	-0.484	-0.447	-0.397	-0.329	-0.237	-0.113	-0.011
			8	-0.379	-0.348	-0.307	-0.253	-0.181	-0.086	-0.009
			≥10	-0.003	-0.003	-0.003	-0.002	-0.001	-0.001	0.000
		−	2	-1.153	-1.240	-1.341	-1.458	-1.591	-1.731	-1.813
			3	-1.309	-1.392	-1.487	-1.594	-1.714	-1.837	-1.910
			4	-1.383	-1.463	-1.552	-1.654	-1.766	-1.880	-1.947
			6	-1.446	-1.522	-1.607	-1.703	-1.808	-1.914	-1.974
			8	-1.469	-1.544	-1.629	-1.722	-1.824	-1.926	-1.984
			≥10	-1.492	-1.571	-1.658	-1.753	-1.852	-1.947	-1.997

续表 A. 2. 2-3

$\frac{A_o}{r_o t}$	e_o		h/t	3.0	2.5	2.0	1.5	1.0	0.5	0.1
1.5	0	+	2	0.775	1.072	1.405	1.760	2.108	2.398	2.528
			3	1.263	1.505	1.765	2.034	2.298	2.526	2.633
			4	1.483	1.688	1.908	2.138	2.368	2.572	2.671
			6	1.662	1.833	2.018	2.216	2.418	2.605	2.699
			8	1.732	1.889	2.060	2.244	2.436	2.616	2.709
			≥10	1.862	1.987	2.129	2.287	2.459	2.629	2.722
			2	-1.064	-1.045	-0.991	-0.881	-0.680	-0.348	-0.036
			3	-0.911	-0.868	-0.798	-0.687	-0.513	-0.255	-0.026
			4	-0.759	-0.713	-0.646	-0.548	-0.403	-0.199	-0.020
			6	-0.549	-0.510	-0.456	-0.382	-0.279	-0.136	-0.014
			8	-0.424	-0.392	-0.349	-0.291	-0.212	-0.103	-0.010
			≥10	-0.004	-0.003	-0.003	-0.002	-0.002	-0.001	0.000
		−	2	-1.599	-1.720	-1.860	-2.024	-2.212	-2.412	-2.528
			3	-1.758	-1.874	-2.007	-2.162	-2.338	-2.524	-2.632
			4	-1.823	-1.937	-2.067	-2.218	-2.389	-2.567	-2.670
			6	-1.869	-1.982	-2.111	-2.260	-2.427	-2.600	-2.698
			8	-1.882	-1.996	-2.126	-2.274	-2.441	-2.612	-2.708
			≥10	-1.863	-1.988	-2.129	-2.287	-2.459	-2.629	-2.722
2.0	0	+	2	0.892	1.240	1.640	2.080	2.532	2.934	3.126
			3	1.425	1.716	2.037	2.385	2.743	3.070	3.234
			4	1.666	1.920	2.200	2.504	2.822	3.120	3.273
			6	1.869	2.087	2.329	2.596	2.882	3.157	3.302
			8	1.953	2.155	2.381	2.632	2.904	3.170	3.312
			≥10	2.125	2.291	2.481	2.698	2.941	3.188	3.325
			2	-1.236	-1.207	-1.140	-1.011	-0.780	-0.400	-0.042
			3	-1.013	-0.964	-0.886	-0.763	-0.573	-0.287	-0.030
			4	-0.826	-0.777	-0.705	-0.601	-0.445	-0.221	-0.023
			6	-0.587	-0.547	-0.492	-0.415	-0.305	-0.151	-0.015
			8	-0.451	-0.418	-0.375	-0.315	-0.231	-0.114	-0.012
			≥10	-0.004	-0.003	-0.003	-0.003	-0.002	-0.001	0.000
		−	2	-1.969	-2.117	-2.290	-2.494	-2.730	-2.984	-3.129
			3	-2.113	-2.256	-2.424	-2.621	-2.850	-3.094	-3.235
			4	-2.163	-2.306	-2.473	-2.668	-2.895	-3.135	-3.274
			6	-2.188	-2.333	-2.502	-2.699	-2.926	-3.165	-3.302
			8	-2.188	-2.335	-2.507	-2.707	-2.936	-3.175	-3.312
			≥10	-2.127	-2.292	-2.482	-2.699	-2.941	-3.188	-3.325

表 A.2.2-4 λ_6 系数表

$\dfrac{A_o}{r_o t}$	e_o	h/t	γ 3.0	2.5	2.0	1.5	1.0	0.5	0.1
0.5	+	2	0.966	1.026	1.057	1.041	0.949	0.721	0.274
		3	0.994	1.002	0.986	0.935	0.829	0.615	0.224
		4	0.936	0.927	0.900	0.844	0.743	0.546	0.193
		6	0.827	0.813	0.784	0.734	0.644	0.469	0.158
		8	0.759	0.745	0.719	0.673	0.591	0.428	0.140
		≥10	0.532	0.528	0.515	0.486	0.427	0.301	0.083
	0	2	0.452	0.538	0.644	0.770	0.893	0.910	0.467
		3	0.469	0.539	0.620	0.708	0.783	0.762	0.383
		4	0.436	0.490	0.551	0.612	0.660	0.628	0.312
		6	0.352	0.386	0.423	0.458	0.482	0.450	0.222
		8	0.285	0.309	0.335	0.359	0.374	0.347	0.170
		≥10	0.003	0.003	0.003	0.003	0.003	0.003	0.001
	−	2	0.011	0.020	0.034	0.057	0.094	0.149	0.129
		3	−0.089	−0.088	−0.083	−0.069	−0.037	0.025	0.068
		4	−0.165	−0.167	−0.165	−0.153	−0.120	−0.048	0.033
		6	−0.263	−0.267	−0.265	−0.251	−0.214	−0.128	−0.004
		8	−0.322	−0.325	−0.321	−0.305	−0.264	−0.170	−0.024
		≥10	−0.529	−0.525	−0.512	−0.483	−0.424	−0.299	−0.082
1.0	+	2	1.441	1.553	1.585	1.568	1.434	1.081	0.394
		3	1.410	1.442	1.442	1.390	1.248	0.927	0.324
		4	1.319	1.333	1.321	1.266	1.133	0.837	0.283
		6	1.185	1.191	1.176	1.126	1.008	0.740	0.240
		8	1.106	1.111	1.098	1.052	0.942	0.689	0.218
		≥10	0.849	0.859	0.856	0.827	0.743	0.534	0.149
	0	2	0.546	0.647	0.772	0.919	1.066	1.088	0.561
		3	0.501	0.574	0.660	0.756	0.842	0.830	0.421
		4	0.432	0.487	0.549	0.617	0.675	0.655	0.330
		6	0.323	0.358	0.397	0.439	0.473	0.454	0.228
		8	0.253	0.278	0.307	0.337	0.362	0.345	0.173
		≥10	0.002	0.002	0.003	0.003	0.003	0.003	0.001
	−	2	−0.123	−0.126	−0.123	−0.107	−0.060	0.043	0.120
		3	−0.284	−0.297	−0.303	−0.294	−0.250	−0.128	0.037
		4	−0.393	−0.410	−0.418	−0.409	−0.361	−0.224	−0.008
		6	−0.525	−0.542	−0.549	−0.537	−0.481	−0.324	−0.054
		8	−0.599	−0.615	−0.621	−0.605	−0.544	−0.376	−0.078
		≥10	−0.845	−0.855	−0.852	−0.823	−0.740	−0.532	−0.148

续表 A.2.2-4

$\dfrac{A_o}{r_o t}$	e_o	h/t	γ 3.0	2.5	2.0	1.5	1.0	0.5	0.1
1.5	+	2	1.732	1.842	1.922	1.925	1.785	1.359	0.489
		3	1.652	1.711	1.738	1.704	1.559	1.172	0.404
		4	1.548	1.588	1.601	1.563	1.425	1.066	0.357
		6	1.406	1.436	1.443	1.407	1.283	0.954	0.307
		8	1.324	1.351	1.359	1.326	1.209	0.897	0.282
		≥10	1.059	1.087	1.099	1.078	0.986	0.721	0.203
	0	2	0.591	0.696	0.826	0.979	1.134	1.161	0.601
		3	0.506	0.579	0.665	0.763	0.855	0.852	0.435
		4	0.421	0.475	0.538	0.608	0.672	0.662	0.337
		6	0.305	0.340	0.380	0.425	0.464	0.453	0.230
		8	0.236	0.261	0.291	0.324	0.353	0.343	0.174
		≥10	0.002	0.002	0.002	0.003	0.003	0.003	0.001
	−	2	−0.237	−0.251	−0.258	−0.247	−0.195	−0.052	0.108
		3	−0.437	−0.461	−0.478	−0.475	−0.424	−0.257	0.010
		4	−0.565	−0.593	−0.612	−0.609	−0.553	−0.368	−0.042
		6	−0.713	−0.743	−0.762	−0.756	−0.691	−0.483	−0.095
		8	−0.794	−0.824	−0.842	−0.833	−0.762	−0.541	−0.122
		≥10	−1.055	−1.082	−1.094	−1.074	−0.982	−0.718	−0.202
2.0	+	2	1.911	2.051	2.157	2.184	2.054	1.583	0.567
		3	1.812	1.895	1.947	1.937	1.799	1.370	0.471
		4	1.701	1.764	1.801	1.784	1.653	1.253	0.418
		6	1.556	1.607	1.636	1.619	1.498	1.130	0.363
		8	1.474	1.521	1.549	1.533	1.419	1.066	0.335
		≥10	1.209	1.252	1.280	1.272	1.179	0.874	0.248
	0	2	0.618	0.724	0.855	1.011	1.169	1.200	0.623
		3	0.506	0.578	0.664	0.763	0.859	0.861	0.443
		4	0.413	0.466	0.529	0.601	0.668	0.664	0.340
		6	0.294	0.328	0.369	0.415	0.458	0.452	0.230
		8	0.225	0.251	0.281	0.315	0.346	0.341	0.174
		≥10	0.002	0.002	0.002	0.003	0.003	0.003	0.001
	−	2	−0.333	−0.355	−0.370	−0.365	−0.310	−0.134	0.097
		3	−0.558	−0.593	−0.619	−0.622	−0.567	−0.364	−0.013
		4	−0.698	−0.736	−0.766	−0.770	−0.710	−0.487	−0.070
		6	−0.855	−0.896	−0.926	−0.928	−0.860	−0.613	−0.129
		8	−0.939	−0.981	−1.011	−1.011	−0.938	−0.678	−0.159
		≥10	−1.205	−1.248	−1.276	−1.268	−1.175	−0.871	−0.247

附录 B 双曲扁壳的计算及系数表

B.1 内力和位移控制方程的求解

B.1.1 不等曲率、不带肋双曲扁壳在任意法向荷载作用下的内力和位移可采用控制方程求解，并应符合下列规定：

1 控制方程可按下列公式确定：

$$\Delta^4 \varphi + \mu^2 \Delta_\kappa^2 \varphi = \frac{q(x,y)}{D} \quad \text{(B.1.1-1)}$$

$$\Delta = \frac{\partial^2}{\partial x^2} + \frac{\partial^2}{\partial y^2} \quad \text{(B.1.1-2)}$$

$$\Delta_\kappa = \kappa_2 \frac{\partial^2}{\partial x^2} + \kappa_1 \frac{\partial^2}{\partial y^2} \quad \text{(B.1.1-3)}$$

$$\mu^2 = \frac{2E_\mathrm{c} t}{D} \quad \text{(B.1.1-4)}$$

式中：$q(x,y)$——壳面 (x,y) 点上的法向分布荷载；
φ——壳体的应力函数。

2 控制方程的求解应符合下列规定：

1） 控制方程的解应为完备通解和特解之和。

2） 完备通解应满足下式：

$$\Delta^4 \varphi_0 + \mu^2 \Delta_\kappa^2 \varphi_0 = 0 \quad \text{(B.1.1-5)}$$

式中：φ_0——公式（B.1.1-1）的完备通解。

3） 完备通解的实数部分应满足下列公式：

$$Re\varphi_0 = \int_0^{2\pi} [A_1 \mathrm{e}^{-\lambda_0 \rho_0} \cos \lambda_0 \rho_0 + A_2 \mathrm{e}^{-\lambda_0 \rho_0} \sin \lambda_0 \rho_0$$
$$+ A_3 \mathrm{e}^{\lambda_0 \rho_0} \cos \lambda_0 \rho_0 + A_4 \mathrm{e}^{\lambda_0 \rho_0} \sin \lambda_0 \rho_0] \mathrm{d}\theta$$
$$+ \varphi_{01}(x,y) \quad \text{(B.1.1-6)}$$

$$\varphi_{01}(x,y) = a_1 + a_2 x + a_3 y + \cdots$$
$$+ a_{11} x y^3 + a_{12} x^3 y \quad \text{(B.1.1-7)}$$

$$\rho_0 = x \cos \theta + y \sin \theta \quad \text{(B.1.1-8)}$$

$$\lambda_0 = \sqrt{\pm \frac{\mu}{2} (\kappa_2 \cos^2 \theta + \kappa_1 \sin^2 \theta)} \quad \text{(B.1.1-9)}$$

式中：$Re\varphi_0$——公式（B.1.1-5）解的实数部分；
$A_i, i = 1 \sim 4$——待定系数；
$a_i, i = 1 \sim 12$——待定系数。

3 壳板内力和位移可按应力函数 φ 按下列公式计算：

$$n_1 = -E_\mathrm{c} t \Delta_\kappa \frac{\partial^2 \varphi}{\partial y^2} \quad \text{(B.1.1-10)}$$

$$n_2 = -E_\mathrm{c} t \Delta_\kappa \frac{\partial^2 \varphi}{\partial x^2} \quad \text{(B.1.1-11)}$$

$$v_\mathrm{t} = E_\mathrm{c} t \Delta_\kappa \frac{\partial^2 \varphi}{\partial x \partial y} \quad \text{(B.1.1-12)}$$

$$m_1 = -D \frac{\partial^2}{\partial x^2} \Delta^2 \varphi \quad \text{(B.1.1-13)}$$

$$m_2 = -D \frac{\partial^2}{\partial y^2} \Delta^2 \varphi \quad \text{(B.1.1-14)}$$

$$m_\mathrm{t} = -D \frac{\partial^2}{\partial x \partial y} \Delta^2 \varphi \quad \text{(B.1.1-15)}$$

$$v_\mathrm{n1} = -D \frac{\partial}{\partial x} \Delta^3 \varphi \quad \text{(B.1.1-16)}$$

$$v_\mathrm{n2} = -D \frac{\partial}{\partial y} \Delta^3 \varphi \quad \text{(B.1.1-17)}$$

$$u = \kappa_1 \frac{\partial^3 \varphi}{\partial x^3} + (2\kappa_1 - \kappa_2) \frac{\partial^3 \varphi}{\partial x \partial y^2} \quad \text{(B.1.1-18)}$$

$$v = \kappa_2 \frac{\partial^3 \varphi}{\partial y^3} + (2\kappa_2 - \kappa_1) \frac{\partial^3 \varphi}{\partial x^2 \partial y} \quad \text{(B.1.1-19)}$$

$$w = \Delta^2 \varphi \quad \text{(B.1.1-20)}$$

4 完备通解的实数部分所涉及的待定系数（A_i，$i = 1 \sim 4$ 和 a_i，$i = 1 \sim 12$）的求解，可在壳板边界上取 k 个点、建立 $4k$ 个边界条件、形成下列关于待定系数的矩阵方程，并可按最小二乘法求解：

$$KU = V \quad \text{(B.1.1-21)}$$

式中：K——$n \times m$ 阶矩阵，$n = 4k$；
U——待定系数 m 阶列向量，$m \leqslant n$；
V——由边界条件所形成的 n 阶列向量。

B.2 内力和位移的计算及系数表

B.2.1 双曲扁壳在竖向均布荷载作用下的薄膜内力可按下列公式计算：

$$n_1^\mathrm{m} = -\frac{q_z}{\kappa_1} \xi_1 \quad \text{(B.2.1-1)}$$

$$n_2^\mathrm{m} = -\frac{q_z}{\kappa_2} \xi_2 \quad \text{(B.2.1-2)}$$

$$v^\mathrm{m} = \frac{q_z}{\sqrt{\kappa_1 \kappa_2}} \xi_\mathrm{v} \quad \text{(B.2.1-3)}$$

式中：ξ_1、ξ_2、ξ_v——系数，可根据具体计算位置和 a 边与 b 边矢高之比按本规程表 B.2.1-1～表 B.2.1-7 的规定采用（图 B.2.1）。

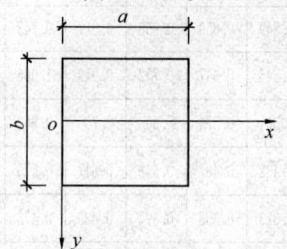

图 B.2.1 壳体坐标 1

表 B.2.1-1 薄膜内力系数值（$f_\mathrm{a}/f_\mathrm{b} = 1$）

x/a		y/b	0	1/8	1/4	3/8	1/2
1/2	(1/2)	ξ_1	0.500	0.533	0.636	0.798	1.000
		ξ_2	0.500	0.467	0.364	0.202	0.000
		ξ_v	0.000	0.000	0.000	0.000	0.000

续表 B.2.1-1

x/a		y/b	0	1/8	1/4	3/8	1/2
3/8	(5/8)	ξ_1	0.467	0.500	0.602	0.778	1.000
		ξ_2	0.533	0.500	0.398	0.222	0.000
		ξ_v	0.000	(−)0.058	(−)0.136	(−)0.192	(−)0.216
1/4	(3/4)	ξ_1	0.364	0.398	0.500	0.700	1.000
		ξ_2	0.636	0.602	0.500	0.300	0.000
		ξ_v	0.000	(−)0.136	(−)0.280	(−)0.420	(−)0.486
1/8	(7/8)	ξ_1	0.202	0.222	0.300	0.500	1.000
		ξ_2	0.798	0.778	0.700	0.500	0.000
		ξ_v	0.000	(−)0.192	(−)0.420	(−)0.712	(−)0.930
0	(1)	ξ_1	0.000	0.000	0.000	0.000	0.000
		ξ_2	1.000	1.000	1.000	1.000	0.000
		ξ_v	0.000	(−)0.216	(−)0.486	(−)0.930	*

注：1 表中（−）表示当 $x/a > 1/2$ 时 ξ_v 值为负号，下同；

2 * 表示该处薄膜剪力 v_t^m 等于角点剪力 v_{ct}；

3 v_{ct} 按本规程式(6.2.3-14)或式(6.2.3-15)计算，下同。

表 B.2.1-2   薄膜内力系数值（$f_a/f_b = 0.8$）

x/a		y/b	0	1/8	1/4	3/8	1/2
1/2	(1/2)	ξ_1	0.422	0.460	0.574	0.762	1.000
		ξ_2	0.578	0.540	0.426	0.238	0.000
		ξ_v	0.000	0.000	0.000	0.000	0.000
3/8	(5/8)	ξ_1	0.392	0.430	0.544	0.740	1.000
		ξ_2	0.608	0.570	0.456	0.260	0.000
		ξ_v	0.000	(−)0.068	(−)0.128	(−)0.200	(−)0.228
1/4	(3/4)	ξ_1	0.306	0.388	0.446	0.662	1.000
		ξ_2	0.694	0.662	0.554	0.338	0.000
		ξ_v	0.000	(−)0.130	(−)0.278	(−)0.430	(−)0.510
1/8	(7/8)	ξ_1	0.168	0.188	0.262	0.460	1.000
		ξ_2	0.832	0.812	0.738	0.540	0.000
		ξ_v	0.000	(−)0.182	(−)0.402	(−)0.706	(−)0.960
0	(1)	ξ_1	0.000	0.000	0.000	0.000	0.000
		ξ_2	1.000	1.000	1.000	1.000	0.000
		ξ_v	0.000	(−)0.202	(−)0.458	(−)0.886	*

表 B.2.1-3   薄膜内力系数值（$f_a/f_b = 0.6$）

x/a		y/b	0	1/8	1/4	3/8	1/2
1/2	(1/2)	ξ_1	0.328	0.368	0.496	0.714	1.000
		ξ_2	0.672	0.632	0.504	0.286	0.000
		ξ_v	0.000	0.000	0.000	0.000	0.000

续表 B.2.1-3

x/a		y/b	0	1/8	1/4	3/8	1/2
3/8	(5/8)	ξ_1	0.304	0.342	0.466	0.690	1.000
		ξ_2	0.696	0.658	0.534	0.310	0.000
		ξ_v	0.000	(−)0.062	(−)0.134	(−)0.206	(−)0.240
1/4	(3/4)	ξ_1	0.234	0.266	0.376	0.608	1.000
		ξ_2	0.766	0.734	0.624	0.392	0.000
		ξ_v	0.000	(−)0.120	(−)0.264	(−)0.432	(−)0.530
1/8	(7/8)	ξ_1	0.128	0.148	0.216	0.408	1.000
		ξ_2	0.872	0.852	0.784	0.592	0.000
		ξ_v	0.000	(−)0.152	(−)0.370	(−)0.684	(−)0.988
0	(1)	ξ_1	0.000	0.000	0.000	0.000	0.000
		ξ_2	1.000	1.000	1.000	1.000	0.000
		ξ_v	0.000	(−)0.178	(−)0.416	(−)0.826	*

表 B.2.1-4   薄膜内力系数值（$f_a/f_b = 0.4$）

x/a		y/b	0	1/8	1/4	3/8	1/2
1/2	(1/2)	ξ_1	0.210	0.252	0.386	0.640	1.000
		ξ_2	0.790	0.748	0.614	0.360	0.000
		ξ_v	0.000	0.000	0.000	0.000	0.000
3/8	(5/8)	ξ_1	0.194	0.234	0.362	0.616	1.000
		ξ_2	0.806	0.766	0.638	0.384	0.000
		ξ_v	0.000	(−)0.052	(−)0.120	(−)0.202	(−)0.250
1/4	(3/4)	ξ_1	0.150	0.180	0.286	0.530	1.000
		ξ_2	0.850	0.820	0.714	0.470	0.000
		ξ_v	0.000	(−)0.098	(−)0.220	(−)0.416	(−)0.548
1/8	(7/8)	ξ_1	0.082	0.098	0.162	0.338	1.000
		ξ_2	0.918	0.902	0.838	0.662	0.000
		ξ_v	0.000	(−)0.130	(−)0.312	(−)0.632	(−)1.012
0	(1)	ξ_1	0.000	0.000	0.000	0.000	0.000
		ξ_2	1.000	1.000	1.000	1.000	0.000
		ξ_v	0.000	(−)0.140	(−)0.346	(−)0.726	*

表 B.2.1-5   薄膜内力系数值（$f_a/f_b = 0.2$）

x/a		y/b	0	1/8	1/4	3/8	1/2
1/2	(1/2)	ξ_1	0.076	0.108	0.224	0.504	1.000
		ξ_2	0.924	0.892	0.776	0.496	0.000
		ξ_v	0.000	0.000	0.000	0.000	0.000
3/8	(5/8)	ξ_1	0.070	0.098	0.208	0.478	1.000
		ξ_2	0.930	0.902	0.792	0.522	0.000
		ξ_v	0.000	(−)0.028	(−)0.080	(−)0.176	(−)0.256

续表 B.2.1-5

x/a	y/b		0	1/8	1/4	3/8	1/2
1/4	(3/4)	ξ_1	0.054	0.076	0.172	0.394	1.000
		ξ_2	0.946	0.924	0.828	0.606	0.000
		ξ_v	0.000	(−)0.054	(−)0.148	(−)0.348	(−)0.560
1/8	(7/8)	ξ_1	0.030	0.040	0.088	0.234	1.000
		ξ_2	0.970	0.960	0.912	0.766	0.000
		ξ_v	0.000	(−)0.068	(−)0.195	(−)0.492	(−)1.120
0	(1)	ξ_1	0.000	0.000	0.000	0.000	0.000
		ξ_2	1.000	1.000	1.000	1.000	0.000
		ξ_v	0.000	(−)0.076	(−)0.216	(−)0.524	*

表 B.2.1-6 边缘上的 ξ_v 值(当 $x=0$)

y/b \ f_a/f_b	1.0	0.8	0.6	0.4	0.2
0.00	0.0000	0.0000	0.0000	0.0000	0.0000
0.05	0.0838	0.0778	0.0684	0.0614	0.0274
0.10	0.1708	0.1586	0.1402	0.1100	0.0572
0.15	0.2638	0.2462	0.2192	0.1744	0.0962
0.20	0.3672	0.3442	0.3092	0.2508	0.1462
0.25	0.4864	0.4588	0.4162	0.3456	0.2150
0.30	0.6408	0.6132	0.5718	0.4986	0.3636
0.35	0.8142	0.7794	0.7254	0.6346	0.4592
0.40	1.0726	1.0356	0.9774	0.8800	0.6886
0.45	1.5140	1.4756	1.4148	1.3334	1.1318
0.50	*	*	*	*	*

注:在 $x=a$ 边界上,表中 ξ_v 值前加负号。

表 B.2.1-7 边缘上的 ξ_v 值(当 $y=b/2$)

x/a		1.0	0.8	0.6	0.4	0.2
	f_a/f_b					
0.5	(0.5)	0.0000	0.0000	0.0000	0.0000	0.0000
0.45	(0.55)	0.0838	0.0888	0.0936	0.0976	0.1000
0.4	(0.6)	0.1708	0.1806	0.1900	0.1980	0.2028
0.35	(0.65)	0.2638	0.2782	0.2920	0.3038	0.3106
0.3	(0.7)	0.3672	0.3860	0.4038	0.4190	0.4280
0.25	(0.75)	0.4864	0.5090	0.5304	0.5486	0.5596
0.2	(0.8)	0.6408	0.6634	0.6850	0.7032	0.7142
0.15	(0.85)	0.8142	0.8426	0.8696	0.8926	0.9064
0.1	(0.9)	1.0725	1.1030	1.1318	1.1564	1.1710
0.05	(0.95)	1.5140	1.5456	1.5756	1.6010	1.6162
0.0	(1.0)	*	*	*	*	*

注:1 在 $y=b/2$ 边界上,当 $x/a>0.5$ 时,表中系数为负号;
　　2 在 $y=-b/2$ 边界上,系数值的符号与在 $y=b/2$ 边界上的相反。

B.2.2　底面为正方形的球面扁壳,当边长与壳体特征长度参数之比小于 9 时,在竖向均布荷载作用下内力和位移的计算应符合下列规定(图 B.2.2):

1　壳体竖向位移可按下式计算:

$$w = \bar{w}\,\frac{a^4 q_z}{D} \cdot 10^{-3} \qquad (B.2.2\text{-}1)$$

式中:$\bar{w}$——系数,可按表 B.2.2-1 的规定采用。

2　壳板截面上的弯矩可按下列公式计算:

$$m_1 = \bar{m}_1 a^2 q_z \cdot 10^{-3} \qquad (B.2.2\text{-}2)$$
$$m_2 = \bar{m}_2 a^2 q_z \cdot 10^{-3} \qquad (B.2.2\text{-}3)$$

式中:$\bar{m}_1$——系数,可按表 B.2.2-2 的规定采用;
　　　$\bar{m}_2$——系数,可按表 B.2.2-3 的规定采用。

3　壳板截面上的扭矩可按下式计算:

$$m_t = \bar{m}_t a^2 q_z \cdot 10^{-3} \qquad (B.2.2\text{-}4)$$

式中:$\bar{m}_t$——系数,可按表 B.2.2-4 的规定采用。

4　壳板截面上的轴向力可按下列公式计算:

$$n_1 = -\bar{n}_1 \frac{a^2 q_z}{t} \cdot 10^{-3} \qquad (B.2.2\text{-}5)$$
$$n_2 = -\bar{n}_2 \frac{a^2 q_z}{t} \cdot 10^{-3} \qquad (B.2.2\text{-}6)$$

式中:$\bar{n}_1$——系数,可按表 B.2.2-5 的规定采用;
　　　$\bar{n}_2$——系数,可按表 B.2.2-6 的规定采用。

5　壳板截面上的剪力可按下式计算:

$$v_t = -\bar{v}_t \frac{a^2 q_z}{t} \cdot 10^{-3} \qquad (B.2.2\text{-}7)$$

式中:$\bar{v}_t$——系数,可按表 B.2.2-7 的规定采用。

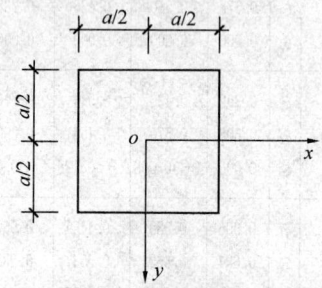

图 B.2.2　壳体坐标 2

表 B.2.2-1　系数 $\bar{w}$ 值

x,y \ f/t	0,0	0,a/6	0,a/3	a/6, a/6	a/6, a/3	a/3, a/3
0	4.063	3.554	2.107	3.133	1.849	1.105
0.4	3.761	3.291	1.955	2.885	1.717	1.029
0.8	3.067	2.691	1.607	2.365	1.416	0.855
1.2	2.340	2.060	1.243	1.819	1.100	0.671
1.6	1.749	1.548	0.945	1.373	0.842	0.522
2	1.311	1.166	0.725	1.043	0.650	0.410
4	0.399	0.369	0.255	0.344	0.239	0.168
6	0.171	0.155	0.128	0.161	0.125	0.096
8	0.090	0.090	0.075	0.092	0.077	0.064
10	0.057	0.055	0.052	0.057	0.052	0.046

表 B.2.2-2　系数 $\overline{m}_1$ 值

f/t ╲ x,y	0,0	0,a/6	0,a/3	a/6, a/6	a/6, a/3	a/3, a/3
0	37.12	32.33	18.96	29.90	17.51	14.01
0.4	34.13	29.75	17.47	27.65	16.22	13.25
0.8	27.32	23.86	14.06	22.53	13.24	11.51
1.2	20.21	17.68	10.48	17.12	10.12	9.662
1.6	14.44	12.68	7.591	12.72	7.574	8.136
2	10.24	9.020	5.471	9.480	5.685	6.975
4	1.889	1.742	1.216	2.612	1.643	4.177
6	0.329	0.345	0.345	0.838	0.559	3.021
8	0.049	0.082	0.131	0.197	0.115	2.318
10	0.066	0.066	0.131	−0.082	−0.082	1.839

表 B.2.2-3　系数 $\overline{m}_2$ 值

f/t ╲ x,y	0,0	0,a/6	0,a/3	a/6, a/6	a/6, a/3	a/3, a/3
0	37.12	34.24	25.80	29.90	22.46	14.01
0.4	34.13	31.64	23.79	27.55	21.15	13.25
0.8	27.32	25.71	20.82	22.53	18.14	11.51
1.2	20.21	19.49	16.66	17.12	14.95	9.662
1.6	14.44	14.43	13.62	12.72	12.32	8.136
2	10.24	10.58	11.34	9.48	10.33	6.975
4	1.889	2.826	5.981	2.612	5.635	4.177
6	0.329	0.854	3.960	0.838	3.828	3.021
8	0.049	0.181	2.842	0.197	2.777	2.318
10	0.066	−0.099	2.136	−0.082	2.103	1.839

表 B.2.2-4　系数 $\overline{m}_t$ 值

f/t ╲ x,y	a/6, a/6	a/6, a/3	a/6, a/2	a/3, a/3	a/3, a/2	a/2, a/2
0	9.129	16.46	19.40	30.49	36.82	45.71
0.4	8.383	15.16	17.91	28.24	34.22	42.70
0.8	6.685	12.22	14.49	23.12	28.28	35.82
1.2	4.908	9.119	10.91	17.71	22.02	28.56
1.6	3.472	6.605	8.001	13.31	16.91	22.52
2	2.422	4.765	5.849	10.06	12.11	18.19
4	0.3647	1.019	1.413	3.171	4.915	8.296
6	−0.0033	0.2300	0.3779	1.380	2.580	5.323
8	−0.0559	0.0164	0.0657	0.6901	1.677	3.812
10	−0.0444	−0.0493	−0.0329	0.3779	1.035	2.925

表 B.2.2-5　系数 $\overline{n}_1$ 值

f/t ╲ x,y	0,0	0,a/6	0,a/3	a/6, a/6	a/6, a/3	a/3, a/3
0	0.00	0.00	0.00	0.00	0.00	0.00
0.4	36.08	31.89	19.40	27.70	16.89	9.87
0.8	58.88	52.27	32.13	45.40	28.00	16.40
1.2	67.36	60.21	37.66	52.35	32.86	19.33
1.6	67.10	60.56	38.74	52.70	33.87	20.04
2	62.95	57.46	37.76	50.08	33.10	19.70
4	38.09	37.58	29.30	33.06	26.07	16.10
6	24.35	25.99	23.89	23.06	21.56	13.80
8	17.24	19.35	20.28	17.26	18.51	12.21
10	13.24	15.15	17.60	13.56	16.20	10.96

表 B.2.2-6　系数 $\overline{n}_2$ 值

f/t ╲ x,y	0,0	0,a/6	0,a/3	a/6, a/6	a/6, a/3	a/3, a/3
0	0.00	0.00	0.00	0.00	0.00	0.00
0.4	36.08	31.30	18.14	27.70	16.07	9.87
0.8	58.88	51.10	29.54	45.40	25.23	16.40
1.2	67.86	58.49	33.96	52.35	30.45	19.33
1.6	67.10	58.31	33.92	52.70	30.73	20.04
2	62.95	54.74	31.91	50.08	29.30	19.70
4	38.09	33.37	19.71	33.06	19.57	16.10
6	34.35	21.48	12.85	23.06	13.96	13.80
8	17.24	15.24	9.214	17.26	10.58	12.21
10	13.24	11.71	7.121	13.56	3.365	10.96

表 B.2.2-7　系数 v_t 值

f/t ╲ x,y	a/6, a/6	a/6, a/3	a/6, a/2	a/3, a/3	a/3, a/2	a/2, a/2
0	0.00	0.00	0.00	0.00	0.00	0.00
0.4	8.991	15.76	18.31	27.74	32.31	37.76
0.8	14.66	26.75	29.96	45.48	53.10	62.20
1.2	16.76	29.56	34.46	52.47	61.47	72.27
1.6	16.57	29.56	34.54	52.88	62.18	73.50
2	15.60	27.86	32.58	50.29	59.44	70.71
4	9.318	17.41	20.91	33.47	40.93	50.83
6	5.881	11.50	14.12	23.64	29.98	39.00
8	4.121	8.292	10.33	17.99	23.54	31.95
10	3.144	6.394	8.027	14.41	19.32	27.19

本规程用词说明

　　1　为便于在执行本规程条文时区别对待，对要求严格程度不同的用词说明如下：

　　1）表示很严格，非这样做不可的：

　　　正面词采用"必须"，反面词采用"严禁"；

　　2）表示严格，在正常情况下均应这样做的：

　　　正面词采用"应"，反面词采用"不应"或"不得"；

　　3）表示允许稍有选择，在条件许可时首先应这样做的：

　　　正面词采用"宜"，反面词采用"不宜"；

　　4）表示有选择，在一定条件下可以这样做的，采用"可"。

　　2　条文中指明应按其他有关标准执行的写法为："应符合……的规定"或"应按……执行"。

引用标准名录

　　1　《建筑结构荷载规范》GB 50009

　　2　《混凝土结构设计规范》GB 50010

　　3　《建筑抗震设计规范》GB 50011

　　4　《工程结构可靠性设计统一标准》GB 50153

　　5　《钢筋焊接网混凝土结构技术规程》JGJ 114

中华人民共和国行业标准

钢筋混凝土薄壳结构设计规程

JGJ 22—2012

条 文 说 明

修 订 说 明

《钢筋混凝土薄壳结构设计规程》JGJ 22 - 2012，经住房和城乡建设部 2012 年 3 月 1 日以第 1325 号公告批准、发布。

本规程是在《钢筋混凝土薄壳结构设计规程》JGJ /T 22 - 98 的基础上修订而成，上一版的主编单位是中国建筑科学研究院，参编单位是清华大学、浙江大学，主要起草人员是：何广乾、龙驭球、董石麟、刘开国、林春哲、袁驷、包世华、张铜生、顾承、周游、董智力。

本规程修订过程中，编制组进行了广泛的调查研究，总结了我国钢筋混凝土薄壳结构的实践经验，同时参考了国外的技术标准。

为便于广大设计、施工、科研、学校等单位有关人员在使用本规程时能正确理解和执行条文规定，《钢筋混凝土薄壳结构设计规程》编制组按章、节、条顺序编制了本规程的条文说明，对条文规定的目的、依据以及执行中需注意的有关事项进行了说明，还着重对强制性条文的强制性理由作了解释。但是，本条文说明不具有与规程正文同等的法律效力，仅供使用者作为理解和把握规程规定的参考。

目　　次

1 总 则

1.0.1 本规程的修订遵循节能、环保和可持续发展的方针，并与现行国家标准《工程结构可靠性设计统一标准》GB 50153、《混凝土结构设计规范》GB 50010等相关标准协调。

1.0.2 规定了本规程的适用范围。本规程适用于房屋和一般构筑物中薄壳结构的设计（一般用于建筑屋盖、构筑物顶盖结构），适用于现浇或装配整体式、普通钢筋混凝土或预应力混凝土薄壳。本规程不适用于轻骨料混凝土薄壳结构，也不适用于冷却塔、筒仓或其他特殊混凝土薄壳结构的设计。

1.0.3 说明了本规程与其他标准的关系。钢筋混凝土薄壳结构的设计除应符合本规程外，尚应符合现行国家标准《工程结构可靠性设计统一标准》GB 50153、《建筑结构荷载规范》GB 50009、《混凝土结构设计规范》GB 50010、《建筑抗震设计规范》GB 50011等国家现行有关标准的规定。钢筋混凝土薄壳结构的施工和验收应符合现行国家标准《混凝土结构工程施工质量验收规范》GB 50204等有关标准的规定。

2 术语和符号

2.1 术 语

2.1.1、2.1.2 区分壳板和壳体的不同含义。

2.1.3、2.1.4 薄壳的力学分析均以壳板中曲面为基础。在壳板中曲面和厚度已知的情况下，壳板可以在几何上被完全描述。壳板可以采用等厚度的或变厚度的。

2.1.5、2.1.6 区分壳板矢高和壳体矢高的不同含义。

2.1.7 对于薄壳，可以在基本方程和边界条件中忽略某些很小的量，使得基本方程得到简化，从而得到一些近似的、在工程应用上已经足够精确的解答。大量的计算表明，壳体厚度与中曲面最小曲率半径之比不大于 1/20 时，这些解答不至于具有工程上不容许的误差。

2.1.8 对底面投影为矩形的扁壳，最小跨度取为较短边长；对于底面投影为圆形的扁壳，最小跨度取为底面直径。壳板矢高与底面直径之比不大于 1/5 的球面壳称为扁球壳。

2.1.9～2.1.12 球面壳、椭球面壳、旋转抛物面壳为旋转壳的特定形式。

2.1.13 当移动面壳体的母线为平面曲线时，一般采用单侧平面曲线（即曲率半径中心在曲线同一侧的光滑平面曲线）。移动面壳体的准线一般为单侧平面曲线或直线。

2.1.14 双曲扁壳的高斯曲率（即两个方向主曲率的乘积）为正。

2.1.15 用于房屋屋盖和一般构筑物顶盖的圆柱面壳都是环向开敞的，即壳面为圆柱面的一部分。圆柱面壳沿直母线方向的主曲率为零，沿环向的主曲率为圆弧准线的曲率。

2.1.16 双曲抛物面壳具有负高斯曲率，中曲面方程的一般形式为 $z=kxy$，对它通过坐标平移和旋转变换可以得到其他不同形式的方程。双曲抛物面壳可以看成是由一条抛物线母线在另一条弯曲方向相反的抛物线准线上移动而形成的移动面壳体，也可看成是由一条直母线在另两条不共面的直准线上移动而形成的壳体。它所有的竖剖面呈抛物线或直线，而水平剖面则呈双曲线，故有双曲抛物面之称。在双曲抛物面上有两簇直纹线，工程应用中可以利用它的这种性质布置钢筋（或预应力筋）和模板。具有直线边缘的双曲抛物面壳又称双曲抛物面扭壳，或简称扭壳。

2.1.17 膜型扁壳系从受力特征上定义的。其中曲面的几何特征与荷载和内力分布有关。

2.1.18 将壳板横截面上的应力向中曲面简化合成，得到作用于中曲面（单位宽度）两个主应力方向上的轴向力和剪力，称为薄膜内力。

2.2 符 号

本节列出了本规程采用的主要符号。一次性采用的符号一般没有列入，只在出现处加以注释。

3 基 本 规 定

3.1 结 构 选 型

3.1.1 薄壳结构形式丰富，可满足不同建筑造型或构筑物形式的要求，但施工相对复杂。钢筋混凝土薄壳结构的施工方法可分为现浇整体式和装配整体式，两者施工工艺不同，所需费用也不同。结构选型时应综合考虑各方面因素，择优选用。

3.1.2、3.1.3 分别给出了覆盖圆形、矩形平面的可选薄壳结构类型。

3.1.4 由于双曲扁壳、双曲抛物面扭壳和膜型扁壳属于双向受力结构，当这些薄壳类型采用周边支承并为矩形底面时，底面长度与宽度的比值宜接近 1.0。当长、宽之比大于 2.0 时，上述薄壳类型的受力性能将不再优越，不宜采用。

3.1.5 膜型扁壳要求荷载基本均匀，且跨度不宜过大。

3.2 极限状态设计规定

3.2.1 本条的规定与薄壳结构的安全性直接相关，故列为强制性条文。

本规程依据现行国家标准《工程结构可靠性设计统一标准》GB 50153 的规定，采用以概率理论为基础的极限状态设计法，具体设计计算采用分项系数的表达式进行，包括结构重要性系数、荷载分项系数、材料分项系数（材料性能有时直接以材料强度设计值表达）、构件分项系数等。

国家标准《工程结构可靠性设计统一标准》GB 50153-2008 将工程结构的设计状况区分为四种：(1)持久设计状况；(2)短暂设计状况；(3)偶然设计状况；(4)地震设计状况。对四种设计状况，均应进行承载能力极限状态设计。本规程式(3.2.1)是薄壳结构四种设计状况的承载能力极限状态设计的统一公式。

按照国家标准《工程结构可靠性设计统一标准》GB 50153-2008 的规定，当安全等级为一级时，薄壳结构的结构重要性系数 γ_0 不应小于 1.1；当安全等级为二级时，γ_0 不应小于 1.0；当安全等级为三级时，γ_0 不应小于 0.9；对偶然设计状况和地震设计状况，γ_0 不应小于 1.0。

式(3.2.1)在不同的作用组合下具体应用时具有下列形式：

对基本组合：

$$\gamma_0 S \leqslant R \tag{1}$$

对偶然组合：

$$S \leqslant R \tag{2}$$

对地震组合：

$$S \leqslant R/\gamma_{\mathrm{RE}} \tag{3}$$

S 和 R 的计算以及系数的取值应分别符合现行国家标准《工程结构可靠性设计统一标准》GB 50153、《建筑结构荷载规范》GB 50009、《混凝土结构设计规范》GB 50010 和《建筑抗震设计规范》GB 50011 等的规定。当作用和作用效应可以按线性叠加关系考虑时，可以对作用的效应进行组合；对不适用线性叠加的情况，应对作用进行组合后再计算其效应 S。

对地震设计状况，现行国家标准《建筑抗震设计规范》GB 50011 将在设防烈度下的抗震验算（根本上应该是弹塑性变形验算），在形式上转换为众值烈度地震作用下的构件承载能力验算，并通过抗震措施来实现延性和安全性。GB 50011 在采用设计习惯的验算表达式时，规定结构构件的抗力设计值 R 除以承载力抗震调整系数 γ_{RE}，γ_{RE} 一般是不大于 1.0 的数。对钢筋混凝土薄壳结构，壳板应力一般以受压为主，边缘构件的约束作用对壳板形成整体承力非常关键，本规程规定对壳板及其边缘构件 γ_{RE} 应取 1.0。对其他构件，γ_{RE} 应按现行国家标准《建筑抗震设计规范》GB 50011 的规定取值。

3.2.2 进行正常使用极限状态设计时，应根据不同的情况采用标准组合、频遇组合或准永久组合。标准组合宜用于不可逆正常使用极限状态；频遇组合宜用于可逆正常使用极限状态；准永久组合宜用于长期效

应是决定性因素时的正常使用极限状态。判断可逆与不可逆应同时考虑到所验算的构件和受其影响的周边构件。

3.2.3 薄壳结构的耐久性设计应包括环境类别和作用等级的确定、材料选用、保护层厚度的确定、维护要求等，应符合现行国家标准《混凝土结构设计规范》GB 50010 的规定。

3.2.4 薄壳结构分析时一般采用曲面模型，因此自重可进行相应的折算。

3.2.5 钢筋混凝土扁球壳、双曲扁壳、双曲抛物面扁扭壳和膜型扁壳这几种扁壳类型对风荷载的作用不敏感，可不考虑风荷载对壳板的影响；对圆柱面壳、一般旋转壳和一般双曲抛物面扭壳，风荷载的影响不可忽略，应考虑风荷载的影响。对各类壳体的边缘构件，均应考虑风荷载的影响。上一版规程中规定对锯齿形圆柱面壳，只在壳面倾角大于 30° 的情况下应考虑风荷载的影响，本次修订考虑到圆柱面壳一般矢跨比均较大，风荷载影响有时不容忽视，故规定对于所有圆柱面壳均应考虑风荷载的影响。

3.2.6 基本风压、风压高度变化系数、风致振动效应（风振系数）等应符合现行国家标准《建筑结构荷载规范》GB 50009 的规定。

表 3.2.6 给出了单个旋转壳的风荷载体型系数分布。对于复杂形体壳体结构的风荷载，应按现行国家标准《建筑结构荷载规范》GB 50009 的规定通过风洞试验或专门研究确定。

3.2.7 表 3.2.7 给出了单个旋转壳和并排圆柱面壳的积雪分布系数。对于旋转壳，当壳板最大经向角 $\varphi_a \leqslant 30°$ 时，雪荷载可按均布考虑；当 $\varphi_a > 30°$ 时，除考虑雪荷载均布情况外，还应按本规程第 5.3.1 条的规定考虑雪荷载的不均匀分布。由于雪可能具有堆积和漂移等特殊情况，对复杂的雪荷载情况应进行专门论证。

3.2.8 规定了薄壳结构进行水平抗震验算和竖向抗震验算的范围和方法。薄壳结构进行抗震设计时，还应考虑下部结构的影响。

3.2.9 薄壳结构以截面受压为承载的主要特征，当荷载达到临界值时，将发生屈曲。当壳体相对较薄（即壳体厚度与最小曲率半径的比值较小）时，稳定性问题愈发突出。薄壳的稳定性验算是事关结构安全的重要工作，应予以特别重视，故本条规定各种形式的钢筋混凝土薄壳结构均应进行稳定性验算。

增加壳体稳定承载力的可行方法有壳板加肋、减小局部壳板曲率半径、增加壳板厚度等。另外，配置受弯钢筋和采用低徐变的混凝土等措施也对增加壳体稳定承载力有效。

本规程的相关条文对在均布荷载作用下、形状规则的圆形底旋转壳、双曲扁壳、圆柱面壳和双曲抛物面扭壳，给出了稳定性验算的经验公式，可在设计时

采用。

对形状复杂或荷载作用不均匀的薄壳结构，本规程给出的稳定性验算公式不一定适用，其稳定性应进行专门的分析论证。对特别重要的薄壳结构，为避免由于局部或整体失稳引起丧失承载力的后果，也应进行专门的稳定性分析论证。

钢筋混凝土薄壳结构的稳定性可采用有限元分析方法或模型试验方法等进行研究。薄壳结构的稳定性分析是非常复杂的问题，它涉及壳体形式、支承条件、结构的后屈曲性态、大变形理论、初始缺陷影响、混凝土徐变和收缩、钢筋布置方式和配筋率、混凝土开裂、材料非线性性质等许多问题，尤其是混凝土的徐变对壳体稳定性的影响很大。

在钢筋混凝土薄壳稳定性的验算方法上，国际壳体和空间结构协会（IASS）和美国混凝土协会（ACI）等组织针对不同的壳体类型分别提出了半经验的方法，见"*Recommendations for Reinforced Concrete Shells and Folded Plates*，International Association for Shell and Spatial Structures，Madrid，1979"、"*Concrete Shell Buckling*，ACI Publication SP‑67，Detroit，1981"等文献，可供参考。

在有条件时，提倡对钢筋混凝土薄壳结构的设计进行专门的考虑初始缺陷、大变形、混凝土开裂、徐变和收缩、材料非线性等的稳定性分析论证。

3.2.10 按荷载标准组合的效应计算时，对一级裂缝控制等级（严格要求不出现受力裂缝），构件受拉边缘混凝土不应产生拉应力；对二级裂缝控制等级（一般要求不出现受力裂缝），构件受拉边缘混凝土拉应力不应大于抗拉强度标准值。

为避免壳板产生过大的变形和裂缝（对允许产生裂缝的情形），应对壳板最大主拉应力进行限制。设计时要求钢筋应能承受全部的截面拉力，不计入混凝土的抗拉作用，本条规定壳板计算所得的最大主拉应力标准值不宜大于 3 倍混凝土抗拉强度标准值，当不满足时宜加大混凝土截面或施加预应力。

3.2.11 本条给出了壳体边缘构件的变形控制要求。

3.2.12 边缘构件在其自身平面内应具有足够的刚度，以使壳板变形不至于过大，保证空间结构可靠地工作。当边缘构件为钢筋混凝土桁架时，可按荷载集中在上弦杆节点进行内力分析，但对上弦杆尚应考虑节间荷载与剪力的偏心作用所引起的力矩。

3.2.13 薄壳结构的施工阶段验算非常重要，事故往往发生在壳体结构尚未形成的施工阶段。

3.3 壳体的构造和配筋

3.3.1 本条规定了钢筋混凝土和预应力混凝土壳体应采用的混凝土强度等级下限。对尺寸较小的薄壳结构，可以以 C25 作为最低要求；对尺寸较大的薄壳结构，混凝土强度等级一般不宜小于 C30。

3.3.2 本条规定了壳板厚度的下限和确定壳板厚度应考虑的原则。壳板厚度的确定除了应考虑承载力外，还应考虑变形控制、钢筋布置、保护层厚度、施工质量保证、防火要求等多种影响因素。

在壳板与边缘构件和支承构件的连接部位，因存在边缘扰力产生的弯矩，应增加厚度，并配置抗弯钢筋。壳板厚度应逐渐平缓增加，以避免应力集中，过渡区的长度不应小于厚度增加值的 5 倍，一般可取厚度增加值的 5 倍～10 倍。

3.3.3 本条给出了确定壳体钢筋的混凝土保护层厚度应满足的要求，混凝土保护层厚度指钢筋外边缘至混凝土表面的距离。规定壳体钢筋的混凝土保护层厚度主要是出于对混凝土薄壳结构耐久性的考虑。

1 壳板钢筋的混凝土保护层最小厚度应符合现行国家标准《混凝土结构设计规范》GB 50010 的规定，其中对壳板最外层钢筋的保护层最小厚度在不同的环境类别和耐久性作用等级、不同设计使用年限情况下的取值作了规定。规范还规定了可适当减小保护层厚度的条件。

2 本条规定壳板加劲肋的混凝土保护层厚度可采用与壳板保护层厚度相同的值。

3 对壳板表面较陡、需用双面模板施工的区域，考虑到施工偏差因素，宜适当增加混凝土保护层的厚度。

4 混凝土保护层最小厚度不应小于钢筋的公称直径是出于保证握裹层混凝土对受力钢筋的锚固作用。

5 当混凝土保护层最小厚度不能满足防火要求时，应增加保护层厚度，使其符合现行国家标准《建筑设计防火规范》GB 50016 等的规定。

3.3.4 本条对壳体配筋的构造要求进行了规定。

1 按照薄壳结构的特点，壳板中央大部分区域主要承受由曲面内的薄膜内力，壳板与边缘构件连接处及其附近存在弯矩，孔洞周围有应力集中，因此，这些部位的钢筋应按受力特点来配置。由于壳板混凝土收缩和温度应力的影响，即使不是出于承载力计算的需要，壳板的任何部位也应配置抵抗收缩和温度应力的双向或多向钢筋。

2 为了控制壳体拉应变和裂缝开展，宜优先采用较小直径的钢筋。焊接钢筋网一般用在壳体曲面可展（如圆柱面壳）或预制情况。壳板非预应力受力钢筋不宜采用强度过高的钢筋，钢筋的屈服强度标准值一般不宜大于 400MPa，否则应对钢筋的强度设计值进行限制。

3 薄膜内力配筋至少应在两个近似垂直的方向设置，且宜按主应力方向设置，当局部不能按主应力方向设置且主拉应力较大时，可在该区主拉应力方向上增设一层薄膜内力配筋。当薄膜内力配筋的方向与壳体主应力线的偏差显著时（偏斜角 φ 大于 $10°$），钢筋的承载力不能充分发挥，这时应采用比按主应力方向配筋更大的配筋量。

4 对薄膜内力配筋的最小钢筋直径和钢筋间距进行规定。

5 对薄膜内力配筋和壳板其他配筋的最小配筋率进行规定。这里规定不论受拉、受压，薄膜内力配筋的最小配筋率在两个方向均分别不应小于0.25%。薄膜内力配筋可兼作抵抗收缩和温度应力的配筋。

6 对壳体受拉钢筋的面积上限进行限制，是为了使钢筋屈服发生在混凝土受压破坏之前，避免出现脆性破坏。对在两个主薄膜内力近似相等而符号相反的壳板某些部位，为了避免在钢筋屈服之前发生混凝土受压破坏，也应对受拉钢筋的最大配筋率进行限制。

3.3.5 本条规定了壳板与边缘构件连接处的厚度过渡区最小配筋要求。

3.4 装配整体式壳体

3.4.1 在地震区应谨慎使用装配整体式薄壳结构。如要采用，应采取措施保证结构的整体性、连接和支撑的可靠性。

3.4.2 装配整体式壳体可全部采用预制构件，也可部分采用预制、部分现浇。采用的方案应结合工程施工现场情况、施工方案、运输条件和综合经济成本等因素决定。预制构件的划分，应尽量减少拼缝和构件类型，并简化接头处理，应便于堆放、运输、安装和施工，安装后的壳体应符合整体空间受力特性。

3.4.3 装配整体式壳体的预制壳板宜尽量接近壳面形状，当曲率不大时可采用平板代替曲板，但平板的边长应加以限制，避免与曲面差别过大，边长不得大于3m。

3.4.4 根据经验，给出了几类壳板分块的最小数目。

3.4.5 为了保证预制壳板的稳定及预制构件在运输、安装过程中的刚度要求，预制壳板周边应设置加劲肋，本条给出了肋高的范围。大型构件在运输和安装时的临时支撑应根据具体情况设置，以保证构件和结构的安全。

3.4.6 本条给出了预制壳板加厚或不加厚的条件和要求。

3.4.7 本条给出了预制壳板和边缘构件连接过渡的构造要求。

3.4.8～3.4.11 预制壳板接缝的类型可根据实际受力情况采用混凝土接缝、钢筋混凝土接缝和预应力混凝土接缝等，本规程给出了三种接缝的构造要求。混凝土接缝适用于受压、受压又受剪的接缝；钢筋混凝土接缝适用于受压、受拉、受压又受剪、受拉又受剪的接缝；预应力混凝土接缝适用于在正常使用情况下不宜出现裂缝的壳体，或接缝中主拉应力较大（大于混凝土抗拉强度设计值）的情况。

3.4.12 本条给出了薄壳结构的预制部分和现浇部分的连接的方法。

3.5 预应力壳体

3.5.1 本条给出了薄壳结构中预应力的适用范围。采用预应力可提高薄壳结构的刚度和抗裂度，显著改善壳体的受力性能，降低壳体内钢筋的锈蚀程度，充分发挥混凝土的抗压能力，是一种值得提倡的技术。当边缘构件支承点间的距离不小于24m时，即跨度较大时，边缘构件宜配置预应力筋。

3.5.2 预应力筋应采用直线型或曲率不大的曲线型布置，不得出现突然弯折。

预应力筋对结构受力的影响是多方面的，直线型配筋的预应力可简单作为作用在锚固处的外力，它由混凝土的反力来平衡。曲线型配筋的预应力除了作为作用在锚固处的外力外，还产生沿曲线法向的作用，此作用也应同时考虑。

3.5.3 预应力薄壳结构在施加预应力和施工过程中的受力特点与正常使用阶段不同，因此应进行施工过程中的验算。预应力薄壳的裂缝控制一般较普通结构严格，也应进行验算。

计算预应力薄壳结构时，应考虑预应力损失的影响。

3.5.5 端部锚固区应进行局部受压承载力验算。端部锚固区一般应配间接钢筋。

3.6 孔 洞

3.6.1～3.6.7 当薄壳结构孔洞尺寸不大时，对于荷载较均匀的情况，一般可不对开洞削弱影响进行计算，但应在孔洞周围采取构造措施局部加强。本节规定了不需要进行削弱影响计算的孔洞尺寸、根据受力特点确定的构造措施要求。对其他情况的孔洞，应进行专门设计，包括考虑开洞的计算分析和在边缘的构造加强。

3.7 温 度 影 响

3.7.1 薄壳结构伸缩缝的间距应符合现行国家标准《混凝土结构设计规范》GB 50010 的规定，当其中没有数值可直接采用时，应按该规范规定的原则并参考对其他形式的要求设计。

伸缩缝兼作防震缝时，其宽度尚应符合防震缝的要求。

3.7.2 本条给出壳板中曲面温度变化和壳体内、外表面温度差的计算方法。施工阶段的温度应力对壳体受力也有影响，必要时也应计算。

3.7.3 本条给出当内、外表面温度差在整个壳体上的分布为常数或接近常数时，由其产生的弯矩的计算方法。

3.7.4 温度变化对壳体应力的影响主要包括：壳板

内外表面温度差引起的壳板弯矩；壳板中曲面温度变化引起的平行于边缘构件方向的轴力、垂直于边缘构件方向的弯矩、壳板与边缘构件交接处的剪力等。

本条给出了当温度变化分布为常数或接近常数时，计算壳体温度应力的公式。在计算季节温差影响时，可考虑混凝土徐变、开裂对减小温度应力的有利影响。

3.7.6 壳体受到的温度场作用可能比较复杂，此时应进行专门的温度应力分析。薄壳结构温度应力的计算应考虑下部结构的影响。

4 结 构 分 析

4.1 基 本 原 则

4.1.1 本条给出了薄壳结构的内力与变形分析可采用的三类主要方法，即解析法、半解析法和数值分析法。

本条强调了应对计算结果（包括解析法、半解析法和数值分析法的结果）进行判断，判断可基于力学概念、工程经验、简化计算、类似结构的分析结果对比、不同计算软件的结果对比分析等，避免采用未经验证和评估的结果。对重要或复杂的薄壳结构工程，当采用计算机软件进行结构计算时，一般可采用两套计算模型符合工程实际的软件，对计算结果进行分析对比。

4.1.2 现行国家标准《混凝土结构设计规范》GB 50010 采用弹性方法计算作用效应，在截面设计时考虑材料的弹塑性性质，本规程结构分析也采用弹性方法。

薄壳结构一般按照弹性理论分析壳板及边缘构件的内力和位移。本规程针对圆形底旋转壳、双曲扁壳、圆柱面壳、双曲抛物面扭壳和膜型扁壳这几种薄壳形式，给出了在一定情况下的计算公式和相应的计算系数，根据薄膜理论计算壳板中央部分的薄膜内力与位移，然后在壳板与边缘构件连接的局部区域考虑边缘扰力效应，将二者叠加得到最终结果。

国家标准《混凝土结构设计规范》GB 50010－2010 规定混凝土的泊松比 ν_c 为 0.2。在薄壳结构内力与位移分析时，常用到 $1-\nu_c^2$ 项，忽略 ν_c 不会引起大的误差，因此在采用解析法、半解析法分析时混凝土的泊松比可取为零，以简化计算。

4.1.3 本规程第 5～9 章分别对形体比较规则的圆形底旋转壳、双曲扁壳、圆柱面壳、双曲抛物面扭壳和膜型扁壳在对称、均布荷载作用下的内力与位移计算作了规定。这些计算公式大部分是基于壳体控制方程的简化公式，有较好的精度，便于实际应用，还可作为半解析法和数值分析法计算结果的参照，采用时应注意其适用范围和应用条件。

当薄壳结构形体复杂或荷载作用不规则时，本规程给出的计算公式不再适用，此时应采用有限单元法建立计算模型、进行整体分析。

4.1.5 壳板分析是针对中曲面的，计算曲率应采用中曲面的曲率。

对于扁壳，可以假定采用底平面投影的度量来近似中曲面的度量，例如中曲面的线性微元 ds^2 可以用其底平面的投影近似，即 $ds^2 \approx dx^2 + dy^2$，中曲面在坐标轴方向的初始曲率和扭曲率也可近似为 $\kappa_x = \partial^2 z / \partial x^2$、$\kappa_y = \partial^2 z / \partial y^2$、$\kappa_{xy} = \partial^2 z / \partial x \partial y$，这是扁壳理论应用的基础。一般来说，当壳板矢高与最小跨度之比不大于 1/5 时，采用扁壳理论计算不至于产生工程上不容许的误差。

4.2 解析法和半解析法

4.2.1 解析法是指对薄壳结构控制偏微分方程直接推导得到解答的解析表达式的方法，一般用于形体比较规则且边界约束情况比较简单的薄壳结构。

4.2.2 对于简化后的常微分方程边值问题，可用解析法或常微分方程求解器法求解。

常微分方程求解器法是一种直接调用常微分方程求解器求解常微分方程的方法。常微分方程求解器可采用程序 COLSYS。该求解器对线性和非线性、单一的和联立的常微分方程边值问题均适用。将方程及边界条件输入求解器，并根据需为解答设置一个误差限，即可求解。对于非线性问题，还需为求解器提供一个初始解供迭代使用。

4.2.3 对薄壳结构的半解析法摘要分述如下。

1 差分线法

该法用一组平行的直线对求解区域进行划分，将解答离散为结线上的一元函数。在偏微分控制方程中保留结线方向的导数，而离散方向的导数则用几个相邻的结线函数的差分近似，由此可得到一组常微分方程，然后用常微分方程求解器求解。该法主要用于求解规则区域上的问题，实施也较简单。该法的离散误差限于单方向，解答精度比全离散的差分法要高。为了提高解答精度，可加密结线网格，或采用高精度的差分公式。另外，将结线放在真解变化复杂的方向，可使该法的优势得到更好的发挥。

2 有限元线法

该法首先用一组结线对任意的求解区域进行划分，可得到若干个单元。根据需要，结线可为直线或曲线，单元一般为曲边四边形。单元可在公共结线处并排连接，也可在端边处对头搭接。然后，取结线位移为基本未知量，单元内部位移可由结线位移插值得到。再利用能量变分原理，可以导出一组定义在结线上的常微分方程组，用常微分方程求解器求出结线位移，作为原问题的近似解。

用该法构造的壳体单元主要基于下列三种理论：

薄壳弯曲理论、考虑剪切变形的中厚壳理论、由三维弹性理论退化而得的退化壳理论。该法的离散误差主要来自单元上结线位移间的插值，与真解沿结线方向的变化无关。因此，将结线沿真解变化剧烈的方向布置，可使本法的求解效力得到充分发挥。有两种途径可用来提高解答的精度：h 型方法和 p 型方法。h 型方法是通过对网格的细分加密(缩小单元尺寸 h)而使解答收敛，而 p 型方法是固定单元网格不变，通过提高各单元的阶数(即提高插值形函数的次数 p)来获得解答的收敛。p 型方法网格简单，收敛速度一般比 h 型方法快，高次单元又可有效地克服各种闭锁现象，是较为实用的方法。

有限元线法可广泛应用于壳体的静力、稳定和振动分析，对局部荷载、边界效应、应力集中和孔洞等较难的问题求解效果相对更佳。

4.3 数值分析法

4.3.1 本规程推荐采用的数值分析法为有限单元法。薄壳结构的数值分析法主要包括能量差分法和有限单元法，分述如下。

1 能量差分法

能量差分法是基于普通或广义变分原理的数值方法。该法直接从有关的变分原理推导出代数方程组来求解，即在泛函式中，导数用差分来近似，积分用有限和来代替，从而可将求泛函驻值的问题转化为求多元函数驻值的问题。能量差分法实质上就是一种简单的有限单元法。

2 有限单元法

有限单元法将连续的求解域离散为有限个单元的组合体，在单元内假设求解未知量的近似函数，该近似函数通常由单元节点处的数值以及插值函数表达。通过求解以节点值为未知量的联立方程组，得到节点处的解，再利用插值函数确定单元内部的解。有限单元法可广泛适用于各种壳体形式、各种荷载和边界条件。

4.3.2 本条规定了数值分析所选用的计算机程序应达到的要求。

4.3.3 进行薄壳结构分析时，应对计算机程序的单元特点、求解方法和应用条件有清晰的理解。应根据结构布置、荷载和边界条件等实际情况，建立正确的力学和数学模型，采用合适的求解方法。

4.3.4 进行薄壳结构有限元分析可采用的单元类型很多，它们基于不同的假设和推导思路，有不同的适用范围。推导壳单元时，应用最广的是位移法，混合杂交法也日益受到重视。分析薄壳时可忽略横向剪切变形的影响，而分析中厚壳和夹层壳则要考虑其影响。主要的壳单元类型如下。

1 平板型壳单元

平板型壳单元可以看成是平面应力单元和平板弯曲单元的组合。采用平板型壳单元分析时，将壳体离散为由一系列平板型单元组成的单向或双向折板。对于任意形状的壳体应采用三角形单元，对于柱壳可采用矩形单元，对于旋转壳可采用四边形单元。当采用平板型壳单元，在考虑单元形式与单元划分时宜与薄壳结构曲面共面。在单元四点不共面的情况下，使用平面四节点壳元存在计算误差，计算时应加以考虑。

2 基于壳体理论的曲面型壳单元

基于壳体理论的曲面型壳单元简称曲面型壳单元。相对于平板型壳单元，它的单元几何形状更为合理，且在单元中已经体现了薄膜内力和弯曲内力的耦合作用。但是，它的壳体理论过于复杂、应变-位移关系有多种表达形式；它的节点位移当按刚体位移给定时，有的单元出现寄生的非零应变；它存在薄膜闭锁现象，有的单元还存在剪切闭锁现象。

3 基于三维弹性理论的退化型壳单元

基于三维弹性理论的退化型壳单元简称退化型壳单元，它与基于壳体理论的曲面型壳单元都属于曲面型单元，二者的区别是：曲面型壳单元先用解析方法将三维弹性理论问题化为二维壳体理论问题，其中引入了内力和广义应变(如曲率、扭率等)的概念，然后将二维壳体理论问题进行有限元离散；退化型壳单元先用数值方法将三维弹性理论问题离散为三维有限元问题，其中仍采用应力和应变，不引入内力和广义应变，然后引入简化假设，将三维单元的位移场用中面节点位移来表达，化为二维问题。由于退化型壳单元摒弃了壳体理论中各种复杂关系式，从而使其构造方法较为简单，更具有一般性。

4 截锥型旋转壳单元

对于旋转壳，除了可应用一般性壳单元外，还可利用结构的轴对称性质，采用特殊的截锥型单元，即不沿环向而只沿经向进行离散。这种单元实际上是一维单元，从而计算简单。

4.3.5 单元网格划分应保证获得所需要的计算精度，否则应细分网格或采用精度更好的高阶次单元。本条给出了划分有限元网格时壳单元尺寸和形状(角度)的一般性要求。对于壳板曲率变化较大或应力变化较剧烈处，可进一步细分单元以得到较好的结果。

5 圆形底旋转壳

5.1 计 算 方 法

5.1.1、5.1.2 给出了在轴对称荷载作用下，不带肋的闭口或开口圆形底旋转壳壳板内力的计算公式。其中，分布轴向力和分布剪力的基本单位是"kN/m"，分布弯矩的基本单位是"kN·m/m"，在对应的量纲相同的情况下，各项也可以采用其他的单位。

使用时应满足下列限制条件：

(1)荷载轴对称且沿经向没有突变;

(2)壳板厚度沿经向没有突变;

(3)壳板不带肋;

(4)特征长度参数满足条件 $C_a < s_1/3$。

壳板内力由薄膜内力和边界扰力产生的内力两部分组成。第 5.1.1 条计算公式中的系数 $\eta_i \bar{\eta}_i (i = 1, 2, 3, 4)$ 可按第 5.1.2 条的公式计算;壳板薄膜内力可按第 5.1.3 条的公式计算;壳板内外环边缘内力修正可按本规程附录 A 的公式计算。

5.1.3 本条给出了圆形底旋转壳壳板在轴对称荷载作用下薄膜内力与位移的计算公式。

5.1.4 当扁球壳满足条件 $C \geqslant s_1/3$ 时,在法向均布荷载作用下,内力和位移可采用表 5.1.4 所列公式计算。公式中的积分常数应根据壳板的边界条件确定。对于闭口壳,表中公式带有三个积分常数 C_1、C_2、C_6,应利用外环处三个边界条件求出;对于开口壳,表中公式带有六个积分常数 C_1、C_2、C_3、C_4、C_5、C_6,应利用内环与外环处各三个边界条件列出六个方程式联立求解。

表 5.1.4 中 ber、ber′、bei、bei′、ker、ker′、kei、kei′ 为汤姆生函数(或称开尔文函数(Kelvin Functions))及其一阶导数,可从有关的数学手册中查找。

5.1.5 本条给出了边界条件确定的原则,并具体给出了当边缘构件截面为矩形时壳板内、外环边缘处的弹性边界条件公式。

5.2 集中荷载和环形荷载作用下的计算和圆孔应力集中

5.2.1 本条给出了圆形底旋转壳在集中荷载作用下壳板内力和位移的计算公式,有关的计算系数表格在本规程附录 A.2 中给出。公式中所用的荷载采用设计值还是标准值,应根据是验算承载力还是变形来决定。

5.2.2 本条给出扁球壳在轴对称环形均布荷载作用下壳板内力和位移的计算公式,前提条件是荷载作用点距壳板边缘的距离大于壳体特征长度的 3 倍。第 1 款给出在荷载作用范围以内的计算公式,第 2 款给出在荷载作用范围以外的计算公式。

5.2.3 本条给出了扁球壳在轴对称环形均布荷载作用下,当不满足第 5.2.2 条的限制条件时壳板内力和位移的计算规定。

5.2.4 本条给出了开口球壳满足限制条件时,在法向均布荷载及孔边竖向均布线荷载作用下壳板的最大经向弯矩和内环梁弯矩的计算公式,限制条件为 $s_2 > 3C$ 且 $(r_o + 3C)/(4r_s) < 1/5$。

5.2.5 本条给出不满足上列规定,但在一定条件下可按上列规定计算的情况。

5.3 雪、风荷载作用下的计算和稳定验算

5.3.1、5.3.2 对旋转壳的雪荷载和风荷载计算作了相应规定。

5.3.3 对旋转壳在均匀、规则荷载作用下的稳定性验算采用统一形式的公式,公式中包括了安全系数,其中荷载采用设计值。在应用时应注意曲率半径的取值。

对在均布法向荷载作用下的匀质、各向同性球面壳,采用经典弹性稳定理论(见 Theory of Elastic Stability, Timoshenko, 1936)可得到壳体的线弹性临界荷载:

$$q_{cr} = \frac{2}{\sqrt{3(1-\mu^2)}} E_c \left(\frac{t}{r_s}\right)^2 \qquad (4)$$

对钢筋混凝土壳体,可令 $\mu = 0$,则 $q_{cr} = 1.155 E_c (t/r_s)^2$。研究发现由该式计算得到的临界荷载与试验值相比有很大的差距,原因在于实际钢筋混凝土薄壳结构的稳定性与理想情况有很大不同,它涉及大变形影响、初始缺陷、混凝土徐变和收缩、支承条件、材料非线性性质等许多非常复杂的问题,多种因素会引起稳定承载力的降低。

在实际应用中,对于较规则的情形,容许荷载可采用与式(4)相同的形式估算,将式(4)中的因子 $2/\sqrt{3(1-\mu^2)}$ 和多种影响因素归结为一个系数 K,即:

$$q_{cr} = K E_c \left(\frac{t}{r_s}\right)^2 \qquad (5)$$

系数 K 由试验和研究成果并结合工程经验得到。本条规定对应的系数 K 取为 0.06。

对一般情形的非规则薄壳结构,本条规定不再适用,其稳定性应进行专门的分析论证。

5.4 带肋壳的计算

5.4.1～5.4.3 对带肋旋转壳仍可采用薄膜理论加边界效应的方法进行计算。边界效应的齐次微分方程为:

$$\frac{d^4 v_{\varphi n}}{ds^4} + \frac{4}{C^4} v_{\varphi n} = 0 \qquad (6)$$

$$C = 0.76 \sqrt{t_{\varphi 1} r_2 \sqrt{\frac{t_{\varphi 1}}{t_{\theta A}}}} \qquad (7)$$

由此可知带肋壳特征长度参数与无肋壳的差异。

5.5 壳体环梁的内力

5.5.1～5.5.4 壳体外环、内环的内力包括轴向内力、绕截面水平中性轴的弯矩等,本节给出了外环为连续支承或有限个支柱支承时的内力计算公式。

5.6 构 造 要 求

5.6.3 设置的附加钢筋应能使壳板承担集中荷载作

用所引起的弯矩,因此附加钢筋应位于靠近壳板表面处。

5.6.4 根据经验,当外环梁承受的拉应力大于混凝土抗拉强度设计值的8倍时,宜采用预应力配筋,或采取其他构造措施。

6 双曲扁壳

6.1 几何尺寸

6.1.1 本条给出了双曲扁壳的基本组成部分和常用形式。双曲扁壳的矢高与最小边长之比不应大于1/5,也不宜过小。太大时采用扁壳理论进行分析将引起不可忽略的误差;太小时扁壳类似于平板,不能起空间结构的作用。为了获得较好的力学性能,要求不等曲率双曲扁壳的较大曲率与较小曲率之比不大于2、底面长边与短边之比不大于2。

6.1.2 本条给出了双曲扁壳的曲率近似表达式和曲面方程。

6.2 均布荷载作用下的内力计算

6.2.2 对壳板的内力计算区域进行划分,不同的区域采用不同的计算公式。

6.2.3 本条给出了满足第6.2.2的条件、并按其要求划分区域的壳板轴向力和剪力的计算公式。

6.2.4 本条给出了满足第6.2.2条的条件、并按其要求划分区域的壳板分布弯矩、扭矩及竖向剪力的计算公式。

6.2.5 本条给出了在任意边界形状和任意边界条件下双曲扁壳的内力和位移解析解计算方法。在更一般的情况下,应采用有限元法进行计算。

6.2.6 本条给出了正方形底面球面双曲扁壳在 a/C_1 或 b/C_2 小于9时的计算方法。

6.3 半边荷载和水平荷载作用下的内力和位移计算

6.3.1～6.3.7 双曲扁壳在一般荷载情况下,当没有计算公式可以采用时,应采用有限元法进行计算。

6.4 稳 定 验 算

6.4.1、6.4.2 给出了等曲率和不等曲率双曲扁壳在法向均布荷载作用下的稳定性验算公式,该公式与第5.3.3条圆形底旋转壳的稳定性验算公式具有相同的形式,公式中包括了安全系数,其中荷载采用设计值。

6.5 带肋壳的计算

6.5.1 本条给出了带肋双曲扁壳按无肋壳公式近似计算的条件和相应的折算参数计算公式。根据经验,

壳板加肋时肋的间距不宜大于 $7\sqrt{n}$。

6.5.2 本条给出了带肋双曲扁壳在法向均布荷载作用下的稳定性验算公式。

6.6 边 缘 构 件

6.6.1 双曲扁壳的边缘构件可采用多种形式,本条列出了几种常用的形式。

6.6.2、6.6.3 边缘构件与双曲扁壳一起进行计算时,应注意二者间力的平衡和变形的协调关系。

6.7 构造和配筋

6.7.1、6.7.2 给出了双曲扁壳的配筋要求和边拱的构造要求。

7 圆 柱 面 壳

7.1 几何尺寸和计算

7.1.1 圆柱面壳的边梁和横隔对于壳体的整体受力是关键的构件。

7.1.2 长壳和短壳的受力特点不同,采用的计算公式也不同。一般以圆柱面壳的宽度(即圆柱面壳直线边梁间的水平距离)与圆柱面壳的跨度(即圆柱面壳横隔的间距)之比 B/l 作为长、短壳的区分参数,当比值小于1时称为长壳,大于1时称为短壳。

7.1.3 本条给出了从几何尺寸上保证壳体强度和刚度的规定。

7.1.4 给出了圆柱面壳可简化计算的条件和计算方法。

7.1.5 多波圆柱面壳的最外波可称为外波或边波,其余部分称为内波。本条给出了圆柱面壳外波的内、外半边的计算方法。

7.1.6 本条给出了任意边界条件圆柱面壳的计算原则和方法。

7.1.7 给出了两端简支单跨圆柱面壳横隔的刚度要求。

7.1.8 给出圆柱面长壳和短壳的壳体稳定性验算公式。

7.2 带肋壳的计算

7.2.1 给出了带肋圆柱面壳的计算原则。

7.2.2、7.2.3 给出了带肋圆柱面壳的稳定性验算公式,应注意公式的前提条件。

7.3 边 缘 构 件

7.3.1 给出了边梁常用的五种形式和其适用范围。

7.3.2 给出了边梁的构造要求。

7.3.3 给出了圆柱面壳横隔常用的形式。

7.4 构 造 要 求

7.4.1 规定了柱壳两端 1/5 跨度 l 的范围内不得设置孔洞。

7.4.2 本条给出了带孔洞圆柱面壳的计算原则和方法。

7.4.3 给出圆柱面壳的配筋要求。

7.4.4 给出装配整体式圆柱面壳常用的四种形式的图示。在地震区应谨慎采用装配整体式圆柱面壳，如必须采用时，应采取措施保证结构的整体性、连接和支撑的可靠性。

7.4.5~7.4.8 给出装配整体式圆柱面壳常用的四种形式的适用范围和构造要求。

8 双曲抛物面扭壳

8.1 几 何 尺 寸

8.1.1 本规程修订时结合现有工程经验，对本章内容进行了较大幅度的调整，使其不仅限于扁扭壳，更适用于一般的双曲抛物面扭壳。一般意义上的双曲抛物面扭壳可通过一曲率向下的抛物线平移于另一曲率向上的抛物线生成，形成负高斯曲率壳。双曲抛物面扭壳的形状丰富，可以满足不同的建筑造型要求。

8.1.2 矩形底面的直纹双曲抛物面扭壳常用四种形式：单块双倾扭壳、向下翘曲的单块单倾扭壳、向上翘曲的单块单倾扭壳、组合扭壳。对于其中的扁壳情形，可近似将曲面方程中的系数项直接当成扭曲率；对非扁壳情形，不可将系数项直接当成扭曲率。

8.1.3 双曲抛物面扭壳厚度应考虑承载力、保护层厚度、施工等因素。当有集中荷载作用时，按照经验，扭壳厚度不应小于 80mm。规定矩形底扭壳底面长边与短边的限值是为了取得较好的双向传力效果。

8.1.4 双曲抛物面扭壳壳板与边缘构件连接部位的厚度应平缓过渡，本条给出了变厚度的要求。公式(8.1.4)是按冲切条件导出的厚度计算公式。

8.2 计 算 方 法

8.2.1 双曲抛物面扭壳结构的受力特性较复杂，本规程推荐优先采用有限元法进行计算。有限元法可用于各种形状、各种荷载和边界条件的扭壳结构计算，目前的计算机软件和硬件水平完全可以满足计算要求。

从实用的角度考虑，本规程不再列入原规程中计算四边简支单块双曲抛物面扁扭壳、四边简支组合扁扭壳在竖向均布荷载作用下的内力和位移的附录 D，其中包含了计算公式和各种条件下采用的计算系数表。

8.2.3 注意按扁壳理论计算内力和位移的适用范围。

8.2.4 本条中计算单块或组合扭壳中曲面扭曲率 k_t 的公式只适用于扁扭壳情形，当不符合扁壳条件时这些公式不再适用。

8.2.5 对于扁扭壳，将总荷载折算成水平投影面上的竖向均布荷载计算不会引起大的误差。

8.2.6 本条中的公式是简化公式，可以用于方案和初步设计阶段的初步计算。对于需要更精确结果的情况，应采用精确公式或有限元法的结果。

8.2.7 钢筋混凝土薄壳结构的稳定性分析是非常复杂的问题。在有条件时，提倡对钢筋混凝土薄壳结构的稳定性进行考虑初始缺陷、大变形、混凝土开裂、徐变和收缩、材料非线性等的专门研究。

8.3 边 缘 构 件

8.3.2 矩形单块扭壳边缘构件在壳体两对角支座处产生的沿对角线方向的水平推力可分别沿两个坐标轴方向计算，然后叠加。

8.4 构 造 要 求

8.4.1 本条按工程经验对双曲抛物面扭壳配筋的最小规格、形式、间距作了规定。

8.4.2 对双曲抛物面扭壳施加预压应力可以取得较好效果。由于扭壳具有直纹线，预应力钢筋可以沿壳体直纹方向双向布置。

9 膜 型 扁 壳

9.1 适用范围和几何尺寸

9.1.1 本条规定了本章内容的适用范围，适用于承受的荷载比较规则、周边形状也比较规则的矩形或圆形底膜型扁壳，在此条件下壳体可以按膜型受力考虑。

9.1.2 膜型扁壳的配筋量很小，可节约材料，但破坏时延性不足，抗震性能较差，不宜在 9 度区采用。

9.1.3 本条给出了膜型扁壳平面尺寸的限制。

9.1.4 本条给出了膜型扁壳矢高的限制。

9.2 成 型 计 算

9.2.1 本条给出了膜型扁壳成型计算的基本假定和基本方法，膜型扁壳的形状与所承受的荷载密切相关。

9.2.2 本条给出了膜型扁壳在竖向均布荷载作用下中曲面的控制方程。

9.2.3 本条给出了矩形底膜型扁壳各相关参数的计算公式。

9.2.4 本条给出了圆形底膜型扁壳各相关参数的计算公式。

9.3 边缘构件

9.3.1 本条给出了膜型扁壳在均布荷载作用下，边缘构件及其配筋的计算公式。

9.4 构造要求

9.4.1~9.4.3 膜型扁壳的构造主要应注意壳板在角部(对矩形底膜型扁壳)的构造钢筋和边缘的变厚度过渡，以及边缘构件在角部的构造。

中华人民共和国行业标准

建筑机械使用安全技术规程

Technical specification for safety operation
of constructional machinery

JGJ 33—2012

批准部门：中华人民共和国住房和城乡建设部
施行日期：2012年11月1日

中华人民共和国住房和城乡建设部
公 告

第 1364 号

关于发布行业标准《建筑机械使用
安全技术规程》的公告

现批准《建筑机械使用安全技术规程》为行业标准，编号为 JGJ 33-2012，自 2012 年 11 月 1 日起实施。其中，第 2.0.1、2.0.2、2.0.3、2.0.21、4.1.11、4.1.14、4.5.2、5.1.4、5.1.10、5.5.6、5.10.20、5.13.7、7.1.23、8.2.7、10.3.1、12.1.4、12.1.9 条为强制性条文，必须严格执行。原行业标准《建筑机械使用安全技术规程》JGJ 33-

2001 同时废止。

本规程由我部标准定额研究所组织中国建筑工业出版社出版发行。

中华人民共和国住房和城乡建设部

2012 年 5 月 3 日

前 言

根据住房和城乡建设部《关于印发〈二○○八年工程建设标准规范制订、修订计划（第一批）〉的通知》（建标〔2008〕102 号）的要求，规范编制组经深入调查研究，认真总结实践经验，并在广泛征求意见的基础上，修订本规程。

本规程的主要技术内容是：1. 总则；2. 基本规定；3. 动力与电气装置；4. 建筑起重机械；5. 土石方机械；6. 运输机械；7. 桩工机械；8. 混凝土机械；9. 钢筋加工机械；10. 木工机械；11. 地下施工机械；12. 焊接机械；13. 其他中小型机械。

本规程修订的主要技术内容是：1. 删除了装修机械、水工机械、钣金和管工机械，相关机械并入其他中小型机械；对建筑起重机械、运输机械进行了调整；增加了木工机械、地下施工机械；2. 删除了凿岩机械、油罐车、自立式起重架、混凝土搅拌站、液压滑升设备、预应力钢丝拉伸设备、冷镦机；新增了旋挖钻机、深层搅拌机、成槽机、冲孔桩机、混凝土布料机、钢筋螺纹成型机、钢筋除锈机、顶管机、盾构机。

本规程中以黑体字标志的条文为强制性条文，必须严格执行。

本规程由住房和城乡建设部负责管理和对强制性条文的解释，由江苏省华建建设股份有限公司负责具体技术内容的解释。执行过程中如有意见和建议，请寄送江苏省华建建设股份有限公司（地址：江苏省扬州市文昌中路 468 号，邮编：225002）。

本 规 程 主 编 单 位：江苏省华建建设股份有限

公司
江苏邗建集团有限公司

本 规 程 参 编 单 位：南京工业大学
武汉理工大学
上海市建设机械检测中心
上海建工（集团）总公司
上海市基础公司
天津市建工集团（控股）有限公司
扬州市建筑安全监察站
扬州市建设局
江苏扬建集团有限公司
江苏扬安机电设备工程有限公司

本规程主要起草人员：严 训 施卫东 曹德雄
李耀良 吴启鹤 耿洁明
程 杰 徐永海 徐 国
汤坤林 王军武 成国华
吉劲松 唐朝文 蒋 剑
管盈铭 胡华兵 沈永安
汪万飞 陈 峰 冯志宏
朱炳忠 王宏军 施广月

本规程主要审查人员：郭正兴 潘延平 卓 新
阎 琪 王群依 郭寒竹
黄治郁 孙宗辅 刘新玉
姚晓东 葛兴杰

目　次

Contents

1 总　　则

1.0.1 为贯彻国家安全生产法律法规，保障建筑机械的正确使用，发挥机械效能，确保安全生产，制定本规程。

1.0.2 本规程适用于建筑施工中各类建筑机械的使用与管理。

1.0.3 建筑机械的使用与管理，除应符合本规程外，尚应符合国家现行有关标准的规定。

2　基本规定

2.0.1 特种设备操作人员应经过专业培训、考核合格取得建设行政主管部门颁发的操作证，并应经过安全技术交底后持证上岗。

2.0.2 机械必须按出厂使用说明书规定的技术性能、承载能力和使用条件，正确操作，合理使用，严禁超载、超速作业或任意扩大使用范围。

2.0.3 机械上的各种安全防护和保险装置及各种安全信息装置必须齐全有效。

2.0.4 机械作业前，施工技术人员应向操作人员进行安全技术交底。操作人员应熟悉作业环境和施工条件，并应听从指挥，遵守现场安全管理规定。

2.0.5 在工作中，应按规定使用劳动保护用品。高处作业时应系安全带。

2.0.6 机械使用前，应对机械进行检查、试运转。

2.0.7 操作人员在作业过程中，应集中精力，正确操作，并应检查机械工况，不得擅自离开工作岗位或将机械交给其他无证人员操作。无关人员不得进入作业区或操作室内。

2.0.8 操作人员应根据机械有关保养维修规定，认真及时做好机械保养维修工作，保持机械的完好状态，并应做好维修保养记录。

2.0.9 实行多班作业的机械，应执行交接班制度，填写交接班记录，接班人员上岗前应认真检查。

2.0.10 应为机械提供道路、水电、作业棚及停放场地等作业条件，并应消除各种安全隐患。夜间作业应提供充足的照明。

2.0.11 机械设备的地基基础承载力应满足安全使用要求。机械安装、试机、拆卸应按使用说明书的要求进行。使用前应经专业技术人员验收合格。

2.0.12 新机械、经过大修或技术改造的机械，应按出厂使用说明书的要求和现行行业标准《建筑机械技术试验规程》JGJ 34 的规定进行测试和试运转，并应符合本规程附录 A 的规定。

2.0.13 机械在寒冷季节使用，应符合本规程附录 B 的规定。

2.0.14 机械集中停放的场所、大型内燃机械，应有

专人看管，并应按规定配备消防器材；机房及机械周边不得堆放易燃、易爆物品。

2.0.15 变配电所、乙炔站、氧气站、空气压缩机房、发电机房、锅炉房等易燃易爆场所，挖掘机、起重机、打桩机等易发生安全事故的施工现场，应设置警戒区域，悬挂警示标志，非工作人员不得入内。

2.0.16 在机械产生对人体有害的气体、液体、尘埃、渣滓、放射性射线、振动、噪声等场所，应配置相应的安全保护设施、监测设备（仪器）、废品处理装置；在隧道、沉井、管道等狭小空间施工时，应采取措施，使有害物控制在规定的限度内。

2.0.17 停用一个月以上或封存的机械，应做好停用或封存前的保养工作，并应采取预防风沙、雨淋、水泡、锈蚀等措施。

2.0.18 机械使用的润滑油（脂）的性能应符合出厂使用说明书的规定，并应按时更换。

2.0.19 当发生机械事故时，应立即组织抢救，并应保护事故现场，应按国家有关事故报告和调查处理规定执行。

2.0.20 违反本规程的作业指令，操作人员应拒绝执行。

2.0.21 清洁、保养、维修机械或电气装置前，必须先切断电源，等机械停稳后再进行操作。严禁带电或采用预约停送电时间的方式进行检修。

2.0.22 机械不得带病运转。检修前，应悬挂"禁止合闸，有人工作"的警示牌。

3　动力与电气装置

3.1　一般规定

3.1.1 内燃机机房应有良好的通风、防雨措施，周围应有1m宽以上的通道，排气管应引出室外，并不得与可燃物接触。室外使用的动力机械应搭设防护棚。

3.1.2 冷却系统的水质应保持洁净，硬水应经软化处理后使用，并应按要求定期检查更换。

3.1.3 电气设备的金属外壳应进行保护接地或保护接零，并应符合现行行业标准《施工现场临时用电安全技术规范》JGJ46 的规定。

3.1.4 在同一供电系统中，不得将一部分电气设备作保护接地，而将另一部分电气设备作保护接零。不得将暖气管、煤气管、自来水管作为工作零线或接地线使用。

3.1.5 在保护接零的零线上不得装设开关或熔断器，保护零线应采用黄/绿双色线。

3.1.6 不得利用大地作工作零线，不得借用机械本身金属结构作工作零线。

3.1.7 电气设备的每个保护接地或保护接零点应采

用单独的接地（零）线与接地干线（或保护零线）相连接。不得在一个接地（零）线中串接几个接地（零）点。大型设备应设置独立的保护接零，对高度超过 30m 的垂直运输设备应设置防雷接地保护装置。

3.1.8 电气设备的额定工作电压应与电源电压等级相符。

3.1.9 电气装置遇跳闸时，不得强行合闸。应查明原因，排除故障后再行合闸。

3.1.10 各种配电箱、开关箱应配锁，电箱门上应有编号和责任人标牌，电箱门内侧应有线路图，箱内不得存放任何其他物件并应保持清洁。非本岗位作业人员不得擅自开箱合闸。每班工作完毕后，应切断电源，锁好箱门。

3.1.11 发生人身触电时，应立即切断电源后对触电者作紧急救护。不得在未切断电源之前与触电者直接接触。

3.1.12 电气设备或线路发生火警时，应首先切断电源，在未切断电源之前，人员不得接触导线或电气设备，不得用水或泡沫灭火机进行灭火。

3.2 内 燃 机

3.2.1 内燃机作业前应重点检查下列项目，并符合相应要求：

　1 曲轴箱内润滑油油面应在标尺规定范围内；

　2 冷却水或防冻液量应充足、清洁、无渗漏，风扇三角胶带应松紧合适；

　3 燃油箱油量应充足，各油管及接头处不应有漏油现象；

　4 各总成连接件应安装牢固，附件应完整。

3.2.2 内燃机启动前，离合器应处于分离位置；有减压装置的柴油机，应先打开减压阀。

3.2.3 不得用牵引法强制启动内燃机。当用摇柄启动汽油机时，应由下向上提动，不得向下硬压或连续摇转，启动后应迅速拿出摇把。当用手拉绳启动时，不得将绳的一端缠在手上。

3.2.4 启动机每次启动时间应符合使用说明书的要求，当连续启动 3 次仍未能启动时，应检查原因，排除故障后再启动。

3.2.5 启动后，应怠速运转 3min～5min，并应检查机油压力和排烟，各系统管路应无泄漏现象；应在温度和机油压力均正常后，开始作业。

3.2.6 作业中内燃机水温不得超过 90℃，超过时，不应立即停机，应继续怠速运转降温。当冷却水沸腾需开启水箱盖时，操作人员应戴手套，面部应避开水箱盖口，并应先卸压，后拧开。不得用冷水注入水箱或泼浇内燃机体强制降温。

3.2.7 内燃机运行中出现异响、异味、水温急剧上升及机油压力急剧下降等情况时，应立即停机检查并排除故障。

3.2.8 停机前应卸去载荷，进行低速运转，待温度降低后再停止运转。装有涡轮增压器的内燃机，应怠速运转 5min～10min 后停机。

3.2.9 有减压装置的内燃机，不得使用减压杆进行熄火停机。

3.2.10 排气管向上的内燃机，停机后应在排气管口上加盖。

3.3 发 电 机

3.3.1 以内燃机为动力的发电机，其内燃机部分的操作应按本规程第 3.2 节的有关规定执行。

3.3.2 新装、大修或停用 10d 及以上的发电机，使用前应测量定子和励磁回路的绝缘电阻及吸收比，转子绕组的绝缘电阻不得小于 $0.5M\Omega$，吸收比不得小于 1.3，并应做好测量记录。

3.3.3 作业前应检查内燃机与发电机传动部分，并应确保连接可靠，输出线路的导线绝缘应良好，各仪表应齐全、有效。

3.3.4 启动前应将励磁变阻器的阻值放在最大位置上，应断开供电输出总开关，并应接合中性点接地开关，有离合器的发电机组应脱开离合器。内燃机启动后应空载运转，并应待运转正常后再接合发电机。

3.3.5 启动后应检查并确认发电机无异响，滑环及整流子上电刷应接触良好，不得有跳动及产生火花现象。应在运转稳定，频率、电压达到额定值后，再向外供电。用电负荷应逐步加大，三相应保持平衡。

3.3.6 不得对旋转着的发电机进行维修、清理。运转中的发电机不得使用帆布等物体遮盖。

3.3.7 发电机组电源应与外电线路电源连锁，不得与外电并联运行。

3.3.8 发电机组并联运行应满足频率、电压、相位、相序相同的条件。

3.3.9 并联线路两组以上时，应在全部进入空载状态后逐一供电。准备并联运行的发电机应在全部已进入正常稳定运转，接到"准备并联"的信号后，调整柴油机转速，并应在同步瞬间合闸。

3.3.10 并联运行的发电机组如因负荷下降而需停车一台时，应先将需停车的一台发电机的负荷全部转移到继续运转的发电机上，然后按单台发电机停车的方法进行停机。如需全部停机则应先将负荷逐步切断，然后停机。

3.3.11 移动式发电机使用前应将底架停放在平稳的基础上，不得在运转时移动发电机。

3.3.12 发电机连续运行的允许电压值不得超过额定值的 ±10%。正常运行的电压变动范围应在额定值的 ±5% 以内，功率因数为额定值时，发电机额定容量应恒定不变。

3.3.13 发电机在额定频率值运行时，发电机频率变动范围不得超过 ±0.5Hz。

3.3.14 发电机功率因数不宜超过迟相 0.95。有自动励磁调节装置的，可允许短时间内在迟相 0.95～1 的范围内运行。

3.3.15 发电机运行中应经常检查仪表及运转部件，发现问题应及时调整。定子、转子电流不得超过允许值。

3.3.16 停机前应先切断各供电分路开关，然后切断发电机供电主开关，逐步减少载荷，将励磁变阻器复回到电阻最大值位置，使电压降至最低值，再切断励磁开关和中性点接地开关，最后停止内燃机运转。

3.3.17 发电机经检修后应进行检查，转子及定子槽间不得留有工具、材料及其他杂物。

3.4 电 动 机

3.4.1 长期停用或可能受潮的电动机，使用前应测量绕组间和绕组对地的绝缘电阻，绝缘电阻值应大于 $0.5M\Omega$，绕线转子电动机还应检查转子绕组及滑环对地绝缘电阻。

3.4.2 电动机应装设过载和短路保护装置，并应根据设备需要装设断、错相和失压保护装置。

3.4.3 电动机的熔丝额定电流应按下列条件选择：

　　1 单台电动机的熔丝额定电流为电动机额定电流的 150%～250%；

　　2 多台电动机合用的总熔丝额定电流为其中最大一台电动机额定电流的 150%～250% 再加上其余电动机额定电流的总和。

3.4.4 采用热继电器作电动机过载保护时，其容量应选择电动机额定电流的 100%～125%。

3.4.5 绕线式转子电动机的集电环与电刷的接触面不得小于满接触面的 75%。电刷高度磨损超过原标准 2/3 时应更换。在使用过程中不应有跳动和产生火花现象，并应定期检查电刷簧的压力确保可靠。

3.4.6 直流电动机的换向器表面应光洁，当有机械损伤或火花灼伤时应修整。

3.4.7 电动机额定电压变动范围应控制在 -5%～$+10\%$ 之内。

3.4.8 电动机运行中不应异响、漏电，轴承温度应正常，电刷与滑环应接触良好。旋转中电动机滑动轴承的允许最高温度应为 $80℃$，滚动轴承的允许最高温度应为 $95℃$。

3.4.9 电动机在正常运行中，不得突然进行反向运转。

3.4.10 电动机械在工作中遇停电时，应立即切断电源，并应将启动开关置于停止位置。

3.4.11 电动机停止运行前，应首先将载荷卸去，或将转速降到最低，然后切断电源，启动开关应置于停止位置。

3.5 空气压缩机

3.5.1 空气压缩机的内燃机和电动机的使用应符合本规程第 3.2 节和第 3.4 节的规定。

3.5.2 空气压缩机作业区应保持清洁和干燥。贮气罐应放在通风良好处，距贮气罐 15m 以内不得进行焊接或热加工作业。

3.5.3 空气压缩机的进排气管较长时，应加以固定，管路不得有急弯，并应设伸缩变形装置。

3.5.4 贮气罐和输气管路每 3 年应作水压试验一次，试验压力应为额定压力的 150%。压力表和安全阀应每年至少校验一次。

3.5.5 空气压缩机作业前应重点检查下列项目，并应符合相应要求：

　　1 内燃机燃油、润滑油应添加充足；电动机电源应正常；

　　2 各连接部位应紧固，各运动机构及各部阀门开闭应灵活，管路不得有漏气现象；

　　3 各防护装置应齐全良好，贮气罐内不得有存水；

　　4 电动空气压缩机的电动机及启动器外壳应接地良好，接地电阻不得大于 4Ω。

3.5.6 空气压缩机应在无载状态下启动，启动后应低速空运转，检视各仪表指示值并应确保符合要求；空气压缩机应在运转正常后，逐步加载。

3.5.7 输气胶管应保持畅通，不得扭曲，开启送气阀前，应将输气管道连接好，并应通知现场有关人员后再送气。在出气口前方不得有人。

3.5.8 作业中贮气罐内压力不得超过铭牌额定压力，安全阀应灵敏有效。进气阀、排气阀、轴承及各部件不得有异响或过热现象。

3.5.9 每工作 2h，应将液气分离器、中间冷却器、后冷却器内的油水排放一次。贮气罐内的油水每班应排放 1 次～2 次。

3.5.10 正常运转后，应经常观察各种仪表读数，并应随时按使用说明书进行调整。

3.5.11 发现下列情况之一时应立即停机检查，并应在找出原因并排除故障后继续作业：

　　1 漏水、漏气、漏电或冷却水突然中断；

　　2 压力表、温度表、电流表、转速表指示值超过规定；

　　3 排气压力突然升高，排气阀、安全阀失效；

　　4 机械有异响或电动机电刷发生强烈火花；

　　5 安全防护、压力控制装置及电气绝缘装置失效。

3.5.12 运转中，因缺水而使气缸过热停机时，应待气缸自然降温至 $60℃$ 以下时，再进行加水作业。

3.5.13 当电动空气压缩机运转中停电时，应立即切断电源，并应在无载荷状态下重新启动。

3.5.14 空气压缩机停机时，应先卸去载荷，再分离主离合器，最后停止内燃机或电动机的运转。

3.5.15 空气压缩机停机后，在离岗前应关闭冷却水阀门，打开放气阀，放出各级冷却器和贮气罐内的油水和存气。

3.5.16 在潮湿地区及隧道中施工时，对空气压缩机外露摩擦面应定期加注润滑油，对电动机和电气设备应做好防潮保护工作。

3.6 10kV以下配电装置

3.6.1 施工电源及高低压配电装置应设专职值班人员负责运行与维护，高压巡视检查工作不得少于2人，每半年应进行一次停电检修和清扫。

3.6.2 高压油开关的瓷套管应保证完好，油箱不得有渗漏，油位、油质应正常，合闸指示器位置应正确，传动机构应灵活可靠。应定期对触头的接触情况、油质、三相合闸的同步性进行检查。

3.6.3 停用或经修理后的高压油开关，在投入运行前应全面检查，应在额定电压下作合闸、跳闸操作各3次，其动作应正确可靠。

3.6.4 隔离开关应每季度检查一次，瓷件应无裂纹和放电现象；接线柱和螺栓不应松动；刀型开关不应变形、损伤，应接触严密。三相隔离开关各相动触头与静触头应同时接触，前后相差不得大于3mm，打开角不得小于60°。

3.6.5 避雷装置在雷雨季节之前应进行一次预防性试验，并应测量接地电阻。雷电后应检查阀型避雷器的瓷瓶、连接线和地线，应确保完好无损。

3.6.6 低压电气设备和器材的绝缘电阻不得小于 0.5MΩ。

3.6.7 在易燃、易爆、有腐蚀性气体的场所应采用防爆型低压电器；在多尘和潮湿或易触及人体的场所应采用封闭型低压电器。

3.6.8 电箱及配电线路的布置应执行现行行业标准《施工现场临时用电安全技术规范》JGJ 46 的规定。

4 建筑起重机械

4.1 一般规定

4.1.1 建筑起重机械进入施工现场应具备特种设备制造许可证、产品合格证、特种设备制造监督检验证明、备案证明、安装使用说明书和自检合格证明。

4.1.2 建筑起重机械有下列情形之一时，不得出租和使用：

1 属国家明令淘汰或禁止使用的品种、型号；

2 超过安全技术标准或制造厂规定的使用年限；

3 经检验达不到安全技术标准规定；

4 没有完整安全技术档案；

5 没有齐全有效的安全保护装置。

4.1.3 建筑起重机械的安全技术档案应包括下列内容：

1 购销合同、特种设备制造许可证、产品合格证、特种设备制造监督检验证明、安装使用说明书、备案证明等原始资料；

2 定期检验报告、定期自行检查记录、定期维护保养记录、维修和技术改造记录、运行故障和生产安全事故记录、累积运转记录等运行资料；

3 历次安装验收资料。

4.1.4 建筑起重机械装拆方案的编制、审批和建筑起重机械首次使用、升节、附墙等验收应按现行有关规定执行。

4.1.5 建筑起重机械的装拆应由具有起重设备安装工程承包资质的单位施工，操作和维修人员应持证上岗。

4.1.6 建筑起重机械的内燃机、电动机和电气、液压装置部分，应按本规程第3.2节、3.4节、3.6节和附录C的规定执行。

4.1.7 选用建筑起重机械时，其主要性能参数、利用等级、载荷状态、工作级别等应与建筑工程相匹配。

4.1.8 施工现场应提供符合起重机械作业要求的通道和电源等工作场地和作业环境。基础与地基承载能力应满足起重机械的安全使用要求。

4.1.9 操作人员在作业前应对行驶道路、架空电线、建（构）筑物等现场环境以及起吊重物进行全面了解。

4.1.10 建筑起重机械应装有音响清晰的信号装置。在起重臂、吊钩、平衡重等转动物体上应有鲜明的色彩标志。

4.1.11 建筑起重机械的变幅限位器、力矩限制器、起重量限制器、防坠安全器、钢丝绳防脱装置、防脱钩装置以及各种行程限位开关等安全保护装置，必须齐全有效，严禁随意调整或拆除。严禁利用限制器和限位装置代替操纵机构。

4.1.12 建筑起重机械安装工、司机、信号司索工作业时应密切配合，按规定的指挥信号执行。当信号不清或错误时，操作人员应拒绝执行。

4.1.13 施工现场应采用旗语、口哨、对讲机等有效的联络措施确保通信畅通。

4.1.14 在风速达到 9.0m/s 及以上或大雨、大雪、大雾等恶劣天气时，严禁进行建筑起重机械的安装拆卸作业。

4.1.15 在风速达到 12.0m/s 及以上或大雨、大雪、大雾等恶劣天气时，应停止露天的起重吊装作业。重新作业前，应先试吊，并应确认各种安全装置灵敏可靠后进行作业。

4.1.16 操作人员进行起重机械回转、变幅、行走和吊钩升降等动作前，应发出音响信号示意。

4.1.17 建筑起重机械作业时，应在臂长的水平投影覆盖范围外设置警戒区域，并应有监护措施；起重臂和重物下方不得有人停留、工作或通过。不得用吊车、物料提升机载运人员。

4.1.18 不得使用建筑起重机械进行斜拉、斜吊和起吊埋设在地下或凝固在地面上的重物以及其他不明重量的物体。

4.1.19 起吊重物应绑扎平稳、牢固，不得在重物上再堆放或悬挂零星物件。易散落物件应使用吊笼吊运。标有绑扎位置的物件，应按标记绑扎后吊运。吊索的水平夹角宜为 45°～60°，不得小于 30°，吊索与物件棱角之间应加保护垫料。

4.1.20 起吊载荷达到起重机械额定起重量的 90% 及以上时，应先将重物吊离地面不大于 200mm，检查起重机械的稳定性和制动可靠性，并应在确认重物绑扎牢固平稳后再继续起吊。对大体积或易晃动的重物应拴拉绳。

4.1.21 重物的吊运速度应平稳、均匀，不得突然制动。回转未停稳前，不得反向操作。

4.1.22 建筑起重机械作业时，在遇突发故障或突然停电时，应立即把所有控制器拨到零位，并及时关闭发动机或断开电源总开关，然后进行检修。起吊物不得长时间悬挂在空中，应采取措施将重物降落到安全位置。

4.1.23 起重机械的任何部位与架空输电导线的安全距离应符合现行行业标准《施工现场临时用电安全技术规范》JGJ 46 的规定。

4.1.24 建筑起重机械使用的钢丝绳，应有钢丝绳制造厂提供的质量合格证明文件。

4.1.25 建筑起重机械使用的钢丝绳，其结构形式、强度、规格等应符合起重机使用说明书的要求。钢丝绳与卷筒应连接牢固，放出钢丝绳时，卷筒上应至少保留三圈，收放钢丝绳时应防止钢丝绳损坏、扭结、弯折和乱绳。

4.1.26 钢丝绳采用编结固接时，编结部分的长度不得小于钢丝绳直径的 20 倍，并不应小于 300mm，其编结部分应用细铁丝捆扎。当采用绳卡固接时，与钢丝绳直径匹配的绳卡数量应符合表 4.1.26 的规定，绳卡间距应是 6 倍～7 倍钢丝绳直径，最后一个绳卡距绳头的长度不得小于 140mm。绳卡滑鞍（夹板）应在钢丝绳承载时受力的一侧，U 形螺栓应在钢丝绳的尾端，不得正反交错。绳卡初次固定后，应待钢丝绳受力后再次紧固，并宜拧到使尾端钢丝受压处直径高度压扁 1/3。作业中应经常检查紧固情况。

表 4.1.26 与绳径匹配的绳卡数

钢丝绳公称直径（mm）	≤18	>18～26	>26～36	>36～44	>44～60
最少绳卡数（个）	3	4	5	6	7

4.1.27 每班作业前，应检查钢丝绳及钢丝绳的连接

部位。钢丝绳报废标准按现行国家标准《起重机 钢丝绳 保养、维护、安装、检验和报废》GB/T 5972 的规定执行。

4.1.28 在转动的卷筒上缠绕钢丝绳时，不得用手拉或脚踩引导钢丝绳，不给正在运转的钢丝绳涂抹润滑脂。

4.1.29 建筑起重机械报废及超龄使用应符合国家现行有关规定。

4.1.30 建筑起重机械的吊钩和吊环严禁补焊。当出现下列情况之一时应更换：

　　1 表面有裂纹、破口；

　　2 危险断面及钩颈永久变形；

　　3 挂绳处断面磨损超过高度 10%；

　　4 吊钩衬套磨损超过原厚度 50%；

　　5 销轴磨损超过其直径的 5%。

4.1.31 建筑起重机械使用时，每班都应对制动器进行检查。当制动器的零件出现下列情况之一时，应作报废处理：

　　1 裂纹；

　　2 制动器摩擦片厚度磨损达原厚度 50%；

　　3 弹簧出现塑性变形；

　　4 小轴或轴孔直径磨损达原直径的 5%。

4.1.32 建筑起重机械制动轮的制动摩擦面不应有妨碍制动性能的缺陷或沾染油污。制动轮出现下列情况之一时，应作报废处理：

　　1 裂纹；

　　2 起升、变幅机构的制动轮，轮缘厚度磨损大于原厚度的 40%；

　　3 其他机构的制动轮，轮缘厚度磨损大于原厚度的 50%；

　　4 轮面凹凸不平度达 1.5mm～2.0mm（小直径取小值，大直径取大值）。

4.2 履带式起重机

4.2.1 起重机械应在平坦坚实的地面上作业、行走和停放。作业时，坡度不得大于 3°，起重机械应与沟渠、基坑保持安全距离。

4.2.2 起重机械启动前应重点检查下列项目，并应符合相应要求：

　　1 各安全防护装置及各指示仪表应齐全完好；

　　2 钢丝绳及连接部位应符合规定；

　　3 燃油、润滑油、液压油、冷却水等应添加充足；

　　4 各连接件不得松动；

　　5 在回转空间范围内不得有障碍物。

4.2.3 起重机械启动前应将主离合器分离，各操纵杆放在空挡位置。应按本规程第 3.2 节规定启动内燃机。

4.2.4 内燃机启动后，应检查各仪表指示值，应在

运转正常后接合主离合器，空载运转时，应按顺序检查各工作机构及制动器，应在确认正常后作业。

4.2.5 作业时，起重臂的最大仰角不得超过使用说明书的规定。当无资料可查时，不得超过78°。

4.2.6 起重机械变幅应缓慢平稳，在起重臂未停稳前不得变换挡位。

4.2.7 起重机械工作时，在行走、起升、回转及变幅四种动作中，应只允许不超过两种动作的复合操作。当负荷超过该工况额定负荷的90%及以上时，应慢速升降重物，严禁超过两种动作的复合操作和下降起重臂。

4.2.8 在重物起升过程中，操作人员应把脚放在制动踏板上，控制起升高度，防止吊钩冒顶。当重物悬停空中时，即使制动踏板被固定，仍应脚踩在制动踏板上。

4.2.9 采用双机抬吊作业时，应选用起重性能相似的起重机进行。抬吊时应统一指挥，动作应配合协调，载荷应分配合理，起吊重量不得超过两台起重机在该工况下允许起重量总和的75%，单机的起吊载荷不得超过允许载荷的80%。在吊装过程中，两台起重机的吊钩滑轮组应保持垂直状态。

4.2.10 起重机械行走时，转弯不应过急；当转弯半径过小时，应分次转弯。

4.2.11 起重机械不宜长距离负载行驶。起重机械负载时应缓慢行驶，起重量不得超过相应工况额定起重量的70%，起重臂应位于行驶方向正前方，载荷离地面高度不得大于500mm，并应拴好拉绳。

4.2.12 起重机械上、下坡道时应无载行走，上坡时应将起重臂仰角适当放小，下坡时应将起重臂仰角适当放大。下坡严禁空挡滑行。在坡道上严禁带载回转。

4.2.13 作业结束后，起重臂应转至顺风方向，并应降至40°~60°之间，吊钩应提升到接近顶端的位置，关停内燃机，并应将各操纵杆放在空挡位置，各制动器应加保险固定，操作室和机棚应关门加锁。

4.2.14 起重机械转移工地，应采用火车或平板拖车运输，所用跳板的坡度不得大于15°；起重机械装上车后，应将回转、行走、变幅等机构制动，应采用木楔楔紧履带两端，并应绑扎牢固；吊钩不得悬空摆动。

4.2.15 起重机械自行转移时，应卸去配重，拆短起重臂，主动轮应在后面，机身、起重臂、吊钩等必须处于制动位置，并应加保险固定。

4.2.16 起重机械通过桥梁、水坝、排水沟等构筑物时，应先查明允许载荷后再通过，必要时应采取加固措施。通过铁路、地下水管、电缆等设施时，应铺设垫板保护，机械在上面行走时不得转弯。

4.3 汽车、轮胎式起重机

4.3.1 起重机械工作的场地应保持平坦坚实，符合起重时的受力要求；起重机械应与沟渠、基坑保持安全距离。

4.3.2 起重机械启动前应重点检查下列项目，并应符合相应要求：

1 各安全保护装置和指示仪表应齐全完好；
2 钢丝绳及连接部位应符合规定；
3 燃油、润滑油、液压油及冷却水应添加充足；
4 各连接件不得松动；
5 轮胎气压应符合规定；
6 起重臂应可靠搁置在支架上。

4.3.3 起重机械启动前，应将各操纵杆放在空挡位置，手制动器应锁死，应按本规程第3.2节有关规定启动内燃机。应在怠速运转3min~5min后进行中高速运转，并应在检查各仪表指示值，确认运转正常后接合液压泵，液压达到规定值，油温超过30℃时，方可作业。

4.3.4 作业前，应全部伸出支腿，调整机体使回转支撑面的倾斜度在无载荷时不大于1/1000（水准居中）。支腿的定位销必须插上。底盘为弹性悬挂的起重机，插支腿前应先收紧稳定器。

4.3.5 作业中不得扳动支腿操纵阀。调整支腿时应在无载荷时进行，应先将起重臂转至正前方或正后方之后，再调整支腿。

4.3.6 起重作业前，应根据所吊重物的重量和起升高度，并应按起重性能曲线，调整起重臂长度和仰角；应估计吊索长度和重物本身的高度，留出适当起吊空间。

4.3.7 起重臂顺序伸缩时，应按使用说明书进行，在伸臂的同时应下降吊钩。当制动器发出警报时，应立即停止伸臂。

4.3.8 汽车式起重机变幅角度不得小于各长度所规定的仰角。

4.3.9 汽车式起重机起吊作业时，汽车驾驶室内不得有人，重物不超越汽车驾驶室上方，且不得在车的前方起吊。

4.3.10 起吊重物达到额定起重量的50%及以上时，应使用低速挡。

4.3.11 作业中发现起重机倾斜、支腿不稳等异常现象时，应在保证作业人员安全的情况下，将重物降至安全的位置。

4.3.12 当重物在空中需停留较长时间时，应将起升卷筒制动锁住，操作人员不得离开操作室。

4.3.13 起吊重物达到额定起重量的90%以上时，严禁向下变幅，同时严禁进行两种及以上的操作动作。

4.3.14 起重机械带载回转时，操作应平稳，应避免急剧回转或急停，换向应在停稳后进行。

4.3.15 起重机械带载行走时，道路应平坦坚实，载荷应符合使用说明书的规定，重物离地面不得超过

500mm，并应拴好拉绳，缓慢行驶。

4.3.16 作业后，应先将起重臂全部缩回放在支架上，再收回支腿；吊钩应使用钢丝绳挂牢；车架尾部两撑杆应分别撑在尾部下方的支座内，并应采用螺母固定；阻止机身旋转的销式制动器应插入销孔，并应将取力器操纵手柄放在脱开位置，最后应锁住起重操作室门。

4.3.17 起重机械行驶前，应检查确认各支腿收存牢固，轮胎气压应符合规定。行驶时，发动机水温应在80℃～90℃范围内，当水温未达到80℃时，不得高速行驶。

4.3.18 起重机械应保持中速行驶，不得紧急制动，过铁道口或起伏路面时应减速，下坡时严禁空挡滑行，倒车时应有人监护指挥。

4.3.19 行驶时，底盘走台上不得有人员站立或蹲坐，不得堆放物件。

4.4 塔式起重机

4.4.1 行走式塔式起重机的轨道基础应符合下列要求：

1 路基承载能力应满足塔式起重机使用说明书要求；

2 每间隔6m应设距拉杆一个，轨距允许偏差应为公称值的1/1000，且不得超过±3mm；

3 在纵横方向上，钢轨顶面的倾斜度不得大于1/1000；塔机安装后，轨道顶面纵、横方向上的倾斜度，对上回转塔机不应大于3/1000；对下回转塔机不应大于5/1000。在轨道全程中，轨道顶面任意两点的高差应小于100mm；

4 钢轨接头间隙不得大于4mm，与另一侧轨道接头的错开距离不得小于1.5m，接头处应架在轨枕上，接头两端高度差不得大于2mm；

5 距轨道终端1m处应设置缓冲止挡器，其高度不应小于行走轮的半径。在轨道上应安装限位开关碰块，安装位置应保证塔机在与缓冲止挡器或与同一轨道上其他塔机相距大于1m处能完全停住，此时电缆线应有足够的富余长度；

6 鱼尾板连接螺栓应紧固，垫板应固定牢靠。

4.4.2 塔式起重机的混凝土基础应符合使用说明书和现行行业标准《塔式起重机混凝土基础工程技术规程》JGJ/T 187 的规定。

4.4.3 塔式起重机的基础应排水通畅，并应按专项方案与基坑保持安全距离。

4.4.4 塔式起重机应在其基础验收合格后进行安装。

4.4.5 塔式起重机的金属结构、轨道应有可靠的接地装置，接地电阻不得大于4Ω。高位塔式起重机应设置防雷装置。

4.4.6 装拆作业前应进行检查，并应符合下列规定：

1 混凝土基础、路基和轨道铺设应符合技术要求；

2 应对所装拆塔式起重机的各机构、结构焊缝、重要部位螺栓、销轴、卷扬机构和钢丝绳、吊钩、吊具、电气设备、线路等进行检查，消除隐患；

3 应对自升塔式起重机顶升液压系统的液压缸和油管、顶升套架结构、导向轮、顶升支撑（爬爪）等进行检查，使其处于完好工况；

4 装拆人员应使用合格的工具、安全带、安全帽；

5 装拆作业中配备的起重机械等辅助机械应状况良好，技术性能应满足装拆作业的安全要求；

6 装拆现场的电源电压、运输道路、作业场地等应具备装拆作业条件；

7 安全监督岗的设置及安全技术措施的贯彻落实应符合要求。

4.4.7 指挥人员应熟悉装拆作业方案，遵守装拆工艺和操作规程，使用明确的指挥信号。参与装拆作业的人员，应听从指挥，如发现指挥信号不清或有错误时，应停止作业。

4.4.8 装拆人员应熟悉装拆工艺，遵守操作规程，当发现异常情况或疑难问题时，应及时向技术负责人汇报，不得自行处理。

4.4.9 装拆顺序、技术要求、安全注意事项应按批准的专项施工方案执行。

4.4.10 塔式起重机高强度螺栓应由专业厂家制造，并应有合格证明。高强度螺栓严禁焊接。安装高强螺栓时，应采用扭矩扳手或专用扳手，并应按装配技术要求预紧。

4.4.11 在装拆作业过程中，当遇天气剧变、突然停电、机械故障等意外情况时，应将已装拆的部件固定牢靠，并经检查确认无隐患后停止作业。

4.4.12 塔式起重机各部位的栏杆、平台、扶杆、护圈等安全防护装置应配置齐全。行走式塔式起重机的大车行走缓冲止挡器和限位开关碰块应安装牢固。

4.4.13 因损坏或其他原因而不能用正常方法拆卸塔式起重机时，应按照技术部门重新批准的拆卸方案执行。

4.4.14 塔式起重机安装过程中，应分阶段检查验收。各机构动作应正确、平稳，制动可靠，各安全装置应灵敏有效。在无载荷情况下，塔身的垂直度允许偏差应为4/1000。

4.4.15 塔式起重机升降作业时，应符合下列规定：

1 升降作业应有专人指挥，专人操作液压系统，专人拆装螺栓。非作业人员不得登上顶升套架的操作平台。操作室内应只准一人操作；

2 升降作业应在白天进行；

3 顶升前应预先放松电缆，电缆长度应大于顶升总高度，并应紧固好电缆。下降时应适时收紧电缆；

4 升降作业前，应对液压系统进行检查和试机，应在空载状态下将液压缸活塞杆伸缩 3 次～4 次，检查无误后，再将液压缸活塞杆通过顶升梁借助顶升套架的支撑，顶起载荷 100mm～150mm，停 10min，观察液压缸载荷是否有下滑现象；

5 升降作业时，应调整好顶升套架滚轮与塔身标准节的间隙，并应按规定要求使起重臂和平衡臂处于平衡状态，将回转机构制动。当回转台与塔身标准节之间的最后一处连接螺栓（销轴）拆卸困难时，应将最后一处连接螺栓（销轴）对角方向的螺栓重新插入，再采取其他方法进行拆卸。不得用旋转起重臂的方法松动螺栓（销轴）；

6 顶升撑脚（爬爪）就位后，应及时插上安全销，才能继续升降作业；

7 升降作业完毕后，应按规定扭力紧固各连接螺栓，应将液压操纵杆扳到中间位置，并应切断液压升降机构电源。

4.4.16 塔式起重机的附着装置应符合下列规定：

1 附着建筑物的锚固点的承载能力应满足塔式起重机技术要求。附着装置的布置方式应按使用说明书的规定执行。当有变动时，应另行设计；

2 附着杆件与附着支座（锚固点）应采取销轴铰接；

3 安装附着框架和附着杆件时，应用经纬仪测量塔身垂直度，并应利用附着杆件进行调整，在最高锚固点以下垂直度允许偏差为 2/1000；

4 安装附着框架和附着支座时，各道附着装置所在平面与水平面的夹角不得超过 10°；

5 附着框架宜设置在塔身标准节连接处，并应箍紧塔身；

6 塔身顶升到规定附着间距时，应及时增设附着装置。塔身高出附着装置的自由端高度，应符合使用说明书的规定；

7 塔式起重机作业过程中，应经常检查附着装置，发现松动或异常情况时，应立即停止作业，故障未排除，不得继续作业；

8 拆卸塔式起重机时，应随着降落塔身的进程拆卸相应的附着装置。严禁在落塔之前先拆附着装置；

9 附着装置的安装、拆卸、检查和调整应有专人负责；

10 行走式塔式起重机作固定式塔式起重机使用时，应提高轨道基础的承载能力，切断行走机构的电源，并应设置阻挡行走轮移动的支座。

4.4.17 塔式起重机内爬升时应符合下列规定：

1 内爬升作业时，信号联络应通畅；

2 内爬升过程中，严禁进行塔式起重机的起升、回转、变幅等各项动作；

3 塔式起重机爬升到指定楼层后，应立即拔出塔身底座的支承梁或支腿，通过内爬升框架及时固定在结构上，并应顶紧导向装置或用楔块塞紧；

4 内爬升塔式起重机的塔身固定间距应符合使用说明书要求；

5 应对设置内爬升框架的建筑结构进行承载力复核，并应根据计算结果采取相应的加固措施。

4.4.18 雨天后，对行走式塔式起重机，应检查轨距偏差、钢轨顶面的倾斜度、钢轨的平直度、轨道基础的沉降及轨道的通过性能等；对固定式塔式起重机，应检查混凝土基础不均匀沉降。

4.4.19 根据使用说明书的要求，应定期对塔式起重机各工作机构、所有安全装置、制动器的性能及磨损情况、钢丝绳的磨损及绳端固定、液压系统、润滑系统、螺栓销轴连接处等进行检查。

4.4.20 配电箱应设置在距塔式起重机 3m 范围内或轨道中部，且明显可见；电箱中应设置带熔断式断路器及塔式起重机电源总开关；电缆卷筒应灵活有效，不得拖缆。

4.4.21 塔式起重机在无线电台、电视台或其他电磁波发射天线附近施工时，与吊钩接触的作业人员，应戴绝缘手套和穿绝缘鞋，并应在吊钩上挂接临时放电装置。

4.4.22 当同一施工地点有两台以上塔式起重机并可能互相干涉时，应制定群塔作业方案；两台塔式起重机之间的最小架设距离应保证处于低位塔式起重机的起重臂端部与另一台塔式起重机的塔身之间至少有 2m 的距离；处于高位塔式起重机的最低位置的部件（吊钩升至最高点或平衡重的最低部位）与低位塔式起重机中处于最高位置部件之间的垂直距离不应小于 2m。

4.4.23 轨道式塔式起重机作业前，应检查轨道基础平直无沉陷，鱼尾板、连接螺栓及道钉不得松动，并应清除轨道上的障碍物，将夹轨器固定。

4.4.24 塔式起重机启动应符合下列要求：

1 金属结构和工作机构的外观情况应正常；

2 安全保护装置和指示仪表应齐全完好；

3 齿轮箱、液压油箱的油位应符合规定；

4 各部位连接螺栓不得松动；

5 钢丝绳磨损应在规定范围内，滑轮穿绕应正确；

6 供电电缆不得破损。

4.4.25 送电前，各控制器手柄应在零位。接通电源后，应检查并确认不得有漏电现象。

4.4.26 作业前，应进行空载运转，试验各工作机构并确认运转正常，不得有噪声及异响，各机构的制动器及安全保护装置应灵敏有效，确认正常后方可作业。

4.4.27 起吊重物时，重物和吊具的总重量不得超过塔式起重机相应幅度下规定的起重量。

4.4.28 应根据起吊重物和现场情况，选择适当的工作速度，操纵各控制器时应从停止点（零点）开始，依次逐级增加速度，不得越挡操作。在变换运转方向时，应将控制器手柄扳到零位，待电动机停止运转后再转向另一方向，不得直接变换运转方向突然变速或制动。

4.4.29 在提升吊钩、起重小车或行走大车运行到限位装置前，应减速缓行到停止位置，并应与限位装置保持一定距离。不得采用限位装置作为停止运行的控制开关。

4.4.30 动臂式塔式起重机的变幅动作应单独进行；允许带载变幅的动臂式塔式起重机，当载荷达到额定起重量的 90% 及以上时，不得增加幅度。

4.4.31 重物就位时，应采用慢就位工作机构。

4.4.32 重物水平移动时，重物底部应高出障碍物 0.5m 以上。

4.4.33 回转部分不设集电器的塔式起重机，应安装回转限位器，在作业时，不得顺一个方向连续回转 1.5 圈。

4.4.34 当停电或电压下降时，应立即将控制器扳到零位，并切断电源。如吊钩上挂有重物，应重复放松制动器，使重物缓慢地下降到安全位置。

4.4.35 采用涡流制动调速系统的塔式起重机，不得长时间使用低速或慢就位速度作业。

4.4.36 遇大风停止作业时，应锁紧夹轨器，将回转机构的制动器完全松开，起重臂应能随风转动。对轻型俯仰变幅塔式起重机，应将起重臂落下并与塔身结构锁紧在一起。

4.4.37 作业中，操作人员临时离开操作室时，应切断电源。

4.4.38 塔式起重机载人专用电梯不得超员，专用电梯断绳保护装置应灵敏有效。塔式起重机作业时，不得开动电梯。电梯停用时，应降至塔身底部位置，不得长时间悬在空中。

4.4.39 在非工作状态时，应松开回转制动器，回转部分应能自由旋转；行走式塔式起重机应停放在轨道中间位置，小车及平衡重应置于非工作状态，吊钩组顶部宜上升到距起重臂底面 2m～3m 处。

4.4.40 停机时，应将每个控制器拨回零位，依次断开各开关，关闭操作室门窗；下机后，应锁紧夹轨器，断开电源总开关，打开高空障碍灯。

4.4.41 检修人员对高空部位的塔身、起重臂、平衡臂等检修时，应系好安全带。

4.4.42 停用的塔式起重机的电动机、电气柜、变阻器箱及制动器等应遮盖严密。

4.4.43 动臂式和未附着塔式起重机及附着以上塔式起重机桁架上不得悬挂标语牌。

4.5 桅杆式起重机

4.5.1 桅杆式起重机应按现行国家标准《起重机设计规范》GB/T3811 的规定进行设计，确定其使用范围及工作环境。

4.5.2 桅杆式起重机专项方案必须按规定程序审批，并应经专家论证后实施。施工单位必须指定安全技术人员对桅杆式起重机的安装、使用和拆卸进行现场监督和监测。

4.5.3 专项方案应包含下列主要内容：

1 工程概况、施工平面布置；

2 编制依据；

3 施工计划；

4 施工技术参数、工艺流程；

5 施工安全技术措施；

6 劳动力计划；

7 计算书及相关图纸。

4.5.4 桅杆式起重机的卷扬机应符合本规程第 4.7 节的有关规定。

4.5.5 桅杆式起重机的安装和拆卸应划出警戒区，清除周围的障碍物，在专人统一指挥下，应按使用说明书和装拆方案进行。

4.5.6 桅杆式起重机的基础应符合专项方案的要求。

4.5.7 缆风绳的规格、数量及地锚的拉力、埋设深度等应按照起重机性能经过计算确定，缆风绳与地面的夹角不得大于 60°，缆风绳与桅杆和地锚的连接应牢固。地锚不得使用膨胀螺栓、定滑轮。

4.5.8 缆风绳的架设应避开架空电线。在靠近电线的附近，应设置绝缘材料搭设的护线架。

4.5.9 桅杆式起重机安装后应进行试运转，使用前应组织验收。

4.5.10 提升重物时，吊钩钢丝绳应垂直，操作应平稳；当重物吊起离开支承面时，应检查并确认各机构工作正常后，继续起吊。

4.5.11 在起吊额定起重量的 90% 及以上重物前，应安排专人检查地锚的牢固程度。起吊时，缆风绳应受力均匀，主杆应保持直立状态。

4.5.12 作业时，桅杆式起重机的回转钢丝绳应处于拉紧状态。回转装置应有安全制动控制器。

4.5.13 桅杆式起重机移动时，应用满足承重要求的枕木排和滚杠垫在底座，并将起重臂收紧处于移动方向的前方。移动时，桅杆不得倾斜，缆风绳的松紧应配合一致。

4.5.14 缆风钢丝绳安全系数不应小于 3.5，起升、锚固、吊索钢丝绳安全系数不应小于 8。

4.6 门式、桥式起重机与电动葫芦

4.6.1 起重机路基和轨道的铺设应符合使用说明书的规定，轨道接地电阻不得大于 4Ω。

4.6.2 门式起重机的电缆应设有电缆卷筒，配电箱应设置在轨道中部。

4.6.3 用滑线供电的起重机应在滑线的两端标有鲜

明的颜色，滑线应设置防护装置，防止人员及吊具钢丝绳与滑线意外接触。

4.6.4 轨道应平直，鱼尾板连接螺栓不得松动，轨道和起重机运行范围内不得有障碍物。

4.6.5 门式、桥式起重机作业前应重点检查下列项目，并应符合相应要求：

    1 机械结构外观应正常，各连接件不得松动；

    2 钢丝绳外表情况应良好，绳卡应牢固；

    3 各安全限位装置应齐全完好。

4.6.6 操作室内应垫木板或绝缘板，接通电源后应采用试电笔测试金属结构部分，并应确认无漏电现象；上、下操作室应使用专用扶梯。

4.6.7 作业前，应进行空载试运转，检查并确认各机构运转正常，制动可靠，各限位开关灵敏有效。

4.6.8 在提升大件时不得用快速，并应拴拉绳防止摆动。

4.6.9 吊运易燃、易爆、有害等危险品时，应经安全主管部门批准，并应有相应的安全措施。

4.6.10 吊运路线不得从人员、设备上面通过；空车行走时，吊钩应离地面2m以上。

4.6.11 吊运重物应平稳、慢速，行驶中不得突然变速或倒退。两台起重机同时作业时，应保持5m以上距离。不得用一台起重机顶推另一台起重机。

4.6.12 起重机行走时，两侧驱动轮应保持同步，发现偏移应及时停止作业，调整修理后继续使用。

4.6.13 作业中，人员不得从一台桥式起重机跨越到另一台桥式起重机。

4.6.14 操作人员进入桥架前应切断电源。

4.6.15 门式、桥式起重机的主梁挠度超过规定值时，应修复后使用。

4.6.16 作业后，门式起重机应停放在停机线上，用夹轨器锁紧；桥式起重机应将小车停放在两条轨道中间，吊钩提升到上部位置。吊钩上不得悬挂重物。

4.6.17 作业后，应将控制器拨到零位，切断电源，应关闭并锁好操作室门窗。

4.6.18 电动葫芦使用前应检查机械部分和电气部分，钢丝绳、链条、吊钩、限位器等应完好，电气部分应无漏电，接地装置应良好。

4.6.19 电动葫芦应设缓冲器，轨道两端应设挡板。

4.6.20 第一次吊重物时，应在吊离地面100mm时停止上升，检查电动葫芦制动情况，确认完好后再正式作业。露天作业时，电动葫芦应设有防雨棚。

4.6.21 电动葫芦起吊时，手不得握在绳索与物体之间，吊物上升时应防止冲顶。

4.6.22 电动葫芦吊重物行走时，重物离地不宜超过1.5m高。工作间歇不得将重物悬挂在空中。

4.6.23 电动葫芦作业中发生异味、高温等异常情况时，应立即停机检查，排除故障后继续使用。

4.6.24 使用悬挂电缆电气控制开关时，绝缘应良好，滑动应自如，人站立位置的后方应有2m的空地，并应能正确操作电钮。

4.6.25 在起吊中，由于故障造成重物失控下滑时，应采取紧急措施，向无人处下放重物。

4.6.26 在起吊中不得急速升降。

4.6.27 电动葫芦在额定载荷制动时，下滑位移量不应大于80mm。

4.6.28 作业完毕后，电动葫芦应停放在指定位置，吊钩升起，并切断电源，锁好开关箱。

4.7 卷 扬 机

4.7.1 卷扬机地基与基础应平整、坚实，场地应排水畅通，地锚应设置可靠。卷扬机应搭设防护棚。

4.7.2 操作人员的位置应在安全区域，视线应良好。

4.7.3 卷扬机卷筒中心线与导向滑轮的轴线应垂直，且导向滑轮的轴线应在卷筒中心位置，钢丝绳的出绳偏角应符合表4.7.3的规定。

表4.7.3 卷扬机钢丝绳出绳偏角限值

排绳方式	槽面卷筒	光面卷筒	
		自然排绳	排绳器排绳
出绳偏角	≤4°	≤2°	≤4°

4.7.4 作业前，应检查卷扬机与地面的固定、弹性联轴器的连接应牢固，并应检查安全装置、防护设施、电气线路、接零或接地装置、制动装置和钢丝绳等并确认全部合格后再使用。

4.7.5 卷扬机至少应装有一个常闭式制动器。

4.7.6 卷扬机的传动部分及外露的运动件应设防护罩。

4.7.7 卷扬机应在司机操作方便的地方安装能迅速切断总控制电源的紧急断电开关，并不得使用倒顺开关。

4.7.8 钢丝绳卷绕在卷筒上的安全圈数不得少于3圈。钢丝绳末端应固定可靠。不得用手拉钢丝绳的方法卷绕钢丝绳。

4.7.9 钢丝绳不得与机架、地面摩擦，通过道路时，应设过路保护装置。

4.7.10 建筑施工现场不得使用摩擦式卷扬机。

4.7.11 卷筒上的钢丝绳应排列整齐，当重叠或斜时，应停机重新排列，不得在转动中用手拉脚踩钢丝绳。

4.7.12 作业中，操作人员不得离开卷扬机，物件或吊笼下面不得有人员停留或通过。休息时，应将物件或吊笼降至地面。

4.7.13 作业中如发现异响、制动失灵、制动带或轴承等温度剧烈上升等异常情况时，应立即停机检查，排除故障后再使用。

4.7.14 作业中停电时，应将控制手柄或按钮置于零位，并应切断电源，将物件或吊笼降至地面。

4.7.15 作业完毕，应将物件或吊笼降至地面，并应切断电源，锁好开关箱。

4.8 井架、龙门架物料提升机

4.8.1 进入施工现场的井架、龙门架必须具有下列安全装置：
1 上料口防护棚；
2 层楼安全门、吊篮安全门、首层防护门；
3 断绳保护装置或防坠装置；
4 安全停靠装置；
5 起重量限制器；
6 上、下限位器；
7 紧急断电开关、短路保护、过电流保护、漏电保护；
8 信号装置；
9 缓冲器。

4.8.2 卷扬机应符合本规程第4.7节的有关规定。

4.8.3 基础应符合使用说明书要求。缆风绳不得使用钢筋、钢管。

4.8.4 提升机的制动器应灵敏可靠。

4.8.5 运行中吊篮的四角与井架不得互相擦碰，吊篮各构件连接应牢固、可靠。

4.8.6 井架、龙门架物料提升机不得和脚手架连接。

4.8.7 不得使用吊篮载人，吊篮下方不得有人员停留或通过。

4.8.8 作业后，应检查钢丝绳、滑轮、滑轮轴和导轨等，发现异常磨损，应及时修理或更换。

4.8.9 下班前，应将吊篮降到最低位置，各控制开关置于零位，切断电源，锁好开关箱。

4.9 施工升降机

4.9.1 施工升降机基础应符合使用说明书要求，当使用说明书无要求时，应经专项设计计算，地基上表面平整度允许偏差为10mm，场地应排水通畅。

4.9.2 施工升降机导轨架的纵向中心线至建筑物外墙面的距离宜选用使用说明书中提供的较小的安装尺寸。

4.9.3 安装导轨架时，应采用经纬仪在两个方向进行测量校准。其垂直度允许偏差应符合表4.9.3的规定。

表4.9.3 施工升降机导轨架垂直度

架设高度 H（m）	$H \leqslant 70$	$70 < H \leqslant 100$	$100 < H \leqslant 150$	$150 < H \leqslant 200$	$H > 200$
垂直度偏差 （mm）	$\leqslant 1/1000H$	$\leqslant 70$	$\leqslant 90$	$\leqslant 110$	$\leqslant 130$

4.9.4 导轨架自由高度、导轨架的附墙距离、导轨

架的两附墙连接点间距离和最低附墙点高度不得超过使用说明书的规定。

4.9.5 施工升降机应设置专用开关箱，馈电容量应满足升降机直接启动的要求，生产厂家配置的电气箱内应装设短路、过载、错相、断相及零位保护装置。

4.9.6 施工升降机周围应设置稳固的防护围栏。楼层平台通道应平整牢固，出入口应防设防护门。全行程不得有危害安全运行的障碍物。

4.9.7 施工升降机安装在建筑物内部井道中时，各楼层门应封闭并应有电气连锁装置。装设在阴暗处或夜班作业的施工升降机，在全行程上应有足够的照明，并应装设明亮的楼层编号标志灯。

4.9.8 施工升降机的防坠安全器应在标定期限内使用，标定期限不应超过一年。使用中不得任意拆检调整防坠安全器。

4.9.9 施工升降机使用前，应进行坠落试验。施工升降机在使用中每隔3个月，应进行一次额定载重量的坠落试验，试验程序应按使用说明书规定进行，吊笼坠落试验制动距离应符合现行行业标准《施工升降机齿轮锥鼓形渐进式防坠安全器》JG 121的规定。防坠安全器试验后及正常操作中，每发生一次防坠动作，应由专业人员进行复位。

4.9.10 作业前应重点检查下列项目，并应符合相应要求：
1 结构不得有变形，连接螺栓不得松动；
2 齿条与齿轮、导向轮与导轨应接合正常；
3 钢丝绳应固定良好，不得有异常磨损；
4 运行范围内不得有障碍；
5 安全保护装置应灵敏可靠。

4.9.11 启动前，应检查并确认供电系统、接地装置安全有效，控制开关应在零位。电源接通后，应检查并确认电压正常。应试验并确认各限位装置、吊笼、围护门等处的电气连锁装置良好可靠，电气仪表应灵敏有效。作业前应进行试运行，测定各机构制动器的效能。

4.9.12 施工升降机应按使用说明书要求，进行维护保养，并应定期检验制动器的可靠性，制动力矩应达到使用说明书要求。

4.9.13 吊笼内乘人或载物时，应使载荷均匀分布，不得偏重，不得超载运行。

4.9.14 操作人员应按指挥信号操作。作业前应鸣笛示警。在施工升降机未切断总电源开关前，操作人员不得离开操作岗位。

4.9.15 施工升降机运行中发现有异常情况时，应立即停机并采取有效措施将吊笼就近停靠楼层，排除故障后再继续运行。在运行中发现电气失控时，应立即按下急停按钮，在未排除故障前，不得打开急停按钮。

4.9.16 在风速达到20m/s及以上大风、大雨、大雾

天气以及导轨架、电缆等结冰时，施工升降机应停止运行，并将吊笼降到底层，切断电源。暴风雨等恶劣天气后，应对施工升降机各有关安全装置等进行一次检查，确认正常后运行。

4.9.17 施工升降机运行到最上层或最下层时，不得用行程限位开关作为停止运行的控制开关。

4.9.18 当施工升降机在运行中由于断电或其他原因而中途停止时，可进行手动下降，将电动机尾端制动电磁铁手动释放拉手缓缓向外拉出，使吊笼缓慢地向下滑行。吊笼下滑时，不得超过额定运行速度，手动下降应由专业维修人员进行操纵。

4.9.19 当需在吊笼的外面进行检修时，另外一个吊笼应停机配合，检修时应切断电源，并应有专人监护。

4.9.20 作业后，应将吊笼降到底层，各控制开关拨到零位，切断电源，锁好开关箱，闭锁吊笼门和围护门。

5 土石方机械

5.1 一 般 规 定

5.1.1 土石方机械的内燃机、电动机和液压装置的使用，应符合本规程第 3.2 节、第 3.4 节和附录 C 的规定。

5.1.2 机械进入现场前，应查明行驶路线上的桥梁、涵洞的上部净空和下部承载能力，确保机械安全通过。

5.1.3 机械通过桥梁时，应采用低速挡慢行，在桥面上不得转向或制动。

5.1.4 作业前，必须查明施工场地内明、暗铺设的各类管线等设施，并应采用明显记号标识。严禁在离地下管线、承压管道 1m 距离以内进行大型机械作业。

5.1.5 作业中，应随时监视机械各部位的运转及仪表指示值，如发现异常，应立即停机检修。

5.1.6 机械运行中，不得接触转动部位。在修理工作装置时，应将工作装置降到最低位置，并应将悬空工作装置垫上垫木。

5.1.7 在电杆附近取土时，对不能取消的拉线、地垄和杆身，应留出土台，土台大小应根据电杆结构、掩埋深度和土质情况由技术人员确定。

5.1.8 机械与架空输电线路的安全距离应符合现行行业标准《施工现场临时用电安全技术规范》JGJ 46 的规定。

5.1.9 在施工中遇下列情况之一时应立即停工：
  1 填挖区土体不稳定，土体有可能坍塌；
  2 地面涌水冒浆，机械陷车，或因雨水机械在坡道打滑；

  3 遇大雨、雷电、浓雾等恶劣天气；
  4 施工标志及防护设施被损坏；
  5 工作面安全净空不足。

5.1.10 机械回转作业时，配合人员必须在机械回转半径以外工作。当需在回转半径以内工作时，必须将机械停止回转并制动。

5.1.11 雨期施工时，机械应停放在地势较高的坚实位置。

5.1.12 机械作业不得破坏基坑支护系统。

5.1.13 行驶或作业中的机械，除驾驶室外的任何地方不得有乘员。

5.2 单斗挖掘机

5.2.1 单斗挖掘机的作业和行走场地应平整坚实，松软地面应用枕木或垫板垫实，沼泽或淤泥场地应进行路基处理，或更换专用湿地履带。

5.2.2 轮胎式挖掘机使用前应支好支腿，并应保持水平位置，支腿应置于作业面的方向，转向驱动桥应置于作业面的后方。履带式挖掘机的驱动轮置于作业面的后方。采用液压悬挂装置的挖掘机，应锁住两个悬挂液压缸。

5.2.3 作业前应重点检查下列项目，并应符合相应要求：
  1 照明、信号及报警装置等应齐全有效；
  2 燃油、润滑油、液压油应符合规定；
  3 各铰接部分应连接可靠；
  4 液压系统不得有泄漏现象；
  5 轮胎气压应符合规定。

5.2.4 启动前，应将主离合器分离，各操纵杆放在空挡位置，并应发出信号，确认安全后启动设备。

5.2.5 启动后，应先使液压系统从低速到高速空载循环 10min～20min，不得有吸空等不正常噪声，并应检查各仪表指示值，运转正常后再接合主离合器，再进行空载运转，顺序操纵各工作机构并测试各制动器，确认正常后开始作业。

5.2.6 作业时，挖掘机应保持水平位置，行走机构应制动，履带或轮胎应揳紧。

5.2.7 平整场地时，不得用铲斗进行横扫或用铲斗对地面进行夯实。

5.2.8 挖掘岩石时，应先进行爆破。挖掘冻土时，应采用破冰锤或爆破法使冻土层破碎。不得用铲斗破碎石块、冻土，或用单边斗齿硬啃。

5.2.9 挖掘机最大开挖高度和深度，不应超过机械本身性能规定。在拉铲或反铲作业时，履带式挖掘机的履带与工作面边缘距离应大于 1.0m，轮胎式挖掘机的轮胎与工作面边缘距离应大于 1.5m。

5.2.10 在坑边进行挖掘作业，当发现有塌方危险时，应立即处理险情，或将挖掘机撤至安全地带。坑边不得留有伞状边沿及松动的大块石。

5.2.11 挖掘机应停稳后再进行挖土作业。当铲斗未离开工作面时，不得作回转、行走等动作。应使用回转制动器进行回转制动，不得用转向离合器反转制动。

5.2.12 作业时，各操纵过程应平稳，不宜紧急制动。铲斗升降不得过猛，下降时，不得撞碰车架或履带。

5.2.13 斗臂在抬高及回转时，不得碰到坑、沟侧壁或其他物体。

5.2.14 挖掘机向运土车辆装车时，应降低卸落高度，不得偏装或砸坏车厢。回转时，铲斗不得从运输车辆驾驶室顶上越过。

5.2.15 作业中，当液压缸将伸缩到极限位置时，应动作平稳，不得冲撞极限块。

5.2.16 作业中，当需制动时，应将变速阀置于低速挡位置。

5.2.17 作业中，当发现挖掘力突然变化，应停机检查，不得在未查明原因前调整分配阀的压力。

5.2.18 作业中，不得打开压力表开关，且不得将工况选择阀的操纵手柄放在高速挡位置。

5.2.19 挖掘机应停稳后再反铲作业，斗柄伸出长度应符合规定要求，提斗应平稳。

5.2.20 作业中，履带式挖掘机短距离行走时，主动轮应在后面，斗臂应在正前方与履带平行，并应制动回转机构。坡道坡度不得超过机械允许的最大坡度。下坡时应慢速行驶。不得在坡道上变速和空挡滑行。

5.2.21 轮胎式挖掘机行驶前，应收回支腿并固定可靠，监控仪表和报警信号灯应处于正常显示状态。轮胎气压应符合规定，工作装置应处于行驶方向，铲斗宜离地面1m。长距离行驶时，应将回转制动板踩下，并应采用固定销锁定回转平台。

5.2.22 挖掘机在坡道上行走时熄火，应立即制动，并应揳住履带或轮胎，重新发动后，再继续行走。

5.2.23 作业后，挖掘机不得停放在高边坡附近或填方区，应停放在坚实、平坦、安全的位置，并应将铲斗收回平放在地面，所有操纵杆置于中位，关闭操作室和机棚。

5.2.24 履带式挖掘机转移工地应采用平板拖车装运。短距离自行转移时，应低速行走。

5.2.25 保养或检修挖掘机时，应将内燃机熄火，并将液压系统卸荷，铲斗落地。

5.2.26 利用铲斗将底盘顶起进行检修时，应使用垫木将抬起的履带或轮胎垫稳，用木楔将落地履带或轮胎揳牢，然后再将液压系统卸荷，否则不得进入底盘下工作。

5.3 挖掘装载机

5.3.1 挖掘装载机的挖掘及装载作业应符合本规程第5.2节及第5.10节的规定。

5.3.2 挖掘作业前应先将装载斗翻转，使斗口朝地，并使前轮稍离开地面，踏下并锁住制动踏板，然后伸出支腿，使后轮离地并保持水平位置。

5.3.3 挖掘装载机在边坡卸料时，应有专人指挥，挖掘装载机轮胎距边坡缘的距离应大于1.5m。

5.3.4 动臂后端的缓冲块应保持完好；损坏时，应修复后使用。

5.3.5 作业时，应平稳操纵手柄；支臂下降时不宜中途制动。挖掘时不得使用高速挡。

5.3.6 应平稳回转挖掘装载机，并不得用装载斗砸实沟槽的侧面。

5.3.7 挖掘装载机移位时，应将挖掘装置处于中间运输状态，收起支腿，提起提升臂。

5.3.8 装载作业前，应将挖掘装置的回转机构置于中间位置，并应采用拉板固定。

5.3.9 在装载过程中，应使用低速挡。

5.3.10 铲斗提升臂在举升时，不应使用阀的浮动位置。

5.3.11 前四阀用于支腿伸缩和装载的作业与后四阀用于回转和挖掘的作业不得同时进行。

5.3.12 行驶时，不应高速和急转弯。下坡时不得空挡滑行。

5.3.13 行驶时，支腿应完全收回，挖掘装置应固定牢靠，装载装置宜放低，铲斗和斗柄液压活塞杆应保持完全伸张位置。

5.3.14 挖掘装载机停放时间超过1h，应支起支腿，使后轮离地；停放时间超过1d时，应使后轮离地，并应在后悬架下面用垫块支撑。

5.4 推 土 机

5.4.1 推土机在坚硬土壤或多石土壤地带作业时，应先进行爆破或用松土器翻松。在沼泽地带作业时，应更换专用湿地履带板。

5.4.2 不得用推土机推石灰、烟灰等粉尘物料，不得进行碾碎石块的作业。

5.4.3 牵引其他机构设备时，应有专人负责指挥。钢丝绳的连接应牢固可靠。在坡道或长距离牵引时，应采用牵引杆连接。

5.4.4 作业前应重点检查下列项目，并应符合相应要求：

1 各部件不得松动，应连接良好；

2 燃油、润滑油、液压油等应符合规定；

3 各系统管路不得有裂纹或泄漏；

4 各操纵杆和制动踏板的行程、履带的松紧度或轮胎气压符合要求。

5.4.5 启动前，应将主离合器分离，各操纵杆放在空挡位置，并应按照本规程第3.2节的规定启动内燃机，不得用拖、顶方式启动。

5.4.6 启动后应检查各仪表指示值、液压系统，并确认运转正常，当水温达到 55℃、机油温度达到 45℃时，全载荷作业。

5.4.7 推土机机械四周不得有障碍物，并确认安全后开动，工作时不得有人站在履带或刀片的支架上。

5.4.8 采用主离合器传动的推土机接合应平稳，起步不得过猛，不得使离合器处于半接合状态下运转；液力传动的推土机，应先解除变速杆的锁紧状态，踏下减速器踏板，变速杆应在低挡位，然后缓慢释放减速踏板。

5.4.9 在块石路面行驶时，应将履带张紧。当需要原地旋转或急转弯时，应采用低速挡。当行走机构夹入块石时，应采用正、反向往复行驶使块石排除。

5.4.10 在浅水地带行驶或作业时，应查明水深，冷却风扇叶不得接触水面。下水前和出水后，应对行走装置加注润滑脂。

5.4.11 推土机上、下坡或超过障碍物时应采用低速挡。推土机上坡坡度不得超过 25°，下坡坡度不得大于 35°，横向坡度不得大于 10°。在 25°以上的陡坡上不得横向行驶，并不得急转弯。上坡时不得换挡，下坡不得空挡滑行。当需要在陡坡上推土时，应先进行填挖，使机身保持平衡。

5.4.12 在上坡途中，当内燃机突然熄灭，应立即放下铲刀，并锁住制动踏板。在推土机停稳后，将主离合器脱开，把变速杆放到空挡位置，并应用木块将履带或轮胎揳死后，重新启动内燃机。

5.4.13 下坡时，当推土机下行速度大于内燃机传动速度时，转向操纵的方向应与平地行走时操纵的方向相反，并不得使用制动器。

5.4.14 填沟作业驶近边坡时，铲刀不得越出边缘。后退时，应先换挡，后提升铲刀进行倒车。

5.4.15 在深沟、基坑或陡坡地区作业时，应有专人指挥，垂直边坡高度应小于 2m。当大于 2m 时，应放出安全边坡，同时禁止用推土刀侧面推土。

5.4.16 推土或松土作业时，不得超载，各项操作应缓慢平稳，不得损坏铲刀、推土架、松土器等装置；无液力变矩器装置的推土机，在作业中有超载趋势时，应稍微提升刀片或变换低速挡。

5.4.17 不得顶推与地基基础连接的钢筋混凝土桩等建筑物。顶推树木等物体不得倒向推土机及高空架设物。

5.4.18 两台以上推土机在同一地区作业时，前后距离应大于 8.0m；左右距离应大于 1.5m。在狭窄道路上行驶时，未得前机同意，后机不得超越。

5.4.19 作业完毕后，宜将推土机开到平坦安全的地方，并应将铲刀、松土器落到地面。在坡道上停机时，应将变速杆挂低速挡，接合主离合器，锁住制动踏板，并将履带或轮胎揳住。

5.4.20 停机时，应先降低内燃机转速，变速杆放在空挡，锁紧液力传动的变速杆，分开主离合器，踏下制动踏板并锁紧，在水温降到 75℃以下、油温降到 90℃以下后熄火。

5.4.21 推土机长途转移工地时，应采用平板拖车装运。短途行走转移距离不宜超过 10km，铲刀距地面宜为 400mm，不得用高速挡行驶和进行急转弯，不得长距离倒退行驶。

5.4.22 在推土机下面检修时，内燃机应熄火，铲刀应落到地面或垫稳。

5.5 拖式铲运机

5.5.1 拖式铲运机牵引使用时应符合本规程第 5.4 节的有关规定。

5.5.2 铲运机作业时，应先采用松土器翻松。铲运作业区内不得有树根、大石块和大量杂草等。

5.5.3 铲运机行驶道路应平整坚实，路面宽度应比铲运机宽度大 2m。

5.5.4 启动前，应检查钢丝绳、轮胎气压、铲土斗及卸土板回缩弹簧、拖把万向接头、撑架以及各部滑轮等，并确认处于正常工作状态；液压式铲运机铲斗和拖拉机连接叉座与牵引连接块应锁定，各液压管路应连接可靠。

5.5.5 开动前，应使铲斗离开地面，机械周围不得有障碍物。

5.5.6 作业中，严禁人员上下机械，传递物件，以及在铲斗内、拖把或机架上坐立。

5.5.7 多台铲运机联合作业时，各机之间前后距离应大于 10m（铲土时应大于 5m），左右距离应大于 2m，并应遵守下坡让上坡、空载让重载、支线让干线的原则。

5.5.8 在狭窄地段运行时，未经前机同意，后机不得超越。两机交会或超车时应减速，两机左右间距大于 0.5m。

5.5.9 铲运机上、下坡道时，应低速行驶，不得中途换挡，下坡时不得空挡滑行，行驶的横向坡度不得超过 6°，坡宽应大于铲运机宽度 2m。

5.5.10 在新填筑的土堤上作业时，离堤坡边缘应大于 1m。当需在斜坡横向作业时，应先将斜坡挖填平整，使机身保持平衡。

5.5.11 在坡道上不得进行检修作业。在陡坡上不得转弯、倒车或停车。在坡上熄火时，应将铲斗落地、制动牢靠后再启动。下陡坡时，应将铲斗触地行驶，辅助制动。

5.5.12 铲土时，铲土与机身应保持直线行驶。助铲时应有助铲装置，并应正确开启斗门，不得切土过深。两机动作应协调配合，平稳接触，等速助铲。

5.5.13 在下陡坡铲土时，铲斗装满后，在铲斗后轮未达到缓坡地段前，不得将铲斗提离地面，应防铲斗快速下滑冲击主机。

5.5.14 在不平地段行驶时，应放低铲斗，不得将铲斗提升到高位。

5.5.15 拖拉陷车时，应有专人指挥，前后操作人员应配合协调，确认安全后起步。

5.5.16 作业后，应将铲运机停放在平坦地面，并应将铲斗落在地面上。液压操纵的铲运机应将液压缸缩回，将操纵杆放在中间位置，进行清洁、润滑后，锁好门窗。

5.5.17 非作业行驶时，铲斗应用锁紧链条挂牢在运输行驶位置上；拖式铲运机不得载人或装载易燃、易爆物品。

5.5.18 修理斗门或在铲斗下检修作业时，应将铲斗提起后用销子或锁紧链条固定，再采用垫木将斗身顶住，并应采用木楔搡住轮胎。

5.6 自行式铲运机

5.6.1 自行式铲运机的行驶道路应平整坚实，单行道宽度不宜小于 5.5m。

5.6.2 多台铲运机联合作业时，前后距离不得小于 20m，左右距离不得小于 2m。

5.6.3 作业前，应检查铲运机的转向和制动系统，并确认灵敏可靠。

5.6.4 铲土或在利用推土机助铲时，应随时微调转向盘，铲运机应始终保持直线前进。不得在转弯情况下铲土。

5.6.5 下坡时，不得空挡滑行，应踩下制动踏板辅助以内燃机制动，必要时可放下铲斗，以降低下滑速度。

5.6.6 转弯时，应采用较大回转半径低速转向，操纵转向盘不得过猛；当重载行驶或在弯道上、下坡时，应缓慢转向。

5.6.7 不得在大于 15° 的横坡上行驶，也不得在横坡上铲土。

5.6.8 沿沟边或填方边坡作业时，轮胎离路肩不得小于 0.7m，并应放低铲斗，降速缓行。

5.6.9 在坡道上不得进行检修作业。遇在坡道上熄火时，应立即制动，下降铲斗，把变速杆放在空挡位置，然后启动内燃机。

5.6.10 穿越泥泞或松软地面时，铲运机应直线行驶，当一侧轮胎打滑时，可踏下差速器锁止踏板。当离开不良地面时，应停止使用差速器锁止踏板。不得在差速器锁止时转弯。

5.6.11 夜间作业时，前后照明应齐全完好，前大灯应能照至 30m；非作业行驶时，应符合本规程第 5.5.17 条的规定。

5.7 静作用压路机

5.7.1 压路机碾压的工作面，应经过适当平整，对新填的松软土，应先用羊足碾或打夯机逐层碾压或夯实后，再用压路机碾压。

5.7.2 工作地段的纵坡不应超过压路机最大爬坡能力，横坡不应大于 20°。

5.7.3 应根据碾压要求选择机种。当光轮压路机需要增加机重时，可在滚轮内加砂或水。当气温降至 0℃ 及以下时，不得用水增重。

5.7.4 轮胎压路机不宜在大块石基层上作业。

5.7.5 作业前，应检查并确认滚轮的刮泥板应平整良好，各紧固件不得松动；轮胎压路机应检查轮胎气压，确认正常后启动。

5.7.6 启动后，应检查制动性能及转向功能并确认灵敏可靠。开动前，压路机周围不得有障碍物或人员。

5.7.7 不得用压路机拖拉任何机械或物件。

5.7.8 碾压时应低速行驶。速度宜控制在 3km/h～4km/h 范围内，在一个碾压行程中不得变速。碾压过程中应保持正确的行驶方向，碾压第二行时应与第一行重叠半个滚轮碾痕。

5.7.9 变换压路机前进、后退方向应在滚轮停止运动后进行。不得将换向离合器当作制动器使用。

5.7.10 在新建场地上进行碾压时，应从中间向两侧碾压。碾压时，距场地边缘不应少于 0.5m。

5.7.11 在坑边碾压施工时，应由里侧向外侧碾压，距坑边不应少于 1m。

5.7.12 上下坡时，应事先选好挡位，不得在坡上换挡，下坡时不得空挡滑行。

5.7.13 两台以上压路机同时作业时，前后间距不得小于 3m，在坡道上不得纵队行驶。

5.7.14 在行驶中，不得进行修理或加油。需要在机械底部进行修理时，应将内燃机熄火，刹车制动，并搡住滚轮。

5.7.15 对有差速器锁定装置的三轮压路机，当只有一只轮子打滑时，可使用差速器锁定装置，但不得转弯。

5.7.16 作业后，应将压路机停放在平坦坚实的场地，不得停放在软土路边缘及斜坡上，并不得妨碍交通，并应锁定制动。

5.7.17 严寒季节停机时，宜采用木板将滚轮垫离地面，应防止滚轮与地面冻结。

5.7.18 压路机转移距离较远时，应采用汽车或平板拖车装运。

5.8 振动压路机

5.8.1 作业时，压路机应先起步后起振，内燃机应先置于中速，然后再调至高速。

5.8.2 压路机换向时应先停机；压路机变速时应降低内燃机转速。

5.8.3 压路机不得在坚实的地面上进行振动。

5.8.4 压路机碾压松软路基时，应先碾压 1 遍～2 遍后再振动碾压。

5.8.5 压路机碾压时,压路机振动频率应保持一致。

5.8.6 换向离合器、起振离合器和制动器的调整,应在主离合器脱开后进行。

5.8.7 上下坡时或急转弯时不得使用快速挡。铰接式振动压路机在转弯半径较小绕圈碾压时不得使用快速挡。

5.8.8 压路机在高速行驶时不得接合振动。

5.8.9 停机时应先停振,然后将换向机构置于中间位置,变速器置于空挡,最后拉起手制动操纵杆。

5.8.10 振动压路机的使用除应符合本节要求外,还应符合本规程第5.7节的有关规定。

5.9 平 地 机

5.9.1 起伏较大的地面宜先用推土机推平,再用平地机平整。

5.9.2 平地机作业区内不得有树根、大石块等障碍物。

5.9.3 作业前应按本规程第5.2.3条的规定进行检查。

5.9.4 平地机不得用于拖拉其他机械。

5.9.5 启动内燃机后,应检查各仪表指示值并应符合要求。

5.9.6 开动平地机时,应鸣笛示意,并确认机械周围不得有障碍物及行人,用低速挡起步后,应测试并确认制动器灵敏有效。

5.9.7 作业时,应先将刮刀下降到接近地面,起步后再下降刮刀铲土。铲土时,应根据铲土阻力大小,随时调整刮刀的切土深度。

5.9.8 刮刀的回转、铲土角的调整及向机外侧斜,应在停机时进行;刮刀左右端的升降动作,可在机械行驶中调整。

5.9.9 刮刀角铲土和齿耙松地时应采用一挡速度行驶;刮土和平整作业时应用二、三挡速度行驶。

5.9.10 土质坚实的地面应先用齿耙翻松,翻松时应缓慢下齿。

5.9.11 使用平地机清除积雪时,应在轮胎上安装防滑链,并应探明工作面的深坑、沟槽位置。

5.9.12 平地机在转弯或调头时,应使用低速挡;在正常行驶时,应使用前轮转向;当场地特别狭小时,可使用前后轮同时转向。

5.9.13 平地机行驶时,应将刮刀和齿耙升到最高位置,并将刮刀斜放,刮刀两端不得超出后轮外侧。行驶速度不得超过使用说明书规定。下坡时,不得空挡滑行。

5.9.14 平地机作业中变矩器的油温不得超过120℃。

5.9.15 作业后,平地机应停放在平坦、安全的场地,刮刀应落在地面上,手制动器应拉紧。

5.10 轮胎式装载机

5.10.1 装载机与汽车配合装运作业时,自卸汽车的车厢容积应与装载机铲斗容量相匹配。

5.10.2 装载机作业场地坡度应符合使用说明书的规定。作业区内不得有障碍物及无关人员。

5.10.3 轮胎式装载机作业场地和行驶道路应平坦坚实。在石块场地作业时,应在轮胎上加装保护链条。

5.10.4 作业前应按本规程第5.2.3条的规定进行检查。

5.10.5 装载机行驶前,应先鸣笛示意,铲斗宜提升离地0.5m。装载机行驶过程中应测试制动器的可靠性。装载机搭乘人员应符合规定。装载机铲斗不得载人。

5.10.6 装载机高速行驶时应采用前轮驱动;低速铲装时,应采用四轮驱动。铲斗装载后升起行驶时,不得急转弯或紧急制动。

5.10.7 装载机下坡时不得空挡滑行。

5.10.8 装载机的装载量应符合使用说明书的规定。装载机铲斗应从正面铲料,铲斗不得单边受力。装载机应低速缓慢举臂翻转铲斗卸料。

5.10.9 装载机操纵手柄换向应平稳。装载机满载时,铲臂应缓慢下降。

5.10.10 在松散不平的场地作业时,应把铲臂放在浮动位置,使铲斗平稳地推进;当推进阻力增大时,可稍微提升铲臂。

5.10.11 当铲臂运行到上下最大限度时,应立即将操纵杆回到空挡位置。

5.10.12 装载机运载物料时,铲臂下铰点宜保持离地面0.5m,并保持平稳行驶。铲斗提升到最高位置时,不得运输物料。

5.10.13 铲装或挖掘时,铲斗不应偏载。铲斗装满后,应先举臂,再走、转向、卸料。铲斗行走过程中不得收斗或举臂。

5.10.14 当铲装阻力较大,出现轮胎打滑时,应立即停止铲装,排除过载后再铲装。

5.10.15 在向汽车装料时,铲斗不得在汽车驾驶室上方越过。如汽车驾驶室顶无防护,驾驶室内不得有人。

5.10.16 向汽车装料,宜降低铲斗高度,减小卸落冲击。汽车装料不得偏载、超载。

5.10.17 装载机在坡、沟边卸料时,轮胎离边缘应保留安全距离,安全距离宜大于1.5m;铲斗不宜伸出坡、沟边缘。在大于3°的坡面上,装载机不得朝下坡方向俯身卸料。

5.10.18 作业时,装载机变矩器油温不得超过110℃,超过时,应停机降温。

5.10.19 作业后,装载机应停放在安全场地,铲斗应平放在地面上,操纵杆应置于中位,制动应锁定。

5.10.20 装载机转向架未锁闭时，严禁站在前后车架之间进行检修保养。

5.10.21 装载机铲臂升起后，在进行润滑或检修等作业时，应先装好安全销，或先采取其他措施支住铲臂。

5.10.22 停车时，应使内燃机转速逐步降低，不得突然熄火，应防止液压油因惯性冲击而溢出油箱。

5.11 蛙式夯实机

5.11.1 蛙式夯实机宜适用于夯实灰土和素土。蛙式夯实机不得冒雨作业。

5.11.2 作业前应重点检查下列项目，并应符合相应要求：

    1 漏电保护器应灵敏有效，接零或接地及电缆线接头应绝缘良好；

    2 传动皮带应松紧合适，皮带轮与偏心块应安装牢固；

    3 转动部分应安装防护装置，并应进行试运转，确认正常；

    4 负荷线应采用耐气候型的四芯橡皮护套软电缆。电缆线长不应大于 50m。

5.11.3 夯实机启动后，应检查电动机旋转方向，错误时应倒换相线。

5.11.4 作业时，夯实机扶手上的按钮开关和电动机的接线应绝缘良好。当发现有漏电现象时，应立即切断电源，进行检修。

5.11.5 夯实机作业时，应一人扶夯，一人传递电缆线，并应戴绝缘手套和穿绝缘鞋。递线人员应跟随夯机后或两侧调顺电缆线。电缆线不得扭结或缠绕，并应保持 3m～4m 的余量。

5.11.6 作业时，不得夯击电缆线。

5.11.7 作业时，应保持夯实机平衡，不得用力压扶手。转弯时应用力平稳，不得急转弯。

5.11.8 夯实填高松软土方时，应先在边缘以内100mm～150mm夯实 2 遍～3 遍后，再夯实边缘。

5.11.9 不得在斜坡上夯行，以防夯头后折。

5.11.10 夯实房心土时，夯板应避开钢筋混凝土基础及地下管道等地下物。

5.11.11 在建筑物内部作业时，夯板或偏心块不得撞击墙壁。

5.11.12 多机作业时，其平行间距不得小于 5m，前后间距不得小于 10m。

5.11.13 夯实机作业时，夯实机四周 2m 范围内，不得有非夯实机操作人员。

5.11.14 夯实机电动机温升超过规定时，应停机降温。

5.11.15 作业时，当夯实机有异常响声时，应立即停机检查。

5.11.16 作业后，应切断电源，卷好电缆线，清理夯实机。夯实机保管应防水防潮。

5.12 振动冲击夯

5.12.1 振动冲击夯适用于压实黏性土、砂及砾石等散状物料，不得在水泥路面和其他坚硬地面作业。

5.12.2 内燃机冲击夯作业前，应检查并确认有足够的润滑油，油门控制器应转动灵活。

5.12.3 内燃机冲击夯启动后，应逐渐加大油门，夯机跳动稳定后开始作业。

5.12.4 振动冲击夯作业时，应正确掌握夯机，不得倾斜，手把不宜握得过紧，能控制夯机前进速度即可。

5.12.5 正常作业时，不得使劲往下压手把，以免影响夯机跳起高度。夯实松软土或上坡时，可将手把稍向下压，并应能增加夯机前进速度。

5.12.6 根据作业要求，内燃机冲击夯应通过调整油门的大小，在一定范围内改变夯机振动频率。

5.12.7 内燃机冲击夯不宜在高速下连续作业。

5.12.8 当短距离转移时，应先将冲击夯手把稍向上抬起，将运转轮装入冲击夯的挂钩内，再压下手把，使重心后倾，再推动手把转移冲击夯。

5.12.9 振动冲击夯除应符合本节的规定外，还应符合本规程第 5.11 节的规定。

5.13 强夯机械

5.13.1 担任强夯作业的主机，应按照强夯等级的要求经过计算选用。当选用履带式起重机作主机时，应符合本规程第 4.2 节的规定。

5.13.2 强夯机械的门架、横梁、脱钩器等主要结构和部件的材料及制作质量，应经过严格检查，对不符合设计要求的，不得使用。

5.13.3 夯机驾驶室挡风玻璃前应增设防护网。

5.13.4 夯机的作业场地应平整，门架底座与夯机着地部位的场地不平度不得超过 100mm。

5.13.5 夯机在工作状态时，起重臂仰角应符合使用说明书的要求。

5.13.6 梯形门架支腿不得前后错位，门架支腿在未支稳垫实前，不得提锤。变换夯位后，应重新检查门架支腿，确认稳固可靠，然后再将锤升 100mm～300mm，检查整机的稳定性，确认可靠后作业。

5.13.7 夯锤下落后，在吊钩尚未降至夯锤吊环附近前，操作人员严禁提前下坑挂钩。从坑中提锤时，严禁挂钩人员站在锤上随锤提升。

5.13.8 夯锤起吊后，地面操作人员应迅速撤至安全距离以外，非强夯施工人员不得进入夯点 30m 范围内。

5.13.9 夯锤升起如超过脱钩高度仍不能自动脱钩时，起重指挥应立即发出停车信号，将夯锤落下，应查明原因并正确处理后继续施工。

5.13.10 当夯锤留有的通气孔在作业中出现堵塞现象时,应及时清理,并不得在锤下作业。

5.13.11 当夯坑内有积水或因黏土产生的锤底吸附力增大时,应采取措施排除,不得强行提锤。

5.13.12 转移夯点时,夯锤应由辅机协助转移,门架随夯机移动前,支腿离地面高度不得超过500mm。

5.13.13 作业后,应将夯锤下降,放在坚实稳固的地面上。在非作业时,不得将锤悬挂在空中。

6 运 输 机 械

6.1 一 般 规 定

6.1.1 各类运输机械应有完整的机械产品合格证以及相关的技术资料。

6.1.2 启动前应重点检查下列项目,并应符合相应要求:

1 车辆的各总成、零件、附件应按规定装配齐全,不得有脱焊、裂缝等缺陷。螺栓、铆钉连接紧固不得松动、缺损;

2 各润滑装置应齐全并应清洁有效;

3 离合器应结合平稳、工作可靠、操作灵活,踏板行程应符合规定;

4 制动系统各部件应连接可靠,管路畅通;

5 灯光、喇叭、指示仪表等应齐全完整;

6 轮胎气压应符合要求;

7 燃油、润滑油、冷却水等应添加充足;

8 燃油箱应加锁;

9 运输机械不得有漏水、漏油、漏气、漏电现象。

6.1.3 运输机械启动后,应观察各仪表指示值,检查内燃机运转情况,检查转向机构及制动器等性能,并确认正常,当水温达到40℃以上、制动气压达到安全压力以上时,应低挡起步。起步时应检查周边环境,并确认安全。

6.1.4 装载的物品应捆绑稳固牢靠,整车重心高度应控制在规定范围内,轮式机具和圆形物件装运时应采取防止滚动的措施。

6.1.5 运输机械不得人货混装,运输过程中,料斗内不得载人。

6.1.6 运输超限物件时,应事先勘察路线,了解空中、地面上、地下障碍以及道路、桥梁等通过能力,并应制定运输方案,应按规定办理通行手续。在规定时间内按规定路线行驶。超限部分白天应插警示旗,夜间应挂警示灯。装卸人员及电工携带工具随行,保证运行安全。

6.1.7 运输机械水温未达到70℃时,不得高速行驶。行驶中变速应逐级增减挡位,不得强推硬拉。前进和后退交替时,应在运输机械停稳后换挡。

6.1.8 运输机械行驶中,应随时观察仪表的指示情况,当发现机油压力低于规定值,水温过高,有异响、异味等情况时,应立即停车检查,并应排除故障后继续运行。

6.1.9 运输机械运行时不得超速行驶,并应保持安全距离。进入施工现场应沿规定的路线行进。

6.1.10 车辆上、下坡应提前换入低速挡,不得中途换挡。下坡时,应以内燃机变速箱阻力控制车速,必要时,可间歇轻踏制动器。严禁空挡滑行。

6.1.11 在泥泞、冰雪道路上行驶时,应降低车速,并应采取防滑措施。

6.1.12 车辆涉水过河时,应先探明水深、流速和水底情况,水深不得超过排气管或曲轴皮带盘,并应低速直线行驶,不得在中途停车或换挡。涉水后,应缓行一段路程,轻踏制动器使浸水的制动片上的水分蒸发掉。

6.1.13 通过危险地区时,应先停车检查,确认可以通过后,应由有经验人员指挥前进。

6.1.14 运载易燃易爆、剧毒、腐蚀性等危险品时,应使用专用车辆按相应的安全规定运输,并应有专业随车人员。

6.1.15 爆破器材的运输,应符合现行国家法规《爆破安全规程》GB 6722的要求。起爆器材与炸药、不同种类的炸药严禁同车运输。车箱底部应铺软垫层,并应有专业押运人员,按指定路线行驶。不得在人口稠密处、交叉路口和桥上(下)停留。车厢应用帆布覆盖并设置明显标志。

6.1.16 装运氧气瓶的车厢不得有油污,氧气瓶严禁与油料或乙炔气瓶混装。氧气瓶上防振胶圈应齐全,运行过程中,氧气瓶不得滚动及相互撞击。

6.1.17 车辆停放时,应将内燃机熄火,拉紧手制动器,关锁车门。在下坡道停放时应挂倒挡,在上坡道停放时应挂一挡,并应使用三角木楔等撮紧轮胎。

6.1.18 平头型驾驶室需前倾时,应清理驾驶室内物件,关紧车门后前倾并锁定。平头型驾驶室复位后,应检查并确认驾驶室已锁定。

6.1.19 在车底进行保养、检修时,应将内燃机熄火,拉紧手制动器并将车轮撮牢。

6.1.20 车辆经修理后需要试车时,应由专业人员驾驶,当需在道路上试车时,应事先报经公安、公路等有关部门的批准。

6.2 自 卸 汽 车

6.2.1 自卸汽车应保持顶升液压系统完好,工作平稳。操纵应灵活,不得有卡阻现象。各节液压缸表面应保持清洁。

6.2.2 非顶升作业时,应将顶升操纵杆放在空挡位置。顶升前,应拔出车厢固定锁。作业后,应及时插入车厢固定锁。固定锁应无裂纹,插入或拔出应灵活、可靠。在行驶过程中车厢挡板不得自行打开。

6.2.3 自卸汽车配合挖掘机、装载机装料时，应符合本规程第 5.10.15 条规定，就位后应拉紧手制动器。

6.2.4 卸料时应听从现场专业人员指挥，车厢上方不得有障碍物，四周不得有人员来往，并应将车停稳。举升车厢时，应控制内燃机中速运转，当车厢升到顶点时，应降低内燃机转速，减少车厢振动。不得边卸边行驶。

6.2.5 向坑洼地区卸料时，应和坑边保持安全距离。在斜坡上不得侧向倾卸。

6.2.6 卸完料，车厢应及时复位，自卸汽车应在复位后行驶。

6.2.7 自卸汽车不得装运爆破器材。

6.2.8 车厢举升状态下，应将车厢支撑牢靠后，进入车厢下面进行检修、润滑等作业。

6.2.9 装运混凝土或黏性物料后，应将车厢清洗干净。

6.2.10 自卸汽车装运散料时，应有防止散落的措施。

6.3 平 板 拖 车

6.3.1 拖车的制动器、制动灯、转向灯等应配备齐全，并应与牵引车的灯光信号同时起作用。

6.3.2 行车前，应检查并确认拖挂装置、制动装置、电缆接头等连接良好。

6.3.3 拖车装卸机械时，应停在平坦坚实处，拖车应制动并用三角木揿紧车胎。装车时应调整好机械在车厢上的位置，各轴负荷分配应合理。

6.3.4 平板拖车的跳板应坚实，在装卸履带式起重机、挖掘机、压路机时，跳板与地面夹角不宜大于15°；在装卸履带式推土机、拖拉机时，跳板与地面夹角不宜大于25°。装卸时应由熟练的驾驶人员操作，并应统一指挥。上、下车动作应平稳，不得在跳板上调整方向。

6.3.5 装运履带式起重机时，履带式起重机起重臂应拆短，起重臂向后，吊钩不得自由晃动。

6.3.6 推土机的铲刀宽度超过平板拖车宽度时，应先拆除铲刀后再装运。

6.3.7 机械装车后，机械的制动器应锁定，保险装置应锁牢，履带或车轮应揿紧，机械应绑扎牢固。

6.3.8 使用随车卷扬机装卸物件时，应有专人指挥，拖车应制动锁定，并应将车轮揿紧，防止在装卸时车辆移动。

6.3.9 拖车长期停放或重车停放时间较长时，应将平板支起，轮胎不应承压。

6.4 机 动 翻 斗 车

6.4.1 机动翻斗车驾驶员应经考试合格，持有机动翻斗车专用驾驶证上岗。

6.4.2 机动翻斗车行驶前，应检查锁紧装置，并应将料斗锁牢。

6.4.3 机动翻斗车行驶时，不得用离合器处于半结合状态来控制车速。

6.4.4 在路面不良状况下行驶时，应低速缓行。机动翻斗车不得靠近路边或沟旁行驶，并应防侧滑。

6.4.5 在坑沟边缘卸料时，应设置安全挡块。车辆接近坑边时，应减速行驶，不得冲撞挡块。

6.4.6 上坡时，应提前换入低挡行驶；下坡时，不得空挡滑行；转弯时，应先减速，急转弯时，应先换入低挡。机动翻斗车不宜紧急刹车，应防止向前倾覆。

6.4.7 机动翻斗车不得在卸料工况下行驶。

6.4.8 内燃机运转或料斗内有载荷时，不得在车底下进行作业。

6.4.9 多台机动翻斗车纵队行驶时，前后车之间应保持安全距离。

6.5 散 装 水 泥 车

6.5.1 在装料前应检查并清除散装水泥车的罐体及料管内积灰和结渣等杂物，管道不得有堵塞和漏气现象；阀门开闭应灵活，部件连接应牢固可靠，压力表工作应正常。

6.5.2 在打开装料口前，应先打开排气阀，排除罐内残余气压。

6.5.3 装料完毕，应将装料口边缘上堆积的水泥清扫干净，盖好进料口，并锁紧。

6.5.4 散装水泥车卸料时，应装好卸料管，关闭卸料管蝶阀和卸压管球阀，并应打开二次风管，接通压缩空气。空气压缩机应在无载情况下启动。

6.5.5 在确认卸料阀处于关闭状态后，向罐内加压，当达到卸料压力时，应先稍开二次风嘴阀后再打开卸料阀，并用二次风嘴阀调整空气与水泥比例。

6.5.6 卸料过程中，应注意观察压力表的变化情况，当发现压力突然上升，输气软管堵塞时，应停止送气，并应放出管内有压气体，及时排除故障。

6.5.7 卸料作业时，空气压缩机应有专人管理，其他人员不得擅自操作。在进行加压卸料时，不得增加内燃机转速。

6.5.8 卸料结束后，应打开放气阀，放尽罐内余气，并应关闭各部阀门。

6.5.9 雨雪天气，散装水泥车进料口应关闭严密，并不得在露天装卸作业。

6.6 皮 带 运 输 机

6.6.1 固定式皮带运输机应安装在坚固的基础上，移动式皮带运输机在开动前应将轮子揿紧。

6.6.2 皮带运输机在启动前，应调整好输送带的松紧度，带扣应牢固，各传动部件应灵活可靠，防护罩应齐全有效。电气系统应布置合理，绝缘及接零或接地应保护良好。

6.6.3 输送带启动时，应先空载运转，在运转正常后，再均匀装料。不得先装料后启动。

6.6.4 输送带上加料时，应对准中心，并宜降低加料高度，减少落料对输送带的冲击。

6.6.5 作业中，应随时观察输送带运输情况，当发现带有松动、走偏或跳动现象时，应停机进行调整。

6.6.6 作业时，人员不得从带上面跨越，或从带下面穿过。输送带打滑时，不得用手拉动。

6.6.7 输送带输送大块物料时，输送带两侧应加装挡板或栅栏。

6.6.8 多台皮带运输机串联作业时，应从卸料端按顺序启动；停机时，应从装料端开始按顺序停机。

6.6.9 作业时需要停机时，应先停止装料，将带上物料卸完后，再停机。

6.6.10 皮带运输机作业中突然停机时，应立即切断电源，清除运输带上的物料，检查并排除故障。

6.6.11 作业完毕后，应将电源断开，锁好电源开关箱，清除输送机上的砂土，应采用防雨护罩将电动机盖好。

7 桩工机械

7.1 一般规定

7.1.1 桩工机械类型应根据桩的类型、桩长、桩径、地质条件、施工工艺等综合考虑选择。

7.1.2 桩机上的起重部件应执行本规程第 4 章的有关规定。

7.1.3 施工现场应按桩机使用说明书的要求进行整平压实，地基承载力应满足桩机的使用要求。在基坑和围堰内打桩，应配置足够的排水设备。

7.1.4 桩机作业区内不得有妨碍作业的高压线路、地下管道和埋设电缆。作业区应有明显标志或围栏，非工作人员不得进入。

7.1.5 桩机电源供电距离宜在 200m 以内，工作电源电压的允许偏差为其公称值的±5%。电源容量与导线截面应符合设备施工技术要求。

7.1.6 作业前，应由项目负责人向作业人员作详细的安全技术交底。桩机的安装、试机、拆除应严格按设备使用说明书的要求进行。

7.1.7 安装桩锤时，应将桩锤运到立柱正前方 2m 以内，并不得斜吊。桩机的立柱导轨应按规定润滑。桩机的垂直度应符合使用说明书的规定。

7.1.8 作业前，应检查并确认桩机各部件连接牢靠，各传动机构、齿轮箱、防护罩、吊具、钢丝绳、制动器等应完好，起重机起升、变幅机构工作正常，润滑

油、液压油的油位符合规定，液压系统无泄漏，液压缸动作灵敏，作业范围内不得有非工作人员或障碍物。电动机应按本规程第 3.4 节的要求执行。

7.1.9 水上打桩时，应选择排水量比桩机重量大 4 倍以上的作业船或安装牢固的排架，桩机与船体或排架应可靠固定，并应采取有效的锚固措施。当打桩船或排架的偏斜度超过 3°时，应停止作业。

7.1.10 桩机吊桩、吊锤、回转、行走等动作不应同时进行。吊桩时，应在桩上拴好拉绳，避免桩与桩锤或机架碰撞。桩机吊锤（桩）时，锤（桩）的最高点离立柱顶部的最小距离应确保安全。轨道式桩机吊桩时应夹紧夹轨器。桩机在吊有桩和锤的情况下，操作人员不得离开岗位。

7.1.11 桩机不得侧面吊桩或远距离拖桩。桩机在正前方吊桩时，混凝土预制桩与桩机立柱的水平距离不应大于 4m，钢桩不应大于 7m，并应防止桩与立柱碰撞。

7.1.12 使用双向立柱时，应在立柱转向到位，并应采用锁销将立柱与基杆锁住后起吊。

7.1.13 施打斜桩时，应先将桩锤提升到预定位置，并将桩吊起，套入桩帽，桩尖插入桩位后再后仰立柱。履带三支点式桩架在后倾打斜桩时，后支撑杆应顶紧；轨道式桩架应在平台后增加支撑，并夹紧夹轨器。立柱后仰时，桩机不得回转及行走。

7.1.14 桩机回转时，制动应缓慢，轨道式和步履式桩架同向连续回转不应大于一周。

7.1.15 桩锤在施打过程中，监视人员应在距离桩锤中心 5m 以外。

7.1.16 插桩后，应及时校正桩的垂直度。桩入土 3m 以上时，不得用桩机行走或回转动作来纠正桩的倾斜度。

7.1.17 拔送桩时，不得超过桩机起重能力；拔送载荷应符合下列规定：

　　1 电动桩机拔送载荷不得超过电动机满载电流时的载荷；

　　2 内燃机桩机拔送桩时，发现内燃机明显降速，应立即停止作业。

7.1.18 作业过程中，应经常检查设备的运转情况，当发生异响、吊索具破损、紧固螺栓松动、漏气、漏油、停电以及其他不正常情况时，应立即停机检查，排除故障。

7.1.19 桩机作业或行走时，除本机操作人员外，不应搭载其他人员。

7.1.20 桩机行走时，地面的平整度与坚实度应符合要求，并应有专人指挥。走管式桩机横移时，桩机距滚管终端的距离不应小于 1m。桩机带锤行走时，应将桩锤放至最低位。履带式桩机行走时，驱动轮应置于尾部位置。

7.1.21 在有坡度的场地上，坡度应符合桩机使用说

明书的规定，并应将桩机重心置于斜坡上方，沿纵坡方向作业和行走。桩机在斜坡上不得回转。在场地的软硬边际，桩机不应横跨软硬边际。

7.1.22 遇风速 12.0m/s 及以上的大风和雷雨、大雾、大雪等恶劣气候时，应停止作业。当风速达到 13.9m/s 及以上时，应将桩机顺风向停置，并应按使用说明书的要求，增设缆风绳，或将桩架放倒。桩机应有防雷措施，遇雷电时，人员应远离桩机。冬期作业应清除桩机上积雪，工作平台应有防滑措施。

7.1.23 桩孔成型后，当暂不浇注混凝土时，孔口必须及时封盖。

7.1.24 作业中，当停机时间较长时，应将桩锤落下垫稳。检修时，不得悬吊桩锤。

7.1.25 桩机在安装、转移和拆运时，不得强行弯曲液压管路。

7.1.26 作业后，应将桩机停放在坚实平整的地面上，将桩锤落下垫实，并切断动力电源。轨道式桩架应夹紧夹轨器。

7.2 柴油打桩锤

7.2.1 作业前应检查导向板的固定与磨损情况，导向板不得有松动或缺件，导向面磨损不得大于 7mm。

7.2.2 作业前应检查并确认起落架各工作机构安全可靠，启动钩与上活塞接触线距离应在 5mm～10mm 之间。

7.2.3 作业前应检查柴油锤与桩帽的连接，提起柴油锤，柴油锤脱出砧座后，柴油锤下滑长度不应超过使用说明书的规定值，超过时，应调整桩帽连接钢丝绳的长度。

7.2.4 作业前应检查缓冲胶垫，当砧座和橡胶垫的接触面小于原面积 2/3 时，或下汽缸法兰与砧座间隙小于使用说明书的规定值时，均应更换橡胶垫。

7.2.5 水冷式柴油锤应加满水箱，并应保证柴油锤连续工作时有足够的冷却水。冷却水应使用清洁的软水。冬期作业时应加温水。

7.2.6 桩帽上缓冲垫木的厚度应符合要求，垫木不得偏斜。金属桩的垫木厚度应为 100mm～150mm；混凝土桩的垫木厚度应为 200mm～250mm。

7.2.7 柴油锤启动前，柴油锤、桩帽和桩应在同一轴线上，不得偏心打桩。

7.2.8 在软土打桩时，应先关闭油门冷打，当每击贯入度小于 100mm 时，再启动柴油锤。

7.2.9 柴油锤运转时，冲击部分的跳起高度应符合使用说明书的要求，达到规定高度时，应减小油门，控制落距。

7.2.10 当上活塞下落而柴油锤未燃爆，上活塞发生短时间的起伏时，起落架不得落下，以防撞击碰块。

7.2.11 打桩过程中，应有专人负责拉曲臂上的控制绳，在意外情况下，可使用控制绳紧急停锤。

7.2.12 柴油锤启动后，应提升起落架，在锤击过程中起落架与上汽缸顶部之间的距离不应小于 2m。

7.2.13 筒式柴油锤上活塞跳起时，应观察是否有润滑油从泄油孔中流出。下活塞的润滑油应按使用说明书的要求加注。

7.2.14 柴油锤出现早燃时，应停止工作，并应按使用说明书的要求进行处理。

7.2.15 作业后，应将柴油锤放到最低位置，封盖上汽缸和吸排气孔，关闭燃料阀，将操作杆置于停机位置，起落架升至高于桩锤 1m 处，并应锁住安全限位装置。

7.2.16 长期停用的柴油锤，应从桩机上卸下，放掉冷却水、燃油及润滑油，将燃烧室及上、下活塞打击面清洗干净，并应做好防腐措施，盖上保护套，入库保存。

7.3 振动桩锤

7.3.1 作业前，应检查并确认振动桩锤各部位螺栓、销轴的连接牢靠，减振装置的弹簧、轴和导向套完好。

7.3.2 作业前，应检查各传动胶带的松紧度，松紧度不符合规定时应及时调整。

7.3.3 作业前，应检查夹持片的齿形。当齿形磨损超过 4mm 时，应更换或用堆焊修复。使用前，应在夹持片中间放一块 10mm～15mm 厚的钢板进行试夹。试夹中液压缸应无渗漏，系统压力应正常，夹持片之间无钢板时不得试夹。

7.3.4 作业前，应检查并确认振动桩锤的导向装置牢固可靠。导向装置与立柱导轨的配合间隙应符合使用说明书的规定。

7.3.5 悬挂振动桩锤的起重机吊钩应有防松脱的保护装置。振动桩锤悬挂钢架的耳环应加装保险钢丝绳。

7.3.6 振动桩锤启动时间不应超过使用说明书的规定。当启动困难时，应查明原因，排除故障后继续启动。启动时应监视电流和电压，当启动后的电流降到正常值时，开始作业。

7.3.7 夹桩时，夹紧装置和桩的头部之间不应有空隙。当液压系统工作压力稳定后，才能启动振动桩锤。

7.3.8 沉桩前，应以桩的前端定位，并按使用说明书的要求调整导轨与桩的垂直度。

7.3.9 沉桩时，应根据沉桩速度放松吊桩钢丝绳。沉桩速度、电机电流不得超过使用说明书的规定。沉桩速度过慢时，可在振动桩锤上按规定增加配重。当电流急剧上升时，应停机检查。

7.3.10 拔桩时，当桩身埋入部分被拔起 1.0m～1.5m 时，应停止拔桩，在拴好冠桩用钢丝绳后，再起振拔桩。当桩尖离地面只有 1.0m～2.0m 时，应停止振动拔桩，由起重机直接拔桩。桩拔出后，吊桩钢丝绳未吊紧前，不得松开夹紧装置。

7.3.11 拔桩应按沉桩的相反顺序起拔。夹紧装置在夹持板桩时，应靠近相邻一根。对工字桩应夹紧腹板的中央。当钢板桩和工字桩的头部有钻孔时，应将钻孔焊平或将钻孔以上割掉，或应在钻孔处焊接加强板，防止桩断裂。

7.3.12 振动桩锤在正常振幅下仍不能拔桩时，应停止作业，改用功率较大的振动桩锤。拔桩时，拔桩力不应大于桩架的负荷能力。

7.3.13 振动桩锤作业时，减振装置各摩擦部位应具有良好的润滑。减振器横梁的振幅超过规定时，应停机查明原因。

7.3.14 作业中，当遇液压软管破损、液压操纵失灵或停电时，应立即停机，并应采取安全措施，不得让桩从夹紧装置中脱落。

7.3.15 停止作业时，在振动桩锤完全停止运转前不得松开夹紧装置。

7.3.16 作业后，应将振动桩锤沿导杆放至低处，并采用木块垫实，带桩管的振动桩锤可将桩管沉入土中3m以上。

7.3.17 振动桩锤长期停用时，应卸下振动桩锤。

7.4 静力压桩机

7.4.1 桩机纵向行走时，不得单向操作一个手柄，应两个手柄一起动作。短船回转或横向行走时，不应碰触长船边缘。

7.4.2 桩机升降过程中，四个顶升缸中的两个一组，交替动作，每次行程不得超过100mm。当单个顶升缸动作时，行程不得超过50mm。压桩机在顶升过程中，船形轨道不宜压在已入土的单一桩顶上。

7.4.3 压桩作业时，应有统一指挥，压桩人员和吊桩人员应密切联系，相互配合。

7.4.4 起重机吊桩进入夹持机构，进行接桩或插桩作业后，操作人员在压桩前应确认吊钩已安全脱离桩体。

7.4.5 操作人员应按桩机技术性能作业，不得超载运行。操作时动作不应过猛，应避免冲击。

7.4.6 桩机发生浮机时，严禁起重机作业。如起重机已起吊物体，应立即将起吊物卸下，暂停压桩，在查明原因采取相应措施后，方可继续施工。

7.4.7 压桩时，非工作人员应离机10m。起重机的起重臂及桩机配重下方严禁站人。

7.4.8 压桩时，操作人员的身体不得进入压桩台与机身的间隙之中。

7.4.9 压桩过程中，桩产生倾斜时，不得采用桩机行走的方法强行纠正，应先将桩拔起，清除地下障碍物后，重新插桩。

7.4.10 在压桩过程中，当夹持的桩出现打滑现象

时，应通过提高液压缸压力增加夹持力，不得损坏桩，并应及时找出打滑原因，排除故障。

7.4.11 桩机接桩时，上一节桩应提升350mm～400mm，并不得松开夹持板。

7.4.12 当桩的贯入阻力超过设计值时，增加配重应符合使用说明书的规定。

7.4.13 当桩压到设计要求时，不得用桩机行走的方式，将超过规定高度的桩顶部分强行推断。

7.4.14 作业完毕，桩机应停放在平整地面上，短船应运行至中间位置，其余液压缸应缩进回程，起重机吊钩应升至最高位置，各部制动器应制动，外露活塞杆应清理干净。

7.4.15 作业后，应将控制器放在"零位"，并依次切断各部电源，锁闭门窗，冬期应放尽各部积水。

7.4.16 转移工地时，应按规定程序拆卸桩机，所有油管接头处应加保护盖帽。

7.5 转盘钻孔机

7.5.1 钻架的吊重中心、钻机的卡孔和护进管中心应在同一垂直线上，钻杆中心偏差不应大于20mm。

7.5.2 钻头和钻杆连接螺纹应良好，滑扣的不得使用。钻头焊接应牢固可靠，不得有裂纹。钻杆连接处应安装便于拆卸的垫圈。

7.5.3 作业前，应先将各部操纵手柄置于空挡位置，人力盘动时不得有卡阻现象，然后空载运转，确认一切正常后方可作业。

7.5.4 开钻时，应先送浆后开钻；停机时，应先停钻后停浆。泥浆泵应有专人看管，对泥浆质量和浆面高度应随时测量和调整，随时清除沉淀池中杂物，出现漏浆现象时应及时补充。

7.5.5 开钻时，钻压应轻，转速应慢。在钻进过程中，应根据地质情况和钻进深度，选择合适的钻压和钻速，均匀给进。

7.5.6 换挡时，应先停钻，挂上挡后再开钻。

7.5.7 加接钻杆时，应使用特制的连接螺栓紧固，并应做好连接处的清洁工作。

7.5.8 钻机下和井孔周围2m以内及高压胶管下，不得站人。钻杆不应在旋转时提升。

7.5.9 发生提钻受阻时，应先设法使钻具活动后再慢慢提升，不得强行提升。当钻进受阻时，应采用缓冲击法解除，并查明原因，采取措施继续钻进。

7.5.10 钻架、钻台平车、封口平车等的承载部位不得超载。

7.5.11 使用空气反循环时，喷浆口应遮拦，管端应固定。

7.5.12 钻进结束时，应把钻头略为提起，降低转速，空转5min～20min后再停钻。停钻时，应先停钻后停风。

7.5.13 作业后，应对钻机进行清洗和润滑，并应将

主要部位进行遮盖。

7.6 螺旋钻孔机

7.6.1 安装前，应检查并确认钻杆及各部件不得有变形；安装后，钻杆与动力头中心线的偏斜度不应超过全长的1%。

7.6.2 安装钻杆时，应从动力头开始，逐节往下安装。不得将所需长度的钻杆在地面上接好后一次起吊安装。

7.6.3 钻机安装后，电源的频率与钻机控制箱的内频率应相同，不同时，应采用频率转换开关予以转换。

7.6.4 钻机应放置在平稳、坚实的场地上。汽车式钻机应将轮胎支起，架好支腿，并应采用自动微调或线锤调整挺杆，使之保持垂直。

7.6.5 启动前应检查并确认钻机各部件连接应牢固，传动带的松紧度应适当，减速箱内油位应符合规定，钻深限位报警装置应有效。

7.6.6 启动前，应将操纵杆放在空挡位置。启动后，应进行空载运转试验，检查仪表、制动等各项，温度、声响应正常。

7.6.7 钻孔时，应将钻杆缓慢放下，使钻头对准孔位，当电流表指针偏向无负荷状态时即可下钻。在钻孔过程中，当电流表超过额定电流时，应放慢下钻速度。

7.6.8 钻机发出下钻限位报警信号时，应停钻，并将钻杆稍稍提升，在解除报警信号后，方可继续下钻。

7.6.9 卡钻时，应立即停止下钻。查明原因前，不得强行启动。

7.6.10 作业中，当需改变钻杆回转方向时，应在钻杆完全停转后再进行。

7.6.11 作业中，当发现阻力过大、钻进困难、钻头发出异响或机架出现摇晃、移动、偏斜时，应立即停钻，在排除故障后，继续施钻。

7.6.12 钻机运转时，应有专人看护，防止电缆线被缠入钻杆。

7.6.13 钻孔时，不得用手清除螺旋片中的泥土。

7.6.14 钻孔过程中，应经常检查钻头的磨损情况，当钻头磨损量超过使用说明书的允许值时，应予更换。

7.6.15 作业中停电时，应将各控制器放置零位，切断电源，并应及时采取措施，将钻杆从孔内拔出。

7.6.16 作业后，应将钻杆及钻头全部提升出孔外，先清除钻杆和螺旋叶片上的泥土，再将钻头放下接触地面，锁定各部制动，操纵杆放到空挡位置，切断电源。

7.7 全套管钻机

7.7.1 作业前应检查并确认套管和浇注管内侧不得有损坏和明显变形，不得有混凝土粘结。

7.7.2 钻机内燃机启动后，应先怠速运转，再逐步加速至额定转速。钻机对位后，应进行试调，达到水平后，再进行作业。

7.7.3 第一节套管入土后，应随时调整套管的垂直度。当套管入土深度大于5m时，不得强行纠偏。

7.7.4 在套管内挖土碰到硬土层时，不得用锤式抓斗冲击硬土层，应采用十字凿锤将硬土层有效的破碎后，再继续挖掘。

7.7.5 用锤式抓斗挖掘管内土层时，应在套管上加装保护套管接头的喇叭口。

7.7.6 套管在对接时，接头螺栓应按出厂说明书规定的扭矩对称拧紧。接头螺栓拆下时，应立即洗净后浸入油中。

7.7.7 起吊套管时，不得用卡环直接吊在螺纹孔内，损坏套管螺纹，应使用专用工具吊装。

7.7.8 挖掘过程中，应保持套管的摆动。当发现套管不能摆动时，应拔出液压缸，将套管上提，再用起重机助拔，直至拔起部分套管能摆动为止。

7.7.9 浇注混凝土时，钻机操作应和灌注作业密切配合，应根据孔深、桩长适当配管，套管与浇注管保持同心，在浇注管埋入混凝土2m～4m之间时，应同步拔管和拆管。

7.7.10 上拔套管时，应左右摆动。套管分离时，下节套管头应用卡环保险，防止套管下滑。

7.7.11 作业后，应及时清除机体、锤式抓斗及套管等外表的混凝土和泥砂，将机架放回行走位置，将机组转移至安全场所。

7.8 旋挖钻机

7.8.1 作业地面应坚实平整，作业过程中地面不得下陷，工作坡度不得大于2°。

7.8.2 钻机驾驶员进出驾驶室时，应利用阶梯和扶手上下。在作业过程中，不得将操纵杆当扶手使用。

7.8.3 钻机行驶时，应将上车转台和底盘车架销住，履带式钻机还应锁定履带伸缩油缸的保护装置。

7.8.4 钻孔作业前，应检查并确认固定上车转台和底盘车架的销轴已拔出。履带式钻机应将履带的轨距伸至最大。

7.8.5 在钻机转移工作点、装卸钻具钻杆、收臂放塔和检修调试时，应有专人指挥，并确认附近不得有非作业人员和障碍。

7.8.6 卷扬机提升钻杆、钻头和其他钻具时，重物应位于桅杆正前方。卷扬机钢丝绳与桅杆夹角应符合使用说明书的规定。

7.8.7 开始钻孔时，钻杆应保持垂直，位置应正确，并应慢速钻进，在钻头进入土层后，再加快钻进。当钻斗穿过软硬土层交界处时，应慢速钻进。提钻时，钻头不得转动。

7.8.8 作业中，发生浮机现象时，应立即停止作业，查明原因并正确处理后，继续作业。

7.8.9 钻机移位时，应将钻桅及钻具提升到规定高度，并应检查钻杆，防止钻杆脱落。

7.8.10 作业中，钻机作业范围内不得有非工作人员进入。

7.8.11 钻机短时停机，钻桅可不放下，动力头及钻具应下放，并宜尽量接近地面。长时间停机，钻桅应按使用说明书的要求放置。

7.8.12 钻机保养时，应按使用说明书的要求进行，并应将钻机支撑牢靠。

7.9 深层搅拌机

7.9.1 搅拌机就位后，应检查搅拌机的水平度和导向架的垂直度，并符合使用说明书的要求。

7.9.2 作业前，应先空载试机，设备不得有异响，并应检查仪表、油泵等，确认正常后，正式开机运转。

7.9.3 吸浆、输浆管路或粉喷高压软管的各接头应连接紧固。泵送水泥浆前，管路应保持湿润。

7.9.4 作业中，应控制深层搅拌机的入土切削速度和提升搅拌的速度，并应检查电流表，电流不得超过规定。

7.9.5 发生卡钻、停钻或管路堵塞现象时，应立即停机，并应将搅拌头提离地面，查明原因，妥善处理后，重新开机施工。

7.9.6 作业中，搅拌机动力头的润滑应符合规定，动力头不得断油。

7.9.7 当喷浆式搅拌机停机超过3h，应及时拆卸输浆管路，排除灰浆，清洗管道。

7.9.8 作业后，应按使用说明书的要求，做好清洁保养工作。

7.10 成 槽 机

7.10.1 作业前，应检查各传动机构、安全装置、钢丝绳等，并应确认安全可靠后，空载试车，试车运行中，应检查油缸、油管、油马达等液压元件，不得有渗漏油现象，油压应正常，油管盘、电缆盘应运转灵活，不得有卡滞现象，并应与起升速度保持同步。

7.10.2 成槽机回转应平稳，不得突然制动。

7.10.3 成槽机作业中，不得同时进行两种及以上动作。

7.10.4 钢丝绳应排列整齐，不得松乱。

7.10.5 成槽机起重性能参数应符合主机起重性能参数，不得超载。

7.10.6 安装时，成槽抓斗应放置在把杆铅锤线下方的地面上，把杆角度应为75°～78°。起升把杆时，成槽抓斗应随着逐渐慢速提升，电缆与油管应同步卷起，以防油管与电缆损坏。接油管时应保持油管的

清洁。

7.10.7 工作场地应平坦坚实，在松软地面作业时，应在履带下铺设厚度在30mm以上的钢板，钢板纵向间距不应大于30mm。起重臂最大仰角不得超过78°，并应经常检查钢丝绳、滑轮，不得有严重磨损及脱槽现象，传动部件、限位保险装置、油温等应正常。

7.10.8 成槽机行走履带应平行槽边，并应尽可能使主机远离槽边，以防槽段塌方。

7.10.9 成槽机工作时，把杆下不得有人员，人员不得用手触摸钢丝绳及滑轮。

7.10.10 成槽机工作时，应检查成槽的垂直度，并应及时纠偏。

7.10.11 成槽机工作完毕，应远离槽边，抓斗应着地，设备应及时清洁。

7.10.12 拆卸成槽机时，应将把杆置于75°～78°位置，放落成槽抓斗，逐渐变幅把杆，同步下放起升钢丝绳、电缆与油管，并应防止电缆、油管拉断。

7.10.13 运输时，电缆及油管应卷绕整齐，并应垫高油管盘和电缆盘。

7.11 冲孔桩机

7.11.1 冲孔桩机施工场地应平整坚实。

7.11.2 作业前应重点检查下列项目，并应符合相应要求：

   1 连接应牢固，离合器、制动器、棘轮停止器、导向轮等传动应灵活可靠；

   2 卷筒不得有裂纹，钢丝绳缠绕应正确，绳头应压紧，钢丝绳断丝、磨损不得超过规定；

   3 安全信号和安全装置应齐全良好；

   4 桩机应有可靠的接零或接地，电气部分应绝缘良好；

   5 开关应灵敏可靠。

7.11.3 卷扬机启动、停止或到达终点时，速度应平缓。卷扬机使用应按本规范第4.7节的规定执行。

7.11.4 冲孔作业时，不得碰撞护筒、孔壁和钩挂护筒底缘；重锤提升时，应缓慢平稳。

7.11.5 卷扬机钢丝绳应按规定进行保养及更换。

7.11.6 卷扬机换向应在重锤停稳后进行，减少对钢丝绳的破坏。

7.11.7 钢丝绳上应设有标记，提升落锤高度应符合规定，防止提锤过高，击断锤齿。

7.11.8 停止作业时，冲锤应提出孔外，不得埋锤，并应及时切断电源；重锤落地前，司机不得离岗。

8 混凝土机械

8.1 一般规定

8.1.1 混凝土机械的内燃机、电动机、空气压缩机

等应符合本规程第3章的有关规定。行驶部分应符合本规程第6章的有关规定。

8.1.2 液压系统的溢流阀、安全阀应齐全有效，调定压力应符合说明书要求。系统应无泄漏，工作应平稳，不得有异响。

8.1.3 混凝土机械的工作机构、制动器、离合器、各种仪表及安全装置应齐全完好。

8.1.4 电气设备作业应符合现行行业标准《施工现场临时用电安全技术规范》JGJ46的有关规定。插入式、平板式振捣器的漏电保护器应采用防溅型产品，其额定漏电动作电流不应大于15mA；额定漏电动作时间不应大于0.1s。

8.1.5 冬期施工，机械设备的管道、水泵及水冷却装置应采取防冻保温措施。

8.2 混凝土搅拌机

8.2.1 作业区应排水通畅，并应设置沉淀池及防尘设施。

8.2.2 操作人员视线应良好。操作台应铺设绝缘垫板。

8.2.3 作业前应重点检查下列项目，并应符合相应要求：

　　1 料斗上、下限位装置应灵敏有效，保险销、保险链应齐全完好。钢丝绳报废应按现行国家标准《起重机 钢丝绳 保养、维护、安装、检验和报废》GB/T 5972的规定执行；

　　2 制动器、离合器应灵敏可靠；

　　3 各传动机构、工作装置应正常。开式齿轮、皮带轮等传动装置的安全防护罩应齐全可靠。齿轮箱、液压油箱内的油质和油量应符合要求；

　　4 搅拌筒与托轮接触应良好，不得窜动、跑偏；

　　5 搅拌筒内叶片应紧固，不得松动，叶片与衬板间隙应符合说明书规定；

　　6 搅拌机开关箱应设置在距搅拌机5m的范围内。

8.2.4 作业前应进行空载运转，确认搅拌筒或叶片运转方向正确。反转出料的搅拌机应进行正、反转运转。空载运转时，不得有冲击现象和异常声响。

8.2.5 供水系统的仪表计量应准确，水泵、管道等部件应连接可靠，不得有泄漏。

8.2.6 搅拌机不宜带载启动，在达到正常转速后上料，上料量及上料程序应符合使用说明书的规定。

8.2.7 料斗提升时，人员严禁在料斗下停留或通过；当需在料斗下方进行清理或检修时，应将料斗提升至上止点，并必须用保险销锁牢或用保险链挂牢。

8.2.8 搅拌机运转时，不得进行维修、清理工作。当作业人员需进入搅拌筒内作业时，应先切断电源，锁好开关箱，悬挂"禁止合闸"的警示牌，并应派专人监护。

8.2.9 作业完毕，宜将料斗降到最低位置，并应切断电源。

8.3 混凝土搅拌运输车

8.3.1 混凝土搅拌运输车的内燃机和行驶部分应分别符合本规程第3章和第6章的有关规定。

8.3.2 液压系统和气动装置的安全阀、溢流阀的调整压力应符合使用说明书的要求。卸料槽锁扣及搅拌筒的安全锁定装置应齐全完好。

8.3.3 燃油、润滑油、液压油、制动液及冷却液应添加充足，质量应符合要求，不得有渗漏。

8.3.4 搅拌筒及机架缓冲件应无裂纹或损伤，筒体与托轮应接触良好。搅拌叶片、进料斗、主辅卸料槽不得有严重磨损和变形。

8.3.5 装料前应先启动内燃机空载运转，并低速旋转搅拌筒3min～5min，当各仪表指示正常、制动气压达到规定值时，并检查确认后装料。装载量不得超过规定值。

8.3.6 行驶前，应确认操作手柄处于"搅动"位置并锁定，卸料槽锁扣应扣牢。搅拌行驶时最高速度不得大于50km/h。

8.3.7 出料作业时，应将搅拌运输车停靠在地势平坦处，应与基坑及输电线路保持安全距离，并应锁定制动系统。

8.3.8 进入搅拌筒维修、清理混凝土前，应将发动机熄火，操作杆置于空挡，将发动机钥匙取出，并应设专人监护，悬挂安全警示牌。

8.4 混凝土输送泵

8.4.1 混凝土泵应安放在平整、坚实的地面上，周围不得有障碍物，支腿应支设牢靠，机身应保持水平和稳定，轮胎应揽紧。

8.4.2 混凝土输送管道的敷设应符合下列规定：

　　1 管道敷设前应检查并确认管壁的磨损量应符合使用说明书的要求，管道不得有裂纹、砂眼等缺陷。新管或磨损量较小的管道应敷设在泵出口处；

　　2 管道应使用支架或与建筑结构固定牢固。泵出口处的管道底部应依据泵送高度、混凝土排量等设置独立的基础，并能承受相应荷载；

　　3 敷设垂直向上的管道时，垂直管不得直接与泵的输出口连接，应在泵与垂直管之间敷设长度不小于15m的水平管，并加装逆止阀；

　　4 敷设向下倾斜的管道时，应在泵与斜管之间敷设长度不小于5倍落差的水平管。当倾斜度大于7°时，应加装排气阀。

8.4.3 作业前应检查并确认管道连接处管卡扣牢，不得泄漏。混凝土泵的安全防护装置应齐全可靠，各部位操纵开关、手柄等位置应正确，搅拌斗防护网应完好牢固。

8.4.4 砂石粒径、水泥强度等级及配合比应符合出厂规定，并应满足混凝土泵的泵送要求。

8.4.5 混凝土泵启动后，应空载运转，观察各仪表的指示值，检查泵和搅拌装置的运转情况，并确认一切正常后作业。泵送前应向料斗加入清水和水泥砂浆润滑泵及管道。

8.4.6 混凝土泵在开始或停止泵送混凝土前，作业人员应与出料软管保持安全距离，作业人员不得在出料口下方停留。出料软管不得埋在混凝土中。

8.4.7 泵送混凝土的排量、浇注顺序应符合混凝土浇筑施工方案的要求。施工荷载应控制在允许范围内。

8.4.8 混凝土泵工作时，料斗中混凝土应保持在搅拌轴线以上，不应吸空或无料泵送。

8.4.9 混凝土泵工作时，不得进行维修作业。

8.4.10 混凝土泵作业中，应对泵送设备和管路进行观察，发现隐患应及时处理。对磨损超过规定的管子、卡箍、密封圈等应及时更换。

8.4.11 混凝土泵作业后应将料斗和管道内的混凝土全部排出，并对泵、料斗、管道进行清洗。清洗作业应按说明书要求进行。不宜采用压缩空气进行清洗。

8.5 混凝土泵车

8.5.1 混凝土泵车应停放在平整坚实的地方，与沟槽和基坑的安全距离应符合使用说明书的要求。臂架回转范围内不得有障碍物，与输电线路的安全距离应符合现行行业标准《施工现场临时用电安全技术规范》JGJ46 的有关规定。

8.5.2 混凝土泵车作业前，应将支腿打开，并应采用垫木垫平，车身的倾斜度不应大于3°。

8.5.3 作业前应重点检查下列项目，并应符合相应要求：

    1 安全装置应齐全有效，仪表应指示正常；

    2 液压系统、工作机构应运转正常；

    3 料斗网格应完好牢固；

    4 软管安全链与臂架连接应牢固。

8.5.4 伸展布料杆应按出厂说明书的顺序进行。布料杆在升离支架前不得回转。不得用布料杆起吊或拖拉物件。

8.5.5 当布料杆处于全伸状态时，不得移动车身。当需要移动车身时，应将上段布料杆折叠固定，移动速度不得超过 10km/h。

8.5.6 不得接长布料配管和布料软管。

8.6 插入式振捣器

8.6.1 作业前应检查电动机、软管、电缆线、控制开关等，并应确认处于完好状态。电缆线连接应正确。

8.6.2 操作人员作业时应穿戴符合要求的绝缘鞋和绝缘手套。

8.6.3 电缆线应采用耐候型橡皮护套铜芯软电缆，并不得有接头。

8.6.4 电缆线长度不应大于 30m。不得缠绕、扭结和挤压，并不得承受任何外力。

8.6.5 振捣器软管的弯曲半径不得小于 500mm，操作时应将振捣器垂直插入混凝土，深度不宜超过 600mm。

8.6.6 振捣器不得在初凝的混凝土、脚手板和干硬的地面上进行试振。在检修或作业间断时，应切断电源。

8.6.7 作业完毕，应切断电源，并应将电动机、软管及振动棒清理干净。

8.7 附着式、平板式振捣器

8.7.1 作业前应检查电动机、电源线、控制开关等，并确认完好无破损。附着式振捣器的安装位置应正确，连接应牢固，并应安装减振装置。

8.7.2 操作人员穿戴应符合本规程第 8.6.2 条的要求。

8.7.3 平板式振捣器应采用耐气候型橡皮护套铜芯软电缆，并不得有接头和承受任何外力，其长度不应超过 30m。

8.7.4 附着式、平板式振捣器的轴承不应承受轴向力，振捣器使用时，应保持振捣器电动机轴线在水平状态。

8.7.5 附着式、平板式振捣器的使用应符合本规程第 8.6.6 条的规定。

8.7.6 平板式振捣器作业时应使用牵引绳控制移动速度，不得牵拉电缆。

8.7.7 在同一块混凝土模板上同时使用多台附着式振捣器时，各振动器的振频应一致，安装位置宜交错设置。

8.7.8 安装在混凝土模板上的附着式振捣器，每次作业时间应根据施工方案确定。

8.7.9 作业完毕，应切断电源，并应将振捣器清理干净。

8.8 混凝土振动台

8.8.1 作业前应检查电动机、传动及防护装置，并确认完好有效。轴承座、偏心块及机座螺栓应紧固牢靠。

8.8.2 振动台应设有可靠的锁紧夹，振动时应将混凝土槽锁紧，混凝土模板在振动台上不得无约束振动。

8.8.3 振动台电缆应穿在电管内，并预埋牢固。

8.8.4 作业前应检查并确认润滑油不得有泄漏，油温、传动装置应符合要求。

8.8.5 在作业过程中，不得调节预置拨码开关。

8.8.6 振动台应保持清洁。

8.9 混凝土喷射机

8.9.1 喷射机风源、电源、水源、加料设备等应配套齐全。

8.9.2 管道应安装正确，连接处应紧固密封。当管道通过道路时，管道应有保护措施。

8.9.3 喷射机内部应保持干燥和清洁。应按出厂说明书规定的配合比配料，不得使用结块的水泥和未经筛选的砂石。

8.9.4 作业前应重点检查下列项目，并应符合相应要求：

    1 安全阀应灵敏可靠；

    2 电源线应无破损现象，接线应牢靠；

    3 各部密封件应密封良好，橡胶结合板和旋转板上出现的明显沟槽应及时修复；

    4 压力表指针显示应正常。应根据输送距离，及时调整风压的上限值；

    5 喷枪水环管应保持畅通。

8.9.5 启动时，应按顺序分别接通风、水、电。开启进气阀时，应逐步达到额定压力。启动电动机后，应空载试运转，确认一切正常后方可投料作业。

8.9.6 机械操作人员和喷射作业人员应有信号联系，送风、加料、停料、停风及发生堵塞时，应联系畅通，密切配合。

8.9.7 喷嘴前方不得有人员。

8.9.8 发生堵管时，应先停止喂料，敲击堵塞部位，使物料松散，然后用压缩空气吹通。操作人员作业时，应紧握喷嘴，不得甩动管道。

8.9.9 作业时，输送软管不得随意拖拉和折弯。

8.9.10 停机时，应先停止加料，再关闭电动机，然后停止供水，最后停送压缩空气，并应将仓内及输料管内的混合料全部喷出。

8.9.11 停机后，应将输料管、喷嘴拆下清洗干净，清除机身内外粘附的混凝土料及杂物，并应使密封件处于放松状态。

8.10 混凝土布料机

8.10.1 设置混凝土布料机前，应确认现场有足够的作业空间，混凝土布料机任一部位与其他设备及构筑物的安全距离不应小于 0.6m。

8.10.2 混凝土布料机的支撑面应平整坚实。固定式混凝土布料机的支撑应符合使用说明书的要求，支撑结构应经设计计算，并采取相应加固措施。

8.10.3 手动式混凝土布料机应有可靠的防倾覆措施。

8.10.4 混凝土布料机作业前应重点检查下列项目，并应符合相应要求：

    1 支腿应打开垫实，并应锁紧；

    2 塔架的垂直度应符合使用说明书要求；

    3 配重块应与臂架安装长度匹配；

    4 臂架回转机构润滑应充足，转动应灵活；

    5 机动混凝土布料机的动力装置、传动装置、安全及制动装置应符合要求；

    6 混凝土输送管道应连接牢固。

8.10.5 手动混凝土布料机回转速度应缓慢均匀，牵引绳长度应满足安全距离的要求。

8.10.6 输送管出料口与混凝土浇筑面宜保持 1m 的距离，不得被混凝土掩埋。

8.10.7 人员不得在臂架下停留。

8.10.8 当风速达到 10.8m/s 及以上或大雨、大雾等恶劣天气应停止作业。

9 钢筋加工机械

9.1 一般规定

9.1.1 机械的安装应坚实稳固。固定式机械应有可靠的基础；移动式机械作业时应搬紧行走轮。

9.1.2 手持式钢筋加工机械作业时，应佩戴绝缘手套等防护用品。

9.1.3 加工较长的钢筋时，应有专人帮扶。帮扶人员应听从机械操作人员指挥，不得任意推拉。

9.2 钢筋调直切断机

9.2.1 料架、料槽应安装平直，并应与导向筒、调直筒和下切刀孔的中心线一致。

9.2.2 切断机安装后，应用手转动飞轮，检查传动机构和工作装置，并及时调整间隙，紧固螺栓。在检查并确认电气系统正常后，进行空运转。切断机空运转时，齿轮应啮合良好，并不得有异响，确认正常后开始作业。

9.2.3 作业时，应按钢筋的直径，选用适当的调直块、曳引轮槽及传动速度。调直块的孔径应比钢筋直径大 2mm～5mm。曳引轮槽宽和所需调直钢筋的直径相符合。大直径钢筋宜选用较慢的传动速度。

9.2.4 在调直块未固定或防护罩未盖好前，不得送料。作业中，不得打开防护罩。

9.2.5 送料前，应将弯曲的钢筋端头切除。导向筒前应安装一根长度宜为 1m 的钢管。

9.2.6 钢筋送入后，手应与曳轮保持安全距离。

9.2.7 当调直后的钢筋仍有慢弯时，可逐渐加大调直块的偏移量，直到调直为止。

9.2.8 切断 3 根～4 根钢筋后，应停机检查钢筋长度，当超过允许偏差时，应及时调整限位开关或定尺板。

9.3 钢筋切断机

9.3.1 接送料的工作台面应和切刀下部保持水平，

工作台的长度应根据加工材料长度确定。

9.3.2 启动前，应检查并确认切刀不得有裂纹，刀架螺栓应紧固，防护罩应牢靠。应用手转动皮带轮，检查齿轮啮合间隙，并及时调整。

9.3.3 启动后，应先空运转，检查并确认各传动部分及轴承运转正常后，开始作业。

9.3.4 机械未达到正常转速前，不得切料。操作人员应使用切刀的中、下部位切料，应紧握钢筋对准刃口迅速投入，并应站在固定刀片一侧用力压住钢筋，防止钢筋末端弹出伤人。不得用双手分在刀片两边握住钢筋切料。

9.3.5 操作人员不得剪切超过机械性能规定强度及直径的钢筋或烧红的钢筋。一次切断多根钢筋时，其总截面积应在规定范围内。

9.3.6 剪切低合金钢筋时，应更换高硬度切刀，剪切直径应符合机械性能的规定。

9.3.7 切断短料时，手和切刀之间的距离应大于150mm，并应采用套管或夹具将切断的短料压住或夹牢。

9.3.8 机械运转中，不得用手直接清除切刀附近的断头和杂物。在钢筋摆动范围和机械周围，非操作人员不得停留。

9.3.9 当发现机械有异常响声或切刀歪斜等不正常现象时，应立即停机检修。

9.3.10 液压式切断机启动前，应检查并确认液压油位符合规定。切断机启动后，应空载运转，检查并确认电动机旋转方向应符合规定，并应打开放油阀，在排净液压缸体内的空气后开始作业。

9.3.11 手动液压式切断机使用前，应将放油阀按顺时针方向旋紧，作业完毕后，应立即按逆时针方向旋松。

9.4 钢筋弯曲机

9.4.1 工作台和弯曲机台面应保持水平。

9.4.2 作业前应准备好各种芯轴及工具，并应按加工钢筋的直径和弯曲半径的要求，装好相应规格的芯轴和成型轴、挡铁轴。

9.4.3 芯轴直径应为钢筋直径的2.5倍。挡铁轴应有轴套。挡铁轴的直径和强度不得小于被弯钢筋的直径和强度。

9.4.4 启动前，应检查并确认芯轴、挡铁轴、转盘等不得有裂纹和损伤，防护罩应有效。在空载运转并确认正常后，开始作业。

9.4.5 作业时，应将需弯曲的一端钢筋插入在转盘固定销的间隙内，将另一端紧靠机身固定销，并用手压紧，在检查并确认机身固定销安放在挡住钢筋的一侧后，启动机械。

9.4.6 弯曲作业时，不得更换轴芯、销子和变换角度以及调速，不得进行清扫和加油。

9.4.7 对超过机械铭牌规定直径的钢筋不得进行弯曲。在弯曲未经冷拉或带有锈皮的钢筋时，应戴防护镜。

9.4.8 在弯曲高强度钢筋时，应进行钢筋直径换算，钢筋直径不得超过机械允许的最大弯曲能力，并应及时调换相应的芯轴。

9.4.9 操作人员应站在机身设有固定销的一侧。成品钢筋应堆放整齐，弯钩不得朝上。

9.4.10 转盘换向应在弯曲机停稳后进行。

9.5 钢筋冷拉机

9.5.1 应根据冷拉钢筋的直径，合理选用冷拉卷扬机。卷扬钢丝绳应经封闭式导向滑轮，并应和被拉钢筋成直角。操作人员应能见到全部冷拉场地。卷扬机与冷拉中心线距离不得小于5m。

9.5.2 冷拉场地应设置警戒区，并应安装防护栏及警告标志。非操作人员不得进入警戒区。作业时，操作人员与受拉钢筋的距离应大于2m。

9.5.3 采用配重控制的冷拉机应有指示起落的记号或专人指挥。冷拉机的滑轮、钢丝绳应相匹配。配重提起时，配重离地高度应小于300mm。配重架四周应设置防护栏杆及警告标志。

9.5.4 作业前，应检查冷拉机，夹齿应完好；滑轮、拖拉小车应润滑灵活；拉钩、地锚及防护装置应齐全牢固。

9.5.5 采用延伸率控制的冷拉机，应设置明显的限位标志，并应有专人负责指挥。

9.5.6 照明设施宜设置在张拉警戒区外。当需设置在警戒区内时，照明设施安装高度应大于5m，并应有防护罩。

9.5.7 作业后，应放松卷扬钢丝绳，落下配重，切断电源，并锁好开关箱。

9.6 钢筋冷拔机

9.6.1 启动机械前，应检查并确认机械各部连接应牢固，模具不得有裂纹，轧头与模具的规格应配套。

9.6.2 钢筋冷拔量应符合机械出厂说明书的规定。机械出厂说明书未作规定时，可按每次冷拔缩减模具孔径0.5mm~1.0mm进行。

9.6.3 轧头时，应先将钢筋的一端穿过模具，钢筋穿过的长度宜为100mm~150mm，再用夹具夹牢。

9.6.4 作业时，操作人员的手与轧辊应保持300mm~500mm的距离。不得用手直接接触钢筋和滚筒。

9.6.5 冷拔模架中应随时加足润滑剂，润滑剂可采用石灰和肥皂水调和晒干后的粉末。

9.6.6 当钢筋的末端通过冷拔模后，应立即脱开离合器，同时用手闸挡住钢筋末端。

9.6.7 冷拔过程中，当出现断丝或钢筋打结乱盘时，应立即停机处理。

9.7 钢筋螺纹成型机

9.7.1 在机械使用前，应检查并确认刀具安装应正确，连接应牢固，运转部位润滑应良好，不得有漏电现象，空车试运转并确认正常后作业。

9.7.2 钢筋应先调直再下料。钢筋切口端面应与轴线垂直，不得用气割下料。

9.7.3 加工锥螺纹时，应采用水溶性切削润滑液。当气温低于 0℃ 时，可掺入 15%～20% 亚硝酸钠。套丝作业时，不得用机油作润滑液或不加润滑液。

9.7.4 加工时，钢筋应夹持牢固。

9.7.5 机械在运转过程中，不得清扫刀片上面的积屑杂物和进行检修。

9.7.6 不得加工超过机械铭牌规定直径的钢筋。

9.8 钢筋除锈机

9.8.1 作业前应检查并确认钢丝刷应固定牢靠，传动部分应润滑充分，封闭式防护罩及排尘装置等应完好。

9.8.2 操作人员应束紧袖口，并应佩戴防尘口罩、手套和防护眼镜。

9.8.3 带弯钩的钢筋不得上机除锈。弯度较大的钢筋宜在调直后除锈。

9.8.4 操作时，应将钢筋放平，并侧身送料。不得在除锈机正面站人。较长钢筋除锈时，应有 2 人配合操作。

10 木 工 机 械

10.1 一般规定

10.1.1 机械操作人员应穿紧口衣裤，并束紧长发，不得系领带和戴手套。

10.1.2 机械的电源安装和拆除及机械电气故障的排除，应由专业电工进行。机械应使用单向开关，不得使用倒顺双向开关。

10.1.3 机械安全装置应齐全有效，传动部位应安装防护罩，各部件应连接紧固。

10.1.4 机械作业场所应配备齐全可靠的消防器材。在工作场所，不得吸烟和动火，并不得混放其他易燃易爆物品。

10.1.5 工作场所的木料应堆放整齐，道路应畅通。

10.1.6 机械应保持清洁，工作台上不得放置杂物。

10.1.7 机械的皮带轮、锯轮、刀轴、锯片、砂轮等高速转动部件的安装应平衡。

10.1.8 各种刀具破损程度不得超过使用说明书的规定要求。

10.1.9 加工前，应清除木料中的铁钉、铁丝等金属物。

10.1.10 装设除尘装置的木工机械作业前，应先启动排尘装置，排尘管道不得变形、漏气。

10.1.11 机械运行中，不得测量工件尺寸和清理木屑、刨花和杂物。

10.1.12 机械运行中，不得跨越机械传动部分。排除故障、拆装刀具应在机械停止运转，并切断电源后进行。

10.1.13 操作时，应根据木材的材质、粗细、湿度等选择合适的切削和进给速度。操作人员与辅助人员应密切配合，并应同步匀速接送料。

10.1.14 使用多功能机械时，应只使用其中一种功能，其他功能的装置不得妨碍操作。

10.1.15 作业后，应切断电源，锁好闸箱，并应进行清理、润滑。

10.1.16 机械噪声不应超过建筑施工场界噪声限值；当机械噪声超过限值时，应采取降噪措施。机械操作人员应按规定佩戴个人防护用品。

10.2 带 锯 机

10.2.1 作业前，应对锯条及锯条安装质量进行检查。锯条齿侧或锯条接头处的裂纹长度超过 10mm、连续缺齿两个和接头超过两处的锯条不得使用。当锯条裂纹长度在 10mm 以下时，应在裂纹终端冲一止裂孔。锯条松紧度应调整适当。带锯机启动后，应空载试运转，并应确认运转正常，无串条现象后，开始作业。

10.2.2 作业中，操作人员应站在带锯机的两侧，跑车开动后，行程范围内的轨道周围不应站人，不应在运行中跑车。

10.2.3 原木进锯前，应调好尺寸，进锯后不得调整。进锯速度应均匀。

10.2.4 倒车应在木材的尾端越过锯条 500mm 后进行，倒车速度不宜过快。

10.2.5 平台式带锯作业时，送接料应配合一致。送料、接料时不得将手送进台面。锯短料时，应采用推棍送料。回送木料时，应离开锯条 50mm 及以上。

10.2.6 带锯机运转中，当木屑堵塞吸尘管口时，不得清理管口。

10.2.7 作业中，应根据锯条的宽度与厚度及时调节档位或增减带锯机的压砣（重锤）。当发生锯条口松或串条等现象时，不得用增加压砣（重锤）重量的办法进行调整。

10.3 圆 盘 锯

10.3.1 木工圆锯机上的旋转锯片必须设置防护罩。

10.3.2 安装锯片时，锯片应与轴同心，夹持锯片的法兰盘直径应为锯片直径的 1/4。

10.3.3 锯片不得有裂纹。锯片不得有连续 2 个及以上的缺齿。

10.3.4 被锯木料的长度不应小于 500mm。作业时，锯片应露出木料 10mm～20mm。

10.3.5 送料时，不得将木料左右晃动或抬高；遇木节时，应缓慢送料；接近端头时，应采用推棍送料。

10.3.6 当锯线走偏时，应逐渐纠正，不得猛扳，以防止损坏锯片。

10.3.7 作业时，操作人员应戴防护眼镜，手臂不得跨越锯片，人员不得站在锯片的旋转方向。

10.4 平面刨（手压刨）

10.4.1 刨料时，应保持身体平稳，用双手操作。刨大面时，手应按在木料上面；刨小料时，手指不得低于料高一半。不得手在料后推料。

10.4.2 当被刨木料的厚度小于 30mm，或长度小于 400mm 时，应采用压板或推棍推进。厚度小于 15mm，或长度小于 250mm 的木料，不得在平刨上加工。

10.4.3 刨旧料前，应将料上的钉子、泥砂清除干净。被刨木料如有破裂或硬节等缺陷时，应处理后再施刨。遇木槎、节疤应缓慢送料。不得将手按在节疤上强行送料。

10.4.4 刀片、刀片螺钉的厚度和重量应一致，刀架与夹板应吻合贴紧，刀片焊缝超出刀头或有裂缝的刀具不应使用。刀片紧固螺钉应嵌入刀片槽内，并离刀背不得小于 10mm。刀片紧固力应符合使用说明书的规定。

10.4.5 机械运转时，不得将手伸进安全挡板里侧去移动挡板或拆除安全挡板。

10.5 压刨床（单面和多面）

10.5.1 作业时，不得一次刨削两块不同材质或规格的木料，被刨木料的厚度不得超过使用说明书的规定。

10.5.2 操作者应站在进料的一侧。送料时应先进大头。接料人员应在被刨料离开料辊后接料。

10.5.3 刨刀与刨床台面的水平间隙应在 10mm～30mm 之间。不得使用带开口槽的刨刀。

10.5.4 每次进刀量宜为 2mm～5mm。遇硬木或节疤，应减小进刀量，降低送料速度。

10.5.5 刨料的长度不得小于前后压辊之间距离。厚度小于 10mm 的薄板应垫托板作业。

10.5.6 压刨床的逆止爪装置应灵敏有效。进料齿辊及托料光辊应调整水平，上下距离应保持一致，齿辊应低于工件表面 1mm～2mm，光辊应高出台面 0.3mm～0.8mm。工作台面不得歪斜和高低不平。

10.5.7 刨削过程中，遇木料走横或卡住时，应先停机，再放低台面，取出木料，排除故障。

10.5.8 安装刀片时，应按本规程第 10.4.4 条的规定执行。

10.6 木工车床

10.6.1 车削前，应对车床各部装置及工具、卡具进行检查，并确认安全可靠。工件应卡紧，并应采用顶针顶紧。应进行试运转，确认正常后，方可作业。应根据工件木质的硬度，选择适当的进刀量和转速。

10.6.2 车削过程中，不得用手摸的方法检查工件的光滑程度。当采用砂纸打磨时，应先将刀架移开。车床转动时，不得用手来制动。

10.6.3 方形木料应先加工成圆柱体，再上车床加工。不得切削有节疤或裂缝的木料。

10.7 木工铣床（裁口机）

10.7.1 作业前，应对铣床各部件及铣刀安装进行检查，铣刀不得有裂纹或缺损，防护装置及定位止动装置应齐全可靠。

10.7.2 当木料有硬节时，应低速送料。应在木料送过铣刀口 150mm 后，再进行接料。

10.7.3 当木料铣切到端头时，应在已铣切的一端接料。送短料时，应用推料棍。

10.7.4 铣切量应按使用说明书的规定执行。不得在木料中间插刀。

10.7.5 卧式铣床的操作人员作业时，应站在刀刃侧面，不得面对刀刃。

10.8 开榫机

10.8.1 作业前，应紧固好刨刀、锯片，并试运转 3min～5min，确认正常后作业。

10.8.2 作业时，应侧身操作，不得面对刀具。

10.8.3 切削时，应用压料杆将木料压紧，在切削完毕前，不得松开压料杆。短料开榫时，应用垫板将木料夹牢，不得用手直接握料作业。

10.8.4 不得上机加工有节疤的木料。

10.9 打眼机

10.9.1 作业前，应调整好机架和卡具，台面应平稳，钻头应垂直，凿心应在凿套中心卡牢，并应与加工的钻孔垂直。

10.9.2 打眼时，应使用夹料器，不得用手直接扶料。遇节疤时，应缓慢压下，不得用力过猛。

10.9.3 作业中，当凿心卡阻或冒烟时，应立即抬起手柄。不得用手直接清理钻出的木屑。

10.9.4 更换凿心时，应先停车，切断电源，并应在平台上垫上木板后进行。

10.10 锉锯机

10.10.1 作业前，应检查并确认砂轮不得有裂缝和破损，并应安装牢固。

10.10.2 启动时，应先空运转，当有剧烈振动时，应找出偏重位置，调整平衡。

10.10.3 作业时，操作人员不得站在砂轮旋转时离心力方向一侧。

10.10.4 当撑齿钩遇到缺齿或撑钩妨碍锯条运动时，应及时处理。

10.10.5 锉磨锯齿的速度宜按下列规定执行：带锯应控制在 40 齿/min～70 齿/min；圆锯应控制在 26 齿/min～30 齿/min。

10.10.6 锯条焊接时应接合严密，平滑均匀，厚薄一致。

10.11 磨光机

10.11.1 作业前，应对下列项目进行检查，并符合相应要求：

    1 盘式磨光机防护装置应齐全有效；

    2 砂轮应无裂纹破损；

    3 带式磨光机砂筒上砂带的张紧度应适当；

    4 各部轴承应润滑良好，紧固连接件应连接可靠。

10.11.2 磨削小面积工件时，宜尽量在台面整个宽度内排满工件，磨削时，应渐次连续进给。

10.11.3 带式磨光机作业时，压垫的压力应均匀。砂带纵向移动时，砂带应和工作台横向移动互相配合。

10.11.4 盘式磨光机作业时，工件应放在向下旋转的半面进行磨光。手不得靠近磨盘。

11 地下施工机械

11.1 一般规定

11.1.1 地下施工机械选型和功能应满足施工地质条件和环境安全要求。

11.1.2 地下施工机械及配套设施应在专业厂家制造，应符合设计要求，并应在总装调试合格后才能出厂。出厂时，应具有质量合格证书和产品使用说明书。

11.1.3 作业前，应充分了解施工作业周边环境，对邻近建（构）筑物、地下管网等应进行监测，并应制定对建（构）筑物、地下管线保护的专项安全技术方案。

11.1.4 作业中，应对有害气体及地下作业面通风量进行监测，并应符合职业健康安全标准的要求。

11.1.5 作业中，应随时监视机械各运转部位的状态及参数，发现异常时，应立即停机检修。

11.1.6 气动设备作业时，应按照相关设备使用说明书和气动设备的操作技术要求进行施工。

11.1.7 应根据现场作业条件，合理选择水平及垂直运输设备，并应按相关规范执行。

11.1.8 地下施工机械作业时，必须确保开挖土体稳定。

11.1.9 地下施工机械施工过程中，当停机时间较长时，应采取措施，维持开挖面稳定。

11.1.10 地下施工机械使用前，应确认其状态良好，满足作业要求。使用过程中，应按使用说明书的要求进行保养、维修，并应及时更换受损的零件。

11.1.11 掘进过程中，遇到施工偏差过大、设备故障、意外的地质变化等情况时，必须暂停施工，经处理后再继续。

11.1.12 地下大型施工机械设备的安装、拆卸应按使用说明书的规定进行，并应制定专项施工方案，由专业队伍进行施工，安装、拆卸过程中应有专业技术和安全人员监护。大型设备吊装应符合本规程第 4 章的有关规定。

11.2 顶管机

11.2.1 选择顶管机，应根据管道所处土层性质、管径、地下水位、附近地上与地下建（构）筑物和各种设施等因素，经技术经济比较后确定。

11.2.2 导轨应选用钢质材料制作，安装后应牢固，不得在使用中产生位移，并应经常检查校核。

11.2.3 千斤顶的安装应符合下列规定：

    1 千斤顶宜固定在支撑架上，并应与管道中心线对称，其合力应作用在管道中心的垂面上；

    2 当千斤顶多于一台时，宜取偶数，且其规格宜相同；当规格不同时，其行程应同步，并应将同规格的千斤顶对称布置；

    3 千斤顶的油路应并联，每台千斤顶应有进油、回油的控制系统。

11.2.4 油泵和千斤顶的选型应相匹配，并应有备用油泵；油泵安装完毕，应进行试运转，并应在合格后使用。

11.2.5 顶进前，全部设备应经过检查并经过试运转确认合格。

11.2.6 顶进时，工作人员不得在顶铁上方及侧面停留，并应随时观察顶铁有无异常迹象。

11.2.7 顶进开始时，应先缓慢进行，在各接触部位密合后，再按正常顶进速度顶进。

11.2.8 千斤顶活塞退回时，油压不得过大，速度不得过快。

11.2.9 安装后的顶铁轴线应与管道轴线平行、对称。顶铁、导轨和顶铁之间的接触面不得有杂物。

11.2.10 顶铁与管口之间应采用缓冲材料衬垫。

11.2.11 管道顶进应连续作业。管道顶进过程中，遇下列情况之一时，应立即停止顶进，检查原因并经处理后继续顶进：

    1 工具管前方遇到障碍；

    2 后背墙变形严重；

3 顶铁发生扭曲现象；

4 管位偏差过大且校正无效；

5 顶力超过管端的允许顶力；

6 油泵、油路发生异常现象；

7 管节接缝、中继间渗漏泥水、泥浆；

8 地层、邻近建（构）筑物、管线等周围环境的变形量超出控制允许值。

11.2.12 使用中继间应符合下列规定：

1 中继间安装时应将凸头安装在工具管方向，凹头安装在工作井一端；

2 中继间应有专职人员进行操作，同时应随时观察有可能发生的问题；

3 中继间使用时，油压、顶力不宜超过设计油压顶力，应避免引起中继间变形；

4 中继间应安装行程限位装置，单次推进距离应控制在设计允许距离内；

5 穿越中继间的高压进水管、排泥管等软管应与中继间保持一定距离，应避免中继间往返时损坏管线。

11.3 盾 构 机

11.3.1 盾构机组装前，应对推进千斤顶、拼装机、调节千斤顶进行试验验收。

11.3.2 盾构机组装前，应将防止盾构机后退的推进系统平衡阀、调节拼装机的回转平衡阀的二次溢流压力调到设计压力值。

11.3.3 盾构机组装前，应将液压系统各非标制品的阀组按设计要求进行密闭性试验。

11.3.4 盾构机组装完成后，应先对各部件、各系统进行空载、负载调试及验收，最后应进行整机空载和负载调试及验收。

11.3.5 盾构机始发、接收前，应落实盾构基座稳定措施，确保牢固。

11.3.6 盾构机应在空载调试运转正常后，开始盾构始发施工。在盾构始发阶段，应检查各部位润滑并记录油脂消耗情况；初始推进过程中，应对推进情况进行监测，并对监测反馈资料进行分析，不断调整盾构掘进施工参数。

11.3.7 盾构掘进中，每环掘进结束及中途停止掘进时，应按规定程序操作各种机电设备。

11.3.8 盾构掘进中，当遇有下列情况之一时，应暂停施工，并应在排除险情后继续施工：

1 盾构位置偏离设计轴线过大；

2 管片严重碎裂和渗漏水；

3 开挖面发生坍塌或严重的地表隆起、沉降现象；

4 遭遇地下不明障碍物或意外的地质变化；

5 盾构旋转角度过大，影响正常施工；

6 盾构扭矩或顶力异常。

11.3.9 盾构暂停掘进时，应按程序采取稳定开挖面的措施，确保暂停施工后盾构姿态稳定不变。暂停掘进前，应检查并确认推进液压系统不得有渗漏现象。

11.3.10 双圆盾构掘进时，双圆盾构两刀盘应相向旋转，并保持转速一致，不得接触和碰撞。

11.3.11 盾构带压开仓更换刀具时，应确保工作面稳定，并应进行持续充分的通风及毒气测试合格后，进行作业。地下情况较复杂时，作业人员应戴防毒面具。更换刀具时，应按专项方案和安全规定执行。

11.3.12 盾构切口与到达接收井距离小于 10m 时，应控制盾构推进速度、开挖面压力、排土量。

11.3.13 盾构推进到冻结区域停止推进时，应每隔10min 转动刀盘一次，每次转动时间不得少于 5min。

11.3.14 当盾构全部进入接收井内基座上后，应及时做好管片与洞圈间的密封。

11.3.15 盾构调头时应专人指挥，应设专人观察设备转向状态，避免方向偏离或设备碰撞。

11.3.16 管片拼装时，应按下列规定执行：

1 管片拼装应落实专人负责指挥，拼装机操作人员应按照指挥人员的指令操作，不得擅自转动拼装机；

2 举重臂旋转时，应鸣号警示，严禁施工人员进入举重臂回转范围内。拼装工应在全部就位后开始作业。在施工人员未撤离施工区域时，严禁启动拼装机；

3 拼装管片时，拼装工必须站在安全可靠的位置，不得将手脚放在环缝和千斤顶的顶部；

4 举重臂应在管片固定就位后复位。封顶拼装就位未完毕时，施工人员不得进入封顶块的下方；

5 举重臂拼装头应拧紧到位，不得松动，发现有磨损情况时，应及时更换，不得冒险吊运；

6 管片在旋转上升之前，应用举重臂小脚将管片固定，管片在旋转过程中不得晃动；

7 当拼装头与管片预埋孔不能紧固连接时，应制作专用的拼装架。拼装架设计应经技术部门审批，并经过试验合格后开始使用；

8 拼装管片应使用专用的拼装销，拼装销应有限位装置；

9 装机回转时，在回转范围内，不得有人；

10 管片吊起或升降架旋回到上方时，放置时间不应超过 3min。

11.3.17 盾构的保养与维修应坚持"预防为主、经常检测、强制保养、养修并重"的原则，并应由专业人员进行保养与维修。

11.3.18 盾构机拆除退场时，应按下列规定执行：

1 机械结构部分应先按液压、泥水、注浆、电气系统顺序拆卸，最后拆卸机械结构件；

2 吊装作业时，应仔细检查并确认盾构机各连接部件与盾构机已彻底拆开分离，千斤顶全部缩回到位，所有注浆、泥水系统的手动阀门已关闭；

3 大刀盘应按要求位置停放，在井下分解后，应及时吊上地面；

4 拼装机按规定位置停放，举重钳应缩到底；提升横梁应烧焊马脚固定，同时在拼装机横梁底部应加焊接支撑，防止下坠。

11.3.19 盾构机转场运输时，应按下列规定执行：

1 应根据设备的最大尺寸，对运输线路进行实地勘察；

2 设备应与运输车辆有可靠固定措施；

3 设备超宽、超高时，应按交通法规办理各类通行证。

12 焊接机械

12.1 一般规定

12.1.1 焊接（切割）前，应先进行动火审查，确认焊接（切割）现场防火措施符合要求，并应配备相应的消防器材和安全防护用品，落实监护人员后，开具动火证。

12.1.2 焊接设备应有完整的防护外壳，一、二次接线柱处应有保护罩。

12.1.3 现场使用的电焊机应设有防雨、防潮、防晒、防砸的措施。

12.1.4 焊割现场及高空焊割作业下方，严禁堆放油类、木材、氧气瓶、乙炔瓶、保温材料等易燃、易爆物品。

12.1.5 电焊机绝缘电阻不得小于 0.5MΩ，电焊机导线绝缘电阻不得小于 1MΩ，电焊机接地电阻不得大于 4Ω。

12.1.6 电焊机导线和接地线不得搭在易燃、易爆、带有热源或有油的物品上；不得利用建（构）筑物的金属结构、管道、轨道或其他金属物体，搭接起来，形成焊接回路，并不得将电焊机和工件双重接地；严禁使用氧气、天然气等易燃易爆气体管道作为接地装置。

12.1.7 电焊机的一次侧电源线长度不应大于 5m，二次线应采用防水橡皮护套铜芯软电缆，电缆长度不应大于 30m，接头不得超过 3 个，并应双线到位。当需要加长导线时，应相应增加导线的截面积。当导线通过道路时，应架高，或穿入防护管内埋设在地下；当通过轨道时，应从轨道下面通过。当导线绝缘受损或断股时，应立即更换。

12.1.8 电焊钳应有良好的绝缘和隔热能力。电焊钳握柄应绝缘良好，握柄与导线连接应牢靠，连接处应采用绝缘布包好。操作人员不得用胳膊夹持电焊钳，并不得在水中冷却电焊钳。

12.1.9 对承压状态的压力容器和装有剧毒、易燃、易爆物品的容器，严禁进行焊接或切割作业。

12.1.10 当需焊割受压容器、密闭容器、粘有可燃气体和溶液的工件时，应先消除容器及管道内压力，清除可燃气体和溶液，并冲洗有毒、有害、易燃物质；对存有残余油脂的容器，宜用蒸汽、碱水冲洗，打开盖口，并确认容器清洗干净后，应灌满清水后进行焊割。

12.1.11 在容器内和管道内焊割时，应采取防止触电、中毒和窒息的措施。焊、割密闭容器时，应留出气孔，必要时应在进、出气口处设装通风设备；容器内照明电压不得超过 12V；容器外应有专人监护。

12.1.12 焊割铜、铝、锌、锡等有色金属时，应通风良好，焊割人员应戴防毒面罩或采取其他防毒措施。

12.1.13 当预热焊件温度达 150℃～700℃时，应设挡板隔离焊件发出的辐射热，焊接人员应穿戴隔热的石棉服装和鞋、帽等。

12.1.14 雨雪天不得在露天电焊。在潮湿地带作业时，应铺设绝缘物品，操作人员应穿绝缘鞋。

12.1.15 电焊机应按额定焊接电流和暂载率操作，并应控制电焊机的温升。

12.1.16 当清除焊渣时，应戴防护眼镜，头部应避开焊渣飞溅方向。

12.1.17 交流电焊机应安装防二次侧触电保护装置。

12.2 交（直）流焊机

12.2.1 使用前，应检查并确认初、次级线接线正确，输入电压符合电焊机的铭牌规定，接线螺母、螺栓及其他部件完好齐全，不得松动或损坏。直流焊机换向器与电刷接触应良好。

12.2.2 当多台焊机在同一场地作业时，相互间距不应小于 600mm，应逐台启动，并应使三相负载保持平衡。多台焊机的接地装置不得串联。

12.2.3 移动电焊机或停电时，应切断电源，不得用拖拉电缆的方法移动焊机。

12.2.4 调节焊接电流和极性开关应在卸除负荷后进行。

12.2.5 硅整流直流电焊机主变压器的次级线圈和控制变压器的次级线圈不得用摇表测试。

12.2.6 长期停用的焊机启用时，应空载通电一定时间，进行干燥处理。

12.3 氩弧焊机

12.3.1 作业前，应检查并确认接地装置安全可靠，气管、水管应通畅，不得有外漏。工作场所应有良好的通风措施。

12.3.2 应先根据焊件的材质、尺寸、形状，确定极性，再选择焊机的电压、电流和氩气的流量。

12.3.3 安装氩气表、氩气减压阀、管接头等配件时，不得粘有油脂，并应拧紧丝扣（至少5扣）。开气时，严禁身体对准氩气表和气瓶节门，应防止氩气表和气瓶节门打开伤人。

12.3.4 水冷型焊机应保持冷却水清洁。在焊接过程中，冷却水的流量应正常，不得断水施焊。

12.3.5 焊机的高频防护装置应良好；振荡器电源线路中的连锁开关不得分接。

12.3.6 使用氩弧焊时，操作人员应戴防毒面罩。应根据焊接厚度确定钨极粗细，更换钨极时，必须切断电源。磨削钨极端头时，应设有通风装置，操作人员应佩戴手套和口罩，磨削下来的粉尘，应及时清除。钍、铈、钨极不得随身携带，应贮存在铅盒内。

12.3.7 焊机附近不宜有振动。焊机上及周围不得放置易燃、易爆或导电物品。

12.3.8 氮气瓶和氩气瓶与焊接地点应相距3m以上，并应直立固定放置。

12.3.9 作业后，应切断电源，关闭水源和气源。焊接人员应及时脱去工作服，清洗外露的皮肤。

12.4 点 焊 机

12.4.1 作业前，应清除上下两电极的油污。

12.4.2 作业前，应先接通控制线路的转向开关和焊接电流的开关，调整好极数，再接通水源、气源，最后接通电源。

12.4.3 焊机通电后，应检查并确认电气设备、操作机构、冷却系统、气路系统工作正常，不得有漏电现象。

12.4.4 作业时，气路、水冷系统应畅通。气体应保持干燥。排水温度不得超过40℃，排水量可根据水温调节。

12.4.5 严禁在引燃电路中加大熔断器。当负载过小，引燃管内电弧不能发生时，不得闭合控制箱的引燃电路。

12.4.6 正常工作的控制箱的预热时间不得少于5min。当控制箱长期停用时，每月应通电加热30min。更换闸流管前，应预热30min。

12.5 二氧化碳气体保护焊机

12.5.1 作业前，二氧化碳气体应按规定进行预热。开气时，操作人员必须站在瓶嘴的侧面。

12.5.2 作业前，应检查并确认焊丝的进给机构、电线的连接部分、二氧化碳气体的供应系统及冷却水循环系统符合要求，焊枪冷却水系统不得漏水。

12.5.3 二氧化碳气瓶宜存放在阴凉处，不得靠近热源，并应放置牢靠。

12.5.4 二氧化碳气体预热器端的电压，不得大于36V。

12.6 埋 弧 焊 机

12.6.1 作业前，应检查并确认各导线连接应良好；

控制箱的外壳和接线板上的罩壳应完好；送丝滚轮的沟槽及齿纹应完好；滚轮、导电嘴（块）不得有过度磨损，接触应良好；减速箱润滑油应正常。

12.6.2 软管式送丝机构的软管槽孔应保持清洁，并定期吹洗。

12.6.3 在焊接中，应保持焊剂连续覆盖，以免焊剂中断露出电弧。

12.6.4 在焊机工作时，手不得触及送丝机构的滚轮。

12.6.5 作业时，应及时排走焊接中产生的有害气体，在通风不良的室内或容器内作业时，应安装通风设备。

12.7 对 焊 机

12.7.1 对焊机应安置在室内或防雨的工棚内，并应有可靠的接地或接零。当多台对焊机并列安装时，相互间距不得小于3m，并应分别接在不同相位的电网上，分别设置各自的断路器。

12.7.2 焊接前，应检查并确认对焊机的压力机构应灵活，夹具应牢固，气压、液压系统不得有泄漏。

12.7.3 焊接前，应根据所焊接钢筋的截面，调整二次电压，不得焊接超过对焊机规定直径的钢筋。

12.7.4 断路器的接触点、电极应定期光磨，二次电路连接螺栓应定期紧固。冷却水温度不得超过40℃；排水量应根据温度调节。

12.7.5 焊接较长钢筋时，应设置托架。

12.7.6 闪光区应设挡板，与焊接无关的人员不得入内。

12.7.7 冬期施焊时，温度不应低于8℃。作业后，应放尽机内冷却水。

12.8 竖向钢筋电渣压力焊机

12.8.1 应根据施焊钢筋直径选择具有足够输出电流的电焊机。电源电缆和控制电缆连接应正确、牢固。焊机及控制箱的外壳应接地或接零。

12.8.2 作业前，应检查供电电压并确认正常，当一次电压降大于8%时，不宜焊接。焊接导线长度不得大于30m。

12.8.3 作业前，应检查并确认控制电路正常，定时应准确，误差不得大于5%，机具的传动系统、夹装系统及焊钳的转动部分应灵活自如，焊剂应已干燥，所需附件应齐全。

12.8.4 作业前，应按所焊钢筋的直径，根据参数表，标定好所需的电流和时间。

12.8.5 起弧前，上下钢筋应对齐，钢筋端头应接触良好。对锈蚀或粘有水泥等杂物的钢筋，应在焊接前用钢丝刷清除，并保证导电良好。

12.8.6 每个接头焊完后，应停留5min～6min保温，寒冷季节应适当延长保温时间。焊渣应在完全冷却后清除。

12.9 气焊（割）设备

12.9.1 气瓶每三年应检验一次，使用期不应超过20年。气瓶压力表应灵敏正常。

12.9.2 操作者不得正对气瓶阀门出气口，不得用明火检验是否漏气。

12.9.3 现场使用的不同种类气瓶应装有不同的减压器，未安装减压器的氧气瓶不得使用。

12.9.4 氧气瓶、压力表及其焊割机具上不得粘染油脂。氧气瓶安装减压器时，应先检查阀门接头，并略开氧气瓶阀门吹除污垢，然后安装减压器。

12.9.5 开启氧气瓶阀门时，应采用专用工具，动作应缓慢。氧气瓶中的氧气不得全部用尽，应留 49kPa 以上的剩余压力。关闭氧气瓶阀门时，应先松开减压器的活门螺栓。

12.9.6 乙炔钢瓶使用时，应设有防止回火的安全装置；同时使用两种气体作业时，不同气瓶都应安装单向阀，防止气体相互倒灌。

12.9.7 作业时，乙炔瓶与氧气瓶之间的距离不得少于 5m， 气瓶与明火之间的距离不得少于 10m。

12.9.8 乙炔软管、氧气软管不得错装。乙炔气胶管、防止回火装置及气瓶冻结时，应用 40℃ 以下热水加热解冻，不得用火烤。

12.9.9 点火时，焊枪口不得对人。正在燃烧的焊枪不得放在工件或地面上。焊枪带有乙炔和氧气时，不得放在金属容器内，以防止气体逸出，发生爆燃事故。

12.9.10 点燃焊（割）炬时，应先开乙炔阀点火，再开氧气阀调整火。关闭时，应先关闭乙炔阀，再关闭氧气阀。

　　氢氧并用时，应先开乙炔气，再开氢气，最后开氧气，再点燃。灭火时，应先关氧气，再关氢气，最后关乙炔气。

12.9.11 操作时，氧气瓶、乙炔瓶应直立放置，且应安放稳固。

12.9.12 作业中，发现氧气瓶阀门失灵或损坏不能关闭时，应让瓶内的氧气自动放尽后，再进行拆卸修理。

12.9.13 作业中，当氧气软管着火时，不得折弯软管断气，应迅速关闭氧气阀门，停止供氧。当乙炔软管着火时，应先关熄炬火，可弯折前面一段软管将火熄灭。

12.9.14 工作完毕，应将氧气瓶、乙炔瓶气阀关好，拧上安全罩，检查操作场地，确认无着火危险，方准离开。

12.9.15 氧气瓶应与其他气瓶、油脂等易燃、易爆物品分开存放，且不得同车运输。氧气瓶不得散装吊运。运输时，氧气瓶应装有防振圈和安全帽。

12.10 等离子切割机

12.10.1 作业前，应检查并确认不得有漏电、漏气、漏水现象，接地或接零应安全可靠。应将工作台与地面绝缘，或在电气控制系统安装空载断路继电器。

12.10.2 小车、工件位置应适当，工件应接通切割电路正极，切割工作面下应设有熔渣坑。

12.10.3 应根据工件材质、种类和厚度选定喷嘴孔径，调整切割电源、气体流量和电极的内缩量。

12.10.4 自动切割小车应经空车运转，并应选定合适的切割速度。

12.10.5 操作人员应戴好防护面罩、电焊手套、帽子、滤膜防尘口罩和隔声耳罩。

12.10.6 切割时，操作人员应站在上风处操作。可从工作台下部抽风，并宜缩小操作台上的敞开面积。

12.10.7 切割时，当空载电压过高时，应检查电器接地或接零、割炬把手绝缘情况。

12.10.8 高频发生器应设有屏蔽护罩，用高频引弧后，应立即切断高频电路。

12.10.9 作业后，应切断电源，关闭气源和水源。

12.11 仿形切割机

12.11.1 应按出厂使用说明书要求接通切割机的电源，并应做好保护接地或接零。

12.11.2 作业前，应先空运转，检查并确认氧、乙炔和加装的仿形样板配合无误后，开始切割作业。

12.11.3 作业后，应清理保养设备，整理并保管好氧气带、乙炔气带及电缆线。

13 其他中小型机械

13.1 一般规定

13.1.1 中小型机械应安装稳固，用电应符合现行行业标准《施工现场临时用电安全技术规范》JGJ 46 的有关规定。

13.1.2 中小型机械上的外露传动部分和旋转部分应设有防护罩。室外使用的机械应搭设机械防护棚或采取其他防护措施。

13.2 咬 口 机

13.2.1 不得用手触碰转动中的辊轮，工件送到末端时，手指应离开工件。

13.2.2 工件长度、宽度不得超过机械允许加工的范围。

13.2.3 作业中如有异物进入辊中，应及时停车处理。

13.3 剪 板 机

13.3.1 启动前，应检查并确认各部润滑、紧固应完好，切刀不得有缺口。

13.3.2 剪切钢板的厚度不得超过剪板机规定的能力。切窄板材时，应在被剪板材上压一块较宽钢板，使垂直压紧装置下落时，能压牢被剪板材。

13.3.3 应根据剪切板材厚度，调整上下切刀间隙。正常切刀间隙不得大于板材厚度的 5%，斜口剪时，不得大于 7%。间隙调整后，应进行手转动及空车运转试验。

13.3.4 剪板机限位装置应齐全有效。制动装置应根据磨损情况，及时调整。

13.3.5 多人作业时，应有专人指挥。

13.3.6 应在上切刀停止运动后送料。送料时，应放正、放平、放稳，手指不得接近切刀和压板，并不得将手伸进垂直压紧装置的内侧。

13.4 折 板 机

13.4.1 作业前，应先校对模具，按被折板厚的 1.5 倍～2 倍预留间隙，并进行试折，在检查并确认机械和模具装备正常后，再调整到折板规定的间隙，开始正式作业。

13.4.2 作业中，应经常检查上模具的紧固件和液压或气压系统，当发现有松动或泄漏等情况，应立即停机，并妥善处理后，继续作业。

13.4.3 批量生产时，应使用后标尺挡板进行对准和调整尺寸，并应空载运转，检查并确认其摆动应灵活可靠。

13.5 卷 板 机

13.5.1 作业中，操作人员应站在工件的两侧，并应防止人手和衣服被卷入轧辊内。工件上不得站人。

13.5.2 用样板检查圆度时，应在停机后进行。滚卷工件到末端时，应留一定的余量。

13.5.3 滚卷较厚、直径较大的筒体或材料强度较大的工件时，应少量下降动轧辊，并应经多次滚卷成型。

13.5.4 滚卷较窄的筒体时，应放在轧辊中间滚卷。

13.6 坡 口 机

13.6.1 刀排、刀具应稳定牢固。

13.6.2 当工件过长时，应加装辅助托架。

13.6.3 作业中，不得俯身近视工件。不得用手摸坡口及擦拭铁屑。

13.7 法兰卷圆机

13.7.1 加工型钢规格不应超过机具的允许范围。

13.7.2 当轧制的法兰不能进入第二道型辊时，不得用手直接推送，应使用专用工具送入。

13.7.3 当加工法兰直径超过 1000mm 时，应采取加装托架等安全措施。

13.7.4 作业时，人员不得靠近法兰尾端。

13.8 套丝切管机

13.8.1 应按加工管径选用板牙头和板牙，板牙应按顺序放入，板牙应充分润滑。

13.8.2 当工件伸出卡盘端面的长度较长时，后部应加装辅助托架，并调整好高度。

13.8.3 切断作业时，不得在旋转手柄上加长力臂。切平管端时，不得进刀过快。

13.8.4 当加工件的管径或椭圆度较大时，应两次进刀。

13.9 弯 管 机

13.9.1 弯管机作业场所应设置围栏。

13.9.2 应按加工管径选用管模，并应按顺序将管模放好。

13.9.3 不得在管子和管模之间加油。

13.9.4 作业时，应夹紧机件，导板支承机构应按弯管的方向及时进行换向。

13.10 小 型 台 钻

13.10.1 多台钻床布置时，应保持合适安全距离。

13.10.2 操作人员应按规定穿戴防护用品，并应扎紧袖口。不得围围巾及戴手套。

13.10.3 启动前应检查下列各项，并应符合相应要求：

1 各部螺栓应紧固；

2 行程限位、信号等安全装置应齐全有效；

3 润滑系统应保持清洁，油量应充足；

4 电气开关、接地或接零应良好；

5 传动及电气部分的防护装置应完好牢固；

6 夹具、刀具不得有裂纹、破损。

13.10.4 钻小件时，应用工具夹持；钻薄板时，应用虎钳夹紧，并应在工件下垫好木板。

13.10.5 手动进钻退钻时，应逐渐增压或减压，不得用管子套在手柄上加压进钻。

13.10.6 排屑困难时，进钻、退钻应反复交替进行。

13.10.7 不得用手触摸旋转的刀具或将头部靠近机床旋转部分，不得在旋转着的刀具下翻转、卡压或测量工件。

13.11 喷 浆 机

13.11.1 开机时，应先打开料桶开关，让石灰浆流入泵体内部后，再开动电动机带泵旋转。

13.11.2 作业后，应往料斗注入清水，开泵清洗直到水清为止，再倒出泵内积水，清洗疏通喷头座及滤网，并将喷枪擦洗干净。

13.11.3 长期存放前，应清除前、后轴承座内的灰浆积料，堵塞进浆口，从出浆口注入机油约 50mL，再堵塞出浆口，开机运转约 30s，使泵体内润滑防锈。

13.12 柱塞式、隔膜式灰浆泵

13.12.1 输送管路应连接紧密，不得渗漏；垂直管道应固定牢固；管道上不得加压或悬挂重物。

13.12.2 作业前应检查并确认球阀完好，泵内无干硬灰浆等物，安全阀已调整到预定的安全压力。

13.12.3 泵送前，应先用水进行泵送试验，检查并确认各部位无渗漏。

13.12.4 被输送的灰浆应搅拌均匀，不得混入石子或其他杂物，灰浆稠度应为 80mm～120mm。

13.12.5 泵送时，应先开机后加料，并应先用泵压送适量石灰膏润滑输送管道，然后再加入稀灰浆，最后调整到所需稠度。

13.12.6 泵送过程中，当泵送压力超过预定的 1.5MPa 时，应反向泵送；当反向泵送无效时，应停机卸压检查，不得强行泵送。

13.12.7 当短时间内不需泵送时，可打开回浆阀使灰浆在泵体内循环运行。当停泵时间较长时，应每隔 3min～5min 泵送一次，泵送时间宜为 0.5min。

13.12.8 当因故障停机时，应先打开泄浆阀使压力下降，然后排除故障。灰浆泵压力未达到零时，不得拆卸空气室、安全阀和管道。

13.12.9 作业后，应先采用石灰膏或浓石灰水把输送管道里的灰浆全部泵出，再用清水将泵和输送管道清洗干净。

13.13 挤压式灰浆泵

13.13.1 使用前，应先接好输送管道，往料斗加注清水，启动灰浆泵，当输送胶管出水时，应折起胶管，在升到额定压力时，停泵、观察各部位，不得有渗漏现象。

13.13.2 作业前，应先用清水，再用白灰膏润滑输送管道后，再泵送灰浆。

13.13.3 泵送过程中，当压力迅速上升，有堵管现象时，应反转泵送 2 转～3 转，使灰浆返回料斗，经搅拌后再泵送，当多次正反泵仍不能畅通时，应停机检查，排除堵塞。

13.13.4 工作间歇时，应先停止送灰，后停止送气，并应防止气嘴被灰浆堵塞。

13.13.5 作业后，应将泵机和管路系统全部清洗干净。

13.14 水磨石机

13.14.1 水磨石机宜在混凝土达到设计强度 70%～80% 时进行磨削作业。

13.14.2 作业前，应检查并确认各连接件应紧固，磨石不得有裂纹、破损，冷却水管不得有渗漏现象。

13.14.3 电缆线不得破损，保护接零或接地应良好。

13.14.4 在接通电源、水源后，应先压扶把使磨盘离开地面，再启动电动机，然后应检查并确认磨盘旋转方向与箭头所示方向一致，在运转正常后，再缓慢放下磨盘，进行作业。

13.14.5 作业中，使用的冷却水不得间断，用水量宜调至工作面不发干。

13.14.6 作业中，当发现磨盘跳动或异响，应立即停机检修。停机时，应先提升磨盘后关机。

13.14.7 作业后，应切断电源，清洗各部位的泥浆，并应将水磨石机放置在干燥处。

13.15 混凝土切割机

13.15.1 使用前，应检查并确认电动机接线正确，接零或接地良好，安全防护装置应有效，锯片选用应符合要求，并安装正确。

13.15.2 启动后，应先空载运转，检查并确认锯片运转方向应正确，升降机构应灵活，一切正常后，开始作业。

13.15.3 切割厚度应符合机械出厂铭牌的规定。切割时应匀速切割。

13.15.4 切割小块料时，应使用专用工具送料，不得直接用手推料。

13.15.5 作业中，当发生跳动及异响时，应立即停机检查，排除故障后，继续作业。

13.15.6 锯台上和构件锯缝中的碎屑应采用专用工具及时清除。

13.15.7 作业后，应清洗机身，擦干锯片，排放水箱余水，并存放在干燥处。

13.16 通 风 机

13.16.1 通风机应有防雨防潮措施。

13.16.2 通风机和管道安装应牢固。风管接头应严密，口径不同的风管不得混合连接。风管转角处应做成大圆角。风管安装不应妨碍人员行走及车辆通行，风管出风口距工作面宜为 6m～10m。爆破工作面附近的管道应采取保护措施。

13.16.3 通风机及通风管应装有风压水柱表，并应随时检查通风情况。

13.16.4 启动前应检查并确认主机和管件的连接应符合要求、风扇转动应平稳、电流过载保护装置应齐全有效。

13.16.5 通风机应运行平稳，不得有异响。对无逆止装置的通风机，应在风道回风消失后进行检修。

13.16.6 当电动机温升超过铭牌规定等异常情况时，应停机降温。

13.16.7 不得在通风机和通风管上放置或悬挂任何物件。

13.17 离 心 水 泵

13.17.1 水泵安装应牢固、平稳，电气设备应有防雨防潮设施。高压软管接头连接应牢固可靠，并宜平直放置。数台水泵并列安装时，每台之间应有 0.8m ～1.0m 的距离；串联安装时，应有相同的流量。

13.17.2 冬期运转时，应做好管路、泵房的防冻、保温工作。

13.17.3 启动前应进行检查，并应符合下列规定：

　　1 电动机与水泵的连接应同心，联轴节的螺栓应紧固，联轴节的转动部分应有防护装置；

　　2 管路支架应稳固。管路应密封可靠，不得有堵塞或漏水现象；

　　3 排气阀应畅通。

13.17.4 启动时，应加足引水，并应将出水阀关闭；当水泵达到额定转速时，旋开真空表和压力表的阀门，在指针位置正常后，逐步打开出水阀。

13.17.5 运转中发现下列现象之一时，应立即停机检修：

　　1 漏水、漏气及填料部分发热；

　　2 底阀滤网堵塞，运转声音异常；

　　3 电动机温升过高，电流突然增大；

　　4 机械零件松动。

13.17.6 水泵运转时，人员不得从机上跨越。

13.17.7 水泵停止作业时，应先关闭压力表，再关闭出水阀，然后切断电源。冬期停用时，应放净水泵和水管中积水。

13.18 潜 水 泵

13.18.1 潜水泵应直立于水中，水深不得小于 0.5m，不宜在含大量泥砂的水中使用。

13.18.2 潜水泵放入水中或提出水面时，不得拉拽电缆或出水管，并应切断电源。

13.18.3 潜水泵应装设保护接零和漏电保护装置，工作时，泵周围 30m 以内水面，不得有人、畜进入。

13.18.4 启动前应进行检查，并应符合下列规定：

　　1 水管绑扎应牢固；

　　2 放气、放水、注油等螺塞应旋紧；

　　3 叶轮和进水节不得有杂物；

　　4 电气绝缘应良好。

13.18.5 接通电源后，应先试运转，检查并确认旋转方向应正确，无水运转时间不得超过使用说明书规定。

13.18.6 应经常观察水位变化，叶轮中心至水平面距离应在 0.5m～3.0m 之间，泵体不得陷入污泥或露出水面。电缆不得与井壁、池壁摩擦。

13.18.7 潜水泵的启动电压应符合使用说明书的规定，电动机电流超过铭牌规定的限值时，应停机检查，并不得频繁开关机。

13.18.8 潜水泵不用时，不得长期浸没于水中，应放置在干燥通风处。

13.18.9 电动机定子绕组的绝缘电阻不得低于 0.5MΩ。

13.19 深 井 泵

13.19.1 深井泵应使用在含砂量低于 0.01% 的水中，泵房内设预润水箱。

13.19.2 深井泵的叶轮在运转中，不得与壳体摩擦。

13.19.3 深井泵在运转前，应将清水注入壳体内进行预润。

13.19.4 深井泵启动前，应检查并确认：

　　1 底座基础螺栓应紧固；

　　2 轴向间隙应符合要求，调节螺栓的保险螺母应装好；

　　3 填料压盖应旋紧，并应经过润滑；

　　4 电动机轴承应进行润滑；

　　5 用手旋转电动机转子和止退机构，应灵活有效。

13.19.5 深井泵不得在无水情况下空转。水泵的一、二级叶轮应浸入水位 1m 以下。运转中应经常观察井中水位的变化情况。

13.19.6 当水泵振动较大时，应检查水泵的轴承或电动机填料处磨损情况，并应及时更换零件。

13.19.7 停泵时，应先关闭出水阀，再切断电源，锁好开关箱。

13.20 泥 浆 泵

13.20.1 泥浆泵应安装在稳固的基础架或地基上，不得松动。

13.20.2 启动前应进行检查，并应符合下列规定：

　　1 各部位连接应牢固；

　　2 电动机旋转方向应正确；

　　3 离合器应灵活可靠；

　　4 管路连接应牢固，并应密封可靠，底阀应灵活有效。

13.20.3 启动前，吸水管、底阀及泵体内应注满引水，压力表缓冲器上端应注满油。

13.20.4 启动时，应先将活塞往复运动两次，并不得有阻梗，然后空载启动。

13.20.5 运转中，应经常测试泥浆含砂量。泥浆含砂量不得超过 10%。

13.20.6 有多档速度的泥浆泵，在每班运转中，应将几档速度分别运转，运转时间不得少于 30min。

13.20.7 泥浆泵换档变速应在停泵后进行。

13.20.8 运转中，当出现异响、电机明显温升或水量、压力不正常时，应停泵检查。

13.20.9 泥浆泵应在空载时停泵。停泵时间较长时，应全部打开放水孔，并松开缸盖，提起底阀放水杆，放尽泵体及管道中的全部泥浆。

13.20.10 当长期停用时，应清洗各部泥砂、油垢，放尽曲轴箱内的润滑油，并应采取防锈、防腐措施。

13.21 真 空 泵

13.21.1 真空室内过滤网应完整，集水室通向真空泵的回水管上的旋塞开启应灵活，指示仪表应正常，进出水管应按出厂说明书要求连接。

13.21.2 真空泵启动后，应检查并确认电机旋转方向与罩壳上箭头指向一致，然后应堵住进水口，检查泵机空载真空度，表值显示不应小于 96kPa。当不符合上述要求时，应检查泵组、管道及工作装置的密封情况，有损坏时，应及时修理或更换。

13.21.3 作业时，应经常观察机组真空表，并应随时做好记录。

13.21.4 作业后，应冲洗水箱及滤网的泥砂，并应放尽水箱内存水。

13.21.5 冬期施工或存放不用时，应把真空泵内的冷却水放尽。

13.22 手持电动工具

13.22.1 使用手持电动工具时，应穿戴劳动防护用品。施工区域光线应充足。

13.22.2 刀具应保持锋利，并应完好无损；砂轮不得受潮、变形、破裂或接触过油、碱类，受潮的砂轮片不得自行烘干，应使用专用机具烘干。手持电动工具的砂轮和刀具的安装应稳固、配套，安装砂轮的螺母不得过紧。

13.22.3 在一般作业场所应使用Ⅰ类电动工具；在潮湿或金属构架等导电性能良好的作业场所应使用Ⅱ类电动工具；在锅炉、金属容器、管道内等作业场所应使用Ⅲ电动工具；Ⅱ、Ⅲ类电动工具开关箱、电源转换器应在作业场所外面；在狭窄作业场所操作时，应有专人监护。

13.22.4 使用Ⅰ类电动工具时，应安装额定漏电动作电流不大于 15mA、额定漏电动作时间不大于 0.1s 的防溅型漏电保护器。

13.22.5 在雨期施工前或电动工具受潮后，必须采用 500V 兆欧表检测电动工具绝缘电阻，且每年不少于 2 次。绝缘电阻不应小于表 13.22.5 的规定。

表 13.22.5 绝缘电阻

测量部位	绝缘电阻（MΩ）		
	Ⅰ类电动工具	Ⅱ类电动工具	Ⅲ类电动工具
带电零件与外壳之间	2	7	1

13.22.6 非金属壳体的电动机、电器，在存放和使用时不应受压、受潮，并不得接触汽油等溶剂。

13.22.7 手持电动工具的负荷线应采用耐气候型橡胶护套铜芯软电缆，并不得有接头，水平距离不宜大于 3m，负荷线插头插座应具备专用的保护触头。

13.22.8 作业前应重点检查下列项目，并应符合相应要求：

1 外壳、手柄不得裂缝、破损；

2 电缆软线及插头等应完好无损，保护接零连接应牢固可靠，开关动作应正常；

3 各部防护罩装置应齐全牢固。

13.22.9 机具启动后，应空载运转，检查并确认机具转动应灵活无阻。

13.22.10 作业时，加力应平稳，不得超载使用。作业中应注意声响及温升，发现异常应立即停机检查。在作业时间过长，机具温升超过 60℃时，应停机冷却。

13.22.11 作业中，不得用手触摸刃具、模具和砂轮，发现其有磨钝、破损情况时，应立即停机修整或更换。

13.22.12 停止作业时，应关闭电动工具，切断电源，并收好工具。

13.22.13 使用电钻、冲击钻或电锤时，符合下列规定：

1 机具启动后，应空载运转，应检查并确认机具联动灵活无阻；

2 钻孔时，应先将钻头抵在工作表面，然后开动，用力应适度，不得晃动；转速急剧下降时，应减小用力，防止电机过载；不得用木杠加压钻孔；

3 电钻和冲击钻或电锤实行 40% 断续工作制，不得长时间连续使用。

13.22.14 使用角向磨光机时，应符合下列要求：

1 砂轮应选用增强纤维树脂型，其安全线速度不得小于 80m/s。配用的电缆与插头应具有加强绝缘性能，并不得任意更换；

2 磨削作业时，应使砂轮与工件面保持 15°～30°的倾斜位置；切削作业时，砂轮不得倾斜，并不得横向摆动。

13.22.15 使用电剪时，应符合下列规定：

1 作业前，应先根据钢板厚度调节刀头间隙量，最大剪切厚度不得大于铭牌标定值；

2 作业时，不得用力过猛，当遇阻力，轴往复次数急剧下降时，应立即减少推力；

3 使用电剪时，不得用手摸刀片和工件边缘。

13.22.16 使用射钉枪时，应符合下列规定：

1 不得用手掌推压钉管和将枪口对准人；

2 击发时，应将射钉枪垂直压紧在工作面上。当两次扣动扳机，子弹不击发时，应保持原射击位置数秒钟后，再退出射钉弹；

3 在更换零件或断开射钉枪之前，射枪内不得装有射钉弹。

13.22.17 使用拉铆枪时，应符合下列规定：

1 被铆接物体上的铆钉孔应与铆钉相配合，过盈量不得太大；

2 铆接时，可重复扣动扳机，直到铆钉被拉断为止，不得强行扭断或撬断；

3 作业中，当接铆头子或并帽有松动时，应立即拧紧。

13.22.18 使用云（切）石机时，应符合下列规定：

1 作业时应防止杂物、泥尘混入电动机内，并应随时观察机壳温度，当机壳温度过高及电刷产生火花时，应立即停机检查处理；

2 切割过程中用力应均匀适当，推进刀片时不得用力过猛。当发生刀片卡死时，应立即停机，慢慢退出刀片，重新对正后再切割。

附录 A 建筑机械磨合期的使用

A.0.1 建筑机械操作人员应在生产厂家的培训指导下，了解机器的结构、性能，根据产品使用说明书的要求进行操作、保养。新机和大修后机械在初期使用时，应遵守磨合期规定。

A.0.2 机械设备的磨合期，除原制造厂有规定外，内燃机械宜为 100h，电动机械宜为 50h，汽车宜为 1000km。

A.0.3 磨合期间，应采用符合其内燃机性能的燃料和润滑油料。

A.0.4 启动内燃机时，不得猛加油门，应在 500r/min～600r/min 下稳定运转数分钟，使内燃机内部运动机件得到良好的润滑，随着温度上升而逐渐增加转速。在严寒季节，应先对内燃机进行预热后再启动。

A.0.5 磨合期内，操作应平稳，不得骤然增加转速，并宜按下列规定减载使用：

1 起重机从额定起重量 50% 开始，逐步增加载荷，且不得超过额定起重量的 80%；

2 挖掘机在工作 30h 内，应先挖掘松的土壤，每次装料应为斗容量的 1/2；在以后 70h 内，装料可逐步增加，且不得超过斗容量的 3/4；

3 推土机、铲运机和装载机，应控制刀片铲土和铲斗装料深度，减少推土、铲土量和铲斗装载量，从 50% 开始逐渐增加，不得超过额定载荷的 80%；

4 汽车载重量应按规定标准减载 20%～25%，并应避免在不良的道路上行驶和拖带挂车，最高车速不宜超过 40km/h；

5 其他内燃机械和电动机械在磨合期内，在无具体规定时，应减速 30% 和减载 20%～30%。

A.0.6 在磨合期内，应观察各仪表指示，检查润滑油、液压油、冷却液、制动液以及燃油品质和油（水）位，并注意检查整机的密封性，保持机器清洁，应及时调整、紧固松动的零部件；应观察各机构的运转情况，并应检查各轴承、齿轮箱、传动机构、液压装置以及各连接部分的温度，发现运转不正常、过

热、异响等现象时，应及时查明原因并排除。

A.0.7 在磨合期，应在机械明显处悬挂"磨合期"的标志，在磨合期满后再取下。

A.0.8 磨合期间，应按规定更换内燃机曲轴箱机油和机油滤清器芯；同时应检查各齿轮箱润滑油清洁情况，并按规定及时更换润滑油，清洗润滑系统。

A.0.9 磨合期满，应由机械管理人员和驾驶员、修理工配合进行一次检查、调整以及紧固工作。内燃机的限速装置应在磨合期满后拆除。

A.0.10 磨合期应分工明确，责任到人。在磨合期前，应把磨合期各项要求和注意事项向操作人员交底；磨合期中，应随时检查机械使用运转情况，详细填写机械磨合期记录；磨合期满后，应由机械技术负责人审查签章，将磨合期记录归入技术档案。

附录 B 建筑机械寒冷季节的使用

B.1 准 备 工 作

B.1.1 在进入寒冷季节前，机械使用单位应制定寒冷季节施工安全技术措施，并对机械操作人员进行寒冷季节使用机械设备的安全教育，同时应做好防寒物资的供应工作。

B.1.2 在进入寒冷季节前，对在用机械设备应进行一次换季保养，换用适合寒冷季节的燃油、润滑油、液压油、防冻液、蓄电池液等。对停用机械设备，应放尽存水。

B.2 机械冷却系统防冻措施

B.2.1 当室外温度低于 5℃ 时，水冷却的机械设备停止使用后，操作人员应及时放尽机体存水。放水时，应在水温降低到 50℃～60℃ 时进行，机械应处于平坦位置，打开水箱盖，并应打开缸体、水泵、水箱等所有放水阀。在存水没有放尽前，操作人员不得离开。存水放净后，各放水阀应保持开启状态，并将"无水"标志牌挂在机械的明显处。为了防止失误，应由专职人员按时进行检查。

B.2.2 使用防冻液的机械设备，在加入防冻液前，应对冷却系统进行清洗，并应根据气温要求，按比例配制防冻冷却液。在使用中应经常检查防冻液，不足时应及时增添。

B.2.3 在气温较低的地区，内燃机、水箱等都应有保温套。工作中如停车时间较长，冷却水有冻结可能时，应放水防冻。

B.3 燃料、润滑油、液压油、蓄电池液的选用

B.3.1 应根据气温按出厂要求选用燃料。汽油机在低温下应选用辛烷值较高标号的汽油。柴油机在最低

气温 4℃以上地区使用时，应采用 0 号柴油；在最低气温－5℃以上地区使用时，应采用－10 号柴油；在最低气温－14℃以上地区使用时，应采用－20 号柴油；在最低气温－29℃以上地区使用时，应采用－35号柴油；在最低气温－30℃以下地区使用时，应采用－50 号柴油。在低温条件下缺乏低凝度柴油时，应采用预热措施。

B.3.2 寒冷季节，应按规定换用较低凝固温度的润滑油、机油及齿轮油。

B.3.3 液压油应随气温变化而换用。液压油应使用同一品种、标号。

B.3.4 使用蓄电池的机械，在寒冷季节，蓄电池液密度不得低于 1.25，发电机电流应调整到 15A 以上。严寒地区，蓄电池应加装保温装置。

B.4 存放及启动

B.4.1 寒冷季节，机械设备宜在室内存放。露天存放的大型机械，应停放在避风处，并加盖篷布。

B.4.2 在没有保温设施情况下启动内燃机，应将水加热到 60℃～80℃时，再加入内燃机冷却系统，并可用喷灯加热进气岐管。不得用机械拖顶的方法启动内燃机。

B.4.3 无预热装置的内燃机，在工作完毕后，可将曲轴箱内润滑油趁热放出，存放在清洁容器内；启动时，先将容器内的润滑油加温到 70℃～80℃，再将油加入曲轴箱。不得用明火直接燃烤曲轴箱。

B.4.4 内燃机启动后，应先急速空转 10min～20min，再逐步增加转速。

附录 C 液压装置的使用

C.1 液压元件的安装

C.1.1 液压元件在安装前应清洗干净，安装应在清洁的环境中进行。

C.1.2 液压泵、液压马达和液压阀的进、出油口不得反接。

C.1.3 连接螺钉应按规定扭力拧紧。

C.1.4 油管应用管夹与机器固定，不得与其他物体摩擦。软管不得有急弯或扭曲。

C.2 液压油的选择和清洁

C.2.1 应使用出厂说明书中所规定的牌号液压油。

C.2.2 应通过规定的滤油器向油箱注入液压油。应经常检查和清洗滤油器，发现损坏，应及时更换。

C.2.3 应定期检查液压油的清洁度，按规定应及时更换，并应认真填写检测及加油记录。

C.2.4 盛装液压油的容器应保持清洁，容器内壁不

得涂刷油漆。

C.3 启动前的检查和启动、运转作业

C.3.1 液压油箱内的油面应在标尺规定的上、下限范围内。新机开机后，部分油进入各系统，应及时补充。

C.3.2 冷却器应有充足的冷却液，散热风扇应完好有效。

C.3.3 液压泵的出入口与旋转方向应与标牌标志一致。换新联轴器时，不得敲打泵轴。

C.3.4 各液压元件应安装牢固，油管及密封圈不得有渗漏。

C.3.5 液压泵启动时，所有操纵杆应处于中间位置。

C.3.6 在严寒地区启动液压泵时，可使用加热器提高油温。启动后，应按规定空载运转液压系统。

C.3.7 初次使用及停机时间较长时，液压系统启动后，应空载运行，并应打开空气阀，将系统内空气排除干净，检查并确认各部件工作正常后，再进行作业。

C.3.8 溢流阀的调定压力不得超过规定的最高压力。

C.3.9 运转中，应随时观察仪表读数，检查油温、油压、响声、振动等情况，发现问题，应立即停机检修。

C.3.10 液压油的工作温度宜保持在 30℃～60℃范围内，最高油温不应超过 80℃；当油温超规定时，应检查油量、油黏度、冷却器、过滤器等是否正常，在故障排除后，继续使用。

C.3.11 液压系统应密封良好，不得吸入空气。

C.3.12 高压系统发生泄漏时，不得用手去检查，应立即停机检修。

C.3.13 拆检蓄能器、液压油路等高压系统时，应在确保系统内无高压后拆除。泄压时，人员不得面对放气阀或高压系统喷射口。

C.3.14 液压系统在作业中，当出现下列情况之一时，应停机检查：

1 油温超过允许范围；
2 系统压力不足或完全无压力；
3 流量过大、过小或完全不流油；
4 压力或流量脉动；
5 不正常响声或振动；
6 换向阀动作失灵；
7 工作装置功能不良或卡死；
8 液压系统泄漏、内渗、串压、反馈严重。

C.3.15 作业完毕后，工作装置及控制阀等应回复原位，并应按规定进行保养。

本规程用词说明

1 为便于在执行本规程条文时区别对待，对要

求严格程度不同的用词说明如下：

1）表示很严格，非这样做不可的：

正面词采用"必须"，反面词采用"严禁"；

2）表示严格，在正常情况均应这样做的：

正面词采用"应"，反面词采用"不应"或"不得"；

3）表示允许稍有选择，在条件许可时首先应这样做的：

正面词采用"宜"，反面词采用"不宜"；

4）表示有选择，在一定条件下可以这样做的，采用"可"。

2 本规程条文中指明应按其他有关标准执行的写法为："应执行……规定"，或"应符合……的规定"。

引用标准名录

1 《起重机设计规范》GB/T 3811

2 《爆破安全规程》GB 6722

3 《起重机 钢丝绳 保养、维护、安装、检验和报废》GB/T 5972

4 《建筑机械技术试验规程》JGJ 34

5 《施工现场临时用电安全技术规范》JGJ 46

6 《塔式起重机混凝土基础工程技术规程》JGJ/T 187

7 《施工升降机齿轮锥鼓形渐进式防坠安全器》JG 121

中华人民共和国行业标准

建筑机械使用安全技术规程

JGJ 33—2012

条 文 说 明

修 订 说 明

《建筑机械使用安全技术规程》JGJ 33－2012 经住房和城乡建设部 2012 年 5 月 3 日以第 1364 号公告批准、发布。

本规程是在《建筑机械使用安全技术规程》JGJ 33－2001 的基础上修订而成，上一版的主编单位是甘肃省建筑工程总公司，参编单位是湖北省工业建筑工程总公司、四川省建筑工程总公司、江苏省建筑工程总公司、陕西省建筑工程总公司、山西省建筑工程总公司，主要起草人是：钱风、朱学敏、成诗言、陆裕基、金开愚、安世基。本次修订的主要技术内容是：1. 删除了装修机械、水工机械、钣金和管工机械，相关机械并入其他中小型机械；对建筑起重机械、运输机械进行了调整；增加了木工机械、地下施工机械；2. 删除了凿岩机械、油罐车、自立式起重架、混凝土搅拌站、液压滑升设备、预应力钢丝拉伸设备、冷镦机；新增了旋挖钻机、深层搅拌机、成槽机、冲孔桩机、混凝土布料机、钢筋螺纹成型机、钢筋除锈机、顶管机、盾构机。

本规程修订过程中，编制组进行了大量的调查研究，总结了我国建筑机械在使用安全方面的实践经验，同时参考借鉴了有关现行国家标准和行业标准。

为了便于广大建设施工单位、安全生产监督机构等单位的有关人员在使用本规程时能正确理解和执行条文规定，《建筑机械使用安全技术规程》编制组按章、节、条顺序编制了本规程的条文说明，对条文规定的目的、依据以及执行中需要注意的有关事项进行了说明，还着重对强制性条文强制性理由进行了解释。但是，本条文说明不具备与规程正文同等的法律效力，仅供使用者作为理解和把握规程规定的参考。

目　次

1 总　则

1.0.1 本条规定说明制定本规程的目的。

1.0.2 本条规定说明本规程的适用范围。

2 基本规定

2.0.1 本条规定了操作人员所具备的条件和持证上岗的要求，这是保证安全操作的基本条件。

2.0.2 机械的作业能力和使用范围是有一定限度的，超过限度就会造成事故，本条说明需要遵照说明书的规定使用机械。

2.0.3 机械上的安全防护装置，能及时预报机械的安全状态，防止发生事故，保证机械设备的安全生产，因此，需要保持完好有效。

2.0.4 本条规定是促使施工和操作人员相互了解情况，密切配合，以达到安全生产的目的。

2.0.5 机械操作人员穿戴劳动保护用品、高处作业必须系安全带是安全生产保障。

2.0.6 本条规定了机械操作人员在使用设备前的安全检查和试运行工作，防止设备交接不清和设备带病运转带来的机械伤害。

2.0.7 根据事故分析资料，很多事故是由于操作人员思想不集中、麻痹、疏忽等因素及其他违规行为所造成的。本条突出了对操作人员工作纪律的要求。

2.0.8 保持机械完好状态，才能减少故障和防止事故发生，因此，操作人员要按照保养规定，做好保养作业。

2.0.9 交接班制度，是使操作人员在互相交接时不致发生差错，防止由于职责不清引发事故而制定的。

2.0.10 要为机械作业提供必要的安全条件和消除一切障碍，才能保证机械在安全的环境下作业。

2.0.11 本条规定了机械设备的基础承载能力要求，防止设备基础不符合要求，从源头上埋下安全隐患，造成设备倾覆等重大事故。

2.0.12 新机、经过大修或技术改造的机械，需要经过测试，验证性能和适用性；由于新装配的零部件表面配合程度较差，需要经过磨合，以达到装配表面的良好接触。防止在未经磨合前即满负荷使用，引起粘附磨损而造成事故。

2.0.13 寒冷季节的低温给机械的启动、运转、停置保管等带来不少困难，需要采取相应措施，以防止机械因低温运转而产生不正常损耗和冻裂汽缸体等重大事故。

2.0.14～2.0.16 这三条是对机械放置场所，特别是易发生危险的场所需要具备条件的要求，如消防器材、警示牌以及对危害人体及保护环境的具体保护措施所提出的要求。根据《安全标志》规定修改了警告

牌的安全术语。

2.0.17 机械停置或封存期间，也会产生有形磨损，这是由于机件生锈、金属腐蚀、橡胶和塑料老化等原因造成的，要减少这类磨损，需要做好保养等预防措施。

2.0.19 本条规定发生机械事故后，处理机械伤害事故的工作程序。

2.0.20 本条规定明确了操作人员在工作中的安全生产权利和义务。

2.0.21 机械或电气装置切断电源，停稳后进行清洁、保养、维修是安全生产工作的保证。

3 动力与电气装置

3.1 一般规定

3.1.2 硬水中含有大量矿物质，在高温作用下会产生水垢，附着于冷却系统的金属表面，堵塞水道，降低散热功能，所以需要作软化处理。

3.1.3 保护接地是在电器外壳与大地之间设置电阻小的金属接地极，当绝缘损坏时，电流经接地极入地，不会对人体造成危害。

保护接零是将接地的中性线（零线）与非带电的结构、外壳和设备相连接，当绝缘损坏时，由于中性线电阻很小，短路电流很大，会使电气线路中的保护开关、保险器和熔断器动作，切断电源，从而避免人身触电事故。

3.1.4 在保护接零系统中，如果个别设备接地未接零，且该设备相线碰壳，则该设备及所有接零设备的外壳都会出现危险电压。尤其是当接地线或接零保护的两个设备距离较近，一个人同时接触这两个设备时，其接触电压可达 220V 的数值，触电危险就更大。因此，在同一供电系统中，不能同时采用接零和接地两种保护方法。

3.1.5 如在保护接零的零线上串接熔断器或断路设备，将使零线失去保护功能。

3.1.9 当电器发生严重超载、短路及失压等故障时，通过自动开关的跳闸，切断故障电器，有效地保护串接在它后面的电气设备，如果在故障未排除前强行合闸，将失去保护作用而烧坏电气设备。

3.1.12 水是导电体，如果电气设备上有积水，将破坏绝缘性能。

3.2 内燃机

3.2.1 本条所列内燃机作业前重点检查项目，是保证内燃机正确启动和运转的必要条件。

3.2.3 用手摇柄和拉绳启动汽油机时，容易发生倒爆，造成曲轴反转，如果用手硬压或连续转动摇柄或将拉绳缠在手上时，曲轴反转时将使手、臂和面部和

其他人身部位受到伤害。有的司机就是因摇把反弹撞掉了下巴、打断了胳膊。

3.2.4 用小发动机启动柴油机时，如时间过长，说明柴油机存在故障，要排除后再启动，以减少小发动机磨损。汽油机启动时间过长，容易损坏启动机和蓄电池。

3.2.5 内燃机启动后，机械和冷却水的温度都要通过内燃机运转而升温，冷凝的润滑油也要随温度上升逐步到达所有零件的摩擦面。因此内燃机启动后需要急速运转达到水温和机油压力正常后，才能使用，否则将加剧零件的磨损。

3.2.6 当内燃机温度过高使冷却水沸腾时，开盖时要避免烫伤，如果用冷水注入水箱或泼浇机体，能使高温的水箱和机体因骤冷而产生裂缝。

3.2.7 异响、异味、水温骤升、油压骤降等都是反映内燃机发生故障的现象，需要检查排除后才能继续使用，否则将使故障加剧而造成事故。

3.2.8 停机前要中速空运转，目的是降低机温，以防高温机件因骤冷而受损。

3.2.9 对有减压装置的内燃机，如果采用减压杆熄火，则将使活塞顶部积存未经燃烧的柴油。

3.2.10 这是防止雨水和杂物通过排气管进入机体内的保护措施。

3.3 发 电 机

3.3.6 发电机在运转时，即使未加励磁，亦应认为带有电压。

3.3.12 发电机电压太低，将对负荷（如电动设备）的运行产生不良影响，对发电机本身运行也不利，还会影响并网运行的稳定性；如电压太高，除影响用电设备的安全运行外，还会影响发电机的使用寿命。因此，电压变动范围要在额定值±5％以内，超出规定值时，需要进行调整。

3.3.13 当发电机组在高频率运行时，容易损坏部件，甚至发生事故；当发电机在过低频率运转时，不但对用电设备的安全和效率产生不良影响，而且能使发电机转速降低，定子和转子线圈温度升高。所以规定频率变动范围不超过额定值的±0.5Hz。

3.4 电 动 机

3.4.4 热继电器作电动机过载保护时，其容量是电动机额定电流的100％～125％为好。如小于额定电流时，则电动机未过载即发生作用；如容量过大时，就失去了保护作用。

3.4.5 电动机的集电环与电刷接触不良时，会发生火花，集电环和电刷磨损加剧，还会增加电能损耗，甚至影响正常运转。因此，需要及时修整或更换电刷。

3.4.6 直流电动机的换向器表面如有损伤，运转时会产生火花，加剧电刷和换向器的损伤，影响正常运转，需要及时修整，保持换向器表面的整洁。

3.4.8 本条规定引自《电气装置安装工程旋转电机施工及验收规范》GB 50170-2006。

3.5 空气压缩机

3.5.2 放置贮气罐处，要尽可能降低温度，以提高贮存压缩空气的质量。作为压力容器，要远离热源，以保证安全。

3.5.3 输气管路不要有急弯，以减少输气阻力。为防止金属管路因热胀冷缩而变形，对较长管路要每隔一定距离设置伸缩变形装置。

3.5.4 贮气罐作为压力容器要执行国家有关压力容器定期试验的规定。

3.5.7 输气管输送的压缩空气如直接吹向人体，会造成人身伤害事故，需要注意输气管路的连接，防止压缩空气外泄伤人。

3.5.8 贮气罐上的安全阀是限制贮气罐内的压力不超过规定值的安全保护装置，要求灵敏有效。

3.5.12 当缺水造成气缸过热时，如立即注入冷水，高温的气缸体因骤冷收缩，容易产生裂缝而导致损坏。

4 建筑起重机械

4.1 一 般 规 定

4.1.2 本条是按照《建筑起重机械安全监督管理规定》（第166号建设部令）中第七条制定的。

4.1.3 本条是按照《建筑起重机械安全监督管理规定》（第166号建设部令）中第八条制定的。

4.1.4 《建筑起重机械安全监督管理规定》（第166号建设部令）规定：

安装单位应当按照安全技术标准及建筑起重机械性能要求，编制建筑起重机械安装、拆卸工程专项施工方案，并由本单位技术负责人签字；专项施工方案、安装、拆卸人员名单、安装、拆卸时间等材料报施工总承包单位和监理单位审核后，告知工程所在地县级以上地方人民政府建设主管部门。

建筑起重机械安装完毕后，安装单位应当按照安全技术标准及安装使用说明书的有关要求对建筑起重机械进行自检、调试和试运转。自检合格的，应当出具自检合格证明，并向使用单位进行安全使用说明。使用单位应当组织出租、安装、监理等有关单位进行验收，或者委托具有相应资质的检验检测机构进行验收。建筑起重机械经验收合格后方可投入使用，未经验收或者验收不合格的不得使用。

4.1.8 基础承载能力不满足要求，容易引起起重机的倾翻。

4.1.11 本条规定的安全装置是起重机必备的，否则不能使用。利用限位装置或限制器代替抽动停车等动作，将造成失误而发生事故。建筑起重机械安全装置见表4-1。

表 4-1　建筑起重机械安全装置一览表

安全装置 起重机械	变幅限位器	力矩限制器	起重量限制器	上限位器	下限位器	防坠安全器	钢丝绳防脱装置	防脱钩装置
塔式起重机	●	●	●	●	●	○	●	●
施工升降机	○	○	●	●	●	●	●	○
桅杆式起重机	○	○	●	●	●	○	●	●
桥（门）式起重机	○	○	●	●	●	○	●	●
电动葫芦	○	○	●	●	●	○	●	●
物料提升机	○	○	●	●	●	○	●	○

注：● 表示该起重机械有此安全装置；
　　○ 表示该起重机械无此安全装置。

4.1.12 本条规定了信号司索工的职责，要求操作人员要听从指挥，但对错误指挥要拒绝执行，这对防止失误十分必要。

4.1.14 风力等级和风速对照见表4-2。

表 4-2　风力等级和风速对照表

风级	1	2	3	4	5	6	7	8	9	10	11	12
相当风速 (m/s)	0.3~1.5	1.6~3.3	3.4~5.4	5.5~7.9	8.0~10.7	10.8~13.8	13.9~17.1	17.2~20.7	20.8~24.4	24.5~28.4	28.5~32.6	32.6以上

本规程风速指施工现场风速，包括地面和高耸设备高处风速。

恶劣天气能使露天作业的起重机部件受损、受潮，所以需要经过试吊无误后再使用。

4.1.18 起重机的额定起重量是以吊钩与重物在垂直情况下核定的。斜吊、斜拉其作用力在起重机的一侧，破坏了起重机的稳定性，会造成超载及钢丝绳出槽，还会使起重臂因侧向力而扭弯，甚至造成倾翻事故。对于地下埋设或凝固在地面上的重物，除本身重量外，还有不可估计的附着力（埋设深度和凝固强度决定附着力的大小），将造成严重超载而酿成事故。

4.1.19 吊索水平夹角越小，吊索受拉力就越大，同时，吊索对物体的水平压力也越大。因此，吊索水平夹角不得小于30°，因为30°时吊索所受拉力已增加一倍。

4.1.20 重物下降时突然制动，其冲击载荷将使起升机构损伤严重时会破坏起重机稳定性而倾翻。

如回转未停稳即反转，所吊重物因惯性而大幅度摆动，也会使起重臂扭弯或起重机倾翻。

4.1.22 使用起升制动器，可使起吊重物停留在空中，如遇操作人员疏忽或制动器失灵时，将使重物失控而快速下降，造成事故。因此，当吊装因故中断时，悬空重物需要设法降下。

4.1.28 转动的卷筒缠绕钢丝绳时，如用手拉或脚踩钢丝绳，容易将手或脚带入卷筒内造成伤亡事故。

4.1.29 建设部2007年第659号公告《建设部关于发布建设事业"十一五"推广应用和限用禁止使用技术（第一批）的公告》的规定，超过一定使用年限的塔式起重机：630kN·m（不含630kN·m）、出厂年限超过10年（不含10年）的塔式起重机；630kN·m～1250kN·m（不含1250kN·m）、出厂年限超过15年（不含15年）的塔式起重机；1250kN·m以上、出厂年限超过20年（不含20年）的塔式起重机。由于使用年限过久，存在设备结构疲劳、锈蚀、变形等安全隐患。超过年限的由有资质评估机构评估合格后，可继续使用。超过一定使用年限的施工升降机：出厂年限超过8年（不含8年）的SC型施工升降机，传动系统磨损严重，钢结构疲劳、变形、腐蚀等较严重，存在安全隐患；出厂年限超过5年（不含5年）的SS型施工升降机，使用时间过长造成结构件疲劳、变形、腐蚀等较严重，运动件磨损严重，存在安全隐患。超过年限的由有资质评估机构评估合格后，可继续使用。

4.2　履带式起重机

4.2.1 履带式起重机自重大，对地面承载相对高，作业时重心变化大，对停放地面要有较高要求，以保证安全。

4.2.5 俯仰变幅的起重臂，其最大仰角要有一定限度，以防止起重臂后倾造成重大事故。

4.2.6 起重机的变幅机构一般采用蜗杆减速器和自动常闭带式制动器，这种制动器仅能起辅助作用，如果操作中在起重臂未停稳即换挡，由于起重臂下降的惯性超过了辅助制动器的摩擦力，将造成起重臂失控摔坏的事故。

4.2.7 起吊载荷接近满负荷时，其安全系数相应降低，操作中稍有疏忽，就会发生超载，需要慢速操作，以保证安全。

4.2.8 起重吊装作业不能有丝毫差错，要求在起吊重物时先稍离地面试吊无误后再起吊，以便及时发现和消除不安全因素，保证吊装作业的安全可靠。起吊过程中，操作人员要脚踩在制动踏板上是为了在发生险情时，可及时控制。

4.2.9 双机抬吊是特殊的起重吊装作业，要慎重对待，关键是要做到载荷的合理分配和双机动作的同步。因此，需要统一指挥。降低起重量和保持吊钩滑轮组的垂直状态，这些要求都是防止超载。

4.2.10 起重机如在不平的地面上急转弯，容易造成倾翻事故。

4.2.11 起重机带载行走时，由于机身晃动，起重臂随之俯仰，幅度也不断变化，所吊重物因惯性而摆动，形成"斜吊"，因此，需要降低额定起重量，以防止超载。行走时重物要在起重机正前方，便于操作人员观察和控制。履带式行走机构不要作长距离行走，带载行走更不安全。

4.2.12 起重机上下坡时，起重机的重心和起重臂的幅度随坡度而变化，因此，不能再带载行驶。下坡空挡滑行，将会失去控制而造成事故。

4.2.13 作业后，起重臂要转到顺风方向，这是为了减少迎风面，降低起重机受到的风压。

4.2.14 当起重机转移时，需要按照本规定采取的各项保证安全的措施执行。

4.3 汽车、轮胎式起重机

4.3.4 轮胎式起重机完全依靠支腿来保持它的稳定性和机身的水平状态。因此，作业前需要按本条要求将支腿垫实和调整好。

4.3.5 如果在载荷情况下扳动支腿操纵阀，将使支腿失去作用而造成起重机倾翻事故。

4.3.6 起重臂的工作幅度是由起重臂长度和仰角决定的，不同幅度有不同的额定起重量，作业时要根据重物的重量和提升高度选择适当的幅度。

4.3.7 起重臂分顺序伸缩、同步伸缩两种。

起重机由双作用液压缸通过控制阀、选择阀和分配阀等液压控制装置使起重臂按规定程序伸出或缩回，以保证起重臂的结构强度符合额定起重量的需求。如果伸臂中出现前、后节长度不等时或其他原因制动器发生停顿时，说明液压系统存在故障，需要排除后才能使用。

4.3.8 各种长度的起重臂都有规定的仰角，如果仰角小于规定，对于桁架式起重臂将造成水平压力增大和变幅钢丝绳拉力增大；对于箱形伸缩式起重臂，由于其自重大，基本上属于悬臂结构，将增加起重臂的挠度，影响起重臂的安全性能。

4.3.9 汽车式起重机作业时，其液压系统通过取力器以获得内燃机的动力。其操纵杆一般设在汽车驾驶室内，因此，作业时汽车驾驶室要锁闭，以防误动操纵杆。

4.3.11 发现起重机不稳或倾斜等现象时，迅速放下重物能使起重机恢复稳定，否则将造成倾翻事故。采用紧急制动，会造成起重机倾翻事故。

4.3.13 起重机在满载或接近满载时，稳定性的安全系数相应降低，如果同时进行两种动作，容易造成超载而发生事故。

4.3.14 起重机带载回转时，重物因惯性造成偏离而

大幅度晃动，使起重机处于不稳定状态，容易发生事故。

4.3.16 本条叙述了起重机作业后要做的各项工作，如挂牢吊钩、螺母固定撑杆、销式制动器插入销孔、脱开取力器等要求，都是为了在再一次行驶时起重机的装置不移动、不旋转等稳定的安全措施。

4.3.17 内燃机水温在 80℃～90℃ 时，润滑性能较好，温度过低使润滑油黏度增大，流动性能变差，如高速运转，将增加机件磨损。

4.4 塔式起重机

4.4.14 塔式起重机顶升属高处作业，安装过程使起重机回转台及以上结构与塔身处于分离状态，需要有严格的作业要求。本条所列各项均属于保证安全顶升的必要措施。

4.4.15 本条规定塔式起重机升降作业时安全技术要求。如果因连接螺栓拆卸困难而采用旋转起重臂来松动螺栓的错误做法，将破坏起重臂平衡而造成倾翻事故。

4.4.16 塔式起重机接高到一定高度需要与建筑物附着锚固，以保持其稳定性。本条所列各项均属于说明书规定的一般性要求，目的是保证锚固装置的牢固可靠，以保持接高后起重机的稳定性。

4.4.17 内爬升起重机是在建筑物内部爬升，作业范围小，要求高。本条所列各项均属于保证安全爬升的必要措施。其中第5款规定了起重机的最小固定间隔，尽可能减少爬升次数，第6款是为了保证支承起重机的楼层有足够的承载能力。

4.4.21 塔式起重机与大地之间是一个"C"形导体，当大量电磁波通过时，吊钩与大地之间存在着很高的电位差。如果作业人员站在道轨或地面上，接触吊钩时正好使"C"形导体形成一个"O"形导体，人体就会被电击或烧伤。这里所采取的绝缘措施是为了保护人身安全。

4.4.29 行程限位开关是防止超越有效行程的安全保护装置，当作控制开关使用，将失去安全保护作用而易发生事故。

4.4.30 动臂式起重机的变幅机构要求动作平衡，变幅时起重量随幅度变化而增减。因此，当载荷接近额定起重量时，不能再向下变幅，以防超载造成起重机倾倒。

4.4.36 遇有风暴时，使起重臂能随风转动，以减少起重机迎风面积的风压，锁紧夹轨器是为了增加稳定性，防止造成倾翻。

4.4.43 主要为防止大风骤起时，塔身受风压面加大而发生事故。

4.5 桅杆式起重机

4.5.2 桅杆式起重机现场大量使用，本条针对专项

方案提出具体要求，并强调专人对专项方案实施情况进行现场监督和按规定进行监测。

4.5.3 本条参考住房和城乡建设部《危险性较大的分部分项工程安全管理办法》中第七条的规定。

编制依据包括：相关法律、法规、规范性文件、标准、规范及图纸（国标图集）、施工组织设计等。

施工工艺流程包括：钢丝绳走向及固定方法、卷扬机的固定位置和方法、桅杆式起重机底座的安装及固定等。

施工安全技术措施包括：组织保障、技术措施、应急预案、监控检查验收等。

劳动力计划包括：专职安全管理人员、特种作业人员等。

4.5.7 桅杆式起重机缆风绳与地面的夹角关系到起重机的稳定性能。夹角小，缆风绳受力小，起重机稳定性好，但要增加缆风绳长度和占用地面积。因此，缆风绳的水平夹角一般保持在 30°～45°之间。因膨胀螺栓在使用中会松动，故严禁使用。所有的定滑轮用闭口滑轮，为确保安全。

4.5.11 桅杆式起重机结构简单，起重能力大，完全是依靠各根缆风绳均匀地拉牢主杆使之保持垂直，只要当一个地锚稍有松动，就能造成主杆倾斜而发生重大事故，因此，需要经常检查地锚的牢固程度。

4.5.13 起重作业在小范围移动时，可以采用调整缆风绳长度的方法使主杆在直立状况下稳步移动。如距离较远时，由于缆风绳的限制，只能采用拆卸转运后重新安装。

4.6 门式、桥式起重机与电动葫芦

4.6.2 门式起重机在轨道上行走需要较长的电缆，为了防止电缆拖在地面上受损，需要设置电缆卷筒。配电箱设置在轨道中部，能减少电缆长度。

4.7 卷 扬 机

4.7.3 钢丝绳的出绳偏角指钢丝绳与卷筒中心点垂直线的夹角。

4.7.11 卷筒上的钢丝绳如重叠或斜绕时，将挤压变形，需要停机重新排列。如果在卷筒转动中用手、脚去拉、踩，很容易被钢丝绳挤入卷筒，造成人身伤亡事故。

4.7.12 物体或吊笼提到上空停留时，要防止制动失灵或其他原因而失控下坠。因此，物体及吊笼下面不许有人，操作人员也不能离岗。

4.8 井架、龙门架物料提升机

4.8.1 这些安全装置对避免安全事故起到关键作用。

4.8.3 缆风绳和附墙装置与脚手架连接会产生安全隐患。

4.9 施工升降机

4.9.1 施工升降机基础的承载力和平整度有严格要求，基础的承载力应大于 150kPa。

4.9.2 施工升降机附着于建筑物的距离越小，稳定性越好。

4.9.3 表 4.9.3 中的 H 代表施工升降机的安装高度。

4.9.16 本条采用《施工升降机》GB/T 10054－2005 的有关规定；施工升降机在恶劣的天气情况下要停止使用，暴风雨后，雨水侵入各机构，尤其是安全装置，需要检查无误后才能使用。

4.9.17 如果以限位开关代替控制开关，将失去安全防护，容易出事故。

5 土石方机械

5.1 一 般 规 定

5.1.3 桥梁的承载能力有一定限度，履带式机械行走时振动大，通过桥梁要减速慢行，在桥上不要转向或制动，是为了防止由于冲击载荷超过桥梁的承载能力而造成事故。

5.1.4 土方机械作业对象是土壤，因此需要充分了解施工现场的地面及地下情况，查明施工场地明、暗设置物（电线、地下电缆、管道、坑道等）的地点及走向，以便采取安全和有效的作业方法，避免操作人员和机械以及地下重要设施遭受损害。

5.1.7 对于施工现场中不能取消的电杆等设施，要按本条要求采取防护措施。

5.1.9 本条所列各项归纳了土方施工中常见的危害安全生产的情况。当遇到这类情况，要求立即停工，必要时可将机械撤离至安全地带。

5.1.10 挖掘机械作业时，都要求有一定的配合人员，随机作业，本条规定了挖掘机械回转时的安全要求，以防止机械作业中发生伤人事故。

5.2 单斗挖掘机

5.2.2 本条规定了挖掘机在作业前状态的正确位置。

5.2.5 本条规定了机械启动后到作业前要进行空载运转的要求，目的是测试液压系统及各工作机构是否正常。同时也提高了水温和油温，为安全作业创造条件。

5.2.6 作业中，满载的铲斗要举高、升出并回转，机械将产生振动，重心也随之变化。因此，挖掘机要保持水平位置，履带或轮胎要与地面搂紧，以保持各种工况下的稳定性。

5.2.7 铲斗的结构只适用于挖土，如果用它来横扫或夯实地面，将使铲斗和动臂因受力不当而损伤

变形。

5.2.8 铲斗不能挖掘五类以上岩石及冻土，所以需要采取爆破或破碎岩石、冻土的措施，否则将严重损伤机械和铲斗。

5.2.10 挖掘机的铲斗是按一定的圆弧运动的，在悬崖下挖土，如出现伞沿及松动的大石块时有塌方的危险，所以要求立即处理。

5.2.11 在机身未停稳时挖土，或铲斗未离开工作面就回转，都会造成斗臂侧向受力而扭坏；机械回转时采用反转来制动，就会因惯性造成的冲击力而使转向机构受损。

5.2.16 在低速情况下进行制动，能减少由于惯性引起的冲击力。

5.2.17 造成挖掘力突然变化有多种原因，如果不检查原因而依靠调整分配阀的压力来恢复挖掘力，不仅不能消除造成挖掘力突变的故障，反而会因增大液压泵的负荷而造成过热。

5.2.26 挖掘机检修时，可以利用斗杆升缩油缸使铲斗以地面为支点将挖掘机一端顶起，顶起后如不加以垫实，将存在因液压变化而下降的危险性。

5.3 挖掘装载机

5.3.2 挖掘装载机挖掘前要将装载斗的斗口和支腿与地面固定，使前后轮稍离地面，并保持机身的水平，以提高机械的稳定性。

5.3.3 在边坡、壕沟、凹坑卸料时，应留出安全距离，以防挖掘装载机出现倾翻事故。

5.3.5 动臂下降中途如突然制动，其惯性造成的冲击力将损坏挖掘装置，并能破坏机械的稳定性而造成倾翻事故。

5.3.11 液压操纵系统的分配阀有前四阀和后四阀之分，前四阀操纵支腿、提升臂和装载斗等，用于支腿伸缩和装载作业；后四阀操纵铲斗、回转、动臂及斗柄等，用于回转和挖掘作业。机械的动力性能和液压系统的能力都不允许也不可能同时进行装载和挖掘作业。

5.3.12 一般挖掘装载机系利用轮式拖拉机为主机，前后分别加装装载和挖掘装置，使机械长度和重量增加60%以上，因此，行驶中要避免高速或急转弯，以防止发生事故。

5.3.14 轮式拖拉机改装成挖掘装载机后，机重增大不少，为减少轮胎在重载情况下的损伤，停放时采取后轮离地的措施。

5.4 推 土 机

5.4.2 履带式推土机如推粉尘材料或碾碎石块时，这些物料很容易挤满行走机构，堵塞在驱动轮、引导轮和履带板之间，造成转动困难而损坏机件。

5.4.3 用推土机牵引其他机械时，前后两机的速度

难以同步，易使钢丝绳拉断，尤其在坡道上更难控制。采用牵引杆后，使两机刚性连接达到同步运行，从而避免事故的发生。

5.4.4~5.4.7 这四条分别规定了作业前、启动前、启动后、行驶前的具体要求。遵守这些要求将会延长机械使用寿命，并消除许多不安全因素。

5.4.10 在浅水地带行驶时，如冷却风扇叶接触到水面，风扇叶的高速旋转能使水飞溅到高温的内燃机各个表面，容易损坏机件，并有可能进入进气管和润滑油中，使内燃机不能正常运转而熄火。

5.4.11 推土机上下坡时要根据坡度情况预先挂上相应的低速挡，以防止在上坡中出现力量不足再行换挡而挂不进挡造成空挡下滑。下坡时如空挡滑行，将使推土机失控而加速下滑，造成事故。推土机在坡上横向行驶或作业时，都要保持机身的横向平衡，以防倾翻。

5.4.12 推土机在斜坡上熄火时，因失去动力而下滑，依靠浮式制动带已难以保证推土机原地停住，此时放下铲刀，利用铲刀与地面的阻力可以弥补制动力的不足，达到停机目的。

5.4.13 推土机在下坡时快速下滑，其速度已超过内燃机传动速度时，动力的传递已由内燃机驱动行走机构改变为行走机构带动内燃机。在动力传递路线相反的情况下，转向离合器的操纵方向也要相反。

5.4.14 在填沟作业中，沟的边缘属于疏松的回填土，如果铲刀再越出边缘，会造成推土机滑落沟内的事故。后退时先换挡再提升铲刀。是为了推土机在提升铲刀时出现险情能迅速后退。

5.4.15 深沟、基坑和陡坡地区都存在土质不稳定的边坡，推土机作业时由于对土的压力和振动，容易使边坡塌方。对于超过2m深坑，要求放出安全距离，也是为了防止坑边下塌。采用专人指挥是为了预防事故。

5.4.16 推土机超载作业，容易造成工作装置和机械零部件的损坏。采用提升铲刀或更换低速挡，都是防止超载的操作方法。

5.4.21 推土机的履带行走装置不适合作长距离行走，短距离行走中也要加强对行走机构的润滑，以减少磨损。

5.4.22 在内燃机运转情况下，进入推土机下面检修时，有可能因机械振动或有人上机误操作，造成机械移动而发生重大人身伤害事故。

5.5 拖式铲运机

5.5.6 作业中人员上下机械，传递物件，以及在铲斗内、拖把或机架上坐立，极易造成事故，所以要禁止。

5.5.9 拖式铲运机本身无制动装置，依靠牵引拖拉机的制动是有限的，因而规定了上下坡时的操作

要求。

5.5.10 新填筑的土堤比较疏松，铲运机在上作业时要与堤坡边缘保持一定距离，以保安全。

5.5.11 本条所列各项操作要求，也是针对拖式铲运机本身无制动装置而需要遵守的事项。

5.5.12 铲运机采用助铲时，后端将承受推土机的推力，因此，两机需要密切配合，平稳接触，等速助铲。防止因受力不匀而使机械受损。

5.5.14 这是为防止铲运机由于铲斗过高摇摆使重心偏移而失去稳定性造成事故。

5.5.18 这是防止由于偶发因素可能使铲斗失控下降，造成严重事故而提出的要求。

5.6 自行式铲运机

5.6.1 自行式铲运机机身较长，接地面积小，行驶时对道路有较高要求。

5.6.4 在直线行驶下铲土，铲刀受力均匀。如转弯铲土，铲刀因侧向受力而易损坏。

5.6.5 铲运机重载下坡时，冲力很大，需要挂挡行驶，利用内燃机阻力来控制车速，起辅助制动的作用。

5.6.6、5.6.7 自行式铲运机机身长，重载时如快速转弯，或在横坡上行驶或铲土，都易造成因重心偏离而翻车。

5.6.8 沟边及填方边坡土质疏松，铲运机接近时要留出安全距离，以免压塌边坡而倾翻。

5.6.10 自行式铲运机差速器有防止轮胎打滑的锁止装置。但在使用锁止装置时只能直线行驶，如强行转弯，将损坏差速器。

5.7 静作用压路机

5.7.1 静作用压路的压实效能较差，对于松软路基，要先经过羊足碾或夯实逐层碾压或夯实后，再用光面压路机碾压，以提高工效。

5.7.4 大块石基础层表面强度大，需要用线压力高的压轮，不要使用轮胎压路机。

5.7.8 压路机碾压速度越慢，压实效果越好，但速度太慢会影响生产率，最好控制在 3km/h～4km/h 以内。在一个碾压行程中不要变速，是为了避免影响路面平整度。作业时尽可能采取直线碾压，不但能提高生产率，还能降低动力消耗。

5.7.9 压路机变换前进后退方向时，传动机构将反向转动，如果滚轮不停就换向，将造成极大冲击而损坏机件。如用换向离合器作制动用，也将造成同样的后果。

5.7.10 新建道路路基松软，初次碾压时路面沉陷量较大，采用中间向两侧碾压的程序，可以防止边坡坍陷的危险。

5.7.11 碾压傍山道路采用由里侧向外侧的程序，可以保持道路的外侧略高于内侧的安全要求。

5.7.12 压路机行驶速度慢，惯性小，上坡换挡脱开动力时，就会下滑，难以挂挡。下坡时如空挡滑行，压路机将随坡度加速滑行，制动器难以控制，易发生事故。

5.7.13 多台压路机在坡道上不要纵队行驶，这是防止压路机制动失灵或溜坡而造成事故。

5.7.15 差速器锁止装置的作用是将两轮间差速装置锁止，可以防止单轮打滑，但不能防止双轮打滑。

5.7.17 严寒季节停机时，将滚轮用木板垫离地面，是防滚轮与地面冻结。

5.8 振动压路机

5.8.1 振动压路机如果在停放情况下起振，或在坚实的地面上振动，其反作用力能使机械受损。

5.8.4 振动轮在松软地基上施振时，由于缺乏作用力而振不起来。因此，要对松软地基先碾压 1 遍～2 遍，在地基稍压实情况下再起振。

5.8.5 碾压时，振动频率要保持一致，以免由于频率变化而使压实效果不一致。

5.8.9 停机前要先停振。

5.9 平 地 机

5.9.7 刮刀要在起步后再下降刮土，如先下降后起步，将使起步阻力增大，容易损坏刮刀。

5.9.10 齿耙缓慢下齿，是防阻力太大而受损。对于石渣和混凝土路面的翻松，已超出齿耙的结构强度，不能使用。

5.9.12 平地机前后轮转向的结构是为了缩小回转半径，适用于狭小的场地。在正常行驶时，只需使用前轮转向，没有必要全轮转向而增加损耗。

5.9.13 平地机结构不同于汽车，机身长的特点决定了不便于快速行驶。下坡时如空挡滑行，失去控制的滑行速度使制动器难以将机械停住，而酿成事故。

5.10 轮胎式装载机

5.10.1 装载机主要功能是配合自卸汽车装卸物料，如果装载后远距离运送，不仅机械损耗大，且生产率降低，在经济上不合算。

5.10.2 装载作业时，满载的铲斗要起升并外送卸料，如在倾斜度超过规定的场地上作业，容易发生因重心偏离而倾翻的事故。

5.10.3 在石方施工场地作业时，轮胎容易被石块的棱角刮伤，需要采取保护措施。

5.10.6 铲斗装载后行驶时，机械的重心靠近前轮倾覆点，如急转弯或紧急制动，就容易造成失稳而倾翻。

5.10.9 操纵手柄换向时，如过急、过猛，容易造成机件损伤。满载的铲斗如快速下降，制动时会产生巨大的冲击载荷而损坏机件。

5.10.10 在不平场地作业时，铲臂放在浮动位置，可以缓解因机身晃动而造成铲斗在铲土时的摆动，保持相对的稳定。

5.10.13 铲斗偏载会造成铲臂因受力不均而扭弯；铲装后未举臂就前进，会使铲臂挠度大而变形。

5.10.17 卸料时，如铲斗伸出过多，或在大于3°的坡面上前倾卸料，都将使机械重心超过前轮倾覆点，因失稳而酿成事故。

5.10.18 水温过高，会使内燃机因过热而降低动力性能；变矩器油温过高，会降低使用的可靠性；加速工作液变质和橡胶密封件老化。

5.10.20 装载机转向架未锁闭时，站在前后车架之间进行检修保养极易造成人身伤害。

5.11 蛙式夯实机

5.11.1 蛙式夯实机能量较小，只能夯实一般土质地面，如在坚硬地面上夯击，其反作用力随坚硬程度而增加，能使夯实机遭受损伤。

5.11.2～5.11.6 蛙式夯实机需要工人手扶操作，并随机移动，因此，对电路的绝缘要求很高，对电缆的长度等也有要求。资料表明，蛙式夯实机由于漏电造成人身触电事故是多发的。这四条都是针对性的预防措施。

5.11.7 作业时，如将机身后压，将影响夯机的跳动。要求保持机身平衡，才能获得最大的夯击力。如过急转弯，会造成夯机倾翻。

5.11.8 填高的土方比较疏松，要先在边缘以内夯实后再夯实边缘，以防夯机从边缘下滑。

5.12 振动冲击夯

5.12.4 作业时，操作人员不得将手把握得过紧，这是为了减少对人体的振动。

5.12.7 冲击夯的内燃机系风冷二冲程高速（4000r/min）汽油机，如在高速下作业时间过长，将因温度过高而损坏。

5.13 强夯机械

5.13.3 本条规定是为了防止夯击过程中有砂石飞出，撞破驾驶室挡风玻璃，伤及操作人员。

5.13.5 起重臂仰角过小，将增加起重幅度而降低起重量和夯击高度；仰角过大，夯锤与起重臂距离过近，将影响起升高度。

5.13.6 夯机依靠门架支撑，以保持夯击时的稳定性。本条规定了对门架支腿的要求。

5.13.7 本条强调操作安全技术规程，确保操作人员安全。

5.13.10 夯锤上的通气孔，是防止快速下落的夯与地面接触时压缩空气使泥土飞溅，因此，需要保持通气孔的畅通。清理时，不应在锤下进行清理，是为了保证清理人员的人身安全。

6 运输机械

6.1 一般规定

6.1.5 运输机械人货混装、料斗内载人对人身安全危害极大，故应禁止。

6.1.7 水温未达到70℃，各部润滑尚未到良好状态，如高速行驶，将增加机件磨损。变速时逐级增减，避免冲击。前进和后退须待车停稳后换挡，否则将造成变速齿轮因转向不同而打坏。

6.1.10 下长陡坡时，车速随坡度而增加，依靠制动器减速，将使制动带和制动鼓长时间摩擦产生高温，甚至烧坏。因此，需要挂上与上坡相同的低速挡，利用内燃机的阻力来控制车速，以减少制动器使用时间。

6.1.12 车辆过河，如水深超过排气管或曲轴皮带盘，排气管进水将使废气阻塞，曲轴皮带盘转动使水甩向内燃机各部，容易进入润滑和燃料系统，并使电气系统失效。过河时中途停车或换挡，容易造成熄火后无法启动。

6.1.17 为防止车辆移动，造成车底下作业的人员被压伤亡的重大事故。

6.2 自卸汽车

6.2.3 本条为了防止铲斗或土石块等失控下坠砸坏驾驶室时，不致发生人身伤亡事故。

6.2.4 自卸汽车卸料时如边卸边行驶，顶高的车厢因汽车在高低不平的地面上摆动而剧烈晃动，将使顶升机构如车架受额外的扭力而受损变形。

6.2.5 自卸汽车在斜坡侧向倾卸或倾斜情况行驶，都易造成车辆重心外移，而发生翻车事故。

6.3 平板拖车

6.3.5 平板拖车装运的履带式起重机，如起重臂不拆短，将过多超越拖车后方，使拖车转弯困难。

6.3.7 平板拖车上的机械要承受拖车行驶中的摆动，尤其是紧急制动时所受惯性的作用。因此必须绑扎牢固，并将履带或车轮揳紧，防止机械移动而发生事故。

6.4 机动翻斗车

6.4.3 机动翻斗车在行驶中如长时间操纵离合器处于半结合状态，将使面片与压板摩擦而产生高温，严重时会烧坏。

6.4.6 机动翻斗车的料斗重心偏向前方，有自动向前倾翻的特点，因而降低了全车的稳定性。在行驶中下坡滑行，急转弯、紧急制动等操作，都容易发生翻车事故。

6.4.7 料斗依靠自重即能倾翻，因此料斗载人就存在很大的危险。料斗在倾翻情况下行驶或进行平地作业，都将造成料斗损坏或倾翻事故。

6.5 散装水泥车

6.5.4 散装水泥车卸料时，如车辆停放不平，将使罐内水泥卸不完而沉积在罐内。

6.5.7 卸料时罐内水泥随压缩空气输出罐外，需要保持压缩空气压力稳定。因此，空气压缩机要有专人负责管理，防止内燃机转速变化而影响卸料压力。

6.6 皮带运输机

6.6.3 皮带运输机先装料后启动，重载启动会增加电动机启动电流，影响电动机使用寿命和增加电耗。

6.6.8 多台皮带机串联送料时，从卸料端开始顺序启动，能使输送带上的存料有序地清理干净。

7 桩工机械

7.1 一般规定

7.1.1 选择合适的机型，是优质、高效完成桩工任务的先决条件。

7.1.5 电力驱动的桩机功率较大，对电源距离、容量以及导线截面等有较高要求。如达不到要求，会造成电动机启动困难。

7.1.8 作业前对桩机作全面检查是设备安全运转的基础，本条规定了桩机作业前的基本检查要求。

7.1.9 在水上打桩，固定桩机的作业船，当其排水量和偏斜度符合本条要求时，才能保证作业安全。

7.1.10 如吊桩、吊锤、回转、行走等四种动作同时进行，一方面起吊载荷增加，另一方面回转和行走使机械晃动，稳定性降低，容易发生事故。同时机械的动力性能也难以承担四种动作的负荷，而操作人员也难以正确无误地操作四种动作。

7.1.15 鉴于打桩作业中断桩、倒桩等事故时有发生，本条规定了操作人员和桩锤中心的安全距离。

7.1.16 如桩已入土 3m 时再用桩机回转或立柱移动来校正桩的垂直度，不仅难以纠正，还易使立柱变形或损坏，并可能使桩折断。

7.1.17 由于拔送桩时，桩机的起吊载荷难以计算，本条所列几种方法，都是施工中的实践经验，具有实用价值。

7.1.20 将桩锤放至最低位置，可以降低整机重心，从而提高桩机行走时的稳定性。

7.1.21 在斜坡上行走时，桩机重心置于斜坡上方，沿纵向作业或行走，可以抵消由于斜坡造成机械重心

偏向下方的不稳定状态。如在斜坡上回转或作业及行走时横跨软硬边际，将使桩机重心偏离而容易造成倾翻事故。

7.1.23 桩孔成型后，如不及时封盖，人员会坠入桩孔。

7.1.24 停机时将桩锤落下和不得在悬吊的桩锤下面检修等，都是防止由于偶发因素，使桩锤失控下坠而造成事故。

7.2 柴油打桩锤

7.2.1 导向板用圆头螺栓、锥形螺母和垫圈固定在下汽缸上下连接板上，以使桩锤能在立柱导轨上滑动起导向作用，如导向板螺栓松动或磨损间隙过大，将使桩锤偏离导轨滑动而造成事故。

7.2.3 提起桩锤脱出砧座后，其下滑长度不应超过使用说明书的规定值，如绳扣太短，在打桩过程中容易拉断，如绳扣过长，则上活塞将会撞坏气压。

7.2.4 缓冲胶垫为缓和砧座（下活塞）在冲击作用下与下气缸发生冲撞而设置，如接触面或间隙过小时，将达不到缓冲要求。

7.2.5 加满冷却水，能防止汽缸和活塞过热；使用软水可以减少水垢；冬期使用温水，可以使缸体预热而易启动。

7.2.8 对软土层打桩时，由于贯入度过大，燃油不能爆发或爆发无力，使上活塞跳不起来，所以要先停止供油冷打，使贯入度缩小后再供油启动。

7.2.9 地质硬，桩锤爆发力大，上活塞跳得高，起跳高度不允许超过原厂规定，主要为了防止活塞环脱出气缸，造成事故。

7.2.11 桩锤供油是利用活塞上下推动曲臂向燃烧室供油，在桩机外设专人拉好曲臂控制绳，可以随时停止供油而停锤。

7.2.14 所谓早燃是指在火花塞跳火前混合气发生燃烧。发生早燃时，过早的炽热点火会破坏柴油锤的工作过程，使燃烧加快，气缸压力、温度增高和发动机工作粗暴。如不及时停机处理，可能会损坏气缸，引发事故。

7.3 振动桩锤

7.3.1～7.3.4 振动桩锤是依靠电能产生高频振动，以减少桩和土体间摩擦阻力而进行沉拔桩的机械，为了保证安全作业，需要执行这四条规定的检查项目。

7.3.5 本条规定是为了防止钢丝绳受振后松脱的双重保险措施。

7.4 静力压桩机

7.4.1 桩机纵向行走时，应两个手柄一起动作，使行走台车能同步前进。

7.4.2 如船形轨道压在已入土的单一桩顶上，由于

受力不均，将使船行轨道变形。

7.4.3 进行压桩时，需有多人联合作业，包括压桩、吊桩等操作人员，需要统一指挥，以保证配合协调。

7.4.4 起重机吊桩就位后，如吊钩在压桩前仍未脱离桩体，将造成起重臂压弯折断或钢丝绳断绳的事故。

7.4.6 桩机发生浮机时，设备处于不稳定状态，如起重机继续吊物，或桩机继续进行压桩作业，将会加剧设备的失稳，造成设备倾翻事故。

7.4.12 本条规定是为了保护桩机液压元件和构件不受损坏。

7.5 转盘钻孔机

7.5.4 钻机通过泥浆泵使泥浆在钻孔中循环，携带出孔中的钻渣。作业时，要按本条要求，保持泥浆循环不中断，以防塌孔和埋钻。

7.5.11 使用空气反循环的钻机，其循环方式与正循环相反，钻渣由钻杆中吸出，在钻进过程中向孔中补充循环水或泥浆，由于它具有十分强大的排渣能力，需要按本条规定遮拦喷浆口和固定管端。

7.5.12 先停钻后停风的要求，是利用风压清除孔底的钻渣。

7.6 螺旋钻孔机

7.6.1 钻杆与动力头的中心线偏斜过大时，作业中将使钻杆产生弯曲，造成连接部分损坏。

7.6.2 钻杆如一次性接好后再装上动力头，不仅安装困难，还因为钻杆长度超过动力头高度而无法安装，且钻杆过长容易弯曲变形。

7.6.10 如在钻杆运转时变换方向，能使钻杆折断。

7.6.15 停钻时，如不及时将钻杆全部从孔内拔出，将因土体回缩的压力而造成钻机不能运转或钻杆拔不出来等事故。

7.7 全套管钻机

7.7.3 套管入土的垂直度将决定成孔后的垂直度，因此，在入土开始时就要调整好，待入土较深时就难以调整，强行调整会使纠偏机构及套管损坏。

7.7.4 锤式抓斗利用抓斗片插入上层抓土，它不具备破碎岩层的能力，如用以冲击岩层，将造成抓斗损坏。

7.7.8 进入土层的套管，需要保持能摆动的状态，防止被土层挤紧，以至在浇注混凝土过程中不能及时拔出。

7.8 旋挖钻机

7.8.3 本条规定是为了保证钻机行驶时的稳定性。

7.9 深层搅拌机

7.9.1 深层搅拌机的平整度和导向架的垂直度，是

保证设备工作性能和成桩质量的重要条件。

7.9.6 保持动力头的润滑非常重要，如果断油，将会烧坏动力头。

7.10 成槽机

7.10.2 回转不平稳，突然制动会造成成槽机抓斗左右摇晃，容易失稳。

7.10.3~7.10.9 成槽机主机属于起重机械，所以应符合起重机械安全技术规范的要求。

7.10.10 成槽机成槽的垂直度不仅关系着质量，也关系安全，垂直度控制不好会发生成槽机在槽段的卡滞、无法提升等现象。

7.10.11 工作完毕，远离槽边，防止槽段由于成槽机自身重量发生坍方，抓斗落地是为防止抓斗在空中对成槽机和周边环境产生安全隐患。

7.10.13 该措施是为防止电缆及油管在运输过程中，由于道路交通状况发生颠簸、急停等，产生碰撞造成损坏。

7.11 冲孔桩机

7.11.1 场地不平整坚实，会造成冲孔桩机械在冲孔过程中的位移、摇晃、不稳定，严重的甚至会发生侧翻。

7.11.2 本条属于作业前需要检查的项目，目的是保证冲孔桩机械的安全使用。

7.11.3~7.11.6 冲孔桩机械的主动力设备为卷扬机，该部分内容应满足卷扬机安全操作规范的要求。

8 混凝土机械

8.1 一般规定

8.1.4 本条依照《施工现场临时用电安全技术规范》JGJ 46-2005 第 8.2.10 条规定。

8.2 混凝土搅拌机

8.2.3 依照《施工现场机械设备检查技术规程》JGJ 160-2008 第 7.3 节的规定，搅拌机在作业前，应检查并确认传动、搅拌系统工作正常及安全装置齐全有效，目的是确保搅拌机正常安全作业。

8.2.7 料斗提升时，其下方为危险区域。为防止料斗突然坠落伤人，规定严禁作业人员在料斗下停留或通过。当作业人员需要在料斗下方进行清理或检修时，应将料斗升至上止点并用保险锁锁牢。

8.3 混凝土搅拌运输车

8.3.2 卸料槽锁扣是防止卸料槽在行车时摆动的安全装置。搅拌筒安全锁定装置是防止搅拌筒误操作的安全装置，为保证混凝土搅拌运输车的作业安全，上

述安全装置应齐全完好。

8.3.3～8.3.5 此条与《施工现场机械设备检查技术规程》JGJ 160-2008 第 7.7 节规定协调。混凝土搅拌运输车作业前应对上述内容进行检查并确认无误，保证作业安全。

8.3.6 本规定明确了混凝土搅拌运输车行驶前，应确认搅拌筒安全锁定装置处于锁定位置及卸料槽锁扣的扣定状态，保证行驶安全。

8.4 混凝土输送泵

8.4.1 输送泵在作业时由于输送混凝土压力的作用，可产生较大的振动，安装泵时应达到本规定要求。

8.4.2 向上垂直输送混凝土时，应依据输送高度、排量等设置基础，并能承受该工况的最大荷载。为缓解泵的工作压力，应在泵的输出口端连接水平管。向下倾斜输送混凝土时，应依据落差敷设水平管，以缓解管内气体对输送作业的影响。

8.4.4 砂石粒径、水泥强度等级及配合比是保证混凝土质量和泵送作业正常的基本要求。

8.4.6 混凝土泵车开始或停止泵送混凝土时，出料软管在泵送混凝土的作用下会产生摆动，此时的安全距离一般为软管的长度。同时出料软管埋在混凝土中可使压力增大，易发生伤人事故。

8.4.7 泵送混凝土的排量、浇注顺序及集中荷载的允许值，均是影响模板支撑系统稳定性的重要因素，作业时必须按混凝土浇筑专项方案进行。

8.4.11 本条规定是为了保证混凝土泵的清洗作业安全。

8.5 混凝土泵车

8.5.1 本条规定明确了泵车停靠场地的要求，泵车的任何部位与输电线路的安全距离应符合《施工现场临时用电安全技术规范》JGJ 46 的有关规定。

8.5.2 本条规定是为了保证泵车稳定性而制定的。

8.5.3 依据《施工现场机械设备检查技术规程》JGJ 160-2008 第 2.6 节规定，泵车作业前应对本规定内容进行检查，并确认无误。

8.5.5、8.5.6 布料杆处于全伸状态时，泵车稳定性相对较小，此时移动车身或延长布料配管和布料软管均可增大泵车倾翻的危险性。

8.6 插入式振捣器

8.6.2、8.6.3 插入式振捣器属 I 类手持电动工具。依据《施工现场临时用电安全技术规范》JGJ 46-2005 的有关规定，操作人员作业时必须穿戴符合要求的绝缘鞋和绝缘手套。电缆线应采用耐气候型橡胶护套铜芯电缆，并不得有接头。

8.6.5 振捣器软管弯曲半径过小，会增大传动件的摩擦发热，影响使用寿命。

8.7 附着式、平板式振捣器

8.7.2、8.7.3 附着式、平板式振捣器属 I 类手持电动工具。依据《施工现场临时用电安全技术规范》JGJ 46-2005 的有关规定，操作人员作业时必须穿戴符合要求的绝缘鞋和绝缘手套。电缆线应采用耐气候型橡胶护套铜芯电缆，并不得有接头。

8.7.7 多台振捣器同时作业时，各振捣器的振动频率一致，主要是为了提高振捣效果。

8.8 混凝土振动台

8.8.1 作业前对本条内容进行检查，目的是确保振动台作业安全。

8.8.2 振动台作业时振动频率较高，要求设置可靠的锁紧夹，确保振动台安全作业。

8.9 混凝土喷射机

8.9.1 喷射机采用压缩空气将配合料通过喷射枪和水合成混凝土喷射到工作面。对空气压力、水的流量及配合料的配比要求较高，作业时参照说明书要求进行。

8.9.4 依照《施工现场机械设备检查技术规程》JGJ 160-2008 第 2.4 节规定，作业前对本规定内容进行全面检查、确认。

8.9.7 混凝土从喷射机喷出时，压力大、喷射速度高，为预防作业人员受伤害制定本规定。

8.10 混凝土布料机

8.10.1 参照《塔式起重机安全规程》GB 5144-2006 第 10.3 节规定，布料机任一部位与其他设施及构筑物的安全距离不应小于 0.6m。

8.10.3 手动式混凝土布料机底盘防倾覆的措施可采用搭设长宽 6m×6m、高 0.5m 的脚手架，并与混凝土布料机底盘固定牢固。

8.10.4 为保证布料机的作业安全，作业前应对本条规定的内容进行全面检查，确认无误方可作业。

8.10.6 输送管被埋在混凝土内，会使管内压力增大，易引发生产安全事故。

8.10.8 此条结合《混凝土布料机》JB/T 10704-2004 标准及实际情况执行 6 级风不能作业的风速下限。

9 钢筋加工机械

9.2 钢筋调直切断机

9.2.5 导向筒前加装钢管，是为了使钢筋通过钢管后能保持水平状态进入调直机构。

9.2.7 调直筒内一般设有 5 个调直块，第 1、5 两个放在中心线上,中间 3 个偏离中心线,先有 3mm 左右的偏移量,经过试调直,如钢筋仍有慢弯,可逐渐加大偏移量直到调直为止。

9.3 钢筋切断机

9.3.4 钢筋切断时,其切断的一端会向切断一侧弹出,因此,手握钢筋要在固定刀片的一侧,以防钢筋弹出伤人。

9.4 钢筋弯曲机

9.4.7 弯曲超过规定直径的钢筋,将使机械超载而受损。弯曲未经冷拉或带有锈皮的钢筋,会有小片破裂锈皮弹出,要防止伤害眼睛。

9.5 钢筋冷拉机

9.5.1 冷拉机的主机是卷扬机,卷扬机的规格要符合能冷拉钢筋的拉力。卷扬钢丝绳通过导向滑轮与被拉钢筋成直角,当钢筋拉断或夹具失灵时不致危及卷扬机。卷扬机要与拉伸中线保持一定的安全距离。

9.5.5 本条规定装设限位标志和有专人指挥,都是为了防止钢筋拉伸失控而造成事故。

9.6 钢筋冷拔机

9.6.1 钢筋冷拔机主要适用于大型屋面板钢筋施工。

10 木工机械

10.1 一般规定

10.1.1 本条对操作人员的穿着和佩戴进行了规定,防止操作人员因穿着不当,在操作中被机械的传动部位缠绕或误碰触机械开关而引发生产安全事故。

10.1.2 本条规定木工机械不准使用倒顺双向开关,是为了防止作业过程中,工人身体或搬运物体时误碰触倒顺开关引发起生产安全事故。

10.1.3 本条规定是引用国家标准《机械加工设备一般安全要求》GB 12266-90 中的规定。

10.1.14 多功能机械在施工现场使用时,在一项工作中只允许使用一种功能,是为了避免多动作引起的生产安全事故。

10.1.16 本条规定是从职业健康安全方面考虑,保护操作人员和周围人员的身心健康。国家标准《木工机床安全 平压两用刨床》GB 18956-2003 中规定木工机械排放的最大噪声限值为 90dB。

10.2 带锯机

10.2.1 锯条的裂纹长度超过 10mm 时,在锯木的过程中锯条容易断裂导致生产安全事故的发生。

10.3 圆盘锯

10.3.1 该条规定是针对施工现场因移动设备或加工大模板,操作工人为了方便,经常不使用防护罩的现象,而制定的强制性标准。

10.3.3 该条规定是依据国家标准《木工刀具安全 铣刀、圆锯片》GB 18955-2003 中对圆锯片锯身有裂纹的圆锯片应剔除,不允许修理。

10.3.7 该条规定是考虑到加工旧方木和旧模板,如果旧方木和模板上有未清除的钉子时,锯木容易引起钉子、木屑等硬物飞溅造成人员伤害。

10.5 压刨床(单面和多面)

10.5.6 压刨必须要装有止逆器,这是为了避免刨床的工作台与刀轴或进给辊接触。

10.8 开榫机

10.8.1 该条规定中试运转的时间是指在施工现场经过验收后日常投入使用前所作的试运转,时间是参考《建筑机械技术试验规程》JGJ 34-86 规定中对"电动机进行技术试验时空载试运转的时间为 30min"而规定的。

11 地下施工机械

11.1 一般规定

11.1.1 地下施工机械的类型很多,每一种类型都有自己的特性,针对不同的地质情况和环境,选择合适的机械和功能对施工安全极为重要。每一类型的施工机械中应根据施工所处土层性质、管径、地下水位、附近地上与地下建筑物、构筑物和各种设施等因素,经技术经济比较后确定。

11.1.2 为了安全而有效地组织现场施工,要求地下施工机械在厂内制造完工后,必须进行整机调试,检查核实设备的供油系统、液压系统和电气系统的状况,调试机械运转状态和控制系统的性能,确保地下施工机械设备出厂就具备良好的性能,防止设备上的先天不足给工程带来不安全因素。

11.1.3 地下施工机械施工期间,应对邻近建(构)筑物、地下管网进行监测,对重要的有特殊要求的建筑物,应及时采取注浆、加固、支护等技术措施,保证邻近建筑物、地下管网的安全。

11.1.4 地下工程作业中必须进行通风,通风目的是保证施工生产正常安全和施工人员的身体健康;必须采用机械通风,一般选用压入式通风。对于预计将通过存在可燃性、爆炸性气体、有害气体地下施工地段,必须事先对这些地段及周围的地层、水文等采用钻探或其他方法进行预先的详细调查,查明这些气体存在的范围与状态。对存在燃烧和缺氧危险时，应禁止明火火源，防止火灾；当发生可燃气体和有害气体浓度超过容许值时，应立即撤出作业人员，加强通风、排气，只有当可燃气体、有害气体得到控制时，才能继续施工。

11.1.7 在确定垂直运输和水平运输方案及选择设备时必须根据作业循环所需的运输量详细考虑，同时还应符合各种材料运输要求，所有的运输车辆、起重机械、吊具要按有关安全规程的规定定期进行检查、维修、保养与更换。

11.1.8、11.1.9 开挖面如果不稳定，会造成施工机械的安全隐患和地面沉降塌陷等。

11.1.11 如不暂停施工并进行处理，可能发生施工偏差超限、纠偏困难和危及施工机械与工程施工安全。

11.1.12 大型地下施工机械吊装属于大型构件吊装，必须编制专项方案，经审批同意后实施。

11.2 顶 管 机

11.2.1 顶管机的选择，应根据管道所处土层性质、管径、地下水位、附近地上与地下建筑物、构筑物和各种设施等因素，经技术经济比较后确定，要符合下列规定：

1 在黏性土或砂性土层，且无地下水影响时，宜采用手掘式或机械挖掘式顶管法；当土质为砂砾土时，可采用具有支撑的工具管或注浆加固土层的措施；

2 在软土层且无障碍物的条件下，管顶以上土层较厚时，宜采用挤压式或网格式顶管法；

3 在黏性土层中必须控制地面隆陷时，宜采用土压平衡顶管法；

4 在粉砂土层中且需要控制地面隆陷时，宜采用加泥式土压平衡或泥水平衡顶管法；

5 在顶进长度较短、管径小的金属管时，宜采用一次顶进的挤密土层顶管法。

11.2.2 导轨产生位移，对机械和工程安全产生影响。

11.2.3 千斤顶是顶管施工主要的动力系统，后座千斤顶应联动并同时受力，合力作用点应在管道中心的垂直线上。

11.2.4～11.2.8 油泵安装和运转的注意事项，以确保油泵和千斤顶的安全运转。

11.2.11 发生该条情况如不暂停施工，查明原因并进行处理，可能危及施工机械与工程施工安全。

11.2.12 中继间安装将凹头安装在工具管方向，凸头安装在工作井一端，是为了避免在顶进过程中会导致泥砂进入中继间，损坏密封橡胶，止水失效，严重的会引起中继间变形损坏。不控制单次推进距离，则会导致中继间密封橡胶拉出中继间，止水系统损坏，

止水失效。

11.3 盾 构 机

11.3.1～11.3.4 这几条是对盾构机在下井组装之前进行的各项试验，以确保组装后的盾构机机械性能正常，安全有效地工作。

11.3.5 始发基座主要作用是用于稳妥、准确地放置盾构，并在基座上进行盾构安装与试掘进，所以基座必须有足够的承载力、刚度和安装精度，并且考虑盾构安装调试作业方便。接收井内的盾构基座应保证安全接收盾构机，并能进行检修盾构机、解体盾构机的作业或整体移位。

11.3.6 推进过程中，调整施工参数如下：

1 土压平衡盾构掘进速度应与进出土量、开挖面土压值及同步注浆等相协调；

2 泥水平衡盾构掘进速度应与进排浆流量、开挖面泥水压力、进排泥浆、泥土量及同步注浆等相协调。

11.3.8 发生该条出现的情况，如不分析原因并及时解决，会对盾构机械本身及工程安全产生影响。

11.3.9 盾构暂停推进施工应按停顿时间长短、环境要求、地质条件作好盾构正面、盾尾密封以及盾构防后退措施，一般盾构停止3d以上，开挖面应加设密闭封板、盾尾与管片间的空隙作嵌缝密封处理，并在支承环的环板与已建成的隧道管片环面之间加适当支撑，以防止盾构在停顿期间的后退。当地层很软弱、流动性较大时，则盾构中途停顿时须及时采取防止泥土流失的措施。

11.3.11 刀具更换是一项较复杂的工序。首先除去压力舱中的泥水、残土，清除刀头上粘附的泥沙，确认要更换的刀头，运入工具，设置脚手架，然后拆去旧刀具，换上新刀具。更换刀具停机时间比较长，容易造成盾构整体沉降，引起地层及地表沉降，损坏地表及地下建（构）筑物。要求：

1 更换前做好准备工作，尽量减少停机时间；

2 更换作业尽量选择在中间竖井或地层条件较好、较稳定地段进行；

3 在地层条件较差的地段进行更换作业时，须带压更换或对地层进行预加固，确保开挖面及基底的稳定。

更换刀具的人员要系安全带，刀具的吊装和定位要使用吊装工具。在更换滚刀时要使用抓紧钳和吊装工具。所有用于吊装刀具的吊具和工具都要经过严格检查，以确保人员和设备的安全。带压作业人员要身体健康，并经过带压作业专业培训，制定并执行带压工作程序。

11.3.14 盾构停止推进后按计划方法与工艺拆除封门，盾构要尽快地连续推进和拼装管片，使盾构能在最短时间内全部进入接收井内的基座上。洞口与管片

的间隙要及时处理，并确保不渗漏。

11.3.16 管片拼装是盾构法施工的一个重要工序，整个工序由盾构司机、管片拼装机操作工和拼装工等三个特殊工种配合完成。在整个施工过程中要由专人负责指挥，拼装前要全面检查拼装机械、工具、索具。施工前要根据所用管片形式、特点详细向施工人员作技术和安全交底。

12 焊接机械

12.1 一般规定

12.1.2、12.1.3 焊割作业有许多不安全因素，如爆炸、火灾、触电、灼烫、急性中毒、高处坠落、物体打击等，对危险性失去控制或防范不周，就会发展为事故，造成人员伤亡和财产损失，这几条规定是为了抑制和清除危险性而制定的。

12.1.4 施工现场很多火灾事故都是由焊接（切割）作业引起的，严格控制易燃易爆品的堆放能有效防范火灾的发生。施工现场切割金属时冒出的火花温度很高，时间长聚集的温度会更高，如果没有隔离措施，就算切割工作面周围堆放保温板、塑料包装袋等阻燃材料也会发生火灾，因此焊接（切割）工作面四周要清理干净，方可进行动火作业。

12.1.5 长期停用的电焊机如绕组受潮、绝缘损坏，电焊机外壳将会漏电。在外壳缺乏良好的保护接地或接零时，人体碰及会发生触电事故。

12.1.6 焊机导线要具有良好的绝缘，绝缘电阻不小于1MΩ，不要将焊机导线放在高温物体附近，以免烧坏绝缘；不许利用建筑物的金属结构、管道、轨道或其他金属物体搭接起来形成焊接回路，防止发生触电事故。

12.1.7 焊钳要有良好的绝缘和隔热能力，握柄与导线的连接要牢靠，接触良好，导线连接处不要外露，不要用胳膊夹持，这些规定是为了防止静电。

12.1.8 焊接导线要有适当的长度，一般以20m～30m为宜，过短不便于操作，过长会增大供电动力线路的压降；其他措施主要为了保护导线。

12.1.9 如在承压状态的压力容器及管道、装有易燃易爆物品的容器、带电设备和承载结构的受力部位上进行焊接和切割，将会发生爆炸、火灾、有毒气体和烟尘中毒、触电以及承载结构倒塌等重大事故。因此，要严格禁止。

12.1.10、12.1.11 主要是为了防止由于爆炸、火灾、触电、中毒引起重大事故而规定的。一般情况下，对于存有残余油脂或可燃液体、可燃气体的容器，焊前要先用蒸汽和热碱水冲洗，并打开盖口，确定容器清洗干净后，再灌满水方可以进行焊接；在容器内焊接时要防止触电、中毒和窒息，因此通风要有

保证，还要有专人监护；已喷涂过油漆和塑料的容器，在焊接时会产生氯化氢等有毒气体，在通风不畅的情况下将导致中毒或损害工人健康。

12.1.12 焊接青铜、铅等有色金属时会产生一些氧化物、烟尘等有毒物质，影响工人健康。因此，要有排烟、通风装置和防毒面罩。

12.1.13 预热焊件的温度达到700℃，形成一个比较强的热辐射源，可以引起作业人员大量出汗，导致体内水盐比例失调，出现不适症状，同时会增加触电危险，所以要设挡板、穿隔热服等，隔离预热焊件散发的辐射热。

12.1.14 在焊接过程中，焊工总要经常触及焊接回路中的焊钳、焊件、工作台及焊条等，而焊接设备的一次电压为220V或380V，空载电压也都在60V以上，因此，除焊接设备要有良好的保护接地或接零外，焊接时焊工要穿戴干燥的工作服和绝缘的胶鞋、手套，并采用干燥木板垫脚、下雨时不在露天焊接等防止触电的措施。

12.1.15 手工电弧焊要求按焊机的额定电流和暂载率来使用，既能合理地发挥焊机的负载能力，又不至于造成焊机过热而烧毁。在运行中当喷漆电焊机金属外壳温升超过35℃时，要停止运转并采取降温措施。

12.1.17 电焊机在焊接电弧引燃后二次侧电压正常为16V～35V，但是在空载带电的情况下二次侧的电压一般在50V～90V，远大于安全电压的最高等级42V，人体接触后容易发生触电事故，因此电焊机需要加装防二次侧触电装置。

12.2 交（直）流焊机

12.2.1 初、次级线不能接错，否则焊机将冒烟甚至被烧坏；或因将次级线错接到电网上而次级线路又无保护接地或接零，焊工触及次级线路的裸导体，将导致触电事故。

接线柱的螺母、螺栓、垫圈要完好齐全，不要松动或损坏，否则会使接触处过热，以致损坏接线板；或使松动的导线误碰机壳，使焊机外壳带电。

12.2.2 多台电焊机的接地装置均要分别将各个接地线并联到接地极上，绝不能用串联方法连接，以确保在任何情况下接地回路不致中断。

12.3 氩弧焊机

12.3.3 氩气是液态空气分馏制氧时获得的副产品，由于氩气的沸点介于氧气和氮气沸点之间，沸点温度差距较小，所以在制氩过程中不可避免地要含一定量的氧，氮和水分等杂质，而且有的氩气瓶是用经过清洗的氧气瓶代替的。因此，安装的氩气减压阀，管接头不要粘有油脂。

12.3.5 氩弧焊是用高频振荡器来引弧和稳弧的，但对焊工健康有不利影响，因此，要将焊机和焊接电缆

用金属编织线屏蔽防护。也可以通过降低频率来进一步防护。

12.3.6 氩弧焊大都采用钨极、钍钨极、铈钨极，如在通风不畅的场所焊接，烟尘中的放射性微料可能过浓，因此要戴防毒面罩。钍钨棒的打磨要有抽风装置，贮存时最好放在铅盒内，更不许随身携带，防止放射线伤害。

12.3.9 氩弧焊工人作业时受到放射线和强紫外线的危害（约为普通电弧焊的 5 倍～10 倍）。所以工作完了要及时脱去工作服，清洗手脸和外露皮肤，消除毒害。

12.4 点 焊 机

12.4.1 工作前要清除上下电极的油渍及污物，否则将降低电极使用期限，影响焊接质量。

12.4.2 这是规定的焊机启动程序，如违反操作程序，就会发生质量及生产安全事故。

12.4.3 焊机通电后，要检查电气设备、操作机构、冷却系统、气路系统及机体外壳有无漏电现象。

12.5 二氧化碳气体保护焊机

12.5.2 大电流粗丝的二氧化碳焊接时，要防止焊枪水冷却系统漏水，破坏绝缘，发生触电事故。

12.5.3 装有液态二氧化碳的气瓶，不能在阳光下曝晒或用火烤，以免造成瓶内压力增大而发生爆炸。

12.5.4 二氧化碳气体预热器要采用 36V 以下的安全电压供电。

12.6 埋 弧 焊 机

12.6.1 埋弧焊机在操作盘上一般都是安全电压，但在控制箱上有 380V 或 220V 电源，所以焊接要有安全接地（零）线。盖好控制箱的外壳和接线板上的罩壳是为防止导线扭转及被熔渣烧坏。

12.7 对 焊 机

12.7.1 对焊机铜芯导线参考表 12-1 选择。

表 12-1 对焊机导线截面

对焊机的额定功率（kV·A）	25	50	75	100	150	200	500
一次电压为 220V 时导线截面（mm²）	10	25	35	45	—	—	—
一次电压为 380V 时导线截面（mm²）	6	16	25	35	50	70	150

12.7.4 由于超载过热及冷却水堵塞、停供，使冷却作用失效等有可能造成一次线圈的绝缘破坏。

12.7.6 在进行闪光对焊时，大的电流密度使接触点及其周围的金属瞬间熔化，甚至形成汽化状态，会引起接触点的爆裂和液体金属的飞溅，造成焊工的灼伤

和引起火灾，所以闪光区要设挡板。

12.8 竖向钢筋电渣压力焊机

12.8.4 参照现行行业标准《钢筋焊接及验收规程》JGJ 18 的电渣压力焊焊接参数表选取。一般情况下，时间（s）可为钢筋的直径数（mm），电流（A）可为钢筋直径的 20 倍（mm）。

12.9 气焊（割）设备

12.9.4 氧气是一种活泼的助燃气体，是强氧化剂，空气中氧气含量为 20.9%，增加氧的纯度和压力会使氧化反应显著加剧。当压缩氧气与矿物油、油脂或细微分散的可燃粉尘等接触时，由于剧烈的氧化升温、积热而发生自燃，构成火灾或爆炸。因此，氧气瓶及其附件、胶管、工具等不能粘染油污。

12.10 等离子切割机

12.10.1 等离子切割机的空载电压较高（用氩气作为离子气时为 65V～80V，用氩氢混合气体作为离子气时为 110V～120V），所以设备要有良好的保护接地。

12.10.5 等离子弧温度高达 16000K～33000K，由于高温和强烈的弧光辐射作用而产生的臭氧、氮氧化物等有害气体及金属粉尘的浓度均比氩弧焊高得多。波长 2600 埃～2900 埃的紫外线辐射强度，弧焊为 1.0，等离子弧焊为 2.2。等离子弧焊流速度很高，当它以 1000m/min 的速度从喷嘴喷射出来时，则产生噪声。此外，还有高频电磁场、热辐射、放射线等有害因素，操作人员要按本规程第 12.3 节氩弧焊机一样，搞好安全防护和卫生要求。

13 其他中小型机械

13.11 喷 浆 机

13.11.1 密度过小，喷浆效果差；密度过大，会使机械振动，喷不成雾状。

13.11.2 本条主要是防止喷嘴孔堵塞和叶片磨损的加快。

13.14 水 磨 石 机

13.14.1 强度增大将使磨盘寿命降低。

13.14.2 磨石如有裂纹，在使用中受高转速离心力影响，将造成磨石飞出磨盘伤人事故。

13.14.5 冷却水既起到冷却作用，也是磨石作业中的润滑剂，起到磨石面要求光滑的质量保证作用。

13.15 混凝土切割机

13.15.3～13.15.6 这几条都是要求在操作中遵守的

防止伤害人手的安全措施。

13.17 离心水泵

13.17.1 数台水泵并列安装时，如扬程不同，就不能向同一高度送水，达不到增加流量的目的；串联安装时，如串联的水泵流量不同，只能保持小泵的流量，如果小泵在下，大泵会产生气蚀。

13.18 潜 水 泵

13.18.5 潜水泵的电动机和泵都安装在密封的泵体内，高速运转的热量需要水冷却。因此，不能在无水状态下运转时间过长。

13.18.9 潜水泵长时间在水中作业，对电动机的绝缘要求较高，除安装漏电保护装置外，还要定期测定绝缘电阻。

13.22 手持电动工具

13.22.2 砂轮机转速一般在 10000r/min 以上，因此，对砂轮等刀具质量和安装有严格要求，以保证安全。

13.22.5 手持电动工具转速高、振动大，作业时直接与人体接触，并处在导电良好的环境中作业。因此，要求采用双重绝缘或加强绝缘结构的电动机和导线。

13.22.6 采用工程塑料为机壳的手持电动工具，要防止受压和汽油等溶剂的腐蚀。

13.22.10 手持电动机具温升超过 60℃时，要停机降温后再使用，这是防止机具故障、延长使用寿命的必要措施。

13.22.11 手持电动机具依靠操作人员的手来控制，如要在转动时撒手，机具失去控制，会破坏工件，损坏机具，甚至伤害人身。

13.22.13 40%的断续工作制是电动机负载持续率为40%的定额为基准确定的。负载持续率就是电动机工作时间与一个工作周期的比值，其中工作时间包括启动、工作和制动时间；一个工作周期包括工作时间和停机及断电时间。

13.22.14 角向磨光机空载转速达 10000r/min，要求选用安全线速不小于 80m/s 的增强树脂型砂轮。其最佳的磨削角度为15°～30°的位置。角度太小，增加砂轮与工件的接触面，加大磨削阻力；角度大，磨光效果不好。

13.22.16 本条第1款所列事项，都是为了防止射钉误发射而造成人身伤害事故。

13.22.17 本条第1款所列事项，如铆钉和铆钉孔的配合过盈量大，将影响铆接质量；如因铆钉轴未断而强行扭撬，会造成机件损伤；铆钉头子或并帽松动，会失去调节精度，影响操作。

中华人民共和国行业标准

交通客运站建筑设计规范

Code for design of passenger transportation building

JGJ/T 60—2012

批准部门：中华人民共和国住房和城乡建设部
施行日期：２０１３年３月１日

中华人民共和国住房和城乡建设部
公　告

第 1513 号

住房城乡建设部关于发布行业标准
《交通客运站建筑设计规范》的公告

　　现批准《交通客运站建筑设计规范》为行业标准，编号为 JGJ/T 60 - 2012，自 2013 年 3 月 1 日起实施。原行业标准《汽车客运站建筑设计规范》JGJ 60 - 99 和《港口客运站建筑设计规范》JGJ 86 - 92 同时废止。

　　本规范由我部标准定额研究所组织中国建筑工业出版社出版发行。

中华人民共和国住房和城乡建设部

2012 年 11 月 1 日

前　　言

　　根据住房和城乡建设部《关于印发〈2009 年工程建设标准规范制订、修订计划〉的通知》（建标[2009] 88 号）的要求，规范编制组经广泛调查研究，认真总结实践经验，参考有关国际标准和国外先进标准，并在广泛征求意见的基础上，对原行业标准《汽车客运站建筑设计规范》JGJ 60 - 99 和《港口客运站建筑设计规范》JGJ 86 - 92 进行了修订。

　　本规范的主要技术内容是：1. 总则；2. 术语；3. 基本规定；4. 选址与总平面布置；5. 站前广场；6. 站房与室外营运区；7. 防火与疏散；8. 室内环境；9. 建筑设备。

　　本次修订的主要技术内容是：1. 明确了规范的适用范围；2. 增加了港口客运站部分的术语、四节一环保、无障碍设计、公共安全防范、室内环境等内容；3. 补充了节能与安检等内容；4. 取消了汽车客运站部分中行包廊的内容，调整了发车位的相关要求；5. 补充了滚装船客货运输和国际港口客运联检等内容；6. 修订了站房设计的相关内容；7. 修改了港口客运站旅客最高聚集人数的计算方法和港口客运站分级标准。

　　本规范由住房和城乡建设部负责管理，由甘肃省建筑设计研究院负责汽车客运站部分具体技术内容的解释，由大连市建筑设计研究院有限公司负责港口客运站部分具体技术内容的解释。执行过程中如有意见或建议，请寄送甘肃省建筑设计研究院（地址：甘肃省兰州市静宁路 81 号，邮编：730030）、大连市建筑设计研究院有限公司（地址：辽宁省大连市胜利路 102 号，邮编：116021）。

　　本 规 范 主 编 单 位：大连市建筑设计研究院有限公司
　　　　　　　　　　　　　甘肃省建筑设计研究院
　　本 规 范 参 编 单 位：中交水运规划设计院有限公司
　　　　　　　　　　　　　中交公路规划设计院有限公司
　　　　　　　　　　　　　长安大学
　　本规范主要起草人员：乔松年　屈　刚　周立安
　　　　　　　　　　　　　单　颖　章海峰　张三省
　　　　　　　　　　　　　叶金华　毛明强　钟　诚
　　　　　　　　　　　　　周银双　王可为　胡斌东
　　　　　　　　　　　　　孙志坤　朱　健　袁卫宁
　　　　　　　　　　　　　陈丽红　夏云峰　杜　冰
　　本规范主要审查人员：张家臣　赵元超　关　欣
　　　　　　　　　　　　　刘　杰　朱　江　章竞屋
　　　　　　　　　　　　　赵鸿珊　张正康　李廷文
　　　　　　　　　　　　　王建军　耿　蕤

目 次

Contents

1 总 则

1.0.1 为保证交通客运站建筑设计符合适用、安全、节能、环保、卫生、经济等基本要求，制定本规范。

1.0.2 本规范适用于新建、扩建和改建的汽车客运站和港口客运站的建筑设计。不适用于汽车货运站、城市公共汽车站、水路货运站、城镇轮渡站、游艇码头等建筑设计。

1.0.3 交通客运站布局应符合城镇总体规划的要求，并应根据当地经济、交通发展条件，结合当地的气候、地理、地质、人文等特点，合理确定建筑形态。

1.0.4 交通客运站建筑设计除应符合本规范外，尚应符合国家现行有关标准的规定。

2 术 语

2.0.1 交通客运站 transportation terminal

为公众提供一种或几种形式的交通客运服务的公共建筑的总称。本规范所指交通客运站是为旅客办理水路、公路客运业务，一般由站前广场、站房、室外营运区等部分组成的建筑和设施的总称。

2.0.2 汽车客运站 bus terminal

办理汽车客运业务，为旅客提供公路运输服务的建筑和设施。

2.0.3 港口客运站 port terminal

办理水路客运业务，为旅客提供水路运输服务的建筑和设施。

2.0.4 年平均日旅客发送量 annual average daily passenger delivery volume

交通客运站统计年度平均每天的旅客发送量。

2.0.5 旅客最高聚集人数 maximum gathering passenger number

交通客运站设计年度中旅客发送量偏高期间内，每天最大同时在站人数的平均值。

2.0.6 站房 station building

交通客运站内候乘、售票、行包、驻站和办公等主要建筑用房的总称。

2.0.7 客运码头 passenger wharf

供客轮停靠、上下旅客的码头。

2.0.8 客货滚装码头 passenger-freight Ro-Ro wharf

供滚装船停靠，旅客、集装箱、散货、滚装车辆上下船的码头。

2.0.9 营运停车场 operation vehicle parking lot

站场内停放待发营运客车的场地。

2.0.10 乘降区 boarding zone

旅客上车与下车的区域。

2.0.11 社会停车场 public parking lot

供停放交通客运站营运车辆之外的其他社会车辆

的场地。

2.0.12 候乘厅 lounge

旅客乘船乘车前的等候和中转旅客的休息大厅。

2.0.13 发车位 seat of operational vehicle

符合旅客和行包上车条件的停车位。

2.0.14 营运区 operation zone

向旅客开放使用的区域。

2.0.15 重点旅客 key passenger

需要提供特殊服务的旅客。

2.0.16 候乘风雨廊 corridor

供候乘旅客遮风避雨或休息的廊式建筑。

2.0.17 无性别卫生间 unisex toilet

专门为协助行动不能自理的人使用的厕所。

3 基 本 规 定

3.0.1 交通客运站建筑设计应采用安全、节能、节地、节水、节材和环保的先进、成熟技术。

3.0.2 交通客运站的建筑设计应采取综合措施，减少噪声和污水等对环境的影响。

3.0.3 汽车客运站的站级分级应根据年平均日旅客发送量划分，并应符合表3.0.3的规定。

表3.0.3 汽车客运站的站级分级

分级	发车位（个）	年平均日旅客发送量（人/d）
一级	≥20	≥10000
二级	13～19	5000～9999
三级	7～12	2000～4999
四级	≤6	300～1999
五级	—	≤299

注：1 重要的汽车客运站，其站级分级可按实际需要确定，并报主管部门批准；

2 当年平均日旅客发送量超过25000人次时，宜另建汽车客运站分站。

3.0.4 汽车客运站旅客最高聚集人数可按下式计算：

$$Q_{max} = F \times a \qquad (3.0.4)$$

式中：Q_{max}——旅客最高聚集人数（人）；

F——设计年度平均日旅客发送量（人）；

a——计算百分比（%），按表3.0.4取值。

表3.0.4 计算百分比

设计年度平均日旅客发送量（人）	计算百分比（%）
≥15000	8
300～2000	15～20
10000～14999	10～8
5000～9999	12～10

续表 3.0.4

设计年度平均日 旅客发送量（人）	计算百分比（%）
2000~4999	15~12
100~300	20~30
<100	30~50
—	—

3.0.5 港口客运站应按客运为主兼顾货运的原则进行设计。

3.0.6 港口客运站的站级分级应根据年平均日旅客发送量划分，并应符合表 3.0.6 的规定。

表 3.0.6 港口客运站的站级分级

分级	年平均日旅客发送量（人/d）
一级	≥3000
二级	2000~2999
三级	1000~1999
四级	≤999

注：1 重要的港口客运站的站级分级，可按实际需要确定，并报主管部门批准；
2 国际航线港口客运站的站级分级，可按实际需要确定，并报主管部门批准。

3.0.7 港口客运站旅客最高聚集人数可按下列公式计算：

$$Q_{max} = \sum_{i=1}^{n} \frac{h - h_i}{h} \cdot Q_i \text{（当 } h_1 = 0 \text{ 时）}$$

$$(3.0.7-1)$$

$$Q_i = A_i - a_i \qquad (3.0.7-2)$$

式中：Q_{max} —— 旅客最高聚集人数（人）；
Q_i —— 第 i 船旅客有效额定人数（人）；
A_i —— 第 i 船额定载客人数（人）；
a_i —— 第 i 船额定不需经站房登船的人数（人）；
h_i —— 第 i 船与首发船的检票时间间隔（h）；
h —— 检票前旅客有效候船时间段（取 2.0h）。

4 选址与总平面布置

4.0.1 交通客运站选址应符合城镇总体规划的要求，并应符合下列规定：

1 站址应有供水、排水、供电和通信等条件；
2 站址应避开易发生地质灾害的区域；
3 站址与有害物品、危险品等污染源的防护距离，应符合环境保护、安全和卫生等国家现行有关标准的规定；
4 港口客运站选址应具有足够的水域和陆域面积，适宜的码头岸线和水深。

4.0.2 总平面布置应合理利用地形条件，布局紧凑，

节约用地，远、近期结合，并宜留有发展余地。

4.0.3 汽车客运站总平面布置应包括站前广场、站房、营运停车场和其他附属建筑等内容。

4.0.4 汽车进站口、出站口应满足营运车辆通行要求，并应符合下列规定：

1 一、二级汽车客运站进站口、出站口应分别设置，三、四级汽车客运站宜分别设置；进站口、出站口净宽不应小于 4.0m，净高不应小于 4.5m；
2 汽车进站口、出站口与旅客主要出入口之间应设不小于 5.0m 的安全距离，并应有隔离措施；
3 汽车进站口、出站口与公园、学校、托幼、残障人使用的建筑及人员密集场所的主要出入口距离不应小于 20.0m；
4 汽车进站口、出站口与城市干道之间宜设有车辆排队等候的缓冲空间，并应满足驾驶员行车安全视距的要求。

4.0.5 汽车客运站站内道路应按人行道路、车行道路分别设置。双车道宽度不应小于 7.0m；单车道宽度不应小于 4.0m；主要人行道路宽度不应小于 3.0m。

4.0.6 港口客运站总平面布置应包括站前广场、站房、客运码头（或客货滚装船码头）和其他附属建筑等内容。

5 站 前 广 场

5.0.1 站前广场宜由车行及人行道路、停车场、乘降区、集散场地、绿化用地、安全保障设施和市政配套设施等组成。

5.0.2 一、二级交通客运站站前广场的规模，当按旅客最高聚集人数计算时，每人不宜小于 1.5m²。其他站级交通客运站站前广场的规模，可根据当地要求和实际情况确定。

5.0.3 站前广场应与城镇道路衔接，在满足城镇规划的前提下，应合理组织人流、车流，方便换乘与集散，互不干扰。对于站前广场用地面积受限制的交通客运站，可采用其他方式完成人流的换乘与集散。

5.0.4 站前广场应设置社会停车场，并应合理划分城市公共交通、小型客车和小型货车的停车区域。出租车的等候区应独立设置。

5.0.5 站前广场的设计应符合现行国家标准《无障碍设计规范》GB 50763 的规定。人行区域的地面应坚实平整，并应防滑。

5.0.6 站前广场应设置排水、照明设施。

6 站房与室外营运区

6.1 一 般 规 定

6.1.1 站房应功能分区明确，人流、物流安排合理，

有利于安全营运和方便使用。

6.1.2 站房宜由候乘厅、售票用房、行包用房、站务用房、服务用房、附属用房等组成，并可根据需要设置进站大厅。对于汽车客运站，还宜设置站台和发车位；对于港口客运站，还宜设置上下船廊道、驻站业务用房。

6.1.3 候乘厅、售票用房、行包用房等用房的建筑规模，应按旅客最高聚集人数确定。

6.1.4 站房内营运区建筑空间布局和结构选型应具有适当的灵活性、通用性和先进性，并应能适应改建和扩建的需要。

6.1.5 站房旅客入口处应留有设置防爆及安全检测设备的位置，并应预留电源。

6.1.6 站房与室外营运区应进行无障碍设计，并应符合现行国家标准《无障碍设计规范》GB 50763 的有关规定。

6.1.7 站房的节能设计应符合现行国家标准《公共建筑节能设计标准》GB 50189 的有关规定。

6.2 候 乘 厅

6.2.1 候乘厅可根据交通客运站的站级、旅客构成，设置普通候乘厅、重点旅客候乘厅。对于港口客运站，可根据需要设置候乘风雨廊和其他候船设施。

6.2.2 候乘厅的设计应符合下列规定：

1 普通旅客候乘厅的使用面积应按旅客最高聚集人数计算，且每人不应小于 $1.1m^2$；

2 一、二级交通客运站应设重点旅客候乘厅，其他站级可根据需要设置；

3 一、二级交通客运站应设母婴候乘厅，其他站级可根据需要设置，并应邻近检票口。母婴候乘厅内宜设置婴儿服务设施和专用厕所；

4 候乘厅内应设无障碍候乘区，并应邻近检票口；候乘厅与站台或上下船廊道之间应满足无障碍通行要求；

5 候乘厅座椅排列方式应有利于组织旅客检票；候乘厅每排座椅不应超过20座，座椅之间走道净宽不应小于 1.3m，并应在两端设不小于 1.5m 通道；港口客运站候乘厅座椅的数量不宜小于旅客最高聚集人数的 40%；

6 当候乘厅与入口不在同层时，应设置自动扶梯和无障碍电梯或无障碍坡道；

7 候乘厅的检票口应设导向栏杆，通道应顺直，且导向栏杆应采用柔性或可移动栏杆，栏杆高度不应低于 1.2m；

8 候乘厅内应设饮水设施，并应与盥洗间和厕所分设。

6.2.3 汽车客运站候乘厅内应设检票口，每三个发车位不应少于一个。当采用自动检票机时，不应设置单通道。当检票口与站台有高差时，应设坡道，其坡度不得大于 1：12。

6.2.4 港口客运站室外候乘区应设避雨设施，并可单独设检票口。

6.2.5 港口客运站候乘风雨廊宜结合上下船通道设置，候乘风雨廊宽度不宜小于 1.3m，净高不应低于 2.4m，并可设检票口。

6.2.6 港口客运站候乘厅检票口与客运码头间，可根据需要设置平台、廊道或其他登船设施，并应设避雨设施，净高不应低于 2.4m。登船设施的安全防护栏杆高度不应低于 1.2m。

6.3 售 票 用 房

6.3.1 售票用房宜由售票厅、票务用房等组成。

6.3.2 售票厅的位置应方便旅客购票。四级及以下站级的客运站，售票厅可与候乘厅合用，其余站级的客运站宜单独设置售票厅，并应与候乘厅、行包托运厅联系方便。

6.3.3 售票厅的设计应符合下列规定：

1 售票窗口的数量应按旅客最高聚集人数的 1/120 计算，且一、二级港口客运站应按 30% 折减；

2 售票厅的使用面积，应按每个售票窗口不应小于 $15.0m^2$ 计算；

3 售票窗口的中距不应小于 1.5m，靠墙售票窗口中心距墙边不应小于 1.2m；

4 售票窗口窗台距地面高度宜为 1.1m，窗口宽度宜为 0.5m；

5 售票窗口前宜设导向栏杆，栏杆高度不宜低于 1.2m，宽度宜与窗口中距相同；

6 设自动售票机时，其使用面积应按 $4.0m^2$/台计算，并应预留电源；

7 一、二级交通客运站应至少设置一个无障碍售票窗口，并应符合现行国家标准《无障碍设计规范》GB 50763 的规定。

6.3.4 售票室使用面积可按每个售票窗口不小于 $5.0m^2$ 计算，且最小使用面积不宜小于 $14.0m^2$。

6.3.5 售票室室内工作区地面至售票口窗台面不宜高于 0.8m。

6.3.6 售票室应有防盗设施，且不应设置直接开向售票厅的门。

6.3.7 票据室应独立设置，使用面积不宜小于 $9.0m^2$，并应有通风、防火、防盗、防鼠、防水和防潮等措施。

6.4 行 包 用 房

6.4.1 交通客运站行包用房应根据需要设置行包托运厅、行包提取厅、行包仓库和业务办公室、计算机室、票据室、工作人员休息室、牵引车库等用房。

6.4.2 一、二级交通客运站应分别设置行包托运厅、行包提取厅，且行包托运厅宜靠近售票厅，行包提取厅宜靠近出站口；三、四级交通客运站的行包托运厅和行包提取厅，可设于同一空间内。

6.4.3 行包托运厅应留有设置安全检测设备的位置和电源，并应就近设置泄爆室或泄爆装置。

6.4.4 一、二级港口客运站宜有行包装卸运输设施的停放和维修场所。

6.4.5 行包用房的设计应符合下列规定：

1 港口客运站行包用房的使用面积，按设计旅客最高聚集人数计算时，国内每人宜为 0.1m²，国际每人不宜小于 0.3 m²；

2 行包仓库内净高不应低于 3.6m；

3 行包托运与提取受理处的门净宽不应小于 1.5m；受理柜台面高度不宜大于 0.5m，台面材料应耐磕碰；

4 行包受理口应有可关闭设施；

5 有机械作业的行包仓库，应满足机械作业的要求，其门的净宽度和净高度均不应小于 3.0m；

6 行包仓库应有利于运输工具通行和行包堆放；

7 不在同一楼层的行包用房，应设机械传输或提升装置；

8 国际客运的行包用房应独立设置，并应有海关和检验检疫监控设施及业务用房；

9 行包仓库应通风良好，并应有防火、防盗、防鼠、防水和防潮等措施。

6.5 站 务 用 房

6.5.1 站务用房应根据交通客运站建筑规模及使用需要设置，其用房宜包括服务人员更衣室与值班室、广播室、补票室、调度室、客运办公用房、公安值班室、站长室、客运值班室、会议室等。

6.5.2 值班室应临近候乘厅，其使用面积应按最大班人数不小于 2.0m²/人确定，且最小使用面积不应小于 9.0 m²。

6.5.3 站房内应设广播室，且使用面积不宜小于 8.0 m²，并应有隔声、防潮和防尘措施。无监控设备的广播室宜设在便于观察候乘厅、站场、发车位的部位。

6.5.4 客运办公用房应按办公人数计算，其使用面积不宜小于 4.0m²/人。

6.5.5 一、二级汽车客运站在出站口处应设补票室，港口客运站在检票口附近宜设补票室。补票室的使用面积不宜小于 10.0m²，并应有防盗设施。

6.5.6 汽车客运站调度室应邻近站场和发车位，并应设外门。一、二级汽车客运站的调度室使用面积不宜小于 20.0m²；三、四级汽车客运站的调度室使用面积不宜小于 10.0m²。

6.5.7 公安值班室应布置在与售票厅、候乘厅、值班站长室联系方便的位置，其使用面积应由公安部门根据交通客运站等级、周边环境等确定，室内应设独立

的通信设施，门窗应有安全防护设施。

6.6 服务用房与附属用房

6.6.1 站房内应设置旅客服务用房与设施，宜有问讯台（室）、小件寄存处、自助存包柜、邮政、电信、医务室、商业服务设施等，并应符合下列规定：

1 问讯台（室）应邻近旅客主要出入口；问讯室使用面积不宜小于 6.0m²，问讯台（室）前应有不小于 8.0m² 的旅客活动场地；

2 小件寄存处应有通风、防火、防盗、防鼠、防水和防潮等措施；

3 一、二级交通客运站站房内应设医务室；医务室应邻近候乘厅，其使用面积不应小于 10.0m²；

4 站房内可根据需要设置小型商业服务设施。

6.6.2 站房内应设厕所和盥洗室，并应设无障碍厕位，一、二级交通客运站宜设无性别厕所，并宜与无障碍厕所合用。一、二、三级交通客运站工作人员和旅客使用的厕所应分设，四级及以下站级的交通客运站，工作人员和旅客使用的厕所可合并设置。

6.6.3 旅客使用的厕所及盥洗室的设计应符合下列规定：

1 厕所应设前室，一、二级交通客运站应单独设盥洗室，并宜设置儿童使用的盥洗台和小便器；

2 厕所宜有自然采光，并应有良好通风；

3 厕所及盥洗室的卫生设施应符合现行行业标准《城市公共厕所设计标准》CJJ 14 的有关规定。

4 男女旅客宜各按 50% 计算，一、二级交通客运站宜设置儿童使用的盥洗台和小便池。

6.6.4 一、二级交通客运站的厕所宜分散布置，候乘厅内厕所服务半径不宜大于 50.0m。

6.6.5 对于一、二级汽车客运站厕所的布置除应符合本规范第 6.6.3 和 6.6.4 条的规定外，还应在旅客出站口处设厕所，洁具数量可根据同时到站车辆不超过四辆确定。

6.6.6 交通客运站可根据需要设置设备用房、维修用房、洗车台、司乘休息室和职工浴室、食堂、仓库等附属用房，其设置应符合国家现行有关标准的规定。

6.6.7 有噪声和空气污染源的附属用房，应设置防护措施。

6.6.8 汽车客运站维修用房应按一级维护及小修规模设置。维修用房场地宜与城镇道路直通，并应与站场之间有隔离设施。

6.7 汽车客运站的营运停车场、发车位与站台

6.7.1 汽车客运站营运停车场容量应按站场面积和现行行业标准《汽车客运站级别划分和建设要求》JT/T 200 确定。

6.7.2 汽车客运站营运停车场的停车数大于 50 辆

时，其汽车疏散口不应少于两个，且疏散口应在不同方向设置，并应直通城市道路。停车数不超过50辆时，可只设一个汽车疏散口。

6.7.3 汽车客运站营运停车场内的车辆宜分组停放，车辆停放的横向净距不应小于0.8m，每组停车数量不宜超过50辆，组与组之间防火间距不应小于6.0m。

6.7.4 汽车客运站发车位和停车区前的出车通道净宽不应小于12.0m。

6.7.5 汽车客运站营运停车场应合理布置洗车设施及检修台。通向洗车设施及检修台前的通道应保持不小于10.0m的直道。

6.7.6 汽车客运站营运停车场周边宜种植常绿乔木。

6.7.7 汽车客运站应设置发车位和站台，且发车位宽度不应小于3.9m。

6.7.8 站台设计应有利旅客上下车和客车运转，单侧站台净宽不应小于2.5m，双侧设站台时，净宽不应小于4.0m。

6.7.9 发车位为露天时，站台应设置雨棚。雨棚宜能覆盖到车辆行李舱位置，雨棚净高不得低于5.0m。

6.7.10 当站台雨棚设置承重柱时，应符合下列规定：
 1 柱子与候乘厅外墙净距不应小于2.5m；
 2 柱子不得影响旅客交通、行包装卸和行车安全。

6.7.11 发车位地面设计应坡向外侧，坡度不应小于0.5%。

6.8 客运码头与客货滚装码头

6.8.1 客运码头和客货滚装码头应为旅客提供安全、方便的上下船设施。对于客货滚装码头，还应为乘船车辆设置上下船的设施，且旅客和车辆的上下船设施应分开设置，并应符合现行行业标准《客滚船码头安全技术及管理要求》JT 366和《滚装码头设计规范》JTS 165-6的相关规定。

6.8.2 在客货滚装码头附近应设置乘船车辆待检停车场、安全检测设备和汽车待装停车场。汽车待装停车场应符合下列规定：
 1 汽车待装停车场的停车数量不应小于同时发船所载车辆数量的2倍；
 2 汽车待装停车场应为候船驾驶员设置必要的服务设施。

6.8.3 客运码头与客货滚装码头均应设置排水、照明设施。

6.9 国际港口客运用房

6.9.1 国际港口客运用房应由出境、入境、管理和驻站业务等用房组成。

6.9.2 出境、入境用房应包括售票、换票、候检、联检、签证、行包和其他服务用房等。出境、入境用房在条件允许情况下，可以互用。

6.9.3 出境、入境用房布置，应避免联检前的旅客及行李与联检后的旅客及行李的接触和混杂。

6.9.4 出境、入境用房布置应符合联检程序的要求，并宜具备适当的灵活性和通用性。联检通道净高不宜小于4.0m。

6.9.5 出境、入境同一种联检用房宜同层布置。当分层布置时，其上下层连接应设自动扶梯和无障碍电梯。

6.9.6 联检用房及设施应符合下列规定：
 1 联检用房及设施应包括边防检查、检验检疫、出入境管理、海关等办公业务用房及查验监控设施；
 2 出境旅客的联检可按检验检疫、海关、行包托运、边防的流程布置；
 3 入境旅客的联检可按检验检疫、出入境管理（落地签）、边防、行包提取、海关的流程布置。

6.9.7 管理用房应由客运站营运公司用房、物业用房等组成。

6.9.8 驻站业务用房应由边防、检验检疫、海关、海事、公安、船运公司等业务用房组成。

6.9.9 服务用房可由商业零售、餐饮、小件寄存、邮电、银行、免税店等组成。免税店及其仓库的设置应符合海关的相关规定。

6.9.10 候检厅、联检厅应分别设置厕所和盥洗室。

7 防火与疏散

7.0.1 交通客运站的防火和疏散设计应符合国家现行有关建筑防火设计标准的有关规定。

7.0.2 交通客运站的耐火等级，一、二、三级站不应低于二级，其他站级不应低于三级。

7.0.3 交通客运站与其他建筑合建时，应单独划分防火分区。

7.0.4 汽车客运站的停车场和发车位除应设室外消火栓外，还应设置适用于扑灭汽油、柴油、燃气等易燃物质燃烧的消防设施。体积超过5000m³的站房，应设室内消防给水。

7.0.5 候乘厅应设置足够数量的安全出口，进站检票口和出站口应具备安全疏散功能。

7.0.6 交通客运站内旅客使用的疏散楼梯踏步宽度不应小于0.28m，踏步高度不应大于0.16m。

7.0.7 候乘厅及疏散通道墙面不应采用具有镜面效果的装修饰面及假门。

7.0.8 交通客运站消防安全标志和站房内采用的装修材料应分别符合现行国家标准《消防安全标志设置要求》GB 15630和《建筑内部装修设计防火规范》GB 50222的有关规定。

8 室内环境

8.0.1 候乘厅宜利用自然采光和自然通风，并应满足采光、通风和卫生要求，其外窗窗地面积比应符合现行国家标准《建筑采光设计标准》GB/T 50033 的规定，可开启面积应符合《公共建筑节能设计标准》GB 50189 的有关规定。当采用自然通风时，候乘厅净高不应低于 3.6m。

8.0.2 售票厅应有良好的自然采光和自然通风，其窗地面积比应符合现行国家标准《建筑采光设计标准》GB/T 50033 的规定。当采用自然通风时，售票厅净高不应低于 3.6m。

8.0.3 候乘厅室内空间应采取吸声降噪措施，背景噪声的允许噪声值（A 声级）不宜大于 55dB。

8.0.4 候乘厅的地面应防滑。严寒和寒冷地区的交通客运站售票室的地面，宜采取保温措施。

8.0.5 站房的吸声、隔热、保温等构造，不应采用易燃及受高温散发有毒烟雾的材料。

8.0.6 交通客运站室内建筑材料和装修材料所产生的室内环境污染物浓度限量应符合现行国家标准《民用建筑工程室内环境污染控制规范》GB 50325 的规定。

8.0.7 交通客运站应设标志标识引导系统的结构、构造应安全可靠，并应符合现行行业标准《交通客运图形符号、标志及技术要求》JT/T 471 的有关规定。

9 建 筑 设 备

9.1 给 水 排 水

9.1.1 交通客运站应设室内室外给水与排水系统。

9.1.2 交通客运站应设开水供应设施。对于严寒和寒冷地区，一、二级交通客运站的盥洗室应设热水供应系统，其他站级交通客运站的盥洗室宜设热水供应系统。

9.1.3 交通客运站入境候检旅客使用的厕所化粪池应单独设置。

9.1.4 一级汽车客运站应设置汽车自动冲洗装置，二、三级汽车客运站宜设汽车冲洗台。

9.1.5 交通客运站污废水的排放应符合国家现行有关标准的规定，含油废水应进行处理，达到排放标准后再排放。

9.1.6 国际客运站的口岸应设入境车辆清洗和消毒设施。

9.1.7 一、二级汽车客运站和使用设有卫生间的车辆的汽车客运站，应设置相应的污物收集、处理设施。

9.1.8 交通客运站宜设计中水工程和雨水利用工程。

9.2 供 暖 通 风

9.2.1 供暖地区的交通客运站，应设置集中供暖系统。四级及以下站级汽车客运站因地制宜，可采用其他供暖方式。

9.2.2 供暖室内计算温度应符合表 9.2.2 的规定。

表 9.2.2　供暖室内计算温度

房间名称	室内计算温度（℃）
候乘厅、售票厅、行包托运厅	14～16
重点旅客候乘厅、医务室、母婴候乘厅	18～20
办公用房	18～20
厕所、盥洗间、走廊	14～16
联检用房	18～20

9.2.3 严寒和寒冷地区的候乘厅、售票厅等，其供暖系统宜独立设置，并宜设置集中室温调节装置，非使用时段可调至值班供暖温度。

9.2.4 高大空间的候乘厅、售票厅，宜采用低温地板辐射供暖方式。

9.2.5 候乘厅、售票厅等人员密集场所应设通风换气装置，通风量应符合现行国家标准《采暖通风与空气调节设计规范》GB 50019 的有关规定。公共厕所应设机械排风装置，换气次数不应小于 10 次/h。

9.2.6 当候乘厅、售票厅采取机械通风时，冬季宜采用值班供暖与热风供暖相结合的供暖方式。

9.2.7 汽车客运站设在封闭或半封闭空间内时，发车位和站台宜设汽车尾气集中排放措施。

9.2.8 严寒和寒冷地区的一、二级交通客运站候乘厅、售票厅等，其通向室外的主要出入口宜设热空气幕。

9.2.9 一、二级交通客运站的候乘厅和国际候乘厅、联检厅，宜设舒适性空调系统。对高大空间宜采用分层空气调节系统。

9.3 电 气

9.3.1 交通客运站的电气设计应符合现行行业标准《民用建筑电气设计规范》JGJ 16 和《交通建筑电气设计规范》JGJ 243 的有关规定。

9.3.2 交通客运站的用电负荷应分为三级，并应符合表 9.3.2 的规定。

表 9.3.2　负荷的分级

适用场所建筑类别＼负荷等级	一级负荷	二级负荷	三级负荷
汽车客运站	—	一、二级汽车客运站主要用电负荷（包括：公共区域照明、管理用房照明及设备、电梯、送排风系统设备、排污水设备、生活水泵）	不属于一级和二级的用电负荷

续表 9.3.2

负荷等级 适用场所 建筑类别	一级负荷	二级负荷	三级负荷
港口客运站	一级港口客运站的通信、监控系统设备、导航设施用电	港口重要作业区一、二级港口客运站主要用电负荷(包括:公共区域照明、管理用房照明及设备、电梯、送排风系统设备、排污水设备、生活水泵)	不属于一级和二级的用电负荷

9.3.3 交通客运站的照明设计应符合现行国家标准《建筑照明设计标准》GB 50034 的规定。

9.3.4 交通客运站的检票口、售票台、联检工作台宜设局部照明,局部照明照度标准值宜为 500lx。

9.3.5 交通客运站应设置引导旅客的标志标识照明。

9.3.6 交通客运站站场车辆进站、出站口宜装设同步的声、光信号装置,其灯光信号应满足交通信号的要求。

9.3.7 交通客运站站场内照明不应对驾驶员产生眩光,眩光限制阈值增量(TI)最大初始值不应大于 15%。

9.3.8 交通客运站站内应设置通信、广播设备。一、二级交通客运站应设置专用通信网络机房及信息显示系统,并宜设计算机网络、综合布线、室内移动覆盖系统。其余站级交通客运站可根据需要设置。

9.3.9 候乘厅和售票厅内宜设交互式旅客信息查询系统。

9.3.10 交通客运站站场具有一个以上车辆进站口、出站口时,应用文字和灯光分别标明进站口及出站口。

9.3.11 交通客运站安全防范系统的设计应符合现行国家标准《安全防范工程技术规范》GB 50348 的有关规定。

9.3.12 交通客运站防雷接地设计应符合现行国家标准《建筑物防雷设计规范》GB 50057 的规定。港口客运站站房的防雷设计类别不应低于三类。

本规范用词说明

1 为便于在执行本规范条文时区别对待,对于要求严格程度不同的用词说明如下:

1)表示很严格,非这样做不可的:
正面词采用"必须",反面词采用"严禁";

2)表示严格,在正常情况下均应这样做的:
正面词采用"应",反面词采用"不应"或"不得";

3)表示允许稍有选择,在条件许可时首先应这样做的:
正面词采用"宜",反面词采用"不宜";

4)表示有选择,在一定条件下可以这样做的,采用"可"。

2 条文中指明应按其他有关标准执行的写法为:"应符合……的规定"或"应按……执行"。

引用标准名录

1 《采暖通风与空气调节设计规范》GB 50019

2 《建筑采光设计标准》GB/T 50033

3 《建筑照明设计标准》GB 50034

4 《建筑物防雷设计规范》GB 50057

5 《公共建筑节能设计标准》GB 50189

6 《建筑内部装修设计防火规范》GB 50222

7 《民用建筑工程室内环境污染控制规范》GB 50325

8 《安全防范工程技术规范》GB 50348

9 《无障碍设计规范》GB 50763

10 《消防安全标志设置要求》GB 15630

11 《民用建筑电气设计规范》JGJ 16

12 《交通建筑电气设计规范》JGJ 243

13 《城市公共厕所设计标准》CJJ 14

14 《滚装码头设计规范》JTS 165-6

15 《汽车客运站级别划分和建设要求》JT/T 200

16 《客滚船码头安全技术及管理要求》JT 366

17 《交通客运图形符号、标志及技术要求》JT/T 471

中华人民共和国行业标准

交通客运站建筑设计规范

JGJ/T 60—2012

条 文 说 明

修 订 说 明

《交通客运站建筑设计规范》JGJ/T 60－2012 经住房和城乡建设部 2012 年 11 月 1 日以第 1513 号公告批准、发布。

本规范是在原行业标准《汽车客运站建筑设计规范》JGJ 60-99 和《港口客运站建筑设计规范》JGJ 86－92 的基础上合并修订而成的，上一版的主编单位分别是甘肃省建筑设计研究院和大连市建筑设计研究院，参编单位分别是交通部水运规划设计院、西安公路学院、长江航务管理局和中国交通公路规划设计院，主要起草人员分别是章竞屋、罗永华、吴永明、程万平、史国忠和杨连级、李景奎、王恒山、曹振熙、曹大洲、沈永康、杨贵松、郑官振、董文彩。本次修订的主要技术内容是：1. 明确了本规范的适用范围；2. 增加了港口客运站部分的术语、四节一环保、无障碍设计、公共安全防范、室内环境等内容；3. 补充了节能与安检等内容；4. 取消了汽车客运站部分中行包廊的内容，调整了发车位的相关要求；5. 补充了滚装船客货运输和国际港口客运联检等内容；6. 修订了站房设计的相关内容；7. 修改了港口客运站旅客最高聚集人数的计算方法和港口客运站分级标准。

本规范修订过程中，编制组进行了大量的调查研究，总结了我国汽车客运和港口客运建筑的实践经验，同时参考了国外先进技术法规、技术标准。

为便于广大设计、施工、科研、学校等单位有关人员在使用规范时能正确理解和执行条文规定，《交通客运站建筑设计规范》编制组按章、节、条顺序编制了本规范的条文说明，对条文规定的目的、依据以及执行中需注意的有关事项进行了说明。但是，本条文说明不具备与规范正文同等的法律效力，仅供使用者作为理解和把握规范规定时的参考。

目　次

1 总 则

1.0.1 本规范是在原行业标准《汽车客运站建筑设计规范》JGJ 60-99 和《港口客运站建筑设计规范》JGJ 86-92 的基础上合并修订而成的。

本条明确规定了交通客运站建筑设计应遵循"适用、安全、节能、环保、卫生、经济"的基本原则。适用是指方便各种类别的旅客使用,功能流线合理,即"以人为本"。安全是指旅客人身财产的安全,包括候车候船、登车登船及运行中的安全,强调了安检措施。节能、环保是我国的基本国策,是指节约能源、节约水源、节约土地、节约电源,保护环境。卫生是指交通客运站站房、交通运输工具内,应满足旅客卫生的基本要求。经济是我国基本建设长期应遵守的方针。

1.0.2 本条明确了本规范的适用范围,系指新建、扩建和改建的汽车客运站和港口客运站。《铁路旅客车站建筑设计规范》已制定并实施,航空港客运站建筑设计规范也正在编制中,所以铁路旅客车站和航空港客运站建筑设计不在本规范内容之内。

1.0.3 交通客运站的布局需要充分考虑交通与城镇的发展和总体规划要求,并满足不同的气候条件,不同的地形、地貌,不同的人文背景等要求。

3 基 本 规 定

3.0.3 表 3.0.3 所示为两种规模概念,可以对照引用,发车位是基建规模概念,可认为是静态规模;年平均日旅客发送量是统计规模,也可认为是动态规模。

目前客运汽车的单车载客座位数为 40 座~60 座,当车站的日发送客运量超过 25000 人次时,车站的日发送班车需 500 多个班次,必然增加车站建设规模和征地的难度,也给车站和城镇交通增加压力。若按客流方向和城镇交通分区,分别设置汽车客运站,将更有利于缓解汽车客运压力和城镇交通压力。

3.0.4 汽车客运站为保证其建设的各个阶段基础数据的统一,本规范直接引用现行行业标准《汽车客运站级别划分和建设要求》JT/T 200 中旅客最高聚集人数的计算公式。

3.0.5 根据对港口客运站使用情况的调查,港口客运专用站极少,绝大多数是以客运为主,兼顾货运。目前,我国的客船船型大部分以客货船为主,即滚装客船。

3.0.6 港口客运站旅客上船出港需安检、候船、办理相关手续,需在客运站停留一定的时间,而下船进港则可以很快通过出港口疏散,基本上不需要进站而占用站房设施。因此,国内港口客运站的站级分级,按出港旅客人数来划分是适宜的。原有规范采用出港旅客聚集量来划分,因为出港旅客聚集量除了与出港旅客人数有关,还与港口客运站管理水平等很多因素有关,目前所采用模式的计算结果与现有港口客运站的实际调查结果差距较大。本规范按年平均日旅客发送量划分站级分级。部分港口客运站年平均日旅客发送量调查结果见表1。

表 1 部分港口客运站年平均日出港旅客人数调查统计表

港口名称	年旅客发送量(万人)	发送天数(d)	年平均日旅客发送量(人/d)
大连港客运站	135.35	330	4101
大连湾新港客运站	110.2	340	3241
烟台环海路客运站	99.2	345	2875
重庆万州港客运站	70	365	1917
烟台北马路客运站	56.7	345	1633
大连港大连湾客运站	34.65	330	1050
大连新海航运有限公司客运站	21	262	801
武汉港客运站	10	200	500

3.0.7 原行业标准《港口客运站建筑设计规范》JGJ 86-92 是以"设计旅客聚集量"划分站级和客运站建设规模。按原计算公式计算得到的结果不能客观反映出同时在站人数,K_1(聚集系数)、K_2(客运不平衡系数)也不能适应港口客运的变化。因此作为确定港口客运站建设规模的量化指标是不准确的。

本规范修订采用"年平均日旅客发送量"划分站级,采用"旅客最高聚集人数"确定客运站建设规模。

"旅客最高聚集人数"体现的是检票前出港旅客同时在站候船人数。经过实地调研,大多数港口客运站,乘船旅客在发船前 2.0h~3.0h 陆续进站,候船厅内旅客呈线性增长方式聚集;客运站通常检票时间为 30min~40min,旅客候船时间一般在 1.5h~2.5h;船只检票时刻,登船旅客大多数已经在候船厅内等候;在旅客发送偏高期间内,各船都能达到船只的额定载客人数。

为方便计算,取 2.0h 为旅客有效候船时间段。在此期间内,候船旅客的聚集量随着候船时间的延长而增加,通过建立时间与旅客候船聚集人数的线性比例函数关系,即可求得对每只船对应的旅客聚集人数。那么在旅客有效候船时间段内,港口客运站发船为单船时,则首发船检票时刻的聚集人数即为"旅客最高聚集人数";当发船为多船时,后发船只与首发船只候船旅客出现重叠,此时首发船检票时刻对应的各船只的旅客聚集人数之和即为"旅客最高聚集人数"。

4 选址与总平面布置

4.0.1 本条规定了交通客运站站址的要求。

2 不良地质会对交通客运站构成安全隐患，甚至影响交通客运站的使用。

3 交通客运站需要为旅客提供安全、方便、舒适、优美的客运环境，选择站址时，应重视对外部环境的要求，应远离有毒和粉尘等有害品、危险品的污染物作业场地。

4 港口客运站站址具有足够的陆域面积、码头岸线和水深，可以满足站房、站前广场、停车场等设施的布置及发展要求；具有掩护条件良好的水域，可以满足客船靠码头及安全停泊的要求。

4.0.2 交通客运站一般建在城镇或交通便利地区，由于人口集中、建筑密集，城镇用地更为紧张，因此应充分利用站址的地形条件，布置紧凑，减少拆迁，远、近期结合并留有发展余地。

4.0.4 本条对汽车进站口、出站口提出如下要求：

1 一、二级汽车客运站，日客运量较大，进出站车辆频繁，为避免车辆堵塞及安全事故，进出站口需要分别独立设置。三、四级汽车客运站，日发送班车量较少，进出站车辆密度较小，但按交通规则，也最好分别独立设置。对日发送班车不超过50辆的汽车客运站，可以适当放宽。进出站口宽度不能小于4.0m的规定，是根据目前客运汽车外形尺寸及运行安全距离确定的。

2 本款是为了防止大股客流与车流互相交叉干扰，保证旅客安全。

3 进站、出站口距公园、学校、托幼、残障人使用的建筑及人员密集场所的主要出入口的安全距离的确定，是从需要与现实的可能性角度，综合考虑确定的。

4 进站、出站口与城市主干道设置进出站车辆排队等候的缓冲空间，是为了减少频繁进出车辆对城市交通的干扰和保证行车的安全。

4.0.5 各行其道是效能规则之一。本条规定的车行道路宽度是参照公路设计标准及目前长途客车的外形尺寸和行驶安全距离而确定的。主要人行道路指进出站的大股人流道路，其宽度应保证上下车旅客高峰时刻能迅速通过及疏散，避免因急于进出站的紧张心理而造成拥挤现象，保证车行和人行安全。

5 站 前 广 场

5.0.1 本条规定了站前广场的组成内容，并增加了安全保障设施。站前广场是人流车流集散的公共区域，为保障人民生命财产安全，一般需要设置监控录像、治安报警岗亭等安全保障设施。

5.0.2 站前广场的面积可依据交通客运站的站级、到发旅客人数、旅客集散交通条件等确定。交通客运站用地一般比较紧张，对于有条件的地区，站前广场面积可以适当提高。其他站级交通客运站因规模较小，站前广场面积可以根据实际情况确定。

5.0.3 站前广场是交通客运站与城镇交通的衔接点。站前广场应该位于客运站旅客主要出入口的前方，并且由于站前广场车多人多，为保证旅客活动区不受行车影响和旅客的行走安全，需要将公交车站与出租车站靠近旅客出站口一侧，以便合理组织交通，充分利用城镇公共交通设施，使旅客能迅速、安全地到达和离开客运站。

5.0.6 由于站前广场面积较大，容易积水，影响使用，影响市容且不卫生。设计中一般要求广场纵向坡度不小于0.5%，以利排水，同时不能大于2.0%，避免产生车辆自动滑坡现象。广场内人行道路标高需要略高于车行道，并坡向行车道，坡度一般不小于0.5%，以便排水畅通，避免积水，便于旅客行走。

6 站房与室外营运区

6.1 一 般 规 定

6.1.1 这是交通客运站站房设计的基本要求。进站与出站的人流、物流避免平面交叉，做到均匀分布、互不干扰，以利于安全和方便使用。

6.1.3 交通客运站的候乘厅、售票用房、行包用房等用房是旅客的主要活动区域，这些区域需要满足旅客同时在站最多人数的使用要求，因此按照旅客最高聚集人数计算这些空间的建筑规模是合理的。

6.1.4 为旅客服务的营运区在空间上要开敞、明亮，对区域内需分隔的部位如候乘厅可利用护栏或安全透明的隔断进行灵活划分，以增加视觉上的通透性和客的方位感，并增加了空间的变化和渗透性，使旅客流线通畅，引导旅客合理有序地流动。

对于新建港口客运站，在正常使用过程中，经营和管理可能会有变化，同时，为适应客流量的增长和航线的变化而改扩建等，都要改变某些建筑空间的使用功能。尤其是国际客运站，客流量变化波动较大，其联检手续简繁不等、检验设备和检验方式不断变化，需经常调整各使用空间布局，有时国际客运用房和国内客运用房需相互调剂使用等。站房的建筑空间和结构选型具有不同程度的灵活性和通用性，对方便使用和经济合理具有重要意义。

6.2 候 乘 厅

6.2.1 不同类别的旅客对候乘的环境和条件有不同

的要求，因此需设置普通旅客候乘厅和重点旅客候乘厅。

军人、团体、行动不便旅客候乘厅可根据站级和需要在普通旅客候乘厅内，利用护栏或安全透明隔断进行灵活分隔。一、二级交通客运站宜设母婴候乘厅，母婴候乘厅应邻近站台或单独设检票口，以方便这部分旅客检票、上车、上船。其他站级可视实际情况设置。

6.2.2 本条规定了候乘厅的设计要求。

1 普通旅客候乘厅人均使用面积保留了原有指标，仍不小于 1.1m²。实际调查普遍反映原有候乘厅人均使用面积是适宜的，无需再增加。

2 一、二级站重点旅客候乘厅的使用面积可根据实际使用情况确定。

3 一、二级站旅客较多，为方便妇女携带婴儿候乘，宜设母婴候乘厅，有条件时还要考虑配备婴儿床、婴儿车以及专用厕所和设置换尿布平台等服务设施。

5 为保持候乘秩序，在候乘厅内为旅客提供适量的座椅，是对出行旅客的人文关怀。我国很多候乘厅都采用了在排队检票位置的两侧设置座椅，使旅客能就座候乘休息，检票时起立顺序排队，达到休息与排队相结合的目的。两排座椅之间的通道应为排队及放置行李的水平空间，经过调查一些候乘厅的实际情况，1.3m 的间距可以满足基本需要。因此，将其定为最小间距。经调查，港口客运站其座椅数量按旅客最高聚集人数的 40% 设置即可满足使用要求。

6 自动扶梯和电梯是一种既方便又安全的垂直交通工具，在当今的铁路客运站、民航候机楼及公共建筑中已广为应用，深受使用者的欢迎。交通客运站候乘厅人员密度大、时间性要求强、携带包裹较多，设在地面层使用方便，但是会增大占地面积，有的候乘厅会设在二层及以上楼层，对此，为方便旅客使用，本条规定了候乘厅设自动扶梯和供行动不便旅客使用的电梯或无障碍坡道。

7 交通客运站候乘厅检票口处，为保持检票秩序，避免出现拥挤、交叉等混乱现象，通常需要设导向栏杆，其宽度以通行一个旅客为宜，长度根据实际情况而定。采用柔性或可移动栏杆是出于安全方面的考虑，发生意外时，可迅速拆除或移动栏杆，形成疏散通道。

6.2.3 汽车客运站检票口设在三个车位中间，旅客分批检票后，可由左、中、右三个方向到达三个车位，人流不发生交叉，如两个车位设一个检票口，则将增加 50% 检票口，如四个车位设一个检票口，就会人流交叉，造成客流混乱，规定三个车位设一个检票口是经济合理的。由于地形或设计原因，候车厅与站台有可能不在同一标高，检票口处于候车厅与站台之间，从旅客的心理及动态分析，检票口踏步是不

适宜的，如有高差，提示做缓坡，不但方便普通旅客同行，还可供残疾人轮椅通行。

6.2.5 候乘风雨廊是南方沿江的一些小型客运站常采用的一种候船形式，它是在码头一侧，用栏杆围起来带雨篷的长廊，旅客在此排队等候检票上船。这种候乘风雨廊的宽度应考虑旅客携带行李排队的要求，以便保持良好的秩序。

6.2.6 平台和廊道把候乘厅和客船联系起来，平台和廊道均宜设避雨的顶盖，使旅客登船时避免日晒雨淋，并使旅客的安全得以保障，还可免去不必要的上下往返。

6.3 售票用房

6.3.2 四级及以下站级客运站客流量较少，在候乘厅布置售票窗口，既方便旅客又有效地利用了面积，还便于集中管理。

汽车客运站旅客大部分都习惯购完票就去候车，甚至立即检票上车，因此售票厅与候车厅虽分设，但需要联系方便，以满足旅客的需要，甚至可在检票口附近单设售票窗口。

港口客运站旅客大部分都习惯通过各种形式提前购票，开船前才到候船厅检票登船，售票厅和候船厅在使用程序上联系不甚密切，在管理上售票厅和候船厅对旅客的开放时间往往不相同，因此通常需要分开设置，便于管理和组织不同人流。

6.3.3 本条规定了售票厅的设计要求。

1 汽车客运站每个售票窗口每小时可售票数按原交通部部标为 120 张，90 年代后计算机进入售票活动，售票过程中钱钞支付过程所需时间不变，所不同的是定额撕票与计算机打票，这二者时差不是太大，故仍维持原指标 120 张/h 不变。

港口客运站售票方式摆脱了在站内集中售票的传统模式，出现了在市内、市外多点多种形式的售票方式，大大减少了售票厅购票人流，缓解了购票的压力。经测算，一、二级港口客运站售票窗口数目按 30% 折减即可满足购票要求。

2 本款规定了售票厅的使用面积。售票厅内除具备购票与售票的功能外，还需要为旅客提供等候休息场所、问讯台，并宜设自动售票机、联运售票窗口、旅行社、公安值班室、售票人员专用厕所等空间。

3 经实地调查，售票室内为了保证安静的工作环境，每个售票窗口之间大都用玻璃隔断分隔成独立空间，其售票桌椅垂直窗口布置，连同人体活动空间大部分不小于 1.5m，有的甚至达到了 2.1m。同时还需要考虑旅客购票后走出和维持秩序所需空间，使购票人群的密度相对变小，改善售票和购票环境。

规定靠墙售票窗口中心距墙边不小于 1.2m，是为了防止将售票室布置在死角内形成暗房间，保障售

票室工作环境有良好的自然通风（不适合用电风扇，防止吹散票据）及采光。

4 售票窗口窗台距地面高度，是根据售票台面的电脑设备和购票者站立高度等因素而确定的。

5 导向栏杆对排队购票维持购票秩序是有利的，其宽度应该考虑一股人流排队购票和购票后走出购票队列及维持秩序所需空间，其长度应该按实际需要确定。

7 设置无障碍售票窗口体现了对行动不便者的关怀。

6.3.4 售票室最小使用面积指标的确定主要是考虑售票室进深，除了售票台、通道外，还要放置办公桌椅等，所以其进深尺寸一般不小于 3.3m；按每个售票窗口中距 1.5m 计算，其最小使用面积为每个窗口不于 5.0m²。最少设置两个售票窗口的售票室，室内除办公桌椅外还设有票据柜，所以规定最小使用面积不小于 14.0m²。

6.3.5 售票室内地面至售票窗口窗台高度是按坐着工作台面高度 0.8m 确定的，具体设计中，可将售票员工作位置地面局部抬高，也可将售票室全部抬高，使售票窗口内外均有一个合理的高度。

6.3.6 售票室内存用现金和有价票证，为保障安全和不受干扰，所以规定不能设置直接开向售票厅的门。

6.3.7 票据室独立设置，有利于安全保卫。票据为纸质乘车有价凭证，是财务结算的依据，需要采取基本保卫条件和通风、防火、防盗、防鼠、防水、防潮等措施。

6.4 行包用房

6.4.1 本条规定了行包用房的基本组成。经调查，近年来随着物流业的发展，旅客行包托运量减少，行包用房的组成可以根据实际需要设置。

6.4.2 托运与提取均为处理旅客行包的过程、一、二级站行包进出量较大，分别设置是有利营运管理，其他站级如能合并，无论对空间利用、提高劳动效益均是有利的。行包为随旅客出行的物品，托运用房靠近售票处，方便旅客购票后托运；行包提取用房布置在出站口附近，方便旅客提取。

6.4.4 行包在站内的运输工作量较大，劳动强度也较大，一、二级港口客运站考虑机械化转运（如皮带运输、叉车搬运等），可以减轻劳动强度，提高工作效率。

6.4.5 本条规定了行包用房的设计要求。

1 港口客运站行包用房使用面积的确定。根据对 13 个港口客运站行包用房使用情况调查，普遍反映国内客运行包托运量随着物流、配货业的发展呈下降的趋势，致使行包用房使用面积过剩，行包用房人均使用面积由原规范每人不小于 0.3m² 改为 0.1m²

是适宜的。国际货运行包托运量较大，根据几个沿海有国际航运业务的港口的调查，普遍每人不小于 0.3m²。其行包托运厅、行包提取厅、行包托运、提取仓库的使用面积可以根据实际使用情况确定。

汽车客运旅客行包多自行携带，汽车客运站的行包托运大多独立经营，行包数量与旅客人数并无直接关联，难以形成统一的与面积相关的数据，所以在本次规范编制中汽车客运站行包用房仍保留，但不作具体的数据控制。

3 本款的规定是便于旅客出入及自行托取方便，并按人体尺度及旅行包规格确定受理柜台面的高度。

8 出境旅客的行包需经联检后才可进入行包房，为避免与国内行包混杂，必须单独设置。根据相关部门要求还需要设置海关和检验检疫监控。

6.5 站务用房

6.5.1 本条规定了站务用房的基本组成，增加了服务人员更衣室、广播室和补票室。

6.5.2 服务人员更衣室与值班室是供服务员更衣和临时休息的地方，其使用面积根据人数确定，按每人 2.0m² 的使用面积是可以满足要求的。由于四级及以下站的服务人员很少，有时仅设一间服务员室，但也要有合理空间，故规定最小使用面积不小于 9.0m²。

6.5.3 由于广播室设有播音机、扩音机以及必要的通信设备，所以本条规定最小使用面积不宜小于 8.0m²。无监控设施的广播室其设置位置需要考虑候乘厅、站场、发车位在视野范围内，以便及时提示有关工作人员调整即时状态，以利站务管理。

6.5.4 客运办公用房使用面积按 4.0m²/人，系根据现行行业标准《办公建筑设计规范》JGJ 67 的有关规定确定的。

6.5.5 一、二级汽车客运站发车多，到站车也多，为了控制到站旅客流向，方便旅客及管理事项，有必要设置补票室。港口客运站面积较大，一般售票厅与候船厅分开设置，距离较远，为方便旅客临时购票，站房内位于检票口附近宜设补票室。室内一般设有办公桌椅及票据柜等，故规定房间最小使用面积不小于 10.0m²。由于室内存有票据及现金，故其门窗应有防盗设施。

6.5.6 汽车客运站调度室系站务活动指挥中心之一，设外门便于与站场或发车位上的站务人员及时联系。调度室联系、接待等业务较多，使用面积是按交通运输部的要求确定的。

6.5.7 站房内公安值班室负责交通客运站的治安工作，其位置应该根据安全保卫工作的需要设置在旅客相对集中的售票厅、候乘厅附近。其使用面积应根据公安部门有关规定确定。独立通信设施是公安工作的一般需要。

6.6 服务用房与附属用房

6.6.1 本条规定了旅客服务用房与设施的内容。

1 问讯台（室）应设在旅客容易发现的地方，如邻近主要出入口处，更为直接、方便地为旅客服务。结合客运站的服务设施，可以采用问讯台或问讯室的方式设置。问讯台（室）前的 8.0m² 面积是旅客聚集等候问讯所必需的面积。

3 一、二级交通客运站旅客及工作人员较多，应设医室。其使用面积按一位医务人员处理日常医务工作所需陈设的最小面积计算。

4 小型商业服务设施是指设在旅客站房范围内，为方便及满足旅客的基本需求，专为候乘旅客服务的小型超市、商店、餐饮、书报杂志、娱乐等设施。站房内不能设置大型的商业设施（包括大型的零售、餐饮、娱乐等），是因为客运站为人员密集的场所，这些设施在消防、安全等方面存在一定的隐患，一旦发生安全事故，会危及整个站房的安全。

6.6.3 本条规定了厕所、盥洗室的设计要求。

1 前室的设置是根据文明、卫生的要求考虑的，使厕所与其他空间有所缓冲，前室也可设置一些必要的洗手盆，设洗手盆的前室不能视为盥洗室，一、二级站应按规定另设盥洗室。

2 明确厕所宜有自然采光，不能置于暗室用人工照明，至于通风，这里提的是良好通风，即自然通风或其他形式通风均可，应注意不要将异味串入其他空间。

3 行业标准《城市公共厕所设计标准》CJJ 14-2005 的第 3.2.6 条对公共交通建筑内为顾客配置的卫生设施数量做了明确规定。汽车客运站和港口客运站内为旅客配置的厕所按此执行。当行业标准《城市公共厕所设计标准》CJJ 14 修订后，应按新的规定执行。

4 经调查，前期建成的一些交通客运站其厕所男、女旅客比例已不能满足当前的使用要求，为此调整了男、女旅客的比例为各 50%；当母婴候乘厅设有专用厕所时，应扣除其数量；

6.6.4 部分交通客运站使用面积较大，旅客分散，流线复杂，如果集中设置过大的厕所，因服务半径不合理，达不到方便旅客的要求，而且在卫生、管理等方面都有所不便。所以一、二级站的厕所应酌情合理分散设置，并规定了最大服务半径。

6.6.5 汽车客运站在出站口设置厕所是为了方便旅客。

6.6.6 本条规定了设备用房的组成。交通客运站设计可以根据实际需要确定。

6.6.7 有噪声和空气污染源的附属用房会造成对主体建筑的环境污染，所以应对其采取有效的防护措施，并应符合国家相关标准的规定。

6.6.8 维修车间设置规模及包括内容可以按照交通运输部行业标准执行。维修车间与站场虽然有业务联系，但工作内容是不同的，为了各自的安全生产，应该有所分隔。

6.7 汽车客运站的营运停车场、发车位与站台

6.7.1 汽车客运站营运停车场容量变化较大，应按有关行业标准设计。在改建、扩建项目中站场面积较小，可以考虑异地停车。

6.7.2 本条所规定的停车数量大于 50 辆，紧急情况时，疏散口不足，车辆疏散不出去，易造成混乱，因此，设计时应留有足够的疏散口。疏散口在不同方向设置，并直通城市道路，能保证车辆能迅速地疏散到安全地带。

6.7.3 分组停放，有利于停车的整齐存放，避免混乱。每组停车数量过多，增加车辆停放的困难，并不利于疏散。因此本条规定了每组停放车辆不宜超过 50 辆。组与组之间的通道宽度不小于 6.0m，是为满足车辆进出和防火安全距离的要求。

6.7.4 本条的规定为一般客车回车、调车之下限要求。按要求设一个疏散口的站，亦可作为消防车之回车场地。

6.7.5 洗车设施及检修台均有较严格的行车、停车位置要求，在进入就位前有一段直道有利安全操作。

6.7.8 站台设计必须为站务工作的三条流线创造良好的工作条件，站台净宽系指候车厅外墙突出物至站台另一侧的边缘或雨棚构造柱内侧面的净宽，单侧站台净宽考虑两股人流和一辆手推车通行的要求，双侧站台净宽考虑四股人流和一辆手推车通行的要求。

6.7.9 发车位露天时，站台应设置雨棚，站台雨棚是站台设计的一般要求，是对旅客的起码关怀，上下车不致受雨水浸淋影响。站台雨棚净高是按车顶装货平台离地高度及人工安全操作的最低要求和保证发车位处的通风采光，雨棚净高不小于 5.0m。

6.7.10 本条对车站雨棚承重柱的设置作了规定。

1 附墙柱突出墙面应保证净距，以免影响实际通道宽度；

2 站台雨棚下方面积较小，但人流、货流活动频繁，承重柱设置位置应注意人流、货流的活动规律。

6.7.11 发车位地坪坡向是为了方便发车，也有利发车位及时排水，方便旅客上下车。

6.8 客运码头与客货滚装码头

6.8.1 可以为旅客设置的上、下船设施有旅客登船船桥、登船梯及随水位升降的活动引桥等。有条件地区还可以设置现代化的登船机。滚装码头设置乘船车辆的登船设施，如活动引桥或专用斜坡道等。旅客和车辆的登船设施可以在平面上分开设置，也可以立交

分设。

6.8.2 客货滚装码头的车辆登船，按照候检、报检、安全检查、缴费、候船的流程设置。待检停车场应该满足车辆排队候检的需要。汽车待装停车场的停车数量至少是同时发船所载车辆数量的 2 倍。为驾驶员设置必要的服务设施包括厕所、小卖部、休息室等。

6.8.3 通常客运码头、客货滚装码头占地面积较大，容易积水，影响使用，且不卫生。设计中一般要求客运码头纵向坡度不应小于 0.5%，以利排水，同时不宜大于 2.0%，避免产生车辆自动滑坡现象。

6.9 国际港口客运用房

6.9.1 本条规定了国际港口客运用房的基本组成。

6.9.2 国际客运旅客出境与入境的流程基本相同，但方向相反。航班密度较低的国际客运站可以共用一套出境和入境用房及设施。入境流程还需设置办理落地签证手续的柜台和业务用房。

6.9.3 国际客运站出境和入境用房，无论是分别设置或互用，还是国际国内合建，都应做到联检前后的旅客、行包不接触、不混杂，这是国际客运的特殊要求。为安全运营，组织好人流与货流，避免交叉，必要时可采用立交的方式解决。

6.9.4 国际客运因国际间航线客流量变化波动较大，其联检手续有简有繁，检查设备、手续不断更新，使用流程经常调整，因此，提出国际客运各种用房应联系紧密，流程合理，在满足当前要求的同时，布局上应有灵活性和通用性。

6.9.5 因出入境的旅客一般携带行包较多，并且都要自携行包通过各种检查，因此其用房宜设在同一楼层，避免旅客上下携带不方便。当入境和出境同一种使用程序的用房布置在不同楼层时，应设有运送旅客和行包的垂直运输设备，如自动扶梯、无障碍电梯等。

6.9.10 国际候检和联检，一般时间较长，为使联检前后的旅客互不接触，候检厅、联检厅均需单独设置厕所和盥洗室。

7 防火与疏散

7.0.2 交通客运站是人员密集的公共建筑，在设计时应尽可能采用较高的耐火等级。

7.0.4 汽车客运站人多、车多、火灾危险性较大，消防设施、灭火器材需要配套齐全。

7.0.6 交通客运站是人员密集的公共建筑，控制疏散楼梯踏步的尺寸，有利于紧急情况发生时安全疏散。其尺寸系根据现行国家标准《民用建筑设计通则》GB 50352 的有关规定而确定的。

7.0.7 镜子、不锈钢等建筑材料作为室内材料已屡见不鲜。但用于人员密集的公共场所，容易造成空间

尺度概念及疏散方向的迷乱，因此规定候乘厅及疏散通道墙面装修中不能使用。

8 室内环境

8.0.1 为旅客候乘时有舒适、卫生的室内环境，并节约能源，候乘厅应有较好的自然采光和自然通风。

站房属于公共建筑，候乘厅内聚集旅客较多，从自然采光和自然通风要求考虑，应该有适宜的净高。调查发现，绝大多数候乘厅都在 4.5m 以上，少量小型候乘室净高在 3.6m 左右，但自然采光和自然通风效果不好。本条规定候乘厅净高不应低于 3.6m，是对候乘厅净高下限值的规定，对于有条件的地区，站房净高可以根据站房面积及候乘人数适当提高。

8.0.2 为了保障购票者的身体健康，避免疾病的传染，节约能源，其基本的卫生条件应予保证，为此规定了交通客运站售票厅的净高不应低于 3.6m 的要求。

8.0.3 候乘厅系大跨度空间，旅客流动大、噪声大，应考虑吸声减噪措施，满足语音广播的清晰度。

8.0.5 火灾发生时除了产生明火外，还会产生有毒有害烟雾，对人员密集的场所危害更大，为此不得将那些易燃及受高温散发有毒烟雾的建筑材料用于候乘厅、售票厅内。

8.0.6 交通客运站室内建筑材料和装修材料应采用防火、防污染、防潮、防水、防腐、防虫的材料和辅料，降低室内环境污染物的浓度。

9 建筑设备

9.1 给水排水

9.1.2 严寒和寒冷地区的一、二级交通客运站大多位于大中城市，供热条件较好，可提供方便的热源。其他站级交通客运站盥洗室，有条件时，也应当设热水供应系统。

9.1.3 本条对交通客运站入境旅客联检厅化粪池的设置提出要求。入境旅客可能携带病菌，生活污水在排至市政管网之前应进行消毒处理，故化粪池应单独设置。

9.1.4 一级汽车客运站一般位于大中城市，行车路线长，车身易脏，为了保持市容及时清洗车身，需要设自动冲洗装置。二、三级站相对而言能将车冲洗干净即可，可以设置一般冲洗台。但无论采用哪种方式冲洗，都要考虑节约用水，减轻城市供水负担。

9.1.5 交通客运站污水需要进行处理，达到城市污水排放标准后，方可排入城市排水管网；站场冲洗及汽车冲洗所排放的含油废水及泥沙较多，未经处理就排放，必然污染城市环境或堵塞排水管井，为此规定

应进行处理，达标后排放。

9.1.6 由于入境车辆可能携带病菌、泥沙污物，为保证入境车辆符合我国卫生检疫和环境卫生的要求，需要对入境车辆设置专用清洗和消毒设施。

9.1.7 随着运营车辆上服务设施的发展，已有部分较高等级的车辆上配备了卫生间，但由于在以往的汽车客运站建设中均未设置相关污废收集、处理设施，导致许多运营线路上卫生间功能无法正常使用。因此补充此条，以保证"车"与"站"发展的同步。

9.2 供暖通风

9.2.1 随着国民经济的发展及人民生活水平的提高，建筑的供暖系统已成为必要的配套设施，因此供暖地区的客运站均应设置供暖系统。四、五级汽车客运站大多处于中、小城乡地区，经过技术经济比较，不适合采用集中热供暖的，可因地制宜采用其他合适的供暖方式，但需注意安全防护及环境污染。

9.2.2 室内设计温度系依据现行国家标准《采暖通风与空气调节设计规范》GB 50019确定，设计取值时应根据具体情况，在其上下限范围内取值。

9.2.3 候乘厅、售票厅等房间，当客运班次较少或夜间无人使用时，使其保持值班供暖温度可节约能源。设置独立供暖系统可在该系统总管上设置集中室温调节装置，便于分区管理。

9.2.4 高大空间由于温度梯度作用，要满足2m以下人员活动区的温度要求，2m以上的温度就会随高度增加而升高，这将增加建筑的能耗。经调查，近年来采用了低温地板辐射供暖方式的高大空间，均取得了良好的效果。同时在相同热舒适条件下，室内设计温度可比对流供暖降低2℃，减少了建筑物能耗。

9.2.5 通风换气的方式，当自然通风不满足要求时可采用机械通风。交通客运站人流较多，为避免厕所臭气外逸，一定要使其处于负压。

9.2.6 非工作时间，采用值班供暖系统将室内温度保持在5℃左右，工作时间采用送风系统（热风）将室内温度提高到所需要的温度，这样比较灵活、经济、节能。

9.2.7 汽车客运站的发车位（站台）设于封闭或半封闭空间内时，汽车尾气对旅客健康影响较大，一般需要采取汽车尾气集中排放措施。

9.2.8 在严寒和寒冷地区一、二级站候乘厅、售票厅，通向室外的主要出入口，客流量大，外门开启频繁，导致供暖能耗增加，为保证室内温度，可以设置热空气幕。

9.2.9 随着我国国民经济的发展，人们对舒适度的要求逐步提高，一、二级客运站的候乘厅和国际候乘厅、联检厅等处的人员聚集量大，停留时间较长，设舒适性空调设施是需要的。夏季空调室内计算温度应符合现行国家标准《采暖通风与空气调节设计规范》GB 50019的有关规定。对于高大空间宜采用分层空气调节系统，保持2m高度以下人员活动区域温度要求即可，以达到节约能源的目的。

9.3 电 气

9.3.2 本条明确规定了交通客运站用电负荷的分级，消防用电负荷分级按照国家现行相关标准执行。国际客运站供电负荷等级未作规定，但在设计时要注意安检和联检设备用电负荷的要求。

9.3.3 明确照明分类、有利设计、方便使用。

9.3.4 售票工作台等处增设局部照明是为了迅速、准确看清票据、钱款、证件等，提高工作效率。照度标准值（500lx）是按现行国家标准《建筑照明设计标准》GB 50034要求确定的。

9.3.5 设置合理引导旅客的标志标识照明的目的是帮助旅客完成连贯、完整的活动，并帮助旅客方便迅速确定环境，引导旅客方便、快捷地到达所需之处。

9.3.6 车辆进站、出站口与城市道路或人行道有交汇点，为了安全应设同步声、光信号，并应符合交通信号的规定。

9.3.7 为驾驶员安全行车创造必要条件。眩光限制阈值增量（TI）最大初始值15%是根据现行国家行业标准《城市道路照明设计标准》CJJ 45中机动车交通道路照明标准值对支路要求而确定的。

9.3.8 通信、广播设备是交通客运站必要设施，其设备种类、数量及功能要求应与站级规模相适应。

一、二级交通客运站站务工作量较大，宜在售票、检票、行包、通信、显示、结算、调度等部位设计算机网络、综合布线等终端。其余站级可根据需要设置。

9.3.12 港口客运站位于江、河、湖、海岸边，雷电活动较频繁，因此要求各站级港口客运站均设防雷保护是必要的。

汽车客运站防雷设计应根据当地气象部门有关雷暴参数对建筑物进行防雷分类。

中华人民共和国行业标准

夏热冬暖地区居住建筑节能设计标准

Design standard for energy efficiency of residential buildings
in hot summer and warm winter zone

JGJ 75—2012

批准部门：中华人民共和国住房和城乡建设部
施行日期：２０１３年４月１日

中华人民共和国住房和城乡建设部
公　　告

第 1533 号

住房城乡建设部关于发布行业标准
《夏热冬暖地区居住建筑节能设计标准》的公告

现批准《夏热冬暖地区居住建筑节能设计标准》为行业标准,编号为 JGJ 75 - 2012,自 2013 年 4 月 1 日起实施。其中,第 4.0.4、4.0.5、4.0.6、4.0.7、4.0.8、4.0.10、4.0.13、6.0.2、6.0.4、6.0.5、6.0.8、6.0.13 条为强制性条文,必须严格执行。原《夏热冬暖地区居住建筑节能设计标准》JGJ 75 - 2003 同时废止。

本标准由我部标准定额研究所组织中国建筑工业出版社出版发行。

中华人民共和国住房和城乡建设部
2012 年 11 月 2 日

前　　言

根据原建设部《关于印发〈2007 年工程建设标准规范制订、修订计划(第一批)〉的通知》(建标[2007]125 号)的要求,标准编制组经广泛调查研究,认真总结实践经验,参考有关国际标准和国外先进标准,并在广泛征求意见的基础上,修订了本标准。

本标准的主要技术内容是:1. 总则;2. 术语;3. 建筑节能设计计算指标;4. 建筑和建筑热工节能设计;5. 建筑节能设计的综合评价;6. 暖通空调和照明节能设计。

本次修订的主要技术内容包括:将窗地面积比作为评价建筑节能指标的控制参数;规定了建筑外遮阳、自然通风的量化要求;增加了自然采光、空调和照明等系统的节能设计要求等。

本标准中以黑体字标志的条文为强制性条文,必须严格执行。

本标准由住房和城乡建设部负责管理和对强制性条文的解释,由中国建筑科学研究院负责具体技术内容的解释。执行过程中如有意见或建议,请寄送至中国建筑科学研究院(地址:北京市北三环东路 30 号,邮政编码:100013)。

本 标 准 主编单位:中国建筑科学研究院
广东省建筑科学研究院

本 标 准 参编单位:福建省建筑科学研究院

华南理工大学建筑学院
广西建筑科学研究设计院
深圳市建筑科学研究院有限公司
广州大学土木工程学院
广州市建筑科学研究院有限公司
厦门市建筑科学研究院
广东省建筑设计研究院
福建省建筑设计研究院
海南华磊建筑设计咨询有限公司
厦门合道工程设计集团有限公司

本标准主要起草人员:　杨仕超　林海燕　赵士怀
孟庆林　彭红圃　刘俊跃
冀兆良　任　俊　周　荃
朱惠英　黄夏东　赖卫中
王云新　江　刚　梁章旋
于　瑞　卓晋勉

本标准主要审查人员:　屈国伦　张道正　汪志舞
黄晓忠　李泽武　吴　薇
李　申　董瑞霞　李　红

目　　次

Contents

1 总 则

1.0.1 为贯彻国家有关节约能源、保护环境的法律、法规和政策，改善夏热冬暖地区居住建筑室内热环境，降低建筑能耗，制定本标准。

1.0.2 本标准适用于夏热冬暖地区新建、扩建和改建居住建筑的节能设计。

1.0.3 夏热冬暖地区居住建筑的建筑热工、暖通空调和照明设计，必须采取节能措施，在保证室内热环境舒适的前提下，将建筑能耗控制在规定的范围内。

1.0.4 建筑节能设计应符合安全可靠、经济合理和保护环境的要求，按照因地制宜的原则，使用适宜技术。

1.0.5 夏热冬暖地区居住建筑的节能设计，除应符合本标准的规定外，尚应符合国家现行有关标准的规定。

2 术 语

2.0.1 外窗综合遮阳系数 overall shading coefficient of window

用以评价窗本身和窗口的建筑外遮阳装置综合遮阳效果的系数，其值为窗本身的遮阳系数 SC 与窗口的建筑外遮阳系数 SD 的乘积。

2.0.2 建筑外遮阳系数 outside shading coefficient of window

在相同太阳辐射条件下，有建筑外遮阳的窗口（洞口）所受到的太阳辐射照度的平均值与该窗口（洞口）没有建筑外遮阳时受到的太阳辐射照度的平均值之比。

2.0.3 挑出系数 outstretch coefficient

建筑外遮阳构件的挑出长度与窗高（宽）之比，挑出长度系指窗外表面距水平（垂直）建筑外遮阳构件端部的距离。

2.0.4 单一朝向窗墙面积比 window to wall ratio

窗（含阳台门）洞口面积与房间立面单元面积（即房间层高与开间定位线围成的面积）的比值。

2.0.5 平均窗墙面积比 mean of window to wall ratio

建筑物地上居住部分外墙面上的窗及阳台门（含露台、晒台等出入口）的洞口总面积与建筑物地上居住部分外墙立面的总面积之比。

2.0.6 房间窗地面积比 window to floor ratio

所在房间外墙面上的门窗洞口的总面积与房间地面面积之比。

2.0.7 平均窗地面积比 mean of window to floor ratio

建筑物地上居住部分外墙面上的门窗洞口的总面

积与地上居住部分总建筑面积之比。

2.0.8 对比评定法 custom budget method

将所设计建筑物的空调采暖能耗和相应参照建筑物的空调采暖能耗作对比，根据对比的结果来判定所设计的建筑物是否符合节能要求。

2.0.9 参照建筑 reference building

采用对比评定法时作为比较对象的一栋符合节能标准要求的假想建筑。

2.0.10 空调采暖年耗电量 annual cooling and heating electricity consumption

按照设定的计算条件，计算出的单位建筑面积空调和采暖设备每年所要消耗的电能。

2.0.11 空调采暖年耗电指数 annual cooling and heating electricity consumption factor

实施对比评定法时需要计算的一个空调采暖能耗无量纲指数，其值与空调采暖年耗电量相对应。

2.0.12 通风开口面积 ventilation area

外围护结构上自然风气流通过开口的面积。用于进风者为进风开口面积，用于出风者为出风开口面积。

2.0.13 通风路径 ventilation path

自然通风气流经房间的进风开口进入，穿越房门、户内（外）公用空间及其出风开口至室外时可能经过的路线。

3 建筑节能设计计算指标

3.0.1 本标准将夏热冬暖地区划分为南北两个气候区（图 3.0.1）。北区内建筑节能设计应主要考虑夏季空调，兼顾冬季采暖。南区内建筑节能设计应考虑夏季空调，可不考虑冬季采暖。

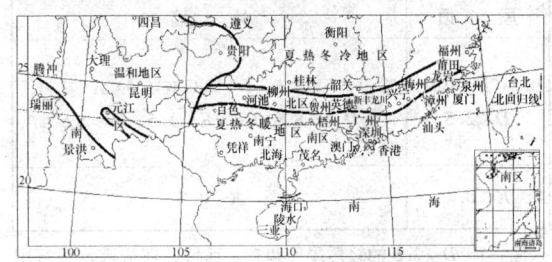

图 3.0.1 夏热冬暖地区气候分区图

3.0.2 夏季空调室内设计计算指标应按下列规定取值：

1 居住空间室内设计计算温度：26℃；

2 计算换气次数：1.0 次/h。

3.0.3 北区冬季采暖室内设计计算指标应按下列规定取值：

1 居住空间室内设计计算温度：16℃；

2 计算换气次数：1.0 次/h。

4 建筑和建筑热工节能设计

4.0.1 建筑群的总体规划应有利于自然通风和减轻热岛效应。建筑的平面、立面设计应有利于自然通风。

4.0.2 居住建筑的朝向宜采用南北向或接近南北向。

4.0.3 北区内，单元式、通廊式住宅的体形系数不宜大于 0.35，塔式住宅的体形系数不宜大于 0.40。

4.0.4 各朝向的单一朝向窗墙面积比，南、北向不应大于 0.40；东、西向不应大于 0.30。当设计建筑的外窗不符合上述规定时，其空调采暖年耗电指数（或耗电量）不应超过参照建筑的空调采暖年耗电指数（或耗电量）。

4.0.5 建筑的卧室、书房、起居室等主要房间的房间窗地面积比不应小于 1/7。当房间窗地面积比小于 1/5 时，外窗玻璃的可见光透射比不应小于 0.40。

4.0.6 居住建筑的天窗面积不应大于屋顶总面积的 4%，传热系数不应大于 $4.0 \mathrm{W}/(\mathrm{m}^2 \cdot \mathrm{K})$，遮阳系数不应大于 0.40。当设计建筑的天窗不符合上述规定时，其空调采暖年耗电指数（或耗电量）不应超过参照建筑的空调采暖年耗电指数（或耗电量）。

4.0.7 居住建筑屋顶和外墙的传热系数和热惰性指标应符合表 4.0.7 的规定。当设计建筑的南、北外墙不符合表 4.0.7 的规定时，其空调采暖年耗电指数（或耗电量）不应超过参照建筑的空调采暖年耗电指数（或耗电量）。

表 4.0.7 屋顶和外墙的传热系数 $K[\mathrm{W}/(\mathrm{m}^2 \cdot \mathrm{K})]$、热惰性指标 D

屋 顶	外 墙
$0.4 < K \leq 0.9$, $D \geq 2.5$	$2.0 < K \leq 2.5$, $D \geq 3.0$ 或 $1.5 < K \leq 2.0$, $D \geq 2.8$ 或 $0.7 < K \leq 1.5$, $D \geq 2.5$
$K \leq 0.4$	$K \leq 0.7$

注：1 $D < 2.5$ 的轻质屋顶和东、西墙，还应满足现行国家标准《民用建筑热工设计规范》GB 50176 所规定的隔热要求。

　　2 外墙传热系数 K 和热惰性指标 D 要求中，$2.0 < K \leq 2.5$，$D \geq 3.0$ 这一档仅适用于南区。

4.0.8 居住建筑外窗的平均传热系数和平均综合遮阳系数应符合表 4.0.8-1 和表 4.0.8-2 的规定。当设计建筑的外窗不符合表 4.0.8-1 和表 4.0.8-2 的规定时，建筑的空调采暖年耗电指数（或耗电量）不应超过参照建筑的空调采暖年耗电指数（或耗电量）。

表 4.0.8-1 北区居住建筑建筑物外窗平均传热系数和平均综合遮阳系数限值

外墙平均指标	外窗平均传热系数 $K[\mathrm{W}/(\mathrm{m}^2 \cdot \mathrm{K})]$	外窗加权平均综合遮阳系数 S_W			
		平均窗地面积比 $C_{MF} \leq 0.25$ 或平均窗墙面积比 $C_{MW} \leq 0.25$	平均窗地面积比 $0.25 < C_{MF} \leq 0.30$ 或平均窗墙面积比 $0.25 < C_{MW} \leq 0.30$	平均窗地面积比 $0.30 < C_{MF} \leq 0.35$ 或平均窗墙面积比 $0.30 < C_{MW} \leq 0.35$	平均窗地面积比 $0.35 < C_{MF} \leq 0.40$ 或平均窗墙面积比 $0.35 < C_{MW} \leq 0.40$
$K \leq 2.0$ $D \geq 2.8$	4.0	≤0.3	≤0.2	—	
	3.5	≤0.5	≤0.3	≤0.2	
	3.0	≤0.7	≤0.5	≤0.4	≤0.3
	2.5	≤0.8	≤0.6	≤0.6	≤0.4
$K \leq 1.5$ $D \geq 2.5$	6.0	≤0.6	≤0.3	—	
	5.5	≤0.8	≤0.4	—	
	5.0	≤0.9	≤0.6	≤0.3	
	4.5	≤0.9	≤0.7	≤0.5	≤0.2
$K \leq 1.5$ $D \geq 2.5$	4.0	≤0.9	≤0.8	≤0.6	≤0.4
	3.5	≤0.9	≤0.9	≤0.7	≤0.5
	3.0	≤0.9	≤0.9	≤0.8	≤0.6
	2.5	≤0.9	≤0.9	≤0.9	≤0.7
$K \leq 1.0$ $D \geq 2.5$ 或 $K \leq 0.7$	6.0	≤0.9	≤0.9	≤0.6	≤0.2
	5.5	≤0.9	≤0.9	≤0.7	≤0.4
	5.0	≤0.9	≤0.9	≤0.8	≤0.5
	4.5	≤0.9	≤0.9	≤0.9	≤0.6
	4.0	≤0.9	≤0.9	≤0.9	≤0.7
	3.5	≤0.9	≤0.9	≤0.9	≤0.8

表 4.0.8-2 南区居住建筑建筑物外窗平均综合遮阳系数限值

外墙平均指标 $(\rho \leq 0.8)$	外窗的加权平均综合遮阳系数 S_W				
	平均窗地面积比 $C_{MF} \leq 0.25$ 或平均窗墙面积比 $C_{MW} \leq 0.25$	平均窗地面积比 $0.25 < C_{MF} \leq 0.30$ 或平均窗墙面积比 $0.25 < C_{MW} \leq 0.30$	平均窗地面积比 $0.30 < C_{MF} \leq 0.35$ 或平均窗墙面积比 $0.30 < C_{MW} \leq 0.35$	平均窗地面积比 $0.35 < C_{MF} \leq 0.40$ 或平均窗墙面积比 $0.35 < C_{MW} \leq 0.40$	$0.40 < C_{MF} \leq 0.45$ 或平均窗墙面积比 $0.40 < C_{MW} \leq 0.45$
$K \leq 2.5$ $D \geq 3.0$	≤0.5	≤0.4	≤0.3	≤0.2	—

外墙平均指标 ($\rho \leqslant 0.8$)	外窗的加权平均综合遮阳系数 S_W				
	平均窗地面积比 $C_{MF} \leqslant 0.25$ 或平均窗墙面积比 $C_{MW} \leqslant 0.25$	平均窗地面积比 $0.25 < C_{MF} \leqslant 0.30$ 或平均窗墙面积比 $0.25 < C_{MW} \leqslant 0.30$	平均窗地面积比 $0.30 < C_{MF} \leqslant 0.35$ 或平均窗墙面积比 $0.30 < C_{MW} \leqslant 0.35$	平均窗地面积比 $0.35 < C_{MF} \leqslant 0.40$ 或平均窗墙面积比 $0.35 < C_{MW} \leqslant 0.40$	平均窗地面积比 $0.40 < C_{MF} \leqslant 0.45$ 或平均窗墙面积比 $0.40 < C_{MW} \leqslant 0.45$
$K \leqslant 2.0$ $D \geqslant 2.8$	$\leqslant 0.6$	$\leqslant 0.5$	$\leqslant 0.4$	$\leqslant 0.3$	$\leqslant 0.2$
$K \leqslant 1.5$ $D \geqslant 2.5$	$\leqslant 0.8$	$\leqslant 0.7$	$\leqslant 0.6$	$\leqslant 0.5$	$\leqslant 0.4$
$K \leqslant 1.0$ $D \geqslant 2.5$ 或 $K \leqslant 0.7$	$\leqslant 0.9$	$\leqslant 0.8$	$\leqslant 0.7$	$\leqslant 0.6$	$\leqslant 0.5$

注：1 外窗包括阳台门。

2 ρ 为外墙外表面的太阳辐射吸收系数。

4.0.9 外窗平均综合遮阳系数，应为建筑各个朝向平均综合遮阳系数按各朝向窗面积和朝向的权重系数加权平均的数值，并应按下式计算：

$$S_W = \frac{A_E \cdot S_{W.E} + A_S \cdot S_{W.S} + 1.25 A_W \cdot S_{W.W} + 0.8 A_N \cdot S_{W.N}}{A_E + A_S + A_W + A_N}$$

(4.0.9)

式中：A_E、A_S、A_W、A_N——东、南、西、北朝向的窗面积；

$S_{W.E}$、$S_{W.S}$、$S_{W.W}$、$S_{W.N}$——东、南、西、北朝向窗的平均综合遮阳系数。

注：各个朝向的权重系数分别为：东、南朝向取 1.0，西朝向取 1.25，北朝向取 0.8。

4.0.10 居住建筑的东、西向外窗必须采取建筑外遮阳措施，建筑外遮阳系数 SD 不应大于 0.8。

4.0.11 居住建筑南、北向外窗应采取建筑外遮阳措施，建筑外遮阳系数 SD 不应大于 0.9。当采用水平、垂直或综合建筑外遮阳构造时，外遮阳构造的挑出长度不应小于表 4.0.11 规定。

表 4.0.11 建筑外遮阳构造的挑出长度限值（m）

朝 向	南			北		
遮阳形式	水平	垂直	综合	水平	垂直	综合
北区	0.25	0.20	0.15	0.40	0.25	0.15
南区	0.30	0.25	0.15	0.45	0.30	0.20

4.0.12 窗口的建筑外遮阳系数 SD 可采用本标准附录 A 的简化方法计算，且北区建筑外遮阳系数应取冬季和夏季的建筑外遮阳系数的平均值，南区应取夏季的建筑外遮阳系数。窗口上方的上一楼层阳台或外廊应作为水平遮阳计算；同一立面对相邻立面上的多个窗口形成自遮挡时应逐一窗口计算。典型形式的建筑外遮阳系数可按表 4.0.12 取值。

表 4.0.12 典型形式的建筑外遮阳系数 SD

遮 阳 形 式	建筑外遮阳系数 SD
可完全遮挡直射阳光的固定百叶、固定挡板遮阳板等	0.5
可基本遮挡直射阳光的固定百叶、固定挡板、遮阳板	0.7
较密的花格	0.7
可完全覆盖窗的不透明活动百叶、金属卷帘	0.5
可完全覆盖窗的织物卷帘	0.7

注：位于窗口上方的上一楼层的阳台也作为遮阳板考虑。

4.0.13 外窗（包含阳台门）的通风开口面积不应小于房间地面面积的 10% 或外窗面积的 45%。

4.0.14 居住建筑应能自然通风，每户至少应有一个居住房间通风开口和通风路径的设计满足自然通风要求。

4.0.15 居住建筑 1～9 层外窗的气密性能不应低于国家标准《建筑外门窗气密、水密、抗风压性能分级及检测方法》GB/T 7106 - 2008 中规定的 4 级水平；10 层及 10 层以上外窗的气密性能不应低于国家标准《建筑外门窗气密、水密、抗风压性能分级及检测方法》GB/T 7106 - 2008 中规定的 6 级水平。

4.0.16 居住建筑的屋顶和外墙宜采用下列隔热措施：

1 反射隔热外饰面；

2 屋顶内设置贴铝箔的封闭空气间层；

3 用含水多孔材料做屋面或外墙面的面层；

4 屋面蓄水；

5 屋面遮阳；

6 屋面种植；

7 东、西外墙采用花格构件或植物遮阳。

4.0.17 当按规定性指标设计，计算屋顶和外墙总热阻时，本标准第 4.0.16 条采用的各项节能措施的当量热阻附加值，应按表 4.0.17 取值。反射隔热外饰面的修正方法应符合本标准附录 B 的规定。

表 4.0.17 隔热措施的当量附加热阻

采取节能措施的屋顶或外墙		当量热阻附加值 ($m^2 \cdot K/W$)
反射隔热外饰面	$(0.4 \leqslant \rho < 0.6)$	0.15
	$(\rho < 0.4)$	0.20

采取节能措施的屋顶或外墙			当量热阻附加值 (m²·K/W)
屋顶内部带有铝箔的封闭空气间层	单面铝箔空气间层 (mm)	20	0.43
		40	0.57
		60及以上	0.64
	双面铝箔空气间层 (mm)	20	0.56
		40	0.84
		60及以上	1.01
用含水多孔材料做面层的屋顶面层			0.45
用含水多孔材料做面层的外墙面			0.35
屋面蓄水层			0.40
屋面遮阳构造			0.30
屋面种植层			0.90
东、西外墙体遮阳构造			0.30

注:ρ为修正后的屋顶或外墙面外表面的太阳辐射吸收系数。

5 建筑节能设计的综合评价

5.0.1 居住建筑的节能设计可采用"对比评定法"进行综合评价。当所设计的建筑不能完全符合本标准第4.0.4条、第4.0.6条、第4.0.7条和第4.0.8条的规定时,必须采用"对比评定法"对其进行综合评价。综合评价的指标可采用空调采暖年耗电指数,也可直接采用空调采暖年耗电量,并应符合下列规定:

　　1 当采用空调采暖年耗电指数作为综合评定指标时,所设计建筑的空调采暖年耗电指数不得超过参照建筑的空调采暖年耗电指数,即应符合下式的规定:

$$ECF \leqslant ECF_{ref} \qquad (5.0.1-1)$$

式中:ECF——所设计建筑的空调采暖年耗电指数;

　　ECF_{ref}——参照建筑的空调采暖年耗电指数。

　　2 当采用空调采暖年耗电量指标作为综合评定指标时,在相同的计算条件下,用相同的计算方法,所设计建筑的空调采暖年耗电量不得超过参照建筑的空调采暖年耗电量,即应符合下式的规定:

$$EC \leqslant EC_{ref} \qquad (5.0.1-2)$$

式中:EC——所设计建筑的空调采暖年耗电量;

　　EC_{ref}——参照建筑的空调采暖年耗电量。

　　3 对节能设计进行综合评价的建筑,其天窗的遮阳系数和传热系数应符合本标准第4.0.6条的规定,屋顶、东西墙的传热系数和热惰性指标应符合本标准第4.0.7条的规定。

5.0.2 参照建筑应按下列原则确定:

　　1 参照建筑的建筑形状、大小和朝向均应与所设计建筑完全相同;

　　2 参照建筑各朝向和屋顶的开窗洞口面积应与所设计建筑相同,但当所设计建筑某个朝向的窗(包括屋顶的天窗)洞面积超过本标准第4.0.4条、第4.0.6条的规定时,参照建筑该朝向(或屋顶)的窗洞口面积减小到符合本标准第4.0.4条、第4.0.6条的规定;

　　3 参照建筑外墙、外窗和屋顶的各项性能指标应为本标准第4.0.7条和第4.0.8条规定的最低限值。其中墙体、屋顶外表面的太阳辐射吸收系数应取0.7;当所设计建筑的墙体热惰性指标大于2.5时,参照建筑的墙体传热系数应取1.5W/(m²·K),屋顶的传热系数应取0.9W/(m²·K),北区窗的传热系数应取4.0W/(m²·K);当所设计建筑的墙体热惰性指标小于2.5时,参照建筑的墙体传热系数应取0.7W/(m²·K),屋顶的传热系数应取0.4W/(m²·K),北区窗的传热系数应取4.0W/(m²·K)。

5.0.3 建筑节能设计综合评价指标的计算条件应符合下列规定:

　　1 室内计算温度,冬季应取16℃,夏季应取26℃。

　　2 室外计算气象参数应采用当地典型气象年。

　　3 空调和采暖时,换气次数应取1.0次/h。

　　4 空调额定能效比应取3.0,采暖额定能效比应取1.7。

　　5 室内不应考虑照明得热和其他内部得热。

　　6 建筑面积应按墙体中轴线计算;计算体积时,墙仍按中轴线计算,楼层高度应按楼板面至楼板面计算;外表面积的计算应按墙体中轴线和楼板面计算。

　　7 当建筑屋顶和外墙采用反射隔热外饰面($\rho < 0.6$)时,其计算用的太阳辐射吸收系数应取按本标准附录B修正之值,且不得重复计算其当量附加热阻。

5.0.4 建筑的空调采暖年耗电量应采用动态逐时模拟的方法计算。空调采暖年耗电量应为计算所得到的单位建筑面积空调年耗电量与采暖年耗电量之和。南区内的建筑物可忽略采暖年耗电量。

5.0.5 建筑的空调采暖年耗电指数应采用本标准附录C的方法计算。

6 暖通空调和照明节能设计

6.0.1 居住建筑空调与采暖方式及设备的选择,应根据当地资源情况,充分考虑节能、环保因素,并经技术经济分析后确定。

6.0.2 采用集中式空调(采暖)方式或户式(单元式)中央空调的住宅应进行逐时逐项冷负荷计算;采用集中式空调(采暖)方式的居住建筑,应设置分室(户)温度控制及分户冷(热)量计量设施。

6.0.3 居住建筑进行夏季空调、冬季采暖时,宜采用电驱动的热泵型空调器(机组),燃气、蒸汽或热水驱动的吸收式冷(热)水机组,或有利于节能的其他形式的冷(热)源。

6.0.4 设计采用电机驱动压缩机的蒸汽压缩循环冷水（热泵）机组，或采用名义制冷量大于7100W的电机驱动压缩机单元式空气调节机，或采用蒸汽、热水型溴化锂吸收式冷水机组及直燃型溴化锂吸收式冷（温）水机组作为住宅小区或整栋楼的冷（热）源机组时，所选用机组的能效比（性能系数）应符合现行国家标准《公共建筑节能设计标准》GB 50189 中的规定值。

6.0.5 采用多联式空调（热泵）机组作为户式集中空调（采暖）机组时，所选用机组的制冷综合性能系数［IPLV（C）］不应低于现行国家标准《多联式空调（热泵）机组能效限定值及能源效率等级》GB 21454 中规定的第 3 级。

6.0.6 居住建筑设计时采暖方式不宜设计采用直接电热设备。

6.0.7 采用分散式房间空调器进行空调和（或）采暖时，宜选择符合现行国家标准《房间空气调节器能效限定值及能效等级》GB 12021.3 和《转速可控型房间空气调节器能效限定值及能源效率等级》GB 21455 中规定的能效等级 2 级以上的节能型产品。

6.0.8 当选择土壤源热泵系统、浅层地下水源热泵系统、地表水（淡水、海水）源热泵系统、污水水源热泵系统作为居住区或户用空调（采暖）系统的冷热源时，应进行适宜性分析。

6.0.9 空调室外机的安装位置应避免多台相邻室外机吹出气流相互干扰，并应考虑凝结水的排放和减少对相邻住户的热污染和噪声污染；设计搁板（架）构造时应有利于室外机的吸入和排出气流通畅和缩短室内、外机的连接管路，提高空调器效率；设计安装整体式（窗式）房间空调器的建筑应预留其安放位置。

6.0.10 居住建筑通风宜采用自然通风使室内满足热舒适及空气质量要求；当自然通风不能满足要求时，可辅以机械通风。

6.0.11 在进行居住建筑通风设计时，通风机械设备宜选用符合国家现行标准规定的节能型设备及产品。

6.0.12 居住建筑通风设计应处理好室内气流组织，提高通风效率。厨房、卫生间应安装机械排风装置。

6.0.13 居住建筑公共部位的照明应采用高效光源、灯具并应采取节能控制措施。

附录 A　建筑外遮阳系数的计算方法

A.0.1 建筑外遮阳系数应按下列公式计算：

$$SD = ax^2 + bx + 1 \qquad (A.0.1-1)$$

$$x = A/B \qquad (A.0.1-2)$$

式中：SD——建筑外遮阳系数；

x——挑出系数，采用水平和垂直遮阳时，分别为遮阳板自窗面外挑长度 A 与遮阳板端部到窗对边距离 B 之比；采用挡板遮阳时，为正对窗口的挡板高度 A 与窗高 B 之比。当 $x \geqslant 1$ 时，取 $x=1$；

a、b——系数，按表 A.0.1 选取；

A、B——按图 A.0.1-1～图 A.0.1-3 规定确定。

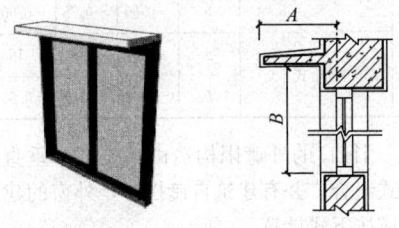

图 A.0.1-1　水平式遮阳

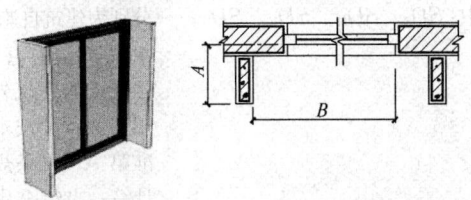

图 A.0.1-2　垂直式遮阳

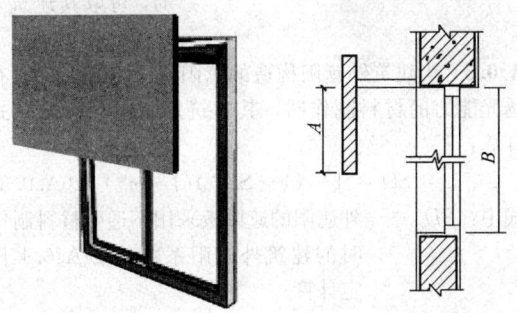

图 A.0.1-3　挡板式遮阳

表 A.0.1　建筑外遮阳系数计算公式的系数

气候区	建筑外遮阳类型		系数	东	南	西	北
夏热冬暖地区北区	水平式	冬季	a	0.30	0.10	0.20	0.00
			b	−0.75	−0.45	−0.45	0.00
		夏季	a	0.35	0.35	0.20	0.20
			b	−0.65	−0.65	−0.40	−0.40
	垂直式	冬季	a	0.30	0.25	0.25	0.05
			b	−0.75	−0.60	−0.60	−0.15
		夏季	a	0.25	0.40	0.30	0.30
			b	−0.60	−0.75	−0.60	−0.60
	挡板式	冬季	a	0.24	0.25	0.24	0.16
			b	−1.01	−1.01	−1.01	−0.95
		夏季	a	0.18	0.41	0.18	0.09
			b	−0.63	−0.86	−0.63	−0.92

续表 A.0.1

气候区	建筑外遮阳类型	系数	东	南	西	北
夏热冬暖地区南区	水平式	a	0.35	0.35	0.20	0.20
		b	-0.65	-0.65	-0.40	-0.40
	垂直式	a	0.25	0.40	0.30	0.30
		b	-0.60	-0.75	-0.60	-0.60
	挡板式	a	0.16	0.35	0.16	0.17
		b	-0.60	-1.01	-0.60	-0.97

A.0.2 当窗口的外遮阳构造由水平式、垂直式、挡板式形式组合，并有建筑自遮挡时，外窗的建筑外遮阳系数应按下式计算：

$$SD = SD_S \cdot SD_H \cdot SD_V \cdot SD_B \quad (\text{A.0.2})$$

式中：SD_S、SD_H、SD_V、SD_B——分别为建筑自遮挡、水平式、垂直式、挡板式的建筑外遮阳系数，可按本标准第 A.0.1 条规定计算；当组合中某种遮阳形式不存在时，可取其建筑外遮阳系数值为 1。

A.0.3 当建筑外遮阳构造的遮阳板（百叶）采用有透光能力的材料制作时，其建筑外遮阳系数按下式计算：

$$SD = 1 - (1 - SD^*)(1 - \eta^*) \quad (\text{A.0.3})$$

式中：SD^*——外遮阳的遮阳板采用不透明材料制作时的建筑外遮阳系数，按 A.0.1 规定计算；

η^*——遮阳板（构造）材料的透射比，按表 A.0.3 选取。

表 A.0.3 遮阳板（构造）材料的透射比

遮阳板使用的材料	规 格	η^*
织物面料	—	0.5 或按实测太阳光透射比
玻璃钢板	—	0.5 或按实测太阳光透射比
玻璃、有机玻璃类板	0<太阳光透射比≤0.6	0.5
	0.6<太阳光透射比≤0.9	0.8
金属穿孔板	穿孔率：0<φ≤0.2	0.15
	穿孔率：0.2<φ≤0.4	0.3
	穿孔率：0.4<φ≤0.6	0.5
	穿孔率：0.6<φ≤0.8	0.7
混凝土、陶土釉彩窗外花格		0.6 或按实际镂空比例及厚度
木质、金属窗外花格		0.7 或按实际镂空比例及厚度
木质、竹质窗外帘		0.4 或按实际镂空比例

附录 B 反射隔热饰面太阳辐射吸收系数的修正系数

B.0.1 节能、隔热设计计算时，反射隔热外饰面的太阳辐射吸收系数取值应采用污染修正系数进行修正，污染修正后的太阳辐射吸收系数应按式（B.0.1-1）计算。

$$\rho' = \rho \cdot a \quad (\text{B.0.1-1})$$
$$a = 11.384(\rho \times 100)^{-0.6241} \quad (\text{B.0.1-2})$$

式中：ρ——修正前的太阳辐射吸收系数；

ρ'——修正后的太阳辐射吸收系数，用于节能、隔热设计计算；

a——污染修正系数，当 $\rho < 0.5$ 时修正系数按式（B.0.1-2）计算，当 $\rho \geq 0.5$ 时，取 a 为 1.0。

附录 C 建筑物空调采暖年耗电指数的简化计算方法

C.0.1 建筑物的空调采暖年耗电指数应按下式计算：

$$ECF = ECF_C + ECF_H \quad (\text{C.0.1})$$

式中：ECF_C——空调年耗电指数；

ECF_H——采暖年耗电指数。

C.0.2 建筑物空调年耗电指数应按下列公式计算：

$$ECF_C = \left[\frac{(ECF_{C.R} + ECF_{C.WL} + ECF_{C.WD})}{A} + C_{C.N} \cdot h \cdot N + C_{C.0} \right] \cdot C_C \quad (\text{C.0.2-1})$$

$$C_C = C_{qc} \cdot C_{FA}^{-0.147} \quad (\text{C.0.2-2})$$

$$ECF_{C.R} = C_{C.R} \sum_i K_i F_i \rho_i \quad (\text{C.0.2-3})$$

$$ECF_{C.WL} = C_{C.WL.E} \sum_{i=1} K_i F_i \rho_i + C_{C.WL.S} \sum_i K_i F_i \rho_i + C_{C.WL.W} \sum_i K_i F_i \rho_i + C_{C.WL.N} \sum_i K_i F_i \rho_i \quad (\text{C.0.2-4})$$

$$ECF_{C.WD} = C_{C.WD.E} \sum_i F_i SC_i SD_{C.i} + C_{C.WD.S} \sum_i F_i SC_i SD_{C.i} + C_{C.WD.W} \sum_i F_i SC_i SD_{C.i} + C_{C.WD.N} \sum_i F_i SC_i SD_{C.i} + C_{C.SK} \sum_i F_i SC_i \quad (\text{C.0.2-5})$$

式中：A——总建筑面积（m^2）；

N——换气次数（次/h）；

h——按建筑面积进行加权平均的楼层高度（m）；

$C_{C.N}$——空调年耗电指数与换气次数有关的系
数，$C_{C.N}$取4.16；

$C_{C.0}$，C_C——空调年耗电指数的有关系数，$C_{C.0}$取
－4.47；

$ECF_{C.R}$——空调年耗电指数与屋面有关的参数；

$ECF_{C.WL}$——空调年耗电指数与墙体有关的参数；

$ECF_{C.WD}$——空调年耗电指数与外门窗有关的参数；

F_i——各个围护结构的面积（m^2）；

K_i——各个围护结构的传热系数[W/(m^2·K)]；

ρ_i——各个墙面的太阳辐射吸收系数；

SC_i——各个外门窗的遮阳系数；

$SD_{C.i}$——各个窗的夏季建筑外遮阳系数，外遮阳
系数按本标准附录A计算；

C_{FA}——外围护结构的总面积（不包括室内地
面）与总建筑面积之比；

C_{qc}——空调年耗电指数与地区有关的系数，南
区取1.13，北区取0.64。

公式（C.0.2-3）、公式（C.0.2-4）、公式
（C.0.2-5）中的其他有关系数应符合表C.0.2的
规定。

表 C.0.2　空调耗电指数计算的有关系数

系　数	所在墙面的朝向			
	东	南	西	北
$C_{C.WL}$（重质）	18.6	16.6	20.4	12.0
$C_{C.WL}$（轻质）	29.2	33.2	40.8	24.0
$C_{C.WD}$	137	173	215	131
$C_{C.R}$（重质）	35.2			
$C_{C.R}$（轻质）	70.4			
$C_{C.SK}$	363			

注：重质是指热惰性指标大于等于2.5的墙体和屋顶；轻
质是指热惰性指标小于2.5的墙体和屋顶。

C.0.3　建筑物采暖的年耗电指数应按下列公式进行
计算：

$$ECF_H=\left[\frac{(ECF_{H.R}+ECF_{H.WL}+ECF_{H.WD})}{A}+C_{H.N}\cdot h\cdot N+C_{H.0}\right]\cdot C_H$$
(C.0.3-1)

$$C_H=C_{qh}\cdot C_{FA}^{0.370}$$
(C.0.3-2)

$$ECF_{H.R}=C_{H.R.K}\sum_i K_iF_i+C_{H.R}\sum_i K_iF_i\rho_i$$
(C.0.3-3)

$$ECF_{H.WL}=C_{H.WL.E}\sum_i K_iF_i\rho_i+C_{H.WL.S}\sum_i K_iF_i\rho_i$$
$$+C_{H.WL.W}\sum_i K_iF_i\rho_i+C_{H.WL.N}\sum_i K_iF_i\rho_i$$
$$+C_{H.WL.K.E}\sum_i K_iF_i+C_{H.WL.K.S}\sum_i K_iF_i$$
$$+C_{H.WL.K.W}\sum_i K_iF_i+C_{H.WL.K.N}\sum_i K_iF_i$$
(C.0.3-4)

$$ECF_{H.WD}=C_{H.WD.E}\sum_i F_iSC_iSD_{H.i}+C_{H.WD.S}$$

$$\sum_i F_iSC_iSD_{H.i}+C_{H.WD.W}$$
$$\sum_i F_iSC_iSD_{H.i}+C_{H.WD.N}\sum_i F_iSC_iSD_{H.i}$$
$$+C_{H.WD.K.E}\sum_i F_iK_i+C_{H.WD.K.S}\sum_i F_iK_i$$
$$+C_{H.WD.K.W}\sum_i F_iK_i+C_{H.WD.K.N}\sum_i F_iK_i$$
$$+C_{H.SK}\sum_i F_iSC_iSD_{H.i}+C_{H.SK.K}\sum_i F_iK_i$$
(C.0.3-5)

式中：A——总建筑面积（m^2）；

h——按建筑面积进行加权平均的楼层高度（m）；

N——换气次数（次/h）；

$C_{H.N}$——采暖年耗电指数与换气次数有关的系
数，$C_{H.N}$取4.61；

$C_{H.0}$，C_H——采暖的年耗电指数的有关系数，$C_{H.0}$
取2.60；

$ECF_{H.R}$——采暖年耗电指数与屋面有关的参数；

$ECF_{H.WL}$——采暖年耗电指数与墙体有关的参数；

$ECF_{H.WD}$——采暖年耗电指数与外门窗有关的参数；

F_i——各个围护结构的面积（m^2）；

K_i——各个围护结构的传热系数[W/(m^2·K)]；

ρ_i——各个墙面的太阳辐射吸收系数；

SC_i——各个窗的遮阳系数；

$SD_{H.i}$——各个窗的冬季建筑外遮阳系数，外遮阳
系数应按本标准附录A计算；

C_{FA}——外围护结构的总面积（不包括室内地
面）与总建筑面积之比；

C_{qh}——采暖年耗电指数与地区有关的系数，南
区取0，北区取0.7。

公式（C.0.3-3）、公式（C.0.3-4）、公式
（C.0.3-5）中的其他有关系数见表C.0.3。

表 C.0.3　采暖能耗指数计算的有关系数

系　数	东	南	西	北
$C_{H.WL}$（重质）	－3.6	－9.0	－10.8	－3.6
$C_{H.WL}$（轻质）	－7.2	－18.0	－21.6	－7.2
$C_{H.WL.K}$（重质）	14.4	15.1	23.4	14.6
$C_{H.WL.K}$（轻质）	28.8	30.2	46.8	29.2
$C_{H.WD}$	－32.5	－103.2	－141.1	－32.7
$C_{H.WD.K}$	8.3	8.5	14.5	8.5
$C_{H.R}$（重质）	－7.4			
$C_{H.R}$（轻质）	－14.8			
$C_{H.R.K}$（重质）	21.4			
$C_{H.R.K}$（轻质）	42.8			
$C_{H.SK}$	－97.3			
$C_{H.SK.K}$	13.3			

注：重质是指热惰性指标大于等于2.5的墙体和屋顶；轻
质是指热惰性指标小于2.5的墙体和屋顶。

本标准用词说明

1 为便于在执行本标准条文时区别对待，对要求严格程度不同的用词说明如下：

1）表示很严格，非这样做不可的：

正面词采用"必须"，反面词采用"严禁"；

2）表示严格，在正常情况下均应这样做的：

正面词采用"应"，反面词采用"不应"或"不得"；

3）表示允许稍有选择，在条件许可时首先应这样做的：

正面词采用"宜"，反面词采用"不宜"；

4）表示有选择，在一定条件下可以这样做的：

采用"可"。

2 标准中指明应按其他有关标准执行的写法为："应符合……的规定（或要求）"或"应按……执行"。

引用标准名录

1 《民用建筑热工设计规范》GB 50176

2 《公共建筑节能设计标准》GB 50189

3 《建筑外门窗气密、水密、抗风压性能分级及检测方法》GB/T 7106—2008

4 《房间空气调节器能效限定值及能效等级》GB 12021.3

5 《多联式空调（热泵）机组能效限定值及能源效率等级》GB 21454

6 《转速可控型房间空气调节器能效限定值及能源效率等级》GB 21455

中华人民共和国行业标准

夏热冬暖地区居住建筑节能设计标准

JGJ 75—2012

条 文 说 明

修 订 说 明

《夏热冬暖地区居住建筑节能设计标准》
JGJ 75-2012，经住房和城乡建设部 2012 年 11 月 2
日以第 1533 号公告批准、发布。

本标准是在《夏热冬暖地区居住建筑节能设计标准》JGJ 75-2003 的基础上修订而成的。上一版的主编单位是中国建筑科学研究院，主要起草人是郎四维、杨仕超、林海燕、涂逢祥、赵士怀、彭红圃、孟庆林、任俊、刘俊跃、冀兆良、石民祥、黄夏东、李劲鹏、赖卫中、梁章旋、陆琦、张黎明、王云新。

本次修订的主要技术内容：1. 引入窗地面积比，作为与窗墙面积比并行的确定门窗节能指标的控制参数；2. 将东、西朝向窗户的建筑外遮阳作为强制性条文；3. 建筑通风的要求更具体；4. 规定了多联式空调（热泵）机组的能效级别；5. 对采用集中式空调住宅的设计，强制要求计算逐时逐项冷负荷。

本标准修订过程中，编制组进行了广泛深入的调查研究，总结了我国夏热冬暖地区近些年来开展建筑节能工作的实践经验，使修订后的标准针对性更强，更加合理，也便于实施。

为便于广大设计、施工、科研、学校等单位有关人员在使用本标准时能正确理解和执行条文规定，《夏热冬暖地区居住建筑节能设计标准》编制组按章、节、条顺序编制了条文说明，对条文规定的目的、依据以及执行中需注意的有关事项进行了说明，还着重对强制性条文的强制性理由作了解释。但是，本条文说明不具备与标准正文同等的法律效力，仅供使用者作为理解和把握标准规定的参考。

目　次

1 总 则

1.0.1 《中华人民共和国节约能源法》第十四条规定"建筑节能的国家标准、行业标准由国务院建设主管部门组织制定，并依照法定程序发布。省、自治区、直辖市人民政府建设主管部门可以根据本地实际情况，制定严于国家标准或者行业标准的地方建筑节能标准，并报国务院标准化主管部门和国务院建设主管部门备案。"第三十五条规定"建筑工程的建设、设计、施工和监理单位应当遵守建筑节能标准。不符合建筑节能标准的建筑工程，建设主管部门不得批准开工建设；已经开工建设的，应当责令停止施工、限期改正；已经建成的，不得销售或者使用。建设主管部门应当加强对在建建筑工程执行建筑节能标准情况的监督检查。"第四十条规定"国家鼓励在新建建筑和既有建筑节能改造中使用新型墙体材料等节能建筑材料和节能设备，安装和使用太阳能等可再生能源利用系统。"《民用建筑节能条例》第十五条规定"设计单位、施工单位、工程监理单位及其注册执业人员，应当按照民用建筑节能强制性标准进行设计、施工、监理。"第十四条规定"建设单位不得明示或者暗示设计单位、施工单位违反民用建筑节能强制性标准进行设计、施工，不得明示或者暗示施工单位使用不符合施工图设计文件要求的墙体材料、保温材料、门窗、采暖制冷系统和照明设备。"本标准规定夏热冬暖地区居住建筑的节能设计要求，并给出了强制性的条文，就是为了执行《中华人民共和国节约能源法》和国务院发布的《民用建筑节能条例》。

夏热冬暖地区位于我国南部，在北纬 27°以南，东经 97°以东，包括海南全境，广东大部，广西大部，福建南部，云南小部分，以及香港、澳门与台湾。其确切范围由现行《民用建筑热工设计规范》GB 50176-93 规定。

该地区处于我国改革开放的最前沿。改革开放以来，经济快速发展，人民生活水平显著提高。该地区经济的发展，以沿海一带中心城市及其周边地区最为迅速，其中特别以珠江三角洲地区更为发达。

该地区为亚热带湿润季风气候（湿热型气候），其特征表现为夏季漫长，冬季寒冷时间很短，甚至几乎没有冬季，长年气温高而且湿度大，气温的年较差和日较差都小。太阳辐射强烈，雨量充沛。

近十几年来，该地区建筑空调发展极为迅速，其中经济发达城市如广州市，空调器早已超过户均 2 台，而且一户 3 台以上的非常普遍。冬季比较寒冷的福州等地区，已有越来越多的家庭用电采暖。在空调及采暖使用快速增加、建筑规模宏大的情况下，虽然执行节能设计标准已有 8 年，但新建建筑围护结构热工性能仍然不尽如人意，节能标准在执行中打折扣，

从而空调采暖设备的电能浪费严重，室内热舒适状况依然不好，导致温室气体 CO_2 排放量的进一步增加。

该地区正在大规模建造居住建筑，有必要通过居住建筑节能设计标准的执行，改善居住建筑的热舒适程度，提高空调和采暖设备的能源利用效率，以节约能源，保护环境，贯彻国家建筑节能的方针政策。

由此可见，在夏热冬暖地区开展建筑节能工作形势依然不乐观，节能标准需要进行必要的修订，使得相关规定更加明确，更加方便执行。

1.0.2 本标准适用于夏热冬暖地区的各类新建、扩建和改建的居住建筑。居住建筑主要包括住宅建筑（约占 90%）和集体宿舍、招待所、旅馆以及托幼建筑等。在夏热冬暖地区居住建筑的节能设计中，应按本标准的规定控制建筑能耗，并采取相应的建筑、热工和空调、采暖节能措施。

1.0.3 夏热冬暖地区居住建筑的设计，应考虑空调、采暖的要求，建筑围护结构的热工性能应满足要求，使得炎夏和寒冬室内热环境更加舒适，空调、采暖设备使用的时间短，能源利用效率高。

本标准首先要保证建筑室内热环境质量，提高人民居住舒适水平，以此作为前提条件；与此同时，还要提高空调、采暖的能源利用效率，以实现节能的基本目标。

1.0.5 本标准对夏热冬暖地区居住建筑的建筑、热工、空调、采暖和通风设计中所采取的节能措施和应该控制的建筑能耗做出了规定，但建筑节能所涉及的专业较多，相关的专业还制定有相应的标准。因此，夏热冬暖地区居住建筑的节能设计，除应执行本标准外，还应符合国家现行的有关标准、规范的规定。

2 术 语

2.0.1 窗口外各种形式的建筑外遮阳在南方的建筑中很常见。建筑外遮阳对建筑能耗，尤其是对建筑的空调能耗有很大的影响，因此在考虑外窗的遮阳时，将窗本身的遮阳效果和窗外遮阳设施的遮阳效果结合起来一起考虑。

窗本身的遮阳系数 SC 可近似地取为窗玻璃的遮蔽系数乘以窗玻璃面积除以整窗面积。

当窗口外面没有任何形式的建筑外遮阳时，外窗的遮阳系数 S_w 就是窗本身的遮阳系数 SC。

2.0.4 参照《民用建筑热工设计规范》GB 50176，增加了该术语。这样修改，对于体形系数较大的建筑的外窗要求较高，而对于体形系数小的建筑的外窗要求与原标准一样。

2.0.6 本术语用于外窗采光面积确定时用。

2.0.7 本术语用于外窗性能指标确定时用。在第 4 章中查表 4.0.8-1、表 4.0.8-2，可以采用"平均窗墙面积比"，也可以采用"平均窗地面积比"，在制定地

方标准时，可根据各地情况选用其中一个。

夏热冬暖地区，在体形系数没有限制的前提下，采用"窗墙面积比"在实际使用中被发现存在问题：对于外墙面积较大的建筑，即使窗很大，对窗的遮阳系数要求不严。用"窗墙面积比"作为参数时，体形系数越大，单位建筑面积对应的外墙面积越大，窗墙面积比就越小。建筑开窗面积决定了建筑室内的太阳辐射得热，而太阳辐射得热是夏热冬暖地区引起空调能耗的主要因素。因此，按照现有标准，体形系数越大，标准允许的单位建筑能耗就越大，节能率要求就"相对"越低。对于一些体形系数特别大的建筑，用窗墙面积比作为参数，在采用同样的遮阳系数时，将允许开较大面积的外窗，这种结果显然是不合理的。

在夏热冬暖地区，如果限制体形系数将大大束缚建筑设计，不符合本地区的建筑特点。南方地区，经济较发达，建筑形式呈现多样。同时，住宅设计中应充分考虑自然通风设计，通常要求建筑有较高的"通透性"，此时建筑平面设计较为复杂，体形系数比较大。若限制体形系数，将会大大束缚建筑设计，不符合地方特色。

因此，在本地区采用"窗地面积比"可以避免以上问题。采用"窗地面积比"，使建筑节能设计与建筑自然采光设计与建筑自然通风设计保持一致。建筑自然采光设计与自然通风设计不仅保证建筑室内环境，也是建筑被动式节能的重要手段。"窗地面积比"是控制这两个方面的重要参数。同时，设计人员对"窗地面积比"很熟悉，因为在人们提出建筑节能需求之前，窗地面积比已经被用来作建筑自然采光的评价指标。《住宅设计规范》GB 50096 规定：为保证住宅侧面采光，窗地面积比值不得小于 1/7。南方居住建筑对自然通风的需求也给"窗地面积比"的应用带来了可能性。为了保证住宅室内的自然通风，通常控制外窗的可开启面积与地面面积的比值来实现。《夏热冬暖地区居住建筑节能设计标准》JGJ 75 - 2003 中为了保证建筑室内的自然通风效果，要求外窗可开启面积不应小于地面面积的 8%。

相对"窗墙面积比"，"窗地面积比"很容易计算，简化了建筑节能设计的工作，减少了设计人员和审图人员的工作量，也降低了节能计算出现矛盾或错误的可能性。在修编过程中，编制组还对采用"窗地面积比"作为节能参数的使用进行了意向调查。针对广州市、东莞市、深圳市等 20 多家单位（其中包括设计院、节能办、审图等单位），关于窗地面积比使用意向等问题，进行了问卷调查，共收回问卷 62 份。调查结果显示，76% 的人认为合适，仅有 14% 的人认为不合适，还有 10% 的人持有其他观点，部分认为"窗地比"与"窗墙比"均可作为夏热冬暖地区建筑节能设计的参数。

2.0.8 建筑物的大小、形状、围护结构的热工性能等情况是复杂多变的，判断所设计的建筑是否符合节能要求常常不太容易。对比评定法是一种很灵活的方法，它将所设计的实际建筑物与一个作为能耗基准的节能参照建筑物作比较，当实际建筑物的能耗不超过参照建筑物时，就判定实际建筑物符合节能要求。

2.0.9 参照建筑的概念是对比评定法的一个非常重要的概念。参照建筑是一个符合节能要求的假想建筑，该建筑与所设计的实际建筑在大小、形状等方面完全一致，它的围护结构完全满足本标准第 4 章的节能指标要求，因此它是符合节能要求的建筑，并为所设计的实际建筑定下了空调采暖能耗的限值。

2.0.10 建筑物实际消耗的空调采暖能耗除了与建筑设计有关外，还与许多其他的因素有密切关系。这里的空调采暖年耗电量并非建筑物的实际空调采暖耗电量，而是在统一规定的标准条件下计算出来的理论值。从设计的角度出发，可以用这个理论值来评判建筑物能耗性能的优劣。

2.0.11 实施对比评定法时可以用来进行对比评定的一个无量纲指数，也是所设计的建筑物是否符合节能要求的一个判断依据，其值与空调采暖年耗电量基本成正比。

2.0.12 通风开口面积一般包括外窗（阳台门）、天窗的有效可开启部分面积、敞开的洞口面积等。

2.0.13 通风路径是指从外窗进入居住房间的自然风气流通过房间流到室外所经过的路线。通风路径是确保房间自然通风的必要条件，通风路径具备的设计要件包括：通风入口（外窗可开启部分）、通风空间（居室、客厅、走廊、天井等）、通风出口（外窗可开启部分、洞口、天窗可开启部分等）。

3 建筑节能设计计算指标

3.0.1 本标准以一月份的平均温度 11.5℃ 为分界线，将夏热冬暖地区进一步细分为两个区，等温线的北部为北区，区内建筑要兼顾冬季采暖。南部为南区，区内建筑可不考虑冬季采暖。在标准编制过程中，对整个区内的若干个城市进行了全年能耗模拟计算，模拟时设定的室内温度是 16℃～26℃。从模拟结果中发现，处在南区的建筑采暖能耗占全年采暖空调总能耗的 20% 以下，考虑到模拟计算时内热源取为 0（即没有考虑室内人员、电气、炊事的发热量），同时考虑到当地居民的生活习惯，所以规定南区内的建筑设计时可不考虑冬季采暖。处在北区的建筑的采暖能耗占全年采暖空调总能耗的 20% 以上，福州市更是占到 45% 左右，可见北区内的建筑冬季确实有采暖的需求。图 3.0.1 中的虚线为南北区的分界线，表 1 列出了夏热冬暖地区中划入北区的主要城市。

表1　夏热冬暖地区中划入北区的主要城市

省　份	划入北区的主要城市
福建	福州市、莆田市、龙岩市
广东	梅州市、兴宁市、龙川县、新丰县、英德市、怀集县
广西	河池市、柳州市、贺州市

3.0.2～3.0.3　居住建筑要实现节能，必须在保持室内热舒适环境的前提下进行。本标准提出了两项室内设计计算指标，即室内空气（干球）温度和换气次数，其根据是经济的发展，以及居住者在舒适、卫生方面的要求；从另一个角度来看，这两项设计计算指标也是空调采暖能耗计算必不可少的参数，是作为进行围护结构隔热、保温性能限值计算时的依据。

室内热环境质量的指标体系包括温度、湿度、风速、壁面温度等多项指标。标准中只规定了温度指标和换气次数指标，这是由于当前一般住宅较少配备户式中央空调系统，室内空气湿度、风速等参数实际上难以控制。另一方面，在室内热环境的诸多指标中，温度指标是一个最重要的指标，而换气次数指标则是从人体卫生角度考虑必不可少的指标，所以只提出空气温度指标和换气次数指标。

居住空间夏季设计计算温度规定为26℃，北区冬季居住空间设计计算温度规定为16℃，这和该地区原来恶劣的室内热环境相比，提高幅度比较大，基本上达到了热舒适的水平。要说明的是北区室内采暖设计计算温度规定为16℃，而现行国家标准《住宅设计规范》GB 50096规定室内采暖计算温度为：卧室、起居室（厅）和卫生间为18℃，厨房为15℃。本标准在讨论北区采暖设计计算温度时，当地居民反映冬季室内保持16℃比较舒适。因此，根据当前现实情况，规定设计计算温度为16℃，当然，这并不影响居民冬季保持室内温度18℃，或其他适宜的温度。

换气次数是室内热环境的另外一个重要的设计指标，冬、夏季室外的新鲜空气进入建筑内，一方面有利于确保室内的卫生条件，另一方面又要消耗大量的能源，因此要确定一个合理的计算换气次数。由于人均住房面积增加，1小时换气1次，人均占有新风量应能达到卫生标准要求。比如，当前居住建筑的净高一般大于2.5m，按人均居住面积15m²计算，1小时换气1次，相当于人均占有新风会超过37.5m³/h。表2为民用建筑主要房间人员所需最小新风量参考数值，是根据国家现行的相关公共场所卫生标准（GB 9663～GB 9673）、《室内空气质量标准》GB/T 18883等标准摘录的，可供比较、参考。应该说，每小时换气1次已达到卫生要求。

表2　部分民用建筑主要房间人员所需的最小新风量参考值 [m³/(h·人)]

房间类型		新风量	参考依据
旅游旅馆、饭店	客房 3～5星级	≥30	GB 9663-1996
	客房 2星级以下	≥20	GB 9663-1996
	餐厅、宴会厅、多功能厅 3～5星级	≥30	GB 9663-1996
	餐厅、宴会厅、多功能厅 2星级以下	≥20	GB 9663-1996
	会议室、办公室、接待室 3～5星级	≥50	GB 9663-1996
	会议室、办公室、接待室 2星级以下	≥30	GB 9663-1996
中、小学	教室 小学	≥11	GB/T 17226-1998
	教室 初中	≥14	GB/T 17226-1998
	教室 高中	≥17	GB/T 17226-1998

潮湿是夏热冬暖地区气候的一大特点。在室内热环境主要设计指标中虽然没有明确提出相对湿度设计指标，但并非完全没有考虑潮湿问题。实际上，在空调设备运行的状态下，室内同时在进行除湿。因此在大部分时间内，室内的潮湿问题也已经得到了解决。

4　建筑和建筑热工节能设计

4.0.1　夏热冬暖地区的主要气候特征之一表现在夏热季节的（4～9）月盛行东南风和西南风，该地区内陆地区的地面平均风速为1.1m/s～3.0m/s，沿海及岛屿风速更大。充分地利用这一风力资源自然降温，就可以相对地缩短居住建筑使用空调降温的时间，达到节能目的。

强调居住区良好的自然通风主要有两个目的，一是为了改善居住区热环境，增加热舒适感，体现以人为本的设计思想；二是为了提高空调设备的效率，因为居住区良好的通风和热岛强度的下降可以提高空调设备的冷凝器的工作效率，有利于节省设备的运行能耗。为此居住区建筑物的平面布局应优先考虑采用错列式或斜列式布置，对于连排式建筑应注意主导风向的投射角不宜大于45°。

房间有良好的自然通风，一是可以显著地降低房间自然室温，为居住者提供有更多时间生活在自然室温环境的可能性，从而体现健康建筑的设计理念；二是能够有效地缩短房间空调器开启的时间，节能效果明显。为此，房间的自然进风设计应使窗口开启朝向和窗扇的开启方式有利于向房间导入室外风，房间的自然排风设计应能保证利用常开的房门、户门、外窗、专用通风口等，直接或间接地通过和室外连通的走道、楼梯间、天井等向室外顺畅地排风。本地区以夏季防热为主，一般不考虑冬季保温，因此每户住宅均应尽量通风良好，通风良好的标志应该是能够形成穿堂风。房间内部与可开启窗口相对应位置应有可以用来形成穿堂风的通道，如通过房门、门亮子、内墙可开启窗、走廊、楼梯间可开启外窗、卫生间可开启外窗、厨房可开启外窗等形成房间穿堂风的通道，通风通道上的最小通风面积不宜过小。单朝向的住宅通风不利，应采取特别通风措施。

另外，自然通风的每套住宅均应考虑主导风向，将卧室、起居室等尽量布置在上风位置，避免厨房、卫生间的污浊空气污染室内。

4.0.2 夏热冬暖地区地处沿海，（4～9）月大多盛行东南风和西南风，居住建筑物南北向和接近南北向布局，有利于自然通风，增加居住舒适度。太阳辐射得热对建筑能耗的影响很大，夏季太阳辐射得热增加空调制冷能耗，冬季太阳辐射得热降低采暖能耗。南北朝向的建筑物夏季可以减少太阳辐射得热，对本地区全年只考虑制冷降温的南区是十分有利的；对冬季要考虑采暖的北区，冬季可以增加太阳辐射得热，减少采暖消耗，也是十分有利的。因此南北朝向是最有利的建筑朝向。但随着社会经济的发展，建筑物风格也多样化，不可能都做到南北朝向，所以本条文严格程度用词采用"宜"。

执行本条文时应该注意的是，建筑平面布置时，尽量不要将主要卧室、客厅设置在正西、西北方向，不要在建筑的正东、正西和西偏北、东偏北方向设置大面积的门窗或玻璃幕墙。

4.0.3 建筑物体形系数是指建筑物的外表面积和外表面积所包围的体积之比。体形系数的大小影响建筑能耗，体形系数越大，单位建筑面积对应的外表面积越大，外围护结构的传热损失也越大。因此从降低建筑能耗的角度出发，应该要考虑体形系数这个因素。

但是，体形系数不只是影响外围护结构的传热损失，它也影响建筑造型，平面布局，采光通风等。体形系数过小，将制约建筑师的创作思维，造成建筑造型呆板，甚至损害建筑功能。在夏热冬暖地区，北区和南区气候仍有所差异，南区纬度比北区低，冬季南区建筑室内外温差比北区小，而夏季南区和北区建筑室内外温差相差不大，因此，南区体形系数大小引起的外围护结构传热损失影响小于北区。本条只对北区建筑物体形系数作出规定，而对经济相对发达，建筑形式多样的南区建筑体形系数不作具体要求。

4.0.4 普通窗户的保温隔热性能比外墙差很多，而且夏季白天太阳辐射还可以通过窗户直接进入室内。一般说来，窗墙面积比越大，建筑物的能耗也越大。

通过计算机模拟分析表明，通过窗户进入室内的热量（包括温差传热和辐射得热），占室内总得热量的相当大部分，成为影响夏季空调负荷的主要因素。以广州市为例，无外窗常规居住建筑物采暖空调年耗电量为 30.6kWh/m²，当装上铝合金窗，平均窗墙面积比 $C_{MW}=0.3$ 时，年耗电量为 53.02kWh/m²，当 $C_{MW}=0.47$ 时，年耗电量为 67.19kWh/m²，能耗分别增加

了 73.3％和 119.6％。说明在夏热冬暖地区，外窗成为建筑节能很关键的因素。参考国家有关标准，兼顾到建筑师创作和住宅住户的愿望，从节能角度出发，对本地区居住建筑各朝向窗墙面积比作了限制。

本条文是强制性条文，对保证居住建筑达到节能的目标是非常关键的。如果所设计建筑的窗墙比不能完全符合本条的规定，则必须采用第 5 章的对比评定法来判定该建筑是否满足节能要求。采用对比评定法时，参照建筑的各朝向窗墙比必须符合本条文的规定。

本次修订，窗墙面积比采用了《民用建筑热工设计规范》GB 50176 的规定，各个朝向的墙面积应为各个朝向的立面面积。立面面积应为层高乘以开间定位轴线的距离。当墙面有凹凸时应忽略凹凸；当墙面整体的方向有变化时应根据轴线的变化分段处理。对于朝向的判定，各个省在执行时可以制订更详细的规定来解决朝向划分问题。

4.0.5 本条规定取自《住宅建筑规范》GB 50368 - 2005 第 7.2.2 条。该规范是全文强制的规范，要求卧室、起居室（厅）、厨房应设置外窗，窗地面积比不应小于 1/7。本标准要求卧室、书房、起居室等主要房间达到该要求，而考虑到本地区的厨房、卫生间常设在内凹部位，朝外的窗主要用于通风，采光系数很低，所以不对厨房、卫生间提出要求。

当主要房间窗地面积比较小时，外窗玻璃的遮阳系数要求也不高。而这时因为窗户较小，玻璃的可见光透射比不能太小，否则采光很差，所以提出可见光透射比不小于 0.4 的要求。

另外，在原《夏热冬暖地区居住建筑节能设计标准》JGJ 75 - 2003 的使用过程中，一些住宅由于外窗面积大，为了达到节能要求，选用了透光性能差遮阳系数小的玻璃。虽然达到了节能标准的要求，却牺牲了建筑的采光性能，降低了室内环境品质。对玻璃的遮阳系数有要求的同时，可见光透射比必须达到一定的要求，因此本条文在此方面做出强制性规定。

4.0.6 天窗面积越大，或天窗热工性能越差，建筑物能耗也越大，对节能是不利的。随着居住建筑形式多样化和居住者需求的提高，在平屋面和斜屋面上开天窗的建筑越来越多。采用DOE-2软件，对建筑物开天窗时的能耗做了计算，当天窗面积占整个屋顶面积 4％，天窗传热系数 $K=4.0$W/（m²·K），遮阳系数 $SC=0.5$ 时，其能耗只比不开天窗建筑物能耗多 1.6％左右，对节能总体效果影响不大，但对开天窗的房间热环境影响较大。根据工程调研结果，原标准的遮阳系数 SC 不大于 0.5 要求较低，本次提高要求，要求应不大于 0.4。

本条文是强制性条文，对保证居住建筑达到节能目标是非常关键的。对于那些需要增加视觉效果而加大天窗面积，或采用性能差的天窗的建筑，本条文的限制很可能被突破。如果所设计建筑的天窗不能完全符合本条

的规定，则必须采用第 5 章的对比评定法来判定该建筑是否满足节能要求。采用对比评定法时，参照建筑的天窗面积和天窗热工性能必须符合本条文的规定。

4.0.7 本条文为强制性条文，对保证居住建筑的节能舒适是非常关键的。如果所设计建筑的外墙不能完全符合本条的规定，在屋顶和东、西面外墙满足本条规定的前提下，可采用第 5 章的对比评定法来判定该建筑是否满足节能要求。

围护结构的 K、D 值直接影响建筑采暖空调房间冷热负荷的大小，也直接影响到建筑能耗。在夏热冬暖地区，一般情况下居住建筑南、北面窗墙比较大，建筑东、西面外墙开窗较少。这样，在东、西朝向上，墙体的 K、D 值对建筑保温隔热的影响较大。并且，东、西外墙和屋顶在夏季均是建筑物受太阳辐射量较大的部位，顶层及紧挨东、西外墙的房间较其他房间得热更多。用对比评定法来计算建筑能耗是以整个建筑为单位对全楼进行综合评价。当建筑屋顶及东、西外墙不满足表 4.0.7 中的要求，而使用对比评定法对其进行综合评价且满足要求时，虽然整个建筑节能设计满足本标准节能的要求，但顶层及靠近东、西外墙房间的能耗及热舒适度势必大大不如其他房间。这不论从技术角度保证每个房间获得基本一致的热舒适度，还是从保证每个住户获得基本一致的节能效果这一社会公正性方面来看都是不合适的。因此，有必要对顶层及东、西外墙规定一个最低限制要求。

夏热冬暖地区，外围护结构的自保温隔热体系逐渐成为一大趋势。如加气混凝土、页岩多孔砖、陶粒混凝土空心砌块、自隔热砌块等材料的应用越来越广泛。这类砌块本身就能满足本条文要求，同时也符合国家墙改政策。本条文根据各地特点和经济发展不同程度，提出使用重质外墙时，按三个级别予以控制。即：$2.0<K\leqslant2.5$，$D\geqslant3.0$ 或 $1.5<K\leqslant2.0$，$D\geqslant$ 2.8 或 $0.7<K\leqslant1.5$，$D\geqslant2.5$。

本条文对使用重质材料的屋顶传热系数 K 值作了调整。目前，夏热冬暖地区屋顶隔热性能已获得极大改善，普遍采用了高效绝热材料。但是，对顶层住户而言，室内热环境及能耗水平相对其他住户仍显得较差。适当提高屋顶 K 值的要求，不仅在技术上容易实现，同时还能进一步改善屋顶住户的室内热环境，提高节能水平。因此，本条文将使用重质材料屋顶的传热系数 K 值调整为 $0.4<K\leqslant0.9$。

外墙采用轻质材料或非轻质自隔热节能墙材时，对达到标准所要求的 K 值比较容易，要达到较大的 D 值就比较困难。如果围护结构要达到较大的 D 值，只有采用自重较大的材料。围护结构 D 值和相关热容量的大小，主要影响其热稳定性。因此，过度以 D 值和相关热容量的大小来评定围护结构的节能性是不全面的，不仅会阻碍轻质保温材料的使用，还限制了非轻质自隔热节能墙材的使用和发展，不利于这一地

区围护结构的节能政策导向和墙体材料的发展趋势。实践证明，按一般规定选择 K 值的情况下，D 值小一些，对于一般舒适度的空调房间也能满足要求。本条文对轻质围护结构只限制传热系数的 K 值，而不对 D 值做相应限定，并对非轻质围护结构的 D 值做了调整，就是基于上述原因。

4.0.8 本条文对保证居住建筑达到现行节能目标是非常关键的，对于那些不能满足本条文规定的建筑，必须采用第 5 章的对比评定法来计算是否满足节能要求。

窗户的传热系数越小，通过窗户的温差传热就越小，对降低采暖负荷和空调负荷都是有利的。窗的遮阳系数越小，透过窗户进入室内的太阳辐射热就越小，对降低空调负荷有利，但对降低采暖负荷却是不利的。

本条文表 4.0.8-1 和表 4.0.8-2 对建筑外窗传热系数和平均综合遮阳系数的规定，是基于使用 DOE-2 软件对建筑能耗和节能率做了大量计算分析提出的。

1 屋顶、外墙热工性能和设备性能的提高及室内换气次数的降低，达到的节能率，北区约为 35%，南区约为 30%。因此对于节能目标 50% 来说，外窗的节能将占相当大的比例，北区约 15%，南区约 20%。在夏热冬暖地区，居住建筑所处的纬度越低，对外窗的节能要求也越高。

2 本条文引入居住建筑平均窗地面积比 C_{MF}（或平均窗墙面积比 C_{MW}）参数，使其与外窗 K、S_w 及外墙 K、D 等参数形成对应关系，使建筑节能设计简单化，给建筑师选择窗型带来方便。

（1）为了简化节能设计计算、方便节能审查等工作，本条文引入了平均窗地面积比 C_{MF} 参数。考虑到夏热冬暖地区各省份的建筑节能设计习惯，且与这些地区现行节能技术规范不发生矛盾，本条文允许沿用平均窗墙面积比 C_{MW} 进行节能设计及计算。在进行建筑节能设计时，设计人员可根据对 C_{MF} 和 C_{MW} 熟练程度及设计习惯，自行选择使用。

（2）经过编制组对南方大量的居住建筑的平均窗地面积比 C_{MF} 和平均窗墙面积比 C_{MW} 的计算表明，现在的居住建筑塔楼类的比较多，表面凹凸的比较多，所以 C_{MF} 和 C_{MW} 很接近。因此，窗墙面积比和窗地面积比均可作为判定指标，各省根据需要选择其一使用。

（3）计算建筑物的 C_{MF} 和 C_{MW} 时，应只计算建筑物的地上居住部分，而不应包含建筑中的非居住部分，如商住楼的商业、办公部分。具体计算如下：

建筑平均窗地面积比 C_{MF} 计算公式为：

$$C_{MF} = \frac{外墙上的窗洞口及门洞口总面积}{地上居住部分总建筑面积} \quad (1)$$

建筑平均窗墙面积比 C_{MW} 计算公式为：

$$C_{MW} = \frac{外墙上的窗洞口及门洞口总面积}{地上居住部分外立面总面积} \quad (2)$$

3 外窗平均传热系数 K，是建筑各个朝向平均传热系数按各朝向窗面积加权平均的数值，按照以下

公式计算：

$$K = \frac{A_E \cdot K_E + A_S \cdot K_S + A_W \cdot K_W + A_N \cdot K_N}{A_E + A_S + A_W + A_N}$$

(3)

式中：A_E、A_S、A_W、A_N —— 东、南、西、北朝向的窗面积；

K_E、K_S、K_W、K_N —— 东、南、西、北朝向窗的平均传热系数，按照下式计算：

$$K_X = \frac{\sum\limits_i A_i \cdot K_i}{\sum\limits_i A_i}$$

(4)

式中：K_X —— 建筑某朝向窗的平均传热系数，即 K_E、K_S、K_W、K_N；

A_i —— 建筑某朝向单个窗的面积；

K_i —— 建筑某朝向单个窗的传热系数。

4 表 4.0.8-1 和表 4.0.8-2 使用了"虚拟"窗替代具体的窗户。所谓"虚拟"窗即不代表具体形式的外窗（如我们常用的铝合金窗和 PVC 窗等），它是由任意 K 值和 S_W 值组合的抽象窗户。进行节能设计时，拟选用的具体窗户能满足表 4.0.8-1 和表 4.0.8-2 中 K 值和 S_W 值的要求即可。

5 表 4.0.8-1 和表 4.0.8-2 主要差别在于：用于北区的表 4.0.8-1 对外窗的传热系数 K 值有具体规定，而用于南区的表 4.0.8-2 对外窗 K 值没有具体规定。南区全年建筑总能耗以夏季空调能耗为主，夏季空调能耗中太阳辐射得热引起的空调能耗又占相当大的比例，而窗的温差传热引起的空调能耗只占小部分，因此南区建筑节能外窗遮阳系数起了主要作用，而与外窗传热性能关系甚小，而北区建筑节能率与外窗传热性能和遮阳性能均有关系。

6 建筑外墙面色泽，决定了外墙面太阳辐射吸收系数 ρ 的大小。外墙采用浅色表面，ρ 值小，夏季能反射较多的太阳辐射热，从而降低房间的得热量和外墙内表面温度，但在冬季会使采暖耗电量增大。编制组在用 DOE-2 软件作建筑物能耗和节能分析时，基础建筑物和节能方案分析设定的外墙面太阳辐射吸收系数 $\rho=0.7$。经进一步计算分析，北区建筑外墙表面太阳辐射吸收系数 ρ 的改变，对建筑全年总能耗影响不大，而南区 $\rho=0.6$ 和 0.8 时，与 $\rho=0.7$ 的建筑总能耗差别不大，而 $\rho<0.6$ 和 $\rho>0.8$ 时，建筑能耗总差别较大。当 $\rho<0.6$ 时，建筑总能耗平均降低 5.4%；当 $\rho>0.8$ 时，建筑总能耗平均增加 4.7%。因此表 4.0.8-1 对 ρ 使用范围不作限制，而表 4.0.8-2 规定 ρ 取值≤0.8。当 $\rho>0.8$ 时，则应采用第 5 章对比评定法来判定建筑物是否满足节能要求。建筑外表面的太阳辐射吸收系数 ρ 值参见《民用建筑热工设计规范》GB 50176-93 附录二附表 2.6。

4.0.9 外窗平均综合遮阳系数 S_W，是建筑各个朝向平均综合遮阳系数按各朝向窗面积和朝向的权重系数加权平均的数值。

（1）在北区和南区，窗口的建筑外遮阳措施对建筑能耗和节能影响是不同的。在北区采用窗口建筑固定外遮阳措施，冬季会产生负影响，总体对建筑节能影响比较小，因此在北区采用窗口建筑活动外遮阳措施比采用固定外遮阳措施要好；在南区采用窗口建筑固定外遮阳措施，对建筑节能是有利的，应积极提倡。

（2）计算外窗平均综合遮阳系数 S_W 时，根据不同朝向遮阳系数对建筑能耗的影响程度，各个朝向的权重系数分别为：东、南朝向取 1.0，西朝向取 1.25，北朝向取 0.8。S_W 计算公式如下：

$$S_W = \frac{A_E \cdot S_{W,E} + A_S \cdot S_{W,S} + 1.25 A_W \cdot S_{W,W} + 0.8 A_N \cdot S_{W,N}}{A_E + A_S + A_W + A_N}$$

(5)

式中：A_E、A_S、A_W、A_N —— 东、南、西、北朝向的窗面积；

$S_{W,E}$、$S_{W,S}$、$S_{W,W}$、$S_{W,N}$ —— 东、南、西、北朝向窗的平均综合遮阳系数，按照下式计算：

$$S_{W,X} = \frac{\sum\limits_i A_i \cdot S_{W,i}}{\sum\limits_i A_i}$$

(6)

式中：$S_{W,X}$ —— 建筑某朝向窗的平均综合遮阳系数，即 $S_{W,E}$、$S_{W,S}$、$S_{W,W}$、$S_{W,N}$；

A_i —— 建筑某朝向单个窗的面积；

$S_{W,i}$ —— 建筑某朝向单个窗的综合遮阳系数。

4.0.10 本条文为新增强制性条文。规定居住建筑东西向必须采取外遮阳措施，规定建筑外遮阳系数不应大于 0.8。目前居住建筑外窗遮阳设计中，出现了过分提高和依赖窗自身的遮阳能力轻视窗口建筑构造遮阳的设计势头，导致大量的外窗普遍缺少窗口应有的防护作用，特别是住宅开窗通风时窗口既不能遮阳也不能防雨，偏离了原标准对建筑外遮阳技术规定的初衷，行业负面反响很大，同时，在南方地区如上海、厦门、深圳等地近年来因住宅外窗形式引发的技术争议问题增多，有必要在本标准中进一步基于节能要求明确相关规定。窗口设计时应优先采用建筑构造遮阳，其次应考虑窗口采用安装构件的遮阳，两者都不能达到要求时再考虑提高窗自身的遮阳能力，原因在于单纯依靠窗自身的遮阳能力不能适应开窗通风时的遮阳需要，对自然通风状态来说窗自身遮阳是一种相对不可靠做法。

窗口设计时，可以通过设计窗眉（套）、窗口遮阳板等建筑构造，或在设计的凸窗洞口缩进窗的安装位置留出足够的遮阳挑出长度等一系列经济技术合理可行的做法满足本规定，即本条文在执行上普遍不存在技术难度，只有对当前流行的凸窗（飘窗）形式产生一定影响。由于凸窗可少许增大室内空间且按当前各地行业规定其不计入建筑面积，于是这种窗型流行很广，但因其相对增大了外窗面积或外围护结构的面积，导致了房间热环境的恶化和空调能耗增高以及窗边热胀开裂、漏雨等一系列问题也引起了行业的广泛关注。如在广州地区因安装凸窗，房间在夏季关窗时的自然室温最高可增加2℃，房间的空调能耗增加最高可达87.4%，在夏热冬暖地区设计简单的凸窗于节能不利已是行业共识。另外，为确保凸窗的遮阳性能和侧板保温能力符合现行节能标准要求所投入的技术成本也较大，大量凸窗必须采用Low-E玻璃甚至还要断桥铝合金的中空Low-E玻璃，并且凸窗板还要做保温处理才能达标，代价高昂。综合考虑，本标准针对窗口的建筑外遮阳设计，规定了遮阳构造的设计限值。

4.0.11 本条文规定建筑外遮阳挑出长度的最低限值和规定建筑外遮阳系数的最高限值是等效的，当不具备执行前者条件时才执行后者。规定的限值，兼顾了遮阳效果和构造实现的难易。计算表明，当外遮阳系数为0.9时，采用单层透明玻璃的普通铝合金窗，综合遮阳系数 S_w 可下降到0.81~0.72，接近中空玻璃铝合金窗的自身遮阳能力，此时对1.5m×1.5m的外窗采用综合式（窗套）外遮阳时，挑出长度不超过0.2m，这一尺度恰好与南方地区200mm厚墙体居中安装外窗，窗口做0.1m的挑出窗套时的尺寸相吻合 [图1（a）]。

如表3所示，在规定建筑外遮阳系数限值为0.9时，单独采用水平遮阳或单独采用垂直遮阳，所需的挑出长度均较大，对于1.5m×1.5m的外窗一般需要挑出长度在0.20m~0.45m范围，而采用综合遮阳形式（窗套、凸窗外窗口）时所需的挑出长度最小，南、北朝向均需挑出0.15m~0.20m即可，这一尺度也适合凸窗形式的改良 [图1（b）]。

条文中建筑外遮阳系数不应大于0.9的规定，是针对当建筑外窗不具备遮阳挑出条件时，可以按照本要求，在窗口范围内设计其他外遮阳设施。如对于在单边外廊的外墙上设置的外窗不宜设置挑出长度较大的外遮阳板时，设计采用在窗口的窗外侧嵌入固定式的百叶窗、花格窗等固定式遮阳设施也可以符合本条文要求。

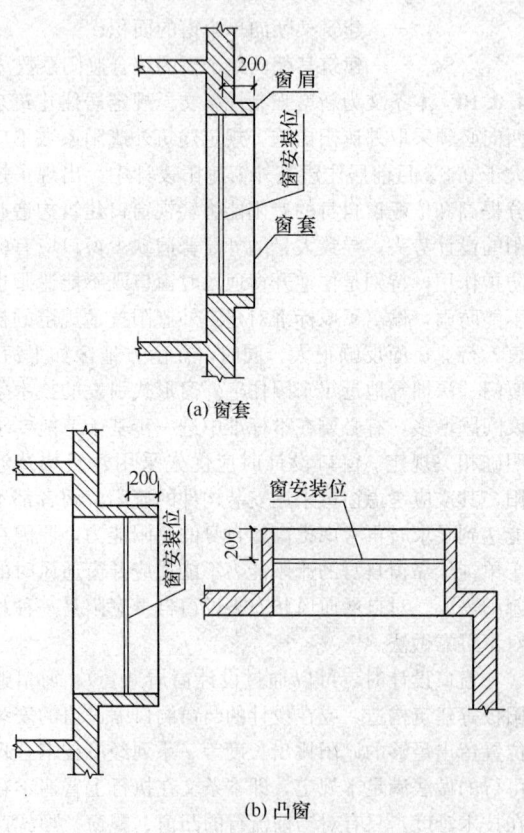

(a) 窗套

(b) 凸窗

图1 窗口的综合式外遮阳

表3 外窗的建筑外遮阳系数

季节	挑出长度（m） A	南			北		
		水平	垂直	综合	水平	垂直	综合
夏季	0.10	0.958	0.952	0.912	0.974	0.961	0.937
	0.15	0.939	0.929	0.872	0.962	0.943	0.907
	0.20	0.920	0.907	0.834	0.950	0.925	0.879
	0.25	0.901	0.886	0.799	0.939	0.908	0.853
	0.30	0.884	0.866	0.766	0.928	0.892	0.828
	0.35	0.867	0.847	0.734	0.918	0.876	0.804
	0.40	0.852	0.828	0.705	0.908	0.861	0.782
	0.45	0.837	0.811	0.678	0.898	0.847	0.761
	0.50	0.822	0.794	0.653	0.889	0.833	0.741
	0.55	0.809	0.779	0.630	0.880	0.820	0.722
	0.60	0.796	0.764	0.608	0.872	0.808	0.705
	0.65	0.784	0.750	0.588	0.864	0.796	0.688
	0.70	0.773	0.737	0.570	0.857	0.785	0.673
	0.75	0.763	0.725	0.553	0.850	0.775	0.659
	0.80	0.753	0.714	0.537	0.844	0.765	0.646
	0.85	0.744	0.703	0.523	0.838	0.756	0.633
	0.90	0.736	0.694	0.511	0.832	0.748	0.622
	0.95	0.729	0.685	0.499	0.827	0.740	0.612
	1.00	0.722	0.678	0.490	0.822	0.733	0.603
冬季	0.10	0.970	0.961	0.933	1.000	0.990	0.990
	0.15	0.956	0.943	0.901	1.000	0.986	0.986
	0.20	0.942	0.924	0.871	1.000	0.981	0.981
	0.25	0.928	0.907	0.841	1.000	0.976	0.976
	0.30	0.914	0.890	0.813	1.000	0.972	0.972
	0.35	0.900	0.874	0.787	1.000	0.968	0.968
	0.40	0.887	0.858	0.761	1.000	0.964	0.964
	0.45	0.874	0.843	0.736	1.000	0.960	0.960
	0.50	0.861	0.828	0.713	1.000	0.956	0.956
	0.55	0.848	0.814	0.690	1.000	0.952	0.952

季节	挑出长度（m） A	南			北		
		水平	垂直	综合	水平	垂直	综合
冬季	0.60	0.836	0.800	0.669	1.000	0.948	0.948
	0.65	0.824	0.787	0.648	1.000	0.944	0.944
	0.70	0.812	0.774	0.629	1.000	0.941	0.941
	0.75	0.800	0.763	0.610	1.000	0.938	0.938
	0.80	0.788	0.751	0.592	1.000	0.934	0.934
	0.85	0.777	0.740	0.575	1.000	0.931	0.931
	0.90	0.766	0.730	0.559	1.000	0.928	0.928
	0.95	0.755	0.720	0.544	1.000	0.925	0.925

注：1 窗的高、宽均为1.5m；
   2 综合式遮阳的水平板和垂直板挑出长度相等。

4.0.12 建筑外遮阳系数的计算是比较复杂的问题，本标准附录A给出了较为简化的计算方法。根据附录A计算的外遮阳系数，冬季和夏季有着不同的值，而本章中北区应用的外遮阳系数为同一数值，为此，将冬季和夏季的外遮阳系数进行平均，从而得到单一的建筑外遮阳系数。这样取值是保守的，因为对于许多外遮阳设施而言，夏季的遮阳比冬季的好，冬季的遮阳系数比夏季的大，而遮阳系数大，总体上讲能耗是增加的。

窗口上一层的阳台或外廊属于水平遮阳形式。窗口两翼如有建筑立面的折转时会对窗口起到遮阳的作用，此类遮阳属于建筑自遮挡形式，按其原理也可以归纳为建筑外遮阳，计算方法见附录A。规定建筑自遮挡形式的建筑外遮阳系数计算方法，是因为对单元立面上受到立面折转遮挡的窗口，特别是对位于立面凹槽内的外窗遮阳作用非常大，实践证明应计入其遮阳贡献，以避免此类窗口的外遮阳设计得过于保守反而影响采光。

本条还列出了一些常用遮阳设施的遮阳系数。这些遮阳系数的给出，主要是为了设计人员可以更加方便地得到遮阳系数而不必进行计算。采用规定性指标进行节能设计计算时，可以直接采用这些数值，但进行对比评定计算时，如果计算软件中有关于遮阳板的计算，则不要采用本条表格中的数值，从而使得节能计算更加精确。如果采用了本条表格中的数值，遮阳板等遮阳设施就由遮阳系数代替了，不可再重复构建遮阳设施的几何模型。

4.0.13 本条文为强制性条文，是原标准4.0.10条的修改和扩充条文。本条强调南方地区居住建筑应能依靠自然通风改善房间热环境，缩短房间空调设备使用时间，发挥节能作用。房间实现自然通风的必要条件是外门窗有足够的通风开口。因此本条文从通风开口方面规定了设计做法。

房间外门窗有足够的通风开口面积非常重要。《住宅建筑规范》GB 50368-2005也规定了每套住宅

的通风开口面积不应小于地面面积的5%。原标准条文要求房间外门窗的可开启面积不应小于房间地面面积的8%，深圳地区还在地方节能标准中把这一指标提高到了10%，并且随着用户节能意识的提高，使用需求已经逐渐从盲目追求大玻璃窗小开启扇，向追求门窗大开启加强自然通风效果转变，因此，为了逐步强化门窗通风的降温和节能作用，本条文提高了外门窗可开启比例的最低限值，深圳经验也表明，这一指标由原来的8%提高到10%实践上不会困难。另外，根据原标准使用中反映出的情况来看，门窗的开启方式决定着"可开启面积"，而"可开启面积"一般不等于门窗的可通风面积，特别是对于目前的各式悬窗甚至平开窗等，当窗扇的开启角度小于45°时可开启窗口面积上的实际通风能力会下降1/2左右，因此，修改条文中使用了"通风开口面积"代替"可开启面积"，这样既强调了门窗应重视可用于通风的开启功能，对通风不良的门窗开启方式加以制约，也可以把通风路径上涉及的建筑洞口包括进来，还可以和《住宅建筑规范》GB 50368-2005的用词统一便于执行。

因此，当平开门窗、悬窗、翻转窗的最大开启角度小于45°时，通风开口面积应按外窗可开启面积的1/2计算。

另外，达到本标准4.0.5条要求的主要房间（卧室、书房、起居室等）外窗，其外窗的面积相对较大，通风开口面积应按不小于该房间地面面积的10%要求设计，而考虑到本地区的厨房、卫生间、户外公共走道外窗等，通常窗面积较小，满足不小于房间（公共区域）地面面积10%的要求很难做到，因此，对于厨房、卫生间、户外公共区域的外窗，其通风开口面积应按不小于外窗面积45%设计。

4.0.14 本条文对房间的通风路径进行了规定，房间可满足自然通风的设计条件为：1. 当房间由可开启外窗进风时，能够从户内（厅、厨房、卫生间等）或户外公用空间（走道、楼梯间等）的通风开口或洞口出风，形成房间通风路径；2. 房间通风路径上的进风开口和出风开口不应在同一朝向；3. 当户门设有常闭式防火门时，户门不应作为出风开口。

模拟分析和实测表明，房间通风路径的形成受平面和空间布局、开口设置等建筑因素影响，也受自然风来流风向等环境因素影响，实际的通风路径是十分复杂和多样的，但当建筑单元内的户型平面及对外开口（门窗洞口）形式确定后，对于任何一个可以满足自然通风设计条件的房间，都必然具备一条合理的通风路径，如图2（a）所示，当房1的外窗C1受到来流风正面吹入时，显然可形成C1→（C2+C5+C6）通风路径，表明该房间具备了可以形成穿堂风的必要条件。同理可以判断房2、房3所对应的通风路径分别为C4→（C3+C7）、C1→（C6）。

一般住宅房间均是通过房门开启与厅堂、过道等公用空间形成通风路径的，在使用者本人私密性允许的情况下利用开启房门形成通风路径是可行的，但对于房与房之间需要通过各自的房门都要开启才能形成通风路径的情况，因受限于他人私密性要求通风路径反而不能得到保证。同样，对于同一单元内的两户而言，都要依靠开启各自的户门才能形成通风路径也不能得到保证。因此，套内的每个居住房间只能独立和户内的公用空间组成通风路径，不应以居室和居室之间组成通风路径；单元内的各户只能通过户门独立地和单元公用空间组成通风路径，不应以户与户之间通过户门组成通风路径。

当单元内的公用空间出于防火需要设为封闭或部分的空间，已无对外开口或对外开口很小时，也不能作为各户的出风路径考虑。

要求每户至少有一个房间具备有效的通风路径，是对居住建筑自然通风设计的最低要求。

设计房间通风路径时不需要考虑房间窗口朝向和当地风向的关系，只要求以房间外窗作为进风口判断该房间是否具备合理的通风路径，目的是为了确保房间自然通风的必要条件。事实上，夏热冬暖地区属于季风气候，受季风、海洋与山地形成的局地风以及城市居住区形态等影响，居住建筑任何朝向的外窗均有迎风的可能，因此，按窗口进风设计房间通风路径，符合南方地区居住区风环境的特点。

套内房间通风路径上对外的进风开口和对外的出风开口如果在同一个朝向时，这条通风路径显然属于无效的，因此规定进风口所在的外立面朝向和出风口所在外立面朝向的夹角不应小于90°，如图2（a）所示。一般，对于只有一个朝向的套房，多在片面追求容积率、单元套数较多的情况下产生的，一旦单元内的公用空间对外无有效开口，这类单一朝向套房往往因为通风不良室内过热，且室内空气质量也得不到保证，正是本条文规定重点限制的单元平面类型，如图2（b）的D、E、F户。但是，通过设计一处单元内的公用空间的对外开口，这类单一朝向的户型也能够组织形成有效的通风路径，如图2（b）的C户。对于利用单元公用空间的对外开口形成的房间通风路径，出于鼓励通风设计考虑，暂时不对房间门窗进风口和设在单元公共空间出风口进行朝向规定，如图2（b）的A、B户。

4.0.15 为了保证居住建筑的节能，要求外窗及阳台门具有良好的气密性能，以保证夏季在开空调时室外热空气不要过多地渗漏到室内，抵御冬季室外冷空气过多的向室内渗漏。夏热冬暖地区，地处沿海，雨量充沛，多热带风暴和台风袭击，多有大风、暴雨天气，因此对外窗和阳台门气密性能要有较高的要求。

现行国家标准《建筑外门窗气密、水密、抗风压性能分级及检测方法》GB/T 7106-2008规定的4级

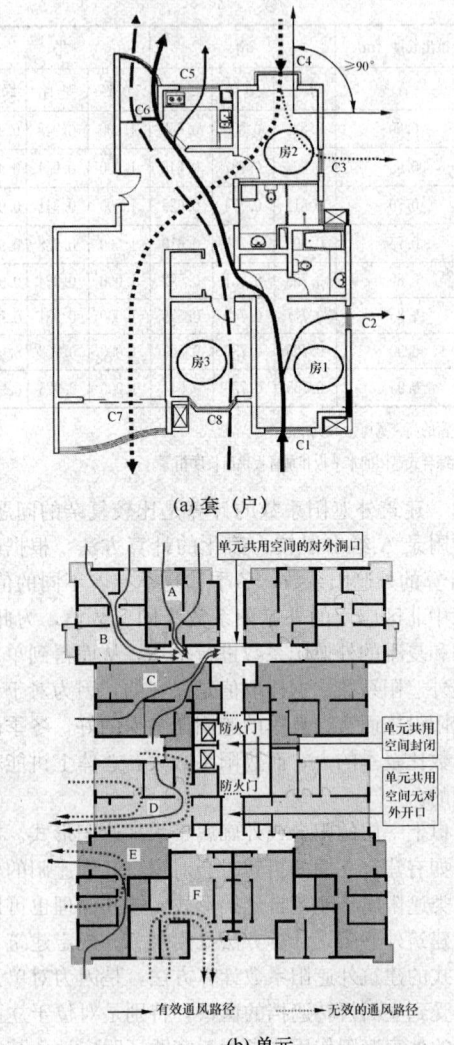

(a) 套（户）

(b) 单元

图2 套内房间通风路径示意图

对应的空气渗透数据是：在10Pa压差下，每小时每米缝隙的空气渗透量在2.0m³～2.5m³之间和每小时每平方米面积的空气渗透量在6.0m³～7.5 m³之间；6级对应的空气渗透数据是：在10Pa压差下，每小时每米缝隙的空气渗透量在1.0m³～1.5 m³之间和每小时每平方米面积的空气渗透量在3.0m³～4.5 m³之间。因此本条文的规定相当于1～9层的外窗的气密性等级不低于4级，10层及10层以上的外窗的气密性等级不低于6级。

4.0.16 采用本条文所提出的这几种屋顶和外墙的节能措施，是基于华南地区的气候特点，考虑充分利用气候资源达到节能目的而提出的，同时也是为了鼓励推行绿色建筑的设计思想。这些措施经测试、模拟和实际应用证明是行之有效的，其中有些措施的节能效果显著。

采用浅色饰面材料（如浅色粉刷，涂层和面砖等）的屋顶外表面和外墙面，在夏季能反射较多的太

阳辐射热，从而能降低室内的太阳辐射得热量和围护结构内表面温度。当白天无太阳时和在夜晚，浅色围护结构外表面又能把围护结构的热量向外界辐射，从而降低室内温度。但浅色饰面的耐久性问题需要解决，目前的许多饰面材料并没有很好地解决这一问题，时间长了仍然会使得太阳辐射吸收系数增加。所以本次修订把附加热阻减小了，而且把太阳辐射吸收系数小于 0.4 的材料一律按照 0.4 的材料对待，从而不致过分夸大浅色饰面的作用。

仍有些地区习惯采用带有空气间层的屋顶和外墙。考虑到夏热冬暖地区居住建筑屋顶设计形式的普遍性，架空大阶砖通风屋顶受女儿墙遮挡影响效果较差，且习惯上也逐渐被成品的带脚隔热砖所取代，故本条文未对其做特别推荐，其隔热效果也可以近似为封闭空气间层。研究表明封闭空气间层的传热量中辐射换热比例约占 70%。本条文提出采用带铝箔的空气间层目的在于提高其热阻，贴敷单面铝箔的封闭空气间层热阻值提高 3.6 倍，节能效果显著。值得注意的是，当采用单面铝箔空气间层时，铝箔应设置在室外侧的一面。

蓄水、含水屋面是适应本气候区多雨气候特点的节能措施，国外如日本、印度、马来西亚等和我国长江流域省份及台湾省都有普遍应用，也有一些地区如四川省等颁布了相关的地方标准。这类屋顶是依靠水分的蒸发消耗屋顶接收到的太阳辐射热量，水的主要来源是蓄存的天然降水，补充以自来水。实测表明，夏季采用上述措施屋顶内表面温度下降 3℃～5℃，其中蓄水屋面下降 3.3℃，含水屋面下降 3.6℃。含水屋面由于含水材料在含水状态下也具有一定的热阻故表现为这种屋面的隔热作用优于蓄水屋面。当采用蓄水屋面时，储水深度应大于等于 200mm，水面宜有浮生植物或浅色漂浮物；含水屋面的含水层宜采用加气混凝土块、陶粒混凝土块等具有一定抗压强度的固体多孔建筑材料，其质量吸水率应大于 10%，厚度应大于等于 100mm。墙体外表面的含水层宜采用高吸水率的多孔面砖，厚度应大于 10mm，质量吸水率应大于 10%，通常采用符合国家标准《陶瓷砖》GB/T 4100 吸水率要求为Ⅲ类的陶质砖。

遮阳屋面是现代建筑设计中利用屋面作为活动空间所采取的一项有效的防热措施，也是一项建筑围护结构的节能措施。本标准建议两种做法：采用百叶板遮阳棚的屋面和采用爬藤植物遮阳棚的屋面。测试表明，夏季顶层空调房间屋面做有效的遮阳构架，屋顶热流强度可以降低约 50%，如果热流强度相同时，做有效遮阳的屋顶热阻值可以减少 60%。同时屋面活动空间的热环境会得到改善。强调屋面遮阳百叶板的坡向在于，夏热冬暖地区位于北回归线两侧，夏季太阳高度角大，坡向正北向的遮阳百叶片可以有效地遮挡太阳辐射，而在冬季由于太阳高度角较低时太阳

辐射也能够通过百叶片间隙照到屋面，从而达到夏季防热冬季得热的热工设计效果，屋面采用植物遮阳棚遮阳时，选择冬季落叶类爬藤植物的目的也是如此。屋面采用百叶遮阳棚的百叶片宜坡向北向 45°；植物遮阳棚宜选择冬季落叶类爬藤植物。

种植屋面是隔热效果最好的屋面。本次标准修订对其增加了附加热阻，这符合实际测试的结果。通常，采用种植屋面，种植层下方的温度变化很小，表明太阳辐射基本被种植层隔绝。本次增加种植屋面的附加热阻，使得种植屋面不需要采取其他措施，就能够满足节能标准的要求，这有利于种植屋面的推广。

5 建筑节能设计的综合评价

5.0.1 本标准第 4 章"建筑和建筑热工节能设计"和本章"建筑节能设计的综合评价"是并列的关系。如果所设计的建筑已经符合第 4 章的规定，则不必再依据第 5 章对它进行节能设计的综合评价。反之，也可以依据第 5 章对所设计的建筑直接进行节能设计的综合评价，但必须满足第 4.0.5 条、第 4.0.10 条和第 4.0.13 条的规定。

必须指出的是，如果所设计的建筑不能完全满足本标准的第 4.0.4 条、第 4.0.6 条、第 4.0.7 条和第 4.0.8 条的规定，则必须通过综合评价来证明它能够达到节能目标。

本标准的节能设计综合评价采用"对比评定法"。采用这一方法的理由是：既然达到第 4 章的最低要求，建筑就可以满足节能设计标准，那么将所设计的建筑与满足第 4 章要求的参照建筑进行能耗对比计算，若所设计建筑物的能耗并不高出按第 4 章的要求设计的节能参照建筑，则同样应该判定所设计建筑满足节能设计标准。这种方法在美国的一些建筑节能标准中已经被广泛采用。

"对比评定法"是先按所设计的建筑物的大小和形状设计一个节能建筑（即满足第 4 章的要求的建筑），称之为"参照建筑"。将所设计建筑物与"参照建筑"进行对比计算，若所设计建筑的能耗不比"参照建筑"高，则认为它满足本节能设计标准的要求。若所设计建筑的能耗高于对比的"参照建筑"，则必须对所设计建筑物的有关参数进行调整，再进行计算，直到满足要求为止。

采用对比评定法与采用单位建筑面积的能耗指标的方法相比有明显的优点。采用单位建筑面积的能耗指标，对不同形式的建筑物有着不同的节能要求；为了达到相同的单位建筑面积能耗指标，对于高层建筑、多层建筑和低层建筑所要采取的节能措施显然有非常大的差别。实际上，第 4 章的有关要求是采用本地区的一个"基准"的多层建筑，按其达到节能 50% 而计算得到的。将这一"基准"建筑物节能

50％后的单位建筑面积能耗作为标准用于所有种类的居住建筑节能设计，是不妥当的。因为高层建筑和多层建筑比较容易达到，而低层建筑和别墅建筑则较难达到。采用"对比评定法"则是采用了一个相对标准，不同的建筑有着不同的单位建筑面积能耗，但有着基本相同的节能率。

本标准引入"空调采暖年耗电指数"作为对比计算的参数。这一指数为无量纲数，它与本标准规定的计算条件下计算的空调采暖年耗电量基本成正比。

本标准的"对比评定法"既可以直接采用空调采暖年耗电量进行对比，也可以采用空调采暖年耗电指数进行对比。采用空调采暖年耗电指数进行计算对比，计算上更加简单一些。本标准也可使用空调采暖年耗电指数或空调采暖年耗电量作为节能综合评价的判据。在采用空调采暖年耗电量进行对比计算时由于有多种计算方法可以采用，因而规定在进行对比计算时必须采用相同的计算方法。同样的理由需采用相同的计算条件。本条也为"对比评定法"专门列出了判定的公式。

本条特别规定天窗、屋面和轻质墙体必须满足第4章的规定，这是因为天窗、屋面的节能措施虽然对整栋建筑的节能贡献不大，但对顶层房间的室内热环境而言却是非常重要的。在自然通风的条件下，轻质墙体的内表面最高温度是控制值，这与节能计算的关系虽然不大，但对人体的舒适度有很大的关系。人不舒适时会采取降低空调温度的办法，或者在本不需要开空调的天气多开空调。因而规定轻质墙体必须满足第4章的要求，而且轻质墙体也较容易达到要求。

5.0.2 "参照建筑"是用来进行对比评定的节能建筑。首先，参照建筑必须在大小、形状、朝向等各个方面与所设计的实际建筑物相同，才可以作为对比之用。由于参照建筑是节能建筑，因而它必须满足第4章几条重要条款的最低要求。当所设计的建筑在某些方面不能满足节能要求时，参照建筑必须在这些方面进行调整。本条规定参照建筑各个朝向的窗墙比应符合第4章的规定。

非常重要的是，参照建筑围护结构的各项性能指标应为第4章规定性指标的限值。这样参照建筑是一个刚好满足节能要求的建筑。把所设计的建筑与之相比，即是要求所设计的建筑可以满足节能设计的最低要求。与参照建筑所不同的是，所设计的建筑会在某些围护结构的参数方面不满足第4章规定性指标的要求。

5.0.3 本标准第5章的目的是审查那些不完全符合第4章规定的居住建筑是否也能满足节能要求。为了在不同的建筑之间建立起一个公平合理的可比性，并简化审查工作量，本条特意规定了计算的标准条件。

计算时取卧室和起居室室内温度，冬季全天为不低于16℃，夏季全天为不高于26℃，换气次数为1.0

次/h。本标准在进行对比计算时之所以取冬季室内不低于16℃，主要是因为本地区的居民生活中已经习惯了在冬天多穿衣服而不采暖。而且，由于本地区的冬季不太冷，因而只要冬季关好门窗，室内空气的温度已经足够高，所以大多数人在冬季不采暖。

采暖设备的额定能效比取1.7，主要是考虑冬季采暖设备部分使用家用冷暖型（风冷热泵）空调器，部分仍使用电热型采暖器；空调设备额定能效比取3.0，主要是考虑家用空调器国家标准规定的最低能效比已有所提高，目前已经完全可以满足这一水平。本标准附录中的空调采暖年耗电指数简化计算公式中已经包括了空调、采暖能效比参数。

在计算中取比较低的设备额定能效比，有利于突出建筑围护结构在建筑节能中的作用。由于本地区室内采暖、空调设备的配置是居民个人的行为，本标准实际上能控制的主要是建筑围护结构，所以在计算中适当降低设备的额定能效比对居住建筑实际达到节能50％的目标是有利的。

居住建筑的内部得热比较复杂，在冬季可以减小采暖负荷，在夏季则增大空调负荷。在计算时不考虑室内得热可以简化计算。

对于南区，由于采暖可以不考虑，因而本标准规定可不进行采暖部分的计算。这样规定与夏热冬暖地区的划分原则是一致的。对于北区，由于其靠近夏热冬冷地区，还会有一定的采暖，因而采暖部分不可忽略。

采用浅色饰面材料的屋顶外表面和外墙面，一方面能有效地降低夏季空调能耗，是一项有效的隔热措施，但对冬季采暖不利；另一方面，由于目前很多浅色饰面的耐久性问题没有得到解决，同时随着外界粉尘等污染物的作用，其太阳辐射吸收系数会有所增加。目前，不少地方出现了在使用"对比评定法"时取用低 ρ 值（有的甚至低于0.2）来通过节能计算的做法，片面夸大了浅色饰面材料的作用。所以本次修订在第4.0.16条中把附加热阻减小了，热反射饰面计算用的太阳辐射吸收系数应取按附录B修正之值，且不重复计算其当量附加热阻。考虑了浅色饰面的隔热效果随时间和环境因素引起的衰减，比较符合实际情况，从而不致过分夸大浅色饰面的作用。

5.0.4 本标准规定，计算空调采暖年耗电量采用动态的能耗模拟计算软件。夏热冬暖地区室内外温差比较小，一天之内温度波动对围护结构传热的影响比较大。尤其是夏季，白天室外气温很高，又有很强的太阳辐射，热量通过围护结构从室外传入室内；夜里室外温度下降比室内温度快，热量有可能通过围护结构从室内传向室外。由于这个原因，为了比较准确地计算采暖、空调负荷，并与现行国家标准《采暖通风与空气调节设计规范》GB 50019保持一致，需要采用动态计算方法。

动态的计算方法有很多，暖通空调设计手册里冷负荷计算法就是一种常用的动态计算方法。本标准采用了反应系数计算方法，并采用美国劳伦斯伯克利国家实验室开发的 DOE-2 软件作为计算工具。

DOE-2 用反应系数法来计算建筑围护结构的传热量。反应系数法是先计算围护结构内外表面温度和热流对一个单位三角波温度扰量的反应，计算出围护结构的吸热、放热和传热反应系数，然后将任意变化的室外温度分解成一个个可叠加的三角波，利用导热微分方程可叠加的性质，将围护结构对每一个温度三角波的反应叠加起来，得到任意一个时期围护结构表面的温度和热流。

DOE-2 软件可以模拟建筑物采暖、空调的热过程。用户可以输入建筑物的几何形状和尺寸，可以输入室内人员、电器、炊事、照明等的作息时间，可以输入一年 8760 个小时的气象数据，可以选择空调系统的类型和容量等等参数。DOE-2 根据用户输入的数据进行计算，计算结果以各种各样的报告形式来提供。目前，国内一些软件开发企业开发了多款基于 DOE-2 的节能计算软件。这些软件为方便建筑节能计算做出了很大贡献。

另外，清华大学开发的 DeST 动态模拟能耗计算软件也可以用于能耗分析。该软件也给出了全国许多城市的逐时气象数据，有着较好的输入输出界面，采用该软件进行能耗分析计算也是比较合适的。

5.0.5 尽管动态模拟软件均有了很好的输入输出界面，计算也不算太复杂，但对于一般的建筑设计人员来说，采用这些软件计算还有不少困难。为了使得节能的对比计算更加方便，本标准给出了根据 DOE-2 软件拟合的简化计算公式，以使建筑节能工作推广起来更加方便和迅速。建筑的空调采暖年耗电指数应采用本标准附录 C 的方法计算。

6 暖通空调和照明节能设计

6.0.1 夏热冬暖地区夏季酷热，北区冬季也比较湿冷。随着经济发展，人民生活水平的不断提高，对空调、采暖的需求逐年上升。对于居住建筑选择设计集中空调（采暖）系统方式，还是分户空调（采暖）方式，应根据当地能源、环保等因素，通过仔细的技术经济分析来确定。同时，该地区居民空调（采暖）所需设备及运行费用全部由居民自行支付，因此，还要考虑用户对设备及运行费用的承担能力。

6.0.2 2008 年 10 月 1 日起施行的《民用建筑节能条例》第十八条规定"实行集中供热的建筑应当安装供热系统调控装置、用热计量装置和室内温度调控装置。"对于夏热冬暖地区采取集中式空调（采暖）方式时，也应计量收费，增强居民节能意识。在涉及具体空调（采暖）节能设计时，可以参考执行现行国家

标准《公共建筑节能设计标准》GB 50189 - 2005 中的有关规定。

6.0.3～6.0.4 当居住区采用集中供冷（热）方式时，冷（热）源的选择，对于合理使用能源及节约能源是至关重要的。从目前的情况来看，不外乎采用电驱动的冷水机组制冷，电驱动的热泵机组制冷及采暖；直燃型溴化锂吸收式冷（温）水机组制冷及采暖，蒸汽（热水）溴化锂吸收式冷热水机组制冷及采暖；热、电、冷联产方式，以及城市热网供热；燃气、燃油、电热水机（炉）供热等。当然，选择哪种方式为好，要经过技术经济分析比较后确定。《公共建筑节能设计标准》GB 50189 - 2005 给出了相应机组的能效比（性能系数）。这些参数的要求在该标准中是强制性条款，是必须达到的。

6.0.5 为了方便应用，表 4 为多联式空调（热泵）机组制冷综合性能系数［IPLV（C）］值，是根据《多联式空调（热泵）机组能效限定值及能源效率等级》GB 21454 - 2008 标准中规定的能效等级第 3 级。

**表 4 多联式空调（热泵）机组制冷
综合性能系数［IPLV（C）］**

名义制冷量（CC）W	综合性能系数［IPLV（C）］（能效等级第 3 级）
CC≤28000	3.20
28000＜CC≤84000	3.15
84000＜CC	3.10

6.0.6 部分夏热冬暖地区冬季比较温和，需要采暖的时间很短，而且热负荷也很低。这些地区如果采暖，往往可能是直接用电来进行采暖。比如电散热器采暖、电红外线辐射器采暖、低温电热膜辐射采暖、低温加热电缆辐射采暖，甚至电锅炉热水采暖等等。要说明的是，采用这类方式时，特别是电红外线辐射器采暖、低温电热膜辐射采暖、低温加热电缆辐射采暖时，一定要符合有关标准中建筑防火要求，也要分析用电量的供应保证及用户运行费用承担的能力。但毕竟火力发电厂的发电效率约为 30%，用高品位的电能直接转换为低品位的热能进行采暖，在能源利用上并不合理。此条只是要求如果设计阶段将采暖方式、设备也在图纸上作了规定，那么，这种较大规模的应用从能源合理利用角度并不合理，不宜鼓励和认同。

6.0.7 采用分散式房间空调器进行空调和（或）采暖时，这类设备一般由用户自行采购，该条文的目的是要推荐用户购买能效比高的产品。目前已发布实施国家标准《房间空气调节器能效限定值及能效等级》GB 12021.3 - 2010 和《转速可控型房间空气调节器能效限定值及能源效率等级》GB 21455 - 2008，建议用户选购节能型产品（即能源效率第 2 级）。

而新修订的《房间空气调节器能效限定值及能效等级》GB 12021.3-2010对于能效限定值与能源效率等级指标已有提高，能效等级分为三级，而 GB 12021.3-2004 版中的节能评价值（即能效等级第 2 级）仅列为最低级（即第 3 级）。

为了方便应用，表 5 列出了 GB 12021.3-2010 房间空气调节器能源效率等级第 3 级指标，表 6 列出了 GB 12021.3-2010 中空调器能源效率等级指标；表 7 列出了转速可控型房间空气调节器能源效率等级第 2 级指标。

表 5　房间空调器能源效率等级指标

类型	额定制冷量（CC） W	节能评价值 （能效等级 3 级）
整体式	—	2.90
分体式	CC≤4500	3.20
	4500<CC≤7100	3.10
	7100<CC≤14000	3.00

表 6　房间空调器能源效率等级指标

类型	额定制冷量（CC） W	能效等级		
		3	2	1
整体式	—	2.90	3.10	3.30
分体式	CC≤4500	3.20	3.40	3.60
	4500<CC≤7100	3.10	3.30	3.50
	7100<CC≤14000	3.00	3.20	3.40

表 7　能源效率 2 级对应的制冷季节能源消耗效率（SEER）指标（Wh/Wh）

类型	额定制冷量（CC） W	节能评价值 （能效等级 2 级）
分体式	CC≤4500	4.50
	4500<CC≤7100	4.10
	7100<CC≤14000	3.70

6.0.8　本条文是强制性条文。

现行国家标准《地源热泵系统工程技术规范》GB 50366-2005 中对于"地源热泵系统"的定义为："以岩土体、地下水或地表水为低温热源，由水源热泵机组、地热能交换系统、建筑物内系统组成的供热空调系统。根据地热能交换形式的不同，地源热泵系统分为地埋管地源热泵系统、地下水地源热泵系统和地表水地源热泵系统"。地表水包括河流、湖泊、海水、中水或达到国家排放标准的污水、废水等。地源热泵系统可利用浅层地热能资源进行供热与空调，具有良好的节能与环境效益，近年来在国内得到了日益广泛的应用。但在夏热冬暖地区应用地源热泵系统时不能一概而论，

应针对项目冷热需求特点、项目所处的资源状况选择合适的系统形式，并对选用的地源热泵系统类型进行适宜性分析，包括技术可行性和经济合理性的分析，只有在技术经济合理的情况下才能选用。

这里引用《地源热泵系统工程技术规范》GB 50366-2005 的部分条文进行说明，第 3.1.1 条："地源热泵系统方案设计前，应进行工程场地状况调查，并应对浅层地热能资源进行勘察"；第 4.3.2 条："地埋管换热系统设计应进行全年动态负荷计算，最小计算周期宜为 1 年。计算周期内，地源热泵系统总释热量宜与其总吸热量相平衡"；第 5.1.2 条："地下水的持续出水量应满足地源热泵系统最大吸热量或释热量的要求"；第 6.1.1 条："地表水换热系统设计前，应对地表水地源热泵系统运行对水环境的影响进行评估"。

特别地，全年冷热负荷基本平衡是土壤源热泵开发利用的基本前提，当计划采用地埋管换热系统形式时，要进行土壤温度平衡的模拟计算，保证全年向土壤的供冷量和取冷量相当，保持地温的稳定。

6.0.9　在空调设计阶段，应重视两方面内容：（1）布置室外机时，应保证相邻的室外机吹出的气流射程互不干扰，避免空调器效率下降；对于居住建筑开放式天井来说，天井内两个相对的主要立面一般不小于 6m，这对于一般的房间空调器的室外机吹出气流射程不至于相互干扰，但在天井两个立面距离小于 6m 时，应考虑室外机偏转一定的角度，使其吹出射流方向朝向天井开口方向；对于封闭内天井来说，当天井底部无架空且顶部不开敞时，天井内侧不宜布置空调室外机；（2）对室内机和室外机进行隐蔽装饰设计有两个主要目的，一是提高建筑立面的艺术效果，二是对室外机有一定的遮阳和防护作用。有的商住楼用百叶窗将室外机封起来，这样会不利于夏季排放热量，大大降低能效比。装饰的构造形式不应对空调器室内机和室外机的进气和排气通道形成明显阻碍，从而避免室内气流组织不良和设备效率下降。

6.0.10～6.0.12　居住建筑应用空调设备保持室内舒适的热环境条件要耗费能量。此外，应用空调设备还会有一定的噪声。而自然通风无能耗、无噪声，当室外空气品质好的情况下，人体舒适感好（空气新鲜、风速风向随机变化、风力柔和），因此，应重视采用自然通风。欧洲国家在建筑节能和改善室内空气品质方面极为重视研究和应用自然通风，我国国家住宅与居住环境工程中心编制的《健康住宅建设技术要点》中规定："住宅的居住空间应能自然通风，无通风死角"。当然，自然通风在应用上存在不易控制、受气象条件制约、要求室外空气无污染等局限，例如据气象资料统计，广州地区标准年室外干球温度分布在 18.5℃～26.5℃ 的时数为 3991 小时，近半年的时间里可利用自然通风。对于某些居住建筑，由于客观原因使在气象条件符合利用自然通风的时间里而单纯靠

自然通风又不能满足室内热环境要求时，应设计机械通风（一般是机械排风），作为自然通风的辅助技术措施。只有各种通风技术措施都不能满足室内热舒适环境要求时，才开启空调设备或系统。

目前，居住建筑的机械排风有分散式无管道系统，集中式排风竖井和有管道系统。随着经济的发展和人们生活水平的提高，集中式机械排风竖井或集中式有管道机械排风系统会得到较多的应用。

居住建筑中由于人（及宠物）的新陈代谢和人的活动会产生污染物，室内装修材料及家具设备也会散发污染物，因此，居住建筑的通风换气是创造舒适、健康、安全、环保的室内环境，提高室内环境质量水平的技术措施之一。通风分为自然通风和机械通风，传统的居住建筑自然通风方法是打开门窗，靠风压作用和热压作用形成"穿堂风"或"烟囱风"；机械通风则需要应用风机为动力。有效的技术措施是居住建筑通风设计采用机械排风、自然进风。机械排风的排风口一般设在厨房和卫生间，排风量应满足室内环境质量要求，排风机应选用符合标准的产品，并应优先选用高效节能低噪声风机。《中国节能技术政策大纲》提出节能型通用风机的效率平均达到84%；选用风机的噪声应满足居住建筑环境质量标准的要求。

近年来，建筑室内空气品质问题已经越来越引起人们的关注，建筑材料，建筑装饰材料及胶粘剂会散发出各种污染物如挥发性有机化合物（VOC），对人体健康造成很大的威胁。VOC中对室内空气污染影响最大的是甲醛。它们能够对人体的呼吸系统、心血管系统及神经系统产生较大的影响，甚至有些还会致癌，VOC还是造成病态建筑综合症（Sick Building Syndrome）的主要原因。当然，最根本的解决是从源头上采用绿色建材，并加强自然通风。机械通风装置可以有组织地进行通风，大大降低污染物的浓度，使之符合卫生标准。

然而，考虑到我国目前居住建筑实际情况，还没有条件在标准中规定居住建筑要普遍采用有组织的全面机械通风系统。本标准要求在居住建筑的通风设计中要处理好室内气流组织，即应该在厨房、无外窗卫生间安装局部机械排风装置，以防止厨房、卫生间的污浊空气进入居室。如果当地夏季白天与晚上的气温相差较大，应充分利用夜间通风，既达到换气通风、改善室内空气品质的目的，又可以被动降温，从而减少空调运行时间，降低能源消耗。

6.0.13 本条文引自全文强制的《住宅建筑规范》GB 50368。

附录 A 建筑外遮阳系数的计算方法

A.0.1～A.0.3 建筑外遮阳系数 SD 的计算方法

国内外均习惯把建筑窗口的遮阳形式按水平遮阳、垂直遮阳、综合遮阳和挡板遮阳进行分类，《中国土木建筑百科辞典》中载入了关于这几种遮阳形式的准确定义。随着国内建筑遮阳产业的发展，近年来出现了几种用于住宅建筑的外遮阳形式，主要有横百叶遮阳、竖百叶遮阳，而这两种遮阳类型因其特征仍然属于窗口前设置的有一定透光能力的挡板，也因其有百叶可调和不可调之分，分别称其为固定横（竖）百叶挡板式遮阳、活动横（竖）百叶挡板式遮阳。考虑到传统的综合遮阳是指由水平遮阳和垂直遮阳组合而成的一种形式，现代建筑遮阳设计中还出现了与挡板遮阳的组合，如南京万科莫愁湖小区住宅设计的阳台飘板＋推拉式活动百叶窗就是典型的案例，因此本计算方法中给出了多种组合式遮阳的 SD 计算方法，其中包括了传统的综合遮阳。

本计算方法 A.0.1 中按国内外建筑设计行业和建筑热工领域的习惯分类，依窗口的水平遮阳、垂直遮阳、挡板遮阳、固定横（竖）百叶挡板式遮阳、活动横（竖）百叶挡板式遮阳的顺序，给出了各自的外遮阳系数的定量计算方法；A.0.2 给出了多种遮阳形式组合的计算方法；A.0.3 规定了透光性材料制作遮阳构件时，建筑外遮阳系数的计算方法，实际上本条规定相当于是对上述遮阳形式的计算结果进行一个材料透光性的修正。

1 窗口水平遮阳和垂直遮阳的外遮阳系数

水平和垂直外遮阳系数的计算是依据外遮阳系数 SD 的定义，建立一个简单的建筑模型，通过全年空调能耗动态模拟计算，按诸朝向外窗遮阳与不遮阳能耗计算结果反算得来建筑外遮阳系数，其计算式为：

$$SD = \frac{q_2 - q_3}{q_1 - q_3} \qquad (7)$$

式中：q_1 ——无外遮阳时，模拟得到的全年空调能耗指标（kWh/m²）；

q_2 ——某朝向所有外窗设外遮阳，模拟得到的全年空调指标（kWh/m²）；

q_3 ——上述朝向所有外窗假设窗的遮阳系数 SC=0，该朝向所有外窗不设遮阳措施，其他参数不变的情况下，模拟得到的全年累计冷负荷指标（kWh/m²）；

$q_1 - q_3$ ——某朝向上的所有外窗无外遮阳时由太阳辐射引起的全年累计冷负荷（kWh/m²）；

$q_2 - q_3$ ——某朝向上的所有外窗有外遮阳时由太阳辐射引起的全年累计冷负荷（kWh/m²）。

有无遮阳的模型建筑的能耗是通过 DOE-2 的计算拟合得到的。在进行遮阳板的计算过程中，本标准采用了一个比较简单的建筑进行拟合计算。其外窗为单层透明玻璃铝合金窗，传热系数 5.61，遮阳系数 0.9，单窗面积为 4m²。为了使计算的遮阳系数有较广的适应性，故将窗定为正方形。采用这一建筑进行各个朝向的拟合计算。方法是在不同的朝向加遮阳板，变化遮阳板的挑出长度，逐一模拟公式 A.0.1-1 中空调能耗值并计算出 SD，再与遮阳板构造的挑出系数 $x=A/B$ 关联，拟合出一个二次多项式的系数 a、b。

2 挡板遮阳的遮阳系数

挡板的外遮阳系数按下式计算：

$$SD = 1-(1-SD^*)(1-\eta^*) \qquad (8)$$

式中：SD^*——采用不透明材料制作的挡板的建筑外遮阳系数；

η^*——挡板的材料透射比，按条文中表 A.0.3 确定。

其他非透明挡板各朝向的建筑外遮阳系数 SD^* 可按该朝向上的 4 组典型太阳光线入射角，采用平行光投射方法分别计算或实验测定，其轮廓透光比应取 4 个透光比的平均值。典型太阳入射角可按表 8 选取。

表8 典型的太阳光线入射角 （°）

窗口朝向		南				东、西				北			
		1组	2组	3组	4组	1组	2组	3组	4组	1组	2组	3组	4组
夏季	高度角	0	0	60	60	0	0	45	45	0	30	30	30
	方位角	0	45	0	45	75	90	75	90	180	180	135	-135
冬季	高度角	0	0	45	45	0	45	0	45	0	0	0	45
	方位角	0	45	0	45	90	90	90	90	180	135	-135	180

挡板遮阳分析的关键问题是挡板的材料和构造形式对外遮阳系数的影响。因当前现代建筑材料类型和构造技术的多样化，挡板的材料和构造形式变化万千，如果均要求建筑设计时按太阳位置角度逐时计算挡板的能量比例显然是不现实的。但作为挡板构造形式之一的建筑花格、漏花、百叶等遮阳构件，在原理上存在统一性，都可以看做是窗口外的一块竖板，通过这块板则有两个性能影响光线到达窗面，一个是挡板的轮廓形状和与窗面的相对位置，另一个是挡板本身构造的透光性能。两者综合在一起才能判断挡板的遮阳效果。因此本标准采用两个参数确定挡板的遮阳系数，一个是挡板的建筑外遮阳系数 SD^*，另一个是挡板构造透光比 η^*。

根据上述原理计算各个朝向的建筑外遮阳系数 SD 值，再将 SD 值与挡板的构造的特征值（挡板高与窗高之比）$x=A/B$ 关联，拟合出二次多项式的系数 a、b 载入表 A.0.1。计算中挡板设定为不透光的材料（如钢筋混凝土板材、金属板或复合装饰扣板等），但考虑这类材料本身的吸热后的二次辐射，取 $\eta^*=0.1$。挡板与外窗之间选取了一个典型的间距值为 0.6m，当这一间距增大时挡板的遮阳系数会增大遮阳效果会下降，但对于阳台和走廊设置挡板时距离一般在 1.2m，和挑出楼板组合后，在这一范围内仍然选用设定间距为 0.6m 时的回归系数是可行的。这样确定也是为了鼓励设计多采用挡板式这类相对最为有效的做法。

中华人民共和国行业标准

建筑地基处理技术规范

Technical code for ground treatment of buildings

JGJ 79—2012

批准部门：中华人民共和国住房和城乡建设部
施行日期：２０１３年６月１日

中华人民共和国住房和城乡建设部
公　告

第 1448 号

住房城乡建设部关于发布行业标准
《建筑地基处理技术规范》的公告

现批准《建筑地基处理技术规范》为行业标准，编号为 JGJ 79 - 2012，自 2013 年 6 月 1 日起实施。其中，第 3.0.5、4.4.2、5.4.2、6.2.5、6.3.2、6.3.10、6.3.13、7.1.2、7.1.3、7.3.2、7.3.6、8.4.4、10.2.7 条为强制性条文，必须严格执行。原行业标准《建筑地基处理技术规范》JGJ 79 - 2002 同

时废止。

本规范由我部标准定额研究所组织中国建筑工业出版社出版发行。

中华人民共和国住房和城乡建设部

2012 年 8 月 23 日

前　　言

根据住房和城乡建设部《关于印发〈2009 年工程建设标准规范制订、修订计划〉的通知》（建标［2009］88 号）的要求，规范编制组经广泛调查研究，认真总结实践经验，参考有关国际标准和国外先进标准，与国内相关规范协调，并在广泛征求意见的基础上，修订了《建筑地基处理技术规范》JGJ 79 - 2002。

本规范主要技术内容是：1. 总则；2. 术语和符号；3. 基本规定；4. 换填垫层；5. 预压地基；6. 压实地基和夯实地基；7. 复合地基；8. 注浆加固；9. 微型桩加固；10. 检验与监测。

本规范修订的主要技术内容是：1. 增加处理后的地基应满足建筑物承载力、变形和稳定性要求的规定；2. 增加采用多种地基处理方法综合使用的地基处理工程验收检验的综合安全系数的检验要求；3. 增加地基处理采用的材料，应根据场地环境类别符合耐久性设计的要求；4. 增加处理后的地基整体稳定分析方法；5. 增加加筋垫层设计验算方法；6. 增加真空和堆载联合预压处理的设计、施工要求；7. 增加高夯击能的设计参数；8. 增加复合地基承载力考虑基础深度修正的有粘结强度增强体桩身强度验算方法；9. 增加多桩型复合地基设计施工要求；10. 增加注浆加固；11. 增加微型桩加固；12. 增加检验与监测；13. 增加复合地基增强体单桩静载荷试验要点；14. 增加处理后地基静载荷试验要点。

本规范中以黑体字标志的条文为强制性条文，必须严格执行。

本规范由住房和城乡建设部负责管理和对强制性条文的解释，由中国建筑科学研究院负责具体技术内

容的解释。执行过程中如有意见或建议，请寄送中国建筑科学研究院（地址：北京市北三环东路 30 号 邮政编码：100013）。

本 规 范 主 编 单 位：中国建筑科学研究院

本 规 范 参 编 单 位：机械工业勘察设计研究院
湖北省建筑科学研究设计院
福建省建筑科学研究院
现代建筑设计集团上海申元岩土工程有限公司
中化岩土工程股份有限公司
中国航空规划建设发展有限公司
天津大学
同济大学
太原理工大学
郑州大学综合设计研究院

本规范主要起草人员：滕延京　张永钧　闫明礼
张　峰　张东刚　袁内镇
侯伟生　叶观宝　白晓红
郑　刚　王亚凌　水伟厚
郑建国　周同和　杨俊峰

本规范主要审查人员：顾国荣　周国钧　顾晓鲁
徐张建　张丙吉　康景文
梅全亭　滕文川　肖自强
潘凯云　黄　新

目　　次

Contents

1 总　　则

1.0.1 为了在地基处理的设计和施工中贯彻执行国家的技术经济政策，做到安全适用、技术先进、经济合理、确保质量、保护环境，制定本规范。

1.0.2 本规范适用于建筑工程地基处理的设计、施工和质量检验。

1.0.3 地基处理除应满足工程设计要求外，尚应做到因地制宜、就地取材、保护环境和节约资源等。

1.0.4 建筑工程地基处理除应符合本规范外，尚应符合国家现行有关标准的规定。

2　术语和符号

2.1　术　　语

2.1.1 地基处理　ground treatment, ground improvement

提高地基承载力，改善其变形性能或渗透性能而采取的技术措施。

2.1.2 复合地基　composite ground, composite foundation

部分土体被增强或被置换，形成由地基土和竖向增强体共同承担荷载的人工地基。

2.1.3 地基承载力特征值　characteristic value of subsoil bearing capacity

由载荷试验测定的地基土压力变形曲线线性变形段内规定的变形所对应的压力值，其最大值为比例界限值。

2.1.4 换填垫层　replacement layer of compacted fill

挖除基础底面下一定范围内的软弱土层或不均匀土层，回填其他性能稳定、无侵蚀性、强度较高的材料，并夯压密实形成的垫层。

2.1.5 加筋垫层 replacement layer of tensile reinforcement

在垫层材料内铺设单层或多层水平向加筋材料形成的垫层。

2.1.6 预压地基　preloaded ground, preloaded foundation

在地基上进行堆载预压或真空预压，或联合使用堆载和真空预压，形成固结压密后的地基。

2.1.7 堆载预压　preloading with surcharge of fill

地基上堆加荷载使地基土固结压密的地基处理方法。

2.1.8 真空预压　vacuum preloading

通过对覆盖于竖井地基表面的封闭薄膜内抽真空排水使地基土固结压密的地基处理方法。

2.1.9 压实地基　compacted ground, compacted fill

利用平碾、振动碾、冲击碾或其他碾压设备将填土分层密实处理的地基。

2.1.10 夯实地基　rammed ground, rammed earth

反复将夯锤提到高处使其自由落下，给地基以冲击和振动能量，将地基土密实处理或置换形成密实墩体的地基。

2.1.11 砂石桩复合地基　composite foundation with sand-gravel columns

将碎石、砂或砂石混合料挤压入已成的孔中，形成密实砂石竖向增强体的复合地基。

2.1.12 水泥粉煤灰碎石桩复合地基　composite foundation with cement-fly ash-gravel piles

由水泥、粉煤灰、碎石等混合料加水拌合在土中灌注形成竖向增强体的复合地基。

2.1.13 夯实水泥土桩复合地基　composite foundation with rammed soil-cement columns

将水泥和土按设计比例拌合均匀，在孔内分层夯实形成竖向增强体的复合地基。

2.1.14 水泥土搅拌桩复合地基　composite foundation with cement deep mixed columns

以水泥作为固化剂的主要材料，通过深层搅拌机械，将固化剂和地基土强制搅拌形成竖向增强体的复合地基。

2.1.15 旋喷桩复合地基　composite foundation with jet grouting

通过钻杆的旋转、提升，高压水泥浆由水平方向的喷嘴喷出，形成喷射流，以此切割土体并与土拌合形成水泥土竖向增强体的复合地基。

2.1.16 灰土桩复合地基　composite foundation with compacted soil-lime columns

用灰土填入孔内分层夯实形成竖向增强体的复合地基。

2.1.17 柱锤冲扩桩复合地基　composite foundation with impact displacement columns

用柱锤冲击方法成孔并分层夯扩填料形成竖向增强体的复合地基。

2.1.18 多桩型复合地基　composite foundation with multiple reinforcement of different materials or lengths

采用两种及两种以上不同材料增强体，或采用同一材料、不同长度增强体加固形成的复合地基。

2.1.19 注浆加固　ground improvement by permeation and high hydrofracture grouting

将水泥浆或其他化学浆液注入地基土层中，增强土颗粒间的联结，使土体强度提高、变形减少、渗透性降低的地基处理方法。

2.1.20 微型桩　micropile

用桩工机械或其他小型设备在土中形成直径不大于 300mm 的树根桩、预制混凝土桩或钢管桩。

2.2 符　号

2.2.1　作用和作用效应

E——强夯或强夯置换夯击能；

p_c——基础底面处土的自重压力值；

p_{cz}——垫层底面处土的自重压力值；

p_k——相应于作用的标准组合时，基础底面处的平均压力值；

p_z——相应于作用的标准组合时，垫层底面处的附加压力值。

2.2.2　抗力和材料性能

D_r——砂土相对密实度；

D_{r1}——地基挤密后要求砂土达到的相对密实度；

d_s——土粒相对密度（比重）；

e——孔隙比；

e_0——地基处理前的孔隙比；

e_1——地基挤密后要求达到的孔隙比；

e_{max}、e_{min}——砂土的最大、最小孔隙比；

f_{ak}——天然地基承载力特征值；

f_{az}——垫层底面处经深度修正后的地基承载力特征值；

f_{cu}——桩体试块（边长150mm立方体）标准养护28d的立方体抗压强度平均值，对水泥土可取桩体试块（边长70.7mm立方体）标准养护90d的立方体抗压强度平均值；

f_{sk}——处理后桩间土的承载力特征值；

f_{spa}——深度修正后的复合地基承载力特征值；

f_{spk}——复合地基的承载力特征值；

k_h——天然土层水平向渗透系数；

k_s——涂抹区的水平向渗透系数；

q_p——桩端端阻力特征值；

q_s——桩周土的侧阻力特征值；

q_w——竖井纵向通水量，为单位水力梯度下单位时间的排水量；

R_a——单桩竖向承载力特征值；

T_a——土工合成材料在允许延伸率下的抗拉强度；

T_p——相应于作用的标准组合时单位宽度土工合成材料的最大拉力；

U——固结度；

$\overline{U}_t$——t 时间地基的平均固结度；

w_{op}——最优含水量；

α_p——桩端端阻力发挥系数；

β——桩间土承载力发挥系数；

θ——压力扩散角；

λ——单桩承载力发挥系数；

λ_c——压实系数；

ρ_d——干密度；

ρ_{dmax}——最大干密度；

ρ_c——黏粒含量；

ρ_w——水的密度；

τ_{ft}——t 时刻，该点土的抗剪强度；

τ_{f0}——地基土的天然抗剪强度；

$\Delta\sigma_z$——预压荷载引起的该点的附加竖向应力；

φ_{cu}——三轴固结不排水压缩试验求得的土的内摩擦角；

$\overline{\eta_c}$——桩间土经成孔挤密后的平均挤密系数。

2.2.3　几何参数

A——基础底面积；

A_e——一根桩承担的处理地基面积；

A_p——桩的截面积；

b——基础底面宽度、塑料排水带宽度；

d——桩的直径；

d_e——一根桩分担的处理地基面积的等效圆直径、竖井的有效排水直径；

d_p——塑料排水带当量换算直径；

l——基础底面长度；

l_p——桩长；

m——面积置换率；

s——桩间距；

z——基础底面下换填垫层的厚度；

δ——塑料排水带厚度。

3　基　本　规　定

3.0.1　在选择地基处理方案前，应完成下列工作：

1　搜集详细的岩土工程勘察资料、上部结构及基础设计资料等；

2　结合工程情况，了解当地地基处理经验和施工条件，对于有特殊要求的工程，尚应了解其他地区相似场地上同类工程的地基处理经验和使用情况等；

3　根据工程的要求和采用天然地基存在的主要问题，确定地基处理的目的和处理后要求达到的各项技术经济指标等；

4　调查邻近建筑、地下工程、周边道路及有关管线等情况；

5　了解施工场地的周边环境情况。

3.0.2　在选择地基处理方案时，应考虑上部结构、基础和地基的共同作用，进行多种方案的技术经济比较，选用地基处理或加强上部结构与地基处理相结合的方案。

3.0.3　地基处理方法的确定宜按下列步骤进行：

1　根据结构类型、荷载大小及使用要求，结合地形地貌、地层结构、土质条件、地下水特征、环境情况和对邻近建筑的影响等因素进行综合分析，初步选出几种可供考虑的地基处理方案，包括选择两种或多种地基处理措施组成的综合处理方案；

2 对初步选出的各种地基处理方案，分别从加固原理、适用范围、预期处理效果、耗用材料、施工机械、工期要求和对环境的影响等方面进行技术经济分析和对比，选择最佳的地基处理方法；

3 对已选定的地基处理方法，应按建筑物地基基础设计等级和场地复杂程度以及该种地基处理方法在本地区使用的成熟程度，在场地有代表性的区域进行相应的现场试验或试验性施工，并进行必要的测试，以检验设计参数和处理效果。如达不到设计要求时，应查明原因，修改设计参数或调整地基处理方案。

3.0.4 经处理后的地基，当按地基承载力确定基础底面积及埋深而需要对本规范确定的地基承载力特征值进行修正时，应符合下列规定：

1 大面积压实填土地基，基础宽度的地基承载力修正系数应取零；基础埋深的地基承载力修正系数，对于压实系数大于 0.95、黏粒含量 $\rho_c \geqslant 10\%$ 的粉土，可取 1.5，对于干密度大于 2.1t/m³ 的级配砂石可取 2.0；

2 其他处理地基，基础宽度的地基承载力修正系数应取零，基础埋深的地基承载力修正系数应取 1.0。

3.0.5 处理后的地基应满足建筑物地基承载力、变形和稳定性要求，地基处理的设计尚应符合下列规定：

1 经处理后的地基，当在受力层范围内仍存在软弱下卧层时，应进行软弱下卧层地基承载力验算；

2 按地基变形设计或应作变形验算且需进行地基处理的建筑物或构筑物，应对处理后的地基进行变形验算；

3 对建造在处理后的地基上受较大水平荷载或位于斜坡上的建筑物及构筑物，应进行地基稳定性验算。

3.0.6 处理后地基的承载力验算，应同时满足轴心荷载作用和偏心荷载作用的要求。

3.0.7 处理后地基的整体稳定分析可采用圆弧滑动法，其稳定安全系数不应小于 1.30。散体加固材料的抗剪强度指标，可按加固体材料的密实度通过试验确定；胶结材料的抗剪强度指标，可按桩体断裂后滑动面材料的摩擦性能确定。

3.0.8 刚度差异较大的整体大面积基础的地基处理，宜考虑上部结构、基础和地基共同作用进行地基承载力和变形验算。

3.0.9 处理后的地基应进行地基承载力和变形评价、处理范围和有效加固深度内地基均匀性评价，以及复合地基增强体的成桩质量和承载力评价。

3.0.10 采用多种地基处理方法综合使用的地基处理工程验收检验时，应采用大尺寸承压板进行载荷试验，其安全系数不应小于 2.0。

3.0.11 地基处理所采用的材料，应根据场地类别符合有关标准对耐久性设计与使用的要求。

3.0.12 地基处理施工中应有专人负责质量控制和监测，并做好施工记录；当出现异常情况时，必须及时会同有关部门妥善解决。施工结束后应按国家有关规定进行工程质量检验和验收。

4 换填垫层

4.1 一般规定

4.1.1 换填垫层适用于浅层软弱土层或不均匀土层的地基处理。

4.1.2 应根据建筑体型、结构特点、荷载性质、场地土质条件、施工机械设备及填料性质和来源等综合分析后，进行换填垫层的设计，并选择施工方法。

4.1.3 对于工程量较大的换填垫层，应按所选用的施工机械、换填材料及场地的土质条件进行现场试验，确定换填垫层压实效果和施工质量控制标准。

4.1.4 换填垫层的厚度应根据置换软弱土的深度以及下卧土层的承载力确定，厚度宜为 0.5m～3.0m。

4.2 设 计

4.2.1 垫层材料的选用应符合下列要求：

1 砂石。宜选用碎石、卵石、角砾、圆砾、砾砂、粗砂、中砂或石屑，并应级配良好，不含植物残体、垃圾等杂质。当使用粉细砂或石粉时，应掺入不少于总重量 30% 的碎石或卵石。砂石的最大粒径不宜大于 50mm。对湿陷性黄土或膨胀土地基，不得选用砂石等透水性材料。

2 粉质黏土。土料中有机质含量不得超过 5%，且不得含有冻土或膨胀土。当含有碎石时，其最大粒径不宜大于 50mm。用于湿陷性黄土或膨胀土地基的粉质黏土垫层，土料中不得夹有砖、瓦或石块等。

3 灰土。体积配合比宜为 2∶8 或 3∶7。石灰宜选用新鲜的消石灰，其最大粒径不得大于 5mm。土料宜选用粉质黏土，不宜使用块状黏土，且不得含有松软杂质，土料应过筛且最大粒径不得大于 15mm。

4 粉煤灰。选用的粉煤灰应满足相关标准对腐蚀性和放射性的要求。粉煤灰垫层上宜覆土 0.3m～0.5m。粉煤灰垫层中采用掺加剂时，应通过试验确定其性能及适用条件。粉煤灰垫层中的金属构件、管网应采取防腐措施。大量填筑粉煤灰时，应经场地地下水和土壤环境的不良影响评价合格后，方可使用。

5 矿渣。宜选用分级矿渣、混合矿渣及原状矿渣等高炉重矿渣。矿渣的松散重度不应小于 11kN/m³，有机质及含泥总量不得超过 5%。垫层设计、施工前应对所选用的矿渣进行试验，确认性能稳定并满足腐蚀性和放射性安全的要求。对易受酸、碱影响的基础或地下管网不得采用矿渣垫层。大量填筑矿渣时，应经场地地下水和土壤环境的不良影响评价合格后，方可使用。

6 其他工业废渣。在有充分依据或成功经验时，可采用质地坚硬、性能稳定、透水性强、无腐蚀性和无放射性危害的其他工业废渣材料，但应经过现场试验证明其经济技术效果良好且施工措施完善后方可使用。

7 土工合成材料加筋垫层所选用土工合成材料的品种与性能及填料，应根据工程特性和地基土质条件，按照现行国家标准《土工合成材料应用技术规范》GB 50290 的要求，通过设计计算并进行现场试验后确定。土工合成材料应采用抗拉强度较高、耐久性好、抗腐蚀的土工带、土工格栅、土工格室、土工垫或土工织物等土工合成材料。垫层填料宜用碎石、角砾、砾砂、粗砂、中砂等材料，且不宜含氯化钙、碳酸钠、硫化物等化学物质。当工程要求垫层具有排水功能时，垫层材料应具有良好的透水性。在软土地基上使用加筋垫层时，应保证建筑物稳定并满足允许变形的要求。

4.2.2 垫层厚度的确定应符合下列规定：

1 应根据需置换软弱土（层）的深度或下卧土层的承载力确定，并应符合下式要求：

$$p_z + p_{cz} \leqslant f_{az} \qquad (4.2.2\text{-}1)$$

式中：p_z——相应于作用的标准组合时，垫层底面处的附加压力值（kPa）；

p_{cz}——垫层底面处土的自重压力值（kPa）；

f_{az}——垫层底面处经深度修正后的地基承载力特征值（kPa）。

2 垫层底面处的附加压力值 p_z 可分别按式（4.2.2-2）和式（4.2.2-3）计算：

1）条形基础

$$p_z = \frac{b(p_k - p_c)}{b + 2z\tan\theta} \qquad (4.2.2\text{-}2)$$

2）矩形基础

$$p_z = \frac{bl(p_k - p_c)}{(b + 2z\tan\theta)(l + 2z\tan\theta)} \qquad (4.2.2\text{-}3)$$

式中：b——矩形基础或条形基础底面的宽度（m）；

l——矩形基础底面的长度（m）；

p_k——相应于作用的标准组合时，基础底面处的平均压力值（kPa）；

p_c——基础底面处土的自重压力值（kPa）；

z——基础底面下垫层的厚度（m）；

θ——垫层（材料）的压力扩散角（°），宜通过试验确定。无试验资料时，可按表4.2.2采用。

表 4.2.2　土和砂石材料压力扩散角 θ（°）

换填材料 z/b	中砂、粗砂、砾砂、圆砾、角砾、石屑、卵石、碎石、矿渣	粉质黏土、粉煤灰	灰土
0.25	20	6	28
≥0.50	30	23	

注：1　当 $z/b < 0.25$ 时，除灰土取 $\theta = 28°$ 外，其他材料均取 $\theta = 0°$，必要时宜由试验确定；

2　当 $0.25 < z/b < 0.5$ 时，θ 值可以内插；

3　土工合成材料加筋垫层其压力扩散角宜由现场静载荷试验确定。

4.2.3 垫层底面的宽度应符合下列规定：

1 垫层底面宽度应满足基础底面应力扩散的要求，可按下式确定：

$$b' \geqslant b + 2z\tan\theta \qquad (4.2.3)$$

式中：b'——垫层底面宽度（m）；

θ——压力扩散角，按本规范表 4.2.2 取值；当 $z/b < 0.25$ 时，按表 4.2.2 中 $z/b = 0.25$ 取值。

2 垫层顶面每边超出基础底边缘不应小于 300mm，且从垫层底面两侧向上，按当地基坑开挖的经验及要求放坡。

3 整片垫层底面的宽度可根据施工的要求适当加宽。

4.2.4 垫层的压实标准可按表 4.2.4 选用。矿渣垫层的压实系数可根据满足承载力设计要求的试验结果，按最后两遍压实的压陷差确定。

表 4.2.4　各种垫层的压实标准

施工方法	换填材料类别	压实系数 λ_c
碾压振密或夯实	碎石、卵石	≥0.97
	砂夹石（其中碎石、卵石占全重的 30%～50%）	
	土夹石（其中碎石、卵石占全重的 30%～50%）	
	中砂、粗砂、砾砂、角砾、圆砾、石屑	
	粉质黏土	≥0.97
	灰土	≥0.95
	粉煤灰	≥0.95

注：1　压实系数 λ_c 为土的控制干密度 ρ_d 与最大干密度 ρ_{dmax} 的比值；土的最大干密度宜采用击实试验确定；碎石或卵石的最大干密度可取 2.1t/m³～2.2t/m³；

2　表中压实系数 λ_c 系使用轻型击实试验测定土的最大干密度 ρ_{dmax} 时给出的压实控制标准，采用重型击实试验时，对粉质黏土、灰土、粉煤灰及其他材料压实标准应为压实系数 $\lambda_c \geqslant 0.94$。

4.2.5 换填垫层的承载力宜通过现场静载荷试验确定。

4.2.6 对于垫层下存在软弱下卧层的建筑，在进行地基变形计算时应考虑邻近建筑物基础荷载对软弱下卧层顶面应力叠加的影响。当超出原地面标高的垫层或换填材料的重度高于天然土层重度时，宜及时换填，并应考虑其附加荷载的不利影响。

4.2.7 垫层地基的变形由垫层自身变形和下卧层变形组成。换填垫层在满足本规范第4.2.2条～4.2.4条的条件下，垫层地基的变形可仅考虑其下卧层的变形。对地基沉降有严格限制的建筑，应计算垫层自身的变形。垫层下卧层的变形量可按现行国家标准《建筑地基基础设计规范》GB 50007 的规定进行计算。

4.2.8 加筋土垫层所选用的土工合成材料尚应进行材料强度验算：

$$T_p \leqslant T_a \qquad (4.2.8)$$

式中：T_a——土工合成材料在允许延伸率下的抗拉强度（kN/m）；

T_p——相应于作用的标准组合时，单位宽度的土工合成材料的最大拉力（kN/m）。

4.2.9 加筋土垫层的加筋体设置应符合下列规定：

1 一层加筋时，可设置在垫层的中部；

2 多层加筋时，首层筋材距垫层顶面的距离宜取30%垫层厚度，筋材层间距宜取30%～50%的垫层厚度，且不应小于200mm；

3 加筋线密度宜为0.15～0.35。无经验时，单层加筋宜取高值，多层加筋宜取低值。垫层的边缘应有足够的锚固长度。

4.3 施 工

4.3.1 垫层施工应根据不同的换填材料选择施工机械。粉质黏土、灰土垫层宜采用平碾、振动碾或羊足碾，以及蛙式夯、柴油夯。砂石垫层等宜用振动碾。粉煤灰垫层宜采用平碾、振动碾、平板振动器、蛙式夯。矿渣垫层宜采用平板振动器或平碾，也可采用振动碾。

4.3.2 垫层的施工方法、分层铺填厚度、每层压实遍数宜通过现场试验确定。除接触下卧软土层的垫层底部应根据施工机械设备及下卧层土质条件确定厚度外，其他垫层的分层铺填厚度宜为200mm～300mm。为保证分层压实质量，应控制机械碾压速度。

4.3.3 粉质黏土和灰土垫层土料的施工含水量宜控制在 $w_{op} \pm 2\%$ 的范围内，粉煤灰垫层的施工含水量宜控制在 $w_{op} \pm 4\%$ 的范围内。最优含水量 w_{op} 可通过击实试验确定，也可按当地经验选取。

4.3.4 当垫层底部存在古井、古墓、洞穴、旧基础、暗塘时，应根据建筑物对不均匀沉降的控制要求予以处理，并经检验合格后，方可铺填垫层。

4.3.5 基坑开挖时应避免坑底土层受扰动，可保留

180mm～220mm厚的土层暂不挖去，待铺填垫层前再由人工挖至设计标高。严禁扰动垫层下的软弱土层，应防止软弱垫层被践踏、受冻或受水浸泡。在碎石或卵石垫层底部宜设置厚度为150mm～300mm的砂垫层或铺一层土工织物，并应防止基坑边坡塌土混入垫层中。

4.3.6 换填垫层施工时，应采取基坑排水措施。除砂垫层宜采用水撼法施工外，其余垫层施工均不得在浸水条件下进行。工程需要时应采取降低地下水位的措施。

4.3.7 垫层底面宜设在同一标高上，如深度不同，坑底土层应挖成阶梯或斜坡搭接，并按先深后浅的顺序进行垫层施工，搭接处应夯压密实。

4.3.8 粉质黏土、灰土垫层及粉煤灰垫层施工，应符合下列规定：

1 粉质黏土及灰土垫层分段施工时，不得在柱基、墙角及承重窗间墙下接缝；

2 垫层上下两层的缝距不得小于500mm，且接缝处应夯压密实；

3 灰土拌合均匀后，应当日铺填夯压；灰土夯压密实后，3d内不得受水浸泡；

4 粉煤灰垫层铺填后，宜当日压实，每层验收后应及时铺填上层或封层，并应禁止车辆碾压通行；

5 垫层施工竣工验收合格后，应及时进行基础施工与基坑回填。

4.3.9 土工合成材料施工，应符合下列要求：

1 下铺地基土层顶面应平整；

2 土工合成材料铺设顺序应先纵向后横向，且应把土工合成材料张拉平整、绷紧，严禁有皱折；

3 土工合成材料的连接宜采用搭接法、缝接法或胶接法，接缝强度不应低于原材料抗拉强度，端部应采用有效方法固定，防止筋材拉出；

4 应避免土工合成材料暴晒或裸露，阳光暴晒时间不应大于8h。

4.4 质 量 检 验

4.4.1 对粉质黏土、灰土、砂石、粉煤灰垫层的施工质量可选用环刀取样、静力触探、轻型动力触探或标准贯入试验等方法进行检验；对碎石、矿渣垫层的施工质量可采用重型动力触探试验等进行检验。压实系数可采用灌砂法、灌水法或其他方法进行检验。

4.4.2 **换填垫层的施工质量检验应分层进行，并应在每层的压实系数符合设计要求后铺填上层。**

4.4.3 采用环刀法检验垫层的施工质量时，取样点应选择位于每层垫层厚度的2/3深度处。检验点数量，条形基础下垫层每10m～20m不应少于1个点，独立柱基、单个基础下垫层不应少于1个点，其他基础下垫层每50m²～100m²不应少于1个点。采用标准贯入试验或动力触探法检验垫层的施工质量时，每

分层平面上检验点的间距不应大于 4m。

4.4.4 竣工验收应采用静载荷试验检验垫层承载力，且每个单体工程不宜少于 3 个点；对于大型工程应按单体工程的数量或工程划分的面积确定检验点数。

4.4.5 加筋垫层中土工合成材料的检验应符合下列要求：

1 土工合成材料质量应符合设计要求，外观无破损、无老化、无污染；

2 土工合成材料应可张拉、无皱折、紧贴下承层，锚固端应锚固牢靠；

3 上下层土工合成材料搭接缝应交替错开，搭接强度应满足设计要求。

5 预压地基

5.1 一般规定

5.1.1 预压地基适用于处理淤泥质土、淤泥、冲填土等饱和黏性土地基。预压地基按处理工艺可分为堆载预压、真空预压、真空和堆载联合预压。

5.1.2 真空预压适用于处理以黏性土为主的软弱地基。当存在粉土、砂土等透水、透气层时，加固区周边应采取确保膜下真空压力满足设计要求的密封措施。对塑性指数大于 25 且含水量大于 85% 的淤泥，应通过现场试验确定其适用性。加固土层上覆盖有厚度大于 5m 以上的回填土或承载力较高的黏性土层时，不宜采用真空预压处理。

5.1.3 预压地基应预先通过勘察查明土层在水平和竖直方向的分布、层理变化，查明透水层的位置、地下水类型及水源补给情况等。并应通过土工试验确定土层的先期固结压力、孔隙比与固结压力的关系、渗透系数、固结系数、三轴试验抗剪强度指标，通过原位十字板试验确定土的抗剪强度。

5.1.4 对重要工程，应在现场选择试验区进行预压试验，在预压过程中应进行地基竖向变形、侧向位移、孔隙水压力、地下水位等项目的监测并进行原位十字板剪切试验和室内土工试验。根据试验区获得的监测资料确定加载速率控制指标，推算土的固结系数、固结度及最终竖向变形等，分析地基处理效果，对原设计进行修正，指导整个场区的设计与施工。

5.1.5 对堆载预压工程，预压荷载应分级施加，并确保每级荷载下地基的稳定性；对真空预压工程，可采用一次连续抽真空至最大压力的加载方式。

5.1.6 对主要以变形控制设计的建筑物，当地基土经预压所完成的变形量和平均固结度满足设计要求时，方可卸载。对以地基承载力或抗滑稳定性控制设计的建筑物，当地基土经预压后其强度满足建筑物地基承载力或稳定性要求时，方可卸载。

5.1.7 当建筑物的荷载超过真空预压的压力，或建筑物对地基变形有严格要求时，可采用真空和堆载联合预压，其总压力宜超过建筑物的竖向荷载。

5.1.8 预压地基加固应考虑预压施工对相邻建筑物、地下管线等产生附加沉降的影响。真空预压地基加固区边线与相邻建筑物、地下管线等的距离不宜小于 20m，当距离较近时，应对相邻建筑物、地下管线等采取保护措施。

5.1.9 当受预压时间限制，残余沉降或工程投入使用后的沉降不满足工程要求时，在保证整体稳定条件下可采用超载预压。

5.2 设 计

I 堆 载 预 压

5.2.1 对深厚软黏土地基，应设置塑料排水带或砂井等排水竖井。当软土层厚度较小或软土层中含较多薄粉砂夹层，且固结速率能满足工期要求时，可不设置排水竖井。

5.2.2 堆载预压地基处理的设计应包括下列内容：

1 选择塑料排水带或砂井，确定其断面尺寸、间距、排列方式和深度；

2 确定预压区范围、预压荷载大小、荷载分级、加载速率和预压时间；

3 计算堆载荷载作用下地基土的固结度、强度增长、稳定性和变形。

5.2.3 排水竖井分普通砂井、袋装砂井和塑料排水带。普通砂井直径宜为 300mm～500mm，袋装砂井直径宜为 70mm～120mm。塑料排水带的当量换算直径可按下式计算：

$$d_p = \frac{2(b+\delta)}{\pi} \quad (5.2.3)$$

式中：d_p——塑料排水带当量换算直径（mm）；

b——塑料排水带宽度（mm）；

δ——塑料排水带厚度（mm）。

5.2.4 排水竖井可采用等边三角形或正方形排列的平面布置，并应符合下列规定：

1 当等边三角形排列时，

$$d_e = 1.05l \quad (5.2.4-1)$$

2 当正方形排列时，

$$d_e = 1.13l \quad (5.2.4-2)$$

式中：d_e——竖井的有效排水直径；

l——竖井的间距。

5.2.5 排水竖井的间距可根据地基土的固结特性和预定时间内所要求达到的固结度确定。设计时，竖井的间距可按井径比 n 选用（$n=d_e/d_w$，d_w 为竖井直径，对塑料排水带可取 $d_w=d_p$）。塑料排水带或袋装砂井的间距可按 $n=15～22$ 选用，普通砂井的间距可按 $n=6～8$ 选用。

5.2.6 排水竖井的深度应符合下列规定：

1 根据建筑物对地基的稳定性、变形要求和工期确定；

2 对以地基抗滑稳定性控制的工程，竖井深度应大于最危险滑动面以下 2.0m；

3 对以变形控制的建筑工程，竖井深度应根据在限定的预压时间内需完成的变形量确定；竖井宜穿透受压土层。

5.2.7 一级或多级等速加载条件下，当固结时间为 t 时，对应总荷载的地基平均固结度可按下式计算：

$$\overline{U}_t = \sum_{i=1}^{n} \frac{\dot{q}_i}{\Sigma \Delta p} \left[(T_i - T_{i-1}) - \frac{\alpha}{\beta} e^{-\beta t} (e^{\beta T_i} - e^{\beta T_{i-1}}) \right]$$

$$(5.2.7)$$

式中：$\overline{U}_t$——t 时间地基的平均固结度；

$\dot{q}_i$——第 i 级荷载的加载速率（kPa/d）；

$\Sigma \Delta p$——各级荷载的累加值（kPa）；

T_{i-1}、T_i——分别为第 i 级荷载加载的起始和终止时间（从零点起算）（d），当计算第 i 级荷载加载过程中某时间 t 的固结度时，T_i 改为 t；

α、β——参数，根据地基土排水固结条件按表 5.2.7 采用。对竖井地基，表中所列 β 为不考虑涂抹和井阻影响的参数值。

表 5.2.7　α 和 β 值

排水固结条件　参数	竖向排水固结 $\overline{U}_z > 30\%$	向内径向排水固结	竖向和向内径向排水固结（竖井穿透受压土层）	说　明
α	$\frac{8}{\pi^2}$	1	$\frac{8}{\pi^2}$	$F_n = \frac{n^2}{n^2-1}\ln(n) - \frac{3n^2-1}{4n^2}$；$c_h$——土的径向排水固结系数（cm²/s）；$c_v$——土的竖向排水固结系数（cm²/s）；$H$——土层竖向排水距离（cm）；$\overline{U}_z$——双面排水土层或固结应力均匀分布的单面排水土层平均固结度
β	$\frac{\pi^2 c_v}{4H^2}$	$\frac{8c_h}{F_n d_e^2}$	$\frac{8c_h}{F_n d_e^2} + \frac{\pi^2 c_v}{4H^2}$	

5.2.8 当排水竖井采用挤土方式施工时，应考虑涂抹对土体固结的影响。当竖井的纵向通水量 q_w 与天然土层水平向渗透系数 k_h 的比值较小，且长度较长时，尚应考虑井阻影响。瞬时加载条件下，考虑涂抹和井阻影响时，竖井地基径向排水平均固结度可按下列公式计算：

$$\overline{U}_r = 1 - e^{-\frac{8c_h}{F d_e^2} t}$$

$$(5.2.8-1)$$

$$F = F_n + F_s + F_r \qquad (5.2.8-2)$$

$$F_n = \ln(n) - \frac{3}{4} \quad n \geqslant 15 \qquad (5.2.8-3)$$

$$F_s = \left[\frac{k_h}{k_s} - 1 \right] \ln s \qquad (5.2.8-4)$$

$$F_r = \frac{\pi^2 L^2}{4} \frac{k_h}{q_w} \qquad (5.2.8-5)$$

式中：$\overline{U}_r$——固结时间 t 时竖井地基径向排水平均固结度；

k_h——天然土层水平向渗透系数（cm/s）；

k_s——涂抹区土的水平向渗透系数，可取 $k_s = (1/5 \sim 1/3)k_h$（cm/s）；

s——涂抹区直径 d_s 竖井直径 d_w 的比值，可取 $s = 2.0 \sim 3.0$，对中等灵敏黏性土取低值，对高灵敏黏性土取高值；

L——竖井深度（cm）；

q_w——竖井纵向通水量，为单位水力梯度下单位时间的排水量（cm³/s）。

一级或多级等速加荷条件下，考虑涂抹和井阻影响时竖井穿透受压土层地基的平均固结度可按式（5.2.7）计算，其中，$\alpha = \frac{8}{\pi^2}$，$\beta = \frac{8c_h}{F d_e^2} + \frac{\pi^2 c_v}{4H^2}$。

5.2.9 对排水竖井未穿透受压土层的情况，竖井范围内土层的平均固结度和竖井底面以下受压土层的平均固结度，以及通过预压完成的变形量均应满足设计要求。

5.2.10 预压荷载大小、范围、加载速率应符合下列规定：

1 预压荷载大小应根据设计要求确定；对于沉降有严格限制的建筑，可采用超载预压法处理，超载量大小应根据预压时间内要求完成的变形量通过计算确定，并宜使预压荷载下受压土层各点的有效竖向应力大于建筑物荷载引起的相应点的附加应力；

2 预压荷载顶面的范围应不小于建筑物基础外缘的范围；

3 加载速率应根据地基土的强度确定；当天然地基土的强度满足预压荷载下地基的稳定性要求时，可一次性加载；如不满足应分级逐渐加载，待前期预压荷载下地基土的强度增长满足下一级荷载下地基的稳定性要求时，方可加载。

5.2.11 计算预压荷载下饱和黏性土地基中某点的抗剪强度时，应考虑土体原来的固结状态。对正常固结饱和黏性土地基，某点某一时间的抗剪强度可按下式计算：

$$\tau_{ft} = \tau_{f0} + \Delta \sigma_z \cdot U_t \tan\varphi_{cu} \qquad (5.2.11)$$

式中：τ_{ft}——t 时刻，该点土的抗剪强度（kPa）；

τ_{f0}——地基土的天然抗剪强度（kPa）；

$\Delta \sigma_z$——预压荷载引起的该点的附加竖向应力

(kPa);

U_t——该点土的固结度；

φ_{cu}——三轴固结不排水压缩试验求得的土的内摩擦角（°）。

5.2.12 预压荷载下地基最终竖向变形量的计算可取附加应力与土自重应力的比值为 0.1 的深度作为压缩层的计算深度，可按式（5.2.12）计算：

$$s_f = \xi \sum_{i=1}^{n} \frac{e_{0i} - e_{1i}}{1 + e_{0i}} h_i \qquad (5.2.12)$$

式中：s_f——最终竖向变形量（m）；

e_{0i}——第 i 层中点土自重应力所对应的孔隙比，由室内固结试验 e-p 曲线查得；

e_{1i}——第 i 层中点土自重应力与附加应力之和所对应的孔隙比，由室内固结试验 e-p 曲线查得；

h_i——第 i 层土层厚度（m）；

ξ——经验系数，可按地区经验确定。无经验时对正常固结饱和黏性土地基可取 ξ=1.1～1.4；荷载较大或地基软弱土层厚度大时应取较大值。

5.2.13 预压处理地基应在地表铺设与排水竖井相连的砂垫层，砂垫层应符合下列规定：

1 厚度不应小于 500mm；

2 砂垫层砂料宜用中粗砂，黏粒含量不应大于 3%，砂料中可含有少量粒径不大于 50mm 的砾石；砂垫层的干密度应大于 1.5t/m³，渗透系数应大于 1×10⁻² cm/s；

5.2.14 在预压区边缘应设置排水沟，在预压区内宜设置与砂垫层相连的排水盲沟，排水盲沟的间距不宜大于 20m。

5.2.15 砂井的砂料应选用中粗砂，其黏粒含量不应大于 3%。

5.2.16 堆载预压处理地基设计的平均固结度不宜低于 90%，且应在现场监测的变形速率明显变缓时方可卸载。

Ⅱ 真空预压

5.2.17 真空预压处理地基应设置排水竖井，其设计应包括下列内容：

1 竖井断面尺寸、间距、排列方式和深度；

2 预压区面积和分块大小；

3 真空预压施工工艺；

4 要求达到的真空度和土层的固结度；

5 真空预压和建筑物荷载下地基的变形计算；

6 真空预压后的地基承载力增长计算。

5.2.18 排水竖井的间距可按本规范第 5.2.5 条确定。

5.2.19 砂井的砂料应选用中粗砂，其渗透系数应大于 1×10⁻² cm/s。

5.2.20 真空预压竖向排水通道宜穿透软土层，但不应进入下卧透水层。当软土层较厚、且以地基抗滑稳定性控制的工程，竖向排水通道的深度不应小于最危险滑动面下 2.0m。对以变形控制的工程，竖井深度应根据在限定的预压时间内需完成的变形量确定，且宜穿透主要受压土层。

5.2.21 真空预压区边缘应大于建筑物基础轮廓线，每边增加量不得小于 3.0m。

5.2.22 真空预压的膜下真空度应稳定地保持在 86.7kPa（650mmHg）以上，且应均匀分布，排水竖井深度范围内土层的平均固结度应大于 90%。

5.2.23 对于表层存在良好的透气层或在处理范围内有充足水源补给的透水层，应采取有效措施隔断透气层或透水层。

5.2.24 真空预压固结度和地基强度增长的计算可按本规范第 5.2.7 条、第 5.2.8 条和第 5.2.11 条计算。

5.2.25 真空预压地基最终竖向变形可按本规范第 5.2.12 条计算。ξ 可按当地经验取值，无当地经验时，ξ 可取 1.0～1.3。

5.2.26 真空预压地基加固面积较大时，宜采取分区加固，每块预压面积应尽可能大且呈方形，分区面积宜为 20000m²～40000m²。

5.2.27 真空预压地基加固可根据加固面积的大小、形状和土层结构特点，按每套设备可加固地基 1000m²～1500m² 确定设备数量。

5.2.28 真空预压的膜下真空度应符合设计要求，且预压时间不宜低于 90d。

Ⅲ 真空和堆载联合预压

5.2.29 当设计地基预压荷载大于 80kPa，且进行真空预压处理地基不能满足设计要求时可采用真空和堆载联合预压地基处理。

5.2.30 堆载体的坡肩线宜与真空预压边线一致。

5.2.31 对于一般软黏土，上部堆载施工宜在真空预压膜下真空度稳定地达到 86.7kPa（650mmHg）且抽真空时间不少于 10d 后进行。对于高含水量的淤泥类土，上部堆载施工宜在真空预压膜下真空度稳定地达到 86.7kPa（650mmHg）且抽真空 20d～30d 后进行。

5.2.32 当堆载较大时，真空和堆载联合预压应采用分级加载，分级数应根据地基土稳定计算确定。分级加载时，应待前期预压荷载下地基的承载力增长满足下一级荷载下地基的稳定性要求时，方可增加堆载。

5.2.33 真空和堆载联合预压时地基固结度和地基承载力增长可按本规范第 5.2.7 条、第 5.2.8 条和第 5.2.11 条计算。

5.2.34 真空和堆载联合预压最终竖向变形可按本规范第 5.2.12 条计算，ξ 可按当地经验取值，无当地经验时，ξ 可取 1.0～1.3。

5.3 施 工

Ⅰ 堆载预压

5.3.1 塑料排水带的性能指标应符合设计要求，并应在现场妥善保护，防止阳光照射、破损或污染。破损或污染的塑料排水带不得在工程中使用。

5.3.2 砂井的灌砂量，应按井孔的体积和砂在中密状态时的干密度计算，实际灌砂量不得小于计算值的95%。

5.3.3 灌入砂袋中的砂宜用干砂，并应灌制密实。

5.3.4 塑料排水带和袋装砂井施工时，宜配置深度检测设备。

5.3.5 塑料排水带需接长时，应采用滤膜内芯带平搭接的连接方法，搭接长度宜大于200mm。

5.3.6 塑料排水带施工所用套管应保证插入地基中的带子不扭曲。袋装砂井施工所用套管内径应大于砂井直径。

5.3.7 塑料排水带和袋装砂井施工时，平面井距偏差不应大于井径，垂直度允许偏差应为±1.5%，深度应满足设计要求。

5.3.8 塑料排水带和袋装砂井砂袋埋入砂垫层中的长度不应小于500mm。

5.3.9 堆载预压加载过程中，应满足地基承载力和稳定控制要求，并应进行竖向变形、水平位移及孔隙水压力的监测，堆载预压加载速率应满足下列要求：

    1 竖井地基最大竖向变形量不应超过15mm/d；

    2 天然地基最大竖向变形量不应超过10mm/d；

    3 堆载预压边缘处水平位移不应超过5mm/d；

    4 根据上述观测资料综合分析、判断地基的承载力和稳定性。

Ⅱ 真空预压

5.3.10 真空预压的抽气设备宜采用射流真空泵，真空泵空抽吸力不应低于95kPa。真空泵的设置应根据地基预压面积、形状、真空泵效率和工程经验确定，每块预压区设置的真空泵不应少于两台。

5.3.11 真空管路设置应符合下列规定：

    1 真空管路的连接应密封，真空管路中应设置止回阀和截门；

    2 水平向分布滤水管可采用条状、梳齿状及羽毛状等形式，滤水管布置宜形成回路；

    3 滤水管应设在砂垫层中，上覆砂层厚度宜为100mm～200mm；

    4 滤水管可采用钢管或塑料管，应外包尼龙纱或土工织物等滤水材料。

5.3.12 密封膜应符合下列规定：

    1 密封膜应采用抗老化性能好、韧性好、抗穿刺性能强的不透气材料；

    2 密封膜热合时，宜采用双热合缝的平搭接，搭接宽度应大于15mm；

    3 密封膜宜铺设三层，膜周边可采用挖沟埋膜、平铺并用黏土覆盖压边、围埝沟内及膜上覆水等方法进行密封。

5.3.13 地基土渗透性强时，应设置黏土密封墙。黏土密封墙宜采用双排搅拌桩，搅拌桩直径不宜小于700mm；当搅拌桩深度小于15m时，搭接宽度不宜小于200mm；当搅拌桩深度大于15m时，搭接宽度不宜小于300mm；搅拌桩成桩搅拌应均匀，黏土密封墙的渗透系数应满足设计要求。

Ⅲ 真空和堆载联合预压

5.3.14 采用真空和堆载联合预压时，应先抽真空，当真空压力达到设计要求并稳定后，再进行堆载，并继续抽真空。

5.3.15 堆载前，应在膜上铺设编织布或无纺布等土工编织布保护层。保护层上铺设100mm～300mm厚砂垫层。

5.3.16 堆载施工时可采用轻型运输工具，不得损坏密封膜。

5.3.17 上部堆载施工时，应监测膜下真空度的变化，发现漏气应及时处理。

5.3.18 堆载加载过程中，应满足地基稳定性设计要求，对竖向变形、边缘水平位移及孔隙水压力的监测应满足下列要求：

    1 地基向加固区外的侧移速率不应大于5mm/d；

    2 地基竖向变形速率不应大于10mm/d；

    3 根据上述观察资料综合分析、判断地基的稳定性。

5.3.19 真空和堆载联合预压除满足本规范第5.3.14条～5.3.18条规定外，尚应符合本规范第5.3节"Ⅰ堆载预压"和"Ⅱ真空预压"的规定。

5.4 质量检验

5.4.1 施工过程中，质量检验和监测应包括下列内容：

    1 对塑料排水带应进行纵向通水量、复合体抗拉强度、滤膜抗拉强度、滤膜渗透系数和等效孔径等性能指标现场随机抽样测试；

    2 对不同来源的砂井和砂垫层砂料，应取样进行颗粒分析和渗透性试验；

    3 对以地基抗滑稳定性控制的工程，应在预压区内预留孔位，在加载不同阶段进行原位十字板剪切试验和取土进行室内土工试验；加固前的地基土检测，应在打设塑料排水带之前进行；

    4 对预压工程，应进行地基竖向变形、侧向位移和孔隙水压力等监测；

5 真空预压、真空和堆载联合预压工程，除应进行地基变形、孔隙水压力监测外，尚应进行膜下真空度和地下水位监测。

5.4.2 预压地基竣工验收检验应符合下列规定：

1 排水竖井处理深度范围内和竖井底面以下受压土层，经预压所完成的竖向变形和平均固结度应满足设计要求；

2 应对预压的地基土进行原位试验和室内土工试验。

5.4.3 原位试验可采用十字板剪切试验或静力触探，检验深度不应小于设计处理深度。原位试验和室内土工试验，应在卸载 3d～5d 后进行。检验数量按每个处理分区不少于 6 点进行检测，对于堆载斜坡处应增加检验数量。

5.4.4 预压处理后的地基承载力应按本规范附录 A 确定。检验数量按每个处理分区不应少于 3 点进行检测。

6 压实地基和夯实地基

6.1 一般规定

6.1.1 压实地基适用于处理大面积填土地基。浅层软弱地基以及局部不均匀地基的换填处理应符合本规范第 4 章的有关规定。

6.1.2 夯实地基可分为强夯和强夯置换处理地基。强夯处理地基适用于碎石土、砂土、低饱和度的粉土与黏性土、湿陷性黄土、素填土和杂填土等地基；强夯置换适用于高饱和度的粉土与软塑～流塑的黏性土地基上对变形要求不严格的工程。

6.1.3 压实和夯实处理后的地基承载力应按本规范附录 A 确定。

6.2 压实地基

6.2.1 压实地基处理应符合下列规定：

1 地下水位以上填土，可采用碾压法和振动压实法，非黏性土或黏粒含量少、透水性较好的松散填土地基宜采用振动压实法。

2 压实地基的设计和施工方法的选择，应根据建筑物体型、结构与荷载特点、场地土层条件、变形要求及填料等因素确定。对大型、重要或场地地层条件复杂的工程，在正式施工前，应通过现场试验确定地基处理效果。

3 以压实土作为建筑地基持力层时，应根据建筑结构类型、填料性能和现场条件等，对拟压实的填土提出质量要求。未经检验，且不符合质量要求的压实填土，不得作为建筑地基持力层。

4 对大面积填土的设计和施工，应验算并采取有效措施确保大面积填土自身稳定性、填土下原地基

的稳定性、承载力和变形满足设计要求；应评估对邻近建筑物及重要市政设施、地下管线等的变形和稳定的影响；施工过程中，应对大面积填土和邻近建筑物、重要市政设施、地下管线等进行变形监测。

6.2.2 压实填土地基的设计应符合下列规定：

1 压实填土的填料可选用粉质黏土、灰土、粉煤灰、级配良好的砂土或碎石土，以及质地坚硬、性能稳定、无腐蚀性和无放射性危害的工业废料等，并应满足下列要求：

1） 以碎石土作填料时，其最大粒径不宜大于 100mm；

2） 以粉质黏土、粉土作填料时，其含水量宜为最优含水量，可采用击实试验确定；

3） 不得使用淤泥、耕土、冻土、膨胀土以及有机质含量大于 5％的土料；

4） 采用振动压实法时，宜降低地下水位到振实面下 600mm。

2 碾压法和振动压实法施工时，应根据压实机械的压实性能，地基土性质、密实度、压实系数和施工含水量等，并结合现场试验确定碾压分层厚度、碾压遍数、碾压范围和有效加固深度等施工参数。初步设计可按表 6.2.2-1 选用。

表 6.2.2-1 填土每层铺填厚度及压实遍数

施工设备	每层铺填厚度（mm）	每层压实遍数
平碾（8t～12t）	200～300	6～8
羊足碾（5t～16t）	200～350	8～16
振动碾（8t～15t）	500～1200	6～8
冲击碾压（冲击势能 15 kJ～25kJ）	600～1500	20～40

3 对已经回填完成且回填厚度超过表 6.2.2-1 中的铺填厚度，或粒径超过 100mm 的填料含量超过 50％的填土地基，应采用较高性能的压实设备或采用夯实法进行加固。

4 压实填土的质量以压实系数 λ_c 控制，并应根据结构类型和压实填土所在部位按表 6.2.2-2 的要求确定。

表 6.2.2-2 压实填土的质量控制

结构类型	填土部位	压实系数 λ_c	控制含水量（％）
砌体承重结构和框架结构	在地基主要受力层范围以内	≥0.97	$w_{op}\pm2$
	在地基主要受力层范围以下	≥0.95	
排架结构	在地基主要受力层范围以内	≥0.96	
	在地基主要受力层范围以下	≥0.94	

注：地坪垫层以下及基础底面标高以上的压实填土，压实系数不应小于 0.94。

5 压实填土的最大干密度和最优含水量，宜采用击实试验确定，当无试验资料时，最大干密度可按下式计算：

$$\rho_{dmax} = \eta \frac{\rho_w d_s}{1 + 0.01 w_{op} d_s} \qquad (6.2.2)$$

式中：ρ_{dmax}——分层压实填土的最大干密度（t/m^3）；

η——经验系数，粉质黏土取 0.96，粉土取 0.97；

ρ_w——水的密度（t/m^3）；

d_s——土粒相对密度（比重）（t/m^3）；

w_{op}——填料的最优含水量（%）。

当填料为碎石或卵石时，其最大干密度可取 $2.1t/m^3 \sim 2.2t/m^3$。

6 设置在斜坡上的压实填土，应验算其稳定性。当天然地面坡度大于 20% 时，应采取防止压实填土可能沿坡面滑动的措施，并应避免雨水沿斜坡排泄。当压实填土阻碍原地表水畅通排泄时，应根据地形修筑雨水截水沟，或设置其他排水设施。设置在压实填土区的上、下水管道，应采取严格防渗、防漏措施。

7 压实填土的边坡坡度允许值，应根据其厚度、填料性质等因素，按照填土自身稳定性、填土下原地基的稳定性的验算结果确定，初步设计时可按表 6.2.2-3 的数值确定。

8 冲击碾压法可用于地基冲击碾压、土石混填或填石路基分层碾压、路基冲击增强补压、旧砂石（沥青）路面冲压和旧水泥混凝土路面冲压等处理；其冲击设备、分层填料的虚铺厚度、分层压实的遍数等的设计应根据土质条件、工期要求等因素综合确定，其有效加固深度宜为 $3.0m \sim 4.0m$，施工前应进行试验段施工，确定施工参数。

表 6.2.2-3 压实填土的边坡坡度允许值

填土类型	边坡坡度允许值（高宽比）		压实系数（λ_c）
	坡高在 8m 以内	坡高为 8m～15m	
碎石、卵石	1:1.50～1:1.25	1:1.75～1:1.50	0.94～0.97
砂夹石（碎石卵石占全重 30%～50%）	1:1.50～1:1.25	1:1.75～1:1.50	
土夹石（碎石卵石占全重 30%～50%）	1:1.50～1:1.25	1:2.00～1:1.50	
粉质黏土，黏粒含量 $\rho_c \geqslant 10\%$ 的粉土	1:1.75～1:1.50	1:2.25～1:1.75	

注：当压实填土厚度 H 大于 15m 时，可设计成台阶或者采用土工格栅加筋等措施，验算满足稳定性要求后进行压实填土的施工。

9 压实填土地基承载力特征值，应根据现场静载荷试验确定，或可通过动力触探、静力触探等试验，并结合静载荷试验结果确定；其下卧层顶面的承载力应满足本规范式（4.2.2-1）、式（4.2.2-2）和式（4.2.2-3）的要求。

10 压实填土地基的变形，可按现行国家标准《建筑地基基础设计规范》GB 50007 的有关规定计算，压缩模量应通过处理后地基的原位测试或土工试验确定。

6.2.3 压实填土地基的施工应符合下列规定：

1 应根据使用要求、邻近结构类型和地质条件确定允许加载量和范围，并按设计要求均衡分步施加，避免大量快速集中填土。

2 填料前，应清除填土层底面以下的耕土、植被或软弱土层等。

3 压实填土施工过程中，应采取防雨、防冻措施，防止填料（粉质黏土、粉土）受雨水淋湿或冻结。

4 基槽内压实时，应先压实基槽两边，再压实中间。

5 冲击碾压法施工的冲击碾压宽度不宜小于 6m，工作面较窄时，需设置转弯车道，冲压最短直线距离不宜少于 100m，冲压边角及转弯区域应采用其他措施压实；施工时，地下水位应降低到碾压面以下 1.5m。

6 性质不同的填料，应采取水平分层、分段填筑，并分层压实；同一水平层，应采用同一填料，不得混合填筑；填方分段施工时，接头部位如不能交替填筑，应按 1:1 坡度分层留台阶；如能交替填筑，则应分层相互交替搭接，搭接长度不小于 2m；压实填土的施工缝，各层应错开搭接，在施工缝的搭接处，应适当增加压实遍数；边角及转弯区域应采取其他措施压实，以达到设计标准。

7 压实地基施工场地附近有对振动和噪声环境控制要求时，应合理安排施工工序和时间，减少噪声与振动对环境的影响，或采取挖减振沟等减振和隔振措施，并进行振动和噪声监测。

8 施工过程中，应避免扰动填土下卧的淤泥或淤泥质土层。压实填土施工结束检验合格后，应及时进行基础施工。

6.2.4 压实填土地基的质量检验应符合下列规定：

1 在施工过程中，应分层取样检验土的干密度和含水量；每 $50m^2 \sim 100m^2$ 面积内应设不少于 1 个检测点，每一个独立基础下，检测点不少于 1 个点，条形基础每 20 延米设检测点不少于 1 个点，压实系数不得低于本规范表 6.2.2-2 的规定；采用灌水法或灌砂法检测的碎石土干密度不得低于 $2.0t/m^3$。

2 有地区经验时，可采用动力触探、静力触探、标准贯入等原位试验，并结合干密度试验的对比结果进行质量检验。

3 冲击碾压法施工宜分层进行变形量、压实系数等土的物理力学指标监测和检测。

4 地基承载力验收检验，可通过静载荷试验并结合动力触探、静力触探、标准贯入等试验结果综合判定。每个单体工程静载荷试验不应少于 3 点，大型工程可按单体工程的数量或面积确定检验点数。

6.2.5 压实地基的施工质量检验应分层进行。每完成一道工序，应按设计要求进行验收，未经验收或验收不合格时，不得进行下一道工序施工。

6.3 夯实地基

6.3.1 夯实地基处理应符合下列规定：

1 强夯和强夯置换施工前，应在施工现场有代表性的场地选取一个或几个试验区，进行试夯或试验性施工。每个试验区面积不宜小于 20m×20m，试验区数量应根据建筑场地复杂程度、建筑规模及建筑类型确定。

2 场地地下水位高，影响施工或夯实效果时，应采取降水或其他技术措施进行处理。

6.3.2 强夯置换处理地基，必须通过现场试验确定其适用性和处理效果。

6.3.3 强夯处理地基的设计应符合下列规定：

1 强夯的有效加固深度，应根据现场试夯或地区经验确定。在缺少试验资料或经验时，可按表 6.3.3-1 进行预估。

表 6.3.3-1　强夯的有效加固深度（m）

单击夯击能 E （kN·m）	碎石土、砂土等 粗颗粒土	粉土、粉质黏土、 湿陷性黄土等 细颗粒土
1000	4.0~5.0	3.0~4.0
2000	5.0~6.0	4.0~5.0
3000	6.0~7.0	5.0~6.0
4000	7.0~8.0	6.0~7.0
5000	8.0~8.5	7.0~7.5
6000	8.5~9.0	7.5~8.0
8000	9.0~9.5	8.0~8.5
10000	9.5~10.0	8.5~9.0
12000	10.0~11.0	9.0~10.0

注：强夯法的有效加固深度应从最初起夯面算起；单击夯击能 E 大于 12000kN·m 时，强夯的有效加固深度应通过试验确定。

2 夯点的夯击次数，应根据现场试夯的夯击次数和夯沉量关系曲线确定，并应同时满足下列条件：

　　1）最后两击的平均夯沉量，宜满足表 6.3.3-2 的要求，当单击夯击能 E 大于 12000kN·m 时，应通过试验确定；

表 6.3.3-2　强夯法最后两击平均夯沉量（mm）

单击夯击能 E （kN·m）	最后两击平均夯沉量不大于 （mm）
$E < 4000$	50
$4000 \leqslant E < 6000$	100
$6000 \leqslant E < 8000$	150
$8000 \leqslant E < 12000$	200

　　2）夯坑周围地面不应发生过大的隆起；

　　3）不因夯坑过深而发生提锤困难。

3 夯击遍数应根据地基土的性质确定，可采用点夯（2~4）遍，对于渗透性较差的细颗粒土，应适当增加夯击遍数；最后以低能量满夯 2 遍，满夯可采用轻锤或低落距锤多次夯击，锤印搭接。

4 两遍夯击之间，应有一定的时间间隔，间隔时间取决于土中超静孔隙水压力的消散时间。当缺少实测资料时，可根据地基土的渗透性确定，对于渗透性较差的黏性土地基，间隔时间不应少于（2~3）周；对于渗透性好的地基可连续夯击。

5 夯击点位置可根据基础底面形状，采用等边三角形、等腰三角形或正方形布置。第一遍夯击点间距可取夯锤直径的（2.5~3.5）倍，第二遍夯击点应位于第一遍夯击点之间。以后各遍夯击点间距可适当减小。对处理深度较深或单击夯击能较大的工程，第一遍夯击点间距宜适当增大。

6 强夯处理范围应大于建筑物基础范围，每边超出基础外缘的宽度宜为基底下设计处理深度的 1/2~2/3，且不应小于 3m；对可液化地基，基础边缘的处理宽度，不应小于 5m；对湿陷性黄土地基，应符合现行国家标准《湿陷性黄土地区建筑规范》GB 50025 的有关规定。

7 根据初步确定的强夯参数，提出强夯试验方案，进行现场试夯。应根据不同土质条件，待试夯结束一周至数周后，对试夯场地进行检测，并与夯前试验数据进行对比，检验强夯效果，确定工程采用的各项强夯参数。

8 根据基础埋深和试夯时所测得的夯沉量，确定起夯面标高、夯坑回填方式和夯后标高。

9 强夯地基承载力特征值应通过现场静载荷试验确定。

10 强夯地基变形计算，应符合现行国家标准《建筑地基基础设计规范》GB 50007 有关规定。夯后有效加固深度内土的压缩模量，应通过原位测试或土工试验确定。

6.3.4 强夯处理地基的施工，应符合下列规定：

1 强夯夯锤质量宜为 10t~60t，其底面形式采用圆形，锤底面积宜按土的性质确定，锤底静接地压力值宜为 25kPa~80kPa，单击夯击能高时，取高值，单击夯击能低时，取低值，对于细颗粒土宜取低值。锤的底面宜对称设置若干个上下贯通的排气孔，孔径宜为300mm～400mm。

2 强夯法施工，应按下列步骤进行：

1）清理并平整施工场地；

2）标出第一遍夯点位置，并测量场地高程；

3）起重机就位，夯锤置于夯点位置；

4）测量夯前锤顶高程；

5）将夯锤起吊到预定高度，开启脱钩装置，夯锤脱钩自由下落，放下吊钩，测量锤顶高程；若发现因坑底倾斜而造成夯锤歪斜时，应及时将坑底整平；

6）重复步骤5），按设计规定的夯击次数及控制标准，完成一个夯点的夯击；当夯坑过深，出现提锤困难，但无明显隆起，而尚未达到控制标准时，宜将夯坑回填至与坑顶齐平后，继续夯击；

7）换夯点，重复步骤3）～6），完成第一遍全部夯点的夯击；

8）用推土机将夯坑填平，并测量场地高程；

9）在规定的间隔时间后，按上述步骤逐次完成全部夯击遍数；最后，采用低能量满夯，将场地表层松土夯实，并测量夯后场地高程。

6.3.5 强夯置换处理地基的设计，应符合下列规定：

1 强夯置换墩的深度应由土质条件决定。除厚层饱和粉土外，应穿透软土层，到达较硬土层上，深度不宜超过10m。

2 强夯置换的单击夯击能应根据现场试验确定。

3 墩体材料可采用级配良好的块石、碎石、矿渣、工业废渣、建筑垃圾等坚硬粗颗粒材料，且粒径大于300mm的颗粒含量不宜超过30%。

4 夯点的夯击次数应通过现场试验确定，并应满足下列条件：

1）墩底穿透软弱土层，且达到设计墩长；

2）累计夯沉量为设计墩长的（1.5～2.0）倍；

3）最后两击的平均夯沉量可按表6.3.3-2确定。

5 墩位布置宜采用等边三角形或正方形。对独立基础或条形基础可根据基础形状与宽度作相应布置。

6 墩间距应根据荷载大小和原状土的承载力选定，当满堂布置时，可取夯锤直径的（2～3）倍。对独立基础或条形基础可取夯锤直径的（1.5～2.0）倍。墩的计算直径可取夯锤直径的（1.1～1.2）倍。

7 强夯置换处理范围应符合本规范第6.3.3条第6款的规定。

8 墩顶应铺设一层厚度不小于500mm的压实垫层，垫层材料宜与墩体材料相同，粒径不宜大

于100mm。

9 强夯置换设计时，应预估地面抬高值，并在试夯时校正。

10 强夯置换地基处理试验方案的确定，应符合本规范第6.3.3条第7款的规定。除应进行现场静载荷试验和变形模量检测外，尚应采用超重型或重型动力触探等方法，检查置换墩着底情况，以及地基土的承载力与密度随深度的变化。

11 软黏性土中强夯置换地基承载力特征值应通过现场单墩静载荷试验确定；对于饱和粉土地基，当处理后形成2.0m以上厚度的硬层时，其承载力可通过现场单墩复合地基静载荷试验确定。

12 强夯置换地基的变形宜按单墩静载荷试验确定的变形模量计算加固区的地基变形，对墩下地基土的变形可按置换墩材料的压力扩散角计算传至墩下土层的附加应力，按现行国家标准《建筑地基基础设计规范》GB 50007的有关规定计算确定；对饱和粉土地基，当处理后形成2.0m以上厚度的硬层时，可按本规范第7.1.7条的规定确定。

6.3.6 强夯置换处理地基的施工应符合下列规定：

1 强夯置换夯锤底面宜采用圆形，夯锤底静接地压力值宜大于80 kPa。

2 强夯置换施工应按下列步骤进行：

1）清理并平整施工场地，当表层土松软时，可铺设1.0m～2.0m厚的砂石垫层；

2）标出夯点位置，并测量场地高程；

3）起重机就位，夯锤置于夯点位置；

4）测量夯前锤顶高程；

5）夯击并逐击记录夯坑深度；当夯坑过深，起锤困难时，应停夯，向夯坑内填料直至与坑顶齐平，记录填料数量；工序重复，直至满足设计的夯击次数及质量控制标准，完成一个墩体的夯击；当夯点周围软土挤出，影响施工时，应随时清理，并宜在夯点周围铺垫碎石后，继续施工；

6）按照"由内而外、隔行跳打"的原则，完成全部夯点的施工；

7）推平场地，采用低能量满夯，将场地表层松土夯实，并测量夯后场地高程；

8）铺设垫层，分层碾压密实。

6.3.7 夯实地基宜采用带有自动脱钩装置的履带式起重机，夯锤的质量不应超过起重机械额定起重质量。履带式起重机应在臂杆端部设置辅助门架或采用其他安全措施，防止起落锤时，机架倾覆。

6.3.8 当场地表层土软弱或地下水位较高，宜采用人工降低地下水位或铺填一定厚度的砂石材料的施工措施。施工前，宜将地下水位降低至坑底面以下2m。施工时，坑内或场地积水应及时排除。对细颗粒土，尚应采取晾晒等措施降低含水量。当地基土的含水量

低，影响处理效果时，宜采取增湿措施。

6.3.9 施工前，应查明施工影响范围内地下构筑物和地下管线的位置，并采取必要的保护措施。

6.3.10 当强夯施工所引起的振动和侧向挤压对邻近建构筑物产生不利影响时，应设置监测点，并采取挖隔振沟等隔振或防振措施。

6.3.11 施工过程中的监测应符合下列规定：

　　1 开夯前，应检查夯锤质量和落距，以确保单击夯击能量符合设计要求。

　　2 在每一遍夯击前，应对夯点放线进行复核，夯完后检查夯坑位置，发现偏差或漏夯应及时纠正。

　　3 按设计要求，检查每个夯点的夯击次数、每击的夯沉量、最后两击的平均夯沉量和总夯沉量、夯点施工起止时间。对强夯置换施工，尚应检查置换深度。

　　4 施工过程中，应对各项施工参数及施工情况进行详细记录。

6.3.12 夯实地基施工结束后，应根据地基土的性质及所采用的施工工艺，待土层休止期结束后，方可进行基础施工。

6.3.13 强夯处理后的地基竣工验收，承载力检验应根据静载荷试验、其他原位测试和室内土工试验等方法综合确定。强夯置换后的地基竣工验收，除应采用单墩静载荷试验进行承载力检验外，尚应采用动力触探等查明置换墩着底情况及密度随深度的变化情况。

6.3.14 夯实地基的质量检验应符合下列规定：

　　1 检查施工过程中的各项测试数据和施工记录，不符合设计要求时应补夯或采取其他有效措施。

　　2 强夯处理后的地基承载力检验，应在施工结束后间隔一定时间进行，对于碎石土和砂土地基，间隔时间宜为(7～14)d；粉土和黏性土地基，间隔时间宜为(14～28)d；强夯置换地基，间隔时间宜为28d。

　　3 强夯地基均匀性检验，可采用动力触探试验或标准贯入试验、静力触探试验等原位测试，以及室内土工试验。检验点的数量，可根据场地复杂程度和建筑物的重要性确定，对于简单场地上的一般建筑物，按每400m² 不少于1个检测点，且不少于3点；对于复杂场地或重要建筑地基，每300m² 不少于1个检验点，且不少于3点。强夯置换地基，可采用超重型或重型动力触探试验等方法，检查置换墩着底情况及承载力与密度随深度的变化，检验数量不应少于墩点数的3%，且不少于3点。

　　4 强夯地基承载力检验的数量，应根据场地复杂程度和建筑物的重要性确定，对于简单场地上的一般建筑，每个建筑地基载荷试验检验点不应少于3点；对于复杂场地或重要建筑地基应增加检验点数。检测结果的评价，应考虑夯点和夯间位置的差异。强夯置换地基单墩载荷试验数量不应少于墩点数的1%，且不少于3点；对饱和粉土地基，当处理后墩间土能形成2.0m以上厚度的硬层时，其地基承载力可通过现场单墩复合地基静载荷试验确定，检验数量不应少于墩点数的1%，且每个建筑载荷试验检验点不应少于3点。

7 复 合 地 基

7.1 一 般 规 定

7.1.1 复合地基设计前，应在有代表性的场地上进行现场试验或试验性施工，以确定设计参数和处理效果。

7.1.2 对散体材料复合地基增强体应进行密实度检验；对有粘结强度复合地基增强体应进行强度及桩身完整性检验。

7.1.3 复合地基承载力的验收检验应采用复合地基静载荷试验，对有粘结强度的复合地基增强体尚应进行单桩静载荷试验。

7.1.4 复合地基增强体单桩的桩位施工允许偏差：对条形基础的边桩沿轴线方向应为桩径的±1/4，沿垂直轴线方向应为桩径的±1/6，其他情况桩位的施工允许偏差应为桩径的±40%；桩身的垂直度允许偏差应为±1%。

7.1.5 复合地基承载力特征值应通过复合地基静载荷试验或采用增强体静载荷试验结果和其周边土的承载力特征值结合经验确定，初步设计时，可按下列公式估算：

　　1 对散体材料增强体复合地基应按下式计算：

$$f_{spk} = [1 + m(n-1)]f_{sk} \quad (7.1.5-1)$$

式中：f_{spk}——复合地基承载力特征值（kPa）；

f_{sk}——处理后桩间土承载力特征值（kPa），可按地区经验确定；

n——复合地基桩土应力比，可按地区经验确定；

m——面积置换率，$m = d^2/d_e^2$；d为桩身平均直径（m），d_e为一根桩分担的处理地基面积的等效圆直径（m）；等边三角形布桩 $d_e = 1.05s$，正方形布桩 $d_e = 1.13s$，矩形布桩 $d_e = 1.13\sqrt{s_1 s_2}$，s、s_1、s_2 分别为桩间距、纵向桩间距和横向桩间距。

　　2 对有粘结强度增强体复合地基应按下式计算：

$$f_{spk} = \lambda m \frac{R_a}{A_p} + \beta(1-m)f_{sk} \quad (7.1.5-2)$$

式中：λ——单桩承载力发挥系数，可按地区经验取值；

R_a——单桩竖向承载力特征值（kN）；

A_p——桩的截面积（m²）；

β——桩间土承载力发挥系数，可按地区经验取值。

3 增强体单桩竖向承载力特征值可按下式估算：

$$R_a = u_p \sum_{i=1}^{n} q_{si} l_{pi} + \alpha_p q_p A_p \qquad (7.1.5\text{-}3)$$

式中：u_p——桩的周长（m）；

q_{si}——桩周第 i 层土的侧阻力特征值（kPa），可按地区经验确定；

l_{pi}——桩长范围内第 i 层土的厚度（m）；

α_p——桩端端阻力发挥系数，应按地区经验确定；

q_p——桩端端阻力特征值（kPa），可按地区经验确定；对于水泥搅拌桩、旋喷桩应取未经修正的桩端地基土承载力特征值。

7.1.6 有粘结强度复合地基增强体桩身强度应满足式（7.1.6-1）的要求。当复合地基承载力进行基础埋深的深度修正时，增强体桩身强度应满足式（7.1.6-2）的要求。

$$f_{cu} \geqslant 4 \frac{\lambda R_a}{A_P} \qquad (7.1.6\text{-}1)$$

$$f_{cu} \geqslant 4 \frac{\lambda R_a}{A_P} \left[1 + \frac{\gamma_m (d - 0.5)}{f_{spa}} \right] (7.1.6\text{-}2)$$

式中：f_{cu}——桩体试块（边长 150mm 立方体）标准养护 28d 的立方体抗压强度平均值（kPa），对水泥土搅拌桩应符合本规范第 7.3.3 条的规定；

γ_m——基础底面以上土的加权平均重度（kN/m³），地下水位以下取有效重度；

d——基础埋置深度（m）；

f_{spa}——深度修正后的复合地基承载力特征值（kPa）。

7.1.7 复合地基变形计算应符合现行国家标准《建筑地基基础设计规范》GB 50007 的有关规定，地基变形计算深度应大于复合土层的深度。复合土层的分层与天然地基相同，各复合土层的压缩模量等于该层天然地基压缩模量的 ζ 倍，ζ 值可按下式确定：

$$\zeta = \frac{f_{spk}}{f_{ak}} \qquad (7.1.7)$$

式中：f_{ak}——基础底面下天然地基承载力特征值（kPa）。

7.1.8 复合地基的沉降计算经验系数 ψ_s 可根据地区沉降观测资料统计值确定，无经验取值时，可采用表 7.1.8 的数值。

表 7.1.8 沉降计算经验系数 ψ_s

$\overline{E}_s$（MPa）	4.0	7.0	15.0	20.0	35.0
ψ_s	1.0	0.7	0.4	0.25	0.2

注：$\overline{E}_s$ 为变形计算深度范围内压缩模量的当量值，应按下式计算：

$$\overline{E}_s = \frac{\sum_{i=1}^{n} A_i + \sum_{j=1}^{m} A_j}{\sum_{i=1}^{n} \dfrac{A_i}{E_{spi}} + \sum_{j=1}^{m} \dfrac{A_j}{E_{sj}}} \qquad (7.1.8)$$

式中：A_i——加固土层第 i 层土附加应力系数沿土层厚度的积分值；

A_j——加固土层下第 j 层土附加应力系数沿土层厚度的积分值。

7.1.9 处理后的复合地基承载力，应按本规范附录 B 的方法确定；复合地基增强体的单桩承载力，应按本规范附录 C 的方法确定。

7.2 振冲碎石桩和沉管砂石桩复合地基

7.2.1 振冲碎石桩、沉管砂石桩复合地基处理应符合下列规定：

1 适用于挤密处理松散砂土、粉土、粉质黏土、素填土、杂填土等地基，以及用于处理可液化地基。饱和黏土地基，如对变形控制不严格，可采用砂石桩置换处理。

2 对大型的、重要的或场地地层复杂的工程，以及对于处理不排水抗剪强度不小于 20kPa 的饱和黏性土和饱和黄土地基，应在施工前通过现场试验确定其适用性。

3 不加填料振冲挤密法适用于处理黏粒含量不大于 10% 的中砂、粗砂地基，在初步设计阶段宜进行现场工艺试验，确定不加填料振密的可行性，确定孔距、振密电流值、振冲水压力、振后砂层的物理力学指标等施工参数；30kW 振冲器振密深度不宜超过 7m，75kW 振冲器振密深度不宜超过 15m。

7.2.2 振冲碎石桩、沉管砂石桩复合地基设计应符合下列规定：

1 地基处理范围应根据建筑物的重要性和场地条件确定，宜在基础外缘扩大（1～3）排桩。对可液化地基，在基础外缘扩大宽度不应小于基底下可液化土层厚度的 1/2，且不应小于 5m。

2 桩位布置，对大面积满堂基础和独立基础，可采用三角形、正方形、矩形布桩；对条形基础，可沿基础轴线采用单排布桩或对称轴线多排布桩。

3 桩径可根据地基土质情况、成桩方式和成桩设备等因素确定，桩的平均直径可按每根桩所用填料量计算。振冲碎石桩桩径宜为 800mm～1200mm；沉管砂石桩桩径宜为 300mm～800mm。

4 桩间距应通过现场试验确定，并应符合下列规定：

1) 振冲碎石桩的桩间距应根据上部结构荷载大小和场地土层情况，并结合所采用的振冲器功率大小综合考虑；30kW 振冲器布桩间距可采用 1.3m～2.0m；55kW 振冲器布桩间距可采用 1.4m～2.5m；75kW 振冲器布桩间距可采用 1.5m～3.0m；不加填料振冲挤密孔距可为 2m～3m；

2）沉管砂石桩的桩间距，不宜大于砂石桩直径的 4.5 倍；

初步设计时，对松散粉土和砂土地基，应根据挤密后要求达到的孔隙比确定，可按下列公式估算：

等边三角形布置

$$s = 0.95 \xi d \sqrt{\frac{1 + e_0}{e_0 - e_1}} \qquad (7.2.2\text{-}1)$$

正方形布置

$$s = 0.89 \xi d \sqrt{\frac{1 + e_0}{e_0 - e_1}} \qquad (7.2.2\text{-}2)$$

$$e_1 = e_{max} - D_{r1}(e_{max} - e_{min}) \qquad (7.2.2\text{-}3)$$

式中：s——砂石桩间距（m）；

d——砂石桩直径（m）；

ξ——修正系数，当考虑振动下沉密实作用时，可取1.1～1.2；不考虑振动下沉密实作用时，可取 1.0；

e_0——地基处理前砂土的孔隙比，可按原状土样试验确定，也可根据动力或静力触探等对比试验确定；

e_1——地基挤密后要求达到的孔隙比；

e_{max}、e_{min}——砂土的最大、最小孔隙比，可按现行国家标准《土工试验方法标准》GB/T 50123 的有关规定确定；

D_{r1}——地基挤密后要求砂土达到的相对密实度，可取0.70～0.85。

5 桩长可根据工程要求和工程地质条件，通过计算确定并应符合下列规定：

1）当相对硬土层埋深较浅时，可按相对硬层埋深确定；

2）当相对硬土层埋深较大时，应按建筑物地基变形允许值确定；

3）对按稳定性控制的工程，桩长应不小于最危险滑动面以下 2.0m 的深度；

4）对可液化的地基，桩长应按要求处理液化的深度确定；

5）桩长不宜小于4m。

6 振冲桩桩体材料可采用含泥量不大于 5% 的碎石、卵石、矿渣或其他性能稳定的硬质材料，不宜使用风化易碎的石料。对30kW 振冲器，填料粒径宜为 20mm～80mm；对 55kW 振冲器，填料粒径宜为 30mm～100mm；对 75kW 振冲器，填料粒径宜为 40mm～150mm。沉管桩桩体材料可用含泥量不大于 5% 的碎石、卵石、角砾、圆砾、砾砂、粗砂、中砂或石屑等硬质材料，最大粒径不宜大于50mm。

7 桩顶和基础之间宜铺设厚度为 300mm～

500mm 的垫层，垫层材料宜用中砂、粗砂、级配砂石和碎石等，最大粒径不宜大于 30mm，其夯填度（夯实后的厚度与虚铺厚度的比值）不应大于0.9。

8 复合地基的承载力初步设计可按本规范（7.1.5-1）式估算，处理后桩间土承载力特征值，可按地区经验确定，如无经验时，对于一般黏性土地基，可取天然地基承载力特征值，松散的砂土、粉土可取原天然地基承载力特征值的（1.2～1.5）倍；复合地基桩土应力比 n，宜采用实测值确定，如无实测资料时，对于黏性土可取2.0～4.0，对于砂土、粉土可取 1.5～3.0。

9 复合地基变形计算应符合本规范第 7.1.7 条和第 7.1.8 条的规定。

10 对处理堆载场地地基，应进行稳定性验算。

7.2.3 振冲碎石桩施工应符合下列规定：

1 振冲施工可根据设计荷载的大小、原土强度的高低、设计桩长等条件选用不同功率的振冲器。施工前应在现场进行试验，以确定水压、振密电流和留振时间等各种施工参数。

2 升降振冲器的机械可用起重机、自行井架式施工平车或其他合适的设备。施工设备应配有电流、电压和留振时间自动信号仪表。

3 振冲施工可按下列步骤进行：

1）清理平整施工场地，布置桩位；

2）施工机具就位，使振冲器对准桩位；

3）启动供水泵和振冲器，水压宜为 200kPa～600kPa，水量宜为 200L/min～400L/min，将振冲器徐徐沉入土中，造孔速度宜为 0.5m/min～2.0m/min，直至达到设计深度；记录振冲器经各深度的水压、电流和留振时间；

4）造孔后边提升振冲器，边冲水直至孔口，再放至孔底，重复（2～3）次扩大孔径并使孔内泥浆变稀，开始填料制桩；

5）大功率振冲器投料可不提出孔口，小功率振冲器下料困难时，可将振冲器提出孔口填料，每次填料厚度不宜大于 500mm；将振冲器沉入填料中进行振密制桩，当电流达到规定的密实电流值和规定的留振时间后，将振冲器提升 300mm～500mm；

6）重复以上步骤，自下而上逐段制作桩体直至孔口，记录各段深度的填料量、最终电流值和留振时间；

7）关闭振冲器和水泵。

4 施工现场应事先开设泥水排放系统，或组织好运浆车辆将泥浆运至预先安排的存放地点，应设置沉淀池，重复使用上部清水。

5 桩体施工完毕后，应将顶部预留的松散桩体挖除，铺设垫层并压实。

6 不加填料振冲加密宜采用大功率振冲器，造孔速度宜为 8m/min～10m/min，到达设计深度后，宜将射水量减至最小，留振至密实电流达到规定时，上提 0.5m，逐段振密直至孔口，每米振密时间约 1min。在粗砂中施工，如遇下沉困难，可在振冲器两侧增焊辅助水管，加大造孔水量，降低造孔水压。

7 振密孔施工顺序，宜沿直线逐点逐行进行。

7.2.4 沉管砂石桩施工应符合下列规定：

1 砂石桩施工可采用振动沉管、锤击沉管或冲击成孔等成桩法。当用于消除粉细砂及粉土液化时，宜用振动沉管成桩法。

2 施工前应进行成桩工艺和成桩挤密试验。当成桩质量不能满足设计要求时，应调整施工参数后，重新进行试验或设计。

3 振动沉管成桩法施工，应根据沉管和挤密情况，控制填砂石量、提升高度和速度、挤压次数和时间、电机的工作电流等。

4 施工中应选用能顺利出料和有效挤压桩孔内砂石料的桩尖结构。当采用活瓣桩靴时，对砂土和粉土地基宜选用尖锥形；一次性桩尖可采用混凝土锥形桩尖。

5 锤击沉管成桩法施工可采用单管法或双管法。锤击法挤密应根据锤击能量，控制分段的填砂石量和成桩的长度。

6 砂石桩桩孔内材料填料量，应通过现场试验确定，估算时，可按设计桩孔体积乘以充盈系数确定，充盈系数可取1.2～1.4。

7 砂石桩的施工顺序：对砂土地基宜从外围或两侧向中间进行。

8 施工时桩位偏差不应大于套管外径的 30%，套管垂直度允许偏差为±1%。

9 砂石桩施工后，应将表层的松散层挖除或夯压密实，随后铺设并压实砂石垫层。

7.2.5 振冲碎石桩、沉管砂石桩复合地基的质量检验应符合下列规定：

1 检查各项施工记录，如有遗漏或不符合要求的桩，应补桩或采取其他有效的补救措施。

2 施工后，应间隔一定时间方可进行质量检验。对粉质黏土地基不宜少于 21d，对粉土地基不宜少于 14d，对砂土和杂填土地基不宜少于 7d。

3 施工质量的检验，对桩体可采用重型动力触探试验；对桩间土可采用标准贯入、静力触探、动力触探或其他原位测试等方法；对消除液化的地基检验应采用标准贯入试验。桩间土质量的检测位置应在等边三角形或正方形的中心。检验深度不应小于处理地基深度，检测数量不应少于桩孔总数的 2%。

7.2.6 竣工验收时，地基承载力检验应采用复合地基静载荷试验，试验数量不应少于总桩数的 1%，且每个单体建筑不应少于 3 点。

7.3 水泥土搅拌桩复合地基

7.3.1 水泥土搅拌桩复合地基处理应符合下列规定：

1 适用于处理正常固结的淤泥、淤泥质土、素填土、黏性土（软塑、可塑）、粉土（稍密、中密）、粉细砂（松散、中密）、中粗砂（松散、稍密）、饱和黄土等土层。不适用于含大孤石或障碍物较多且不易清除的杂填土、欠固结的淤泥和淤泥质土、硬塑及坚硬的黏性土、密实的砂类土，以及地下水渗流影响成桩质量的土层。当地基土的天然含水量小于 30%（黄土含水量小于 25%）时不宜采用粉体搅拌法。冬期施工时，应考虑负温对处理地基效果的影响。

2 水泥土搅拌桩的施工工艺分为浆液搅拌法（以下简称湿法）和粉体搅拌法（以下简称干法）。可采用单轴、双轴、多轴搅拌或连续成槽搅拌形成柱状、壁状、格栅状或块状水泥土加固体。

3 对采用水泥土搅拌桩处理地基，除应按现行国家标准《岩土工程勘察规范》GB 50021 要求进行岩土工程详细勘察外，尚应查明拟处理地基土层的 pH 值、塑性指数、有机质含量、地下障碍物及软土分布情况、地下水位及其运动规律等。

4 设计前，应进行处理地基土的室内配比试验。针对现场拟处理地基土层的性质，选择合适的固化剂、外掺剂及其掺量，为设计提供不同龄期、不同配比的强度参数。对竖向承载的水泥土强度宜取 90d 龄期试块的立方体抗压强度平均值。

5 增强体的水泥掺量不应小于 12%，块状加固时水泥掺量不应小于加固天然土质量的 7%；湿法的水泥浆水灰比可取 0.5～0.6。

6 水泥土搅拌桩复合地基宜在基础和桩之间设置褥垫层，厚度可取 200mm～300mm。褥垫层材料可选用中砂、粗砂、级配砂石等，最大粒径不宜大于 20mm。褥垫层的夯填度不应大于 0.9。

7.3.2 **水泥土搅拌桩用于处理泥炭土、有机质土、pH 值小于 4 的酸性土、塑性指数大于 25 的黏土，或在腐蚀性环境中以及无工程经验的地区使用时，必须通过现场和室内试验确定其适用性。**

7.3.3 水泥土搅拌桩复合地基设计应符合下列规定：

1 搅拌桩的长度，应根据上部结构对地基承载力和变形的要求确定，并应穿透软弱土层到达地基承载力相对较高的土层；当设置的搅拌桩同时为提高地基稳定性时，其桩长应超过危险滑弧以下不少于 2.0m；干法的加固深度不宜大于 15m，湿法加固深度不宜大于 20m。

2 复合地基的承载力特征值，应通过现场单桩或多桩复合地基静载荷试验确定。初步设计时可按本规范式（7.1.5-2）估算，处理后桩间土承载力特征值 f_{sk}（kPa）可取天然地基承载力特征值；桩间土承载力发挥系数 β，对淤泥、淤泥质土和流塑状软土等处理土层，可取 0.1～0.4，对其他土层可取 0.4～0.8；单桩承载力发挥系数 λ 可取 1.0。

3 单桩承载力特征值，应通过现场静载荷试验确定。初步设计时可按本规范式（7.1.5-3）估算，桩端端阻力发挥系数可取 0.4～0.6；桩端端阻力特征值，可取桩端土未修正的地基承载力特征值，并应满足式（7.3.3）的要求，应使由桩身材料强度确定的单桩承载力不小于由桩周土和桩端土的抗力所提供的单桩承载力。

$$R_a = \eta f_{cu} A_p \qquad (7.3.3)$$

式中：f_{cu}——与搅拌桩桩身水泥土配比相同的室内加固土试块，边长为 70.7mm 的立方体在标准养护条件下 90d 龄期的立方体抗压强度平均值（kPa）；

η——桩身强度折减系数，干法可取 0.20～0.25；湿法可取 0.25。

4 桩长超过 10m 时，可采用固化剂变掺量设计。在全长桩身水泥总掺量不变的前提下，桩身上部 1/3 桩长范围内，可适当增加水泥掺量及搅拌次数。

5 桩的平面布置可根据上部结构特点及对地基承载力和变形的要求，采用柱状、壁状、格栅状或块状等加固形式。独立基础下的桩数不宜少于 4 根。

6 当搅拌桩处理范围以下存在软弱下卧层时，应按现行国家标准《建筑地基基础设计规范》GB 50007 的有关规定进行软弱下卧层地基承载力验算。

7 复合地基的变形计算应符合本规范第 7.1.7 条和第 7.1.8 条的规定。

7.3.4 用于建筑物地基处理的水泥土搅拌桩施工设备，其湿法施工配备注浆泵的额定压力不宜小于 5.0MPa；干法施工的最大送粉压力不应小于 0.5MPa。

7.3.5 水泥土搅拌桩施工应符合下列规定：

1 水泥土搅拌桩施工现场施工前应予以平整，清除地上和地下的障碍物。

2 水泥土搅拌桩施工前，应根据设计进行工艺性试桩，数量不得少于 3 根，多轴搅拌施工不得少于 3 组。应对工艺试桩的质量进行检验，确定施工参数。

3 搅拌头翼片的枚数、宽度、与搅拌轴的垂直夹角、搅拌头的回转数、提升速度应相互匹配，干法搅拌时钻头每转一圈的提升（或下沉）量宜为 10mm～15mm，确保加固深度范围内土体的任何一点均能经过 20 次以上的搅拌。

4 搅拌桩施工时，停浆（灰）面应高于桩顶设计标高 500mm。在开挖基坑时，应将桩顶以上土层及桩顶施工质量较差的桩段，采用人工挖除。

5 施工中，应保持搅拌桩机底盘的水平和导向架的竖直，搅拌桩的垂直度允许偏差和桩位偏差应满足本规范第 7.1.4 条的规定；成桩直径和桩长不得小

于设计值。

6 水泥土搅拌桩施工应包括下列主要步骤：

1）搅拌机械就位、调平；

2）预搅下沉至设计加固深度；

3）边喷浆（或粉）边搅拌提升直至预定的停浆（或灰）面；

4）重复搅拌下沉至设计加固深度；

5）根据设计要求，喷浆（或粉）或仅搅拌提升直至预定的停浆（或灰）面；

6）关闭搅拌机械。

在预（复）搅下沉时，也可采用喷浆（粉）的施工工艺，确保全桩长上下至少再重复搅拌一次。

对地基土进行干法咬合加固时，如复搅困难，可采用慢速搅拌，保证搅拌的均匀性。

7 水泥土搅拌湿法施工应符合下列规定：

1）施工前，应确定灰浆泵输浆量、灰浆经输浆管到达搅拌机喷浆口的时间和起吊设备提升速度等施工参数，并应根据设计要求，通过工艺性成桩试验确定施工工艺；

2）施工中所使用的水泥应过筛，制备好的浆液不得离析，泵送浆应连续进行。拌制水泥浆液的罐数、水泥和外掺剂用量以及泵送浆液的时间应记录；喷浆量及搅拌深度应采用经国家计量部门认证的监测仪器进行自动记录；

3）搅拌机喷浆提升的速度和次数应符合施工工艺要求，并设专人进行记录；

4）当水泥浆液到达出浆口后，应喷浆搅拌 30s，在水泥浆与桩端土充分搅拌后，再开始提升搅拌头；

5）搅拌机预搅下沉时，不宜冲水，当遇到硬土层下沉太慢时，可适量冲水；

6）施工过程中，如因故停浆，应将搅拌头下沉至停浆点以下 0.5m 处，待恢复供浆时，再喷浆搅拌提升；若停机超过 3h，宜先拆卸输浆管路，并妥加清洗；

7）壁状加固时，相邻桩的施工时间间隔不宜超过 12h。

8 水泥土搅拌干法施工应符合下列规定：

1）喷粉施工前，应检查搅拌机械、供粉泵、送气（粉）管路、接头和阀门的密封性、可靠性，送气（粉）管路的长度不宜大于 60m；

2）搅拌头每旋转一周，提升高度不得超过 15mm；

3）搅拌头的直径应定期复核检查，其磨耗量不得大于 10mm；

4）当搅拌头到达设计桩底以上 1.5m 时，应开启喷粉机提前进行喷粉作业；当搅拌头提

升至地面下 500mm 时，喷粉机应停止喷粉；

5）成桩过程中，因故停止喷粉，应将搅拌头下沉至停灰面以下 1m 处，待恢复喷粉时，再喷粉搅拌提升。

7.3.6 水泥土搅拌桩干法施工机械必须配置经国家计量部门确认的具有能瞬时检测并记录出粉体计量装置及搅拌深度自动记录仪。

7.3.7 水泥土搅拌桩复合地基质量检验应符合下列规定：

1 施工过程中应随时检查施工记录和计量记录。

2 水泥土搅拌桩的施工质量检验可采用下列方法：

1）成桩 3d 内，采用轻型动力触探（N_{10}）检查上部桩身的均匀性，检验数量为施工总桩数的 1%，且不少于 3 根。

2）成桩 7d 后，采用浅部开挖桩头进行检查，开挖深度宜超过停浆（灰）面下 0.5m，检查搅拌的均匀性，量测成桩直径，检查数量不少于总桩数的 5%。

3 静载荷试验宜在成桩 28d 后进行。水泥土搅拌桩复合地基承载力检验应采用复合地基静载荷试验和单桩静载荷试验，验收检验数量不少于总桩数的 1%，复合地基静载荷试验数量不少于 3 台（多轴搅拌为 3 组）。

4 对变形有严格要求的工程，应在成桩 28d 后，采用双管单动取样器钻取芯样作水泥土抗压强度检验，检验数量为施工总桩数的 0.5%，且不少于 6 点。

7.3.8 基槽开挖后，应检验桩位、桩数与桩顶桩身质量，如不符合设计要求，应采取有效补强措施。

7.4 旋喷桩复合地基

7.4.1 旋喷桩复合地基处理应符合下列规定：

1 适用于处理淤泥、淤泥质土、黏性土（流塑、软塑和可塑）、粉土、砂土、黄土、素填土和碎石土等地基。对土中含有较多的大直径块石、大量植物根茎和高含量的有机质，以及地下水流速较大的工程，应根据现场试验结果确定其适应性。

2 旋喷桩施工，应根据工程需要和土质条件选用单管法、双管法和三管法；旋喷桩加固体形状可分为柱状、壁状、条状或块状。

3 在制定旋喷桩方案时，应搜集邻近建筑物和周边地下埋设物等资料。

4 旋喷桩方案确定后，应结合工程情况进行现场试验，确定施工参数及工艺。

7.4.2 旋喷桩加固体强度和直径，应通过现场试验确定。

7.4.3 旋喷桩复合地基承载力特征值和单桩竖向承载力特征值应通过现场静载荷试验确定。初步设计

时，可按本规范式（7.1.5-2）和式（7.1.5-3）估算，其桩身材料强度尚应满足式（7.1.6-1）和式（7.1.6-2）要求。

7.4.4 旋喷桩复合地基的地基变形计算应符合本规范第 7.1.7 条和第 7.1.8 条的规定。

7.4.5 当旋喷桩处理地基范围以下存在软弱下卧层时，应按现行国家标准《建筑地基基础设计规范》GB 50007 的有关规定进行软弱下卧层地基承载力验算。

7.4.6 旋喷桩复合地基宜在基础和桩顶之间设置褥垫层。褥垫层厚度宜为 150mm～300mm，褥垫层材料可选用中砂、粗砂和级配砂石等，褥垫层最大粒径不宜大于 20mm。褥垫层的夯填度不应大于 0.9。

7.4.7 旋喷桩的平面布置可根据上部结构和基础特点确定，独立基础下的桩数不应少于 4 根。

7.4.8 旋喷桩施工应符合下列规定：

1 施工前，应根据现场环境和地下埋设物的位置等情况，复核旋喷桩的设计孔位。

2 旋喷桩的施工工艺及参数应根据土质条件、加固要求，通过试验或根据工程经验确定。单管法、双管法高压水泥浆和三管法高压水的压力应大于 20MPa，流量应大于 30L/min，气流压力宜大于 0.7MPa，提升速度宜为 0.1 m/min～0.2 m/min。

3 旋喷注浆，宜采用强度等级为 42.5 级的普通硅酸盐水泥，可根据需要加入适量的外加剂及掺加料。外加剂和掺合料的用量，应通过试验确定。

4 水泥浆液的水灰比宜为 0.8～1.2。

5 旋喷桩的施工工序为：机具就位、贯入喷射管、喷射注浆、拔管和冲洗等。

6 喷射孔与高压注浆泵的距离不宜大于 50m。钻孔位置的允许偏差应为 ±50mm。垂直度允许偏差应为 ±1%。

7 当喷射注浆管贯入土中，喷嘴达到设计标高时，即可喷射注浆。在喷射注浆参数达到规定值后，随即按旋喷的工艺要求，提升喷射管，由下而上旋转喷射注浆。喷射管分段提升的搭接长度不得小于 100mm。

8 对需要局部扩大加固范围或提高强度的部位，可采用复喷措施。

9 在旋喷注浆过程中出现压力骤然下降、上升或冒浆异常时，应查明原因并及时采取措施。

10 旋喷注浆完毕，应迅速拔出喷射管。为防止浆液凝固收缩影响桩顶高程，可在原孔位采用冒浆回灌或第二次注浆等措施。

11 施工中应做好废泥浆处理，及时将废泥浆运出或在现场短期堆放后作土方运出。

12 施工中应严格按照施工参数和材料用量施工，用浆量和提升速度应采用自动记录装置，并做好各项施工记录。

7.4.9 旋喷桩质量检验应符合下列规定：

1 旋喷桩可根据工程要求和当地经验采用开挖检查、钻孔取芯、标准贯入试验、动力触探和静载荷试验等方法进行检验；

2 检验点布置应符合下列规定：

   1）有代表性的桩位；

   2）施工中出现异常情况的部位；

   3）地基情况复杂，可能对旋喷桩质量产生影响的部位。

3 成桩质量检验点的数量不少于施工孔数的2%，并不应少于6点；

4 承载力检验宜在成桩28d后进行。

7.4.10 竣工验收时，旋喷桩复合地基承载力检验应采用复合地基静载荷试验和单桩静载荷试验。检验数量不得少于总桩数的1%，且每个单体工程复合地基静载荷试验的数量不得少于3台。

7.5 灰土挤密桩和土挤密桩复合地基

7.5.1 灰土挤密桩、土挤密桩复合地基处理应符合下列规定：

1 适用于处理地下水位以上的粉土、黏性土、素填土、杂填土和湿陷性黄土等地基，可处理地基的厚度宜为3m～15m；

2 当以消除地基土的湿陷性为主要目的时，可选用土挤密桩；当以提高地基土的承载力或增强其水稳性为主要目的时，宜选用灰土挤密桩；

3 当地基土的含水量大于24%、饱和度大于65%时，应通过试验确定其适用性；

4 对重要工程或在缺乏经验的地区，施工前应按设计要求，在有代表性的地段进行现场试验。

7.5.2 灰土挤密桩、土挤密桩复合地基设计应符合下列规定：

1 地基处理的面积：当采用整片处理时，应大于基础或建筑物底层平面的面积，超出建筑物外墙基础底面外缘的宽度，每边不宜小于处理土层厚度的1/2，且不应小于2m；当采用局部处理时，对非自重湿陷性黄土、素填土和杂填土等地基，每边不应小于基础底面宽度的25%，且不应小于0.5m；对自重湿陷性黄土地基，每边不应小于基础底面宽度的75%，且不应小于1.0m；

2 处理地基的深度，应根据建筑场地的土质情况、工程要求和成孔及夯实设备等综合因素确定。对湿陷性黄土地基，应符合现行国家标准《湿陷性黄土地区建筑规范》GB 50025 的有关规定。

3 桩孔直径宜为300mm～600mm。桩孔宜按等边三角形布置，桩孔之间的中心距离，可为桩孔直径的（2.0～3.0）倍，也可按下式估算：

$$s = 0.95d\sqrt{\frac{\bar{\eta}_c \rho_{dmax}}{\bar{\eta}_c \rho_{dmax} - \bar{\rho}_d}} \qquad (7.5.2-1)$$

式中：s —— 桩孔之间的中心距离（m）；

d —— 桩孔直径（m）；

ρ_{dmax} —— 桩间土的最大干密度（t/m³）；

$\bar{\rho}_d$ —— 地基处理前土的平均干密度（t/m³）；

$\bar{\eta}_c$ —— 桩间土经成孔挤密后的平均挤密系数，不宜小于0.93。

4 桩间土的平均挤密系数 $\bar{\eta}_c$，应按下式计算：

$$\bar{\eta}_c = \frac{\bar{\rho}_{d1}}{\rho_{dmax}} \qquad (7.5.2-2)$$

式中：$\bar{\rho}_{d1}$ —— 在成孔挤密深度内，桩间土的平均干密度（t/m³），平均试样数不应少于6组。

5 桩孔的数量可按下式估算：

$$n = \frac{A}{A_e} \qquad (7.5.2-3)$$

式中：n —— 桩孔的数量；

A —— 拟处理地基的面积（m²）；

A_e —— 单根土或灰土挤密桩所承担的处理地基面积（m²），即：

$$A_e = \frac{\pi d_e^2}{4} \qquad (7.5.2-4)$$

式中：d_e —— 单根桩分担的处理地基面积的等效圆直径（m）。

6 桩孔内的灰土填料，其消石灰与土的体积配合比，宜为2:8或3:7。土料宜选用粉质黏土，土料中的有机质含量不应超过5%，且不得含有冻土、渣土垃圾粒径不应超过15mm。石灰可选用新鲜的消石灰或生石灰粉，粒径不应大于5mm。消石灰的质量应合格，有效 $CaO + MgO$ 含量不得低于60%。

7 孔内填料应分层回填夯实，填料的平均压实系数 $\bar{\lambda}_c$ 不应低于0.97，其中压实系数最小值不应低于0.93。

8 桩顶标高以上应设置300mm～600mm厚的褥垫层。垫层材料可根据工程要求采用2:8或3:7灰土、水泥土等。其压实系数均不应低于0.95。

9 复合地基承载力特征值，应按本规范第7.1.5条确定。初步设计时，可按本规范式（7.1.5-1）进行估算。桩土应力比按试验或地区经验确定。灰土挤密桩复合地基承载力特征值，不宜大于处理前天然地基承载力特征值的2.0倍，且不宜大于250kPa；对土挤密桩复合地基承载力特征值，不宜大于处理前天然地基承载力特征值的1.4倍，且不宜大于180kPa。

10 复合地基的变形计算应符合本规范第7.1.7条和第7.1.8条的规定。

7.5.3 灰土挤密桩、土挤密桩施工应符合下列规定：

1 成孔应按设计要求、成孔设备、现场土质和周围环境等情况，选用振动沉管、锤击沉管、冲击或钻孔等方法；

2 桩顶设计标高以上的预留覆盖土层厚度，宜符合下列规定：

1）沉管成孔不宜小于 0.5m；

2）冲击成孔或钻孔夯扩法成孔不宜小于 1.2m。

3 成孔时，地基土宜接近最优（或塑限）含水量，当土的含水量低于 12% 时，宜对拟处理范围内的土层进行增湿，应在地基处理前（4～6）d，将需增湿的水通过一定数量和一定深度的渗水孔，均匀地浸入拟处理范围内的土层中，增湿土的加水量可按下式估算：

$$Q = v \bar{\rho}_d (w_{op} - \overline{w}) k \qquad (7.5.3)$$

式中：Q——计算加水量（t）；

v——拟加固土的总体积（m³）；

$\bar{\rho}_d$——地基处理前土的平均干密度（t/m³）；

w_{op}——土的最优含水量（%），通过室内击实试验求得；

$\overline{w}$——地基处理前土的平均含水量（%）；

k——损耗系数，可取 1.05～1.10。

4 土料有机质含量不应大于 5%，且不得含有冻土和膨胀土，使用时应过 10mm～20mm 的筛，混合料含水量应满足最优含水量要求，允许偏差为 ±2%，土料和水泥应拌合均匀；

5 成孔和孔内回填夯实应符合下列规定：

1）成孔和孔内回填夯实的施工顺序，当整片处理地基时，宜从里（或中间）向外间隔（1～2）孔依次进行，对大型工程，可采取分段施工；当局部处理地基时，宜从外向里间隔（1～2）孔依次进行；

2）向孔内填料前，孔底应夯实，并应检查桩孔的直径、深度和垂直度；

3）桩孔的垂直度允许偏差应为 ±1%；

4）孔中心距允许偏差应为桩距的 ±5%；

5）经检验合格后，应按设计要求，向孔内分层填入筛好的素土、灰土或其他填料，并应分层夯实至设计标高。

6 铺设灰土垫层前，应按设计要求将桩顶标高以上的预留松动土层挖除或夯（压）密实；

7 施工过程中，应有专人监督成孔及回填夯实的质量，并应做好施工记录；如发现地基土质与勘察资料不符，应立即停止施工，待查明情况或采取有效措施处理后，方可继续施工；

8 雨期或冬期施工，应采取防雨或防冻措施，防止填料受雨水淋湿或冻结。

7.5.4 灰土挤密桩、土挤密桩复合地基质量检验应符合下列规定：

1 桩孔质量检验应在成孔后及时进行，所有桩孔均需检验并作出记录，检验合格或经处理后方可进行夯填施工。

2 应随机抽样检测夯后桩长范围内灰土或土填料的平均压实系数 $\overline{\lambda}_c$，抽检的数量不应少于桩总数的 1%，且不得少于 9 根。对灰土桩桩身强度有怀疑时，尚应检验消石灰与土的体积配合比。

3 应抽样检验处理深度内桩间土的平均挤密系数 $\overline{\eta}_c$，检测探井数不应少于总桩数的 0.3%，且每项单体工程不得少于 3 个。

4 对消除湿陷性的工程，除应检测上述内容外，尚应进行现场浸水静载荷试验，试验方法应符合现行国家标准《湿陷性黄土地区建筑规范》GB 50025 的规定。

5 承载力检验应在成桩后 14d～28d 后进行，检测数量不应少于总桩数的 1%，且每项单体工程复合地基静载荷试验不应少于 3 点。

7.5.5 竣工验收时，灰土挤密桩、土挤密桩复合地基的承载力检验应采用复合地基静载荷试验。

7.6 夯实水泥土桩复合地基

7.6.1 夯实水泥土桩复合地基处理应符合下列规定：

1 适用于处理地下水位以上的粉土、黏性土、素填土和杂填土等地基，处理地基的深度不宜大于 15m；

2 岩土工程勘察应查明土层厚度、含水量、有机质含量等；

3 对重要工程或在缺乏经验的地区，施工前应按设计要求，选择地质条件有代表性的地段进行试验性施工。

7.6.2 夯实水泥土桩复合地基设计应符合下列规定：

1 夯实水泥土桩宜在建筑物基础范围内布置；基础边缘距离最外一排桩中心的距离不宜小于 1.0 倍桩径；

2 桩长的确定：当相对硬土层埋藏较浅时，应按相对硬土层的埋藏深度确定；当相对硬土层的埋藏较深时，可按建筑物地基的变形允许值确定；

3 桩孔直径宜为 300mm～600mm；桩孔宜按等边三角形或方形布置，桩间距可为桩孔直径的（2～4）倍；

4 桩孔内的填料，应根据工程要求进行配比试验，并应符合本规范第 7.1.6 条的规定；水泥与土的体积配合比宜为 1∶5～1∶8；

5 孔内填料应分层回填夯实，填料的平均压实系数 $\overline{\lambda}_c$ 不应低于 0.97，压实系数最小值不应低于 0.93；

6 桩顶标高以上应设置厚度为 100mm～300mm 的褥垫层；垫层材料可采用粗砂、中砂或碎石等，垫层材料最大粒径不宜大于 20mm；褥垫层的夯填度不应大于 0.9；

7 复合地基承载力特征值应按本规范第 7.1.5 条规定确定；初步设计时可按公式（7.1.5-2）进行估算；桩间土承载力发挥系数 β 可取 0.9～1.0；单桩承载力发挥系数 λ 可取 1.0；

8 复合地基的变形计算应符合本规范第 7.1.7 条和第 7.1.8 条的有关规定。

7.6.3 夯实水泥土桩施工应符合下列规定：

1 成孔应根据设计要求、成孔设备、现场土质和周围环境等，选用钻孔、洛阳铲成孔等方法。当采用人工洛阳铲成孔工艺时，处理深度不宜大于 6.0m。

2 桩顶设计标高以上的预留覆盖土层厚度不宜小于 0.3m。

3 成孔和孔内回填夯实应符合下列规定：

1) 宜选用机械成孔和夯实；

2) 向孔内填料前，孔底应夯实；分层夯填时，夯锤落距和填料厚度应满足夯填密实度的要求；

3) 土料有机质含量不应大于 5%，且不得含有冻土和膨胀土，混合料含水量应满足最优含水量要求，允许偏差应为 ±2%，土料和水泥应拌合均匀；

4) 成孔经检验合格后，按设计要求，向孔内分层填入拌合好的水泥土，并应分层夯实至设计标高。

4 铺设垫层前，应按设计要求将桩顶标高以上的预留土层挖除。垫层施工应避免扰动桩底土层。

5 施工过程中，应有专人监理成孔及回填夯实的质量，并应做好施工记录。如发现地基土质与勘察资料不符，应立即停止施工，待查明情况或采取有效措施处理后，方可继续施工。

6 雨期或冬期施工，应采取防雨或防冻措施，防止填料受雨水淋湿或冻结。

7.6.4 夯实水泥土桩复合地基质量检验应符合下列规定：

1 成桩后，应及时抽样检验水泥土桩的质量；

2 夯填桩体的干密度质量检验应随机抽样检测，抽检的数量不应少于总桩数的 2%；

3 复合地基静载荷试验和单桩静载荷试验检验数量不应少于桩总数的 1%，且每项单体工程复合地基静载荷试验检验数量不应少于 3 点。

7.6.5 竣工验收时，夯实水泥土桩复合地基承载力检验应采用单桩复合地基静载荷试验和单桩静载荷试验；对重要或大型工程，尚应进行多桩复合地基静载荷试验。

7.7 水泥粉煤灰碎石桩复合地基

7.7.1 水泥粉煤灰碎石桩复合地基适用于处理黏性土、粉土、砂土和自重固结已完成的素填土地基。对淤泥质土应按地区经验或通过现场试验确定其适用性。

7.7.2 水泥粉煤灰碎石桩复合地基设计应符合下列规定：

1 水泥粉煤灰碎石桩，应选择承载力和压缩模量相对较高的土层作为桩端持力层。

2 桩径：长螺旋钻中心压灌、干成孔和振动沉管成桩宜为 350mm～600mm；泥浆护壁钻孔成桩宜为 600mm～800mm；钢筋混凝土预制桩宜为 300mm～600mm。

3 桩间距应根据基础形式、设计要求的复合地基承载力和变形、土性及施工工艺确定：

1) 采用非挤土成桩工艺和部分挤土成桩工艺，桩间距宜为（3～5）倍桩径；

2) 采用挤土成桩工艺和墙下条形基础单排布桩的桩间距宜为（3～6）倍桩径；

3) 桩长范围内有饱和粉土、粉细砂、淤泥、淤泥质土层，采用长螺旋钻中心压灌成桩施工中可能发生窜孔时宜采用较大桩距。

4 桩顶和基础之间应设置褥垫层，褥垫层厚度宜为桩径的 40%～60%。褥垫材料宜采用中砂、粗砂、级配砂石和碎石等，最大粒径不宜大于 30mm。

5 水泥粉煤灰碎石桩可只在基础范围内布桩，并可根据建筑物荷载分布、基础形式和地基土性状，合理确定布桩参数：

1) 内筒外框结构内筒部位可采用减小桩距、增大桩长或桩径布桩；

2) 对相邻柱荷载水平相差较大的独立基础，应按变形控制确定桩长和桩距；

3) 筏板厚度与跨距之比小于 1/6 的平板式筏基、梁的高跨比大于 1/6 且板的厚跨比（筏板厚度与梁的中心距之比）小于 1/6 的梁板式筏基，应在柱（平板式筏基）和梁（梁板式筏基）边缘每边外扩 2.5 倍板厚的面积范围内布桩；

4) 对荷载水平不高的墙下条形基础可采用墙下单排布桩。

6 复合地基承载力特征值应按本规范第 7.1.5 条规定确定。初步设计时，可按式（7.1.5-2）估算，其中单桩承载力发挥系数 λ 和桩间土承载力发挥系数 β 应按地区经验取值，无经验时 λ 可取 0.8～0.9；β 可取 0.9～1.0；处理后桩间土的承载力特征值 f_{sk}，对非挤土成桩工艺，可取天然地基承载力特征值；对挤土成桩工艺，一般黏性土可取天然地基承载力特征值；松散砂土、粉土可取天然地基承载力特征值的（1.2～1.5）倍，原土强度低的取大值。按式（7.1.5-3）估算单桩承载力时，桩端端阻力发挥系数 α_p 可取 1.0；桩身强度应满足本规范第 7.1.6 条的规定。

7 处理后的地基变形计算应符合本规范第 7.1.7 条和第 7.1.8 条的规定。

7.7.3 水泥粉煤灰碎石桩施工应符合下列规定：

1 可选用下列施工工艺：

1) 长螺旋钻孔灌注成桩：适用于地下水位以上的黏性土、粉土、素填土、中等密实以上的砂土地基；

2）长螺旋钻中心压灌成桩：适用于黏性土、粉土、砂土和素填土地基，对噪声或泥浆污染要求严格的场地可优先选用；穿越卵石夹层时应通过试验确定适用性；

3）振动沉管灌注成桩：适用于粉土、黏性土及素填土地基，挤土造成地面隆起量大时，应采用较大桩距施工；

4）泥浆护壁成孔灌注成桩，适用于地下水位以下的黏性土、粉土、砂土、填土、碎石土及风化岩层等地基；桩长范围和桩端有承压水的土层应通过试验确定其适应性。

2 长螺旋钻中心压灌成桩施工和振动沉管灌注成桩施工应符合下列规定：

1）施工前，应按设计要求在试验室进行配合比试验；施工时，按配合比配制混合料；长螺旋钻中心压灌成桩施工的坍落度宜为160mm～200mm，振动沉管灌注成桩施工的坍落度宜为30mm～50mm；振动沉管灌注成桩后桩顶浮浆厚度不宜超过200mm；

2）长螺旋钻中心压灌成桩施工钻至设计深度后，应控制提拔钻杆时间，混合料泵送量应与拔管速度相配合，不得在饱和砂土或饱和粉土层内停泵待料；沉管灌注成桩施工拔管速度宜为1.2m/min～1.5m/min，如遇淤泥质土，拔管速度应适当减慢；当遇有松散饱和粉土、粉细砂或淤泥质土，当桩距较小时，宜采取隔桩跳打措施；

3）施工桩顶标高宜高出设计桩顶标高不少于0.5m；当施工作业面高出桩顶设计标高较大时，宜增加混凝土灌注量；

4）成桩过程中，应抽样做混合料试块，每台机械每台班不应少于一组。

3 冬期施工时，混合料入孔温度不得低于5℃，对桩头和桩间土应采取保温措施；

4 清土和截桩时，应采用小型机械或人工剔除等措施，不得造成桩顶标高以下桩身断裂或桩间土扰动；

5 褥垫层铺设宜采用静力压实法，当基础底面下桩间土的含水量较低时，也可采用动力夯实法，夯填度不应大于0.9；

6 泥浆护壁成孔灌注成桩和锤击、静压预制桩施工，应符合现行行业标准《建筑桩基技术规范》JGJ 94的规定。

7.7.4 水泥粉煤灰碎石桩复合地基质量检验应符合下列规定：

1 施工质量检验应检查施工记录、混合料坍落度、桩数、桩位偏差、褥垫层厚度、夯填度和桩体试块抗压强度等；

2 竣工验收时，水泥粉煤灰碎石桩复合地基承载力检验应采用复合地基静载荷试验和单桩静载荷试验；

3 承载力检验宜在施工结束28d后进行，其桩身强度应满足试验荷载条件；复合地基静载荷试验和单桩静载荷试验的数量不应少于总桩数的1%，且每个单体工程的复合地基静载荷试验的试验数量不应少于3点；

4 采用低应变动力试验检测桩身完整性，检查数量不低于总桩数的10%。

7.8 柱锤冲扩桩复合地基

7.8.1 柱锤冲扩桩复合地基适用于处理地下水位以上的杂填土、粉土、黏性土、素填土和黄土等地基；对地下水位以下饱和土层处理，应通过现场试验确定其适用性。

7.8.2 柱锤冲扩桩处理地基的深度不宜超过10m。

7.8.3 对大型的、重要的或场地复杂的工程，在正式施工前，应在有代表性的场地进行试验。

7.8.4 柱锤冲扩桩复合地基设计应符合下列规定：

1 处理范围应大于基底面积。对一般地基，在基础外缘应扩大（1～3）排桩，且不应小于基底下处理土层厚度的1/2；对可液化地基，在基础外缘扩大的宽度，不应小于基底下可液化土层厚度的1/2，且不应小于5m；

2 桩位布置宜为正方形和等边三角形，桩距宜为1.2m～2.5m或取桩径的（2～3）倍；

3 桩径宜为500mm～800mm，桩孔内填料量应通过现场试验确定；

4 地基处理深度：对相对硬土层埋藏较浅地基，应达到相对硬土层深度；对相对硬土层埋藏较深地基，应按下卧层地基承载力及建筑物地基的变形允许值确定；对可液化地基，应按现行国家标准《建筑抗震设计规范》GB 50011的有关规定确定；

5 桩顶部应铺设200mm～300mm厚砂石垫层，垫层的夯填度不应大于0.9；对湿陷性黄土，垫层材料应采用灰土，满足本规范第7.5.2条第8款的规定。

6 桩体材料可采用碎砖三合土、级配砂石、矿渣、灰土、水泥混合土等，当采用碎砖三合土时，其体积比可采用生石灰：碎砖：黏性土为1：2：4，当采用其他材料时，应通过试验确定其适用性和配合比；

7 承载力特征值应通过现场复合地基静载荷试验确定；初步设计时，可按式（7.1.5-1）估算，置换率 m 宜取0.2～0.5；桩土应力比 n 应通过试验确定或按地区经验确定；无经验值时，可取2～4；

8 处理后地基变形计算应符合本规范第7.1.7条和第7.1.8条的规定；

9 当柱锤冲扩桩处理深度以下存在软弱下卧层时，应按现行国家标准《建筑地基基础设计规范》GB 50007 的有关规定进行软弱下卧层地基承载力验算。

7.8.5 柱锤冲扩桩施工应符合下列规定：

1 宜采用直径 300mm～500mm、长度 2m～6m、质量 2t～10t 的柱状锤进行施工。

2 起重机具可用起重机、多功能冲扩桩机或其他专用机具设备。

3 柱锤冲扩桩复合地基施工可按下列步骤进行：

1）清理平整施工场地，布置桩位。

2）施工机具就位，使柱锤对准桩位。

3）柱锤冲孔：根据土质及地下水情况可分别采用下列三种成孔方式：

① 冲击成孔：将柱锤提升一定高度，自由下落冲击土层，如此反复冲击，接近设计成孔深度时，可在孔内填少量粗骨料继续冲击，直到孔底被夯密实；

② 填料冲击成孔：成孔时出现缩颈或塌孔时，可分次填入碎砖和生石灰块，边冲击边将填料挤入孔壁及孔底，当孔底接近设计成孔深度时，夯入部分碎砖挤密桩端土；

③ 复打成孔：当塌孔严重难以成孔时，可提锤反复冲击至设计孔深，然后分次填入碎砖和生石灰块，待孔内生石灰吸水膨胀、桩间土性质有所改善后，再进行二次冲击复打成孔。

当采用上述方法仍难以成孔时，也可以采用套管成孔，即用柱锤边冲孔边将套管压入土中，直至桩底设计标高。

4）成桩：用料斗或运料车将拌合好的填料分层填入桩孔夯实。当采用套管成孔时，边分层填料夯实，边将套管拔出。锤的质量、锤长、落距、分层填料量、分层夯填度、夯击次数和总填料量等，应根据试验或按当地经验确定。每个桩孔应夯填至桩顶设计标高以上至少 0.5m，其上部桩孔宜用原地基土夯封。

5）施工机具移位，重复上述步骤进行下一根桩施工。

4 成孔和填料夯实的施工顺序，宜间隔跳打。

7.8.6 基槽开挖后，应晾槽底拍底或振动压路机碾压后，再铺设垫层并压实。

7.8.7 柱锤冲扩桩复合地基的质量检验应符合下列规定：

1 施工过程中应随时检查施工记录及现场施工情况，并对照预定的施工工艺标准，对每根桩进行质量评定；

2 施工结束后 7d～14d，可采用重型动力触探或标准贯入试验对桩身及桩间土进行抽样检验，检验数量不应少于冲扩桩总数的 2%，每个单体工程桩身及桩间土总检验点数均不应少于 6 点；

3 竣工验收时，柱锤冲扩桩复合地基承载力检验应采用复合地基静载荷试验；

4 承载力检验数量不应少于总桩数的 1%，且每个单体工程复合地基静载荷试验不应少于 3 点；

5 静载荷试验应在成桩 14d 后进行；

6 基槽开挖后，应检查桩位、桩径、桩数、桩顶密实度及槽底土质情况。如发现漏桩、桩位偏差过大、桩头及槽底土质松软等质量问题，应采取补救措施。

7.9 多桩型复合地基

7.9.1 多桩型复合地基适用于处理不同深度存在相对硬层的正常固结土，或浅层存在欠固结土、湿陷性黄土、可液化土等特殊土，以及地基承载力和变形要求较高的地基。

7.9.2 多桩型复合地基的设计应符合下列原则：

1 桩型及施工工艺的确定，应考虑土层情况、承载力与变形控制要求、经济性和环境要求等综合因素；

2 对复合地基承载力贡献较大或用于控制复合土层变形的长桩，应选择相对较好的持力层；对处理欠固结土的增强体，其桩长应穿越欠固结土层；对消除湿陷性土的增强体，其桩长宜穿过湿陷性土层；对处理液化土的增强体，其桩长宜穿过可液化土层；

3 如浅部存在有较好持力层的正常固结土，可采用长桩与短桩的组合方案；

4 对浅部存在软土或欠固结土，宜先采用预压、压实、夯实、挤密方法或低强度桩复合地基等处理浅层地基，再采用桩身强度相对较高的长桩进行地基处理；

5 对湿陷性黄土应按现行国家标准《湿陷性黄土地区建筑规范》GB 50025 的规定，采用压实、夯实或土桩、灰土桩等处理湿陷性，再采用桩身强度相对较高的长桩进行地基处理；

6 对可液化地基，可采用碎石桩等方法处理液化土层，再采用有粘结强度桩进行地基处理。

7.9.3 多桩型复合地基单桩承载力应由静载荷试验确定，初步设计可按本规范第 7.1.6 条规定估算；对施工扰动敏感的土层，应考虑后施工桩对已施工桩的影响，单桩承载力予以折减。

7.9.4 多桩型复合地基的布桩宜采用正方形或三角形间隔布置，刚性桩宜在基础范围内布桩，其他增强体布桩应满足液化土地基和湿陷性黄土地基对不同性质土质处理范围的要求。

7.9.5 多桩型复合地基垫层设置，对刚性长、短桩复合地基宜选择砂石垫层，垫层厚度宜取对复合地基承载力贡献大的增强体直径的1/2；对刚性桩与其他材料增强桩组合的复合地基，垫层厚度宜取刚性桩直径的1/2；对湿陷性的黄土地基，垫层材料应采用灰土，垫层厚度宜为300mm。

7.9.6 多桩型复合地基承载力特征值，应采用多桩复合地基静载荷试验确定，初步设计时，可采用下列公式估算：

1 对具有粘结强度的两种桩组合形成的多桩型复合地基承载力特征值：

$$f_{spk} = m_1 \frac{\lambda_1 R_{a1}}{A_{p1}} + m_2 \frac{\lambda_2 R_{a2}}{A_{p2}} + \beta(1 - m_1 - m_2)f_{sk}$$

(7.9.6-1)

式中：m_1、m_2——分别为桩1、桩2的面积置换率；

λ_1、λ_2——分别为桩1、桩2的单桩承载力发挥系数；应由单桩复合地基试验按等变形准则或多桩复合地基静载荷试验确定，有地区经验时也可按地区经验确定；

R_{a1}、R_{a2}——分别为桩1、桩2的单桩承载力特征值（kN）；

A_{p1}、A_{p2}——分别为桩1、桩2的截面面积（m^2）；

β——桩间土承载力发挥系数；无经验时可取0.9～1.0；

f_{sk}——处理后复合地基桩间土承载力特征值（kPa）。

2 对具有粘结强度的桩与散体材料桩组合形成的复合地基承载力特征值：

$$f_{spk} = m_1 \frac{\lambda_1 R_{a1}}{A_{p1}} + \beta[1 - m_1 + m_2(n - 1)]f_{sk}$$

(7.9.6-2)

式中：β——仅由散体材料桩加固处理形成的复合地基承载力发挥系数；

n——仅由散体材料桩加固处理形成复合地基的桩土应力比；

f_{sk}——仅由散体材料桩加固处理后桩间土承载力特征值（kPa）。

7.9.7 多桩型复合地基面积置换率，应根据基础面积与该面积范围内实际的布桩数量进行计算，当基础面积较大或条形基础较长时，可用单元面积置换率替代。

1 当按图7.9.7（a）矩形布桩时，$m_1 = \frac{A_{p1}}{2s_1s_2}$，$m_2 = \frac{A_{p2}}{2s_1s_2}$；

2 当按图7.9.7（b）三角形布桩且 $s_1 = s_2$ 时，$m_1 = \frac{A_{p1}}{2s_1^2}$，$m_2 = \frac{A_{p2}}{2s_1^2}$。

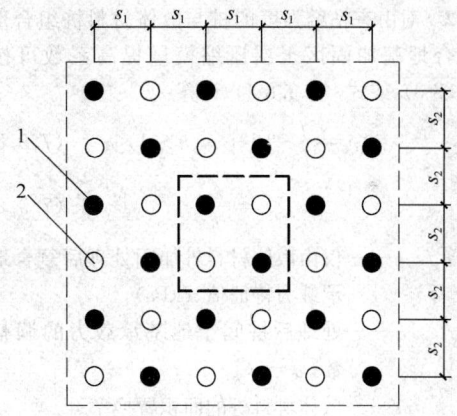

图7.9.7（a） 多桩型复合地基矩形布桩单元面积计算模型
1—桩1；2—桩2

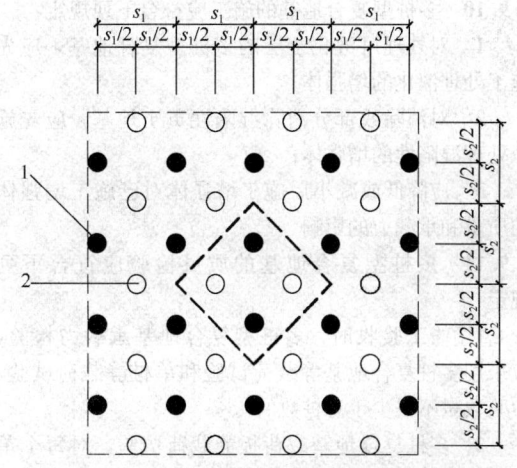

图7.9.7（b） 多桩型复合地基三角形布桩单元面积计算模型
1—桩1；2—桩2

7.9.8 多桩型复合地基变形计算可按本规范第7.1.7条和第7.1.8条的规定，复合土层的压缩模量可按下列公式计算：

1 有粘结强度增强体的长短桩复合加固区、仅长桩加固区土层压缩模量提高系数分别按下列公式计算：

$$\zeta_1 = \frac{f_{spk}}{f_{ak}}$$

(7.9.8-1)

$$\zeta_2 = \frac{f_{spk1}}{f_{ak}}$$

(7.9.8-2)

式中：f_{spk1}、f_{spk}——分别为仅由长桩处理形成复合地基承载力特征值和长短桩复合地基承载力特征值（kPa）；

ζ_1、ζ_2——分别为长短桩复合地基加固土层压缩模量提高系数和仅由长桩处理形成复合地基加固土层压缩模量提高系数。

2 对由有粘结强度的桩与散体材料桩组合形成的复合地基加固区土层压缩模量提高系数可按式（7.9.8-3）或式（7.9.8-4）计算：

$$\zeta_1 = \frac{f_{spk}}{f_{spk2}}[1 + m(n-1)]\alpha \qquad (7.9.8\text{-}3)$$

$$\zeta_1 = \frac{f_{spk}}{f_{ak}} \qquad (7.9.8\text{-}4)$$

式中：f_{spk2}——仅由散体材料桩加固处理后复合地基承载力特征值（kPa）；

α——处理后桩间土地基承载力的调整系数，$\alpha = f_{sk}/f_{ak}$；

m——散体材料桩的面积置换率。

7.9.9 复合地基变形计算深度应大于复合地基土层的厚度，且应满足现行国家标准《建筑地基基础设计规范》GB 50007 的有关规定。

7.9.10 多桩型复合地基的施工应符合下列规定：

1 对处理可液化土层的多桩型复合地基，应先施工处理液化的增强体；

2 对消除或部分消除湿陷性黄土地基，应先施工处理湿陷性的增强体；

3 应降低或减小后施工增强体对已施工增强体的质量和承载力的影响。

7.9.11 多桩型复合地基的质量检验应符合下列规定：

1 竣工验收时，多桩型复合地基承载力检验，应采用多桩复合地基静载荷试验和单桩静载荷试验，检验数量不得少于总桩数的 1%；

2 多桩复合地基载荷板静载荷试验，对每个单体工程检验数量不得少于 3 点；

3 增强体施工质量检验，对散体材料增强体的检验数量不应少于其总桩数的 2%，对具有粘结强度的增强体，完整性检验数量不应少于其总桩数的 10%。

8 注 浆 加 固

8.1 一 般 规 定

8.1.1 注浆加固适用于建筑地基的局部加固处理，适用于砂土、粉土、黏性土和人工填土等地基加固。加固材料可选用水泥浆液、硅化浆液和碱液等固化剂。

8.1.2 注浆加固设计前，应进行室内浆液配比试验和现场注浆试验，确定设计参数，检验施工方法和设备。

8.1.3 注浆加固应保证加固地基在平面和深度连成一体，满足土体渗透性、地基的强度和变形的设计要求。

8.1.4 注浆加固后的地基变形计算应按现行国家标准《建筑地基基础设计规范》GB 50007 的有关规定进行。

8.1.5 对地基承载力和变形有特殊要求的建筑地基，注浆加固宜与其他地基处理方法联合使用。

8.2 设 计

8.2.1 水泥为主剂的注浆加固设计应符合下列规定：

1 对软弱地基土处理，可选用以水泥为主剂的浆液及水泥和水玻璃的双液型混合浆液；对有地下水流动的软弱地基，不应采用单液水泥浆液。

2 注浆孔间距宜取 1.0m～2.0m。

3 在砂土地基中，浆液的初凝时间宜为 5min～20min；在黏性土地基中，浆液的初凝时间宜为（1～2)h。

4 注浆量和注浆有效范围，应通过现场注浆试验确定；在黏性土地基中，浆液注入率宜为 15%～20%；注浆点上覆土层厚度应大于 2m。

5 对劈裂注浆的注浆压力，在砂土中，宜为 0.2MPa～0.5MPa；在黏性土中，宜为 0.2MPa～0.3MPa。对压密注浆，当采用水泥砂浆浆液时，坍落度宜为 25mm～75mm，注浆压力宜为 1.0MPa～7.0MPa。当采用水泥水玻璃双液快凝浆液时，注浆压力不应大于 1.0MPa。

6 对人工填土地基，应采用多次注浆，间隔时间应按浆液的初凝试验结果确定，且不应大于 4h。

8.2.2 硅化浆液注浆加固设计应符合下列规定：

1 砂土、黏性土宜采用压力双液硅化注浆；渗透系数为(0.1～2.0)m/d的地下水位以上的湿陷性黄土，可采用无压或压力单液硅化注浆；自重湿陷性黄土宜采用无压单液硅化注浆；

2 防渗注浆加固用的水玻璃模数不宜小于 2.2，用于地基加固的水玻璃模数宜为 2.5～3.3，且不溶于水的杂质含量不应超过 2%；

3 双液硅化注浆用的氧化钙溶液中的杂质含量不得超过 0.06%，悬浮颗粒含量不得超过 1%，溶液的 pH 值不得小于 5.5；

4 硅化注浆的加固半径应根据孔隙比、浆液黏度、凝固时间、灌浆速度、灌浆压力和灌浆量等试验确定；无试验资料时，对粗砂、中砂、细砂、粉砂和黄土可按表 8.2.2 确定；

表 8.2.2 硅化法注浆加固半径

土的类型及加固方法	渗透系数 (m/d)	加固半径 (m)
粗砂、中砂、细砂 （双液硅化法）	2～10	0.3～0.4
	10～20	0.4～0.6
	20～50	0.6～0.8
	50～80	0.8～1.0

续表8.2.2

土的类型及加固方法	渗透系数 (m/d)	加固半径 (m)
粉砂（单液硅化法）	0.3~0.5	0.3~0.4
	0.5~1.0	0.4~0.6
	1.0~2.0	0.6~0.8
	2.0~5.0	0.8~1.0
黄土（单液硅化法）	0.1~0.3	0.3~0.4
	0.3~0.5	0.4~0.6
	0.5~1.0	0.6~0.8
	1.0~2.0	0.8~1.0

5 注浆孔的排间距可取加固半径的 1.5 倍；注浆孔的间距可取加固半径的 (1.5~1.7) 倍；最外侧注浆孔位超出基础底面宽度不得小于 0.5m；分层注浆时，加固层厚度可按注浆管带孔部分的长度上下各 25% 加固半径计算；

6 单液硅化法应采用浓度为 10%~15% 的硅酸钠，并掺入 2.5% 氯化钠溶液；加固湿陷性黄土的溶液用量，可按下式估算：

$$Q = V \bar{n} d_{N1} \alpha \qquad (8.2.2\text{-}1)$$

式中：Q——硅酸钠溶液的用量（m³）；

V——拟加固湿陷性黄土的体积（m³）；

$\bar{n}$——地基加固前，土的平均孔隙率；

d_{N1}——灌注时，硅酸钠溶液的相对密度；

α——溶液填充孔隙的系数，可取 0.60~0.80。

7 当硅酸钠溶液浓度大于加固湿陷性黄土所要求的浓度时，应进行稀释，稀释加水量可按下式估算：

$$Q' = \frac{d_N - d_{N1}}{d_{N1} - 1} \times q \qquad (8.2.2\text{-}2)$$

式中：Q'——稀释硅酸钠溶液的加水量（t）；

d_N——稀释前，硅酸钠溶液的相对密度；

q——拟稀释硅酸钠溶液的质量（t）。

8 采用单液硅化法加固湿陷性黄土地基，灌注孔的布置应符合下列规定：

1）灌注孔间距：压力灌注宜为 0.8m~1.2m；溶液无压力自渗宜为 0.4m~0.6m；

2）对新建建（构）筑物和设备基础的地基，应在基础底面下按等边三角形满堂布孔，超出基础底面外缘的宽度，每边不得小于 1.0m；

3）对既有建（构）筑物和设备基础的地基，应沿基础侧向布孔，每侧不宜少于 2 排；

4）当基础底面宽度大于 3m 时，除应在基础下每侧布置 2 排灌注孔外，可在基础两侧布置斜向基础底面中心以下的灌注孔或在其台阶上布置穿透基础的灌注孔。

8.2.3 碱液注浆加固设计应符合下列规定：

1 碱液注浆加固适用于处理地下水位以上渗透系数为 (0.1~2.0) m/d 的湿陷性黄土地基，对自重湿陷性黄土地基的适应性应通过试验确定；

2 当 100g 干土中可溶性和交换性钙镁离子含量大于 10mg·eq 时，可采用灌注氢氧化钠一种溶液的单液法；其他情况可采用灌注氢氧化钠和氯化钙双液灌注加固；

3 碱液加固地基的深度应根据地基的湿陷类型、地基湿陷等级和湿陷性黄土层厚度，并结合建筑物类别与湿陷事故的严重程度等综合因素确定；加固深度宜为 2m~5m：

1）对非自重湿陷性黄土地基，加固深度可为基础宽度的 (1.5~2.0) 倍；

2）对 Ⅱ 级自重湿陷性黄土地基，加固深度可为基础宽度的 (2.0~3.0) 倍。

4 碱液加固土层的厚度 h，可按下式估算：

$$h = l + r \qquad (8.2.3\text{-}1)$$

式中：l——灌注孔长度，从注液管底部到灌注孔底部的距离（m）；

r——有效加固半径（m）。

5 碱液加固地基的半径 r，宜通过现场试验确定。当碱液浓度和温度符合本规范第 8.3.3 条规定时，有效加固半径与碱液灌注量之间，可按下式估算：

$$r = 0.6 \sqrt{\frac{V}{nl \times 10^3}} \qquad (8.2.3\text{-}2)$$

式中：V——每孔碱液灌注量（L），试验前可根据加固要求达到的有效加固半径按式 (8.2.3-3) 进行估算；

n——拟加固土的天然孔隙率。

r——有效加固半径（m），当无试验条件或工程量较小时，可取 0.4m~0.5m。

6 当采用碱液加固既有建（构）筑物的地基时，灌注孔的平面布置，可沿条形基础两侧或单独基础周边各布置一排。当地基湿陷性较严重时，孔距宜为 0.7m~0.9m；当地基湿陷较轻时，孔距宜为 1.2m~2.5m；

7 每孔碱液灌注量可按下式估算：

$$V = \alpha \beta \pi r^2 (l + r) n \qquad (8.2.3\text{-}3)$$

式中：α——碱液充填系数，可取 0.6~0.8；

β——工作条件系数，考虑碱液流失影响，可取 1.1。

8.3 施 工

8.3.1 水泥为主剂的注浆施工应符合下列规定：

1 施工场地应预先平整，并沿钻孔位置开挖沟槽和集水坑。

2 注浆施工时，宜采用自动流量和压力记录仪，并应及时进行数据整理分析。

3 注浆孔的孔径宜为 70mm～110mm，垂直度允许偏差应为±1%。

4 花管注浆法施工可按下列步骤进行：

　1) 钻机与注浆设备就位；

　2) 钻孔或采用振动法将花管置入土层；

　3) 当采用钻孔法时，应从钻杆内注入封闭泥浆，然后插入孔径为 50mm 的金属花管；

　4) 待封闭泥浆凝固后，移动花管自下而上或自上而下进行注浆。

5 压密注浆施工可按下列步骤进行：

　1) 钻机与注浆设备就位；

　2) 钻孔或采用振动法将金属注浆管压入土层；

　3) 当采用钻孔法时，应从钻杆内注入封闭泥浆，然后插入孔径为 50mm 的金属注浆管；

　4) 待封闭泥浆凝固后，捅去注浆管的活络堵头，提升注浆管自下而上或自上而下进行注浆。

6 浆液黏度应为 80s～90s，封闭泥浆 7d 后 70.7mm×70.7mm×70.7mm 立方体试块的抗压强度应为0.3MPa～0.5MPa。

7 浆液宜用普通硅酸盐水泥。注浆时可部分掺用粉煤灰，掺入量可为水泥重量的 20%～50%。根据工程需要，可在浆液拌制时加入速凝剂、减水剂和防析水剂。

8 注浆用水 pH 值不得小于 4。

9 水泥浆的水灰比可取 0.6～2.0，常用的水灰比为 1.0。

10 注浆的流量可取(7～10)L/min，对充填型注浆，流量不宜大于 20L/min。

11 当用花管注浆和带有活堵头的金属管注浆时，每次上拔或下钻高度宜为 0.5m。

12 浆体应经过搅拌机充分搅拌均匀后，方可压注，注浆过程中应不停缓慢搅拌，搅拌时间应小于浆液初凝时间。浆液在泵送前应经过筛网过滤。

13 水温不得超过 30℃～35℃，盛浆桶和注浆管路在注浆体静止状态不得暴露于阳光下，防止浆液凝固；当日平均温度低于 5℃或最低温度低于−3℃的条件下注浆时，应采取措施防止浆液冻结。

14 应采用跳孔间隔注浆，且先外围后中间的注浆顺序。当地下水流速较大时，应从水头高的一端开始注浆。

15 对渗透系数相同的土层，应先注浆封顶，后由下而上进行注浆，防止浆液上冒。如土层的渗透系数随深度而增大，则应自下而上注浆。对互层地层，应先对渗透性或孔隙率大的地层进行注浆。

16 当既有建筑地基进行注浆加固时，应对既有建筑及其邻近建筑、地下管线和地面的沉降、倾斜、位移和裂缝进行监测。并应采用多孔间隔注浆和缩短浆液凝固时间等措施，减少既有建筑基础因注浆而产生的附加沉降。

8.3.2 硅化浆液注浆施工应符合下列规定：

1 压力灌浆溶液的施工步骤应符合下列规定：

　1) 向土中打入灌注管和灌注溶液，应自基础底面标高起向下分层进行，达到设计深度后，应将管拔出，清洗干净方可继续使用；

　2) 加固既有建筑物地基时，应采用沿基础侧向先外排，后内排的施工顺序；

　3) 灌注溶液的压力值由小逐渐增大，最大压力不宜超过 200kPa。

2 溶液自渗的施工步骤，应符合下列规定：

　1) 在基础侧向，将设计布置的灌注孔分批或全部打入或钻至设计深度；

　2) 将配好的硅酸钠溶液满注灌注孔，溶液面宜高出基础底面标高 0.50m，使溶液自行渗入土中；

　3) 在溶液自渗过程中，每隔 2h～3h，向孔内添加一次溶液，防止孔内溶液渗干。

3 待溶液量全部注入土中后，注浆孔宜用体积比为 2:8 灰土分层回填夯实。

8.3.3 碱液注浆施工应符合下列规定：

1 灌注孔可用洛阳铲、螺旋钻成孔或用带有尖端的钢管打入土中成孔，孔径宜为 60mm～100mm，孔中应填入粒径为 20mm～40mm 的石子到注液管下端标高处，再将内径 20mm 的注液管插入孔中，管底以上 300mm 高度内应填入粒径为 2mm～5mm 的石子，上部宜用体积比为 2:8 灰土填入夯实。

2 碱液可用固体烧碱或液体烧碱配制，每加固 1m³ 黄土宜用氢氧化钠溶液 35kg～45kg。碱液浓度不应低于 90g/L；双液加固时，氯化钙溶液的浓度为 50 g/L～80g/L。

3 配溶液时，应先放水，而后徐徐放入碱块或浓碱液。溶液加碱量可按下列公式计算：

　1) 采用固体烧碱配制每 1m³ 浓度为 M 的碱液时，每 1m³ 水中的加碱量应符合下式规定：

$$G_s = \frac{1000M}{P} \qquad (8.3.3\text{-}1)$$

式中：G_s ——每 1m³ 碱液中投入的固体烧碱量（g）；

　　　M ——配制碱液的浓度（g/L）；

　　　P ——固体烧碱中，NaOH 含量的百分数（%）。

　2) 采用液体烧碱配制每 1m³ 浓度为 M 的碱液时，投入的液体烧碱体积 V_1 和加水量 V_2 应符合下列公式规定：

$$V_1 = 1000\frac{M}{d_N N} \qquad (8.3.3\text{-}2)$$

$$V_2 = 1000\left(1 - \frac{M}{d_N N}\right) \qquad (8.3.3\text{-}3)$$

式中：V_1——液体烧碱体积（L）；

$\quad\quad V_2$——加水的体积（L）；

$\quad\quad d_N$——液体烧碱的相对密度；

$\quad\quad N$——液体烧碱的质量分数。

4 应将桶内碱液加热到 90℃ 以上方能进行灌注，灌注过程中，桶内溶液温度不应低于 80℃。

5 灌注碱液的速度，宜为(2~5)L/min。

6 碱液加固施工，应合理安排灌注顺序和控制灌注速率。宜采用隔（1~2）孔灌注，分段施工，相邻两孔灌注的间隔时间不宜少于 3d。同时灌注的两孔间距不应小于 3m。

7 当采用双液加固时，应先灌注氢氧化钠溶液，待间隔8h~12h后，再灌注氯化钙溶液，氯化钙溶液用量宜为氢氧化钠溶液用量的 1/2~1/4。

8.4 质量检验

8.4.1 水泥为主剂的注浆加固质量检验应符合下列规定：

1 注浆检验应在注浆结束 28d 后进行。可选用标准贯入、轻型动力触探、静力触探或面波等方法进行加固地层均匀性检测。

2 按加固土体深度范围每间隔 1m 取样进行室内试验，测定土体压缩性、强度或渗透性。

3 注浆检验点不应少于注浆孔数的 2%~5%。检验点合格率小于 80% 时，应对不合格的注浆区实施重复注浆。

8.4.2 硅化注浆加固质量检验应符合下列规定：

1 硅酸钠溶液灌注完毕，应在 7d~10d 后，对加固的地基土进行检验；

2 应采用动力触探或其他原位测试检验加固地基的均匀性；

3 工程设计对土的压缩性和湿陷性有要求时，尚应在加固土的全部深度内，每隔1m取土样进行室内试验，测定其压缩性和湿陷性；

4 检验数量不应少于注浆孔数的 2%~5%。

8.4.3 碱液加固质量检验应符合下列规定：

1 碱液加固施工应做好施工记录，检查碱液浓度及每孔注入量是否符合设计要求。

2 开挖或钻孔取样，对加固土体进行无侧限抗压强度试验和水稳性试验。取样部位应在加固土体中部，试块数不少于 3 个，28d 龄期的无侧限抗压强度平均值不得低于设计值的 90%。将试块浸泡在自来水中，无崩解。当需要查明加固土体的外形和整体性时，可对有代表性加固土体进行开挖，量测其有效加固半径和加固深度。

3 检验数量不应少于注浆孔数的 2%~5%。

8.4.4 注浆加固处理后地基的承载力应进行静载荷试验检验。

8.4.5 静载荷试验应按附录 A 的规定进行，每个单体建筑的检验数量不应少于 3 点。

9 微型桩加固

9.1 一般规定

9.1.1 微型桩加固适用于既有建筑地基加固或新建建筑的地基处理。微型桩按桩型和施工工艺，可分为树根桩、预制桩和注浆钢管桩等。

9.1.2 微型桩加固后的地基，当桩与承台整体连接时，可按桩基础设计；桩与基础不整体连接时，可按复合地基设计。按桩基设计时，桩顶与基础的连接应符合现行行业标准《建筑桩基技术规范》JGJ 94 的有关规定；按复合地基设计时，应符合本规范第 7 章的有关规定，褥垫层厚度宜为 100mm~150mm。

9.1.3 既有建筑地基基础采用微型桩加固补强，应符合现行行业标准《既有建筑地基基础加固技术规范》JGJ 123 的有关规定。

9.1.4 根据环境的腐蚀性、微型桩的类型、荷载类型（受拉或受压）、钢材的品种及设计使用年限，微型桩中钢构件或钢筋的防腐构造应符合耐久性设计的要求。钢构件或预制桩钢筋保护层厚度不应小于 25mm，钢管砂浆保护层厚度不应小于 35mm，混凝土灌注桩钢筋保护层厚度不应小于 50mm；

9.1.5 软土地基微型桩的设计施工应符合下列规定：

1 应选择较好的土层作为桩端持力层，进入持力层深度不宜小于 5 倍的桩径或边长；

2 对不排水抗剪强度小于 10kPa 的土层，应进行试验性施工；并应采用护筒或永久套管包裹水泥浆、砂浆或混凝土；

3 应采取间隔施工、控制注浆压力和速度等措施，减小微型桩施工期间的地基附加变形，控制基础不均匀沉降及总沉降量；

4 在成孔、注浆或压桩施工过程中，应监测相邻建筑和边坡的变形。

9.2 树根桩

9.2.1 树根桩适用于淤泥、淤泥质土、黏性土、粉土、砂土、碎石土及人工填土等地基处理。

9.2.2 树根桩加固设计应符合下列规定：

1 树根桩的直径宜为 150mm~300mm，桩长不宜超过 30m，对新建建筑宜采用直桩型或斜桩网状布置。

2 树根桩的单桩竖向承载力应通过单桩静载荷试验确定。当无试验资料时，可按本规范式（7.1.5-3）估算。当采用水泥浆二次注浆工艺时，桩侧阻力可乘 1.2~1.4 的系数。

3 桩身材料混凝土强度不应小于 C25，灌注材料可用水泥浆、水泥砂浆、细石混凝土或其他灌浆料，也可用碎石或细石充填再灌注水泥浆或水泥砂浆。

4 树根桩主筋不应少于 3 根，钢筋直径不应小于 12mm，且宜通长配筋。

5 对高渗透性土体或存在地下洞室可能导致的胶凝材料流失，以及施工和使用过程中可能出现桩孔变形与移位，造成微型桩的失稳与扭曲时，应采取土层加固等技术措施。

9.2.3 树根桩施工应符合下列规定：

1 桩位允许偏差宜为 ±20mm；桩身垂直度允许偏差应为 ±1%。

2 钻机成孔可采用天然泥浆护壁，遇粉细砂层易塌孔时应加套管。

3 树根桩钢筋笼宜整根吊放。分节吊放时，钢筋搭接焊缝长度双面焊不得小于 5 倍钢筋直径，单面焊不得小于 10 倍钢筋直径，施工时，应缩短吊放和焊接时间；钢筋笼应采用悬挂或支撑的方法，确保灌浆或浇注混凝土时的位置和高度。在斜桩中组装钢筋笼时，应采用可靠的支撑和定位方法。

4 灌注施工时，应采用间隔施工、间歇施工或添加速凝剂等措施，以防止相邻桩孔移位和窜孔。

5 当地下水流速较大可能导致水泥浆、砂浆或混凝土流失影响灌注质量时，应采用永久套管、护筒或其他保护措施。

6 在风化或有裂隙发育的岩层中灌注水泥浆时，为避免水泥浆向周围岩体的流失，应进行桩孔测试和预灌浆。

7 当通过水下浇注管或带孔钻杆或管状承重构件进行浇注混凝土或水泥砂浆时，水下浇注管或带孔钻杆的末端应埋入泥浆中。浇注过程应连续进行，直到顶端溢出浆体的黏稠度与注入浆体一致时为止。

8 通过临时套管灌注水泥浆时，钢筋的放置应在临时套管拔出之前完成，套管拔出过程中应每隔 2m 施加灌浆压力。采用管材作为承重构件时，可通过其底部进行灌浆。

9 当采用碎石或细石充填再注浆工艺时，填料应经清洗，投入量不应小于计算桩孔体积的 0.9 倍，填灌时应同时用注浆管注水清孔。一次注浆时，注浆压力宜为 0.3MPa～1.0MPa，由孔底使浆液逐渐上升，直至浆液溢出孔口再停止注浆。第一次注浆浆液初凝时，方可进行二次及多次注浆，二次注浆水泥浆压力宜为 2MPa～4MPa。灌浆过程结束后，灌浆管中应充满水泥浆并维持灌浆压力一定时间。拔除注浆管后应立即在桩顶填充碎石，并在 1m～2m 范围内补充注浆。

9.2.4 树根桩采用的灌注材料应符合下列规定：

1 具有较好的和易性、可塑性、黏聚性、流动性和自密实性；

2 当采用管送或泵送混凝土或砂浆时，应选用

圆形骨料；骨料的最大粒径不应大于纵向钢筋净距的 1/4，且不应大于 15mm；

3 对水下浇注混凝土配合比，水泥含量不应小于 375kg/m³，水灰比宜小于 0.6；

4 水泥浆的制配，应符合本规范第 9.4.4 条的规定，水泥宜采用普通硅酸盐水泥，水灰比不宜大于 0.55。

9.3 预 制 桩

9.3.1 预制桩适用于淤泥、淤泥质土、黏性土、粉土、砂土和人工填土等地基处理。

9.3.2 预制桩桩体可采用边长为 150mm～300mm 的预制混凝土方桩，直径 300mm 的预应力混凝土管桩，断面尺寸为 100mm～300mm 的钢管桩和型钢等，施工除应满足现行行业标准《建筑桩基技术规范》JGJ 94 的规定外，尚应符合下列规定：

1 对型钢微型桩应保证压桩过程中计算桩体材料最大应力不超过材料抗压强度标准值的 90%；

2 对预制混凝土方桩或预应力混凝土管桩，所用材料及预制过程（包括连接件）、压桩力、接桩和截桩等，应符合现行行业标准《建筑桩基技术规范》JGJ 94 的有关规定；

3 除用于减小桩身阻力的涂层外，桩身材料以及连接件的耐久性应符合现行国家标准《工业建筑防腐蚀设计规范》GB 50046 的有关规定。

9.3.3 预制桩的单桩竖向承载力应通过单桩静载荷试验确定；无试验资料时，初步设计可按本规范式 (7.1.5-3) 估算。

9.4 注浆钢管桩

9.4.1 注浆钢管桩适用于淤泥质土、黏性土、粉土、砂土和人工填土等地基处理。

9.4.2 注浆钢管桩单桩承载力的设计计算，应符合现行行业标准《建筑桩基技术规范》JGJ 94 的有关规定；当采用二次注浆工艺时，桩侧摩阻力特征值取值可乘以 1.3 的系数。

9.4.3 钢管桩可采用静压或植入等方法施工。

9.4.4 水泥浆的制备应符合下列规定：

1 水泥浆的配合比应采用经认证的计量装置计量，材料掺量符合设计要求；

2 选用的搅拌机应能够保证搅拌水泥浆的均匀性；在搅拌槽和注浆泵之间应设置存储池，注浆前进行搅拌以防止浆液离析和凝固；

9.4.5 水泥浆灌注应符合下列规定：

1 应缩短桩孔成孔和灌注水泥浆之间的时间间隔；

2 注浆时，应采取措施保证桩长范围内完全灌满水泥浆；

3 灌注方法应根据注浆泵和注浆系统合理选用，

注浆泵与注浆孔口距离不宜大于30m;

4 当采用桩身钢管进行注浆时,可通过底部一次或多次灌浆;也可将桩身钢管加工成花管进行多次灌浆;

5 采用花管灌浆时,可通过花管进行全长多次灌浆,也可通过花管及阀门进行分段灌浆,或通过互相交错的后注浆管进行分步灌浆。

9.4.6 注浆钢管桩钢管的连接应采用套管焊接,焊接强度与质量应满足现行国家标准《建筑地基基础工程施工质量验收规范》GB 50202的要求。

9.5 质 量 检 验

9.5.1 微型桩的施工验收,应提供施工过程有关参数,原材料的力学性能检验报告,试件留置数量及制作养护方法、混凝土和砂浆等抗压强度试验报告,型钢、钢管和钢筋笼制作质量检查报告。施工完成后尚应进行桩顶标高和桩位偏差等检验。

9.5.2 微型桩的桩位施工允许偏差,对独立基础、条形基础的边桩沿垂直轴线方向应为±1/6桩径,沿轴线方向应为±1/4桩径,其他位置的桩应为±1/2桩径;桩身的垂直度允许偏差应为±1%。

9.5.3 桩身完整性检验宜采用低应变动力试验进行检测。检测桩数不得少于总桩数的10%,且不得少于10根。每个柱下承台的抽检桩数不应少于1根。

9.5.4 微型桩的竖向承载力检验应采用静载荷试验,检验桩数不得少于总桩数的1%,且不得少于3根。

10 检验与监测

10.1 检 验

10.1.1 地基处理工程的验收检验应在分析工程的岩土工程勘察报告、地基基础设计及地基处理设计资料,了解施工工艺和施工中出现的异常情况等后,根据地基处理的目的,制定检验方案,选择检验方法。当采用一种检验方法的检测结果具有不确定性时,应采用其他检验方法进行验证。

10.1.2 检验数量应根据场地复杂程度、建筑物的重要性以及地基处理施工技术的可靠性确定,并满足处理地基的评价要求。在满足本规范各种处理地基的检验数量,检验结果不满足设计要求时,应分析原因,提出处理措施。对重要的部位,应增加检验数量。

10.1.3 验收检验的抽检位置应按下列要求综合确定:

1 抽检点宜随机、均匀和有代表性分布;

2 设计人员认为的重要部位;

3 局部岩土特性复杂可能影响施工质量的部位;

4 施工出现异常情况的部位。

10.1.4 工程验收承载力检验时,静载荷试验最大加载量不应小于设计要求的承载力特征值的2倍。

10.1.5 换填垫层和压实地基的静载荷试验的压板面积不应小于1.0m²;强夯地基或强夯置换地基静载荷试验的压板面积不宜小于2.0m²。

10.2 监 测

10.2.1 地基处理工程应进行施工全过程的监测。施工中,应有专人或专门机构负责监测工作,随时检查施工记录和计量记录,并按照规定的施工工艺对工序进行质量评定。

10.2.2 堆载预压工程,在加载过程中应进行竖向变形量、水平位移及孔隙水压力等项目的监测。真空预压应进行膜下真空度、地下水位、地面变形、深层竖向变形和孔隙水压力等监测。真空预压加固区周边有建筑物时,还应进行深层侧向位移和地表边桩位移监测。

10.2.3 强夯施工应进行夯击次数、夯沉量、隆起量、孔隙水压力等项目的监测;强夯置换施工尚应进行置换深度的监测。

10.2.4 当夯实、挤密、旋喷桩、水泥粉煤灰碎石桩、柱锤冲扩桩、注浆等方法施工可能对周边环境及建筑物产生不良影响时,应对施工过程的振动、噪声、孔隙水压力、地下管线和建筑物变形进行监测。

10.2.5 大面积填土、填海等地基处理工程,应对地面变形进行长期监测;施工过程中还应对土体位移和孔隙水压力等进行监测。

10.2.6 地基处理工程施工对周边环境有影响时,应进行邻近建(构)筑物竖向及水平位移监测、邻近地下管线监测以及周围地面变形监测。

10.2.7 处理地基上的建筑物应在施工期间及使用期间进行沉降观测,直至沉降达到稳定为止。

附录A 处理后地基静载荷试验要点

A.0.1 本试验要点适用于确定换填垫层、预压地基、压实地基、夯实地基和注浆加固等处理后地基承压板应力主要影响范围内土层的承载力和变形参数。

A.0.2 平板静载荷试验采用的压板面积应按需检验土层的厚度确定,且不应小于1.0m²,对夯实地基,不宜小于2.0m²。

A.0.3 试验基坑宽度不应小于承压板宽度或直径的3倍。应保持试验土层的原状结构和天然湿度。宜在拟试压表面用粗砂或中砂层找平,其厚度不超过20mm。基准梁及加荷平台支点(或锚桩)宜设在试坑以外,且与承压板边的净距不应小于2m。

A.0.4 加荷分级不应少于8级。最大加载量不应小于设计要求的2倍。

A.0.5 每级加载后,按间隔10min、10min、10min、

15min、15min，以后为每隔 0.5h 测读一次沉降量，当在连续 2h 内，每小时的沉降量小于 0.1mm 时，则认为已趋稳定，可加下一级荷载。

A.0.6 当出现下列情况之一时，即可终止加载，当满足前三种情况之一时，其对应的前一级荷载定为极限荷载：

1 承压板周围的土明显地侧向挤出；

2 沉降 s 急骤增大，压力-沉降曲线出现陡降段；

3 在某一级荷载下，24h 内沉降速率不能达到稳定标准；

4 承压板的累计沉降量已大于其宽度或直径的 6%。

A.0.7 处理后的地基承载力特征值确定应符合下列规定：

1 当压力-沉降曲线上有比例界限时，取该比例界限所对应的荷载值。

2 当极限荷载小于对应比例界限的荷载值的 2 倍时，取极限荷载值的一半。

3 当不能按上述两款要求确定时，可取 $s/b = 0.01$ 所对应的荷载，但其值不应大于最大加载量的一半。承压板的宽度或直径大于 2m 时，按 2m 计算。

注：s 为静载荷试验承压板的沉降量；b 为承压板宽度。

A.0.8 同一土层参加统计的试验点不应少于 3 点，各试验实测值的极差不超过其平均值的 30% 时，取该平均值作为处理地基的承载力特征值。当极差超过平均值的 30% 时，应分析极差过大的原因，需要时应增加试验数量并结合工程具体情况确定处理后地基的承载力特征值。

附录 B　复合地基静载荷试验要点

B.0.1 本试验要点适用于单桩复合地基静载荷试验和多桩复合地基静载荷试验。

B.0.2 复合地基静载荷试验用于测定承压板下应力主要影响范围内复合土层的承载力。复合地基静载荷试验承压板应具有足够刚度。单桩复合地基静载荷试验的承压板可用圆形或方形，面积为一根桩承担的处理面积；多桩复合地基静载荷试验的承压板可用方形或矩形，其尺寸按实际桩数所承担的处理面积确定。单桩复合地基静载荷试验桩的中心（或形心）应与承压板中心保持一致，并与荷载作用点相重合。

B.0.3 试验应在桩顶设计标高进行。承压板底面以下宜铺设粗砂或中砂垫层，垫层厚度可取 100mm～150mm。如采用设计的垫层厚度进行试验，试验承压板的宽度对独立基础和条形基础应采用基础的设计宽度，对大型基础试验有困难时应考虑承压板尺寸和垫层厚度对试验结果的影响。垫层施工的夯填度应满足设计要求。

B.0.4 试验标高处的试坑宽度和长度不应小于承压板尺寸的 3 倍。基准梁及加荷平台支点（或锚桩）宜设在试坑以外，且与承压板边的净距不应小于 2m。

B.0.5 试验前应采取防水和排水措施，防止试验场地地基土含水量变化或地基土扰动，影响试验结果。

B.0.6 加载等级可分为（8～12）级。测试前为校核试验系统整体工作性能，预压荷载不得大于总加载量的 5%。最大加载压力不应小于设计要求承载力特征值的 2 倍。

B.0.7 每加一级荷载前后均应各读记承压板沉降量一次，以后每 0.5h 读记一次。当 1h 内沉降量小于 0.1mm 时，即可加下一级荷载。

B.0.8 当出现下列现象之一时可终止试验：

1 沉降急剧增大，土被挤出或承压板周围出现明显的隆起；

2 承压板的累计沉降量已大于其宽度或直径的 6%；

3 当达不到极限荷载，而最大加载压力已大于设计要求压力值的 2 倍。

B.0.9 卸载级数可为加载级数的一半，等量进行，每卸一级，间隔 0.5h，读记回弹量，待卸完全部荷载后间隔 3h 读记总回弹量。

B.0.10 复合地基承载力特征值的确定应符合下列规定：

1 当压力-沉降曲线上极限荷载能确定，而其值不小于对应比例界限的 2 倍时，可取比例界限；当其值小于对应比例界限的 2 倍时，可取极限荷载的一半；

2 当压力-沉降曲线是平缓的光滑曲线时，可按相对变形值确定，并应符合下列规定：

1）对沉管砂石桩、振冲碎石桩和柱锤冲扩桩复合地基，可取 s/b 或 s/d 等于 0.01 所对应的压力；

2）对灰土挤密桩、土挤密桩复合地基，可取 s/b 或 s/d 等于 0.008 所对应的压力；

3）对水泥粉煤灰碎石桩或夯实水泥土桩复合地基，对以卵石、圆砾、密实粗中砂为主的地基，可取 s/b 或 s/d 等于 0.008 所对应的压力；对以黏性土、粉土为主的地基，可取 s/b 或 s/d 等于 0.01 所对应的压力；

4）对水泥土搅拌桩或旋喷桩复合地基，可取 s/b 或 s/d 等于 0.006～0.008 所对应的压力，桩身强度大于 1.0MPa 且桩身质量均匀时可取高值；

5）对有经验的地区，可按当地经验确定相对变形值，但原地基土为高压缩性土层时，相对变形值的最大值不应大于 0.015；

6）复合地基荷载试验，当采用边长或直径大于 2m 的承压板进行试验时，b 或 d 按 2m 计；

7）按相对变形值确定的承载力特征值不应大于最大加载压力的一半。

注：s 为静载荷试验承压板的沉降量；b 和 d 分别为承压板宽度和直径。

B.0.11 试验点的数量不应少于 3 点，当满足其极差不超过平均值的 30% 时，可取其平均值为复合地基承载力特征值。当极差超过平均值的 30% 时，应分析离差过大的原因，需要时应增加试验数量，并结合工程具体情况确定复合地基承载力特征值。工程验收时应视建筑物结构、基础形式综合评价，对于桩数少于 5 根的独立基础或桩数少于 3 排的条形基础，复合地基承载力特征值应取最低值。

附录 C　复合地基增强体单桩静载荷试验要点

C.0.1 本试验要点适用于复合地基增强体单桩竖向抗压静载荷试验。

C.0.2 试验应采用慢速维持荷载法。

C.0.3 试验提供的反力装置可采用锚桩法或堆载法。当采用堆载法加载时应符合下列规定：

1　堆载支点施加于地基的压应力不宜超过地基承载力特征值；

2　堆载的支墩位置以不对试桩和基准桩的测试产生较大影响确定，无法避开时应采取有效措施；

3　堆载量大时，可利用工程桩作为堆载支点；

4　试验反力装置的承重能力应满足试验加载要求。

C.0.4 堆载支点以及试桩、锚桩、基准桩之间的中心距离应符合现行国家标准《建筑地基基础设计规范》GB 50007 的规定。

C.0.5 试压前应对桩头进行加固处理，水泥粉煤灰碎石桩等强度高的桩，桩顶宜设置带水平钢筋网片的混凝土桩帽或采用钢护筒桩帽，其混凝土宜提高强度等级和采用早强剂。桩帽高度不宜小于 1 倍桩的直径。

C.0.6 桩帽下复合地基增强体单桩的桩顶标高及地基土标高应与设计标高一致，加固桩头前应凿成平面。

C.0.7 百分表架设位置宜在桩顶标高位置。

C.0.8 开始试验的时间、加载分级、测读沉降量的时间、稳定标准及卸载观测等应符合现行国家标准《建筑地基基础设计规范》GB 50007 的有关规定。

C.0.9 当出现下列条件之一时可终止加载：

1　当荷载-沉降（Q-s）曲线上有可判定极限承载力的陡降段，且桩顶总沉降量超过 40mm；

2　$\frac{\Delta s_{n+1}}{\Delta s_n} \geqslant 2$，且经 24h 沉降尚未稳定；

3　桩身破坏，桩顶变形急剧增大；

4　当桩长超过 25m，Q-s 曲线呈缓变形时，桩顶总沉降量大于 60mm～80mm；

5　验收检测时，最大加载量不应小于设计单桩承载力特征值的 2 倍。

注：Δs_n——第 n 级荷载的沉降增量；Δs_{n+1}——第 $n+1$ 级荷载的沉降增量。

C.0.10 单桩竖向抗压极限承载力的确定应符合下列规定：

1　作荷载-沉降（Q-s）曲线和其他辅助分析所需的曲线；

2　曲线陡降段明显时，取相应于陡降段起点的荷载值；

3　当出现本规范第 C.0.9 条第 2 款的情况时，取前一级荷载值；

4　Q-s 曲线呈缓变型时，取桩顶总沉降量 s 为 40mm 所对应的荷载值；

5　按上述方法判断有困难时，可结合其他辅助分析方法综合判定；

6　参加统计的试桩，当满足其极差不超过平均值的 30% 时，设计可取其平均值为单桩极限承载力；极差超过平均值的 30% 时，应分析离差过大的原因，结合工程具体情况确定单桩极限承载力；需要时应增加试桩数量。工程验收时应视建筑物结构、基础形式综合评价，对于桩数少于 5 根的独立基础或桩数少于 3 排的条形基础，应取最低值。

C.0.11 将单桩极限承载力除以安全系数 2，为单桩承载力特征值。

本规范用词说明

1　为便于在执行本规范条文时区别对待，对要求严格程度不同的用词说明如下：

1）表示很严格，非这样做不可的：
正面词采用"必须"；反面词采用"严禁"；

2）表示严格，在正常情况下均应这样做的：
正面词采用"应"；反面词采用"不应"或"不得"；

3）表示允许稍有选择，在条件许可时首先应这样做的：
正面词采用"宜"；反面词采用"不宜"；

4）表示有选择，在一定条件下可以这样做的，采用"可"。

2　条文中指明应按其他有关标准执行时的写法为："应符合……的规定"或"应按……执行"。

引用标准名录

1 《建筑地基基础设计规范》GB 50007
2 《建筑抗震设计规范》GB 50011
3 《岩土工程勘察规范》GB 50021
4 《湿陷性黄土地区建筑规范》GB 50025
5 《工业建筑防腐蚀设计规范》GB 50046
6 《土工试验方法标准》GB/T 50123
7 《建筑地基基础工程施工质量验收规范》GB 50202
8 《土工合成材料应用技术规范》GB 50290
9 《建筑桩基技术规范》JGJ 94
10 《既有建筑地基基础加固技术规范》JGJ 123

中华人民共和国行业标准

建筑地基处理技术规范

JGJ 79—2012

条 文 说 明

修 订 说 明

《建筑地基处理技术规范》JGJ 79 - 2012，经住房和城乡建设部 2012 年 8 月 23 日以第 1448 号公告批准、发布。

本规范是在《建筑地基处理技术规范》JGJ 79 - 2002 的基础上修订而成，上一版的主编单位是中国建筑科学研究院，参编单位是冶金建筑研究总院、陕西省建筑科学研究设计院、浙江大学、同济大学、湖北省建筑科学研究设计院、福建省建筑科学研究院、铁道部第四勘测设计院（上海）、河北工业大学、西安建筑科技大学、铁道部科学研究院，主要起草人员是张永钧、（以下按姓氏笔画为序）王仁兴、王吉望、王恩远、平湧潮、叶观宝、刘毅、刘惠珊、张峰、杨灿文、罗宇生、周国钧、侯伟生、袁勋、袁内镇、涂光祉、闫明礼、康景俊、滕延京、潘秋元。本次修订的主要技术内容是：1. 处理后的地基承载力、变形和稳定性的计算原则；2. 多种地基处理方法综合处理的工程检验方法；3. 地基处理材料的耐久性设计；4. 处理后的地基整体稳定性分析方法；5. 加筋垫层下卧层承载力验算方法；6. 真空和堆载联合预压处理的设计和施工要求；7. 高能级强夯的设计参数；8. 有粘结强度复合地基增强体桩身强度验算；9. 多桩型复合地基设计施工要求；10. 注浆加固；11. 微型桩加固；12. 检验与监测；13. 复合地基增强体单桩静载荷试验要点；14. 处理后地基静载荷试验要点。

本规范修订过程中，编制组进行了广泛深入的调查研究，总结了我国工程建设建筑地基处理工程的实践经验，同时参考了国外先进标准，与国内相关标准协调，通过调研、征求意见及工程试算，对增加和修订内容的讨论、分析、论证，取得了重要技术参数。

为便于广大设计、施工、科研和学校等单位有关人员在使用本规范时能正确理解和执行条文规定，《建筑地基处理技术规范》编制组按章、节、条顺序编制了本规范的条文说明，对条文规定的目的、依据以及执行中需注意的有关事项进行了说明，还着重对强制性条文的强制性理由做了解释。但是，本条文说明不具备与规范正文同等的法律效力，仅供使用者作为理解和把握规范规定的参考。

目 次

1 总 则

1.0.1 我国大规模的基本建设以及可用于建设的土地减少，需要进行地基处理的工程大量增加。随着地基处理设计水平的提高、施工工艺的改进和施工设备的更新，我国地基处理技术有了很大发展。但由于工程建设的需要，建筑使用功能的要求不断提高，需要地基处理的场地范围进一步扩大，用于地基处理的费用在工程建设投资中所占比重不断增大。因此，地基处理的设计和施工必须认真贯彻执行国家的技术经济政策，做到安全适用、技术先进、经济合理、确保质量和保护环境。

1.0.2 本规范适用于建筑工程地基处理的设计、施工和质量检验，铁路、交通、水利、市政工程的建（构）筑物地基可根据工程的特点采用本规范的处理方法。

1.0.3 因地制宜、就地取材、保护环境和节约资源是地基处理工程应该遵循的原则，符合国家的技术经济政策。

2 术语和符号

2.1 术 语

2.1.2 本规范所指复合地基是指建筑工程中由地基土和竖向增强体形成的复合地基。

3 基 本 规 定

3.0.1 本条规定是在选择地基处理方案前应完成的工作，其中强调要进行现场调查研究，了解当地地基处理经验和施工条件，调查邻近建筑、地下工程、管线和环境情况等。

3.0.2 大量工程实例证明，采用加强建筑物上部结构刚度和承载能力的方法，能减少地基的不均匀变形，取得较好的技术经济效果。因此，本条规定对于需要进行地基处理的工程，在选择地基处理方案时，应同时考虑上部结构、基础和地基的共同作用，尽量选用加强上部结构和处理地基相结合的方案，这样既可降低地基处理费用，又可收到满意的效果。

3.0.3 本条规定了在确定地基处理方法时宜遵循的步骤。着重指出在选择地基处理方案时，宜根据各种因素进行综合分析，初步选出几种可供考虑的地基处理方案，其中强调包括选择两种或多种地基处理措施组成的综合处理方案。工程实践证明，当岩土工程条件较为复杂或建筑物对地基要求较高时，采用单一的地基处理方法，往往满足不了设计要求或造价较高，而由两种或多种地基处理措施组成的综合处理方法可

能是最佳选择。

地基处理是经验性很强的技术工作。相同的地基处理工艺，相同的设备，在不同成因的场地上处理效果不尽相同；在一个地区成功的地基处理方法，在另一个地区使用，也需根据场地的特点对施工工艺进行调整，才能取得满意的效果。因此，地基处理方法和施工参数确定时，应进行相应的现场试验或试验性施工，进行必要的测试，以检验设计参数和处理效果。

3.0.4 建筑地基承载力的基础宽度、基础埋深修正是建立在浅基础承载力理论上，对基础宽度和基础埋深所能提高的地基承载力设计取值的经验方法。经处理的地基由于其处理范围有限，处理后增强的地基性状与自然环境下形成的地基性状有所不同，处理后的地基，当按地基承载力确定基础底面积及埋深而需要对本规范确定的地基承载力特征值进行修正时，应分析工程具体情况，采用安全的设计方法。

1 压实填土地基，当其处理的面积较大（一般应视处理宽度大于基础宽度的 2 倍），可按现行国家标准《建筑地基基础设计规范》GB 50007 规定的土性要求进行修正。

这里有两个问题需要注意：首先，需修正的地基承载力应是基础底面经检验确定的承载力，许多工程进行修正的地基承载力与基础底面确定的承载力并不一致；其次，这些处理后的地基表层及以下土层的承载力并不一致，可能存在表层高以下土层低的情况。所以如果地基承载力验算考虑了深度修正，应在地基主要持力层满足要求条件下才能进行。

2 对于不满足大面积处理的压实地基、夯实地基以及其他处理地基，基础宽度的地基承载力修正系数取零，基础埋深的地基承载力修正系数取 1.0。

复合地基由于其处理范围有限，增强体的设置改变了基底压力的传递路径，其破坏模式与天然地基不同。复合地基承载力的修正的研究成果还很少，为安全起见，基础宽度的地基承载力修正系数取零，基础埋深的地基承载力修正系数取 1.0。

3.0.5 本条为强制性条文。对处理后的地基应进行的设计计算内容给出规定。

处理地基的软弱下卧层验算，对压实、夯实、注浆加固地基及散体材料增强体复合地基等应按压力扩散角，按现行国家标准《建筑地基基础设计规范》GB 50007 的方法验算，对有粘结强度的增强体复合地基，按其荷载传递特性，可按实体深基础法验算。

处理后的地基应满足建筑物承载力、变形和稳定性要求。稳定性计算可按本规范第 3.0.7 条的规定进行，变形计算应符合现行国家标准《建筑地基基础设计规范》GB 50007 的有关规定。

3.0.6 偏心荷载作用下，对于换填垫层、预压地基、压实地基、夯实地基、散体桩复合地基、注浆加固等处理后地基可按现行国家标准《建筑地基基础设计规

范》GB 50007 的要求进行验算，即满足：

当轴心荷载作用时

$$P_k \leqslant f'_a \qquad (1)$$

当偏心荷载作用时

$$P_{kmax} \leqslant 1.2 f'_a \qquad (2)$$

式中：f'_a 为处理后地基的承载力特征值。

对于有一定粘结强度增强体复合地基，由于增强体布置不同，分担偏心荷载时增强体上的荷载不同，应同时对桩、土作用的力加以控制，满足建筑物在长期荷载作用下的正常使用要求。

3.0.7 受较大水平荷载或位于斜坡上的建筑物及构筑物，当建造在处理后的地基上时，或由于建筑物及构筑物建造在处理后的地基上，而邻近地下工程施工改变了原建筑物地基的设计条件，建筑物地基存在稳定问题时，应进行建筑物整体稳定分析。

采用散体材料进行地基处理，其地基的稳定可采用圆弧滑动法分析，已得到工程界的共识；对于采用具有胶结强度的材料进行地基处理，其地基的稳定性分析方法还有不同的认识。同时，不同的稳定分析的方法其保证工程安全的最小稳定安全系数的取值不同。采用具有胶结强度的材料进行地基处理，其地基整体失稳是增强体断裂，并逐渐形成连续滑动面的破坏现象，已得到工程的验证。

本次修订规范组对处理地基的稳定分析方法进行了专题研究。在《软土地基上复合地基整体稳定计算方法》专题报告中，对同一工程算例采用传统的复合地基稳定计算方法、英国加筋土及加筋填土规范计算方法、考虑桩体弯曲破坏的可使用抗剪强度计算方法、桩在滑动面发挥摩擦力的计算方法、扣除桩分担荷载的等效荷载法等进行了对比分析，提出了可采用考虑桩体弯曲破坏的等效抗剪强度计算方法、扣除桩分担荷载的等效荷载法和英国 BS8006 方法综合评估软土地基上复合地基的整体稳定性的建议。并提出了不同计算方法对应不同最小安全系数取值的建议。

采用 geoslope 计算软件的有限元强度折减法对某一实际工程采用砂桩复合地基加固以及采用刚性桩加固进行了稳定性分析对比。砂桩的抗剪强度指标由砂桩的密实度确定，刚性桩的抗剪强度指标由桩折断后的材料摩擦系数确定。对比分析结果说明，采用刚性桩加固计算的稳定安全系数与采用考虑桩体弯曲破坏的等效抗剪强度计算方法的结果较接近；同时其结果说明，如果考虑刚性桩折断，采用材料摩擦性质确定抗剪强度指标，刚性桩加固后的稳定安全系数与砂桩复合地基加固接近（不考虑砂桩排水固结作用）。计算中刚性桩加固的桩土应力比在不同位置分别为堆载平台面处 7.3～8.4，坡面处 5.8～6.4。砂桩复合地基加固，当砂桩的内摩擦角取 30°，不考虑砂桩排水固结作用的稳定安全系数为 1.06；考虑砂桩排水固

结作用的稳定安全系数为 1.29。采用 CFG 桩复合地基加固，CFG 桩断裂后，材料间摩擦系数取 0.55，折算内摩擦角取 29°，计算的稳定安全系数为 1.05。

本次修订规定处理后的地基上建筑物稳定分析可采用圆弧滑动法，其稳定安全系数不应小于 1.30。散体加固材料的抗剪强度指标，可按加固体的密实度通过试验确定，这是常用的方法。胶结材料抵抗水平荷载和弯矩的能力较弱，其对整体稳定的作用（这里主要指具有胶结强度的竖向增强体），假定其桩体完全断裂，按滑动面材料的摩擦性能确定抗剪强度指标，对工程验算是安全的。

规范修订组的验算结果表明，采用无配筋的竖向增强体地基处理，其提高稳定安全性的能力是有限的。工程需要时应配置钢筋，增加增强体的抗剪强度；或采用设置抗滑构件的方法满足稳定安全性要求。

3.0.8 刚度差异较大的整体大面积基础其地基反力分布不均匀，且结构对地基变形有较高要求，所以其地基处理设计，宜根据结构、基础和地基共同作用结果进行地基承载力和变形验算。

3.0.9 本条是地基处理工程的验收检验的基本要求。

换填垫层、预压地基、压实地基、夯实地基和注浆加固地基的检测，主要通过静载荷试验、静力和动力触探、标准贯入或土工试验等检验处理地基的均匀性和承载力。对于复合地基，不仅要做上述检验，还应对增强体的质量进行检验，需要时可采用钻芯取样进行增强体强度复核。

3.0.10 本条是对采用多种地基处理方法综合使用的地基处理工程验收检验方法的要求。采用多种地基处理方法综合使用的地基处理工程，每一种方法处理后的检验由于其检验方法的局限性，不能代表整个处理效果的检验，地基处理工程完成后应进行整体处理效果的检验（例如进行大尺寸承压板载荷试验）。

3.0.11 地基处理采用的材料，一方面要考虑地下土、水环境对其处理效果的影响，另一方面应符合环境保护要求，不应对地基土和地下水造成污染。地基处理采用材料的耐久性要求，应符合有关规范的规定。现行国家标准《工业建筑防腐蚀设计规范》GB 50046 对工业建筑材料的防腐蚀问题进行了规定，现行国家标准《混凝土结构设计规范》GB 50010 对混凝土的防腐蚀和耐久性提出了要求，应遵照执行。对水泥粉煤灰碎石桩复合地基的增强体以及微型桩材料，应根据表 1 规定的混凝土结构暴露的环境类别，满足表 2 的要求。

表 1　混凝土结构的环境类别

环境类别	条　　件
一	室内干燥环境； 无侵蚀性静水浸没环境

环境类别	条　件
二 a	室内潮湿环境； 非严寒和非寒冷地区的露天环境； 非严寒和非寒冷地区的与无侵蚀性的水或土壤直接接触的环境； 严寒和寒冷地区的冰冻线以下与无侵蚀性的水或土壤直接接触的环境
二 b	干湿交替环境； 水位频繁变动环境； 严寒和寒冷地区的露天环境； 严寒和寒冷地区冰冻线以上与无侵蚀性的水或土壤直接接触的环境
三 a	严寒和寒冷地区冬季水位变动区环境； 受除冰盐影响环境； 海风环境
三 b	盐渍土环境； 受除冰盐作用环境； 海岸环境
四	海水环境
五	受人为或自然的侵蚀性物质影响的环境

注：1　室内潮湿环境是指构件表面经常处于结露或湿润状态的环境；

2　严寒和寒冷地区的划分应符合现行国家标准《民用建筑热工设计规范》GB 50176 的有关规定；

3　海岸环境和海风环境宜根据当地情况，考虑主导风向及结构所处迎风、背风部位等因素的影响，由调查研究和工程经验确定；

4　受除冰盐影响环境是指受到除冰盐盐雾影响的环境；受除冰盐作用环境是指被除冰盐溶液溅射的环境以及使用除冰盐地区的洗车房、停车楼等建筑；

5　暴露的环境是指混凝土结构表面所处的环境。

表2　结构混凝土材料的耐久性基本要求

环境等级	最大水胶比	最低强度等级	最大氯离子含量（％）	最大碱含量（kg/m³）
一	0.60	C20	0.30	不限制
二 a	0.55	C25	0.20	3.0
二 b	0.50 (0.55)	C30 (C25)	0.15	3.0
三 a	0.45 (0.50)	C35 (C30)	0.15	3.0
三 b	0.40	C40	0.10	3.0

注：1　氯离子含量系指其占胶凝材料总量的百分比；

2　预应力构件混凝土中的最大氯离子含量为 0.06％；其最低混凝土强度等级宜按表中的规定提高两个等级；

3　素混凝土构件的水胶比及最低强度等级的要求可以适当放松；

4　有可靠工程经验时，二类环境中的最低强度等级可降低一个等级；

5　处于严寒和寒冷地区二 b、三 a 类环境中的混凝土应使用引气剂，并可采用括号中的有关参数；

6　当使用非碱活性骨料时，对混凝土中的碱含量可不作限制。

3.0.12　地基处理工程是隐蔽工程。施工技术人员应掌握所承担工程的地基处理目的、加固原理、技术要求和质量标准等，才能根据场地情况和施工情况及时调整施工工艺和施工参数，实现设计要求。地基处理工程同时又是经验性很强的技术工作，根据场地勘测资料以及建筑物的地基要求进行设计，在现场实施中仍有许多与场地条件和设计要求不符合的情况，要求及时解决。地基处理工程施工结束后，必须按国家有关规定进行质量检验和验收。

4　换　填　垫　层

4.1　一　般　规　定

4.1.1　软弱土层系指主要由淤泥、淤泥质土、冲填土、杂填土或其他高压缩性土层构成的地基。在建筑地基的局部范围内有高压缩性土层时，应按局部软弱土层处理。

换填垫层适用于处理各类浅层软弱地基。当在建筑范围内上层软弱土较薄时，则可采用全部置换处理。对于较深厚的软弱土层，当仅用垫层局部置换上层软弱土层时，下卧软弱土层在荷载作用下的长期变形可能依然很大。例如，对较深厚的淤泥或淤泥质土类软弱地基，采用垫层仅置换上层软土后，通常可提高持力层的承载力，但不能解决由于深层土质软弱而造成地基变形量大对上部建筑物产生的有害影响；或者对于体型复杂、整体刚度差、或对差异变形敏感的建筑，均不应采用浅层局部换填的处理方法。

对于建筑范围内局部存在松填土、暗沟、暗塘、古井、古墓或拆除旧基础后的坑穴，可采用换填垫层进行地基处理。在这种局部的换填处理中，保持建筑地基整体变形均匀是换填应遵循的最基本的原则。

4.1.3　大面积换填处理，一般采用大型机械设备，场地条件应满足大型机械对下卧土层的施工要求，地下水位高时应采取降水措施，对分层土的厚度、压实效果及施工质量控制标准等均应通过试验确定。

4.1.4　开挖基坑后，利用分层回填夯压，也可处理较深的软弱土层。但换填基坑开挖过深，常因地下水位高，需要采用降水措施；坑壁放坡占地面积大或边坡需要支护及因此易引起邻近地面、管网、道路与建筑的沉降变形破坏；再则施工土方量大、弃土多等因素，常使处理工程费用增高、工期拖长、对环境的影响增大等。因此，换填法的处理深度通常控制在 3m 以内较为经济合理。

大面积填土产生的大范围地面负荷影响深度较深，地基压缩变形量大，变形延续时间长，与换填垫层浅层处理地基的特点不同，因而大面积填土地基的设计施工按照本规范第 6 章有关规定执行。

4.2 设　　计

4.2.1　砂石是良好的换填材料，但对具有排水要求的砂垫层宜控制含泥量不大于 3%；采用粉细砂作为换填材料时，应改善材料的级配状况，在掺加碎石或卵石使其颗粒不均匀系数不小于 5 并拌合均匀后，方可用于铺填垫层。

石屑是采石场筛选碎石后的细碎废弃物，其性质接近于砂，在各地使用作为换填材料时，均取得了很好的成效。但应控制好含泥量及含粉量，才能保证垫层的质量。

黏土难以夯压密实，故换填时应避免采用作为换填材料，在不得已选用上述土料回填时，也应掺入不少于 30% 的砂石并拌合均匀后，方可使用。当采用粉质黏土大面积换填并使用大型机械夯压时，土料中的碎石粒径可稍大于 50mm，但不宜大于 100mm，否则将影响垫层的夯压效果。

灰土强度随土料中黏粒含量增高而加大，塑性指数小于 4 的粉土中黏粒含量太少，不能达到提高灰土强度的目的，因而不能用于拌合灰土。灰土所用的消石灰应符合优等品标准，储存期不超过 3 个月，所含活性 CaO 和 MgO 越高则胶结力越强。通常灰土的最佳含灰率约为 CaO + MgO 总量的 8%。石灰应消解（3～4）d 并筛除生石灰块后使用。

粉煤灰可分为湿排灰和调湿灰。按其燃烧后形成玻璃体的粒径分析，应属粉土的范畴。但由于含有 CaO、SO_3 等成分，具有一定的活性，当与水作用时，因具有胶凝作用的火山灰反应，使粉煤灰垫层逐渐获得一定的强度与刚度，有效地改善了垫层地基的承载能力及减小变形的能力。不同于抗地震液化能力较低的粉土或粉砂，由于粉煤灰具有一定的胶凝作用，在压实系数大于 0.9 时，即可以抵抗 7 度地震液化。用于发电的燃煤常伴生有微量放射性同位素，因而粉煤灰亦有时有弱放射性。作为建筑物垫层的粉煤灰应按照现行国家标准《建筑材料放射性核素限量》GB 6566 的有关规定作为安全使用的标准，粉煤灰为碱性物质，回填后碱性成分在地下水中溶出，使地下水具弱碱性，因此应考虑其对地下水的影响并应对粉煤灰垫层中的金属构件、管网采取一定的防腐措施。粉煤灰垫层上宜覆盖 0.3m～0.5m 厚的黏性土，以防干灰飞扬，同时减少碱对植物生长的不利影响，有利于环境绿化。

矿渣的稳定性是其是否适用于作换填垫层材料的最主要性能指标，原冶金部试验结果证明，当矿渣中 CaO 的含量小于 45% 及 FeS 与 MnS 的含量约为 1% 时，矿渣不会产生硅酸盐分解和铁锰分解，排渣时不浇石灰水，矿渣也就不会产生石灰分解，则该类矿渣性能稳定，可用于换填。对中、小型垫层可选用 8mm～40mm 与 40mm～60mm 的分级矿渣或 0mm～60mm 的混合矿渣；较大面积换填时，矿渣最大粒径不宜大于 200mm 或大于分层铺填厚度的 2/3。与粉煤灰相同，对用于换填垫层的矿渣，同样要考虑放射性、对地下水和环境的影响及对金属管网、构件的影响。

土工合成材料（Geosynthetics）是近年来随着化学合成工业的发展而迅速发展起来的一种新型土工材料，主要由涤纶、尼龙、腈纶、丙纶等高分子化合物，根据工程的需要，加工成具有弹性、柔性、高抗拉强度、低延伸率、透水、隔水、反滤性、抗腐蚀性、抗老化性和耐久性的各种类型的产品。如土工格栅、土工格室、土工垫、土工带、土工网、土工膜、土工织物、塑料排水带及其他土工合成材料等。由于这些材料的优异性能及广泛的适用性，受到工程界的重视，被迅速推广应用于河、海岸护坡、堤坝、公路、铁路、港口、堆场、建筑、矿山、电力等领域的岩土工程中，取得了良好的工程效果和经济效益。

用于换填垫层的土工合成材料，在垫层中主要起加筋作用，以提高地基土的抗拉和抗剪强度、防止垫层被拉断裂和剪切破坏、保持垫层的完整性、提高垫层的抗弯刚度。因此利用土工合成材料加筋的垫层有效地改变了天然地基的性状，增大了压力扩散角，降低了下卧土层的压力，约束了地基侧向变形，调整地基不均匀变形，增大地基的稳定性并提高地基的承载力。由于土工合成材料的上述特点，将其用于软弱黏性土、泥炭、沼泽地区修建道路、堆场等取得了较好的成效，同时在部分建筑、构筑物的加筋垫层中应用，也取得了一定的效果。根据理论分析、室内试验以及工程实测的结果证明采用土工合成材料加筋垫层的作用机理为：（1）扩散应力，加筋垫层刚度较大，增大了压力扩散角，有利于上部荷载扩散，降低垫层底面压力；（2）调整不均匀沉降，由于加筋垫层的作用，加大了压缩层范围内地基的整体刚度，有利于调整基础的不均匀沉降；（3）增大地基稳定性，由于加筋垫层的约束，整体上限制了地基土的剪切、侧向挤出及隆起。

采用土工合成材料加筋垫层时，应根据工程荷载的特点、对变形、稳定性的要求和地基土的工程性质、地下水性质及土工合成材料的工作环境等，选择土工合成材料的类型、布置形式及填料品种，主要包括：（1）确定所需土工合成材料的类型、物理性质和主要的力学性质如允许抗拉强度及相应的伸长率、耐久性与抗腐蚀性等；（2）确定土工合成材料在垫层中的布置形式、间距及端部的固定方式；（3）选择适用的填料与施工方法等。此外，要通过验证、保证土工合成材料在垫层中不被拉断和拔出失效。同时还要检验垫层地基的强度和变形以确保满足设计的要求。最后通过静载荷试验确定垫层地基的承载能力。

土工合成材料的耐久性与老化问题，在工程界均有较多的关注。由于土工合成材料引入我国为时不久，目前未见在工程中老化而影响耐久性。英国已有近一百年的使用历史，效果较好。合成材料老化的主要因素：紫外线照射、60℃～80℃的高温或氧化等。在岩土工程中，由于土工合成材料是埋在地下的土层中，上述三个影响因素皆极微弱，故土工合成材料能满足常规建筑工程中的耐久性需要。

在加筋土垫层中，主要由土工合成材料承受拉应力，所以要求选用高强度、低徐变性、延伸率适宜的材料，以保证垫层及下卧层土体的稳定性。在软弱土层采用土工合成材料加筋垫层，由合成材料承受上部荷载产生的应力远高于软弱土中的应力，因此一旦由于合成材料超过极限强度产生破坏，随之荷载转移而由软弱土承受全部外荷，势将大大超过软弱土的极限强度，而导致地基的整体破坏；进而地基的失稳将会引起上部建筑产生较大的沉降，并使建筑结构造成严重的破坏。因此用于加筋垫层中的土工合成材料必须留有足够的安全系数，而绝不能使其受力后的强度等参数处于临界状态，以免导致严重的后果。

4.2.2 垫层设计应满足建筑地基的承载力和变形要求。首先垫层能换除基础下直接承受建筑荷载的软弱土层，代之以能满足承载力要求的垫层；其次荷载通过垫层的应力扩散，使下卧层顶面受到的压力满足小于或等于下卧层承载能力的条件；再者基础持力层被低压缩性的垫层代换，能大大减少基础的沉降量。因此，合理确定垫层厚度是垫层设计的主要内容。通常根据土层的情况确定需要填的深度，对于浅层软土厚度不大的工程，应置换掉全部软弱土。对需换填的软弱土层，首先应根据垫层的承载力确定基础的宽度和基底压力，再根据垫层下卧层的承载力，设置垫层的厚度，经本规范式（4.2.2-1）复核，最后确定垫层厚度。

下卧层顶面的附加压力值可以根据双层地基理论进行计算，但这种方法仅限于条形基础均布荷载的计算条件。也可以将双层地基视作均质地基，按均质连续各向同性半无限直线变形体的弹性理论计算。第一种方法计算比较复杂，第二种方法的假定又与实际双层地基的状态有一定误差。最常用的是扩散角法，按本规范式（4.2.2-2）或式（4.2.2-3）计算的垫层厚度虽比按弹性理论计算的结果略偏安全，但由于计算方法比较简便，易于理解又便于接受，故而在工程设计中得到了广泛的认可和使用。

压力扩散角应随垫层材料及下卧土层的力学特性差异而定，可按双层地基的条件来考虑。四川及天津曾先后对上硬下软的双层地基进行了现场静载荷试验及大量模型试验，通过实测软弱下卧层顶面的压力反算上部垫层的压力扩散角，根据模型试验实测压力，在垫层厚度等于基础宽度时，计算的压力扩散角均小于30°，而直观破裂角为30°。同时，对照耶戈洛夫双

层地基应力理论计算值，在较安全的条件下，验算下卧层承载力的垫层破坏的扩散角与实测土的破裂角相当。因此，采用理论计算值时，扩散角最大取30°。对小于30°的情况，以理论计算值为基础，求出不同垫层厚度时的扩散角θ。根据陕西、上海、北京、辽宁、广东、湖北等地的垫层试验，对于中砂、粗砂、砾砂、石屑的变形模量均在30MPa～45MPa的范围，卵石、碎石的变形模量可达35MPa～80MPa，而矿渣则可达到35MPa～70MPa。这类粗颗粒垫层材料与下卧的较软土层相比，其变形模量比值均接近或大于10，扩散角最大取30°；而对于其他常作换填材料的细粒土或粉煤灰垫层，碾压后变形模量可达13MPa～20MPa，与粉质黏土垫层类似，该类垫层材料的变形模量与下卧较软土层的变形模量比值显著小于粗粒垫层的比值，则可比较安全地按3来考虑，同时按理论值计算出扩散角θ。灰土垫层则根据北京的试验及北京、天津、西北等地经验，按一定压实要求的3：7或2：8灰土28d强度考虑，取θ=28°。因此，参照现行国家标准《建筑地基基础设计规范》GB 50007给出不同垫层材料的压力扩散角。

土夹石、砂夹石垫层的压力扩散角宜依据土与石、砂与石的配比，按静载荷试验结果确定，有经验时也可按地区经验选取。

土工合成材料加筋垫层一般用于z/b较小的薄垫层。对土工带加筋垫层，设置一层土工筋带时，θ宜取26°；设置两层及以上土工筋带时，θ宜取35°。

利用太原某现场工程加筋垫层原位静载荷试验，对土工带加筋垫层的压力扩散角进行验算。试验中加筋垫层土为碎石，粒径10mm～30mm，垫层尺寸为2.3m×2.3m×0.3m，基础底面尺寸为1.5m×1.5m。土工带加筋采用两种土工筋带：TG玻塑复合筋带（A型，极限抗拉强度σ_b=94.3MPa）和CPE钢塑复合筋带（B型，极限抗拉强度σ_b=139.4MPa）。根据不同的加筋参数和加筋材料，将此工程分为10种工况进行计算。具体工况参数如表3所示。以沉降为1.5‰基础宽度处的荷载值作为基础底面处的平均压力值，垫层底面处的附加压力值为58.3kPa。基础底面处垫层土的自重压力值忽略不计。由式（4.2.2-3）分别计算加筋碎石垫层的压力扩散角值，结果列于表3。

表3 工况参数及压力扩散角

试验编号	A1	A2	A3	A4	A5	A6	A7	B6	B7	B8
加筋层数	1	1	1	1	1	2	2	2	2	2
首层间距（cm）	5	10	10	10	20	5	5	5	5	5

续表3

试验编号	A1	A2	A3	A4	A5	A6	A7	B6	B7	B8
层间距(cm)	—	—	—	—	—	10	15	10	15	20
LDR(%)	33.3	50.0	33.3	25.0	33.3	33.3	33.3	33.3	33.3	33.3
$q_{0.015B}$(kPa)	87.5	86.3	84.7	83.2	84.0	100.9	97.6	90.6	88.3	85.6
θ(°)	29.3	28.4	27.1	25.9	26.5	38.2	36.3	31.6	29.9	27.8

注：LDR—加筋线密度；$q_{0.015B}$—沉降为1.5%基础宽度处的荷载值；θ—压力扩散角。

收集了太原地区7项土工带加筋垫层工程，按照表4.2.2给出的压力扩散角取值验算是否满足式（4.2.2-1）要求。7项工程概况描述如下，工程基本参数和压力扩散角取值列于表4。验算时，太原地区从地面到基础底面土的重度加权平均值取 $\gamma_m = 19$kN/m³，加筋垫层重度碎石取 21kN/m³，砂石取19.5kN/m³，灰土取16.5kN/m³，所用土工筋带均为TG玻塑复合筋带（A型），η_d 取1.5。验算结果列于表5。

表4 土工带加筋工程基本参数

工程编号	$L \times B$(m)	d(m)	z(m)	N	$B \times h$(mm)	U(m)	H(m)	LDR(%)	θ(°)
1	46.0×17.9	2.83	2.5	2	25×2.5	0.5	0.5	0.20	35
2	93.5×17.5	2.80	1.2	2	25×2.5	0.4	0.4	0.17	35
3	40.5×22.5	2.70	1.5	2	25×2.5	0.8	0.4	0.20	35
4	78.4×16.7	2.78	1.8	2	25×2.5	0.8	0.4	0.17	35
5	60.8×14.9	2.73	1.5	2	25×2.5	0.6	0.4	0.17	35
6	40.0×17.5	5.45	2.5	2	25×2.5	1.7	0.4	0.33	35
7	71.1×13.6	2.50	1.0	1	25×2.5	0.5	—	0.17	26

注：L—基础长度；B—基础宽度；d—基础埋深；z—垫层厚度；N—加筋层数；h—加筋带厚度；U—首层加筋间距；H—加筋间距；其他同表3。

表5 加筋垫层下卧层承载力计算

工程编号	p_k(kPa)	p_c(kPa)	p_z(kPa)	p_{cz}(kPa)	$p_z + p_{cz}$(kPa)	f_{azk}(kPa)	深度修正部分的承载力(kPa)	f_{az}(kPa)	实测沉降		
									最大沉降(mm)	最小沉降(mm)	平均沉降(mm)
1	140	53.8	67.0	102.5	169.5	70	137.6	207.6	10.0	7.0	8.3
2	140	53.2	77.8	73.0	150.8	80	99.75	179.75	—	—	—
3	220	51.3	146.7	82.8	229.5	150	105.5	255.5	72	63	67.5
4	150	52.8	81.8	87.9	169.7	80	116.25	196.25	8.7	7.0	7.9
5	130	51.9	66.2	81.1	147.3	80	106.25	186.25	4.2	3.5	3.9
6	260	103.2	120.2	151.9	272.1	120	211.75	331.75	—	—	—
7	140	47.5	85.1	67.0	152.1	90	85.5	175.5	—	—	—

1—山西省机电设计研究院13号住宅楼（6层砖混，砂石加筋）；

2—山西省体委职工住宅楼（6层砖混，灰土加筋）；

3—迎泽房管所住宅楼（9层底框，碎石加筋）；

4—文化苑E-4号住宅楼（7层砖混，砂石加筋）；

5—文化苑E-5号住宅楼（6层砖混，砂石加筋）；

6—山西省交通干部学校综合教学楼（13层框剪，砂石加筋）；

7—某机关职工住宅楼（6层砖混，砂石加筋）。

4.2.3 确定垫层宽度时，除应满足应力扩散的要求外，还应考虑侧面土的强度条件，保证垫层应有足够的宽度，防止垫层材料向侧边挤出而增大垫层的竖向变形量。当基础荷载较大，或对沉降要求较高，或垫层侧边土的承载力较差时，垫层宽度应适当加大。

垫层顶面每边超出基础底边应大于 $z\tan\theta$，且不得小于300mm，如图1所示。

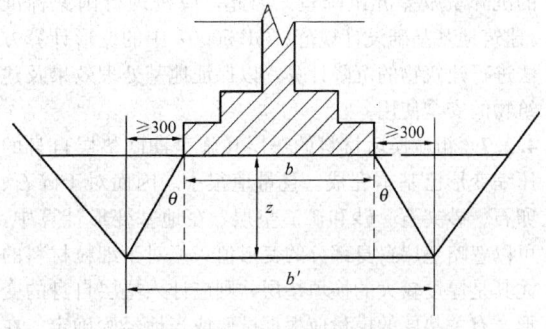

图1 垫层宽度取值示意

4.2.4 矿渣垫层的压实指标，由于干密度试验难于操作，误差较大。所以其施工的控制标准按目前的经验，在采用 8t 以上的平碾或振动碾施工时可按最后两遍压实的压陷差小于 2mm 控制。

4.2.5 经换填处理后的地基，由于理论计算方法尚不够完善，或由于较难选取有代表性的计算参数等原因，而难于通过计算准确确定地基承载力，所以，本条强调经换填垫层处理的地基其承载力宜通过试验、尤其是通过现场原位试验确定。对于按现行国家标准《建筑地基基础设计规范》GB 50007 设计等级为丙级的建筑物及一般的小型、轻型或对沉降要求不高的工程，在无试验资料或经验时，当施工达到本规范要求的压实标准后，初步设计时可以参考表 6 所列的承载力特征值取用。

表 6　垫层的承载力

换填材料	承载力特征值 f_{ak} (kPa)
碎石、卵石	200～300
砂夹石（其中碎石、卵石占全重的 30%～50%）	200～250
土夹石（其中碎石、卵石占全重的 30%～50%）	150～200
中砂、粗砂、砾砂、圆砾、角砾	150～200
粉质黏土	130～180
石屑	120～150
灰土	200～250
粉煤灰	120～150
矿渣	200～300

注：压实系数小的垫层，承载力特征值取低值，反之取高值；原状矿渣垫层取低值，分级矿渣或混合矿渣垫层取高值。

4.2.6 我国软黏土分布地区的大量建筑物沉降观测及工程经验表明，采用换填垫层进行局部处理后，往往由于软弱下卧层的变形，建筑物地基仍将产生过大的沉降量及差异沉降量。因此，应按现行国家标准《建筑地基基础设计规范》GB 50007 中的变形计算方法进行建筑物的沉降计算，以保证地基处理效果及建筑物的安全使用。

4.2.7 粗粒换填材料的垫层在施工期间垫层自身的压缩变形已基本完成，且量值很小。因而对于碎石、卵石、砂夹石、砂和矿渣垫层，在地基变形计算中，可以忽略垫层自身部分的变形值；但对于细粒材料的尤其是厚度较大的换填垫层，则应计入垫层自身的变形，有关垫层的模量应根据试验或当地经验确定。在无试验资料或经验时，可参照表 7 选用。

表 7　垫层模量（MPa）

模量 \ 垫层材料	压缩模量 E_s	变形模量 E_0
粉煤灰	8～20	—
砂	20～30	—
碎石、卵石	30～50	—
矿渣	—	35～70

注：压实矿渣的 E_0/E_s 比值可按 1.5～3.0 取用。

下卧层顶面承受换填材料本身的压力超过原天然土层压力较多的工程，地基下卧层将产生较大的变形。如工程条件许可，宜尽早换填，以使由此引起的大部分地基变形在上部结构施工之前完成。

4.2.9 加筋线密度为加筋带宽度与加筋带水平间距的比值。

对于土工加筋带端部可采用图 2 说明的胞腔式固定方法。

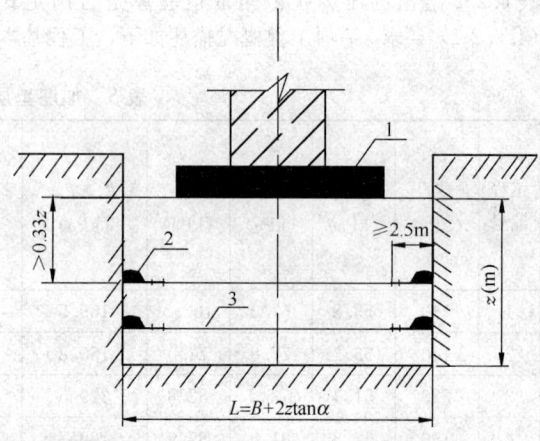

图 2　胞腔式固定方法

1—基础；2—胞腔式砂石袋；3—筋带；z—加筋垫层厚度

工程案例分析：

场地条件：场地土层第一层为杂填土，厚度 0.7m～0.8m，在试验时已挖去；第二层为饱和粉土，作为主要受力层，其天然重度为 18.9kN/m³，土粒相对密度 2.69，含水量 31.8%，干重度 14.5kN/m³，孔隙比 0.881，饱和度 96%，液限 32.9%，塑限 23.7%，塑性指数 9.2，液性指数 0.88，压缩模量 3.93MPa。根据现场原土的静力触探和静载荷试验，结合本地区经验综合确定饱和粉土层的承载力特征值为 80kPa。

工程概况：矩形基础，建筑物基础平面尺寸为 60.8m×14.9m，基础埋深 2.73m。基础底面处的平均压力 p_k 取 130kPa。基础底部为软弱土层，需进行处理。

处理方法一：采用砂石进行换填，从地面到基础底面土的重度加权平均值 19kN/m³，砂石重度取 19.5kN/m³。基础埋深的地基承载力修正系数取

1.0。假定 $z/B = 0.25$，如垫层厚度 z 取 3.73m，按本规范 4.2.2 条按压力扩散角 20°。计算得基础底面处的自重应力 p_c 为 51.9kPa，垫层底面处的自重应力 p_{cz} 为 124.6kPa，则垫层底面处的附加压力值 p_z 为 63.3kPa，垫层底面处的自重应力与附加压力之和为 187.9kPa，承载力深度修正值为 115.0kPa，垫层底面处土经深度修正后的承载力特征值为 195.0kPa，满足式（4.2.2-1）要求。

处理方法二：采用加筋砂石垫层。加筋材料采用 TG 玻塑复合筋带（极限抗拉强度 $\sigma_b = 94.3$MPa），筋带宽、厚分别为 25mm 和 2.5mm。两层加筋，首层加筋间距拟采用 0.6m，加筋带层间距拟采用 0.4m，加筋线密度拟采用 17%。压力扩散角取 35°。砂石垫层参数同上。基础底面处的自重应力 p_c 为 51.9kPa，假定垫层厚度为 1.5m，按式（4.2.2-3）计算加筋垫层底面处的附加压力值 p_z 为 66.6kPa，垫层底面处的自重应力 p_{cz} 为 81.2kPa，垫层底面处的自重应力与附加压力之和为 147.8kPa，计算得承载力深度修正值为 72.7kPa，垫层底面处土经深度修正后的承载力特征值为 152.7kPa＞147.8kPa，满足式（4.2.2-1）要求。由式（4.2.3）计算可得垫层底面最小宽度为 16.9m，取 17m。该工程竣工验收后，观测到的最终沉降量为 3.9mm，满足变形要求。

两种处理方法进行对比，可知，使用加筋垫层，可使垫层厚度比仅采用砂石换填时减少 60%。采用加筋垫层可以降低工程造价，施工更方便。

4.3 施　工

4.3.1 换填垫层的施工参数应根据垫层材料、施工机械设备及设计要求等通过现场试验确定，以求获得最佳密实效果。对于存在软弱下卧层的垫层，应针对不同施工机械设备的重量、碾压强度、振动力等因素，确定垫层底层的铺填厚度，使既能满足该层的压密条件，又能防止扰动下卧软弱土的结构。

4.3.3 为获得最佳密实效果，宜采用垫层材料的最优含水量 w_{op} 作为施工控制含水量。对于粉质黏土和灰土，现场可控制在最优含水量 w_{op} ±2%的范围内；当使用振动碾压时，可适当放宽下限范围值，即控制在最优含水量 w_{op} 的-6%～+2%范围内。最优含水量可按现行国家标准《土工试验方法标准》GB/T 50123 中轻型击实试验的要求求得。在缺乏试验资料时，也可近似取液限值的 60%；或按照经验采用塑限 w_p ±2%的范围值作为施工含水量的控制值，粉煤灰垫层不应采用浸水饱和施工法，其施工含水量应控制在最优含水量 w_{op} ±4%的范围内。若土料湿度过大或过小，应分别予以晾晒、翻松、掺加吸水材料或洒水湿润以调整土料的含水量。对于砂石料则可根据施工方法不同按经验控制适宜的施工含水量，即当用平板式振动器时可取 15%～20%；当用平碾或蛙式

夯时可取 8%～12%；当用插入式振动器时宜为饱和。对于碎石及卵石应充分浇水湿透后夯压。

4.3.4 对垫层底部的下卧层中存在的软硬不均匀点，要根据其对垫层稳定及建筑物安全的影响确定处理方法。对不均匀沉降要求不高的一般性建筑，当下卧层中不均匀点范围小，埋藏很深，处于地基压缩范围以外，且四周土层稳定时，对该不均匀点可不做处理。否则，应予挖除并根据与周围土质及密实度均匀一致的原则分层回填并夯压密实，以防止下卧层的不均匀变形对垫层及上部建筑产生危害。

4.3.5 垫层下卧层为软弱土层时，因其具有一定的结构强度，一旦被扰动则强度大大降低，变形大量增加，将影响到垫层及建筑的安全使用。通常的做法是，开挖基坑时应预留厚约 200mm 的保护层，待做好铺填垫层的准备后，对保护层挖一段随即用换填材料铺填一段，直到完成全部垫层，以保护下卧土层的结构不被破坏。按浙江、江苏、天津等地的习惯做法，在软弱下卧层顶面设置厚 150mm～300mm 的砂垫层，防止粗粒换填材料挤入下卧层时破坏其结构。

4.3.7 在同一栋建筑下，应尽量保持垫层厚度相同；对于厚度不同的垫层，应防止垫层厚度突变；在垫层较深部位施工时，应注意控制该部位的压实系数，以防止或减少由于地基处理厚度不同所引起的差异变形。

为保证灰土施工控制的含水量不致变化，拌合均匀后的灰土应在当日使用，灰土夯实后，在短时间内水稳性及硬化均较差，易受水浸而膨胀疏松，影响灰土的夯压质量。

粉煤灰分层碾压验收后，应及时铺填上层或封层，防止干燥或扰动使碾压层松胀密实度下降及扬起粉尘污染。

4.3.9 在地基土层表面铺设土工合成材料时，保证地基土层顶面平整，防止土工合成材料被刺穿、顶破。

4.4 质量检验

4.4.1 垫层的施工质量检验可利用轻型动力触探或标准贯入试验法检验。必须首先通过现场试验，在达到设计要求压实系数的垫层试验区内，测得标准的贯入深度或击数，然后再以此作为控制施工压实系数的标准，进行施工质量检验。利用传统的贯入试验进行施工质量检验必须在有经验的地区通过对比试验确定检验标准，再在工程中实施。检验砂垫层使用的环刀容积不应小于 200cm³，以减少其偶然误差。在粗粒土垫层中的施工质量检验，可设置纯砂检验点，按环刀取样法检验，或采用灌水法、灌砂法进行检验。

4.4.2 换填垫层的施工必须在每层密实度检验合格后再进行下一工序施工。

4.4.3 垫层施工质量检验点的数量因各地土质条件

和经验不同而不同。本条按天津、北京、河南、西北等大部分地区多数单位的做法规定了条基、独立基础和其他基础面积的检验点数量。

4.4.4 竣工验收应采用静载荷试验检验垫层质量，为保证静载荷试验的有效影响深度不小于换填垫层处理的厚度，静载荷试验压板的面积不应小于1.0m²。

5 预压地基

5.1 一般规定

5.1.1 预压处理地基一般分为堆载预压、真空预压和真空~堆载联合预压三类。降水预压和电渗排水预压在工程上应用甚少，暂未列入。堆载预压分塑料排水带或砂井地基堆载预压和天然地基堆载预压。通常，当软土层厚度小于4.0m时，可采用天然地基堆载预压处理，当软土层厚度超过4.0m时，为加速预压过程，应采用塑料排水带、砂井等竖井排水预压处理地基。对真空预压工程，必须在地基内设置排水竖井。

本条提出适用于预压地基处理的土类。对于在持续荷载作用下体积会发生很大压缩，强度会明显增长的土，这种方法特别适用。对超固结土，只有当土层的有效上覆压力与预压荷载所产生的应力水平明显大于土的先期固结压力时，土层才会发生明显的压缩。竖井排水预压对处理泥炭土、有机质土和其他次固结变形占很大比例的土处理后仍有较大的次固结变形，应考虑对工程的影响。当主固结变形与次固结变形相比所占比例较大时效果明显。

5.1.2 当需加固的土层有粉土、粉细砂或中粗砂等透水、透气层时，对加固区采取的密封措施一般有打设黏性土密封墙、开挖换填和垂直铺设密封膜穿过透水透气层等方法。对塑性指数大于25且含水量大于85%的淤泥，采用真空预压处理后的地基土强度有时仍然较低，因此，对具体的场地，需通过现场试验确定真空预压加固的适用性。

5.1.3 通过勘察查明土层的分布、透水层的位置及水源补给等，这对预压工程很重要，如对于黏土夹粉砂薄层的"千层糕"状土层，它本身具有良好的透水性，不必设置排水竖井，仅进行堆载预压即可取得良好的效果。对真空预压工程，查明处理范围内有无透水层（或透气层）及水源补给情况，关系到真空预压的成败和处理费用。

5.1.4 对重要工程，应预先选择代表性地段进行预压试验，通过试验区获得的竖向变形与时间关系曲线，孔隙水压力与时间关系曲线等推算土的固结系数。固结系数是预压工程地基固结计算的主要参数，可根据前期荷载所推算的固结系数预计后期荷载下地基不同时间的变形并根据实测值进行修正，这样就可

以得到更符合实际的固结系数。此外，由变形与时间曲线可推算出预压荷载下地基的最终变形、预压阶段不同时间的固结度等，为卸载时间的确定、预压效果的评价以及指导全场的设计与施工提供主要依据。

5.1.6 对预压工程，什么情况下可以卸载，这是工程上关心的问题，特别是对变形控制严格的工程，更加重要。设计时应根据所计算的建筑物最终沉降量并对照建筑物使用期间的允许变形值，确定预压期间应完成的变形量，然后按照工期要求，选择排水竖井直径、间距、深度和排列方式、确定预压荷载大小和加载历时，使在预定工期内通过预压完成设计所要求的变形量，使卸载后的残余变形满足建筑物允许变形要求。对排水井穿透压缩土层的情况，通过不太长时间的预压可满足设计要求，土层的平均固结度一般可达90%以上。对排水竖井未穿透受压土层的情况，应分别使竖井深度范围土层和竖井底面以下受压土层的平均固结度和所完成的变形量满足设计要求。这样要求的原因是，竖井底面以下受压土层属单向排水，如土层厚度较大，则固结较慢，预压期间所完成的变形较小，难以满足设计要求，为提高预压效果，应尽可能加深竖井深度，使竖井底面以下受压土层厚度减小。

5.1.7 当建筑物的荷载超过真空压力且建筑物对地基的承载力和变形有严格要求时，应采用真空-堆载联合预压法。工程实践证明，真空预压和堆载预压效果可以叠加，条件是两种预压必须同时进行，如某工程47m×54m面积真空和堆载联合预压试验，实测的平均沉降结果如表8所示。某工程预压前后十字板强度的变化如表9所示。

表8 实测沉降值

项　目	真空预压	加30kPa堆载	加50kPa堆载
沉降（mm）	480	680	840

表9 预压前后十字板强度（kPa）

深度（m）	土　质	预压前	真空预压	真空-堆载预压
2.0～5.8	淤泥夹淤泥质粉质黏土	12	28	40
5.8～10.0	淤泥质黏土夹粉质黏土	15	27	36
10.0～15.0	淤泥	23	28	33

5.1.8 由于预压加固地基的范围一般较大，其沉降对周边有一定影响，应有一定安全距离；距离较近时应采取保护措施。

5.1.9 超载预压可减少处理工期，减少工后沉降量。工程应用时应进行试验性施工，在保证整体稳定条件下实施。

5.2 设　计

Ⅰ　堆载预压

5.2.1　本条中提出对含较多薄粉砂夹层的软土层，可不设置排水竖井。这种土层通常具有良好的透水性。表 10 为上海石化总厂天然地基上 10000m³ 试验油罐经 148d 充水预压的实测和推算结果。

该罐区的土层分布为：地表约 4m 的粉质黏土（"硬壳层"）其下为含粉砂薄层的淤泥质黏土，呈"千层糕"状构造。预计固结较快，地基未作处理，经 148d 充水预压后，固结度达 90% 左右。

表 10　从实测 s-t 曲线推算的 β、s_f 等值

测点	2 号	5 号	10 号	13 号	16 个测点平均值	罐中心
实测沉降 s_t (cm)	87.0	87.5	79.5	79.4	84.2	131.9
β (1/d)	0.0166	0.0174	0.0174	0.0151	0.0159	0.0188
最终沉降 s_f (cm)	93.4	93.6	84.9	85.1	91.0	138.9
瞬时沉降 s_d (cm)	26.4	22.4	23.5	23.7	25.2	38.4
固结度 $\overline{U}$ (%)	90.4	91.4	91.5	88.6	89.7	93.0

土层的平均固结度普遍表达式 $\overline{U}$ 如下：

$$\overline{U} = 1 - \alpha e^{-\beta t} \tag{3}$$

式中 α、β 为与排水条件有关的参数，β 值与土的固结系数、排水距离等有关，它综合反映了土层的固结速率。从表 10 可看出罐区土层的 β 值较大。对照砂井地基，如台州电厂煤场砂井地基 β 值为 0.0207 (1/d)，而上海炼油厂油罐天然地基 β 值为 0.0248 (1/d)。它们的值相近。

5.2.3　对于塑料排水带的当量换算直径 d_p，虽然许多文献都提供了不同的建议值，但至今还没有结论性的研究成果，式 (5.2.3) 是著名学者 Hansbo 提出的，国内工程上也普遍采用，故在规范中推荐使用。

5.2.5　竖井间距的选择，应根据地基土的固结特性、预定时间内所要求达到的固结度以及施工影响等通过计算、分析确定。根据我国的工程实践，普通砂井之井径比取 6～8，塑料排水带或袋装砂井之井径比取

15～22，均取得良好的处理效果。

5.2.6　排水竖井的深度，应根据建筑物对地基的稳定性、变形要求和工期确定。对以变形控制的建筑，竖井宜穿透受压土层。对受压土层深厚，竖井很长的情况，虽然考虑井阻影响后，土层径向排水平均固结度随深度而减小，但井阻影响程度取决于竖井的纵向通水量 q_w 与天然土层水平向渗透系数 k_h 的比值大小和竖井深度等。对于竖井深度 $L = 30m$，井径比 $n = 20$，径向排水固结时间因子 $T_h = 0.86$，不同比值 q_w/k_h 时，土层在深度 $z = 1m$ 和 30m 处根据 Hansbo (1981) 公式计算之径向排水平均固结度 $\overline{U}_r$，如表 11 所示。

表 11　Hansbo（1981）公式计算之径向排水平均固结度 $\overline{U}_r$

z (m) ＼ q_w/k_h (m²)	300	600	1500
1	0.91	0.93	0.95
30	0.45	0.63	0.81

由表可见，在深度 30m 处，土层之径向排水平均固结度仍较大，特别是当 q_w/k_h 较大时。因此，对深厚受压土层，在施工能力可能时，应尽可能加深竖井深度，这对加速土层固结，缩短工期是很有利的。

5.2.7　对逐渐加载条件下竖井地基平均固结度的计算，本规范采用的是改进的高木俊介法，该公式理论上是精确解，而且无需先计算瞬时加载条件下的固结度，再根据逐渐加载条件进行修正，而是两者合并计算出修正后的平均固结度，而且公式适用于多种排水条件，可应用于考虑井阻及涂抹作用的径向平均固结度计算。

算例：

已知：地基为淤泥质黏土层，固结系数 $c_h = c_v = 1.8 \times 10^{-3} \text{cm}^2/\text{s}$，受压土层厚 20m，袋装砂井直径 $d_w = 70mm$，袋装砂井为等边三角形排列，间距 $l = 1.4m$，深度 $H = 20m$，砂井底部为不透水层，砂井打穿受压土层。预压荷载总压力 $p = 100kPa$，分两级等速加载，如图 3 所示。

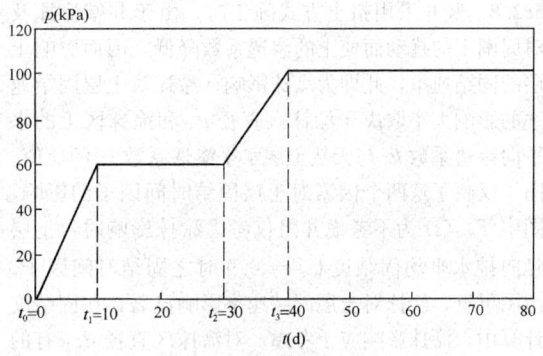

图 3　加载过程

求：加荷开始后 120d 受压土层之平均固结度（不考虑竖井井阻和涂抹影响）。

计算：

受压土层平均固结度包括两部分：径向排水平均固结度和向上竖向排水平均固结度。按公式（5.2.7）计算，其中 α、β 由表 5.2.7 知：

$$\alpha = \frac{8}{\pi^2} = 0.81$$

$$\beta = \frac{8c_h}{F_n d_e^2} + \frac{\pi^2 c_v}{4H^2}$$

根据砂井的有效排水圆柱体直径 $d_e = 1.05l = 1.05 \times 1.4 = 1.47$m

径井比 $n = d_e/d_w = 1.47/0.07 = 21$，则

$$F_n = \frac{n^2}{n^2-1}\ln(n) - \frac{3n^2-1}{4n^2}$$
$$= \frac{21^2}{21^2-1}\ln(21) - \frac{3 \times 21^2 - 1}{4 \times 21^2}$$
$$= 2.3$$

$$\beta = \frac{8 \times 1.8 \times 10^{-3}}{2.3 \times 147^2} + \frac{3.14^2 \times 1.8 \times 10^{-3}}{4 \times 2000^2}$$
$$= 2.908 \times 10^{-7}(1/s)$$
$$= 0.0251(1/d)$$

第一级荷载的加荷速率 $\dot{q}_1 = 60/10 = 6$kPa/d

第二级荷载的加荷速率 $\dot{q}_2 = 40/10 = 4$kPa/d

固结度计算：

$$\overline{U}_t = \sum \frac{\dot{q}_i}{\sum \Delta p}\left[(T_i - T_{i-1}) - \frac{\alpha}{\beta}e^{-\beta t}(e^{\beta T_i} - e^{\beta T_{i-1}})\right]$$
$$= \frac{\dot{q}_1}{\sum \Delta p}\left[(t_1 - t_0) - \frac{\alpha}{\beta}e^{-\beta t}(e^{\beta t_1} - e^{\beta t_0})\right]$$
$$+ \frac{\dot{q}_2}{\sum \Delta p}\left[(t_3 - t_2) - \frac{\alpha}{\beta}e^{-\beta t}(e^{\beta t_3} - e^{\beta t_2})\right]$$
$$= \frac{6}{100}\left[(10-0) - \frac{0.81}{0.0251}\right.$$
$$\left. e^{-0.0251 \times 120}(e^{0.0251 \times 10} - e^0)\right]$$
$$+ \frac{4}{100}\left[(40-30) - \frac{0.81}{0.0251}\right.$$
$$\left. e^{-0.0251 \times 120}(e^{0.0251 \times 40} - e^{0.0251 \times 30})\right]$$
$$= 0.93$$

5.2.8 竖井采用挤土方式施工时，由于井壁涂抹及对周围土的扰动而使土的渗透系数降低，因而影响土层的固结速率，此即为涂抹影响。涂抹对土层固结速率的影响大小取决于涂抹区直径 d_s 和涂抹区土的水平向渗透系数 k_s 与天然土层水平渗透系数 k_h 的比值。图 4 反映了这两个因素对土层固结时间因子的影响，图中 $T_{h90}(s)$ 为不考虑井阻仅考虑涂抹影响时，土层径向排水平均固结度 $\overline{U}_r = 0.9$ 时之固结时间因子。由图可见，涂抹对土层固结速率影响显著，在固结度计算中，涂抹影响应予考虑。对涂抹区直径 d_s，有的文献取 $d_s = (2 \sim 3)d_m$，其中，d_m 为竖井施工套管横

截面积当量直径。对涂抹区土的渗透系数，由于土被扰动的程度不同，愈靠近竖井，k_s 愈小。关于 d_s 和 k_s 大小还有待进一步积累资料。

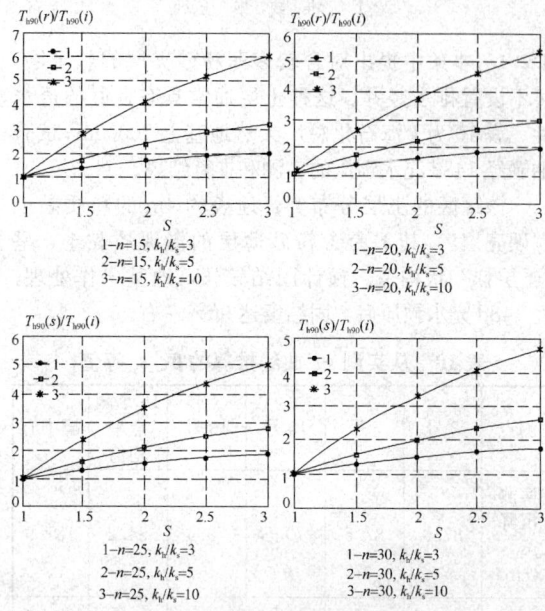

图 4　涂抹对土层固结速率的影响

如不考虑涂抹仅考虑井阻影响，即 $F = F_n + F_r$，由反映井阻影响的参数 F_r 的计算式可见，井阻大小取决于竖井深度和竖井纵向通水量 q_w 与天然土层水平向渗透系数 k_h 的比值。如以竖井地基径向平均固结度达到 $\overline{U}_r = 0.9$ 为标准，则可求得不同竖井深度，不同井径比和不同 q_w/k_h 比值时，考虑井阻影响（$F = F_n + F_r$）和理想井条件（$F = F_n$）之固结时间因子 $T_{h90}(r)$ 和 $T_{h90}(i)$。比值 $T_{h90}(r)/T_{h90}(i)$ 与 q_w/k_h 的关系曲线见图 5。

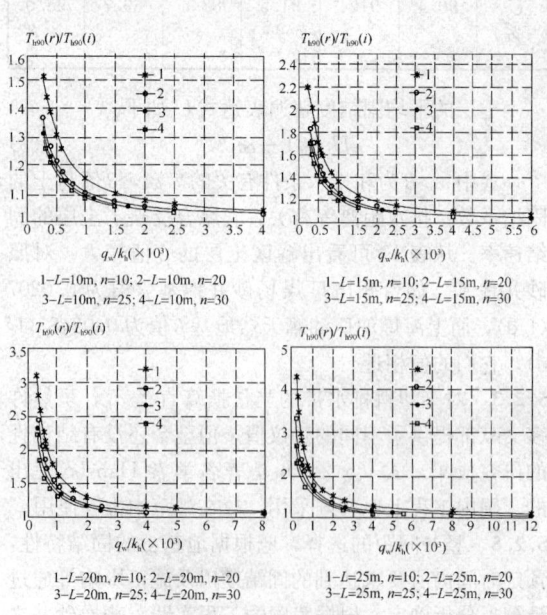

图 5　井阻对土层固结速率的影响

由图可知，对不同深度的竖井地基，如以 $T_{h90}(r)/T_{h90}(i) \leqslant 1.1$ 作为可不考虑井阻影响的标准，则可得到相应的 q_w/k_h 值，因而可得到竖井所需要的通水量 q_w 理论值，即竖井在实际工作状态下应具有的纵向通水量值。对塑料排水带来说，它不同于实验室按一定实验标准测定的通水量值。工程上所选用的通过实验测定的产品通水量应比理论通水量高。设计中如何选用产品的纵向通水量是工程上所关心而又很复杂的问题，它与排水带深度、天然土层和涂抹后土渗透系数、排水带实际工作状态和工期要求等很多因素有关。同时，在预压过程中，土层的固结速率也是不同的，预压初期土层固结较快，需通过塑料排水带排出的水量较大，而塑料排水带的工作状态相对较好。关于塑料排水带的通水量问题还有待进一步研究和在实际工程中积累更多的经验。

对砂井，其纵向通水量可按下式计算：

$$q_w = k_w \cdot A_w = k_w \cdot \pi d_w^2/4 \tag{4}$$

式中，k_w 为砂料渗透系数。作为具体算例，取井径比 $n = 20$；袋装砂井直径 $d_w = 70mm$ 和 $100mm$ 两种；土层渗透系数 $k_h = 1 \times 10^{-6}$ cm/s、5×10^{-7} cm/s、1×10^{-7} cm/s 和 1×10^{-8} cm/s，考虑井阻影响时的时间因子 $T_{h90}(r)$ 与理想井时间因子 $T_{h90}(i)$ 的比值列于表 12，相应的 q_w/k_h 列于表 13 中。从表的计算结果看，对袋装砂井，宜选用较大的直径和较高的砂料渗透系数。

表 12 井阻时间因子 T_{h90}（r）与理想井时间因子 T_{h90}（i）的比值

砂井砂料渗透系数 (cm/s)	土层渗透系数 (cm/s)	袋装砂井直径 (mm) 砂井深度 (m) 70		100	
		10	20	10	20
1×10^{-2}	1×10^{-6}	3.85	12.41	2.40	6.60
	5×10^{-7}	2.43	6.71	1.70	3.80
	1×10^{-7}	1.29	2.14	1.14	1.56
	1×10^{-8}	1.03	1.11	1.01	1.06
5×10^{-2}	1×10^{-6}	1.57	3.29	1.28	2.12
	5×10^{-7}	1.29	2.14	1.14	1.56
	1×10^{-7}	1.06	1.23	1.03	1.11
	1×10^{-8}	1.01	1.02	1.00	1.01

表 13 q_w/k_h（m²）

砂井砂料渗透系数 (cm/s)	土层渗透系数 (cm/s)	袋装砂井直径 (mm) 70	100
1×10^{-2}	1×10^{-6}	38.5	78.5
	5×10^{-7}	77.0	157.0
	1×10^{-7}	385.0	785.0
	1×10^{-8}	3850.0	7850.0
5×10^{-2}	1×10^{-6}	192.3	392.5
	5×10^{-7}	384.6	785.0
	1×10^{-7}	1923.0	3925.0
	1×10^{-8}	19230.0	39250.0

算例：

已知：地基为淤泥质黏土层，水平向渗透系数 $k_h = 1 \times 10^{-7}$ cm/s，$c_v = c_h = 1.8 \times 10^{-3}$ cm²/s，袋装砂井直径 $d_w = 70mm$，砂料渗透系数 $k_w = 2 \times 10^{-2}$ cm/s，涂抹区土的渗透系数 $k_s = 1/5 \times k_h = 0.2 \times 10^{-7}$ cm/s。取 $s = 2$，袋装砂井为等边三角形排列，间距 $l = 1.4m$，深度 $H = 20m$，砂井底部为不透水层，砂井打穿受压土层。预压荷载总压力 $p = 100kPa$，分两级等速加载，如图 3 所示。

求：加载开始后 120d 受压土层之平均固结度。

计算：

袋装砂井纵向通水量

$$q_w = k_w \times \pi d_w^2/4$$

$$= 2 \times 10^{-2} \times 3.14 \times 7^2/4 = 0.769 \text{ cm}^3/\text{s}$$

$$F_n = \ln(n) - 3/4 = \ln(21) - 3/4 = 2.29$$

$$F_r = \frac{\pi^2 L^2}{4} \cdot \frac{k_h}{q_w} = \frac{3.14^2 \times 2000^2}{4} \times \frac{1 \times 10^{-7}}{0.769} = 1.28$$

$$F_s = \left(\frac{k_h}{k_s} - 1\right)\ln s = \left(\frac{1 \times 10^{-7}}{0.2 \times 10^{-7}} - 1\right)\ln 2 = 2.77$$

$$F = F_n + F_r + F_s = 2.29 + 1.28 + 2.77 = 6.34$$

$$\alpha = \frac{8}{\pi^2} = 0.81$$

$$\beta = \frac{8c_h}{Fd_e^2} + \frac{\pi^2 c_v}{4H^2}$$

$$= \frac{8 \times 1.8 \times 10^{-3}}{6.34 \times 147^2} + \frac{3.14^2 \times 1.8 \times 10^{-3}}{4 \times 2000^2}$$

$$= 1.06 \times 10^{-7} \text{ (1/s)} = 0.0092 \text{ (1/d)}$$

$$\overline{U}_t = \frac{\dot{q}_1}{\sum \Delta p}\left[(t_1 - t_0) - \frac{\alpha}{\beta}e^{-\beta t}(e^{\beta t_1} - e^{\beta t_0})\right]$$

$$+ \frac{\dot{q}_2}{\sum \Delta p}\left[(t_3 - t_2) - \frac{\alpha}{\beta}e^{-\beta t}(e^{\beta t_3} - e^{\beta t_2})\right]$$

$$= \frac{6}{100}\left[(10-0) - \frac{0.81}{0.0092}\right.$$

$$e^{-0.0092\times120}\left(e^{0.0092\times10} - e^0\right)\bigg]$$

$$+ \frac{4}{100}\left[(40-30) - \frac{0.81}{0.0092}\right.$$

$$e^{-0.0092\times120}\left(e^{0.0092\times40} - e^{0.0092\times30}\right)\bigg]$$

$$= 0.68$$

5.2.9 对竖井未穿透受压土层的地基，当竖井底面以下受压土层较厚时，竖井范围土层平均固结度与竖井底面以下土层的平均固结度相差较大，预压期间所完成的固结变形量也因之相差较大，如若将固结度按整个受压土层平均，则与实际固结度沿深度的分布不符，且掩盖了竖井底面以下土层固结缓慢，预压期间完成的固结变形量小，建筑物使用以后剩余沉降持续时间长等实际情况。同时，按整个受压土层平均，使竖井范围土层固结度比实际降低而影响稳定分析结果。因此，竖井范围与竖井底面以下土层的固结度和相应的固结变形应分别计算，不宜按整个受压土层平均计算。

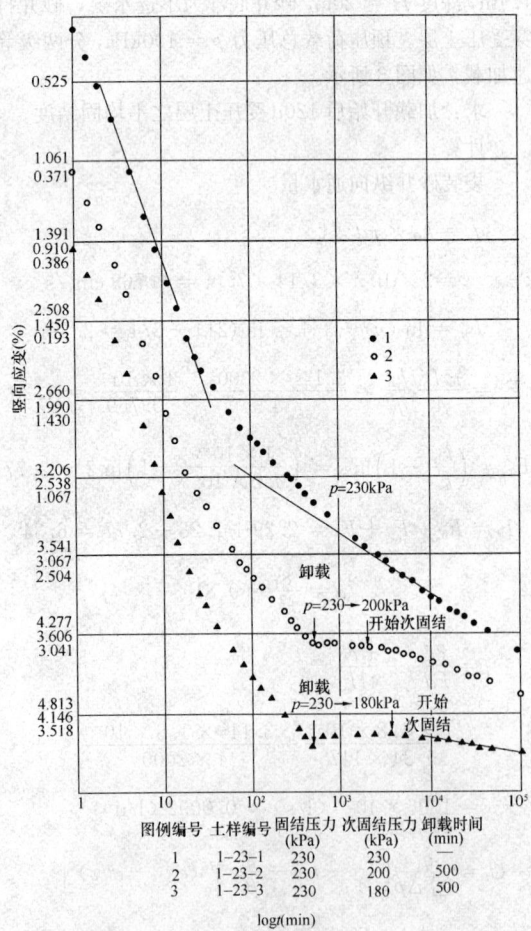

图例编号　土样编号　固结压力　次固结压力　卸载时间
　　　　　　　　　　　（kPa）　（kPa）　（min）
　1　　　1-23-1　　230　　230
　2　　　1-23-2　　230　　200　　500
　3　　　1-23-3　　230　　180　　500

log t(min)

图 6　某工程淤泥质黏土的室内试验结果

5.2.11 饱和软黏土根据其天然固结状态可分成正常固结土、超固结土和欠固结土。显然，对不同固结状态的土，在预压荷载下其强度增长是不同的，由于超固结土和欠固结土强度增长缺乏实测资料，本规范暂未能提出具体预计方法。

对正常固结饱和黏性土，本规范所采用的强度计算公式已在工程上得到广泛的应用。该法模拟了压应力作用下土体排水固结引起的强度增长，而不模拟剪缩作用引起的强度增长，它可直接用十字板剪切试验结果来检验计算值的准确性。该式可用于竖井地基有效固结压力法稳定分析。

$$\tau_{ft} = \tau_{f0} + \Delta\sigma_z \cdot U_t \tan\varphi_{cu} \tag{5}$$

式中 τ_{f0} 为地基土的天然抗剪强度，由计算点土的自重应力和三轴固结不排水试验指标 φ_{cu} 计算或由原位十字板剪切试验测定。

5.2.12 预压荷载下地基的变形包括瞬时变形、主固结变形和次固结变形三部分。次固结变形大小和土的性质有关。泥炭土、有机质土或高塑性黏性土土层，次固结变形较显著，而其他土则所占比例不大，如忽略次固结变形，则受压土层的总变形由瞬时变形和主固结变形两部分组成。主固结变形工程上通常采用单向压缩分层总和法计算，这只有当荷载面积的宽度或直径大于受压土层的厚度时才较符合计算条件，否则应对变形计算值进行修正以考虑三向压缩的效应。但研究结果表明，对于正常固结或稍超固结土地基，三向修正是不重要的。因此，仍可按单向压缩计算。经验系数 ξ 考虑了瞬时变形和其他影响因素，根据多项工程实测资料推算，正常固结黏性土地基的 ξ 值列于表 14。

表 14　正常固结黏性土地基的 ξ 值

序号	工程名称	固结变形量 s_c (cm)	最终竖向变形量 s_f (cm)	经验系数 $\xi = s_f/s_c$	备注
1	宁波试验路堤	150.2	209.2	1.38	砂井地基，s_f 由实测曲线推算
2	舟山冷库	104.8	132.0	1.32	砂井预压，压力 $p = 110\text{kPa}$
3	广东某铁路路堤	97.5	113.0	1.16	—
4	宁波栎社机场	102.9	111.0	1.08	袋装砂井预压，此为场道中心点 ξ 值，道边点 ξ = 1.11
5	温州机场	110.8	123.6	1.12	袋装砂井预压，此为场道中心点 ξ 值，道边点 ξ = 1.07

序号	工程名称	固结变形量 s_c (cm)	最终竖向变形量 s_f (cm)	经验系数 $\xi = s_f/s_c$	备注
6	上海金山油罐	罐中心 100.5	138.9	1.38	10000m³ 油罐 p = 164.3kPa，天然地基充水预压。罐边缘沉降为 16 个测点平均值，s_f 由实测曲线推算
		罐边缘 65.8	91.0	1.38	
7	上海油罐	罐中心 76.2	111.1	1.46	20000m³ 油罐，p = 210kPa，罐边缘沉降为 12 个测点平均值，s_f 由实测曲线推算
		罐边缘 63.0	76.3	1.21	
8	帕斯科克拉炼油厂油罐	18.3	24.4	1.33	p = 210kPa，s_f 为实测值
9	格兰岛油罐	48.3	53.4	1.10	s_c，s_f 均为实测值
		47.0	53.4	1.13	

5.2.16 预压地基大部分为软土地基，地基变形计算仅考虑固结变形，没有考虑荷载施加后的次固结变形。对于堆载预压工程的卸载时间应从安全性考虑，其固结度不宜少于 90%，现场检测的变形速率应有明显变缓趋势才能卸载。

Ⅱ 真空预压

5.2.17 真空预压处理地基必须设置塑料排水带或砂井，否则难以奏效。交通部第一航务工程局曾在现场做过试验，不设置砂井，抽气两个月，变形仅几个毫米，达不到处理目的。

5.2.19 真空度在砂井内的传递与井料的颗粒组成和渗透性有关。根据天津的资料，当井料的渗透系数 k = 1×10^{-2} cm/s 时，10m 长的袋装砂井真空度降低约 10%，当砂井深度超过 10m 时，为了减小真空度沿深度的损失，对砂井砂料应有更高的要求。

5.2.21 真空预压效果与预压区面积大小及长宽比等有关。表 15 为天津新港现场预压试验的实测结果。

表 15 预压区面积大小影响

预压区面积（m²）	264	1250	3000
中心点沉降量（mm）	500	570	740~800

此外，在真空预压区边缘，由于真空度会向外部扩散，其加固效果不如中部，为了使预压区加固效果比较均匀，预压区应大于建筑物基础轮廓线，并不小

于 3.0m。

5.2.22 真空预压的效果和膜内真空度大小关系很大，真空度越大，预压效果越好。如真空度不高，加上砂井井阻影响，处理效果将受到较大影响。根据国内许多工程经验，膜内真空度一般都能达到 86.7kPa（650mmHg）以上。这也是真空预压应达到的基本真空度。

5.2.25 对堆载预压工程，由于地基将产生体积不变的向外的侧向变形而引起相应的竖向变形，所以，按单向压缩分层总和法计算固结变形后尚应乘 1.1~1.4 的经验系数 ξ 以反映地基向外侧向变形的影响。对真空预压工程，在抽真空过程中将产生向内的侧向变形，这是因为抽真空时，孔隙水压力降低，水平方向增加了一个向负压源的压力 $\Delta\sigma_3 = -\Delta u$，考虑到其对变形的减少作用，将堆载预压的经验系数适当减小。根据《真空预压加固软土地基技术规程》JTS 147-2-2009 推荐的 ξ 的经验值，取 1.0~1.3。

5.2.28 真空预压加固软土地基应进行施工监控和加固效果检测，满足卸载标准时方可卸载。真空预压加固卸载标准可按下列要求确定：

  1 沉降-时间曲线达到收敛，实测地面沉降速率连续 5d~10d 平均沉降量小于或等于 2mm/d；

  2 真空预压所需的固结度宜大于 85%~90%，沉降要求严格时取高值；

  3 加固时间不少于 90d；

  4 对工后沉降有特殊要求时，卸载时间除需满足以上标准外，还需通过计算剩余沉降量来确定卸载时间。

Ⅲ 真空和堆载联合预压

5.2.29 真空和堆载联合预压加固，二者的加固效果可以叠加，符合有效应力原理，并经工程试验验证。真空预压是逐渐降低土体的孔隙水压力，不增加总应力条件下增加土体有效应力；而堆载预压是增加土体总应力和孔隙水压力，并随着孔隙水压力的逐渐消散而使有效应力逐渐增加。当采用真空-堆载联合预压时，既抽真空降低孔隙水压力，又通过堆载增加总应力。开始时抽真空使土中孔隙水压力降低有效应力增大，经不长时间（7d~10d）在土体保持稳定的情况下堆载，使土体产生正孔隙水压力，并与抽真空产生的负孔隙水压力叠加。正负孔隙水压力的叠加，转化的有效应力为消散的正、负孔隙水压力绝对值之和。现以瞬间加荷为例，对土中任一点 m 的应力转化加以说明。m 点的深度为地面下 h_m，地下水位假定与地面齐平，堆载引起 m 点的总应力增量为 $\Delta\sigma$，土的有效重度 γ'，水重度 γ_w，大气压力 p_a，抽真空土中 m 点大气压力逐渐降低至 p_n，t 时间的固结度为 U_t，不同时间土中 m 点总应力和有效应力如表 16 所示。

表16 土中任意点 (m) 有效应力-孔隙水压力随时间转换关系

情况	总应力 σ	有效应力 σ'	孔隙水压力 u
$t=0$ （未抽真空未堆载）	σ_0	$\sigma'_0 = \gamma' h_m$	$u_0 = \gamma_w h_m + p_a$
$0 \leqslant t \leqslant \infty$ （既抽真空又堆载）	$\sigma_t = \sigma_0 + \Delta\sigma_1$	$\sigma'_t = \gamma' h_m + [(p_a - p_n) + \Delta\sigma_1]U_1$	$u_t = \gamma' h_m + p_n + [(p_a - p_n) + \Delta\sigma_1](1-U_1)$
$t \rightarrow \infty$ （既抽真空又堆载）	$\sigma_t = \sigma_0 + \Delta\sigma_1$	$\sigma'_t = \gamma' h_m + (p_a - p_n) + \Delta\sigma_1$	$u = \gamma_w h_m + p_a$

5.2.34 目前真空-堆载联合预压的工程，经验系数 ξ 尚缺少资料，故仍按真空预压的参数推算。

5.3 施 工

I 堆 载 预 压

5.3.6 塑料排水带施工所用套管应保证插入地基中的带子平直、不扭曲。塑料排水带的纵向通水量除与侧压力大小有关外，还与排水带的平直、扭曲程度有关。扭曲的排水带将使纵向通水量减小。因此施工所用套管应采用菱形断面或出口段扁矩形断面，不应全长都采用圆形断面。

袋装砂井施工所用套管直径宜略大于砂井直径，主要是为了减小对周围土的扰动范围。

5.3.9 对堆载预压工程，当荷载较大时，应严格控制加载速率，防止地基发生剪切破坏或产生过大的塑性变形。工程上一般根据竖向变形、边桩水平位移和孔隙水压力等监测资料按一定标准控制。最大竖向变形控制每天不超过 10mm～15mm，对竖井地基取高值，天然地基取低值；边桩水平位移每天不超过 5mm。孔隙水压力的控制，目前尚缺少经验。对分级加载的工程（如油罐充水预压），可将测点的观测资料整理成每级荷载下孔隙水压力增量累加值 $\Sigma\Delta u$ 与相应荷载增量累加值 $\Sigma\Delta p$ 关系曲线（$\Sigma\Delta u$-$\Sigma\Delta p$ 关系曲线）。对连续逐渐加载工程，可将测点孔压 u 与观测时间相应的荷载 p 整理成 u-p 曲线。当以上曲线斜率出现陡增时，认为该点已发生剪切破坏。

应当指出，按观测资料进行地基稳定性控制是一项复杂的工作，控制指标取决于多种因素，如地基土的性质、地基处理方法、荷载大小以及加载速率等。软土地基的失稳通常经历从局部剪切破坏到整体剪切破坏的过程，这个过程要有数天时间。因此，应对孔隙水压力、竖向变形、边桩水平位移等观测资料进行综合分析，密切注意它们的发展趋势，这是十分重要

的。对铺设有土工织物的堆载工程，要注意突发性的破坏。

II 真 空 预 压

5.3.11 由于各种原因射流真空泵全部停止工作，膜内真空度随之全部卸除，这将直接影响地基预压效果，并延长预压时间，为避免膜内真空度在停泵后很快降低，在真空管路中应设置止回阀和截门。当预计停泵时间超过 24h 时，则应关闭截门。所用止回阀及截门都应符合密封要求。

5.3.12 密封膜铺三层的理由是，最下一层和砂垫层相接触，膜容易被刺破，最上一层膜易受环境影响，如老化、刺破等，而中间一层膜是最安全最起作用的一层膜。膜的密封有多种方法，就效果来说，以膜上全面覆水最好。

III 真空和堆载联合预压

5.3.15～5.3.17 堆载施工应保护真空密封膜，采取必要的保护措施。

5.3.18 堆载施工应在整体稳定的基础上分级进行，控制标准暂按堆载预压的标准控制。

5.4 质 量 检 验

5.4.1 对于以抗滑稳定性控制的重要工程，应在预压区内预留孔位，在堆载不同阶段进行原位十字板剪切试验和取土进行室内土工试验，根据试验结果验算下一级荷载地基的抗滑稳定性，同时也检验地基处理效果。

在预压期间应及时整理竖向变形与时间、孔隙水压力与时间等关系曲线，并推算地基的最终竖向变形、不同时间的固结度以分析地基处理效果，并为确定卸载时间提供依据。工程上往往利用实测变形与时间关系曲线按以下公式推算最终竖向变形量 s_f 和参数 β 值：

$$s_f = \frac{s_3(s_2 - s_1) - s_2(s_3 - s_2)}{(s_2 - s_1) - (s_3 - s_2)} \tag{6}$$

$$\beta = \frac{1}{t_2 - t_1} \ln \frac{s_2 - s_1}{s_3 - s_2} \tag{7}$$

式中 s_1、s_2、s_3 为加荷停止后时间 t_1、t_2、t_3 相应的竖向变形量，并取 $t_2 - t_1 = t_3 - t_2$。停荷后预压时间延续越长，推算的结果越可靠。有了 β 值即可计算出受压土层的平均固结系数，也可计算出任意时间的固结度。

利用加载停歇时间的孔隙水压力 u 与时间 t 的关系曲线按下式可计算出参数 β：

$$\frac{u_1}{u_2} = e^{\beta(t_2 - t_1)} \tag{8}$$

式中 u_1、u_2 为相应时间 t_1、t_2 的实测孔隙水压力值。β 值反映了孔隙水压力测点附近土体的固结速率，而按式 (7) 计算的 β 值则反映了受压土层的平均固结

速率。

5.4.2　本条是预压地基的竣工验收要求。检验预压所完成的竖向变形和平均固结度是否满足设计要求；原位试验检验和室内土工试验预压后的地基强度是否满足设计要求。

6　压实地基和夯实地基

6.1　一般规定

6.1.1　本条对压实地基的适用范围作出规定，浅层软弱地基以及局部不均匀地基换填处理应按照本规范第 4 章的有关规定执行。

6.1.2　夯实地基包括强夯和强夯置换地基，本条对强夯和强夯置换法的适用范围作出规定。

6.1.3　压实、夯实地基的承载力确定应符合本规范附录 A 的要求。

6.2　压实地基

6.2.1　压实填土地基包括压实填土及其下部天然土层两部分，压实填土地基的变形也包括压实填土及其下部天然土层的变形。压实填土需通过设计，按设计要求进行分层压实，对其填料性质和施工质量有严格控制，其承载力和变形需满足地基设计要求。

压实机械包括静力碾压，冲击碾压，振动碾压等。静力碾压压实机械是利用碾轮的重力作用；振动式压路机是通过振动作用使被压土层产生永久变形而密实。碾压和冲击作用的冲击式压路机其碾轮分为：光碾、槽碾、羊足碾和轮胎碾等。光碾压路机压实的表面平整光滑，使用最广，适用于各种路面、垫层、飞机场道面和广场等工程的压实。槽碾、羊足碾单位压力较大，压实层厚，适用于路基、堤坝的压实。轮胎式压路机轮胎气压可调节，可增减压重，单位压力可变，压实过程有揉搓作用，使压实土层均匀密实，且不伤路面，适用于道路、广场等垫层的压实。

近年来，开山填谷、炸山填海、围海造田、人造景观等大面积填土工程越来越多，填土边坡最大高度已经达到 100 多米，大面积填方压实地基的工程案例很多，但工程事故也不少，应引起足够的重视。包括填土下的原天然地基的承载力、变形和稳定性要经过验算并满足设计要求后才可以进行填土的填筑和压实。一般情况下应进行基底处理。同时，应重视大面积填方工程的排水设计和半挖半填地基上建筑物的不均匀变形问题。

6.2.2　本条为压实填土地基的设计要求。

1　利用当地的土、石或性能稳定的工业废渣作为压实填土的填料，既经济，又省工省时，符合因地制宜、就地取材和保护环境、节约资源的建设原则。

工业废渣粘结力小，易于流失，露天填筑时宜采用黏性土包边护坡，填筑顶面宜用 0.3m～0.5m 厚的粗粒土封闭。以粉质黏土、粉土作填料时，其含水量宜为最优含水量，最优含水量的经验参数值为 20%～22%，可通过击实试验确定。

2　对于一般的黏性土，可用 8t～10t 的平碾或 12t 的羊足碾，每层铺土厚度 300mm 左右，碾压 8 遍～12 遍。对饱和黏土进行表面压实，可考虑适当的排水措施以加快土体固结。对于淤泥及淤泥质土，一般应予挖除或者结合碾压进行挤淤充填，先堆土、块石和片石等，然后用机械压入置换和挤出淤泥，堆积碾压分层进行，直到把淤泥挤出、置换完毕为止。

采用粉质黏土和黏粒含量 $\rho_c \geqslant 10\%$ 的粉土作填料时，填料的含水量至关重要。在一定的压实功下，填料在最优含水量时，干密度可达最大值，压实效果最好。填料的含水量太大，容易压成"橡皮土"，应将其适当晾干后再分层夯实；填料的含水量太小，土颗粒之间的阻力大，则不易压实。当填料含水量小于 12% 时，应将其适当增湿。压实填土施工前，应在现场选取有代表性的填料进行击实试验，测定其最优含水量，用以指导施工。

粗颗粒的砂、石等材料具透水性，而湿陷性黄土和膨胀土遇水反应敏感，前者引起湿陷，后者引起膨胀，二者对建筑物都会产生有害变形。为此，在湿陷性黄土场地和膨胀土场地进行压实填土的施工，不得使用粗颗粒的透水性材料作填料。对主要由炉渣、碎砖、瓦块组成的建筑垃圾，每层的压实遍数一般不少于 8 遍。对含炉灰等细颗粒的填土，每层的压实遍数一般不少于 10 遍。

3　填土粗骨料含量高时，如果其不均匀系数小（例如小于 5）时，压实效果较差，应选用压实功大的压实设备。

4　有些中小型工程或偏远地区，由于缺乏击实试验设备，或由于工期和其他原因，确无条件进行击实试验，在这种情况下，允许按本条公式（6.2.2-1）计算压实填土的最大干密度，计算结果与击实试验数值不一定完全一致，但可按当地经验作比较。

土的最大干密度试验有室内试验和现场试验两种，室内试验应严格按照现行国家标准《土工试验方法标准》GB/T 50123 的有关规定，轻型和重型击实设备应严格限定其使用范围。以细颗粒土作填料的压实填土，一般采用环刀取样检验其质量。而以粗颗粒砂石作填料的压实填土，当室内试验结果不能正确评价现场土料的最大干密度时，不能按照检验细颗粒土的方法采用环刀取样，应在现场对土料作不同击实功下的击实试验（根据土料性质取不同含水量），采用灌水法和灌砂法测定其密度，并按其最大干密度作为控制干密度。

6　压实填土边坡设计应控制坡高和坡比，而边坡的坡比与其高度密切相关，如土性指标相同，边坡越高，坡角越大，坡体的滑动势就越大。为了提高其稳定性，通常将坡比放缓，但坡比太缓，压实的土方量则大，不一定经济合理。因此，坡比不宜太缓，也不宜太陡，坡高和坡比应有一合适的关系。本条表6.2.2-3的规定吸收了铁路、公路等部门的有关资料和经验，是比较成熟的。

7 压实填土由于其填料性质及其厚度不同，它们的边坡坡度允许值也有所不同。以碎石等为填料的压实填土，在抗剪强度和变形方面要好于以粉质黏土为填料的压实填土，前者，颗粒表面粗糙，阻力较大，变形稳定快，且不易产生滑移，边坡坡度允许值相对较大；后者，阻力较小，变形稳定慢，边坡坡度允许值相对较小。

8 冲击碾压技术源于20世纪中期，我国于1995年由南非引入。目前我国国产的冲击压路机数量已达数百台。由曲线为边而构成的正多边形冲击轮在位能落差与行驶动能相结合下对工作面进行静压、揉搓、冲击，其高振幅、低频率冲击碾压使工作面下深层土石的密实度不断增加，受冲压土体逐渐接近于弹性状态，是大面积土石方工程压实技术的新发展。与一般压路机相比，考虑上料、摊铺、平整的工序等因素其压实土石的效率提高（3～4）倍。

9 压实填土的承载力是设计的重要参数，也是检验压实填土质量的主要指标之一。在现场通常采用静载荷试验或其他原位测试进行评价。

10 压实填土的变形包括压实填土层变形和下卧土层变形。

6.2.3 本条为压实填土的施工要求。

1 大面积压实填土的施工，在有条件的场地或工程，应首先考虑采用一次施工，即将基础底面以下和以上的压实填土一次施工完毕后，再开挖基坑及基槽。对无条件一次施工的场地或工程，当基础超出±0.00标高后，也宜将基础底面以上的压实填土施工完毕，避免在主体工程完工后，再施工基础底面以上的压实填土。

2 压实填土层底面下卧层的土质，对压实填土地基的变形有直接影响，为消除隐患，铺填料前，首先应查明并清除场地内填土层底面以下耕土和软弱土层。压实设备选定后，应在现场通过试验确定分层填料的虚铺厚度和分层压实的遍数，取得必要的施工参数后，再进行压实填土的施工，以确保压实填土的施工质量。压实设备施工对下卧层的饱和土体易产生扰动时可在填土底部设置碎石盲沟。

冲击碾压施工应考虑对居民、建（构）筑物等周围环境可能带来的影响。可采用以下两种减振隔振措施：①开挖宽0.5m、深1.5m左右的隔振沟进行隔振；②降低冲击压路机的行驶速度，增加冲压遍数。

在斜坡上进行压实填土，应考虑压实填土沿斜坡滑动的可能，并应根据天然地面的实际坡度验算其稳定性。当天然地面坡度大于20%时，填料前，宜将斜坡的坡面挖出若干台阶，使压实填土与斜坡坡面紧密接触，形成整体，防止压实填土向下滑动。此外，还应将斜坡顶面以上的雨水有组织地引向远处，防止雨水流向压实的填土内。

3 在建设期间，压实填土场地阻碍原地表水的畅通排泄往往很难避免，但遇到此种情况时，应根据当地地形及时修筑雨水截水沟、排水盲沟等，疏通排水系统，使雨水或地下水顺利排走。对填土高度较大的边坡应重视排水对边坡稳定性的影响。

设置在压实填土场地的上、下水管道，由于材料及施工等原因，管道渗漏的可能性很大，应采取必要的防渗漏措施。

6 压实填土的施工缝各层应错开搭接，不宜在相同部位留施工缝。在施工缝处应适当增加压实遍数。此外，还应避免在工程的主要部位或主要承重部位留施工缝。

7 振动监测：当场地周围有对振动敏感的精密仪器、设备、建筑物等或有其他需要时宜进行振动监测。测点布置应根据监测目的和现场情况确定，一般可在振动强度较大区域内的建筑物基础或地面上布设观测点，并对其振动速度峰值和主振频率进行监测，具体控制标准及监测方法可参照现行国家标准《爆破安全规程》GB 6722执行。对于居民区、工业集中区等受振动可能影响人居环境时可参照现行国家标准《城市区域环境振动标准》GB 10070和《城市区域环境振动测量方法》GB/T 10071要求执行。

噪声监测：在噪声保护要求较高区域内可进行噪声监测。噪声的控制标准和监测方法可按现行国家标准《建筑施工场界环境噪声排放标准》GB 12523执行。

8 压实填土施工结束后，当不能及时施工基础和主体工程时，应采取必要的保护措施，防止压实填土表层直接日晒或受雨水浸泡。

6.2.4 压实填土地基竣工验收应采用静载荷试验检验填土地基承载力，静载荷试验点宜选择通过静力触探试验或轻便触探等原位试验确定的薄弱点。当采用静载荷试验检验压实填土的承载力时，应考虑压板尺寸与压实填土厚度的关系。压实填土厚度大，承压板尺寸也要相应增大，或采取分层检验。否则，检验结果只能反映上层或某一深度范围内压实填土的承载力。为保证静载荷试验的有效性，静载荷试验承压板的边长或直径不应小于压实地基检验厚度的1/3，且不应小于1.0m。当需要检验压实填土的湿陷性时，应采用现场浸水载荷试验。

6.2.5 压实填土的施工必须在上道工序满足设计要求后再进行下道工序施工。

6.3 夯 实 地 基

6.3.1 强夯法是反复将夯锤（质量一般为10t～60t）

提到一定高度使其自由落下（落距一般为10m～40m），给地基以冲击和振动能量，从而提高地基的承载力并降低其压缩性，改善地基性能。强夯置换法是采用在夯坑内回填块石、碎石等粗颗粒材料，用夯锤连续夯击形成强夯置换墩。

由于强夯法具有加固效果显著、适用土类广、设备简单、施工方便、节省劳力、施工期短、节约材料、施工文明和施工费用低等优点，我国自20世纪70年代引进此法后迅速在全国推广应用。大量工程实例证明，强夯法用于处理碎石土、砂土、低饱和度的粉土与黏性土、湿陷性黄土、素填土和杂填土等地基，一般均能取得较好的效果。对于软土地基，如果未采取辅助措施，一般来说处理效果不好。强夯置换法是20世纪80年代后期开发的方法，适用于高饱和度的粉土与软塑～流塑的黏性土等地基上对变形控制要求不严的工程。

强夯法已在工程中得到广泛的应用，有关强夯机理的研究也在不断深入，并取得了一批研究成果。目前，国内强夯工程应用夯击能已经达到18000kN·m，在软土地区开发的降水低能级强夯和在湿陷性黄土地区普遍采用的增湿强夯，解决了工程中地基处理问题，同时拓宽了强夯法应用范围，但还没有一套成熟的设计计算方法。因此，规定强夯施工前，应在施工现场有代表性的场地上进行试夯或试验性施工。

6.3.2 强夯置换法具有加固效果显著、施工期短、施工费用低等优点，目前已用于堆场、公路、机场、房屋建筑和油罐等工程，一般效果良好。但个别工程因设计、施工不当，加固后出现下沉较大或墩体与墩间土下沉不等的情况。因此，特别强调采用强夯置换法前，必须通过现场试验确定其适用性和处理效果，否则不得采用。

6.3.3 强夯地基处理设计应符合下列规定：

1 强夯法的有效加固深度既是反映处理效果的重要参数，又是选择地基处理方案的重要依据。强夯法创始人梅那（Menard）曾提出下式来估算影响深度 H(m)：

$$H \approx \sqrt{Mh} \qquad (9)$$

式中：M——夯锤质量（t）；

h——落距（m）。

国内外大量试验研究和工程实测资料表明，采用上述梅那公式估算有效加固深度将会得出偏大的结果。从梅那公式中可以看出，其影响深度仅与夯锤重和落距有关。而实际上影响有效加固深度的因素很多，除了夯锤重和落距以外，夯击次数、锤底单位压力、地基土性质、不同土层的厚度和埋藏顺序以及地下水位等都与加固深度有着密切的关系。鉴于有效加固深度问题的复杂性，以及目前尚无适用的计算式，所以本款规定有效加固深度应根据现场试夯或当地经验确定。

考虑到设计人员选择地基处理方法的需要，有必要提出有效加固深度的预估方法。由于梅那公式估算值较实测值大，国内外相继发表了一些文章，建议对梅那公式进行修正，修正系数范围值大致为0.34～0.80，根据不同土类选用不同修正系数。虽然经过修正的梅那公式与未修正的梅那公式相比较有了改进，但是大量工程实践表明，对于同一类土，采用不同能量夯击时，其修正系数并不相同。单击夯击能越大时，修正系数越小。对于同一类土，采用一个修正系数，并不能得到满意的结果。因此，本规范不采用修正后的梅那公式，继续保持列表的形式。表6.3.3-1中将土类分成碎石土、砂土等粗颗粒土和粉土、黏性土、湿陷性黄土等细颗粒土两类，便于使用。上版规范单击夯击能范围为1000kN·m～8000kN·m，近年来，沿海和内陆高填土场地地基采用10000kN·m以上能级强夯法的工程越来越多，积累了一定实测资料，本次修订，将单击夯击能范围扩展为1000kN·m～12000kN·m，可满足当前绝大多数工程的需要。8000kN·m以上各能级对应的有效加固深度，是在工程实测资料的基础上，结合工程经验制定。单击夯击能大于12000kN·m的有效加固深度，工程实测资料较少，待积累一定量数据后，再总结推荐。

2 夯击次数是强夯设计中的一个重要参数，对于不同地基土来说夯击次数也不同。夯击次数应通过现场试夯确定，常以夯坑的压缩量最大、夯坑周围隆起量最小为确定的原则。可从现场试夯得到的夯击次数和有效夯沉量关系曲线确定，有效夯沉量是指夯沉量与隆起量的差值，其与夯沉量的比值为有效夯实系数。通常有效夯实系数不宜小于0.75。但要满足最后两击的平均夯沉量不大于本款的有关规定。同时夯坑周围地面不发生过大的隆起。因为隆起量太大，有效夯实系数变小，说明夯击效率降低，则夯击次数要适当减少，不能为了达到最后两击平均夯沉量控制值，而在夯坑周围1/2夯点间距内出现太大隆起量的情况下，继续夯击。此外，还要考虑施工方便，不能因夯坑过深而发生起锤困难的情况。

3 夯击遍数应根据地基土的性质确定。一般来说，由粗颗粒土组成的渗透性强的地基，夯击遍数可少些。反之，由细颗粒土组成的渗透性弱的地基，夯击遍数要求多些。根据我国工程实践，对于大多数工程采用夯击遍数2遍～4遍，最后再以低能量满夯2遍，一般均能取得较好的夯击效果。对于渗透性弱的细颗粒土地基，可适当增加夯击遍数。

必须指出，由于表层土是基础的主要持力层，如处理不好，将会增加建筑物的沉降和不均匀沉降。因此，必须重视满夯的夯实效果，除了采用2遍满夯、每遍（2～3）击外，还可采用轻锤或低落距锤多次夯击，锤印搭接等措施。

4 两遍夯击之间应有一定的时间间隔，以利于土中超静孔隙水压力的消散。所以间隔时间取决于超静孔隙水压力的消散时间。但土中超静孔隙水压力的消散速率与土的类别、夯点间距等因素有关。有条件时在试夯前埋设孔隙水压力传感器，通过试夯确定超静孔隙水压力的消散时间，从而决定两遍夯击之间的间隔时间。当缺少实测资料时，间隔时间可根据地基土的渗透性按本条规定采用。

5 夯击点布置是否合理与夯实效果有直接的关系。夯击点位置可根据基底平面形状进行布置。对于某些基础面积较大的建筑物或构筑物，为便于施工，可按等边三角形或正方形布置夯点；对于办公楼、住宅建筑等，可根据承重墙位置布置夯点，一般可采用等腰三角形布点，这样保证了横向承重墙以及纵墙和横墙交接处墙基下均有夯击点；对于工业厂房来说也可按柱网来设置夯击点。

夯击点间距的确定，一般根据地基土的性质和要求处理的深度而定。对于细颗粒土，为便于超静孔隙水压力的消散，夯点间距不宜过小。当要求处理深度较大时，第一遍的夯点间距更不宜过小，以免夯击时在浅层形成密实层而影响夯击能往深层传递。此外，若各夯点之间的距离太小，在夯击时上部土体易向侧向已夯成的夯坑中挤出，从而造成坑壁坍塌，夯锤歪斜或倾倒，而影响夯实效果。

6 由于基础的应力扩散作用和抗震设防需要，强夯处理范围应大于建筑物基础范围，具体放大范围可根据建筑结构类型和重要性等因素考虑确定。对于一般建筑物，每边超出基础外缘的宽度宜为基底下设计处理深度的$1/2 \sim 2/3$，并不宜小于3m。对可液化地基，根据现行国家标准《建筑抗震设计规范》GB 50011的规定，扩大范围应超出基础底面下处理深度的$1/2$，并不应小于5m；对湿陷性黄土地基，尚应符合现行国家标准《湿陷性黄土地区建筑规范》GB 50025有关规定。

7 根据上述初步确定的强夯参数，提出强夯试验方案，进行现场试夯，并通过测试，与夯前测试数据进行对比，检验强夯效果，并确定工程采用的各项强夯参数，若不符合使用要求，则应改变设计参数。在进行试夯时也可采用不同设计参数的方案进行比较，择优选用。

8 在确定工程采用的各项强夯参数后，还应根据试夯所测得的夯沉量、夯坑回填方式、夯前夯后场地标高变化，结合基础埋深，确定起夯标高。夯前场地标高宜高出基础底标高0.3m～1.0m。

9 强夯地基承载力特征值的检测除了现场静载试验外，也可根据地基土性质，选择静力触探、动力触探、标准贯入试验等原位测试方法和室内土工试验结果结合静载试验结果综合确定。

6.3.4 本条是强夯处理地基的施工要求：

1 根据要求处理的深度和起重机的起重能力选择强夯锤质量。我国至今采用的最大夯锤质量已超过60t，常用的夯锤质量为15t～40t。夯锤底面形式是否合理，在一定程度上也会影响夯击效果。正方形锤具有制作简单的优点，但在使用时也存在一些缺点，主要是起吊时由于夯锤旋转，不能保证前后几次夯击的夯坑重合，故常出现锤角与夯坑侧壁相接触的现象，因而使一部分夯击能消耗在坑壁上，影响了夯击效果。根据工程实践，圆形锤或多边形锤不存在此缺点，效果较好。锤底面积可按土的性质确定，锤底静接地压力值可取25kPa～80kPa，锤底静接地压力值应与夯击能相匹配，单击夯击能高时取大值，单击夯击能低时取小值。对粗颗粒土和饱和度低的细颗粒土，锤底静接地压力取值大时，有利于提高有效加固深度；对于饱和细颗粒土宜取较小值。为了提高夯击效果，锤底应对称设置不少于4个与其顶面贯通的排气孔，以利于夯锤着地时坑底空气迅速排出和起锤时减小坑底的吸力。排气孔的孔径一般为300mm～400mm。

2 当最后两击夯沉量尚未达到控制标准，地面无明显隆起，而因为夯坑过深出现起夯困难时，说明地基土的压缩性仍较高，还可以继续夯击。但由于夯锤与夯坑壁的摩擦阻力加大和锤底接触面出现负压的原因，继续夯击，需要频繁挖锤，施工效率降低，处理不当会引起安全事故。遇到此种情况时，应将夯坑回填后继续夯击，直至达到控制标准。

6.3.5 强夯置换处理地基设计应符合下列规定：

1 将上版规范规定的置换深度不宜超过7m，修改为不宜超过10m，是根据国内置换夯击能从5000kN·m以下，提高到10000kN·m，甚至更高，在工程实测基础上确定的。国外置换深度有达到12m，锤的质量超过40t的工程实例。

对淤泥、泥炭等黏性软弱土层，置换墩应穿透软土层，着底在较好土层上，因墩底竖向应力较墩间土高，如果墩底仍在软弱土中，墩底较高竖向应力而产生较多下沉。

对深厚饱和粉土、粉砂，墩身可不穿透该层，因墩下土在施工中密度变大，强度提高有保证，故可允许不穿透该层。

强夯置换的加固原理为下列三者之和：

强夯置换＝强夯（加密）＋碎石墩＋特大直径排水井

因此，墩间和墩下的粉土或黏性土通过排水与加密，其密度及状态可以改善。由此可知，强夯置换的加固深度由两部分组成，即置换墩长度和墩下加密范围。墩下加密范围，因资料有限目前尚难确定，应通过现场试验逐步积累资料。

2 单击夯击能应根据现场试验决定，但在可行性研究或初步设计时可按图7中的实线（平均值）与虚线（下限）所代表的公式估计。

较适宜的夯击能 $\bar{E} = 940(H_1 - 2.1)$ (10)

夯击能最低值 $E_w = 940(H_1 - 3.3)$ (11)

式中：H_1——置换墩深度（m）。

初选夯击能宜在 $\bar{E}$ 与 E_w 之间选取，高于 $\bar{E}$ 则可能浪费，低于 E_w 则可能达不到所需的置换深度。图 7 是国内外 18 个工程的实际置换墩深度汇总而来，由图中看不出土性的明显影响，估计是因强夯置换的土类多限于粉土与淤泥质土，而这类土在施工中因液化或触变，抗剪强度都很低之故。

强夯置换宜选取同一夯击能中锤底静压力较高的锤施工，图 7 中两根虚线间的水平距离反映出在同一夯击能下，置换深度却有不同，这一点可能多少反映了锤底静压力的影响。

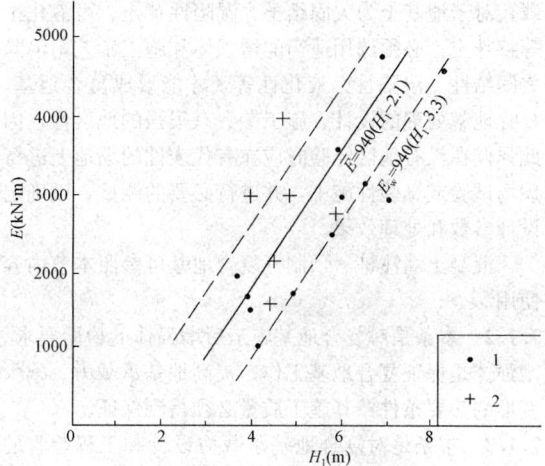

图 7 夯击能与实测置换深度的关系
1—软土；2—黏土、砂

3 墩体材料级配不良或块石过多过大，均易在墩中留下大孔，在后续墩施工或建筑物使用过程中使墩间土挤入孔隙，下沉增加，因此本条强调了级配和大于 300mm 的块石总量不超出填料总重的 30%。

4 累计夯沉量指单个夯点在每一击下夯沉量的总和，累计夯沉量为设计墩长的（1.5～2）倍以上，主要是保证夯墩的密实度与着底，实际是充盈系数的概念，此处以长度比代替体积比。

9 强夯置换时地面不可避免要抬高，特别在饱和黏性土中，根据现有资料，隆起的体积可达填入体积的大半，这主要是因为黏性土在强夯置换中密度改变较粉土少，虽有部分软土挤入置换墩孔隙中，或因填料吸水而降低一些含水量，但隆起的体积还是可观的，应在试夯时仔细记录，做出合理的估计。

11 规定强夯置换后的地基承载力对粉土中的置换地基按复合地基考虑，对淤泥或流塑的黏性土中的置换墩则不考虑墩间土的承载力，按单墩静载荷试验的承载力除以单墩加固面积取为加固后的地基承载力，主要是考虑：

1）淤泥或流塑软土中强夯置换国内有个别不成功的先例，为安全起见，须等有足够工程经验后再行修正，以利于此法的推广应用。

2）某些国内工程因单墩承载力已够，而不再考虑墩间土的承载力。

3）强夯置换法在国外亦称为"动力置换与混合"法（Dynamic replacement and mixing method），因为墩体填料为碎石或砂砾时，置换墩形成过程中大量填料与墩间土混合，越浅处混合的越多，因而墩间土已非原来的土而是一种混合土，含水量与密实度改善很多，可与墩体共同组成复合地基，但目前由于对填料要求与施工操作尚未规范化，填料中块石过多，混合作用不强，墩间的淤泥等软土性质改善不够，因此不考虑墩间土的承载力较为稳妥。

12 强夯置换处理后的地基情况比较复杂。不考虑墩间土作用地基变形计算时，如果采用的单墩静载荷试验的载荷板尺寸与夯锤直径相同时，其地基的主要变形发生在加固区，下卧土层的变形较小，但墩的长度较小时应计算下卧土层的变形。强夯置换处理地基的建筑物沉降观测资料较少，各地应根据地区经验确定变形计算参数。

6.3.6 本条是强夯置换处理地基的施工要求：

1 强夯置换夯锤可选用圆柱形，锤底静接地压力值可取 80kPa～200kPa。

2 当表土松软时应铺设一层厚为 1.0m～2.0m 的砂石施工垫层以利施工机具运转。随着置换墩的加深，被挤出的软土渐多，夯点周围地面渐高，先铺的施工垫层在向夯坑中填料时往往被推入坑中成了填料，施工层越来越薄，因此，施工中须不断地在夯点周围加厚施工垫层，避免地面松软。

6.3.7 本条是对夯实法施工所用起重设备的要求。国内用于夯实法地基处理施工的起重机械以改装后的履带式起重机为主，施工时一般在臂杆端部设置门字形或三角形支架，提高起重能力和稳定性，降低起落夯锤时机架倾覆的安全事故发生的风险，实践证明，这是一种行之有效的办法。但同时也出现改装后的起重机实际起重量超过设备出厂额定最大起重量的情况，这种情况不利于施工安全，因此，应予以限制。

6.3.8 当场地表土软弱或地下水位高的情况，宜采用人工降低地下水位，或在表层铺填一定厚度的松散性材料。这样做的目的是在地表形成硬层，确保机械设备通行和施工，又可加大地下水和地表面的距离，防止夯击时夯坑积水。当砂土、湿陷性黄土的含水量低，夯击时，表层松散层较厚，形成的夯坑很浅，以致影响有效加固深度时，可采取表面洒水、钻孔注水等人工增湿措施。对回填地基，当可采用夯实法处理时，如果具备分层回填条件，应该选择采用分层回填方式进行回填，回填厚度尽可能控制在强夯法相应能级所对应的有效加固深度范围之内。

6.3.10 对振动有特殊要求的建筑物，或精密仪器设备等，当强夯产生的振动和挤压有可能对其产生有害影响时，应采取隔振或防振措施。施工时，在作业区一定范围设置安全警戒，防止非作业人员、车辆误入作业区而受到伤害。

6.3.11 施工过程中应有专人负责监测工作。首先，应检查夯锤质量和落距，因为若夯锤使用过久，往往因底面磨损而使质量减少，落距未达设计要求，也将影响单击夯击能；其次，夯点放线错误情况常有发生，因此，在每遍夯击前，均应对夯点放线进行认真复核；此外，在施工过程中还必须认真检查每个夯点的夯击次数，量测每击的夯沉量，检查每个夯点的夯击起止时间，防止出现少夯或漏夯，对强夯置换尚应检查置换墩长度。

由于强夯施工的特殊性，施工中所采用的各项参数和施工步骤是否符合设计要求，在施工结束后往往很难进行检查，所以要求在施工过程中对各项参数和施工情况进行详细记录。

6.3.12 基础施工必须在土层休止期满后才能进行，对黏性土地基和新近人工填土地基，休止期更显重要。

6.3.13 强夯处理后的地基竣工验收时，承载力的检验除了静载试验外，对细颗粒土尚应选择标准贯入试验、静力触探试验等原位检测方法和室内土工试验进行综合检测评价；对粗颗粒土尚应选择标准贯入试验、动力触探试验等原位检测方法进行综合检测评价。

强夯置换处理后的地基竣工验收时，承载力的检验除了单墩静载试验或单墩复合地基静载试验外，尚应采用重型或超重型动力触探、钻探检测置换墩的墩长、着底情况、密度随深度的变化情况，达到综合评价目的。对饱和粉土地基，尚应检测墩间土的物理力学指标。

6.3.14 本条是夯实地基竣工验收检验的要求。

1 夯实地基的质量检验，包括施工过程中的质量监测及夯后地基的质量检验，其中前者尤为重要。所以必须认真检查施工过程中的各项测试数据和施工记录，若不符合设计要求时，应补夯或采取其他有效措施。

2 经强夯和强夯置换处理的地基，其强度是随着时间增长而逐步恢复和提高的，因此，竣工验收质量检验应在施工结束间隔一定时间后方能进行。其间隔时间可根据土的性质而定。

3、4 夯实地基静载荷试验和其他原位测试、室内土工试验检验点的数量，主要根据场地复杂程度和建筑物的重要性确定。考虑到场地土的不均匀性和测试方法可能出现的误差，本条规定了最少检验点数。

对强夯地基，应考虑夯间土和夯击点土的差异。当需要检验夯实地基的湿陷性时，应采用现场浸水载荷试验。

国内夯实地基采用波速法检测，评价夯后地基土的均匀性，积累了许多工程资料。作为一种辅助检测评价手段，应进一步总结，与动力触探试验或标准贯入试验、静力触探试验等原位测试结果验证后使用。

7 复 合 地 基

7.1 一 般 规 定

7.1.1 复合地基强调由地基土和增强体共同承担荷载，对于地基土为欠固结土、湿陷性黄土、可液化土等特殊土，必须选用适当的增强体和施工工艺，消除欠固结性、湿陷性、液化性等，才能形成复合地基。复合地基处理的设计、施工参数有很强的地区性，因此强调在没有地区经验时应在有代表性的场地上进行现场试验或试验性施工，并进行必要的测试，以确定设计参数和处理效果。

混凝土灌注桩、预制桩复合地基可参照本节内容使用。

7.1.2 本条是对复合地基施工后增强体的检验要求。增强体是保证复合地基工作、提高地基承载力、减少变形的必要条件，其施工质量必须得到保证。

7.1.3 本条是对复合地基承载力设计和工程验收的检验要求。

复合地基承载力的确定方法，应采用复合地基静载荷试验的方法。桩体强度较高的增强体，可以将荷载传递到桩端土层。当桩长较长时，由于静载荷试验的载荷板宽度较小，不能全面反映复合地基的承载特性。因此单纯采用单桩复合地基静载荷试验的结果确定复合地基承载力特征值，可能会由于试验的载荷板面积或由于褥垫层厚度对复合地基静载荷试验结果产生影响。对有粘结强度增强体复合地基的增强体进行单桩静载荷试验，保证增强体桩身质量和承载力，是保证复合地基满足建筑物地基承载力要求的必要条件。

7.1.4 本条是复合地基增强体施工桩位允许偏差和垂直度的要求。

7.1.5 复合地基承载力的计算表达式对不同的增强体大致可分为两种：散体材料桩复合地基和有粘结强度增强体复合地基。本次修订分别给出其估算时的设计表达式。对散体材料桩复合地基计算时桩土应力比 n 应按试验取值或按地区经验取值。但应指出，由于地基土的固结条件不同，在长期荷载作用下的桩土应力比与试验条件时的结果有一定差异，设计时应充分考虑。处理后的桩间土承载力特征值与原土强度、类型、施工工艺密切相关，对于可挤密的松散砂土、粉土，处理后的桩间土承载力会比原土承载力有一定幅度的提高；而对于黏性土特别是饱和黏性土，施工后有一定时间的休止恢复期，过后桩间土承载力特征值可达到原土承载力；对于高灵敏性的土，由于休止期较长，设计时桩间土承载力特征值宜采用小于原土承载力特征值的设计参数。对有粘结强度增强体复合地基，本次修订根据试验结果增加了增强体单桩承载力发挥系数和桩间土承载力发挥系数，其基本依据是，在复合地基静载荷试验中取 s/b 或 s/d 等于 0.01 确定复合地基承载力时，地基土和单桩承载力发挥系数的试验结果。一般情况下，复合地基设计有褥垫层时，地基土承载力的发挥是比较充分的。

应该指出，复合地基承载力设计时取得的设计参数可靠性对设计的安全度有很大影响。当有充分试验资料作依据时，可直接按试验的综合分析结果进行设计。对刚度较大的增强体，在复合地基静载荷试验取 s/b 或 s/d 等于 0.01 确定复合地基承载力以及增强体单桩静载荷试验确定单桩承载力特征值的情况下，增强体单桩承载力发挥系数为 0.7～0.9，而地基土承载力发挥系数为 1.0～1.1。对于工程设计的大部分情况，采用初步设计的估算值进行施工，并要求施工结束后达到设计要求，设计人员的地区工程经验非常重要。首先，复合地基承载力设计中增强体单桩承载力发挥和桩间土承载力发挥与桩、土相对刚度有关，相同褥垫层厚度条件下，相对刚度差值越大，刚度大的增强体在加荷初始发挥较小，后期发挥较大；其次，由于采用勘察报告提供的参数，其对单桩承载力和天然地基承载力在相同变形条件下的富余程度不同，使得复合地基工作时增强体单桩承载力发挥和桩间土承载力发挥存在不同的情况，当提供的单桩承载力和天然地基承载力存在较大的富余值，增强体单桩承载力发挥系数和桩间土承载力发挥系数均可达到1.0，复合地基承载力载荷试验检验结果也能满足设计要求。同时复合地基承载力载荷试验是短期荷载作用，应考虑长期荷载作用的影响。总之，复合地基设计要根据工程的具体情况，采用相对安全的设计。初步设计时，增强体单桩承载力发挥系数和桩间土承载力发挥系数的取值范围在 0.8～1.0 之间，增强体单桩承载力发挥系数取高值时桩间土承载力发挥系数应取低值，反之，增强体单桩承载力发挥系数取低值时桩间土承载力发挥系数应取高值。所以，没有充分的地区经验时应通过试验确定设计参数。

桩端端阻力发挥系数 α_p 与增强体的荷载传递性质、增强体长度以及桩土相对刚度密切相关。桩长过长影响桩端承载力发挥时应取较低值；水泥土搅拌桩其荷载传递受搅拌土的性质影响应取 0.4～0.6；其他情况可取 1.0。

7.1.6 复合地基增强体的强度是保证复合地基工作的必要条件，必须保证其安全度。在有关标准材料的

可靠度设计理论基础上，本次修订适当提高了增强体材料强度的设计要求。对具有粘结强度的复合地基增强体应按建筑物基础底面作用在增强体上的压力进行验算，当复合地基承载力验算需要进行基础埋深的深度修正时，增强体桩身强度验算应按基底压力验算。本次修订给出了验算方法。

7.1.7 复合地基沉降计算目前仍以经验方法为主。本次修订综合各种复合地基的工程经验，提出以分层总和法为基础的计算方法。各地可根据地区土的工程特性、工法试验结果以及工程经验，采用适宜的方法，以积累工程经验。

7.1.8 由于采用复合地基的建筑物沉降观测资料较少，一直沿用天然地基的沉降计算经验系数。各地使用对复合土层模量较低时符合性较好，对于承载力提高幅度较大的刚性桩复合地基出现计算值小于实测值的现象。现行国家标准《建筑地基基础设计规范》GB 50007 修订组通过对收集到的全国 31 个 CFG 桩复合地基工程沉降观测资料分析，得出地基的沉降计算经验系数与沉降计算深度范围内压缩模量当量值的关系。

7.2 振冲碎石桩和沉管砂石桩复合地基

7.2.1 振冲碎石桩对不同性质的土层分别具有置换、挤密和振动密实等作用。对粘性土主要起到置换作用，对砂土和粉土除置换作用外还有振实挤密作用。在以上各种土中都要在振冲孔内加填碎石回填料，制成密实的振冲桩，而桩间土则受到不同程度的挤密和振密。桩和桩间土构成复合地基，使地基承载力提高，变形减少，并可消除土层的液化。在中、粗砂层中振冲，由于周围砂料能自行塌入孔内，也可以采用不加填料进行原地振冲加密的方法。这种方法适用于较纯净的中、粗砂层，施工简便，加密效果好。

沉管砂石桩是指采用振动或锤击沉管等方式在软弱地基中成孔后，再将砂、碎石或砂石混合料通过桩管挤压入已成的孔中，在成桩过程中逐层挤密、振密，形成大直径的砂石体所构成的密实桩体。沉管砂石桩用于处理松散砂土、粉土、可挤密的素填土及杂填土地基，主要靠桩的挤密和施工中的振动作用使桩周围土的密度增大，从而使地基的承载能力提高，压缩性降低。

国内外的实际工程经验证明，不管是采用振冲碎石桩、还是沉管砂石桩，其处理砂土及填土地基的挤密、振密效果都比较显著，均已得到广泛应用。

振冲碎石桩和沉管砂石桩用于处理软土地基，国内外也有较多的工程实例。但由于软黏土含水量高、透水性差，碎（砂）石桩很难发挥挤密效用，其主要作用是通过置换与黏性土形成复合地基，同时形成排水通道加速软土的排水固结。碎（砂）石桩单桩承载力主要取决于桩周土的侧限压力。由于软黏土抗剪强

度低，且在成桩过程土中桩周土体产生的超孔隙水压力不能迅速消散，天然结构受到扰动将导致其抗剪强度进一步降低，造成桩周土对碎（砂）石桩产生的侧限压力较小，碎（砂）石桩的单桩承载力较低，如置换率不高，其提高承载力的幅度较小，很难获得可靠的处理效果。此外，如不经过预压，处理后地基仍将发生较大的沉降，难以满足建（构）筑物的沉降允许值。工程中常用预压措施（如油罐充水）解决部分工后沉降。所以，用碎（砂）石桩处理饱和软黏土地基，应按建筑结构的具体条件区别对待，宜通过现场试验后再确定是否采用。据此本条指出，在饱和黏土地基上对变形控制要求不严的工程才可采用砂石桩置换处理。

对于塑性指数较高的硬黏性土、密实砂土不宜采用碎（砂）石桩复合地基。如北京某电厂工程，天然地基承载力 f_{ak}＝200kPa，基底土层为粉质黏土，采用振冲碎石桩，加固后桩土应力比 n＝0.9，承载力没有提高（见图8）。

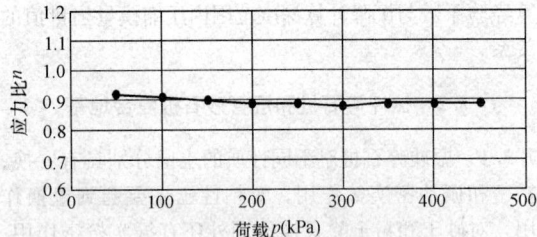

图8 北京某工程桩土应力比随荷载的变化

对大型的、重要的或场地地层复杂的工程以及采用振冲法处理不排水强度不小于 20kPa 的饱和黏性土和饱和黄土地基，在正式施工前应通过现场试验确定其适用性是必要的。不加填料振冲挤密处理砂土地基的方法应进行现场试验确定其适用性，可参照本节规定进行施工和检验。

振冲碎石桩、沉管砂石桩广泛应用于处理可液化地基，其承载力和变形计算采用复合地基计算方法，可按本节内容设计和施工。

7.2.2 本条是振冲碎石桩、沉管砂石桩复合地基设计的规定。

1 本款规定振冲碎石桩、沉管砂石桩处理地基要超出基础一定宽度，这是基于基础的压力向基础外扩散，需要侧向约束条件保证。另外，考虑到基础下靠外边的（2～3）排桩挤密效果较差，应加宽（1～3）排桩。重要的建筑以及要求荷载较大的情况应加宽更多。

振冲碎石桩、沉管砂石桩法用于处理液化地基，必须确保建筑物的安全使用。基础外的处理宽度目前尚无统一的标准。美国经验取等于处理的深度，但根据日本和我国有关单位的模型试验得到结果为应处理深度的2/3。另由于基础压力的影响，使地基土的有

效压力增加，抗液化能力增大。根据日本用挤密桩处理的地基经过地震检验的结果，说明需处理的宽度也比处理深度的2/3小，据此定出每边放宽不宜小于处理深度的1/2。同时不应小于5m。

2 振冲碎石桩、沉管砂石桩的平面布置多采用等边三角形或正方形。对于砂土地基，因靠挤密桩周土提高密度，所以采用等边三角形更有利，它使地基挤密较为均匀。考虑基础形式和上部结构的荷载分布等因素，工程中还可根据建筑物承载力和变形要求采用矩形、等腰三角形等布桩形式。

3 采用振冲法施工的碎石桩直径通常为 0.8m～1.2m，与振冲器的功率和地基土条件有关，一般振冲器功率大、地基土松散时，成桩直径大，砂石桩直径可按每根桩所用填料量计算。

振动沉管法成桩直径的大小取决于施工设备桩管的大小和地基土的条件。目前使用的桩管直径一般为 300mm～800mm，但也有小于 300mm 或大于 800mm 的。小直径桩管挤密质量较均匀但施工效率低；大直径桩管需要较大的机械能力，工效高，采用过大的桩径，一根桩要承担的挤密面积大，通过一个孔要填入的砂石料多，不易使桩周土挤密均匀。沉管法施工时，设计成桩直径与套管直径比不宜大于 1.5。另外，成桩时间长，效率低给施工也会带来困难。

4 振冲碎石桩、沉管砂石桩的间距应根据复合地基承载力和变形要求以及对原地基土要达到的挤密要求确定。

5 关于振冲碎石桩、沉管砂石桩的长度，通常根据地基的稳定和变形验算确定，为保证稳定，桩长应达到滑动弧面之下，当软土层厚度不大时，桩长宜超过整个松软土层。标准贯入和静力触探沿深度的变化特性也是提供确定桩长的重要资料。

对可液化的砂层，为保证处理效果，一般桩长应穿透液化层，如可液化层过深，则应按现行国家标准《建筑抗震设计规范》GB 50011 有关规定确定。

由于振冲碎石桩、沉管砂石桩在地面下 1m～2m深度的土层处理效果较差，碎（砂）石桩的设计长度应大于主要受荷深度且不宜小于 4m。

当建筑物荷载不均匀或地基主要压缩层不均匀，建筑物的沉降存在一个沉降差，当差异沉降过大，则会使建筑物受到损坏。为了减少其差异沉降，可分区采用不同桩长进行加固，用以调整差异沉降。

7 振冲碎石桩、沉管砂石桩桩身材料是散体材料，由于施工的影响，施工后的表层土需挖除或密实处理，所以碎（砂）石桩复合地基设置垫层是有益的。同时垫层起水平排水的作用，有利于施工后加快土层固结；对独立基础等小基础碎石垫层还可以起到明显的应力扩散作用，降低碎（砂）石桩和桩周围土的附加应力，减少桩体的侧向变形，从而提高复合地基承载力，减少地基变形量。

垫层铺设后需压实，可分层进行，夯填度（夯实后的垫层厚度与虚铺厚度的比值）不得大于0.9。

8 对砂土和粉土采用碎（砂）石桩复合地基，由于成桩过程对桩间土的振密或挤密，使桩间土承载力比天然地基承载力有较大幅度的提高，为此可用桩间土承载力调整系数来表达。对国内采用振冲碎石桩44个工程桩间土承载力调整系数进行统计见图9。从图中可以看出，桩间土承载力调整系数在$1.07 \sim 3.60$，有两个工程小于1.2。桩间土承载力调整系数与原土天然地基承载力相关，天然地基承载力低时桩间土承载力调整系数大。在初步设计估算松散粉土、砂土复合地基承载力时，桩间土承载力调整系数可取$1.2 \sim 1.5$，原土强度低取大值，原土强度高取小值。

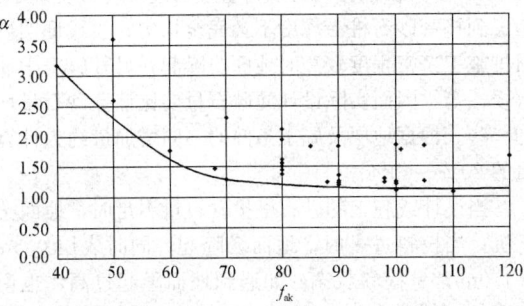

图9 桩间土承载力调整系数 α 与原土
承载力 f_{ak} 关系统计图

9 由于碎（砂）石桩向深层传递荷载的能力有限，当桩长较大时，复合地基的变形计算，不宜全桩长范围加固土层压缩模量采用统一的放大系数。桩长超过12d以上的加固土层压缩模量的提高，对于砂土粉土宜按挤密后桩间土的模量取值；对于黏性土不宜考虑挤密效果，但有经验时可按排水固结后经检验的桩间土的模量取值。

7.2.3 本条为振冲碎石桩施工的要求。

1 振冲施工选用振冲器要考虑设计荷载、工期、工地电源容量及地基土天然强度等因素。30kW功率的振冲器每台机组约需电源容量75kW，其制成的碎石桩径约0.8m，桩长不宜超过8m，因其振动力小，桩长超过8m加密效果明显降低；75kW振冲器每台机组需要电源电量100kW，桩径可达0.9m～1.5m，振冲深度可达20m。

在邻近有已建建筑物时，为减小振动对建筑物的影响，宜用功率较小的振冲器。

为保证施工质量，电压、加密电流、留振时间要符合要求。如电源电压低于350V则应停止施工。使用30kW振冲器密实电流一般为45A～55A；55kW振冲器密实电流一般为75A～85A；75kW振冲器密实电流为80A～95A。

2 升降振冲器的机具一般常用8t～25t汽车吊，可振冲5m～20m桩长。

3 要保证振冲桩的质量，必须控制好密实电流、填料量和留振时间三方面的指标。

首先，要控制加料振密过程中的密实电流。在成桩时，不能把振冲器刚接触填料的一瞬间的电流值作为密实电流。瞬时电流值有时可高达100A以上，但只要把振冲器停住不下降，电流值立即变小。可见瞬时电流并不真正反映填料的密实程度。只有让振冲器在固定深度上振动一定时间（称为留振时间）而电流稳定在某一数值，这一稳定电流才能代表填料的密实程度。要求稳定电流值超过规定的密实电流值，该段桩体才算制作完毕。

其次，要控制好填料量。施工中加填料不宜过猛，原则上要"少吃多餐"，即要勤加料，但每批不宜加得太多。值得注意的是在制作最深处桩体时，为达到规定密实电流所需的填料远比制作其他部分桩体多。有时这段桩体的填料量可占整根桩总填料量的1/4～1/3。这是因为开始阶段加的料有相当一部分从孔口向孔底下落过程中被黏留在某些深度的孔壁上，只有少量能落到孔底。另一个原因是如果控制不当，压力水有可能造成超深，从而使孔底填料量剧增。第三个原因是孔底遇到了事先不知的局部软弱土层，这也能使填料数量超过正常用量。

4 振冲施工有泥水从孔内返出。砂石类土返泥水较少，黏土层返泥水量大，这些泥水不能漫流在基坑内，也不能直接排入到地下排污管和河道中，以免引起对环境的有害影响，为此在场地上必须事先开设排泥水沟系统和做好沉淀池。施工时用泥浆泵将返出的泥水集中抽入池内，在城市施工，当泥水量不大时可外运。

5 为了保证桩顶部的密实，振冲前开挖基坑时应在桩顶高程以上预留一定厚度的土层。一般30kW振冲器应留0.7m～1.0m，75kW应留1.0m～1.5m。当基槽不深时可振冲后开挖。

6 在有些砂层中施工，常要连续快速提升振冲器，电流始终可保持加密电流值。如广东新沙港水中吹填的中砂，振前标贯击数为（3～7）击，设计要求振冲后不小于15击，采用正三角形布孔，桩距2.54m，加密电流100A，经振冲后达到大于20击，14m厚的砂层完成一孔约需20min。又如拉都坝基，水中回填中、粗砂，振前N_{10}为10击，相对密实度D_r为0.11，振后N_{10}大于80击，$D_r = 0.9$，孔距2.0m，孔深7m，全孔振冲时间4min～6min。

7.2.4 本条为沉管砂石桩施工的要求。

1 沉管法施工，应选用与处理深度相适应的机械。可用的施工机械类型很多，除专用机械外还可利用一般的打桩机改装。目前所用机械主要分为两类，即振动沉管桩机和锤击沉管桩机。

用垂直上下振动的机械施工的称为振动沉管成桩

法，用锤击式机械施工成桩的称为锤击沉管成桩法，锤击沉管成桩法的处理深度可达10m。桩机通常包括桩机架、桩管及桩尖、提升装置、挤密装置（振动锤或冲击锤）、上料设备及检测装置等部分。为了使桩管容易打入，高能量的振动沉管桩机配有高压空气或水的喷射装置，同时配有自动记录桩管贯入深度、提升量、压入量、管内砂石位置及变化（灌砂石及排砂石量），以及电机电流变化等检测装置。有的设备还装有计算机，根据地层阻力的变化自动控制灌砂石量并保证沿深度均匀挤密并达到设计标准。

2 不同的施工机具及施工工艺用于处理不同的地层会有不同的处理效果。常遇到设计与实际情况不符或者处理质量不能达到设计要求的情况，因此施工前在现场的成桩试验具有重要的意义。

通过现场成桩试验，检验设计要求和确定施工工艺及施工控制标准，包括填砂石量、提升高度、挤压时间等。为了满足试验及检测要求，试验桩的数量应不少于（7~9）个。正三角形布置至少要7个（即中间1个周围6个）；正方形布置至少要9个（3排3列每排每列各3个）。如发现问题，则应及时会同设计人员调整设计或改进施工。

3 振动沉管法施工，成桩步骤如下：
1）移动桩机及导向架，把桩管及桩尖对准桩位；
2）启动振动锤，把桩管下到预定的深度；
3）向桩管内投入规定数量的砂石料（根据施工试验的经验，为了提高施工效率，装砂石也可在桩管下到便于装料的位置时进行）；
4）把桩管提升一定的高度（下砂石顺利时提升高度不超过1m~2m），提升时桩尖自动打开，桩管内的砂石料流入孔内；
5）降落桩管，利用振动及桩尖挤压作用使砂石密实；
6）重复4）、5）两工序，桩管上下运动，砂石料不断补充，砂石桩不断增高；
7）桩管提至地面，砂石桩完成。

施工中，电机工作电流的变化反映挤密程度及效率。电流达到一定不变值，继续挤压将不会产生挤密效果。施工中不可能及时进行效果检测，因此按成桩过程的各项参数对施工进行控制是重要的环节，必须予以重视，有关记录是质量检验的重要资料。

4 对于黏性土地基，当采用活瓣桩靴时宜选用平底型，以便于施工时顺利出料。

5 锤击沉管法施工有单管法和双管法两种，但单管法难以发挥挤密作用，故一般宜用双管法。

双管法的施工根据具体条件选定施工设备，其施工成桩过程如下：
1）将内外管安放在预定的桩位上，将用作桩塞的砂石投入外管底部；
2）以内管做锤冲击砂石塞，靠摩擦力将外管打入预定深度；
3）固定外管将砂石塞压入土中；
4）提内管并向外管内投入砂石料；
5）边提外管边用内管将管内砂石冲出挤压土层；
6）重复4）、5）步骤；
7）待外管拔出地面，砂石桩完成。

此法优点是砂石的压入量可随意调节，施工灵活。

其他施工控制和检测记录参照振动沉管法施工的有关规定。

6 砂石桩桩孔内的填料量应通过现场试验确定。考虑到挤密砂石桩沿深度不会完全均匀，实践证明砂石桩施工挤密程度较高时地面要隆起，另外施工中还有损耗等，因而实际设计灌砂石量要比计算砂石量增加一些。根据地层及施工条件的不同增加量约为计算量的20%~40%。

当设计或施工的砂石桩投砂石量不足时，地面会下沉；当投料过多时，地面会隆起，同时表层0.5m~1.0m常呈松软状态。如遇到地面隆起过高，也说明填砂石量不适当。实际观测资料证明，砂石在达到密实状态后进一步承受挤压又会变松，从而降低处理效果。遇到这种情况应注意适当减少填砂石量。

施工场地土层可能不均匀，土质多变，处理效果不能直接看到，也不能立即测出。为了保证施工质量，使在土层变化的条件下施工质量也能达到标准，应在施工中进行详细的观测和记录。观测内容包括桩管下沉随时间的变化；灌砂石量预定数量与实际数量；桩管提升和挤压的全过程（提升、挤压、砂桩高度的形成随时间的变化）等。有自动检测记录仪器的砂石桩机施工中可以直接获得有关的资料，无此设备时须由专人测读记录。根据桩管下沉时间曲线可以估计土层的松软变化随时掌握投料数量。

7 以挤密为主的砂石桩施工时，应间隔（跳打）进行，并宜由外侧向中间推进；对黏性土地基，砂石桩主要起置换作用，为了保证设计的置换率，宜从中间向外围或隔排施工；在既有建（构）筑物邻近施工时，为了减少对邻近既有建（构）筑物的振动影响，应背离建（构）筑物方向进行。

9 砂石桩桩顶部施工时，由于上覆压力较小，因而对桩体的约束力较小，桩顶形成一个松散层，施工后应加以处理（挖除或碾压）。

7.2.5 本条为碎石桩、砂石桩复合地基的检验要求。

1 检查振冲施工各项施工记录，如有遗漏或不符合规定要求的桩或振冲点，应补做或采取有效的补救措施。

振动沉管砂石桩应在施工期间及施工结束后，检查砂石桩的施工记录，包括检查套管往复挤压振动次数与时间、套管升降幅度和速度、每次填砂石料量等项施工记录。砂石桩施工的沉管时间、各深度段的填砂石量、提升及挤压时间等是施工控制的重要手段，这些资料可以作为评估施工质量的重要依据，再结合抽检便可以较好地作出质量评价。

2 由于在制桩过程中原状土的结构受到不同程度的扰动，强度会有所降低，饱和土地基在桩周围一定范围内，土的孔隙水压力上升。待休置一段时间后，孔隙水压力会消散，强度会逐渐恢复，恢复期的长短是根据土的性质而定。原则上应待孔压消散后进行检验。黏性土孔隙水压力的消散需要的时间较长，砂土则很快。根据实际工程经验规定对饱和黏土不宜小于 28d，粉质黏土不宜小于 21d，粉土、砂土和杂填土可适当减少。

3 碎（砂）石桩处理地基最终是要满足承载力、变形或抗液化的要求，标准贯入、静力触探以及动力触探可直接反映施工质量并提供检测资料，所以本条规定可用这些测试方法检测碎（砂）石桩及其周围土的挤密效果。

应在桩位布置的等边三角形或正方形中心进行碎（砂）石桩处理效果检测，因为该处挤密效果较差。只要该处挤密达到要求，其他位置就一定会满足要求。此外，由该处检测的结果还可判明桩间距是否合理。

如处理可液化地层时，可按标准贯入击数来衡量砂性土的抗液化性，使碎（砂）石桩处理后的地基实测标准贯入击数大于临界贯入击数。这种液化判别方法只考虑了桩间土的抗液化能力，而未考虑碎（砂）石桩的作用，因而在设计上是偏于安全的。碎（砂）石桩处理后的地基液化评价方法应进一步研究。

7.3 水泥土搅拌桩复合地基

7.3.1 水泥土搅拌法是利用水泥等材料作为固化剂通过特制的搅拌机械，就地将软土和固化剂（浆液或粉体）强制搅拌，使软土硬结成具有整体性、水稳性和一定强度的水泥加固土，从而提高地基土强度和增大变形模量。根据固化剂掺入状态的不同，它可分为浆液搅拌和粉体喷射搅拌两种。前者是用浆液和地基土搅拌，后者是用粉体和地基土搅拌。

水泥土搅拌法加固软土技术具有其独特优点：1）最大限度地利用了原土；2）搅拌时无振动、无噪声和无污染，对周围原有建筑物及地下沟管影响很小；3）根据上部结构的需要，可灵活地采用柱状、壁状、格栅状和块状等加固形式。

水泥固化剂一般适用于正常固结的淤泥与淤泥质土、黏性土、粉土、素填土（包括冲填土）、饱和黄土、粉砂以及中粗砂、砂砾（当加固粗粒土时，应注意有无明显的流动地下水）等地基加固。

根据室内试验，一般认为用水泥作加固料，对含有高岭石、多水高岭石、蒙脱石等黏土矿物的软土加固效果较好；而对含有伊利石、氯化物和水铝石英等矿物的黏性土以及有机质含量高，pH 值较低的酸性土加固效果较差。

掺合料可以添加粉煤灰等。当黏土的塑性指数 I_p 大于 25 时，容易在搅拌头叶片上形成泥团，无法完成水泥土的拌和。当地基土的天然含水量小于 30% 时，由于不能保证水泥充分水化，故不宜采用干法。

在某些地区的地下水中含有大量硫酸盐（海水渗入地区），因硫酸盐与水泥发生反应时，对水泥土具有结晶性侵蚀，会出现开裂、崩解而丧失强度。为此应选用抗硫酸盐水泥，使水泥土中产生的结晶膨胀物质控制在一定的数量范围内，以提高水泥土的抗侵蚀性能。

在我国北纬 40° 以南的冬季负温条件下，冰冻对水泥土的结构损害甚微。在负温时，由于水泥与黏土矿物的各种反应减弱，水泥土的强度增长缓慢（甚至停止）；但正温后，随着水泥水化等反应的继续深入，水泥土的强度可接近标准养护强度。

随着水泥土搅拌机械的研发与进步，水泥土搅拌法的应用范围不断扩展。特别是 20 世纪 80 年代末期引进日本 SMW 法以来，多头搅拌工艺推广迅速，大功率的多头搅拌机可以穿透中密粉土及粉细砂、稍密中粗砂和砾砂，加固深度可达 35m。大量用于基坑截水帷幕、被动区加固、格栅状帷幕解决液化、插芯形成新的增强体等。对于硬塑、坚硬的黏性土，含孤石及大块建筑垃圾的土层，机械能力仍然受到限制，不能使用水泥土搅拌法。

当拟加固的软弱地基为成层土时，应选择最弱的一层土进行室内配比试验。

采用水泥作为固化剂材料，在其他条件相同时，在同一土层中水泥掺入比不同时，水泥土强度将不同。由于块状加固对于水泥土的强度要求不高，因此为了节约水泥，降低成本，根据工程需要可选用 32.5 级水泥，7%～12% 的水泥掺量。水泥掺入比大于 10% 时，水泥土强度可达 0.3MPa～2MPa 以上。一般水泥掺入比 α_w 采用 12%～20%，对于型钢水泥土搅拌桩（墙），由于其水灰比较大（1.5～2.0）为保证水泥土的强度，应选用不低于 42.5 级的水泥，且掺量不少于 20%。水泥土的抗压强度随其相应的水泥掺入比的增加而增大，但因场地土质与施工条件的差异，掺入比的提高与水泥土增加的百分比是不完全一致的。

水泥强度直接影响水泥土的强度，水泥强度等级提高 10MPa，水泥土强度 f_{cu} 约增大 20%～30%。

外掺剂对水泥土强度有着不同的影响。木质素磺酸钙对水泥土强度的增长影响不大，主要起减水作用；三乙醇胺、氯化钙、碳酸钠、水玻璃和石膏等材料对水泥土强度有增强作用，其效果对不同土质和不同水泥掺入比又有所不同。当掺入与水泥等量的粉煤灰后，水泥土强度可提高10%左右。故在加固软土时掺入粉煤灰不仅可消耗工业废料，水泥土强度还可有所提高。

水泥土搅拌桩用于竖向承载时，很多工程未设置褥垫层，考虑到褥垫层有利于发挥桩间土的作用，在有条件时仍以设置褥垫层为好。

水泥土搅拌形成水泥土加固体，用于基坑工程围护挡墙、被动区加固、防渗帷幕等的设计、施工和检测等可参照本节规定。

7.3.2 对于泥炭土、有机质含量大于5%或pH值小于4的酸性土，如前述水泥在上述土层有可能不凝固或发生后期崩解。因此，必须进行现场和室内试验确定其适用性。

7.3.3 本条是对水泥土搅拌桩复合地基设计的规定。

1 对软土地区，地基处理的任务主要是解决地基的变形问题，即地基设计是在满足强度的基础上以变形控制的，因此，水泥土搅拌桩的桩长应通过变形计算来确定。实践证明，若水泥土搅拌桩能穿透软弱土层到达强度相对较高的持力层，则沉降量是很小的。

对某一场地的水泥土桩，其桩身强度是有一定限制的，也就是说，水泥土桩从承载力角度，存在有效桩长，单桩承载力在一定程度上并不随桩长的增加而增大。但当软弱土层较厚，从减少地基的变形量方面考虑，桩长应穿透软弱土层到达下卧强度较高之土层，在深厚淤泥及淤泥质土层中应避免采用"悬浮"桩型。

2 在采用式（7.1.5-2）估算水泥土搅拌桩复合地基承载力时，桩间土承载力折减系数β的取值，本次修订中作了一些改动，当基础下加固土层为淤泥、淤泥质土和流塑状软土时，考虑到上述土层固结程度差，桩间土难以发挥承载作用，所以β取0.1~0.4，固结程度好或设置褥垫层时可取高值。其他土层可取0.4~0.8，加固土层强度高或设置褥垫层时取高值，桩端持力层土层强度高时取低值。确定β值时还应考虑建筑物对沉降的要求以及桩端持力层土层性质，当桩端持力层强度高或建筑物对沉降要求严时，β应取低值。

桩周第i层土的侧阻力特征值q_{si}(kPa)，对淤泥可取4kPa~7kPa；对淤泥质土可取6kPa~12kPa；对软塑状态的黏性土可取10kPa~15kPa；对可塑状态的黏性土可以取12kPa~18kPa；对稍密砂类土可取15kPa~20kPa；对中密砂类土可取20kPa~25kPa。

桩端地基土未经修正的承载力特征值q_p（kPa），可按现行国家标准《建筑地基基础设计规范》GB 50007的有关规定确定。

桩端天然地基土的承载力折减系数α_p，可取0.4

~0.6，天然地基承载力高时取低值。

3 式（7.3.3-1）中，桩身强度折减系数η是一个与工程经验以及拟建工程的性质密切相关的参数。工程经验包括对施工队伍素质、施工质量、室内强度试验与实际加固强度比值以及对实际工程加固效果等情况的掌握。拟建工程性质包括工程地质条件、上部结构对地基的要求以及工程的重要性等。参考日本的取值情况以及我国的经验，干法施工时η取0.2~0.25，湿法施工时η取0.25。

由于水泥土强度有限，当水泥土强度为2MPa时，一根直径500mm的搅拌桩，其单桩承载力特征值仅为120kN左右，因此复合地基承载力受水泥土强度的控制，当桩中心距为1m时，其特征值不宜超过200kPa，否则需要加大置换率，不一定经济合理。

水泥土的强度随龄期的增长而增大，在龄期超过28d后，强度仍有明显增长，为了降低造价，对承重搅拌桩试块国内外都取90d龄期为标准龄期。对起支挡作用承受水平荷载的搅拌桩，考虑开挖工期影响，水泥土强度标准可取28d龄期为标准龄期。从抗压强度试验得知，在其他条件相同时，不同龄期的水泥土抗压强度间关系大致呈线性关系，其经验关系式如下：

$$f_{cu7} = (0.47 \sim 0.63) f_{cu28}$$
$$f_{cu14} = (0.62 \sim 0.80) f_{cu28}$$
$$f_{cu60} = (1.15 \sim 1.46) f_{cu28}$$
$$f_{cu90} = (1.43 \sim 1.80) f_{cu28}$$
$$f_{cu90} = (2.37 \sim 3.73) f_{cu7}$$
$$f_{cu90} = (1.73 \sim 2.82) f_{cu14}$$

上式中f_{cu7}、f_{cu14}、f_{cu28}、f_{cu60}、f_{cu90}分别为7d、14d、28d、60d、90d龄期的水泥土抗压强度。

当龄期超过三个月后，水泥土强度增长缓慢。180d的水泥土强度为90d的1.25倍，而180d后水泥土强度增长仍未终止。

4 采用桩上部或全长复搅以及桩上部增加水泥用量的变掺量设计，有益于提高单桩承载力，也可节省造价。

5 路基、堆场下应通过验算在需要的范围内布桩。柱状加固可采用正方形、等边三角形等形式布桩。

7 水泥土搅拌桩复合地基的变形计算，本次修订作了较大修改，采用了第7.1.7条规定的计算方法，计算结果与实测值符合较好。

7.3.4 国产水泥土搅拌机配备的泥浆泵工作压力一般小于2.0MPa，上海生产的三轴搅拌设备配备的泥浆泵的额定压力为5.0MPa，其成桩质量较好。用于建筑物地基处理，在某些地层条件下，深层土的处理效果不好（例如深度大于10.0m），处理后地基变形较大，限制了水泥土搅拌桩在建筑工程地基处理中的应用。从设备能力评价水泥成桩质量，主要有三个因素决定：搅拌次数、喷浆压力、喷浆量。国产水泥土搅拌机的转速低，搅拌次数靠降低提升速度或复搅解决，而对于喷浆压力、喷浆量两个因素对成桩质量的影响有相关性，当喷浆压力一定时，喷浆量大的成桩质量好；当喷浆量一定时，喷浆压力大的成桩质量好。所以提高国产水泥土搅拌机配备能力，是保证水泥土搅拌桩成桩质量的重要条件。本次修订对建筑工程地基处理采用的水泥土搅拌机配备能力提出了最低要求。为了满足这个条件，水泥土搅拌机配备的泥浆泵工作压力不宜小于 5.0MPa。

干法施工，日本生产的 DJM 粉体喷射搅拌机械，空气压缩机容量为 10.5m³/min，喷粉空压机工作压力一般为 0.7MPa。我国自行生产的粉喷桩施工机械，空气压缩机容量较小，喷粉空压机工作压力均小于等于 0.5MPa。

所以，适当提高国产水泥土搅拌机械的设备能力，保证搅拌桩的施工质量，对于建筑地基处理非常重要。

7.3.5 国产水泥土搅拌机的搅拌头大都采用双层（多层）十字杆形或叶片螺旋形。这类搅拌头切削和搅拌加固软土十分合适，但对块径大于 100mm 的石块、树根和生活垃圾等大块物的切割能力较差，即使将搅拌头作了加强处理后已能穿过块石层，但施工效率较低，机械磨损严重。因此，施工时应予以挖除后再填素土为宜，增加的工程量不大，但施工效率却可大大提高。如遇有明浜、池塘及洼地时应抽水和清淤，回填土料并予以压实，不得回填生活垃圾。

搅拌桩施工时，搅拌次数越多，则拌和越为均匀，水泥土强度也越高，但施工效率降低。试验证明，当加固范围内土体任一点的水泥土每遍经过 20 次的拌合，其强度即可达到较高值。每遍搅拌次数 N 由下式计算：

$$N = \frac{h\cos\beta\Sigma Z}{V}n \qquad (12)$$

式中：h——搅拌叶片的宽度（m）；

β——搅拌叶片与搅拌轴的垂直夹角（°）；

ΣZ——搅拌叶片的总枚数；

n——搅拌头的回转数（rev/min）；

V——搅拌头的提升速度（m/min）。

根据实际施工经验，搅拌法在施工到顶端 0.3m～0.5m 范围时，因上覆土压力较小，搅拌质量较差。因此，其场地整平标高应比设计确定的桩顶标高再高出 0.3m～0.5m，桩制作时仍施工到地面。待开挖基坑时，再将上部 0.3m～0.5m 的桩身质量较差的桩段挖去。根据现场实践表明，当搅拌桩作为承重桩进行基坑开挖时，桩身水泥土已有一定的强度，若用机械开挖基坑，往往容易碰撞损坏桩顶，因此基底标高以上 0.3m 宜采用人工开挖，以保护桩头质量。

水泥土搅拌桩施工前应进行工艺性试成桩，提供提钻速度、喷灰（浆）量等参数，验证搅拌均匀程度及成桩直径，同时了解下钻及提升的阻力情况、工作效率等。

湿法施工应注意以下事项：

1) 每个水泥土搅拌桩的施工现场，由于土质有差异、水泥的品种和标号不同，因而搅拌加固质量有较大的差别。所以在正式搅拌桩施工前，均应按施工组织设计确定的搅拌施工工艺制作数根试桩，再最后确定水泥浆的水灰比、泵送时间、搅拌机提升速度和复搅深度等参数。

制桩质量的优劣直接关系到地基处理的效果。其中的关键是注浆量、水泥浆与软土搅拌的均匀程度。因此，施工中应严格控制喷浆提升速度 V，可按下式计算：

$$V = \frac{\gamma_d Q}{F\gamma_w \alpha_w(1+\alpha_c)} \qquad (13)$$

式中：V——搅拌头喷浆提升速度（m/min）；

γ_d、γ——分别为水泥浆和土的重度（kN/m³）；

Q——灰浆泵的排量（m³/min）；

α_w——水泥掺入比；

α_c——水泥浆水灰比；

F——搅拌桩截面积（m²）。

2) 由于搅拌机械通常采用定量泵输送水泥浆，转速大多又是恒定的，因此灌入地基中的水泥量完全取决于搅拌机的提升速度和复搅次数，施工过程中不能随意变更，并应保证水泥浆能定量不间断供应。采用自动记录是为了降低人为干扰施工质量，目前市售的记录仪必须有国家计量部门的认证。严禁采用由施工单位自制的记录仪。

由于固化剂从灰浆泵到达搅拌机出浆口需通过较长的输浆管，必须考虑水泥浆到达桩端的泵送时间。一般可通过试打桩确定其输送时间。

3) 凡成桩过程中，由于电压过低或其他原因造成停机使成桩工艺中断时，应将搅拌机下沉至停浆点以下 0.5m，等恢复供浆时再喷浆提升继续制桩；凡中途停止输浆 3h 以上者，将会使水泥浆在整个输浆管路中凝固，因此必须排清全部水泥浆，清洗管路。

4) 壁状或块状加固宜采用湿法，水泥土的终凝时间约为 24h，所以需要相邻单桩搭接施工的时间间隔不宜超过 12h。

5) 搅拌机预搅下沉时不宜冲水，当遇到硬土层下沉太慢时，方可适量冲水，但应考虑冲水对桩身强度的影响。

6) 壁状加固时，相邻桩的施工时间间隔不宜超过 12h。如间隔时间太长，与相邻桩无法搭接时，应采取局部补桩或注浆等补强措施。

干法施工应注意以下事项：

1) 每个场地开工前的成桩工艺试验必不可少，由于制桩喷灰量与土性、孔深、气流量等多种因素有关，故应根据设计要求逐步调试，确定施工有关参数（如土层的可钻性、提升速度等），以便正式施工时能顺利进行。施工经验表明送粉管路长度超过60m后，送粉阻力明显增大，送粉量也不易稳定。

2) 由于干法喷粉搅拌不易严格控制，所以要认真操作粉体自动计量装置，严格控制固化剂的喷入量，满足设计要求。

3) 合格的粉喷桩机一般均已考虑提升速度与搅拌头转速的匹配，钻头均约每搅拌一圈提升15mm，从而保证成桩搅拌的均匀性。但每次搅拌时，桩体将出现极薄软弱结构面，这对承受水平剪力是不利的。一般可通过复搅的方法来提高桩体的均匀性，消除软弱结构面，提高桩体抗剪强度。

4) 定时检查成桩直径及搅拌的均匀程度。粉喷桩桩长大于10m时，其底部喷粉阻力较大，应适当减慢钻机提升速度，以确保固化剂的设计喷入量。

5) 固化剂从料罐到喷灰口有一定的时间延迟，严禁在没有喷粉的情况进行钻机提升作业。

7.3.6 喷粉量是保证成桩质量的重要因素，必须进行有效测量。

7.3.7 本条是对水泥土搅拌桩施工质量检验的要求。

1 国内的水泥土搅拌桩大多采用国产的轻型机械施工，这些机械的质量控制装置较为简陋，施工质量的保证很大程度上取决于机组人员的素质和责任心。因此，加强全过程的施工监理，严格检查施工记录和计量记录是控制施工质量的重要手段，检查重点为水泥用量、桩长、搅拌头转数和提升速度、复搅次数和复搅深度、停浆处理方法等。

3 水泥土搅拌桩复合地基承载力的检验应进行单桩或多桩复合地基静载荷试验和单桩静载荷试验。检测分两个阶段，第一阶段为施工前为设计提供依据的承载力检测，试验数量每单项工程不少于3根，如单项工程中地质情况不均匀，应加大试验数量。第二阶段为施工完成后的验收检验，数量为总桩数的1%，每单项工程不少于3根。上述两个阶段的检验均不可少，应严格执行。对重要的工程，对变形要求严格时宜进行多桩复合地基静载荷试验。

4 对重要的、变形要求严格的工程或经触探和静载荷试验检验后对桩身质量有怀疑时，应在成桩28d后，采用双管单动取样器钻取芯样作水泥土抗压强度检验。水泥搅拌桩的桩身质量检验目前尚无成熟

的方法，特别是对常用的直径500mm干法桩遇到的困难更大，采用钻芯法检测时应采用双管单动取样器，避免过大扰动芯样使检验失真。当钻芯困难时，可采用单桩竖向抗压静载荷试验的方法检测桩身质量，加载量宜为（2.5~3.0）倍单桩承载力特征值，卸载后挖开桩头，检查桩头是否破坏。

7.4 旋喷桩复合地基

7.4.1 由于旋喷注浆使用的压力大，因而喷射流的能量大、速度快。当它连续和集中地作用在土体上，压应力和冲蚀等多种因素便在很小的区域内产生效应，对从粒径很小的细粒土到含有颗粒直径较大的卵石、碎石土，均有很大的冲击和搅动作用，使注入的浆液和土拌合凝固为新的固结体。实践表明，该法对淤泥、淤泥质土、流塑或软塑黏性土、粉土、砂土、黄土、素填土和碎石土等地基都有良好的处理效果。但对于硬黏性土，含有较多的块石或大量植物根茎的地基，因喷射流可能受到阻挡或削弱，冲击破碎力急剧下降，切削范围小或影响处理效果。而对于含有过多有机质的土层，则其处理效果取决于固结体的化学稳定性。鉴于上述几种土的组成复杂、差异悬殊，旋喷桩处理的效果差别较大，不能一概而论，故应根据现场试验结果确定其适用程度。对于湿陷性黄土地基，因当前试验资料和施工实例较少，亦应预先进行现场试验。旋喷注浆处理深度较大，我国建筑地基旋喷注浆处理深度目前已达30m以上。

高压喷射有旋喷（固结体为圆柱状）、定喷（固结体为壁状）、和摆喷（固结体为扇状）等3种基本形状，它们均可用下列方法实现。

1) 单管法：喷射高压水泥浆液一种介质；

2) 双管法：喷射高压水泥浆液和压缩空气两种介质；

3) 三管法：喷射高压水流、压缩空气及水泥浆液等三种介质。

由于上述3种喷射流的结构和喷射的介质不同，有效处理范围也不同，以三管法最大，双管法次之，单管法最小。定喷和摆喷注浆常用双管法和三管法。

在制定旋喷注浆方案时，应搜集和掌握各种基本资料。主要是：岩土工程勘察（土层和基岩的性状，标准贯入击数，土的物理力学性质，地下水的埋藏条件、渗透性和水质成分等）资料；建筑物结构受力特性资料；施工现场和邻近建筑的四周环境资料；地下管道和其他埋设物资料及类似土层条件下使用的工程经验等。

旋喷注浆有强化地基和防漏的作用，可用于既有建筑和新建工程的地基处理、地下工程及堤坝的截水、基坑封底、被动区加固、基坑侧壁防止漏水或减小基坑位移等。对地下水流速过大或有涌水的防水工程，由于工艺、机具和瞬时速凝材料等方面的原因，

应慎重使用，并应通过现场试验确定其适用性。

7.4.2 旋喷桩直径的确定是一个复杂的问题，尤其是深部的直径，无法用准确的方法确定。因此，除了浅层可以用开挖的方法验证之外，只能用半经验的方法加以判断、确定。根据国内外的施工经验，初步设计时，其设计直径可参考表17选用。当无现场试验资料时，可参照相似土质条件的工程经验进行初步设计。

表17　旋喷桩的设计直径（m）

土质	方法	单管法	双管法	三管法
黏性土	$0<N<5$	0.5～0.8	0.8～1.2	1.2～1.8
	$6<N<10$	0.4～0.7	0.7～1.1	1.0～1.6
砂土	$0<N<10$	0.6～1.0	1.0～1.4	1.5～2.0
	$11<N<20$	0.5～0.9	0.9～1.3	1.2～1.8
	$21<N<30$	0.4～0.8	0.8～1.2	0.9～1.5

注：表中 N 为标准贯入击数。

7.4.3 旋喷桩复合地基承载力应通过现场静载荷试验确定。通过公式计算时，在确定折减系数 β 和单桩承载力方面均可能有较大的变化幅度，因此只能用作估算。对于承载力较低时 β 取低值，是出于减小变形的考虑。

7.4.8 本条为旋喷桩的施工要求。

1 施工前，应对照设计图纸核实设计孔位处有无妨碍施工和影响安全的障碍物。如遇有上水管、下水管、电缆线、煤气管、人防工程、旧建筑基础和其他地下埋设物等障碍物影响施工时，则应与有关单位协商清除或搬移障碍物或更改设计孔位。

2 旋喷桩的施工参数应根据土质条件、加固要求通过试验或根据工程经验确定，加固土体每立方的水泥掺入量不宜少于 300kg。旋喷注浆的压力大，处理地基的效果好。根据国内实际工程中应用实例，单管法、双管法及三管法的高压水泥浆液流或高压水射流的压力应大于 20MPa，流量大于 30L/min，气流的压力以空气压缩机的最大压力为限，通常在 0.7MPa 左右，提升速度可取 0.1m/min～0.2m/min，旋转速度宜取 20r/min。表18列出建议的旋喷桩的施工参数，供参考。

表18　旋喷桩的施工参数一览表

旋喷施工方法		单管法	双管法	三管法
适用土质		砂土、黏性土、黄土、杂填土、小粒径砂砾		
浆液材料及配方		以水泥为主材，加入不同的外加剂后具有速凝、早强、抗腐蚀、防冻等特性，常用水灰比1：1，也可适用化学材料		

续表18

旋喷施工方法		单管法	双管法	三管法
水	压力（MPa）	—	—	25
	流量（L/min）	—	—	80～120
	喷嘴孔径（mm）及个数	—	—	2～3（1～2）
空气	压力（MPa）	—	0.7	0.7
	流量（m³/min）	—	1～2	1～2
	喷嘴间隙（mm）及个数	—	1～2（1～2）	1～2（1～2）
旋喷施工参数 浆液	压力（MPa）	25	25	25
	流量（L/min）	80～120	80～120	80～150
	喷嘴孔径（mm）及个数	2～3（2）	2～3（1～2）	10～2（1～2）
	灌浆管外径（mm）	φ42 或 φ45	φ42、φ50、φ75	φ75 或 φ90
	提升速度（cm/min）	15～25	7～20	5～20
	旋转速度（r/min）	16～20	5～16	5～16

近年来旋喷注浆技术得到了很大的发展，利用超高压水泵（泵压大于 50MPa）和超高压水泥浆泵（水泥浆压力大于 35MPa），辅以低压空气，大大提高了旋喷桩的处理能力。在软土中的切割直径可超过 2.0m，注浆体的强度可达 5.0MPa，有效加固深度可达 60m。所以对于重要的工程以及对变形要求严格的工程，应选择较强设备能力进行施工，以保证工程质量。

3 旋喷注浆的主要材料为水泥，对于无特殊要求的工程宜采用强度等级为 42.5 级及以上普通硅酸盐水泥。根据需要，可在水泥浆中分别加入适量的外加剂和掺合料，以改善水泥浆液的性能，如早强剂、悬浮剂等。所用外加剂或掺合剂的数量，应根据水泥土的特点通过室内配比试验或现场试验确定。当有足够实践经验时，亦可按经验确定。旋喷注浆的材料还可选用化学浆液。因费用昂贵，只有少数工程应用。

4 水泥浆液的水灰比越小，旋喷注浆处理地基的承载力越高。在施工中因注浆设备的原因，水灰比太小时，喷射有困难，故水灰比通常取 0.8～1.2，生产实践中常用 0.9。由于生产、运输和保存等原因，有些水泥厂的水泥成分不够稳定，质量波动较大，可导致水泥浆液凝固时间过长，固结强度降低。因此事先应对各批水泥进行检验，合格后才能使用。对拌制水泥浆的用水，只要符合混凝土拌合标准即可使用。

6 高压泵通过高压橡胶软管输送高压浆液至钻机上的注浆管,进行喷射注浆。若钻机和高压水泵的距离过远,势必要增加高压橡胶软管的长度,使高压喷射流的沿程损失增大,造成实际喷射压力降低的后果。因此钻机与高压泵的距离不宜过远,在大面积场地施工时,为了减少沿程损失,则应搬动高压泵保持与钻机的距离。

实际施工孔位与设计孔位偏差过大时,会影响加固效果。故规定孔位偏差值应小于 50mm,并且必须保持钻孔的垂直度。实际孔位、孔深和每个钻孔内的地下障碍物、洞穴、涌水、漏水及与岩土工程勘察报告不符等情况均应详细记录。土层的结构和土质种类对加固质量关系更为密切,只有通过钻孔过程详细记录地质情况并了解地下情况后,施工时才能因地制宜及时调整工艺和变更喷射参数,达到良好的处理效果。

7 旋喷注浆均自下而上进行。当注浆管不能一次提升完成而需分数次卸管时,卸管后喷射的搭接长度不得小于 100mm,以保证固结体的整体性。

8 在不改变喷射参数的条件下,对同一标高的土层作重复喷射时,能加大有效加固范围和提高固结体强度。复喷的方法根据工程要求决定。在实际工作中,旋喷桩通常在底部和顶部进行复喷,以增大承载力和确保处理质量。

9 当旋喷注浆过程中出现下列异常情况时,需查明原因并采取相应措施:

1)流量不变而压力突然下降时,应检查各部位的泄漏情况,并应拔出注浆管,检查密封性能。

2)出现不冒浆或断续冒浆时,若系土质松软则视为正常现象,可适当进行复喷;若系附近有空洞、通道,则应不提升注浆管继续注浆直至冒浆为止或拔出注浆管待浆液凝固后重新注浆。

3)压力稍有下降时,可能系注浆管被击穿或有孔洞,使喷射能力降低。此时应拔出注浆管进行检查。

4)压力陡增超过最高限值、流量为零、停机后压力仍不变动时,则可能系喷嘴堵塞。应拔管疏通喷嘴。

10 当旋喷注浆完毕后,或在喷射注浆过程中因故中断,短时间(小于或等于浆液初凝时间)内不能继续喷浆时,均应立即拔出注浆管清洗备用,以防浆液凝固后拔不出管。为防止因浆液凝固收缩,产生加固地基与建筑基础不密贴或脱空现象,可采用超高喷射(旋喷处理地基的顶面超过建筑基础底面,其超高量大于收缩高度)、冒浆回灌或第二次注浆等措施。

11 在城市施工中泥浆管理直接影响文明施工,

必须在开工前做好规划,做到有计划地堆放或废浆及时排出现场,保持场地文明。

12 应在专门的记录表格上做好自检,如实记录施工的各项参数和详细描述喷射注浆时的各种现象,以便判断加固效果并为质量检验提供资料。

7.4.9 应在严格控制施工参数的基础上,根据具体情况选定质量检验方法。开挖检查法简单易行,通常在浅层进行,但难以对整个固结体的质量作全面检查。钻孔取芯是检验单孔固结体质量的常用方法,选用时需以不破坏固结体和有代表性为前提,可以在 28d 后取芯。标准贯入和静力触探在有经验的情况下也可以应用。静载荷试验是建筑地基处理后检验地基承载力的方法。压水试验通常在工程有防渗漏要求时采用。

检验点的位置应重点布置在有代表性的加固区,对旋喷注浆时出现过异常现象和地质复杂的地段亦应进行检验。

每个建筑工程旋喷注浆处理后,不论其大小,均应进行检验。检验量为施工孔数的 2%,并且不应少于 6 点。

旋喷注浆处理地基的强度离散性大,在软弱黏性土中,强度增长速度较慢。检验时间应在喷射注浆后 28d 进行,以防由于固结体强度不高时,因检验而受到破坏,影响检验的可靠性。

7.5 灰土挤密桩和土挤密桩复合地基

7.5.1 灰土挤密桩、土挤密桩复合地基在黄土地区广泛采用。用灰土或土分层夯实的桩体,形成增强体,与挤密的桩间土一起组成复合地基,共同承受基础的上部荷载。当以消除地基土的湿陷性为主要目的时,桩孔填料可选用素土;当以提高地基土的承载力为主要目的时,桩孔填料应采用灰土。

大量的试验研究资料和工程实践表明,灰土挤密桩、土挤密桩复合地基用于处理地下水位以上的粉土、黏性土、素填土、杂填土等地基,不论是消除土的湿陷性还是提高承载力都是有效的。

基底下 3m 内的素填土、杂填土,通常采用土(或灰土)垫层或强夯等方法处理;大于 15m 的土层,由于成孔设备限制,一般采用其他方法处理,本条规定可处理地基的厚度为 3m~15m,基本上符合目前陕西、甘肃和山西等省的情况。

当地基土的含水量大于 24%、饱和度大于 65%时,在成孔和拔管过程中,桩孔及其周边土容易缩颈和隆起,挤密效果差,应通过试验确定其适用性。

7.5.2 本条是灰土挤密桩、土挤密桩复合地基的设计要求。

1 局部处理地基的宽度超出基础底面边缘一定范围,主要在于保证应力扩散,增强地基的稳定性,防止基底下被处理的土层在基础荷载作用下受水浸湿时产生侧向挤出，并使处理与未处理接触面的土体保持稳定。

整片处理的范围大，既可以保证应力扩散，又可防止水从侧向渗入未处理的下部土层引起湿陷，故整片处理兼有防渗隔水作用。

2 处理的厚度应根据现场土质情况、工程要求和成孔设备等因素综合确定。当以降低土的压缩性、提高地基承载力为主要目的时，宜对基底下压缩层范围内压缩系数 α_{1-2} 大于 $0.40MPa^{-1}$ 或压缩模量小于 $6MPa$ 的土层进行处理。

3 根据我国湿陷性黄土地区的现有成孔设备和成孔方法，成孔的桩孔直径可为 $300mm \sim 600mm$。桩孔之间的中心距离通常为桩孔直径的 2.0 倍 ~ 3.0 倍，保证对土体挤密和消除湿陷性的要求。

4 湿陷性黄土为天然结构，处理湿陷性黄土与处理填土有所不同，故检验桩间土的质量用平均挤密系数 $\bar{\eta}_c$ 控制，而不用压实系数控制。平均挤密系数是在成孔挤密深度内，通过取土样测定桩间土的平均干密度与其最大干密度的比值而获得，平均干密度的取样自桩顶向下 0.5m 起，每 1m 不应少于 2 点（1组），即：桩孔外 100mm 处 1 点，桩孔之间的中心距 (1/2 处) 1 点。当桩长大于 6m 时，全部深度内取样点不应少于 12 点（6组）；当桩长小于 6m 时，全部深度内的取样点不应少于 10 点（5组）。

6 为防止填入桩孔内的灰土吸水后产生膨胀，不得使用生石灰与土拌合，而应用消解后的石灰与黄土或其他黏性土拌合，石灰富含钙离子，与土混合后产生离子交换作用，在较短时间内便成为凝硬材料，因此拌合后的灰土放置时间不可太长，并宜于当日使用完毕。

7 由于桩体是用松散状态的素土（黏性土或黏质粉土）、灰土经夯实而成，桩体的夯实质量可用土的干密度表示，土的干密度大，说明夯实质量好，反之，则差。桩体的夯实质量一般通过测定全部深度内土的干密度确定，然后将其换算为平均压实系数进行评定。桩体土的干密度取样：自桩顶向下 0.5m 起，每 1m 不应少于 2 点（1组），即桩孔内距桩孔边缘 50mm 处 1 点，桩孔中心（即 1/2）处 1 点，当桩长大于 6m 时，全部深度内的取样点不应少于 12 点（6组），当桩长不足 6m 时，全部深度内的取样点不应少于 10 点（5组）。桩体土的平均压实系数 $\bar{\lambda}_c$，是根据桩孔全部深度内的平均干密度与室内击实试验求得填料（素土或灰土）在最优含水量状态下的最大干密度的比值，即 $\bar{\lambda}_c = \bar{\rho}_{d0} / \rho_{dmax}$，式中 $\bar{\rho}_{d0}$ 为桩孔全部深度内的填料（素土或灰土），经分层夯实的平均干密度（t/m³）；ρ_{dmax} 为桩孔内的填料（素土或灰土），通过击实试验求得最优含水量状态下的最大干密度（t/m³）。

原规范规定桩孔内填料的平均压实系数 $\bar{\lambda}_c$ 均不应小于 0.96，本次修订改为填料的平均压实系数 $\bar{\lambda}_c$ 均不应小于 0.97，与现行国家标准《湿陷性黄土地区建筑规范》GB 50025 的要求一致。工程实践表明只要填料的含水量和夯锤锤重合适，是完全可以达到这个要求的。

8 桩孔回填夯实结束后，在桩顶标高以上应设置 300mm ～ 600mm 厚的垫层，一方面可使桩顶和桩间土找平，另一方面保证应力扩散，调整桩土的应力比，并对减小桩身应力集中也有良好作用。

9 为确定灰土挤密桩、土挤密桩复合地基承载力特征值应通过现场复合地基静载荷试验确定，或通过灰土桩或土桩的静载荷试验结果和桩周土的承载力特征值根据经验确定。

7.5.3 本条是灰土挤密桩、土挤密桩复合地基的施工要求。

1 现有成孔方法包括沉管（锤击、振动）和冲击等方法，但都有一定的局限性，在城市或居民较集中的地区往往限制使用，如锤击沉管成孔，通常允许在新建场地使用，故选用上述方法时，应综合考虑设计要求、成孔设备或成孔方法、现场土质和对周围环境的影响等因素。

2 施工灰土挤密桩时，在成孔或拔管过程中，对桩孔（或桩顶）上部土层有一定的松动作用，因此施工前应根据选用的成孔设备和施工方法，在基底标高以上预留一定厚度的土层，待成孔和桩孔回填夯实结束后，将其挖除或按设计规定进行处理。

3 拟处理地基土的含水量对成孔施工与桩间土的挤密至关重要。工程实践表明，当天然土的含水量小于 12% 时，土呈坚硬状态、成孔挤密困难，且设备容易损坏；当天然土的含水量等于或大于 24%，饱和度大于 65% 时，桩孔可能缩颈，桩孔周围的土容易隆起，挤密效果差；当天然土的含水量接近最优（或塑限）含水量时，成孔施工速度快，桩间土的挤密效果好。因此，在成孔过程中，应掌握好拟处理地基土的含水量。最优含水量是成孔挤密施工的理想含水量，而现场土质往往并非恰好是最优含水量，如只允许在最优含水量状态下进行成孔施工，小于最优含水量的土便需要加水增湿，大于最优含水量的土则要采取晾干等措施，这样施工很麻烦，而且不易掌握准确和加水均匀。因此，当拟处理地基土的含水量低于 12% 时，宜按公式（7.5.3）计算的加水量进行增湿。对含水量介于 12% ～ 24% 的土，只要成孔施工顺利、桩孔不出现缩颈，桩间土的挤密效果符合设计要求，不一定要采取增湿或晾干措施。

5 成孔和孔内回填夯实的施工顺序，习惯做法是从外向里间隔（1～2）孔进行，但施工到中间部位，桩孔往往打不下去或桩孔周围地面明显隆起。为此本条定为对整片处理，宜从里（或中间）向外间隔（1～2）孔进行。对大型工程可采取分段施工，对局部处理，宜从外向里间隔（1～2）孔进行。局部处理的范围小,且多为独立基础及条形基础,从外向里对桩间土的挤密有好处,也不致出现类似整片处理桩孔打不下去的情况。

6 施工过程的振动会引起地表土层的松动,基础施工后应对松动土层进行处理。

7 施工记录是验收的原始依据。必须强调施工记录的真实性和准确性,且不得任意涂改。为此应选择有一定业务素质的相关人员担任施工记录,这样才能确保做好施工记录。桩孔的直径与成孔设备或成孔方法有关,成孔设备或成孔方法如已选定,桩孔直径基本上固定不变,桩孔深度按设计规定,为防止施工出现偏差,在施工过程中应加强监督,采取随机抽样的方法进行检查。

8 土料和灰土受雨水淋湿或冻结,容易出现"橡皮土",且不易夯实。当雨期或冬期选择灰土挤密桩处理地基时,应采取防雨或防冻措施,保护灰土不受雨水淋湿或冻结,以确保施工质量。

7.5.4 本条为灰土挤密桩、土挤密桩复合地基的施工质量检验要求:

1 为保证灰土桩复合地基的质量,在施工过程中应抽样检验施工质量,对检验结果应进行综合分析或综合评价。

2、3 桩孔夯填质量检验,是灰土挤密桩、土挤密桩复合地基质量检验的主要项目。宜采用开挖探井取样法检测。规范对抽样检验的数量作了规定。由于挖探井取土样对桩体和桩间土均有一定程度的扰动及破坏,因此选点应具有代表性,并保证检验数据的可靠性。对灰土桩桩身强度有疑义时,可对灰土取样进行含灰比的检测。取样结束后,其探井应分层回填夯实,压实系数不应小于0.94。

4 对需消除湿陷性的重要工程,应按现行国家标准《湿陷性黄土地区建筑规范》GB 50025的方法进行现场浸水静载荷试验。

5 关于检测灰土桩复合地基承载力静载荷试验的时间,本规范规定应在成桩后(14~28)d,主要考虑桩体强度的恢复与发展需要一定的时间。

7.6 夯实水泥土桩复合地基

7.6.1 由于场地条件的限制,需要一种施工周期短、造价低、施工文明、质量容易控制的地基处理方法。中国建筑科学研究院地基所在北京等地旧城区危改小区工程中开发的夯实水泥土桩地基处理技术,经过大量室内、原位试验和工程实践,已在北京、河北等地多层房屋地基处理工程中广泛应用,产生了巨大的社会经济效益,节省了大量建筑资金。

目前,由于施工机械的限制,夯实水泥土桩适用于地下水位以上的粉土、素填土、杂填土和黏性土等地基。采用人工洛阳铲成孔时,处理深度宜小于6m,主要是由于施工工艺决定。

7.6.2 本条是夯实水泥土桩复合地基设计的要求。

1 夯实水泥土桩复合地基主要用于多层房屋地基处理,一般情况可仅在基础内布桩,地质条件较差或工程有特殊要求时,可在基础外设置护桩。

2 对相对硬土层埋藏较深地基,桩的长度应按建筑物地基的变形允许值确定,主要是强调采用夯实水泥土桩法处理的地基,如存在软弱下卧层时,应验算其变形,按允许变形控制设计。

3 常用的桩径为300mm~600mm。可根据所选用的成孔设备或成孔方法确定。选用的夯锤应与桩径相适应。

4 夯实水泥土强度主要由土的性质、水泥品种、水泥强度等级、龄期、养护条件等控制。特别规定夯实水泥土设计强度应采用现场土料和施工采用的水泥品种、标号进行混合料配比设计使桩体强度满足本规范第7.1.6条的要求。

夯实水泥土配比强度试验应符合下列规定:

    1)试验采用的击实试模和击锤如图10所示,尺寸应符合表19规定。

表19 击实试验主要部件规格

锤质量 (kg)	锤底直径 (mm)	落高 (mm)	击实试模 (mm)
4.5	51	457	150×150×150

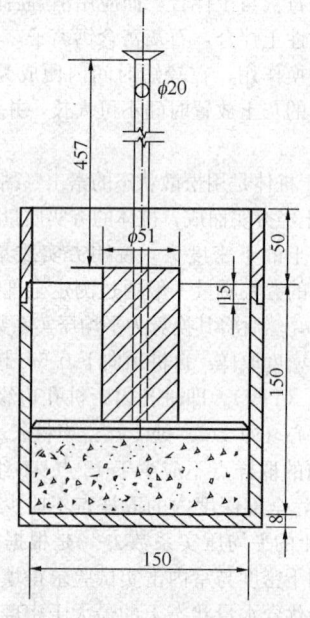

图10 击实试验主要部件示意

    2)试样的制备应符合现行国家标准《土工试验方法标准》GB/T 50123的有关规定。水泥和过筛土料应按土料最优含水量拌合均匀。

    3)击实试验应按下列步骤进行:

在击实试模内壁均匀涂一薄层润滑油,

称量一定量的试样，倒入试模内，分四层击实，每层击数由击实密度控制。每层高度相等，两层交界处的土面应刨毛。击实完成时，超出击实试模顶的试样用刮刀削平。称重并计算试样成型后的干密度。

　　4）试块脱模时间为 24h，脱模后必须在标准养护条件下养护 28d，按标准试验方法作立方体强度试验。

　　6　夯实水泥土的变形模量远大于土的变形模量。设置褥垫层，主要是为了调整基底压力分布，使荷载通过垫层传到桩和桩间土上，保证桩间土承载力的发挥。

　　7　采用夯实水泥土桩法处理地基的复合地基承载力应按现场复合地基静载荷试验确定，强调现场试验对复合地基设计的重要性。

　　8　本条提出的计算方法已有数幢建筑的沉降观测资料验证是可靠的。

7.6.3　本条是夯实水泥土桩施工的要求：

　　1　在旧城危改工程中，由于场地环境条件的限制，多采用人工洛阳铲、螺旋钻机成孔方法，当土质较松软时采用沉管、冲击等方法挤土成孔，可收到良好的效果。

　　3　混合料含水量是决定桩体夯实密度的重要因素，在现场实施时应严格控制。用机械夯实时，因锤重，夯实功大，宜采用土料最佳含水量 $w_{op}-(1\%\sim2\%)$，人工夯实时宜采用土料最佳含水量 $w_{op}+(1\%\sim2\%)$，均应由现场试验确定。各种成孔工艺均可能使孔底存在部分扰动和虚土，因此夯填混合料前应将孔底土夯实，有利于发挥桩端阻力，提高复合地基承载力。为保证桩顶的桩体强度，现场施工时均要求桩体夯填高度大于桩顶设计标高 200mm～300mm。

　　4　褥垫层铺设要求夯填度小于 0.90，主要是为了减少施工期地基的变形量。

　　5　夯实水泥土桩处理地基的优点之一是在成孔时可以逐孔检验土层情况是否与勘察资料相符合，不符合时可及时调整设计，保证地基处理的质量。

7.6.4　对一般工程，主要应检查施工记录、检测处理深度内桩体的干密度。目前检验干密度的手段一般采用取土和轻便触探等手段。如检验不合格，应视工程情况处理并采取有效的补救措施。

7.6.5　本条强调工程的竣工验收检验。

7.7　水泥粉煤灰碎石桩复合地基

7.7.1　水泥粉煤灰碎石桩是由水泥、粉煤灰、碎石、石屑或砂加水拌和形成的高粘结强度桩（简称CFG桩），桩、桩间土与褥垫层一起构成复合地基。

　　水泥粉煤灰碎石桩复合地基具有承载力提高幅度大，地基变形小等特点，适用范围较大。就基础形式而言，既可适用于条形基础、独立基础，也可适用于

箱基、筏基；在工业厂房、民用建筑中均有大量应用。就土性而言，适用于处理黏性土、粉土、砂土和正常固结的素填土等地基。对淤泥质土应通过现场试验确定其适用性。

　　水泥粉煤灰碎石桩不仅用于承载力较低的地基，对承载力较高（如承载力 $f_{ak}=200kPa$）但变形不能满足要求的地基，也可采用水泥粉煤灰碎石桩处理，以减少地基变形。

　　目前已积累的工程实例，用水泥粉煤灰碎石桩处理承载力较低的地基多用于多层住宅和工业厂房。比如南京浦镇车辆厂厂南生活区 24 幢 6 层住宅楼，原地基土承载力特征值为 60kPa 的淤泥质土，经处理后复合地基承载力特征值达 240kPa，基础形式为条基，建筑物最终沉降多在 40mm 左右。

　　对一般黏性土、粉土或砂土，桩端具有好的持力层，经水泥粉煤灰碎石桩处理后可作为高层建筑地基，如北京华亭嘉园 35 层住宅楼，天然地基承载力特征值 f_{ak} 为 200kPa，采用水泥粉煤灰碎石桩处理后建筑物沉降在 50mm 以内。成都某建筑 40 层、41 层，高度为 119.90m，强风化泥岩的承载力特征值 f_{ak} 为 320kPa，采用水泥粉煤灰碎石桩处理后，承载力和变形均满足设计和规范要求，并且经受住了汶川"5·12"大地震的考验。

　　近些年来，随着其在高层建筑地基处理广泛应用，桩体材料组成和早期相比有所变化，主要由水泥、碎石、砂、粉煤灰和水组成，其中粉煤灰为Ⅱ～Ⅲ级细灰，在桩体混合料中主要提高混合料的可泵性。

　　混凝土灌注桩、预制桩作为复合地基增强体，其工作性状与水泥粉煤灰碎石桩复合地基接近，可参照本节规定进行设计、施工和检测。对预应力管桩桩顶可采取设置混凝土桩帽或采用高于增强体强度等级的混凝土灌芯的技术措施，减少桩顶的刺入变形。

7.7.2　水泥粉煤灰碎石桩复合地基设计应符合下列规定：

　　1　桩端持力层的选择

　　水泥粉煤灰碎石桩应选择承载力和压缩模量相对较高的土层作为桩端持力层。水泥粉煤灰碎石桩具有较强的置换作用，其他参数相同，桩越长、桩的荷载分担比（桩承担的荷载占总荷载的百分比）越高。设计时须将桩端落在承载力和压缩模量相对高的土层上，这样可以很好地发挥桩的端阻力，也可避免场地岩性变化大可能造成建筑物的不均匀沉降。桩端持力层承载力和压缩模量越高，建筑物沉降稳定也越快。

　　2　桩径

　　桩径与选用施工工艺有关，长螺旋钻中心压灌、干成孔和振动沉管成桩宜取 350mm～600mm；泥浆护壁钻孔灌注素混凝土成桩宜取 600mm～800mm；钢筋混凝土预制桩宜取 300mm～600mm。

其他条件相同，桩径越小桩的比表面积越大，单方混合料提供的承载力高。

3 桩距

桩距应根据设计要求的复合地基承载力、建筑物控制沉降量、土性、施工工艺等综合考虑确定。

设计的桩距首先要满足承载力和变形量的要求。从施工角度考虑，尽量选用较大的桩距，以防止新打桩对已打桩的不良影响。

就土的挤（振）密性而言，可将土分为：

1）挤（振）密效果好的土，如松散粉细砂、粉土、人工填土等；

2）可挤（振）密土，如不太密实的粉质黏土；

3）不可挤（振）密土，如饱和软黏土或密实度很高的黏性土、砂土等。

施工工艺可分为两大类：一是对桩间土产生扰动或挤密的施工工艺，如振动沉管打桩机成孔制桩，属挤土成桩工艺。二是对桩间土不产生扰动或挤密的施工工艺，如长螺旋钻灌注成桩，属非挤土（或部分挤土）成桩工艺。

对不可挤密土和挤土成桩工艺宜采用较大的桩距。

在满足承载力和变形要求的前提下，可以通过改变桩长来调整桩距。采用非挤土、部分挤土成桩工艺施工（如泥浆护壁钻孔灌注桩、长螺旋钻灌注桩），桩距宜取（3～5）倍桩径；采用挤土成桩工艺施工（如预制桩和振动沉管打桩机施工）和墙下条基单排布桩桩距可适当加大，宜取（3～6）倍桩径。桩长范围内有饱和粉土、粉细砂、淤泥、淤泥质土层，为防止施工发生窜孔、缩颈、断桩，减少新打桩对已打桩的不良影响，宜采用较大桩距。

4 褥垫层

桩顶和基础之间应设置褥垫层，褥垫层在复合地基中具有如下的作用：

1）保证桩、土共同承担荷载，它是水泥粉煤灰碎石桩形成复合地基的重要条件。

2）通过改变褥垫厚度，调整桩垂直荷载的分担，通常褥垫越薄桩承担的荷载占总荷载的百分比越高。

3）减少基础底面的应力集中。

4）调整桩、土水平荷载的分担，褥垫层越厚，土分担的水平荷载占总荷载的百分比越大，桩分担的水平荷载占总荷载的百分比越小。对抗震设防区，不宜采用厚度过薄的褥垫层设计。

5）褥垫层的设置，可使桩间土承载力充分发挥，作用在桩间土表面的荷载在桩侧的土单元体产生竖向和水平向附加应力，水平向附加应力作用在桩表面具有增大侧阻的作用，在桩端产生的竖向附加应力对提高

单桩承载力是有益的。

5 水泥粉煤灰碎石桩可只在基础内布桩，应根据建筑物荷载分布、基础形式、地基土性状，合理确定布桩参数：

1）对框架核心筒结构形式，核心筒和外框柱宜采用不同布桩参数，核心筒部位荷载水平高，宜强化核心筒荷载影响部位布桩，相对弱化外框柱荷载影响部位布桩；通常核心筒外扩一倍板厚范围，为防止筏板发生冲切破坏需足够的净反力，宜减小桩距或增大桩径，当桩端持力层较厚时最好加大桩长，提高复合地基承载力和复合土层模量；对设有沉降缝或防震缝的建筑物，宜在沉降缝或防震缝部位，采用减小桩距、增加桩长或加大桩径布桩，以防止建筑物发生较大相向变形。

2）对于独立基础地基处理，可按变形控制进行复合地基设计。比如，天然地基承载力100kPa，设计要求经处理后复合地基承载力特征值不小于300kPa。每个独立基础下的承载力相同，都是300kPa。当两个相邻柱荷载水平相差较大的独立基础，复合地基承载力相等时，荷载水平高的基础面积大，影响深度深，基础沉降大；荷载水平低的基础面积小，影响深度浅，基础沉降小；柱间沉降差有可能不满足设计要求。柱荷载水平差异较大时应按变形控制进行复合地基设计。由于水泥粉煤灰碎石桩复合地基承载力提高幅度大，柱荷载水平高的宜采用较高承载力要求确定布桩参数；可以有效地减少基础面积、降低造价，更重要的是基础间沉降差容易控制在规范限值之内。

3）国家标准《建筑地基基础设计规范》GB 50007中对于地基反力计算，当满足下列条件时可按线性分布：

① 当地基土比较均匀；

② 上部结构刚度比较好；

③ 梁板式筏基梁的高跨比或平板式筏基板的厚跨比不小于1/6；

④ 相邻柱荷载及柱间距的变化不超过20%。

地基反力满足线性分布假定时，可在整个基础范围内均匀布桩。

若筏板厚度与跨距之比小于1/6，梁板式基础，梁的高跨比大于1/6且板的厚跨比（筏板厚度与梁的中心距之比）小于1/6时，基底压力不满足线性分布假定，不宜采用均匀布桩，应主要在柱边（平板式筏基）和梁边（梁板式筏基）外扩2.5倍板

厚的面积范围布桩。

需要注意的是，此时的设计基底压力应按布桩区的面积重新计算。

4) 与散体桩和水泥土搅拌桩不同，水泥粉煤灰碎石桩复合地基承载力提高幅度大，条形基础下复合地基设计，当荷载水平不高时，可采用墙下单排布桩。此时，水泥粉煤灰碎石桩施工对桩位在垂直于轴线方向的偏差应严格控制，防止过大的基础偏心受力状态。

6 水泥粉煤灰碎石桩复合地基承载力特征值，应按第7.1.5条规定确定。初步设计时也可按本规范式（7.1.5-2）、式（7.1.5-3）估算。桩身强度应符合第7.1.6条的规定。

《建筑地基处理技术规范》JGJ 79-2002规定，初步设计时复合地基承载力按下式估算：

$$f_{spk} = m \frac{R_a}{A_p} + \beta(1-m)f_{sk} \qquad (14)$$

即假定单桩承载力发挥系数为1.0。根据中国建筑科学研究院地基所多年研究，采用本规范式（7.1.5-2）更为符合实际情况，式中λ按当地经验取值，无经验时可取0.8～0.9，褥垫层的厚径比小时取大值；β按当地经验取值，无经验时可取0.9～1.0，厚径比大时取大值。

单桩竖向承载力特征值应通过现场静载荷试验确定。初步设计时也可按本规范式（7.1.5-3）估算，q_{si}应按地区经验确定；q_p可按现行国家标准《建筑地基基础设计规范》GB 50007的有关规定确定；桩端阻力发挥系数α_p可取1.0。

当承载力考虑基础埋深的深度修正时，增强体桩身强度还应满足本规范式（7.1.6-2）的规定。这次修订考虑了如下几个因素：

1) 与桩基不同，复合地基承载力可以作深度修正，基础两侧的超载越大（基础埋深越大），深度修正的数量也越大，桩承受的竖向荷载越大，设计的桩体强度应越高。

2) 刚性桩复合地基，由于设置了褥垫层，从加荷一开始，就存在一个负摩擦区，因此，桩的最大轴力作用点不在桩顶，而是在中性点处，即中性点处的轴力大于桩顶的受力。

综合以上因素，对《建筑地基处理技术规范》JGJ 79-2002中桩体试块（边长15cm立方体）标准养护28d抗压强度平均值不小于$3R_a/A_p$（R_a为单桩承载力特征值，A_p为桩的截面面积）的规定进行了调整，桩身强度适当提高，保证桩体不发生破坏。

7 水泥粉煤灰碎石桩复合地基的变形计算应按现行国家标准《建筑地基基础设计规范》GB 50007

的有关规定执行。但有两点需作说明：

1) 复合地基的分层与天然地基分层相同，当荷载接近或达到复合地基承载力时，各复合土层的压缩模量可按该层天然地基压缩模量的ζ倍计算。工程中应由现场试验测定的f_{spk}，和基础底面下天然地基承载力f_{ak}确定。若无试验资料时，初步设计可由地质报告提供的地基承载力特征值f_{ak}，以及计算得到的满足设计承载力和变形要求的复合地基承载力特征值f_{spk}，按式（7.1.7-1）计算ζ。

2) 变形计算经验系数ψ_s，对不同地区可根据沉降观测资料统计确定，无地区经验时可按表7.1.8取值，表7.1.8根据工程实测沉降资料统计进行了调整，调整了当量模量大于15.0MPa的变形计算经验系数。

3) 复合地基变形计算过程中，在复合土层范围内，压缩模量很高时，满足下式要求后：

$$\Delta s_n' \leqslant 0.025 \sum_{i=1}^{n} \Delta s_i' \qquad (15)$$

若计算到此为止，桩端以下土层的变形量没有考虑，因此，计算深度必须大于复合土层厚度，才能满足现行国家标准《建筑地基基础设计规范》GB 50007的有关规定。

7.7.3 本条是对施工的要求：

1 水泥粉煤灰碎石桩的施工，应根据设计要求和现场地基土的性质、地下水埋深、场地周边是否有居民、有无对振动反应敏感的设备等多种因素选择施工工艺。这里给出了四种常用的施工工艺：

1) 长螺旋钻干成孔灌注成桩，适用于地下水位以上的黏性土、粉土、素填土、中等密实以上的砂土以及对噪声或泥浆污染要求严格的场地。

2) 长螺旋钻中心压灌灌注成桩，适用于黏性土、粉土、砂土；对含有卵石夹层场地，宜通过现场试验确定其适用性。北京某工程卵石粒径不大于60mm，卵石层厚度不大于4m，卵石含量不大于30%，采用长螺旋钻施工工艺取得了成功。目前城区施工对噪声或泥浆污染要求严格，可优先选用该工法。

3) 振动沉管灌注成桩，适用于粉土、黏性土及素填土地基及对振动和噪声污染要求不严格的场地。

4) 泥浆护壁成孔灌注成桩，适用于地下水位以下的黏性土、粉土、砂土、填土、碎石土及风化岩层。

若地基土是松散的饱和粉土、粉细砂，以消除液化和提高地基承载力为目的，此时应选择振动沉管桩机施工；振动沉管灌注成桩属挤土成桩工艺，对桩间土具有挤（振）密效应。但振动沉管灌注成桩工艺难以穿透厚的硬土层、砂层和卵石层等。在饱和黏性土中成桩，会造成地表隆起，已打桩被挤断，且振动和噪声污染严重，在城中居民区施工受到限制。在夹有硬的黏性土时，可采用长螺旋钻机引孔，再用振动沉管打桩机制桩。

长螺旋钻干成孔灌注成桩适用于地下水位以上的黏性土、粉土、素填土、中等密实以上的砂土，属非挤土（或部分挤土）成桩工艺，该工艺具有穿透能力强、无振动、低噪声、无泥浆污染等特点，但要求桩长范围内无地下水，以保证成孔时不塌孔。

长螺旋钻中心压灌成桩工艺，是国内近几年来使用比较广泛的一种工艺，属非挤土（或部分挤土）成桩工艺，具有穿透能力强、无泥皮、无沉渣、低噪声、无振动、无泥浆污染、施工效率高及质量容易控制等特点。

长螺旋钻孔灌注成桩和长螺旋钻中心压灌成桩工艺，在城市居民区施工，对周围居民和环境的影响较小。

对桩长范围和桩端有承压水的土层，应选用泥浆护壁成孔灌注成桩工艺。当桩端具有高水头承压水采用长螺旋钻中心压灌成桩或振动沉管灌注成桩，承压水沿着桩体渗流，把水泥和细骨料带走，桩体强度严重降低，导致发生施工质量事故。泥浆护壁成孔灌注成桩，成孔过程消除了发生渗流的水力条件，成桩质量容易保障。

2 振动沉管灌注成桩和长螺旋钻中心压灌成桩施工除应执行国家现行有关规定外，尚应符合下列要求：

1）振动沉管施工应控制拔管速度，拔管速度太快易造成桩径偏小或缩颈断桩。

为考察拔管速度对成桩桩径的影响，在南京浦镇车辆厂工地做了三种拔管速度的试验：拔管速度为 1.2m/min 时，成桩后开挖测桩径为 380mm（沉管为 φ377 管）；拔管速度为 2.5m/min，沉管拔出地面后，约 0.2m³ 的混合料被带到地表，开挖后测桩径为 360mm；拔管速度为 0.8m/min 时，成桩后发现桩顶浮浆较多。经大量工程实践认为，拔管速率控制在 1.2m/min～1.5m/min 是适宜的。

2）长螺旋钻中心压灌成桩施工

长螺旋钻中心压灌成桩施工，选用的钻机钻杆顶部必须有排气装置，当桩端土为饱和粉土、砂土、卵石且水头较高时宜选用下开式钻头。基础埋深较大时，宜在基坑开挖后的工作面上施工，工作面宜高出设计桩顶标高 300mm～500mm，工作面土较软时应采取相应施工措施（铺碎石、垫钢板等），保证桩机正常施工。基坑较浅在地表打桩或部分开挖空孔打桩

时，应加大保护桩长，并严格控制桩位偏差和垂直度；每方混合料中粉煤灰掺量宜为 70kg～90kg，坍落度应控制在 160mm～200mm，保证施工中混合料的顺利输送。如坍落度太大，易产生泌水、离析，泵压作用下，骨料与砂浆分离，导致堵管。坍落度太小，混合料流动性差，也容易造成堵管。

应杜绝在泵送混合料前提拔钻杆，以免造成桩端处存在虚土或桩端混合料离析、端阻力减小。提拔钻杆中应连续泵料，特别是在饱和砂土、饱和粉土层中不得停泵待料，避免造成混合料离析、桩身缩径和断桩。

桩长范围有饱和粉土、粉细砂和淤泥、淤泥质土，当桩距较小时，新打桩钻进时长螺旋叶片对已打桩周边土剪切扰动，使土结构强度破坏，桩周土侧向约束力降低，处于流动状态的桩体侧向溢出、桩顶下沉，亦即发生所谓窜孔现象。施工时须对已打桩桩顶标高进行监控，发现已打桩桩顶下沉时，正在施工的桩提拔至窜孔土部位停止提钻继续压料，待已打桩混合料上升至桩顶时，在施桩继续泵料提钻至设计标高。为防止窜孔发生，除设计采用大桩长大桩距外，可采用隔桩跳打措施。

3）施工中桩顶标高应高出设计桩顶标高，留有保护桩长。

4）成桩过程中，抽样做混合料试块，每台机械一天应做一组（3 块）试块（边长为 150mm 的立方体），标准养护，测定其 28d 立方体抗压强度。

3 冬期施工时，应采取措施避免混合料在初凝前受冻，保证混合料入孔温度大于 5℃，根据材料加热难易程度，一般优先加热拌合水，其次是加热砂和石混合料，但温度不宜过高，以免造成混合料假凝无法正常泵送，泵送管路也应采取保温措施。施工完清除保护土层和桩头后，应立即对桩间土和桩头采用草帘等保温材料进行覆盖，防止桩间土冻胀而造成桩体拉断。

4 长螺旋钻中心压灌成桩施工中存在钻孔弃土。对弃土和保护土层采用机械、人工联合清运时，应避免机械设备超挖，并应预留至少 200mm 用人工清除，防止造成桩头断裂和扰动桩间土层。对软土地区，为防止发生断桩，也可根据地区经验在桩顶一定范围配置适量钢筋。

5 褥垫层材料可为粗砂、中砂、级配砂石或碎石，碎石粒径宜为 5mm～16mm，不宜选用卵石。当基础底面桩间土含水量较大时，应避免采用动力夯实法，以防扰动桩间土。对基底土为较干燥的砂石时，虚铺后可适当洒水再行碾压或夯实。

电梯井和集水坑斜面部位的桩，桩顶须设置褥垫层，不得直接和基础的混凝土相连，防止桩顶承受较大水平荷载。工程中一般做法见图 11。

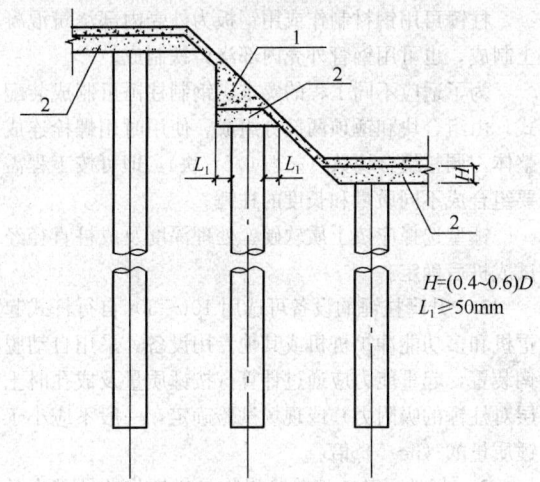

$H=(0.4\sim0.6)D$
$L_1\geqslant50mm$

图 11 井坑斜面部位褥垫层做法示意图
1—素混凝土垫层；2—褥垫层

7.7.4 本条是对水泥粉煤灰碎石桩复合地基质量检验的规定。

7.8 柱锤冲扩桩复合地基

7.8.1 柱锤冲扩桩复合地基的加固机理主要有以下四点：

1 成孔及成桩过程中对原土的动力挤密作用；

2 对原地基土的动力固结作用；

3 冲扩桩充填置换作用（包括桩身及挤入桩间土的骨料）；

4 碎砖三合土填料生石灰的水化和胶凝作用（化学置换）。

上述作用依不同土类而有明显区别。对地下水位以上杂填土、素填土、粉土及可塑状态黏性土、黄土等，在冲孔过程中成孔质量较好，无塌孔及缩颈现象，孔内无积水，成桩过程中地面不隆起甚至下沉，经检测孔底及桩间土在成孔及成桩过程中得到挤密，试验表明挤密土影响范围约为（2～3）倍桩径。而对地下水位以下饱和土层冲孔时塌孔严重，有时甚至无法成孔，在成桩过程中地面隆起严重，经检测桩底及桩间土挤密效果不明显，桩身质量也较难保证，因此对上述土层应慎用。

7.8.2 近年来，随着施工设备能力的提高，处理深度已超过 6m，但不宜大于 10m，否则处理效果不理想。对于湿陷性黄土地区，其地基处理深度及复合地基承载力特征值，可按当地经验确定。

7.8.3 柱锤冲扩桩复合地基，多用于中、低层房屋或工业厂房。因此对大型、重要的工程以及场地条件复杂的工程，在正式施工前应进行成桩试验及试验性施工。根据现场试验取得的资料进行设计，制定施工方案。

7.8.4 本条是柱锤冲扩桩复合地基的设计要求：

1 地基处理的宽度应超过基础边缘一定范围，主要作用在于增强地基的稳定性，防止基底下被处理土层在附加应力作用下产生侧向变形，因此原天然土层越软，加宽的范围应越大。通常按压力扩散角 $\theta=30°$ 来确定加固范围的宽度，并不少于（1～3）排桩。

用柱锤冲扩桩法处理可液化地基应适当加大处理宽度。对于上部荷载较小的室内非承重墙及单层砖房可仅在基础范围内布桩。

2 对于可塑状态黏性土、黄土等，因靠冲扩桩的挤密来提高桩间土的密实度，所以采用等边三角形布桩有利，可使地基挤密均匀。对于软黏土地基，主要靠置换。考虑到施工方便，以正方形或等边三角形的布桩形式最为常用。

桩间距与设计要求的复合地基承载力、原地基土的性质有关，根据经验，桩距一般可取 1.2m～2.5m 或取桩径的（2～3）倍。

3 柱锤冲扩桩桩径设计应考虑下列因素：

1） 柱锤直径：现已经形成系列，常用直径为 300mm～500mm，如 φ377 公称锤，就是 377mm 直径的柱锤。

2） 冲孔直径：它是冲孔达到设计深度时，地基被冲击成孔的直径，对于可塑状态黏性土其成孔直径往往比锤直径要大。

3） 桩径：它是桩身填料夯实后的平均直径，比冲孔直径大，如 φ377 柱锤夯实后形成的桩径可达 600mm～800mm。因此，桩径不是一个常数，当土层松软时，桩径就大，当土层较密时，桩径就小。

设计时一般先根据经验假设桩径，假设时应考虑柱锤规格、土质情况及复合地基的设计要求，一般常用 $d=500mm\sim800mm$，经试成桩后再确定设计桩径。

4 地基处理深度的确定应考虑：1）软弱土层厚度；2）可液化土层厚度；3）地基变形等因素。限于设备条件，柱锤冲扩桩法适用于 10m 以内的地基处理，因此当软弱土层较厚时应进行地基变形和下卧层地基承载力验算。

5 柱锤冲扩桩法是从地下向地表进行加固，由于地表侧向约束小，加之成桩过程中桩间土隆起造成桩顶及槽底土质松动，因此为保证地基处理效果及扩散基底压力，对低于槽底的松散桩头及松软桩间土应予以清除，换填砂石垫层，采用振动压路机或其他设备压实。

6 桩体材料推荐采用以拆房为主组成的碎砖三合土，主要是为了降低工程造价，减少杂土丢弃对环境的污染。有条件时也可以采用级配砂石、矿渣、灰土、水泥混合土等。当采用其他材料缺少足够的工程经验时，应经试验确定其适用性和配合比等有关参数。

碎砖三合土的配合比（体积比）除设计有特殊要求外，一般可采用 1：2：4（生石灰：碎砖：黏性土）对地下水位以下流塑状态松软土层，宜适当加大碎砖及生石灰用量。碎砖三合土中的石灰宜采用块状生石灰，CaO 含量应在 80% 以上。碎砖三合土中的土料，尽量选用就地坑开挖出的黏性土料，不应含有机物料（如油毡、苇草、木片等），不应使用淤泥质土、盐渍土和冻土。土料含水量对桩身密实度影响较大，因此应采用最佳含水量进行施工，考虑实际施工时土料来源及成分复杂，根据大量工程实践经验，采用目力鉴别即手握成团、落地开花即可。

为了保证桩身均匀及触探试验的可靠性，碎砖粒径不宜大于 120mm，如条件容许碎砖粒径控制在 60mm 左右最佳，成桩过程中严禁使用粒径大于 240mm 砖料及混凝土块。

7 柱锤冲扩三合土，桩身密实度及承载力因受桩间土影响而较离散，因此规范规定应按复合地基静载荷试验确定其承载力。初步设计时也可按本规范式 (7.1.5-1) 进行估算，该式是根据桩和桩间土通过刚性基础共同承担上部荷载而推导出来的。式中桩土应力比 n 是根据部分静载荷试验资料而实测出来的，在无实测资料时可取 2~4，桩间土承载力低时取大值。加固后桩间土承载力 f_{sk} 应根据土质条件及设计要求确定，当天然地基承载力特征值 $f_{ak} \geq 80kPa$ 时，可取加固前天然地基承载力进行估算；对于新填沟坑、杂填土等松软土层，可按当地经验或经现场试验根据重型动力触探平均击数 $\overline{N}_{63.5}$ 参考表 20 确定。

表 20　桩间土 $\overline{N}_{63.5}$ 和 f_{sk} 关系表

$\overline{N}_{63.5}$	2	3	4	5	6	7
f_{sk} (kPa)	80	110	130	140	150	160

注：1　计算 $\overline{N}_{63.5}$ 时应去掉 10% 的极大值和极小值，当触探深度大于 4m 时，$N_{63.5}$ 应乘以 0.9 折减系数；

2　杂填土及饱和松软土层，表中 f_{sk} 应乘以 0.9 折减系数。

8 加固后桩间土压缩模量可按当地经验或根据加固后桩间土重型动力触探平均击数 $\overline{N}_{63.5}$ 参考表 21 选用。

表 21　桩间土 E_s 和 $\overline{N}_{63.5}$ 关系表

$\overline{N}_{63.5}$	2	3	4	5	6
E_s (kPa)	4.0	6.0	7.0	7.5	8.0

7.8.5 本条是柱锤冲扩桩复合地基的施工要求：

1 目前采用的系列柱锤如表 22 所示：

表 22　柱锤明细表

序号	规格			锤底形状
	直径 (mm)	长度 (m)	质量 (t)	
1	325	2~6	1.0~4.0	凹形底
2	377	2~6	1.5~5.0	凹形底
3	500	2~6	3.0~9.0	凹形底

注：封顶或拍底时，可采用质量 2t~10t 的扁平重锤进行。

柱锤可用钢材制作或用钢板为外壳内部浇筑混凝土制成，也可用钢管外壳内部浇铸铸铁制成。

为了适应不同工程的要求，钢制柱锤可制成装配式，由组合块和锤顶两部分组成，使用时用螺栓连成整体，调整组合块数（一般 0.5t/块），即可按工程需要组合成不同质量和长度的柱锤。

锤型选择应按土质软硬、处理深度及成桩直径经试成桩后确定。

2 升降柱锤的设备可选用 10t~30t 自行杆式起重机和多功能冲扩桩机或其他专用设备，采用自动脱钩装置，起重能力应通过计算（按锤质量及成孔时土层对柱锤的吸附力）或现场试验确定，一般不应小于锤质量的（3~5）倍。

3 场地平整、清除障碍物是机械作业的基本条件。当加固深度较深，柱锤长度不够时，也可采取先挖出一部分土，然后再进行冲扩施工。

柱锤冲扩桩法成孔方式有如下三种：

1）冲击成孔：最基本的成孔工艺，条件是冲孔时孔内无明水、孔壁直立、不塌孔、不缩颈。

2）填料冲击成孔：当冲击成孔出现塌孔或缩颈时，采用本法。这时的填料与成桩填料不同，主要目的是吸收孔壁附近地基中的水分，密实孔壁，使孔壁直立、不塌孔、不缩颈。碎砖及生石灰能够显著降低土壤中的水分，提高桩间土承载力，因此填料冲击成孔时应采用碎砖及生石灰块。

3）二次复打成孔：当采用填料冲击成孔施工工艺也不能保证孔壁直立、不塌孔、不缩颈时，应采用本方案。在每一次冲扩时，填料以碎砖、生石灰为主，根据土质不同采用不同配比，其目的是吸收土壤中水分，改善原土性状，第二次复打成孔后要求孔壁直立、不塌孔，然后边填料边夯实形成桩体。

套管成孔可解决塌孔及缩颈问题，但其施工工艺较复杂，因此只在特殊情况下使用。

桩体施工的关键是分层填料量、分层夯实厚度及总填料量。

施工前应根据试成桩及设计要求的桩径和桩长进行确定。填料充盈系数不宜小于 1.5。

每根桩的施工记录是工程质量管理的重要环节，所以必须设专门技术人员负责记录工作。

要求夯填至桩顶设计标高以上，主要是为了保证桩顶密实度。当不能满足上述要求时，应进行面层夯实或采用局部换填处理。

7.8.6 柱锤冲扩桩法夯击能量较大，易发生地面隆起，造成表层桩和桩间土出现松动，从而降低处理效果，因此成孔及填料夯实的施工顺序宜间隔进行。

7.8.7 本条是柱锤冲扩桩复合地基的质量检验要求：

1 柱锤冲扩桩质量检验程序：施工中自检、竣工后质检部门抽检、基槽开挖后验槽三个环节。对质量有怀疑的工程桩，应采用重型动力触探进行自检。实践证明这是行之有效的，其中施工单位自检尤为重要。

2 采用柱锤冲扩桩处理的地基，其承载力是随着时间增长而逐步提高的，因此要求在施工结束后休止14d再进行检验，实践证明这样方便施工也是偏于安全的，对非饱和土和粉土休止时间可适当缩短。

桩身及桩间土密实度检验宜采用重型动力触探进行。检验点应随机抽样并经设计或监理认定，检测点不少于总桩数的2%且不少于6组（即同一检测点桩身及桩间土分别进行检验）。当土质条件复杂时，应加大检验数量。

柱锤冲扩桩复合地基质量评定主要包括地基承载力及均匀程度。复合地基承载力与桩身及桩间土动力触探击数的相关关系应经对比试验按当地经验确定。

6 基槽开挖检验的重点是桩顶密实度及槽底土质情况。由于柱锤冲扩桩施工工艺的特点是冲孔后自下而上成桩，即由下往上对地基进行加固处理，由于顶部上覆压力小，容易造成桩顶及槽底土质松动，而这部分又是直接持力层，因此应加强对桩顶特别是槽底以下1m厚范围内土质的检验，检验方法根据土质情况可采用轻便触探或动力触探进行。桩位偏差不宜大于1/2桩径。

7.9 多桩型复合地基

7.9.1 本节涉及的多桩型复合地基内容仅对由两种桩型处理形成的复合地基进行了规定，两种以上桩型的复合地基设计、施工与检测应通过试验确定其适用性和设计、施工参数。

7.9.2 本条为多桩型复合地基的设计原则。采用多桩型复合地基处理，一般情况下场地土具有特殊性，采用一种增强体处理后达不到设计要求的承载力或变形要求，而采用一种增强体处理特殊性土，减少其特殊性的工程危害，再采用另一种增强体处理使之达到设计要求。

多桩型复合地基的工作特性，是在等变形条件下的增强体和地基土共同承担荷载，必须通过现场试验确定设计参数和施工工艺。

7.9.3 工程中曾出现采用水泥粉煤灰碎石桩和静压高强预应力管桩组合的多桩型复合地基，采用了先施工挤土的静压高强预应力管桩，后施工排土的水泥粉煤灰碎石桩的施工方案，但通过检测发现预制桩单桩承载力与理论计算值存在较大差异，分析原因，系桩端阻力与同场地高强预应力管桩相比有明显下降所

致，水泥粉煤灰碎石桩的施工对已施工的高强预应力管桩桩端上下一定范围灵敏度相对较高的粉土及桩端粉砂产生了扰动。因此，对类似情况，应充分考虑后施工桩对已施工增强体或桩体承载力的影响。无地区经验时，应通过试验确定方案的适用性。

7.9.4 本条为建筑工程采用多桩型复合地基处理的布桩原则。处理特殊土，原则上应扩大处理面积，保证处理地基的长期稳定性。

7.9.5 根据近年来复合地基理论研究的成果，复合地基的垫层厚度与增强体直径、间距、桩间土承载力发挥度和复合地基变形控制等有关，褥垫层过厚会形成较深的负摩阻区，影响复合地基增强体承载力的发挥；褥垫层过薄复合地基增强体水平受力过大，容易损坏，同时影响复合地基桩间土承载力的发挥。

7.9.6 多桩型复合地基承载力特征值应采用多桩复合地基承载力静载荷试验确定，初步设计时的设计参数应根据地区经验取用，无地区经验时，应通过试验确定。

7.9.7 面积置换率的计算，当基础面积较大时，实际的布置桩距对理论计算采用的置换率的影响很小，因此当基础面积较大或条形基础较长时，可以单元面积置换率替代。

7.9.8 多桩型复合地基变形计算在理论上可将复合地基的变形分为复合土层变形与下卧土层变形，分别计算后相加得到，其中复合土层的变形计算采用的方法有假想实体法、桩身压缩法、应力扩散法、有限元法等，下卧土层的变形计算一般采用分层总和法。理论研究与实测表明，大多数复合地基的变形计算的精度取决于下卧土层的变形计算精度，在沉降计算经验系数确定后，复合土层底面附加应力的计算取值是关键。该附加应力随上述复合地基沉降计算的方法不同而存在较大的差异，即使采用应力扩散一种方法，也因应力扩散角的取值不同计算结果不同。对多桩型复合地基，复合土层变形及下卧土层顶面附加应力的计算将更加复杂。

工程实践中，本条涉及的多桩复合地基承载力特征值 f_{spk} 可由多桩复合地基静载荷试验确定，但其中的一种桩处理形成的复合地基承载力特征值 f_{spk1} 的试验，对已施工完成的多桩型复合地基而言，具有一定的难度，有经验时可采用单桩载荷试验结果结合桩间土的承载力特征值计算确定。

多桩型复合地基承载力、变形计算工程实例：

1 工程概况

某工程高层住宅22栋，地下车库与主楼地下室基本连通。2号住宅楼为地下2层地上33层的剪力墙结构，裙房采用框架结构，筏形基础，主楼地基采用多桩型复合地基。

2 地质情况

基底地基土层分层情况及设计参数如表23。

表 23　地基土层分布及其参数

层号	类别	层底深度（m）	平均厚度（m）	承载力特征值（kPa）	压缩模量（MPa）	压缩性评价
6	粉土	−9.3	2.1	180	13.3	中
7	粉质黏土	−10.9	1.5	120	4.6	高
7−1	粉土	−11.9	1.2	120	7.1	中
8	粉土	−13.8	2.5	230	16.0	低
9	粉砂	−16.1	3.2	280	24.0	低
10	粉砂	−19.4	3.3	300	26.0	低
11	粉土	−24.0	4.5	280	20.0	低
12	细砂	−29.6	5.6	310	28.0	低
13	粉质黏土	−39.5	9.9	310	12.4	中
14	粉质黏土	−48.4	9.0	320	12.7	中
15	粉质黏土	−53.5	5.1	340	13.5	中
16	粉质黏土	−60.5	6.9	330	13.1	中
17	粉质黏土	−67.7	7.0	350	13.9	中

考虑到工程经济性及水泥粉煤灰碎石桩施工可能造成对周边建筑物的影响，采用多桩型长短桩复合地基。长桩选择第 12 层细砂为持力层，采用直径 400mm 的水泥粉煤灰碎石桩，混合料强度等级 C25，桩长 16.5m，设计单桩竖向受压承载力特征值为 R_a =690kN；短桩选择第 10 层细砂为持力层，采用直径 500mm 泥浆护壁素凝土钻孔灌注桩，桩身混凝土强度等级 C25，桩长 12m，设计单桩竖向承载力特征值为 R_a =600kN；采用正方形布桩，桩间距 1.25m。

要求处理后的复合地基承载力特征值 $f_{ak} \geqslant$ 480kPa，复合地基桩平面布置如图 12。

3　复合地基承载力计算

1）单桩承载力

水泥粉煤灰碎石桩、素混凝土灌注桩单桩承载力计算参数见表 24。

表 24　水泥粉煤灰碎石桩钻孔灌注桩侧阻力和端阻力特征值一览表

层号	3	4	5	6	7	7−1	8	9	10	11	12	13
q_{sia} (kPa)	30	18	28	23	18	28	27	32	36	32	38	33
q_{pa} (kPa)									450	450	500	480

水泥粉煤灰碎石桩单桩承载力特征值计算结果 R_1 =690kN，钻孔灌注桩单桩承载力计算结果 R_2 =600kN。

2）复合地基承载力

$$f_{spk} = m_1 \frac{\lambda_1 R_{a1}}{A_{p1}} + m_2 \frac{\lambda_2 R_{a2}}{A_{p2}} + \beta(1 - m_1 - m_2) f_{sk} \tag{16}$$

式中：$m_1 = 0.04$；$m_2 = 0.064$
　　　$\lambda_1 = \lambda_2 = 0.9$；
　　　$R_{a1} = 690\text{kN}$、$R_{a2} = 600\text{kN}$；
　　　$A_{P1} = 0.1256$，$A_{P2} = 0.20$；
　　　$\beta = 1.0$；
　　　$f_{sk} = f_{ak} = 180\text{kPa}$（第 6 层粉土）。

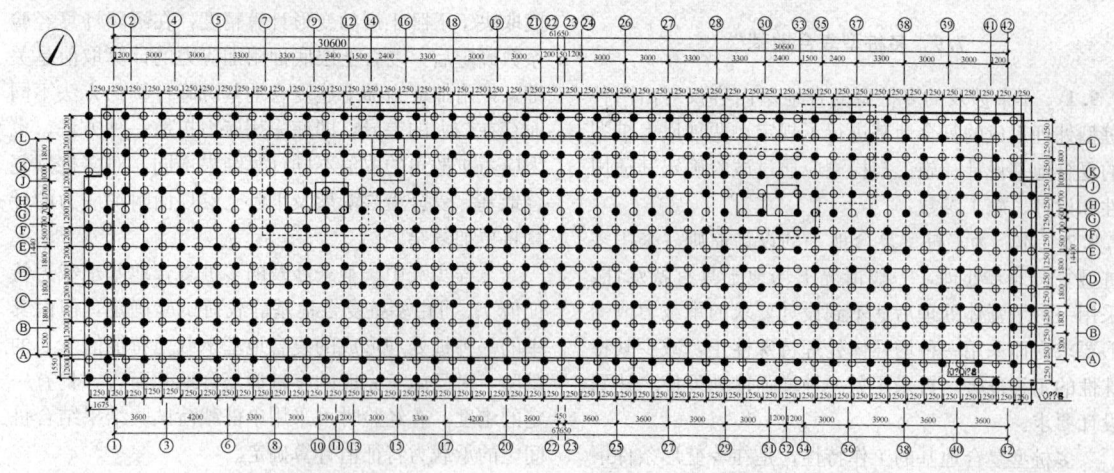

图 12　多桩型复合地基平面布置

复合地基承载力特征值计算结果为 f_{spk} =536.17kPa，复合地基承载力满足设计要求。

4　复合地基变形计算

已知，复合地基承载力特征值 f_{spk} =536.17kPa，计算复合土层模量系数还需计算单独由水泥粉煤灰碎石桩（长桩）加固形成的复合地基承载力特征值。

$$\begin{aligned} f_{spk1} &= 0.04 \times 0.9 \times 690/0.1256 \\ &\quad + 1.0 \times (1 - 0.04) \times 180 \\ &= 371\text{kN} \end{aligned} \tag{17}$$

复合土层上部由长、短桩与桩间土层组成，土层模量提高系数为：

$$\zeta_1 = \frac{f_{spk}}{f_{ak}} = 536.17/180 = 2.98 \quad (18)$$

复合土层下部由长桩（CFG 桩）与桩间土层组成，土层模量提高系数为：

$$\zeta_2 = \frac{f_{spk1}}{f_{ak}} = 371/180 = 2.07 \quad (19)$$

复合地基沉降计算深度，按建筑地基基础设计规范方法确定，本工程计算深度：自然地面以下 67.0m，计算参数如表 25。

表 25　复合地基沉降计算参数

计算层号	土类名称	层底标高（m）	层厚（m）	压缩模量（MPa）	计算压缩模量值（MPa）	模量提高系数（ζ_i）
6	粉土	−9.3	2.1	13.3	35.9	2.98
7	粉质黏土	−10.9	1.5	4.6	12.4	2.98
7-1	粉土	−11.9	1.2	7.1	19.2	2.98
8	粉土	−13.8	2.5	16.0	43.2	2.98
9	粉砂	−16.1	3.2	24.0	64.8	2.98
10	粉砂	−19.4	3.3	26.0	70.2	2.98
11	粉土	−24.0	4.5	27.0	54.0	2.07
12	细砂	−29.6	5.6	28.0	58.8	2.07
13	粉质黏土	−39.5	9.9	12.4	12.4	1.0
14	粉质黏土	−48.40	9.0	12.7	12.7	1.0
15	粉质黏土	−53.5	5.1	13.5	13.5	1.0
16	粉质黏土	−60.5	6.9	13.1	13.1	1.0
17	粉质黏土	−67.7	7.0	13.9	13.9	1.0

按本规范复合地基沉降计算方法计算的总沉降量值：$s = 185.54$mm

取地区经验系数 $\psi_s = 0.2$

沉降量预测值：$s = 37.08$mm

5　复合地基承载力检验

1）四桩复合地基静载荷试验

采用 2.5m×2.5m 方形钢制承压板，压板下铺中砂找平层，试验结果见表 26。

表 26　四桩复合地基静载荷试验结果汇总表

编号	最大加载量（kPa）	对应沉降量（mm）	承载力特征值（kPa）	对应沉降量（mm）
第1组（f1）	960	28.12	480	8.15
第2组（f2）	960	18.54	480	6.35
第3组（f3）	960	27.75	480	9.46

2）单桩静载荷试验

采用堆载配重方法进行，结果见表 27。

表 27　单桩静载荷试验结果汇总表

桩型	编号	最大加载量（kN）	对应沉降量（mm）	极限承载力（kN）	特征值对应的沉降量（mm）
CFG 桩	d1	1380	5.72	1380	5.05
	d2	1380	10.20	1380	2.45
	d3	1380	14.37	1380	3.70
素混凝土灌注桩	d4	1200	8.31	1200	3.05
	d5	1200	9.95	1200	2.41
	d6	1200	9.39	1200	3.28

三根水泥粉煤灰碎石桩的桩竖向极限承载力统计值为 1380kN，单桩竖向承载力特征值为 690kN。三根素混凝土灌注桩的单桩竖向承载力统计值为 1200kN，单桩竖向承载力特征值为 600kN。

表 26 中复合地基试验承载力特征值对应的沉降量均较小，平均仅为 8mm，远小于本规范按相对变形法对应的沉降量 0.008×2000＝16mm，表明复合地基承载力尚没有得到充分发挥。这一结果将导致沉降计算时，复合土层模量系数被低估，实测结果小于预测结果。

表 27 中可知，单桩承载力达到承载力特征值 2 倍时，沉降量一般小于 10mm，说明桩承载力尚有较大的富裕，单桩承载力特征值并未得到准确体现，这与复合地基上述结果相对应。

6　地基沉降量监测结果

图 13 为采用分层沉降标监测方法测得的复合地

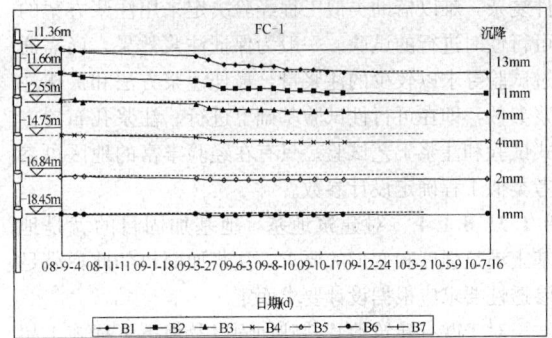

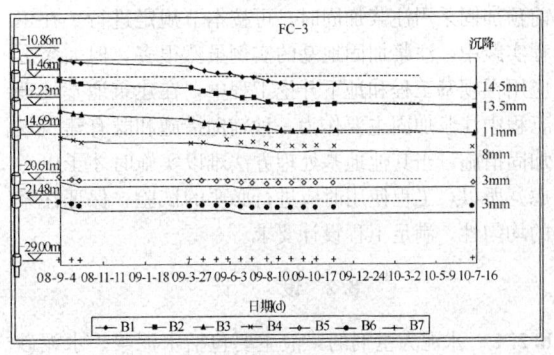

图 13　分层沉降变形曲线

基沉降结果，基准沉降标位于自然地面以下 40m。由于结构封顶后停止降水，水位回升导致沉降标失灵，未能继续进行分层沉降监测。

"沉降-时间曲线"显示沉降发展平稳，结构主体封顶时的复合土层沉降量约为 12mm～15mm，假定此时已完成最终沉降量的 50%～60%，按此结果推算最终沉降量应为 20mm～30mm，小于沉降量预测值 37.08mm。

7.9.11 多桩型复合地基的载荷板尺寸原则上应与计算单元的几何尺寸相等。

8 注 浆 加 固

8.1 一 般 规 定

8.1.1 注浆加固包括静压注浆加固、水泥搅拌注浆加固和高压旋喷注浆加固等。水泥搅拌注浆加固和高压旋喷注浆加固可参照本规范第 7.3 节、第 7.4 节。

对建筑地基，选用的浆液主要为水泥浆液、硅化浆液和碱液。注浆加固过程中，流动的浆液具有一定的压力，对地基土有一定的渗透力和劈裂作用，其适用的土层较广。

8.1.2 由于地质条件的复杂性，要针对注浆加固目的，在注浆加固设计前进行室内浆液配比试验和现场注浆试验是十分必要的。浆液配比的选择也应结合现场注浆试验，试验阶段可选择不同浆液配比。现场注浆试验包括注浆方案的可行性试验、注浆孔布置方式试验和注浆工艺试验三方面。可行性试验是当地基条件复杂，难以借助类似工程经验决定采用注浆方案的可行性时进行的试验。一般为保证注浆效果，尚需通过试验寻求以较少的注浆量，最佳注浆方法和最优注浆参数，即在可行性试验基础上进行、注浆孔布置方式试验和注浆工艺试验。只有在经验丰富的地区可参考类似工程确定设计参数。

8.1.3、8.1.4 对建筑地基，地基加固目的就是地基土满足强度和变形的要求，注浆加固也如此，满足渗透性要求应根据设计要求而定。

对于既有建筑地基基础加固以及地下工程施工超前预加固采用注浆加固时，可按本节规定进行。在工程实践中，注浆加固地基的实例虽然很多，但大多数应用在坝基工程和地下开挖工程中，在建筑地基处理工程中注浆加固主要作为一种辅助措施和既有建筑物加固措施，当其他地基处理方法难以实施时才予以考虑。所以，工程使用时应进行必要的试验，保证注浆的均匀性，满足工程设计要求。

8.2 设 计

8.2.1 水泥为主剂的浆液主要包括水泥浆、水泥砂浆和水泥水玻璃浆。

水泥浆液是地基治理、基础加固工程中常用的一种胶结性好、结石强度高的注浆材料，一般施工要求水泥浆的初凝时间既能满足浆液设计的扩散要求，又不至于被地下水冲走，对渗透系数大的地基还需尽可能缩短初、终凝时间。

地层中有较大裂隙、溶洞，耗浆量很大或有地下水活动时，宜采用水泥砂浆，水泥砂浆由水灰比不大于 1.0 的水泥浆掺砂配成，与水泥浆相比有稳定性好、抗渗能力强和析水率低的优点，但流动性小，对设备要求较高。

水泥水玻璃浆广泛用于地基、大坝、隧道、桥墩、矿井等建筑工程，其性能取决于水泥浆水灰比、水玻璃浓度和加入量、浆液养护条件。

对填土地基，由于其各向异性，对注浆量和方向不好控制，应采用多次注浆施工，才能保证工程质量。

8.2.2 硅化注浆加固的设计要求如下：

1 硅化加固法适用于各类砂土、黄土及一般黏性土。通常将水玻璃及氯化钙先后用下部具有细孔的钢管压入土中，两种溶液在土中相遇后起化学反应，形成硅酸胶填充在孔隙中，并胶结土粒。对渗透系数 $k = (0.10～2.00)m/d$ 的湿陷性黄土，因土中含有硫酸钙或碳酸钙，只需用单液硅化法，但通常加氯化钠溶液作为催化剂。

单液硅化法加固湿陷性黄土地基的灌注工艺有两种。一是压力灌注，二是溶液自渗（无压）。压力灌注溶液的速度快，扩散范围大，灌注溶液过程中，溶液与土接触初期，尚未产生化学反应，在自重湿陷性严重的场地，采用此法加固既有建筑物地基，附加沉降可达 300mm 以上，对既有建筑物显然是不允许的。故本条规定，压力灌注可用于加固自重湿陷性场地上拟建的设备基础和构筑物的地基，也可用于加固非自重湿陷性黄土场地上既有建筑物和设备基础的地基。因为非自重湿陷性黄土有一定的湿陷起始压力，基底附加应力不大于湿陷起始压力或虽大于湿陷起始压力但数值不大时，不致出现附加沉降，并已为大量工程实践和试验研究资料所证明。

压力灌注需要用加压设备（如空压机）和金属灌注管等，成本相对较高，其优点是加固范围较大，不只是可加固基础侧向，而且可加固既有建筑物基础底面以下的部分土层。

溶液自渗的速度慢，扩散范围小，溶液与土接触初期，对既有建筑物和设备基础的附加沉降很小（10mm～20mm），不超过建筑物地基的允许变形值。

此工艺是在 20 世纪 80 年代初发展起来的，在现场通过大量的试验研究，采用溶液自渗加固了大厚度自重湿陷性黄土场地上既有建筑物和设备基础的地基，控制了建筑物的不均匀沉降及裂缝继续发展，并恢复了建筑物的使用功能。

溶液自渗的灌注孔可用钻机或洛阳铲成孔，不需要用灌注管和加压等设备，成本相对较低，含水量不大于20%、饱和度不大于60%的地基土，采用溶液自渗较合适。

2 水玻璃的模数值是二氧化硅与氧化钠（百分率）之比，水玻璃的模数值愈大，意味着水玻璃中含SiO_2的成分愈多。因为硅化加固主要是由SiO_2对土的胶结作用，所以水玻璃模数值的大小直接影响加固土的强度。试验研究表明，模数值$\frac{SiO_2\%}{Na_2O\%}$小时，偏硅酸钠溶液加固土的强度很小，完全不适合加固土的要求，模数值在2.5～3.0范围内的水玻璃溶液，加固土的强度可达最大值，模数值超过3.3以上时，随着模数值的增大，加固土的强度反而降低，说明SiO_2过多对土的强度有不良影响，因此本条规定采用单液硅化加固湿陷性黄土地基，水玻璃的模数值宜为2.5～3.3。湿陷性黄土的天然含水量较小，孔隙中一般无自由水，采用浓度（10%～15%）低的硅酸钠（俗称水玻璃）溶液注入土中，不致被孔隙中的水稀释，此外，溶液的浓度低，黏滞度小，可灌性好，渗透范围较大，加固土的无侧限抗压强度可达300kPa以上，并对降低加固土的成本有利。

3 单液硅化加固湿陷性黄土的主要材料为液体水玻璃（即硅酸钠溶液），其颜色多为透明或稍许混浊，不溶于水的杂质含量不得超过规定值。

6 加固湿陷性黄土的溶液用量，按公式（8.2.2-1）进行估算，并可控制工程总预算及硅酸钠溶液的总消耗量，溶液填充孔隙的系数是根据已加固的工程经验得出的。

7 从工厂购进的水玻璃溶液，其浓度通常大于加固湿陷性黄土所要求的浓度，相对密度多为1.45或大于1.45，注入土中时的浓度宜为10%～15%，相对密度为1.13～1.15，故需要按式（8.2.2-2）计算加水量，对浓度高的水玻璃溶液进行稀释。

8 加固既有建（构）筑物和设备基础的地基，不可能直接在基础底面下布置灌注孔，而只能在基础侧向（或周边）布置灌注孔，因此基础底面下的土层难以达到加固要求，对基础侧向地基土进行加固，可以防止侧向挤出，减小地基的竖向变形，每侧布置一排灌注孔加固土体很难连成整体，故本条规定每侧布置灌注孔不宜少于2排。

当基础底面宽度大于3m时，除在基础每侧布置2排灌注孔外，是否需要布置斜向基础底面的灌注孔，可根据工程具体情况确定。

8.2.3 碱液注浆加固的设计要求如下：

1 为提高地基承载力在自重湿陷性黄土地区单独采用注浆加固的较少，而且加固深度不足5m。为防止采用碱液加固施工期间既有建筑物地基产生附加沉降，本条规定，在自重湿陷性黄土场地，当采用碱液法加固时，应通过试验确定其可行性，待取得经验后再逐步扩大其应用范围。

2 室内外试验表明，当100g干土中可溶性和交换性钙镁离子含量不少于10mg·eq时，灌入氢氧化钠溶液都可得到较好的加固效果。

氢氧化钠溶液注入土中后，土粒表层会逐渐发生膨胀和软化，进而发生表面的相互溶合和胶结（钠铝硅酸盐类胶结），但这种溶合胶结是非水稳性的，只有在土粒周围存在有$Ca(OH)_2$和$Mg(OH)_2$的条件下，才能使这种胶结构成为强度高且具有水硬性的钙铝硅酸盐络合物。这些络合物的生成将使土粒牢固胶结，强度大大提高，并且具有充分的水稳性。

由于黄土中钙、镁离子含量一般都较高（属于钙、镁离子饱和土），故采用单液加固已足够。如钙、镁离子含量较低，则需考虑采用碱液与氯化钙溶液的双液法加固。为了提高碱液加固黄土的早期强度，也可适当注入一定量的氯化钙溶液。

3 碱液加固深度的确定，关系到加固效果和工程造价，要保证加固效果良好而造价又低，就需要确定一个合理的加固深度。碱液加固法适宜于浅层加固，加固深度不宜超过4m～5m。过深除增加施工难度外，造价也较高。当加固深度超过5m时，应与其他加固方法进行技术经济比较后，再行决定。

位于湿陷性黄土地基上的基础，浸水后产生的湿陷量可分为由附加压力引起的湿陷以及由饱和自重压力引起的湿陷，前者一般称为外荷湿陷，后者称为自重湿陷。

有关浸水载荷试验资料表明，外荷湿陷与自重湿陷影响深度是不同的。对非自重湿陷性黄土地基只存在外荷湿陷。当其基底压力不超过200kPa时，外荷湿陷影响深度约为基础宽度的（1.0～2.4）倍，但80%～90%的外荷湿陷量集中在基底下$1.0b～1.5b$的深度范围内，其下所占的比例很小。对自重湿陷性黄土地基，外荷湿陷影响深度则为$2.0b～2.5b$，在湿陷影响深度下限处土的附加压力与饱和自重压力的比值为0.25～0.36，其值较一般确定压缩层下限标准0.2（对一般土）或0.1（对软土）要大得多，故外荷湿陷影响深度小于压缩层深度。

位于黄土地基上的中小型工业与民用建筑物，其基础宽度多为1m～2m。当基础宽度为2m或2m以上时，其外荷湿陷影响深度将超过4m，为避免加固深度过大，当基础较宽，也即外荷湿陷影响深度较大时，加固深度可减少到$1.5b～2.0b$，这时可消除80%～90%的外荷湿陷量，从而大大减轻湿陷的危害。

对自重湿陷性黄土地基，试验研究表明，当地基属于自重湿陷不敏感或不很敏感类型时，如浸水范围小，外荷湿陷将占到总湿陷的87%～100%，自重湿陷将不产生或产生的不充分。当基底压力不超过

200kPa 时，其外荷湿陷影响深度为 $2.0b \sim 2.5b$，故本规范建议，对于这类地基，加固深度为 $2.0b \sim 3.0b$，这样可基本消除地基的全部外荷湿陷。

4 试验表明，碱液灌注过程中，溶液除向四周渗透外，还向灌注孔上下各外渗一部分，其范围约相当于有效加固半径 r。但灌注孔以上的渗出范围，由于溶液温度高，浓度也相对较大，故土体硬化快，强度高；而灌注孔以下部分，则因溶液温度和浓度都已降低，故强度较低。因此，在加固厚度计算时，可将孔下部渗出范围略去，而取 $h = l + r$，偏于安全。

5 每一灌注孔加固后形成的加固土体可近似看做一圆柱体，这圆柱体的平均半径即为有效加固半径。灌液过程中，水分渗透距离远较加固范围大。在灌注孔四周，溶液温度高，浓度也相对较大；溶液往四周渗透中，溶液的浓度和温度都逐渐降低，故加固体强度也相应由高到低。试验结果表明，无侧限抗压强度—距离关系曲线近似为一抛物线，在加固柱体外缘，由于土的含水量增高，其强度比未加固的天然土还低。灌液试验中一般可取加固后无侧限抗压强度高于天然土无侧限抗压强度平均值 50% 以上的土体为有效加固体，其值大约在 $100kPa \sim 150kPa$ 之间。有效加固体的平均半径即为有效加固半径。

从理论上讲，有效加固半径随溶液灌注量的增大而增大，但实际上，当溶液灌注超过某一定数量后，加固体积并不与灌注量成正比，这是因为外渗范围过大时，外围碱液浓度大大降低，起不到加固作用。因此存在一个较经济合理的加固半径。试验表明，这一合理半径一般为 $0.40m \sim 0.50m$。

6 碱液加固一般采用直孔，很少采用斜孔。如灌注孔紧贴基础边缘。则有一半加固体位于基底以下，已起到承托基础的作用，故一般只需沿条形基础两侧或单独基础周边各布置一排孔即可。如孔距为 $1.8r \sim 2.0r$，则加固体连成一体，相当于在原基础两侧或四周设置了桩与周围未加固土体组成复合地基。

7 湿陷性黄土的饱和度一般在 15% ～ 77% 范围内变化，多数在 40% ～ 50% 左右，故溶液充填土的孔隙时不可能全部取代原有水分，因此充填系数取 0.6 ～ 0.8。举例如下，如加固 $1.0m^3$ 黄土，设其天然孔隙率为 50%，饱和度为 40%，则原有水分体积为 $0.2m^3$。当碱液充填系数为 0.6 时，则 $1.0m^3$ 土中注入碱液为 $(0.3 \times 0.6 \times 0.5)\ m^3$，孔隙将被溶液全部充满，饱和度达 100%。考虑到溶液注入过程中可能将取代原有土粒周围的部分弱结合水，这时可取充填系数为 0.8，则注入碱液量为 $(0.4 \times 0.8 \times 0.5)\ m^3$，将有 $0.1m^3$ 原有水分被挤出。

考虑到黄土的大孔隙性质，将有少量碱液顺大孔隙流失，不一定能均匀地向四周渗透，故实际施工时，应使碱液灌注量适当加大，本条建议取工作条件系数为 1.1。

8.3 施 工

8.3.1 本条为水泥为主剂的注浆施工的基本要求。在实际施工过程中，常出现如下现象：

1 冒浆：其原因有多种，主要有注浆压力大、注浆段位置埋深浅、有孔隙通道等，首先应查明原因，再采用控制性措施：如降低注浆压力，或采用自流式加压；提高浆液浓度或掺砂，加入速凝剂；限制注浆量，控制单位吸浆量不超过 $30L/min \sim 40L/min$；堵塞冒浆部位，对严重冒浆部位先灌混凝土盖板，后注浆。

2 窜浆：主要由于横向裂隙发育或孔距小；可采用跳孔间隔注浆方式；适当延长相邻两序孔间施工时间间隔；如窜浆孔为待注孔，可同时并联注浆。

3 绕塞返浆：主要有注浆段孔壁不完整、橡胶塞压缩量不足、上段注浆时裂隙未封闭或注浆后待凝时间不够，水泥强度过低等原因。实际注浆过程中严格按要求尽量增加等待时间。另外还有漏浆、地面抬升、埋塞等现象。

8.3.2 本条为硅化注浆施工的基本要求。

1 压力灌注溶液的施工步骤除配溶液等准备工作外，主要分为打灌注管和灌注溶液。通常自基础底面标高起向下分层进行，先施工第一加固层，完成后再施工第二加固层，在灌注溶液过程中，应注意观察溶液有无上冒（即冒出地面）现象，发现溶液上冒应立即停止灌注，分析原因，采取措施，堵塞溶液不出现上冒后，再继续灌注。打灌注管及连接胶皮管时，应精心施工，不得摇动灌注管，以免灌注管壁与土接触不严，形成缝隙，此外，胶皮管与灌注管连接完毕后，还应将灌注管上部及其周围 0.5m 厚的土层进行夯实，其干密度不得小于 $1.60g/cm^3$。

加固既有建筑物地基，在基础侧向应先施工外排，后施工内排，并间隔 1 孔 ～ 3 孔进行打灌注管和灌注溶液。

2 溶液自渗的施工步骤除配溶液与压力灌注相同外，打灌注孔及灌注溶液与压力灌注有所不同，灌注孔直接钻（或打）至设计深度，不需分层施工，可用钻机或洛阳铲成孔，采用打管成孔时，孔成后应将管拔出，孔径一般为 $60mm \sim 80mm$。

溶液自渗不需要灌注管及加压设备，而是通过灌注孔直接渗入欲加固的土层中，在自渗过程中，溶液无上冒现象，每隔一定时间向孔内添加一次溶液，防止溶液渗干。硅酸钠溶液配好后，如不立即使用或停放一定时间后，溶液会产生沉淀现象，灌注时，应再将其搅拌均匀。

3 不论是压力灌注还是溶液自渗，计算溶液量全部注入土中后，加固土体中的灌注孔均宜用 2∶8 灰土分层回填夯实。

硅化注浆施工时对既有建筑物或设备基础进行沉

降观测，可及时发现在灌注硅酸钠溶液过程中是否会引起附加沉降以及附加沉降的大小，便于查明原因，停止灌注或采取其他处理措施。

8.3.3 本条为碱液注浆施工的基本要求。

1 灌注孔直径的大小主要与溶液的渗透量有关。如土质疏松，由于溶液渗透快，则孔径宜小。如孔径过大，在加固过程中，大量溶液将渗入灌注孔下部，形成上小下大的蒜头形加固体。如土的渗透性弱，而孔径较小，就将使溶液渗入缓慢，灌注时间延长，溶液由于在输液管中停留时间长，热量散失，将使加固体早期强度偏低，影响加固效果。

2 固体烧碱质量一般均能满足加固要求，液体烧碱及氯化钙在使用前均应进行化学成分定量分析，以便确定稀释到设计浓度时所需的加水量。

室内试验结果表明，用风干黄土加入相当于干土质量 1.12% 的氢氧化钠并拌合均匀制取试块，在常温下养护 28d 或在 40℃～100℃ 高温下养护 2h，然后浸水 20h，测定其无侧限抗压强度可达 166kPa～446kPa。当拌合用的氢氧化钠含量低于干土质量 1.12% 时，试块浸水后即崩解。考虑到碱液在实际灌注过程中不可能分布均匀，因此一般按干土质量 3% 比例配料，湿陷性黄土干密度一般为 1200kg/m³～1500kg/m³，故加固每 1m³ 黄土约需 NaOH 量为 35kg～45kg。

碱液浓度对加固土强度有一定影响，试验表明，当碱液浓度较低时加固强度增长不明显，较合理的碱液浓度宜为 90g/L～100g/L。

3 由于固体烧碱中仍含有少量其他成分杂质，故配置碱液时应按纯 NaOH 含量来考虑。式（8.3.3-1）中忽略了由于固体烧碱投入后引起的溶液体积的少许变化。现将该式应用举例如下：

设固体烧碱中含纯 NaOH 为 85%，要求配置碱液浓度为 120g/L，则配置每立方米碱液所需固体烧碱量为：

$$G_s = 1000 \times \frac{M}{P} = 1000 \times \frac{0.12}{85\%} \tag{20}$$
$$= 141.2\text{kg}$$

采用液体烧碱配置每立方米浓度为 M 的碱液时，液体烧碱体积与所加的水的体积之和为 1000L，在 1000L 溶液中，NaOH 溶质的量为 1000M，一般化工厂生产的液体烧碱浓度以质量分数（即质量百分浓度）表示者居多，故施工中用比重计测出液体碱烧相对密度 d_N，并已知其质量分数为 N 后，则每升液体烧碱中 NaOH 溶质含量即为 $G_S = d_N V_1 N$，故 $V_1 = \frac{G_S}{d_N N} = \frac{1000M}{d_N N}$，相应水的体积为 $V_2 = 1000 - V_1 = 1000\left(1 - \frac{M}{d_N N}\right)$。

举例如下：设液体烧碱的质量分数为 30%，相对密度为 1.328，配制浓度为 100g/L 碱液时，每立方米溶液中所加的液体烧碱量为：

$$V_1 = 1000 \times \frac{M}{d_N N}$$
$$= 1000 \times \frac{0.1}{1.328 \times 30\%} = 251\text{L} \tag{21}$$

4 碱液灌注前加温主要是为了提高加固土体的早期强度。在常温下，加固强度增长很慢，加固 3d 后，强度才略有增长。温度超过 40℃ 以上时，反应过程可大大加快，连续加温 2h 即可获得较高强度。温度愈高，强度愈大。试验表明，在 40℃ 条件下养护 2h，比常温下养护 3d 的强度提高 2.87 倍，比 28d 常温养护提高 1.32 倍。因此，施工时应将溶液加热到沸腾。加热可用煤、炭、木柴、煤气或通入锅炉蒸气，因地制宜。

5 碱液加固与硅化加固的施工工艺不同之处在于后者是加压灌注（一般情况下），而前者是无压自流灌注，因此一般渗透速度比硅化法慢。其平均灌注速度在 1L/min～10L/min 之间，以 2L/min～5L/min 速度效果最好。灌注速度超过 10L/min，意味着土中存在有孔洞或裂隙，造成溶液流失；当灌注速度小于 1L/min 时，意味着溶液灌不进，如排除灌注管被杂质堵塞的因素，则表明土的可灌性差。当土含水量超过 28% 或饱和度超过 75% 时，溶液就很难注入，一般应减少灌注量或另行采取其他加固措施以进行补救。

6 在灌液过程中，由于土体被溶液中携带的大量水分浸湿，立即变软，而加固强度的形成尚需一定时间。在加固土强度形成以前，土体在基础荷载作用下由于浸湿软化而使基础产生一定的附加下沉，为减少施工中产生过大的附加下沉，避免建筑物产生新的危害，应采取跳孔灌液并分段施工，以防止浸湿区连成一片。由于 3d 龄期强度可达到 28d 龄期强度的 50% 左右，故规定相邻两孔灌注时间间隔不少于 3d。

7 采用 $CaCl_2$ 与 NaOH 的双液法加固地基时，两种溶液在土中相遇即反应生成 $Ca(OH)_2$ 与 NaCl。前者将沉淀在土粒周围而起到胶结与填充的双重作用。由于黄土是钙、镁离子饱和土，故一般只采用单液法加固。但如要提高加固土强度，也可考虑用双液法。施工时如两种溶液先后采用同一容器，则在碱液灌注完成后应将容器中的残留碱液清洗干净，否则，后注入的 $CaCl_2$ 溶液将在容器中立即生成白色的 $Ca(OH)_2$ 沉淀物，从而使注液管堵塞，不利于溶液的渗入，为避免 $CaCl_2$ 溶液在土中置换过多的碱液中的钠离子，规定两种溶液间隔灌注时间不应少于 8h～12h，以便使先注入的碱液与被加固土体有较充分的反应时间。

施工中应注意安全操作，并备工作服、胶皮手套、风镜、围裙、鞋罩等。皮肤如沾上碱液，应立即用 5% 浓度的硼酸溶液冲洗。

8.4 质量检验

8.4.1 对注浆加固效果的检验要针对不同地层条件采用相适应的检测方法，并注重注浆前后对比。对水泥为主剂的注浆加固的检测时间有明确的规定，土体强度有一个增长的过程，故验收工作应在施工完毕28d以后进行。对注浆加固效果的检验，加固地层的均匀性检测十分重要。

8.4.2 硅化注浆加固应在施工结束7d后进行，重点检测均匀性。对压缩性和湿陷性有要求的工程应取土试验，判定是否满足设计要求。

8.4.3 碱液加固后，土体强度有一个增长的过程，故验收工作应在施工完毕28d以后进行。

碱液加固工程质量的判定除以沉降观测为主要依据外，还应对加固土体的强度、有效加固半径和加固深度进行测定。有效加固半径和加固深度目前只能实地开挖测定。强度则可通过钻孔或开挖取样测定。由于碱液加固土的早期强度是不均匀的，一般应在有代表性的加固土体中部取样，试样的直径和高度均为50mm，试块数应不少于3个，取其强度平均值。考虑到后期强度还将继续增长，故允许加固土28d龄期的无侧限抗压强度的平均值可不低于设计值的90%。

如采用触探法检验加固质量，宜采用标准贯入试验；如采用轻便触探易导致钻杆损坏。

8.4.4 本条为注浆加固地基承载力的检验要求。注浆加固处理后的地基进行静载荷试验检验承载力，是保证建筑物安全的承载力确定方法。

9 微型桩加固

9.1 一 般 规 定

9.1.1 微型桩（Micropiles）或迷你桩（Minipiles），是小直径的桩，桩体主要由压力灌注的水泥浆、水泥砂浆或细石混凝土与加筋材料组成，依据其受力要求加筋材可为钢筋、钢棒、钢管或型钢等。微型桩可以是竖直或倾斜，或排或交叉网状配置，交叉网状配置之微型桩由于其桩群形如树根状，故亦被称为树根桩（Root pile）或网状树根桩（Reticulated roots pile），日本简称为RRP工法。

行业标准《建筑桩基技术规范》JGJ 94把直径或边长小于250mm的灌注桩、预制混凝土桩、预应力混凝土桩，钢管桩、型钢桩等称为小直径桩，本规范将桩身截面尺寸小于300mm的压入（打入、植入）小直径桩纳入微型桩的范围。

本次修订纳入了目前我国工程界应用较多的树根桩、小直径预制混凝土方桩与预应力混凝土管桩、注浆钢管桩，用于狭窄场地的地基处理工程。

微型桩加固后的承载力和变形计算一般情况采用

桩基础的设计原则；由于微型桩断面尺寸小，在共同变形条件下地基土参与工作，在有充分试验依据条件下可按刚性桩复合地基进行设计。微型桩的桩身配筋率较高，桩身承载力可考虑筋材的作用；对注浆钢管桩、型钢微型桩等计算桩身承载力时，可以仅考虑筋材的作用。

9.1.2 微型桩加固工程目前主要应用在场地狭小、大型设备不能施工的情况，对大量的改扩建工程具有其适用性。设计时应按桩与基础的连接方式分别按桩基础或复合地基设计，在工程中应按地基变形的控制条件采用。

9.1.4 水泥浆、水泥砂浆和混凝土保护层的厚度的规定，参照了国内外其他技术标准对水下钢材设置保护层的相关规定。增加一定腐蚀厚度的做法已成为与设置保护层方法并行选择的方法，可根据设计施工条件、经济性等综合确定。

欧洲标准（BS EN14199：2005）对微型桩用型钢（钢管）由于腐蚀造成的损失厚度，见表28。

表 28　土中微型桩用钢材的损失厚度（mm）

设计使用年限	5年	25年	50年	75年	100年
原状土（砂土、淤泥、黏土、片岩）	0.00	0.30	0.60	0.90	1.20
受污染的土体和工业地基	0.15	0.75	1.50	2.25	3.00
有腐蚀性的土体（沼泽、湿地、泥炭）	0.20	1.00	1.75	2.50	3.25
非挤压无腐蚀性土体（黏土、片岩、砂土、淤泥）	0.18	0.70	1.20	1.70	2.20
非挤压有腐蚀性土体（灰、矿渣）	0.50	2.00	3.25	4.50	5.75

9.1.5 本条对软土地基条件下施工的规定，主要是为了保证成桩质量和在进行既有建筑地基加固工程的注浆过程中，对既有建筑的沉降控制及地基稳定性控制。

9.2 树 根 桩

9.2.1 树根桩作为微型桩的一种，一般指具有钢筋笼，采用压力灌注混凝土、水泥浆或水泥砂浆形成的直径小于300mm的灌注桩，也可采用投石压浆方法形成的直径小于300mm的钢管混凝土灌注桩。近年来，树根桩复合地基应用于特殊土地区建筑工程的地基处理已经获得了较好的处理效果。

9.2.2 工程实践表明，二次注浆对桩侧阻力的提高系数与桩直径、桩侧土质情况、注浆材料、注浆量和注浆压力、方式等密切相关，提高系数一般可达1.2～2.0，本规范建议取1.2～1.4。

9.2.4 本条对骨料粒径的规定主要考虑可灌性要求，对混凝土水泥用量及水灰比的要求，主要考虑水下灌注混凝土的强度、质量和可泵送性等。

9.3 预制桩

9.3.1~9.3.3 本节预制桩包括预制混凝土方桩、预应力混凝土管桩、钢管桩和型钢等，施工方法包括静压法、打入法和植入法等，也包含了传统的锚杆静压法和坑式静压法。近年来的工程实践中，有许多采用静压桩形成复合地基应用于高层建筑的成功实例。鉴于静压桩施工质量容易保证，且经济性较好，静压微型桩复合地基加固方法得到了较快的推广应用。微型预制桩的施工质量应重点注意保证打桩、开挖过程中桩身不产生开裂、破坏和倾斜。对型钢、钢管作为桩身材料的微型桩，还应考虑其耐久性。

9.4 注浆钢管桩

9.4.1 注浆钢管桩是在静压钢管桩技术基础上发展起来的一种新的加固方法，近年来注浆钢管桩常用于新建工程的桩基或复合地基施工质量事故的处理，具有施工灵活、质量可靠的特点。基坑工程中，注浆钢管桩大量应用于复合土钉的超前支护，本节条文可作为其设计施工的参考。

9.4.2 二次注浆对桩侧阻力的提高系数除与桩侧土体类型、注浆材料、注浆量和注浆压力、方式等密切相关外，桩直径为影响因素之一。一般来说，相同压力形成的桩周压密区厚度相等，小直径桩侧阻力增加幅度大于同材料相对直径较大的桩，因此，本条桩侧阻力增加系数与树根桩的规定有所不同，提高系数1.3为最小值，具体取值可根据试验结果或经验确定。

9.4.3 施工方法包含了传统的锚杆静压法和坑式静压法，对新建工程，注浆钢管桩一般采用钻机或洛阳铲成孔，然后植入钢管再封孔注浆的工艺，采用封孔注浆施工时，应具有足够的封孔长度，保证注浆压力的形成。

9.4.4 本条与第9.4.5条关于水泥浆的条款适用于其他的微型桩施工。

9.5 质量检验

9.5.1~9.5.4 微型桩的质量检验应按桩基础的检验要求进行。

10 检验与监测

10.1 检验

10.1.1 本条强调了地基处理工程的验收检验方法的确定，必须通过对岩土工程勘察报告、地基基础设计及地基处理设计资料的分析，了解施工工艺和施工中出现的异常情况等后确定。同时，对检验方法的适用性以及该方法对地基处理的处理效果评价的局限性应有足够认识，当采用一种检验方法的检验结果具有不确定性时，应采用另一种检验方法进行验证。

处理后地基的检验内容和检验方法选择可参见表29。

表29 处理后地基的检验内容和检验方法

检测内容 / 处理地基类型	承载力			处理后地基的施工质量和均匀性							复合地基增强体或微型桩的成桩质量						
检测方法	复合地基静载荷试验	增强体单桩静载荷试验	处理后地基承载力静载荷试验	干密度	轻型动力触探	标准贯入	动力触探	静力触探	土工试验	十字板剪切试验	桩身强度或干密度	静力触探	标准贯入	动力触探	低应变试验	钻芯法	探井取样法
换填垫层			√	√	△	△	△	△									
预压地基								√	√								
压实地基			√	√	△	△	△	△									
强夯地基			√			△	√	√									
强夯置换地基			√			△	△	√									
复合地基 振冲碎石桩	√	○				△	△							√			
复合地基 沉管砂石桩	√	○				△	△							√			
复合地基 水泥搅拌桩	√	√				△							√	△		○	○
复合地基 旋喷桩	√	√			△	△	△						√	△		○	
复合地基 灰土挤密桩	√				△	△	△						△	△			
复合地基 土挤密桩	√				△	△	△						△	△			
复合地基 夯实水泥土桩	√	√					△						√	△		○	

检测内容 / 检测方法 / 处理地基类型	承载力			处理后地基的施工质量和均匀性							复合地基增强体或微型桩的成桩质量						
	复合地基静载荷试验	增强体单桩静载荷试验	处理后地基承载力静载荷试验	干密度	轻型动力触探	标准贯入	动力触探	静力触探	土工试验	十字板剪切试验	桩身强度或干密度	静力触探	标准贯入	动力触探	低应变试验	钻芯法	探井取样法
复合地基 — 水泥粉煤灰碎石桩	√	√	○			○	○	○			√				√		○
复合地基 — 柱锤冲扩桩	√	√	○				√	√	△								
复合地基 — 多桩型	√	√	○	√		√	√	△	√		√				√		
注浆加固			√								√					√	○
微型桩加固			√	○			○				√					√	○

注：1 处理后地基的施工质量包括预压地基的抗剪强度、夯实地基的夯间土质量、强夯置换地基墩体着底情况消除液化或消除湿陷性的处理效果、复合地基桩间土处理后的工程性质等。

2 处理后地基的施工质量和均匀性检验应涵盖整个地基处理面积和处理深度。

3 √ 为应测项目，是指该检验项目应该进行检验；

△ 为可选测项目，是指该检验项目为应测项目在大面积检验使用的补充，应在对比试验结果基础上使用；

○ 为该检验内容仅在其需要时进行的检验项目。

4 消除液化或消除湿陷性的处理效果、复合地基桩间土处理后的工程性质等检验仅在存在这种情况时进行。

5 应测项目、可选测项目以及需要时进行的检验项目中两种或多种检验方法检验内容相同时，可根据地区经验选择其中一种方法。

现场检验的操作和数据处理应按国家有关标准的要求进行。对钻芯取样检验和触探试验的补充说明如下：

1 钻芯取样检验：

1）应采用双管单动钻具，并配备相应的孔口管、扩孔器、卡簧、扶正器及可捞取松软渣样的钻具。混凝土桩应采用金刚石钻头，水泥土桩可采用硬质合金钻头。钻头外径不宜小于 101mm。混凝土芯样直径不宜小于 80mm。

2）钻芯孔垂直度允许偏差应为 ±0.5%，应使用扶正器等确保钻芯孔的垂直度。

3）水泥土桩钻芯孔宜位于桩半径中心附近，应采用低转速，采用较小的钻头压力。

4）对桩底持力层的钻探深度应满足设计要求，且不宜小于 3 倍桩径。

5）每回次进尺宜控制在 1.2m 内。

6）抗压芯样试件每孔不应少于 6 个，抗压芯样应采用保鲜袋等进行密封，避免晾晒。

2 触探试验检验：

1）圆锥动力触探和标准贯入试验，可用于散体材料桩、柔性桩、桩间土检验，重型动力触探、超重型动力触探可以评价强夯置换墩着底情况。

2）触探杆应顺直，每节触探杆相对弯曲宜小于 0.5%。

3）试验时，应采用自由落锤，避免锤击偏心和晃动，触探孔倾斜度允许偏差应为 ±2%，每贯入 1m，应将触探杆转动一圈半。

4）采用触探试验结果评价复合地基竖向增强体的施工质量时，宜对单个增强体的试验结果进行统计评价；评价竖向增强体间土体加固效果时，应对触探试验结果按照单位工程进行统计；需要进行深度修正时，修正后再统计；对单位工程，宜采用平均值作为单孔土层的代表值，再用单孔土层的代表值计算该土层的标准值。

10.1.2 本条规定地基处理工程的检验数量应满足本规范各种处理地基的检验数量的要求，检验结果不满足设计要求时，应分析原因，提出处理措施。对重要的部位，应增加检验数量。

不同基础形式，对检验数量和检验位置的要求应有不同。每个独立基础、条形基础应有检验点；满堂基础一般应均匀布置检验点。对检验结果的评价也应视不同基础部位，以及其不满足设计要求时的后果给予不同的评价。

10.1.3 验收检验的抽检点宜随机分布，是指对地基处理工程整体处理效果评价的要求。设计人员认为重要部位、局部岩土特性复杂可能影响施工质量的部位、施工出现异常情况的部位的检验，是对处理工是否满足设计要求的补充检验。两者应结合，缺一不可。

10.1.4 工程验收承载力检验静载荷试验最大加载量不应小于设计承载力特征值的2倍，是处理工程承载力设计的最小安全度要求。

10.1.5 静载荷试验的压板面积对处理地基检验的深度有一定影响，本条提出对换填垫层和压实地基、强夯地基或强夯置换地基静载荷试验的压板面积的最低要求。工程应用时应根据具体情况确定。

10.2 监 测

10.2.1 地基处理是隐蔽工程，施工时必须重视施工质量监测和质量检验方法。只有通过施工全过程的监督管理才能保证质量，及时发现问题采取措施。

10.2.2 对堆载预压工程，当荷载较大时，应严格控制堆载速率，防止地基发生整体剪切破坏或产生过大塑性变形。工程上一般通过竖向变形、边桩位移及孔隙水压力等观测资料按一定标准进行控制。控制值的大小与地基土的性能、工程类型和加荷方式有关。

应当指出，按照控制指标进行现场观测来判定地基稳定性是综合性的工作，地基稳定性取决于多种因素，如地基土的性质、地基处理方法、荷载大小以及加荷速率等。软土地基的失稳通常从局部剪切破坏发展到整体剪切破坏，期间需要有数天时间。因此，应对竖向变形、边桩位移和孔隙水压力等观测资料进行综合分析，研究它们的发展趋势，这是十分重要的。

10.2.3 强夯施工时的振动对周围建筑物的影响程度与土质条件、夯击能量和建筑物的特性等因素有关。为此，在强夯时有时需要沿不同距离测试地表面的水平振动加速度，绘成加速度与距离的关系曲线。工程中应通过检测的建筑物反应加速度以及对建筑物的振动反应对人的适应能力综合确定安全距离。

根据国内目前的强夯采用的能量级，强夯振动引起建筑物损伤影响距离由速度、振动幅度和地面加速度确定，但对人的适应能力则不然，因人而异，与地质条件密切相关。影响范围内的建（构）筑物采取防振或隔振措施，通常在夯区周围设置隔振沟。

10.2.4 在软土地基中采用夯实、挤密桩、旋喷桩、水泥粉煤灰碎石桩、柱锤冲扩桩和注浆等方法进行施工时，会产生挤土效应，对周边建筑物或地下管线产生影响，应按要求进行监测。

在渗透性弱，强度低的饱和软黏土地基中，挤土效应会使周围地基土体受到明显的挤压并产生较高的超静孔隙水压力，使桩周土体的侧向挤出、向上隆起现象比较明显，对邻近的建（构）筑物、地下管线等将产生有害的影响。为了保护周围建筑物和地下管线，应在施工期间有针对性地采取监测措施，并有效

合理地控制施工进度和施工顺序，使施工带来的种种不利影响减小到最低程度。

挤土效应中孔隙水压力增长是引起土体位移的主要原因。通过孔隙水压力监测可掌握场地地质条件下孔隙水压力增长及消散的规律，为调整施工速率、设置释放孔、设置隔离措施、开挖地面防震沟、设置袋装砂井和塑料排水板等提供施工参数。

施工时的振动对周围建筑物的影响程度与土质条件、需保护的建筑物、地下设施和管线等的特性有关。振动强度主要有三个参数：位移、速度和加速度，而在评价施工振动的危害性时，建议以速度为主，结合位移和加速度值参照现行国家标准《爆破安全规程》GB 6722的进行综合分析比较，然后作出判断。通过监测不同距离的振动速度和振动主频，根据建（构）物类型来判断施工振动对建（构）筑物是否安全。

10.2.5 为保证大面积填方、填海等地基处理工程地基的长期稳定性应对地面变形进行长期监测。

10.2.6 本条是对处理施工有影响的周边环境监测的要求。

1 邻近建（构）筑物竖向及水平位移监测点应布置在基础类型、埋深和荷载有明显不同处及沉降缝、伸缩缝、新老建（构）筑物连接处的两侧、建（构）筑物的角点、中点；圆形、多边形的建（构）筑物宜沿纵横轴线对称布置；工业厂房监测点宜布置在独立柱基上。倾斜监测点宜布置在建（构）筑物角点或伸缩缝两侧承重柱（墙）上。

2 邻近地下管线监测点宜布置在上水、煤气管处、窨井、阀门、抽气孔以及检查井等管线设备处、地下电缆接头处、管线端点、转弯处；影响范围内有多条管线时，宜根据管线年份、类型、材质、管径等情况，综合确定监测点，且宜在内侧和外侧的管线上布置监测点；地铁、雨污水管线等重要市政设施、管线监测点布置方案应征求等有关管理部门的意见；当无法在地下管线上布置直接监测点时，管线上地表监测点的布置间距宜为15m～25m。

3 周边地表监测点宜按剖面布置，剖面间距宜为30m～50m，宜设置在场地每侧边中部；每条剖面线上的监测点宜由内向外先密后疏布置，且不宜少于5个。

10.2.7 本条规定建筑物和构筑物地基进行地基处理，应对地基处理后的建筑物和构筑物在施工期间和使用期间进行沉降观测。沉降观测终止时间应符合设计要求，或按国家现行标准《工程测量规范》GB 50026和《建筑变形测量规范》JGJ 8的有关规定执行。

中华人民共和国行业标准

建筑工程地质勘探与取样技术规程

Technical specification for engineering geological
prospecting and sampling of constructions

JGJ/T 87—2012

批准部门：中华人民共和国住房和城乡建设部
施行日期：２０１２年５月１日

中华人民共和国住房和城乡建设部
公　告

第 1230 号

关于发布行业标准《建筑工程
地质勘探与取样技术规程》的公告

现批准《建筑工程地质勘探与取样技术规程》为行业标准，编号为 JGJ/T 87 - 2012，自 2012 年 5 月 1 日起实施。原行业标准《建筑工程地质钻探技术标准》JGJ 87 - 92 和《原状土取样技术标准》JGJ 89 - 92 同时废止。

本规程由我部标准定额研究所组织中国建筑工业出版社出版发行。

中华人民共和国住房和城乡建设部

2011 年 12 月 26 日

前　言

根据住房和城乡建设部《关于印发〈2009 年工程建设标准规范制订、修订计划〉的通知》（建标[2009] 88 号）的要求，规程编制组经广泛调查研究，认真总结实践经验，参考国内外有关先进标准，并在广泛征求意见的基础上，对原行业标准《建筑工程地质钻探技术标准》JGJ 87 - 92 和《原状土取样技术标准》JGJ 89 - 92 进行了修订。

本规程的主要技术内容是：1. 总则；2. 术语；3. 基本规定；4. 勘探点位测设；5. 钻探；6. 钻孔取样；7. 井探、槽探和洞探；8. 探井、探槽和探洞取样；9. 特殊性岩土；10. 特殊场地；11. 地下水位量测及取水试样；12. 岩土样现场检验、封存及运输；13. 钻孔、探井、探槽和探洞回填；14. 勘探编录与成果。

修订的主要技术内容是：1. 对原行业标准《建筑工程地质钻探技术标准》JGJ 87 - 92 和《原状土取样技术标准》JGJ 89 - 92 进行了合并修订；2. 增加了"术语"章节；3. 增加了"基本规定"章节；4. 修订了"钻孔护壁"的部分内容；5. 增加了"特殊性岩土"的勘探与取样要求；6. 增加了"特殊场地"勘探要求；7. 增加了"探洞及取样"的要求；8. 修订了"钻孔、探井、探槽和探洞回填"的部分内容；9. 修订了"勘探编录与成果"的部分内容；10. 增加了附录 D"取土器技术标准"中"环刀取砂器技术指标"，增加了附录 E"环刀取砂器结构示意图"；11. 修订了附录 G"岩土的现场鉴别"的部分内容，并增加了"红黏土、膨胀岩土、残积土、黄土、冻土、污染土"的内容。

本规程由住房和城乡建设部负责管理，由中南勘察设计院有限公司负责具体技术内容的解释。执行过程中如有意见或建议，请寄送中南勘察设计院有限公司（地址：湖北省武汉市中南路 18 号；邮编：430071）。

本 规 程 主 编 单 位：中南勘察设计院有限公司

本 规 程 参 编 单 位：建设综合勘察研究设计院有限公司

西北综合勘察设计研究院

河北建设勘察研究院有限公司

深圳市勘察研究院有限公司

中交第二航务工程勘察设计院有限公司

本规程主要起草人员：刘佑祥　郭明田　龙雄华

邓文龙　孙连和　张晓玉

苏志刚　陈　刚　陈加红

赵治海　姚　平　徐张建

聂庆科　梁金国　梁书奇

李受祉

本规程主要审查人员：顾宝和　董忠级　卞昭庆

王步云　乌孟庄　张苏民

张文华　侯石涛　姚永华

目　　次

Contents

1 总 则

1.0.1 为在建筑工程地质勘探与取样工作中贯彻执行国家有关技术经济政策，做到安全适用、技术先进、经济合理、确保质量，制定本规程。

1.0.2 本规程适用于建筑工程的工程地质勘探与取样技术工作。

1.0.3 在工程地质勘探与取样工作中，应采取有效措施，保护环境和节约资源，保障人身和施工安全，保证勘探和取样质量。

1.0.4 工程地质勘探与取样，除应符合本规程外，尚应符合国家现行有关标准的规定。

2 术 语

2.0.1 工程地质勘探 engineering geological prospecting

为查明工程地质条件而进行的钻探、井探、槽探和洞探等工作的总称。

2.0.2 钻探 drilling

利用钻机或专用工具，以机械或人力作动力，向地下钻孔以取得工程地质资料的勘探方法。

2.0.3 钻进 drilling, boring

钻具钻入岩土层或其他介质形成钻孔的过程。

2.0.4 回转钻进 rotary drilling

利用回转器或孔底动力机具转动钻头，切削或破碎孔底岩土的钻进方法。

2.0.5 螺旋钻进 auger drilling

利用螺旋钻具转动旋入孔底土层的钻进方法。

2.0.6 冲击钻进 percussion drilling

借助钻具重量，在一定的冲程高度内，周期性地冲击孔底破碎岩土的钻进方法。

2.0.7 锤击钻进 blow drilling

利用筒式钻具，在一定的冲程高度内，周期性地锤击钻具切削砂、土的钻进方法。

2.0.8 绳索取芯钻进 wire-line core drilling

利用带绳索的打捞器，以不提钻方式经钻杆内孔取出岩芯容纳管的钻进方法。

2.0.9 冲击回转钻进 percussion-rotary drilling

在回转钻具上安装冲击器，利用液压（风压）产生冲击，使钻具既有冲击作用又有回转作用的综合性钻进方法。

2.0.10 硬质合金钻进 tungsten-carbide drilling

利用硬质合金钻头切削或破碎孔底岩土的钻进方法。

2.0.11 金刚石钻进 diamond drilling

利用金刚石钻头切削或破碎孔底岩土的钻进方法。

2.0.12 反循环钻进 reverse circulation drilling

利用冲洗液从钻杆与孔壁间的环状间隙中流入孔底来冷却钻头，并携带岩屑由钻杆内孔返回地面的钻进技术。分为全孔反循环钻进和局部反循环钻进。

2.0.13 岩石可钻性 rock drillability

岩石由于矿物成分和结构构造不同所表现的钻进的难易程度。

2.0.14 钻孔倾角 dip angle of drilling hole

钻孔轴线上某点沿轴线延伸方向的切线与其水平投影之间的夹角称为该点的钻孔倾角。

2.0.15 冲洗液 drilling fluid

钻进中用来冷却钻头、排除钻孔中岩粉的流体。

2.0.16 泥浆 mud

黏土颗粒均匀而稳定地分散在液体中形成的浆液。

2.0.17 套管 casing

用螺纹连接或焊接成管柱后下入钻孔内，保护孔壁、隔离与封闭油、气、水层及漏失层的管材。

2.0.18 钻孔取土器 borehole sampler

在钻孔中采取岩土样的管状器具。

2.0.19 薄壁取土器 thin-wall sampler

内径为 75mm～100mm、面积比不大于 10%（内间隙比为 0）或面积比为 10%～13%（内间隙比为 0.5～1.0）的无衬管取土器。

2.0.20 厚壁取土器 thick-wall sampler

内径为 75mm～100mm、面积比为 13%～20% 的有衬管取土器。

2.0.21 岩芯 rock-core

从钻孔中提取出的土柱、岩柱。

2.0.22 岩芯采样率 core recovery percent

采取的岩芯长度之和与相应实际钻探进尺之比，以百分数表示。

2.0.23 岩石质量指标（RQD） rock quality designation

用直径 75mm（N 型）双层岩芯管和金刚石钻头在岩石中连续钻进取芯，回次钻进所取得岩芯中长度大于 10cm 的芯段长度之和与相应回次总进尺的比值，以百分数表示。

2.0.24 土试样质量等级 quality classification of soil samples

按土试样受扰动程度不同而划分的等级。

3 基 本 规 定

3.0.1 建筑工程地质勘探应符合下列要求：

　　1 能正确鉴别岩土名称及其基本性质，并确定其埋藏深度及厚度；

　　2 能采取符合质量要求的岩土试样或进行原位测试；

3 能查明勘探深度内地下水的赋存情况。

3.0.2 建筑工程地质勘探与取样应按勘探任务书或勘察纲要执行。

3.0.3 建筑工程地质勘探应符合现行国家标准《岩土工程勘察安全规范》GB 50585 的规定。

3.0.4 布置建筑工程地质勘探工作时，应进行资料搜集和现场调查，分析评估勘探对既有地上、地下建（构）筑物和自然环境的影响，并制定有效措施，防止损害地下工程、管线等设施。

3.0.5 建筑工程地质勘探与取样方法应根据岩土样质量级别要求和岩土层性质确定。

3.0.6 现场勘探记录应由经过专业培训的编录人员或工程技术人员承担，并应由工程技术负责人签字验收。

4 勘探点位测设

4.0.1 勘探点位应根据委托方提供的坐标和高程控制点由专业人员测放。勘探点位测设于实地的允许偏差应根据勘察阶段、场地和工程情况以及勘探任务要求等确定，并应符合下列规定：

　　1 陆域：初步勘察阶段平面位置允许偏差为 $^{+0.50m}_{0}$，高程允许偏差为 $\pm0.10m$；详细勘察阶段平面位置允许偏差为 $^{+0.25m}_{0}$，高程允许偏差为 $\pm0.05m$；对于可行性勘察阶段、城市规划勘察阶段、选址勘察阶段，可利用适当比例尺的地形图，根据地形地物特征确定勘探点位和孔口高程；

　　2 水域：初步勘察阶段平面位置允许偏差为 $^{+2.0m}_{0}$，高程允许偏差为 $\pm0.20m$；详细勘察阶段平面位置允许偏差为 $^{+1.0m}_{0}$，高程允许偏差为 $\pm0.10m$。

4.0.2 陆域勘探点位应设置有编号的标志桩，开钻或掘进之前应按设计要求核对桩号及其实地位置，两者应相符。水域勘探点位可设置浮标，并应采用测量仪器等方法按孔位坐标定位。

4.0.3 当调整勘探点位时，应将实际勘探孔位置标明在平面图上，并应注明与原孔位的偏差距离、方位和高差。必要时应重新测定孔位和高程。

4.0.4 勘探成果中的平面图除应表示实际完成勘探点位之外，尚应提供各点的坐标及高程数据，且宜采用地区的统一坐标和高程系。

5 钻 探

5.1 一般规定

5.1.1 钻探工作应根据勘探技术要求、地层类别、场地及环境条件，选择合适的钻机、钻具和钻进方法。

5.1.2 钻探操作人员应履行岗位职责，并应执行操作规程。现场编录人员应详细记录、分析钻探过程和岩芯情况。

5.1.3 特殊岩土、特殊场地钻探尚应分别符合本规程第 9 章、第 10 章的相关规定。

5.2 钻 孔 规 格

5.2.1 工程地质钻孔口径和钻具规格应符合本规程附录 A 的规定。

5.2.2 钻孔成孔口径应根据钻孔取样、测试要求、地层条件和钻进工艺等确定，并应符合表 5.2.2 的规定。

表 5.2.2　钻孔成孔口径（mm）

钻孔性质		第四纪土层	基 岩	
鉴别与划分地层/岩芯钻孔		≥36	≥59	
取Ⅰ、Ⅱ级土试样钻孔	一般黏性土、粉土残积土、全风化岩层	≥91	≥75	
	湿陷性黄土	≥150		
	冻土	≥130		
原位测试钻孔		大于测试探头直径		
压水、抽水试验钻孔		≥110	软质岩石	硬质岩石
			≥75	≥59

注：采取Ⅰ、Ⅱ级土试样的钻孔，孔径应比使用的取土器外径大一个径级。

5.2.3 钻孔深度量测应符合下列规定：

　　1 对于钻进深度和岩土层分层深度的量测精度，陆域最大允许偏差为 $\pm0.05m$，水域最大允许偏差为 $\pm0.2m$；

　　2 每钻进 25m 和终孔后，应校正孔深，并宜在变层处校核孔深；

　　3 当孔深偏差超过规定时，应找出原因，并应更正记录报表。

5.2.4 钻孔的垂直度或预计的倾斜度与倾斜方向应符合下列规定：

　　1 对于垂直钻孔，每 50m 应测量一次垂直度，每 100m 的允许偏差为 $\pm2°$；

　　2 对于定向钻孔，每 25m 应测量一次倾斜角和方位角，钻孔倾角和方位角的测量精度分别为 $\pm0.1°$ 和 $\pm3°$；

　　3 当钻孔斜度及方位偏差超过规定时，应立即采取纠斜措施；

　　4 当勘探任务有要求时，应根据勘探任务要求测斜和防斜。

5.3 钻 进 方 法

5.3.1 钻进方法和钻进工艺应根据岩土类别、岩土可钻性分级和钻探技术要求等确定。岩土可钻性应按本规程附录 B 确定。钻进方法可按表 5.3.1 选用。

表 5.3.1　钻　进　方　法

钻进方法		钻进地层					勘察要求	
		黏性土	粉土	砂土	碎石土	岩石	直观鉴别、采取不扰动试样	直观鉴别、采取扰动试样
回转	螺旋钻进	++	+	+	-	-	++	++
	无岩芯钻进	++	++	++	+	++	-	-
	岩芯钻进	++	++	++	+	++	++	++
冲击钻进		-	+	++	++	+		
锤击钻进		++	+	+	-	-		++
振动钻进		++	+	+	+	-		++
冲洗钻进		+	+	+	+	+		

注：1　++：适用；+：部分适用；-：不适用；
　　2　螺旋钻进不适用于地下水位以下的松散粉土和饱和砂土。

5.3.2　对于要求采取岩芯的钻孔，应采用回转钻进；对于黏性土，可根据地区经验采用螺旋钻进或锤击钻进方法；对于碎石土，可采用植物胶浆液护壁金刚石单动双管钻具钻进。

5.3.3　对于需要鉴别土层天然湿度和划分地层的钻孔，当处于地下水位以上时，应采用干钻；当需要加水或使用循环液时，可采用内管超前的双层岩芯管钻进或三重管取土器钻进；当处于地下水位以下，且采用单层岩芯管钻进时，可采用无泵反循环钻进。

5.3.4　地下水位以下饱和粉土、砂土，宜采用回转钻进方法；粉、细砂层可采用活套闭水接头单管钻进；中、粗、砾砂层可采用无泵反循环单层岩芯管回转钻进并连续取芯，取芯困难时，可用对分式取样器或标准贯入器间断取样。

5.3.5　岩石宜采用金刚石钻头或硬质合金钻头回转钻进。软质岩石及风化破碎岩石宜采用双层岩芯管钻头钻进或绳索取芯钻进；易冲刷和松软的岩石可采用双管钻具或无泵反循环钻进；硬、脆、碎岩石宜采用双管钻具、喷射式孔底反循环钻进或冲击回转钻进。

5.3.6　当需要测定岩石质量指标（RQD）时，应采用外径75mm（N型）的双层岩芯管和金刚石钻头。

5.3.7　预计采取Ⅰ、Ⅱ级土试样或进行原位测试的钻孔，应按本规程表5.3.1选择钻进方法，并应满足本规程第6章的有关规定。

5.3.8　勘探浅部土层时，可采用下列钻进方法：
　　1　小口径螺旋麻花钻（或提土钻）钻进；
　　2　小口径勺形钻钻进；
　　3　洛阳铲钻进。

5.4　冲洗液和护壁堵漏

5.4.1　钻孔冲洗液和护壁堵漏材料应根据地层岩性、任务要求、钻进方法、设备条件和环境保护要求等进行选择。常用冲洗液和护壁堵漏材料宜按表5.4.1选择。

表 5.4.1　常用冲洗液和护壁堵漏材料

冲洗液和护壁堵漏材料	适　用　范　围
清水	致密、稳定地层
泥浆（无固相冲洗液）	松散破碎地层，吸水膨胀性地层，节理裂隙较发育的漏失性地层
黏土	局部孔段的坍塌漏失地层，钻孔浅部或覆盖层有裂隙，产生漏、涌水等情况的地层
水泥浆	较厚的破碎带，塌漏较严重的地层，特殊泥浆及黏土处理无效、漏失严重的裂隙地层等
生物、化学浆液	裂隙很发育的破碎、坍塌漏失地层，一般用于短孔段的局部护壁堵漏
植物胶	松散、掉快、裂隙地层或胶结较差的地层，如，卵砾石层、砂层
套管	严重坍塌、缩孔、漏失、涌水性地层，较大的溶洞，松散的土层，砂层，其他护壁堵漏方法无效时，水文地质试验需封闭的孔段，水上钻探的水中孔段

5.4.2　钻孔冲洗液的选用应符合下列规定：
　　1　钻进致密、稳定地层时，应选用清水作冲洗液；
　　2　用作水文地质试验的孔段，宜选用清水或易于洗孔的泥浆作冲洗液；
　　3　钻进松散、掉块、裂隙地层或胶结较差的地层时，宜选用植物胶泥浆、聚丙烯酰胺泥浆等作冲洗液；
　　4　钻进片岩、千枚岩、页岩、黏土岩等遇水膨胀地层时，宜采用钙处理泥浆或不分散低固相泥浆作冲洗液；
　　5　钻进可溶性盐类地层时，应采用与该地层可溶性盐类相应的饱和盐水泥浆作冲洗液；
　　6　钻进高压含水层或极易坍塌的岩层时，应采用密度大、失水量少的泥浆作冲洗液；
　　7　金刚石钻进宜选用清水、低固相或无固相泥浆、乳化泥浆等作冲洗液。

5.4.3　钻孔护壁堵漏应符合下列规定：
　　1　根据孔壁稳定程度和钻进方法，可选用清水、泥浆、套管等护壁措施，当孔壁坍塌严重时，可采用水泥浆灌注护壁堵漏；
　　2　在地下水位以上松散填土及其他易坍塌的岩土层钻进时，可采用套管护壁；
　　3　在地下水位以下的饱和软黏性土层、粉土层、砂土层钻进时，宜采用泥浆护壁；在碎石土中钻进取芯困难时，可采取植物胶浆液护壁钻进；

　　4　在破碎岩层中可根据需要采用优质泥浆、水泥浆或化学浆液护壁；冲洗液漏失严重时，应采取充填、封闭等堵漏措施；

　　5　采用冲击钻进时，宜采用套管护壁。

5.4.4　采用套管护壁时，应先钻后跟进套管，不得向未钻过的土层中强行击入套管。钻进过程中应保持孔内水头压力大于或等于孔周地下水压，提钻时应能通过钻具向孔底通气通水。

5.5　采取鉴别土样及岩芯

5.5.1　钻探过程中，岩芯采取率应逐回次计算。岩芯采取率应根据勘探任务书要求确定，并应符合表5.5.1的规定。

表5.5.1　岩芯采取率

岩土层		岩芯采取率（%）
黏土层		≥90
粉土、砂土层	地下水位以上	≥80
	地下水位以下	≥70
碎石土层		≥50
完整岩层		≥80
破碎岩层		≥65

5.5.2　对于需要重点研究的破碎带、滑动带，应根据工程技术要求提高取芯率，并宜定向连续取芯。

5.5.3　钻进回次进尺应根据岩土地层情况、钻进方法及工艺要求、工程特点等确定，并应符合下列规定：

　　1　满足鉴别厚度小于0.2m的薄层的要求；

　　2　在黏性土中，回次进尺不宜超过2.0m；在粉土、饱和砂土中，回次进尺不宜超过1.0m，且不得超过螺纹长度或取土筒（器）长度；在预计的地层界线附近及重点探查部位，回次进尺不宜超过0.5m；采取原状土样前用螺旋钻头清土时，回次进尺不宜超过0.3m；

　　3　在岩层中钻进时，回次进尺不得超过岩芯管长度；在软质岩层中，回次进尺不得超过2.0m；在破碎岩石或软弱夹层中，回次进尺应为0.5m～0.8m。

5.5.4　鉴别土样及岩芯的保留与存放应符合下列规定：

　　1　除用作试验的土样及岩芯外，其余土样及岩芯应存放于岩芯盒内，并应按钻进回次先后顺序排列，注明深度和岩土名称，且每一回次应用岩芯牌隔开；

　　2　易冲蚀、风化、软化、崩解的岩芯，应进行封存；

　　3　存放土样及岩芯的岩芯盒应平稳安放，不得

日晒、雨淋和融冻，搬运时应盖上岩芯盒箱盖，小心轻放；

　　4　岩芯宜拍摄照片保存；

　　5　岩芯保留时间应根据勘察要求确定，并应保留至钻探工作检查验收完成。

6　钻孔取样

6.1　一般规定

6.1.1　采取的土试样质量等级应符合表6.1.1的规定。

表6.1.1　土试样质量等级

级别	扰动程度	试验内容
Ⅰ	不扰动	土类定名、含水量、密度、强度试验、固结试验
Ⅱ	轻微扰动	土类定名、含水量、密度
Ⅲ	显著扰动	土类定名、含水量
Ⅳ	完全扰动	土类定名

注：1　不扰动是指原位应力状态虽已改变，但土的结构、含水量、密度变化很小，能满足室内试验各项要求；

　　2　除地基基础设计等级为甲级的工程外，对于可塑、硬塑黏性土及非饱和的中密、密实粉土在工程技术要求允许的情况下，可用Ⅱ级土试样进行强度和固结试验，但宜先对土试样受扰动程度作抽样鉴定，判断用于试验的适宜性，并结合地区经验使用试验成果。

6.1.2　不同等级土试样的取样工具可按本规程附录C选择。

6.1.3　采用套管护壁时，套管的下设深度与取样位置之间应保留三倍管径以上的距离。采用振动、冲击或锤击等钻进方法时，应在预计取样位置1m以上改用回转钻进。

6.1.4　下放取土器前应清孔，且除活塞取土器取样外，孔底残留浮土厚度不应大于取土器废土段长度。

6.1.5　采取土试样时，宜采用快速静力连续压入法。对于较硬土质，宜采用二、三重管回转取土器钻进取样，有地区经验时，可采用重锤少击法取样。

6.1.6　在粉土、饱和砂土层中采取Ⅰ、Ⅱ级砂样时，可采用原状取砂器；砂土扰动可从贯入器中采取。

6.1.7　岩石试样可利用钻探岩芯制作。采取的毛样尺寸应满足试块加工的要求。有特殊要求时，试样形状、尺寸和方向应按岩石力学试验设计要求确定。

6.2　钻孔取土器

6.2.1　钻孔取土器技术规格应符合本规程附录D的规定。各类钻孔取土器的结构应符合本规程附录E

的规定。

6.2.2 取土试样前，应对所使用的钻孔取土器进行检查，并应符合下列规定：

　　1 刃口卷折、残缺累计长度不应超过周长的3％，刃口内径偏差不应大于标准值的1％；

　　2 对于取土器，应量测其上、中、下三个截面的外径，每个截面应量测三个方向，且最大与最小之差不应超过1.5mm；

　　3 取样管内壁应保持光滑，其内壁的锈斑和粘附土块应清除；

　　4 各类活塞取土器的活塞杆的锁定装置应保持清洁、功能正常、活塞松紧适度、密封有效；

　　5 取土器的衬筒应保证形状圆整、内侧清洁平滑、缝口平接、盒盖配合适当，重复使用前，应予清洗和整形；

　　6 敞口取土器头部的逆止阀应保持清洁、顺向排气排水畅通、逆向封闭有效；

　　7 回转取土器的单动、双动功能应保持正常，内管超前度应符合要求，自动调节内管超前度的弹簧功能应符合设计要求；

　　8 当零部件功能失效或有缺陷者时，应修复或更换后才能投入使用。

6.3　贯入式取样

6.3.1 采取贯入式取样时，取土器应平稳下放，并不得碰撞孔壁和冲击孔底。取土器下放后，应核对孔深与钻具长度，当残留浮土厚度超过本规程第6.1.4条的规定时，应提出取土器重新清孔。

6.3.2 采取Ⅰ级土试样时，应采用快速、连续的静压方式贯入取土器，贯入速度不应小于0.1m/s。当利用钻机的给进系统施压时，应保证具有连续贯入的足够行程。采用Ⅱ级土试样，可使用间断静压方式或重锤少击方式贯入取土器。

6.3.3 在压入固定活塞取土器时，应将活塞杆与钻架牢固连接，活塞不得向下移动。当贯入过程中需监视活塞杆的位移变化时，可在活塞杆上设定相对于地面固定点的标志，并测记其高差。活塞杆位移量不得超过总贯入深度的1％。

6.3.4 取土器贯入深度宜控制在取样管总长的90％。贯入深度应在贯入结束后准确量测并记录。当取土器压入预计深度后，应将取土器回转2～3圈或稍加静置后再提出取土器。

6.4　回转式取样

6.4.1 采用单动、双动二（三）重管采取Ⅰ、Ⅱ级土试样时，应保证钻机平稳、钻具垂直、平稳回转钻进，并可在取土器上加接重杆。

6.4.2 回转式取样时，回转钻进宜根据各场地地层特点通过试钻或经验确定钻进参数，选择清水、泥浆、植物胶等作冲洗液。

6.4.3 回转式取样时，取土器应具备可改变内管超前长度的替换管靴。宜采用具有自动调节功能的单动二（三）重管取土器，取土器内管超前量宜为50mm～150mm，内管管口压进后，应至少与外管齐平。对软硬交替的土层，宜采用具有自动调节功能的改进型单动二（三）重管取土器。

6.4.4 对硬塑以上的黏性土、密实砾砂、碎石土和软岩，可采用双动三重管取样器采取不扰动土试样。对于非胶结的砂、卵石层，取样时可在底靴上加置逆爪，在采取不扰动土试样困难时，可采用植物胶冲洗液。

7　井探、槽探和洞探

7.0.1 井探、槽探和洞探时，应采取相应的安全措施。

7.0.2 探井、探槽和探洞的深度、长度、断面尺寸等应按勘探任务要求确定，并应符合下列规定：

　　1 探井深度不宜超过地下水位，且不宜超过20m，掘进深度超过7m时，应向井内通风、照明；遇地下水时，应采取相应的排水和降水措施；

　　2 探井断面可采用圆形或矩形，且圆形探井直径不宜小于0.8m；矩形探井不宜小于1.0m×1.2m；当根据土质情况需要放坡或分级开挖时，井口宜加大；

　　3 探槽挖掘深度不宜大于3m，大于3m时，应根据槽壁的稳定情况增加支撑或改用探井方法，槽底宽度不应小于0.6m；探槽两壁的坡度，应按开挖深度及岩土性质确定；

　　4 探洞断面可采用梯形、矩形或拱形，洞宽不宜小于1.2m，洞高不宜小于1.8m；

　　5 探井的井口、探洞的洞口位置宜选择在坚固且稳定的部位，并应能满足施工安全和勘探的要求。

7.0.3 当地层破碎或岩土层不稳定、易坍塌又不允许放坡或分级开挖时，应对井、槽、洞壁支撑保护。支护方式可采用全面支护或间隔支护。全面支护时，每隔0.5m及在需要重点观察部位应留下检查间隙。当需要采取Ⅰ、Ⅱ级岩土试样时，应采取措施减少对井、槽、洞壁取样点附近岩土层的扰动。

7.0.4 探井、探槽和探洞开挖过程中的土石方堆放位置离井、槽、洞口边缘应大于1.0m。雨期施工时，应在井、槽、洞口设防雨篷和截水沟。

7.0.5 遇大块孤石或基岩，人工开挖难以掘进时，可采用控制爆破或动力机械方式掘进。

7.0.6 对于井探、槽探和洞探，除应文字描述记录外，尚应以剖面图、展开图等反映井、槽、洞壁和底部的岩性、地层分界、构造特征、取样和原位试验位置，并应辅以代表性部位的彩色照片。探井、探槽和探洞展开图式可按本规程附录 F 执行。

8 探井、探槽和探洞取样

8.0.1 探井、探槽和探洞中采取的Ⅰ、Ⅱ级岩土试样宜用盒装。试样容器可采用 φ120mm×200mm 或 120mm×120mm×200mm、φ150mm×200mm 或 150mm×150mm×200mm 等规格。对于含有粗颗粒的非均质土及岩石样，可按试验设计要求确定尺寸。试样容器宜做成装配式，并应具有足够刚度，避免土样因自重过大而产生变形。容器应有足够净空，以便采取相应的密封和防扰动措施。

8.0.2 采取盒状土试样宜按下列步骤进行：

1 整平取试样处的表面；

2 按土样容器净空轮廓，除去四周土体，形成土柱，其大小应比容器内腔尺寸小 20mm；

3 套上容器边框，边框上缘应高出土样柱 10mm，然后浇入热蜡液，蜡液应填满土样与容器之间的空隙至框顶，并应与之齐平；待蜡液凝固后，将盖板封上；

4 挖开土试样根部，使之与母体分离，再颠倒过来削去根部多余土料，土试样应比容器边框低 10mm，然后浇满热蜡液，待凝固后将底盖板封上。

8.0.3 按本规程第 8.0.1 条和第 8.0.2 条采取的岩土试样，可作为Ⅰ级试样。

8.0.4 采取断层泥、滑动带（面）或较薄土层的试样，可用试验环刀直接压入取样。

8.0.5 在探井、探槽和探洞中取样时，应与开挖掘进同步进行，且样品应有代表性。

9 特殊性岩土

9.1 软　土

9.1.1 软土钻进应符合下列规定：

1 软土钻进可采用空心螺纹提土器或活套闭水接头单管钻具钻进取芯；当采用空心螺纹提土器钻进时，提土器上端应有排水孔，下端应用排水活门。

2 钻进宜连续进行；当成孔困难或需间歇作业时，应采用套管、清水、泥浆等护壁措施。

3 对于钻进回次进尺长度，厚层软土不宜大于 2.0m，中厚层软土不宜大于 1.0m，地层含粉质成分较多时，不宜超过 0.5m，并应保证分层清楚，提土率应大于 80%；当夹有大量砂土互层，提土率不能满足要求时，应辅以标准贯入器取样作土层鉴别。

9.1.2 软土取样应符合下列规定：

1 软土应采用薄壁取土器静力压入法取样，不宜采用厚壁取土器或击入法取样；

2 应采取措施防止所采取的土试样水分流失和

蒸发，土试样应置于柔软防振的样品箱中，在运输过程中，不得改变其原有结构状态。

9.2 膨胀岩土

9.2.1 膨胀岩土钻进应符合下列规定：

1 宜采用肋骨合金钻头回转钻进，并应加大水口高度和水槽宽度，严禁采用振动或冲击方法钻进；

2 钻孔取芯宜采用双管单动岩芯管或无泵反循环钻进；

3 钻进时宜采取干钻，采取Ⅰ、Ⅱ级土试样时，严禁送水钻进；

4 回次进尺宜控制在 0.5m～1.0m；

5 当孔壁严重收缩时，应随钻随下套管护壁；

6 采用泥浆护壁时，应选用失水量小、护壁性能好的泥浆。

9.2.2 膨胀岩土取样应符合下列规定：

1 采用薄壁取土器，取土器入土深度不得大于其直径的 3 倍，土试样直径不得小于 89mm。

2 保持土试样的天然湿度和天然结构，并应防止土试样湿水膨胀或失水干裂。

9.3 湿陷性土

9.3.1 湿陷性土钻进应符合下列规定：

1 湿陷性土钻进应采用干钻方式，并严禁向孔内注水；

2 采取Ⅰ级土试样的钻孔应使用螺旋（纹）钻头回转钻进；

3 采取Ⅰ、Ⅱ级土试样的钻孔应根据地层情况控制钻进速度和旋转速度，并应按一米三钻控制回次进尺；

4 宜使用薄壁取土器进行清孔；当采用螺旋钻头清孔时，宜采取不施压或少加压慢速钻进。

9.3.2 湿陷性土取样应符合下列规定：

1 Ⅰ、Ⅱ级土试样宜在探井、探槽中刻取；

2 在钻孔中采取Ⅰ、Ⅱ级土试样时，应使用黄土薄壁取土器采取压入法取样；当压入法取样困难时，可采用一次击入法取样；

3 采用无内衬取土器取土时，应确保内壁干净平滑，并可在内壁均匀涂上润滑油；采取结构松散的土样时，应采用有内衬取土器，内衬应平整光滑，端部不得上翘或翻卷，并应与取土器内壁紧贴；

4 清孔时，应慢速低压连续压入或一次击入，清孔深度不应超过取样管长度，并不得采用小钻头钻进，大钻头清孔；

5 取样时应先将取土器轻轻吊放至孔底，然后匀速连续快速压入或一次击入，中途不得停顿，在压入过程中，钻杆应保持垂直、不摇摆，压入或击入深度宜保证土样超过盛土段 50mm；

6 卸土时不得敲击取土器；土试样取出后，应检查试样质量，当试样受压、破裂或变形扰动时，应废弃并重新取样。

9.4 多年冻土

9.4.1 多年冻土钻进应符合下列规定：

1 第四系松散冻土层，宜采取慢速干钻方法，钻进回次时间不宜超过 5min，回次进尺不宜大于 0.5m；

2 对于高含冰量的黏性土层，应采取快速干钻方法，钻进回次进尺不宜大于 0.80m；

3 钻进冻结碎石土或基岩时，可采用低温冲洗液；低温冲洗液的含盐浓度可根据表 9.4.1 确定；

表 9.4.1 低温冲洗液的含盐浓度

冰点	含盐溶液浓度（%）
−4℃	4.7
−6℃	9.4
−8℃	14.1

4 孔内有残留岩芯时，应及时设法清除；不能连续钻进时，应将钻具及时从孔内提出；

5 为防止地表水或地下水渗入钻孔，应设置护孔管封水或采取其他止水措施，孔口应加盖密封；护孔管应固定且高出地面 0.1m～0.2m，下端应至冻土上限以下 0.5m～1.0m；

6 起拔冻土孔内的套管可采用振动拔管，也可用热水加温套管或在钻孔四周钻小口径钻孔并辅以振动拔管；

7 在钻探和测温期间，应减少对场地地表植被的破坏。

9.4.2 多年冻土取样应符合下列规定：

1 采取 Ⅰ、Ⅱ 级冻土试样宜在探井、探槽和探洞中刻取；钻孔取样宜采取大直径试样；

2 冻土可用岩芯管取样；岩芯管取样困难时，可采用薄壁取土器击入法取样；

3 从岩芯管内取芯时，可采用缓慢泵压法退芯，当退芯困难时可辅以热水加热岩芯管；取出的岩芯应自上而下按顺序摆放，并应标记岩芯深度；

4 Ⅰ、Ⅱ 级冻土试样取出后，宜在现场及时进行试验。当现场不具备试验条件时，应立即密封、包装、编号并冷藏土样送至试验室，在运输中应避免试样振动。

9.5 污染土

9.5.1 当污染土对人体有害或对钻具仪表有腐蚀性时，应采取必要的保护措施。

9.5.2 在污染土中钻进时，不宜采用冲洗液，可采用清水或不产生附加污染的可生物降解的酯基洗孔液。

9.5.3 在较深钻孔和坚实土层中，应采用回转法取样；在较浅钻孔和松散土层中，宜采用压入法或冲击法取样。

9.5.4 取样工具应保持清洁，应采取有效措施避免污染土与大气及操作人员接触受到二次污染，并应防止挥发性物质流失、氧化。

9.5.5 土试样采集后应采取适当的封存方法，并应按规定的要求及时试验。

10 特 殊 场 地

10.1 岩溶场地

10.1.1 在岩溶地区钻探时，进场前应搜集当地区域地质资料，并应配置相应钻具、护管和早强水泥等。

10.1.2 岩溶发育地区钻探宜采用液压钻机，并应低压、中慢速钻进。

10.1.3 岩溶发育地区钻进过程中，当钻穿溶洞顶板时，应立即停钻，并用钻杆或标准贯入器试探，然后根据该溶洞的特点，确定后续钻进方法和应采用的钻具。同时应详细记录溶洞顶、底板的深度，洞内充填物及其性质、成分、水文地质情况等。

10.1.4 当溶洞内有充填物时，应采用双层岩芯管钻进或采用单层岩芯管不泵钻进。

10.1.5 对无充填物或充填物不满的溶洞，钻进时，应按溶洞大小及时下相应长度的护管。

10.1.6 岩溶发育地区钻进时，应采用带卡簧或爪簧岩芯管取芯。钻具应慢速起落，遇阻时应分析原因并采取相应措施。

10.1.7 当遇有蜂窝状小型溶洞群、严重漏水并无法干钻钻进且护管无效时，应使用早强水泥浆进行封堵。

10.2 水域钻探

10.2.1 水域钻探开工前，应收集相关水域的水文、气象、航运等资料，并应做好钻探计划和安全措施。

10.2.2 水域钻探应在水上固定式钻探平台或钻探船、筏等浮式平台上进行。钻探平台类型应根据钻探水域的水文、气象、地质条件和勘探技术要求等确定。

10.2.3 钻探点定位测量的仪器与方法，可根据场地离岸的距离进行选择。钻探点应按设计点位施放，开孔后应实测点位坐标和高程，并应与最新测绘的水域地形图及水文、潮汐等资料进行核对。

10.2.4 钻探点的点位高程应由多次同步测量的水深与水位确定，并可用处于稳定状态套管的长度作校核。在水深流急区域，不宜使用水砣绳测水深法确定点位标高。

10.2.5 水深测量应在孔位附近进行，水深测量和水位观测应同时进行。在潮汐影响水域采用勘探船、筏等浮式平台作业时，应按勘探任务书要求定时进行水位观测，并应校正水面标高。在地层变层时，应及时记录同步测量的水尺读数和水深水位观测数据，并应准确计算变层和钻进深度。

10.2.6 对于水域钻孔的护孔套管，除应满足陆域钻进的要求外，插入土层的套管长度应进入密实地层，并应保持稳定，确保冲洗液不跑漏。

10.2.7 在涨落潮水域采用浮动平台钻探时，可安装与浮动平台连接的导向管，并应配备 0.3m～1.0m 短套管。

10.3 冰 上 钻 探

10.3.1 冰上钻探前，应收集该区域的结冰期、冰层厚度及气象变化规律等资料。钻探施工过程中，应设专人定时对气象和冰层厚度变化进行观测。

10.3.2 冰上钻探宜在封冰期进行，且冰层厚度不得小于 0.4m。春融期间，冰层实际厚度应大于 0.6m，且冰水之间不应有空隙；冰层厚度应满足钻探设备及人员的自重要求。

10.3.3 冰上钻探前，应规划、设定冰上人员行走和机具设备、材料搬运路线，并应避开冰眼和薄弱冰带。

10.3.4 钻场 20m 范围内，不得随意开凿冰洞。抽水、回水冰洞应在钻场 20m 以外。

10.3.5 冲洗液中应加入适量的防冻液。冲洗液池与基台间的距离宜大于 3.0m。

10.3.6 冰上钻探时，应做好人员及土样防冻工作，钻场内炉具底部及附近应铺垫砂土等隔热层。

10.3.7 在受海潮影响的河流、湖泊进行冰上钻探时，基台应高于冰面 0.3m 以上，并应根据冰面变化随时进行调整。

11 地下水位量测及取水试样

11.0.1 地下水位的量测应符合下列规定：

　　1 遇地下水时应量测水位；

　　2 对工程有影响的多层含水层的水位量测，应采取分层隔水措施，将被测含水层与其他含水层隔开。

11.0.2 对于初见水位和稳定水位，可在钻孔、探井或测压管内直接量测。稳定水位量测的间隔时间应根据地层的渗透性确定，且对砂土和碎石土，不得少于 30min，对粉土和黏性土，不得少于 8h，并宜在勘探结束后统一量测稳定水位。

11.0.3 水位量测读数精度不得低于 ±20mm。

11.0.4 因采用泥浆护壁影响地下水位观测时，可在场地范围内另外布置专用的地下水位观测孔。

11.0.5 取水试样应符合下列规定：

　　1 采取的水试样应代表天然条件下的水质情况；

　　2 当有多层含水层时，应做好分层隔水措施，并应分层采取水样；

　　3 取水试样前，应洗净盛水容器，不得有残留杂质；

　　4 取水试样过程中，应尽量减少水试样的暴露时间，及时封口；对需测定不稳定成分的水样时，应及时加入稳定剂；

　　5 采取水试样后，应做好取样记录，记录内容应包括取样时间、孔号、取样深度、取样人、是否加入稳定剂等；

　　6 水试样应及时送验，放置时间应符合试验项目的相关要求。

12 岩土样现场检验、封存及运输

12.0.1 钻孔取土器提出地面之后，应小心地将土试样连同容器（衬管）卸下，并应符合下列规定：

　　1 对于以螺钉连接的薄壁管，卸下螺钉后可立即取下取样管；

　　2 对丝扣连接的取样管、回转型取土器，应采用链钳、自由钳或专用扳手卸开，不得使用管钳等易于使土样受挤压或使取样管受损的工具；

　　3 采用外管非半合管的带衬管取土器时，应将衬管与土样从外管推出，并应事先将土样削至略低于衬管边缘，推土时，土试样不得受压；

　　4 对各种活塞取土器，卸下取样管之前应打开活塞气孔，消除真空。

12.0.2 对钻孔中采取的Ⅰ级原状土试样，应在现场测定取样回收率。使用活塞取土器取样回收率大于 1.00 或小于 0.95 时，应检查尺寸量测是否有误，土试样是否受压，并应根据实际情况决定土试样废弃或降低级别使用。

12.0.3 采取的土试样应密封，密封可选用下列方法：

　　1 方法一：在钻孔取土器中取出土样时，先将上下两端各去掉约 20mm，再加上一块与土样截面面积相当的不透水圆片，然后浇灌蜡液，至与容器端齐平，待蜡液凝固后扣上胶皮或塑料保护帽；

　　2 方法二：取出土样用配合适当的盒盖将两端盖严后，将所有接缝采用纱布条蜡封封口；

　　3 方法三：采用方法一密封后，再用方法二密封。

12.0.4 对软质岩石试样，应采用纱布条蜡封或黏胶带立即密封。

12.0.5 每个岩土试样密封后均应填贴标签，标签上下应与土试样上下一致，并应牢固地粘贴在容器外壁上。土试样标签应记载下列内容：

　　1 工程名称或编号；

　　2 孔（井、槽、洞）号、岩土样编号、取样深

度、岩土试样名称、颜色和状态；

    3 取样日期；

    4 取样人姓名；

    5 取土器型号、取样方法，回收率等。

12.0.6 试样标签记载应与现场钻探记录相符。取样的取土器型号、取样方法，回收率等应在现场记录中详细记载。

12.0.7 采取的岩土试样密封后应置于温度及湿度变化小的环境中，不得暴晒或受冻。土试样应直立放置，严禁倒放或平放。

12.0.8 运输岩土试样时，应采用专用土样箱包装，试样之间应用柔软缓冲材料填实。

12.0.9 对易于振动液化、水分离析的砂土试样，宜在现场或就近进行试验，并可采用冰冻法保存和运输。

12.0.10 岩土试样采取之后至开土试验之间的贮存时间，不宜超过两周。

13 钻孔、探井、探槽和探洞回填

13.0.1 钻孔、探井、探槽、探洞等勘探工作完成后，应根据工程要求选用适宜的材料分层回填。回填材料及方法可按表13.0.1的要求选择。

表13.0.1 回填材料及方法

回填材料	回填方法
原土	每0.5m分层夯实
直径20mm左右黏土球	均匀回填，每0.5m～1m分层捣实
水泥、膨润土（4:1）制成浆液或水泥浆	泥浆泵送入孔底，逐步向上灌注
素混凝土	分层捣实
灰土	每0.3m分层夯实

13.0.2 钻孔、探井、探槽宜采用原土回填，并应分层夯实，回填土的密实度不宜小于天然土层。

13.0.3 需要时，应对探洞洞口采取封堵处理。

13.0.4 临近堤防的钻孔应采用干黏土球回填，并应边回填边夯实；有套管护壁的钻孔应边起拔套管边回填；对隔水有特殊要求时，可用水泥浆或4:1水泥、膨润土浆液通过泥浆泵由孔底向上灌注回填。

13.0.5 特殊地质或特殊场地条件下的钻孔、探井、探槽和探洞的回填，应按勘探任务书的要求回填，并应符合有关主管部门的规定。

14 勘探编录与成果

14.1 勘探现场记录

14.1.1 勘探记录应在勘探进行过程中同时完成，记录内容应包括岩土描述及钻进过程两个部分。现场岩土性鉴别应符合本规程附录G的规定，现场勘探记录可按本规程附录H执行。

14.1.2 勘探现场记录表的各栏均应按钻进回次逐项填写。当同一回次中发生变层时，应分行填写，不得将若干回次或若干层合并一行记录。现场记录的内容，不得事后追记或转抄，误写之处可用横线划去在旁边更正，不得在原处涂抹修改。

14.1.3 各类地层的描述应符合下列规定：

    1 碎石土和卵砾石土应描述下列内容：

      1）颗粒级配、颗粒含量、颗粒粒径、磨圆度、颗粒排列及层理特征；

      2）粗颗粒形状、母岩成分、风化程度和起骨架作用状况；

      3）充填物的性质、湿度、充填程度及密实度。

    2 砂土应描述下列内容：

      1）颜色、湿度、密实度；

        ① 颗粒级配、颗粒形状和矿物组成及层理特征；

        ② 黏性土含量。

    3 粉土应描述下列内容：

      1）颜色、湿度、密实度；

      2）包含物、颗粒级配及层理特征；

      3）干强度、韧性、摇振反应、光泽反应。

    4 黏性土应描述下列内容：

      1）颜色、湿度、状态；

      2）包含物、结构及层理特征；

      3）光泽反应、干强度、韧性等。

    5 填土应描述下列内容：

      1）填土的类别，可分为素填土、杂填土、充填土、压密填土；

      2）颜色、状态或密实度；

      3）物质组成、结构特征、均匀性；

      4）堆积时间、堆积方式等。

    6 对于特殊性岩土，除应描述相应土类的内容外，尚应描述其特殊成分和特殊性质。

    7 对具有互层、夹层、夹薄层特征的土，尚应描述各层的厚度和层理特征。

14.1.4 岩石的描述应包括地质年代、地质名称、颜色、主要矿物、结构、构造和风化程度、岩芯采取率、岩石质量指标（RQD）。对沉积岩尚应描述沉积物的颗粒大小、形状、胶结物成分和胶结程度；对岩浆岩和变质岩尚应描述矿物结晶大小和结晶程度。

14.1.5 岩体的描述应包括结构面、结构体、岩层厚度和结构类型，并宜符合下列规定：

    1 结构面的描述宜包括类型、性质、产状、组合形式、发育程度、延展情况、闭合程度、粗糙度、充填情况和充填物性质以及充水性质等；

2 结构体的描述宜包括类型、形状和大小、完整程度等情况。

14.1.6 岩土定名、描述术语及记录均应符合国家现行《岩土工程勘察规范》GB 50021 等标准的规定。鉴定描述应以目测、手触方法为主，并可辅以部分标准化、定量化的方法或仪器。

14.1.7 钻探过程的记录应包括下列内容：

1 使用的钻进方法、钻具名称、规格、护壁方式等；

2 钻进的难易程度、进尺速度、操作手感、钻进参数的变化情况；

3 孔内情况，应注意缩径、回淤、地下水位或冲洗液位及其变化等；

4 取样及原位测试的编号、深度位置、取样工具名称规格、原位测试类型及其结果；

5 异常情况。

14.2 勘探成果

14.2.1 勘探成果应包括下列内容：

1 勘探现场记录；

2 岩土芯样、岩芯照片；

3 钻孔、探井（槽、洞）的柱状图、展开图等；

4 勘探点坐标、高程数据一览表。

14.2.2 勘探点应按要求保存岩土芯样，并可拍摄岩土芯样的彩色照片，纳入勘察成果资料。

14.2.3 探井、探槽应按本规程附录 F 绘制展开图、剖面图，并宜按本规程附录 J 绘制现场钻孔柱状图。

14.2.4 钻探成果应有钻探机（班）长、记录员及工程负责人或检查人签名。

附录 A 工程地质钻孔口径及钻具规格

表 A 工程地质钻孔口径及钻具规格

钻孔口径(mm)	钻具规格(mm)										相应于DCDMA标准的级别
	岩芯外管		岩芯内管		套管		钻杆		绳索钻杆		
	D	d	D	d	D	d	D	d	D	d	
36	35	29	26.5	23	45	38	33	23			E
46	45	38	35	31	58	49	43	31	43.5	34	A
59	58	51	47.5	43.5	73	63	54	42	55.5	46	B
75	73	65.5	62	56.5	89	81	67	55	71	61	N
91	89	81	77	70	108	99.5	67	55			
110	108	99.5	—	—	127	118					
130	127	118	—	—	146	137					
150	146	137	—	—	168	156					S

注：DCDMA标准为美国金钢石钻机制造者协会标准。

附录 B 岩土可钻性分级

表 B 岩土可钻性分级

岩土可钻性分级	岩土硬度	代表性岩土	普氏坚固系数	可钻性指标(m/h)	
				金刚石	硬质合金
I	松软、松散	流～软塑的黏性土、有机土（淤泥、泥炭、耕土），稍密的粉土，含硬杂质在 10% 以内的人工填土	0.3～1		
II	较松软、松散	可塑的黏性土，中密的粉土，新黄土，含硬杂质在(10～25)%的人工填土，粉砂、细砂、中砂	1～2		
III	软	硬塑、坚硬的黏性土，密实的粉土，含杂质在 25% 以上的人工填土，老黄土，残积土，粗砂、砾砂、砾石、轻微胶结的砂土，石膏、褐煤、软烟煤、软白垩	2～4		
IV	稍软	页岩，砂质页岩，油页岩，炭质页岩，钙质页岩，砂页岩互层，较致密的泥灰岩，泥质砂岩，中等硬度煤层，岩盐，结晶石膏，高岭土，火山凝灰岩，冻结的含水砂层	4～6		>3.9
V	稍硬	崩积层，泥质板岩，绿泥石、云母、绢云母板岩，千枚岩、片岩，块状石灰岩，白云岩，细粒结晶灰岩、大理岩，较松散的砂岩，蛇纹岩，纯橄榄岩，硬烟煤，冻结的粗砂、砾石层、冻土层，粒径大于20mm含量大于50%的卵石、碎石，金属矿渣	6～7	2.9～3.6	2.5
VI	中	轻微硅化的灰岩，方解石、绿帘石矽卡岩，钙质胶结的砾岩，长石砂岩，石英砂岩，石英粗面岩，角闪石斑岩，透辉石，辉长岩，冻结的砾石层，粒径大于40mm含量大于50%的卵石、碎石，混凝土构件、砌块、路面	7～8	2.3～3.1	2.0
VII	中	微硅化的板岩，千枚岩、片岩，长石石英砂岩，石英二长岩，微片岩化的钠长石斑岩，粗面岩，角闪石斑岩，玢岩，微风化的粗粒花岗岩，正长岩，斑岩，辉长岩及其他火成岩，硅质灰岩，燧石灰岩，粒径大于60mm含量大于50%的卵石、碎石	8～10	1.9～2.6	1.4

续表 B

岩土可钻性分级	岩土硬度	代表性岩土	普氏坚固系数	可钻性指标 (m/h) 金刚石	硬质合金
Ⅷ	硬	硅化绢云母板岩、千枚岩、片岩、片麻岩、绿帘石岩，含石英的碳酸盐岩石，含石英重晶石岩石，含磁铁矿和赤铁矿石英岩，钙质胶结的砾岩，玄武岩、辉绿岩，安山岩、辉石岩，石英安山斑岩，中粒结晶的钠长斑岩和角闪石斑岩，细粒硅质胶结的石英砂岩和长石砂岩，含大块燧石灰岩，轻微风化的花岗岩、花岗片麻岩、伟晶岩、闪长岩、辉长岩等，粒径大于 80mm 含量大于 50% 的卵石、碎石	11~14	1.5~2.1	0.8
Ⅸ		高硅化的板岩、千枚岩、灰岩、砂岩，粗粒的花岗岩、花岗闪长岩、花岗片麻岩、正长岩、辉长岩、粗面岩，微风化的石英粗面岩、伟晶花岗岩、灰岩、硅化的凝灰岩、角页岩化的凝灰岩、细粒石英岩、石英质磷灰岩、伟晶岩，粒径大于 100mm 含量大于 50% 的卵石、碎石，半胶结的卵石土	14~16	1.1~1.7	
Ⅹ	坚硬	细粒的花岗岩、花岗闪长岩、花岗片麻岩、流纹岩、微晶花岗岩，石英粗面岩，石英钠长斑岩，坚硬的石英伟晶岩、燧石层，粒径大于 130mm 含量大于 50% 的卵石、碎石，胶结的卵石土	16~18	0.8~1.2	
Ⅺ		刚玉岩，石英岩，碧玉岩，块状石英，最坚硬的铁质角页岩，碧玉质的硅化板岩，燧石，粒径大于 160mm 含量大于 50% 的卵石、碎石	18~20	0.5~0.9	
Ⅻ	最坚硬	未风化及致密的石英岩、碧玉、角页岩，纯钠辉石刚玉岩，燧石，石英，粒径大于 200mm 含量大于 50% 的漂石、块石		<0.6	

注：岩石的强风化、全风化和残积土，可参照类似土层确定。

附录 C 不同等级土试样的取样工具适宜性

表 C 不同等级土试样的取样工具适宜性

土试样质量等级	取样工具	黏性土 流塑	软塑	可塑	硬塑	坚硬	粉土	砂土 粉砂	细砂	中砂	粗砂	砾砂、碎石土、软岩
Ⅰ	薄壁取土器 固定活塞	++	++	+	-	-	++	-	-	-	-	-
	水压固定活塞	++	++	+	-	-	++	-	-	-	-	-
	自由活塞	-	+	++	+	-	+	-	-	-	-	-
	敞口	-	+	++	+	-	+	-	-	-	-	-
	回转取土器 单动三重管	-	+	++	++	+	+	-	-	-	-	-
	双动三重管	-	-	-	+	++	-	-	-	++	++	-
	探井（槽）中刻取块状土样	++	++	++	++	++	++	++	++	++	++	++
Ⅰ~Ⅱ	束节式取土器	+	++	++	+	-	+	-	-	-	-	-
	黄土取土器											
	原状取砂器	-	-	-	+	++	++	++	++	++	++	+
Ⅱ	薄壁取土器 水压固定活塞	++	++	+	-	-	++	-	-	-	-	-
	自由活塞	-	+	++	+	-	+	-	-	-	-	-
	敞口	-	+	++	+	-	+	-	-	-	-	-
	回转取土器 单动三重管	-	+	++	++	+	+	-	-	-	-	-
	双动三重管	-	-	-	+	++	-	-	-	++	++	++
	厚壁敞口取土器	+	++	++	+	-	+	-	-	-	+	-
Ⅲ	厚壁敞口取土器	++	++	++	+	-	+	-	-	-	+	-
	标准贯入器	++	++	++	++	++	++	++	++	++	++	-
	螺纹钻头	++	++	++	++	++	++	-	-	-	-	-
	岩芯钻头	++	++	++	++	++	++	+	+	+	+	++
Ⅳ	标准贯入器	++	++	++	++	++	++	++	++	++	++	-
	螺纹钻头	++	++	++	++	++	++	-	-	-	-	-
	岩芯钻头	++	++	++	++	++	++	+	+	+	+	++

注：1 ++：适用；+：部分适用；-：不适用；
 2 采取砂样试样应有防止试样失落的补充措施；
 3 有经验时，可用束节式取土器代替薄壁取土器；
 4 黄土取土器是专门在黄土层中取样工具，适用于湿陷性土、黄土、黄土类土，在严格操作方法下可以取得Ⅰ级土样；
 5 三重管回转取土器的内管超前长度应根据土类不同予以调整，也可采用有自动调整装置的取土器，如皮切尔（Pitcher）取土器。

附录 D　取土器技术标准

D.0.1 贯入式取土器技术指标应符合表 D.0.1 的规定。

表 D.0.1　贯入式取土器技术指标

取土器		取样管外径(mm)	刃口角度(°)	面积比(%)	内间隙比(%)	外间隙比(%)	薄壁管总长(mm)	衬管长度(mm)	衬管材料	说明
薄壁取土器	敞口	50,75,100	5~10	<10	0	0	500,700,1000	—	—	—
	自由活塞									
	水压固定活塞	75,100			0.5~1.0					
	固定活塞			10~13						
束节式取土器		50,75,100	管靴薄壁段同薄壁取土器,长度不小于内径的3倍				200,300	塑料、酚醛层压纸或环刀		—
黄土取土器		127	10	15	1.5	1.0	150	塑料、酚醛层压纸		废土段长度200mm
厚壁取土器		75~89,108	<10双刃角	13~20	0.5~1.5	0~2.0	150,200,300	塑料、酚醛层压纸或镀锌薄钢板		废土段长度200mm

注:1 如果使用镀锌薄钢板衬管,应保证形状圆整,满足面积比要求,重复使用前应注意清理和整形;
　　2 厚壁取土器亦可不用衬管,另备盛样管。

D.0.2 回转式取土器技术指标应符合表 D.0.2 的规定。

表 D.0.2　回转式取土器技术指标

取土器类型		外径(mm)	土样直径(mm)	长度(mm)	内管超前	说明
双重管(加内衬管即为三重管)	单动	102	71	1500	固定可调	直径尺寸可视材料规格稍作变动,但土样直径不得小于71mm
		140	104			
	双动	102	71	1500	固定可调	
		140	104			

D.0.3 环刀取砂器技术指标应符合表 D.0.3 的规定。

表 D.0.3　环刀取砂器技术指标

取砂器类型	外径(mm)	砂样直径(mm)	长度(mm)	内管超前(mm)	应用范围取样等级	取样方法
内环刀取砂器	75~95	61.8~79.8	710	无内管	1 粉砂、细砂、中砂、粗砂、砾砂,亦可用于软塑、可塑性黏性土及部分粉土。 2 Ⅰ、Ⅱ级试样	压入法或重锤少击法取样
双管单动内环刀取砂器	108	61.8	675	20~50(根据土层硬度超前量自动调节)	1 粉砂、细砂、中砂、粗砂、砾砂,亦可用于软塑、可塑性黏性土及部分粉土。 2 Ⅰ、Ⅱ级试样	回转钻进法取样

附录 E　各类取土器结构示意图

E.0.1　各类取土器结构示意图见图 E.0.1-1～图 E.0.1-12。

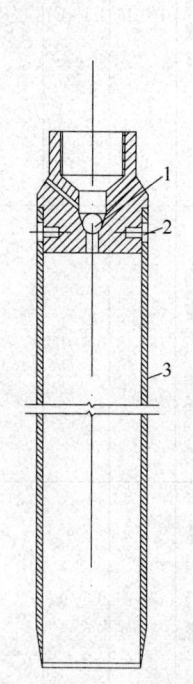

图 E.0.1-1　敞口薄壁取土器
1—阀球;2—固定螺钉;3—薄壁器

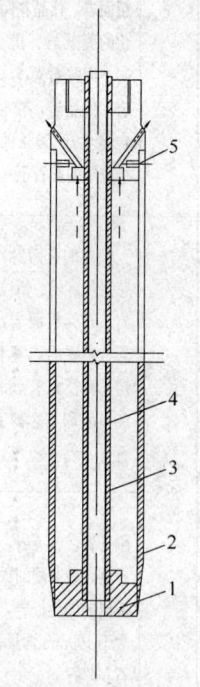

图 E.0.1-2　固定活塞取土器
1—固定活塞;2—薄壁取样管;3—活塞杆;4—消除真空杆;5—固定螺钉

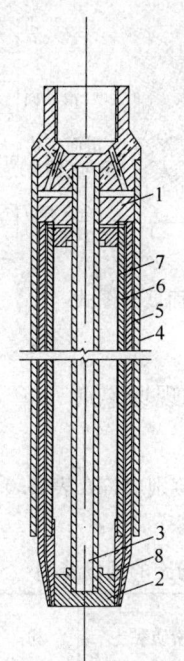

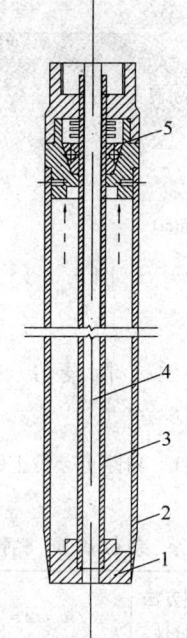

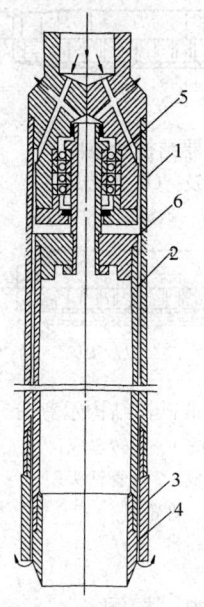

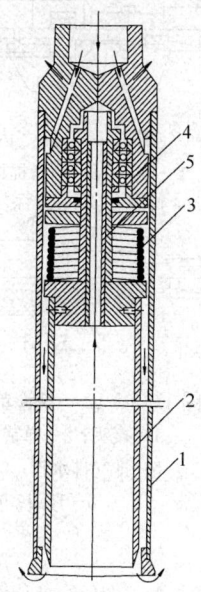

图 E.0.1-3 水压固定
活塞取土器
1—可动活塞；2—固定活塞；
3—活塞杆；4—活塞缸；
5—竖向导杆；6—取样管；
7—衬管（采用薄壁管
时无衬管）；
8—取样管刃靴

图 E.0.1-4 自由活塞
取土器
1—活塞；2—薄壁取样管；
3—活塞杆；4—消除真
空杆；5—弹簧锥卡

图 E.0.1-7 单动二(三)
重管取土器
1—外管；2—内管
（取样管及衬管）；
3—外管钻头；
4—内管管靴；
5—轴承；6—内
管头（内装逆止阀）

图 E.0.1-8 单动二(三)
重管取土器
（自动调节超前）
1—外管；2—内管
（取样管及衬管）；
3—调节弹簧
（压缩状态）；
4—轴承；
5—滑动阀

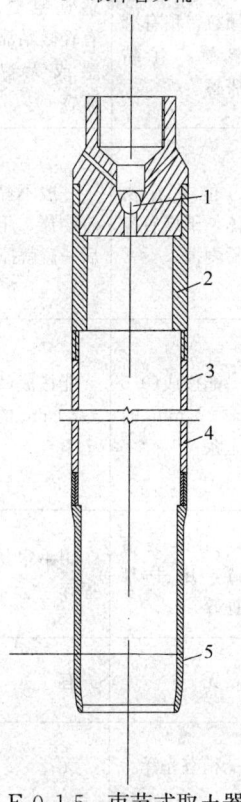

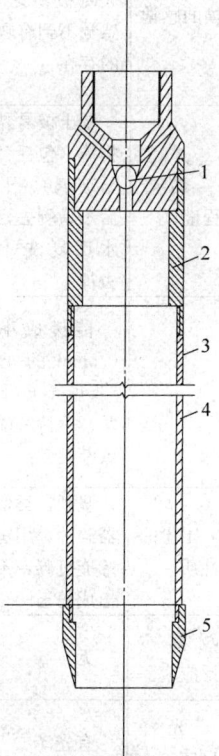

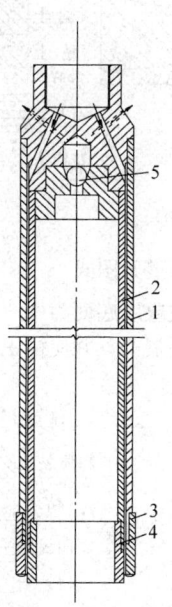

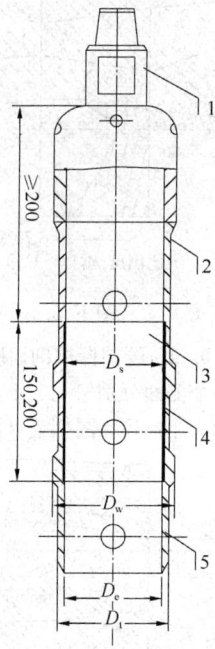

图 E.0.1-9 双动二(三)
重管取土器
1—外管；2—内管；
3—外管钻头；4—内
管钻头；5—逆止阀

图 E.0.1-10 黄土薄壁
取土器
1—导径接头；2—废土筒；
3—衬管；4—取样管；
5—刃口；D_s—衬管内径；
D_w—取样管外径；
D_e—刃口内径；
D_t—刃口外径

图 E.0.1-5 束节式取土器
1—阀球；2—废土管；
3—半合取土样管；
4—衬管或环刀；
5—束节薄壁管靴

图 E.0.1-6 厚壁取土器
1—阀球；2—废土管；
3—半合取土样管；
4—衬管；5—加厚
管靴

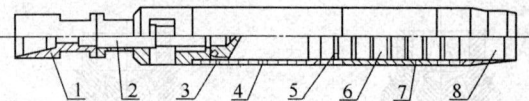

图 E.0.1-11　内环刀取砂器结构示意图
1—接头；2—六角提杆；3—活塞及"O"形密封圈；
4—废土管；5—隔环；6—环刀；7—取砂筒；8—管靴

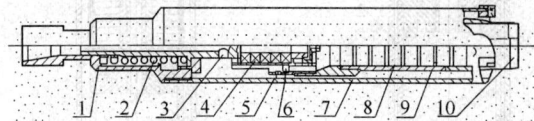

图 E.0.1-12　双管单动内环刀取砂器结构示意图
1—接头；2—弹簧；3—水冲口；4—回转总成；
5—排气排水孔；6—钢球单向阀；7外管钻头；
8—环刀；9—隔环；10—管靴图

附录 F　探井、探槽、探洞剖面展开图式

F.0.1　绘制探井剖面展开图式应将四个侧面连续展开，底面在第二个侧面底部向下展开，并应标识方向标、比例尺、图例等（图 F.0.1）。

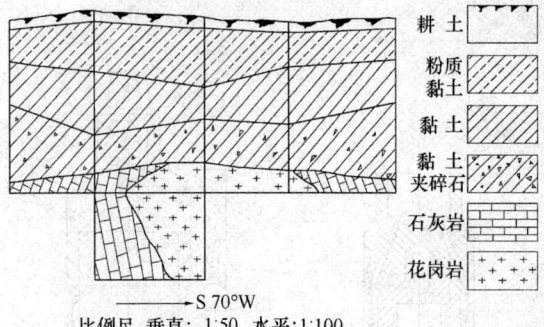

耕土
粉质黏土
黏土
黏土夹碎石
石灰岩
花岗岩

← S 70°W
比例尺　垂直：1:50　水平：1:100

图 F.0.1　探井剖面展开图式

F.0.2　绘制探槽剖面展开图式应以底面为中心，将四个侧面分别按上、下、左、右展开，并应标识方向标、比例尺、图例等（图 F.0.2）。

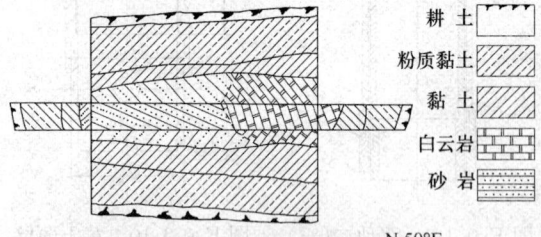

耕土
粉质黏土
黏土
白云岩
砂岩

→ N 50°E
比例尺　垂直：1:50　水平：1:100

图 F.0.2　探槽剖面展开图式

F.0.3　绘制探洞剖面展开图式应以底（或顶）面为轴心，将两个侧面分别向上下展开，并应标识方向标、比例尺、图例等（图 F.0.3）。

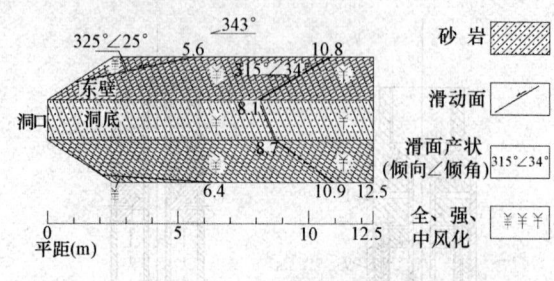

砂岩
滑动面
滑面产状
（倾向∠倾角）315°∠34°
全、强、中风化

图 F.0.3　探洞剖面展开图式

附录 G　岩土的现场鉴别

G.0.1　黏性土、粉土的现场鉴别应符合表 G.0.1 的规定。

表 G.0.1　黏性土、粉土的现场鉴别

鉴别方法和特征	黏土	粉质黏土	粉土
湿润时用刀切	切面非常光滑，刀刃有黏腻的阻力	稍有光滑面，切面规则	无光滑面，切面比较粗糙
用手捻摸的感觉	捻摸湿土有滑腻感，当水分较大时极易黏手，感觉不到有颗粒的存在	仔细捻摸感觉到有少量细颗粒，稍有滑腻感，有黏滞感	感觉有细颗粒存在或感觉粗糙，有轻微黏滞感或无黏滞感
黏着程度	湿土极易黏着物体（包括金属与玻璃），干燥后不易剥去，用水反复洗才能去掉	能黏着物体，干燥后容易剥掉	一般不黏着物体，干后一碰就掉
湿土搓条情况	能搓成小于 0.5mm 的土条（长度不短于手掌）手持一端不致断裂	能搓成（0.5～2）mm 的土条	能搓成（2～3）mm 的土条
干土的性质	坚硬，类似陶器碎片，用锤击才能打碎，不易击成粉末	用锤易击碎，用手难捏碎	用手很易捏碎
摇震反应	无	无	有
光泽反应	有光泽	稍有光泽	无
干强度	高	中等	低
韧性	高	中等	低

G.0.2 黏性土状态的现场鉴别应符合表 G.0.2 的规定。

表 G.0.2 黏性土状态的现场鉴别

稠度状态	坚硬	硬塑	可塑	软塑	流塑
黏土	干而坚硬，很难掰成块	1 用力捏先裂成块后显柔性，手捏感觉干，不易变形；2 手按无指印	1 手捏似橡皮有柔性；2 手按有指印	1 手捏很软，易变形，土块掰时似橡皮；2 用力不大就能按成坑	土柱不能直立，自行变形
粉质黏土	干硬，能掰开或捏成块，有棱角	1 手捏感觉硬，不易变形，土块用力可打散成碎块；2 手按无指印	1 手按土易变形，有柔性，掰时似橡皮；2 能按成浅凹坑	1 手捏很软，易变形，土块掰时似橡皮；2 用力不大就能按成坑	土柱不能直立，自行变形

G.0.3 粉土湿度的现场鉴别应符合表 G.0.3 的规定。

表 G.0.3 粉土湿度的现场鉴别

湿度	稍湿	湿	很湿
鉴别特征	土扰动后不易握成团，一摇即散	土扰动后能握成团，摇动时土表面渗出水，手中有湿印，用手捏水即吸回	用手摇动时有水析出，土体塌流成扁圆形

G.0.4 砂土的现场鉴别应符合表 G.0.4 的规定。

表 G.0.4 砂土的现场鉴别

鉴别特征	砾砂	粗砂	中砂	细砂	粉砂
颗粒粗细	约有1/4以上颗粒比荞麦或高粱粒（2mm）大	约有一半以上颗粒比小米粒（0.5mm）大	约有一半以上颗粒与砂糖或白菜籽（>0.25mm）近似	大部分颗粒与粗玉米粉（>0.1mm）近似	大部分颗粒与米粉近似
干燥时的状态	颗粒完全分散	颗粒完全分散，个别胶结	颗粒基本分散，部分胶结，部分一碰即散	颗粒大部分分散，少量胶结，部分稍加压即散	颗粒少部分分散，大部分胶结，稍加压即能分散

续表 G.0.4

鉴别特征	砾砂	粗砂	中砂	细砂	粉砂
湿润时用手拍后的状态	表面无变化	表面无变化	表面偶有水印	表面有水印及翻浆现象	表面有显著翻浆现象
黏着程度	无黏着感	无黏着感	无黏着感	偶有轻微黏着感	有轻微黏着感

G.0.5 砂土湿度的现场鉴别应符合表 G.0.5 的规定。

表 G.0.5 砂土湿度的现场鉴别

湿度	稍湿	很湿	饱和
鉴别特征	呈松散状，用手握时感到湿、凉，放在纸上不会浸湿，加水时吸收很快	可以勉强握成团，放在手上有湿感、水印，放在纸上浸湿很快，加水时吸收很慢	钻头上有水，放在手掌上水自然渗出

G.0.6 碎石土、卵石土密实度的现场鉴别应符合表 G.0.6 的规定。

表 G.0.6 碎石土、卵石土密实度的现场鉴别

状态	天然陡坎或坑壁情况	骨架和充填物	挖掘情况	钻探情况	说明
密实	天然陡坎稳定，能陡立，坎下堆积物少，坑壁稳定，无掉块现象	骨架颗粒含量大于总重的70%，呈交错排列，连续紧密接触，孔隙填满，坚硬密实，掏取大颗粒后填充物能成窝形，不易掉落	用镐挖掘困难，用撬棍方能松动，用手掏取大颗粒后填充物困难	钻进极困难，冲击钻探时钻杆和吊锤跳动剧烈	1 密实程度按表列各项综合确定；2 本表不包括半胶结的碎石、卵石土；3 本表未考虑风化和地下水影响
中密	天然陡坎不能陡立或陡坎下有较多的堆积物，自然坡大于颗粒的安息角	骨架颗粒含量占总重的（60～70）%，呈交错排列，大部分接触，疏密不均，孔隙填满，填充砂土时掏取大颗粒后填充物难成窝形	用镐可挖掘，用手掏取大颗粒	钻进较困难，冲击钻探时钻杆和吊锤跳动不剧烈	
稍密	不能形成陡坎，自然坡接近于颗粒的安息角，坑壁不能稳定，易发生坍塌	骨架颗粒含量小于总重的60%，排列混乱，大部分不接触，而被填充物包裹填充砂土时，掏取大颗粒后砂随即坍塌	用镐刨开，手锤轻击时可引起部分塌落	钻进较容易，冲击钻探时钻杆稍有跳动	

G.0.7 岩石风化程度的现场鉴别应符合表 G.0.7 的规定。

表 G.0.7　岩石风化程度的现场鉴别

岩石类别	风化程度	野外观察的特征	开挖或钻探情况
硬质岩石	微风化	组织结构基本未变，仅节理面有铁锰质浸染或矿物略有变色。有少量风化裂隙，岩体完整性好	开挖需爆破，一般金刚石岩芯钻方可钻进
	中风化	组织结构部分破坏，矿物成分基本未变化，仅沿节理面出现次生矿物。风化裂隙发育，岩体被切割成20cm～50cm的岩块，锤击声脆，且不易击碎	不能用镐挖掘，一般金刚石岩芯钻方可钻进
	强风化	组织结构已大部分破坏，矿物成分已显著变化，长石、云母已风化成次生矿物，裂隙很发育，岩体被切割成 2cm～20cm 的岩块，可用手折断	用镐可挖掘，干钻不易钻进
软质岩石	微风化	组织结构基本未变，仅节理面有铁锰质浸染或矿物略有变色，有少量风化裂隙，岩体完整性好	开挖用撬棍或爆破，一般金刚石、硬质合金均可钻进
	中风化	组织结构部分破坏，矿物成分发生变化，节理面附近的矿物已风化成土状，风化裂隙发育，岩体被切割成20cm～50cm 岩块，锤击易碎	开挖用镐或撬棍，硬质合金可钻进
	强风化	组织结构已大部分破坏，矿物成分已显著变化，含大量黏土矿物，风化裂隙很发育，岩体被切割成碎块，干时可用手折断或捏碎，浸水或干湿交替时可较迅速地软化或崩解	用镐可挖掘，干钻可钻进
	全风化	组织结构已基本破坏，但尚可辨认，有残余结构强度，风化成土混砂砾状或土夹碎粒状，岩芯手可掰断捏碎	用镐锹可挖掘，干钻可钻进
	残积土	组织结构已全部破坏，已风化成土状，具可塑性	用镐锹可挖掘，干钻可钻进

G.0.8 岩石硬度的现场鉴别应符合表 G.0.8 的规定。

表 G.0.8　岩石硬度的现场鉴别

硬度	鉴别特征
很软的	用手指易压碎，锤轻击有凹痕
软的	用手指不易压碎，用笔尖刻划可有划痕
中等的	用笔尖难于刻划，用小刀刻划有划痕，用钎击有凹痕

续表 G.0.8

硬度	鉴别特征
中硬的	用小刀难于刻划，用锤轻击有击痕或破碎
坚硬的	用锤重击出现击痕破碎
很坚硬	用锤反复重击方能破碎

G.0.9 红黏土的现场鉴别应符合表 G.0.9 的规定。

表 G.0.9　红黏土的现场鉴别

主要鉴别项目	特征
母岩名称	石灰岩、白云岩
母岩岩性	主要为碳酸岩类岩石，岩层褶皱剧烈，岩石较破碎，易风化，成土后土质较细，液限大于50%，塑性高，黏粒含量在50%以上
分布规律及特征	多分布在山区或丘陵地带，见于山坡、山麓、盆地或洼地中，其厚度取决于基岩的起伏，一般是低处厚，高处薄，变化极大。 颜色棕红、褐黄、直接覆盖于碳酸岩系之上的黏土，具有表面收缩，上硬下软，裂隙发育的特征。地下水位以上的土，一般结构性好，强度高；地下水位以下的土，一般呈可塑、软塑或流塑状态，强度低，压缩性高。切面很光滑

G.0.10 膨胀岩土的现场鉴别应符合表 G.0.10 的规定。

表 G.0.10　膨胀岩土的现场鉴别

主要鉴别项目	特征
分布规律	分布于盆地的边缘和较高级的阶地上。下接湖积或冲积平原，上邻丘陵山地；在堆积时代上多属更新世，在成因类型上冲积、坡积和残积均有
矿物成分	含多量的蒙脱石、伊利石（水云母）、多水高岭土等（化学成分以 SiO_2 和 Al_2O_3、Fe_2O_3 为主）
颗粒与结构	黏土颗粒含量较高，塑性指数大，一般接近于黏土，土的结构强度高，但在水的作用下其表部易成泥泞的稀泥并在一定范围内膨胀
干燥后的特征	干燥时土质坚硬，易裂，具有不甚明显的垂直节理，在现场可见高度2m～5m左右的陡壁，有崩塌现象

G.0.11 残积土的现场鉴别应符合表 G.0.11 的规定。

表 G.0.11　残积土的现场鉴别

主要鉴别项目	特征
结构	结构已全部破坏，矿物成分除石英外，已风化成土状。镐易挖掘，干钻易钻进，具可塑性

续表 G.0.11

主要鉴别项目	特 征
分布规律	分布于基岩起伏平缓地区，与下卧基岩风化带呈渐变关系
残积砂土	未经分选，可具母岩矿物成分，表面粗糙，有棱角，常与碎石及黏性土混在一起，其厚度不均
残积粉土和残积黏性土	产状复杂，厚度不均，深埋者常为硬塑或坚硬状态。裸露地表者，孔隙比较大
残积碎石土	碎石成分与母岩相同，未经搬运，分选差，大小混杂、颗粒呈棱角形

G.0.12 新近沉积土的现场鉴别应符合表 G.0.12 的规定。

表 G.0.12 新近沉积土的现场鉴别

沉积环境	颜 色	结构性	含 有 物
河漫滩、山前洪、冲积肩（锥）的表层、古河道，已填塞的湖、塘、沟、谷和河道泛滥区	较深而暗，呈褐、暗黄或灰色，含有机质较多时带灰黑色	结构性差，用手扰动原状土时极易变软，塑性较低的土还有振动水析现象	在完整的剖面中无粒状结核体，但可能含有圆形及亚圆形钙质结核体（如礓结石）或贝壳等，在城镇附近可能含有少量碎砖、瓦片、陶瓷、铜币或朽木等人类活动遗物

G.0.13 黄土的现场鉴别应符合表 G.0.13 的规定。

表 G.0.13 黄土的现场鉴别

黄土名称	颜色	特征及包含物	古土壤	沉积环境	挖掘情况
Q_4^2 新近堆积黄土	浅褐至深褐色，或黄至黄褐色	土质松散不均，多虫孔和植物根孔，有粉末状或条纹状碳酸盐结晶，含少量小砾石或钙质结核，有时有砖瓦碎块或朽木等	无	河漫滩低级阶地，山间洼地的表面，黄土源、峁的坡脚，洪积扇或山前坡积地带，老河道及填塞的沟槽洼地的上部	锹挖很容易，进度较快
Q_4^1 黄土状土	褐黄至褐黄色	具有大孔、虫孔和植物根孔，含少量小的钙质结核或小砾石。有时有人类活动遗物，土质较均匀	底部有深褐色黑垆土	河流阶地的上部	锹挖容易，但进度稍慢

续表 G.0.13

黄土名称	颜色	特征及包含物	古土壤	沉积环境	挖掘情况
Q_3 马兰黄土	浅黄、褐黄或黄褐色	土质均匀、大孔发育，具垂直节理，有虫孔及植物根孔，有少量小的钙质结核	底部有一层古土壤，作为与 Q_2 黄土的分界，呈零星分布	河流阶地和黄土源、梁、峁的上部，以及黄土高原与河谷平原的过渡地带	锹、镐挖掘不困难
Q_2 离石黄土	深黄、棕黄或黄褐色	土质较密实，有少量大孔。古土壤层下部钙质结核含量增多，粒径可达 5cm～20cm，常成层分布成为钙质结核层	夹有多层古土壤层，称"红三条"或"红五条"甚至更多	河流高阶地和黄土源、梁、峁的黄土主体	锹、镐挖掘困难
Q_1 午城黄土	浅红或棕红色	土质密实，无大孔，柱状节理发育，钙质结核含量较 Q_2 黄土少	古土壤层不多	第四纪早期沉积，底部与第三纪红黏土或砂砾层接触	锹、镐挖掘很困难

G.0.14 冻土构造与现场鉴别应符合表 G.0.14 的规定。

表 G.0.14 冻土构造与现场鉴别

构造类别	冰的产状	岩性与地貌条件	冻结特征	融化特征
整体构造	晶粒状	1 岩性多为细颗粒土，但砂砾石土冻结亦可产生此种构造；2 一般分布在长草或幼树的阶地和缓坡地带以及其他地带；3 土壤湿度：稍湿	1 粗颗粒土冻结，结构较紧密，孔隙中有冰晶，可用放大镜观察到；2 细颗粒土冻结，呈整体状；3 冻结强度一般（中等），可用锤子击碎	1 融化后原土结构不产生变化；2 无渗水现象；3 融化后，不产生融沉现象
层状构造	微层状（冰厚一般可达 1mm～5mm)	1 岩性以粉砂或黏性土为主；2 多分布在冲-洪积扇及阶地其他地带，植被较茂密；3 土壤湿度：潮湿	1 粗颗粒土冻结，孔隙被较多冰晶充填，偶尔可见薄冰层；2 细颗粒土冻结，呈微层状构造，可见薄冰层或薄透镜体冰水；3 冻结强度很高，不易击碎	1 融化后原土体积缩小现象不明显；2 有少量水分渗出；3 融化后，产生弱融沉现象

构造类别	冰的产状	岩性与地貌条件	冻结特征	融化特征
层状构造	层状（冰厚一般可达5mm～10mm)	1 岩性以粉砂为主； 2 一般分布在阶地或塔头沼泽地带； 3 有一定的水源补给条件； 4 土壤湿度：很湿	1 粗颗粒土如砾石被冰分离，可见到较多冰透镜体； 2 细颗粒土冻结，可见到层状冰； 3 冻结强度高，极难击碎	1 融化后土体积缩小； 2 有较多水分渗出； 3 融化后产生融沉现象

构造类别	冰的产状	岩性与地貌条件	冻结特征	融化特征
网状构造	网状（冰厚一般可达10mm～25mm)	1 岩性以细颗粒土为主； 2 一般分布在塔头沼泽与低洼地带； 3 土壤湿度：饱和	1 粗颗粒土冻结，有大量冰层或冰透镜体存在； 2 细颗粒土冻结，冻土互异； 3 冻结强度偏低，易击碎	1 融化后土体积明显缩小，水土界限分明，并可成流动状态； 2 融化后产生融沉现象
网状构造	厚层网状（冰厚一般可达25mm以上）	1 岩性以细颗粒土为主； 2 分布在低洼积水地带，植被以塔头、苔藓、灌丛为主； 3 土壤湿度：超饱	1 以中厚层状构造为主； 2 冰体积大于土体积； 3 冻结强度很低，极易击碎	1 融化后水土分离现象极其明显，并成流动体； 2 融化后产生融陷现象

附录 H 钻孔现场记录表式

表 H 钻孔现场记录表式

_____工程钻探野外记录　　　　全____页，第____页

钻孔（探井）编号：_____　　　孔（井）口标高：_____m

工作地点：_____钻机型号_____

钻孔口径　开孔_____m　　　　孔（井）位坐标　X：_____m

　　　　　终孔_____m　　　　　　　　　　　　Y：_____m

地下水位　初见：_____m　　　时间　自____年____月____日起

　　　　　静止：_____m　　　　　　　至____年____月____日止

回次	进尺(m)		地层名称	地层描述					岩石质量指标RQD	岩芯采取率	土　样				原位测试类型及成果	钻进工程情况记载
	自	至		颜色	状态	密度	湿度	成分及其他			编号	取样深度	取土器型号	回收率		

钻探单位_____　工程技术负责人_____　钻探机长_____　记录员_____　检查人_____

附录 J 现场钻孔柱状图式

表 J 现场钻孔柱状图式

工程名称　　终孔深度　　m　　钻机型号　　　　钻进日期　　　　　　年　月　日

孔号　　孔口标高　　m　　孔位坐标 $\frac{X}{Y}$ $\frac{m}{m}$　地下水位 初见　　　　　m　　静止　　　　　m

层序	深度及(标高)(m)	层厚(m)	图例	岩性描述	岩芯		土样	原位测试	
					采取率(%)	RQD(%)	取样深度及取土器型号	类型	测试结果

制图　　　　　　　　　　校对　　　　　　工程技术负责人

本规程用词说明

1 为便于在执行本规程条文时区别对待,对于要求严格程度不同的用词说明如下:

    1)表示很严格,非这样做不可的:

        正面词采用"必须",反面词采用"严禁";

    2)表示严格,在正常情况均应这样做的:

        正面词采用"应",反面词采用"不应"或"不得";

    3)表示允许稍有选择,在条件许可时首先应这样做的:

        正面词采用"宜",反面词采用"不宜";

    4)表示有选择,在一定条件下可以这样做的,采用"可"。

2 条文中指定应按其他有关标准执行的写法为:"应符合……的规定"或"应按……执行"。

引用标准名录

1 《岩土工程勘察规范》GB 50021

2 《岩土工程勘察安全规范》GB 50585

中华人民共和国行业标准

建筑工程地质勘探与取样技术规程

JGJ/T 87—2012

条 文 说 明

修 订 说 明

《建筑工程地质勘探与取样技术规程》JGJ/T 87－2012，经住房和城乡建设部2011年12月26日以第1230号公告批准、发布。

《建筑工程地质钻探技术标准》JGJ 87－92和《原状土取样技术标准》JGJ 89－92主编单位是中南勘察设计院，参编单位是建设部综合勘察研究院、陕西省综合勘察院，主要起草人是李受址、苏贻冰、陈景秋。

本规程修订过程中，编制组进行了广泛的调查研究，总结了我国工程建设勘探与取样的实践经验，积极采用实践中证明行之有效的新技术、新工艺、新设备。

为便于广大勘察设计、施工、科研、学校等有关单位在使用本规程时能正确理解和执行条文规定，《建筑工程地质勘探与取样技术规程》编制组按章、节、条顺序编制了本规程的条文说明，对条文规定的目的、依据以及执行过程中需注意的有关事项进行了说明，供使用者作为理解和把握标准规定的参考。

目　次

1 总 则

1.0.1 勘探与取样是工程地质和岩土工程勘察的基本手段，其成果是进行工程地质评价和岩土工程设计、施工的基础资料。勘探和取样质量的高低对整个勘察的质量起决定性的作用。本标准的制定旨在实现岩土工程勘察中钻探以及取样工作的标准化，明确工程地质勘探及取样的质量要求，为勘探与取样工作方案的确定、工序质量控制和成果检查与验收提供依据。

1.0.2 本规程适用范围包括建筑工程、市政工程（含轨道交通）。

1.0.3 本条强调环境保护、资源节约的重要性，要求以人为本，保障操作人员的生命安全，保障质量和安全。

2 术 语

2.0.13 反循环钻进可分为全孔反循环钻进和局部反循环钻进。根据形成孔底反循环方式不同，局部反循环钻进又分为喷射式孔底反循环钻进和无泵反循环钻进。全孔反循环钻进是指冲洗液从钻杆与孔壁间或双层钻杆的内外层间的环状间隙中流入孔底来冷却钻头，并携带岩屑由钻杆内孔返回地面的钻进技术；喷射式孔底反循环钻进是指冲洗液从钻杆进入到喷反钻具，利用射流泵原理，冲洗液一部分在剩余压力作用下，沿孔壁与钻具之间的环状间隙返回地面，另一部分在高速射流产生的负压作用下流向孔底，并不断被吸入岩心管内，形成对孔底反循环冲洗的钻进技术；无泵反循环钻进是指钻进过程中冲洗液的循环流动不是依靠水泵的压力，而是利用孔内的静水压力和上下提动钻具在孔底形成局部反循环，实现冲洗孔底的钻进技术。

3 基 本 规 定

3.0.1 本条是工程地质勘探的基本技术要求。有时勘探（特别是钻探）需要配合原位测试（包括物探）、取样试验工作。

3.0.2 《勘探任务书》或《勘察纲要》是勘察工作的基础文件之一，是勘探工作的作业指导书。有的工程勘察规模较大要编制钻探任务书，有的工艺复杂时要专门编制钻探设计。

3.0.3 《岩土工程勘察安全规范》GB 50585-2010对勘探安全作了明确规定。

3.0.4 在工程地质勘探实施过程中，可能会影响交通、给人们的生产生活带来不便，甚至危及生命安全；可能会破坏地下设施（如地下人防、电力、通信、给水排水管道等），造成其无法正常运行，甚至其无法正常运行，甚至

危及钻探操作人员的生命安全；可能会破坏环境、污染地下水等，因而采取有效措施，避免或减少事故发生是非常必要的。

3.0.5 本规程包括钻探、井探、槽探和洞探等。钻探还有不同工艺，不同的方法、工艺对钻探质量影响很大。根据勘察的目的和地层的性质来选择适当的钻探方法十分重要。取样方法和工具的选择也是同样道理。

3.0.6 现场勘探记录是勘察工作的一项重要成果，是编写勘察报告的基础资料之一，真实性是其基本保证。由经过专业训练的人员且有上岗证或专业技术人员及时记录，实行持证上岗制度，都是保障措施。

4 勘探点位测设

4.0.1 本规程所指的勘探点包括钻探、井探、槽探、洞探点。为了满足本条规定的精度要求，初步勘察阶段和详细勘察阶段一般应采用仪器测定钻孔位置与高程数据。

勘探点设计位置与实际位置允许偏差因勘察阶段、工程特点、地质情况等会有不同要求。实际工作中应根据任务书的要求进行，但应满足本条提出的基本要求。

4.0.2 水域勘探点位定位难度较大，一般可先设置浮标，钻探设备定位后，再采用测量仪器测量孔位坐标确定位置。采用 GPS 定位技术也是一种可靠的勘探孔位定位方法，在实践中应用较多。

5 钻 探

5.1 一 般 规 定

5.1.1 勘探工作经常受地质条件、场地条件、环境的限制，应根据实际情况，合理地选择钻机、钻具和钻进或掘进方法，能保障勘探任务的顺利进行。

5.1.2 遵守岗位职责，严格执行操作程序，是工程质量和操作安全的重要保障措施。

5.2 钻 孔 规 格

5.2.1 本条钻孔和钻具口径规格系列，既考虑我国现行的产品标准，也考虑与国际标准尽可能相符或接近。其中 36、46、59、75、91 用于金刚石钻头钻孔，91、110、130、150 则用于合金、钢砂钻头钻孔和土层中螺旋钻头钻孔。DCDMA 标准是目前国际最通行的标准，即美国金刚石岩芯钻机制造者协会的标准。国外有关岩土工程勘探、测试的规范、标准以及合同文件中均习惯以该标准的代号表示钻孔口径，如 N_x、A_x、E_x 等等。

5.2.2 钻孔成孔直径既要满足钻孔技术的一般要求，

也要满足勘察技术要求。砂土、碎石土、其他特殊岩土采取土试样时对钻孔孔径也有要求。

5.2.3 钻孔深度测量精度因钻探目的的不同，会有差异，本条的规定是钻孔深度测量精度的基本要求。

5.2.4 对钻孔垂直度（或预计倾斜度）偏差的要求在过去的勘察规范中没有明确的规定。过去一般建筑工程勘察钻孔深度在100m以内，不做垂直度控制是可以的。但随着建筑物规模的扩大，深基础的广泛应用以及某些特殊要求，勘探孔深度在增加，垂直度偏差带来的误差越来越不容忽视。本条参照地矿、铁道等部门的有关规定提出钻孔测斜要求和偏差控制标准。钻进中，特别是深孔钻进应加强钻孔倾斜的预防，采取防止孔斜的各种措施。

目前相关规范对钻孔倾斜度有不同要求，如《铁路工程地质钻探规程》TB 10014-98钻孔顶角允许偏差，垂直孔为2°，斜孔3°；《水利水电工程钻探规程》SL 291-2003钻孔顶角允许偏差，垂直孔为3°，斜孔4°；《建筑工程地质钻探技术标准》JGJ 87-92、《电力工程钻探技术规程》DL/T 5096-2008钻孔顶角允许偏差，垂直孔为2°，斜孔则未具体规定；原地质矿产部《工程地质钻探规程》DZ/T 0017-91钻孔顶角允许偏差，垂直孔为2°，斜孔4°；《钻探、井探、槽探操作规程》YS 5208-2000规定钻孔顶角允许偏差，垂直孔为1.5°，斜孔3.0°。对钻孔倾斜，重要的是采取有效措施加以防止。由于工程情况差异较大，本条规定是一个基本要求。

5.3 钻 进 方 法

5.3.1 选择钻进方法考虑的因素：
1 钻探方法能适应钻探地层的特点；
2 能保证以一定的精度鉴别地层，了解地下水的情况；
3 尽量避免或减轻对取样段的扰动影响；
4 能满足原位测试的钻探要求。

目前国内外的一些规范、标准中，都有关于不同钻探方法或工具的条款，但侧重点依据其行业有所不同，实际工作中着重注意钻进的有效性，忽视勘察技术要求。为了避免这种偏向，制定勘察工作纲要时，不仅要规定孔位、孔深，而且要规定钻进方法。钻探单位应按任务书指定的方法钻进，提交成果中也应包括钻进方法的说明。

5.3.2 采取回转方式钻进是为了尽量减少对地层的扰动，保证地层鉴别的可靠性和取样质量。我国的一些地区和单位习惯于采用锤击钻进，钻进效率高，鉴别地层、调查地下水位效果较好，在一般黏性土层钻探中配合取样、原位测试应用效果也较好。碎石土特别是卵石层、漂石层的特点是结构松散，石块之间有砂、土充填物，孔隙大，石质较坚硬，钻探时钻孔易坍塌、掉块、冲洗液易漏失，取芯困难。用植物胶作

冲洗液，取芯质量高，多用于卵砾石层，在砂卵石地层和破碎地层、软弱夹层钻进，岩芯采取率可达到90%～100%，值得推广。无取芯要求时，通常用振动或冲击等钻进方法。

5.3.4 在粉土、饱和砂土中钻进取芯困难。采用对分式取样器或标准贯入器配合钻探可一定程度上弥补其不足，但取样间距不能太大。采用单层岩芯管无泵"反循环"钻进方式可连续取芯。这种方式在武汉、上海等地应用很广，效果良好，特别适用于砂、粉土与黏性土交互薄层的鉴别。

5.3.5 金刚石钻头主要用于钻进硬度高的岩石。金刚石钻头转速高，切削锐利，对岩芯产生的扭矩较小，取芯率和取芯质量都很高。在风化、破碎、软弱的岩层中，采用双层岩芯管金刚石钻头钻进，能获取很有代表性的岩芯样品，采用绳索取芯钻进效果更好。绳索取芯钻进是一种比较先进的钻探工艺，可以减少提钻时间，提高钻进效率，尤其在深孔时表现得特别明显，利用绳索取芯气压栓塞，可以从钻杆下入孔内进行压水试验，无需起出钻具。该方法在水利水电工程等行业中应用广泛。

5.3.6 按照国际统一的规定，测定RQD值时需采用N级（75mm）双层岩芯管钻头钻进。

5.4 冲洗液和护壁堵漏

5.4.1 泥浆护壁和化学浆液护壁是行之有效的护壁方式，较之套管护壁，既能提高钻进速度，又有利于减轻对地层的扰动破坏。钻孔护壁堵漏可根据岩土层坍塌或漏失的实际情况，选择一种方法或综合利用几种护壁堵漏方法。

5.4.2 冲洗液除冷却和润滑钻头、带走岩粉外，还起到保护孔壁和岩芯等作用。合理选用冲洗液，可以保证钻探质量和进度。

5.4.4 孔底管涌既妨碍钻进，又严重破坏土层，影响标准贯入和取样质量。保持孔内水头压力是防止孔底管涌的有效措施。采用泥浆护壁时一般都能做到这一点；若采用螺纹钻头钻进易引起管涌，采用带底阀的空心螺纹钻头（提土器）可以防止提钻时产生负压。

5.5 采取鉴别土样及岩芯

5.5.1 本条提出了一个基本要求，具体标准需根据工程情况确定。表1～表6是国内常用标准的岩芯采取率要求。

表1 《工程地质钻探规程》DZ/T 0017-91 规定岩芯采取率指标

地层 \ 岩芯采取率	岩芯采取率（%）		无岩心间隔（m）
	平均	单层	
黏性土、完整基岩	>80	>70	<1
砂类土	>60	>50	

岩芯采取率 地层	岩芯采取率（%）		无岩心间隔 （m）
	平均	单层	
风化基岩、构造破碎带	>50	>40	<2
松散砂砾卵石层		满足颗粒级配 分析的要求	

**表2　《水利水电工程钻探规程》SL 291 - 2003
规定岩芯采取率**

地　　层	岩芯采取率 （%）
完整新鲜基岩	≥95
较完整的弱风化岩层、微风化岩层	≥90
较破碎的弱风化岩层、微风化岩层	≥85
软硬互层、硬脆碎、软酥碎、软硬不均和 强风化层	根据地质 要求确定
软弱夹层和断层角砾岩	
土层、泥层、砂层	
砂卵砾石层	

**表3　《铁路工程地质钻探规程》TB 10014 - 98
规定岩芯采取率**

岩层		回次进尺 采取率（%）
土类	黏性土	≥90
	砂类土	≥70
	碎石类土	≥50
基岩	滑动面及重要结构上下5m范围内	≥70
	风化轻微带（W1）、风化颇重带 （W2）	≥70
	风化严重带（W1）、风化极严重带 （W2），构造破碎带	≥50
	完整基岩	≥80

**表4　《钻探、井探、槽探操作规程》YS 5208 - 2000
规定的岩芯采取率**

地　层	岩芯采取率（%）
黏性土、基岩	≥80
破碎带、松散砂砾、卵石层	≥65

**表5　《港口岩土工程勘察规范》JTS 133 - 1 - 2010
规定岩芯采取率**

岩石	一般岩石	破碎岩石
岩芯采取率	≥80%	≥65%

**表6　《建筑工程地质钻探技术标准》JGJ 87 - 92和
《电力工程钻探技术规程》DL/T 5096 - 2008
规定的岩芯采取率**

地　　层	岩芯采取率（%）
完整岩层	≥80
破碎岩层	≥65

5.5.4　习惯上有将装岩芯的箱（盒）子称作岩芯箱，也有将装土样的盒子称作土芯盒的，本标准统称为岩芯盒。岩芯牌要求用油漆或签字笔填写，防止字迹因雨水、日晒等原因褪色或消失。

6　钻孔取样

6.1　一般规定

6.1.3　下设套管对土层的扰动和取样质量的影响，Hvorslev早就作过研究。其结论是在一般情况下，套管管靴以下约三倍管径范围内的土层会受到严重的扰动，在这一范围内不能采取原状土样。在实际工作中经常发生下设套管后因水头控制不当引起孔底管涌的现象，此时土层受扰动的范围和程度更大、更严重。因此在软黏性土、粉土、粉细砂层中钻进，因泥浆护壁比套管效果好而成为优先选择。

6.1.5　本条规定采用贯入取土器时，优先选用压入法。

6.1.6　原状取砂器又分为贯入式和回转式，贯入式取砂器内衬环刀又叫内环刀取砂器；回转式取砂器多内置环刀，有的加内衬管，又叫双管单动取砂器。采用内衬环刀较易取得Ⅰ级砂土试样。

6.2　钻孔取土器

6.2.1　本规程所列的取土器规格及其结构特征与现行《岩土工程勘察规范》GB 50021 的规定相同，与当前国际通行的标准也是基本一致的。关于不同类型原状取土器的优劣，存在不同意见，各地的使用习惯也不尽相同。

6.2.2　为保障取样质量，妥善保护取土器，使用前应仔细检查其性能、规格是否符合要求。有关薄壁管几何尺寸、形状的检查标准是参照日本土质工学会标准提出来的。关于零部件功能目前尚未见有定量的检验标准。

6.3　贯入式取样

6.3.2　取土器的贯入是取样操作的关键环节。对贯入的三点要求，即快速（不小于0.1m/s）、连续、静压，是按照国际通行的标准提出来的。要达到这些要求，目前主要的困难是大多数现有的钻探设备性能不能适应，如静压能力不足，给进机构的行程不够或速度不够。不完全禁止使用锤击法，重锤少击效果相对较好。

6.3.3 活塞杆的固定方式一般是采用花篮螺栓与钻架相连并收紧，以限制活塞杆与活塞系统在取样时向下移动。能否固定的前提是钻架必须稳固，钻架支腿受力时不应挠曲，支腿着地点不应下坐。

6.3.4 为减少掉土的可能，本条规定可采用回转和静置两种方法。回转的作用在于扭断土试样；静置的目的在于增加土样与容器壁之间的摩擦力，以便提升时拉断土试样。这两种方法在国外标准中都是允许的，可根据各地的经验和习惯选用。

6.4 回转式取样

6.4.1 回转取样最忌钻具抖动或偏心摇晃。抖动或摇晃一方面破坏孔壁，一方面扰动土样，因此保证钻进平稳至关重要。主要的措施是将钻机安装牢固，加大钻具质量，钻具应有良好的平直度和同心度。加接重杆是增加钻进平稳性的有效措施。

6.4.2 使用泥浆作冲洗液，钻进时起到护壁、冷却钻头、携带岩渣的作用。在泥浆中加入化学添加剂形成化学泥浆，改进了泥浆性能，此种方法在石油钻探中已广泛使用。

植物胶作为钻井冲洗液材料，既可直接配制成无固相冲洗液，又可作为一种增黏、降失水及提高润滑减阻作用的泥浆处理剂，还可配制成低固相泥浆，适用于不同的复杂地层，取样时又能在试样周围形成一层保护膜，可以很好的采取到较松散砂土的原状样，在水利钻探中已经得到较广泛的应用。

合理的回转取样钻进参数是随地层的条件而变化的，目前尚未见有统一的标准，因此一般应通过试钻确定。国内现有钻机根据型号的不同，钻进转速一般几十（48）至一千（1010）r/min，在钻进土层、砂层时一般采用中～高转速，钻进碎石、卵石层一般采用中～低转速，钻进硬塑以上地层、岩石时一般使用高转速。国际土力学基础工程学会取样分会编制的手册提供的一些经验参数列于表7，可供参考。

表7 回转取样钻进参数

资料来源	钻进参数				
	转速（r/s）	给进速度（mm/s）	给进压力（N）	泵压（kPa）	冲洗液流量（L/s）
美国垦务局	砂类土 1.3～1.7 黏性土 1.7	砂 100～127 黏性土 50～100	—	砂 105～175 粉质软黏土 250～200 较硬黏土 350～530	—

续表7

资料来源	钻进参数				
	转速（r/s）	给进速度（mm/s）	给进压力（N）	泵压（kPa）	冲洗液流量（L/s）
美军工程师团	1.0	—	—	—	孔径100 1.2～2.0 孔径150 3.2～3.6
日本土质工学会	0.8～0.25	—	500	—	—

6.4.3 采用自动调节功能的单动二（三）重管取土器，避免频繁更换管靴，可在软硬变化频繁的地层中提高钻进效率。

7 井探、槽探和洞探

7.0.1 当钻探作业条件不具备或采用钻探方法难以准确查明地下情况时，常采用井探、槽探和洞探勘探方法。但尤其要注意做好作业过程中的安全技术措施，达到既能满足勘探任务的技术要求，又能保证人身安全的双重目的。

7.0.2 探井、探槽及探洞，其开挖受到岩土性质、地下水位等条件的制约。探井和探洞的深度、长度、断面的大小，除满足工程要求确定外，还应视地层条件和地下水的情况，采取措施确保便于施工、保持侧壁稳定，安全可靠。探井较深时，其直径或边长应加大；探洞不宜过宽，否则会增加不必要的开挖工作量和支护的难度，但要确保便于开挖和观察；洞高大于1.8m，也是从便于施工的角度考虑。探洞深度增加时，洞高、洞宽均应适当加大。

7.0.3 井、槽、洞壁应根据地层条件设支撑保护。支撑可采用全面支护或间隔支护。全面支护时，每隔0.5m及在需要重点观察部位留下检查间隙，其目的是为了便于观测、编录和拍照。

7.0.4 本条规定了井探、槽探和洞探开挖过程中的土石方堆放的安全距离，避免在井、槽、洞口边缘产生较大的附加土压力而塌方，造成人身安全事故。

8 探井、探槽和探洞取样

8.0.1 本条列出了在探井、探槽和探洞中采取的Ⅰ、Ⅱ级岩土试样的尺寸。

8.0.2 探井、探槽和探洞开挖过程及取样过程存在一系列扰动因素，如果操作不当，质量就难以保证。按本条规定的方法，可降低样品暴露时间，保持样品与容器之间密封，减少样品的扰动。

8.0.4 用试验环刀直接在土层取样，其步骤是先将取样位置削平，然后将环刀刃口垂直下压，边削边压至土样高出环刀，再用取土刀削掉两端土样。

8.0.5 探井、探槽和探洞中取样与开挖掘进同步，可减少样品暴露时间，减少含水量变化，减少样品的应力状态变化。

9 特殊性岩土

9.1 软　土

9.1.1 根据铁路部门的经验，采用活套闭水接头单管钻具钻进取芯等方法，孔壁不收缩，能够提高取芯及试样质量。

9.2 膨胀岩土

9.2.1 在膨胀性土层中钻进，易引起缩孔、糊钻、憋泵等现象，用优质泥浆作冲洗液，是克服这些现象的主要措施。加大水口高度和水槽宽度的肋骨合金钻头钻孔间隙增大，能减少孔内阻力，加大泵量和转速。

9.3 湿陷性土

9.3.1 湿陷性土钻进常遇到的问题：

1 湿陷性土层由于其结构的特殊性，遇水产生湿陷变形，湿陷性砂土和碎石土尤为明显，天然状态下松散，遇水产生沉陷，密实度增大。在坚硬黄土层中钻进困难时向孔内注入少量清水，可能导致土样含水量增大，湿陷性黄土含水量与其物理力学性质指标密切相关，含水量增大，湿陷性减弱，压缩性增强。因此，为保证采取的土样保持原状结构，要求在湿陷性土层中钻进不得采用水钻，严禁向孔内注水。

2 螺旋（纹）钻头回转钻进法对下部土样扰动小，且操作方便，钻进效率高，因此，要求采取原状土样时应使用螺旋（纹）钻头回转钻进方法。薄壁钻头锤击钻进法相对来讲质量不易保障。但对于湿陷性砂土和碎石土，螺旋（纹）钻头探下钻时易造成孔壁坍塌，或卵石粒径较大，钻进困难时，可采用薄壁钻头锤击钻进。

3 操作应符合"分段钻进、逐次缩减、坚持清孔"的原则，控制每一回次进尺深度，愈接近取样深度愈应严格控制回次进尺深度，并于取样前清孔，严格坚持"1米3钻"，即取样间距1m时，第一钻进尺为（0.5～0.6）m，第二钻清孔进尺为0.3m，第三钻取样。当取样间距大于1m时，其下部1m仍按上述方法操作。湿陷性黄土层钻进对比试验表明，不控制回次进尺和不清孔导致湿陷性等级Ⅲ级误判为Ⅰ级。

9.3.2 湿陷性土取样常遇到的问题：

2 通常在钻孔中采取湿陷性土试样应采用压入法，如压入法采取坚硬状态湿陷性土困难时，可采用一次击入法取样。湿陷性黄土取样应使用黄土薄壁取土器，其规格应符合现行国家标准《湿陷性黄土地区建筑规范》GB 50025 的规定。

关于压入法和击入法采取土试样的质量差别，西北综合勘察设计研究院曾对湿陷性黄土取样进行过对比试验，湿陷系数结果见表8。

表8　压入法和击入法取样湿陷系数 δ_s 值对比表

取样方法 土样编号	压入法 探井	击入法			
		1号 钻孔	2号 钻孔	3号 钻孔	4号 钻孔
1	0.063	0.059	0.083	0.069	0.077
2	0.074	0.072	0.068	0.060	0.058
3	0.071	0.054	0.028	0.021	0.020
4	0.055	0.072	0.049	0.077	0.054
5	0.059	0.053	0.072	0.048	0.042
6	0.061	0.061	0.059	0.036	0.036
平均值	0.064	0.062	0.060	0.052	0.048

可见，与探井土样相比，压入法采取土样质量优于击入法采取土样。击入法采取土样质量与操作者的经验关系很大，其人为影响因素较大，经验丰富的钻工认真按操作程序作业时，取样质量不低于压入法取土。

3 多年来采用的有内衬黄土薄壁取土器，当内衬薄钢板生锈、变形或蜡封清除不净时，衬与取样器内壁无法紧贴，这样会影响取土器的内腔尺寸、形状和内间隙比，在土层压入取土器的过程中土试样受压变形，经常发现薄钢板上卷，土试样严重受压扰动，导致土试样报废。因此，采用有内衬的薄壁取土器时，内衬必须是完好、干净、无变形，且安装内衬应与取土器内壁紧贴。近年来，西安地区的勘察单位经过不断探索，在黄土地区逐步推广使用无衬黄土薄壁取土器，这种取土器克服了有内衬黄土薄壁取土器取土过程中内衬挤压土样的缺点，提取土试样后卸掉环刀，将土试样从取样管推出后再装入土试样盒密封。使用无衬黄土薄壁取土器应注意保持取土器内腔干净、光滑，为减小土试样与内壁的摩擦，取样前可在内壁涂上润滑油，便于土试样轻轻推出。

4 取样前清孔是保证取样质量的重要一步，一些钻机为了追求钻探进尺，不注意清孔。清孔的目的一方面是消除钻进过程中提钻掉入孔底的虚土，另一方面是清除钻进造成下部土体压密的部分，以保证采取土试样为原状结构。

5、6 取样要匀速连续快速压入或一次击入，压入速度应控制在 0.1m/s，如果压入过程不连续或多次击入，则采取的土样多断裂或受压呈层状。由于湿陷性土结构敏感，敲击取土器会扰动土样，影响取土质量，因此，应轻轻推出或使用专用工具取出。

9.4 多年冻土

9.4.1 多年冻土钻进常遇到的问题：

1~3 冻土钻探回次进尺随含水量的增加、土温降低而加大。但对含卵石较多的冻土应少钻勤提，以避免冻土全部融化。实际上，冻土钻探对富冰冻土、饱冰冻土和含土冰层回次进尺可达 1.0m。对卵石含量较多的土层钻探（0.1~0.2）m 即需提钻。在冻土层钻进，钻探产生的热量破坏了原来冻土温度的平衡条件，引起冻土融化、孔壁坍塌或掉块，影响正常钻进，为此，应采用低温泥浆护孔，表 9.4.1 本条引用于现行行业标准《铁路工程地质钻探规程》TB 10014—98。

5 在孔中下入金属套管防止孔壁坍塌和掉块，应保持套管孔口高出孔口一定高度，以防止地表水流入孔内融化冻土。

7 钻探期间对场地植被的破坏，将引起冻土工程地质条件变化，这对建筑物地基处理方案、基础类型和结构产生影响。因此，尽量减少对地表植被的破坏，及时恢复植被自然状态，对保护冻土自然工程地质条件至关重要。

9.4.2 多年冻土取样常遇到的问题：

钻探取样不易控制质量，因此，有条件时应在探井、探槽中刻取，钻孔取样宜采用大直径试样。

采取保持天然冻结状态土样主要取决于钻进方法、取样方法和取土工具。必须保证孔底待取土样不受钻进方法产生的热影响，要求取样前应使孔底恢复到天然温度状态，在接近取样深度严格控制回次进尺，以保证取出的土样保持天然冻结状态。取出的冻结土样应及时装入具有保温性能的容器或专门的冷藏车内，土样如不能及时送验，应在现场进行试验。

9.5 污染土

对于污染土的钻进和取样方法所见不多，也少见相关的文献资料，故本标准只作了一些原则上的要求。钻进时要求尽可能不采用洗孔液，在必要的情况下采用清水或不产生附加污染的可生物降解的酯基洗孔液。少数场合还采用空气，甚至低温氮气作洗孔介质，以保持孔壁稳定和采集松散土层的样品。

取样是污染土钻探的重要工作。要求样品中的气体和挥发性物质不致逸散，不产生二次污染，土样应尽量不受扰动。通常取土器都带 PVC 衬管，使土样易从中取出，可以避免污染物质与大气及操作人员接触。近来国外试验了低温氮气洗孔钻进，可将土壤中的水和液态污染物冻结在原处（例如被焦油污染的砂层），样品不受扰动；同时氮气又是惰性气体，不会

使土样受到二次污染。

10 特殊场地

10.1 岩溶场地

10.1.2 洞穴（主要为岩溶）地区钻进，使用液压钻进效果较好。而钻探前对溶洞的分布范围、深度、大小、岩层稳定性等进行初步调查和了解，可以更有效确定针对性的钻具钻进及护壁堵漏措施。

10.2 水域钻探

10.2.2 水域钻探平台的种类很多，可根据水流、水深、波浪等条件选择，故不作具体规定，但需对水域钻探平台的安全性、稳定性和承载力进行复核；锚和锚缆的规格、种类和长度，应结合勘区水底表层土的情况，根据船的吨位及水深确定。

10.2.3 观测水尺通常设置在勘探区域内，或紧靠勘探区域。大范围水域钻探时，需加大观测水尺的设置密度。

10.2.5 在有潮汐的水域，水深是随时间变化的，须定时观察变化的水位，校正水面标高，以准确计算钻孔深度。

10.2.6 水域钻探如护孔套管不稳定或冲洗液不能从套管口回流，会直接影响钻探质量，甚至发生孔内事故。故套管的入土应有足够深度，在保证其稳定的前提下，使冲洗液不在水底泥面和套管底部处流失。

水域钻探须按照海事、航道等部门的有关规定，在通航水域钻探须与海事、航道等部门联系，通过船检，须备齐救生、消防、通信、信号等设施，并办理水域施工作业证以及安全航行等事宜；作业时悬挂相应的信号旗和信号灯，做好瞭望工作，注意水上飘浮物和过往船只对钻探作业的影响等。

10.3 冰上钻探

本节的规定适用于河流、湖泊区。滨海区潮汐影响大，冰面不平整，冰层不稳定，不适宜进行冰上作业。

钻探人员进场前进行实地详细踏勘，制定出切实可行的实施方案，须包含作业风险分析和安全应急预案，是保障人员和钻机设备安全的有效方法。

11 地下水位量测及取水试样

11.0.1 为了在两个以上含水层分层测量地下水位，在钻穿第一含水层并进行稳定水位观测之后，应采用套管隔水，抽干孔内存水，变径钻进，再对下一含水层进行水位观测。

11.0.2 稳定水位是指钻探时的水位经过一定时间恢复到天然状态后的水位；地下水位恢复到天然状态的时间长短受含水层渗透影响最大，根据含水层渗透性的差异，本条规定了至少需要的时间；在工程结束后宜统一量测一次稳定水位可防止因不同时间水位波动导致地下水状态误判。

11.0.3 地下水量测精度规定为±20mm是指量测工具、观测等造成的总误差的限值，量测工具定期用钢尺校正是保证测量精度的措施之一。

11.0.4 泥浆护壁对提高钻进效率，减少土层扰动是有利的，但泥浆妨碍地下水位的观测。本条提出可另设专用的水文地质观测孔。

12 岩土样现场检验、封存及运输

12.0.2 测定回收率是鉴定土样质量的方法之一。但只有在使用活塞取土时才便于测定，回收率大于1.0时，表面土样隆起，活塞上移，回收率低于1.0时，则活塞随同取样管下移，土样可能受压；回收率的正常值应介于0.95~1.0之间。

12.0.3 土试样的密封方法和效果，会直接影响到土样质量的好坏。本条的三种密封方法，在实践中证明其可靠度是有保证的。

12.0.9 贮存期间的扰动影响很大，而又往往被人们忽视。有关研究结果表明，贮存期间的扰动可能更甚于取样过程中的扰动，因此建议最长贮存时间不超过两周。

13 钻孔、探井、探槽和探洞回填

钻孔、探井、探槽不回填可能造成以下危害：①影响人、畜安全；②形成地表水和地下水通道，污染地下水；③在堤防附近钻孔形成管涌通道，可能引起堤防的渗透破坏；④有深层承压水时，在隔水层中形成通道，引起基坑突涌；⑤建筑基坑附近的钻孔或探井渗水，影响基坑安全；⑥地下工程、过江或跨海隧道的钻孔可能引起透水、涌沙，影响地下工程安全；⑦影响地基承载力和单桩承载力阻力，造成施工中的错判。

要求对钻孔、探井、探槽、探洞进行回填，主要是防止其对工程施工造成不良影响，尤其是对地下工程和深基坑工程。其次是防止造成人员伤害，并保护地质环境和生态环境，实现文明施工。在特殊土场地，如位于湿陷性土、膨胀土、冻土地区以及堤防、隧道和坝址处的钻孔、探井、探槽、探洞，对回填要求更为严格，应引起重视，相关行业法规也有相应的规定。本章规定的不同回填方式与要求，可根据各勘探场地的具体情况选用，必要时需要采取综合处理措施。

14 勘探编录与成果

14.1 勘探现场记录

14.1.1 以往现场记录所描述的内容多侧重于岩土性质，而不大重视钻进过程，包括钻进难易、孔内情况、进尺速度及其他钻探参数的记载，因而遗漏许多能够反映地下情况的可贵信息。因此本条特别指出钻探记录应该包括的两个部分并在附录中提供了相应的格式。各地可参照此格式并结合本地需要制定合适的记录表格。

14.1.2 钻探记录一般有现场记录与岩芯编录两种方式。由于岩土工程勘察在绝大多数情况下要求仔细研究覆盖土层，而覆盖土层的样品取出地面之后湿度、状态会随时间迅速变化，因此强调现场记录要在钻进过程中及时完成，不得采用事后追忆进行编录的方法。基岩岩芯的编录不能忽视，特别对于岩性不稳定的软质岩尤其是极软岩，岩芯取出后经暴露时间过长岩性将发生较大变化，如志留系泥岩暴露后逐渐崩解，见水膨胀软化。因此，这里要特别强调基岩钻孔也应及时进行编录，不得事后追记。

14.1.3、14.1.4 岩土描述内容是根据现行岩土工程勘察规范的原则要求规定的。有些特征项不是所有情况下都能判定并描述出来的。例如碎石类土中粗颗粒是否起骨架作用，只有在探井、探槽中才能观察到。对砂土、粉土采用冲洗钻探，所有项目均无从判定。因此对描述的要求应视采用的钻探方式而定。由于必须在钻探过程中随时描述，只能以目测、手触的经验鉴别方法为主，描述结果在很大程度上存在差异，除要求描述人员应接受严格训练外，还应提倡采用一些辅助性的标准化、定量化的鉴别工具和方法。

土的目力鉴别是野外区别黏性土与粉土较好的方法，《岩土工程勘察规范》GB 50021-2001对黏性土与粉土的描述也增加了该部分内容。目力鉴别包括光泽反应、摇振反应、干强度和韧性。光泽反应：用小刀切开稍湿的土，并用小刀抹过土面，观察有无光泽以及粗糙的程度。摇振试验：用含水量接近饱和的土搓成小球，放在手掌上左右摇晃，并以另一手振击该手，如土球表面有水渗出并呈光泽，但用手指捏土球时水分与光泽很快消失，称摇振反应。反应迅速的表示粉粒含量较多，反之黏粒含量较多。干强度试验：将风干的小土球，用手指捏碎的难易程度来划分。韧性试验：将土调成含水量略高于塑限、柔软而不黏手的土膏，在手掌中搓成约3mm的土条，再搓成土团二次搓条，根据再次搓条的可能性，分为低韧性、中韧性和高韧性。各试验等级见表9。

表 9　野外鉴别干强度、摇振反应和韧性

鉴别方法	等　级	特征、反映及特点
干强度	无或低干强度	仅用手压就碎
	低干强度	用手指能压成粉末
	中等干强度	要用相当大的压力才能将土样压得粉碎
	高干强度	虽然用手指能压碎，但不能成粉末
	极高干强度	不能在大拇指和坚硬表面之间压碎
摇振反应	反应迅速	摇动时水很快从表面渗出（表面发亮），挤压时很快消失（表面发暗）
	反应缓慢	如果需要用力敲打才能使水从表面渗出，且挤压时外表改变甚少
	无反应	看不出试样有什么变化
韧性试验	柔和软	在接近塑限含水量时，只能用很轻的压力滚搓，土条极易碎裂，碎裂以后土条不能再重塑成土团
	中等	在接近塑限含水量时，需要用中等压力滚搓，几寸长的土条支持其自身的重量，并在碎裂以后可以捏拢重塑成土团，但轻搓又碎裂
	很硬	在接近塑限含水量时，需要用相当大的压力滚搓，几寸长的土条能支持其自身的重量，在碎裂之后土条可以重塑成土团

　　碎石土、砂土的密实度在钻探过程中可根据动力触探、标准贯入试验进行定量判别，判别方法引用《岩土工程勘察规范》GB 50021-2001 第 3.3.8 条和第 3.3.9 条，见表 10、表 11。

表 10　碎石土密实度判别表

密实度	重型动力触探锤击数 $N_{63.5}$	超重型动力触探锤击数 N_{120}
松散	$N_{63.5} \leqslant 5$	$N_{120} \leqslant 3$
稍密	$5 < N_{63.5} \leqslant 10$	$3 < N_{120} \leqslant 6$
中密	$10 < N_{63.5} \leqslant 20$	$6 < N_{120} \leqslant 11$
密实	$N_{63.5} > 20$	$11 < N_{120} \leqslant 14$
很密		$N_{120} > 14$

注：$N_{63.5}$、N_{120} 是杆长修正后的值。

表 11　砂土密实度判别表

密实度	标准贯入锤击数 N	密实度	标准贯入锤击数 N
松散	$N \leqslant 10$	中密	$15 < N \leqslant 30$
稍密	$10 < N \leqslant 15$	密实	$N > 30$

　　填土根据物质组成和堆填方式，可分为下列四类：

　　1 素填土：由碎石土、砂土、粉土和黏性土等一种或几种材料组成，不含杂物或含杂物很少；

　　2 杂填土：含有大量建筑垃圾、工业废料或生活垃圾等杂物；

　　3 冲填土：由水力冲填泥沙形成；

　　4 压实填土：按一定标准控制材料成分、密度、含水量，分层压实或夯实而成。

14.1.5 随着岩土工程的飞速发展，基岩已作为岩土工程重点研究对象，岩石的野外描述十分重要。岩石的风化程度按风化渐变过程可分为 5 个等级，其野外鉴别见本规程附录 G 表 G.0.7 和表 G.0.8，因硬质岩石与软质岩石的全风化与残积土差异不大，故未细分。残积土的描述内容可与黏性土相同。岩体的描述一般在探槽与探洞中进行。

14.2　勘　探　成　果

14.2.1 本条对勘探成果应包括几个方面作了规定，并强调现场柱状图的绘制。单孔柱状图能翔实地反映钻进情况的原貌，而在剖面中却不能表现更多的细节。剖面图的作用偏于综合，柱状图的作用则偏于分析，二者各有所长。一律以剖面图取代柱状图是不可取的。20 世纪五六十年代，大家对钻探的质量控制是比较严格的。当时虽然采用较落后的人力钻具，但能严格执行操作规程。现场描述人员大多训练有素，能认真采取并保存岩土芯样，对每个勘探点逐一绘制柱状图、展开图等，因此钻探成果质量是较高的。这些早期的严谨的工作习惯现在应继续保持下去。有鉴于此，本条重申钻探成果应该包括的内容。今后，随着岩土工程技术体制的发展，岩土工程技术与钻探作业的社会分工将趋于明确，承担钻探作业的单位要提供全面的钻探成果，以利分清责任，保证钻探质量。

14.2.2 岩土芯样保存是保障勘察报告、甚至工程质量的重要措施。保持时间根据工程而定。一般保持到钻探工作检查验收为止，有特别要求时遵其规定。

14.2.3 现场钻孔柱状图是现场记录员为该钻孔地层作一个简单的分层，是现场技术人员对原始资料的小结，是室内资料整理的依据。

附录 B　岩土可钻性分级

　　可钻性分级是以使用 XB-300 型和 XB-500 型钻机在表 12 规定的技术条件下测定的，与目前建筑工程岩土工程勘察使用的钻进工具相差较大。

表 12　岩土可钻性分级的钻机技术条件

技术条件	Ⅰ～Ⅷ级岩土用合金钻进	Ⅶ～Ⅻ级岩石用钢粒钻进
钻头直径（mm）	91	91

续表 12

技术条件	Ⅰ～Ⅷ级岩土 用合金钻进	Ⅶ～Ⅻ级岩石 用钢粒钻进
立轴转数（r/min）	160	160
轴心压力（kN）	7	—
钻头底部单位 面积压力（MPa）	—	2.5
冲洗液量（L/s）	1～2.5	0.17～0.42
投粒方法	—	一次投粒法或 连续投粒法

目前岩土可钻性分级在分级数量上是不相同的。铁路规范采用的是八级分级，水利水电规范采用的是十二级分级。

中华人民共和国行业标准

建筑基坑支护技术规程

Technical specification for retaining and protection of
building foundation excavations

JGJ 120—2012

批准部门：中华人民共和国住房和城乡建设部
施行日期：2012 年 10 月 1 日

中华人民共和国住房和城乡建设部
公　告

第 1350 号

关于发布行业标准《建筑基坑
支护技术规程》的公告

　　现批准《建筑基坑支护技术规程》为行业标准，编号为 JGJ 120-2012，自 2012 年 10 月 1 日起实施。其中，第 3.1.2、8.1.3、8.1.4、8.1.5、8.2.2 条为强制性条文，必须严格执行。原行业标准《建筑基坑支护技术规程》JGJ 120-99 同时废止。

　　本规程由我部标准定额研究所组织中国建筑工业出版社出版发行。

中华人民共和国住房和城乡建设部

2012 年 4 月 5 日

前　言

　　根据原建设部《〈关于印发二〇〇四年度工程建设城建、建工行业标准制订、修订计划〉的通知》（建标［2004］66 号）的要求，规程编制组经广泛调查研究，认真总结实践经验，参考有关国际标准和国外先进标准，并在广泛征求意见的基础上，修订了《建筑基坑支护技术规程》JGJ 120-99。

　　本规程主要技术内容是：基本规定、支挡式结构、土钉墙、重力式水泥土墙、地下水控制、基坑开挖与监测。

　　本次修订的主要技术内容是：1. 调整和补充了支护结构的几种稳定性验算；2. 调整了部分稳定性验算表达式；3. 强调了变形控制设计原则；4. 调整了选用土的抗剪强度指标的规定；5. 新增了双排桩结构；6. 改进了不同施工工艺下锚杆粘结强度取值的有关规定；7. 充实了内支撑结构设计的有关规定；8. 新增了支护与主体结构结合及逆作法；9. 新增了复合土钉墙；10. 引入了土钉墙土压力调整系数；11. 充实了各种类型支护结构构造与施工的有关规定；12. 强调了地下水资源的保护；13. 改进了降水设计方法；14. 充实了截水设计与施工的有关规定；15. 充实了地下水渗透稳定性验算的有关规定；16. 充实了基坑开挖的有关规定；17. 新增了应急措施；18. 取消了逆作拱墙。

　　本规程中以黑体字标志的条文为强制性条文，必须严格执行。

　　本规程由住房和城乡建设部负责管理和对强制性条文的解释，由中国建筑科学研究院负责具体技术内容的解释。执行过程中如有意见或建议，请寄送中国

建筑科学研究院地基基础研究所（地址：北京市北三环东路 30 号，邮编：100013）。

　　本 规 程 主 编 单 位：中国建筑科学研究院

　　本 规 程 参 编 单 位：中冶建筑研究总院有限公司

　　　　　　　　　　　　华东建筑设计研究院有限公司

　　　　　　　　　　　　同济大学

　　　　　　　　　　　　深圳市勘察研究院有限公司

　　　　　　　　　　　　福建省建筑科学研究院

　　　　　　　　　　　　机械工业勘察设计研究院

　　　　　　　　　　　　广东省建筑科学研究院

　　　　　　　　　　　　深圳市住房和建设局

　　　　　　　　　　　　广州市城乡建设委员会

　　　　　　　　　　　　中国岩土工程研究中心

本规程主要起草人员：杨　斌　黄　强　杨志银
　　　　　　　　　　王卫东　杨生贵　杨　敏
　　　　　　　　　　左怀西　刘小敏　侯伟生
　　　　　　　　　　白生翔　朱玉明　张　炜
　　　　　　　　　　冯　禄　徐其功　李荣强
　　　　　　　　　　陈如桂　魏章和

本规程主要审查人员：顾晓鲁　顾宝和　张旷成
　　　　　　　　　　丁金粟　程良奎　袁内镇
　　　　　　　　　　桂业琨　钱力航　刘国楠
　　　　　　　　　　秦四清

目　次

Contents

1 总　　则

1.0.1 为了在建筑基坑支护设计、施工中做到安全适用、保护环境、技术先进、经济合理、确保质量，制定本规程。

1.0.2 本规程适用于一般地质条件下临时性建筑基坑支护的勘察、设计、施工、检测、基坑开挖与监测。对湿陷性土、多年冻土、膨胀土、盐渍土等特殊土或岩石基坑，应结合当地工程经验应用本规程。

1.0.3 基坑支护设计、施工与基坑开挖，应综合考虑地质条件、基坑周边环境要求、主体地下结构要求、施工季节变化及支护结构使用期等因素，因地制宜、合理选型、优化设计、精心施工、严格监控。

1.0.4 基坑支护工程除应符合本规程的规定外，尚应符合国家现行有关标准的规定。

2 术语和符号

2.1 术　　语

2.1.1 基坑 excavations

为进行建（构）筑物地下部分的施工由地面向下开挖出的空间。

2.1.2 基坑周边环境 surroundings around excavations

与基坑开挖相互影响的周边建（构）筑物、地下管线、道路、岩土体与地下水体的统称。

2.1.3 基坑支护 retaining and protection for excavations

为保护地下主体结构施工和基坑周边环境的安全，对基坑采用的临时性支挡、加固、保护与地下水控制的措施。

2.1.4 支护结构 retaining and protection structure

支挡或加固基坑侧壁的结构。

2.1.5 设计使用期限 design workable life

设计规定的从基坑开挖到预定深度至完成基坑支护使用功能的时段。

2.1.6 支挡式结构 retaining structure

以挡土构件和锚杆或支撑为主的，或仅以挡土构件为主的支护结构。

2.1.7 锚拉式支挡结构 anchored retaining structure

以挡土构件和锚杆为主的支挡式结构。

2.1.8 支撑式支挡结构 strutted retaining structure

以挡土构件和支撑为主的支挡式结构。

2.1.9 悬臂式支挡结构 cantilever retaining structure

仅以挡土构件为主的支挡式结构。

2.1.10 挡土构件 structural member for earth retaining

设置在基坑侧壁并嵌入基坑底面的支挡式结构竖向构件。例如，支护桩、地下连续墙。

2.1.11 排桩 soldier pile wall

沿基坑侧壁排列设置的支护桩及冠梁组成的支挡式结构部件或悬臂式支挡结构。

2.1.12 双排桩 double-row-piles wall

沿基坑侧壁排列设置的由前、后两排支护桩和梁连接成的刚架及冠梁组成的支挡式结构。

2.1.13 地下连续墙 diaphragm wall

分槽段用专用机械成槽、浇筑钢筋混凝土所形成的连续地下墙体。亦可称为现浇地下连续墙。

2.1.14 锚杆 anchor

由杆体（钢绞线、预应力螺纹钢筋、普通钢筋或钢管）、注浆固结体、锚具、套管所组成的一端与支护结构构件连接，另一端锚固在稳定岩土体内的受拉杆件。杆体采用钢绞线时，亦可称为锚索。

2.1.15 内支撑 strut

设置在基坑内的由钢筋混凝土或钢构件组成的用以支撑挡土构件的结构部件。支撑构件采用钢材、混凝土时，分别称为钢内支撑、混凝土内支撑。

2.1.16 冠梁 capping beam

设置在挡土构件顶部的将挡土构件连为整体的钢筋混凝土梁。

2.1.17 腰梁 waling

设置在挡土构件侧面的连接锚杆或内支撑杆件的钢筋混凝土梁或钢梁。

2.1.18 土钉 soil nail

植入土中并注浆形成的承受拉力与剪力的杆件。例如，钢筋杆体与注浆固结体组成的钢筋土钉，击入土中的钢管土钉。

2.1.19 土钉墙 soil nailing wall

由随基坑开挖分层设置的、纵横向密布的土钉群、喷射混凝土面层及原位土体所组成的支护结构。

2.1.20 复合土钉墙 composite soil nailing wall

土钉墙与预应力锚杆、微型桩、旋喷桩、搅拌桩中的一种或多种组成的复合型支护结构。

2.1.21 重力式水泥土墙 gravity cement-soil wall

水泥土桩相互搭接成格栅或实体的重力式支护结构。

2.1.22 地下水控制 groundwater control

为保证支护结构、基坑开挖、地下结构的正常施工，防止地下水变化对基坑周边环境产生影响所采用的截水、降水、排水、回灌等措施。

2.1.23 截水帷幕 curtain for cutting off drains

用以阻隔或减少地下水通过基坑侧壁与坑底流入

基坑和控制基坑外地下水位下降的幕墙状竖向截水体。

2.1.24　落底式帷幕　closed curtain for cutting off drains

底端穿透含水层并进入下部隔水层一定深度的截水帷幕。

2.1.25　悬挂式帷幕　unclosed curtain for cutting off drains

底端未穿透含水层的截水帷幕。

2.1.26　降水　dewatering

为防止地下水通过基坑侧壁与坑底流入基坑，用抽水井或渗水井降低基坑内外地下水位的方法。

2.1.27　集水明排　open pumping

用排水沟、集水井、泄水管、输水管等组成的排水系统将地表水、渗漏水排泄至基坑外的方法。

2.2　符　号

2.2.1　作用和作用效应

E_{ak}、E_{pk}——主动土压力、被动土压力标准值；

G——支护结构和土的自重；

J——渗透力；

M——弯矩设计值；

M_k——作用标准组合的弯矩值；

N——轴向拉力或轴向压力设计值；

N_k——作用标准组合的轴向拉力值或轴向压力值；

p_{ak}、p_{pk}——主动土压力强度、被动土压力强度标准值；

p_0——基础底面附加压力的标准值；

p_s——分布土反力；

p_{s0}——分布土反力初始值；

P——预加轴向力；

q——降水井的单井流量；

q_0——均布附加荷载标准值；

s——降水引起的建筑物基础或地面的固结沉降量；

s_d——基坑地下水位的设计降深；

S_d——作用组合的效应设计值；

S_k——作用标准组合的效应或作用标准值的效应；

u——孔隙水压力；

V——剪力设计值；

V_k——作用标准组合的剪力值；

v——挡土构件的水平位移。

2.2.2　材料性能和抗力

C——正常使用极限状态下支护结构位移或建筑物基础、地面沉降的限值；

c——土的黏聚力；

E_c——锚杆的复合弹性模量；

E_m——锚杆固结体的弹性模量；

E_s——锚杆杆体或支撑的弹性模量或土的压缩模量；

f_{cs}——水泥土开挖龄期时的轴心抗压强度设计值；

f_{py}——预应力筋的抗拉强度设计值；

f_y——普通钢筋的抗拉强度设计值；

k——土的渗透系数；

R_k——锚杆或土钉的极限抗拔承载力标准值；

q_{sk}——土与锚杆或土钉的极限粘结强度标准值；

q_0——单井出水能力；

R_d——结构构件的抗力设计值；

R——影响半径；

γ——土的天然重度；

γ_{cs}——水泥土墙的重度；

γ_w——地下水的重度；

φ——土的内摩擦角。

2.2.3　几何参数

A——构件的截面面积；

A_p——预应力筋的截面面积；

A_s——普通钢筋的截面面积；

b——截面宽度；

d——桩、锚杆、土钉的直径或基础埋置深度；

h——基坑深度或构件截面高度；

H——潜水含水层厚度；

l_d——挡土构件的嵌固深度；

l_0——受压支撑构件的长度；

M——承压水含水层厚度；

r_w——降水井半径；

β——土钉墙坡面与水平面的夹角；

α——锚杆、土钉的倾角或支撑轴线与水平面的夹角。

2.2.4　设计参数和计算系数

k_s——土的水平反力系数；

k_R——弹性支点轴向刚度系数；

K——安全系数；

K_a——主动土压力系数；

K_p——被动土压力系数；

m——土的水平反力系数的比例系数；

α——支撑松弛系数；

γ_F——作用基本组合的综合分项系数；

γ_0——支护结构重要性系数；

ζ——坡面倾斜时的主动土压力折减系数；

λ——支撑不动点调整系数；

μ——墙体材料的抗剪断系数；

ψ_w——沉降计算经验系数。

3 基本规定

3.1 设 计 原 则

3.1.1 基坑支护设计应规定其设计使用期限。基坑支护的设计使用期限不应小于一年。

3.1.2 基坑支护应满足下列功能要求：

  1 保证基坑周边建（构）筑物、地下管线、道路的安全和正常使用；

  2 保证主体地下结构的施工空间。

3.1.3 基坑支护设计时，应综合考虑基坑周边环境和地质条件的复杂程度、基坑深度等因素，按表 3.1.3 采用支护结构的安全等级。对同一基坑的不同部位，可采用不同的安全等级。

表 3.1.3 支护结构的安全等级

安全等级	破 坏 后 果
一级	支护结构失效、土体过大变形对基坑周边环境或主体结构施工安全的影响很严重
二级	支护结构失效、土体过大变形对基坑周边环境或主体结构施工安全的影响严重
三级	支护结构失效、土体过大变形对基坑周边环境或主体结构施工安全的影响不严重

3.1.4 支护结构设计时应采用下列极限状态：

  1 承载能力极限状态

    1） 支护结构构件或连接因超过材料强度而破坏，或因过度变形而不适于继续承受荷载，或出现压屈、局部失稳；

    2） 支护结构和土体整体滑动；

    3） 坑底因隆起而丧失稳定；

    4） 对支挡式结构，挡土构件因坑底土体丧失嵌固能力而推移或倾覆；

    5） 对锚拉式支挡结构或土钉墙，锚杆或土钉因土体丧失锚固能力而拔动；

    6） 对重力式水泥土墙，墙体倾覆或滑移；

    7） 对重力式水泥土墙、支挡式结构，其持力土层因丧失承载能力而破坏；

    8） 地下水渗流引起的土体渗透破坏。

  2 正常使用极限状态

    1） 造成基坑周边建（构）筑物、地下管线、道路等损坏或影响其正常使用的支护结构位移；

    2） 因地下水位下降、地下水渗流或施工因素而造成基坑周边建（构）筑物、地下管线、道路等损坏或影响其正常使用的土体变形；

    3） 影响主体地下结构正常施工的支护结构位移；

    4） 影响主体地下结构正常施工的地下水渗流。

3.1.5 支护结构、基坑周边建筑物和地面沉降、地下水控制的计算和验算应采用下列设计表达式：

  1 承载能力极限状态

    1） 支护结构构件或连接因超过材料强度或过度变形的承载能力极限状态设计，应符合下式要求：

$$\gamma_0 S_d \leqslant R_d \qquad (3.1.5\text{-}1)$$

  式中：γ_0——支护结构重要性系数，应按本规程第 3.1.6 条的规定采用；

      S_d——作用基本组合的效应（轴力、弯矩等）设计值；

      R_d——结构构件的抗力设计值。

  对临时性支护结构，作用基本组合的效应设计值应按下式确定：

$$S_d = \gamma_F S_k \qquad (3.1.5\text{-}2)$$

  式中：γ_F——作用基本组合的综合分项系数，应按本规程第 3.1.6 条的规定采用；

      S_k——作用标准组合的效应。

    2） 整体滑动、坑底隆起失稳、挡土构件嵌固段推移、锚杆与土钉拔动、支护结构倾覆与滑移、土体渗透破坏等稳定性计算和验算，均应符合下式要求：

$$\frac{R_k}{S_k} \geqslant K \qquad (3.1.5\text{-}3)$$

  式中：R_k——抗滑力、抗滑力矩、抗倾覆力矩、锚杆和土钉的极限抗拔承载力等土的抗力标准值；

      S_k——滑动力、滑动力矩、倾覆力矩、锚杆和土钉的拉力等作用标准值的效应；

      K——安全系数。

  2 正常使用极限状态

  由支护结构水平位移、基坑周边建筑物和地面沉降等控制的正常使用极限状态设计，应符合下式要求：

$$S_d \leqslant C \qquad (3.1.5\text{-}4)$$

  式中：S_d——作用标准组合的效应（位移、沉降等）设计值；

      C——支护结构水平位移、基坑周边建筑物和地面沉降的限值。

3.1.6 支护结构构件按承载能力极限状态设计时，作用基本组合的综合分项系数不应小于 1.25。对安全等级为一级、二级、三级的支护结构，其结构重要性系数分别不应小于 1.1、1.0、0.9。各类稳定性安全系数应按本规程各章的规定取值。

3.1.7 支护结构重要性系数与作用基本组合的效应设计值的乘积（$\gamma_0 S_d$）可采用下列内力设计值表示：

弯矩设计值

$$M = \gamma_0 \gamma_F M_k \qquad (3.1.7\text{-}1)$$

剪力设计值

$$V = \gamma_0 \gamma_F V_k \qquad (3.1.7\text{-}2)$$

轴向力设计值

$$N = \gamma_0 \gamma_F N_k \qquad (3.1.7\text{-}3)$$

式中：M——弯矩设计值（$kN \cdot m$）；

M_k——作用标准组合的弯矩值（$kN \cdot m$）；

V——剪力设计值（kN）；

V_k——作用标准组合的剪力值（kN）；

N——轴向拉力设计值或轴向压力设计值（kN）；

N_k——作用标准组合的轴向拉力或轴向压力值（kN）。

3.1.8 基坑支护设计应按下列要求设定支护结构的水平位移控制值和基坑周边环境的沉降控制值：

1 当基坑开挖影响范围内有建筑物时，支护结构水平位移控制值、建筑物的沉降控制值应按不影响其正常使用的要求确定，并应符合现行国家标准《建筑地基基础设计规范》GB 50007 中对地基变形允许值的规定；当基坑开挖影响范围内有地下管线、地下构筑物、道路时，支护结构水平位移控制值、地面沉降控制值应按不影响其正常使用的要求确定，并应符合现行相关标准对其允许变形的规定；

2 当支护结构构件同时用作主体地下结构构件时，支护结构水平位移控制值不应大于主体结构设计对其变形的限值；

3 当无本条第 1 款、第 2 款情况时，支护结构水平位移控制值应根据地区经验按工程的具体条件确定。

3.1.9 基坑支护应按实际的基坑周边建筑物、地下管线、道路和施工荷载等条件进行设计。设计中应提出明确的基坑周边荷载限值、地下水和地表水控制等基坑使用要求。

3.1.10 基坑支护设计应满足下列主体地下结构的施工要求：

1 基坑侧壁与主体地下结构的净空间和地下水控制应满足主体地下结构及其防水的施工要求；

2 采用锚杆时，锚杆的锚头及腰梁不应妨碍地下结构外墙的施工；

3 采用内支撑时，内支撑及腰梁的设置应便于地下结构及其防水的施工。

3.1.11 支护结构按平面结构分析时，应按基坑各部

位的开挖深度、周边环境条件、地质条件等因素划分设计计算剖面。对每一计算剖面，应按其最不利条件进行计算。对电梯井、集水坑等特殊部位，宜单独划分计算剖面。

3.1.12 基坑支护设计应规定支护结构各构件施工顺序及相应的基坑开挖深度。基坑开挖各阶段和支护结构使用阶段，均应符合本规程第 3.1.4 条、第 3.1.5 条的规定。

3.1.13 在季节性冻土地区，支护结构设计应根据冻胀、冻融对支护结构受力和基坑侧壁的影响采取相应的措施。

3.1.14 土压力及水压力计算、土的各类稳定性验算时，土、水压力的分、合算方法及相应的土的抗剪强度指标类别应符合下列规定：

1 对地下水位以上的黏性土、黏质粉土，土的抗剪强度指标应采用三轴固结不排水抗剪强度指标 c_{cu}、φ_{cu} 或直剪固结快剪强度指标 c_{cq}、φ_{cq}，对地下水位以上的砂质粉土、砂土、碎石土，土的抗剪强度指标应采用有效应力强度指标 c'、φ'；

2 对地下水位以下的黏性土、黏质粉土，可采用土压力、水压力合算方法；此时，对正常固结和超固结土，土的抗剪强度指标应采用三轴固结不排水抗剪强度指标 c_{cu}、φ_{cu} 或直剪固结快剪强度指标 c_{cq}、φ_{cq}，对欠固结土，宜采用有效自重压力下预固结的三轴不固结不排水抗剪强度指标 c_{uu}、φ_{uu}；

3 对地下水位以下的砂质粉土、砂土和碎石土，应采用土压力、水压力分算方法；此时，土的抗剪强度指标应采用有效应力强度指标 c'、φ'，对砂质粉土，缺少有效应力强度指标时，也可采用三轴固结不排水抗剪强度指标 c_{cu}、φ_{cu} 或直剪固结快剪强度指标 c_{cq}、φ_{cq} 代替，对砂土和碎石土，有效应力强度指标 φ' 可根据标准贯入试验实测击数和水下休止角等物理力学指标取值；土压力、水压力采用分算方法时，水压力可按静水压力计算；当地下水渗流时，宜按渗流理论计算水压力和土的竖向有效应力；当存在多个含水层时，应分别计算各含水层的水压力；

4 有可靠的地方经验时，土的抗剪强度指标尚可根据室内、原位试验得到的其他物理力学指标，按经验方法确定。

3.1.15 支护结构设计时，应根据工程经验分析判断计算参数取值和计算分析结果的合理性。

3.2 勘察要求与环境调查

3.2.1 基坑工程的岩土勘察应符合下列规定：

1 勘探点范围应根据基坑开挖深度及场地的岩土工程条件确定；基坑外宜布置勘探点，其范围不宜小于基坑深度的 1 倍；当需要采用锚杆时，基坑外勘探点的范围不宜小于基坑深度的 2 倍；当基坑外无法

布置勘探点时，应通过调查取得相关勘察资料并结合场地内的勘察资料进行综合分析；

2 勘探点应沿基坑边布置，其间距宜取 15m ～25m；当场地存在软弱土层、暗沟或岩溶等复杂地质条件时，应加密勘探点并查明其分布和工程特性；

3 基坑周边勘探孔的深度不宜小于基坑深度的 2 倍；基坑面以下存在软弱土层或承压水含水层时，勘探孔深度应穿过软弱土层或承压水含水层；

4 应按现行国家标准《岩土工程勘察规范》GB 50021 的规定进行原位测试和室内试验并提出各层土的物理性质指标和力学指标；对主要土层和厚度大于 3m 的素填土，应按本规程第 3.1.14 条的规定进行抗剪强度试验并提出相应的抗剪强度指标；

5 当有地下水时，应查明各含水层的埋深、厚度和分布，判断地下水类型、补给和排泄条件；有承压水时，应分层测量其水头高度；

6 应对基坑开挖与支护结构使用期内地下水位的变化幅度进行分析；

7 当基坑需要降水时，宜采用抽水试验测定各含水层的渗透系数与影响半径，勘察报告中应提出各含水层的渗透系数；

8 当建筑地基勘察资料不能满足基坑支护设计与施工要求时，应进行补充勘察。

3.2.2 基坑支护设计前，应查明下列基坑周边环境条件：

1 既有建筑物的结构类型、层数、位置、基础形式和尺寸、埋深、使用年限、用途等；

2 各种既有地下管线、地下构筑物的类型、位置、尺寸、埋深等；对既有供水、污水、雨水等地下输水管线，尚应包括其使用状况及渗漏状况；

3 道路的类型、位置、宽度、道路行驶情况、最大车辆荷载等；

4 基坑开挖与支护结构使用期内施工材料、施工设备等临时荷载的要求；

5 雨期时的场地周围地表水汇流和排泄条件。

3.3 支护结构选型

3.3.1 支护结构选型时，应综合考虑下列因素：

1 基坑深度；

2 土的性状及地下水条件；

3 基坑周边环境对基坑变形的承受能力及支护结构失效的后果；

4 主体地下结构和基础形式及其施工方法、基坑平面尺寸及形状；

5 支护结构施工工艺的可行性；

6 施工场地条件及施工季节；

7 经济指标、环保性能和施工工期。

3.3.2 支护结构应按表 3.3.2 选型。

表 3.3.2 各类支护结构的适用条件

结构类型		安全等级	适用条件
			基坑深度、环境条件、土类和地下水条件
支挡式结构	锚拉式结构	一级二级三级	适用于较深的基坑
	支撑式结构		适用于较深的基坑
	悬臂式结构		适用于较浅的基坑
	双排桩		当锚拉式、支撑式和悬臂式结构不适用时，可考虑采用双排桩
	支护结构与主体结构结合的逆作法		适用于基坑周边环境条件很复杂的深基坑
土钉墙	单一土钉墙	二级三级	适用于地下水位以上或降水的非软土基坑，且基坑深度不宜大于 12m
	预应力锚杆复合土钉墙		适用于地下水位以上或降水的非软土基坑，且基坑深度不宜大于 15m
	水泥土桩复合土钉墙		用于非软土基坑时，基坑深度不宜大于 12m；用于淤泥质基坑时，基坑深度不宜大于 6m；不宜在高水位的碎石土、砂土层中
	微型桩复合土钉墙		适用于地下水位以上或降水的基坑，用于非软土基坑时，基坑深度不宜大于 12m；用于淤泥质土基坑时，基坑深度不宜大于 6m
重力式水泥土墙		二级三级	适用于淤泥质土、淤泥基坑，且基坑深度不宜大于 7m
放坡		三级	1 施工场地满足放坡条件 2 放坡与上述支护结构形式结合

右栏（适用条件延伸）：当基坑潜在滑动面内有建筑物、重要地下管线时，不宜采用土钉墙

注：1 当基坑不同部位的周边环境条件、土层性状、基坑深度等不同时，可在不同部位分别采用不同的支护形式；

2 支护结构可采用上、下部以不同结构类型组合的形式。

3.3.3 采用两种或两种以上支护结构形式时，其结合处应考虑相邻支护结构的相互影响，且应有可靠的过渡连接措施。

3.3.4 支护结构上部采用土钉墙或放坡、下部采用支挡式结构时，上部土钉墙应符合本规程第 5 章的规定，支挡式结构应考虑上部土钉墙或放坡的作用。

3.3.5 当坑底以下为软土时，可采用水泥土搅拌桩、高压喷射注浆等方法对坑底土体进行局部或整体加固。水泥土搅拌桩、高压喷射注浆加固体可采用格栅或实体形式。

3.3.6 基坑开挖采用放坡或支护结构上部采用放坡时，应按本规程第 5.1.1 条的规定验算边坡的滑动稳定性，边坡的圆弧滑动稳定安全系数（K_s）不应小于 1.2。放坡坡面应设置防护层。

3.4 水平荷载

3.4.1 计算作用在支护结构上的水平荷载时，应考虑下列因素：

1 基坑内外土的自重（包括地下水）；

2 基坑周边既有和在建的建（构）筑物荷载；

3 基坑周边施工材料和设备荷载；

4 基坑周边道路车辆荷载；

5 冻胀、温度变化及其他因素产生的作用。

3.4.2 作用在支护结构上的土压力应按下列规定确定：

1 支护结构外侧的主动土压力强度标准值、支护结构内侧的被动土压力强度标准值宜按下列公式计算（图 3.4.2）：

1）对地下水位以上或水土合算的土层

$$p_{ak} = \sigma_{ak} K_{a,i} - 2c_i \sqrt{K_{a,i}} \quad (3.4.2-1)$$

$$K_{a,i} = \tan^2 \left(45° - \frac{\varphi_i}{2} \right) \quad (3.4.2-2)$$

$$p_{pk} = \sigma_{pk} K_{p,i} + 2c_i \sqrt{K_{p,i}} \quad (3.4.2-3)$$

$$K_{p,i} = \tan^2 \left(45° + \frac{\varphi_i}{2} \right) \quad (3.4.2-4)$$

式中：p_{ak}——支护结构外侧，第 i 层土中计算点的主动土压力强度标准值（kPa）；当 $p_{ak} < 0$ 时，应取 $p_{ak} = 0$；

σ_{ak}、σ_{pk}——分别为支护结构外侧、内侧计算点的土中竖向应力标准值（kPa），按本规程第 3.4.5 条的规定计算；

$K_{a,i}$、$K_{p,i}$——分别为第 i 层土的主动土压力系数、被动土压力系数；

c_i、φ_i——分别为第 i 层土的黏聚力（kPa）、内摩擦角（°）；按本规程第 3.1.14 条的规定取值；

p_{pk}——支护结构内侧，第 i 层土中计算点的被动土压力强度标准值（kPa）。

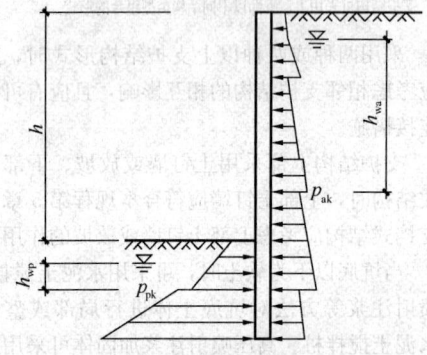

图 3.4.2 土压力计算

2）对于水土分算的土层

$$p_{ak} = (\sigma_{ak} - u_a) K_{a,i} - 2c_i \sqrt{K_{a,i}} + u_a$$

$$(3.4.2-5)$$

$$p_{pk} = (\sigma_{pk} - u_p) K_{p,i} + 2c_i \sqrt{K_{p,i}} + u_p$$

$$(3.4.2-6)$$

式中：u_a、u_p——分别为支护结构外侧、内侧计算点的水压力（kPa）；对静止地下水，按本规程第 3.4.4 条的规定取值；当采用悬挂式截水帷幕时，应考虑地下水从帷幕底向基坑内的渗流对水压力的影响。

2 在土压力影响范围内，存在相邻建筑物地下墙体等稳定界面时，可采用库仑土压力理论计算界面内有限滑动楔体产生的主动土压力，此时，同一土层的土压力可采用沿深度线性分布形式，支护结构与土之间的摩擦角宜取为零。

3 需要严格限制支护结构的水平位移时，支护结构外侧的土压力宜取静止土压力。

4 有可靠经验时，可采用支护结构与土相互作用的方法计算土压力。

3.4.3 对成层土，土压力计算时的各土层计算厚度应符合下列规定：

1 当土层厚度较均匀、层面坡度较平缓时，宜取邻近勘察孔的各土层厚度，或同一计算剖面内各土层厚度的平均值；

2 当同一计算剖面内各勘察孔的土层厚度分布不均时，应取最不利勘察孔的各土层厚度；

3 对复杂地层且距勘探孔较远时，应通过综合分析土层变化趋势后确定土层的计算厚度；

4 当相邻土层的土性接近，且对土压力的影响可以忽略不计或有利时，可归并为同一计算土层。

3.4.4 静止地下水的水压力可按下列公式计算：

$$u_a = \gamma_w h_{wa} \quad (3.4.4-1)$$

$$u_p = \gamma_w h_{wp} \quad (3.4.4-2)$$

式中：γ_w——地下水重度（kN/m³），取 $\gamma_w = 10$kN/m³；

h_{wa}——基坑外侧地下水位至主动土压力强度计算点的垂直距离（m）；对承压水，地下水位取测压管水位；当有多个含水层时，应取计算点所在含水层的地下水位；

h_{wp}——基坑内侧地下水位至被动土压力强度计算点的垂直距离（m）；对承压水，地下水位取测压管水位。

3.4.5 土中竖向应力标准值应按下式计算：

$$\sigma_{ak} = \sigma_{ac} + \sum \Delta \sigma_{k,j} \quad (3.4.5-1)$$

$$\sigma_{pk} = \sigma_{pc} \quad (3.4.5-2)$$

式中：σ_{ac}——支护结构外侧计算点，由土的自重产生的竖向总应力（kPa）；

σ_{pc}——支护结构内侧计算点，由土的自重产生的竖向总应力（kPa）；

$\Delta \sigma_{k,j}$——支护结构外侧第 j 个附加荷载作用下计算点的土中附加竖向应力标准值（kPa），应根据附加荷载类型，按本规程第3.4.6条～第3.4.8条计算。

3.4.6 均布附加荷载作用下的土中附加竖向应力标准值应按下式计算（图3.4.6）：

$$\Delta\sigma_k = q_0 \qquad (3.4.6)$$

式中：q_0——均布附加荷载标准值（kPa）。

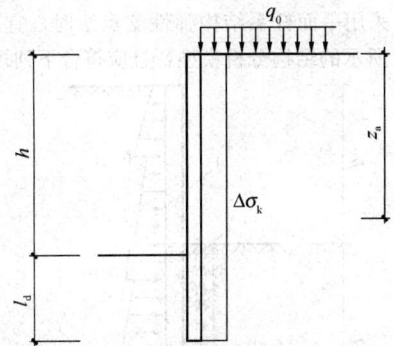

图 3.4.6　均布竖向附加荷载作用下的
土中附加竖向应力计算

3.4.7 局部附加荷载作用下的土中附加竖向应力标准值可按下列规定计算：

1 对条形基础下的附加荷载（图3.4.7a）：

当 $d + a/\tan\theta \leqslant z_a \leqslant d + (3a+b)/\tan\theta$ 时

$$\Delta\sigma_k = \frac{p_0 b}{b + 2a} \qquad (3.4.7\text{-}1)$$

式中：p_0——基础底面附加压力标准值（kPa）；

　　　d——基础埋置深度（m）；

　　　b——基础宽度（m）；

　　　a——支护结构外边缘至基础的水平距离（m）；

　　　θ——附加荷载的扩散角（°），宜取$\theta=45°$；

　　　z_a——支护结构顶面至土中附加竖向应力计算点的竖向距离。

当 $z_a < d + a/\tan\theta$ 或 $z_a > d + (3a+b)/\tan\theta$ 时，取 $\Delta\sigma_k = 0$。

2 对矩形基础下的附加荷载（图3.4.7a）：

当 $d + a/\tan\theta \leqslant z_a \leqslant d + (3a+b)/\tan\theta$ 时

$$\Delta\sigma_k = \frac{p_0 bl}{(b+2a)(l+2a)} \qquad (3.4.7\text{-}2)$$

式中：b——与基坑边垂直方向上的基础尺寸（m）；

　　　l——与基坑边平行方向上的基础尺寸（m）。

当 $z_a < d + a/\tan\theta$ 或 $z_a > d + (3a+b)/\tan\theta$ 时，取 $\Delta\sigma_k = 0$。

3 对作用在地面的条形、矩形附加荷载，按本条第1、2款计算土中附加竖向应力标准值 $\Delta\sigma_k$ 时，应取 $d=0$（图3.4.7b）。

3.4.8 当支护结构顶部低于地面，其上方采用放坡或土钉墙时，支护结构顶面以上土体对支护结构的作用宜按库仑土压力理论计算，也可将其视作附加荷载

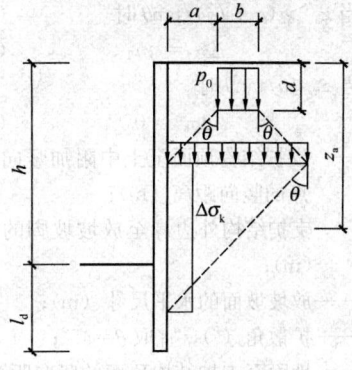

(a) 条形或矩形基础

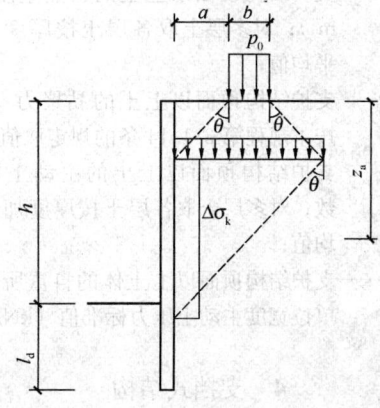

(b) 作用在地面的条形或矩形附加荷载

图 3.4.7　局部附加荷载作用下的土中
附加竖向应力计算

并按下列公式计算土中附加竖向应力标准值（图3.4.8）：

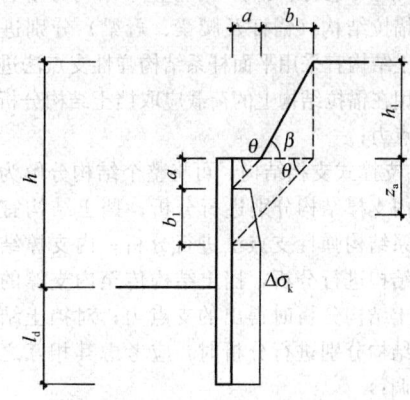

图 3.4.8　支护结构顶部以上采用放坡或
土钉墙时土中附加竖向应力计算

1 当 $a/\tan\theta \leqslant z_a \leqslant (a + b_1)/\tan\theta$ 时

$$\Delta\sigma_k = \frac{\gamma h_1}{b_1}(z_a - a) + \frac{E_{ak1}(a + b_1 - z_a)}{K_a b_1^2}$$

$$(3.4.8\text{-}1)$$

$$E_{ak1} = \frac{1}{2}\gamma h_1^2 K_a - 2ch_1\sqrt{K_a} + \frac{2c^2}{\gamma}$$

$$(3.4.8\text{-}2)$$

2 当 $z_a > (a+b_1)/\tan\theta$ 时

$$\Delta\sigma_k = \gamma h_1 \qquad (3.4.8\text{-}3)$$

3 当 $z_a < a/\tan\theta$ 时

$$\Delta\sigma_k = 0 \qquad (3.4.8\text{-}4)$$

式中：z_a——支护结构顶面至土中附加竖向应力计算点的竖向距离（m）；

$\quad a$——支护结构外边缘至放坡坡脚的水平距离（m）；

$\quad b_1$——放坡坡面的水平尺寸（m）；

$\quad \theta$——扩散角（°），宜取 $\theta = 45°$；

$\quad h_1$——地面至支护结构顶面的竖向距离（m）；

$\quad \gamma$——支护结构顶面以上土的天然重度（kN/m³）；对多层土取各层土按厚度加权的平均值；

$\quad c$——支护结构顶面以上土的黏聚力（kPa）；按本规程第 3.1.14 条的规定取值；

$\quad K_a$——支护结构顶面以上土的主动土压力系数；对多层土取各层土按厚度加权的平均值；

$\quad E_{ak1}$——支护结构顶面以上土体的自重所产生的单位宽度主动土压力标准值（kN/m）。

4 支挡式结构

4.1 结 构 分 析

4.1.1 支挡式结构应根据结构的具体形式与受力、变形特性等采用下列分析方法：

1 锚拉式支挡结构，可将整个结构分解为挡土结构、锚拉结构（锚杆及腰梁、冠梁）分别进行分析；挡土结构宜采用平面杆系结构弹性支点法进行分析；作用在锚拉结构上的荷载应取挡土结构分析时得出的支点力；

2 支撑式支挡结构，可将整个结构分解为挡土结构、内支撑结构分别进行分析；挡土结构宜采用平面杆系结构弹性支点法进行分析；内支撑结构可按平面结构进行分析，挡土结构传至内支撑的荷载应取挡土结构分析时得出的支点力；对挡土结构和内支撑结构分别进行分析时，应考虑其相互之间的变形协调；

3 悬臂式支挡结构、双排桩，宜采用平面杆系结构弹性支点法进行分析；

4 当有可靠经验时，可采用空间结构分析方法对支挡式结构进行整体分析或采用结构与土相互作用的分析方法对支挡式结构与基坑土体进行整体分析。

4.1.2 支挡式结构应对下列设计工况进行结构分析，并应按其中最不利作用效应进行支护结构设计：

1 基坑开挖至坑底时的状况；

2 对锚拉式和支撑式支挡结构，基坑开挖至各

层锚杆或支撑施工面时的状况；

3 在主体地下结构施工过程中需要以主体结构构件替换支撑或锚杆的状况；此时，主体结构构件应满足替换后各设计工况下的承载力、变形及稳定性要求；

4 对水平内支撑式支挡结构，基坑各边水平荷载不对等的各种状况。

4.1.3 采用平面杆系结构弹性支点法时，宜采用图 4.1.3-1 所示的结构分析模型，且应符合下列规定：

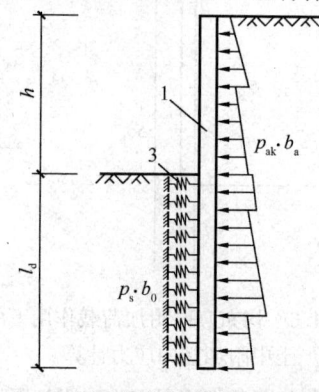

(a)悬臂式支挡结构

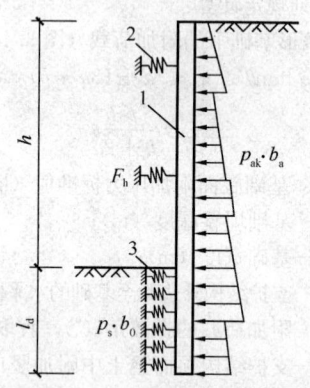

(b)锚拉式支挡结构或支撑式支挡结构

图 4.1.3-1 弹性支点法计算
1—挡土结构；2—由锚杆或支撑简化而成的弹性支座；
3—计算土反力的弹性支座

1 主动土压力强度标准值可按本规程第 3.4 节的有关规定确定；

2 土反力可按本规程第 4.1.4 条确定；

3 挡土结构采用排桩时，作用在单根支护桩上的主动土压力计算宽度应取排桩间距，土反力计算宽度（b_0）应按本规程第 4.1.7 条确定（图 4.1.3-2）；

4 挡土结构采用地下连续墙时，作用在单幅地下连续墙上的主动土压力计算宽度和土反力计算宽度（b_0）应取包括接头的单幅墙宽度；

5 锚杆和内支撑对挡土结构的约束作用应按弹性支座考虑，并应按本规程第 4.1.8 条确定。

4.1.4 作用在挡土构件上的分布土反力应符合下列规定：

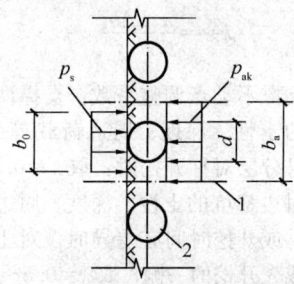

(a) 圆形截面排桩计算宽度

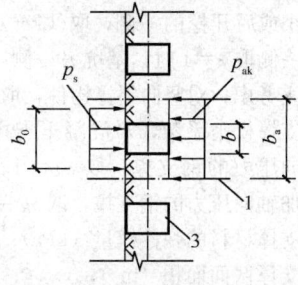

(b) 矩形或工字形截面排桩计算宽度

图 4.1.3-2 排桩计算宽度
1—排桩对称中心线；2—圆形桩；
3—矩形桩或工字形桩

1 分布土反力可按下式计算：

$$p_s = k_s v + p_{s0} \qquad (4.1.4\text{-}1)$$

2 挡土构件嵌固段上的基坑内侧土反力应符合下列条件，当不符合时，应增加挡土构件的嵌固长度或取 $P_{sk} = E_{pk}$ 时的分布土反力。

$$P_{sk} \leqslant E_{pk} \qquad (4.1.4\text{-}2)$$

式中：p_s——分布土反力（kPa）；

k_s——土的水平反力系数（kN/m³），按本规程第 4.1.5 条的规定取值；

v——挡土构件在分布土反力计算点使土体压缩的水平位移值（m）；

p_{s0}——初始分布土反力（kPa）；挡土构件嵌固段上的基坑内侧初始分布土反力可按本规程公式（3.4.2-1）或公式（3.4.2-5）计算，但应将公式中的 p_{ak} 用 p_{s0} 代替、σ_{ak} 用 σ_{pk} 代替，u_a 用 u_p 代替，且不计（$2c_i \sqrt{K_{a,i}}$）项；

P_{sk}——挡土构件嵌固段上的基坑内侧土反力标准值（kN），通过按公式（4.1.4-1）计算的分布土反力得出；

E_{pk}——挡土构件嵌固段上的被动土压力标准值（kN），通过按本规程公式（3.4.2-3）或公式（3.4.2-6）计算的被动土压力强度标准值得出。

4.1.5 基坑内侧土的水平反力系数可按下式计算：

$$k_s = m(z - h) \qquad (4.1.5)$$

式中：m——土的水平反力系数的比例系数（kN/

m⁴），按本规程第 4.1.6 条确定；

z——计算点距地面的深度（m）；

h——计算工况下的基坑开挖深度（m）。

4.1.6 土的水平反力系数的比例系数宜按桩的水平荷载试验及地区经验取值，缺少试验和经验时，可按下列经验公式计算：

$$m = \frac{0.2\varphi^2 - \varphi + c}{v_b} \qquad (4.1.6)$$

式中：m——土的水平反力系数的比例系数（MN/m⁴）；

c、φ——分别为土的黏聚力（kPa）、内摩擦角（°），按本规程第 3.1.14 条的规定确定；对多层土，按不同土层分别取值；

v_b——挡土构件在坑底处的水平位移量（mm），当此处的水平位移不大于 10mm 时，可取 $v_b = 10$mm。

4.1.7 排桩的土反力计算宽度应按下列公式计算（图 4.1.3-2）：

对圆形桩

$$b_0 = 0.9(1.5d + 0.5) \qquad (d \leqslant 1\text{m})$$
$$(4.1.7\text{-}1)$$

$$b_0 = 0.9(d + 1) \qquad (d > 1\text{m})$$
$$(4.1.7\text{-}2)$$

对矩形桩或工字形桩

$$b_0 = 1.5b + 0.5 \qquad (b \leqslant 1\text{m}) \quad (4.1.7\text{-}3)$$
$$b_0 = b + 1 \qquad (b > 1\text{m}) \quad (4.1.7\text{-}4)$$

式中：b_0——单根支护桩上的土反力计算宽度（m）；当按公式（4.1.7-1）～公式（4.1.7-4）计算的 b_0 大于排桩间距时，b_0 取排桩间距；

d——桩的直径（m）；

b——矩形桩或工字形桩的宽度（m）。

4.1.8 锚杆和内支撑对挡土结构的作用力应按下式确定：

$$F_h = k_R(v_R - v_{R0}) + P_h \qquad (4.1.8)$$

式中：F_h——挡土结构计算宽度内的弹性支点水平反力（kN）；

k_R——挡土结构计算宽度内弹性支点刚度系数（kN/m）；采用锚杆时可按本规程第 4.1.9 条的规定确定，采用内支撑时可按本规程第 4.1.10 条的规定确定；

v_R——挡土构件在支点处的水平位移值（m）；

v_{R0}——设置锚杆或支撑时，支点的初始水平位移值（m）；

P_h——挡土结构计算宽度内的法向预加力（kN）；采用锚杆或竖向斜撑时，取 $P_h = P \cdot \cos\alpha \cdot b_a/s$；采用水平对撑时，取

$P_h = P \cdot b_a / s$；对不预加轴向压力的支
撑，取 $P_h = 0$；采用锚杆时，宜取 $P = 0.75N_k \sim 0.9N_k$，采用支撑时，宜取 $P = 0.5N_k \sim 0.8N_k$；

P——锚杆的预加轴向拉力值或支撑的预加轴
向压力值（kN）；

α——锚杆倾角或支撑仰角（°）；

b_a——挡土结构计算宽度（m），对单根支护
桩，取排桩间距，对单幅地下连续墙，
取包括接头的单幅墙宽度；

s——锚杆或支撑的水平间距（m）；

N_k——锚杆轴向拉力标准值或支撑轴向压力标
准值（kN）。

4.1.9 锚拉式支挡结构的弹性支点刚度系数应按下
列规定确定：

1 锚拉式支挡结构的弹性支点刚度系数宜通过
本规程附录 A 规定的基本试验按下式计算：

$$k_R = \frac{(Q_2 - Q_1)b_a}{(s_2 - s_1)s} \qquad (4.1.9-1)$$

式中：Q_1、Q_2——锚杆循环加荷或逐级加荷试验中
$(Q \cdot s)$ 曲线上对应锚杆锁定值与轴
向拉力标准值的荷载值（kN）；对
锁定前进行预张拉的锚杆，应取
循环加荷试验中在相当于预张拉
荷载的加载量下卸载后的再加载
曲线上的荷载值；

s_1、s_2——$(Q \cdot s)$ 曲线上对应于荷载为 Q_1、
Q_2 的锚头位移值（m）；

s——锚杆水平间距（m）。

2 缺少试验时，弹性支点刚度系数也可按下式
计算：

$$k_R = \frac{3E_s E_c A_p A b_a}{[3E_c A l_f + E_s A_p (l - l_f)]s} \qquad (4.1.9-2)$$

$$E_c = \frac{E_s A_p + E_m (A - A_p)}{A} \qquad (4.1.9-3)$$

式中：E_s——锚杆杆体的弹性模量（kPa）；

E_c——锚杆的复合弹性模量（kPa）；

A_p——锚杆杆体的截面面积（m²）；

A——注浆固结体的截面面积（m²）；

l_f——锚杆的自由段长度（m）；

l——锚杆长度（m）；

E_m——注浆固结体的弹性模量（kPa）。

3 当锚杆腰梁或冠梁的挠度不可忽略不计时，
应考虑梁的挠度对弹性支点刚度系数的影响。

4.1.10 支撑式支挡结构的弹性支点刚度系数宜通过
对内支撑结构整体进行线弹性结构分析得出的支点力
与水平位移的关系确定。对水平对撑，当支撑腰梁或
冠梁的挠度可忽略不计时，计算宽度内弹性支点刚度
系数可按下式计算：

$$k_R = \frac{\alpha_R E A b_a}{\lambda l_0 s} \qquad (4.1.10)$$

式中：λ——支撑不动点调整系数；支撑两对边基坑
的土性、深度、周边荷载等条件相近，
且分层对称开挖时，取 $\lambda = 0.5$；支撑两
对边基坑的土性、深度、周边荷载等条
件或开挖时间有差异时，对土压力较大
或先开挖的一侧，取 $\lambda = 0.5 \sim 1.0$，且差
异大时取大值，反之取小值；对土压力较
小或后开挖的一侧，取 $(1 - \lambda)$；当基坑
一侧取 $\lambda = 1$ 时，基坑另一侧应按固定支
座考虑；对竖向斜撑构件，取 $\lambda = 1$；

α_R——支撑松弛系数，对混凝土支撑和预加轴
向压力的钢支撑，取 $\alpha_R = 1.0$，对不预
加轴向压力的钢支撑，取 $\alpha_R = 0.8 \sim 1.0$；

E——支撑材料的弹性模量（kPa）；

A——支撑截面面积（m²）；

l_0——受压支撑构件的长度（m）；

s——支撑水平间距（m）。

4.1.11 结构分析时，按荷载标准组合计算的变形值
不应大于按本规程第 3.1.8 条确定的变形控制值。

4.2 稳定性验算

4.2.1 悬臂式支挡结构的嵌固深度（l_d）应符合下
式嵌固稳定性的要求（图 4.2.1）：

$$\frac{E_{pk} a_{p1}}{E_{ak} a_{a1}} \geqslant K_e \qquad (4.2.1)$$

式中：K_e——嵌固稳定安全系数；安全等级为一级、
二级、三级的悬臂式支挡结构，K_e 分
别不应小于 1.25、1.2、1.15；

E_{ak}、E_{pk}——分别为基坑外侧主动土压力、基坑内侧
被动土压力标准值（kN）；

a_{a1}、a_{p1}——分别为基坑外侧主动土压力、基坑内侧
被动土压力合力作用点至挡土构件底
端的距离（m）。

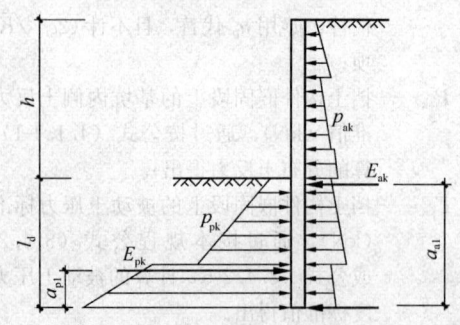

图 4.2.1 悬臂式结构嵌固稳定性验算

4.2.2 单层锚杆和单层支撑的支挡式结构的嵌固深
度（l_d）应符合下式嵌固稳定性的要求（图 4.2.2）：

$$\frac{E_{pk}a_{p2}}{E_{ak}a_{a2}} \geqslant K_e \qquad (4.2.2)$$

式中：K_e——嵌固稳定安全系数；安全等级为一级、二级、三级的锚拉式支挡结构和支撑式支挡结构，K_e 分别不应小于 1.25、1.2、1.15；

a_{a2}、a_{p2}——基坑外侧主动土压力、基坑内侧被动土压力合力作用点至支点的距离（m）。

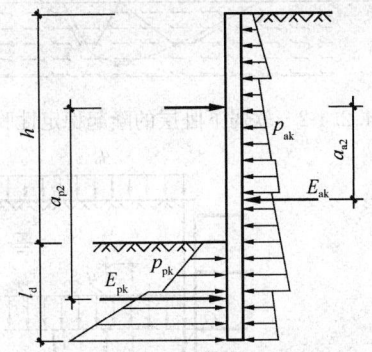

图 4.2.2　单支点锚拉式支挡结构和支撑式支挡结构的嵌固稳定性验算

4.2.3 锚拉式、悬臂式支挡结构和双排桩应按下列规定进行整体滑动稳定性验算：

1 整体滑动稳定性可采用圆弧滑动条分法进行验算；

2 采用圆弧滑动条分法时，其整体滑动稳定性应符合下列规定（图 4.2.3）：

$$\min \{K_{s,1}, K_{s,2}, \cdots, K_{s,i}, \cdots\} \geqslant K_s$$
$$(4.2.3\text{-}1)$$

$$K_{s,i} = \frac{\sum\{c_j l_j + [(q_j b_j + \Delta G_j)\cos\theta_j - u_j l_j]\tan\varphi_j\} + \sum R'_{k,k}[\cos(\theta_k + \alpha_k) + \psi_v]/s_{x,k}}{\sum(q_j b_j + \Delta G_j)\sin\theta_j}$$
$$(4.2.3\text{-}2)$$

式中：K_s——圆弧滑动稳定安全系数；安全等级为一级、二级、三级的支挡式结构，K_s 分别不应小于 1.35、1.3、1.25；

$K_{s,i}$——第 i 个圆弧滑动体的抗滑力矩与滑动力矩的比值；抗滑力矩与滑动力矩之比的最小值宜通过搜索不同圆心及半径的所有潜在滑动圆弧确定；

c_j、φ_j——分别为第 j 土条滑弧面处土的黏聚力（kPa）、内摩擦角（°），按本规程第 3.1.14 条的规定取值；

b_j——第 j 土条的宽度（m）；

θ_j——第 j 土条滑弧面中点处的法线与垂直面的夹角（°）；

l_j——第 j 土条的滑弧长度（m），取 $l_j = b_j/\cos\theta_j$；

q_j——第 j 土条上的附加分布荷载标准值（kPa）；

ΔG_j——第 j 土条的自重（kN），按天然重度计算；

u_j——第 j 土条滑弧面上的水压力（kPa）；采用落底式截水帷幕时，对地下水位以下的砂土、碎石土、砂质粉土，在基坑外侧，可取 $u_j = \gamma_w h_{wa,j}$，在基坑内侧，可取 $u_j = \gamma_w h_{wp,j}$；滑弧面在地下水位以上或对地下水位以下的黏性土，取 $u_j = 0$；

γ_w——地下水重度（kN/m³）；

$h_{wa,j}$——基坑外侧第 j 土条滑弧面中点的压力水头（m）；

$h_{wp,j}$——基坑内侧第 j 土条滑弧面中点的压力水头（m）；

$R'_{k,k}$——第 k 层锚杆在滑动面以外的锚固段的极限抗拔承载力标准值与锚杆杆体受拉承载力标准值（$f_{ptk}A_p$）的较小值（kN）；锚固段的极限抗拔承载力应按本规程第 4.7.4 条的规定计算，但锚固段应取滑动面以外的长度；对悬臂式、双排桩支挡结构，不考虑 $\sum R'_{k,k}[\cos(\theta_k + \alpha_k) + \psi_v]/s_{x,k}$ 项；

α_k——第 k 层锚杆的倾角（°）；

θ_k——滑弧面在第 k 层锚杆处的法线与垂直面的夹角（°）；

$s_{x,k}$——第 k 层锚杆的水平间距（m）；

ψ_v——计算系数；可按 $\psi_v = 0.5\sin(\theta_k + \alpha_k)\tan\varphi$ 取值；

φ——第 k 层锚杆与滑弧交点处土的内摩擦角（°）。

3 当挡土构件底端以下存在软弱下卧土层时，整体稳定性验算滑动面中应包括由圆弧与软弱土层层面组成的复合滑动面。

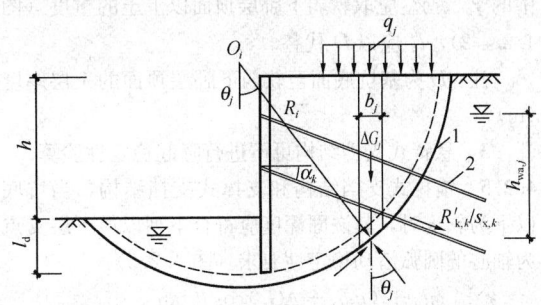

图 4.2.3　圆弧滑动条分法整体稳定性验算
1—任意圆弧滑动面；2—锚杆

4.2.4 支挡式结构的嵌固深度应符合下列坑底隆起稳定性要求：

1 锚拉式支挡结构和支撑式支挡结构的嵌固深度应符合下列规定（图 4.2.4-1）：

$$\frac{\gamma_{m2} l_d N_q + c N_c}{\gamma_{m1}(h+l_d) + q_0} \geqslant K_b \qquad (4.2.4\text{-}1)$$

$$N_q = \tan^2\left(45° + \frac{\varphi}{2}\right) e^{\pi \tan \varphi} \qquad (4.2.4\text{-}2)$$

$$N_c = (N_q - 1)/\tan \varphi \qquad (4.2.4\text{-}3)$$

式中：K_b——抗隆起安全系数；安全等级为一级、二级、三级的支护结构，K_b 分别不应小于 1.8、1.6、1.4；

γ_{m1}、γ_{m2}——分别为基坑外、基坑内挡土构件底面以上土的天然重度（kN/m^3）；对多层土，取各层土按厚度加权的平均重度；

l_d——挡土构件的嵌固深度（m）；

h——基坑深度（m）；

q_0——地面均布荷载（kPa）；

N_c、N_q——承载力系数；

c、φ——分别为挡土构件底面以下土的黏聚力（kPa）、内摩擦角（°），按本规程第 3.1.14 条的规定取值。

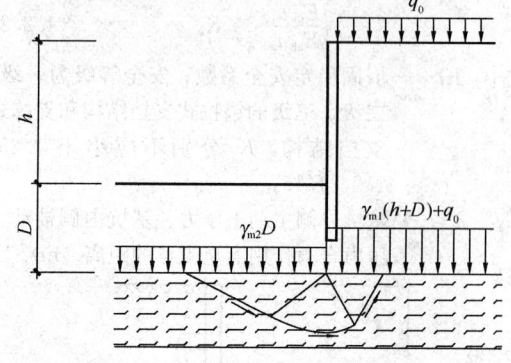

图 4.2.4-2 软弱下卧层的隆起稳定性验算

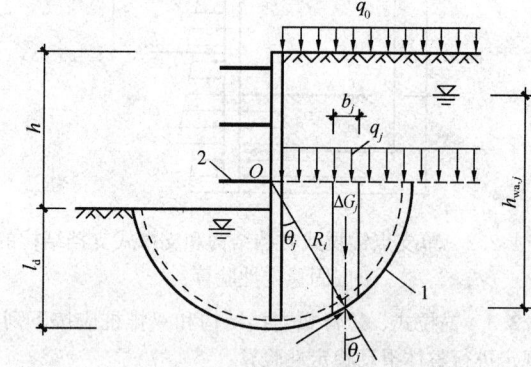

图 4.2.5 以最下层支点为轴心的圆弧滑动稳定性验算

1—任意圆弧滑动面；2—最下层支点

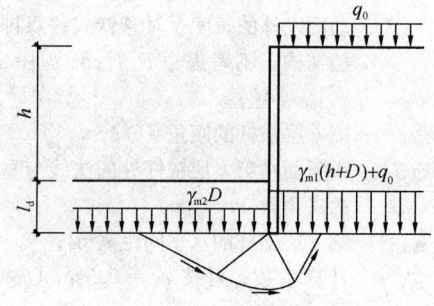

图 4.2.4-1 挡土构件底端平面下土的隆起稳定性验算

2 当挡土构件底面以下有软弱下卧层时，坑底隆起稳定性的验算部位尚应包括软弱下卧层。软弱下卧层的隆起稳定性可按公式（4.2.4-1）验算，但式中的 γ_{m1}、γ_{m2} 应取软弱下卧层顶面以上土的重度（图 4.2.4-2），l_d 应以 D 代替。

注：D 为基坑底面至软弱下卧层顶面的土层厚度（m）。

3 悬臂式支挡结构可不进行隆起稳定性验算。

4.2.5 锚拉式支挡结构和支撑式支挡结构，当坑底以下为软土时，其嵌固深度应符合下列以最下层支点为轴心的圆弧滑动稳定性要求（图 4.2.5）：

$$\frac{\sum\left[c_j l_j + (q_j b_j + \Delta G_j)\cos\theta_j \tan\varphi_j\right]}{\sum(q_j b_j + \Delta G_j)\sin\theta_j} \geqslant K_r$$

$$(4.2.5)$$

式中：K_r——以最下层支点为轴心的圆弧滑动稳定安全系数；安全等级为一级、二级、三级的支挡式结构，K_r 分别不应小于 2.2、1.9、1.7；

c_j、φ_j——分别为第 j 土条在滑弧面处土的黏聚力

（kPa）、内摩擦角（°），按本规程第 3.1.14 条的规定取值；

l_j——第 j 土条的滑弧长度（m），取 $l_j = b_j/\cos\theta_j$；

q_j——第 j 土条顶面上的竖向压力标准值（kPa）；

b_j——第 j 土条的宽度（m）；

θ_j——第 j 土条滑弧面中点处的法线与垂直面的夹角（°）；

ΔG_j——第 j 土条的自重（kN），按天然重度计算。

4.2.6 采用悬挂式截水帷幕或坑底以下存在水头高于坑底的承压水含水层时，应按本规程附录 C 的规定进行地下水渗透稳定性验算。

4.2.7 挡土构件的嵌固深度除应满足本规程第 4.2.1 条～第 4.2.6 条的规定外，对悬臂式结构，尚不宜小于 0.8h；对单支点支挡式结构，尚不宜小于 0.3h；对多支点支挡式结构，尚不宜小于 0.2h。

注：h 为基坑深度。

4.3 排 桩 设 计

4.3.1 排桩的桩型与成桩工艺应符合下列要求：

1 应根据土层的性质、地下水条件及基坑周边

环境要求等选择混凝土灌注桩、型钢桩、钢管桩、钢板桩、型钢水泥土搅拌桩等桩型；

2 当支护桩施工影响范围内存在对地基变形敏感、结构性能差的建筑物或地下管线时，不应采用挤土效应严重、易塌孔、易缩径或有较大振动的桩型和施工工艺；

3 采用挖孔桩且成孔需要降水时，降水引起的地层变形应满足周边建筑物和地下管线的要求，否则应采取截水措施。

4.3.2 混凝土支护桩的正截面和斜截面承载力应符合下列规定：

1 沿周边均匀配置纵向钢筋的圆形截面支护桩，其正截面受弯承载力宜按本规程第 B.0.1 条的规定进行计算；

2 沿受拉区和受压区周边局部均匀配置纵向钢筋的圆形截面支护桩，其正截面受弯承载力宜按本规程第 B.0.2 条～第 B.0.4 条的规定进行计算；

3 圆形截面支护桩的斜截面承载力，可用截面宽度为 $1.76r$ 和截面有效高度为 $1.6r$ 的矩形截面代替圆形截面后，按现行国家标准《混凝土结构设计规范》GB 50010 对矩形截面斜截面承载力的规定进行计算，但其剪力设计值应按本规程第 3.1.7 条确定，计算所得的箍筋截面面积作为支护桩圆形箍筋的截面面积；

4 矩形截面支护桩的正截面受弯承载力和斜截面受剪承载力，应按现行国家标准《混凝土结构设计规范》GB 50010 的有关规定进行计算，但其弯矩设计值和剪力设计值应按本规程第 3.1.7 条确定。

注：r 为圆形截面半径。

4.3.3 型钢、钢管、钢板支护桩的受弯、受剪承载力应按现行国家标准《钢结构设计规范》GB 50017 的有关规定进行计算，但其弯矩设计值和剪力设计值应按本规程第 3.1.7 条确定。

4.3.4 采用混凝土灌注桩时，对悬臂式排桩，支护桩的桩径宜大于或等于 600mm；对锚拉式排桩或支撑式排桩，支护桩的桩径宜大于或等于 400mm；排桩的中心距不宜大于桩直径的 2.0 倍。

4.3.5 采用混凝土灌注桩时，支护桩的桩身混凝土强度等级、钢筋配置和混凝土保护层厚度应符合下列规定：

1 桩身混凝土强度等级不宜低于 C25；

2 纵向受力钢筋宜选用 HRB400、HRB500 钢筋，单桩的纵向受力钢筋不宜少于 8 根，其净间距不应小于 60mm；支护桩顶部设置钢筋混凝土构造冠梁时，纵向钢筋伸入冠梁的长度宜取冠梁厚度；冠梁按结构受力构件设置时，桩身纵向受力钢筋伸入冠梁的锚固长度应符合现行国家标准《混凝土结构设计规范》GB 50010 对钢筋锚固的有关规定；当不能满足锚固长度的要求时，其钢筋末端可采取机械锚固

措施；

3 箍筋可采用螺旋式箍筋；箍筋直径不应小于纵向受力钢筋最大直径的 1/4，且不应小于 6mm；箍筋间距宜取 100mm～200mm，且不应大于 400mm 及桩的直径；

4 沿桩身配置的加强箍筋应满足钢筋笼起吊安装要求，宜选用 HPB300、HRB400 钢筋，其间距宜取 1000mm～2000mm；

5 纵向受力钢筋的保护层厚度不应小于 35mm；采用水下灌注混凝土工艺时，不应小于 50mm；

6 当采用沿截面周边非均匀配置纵向钢筋时，受压区的纵向钢筋根数不应少于 5 根；当施工方法不能保证钢筋的方向时，不应采用沿截面周边非均匀配置纵向钢筋的形式；

7 当沿桩身分段配置纵向受力主筋时，纵向受力钢筋的搭接应符合现行国家标准《混凝土结构设计规范》GB 50010 的相关规定。

4.3.6 支护桩顶部应设置混凝土冠梁。冠梁的宽度不宜小于桩径，高度不宜小于桩径的 0.6 倍。冠梁钢筋应符合现行国家标准《混凝土结构设计规范》GB 50010 对梁的构造配筋要求。冠梁用作支撑或锚杆的传力构件或按空间结构设计时，尚应按受力构件进行截面设计。

4.3.7 在有主体建筑地下管线的部位，冠梁宜低于地下管线。

4.3.8 排桩桩间土应采取防护措施。桩间土防护措施宜采用内置钢筋网或钢丝网的喷射混凝土面层。喷射混凝土面层的厚度不宜小于 50mm，混凝土强度等级不宜低于 C20，混凝土面层内配置的钢筋网的纵横向间距不宜大于 200mm。钢筋网或钢丝网宜采用横向拉筋与两侧桩体连接，拉筋直径不宜小于 12mm，拉筋锚固在桩内的长度不宜小于 100mm。钢筋网宜采用桩间土内打入直径不小于 12mm 的钢筋钉固定，钢筋钉打入桩间土中的长度不宜小于排桩净间距的 1.5 倍且不应小于 500mm。

4.3.9 采用降水的基坑，在有可能出现渗水的部位应设置泄水管，泄水管应采取防止土颗粒流失的反滤措施。

4.3.10 排桩采用素混凝土桩与钢筋混凝土桩间隔布置的钻孔咬合桩形式时，支护桩的桩径可取 800mm～1500mm，相邻桩咬合长度不宜小于 200mm。素混凝土桩应采用塑性混凝土或强度等级不低于 C15 的超缓凝混凝土，其初凝时间宜控制在 40h～70h 之间，坍落度宜取 12mm～14mm。

4.4 排桩施工与检测

4.4.1 排桩的施工应符合现行行业标准《建筑桩基技术规范》JGJ 94 对相应桩型的有关规定。

4.4.2 当排桩桩位邻近的既有建筑物、地下管线、

地下构筑物对地基变形敏感时，应根据其位置、类型、材料特性、使用状况等相应采取下列控制地基变形的防护措施：

1 宜采取间隔成桩的施工顺序；对混凝土灌注桩，应在混凝土终凝后，再进行相邻桩的成孔施工；

2 对松散或稍密的砂土、稍密的粉土、软土等易坍塌或流动的软弱土层，对钻孔灌注桩宜采取改善泥浆性能等措施，对人工挖孔桩宜采取减小每节挖孔和护壁的长度、加固孔壁等措施；

3 支护桩成孔过程出现流砂、涌泥、塌孔、缩径等异常情况时，应暂停成孔并及时采取有针对性的措施进行处理，防止继续塌孔；

4 当成孔过程中遇到不明障碍物时，应查明其性质，且在不会危害既有建筑物、地下管线、地下构筑物的情况下方可继续施工。

4.4.3 对混凝土灌注桩，其纵向受力钢筋的接头不宜设置在内力较大处。同一连接区段内，纵向受力钢筋的连接方式和连接接头面积百分率应符合现行国家标准《混凝土结构设计规范》GB 50010 对梁类构件的规定。

4.4.4 混凝土灌注桩采用分段配置不同数量的纵向钢筋时，钢筋笼制作和安放时应采取控制非通长钢筋竖向定位的措施。

4.4.5 混凝土灌注桩采用沿桩截面周边非均匀配置纵向受力钢筋时，应按设计的钢筋配置方向进行安放，其偏转角度不得大于 10°。

4.4.6 混凝土灌注桩设有预埋件时，应根据预埋件用途和受力特点的要求，控制其安装位置及方向。

4.4.7 钻孔咬合桩的施工可采用液压钢套管全长护壁、机械冲抓成孔工艺，其施工应符合下列要求：

1 桩顶应设置导墙，导墙宽度宜取 3m～4m，导墙厚度宜取 0.3m～0.5m；

2 相邻咬合桩应按先施工素混凝土桩、后施工钢筋混凝土桩的顺序进行；钢筋混凝土桩应在素混凝土桩初凝前，通过成孔时切割部分素混凝土桩身形成与素混凝土桩的互相咬合，但应避免过早切割；

3 钻机就位及吊设第一节钢套管时，应采用两个测斜仪贴附在套管外壁并用经纬仪复核套管垂直度，其垂直度允许偏差应为 0.3%；液压套管应正反扭动加压下切；抓斗在套管内取土时，套管底部始终位于抓土面下方，且抓土面与套管底的距离应大于 1.0m；

4 孔内虚土和沉渣应清除干净，并用抓斗夯实孔底；灌注混凝土时，套管应随混凝土浇筑逐段提拔；套管应垂直提拔，阻力过大时应转动套管同时缓慢提拔。

4.4.8 除有特殊要求外，排桩的施工偏差应符合下列规定：

1 桩位的允许偏差应为 50mm；

2 桩垂直度的允许偏差应为 0.5%；

3 预埋件位置的允许偏差应为 20mm；

4 桩的其他施工允许偏差应符合现行行业标准《建筑桩基技术规范》JGJ 94 的规定。

4.4.9 冠梁施工时，应将桩顶浮浆、低强度混凝土及破碎部分清除。冠梁混凝土浇筑采用土模时，土面应修理整平。

4.4.10 采用混凝土灌注桩时，其质量检测应符合下列规定：

1 应采用低应变动测法检测桩身完整性，检测桩数不宜少于总桩数的 20%，且不得少于 5 根；

2 当根据低应变动测法判定的桩身完整性为Ⅲ类或Ⅳ类时，应采用钻芯法进行验证，并应扩大低应变动测法检测的数量。

4.5 地下连续墙设计

4.5.1 地下连续墙的正截面受弯承载力、斜截面受剪承载力应按现行国家标准《混凝土结构设计规范》GB 50010 的有关规定进行计算，但其弯矩、剪力设计值应按本规程第 3.1.7 条确定。

4.5.2 地下连续墙的墙体厚度宜根据成槽机的规格，选取 600mm、800mm、1000mm 或 1200mm。

4.5.3 一字形槽段长度宜取 4m～6m。当成槽施工可能对周边环境产生不利影响或槽壁稳定性较差时，应取较小的槽段长度。必要时，宜采用搅拌桩对槽壁进行加固。

4.5.4 地下连续墙的转角处或有特殊要求时，单元槽段的平面形状可采用 L 形、T 形等。

4.5.5 地下连续墙的混凝土设计强度等级宜取 C30～C40。地下连续墙用于截水时，墙体混凝土抗渗等级不宜小于 P6。当地下连续墙同时作为主体地下结构构件时，墙体混凝土抗渗等级应满足现行国家标准《地下工程防水技术规范》GB 50108 等相关标准的要求。

4.5.6 地下连续墙的纵向受力钢筋应沿墙身两侧均匀配置，可按内力大小沿墙体纵向分段配置，但通长配置的纵向钢筋不应小于总数的 50%；纵向受力钢筋宜选用 HRB400、HRB500 钢筋，直径不宜小于 16mm，净间距不宜小于 75mm。水平钢筋及构造钢筋宜选用 HPB300 或 HRB400 钢筋，直径不宜小于 12mm，水平钢筋间距宜取 200mm～400mm。冠梁按构造设置时，纵向钢筋伸入冠梁的长度宜取冠梁厚度。冠梁按结构受力构件设置时，墙身纵向受力钢筋伸入冠梁的锚固长度应符合现行国家标准《混凝土结构设计规范》GB 50010 对钢筋锚固的有关规定。当不能满足锚固长度的要求时，其钢筋末端可采取机械锚固措施。

4.5.7 地下连续墙纵向受力钢筋的保护层厚度，在基坑内侧不宜小于 50mm，在基坑外侧不宜小于

70mm。

4.5.8 钢筋笼端部与槽段接头之间、钢筋笼端部与相邻墙段混凝土面之间的间隙不应大于150mm，纵向钢筋下端500mm长度范围内宜按1：10的斜度向内收口。

4.5.9 地下连续墙的槽段接头应按下列原则选用：

1 地下连续墙宜采用圆形锁口管接头、波纹管接头、楔形接头、工字形钢接头或混凝土预制接头等柔性接头；

2 当地下连续墙作为主体地下结构外墙，且需要形成整体墙体时，宜采用刚性接头；刚性接头可采用一字形或十字形穿孔钢板接头、钢筋承插式接头等；当采取地下连续墙顶设置通长冠梁、墙壁内侧槽段接缝位置设置结构壁柱、基础底板与地下连续墙刚性连接等措施时，也可采用柔性接头。

4.5.10 地下连续墙顶应设置混凝土冠梁。冠梁宽度不宜小于墙厚，高度不宜小于墙厚的0.6倍。冠梁钢筋应符合现行国家标准《混凝土结构设计规范》GB 50010对梁的构造配筋要求。冠梁用作支撑或锚杆的传力构件或按空间结构设计时，尚应按受力构件进行截面设计。

4.6 地下连续墙施工与检测

4.6.1 地下连续墙的施工应根据地质条件的适应性等因素选择成槽设备。成槽施工前应进行成槽试验，并应通过试验确定施工工艺及施工参数。

4.6.2 当地下连续墙邻近的既有建筑物、地下管线、地下构筑物对地基变形敏感时，地下连续墙的施工应采取有效措施控制槽壁变形。

4.6.3 成槽施工前，应沿地下连续墙两侧设置导墙，导墙宜采用混凝土结构，且混凝土强度等级不宜低于C20。导墙底面不宜设置在新近填土上，且埋深不宜小于1.5m。导墙的强度和稳定性应满足成槽设备和顶拔接头管施工的要求。

4.6.4 成槽前，应根据地质条件进行护壁泥浆材料的试配及室内性能试验，泥浆配比应按试验确定。泥浆拌制后应贮放24h，待泥浆材料充分水化后方可使用。成槽时，泥浆的供应及处理设备应满足泥浆使用量的要求，泥浆的性能应符合相关技术指标的要求。

4.6.5 单元槽段宜采用间隔一个或多个槽段的跳幅施工顺序。每个单元槽段，挖槽分段不宜超过3个。成槽时，护壁泥浆液面应高于导墙底面500mm。

4.6.6 槽段接头应满足混凝土浇筑压力对其强度和刚度的要求。安放槽段接头时，应紧贴槽段垂直缓慢沉放至槽底。遇到阻碍时，槽段接头应在清除障碍后入槽。混凝土浇灌过程中应采取防止混凝土产生绕流的措施。

4.6.7 地下连续墙有防渗要求时，应在吊放钢筋笼前，对槽段接头和相邻墙段混凝土面用刷槽器等方法进行清刷，清刷后的槽段接头和混凝土面不得夹泥。

4.6.8 钢筋笼制作时，纵向受力钢筋的接头不宜设置在受力较大处。同一连接区段内，纵向受力钢筋的连接方式和连接接头面积百分率应符合现行国家标准《混凝土结构设计规范》GB 50010对板类构件的规定。

4.6.9 钢筋笼应设置定位垫块，垫块在垂直方向上的间距宜取3m～5m，在水平方向上宜每层设置2块～3块。

4.6.10 单元槽段的钢筋笼宜整体装配和沉放。需要分段装配时，宜采用焊接或机械连接，钢筋接头的位置宜选在受力较小处，并应符合现行国家标准《混凝土结构设计规范》GB 50010对钢筋连接的有关规定。

4.6.11 钢筋笼应根据吊装的要求，设置纵横向起吊桁架；桁架主筋宜采用HRB400级钢筋，钢筋直径不宜小于20mm，且应满足吊装和沉放过程中钢筋笼的整体性及钢筋笼骨架不产生塑性变形的要求。钢筋连接点出现位移、松动或开焊时，钢筋笼不得入槽，应重新制作或修整完好。

4.6.12 地下连续墙应采用导管法浇筑混凝土。导管拼接时，其接缝应密闭。混凝土浇筑时，导管内应预先设置隔水栓。

4.6.13 槽段长度不大于6m时，混凝土宜采用两根导管同时浇筑；槽段长度大于6m时，混凝土宜采用三根导管同时浇筑。每根导管分担的浇筑面积应基本均等。钢筋笼就位后应及时浇筑混凝土。混凝土浇筑过程中，导管埋入混凝土面的深度宜在2.0m～4.0m之间，浇筑液面的上升速度不宜小于3m/h。混凝土浇筑面宜高于地下连续墙设计顶面500mm。

4.6.14 除有特殊要求外，地下连续墙的施工偏差应符合现行国家标准《建筑地基基础工程施工质量验收规范》GB 50202的规定。

4.6.15 冠梁的施工应符合本规程第4.4.9条的规定。

4.6.16 地下连续墙的质量检测应符合下列规定：

1 应进行槽壁垂直度检测，检测数量不得小于同条件下总槽段数的20%，且不应少于10幅；当地下连续墙作为主体地下结构构件时，应对每个槽段进行槽壁垂直度检测；

2 应进行槽底沉渣厚度检测；当地下连续墙作为主体地下结构构件时，应对每个槽段进行槽底沉渣厚度检测；

3 应采用声波透射法对墙体混凝土质量进行检测，检测墙段数量不宜少于同条件下总墙段数的20%，且不得少于3幅，每个检测墙段的预埋超声波管数不应少于4个，且宜布置在墙身截面的四边中点处；

4 当根据声波透射法判定的墙身质量不合格时，应采用钻芯法进行验证；

5 地下连续墙作为主体地下结构构件时，其质量检测尚应符合相关标准的要求。

4.7 锚 杆 设 计

4.7.1 锚杆的应用应符合下列规定：

1 锚拉结构宜采用钢绞线锚杆；承载力要求较低时，也可采用钢筋锚杆；当环境保护不允许在支护结构使用功能完成后锚杆杆体滞留在地层内时，应采用可拆芯钢绞线锚杆；

2 在易塌孔的松散或稍密的砂土、碎石土、粉土、填土层，高液性指数的饱和黏性土层，高水压力的各类土层中，钢绞线锚杆、钢筋锚杆宜采用套管护壁成孔工艺；

3 锚杆注浆宜采用二次压力注浆工艺；

4 锚杆锚固段不宜设置在淤泥、淤泥质土、泥炭、泥炭质土及松散填土层内；

5 在复杂地质条件下，应通过现场试验确定锚杆的适用性。

4.7.2 锚杆的极限抗拔承载力应符合下式要求：

$$\frac{R_k}{N_k} \geq K_t \qquad (4.7.2)$$

式中：K_t——锚杆抗拔安全系数；安全等级为一级、二级、三级的支护结构，K_t 分别不应小于 1.8、1.6、1.4；

N_k——锚杆轴向拉力标准值（kN），按本规程第 4.7.3 条的规定计算；

R_k——锚杆极限抗拔承载力标准值（kN），按本规程第 4.7.4 条的规定确定。

4.7.3 锚杆的轴向拉力标准值应按下式计算：

$$N_k = \frac{F_h s}{b_a \cos\alpha} \qquad (4.7.3)$$

式中：N_k——锚杆轴向拉力标准值（kN）；

F_h——挡土构件计算宽度内的弹性支点水平反力（kN），按本规程第 4.1 节的规定确定；

s——锚杆水平间距（m）；

b_a——挡土结构计算宽度（m）；

α——锚杆倾角（°）。

4.7.4 锚杆极限抗拔承载力应按下列规定确定：

1 锚杆极限抗拔承载力应通过抗拔试验确定，试验方法应符合本规程附录 A 的规定。

2 锚杆极限抗拔承载力标准值也可按下式估算，但应通过本规程附录 A 规定的抗拔试验进行验证：

$$R_k = \pi d \sum q_{sk,i} l_i \qquad (4.7.4)$$

式中：d——锚杆的锚固体直径（m）；

l_i——锚杆的锚固段在第 i 土层中的长度（m）；

锚固段长度为锚杆在理论直线滑动面以外的长度，理论直线滑动面按本规程第 4.7.5 条的规定确定；

$q_{sk,i}$——锚固体与第 i 土层的极限粘结强度标准值（kPa），应根据工程经验并结合表 4.7.4 取值。

表 4.7.4　锚杆的极限粘结强度标准值

土的名称	土的状态或密实度	q_{sk}（kPa）	
		一次常压注浆	二次压力注浆
填土		16～30	30～45
淤泥质土		16～20	20～30
黏性土	$I_L > 1$	18～30	25～45
	$0.75 < I_L \leq 1$	30～40	45～60
	$0.50 < I_L \leq 0.75$	40～53	60～70
	$0.25 < I_L \leq 0.50$	53～65	70～85
	$0 < I_L \leq 0.25$	65～73	85～100
	$I_L \leq 0$	73～90	100～130
粉土	$e > 0.90$	22～44	40～60
	$0.75 \leq e \leq 0.90$	44～64	60～90
	$e < 0.75$	64～100	80～130
粉细砂	稍密	22～42	40～70
	中密	42～63	75～110
	密实	63～85	90～130
中砂	稍密	54～74	70～100
	中密	74～90	100～130
	密实	90～120	130～170
粗砂	稍密	80～130	100～140
	中密	130～170	170～220
	密实	170～220	220～250
砾砂	中密、密实	190～260	240～290
风化岩	全风化	80～100	120～150
	强风化	150～200	200～260

注：1　采用泥浆护壁成孔工艺时，应按表中取低值后再根据具体情况适当折减；

2　采用套管护壁成孔工艺时，可取表中的高值；

3　采用扩孔工艺时，可在表中数值基础上适当提高；

4　采用二次压力分段劈裂注浆工艺时，可在表中二次压力注浆数值基础上适当提高；

5　当砂土中的细粒含量超过总质量的 30% 时，表中数值应乘以 0.75；

6　对有机质含量为 5%～10% 的有机质土，应按表取值后适当折减；

7　当锚杆锚固段长度大于 16m 时，应对表中数值适当折减。

3 当锚杆锚固段主要位于黏土层、淤泥质土层、填土层时，应考虑土的蠕变对锚杆预应力损失的影响，并应根据蠕变试验确定锚杆的极限抗拔承载力。锚杆的蠕变试验应符合本规程附录 A 的规定。

4.7.5 锚杆的非锚固段长度应按下式确定，且不应小于 5.0m（图 4.7.5）：

$$l_f \geqslant \frac{(a_1 + a_2 - d\tan\alpha)\sin\left(45° - \frac{\varphi_m}{2}\right)}{\sin\left(45° + \frac{\varphi_m}{2} + \alpha\right)} + \frac{d}{\cos\alpha} + 1.5$$

(4.7.5)

式中：l_f——锚杆非锚固段长度（m）；

α——锚杆倾角（°）；

a_1——锚杆的锚头中点至基坑底面的距离（m）；

a_2——基坑底面至基坑外侧主动土压力强度与基坑内侧被动土压力强度等值点 O 的距离（m）；对成层土，当存在多个等值点时应按其中最深的等值点计算；

d——挡土构件的水平尺寸（m）；

φ_m——O 点以上各土层按厚度加权的等效内摩擦角（°）。

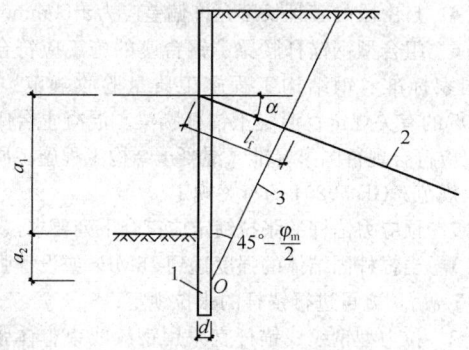

图 4.7.5　理论直线滑动面
1—挡土构件；2—锚杆；3—理论直线滑动面

4.7.6 锚杆杆体的受拉承载力应符合下式规定：

$$N \leqslant f_{py}A_p$$

(4.7.6)

式中：N——锚杆轴向拉力设计值（kN），按本规程第 3.1.7 条的规定计算；

f_{py}——预应力筋抗拉强度设计值（kPa）；当锚杆杆体采用普通钢筋时，取普通钢筋的抗拉强度设计值；

A_p——预应力筋的截面面积（m²）。

4.7.7 锚杆锁定值宜取锚杆轴向拉力标准值的（0.75～0.9）倍，且应与本规程第 4.1.8 条中的锚杆预加轴向拉力值一致。

4.7.8 锚杆的布置应符合下列规定：

1 锚杆的水平间距不宜小于 1.5m；对多层锚杆，其竖向间距不宜小于 2.0m；当锚杆的间距小于 1.5m 时，应根据群锚效应对锚杆抗拔承载力进行折减或改变相邻锚杆的倾角；

2 锚杆锚固段的上覆土层厚度不宜小于 4.0m；

3 锚杆倾角宜取 15°～25°，不应大于 45°，不应小于 10°；锚杆的锚固段宜设置在强度较高的土层内；

4 当锚杆上方存在天然地基的建筑物或地下构筑物时，宜避开易塌孔、变形的土层。

4.7.9 钢绞线锚杆、钢筋锚杆的构造应符合下列规定：

1 锚杆成孔直径宜取 100mm～150mm；

2 锚杆自由段的长度不应小于 5m，且应穿过潜在滑动面并进入稳定土层不小于 1.5m；钢绞线、钢筋杆体在自由段应设置隔离套管；

3 土层中的锚杆锚固段长度不宜小于 6m；

4 锚杆杆体的外露长度应满足腰梁、台座尺寸及张拉锁定的要求；

5 锚杆杆体用钢绞线应符合现行国家标准《预应力混凝土用钢绞线》GB/T 5224 的有关规定；

6 钢筋锚杆的杆体宜选用预应力螺纹钢筋、HRB400、HRB500 螺纹钢筋；

7 应沿锚杆杆体全长设置定位支架；定位支架应能使相邻定位支架中点处锚杆杆体的注浆固结体保护层厚度不小于 10mm，定位支架的间距宜根据锚杆杆体的组装刚度确定，对自由段宜取 1.5m～2.0m；对锚固段宜取 1.0m～1.5m；定位支架应能使各根钢绞线相互分离；

8 锚具应符合现行国家标准《预应力筋用锚具、夹具和连接器》GB/T 14370 的规定；

9 锚杆注浆应采用水泥浆或水泥砂浆，注浆固结体强度不宜低于 20MPa。

4.7.10 锚杆腰梁可采用型钢组合梁或混凝土梁。锚杆腰梁应按受弯构件设计。锚杆腰梁的正截面、斜截面承载力，对混凝土腰梁，应符合现行国家标准《混凝土结构设计规范》GB 50010 的规定；对型钢组合腰梁，应符合现行国家标准《钢结构设计规范》GB 50017 的规定。当锚杆锚固在混凝土冠梁上时，冠梁应按受弯构件设计。

4.7.11 锚杆腰梁应根据实际约束条件按连续梁或简支梁计算。计算腰梁内力时，腰梁的荷载应取结构分析时得出的支点力设计值。

4.7.12 型钢组合腰梁可选用双槽钢或双工字钢，槽钢之间或工字钢之间应用缀板焊接为整体构件，焊缝连接应采用贴角焊。双槽钢或双工字钢之间的净间距应满足锚杆杆体平直穿过的要求。

4.7.13 采用型钢组合腰梁时，腰梁应满足在锚杆集中荷载作用下的局部受压稳定与受扭稳定的构造要求。当需要增加局部受压和受扭稳定性时，可在型钢翼缘端口处配置加劲肋板。

4.7.14 混凝土腰梁、冠梁宜采用斜面与锚杆轴线垂直的梯形截面；腰梁、冠梁的混凝土强度等级不宜低于 C25。采用梯形截面时，截面的上边水平尺寸不宜小于 250mm。

4.7.15 采用楔形钢垫块时，楔形钢垫块与挡土构件、腰梁的连接应满足受压稳定性和锚杆垂直分力作用下的受剪承载力要求。采用楔形现浇混凝土垫块时，混凝土垫块应满足抗压强度和锚杆垂直分力作用下的受剪承载力要求，且其强度等级不宜低于 C25。

4.8 锚杆施工与检测

4.8.1 当锚杆穿过的地层附近存在既有地下管线、地下构筑物时，应在调查或探明其位置、尺寸、走向、类型、使用状况等情况后再进行锚杆施工。

4.8.2 锚杆的成孔应符合下列规定：

　　1 应根据土层性状和地下水条件选择套管护壁、干成孔或泥浆护壁成孔工艺，成孔工艺应满足孔壁稳定性要求；

　　2 对松散和稍密的砂土、粉土、碎石土、填土、有机质土，高液性指数的饱和黏性土宜采用套管护壁成孔工艺；

　　3 在地下水位以下时，不宜采用干成孔工艺；

　　4 在高塑性指数的饱和黏性土层成孔时，不宜采用泥浆护壁成孔工艺；

　　5 当成孔过程中遇不明障碍物时，在查明其性质前不得钻进。

4.8.3 钢绞线锚杆和钢筋锚杆杆体的制作安装应符合下列规定：

　　1 钢绞线锚杆杆体绑扎时，钢绞线应平行、间距均匀；杆体插入孔内时，应避免钢绞线在孔内弯曲或扭转；

　　2 当锚杆杆体选用 HRB400、HRB500 钢筋时，其连接宜采用机械连接、双面搭接焊、双面帮条焊；采用双面焊时，焊缝长度不应小于杆体钢筋直径的 5 倍；

　　3 杆体制作和安放时应除锈、除油污、避免杆体弯曲；

　　4 采用套管护壁工艺成孔时，应在拔出套管前将杆体插入孔内；采用非套管护壁成孔时，杆体应匀速推送至孔内；

　　5 成孔后应及时插入杆体及注浆。

4.8.4 钢绞线锚杆和钢筋锚杆的注浆应符合下列规定：

　　1 注浆液采用水泥浆时，水灰比宜取 0.5～0.55；采用水泥砂浆时，水灰比宜取 0.4～0.45，灰砂比宜取 0.5～1.0，拌合用砂宜选用中粗砂；

　　2 水泥浆或水泥砂浆内可掺入提高注浆固结体早期强度或微膨胀的外加剂，其掺入量宜按室内试验确定；

　　3 注浆管端部至孔底的距离不宜大于 200mm；注浆及拔管过程中，注浆管口应始终埋入注浆液面内，应在水泥浆液从孔口溢出后停止注浆；注浆后浆

液面下降时，应进行孔口补浆；

　　4 采用二次压力注浆工艺时，注浆管应在锚杆末端 $l_a/4$～$l_a/3$ 范围内设置注浆孔，孔间距宜取 500mm～800mm，每个注浆截面的注浆孔宜取 2 个；二次压力注浆液宜采用水灰比 0.5～0.55 的水泥浆；二次注浆管应固定在杆体上，注浆管的出浆口应有逆止构造；二次压力注浆应在水泥浆初凝后、终凝前进行，终止注浆的压力不应小于 1.5MPa；

　　注：l_a 为锚杆的锚固段长度。

　　5 采用二次压力分段劈裂注浆工艺时，注浆宜在固结体强度达到 5MPa 后进行，注浆管的出浆孔宜沿锚固段全长设置，注浆应由内向外分段依次进行；

　　6 基坑采用截水帷幕时，地下水位以下的锚杆注浆应采取孔口封堵措施；

　　7 寒冷地区在冬期施工时，应对注浆液采取保温措施，浆液温度应保持在 5℃以上。

4.8.5 锚杆的施工偏差应符合下列要求：

　　1 钻孔孔位的允许偏差应为 50mm；

　　2 钻孔倾角的允许偏差应为 3°；

　　3 杆体长度不应小于设计长度；

　　4 自由段的套管长度允许偏差应为 ±50mm。

4.8.6 组合型钢锚杆腰梁、钢台座的施工应符合现行国家标准《钢结构工程施工质量验收规范》GB 50205 的有关规定；混凝土锚杆腰梁、混凝土台座的施工应符合现行国家标准《混凝土结构工程施工质量验收规范》GB 50204 的有关规定。

4.8.7 预应力锚杆的张拉锁定应符合下列要求：

　　1 当锚杆固结体的强度达到 15MPa 或设计强度的 75% 后，方可进行锚杆的张拉锁定；

　　2 拉力型钢绞线锚杆宜采用钢绞线束整体张拉锁定的方法；

　　3 锚杆锁定前，应按本规程表 4.8.8 的检测值进行锚杆预张拉；锚杆张拉应平缓加载，加载速率不宜大于 $0.1N_k$/min；在张拉值下的锚杆位移和压力表压力应能保持稳定，当锚头位移不稳定时，应判定此根锚杆不合格；

　　4 锁定时的锚杆拉力应考虑锁定过程的预应力损失量；预应力损失量宜通过对锁定前、后锚杆拉力的测试确定；缺少测试数据时，锁定时的锚杆拉力可取锁定值的 1.1 倍～1.15 倍；

　　5 锚杆锁定应考虑相邻锚杆张拉锁定引起的预应力损失，当锚杆预应力损失严重时，应进行再次锁定；锚杆出现锚头松弛、脱落、锚具失效等情况时，应及时进行修复并对其进行再次锁定；

　　6 当锚杆需要再次张拉锁定时，锚具外杆体长度和完好程度应满足再张拉要求。

4.8.8 锚杆抗拔承载力的检测应符合下列规定：

　　1 检测数量不应少于锚杆总数的 5%，且同一土层中的锚杆检测数量不应少于 3 根；

2 检测试验应在锚固段注浆固结体强度达到 15MPa 或达到设计强度的 75% 后进行；

3 检测锚杆应采用随机抽样的方法选取；

4 抗拔承载力检测值应按表 4.8.8 确定；

5 检测试验应按本规程附录 A 的验收试验方法进行；

6 当检测的锚杆不合格时，应扩大检测数量。

表 4.8.8　锚杆的抗拔承载力检测值

支护结构的安全等级	抗拔承载力检测值与轴向拉力标准值的比值
一级	≥1.4
二级	≥1.3
三级	≥1.2

4.9　内支撑结构设计

4.9.1 内支撑结构可选用钢支撑、混凝土支撑、钢与混凝土的混合支撑。

4.9.2 内支撑结构选型应符合下列原则：

1 宜采用受力明确、连接可靠、施工方便的结构形式；

2 宜采用对称平衡性、整体性强的结构形式；

3 应与主体地下结构的结构形式、施工顺序协调，应便于主体结构施工；

4 应利于基坑土方开挖和运输；

5 需要时，可考虑内支撑结构作为施工平台。

4.9.3 内支撑结构应综合考虑基坑平面形状及尺寸、开挖深度、周边环境条件、主体结构形式等因素，选用有立柱或无立柱的下列内支撑形式：

1 水平对撑或斜撑，可采用单杆、桁架、八字形支撑；

2 正交或斜交的平面杆系支撑；

3 环形杆系或环形板系支撑；

4 竖向斜撑。

4.9.4 内支撑结构宜采用超静定结构。对个别次要构件失效会引起结构整体破坏的部位宜设置冗余约束。内支撑结构的设计应考虑地质和环境条件的复杂性、基坑开挖步序的偶然变化的影响。

4.9.5 内支撑结构分析应符合下列原则：

1 水平对撑与水平斜撑，应按偏心受压构件进行计算；支撑的轴向压力应取支撑间距内挡土构件的支点力之和；腰梁或冠梁应按以支撑为支座的多跨连续梁计算，计算跨度可取相邻支撑点的中心距；

2 矩形基坑的正交平面杆系支撑，可分解为纵横两个方向的结构单元，并分别按偏心受压构件进行计算；

3 平面杆系支撑、环形杆系支撑，可按平面杆系结构采用平面有限元法进行计算；计算时应考虑基

坑不同方向上的荷载不均匀性；建立的计算模型中，约束支座的设置应与支护结构实际位移状态相符，内支撑结构边界向基坑外位移处应设置弹性约束支座，向基坑内位移处不应设置支座，与边界平行方向应根据支护结构实际位移状态设置支座；

4 内支撑结构应进行竖向荷载作用下的结构分析；设有立柱时，在竖向荷载作用下内支撑结构宜按空间框架计算，当作用在内支撑结构上的竖向荷载较小时，内支撑结构的水平构件可按连续梁计算，计算跨度可取相邻立柱的中心距；

5 竖向斜撑应按偏心受压杆件进行计算；

6 当有可靠经验时，宜采用三维结构分析方法，对支撑、腰梁与冠梁、挡土构件进行整体分析。

4.9.6 内支撑结构分析时，应同时考虑下列作用：

1 由挡土构件传至内支撑结构的水平荷载；

2 支撑结构自重；当支撑作为施工平台时，尚应考虑施工荷载；

3 当温度改变引起的支撑结构内力不可忽略不计时，应考虑温度应力；

4 当支撑立柱下沉或隆起量较大时，应考虑支撑立柱与挡土构件之间差异沉降产生的作用。

4.9.7 混凝土支撑构件及其连接的受压、受弯、受剪承载力计算应符合现行国家标准《混凝土结构设计规范》GB 50010 的规定；钢支撑结构构件及其连接的受压、受弯、受剪承载力及各类稳定性计算应符合现行国家标准《钢结构设计规范》GB 50017 的规定。支撑的承载力计算应考虑施工偏心误差的影响，偏心距取值不宜小于支撑计算长度的 1/1000，且对混凝土支撑不宜小于 20mm，对钢支撑不宜小于 40mm。

4.9.8 支撑构件的受压计算长度应按下列规定确定：

1 水平支撑在竖向平面内的受压计算长度，不设置立柱时，应取支撑的实际长度；设置立柱时，应取相邻立柱的中心间距；

2 水平支撑在水平平面内的受压计算长度，对无水平支撑杆件交汇的支撑，应取支撑的实际长度；对有水平支撑杆件交汇的支撑，应取与支撑相交的相邻水平支撑杆件的中心间距；当水平支撑杆件的交汇点不在同一水平面内时，水平平面内的受压计算长度宜取与支撑相交的相邻水平支撑杆件中心间距的 1.5 倍；

3 对竖向斜撑，应按本条第 1、2 款的规定确定受压计算长度。

4.9.9 预加轴向压力的支撑，预加力值宜取支撑轴向压力标准值的（0.5～0.8）倍，且应与本规程第 4.1.8 条中的支撑预加轴向压力一致。

4.9.10 立柱的受压承载力可按下列规定计算：

1 在竖向荷载作用下，内支撑结构按框架计算时，立柱应按偏心受压构件计算；内支撑结构的水平构件按连续梁计算时，立柱可按轴心受压构件计算；

2 立柱的受压计算长度应按下列规定确定：

  1）单层支撑的立柱、多层支撑底层立柱的受压计算长度应取底层支撑至基坑底面的净高度与立柱直径或边长的 5 倍之和；

  2）相邻两层水平支撑间的立柱受压计算长度应取此两层水平支撑的中心间距；

3 立柱的基础应满足抗压和抗拔的要求。

4.9.11 内支撑的平面布置应符合下列规定：

  1 内支撑的布置应满足主体结构的施工要求，宜避开地下主体结构的墙、柱；

  2 相邻支撑的水平间距应满足土方开挖的施工要求；采用机械挖土时，应满足挖土机械作业的空间要求，且不宜小于 4m；

  3 基坑形状有阳角时，阳角处的支撑应在两边同时设置；

  4 当采用环形支撑时，环梁宜采用圆形、椭圆形等封闭曲线形式，并应按使环梁弯矩、剪力最小的原则布置辐射支撑；环形支撑宜采用与腰梁或冠梁相切的布置形式；

  5 水平支撑与挡土构件之间应设置连接腰梁；当支撑设置在挡土构件顶部时，水平支撑应与冠梁连接；在腰梁或冠梁上支撑点的间距，对钢腰梁不宜大于 4m，对混凝土梁不宜大于 9m；

  6 当需要采用较大水平间距的支撑时，宜根据支撑冠梁、腰梁的受力和承载力要求，在支撑端部两侧设置八字斜撑杆与冠梁、腰梁连接，八字斜撑杆宜在主撑两侧对称布置，且斜撑杆的长度不宜大于 9m，斜撑杆与冠梁、腰梁之间的夹角宜取 45°～60°；

  7 当设置支撑立柱时，临时立柱应避开主体结构的梁、柱及承重墙；对纵横双向交叉的支撑结构，立柱宜设置在支撑的交汇点处；对用作主体结构柱的立柱，立柱在基坑支护阶段的负荷不得超过主体结构的设计要求；立柱与支撑端部及立柱之间的间距应根据支撑构件的稳定要求和竖向荷载的大小确定，且对混凝土支撑不宜大于 15m，对钢支撑不宜大于 20m；

  8 当采用竖向斜撑时，应设置斜撑基础，且应考虑与主体结构底板施工的关系。

4.9.12 支撑的竖向布置应符合下列规定：

  1 支撑与挡土构件连接处不应出现拉力；

  2 支撑应避开主体地下结构底板和楼板的位置，并应满足主体地下结构施工对墙、柱钢筋连接长度的要求；当支撑下方的主体结构楼板在支撑拆除前施工时，支撑底面与下方主体结构楼板间的净距不宜小于 700mm；

  3 支撑至坑底的净高不宜小于 3m；

  4 采用多层水平支撑时，各层水平支撑宜布置在同一竖向平面内，层间净高不宜小于 3m。

4.9.13 混凝土支撑的构造应符合下列规定：

  1 混凝土的强度等级不应低于 C25；

  2 支撑构件的截面高度不宜小于其竖向平面内计算长度的 1/20；腰梁的截面高度（水平尺寸）不宜小于其水平方向计算跨度的 1/10，截面宽度（竖向尺寸）不应小于支撑的截面高度；

  3 支撑构件的纵向钢筋直径不宜小于 16mm，沿截面周边的间距不宜大于 200mm；箍筋的直径不宜小于 8mm，间距不宜大于 250mm。

4.9.14 钢支撑的构造应符合下列规定：

  1 钢支撑构件可采用钢管、型钢及其组合截面；

  2 钢支撑受压杆件的长细比不应大于 150，受拉杆件长细比不应大于 200；

  3 钢支撑连接宜采用螺栓连接，必要时可采用焊接连接；

  4 当水平支撑与腰梁斜交时，腰梁上应设置牛腿或采用其他能够承受剪力的连接措施；

  5 采用竖向斜撑时，腰梁和支撑基础上应设置牛腿或采用其他能够承受剪力的连接措施；腰梁与挡土构件之间应采用能够承受剪力的连接措施；斜撑基础应满足竖向承载力和水平承载力要求。

4.9.15 立柱的构造应符合下列规定：

  1 立柱可采用钢格构、钢管、型钢或钢管混凝土等形式；

  2 当采用灌注桩作为立柱基础时，钢立柱锚入桩内的长度不宜小于立柱长边或直径的 4 倍；

  3 立柱长细比不宜大于 25；

  4 立柱与水平支撑的连接可采用铰接；

  5 立柱穿过主体结构底板的部位，应有有效的止水措施。

4.9.16 混凝土支撑构件的构造，应符合现行国家标准《混凝土结构设计规范》GB 50010 的有关规定。钢支撑构件的构造，应符合现行国家标准《钢结构设计规范》GB 50017 的有关规定。

4.10 内支撑结构施工与检测

4.10.1 内支撑结构的施工与拆除顺序，应与设计工况一致，必须遵循先支撑后开挖的原则。

4.10.2 混凝土支撑的施工应符合现行国家标准《混凝土结构工程施工质量验收规范》GB 50204 的规定。

4.10.3 混凝土腰梁施工前应将排桩、地下连续墙等挡土构件的连接表面清理干净，混凝土腰梁应与挡土构件紧密接触，不得留有缝隙。

4.10.4 钢支撑的安装应符合现行国家标准《钢结构工程施工质量验收规范》GB 50205 的规定。

4.10.5 钢腰梁与排桩、地下连续墙等挡土构件间隙的宽度宜小于 100mm，并应在钢腰梁安装定位后，用强度等级不低于 C30 的细石混凝土填充密实或采用其他可靠连接措施。

4.10.6 对预加轴向压力的钢支撑，施加预压力时应符合下列要求：

1 对支撑施加压力的千斤顶应有可靠、准确的计量装置；

2 千斤顶压力的合力点应与支撑轴线重合，千斤顶应在支撑轴线两侧对称、等距放置，且应同步施加压力；

3 千斤顶的压力应分级施加，施加每级压力后应保持压力稳定 10min 后方可施加下一级压力；预压力加至设计规定值后，应在压力稳定 10min 后，方可按设计预压力值进行锁定；

4 支撑施加压力过程中，当出现焊点开裂、局部压曲等异常情况时应卸除压力，在对支撑的薄弱处进行加固后，方可继续施加压力；

5 当监测的支撑压力出现损失时，应再次施加预压力。

4.10.7 对钢支撑，当夏期施工产生较大温度应力时，应及时对支撑采取降温措施。当冬期施工降温产生的收缩使支撑端头出现空隙时，应及时用铁楔将空隙楔紧或采用其他可靠连接措施。

4.10.8 支撑拆除应在替换支撑的结构构件达到换撑要求的承载力后进行。当主体结构底板和楼板分块浇筑或设置后浇带时，应在分块部位或后浇带处设置可靠的传力构件。支撑的拆除应根据支撑材料、形式、尺寸等具体情况采用人工、机械和爆破等方法。

4.10.9 立柱的施工应符合下列要求：

1 立柱桩混凝土的浇筑面宜高于设计桩顶 500mm；

2 采用钢立柱时，立柱周围的空隙应用碎石回填密实，并宜辅以注浆措施；

3 立柱的定位和垂直度宜采用专门措施进行控制，对格构柱、H 型钢柱，尚应同时控制转向偏差。

4.10.10 内支撑的施工偏差应符合下列要求：

1 支撑标高的允许偏差应为 30mm；

2 支撑水平位置的允许偏差应为 30mm；

3 临时立柱平面位置的允许偏差应为 50mm，垂直度的允许偏差应为 1/150。

4.11 支护结构与主体结构的结合及逆作法

4.11.1 支护结构与主体结构可采用下列结合方式：

1 支护结构的地下连续墙与主体结构外墙相结合；

2 支护结构的水平支撑与主体结构水平构件相结合；

3 支护结构的竖向支承立柱与主体结构竖向构件相结合。

4.11.2 支护结构与主体结构相结合时，应分别按基坑支护各设计状况与主体结构各设计状况进行设计。与主体结构相关的构件之间的结点连接、变形协调与防水构造应满足主体结构的设计要求。按支护结构设计时，作用在支护结构上的荷载除应符合本规程第

3.4 节、第 4.9 节的规定外，尚应同时考虑施工时的主体结构自重及施工荷载；按主体结构设计时，作用在主体结构外墙上的土压力宜采用静止土压力。

4.11.3 地下连续墙与主体结构外墙相结合时，可采用单一墙、复合墙或叠合墙结构形式，其结合应符合下列要求（图 4.11.3）：

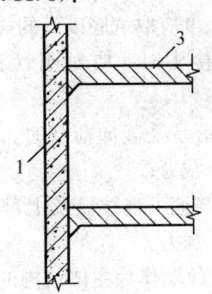

(a) 单一墙

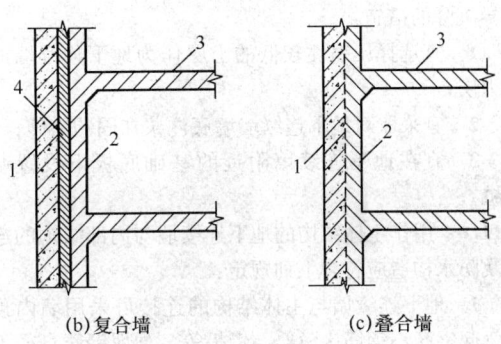

(b) 复合墙　　　　　(c) 叠合墙

图 4.11.3　地下连续墙与主体结构
外墙结合的形式

1—地下连续墙；2—衬墙；3—楼盖；4—衬垫材料

1 对于单一墙，永久使用阶段应按地下连续墙承担全部外墙荷载进行设计；

2 对于复合墙，地下连续墙内侧应设置混凝土衬墙；地下连续墙与衬墙之间的结合面应按不承受剪力进行构造设计，永久使用阶段水平荷载作用下的墙体内力宜按地下连续墙与衬墙的刚度比例进行分配；

3 对于叠合墙，地下连续墙内侧应设置混凝土衬墙；地下连续墙与衬墙之间的结合面应按承受剪力进行连接构造设计，永久使用阶段地下连续墙与衬墙应按整体考虑，外墙厚度应取地下连续墙与衬墙厚度之和。

4.11.4 地下连续墙与主体结构外墙相结合时，主体结构各设计状况下地下连续墙的计算分析应符合下列规定：

1 水平荷载作用下，地下连续墙应按以楼盖结构为支承的连续板或连续梁进行计算，结构分析尚应考虑与支护阶段地下连续墙内力、变形叠加的工况；

2 地下连续墙应进行裂缝宽度验算，除特殊要求外，应按现行国家标准《混凝土结构设计规范》GB 50010 的规定，按环境类别选用不同的裂缝控制等级及最大裂缝宽度限值；

3 地下连续墙作为主要竖向承重构件时，应分别按承载能力极限状态和正常使用极限状态验算地下连续墙的竖向承载力和沉降量；地下连续墙的竖向承载力宜通过现场静载荷试验确定；无试验条件时，可按钻孔灌注桩的竖向承载力计算公式进行估算，墙身截面有效周长应取与周边土体接触部分的长度，计算侧阻力时的墙体长度应取坑底以下的嵌固深度；地下连续墙采用刚性接头时，应对刚性接头进行抗剪验算；

4 地下连续墙承受竖向荷载时，应按偏心受压构件计算正截面承载力；

5 墙顶冠梁与地下连续墙及上部结构的连接处应验算截面受剪承载力。

4.11.5 当地下连续墙作为主体结构的主要竖向承重构件时，可采取下列协调地下连续墙与内部结构之间差异沉降的措施：

1 宜选择压缩性较低的土层作为地下连续墙的持力层；

2 宜采取对地下连续墙墙底注浆加固的措施；

3 宜在地下连续墙附近的基础底板下设置基础桩。

4.11.6 用作主体结构的地下连续墙与内部结构的连接及防水构造应符合下列规定：

1 地下连续墙与主体结构的连接可采用墙内预埋弯起钢筋、钢筋接驳器、钢板等，预埋钢筋直径不宜大于 20mm，并应采用 HPB300 钢筋；连接钢筋直径大于 20mm 时，宜采用钢筋接驳器连接；无法预埋钢筋或埋设精度无法满足设计要求时，可采用预埋钢板的方式；

2 地下连续墙墙段间的竖向接缝宜设置防渗和止水构造；有条件时，可在墙体内侧接缝处设扶壁式构造柱或框架柱；当地下连续墙内侧设有构造衬墙时，应在地下连续墙与衬墙间设置排水通道；

3 地下连续墙与结构顶板、底板的连接接缝处，应按地下结构的防水等级要求，设置刚性止水片、遇水膨胀橡胶止水条或预埋注浆管注浆止水等构造措施。

4.11.7 水平支撑与主体结构水平构件相结合时，支护阶段用作支撑的楼盖的计算分析应符合下列规定：

1 应符合本规程第 4.9 节的有关规定；

2 当楼盖结构兼作为施工平台时，应按水平和竖向荷载同时作用进行计算；

3 同层楼板面存在高差的部位，应验算该部位构件的受弯、受剪、受扭承载能力；必要时，应设置可靠的水平向转换结构或临时支撑等措施；

4 结构楼板的洞口及车道开口部位，当洞口两侧的梁板不能满足传力要求时，应采用设置临时支撑等措施；

5 各层楼盖设结构分缝或后浇带处，应设置水平传力构件，其承载力应通过计算确定。

4.11.8 水平支撑与主体结构水平构件相结合时，主体结构各设计状况下主体结构楼盖的计算分析应考虑与支护阶段楼盖内力、变形叠加的工况。

4.11.9 当楼盖采用梁板结构体系时，框架梁截面的宽度，应根据梁柱节点位置框架梁主筋穿过的要求，适当大于竖向支承立柱的截面宽度。当框架梁宽度在梁柱节点位置不能满足主筋穿过的要求时，在梁柱节点位置应采取梁的宽度方向加腋、环梁节点、连接环板等措施。

4.11.10 竖向支承立柱与主体结构竖向构件相结合时，支护阶段立柱和立柱桩的计算分析除应符合本规程第 4.9.10 条的规定外，尚应符合下列规定：

1 立柱及立柱桩的承载力与沉降计算时，立柱及立柱桩的荷载应包括支护阶段施工的主体结构自重及其所承受的施工荷载，并应按其安装的垂直度允许偏差考虑竖向荷载偏心的影响；

2 在主体结构底板施工前，立柱基础之间及立柱与地下连续墙之间的差异沉降不宜大于 20mm，且不宜大于柱距的 1/400。

4.11.11 在主体结构的短暂与持久设计状况下，宜考虑立柱基础之间的差异沉降及立柱与地下连续墙之间的差异沉降引起的结构次应力，并应采取防止裂缝产生的措施。立柱桩采用钻孔灌注桩时，可采用后注浆措施减小立柱桩的沉降。

4.11.12 竖向支承立柱与主体结构竖向构件相结合时，一根结构柱位置宜布置一根立柱及立柱桩。当一根立柱无法满足逆作施工阶段的承载力与沉降要求时，也可采用一根结构柱位置布置多根立柱和立柱桩的形式。

4.11.13 与主体结构竖向构件结合的立柱的构造应符合下列规定：

1 立柱应根据支护阶段承受的荷载要求及主体结构设计要求，采用格构式钢立柱、H 型钢立柱或钢管混凝土立柱等形式；立柱桩宜采用灌注桩，并应尽量利用主体结构的基础桩；

2 立柱采用角钢格构柱时，其边长不宜小于 420mm；采用钢管混凝土柱时，钢管直径不宜小于 500mm；

3 外包混凝土形成主体结构框架柱的立柱，其形式与截面应与地下结构梁板和柱的截面与钢筋配置相协调，其节点构造应保证结构整体受力与节点连接的可靠性；立柱应在地下结构底板混凝土浇筑完后，逐层在立柱外侧浇筑混凝土形成地下结构框架柱；

4 立柱与水平构件连接节点的抗剪钢筋、栓钉或钢牛腿等抗剪构造应根据计算确定；

5 采用钢管混凝土立柱时，插入立柱桩的钢管的混凝土保护层厚度不应小于 100mm。

4.11.14 地下连续墙与主体结构外墙相结合时，地下连续墙的施工应符合下列规定：

　　1　地下连续墙成槽施工应采用具有自动纠偏功能的设备；

　　2　地下连续墙采用墙底后注浆时，可将墙段折算成截面面积相等的桩后，按现行行业标准《建筑桩基技术规范》JGJ 94 的有关规定确定后注浆参数，后注浆的施工应符合该规范的有关规定。

4.11.15　竖向支承立柱与主体结构竖向构件相结合时，立柱及立柱桩的施工除应符合本规程第 4.10.9 条规定外，尚应符合下列要求：

　　1　立柱采用钢管混凝土柱时，宜通过现场试充填试验确定钢管混凝土柱的施工工艺与施工参数；

　　2　立柱桩采用后注浆时，后注浆的施工应符合现行行业标准《建筑桩基技术规范》JGJ 94 有关灌注桩后注浆施工的规定。

4.11.16　主体结构采用逆作法施工时，应在地下各层楼板上设置用于垂直运输的孔洞。楼板的孔洞应符合下列规定：

　　1　同层楼板上需要设置多个孔洞时，孔洞的位置应考虑楼板作为内支撑的受力和变形要求，并应满足合理布置施工运输的要求；

　　2　孔洞宜尽量利用主体结构的楼梯间、电梯井或无楼板处等结构开口；孔洞的尺寸应满足土方、设备、材料等垂直运输的施工要求；

　　3　结构楼板上的运输预留孔洞、立柱预留孔洞部位，应验算水平支撑力和施工荷载作用下的应力和变形，并应采取设置边梁或增强钢筋配置等加强措施；

　　4　对主体结构逆作施工后需要封闭的临时孔洞，应根据主体结构对孔洞处二次浇筑混凝土的结构连接要求，预先在洞口周边设置连接钢筋或抗剪预埋件等结构连接措施；有防水要求的洞口应设置刚性止水片、遇水膨胀橡胶止水条或预埋注浆管注浆止水等构造措施。

4.11.17　逆作的主体结构的梁、板、柱，其混凝土浇筑应采用下列措施：

　　1　主体结构的梁板等构件宜采用支模法浇筑混凝土；

　　2　由上向下逐层逆作主体结构的墙、柱时，墙、柱的纵向钢筋预先埋入下方土层内的钢筋连接段应采取防止钢筋污染的措施，与下层墙、柱钢筋的连接应符合现行国家标准《混凝土结构设计规范》GB 50010 对钢筋连接的规定；浇筑下层墙、柱混凝土前，应将已浇筑的上层墙、柱混凝土的结合面及预留连接钢筋、钢板表面的泥土清除干净；

　　3　逆作浇筑各层墙、柱混凝土时，墙、柱的模板顶部宜做成向上开口的喇叭形，且上层梁板在柱、墙节点处宜预留墙、柱的混凝土浇捣孔；墙、柱混凝土与上层墙、柱的结合面应浇筑密实、无收缩裂缝；

　　4　当前后两次浇筑的墙、柱混凝土结合面可能出现裂缝时，宜在结合面处的模板上预留充填裂缝的压力注浆孔。

4.11.18　与主体结构结合的地下连续墙、立柱及立柱桩，其施工偏差应符合下列规定：

　　1　除有特殊要求外，地下连续墙的施工偏差应符合现行国家标准《建筑地基基础工程施工质量验收规范》GB 50202 的规定；

　　2　立柱及立柱桩的平面位置允许偏差应为 10mm；

　　3　立柱的垂直度允许偏差应为 1/300；

　　4　立柱桩的垂直度允许偏差应为 1/200。

4.11.19　竖向支承立柱与主体结构竖向构件相结合时，立柱及立柱桩的检测应符合下列规定：

　　1　应对全部立柱进行垂直度与柱位进行检测；

　　2　应采用敲击法对钢管混凝土立柱进行检验，检测数量应大于立柱总数的 20%；当发现立柱缺陷时，应采用声波透射法或钻芯法进行验证，并扩大敲击法检测数量。

4.11.20　与支护结构结合的主体结构构件的设计、施工、检测，应符合本规程第 4.5 节、第 4.6 节、第 4.9 节、第 4.10 节的有关规定。

4.12　双排桩设计

4.12.1　双排桩可采用图 4.12.1 所示的平面刚架结构模型进行计算。

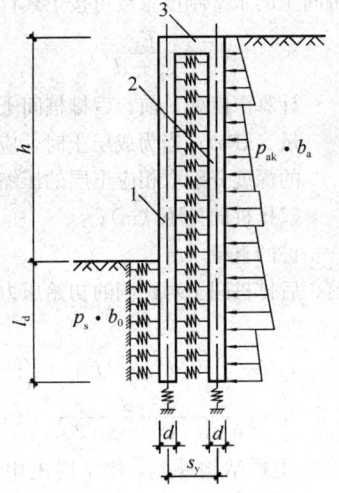

图 4.12.1　双排桩计算
1—前排桩；2—后排桩；3—刚架梁

4.12.2　采用图 4.12.1 的结构模型时，作用在后排桩上的主动土压力应按本规程第 3.4 节的规定计算，前排桩嵌固段上的土反力应按本规程第 4.1.4 条确定，作用在单根后排支护桩上的主动土压力计算宽度应取排桩间距，土反力计算宽度应按本规程第 4.1.7 条的规定取值（图 4.12.2）。前、后排桩间土对桩侧的压力可按下式计算：

$$p_c = k_c \Delta v + p_{c0} \quad (4.12.2)$$

式中：p_c——前、后排桩间土对桩侧的压力（kPa）；可按作用在前、后排桩上的压力相等考虑；

k_c——桩间土的水平刚度系数（kN/m³）；

Δv——前、后排桩水平位移的差值（m）；当其相对位移减小时为正值；当其相对位移增加时，取 $\Delta v = 0$；

p_{c0}——前、后排桩间土对桩侧的初始压力（kPa），按本规程第4.12.4条计算。

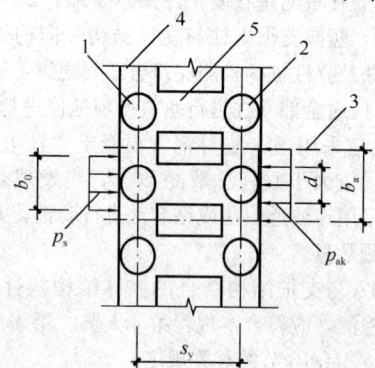

图 4.12.2 双排桩桩顶连梁及计算宽度
1—前排桩；2—后排桩；3—排桩对称
中心线；4—桩顶冠梁；5—刚架梁

4.12.3 桩间土的水平刚度系数可按下式计算：

$$k_c = \frac{E_s}{s_y - d} \quad (4.12.3)$$

式中：E_s——计算深度处，前、后排桩间土的压缩模量（kPa）；当为成层土时，应按计算点的深度分别取相应土层的压缩模量；

s_y——双排桩的排距（m）；

d——桩的直径（m）。

4.12.4 前、后排桩间土对桩侧的初始压力可按下列公式计算：

$$p_{c0} = (2\alpha - \alpha^2) p_{ak} \quad (4.12.4-1)$$

$$\alpha = \frac{s_y - d}{h \tan(45 - \varphi_m/2)} \quad (4.12.4-2)$$

式中：p_{ak}——支护结构外侧，第 i 层土中计算点的主动土压力强度标准值（kPa），按本规程第3.4.2条的规定计算；

h——基坑深度（m）；

φ_m——基坑底面以上各土层按厚度加权的等效内摩擦角平均值（°）；

α——计算系数，当计算的 α 大于1时，取 $\alpha = 1$。

4.12.5 双排桩的嵌固深度（l_d）应符合下式嵌固定性的要求（图4.12.5）：

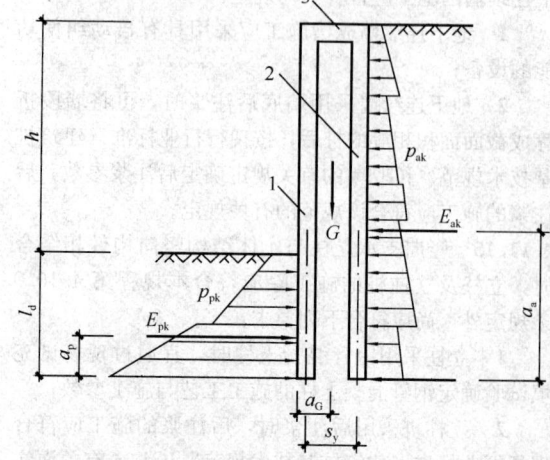

图 4.12.5 双排桩抗倾覆稳定性验算
1—前排桩；2—后排桩；3—刚架梁

$$\frac{E_{pk} a_p + G a_G}{E_{ak} a_a} \geqslant K_e \quad (4.12.5)$$

式中：K_e——嵌固稳定安全系数；安全等级为一级、二级、三级的双排桩，K_e 分别不应小于1.25、1.2、1.15；

E_{ak}、E_{pk}——分别为基坑外侧主动土压力、基坑内侧被动土压力标准值（kN）；

a_a、a_p——分别为基坑外侧主动土压力、基坑内侧被动土压力合力作用点至双排桩底端的距离（m）；

G——双排桩、刚架梁和桩间土的自重之和（kN）；

a_G——双排桩、刚架梁和桩间土的重心至前排桩边缘的水平距离（m）。

4.12.6 双排桩排距宜取 $2d \sim 5d$。刚架梁的宽度不应小于 d，高度不宜小于 $0.8d$，刚架梁高度与双排桩排距的比值宜取 $1/6 \sim 1/3$。

4.12.7 双排桩结构的嵌固深度，对淤泥质土，不宜小于 $1.0h$；对淤泥，不宜小于 $1.2h$；对一般黏性土、砂土，不宜小于 $0.6h$。前排桩端宜置于桩端阻力较高的土层。采用泥浆护壁灌注桩时，施工时的孔底沉渣厚度不应大于50mm，或应采用桩底后注浆加固沉渣。

4.12.8 双排桩应按偏心受压、偏心受拉构件进行支护桩的截面承载力计算，刚架梁应根据其跨高比按普通受弯构件或深受弯构件进行截面承载力计算。双排桩结构的截面承载力和构造应符合现行国家标准《混凝土结构设计规范》GB 50010 的有关规定。

4.12.9 前、后排桩与刚架梁节点处，桩的受拉钢筋与刚架梁受拉钢筋的搭接长度不应小于受拉钢筋锚固长度的1.5倍，其节点构造尚应符合现行国家标准《混凝土结构设计规范》GB 50010 对框架顶层端节点的有关规定。

5 土 钉 墙

5.1 稳定性验算

5.1.1 土钉墙应按下列规定对基坑开挖的各工况进行整体滑动稳定性验算:

1 整体滑动稳定性可采用圆弧滑动条分法进行验算。

2 采用圆弧滑动条分法时,其整体滑动稳定性应符合下列规定(图5.1.1):

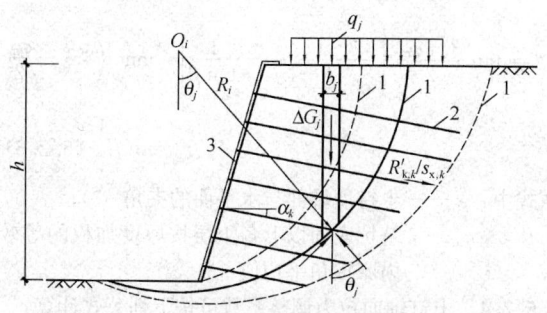

(a)土钉墙在地下水位以上

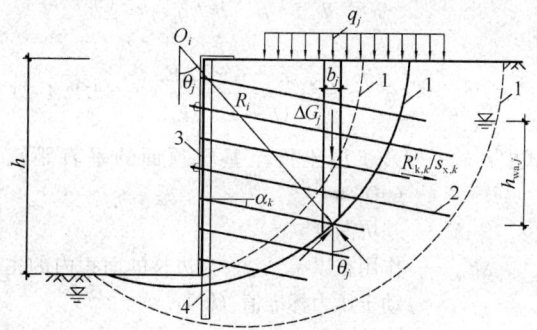

(b)水泥土桩或微型桩复合土钉墙

图 5.1.1　土钉墙整体滑动稳定性验算

1—滑动面;2—土钉或锚杆;3—喷射混凝土面层;
4—水泥土桩或微型桩

$$\min \{K_{s,1}, K_{s,2} \cdots, K_{s,i}, \cdots\} \geqslant K_s$$
(5.1.1-1)

$$K_{s,i} = \frac{\sum [c_j l_j + (q_j b_j + \Delta G_j)\cos\theta_j \tan\varphi_j] + \sum R'_{k,k}[\cos(\theta_k + \alpha_k) + \psi_v]/s_{x,k}}{\sum (q_j b_j + \Delta G_j)\sin\theta_j}$$
(5.1.1-2)

式中:K_s——圆弧滑动稳定安全系数;安全等级为二级、三级的土钉墙,K_s分别不应小于1.3、1.25;

$K_{s,i}$——第i个圆弧滑动体的抗滑力矩与滑动力矩的比值;抗滑力矩与滑动力矩之比的最小值宜通过搜索不同圆心及半径的所有潜在滑动圆弧确定;

c_j、φ_j——分别为第j土条滑弧面处土的黏聚力(kPa)、内摩擦角(°),按本规程第

3.1.14条的规定取值;

b_j——第j土条的宽度(m);

θ_j——第j土条滑弧面中点处的法线与垂直面的夹角(°);

l_j——第j土条的滑弧长度(m),取$l_j = b_j/\cos\theta_j$;

q_j——第j土条上的附加分布荷载标准值(kPa);

ΔG_j——第j土条的自重(kN),按天然重度计算;

$R'_{k,k}$——第k层土钉或锚杆在滑动面以外的锚固段的极限抗拔承载力标准值与杆体受拉承载力标准值($f_{yk} A_s$或$f_{ptk} A_p$)的较小值(kN);锚固段的极限抗拔承载力应按本规程第5.2.5条和第4.7.4条的规定计算,但锚固段应取圆弧滑动面以外的长度;

α_k——第k层土钉或锚杆的倾角(°);

θ_k——滑弧面在第k层土钉或锚杆处的法线与垂直面的夹角(°);

$s_{x,k}$——第k层土钉或锚杆的水平间距(m);

ψ_v——计算系数;可取$\psi_v = 0.5\sin(\theta_k + \alpha_k)\tan\varphi$;

φ——第k层土钉或锚杆与滑弧交点处土的内摩擦角(°)。

3 水泥土桩复合土钉墙,在需要考虑地下水压力的作用时,其整体稳定性应按本规程公式(4.2.3-1)、公式(4.2.3-2)验算,但$R'_{k,k}$应按本条的规定取值。

4 当基坑面以下存在软弱下卧土层时,整体稳定性验算滑动面中应包括由圆弧与软弱土层层面组成的复合滑动面。

5 微型桩、水泥土桩复合土钉墙,滑弧穿过其嵌固段的土条可适当考虑桩的抗滑作用。

5.1.2 基坑底面下有软土层的土钉墙结构应进行坑底隆起稳定性验算,验算可采用下列公式(图5.1.2)。

$$\frac{\gamma_{m2} D N_q + c N_c}{(q_1 b_1 + q_2 b_2)/(b_1 + b_2)} \geqslant K_b \quad (5.1.2-1)$$

$$N_q = \tan^2\left(45° + \frac{\varphi}{2}\right) e^{\pi\tan\varphi} \quad (5.1.2-2)$$

$$N_c = (N_q - 1)/\tan\varphi \quad (5.1.2-3)$$

$$q_1 = 0.5\gamma_{m1} h + \gamma_{m2} D \quad (5.1.2-4)$$

$$q_2 = \gamma_{m1} h + \gamma_{m2} D + q_0 \quad (5.1.2-5)$$

式中:K_b——抗隆起安全系数;安全等级为二级、三级的土钉墙,K_b分别不应小于1.6、1.4;

q_0——地面均布荷载(kPa);

γ_{m1}——基坑底面以上土的天然重度(kN/

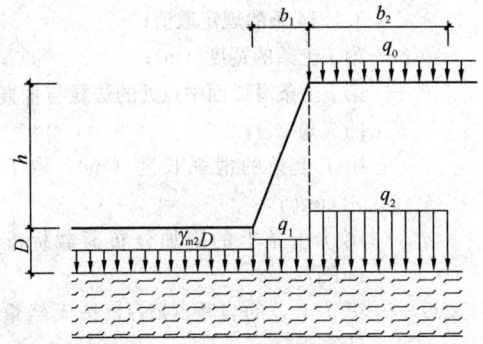

图 5.1.2 基坑底面下有软土层的土钉
墙隆起稳定性验算

m^3); 对多层土取各层土按厚度加权
的平均重度;

h——基坑深度 (m);

γ_{m2}——基坑底面至抗隆起计算平面之间土层
的天然重度 (kN/m^3); 对多层土取各
层土按厚度加权的平均重度;

D——基坑底面至抗隆起计算平面之间土层的
厚度 (m); 当抗隆起计算平面为基坑
底平面时, 取 $D=0$;

N_c、N_q——承载力系数;

c、φ——分别为抗隆起计算平面以下土的黏聚
力 (kPa)、内摩擦角 (°), 按本规程
第 3.1.14 条的规定取值;

b_1——土钉墙坡面的宽度 (m); 当土钉墙坡
面垂直时取 $b_1=0$;

b_2——地面均布荷载的计算宽度 (m), 可取
$b_2=h$。

5.1.3 土钉墙与截水帷幕结合时, 应按本规程附录
C 的规定进行地下水渗透稳定性验算。

5.2 土钉承载力计算

5.2.1 单根土钉的极限抗拔承载力应符合下式规定:

$$\frac{R_{k,j}}{N_{k,j}} \geqslant K_t \qquad (5.2.1)$$

式中: K_t——土钉抗拔安全系数; 安全等级为二级、
三级 的 土 钉 墙, K_t 分别不应小于
1.6、1.4;

$N_{k,j}$——第 j 层土钉的轴向拉力标准值 (kN),
应按本规程第 5.2.2 条的规定计算;

$R_{k,j}$——第 j 层土钉的极限抗拔承载力标准值
(kN), 应按本规程第 5.2.5 条的规定
确定。

5.2.2 单根土钉的轴向拉力标准值可按下式计算:

$$N_{k,j} = \frac{1}{\cos \alpha_j} \zeta \eta_j p_{ak,j} s_{x,j} s_{z,j} \qquad (5.2.2)$$

式中: $N_{k,j}$——第 j 层土钉的轴向拉力标准值 (kN);

α_j——第 j 层土钉的倾角 (°);

ζ——墙面倾斜时的主动土压力折减系数,
可按本规程第 5.2.3 条确定;

η_j——第 j 层土钉轴向拉力调整系数, 可按
本规程公式 (5.2.4-1) 计算;

$p_{ak,j}$——第 j 层土钉处的主动土压力强度标准
值 (kPa), 应按本规程第 3.4.2 条
确定;

$s_{x,j}$——土钉的水平间距 (m);

$s_{z,j}$——土钉的垂直间距 (m)。

5.2.3 坡面倾斜时的主动土压力折减系数可按下式
计算:

$$\zeta = \tan\frac{\beta-\varphi_m}{2}\left(\frac{1}{\tan\dfrac{\beta+\varphi_m}{2}} - \frac{1}{\tan\beta}\right) / \tan^2\left(45° - \frac{\varphi_m}{2}\right)$$

$$(5.2.3)$$

式中: β——土钉墙坡面与水平面的夹角 (°);

φ_m——基坑底面以上各土层按厚度加权的等效
内摩擦角平均值 (°)。

5.2.4 土钉轴向拉力调整系数可按下列公式计算:

$$\eta_j = \eta_a - (\eta_a - \eta_b)\frac{z_j}{h} \qquad (5.2.4\text{-}1)$$

$$\eta_a = \frac{\sum (h - \eta_b z_j)\Delta E_{aj}}{\sum (h - z_j)\Delta E_{aj}} \qquad (5.2.4\text{-}2)$$

式中: z_j——第 j 层土钉至基坑顶面的垂直距离
(m);

h——基坑深度 (m);

ΔE_{aj}——作用在以 $s_{x,j}$、$s_{z,j}$ 为边长的面积内的主
动土压力标准值 (kN);

η_a——计算系数;

η_b——经验系数, 可取 0.6~1.0;

n——土钉层数。

5.2.5 单根土钉的极限抗拔承载力应按下列规定
确定:

1 单根土钉的极限抗拔承载力应通过抗拔试验
确定, 试验方法应符合本规程附录 D 的规定。

2 单根土钉的极限抗拔承载力标准值也可按下
式估算, 但应通过本规程附录 D 规定的土钉抗拔试
验进行验证:

$$R_{k,j} = \pi d_j \Sigma q_{sk,i} l_i \qquad (5.2.5)$$

式中: d_j——第 j 层土钉的锚固体直径 (m); 对成
孔注浆土钉, 按成孔直径计算, 对打入
钢管土钉, 按钢管直径计算;

$q_{sk,i}$——第 j 层土钉与第 i 土层的极限粘结强度
标准值 (kPa); 应根据工程经验并结合
表 5.2.5 取值;

l_i——第 j 层土钉滑动面以外的部分在第 i 土

层中的长度（m），直线滑动面与水平面的夹角取 $\frac{\beta+\varphi_m}{2}$。

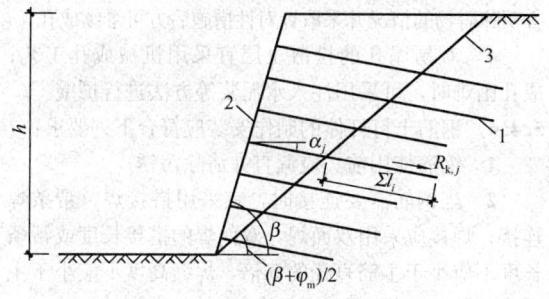

图 5.2.5 土钉抗拔承载力计算

1—土钉；2—喷射混凝土面层；3—滑动面

3 对安全等级为三级的土钉墙，可按公式（5.2.5）确定单根土钉的极限抗拔承载力。

4 当按本条第（1~3）款确定的土钉极限抗拔承载力标准值大于 $f_{yk}A_s$ 时，应取 $R_{k,j}=f_{yk}A_s$。

表 5.2.5 土钉的极限粘结强度标准值

土的名称	土的状态	q_{sk} (kPa)	
		成孔注浆土钉	打入钢管土钉
素填土		15~30	20~35
淤泥质土		10~20	15~25
黏性土	$0.75<I_L\leqslant1$	20~30	20~40
	$0.25<I_L\leqslant0.75$	30~45	40~55
	$0<I_L\leqslant0.25$	45~60	55~70
	$I_L\leqslant0$	60~70	70~80
粉土		40~80	50~90
砂土	松散	35~50	50~65
	稍密	50~65	65~80
	中密	65~80	80~100
	密实	80~100	100~120

5.2.6 土钉杆体的受拉承载力应符合下列规定：

$$N_j\leqslant f_yA_s \qquad (5.2.6)$$

式中：N_j——第 j 层土钉的轴向拉力设计值（kN），按本规程第 3.1.7 的规定计算；

f_y——土钉杆体的抗拉强度设计值（kPa）；

A_s——土钉杆体的截面面积（m²）。

5.3 构 造

5.3.1 土钉墙、预应力锚杆复合土钉墙的坡比不宜大于 1∶0.2；当基坑较深、土的抗剪强度较低时，宜取较小坡比。对砂土、碎石土、松散填土，确定土钉墙坡度时应考虑开挖时坡面的局部自稳能力。微型桩、水泥土桩复合土钉墙，应采用微型桩、水泥土桩与土钉墙面层贴合的垂直墙面。

注：土钉墙坡比指其墙面垂直高度与水平宽度的比值。

5.3.2 土钉墙宜采用洛阳铲成孔的钢筋土钉。对易塌孔的松散或稍密的砂土、稍密的粉土、填土，或易缩径的软土宜采用打入式钢管土钉。对洛阳铲成孔或钢管土

钉打入困难的土层，宜采用机械成孔的钢筋土钉。

5.3.3 土钉水平间距和竖向间距宜为 1m~2m；当基坑较深、土的抗剪强度较低时，土钉间距宜取小值。土钉倾角宜为 5°~20°。土钉长度应按各层土钉受力均匀、各土钉拉力与相应土钉极限承载力的比值相近的原则确定。

5.3.4 成孔注浆型钢筋土钉的构造应符合下列要求：

1 成孔直径宜取 70mm~120mm；

2 土钉钢筋宜选用 HRB400、HRB500 钢筋，钢筋直径宜取 16mm~32mm；

3 应沿土钉全长设置对中定位支架，其间距宜取 1.5m~2.5m，土钉钢筋保护层厚度不宜小于 20mm；

4 土钉孔注浆材料可采用水泥浆或水泥砂浆，其强度不宜低于 20MPa。

5.3.5 钢管土钉的构造应符合下列要求：

1 钢管的外径不宜小于 48mm，壁厚不宜小于 3mm；钢管的注浆孔应设置在钢管末端 $l/2~2l/3$ 范围内；每个注浆截面的注浆孔宜取 2 个，且应对称布置，注浆孔的孔径宜取 5mm~8mm，注浆孔外应设置保护倒刺；

2 钢管的连接采用焊接时，接头强度不应低于钢管强度；钢管焊接可采用数量不少于 3 根、直径不小于 16mm 的钢筋沿截面均匀分布拼焊，双面焊接时钢筋长度不应小于钢管直径的 2 倍。

注：l 为钢管土钉的总长度。

5.3.6 土钉墙高度不大于 12m 时，喷射混凝土面层的构造应符合下列要求：

1 喷射混凝土面层厚度宜取 80mm~100mm；

2 喷射混凝土设计强度等级不宜低于 C20；

3 喷射混凝土面层中应配置钢筋网和通长的加强钢筋，钢筋网宜采用 HPB300 级钢筋，钢筋直径宜取 6mm~10mm，钢筋间距宜取 150mm~250mm；钢筋网间的搭接长度应大于 300mm；加强钢筋的直径宜取 14mm~20mm；当充分利用土钉杆体的抗拉强度时，加强钢筋的截面面积不应小于土钉杆体截面面积的 1/2。

5.3.7 土钉与加强钢筋宜采用焊接连接，其连接应满足承受土钉拉力的要求；当在土钉拉力作用下喷射混凝土面层的局部受冲切承载力不足时，应采用设置承压钢板等加强措施。

5.3.8 当土钉墙后存在滞水时，应在含水层部位的墙面设置泄水孔或采取其他疏水措施。

5.3.9 采用预应力锚杆复合土钉墙时，预应力锚杆应符合下列要求：

1 宜采用钢绞线锚杆；

2 用于减小地面变形时，锚杆宜布置在土钉墙的较上部位；用于增强面层抵抗土压力的作用时，锚杆应布置在土压力较大及墙背土层较软弱的部位；

3 锚杆的拉力设计值不应大于土钉墙墙面的局部受压承载力;

4 预应力锚杆应设置自由段,自由段长度应超过土钉墙坡体的潜在滑动面;

5 锚杆与喷射混凝土面层之间应设置腰梁连接,腰梁可采用槽钢腰梁或混凝土腰梁,腰梁与喷射混凝土面层应紧密接触,腰梁规格应根据锚杆拉力设计值确定;

6 除应符合上述规定外,锚杆的构造尚应符合本规程第 4.7 节有关构造的规定。

5.3.10 采用微型桩垂直复合土钉墙时,微型桩应符合下列要求:

1 应根据微型桩施工工艺对土层特性和基坑周边环境条件的适用性选用微型钢管桩、型钢桩或灌注桩等桩型;

2 采用微型桩时,宜同时采用预应力锚杆;

3 微型桩的直径、规格应根据对复合墙面的强度要求确定;采用成孔后插入微型钢管桩、型钢桩的工艺时,成孔直径宜取 130mm~300mm,对钢管,其直径宜取 48mm~250mm,对工字钢,其型号宜取Ⅰ10~Ⅰ22,孔内应灌注水泥浆或水泥砂浆并充填密实;采用微型混凝土灌注桩时,其直径宜取 200mm~300mm;

4 微型桩的间距应满足土钉墙施工时桩间土的稳定性要求;

5 微型桩伸入坑底的长度宜大于桩径的 5 倍,且不应小于 1m;

6 微型桩应与喷射混凝土面层贴合。

5.3.11 采用水泥土桩复合土钉墙时,水泥土桩应符合下列要求:

1 应根据水泥土桩施工工艺对土层特性和基坑周边环境条件的适用性选用搅拌桩、旋喷桩等桩型;

2 水泥土桩伸入坑底的长度宜大于桩径的 2 倍,且不应小于 1m;

3 水泥土桩应与喷射混凝土面层贴合;

4 桩身 28d 无侧限抗压强度不宜小于 1MPa;

5 水泥土桩用作截水帷幕时,应符合本规程第7.2 节对截水的要求。

5.4 施工与检测

5.4.1 土钉墙应按土钉层数分层设置土钉、喷射混凝土面层、开挖基坑。

5.4.2 当有地下水时,对易产生流砂或塌孔的砂土、粉土、碎石土等土层,应通过试验确定土钉施工工艺及其参数。

5.4.3 钢筋土钉的成孔应符合下列要求:

1 土钉成孔范围内存在地下管线等设施时,应在查明其位置并避开后,再进行成孔作业;

2 应根据土层的性状选用洛阳铲、螺旋钻、冲击钻、地质钻等成孔方法,采用的成孔方法应能保证孔壁的稳定性、减小对孔壁的扰动;

3 当成孔遇不明障碍物时,应停止成孔作业,在查明障碍物的情况并采取针对性措施后方可继续成孔;

4 对易塌孔的松散土层宜采用机械成孔工艺,成孔困难时,可采用注入水泥浆等方法进行护壁。

5.4.4 钢筋土钉杆体的制作安装应符合下列要求:

1 钢筋使用前,应调直并清除污锈;

2 当钢筋需要连接时,宜采用搭接焊、帮条焊连接;焊接应采用双面焊,双面焊的搭接长度或帮条长度不应小于主筋直径的 5 倍,焊缝高度不应小于主筋直径的 0.3 倍;

3 对中支架的截面尺寸应符合对土钉杆体保护层厚度的要求,对中支架可选用直径 6mm~8mm 的钢筋焊制;

4 土钉成孔后应及时插入土钉杆体,遇塌孔、缩径时,应在处理后再插入土钉杆体。

5.4.5 钢筋土钉的注浆应符合下列要求:

1 注浆材料可选用水泥浆或水泥砂浆;水泥浆的水灰比宜取 0.5~0.55;水泥砂浆的水灰比宜取0.4~0.45,同时,灰砂比宜取 0.5~1.0,拌合用砂宜选用中粗砂,按重量计的含泥量不得大于 3%;

2 水泥浆或水泥砂浆应拌合均匀,一次拌合的水泥浆或水泥砂浆应在初凝前使用;

3 注浆前应将孔内残留的虚土清除干净;

4 注浆应采用将注浆管插至孔底、由孔底注浆的方式,且注浆管端部至孔底的距离不宜大于200mm;注浆及拔管时,注浆管出浆口应始终埋入注浆液面内,应在新鲜浆液从孔口溢出后停止注浆;注浆后,当浆液液面下降时,应进行补浆。

5.4.6 打入式钢管土钉的施工应符合下列要求:

1 钢管端部应制成尖锥状;钢管顶部宜设置防止施工变形的加强构造;

2 注浆材料应采用水泥浆;水泥浆的水灰比取0.5~0.6;

3 注浆压力不宜小于 0.6MPa;应在注浆至钢管周围出现返浆后停止注浆;当不出现返浆时,可采用间歇注浆的方法。

5.4.7 喷射混凝土面层的施工应符合下列要求:

1 细骨料宜选用中粗砂,含泥量应小于 3%;

2 粗骨料宜选用粒径不大于 20mm 的级配砾石;

3 水泥与砂石的重量比宜取 1:4~1:4.5,砂率宜取45%~55%,水灰比宜取 0.4~0.45;

4 使用速凝剂等外加剂时,应通过试验确定外加剂掺量;

5 喷射作业应分段依次进行,同一分段内应自下而上均匀喷射,一次喷射厚度宜为 30mm~80mm;

6 喷射作业时,喷头应与土钉墙面保持垂直,其距离宜为 0.6m~1.0m;

7 喷射混凝土终凝 2h 后应及时喷水养护；

8 钢筋与坡面的间隙应大于 20mm；

9 钢筋网可采用绑扎固定；钢筋连接宜采用搭接焊，焊缝长度不应小于钢筋直径的 10 倍；

10 采用双层钢筋网时，第二层钢筋网应在第一层钢筋网被喷射混凝土覆盖后铺设。

5.4.8 土钉墙的施工偏差应符合下列要求：

1 土钉位置的允许偏差应为 100mm；

2 土钉倾角的允许偏差应为 3°；

3 土钉杆体长度不应小于设计长度；

4 钢筋网间距的允许偏差应为 ±30mm；

5 微型桩桩位的允许偏差应为 50mm；

6 微型桩垂直度的允许偏差应为 0.5%。

5.4.9 复合土钉墙中预应力锚杆的施工应符合本规程第 4.8 节的有关规定。微型桩的施工应符合现行行业标准《建筑桩基技术规范》JGJ 94 的有关规定。水泥土桩的施工应符合本规程第 7.2 节的有关规定。

5.4.10 土钉墙的质量检测应符合下列规定：

1 应对土钉的抗拔承载力进行检测，土钉检测数量不宜少于土钉总数的 1%，且同一土层中的土钉检测数量不应少于 3 根；对安全等级为二级、三级的土钉墙，抗拔承载力检测值分别不应小于土钉轴向拉力标准值的 1.3 倍、1.2 倍；检测土钉应采用随机抽样的方法选取；检测试验应在注浆固结体强度达到 10MPa 或达到设计强度的 70% 后进行，应按本规程附录 D 的试验方法进行；当检测的土钉不合格时，应扩大检测数量；

2 应进行土钉墙面层喷射混凝土的现场试块强度试验，每 500m² 喷射混凝土面积的试验数量不应少于一组，每组试块不应少于 3 个；

3 应对土钉墙的喷射混凝土面层厚度进行检测，每 500m² 喷射混凝土面积的检测数量不应少于一组，每组的检测点不应少于 3 个；全部检测点的面层厚度平均值不应小于厚度设计值，最小厚度不应小于厚度设计值的 80%；

4 复合土钉墙中的预应力锚杆，应按本规程第 4.8.8 条的规定进行抗拔承载力检测；

5 复合土钉墙中的水泥土搅拌桩或旋喷桩用作截水帷幕时，应按本规程第 7.2.14 条的规定进行质量检测。

6 重力式水泥土墙

6.1 稳定性与承载力验算

6.1.1 重力式水泥土墙的滑移稳定性应符合下式规定（图 6.1.1）：

$$\frac{E_{pk} + (G - u_m B)\tan\varphi + cB}{E_{ak}} \geqslant K_{sl} \quad (6.1.1)$$

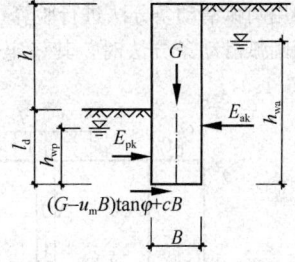

图 6.1.1 滑移稳定性验算

式中： K_{sl}——抗滑移安全系数，其值不应小于 1.2；

E_{ak}、E_{pk}——分别为水泥土墙上的主动土压力、被动土压力标准值（kN/m），按本规程第 3.4.2 条的规定确定；

G——水泥土墙的自重（kN/m）；

u_m——水泥土墙底面上的水压力（kPa）；水泥土墙底位于含水层时，可取 $u_m = \gamma_w (h_{wa} + h_{wp})/2$，在地下水位以上时，取 $u_m = 0$；

c、φ——分别为水泥土墙底面下土层的黏聚力（kPa）、内摩擦角（°），按本规程第 3.1.14 条的规定取值；

B——水泥土墙的底面宽度（m）；

h_{wa}——基坑外侧水泥土墙底处的压力水头（m）；

h_{wp}——基坑内侧水泥土墙底处的压力水头（m）。

6.1.2 重力式水泥土墙的倾覆稳定性应符合下式规定（图 6.1.2）：

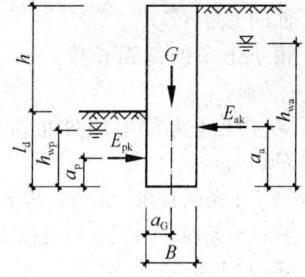

图 6.1.2 倾覆稳定性验算

$$\frac{E_{pk}a_p + (G - u_m B)a_G}{E_{ak}a_a} \geqslant K_{ov} \quad (6.1.2)$$

式中： K_{ov}——抗倾覆安全系数，其值不应小于 1.3；

a_a——水泥土墙外侧主动土压力合力作用点至墙趾的竖向距离（m）；

a_p——水泥土墙内侧被动土压力合力作用点至墙趾的竖向距离（m）；

a_G——水泥土墙自重与墙底水压力合力作用点至墙趾的水平距离（m）。

6.1.3 重力式水泥土墙应按下列规定进行圆弧滑动稳定性验算：

1 可采用圆弧滑动条分法进行验算；

2 采用圆弧滑动条分法时，其稳定性应符合下列规定（图 6.1.3）：

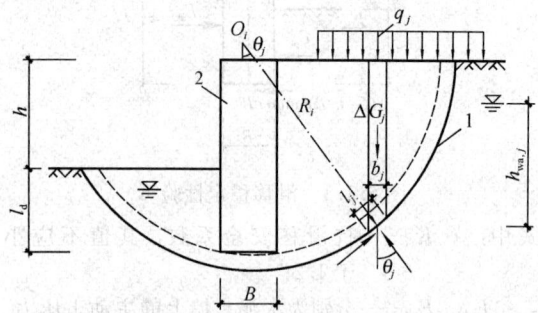

图 6.1.3 整体滑动稳定性验算

$$\min\{K_{s,1}, K_{s,2}, \cdots, K_{s,i}\cdots\} \geqslant K_s$$
(6.1.3-1)

$$K_{s,i} = \frac{\sum\{c_j l_j + [(q_j b_j + \Delta G_j)\cos\theta_j - u_j l_j]\tan\varphi_j\}}{\sum(q_j b_j + \Delta G_j)\sin\theta_j}$$
(6.1.3-2)

式中：K_s——圆弧滑动稳定安全系数，其值不应小于 1.3；

$K_{s,i}$——第 i 个圆弧滑动体的抗滑力矩与滑动力矩的比值；抗滑力矩与滑动力矩之比的最小值宜通过搜索不同圆心及半径的所有潜在滑动圆弧确定；

c_j、φ_j——分别为第 j 土条滑弧面处土的黏聚力（kPa）、内摩擦角（°）；按本规程第 3.1.14 条的规定取值；

b_j——第 j 土条的宽度（m）；

θ_j——第 j 土条滑弧面中点处的法线与垂直面的夹角（°）；

l_j——第 j 土条的滑弧长度（m）；取 $l_j = b_j/\cos\theta_j$；

q_j——第 j 土条上的附加分布荷载标准值（kPa）；

ΔG_j——第 j 土条的自重（kN），按天然重度计算；分条时，水泥土墙可按土体考虑；

u_j——第 j 土条滑弧面上的孔隙水压力（kPa）；对地下水位以下的砂土、碎石土、砂质粉土，当地下水是静止的或渗流水力梯度可忽略不计时，在基坑外侧，可取 $u_j = \gamma_w h_{wa,j}$，在基坑内侧，可取 $u_j = \gamma_w h_{wp,j}$；滑弧面在地下水位以上或对地下水位以下的黏性土，取 $u_j = 0$；

γ_w——地下水重度（kN/m³）；

$h_{wa,j}$——基坑外侧第 j 土条滑弧面中点的压力水头（m）；

$h_{wp,j}$——基坑内侧第 j 土条滑弧面中点的压力水头（m）。

3 当墙底以下存在软弱下卧土层时，稳定性验算的滑动面中应包括由圆弧与软弱土层层面组成的复合滑动面。

6.1.4 重力式水泥土墙，其嵌固深度应符合下列坑底隆起稳定性要求：

1 隆起稳定性可按本规程公式（4.2.4-1）～公式（4.2.4-3）验算，但公式中 γ_{m1} 应取基坑外墙底面以上土的重度，γ_{m2} 应取基坑内墙底面以上土的重度，l_d 应取水泥土墙的嵌固深度，c、φ 应取水泥土墙底面以下土的黏聚力、内摩擦角；

2 当重力式水泥土墙底面以下有软弱下卧层时，隆起稳定性验算的部位应包括软弱下卧层，此时，公式（4.2.4-1）～公式（4.2.4-3）中的 γ_{m1}、γ_{m2} 应取软弱下卧层顶面以上土的重度，l_d 应以 D 代替。

注：D 为坑底至软弱下卧层顶面的土层厚度（m）。

6.1.5 重力式水泥土墙墙体的正截面应力应符合下列规定：

1 拉应力：

$$\frac{6M_i}{B^2} - \gamma_{cs}z \leqslant 0.15 f_{cs}$$
(6.1.5-1)

2 压应力：

$$\gamma_0 \gamma_F \gamma_{cs} z + \frac{6M_i}{B^2} \leqslant f_{cs}$$
(6.1.5-2)

3 剪应力：

$$\frac{E_{aki} - \mu G_i - E_{pki}}{B} \leqslant \frac{1}{6} f_{cs}$$
(6.1.5-3)

式中：M_i——水泥土墙验算截面的弯矩设计值（kN·m/m）；

B——验算截面处水泥土墙的宽度（m）；

γ_{cs}——水泥土墙的重度（kN/m³）；

z——验算截面至水泥土墙顶的垂直距离（m）；

f_{cs}——水泥土开挖龄期时的轴心抗压强度设计值（kPa），应根据现场试验或工程经验确定；

γ_F——荷载综合分项系数，按本规程第 3.1.6 条取用；

E_{aki}、E_{pki}——分别为验算截面以上的主动土压力标准值、被动土压力标准值（kN/m），可按本规程第 3.4.2 条的规定计算；验算截面在坑底以上时，取 $E_{pk,i} = 0$；

G_i——验算截面以上的墙体自重（kN/m）；

μ——墙体材料的抗剪断系数，取 0.4～0.5。

6.1.6 重力式水泥土墙的正截面应力验算应包括下列部位：

1 基坑面以下主动、被动土压力强度相等处；

2 基坑底面处；

3 水泥土墙的截面突变处。

6.1.7 当地下水位高于坑底时，应按本规程附录 C 的规定进行地下水渗透稳定性验算。

6.2 构　　造

6.2.1 重力式水泥土墙宜采用水泥土搅拌桩相互搭接成格栅状的结构形式，也可采用水泥土搅拌桩相互搭接成实体的结构形式。搅拌桩的施工工艺宜采用喷浆搅拌法。

6.2.2 重力式水泥土墙的嵌固深度，对淤泥质土，不宜小于 1.2h，对淤泥，不宜小于 1.3h；重力式水泥土墙的宽度，对淤泥质土，不宜小于 0.7h，对淤泥，不宜小于 0.8h。

注：h 为基坑深度。

6.2.3 重力式水泥土墙采用格栅形式时，格栅的面积置换率，对淤泥质土，不宜小于 0.7；对淤泥，不宜小于 0.8；对一般黏性土、砂土，不宜小于 0.6。格栅内侧的长宽比不宜大于 2。每个格栅内的土体面积应符合下式要求：

$$A \leqslant \delta \frac{cu}{\gamma_m} \qquad (6.2.3)$$

式中：A——格栅内的土体面积（m²）；

δ——计算系数；对黏性土，取 δ=0.5；对砂土、粉土，取 δ=0.7；

c——格栅内土的黏聚力（kPa），按本规程第 3.1.14 条的规定确定；

u——计算周长（m），按图 6.2.3 计算；

γ_m——格栅内土的天然重度（kN/m³）；对多层土，取水泥土墙深度范围内各层土按厚度加权的平均天然重度。

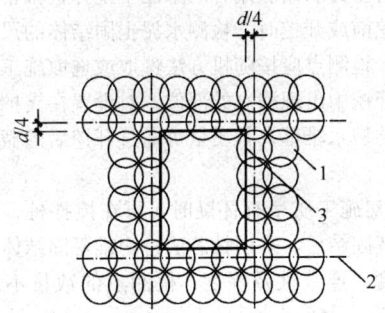

图 6.2.3　格栅式水泥土墙
1—水泥土桩；2—水泥土桩中心线；3—计算周长

6.2.4 水泥土搅拌桩的搭接宽度不宜小于 150mm。

6.2.5 当水泥土墙兼作截水帷幕时，应符合本规程第 7.2 节对截水的要求。

6.2.6 水泥土墙体的 28d 无侧限抗压强度不宜小于 0.8MPa。当需要增强墙体的抗拉性能时，可在水泥土桩内插入杆筋。杆筋可采用钢筋、钢管或毛竹。杆筋的插入深度宜大于基坑深度。杆筋应锚入面板内。

6.2.7 水泥土墙顶面宜设置混凝土连接面板，面板厚度不宜小于 150mm，混凝土强度等级不宜低

于 C15。

6.3 施工与检测

6.3.1 水泥土搅拌桩的施工应符合现行行业标准《建筑地基处理技术规范》JGJ 79 的规定。

6.3.2 重力式水泥土墙的质量检测应符合下列规定：

　　1 应采用开挖方法检测水泥土搅拌桩的直径、搭接宽度、位置偏差；

　　2 应采用钻芯法检测水泥土搅拌桩的单轴抗压强度、完整性、深度。单轴抗压强度试验的芯样直径不应小于 80mm。检测桩数不应少于总桩数的 1%，且不应少于 6 根。

7　地下水控制

7.1　一般规定

7.1.1 地下水控制应根据工程地质和水文地质条件、基坑周边环境要求及支护结构形式选用截水、降水、集水明排方法或其组合。

7.1.2 当降水会对基坑周边建（构）筑物、地下管线、道路等造成危害或对环境造成长期不利影响时，应采用截水方法控制地下水。采用悬挂式帷幕时，应同时采用坑内降水，并宜根据水文地质条件结合坑外回灌措施。

7.1.3 地下水控制设计应符合本规程第 3.1.8 条对基坑周边建（构）筑物、地下管线、道路等沉降控制值的要求。

7.1.4 当坑底以下有水头高于坑底的承压水时，各类支护结构均应按本规程第 C.0.1 条的规定进行承压水作用下的坑底突涌稳定性验算。当不满足突涌稳定性要求时，应对该承压水含水层采取截水、减压措施。

7.2　截　　水

7.2.1 基坑截水应根据工程地质条件、水文地质条件及施工条件等，选用水泥土搅拌桩帷幕、高压旋喷或摆喷注浆帷幕、地下连续墙或咬合式排桩。支护结构采用排桩时，可采用高压旋喷或摆喷注浆与排桩相互咬合的组合帷幕。对碎石土、杂填土、泥炭质土、泥炭、pH 值较低的土或地下水流速较大时，水泥土搅拌桩帷幕、高压喷射注浆帷幕宜通过试验确定其适用性或外加剂品种及掺量。

7.2.2 当坑底以下存在连续分布、埋深较浅的隔水层时，应采用落底式帷幕。落底式帷幕进入下卧隔水层的深度应满足下式要求，且不宜小于 1.5m：

$$l \geqslant 0.2\Delta h - 0.5b \qquad (7.2.2)$$

式中：l——帷幕进入隔水层的深度（m）；

Δh——基坑内外的水头差值（m）；

b——帷幕的厚度（m）。

7.2.3 当坑底以下含水层厚度大而需采用悬挂式帷幕时，帷幕进入透水层的深度应满足本规程第C.0.2条、第C.0.3条对地下水从帷幕底绕流的渗透稳定性要求，并应对帷幕外地下水位下降引起的基坑周边建（构）筑物、地下管线沉降进行分析。

7.2.4 截水帷幕在平面布置上应沿基坑周边闭合。当采用沿基坑周边非闭合的平面布置形式时，应对地下水沿帷幕两端绕流引起的渗流破坏和地下水位下降进行分析。

7.2.5 采用水泥土搅拌桩帷幕时，搅拌桩直径宜取450mm～800mm，搅拌桩的搭接宽度应符合下列规定：

1 单排搅拌桩帷幕的搭接宽度，当搅拌深度不大于10m时，不应小于150mm；当搅拌深度为10m～15m时，不应小于200mm；当搅拌深度大于15m时，不应小于250mm；

2 对地下水位较高、渗透性较强的地层，宜采用双排搅拌桩截水帷幕；搅拌桩的搭接宽度，当搅拌深度不大于10m时，不应小于100mm；当搅拌深度为10m～15m时，不应小于150mm；当搅拌深度大于15m时，不应小于200mm。

7.2.6 搅拌桩水泥浆液的水灰比宜取0.6～0.8。搅拌桩的水泥掺量宜取土的天然质量的15%～20%。

7.2.7 水泥土搅拌桩帷幕的施工应符合现行行业标准《建筑地基处理技术规范》JGJ 79的有关规定。

7.2.8 搅拌桩的施工偏差应符合下列要求：

1 桩位的允许偏差应为50mm；

2 垂直度的允许偏差应为1%。

7.2.9 采用高压旋喷、摆喷注浆帷幕时，注浆固结体的有效半径宜通过试验确定；缺少试验时，可根据土的类别及其密实程度、高压喷射注浆工艺，按工程经验采用。摆喷注浆的喷射方向与摆喷点连线的夹角宜取10°～25°，摆动角度宜取20°～30°。水泥土固结体的搭接宽度，当注浆孔深度不大于10m时，不应小于150mm；当注浆孔深度为10m～20m时，不应小于250mm；当注浆孔深度为20m～30m时，不应小于350mm。对地下水位较高、渗透性较强的地层，可采用双排高压喷射注浆帷幕。

7.2.10 高压喷射注浆水泥浆液的水灰比宜取0.9～1.1，水泥掺量宜取土的天然质量的25%～40%。

7.2.11 高压喷射注浆应按水泥土固结体的设计有效半径与土的性状确定喷射压力、注浆流量、提升速度、旋转速度等工艺参数，对较硬的黏性土、密实的砂土和碎石土宜取较小提升速度、较大喷射压力。当缺少类似土层条件下的施工经验时，应通过现场试验确定施工工艺参数。

7.2.12 高压喷射注浆帷幕的施工应符合下列要求：

1 采用与排桩咬合的高压喷射注浆帷幕时，应先进行排桩施工，后进行高压喷射注浆施工；

2 高压喷射注浆的施工作业顺序应采用隔孔分序方式，相邻孔喷射注浆的间隔时间不宜小于24h；

3 喷射注浆时，应由下而上均匀喷射，停止喷射的位置宜高于帷幕设计顶面1m；

4 可采用复喷工艺增大固结体半径、提高固结体强度；

5 喷射注浆时，当孔口的返浆量大于注浆量的20%时，可采用提高喷射压力等措施；

6 当因浆液渗漏而出现孔口不返浆的情况时，应将注浆管停置在不返浆处持续喷射注浆，并宜同时采用从孔口填入中粗砂、注浆液掺入速凝剂等措施，直至出现孔口返浆；

7 喷射注浆后，当浆液析水、液面下降时，应进行补浆；

8 当喷射注浆因故中途停喷后，继续注浆时应与停喷前的注浆体搭接，其搭接长度不应小于500mm；

9 当注浆孔邻近既有建筑物时，宜采用速凝浆液进行喷射注浆；

10 高压旋喷、摆喷注浆帷幕的施工尚应符合现行行业标准《建筑地基处理技术规范》JGJ 79的有关规定。

7.2.13 高压喷射注浆的施工偏差应符合下列要求：

1 孔位的允许偏差应为50mm；

2 注浆孔垂直度的允许偏差应为1%。

7.2.14 截水帷幕的质量检测应符合下列规定：

1 与排桩咬合的高压喷射注浆、水泥土搅拌桩帷幕，与土钉墙面层贴合的水泥土搅拌桩帷幕，应在基坑开挖前或开挖时，检测水泥土固结体的尺寸、搭接宽度；检测点应按随机方法选取或选取施工中出现异常、开挖中出现漏水的部位；对设置在支护结构外侧单独的截水帷幕，其质量可通过开挖后的截水效果判断；

2 对施工质量有怀疑时，可在搅拌桩、高压喷射注浆液固结后，采用钻芯法检测帷幕固结体的单轴抗压强度、连续性及深度；检测点的数量不应少于3处。

7.3 降 水

7.3.1 基坑降水可采用管井、真空井点、喷射井点等方法，并宜按表7.3.1的适用条件选用。

表7.3.1 各种降水方法的适用条件

方法	土类	渗透系数 (m/d)	降水深度 (m)
管井	粉土、砂土、碎石土	0.1～200.0	不限

续表 7.3.1

方法	土类	渗透系数 (m/d)	降水深度 (m)
真空井点	黏性土、粉土、砂土	0.005～20.0	单级井点＜6 多级井点＜20
喷射井点	黏性土、粉土、砂土	0.005～20.0	＜20

7.3.2 降水后基坑内的水位应低于坑底 0.5m。当主体结构有加深的电梯井、集水井时，坑底应按电梯井、集水井底面考虑或对其另行采取局部地下水控制措施。基坑采用截水结合坑外减压降水的地下水控制方法时，尚应规定降水井水位的最大降深值和最小降深值。

7.3.3 降水井在平面布置上应沿基坑周边形成闭合状。当地下水流速较小时，降水井宜等间距布置；当地下水流速较大时，在地下水补给方向宜适当减小降水井间距。对宽度较小的狭长形基坑，降水井也可在基坑一侧布置。

7.3.4 基坑地下水位降深应符合下式规定：

$$s_i \geqslant s_d \qquad (7.3.4)$$

式中：s_i——基坑内任一点的地下水位降深（m）；

s_d——基坑地下水位的设计降深（m）。

7.3.5 当含水层为粉土、砂土或碎石土时，潜水完整井的地下水位降深可按下式计算（图 7.3.5-1、图 7.3.5-2）：

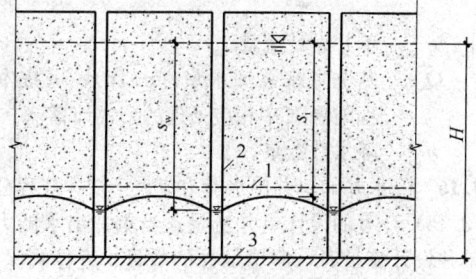

图 7.3.5-1　潜水完整井地下水位降深计算
1—基坑面；2—降水井；3—潜水含水层底板

$$s_i = H - \sqrt{H^2 - \sum_{j=1}^{n} \frac{q_j}{\pi k} \ln \frac{R}{r_{ij}}} \qquad (7.3.5)$$

式中：s_i——基坑内任一点的地下水位降深（m）；基坑内各点中最小的地下水位降深可取各个相邻降水井连线上地下水位降深的最小值，当各降水井的间距和降深相同时，可取任一相邻降水井连线中点的地下水位降深；

H——潜水含水层厚度（m）；

q_j——按干扰井群计算的第 j 口降水井的单井流量（m³/d）；

k——含水层的渗透系数（m/d）；

R——影响半径（m），应按现场抽水试验确定；缺少试验时，也可按本规程公式（7.3.7-1）、公式（7.3.7-2）计算并结合当地工程经验确定；

r_{ij}——第 j 口井中心至地下水位降深计算点的距离（m）；当 $r_{ij} > R$ 时，应取 $r_{ij} = R$；

n——降水井数量。

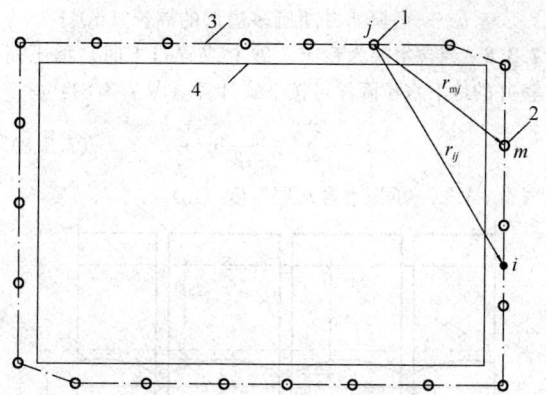

图 7.3.5-2　计算点与降水井的关系
1—第 j 口井；2—第 m 口井；3—降水井所围面积的边线；4—基坑边线

7.3.6 对潜水完整井，按干扰井群计算的第 j 个降水井的单井流量可通过求解下列 n 维线性方程组计算：

$$s_{w,m} = H - \sqrt{H^2 - \sum_{j=1}^{n} \frac{q_j}{\pi k} \ln \frac{R}{r_{jm}}} \quad (m = 1, \cdots, n)$$

$$(7.3.6)$$

式中：$s_{w,m}$——第 m 口井的井水位设计降深（m）；

r_{jm}——第 j 口井中心至第 m 口井中心的距离（m）；当 $j = m$ 时，应取降水井半径 r_w；当 $r_{jm} > R$ 时，应取 $r_{jm} = R$。

7.3.7 当含水层为粉土、砂土或碎石土，各降水井所围平面形状近似圆形或正方形且各降水井的间距、降深相同时，潜水完整井的地下水位降深也可按下列公式计算：

$$s_i = H - \sqrt{H^2 - \frac{q}{\pi k} \sum_{j=1}^{n} \ln \frac{R}{2r_0 \sin \frac{(2j-1)\pi}{2n}}}$$

$$(7.3.7-1)$$

$$q = \frac{\pi k (2H - s_w) s_w}{\ln \frac{R}{r_w} + \sum_{j=1}^{n-1} \ln \frac{R}{2r_0 \sin \frac{j\pi}{n}}} \qquad (7.3.7-2)$$

式中：q——按干扰井群计算的降水井单井流量（m³/d）；

r_0——井群的等效半径（m）；井群的等效半径应按各降水井所围多边形与等效圆的周长相等确定，取 $r_0 = u/(2\pi)$；当 $r_0 > R/$

$2\sin((2j-1)\pi/2n))$ 时,公式(7.3.7-1)
中应取 $r_0 = R/(2\sin((2j-1)\pi/2n))$;当 $r_0 > R/(2\sin(j\pi/n))$ 时,公式(7.3.7-2)中应取 $r_0 = R/(2\sin(j\pi/n))$;

  j——第 j 口降水井;

  s_w——井水位的设计降深(m);

  r_w——降水井半径(m);

  u——各降水井所围多边形的周长(m)。

7.3.8 当含水层为粉土、砂土或碎石土时,承压完整井的地下水位降深可按下式计算(图7.3.8):

$$s_i = \sum_{j=1}^{n} \frac{q_j}{2\pi Mk} \ln \frac{R}{r_{ij}} \qquad (7.3.8)$$

  M——承压水含水层厚度(m)。

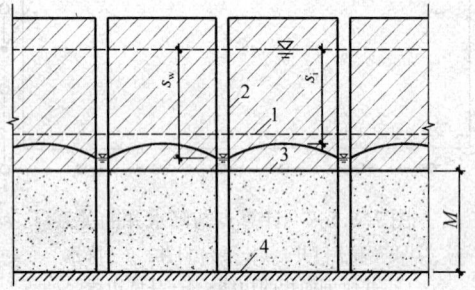

图 7.3.8 承压水完整井地下水位降深计算
1—基坑面;2—降水井;3—承压水含水层顶板;
4—承压水含水层底板

7.3.9 对承压完整井,按干扰井群计算的第 j 个降水井的单井流量可通过求解下列 n 维线性方程组计算:

$$s_{w,m} = \sum_{j=1}^{n} \frac{q_j}{2\pi Mk} \ln \frac{R}{r_{jm}} \qquad (m=1,\cdots,n)$$

$$(7.3.9)$$

7.3.10 当含水层为粉土、砂土或碎石土,各降水井所围平面形状近似圆形或正方形且各降水井的间距、降深相同时,承压完整井的地下水位降深也可按下列公式计算:

$$s_i = \frac{q}{2\pi Mk} \sum_{j=1}^{n} \ln \frac{R}{2r_0 \sin \frac{(2j-1)\pi}{2n}}$$

$$(7.3.10-1)$$

$$q = \frac{2\pi Mks_w}{\ln \frac{R}{r_w} + \sum_{j=1}^{n-1} \ln \frac{R}{2r_0 \sin \frac{j\pi}{n}}} \qquad (7.3.10-2)$$

式中:r_0——井群的等效半径(m);井群的等效半径应按各降水井所围多边形与等效圆的周长相等确定,取 $r_0 = u/(2\pi)$;当 $r_0 > R/(2\sin((2j-1)\pi/2n))$ 时,公式(7.3.10-1)中应取 $r_0 = R/(2\sin((2j-1)\pi/2n))$;当 $r_0 > R/(2\sin(j\pi/n))$ 时,公式(7.3.10-2)中应取 $r_0 = R/(2\sin(j\pi/n))$。

7.3.11 含水层的影响半径宜通过试验确定。缺少试验时,可按下列公式计算并结合当地经验取值:

  1 潜水含水层

$$R = 2s_w \sqrt{kH} \qquad (7.3.11-1)$$

  2 承压水含水层

$$R = 10s_w \sqrt{k} \qquad (7.3.11-2)$$

式中:R——影响半径(m);

  s_w——井水位降深(m);当井水位降深小于10m时,取 $s_w = 10$m;

  k——含水层的渗透系数(m/d);

  H——潜水含水层厚度(m)。

7.3.12 当基坑降水影响范围内存在隔水边界、地表水体或水文地质条件变化较大时,可根据具体情况,对按本规程第7.3.5条～第7.3.10条计算的单井流量和地下水位降深进行适当修正或采用非稳定流方法、数值法计算。

7.3.13 降水井间距和井水位设计降深,除应符合公式(7.3.4)的要求外,尚应根据单井流量和单井出水能力并结合当地经验确定。

7.3.14 真空井点降水的井间距宜取 0.8mm～2.0m;喷射井点降水的井间距宜取 1.5m～3.0m;当真空井点、喷射井点的井口至设计降水水位的深度大于6m时,可采用多级井点降水,多级井点上下级的高差宜取4m～5m。

7.3.15 降水井的单井设计流量可按下式计算:

$$q = 1.1 \frac{Q}{n} \qquad (7.3.15)$$

式中:q——单井设计流量;

  Q——基坑降水总涌水量(m³/d),可按本规程附录E中相应条件的公式计算;

  n——降水井数量。

7.3.16 降水井的单井出水能力应大于按本规程公式(7.3.15)计算的设计单井流量。当单井出水能力小于单井设计流量时,应增加井的数量、直径或深度。各类井的单井出水能力可按下列规定取值:

  1 真空井点出水能力可取 36 m³/d～60m³/d;

  2 喷射井点出水能力可按表7.3.16取值;

表 7.3.16 喷射井点的出水能力

外管直径(mm)	喷射管		工作水压力(MPa)	工作水流量(m³/d)	设计单井出水流量(m³/d)	适用含水层渗透系数(m/d)
	喷嘴直径(mm)	混合室直径(mm)				
38	7	14	0.6～0.8	112.8～163.2	100.8～138.2	0.1～5.0
68	7	14	0.6～0.8	110.4～148.8	103.2～138.2	0.1～5.0
100	10	20	0.6～0.8	230.4	259.2～388.8	5.0～10.0
162	19	40	0.6～0.8	720.0	600.0～720.0	10.0～20.0

3 管井的单井出水能力可按下式计算：

$$q_0 = 120\pi r_s l \sqrt[3]{k} \qquad (7.3.16)$$

式中：q_0——单井出水能力（m^3/d）；

r_s——过滤器半径（m）；

l——过滤器进水部分的长度（m）；

k——含水层渗透系数（m/d）。

7.3.17 含水层的渗透系数应按下列规定确定：

1 宜按现场抽水试验确定；

2 对粉土和黏性土，也可通过原状土样的室内渗透试验并结合经验确定；

3 当缺少试验数据时，可根据土的其他物理指标按工程经验确定。

7.3.18 管井的构造应符合下列要求：

1 管井的滤管可采用无砂混凝土滤管、钢筋笼、钢管或铸铁管。

2 滤管内径应按满足单井设计流量要求而配置的水泵规格确定，宜大于水泵外径 50mm。滤管外径不宜小于 200mm。管井成孔直径应满足填充滤料的要求。

3 井管与孔壁之间填充的滤料宜选用磨圆度好的硬质岩石成分的圆砾，不宜采用棱角形石渣、风化料或其他黏质岩石成分的砾石。滤料规格宜满足下列要求：

1）砂土含水层

$$D_{50} = 6d_{50} \sim 8d_{50} \qquad (7.3.18-1)$$

式中：D_{50}——小于该粒径的填料质量占总填粒质量 50% 所对应的填料粒径（mm）；

d_{50}——含水层中小于该粒径的土颗粒质量占总土颗粒质量 50% 所对应的土颗粒粒径（mm）。

2）d_{20} 小于 2mm 的碎石土含水层

$$D_{50} = 6d_{20} \sim 8d_{20} \qquad (7.3.18-2)$$

式中：d_{20}——含水层中小于该粒径的土颗粒质量占总土颗粒质量 20% 所对应的土颗粒粒径（mm）。

3）对 d_{20} 大于或等于 2mm 的碎石土含水层，宜充填粒径为 10mm～20mm 的滤料。

4）滤料的不均匀系数应小于 2。

4 采用深井泵或深井潜水泵抽水时，水泵的出水量应根据单井出水能力确定，水泵的出水量应大于单井出水能力的 1.2 倍。

5 井管的底部应设置沉砂段，井管沉砂段长度不宜小于 3m。

7.3.19 真空井点的构造应符合下列要求：

1 井管宜采用金属管，管壁上渗水孔宜按梅花状布置，渗水孔直径宜取 12mm～18mm，渗水孔的孔隙率应大于 15%，渗水段长度应大于 1.0m；管壁外应根据土层的粒径设置滤网；

2 真空井管的直径应根据单井设计流量确定，井管直径宜取 38mm～110mm；井的成孔直径应满足填充滤料的要求，且不宜大于 300mm；

3 孔壁与井管之间的滤料宜采用中粗砂，滤料上方应使用黏土封堵，封堵至地面的厚度应大于 1m。

7.3.20 喷射井点的构造应符合下列要求：

1 喷射井点过滤器的构造应符合本规程第 7.3.19 条第 1 款的规定；喷射器混合室直径可取 14mm，喷嘴直径可取 6.5mm；

2 井的成孔直径宜取 400mm～600mm，井孔应比滤管底部深 1m 以上；

3 孔壁与井管之间填充滤料的要求应符合本规程第 7.3.19 条第 3 款的规定；

4 工作水泵可采用多级泵，水泵压力宜大于 2MPa。

7.3.21 管井的施工应符合下列要求：

1 管井的成孔施工工艺应适合地层特点，对不易塌孔、缩颈的地层宜采用清水钻进；钻孔深度宜大于降水井设计深度 0.3m～0.5m；

2 采用泥浆护壁时，应在钻进到孔底后清除孔底沉渣并立即置入井管、注入清水，当泥浆比重不大于 1.05 时，方可投入滤料；遇塌孔时不得置入井管，滤料填充体积不应小于计算量的 95%；

3 填充滤料后，应及时洗井，洗井应直至过滤器及滤料滤水畅通，并应抽水检验井的滤水效果。

7.3.22 真空井点和喷射井点的施工应符合下列要求：

1 真空井点和喷射井点的成孔工艺可选用清水或泥浆钻进、高压水套管冲击工艺（钻孔法、冲孔法或射水法），对不易塌孔、缩颈的地层也可选用长螺旋钻机成孔；成孔深度宜大于降水井设计深度 0.5m～1.0m；

2 钻进到设计深度后，应注水冲洗钻孔、稀释孔内泥浆；滤料填充应密实均匀，滤料宜采用粒径为 0.4mm～0.6mm 的纯净中粗砂；

3 成井后应及时洗孔，并应抽水检验井的滤水效果；抽水系统不应漏水、漏气；

4 抽水时的真空度应保持在 55kPa 以上，且抽水不应间断。

7.3.23 抽水系统在使用期的维护应符合下列要求：

1 降水期间应对井水位和抽水量进行监测，当基坑侧壁出现渗水时，应检查井的抽水效果，并采取有效措施；

2 采用管井时，应对井口采取防护措施，井口宜高于地面 200mm 以上，应防止物体坠入井内；

3 冬季负温环境下，应对抽排水系统采取防冻措施。

7.3.24 抽水系统的使用期应满足主体结构的施工要求。当主体结构有抗浮要求时，停止降水的时间应满足主体结构施工期的抗浮要求。

7.3.25 当基坑降水引起的地层变形对基坑周边环境

产生不利影响时，宜采用回灌方法减少地层变形量。回灌方法宜采用管井回灌，回灌应符合下列要求：

1 回灌井应布置在降水井外侧，回灌井与降水井的距离不宜小于 6m；回灌井的间距应根据回灌水量的要求和降水井的间距确定；

2 回灌井宜进入稳定水面不小于 1m，回灌井过滤器应置于渗透性强的土层中，且宜在透水层全长设置过滤器；

3 回灌水量应根据水位观测孔中的水位变化进行控制和调节，回灌后的地下水位不应高于降水前的水位。采用回灌水箱时，箱内水位应根据回灌水量的要求确定；

4 回灌用水应采用清水，宜用降水井抽水进行回灌；回灌水质应符合环境保护要求。

7.3.26 当基坑面积较大时，可在基坑内设置一定数量的疏干井。

7.3.27 基坑排水系统的输水能力应满足基坑降水的总涌水量要求。

7.4 集水明排

7.4.1 对坑底汇水、基坑周边地表汇水及降水井抽出的地下水，可采用明沟排水；对坑底渗出的地下水，可采用盲沟排水；当地下室底板与支护结构间不能设置明沟时，也可采用盲沟排水。

7.4.2 排水沟的截面应根据设计流量确定，排水沟的设计流量应符合下式规定：

$$Q \leqslant V/1.5 \qquad (7.4.2)$$

式中：Q——排水沟的设计流量（m^3/d）；
V——排水沟的排水能力（m^3/d）。

7.4.3 明沟和盲沟的坡度不宜小于 0.3%。采用明沟排水时，沟底应采取防渗措施。采用盲沟排出坑底渗出的地下水时，其构造、填充料及其密实度应满足主体结构的要求。

7.4.4 沿排水沟宜每隔 30m～50m 设置一口集水井。集水井的净截面尺寸应根据排水流量确定。集水井应采取防渗措施。

7.4.5 基坑坡面渗水宜采用渗水部位插入导水管排出。导水管的间距、直径及长度应根据渗水量及渗水土层的特性确定。

7.4.6 采用管道排水时，排水管道的直径应根据排水量确定。排水管的坡度不宜小于 0.5%。排水管道材料可选用钢管、PVC 管。排水管道上宜设置清淤孔，清淤孔的间距不宜大于 10m。

7.4.7 基坑排水设施与市政管网连接口之间应设置沉淀池。明沟、集水井、沉淀池使用时应排水畅通并应随时清埋淤积物。

7.5 降水引起的地层变形计算

7.5.1 降水引起的地层压缩变形量可按下式计算：

$$s = \psi_w \sum \frac{\Delta\sigma'_{zi} \Delta h_i}{E_{si}} \qquad (7.5.1)$$

式中：s——计算剖面的地层压缩变形量（m）；
ψ_w——沉降计算经验系数，应根据地区工程经验取值，无经验时，宜取 $\psi_w = 1$；
$\Delta\sigma'_{zi}$——降水引起的地面下第 i 土层的平均附加有效应力（kPa）；对黏性土，应取降水结束时土的固结度下的附加有效应力；
Δh_i——第 i 层土的厚度（m）；土层的总计算厚度应按渗流分析或实际土层分布情况确定；
E_{si}——第 i 层土的压缩模量（kPa）；应取土的自重应力至自重应力与附加有效应力之和的压力段的压缩模量。

7.5.2 基坑外土中各点降水引起的附加有效应力宜按地下水稳定渗流分析方法计算；当符合非稳定渗流条件时，可按地下水非稳定渗流计算。附加有效应力也可根据本规程第 7.3.5 条、第 7.3.6 条计算的地下水位降深，按下列公式计算（图 7.5.2）：

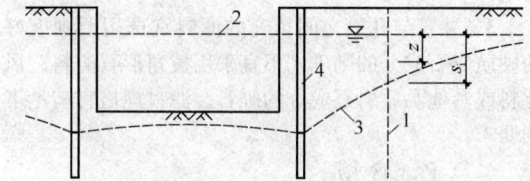

图 7.5.2 降水引起的附加有效应力计算
1—计算剖面 1；2—初始地下水位；
3—降水后的水位；4—降水井

1 第 i 土层位于初始地下水位以上时

$$\Delta\sigma'_{zi} = 0 \qquad (7.5.2-1)$$

2 第 i 土层位于降水后水位与初始地下水位之间时

$$\Delta\sigma'_{zi} = \gamma_w z \qquad (7.5.2-2)$$

3 第 i 土层位于降水后水位以下时

$$\Delta\sigma'_{zi} = \lambda_i \gamma_w s_i \qquad (7.5.2-3)$$

式中：γ_w——水的重度（kN/m^3）；
z——第 i 层土中点至初始地下水位的垂直距离（m）；
λ_i——计算系数，应按地下水渗流分析确定，缺少分析数据时，也可根据当地工程经验取值；
s_i——计算剖面对应的地下水位降深（m）。

7.5.3 确定土的压缩模量时，应考虑土的超固结比对压缩模量的影响。

8 基坑开挖与监测

8.1 基坑开挖

8.1.1 基坑开挖应符合下列规定：

1 当支护结构构件强度达到开挖阶段的设计强度时，方可下挖基坑；对采用预应力锚杆的支护结构，应在锚杆施加预加力后，方可下挖基坑；对土钉墙，应在土钉、喷射混凝土面层的养护时间大于 2d 后，方可下挖基坑；

2 应按支护结构设计规定的施工顺序和开挖深度分层开挖；

3 锚杆、土钉的施工作业面与锚杆、土钉的高差不宜大于 500mm；

4 开挖时，挖土机械不得碰撞或损害锚杆、腰梁、土钉墙面、内支撑及其连接件等构件，不得损害已施工的基础桩；

5 当基坑采用降水时，应在降水后开挖地下水位以下的土方；

6 当开挖揭露的实际土层性状或地下水情况与设计依据的勘察资料明显不符，或出现异常现象、不明物体时，应停止开挖，在采取相应处理措施后方可继续开挖；

7 挖至坑底时，应避免扰动基底持力土层的原状结构。

8.1.2 软土基坑开挖除应符合本规程第 8.1.1 条的规定外，尚应符合下列规定：

1 应按分层、分段、对称、均衡、适时的原则开挖；

2 当主体结构采用桩基础且基础桩已施工完成时，应根据开挖面下软土的性状，限制每层开挖厚度，不得造成基础桩偏位；

3 对采用内支撑的支护结构，宜采用局部开槽方法浇筑混凝土支撑或安装钢支撑；开挖到支撑作业面后，应及时进行支撑的施工；

4 对重力式水泥土墙，沿水泥土墙方向应分区段开挖，每一开挖区段的长度不宜大于 40m。

8.1.3 当基坑开挖面上方的锚杆、土钉、支撑未达到设计要求时，严禁向下超挖土方。

8.1.4 采用锚杆或支撑的支护结构，在未达到设计规定的拆除条件时，严禁拆除锚杆或支撑。

8.1.5 基坑周边施工材料、设施或车辆荷载严禁超过设计要求的地面荷载限值。

8.1.6 基坑开挖和支护结构使用期内，应按下列要求对基坑进行维护：

1 雨期施工时，应在坑顶、坑底采取有效的截排水措施；对地势低洼的基坑，应考虑周边汇水区域地面径流向基坑汇水的影响；排水沟、集水井应采取防渗措施；

2 基坑周边地面宜作硬化或防渗处理；

3 基坑周边的施工用水应有排放措施，不得渗入土体内；

4 当坑体渗水、积水或有渗流时，应及时进行疏导、排泄、截断水源；

5 开挖至坑底后，应及时进行混凝土垫层和主体地下结构施工；

6 主体地下结构施工时，结构外墙与基坑侧壁之间应及时回填。

8.1.7 支护结构或基坑周边环境出现本规程第 8.2.23 条规定的报警情况或其他险情时，应立即停止开挖，并应根据危险产生的原因和可能进一步发展的破坏形式，采取控制或加固措施。危险消除后，方可继续开挖。必要时，应对危险部位采取基坑回填、地面卸土、临时支撑等应急措施。当危险由地下水管道渗漏、坑体渗水造成时，应及时采取截断渗漏水源、疏排渗水等措施。

8.2 基坑监测

8.2.1 基坑支护设计应根据支护结构类型和地下水控制方法，按表 8.2.1 选择基坑监测项目，并应根据支护结构的具体形式、基坑周边环境的重要性及地质条件的复杂性确定监测点部位及数量。选用的监测项目及其监测部位应能够反映支护结构的安全状态和基坑周边环境受影响的程度。

表 8.2.1 基坑监测项目选择

监测项目	支护结构的安全等级		
	一级	二级	三级
支护结构顶部水平位移	应测	应测	应测
基坑周边建（构）筑物、地下管线、道路沉降	应测	应测	应测
坑边地面沉降	应测	应测	宜测
支护结构深部水平位移	应测	应测	选测
锚杆拉力	应测	应测	选测
支撑轴力	应测	应测	选测
挡土构件内力	应测	宜测	选测
支撑立柱沉降	应测	宜测	选测
挡土构件、水泥土墙沉降	应测	宜测	选测
地下水位	应测	应测	选测
土压力	宜测	选测	选测
孔隙水压力	宜测	选测	选测

注：表内各监测项目中，仅选择实际基坑支护形式所含有的内容。

8.2.2 安全等级为一级、二级的支护结构，在基坑开挖过程与支护结构使用期内，必须进行支护结构的水平位移监测和基坑开挖影响范围内建（构）筑物、地面的沉降监测。

8.2.3 支挡式结构顶部水平位移监测点的间距不宜大于 20m，土钉墙、重力式挡墙顶部水平位移监测点的间距不宜大于 15m，且基坑各边的监测点不应少于 3 个。基坑周边有建筑物的部位、基坑各边中部及地质条件较差的部位应设置监测点。

8.2.4 基坑周边建筑物沉降监测点应设置在建筑物的结构墙、柱上，并应分别沿平行、垂直于坑边的方向上布设。在建筑物邻基坑一侧，平行于坑边方向上的测点间距不宜大于 15m。垂直于坑边方向上的测点，宜设置在柱、隔墙与结构缝部位。垂直于坑边方向上的布点范围应能反映建筑物基础的沉降差。必要时，可在建筑物内部布设测点。

8.2.5 地下管线沉降监测，当采用测量地面沉降的间接方法时，其测点应布设在管线正上方。当管线上方为刚性路面时，宜将测点设置于刚性路面下。对直埋的刚性管线，应在管线节点、竖井及其两侧等易破裂处设置测点。测点水平间距不宜大于 20m。

8.2.6 道路沉降监测点的间距不宜大于 30m，且每条道路的监测点不应少于 3 个。必要时，沿道路宽度方向可布设多个测点。

8.2.7 对坑边地面沉降、支护结构深部水平位移、锚杆拉力、支撑轴力、立柱沉降、挡土构件沉降、水泥土墙沉降、挡土构件内力、地下水位、土压力、孔隙水压力进行监测时，监测点应布设在邻近建筑物、基坑各边中部及地质条件较差的部位，监测点或监测面不宜少于 3 个。

8.2.8 坑边地面沉降监测点应设置在支护结构外侧的土层表面或柔性地面上。与支护结构的水平距离宜在基坑深度的 0.2 倍范围以内。有条件时，宜沿坑边垂直方向在基坑深度的（1～2）倍范围内设置多个测点，每个监测面的测点不宜少于 5 个。

8.2.9 采用测斜管监测支护结构深部水平位移时，对现浇混凝土挡土构件，测斜管应设置在挡土构件内，测斜管深度不应小于挡土构件的深度；对土钉墙、重力式挡墙，测斜管应设置在紧邻支护结构的土体内，测斜管深度不宜小于基坑深度的 1.5 倍。测斜管顶部应设置水平位移监测点。

8.2.10 锚杆拉力监测宜采用测量锚杆杆体总拉力的锚头压力传感器。对多层锚杆支挡式结构，宜在同一剖面的每层锚杆上设置测点。

8.2.11 支撑轴力监测点宜设置在主要支撑构件、受力复杂和影响支撑结构整体稳定性的支撑构件上。对多层支撑支挡式结构，宜在同一剖面的每层支撑上设置测点。

8.2.12 挡土构件内力监测点应设置在最大弯矩截面处的纵向受拉钢筋上。当挡土构件采用沿竖向分段配置钢筋时，应在钢筋截面面积减小且弯矩较大部位的纵向受拉钢筋上设置测点。

8.2.13 支撑立柱沉降监测点宜设置在基坑中部、支撑交汇处及地质条件较差的立柱上。

8.2.14 当挡土构件下部为软弱持力土层，或采用大倾角锚杆时，宜在挡土构件顶部设置沉降监测点。

8.2.15 当监测地下水位下降对基坑周边建筑物、道路、地面等沉降的影响时，地下水位监测点应设置在降水井或截水帷幕外侧且宜尽量靠近被保护对象。基坑内地下水位的监测点可设置在基坑内或相邻降水井之间。当有回灌井时，地下水位监测点应设置在回灌井外侧。水位观测管的滤管应设置在所测含水层内。

8.2.16 各类水平位移观测、沉降观测的基准点应设置在变形影响范围外，且基准点数量不应少于两个。

8.2.17 基坑各监测项目采用的监测仪器的精度、分辨率及测量精度应能反映监测对象的实际状况。

8.2.18 各监测项目应在基坑开挖前或测点安装后测得稳定的初始值，且次数不应少于两次。

8.2.19 支护结构顶部水平位移的监测频次应符合下列要求：

1 基坑向下开挖期间，监测不应少于每天一次，直至开挖停止后连续三天的监测数值稳定；

2 当地面、支护结构或周边建筑物出现裂缝、沉降，遇到降雨、降雪、气温骤变，基坑出现异常的渗水或漏水，坑外地面荷载增加等各种环境条件变化或异常情况时，应立即进行连续监测，直至连续三天的监测数值稳定；

3 当位移速率大于前次监测的位移速率时，则应进行连续监测；

4 在监测数值稳定期间，应根据水平位移稳定值的大小及工程实际情况定期进行监测。

8.2.20 支护结构顶部水平位移之外的其他监测项目，除应根据支护结构施工和基坑开挖情况进行定期监测外，尚应在出现下列情况时进行监测，直至连续三天的监测数值稳定。

1 出现本规程第 8.2.19 条第 2、3 款的情况时；

2 锚杆、土钉或挡土构件施工时，或降水井抽水等引起地下水位下降时，应进行相邻建筑物、地下管线、道路的沉降观测。

8.2.21 对基坑监测有特殊要求时，各监测项目的测点布置、量测精度、监测频度等应根据实际情况确定。

8.2.22 在支护结构施工、基坑开挖期间以及支护结构使用期内，应对支护结构和周边环境的状况随时进行巡查，现场巡查时应检查有无下列现象及其发展情况：

1 基坑外地面和道路开裂、沉陷；

2 基坑周边建（构）筑物、围墙开裂、倾斜；

3 基坑周边水管漏水、破裂，燃气管漏气；

4 挡土构件表面开裂；

5 锚杆锚头松动，锚具夹片滑动，腰梁及支座变形，连接破损等；

6 支撑构件变形、开裂；

7 土钉墙土钉滑脱，土钉墙面层开裂和错动；

8 基坑侧壁和截水帷幕渗水、漏水、流砂等；

9 降水井抽水异常，基坑排水不通畅。

8.2.23 基坑监测数据、现场巡查结果应及时整理和反馈。当出现下列危险征兆时应立即报警：

1 支护结构位移达到设计规定的位移限值；

2 支护结构位移速率增长且不收敛；

3 支护结构构件的内力超过其设计值；

4 基坑周边建（构）筑物、道路、地面的沉降达到设计规定的沉降、倾斜限值；基坑周边建（构）筑物、道路、地面开裂；

5 支护结构构件出现影响整体结构安全性的损坏；

6 基坑出现局部坍塌；

7 开挖面出现隆起现象；

8 基坑出现流土、管涌现象。

附录 A 锚杆抗拔试验要点

A.1 一 般 规 定

A.1.1 试验锚杆的参数、材料、施工工艺及其所处的地质条件应与工程锚杆相同。

A.1.2 锚杆抗拔试验应在锚固段注浆固结体强度达到 15MPa 或达到设计强度的 75％后进行。

A.1.3 加载装置（千斤顶、油压系统）的额定压力必须大于最大试验压力，且试验前应进行标定。

A.1.4 加载反力装置的承载力和刚度应满足最大试验荷载的要求，加载时千斤顶应与锚杆同轴。

A.1.5 计量仪表（位移计、压力表）的精度应满足试验要求。

A.1.6 试验锚杆宜在自由段与锚固段之间设置消除自由段摩阻力的装置。

A.1.7 最大试验荷载下的锚杆杆体应力，不应超过其极限强度标准值的 0.85 倍。

A.2 基 本 试 验

A.2.1 同一条件下的极限抗拔承载力试验的锚杆数量不应少于 3 根。

A.2.2 确定锚杆极限抗拔承载力的试验，最大试验荷载不应小于预估破坏荷载，且试验锚杆的杆体截面面积应符合本规程第 A.1.7 条对锚杆杆体应力的规定。必要时，可增加试验锚杆的杆体截面面积。

A.2.3 锚杆极限抗拔承载力试验宜采用多循环加载法，其加载分级和锚头位移观测时间应按表 A.2.3 确定。

表 A.2.3 多循环加载试验的加载分级与锚头位移观测时间

循环次数	分级荷载与最大试验荷载的百分比（%）					
	初始荷载	加载过程		卸载过程		
第一循环	10	20	40	50	40	20	10
第二循环	10	30	50	60	50	30	10
第三循环	10	40	60	70	60	40	10

续表 A.2.3

循环次数	分级荷载与最大试验荷载的百分比（%）					
	初始荷载	加载过程			卸载过程		
第四循环	10	50	70	80	70	50	10
第五循环	10	60	80	90	80	60	10
第六循环	10	70	90	100	90	70	10
观测时间（min）	5	5	10	5	5	5

A.2.4 当锚杆极限抗拔承载力试验采用单循环加载法时，其加载分级和锚头位移观测时间应按本规程表 A.2.3 中每一循环的最大荷载及相应的观测时间逐级加载和卸载。

A.2.5 锚杆极限抗拔承载力试验，其锚头位移测读和加卸载应符合下列规定：

1 初始荷载下，应测读锚头位移基准值 3 次，当每间隔 5min 的读数相同时，方可作为锚头位移基准值；

2 每级加、卸载稳定后，在观测时间内测读锚头位移不应少于 3 次；

3 在每级荷载的观测时间内，当锚头位移增量不大于 0.1mm 时，可施加下一级荷载；否则应延长观测时间，并应每隔 30min 测读锚头位移 1 次，当连续两次出现 1h 内的锚头位移增量小于 0.1mm 时，可施加下一级荷载；

4 加至最大试验荷载后，当未出现本规程第 A.2.6 条规定的终止加载情况，且继续加载后满足本规程第 A.1.7 条对锚杆杆体应力的要求时，宜继续进行下一循环加载，加卸载的各分级荷载增量宜取最大试验荷载的 10％。

A.2.6 锚杆试验中遇下列情况之一时，应终止继续加载：

1 从第二级加载开始，后一级荷载产生的单位荷载下的锚头位移增量大于前一级荷载产生的单位荷载下的锚杆位移增量的 5 倍；

2 锚头位移不收敛；

3 锚杆杆体破坏。

A.2.7 多循环加载试验应绘制锚杆的荷载-位移（Q-s）曲线、荷载-弹性位移（Q-s_e）曲线和荷载-塑性位移（Q-s_p）曲线。锚杆的位移不应包括试验反力装置的变形。

A.2.8 锚杆极限抗拔承载力标准值应按下列方法确定：

1 锚杆的极限抗拔承载力，在某级试验荷载下出现本规程第 A.2.6 条规定的终止继续加载情况时，应取终止加载时的前一级荷载值；未出现时，应取终止加载时的荷载值；

2 参加统计的试验锚杆，当极限抗拔承载力的极差不超过其平均值的 30％时，锚杆极限抗拔承载力标准值可取平均值；当级差超过平均值的 30％时，宜增加试验锚杆数量，并应根据级差过大的原因，按实际情况重新进行统计后确定锚杆极限抗拔承载力标准值。

A.3 蠕变试验

A.3.1 蠕变试验的锚杆数量不应少于三根。

A.3.2 蠕变试验的加载分级和锚头位移观测时间应按表 A.3.2 确定。在观测时间内荷载必须保持恒定。

表 A.3.2 蠕变试验的加载分级与锚头位移观测时间

加载分级	$0.50N_k$	$0.75N_k$	$1.00N_k$	$1.20N_k$	$1.50N_k$
观测时间 t_2 (min)	10	30	60	90	120
观测时间 t_1 (min)	5	15	30	45	60

注：表中 N_k 为锚杆轴向拉力标准值。

A.3.3 每级荷载按时间间隔 1min、5min、10min、15min、30min、45min、60min、90min、120min 记录蠕变量。

A.3.4 试验时应绘制每级荷载下锚杆的蠕变量-时间对数（s-lgt）曲线。蠕变率应按下式计算：

$$k_c = \frac{s_2 - s_1}{\lg t_2 - \lg t_1} \qquad (A.3.4)$$

式中 k_c ——锚杆蠕变率；

s_1 —— t_1 时间测得的蠕变量（mm）；

s_2 —— t_2 时间测得的蠕变量（mm）。

A.3.5 锚杆的蠕变率不应大于 2.0mm。

A.4 验 收 试 验

A.4.1 锚杆抗拔承载力检测试验，最大试验荷载不应小于本规程第 4.8.8 条规定的抗拔承载力检测值。

A.4.2 锚杆抗拔承载力检测试验可采用单循环加载法，其加载分级和锚头位移观测时间应按表 A.4.2 确定。

表 A.4.2 单循环加载试验的加载分级与锚头位移观测时间

最大试验荷载	分级荷载与锚杆轴向拉力标准值 N_k 的百分比（%）						
$1.4N_k$	加载	10	40	60	80	100	120	140
	卸载	10	30	50	80	100	120	—
$1.3N_k$	加载	10	40	60	80	100	120	130
	卸载	10	30	50	80	100	120	—
$1.2N_k$	加载	10	40	60	80	100	—	120
	卸载	10	30	50	80	100	—	—
观测时间 (min)	5	5	5	5	5	5	10

A.4.3 锚杆抗拔承载力检测试验，其锚头位移测读和加、卸载应符合下列规定：

1 初始荷载下，应测读锚头位移基准值 3 次，当每间隔 5min 的读数相同时，方可作为锚头位移基准值；

2 每级加、卸载稳定后，在观测时间内测读锚头位移不应少于 3 次；

3 当观测时间内锚头位移增量不大于 1.0mm 时，可视为位移收敛；否则，观测时间应延长至 60min，并应每隔 10min 测读锚头位移 1 次；当该 60min 内锚头位移增量小于 2.0mm 时，可视为锚头位移收敛，否则视为不收敛。

A.4.4 锚杆试验中遇本规程第 A.2.6 条规定的终止继续加载情况时，应终止继续加载。

A.4.5 单循环加载试验应绘制锚杆的荷载-位移（Q-s）曲线。锚杆的位移不应包括试验反力装置的变形。

A.4.6 检测试验中，符合下列要求的锚杆应判定合格：

1 在抗拔承载力检测值下，锚杆位移稳定或收敛；

2 在抗拔承载力检测值下测得的弹性位移量应大于杆体自由段长度理论弹性伸长量的 80％。

附录 B 圆形截面混凝土支护桩的正截面受弯承载力计算

B.0.1 沿周边均匀配置纵向钢筋的圆形截面钢筋混凝土支护桩，其正截面受弯承载力应符合下列规定（图 B.0.1）：

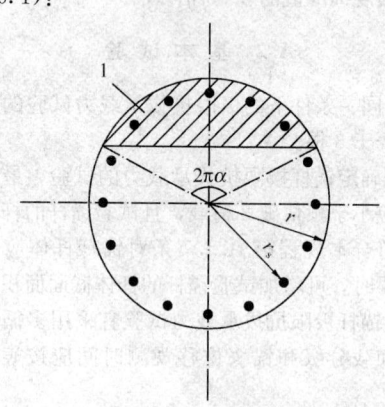

图 B.0.1 沿周边均匀配置纵向钢筋的圆形截面
1—混凝土受压区

$$M \leqslant \frac{2}{3} f_c A r \frac{\sin^3 \pi\alpha}{\pi} + f_y A_s r_s \frac{\sin \pi\alpha + \sin \pi\alpha_t}{\pi} \qquad (B.0.1\text{-}1)$$

$$\alpha f_c A \left(1 - \frac{\sin 2\pi\alpha}{2\pi\alpha}\right) + (\alpha - \alpha_t) f_y A_s = 0 \qquad (B.0.1\text{-}2)$$

$$\alpha_t = 1.25 - 2\alpha \qquad (B.0.1\text{-}3)$$

式中：M——桩的弯矩设计值（kN·m），按本规程第 3.1.7 的规定计算；

f_c——混凝土轴心抗压强度设计值（kN/m²）；当混凝土强度等级超过 C50 时，f_c 应以 $\alpha_1 f_c$ 代替，当混凝土强度等级为 C50 时，取 $\alpha_1 = 1.0$，当混凝土强度等级为 C80 时，取 $\alpha_1 = 0.94$，其间按线性内插法确定；

A——支护桩截面面积（m²）；

r——支护桩的半径（m）；

α——对应于受压区混凝土截面面积的圆心角（rad）与 2π 的比值；

f_y——纵向钢筋的抗拉强度设计值（kN/m²）；

A_s——全部纵向钢筋的截面面积（m²）；

r_s——纵向钢筋重心所在圆周的半径（m）；

α_t——纵向受拉钢筋截面面积与全部纵向钢筋截面面积的比值，当 $\alpha > 0.625$ 时，取 $\alpha_t = 0$。

注：本条适用于截面内纵向钢筋数量不少于 6 根的情况。

B.0.2 沿受拉区和受压区周边局部均匀配置纵向钢筋的圆形截面钢筋混凝土支护桩，其正截面受弯承载力应符合下列规定（图 B.0.2）：

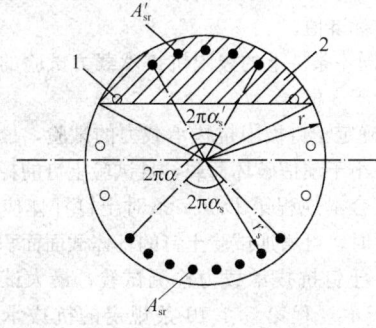

图 B.0.2　沿受拉区和受压区周边局部均匀配置纵向钢筋的圆形截面
1—构造钢筋；2—混凝土受压区

$$M \leqslant \frac{2}{3} f_c A r \frac{\sin^3 \pi\alpha}{\pi} + f_y A_{sr} r_s \frac{\sin \pi\alpha_s}{\pi\alpha_s}$$
$$+ f_y A'_{sr} r_s \frac{\sin \pi\alpha'_s}{\pi\alpha'_s} \qquad (B.0.2\text{-}1)$$

$$\alpha f_c A \left(1 - \frac{\sin 2\pi\alpha}{2\pi\alpha}\right) + f_y(A'_{sr} - A_{sr}) = 0$$
$$(B.0.2\text{-}2)$$

$$\cos \pi\alpha \geqslant 1 - \left(1 + \frac{r_s}{r} \cos \pi\alpha_s\right)\xi_b$$
$$(B.0.2\text{-}3)$$

$$\alpha \geqslant \frac{1}{3.5} \qquad (B.0.2\text{-}4)$$

式中：α——对应于混凝土受压区截面面积的圆心角（rad）与 2π 的比值；

α_s——对应于受拉钢筋的圆心角（rad）与 2π 的比值；α_s 宜取 $1/6 \sim 1/3$，通常可取 0.25；

α'_s——对应于受压钢筋的圆心角（rad）与 2π 的比值，宜取 $\alpha'_s \leqslant 0.5\alpha$；

A_{sr}、A'_{sr}——分别为沿周边均匀配置在圆心角 $2\pi\alpha_s$、$2\pi\alpha'_s$ 内的纵向受拉、受压钢筋的截面面积（m²）；

ξ_b——矩形截面的相对界限受压区高度，应按现行国家标准《混凝土结构设计规范》GB 50010 的规定取值。

注：本条适用于截面受拉区内纵向钢筋数量不少于 3 根的情况。

B.0.3 沿受拉区和受压区周边局部均匀配置的纵向钢筋数量，宜使按本规程公式（B.0.2-2）计算的 α 大于 1/3.5，当 $\alpha < 1/3.5$ 时，其正截面受弯承载力应符合下列规定：

$$M \leqslant f_y A_{sr} \left(0.78r + r_s \frac{\sin \pi\alpha_s}{\pi\alpha_s}\right) \quad (B.0.3)$$

B.0.4 沿圆形截面受拉区和受压区周边实际配置的均匀纵向钢筋的圆心角应分别取为 $2\frac{n-1}{n}\pi\alpha_s$ 和 $2\frac{m-1}{m}\pi\alpha'_s$。配置在圆形截面受拉区的纵向钢筋，其按全截面面积计算的配筋率不宜小于 0.2% 和 $0.45 f_t/f_y$ 的较大值。在不配置纵向受力钢筋的圆周范围内应设置周边纵向构造钢筋，纵向构造钢筋直径不应小于纵向受力钢筋直径的 1/2，且不应小于 10mm；纵向构造钢筋的环向间距不应大于圆截面的半径和 250mm 的较小值。

注：1　n、m 为受拉区、受压区配置均匀纵向钢筋的根数；

　　2　f_t 为混凝土抗拉强度设计值。

附录 C　渗透稳定性验算

C.0.1 坑底以下有水头高于坑底的承压水含水层，且未用截水帷幕隔断其基坑内外的水力联系时，承压水作用下的坑底突涌稳定性应符合下式规定（图 C.0.1）：

$$\frac{D\gamma}{h_w \gamma_w} \geqslant K_h \qquad (C.0.1)$$

式中：K_h——突涌稳定安全系数；K_h 不应小于 1.1；

D——承压水含水层顶面至坑底的土层厚度（m）；

γ——承压水含水层顶面至坑底土层的天然重度（kN/m³）；对多层土，取按土层厚度加权的平均天然重度；

h_w——承压水含水层顶面的压力水头高度（m）；

γ_w——水的重度（kN/m³）。

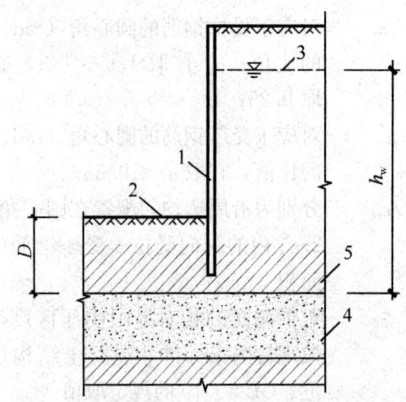

图 C.0.1 坑底土体的突涌稳定性验算
1—截水帷幕；2—基底；3—承压水测管水位；
4—承压水含水层；5—隔水层

C.0.2 悬挂式截水帷幕底端位于碎石土、砂土或粉土含水层时，对均质含水层，地下水渗流的流土稳定性应符合下式规定（图 C.0.2），对渗透系数不同的非均质含水层，宜采用数值方法进行渗流稳定性分析。

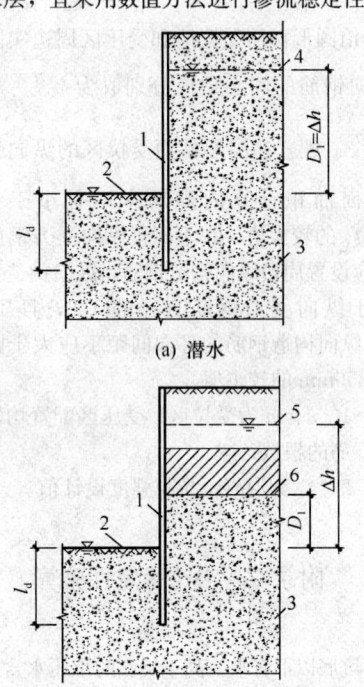

(a) 潜水

(b) 承压水

图 C.0.2 采用悬挂式帷幕截水时的流土稳定性验算
1—截水帷幕；2—基坑底面；3—含水层；
4—潜水水位；5—承压水测管水位；
6—承压水含水层顶面

$$\frac{(2l_d + 0.8D_1)\gamma'}{\Delta h \gamma_w} \geqslant K_f \qquad (C.0.2)$$

式中：K_f——流土稳定性安全系数；安全等级为一、二、三级的支护结构，K_f 分别不应小于 1.6、1.5、1.4；

l_d——截水帷幕在坑底以下的插入深度（m）；

D_1——潜水面或承压水含水层顶面至基坑底面的土层厚度（m）；

γ'——土的浮重度（kN/m³）；

Δh——基坑内外的水头差（m）；

γ_w——水的重度（kN/m³）。

C.0.3 坑底以下为级配不连续的砂土、碎石土含水层时，应进行土的管涌可能性判别。

附录 D 土钉抗拔试验要点

D.0.1 试验土钉的参数、材料、施工工艺及所处的地质条件应与工程土钉相同。

D.0.2 土钉抗拔试验应在注浆固结体强度达到 10MPa 或达到设计强度的 70% 后进行。

D.0.3 加载装置（千斤顶、油压系统）的额定压力必须大于最大试验压力，且试验前应进行标定。

D.0.4 加荷反力装置的承载力和刚度应满足最大试验荷载的要求，加载时千斤顶应与土钉同轴。

D.0.5 计量仪表（位移计、压力表）的精度应满足试验要求。

D.0.6 在土钉墙面层上进行试验时，试验土钉应与喷射混凝土面层分离。

D.0.7 最大试验荷载下的土钉杆体应力不应超过其屈服强度标准值。

D.0.8 同一条件下的极限抗拔承载力试验的土钉数量不应少于 3 根。

D.0.9 确定土钉极限抗拔承载力的试验，最大试验荷载不应小于预估破坏荷载，且试验土钉的杆体截面面积应符合本规程第 D.0.7 条对土钉杆体应力的规定。必要时，可增加试验土钉的杆体截面面积。

D.0.10 土钉抗拔承载力检测试验，最大试验荷载不应小于本规程第 5.4.10 条规定的抗拔承载力检测值。

D.0.11 确定土钉极限抗拔承载力的试验和土钉抗拔承载力检测试验可采用单循环加载法，其加载分级和土钉位移观测时间应按表 D.0.11 确定。

表 D.0.11 单循环加载试验的加载分级与土钉位移观测时间

观测时间（min）		5	5	5	5	5	10
加载量与最大试验荷载的百分比（%）	初始荷载	—	—	—	—	—	10
	加载	10	50	70	80	90	100
	卸载	10	20	50	80	90	—

注：单循环加载试验用于土钉抗拔承载力检测时，加至最大试验荷载后，可一次卸载至最大试验荷载的 10%。

D.0.12 土钉极限抗拔承载力试验，其土钉位移测读和加卸载应符合下列规定：

1 初始荷载下，应测读土钉位移基准值 3 次，当每间隔 5min 的读数相同时，方可作为土钉位移基准值；

2 每级加、卸载稳定后，在观测时间内测读土钉位移不应少于 3 次；

3 在每级荷载的观测时间内，当土钉位移增量不大于 0.1mm 时，可施加下一级荷载；否则应延长观测时间，并应每隔 30min 测读土钉位移 1 次；当连续两次出现 1h 内的土钉位移增量小于 0.1mm 时，可施加下一级荷载。

D.0.13 土钉抗拔承载力检测试验，其土钉位移测读和加、卸载应符合下列规定：

1 初始荷载下，应测读土钉位移基准值 3 次，当每间隔 5min 的读数相同时，方可作为土钉位移基准值；

2 每级加、卸载稳定后，在观测时间内测读土钉位移不应少于 3 次；

3 当观测时间内土钉位移增量不大于 1.0mm 时，可视为位移收敛；否则，观测时间应延长至 60min，并应每隔 10min 测读土钉位移 1 次；当该 60min 内土钉位移增量小于 2.0mm 时，可视为土钉位移收敛，否则视为不收敛。

D.0.14 土钉试验中遇下列情况之一时，应终止继续加载：

1 从第二级加载开始，后一级荷载产生的单位荷载下的土钉位移增量大于前一级荷载产生的单位荷载下的土钉位移增量的 5 倍；

2 土钉位移不收敛；

3 土钉杆体破坏。

D.0.15 试验应绘制土钉的荷载-位移（Q-s）曲线。土钉的位移不应包括试验反力装置的变形。

D.0.16 土钉极限抗拔承载力标准值应按下列方法确定：

1 土钉的极限抗拔承载力，在某级试验荷载下出现本规程 D.0.14 条规定的终止继续加载情况时，应取终止加载时的前一级荷载值；未出现时，应取终止加载时的荷载值；

2 参加统计的试验土钉，当满足其级差不超过平均值的 30% 时，土钉极限抗拔承载力标准值可取平均值；当级差超过平均值的 30% 时，宜增加试验土钉数量，并应根据级差过大的原因，按实际情况重新进行统计后确定土钉极限抗拔承载力标准值。

D.0.17 检测试验中，在抗拔承载力检测值下，土钉位移稳定或收敛应判定土钉合格。

附录 E　基坑涌水量计算

E.0.1 群井按大井简化时，均质含水层潜水完整井的基坑降水总涌水量可按下式计算（图 E.0.1）：

$$Q = \pi k \frac{(2H - s_d)s_d}{\ln\left(1 + \dfrac{R}{r_0}\right)} \quad (E.0.1)$$

式中：Q——基坑降水总涌水量（m^3/d）；

$\quad k$——渗透系数（m/d）；

$\quad H$——潜水含水层厚度（m）；

$\quad s_d$——基坑地下水位的设计降深（m）；

$\quad R$——降水影响半径（m）；

$\quad r_0$——基坑等效半径（m）；可按 $r_0 = \sqrt{A/\pi}$ 计算；

$\quad A$——基坑面积（m^2）。

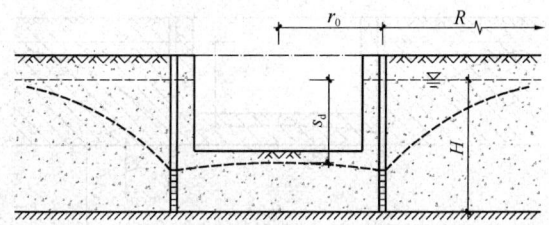

图 E.0.1　均质含水层潜水完整井的基坑涌水量计算

E.0.2 群井按大井简化时，均质含水层潜水非完整井的基坑降水总涌水量可按下列公式计算（图 E.0.2）：

$$Q = \pi k \frac{H^2 - h^2}{\ln\left(1 + \dfrac{R}{r_0}\right) + \dfrac{h_m - l}{l}\ln\left(1 + 0.2\dfrac{h_m}{r_0}\right)} \quad (E.0.2\text{-}1)$$

$$h_m = \frac{H + h}{2} \quad (E.0.2\text{-}2)$$

式中：h——降水后基坑内的水位高度（m）；

$\quad l$——过滤器进水部分的长度（m）。

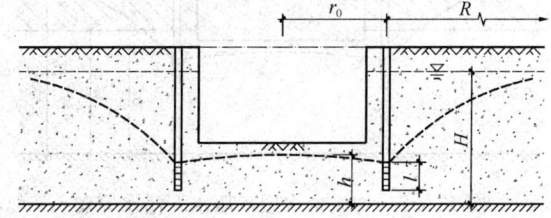

图 E.0.2　均质含水层潜水非完整井的基坑涌水量计算

E.0.3 群井按大井简化时，均质含水层承压水完整

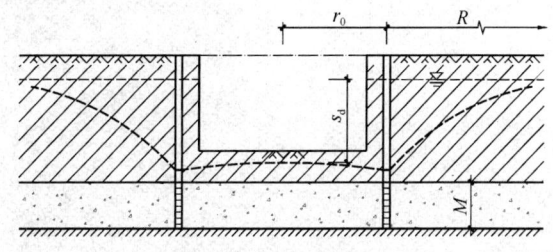

图 E.0.3　均质含水层承压水完整井的基坑涌水量计算

井的基坑降水总涌水量可按下式计算（图 E.0.3）：

$$Q = 2\pi k \frac{Ms_d}{\ln\left(1 + \dfrac{R}{r_0}\right)} \quad (E.0.3)$$

式中：M——承压水含水层厚度（m）。

E.0.4 群井按大井简化时，均质含水层承压水非完整井的基坑降水总涌水量可按下式计算（图 E.0.4）：

$$Q = 2\pi k \frac{Ms_d}{\ln\left(1 + \dfrac{R}{r_0}\right) + \dfrac{M-l}{l}\ln\left(1 + 0.2\dfrac{M}{r_0}\right)} \quad (E.0.4)$$

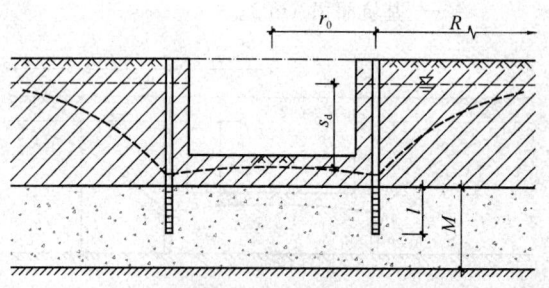

图 E.0.4 均质含水层承压水非完整井的
基坑涌水量计算

E.0.5 群井按大井简化时，均质含水层承压水—潜水完整井的基坑降水总涌水量可按下式计算（图 E.0.5）：

$$Q = \pi k \frac{(2H_0 - M)M - h^2}{\ln\left(1 + \dfrac{R}{r_0}\right)} \quad (E.0.5)$$

式中：H_0——承压水含水层的初始水头。

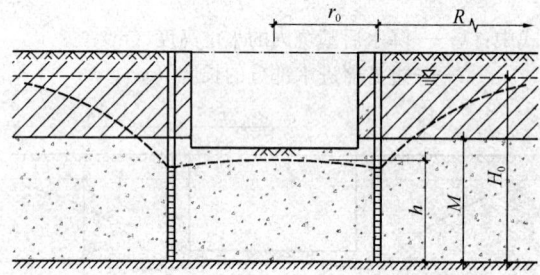

图 E.0.5 均质含水层承压水—潜水完整
井的基坑涌水量计算

本规程用词说明

1 为便于在执行本规程条文时区别对待，对要求严格程度不同的用词说明如下：

1）表示很严格，非这样做不可的：
正面词采用"必须"，反面词采用"严禁"；

2）表示严格，在正常情况下均应这样做的：
正面词采用"应"，反面词采用"不应"或"不得"；

3）表示允许稍有选择，在条件许可时首先应这样做的：
正面词采用"宜"，反面词采用"不宜"；

4）表示有选择，在一定条件下可以这样做的，采用"可"。

2 条文中指明应按其他有关标准执行的写法为："应符合……的规定"或"应按……执行"。

引用标准名录

1 《建筑地基基础设计规范》GB 50007

2 《混凝土结构设计规范》GB 50010

3 《钢结构设计规范》GB 50017

4 《岩土工程勘察规范》GB 50021

5 《地下工程防水技术规范》GB 50108

6 《建筑地基基础工程施工质量验收规范》GB 50202

7 《混凝土结构工程施工质量验收规范》GB 50204

8 《钢结构工程施工质量验收规范》GB 50205

9 《预应力混凝土用钢绞线》GB/T 5224

10 《预应力筋用锚具、夹具和连接器》GB/T 14370

11 《建筑地基处理技术规范》JGJ 79

12 《建筑桩基技术规范》JGJ 94

中华人民共和国行业标准

建筑基坑支护技术规程

JGJ 120—2012

条 文 说 明

修 订 说 明

《建筑基坑支护技术规程》JGJ 120-2012，经住房和城乡建设部 2012 年 4 月 5 日以第 1350 号公告批准、发布。

本规程是在《建筑基坑支护技术规程》JGJ120－99 基础上修订而成，上一版的主编单位是中国建筑科学研究院，参编单位是深圳市勘察研究院、福建省建筑科学研究院、同济大学、冶金部建筑研究总院、广州市建筑科学研究院、江西省新大地建设监理公司、北京市勘察设计研究院、机械部第三勘察研究院、深圳市工程质量监督检验总站、重庆市建筑设计研究院、肇庆市建设工程质量监督站，主要起草人是黄强、杨斌、李荣强、侯伟生、杨敏、杨志银、陈新余、陈如桂、刘小敏、胡建林、白生翔、张在明、刘金砺、魏章和、李子新、李瑞茹、王铁宏、郑生庆、张昌定。本次修订的主要技术内容是：1. 调整和补充了支护结构的几种稳定性验算；2. 调整了部分稳定性验算表达式；3. 强调了变形控制设计原则；4. 调整了选用土的抗剪强度指标的规定；5. 新增了双排桩结构；6. 改进了不同施工工艺下锚杆粘结强度取值的有关规定；7. 充实了内支撑结构设计的有关规定；8. 新增了支护与主体结构结合及逆作法；9. 新增了复合土钉墙；10. 引入了土钉墙土压力调整系数；11. 充实了各种类型支护结构构造与施工的有关规定；12. 强调了地下水资源的保护；13. 改进了降水设计方法；14. 充实了截水设计与施工的有关规定；15. 充实了地下水渗透稳定性验算的有关规定；16. 充实了基坑开挖的有关规定；17. 新增了应急措施；18. 取消了逆作拱墙。

本规程修订过程中，编制组进行了国内基坑支护应用情况的调查研究，总结了我国工程建设中基坑支护领域的实践经验，同时参考了国外先进技术法规、技术标准，通过试验、工程验证及征求意见取得了本规程修订技术内容的有关重要技术参数。

为便于广大设计、施工、科研、学校等单位有关人员在使用本规程时能正确理解和执行条文规定，《建筑基坑支护技术规程》编制组按章、节、条顺序编制了本规程的条文说明，对条文规定的目的、依据以及执行中需注意的有关事项进行了说明，还着重对强制性条文的强制性理由作了解释。但是，本条文说明不具备与规程正文同等的法律效力，仅供使用者作为理解和把握规程规定的参考。

目 次

1 总 则

1.0.1 本规程在《建筑基坑支护技术规程》JGJ 120 - 99（以下简称原规程）基础上修订，原规程是我国第一本建筑基坑支护技术标准，自 1999 年 9 月 1 日施行以来，对促进我国各地区在基坑支护设计方法与施工技术上的规范化，提高基坑工程的设计施工质量起到了积极作用。基坑工程在建筑行业内是属于高风险的技术领域，全国各地基坑工程事故的发生率虽然逐年减少，但仍不断地出现。不合理的设计与低劣的施工质量是造成这些基坑事故的主要原因。基坑工程中保证环境安全与工程安全，提高支护技术水平，控制施工质量，同时合理地降低工程造价，是从事基坑工程工作的技术与管理人员应遵守的基本原则。

基坑支护在功能上的一个显著特点是，它不仅用于为主体地下结构的施工创造条件和保证施工安全，更为重要的是要保护周边环境不受到危害。基坑支护在保护环境方面的要求，对城镇地域尤为突出。对此，工程建设及监理单位、基坑支护设计施工单位乃至工程建设监督管理部门应该引起高度关注。

1.0.2 本条明确了本规程的适用范围。本规程的规定限于临时性基坑支护，支护结构是按临时性结构考虑的，因此，规程中有关结构和构造的规定未考虑耐久性问题，荷载及其分项系数按临时作用考虑。地下水控制的一些方法也是仅按适合临时性措施考虑的。一般土质地层是指全国范围内第四纪全新世 Q_4 与晚更新世 Q_3 沉积土中，除去某些具有特殊物理力学及工程特性的特殊土类之外的各种土类地层。现行国家标准《岩土工程勘察规范》GB 50021 中定义的有些特殊土是属于适用范围以内的，如软土、混合土、填土、残积土，但是对湿陷性土、多年冻土、膨胀土等特殊土，本规程中采用的土压力计算与稳定分析方法等尚不能考虑这些土固有的特殊性质的影响。对这些特殊土地层，应根据地区经验在充分考虑其特殊性质对基坑支护的影响后，再按本规程的相关内容进行设计与施工。对岩质地层，因岩石压力的形成机理与土质地层不同，本规程未涉及岩石压力的计算，但有关支护结构的内容，岩石地层的基坑支护可以参照。本规程未涵盖的其他内容，应通过专门试验、分析并结合实际经验加以解决。

1.0.4 基坑支护技术涉及岩土与结构的多门学科及技术，对结构工程领域的混凝土结构、钢结构等，对岩土工程领域的桩、地基处理方法、岩土锚固、地下水渗流等，对湿陷性黄土、多年冻土、膨胀土、盐渍土、岩石基坑等和按抗震要求设计时，需要同时采用相应规范。因此，在应用本规程时，尚应根据具体的问题，遵守其他相关规范的要求。

3 基 本 规 定

3.1 设 计 原 则

3.1.1 基坑支护是为主体结构地下部分施工而采取的临时措施，地下结构施工完成后，基坑支护也就随之完成其用途。由于支护结构的使用期短（一般情况在一年之内），因此，设计时采用的荷载一般不需考虑长期作用。如果基坑开挖后支护结构的使用持续时间较长，荷载可能会随时间发生改变，材料性能和基坑周边环境也可能会发生变化。所以，为了防止人们忽略由于延长支护结构使用期而带来的荷载、材料性能、基坑周边环境等条件的变化，避免超越设计状况，设计时应确定支护结构的使用期限，并应在设计文件中给出明确规定。

支护结构的支护期限规定不小于一年，除考虑主体地下结构施工工期的因素外，也是考虑到施工季节对支护结构的影响。一年中的不同季节，地下水位、气候、温度等外界环境的变化会使土的性状及支护结构的性能随之改变，而且有时影响较大。受各种因素的影响，设计预期的施工季节并不一定与实际施工的季节相同，即使对支护结构使用期不足一年的工程，也应使支护结构一年四季都能适用。因而，本规程规定支护结构使用期限应不小于一年。

对大多数建筑工程，一年的支护期能满足主体地下结构的施工周期要求，对有特殊施工周期要求工程，应该根据实际情况延长支护期限并应对荷载、结构构件的耐久性等设计条件作相应考虑。

3.1.2 基坑支护工程是为主体结构地下部分的施工而采取的临时性措施。因基坑开挖涉及基坑周边环境安全，支护结构除满足主体结构施工要求外，还需满足基坑周边环境要求。支护结构的设计和施工应把保护基坑周边环境安全放在重要位置。本条规定了基坑支护应具有的两种功能。首先基坑支护应具有防止基坑的开挖危害周边环境的功能，这是支护结构的首要的功能。其次，应具有保证工程自身主体结构施工安全的功能，应为主体地下结构施工提供正常施工的作业空间及环境，提供施工材料、设备堆放和运输的场地、道路条件，隔断基坑内外地下水、地表水以保证地下结构和防水工程的正常施工。该条规定的目的，是明确基坑支护工程不能为了考虑本工程项目的要求和利益，而损害环境和相邻建（构）筑物所有权人的利益。

3.1.3 安全等级表 3.1.3 仍维持了原规程对支护结构安全等级的原则性划分方法。本规程依据国家标准《工程结构可靠性设计统一标准》GB 50153 - 2008 对结构安全等级确定的原则，以破坏后果严重程度，将支护结构划分为三个安全等级。对基坑支护而言，破坏后果具体表现为支护结构破坏、土体过大变形对基坑周边环境及主体结构施工安全的影响。支护结构的安全等级，主要反映在设计时支护结构及其构件的重要性系数和各种稳定性安全系数的取值上。

本规程对支护结构安全等级采用原则性划分方法而未采用定量划分方法，是考虑到基坑深度、周边建筑物距离及埋深、结构及基础形式、土的性状等因素对破坏后果的影响程度难以用统一标准界定，不能保证普遍适用，定量化的方法对具体工程可能会出现不合理的情况。

设计者及发包商在按本规程表 3.1.3 的原则选用支护结构安全等级时应掌握的原则是：基坑周边存在受影响的重要既有住宅、公共建筑、道路或地下管线等时，或因场地的地质条件复杂、缺少同类地质条件下相近基坑深度的经验时，支护结构破坏、基坑失稳或过大变形对人的生命、经济、社会或环境影响很大，安全等级应定为一级。当支护结构破坏、基坑过大变形不会危及人的生命、经济损失轻微、对社会或环境的影响不大时，安全等级可定为三级。对大多数基坑，安全等级应该定为二级。

对内支撑结构，当基坑一侧支撑失稳破坏会殃及基坑另一侧支护结构因受力改变而使支护结构形成连续倒塌时，相互影响的基坑各边支护结构应取相同的安全等级。

3.1.4 依据国家标准《工程结构可靠性设计统一标准》GB 50153-2008 的规定并结合基坑工程自身的特殊性，本条对承载能力极限状态与正常使用极限状态这两类极限状态在基坑支护中的具体表现形式进行了归类，目的是使工程技术人员能够对基坑支护各类结构的各种破坏形式有一个总体认识，设计时对各种破坏模式和影响正常使用的状态进行控制。

3.1.5 本条的极限状态设计方法的通用表达式依据国家标准《工程结构可靠性设计统一标准》GB 50153-2008 而定，是本规程各章各种支护结构统一的设计表达式。

对承载能力极限状态，由材料强度控制的结构构件的破坏类型采用极限状态设计法，按公式（3.1.5-1）给出的表达式进行设计计算和验算，荷载效应采用荷载基本组合的设计值，抗力采用结构构件的承载力设计值并考虑结构构件的重要性系数。涉及岩土稳定性的承载能力极限状态，采用单一安全系数法，按公式（3.1.5-3）给出的表达式进行计算和验算。本规程的修订，对岩土稳定性的承载能力极限状态问题恢复了传统的单一安全系数法，一是由于新制定的国家标准《工程结构可靠性设计统一标准》GB 50153-2008 中明确提出了可以采用单一安全系数法，不会造成与基本规范不协调统一的问题；二是由于国内岩土工程界目前仍普遍认可单一安全系数法，单一安全系数法适于岩土工程问题。

以支护结构水平位移限值等为控制指标的正常使用极限状态的设计表达式也与有关结构设计规范保持一致。

3.1.6 原规程的荷载综合分项系数取 1.25，是依据原国家标准《建筑结构荷载规范》GBJ 9-87 而定的。但随着我国建筑结构可靠度设计标准的提高，国家标准《建筑结构荷载规范》GB 50009-2001 已将永久荷载、可变荷载的分项系数调高，对由永久荷载效应控制的永久荷载分项系数取 $\gamma_G = 1.35$。各结构规范也均相应对此进行了调整。由于本规程对象是临时性支护结构，在修订时，也研究讨论了荷载分项系数如何取值问题。如荷载综合分项系数由 1.25 调为 1.35，这样将会大大增加支护结构的工程造价。在征求了国内一些专家、学者的意见后，认为还是维持原规程的规定为好，支护结构构件按承载能力极限状态设计时的作用基本组合综合分项系数 γ_F 取 1.25。其理由如下：其一，支护结构是临时性结构，一般来说，支护结构使用时间不会超过一年，正常施工条件下最长的工程也小于两年，在安全储备上与主体建筑结构应有所区别。其二，荷载综合分项系数的调高只影响支护结构构件的承载力设计，如增加挡土构件的截面配筋、锚杆的钢绞线数量等，并未提高有关岩土的稳定性安全系数，如圆弧滑动稳定性、隆起稳定性、锚杆抗拔力、倾覆稳定性等，而大部分基坑工程事故主要还是岩土类型的破坏形式。为避免与《工程结构可靠性设计统一标准》GB 50153 及《建筑结构荷载规范》GB 50009-2001 的荷载分项系数取值不一致带来的不统一问题，其系数称为荷载综合分项系数，荷载综合分项系数中包括了临时性结构对荷载基本组合下的调整。

支护结构的重要性系数，遵循《工程结构可靠性设计统一标准》GB 50153 的规定，对安全等级为一级、二级、三级的支护结构可分别取 1.1、1.0 及 0.9。当需要提高安全标准时，支护结构的重要性系数可以根据具体工程的实际情况取大于上述数值。

3.1.7 本规程的结构构件极限状态设计表达式（3.1.5-1）在具体应用到各种结构构件的承载力计算时，将公式中的荷载基本组合的效应设计值 S_d 与结构构件的重要性系数 γ_0 相乘后，用内力设计值代替。这样在各章的结构构件承载力计算时，各具体表达式或公式中就不再出现重要性系数 γ_0，因为 γ_0 已含在内力设计值中了。根据内力的具体意义，其设计值可为弯矩设计值 M、剪力设计值 V 或轴向拉力、压力设计值 N 等。公式（3.1.7-1）～公式（3.1.7-3）中，弯矩值 M_k、剪力值 V_k 及轴向拉力、压力值 N_k 按荷载标准组合计算。对于作用在支护结构上的土压力荷载的标准值，当按朗肯或库仑方法计算时，土性参数黏聚力 c、摩擦角 φ 及土的重度 γ 按本规程第 3.1.15 条的规定取值，朗肯土压力荷载的标准值按本规程第

3.3.4 条的有关公式计算。

3.1.8 支护结构的水平位移是反映支护结构工作状况的直观数据，对监控基坑与基坑周边环境安全能起到相当重要的作用，是进行基坑工程信息化施工的主要监测内容。因此，本规程规定应在设计文件中提出明确的水平位移控制值，作为支护结构设计的一个重要指标。本条对支护结构水平位移控制值的取值提出了三点要求：第一，是支护结构正常使用的要求，应根据本条第 1 款的要求，按基坑周边建筑、地下管线、道路等环境对象对基坑变形的适应能力及主体结构设计施工的要求确定，保护基坑周边环境的安全与正常使用。由于基坑周边环境条件的多样性和复杂性，不同环境对象对基坑变形的适应能力及要求不同，所以，目前还很难定出统一的、定量的限值以适合各种情况。如支护结构位移和周边建筑物沉降限值按统一标准考虑，可能会出现有些情况偏严、有些情况偏松的不合理地方。目前还是由设计人员根据工程的实际条件，具体问题具体分析确定较好。所以，本规程未给出正常使用要求下具体的支护结构水平位移控制值和建筑物沉降控制值。支护结构水平位移控制值和建筑物沉降控制值如何定的合理是个难题，今后应对此问题开展深入具体的研究工作，积累试验、实测数据，进行理论分析研究，为合理确定支护结构水平位移控制值打下基础。同时，本款提出支护结构水平位移控制值和环境保护对象沉降控制值应符合现行国家标准《建筑地基基础设计规范》GB 50007 中对地基变形允许值的要求及相关规范对地下管线、地下构筑物、道路变形的要求，在执行时会存在沉降值是从建筑物等建设时还是基坑支护施工前开始量的问题，按这些规范要求应从建筑物等建设时算起，但基坑周边建筑物等从建设到基坑支护施工前这段时间又可能缺少地基变形的数据，存在操作上的困难，需要工程相关人员斟酌掌握。第二，当支护结构构件同时用作主体地下结构构件时，支护结构水平位移控制值不应大于主体结构设计对其变形的限值的规定，是主体结构设计对支护结构构件的要求。这种情况有时在采用地下连续墙和内支撑结构时会作为一个控制指标。第三，当基坑周边无需要保护的建筑物等时，设计文件中也要设定支护结构水平位移控制值，这是出于控制支护结构承载力和稳定性等达到极限状态的要求。实测位移是检验支护结构受力和稳定状态的一种直观方法，岩土失稳或结构破坏前一般会产生一定的位移量，通常变形速率增长且不收敛，而在出现位移速率增长前，会有较大的累积位移量。因此，通过支护结构位移从某种程度上能反映支护结构的稳定状况。由于基坑支护破坏形式和土的性质的多样性，难以建立稳定极限状态与位移的定量关系，本规程没有规定此情况下的支护结构水平位移控制值，而应根据地区经验确定。国内一些地方基坑支护技术标准根据

当地经验提出了支护结构水平位移的量化要求，如：北京市地方标准《建筑基坑支护技术规程》DB 11/489 - 2007 中规定，"当无明确要求时，最大水平变形限值：一级基坑为 0.002h，二级基坑为 0.004h，三级基坑为 0.006h。"深圳市标准《深圳地区建筑深基坑支护技术规范》SJG 05 - 96 中规定，当无特殊要求时的支护结构最大水平位移允许值见表 1：

表 1　支护结构最大水平位移允许值

安全等级	支护结构最大水平位移允许值（mm）	
	排桩、地下连续墙、坡率法、土钉墙	钢板桩、深层搅拌
一级	0.0025h	—
二级	0.0050h	0.0100h
三级	0.0100h	0.0200h

注：表中 h 为基坑深度（mm）。

新修订的深圳市标准《深圳地区建筑深基坑支护技术规范》对支护结构水平位移控制值又作了一定调整，如表 2 所示：

表 2　支护结构顶部最大水平位移允许值（mm）

安全等级	排桩、地下连续墙加内支撑支护	排桩、地下连续墙加锚杆支护，双排桩，复合土钉墙	坡率法，土钉墙或复合土钉墙，水泥土挡墙，悬臂式排桩，钢板桩等
一级	0.002h 与 30mm 的较小值	0.003h 与 40mm 的较小值	
二级	0.004h 与 50mm 的较小值	0.006h 与 60mm 的较小值	0.01h 与 80mm 的较小值
三级		0.01h 与 80mm 的较小值	0.02h 与 100mm 的较小值

注：表中 h 为基坑深度（mm）。

湖北省地方标准《基坑工程技术规程》DB 42/159 - 2004 中规定，"基坑监测项目的监控报警值，如设计有要求时，以设计要求为依据，如设计无具体要求时，可按如下变形量控制：

重要性等级为一级的基坑，边坡土体、支护结构水平位移（最大值）监控报警值为 30mm；重要性等级为二级的基坑，边坡土体、支护结构水平位移（最大值）监控报警值为 60mm。"

3.1.9 本条有两个含义：第一，防止设计的盲目性。基坑支护的首要功能是保护周边环境（建筑物、地下管线、道路等）的安全和正常使用，同时基坑周边建筑物、地下管线、道路又对支护结构产生附加荷载、对支护结构施工造成障碍，管线中地下水的渗漏会降低土的强度。因此，支护结构设计必须要针对情况选

择合理的方案，支护结构变形和地下水控制方法要按基坑周边建筑物、地下管线、道路的变形要求进行控制，基坑周边建筑物、地下管线、道路、施工荷载对支护结构产生的附加荷载、对施工的不利影响等因素要在设计时仔细地加以考虑。第二，设计中应提出明确的基坑周边荷载限值、地下水和地表水控制等基坑使用要求，这些设计条件和基坑使用要求应作为重要内容在设计文件中明确体现，支护结构设计总平面图、剖面图上应准确标出，设计说明中应写明施工注意事项，以防止在支护结构施工和使用期间的实际状况超过这些设计条件，从而酿成安全事故和恶果。

3.1.10 基坑支护的另一个功能是提供安全的主体地下结构施工环境。支护结构的设计与施工除应保护基坑周边环境安全外，还应满足主体结构施工及使用对基坑的要求。

3.1.11 支护结构简化为平面结构模型计算时，沿基坑周边的各个竖向平面的设计条件常常是不同的。除了各部位基坑深度、周边环境条件及附加荷载可能不同外，地质条件的变异性是支护结构不同于上部结构的一个很重要的特性。自然形成的成层土，各土层的分布及厚度往往在基坑尺度的范围内就存在较大的差异。因而，当基坑深度、周边环境及地质条件存在差异时，这些差异对支护结构的土压力荷载的影响不可忽略。本条强调了按基坑周边的实际条件划分设计与计算剖面的原则和要求，具体划分为多少个剖面根据工程的实际情况来确定，每一个剖面也应按剖面内的最不利情况取设计计算参数。

3.1.12 由于基坑支护工程具有基坑开挖与支护结构施工交替进行的特点，所以，支护结构的计算应按基坑开挖与支护结构的实际过程分工况计算，且设计计算的工况应与实际施工的工况相一致。大多数情况下，基坑开挖到坑底时内力与变形最大，但少数情况下，支护结构某构件的受力状况不一定随开挖进程是递增的，也会出现开挖过程某个中间工况的内力最大。设计文件中应指明支护结构各构件施工顺序及相应的基坑开挖深度，以防止在基坑开挖过程中，未按设计工况完成某项施工内容就开挖到下一步基坑深度，从而造成基坑超挖。由于基坑超挖使支护结构实际受力状态大大超过设计要求而使基坑垮塌的实际工程事故，其教训是十分惨痛的。

3.1.14 本条对各章土压力、土的各种稳定性验算公式中涉及的土的抗剪强度指标的试验方法进行了归纳并作出统一规定。因为土的抗剪强度指标随排水、固结条件及试验方法的不同有多种类型的参数，不同试验方法做出的抗剪强度指标的结果差异很大，计算和验算时不能任意取用，应采用与基坑开挖过程中孔隙水的排水和应力路径基本一致的试验方法得到的指标。由于各章有关公式很多，在各个公式中一一指明其试验方法和指标类型难免重复累赘，因此，在这里

作出统一说明，应用具体章节的公式计算时，应与此对照，防止误用。

根据土的有效应力原理，理论上对各种土均采用水土分算方法计算土压力更合理，但实际工程应用时，黏性土的孔隙水压力计算问题难以解决，因此对黏性土采用总应力法更为实用，可以通过将土与水作为一体的总应力强度指标反映孔隙水压力的作用。砂土采用水土分算计算土压力是可以做到的，因此本规程对砂土采用水土分算方法。原规程对粉土是按水土合算方法，本规程修订改为黏质粉土用水土合算，砂质粉土用水土分算。

根据土力学中有效应力原理，土的抗剪强度与有效应力存在相关关系，也就是说只有有效抗剪强度指标才能真实地反映土的抗剪强度。但在实际工程中，黏性土无法通过计算得到孔隙水压力随基坑开挖过程的变化情况，从而也就难以采用有效应力法计算支护结构的土压力、水压力和进行基坑稳定性分析。从实际情况出发，本条规定在计算土压力与进行土的稳定分析时，黏性土应采用总应力法。采用总应力法时，土的强度指标按排水条件是采用不排水强度指标还是固结不排水强度指标应根据基坑开挖过程的应力路径和实际排水情况确定。由于基坑开挖过程是卸载过程，基坑外侧的土中总应力是小主应力减小，大主应力不增加，基坑内侧的土中竖向总应力减小，同时，黏性土在剪切过程可看作是不排水的。因此认为，土压力计算与稳定性分析时，均采用固结快剪较符合实际情况。

对于地下水位以下的砂土，可认为剪切过程水能排出而不出现超静水压力。对静止地下水，孔隙水压力可按水头高度计算。所以，采用有效应力方法并取相应的有效强度指标较为符合实际情况，但砂土难以用三轴剪切试验与直接剪切试验得到原状土的抗剪强度指标，要通过其他方法测得。

土的抗剪强度指标试验方法有三轴剪切试验与直接剪切试验。理论上讲，用三轴试验更科学合理，但目前大量工程勘察仅提供了直接剪切试验的抗剪强度指标，致使采用直接剪切试验强度指标设计计算的基坑工程为数不少，在支护结构设计上积累了丰富的工程经验。从目前的岩土工程试验技术的实际发展状况看，直接剪切试验尚会与三轴剪切试验并存，不会被三轴剪切试验完全取代。同时，相关的勘察规范也未对采用哪种抗剪强度试验方法作出明确规定。因此，为适应目前的现实状况，本规程采用了上述两种试验方法均可选用的处理办法。但从发展的角度，应提倡用三轴剪切试验强度指标，但应与已有成熟工程应用经验的直接剪切试验指标进行对比。目前，在缺少三轴剪切试验强度指标的情况下，用直接剪切试验强度指标计算土压力和验算土的稳定性是符合我国现实情况的。

为避免个别工程勘察项目抗剪强度试验数据粗糙对直接取用抗剪强度试验参数所带来的设计不安全或不合理，选取土的抗剪强度指标时，尚需将剪切试验的抗剪强度指标与土的其他室内与原位试验的物理力学参数进行对比分析，判断其试验指标的可靠性，防止误用。当抗剪强度指标与其他物理力学参数的相关性较差，或岩土勘察资料中缺少符合实际基坑开挖条件的试验方法的抗剪强度指标时，在有经验时应结合类似工程经验和相邻、相近场地的岩土勘察试验数据并通过可靠的综合分析判断后合理取值。缺少经验时，则应取偏于安全的试验方法得出的抗剪强度指标。

3.2 勘察要求与环境调查

3.2.1 本条提出的是除常规建筑物勘察之外，针对基坑工程的特殊勘察要求。建筑基坑支护的岩土工程勘察通常在建筑物岩土工程勘察过程中一并进行，但基坑支护设计和施工对岩土勘察的要求有别于主体建筑的要求，勘察的重点部位是基坑外对支护结构和周边环境有影响的范围，而主体建筑的勘察孔通常只需布置在基坑范围以内。目前，大多数基坑工程使用的勘察报告，其勘察钻孔均在基坑内，只能根据这些钻孔的地质剖面代替基坑外的地层分布情况。当场地土层分布较均匀时，采用基坑内的勘察孔是可以的，但土层分布起伏大或某些软弱土层仅局部存在时，会使基坑支护设计的岩土依据与实际情况偏离，从而造成基坑工程风险。因此，有条件的场地应按本条要求增设勘察孔，当建筑物岩土工程勘察不能满足基坑支护设计施工要求时应进行补充勘察。

当基坑面以下有承压含水层时，由于在基坑开挖后坑内土自重压力的减少，如承压水头高于基坑底面应考虑是否会产生含水层水压力作用下顶破上覆土层的突涌破坏。因此，基坑面以下存在承压含水层时，勘探孔深度应能满足测出承压含水层水头的需要。

3.2.2 基坑周边环境条件是支护结构设计的重要依据之一。城市内的新建建筑物周围通常存在既有建筑物、各种市政地下管线、道路等，而基坑支护的作用主要是保护其周边环境不受损害。同时，基坑周边即有建筑物荷载会增加作用在支护结构上的荷载，支护结构的施工也需要考虑周边建筑物地下室、地下管线、地下构筑物等的影响。实际工程中因对基坑周边环境因素缺乏准确了解或忽视而造成的工程事故经常发生，为了使基坑支护设计具有针对性，应查明基坑周边环境条件，并按这些环境条件进行设计，施工时应防止对其造成损坏。

3.3 支护结构选型

3.3.1、3.3.2 在本规程中，支挡式结构是由挡土构件和锚杆或支撑组成的一类支护结构体系的统称，其结构类型包括：排桩－锚杆结构、排桩－支撑结构、地下连续墙－锚杆结构、地下连续墙－支撑结构、悬臂式排桩或地下连续墙、双排桩等，这类支护结构都可用弹性支点法的计算简图进行结构分析。支挡式结构受力明确，计算方法和工程实践相对成熟，是目前应用最多也较为可靠的支护结构形式。支挡式结构的具体形式应根据本规程第3.3.1条、第3.3.2条中的选型因素和适用条件选择。锚拉式支挡结构（排桩－锚杆结构、地下连续墙－锚杆结构）和支撑式支挡结构（排桩－支撑结构、地下连续墙－支撑结构）易于控制水平变形，挡土构件内力分布均匀，当基坑较深或基坑周边环境对支护结构位移的要求严格时，常采用这种结构形式。悬臂式支挡结构顶部位移较大，内力分布不理想，但可省去锚杆和支撑，当基坑较浅且基坑周边环境对支护结构位移的限制不严格时，可采用悬臂式支挡结构。双排桩支挡结构是一种刚架结构形式，其内力分布特性明显优于悬臂式结构，水平变形也比悬臂式结构小得多，适用的基坑深度比悬臂式结构略大，但占用的场地较大，当不适合采用其他支护结构形式且在场地条件及基坑深度均满足要求的情况下，可采用双排桩支挡结构。

仅从技术角度讲，支撑式支挡结构比锚拉式支挡结构适用范围更宽，但内支撑的设置给后期主体结构施工造成很大障碍，所以，当能用其他支护结构形式时，人们一般不愿意首选内支撑结构。锚拉式支挡结构可以给后期主体结构施工提供很大的便利，但有些条件下是不适合使用锚杆的，本条列举了不适合采用锚拉式结构的几种情况。另外，锚杆长期留在地下，给相邻地域的使用和地下空间开发造成障碍，不符合保护环境和可持续发展的要求。一些国家在法律上禁止锚杆侵入红线之外的地下区域，但我国绝大部分地方目前还没有这方面的限制。

土钉墙是一种经济、简便、施工快速、不需大型施工设备的基坑支护形式。曾经一段时期，在我国部分省市，不管环境条件如何、基坑多深，几乎不受限制的应用土钉墙，甚至有人说用土钉墙支护的基坑深度能达到18m～20m。即使基坑周边既有浅基础建筑物很近时，也贸然采用土钉墙。一段时间内，土钉墙支护的基坑工程险情不断、事故频繁。土钉墙支护的基坑之所以在基坑坍塌事故中所占比例大，除去施工质量因素外，主要原因之一是在土钉墙的设计理论还不完善的现状下，将常规的经验设计参数用于基坑深度或土质条件超限的基坑工程中。目前的土钉墙设计方法，主要按土钉墙整体滑动稳定性控制，同时对单根土钉抗拔力控制，而土钉墙面层及连接按构造设计。土钉墙设计与支挡式结构相比，一些问题尚未解决或没有成熟、统一的认识。如：①土钉墙作为一种结构形式，没有完整的实用结构分析方法，工作状况下土钉拉力、面层受力问题没有得到解决。面层设计只能通过构造要求解决，本规程规定了面层构造要求，但限定在深度12m以内的非软土、无地下水条件下的基坑。②土钉墙位移计算问题没有得到根本解决。由于国内土钉墙的通常作法是土钉不施加预应力，只有在基坑有一定变形后土钉才会达到工作状态下的受力水平，因此，理论上土钉墙位移和沉降较大。当基坑周边变形影响范围内有建筑物等时，是不适合采用土钉墙支护的。

土钉墙与水泥土桩、微型桩及预应力锚杆组合形成的复合土钉墙，主要有下列几种形式：①土钉墙＋预应力锚杆；②土钉墙＋水泥土桩；③土钉墙＋水泥土桩＋预应力锚杆；④土钉墙＋微型桩＋预应力锚杆。不同的组合形式作用不同，应根据实际工程需要选择。

水泥土墙是一种非主流的支护结构形式，适用的土质条件较窄，实际工程应用也不广泛。水泥土墙一般用在深度不大的软土基坑。这种条件下，锚杆没有合适的锚固土层，不能提供足够的锚固力，内支撑又会增加主体地下结构施工的难度。这时，当经济、工期、技术可行性等的综合比较较优时，一般才会选择水泥土墙这种支护方式。水泥土墙一般采用搅拌桩，墙体材料是水泥土，其抗拉、抗剪强度较低。按梁式结构设计时性能很差，与混凝土材料无法相比。因此，只有按重力式结构设计时，才会具有一定优势。本规程对水泥土墙的规定，均指重力式结构。

水泥土墙用于淤泥质土、淤泥基坑时，基坑深度不宜大于7m。由于按重力式设计，需要较大的墙宽。当基坑深度大于7m时，随基坑深度增加，墙的宽度、深度都太大，经济上、施工成本和工期都不合适，墙的深度不足会使墙位移、沉降，宽度不足，会使墙开裂甚至倾覆。

搅拌桩水泥土墙虽然也可用于黏性土、粉土、砂土等土类的基坑，但一般不如选择其他支护形式更优。特殊情况下，搅拌桩水泥土墙对这些土类还是可以用的。由于目前国内搅拌桩成桩设备的动力有限，土的密实度、强度较低时才能钻进和搅拌。不同成桩设备的最大钻进搅拌深度不同，新生产、引进的搅拌设备的能力也在不断提高。

3.4 水 平 荷 载

3.4.1 支护结构作为分析对象时，作用在支护结构上的力或间接作用为荷载。除土体直接作用在支护结构上形成土压力之外，周边建筑物、施工材料、设备、车辆等荷载虽未直接作用在支护结构上，但其作用通过土体传递到支护结构上，也对支护结构上土压力的大小产生影响。土的冻胀、温度变化也会使土压力发生改变。本条列出影响土压力的常见因素，其目的是为了在土压力计算时，要把各种影响因素考虑全。基坑周边建筑物、施工材料、设备、车辆等附加荷载传递到支护结构上的附加竖向应力的计算，本规程第3.4.6条、第3.4.7条给出了简化的具体计算公式。

3.4.2 挡土结构上的土压力计算是个比较复杂的问题，从土力学这门学科的土压力理论上讲，根据不同的计算理论和假定，得出了多种土压力计算方法，其中有代表性的经典理论如朗肯土压力、库仑土压力。由于每种土压力计算方法都有各自的适用条件与局限性，也就没有一种统一的且普遍适用的土压力计算方法。

由于朗肯土压力方法的假定概念明确，与库仑土压力理论相比具有能直接得出土压力的分布，从而适合结构计算的优点，受到工程设计人员的普遍接受。因此，原规程采用的是朗肯土压力。原规程施行后，经过十多年国内基坑工程应用的考验，实践证明是可行的，本规程将继续采用。但是，由于朗肯土压力是建立在半无限土体的假定之上，在实际基坑工程中基坑的边界条件有时不符合这一假定，如基坑邻近有建筑物的地下室时，支护结构与地下室之间是有限宽度的土体；再如，对排桩顶面低于自然地面的支护结构，是将桩顶以上土的自重化作均布荷载作用在桩顶平面上，然后再按朗肯公式计算土压力。但是当桩顶位置较低时，将桩顶以上土层的自重折算成荷载后计算的土压力会明显小于这部分土重实际产生的土压力。对于这类基坑边界条件，按朗肯土压力计算会有较大误差。所以，当朗肯土压力方法不能适用时，应考虑采用其他计算方法解决土压力的计算精度问题。

库仑土压力理论（滑动楔体法）的假定适用范围较广，对上面提到的两种情况，库仑方法能够计算出土压力的合力。但其缺点是如何解决成层土的土压力分布问题。为此，本规程规定在不符合按朗肯土压力计算条件下，可采用库仑方法计算土压力。但库仑方法在考虑墙背摩擦角时计算的被动土压力偏大，不应用于被动土压力的计算。

考虑结构与土相互作用的土压力计算方法，理论上更科学，从长远考虑该方法应是岩土工程中支挡结构计算技术的一个发展方向。从促进技术发展角度，对先进的计算方法不应加以限制。但是，目前考虑结构与土相互作用的土压力计算方法在工程应用上尚不够成熟，现阶段只有在有经验时才能采用，如方法使用不当反而会弄巧成拙。

总之，本规程考虑到适应实际工程特殊情况及土压力计算技术发展的需要，对土压力计算方法适当放宽，但同时对几种计算方法的适用条件也作了原则规定。本规程未采纳一些土力学书中的经验土压力方法。

本条各公式是朗肯土压力理论的主动、被动土压力计算公式。水土合算与水土分算时，其公式采用不同的形式。

3.4.3 天然形成的成层土，各土层的分布和厚度是不均匀的。为尽量使土压力的计算准确，应按土层分布和厚度的变化情况将土层沿基坑划分为不同的剖面分别计算土压力。但场地任意位置的土层标高及厚度是由岩土勘察相邻钻探孔的各土层层面实测标高及通过分析土层分布趋势，在相邻勘察孔之间连线而成。即使土层计算剖面划分的再细，各土层的计算厚度还是会与实际地层存在一定差异，本条规定的划分土层厚度的原则，其目的是要求做到计算的土压力不小于实际的土压力。

4 支挡式结构

4.1 结 构 分 析

4.1.1 支挡式结构应根据具体形式与受力、变形特性等采用下列分析方法：

第 1～3 款方法的分析对象为支护结构本身，不包括土体。土体对支护结构的作用视作荷载或约束。这种分析方法将支护结构看作杆系结构，一般都按线弹性考虑，是目前最常用和成熟的支护结构分析方法，适用于大部分支挡式结构。

本条第 1 款针对锚拉式支挡结构，是对如何将空间结构分解为两类平面结构的规定。首先将结构的挡土构件部分（如：排桩、地下连续墙）取作分析对象，按梁计算。挡土结构宜采用平面杆系结构弹性支点法进行分析。

由于挡土结构端部嵌入土中，土对结构变形的约束作用与通常结构支承不同，土的变形影响不可忽略，不能看作固定端。锚杆作为梁的支承，其变形的影响同样不可忽略，也不能作为铰支座或滚轴支座。因此，挡土结构按梁计算时，土和锚杆对挡土结构的支承应简化为弹性支座，应采用本节规定的弹性支点法计算简图。经计算分析比较，分别用弹性支点法和非弹性支座计算的挡土结构内力和位移相差较大，说明按非弹性支座进行简化是不合适的。

腰梁、冠梁的计算较为简单，只需以挡土结构分析时得出的支点力作为荷载，根据腰梁、冠梁的实际约束情况，按简支梁或连续梁算出其内力，将支点力转换为锚杆轴力。

本条第 2 款针对支撑式支挡结构，其结构的分解简化原则与锚拉式支挡结构相同。同样，首先将结构的挡土构件部分（如：排桩、地下连续墙）取作分析对象，按梁计算。挡土结构宜采用平面杆系结构弹性支点法进行分析。分解出的内支撑结构按平面结构进行分析，将挡土结构分析时得出的支点力作为荷载反向加至内支撑上，内支撑计算分析的具体要求见本规程第 4.9 节。值得注意的是，将支撑式支挡结构分解

为挡土结构和内支撑结构并分别独立计算时，在其连接处是应满足变形协调条件的。当计算的变形不协调时，应调整在其连接处简化的弹性支座的弹簧刚度等约束条件，直至满足变形协调。

本条第 3 款悬臂式支挡结构是支撑式和锚拉式支挡结构的特例，对挡土结构而言，只是将锚杆或支撑所简化的弹性支座取消即可。双排桩支挡结构按平面刚架简化，具体计算模型见本规程第 4.12 节。

本条第 4 款针对空间结构体系和针对支护结构与土为一体进行整体分析的两种方法。

实际的支护结构一般都是空间结构。空间结构的分析方法复杂，当有条件时，希望根据受力状态的特点和结构构造，将实际结构分解为简单的平面结构进行分析。本规程有关支挡式结构计算分析的内容主要是针对平面结构的。但会遇到一些特殊情况，按平面结构简化难以反映实际结构的工作状态。此时，需要按空间结构模型分析。但空间结构的分析方法复杂，不同问题要不同对待，难以作出细化的规定。通常，需要在有经验时，才能建立出合理的空间结构模型。按空间结构分析时，应使结构的边界条件与实际情况足够接近，这需要设计人员有较强的结构设计经验和水平。

考虑结构与土相互作用的分析方法是岩土工程中先进的计算方法，是岩土工程计算理论和计算方法的发展方向，但需要可靠的理论依据和试验参数。目前，将该类方法对支护结构计算分析的结果直接用于工程设计中尚不成熟，仅能在已有成熟方法计算分析结果的基础上用于分析比较，不能滥用。采用该方法的前提是要有足够把握和经验。

传统和经典的极限平衡法可以手算，在许多教科书和技术手册中都有介绍。由于该方法的一些假定与实际受力状况有一定差别，且不能计算支护结构位移，目前已很少采用了。经与弹性支点法的计算对比，在有些情况下，特别是对多支点结构，两者的计算弯矩与剪力差别较大。本规程取消了极限平衡法计算支护结构的方法。

4.1.2 基坑支护结构的有些构件，如锚杆与支撑，是随基坑开挖过程逐步设置的，基坑需按锚杆或支撑的位置逐层开挖。支护结构设计状况，是指设计时要拟定锚杆和支撑与基坑开挖的关系，设计好开挖与锚杆或支撑设置的步骤，对每一开挖过程支护结构的受力与变形状态进行分析。因此，支护结构施工和基坑开挖时，只有按设计的开挖步骤才能满足符合设计受力状况的要求。一般情况下，基坑开挖到基底时受力与变形最大，但有时也会出现开挖中间过程支护结构内力最大，支护结构构件的截面或锚杆抗拔力按开挖中间过程确定的情况。特别是，当用结构楼板作为支撑替代锚杆或支护结构的支撑时，此时支护结构构件的内力可能会是最大的。

4.1.3~4.1.10 这几条是对弹性支点法计算方法的规定。弹性支点法的计算要求，总体上保持了原规程的模式，主要在以下方面做了变动：

1 土的反力项由 $p_s = k_s v_s$ 改为 $p_s = k_s v_s + p_{s0}$，即增加了常数项 p_{s0}，同时，基坑面以下的土压力分布由不考虑该处的自重作用的矩形分布改为考虑土的自重作用的随深度线性增长的三角形分布。修改后，挡土结构嵌固段两侧的土压力之和没有变化，但按郎肯土压力计算时，基坑外侧基坑面上方和下方均采用主动土压力荷载，形式上直观、与其他章节表达统一、计算简化。

2 增加了挡土构件嵌固段的土反力上限值控制条件 $P_{sk} \leqslant E_{pk}$。由于土反力与土的水平反力系数的关系采用线弹性模型，计算出的土反力将随位移 v 增加线性增长。但实际上土的抗力是有限的，如采用摩尔—库仑强度准则，则不应超过被动土压力，即以 $P_{sk} = E_{pk}$ 作为土反力的上限。

3 计算土的水平反力系数的比例 m 值的经验公式（4.1.6），是根据大量实际工程的单桩水平载荷试验，按公式 $m = \left[\dfrac{H_{cr}}{x_{cr}} \right]^{\frac{5}{3}} / b_0 \ (EI)^{\frac{2}{3}}$，经与土层的 c、φ 值进行统计建立的。本次修订取消了按原规程公式（C.3.1）的计算方法，该公式引自《建筑桩基技术规范》JGJ 94，需要通过单桩水平荷载试验得到单桩水平临界荷载，实际应用中很难实现，因此取消。

4 排桩嵌固段土反力的计算宽度，将原规程的方形桩公式改为矩形桩公式，同时适用于工字形桩，比原规程的适用范围扩大。同时，对桩径或桩的宽度大于 1m 的情况，改用公式（4.1.7-2）和公式（4.1.7-4）计算。

5 在水平对撑的弹性支点刚度系数的计算公式中，增加了基坑两对边荷载不对称时的考虑方法。

4.2 稳定性验算

4.2.1、4.2.2 原规程对支挡式结构弹性支点法的计算过程的规定是：先计算挡土构件的嵌固深度，然后再进行结构计算。这样的计算方法使计算过程简化，省去了某些验算内容。因为按原规程规定的方法确定挡土构件嵌固深度后，一些原本需要验算的稳定性问题自然满足要求了。但这样带来了一个问题，嵌固深度必须按原规程的计算方法确定，假如设计需要嵌固深度短一些，可能按此设计的支护结构会不能满足原规程未作规定的某种稳定性要求。另外对有些缺少经验的设计者，可能会误以为不需考虑这些稳定性问题，而忽视必要的土力学概念。从以上思路考虑，本规程将嵌固深度计算改为验算，可供设计选择的嵌固深度范围增大了，但同时也就需要增加各种稳定性验算的内容，使计算过程相对繁琐。第4.2.1条是对悬臂结构嵌固深度验算的规定，是绕挡土构件底部转动的整体极限平衡，控制的是挡土构件的倾覆稳定性。第4.2.2条对单支点结构嵌固深度验算的规定，是绕支点转动的整体极限平衡，控制的是挡土构件嵌固段的踢脚稳定性。悬臂结构绕挡土构件底部转动的力矩平衡和单支点结构绕支点转动的力矩平衡都是嵌固段土的抗力对转动点的抵抗力矩起稳定性控制作用，因此，其安全系数称为嵌固稳定安全系数。重力式水泥土墙绕墙底转动的力矩平衡，抵抗力矩中墙体重力占一定比例，因此其安全系数称为抗倾覆安全系数。双排桩绕挡土构件底部转动的力矩平衡，抵抗力矩包括嵌固段土的抗力对转动点的力矩和重力对转动点的力矩两部分，但由于嵌固段土的抗力作用在总的抵抗力矩中占主要部分，因此其安全系数也称为嵌固稳定安全系数 K_{em}。

4.2.3 锚拉式支挡结构的整体滑动稳定性验算公式（4.2.3-2）以瑞典条分法边坡稳定性计算公式为基础，在力的极限平衡关系上，增加了锚杆拉力对圆弧滑动体圆心的抗滑力矩项。极限平衡状态分析时，仍以圆弧滑动土体为分析对象，假定滑动面上土的剪力达到极限强度的同时，滑动面外锚杆拉力也达到极限拉力（正常设计情况下，锚杆极限拉力由锚杆与土之间的粘结力达到极限强度控制，但有时由锚杆杆体强度或锚杆注浆固结体对杆体的握裹力控制）。

滑弧稳定性验算应采用搜索的方法寻找最危险滑弧。由于目前程序计算已能满足在很短时间对圆心及圆弧半径以微小步长变化的所有滑动体完成搜索，所以不提倡采用经典教科书中先设定辅助线，然后在辅助线上寻找最危险滑弧圆心的简易方法。最危险滑弧的搜索范围限于通过挡土构件底端和在挡土构件下方的各个滑弧。因支护结构的平衡性和结构强度已通过结构分析解决，在截面抗剪强度满足剪应力作用下的抗剪要求后，挡土构件不会被剪断。因此，穿过挡土构件的各滑弧不需验算。

为了适用于地下水位以下的圆弧滑动体，并考虑到滑弧同时穿过砂土、黏性土的计算问题，对原规程整体滑动稳定性验算公式作了修改。此种情况下，在滑弧面上，黏性土的抗剪强度指标需要采用总应力强度指标，砂土的抗剪强度指标需要采用有效应力强度指标，并应考虑水压力的作用。公式（4.2.3-2）是通过将土骨架与孔隙水一起取为隔离体进行静力平衡分析的方法，可用于滑弧同时穿过砂土、黏性土的整体稳定性验算公式，与原规程公式相比增加了孔隙水压力一项。

4.2.4 对深度较大的基坑，当嵌固深度较小、土的强度较低时，土体从挡土构件底端以下向基坑内隆起挤出是锚拉式支挡结构和支撑式支挡结构的一种破坏模式。这是一种土体丧失竖向平衡状态的破坏模式，由于锚杆和支撑只能对支护结构提供水平方向的平衡力，对隆起破坏不起作用，对特定基坑深度和土性，只能通过增加挡土构件嵌固深度来提高抗隆起稳定性。

本规程抗隆起稳定性的验算方法，采用目前常用的地基极限承载力的 Prandtl（普朗德尔）极限平衡理论公式，但 Prandtl 理论公式的有些假定与实际情况存在差异，具体应用有一定局限性。如：对无黏性土，当嵌固深度为零时，计算的抗隆起安全系数 K_{he}＝0，而实际上在一定基坑深度内是不会出现隆起的。因此，当挡土构件嵌固深度很小时，不能采用该公式验算坑底隆起稳定性。

抗隆起稳定性计算是一个复杂的问题。需要说明的是，当按本规程抗隆起稳定性验算公式计算的安全系数不满足要求时，虽然不一定发生隆起破坏，但可能会带来其他不利后果。由于 Prandtl 理论公式忽略了支护结构底以下滑动区内土的重力对隆起的抵抗作用，抗隆起安全系数与滑移线深度无关，对浅部滑移体和深部滑移体得出的安全系数是一样的，与实际情况有一定偏差。基坑外挡土构件底部以上的土体重量简化为作用在该平面上的柔性均布荷载，并忽略了该部分土中剪应力对隆起的抵抗作用。对浅部滑移体，如果考虑挡土构件底端平面以上土中剪应力，抗隆起安全系数会有明显提高；当滑移体逐步向深层扩展时，虽然该剪应力抵抗隆起的作用在总抗力中所占比例随之逐渐减小，但滑动区内土的重力抵抗隆起的作用则会逐渐增加。如在抗隆起验算公式中考虑土中剪力对隆起的抵抗作用，挡土构件底端平面土中竖向应力将减小。这样，作用在挡土构件上的土压力也会相应增大，会降低支护结构的安全性。因此，本规程抗隆起稳定性验算公式，未考虑该剪应力的有利作用。

4.2.5 本条以最下层支点为转动轴心的圆弧滑动模式的稳定性验算方法是我国软土地区习惯采用的方法。特别是上海地区，在这方面积累了大量工程经验，实际工程中常常以这种方法作为挡土构件嵌固深度的控制条件。该方法假定破坏面为通过桩、墙底的圆弧形，以力矩平衡条件进行分析。现有资料中，力矩平衡的转动点有的取在最下道支撑或锚拉点处，有的取在开挖面处。本规程验算公式取转动点在最下道支撑或锚拉点处。在平衡力系中，桩、墙在转动点截面处的抗弯力矩在嵌固深度近于零时，会使计算结果出现反常情况，在正常设计的嵌固深度下，与总的抵抗力矩相比所占比例很小，因此在公式（4.2.5）中被忽略不计。

上海市标准《基坑工程设计规程》DBJ 08-61-97 中抗隆起分项系数的取值，对安全等级为一级、二级、三级的基坑分别取 2.5、2.0 和 1.7，工程实践表明，这些抗隆起分项系数偏大，很多工程都难以达到。新编制的上海基坑工程技术规范，根据几十个实际基坑工程抗隆起验算结果，拟将安全等级为一

级、二级、三级的支护结构抗隆起分项系数分别调整为 2.2、1.9 和 1.7。因此本规程参照上海规范，对安全等级为一级、二级、三级的支挡结构，其安全系数分别取 2.2、1.9 和 1.7。

4.2.6 地下水渗透稳定性的验算方法和规定，对本章支挡式结构和本规程其他章的复合土钉墙、重力式水泥土墙是相同的，故统一放在本规程附录。

4.3 排桩设计

4.3.1 国内实际基坑工程中，排桩的桩型采用混凝土灌注桩的占绝大多数，但有些情况下，适合采用型钢桩、钢管桩、钢板桩或预制桩等，有时也可以采用 SMW 工法施工的内置型钢水泥土搅拌桩。这些桩型用作挡土构件时，与混凝土灌注桩的结构受力类型是相同的，可按本章支挡式支护结构进行设计计算。但采用这些桩型时，应考虑其刚度、构造及施工工艺上的不同特点，不能盲目使用。

4.3.2 圆形截面支护桩，沿受拉区和受压区周边均匀配置纵向钢筋的正截面受弯承载力计算公式中，因纵向受拉、受压钢筋集中配置在圆心角 $2\pi\alpha_s$、$2\pi\alpha_s'$ 内的做法很少采用，本次修订将原规程公式中集中配置钢筋有关项取消。同时，增加了圆形截面支护桩的斜截面承载力计算要求。由于现行国家标准《混凝土结构设计规范》GB 50010 中没有圆形截面的斜截面承载力计算公式，所以采用了将圆形截面等代成矩形截面，然后再按上述规范中矩形截面的斜截面承载力公式计算的方法，即"可用截面宽度 b 为 $1.76r$ 和截面有效高度 h_0 为 $1.6r$ 的矩形截面代替圆形截面后，按现行国家标准《混凝土结构设计规范》GB 50010 对矩形截面斜截面承载力的规定进行计算，此处，r 为圆形截面半径。等效成矩形截面的混凝土支护桩，应将计算所得的箍筋截面面积作为圆形箍筋的截面面积，且应满足该规范对梁的箍筋配置的要求。"

4.3.4 本条规定悬臂桩桩径不宜小于 600mm、锚拉式排桩与支撑式排桩桩径不宜小于 400mm，是通常情况下桩径的下限，桩径的选取主要还是应按弯矩大小与变形要求确定，以达到受力与桩承载力匹配，同时还要满足经济合理和施工条件的要求。特殊情况下，排桩间距的确定还要考虑桩间土的稳定性要求。根据工程经验，对大桩径或黏性土，排桩的净间距在 900mm 以内，对小桩径或砂土，排桩的净间距在 600mm 以内较常见。

4.3.5 该条对混凝土灌注桩的构造规定，以保证排桩作为混凝土构件的基本受力性能。有些情况下支护桩不宜采用非均匀配置纵向钢筋，如，采用泥浆护壁水下灌注混凝土成桩工艺而钢筋笼顶端低于泥浆面、钢筋笼顶与桩的孔口高差较大等难以控制钢筋笼方向的情况。

4.3.6 排桩冠梁低于地下管线是从后期主体结构施工上考虑的。因为，当排桩及冠梁高于后期主体结构各种地下管线的标高时，会给后续的施工造成障碍，需将其凿除。所以，排桩桩顶的设计标高，在不影响支护桩顶以上部分基坑的稳定与基坑外环境对变形的要求时，宜避开主体建筑地下管线通过的位置。一般情况，主体建筑各种管线引出接口的埋深不大，是容易做到的，但如果将桩顶降至管线以下，影响了支护结构的稳定或变形要求，则应首先按基坑稳定或变形要求确定桩顶设计标高。

4.3.7 冠梁是排桩结构的组成部分，应符合梁的构造要求。当冠梁上不设置锚杆或支撑时，冠梁可以仅按构造要求设计，按构造配筋。此时，冠梁的作用是将排桩连成整体，调整各个桩受力的不均匀性，不需对冠梁进行受力计算。当冠梁上设置锚杆或支撑时，冠梁起到传力作用，除需满足构造要求外，应按梁的内力进行截面设计。

4.3.9 泄水管的构造与规格应根据土的性状及地下水特点确定。一些实际工程中，泄水管采用长度不小于 300mm，内径不小于 40mm 的塑料或竹制管，泄水管外壁包裹土工布并按含水土层的粒径大小设置反滤层。

4.4 排桩施工与检测

4.4.1 基坑支护中支护桩的常用桩型与建筑桩基相同，主要桩型的施工要求在现行国家行业标准《建筑桩基技术规范》JGJ 94 中已作规定。因此，本规程仅对桩用于基坑支护时的一些特殊施工要求进行了规定，对桩的常规施工要求不再重复。

4.4.2 本条是对当桩的附近存在有既有建筑物、地下管线等环境且需要保护时，应注意的一些桩的施工问题。这些问题处理不当，经常会造成基坑周边建筑物、地下管线等被损害的工程事故。因具体工程的条件不同，应具体问题具体分析，结合实际情况采取相应的有效保护措施。

4.4.3 支护桩的截面配筋一般由受弯或受剪承载力控制，为保证内力较大截面的纵向受拉钢筋的强度要求，接头不宜设置在该处。同一连接区段内，纵向受力钢筋的连接方式和连接接头面积百分率应符合现行国家标准《混凝土结构设计规范》GB 50010 对梁类构件的规定。

4.4.7 相互咬合形成竖向连续体的排桩是一种新型的排桩结构，是本次规程修订新增的内容。排桩采用咬合的形式，其目的是使排桩既能作为挡土构件，又能起到截水作用，从而不用另设截水帷幕。由于需要达到截水的效果，对咬合排桩的施工垂直度就有严格的要求，否则，当桩与桩之间产生间隙，将会影响截水效果。通常咬合排桩是采用钢筋混凝土桩与素混凝土桩相互搭接，由配有钢筋的桩承受土压力荷载，素混凝土桩只用于截水。目前，这种兼作截水的支护结构形式已在一些工程上采用，施工质量能够得到保证时，其截水效果是良好的。

液压钢套管护壁、机械冲抓成孔工艺是咬合排桩的一种形式，其施工要点如下：

1 在桩顶预先设置导墙，导墙宽度取 (3～4)m，厚度取 (0.3～0.5)m；

2 先施作素混凝土桩，并在混凝土接近初凝时施作与其相交的钢筋混凝土桩；

3 压入第一节钢套管时，在钢套管相互垂直的两个竖向平面上进行垂直度控制，其垂直度偏差不得大于 3‰；

4 抓土过程中，套管内抓斗取土与套管压入同步进行，抓土面在套管底面以上的高度应始终大于 1.0m；

5 成孔后，夯实孔底；混凝土浇筑过程中，浇筑混凝土与提拔套管同步进行，混凝土面应始终高于套管底面；套管应垂直提拔；提拔阻力大时，可转动套管并缓慢提拔。

4.4.9 冠梁通过传递剪力调整桩与桩之间力的分配，当锚杆或支撑设置在冠梁上时，通过冠梁将排桩上的土压力传递到锚杆与支撑上。由于冠梁与桩的连接处是混凝土两次浇筑的结合面，如该结合面薄弱或钢筋锚固不够时，会剪切破坏不能传递剪力。因此，应保证冠梁与桩结合面的施工质量。

4.5 地下连续墙设计

4.5.1 地下连续墙作为混凝土受弯构件，可直接按现行国家标准《混凝土结构设计规范》GB 50010 的有关规定进行截面与配筋设计，但因为支护结构与永久性结构的内力设计值取值规定不同，荷载分项系数不同，按上述规范的有关公式计算截面承载力时，内力应按本规程的有关规定取值。

4.5.2 目前地下连续墙在基坑工程中已有广泛的应用，尤其在深大基坑和环境条件要求严格的基坑工程，以及支护结构与主体结构相结合的工程。按现有施工设备能力，现浇地下连续墙最大墙厚可达 1500mm，采用特制挖槽机械的薄壁地下连续墙，最小墙厚仅 450mm。常用成槽机的规格为 600mm、800mm、1000mm 或 1200mm 墙厚。

4.5.3 对环境条件要求高、槽段深度较深，以及槽段形状复杂的基坑工程，应通过槽壁稳定性验算，合理划分槽段的长度。

4.5.9 槽段接头是地下连续墙的重要部件，工程中常用的施工接头如图 1、图 2 所示。

4.5.10 地下连续墙采用分幅施工，墙顶设置通长的冠梁将地下连续墙连成结构整体。冠梁宜与地下连续墙迎土面平齐，以避免凿除导墙，用导墙对墙顶以上挡土护坡。

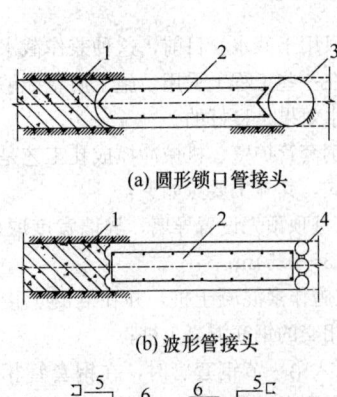

(a) 圆形锁口管接头

(b) 波形管接头

(c) 楔形接头

(d) 工字形型钢接头

图1 地下连续墙柔性接头

1—先行槽段;2—后续槽段;3—圆形锁扣管;
4—波形管;5—水平钢筋;6—端头纵筋;7—工
字钢接头;8—地下连续墙钢筋;9—止浆板

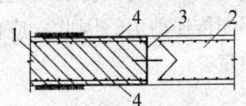 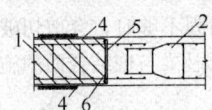

(a) 十字形穿孔钢板刚性接头 (b) 钢筋承插式接头

图2 地下连续墙刚性接头

1—先行槽段;2—后续槽段;3—十字钢板;
4—止浆片;5—加强筋;6—隔板

4.6 地下连续墙施工与检测

4.6.1 为了确保地下连续墙成槽的质量,应根据不同的深度情况、地质条件选择合适的成槽设备。在软土中成槽可采用常规的抓斗式成槽设备,当在硬土层或岩层中成槽施工时,可选用钻抓、抓铣结合的成槽工艺。成槽机宜配备有垂直度显示仪表和自动纠偏装置,成槽过程中利用成槽机上的垂直度仪表及自动纠偏装置来保证成槽垂直度。

4.6.2 当地下连续墙邻近既有建(构)筑物或对变形敏感的地下管线时,应根据相邻建筑物的结构和基础形式、相邻地下管线的类型、位置、走向和埋藏深度及场地的工程地质和水文地质特性等因素,按其允许变形要求采取相应的防护措施。如:

　　1 采取间隔成槽的施工顺序,并在浇筑的混凝土终凝后,进行相邻槽段的成槽施工;

　　2 对松散或稍密的砂土和碎土石、稍密的粉土、软土等易坍塌的软弱土层,地下连续墙成槽时,可采

取改善泥浆性质、槽壁预加固、控制单幅槽段宽度和挖槽速度等措施增强槽壁稳定性。

4.6.3 导墙是控制地下连续墙轴线位置及成槽质量的关键环节。导墙的形式有预制和现浇钢筋混凝土两种,现浇导墙较常用,质量易保证。现浇导墙形状有"L"、倒"L"、"[["等形状,可根据地质条件选用。当土质较好时,可选用倒"L"形;采用"L"形导墙时,导墙背后应注意回填夯实。导墙上部宜与道路连成整体。当浅层土质较差时,可预先加固导墙两侧土体,并将导墙底部加深至原状土上。两侧导墙净距通常大于设计槽宽40mm~50mm,以便于成槽施工。

　　导墙顶部可高出地面100mm~200mm以防止地表水流入导墙沟,同时为减少地表水的渗透,墙侧应用密实的黏性土回填,不应使用垃圾及其他透水材料。导墙拆模后,应在导墙间加设支撑,可采用上下两道槽钢或木撑,支撑水平间距一般2m左右,并禁止重型机械在尚未达到强度的导墙附近作业,以防止导墙位移或开裂。

4.6.4 护壁泥浆的配比试验、室内性能试验、现场成槽试验对保证槽壁稳定性是很有必要的,尤其在松散或渗透系数较大的土层中成槽,更应注意适当增大泥浆黏度,调整好泥浆配合比。对槽底稠泥浆和沉淀渣土的清除可以采用底部抽吸同时上部补浆的方法,使底部泥浆比重降至1.2,减少槽底沉渣厚度。当泥浆配比不合适时,可能会出现槽壁较严重的坍塌,这时应将槽段回填,调整施工参数后再重新成槽。有时,调整泥浆配比能解决槽壁坍塌问题。

4.6.5 每幅槽段的长度,决定挖槽的幅数和次序。常用作法是:对三抓成槽的槽段,采用先抓两边后抓中间的顺序;相邻两幅地下连续墙槽段深度不一致时,先施工深的槽段,后施工浅的槽段。

4.6.6 地下连续墙水下浇筑混凝土时,因成槽时槽壁坍塌或槽段接头安放不到位等原因都会导致混凝土绕流,混凝土一旦形成绕流会对相邻幅槽段的成槽和墙体质量产生不良影响,因此在工程中要重视混凝土绕流问题。

4.6.10 当单元槽段的钢筋笼必须分段装配沉放时,上下段钢筋笼的连接在保证质量的情况下应尽量采用连接快速的方式。

4.6.14 因《建筑地基基础工程施工质量验收规范》GB 50202已对地下连续墙施工偏差有详细、全面的规定,本规程不再对此进行规定。

4.7 锚杆设计

4.7.1 锚杆有多种类型,基坑工程中主要采用钢绞线锚杆,当设计的锚杆承载力较低时,有时也采用钢筋锚杆。有些地区也采用过自钻式锚杆,将钻杆留在孔内作为锚杆杆体。自钻式锚杆不需要预先成孔,与先成孔再置入杆体的钢绞线、钢筋锚杆相比,施工对

地层变形影响小，但其承载力较低，目前很少采用。从锚杆杆体材料上讲，钢绞线锚杆杆体为预应力钢绞线，具有强度高、性能好、运输安装方便等优点，由于其抗拉强度设计值是普通热轧钢筋的 4 倍左右，是性价比最好的杆体材料。预应力钢绞线锚杆在张拉锁定的可操作性、施加预应力的稳定性方面均优于钢筋。因此，预应力钢绞线锚杆应用最多、也最有发展前景。随着锚杆技术的发展，钢绞线锚杆又可细分为多种类型，最常用的是拉力型预应力锚杆，还有拉力分散型锚杆、压力型预应力锚杆、压力分散型锚杆，压力型锚杆可应用钢绞线回收技术，适应愈来愈引起人们关注的环境保护的要求。这些内容可参见中国工程建设标准化协会标准《岩土锚杆（索）技术规程》CECS 22：2005。

锚杆成孔工艺主要有套管护壁成孔、螺旋钻杆干成孔、浆液护壁成孔等。套管护壁成孔工艺下的锚杆孔壁松弛小、对土体扰动小、对周边环境的影响最小。工程实践中，螺旋钻杆成孔、浆液护壁成孔工艺锚杆承载力低、成孔施工导致周边建筑物地基沉降的情况时有发生。设计和施工时应根据锚杆所处的土质、承载力大小等因素，选定锚杆的成孔工艺。

目前常用的锚杆注浆工艺有一次常压注浆和二次压力注浆。一次常压注浆是浆液在自重压力作用下充填锚杆孔。二次压力注浆需满足两个指标，一是第二次注浆时的注浆压力，一般需不小于 1.5MPa，二是第二次注浆时的注浆量。满足这两个指标的关键是控制浆液不从孔口流失。一般的做法是：在一次注浆液初凝后一定时间，开始进行二次注浆，或者在锚杆锚固段起点处设置止浆装置。可重复分段劈裂注浆工艺（袖阀管注浆工艺）是一种较好的注浆方法，可增加二次压力注浆量和沿锚固段的注浆均匀性，并可对锚杆实施多次注浆，但这种方法目前在工程中的应用还不普遍。

4.7.2 本次修订，锚杆长度设计采用了传统的安全系数法，锚杆杆体截面设计仍采用原规程的分项系数法。原规程中，锚杆承载力极限状态的设计表达式是采用分项系数法，其荷载分项系数、抗力分项系数和重要性系数三者的乘积在数值上相当于安全系数。其乘积，对于安全等级为一级、二级、三级的支护结构分别为 1.7875、1.625、1.4625。实践证明，该安全储备是合适的。本次修订规定临时支护结构中的锚杆抗拔安全系数对于安全等级为一级、二级、三级的支护结构分别取 1.8、1.6、1.4，与原规程取值相当。需要注意的是，当锚杆为永久结构构件时，其安全系数取值不能按照本规程的规定，需符合其他有关技术标准的规定。

4.7.4 本条强调了锚杆极限抗拔力应通过现场抗拔试验确定的取值原则。由于锚杆抗拔试验的目的是确定或验证在特定土层条件、施工工艺下锚固体与土体之间的粘结强度、锚杆长度等设计参数是否正确，因而试验时应使锚杆在极限承载力下，其破坏形式是锚杆摩阻力达到极限粘结强度时的拔出破坏，而不应是锚杆杆体被拉断。为防止锚杆杆体应力达到极限抗拉强度先于锚杆摩阻力达到极限粘结强度，必要时，试验锚杆可适当增加预应力筋的截面面积。

本次规程修订，从 20 多个地区共收集到 500 多根锚杆试验资料，对所收集资料进行了统计分析，并进行了不同成孔工艺、不同注浆工艺条件下锚杆抗拔承载力的专题研究。根据上述资料，对原规程表4.4.3进行了修订和扩充，形成本规程表 4.7.4。需要注意的是，由于我国各地区相同土类的土性亦存在差异，施工水平也参差不齐，因此，使用该表数值时应根据当地经验和不同的施工工艺合理使用。二次高压注浆的注浆压力、注浆量、注浆方法（普通二次压力注浆和可重复分段压力注浆）的不同，均会影响土体与锚固体的实际极限粘结强度的数值。

4.7.5 锚杆自由段长度是锚杆杆体不受注浆固结体约束可自由伸长的部分，也就是杆体用套管与注浆固结体隔离的部分。锚杆的非锚杆段是理论滑动面以内的部分，与锚杆自由段有所区别。锚杆自由段应超过理论滑动面（大于非锚固段长度）。锚杆总长度为非锚固段长度加上锚固段长度。

锚杆的自由段长度越长，预应力损失越小，锚杆拉力越稳定。自由段长度过小，锚杆张拉锁定后的弹性伸长较小，锚具变形、预应力筋回缩等因素引起的预应力损失较大，同时，受支护结构位移的影响也越敏感，锚杆拉力会随支护结构位移有较大幅度增加，严重时锚杆会因杆体应力超过其强度发生脆性破坏。因此，锚杆的自由段长度除了满足本条规定外，尚需满足不小于 5m 的规定。自由段越长，锚杆拉力对锚头位移越不敏感。在实际基坑工程设计时，如计算的自由段较短，宜适当增加自由段长度。

4.7.8 锚杆布置是以排和列的群体形式出现的，如果其间距太小，会引起锚杆周围的高应力区叠加，从而影响锚杆抗拔力和增加锚杆位移，即产生"群锚效应"，所以本条规定了锚杆的最小水平间距和竖向间距。

为了使锚杆与周围土层有足够的接触应力，本条规定锚固体上覆土层厚度不宜小于 4.0m，上覆土层厚度太小，其接触应力也小，锚杆与土的粘结强度会较低。当锚杆采用二次高压注浆时，上覆土层有一定厚度才能保证在较高注浆压力作用下注浆不会从地表溢出或流入地下管线内。

理论上讲，锚杆水平倾角越小，锚杆拉力的水平分力所占比例越大。但是锚杆水平倾角太小，会降低浆液向锚杆周围土层内渗透，影响注浆效果。锚杆水平倾角越大，锚杆拉力的水平分力所占比例越小，锚杆拉力的有效部分减小或需要更长的锚杆长度，也就越不经济。同时锚杆的竖向分力较大，对锚头连接要求更高并使挡土构件有向下变形的趋势。本条规定了适宜的水平倾角的范围值，设计时，应按尽量使锚杆锚固段进入粘结强度较高土层的原则确定锚杆倾角。

锚杆施工时的塌孔、对地层的扰动，会引起锚杆上部土体的下沉，若锚杆之上存在建筑物、构筑物等，锚杆成孔造成的地基变形可能使其发生沉降甚至损坏，此类事故在实际工程中时有发生。因此，设置锚杆需避开易塌孔、变形的地层。

根据有关参考资料，当土层锚杆间距为 1.0m 时，考虑群锚效应的锚杆抗拔力折减系数可取 0.8，锚杆间距在 1.0m～1.5m 之间时，锚杆抗拔力折减系数可按此内插。

4.7.11 腰梁是锚杆与挡土结构之间的传力构件。钢筋混凝土腰梁一般是整体现浇，梁的长度较长，应按连续梁设计。组合型钢腰梁需在现场安装拼接，每节一般按简支梁设计，腰梁较长时，则可按连续梁设计。

4.7.12 根据工程经验，在常用的锚杆拉力、锚杆间距条件下，槽钢的规格常在 [18～[36 之间选用，工字钢的规格常在 I16～I32 之间选用。具体工程中锚杆腰梁规格取值与锚杆的设计拉力和锚杆间距有关，应根据按第 4.7.11 条规定计算的腰梁内力确定。锚杆的设计拉力或锚杆间距越大，内力越大，腰梁型钢的规格也就会越大。组合型钢腰梁的双型钢焊接为整体，可增加腰梁的整体稳定性，保证双型钢共同受力。

4.7.13 对于组合型钢腰梁，锚杆拉力通过锚具、垫板以集中力的形式作用在型钢上。当垫板厚度不够大时，在较大的局部压力作用下，型钢腹板会出现局部失稳，型钢翼缘会出现局部弯曲，从而导致腰梁失效，进而引起整个支护结构的破坏。因此，设计需考虑腰梁的局部受压稳定性。加强型钢腰梁的受扭承载力及局部受压稳定性有多种措施和方法，如：可在型钢翼缘端口、锚杆锚具位置处配置加劲肋（图3），肋板厚度一般不小于 8mm。

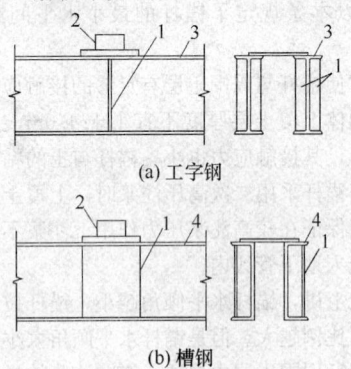

(a) 工字钢

(b) 槽钢

图 3　钢腰梁的局部加强构造形式

1—加强肋板；2—锚头；3—工字钢；4—槽钢

4.7.14 混凝土腰梁截面的上边水平尺寸不宜小于 250mm，是考虑到混凝土浇筑、振捣的施工要求而定。

4.7.15 组合型钢腰梁与挡土构件之间的连接构造，需有足够的承载力和刚度。连接构造一般不能有变形，或者变形相对于腰梁的变形可忽略不计。

4.8　锚杆施工与检测

4.8.2 锚杆成孔是锚杆施工的一个关键环节，主要应注意以下问题：①塌孔。造成锚杆杆体不能插入，使注浆液掺入杂物而影响固结体完整性和强度、影响握裹力和粘结强度，使钻孔周围土体塌落、建筑物基础下沉等。②遇障碍物。使锚杆达不到设计长度，如果碰到电力、通信、煤气管线等地下管线会使其损坏并酿成严重后果。③孔壁形成泥皮。在高塑性指数的饱和黏性土层及采用螺旋钻杆成孔时易出现这种情况，使粘结强度和锚杆抗拔力大幅度降低。④涌水涌砂。当采用帷幕截水时，在地下水位以下特别是承压水土层成孔会出现孔内向外涌水冒砂，造成无法成孔、钻孔周围土体坍塌、地面或建筑物基础下沉、注浆液被水稀释不能形成固结体、锚头部位长期漏水等。

4.8.7 锚杆张拉锁定时，张拉值大于锚杆轴向拉力标准值，然后将拉力在锁定值的（1.1～1.15）倍进行锁定。第一，是为了在锚杆锁定时对每根锚杆进行过程检验，当锚杆抗拔力不足时可事先发现，减少锚杆的质量隐患。第二，通过张拉可检验在设计荷载下锚杆各连接节点的可靠性。第三，可减小锁定后锚杆的预应力损失。

工程实测表明，锚杆张拉锁定后一般预应力损失较大，造成预应力损失的主要因素有土体蠕变、锚头及连接的变形、相邻锚杆影响等。锚杆锁定时的预应力损失约为 10%～15%。当采用的张拉千斤顶在锁定时不会产生预应力损失，则锁定时的拉力不需提高 10%～15%。

钢绞线多余部分宜采用冷切割方法切除，采用热切割时，钢绞线过热会使锚具夹片表面硬度降低，造成钢绞线滑动，降低锚杆预应力。当锚杆需要再次张拉锁定时，锚具外的杆体预留长度应满足张拉要求。确保锚杆不用再张拉时，冷切割的锚具外的杆体保留长度一般不小于 50mm，热切割时，一般不小于 80mm。

4.9　内支撑结构设计

4.9.1 钢支撑，不仅具有自重轻、安装和拆除方便、施工速度快、可以重复利用等优点，而且安装后能立即发挥支撑作用，对减小由于时间效应而产生的支护结构位移十分有效，因此，对形状规则的基坑常采用钢支撑。但钢支撑节点构造和安装相对复杂，需要具有一定的施工技术水平。

混凝土支撑是在基坑内现浇而成的结构体系，布置形式和方式基本不受基坑平面形状的限制，具有刚度大、整体性好、施工技术相对简单等优点，所以，应用范围较广。但混凝土支撑需要较长的制作和养护时间，制作后不能立即发挥支撑作用，需要达到一定的材料强度后，才能进行其下的土方开挖。此外，拆除混凝土支撑工作量大，一般需要采用爆破方法拆除，支撑材料不能重复使用，从而产生大量的废弃混凝土垃圾需要处理。

4.9.3 内支撑结构形式很多，从结构受力形式划分，可主要归纳为以下几类（图4）：①水平对撑或斜撑，包括单杆、桁架、八字形支撑。②正交或斜交的平面杆系支撑。③环形杆系或板系支撑。④竖向斜撑。每一类内支撑形式又可根据具体情况有多种布置形式。一般来说，对面积不大、形状规则的基坑常采用水平对撑或斜撑；对面积较大或形状不规则的基坑有时需采用正交或斜交的平面杆系支撑；对圆形、方形及近似圆形的多边形的基坑，为能形成较大开挖空间，可采用环形杆系或环形板系支撑；对深度较浅、面积较大基坑，可采用竖向斜撑，但需注意，在设置斜撑基础、安装竖向斜撑前，无撑支护结构应能够满足承载力、变形和整体稳定要求。对各类支撑形式，支撑结构的布置要重视支撑体系总体刚度的分布，避免突变，尽可能使水平力作用中心与支撑刚度中心保持一致。

4.9.5 实际工程中支撑和冠梁及腰梁、排桩或地下

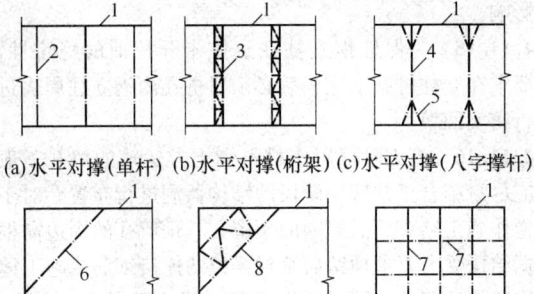

(a)水平对撑(单杆) (b)水平对撑(桁架) (c)水平对撑(八字撑杆)

(d)水平斜撑(单杆) (e)水平斜撑(桁架) (f)正交平面杆系支撑

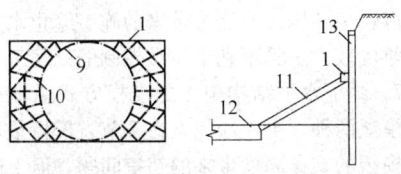

(g)环形杆系支撑　　(h)竖向斜撑

图4　内支撑结构常用类型

1—腰梁或冠梁；2—水平单杆支撑；3—水平桁架支撑；4—水平支撑主杆；5—八字撑杆；6—水平角撑；7—水平正交支撑；8—水平斜交支撑；9—环形支撑；10—支撑杆；11—竖向斜撑；12—竖向斜撑基础；13—挡土构件

连续墙以及立柱等连接成一体并形成空间结构。因此，在一般情况下应考虑支撑体系在平面上各点的不同变形与排桩、地下连续墙的变形协调作用而优先采用整体分析的空间分析方法。但是，支护结构的空间分析方法由于建立模型相对复杂，部分模型参数的确定也没有积累足够的经验，因此，目前将空间支护结构简化为平面结构的分析方法和平面有限元法应用较为广泛。

4.9.6 温度变化会引起钢支撑轴力改变，但由于对钢支撑温度应力的研究较少，目前对此尚无成熟的计算方法。温度变化对钢支撑的影响程度与支撑构件的长度有较大的关系，根据经验，对长度超过40m的支撑，认为可考虑10%～20%的支撑内力变化。

目前，内支撑的计算一般不考虑支撑立柱与挡土构件之间、各支撑立柱之间的差异沉降，但支撑立柱下沉或隆起，会使支撑立柱与排桩、地下连续墙之间，立柱与立柱之间产生一定的差异沉降。当差异沉降较大时，在支撑构件上增加的偏心距，会使水平支撑产生次应力。因此，当预估或实测差异沉降较大时，应按此差异沉降量对内支撑进行计算分析并采取相应措施。

4.9.9 预加轴向压力可减小基坑开挖后支护结构的水平位移、检验支撑连接节点的可靠性。但如果预加轴向力过大，可能会使支挡结构产生反向变形、增大基坑开挖后的支撑轴力。根据以往的设计和施工经验，预加轴向力取支撑轴向压力标准值的（0.5～0.8）倍较合适。但特殊条件下，不一定受此限制。

4.9.14 钢支撑的整体刚度依赖于构件之间的合理连接，其构件的拼接尚应满足截面等强度的要求。常用的连接方法有螺栓连接和焊接。螺栓连接施工方便，速度快，但整体性不如焊接好。焊接一般在现场拼接，由于焊接条件差，对焊接技术水平要求较高。

4.11　支护结构与主体结构的结合及逆作法

4.11.1 主体工程与支护结构相结合，是指在施工期利用地下结构外墙或地下结构的梁、板、柱兼作基坑支护体系，不设置或仅设置部分临时基坑支护体系。它在变形控制、降低工程造价等方面具有诸多优点，是建设高层建筑多层地下室和其他多层地下结构的有效方法。将主体地下结构与支护结构相结合，其中蕴含巨大的社会、经济效益。支护结构与主体结构相结合的工程类型可采用以下几类：①地下连续墙"两墙合一"结合坑内临时支撑系统；②临时支护墙结合水平梁板体系取代临时内支撑；③支护结构与主体结构全面相结合。

4.11.2 利用地下结构兼作基坑支护结构时，施工期和使用期的荷载状况和结构状态均有较大的差别，因此需要分别进行设计和计算，同时满足各种情况下承载能力极限状态和正常使用极限状态的设计要求。

4.11.3 与主体结构相结合的地下连续墙在较深的基坑工程中较为普遍。通常情况下，采用单一墙时，基坑内部槽段接缝位置需设置钢筋混凝土壁柱，并留设隔潮层、设置砖衬墙。采用叠合墙时，地下连续墙墙体内表面需进行凿毛处理，并留置剪力槽和插筋等预埋措施，确保与内衬结构墙之间剪力的可靠传递。复合墙和叠合墙结构形式，在基坑开挖阶段，仅考虑地下连续墙作为基坑支护结构进行受力和变形计算；在正常使用阶段，考虑内衬钢筋混凝土墙体的复合或叠合作用。

4.11.5 地下连续墙多为矩形，与圆形的钻孔灌注桩相比，成槽过程中的槽底沉渣更加难以控制，因此对地下连续墙进行注浆加固是必要的。当地下连续墙承受较大的竖向荷载时，槽底注浆有利于地下连续墙与主体结构之间的变形协调。

4.11.6 地下连续墙的防水薄弱点在槽段接缝和地下连续墙与基础底板的连接位置，因此应设置必要的构造措施保证其连接和防水可靠性。

4.11.7、4.11.8 当采用梁板体系且结构开口较多时，可简化为仅考虑梁系的作用，进行在一定边界条件下，在周边水平荷载作用下的封闭框架的内力和变形计算，其计算结果是偏安全的。当梁板体系需考虑板的共同作用，或结构为无梁楼盖时，应采用平面有限元的方法进行整体计算分析，根据计算分析结果并结合工程概念和经验，合理确定结构构件的内力。

当主体地下水平结构需作为施工期的施工作业面，供挖土机、土方车以及吊车等重载施工机械进行施工作业时，此时水平构件不仅需承受坑外水土的侧向水平向压力，同时还承受施工机械的竖向荷载。因此其构件的设计在满足正常使用阶段的结构受力及变形要求之外，尚需满足施工期水平向和竖向两种荷载共同作用下的受力和变形要求。

主体地下水平结构作为基坑施工期的水平支撑，需承受坑外传来的水土侧向压力。因此水平结构应具有直接的、完整的传力体系。如同层楼板面标高出现较大的高差时，应通过计算设置有效的转换结构以利于水平力的传递。另外，应在结构楼板出现较大面积的缺失区域以及地下各层水平结构梁板的结构分缝以及施工后浇带等位置，通过计算设置必要的水平支撑传力构件。

4.11.9 在主体地下水平结构与支护结构相结合的工程中，梁柱节点位置由于竖向支承钢立柱的存在，使得该位置框架梁钢筋穿越与钢立柱的矛盾十分突出，将框架梁截面宽度适当加大，以缓解梁柱节点位置钢筋穿越的难题。当钢立柱采用钢管混凝土柱，且框架梁截面宽度较小，框架梁钢筋无法满足穿越要求时，可采取环梁节点、加强连接环板或双梁节点等措施，以满足梁柱节点位置各个阶段的受力要求。

4.11.10～4.11.12 支护结构与主体结构相结合工程

中的竖向支承钢立柱和立柱桩一般尽量设置于主体结构柱位置，并利用结构柱下工程桩作为立柱桩，钢立柱则在基坑逆作阶段结束后外包混凝土形成主体结构劲性柱。

竖向支承立柱和立柱桩的位置和数量，要根据地下室的结构布置和制定的施工方案经计算确定，其承受的最大荷载，是地下室已修筑至最下一层，而地面上已修筑至规定的最高层数时的结构构件重量与施工超载的总和。除承载能力必须满足荷载要求外，钢立柱底部桩基础的主要设计控制参数是沉降量，目标是使相邻立柱以及立柱与地下连续墙之间的沉降差控制在允许范围内，以免结构梁板中产生过大附加应力，导致裂缝的发生。

型钢格构立柱是最常采用的钢立柱形式；在逆作阶段荷载较大并且主体结构允许的情况下也可采用钢管混凝土立柱。

立柱桩浇筑过程中，混凝土导管需要穿过钢立柱，如果角钢格构柱边长过小，导管上拔过程中容易被卡住；如果钢管立柱内径过小，则钢管内混凝土的浇捣质量无法保证，因此需要对角钢格构柱的最小边长和钢管混凝土立柱的钢管最小直径进行规定。

竖向支承钢立柱由于柱中心的定位误差、柱身倾斜、基坑开挖或浇筑柱身混凝土时产生位移等原因，会产生立柱中心偏离设计位置的情况，过大偏心不仅造成立柱承载能力的下降，而且也会给正常使用带来问题。施工中必须对立柱的定位精度严加控制，并应根据立柱允许偏差按偏心受压构件验算施工偏心的影响。

4.11.15 为保证钢立柱在土体未开挖前的稳定性，要求在立柱桩施工完毕后必须对桩孔内钢立柱周边进行密实回填。

4.11.16 施工阶段用作材料和土方运输的留孔一般应尽量结合正常使用阶段的结构留洞进行布置。对于逆作施工结束后需封闭的预留孔，预留孔的周边需根据结构受力要求预留后续封梁板的连接钢筋或施工缝位置的抗剪件，同时应沿预留孔周边留设止水措施，以解决施工缝位置的止水问题。

施工孔洞应尽量设置在正常使用阶段结构开口的部位，以避免结构二次浇筑带来的施工缝止水、抗剪等后续难度较大、且不利于质量控制的处理工作。

4.11.17 地下水平结构施工的支模方式通常有土模法和支模法两种。土模法优点在于节省模板量，且无需考虑模板的支撑高度带来的超挖问题，但土模法由于直接利用土作为梁板的模板，结构梁板混凝土自重的作用下，土模易发生变形进而影响梁板的平整度，不利于结构梁板施工质量的控制。因此，从保证永久结构的质量角度上，地下水平结构构件宜采用支模法施工，支护结构设计计算时，应计入采用支模法而带来的超挖量等因素。

逆作法的工艺特点决定地下部分的柱、墙等竖向结构均待逆作结束之后再施工，地下各层水平结构施工时必须预先留设好柱、墙竖向结构的连接钢筋以及浇捣孔。预留连接钢筋在整个逆作施工过程中须采取措施加以保护，避免潮气、施工车辆碰撞等因素作用下预留钢筋出现锈蚀、弯折。另外柱、墙施工时，应对二次浇筑的结合面进行清洗处理，对于受力大、质量要求高的结合面，可预留消除裂缝的压力注浆孔。

4.11.19 钢管混凝土立柱承受荷载水平高，但由于混凝土水下浇筑、桩与柱混凝土标号不统一等原因，施工质量控制的难度较高。为了确保施工质量满足设计要求，必须根据本条规定对钢管混凝土立柱进行严格检测。

4.12 双排桩设计

4.12.1～4.12.4 双排桩结构是本规程的新增内容。实际的基坑工程中，在某些特殊条件下，锚杆、土钉、支撑受到实际条件的限制而无法实施，而采用单排悬臂桩又难以满足承载力、基坑变形等要求或者采用单排悬臂桩造价明显不合理的情况下，双排桩刚架结构是一种可供选择的基坑支护结构形式。与常用的支挡式支护结构如单排悬臂桩结构、锚拉式结构、支撑式结构相比，双排桩刚架支护结构有以下特点：

1 与单排悬臂桩相比，双排桩为刚架结构，其抗侧移刚度远大于单排悬臂桩结构，其内力分布明显优于悬臂结构，在相同的材料消耗条件下，双排桩刚架结构的桩顶位移明显小于单排悬臂桩，其安全可靠性、经济合理性优于单排悬臂桩。

2 与支撑式支挡结构相比，由于基坑内不设支撑，不影响基坑开挖、地下结构施工，同时省去设置、拆除内支撑的工序，大大缩短了工期。在基坑面积很大、基坑深度不很大的情况下，双排桩刚架支护结构的造价常低于支撑式支挡结构。

3 与锚拉式支挡结构相比，在某些情况下，双排桩刚架结构可避免锚拉式支挡结构难以克服的缺点。如：①在拟设置锚杆的部位有已建地下结构、障碍物，锚杆无法实施；②拟设置锚杆的土层为高水头的砂层（有隔水帷幕），锚杆无法实施或实施难度、风险大；③拟设置锚杆的土层无法提供要求的锚固力；④拟设置锚杆的工程，地方法律、法规规定支护结构不得超出用地红线。此外，由于双排桩具有施工工艺简单、不与土方开挖交叉作业、工期短等优势，在可以采用悬臂桩、支撑式支挡结构、锚拉式支挡结构条件下，也应在考虑技术、经济、工期等因素并进行综合分析对比后，合理选用支护方案。

双排桩结构虽然已在少数实际工程中应用，但目前基坑支护规范中尚没有提出双排桩结构计算方法，使得一些设计者对如何设计双排桩还处于一种模糊状态。本规程根据以往的双排桩工程实例总结及通过模型试验与工程测试的研究，提出了一种双排桩的设计计算的简化实用方法。本结构分析模型，作用在结构两侧的荷载与单排桩相同，不同的是如何确定夹在前后排桩之间土体的反力与变形关系，这是解决双排桩计算模式的关键。本模型采用土的侧限约束假定，认为桩间土对前后排桩的土反力与桩间土的压缩变形有关，将桩间土看作水平向单向压缩体，按土的压缩模量确定水平刚度系数。同时，考虑基坑开挖后桩间土应力释放后仍存在一定的初始压力，计算土反力时应反映其影响，本模型初始压力按桩间土自重占滑动体自重的比值关系确定。按上述假定和结构模型，经计算分析的内力与位移随各种计算参数变化的规律较好，与工程实测的结果也较吻合。由于双排桩首次编入规程，为慎重起见，本规程只给出了前后排桩矩形布置的计算方法。

4.12.5 双排桩的嵌固稳定性验算问题与单排悬臂桩类似，应满足作用在后排桩上的主动土压力与作用在前排桩嵌固段上的被动土压力的力矩平衡条件。与单排桩不同的是，在双排桩的抗倾覆稳定性验算公式（4.12.4）中，是将双排桩与桩间土整体作为力的平衡分析对象，考虑了土与桩自重的抗倾覆作用。

4.12.6 双排桩的排距、刚架梁高度是双排桩设计的重要参数。根据本规程修订组的专项研究及相关文献的报道，排距过小受力不合理，排距过大刚架效果减弱，排距合理的范围为 $2d\sim5d$。双排桩顶部水平位移随刚架梁高度的增大而减小，但当梁高大于 $1d$ 时，再增大梁高桩顶水平位移基本不变了。因此，规定刚架梁高度不宜小于 $0.8d$，且刚架梁高度与双排桩排距的比值取 $1/6\sim1/3$ 为宜。

4.12.7 根据结构力学的基本原理及计算分析结果，双排桩刚架结构中的桩与单排桩的受力特点有较大的区别。锚拉式、支撑式、悬臂式排桩，在水平荷载作用下只产生弯矩和剪力。而双排桩刚架结构在水平荷载作用下，桩的内力除弯矩、剪力外，轴力不容忽视。前排桩的轴力为压力，后排桩的轴力为拉力。在其他参数不变的条件下，桩身轴力随着双排桩排距的减小而增大。桩身轴力的存在，使得前排桩发生向下的竖向位移，后排桩发生相对向上的竖向位移。前后排桩出现不同方向的竖向位移，正如普通刚架结构对相邻柱间的沉降差非常敏感一样，双排桩刚架结构前、后排桩沉降差对结构的内力、变形影响很大。通过对某一实例的计算分析表明，在其他条件不变的情况下，桩顶水平位移、桩身最大弯矩随着前、后排桩沉降差的增大基本呈线性增加。与前后排桩桩底沉降差为零相比，当前后排桩桩底沉降差与排距之比等于 0.002 时，计算的桩顶位移增加 24%，桩身最大弯矩增加 10%。后排桩由于全桩长范围有土的约束，向上的竖向位移很小。减小前排桩沉降的有效的措施有：桩端选择强度较高的土层、泥浆护壁钻孔桩需控制沉渣厚度、采用桩底后注浆技术等。

4.12.8 双排桩的桩身内力有弯矩、剪力、轴力，因此需按偏心受压、偏心受拉构件进行设计。双排桩刚架梁两端均有弯矩，在根据《混凝土结构设计规范》GB 50010 判别刚架梁是否属于深受弯构件时，按照连续梁考虑。

4.12.9 本规程的双排桩结构是指由相隔一定间距的前、后排桩及桩顶梁构成的刚架结构，桩顶与刚架梁的连接按完全刚接考虑，其受力特点类似于混凝土结构中的框架顶层，因此，该处的连接构造需符合框架顶层端节点的有关规定。

5 土 钉 墙

5.1 稳定性验算

5.1.1 土钉墙是分层开挖、分层设置土钉及面层形成的。每一开挖状况都可能是不利工况，也就需要对每一开挖工况进行土钉墙整体滑动稳定性验算。本条的圆弧滑动条分法保持原规程的方法，该方法在原规程颁布以来，一直广泛采用，大量工程应用证明是符合实际情况的，本次修订继续采用。由于本规程在设计方法上，对土的稳定性一类极限状态由分项系数表示法改为单一安全系数法，公式（5.1.1-2）在具体形式上与原规程公式不同，但公式的实质没变。

由于本章增加了复合土钉墙的内容，考虑到圆弧滑动条分法需要适用于复合土钉墙这一要求，公式（5.1.1-2）增加了锚杆作用下的抗滑力矩项，因锚杆和土钉对滑动稳定性的作用是一样的，公式中将锚杆和土钉的极限拉力用同一符号 $R'_{k,k}$ 表示。由于土钉墙整体稳定性验算采用的是极限平衡法，假定锚杆和土钉同时达到极限状态，与锚杆预加力无关，因而，验算公式中不含锚杆预应力项。

复合土钉墙中锚杆应施加预应力，预应力的大小应考虑土钉与锚杆的变形协调，土钉在基坑有一定变形发生后才受力，预应力锚杆随基坑变形拉力也会增长。土钉和锚杆同时达到极限状态是最理想的，选取锚杆长度和确定锚杆预加力时，应按此原则考虑。

在复合土钉墙中，微型桩、搅拌桩或旋喷桩对总抗滑力矩是有贡献的，但难以定量。对水泥土桩，其截面的抗剪强度不能按全部考虑。因为水泥土桩比土的刚度大的多，当水泥土桩达到强度极限时，土的抗剪强度还未充分发挥，而土达到极限强度时，水泥土桩在此之前已被剪断，即两者不能同时达到极限。对微型钢管桩，当土达到极限强度时，微型钢管桩是有上拔趋势的，而不是剪切强度控制。因此，尚不能定量给出水泥土桩、微型桩的抵抗力矩，需要考虑其作用时，只能根据经验和水泥土桩、微型桩的设计参数，适当考虑其抗滑作用。当无经验时，最好不考虑

其抗滑作用，当作安全储备来处理。

5.2 土钉承载力计算

5.2.1~5.2.4 按本规程公式（5.2.1）的要求确定土钉抗拔承载力，目的是控制单根土钉拔出或土钉杆体拉断所造成的土钉墙局部破坏。单根土钉拉力取分配到每根土钉的土钉墙墙面面积上的土压力，单根土钉抗拔承载力为图 5.2.5 所示的假定直线滑动面外土钉的抗拔承载力。由于土钉墙结构具有土与土钉共同工作的特性，受力状态复杂，目前尚没有研究清楚土钉的受力机理，土钉拉力计算方法也不成熟。因此，本节的土钉抗拔承载力计算方法只是近似的。

由于土钉墙墙面可以是倾斜的，倾斜墙面上的土压力比同样高度的垂直墙面上的土压力小。用朗肯方法计算时，需要按墙面倾斜情况对土压力进行修正。本规程采用的是对按垂直墙面计算的土压力乘以折减系数的修正方法。折减系数计算公式与原规程相同。

土压力沿墙面的分布形式，原规程直接采用朗肯土压力线性分布。原规程施行后，根据一些实际工程设计情况，人们发现按朗肯土压力线性分布计算土钉承载力时，往往土钉墙底部的土钉需要长度很长才能满足承载力要求。土钉墙底部的土钉过长，其承载力不一定能充分发挥，使土钉墙面层强度或土钉端部的连接强度成为控制条件，土钉墙面层或土钉端部连接会在土钉达到设计拉力前破坏。因此，一些实际工程设计中土钉墙底部土钉长度往往会做些折减。工程实际表明，适当减短土钉墙底部土钉长度后，并没有出现土钉被拔出破坏的现象。土钉长度计算不合理的问题主要原因在于所采用的朗肯土压力按线性分布是否合理。由于土钉墙墙面是柔性的，且分层开挖裸露面上土压力是零，建立新的力平衡使土压力向周围转移，墙面上的土压力则重新分布。为解决土钉计算长度不合理的问题，本次修订考虑了墙面上土压力会存在重分布的规律，对按朗肯公式计算的土压力线性分布进行了修正，即在计算每根土钉轴向拉力时，分别乘以由公式（5.2.4-1）和公式（5.2.4-2）给出的调整系数 η。每根土钉的轴向拉力调整系数 η 值是不同的，每根土钉乘以轴向拉力调整系数 η 后，各土钉轴向拉力之和与调整前的各土钉轴向拉力之和相等。该调整方法在概念上虽然可行，但存在一定近似性，还需要做进一步研究和试验工作，以使通过计算得到的土压力分布规律和数值与实际情况更接近。

5.2.5 本次修订对表 5.2.5 中土钉的极限粘结强度标准值在数值上作了一定调整，调整后的数值是根据原规程施行以来对大量实际工程土钉抗拔试验数据统计并结合已有的资料作出的。同时，表 5.2.5 中增加了打入式钢管土钉的极限粘结强度标准值。锚固体与土层之间的粘结强度大小与很多因素有关，主要包括土层条件、注浆工艺及注浆量、成孔工艺等，在采用

表 5.2.5 数值时，还应根据这些因素及施工经验合理选择。

5.2.6 土钉的承载力由以土的粘结强度控制的抗拔承载力和以杆体强度控制的受拉承载力两者的较小值决定。当土钉注浆固结体强度不足时，可能还会由固结体对杆体的握裹力控制。一般在确定了按土的粘结强度控制的土钉抗拔承载力后，再按本规程公式（5.2.6）配置杆体截面。

5.3 构 造

5.3.1～5.3.11 土钉墙和复合土钉墙的构造要求，是实际工程中总结的经验数据，应根据具体工程的土质、基坑深度、土钉拉力和间距等因素选用。

土钉采用洛阳铲成孔比较经济，同时施工速度快，对一般土层宜优先使用。打入式钢管土钉可以克服洛阳铲成孔时塌孔、缩径的问题，避免因塌孔、缩径带来的土体扰动和沉陷，对保护基坑周边环境有利，此时可以用打入式钢管土钉。机械成孔的钢筋土钉成本高，且土钉数量一般都很多，需要配备一定数量的钻机，只有在其他方法无法实施的情况下才适合采用。

5.4 施工与检测

5.4.1 土钉墙是分层分段施工形成的，每完成一层土钉和土钉位置以上的喷射混凝土面层后，基坑才能挖至下一层土钉施工标高。设计和施工都必须重视土钉墙这一形成特点。设计时，应验算每形成一层土钉并开挖至下一层土钉面标高时土钉墙的稳定性和土钉拉力是否满足要求。施工时，应在每层土钉及相应混凝土面层完成并达到设计要求的强度后才能开挖下一层土钉施工面以上的土方，挖土严禁超过下一层土钉施工面。超挖会造成土钉墙的受力状况超过设计状态。因超挖引起的基坑坍塌和位移过大的工程事故屡见不鲜。

5.4.3～5.4.6 本节钢筋土钉的成孔、制作和注浆要求，打入式钢管土钉的制作和注浆要求是多年来施工经验的总结，是保证施工质量的关键环节。

5.4.7 混凝土面层是土钉墙结构的重要组成部分之一，喷射混凝土的施工方法与现场浇筑混凝土不同，也是一项专门的施工技术，在隧道、井巷和洞室等地下工程应用普遍且技术成熟。土钉墙用于基坑支护工程，也采用了这一施工技术。本条规定了喷射混凝土施工的基本要求。按现有施工技术水平和常用操作程序，一般采用以下做法和要求：

1 混凝土喷射机设备能力的允许输送粒径一般需大于 25mm，允许输送水平距离一般不小于 100m，允许垂直距离一般不小于 30m；

2 根据喷射机工作风压和耗风量的要求，空压机耗风量一般需达到 9m³/min；

3 输料管的承受压力需不小于 0.8MPa；

4 供水设施需满足喷头水压不小于 0.2MPa 的要求；

5 喷射混凝土的回弹率不大于 15%；

6 喷射混凝土的养护时间根据环境的气温条件确定，一般为 3d～7d；

7 上层混凝土终凝超过 1h 后，再进行下层混凝土喷射，下层混凝土喷射时应先对上层喷射混凝土表面喷水。

5.4.10 土钉墙中，土钉群是共同受力、以整体作用考虑的。对单根土钉的要求不像锚杆那样受力明确，各自承担荷载。但土钉仍有必要进行抗拔力检测，只是对其离散性要求可比锚杆略放松。土钉抗拔检测是工程质量竣工验收依据，本条规定了试验数量和要求，试验方法见本规程附录 D。

抗压强度是喷射混凝土的主要指标，一般能反映施工质量的优劣。喷射混凝土试块最好采用在喷射混凝土板件上切取制作，它与实际比较接近。但由于在目前实际工程中受切割加工条件限制，因此，也就允许使用 150mm 的立方体无底试模，喷射混凝土制作试块。喷射混凝土厚度是质量控制的主要内容，喷射混凝土厚度的检测最好在施工中随时进行，也可喷射混凝土施工完成后统一检查。

6 重力式水泥土墙

6.1 稳定性与承载力验算

6.1.1～6.1.3 按重力式设计的水泥土墙，其破坏形式包括以下几类：①墙整体倾覆；②墙整体滑移；③沿墙体以外土中某一滑动面的土体整体滑动；④墙下地基承载力不足而使墙体下沉并伴随基坑隆起；⑤墙身材料的应力超过抗拉、抗压或抗剪强度而使墙体断裂；⑥地下水渗流造成的土体渗透破坏。重力式水泥土墙的设计，墙的嵌固深度和墙的宽度是两个主要设计参数，土体整体滑动稳定性、基坑隆起稳定性与嵌固深度密切相关，而基本与墙宽无关。墙的倾覆稳定性、墙的滑移稳定性不仅与嵌固深度有关，而且与墙宽有关。有关资料的分析研究结果表明，一般情况下，当墙的嵌固深度满足整体稳定条件时，抗隆起条件也会满足。因此，常常是整体稳定性条件决定嵌固深度下限。采用按整体稳定条件确定的嵌固深度，再按墙的抗倾覆条件计算墙宽，此墙宽一般自然能够同时满足抗滑移条件。

6.1.5 水泥土墙的上述各种稳定性验算基于重力式结构的假定，应保证墙为整体。墙体满足抗拉、抗压和抗剪要求是保证墙为整体条件。

6.1.6 在验算截面的选择上，需选择内力最不利的截面、墙身水泥土强度较低的截面，本条规定的计算截面，是应力较大处和墙体截面薄弱处，作为验算的重点部位。

6.2 构　　造

6.2.3 水泥土墙常布置成格栅形，以降低成本、工期。格栅形布置的水泥土墙应保证墙体的整体性，设计时一般按土的置换率控制，即水泥土面积与水泥土墙的总面积的比值。淤泥土的强度指标差，呈流塑状，要求的置换率也较大，淤泥质土次之。同时要求格栅的格子长宽比不宜大于 2。

格栅形水泥土墙，应限制格栅内土体所占面积。格栅内土体对四周格栅的压力可按谷仓压力的原理计算，通过公式 (6.2.3) 使其压力控制在水泥土墙承受范围内。

6.2.4 搅拌桩重力式水泥土墙靠桩与桩的搭接形成整体，桩施工应保证垂直度偏差要求，以满足搭接宽度要求。桩的搭接宽度不小于 150mm，是最低要求。当搅拌桩较长时，应考虑施工时垂直度偏差问题，增加设计搭接宽度。

6.2.6 水泥土标准养护龄期为 90d，基坑工程一般不可能等到 90d 养护期后再开挖，故设计时以龄期 28d 的无侧限抗压强度为标准。一些试验资料表明，一般情况下，水泥土强度随龄期的增长规律于，7d 的强度可达标准强度的 30%～50%，30d 的强度可达标准强度的 60%～75%，90d 的强度为 180d 强度的 80% 左右，180d 以后水泥土强度仍在增长。水泥强度等级也影响水泥土强度，一般水泥强度等级提高 10 后，水泥土的标准强度可提高 20%～30%。

6.2.7 为加强整体性，减少变形，水泥土墙顶需设置钢筋混凝土面板，设置面板不但可便利后期施工，同时可防止因雨水从墙顶渗入水泥土格栅。

6.3 施工与检测

6.3.1、6.3.2 重力式水泥土墙由搅拌桩搭接组成格栅形式或实体式墙体，控制施工质量的关键是水泥土的强度、桩体的相互搭接、水泥土桩的完整性和深度。所以，主要检测水泥土固结体的直径、搭接宽度、位置偏差、单轴抗压强度、完整性及水泥土墙的深度。

7 地下水控制

7.1 一般规定

7.1.1 地下水控制方法包括：截水、降水、集水明排，地下水回灌不作为独立的地下水控制方法，但可作为一种补充措施与其他方法一同使用。仅从支护结构安全性、经济性的角度，降水可消除水压力从而降低作用在支护结构上的荷载，减少地下水渗透破坏的风险，降低支护结构施工难度等。但降水后，随之带

来对周边环境的影响问题。在有些地质条件下，降水会造成基坑周边建筑物、市政设施等的沉降而影响其正常使用甚至损坏。降水引起的基坑周边建筑物、市政设施等沉降、开裂、不能正常使用的工程事故时有发生。另外，有些城市地下水资源紧缺，降水造成地下水大量流失、浪费，从环境保护的角度，在这些地方采用基坑降水不利于城市的综合发展。为此，有的城市的地方政府已实施限制基坑降水的地方行政法规。

根据具体工程的特点，基坑工程可采用单一地下水控制方法，也可采用多种地下水控制方法相结合的形式。如悬挂式截水帷幕＋坑内降水，基坑周边控制降深的降水＋截水帷幕，截水或降水＋回灌，部分基坑边截水＋部分基坑边降水等。一般情况，降水或截水都要结合集水明排。

7.1.2～7.1.4 采用哪种地下水控制的方式是基坑周边环境条件的客观要求，基坑支护设计时应首先确定地下水控制方法，然后再根据选定的地下水控制方法，选择支护结构形式。地下水控制应符合国家和地方法规对地下水资源、区域环境的保护要求，符合基坑周边建筑物、市政设施保护的要求。当降水不会对基坑周边环境造成损害且国家和地方法规允许时，可优先考虑采用降水，否则应采用基坑截水。采用截水时，对支护结构的要求更高，增加排桩、地下连续墙、锚杆等的受力，需采取防止土的流砂、管涌、渗透破坏的措施。当坑底以下有承压水时，还要考虑坑底突涌问题。

7.2 截　　水

7.2.1 水泥土搅拌桩、高压喷射注浆常用普通硅酸盐水泥，也可采用矿渣硅酸盐水泥、火山灰质硅酸盐水泥。需要注意的是，当地下水流速高时，需在水泥浆液中掺入适量的外加剂，如氯化钙、水玻璃、三乙醇胺或氯化钠等。由于不同地区，即使土的基本性状相同，但成分也会有所差异，对水泥的固结性产生不同影响。因此，当缺少实际经验时，水泥掺量和外加剂品种及掺量应通过试验确定。

7.2.2 落底式截水帷幕进入下卧隔水层一定长度，是为了满足地下水绕过帷幕底部的渗透稳定性要求。公式 (7.2.2) 是验算帷幕进入隔水层的长度能否满足渗透稳定性的经验公式。隔水层是相对的，相对所隔含水层而言其渗透系数较小。在有水头差时，隔水层内也会有水的渗流，也应满足渗流和渗透稳定性要求。

7.2.5、7.2.9 搅拌桩、旋喷桩帷幕一般采用单排或双排布置形式（图 5），理论上，单排搅拌桩、旋喷桩帷幕只要桩体能够相互搭接、桩体连续、渗透系数小于 10^{-6} cm/s 是可以起到截水效果的，但受施工偏差制约，很难达到理想的搭接宽度要求。假设桩长

15m，设计搭接 200mm，当位置偏差为 50mm、垂直度偏差为 1％时，则帷幕底部在平面上会偏差 200mm。此时，实际上桩之间就不能形成有效搭接。如桩的设计搭接过大，则桩的间距减小、桩的有效部分过少，造成浪费和增加工期。所以帷幕超过 15m 时，单排桩难免出现搭接不上的情况。图 5 中的双排桩帷幕形式可以克服施工偏差的搭接不足，对较深基坑双排桩帷幕比单排桩帷幕的截水效果要好得多。

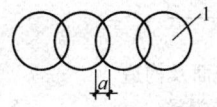 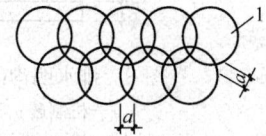

(a) 单排搅拌桩或旋喷桩帷幕　(b) 双排搅拌桩或旋喷桩帷幕

图 5　搅拌桩、旋喷桩帷幕平面布置形式
1—旋喷桩或搅拌桩

摆喷帷幕一般采用图 6 所示的平面布置形式。由于射流范围集中，摆喷注浆的喷射长度比旋喷注浆的喷射长度大，喷射范围内固结体的均匀性也更好。实际工程中高压喷射注浆帷幕采用单排布置时常采用摆喷形式。

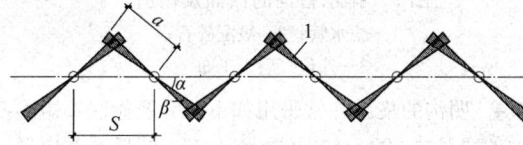

图 6　摆喷帷幕平面形式
1—摆喷帷幕

旋喷固结体的直径、摆喷固结体的半径受施工工艺、喷射压力、提升速度、土类和土性等因素影响，根据国内一些有关资料介绍，旋喷固结体的直径一般在表 3 的范围，摆喷固结体的半径约为旋喷固结体半径的 1.0～1.5 倍。

表 3　旋喷注浆固结体有效直径经验值

土类	方法	单管法	二重管法	三重管法
黏性土	$0 < N \leqslant 5$	0.5～0.8	0.8～1.2	1.2～1.8
	$5 < N \leqslant 10$	0.4～0.7	0.7～1.1	1.0～1.6
砂土	$0 < N \leqslant 10$	0.6～1.0	1.0～1.4	1.5～2.0
	$10 < N \leqslant 20$	0.5～0.9	0.9～1.3	1.2～1.8
	$20 < N \leqslant 30$	0.4～0.8	0.8～1.2	0.9～1.5

注：N 为标准贯入试验锤击数。

图 7 是搅拌桩、高压喷射注浆与排桩常见的连接形式。高压喷射注浆与排桩组合的帷幕，高压喷射注浆可采用旋喷、摆喷形式。组合帷幕中支护桩与旋喷、摆喷桩的平面轴线关系应使旋喷、摆喷固结体受力后与支护桩之间有一定的压合面。

7.2.11　旋喷帷幕和摆喷帷幕一般采用双喷嘴喷射注

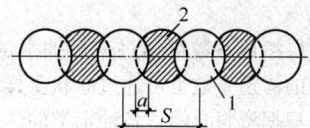

(a) 旋喷固结体或搅拌桩与排桩组合帷幕

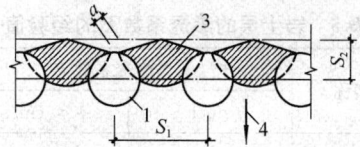

(b) 摆喷固结体与排桩组合帷幕

图 7　截水帷幕平面形式
1—支护桩；2—旋喷固结体或搅拌桩；
3—摆喷固结体；4—基坑方向

浆。与排桩咬合的截水帷幕，当采用半圆形、扇形摆喷时，一般采用单喷嘴喷射注浆。根据目前国内的设备性能，实际工程中常见的高压喷射注浆的施工工艺参数见表 4。

表 4　常用的高压喷射注浆工艺参数

工艺	水压 (MPa)	气压 (MPa)	浆压 (MPa)	注浆流量 (L/min)	提升速度 (m/min)	旋转速度 (r/min)
单管法			20～28	80～120	0.15～0.20	20
二重管法		0.7	20～28	80～120	0.12～0.25	20
三重管法	25～32	0.7	$\geqslant 0.3$	80～150	0.08～0.15	5～15

7.2.12　根据工程经验，在标准贯入锤击数 $N > 12$ 的黏性土、标准贯入锤击数 $N > 20$ 的砂土中，最好采用复喷工艺，以增大固结体半径、提高固结体强度。

7.3　降　水

7.3.15　基坑降水的总涌水量，可将基坑视作一口大井按概化的大井法计算。本规程附录 E 给出了均质含水层潜水完整井、均质含水层潜水非完整井、均质含水层承压水完整井、均质含水层承压水非完整井和均质含水层承压水—潜水完整井 5 种典型条件的计算公式。实际的含水层分布远非这样理想，按上述公式计算时应根据工程的实际水文地质条件进行合理概化。如，相邻含水层渗透系数不同时，可概化成一层含水层，其渗透系数可按各含水层厚度加权平均。当相邻含水层渗透系数相差很大时，有的情况下按渗透系数加权平均后的一层含水层计算会产生较大误差，这时反而不如只计算渗透系数大的含水层的涌水量与实际更接近。大井的井水位应取降水后的基坑水位，而不应取单井的实际井水位。这 5 个公式都是均质含水层、远离补给源条件下井的涌水量计算公式，其他边界条件的情况可以参照有关水文地质、工程地质手册。

7.3.17 含水层渗透系数可通过现场抽水试验测得，粉土和黏性土的渗透系数也可通过原状土样的室内渗透试验测得。根据资料介绍，各种土类的渗透系数的一般范围见表5：

表5 岩土层的渗透系数 k 的经验值

土的名称	渗透系数 k	
	m/d	cm/s
黏 土	<0.005	$<6\times10^{-6}$
粉质黏土	$0.005\sim0.1$	$6\times10^{-6}\sim1\times10^{-4}$
黏质粉土	$0.1\sim0.5$	$1\times10^{-4}\sim6\times10^{-4}$
黄 土	$0.25\sim10$	$3\times10^{-4}\sim1\times10^{-2}$
粉 土	$0.5\sim1.0$	$6\times10^{-4}\sim1\times10^{-3}$
粉 砂	$1.0\sim5$	$1\times10^{-3}\sim6\times10^{-3}$
细 砂	$5\sim10$	$6\times10^{-3}\sim1\times10^{-2}$
中 砂	$10\sim20$	$1\times10^{-2}\sim2\times10^{-2}$
均质中砂	$35\sim50$	$4\times10^{-2}\sim6\times10^{-2}$
粗 砂	$20\sim50$	$2\times10^{-2}\sim6\times10^{-2}$
均质粗砂	$60\sim75$	$7\times10^{-2}\sim8\times10^{-2}$
圆 砾	$50\sim100$	$6\times10^{-2}\sim1\times10^{-1}$
卵 石	$100\sim500$	$1\times10^{-1}\sim6\times10^{-1}$
无充填物卵石	$500\sim1000$	$6\times10^{-1}\sim1\times10^{0}$

7.3.19 真空井点管壁外的滤网一般设两层，内层滤网采用30目～80目的金属网或尼龙网，外层滤网采用3目～10目的金属网或尼龙网；管壁与滤网间应留有间隙，可采用金属丝螺旋形缠绕在管壁上隔离滤网，并在滤网外绕金属丝固定。

7.3.20 喷射井点的常用尺寸参数：外管直径为73mm～108mm，内管直径为50mm～73mm，过滤器直径为89mm～127mm，井孔直径为400mm～600mm，井孔比滤管底部深1m以上。喷射井点的常用多级高压水泵，其流量为50m³/h～80m³/h，压力为0.7MPa～0.8MPa。每套水泵可用于20根～30根井管的抽水。

7.4 集 水 明 排

7.4.1 集水明排的作用是：①收集外排坑底、坑壁渗出的地下水；②收集外排降雨形成的基坑内、外地表水；③收集外排降水井抽出的地下水。

7.4.3 图8是一种常用明沟的截面尺寸及构造。
盲沟常采用图9所示的截面尺寸及构造。排泄坑

底渗出的地下水时，盲沟常在基坑内纵横向布置，盲沟的间距一般取25m左右。盲沟内宜采用级配碎石充填，并在碎石外铺设两层土工布反滤层。

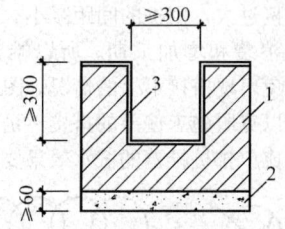

图8 排水明沟的截面及构造
1—机制砖；2—素混凝
土垫层；3—水泥砂浆面层

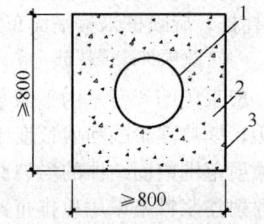

图9 排水盲沟的截面及构造
1—滤水管；2—级配碎石；
3—外包二层土工布

7.4.4 明沟的集水井常采用如下尺寸及做法：矩形截面的净尺寸500mm×500mm左右，圆形截面内径500mm左右；深度一般不小于800mm。集水井采用砖砌并用水泥砂浆抹面。

盲沟的集水井常采用如下尺寸及做法：集水井采用钢筋笼外填碎石滤料，集水井内径700mm左右，钢筋笼直径400mm左右，井的深度一般不小于1.2m。

7.4.5 导水管常用直径不小于50mm，长度不小于300mmPVC管，埋入土中的部分外包双层尼龙网。

7.5 降水引起的地层变形计算

7.5.1～7.5.3 降水引起的地层变形计算可以采用分层总和法。与建筑物地基变形计算时的分层总和法相比，降水引起的地层变形在有些方面是不同的。主要表现在以下方面：①附加压力作用下的建筑物地基变形计算，土中总应力是增加的。地基最终固结时，土中任意点的附加有效应力等于附加总应力，孔隙水压力不变。降水引起的地层变形计算，土中总应力基本不变。最终固结时，土中任意点的附加有效应力等于孔隙水压力的负增量。②地基变形计算，土中的最大附加有效应力在基础中点的纵轴上，基础范围内是附加应力的集中区域，基础以外的附加应力衰减很快。降水引起的地层变形计算，土中的最大附加有效应力在最大降深的纵轴上，也就是降水井的井壁处，附加应力随着远离降水井逐渐衰减。③地基变形计算，附

加应力从基底向下沿深度逐渐衰减。降水引起的地层变形计算，附加应力从初始地下水位向下沿深度逐渐增加。降水后的地下水位以下，含水层内土中附加有效应力也会发生改变。

计算建筑物地基变形时，按分层总和法计算出的地基变形量乘以沉降计算经验系数后的数值为地基最终变形量。沉降计算经验系数是根据大量工程实测数据统计出的修正系数，以修正直接按分层总和法计算的方法误差。降水引起的地层变形，直接按分层总和法计算的变形量与实测变形量也往往差异很大。由于缺少工程实测统计资料，暂时还无法给出定量的修正系数对计算结果进行修正。如采用现行国家标准《建筑地基基础设计规范》GB 50007中地基变形计算的沉降计算经验系数，则由于两者的土中附加应力产生的原因和附加应力分布规律不同，从理论上没有说服力，与实际情况也难以吻合。目前，降水引起的地层变形计算方法尚不成熟，只能在今后积累大量工程实测数据及进行充分研究后，再加以改进充实。现阶段，宜根据地区基坑降水工程的经验，结合计算与工程类比综合确定降水引起的地层变形量和分析降水对周边建筑物的影响。

8 基坑开挖与监测

8.1 基 坑 开 挖

8.1.1 本条规定了基坑开挖的一般原则。锚杆、支撑或土钉是随基坑土方开挖分层设置的，设计将每设置一层锚杆、支撑或土钉后，再挖土至下一层锚杆、支撑或土钉的施工面作为一个设计工况。因此，如开挖深度超过下层锚杆、支撑或土钉的施工面标高时，支护结构受力及变形会超越设计状况。这一现象通常称作超挖。许多实际工程实践证明，超挖轻则引起基坑过大变形，重则导致支护结构破坏、坍塌，基坑周边环境受损，酿成重大工程事故。

施工作业面与锚杆、土钉或支撑的高差不宜大于500mm，是施工正常作业的要求。不同的施工设备和施工方法，对其施工面高度要求是不同的，可能的情况下应尽量减小这一高度。

降水前如开挖地下水位以下的土层，因地下水的渗流可能导致流砂、流土的发生，影响支护结构、周边环境的安全。降水后，由于土体的含水量降低，会使土体强度提高，也有利于基坑的安全与稳定。

8.1.2 软土基坑如果一步挖土深度过大或非对称、非均衡开挖，可能导致基坑内局部土体失稳、滑动、造成立柱桩、基础桩偏移。另外，软土的流变特性明显，基坑开挖到某一深度后，变形会随暴露时间增长。因此，软土地层基坑的支撑设置应先撑后挖并且越快越好，尽量缩短基坑每一步开挖时的无支

撑时间。

8.1.3～8.1.5 基坑支护工程属住房和城乡建设部《危险性较大的分部分项工程安全管理办法》建质[2009] 87号文中的危险性较大的分部分项工程范围，施工与基坑开挖不当会对基坑周边环境和人的生命安全酿成严重后果。基坑开挖面上方的锚杆、支撑、土钉未达到设计要求时向下超挖土方、临时性锚杆或支撑在未达到设计拆除条件时进行拆除、基坑周边施工材料、设施或车辆荷载超过设计地面荷载限值，至使支护结构受力超越设计状态，均属严重违反设计要求进行施工的行为。锚杆、支撑、土钉未按设计要求设置，锚杆和土钉注浆体、混凝土支撑和混凝土腰梁的养护时间不足而未达到开挖时的设计承载力，锚杆、支撑、腰梁、挡土构件之间的连接强度未达到设计强度，预应力锚杆、预加轴力的支撑未按设计要求施加预加力等情况均为未达到设计要求。当主体地下结构施工过程需要拆除局部锚杆或支撑时，拆除锚杆或支撑后支护结构的状态是应考虑的设计工况之一。拆除锚杆或支撑的设计条件，即以主体地下结构构件进行替换的要求或将基坑回填高度的要求等，应在设计中明确规定。基坑周边施工设施是指施工设备、塔吊、临时建筑、广告牌等，其对支护结构的作用可按地面荷载考虑。

8.2 基 坑 监 测

8.2.1～8.2.20 由于地质条件可能与设计采用的土的物理、力学参数不符，且基坑支护结构在施工期和使用期可能出现土层含水量、基坑周边荷载、施工条件等自然因素和人为因素的变化，通过基坑监测可以及时掌握支护结构受力和变形状态、基坑周边受保护对象变形状态是否在正常设计状态之内。当出现异常时，以便采取应急措施。基坑监测是预防不测，保证支护结构和周边环境安全的重要手段。因支护结构水平位移和基坑周边建筑物沉降能直观、快速反应支护结构的受力、变形状态及对环境的影响程度，安全等级为一级、二级的支护结构均应对其进行监测，且监测应覆盖基坑开挖与支护结构使用期的全过程。根据支护结构形式、环境条件的区别，其他监测项目应视工程具体情况按本规程第8.2.1条的规定选择。

8.2.22、8.2.23 大量工程实践表明，多数基坑工程事故是有征兆的。基坑工程施工和使用期间及时发现异常现象和事故征兆并采取有效措施是防止事故发生的重要手段。不同的土质条件、支护结构形式、施工工艺和环境条件，基坑的异常现象和事故征兆会不一样，应能加以判别。当支护结构变形过大、变形不收敛、地面下沉、基坑出现失稳征兆等情况时，及时停止开挖并立即回填是防止事故发生和扩大的有效措施。

附录 B 圆形截面混凝土支护桩的
正截面受弯承载力计算

B. 0. 1～B. 0. 4 挡土构件承受的荷载主要是水平力，一般轴向力可忽略，通常挡土构件按受弯构件考虑。对同时承受竖向荷载的情况，如设置竖向斜撑、大角度锚杆或顶部承受较大竖向荷载的排桩、地下连续墙，轴向力较大的双排桩等，则需要按偏心受压或偏心受拉构件考虑。

对最常见的沿截面周边均匀配置纵向受力钢筋的圆形截面混凝土桩，本规程按现行国家标准《混凝土结构设计规范》GB 50010，给出计算正截面受弯承载力的方法。对其他截面的混凝土桩，可按现行国家标准《混凝土结构设计规范》GB 50010 的有关规定计算正截面受弯承载力。

在混凝土支护桩截面设计时，沿截面受拉区和受压区周边局部均匀配筋这种非对称配筋形式有时是需

要的，可以提高截面的受弯承载力或节省钢筋。对非对称配置纵向受力钢筋的情况，《混凝土结构设计规范》GB 50010 中没有对应的截面承载力计算公式。因此，本规程给出了沿受拉区和受压区周边局部均匀配筋时的正截面受弯承载力的计算方法。

附录 C 渗透稳定性验算

C. 0. 1、C. 0. 2 本规程公式（C. 0. 1）、公式（C. 0. 2）是两种典型渗流模型的渗透稳定性验算公式。其中公式（C. 0. 2）用于渗透系数为常数的均质含水层的渗透稳定性验算，公式（C. 0. 1）用于基底下有水平向连续分布的相对隔水层，而其下方为承压含水层的渗透稳定性验算（即所谓突涌）。如该相对隔水层顶板低于基底，其上方为砂土等渗透性较强的土层，其重量对相对隔水层起到压重的作用，所以，按公式（C. 0. 1）验算时，隔水层上方的砂土等应按天然重度取值。

中华人民共和国行业标准

既有建筑地基基础加固技术规范

Technical code for improvement of soil and
foundation of existing buildings

JGJ 123—2012

批准部门：中华人民共和国住房和城乡建设部
施行日期：２０１３年６月１日

中华人民共和国住房和城乡建设部
公　告

第 1452 号

住房城乡建设部关于发布行业标准
《既有建筑地基基础加固技术规范》的公告

现批准《既有建筑地基基础加固技术规范》为行业标准，编号为 JGJ 123-2012，自 2013 年 6 月 1 日起实施。其中，第 3.0.2、3.0.4、3.0.8、3.0.9、3.0.11、5.3.1 条为强制性条文，必须严格执行。原行业标准《既有建筑地基基础加固技术规范》JGJ 123-2000 同时废止。

本规范由我部标准定额研究所组织中国建筑工业出版社出版发行。

中华人民共和国住房和城乡建设部
2012 年 8 月 23 日

前　言

根据住房和城乡建设部《关于印发〈2009 年工程建设标准规范制订、修订计划〉的通知》（建标〔2009〕88 号）的要求，规范编制组经广泛调查研究，认真总结实践经验，参考有关国际标准和国外先进标准，并在广泛征求意见的基础上，修订了《既有建筑地基基础加固技术规范》JGJ 123-2000。

本规范的主要技术内容是：总则、术语和符号、基本规定、地基基础鉴定、地基基础计算、增层改造、纠倾加固、移位加固、托换加固、事故预防与补救、加固方法、检验与监测。

本规范修订的主要技术内容是：1. 增加术语一节；2. 增加既有建筑地基基础加固设计的基本要求；3. 增加邻近新建建筑、深基坑开挖、新建地下工程对既有建筑产生影响时，应采取对既有建筑的保护措施；4. 增加不同加固方法的承载力和变形计算方法；5. 增加托换加固；6. 增加地下水位变化过大引起的事故预防与补救；7. 增加检验与监测；8. 增加既有建筑地基承载力持载再加荷载荷试验要点；9. 增加既有建筑桩基础单桩承载力持载再加荷载荷试验要点；10. 增加既有建筑地基基础鉴定评价的要求；11. 原规范纠倾加固和移位一章，调整为纠倾加固、移位加固两章；12. 修订增层改造、事故预防和补救、加固方法等内容。

本规范中以黑体字标志的条文为强制性条文，必须严格执行。

本规范由住房和城乡建设部负责管理和对强制性条文的解释，由中国建筑科学研究院负责具体技术内容的解释。执行过程中如有意见或建议，请寄送中国建筑科学研究院（地址：北京市北三环东路 30 号，邮编：100013）。

本 规 范 主 编 单 位：中国建筑科学研究院
本 规 范 参 编 单 位：福建省建筑科学研究院
　　　　　　　　　　　河南省建筑科学研究院
　　　　　　　　　　　北京交通大学
　　　　　　　　　　　同济大学
　　　　　　　　　　　山东建筑大学
　　　　　　　　　　　中国建筑技术集团有限公司
本规范主要起草人员：滕延京　张永钧　刘金波
　　　　　　　　　　　张天宇　赵海生　崔江余
　　　　　　　　　　　叶观宝　李　湛　张　鑫
　　　　　　　　　　　李安起　冯　禄
本规范主要审查人员：沈小克　顾国荣　张丙吉
　　　　　　　　　　　康景文　柳建国　柴万先
　　　　　　　　　　　潘凯云　滕文川　杨俊峰
　　　　　　　　　　　袁内镇　侯伟生

目　次

Contents

1 总　则

1.0.1 为了在既有建筑地基基础加固的设计、施工和质量检验中贯彻执行国家的技术经济政策，做到安全适用、技术先进、经济合理、确保质量、保护环境，制定本规范。

1.0.2 本规范适用于既有建筑因勘察、设计、施工或使用不当；增加荷载、纠倾、移位、改建、古建筑保护；遭受邻近新建建筑、深基坑开挖、新建地下工程或自然灾害的影响等需对其地基和基础进行加固的设计、施工和质量检验。

1.0.3 既有建筑地基基础加固设计、施工和质量检验除应执行本规范外，尚应符合国家现行有关标准的规定。

2　术语和符号

2.1　术　语

2.1.1 既有建筑　existing building
已实现或部分实现使用功能的建筑物。

2.1.2 地基基础加固　soil and foundation improvement
为满足建筑物使用功能和耐久性的要求，对建筑地基和基础采取加固技术措施的总称。

2.1.3 既有建筑地基承载力特征值　characteristic value of subsoil bearing capacity of existing buildings
由载荷试验测定的在既有建筑荷载作用下地基土固结压密后再加荷，压力变形曲线线性变形段内规定的变形所对应的压力值，其最大值为再加荷段的比例界限值。

2.1.4 既有建筑单桩竖向承载力特征值　characteristic value of a single pile bearing capacity of existing buildings
由单桩静载荷试验测定的在既有建筑荷载作用下桩周和桩端土固结压密后再加荷，荷载变形曲线线性变形段内规定的变形所对应的荷载值，其最大值为再加荷段的比例界限值。

2.1.5 增层改造　vertical extension
通过增加建筑物层数，提高既有建筑使用功能的方法。

2.1.6 纠倾加固　improvement for tilt rectifying
为纠正建筑物倾斜，使之满足使用要求而采取的地基基础加固技术措施的总称。

2.1.7 移位加固　improvement for building shifting
为满足建筑物移位要求，采取的地基基础加固技术措施的总称。

2.1.8 托换加固　improvement for underpinning
通过在结构与基础间设置构件或在地基中设置构件，改变原地基和基础的受力状态，而采取托换技术进行地基基础加固的技术措施的总称。

2.2　符　号

2.2.1 作用和作用效应

F_k —— 作用的标准组合时基础加固或增加荷载后上部结构传至基础顶面的竖向力；

G_k —— 基础自重和基础上的土重；

H_k —— 作用的标准组合时基础加固或增加荷载后桩基承台底面所受水平力；

M_k —— 作用的标准组合时基础加固或增加荷载后作用于基础底面的力矩；

M_{xk} —— 作用的标准组合时作用于承台底面通过桩群形心的 x 轴的力矩；

M_{yk} —— 作用的标准组合时作用于承台底面通过桩群形心的 y 轴的力矩；

N —— 滑板承受的竖向作用力；

N_a —— 顶升支承点的荷载；

p_k —— 作用的标准组合时基础加固或增加荷载后基础底面处的平均压力；

p_{kmax} —— 作用的标准组合时基础加固或增加荷载后基础底面边缘的最大压力；

p_{kmin} —— 作用的标准组合时基础加固或增加荷载后基础底面边缘的最小压力；

P_p —— 静压桩施工设计最终压桩力；

Q —— 单片墙线荷载或单柱集中荷载；

Q_k —— 作用的标准组合时基础加固或增加荷载后桩基中轴心竖向力作用下任一单桩的竖向力。

2.2.2 材料的性能和抗力

F —— 水平移位总阻力；

f_a —— 修正后的既有建筑地基承载力特征值；

f_0 —— 滑板材料抗压强度；

p_s —— 静压桩压桩时的比贯入阻力；

q_{pa} —— 桩端端阻力特征值；

q_{sia} —— 桩侧阻力特征值；

R_a —— 既有建筑单桩竖向承载力特征值；

R_{Ha} —— 既有建筑单桩水平承载力特征值；

W —— 基础加固或增加荷载后基础底面的抵抗矩，建筑物基底总竖向荷载；

μ —— 行走机构摩擦系数。

2.2.3 几何参数

A —— 基础底面面积；

A_p —— 桩底端横截面面积；

A_0 —— 滑动式行走机构上下轨道滑板的水平面积；

d —— 设计桩径；

s —— 地基最终变形量；

s_0——地基基础加固前或增加荷载前已完成的地基变形量；

s_1——地基基础加固后或增加荷载后产生的地基变形量；

s_2——原建筑荷载下尚未完成的地基变形量；

u_p——桩身周长。

2.2.4 设计参数和计算系数

n——桩基中的桩数或顶升点数；

q——石灰桩每延米灌灰量；

η_c——充盈系数。

3 基 本 规 定

3.0.1 既有建筑地基基础加固，应根据加固目的和要求取得相关资料后，确定加固方法，并进行专业设计与施工。施工完成后，应按国家现行有关标准的要求进行施工质量检验和验收。

3.0.2 既有建筑地基基础加固前，应对既有建筑地基基础及上部结构进行鉴定。

3.0.3 既有建筑地基基础加固设计与施工，应具备下列资料：

1 场地岩土工程勘察资料。当无法搜集或资料不完整，不能满足加固设计要求时，应进行重新勘察或补充勘察。

2 既有建筑结构、地基基础设计资料和图纸、隐蔽工程施工记录、竣工图等。当搜集的资料不完整，不能满足加固设计要求时，应进行补充检验。

3 既有建筑结构、基础使用现状的鉴定资料，包括沉降观测资料、裂缝、倾斜观测资料等。

4 既有建筑改扩建、纠倾、移位等对地基基础的设计要求。

5 对既有建筑可能产生影响的邻近新建建筑、深基坑开挖、降水、新建地下工程的有关勘察、设计、施工、监测资料等。

6 受保护建筑物的地基基础加固要求。

3.0.4 既有建筑地基基础加固设计，应符合下列规定：

1 应验算地基承载力。

2 应计算地基变形。

3 应验算基础抗弯、抗剪、抗冲切承载力。

4 受较大水平荷载或位于斜坡上的既有建筑物地基基础加固，以及邻近新建建筑、深基坑开挖、新建地下工程基础埋深大于既有建筑基础埋深并对既有建筑产生影响时，应进行地基稳定性验算。

3.0.5 邻近新建建筑、深基坑开挖、新建地下工程对既有建筑产生影响时，除应优化新建地下工程施工方案外，尚应对既有建筑采取深基坑开挖支挡、地下墙（桩）隔离地基应力和变形、地基基础或上部结构加固等保护措施。

3.0.6 既有建筑地基基础加固设计，可按下列步骤进行：

1 根据加固的目的，结合地基基础和上部结构的现状，考虑上部结构、基础和地基的共同作用，选择并制定加固地基、加固基础或加强上部结构刚度和加固地基基础相结合的方案。

2 对制定的各种加固方案，应分别从预期加固效果，施工难易程度，施工可行性和安全性，施工材料来源和运输条件，以及对邻近建筑和周围环境的影响等方面进行技术经济分析和比较，优选加固方法。

3 对选定的加固方法，应通过现场试验确定具体施工工艺参数和施工可行性。

3.0.7 既有建筑地基基础加固使用的材料，应符合国家现行有关标准对耐久性设计的要求。

3.0.8 加固后的既有建筑地基基础使用年限，应满足加固后的既有建筑设计使用年限的要求。

3.0.9 纠倾加固、移位加固、托换加固施工过程应设置现场监测系统，监测纠倾变位、移位变位和结构的变形。

3.0.10 既有建筑地基基础的鉴定、加固设计和施工，应由具有相应资质的单位和有经验的专业人员承担。承担既有建筑地基基础加固施工的工程管理和技术人员，应掌握所承担工程的地基基础加固技术与质量要求，严格进行质量控制和工程监测。当发现异常情况时，应及时分析原因并采取有效处理措施。

3.0.11 既有建筑地基基础加固工程，应对建筑物在施工期间及使用期间进行沉降观测，直至沉降达到稳定为止。

4 地基基础鉴定

4.1 一 般 规 定

4.1.1 既有建筑地基基础鉴定应按下列步骤进行：

1 搜集鉴定所需要的基本资料。

2 对搜集到的资料进行初步分析，制定现场调查方案，确定现场调查的工作内容及方法。

3 结合搜集的资料和调查的情况进行分析，提出检验方法并进行现场检验。

4 综合分析评价，作出鉴定结论和加固方法的建议。

4.1.2 现场调查应包括下列内容：

1 既有建筑使用历史和现状，包括建筑物的实际荷载、变形、开裂等情况，以及前期鉴定、加固情况。

2 相邻的建筑、地下工程和管线等情况。

3 既有建筑改造及保护所涉及范围内的地基情况。

4 邻近新建建筑、深基坑开挖、新建地下工程的现状情况。

4.1.3 具有下列情况时，应进行现场检验：

1 基本资料无法搜集齐全时。

2 基本资料与现场实际情况不符时。

3 使用条件与设计条件不符时。

4 现有资料不能满足既有建筑地基基础加固设计和施工要求时。

4.1.4 具有下列情况时，应对既有建筑进行沉降观测：

1 既有建筑的沉降、开裂仍在发展。

2 邻近新建建筑、深基坑开挖、新建地下工程等，对既有建筑安全仍有较大影响。

4.1.5 既有建筑地基基础鉴定，应对下列内容进行分析评价：

1 既有建筑地基基础的承载力、变形、稳定性和耐久性。

2 引起既有建筑开裂、差异沉降、倾斜的原因。

3 邻近新建建筑、深基坑开挖和降水、新建地下工程或自然灾害等，对既有建筑地基基础已造成的影响或仍然存在的影响。

4 既有建筑地基基础加固的必要性，以及采用的加固方法。

5 上部结构鉴定和加固的必要性。

4.1.6 鉴定报告应包含下列内容：

1 工程名称，地点，建设、勘察、设计、监理和施工单位，基础、结构形式，层数，改造加固的设计要求，鉴定目的，鉴定日期等。

2 现场的调查情况。

3 现场检验的方法、仪器设备、过程及结果。

4 计算分析与评价结果。

5 鉴定结论及建议。

4.2 地 基 鉴 定

4.2.1 应结合既有建筑原岩土工程勘察资料，重点分析下列内容：

1 地基土层的分布及其均匀性，尤其是沟、塘、古河道、墓穴、岩溶、土洞等的分布情况。

2 地基土的物理力学性质，特别是软土、湿陷性土、液化土、膨胀土、冻土等的特殊性质。

3 地下水的水位变化及其腐蚀性的影响。

4 建造在斜坡上或相邻深基坑的建筑物场地稳定性。

5 自然灾害或环境条件变化，对地基土工程特性的影响。

4.2.2 地基的检验应符合下列规定：

1 勘探点位置或测试点位置应靠近基础，并在建筑物变形较大或基础开裂部位重点布置，条件允许时，宜直接布置在基础之下。

2 地基土承载力宜选择静载荷试验的方法进行检验，对于重要的增层、增加荷载等建筑，应按本规范附录 A 的规定，进行基础下载荷试验，或按本规范附录 B 的规定，进行地基土持载再加荷载试验，检测数量不宜少于 3 点。

3 选择井探、槽探、钻探、物探等方法进行勘探，地下水埋深较大时，优先选用人工探井的方法，采用物探方法时，应结合人工探井、钻孔等其他方法进行验证，验证数量不应少于 3 点。

4 选用静力触探、标准贯入、圆锥动力触探、十字板剪切或旁压试验等原位测试方法，并结合不扰动土样的室内物理力学性质试验，进行现场检验，其中每层地基土的原位测试数量不应少于 3 个，土样的室内试验数量不应少于 6 组。

4.2.3 地基分析评价应包括下列内容：

1 地基承载力、地基变形的评价；对经常受水平荷载作用的高层建筑，以及建造在斜坡上或边坡附近的建（构）筑物，应验算地基稳定性。

2 引起既有建筑开裂、差异沉降、倾斜等的原因。

3 邻近新建建筑，深基坑开挖和降水，新建地下工程或自然灾害等，对既有建筑地基基础已造成的影响，以及仍然存在的影响。

4 地基加固的必要性，提出加固方法的建议。

5 提出地基加固设计所需的有关参数。

4.3 基 础 鉴 定

4.3.1 基础的现场调查，应包括下列内容：

1 基础的外观质量。

2 基础的类型、尺寸及埋置深度。

3 基础的开裂、腐蚀或损坏程度。

4 基础的倾斜、弯曲、扭曲等情况。

4.3.2 基础的检验可采用下列方法：

1 基础材料的强度，可采用非破损法或钻孔取芯法检验。

2 基础中的钢筋直径、数量、位置和锈蚀情况，可通过局部凿开或非破损方法检验。

3 桩的完整性可通过低应变法、钻孔取芯法检验，桩的长度可通过开挖、钻孔取芯法或旁孔透射法等方法检验，桩的承载力可通过静载荷试验检验。

4.3.3 基础的检验应符合下列规定：

1 对具有代表性的部位进行开挖检验，检验数量不应少于 3 处。

2 对开挖露出的基础应进行结构尺寸、材料强度、配筋等结构检验。

3 对已开裂的或处于有腐蚀性地下水中的基础钢筋锈蚀情况应进行检验。

4 对重要的增层、增加荷载等采用桩基础的建筑，宜按本规范附录 C 的规定进行桩的持载再加载荷试验。

4.3.4 基础的分析评价应包括下列内容：

1 结合基础的裂缝、腐蚀或破损程度，以及基础材料的强度等，对基础结构的完整性和耐久性进行分析评价。

2 对于桩基础，应结合桩身质量检验、场地岩土的工程性质、桩的施工工艺、沉降观测记录、载荷试验资料等，结合地区经验对桩的承载力进行分析和评价。

3 进行基础结构承载力验算，分析基础加固的必要性，提出基础加固方法的建议。

5 地基基础计算

5.1 一般规定

5.1.1 既有建筑地基基础加固设计计算，应符合下列规定：

1 地基承载力、地基变形计算及基础验算，应符合现行国家标准《建筑地基基础设计规范》GB 50007 的有关规定。

2 地基稳定性计算，应符合国家现行标准《建筑地基基础设计规范》GB 50007 和《建筑地基处理技术规范》JGJ 79 的有关规定。

3 抗震验算，应符合现行国家标准《建筑抗震设计规范》GB 50011 的有关规定。

5.1.2 既有建筑地基基础加固设计，应遵循新、旧基础，新增桩和原有桩变形协调原则，进行地基基础计算。新、旧基础的连接应采取可靠的技术措施。

5.2 地基承载力计算

5.2.1 地基基础加固或增加荷载后，基础底面的压力，可按下列公式确定：

1 当轴心荷载作用时：

$$p_k = \frac{F_k + G_k}{A} \qquad (5.2.1\text{-}1)$$

式中：p_k ——相应于作用的标准组合时，地基基础加固或增加荷载后，基础底面的平均压力值（kPa）；

F_k ——相应于作用的标准组合时，地基基础加固或增加荷载后，上部结构传至基础顶面的竖向力值（kN）；

G_k ——基础自重和基础上的土重（kN）；

A ——基础底面积（m²）。

2 当偏心荷载作用时：

$$p_{kmax} = \frac{F_k + G_k}{A} + \frac{M_k}{W} \qquad (5.2.1\text{-}2)$$

$$p_{kmin} = \frac{F_k + G_k}{A} - \frac{M_k}{W} \qquad (5.2.1\text{-}3)$$

式中：p_{kmax} ——相应于作用的标准组合时，地基基础加固或增加荷载后，基础底面边缘最大压力值（kPa）；

M_k ——相应于作用的标准组合时，地基基础加固或增加荷载后，作用于基础底面的力矩值（kN·m）；

p_{kmin} ——相应于作用的标准组合时，地基基础加固或增加荷载后，基础底面边缘最小压力值（kPa）；

W ——基础底面的抵抗矩（m³）。

5.2.2 既有建筑地基基础加固或增加荷载时，地基承载力计算应符合下列规定：

1 当轴心荷载作用时：

$$p_k \leqslant f_a \qquad (5.2.2\text{-}1)$$

式中：f_a ——修正后的既有建筑地基承载力特征值（kPa）。

2 当偏心荷载作用时，除应符合式（5.2.2-1）要求外，尚应符合下式规定：

$$p_{kmax} \leqslant 1.2 f_a \qquad (5.2.2\text{-}2)$$

5.2.3 既有建筑地基承载力特征值的确定，应符合下列规定：

1 当不改变基础埋深及尺寸，直接增加荷载时，可按本规范附录 B 的方法确定。

2 当不具备持载试验条件时，可按本规范附录 A 的方法，并结合土工试验、其他原位试验结果以及地区经验等综合确定。

3 既有建筑外接结构地基承载力特征值，应按外接结构的地基变形允许值确定。

4 对于需要加固的地基，应采用地基处理后检验确定的地基承载力特征值。

5 对扩大基础的地基承载力特征值，宜采用原天然地基承载力特征值。

5.2.4 地基基础加固或增加荷载后，既有建筑桩基础群桩中单桩桩顶竖向力和水平力，应按下列公式计算：

1 轴心竖向力作用下：

$$Q_k = \frac{F_k + G_k}{n} \qquad (5.2.4\text{-}1)$$

2 偏心竖向力作用下：

$$Q_{ik} = \frac{F_k + G_k}{n} \pm \frac{M_{xk} y_i}{\sum y_i^2} \pm \frac{M_{yk} x_i}{\sum x_i^2}$$

$$(5.2.4\text{-}2)$$

3 水平力作用下：

$$H_{ik} = \frac{H_k}{n} \qquad (5.2.4\text{-}3)$$

式中：Q_k ——地基基础加固或增加荷载后，轴心竖向力作用下任一单桩的竖向力（kN）；

F_k ——相应于作用的标准组合时，地基基础加固或增加荷载后，作用于桩基承台顶面的竖向力（kN）；

G_k ——地基基础加固或增加荷载后，桩基承台自重及承台上土自重（kN）；

n ——桩基中的桩数；

Q_{ik} ——地基基础加固或增加荷载后，偏心竖向力作用下第 i 根桩的竖向力 （kN）；

M_{xk}、M_{yk} ——相应于作用的标准组合时，作用于承台底面通过桩群形心的 x、y 轴的力矩 （kN·m）；

x_i、y_i ——桩 i 至桩群形心的 y、x 轴线的距离 （m）；

H_k ——相应于作用的标准组合时，地基基础加固或增加荷载后，作用于承台底面的水平力 （kN）；

H_{ik} ——地基基础加固或增加荷载后，作用于任一单桩的水平力 （kN）。

5.2.5 既有建筑单桩承载力计算，应符合下列规定：

1 轴心竖向力作用下：

$$Q_k \leqslant R_a \qquad (5.2.5\text{-}1)$$

式中：R_a ——既有建筑单桩竖向承载力特征值 （kN）。

2 偏心竖向力作用下，除满足公式 （5.2.5-1） 外，尚应满足下式要求：

$$Q_{ikmax} \leqslant 1.2R_a \qquad (5.2.5\text{-}2)$$

式中：Q_{ikmax} ——基础中受力最大的单桩荷载值 （kN）。

3 水平荷载作用下：

$$H_{ik} \leqslant R_{Ha} \qquad (5.2.5\text{-}3)$$

式中：R_{Ha} ——既有建筑单桩水平承载力特征值 （kN）。

5.2.6 既有建筑单桩承载力特征值的确定，应符合下列规定：

1 既有建筑下原有的桩，以及新增加的桩的单桩竖向承载力特征值，应通过单桩竖向静载试验确定；既有建筑原有桩的单桩静载荷试验，可按本规范附录 C 进行；在同一条件下的试桩数量，不宜少于增加总桩数的 1%，且不应少于 3 根；新增加桩的单桩竖向承载力特征值，应按现行国家标准《建筑地基基础设计规范》GB 50007 的方法确定。

2 原有桩的单桩竖向承载力特征值，有地区经验时，可按地区经验确定。

3 新增加的桩初步设计时，单桩竖向承载力特征值可按下式估算：

$$R_a = q_{pa}A_p + u_p \sum q_{sia}l_i \qquad (5.2.6\text{-}1)$$

式中：R_a ——单桩竖向承载力特征值 （kN）；

q_{pa}, q_{sia} ——桩端端阻力、桩侧阻力特征值 （kPa），按地区经验确定；

A_p ——桩底端横截面积 （m²）；

u_p ——桩身周边长度 （m）；

l_i ——第 i 层岩土的厚度 （m）。

4 桩端嵌入完整或较完整的硬质岩中，可按下式估算单桩竖向承载力特征值：

$$R_a = q_{pa}A_p \qquad (5.2.6\text{-}2)$$

式中：q_{pa} ——桩端岩石承载力特征值 （kN）。

5.2.7 在既有建筑原基础内增加桩时，宜按新增加的全部荷载，由新增加的桩承担进行承载力计算。

5.2.8 对既有建筑的独立基础、条形基础进行扩大基础，并增加桩时，可按既有建筑原地基增加的承载力承担部分新增荷载、其余新增加的荷载由桩承担进行承载力计算，此时地基土承担部分新增荷载的基础面积应按原基础面积计算。

5.2.9 既有建筑桩基础扩大基础并增加桩时，可按新增加的荷载由原基础桩和新增加桩共同承担，进行承载力计算。

5.2.10 当地基持力层范围内存在软弱下卧层时，应进行软弱下卧层地基承载力验算，验算方法应符合现行国家标准《建筑地基基础设计规范》GB 50007 的有关规定。

5.2.11 对邻近新建建筑、深基坑开挖、新建地下工程改变原建筑地基基础设计条件时，原建筑地基应根据改变后的条件，按现行国家标准《建筑地基基础设计规范》GB 50007 的规定进行承载力验算。

5.3 地基变形计算

5.3.1 既有建筑地基基础加固或增加荷载后，建筑物相邻柱基的沉降差、局部倾斜、整体倾斜值的允许值，应符合现行国家标准《建筑地基基础设计规范》GB 50007 的有关规定。

5.3.2 对有特殊要求的保护性建筑，地基基础加固或增加荷载后的地基变形允许值，应按建筑物的保护要求确定。

5.3.3 对地基基础加固或增加荷载的既有建筑，其地基最终变形量可按下式确定：

$$s = s_0 + s_1 + s_2 \qquad (5.3.3)$$

式中：s ——地基最终变形量 （mm）；

s_0 ——地基基础加固前或增加荷载前，已完成的地基变形量，可由沉降观测资料确定，或根据当地经验估算 （mm）；

s_1 ——地基基础加固或增加荷载后产生的地基变形量 （mm）；

s_2 ——原建筑物尚未完成的地基变形量 （mm），可由沉降观测结果推算，或根据地方经验估算；当原建筑物基础沉降已稳定时，此值可取零。

5.3.4 地基基础加固或增加荷载后产生的地基变形量，可按下列规定计算：

1 天然地基不改变基础尺寸时，可按增加荷载量，采用由本规范附录 B 试验得到的变形模量计算。

2 扩大基础尺寸或改变基础形式时，可按增加荷载量，以及扩大后或改变后的基础面积，采用原地基压缩模量计算。

3 地基加固时，可采用加固后经检验测得的地基压缩模量或变形模量计算。

5.3.5 采用增加桩进行地基基础加固的建筑物基础沉降，可按下列规定计算：

1 既有建筑不改变基础尺寸，在原基础内增加桩时，可按增加荷载量，采用桩基础沉降计算方法计算。

2 既有建筑独立基础、条形基础扩大基础增加桩时，可按新增加的桩承担的新增荷载，采用桩基础沉降计算方法计算。

3 既有建筑桩基础扩大基础增加桩时，可按新增加的荷载，由原基础桩和新增加桩共同承担荷载，采用桩基础沉降计算方法计算。

6 增层改造

6.1 一般规定

6.1.1 既有建筑增层改造后的地基承载力、地基变形和稳定性计算，以及基础结构验算，应符合本规范第5章的有关规定。采用外套结构增层时，应按新建工程的要求，确定地基承载力。

6.1.2 当采用新、旧结构通过构造措施相连接的增层方案时，除应满足地基承载力条件外，尚应分别对新、旧结构进行地基变形验算，并应满足新、旧结构变形协调的设计要求；当既有建筑局部增层时，应进行结构分析，并进行地基基础验算。

6.1.3 当既有建筑的地基承载力和地基变形，不能满足增层荷载要求时，可按本规范第11章有关方法进行加固。

6.1.4 既有建筑增层改造时，对其地基基础加固工程，应进行质量检验和评价，待隐蔽工程验收合格后，方可进行上部结构的施工。

6.2 直接增层

6.2.1 对沉降稳定的建筑物直接增层时，其地基承载力特征值，可根据增层工程的要求，按下列方法综合确定：

1 按基底土的载荷试验及室内土工试验结果确定：

1) 按本规范附录B的规定进行载荷试验确定地基承载力；

2) 在原建筑物基础下1.5倍基础宽度的深度范围内，取原状土进行室内土工试验，确定地基土的抗剪强度指标，以及土的压缩模量等参数，并结合地区经验，确定地基承载力特征值。

2 按地区经验确定：

建筑物增层时，可根据既有建筑原基底压力值、建筑使用年限、地基土的类别，并结合当地建筑物增层改造的工程经验确定，但其值不宜超过原地基承载力特征值的1.20倍。

6.2.2 直接增层需新设承重墙时，应采用调整新、旧基础底面积，增加桩基础或地基处理等方法，减少基础的沉降差。

6.2.3 直接增层时，地基基础的加固设计，应符合下列规定：

1 加大基础底面积时，加大的基础底面积宜比计算值增加10%。

2 采用桩基础承受增层荷载时，应符合本规范第5.2.8条的规定，并验算基础沉降。

3 采用锚杆静压桩加固时，当原钢筋混凝土条形基础的宽度或厚度不能满足压桩要求时，压桩前应先加宽或加厚基础。

4 采用抬梁或挑梁承受新增层结构荷载时，梁的截面尺寸及配筋应通过计算确定。

5 上部结构和基础刚度较好，持力层埋置较浅，地下水位较低，施工开挖对原结构不会产生附加下沉和开裂时，可采用加深基础或在原基础下做坑式静压桩加固。

6 施工条件允许时，可采用树根桩、旋喷桩等方法加固。

7 采用注浆法加固既有建筑地基时，对注浆加固易引起附加变形的地基，应进行现场试验，确定其适用性。

8 既有建筑为桩基础时，应检查原桩体质量及状况，实测土的物理力学性质指标，确定桩间土的压密状况，按桩土共同工作条件，提高原桩基础的承载能力。对于承台与土层脱空情况，不得考虑桩土共同工作。当桩数不足时，应补桩；对已腐烂的木桩或破损的混凝土桩，应经加固处理后，方可进行增层施工。

9 对于既有建筑无地质勘察资料或原地质勘察资料过于简单不能满足设计需要、而建筑物下有人防工程或场地条件复杂，以及地基情况与原设计发生了较大变化时，应补充进行岩土工程勘察。

10 采用扶壁柱式结构直接增层时，柱体应落在新设置的基础上，新、旧基础宜连成整体，且应满足新、旧基础变形协调条件，不满足时应进行地基加固处理。

6.3 外套结构增层

6.3.1 采用外套结构增层，可根据土质、地下水位、新增结构类型及荷载大小选用合理的基础形式。

6.3.2 位于微风化、中风化硬质岩地基上的外套增层工程，其基础类型与埋深可与原基础不同，新、旧基础可相连在一起，也可分开设置。

6.3.3 采用外套结构增层，应评价新设基础对原基础的影响，对原基础产生超过允许值的附加沉降和倾斜时应对新设基础地基进行处理或采用桩基础。

6.3.4 外套结构的桩基施工，不得扰动原地基基础。

6.3.5 外套结构增层采用天然地基或采用由旋喷桩、搅拌桩等构成的复合地基，应考虑地基受荷后的变形，避免增层后，新、旧结构产生标高差异。

6.3.6 既有建筑有地下室，外套增层结构宜采用桩基础，桩位布置应避开原地下室挑出的底板；如需凿除部分底板时，应通过验算确定；新、旧基础不得相连。

7 纠倾加固

7.1 一般规定

7.1.1 纠倾加固适用于整体倾斜值超过现行国家标准《建筑地基基础设计规范》GB 50007 规定的允许值，且影响正常使用或安全的既有建筑纠倾。

7.1.2 应根据工程实际情况，选择迫降纠倾和顶升纠倾的方法，复杂建筑纠倾可采用多种纠倾方法联合进行。

7.1.3 既有建筑纠倾加固设计前，应进行倾斜原因分析，对纠倾施工方案进行可行性论证，并对上部结构进行安全性评估。当上部结构不能满足纠倾施工安全性要求时，应对上部结构进行加固。当可能发生再度倾斜时，应确定地基加固的必要性，并提出加固方案。

7.1.4 建筑物纠倾加固设计应具备下列资料：

1 纠倾建筑物有关设计和施工资料。

2 建筑场地岩土工程勘察资料。

3 建筑物沉降观测资料。

4 建筑物倾斜现状及结构安全性评价。

5 纠倾施工过程结构安全性评价分析。

7.1.5 既有建筑纠倾加固后，建筑物的整体倾斜值及各角点纠倾位移值应满足设计要求。尚未通过竣工验收的倾斜建筑物，纠倾后的验收标准，应符合有关新建工程验收标准要求。

7.1.6 纠倾加固完成后，应立即对工作槽（孔）进行回填，对施工破损面进行修复；当上部结构因纠倾施工产生裂损时，应进行修复或加固处理。

7.2 迫降纠倾

7.2.1 迫降纠倾应根据地质条件、工程对象及当地经验，采用掏土纠倾法（基底掏土纠倾法、井式纠倾法、钻孔取土纠倾法）、堆载纠倾法、降水纠倾法、地基加固纠倾法和浸水纠倾法等方法。

7.2.2 迫降纠倾的设计，应符合下列规定：

1 对建筑物倾斜原因，结构和基础形式，整体刚度，工程地质条件，环境条件等进行综合分析，遵循确保安全、经济合理、技术可靠、施工方便的原则，确定迫降纠倾方法。

2 迫降纠倾不应对上部结构产生结构损伤和破坏。当施工对周边建筑物、场地和管线等产生不良影响时，应采取有效技术措施。

3 纠倾后的地基承载力，地基变形和稳定性应按本规范第 5 章的有关规定进行验算，防止纠倾后的再度倾斜。当既有建筑的地基承载力和变形不能满足要求时，可按本规范第 11 章有关方法进行加固。

4 应确定各控制点的迫降纠倾量。

5 纠倾施工工艺和操作要点。

6 设置迫降的监控系统。沉降观测点纵向布置每边不应少于 4 点，横向每边不应少于 2 点，相邻测点间距不应大于 6m，且建筑物角点部位应设置倾斜值观测点。

7 应根据建筑物的结构类型和刚度确定纠倾速率。迫降速率不宜大于 5mm/d，迫降接近终止时，应预留一定的沉降量，以防发生过纠现象。

8 应制定出现异常情况的应急预案，以及防止过量纠倾的技术处理措施。

7.2.3 迫降纠倾施工，应符合下列规定：

1 施工前，应对建筑物及现场进行详细查勘，检查纠倾施工可能影响的周边建筑物和场地设施，并应采取措施消除迫降纠倾施工的影响，或降低影响程度及影响范围，并做好查勘记录。

2 编制详细的施工技术方案和施工组织设计。

3 在施工过程中，应做到设计、施工紧密配合，严格按设计要求进行监测，及时调整迫降量及施工顺序。

7.2.4 基底掏土纠倾法可分为人工掏土法或水冲掏土法，适用于匀质黏性土、粉土、填土、淤泥质土和砂土上的浅埋基础建筑物的纠倾。当缺少地方经验时，应通过现场试验确定具体施工方法和施工参数，且应符合下列规定：

1 人工掏土法可选择分层掏土、室外开槽掏土、穿孔掏土等方法，掏土范围、沟槽位置、宽度、深度应根据建筑物迫降量、地基土性质、基础类型、上部结构荷载中心位置等，结合当地经验和现场试验综合确定。

2 掏挖时，应先从沉降量小的部位开始，逐渐过渡，依次掏挖。

3 当采用高压水冲掏土时，水冲压力、流量应根据土质条件通过现场试验确定，水冲压力宜为 1.0MPa～3.0MPa，流量宜为 40L/min。

4 水冲过程中，掏土槽应逐渐加深，不得超宽。

5 当出现掏土过量，或纠倾速率超出控制值时，应立即停止掏土施工。当纠倾至设计控制值可能出现过纠现象时，应立即采用砾砂、细石或卵石进行回填，确保安全。

7.2.5 井式纠倾法适用于黏性土、粉土、砂土、淤泥、淤泥质土或填土等地基上建筑物的纠倾。井式纠倾施工，应符合下列规定：

1 取土工作井，可采用沉井或挖孔护壁等方式形成，具体应根据土质情况及当地经验确定，井壁宜采用钢筋混凝土，井的内径不宜小于 800mm，井壁混凝土强度等级不应低于 C15。

2 井孔施工时，应观察土层的变化，防止流砂、涌土、塌孔、突陷等意外情况出现。施工前，应制定相应的防护措施。

3 井位应设置在建筑物沉降量较小的一侧，井位可布置在室内，井位数量、深度和间距应根据建筑物的倾斜情况、基础类型、场地环境和土层性质等综合确定。

4 当采用射水施工时，应在井壁上设置射水孔与回水孔，射水孔孔径宜为 150mm～200mm，回水孔孔径宜为 60mm；射水孔位置，应根据地基土质情况及纠倾量进行布置，回水孔宜在射水孔下方交错布置。

5 高压射水泵工作压力、流量，宜根据土层性质，通过现场试验确定。

6 纠倾达到设计要求后，工作井及射水孔均应回填，射水孔可采用生石灰和粉煤灰拌合料回填。

7.2.6 钻孔取土纠倾法适用于淤泥、淤泥质土等软弱地基上建筑物的纠倾。钻孔取土纠倾施工，应符合下列规定：

1 应根据建筑物不均匀沉降情况和土层性质，确定钻孔位置和取土顺序。

2 应根据建筑物的底面尺寸和附加应力的影响范围，确定钻孔的直径及深度，取土深度不应小于 3m，钻孔直径不应小于 300mm。

3 钻孔顶部 3m 深度范围内，应设置套管或套筒，保护浅层土体不受扰动，防止地基出现局部变形过大。

7.2.7 堆载纠倾法适用于淤泥、淤泥质土和松散填土等软弱地基上体量较小且纠倾量不大的浅埋基础建筑物的纠倾。堆载纠倾施工，应符合下列规定：

1 应根据工程规模、基底附加压力的大小及土质条件，确定堆载纠倾施加的荷载量、荷载分布位置和分级加载速率。

2 应评价地基土的整体稳定，控制加载速率；施工过程中，应进行沉降观测。

7.2.8 降水纠倾法适用于渗透系数大于 10^{-4} cm/s 的地基土层的浅埋基础建筑物的纠倾。设计施工前，应论证施工对周边建筑物及环境的影响，并采取必要的隔水措施。降水施工，应符合下列规定：

1 人工降水的井点布置、井深设计及施工方法，应按抽水试验或地区经验确定。

2 纠倾时，应根据建筑物的纠倾量来确定抽水量大小及水位下降深度，并应设置水位观测孔，随时记录所产生的水力坡降，与沉降实测值比较，调整纠倾水位降深。

3 人工降水时，应采取措施防止对邻近建筑地基造成影响，且应在邻近建筑附近设置水位观测井和回灌井；降水对邻近建筑产生的附加沉降超过允许值时，可采取设置地下隔水墙等保护措施。

4 建筑物纠倾接近设计值时，应预留纠倾值的 1/10～1/12 作为滞后回倾值，并停止降水，防止建

筑物过纠。

7.2.9 地基加固纠倾法适用于淤泥、淤泥质土等软弱地基上沉降尚未稳定、整体刚度较好且倾斜量不大的既有建筑物的纠倾。应根据结构现况和地区经验确定适用性。地基加固纠倾施工，应符合下列规定：

1 优先选择托换加固地基的方法。

2 先对建筑物沉降较大一侧的地基进行加固，使该侧的建筑物沉降减少；根据监测结果，再对建筑物沉降较小一侧的地基进行加固，迫使建筑物倾斜纠正，沉降稳定。

3 对注浆等可能产生增大地基变形的加固方法，应通过现场试验确定其适用性。

7.2.10 浸水纠倾法适用于湿陷性黄土地基上整体刚度较大的建筑物的纠倾。当缺少当地经验时，应通过现场试验，确定其适用性。浸水纠倾施工，应符合下列规定：

1 根据建筑结构类型和场地条件，可选用注水孔、坑或槽等方式注水纠倾。注水孔、注水坑（槽）应布置在建筑物沉降量较小的一侧。

2 浸水纠倾前，应通过现场注水试验，确定渗透半径、浸水量与渗透速度的关系。当采用注水孔（坑）浸水时，应确定注水孔（坑）布置、孔径或坑的平面尺寸、孔（坑）深度、孔（坑）间距及注水量；当采用注水槽浸水时，应确定槽宽、槽深及分隔段的注水量；工程设计，应明确水量控制和计量系统。

3 浸水纠倾前，应设置严密的监测系统及防护措施。应根据基础类型、地基土层参数、现场试验数据等估算注水后的后期纠倾值，防止过纠的发生；设置限位桩；对注水流入沉降较大一侧地基采取防护措施。

4 当浸水纠倾的速率过快时，应立即停止注水，并回填生石灰料或采取其他有效的措施；当浸水纠倾速率较慢时，可与其他纠倾方法联合使用。

7.2.11 当纠倾速率较小，或原纠倾方法无法满足纠倾要求时，可结合掏土、降水、堆载等方法综合使用进行纠倾。

7.3 顶升纠倾

7.3.1 顶升纠倾适用于建筑物的整体沉降及不均匀沉降较大，以及倾斜建筑物基础为桩基础等不适用采用迫降纠倾的建筑纠倾。

7.3.2 顶升纠倾，可根据建筑物基础类型和纠倾要求，选用整体顶升纠倾、局部顶升纠倾。顶升纠倾的最大顶升高度不宜超过 800mm；采用局部顶升纠倾，应进行顶升过程结构的内力分析，对结构产生裂缝等损伤，应采取结构加固措施。

7.3.3 顶升纠倾的设计，应符合下列规定：

1 通过上部钢筋混凝土顶升梁与下部基础梁组

成上、下受力梁系，中间采用千斤顶顶升，受力梁系平面上应连续闭合，且应进行承载力及变形等验算（图7.3.3-1）。

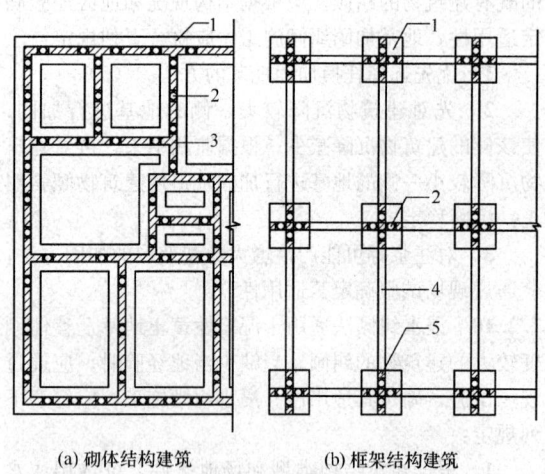

(a) 砌体结构建筑   (b) 框架结构建筑

图 7.3.3-1　千斤顶平面布置图
1—基础；2—千斤顶；3—托换梁；
4—连系梁；5—后置牛腿

2 顶升梁应通过托换加固形成，顶升托换梁宜设置在地面以上 500mm 位置，当基础梁埋深较大时，可在基础梁上增设钢筋混凝土千斤顶底座，并与基础连成整体。顶升梁、千斤顶、底座应形成稳固的整体（图7.3.3-2）。

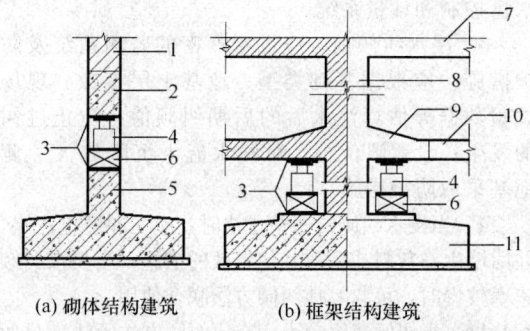

(a) 砌体结构建筑   (b) 框架结构建筑

图 7.3.3-2　顶升梁、千斤顶、底座布置
1—墙体；2—钢筋混凝土顶升梁；3—钢垫板；4—千斤顶；
5—钢筋混凝土基础梁；6—垫块（底座）；7—框架梁；
8—框架柱；9—托换牛腿；10—连系梁；11—原基础

3 对砌体结构建筑，可根据墙体线荷载分布布置顶升点，顶升点间距不宜大于 1.5m，且应避开门窗洞及薄弱承重构件位置；对框架结构建筑，应根据柱荷载大小布置。单片墙或单柱下顶升点数量，可按下式估算：

$$n \geqslant K \frac{Q}{N_a} \qquad (7.3.3)$$

式中：n——顶升点数（个）；
Q——相应于作用的标准组合时，单片墙总荷载或单柱集中荷载（kN）；

N_a——顶升支承点千斤顶的工作荷载设计值（kN），可取千斤顶额定工作荷载的 0.8；
K——安全系数，可取 2.0。

4 顶升量可根据建筑物的倾斜值、使用要求以及设计过纠量确定。纠倾后，倾斜值应符合现行国家标准《建筑地基基础设计规范》GB 50007 的要求。

7.3.4 砌体结构建筑的顶升梁系，可按倒置在弹性地基上的墙梁设计，并应符合下列规定：

1 顶升梁设计时，计算跨度应取相邻三个支承点中两边缘支点间的距离，并进行顶升梁的截面承载力及配筋设计。

2 当既有建筑的墙体承载力验算不能满足墙梁的要求时，可调整支承点的间距或对墙体进行加固补强。

7.3.5 框架结构建筑的顶升梁系的设置，应为有效支承结构荷载和约束框架柱的体系。顶升梁系包含顶升牛腿及连系梁两个部分，牛腿应按后设置牛腿设计，并应符合下列规定：

1 计算分析截断前、后柱端的抗压，抗弯和抗剪承载力是否满足顶升要求。

2 后设置牛腿，应符合现行国家标准《混凝土结构设计规范》GB 50010 的规定，并验算牛腿的正截面受弯承载力，局部受压承载力及斜截面的受剪承载力。

3 后设置牛腿设计时，钢筋的布置、焊接长度及（植筋）锚固应符合现行国家标准《混凝土结构设计规范》GB 50010 和《混凝土结构加固设计规范》GB 50367 的有关规定。

7.3.6 顶升纠倾的施工，应按下列步骤进行：

1 顶升梁系的托换施工。

2 设置千斤顶底座及顶升标尺，确定各点顶升值。

3 对每个千斤顶进行检验，安放千斤顶。

4 顶升前两天内，应设置完成监测测量系统，对尚存在连接的墙、柱等结构，以及水、电、暖气和燃气等进行截断处理。

5 实施顶升施工。

6 顶升到位后，应及时进行结构连接和回填。

7.3.7 顶升纠倾的施工，应符合下列规定：

1 砌体结构建筑的顶升梁应分段施工，梁分段长度不应大于 1.5m，且不应大于开间墙段的 1/3，并应间隔进行施工。主筋应预留搭接或焊接长度，相邻分段混凝土接头处，应按混凝土施工缝做法进行处理。当上部砌体无法满足托换施工要求时，可在各段设置支承芯垫，其间距应视实际情况确定。

2 框架结构建筑的顶升梁、牛腿施工，宜按柱间隔进行，并应设置必要的辅助措施（如支撑等）。当在原柱中钻孔植筋时，应分批（次）进行，每批（次）钻孔削弱后的柱净截面，应满足柱承载力计算要求。

3 顶升的千斤顶上、下应设置应力扩散的钢垫块，顶升过程应均匀分布，且应有不少于30%的千斤顶保持与顶升梁、垫块、基础梁连成一体。

4 顶升前，应对顶升点进行承载力试验。试验荷载应为设计荷载的1.5倍，试验数量不应少于总数的20%，试验合格后，方可正式顶升。

5 顶升时，应设置水准仪和经纬仪观测站。顶升标尺应设置在每个支承点上，每次顶升量不宜超过10mm。各点顶升量的偏差，应小于结构的允许变形。

6 顶升应设统一的监测系统，并应保证千斤顶按设计要求同步顶升和稳固。

7 千斤顶回程时，相邻千斤顶不得同时进行；回程前，应先用楔形垫块进行保护，或采用备用千斤顶支顶进行保护，并保证千斤顶底座平稳。楔形垫块及千斤顶底座垫块，应采用外包钢板的混凝土垫块或钢垫块。垫块使用前，应进行强度检验。

8 顶升达到设计高度后，应立即在墙体交叉点或主要受力部位增设垫块支承，并迅速进行结构连接。顶升高度较大时，应设置安全保护措施。千斤顶应待结构连接达到设计强度后，方可分批分期拆除。

9 结构的连接处应不低于原结构的强度，纠倾施工受到削弱时，应进行结构加固补强。

8 移 位 加 固

8.1 一 般 规 定

8.1.1 建筑物移位加固适用于既有建筑物需保留而改变其平面位置的整体移位。

8.1.2 建筑物移位，按移动方法可分为滚动移位和滑动移位两种，应优先采用滚动移位方法；滑动移位方法适用于小型建筑物。

8.1.3 建筑物移位加固设计前，应具备下列资料：

1 移位总平面布置。

2 场地及移位路线的岩土工程勘察资料。

3 既有建筑物相关设计和施工资料，以及检测鉴定报告。

4 既有建筑物结构现状分析。

5 移位施工对周边建筑物、场地、地下管线的影响分析。

8.1.4 建筑物移位加固，应对上部结构进行安全性评估。当上部结构不能满足移位施工要求时，应对上部结构进行加固或采取有效的支撑措施。

8.1.5 建筑物移位加固设计时，应对移位建筑的地基承载力和变形进行验算。当不满足移位要求时，应对地基基础进行加固。

8.1.6 建筑移位就位后，应对建筑物轴线、垂直度进行测量，其水平位置偏差应为±40mm，垂直度位

移增量应为±10mm。

8.1.7 移位工程完成后，应立即对工作槽（孔）进行回填、回灌，当上部结构因移位施工产生裂损时，应进行修复或加固处理。

8.2 设 计

8.2.1 设计前，应调查核实作用在结构上的实际荷载，并对建筑物轴线及构件的实际尺寸进行现场测量核对，并对结构或构件的材料强度、实际配筋进行抽检。

8.2.2 移位加固设计，应考虑恒荷载、活荷载及风荷载的组合，恒荷载及活荷载应按实际荷载取值，当无可靠依据时，活荷载标准值及基本风压值应符合现行国家标准《建筑结构荷载规范》GB 50009 的规定；移位施工期间的基本风压，可按当地10年一遇的风压值采用。

8.2.3 建筑物移位加固设计，应包括托换结构梁系、移位地基基础、移动装置、施力系统和结构连接等设计内容。

8.2.4 托换结构梁系的设计，应符合下列规定：

1 托换梁系由上轨道梁、托换梁及连系梁组成（图8.2.4）。托换梁系应考虑移位过程中，上部结构竖向荷载和水平荷载的分布和传递，以及移位时的最不利组合，可按承载能力极限状态进行设计。荷载分项系数，应符合现行国家标准《建筑结构荷载规范》GB 50009 的规定。

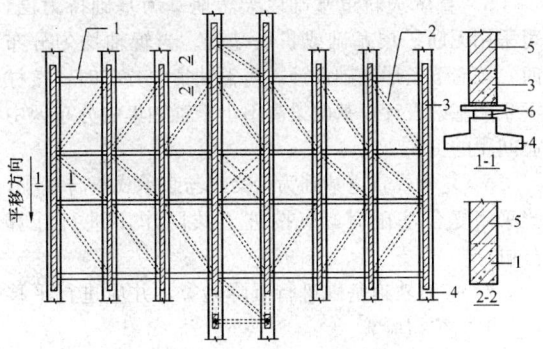

图 8.2.4 托换梁系构件组成示意
1—托换梁；2—连系梁；3—上轨道梁；4—轨道基础；
5—墙（柱）；6—移动装置

2 托换梁可按简支梁、连续梁设计。对砌体结构，当上部砌体及托换梁符合现行国家标准《砌体结构设计规范》GB 50003 的要求时，可按简支墙梁、连续墙梁设计。

3 上轨道梁应根据地基承载力、上部荷载及上部结构形式，选用连续上轨道梁或悬挑上轨道梁。连续上轨道梁可按无翼缘的柱（墙）下条形基础梁设计。悬挑上轨道梁宜用于柱构件下，且应以柱中线对称布置，按悬挑梁或牛腿设计。上轨道梁线刚度，应

满足梁底反力直线分布假定。

4 根据上部结构的整体性、刚度、平移路线地基情况，以及水平移位类型等情况对托换梁系的平面内、外刚度进行设计。

8.2.5 移位加固地基基础设计，应包括轨道地基基础及新址地基基础，且应符合下列规定：

1 轨道地基设计时，原地基承载力特征值或单桩承载力特征值可乘以系数 1.20；轨道基础应按永久性工程设计，荷载分项系数按现行国家标准《混凝土结构设计规范》GB 50010 的规定采用。当验算不满足移位要求时，地基基础加固方法可按本规范第 11 章选用。

2 新址地基基础应符合新建工程的要求，且应考虑移位过程中的荷载不利布置，以及就位后的结构布置，进行地基基础的设计；当就位地基基础由新、旧两部分组成时，应考虑新、旧基础的变形协调条件。

3 轨道基础，可根据荷载传递方式分为抬梁式、直承式及复合式。设计时，应根据场地质条件，以及建筑物原基础形式选择轨道基础形式。

4 抬梁式轨道基础由下轨道梁及集中布置的桩基础或独立基础组成。下轨道梁应考虑移位过程荷载的不利布置，按连续梁进行正截面受弯承载力及斜截面承载力计算，其梁高不得小于梁跨度的 1/6。当下轨道梁直接支承于桩上时，其构造尚应满足承台梁的构造要求。

5 直承式轨道基础以天然地基为基础持力层，可采用无筋扩展基础或扩展基础。当辊轴均匀分布时，按墙下条形基础设计。当辊轴集中分布时，按柱下条形基础设计，基础梁高不小于辊轴集中分布区中心间距的 1/6。

6 复合式轨道基础为抬梁式与直承式复合基础，当采用复合基础时，应按桩土共同作用进行计算分析。

7 应对轨道基础进行沉降验算，并应进行平移偏位时的抗扭验算。

8.2.6 移动装置可分为滚动式及滑动式两种，设计应符合下列规定：

1 滚动式移动装置（图 8.2.6）上、下承压板宜采用钢板，厚度应根据荷载大小计算确定，且不宜小于 20mm。辊轴可采用直径不小于 50mm 的实心钢棒或直径不小于 100mm 的厚壁钢管混凝土棒，辊轴间距应根据计算确定，且不宜大于 200mm。辊轴的径向承压力宜通过试验确定，也可用下式计算实心钢辊轴的径向承压力设计值 P_i：

$$P_i = k_p \frac{40 d l f^2}{E} \qquad (8.2.6\text{-}1)$$

式中：k_p——经验系数，由试验或施工经验确定，一

般可取 0.6；

d——辊轴直径（mm）；

l——辊轴有效承压长度（mm），取上、下承压长度的较小值；

f——辊轴的抗压强度设计值（N/mm²）；

E——钢材的弹性模量（N/mm²）。

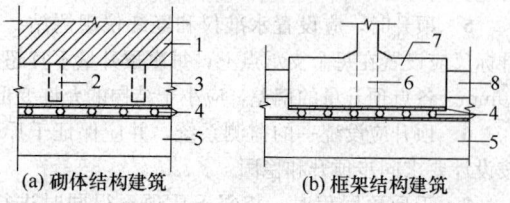

图 8.2.6 水平移位辊轴均匀分布构造示意

1—墙；2—托换梁；3—连续上轨道梁；4—移动装置；
5—轨道基础；6—墙（柱）；7—悬挑上轨道梁；8—连系梁

2 滑动式行走机构上、下轨道滑板的水平面积 A_0，应根据滑板的耐压性能，按下式计算：

$$A_0 \geqslant \frac{N}{f_0} \qquad (8.2.6\text{-}2)$$

式中：N——滑板承受的竖向作用力设计值（N）；

f_0——滑板材料抗压强度设计值（N/mm²）。

8.2.7 施力系统设计，应符合下列规定：

1 移位动力的施加可采用牵引、顶推和牵引顶推组合三种施力方式。牵引式适用于重量较小的建筑物移位，顶推式及牵引顶推组合方式适用于重量较大的建筑物移位。当建筑物旋转移位时，应优先选用牵引式或牵引顶推组合方式。

2 移位设计时，水平移位总阻力 F 可按下式计算：

$$F = k_s (iW + \mu W) \qquad (8.2.7\text{-}1)$$

式中：k_s——经验系数，由试验或施工经验确定，可取 1.5～3.0；

i——移位路线下轨道坡度；

W——作用的标准组合时建筑物基底总竖向荷载（kN）；

μ——行走机构摩擦系数，应根据试验确定。

3 施力点应根据荷载分布均匀布置，施力点的竖向位置应靠近上轨道底面，施力点的数量可按下式估算：

$$n = k_G \frac{F}{T} \qquad (8.2.7\text{-}2)$$

式中：n——施力点数量（个）；

k_G——经验系数，当采用滚动式行走机构时取 1.5，当采用滑行式行走机构时取 2.0；

F——水平移位总阻力，按本规范式（8.2.7-1）计算；

T——施力点额定工作荷载值（kN）。

8.2.8 建筑物移位就位后，应进行上部结构与新址

地基基础的连接设计，连接设计应符合下列规定：

1 连接构件应按国家有关标准的要求进行承载力和变形计算。

2 砌体结构建筑移位就位后，上部构造柱纵筋应与新址基础中预埋构造柱纵筋连接，连接区段箍筋间距应加密，且不大于100mm，托换梁系与基础间的空隙采用细石混凝土填充密实。

3 框架结构柱的连接应按计算确定。新址基础应预埋柱筋与上部框架柱纵筋连接，连接区段箍筋间距应加密，且不应大于100mm。柱连接区段采用细石混凝土灌注，连接区段宜采用外包钢筋混凝土套、外包型钢法等进行加固。

4 对于特殊建筑，当抗震设计要求无法满足时，可结合移位加固采用减震、隔震技术连接。

8.3 施 工

8.3.1 移位加固施工前，应编制详细的施工技术方案和施工组织设计。

8.3.2 托换梁施工，除应符合本规范第7.3.7条的规定外，尚应符合下列规定：

1 施工前，应设置水平标高控制线，上轨道梁底面标高应保证在同一水平面上。

2 上轨道梁施工时，可分段置入上承压板，并保证其在同一水平面上，上承压板宜可靠固定在上轨道梁底面，板端部应设置防翘曲构造措施。

3 当设计需要双向移位时，其上承压板可在托换施工时，进行双向预埋；也可先进行单向预埋，另一方向可在换向时进行置换。

8.3.3 移位加固地基基础施工，应符合下列规定：

1 轨道基础顶面标高应保证在同一水平面上，其表面应平整。

2 轨道地基基础和新址地基基础施工后，经检验达到设计要求时，方可进行移位施工。

8.3.4 移动装置施工，应符合下列规定：

1 移动装置包括上、下承压板，滚动支座或滑动支座，可在托换施工时，分段预先安装；也可在托换施工完成后，采取整体顶升后，一次性安装。

2 当采用滚动移位时，可采用直径不小于50mm的钢辊轴作为滚动支座；采用滑动移位时，可采用合适的橡胶支座作为滑动支座，其规格、型号等应统一。

3 当采用工具式下承压板时，每根承压板长度宜为2000mm，相互间连接构件应根据移位反力，按钢结构设计进行计算。

4 当移位距离较长时，宜采用可移动、可重复使用、易拆装的工具式下承压板，并与反力支座结合。

8.3.5 移位施工，应符合下列规定：

1 移位前，应对上托换梁系和移位地基基础等进行施工质量检验及验收。

2 移位前，应对移动装置、反力装置、施力系统、控制系统、监测系统、应急措施等进行检验与检查。

3 正式移位前，应进行试验性移位，检验各装置与系统的工作状态和安全可靠性能，并测读各移位轨道推力，当推力与设计值有较大差异时，应分析其原因。

4 移动施工时，动力施加应遵循均匀、分级、缓慢、同步的原则，动力系统应有测读装置，移动速度不宜大于50mm/min，应设置限制滚动装置，及时纠正移位中产生的偏移。

5 移位施工时，应避免建筑物长时间处于新、旧基础交接处，减少不均匀沉降对移位施工的影响。

6 移位施工过程中，应对上部建筑结构进行实时监测。出现异常时，应立即停止移位施工，待查明原因，消除隐患后，方可继续施工。

7 当折线、曲线移位施工过程需进行换向，或建筑物移位完成后，需置换或拆除移动装置时，可采用整体顶升方法，顶升施工应符合本规范第7.3.7条的规定。

9 托 换 加 固

9.1 一 般 规 定

9.1.1 发生下列情况时，可采用托换技术进行既有建筑地基基础加固：

1 地基不均匀变形引起建筑物倾斜、裂缝。

2 地震、地下洞穴及采空区土体移动，软土地基沉陷等引起建筑物损害。

3 建筑功能改变，结构承重体系改变，基础形式改变。

4 新建地下工程，邻近新建建筑，深基坑开挖，降水等引起建筑物损害。

5 地铁及地下工程穿越既有建筑，对既有建筑地基影响较大时。

6 古建筑保护。

7 其他需采用基础托换的工程。

9.1.2 托换加固设计，应根据工程的结构类型、基础形式、荷载情况以及场地地基情况进行方案比选，分别采用整体托换、局部托换或托换与加强建筑物整体刚度相结合的设计方案。

9.1.3 托换加固设计，应满足下列规定：

1 按上部结构、基础、地基变形协调原则进行承载力、变形验算。

2 当既有建筑基础沉降、倾斜、变形、开裂超过国家有关标准规定的控制指标时，应在原因分析的基础上，进行地基基础加固设计。

9.1.4 托换加固施工前，应制定施工方案；施工过程中，应对既有建筑结构变形、裂缝、基础沉降进行监测；工程需要时，尚应进行应力（或应变）监测。

9.2 设　计

9.2.1 整体托换加固的设计，应符合下列规定：

　　1 对于砌体结构，应在承重墙与基础梁间设置托换梁，对于框架结构，应在承重柱与基础间设置托换梁。

　　2 砌体结构的托换梁，可按连续梁计算。框架结构的托换梁，可按倒置的牛腿计算。

　　3 基础梁应进行地基承载力和变形验算；原基础梁刚度不满足时，应增大截面尺寸；地基承载力和变形验算不满足要求时，可按本规范第 11 章的方法进行地基加固。

　　4 按托换过程中最不利工况，进行上部结构内力复核。

　　5 分析评价进行上部结构加固的必要性及采取的保护措施。

9.2.2 局部托换加固的设计，应符合下列规定：

　　1 进行上部结构的受力分析，确定局部托换加固的范围，明确局部托换的变形控制标准。

　　2 进行局部托换加固的地基承载力和变形验算。

　　3 进行局部托换基础或基础梁的内力验算。

　　4 按局部托换最不利工况，进行上部结构的内力、变形复核。

　　5 分析评价进行上部结构加固的必要性及采取的保护措施。

9.2.3 地基承载力和变形不满足设计要求时，应进行地基基础加固。加固方法可按本规范第 11 章的规定采用锚杆静压桩、树根桩、加大基础底面积或采用抬墙梁、坑（墩）式托换，以及采用复合地基、桩基相结合的托换方式，并对地基加固后的基础内力进行验算，必要时，应采取基础加固措施。

9.2.4 新建地铁或地下工程穿越建筑物时，地基基础托换加固设计应符合下列规定：

　　1 应进行穿越工程对既有建筑物影响的分析评价，计算既有建筑的内力和变形。影响较小时，可采用加强建筑物基础刚度和结构刚度，或采用隔断防护措施的方法；可能引起既有建筑裂缝和正常使用时，可采用地基加固和基础、上部结构加固相结合的方法；穿越施工既有建筑存在安全隐患时，应采用加强上部结构的刚度、局部改变结构承重体系和加固地基基础的方法。

　　2 需切断建筑物桩体或在桩端下穿越时，应采用桩梁式托换、桩筏式托换以及增加基础整体刚度、扩大基础的荷载托换体系，必要时，应采用整体托换技术。

　　3 穿越天然地基、复合地基的建筑物托换加固，应采用桩梁式托换、桩筏式托换或地基注浆加固的方法。

9.2.5 既有建筑功能改造，改变上部结构承重体系或基础形式，地基基础托换加固设计，可采用下列方法：

　　1 建筑物需增加层高或因建筑物沉降量过大，需抬升时，可采用整体托换。

　　2 建筑物改变平面尺寸，增大开间或使用面积，改变承重体系时，可采用局部托换。

　　3 建筑物增加地下室，宜采用桩基进行整体托换。

9.2.6 因地震、地下洞穴及采空区土体移动、软土地基变形、地下水位变化、湿陷等造成地基基础损害时，地基基础托换加固，可采用下列方法：

　　1 建筑物不能正常使用时，可采用整体托换加固，也可采用改变基础形式的方法进行处理。

　　2 结构（包括基础）构件损害，不能满足设计要求时，可采用局部托换及结构构件加固相结合的方法。

　　3 地基承载力和变形不满足要求时，应进行地基加固。

9.2.7 采用抬墙法托换，应符合下列规定：

　　1 抬墙梁应根据其受力特点，按现行国家标准《混凝土结构设计规范》GB 50010 的规定进行结构设计。

　　2 抬墙梁的位置，应避开一层门窗洞口，当不能避开时，应对抬墙梁上方的门窗洞口采取加强措施。

　　3 当抬墙梁与上部墙体材料不同时，抬墙梁处的墙体，应进行局部承压验算。

9.2.8 采用桩式托换，应满足下列规定：

　　1 当有地下洞穴、采空区影响时，应进行成桩的可行性分析。

　　2 评估托换桩的施工对原基础的影响。对产生影响的基础采取加固处理后，方可进行托换桩的施工。

　　3 布桩时，托换桩与新建地下工程、采空区、地下洞穴净距不应小于 1.0m，托换桩端进入地下工程、采空区、地下洞穴底面以下土层的深度不应少于 1.0m。

　　4 采取减少托换桩与原基础沉降差的措施。

9.3 施　工

9.3.1 采用钢筋混凝土坑（墩）式托换时，应在既有基础基底部位采用膨胀混凝土、分次浇筑、排气等措施充填密实；当既有基础两侧土体存在高度差时，应采取防止基础侧移的措施。

9.3.2 采用桩式托换时，应采用对地基土扰动较小的成桩方法进行施工。

10 事故预防与补救

10.1 一般规定

10.1.1 当既有建筑因外部条件改变，可能引起的地基基础变形影响其正常使用或危及安全时，应遵循预防为主的原则，采取必要措施，确保既有建筑的安全。

10.1.2 既有建筑地基基础出现工程事故时的补救，应符合下列原则：

1 分析判断造成工程事故的原因。

2 分析判断事故对整体结构安全及建筑物正常使用的影响。

3 分析判断事故对周围建筑物、道路、管线的影响。

4 采取安全、快速、施工方便、经济的补救方案。

10.1.3 当重要的既有建筑物地基存在液化土时，或软土地区建筑物因地震可能产生震陷时，应按现行国家标准《建筑抗震设计规范》GB 50011 的规定进行地基、基础或上部结构加固。

10.2 地基不均匀变形过大引起事故的补救

10.2.1 对于建造在软土地基上出现损坏的建筑，可采取下列补救措施：

1 对于建筑体型复杂或荷载差异较大引起的不均匀沉降，或造成建筑物损坏时，可根据损坏程度采用局部卸载，增加上部结构或基础刚度，加深基础，锚杆静压桩，树根桩加固等补救措施。

2 对于局部软弱土层或暗塘、暗沟等引起差异沉降较大，造成建筑物损坏时，可采用锚杆静压桩、树根桩等加固补救措施。

3 对于基础承受荷载过大或加荷速率过快，引起较大沉降或不均匀沉降，造成建筑物损坏时，可采用卸除部分荷载、加大基础底面积或加深基础等减小基底附加压力的措施。

4 对于大面积地面荷载或大面积填土引起柱基、墙基不均匀沉降，地面大量凹陷，或柱身、墙身断裂时，可采用锚杆静压桩或树根桩等加固。

5 对于地质条件复杂或荷载分布不均，引起建筑物倾斜较大时，可按本规范第7章有关规定选用纠倾加固措施。

10.2.2 对于建造在湿陷性黄土地基上出现损坏的建筑，可采取下列补救措施：

1 对非自重湿陷性黄土场地，当湿陷性土层较薄，湿陷变形已趋稳定或估计再次浸水湿陷量较小时，可选用上部结构加固措施；当湿陷性土层较厚，湿陷变形较大或估计再次浸水湿陷量较大时，可选用石灰桩、灰土挤密桩、坑式静压桩、锚杆静压桩、树根桩、硅化法或碱液法等进行加固，加固深度宜达到基础压缩层下限。

2 对自重湿陷性黄土场地，可选用灰土挤密桩、坑式静压桩、锚杆静压桩、树根桩或灌注桩等进行加固。加固深度宜穿透全部湿陷性土层。

10.2.3 对于建造在人工填土地基上出现损坏的建筑，可采取下列补救措施：

1 对于素填土地基，由于浸水引起较大的不均匀沉降而造成建筑物损坏时，可采用锚杆静压桩、树根桩、灌注桩、坑式静压桩、石灰桩或注浆等进行加固。加固深度应穿透素填土层。

2 对于杂填土地基上损坏的建筑，可根据损坏程度，采用加强上部结构或基础刚度，并进行锚杆静压桩、灌注桩、旋喷桩、石灰桩或注浆等加固。

3 对于冲填土地基上损坏的建筑，可采用本规范第 10.2.1 条的规定进行加固。

10.2.4 对于建造在膨胀土地基上出现损坏的建筑，可采取下列补救措施：

1 对建筑物损坏轻微，且膨胀等级为Ⅰ级的膨胀土地基，可采用设置宽散水及在周围种植草皮等保护措施。

2 对于建筑物损坏程度中等，且膨胀等级为Ⅰ、Ⅱ级的膨胀土地基，可采用加强结构刚度和设置宽散水等处理措施。

3 对于建筑物损坏程度较严重或膨胀等级为Ⅲ级的膨胀土地基，可采用锚杆静压桩、树根桩、坑式静压桩或加深基础等加固方法。桩端应埋置在非膨胀土层中或伸到大气影响深度以下的土层中。

4 建造在坡地上的损坏建筑物，除应对地基或基础加固外，尚应在坡地周围采取保湿措施，防止多向失水造成的危害。

10.2.5 对于建造在土岩组合地基上，因差异沉降造成建筑物损坏，可根据损坏程度，采用局部加深基础、锚杆静压桩、树根桩、坑式静压桩或旋喷桩等加固措施。

10.2.6 对于建造在局部软弱地基上，因差异沉降过大造成建筑物损坏，可根据损坏程度，采用局部加深基础或桩基加固等措施。

10.2.7 对于基底下局部基岩出露或存在大块孤石，造成建筑物损坏，可将局部基岩和孤石凿去，铺设褥垫层或采用在土层部位加深基础或桩基加固等。

10.3 邻近建筑施工引起事故的预防与补救

10.3.1 当邻近工程的施工对既有建筑可能产生影响时，应查明既有建筑的结构和基础形式、结构状态、建成年代和使用情况等，根据邻近工程的结构类型、荷载大小、基础埋深、间隔距离以及土质情况等因素，分析可能产生的影响程度，并提出相应的预防措施。

10.3.2 当软土地基上采用有挤土效应的桩基，对邻近既有建筑有影响时，可在邻近既有建筑一侧设置砂井、排水板、应力释放孔或开挖隔离沟，减小沉桩引起的孔隙水压力和挤土效应。对重要建筑，可设地下挡墙。

10.3.3 遇有振动效应的地基处理或桩基施工时，可采用开挖隔振沟，减少振动波传递。

10.3.4 当邻近建筑开挖基槽、人工降低地下水或迫降纠倾施工等，可能造成土体侧向变形或产生附加应力时，可对既有建筑进行地基基础局部加固，减小该侧地基附加应力，控制基础沉降。

10.3.5 在邻近既有建筑进行人工挖孔桩或钻孔灌注桩时，应防止地下水的流失及土的侧向变形，可采用回灌、截水措施或跳挖、套管护壁等施工方法等，并进行沉降观测，防止既有建筑出现不均匀沉降而造成裂损。

10.3.6 当邻近工程施工造成既有建筑裂损或倾斜时，应根据既有建筑的结构特点、结构损害程度和地基土层条件，采用本规范第 7 章、第 9 章和第 11 章的方法对既有建筑地基基础进行加固。

10.4 深基坑工程引起事故的预防与补救

10.4.1 当既有建筑周围进行新建工程基坑施工时，应分析新建工程基坑支护施工过程、基坑支护体系变形、基坑降水、基坑失稳等对既有建筑地基基础安全的影响，并采取有效的预防措施。

10.4.2 基坑支护工程对既有建筑地基基础的保护设计，应包括下列内容：

　　1 查清既有建筑的地基基础和上部结构现状，分析基坑土方开挖对既有建筑的影响。

　　2 查清基坑支护工程周围管线的位置、尺寸和埋深以及采取的保护措施。

　　3 当地下水位较高需要降水时，应采用帷幕截水、回灌等技术措施，避免由于地下水位下降影响邻近既有建筑和周围管线的安全。

　　4 基坑采用锚杆支护结构时，避免采用对邻近既有建筑地基稳定和基础安全有影响的锚杆施工工艺。

　　5 应在既有建筑上和深基坑周边设置水平变形和竖向变形观测点。当水平或竖向变形速率超过规定时，应立即停止施工，分析原因，并采取相应的技术措施。

　　6 对可能发生的基坑工程事故，应制定应急处理方案。

10.4.3 当基坑内降水开挖，造成邻近既有建筑或地下管线发生沉降、倾斜或裂损时，应立刻停止坑内降水，查出事故原因，并采取有效加固措施。应在基坑截水墙外侧，靠近邻近既有建筑附近设置水位观测井

和回灌井。

10.4.4 当邻近既有建筑为桩基础或新建建筑采用打入式桩基础时，新建基坑支护结构外缘与邻近既有建筑的距离不应小于基坑开挖深度的 1.5 倍。无法满足最小安全距离时，应采用隔振沟或钢筋混凝土地下连续墙等保护既有建筑安全的基坑支护形式。

10.4.5 当既有建筑临近基坑时，该侧基坑周边不得搭建临时施工建筑和库房，不得堆放建筑材料和弃土，不得停放大型施工机械和车辆。基坑周边地面应做护面和排水沟，使地面水流向坑外，并防止雨水、施工用水渗入地下或坑内。

10.4.6 当既有建筑或地下管线因深基坑施工而出现倾斜、裂缝或损坏时，应根据既有建筑的上部结构特点、结构损害程度和地基土层条件，采用本规范第 7 章、第 9 章和第 11 章的方法对既有建筑地基基础进行加固或对地下管线采取保护措施。

10.5 地下工程施工引起事故的预防与补救

10.5.1 当地下工程施工对既有建筑、地下管线或道路造成影响时，可采用隔断墙将既有建筑、地下管线或道路隔开或对既有建筑地基进行加固。隔断墙可采用钢板桩、树根桩、深层搅拌桩、注浆加固或地下连续墙等；对既有建筑地基加固，可采用锚杆静压桩、树根桩或注浆加固等方法，加固深度应大于地下工程底面深度。

10.5.2 应对地下工程施工影响范围内的通信电缆、高压、易燃和易爆管道等管线采取预防保护措施。

10.5.3 应对地下工程施工影响范围内的既有建筑和地下管线的沉降和水平位移进行监测。

10.6 地下水位变化过大引起事故的预防与补救

10.6.1 对于建造在天然地基上的既有建筑，当地下水位降低幅度超出设计条件时，应评价地下水位降低引起的附加沉降对既有建筑的影响，当附加沉降值超过允许值时应对既有建筑地基采取加固处理措施；当地下水位升高幅度超出设计条件时，应对既有建筑采取增加荷载、增设抗浮桩等加固处理措施。

10.6.2 对于采用桩基或刚性桩复合地基的既有建筑物，应计算因地下水位降低引起既有建筑基础产生的附加沉降。

10.6.3 对于建造在湿陷性黄土、膨胀土、冻胀土及回填土地基上的既有建筑，地下水位变化过大引起事故的预防与补救措施应符合下列规定：

　　1 对于建造在湿陷性黄土地基上的既有建筑，应分析地下水位升高产生的湿陷对既有建筑地基变形的影响。当既有建筑地基湿陷沉降量超过现行国家标准《湿陷性黄土地区建筑规范》GB 50025 的要求时，应按本规范第 10.2.2 条的规定，对既有建筑采取加固处理措施。

2 对于建造在膨胀土或冻胀土上的既有建筑，应分析地下水位升高产生的膨胀或冻胀对既有建筑基础的影响，不满足正常使用要求时可按本规范第10.2.4条的规定采取补救措施。

3 对建造在回填土上的既有建筑，当地下水位升高，造成既有建筑的地基附加变形超过允许值时，可按照本规范第10.2.3条的规定，对既有建筑采取加固处理措施。

11 加 固 方 法

11.1 一 般 规 定

11.1.1 确定地基基础加固施工方案时，应分析评价施工工艺和方法对既有建筑附加变形的影响。

11.1.2 对既有建筑地基基础加固采取的施工方法，应保证新、旧基础可靠连接，导坑回填应达到设计密实度要求。

11.1.3 当选用钢管桩等进行既有建筑地基基础加固时，应采取有效的防腐或增加钢管腐蚀量壁厚的技术保护措施。

11.2 基础补强注浆加固

11.2.1 基础补强注浆加固适用于因不均匀沉降、冻胀或其他原因引起的基础裂损的加固。

11.2.2 基础补强注浆加固施工，应符合下列规定：

1 在原基础裂损处钻孔，注浆管直径可为25mm，钻孔与水平面的倾角不应小于30°，钻孔孔径不应小于注浆管的直径，钻孔孔距可为0.5m～1.0m。

2 浆液材料可采用水泥浆或改性环氧树脂等，注浆压力可取0.1MPa～0.3MPa。如果浆液不下沉，可逐渐加大压力至0.6MPa，浆液在10min～15min内不再下沉，可停止注浆。

3 对单独基础每边钻孔不应少于2个；对条形基础应沿基础纵向分段施工，每段长度可取1.5m～2.0m。

11.3 扩 大 基 础

11.3.1 扩大基础加固包括加大基础底面积法、加深基础法和抬墙梁法等。

11.3.2 加大基础底面积法适用于当既有建筑物荷载增加、地基承载力或基础底面积尺寸不满足设计要求，且基础埋置较浅，基础具有扩大条件时的加固，可采用混凝土套或钢筋混凝土套扩大基础底面积。设计时，应采取有效措施，保证新、旧基础的连接牢固和变形协调。

11.3.3 加大基础底面积法的设计和施工，应符合下列规定：

1 当基础承受偏心受压荷载时，可采用不对称加宽基础；当承受中心受压荷载时，可采用对称加宽基础。

2 在灌注混凝土前，应将原基础凿毛和刷洗干净，刷一层高强度等级水泥浆或涂混凝土界面剂，增加新、老混凝土基础的粘结力。

3 对基础加宽部分，地基上应铺设厚度和材料与原基础垫层相同的夯实垫层。

4 当采用混凝土套加固时，基础每边加宽后的外形尺寸应符合现行国家标准《建筑地基基础设计规范》GB 50007中有关无筋扩展基础或刚性基础台阶宽高比允许值的规定，沿基础高度隔一定距离应设置锚固钢筋。

5 当采用钢筋混凝土套加固时，基础加宽部分的主筋应与原基础内主筋焊接连接。

6 对条形基础加宽时，应按长度1.5m～2.0m划分单独区段，并采用分批、分段、间隔施工的方法。

11.3.4 当不宜采用混凝土套或钢筋混凝土套加大基础底面积时，可将原独立基础改成条形基础；将原条形基础改成十字交叉条形基础或筏形基础；将原筏形基础改成箱形基础。

11.3.5 加深基础法适用于浅层地基土层可作为持力层，且地下水位较低的基础加固。可将原基础埋置深度加深，使基础支承在较好的持力层上。当地下水位较高时，应采取相应的降水或排水措施，同时应分析评价降排水对建筑物的影响。设计时，应考虑原基础能否满足施工要求，必要时，应进行基础加固。

11.3.6 基础加深的混凝土墩可以设计成间断的或连续的。施工时，应先设置间断的混凝土墩，并在挖掉墩间土后，灌注混凝土形成连续墩式基础。基础加深的施工，应按下列步骤进行：

1 先在贴近既有建筑基础的一侧分批、分段、间隔开挖长约1.2m、宽约0.9m的竖坑，对坑壁不能直立的砂土或软弱地基，应进行坑壁支护，竖坑底面埋深应大于原基础底面埋深1.5m。

2 在原基础底面下，沿横向开挖与基础同宽，且深度达到设计持力层深度的基坑。

3 基础下的坑体，应采用现浇混凝土灌注，并在距原基础底面下200mm处停止灌注，待养护一天后，用掺入膨胀剂和速凝剂的干稠水泥砂浆填入基底空隙，并挤实筑的砂浆。

11.3.7 当基础为承重的砖石砌体、钢筋混凝土基础梁时，墙应跨越两墩之间，如原基础强度不能满足两墩间的跨越，应在坑间设置过梁。

11.3.8 对较大的柱基用基础加深法加固时，应将柱基面积划分为几个单元进行加固，一次加固不宜超过基础总面积的20%，施工顺序，应先从角端处开始。

11.3.9 抬墙梁法可采用预制的钢筋混凝土梁或钢

梁，穿过原房屋基础梁下，置于基础两侧预先做好的钢筋混凝土桩或墩上。抬墙梁的平面位置应避开一层门窗洞口。

11.4 锚杆静压桩

11.4.1 锚杆静压桩法适用于淤泥、淤泥质土、黏性土、粉土、人工填土、湿陷性黄土等地基加固。

11.4.2 锚杆静压桩设计，应符合下列规定：

　　1 锚杆静压桩的单桩竖向承载力可通过单桩载荷试验确定；当无试验资料时，可按地区经验确定，也可按国家现行标准《建筑地基基础设计规范》GB 50007 和《建筑桩基技术规范》JGJ 94 有关规定估算。

　　2 压桩孔应布置在墙体的内外两侧或柱子四周。设计桩数应由上部结构荷载及单桩竖向承载力计算确定；施工时，压桩力不得大于该加固部分的结构自重荷载。压桩孔可预留，或在扩大基础上由人工或机械开凿，压桩孔的截面形状，可做成上小下大的截头锥形，压桩孔洞口的底板、板面应设保护附加钢筋，其孔口每边不宜小于桩截面边长的 50mm～100mm。

　　3 当既有建筑基础承载力和刚度不满足压桩要求时，应对基础进行加固补强，或采用新浇筑钢筋混凝土挑梁或抬梁作为压桩承台。

　　4 桩身制作除应满足现行行业标准《建筑桩基技术规范》JGJ 94 的规定外，尚应符合下列规定：

　　　　1) 桩身可采用钢筋混凝土桩、钢管桩、预制管桩、型钢等；

　　　　2) 钢筋混凝土桩宜采用方形，其边长宜为 200mm～350mm；钢管桩直径宜为 100mm～600mm，壁厚宜为 5mm～10mm；预制管桩直径宜为 400mm～600mm，壁厚不宜小于 10mm；

　　　　3) 每段桩节长度，应根据施工净空高度及机具条件确定，每段桩节长度宜为 1.0m～3.0m；

　　　　4) 钢筋混凝土桩的主筋配置应按计算确定，且应满足最小配筋率要求。当方桩截面边长为 200mm 时，配筋不宜少于 4ϕ10；当边长为 250mm 时，配筋不宜少于 4ϕ12；当边长为 300mm 时，配筋不宜少于 4ϕ14；当边长为 350mm 时，配筋不宜少于 4ϕ16；抗拔桩主筋由计算确定；

　　　　5) 钢筋宜选用 HRB335 级以上，桩身混凝土强度等级不应小于 C30 级；

　　　　6) 当单桩承载力设计值大于 1500kN 时，宜选用直径不小于 ϕ400mm 的钢管桩；

　　　　7) 当桩身承受拉应力时，桩节的连接应采用焊接接头；其他情况下，桩节的连接可采用硫磺胶泥或其他方式连接。当采用硫磺胶泥接头连接时，桩节两端连接处，应设置焊接钢筋网片，一端应预埋插筋，另一端应预留插筋孔和吊装孔；当采用焊接接头时，桩节的两端均应设置预埋连接件。

　　5 原基础承台除应满足承载力要求外，尚应符合下列规定：

　　　　1) 承台周边至边桩的净距不宜小于 300mm；

　　　　2) 承台厚度不宜小于 400mm；

　　　　3) 桩顶嵌入承台内长度应为 50mm～100mm；当桩承受拉力或有特殊要求时，应在桩顶四角增设锚固筋，锚固筋伸入承台内的锚固长度，应满足钢筋锚固要求；

　　　　4) 压桩孔内应采用混凝土强度等级为 C30 或不低于基础强度等级的微膨胀早强混凝土浇筑密实；

　　　　5) 当原基础厚度小于 350mm 时，压桩孔应采用 2ϕ16 钢筋交叉焊接于锚杆上，并应在浇筑压桩孔混凝土时，在桩孔顶面以上浇筑桩帽，厚度不得小于 150mm。

　　6 锚杆应根据压桩力大小通过计算确定。锚杆可采用带螺纹锚杆、端头带镦粗锚杆或带爪肢锚杆，并应符合下列规定：

　　　　1) 当压桩力小于 400kN 时，可采用 M24 锚杆；当压桩力为 400kN～500kN 时，可采用 M27 锚杆；

　　　　2) 锚杆螺栓的锚固深度可采用 12 倍～15 倍螺栓直径，且不应小于 300mm，锚杆露出承台顶面长度应满足压桩机具要求，且不应小于 120mm；

　　　　3) 锚杆螺栓在锚杆孔内的胶粘剂可采用植筋胶、环氧砂浆或硫磺胶泥等；

　　　　4) 锚杆与压桩孔、周围结构及承台边缘的距离不应小于 200mm。

11.4.3 锚杆静压桩施工应符合下列规定：

　　1 锚杆静压桩施工前，应做好下列准备工作：

　　　　1) 清理压桩孔和锚杆孔施工工作面；

　　　　2) 制作锚杆螺栓和桩节；

　　　　3) 开凿压桩孔，孔壁凿毛，将原承台钢筋割断后弯起，待压桩后再焊接。

　　　　4) 开凿锚杆孔，应确保锚杆孔内清洁干燥后再埋设锚杆，并以胶粘剂加以封固。

　　2 压桩施工应符合下列规定：

　　　　1) 压桩架应保持竖直，锚固螺栓的螺母或锚具应均衡紧固，压桩过程中，应随时拧紧松动的螺母；

　　　　2) 就位的桩节应保持竖直，使千斤顶、桩节及压桩孔轴线重合，不得采用偏心加压；压桩时，应垫钢板或桩垫，套上钢桩帽后再进行压桩。桩位允许偏差应为 ±20mm，桩节垂直度允许偏差应为桩节长度的±1.0%；钢管桩平整度允许偏差应为±2mm，接桩处的坡口应为45°，焊缝应饱满、无气孔、无杂质，焊缝高度应为 $h=t+1$（mm，t 为壁厚）；

3）桩应一次连续压到设计标高。当必须中途停压时，桩端应停留在软弱土层中，且停压的间隔时间不宜超过 24h；

4）压桩施工应对称进行，在同一个独立基础上，不应数台压桩机同时加压施工；

5）焊接接桩前，应对准上、下节桩的垂直轴线，且应清除焊面铁锈后，方可进行满焊施工；

6）采用硫磺胶泥接桩时，其操作施工应按现行国家标准《建筑地基基础工程施工质量验收规范》GB 50202 的规定执行；

7）可根据静力触探资料，预估最大压桩力选择压桩设备。最大压桩力 $P_{p(z)}$ 和设计最终压桩力 P_p 可分别按式（11.4.3-1）和式（11.4.3-2）计算：

$$P_{p(z)} = K_s \cdot p_{s(z)} \qquad (11.4.3-1)$$
$$P_p = K_p \cdot R_d \qquad (11.4.3-2)$$

式中：$P_{p(z)}$——桩入土深度为 z 时的最大压桩力（kN）；

K_s——换算系数（m²），可根据当地经验确定；

$p_{s(z)}$——桩入土深度为 z 时的最大比贯入阻力（kPa）；

P_p——设计最终压桩力（kN）；

K_p——压桩力系数，可根据当地经验确定，且不宜小于 2.0；

R_d——单桩竖向承载力特征值（kN）。

8）桩尖应达到设计深度，且压桩力不小于设计单桩承载力 1.5 倍时的持续时间不少于 5min 时，可终止压桩；

9）封桩前，应凿毛和刷洗干净桩顶桩侧表面，并涂混凝土界面剂，压桩孔内封桩应采用 C30 或 C35 微膨胀混凝土，封桩可采用不施加预应力的方法或施加预应力的方法。

11.4.4 锚杆静压桩质量检验，应符合下列规定：

1 最终压桩力与桩压入深度，应符合设计要求。

2 桩帽梁、交叉钢筋及焊接质量，应符合设计要求。

3 桩位允许偏差应为±20mm。

4 桩节垂直度允许偏差不应大于桩节长度的 1.0%。

5 钢管桩平整度允许偏差应为±2mm，接桩处的坡口应为 45°，接桩处焊缝应饱满、无气孔、无杂质，焊缝高度应为 $h=t+1$（mm，t 为壁厚）。

6 桩身试块强度和封桩混凝土试块强度，应符合设计要求。

11.5 树 根 桩

11.5.1 树根桩适用于淤泥、淤泥质土、黏性土、粉土、砂土、碎石土及人工填土等地基加固。

11.5.2 树根桩设计，应符合下列规定：

1 树根桩的直径宜为 150mm～400mm，桩长不宜超过 30m，桩的布置可采用直桩或网状结构斜桩。

2 树根桩的单桩竖向承载力可通过单桩载荷试验确定；当无试验资料时，也可按现行国家标准《建筑地基基础设计规范》GB 50007 的有关规定估算。

3 桩身混凝土强度等级不应小于 C20；混凝土细石骨料粒径宜为 10mm～25mm；钢筋笼外径宜小于设计桩径的 40mm～60mm；主筋直径宜为 12mm～18mm；箍筋直径宜为 6mm～8mm，间距宜为 150mm～250mm；主筋不得少于 3 根；桩承受压力作用时，主筋长度不得小于桩长的 2/3；桩承受拉力作用时，桩身应通长配筋；对直径小于 200mm 树根桩，宜注水泥砂浆，砂粒粒径不宜大于 0.5mm。

4 有经验地区，可用钢管代替树根桩中的钢筋笼，并采用压力注浆提高承载力。

5 树根桩设计时，应对既有建筑的基础进行承载力的验算。当基础不满足承载力要求时，应对原基础进行加固或增设新的桩承台。

6 网状结构树根桩设计时，可将桩及周围土体视作整体结构进行整体验算，并应对网状结构中的单根树根桩进行内力分析和计算。

7 网状结构树根桩的整体稳定性计算，可采用假定滑动面不通过网状结构树根桩的加固体进行计算，有地区经验时，可按圆弧滑动法，考虑树根桩的抗滑力进行计算。

11.5.3 树根桩施工，应符合下列规定：

1 桩位允许偏差应为±20mm；直桩垂直度和斜桩倾斜度允许偏差不应大于 1%。

2 可采用钻机成孔，穿过原基础混凝土。在土层中钻孔时，应采用清水或天然地基泥浆护壁；可在孔口附近下一段套管；作为端承桩使用时，钻孔应全桩长下套管。钻孔到设计标高后，清孔至孔口泛清水为止；当土层中有地下水，且成孔困难时，可采用套管跟进成孔或利用套管替代钢筋笼一次成桩。

3 钢筋笼宜整根吊放。当分节吊放时，节间钢筋搭接焊缝采用双面焊时，搭接长度不得小于 5 倍钢筋直径；采用单面焊时，搭接长度不得小于 10 倍钢筋直径。注浆管应直插到孔底，需二次注浆的树根桩应插两根注浆管，施工时，应缩短吊放和焊接时间。

4 当采用碎石和细石填料时，填料应经清洗，投入量不应小于计算桩孔体积的 90%。填灌时，应同时采用注浆管注水清孔。

5 注浆材料可采用水泥浆、水泥砂浆或细石混凝土，当采用碎石填灌时，注浆应采用水泥浆。

6 当采用一次注浆时，泵的最大工作压力不应低于1.5MPa。注浆时，起始注浆压力不应小于1.0MPa，待浆液经注浆管从孔底压出后，注浆压力可调整为0.1MPa～0.3MPa，浆液泛出孔口时，应停止注浆。

当采用二次注浆时，泵的最大工作压力不宜低于4.0MPa，且待第一次注浆的浆液初凝时，方可进行第二次注浆。浆液的初凝时间根据水泥品种和外加剂掺量确定，且宜为45min～100min。第二次注浆压力宜为1.0MPa～3.0MPa，二次注浆不宜采用水泥砂浆和细石混凝土；

7 注浆施工时，应采用间隔施工、间歇施工或增加速凝剂掺量等技术措施，防止出现相邻桩冒浆和窜孔现象。

8 树根桩施工，桩身不得出现缩颈和塌孔。

9 拔管后，应立即在桩顶填充碎石，并在桩顶1m～2m范围内补充注浆。

11.5.4 树根桩质量检验，应符合下列规定：

1 每3根～6根桩，应留一组试块，并测定试块抗压强度。

2 应采用载荷试验检验树根桩的竖向承载力，有经验时，可采用动测法检验桩身质量。

11.6 坑式静压桩

11.6.1 坑式静压桩适用于淤泥、淤泥质土、黏性土、粉土、湿陷性黄土和人工填土且地下水位较低的地基加固。

11.6.2 坑式静压桩设计，应符合下列规定：

1 坑式静压桩的单桩承载力，可按现行国家标准《建筑地基基础设计规范》GB 50007 的有关规定估算。

2 桩身可采用直径为100mm～600mm的开口钢管，或边长为150mm～350mm的预制钢筋混凝土方桩，每节桩长可按既有建筑基础下坑的净空高度和千斤顶的行程确定。

3 钢管桩管内应满灌混凝土，桩管外宜做防腐处理，桩段之间的连接宜用焊接连接；钢筋混凝土预制桩，上、下桩节之间宜用预埋插筋并采用硫磺胶泥接桩，或采用上、下桩节预埋铁件焊接成柱。

4 桩的平面布置，应根据既有建筑的墙体和基础形式及荷载大小确定，可采用一字形、三角形、正方形或梅花形等布置方式，应避开门窗等墙体薄弱部位，且应设置在结构受力节点位置。

5 当既有建筑基础承载力不能满足压桩反力时，应对原基础进行加固，增设钢筋混凝土地梁、型钢梁或钢筋混凝土垫块，加强基础结构的承载力和刚度。

11.6.3 坑式静压桩施工，应符合下列规定：

1 施工时，先在贴近被加固建筑物的一侧开挖

竖向工作坑，对砂土或软弱土等地基应进行坑壁支护，并在基础梁、承台梁或直接在基础底面下开挖竖向工作坑。

2 压桩施工时，应在第一节桩桩顶上安置千斤顶及测力传感器，再驱动千斤顶压桩，每压入下一节桩后，再接上一节桩。

3 钢管桩各节的连接处可采用套管接头；当钢管桩较长或土中有障碍物时，需采用焊接接头，整个焊口（包括套管接头）应为满焊；预制钢筋混凝土方桩，桩尖可将主筋合拢焊在桩尖辅助钢筋上，在密实砂和碎石类土中，可在桩尖处包以钢板桩靴，桩与桩间接头，可采用焊接或硫磺胶泥接头。

4 桩位允许偏差应为±20mm；桩节垂直度允许偏差不应大于桩节长度的1%。

5 桩尖到达设计深度后，压桩力不得小于单桩竖向承载力特征值的2倍，且持续时间不应少于5min。

6 封桩可采用预应力法或非预应力法施工：

1）对钢筋混凝土方桩，压桩达到设计深度后，应采用C30微膨胀早强混凝土将桩与原基础浇筑成整体；

2）当施加预应力封桩时，可采用型钢支架托换，再浇筑混凝土；对钢管桩，应根据工程要求，在钢管内浇筑微膨胀早强混凝土，最后用混凝土将桩与原基础浇筑成整体。

11.6.4 坑式静压桩质量检验，应符合下列规定：

1 最终压桩力与压桩深度，应符合设计要求。

2 桩材试块强度，应符合设计要求。

11.7 注 浆 加 固

11.7.1 注浆加固适用于砂土、粉土、黏性土和人工填土等地基加固。

11.7.2 注浆加固设计前，宜进行室内浆液配比试验和现场注浆试验，确定设计参数和检验施工方法及设备；有地区经验时，可按地区经验确定设计参数。

11.7.3 注浆加固设计，应符合下列规定：

1 劈裂注浆加固地基的浆液材料可选用以水泥为主剂的悬浊液，或选用水泥和水玻璃的双液型混合液。防渗堵漏注浆的浆液可选用水玻璃、水玻璃与水泥的混合液或化学浆液，不宜采用对环境有污染的化学浆液。对有地下水流动的地基土层加固，不宜采用单液水泥浆，宜采用双液注浆或其他初凝时间短的速凝配方。压密注浆可选用低坍落度的水泥砂浆，并应设置排水通道。

2 注浆孔间距应根据现场试验确定，宜为1.2m～2.0m；注浆孔可布置在基础内、外侧或基础内，基础内注浆后，应采取措施对基础进行封孔。

3 浆液的初凝时间，应根据地基土质条件和注浆目的确定，砂土地基中宜为5min～20min，黏性土

地基中宜为 1h～2h。

4 注浆量和注浆有效范围的初步设计,可按经验公式确定。施工图设计前,应通过现场注浆试验确定。在黏性土地基中,浆液注入率宜为 15%～20%。注浆点上的覆盖土厚度不应小于 2.0m。

5 劈裂注浆的注浆压力,在砂土中宜为 0.2MPa～0.5MPa,在黏性土中宜为 0.2MPa～0.3MPa;对压密注浆,水泥砂浆浆液坍落度宜为 25mm～75mm,注浆压力宜为 1.0MPa～7.0MPa。当采用水泥-水玻璃双液快凝浆液时,注浆压力不应大于 1MPa。

11.7.4 注浆加固施工,应符合下列规定:

1 施工场地应预先平整,并沿钻孔位置开挖沟槽和集水坑。

2 注浆施工时,宜采用自动流量和压力记录仪,并应及时对资料进行整理分析。

3 注浆孔的孔径宜为 70mm～110mm,垂直度偏差不应大于 1%。

4 花管注浆施工,可按下列步骤进行:

　　1) 钻机与注浆设备就位;

　　2) 钻孔或采用振动法将花管置入土层;

　　3) 当采用钻孔法时,应从钻杆内注入封闭泥浆,插入孔径为 50mm 的金属花管;

　　4) 待封闭泥浆凝固后,移动花管自下向上或自上向下进行注浆。

5 塑料阀管注浆施工,可按下列步骤进行:

　　1) 钻机与灌浆设备就位;

　　2) 钻孔;

　　3) 当钻孔钻到设计深度后,从钻杆内灌入封闭泥浆,或直接采用封闭泥浆钻孔;

　　4) 插入塑料单向阀管到设计深度。当注浆孔较深时,阀管中应加入水,以减小阀管插入土层时的弯曲;

　　5) 待封闭泥浆凝固后,在塑料阀管中插入双向密封注浆芯管,再进行注浆,注浆时,应在设计注浆深度范围内自下而上(或自上而下)移动注浆芯管;

　　6) 当使用同一塑料阀管进行反复注浆时,每次注浆完毕后,应用清水冲洗塑料阀管中的残留浆液。对于不宜采用清水冲洗的场地,宜用陶土浆灌满阀管内。

6 注浆管注浆施工,可按下列步骤进行:

　　1) 钻机与灌浆设备就位;

　　2) 钻孔或采用振动法将金属注浆管压入土层;

　　3) 当采用钻孔法时,应从钻杆内灌入封闭泥浆,然后插入金属注浆管;

　　4) 待封闭泥浆凝固后(采用钻孔法时),捅去金属管的活络堵头进行注浆,注浆时,应在设计注浆深度范围内,自下而上移动注浆管。

7 低坍落度砂浆压密注浆施工,可按下列步骤进行:

　　1) 钻机与灌浆设备就位;

　　2) 钻孔或采用振动法将金属注浆管置入土层;

　　3) 向底层注入低坍落度水泥砂浆,应在设计注浆深度范围内,自下而上移动注浆管。

8 封闭泥浆的 7d 立方体试块的抗压强度应为 0.3MPa～0.5MPa,浆液黏度应为 80″～90″。

9 注浆用水泥的强度等级不宜小于 32.5 级。

10 注浆时可掺用粉煤灰,掺入量可为水泥重量的 20%～50%。

11 根据工程需要,浆液拌制时,可根据下列情况加入外加剂:

　　1) 加速浆体凝固的水玻璃,其模数应为 3.0～3.3。水玻璃掺量应通过试验确定,宜为水泥用量的 0.5%～3%;

　　2) 为提高浆液扩散能力和可泵性,可掺加表面活性剂(或减水剂),其掺加量应通过试验确定;

　　3) 为提高浆液均匀性和稳定性,防止固体颗粒离析和沉淀,可掺加膨润土,膨润土掺加量不宜大于水泥用量的 5%;

　　4) 可掺加早强剂、微膨胀剂、抗冻剂、缓凝剂等,其掺加量应分别通过试验确定。

12 注浆用水不得采用 pH 值小于 4 的酸性水或工业废水。

13 水泥浆的水灰比宜为 0.6～2.0,常用水灰比为 1.0。

14 劈裂注浆的流量宜为 7L/min～15L/min。充填型灌浆的流量不宜大于 20L/min。压密注浆的流量宜为 10L/min～40L/min。

15 注浆管上拔时,宜使用拔管机。塑料阀管注浆时,注浆芯管每次上拔高度应与阀管开孔间距一致,且宜为 330mm;花管或注浆管注浆时,每次上拔或下钻高度宜为 300mm～500mm;采用砂浆压密注浆,每次上拔高度宜为 400mm～600mm。

16 浆体应经过搅拌机充分搅拌均匀后,方可开始压注。注浆过程中,应不停缓慢搅拌,搅拌时间不应大于浆液初凝时间。浆液在泵送前,应经过筛网过滤。

17 在日平均温度低于 5℃或最低温度低于 -3℃的条件下注浆时,应在施工现场采取保温措施,确保浆液不冻结。

18 浆液水温不得超过 35℃,且不得将盛浆桶和注浆管路在注浆体静止状态暴露于阳光下,防止浆液凝固。

19 注浆顺序应根据地基土质条件、现场环境、周边排水条件及注浆目的等确定,并应符合下列

规定：

1）注浆应采用先外围后内部的跳孔间隔的注浆施工，不得采用单向推进的压注方式；

2）对有地下水流动的土层注浆，应自水头高的一端开始注浆；

3）对注浆范围以外有边界约束条件时，可采用从边界约束远侧往近侧推进的注浆的方式，深度方向宜由下向上进行注浆；

4）对渗透系数相近的土层注浆，应先注浆封顶，再由下至上进行注浆。

20　既有建筑地基注浆时，应对既有建筑及其邻近建筑、地下管线和地面的沉降、倾斜、位移和裂缝进行监测，且应采用多孔间隔注浆和缩短浆液凝固时间等技术措施，减少既有建筑基础、地下管线和地面因注浆而产生的附加沉降。

11.7.5　注浆加固地基的质量检验，应符合下列规定：

1　注浆检验时间应在注浆施工结束 28d 后进行。质量检测方法可用标准贯入试验、静力触探试验、轻便触探试验或静载荷试验对加固地层进行检测。对注浆效果的评定，应注重注浆前后数据的比较，并结合建筑物沉降观测结果综合评价注浆效果。

2　应在加固土的全部深度范围内，每间隔 1.0m 取样进行室内试验，测定其压缩性、强度或渗透性。

3　注浆检验点应设在注浆孔之间，检测数量应为注浆孔数的 2%～5%。当检验点合格率小于或等于 80%，或虽大于 80% 但检验点的平均值达不到强度或防渗的设计要求时，应对不合格的注浆区实施重复注浆。

4　应对注浆凝固体试块进行强度试验。

11.8　石　灰　桩

11.8.1　石灰桩适用于加固地下水位以下的黏性土、粉土、松散粉细砂、淤泥、淤泥质土、杂填土或饱和黄土等地基加固，对重要工程或地质条件复杂而又缺乏经验的地区，施工前，应通过现场试验确定其适用性。

11.8.2　石灰桩加固设计，应符合下列规定：

1　石灰桩桩身材料宜采用生石灰和粉煤灰（火山灰或其他掺合料）。生石灰氧化钙含量不得低于 70%，含粉量不得超过 10%，最大块径不得大于 50mm。

2　石灰桩的配合比（体积比）宜为生石灰：粉煤灰＝1：1、1：1.5 或 1：2。为提高桩身强度，可掺入适量水泥、砂或石屑。

3　石灰桩桩径应由成孔机具确定。桩距宜为 2.5 倍～3.5 倍桩径，桩的布置可按三角形或正方形布置。石灰桩地基处理的范围应比基础的宽度加宽 1 排～2 排桩，且不小于加固深度的一半。石灰桩桩长

应由加固目的和地基土质等决定。

4　成桩时，石灰桩材料的干密度 ρ_d 不应小于 1.1t/m³，石灰桩每延米灌灰量可按下式估算：

$$q = \eta_c \frac{\pi d^2}{4} \qquad (11.8.2)$$

式中：q ——石灰桩每延米灌灰量（m³/m）；

η_c ——充盈系数，可取 1.4～1.8。振动管外投料成桩取高值；螺旋钻成桩取低值；

d ——设计桩径（m）。

5　在石灰桩顶部宜铺设 200mm～300mm 厚的石屑或碎石垫层。

6　复合地基承载力和变形计算，应符合现行行业标准《建筑地基处理技术规范》JGJ 79 的有关规定。

11.8.3　石灰桩施工，应符合下列规定：

1　根据加固设计要求、土质条件、现场条件和机具供应情况，可选用振动成桩法（分管内填料成桩和管外填料成桩）、锤击成桩法、螺旋钻成桩法或洛阳铲成桩工艺等。桩位中心点的允许偏差不应超过桩距设计值的 8%，桩的垂直度允许偏差不大于桩长的 1.5%。

2　采用振动成桩法和锤击成桩法施工时，应符合下列规定：

1）采用振动管内填料成桩法时，为防止生石灰膨胀堵住桩管，应加压缩空气装置及空中加料装置；管外填料成桩，应控制每次填料数量及沉管的深度；采用锤击成桩法时，应根据锤击的能量，控制分段的填料量和成桩长度；

2）桩顶上部空孔部分，应采用 3：7 灰土或素土填孔封顶。

3　采用螺旋钻成桩法施工时，应符合下列规定：

1）根据成孔时电流大小和土质情况，检验场地情况与原勘察报告和设计要求是否相符；

2）钻杆达设计要求深度后，提钻检查成孔质量，清除钻杆上泥土；

3）施工过程中，将钻杆沉入孔底，钻杆反转，叶片将填料边搅拌边压入孔底，钻杆被压密的填料逐渐顶起，钻尖升至离地面 1.0m～1.5m 或预定标高后停止填料，用 3：7 灰土或素土封顶。

4　洛阳铲成桩法适用于施工场地狭窄的地基加固工程。洛阳铲成桩直径可为 200mm～300mm，每层回填料厚度不宜大于 300mm，用杆状重锤分层夯实。

5　施工过程中，应设专人监测成孔及回填料的质量，并做好施工记录。如发现地基土质与勘察资料不符时，应查明情况并采取有效处理措施后，方可继续施工。

6　当地基土含水量很高时，石灰桩应由外向内

或沿地下水流方向施打，且宜采用间隔跳打施工。

11.8.4 石灰桩质量检验，应符合下列规定：

1 施工时，应及时检查施工记录。当发现回填料不足，缩径严重时，应立即采取补救处理措施。

2 施工过程中，应检查施工现场有无地面隆起异常及漏桩现象；并应按设计要求，抽查桩位、桩距，详细记录，对不符合质量要求的石灰桩，应采取补救处理措施。

3 质量检验可在施工结束 28d 后进行。检验方法可采用标准贯入、静力触探以及钻孔取样室内试验等测试方法，检测项目应包括桩体和桩间土强度，验算复合地基承载力。

4 对重要或大型工程，应进行复合地基载荷试验。

5 石灰桩的检验数量不应少于总桩数的 2%，且不得少于 3 根。

11.9 其他地基加固方法

11.9.1 旋喷桩适用于处理淤泥、淤泥质土、黏性土、粉土、砂土、黄土、素填土和碎石土等地基。对于砾石粒径过大，含量过多及淤泥、淤泥质土有大量纤维质的腐殖土等，应通过现场试验确定其适用性。

11.9.2 灰土挤密桩适用于处理地下水位以上的粉土、黏性土、素填土、杂填土和湿陷性黄土等地基。

11.9.3 水泥土搅拌桩适用于处理正常固结的淤泥与淤泥质土、素填土、软～可塑黏性土、松散～中密粉细砂、稍密～中密粉土、松散～稍密中粗砂、饱和黄土等地基。

11.9.4 硅化注浆可分双液硅化法和单液硅化法。当地基土为渗透系数大于 2.0m/d 的粗颗粒土时，可采用双液硅化法（水玻璃和氯化钙）；当地基的渗透系数为 0.1m/d～2.0m/d 的湿陷性黄土时，可采用单液硅化法（水玻璃）；对自重湿陷性黄土，宜采用无压力单液硅化法。

11.9.5 碱液注浆适用于处理非自重湿陷性黄土地基。

11.9.6 人工挖孔混凝土灌注桩适用于地基变形过大或地基承载力不足等情况的基础托换加固。

11.9.7 旋喷桩、灰土挤密桩、水泥土搅拌桩、硅化注浆、碱液注浆的设计与施工应符合现行行业标准《建筑地基处理技术规范》JGJ 79 的有关规定。人工挖孔混凝土灌注桩的设计与施工应符合现行行业标准《建筑桩基技术规范》JGJ 94 的有关规定。

12 检验与监测

12.1 一般规定

12.1.1 既有建筑地基基础加固工程，应按设计要求及现行国家标准《建筑地基基础工程施工质量验收规范》GB 50202 的规定进行质量检验。

12.1.2 对既有建筑地基基础加固工程，当监测数据出现异常时，应立即停止施工，分析原因，必要时采取调整既有建筑地基基础加固设计或施工方案的技术措施。

12.2 检 验

12.2.1 既有建筑地基基础加固施工，基槽开挖后，应进行地基检验。当发现与勘察报告和设计文件不一致，或遇到异常情况时，应结合地质条件，提出处理意见；对加固设计参数取值、施工方案实施影响大时，应进行补充勘察。

12.2.2 应对新、旧基础结构连接构件进行检验，并提供隐蔽工程检验报告。

12.2.3 基础补强注浆加固基础，应在基础补强后，对基础钻芯取样进行检验。

12.2.4 采用锚杆静压桩、坑式静压桩，应进行下列检验：

1 桩节的连接质量。

2 桩顶标高、桩位偏差等。

3 最终压桩力及压入深度。

12.2.5 采用现浇混凝土施工的树根桩、混凝土灌注桩，应进行下列检验：

1 提供经确认的原材料力学性能检验报告，混凝土试件留置数量及制作养护方法、混凝土抗压强度试验报告，钢筋笼制作质量检验报告等。

2 桩顶标高、桩位偏差等。

3 对桩的承载力应进行静载荷试验检验。

12.2.6 注浆加固施工后，应进行下列检验：

1 采用钻孔取样检验，室内试验测定加固土体的抗剪强度、压缩模量等，检验地基土加固土层的均匀性。

2 加固后地基土承载力的静载荷试验；有地区经验时，可采用标准贯入试验、静力触探试验，并结合地区经验进行加固后地基土承载力检验。

12.2.7 复合地基加固施工后，应对地基处理的施工质量进行检验：

1 桩顶标高、桩位偏差等。

2 增强体的密实度或强度。

3 复合地基承载力的静载荷试验，增强体承载力和桩身完整性检验。

12.2.8 纠倾加固和移位加固施工，应对顶升梁或托换梁的施工质量进行检验。

12.2.9 托换加固施工，应对托换结构以及连接构造进行检验，并提供隐蔽工程检验报告。

12.3 监 测

12.3.1 既有建筑地基基础加固施工时，应对影响范围内的周边建筑物、地下管线等市政设施的沉降和位移进行监测。

12.3.2 既有建筑地基基础加固施工降水对周边环境有影响时，应对有影响的建筑物及地下管线、道路进行沉降监测，对地下水位的变化进行监测。

12.3.3 外套结构增层，应对外套结构新增荷载引起的既有建筑附加沉降进行监测。

12.3.4 迫降纠倾施工，应在施工过程中对建筑物的沉降、倾斜值及结构构件的变形、裂缝进行监测，直到纠倾施工结束，监测周期应根据纠倾速率确定。

12.3.5 顶升纠倾施工，应在施工过程中对建筑物的倾斜值，结构构件的变形、裂缝以及千斤顶的工作状态进行监测，必要时，应对结构的内力进行监测。

12.3.6 移位施工过程中，应对建筑物结构构件的变形、裂缝以及施力系统的工作状态进行实时监测，必要时，应对结构的内力进行监测。

12.3.7 托换加固施工，应对建筑的沉降、倾斜、裂缝进行监测，必要时，应对建筑的水平移位或结构内力（或应变）进行监测。

12.3.8 注浆加固施工，应对施工引起的建筑物附加沉降进行监测。

12.3.9 采用加大基础底面积、加深基础进行基础加固时，应对开挖施工槽段内结构的变形和裂缝情况进行监测。

附录 A 既有建筑基础下
地基土载荷试验要点

A.0.1 本试验要点适用于测定地下水位以上既有建筑地基的承载力和变形模量。

A.0.2 试验压板面积宜取 $0.25m^2 \sim 0.50m^2$，基坑宽度不应小于压板宽度或压板直径的 3 倍。试验时，应保持试验土层的原状结构和天然湿度。在试压土层的表面，宜铺不大于 20mm 厚的中、粗砂层找平。

A.0.3 试验位置应在承重墙的基础下，加载反力可利用建筑物的自重，使千斤顶上的测力计直接与基础下钢板接触（图 A.0.3）。钢板大小和厚度，可根据基础材料强度和加载大小确定。

A.0.4 在含水量较大或松散的地基土中挖试验坑时，应采取坑壁支护措施。

A.0.5 加载分级、稳定标准、终止加载条件和承载力取值，应按现行国家标准《建筑地基基础设计规范》GB 50007 的规定执行。

A.0.6 在试验挖坑时，可同时取土样检验其物理力学性质，并对地基承载力取值和地基变形进行综合

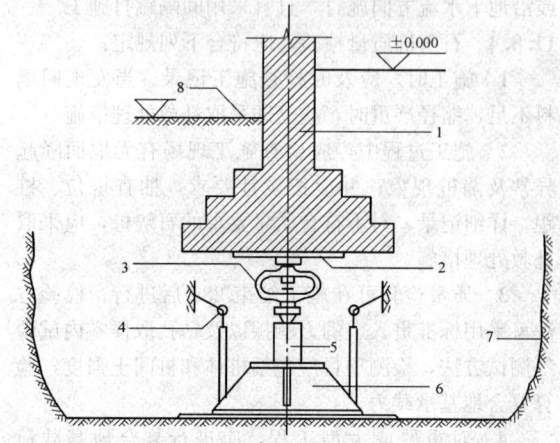

图 A.0.3　载荷试验示意
1—建筑物基础；2—钢板；3—测力计；4—百分表；
5—千斤顶；6—试验压板；7—试坑壁；8—室外地坪

分析。

A.0.7 当既有建筑基础下有垫层时，试验压板应埋置在垫层下的原土层上。

A.0.8 试验结束后，应及时采用低强度等级混凝土将基坑回填密实。

附录 B 既有建筑地基承载力持载
再加荷载荷试验要点

B.0.1 本试验要点适用于测定既有建筑基础再增加荷载时的地基承载力和变形模量。

B.0.2 试验压板可取方形或圆形。压板宽度或压板直径，对独立基础、条形基础应取基础宽度。对基础宽度大，试验条件不满足时，应考虑尺寸效应对检测结果的影响，并结合结构和基础形式以及地基条件综合分析，确定地基承载力和地基变形模量；当场地地基无软弱下卧层时，可用小尺寸压板的试验确定，但试验压板的面积不宜小于 $2.0m^2$。

B.0.3 试验位置应在与原建筑物地基条件相同的场地进行，并应尽量靠近既有建筑物。试验压板的底标高应与原建筑物基础底标高相同。试验时，应保持试验土层的原状结构和天然湿度。

B.0.4 在试压土层的表面，宜铺不大于 20mm 厚的中、粗砂层找平。基坑宽度不应小于压板宽度或压板直径的 3 倍。

B.0.5 试验使用的荷载稳压设备稳压偏差允许值不应大于施加荷载的 $\pm1\%$；沉降观测仪表 24h 的漂移值不应大于 0.2mm。

B.0.6 加载分级、稳定标准、终止加载条件应按现行国家标准《建筑地基基础设计规范》GB 50007 的规定执行。试验加荷至原基底使用荷载压力时应进行持载。持载时，应继续进行沉降观测。持载时间不得

少于 7d。然后再继续分级加载，直至试验完成。

B.0.7 在含水量较大或松散的地基土中挖试验坑时，应采取坑壁支护措施。

B.0.8 既有建筑再加荷地基承载力特征值的确定，应符合下列规定：

1 当再加荷压力-沉降曲线上有比例界限时，取该比例界限所对应的荷载值。

2 当极限荷载小于对应比例界限的荷载值的 2 倍时，取极限荷载值的一半。

3 当不能按上述两款要求确定时，可取再加荷压力-沉降曲线上 $s/b=0.006$ 或 $s/d=0.006$ 所对应的荷载，但其值不应大于最大加载量的一半。

4 取建筑物地基的允许变形值对应的荷载值。

注：s 为载荷板沉降值；b、d 分别为载荷板的宽度或直径。

B.0.9 同一土层参加统计的试验点不应少于 3 点，各试验实测值的极差不得超过其平均值的 30%，取平均值作为该土层的既有建筑再加荷的地基承载力特征值。既有建筑再加荷的地基变形模量，可按比例界限所对应的荷载值和变形进行计算，或按规定的变形对应的荷载值进行计算。

附录 C 既有建筑桩基础单桩承载力持载再加荷载荷试验要点

C.0.1 本试验要点适用于测定既有建筑桩基础再增加荷载时的单桩承载力。

C.0.2 试验桩应在与原建筑物地基条件相同的场地，并应尽量靠近既有建筑物，按原设计的尺寸、长度、施工工艺制作。开始试验的时间：桩在砂土中入土 7d 后；黏性土不得少于 15d；对于饱和软黏土不得少于 25d；灌注桩应在桩身混凝土达到设计强度后，方能进行。

C.0.3 加载反力装置，试桩、锚桩和基准桩之间的中心距离，加载分级，稳定标准，终止加载条件，卸载观测应按现行国家标准《建筑地基基础设计规范》GB 50007 的规定执行。试验加载至原基桩使用荷载时，应进行持载。持载时，应继续进行沉降观测。持载时间不得少于 7d。然后再继续分级加载，直至试验完成。

C.0.4 试验使用的荷载稳压设备稳压偏差允许值不应大于施加荷载的 ±1%；沉降观测仪表 24h 的漂移值不应大于 0.2mm。

C.0.5 既有建筑再加荷的单桩竖向极限承载力确定，应符合下列规定：

1 作再加荷的荷载-沉降（Q-s）曲线和其他辅助分析所需的曲线。

2 当曲线陡降段明显时，取相应于陡降段起点

的荷载值。

3 当出现 $\dfrac{\Delta s_{n+1}}{\Delta s_n} \geqslant 2$ 且经 24h 尚未达到稳定而终止试验时，取终止试验的前一级荷载值。

4 Q-s 曲线呈缓变型时，取桩顶总沉降量 s 为 40mm 所对应的荷载值。

5 按上述方法判断有困难时，可结合其他辅助分析方法综合判定。对桩基沉降有特殊要求时，应根据具体情况选取。

6 参加统计的试桩，当满足其极差不超过平均值的 30% 时，可取其平均值作为单桩竖向极限承载力。极差超过平均值的 30% 时，宜增加试桩数量，并分析离差过大的原因，结合工程具体情况，确定极限承载力。对桩数为 3 根及 3 根以下的柱下桩台，取最小值。

C.0.6 再加荷的单桩竖向承载力特征值的确定，应符合下列规定：

1 当再加荷压力-沉降曲线上有比例界限时，取该比例界限所对应的荷载值。

2 当极限荷载小于对应比例界限荷载值的 2 倍时，取极限荷载值的一半。

3 当按既有建筑单桩允许变形进行设计时，应按 Q-s 曲线上允许变形对应的荷载确定。

本规范用词说明

1 为便于在执行本规范条文时区别对待，对要求严格程度不同的用词说明如下：

1）表示很严格，非这样做不可的：

正面词采用"必须"，反面词采用"严禁"；

2）表示严格，在正常情况下均应这样做的：

正面词采用"应"，反面词采用"不应"或"不得"；

3）表示允许稍有选择，在条件许可时首先应这样做的：

正面词采用"宜"，反面词采用"不宜"；

4）表示有选择，在一定条件可以这样做的，采用"可"。

2 条文中指明应按其他有关标准执行的写法为："应按……执行"或"应符合……的规定"。

引用标准名录

1 《砌体结构设计规范》GB 50003

2 《建筑地基基础设计规范》GB 50007

3 《建筑结构荷载规范》GB 50009

4 《混凝土结构设计规范》GB 50010

5 《建筑抗震设计规范》GB 50011

6 《湿陷性黄土地区建筑规范》GB 50025

7 《建筑地基基础工程施工质量验收规范》
GB 50202

8 《混凝土结构加固设计规范》GB 50367

9 《建筑变形测量规范》JGJ 8

10 《建筑地基处理技术规范》JGJ 79

11 《建筑桩基技术规范》JGJ 94

中华人民共和国行业标准

既有建筑地基基础加固技术规范

JGJ 123—2012

条 文 说 明

修 订 说 明

《既有建筑地基基础加固技术规范》JGJ 123-2012，经住房和城乡建设部 2012 年 8 月 23 日以第 1452 号公告批准、发布。

本规范是在《既有建筑地基基础加固技术规范》JGJ 123-2000 的基础上修订而成的，上一版的主编单位是中国建筑科学研究院，参编单位是同济大学、北方交通大学、福建省建筑科学研究院，主要起草人员是张永钧、叶书麟、唐业清、侯伟生。本次修订的主要技术内容是：1. 既有建筑地基基础加固设计的基本规定；2. 邻近新建建筑、深基坑开挖、新建地下工程对既有建筑产生影响时，对既有建筑采取的保护措施；3. 不同加固方法的承载力和变形计算方法；4. 托换加固；5. 地下水位变化过大引起的事故预防与补救；6. 检验与监测要求；7. 既有建筑地基承载力持载再加荷载荷试验要点；8. 既有建筑桩基础单桩承载力持载再加荷载荷试验要点；9. 既有建筑地基基础鉴定评价要求；10. 增层改造、事故预防和补救、加固方法等。

本次规范修订过程中，编制组进行了广泛的调查研究，总结了我国建筑地基基础领域的实践经验，同时参考了国外先进技术法规、技术标准，通过调研、征求意见及工程试算，对增加和修订内容的反复讨论、分析、论证，取得了重要技术参数。

为便于广大设计、施工、科研、学校等单位有关人员在使用本规范时能正确理解和执行条文规定，《既有建筑地基基础加固技术规范》编制组按章、节、条顺序编制了本规范的条文说明，对条文规定的目的、依据以及执行中需注意的有关事项进行了说明，还着重对强制性条文的强制性理由作了解释。但是，本条文说明不具备与规范正文同等的法律效力，仅供使用者作为理解和把握规范规定的参考。

目　次

1 总 则

1.0.1 根据我国情况，既有建筑因各种原因需要进行地基基础加固者，从建造年代来看，除少数古建筑和新中国成立前建造的建筑外，绝大多数是新中国成立以来建造的建筑，其中又以新中国成立初期至20世纪70年代末建造的建筑占主体，改革开放以来建造的大量建筑，也有一小部分需要进行加固。就建筑类型而言，有工业建筑和构筑物，也有公用建筑和大量住宅建筑。因而，需要进行地基基础加固的既有建筑范围很广、数量很多、工程量很大、投资很高。因此，既有建筑地基基础加固的设计和施工必须认真贯彻国家的各项技术经济政策，做到技术先进、经济合理、安全适用、确保质量、保护环境。

1.0.2 本条规定了规范的适用范围。增加荷载包括加固改造增加的荷载以及直接增层增加的荷载；自然灾害包括地震、风灾、水灾、泥石流、海啸等。

3 基 本 规 定

3.0.1 本条是对地基基础加固的设计、施工、质量检测的总体要求。既有建筑使用后地基土经再压密固结作用后，其工程性质与天然地基不同，应根据既有建筑地基基础的工作性状制定设计方案和施工组织设计，精心施工，保证加固后的建筑安全使用。

3.0.2 既有建筑在进行加固设计和施工之前，应先对地基、基础和上部结构进行鉴定，根据鉴定结果，确定加固的必要性和可能性，针对地基、基础和上部结构的现状分析和评价，进行加固设计，制定施工方案。

3.0.3 本条是对既有建筑地基基础加固前应取得资料的规定。

3.0.4 本条是对既有建筑地基基础加固设计的要求。既有建筑地基基础加固设计，应满足地基承载力、变形和稳定性要求。既有建筑在荷载作用下地基土已固结压密，再加荷时的荷载分担、基底反力分布与直接加荷的天然地基不同，应按新老地基基础的共同作用分析结果进行地基基础加固设计。

3.0.5 邻近新建建筑、深基坑开挖、新建地下工程对既有建筑产生影响时，改变了既有建筑地基基础的设计条件，一方面应在邻近新建建筑、深基坑开挖、新建地下工程设计时对既有建筑地基基础的原设计进行复核，同时在邻近新建建筑、深基坑开挖、新建地下工程自身的结构设计时应对其长期荷载作用的荷载取值、变形条件考虑既有建筑的作用。不满足时，应优先采取调整邻近新建建筑的规划设计、新建地下工程施工方案、深基坑开挖支挡、地下墙（桩）隔离地基应力和变形等对既有建筑的保护措施，需要时应进

行既有建筑地基基础或上部结构加固。

3.0.6 在选择地基基础加固方案时，本条强调应根据所列各种因素对初步选定的各种加固方案进行对比分析，选定最佳的加固方法。

大量工程实践证明，在进行地基基础设计时，采用加强上部结构刚度和承载力的方法，能减少地基的不均匀变形，取得较好的技术经济效果。因此，在选择既有建筑地基基础加固方案时，同样也应考虑上部结构、基础和地基的共同作用，采取切实可行的措施，既可降低费用，又可收到满意的效果。

3.0.7 地基基础加固使用的材料，包括水泥、碱液、硅酸钠以及其他胶结材料等，应符合环境保护要求，根据场地类别不同加固方法形成的增强体或基础结构应符合耐久性设计要求。

3.0.8 根据现行国家标准《工程结构可靠性设计统一标准》GB 50153的要求，既有建筑加固后的地基基础设计使用年限应满足加固后的建筑物设计使用年限。

3.0.9 纠倾加固、移位加固、托换加固施工过程可能对结构产生损伤或产生安全隐患，必须设置现场监测系统，监测纠倾变位、移位变位和结构的变形，根据监测结果及时调整设计和施工方案，必要时启动应急预案，保证工程按设计完成。目前按工程建设需要，纠倾加固、移位加固、托换加固工程的设计图纸和施工组织设计，均应进行专项审查，通过审查后方可实施。

3.0.10 既有建筑地基基础加固的施工，一般来说，具有技术要求高、施工难度大、场地条件差、不安全因素多、风险大等特点，本条特别强调施工人员应具备较高的素质。施工过程中除了应有专人负责质量控制外，还应有专人负责严密的监测，当出现异常情况时，应采取果断措施，以免发生安全事故。

3.0.11 既有建筑进行地基基础加固时，沉降观测是一项必须做的工作，它不仅是施工过程中进行监测的重要手段，而且是对地基基础加固效果进行评价和工程验收的重要依据。由于地基基础加固过程中容易引起对周围土体的扰动，因此，施工过程中对邻近建筑和地下管线也应进行监测。沉降观测终止时间应按设计要求确定，或按国家现行标准《工程测量规范》GB 50026和《建筑变形测量规范》JGJ 8的有关规定确定。

4 地基基础鉴定

4.1 一般规定

4.1.1 既有建筑地基基础进行鉴定可采用以下步骤（图1）：

由于现场实际情况的变化，鉴定程序可根据实际

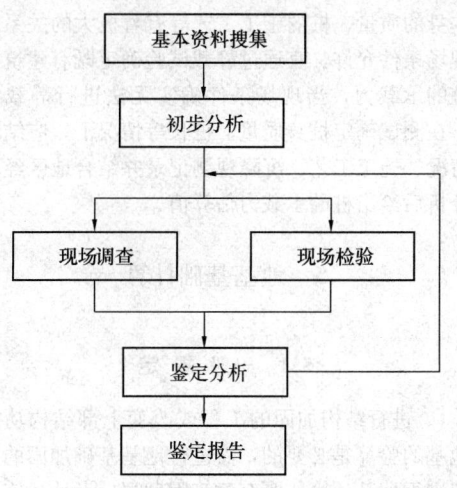

图 1 鉴定工作程序框图

情况调整。例如：所鉴定的既有建筑基本资料严重缺失，则首先应进行现场调查，根据调查的情况分析确定现场检验方法和内容。根据现场调查及现场检验获得的资料作出分析，根据分析结果再到现场进行进一步的调查和必要的现场检验，才可能给出鉴定结论。现场调查情况与搜集的资料不符或在现场检验后发现新的问题而需要进一步的检验。

4.1.2 由于地基基础的隐蔽性，现场检验困难、复杂，不可能进行大面积的现场检验，在进行现场检验前，应首先在所掌握的基本资料基础上进行初步分析，根据初步分析的结果，确定下一步现场检验的工作重点和工作内容，并根据现场实际情况确定可以采用的现场检验方法。无论是资料搜集还是现场调查都应围绕加固的目的结合初步分析结果进行。资料搜集和现场调查过程中可能发生对初步分析结果更进一步深入的分析结果，两者应结合进行。

4.1.3、4.1.4 当根据所搜集和调查的资料仍无法对既有建筑的地基基础作出正确评价时，应进行现场检验和沉降观测，严禁凭空推断而得出鉴定结论。

基础的沉降是反映地基基础情况的一个最直接的综合指标，而目前往往无法获得连续的、真实的沉降观测资料。当既有建筑的变形仍在发展，根据当前状况得出的鉴定结果并不能代表既有建筑以后的情况，也需要进一步进行沉降观测。

当需要了解历史沉降情况而缺乏有效的沉降资料时，也可根据设计标高结合现场调查情况依照当地经验进行估算。

4.1.5 分析评价是鉴定工作的重要内容之一，需要根据所得到的资料围绕加固的目的、结合当地经验进行综合分析。除了给出既有建筑地基基础的承载力、变形、稳定性和耐久性的分析评价外，尚应根据加固目的的不同进行下列相应的分析评价：

1 因勘察、设计、施工或因使用不当而进行的既有建筑地基基础加固，应在充分了解引起建筑物开

裂、沉降、倾斜的原因后，才能针对原因提出合理有效的加固方法，因此，对于此类加固，应分析引起既有建筑的开裂、沉降、倾斜的原因，以便确定合理有效的加固方法。

2 增加荷载、纠倾、移位、改建、古建筑保护而进行的既有建筑地基基础加固，只有在对既有建筑地基基础的实际承载力和改造、保护的要求比较后，才能确定出既有建筑的地基基础是否需要进行加固及如何加固，故此类加固应针对改造、保护的要求，结合既有建筑的地基基础的现状，来比较分析既有建筑改造、保护时地基加固的必要性。

3 遭受邻近新建建筑、深基坑开挖、新建地下工程或自然灾害的影响而进行的既有建筑地基基础加固，应首先分析清楚对既有建筑地基基础已造成的影响和仍然存在的影响情况后，才能采取有效措施消除已经造成的影响和避免进一步的影响，所以对于该类地基基础加固应对既有建筑的影响情况作出分析评价。

另外，对既有建筑地基基础进行鉴定的主要目的就是为了进行既有建筑地基基础加固，因此，对既有建筑地基基础的分析评价尚应结合现场条件来分析不同地基基础加固方法的适用性和可行性，以便给出建议的地基基础加固方法；当涉及上部结构的问题时，应对上部结构鉴定和加固的必要性进行分析，必要时提出进行上部结构鉴定和加固的建议。

4.1.6 本条规定为鉴定报告应该包含的基本内容。为了使得鉴定报告内容完整，有针对性，报告的内容有时尚应包括必要的情况说明甚至证明材料等。

鉴定结论是鉴定报告的核心内容，必须叙述用词规范、表达内容明确。同时为了使得鉴定报告确实能够对既有建筑地基基础加固的设计和施工起到一定的指导作用，鉴定结论的内容除了给出对既有建筑地基基础的评价外，尚应给出对加固设计和施工方法的建议。

鉴定报告应包含调查资料及现场测试数据和曲线，以及必要的计算分析过程和分析评价结果，严禁鉴定报告仅有鉴定结论而无数据和分析过程。

4.2 地基鉴定

4.2.1 地基基础需要加固的原因与场地工程地质、水文地质情况以及由于环境条件变化或者是地下水的变化关系密切，这种情况需结合既有建筑原岩土工程勘察报告中提供的水文、岩土数据，结合现场调查和检验的结果，进行比较分析。

4.2.2 地基检验的方法应根据加固的目的和现场条件选用，作以下几点说明：

1 当有原岩土工程勘察报告且勘察报告的内容较齐全时，可补充少量代表性的勘探点和原位测试点，一方面用来验证原岩土工程勘察报告的数据，另

一方面比较前后水位、岩土的物理力学参数等变化情况。

2 对于一般的工程，测点在变形较大部位（如既有建筑的四个"大角"及对应建筑物的重心点位置）或其附近布置即可，而对于重要的既有建筑，应根据既有建筑的情况在中间部位增加1个～3个测点。

当仅仅需要查明局部岩土情况时，也可仅仅在需要查明的部位布置3个～5个测点。但当土层变化较大如探测原始冲沟的分布情况时，则需要根据情况增加测点。

3 当条件允许时宜在基础下取不扰动土样进行室内土的物理力学性质试验。当无地下水时勘探点应尽量采用人工挖槽的方法，该方法还可以利用开挖的坑槽对基础进行现场调查和检测。坑槽的布置应分段，严禁集中布置而对基础产生影响。

4 目前越来越多的物理勘探方法应用在工程测试中，但由于各种物探方法都有着这样或那样的局限，因此，实际工程中应采用物探方法与常规勘探方法相结合的方式来进行地基的检验测试，利用物探方法快速方便的优点进行大面积检测，对物探检测发现的异常点采用常规勘探方法（如开挖、钻探等）来验证物探检测结果和确定具体数据。

5 对于重要的增加荷载如增层改造的建筑，应按本规范规定的方法通过现场荷载试验确定地基土的承载力特征值。

4.2.3 地基进行评价时地区经验很重要，应结合当地经验根据现场调查和检验结果进行综合分析评价。

4.3 基 础 鉴 定

4.3.1～4.3.3 基础为隐蔽工程，由于现场条件的限制，其检测不可能大面积展开，因此应根据初步分析结果结合现场调查情况，确定代表性的部位进行检测，现场检测可按下述方法步骤进行：

1 确定代表性的检查点位置。一般选取上部变形较大处、荷载较大处及上部结构对沉降敏感处对应的位置或附近作为代表性点，另选取2处～3处一般性代表点，一般性代表点应随机均匀布置。

2 开挖目测检查基础的情况。

3 根据开挖检查的结果，根据现场实际条件选用合适的检测方法对基础进行结构检测，如基础为桩基时尚需进行基桩完整性和承载力检测。

4 对于重要的增加荷载如增层改造的建筑，采用桩基时应按本规范规定的方法通过现场载荷试验确定基桩的承载力特征值。

4.3.4 基础结构的评价，重点是结构承载力、完整性和耐久性评价。涉及地基评价的数据包括基础尺寸、埋深等，应给出检测评价结果。

桩的承载力不但和桩周土的性质有关，而且还和桩本身的质量、桩的施工工艺等有着极大的关系，如果现场条件允许，宜通过静载试验确定既有建筑桩基中桩的承载力，当现场条件确实无法进行静载试验时，在测试确定桩身质量、桩长等情况下，应结合地质情况、施工工艺、沉降观测记录并结合地区经验综合分析后给出桩的承载力估算值。

5 地基基础计算

5.1 一 般 规 定

5.1.1 进行结构加固的工程或改变上部结构功能时对地基的验算是必要的，需进行地基基础加固的工程均应进行地基计算。既有建筑因勘察、设计、施工或使用不当，增加荷载，遭受邻近新建建筑、深基坑开挖、新建地下工程或自然灾害的影响等可能产生对建筑物稳定性的不利影响，应进行稳定性计算。既有建筑地基基础加固或增加荷载时，尚应对基础的抗冲、剪、弯能力进行验算。

5.1.2 既有建筑地基在建筑物荷载作用下，地基土经压密固结作用，承载力提高，在一定荷载作用下，变形减少，加固设计可充分利用这一特性。但扩大基础或增加桩进行加固时，新旧基础、新增加桩与原基础桩由于地基变形的差异，地基反力的分布是按变形协调的原则，新旧基础、新增加桩与原基础桩分担的荷载与天然地基时有所不同，应按变形协调的原则进行设计。扩大基础或改变基础形式时应保证新旧基础采取可靠的连接构造。

5.2 地基承载力计算

5.2.3 既有建筑地基承载力特征值的确定，应根据既有建筑地基基础的工作性状确定。既有建筑地基土的压密在荷载作用下已完成或基本完成，再加荷时地基土的"压密效应"，使其增加荷载的一部分由原地基土承担。

1 本规范附录B是采用与原基础、地基条件基本相同条件下，通过持载试验确定承载力，用于不改变原基础尺寸、埋深条件直接增加荷载的设计条件。中国建筑科学研究院地基所的试验结果表明（图2），原地基土在压力下固结压密后再加荷，荷载变形曲线明显变缓，表明其承载力提高。图3的结果表明，持载7d后（粉质黏土），变形趋于稳定。

2 采用本规范附录B进行试验有困难时，可按本规范附录A的方法结合土工试验、其他原位试验结果结合地区经验综合确定。

3 外接结构的地基变形允许值一般较严格，应根据场地特性和加固施工的措施，按变形允许值确定地基承载力特征值。

4 加固后的地基应采用在地基处理后通过检验

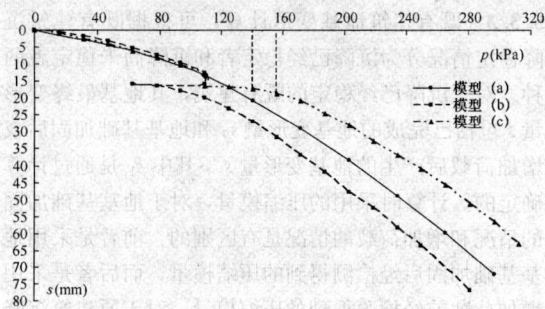

图 2　直接加载模型（a）、持载后扩大
基础加载模型（b）和持载后继续加载模型（c）
p-s 曲线对比

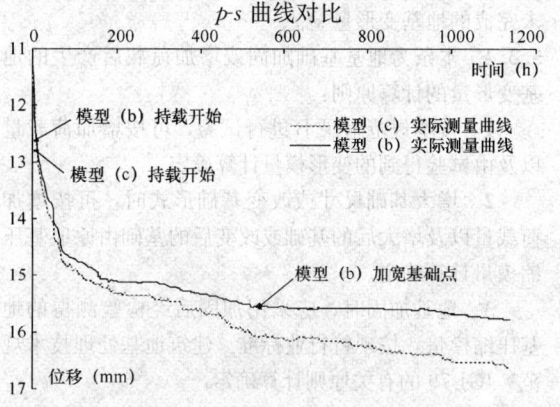

图 3　基础板（b）和（c）在持载时
位移随时间发展情况

确定的地基承载力特征值。

　　5　扩大基础加固或改变基础形式，再加荷时原基础仍能承担部分荷载，可采用本规范附录 B 的方法确定其增加值，其余增加荷载由扩大基础承担而采用原地基承载力特征值设计，相对简单。

　　模型试验的结果见图 4。

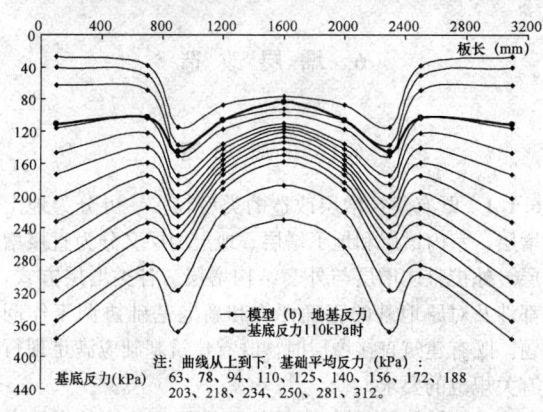

注：曲线从上到下，基础平均反力（kPa）：
63、78、94、110、125、140、156、172、188
203、218、234、250、281、312。

图 4　模型（b）基底下的地基反力

　　当附加荷载小于先前作用荷载的 42.8% 时，上部荷载基本上由旧基础承担。但当附加荷载增加到先前作用荷载的 100% 时，新旧基础开始共同承担上部荷载。此时基底反力基本上呈现平均分布状态。

　　但扩大基础再加荷的荷载变形曲线变形比未扩大

基础时的变形大，为简化设计，本次修订建议采用扩大基础加固或改变基础形式加固时，仍采用天然地基承载力特征值设计。

　　5.2.6　本条为既有建筑单桩承载力特征值的确定原则。

　　既有建筑下原有的桩以及新增加的桩单桩竖向承载力特征值应通过单桩竖向静载荷试验确定。既有建筑原有的桩单桩的静载荷试验，有条件时应在既有建筑下进行，无条件时可按本规范附录 C 的方法进行；既有建筑下原有的桩的单桩竖向承载力特征值，有地区经验时也可按地区经验确定。

　　5.2.7　天然地基在使用荷载下持载，土层固结完成后在原基础内增加桩的试验结果，新增荷载在再加荷的初始阶段，大部分荷载由新增加的桩承担。

　　模型试验独立基础持载结束后在基础内植入树根桩形成桩基础再加载，在荷载达到 320 kN 前，承台下地基土反力增加很小（表 1），这说明上部结构传来的荷载几乎都由树根桩承担。随着上部结构的荷载增大，承台下地基土反力有了一定的增长，在加荷的中后期，承台下地基土分担的上部结构荷载达到 30% 左右。

表 1　桩土分担荷载

荷载(kN)	240	280	320	360	400	440
荷载增加(kN)①	40	80	120	160	200	240
桩承担荷载(kN)	35.50	78.12	117.11	146.19	164.42	184.36
土承担荷载(kN)	4.50	1.88	2.89	13.81	35.58	55.64
桩土分担荷载比	7.89	41.55	40.52	10.59	4.62	3.31
荷载(kN)	480	520	560	600	640	680
荷载增加(kN)②	280	320	360	400	440	480
桩承担荷载(kN)	208.74	228.81	255.97	273.95	301.51	324.62
土承担荷载(kN)	71.26	91.19	104.03	126.05	138.49	155.38
桩土分担荷载比	2.93	2.51	2.46	2.17	2.18	2.09

注：①和②是指对 200kN 增加值。

　　5.2.8　既有建筑原地基增加的承载力可按本规范第 5.2.3 条的原则确定，地基土承担部分新增荷载的基础面积应按原基础面积计算。

　　模型试验独立基础持载结束后扩大基础底面积并植入树根桩，基础上部结构传来的荷载由原独立基础下的地基土、扩大基础底面积下的地基土、桩共同承担（表 2）。

表 2　桩土分担荷载

荷载(kN)	240	280	340	400	460	520	580
荷载增加(kN)	40	80	140	200	260	320	380
桩承担荷载(kN)	18.5	37.7	64.2	104.2	148.1	180.8	219.3
桩土分担荷载比(kN)	0.86	0.89	0.85	1.09	1.32	1.30	1.36
荷载(kN)	640	700	760	820	880	940	1000
荷载增加(kN)	440	500	560	620	680	740	800
桩承担荷载(kN)	253.7	293.0	324.9	357.8	382.7	410.4	432.9
桩土分担荷载比(kN)	1.36	1.41	1.38	1.36	1.29	1.25	1.18

5.2.9 本条原则的试验资料如下：

模型试验原桩基础持载结束后扩大基础底面积并植入树根桩,桩土分担荷载见表3。可知在增加荷载量为原荷载量时,新增加桩与原桩基础桩分担的荷载虽先后不同,但几乎共同分担。

表3　桩土分担荷载

荷载(kN)	240	280	360	440	520	600
荷载增加(kN)	40	80	160	240	320	400
原基础桩顶荷载增加(kN)	6.17	11.06	14.66	20.06	25.28	31.78
新基础桩顶荷载增加(kN)	3.05	8.02	15.23	23.76	32.09	39.42
桩承担荷载	36.88	76.32	119.56	175.28	229.48	284.80
桩分担总荷载比	0.92	0.95	0.75	0.73	0.72	0.71
桩土分担荷载比	11.82	20.74	2.96	2.71	2.54	2.47
荷载(kN)	760	840	920	1000	1160	1320
荷载增加(kN)	560	640	720	800	960	1120
原基础桩顶荷载增加(kN)	47.24	57.33	66.58	75.88	87.96	102.00
新基础桩顶荷载增加(kN)	54.18	60.68	67.44	75.49	96.50	112.95
桩承担荷载	405.68	472.04	536.08	605.48	737.84	859.80
桩分担总荷载比	0.72	0.74	0.74	0.76	0.77	0.77
桩土分担荷载比	2.63	2.81	2.91	3.11	3.32	3.30

5.2.11 邻近新建建筑、深基坑开挖、新建地下工程改变既有建筑地基设计条件的复核,应包括基础侧限条件、深宽修正条件、地下水条件等。

5.3 地基变形计算

5.3.1 加固后既有建筑的地基变形控制重要的是差异沉降和倾斜两项指标,国家标准《建筑地基基础设计规范》GB 50007-2011 表5.3.4中给出砌体承重结构基础的局部倾斜、工业与民用建筑相邻柱基的沉降差、桥式吊车轨面的倾斜（按不调整轨道考虑）、多层和高层建筑的整体倾斜、高耸结构基础的倾斜值是保证建筑物正常使用和结构安全的数值,工程设计应严格控制。既有建筑加固后的建筑物整体沉降控制,对于有相邻基础连接或地下管线连接时应视工程情况控制,可采取临时工程措施,包括断开、改变连接方式等,不允许时应对建筑物整体沉降控制,采用减少建筑物整体沉降的处理措施或顶升托换抬高建筑等方法。

5.3.2 有特殊要求的建筑物,包括古建筑、历史建筑等保护,要求保持现状;或者建筑物变形有更严格的要求时,应按建筑物的地基变形允许值,进行地基变形控制。

5.3.3 既有建筑地基变形计算,可根据既有建筑沉降稳定情况分为沉降已经稳定者和沉降尚未稳定者两种。对于沉降已经稳定的既有建筑,其地基最终变形量 s 包括已完成的地基变形量 s_0 和地基基础加固后或增加荷载后产生的地基变形量 s_1,其中 s_1 是通过计算确定的。计算时采用的压缩模量,对于地基基础加固的情况和增加荷载的情况是有区别的:前者是采用地基基础加固后经检测得到的压缩模量,而后者是采用增加荷载前经检验得到的压缩模量。对于原建筑沉降尚未稳定且增加荷载的既有建筑,其地基最终变形量 s 除了包括上述 s_0 和 s_1 外,尚应包括原建筑荷载下尚未完成的地基变形量 s_2。

5.3.4 本条为地基基础加固或增加荷载后产生的地基变形量的计算原则:

1 按本规范附录B进行试验,可按增加荷载量以及由试验得到的变形模量计算确定。

2 增大基础尺寸或改变基础形式时,可按增加荷载量以及增大后的基础或改变后的基础由原地基压缩模量计算确定。

3 地基加固时,应采用加固后经检验测得的地基压缩模量,按现行行业标准《建筑地基处理技术规范》JGJ 79 的有关原则计算确定。

5.3.5 本条为既有建筑基础为桩基础时的基础沉降计算原则:

1 按桩基础的变形计算方法,其变形为桩端下卧层的变形。

2 增加的桩承担的新增荷载,为新增荷载减去原地基承载力提高承担的荷载。

3 既有建筑桩基础扩大基础增加桩时,可按新增加的荷载由原基础桩和新增加桩共同承担荷载按桩基础计算确定,此时可不考虑桩间土分担荷载。

6 增层改造

6.1 一般规定

6.1.1 既有建筑增层改造的类型较多,可分为地上增层、室内增层和地下增层。地上增层又分为直接增层、外扩整体增层与外套结构增层。各类增层方式,都涉及对原地基的正确评价和新老基础协调工作问题。既有建筑直接增层时,既有建筑基础应满足现行有关规范的要求。

6.1.2 采用新旧结构通过构造措施相连接的增层方案时,地基承载力应按变形协调条件确定。

6.2 直接增层

6.2.1 确定直接增层地基承载力特征值的方法,本规范推荐了试验法和经验法。经验法是指当地的成熟经验,如没有这方面材料的积累,应采用试验法。

对重要建筑物的地基承载力确定，应采用两种以上方法综合确定。直接增层时，由于受到原墙体强度和地基承载力限制，一般不宜增层太多，通常不宜超过 3 层。

6.2.2 直接增层需新设承重墙基础，确定新基础宽度时，应以新旧纵横墙基础能均匀下沉为前提，可按以下经验公式确定新基础宽度：

$$b' = \frac{F+G}{f_a}M \qquad (1)$$

式中：b'——新基础宽度（m）；

$F+G$——作用的标准组合时单位基础长度上的线荷载（kN/m）；

f_a——修正后的地基承载力特征值（kPa）；

M——增大系数，建议按 $M = E_{s2}/E_{s1} > 1$ 取值；

E_{s1}、E_{s2}——分别为新旧基础下地基土的压缩模量。

6.2.3 直接增层时，地基基础的加固方法应根据地基基础的实际情况和增层荷载要求选用。本规范列出的部分方法都有其适用条件，还可参考各地区经验选用适合、有效的方法。

采用抬梁或挑梁承受新增层结构荷载时，梁可置于原基础或地梁下，当采用预制的抬梁时，梁、桩和基础应紧密连接，并应验算抬梁或挑梁与基础或地梁间的局部受压、受弯、受剪承载力。

6.3 外套结构增层

6.3.1～6.3.6 当既有建筑增加楼层较多时常采用外套结构增层的形式。外套结构的地基基础应按新建工程设计。施工时应将新旧基础分开，互不干扰，并避免对既有建筑地基的扰动，而降低其承载力。

对位于高水位深厚软土地基上建筑物的外套结构增层，由于增层结构荷载一般较大，常采用埋置较深的桩基础。在桩基施工成孔时，易对原基础（尤其是浅埋基础）产生影响，引起基础附加下沉，造成既有建筑下沉或开裂等，因此应根据工程的具体情况，选择合理的地基处理方法和基础加固施工方案。

7 纠倾加固

7.1 一般规定

7.1.1 纠倾的建筑层数多数在 8 层以内，构筑物高度多数在 25m 以内。近年来，国内已有高层建筑纠倾成功的例子，这些建筑物其整体倾斜多数超过 0.7%，即超过现行行业标准《危险房屋鉴定标准》JGJ 125 的危险临界值，影响安全使用；也有部分虽未超过危险临界值，但已超过设计规定的允许值，影响正常使用。

7.1.2 既有建筑纠倾加固方法可分为迫降纠倾和顶升纠倾两类。

迫降纠倾是从地基入手，通过改变地基的原始应力状态，强迫建筑物下沉；顶升纠倾是从建筑结构入手，通过调整结构自身来满足纠倾的目的。因此从总体来讲，迫降纠倾要比顶升纠倾经济、施工简便，但遇到不适合采用迫降纠倾时即可采用顶升纠倾。特殊情况可综合采用多种纠倾方法。

7.1.3 建筑物的倾斜多数是由于地基原因造成的，或是浅基础的变形控制欠佳，或是由于桩基和地基处理设计、施工质量问题等，建筑物纠倾施工将影响地基基础和上部结构的受力状态，因此纠倾加固设计应根据现状条件分析产生倾斜的原因，论证纠倾可行性，对上部结构进行安全评估，确保建筑物安全。如果建筑物的倾斜原因包括建筑物荷载中心偏移等，应论证地基加固的必要性，提出地基加固方法，防止再度倾斜。

7.1.4 建筑物纠倾加固设计是指导纠倾加固施工的技术性文件，以往有些纠倾工程存在直接按经验方法施工的情况，存在一定盲目性，因此有必要明确纠倾加固前期应做的工作，使之做到经济、合理、确保安全。

7.1.5 由于既有建筑物各角点倾斜值与其自身原有垂直度有关，因此对于纠倾加固后的验收，规定了以设计要求控制，对于尚未通过竣工验收的建筑物规定按新建工程验收要求控制。

7.1.6 施工过程中开挖的槽、孔等在工程完工后如不及时进行回填等处理将会对建筑物安全使用和人们日常生活带来安全隐患，水、电、暖等设施与日常生活有关，应予重视。

要加强对避雷设施修复后的检查与检测。当上部结构产生裂损时，应由设计单位明确加固修复处理方法。

7.2 迫降纠倾

7.2.1 迫降纠倾是通过人工或机械的办法来调整地基土体固有的应力状态，使建筑物原来沉降较小侧的地基土土体应力增加，迫使土体产生新的竖向变形或侧向变形，使建筑物在短时间内沉降加剧，达到纠倾的目的。

7.2.2 迫降纠倾与建筑物特征、地质情况、采用的迫降方法等有关，因此迫降的设计应围绕几个主要环节进行：选择合理的纠倾方法；编制详细的施工工艺；确定各个部位迫降量；设置监控系统；制定实施计划。根据选择的方法和编制的操作规程，做到有章可循，否则盲目施工往往失败或达不到预期的效果。由于纠倾施工会影响建筑物，因此强调了对主体结构不应产生损伤和破坏，对非主体结构的裂损应为可修复范围，否则应在纠倾加固前先进行加固处理。纠倾后应防止出现再次倾斜的可能性，必要时应对地基基础进行加固处理。对于纠倾过程可能存在的结构裂损、局部破坏应有加固处理预案。

纠倾加固施工过程可能出现危及安全的情况，设计时应有应急预案。过量纠倾可能会产生结构的再次损伤，应该防止其出现，设计时必须制定防止过量纠倾的技术措施。

7.2.3 迫降纠倾是一种动态设计信息化施工过程，因此沉降观测是极其重要的，同时观测结果应反馈给设计，以调整设计，指导施工，这就要求设计施工紧密配合。迫降纠倾施工前应做好详细的施工组织设计，并详细勘察周围场地现状，确定影响范围，做好查勘记录，采取措施防止出现对相邻建筑物和设施可能产生的影响。

7.2.4 基底掏土纠倾法是在基础底面以下进行掏挖土体，削弱基础下土体的承载面积迫使沉降，其特点是可在浅部进行处理，机具简单，操作方便。人工掏土法早在 20 世纪 60 年代初期就开始使用，已经处理了相当多的多层倾斜建筑。水冲掏土法则是 20 世纪 80 年代才开始应用研究，它主要利用压力水泵代替人工。该法直接在基础底面下操作，通过掏冲带出部分土体，因此对匀质土比较适用，施工时控制掏土槽的宽度及位置是非常重要的，也是掏土迫降效果好坏或成败的关键。

7.2.5 井式纠倾法是利用工作井（孔）在基础下一定深度范围内进行排土、冲土，一般包括人工挖孔、沉井两种。井壁有钢筋混凝土壁、混凝土孔壁，为确保施工安全，对于软土或砂土地基应先试挖成井，方可大面积开挖井（孔）施工。

井式纠倾法可分为两种：一种是通过挖井（孔）排土、抽水直接迫降，这种在沿海软土地区比较适用；另一种是通过井（孔）辐射孔进行射水掏冲土迫降。可视土质情况选择。

工作井（孔）一般是设置在建筑物周边，在沉降较小侧多设置，沉降较大侧少设置或不设置。建筑的宽度比较大时，井（孔）也可设置在室内，每开间设一个井（孔），可根据不同的迫降量布置辐射孔。

为方便施工井底深度宜比射水孔位置低。

工作井可用砂土或砂石混合料分层夯实回填，也可用灰土比为 2∶8 的灰土分层夯实回填，接近地面 1m 范围内的井壁应拆除。

7.2.6 钻孔取土纠倾法是通过机械钻孔取土成孔，依靠钻孔所形成的临空面，使土体产生侧向变形形成淤孔，反复钻孔取土使建筑物下沉。

7.2.7 堆载纠倾法适用于小型工程且地基承载力比较低的土层条件，对大型工程项目一般不适用，此法常与其他方法联合使用。

沉降观测应及时绘制荷载-沉降-时间关系曲线，及时调整堆载量，防止过纠，保证施工安全。

7.2.8 降水纠倾法适用的地基土主要取决于降水的

方法，当采用真空法或电渗法时，也适用于淤泥土，但在既有建筑邻近使用应慎重，若有当地成功经验时也可采用。采用人工降水时应注意对水资源保护以及对环境影响。

7.2.9 加固纠倾法，实际上是对沉降大的部分采用地基托换补强，使其沉降减少；而沉降小的一侧仍继续下沉，这样慢慢地调整原来的差异沉降。这种方法一般用于差异沉降不大且沉降未稳定尚有一定沉降量的建筑物纠倾。使用该方法时，由于建筑物沉降未稳定，应对上部结构变形的适应能力进行评价，必要时应采取临时支撑或采取结构加固措施。

7.2.10 浸水纠倾法是利用湿陷性黄土遇水湿陷的特性对建筑物进行纠倾的，为了确保纠倾安全，必须通过系统的现场试验确定各项设计、施工参数，施工过程中应设置水量控制计量系统以及监测系统，确保浸水量准确，应有必要的防护措施，如预设限沉的桩基等，当水量过量时可采用生石灰吸收。

7.3 顶升纠倾

7.3.1 顶升纠倾是通过钢筋混凝土或砌体的结构托换加固技术，将建筑物的基础和上部结构沿某一特定的位置进行分离，采用钢筋混凝土进行加固、分段托换、形成全封闭的顶升托换梁（柱）体系。设置能支承整个建筑物的若干个支承点，通过这些支承点的顶升设备的启动，使建筑物沿某一直线（点）作平面转动，即可使倾斜建筑物得到纠正。若大幅度调整各支承点的顶高量，即可提高建筑物的标高。

顶升纠倾过程是一种基础沉降差异快速逆补偿过程，当地基土的固结度达 80% 以上，基础沉降接近稳定时，可通过顶升纠倾来调整剩余不均匀沉降。

顶升纠倾法仅对沉降较大处顶升，而沉降小处则仅作分离及同步转动，其目的是将已倾斜的建筑物纠正，该法适用于各类倾斜建筑物。

7.3.2 顶升纠倾早期在福建、浙江、广东等省应用较多，现在国内应用已较普遍，这足以证明顶升纠倾技术是一种可靠的技术，但如何正确使用却是问题的关键。某工程公司承接了一栋三层住宅的顶升纠倾，由于施工未能遵循一般的规律，顶升施工作用与反作用力，即基础梁与托换梁这对关系不具备，顶升机具没有足够的安全储备和承托垫块无法提供稳定性等原因造成重大的工程事故。从理论上顶升高度是没有限值的，但为确保顶升的稳定性，本规范规定顶升纠倾最大顶升高度不宜超过 80cm。因为当一次顶升高度达到 80cm 时，其顶升的建筑物整体稳定性存在较大风险，目前国内虽已有顶升 240cm 的成功例子，但实际是分多次顶升施工的。

整体顶升也可应用于建筑物竖向抬升，提高其空间使用功能。

7.3.3 顶升纠倾设计必须遵循下列原则：

1 顶升应通过钢筋混凝土组成的一对上、下受力梁系实施，虽然在实际工程中已出现类似利用锚杆静压桩、原有基础或地基作为反力基座来进行顶升纠倾，其应用主要为较小型建筑物，且实际工程不多，尚缺乏普遍性，并存在一定的不确定因素和危险性，因此规范仍强调应由上、下梁系受力。

2 原规范采用荷载设计值，荷载分项系数约为1.35，本次修订改为采用荷载标准组合值，安全系数调整为2.0，以保持安全储备与原规范一致。

3 托换梁（柱）体系应是一套封闭式的钢筋混凝土结构体系。

4 顶升是在钢筋混凝土梁柱之间进行，因此顶升梁及底座都应该是钢筋混凝土的整体结构。

5 顶升的支托垫块必须是钢板混凝土块或钢垫块，具有足够的承载力及平整度，且是组合装配的工具式垫块，可抵抗水平力。顶升过程中保证上下顶升梁及千斤顶、垫块有不少于30%支点可连成一整体。

顶升量的确定应包括三个方面：

1）纠正建筑物倾斜所需各点的顶升量，可根据不同倾斜率及距离计算。

2）使用要求需要的整体顶升量。

3）过纠量。考虑纠正以后建筑物沉降尚未稳定还有少量的倾斜，则可通过超量的纠正来调整最终的垂直度。这个量应通过沉降计算确定，要求超过的纠倾量或最终稳定的倾斜值应满足现行国家标准《建筑地基基础设计规范》GB 50007 的要求，当计算不能满足时，则应进行地基基础加固。

7.3.4 砌体结构建筑的荷载是通过砌体传递的。根据顶升的技术特点，顶升时砌体结构的受力特点相当于墙梁作用体系或将托换梁上的墙体视为弹性地基，托换梁按支座反力作用下的弹性地基梁设计。考虑协同工作的差异，顶升梁的支座计算距离可按图5所示选取。有地区经验时也可加大顶升梁的刚度，不考虑墙体的刚度，按连续梁进行顶升梁设计。

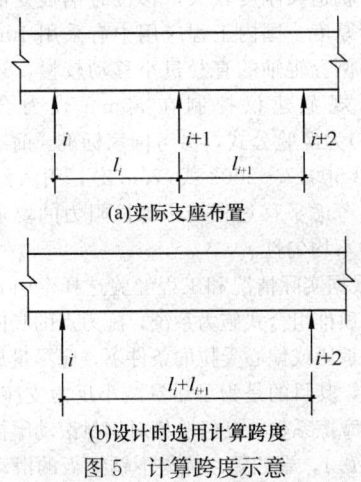

(a)实际支座布置

(b)设计时选用计算跨度

图 5 计算跨度示意

7.3.5 框架结构荷载是通过框架柱传递的，顶升力应作用于框架柱下，但是要将框架柱切断，首先必须增设一个能支承整体框架柱的结构体系，这个结构托换体系就是后设置的牛腿及连系梁共同组成的。连系梁应能约束框架柱间的变位及调整差异顶升量。

纠倾前建筑已出现倾斜，结构的内力有不同程度的变化，断柱时结构的内力又将发生改变，因此设计时应对各种状态下的结构内力进行验算。

7.3.6 顶升纠倾一般分为顶升梁系托换，千斤顶设置与检验，测量监测系统设置，统一指挥系统设置、整体顶升，结构连接修复等步骤。

7.3.7 砌体结构进行顶升托换梁施工前，必须对墙体按平面进行分段，其分段长度不应大于 1.5m，应根据砌体质量考虑在分段长度内每 0.5m～0.6m 先凿一个竖槽，设置一个芯垫（芯垫埋入托换梁不取出，应不影响托换梁的承载力、钢筋绑扎及混凝土浇筑施工），用高强度等级水泥砂浆塞紧。预留搭接钢筋向两边凿槽外伸，且相邻墙段应间隔进行，并每段长不超过开间段的1/3，门窗洞口位置保证连续不得中断。

框架结构建筑的施工应先进行后设置牛腿、连系梁及千斤顶下支座的施工。由于凿除结构柱的保护层，露出部分主筋，因此一定要间隔进行，待托换梁（柱）体系达到强度后再进行相邻柱施工。当全部托换完成并经过试顶后确定承载力满足设计要求，方可进行断柱施工。

顶升前应对顶升点进行试顶试验，试验的抽检数量不少于 20%，试验荷载为设计值的 1.5 倍，可分五级施工，每级历时 1min～2min 并观测顶升梁的变形情况。

每次顶升最大值不超过 10mm，主要考虑到位置的先后对结构的影响，按结构允许变形（0.003～0.005）l 来限制顶升量。

若千斤顶的最大间距为 1.2m，则结构允许变形差为（0.003～0.005）×1200＝3.6mm～6.0mm。

当顶升到位的先后误差为 30% 时，变形差 3mm＜3.6mm。

基于上述原因，力求协调一致，因此强调统一指挥系统，千斤顶同步工作。当有条件采用电气自动化控制全液压机械顶升，则可靠度更高。

顶升到位后应立即进行连接，因为此时整体建筑靠支承点支承着，若是有地震等的影响会出现危险，所以应尽量缩短这种不利时间。

8 移位加固

8.1 一般规定

8.1.1 由于城市改造、市政道路扩建、规划变更、场地用途改变、兴建地下建筑等需要建筑物搬迁移位或转动一定的角度，有时为了更好地保护古建、文物建筑，减少拆除重建，均可采用移位加固技术。目前移位技术在国内已得到广泛应用，已有十二层建筑物移位的成功经验。但一般多用于多层建筑的同一水平面移位，对大幅度改变其标高的工程未见实例。

8.1.2 由于移位滚动摩阻小于移位滑动摩阻，且滚动移位的施工精度要求相对滑动移位要低些。在实际工程中一般多数采用滚动方法，滑动方法仅在小型建筑物有应用，在大型建筑物应用应慎重。

8.1.3 移位所涉及的建筑结构及地基基础问题专业技术性强，要求在移位方案确定前应先通过搜集资料、补充计算验算、补充勘察等取得有关资料。

8.1.4 建筑物移位时对原结构有一定影响，在移位过程中建筑物将处于运动状态和受力不稳定状态，相对于移位前有许多不利因素，因此应对移位的建筑物进行必要的安全性评估。评估的主要内容为建筑物的结构整体性、抵抗竖向及水平向变形的能力。

8.1.5 建筑移位将改变原地基基础的受力状态，经验算后若不能满足移位过程或移位后的要求，则应进行地基基础加固，可选用本规范第11章有关加固方法。

8.1.6 建筑物移位后的验收主要包含建筑物轴线偏差和垂直度偏差，由于建筑物移位过程不可避免存在偏位，因此，轴线偏差控制在±40mm以内认为是适宜的，对垂直度允许误差在±10mm。

8.2 设 计

8.2.1 一般情况下建筑物经多年使用后，其使用功能均可能存在一定程度变化，对使用较久的建筑设计前应调查核实其现状。

8.2.2 考虑到移位加固施工是一个短期过程，移位过程建筑物已停止使用。为使设计更为合理，建议恒荷载和活荷载按实际荷载取值，基本风压按当地10年一遇的风压采用。

由于移位加固工程的复杂性和不确定因素较多，设计时应注重概念设计，应尽量全面地考虑到各种不利因素，按最不利情况设计，从而确保建筑物安全。

8.2.4 托换梁系设计应遵循的原则：

1 托换梁系由上轨道梁、托换梁或连系梁组成，与顶升纠倾托换一样，托换梁系是通过托换方式形成的一个梁系，其设计应考虑上部结构竖向荷载受力和移位时水平荷载的传递，根据最不利组合按承载能力极限状态设计，其荷载分项系数应按现行国家标准《建筑结构荷载规范》GB 50009采用。

2 托换梁是以上轨道梁为支座，可按简支或连续梁设计，托换梁的作用与转换梁相同，用于传递不连续的竖向荷载，由于一般需通过分段托换施工形成，故称为托换梁。对砌体结构当满足条件时其托换梁可按简支墙梁或连续墙梁设计。

3 上轨道梁可分成连续和悬挑两种类型，一般连续式上轨道梁用于砌体结构，而悬挑式上轨道梁用于框架结构或砌体结构中的柱构件。

4 在移位过程中，托换梁系平面内不可避免产生一定的不平衡力或力矩，因此造成偏位或对旋转轴心产生拉力。各下轨道基础（指抬梁式下轨道基础）也有可能存在不均匀的沉降变形，所以在进行托换梁系的设计时应充分考虑平移路线地基情况、水平移位类型、上部结构的整体性和刚度等，对托换梁系的平面内和平面外刚度进行设计。

8.2.5 移位地基基础包括移位过程中轨道地基基础和就位后新址地基基础，其设计原则如下：

1 轨道地基应满足建筑物行进过程中不出现过大沉降或不均匀沉降，其地基承载力特征值可考虑乘以1.20的系数采用。轨道基础设计的荷载分项系数应按现行国家标准《混凝土结构设计规范》GB 50010采用。当有可靠工程经验时，当轨道基础利用建筑物原基础时，考虑长期荷载作用效应，原地基承载力特征值或单桩承载力特征值可提高20%。

2 新址地基基础按新建工程设计，但应注意移位加固的特点，考虑移位就位时的荷载不利布置和一次性加载效应。

3 轨道基础形式是根据上部结构荷载传递与场地地质条件确定的，应综合考虑经济性和可靠性。

7 移位过程中的轨道地基基础沉降差和沉降量将直接影响移位施工，由于移位过程中不可避免会出现偏位，因此应对其进行抗扭计算。特别在抬梁式轨道基础设计中，应考虑偏位产生的对小直径桩的偏心作用，并保证轨道基础梁有一定的抗扭刚度。

8.2.6 滚动式移动装置主要由上、下承压板与钢辊轴组成，在实际工程中，承压板一般为钢板，主要起扩散滚轴径向压应力的作用，避免轨道基础混凝土产生局部承压破坏，其扩散面积与钢板厚度有关。规范建议采用的钢板厚度不宜小于20mm。地基较好，轨道梁刚度较大，移位时钢板变形小时可适当减少厚度。国内工程应用中有采用10mm钢板成功的实例。辊轴的直径过小移动较慢，过大易产生偏位，规范建议控制在50mm较为合适。式（8.2.6-1）为经验公式，参考国家标准《钢结构设计规范》GB 50017－2003式（7.6.2），引入经验系数k_p以综合考虑平移过程减小摩擦阻力的要求以及辊轴受力的不均匀性。

8.2.7 根据实际情况和工程经验选择牵引式、顶推式或牵引顶推组合式施力系统，施力点的竖向位置在满足局部承压或偏心受拉的条件下，应尽量靠近托换梁系底面，其目的是为了尽量减小反力支座的弯曲。行走机构摩擦系数，其经验值对钢材滚动摩擦系数可取0.05～0.1，聚四氟乙烯与不锈钢板的滑动摩擦系数可取 0.05～0.07。

8.2.8 建筑物就位后的连接关系到建筑物后期使用安全，因此要保证不改变原有结构受力状态，连接可靠性不低于原有标准。对于框架结构而言，由于框柱主筋一般在同一平面切断，因此，要求对此区域进行加强。

结合移位加固对建筑物采用隔震、减震措施进行抗震加固可节省较多费用。因此建筑物移位且需抗震加固时应综合考虑进行设计与施工。

8.3 施 工

8.3.1 移位加固施工具有特殊性，应编制专项的施工技术方案和施工组织设计方案，并应通过专项论证后实施。

8.3.2 托换梁系中的上轨道梁的施工质量将直接影响到移位加固实施，其关键点在于上轨道梁底标高是否水平，及各上轨道梁底标高是否在同一水平面上。

8.3.3 移位地基基础施工应严格按统一的水平标高控制线施工，保证其顶面标高在同一水平面上。其控制措施可在其地基基础顶面采用高强度材料进行补平，对局部超高区域可采用机械打磨修整。

8.3.4 移位装置包含上承压板、下承压板、滚动或滑行支座，其型号、材质等应统一，防止产生变形差。托换施工时预先安装其优点是节省费用，但施工要求较高；采用后期整体顶升后一次性安装其优点是水平控制较易调整，但增加费用。

工具式下承压板由槽钢、钢板、混凝土加工制作而成，其大样示意图见图 6，其优点是可移动、可拆装、可重复使用，使用方便，节省费用。

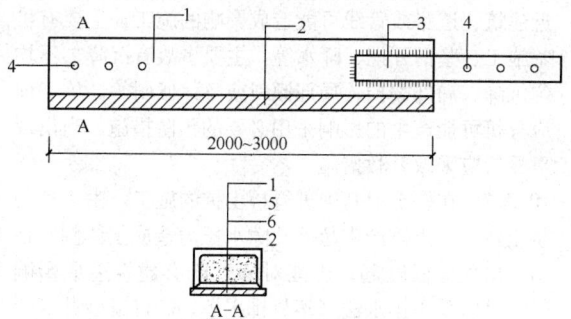

图 6 组合式下轨道板
1—槽钢；2—封底钢板；3—连接钢板；
4—φ20 孔；5—细石混凝土；6—φ6@200

8.3.5 移位实施前应对托换梁系和移位地基基础等进行验收，对移位装置、反力装置、施力系统、控制系统、监测系统、指挥系统、应急措施等进行检验和检查。确认合格后，方可实施移位施工。

正式移位前的试验性移位，主要是检测各装置与系统间的工作状态和安全可靠性能，测试各施力点推力与理论计算值差异，以便复核与调整。

移位过程中应控制移动速度并应及时调整偏位，其偏位宜采用辊轴角度来调整。对于建筑物长时间处于新旧基础交接处时应考虑不均匀沉降对上部结构及后续移位产生的不利影响，对上部结构应进行实时监测，确保上部结构安全。

建筑物移位加固近年来得到了较大发展，其技术也日趋完善与成熟，从早期小型、低层、手动千斤顶或卷扬机外加动力，发展到目前多层或高层、液压千斤顶外加动力系统。在施力系统、控制系统、监测系统、指挥系统等方面尚可应用现代科技技术，增加自动化程度。

9 托 换 加 固

9.1 一 般 规 定

9.1.1 "托换技术"是指对结构荷载传递路径改变的结构加固或地基加固的通称，在地基基础加固工程中广泛应用。本节所指"托换加固"，是对采用托换技术所需进行的地基基础加固措施的总称。在纠倾工程、移位工程中采用的"托换技术"尚应符合第 7 章、第 8 章的有关规定。

9.1.2 托换加固工程的设计应根据工程的结构类型、基础形式、荷载情况以及场地地基情况进行方案比选，选择设计可靠、施工技术可行且安全的方案。

9.1.3 托换加固是在原有受力体系下进行，其实施应按上部结构、基础、地基共同作用，按托换地基与原地基变形协调原则进行承载力、变形验算。为保证工程安全，当既有建筑沉降、倾斜、变形、开裂已出现超过国家现行有关标准规定的控制指标时，应采取相应处理措施，或制定适用于该托换工程的质量控制标准。

9.1.4 托换加固工程对既有建筑结构变形、裂缝、基础沉降进行监测，是保证工程安全、校核设计符合性的重要手段，必须严格执行。

9.2 设 计

9.2.1 本条为既有建筑整体托换加固设计的要求。整体托换加固，应在上部结构满足整体托换要求条件下进行，并进行必要的计算分析。

9.2.2 局部托换加固的受力分析难度较大，确定局部托换加固的范围以及局部托换的位移控制标准应考虑既有建筑的变形适应能力。

9.2.4 这是近年工程中产生的新的问题。穿越工程的评价分析方法，采用的托换技术，以及采用桩梁式托换、桩筏式托换以及增加基础整体刚度、扩大基础的荷载托换体系等，应根据工程情况具体分析确定。

9.2.5 既有建筑功能改造，改变上部结构承重体系或基础形式，地基基础托换加固设计方案应结合工程经验、施工技术水平综合分析后确定。

9.2.6 针对因地震、地下洞穴及采空区土体移动、软土地基变形、地下水变化、湿陷等造成地基基础损害，提出地基基础托换加固可采用的方法。

9.3 施 工

9.3.1、9.3.2 托换加固施工中可能对持力土层产生扰动，基础侧移等情况，应采取必要的工程措施。

10 事故预防与补救

10.1 一般规定

10.1.1 对于既有建筑，地基基础出现工程事故，轻则需加固处理，且加固处理一般比较困难；重则造成既有建筑的破坏，出现人员伤亡和重大经济损失。因此，对于既有建筑地基基础工程事故应采取预防为主的原则，避免事故发生。

10.1.2 本条为地基基础事故补救的一般原则。对于地基基础工程事故处理应遵循的原则首先应保证相关人员的安全，其次应分析事故原因，避免事故进一步扩大。采取的加固措施应具备安全、施工速度快、经济的特点。

10.1.3 20世纪五六十年代甚至更早的一些建筑，在勘察、设计阶段未进行抗震设防。当地震发生时由于液化和震陷造成建筑物的破坏。如我国的邢台地震、唐山地震、日本的阪神地震都有类似报道。采用天然地基的建筑物，液化常常造成建筑物的倾斜或整体倾覆。对于坡地岸边采用桩基的建筑物，可能会造成桩头部位混凝土受到剪压破坏。在软土地区采用天然地基的建筑，地震可能造成震陷，如1976年唐山地震影响到天津，天津汉沽的一些建筑震陷超过600mm。因此，对于一些重要的既有建筑物，可能存在液化或震陷问题时，应按现行国家标准《建筑抗震设计规范》GB 50011进行鉴定和加固。

10.2 地基不均匀变形过大引起事故的补救

10.2.1 软土地基系指主要由淤泥、淤泥质土或其他高压缩性土层构成的地基。这类地基土具有压缩性高、强度低、渗透性弱等特点，因此这类地基的变形特征除了建筑物沉降和不均匀沉降大以外，沉降稳定历时长，所以在选用补救措施时，尚应考虑加固后地基变形问题。此外，由于我国沿海地区的淤泥和淤泥质土一般厚度都较大，因此在采用本条的补救措施时，尚需考虑加固深度以下地基的变形。

10.2.2 湿陷性黄土地基的变形特征是在受水浸湿部位出现湿陷变形，一般变形量较大且发展迅速。在考虑选用补救措施时，首先应估计有无再次浸水的可能性，以及场地湿陷类型和等级，选择相应的措施。在

确定加固深度时，对非自重湿陷性黄土场地，宜达到基础压缩层下限；对自重湿陷性黄土场地，宜穿透全部湿陷性土层。

10.2.3 人工填土地基中最常见的地基事故是发生在以黏性土为填料的素填土地基中。这种地基如堆填时间较短，又未经充分压实，一般比较疏松，承载力较低，压缩性高且不均匀，一旦遇水具有较强湿陷性，造成建筑物因大量沉降和不均匀沉降而开裂损坏，所以在采用各种补救措施时，加固深度均应穿透素填土层。

10.2.4 膨胀土是指土中黏粒成分主要由亲水性矿物组成，同时具有显著的吸水膨胀和失水收缩两种变形特性的黏性土。由于膨胀土的胀缩变形是可逆的，随着季节气候的变化，反复失水吸水，使地基不断产生反复升降变形，而导致建筑物开裂损坏。

目前采用胀缩等级来反映胀缩变形的大小，所以在选用补救措施时，应以建筑物损坏程度和胀缩等级作为主要依据。此外，对于建造在坡地上的损坏建筑，要贯彻"先治坡，后治房"的方针，才能取得预期的效果。

10.2.5 土岩组合地基上损坏的建筑主要是由于土层与基岩压缩性相差悬殊，而造成建筑物在土岩交界部位出现不均匀沉降而引起裂缝或损坏。由于土岩组合地基情况较为复杂，所以首先应详细探明地质情况，选用切合实际的补救措施。

10.3 邻近建筑施工引起事故的预防与补救

10.3.1 目前城市用地越来越紧张，建筑物密度也越来越大，相邻建筑施工的影响应引起高度重视，对邻近建筑、道路或管线可能造成影响的施工，主要有桩基施工、基槽开挖、降水等。主要事故有沉降、不均匀沉降、局部裂损，局部倾斜或整体倾斜等。施工前应分析可能产生的影响采用必要的预防措施，当出现事故后应采取补救措施。

10.3.2 在软土地基中进行挤土桩的施工，由于桩的挤土效应，土体产生超静孔隙水压力造成土体侧向挤出，出现地面隆起，有可能对邻近既有建筑造成影响时，可以采用排水法（塑料排水板、砂桩或砂井等）、应力释放孔法或隔离沟等来预防对邻近既有建筑的影响，对重要的建筑可设地下挡墙阻挡挤土产生的影响。

10.3.5 人工挖孔桩是一种既简便又经济的桩基施工方法，被广泛地采用，但人工挖孔桩施工对周围影响较大，主要表现在降低地下水位后出现流砂、土的侧向变形等，应分析可能造成的影响并采取相应预防措施。

10.4 深基坑工程引起事故的预防与补救

10.4.1 基坑支护施工过程、基坑支护体系变形、基

坑降水、基坑失稳都可能对既有建筑地基基础造成破坏，特别是在深厚淤泥、淤泥质土、饱和黏性土或饱和粉细砂等地层中开挖基坑，极易发生事故，对这类场地和深基坑必须充分重视，对可能发生的危害事故应有分析、有准备、预先做好危害事故的预防措施。

10.4.2 本条为基坑支护设计对既有建筑的保护措施：

2 近年来的一些基坑支护事故表明，如化粪池、污水井、给水排水管线的漏水均能造成基坑的破坏，影响既有建筑的安全。原因一是化粪池、污水井、给水排水管线原来就存在渗漏水现象，周围土体含水量高、强度低，如采用土钉墙支护会造成局部失稳；原因二是基坑水平变形过大，造成管线开裂，水渗透到基坑造成基坑破坏。这些基坑事故都可能危害既有建筑的安全。

3 我国每年都有基坑支护降水造成既有建筑、道路、管线开裂的报道，因此，地下水位较高时，宜避免采用开敞式降水方案，当既有建筑为天然地基时，支护结构应采用帷幕止水方案。

4 锚杆或土钉下穿既有建筑基础时，施工过程对基底土的扰动及浆液凝固前都可能产生沉降，如锚杆的倾斜角偏大则会出现建筑物的倾斜，应尽量避免下穿既有建筑基础。当无法解决锚杆对邻近建筑物的安全造成的影响时，应变更基坑支护方案。

5 基坑工程事故，影响到周边建筑物、构筑物及地下管线，工程损失很大。为了确保基坑及其周边既有建筑的安全，首先要有安全可靠的支护结构方案，其次要重视信息化施工，掌握基坑受力和变形状态，及时发现问题，迅速妥善处理。

10.4.3 基坑降水常引发基坑周边建筑物倾斜、地面或路面下陷开裂等事故，防止的关键在于保持基坑外水位的降深，一般可采取设置回灌井和有效的止水墙等措施。反之，不设回灌井，忽视对水位和邻近建筑物的观测或止水墙工程粗糙漏水，必然导致严重后果。因此，在地下水位较高的场地，地下水处理是保证基坑工程安全的重要技术措施。

10.4.4 在既有建筑附近进行打入式桩基施工对既有建筑地基基础影响较大，应采取有效措施，保证既有建筑安全。

10.4.5 基坑周边不准修建临时工棚，因为场地坑边的临建工棚对环境卫生、工地施工安全、特别是对基坑安全会造成很大威胁。地表水或雨水渗漏对基坑安全不利，应采取疏导措施。

10.5 地下工程施工引起事故的预防与补救

10.5.1 隔断法是在既有建筑附近进行地下工程施工时，为避免或减少土体位移与变形对建筑物的影响，而在既有建筑与施工地面间设置隔断墙（如钢板桩、地下连续墙、树根桩或深层搅拌桩等墙体）予以保护

的方法，国外称侧向托换（lateral underpinning）。墙体主要承受地下工程施工引起的侧向土压力，减少地基差异变形。上海市延安东路外滩天文台由于越江隧道经过其一侧时，就是采用树根桩进行隔断法加固的。

当地下工程施工时，会产生影响范围内的地面建筑物或地下管线的位移和变形，可在施工前对既有建筑的地基基础进行加固，其加固深度应大于地下工程的底面埋置深度，则既有建筑的荷载可直接传递至地下工程的埋置深度以下。

10.5.3 在地下工程施工过程中，为了及时掌握邻近建筑物和地下管线的沉降和水平位移情况，必须及时进行相应的监测。首先需在待测的邻近建筑或地下管线上设置观测点，其数量和位置的确定应能正确反映邻近建筑或地下管线关键点的沉降和位移情况，进行信息化施工。

10.6 地下水位变化过大引起事故的预防与补救

10.6.1 地下水位降低会增大建筑物沉降，造成道路、设备管线的开裂，因此在既有建筑周围大面积降水时，对既有建筑应采取保护措施。当地下水位的上升可能超过抗浮设防水位时，应重新进行抗浮设计验算，必要时应进行抗浮加固。

10.6.2 地下水位下降造成桩周土的沉降，对桩产生负摩阻力，相当于增大了桩身轴力，会增大沉降。

10.6.3 对于一些特殊土，如湿陷性黄土、膨胀土、回填土，地下水位上升都能造成地基变形，应采取预防措施。

11 加 固 方 法

11.1 一 般 规 定

11.1.1 既有建筑地基基础进行加固时，应分析评价由于施工扰动所产生的对既有建筑物附加变形的影响。由于既有建筑物在长期使用下，变形已处于稳定状态，对地基基础进行加固时，必然要改变已有的受力状态，通过加固处理会使新旧地基基础受力重新分配。首先应对既有建筑原有受力体系分析，然后根据加固的措施重新考虑加固后的受力体系。通常可借助于计算机对各种过程进行模拟，而且能对各种工况进行分析计算，对复杂的受力体系有定量的、较全面的了解。这个工作也是最近几年随着电子计算机的广泛应用才得以实现的。

对于有地区经验，可按地区经验评价。

11.1.2 既有地基基础加固对象是已投入使用的建筑物，在不影响正常使用的前提下达到加固改造目的。新建基础与既有基础连接的变形协调，各种地基基础

加固方法的地基变形协调，应在设计要求的条件下通过严格的施工质量控制实现。导坑回填施工应达到设计要求的密实度，保证地基基础工作条件。

锚杆静压桩加固，当采用钢筋混凝土方桩时，顶进至设计深度后即可取出千斤顶，再用C30微膨胀早强混凝土将桩与原基础浇筑成整体。当控制变形严格，需施加预应力封桩时，可采用型钢支架托换，而后浇筑混凝土。对钢管桩，应根据工程要求，在钢管内浇筑C20微膨胀早强混凝土，最后用C30混凝土将桩与原基础浇筑成整体。

抬墙梁法施工，穿过原建筑物的地圈梁，支承于砖砌、毛石或混凝土新基础上。基础下的垫层应与原基础采用同一材料，并且做在同一标高上。浇筑抬墙梁时，应充分振捣密实，使其与地圈梁底紧密结合。若抬墙梁采用微膨胀混凝土，其与地圈梁挤密效果更佳。抬墙梁必须达到设计强度，才能拆除模板和墙体。

树根桩在既有基础上钻孔施工，树根桩完成后，在套管与孔之间采用非收缩的水泥浆注满。为了增强套管与水泥浆体之间的荷载传递能力，在套管置入之前，在钢套管上焊上一定间距的钢筋剪力环。树根桩在既有基础上钻孔施工，树根桩完成后，在套管与孔之间采用非收缩的水泥浆注满。

11.1.3 钢管桩表面应进行防腐处理，但实施的效果难于检验，采用增加钢管桩腐蚀量壁厚，较易实施。

11.2 基础补强注浆加固

11.2.1、11.2.2 基础补强注浆加固法的特点是：施工方便，可以加强基础的刚度与整体性。但是，注浆的压力一定要控制，压力不足，会造成基础裂缝不能充满，压力过高，会造成基础裂缝加大。实际施工时应进行试验性补强注浆，结合原基础材料强度和粘结强度，确定注浆施工参数。

注浆施工时的钻孔倾角是指钻孔中心线与地平面的夹角，倾角不应小于30°，以免钻孔困难。注浆孔布置应在基础损伤检测结果基础上进行，间距不宜超过2.0m。

封闭注浆孔，对混凝土基础，采用的水泥砂浆强度不应低于基础混凝土强度；对砌体基础，水泥砂浆强度不应低于原基础砂浆强度。

11.3 扩 大 基 础

11.3.2、11.3.3 扩大基础底面积加固的特点是：1. 经济；2. 加强基础刚度与整体性；3. 减少基底压力；4. 减少基础不均匀沉降。

对条形基础应按长度1.5m～2.0m划分成单独区段，分批、分段、间隔分别进行施工。绝不能在基础全长上挖成连续的坑槽或使坑槽内地基土暴露过久而使原基础产生或加剧不均匀沉降。沿基础高度隔一定

距离应设置锚固钢筋，可使加固的新浇混凝土与原有基础混凝土紧密结合成为整体。

当既有建筑的基础开裂或地基基础不满足设计要求时，可采用混凝土套或钢筋混凝土套加大基础底面积，以满足地基承载力和变形的设计要求。

当基础承受偏心受压时，可采用不对称加宽；当承受中心受压时，可采用对称加宽。原则上应保持新旧基础的结合，形成整体。

对加套混凝土或钢筋混凝土的加宽部分，应采用与原基础垫层的材料及厚度相同的夯实垫层，可使加套后的基础与原基础的基底标高和应力扩散条件相同和变形协调。

11.3.4 采用混凝土或钢筋混凝土套加大基础底面积尚不能满足地基承载力和变形等的设计要求时，可将原独立基础改成条形基础；将原条形基础改成十字交叉条形基础或筏形基础；将原筏形基础改成箱形基础。这样更能扩大基底面积，用以满足地基承载力和变形的设计要求；另外，由于加强了基础的刚度，也可减少地基的不均匀变形。

11.3.5、11.3.6 加深基础法加固的特点是：1. 经济；2. 有效减少基础沉降；3. 不得连续或集中施工；4. 可以是间断墩式也可以是连续墩式。

加深基础法是直接在基础下挖槽坑，再在坑内浇筑混凝土，以增大原基础的埋置深度，使基础直接支承在较好的持力层上，用以满足设计对地基承载力和变形的要求。其适用范围必须在浅层有较好的持力层，不然会因采用人工挖坑而费工费时又不经济；另外，场地的地下水位必须较低才合适，不然人工挖土时会造成邻近土的流失，即使采取相应的降水或排水措施，在施工上也会带来困难，而降水亦会导致对既有建筑产生附加不均匀沉降的隐患。

所浇筑的混凝土墩可以是间断的或连续的，主要取决于被托换的既有建筑的荷载大小和墩下地基土的承载能力及其变形性能。

鉴于施工是采用挖槽坑的方法，所以国外对基础加深法称坑式托换（pit underpinning）；亦因在坑内要浇筑混凝土，故国外对这种施工方法亦有称墩式托换（pier underpinning）。

11.3.7 如果加固的基础跨越较大时，应验算两墩之间能否满足承载力和变形的要求，如计算强度和变形不满足既有建筑原设计的要求，应采取设置过梁措施或采取托换措施，以保证施工中建筑物的安全。

11.3.9 抬墙梁法类似于结构的"托梁换柱法"，因此在采用这种方法时，必须掌握结构的形式和结构荷载的分布，合理地设置梁下桩的位置，同时还要考虑桩与原基础的受力及变形协调。抬墙梁的平面位置应避开一层门窗洞口，不能避开时，应对抬墙梁上的门窗洞口采取加强措施，并应验算梁支承处砖墙的局部承压强度。

11.4 锚杆静压桩

11.4.1 锚杆静压桩是锚杆和静压桩结合形成的桩基施工工艺。它是通过在基础上埋设锚杆固定压桩架，以既有建筑的自重荷载作为压桩反力，用千斤顶将桩段从基础中预留或开凿的压桩孔内逐段压入土中，再将桩与基础连接在一起，从而达到提高基础承载力和控制沉降的目的。

11.4.2、11.4.3 当既有建筑基础承载力不满足压桩所需的反力时，则应对基础进行加固补强；也可采用新浇筑的钢筋混凝土挑梁或抬梁作为压桩的承台。

封桩是锚杆静压桩技术的关键工序，封桩可分别采用不施加预应力的方法及施加预应力的方法。

不施加预应力的方法封桩工序（图7）为：

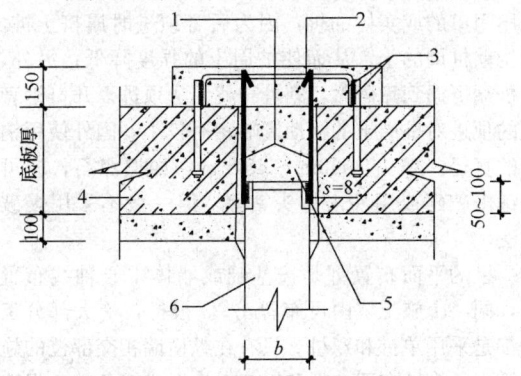

图 7　锚杆静压桩封桩节点示意
1—锚固筋（下端与桩焊接，上端弯折后与交叉钢筋焊接）；2—交叉钢筋；3—锚杆（与交叉钢筋焊接）；4—基础；5—C30 微膨胀混凝土；6—钢筋混凝土桩

清除压桩孔周围桩帽梁区域内的泥土-将桩帽梁区域内基础混凝土表面清洗干净-清洗压桩孔壁-清除压桩孔内的泥水-焊接交叉钢筋-检查-浇捣 C30 或 C35 微膨胀混凝土-检查封桩孔有无渗水。锚固筋不宜少于 4 Φ 14。

对沉降敏感的建筑物或要求加固后制止沉降起到立竿见影效果的建筑物（如古建筑、沉降缝两侧等部位），其封桩可采用预加预应力的方法（图8）。通过预加反力封桩，附加沉降可以减少，收到良好的效果。

具体做法：在桩顶上预加反力（预加反力值一般为 1.2 倍单桩承载力），此时底板上保留了一个相反的上拔力，由此减少了基底反力，在桩顶预加反力作用下，桩身即形成了一个预加反力区，然后将桩与基础底板浇捣微膨胀混凝土，形成整体，待封桩混凝土硬结后拆除桩顶上千斤顶，桩身有很大的回弹力，从而减少基础的拖带沉降，起到减少沉降的作用。

常用的预加反力装置为一种用特制短反力架，通过特制的预加反力短柱，使千斤顶和桩起到传递荷载的作用，然后当千斤顶施加要求的反力后，立即浇

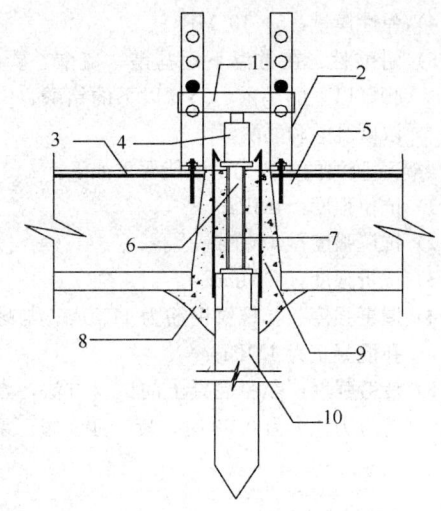

图 8　预加反力封桩示意
1—反力架；2—压桩架；3—板面钢筋；4—千斤顶；5—锚杆；6—预加反力钢杆（槽钢或钢管）；7—锚固筋；8—C30 微膨胀混凝土；9—压桩孔；10—钢筋混凝土桩

捣 C30 或 C35 微膨胀早强混凝土，当封桩混凝土强度达到设计要求后，拆除千斤顶和反力架。

1) 锚杆静压桩对工程地质勘察除常规要求外，应补充进行静力触探试验。

2) 压桩施工时不宜数台压桩机同时在一个独立柱基上施工，压桩施工应一次到位。

3) 条形基础桩位靠近基础两侧，减少基础的弯矩。独立柱基围绕柱子对称布置，板基、筏基靠近荷载大的部位及基础边缘，尤其角的部位，适应马鞍形基底接触应力分布。

大型锚杆静压桩法可用于新建高层建筑桩基工程中经常遇到的类似断桩、缩径、偏斜、接头脱开等质量事故工程，以及既有高层建筑的使用功能改变或裙房区的加层等基础托换加固工程。

在加固工程中硫磺胶泥是一种常用的连接材料，下面对硫磺胶泥的配合比和主要物理力学性能指标简单介绍。

1 硫磺胶泥的重量配合比为：硫磺：水泥：砂：聚硫橡胶（44：11：44：1）。

2 硫磺胶泥的主要物理性能如下：

1) 热变性：硫磺胶泥的强度与温度的关系：在 60℃ 以内强度无明显影响；120℃ 时变液态且随着温度的继续升高，由稠变稀；到 140℃～145℃ 时，密度最大且和易性最好；170℃ 时开始沸腾；超过 180℃ 开始焦化，且遇明火即燃烧。

2) 重度：22.8kN/m³～23.2kN/m³。

3) 吸水率：硫磺胶泥的吸水率与胶泥制作质量、重度及试件表面的平整度有关，一般为 0.12%～0.24%。

4）弹性模量：$5×10^4$MPa。

5）耐酸性：在常温下耐盐酸、硫酸、磷酸、40％以下的硝酸、25％以下的铬酸、中等浓度乳酸和醋酸。

3　硫磺胶泥的主要力学性能要求如下：

1）抗拉强度：4MPa；

2）抗压强度：40MPa；

3）抗折强度：10MPa；

4）握裹强度：与螺纹钢筋为11MPa；与螺纹孔混凝土为4MPa；

5）疲劳强度：参照混凝土的试验方法，当疲劳应力比 ρ 为0.38时，疲劳强度修正系数为 γ_p ＞0.8。

11.5　树　根　桩

11.5.1　树根桩也称为微型桩或小桩，树根桩适用于各种不同的土质条件，对既有建筑的修复、增层、地下铁道的穿越以及增加边坡稳定性等托换加固都可应用，其适用性非常广泛。

11.5.2　树根桩设计时，应对既有建筑的基础进行有关承载力的验算。当不满足要求时，应先对原基础进行加固或增设新的桩承台。树根桩的单桩竖向承载力可按载荷试验得到，也可按国家现行标准《建筑地基基础设计规范》GB 50007 有关规定结合地区经验估算，但应考虑既有建筑的地基变形条件的限制和考虑桩身材料强度的要求。设计人员要根据被加固建筑物的具体条件，预估既有建筑所能承受的最大沉降量。在载荷试验中，可由荷载-沉降曲线上求出相应允许沉降量的单桩竖向承载力。

11.5.3　树根桩的施工由于采用了注浆成桩的工艺，根据上海经验通常有50％以上的水泥浆液注入周围土层，从而增大了桩侧摩阻力。树根桩施工可采用二次注浆工艺。采用二次注浆可提高桩极限摩阻力的30％～50％。由于二次注浆通常在某一深度范围内进行，极限摩阻力的提高仅对该土层范围而言。

如采用二次注浆，则需待第一次注浆的浆液初凝时方可进行。第二次注浆压力必须克服初凝浆液的凝聚力并剪裂周围土体，从而产生劈裂现象。浆液的初凝时间一般控制在45min～60min范围，而第二次注浆的最大压力一般不大于4MPa。

拔管后孔内混凝土和浆液面会下降，当表层土质松散时会出现浆液流失现象，通常的做法是立即在桩顶填充碎石和补充注浆。

11.5.4　树根桩试块取自成桩后的桩顶混凝土，按现行国家标准《混凝土结构设计规范》GB 50010，试块尺寸为150mm立方体，其强度等级由28d龄期的用标准试验方法测得的抗压强度值确定。树根桩静载荷试验可参照混凝土灌注桩试验方法进行。

11.6　坑式静压桩

11.6.1　坑式静压桩是采用既有建筑自重做反力，用千斤顶将桩段逐段压入土中的施工方法。千斤顶上的反力梁可利用原有基础下的基础梁或基础板，对无基础梁或基础板的既有建筑，则可将底层墙体加固后再进行坑式静压桩施工。这种对既有建筑地基的加固方法，国外称压入桩（jacked piles）。

当地基土中含有较多的大块石、坚硬黏性土或密实的砂土夹层时，由于桩压入时难度较大，需要根据现场试验确定其适用与否。

11.6.2　国内坑式静压桩的桩身多数采用边长为150mm～250mm的预制钢筋混凝土方桩，亦有采用桩身直径为100mm～600mm开口钢管，国外一般不采用闭口的或实体的桩，因为后者顶进时属挤土桩，会扰动桩周的土，从而使桩周土的强度降低；另外，当桩端下遇到障碍时，则桩身就无法顶进。开口钢管桩的顶进对桩周土的扰动影响相对较小，国外使用钢管的直径一般为300mm～450mm，如遇漂石，亦可用锤击破碎或用冲击钻头钻除，但一般不采用爆破方法。

桩的平面布置都是按基础或墙体中心轴线布置的，同一个施工坑内可布置1～3根桩，绝大部分工程都是采用单桩和双桩。只有在纵横墙相交部位的施工坑内，横墙布置1根和纵墙2根形成三角的3根静压桩。

11.6.3　由于压桩过程中是动摩擦力，因此压桩力达2倍设计单桩竖向承载力特征值相应的深度土层内，对于细粒土一般能满足静载荷试验时安全系数为2的要求；遇有碎石土、卵石土粒径较大的夹层，压入困难时，应采取掏土、振动等技术措施，保证单桩承载力。

对于静压桩与基础梁（或板）的连接，一般采用木模或临时砖模，再在模内浇灌 C30 混凝土，防止混凝土干缩与基础脱离。

为了消除静压桩顶进至设计深度后，取出千斤顶时桩身的卸载回弹，可采用克服或消除这种卸载回弹的预应力方法。其做法是预先在桩顶上安装钢制托换支架，在支架上设置两台并排的同吨位千斤顶，垫上垫块同步压至压桩终止压力后，将已截好的钢管或工字钢的钢柱塞入桩顶与原基础底面间，并打入钢楔挤紧后，千斤顶同步卸荷至零，取出千斤顶，拆除托换支架，对填塞钢柱的上下两端周边应焊牢，最后用 C30 混凝土将其与原基础浇筑成整体。

封桩可根据要求采用预应力法或非预应力法施工。施工工艺可参考第11.4节锚杆静压桩封桩方法。

11.7　注　浆　加　固

11.7.1　注浆加固（grouting）亦称灌浆法，是指利用液压、气压或电化学原理，通过注浆管把浆液注入地层中，浆液以填充、渗透和挤密等方式，将土颗粒或岩石裂隙中的水分和空气排除后占据其位置，经一定时间后，浆液将原来松散的土粒或裂隙胶结成一个整体，形成一个结构新、强度大、防水性能高和化学稳定性良好的"结石体"。

注浆加固的应用范围有：

1 提高地基土的承载力、减少地基变形和不均匀变形。

2 进行托换技术，对古建筑的地基加固常用。

3 用以纠倾和抬升建筑。

4 用以减少地铁施工时的地面沉降，限制地下水的流动和控制施工现场土体的位移等。

11.7.2 注浆加固的效果与注浆材料、地基土性质、地下水性质关系密切，应通过现场试验确定加固效果，施工参数，注浆材料配比、外加剂等，有经验的地区应结合工程经验进行设计。注浆加固设计依加固目的，应满足土的强度、渗透性、抗剪强度等要求，加固后的地基满足均匀性要求。

11.7.3 浆液材料可分为下列几类（图9）：

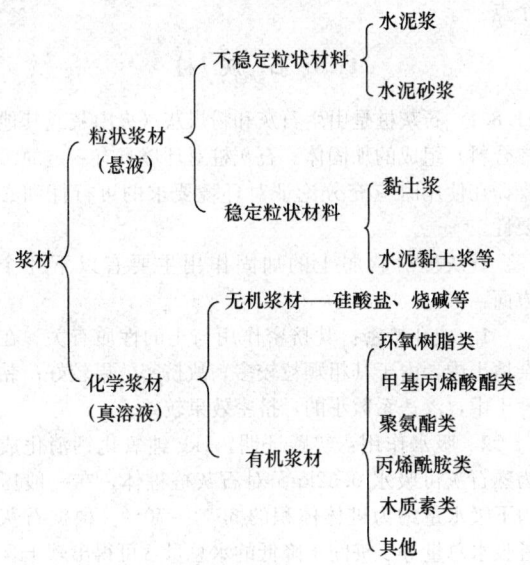

图9　浆液材料

注浆按工艺性质分类可分为单液注浆和双液注浆。在有地下水流动的情况下，不应采用单液水泥浆，而应采用双液注浆，及时凝结，以免流失。

初凝时间是指在一定温度条件下，浆液混合剂到丧失流动性的这一段时间。在调整初凝时间时必须考虑气温、水温和液温的影响。单液注浆适合于凝结时间长，双液注浆适合于凝固时间短。

假定软土的孔隙率 $n=50\%$，充填率 $\alpha=40\%$，故浆液注入率约为20%。

若注浆点上覆盖土层厚度小于2m，则较难避免在注浆初期产生"冒浆"现象。

按浆液在土中流动的方式，可将注浆法分为三类：

1 渗透注浆

浆液在很小的压力下，克服地下水压、土粒孔隙间的阻力和本身流动的阻力，渗入土体的天然孔隙，并与土粒骨架产生固化反应，在土层结构基本不受扰动和破坏的情况下达到加固的目的。

渗透注浆适用于渗透系数 $k>10^{-4}$ cm/s 的砂性土。

2 劈裂注浆

当土的渗透系数 $k<10^{-4}$ cm/s，应采用劈裂注浆，在劈裂注浆中，注浆管出口的浆液对周围地层施加了附加压应力，使土体产生剪切裂缝，而浆液则沿裂缝面劈裂。当周围土体是非匀质体时，浆液首先劈入强度最低的部分土体。当浆液的劈裂压力增大到一定程度时，再劈入另一部分强度较高的部分土体，这样劈入土体中的浆液便形成了加固土体的网络或骨架。

从实际加固地基开挖情况看，浆液的劈裂途径有竖向的、斜向的和水平向的。竖向劈裂是由土体受到扰动而产生的竖向裂缝；斜向的和水平向的劈裂是浆液沿软弱的或夹砂的土层劈裂而形成的。

3 压密注浆

压密注浆是指通过钻孔在土中灌入极浓的浆液，在注浆点使土体压密，在注浆管端部附近形成"浆泡"，当浆泡的直径较小时，灌浆压力基本上沿钻孔的径向扩展。随着浆泡尺寸的逐渐增大，便产生较大的上抬力而使地面抬动。浆泡的形状一般为球形或圆柱形。浆泡的最后尺寸取决于土的密度、湿度、力学条件、地表约束条件、灌浆压力和注浆速率等因素。离浆泡界面 0.3m～2.0m 内的土体都能受到明显的加密。评价浆液稠度的指标通常是浆液的坍落度。如采用水泥砂浆浆液，则坍落度一般为25mm～75mm，注浆压力为 1MPa～7MPa。当坍落度较小时，注浆压力可取上限值。

渗透、劈裂和压密一般都会在注浆过程中同时出现。

"注浆压力"是指浆液在注浆孔口的压力，注浆压力的大小取决于以上三种注浆方式的不同、土性的不同和加固设计要求的不同。

由于土层的上部压力小，下部压力大，浆液就有向上抬高的趋势。灌注深度大，上抬不明显，而灌注深度浅，则上抬较多，甚至溢到地面上来，此时可用多孔间歇注浆法，亦即让一定数量的浆液灌入上层孔隙大的土中后，暂停工作让浆液凝固，这样就可把上抬的通道堵死；或者加快浆液的凝固时间，使浆液（双液）出注浆管就凝固。

11.7.4 注浆压力和流量是施工中的两个重要参数，任何注浆方式均应有压力和流量的记录。自动流量和压力记录仪能随时记录并打印出注浆过程中的流量和压力值。

在注浆过程中，对注浆的流量、压力和注浆总流量中，可分析地层的空隙、确定注浆的结束条件、预测注浆的效果。

注浆施工方法较多，以上海地区而论最为常用的是花管注浆和单向阀管注浆两种施工方法。对一般工程的注浆加固，还是以花管注浆作为注浆工艺的主体。

花管注浆的注浆管在头部 1m～2m 范围内侧壁开孔，孔眼为梅花形布置，孔眼直径一般为 3mm～4mm。注浆管的直径一般比锥尖的直径小 1mm～2mm。有时为防止孔眼堵塞，可在开口的孔眼外再包一圈橡皮环。

为防止浆液沿管壁上冒，可加一些速凝剂或压浆后间歇数小时，使在加固层表面形成一层封闭层。如在地表有混凝土之类的硬壳覆盖的情况，也可将注浆管一次压到设计深度，再由下而上分段施工。

花管注浆工艺虽简单，成本低廉，但其存在的缺点是：1 遇卵石或块石层时沉管困难；2 不能进行二次注浆；3 注浆时易于冒浆；4 注浆深度不及塑料单向阀管。

注浆时可采用粉煤灰代替部分水泥的原因是：

1 粉煤灰颗粒的细度比水泥还细，及其占优势的球形颗粒，使比仅含有水泥和砂的浆液更容易泵送，用粉煤灰代替部分水泥或砂，可保持浆体的悬浮状态，以免发生离析和减少沉积来改善可泵性和可灌性。

2 粉煤灰具有火山灰活性，当加入到水泥中可增加胶结性，这种反应产生的粘结力比水泥砂浆间的粘结更为坚固。

3 粉煤灰含有一定量的水溶性硫酸盐，增强了水泥浆的抗硫酸盐性。

4 粉煤灰掺入水泥的浆液比一般水泥浆液用的水少，而通常浆液的强度与水灰比有关，它随水的减少而增加。

5 使用粉煤灰可达到变废为宝，具有社会效益，并节约工程成本。

每段注浆的终止条件为吸浆量小于 1L/min～2L/min。当某段注浆量超过设计值的 1 倍～1.5 倍时，应停止注浆，间歇数小时后再注，以防浆液扩大到加固段以外。

为防止邻孔串浆，注浆顺序应按跳孔间隔注浆方式进行，并宜采用先外围后内部的注浆施工方法，以防浆液流失。当地下水流速较大时，应考虑浆液在水流中的迁移效应，应从水头高的一端开始注浆。

在浆液进行劈裂的过程中，产生超孔隙水压力，孔隙水压力的消散使土体固结和劈裂浆体的凝结，从而提高土的强度和刚度。但土层的固结要引起土体的沉降和位移。因此，土体加固的效应与土体扰动的效应是同时发展的过程，其结果是导致加固土体的效应和某种程度土体的变形，这就是单液注浆的初期会产生地基附加沉降的原因。而多孔间隔注浆和缩短浆液凝固时间等措施，能尽量减少既有建筑基础因注浆而产生的附加沉降。

11.7.5 注浆施工质量高不等于注浆效果好，因此，在设计和施工中，除应明确规定某些质量指标外，还应规定所要达到的注浆效果及检查方法。

1 计算灌浆量，可利用注浆过程中的流量和压力曲线进行分析，从而判断注浆效果。

2 由于浆液注入地层的不均匀性，采用地球物理检测方法，实际上存在难以定量和直接反映的缺点。标准贯入、轻型动力触探和静力触探的检测方法，简单实用，但它存在仅能反映取样点的加固效果的特点，因此对地基注浆加固效果评价的检查数量应满足统计要求，检验标准应通过现场试验对比校核使用。

3 检验点的数量和合格的标准除应按规范条文执行外，对不足 20 孔的注浆工程，至少应检测 3 个点。

11.8 石 灰 桩

11.8.1 石灰桩是由生石灰和粉煤灰（火山灰或其他掺合料）组成的加固体。石灰桩对环境具有一定的污染，在使用时应充分论证对环境要求的可行性和必要性。

石灰桩对软弱土的加固作用主要有以下几个方面：

1 成孔挤密：其挤密作用与土的性质有关。在杂填土中，由于其粗颗粒较多，故挤密效果较好；黏性土中，渗透系数小的，挤密效果较差。

2 吸水作用：实践证明，1kg 纯氧化钙消化成为熟石灰可吸水 0.32kg。对石灰桩桩体，在一般压力下吸水量约为桩体体积的 65%～70%。根据石灰桩吸水总量等于桩间土降低的水总量，可得出软土含水量的降低值。

3 膨胀挤密：生石灰具有吸水膨胀作用，在压力 50kPa～100kPa 时，膨胀量为 20%～30%，膨胀的结果使桩周土挤密。

4 发热脱水：1kg 氧化钙在水化时可产生 280cal 热量，桩身温度可达 200℃～300℃，使土产生一定的气化脱水，从而导致土中含水量下降、孔隙比减小、土颗粒靠拢挤密，在所加固区的地下水位也有一定的下降，并促使某些化学反应形成，如水化硅酸钙的形成。

5 离子交换：软土中钠离子与石灰中的钙离子发生置换，改善了桩间土的性质，并在石灰桩表层形成一个强度很高的硬层。

以上这些作用，使桩间土的强度提高、对饱和粉土和粉细砂还改善了其抗液化性能。

6 置换作用：软土为强度较高的石灰桩所代替，从而增加了复合地基承载力，其复合地基承载力的大小，取决于桩身强度与置换率大小。

11.8.2 石灰桩桩径主要取决于成孔机具，目前使用的桩管常用的有直径325mm和425mm两种；用人工洛阳铲成孔的一般为200mm～300mm，机动洛阳铲成孔的直径可达400mm～600mm。

石灰桩的桩距确定，与原地基土的承载力和设计要求的复合地基承载有关，一般采用2.5倍～3.5倍桩径。根据山西省的经验，采用桩距3.0倍～3.5倍桩径的，地基承载力可提高0.7倍～1.0倍；采用桩距2.5倍～3.0倍桩径的，地基承载力可提高1.0倍～1.5倍。

桩的布置可采用三角形或正方形，而采用等边三角形布置更为合理，它使桩周土的加固较为均匀。

桩的长度确定，应根据地质情况而定，当软弱土层厚度不大时，桩长宜穿过软弱土层，也可先假定桩长，再对软弱下卧层强度和地基变形进行验算后确定。

石灰桩处理范围一般要超出基础轮廓线外围1排～2排，是基底压力向外扩散的需要，另外考虑基础边桩的挤密效果较差。

11.8.4 石灰桩施工记录是评估施工质量的重要依据，结合抽检结果可作出质量检验评价。

通过现场原位测试的标准贯入、静力触探以及钻孔取样进行室内试验，检测石灰桩施工质量及其周围土的加固效果。桩周土的测试点应布置在等边三角形或正方形的中心，因为该处挤密效果较差。

11.9 其他地基加固方法

11.9.1 旋喷桩是利用钻机钻进至土层的预定位置后，以高压设备通过带有喷嘴的注浆管使浆液以20MPa～40MPa的高压射流从喷嘴中喷射出来，冲击破坏土体，同时钻杆以一定速度渐渐向上提升，将浆液与土粒强制搅拌混合，浆液凝固后，在土中形成固结加固体。

固结加固体形状与喷射流移动方向有关。一般分为旋转喷射（简称旋喷）、定向喷射（简称定喷）和摆动喷射（简称摆喷）三种形式。托换加固中一般采用旋转喷射，即旋喷桩。当前，高压喷射注浆法的基本工艺类型有：单管法、二重管法、三重管法和多重管法等四种方法。

旋喷固结体的直径大小与土的种类和密实程度有较密切的关系。对黏性土地基加固，单管旋喷注浆加固体直径一般为0.3m～0.8m；三重管旋喷注浆加固体直径可达0.7m～1.8m；二重管旋喷注浆加固体直径介于上述二者之间。多重管旋喷直径为2.0m

～4.0m。

一般在黏性土和黄土中的固结体，其抗压强度可达5MPa～10MPa，砂类土和砂砾层中的固结体其抗压强度可达8MPa～20MPa。

11.9.2 灰土挤密桩适应于无地下水的情况下，其特点是：1 经济；2 灵活性、机动性强；3 施工简单，施工作业面小等。灰土挤密桩法施作时一定要对称施工，不得使用生石灰与土拌合，应采用消解后的石灰，以防灰料膨胀不均匀造成基础拉裂。

11.9.3 水泥土搅拌桩由于设备较大，一般不用于既有建筑物基础下的地基加固。在相邻建筑施工时，要考虑其挤土效应对相邻基础的影响。

11.9.4 化学灌浆的特点是适应性比较强，施工作业面小，加固效果比较快。但是，这种方法对地下水有一定的污染，当施工场地位于饮水源、河流、湖泊、鱼池等附近时，对注浆材料和浆液配比要严格控制。

11.9.6 人工挖孔混凝土灌注桩的特点就是能提供较大的承载能力，同时易于检查持力层的土质情况是否符合设计要求。缺点是施工作业面要求大，施工过程容易扰动周边的土。该方法应在保证安全的条件下实施。

12 检验与监测

12.1 一般规定

12.1.1 地基基础加固施工后，应按设计要求及现行国家标准《建筑地基基础工程施工质量验收规范》GB 50202的规定进行施工质量检验。对于有特殊要求或国家标准没有具体要求的，可按设计要求或专门制定针对加固项目的检验标准及方法进行检验。

12.1.2 地基基础加固工程应在施工期间进行监测，根据监测结果采取调整既有建筑地基基础加固设计或施工方案的技术措施。

12.2 检 验

12.2.1 基槽检验是重要的施工检验程序，应按隐蔽工程要求进行。

12.2.2 新旧结构构件的连接构造应进行检验，提供隐蔽工程检验报告。

12.2.3 对基础钻芯取样，可采用目测方法检验浆液的扩散半径、浆液对基础裂缝的填充效果；尚应进行抗压强度试验测定注浆后基础的强度。钻芯取样数量，对条形基础宜每隔5m～10m，或每边不少于3个，对独立柱基础，取样数可取1个～2个，取样孔宜布置在两个注浆孔中间的位置。

12.2.7 复合地基加固可在原基础上开孔并对既有建筑基础下地基进行加固，也可用于扩大基础加固中既有建筑基础外的地基加固，或两者联合使用。但在原基础内实施难度较大，目前实际工程不多。对于扩大基础加固施工质量的检验，可根据场地条件按《建筑地基处理技术规范》JGJ 79 的要求确定检验方法。

12.3 监　　测

12.3.1、12.3.2　基槽开挖和施工降水等可能对周边环境造成影响，为保证周边环境的安全和正常使用，应对周边建筑物、管线的变形及地下水位的变化等进行监测。

12.3.4、12.3.5　纠倾加固施工，当各点的顶升量和迫降量不一致时，可能造成结构产生新的裂损，应对结构的变形和裂缝进行监测，根据监测结果进行施工控制。

12.3.6　移位施工过程中，当建筑物处于新旧基础交

接处时，由于新旧基础的地基变形不同，可能造成建筑物产生新的损害，因此应对建筑物的变形、裂缝等进行监测。

12.3.7　托换加固要改变结构或地基的受力状态，施工时应对建筑的沉降、倾斜、开裂进行监测。

12.3.8　注浆加固施工会引起建筑物附加沉降，应在施工期间进行建筑物沉降监测。视沉降发展速率，施工后的一段时间也应进行沉降监测。

12.3.9　采用加大基础底面积加固法、加深基础加固法对基础进行加固时，当开挖施工槽段内结构在加固前已产生裂缝或加固施工时产生裂缝或变形时，应对开挖施工槽段内结构的变形和裂缝情况进行监测，确保安全。

中华人民共和国行业标准

既有居住建筑节能改造技术规程

Technical specification for energy efficiency retrofitting of
existing residential buildings

JGJ/T 129—2012

批准部门：中华人民共和国住房和城乡建设部
施行日期：2 0 1 3 年 3 月 1 日

中华人民共和国住房和城乡建设部
公 告

第 1504 号

住房城乡建设部关于发布行业标准
《既有居住建筑节能改造技术规程》的公告

现批准《既有居住建筑节能改造技术规程》为行业标准，编号为 JGJ/T 129 - 2012，自 2013 年 3 月 1 日起实施。原行业标准《既有采暖居住建筑节能改造技术规程》JGJ 129 - 2000 同时废止。

本规程由我部标准定额研究所组织中国建筑工业

出版社出版发行。

中华人民共和国住房和城乡建设部
2012 年 10 月 29 日

前 言

根据原建设部《关于印发〈2006 年工程建设标准规范制订、修订计划（第一批）〉的通知》（建标〔2006〕77 号）的要求，规程编制组经广泛调查研究，认真总结实践经验，并在广泛征求意见的基础上，对原行业标准《既有采暖居住建筑节能改造技术规程》JGJ 129 - 2000 进行了修订。

本规程的主要技术内容有：1. 总则；2. 基本规定；3. 节能诊断；4. 节能改造方案；5. 建筑围护结构节能改造；6. 严寒和寒冷地区集中供暖系统节能与计量改造；7. 施工质量验收。

本规程主要修订的技术内容是：1. 将规程的适用范围扩大到夏热冬冷地区和夏热冬暖地区；2. 规定了在制定节能改造方案前对供暖空调能耗、室内热环境、围护结构、供暖系统进行现状调查和诊断；3. 规定了不同气候区的既有建筑节能改造方案应包括的内容；4. 规定了不同气候区的既有建筑围护结构改造内容、重点以及技术要求；5. 规定了热源、室外管网、室内系统以及热计量的改造要求。

本规程由住房和城乡建设部负责管理，由中国建筑科学研究院负责具体技术内容的解释。执行过程中如有意见或建议，请寄送至中国建筑科学研究院（地址：北京市北三环东路 30 号，邮政编码：100013）。

本 规 程 主 编 单 位：中国建筑科学研究院

本 规 程 参 编 单 位：哈尔滨工业大学市政环境
工程学院
中国建筑设计研究院
中国建筑西北设计研究院
有限公司
中国建筑东北设计研究院

有限公司
吉林省建苑设计集团有限公司
福建省建筑科学研究院
广东省建筑科学研究院
中国建筑西南设计研究院有限公司
重庆大学城市规划学院
上海市建筑科学研究院（集团）有限公司
北京市建筑设计研究院有限公司
西安建筑科技大学建筑学院
住房和城乡建设部科技发展促进中心
深圳市建筑科学研究院有限公司

本规程主要起草人员：	林海燕	郎四维	方修睦
	潘云钢	陆耀庆	金丽娜
	吴雪岭	赵士怀	冯 雅
	付祥钊	杨仕超	夏祖宏
	刘明明	刘月莉	宋 波
	闫增峰	郝 斌	刘俊跃
	潘 振		
本规程主要审查人员：	吴德绳	罗继杰	杨善勤
	韦延年	陶乐然	张恒业
	栾景阳	朱惠英	刘士清

目　次

Contents

1 总　则

1.0.1 为贯彻国家有关建筑节能的法律、法规和方针政策，通过采取有效的节能技术措施，改变既有居住建筑室内热环境质量差、供暖空调能耗高的现状，提高既有居住建筑围护结构的保温隔热能力，改善既有居住建筑供暖空调系统能源利用效率，改善居住热环境，制定本规程。

1.0.2 本规程适用于各气候区既有居住建筑进行下列范围的节能改造：

　　1　改善围护结构保温、隔热性能；

　　2　提高供暖空调设备（系统）能效，降低供暖空调设备的运行能耗。

1.0.3 既有居住建筑节能改造应根据节能诊断结果，制定节能改造方案，从技术可靠性、可操作性和经济实用等方面进行综合分析，选取合理可行的节能改造方案和技术措施。

1.0.4 既有居住建筑节能改造，除应符合本规程外，尚应符合国家现行有关标准的规定。

2 基 本 规 定

2.0.1 既有居住建筑节能改造应根据国家节能政策和国家现行有关居住建筑节能设计标准的要求，结合当地的地理气候条件、经济技术水平，因地制宜地开展全面的节能改造或部分的节能改造。

2.0.2 实施全面节能改造后的建筑，其室内热环境和建筑能耗应符合国家现行有关居住建筑节能设计标准的规定。实施部分节能改造后的建筑，其改造部分的性能或效果应符合国家现行有关居住建筑节能设计标准的规定。

2.0.3 既有居住建筑在实施全面节能改造前，应先进行抗震、结构、防火等性能的评估，其主体结构的后续使用年限不应少于 20 年。有条件时，宜结合提高建筑的抗震、结构、防火等性能实施综合性改造。

2.0.4 实施部分节能改造的建筑，宜根据改造项目的具体情况，进行抗震、结构、防火等性能的评估以及改造后的使用年限进行判定。

2.0.5 既有居住建筑实施节能改造前，应先进行节能诊断，并根据节能诊断的结果，制定全面的或部分的节能改造方案。

2.0.6 建筑节能改造的诊断、设计和施工，应由具有相应的建筑检测、设计、施工资质的单位和专业技术人员承担。

2.0.7 严寒和寒冷地区的既有居住建筑节能改造，宜以一个集中供热小区为单位，同步实施对建筑围护结构的改造和供暖系统的全面改造。全面节能改造

后，在保证同一室内热舒适水平的前提下，热源端的节能量不应低于 20%。当不具备对建筑围护结构和供暖系统实施全面改造的条件时，应优先选择对室内热环境影响大、节能效果显著的环节实施部分改造。

2.0.8 严寒和寒冷地区既有居住建筑实施全面节能改造后，集中供暖系统应具有室温调节和热量计量的基本功能。

2.0.9 夏热冬冷地区与夏热冬暖地区的既有居住建筑节能改造，应优先提高外窗的保温和遮阳性能、屋顶和西墙的保温隔热性能，并宜同时改善自然通风条件。

2.0.10 既有居住建筑外墙节能改造工程的设计应兼顾建筑外立面的装饰效果，并应满足墙体保温、隔热、防火、防水等的要求。

2.0.11 既有居住建筑外墙节能改造工程应优先选用安全、对居民干扰小、工期短、对环境污染小、施工工艺便捷的墙体保温技术，并宜减少湿作业施工。

2.0.12 既有居住建筑节能改造应制定和实行严格的施工防火安全管理制度。外墙改造采用的保温材料和系统应符合国家现行有关防火标准的规定。

2.0.13 既有居住建筑节能改造不得采用国家明令禁止和淘汰的设备、产品和材料。

3 节 能 诊 断

3.1 一 般 规 定

3.1.1 既有居住建筑节能改造前应进行节能诊断。并应包括下列内容：

　　1　供暖、空调能耗现状的调查；

　　2　室内热环境的现状诊断；

　　3　建筑围护结构的现状诊断；

　　4　集中供暖系统的现状诊断（仅对集中供暖居住建筑）。

3.1.2 既有居住建筑节能诊断后，应出具节能诊断报告，并应包括供暖空调能耗、室内热环境、建筑围护结构、集中供暖系统现状调查和诊断的结果，初步的节能改造建议和节能改造潜力分析。

3.1.3 承担节能诊断的单位应由建设单位委托。节能诊断涉及的检测方法应按现行行业标准《居住建筑节能检测标准》JGJ/T 132 执行。

3.2 能耗现状调查

3.2.1 既有居住建筑节能改造前，应先进行供暖、空调能耗现状的调查统计。调查统计应符合现行行业标准《民用建筑能耗数据采集标准》JGJ/T 154 的有关规定。

3.2.2 既有居住建筑应根据其供暖和空调能耗现状

调查统计结果，为节能诊断报告提供下列内容：

　　1 既有居住建筑供暖能耗；

　　2 既有居住建筑空调能耗。

3.3 室内热环境诊断

3.3.1 既有居住建筑室内热环境诊断时，应按国家现行标准《民用建筑热工设计规范》GB 50176、《严寒和寒冷地区居住建筑节能设计标准》JGJ 26、《夏热冬冷地区居住建筑节能设计标准》JGJ 134、《夏热冬暖地区居住建筑节能设计标准》JGJ 75 以及《居住建筑节能检测标准》JGJ/T 132 执行。

3.3.2 既有居住建筑室内热环境诊断，应采用现场调查和检测室内热环境状况为主、住户问卷调查为辅的方法。

3.3.3 既有居住建筑室内热环境诊断应主要针对供暖、空调季节进行，夏热冬冷和夏热冬暖地区的诊断还宜包括过渡季节。针对过渡季节的室内热环境诊断，应在自然通风状态下进行。

3.3.4 既有居住建筑室内热环境诊断应调查、检测下列内容并将结果提供给节能诊断报告：

　　1 室内空气温度；

　　2 室内空气相对湿度；

　　3 外围护结构内表面温度，在严寒和寒冷地区还应包括热桥等易结露部位的内表面温度，在夏热冬冷和夏热冬暖地区还应包括屋面和西墙的内表面温度；

　　4 在夏热冬暖和夏热冬冷地区，建筑室内的通风状况；

　　5 住户对室内温度、湿度的主观感受等。

3.4 围护结构节能诊断

3.4.1 围护结构节能诊断前，应收集下列资料：

　　1 建筑的设计施工图、计算书及竣工图；

　　2 建筑装修和改造资料；

　　3 历年修缮资料；

　　4 所在地城市建设规划和市容要求。

3.4.2 围护结构进行节能诊断时，应对下列内容进行现场检查：

　　1 墙体、屋顶、地面以及门窗的裂缝、渗漏、破损状况；

　　2 屋顶结构构造：结构形式、遮阳板、防水构造、保温隔热构造及厚度；

　　3 外墙结构构造：墙体结构形式、厚度、保温隔热构造及厚度；

　　4 外窗：窗户型材种类、开启方式、玻璃结构、密封形式；

　　5 遮阳：遮阳形式、构造和材料；

　　6 户门：构造、材料、密闭形式；

　　7 其他：分户墙、楼板、外挑楼板、底层楼板等的材料、厚度。

3.4.3 围护结构节能诊断时，应按现行国家标准《民用建筑热工设计规范》GB 50176 的规定计算其热工性能，必要时应对部分构件进行抽样检测其热工性能。围护结构热工性能检测应符合现行行业标准《居住建筑节能检测标准》JGJ/T 132 的有关规定。围护结构热工计算和检测应包括下列内容：

　　1 屋顶的保温性能、隔热性能；

　　2 外墙的保温性能、隔热性能；

　　3 房间的气密性；

　　4 外窗的气密性；

　　5 围护结构热工缺陷。

3.4.4 外窗的传热系数应按现行行业标准《建筑门窗玻璃幕墙热工计算规程》JGJ/T 151 的规定进行计算；外窗的综合遮阳系数应按现行行业标准《夏热冬暖地区居住建筑节能设计标准》JGJ 75 和《建筑门窗玻璃幕墙热工计算规程》JGJ/T 151 的有关规定进行计算。

3.4.5 围护结构节能诊断应根据建筑物现状、围护结构现场检查和热工性能计算与检测的结果等对其热工性能进行判定，并为节能诊断报告提供下列内容：

　　1 建筑围护结构各组成部分的传热系数；

　　2 建筑围护结构可能存在的热工缺陷状况；

　　3 建筑物耗热量指标（严寒、寒冷地区集中供暖建筑）。

3.5 严寒和寒冷地区集中供暖系统节能诊断

3.5.1 供暖系统节能诊断前，应收集下列资料：

　　1 供暖系统设计施工图、计算书和竣工图纸；

　　2 历年维修改造资料；

　　3 供暖系统运行记录及 3 年以上能源消耗量。

3.5.2 供暖系统诊断时，应对下列内容进行现场检查、检测、计算并将结果提供给节能诊断报告：

　　1 锅炉效率、单位锅炉容量的供暖面积；

　　2 单位建筑面积的供暖耗煤量（折合成标准煤）、耗电量和水量；

　　3 根据建筑耗热量、耗煤量指标和实际供暖天数推算系统的运行效率；

　　4 供暖系统补水率；

　　5 室外管网输送效率；

　　6 室外管网水力平衡度、调控能力；

　　7 室内供暖系统形式、水力失调状况和调控能力。

3.5.3 对锅炉效率、系统补水率、室外管网水力平衡度、室外管网热损失率、耗电输热比等指标参数的检测应按现行行业标准《居住建筑节能检测标准》JGJ/T 132 执行。

4 节能改造方案

4.1 一般规定

4.1.1 对居住建筑实施节能改造前，应根据节能诊断结果和预定的节能目标制定节能改造方案，并应对节能改造方案的效果进行评估。

4.1.2 严寒和寒冷地区应按现行行业标准《严寒和寒冷地区居住建筑节能设计标准》JGJ 26 中的静态计算方法，对建筑实施改造后的供暖耗热量指标进行计算。计划实施全面节能改造的建筑，其改造后的供暖耗热量指标应符合现行行业标准《严寒和寒冷地区居住建筑节能设计标准》JGJ 26 的规定，室内系统应满足计量要求。

4.1.3 夏热冬冷地区应按现行行业标准《夏热冬冷地区居住建筑节能设计标准》JGJ 134 中的动态计算方法，对建筑实施改造后的供暖和空调能耗进行计算。

4.1.4 夏热冬暖地区应按现行行业标准《夏热冬暖地区居住建筑节能设计标准》JGJ 75 中的动态计算方法，对建筑实施改造后的空调能耗进行计算。

4.1.5 夏热冬冷地区和夏热冬暖地区宜对改造后建筑顶层房间的夏季室内热环境进行评估。

4.2 严寒和寒冷地区节能改造方案

4.2.1 严寒和寒冷地区既有居住建筑的全面节能改造方案应包括建筑围护结构节能改造方案和供暖系统节能改造方案。

4.2.2 围护结构节能改造方案应确定外墙、屋面等保温层的厚度并计算外墙平均传热系数和屋面传热系数，确定外窗、单元门、户门传热系数。对外墙、屋面、窗洞口等可能形成冷桥的构造节点，应进行热工校核计算，避免室内表面结露。

4.2.3 建筑围护结构节能改造方案应评估下列内容：
1 建筑物耗热量指标；
2 围护结构传热系数；
3 节能潜力；
4 建筑热工缺陷；
5 改造的技术方案和措施，以及相应的材料和产品；
6 改造的资金投入和资金回收期。

4.2.4 严寒和寒冷地区供暖系统节能改造方案应符合下列规定：
1 改造后的燃煤锅炉年均运行效率不应低于68%，燃气及燃油锅炉年均运行效率不应低于80%；
2 对于改造后的室外供热管网，管网保温效率应大于97%，补水率不应大于总循环流量的0.5%，系统总流量应为设计值的100%～110%，水力平衡

度应在0.9～1.2范围之内，耗电输热比应符合现行行业标准《严寒和寒冷地区居住建筑节能设计标准》JGJ 26 的有关规定。

4.2.5 供暖系统节能改造方案应评估下列内容：
1 供暖期间单位建筑面积耗标煤量（耗气量）指标；
2 锅炉运行效率；
3 室外管网输送效率；
4 热源（热力站）变流量运行条件；
5 室内系统热计量仪表状况及系统调节手段；
6 供热效果；
7 节能潜力；
8 改造的技术方案和措施，以及相应的材料和产品；
9 改造的资金投入和资金回收期。

4.3 夏热冬冷地区节能改造方案

4.3.1 夏热冬冷地区既有居住建筑节能改造方案应主要针对建筑围护结构。

4.3.2 夏热冬冷地区既有居住建筑节能改造方案应确定外墙、屋面等保温层的厚度，计算外墙平均传热系数和屋面传热系数，确定外窗的传热系数和遮阳系数。必要时，应对外墙、屋面、窗洞口等可能形成热桥的构造节点进行结露验算。

4.3.3 夏热冬冷地区既有建筑节能改造方案的效果评估应包括能效评估和室内热环境评估，并应符合下列规定：
1 当节能方案满足现行行业标准《夏热冬冷地区居住建筑节能设计标准》JGJ 134 全部规定性指标的要求时，可认定节能方案达到该标准的节能水平；
2 当节能方案不完全满足现行行业标准《夏热冬冷地区居住建筑节能设计标准》JGJ 134 全部规定性指标的要求时，应按该标准规定的方法，计算节能改造方案的节能综合评价指标。

4.3.4 评估室内热环境时，应先按节能改造方案建立该建筑的计算模型，计算当地典型气象年条件下建筑室内的全年自然室温（t_n），再按表4.3.4的规定进行评估。

表 4.3.4 夏热冬冷地区节能改造方案的室内热环境评估

室内热环境评估等级	评估指标	
	冬 季	夏 季
良好	$12℃ \leqslant t_{n,min}$	$t_{n,max} \leqslant 30℃$
可接受	$8℃ \leqslant t_{n,min} < 12℃$	$30℃ < t_{n,max} \leqslant 32℃$
恶劣	$t_{n,min} < 8℃$	$t_{n,max} > 32℃$

4.4 夏热冬暖地区节能改造方案

4.4.1 夏热冬暖地区既有居住建筑节能改造方案应

主要针对建筑围护结构。

4.4.2 夏热冬暖地区既有居住建筑节能改造方案应确定外墙、屋面等保温层的厚度，计算外墙传热系数和屋面传热系数，确定外窗的传热系数和遮阳系数等。

4.4.3 夏热冬暖地区既有建筑节能改造方案的效果评估应包括能效评估和室内热环境评估，并应符合下列规定：

1 当节能改造方案满足现行行业标准《夏热冬暖地区居住建筑节能设计标准》JGJ 75 全部规定性指标的要求时，可认定该改造方案达到该标准的节能水平；

2 当节能改造方案不完全满足现行行业标准《夏热冬暖地区居住建筑节能设计标准》JGJ 75 全部规定性指标的要求时，应按现行行业标准《夏热冬暖地区居住建筑节能设计标准》JGJ 75 规定的对比评定法，计算改造方案的节能综合评价指标。

4.4.4 室内热环境评价应符合下列规定：

1 应按现行国家标准《民用建筑热工设计规范》GB 50176 计算改造方案中建筑屋顶、西外墙的保温隔热性能；

2 应按现行行业标准《建筑门窗玻璃幕墙热工计算规程》JGJ/T 151 计算改造方案中外窗隔热性能和保温性能；

3 应按现行行业标准《夏热冬暖地区居住建筑节能设计标准》JGJ 75 计算改造方案中外窗的可开启面积或采用流体力学计算软件模拟节能改造实施方案中建筑内部预期的自然通风效果；

4 室内热环境评价结论的判定应符合下列规定：

1）当围护结构节能设计符合现行行业标准《夏热冬暖地区居住建筑节能设计标准》JGJ 75 的有关规定时，应判定节能方案的夏季室内热环境为良好；

2）当围护结构节能设计不完全符合现行行业标准《夏热冬暖地区居住建筑节能设计标准》JGJ 75 的有关规定，但屋顶、外墙的隔热性能符合现行国家标准《民用建筑热工设计规范》GB 50176 的有关规定时，应判定节能方案的夏季室内热环境为可接受；

3）当围护结构节能设计不完全符合现行行业标准《夏热冬暖地区居住建筑节能设计标准》JGJ 75 的有关规定，且屋顶、外墙的隔热性能也不符合现行国家标准《民用建筑热工设计规范》GB 50176 的有关规定时，应判定节能方案的夏季室内热环境为恶劣。

5 建筑围护结构节能改造

5.1 一般规定

5.1.1 围护结构节能改造应按制定的节能改造方案进行设计，设计内容应包括外墙、外窗、户门、不封闭阳台门和单元入口门、屋面、直接接触室外空气的楼地面、供暖房间与非供暖房间（包括不供暖楼梯间）的隔墙及楼板等。

5.1.2 围护结构节能改造时，不得随意更改既有建筑结构构造。

5.1.3 外墙和屋面节能改造前，应对相关的构造措施和节点做法等进行设计。

5.1.4 对严寒和寒冷地区围护结构的节能改造，应同时考虑供暖系统的节能改造，为供暖系统改造预留条件。

5.1.5 围护结构改造应遵循经济、适用、少扰民的原则。

5.1.6 围护结构节能改造所使用的材料、技术应符合设计要求和国家现行有关标准的规定。

5.2 严寒和寒冷地区围护结构

5.2.1 严寒和寒冷地区既有居住建筑围护结构改造后，其传热系数应符合现行行业标准《严寒和寒冷地区居住建筑节能设计标准》JGJ 26 的有关规定。

5.2.2 严寒和寒冷地区，在进行外墙节能改造时，应优先选用外保温技术，并应与建筑的立面改造相结合。

5.2.3 外墙节能改造时，严寒和寒冷地区不宜采用内保温技术。当严寒和寒冷地区外保温无法施工或需保持既有建筑外貌时，可采用内保温技术。

5.2.4 外墙节能改造采用内保温技术时，应进行内保温设计，并对混凝土梁、柱等热桥部位进行结露验算，施工前制定施工方案。

5.2.5 严寒和寒冷地区外窗改造时，可根据既有建筑具体情况，采取更换原窗户或在保留原窗户基础上再增加一层新窗户的措施。

5.2.6 严寒和寒冷地区居住建筑的楼梯间及外廊应封闭；楼梯间不供暖时，楼梯间隔墙和户门应采取保温措施。

5.2.7 严寒、寒冷地区的单元门应加设门斗；与非供暖走道、门厅相邻的户门应采用保温门；单元门宜安装闭门器。

5.3 夏热冬冷地区围护结构

5.3.1 夏热冬冷地区既有居住建筑围护结构改造后，所改造部位的热工性能应符合现行行业标准《夏热冬冷地区居住建筑节能设计标准》JGJ 134 的规定性指标的有关规定。

5.3.2 既有居住建筑外墙进行节能改造设计时，应根据建筑的历史和文化背景、建筑的类型和使用功能、建筑现有的立面形式和建筑外装饰材料等，确定采用外保温隔热或内保温隔热技术，并应符合下列规定：

1 混凝土剪力墙应进行外墙保温改造；

2 南北向板式（条式）建筑，应对东西山墙进行保温改造；

3 宜采取外保温技术。

5.3.3 既有居住建筑的平屋面宜改造成坡屋面或种植屋面。当保持平屋面时，宜设置保温层和通风架空层。

5.3.4 外窗改造应在满足传热系数要求的同时，满足外窗的气密性、可开启面积和遮阳系数要求。外窗改造可选择下列方法：

1 用中空玻璃替代原单层玻璃；

2 用中空玻璃新窗扇替代原窗扇；

3 用符合节能标准的窗户替代原窗户；

4 加一层新窗或贴遮阳膜；

5 东、西、南方向主要房间加设活动外遮阳装置。

5.3.5 外窗和阳台透明部分的遮阳，应优先采用活动外遮阳设施，且活动外遮阳设施不应对窗口通风特性产生不利影响。

5.3.6 更换外窗时，外窗的开启方式应有利于建筑的自然通风，可开启面积应符合现行行业标准《夏热冬冷地区居住建筑节能设计标准》JGJ 134 的有关规定。

5.3.7 阳台门不透明部分应进行保温处理。

5.3.8 户门改造时，可采取保温门替代旧钢制不保温门。

5.3.9 保温性能较差的分户墙宜采用各类保温砂浆粉刷。

5.4 夏热冬暖地区围护结构

5.4.1 夏热冬暖地区既有居住建筑围护结构改造后，所改造部位的热工性能应符合现行行业标准《夏热冬暖地区居住建筑节能设计标准》JGJ 75 的规定性指标的有关规定。

5.4.2 既有居住建筑外墙改造时，应优先采取反射隔热涂料、浅色饰面等，不宜采取单纯增加保温层的做法。

5.4.3 既有居住建筑的平屋面宜改造成坡屋面或种植屋面；当保持平屋面时，宜采取涂刷反射隔热涂料、设置通风架空层或遮阳等措施。

5.4.4 既有居住建筑的外窗改造时，可采取下列方法：

1 外窗玻璃贴遮阳膜；

2 东、西、南方向主要房间加设外遮阳装置；

3 外窗玻璃更换为节能玻璃；

4 增加开启窗扇；

5 用符合节能标准的窗户替代原窗户。

5.4.5 节能改造更换外窗时，外窗的开启方式应有利于建筑的自然通风，可开启面积应符合现行行业标

准《夏热冬暖地区居住建筑节能设计标准》JGJ 75 的有关规定。

5.5 围护结构节能改造技术要求

5.5.1 采用外保温技术对外墙进行改造时，材料的性能、构造措施、施工要求应符合现行行业标准《外墙外保温工程技术规程》JGJ 144 的有关规定。外墙外保温系统应包覆门窗框外侧洞口、女儿墙、封闭阳台栏板及外挑出部分等热桥部位，并应与防水、装饰相结合，做好保温层密封和防水。

5.5.2 采用外保温技术对外墙进行改造时，外保温施工前应做好相关准备工作，并应符合下列规定：

1 外墙侧管道、线路应拆除，施工后需要恢复的设施应妥善保管；

2 施工脚手架宜采用与墙面分离的双排脚手架；

3 应修复原围护结构裂缝、渗漏，填补密实墙面的缺损、孔洞，更换损坏的砖或砌块，修复冻害、析盐、侵蚀所产生的损坏；

4 应清理原围护结构表面油迹、酥松的砂浆，修复不平的表面；

5 当采用预制外墙外保温系统时，应完成立面规格分块及安装设计构造详图设计。

5.5.3 外墙内保温的施工和保温材料的燃烧性能等级应符合现行行业标准《外墙内保温工程技术规程》JGJ/T 261 的有关规定。

5.5.4 采用内保温技术对外墙进行改造时，施工前应做好相关准备，并应符合下列规定：

1 对原围护结构表面涂层、积灰油污及杂物、粉刷空鼓，应刮掉并清理干净；

2 对原围护结构表面脱落、虫蛀、霉烂、受潮所产生的损坏，应进行修复；

3 对原围护结构裂缝、渗漏，应进行修复，墙面的缺损、孔洞应填补密实；

4 对原围护结构表面不平整处，应予以修复；

5 室内各类管线应安装完成并经试验检测合格。

5.5.5 外门窗的节能改造应符合下列规定：

1 严寒与寒冷地区的外窗节能改造应符合下列规定：

1）当在原有单玻窗基础上再加装一层窗时，两层窗户的间距不应小于 100mm；

2）更新外窗时，可采用塑料窗、隔热铝合金窗、玻璃钢以及钢塑复合窗、木塑复合窗等，并应将单玻窗换成中空双玻或三玻窗；

3）更换新窗时，窗框与墙之间应设置保温密封构造，并宜采用高效保温气密材料和弹性密封胶封堵；

4）阳台门的门芯板应为保温型，也可对原有阳台进行封闭处理；阳台门的玻璃宜采用

节能玻璃；

    5）严寒、寒冷地区的居住建筑外窗框宜与基层墙体外侧平齐，且外保温系统宜压住窗框 20mm～25mm。

   2 夏热冬冷地区的外窗节能改造应符合下列规定：

    1）当在原有单玻窗的基础上再加装一层窗时，两层窗户的间距不应小于 100mm；

    2）更新外窗时，应优先采用塑料窗，并应将单玻窗换成中空双玻窗；有条件时，宜采用隔热铝合金窗框；

    3）外窗进行遮阳改造时，应优先采用活动外遮阳，并应保证遮阳装置的抗风性能和耐久性能。

   3 夏热冬暖地区的外窗节能改造应符合下列规定：

    1）整窗更换为节能窗时，应符合国家现行标准《民用建筑设计通则》GB 50352 和《夏热冬暖地区居住建筑节能设计标准》JGJ 75 的有关规定；

    2）增加开启窗扇改造后，可开启面积应符合现行行业标准《夏热冬暖地区居住建筑节能设计标准》JGJ 75 的有关规定；

    3）更换外窗玻璃为节能玻璃改造时，宜采用遮阳型 Low-e 玻璃；

    4）外窗玻璃贴遮阳膜时，应综合考虑膜的寿命、伸缩性、可维护性；

    5）东、西、南方向主要房间加设外遮阳装置时，应综合考虑遮阳装置对建筑立面外观、通风及采光的影响，同时还应考虑遮阳装置的抗风性能和耐久性能。

5.5.6 屋面节能改造施工准备工作应符合下列规定：

   1 在对屋面状况进行诊断的基础上，应对原屋面上的损害的部品予以修复；

   2 屋面的缺损应填补找平；

   3 屋面上的设备、管道等应提前安装完毕，并应预留出外保温层的厚度；

   4 防护设施应安装到位。

5.5.7 屋面节能改造应根据既有建筑屋面形式，选择下列改造措施：

   1 原屋面防水可靠的，可直接做倒置式保温屋面；

   2 原屋面防水有渗漏的，应铲除原防水层，重新做保温层和防水层；

   3 平屋面改坡屋面时，宜在原有平屋面上铺设耐久性、防火性能好的保温层；

   4 坡屋面改造时，宜在原屋顶吊顶上铺放轻质保温材料，其厚度应根据热工计算确定；无吊顶时，可在坡屋面下增加或加厚保温层或增设吊顶，并在吊顶上铺设保温材料，吊顶层应采用耐久性、防火性能好，并能承受铺设保温层荷载的构造和材料；

   5 屋面改造时，宜同时安装太阳能热水器，且增设太阳能热水系统应符合现行国家标准《民用建筑太阳能热水系统应用技术规范》GB 50364 的有关规定；

   6 平屋面改造成坡屋面或种植屋面应核算屋面的允许荷载。

5.5.8 屋面进行节能改造时，应保证防水的质量，必要时应重新做防水，防水工程应符合现行国家标准《屋面工程技术规范》GB 50345 的有关规定。

5.5.9 严寒和寒冷地区楼地面节能改造时，可在楼板底部设置保温层。

5.5.10 对外窗进行遮阳节能改造时，应优先采用外遮阳措施。增设外遮阳时，应确保增设结构的安全性。

5.5.11 遮阳设施的安装位置应满足设计要求。遮阳设施的安装应牢固、安全，可调节性能应满足使用功能要求。遮阳膜的安装方向、位置应正确。

5.5.12 节能改造施工过程中不得任意变更建筑节能改造施工图设计。当确实需要变更时，应与设计单位洽商，办理设计变更手续。

5.5.13 对围护结构进行改造时，施工单位应先编制建筑节能改造工程施工技术方案并经监理单位或建设单位确认。施工现场应对从事建筑节能工程施工作业的专业人员进行技术交底和必要的实际操作培训。

6 严寒和寒冷地区集中供暖系统节能与计量改造

6.1 一 般 规 定

6.1.1 供暖系统的热力站输出的热量不能满足热用户需求的，应改造、更换或增设热源设备。

6.1.2 供暖系统的锅炉房辅助设备无气候补偿装置、烟气余热回收装置、锅炉集中控制系统和风机变频装置等时，应根据需要加装其中的一种或多种装置。

6.1.3 燃煤锅炉不能采用连续供热辅以间歇调节的运行方式，不能实现根据室外温度变化的质调节或质、量并调方式时，应改造或增设调控装置。

6.1.4 燃煤锅炉房无燃煤计量装置时，应加装计量装置。

6.1.5 供暖系统的室外管网的输送效率低于 90%，正常补水率大于总循环流量的 0.5% 时，应针对降低漏损、加强保温等对管网进行改造。

6.1.6 室外供热管网循环水泵出口总流量低于设计值时，应根据现场测试数据校核，并在原有基础上进行调节或改造。

6.1.7 锅炉房循环水泵没有采用变频调速装置时，宜加装变频调速装置。

6.1.8 供热管网的水力平衡度超出 0.9～1.2 的范围时，应予以改造，并应在供热管网上安装具有调节功能的水力平衡装置。

6.1.9 当室外供暖系统热力入口没有加装平衡调节设备，导致建筑物室内供热系统水力不平衡，并造成室温达不到要求时，应改造或增设调控装置。

6.1.10 室内供暖系统无排气装置时，应加装自动排气阀。

6.1.11 室内供暖系统散热设备的散热量不能满足要求的，应增加或更换散热设备。

6.1.12 供暖系统安装质量不满足现行国家标准《建筑给水排水及采暖工程施工质量验收规范》GB 50242 的有关规定时，应进行改造。

6.1.13 供暖系统热力站的一次侧和二次侧无热计量装置时，应加装热计量装置。

6.1.14 居住建筑的室内系统不能实现室温调节和热量分摊计量时，应改造或增设调控和计量装置。

6.2　热源及热力站节能改造

6.2.1 热源及热力站的节能改造可与城市热源的改造同步进行，也可单独进行。热源及热力站的节能改造应技术上合理，经济上可行，并应符合本规程第 4 章的相关规定。

6.2.2 更换锅炉时，应按系统实际负荷需求和运行负荷规律，合理确定锅炉的台数和容量。在低于设计运行负荷条件下，单台锅炉运行负荷不应低于额定负荷的 60%。

6.2.3 热力站供热系统宜设置供热量自动控制装置，根据室外气温和室温设定等变化，调节热源侧的出力。

6.2.4 采用 2 台以上燃油、燃气锅炉时，锅炉房宜设置群控装置。

6.2.5 既有集中供暖系统进行节能改造时，应根据系统节能改造后的运行工况，对原循环水泵进行校核计算，满足建筑热力入口所需资用压头。需要更换水泵时，锅炉房及管网的循环水泵，应选用高效节能低噪声水泵。设计条件下输送单位热量的耗电量应满足现行行业标准《严寒和寒冷地区居住建筑节能设计标准》JGJ 26 的规定。

6.2.6 当热源为热水锅炉房时，其热力系统应满足锅炉本体循环水量控制要求和回水温度限值的要求。当锅炉对供回水温度和流量的限定与外网在整个运行期对供回水温度和流量的要求不一致时，锅炉房直供系统宜按热源侧和外网配置两级泵系统，且二级水泵应设置调速装置，一、二级泵供回水管之间应设置连通管。

6.2.7 供热系统的阀门设置应符合下列规定：

1 在一个热源站房负担多个热力站（热交换站）的系统中，除阻力最大的热力站以外，各热力站的一次水入口宜配置性能可靠的自力式压差调节阀。热源出口总管上不应串联设置自力式流量控制阀。

2 一个热力站有多个分环路时，各分环路总管上可根据水力平衡的要求设置手动平衡阀。热力站出口总管上不应串联设置自力式流量控制阀。

6.2.8 热力站二次网调节方式应与其所服务的户内系统形式相适应。当户内系统形式全部或大多数为双管系统时，宜采用变流量调节方式；当户内系统形式仅少数为双管系统时，宜采用定流量调节方式。

6.2.9 改造后的系统应进行冲洗和过滤，水质应达到现行行业标准《严寒和寒冷地区居住建筑节能设计标准》JGJ 26 的有关规定。系统停运时，锅炉、热网及室内系统宜充水保养。

6.2.10 热电联产热源厂、集中供热热源厂和热力站应在热力出口安装热量计量装置。改建、扩建或改造的供暖系统中，应确定供热企业和终端用户之间的热费结算位置，并在该位置上安装计量有效的热量表。

6.2.11 锅炉房、热力站应设置运行参数检测装置，并应对供热量、补水量、耗电量进行计量，宜对锅炉房消耗的燃料数量进行计量监测。锅炉房、热力站各种设备的动力用电和照明用电应分项计量。

6.3　室外管网节能改造

6.3.1 室外供热管网改造前，应对管道及其保温质量进行检查和检修，及时更换损坏的管道阀门及部件。室外管网应杜绝漏水点，供热系统正常补水率不应大于总循环流量的 0.5%。室外管网上的阀门、补偿器等部位，应进行保温；管道上保温损坏部位，应采用高效保温材料进行修补或更换。维修或改造后的管网保温效率应大于 97%。

6.3.2 室外管网改造时，应进行水力平衡计算。当热网的循环水泵集中设置在热源或二级网系统的循环水泵集中设置在热力站时，各并联环路之间的压力损失差值不应大于 15%。当室外管网水力平衡计算达不到要求时，应根据热网的特点设置水力平衡阀。热力入口水力平衡度应达到 0.9～1.2。

6.3.3 一级网采用多级循环泵系统时，管网零压差点之前的热用户应设置水力平衡阀。

6.3.4 既有供热系统与新建管网系统连接时，宜采用热交换站的方式进行间接连接；当直接连接时，应对新、旧系统的水力工况进行平衡校核。当热力入口资用压头不能满足既有供暖系统要求时，应采取提高管网循环泵扬程或增设局部加压泵等补偿措施。

6.3.5 每栋建筑物热力入口处应安装热量表。对于用途相同、建设年代相近、建筑物耗热量指标相近、户间热费分摊方式一致的若干栋建筑，可统一安装一块热量表。

6.3.6 建筑物热量表的流量传感器应安装在建筑物

热力入口处计量小室内的供水管上。热量表积算仪应设在易于读数的位置，不宜安装在地下管沟之中。热量表的安装应符合现行相关规范、标准的要求。

6.3.7 建筑物热力入口的装置设置应符合下列规定：

1 同一供热系统的建筑物内均为定流量系统时，宜设置静态平衡阀；

2 同一供热系统的建筑物内均为变流量系统时，供暖入口宜设自力式压差控制阀；

3 当供热管网为变流量调节，个别建筑物内为定流量系统时，除应在该建筑供暖入口设自力式流量控制阀外，其余建筑供暖入口仍应采用自力式压差控制阀；

4 当供热管网为定流量运行，只有个别建筑物内为变流量系统时，若该建筑物的供暖热负荷在系统中只占很小比例时，该建筑供暖入口可不设调控阀；若该建筑物的供暖热负荷所占比例较大会影响全系统运行时，应在该供暖入口设自力式压差旁通阀；

5 建筑物热力入口可采用小型热交换站系统或混水站系统，且对这类独立水泵循环的系统，可根据室内供暖系统形式在热力入口处安装自力式流量控制阀或自力式压差控制阀；

6 当系统压差变化量大于额定值的 15% 时，室外管网应通过设置变频措施或自力式压差控制阀实现变流量方式运行，各建筑物热力入口可不再设自力式流量控制阀或自力式压差控制阀，改为设置静态平衡阀；

7 建筑物热力入口的供水干管上宜设两级过滤器，初级宜为滤径 3mm 的过滤器；二级宜为滤径 0.65mm～0.75mm 的过滤器，二级过滤器应设在热能表的上游位置；供、回水管应设置必要的压力表或压力表管口。

6.4 室内系统节能与计量改造

6.4.1 当室内供暖系统需节能改造，且原供暖系统为垂直单管顺流式时，应改为垂直单管跨越式或垂直双管系统，不宜改造为分户水平循环系统。

6.4.2 室内供暖系统改造时，应进行散热器片数复核计算和水力平衡验算，并应采取措施解决室内供暖系统垂直及水平方向的失调。

6.4.3 室内供暖系统改造应设性能可靠的室温控置装置，每组散热器的供水支管宜设散热器恒温控制阀。采用单管跨越式系统时，散热器恒温控制阀应采用低阻力两通或三通阀，产品性能应满足现行行业标准《散热器恒温控制阀》JG/T 195 的规定。

6.4.4 当建筑物热力入口处设热计量装置时，室内供暖系统应同时安装分户热计量装置，计量装置的选择应符合现行行业标准《供热计量技术规程》JGJ 173 的有关规定。

7 施工质量验收

7.1 一般规定

7.1.1 既有居住建筑节能改造后，应进行节能改造工程施工质量验收，并应符合现行国家标准《建筑节能工程施工质量验收规范》GB 50411 的有关规定。

7.1.2 既有居住建筑节能改造施工质量验收应有业主方、设计单位、施工单位以及建设主管部门的代表参加。

7.1.3 既有居住建筑节能改造施工质量验收应在工程全部完成后进行，并应按照验收项目、验收内容进行分项工程和检验批划分。

7.2 围护结构节能改造工程

7.2.1 围护结构节能改造工程施工质量验收应提交有关文件和记录，并应符合下列规定：

1 围护结构节能改造方案、设计图纸、设计说明、计算复核资料等应完整齐全；

2 材料和构件的品种、规格、质量应符合设计要求和国家现行有关标准的规定，并应提交相应的产品合格证；

3 材料和构件的技术性能应符合设计要求，并应提交相应的性能检验报告和进场验收记录、复验报告；

4 施工质量应符合设计要求，并应提交相应的施工纪录、各分项工程施工质量验收记录；

5 隐蔽工程验收记录应完整，且符合设计要求；

6 外墙和屋顶节能改造后，应提供节能构造现场实体检测报告；

7 严寒、寒冷和夏热冬冷地区更换外窗时，应提供外窗的气密性现场检测报告。

7.3 集中供暖系统节能改造工程

7.3.1 建筑设备施工质量验收应提交有关文件和记录，并应符合下列规定：

1 供暖系统节能改造方案、设计图纸、设计说明、计算复核资料等应完整齐全；

2 供暖系统设备、材料、配件的质量应符合国家标准的要求，并应提交相应的产品合格证；

3 设备、配件的规格、数量应符合设计要求；

4 设备、材料、配件的技术性能应符合要求，并应提交相应的性能检验报告和进场验收记录、复验报告；

5 施工质量应符合设计要求，并应提交相应的施工记录、各分项工程施工质量验收记录；

6 建筑设备的安装应符合设计要求和国家现行有关标准的规定；

7 隐蔽工程验收记录应完整，且符合设计要求；

8 供暖系统的设备单机及系统联合试运转和调试记录应完整，且供暖系统的效果应符合设计要求。

本规程用词说明

1 为便于在执行本规程条文时区别对待，对要求严格程度不同的用词说明如下：

　　1）表示很严格，非这样做不可的：

　　　　正面词采用"必须"，反面词采用"严禁"；

　　2）表示严格，在正常情况下均应这样做的：

　　　　正面词采用"应"，反面词采用"不应"或"不得"；

　　3）表示允许稍有选择，在条件许可时首先应这样做的：

　　　　正面词采用"宜"，反面词采用"不宜"；

　　4）表示有选择，在一定条件下可以这样做的：采用"可"。

2 条文中指明应按其他有关标准执行的写法为："应符合……的规定"或"应按……执行"。

引用标准名录

1 《民用建筑热工设计规范》GB 50176

2 《建筑给水排水及采暖工程施工质量验收规范》GB 50242

3 《屋面工程技术规范》GB 50345

4 《民用建筑设计通则》GB 50352

5 《民用建筑太阳能热水系统应用技术规范》GB 50364

6 《建筑节能工程施工质量验收规范》GB 50411

7 《严寒和寒冷地区居住建筑节能设计标准》JGJ 26

8 《夏热冬暖地区居住建筑节能设计标准》JGJ 75

9 《居住建筑节能检测标准》JGJ/T 132

10 《夏热冬冷地区居住建筑节能设计标准》JGJ 134

11 《外墙外保温工程技术规程》JGJ 144

12 《建筑门窗玻璃幕墙热工计算规程》JGJ/T 151

13 《民用建筑能耗数据采集标准》JGJ/T 154

14 《供热计量技术规程》JGJ 173

15 《外墙内保温工程技术规程》JGJ/T 261

16 《散热器恒温控制阀》JG/T 195

中华人民共和国行业标准

既有居住建筑节能改造技术规程

JGJ/T 129—2012

条 文 说 明

修 订 说 明

《既有居住建筑节能改造技术规程》JGJ/T 129-2012，经住房和城乡建设部 2012 年 10 月 29 日以第 1504 号公告批准、发布。

本规程是在《既有采暖居住建筑节能改造技术规程》JGJ 129-2000 的基础上修订而成，上一版主编单位是北京中建建筑设计院，参编单位是中国建筑科学研究院、中国建筑一局（集团）有限公司技术部。主要起草人员有：陈圣奎、李爱新、周景德、沈韫元、董增福、魏大福、刘春雁。本次修订将规程的适用范围从原来的严寒和寒冷地区的既有供暖居住建筑扩展到各个气候区的既有居住建筑。本次修订的主要技术内容是：1. "节能诊断"，规定在制定节能改造方案前对供暖空调能耗、室内热环境、围护结构、供暖系统进行现状调查和诊断；2. "节能改造方案"，规定不同气候区的既有建筑节能改造方案应包括的内容；3. "建筑围护结构节能改造"，规定不同气候区的既有建筑围护结构改造内容、重点以及技术要求；4. "供暖系统节能与计量改造"，分别对热源、室外管网、室内系统以及热计量改造作出了规定。

本规程修订过程中，编制组进行了广泛深入的调查研究，总结了我国近些年来开展建筑节能和既有建筑节能改造的实践经验，同时也参考了国外相应的技术法规。

为便于广大设计、施工、科研、学校等单位有关人员在使用本规程时能正确理解和执行条文规定，《既有居住建筑节能改造技术规程》编制组按章、节、条顺序编制了本规程的条文说明，对条文规定的目的、依据以及执行中需注意的有关事项进行了说明。但是，本条文说明不具备与标准正文同等的法律效力，仅供使用者作为理解和把握标准规定的参考。

目　次

1 总　则

1.0.1 至 2005 年年末全国城镇房屋建筑面积达 164.88 亿 m²，其中城镇民用建筑面积 147.44 亿 m²（居住建筑面积 107.69 亿 m²，公共建筑面积 39.75 亿 m²）。我国从 20 世纪 80 年代开始颁布实施居住建筑节能设计标准，首先在北方集中供暖地区，即严寒和寒冷地区于 1986 年试行新建居住建筑供暖节能率 30% 的设计标准，1996 年实施供暖节能率 50% 的设计标准，并于 2010 年实施供暖节能率 65% 的设计标准。我国中部夏热冬冷地区居住建筑节能设计标准从 2001 年实施，节能率 50%；而南方夏热冬暖地区居住建筑节能设计标准是 2003 年实施，节能率 50%。由于种种原因，前些年建筑节能设计标准的实施并不尽人意。近年来，为贯彻落实党中央、国务院关于建设节约型社会、开展资源节约工作的精神，以及《国务院关于做好建设节约型社会近期重点工作的通知》要求，进一步推进建筑节能工作，住房和城乡建设部每年组织开展了全国城镇建筑节能专项检查。通过专项检查发现，全国对建筑（包括居住建筑和公共建筑）节能标准的重要性认识不断提高，标准的执行率也越来越高。2005 年第一次检查的时候，在设计阶段执行建筑节能强制性标准的只有 57%，而在施工阶段执行强制性标准的不到 24%。2006 年，设计阶段达到 65%，施工阶段达到 54%。2007 年全国城镇（1～10）月份新建建筑在设计阶段执行节能标准的比例为 97%，施工阶段执行节能标准的比例为 71%。2008 年新建建筑在设计阶段执行节能标准的比例为 98%，施工阶段执行节能标准的比例为 82%。2009 年新建建筑在设计阶段执行节能标准的比例为 99%，施工阶段执行节能标准的比例为 90%。但是，我国仍然还有大量既有建筑没有按照节能设计标准建成，或者，有相当数量的、位于严寒和寒冷地区的居住建筑是按照节能率 30% 和 50% 建造的，需要进行节能改造。

经济发展和人们生活水平的提高，居民必然会对室内热环境有所需求，冬季供暖和夏季空调在逐步普及，有些气候已成为生存和生活的必需。要达到一定的室内热环境指标，能耗是必不可少的。建筑围护结构良好的保温隔热性能，以及供暖空调设备系统的高效运行，是节能减排和改善居住热环境的基本途径。为了规范地对于既有居住建筑进行节能改造，特制订本规程。

1.0.2 本规程适用于我国各气候区的既有居住建筑节能改造。气候区是指严寒地区、寒冷地区、夏热冬冷地区、夏热冬暖地区。由于温和地区的居住建筑目前实际的供暖和空调设备应用较少，所以没有单独列出章节。如果根据实际情况，温和地区有些居住建筑

供暖空调能耗比较高，需要进行节能改造，则可以参照气候条件相近的相邻寒冷地区，夏热冬冷地区和夏热冬暖地区的规定实施。

"既有居住建筑"包括住宅、集体宿舍、住宅式公寓、商住楼的住宅部分、托儿所、幼儿园等。

节能改造的目的是为了满足室内热环境要求和降低供暖、空调的能耗。采取两条途径实现节能，首先，改善围护结构的保温（降低供暖热负荷）隔热（降低空调冷负荷）热工性能；其二则是提高供暖空调设备（系统）的能效。

1.0.3 既有居住建筑由于建造年代不同，围护结构各部件热工性能和供暖空调设备、系统的能效不同，在制订节能改造方案前，首先要进行节能改造的诊断，从技术经济比较和分析得出合理可行的围护结构改造方案，并最大限度地挖掘现有设备和系统的节能潜力。

1.0.4 既有居住建筑节能改造的设计、施工验收涉及建筑领域内的专业较多，因此，在进行居住建筑节能改造时，除应符合本规程的规定外，尚应符合国家现行有关标准的规定。

2　基本规定

2.0.1 我国地域辽阔，气候条件和经济技术发展水平差别较大，既有居住建筑节能改造需要根据实际情况，对建筑围护结构、供暖系统进行全面或部分的节能改造。围护结构的全面节能改造包括外墙、屋面和外窗等各部分均进行改造，部分节能改造指根据技术经济条件只改造围护结构中的一项或几项。供暖系统的全面节能改造包括热源、室外管网、室内供暖系统、热计量等各部分均进行改造，部分节能改造指只改造其中的一项或几项。有条件的地方，可以选择全面改造，因为全面改造节能效果好，效费比高。

2.0.3、2.0.4 抗震、结构、防火关系到居住建筑安全和使用寿命，既有居住建筑节能改造当涉及这些问题时，应当根据国家现行的抗震、结构和防火规范进行评估，并根据评估结论确定是否开展单独的节能改造或同步实施安全和节能改造。既有居住建筑节能改造需要投入大量的人力物力，尤其是全面的改造成本较大，应该考虑投资回收期。因此，提出了实施节能改造后的建筑还要保证 20 年以上的使用寿命。实施部分节能改造的建筑，则应根据具体情况决定是否要进行全面的安全性能评估和改造后使用寿命的判定。例如，仅进行供暖系统的部分改造，可能不会影响建筑原有的安全性能。又如，在南方地区仅更换窗户和增添遮阳，显然也不会影响建筑主体结构原有的安全性能。

2.0.5 既有居住建筑量大面广，由于它们所处的气候区不同，建造年代不同，使用情况不同，情况很复

杂。因此在对它们实施节能改造前，应先开展节能诊断，然后根据节能诊断的结果确定改造方案。节能改造的合理投资回收期是个很难回答的问题。一方面按目前的能源价格计算，投资回收期都比较长。另一方面节能改造后室内热环境的改善，建筑外观对市容街貌的影响，都无法量化成经济指标。因此，本条文未明确提投资回收期，而是要求节能改造投资成本合理、效果明显。

2.0.7 在严寒和寒冷地区，以一个集中供热小区为单位，对既有居住建筑的供暖系统和建筑围护结构同步实施全面节能改造，改造完成后可以在热源端得到直接的节能效果。但由于各种原因使供暖系统和建筑围护结构不具备同步改造的条件时，应优先选择供暖系统或建筑围护结构中节能效果明显的项目进行改造，如根据具体条件，供暖系统设置供热量自动控制装置，围护结构更换性能差的外窗、增强墙体的保温等。

2.0.8 为满足供热计量的要求，本条文规定严寒地区和寒冷地区的既有居住建筑集中供暖系统改造应设置室温调节和热量计量设施。

2.0.9 在夏热冬冷地区和夏热冬暖地区，一般说来老旧的居住建筑，外窗的保温隔热性能都很差，是建筑围护结构中的薄弱之处，因此应该优先改造。另外，屋顶和西墙的隔热通常也是个问题，所以改造时也要优先给予关注。

2.0.12 既有居住建筑实施节能改造时，由于建筑内有大量居民，所以防火安全尤为重要。稍有不慎引发火灾，不仅造成财产损失，而且很可能造成大量的人员伤亡。因此，本条文规定，不仅外墙保温系统的设计和所采用的材料必须符合相关防火要求，而且必须制定和实行严格的施工防火安全管理制度。

3 节 能 诊 断

3.1 一 般 规 定

3.1.1 实地调查室内热环境、围护结构的热工性能、供暖或空调系统的能耗及运行情况等，是为了科学、准确地了解要进行节能改造的建筑的现状。如果调查还不能达到这个目的，应该辅之以一些测试。然后通过计算分析，对拟改造建筑的能耗状况及节能潜力作出分析，作为制定节能改造方案的重要依据。

3.1.3 为确保节能诊断结果科学、准确、公正，要求从事建筑节能诊断的测评机构应具备相应资质。

3.2 能耗现状调查

3.2.1、3.2.2 居住建筑能耗主要包括供暖空调能耗、照明及家电能耗、炊事和热水能耗等，由于居住建筑使用情况复杂，全面获得分项能耗比较困难。本

规程主要针对围护结构热工及空调供暖系统能效，因此调查供暖和空调能耗。针对不同的供暖空调形式，能耗调查统计内容有所不同：

　　1 集中供暖的既有居住建筑，测量或统计供暖能耗；

　　2 集中供冷的既有居住建筑，测量或统计空调能耗；

　　3 非集中供热、供冷的既有居住建筑，测量或调查住户空调供暖设备容量、使用情况和能耗（耗电、耗煤、耗气等）；

　　4 如不能直接获得供暖空调能耗，可调查统计既有居住建筑总耗电量及其他类型能源的总耗量等，间接估算供暖空调能耗。

3.3 室内热环境诊断

3.3.1 改善居住建筑室内热环境是我国建筑节能的基本目标之一。居住建筑热环境状况也是其节能性能的综合表现，是其是否需要节能改造的主要判据之一。既有居住建筑室内热环境诊断是其节能改造必需的先导工作，它不仅判断是否需要改造，而且还要对怎样改造提出指导性意见，因此诊断内容、诊断方法和诊断过程必须符合建筑节能标准体系的相关规定。本条列出了应作为既有居住建筑室内热环境诊断根据的相关标准。

　　我国幅员辽阔，不同地区气候差异很大，居住建筑室内热环境诊断时，应根据建筑所处气候区，对诊断内容进行选择性检测。检测方法依据《居住建筑节能检验标准》JGJ/T 132 的有关规定。

3.3.4 室内热环境要素包括室内空气温度、室内空气相对湿度、室内气流速度和室内壁面温度等。住户的热环境感受又与住户的衣着、活动等物理量有关。因此，室内热环境诊断（现状评估）应通过实地现场调查室内热环境状况，同时，对住户进行问卷调查，了解住户的主观感受。

　　室内热环境有一定的基本要求，例如，室内的温度、湿度、气流和环境辐射温度应在允许范围之内。冬季，严寒和寒冷地区外围护结构内表面温度不应低于室内空气露点温度。夏季，夏热冬冷和夏热冬暖地区自然通风房间围护结构内表面最高温度不应高于当地夏季室外计算温度最高值。

　　既有居住建筑的实况与其图纸往往相差很大，只能通过现场调查进行评估。夏热冬冷和夏热冬暖地区过渡季节的居住建筑室内热环境状况是其热工性能的综合表现，对建筑能耗有重大影响，是该建筑是否进行节能改造的重要判据。建筑的通风性能也是影响建筑热舒适、健康和能耗的重要因素。因此诊断评估报告应包括通风状况。

　　严寒和寒冷地区的居住建筑节能设计标准对室内相对湿度没有要求，但在对既有居住建筑进行现场调

查时，测一下相对湿度也有好处，有时可以帮助判断外围护结构内表面结露发霉的原因。

3.4 围护结构节能诊断

3.4.1 节能诊断时，应将建筑地形图、总图、节能计算书及竣工图、建筑装修改造资料、历年修缮资料、所在地城市建设规划和市容要求等收集齐全，对分析既有建筑存在的问题及进行节能改造设计是十分必要的。当然，并非所有的建筑都保留有这么完整的图纸和资料，实际工作中只能尽量收集查阅。

3.4.2 围护结构的节能诊断应依据各地区现行的节能标准或相关规范，重点对围护结构中与节能相关的构造形式和使用材料进行调查，取得第一手资料，找出建筑高能耗的原因和导致室内热环境较差的各种可能因素。

3.4.3 围护结构热工性能可以经过计算获得，但有相当一部分建筑年代长远，相关的图纸资料不全，无法得到围护结构热工性能，在这种情况下必要时应委托有资质的检测机构对围护结构热工性能进行现场检测，作为节能评估的依据。

3.4.4 外窗外遮阳系数的计算方法可参照《夏热冬暖地区居住建筑节能设计标准》JGJ 75；外窗本身的遮阳和传热系数计算方法可参照《建筑门窗玻璃幕墙热工计算规程》JGJ/T 151 进行，也可借助专业的门窗模拟计算软件进行模拟计算。对于部分建筑年代长远，相关的外窗图纸无法得到的建筑，由于无法根据外窗图纸确认外窗的构造及进行相关的建模计算，此类外窗可参照《建筑外门窗保温性能分级及检测方法》GB/T 8484 规定的方法进行试验室检测。

3.4.5 对建筑围护结构节能性能进行判定，可以找出其薄弱环节，提出有针对性的节能改造建议，并对其节能潜力进行分析。

3.5 严寒和寒冷地区集中供暖系统节能诊断

3.5.1～3.5.3 提出了供暖系统节能改造前诊断的要求：如资料、重点诊断的内容等。

4 节能改造方案

4.1 一般规定

4.1.3 夏热冬冷地区居住建筑普遍是间歇式地使用供暖和空调。建筑热状况、建筑传热过程、供暖空调系统运行都是非稳态的。只有采用动态计算和分析方法，才能比较准确地评估各种改造方案的节能效果。

4.1.4 夏热冬暖地区居住建筑普遍是间歇式地使用供暖和空调。建筑热状况、建筑传热过程和供暖空调系统运行都是非稳态的。只有采用动态计算和分析方法，才能比较准确地评估各种改造方案的效果。

4.1.5 夏热冬冷和夏热冬暖地区的老旧居住建筑，顶层房间夏季的室内热环境一般都很差，因此节能改造方案应予以关注。

4.2 严寒和寒冷地区节能改造方案

4.2.2 在严寒和寒冷地区，对外墙、屋面、窗洞口等可能形成冷桥的构造节点进行热工校核计算非常重要，若计算得到的内表面温度低于露点温度，必须调整节点设计或增强局部保温，避免室内表面结露。

4.2.3 建筑物耗热量指标的高低直接反映了既有建筑围护结构节能改造的效果，是评估的主要指标；围护结构各部分的平均传热系数是考核建筑物耗热量指标能否实现的关键参数，也是需要在施工验收环节中进行监管的参数。严寒和寒冷地区，由于气候寒冷，如果改造措施不合理，将导致热桥部位出现结露等问题。对室内热缺陷进行评估，有利于杜绝此类现象发生。

4.2.5 供暖期间单位面积耗标煤量（耗气量）指标高低直接反映了建筑围护结构节能改造效果和供热系统节能改造效果，是评估既有建筑节能效果的关键指标；锅炉运行效率和热网输送效率高低直接反映了供热系统节能效果的高低。根据室外气象参数和热用户的用热需求，确定合理的运行调节方式，以实现按需供热和降低输送能耗。既有建筑节能改造是在满足热用户热舒适性的前提下降低能耗，按户热计量收费可调动热用户节能的积极性，减少用热需求。因此在节能改造方案评估中要对热源及热力站计划实施的调节方法（如等温差调节、质量综合调节、分阶段改变流量质调节等）、是否具备进行运行调节的手段（如供热量调节装置、变速水泵等）进行评估，要对室内系统是否安装了热计量设施及是否配备了必要的调节设备进行评估。

在保证热用户热舒适前提下，进行了节能改造后的建筑物及供热系统的节能效果，用节能率来表示。即节能率＝（改造前的耗煤量指标－改造后的耗煤量指标）/改造前的耗煤量指标。

4.3 夏热冬冷地区节能改造方案

4.3.2 夏热冬冷地区幅员辽阔，区内各地区之间的气候差异也不小，例如北部地区冬天的温度就很低，不良的构造节点有可能导致室内表面结露。因此有必要对外墙、屋面、窗洞口等可能形成冷桥的构造节点进行热工校核计算，避免室内表面结露。

4.3.3 节能改造方案的能效评价，参照建筑节能设计标准，推荐优先采用简便易行的规定性评价方法。当规定性评价方法不能评价时，才采用性能性指标评价方案的能效水平。

4.3.4 在夏热冬冷地区，由于建筑功能、建筑现有状况不一样，采用不同的节能改造实施方案会有不同的热环境效果，通常按照人体热舒适标准的要求，在自然通风条件下给出计算当地典型气象年条件下不同的居室内的全年自然室温 t_n，来作为人体在自然通风条件下的热舒适不同标准值。建筑热环境的参数很多，但室内空气温度是主导性参数，对相对湿度有制约作用，对室内辐射温度有很大的相关性。为了简化工程实践，以温度作为热环境评价的基本参数。参照建筑节能设计标准以及卫生学、心理学等，分别以8℃、12℃、30℃、32℃作为热环境质量的分界。

4.4 夏热冬暖地区节能改造方案

4.4.3 本条文规定了夏热冬暖地区既有建筑节能改造实施方案的预期节能效果评价方法及要求。该地区节能改造实施方案节能评价应优先采用"规定性指标法"，当满足"规定性指标法"要求时，可认为其节能率达标；当不满足"规定性指标法"要求时，应采用"对比评定法"，并计算出节能率。经节能效果评价得出的节能率可作为节能改造实施方案经济性评估的依据。

4.4.4 本条文规定了夏热冬暖地区既有建筑节能改造实施方案的预期热环境评价方法及要求。该地区热环境评价应包括围护结构保温隔热性能、建筑室内自然通风效果。

节能改造实施方案中屋顶、外墙的保温隔热性能对室内热环境的影响十分显著。架空屋面、剪力墙等是该地区既有居住建筑中常见的围护结构形式，建筑顶层及临东、西外墙的居住者在夏季会有明显的烘烤感，热舒适性较差。节能改造在针对此类围护结构进行改造设计时，应验算其传热系数和内表面最高温度，确保方案能有效改善室内热环境质量。

与屋顶、外墙相比，外窗的热稳定性较差。通过窗户进入室内的得热量有瞬变传热得热和日射得热量两部分，其中日射得热量是造成该地区夏季室内过热的主要原因之一。因此节能改造应重点考虑对外窗的遮阳性能进行改善，外窗外遮阳系数的计算方法可参照《夏热冬暖地区居住建筑节能设计标准》JGJ 75，外窗本身的遮阳和传热系数计算方法可参照《建筑门窗玻璃幕墙热工计算规程》JGJ/T 151。

良好的自然通风不仅有利于改善室内热环境，而且可以减少空调使用时间。节能改造可通过增大外窗可开启面积、调整窗扇的开启方式等措施来改善自然通风。室内通风的预期效果应采用CFD软件进行模拟计算，依据模拟计算结果分析比对建筑改造前、后的通风效果，并对其进行评价。

在夏热冬暖地区，屋面、外墙的隔热性能是影响室内热环境的决定性因素，所以用其作为室内热环境是否恶劣的区分依据。由于节能设计标准充分考虑了热舒适性要求，所以采用围护结构是否满足节能标准来判定热环境是否良好，其中涉及屋面及外墙保温隔

热性能、外窗保温隔热性能、外窗开启面积（或自然通风效果）等参数，可以采用"规定性指标法"和"对比评定法"进行判断。

5 建筑围护结构节能改造

5.1 一 般 规 定

5.1.1 本条明确了围护结构节能改造设计的内容，设计的依据是节能改造判定的结论。在既有建筑节能改造中，提高围护结构的保温和隔热性能对降低供暖、空调能耗作用明显。在围护结构改造中，屋面、外墙和外窗应是改造的重点，架空或外挑楼板、分隔供暖与非供暖空间的隔墙和楼板是保温处理的薄弱环节，应给予重视。在施工图设计中，应依据节能改造判定的结论所确定的围护结构传热系数来选择屋面、外墙、架空或外挑楼板的保温构造和保温材料及保温层厚度，选择门窗种类，选择分隔供暖与非供暖空间的隔墙和楼板的保温构造，对不封闭阳台门和单元入口门也应采取相应的保温措施。

5.1.2 既有居住建筑由于建造年代不同，结构设计和抗震设计标准不同，施工质量也不同，在对围护结构进行节能改造时，可能会增加外墙和屋面的荷载，为保证结构安全，应对原建筑结构进行复核、验算；当结构安全不能满足节能改造要求时，应采取结构加固措施，以保证结构安全。

由于更换门窗和屋面结构层以上的保温及防水材料，不会影响结构安全，设计可根据需要进行更换；其他如梁、板、柱和基层墙体等对结构安全影响较大的构件，其构造和组成材料不得随意更改。

5.1.3 在对外墙和屋面进行节能改造前，对相关的构造措施和节点做法必须进行设计，使其构造合理，安全可靠并容易实施。

5.1.4 对严寒和寒冷地区围护结构保温性能的节能改造，如能同时考虑供暖系统的节能改造可使围护结构的保温性能与供暖系统相协调，以达到节能、经济的目的，同时进行还可节省工时。当同时进行有困难时，可先进行围护结构改造，但在设计上应为供暖系统改造预留条件。

5.1.5 既有居住建筑的节能改造，量大面广，尤其是对围护结构的节能改造如改换门窗、做屋面和墙体保温及外立面的改造，一般投资都比较大，同时会影响居民的日常生活。为了能实现对既有居住建筑的节能改造，达到节能减排的目的，节省投资、方便施工、减少对居民生活的影响，应是节能改造的基本原则。

5.1.6 目前市场上各种保温材料、网格布、胶粘剂等用于对围护结构进行节能改造所使用的材料、技术种类繁多，其质量和技术性能良莠不齐。为保证围护

结构节能改造的质量，施工图设计应提供所选用材料技术性能指标，且其指标应符合有关标准要求；施工应按施工图设计的要求及国家有关标准的规定进行。严禁使用国家明令禁止和淘汰使用的材料、技术。

5.2 严寒和寒冷地区围护结构

5.2.1 现行行业标准《严寒和寒冷地区居住建筑节能设计标准》JGJ 26-2010 对围护结构各部位的传热系数限值均作了规定。为了使既有建筑在改造后与新建建筑一样成为节能建筑，其围护结构改造后的传热系数应符合该标准的要求。

5.2.2 外保温技术有许多优点，特别是在既有建筑围护结构节能改造时因其在施工时不需要居民搬迁，对居民的生活干扰最小而更具优势，同时与建筑立面改造相结合，可使建筑焕然一新。因此应优先采用外保温技术进行外墙的节能改造。

目前常用的外保温技术有 EPS、XPS 板薄抹灰外保温技术、硬泡聚氨酯外保温技术、EPS 板与混凝土同时浇注外保温技术、聚苯颗粒保温浆料外保温技术等，这些保温技术已日趋成熟，国家已颁布行业标准——《外墙外保温工程技术规程》JGJ 144，各地区也有相关技术标准。为保证外保温的工程质量，其设计与施工都应满足标准的要求。另外还应满足公安部公通字 [2009] 46 号文件对外保温系统的防火要求。

5.2.3 由于内保温技术很难解决热桥问题，且施工扰民，占用室内使用面积等，在严寒地区不宜采用。在寒冷地区当要维持建筑外貌而不能采用外保温技术时，如重要的历史建筑或重要的纪念性建筑等，可以采用内保温技术。

5.2.4 采用内保温技术的难点就是如何避免热桥部位内表面结露，设计应对混凝土梁、柱、板等热桥部位进行热工计算，特别是对梁板、梁柱交界部位应采取有效的保温技术措施，施工也要有合理的施工方案，以保证整体的保温效果并避免内表面结露。

5.2.5 外窗的传热耗热量和空气渗透耗热量占整个围护结构耗热量的 50% 以上，因此外窗的节能改造是非常重要的，也是最容易做到并易见到实效的。改造时可根据具体情况，如原有窗已无保留价值，则应更换新窗，新窗应选用符合标准传热系数的双玻窗或三玻窗。如原窗可以保留，可再增加一层新的单层窗或双玻窗，形成双层窗，可以起到很好的保温节能效果。窗框应采用保温性能好的材料，如塑料窗或采用断桥技术的金属窗等。应注意窗户不得任意加宽，若要调整原窗洞口的尺寸和位置，首先要与结构设计人员协商，以不影响结构安全为前提条件。

5.2.6、5.2.7 严寒和寒冷地区将居住建筑的楼梯间和外廊封闭，是很有效的节能改造措施。由于不封闭的楼梯间和外廊，其分户门是直对室外的，也就是说一栋住宅楼中有多少户就有多少个外门。在冬季外门

的开启会造成室外大量冷空气进入室内，导致供暖能耗的增加，因此外门越多对保温节能越不利。另外不封闭的楼梯间隔墙是外墙，外墙面大对保温节能不利，将楼梯间封闭，其隔墙变为内墙，减少了外墙，将大大提高保温和节能的效果。

楼梯间不供暖时，对楼梯间隔墙采取保温措施，户门采用保温门可减少户内热量的散失，提高室内热环境质量。

2000 年以前，在沈阳以南地区，许多住宅建筑的楼梯间一般都不供暖，入口处也不设门斗。在大连、北京以南地区，住宅建筑的楼梯间有些没有单元门，有些甚至是开敞的，有些居住建筑的外廊也不设门窗，这样能耗是很大的。因此，从有利于节能并从实际情况出发，作出了本条规定。

严寒和寒冷地区，在冬季外门的开启会造成室外大量冷空气进入室内，导致供暖能耗的增加。设置门斗可以避免冷风直接进入室内，在节能的同时，也提高了居住建筑门厅或楼梯间的热舒适性，还可避免敷设在住宅楼梯间内的管道受冻。加设门斗是一个很好的节能改造措施。

分隔供暖房间与非供暖走道的户门，也是供暖房间散热的通道，应采取保温措施。一般住宅的户门都采用钢制防盗门，如果在门板内嵌入岩棉，既满足防火、防盗的要求，也可提高保温性能。

单元门宜安装闭门器，以避免单元门常开不关，而造成大量冷空气进入室内，热量散失过大，增加供暖能耗。造成室内温度降低，管道受冻。利用节能改造的时机，将单元门更换为防盗对讲门，可起到防盗、保温节能一举两得的效果。

5.3 夏热冬冷地区围护结构

5.3.1 在夏热冬冷地区，外窗、屋面是影响热环境和能耗最重要的因素，进行既有居住建筑节能改造时，节能投资回报率最高，因此，围护结构改造后的外窗传热系数、遮阳系数、屋面传热系数必须符合行业标准《夏热冬冷地区居住建筑节能设计标准》JGJ 134 的要求。外墙虽然也是影响热环境和能耗很重要的因素，但综合投资成本、工程难易程度和节能的贡献率来看，对外墙适当放宽要求，可能节能效果和经济性会最优，但改造后的传热系数应符合行业标准《夏热冬冷地区居住建筑节能设计标准》JGJ 134 的要求。

5.3.2 夏热冬冷地区外墙虽然也是影响热环境和能耗很重要的因素，但根据建筑的历史、文化背景、建筑的类型、使用功能，建筑现有的立面形式、工程难易程等考虑，所采用的技术措施是不同的。在夏热冬冷地区，居住建筑的外墙根据建筑结构不同，在城区高层为主的发展形势下，外墙多为钢筋混凝土剪力墙，此类墙保温隔热性极差，故必须改造。而从改造

难易和费用研究，南北向的居住建筑，东西山墙应放在外墙改造的首位。在夏热冬冷地区外保温隔热或内保温隔热技术之间节能效果差不多，内保温隔热技术所形成的热桥也不像严寒和寒冷地区热损失那么大和发生结露问题，所以，可根据建筑的具体情况采用外保温隔热或内保温隔热技术。但从改造应少扰民的角度考虑，外墙外保温具有明显的优越性。

5.3.3 在夏热冬冷地区，居住建筑的屋顶根据建筑结构不同，20 世纪 70、80 及 90 年代多层很多为平屋顶，有的有架空层，有的没有，直接暴露在太阳的辐射下。夏季室内屋顶表面温度大于人体表面温度，顶层居民苦不堪言，空调降温能耗极高。本条文提出的几种方法都非常有效，可根据不同情况采用。

5.3.4 建筑外窗对室内热环境和房间供暖空调负荷的影响最大，夏季太阳辐射如果未受任何控制地射入房间，将导致房间环境过热和空调能耗的增加。相反冬季太阳辐射有利于提高房间温度，降低供暖能耗。

　　窗对建筑能耗的损失主要有两个原因，一是窗的热工性能太差所造成夏季空调、冬季供暖室内外温差的热量损失的增加；另外就是窗因受太阳辐射影响而造成的建筑室内空调供暖能耗的增减。从冬季来看通过窗口进入室内的太阳辐射有利于建筑的节能，因此，减少窗的温差传热是建筑节能中窗口热损失的主要因素，而夏季由于这一地区窗对建筑能耗损失中，太阳辐射是其主要因素，应采取适当遮阳措施，以防止直射阳光的不利影响。活动外遮阳装置可根据季节及天气状况调节遮阳状况，同时某些外遮阳装置如卷帘放下时还能提高外窗的热阻，减低传热耗能。

　　外窗的空气渗透对建筑空调供暖能耗影响也较大，为了保证建筑的节能，因而要求外窗具有良好的气密性能。所以，本条文对外窗的传热系数、气密性、可开启面积和遮阳系数作出了规定。

　　外窗改造所推荐采取的方法是根据夏热冬冷地区近年来节能改造的工程经验和目前的节能改造的技术经济水平而确定的。

5.3.5 建筑外窗对室内热环境和房间空调负荷的影响最大，夏季太阳辐射如果未受任何控制地射入房间，将导致室内过热和空调能耗增加。因此，采取有效的遮阳措施对改善室内热环境和降低空调负荷效果明显，是实现居住建筑节能的有效方法。

　　由于冬夏两季透过窗户进入室内的太阳辐射对降低建筑能耗和保证室内环境的舒适性所起的作用是截然相反的。所以设置活动式的外遮阳能兼顾冬夏二季，更加合理，应当鼓励使用。

　　夏季外遮阳在遮挡阳光直接进入室内的同时，可能也会阻碍窗口的通风，因此设计时要加以注意。同时要注意不遮挡从窗口向外眺望的视野以及它与建筑立面造型之间的协调，并且力求遮阳系统构造简单，经济耐用。

5.3.6 夏热冬冷地区居民无论是在冬、夏季还是在过渡季节普遍有开窗通风的习惯，通风还是夏热冬冷地区传统解决建筑潮湿闷热和通风换气的主要方法，对节约能源有很重要作用，适当的可开启面积，有利于改善建筑室内热环境和空气质量，尤其在夏季夜间或气候凉爽宜人时，开窗通风能带走室内余热。所以规定窗口面积不应过小，因此，条文对它也作出了规定。

5.3.8 夏热冬冷地区门的保温性一般很少考虑，改造时也应考虑。

5.3.9 夏热冬冷地区的分户墙节能要求不高，但混凝土结构传热能耗巨大，故也应考虑改造。

5.4　夏热冬暖地区围护结构

5.4.1 与新建居住建筑不同，既有居住建筑往往已有众多住户居住，围护结构节能改造协调工作、施工组织难度较大，造价也较高。因此围护结构节能改造宜一步到位，改造后改造部位热工性能应符合现行节能设计标准要求。

5.4.2 夏热冬暖地区墙体热工性能主要影响室内热舒适性，对节能的贡献不大。外墙改造采用保温层保温造价较高、协调工作和施工难度较大，因此应尽量避免采用保温层保温。此外，一般黏土砖墙或加气混凝土砌块墙的隔热性能已基本满足现行国家标准《民用建筑热工设计规范》GB 50176 要求，即使不满足，通过浅色饰面或其他墙面隔热措施进行改善一般均可达到规范要求。

5.4.3 夏热冬暖地区夏季漫长，且太阳辐射强烈。对于该地区建筑的屋顶而言，由于日照时间长，若屋顶不具备良好的隔热性能，在炎热的夏季，炽热的屋顶将给人以强烈的烘烤感，难以保障良好的室内舒适环境，需要开空调降温，这也就相应地引起建筑能耗的增加。因此做好屋顶的隔热对于建筑的节能、建筑室内的热环境的改善就显得尤为重要。

　　目前，夏热冬暖地区大多数居住建筑仍采用平屋顶，在夏天太阳高度角高、太阳辐射强的正午时间，由于太阳光线对平屋面是正射的，造成平屋面得热量大，而对于坡屋面，太阳光线刚好是斜射的，可以大大降低屋面的太阳得热量。同时，坡屋面可以大大增加顶层的使用空间（相对于平屋面顶层面积可增加60%），由于斜屋面不易积水，还可以有效地将雨水引导至地面。目前，坡屋面的坡瓦材料形式多，色彩选择广，可以改变目前建筑千篇一律的平屋面单调风格，有利于丰富建筑艺术造型。

　　对于某些居住建筑，由于某些原因仍需保留平屋面，可采取其他措施改善其隔热性能，如：

　　① 屋顶采取浅色饰面，太阳光反射率远大于深色屋顶，在夏季漫长的夏热冬暖地区，采用浅色屋面可以增加屋面对太阳光线的反射程度，降低屋面的太

阳得热。所以，对于夏热冬暖地区，居住建筑屋顶采用浅色饰面将大大降低居住建筑屋面内、外表面温度与顶层房间的热负荷，提高人们居住空间的舒适度。

②屋顶设置通风架空层，一方面利用通风间层的外层遮挡阳光，使屋顶变成两次传热，避免太阳辐射热直接作用在围护结构上；另一方面利用风压和热压的作用，尤其是自然通风，带走进入夹层中的热量，从而减少室外热作用对内表面的影响。

③采用屋面遮阳措施，通过直接遮挡太阳辐射，达到降低屋面太阳辐射得热的目的，是夏热冬暖地区有效的改善屋面隔热性能的节能措施之一。设置屋面遮阳措施时，宜通过合理设计，实现夏季遮挡太阳辐射，冬季透过适量太阳辐射的目的。

④绿化屋面，可以大大增加屋面的隔热性能，降低屋面的传热量。植物叶面对太阳辐射的吸收与遮挡可以有效降低屋面附近的温度，改变室内外湿环境，同时，绿化屋面还可以增加屋面防水作用。此外，绿化屋面可以增加小区和城市的绿化面积，改善居住小区和城市生态环境。但采用绿化屋面，成本相对也较高，可重点考虑采用轻型绿化屋面。轻型绿化屋面是利用草坪、地被、小型灌木和攀援植物进行屋顶覆盖绿化，具有重量轻、建造和维护简单、成本低等优点，因此近年来轻型绿化屋面得到了越来越多的推广与应用。

5.4.4 夏热冬暖地区主要考虑窗户的遮阳性能、气密性能和可开启性能。改造时应根据具体情况，选择合适的改造方法。

5.4.5 在夏热冬暖地区，居住建筑的自然通风对改善室内热环境和缩短空调设备的实际运行时间都非常重要，因此作出本条的规定。

5.5 围护结构节能改造技术要求

5.5.1 采用外保温技术对外墙进行改造时，其外保温工程的质量是非常重要的，如果工程质量不好，会出现裂缝、空鼓甚至脱落，不仅影响建筑外观效果，还会影响保温效果，甚至会有安全隐患。外墙外保温是一个系统工程，其质量涉及外墙外保温系统构造是否合理、系统所用材料的性能是否符合要求，以及施工质量是否满足标准要求等等，每一个环节都很重要。

外墙外保温的做法很多，所用材料和施工方法也有多种。《外墙外保温工程技术规程》JGJ 144是为了规范外墙外保温工程技术要求，保证工程质量而制定的行业标准。因此，采用外保温技术对外墙进行改造时，材料的性能、施工应符合现行行业标准《外墙外保温工程技术规程》JGJ 144的规定。

5.5.2 为保证外墙外保温工程质量，使其不产生裂缝、空鼓、有害变形、脱落等质量问题，在施工前应做好准备工作。应拆除妨碍施工的管道、线路、空调室外机等，其中施工后要恢复的设施（如空调室外机）要妥善处置和保管。合理布置施工脚手架。对原围护结构破损和污染处进行修复和清理。为了避免产生热桥问题，应预先对热桥部位进行保温处理。

保温层的防水处理很重要，如处理不当，使保温层受潮，会直接影响保温效果，甚至会导致外墙内表面结露。因此，外保温设计应与防水、装饰相结合，做好保温层密封和防水设计。

目前预制保温装饰一体的外保温系统已在推广使用，为保证其工程质量和建筑立面装饰效果，设计上应根据建筑立面装饰效果和保温装饰材料的规格划分立面分格尺寸，并提供安装设计构造详图，特别是细部节点的安装构造。

近年来外墙外保温火灾事故多有发生，教训很大。究其原因，绝大多数都是由于管理混乱，缺乏施工防火安全管理造成的。公安部与住房和城乡建设部于2009年联合发布了公通字〔2009〕46号文《民用建筑外保温系统及外墙装饰防火暂行规定》，对外墙外保温的材料、构造、施工及使用提出了防火要求。因此，在采用外墙外保温技术时，应满足该文件的要求。同时，必须根据工程的实际情况制定针对性强、切实可行的工地防火安全管理制度。

5.5.3 内保温系统所用的材料也涉及防火方面的问题，如聚苯板和挤塑板等大量用于外保温的材料，即使采用阻燃型的聚苯板和挤塑板，在火灾中仍会因高温而产生有毒气体使人窒息。采用外墙内保温技术时，保温材料的选取等应符合墙体内保温技术规程的规定。

5.5.4 夏热冬冷和夏热冬暖地区外墙内保温隔热技术同样是一种很好的节能技术措施，但采用内保温隔热技术对室内装修影响很大。为保证外墙内保温工程质量，在施工前也应做好准备工作，对原围护结构内表面破损和污染处进行修复和清理。与外保温不同，在内保温施工前，室内各类主要管线应先安装完成并经试验检测合格，然后再进行内保温施工，以免造成对内保温层的破坏及不必要的返工和浪费。

5.5.5 外门窗的传热耗热量加上空气渗透耗热量占建筑总耗热量的50%以上，所以外门窗的节能改造是既有建筑节能改造的重点，在构造上和材料上应严格要求。目前外门窗的框料和玻璃的种类很多，如塑料、断桥铝合金、玻璃钢以及钢塑复合、木塑复合窗等，玻璃有中空玻璃和Low-e玻璃，构造上可以是单框双玻和单框三玻等，在选用时应满足热工性能指标。在保温性能上，塑料、木塑复合的窗料比较好，在造价上塑料和钢塑复合的窗料价格较低。

严寒、寒冷地区当在原有单层窗加装一层窗时，最好在原窗的内层加设，因新窗的气密性要比原窗好，可避免层间结露。

窗框与墙之间的保温密封很重要，常常因密封做得不好而产生开裂、结露、长毛的现象。对窗框与墙体之间的缝隙，宜采用高效保温气密材料如发泡聚氨酯等加弹性密封胶封堵。

严寒和寒冷地区的阳台最好做封闭阳台，封闭阳台的栏板及一层底板和顶层顶板应做保温处理。非封闭阳台的门如有门芯板应做保温型门芯板，即门板芯为保温材料，可提高门的保温性能。

本条文主要是想说明，综合外窗的热工性能，综合投资成本、工程难易程度和节能的贡献率来考虑，应采取不同的、最有效的外窗节能技术。

近年来，外窗玻璃贴膜改造是夏热冬暖地区采用相对较多的节能改造方式。随着使用的增多，不少问题暴露出来，主要有二：一是随着时间的推移，膜会缩小；二是因为膜可被硬质的清洁工具破坏，造成清洁维护较难。

在夏热冬暖地区采用外遮阳装置，除了考虑立面外观、通风采光及耐久性之外，还应考虑抗风性能，因为该气候区有不少地区处于台风区。

5.5.6 在对屋面进行节能改造施工前，为保证施工质量，应做好准备工作，修复损坏部位、安装好设备和管道及各种设施，预留出外保温层的厚度等，之后再进行屋面保温和防水的施工。

5.5.7 既有居住建筑的屋面形式有平屋面和坡屋面，现浇混凝土屋面和预制混凝土屋面等多种，破损情况也不相同，对不同的屋面形式和不同的破损情况，应采取不同的改造措施。

所谓倒置式屋面就是将保温层设于防水层的上面，在保温层上再作保护层。这种做法对于既有建筑的屋面改造，其施工简便，且比较经济，也就是在原有屋面的防水层上直接做保温层，再做保护层。保温层的材料应选择吸水率较低的材料，如挤塑板、硬泡聚氨酯等。施工时应注意不能破坏原有的防水层。

平屋面改坡屋面，许多地方为了降低荷载和造价，采用在平屋面上设轻钢屋架，其上铺设复合保温层的压型钢板，这种做法应注意轻钢屋架和压型钢板的耐久性及保温材料的防火性能。

坡屋面改造时，如原屋顶吊顶可以利用，最好在原吊顶上重新铺设轻质保温材料，既施工简便又可以节省投资，其厚度应根据热工计算而定。无吊顶时在坡屋面上增加或加厚保温层，其保温效果最好，但需要重新做屋面防水和屋面瓦，其工程量和投资量较大。如增设吊顶，应考虑吊顶的构造和保温材料、吊顶板材的耐久性和防火性，以及周边热桥部位的保温处理。

既有居住建筑的节能改造，鼓励太阳能等可再生能源的利用，当安装太阳能热水器时，最好与屋面的节能改造同时进行，以保证屋面防水、保温的工程质量。其太阳能热水系统应符合《民用建筑太阳能热水系统应用技术规范》GB 50364 的规定。

平屋面改造成坡屋面或种植屋面势必会增加屋面的荷载，特别是改为种植屋面，还应考虑种植土的荷载。因此，为了保证结构安全，应核算屋面的允许荷载。种植屋面的防水材料应采用防根刺的防水材料，其设计与施工还应符合《种植屋面工程技术规程》JGJ 155 的规定。

5.5.8 在进行屋面节能改造时，如果需要重新做防水，其防水工程的设计和施工应与新建建筑一样，执行《屋面工程技术规范》GB 50345 的规定。

5.5.9 如果既有建筑楼板下为室外，如过街廊和外挑楼板；或底层下部为非供暖空间，如下部为非供暖地下室；或与下部房间的温差≥10℃，如下部房间为车库虽然供暖，但室内温度很低。在这些情况下，如不作保温处理，供暖房间内的热量会通过楼板向外大量散失，不仅会降低室内温度，增加供暖能耗，而且还会产生地面结露的问题，因此，应对其楼板加设保温层。与外墙一样，对楼板的保温处理也应采用外保温技术，其保温效果比较好。对有防火要求的下层空间如地下室，其保温材料应选择燃烧性能为 A 级即不燃性材料，如无机保温浆料、岩棉、加气混凝土等。

5.5.10 建筑遮阳的目的在于防止直射阳光透过玻璃进入室内，减少阳光过分照射和加热建筑围护结构，减少直射阳光造成的强烈眩光。建筑外遮阳能最有效地控制太阳辐射进入室内，施工也较方便，是夏热冬冷和夏热冬暖地区的建筑优先采用的遮阳技术。

冬夏两季透过窗户进入室内的太阳辐射对降低建筑能耗和保证室内环境的舒适性所起的作用是截然相反的。活动式外遮阳容易兼顾建筑冬夏两季对阳光的不同需求，所以设置活动式的外遮阳更加合理。窗外侧的卷帘、百叶窗等就属于"展开或关闭后可以全部遮蔽窗户的活动式外遮阳"，虽然造价比一般固定外遮阳（如窗口上部的外挑板等）高，但遮阳效果好，最能兼顾冬夏，应当鼓励使用。

对于寒冷地区，居住建筑的南向房间大都是起居室、主卧室，常常开设比较大的窗户，夏季透过窗户进入室内的太阳辐射热构成了空调负荷的主要部分。在对外窗进行遮阳改造时，有条件最好在南窗设置卷帘式或百叶窗式的活动外遮阳。

东西窗也需要遮阳，但由于当太阳东升西落时其高度角比较低，设置在窗口上沿的水平遮阳几乎不起遮挡作用，宜设置展开或关闭后可以全部遮蔽窗户的活动式外遮阳。

外遮阳除了保证遮阳效果和外观效果外，还必须满足建筑在使用过程中的安全性能，所以，对原围护结构结构安全进行复核、验算，必须综合考虑构件承载能力、结构的整体牢固性、结构的耐久安全性等。

当结构安全不能满足节能改造要求时，采取玻璃（贴）膜等技术是成本低、效果较好的遮阳方式。

5.5.11 建筑遮阳构件直接影响建筑的安全，遮阳装置需考虑与结构可靠连接，且设计应符合相关标准的要求。

5.5.12 由于材料供应、工艺改变等原因，建筑节能改造工程施工中可能需要变更设计。为了避免这些改变影响节能效果，本条对设计变更严格加以限制。

本条规定有两层含义：第一，不得任意变更建筑节能改造施工图设计；第二，对于建筑节能改造的设计变更，均须事前办理变更手续。

5.5.13 考虑到建筑节能改造施工中涉及的新材料、新技术较多，在对围护结构进行改造时，施工前应对采用的施工工艺进行评价，施工企业应编制专门的施工技术方案，并经监理单位和建设单位审批，以保证节能改造的效果。

从事建筑节能工程施工作业人员的操作技能对于节能改造施工效果的影响较大，且许多节能材料和工艺对于某些施工人员可能并不熟悉，故应在施工前对相关人员进行技术交底和必要的实际操作培训，技术交底和培训均应留有记录。

6 严寒和寒冷地区集中供暖系统节能与计量改造

6.2 热源及热力站节能改造

6.2.1 随着城市供热规模的扩大，城市热源需要进行改造。热源及热力站的节能改造与城市热源的改造同步进行，有利于统筹安排、降低改造费用。当热源及热力站的节能改造与城市热源改造不同步时，可单独进行。单独进行改造时，既要注意满足节能要求，还要注意与整个系统的协调。

6.2.2 锅炉是能源转换设备，锅炉转换效率的高低直接影响到燃料消耗量，影响到供热企业的运行成本。锅炉实际供热负荷与额定负荷之比，称为锅炉的负荷率 g。一般情况下，$70\% \leqslant g \leqslant 100\%$ 为锅炉的高效率区；$60\% \leqslant g < 70\%$、$100\% < g \leqslant 105\%$ 为锅炉的允许运行负荷区。在选择锅炉和制定锅炉运行方案时，需要根据系统实际负荷需求，合理确定锅炉的台数和容量。此处规定的锅炉房改造后的锅炉年均运行效率与《严寒和寒冷地区居住建筑节能设计标准》JGJ 26 中的规定是一致的。

6.2.3 供热量自动控制装置可在整个供暖期间，根据供暖室外气象条件的变化调节供热系统的供热量，始终保持锅炉房的供热量与建筑物的需热量基本一致，实现按需供热；达到最佳的运行效率和最稳定的供热质量。

6.2.4 锅炉房设置群控装置或措施，主要是为了使得每台锅炉的能力得到充分的发挥和保证每台锅炉都处于较高的效率下运行。

6.2.5 供热系统的节能改造，可能遇到下述两种问题：（1）原供热系统存在大流量小温差的现象，水泵流量及扬程比实际需要大得多；（2）由于水力平衡设备及恒温阀的设置，导致原供热系统的水泵流量及扬程满足不了实际需要。因此需要通过管网的水力计算来校核原循环水泵的流量及扬程，使设计条件下输送单位热量的耗电量满足现行居住建筑节能设计标准的要求。

6.2.6 热水锅炉房所设置的锅炉的额定流量往往与热网的循环流量不一致，当热网循环流量大于锅炉的额定流量时，将导致锅炉房内阻力损失过大。常规的处理方法是在锅炉房供回水管之间设置连通管或在每台锅炉的省煤器处设置旁通管。当外网流量与锅炉需要流量差别较大时，锅炉及热网分别设置循环泵（两级泵）有利于降低总的循环水泵电耗。

6.2.7 本条规定了供热管路系统调节阀门的设置要求。

一个热源站房负担有多个热交换站的情况，与一个换热站负担多个环路的情况，从原理上是类似的。从设计上看，尽可能减少供热系统的水流阻力是节能的一个重要环节。因此在一个供热水系统中，总管上都不应串联流量控制阀。

（1）对于热源站房系统，考虑到各热交换站的距离比较远，管路水流阻力相对存在较大的差别。为了稳定各热交换站的一次水供水压差，宜在各热力站的一次水入口，配置性能可靠的自力式恒压差调节阀。但是，其最远的热交换站如果也设置该调节阀，则相当于总的系统上额外地增加了阀门的阻力。

（2）对于一个换热站所负担的各环路，为了实现阻力平衡，可以考虑设置手动平衡阀的方式。

6.2.11 为满足锅炉房、热力站运行管理需求，锅炉房、热力站需要设置运行参数监测装置，对供热量、循环流量、补水量、供水温度、回水温度、耗煤量、耗电量、锅炉排烟温度、炉膛温度、室外温度、供水压力、回水压力等参数进行监测。热源及热力站用电可分为锅炉辅机（炉排机、上煤除渣机、鼓引风机等）耗电、循环水泵及补水泵耗电和照明等用电。对各项用电分项计量，有利于加强对锅炉房及热力站的管理，降低电耗。

6.3 室外管网节能改造

6.3.1 热水管网热媒输送到各热用户的过程中需要减少下述损失：（1）管网向外散热造成散热损失；（2）管网上附件及设备漏水和用户放水而导致的补水耗热损失；（3）通过管网送到各热用户的热量由于网路失调而导致的各处室温不等造成的多余热损失。管网的输送效率是反映上述各个部分效率的综合指标。提高管网的输送效率，应从减少上述三方面损失入手。新建管网无论是地沟敷设还是直埋敷设，管网的保温效率是可以达到 99% 以上的，考虑到既有管网的现状及改造的难度，因此将管网的保温效率下限取为 97%。系统的补水由两部分组成，一部分是设备的正常漏水，另一部分为系统失水。如果供暖系统中的阀门、水泵盘根、补偿器等，经常维修，且保证工作状态良好的话，测试结果证明，正常补水量可以控制在循环水量的 0.5%。管网的平衡问题，需要根据本规程第 6.3.2 条的要求进行改造。

6.3.2 供热系统水力不平衡是造成供热能耗浪费的主要原因之一，同时，水力平衡又是保证其他节能措施能够可靠实施的前提，因此对系统节能而言，首先应该做到水力平衡。现行行业标准《居住建筑节能检测标准》JGJ/T 132—2009 中第 5.2.6 条规定，热力入口处的水力平衡度应达到 0.9～1.2。该标准的条文说明指出：这是结合北京地区的实际情况，通过模拟计算，当实际水量在 90%～120% 时，室温在 17.6℃～18.7℃ 范围内，可以满足实际需要。但是，由于设计计算时，与计算各并联环路水力平衡度相比，计算各并联环路间压力损失比较方便，并与教科书、手册一致。因此现行行业标准《严寒和寒冷地区居住建筑节能设计标准》JGJ 26 规定并联环路压力损失差值，要求控制在 15% 之内。对于通过计算不易达到环路压力损失差要求的，为了避免水力不平衡，应设置水力平衡阀。

6.3.3 传统的设计方法是将热网总阻力损失由集中设置在热源的循环水泵来承担，将二级网系统的总阻力损失由集中设置在热力站的循环水泵来承担，通过在用户入口处设置平衡阀来消除管网的剩余压头的方法来解决管网的平衡问题。如果将热网总阻力损失由集中设置在热源（热力站）的循环水泵和用户入口处设置的循环泵（也称加压泵）来承担（图1），则可以将阀门所消耗的剩余压头节约下来。节约能量的多少，与热网中零压差点（供回水压差为零的点）的位置有关。热源（热力站）与零压差点之间的热用户，应通过设置水力平衡阀来解决管网水力平衡。管网零压差点之后的热用户要通过选择合适的用户循环泵来解决水力平衡问题。

6.3.5 现行行业标准《严寒和寒冷地区居住建筑节能设计标准》JGJ 26 根据我国住宅的特点，规定集中供暖系统中建筑物的热力入口处，必须设置楼前热量表，作为该建筑物供暖耗热量的热量结算点。由于现有供热系统与建筑物的连接形式五花八门，有时无法在一栋建筑物的热力入口处设置一块热量表，此时对于建筑用途相同、建设年代相近、建筑形式、平面、构造等相同或相似、建筑物耗热量指标相近、户间热费分摊方式一致的若干栋建筑，可以统一安装一块热量表，依据该热量表计量的热量进行热费结算。

6.3.6 热量表设置在热网的供水管上还是回水管上，主要受热量表的流量传感器的工作温度制约。当外网供水温度低于热量表的工作温度时，热量表的流量传感器安装在供水管上，有利于减少用户的失水量。要

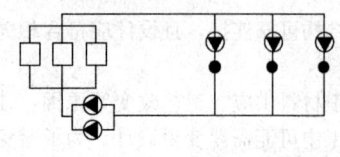

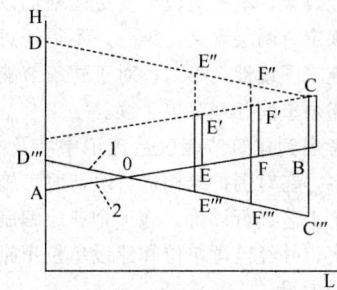

图 1 二级循环泵系统
1—供水压力线；2—回水压力线；
B、C—用户损失；0—零压差点

使热量表正常工作，就要提供热量表所要求的工作条件，在建筑物热力入口处设置计量小室。有地下室的建筑，宜将计量小室设置在地下室的专用空间内；无地下室的建筑，宜在室外管沟入口或楼梯间下部设置计量小室。设置在室外计量小室要有防水、防潮措施。

6.4 室内系统节能与计量改造

6.4.1 当室内供暖系统需节能改造，且原供暖系统为垂直单管顺流式时，应充分考虑技术经济和施工方便等因素，宜采用新双管系统或带跨越管的单管系统。当确实需要采用共用立管的分户供暖系统时，应充分考虑用户室内系统的美观性、方便性，并且尽量减少对用户已有室内设施的损坏。

6.4.2 为了使室内供暖系统中通过各并联环路达到水力平衡，其主要手段是在干管、立管和支管的管径设计中进行较详细的阻力计算，而不是依靠阀门的手动调节来达到水力平衡。

6.4.3 室内供暖系统温控装置是计量收费的前提条件，为供暖用户提供主动控制、调节室温的手段。既有居住建筑改造时，宜将原有散热器罩拆除，确实拆除困难的，应采用温包外置式散热器恒温控制阀。改造后的室内系统应保证散热器恒温控制阀的正常工作条件，防止出现堵塞等故障，同时恒温控制阀应具有带水带压清堵或更换阀芯的功能。

6.4.4 楼栋热力入口安装热计量装置，可以确定室外管网的热输送效率，并可以确定用户的总耗热量，作为热计量收费的基础数据。楼栋热量计量装置的安装数量与位置应根据室外管网、室内计量装置等情况统筹考虑，在保证计量分摊的前提下，适度减少楼栋热量计量装置的数量。选择室内供暖系统计量方式应以达到热量合理分配为原则。

中华人民共和国行业标准

体育场馆声学设计及测量规程

Specification for acoustical design and measurement of
gymnasium and stadium

JGJ/T 131—2012

批准部门：中华人民共和国住房和城乡建设部
施行日期：2 0 1 3 年 3 月 1 日

中华人民共和国住房和城乡建设部
公　告

第 1515 号

住房城乡建设部关于发布行业标准
《体育场馆声学设计及测量规程》的公告

现批准《体育场馆声学设计及测量规程》为行业标准，编号为 JGJ/T 131-2012，自 2013 年 3 月 1 日起实施。原行业标准《体育馆声学设计及测量规程》JGJ/T 131-2000 同时废止。

本规程由我部标准定额研究所组织中国建筑工业

出版社出版发行。

中华人民共和国住房和城乡建设部
2012 年 11 月 1 日

前　言

根据住房和城乡建设部《关于印发〈2009 年工程建设标准规范制订、修订计划〉的通知》（建标〔2009〕88 号）的要求，规程编制组经广泛调查研究、认真总结实践经验、参考有关国际标准和国外先进标准，并在广泛征求意见的基础上，修订本规程。

本规程的主要技术内容是：总则；建筑声学设计；噪声控制；扩声系统设计；声学测量等。

本规程修订的主要内容是：

1. 增加了对体育场进行声学设计、声学测量的内容。

2. 对于体育馆，适当调整了建筑声学、噪声控制、扩声系统的设计指标与要求，对声学测量的仪器与方法也作了适当调整。

3. 以附录的形式，增加了有关扩声系统语言传输指数方面和游泳池水下广播系统扩声特性指标及其测量方法的内容。

本规程由住房和城乡建设部负责管理，由中国建

筑科学研究院负责具体技术内容的解释。执行过程中如有意见或建议，请寄送中国建筑科学研究院（地址：北京市北三环东路 30 号，邮政编码：100013）

本 规 程 主 编 单 位：中国建筑科学研究院
本 规 程 参 编 单 位：北京市建筑设计研究院
　　　　　　　　　　中广电广播电影电视设计
　　　　　　　　　　研究院
　　　　　　　　　　东南大学
　　　　　　　　　　博世集团
本规程主要起草人员：林　杰　王　峥　陈建华
　　　　　　　　　　傅秀章　徐　春　陈金京
　　　　　　　　　　骆学聪　柳孝图　闫国军
　　　　　　　　　　石　敏　莫皎平　石红蓉
本规程主要审查人员：程明昆　王福津　曹孝振
　　　　　　　　　　周兆驹　崔广中　茹履京
　　　　　　　　　　马　军　周　茜　莫喜平

目 次

Contents

1 总　则

1.0.1 为保证体育场馆的观众席、比赛场地及有关房间满足使用功能要求的听闻环境，测量体育场馆的声学特性，检验体育场馆声学工程的质量，制定本规程。

1.0.2 本规程适用于新建、扩建、改建体育场馆的声学设计和声学测量，也适用于既有体育场馆的声学测量。

1.0.3 体育场馆的声学设计应从建筑方案设计阶段开始。体育场馆的建筑声学设计、扩声系统设计和噪声控制设计应协调同步进行。

1.0.4 对设有可开合活动顶盖的体育场，应按对体育馆的声学设计原则进行建筑声学设计、噪声控制设计。

1.0.5 体育场馆声学设计和声学测量除应符合本规程外，尚应符合国家现行有关标准的规定。

2 建筑声学设计

2.1 一般规定

2.1.1 体育场馆的建筑声学条件应保证使用扩声系统时的语言清晰。未设置固定安装的扩声系统的训练馆，其建筑声学条件应保证训练项目对声环境的要求。

2.1.2 体育馆比赛大厅内观众席和比赛场地以及体育场的观众席不宜出现回声、颤动回声和声聚焦等声学缺陷。

2.1.3 当选择体育场馆建筑声学处理方案时，应结合建筑形式、结构形式、观众席和比赛场地的配置及扬声器的布置等因素确定。

2.1.4 当选择声学材料和构造时，声学材料和构造应符合对材料的声学性能、强度、防火、装修、卫生、环保、防潮、造价等方面的要求。

2.1.5 体育场馆的吸声处理宜结合房间围护结构的保温、隔热、遮光的要求进行综合设计。

2.1.6 在处理比赛大厅内吸声、反射声和避免声学缺陷等问题时，除应将扩声扬声器作为主要声源外，还宜将进行体育活动时产生的自然声源作为声源。

2.2 混响时间

2.2.1 综合体育馆比赛大厅满场混响时间的选择宜符合下列规定：

　1　在频率为500Hz～1000Hz时，不同容积比赛大厅的满场混响时间宜满足表2.2.1-1的要求。

　2　各频率混响时间相对于500Hz～1000Hz混响时间的比值宜符合表2.2.1-2的规定。

表 2.2.1-1　不同容积比赛大厅 500Hz～1000Hz 满场混响时间

容积（m³）	＜40000	40000～80000	80000～160000	＞160000
混响时间（s）	1.3～1.4	1.4～1.6	1.6～1.8	1.9～2.1

注：当比赛大厅容积大于表中列出的最大容积的1倍以上时，混响时间可比2.1s适当延长。

表 2.2.1-2　各频率混响时间相对于 500Hz～1000Hz 混响时间的比值

频率（Hz）	125	250	2000	4000
比值	1.0～1.3	1.0～1.2	0.9～1.0	0.8～1.0

2.2.2 游泳馆比赛厅500Hz～1000Hz满场混响时间宜满足表2.2.2的要求；各频率混响时间相对于500Hz～1000Hz混响时间的比值宜符合本规程表2.2.1-2的规定。

表 2.2.2　游泳馆比赛厅 500Hz～1000Hz 满场混响时间

每座容积（m³/座）	≤25	＞25
混响时间（s）	≤2.0	≤2.5

2.2.3 有花样滑冰表演功能的溜冰馆，其比赛厅的混响时间可按容积大于160000m³的综合体育馆比赛大厅的混响时间设计。冰球馆、速滑馆、网球馆、田径馆等专项体育馆比赛厅的混响时间可按本规程中游泳馆比赛厅混响时间的规定设计。

2.2.4 体育场馆内对声学环境有较高要求的辅助房间的混响时间宜符合表2.2.4的规定。

表 2.2.4　体育场馆内辅助房间 500Hz～1000Hz 混响时间

房间名称	混响时间（s）
评论员室、播音室、扩声控制室	0.4～0.6
贵宾休息室和包厢	0.8～1.0

2.2.5 混响时间可按公式（2.2.5）分别对125Hz、250Hz、500Hz、1000Hz、2000Hz、4000Hz六个频率进行计算，计算值取到小数点后一位。

$$T_{60} = \frac{0.161V}{-S\ln(1-\bar{\alpha}) + 4mV} \quad (2.2.5)$$

式中：T_{60}——混响时间（s）；

　　　V——房间容积（m³）；

　　　S——室内总表面积（m²）；

　　　$\bar{\alpha}$——室内平均吸声系数；

　　　m——空气中声衰减系数（m⁻¹）。

2.2.6 室内平均吸声系数应按公式（2.2.6）计算：

$$\bar{\alpha} = \frac{\sum S_i\alpha_i + \sum N_jA_j}{S} \quad (2.2.6)$$

式中：S_i——室内各部分的表面积（m^2）；

$\quad\quad \alpha_i$——与表面 S_i 对应的吸声系数；

$\quad\quad N_j$——人或物体的数量；

$\quad\quad A_j$——与 N_j 对应的吸声量（m^2）。

2.3 吸声与反射处理

2.3.1 体育馆比赛大厅的上空应设置吸声材料或吸声构造。

2.3.2 当体育馆比赛大厅屋面有采光顶时，应结合遮光构造对采光部位进行吸声处理。

2.3.3 体育馆比赛大厅四周的玻璃窗宜设置吸声窗帘。

2.3.4 体育馆比赛大厅的山墙或其他大面积墙面应做吸声处理。

2.3.5 体育馆比赛场地周围的矮墙、看台栏板宜设置吸声构造，或控制倾斜角度和造型。

2.3.6 体育馆内与比赛大厅连通为一体的休息大厅内应结合装修进行吸声处理。

2.3.7 游泳馆中使用的声学材料应采取防潮、防酸碱雾的措施。

2.3.8 网球馆内应在有可能对网球撞击地面的声音产生回声的部位进行吸声处理。

2.3.9 对挑棚较深的体育场，宜在挑棚内进行吸声处理。

2.3.10 体育场馆的主席台、裁判席周围壁面应做吸声处理。

2.3.11 在没有观众席的体育馆、训练馆和游泳馆内宜在墙面和顶棚进行吸声处理。

2.3.12 体育场馆的评论员室、播音室、扩声控制室、贵宾休息室和包厢等辅助房间内应结合装修进行吸声处理。

3 噪声控制

3.1 一般规定

3.1.1 体育馆比赛大厅和体育场馆有关用房的噪声控制设计应从总体设计、平面布置以及建筑物的隔声、吸声、消声、隔振等方面采取措施，应选用低噪声辐射的通风、空调、照明等设备系统。

3.1.2 体育场馆噪声对环境的影响应符合现行国家标准《声环境质量标准》GB 3096 的规定。

3.2 室内背景噪声限值

3.2.1 体育馆比赛大厅和体育场馆有关用房的背景噪声不应超过相应的室内背景噪声限值。

3.2.2 当体育馆比赛大厅或体育场馆的贵宾休息室、扩声控制室、评论员室和播音室无人占用时，在通风、空调、照明设备等正常运转条件下，室内背景噪声限值宜符合表 3.2.2 的规定。

表 3.2.2 体育馆比赛大厅等房间的室内背景噪声限值

房 间 名 称	室内背景噪声限值
体育馆比赛大厅	NR-40
贵宾休息室、扩声控制室	NR-35
评论员室、播音室	NR-30

3.3 噪声控制和其他声学要求

3.3.1 体育馆比赛大厅四周外围护结构的计权隔声量应根据环境噪声情况及区域声环境要求确定。体育馆比赛大厅宜利用休息廊等隔绝外界噪声干扰。休息廊内宜作吸声降噪处理。对室内噪声有严格要求的体育馆比赛大厅，可对屋顶产生的雨致噪声、风致噪声等采取隔离措施。

3.3.2 贵宾休息室围护结构的计权隔声量应根据其环境噪声情况确定。

3.3.3 评论员室之间的隔墙、播音室的隔墙的隔声性能应保证房间外空间正常工作时房间内的背景噪声符合本规程表 3.2.2 的规定。

3.3.4 通往比赛大厅、贵宾休息室、扩声控制室、评论员室、播音室等房间的送风、回风管道均应采取消声和减振措施。风口处不宜有引起再生噪声的阻挡物。

3.3.5 空调机房、锅炉房等各种设备用房应远离比赛大厅、贵宾休息室等有安静要求的用房。当其与主体建筑相连时，应采取有效的降噪、隔振措施。

4 扩声系统设计

4.1 一般规定

4.1.1 在体育场馆中应设置固定安装的扩声系统。固定安装的扩声系统应满足体育比赛活动时观众席、比赛场地等服务区域的语言扩声需求。

4.1.2 扩声系统应保证在观众席、比赛场地及其他系统服务区域内达到相应的声压级，声音应清晰、声场应均匀。同时，在其服务区域所产生的最大声音不应造成人员听力的损伤。

4.1.3 当体育场馆进行非体育比赛活动时，宜根据需要配置临时扩声系统，结合固定安装的扩声系统使用。

4.1.4 根据使用要求，固定安装的扩声系统应包括下列独立或同时使用的主扩声系统和辅助系统：

   1 观众席、比赛场地的主扩声系统；

   2 检录、呼叫广播系统；

   3 新闻发布厅扩声系统；

   4 内部通话系统；

5 游泳池水下广播系统。

4.1.5 主要观众席和比赛场地周边应设置扩声系统综合输入、输出接口插座，扩声控制室与各控制机房之间应有管道或线槽路径供安装信号联络线。

4.1.6 扩声系统对服务区以外有人区域不应造成环境噪声污染。

4.2 扩声特性指标

4.2.1 体育馆比赛大厅主扩声系统的扩声特性指标可分为三级。观众席扩声系统的扩声特性指标应按表4.2.1的规定选用；比赛场地扩声系统的扩声特性指标可与观众席同级或降低一级。

表 4.2.1 体育馆主扩声系统扩声特性指标

等级	最大声压级	传输频率特性	传声增益	稳态声场不均匀度	系统噪声
一级	额定通带内，不小于105dB	以125Hz～4000Hz的平均声压级为0dB，在此频带内允许−4dB～+4dB的变化(1/3倍频程测量)；在100Hz、5000Hz频带允许−6dB～+4dB的变化；在80Hz、6300Hz频带允许−8dB～+4dB的变化；在63Hz、8000Hz频带允许−10dB～+4dB的变化(图4.2.1-1)	125Hz～4000Hz平均不小于−10dB	中心频率为1000Hz、4000Hz(1/3倍频程带宽)时，大部分区域不均匀度不大于8dB	扩声系统不产生明显可察觉的噪声干扰
二级	额定通带内，不小于100dB	以125Hz～4000Hz的平均声压级为0dB，在此频带内允许−6dB～+4dB的变化(1/3倍频程测量)；在100Hz、5000Hz频带允许−8dB～+4dB的变化；在80Hz、6300Hz频带允许−10dB～+4dB的变化；在63Hz、8000Hz频带允许−12dB～+4dB的变化(图4.2.1-2)	125Hz～4000Hz平均不小于−12dB	中心频率为1000Hz、4000Hz(1/3倍频程带宽)时，大部分区域不均匀度不大于10dB	扩声系统不产生明显可察觉的噪声干扰
三级	额定通带内，不小于95dB	以250Hz～4000Hz的平均声压级为0dB，在此频带内允许−8dB～+4dB的变化(1/3倍频程测量)；在200Hz、5000Hz频带允许−10dB～+4dB的变化；在160Hz、6300Hz频带允许−12dB～+4dB的变化；在125Hz、8000Hz频带允许−14dB～+4dB的变化(图4.2.1-3)	250Hz～4000Hz平均不小于−12dB	中心频率为1000Hz(1/3倍频程带宽)时，大部分区域不均匀度不大于10dB	扩声系统不产生明显可察觉的噪声干扰

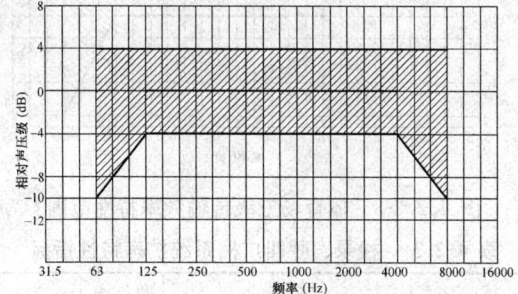

图 4.2.1-1 体育馆一级传输频率特性范围

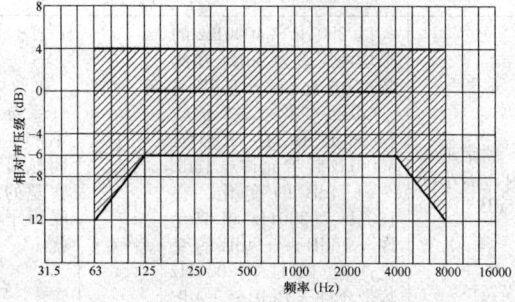

图 4.2.1-2 体育馆二级传输频率特性范围

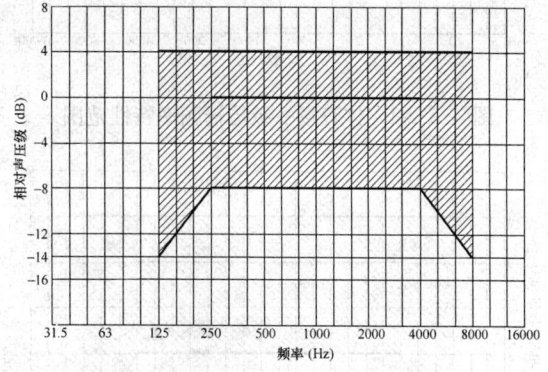

图 4.2.1-3 体育馆三级传输频率特性范围

4.2.2 体育场主扩声系统的扩声特性指标可分为三级。观众席扩声系统的扩声特性指标应按表4.2.2的规定选用，比赛场地扩声系统的扩声特性指标可与观众席同级或降低一级。

表 4.2.2　体育场主扩声系统扩声特性指标

等级	最大声压级	传输频率特性	传声增益	稳态声场不均匀度	系统噪声
一级	额定通带内，不小于 105dB	以 125Hz～4000Hz 的平均声压级为 0dB，在此频带内允许－6dB～+4dB 的变化(1/3 倍频程测量)；在 100Hz、5000Hz 频带允许－8dB～+4dB 的变化；在 80Hz、6300Hz 频带允许－10dB～+4dB 的变化；在 63Hz、8000Hz 频带允许－12dB～+4dB 的变化(图 4.2.2-1)	125Hz～4000Hz 平均不小于－10dB	中心频率为 1000Hz、4000Hz（1/3 倍频程带宽）时，大部分区域不均匀度不大于 8dB	扩声系统不产生明显可察觉的噪声干扰
二级	额定通带内，不小于 98dB	以 125Hz～4000Hz 的平均声压级为 0dB，在此频带内允许－8dB～+4dB 的变化(1/3 倍频程测量)；在 100Hz、5000Hz 频带允许－11dB～+4dB 的变化；在 80Hz、6300Hz 频带允许－14dB～+4dB 的变化；在 63Hz、8000Hz 频带允许－17dB～+4dB 的变化(图 4.2.2-2)	125Hz～4000Hz 平均不小于－12dB	中心频率为 1000Hz、4000Hz（1/3 倍频程带宽）时，大部分区域不均匀度不大于 10dB	扩声系统不产生明显可察觉的噪声干扰
三级	额定通带内，不小于 90dB	以 250Hz～4000Hz 的平均声压级为 0dB，在此频带内允许－10dB～+4dB 的变化(1/3 倍频程测量)；在 200Hz、5000Hz 频带允许－13dB～+4dB 的变化；在 160Hz、6300Hz 频带允许－16dB～+4dB 的变化；在 125Hz、8000Hz 频带允许－19dB～+4dB 的变化(图 4.2.2-3)	250Hz～4000Hz 平均不小于－14dB	中心频率为 1000Hz（1/3 倍频程带宽）时，大部分区域不均匀度不大于 12dB	扩声系统不产生明显可察觉的噪声干扰

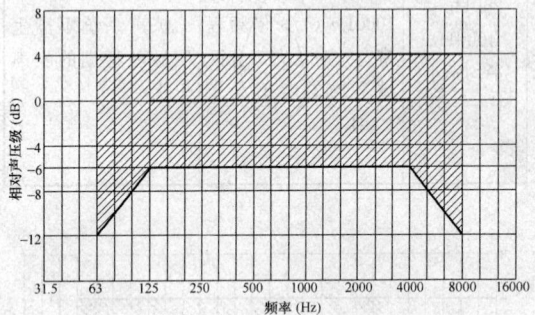

图 4.2.2-1　体育场一级传输频率特性范围

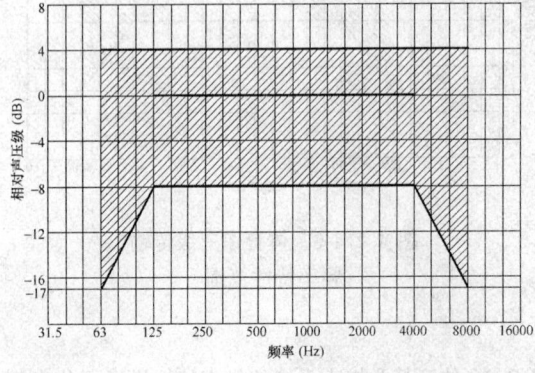

图 4.2.2-2　体育场二级传输频率特性范围

4.2.3 检录、呼叫广播系统所服务的区域，其扩声特性指标宜按表 4.2.3 的规定选取。

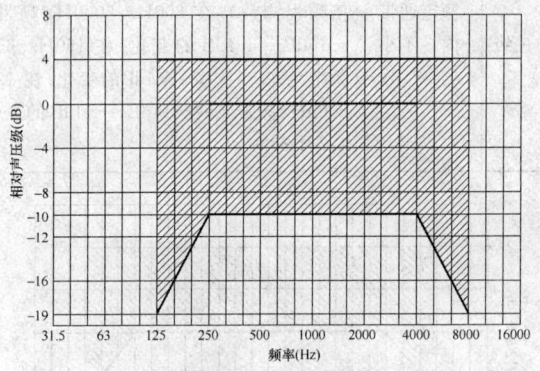

图 4.2.2-3　体育场三级传输频率特性范围

表 4.2.3　检录、呼叫广播系统扩声特性指标

最大声压级	传输频率特性	稳态声场不均匀度	系统噪声
额定通带内，不小于 85dB	以 250Hz～4000Hz 的平均声压级为 0dB，在此频带内允许－10dB～+4dB 的变化（1/3 倍频程测量）；在 200Hz、5000Hz 频带允许－13dB～+4dB 的变化；在 160Hz、6300Hz 频带允许－16dB～+4dB 的变化；在 125Hz、8000Hz 频带允许－19dB～+4dB 的变化（图 4.2.3）	小于或等于 10dB	系统不产生明显可察觉的噪声干扰

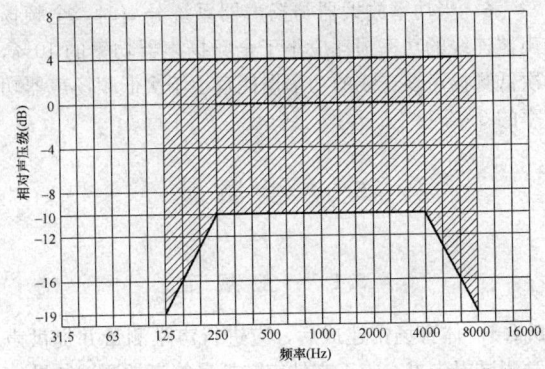

图 4.2.3　检录、呼叫广播系统传输频率特性范围

4.2.4 体育场馆主扩声系统和检录、呼叫广播系统的扩声系统语言传输指数（STIPA）应符合本规程附录 A 的规定。

4.2.5 新闻发布厅扩声系统的扩声特性指标，宜符合现行国家标准《厅堂扩声系统设计规范》GB 50371 中关于会议类扩声系统的相关规定。

4.2.6 游泳池水下广播系统的扩声特性指标应符合本规程附录 B 的规定。

4.3　主扩声系统

4.3.1 传声器的配置应符合下列规定：

　　1 应按使用范围配置相应数量的传声器；

　　2 应选择有利于抑制声反馈、低阻抗和平衡输出类型的传声器；

　　3 在主席台、裁判席应设传声器插座；比赛场地四周宜设传声器插座。

4.3.2 观众席扬声器系统应符合下列规定：

　　1 应选用灵敏度高、指向性合适、最大声压级高、频带范围宽的扬声器系统；

　　2 扬声器系统宜根据不同场馆的具体情况，可采用集中式、分散式或集中分散相结合的方式吊装；

　　3 在体育场馆观众席上感觉到的由扩声扬声器系统产生的声像宜位于前方；

　　4 对露天非全封闭体育场，扬声器系统应为全天候型：具有防风、防热、防水、防盐雾（沿海地区）等性能；在游泳馆使用的扬声器系统应具有防水、防酸碱雾等性能；

　　5 当采用功率放大器与扬声器为一体的有源扬声器系统时，有源扬声器系统的安装位置应满足安全要求。

4.3.3 比赛场地扬声器系统应符合下列规定：

　　1 比赛场地应设置可独立控制的扬声器系统；

　　2 比赛场地扬声器系统的轴线指向应避免场地作为反射面将主要声能反射到观众席上。

4.3.4 主扩声扬声器系统与可能设置主扩声传声器处之间的距离宜大于主扩声扬声器系统的临界距离；扬声器系统主轴应避免指向主扩声传声器。

注：临界距离系指声场中直达声能密度与混响声能密度相等的点到声源中心的距离。

4.3.5 主扩声扬声器系统的特性及配置应使其直达声均匀覆盖其服务区。主扩声扬声器系统的设置，应避免在体育馆观众席、比赛场地出现回声；应避免在体育场观众席出现强回声。

4.3.6 扬声器系统的安装条件应符合下列规定：

　　1 必须有安全可靠的保障措施，当涉及承重结构改动或增加荷载时，应由原结构设计单位或具备相应资质的设计单位核查有关原始资料，对既有建筑结构的安全性进行校验、确认；

　　2 不应引致其他噪声；

　　3 当扬声器系统采用暗装时，安装开口应大至不遮挡扬声器系统向其服务区辐射直达声；选择安装开口所用装饰面材料时，应主要根据装饰面材料的透声性能确定；当装饰面材料为开孔类型的材料时，开孔率不应小于 50%；蒙面装饰用格栅的尺寸不宜大于 20mm，并应小于扬声器单元声辐射口径的 1/10；

　　4 扬声器系统安装位置后方的反射面应做声学处理。

4.4　辅　助　系　统

4.4.1 检录、呼叫广播系统应符合下列规定：

　　1 运动员检录处宜设置小型流动扩声系统；

　　2 运动员、教练员、裁判、医务等人员休息、练习、工作场所应设呼叫广播系统；

　　3 在体育场馆的入口处、包厢、观众休息区等处应设置呼叫广播系统。

4.4.2 新闻发布厅扩声系统的设置，宜符合现行国家标准《厅堂扩声系统设计规范》GB 50371 中关于会议类扩声系统的相关规定。

4.4.3 大型体育场馆内宜设置裁判、运动员和工作人员之间的内部通话系统。

4.4.4 当设置内部通话系统时，在扩声控制室、灯光控制室、检录处、裁判员席、公共广播机房、显示屏控制机房和消防安全值班室等主要技术及体育工作用房应设置内部通话台分站；在现场调音位、功放机房、记者席、评论员席及场内广播室等主要工作点宜设置内部通话插座面板。

4.4.5 游泳池水下广播系统应符合下列规定：

　　1 有花样游泳表演需求的游泳池，应设置独立的水下扬声器系统；

　　2 水下扬声器可固定安装在与泳道平行的两侧池壁；

　　3 应采用延时器调节水下扬声器系统与比赛场地扬声器系统的时间差。

4.5　扩声控制室与功放机房

4.5.1 扩声控制室应设置在便于观察场内的位置，

面向主席台及观众席开设观察窗，观察窗的位置和尺寸应保证调音员正常工作时对主席台、裁判席、比赛场地和大部分观众席有良好的视野；观察窗宜可开启，调音员应能听到主扩声系统的效果。

4.5.2 扩声控制室的面积应满足设备布置和方便操作及正常检修的需要；地面宜铺设防静电活动架空地板。

4.5.3 扩声控制室内若有正常工作时发出超过 NR-35 干扰噪声的设备，宜设置设备隔离室。

4.5.4 扩声控制室内宜设置监听扬声器系统。

4.5.5 扩声控制室与比赛场地之间宜预留不少于 2 对的管线。

4.5.6 当扩声控制室与观众席扬声器系统、比赛场地扬声器系统连线单程长度超过 100m 时，宜在扬声器系统安装位置的附近区域设置功放机房。对大型体育场馆，若采用分散式的扬声器布置，宜设置多个功放机房以分区域分配功率放大器。

4.5.7 当功放机房与扩声控制室不在同一操作区域时，宜对功放设备配置监控系统。

4.5.8 功放机房应设置独立的空调系统。

4.5.9 扩声系统设备的电源不应与可控硅调光设备、舞台机械设备、空调系统或变频设备等共用同一电源变压器；若其电源电压不稳定或受干扰严重，应配备电源稳压器或隔离变压器。

4.5.10 当扩声系统设备工艺接地时，应设独立接地母线并单点接地，其接地电阻不应大于 1Ω。

4.6 系统设备与连接

4.6.1 调音台及信号处理应符合下列规定：

　　1 观众席扩声系统应配置独立的调音台；

　　2 观众席扩声系统、比赛场地扩声系统、游泳池水下广播系统应设信号处理设备，其功能宜包括增益、分配、混合、均衡、压缩、限幅、延时、滤波及分频等。

4.6.2 系统连接应符合下列规定：

　　1 传声器信号及音频信号传输连接线应采用带屏蔽的平衡电缆；

　　2 扩声设备之间互连应符合现行国家标准《声系统设备互连的优选配接值》GB/T 14197 的规定；

　　3 当传声器信号连接线单程长度超过 100m 时，在传声器附近宜采用前置放大器对信号进行放大后再传输；扩声控制室与功放机房之间宜采用数字方式的信号传输；

　　4 扩声控制室与公共广播控制机房、功放机房、检录区域、裁判席、评论员席、记者席、显示屏控制机房、转播控制室等技术功能用房之间应设置双向音频信号传输系统；

　　5 应预留与公共广播系统、应急广播系统的信号接口；

　　6 当功率放大器与扬声器系统分离时，全频扬声器连线的功率损耗应小于全频扬声器功率的 10%，次低频扬声器连线的功率损耗宜小于次低频扬声器功率的 5%。

5 声 学 测 量

5.1 一 般 规 定

5.1.1 体育场馆建成后，应进行声学测量并提供声学测试报告书。竣工文件应包括最终声学测试结果。

5.1.2 声学测量应在扩声系统电气指标正常的条件下进行。体育馆的声学测量项目应包括混响时间、背景噪声、最大声压级、传输频率特性、传声增益和声场不均匀度；还可包括扩声系统语言传输指数（STIPA）。体育场的声学测量项目应包括最大声压级、传输频率特性、传声增益和声场不均匀度；还可包括背景噪声和扩声系统语言传输指数（STIPA）。扩声系统语言传输指数（STIPA）的测量应符合本规程附录A 的规定。

5.1.3 在进行声学特性指标的测量时，可对观众席测点和比赛场地测点测得的数据分别加以统计。

5.1.4 计算在不同位置上测得声压级的平均声压级时，应取算术平均值。

5.1.5 测量体育馆比赛大厅内或体育场内声学特性指标的同时，应用音乐和语言节目对体育馆比赛大厅内或体育场内有代表性的位置做主观试听，结合测量结果和听感进行必要的调整。

5.1.6 游泳池水下广播系统的扩声特性的测量应按本规程附录 B 执行。

5.2 测 量 仪 器

5.2.1 噪声信号发生器的性能应符合下列规定：

　　1 应具有粉红噪声输出功能；

　　2 粉红噪声信号的峰值因数不应小于 2；

　　3 粉红噪声频谱密度应符合下列规定：

　　　　1）20Hz～20kHz 频率范围内，衰减器输出的各 1/3 倍频带电压相对于中心频率为 1kHz 的 1/3 倍频带电压，其偏差不应小于 -1.5dB 且不应大于 1.5dB；

　　　　2）20Hz～20kHz 频率范围内，负载输出的各 1/3 倍频带电压相对于中心频率为 1kHz 的 1/3 倍频带电压，其偏差不应小于 -2dB 且不应大于 2dB；

　　4 衰减输出电压的范围应为 0.4mV～4V，衰减输出的变化应为每档 10dB 且示值误差小于 1dB；

　　5 信噪比不应低于 60dB。

5.2.2 测试功率放大器的性能应符合下列规定：

　　1 50Hz～15kHz 频率范围内，频率响应应相对于

1kHz 的偏差不应小于－0.5dB 且不应大于 0.5dB；

  2 总谐波失真不应大于 0.5%；

  3 负载阻抗应为 4Ω、8Ω、16Ω；

  4 功率应能在各测点处产生符合本规程第 5.3.4 条规定的声压级。

5.2.3 测试传声器应符合现行国家标准《测量传声器 第 4 部分：工作标准传声器规范》GB/T 20441.4 的规定。

5.2.4 测量放大器的性能应符合下列规定：

  1 20Hz～20kHz 频率范围内，频率响应相对于 1kHz 的偏差不应小于－0.5dB 且不应大于 0.5dB；

  2 测量范围应为 $100\mu V$～300V；

  3 应具有 A 计权、C 计权的频率计权特性；

  4 应具有 F 计权、S 计权的时间计权特性；

  5 固有噪声应不大于 $10\mu V$；

  6 极化电压应为 200V；

  7 检波器特性应符合测量有效值、平均值、峰值的要求，测量峰值因数不大于 5 的信号时，有效值的误差应不大于 0.5dB；

  8 衰减器示值误差应小于 0.1dB。

5.2.5 倍频程带通滤波器或 1/3 倍频程带通滤波器应符合现行国家标准《电声学 倍频程和分数倍频程滤波器》GB/T 3241 的规定。

5.2.6 声分析仪应由测量放大器与倍频程、1/3 倍频程带通滤波器组成。

5.2.7 声校准器应符合现行国家标准《电声学 声校准器》GB/T 15173 中 1 级要求的规定。

5.2.8 模拟节目信号网络应符合现行国家标准《模拟节目信号》GB/T 6278 的规定。

5.2.9 声频电压表的性能应符合下列规定：

  1 频率范围应为 20Hz～20kHz；

  2 输入阻抗不应小于 100kΩ；

  3 输入电容不应大于 20pF；

  4 指示值误差不应大于 2.5%；

  5 应能测量峰值因数不大于 5 的信号。

5.2.10 混响时间测量装置应由测量放大器与倍频程、1/3 倍频程带通滤波器与声压级衰变的记录、显示仪器组成。混响时间测量装置应符合下列规定：

  1 50Hz～10kHz 频率范围内，频率响应相对于 1kHz 的偏差不应小于－0.5dB 且不应大于 0.5dB；

  2 动态范围不应小于 50dB；

  3 应能输出声压级衰变的曲线；对输出指数平均声压级的测量装置，其指数平均时间常数不大于 1/64s；对输出线性平均声压级的测量装置，其线性平均时间常数不大于 1/25s。

5.2.11 测试扬声器的性能应符合下列规定：

  1 有效频率范围应为 63Hz～15kHz；

  2 总谐波失真不应大于 5%；

  3 灵敏度不应小于 94dB；

  4 额定功率应大于 10W；

  5 标称阻抗应为 8Ω；

  6 箱体体积不应大于 $0.1m^3$。

5.2.12 全向声源的性能应符合下列规定：

  1 用倍频带粉红噪声激发声源，在自由场测量的所有声源指向性偏差应符合表 5.2.12 中的要求；

  2 在测量频率范围内，全向声源应能在各测点处产生符合本规程第 5.3.4 条规定的声压级。

表 5.2.12 **在自由场测量的全向声源各倍频带的指向性最大偏差**

倍频带中心频率（Hz）	125	250	500	1000	2000	4000
最大偏差（dB）	±1	±1	±1	±3	±5	±6

注：声源的指向性偏差是用位于自由场中的声源在通过声源球心的测量平面内、半径大于 1.5m 的圆周上的声压级计算得出的。计算方法是：用声源在圆周上任意一段 30° 弧线上的声压级能量平均值减去整个圆周上的声压级能量平均值。

5.2.13 在声学测量时，也可使用同等准确度的其他测量仪器。

5.3 测量条件

5.3.1 测量前，扩声设备应按设计要求安装完毕，并应调整扩声系统，使之处于正常工作状态。有系统均衡器时，应在测量前调整到系统最佳补偿状态。

5.3.2 测量时，体育馆比赛大厅的门、窗、窗帘的状态均应与实际使用时的状态一致。

5.3.3 测量时，扩声系统中传声器输入、线路输入通路的均衡（幅度频率响应）调节应置于"0"位置。

5.3.4 当测量混响时间时，测点处的信噪比不应小于 35dB；当测量传输频率特性、传声增益、最大声压级、声场不均匀度时，测点处的信噪比不应小于 15dB。

5.3.5 测量混响时间可在空场、满场条件下分别进行。其他声学特性的测量可在空场条件下进行。

5.3.6 测点的选取应符合下列规定：

  1 所有测点与墙面的距离均不应小于 1.5m。在观众席（含主席台、裁判席、活动观众席）区，测点距地面高度应为 1.2m。在比赛场地区，测点距地面高度应为 1.6m。

  2 对称的体育馆比赛大厅或体育场，测点可在体育馆比赛大厅或体育场的 1/2 区域或 1/4 区域内选取；非对称的体育馆比赛大厅或体育场，测点应在整个体育馆比赛大厅或体育场内选取。测点分布应均匀并具代表性。

3 传输频率特性、传声增益、最大声压级的测点数，在体育馆观众席区宜选测量区域内座席数的5‰，且不应少于8点；在体育馆比赛场地内不应少于3点；在体育场观众席区宜选测量区域内座席数的3‰；在体育场比赛场地内不应少于9点。

4 声场不均匀度的测点数，在体育馆观众席区宜选测量区域内座席数的1%；在体育馆比赛场地内不应少于5点；在体育场观众席区宜选测量区域内座席数的1/200；在体育场比赛场地内不应少于9点。

5 混响时间、背景噪声的测点数，在体育馆观众席区不应少于6点；在体育馆比赛场地内不应少于3点。

5.4 测量方法

5.4.1 每次对体育场馆进行声学测量前后，应使用声校准器对测量系统进行校准。当测量前后校准示值偏差大于0.5dB时，测量应为无效。

5.4.2 测量传输频率特性可使用噪声信号发生器、测试传声器、声分析仪等测量仪器。各测量仪器及扩声系统的连接见图5.4.2。测量传输频率特性应按下列步骤进行：

1 将粉红噪声信号馈入调音台输入端，调节噪声信号发生器、调音台的增益，使测点的信噪比符合本规程第5.3.4条的规定。保持噪声信号发生器、调音台、功率放大器的增益不变。

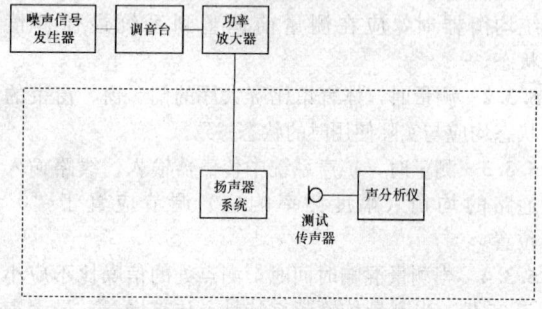

图5.4.2 传输频率特性测量原理框图

2 测量所有测点63Hz～8000Hz各1/3倍频带的声压级。分别对体育馆或体育场的观众席、比赛场地的各测点相同1/3倍频带的声压级进行平均，得出观众席和比赛场地每个1/3倍频带的平均声压级。

5.4.3 测量传声增益，可使用噪声信号发生器、测试功率放大器、测试扬声器、测试传声器、声分析仪等测量仪器。各测量仪器及扩声系统的连接见图5.4.3。测量传声增益应按下列步骤进行：

1 传声器应置于设计所定的使用点上，测试扬声器应置于传声器前0.5m。当设计所定的使用点不明确时，传声器可置于主席台第一排中点，还可增加位于主席台中线上、距主席台2/3比赛场地宽度的体

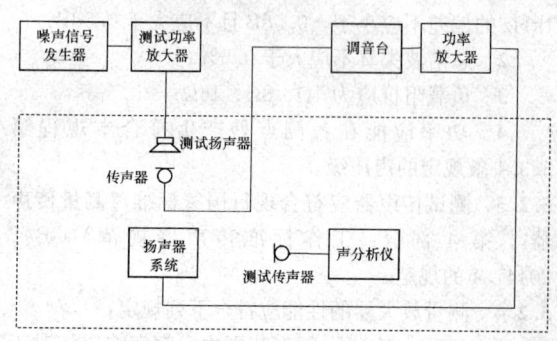

图5.4.3 传声增益测量原理框图

育馆比赛场地上的使用点。

2 调节扩声系统增益，使扩声系统达到声反馈临界状态，调低扩声系统增益，使扩声系统从声反馈临界状态时的增益下降6dB，保持调节后的扩声系统增益不变。

3 用测试扬声器放出粉红噪声，调节噪声信号发生器、测试功率放大器的增益，使测点的信噪比符合本规程第5.3.4条的规定。保持噪声信号发生器、测试功率放大器的增益不变。

4 测量传声器上、左、右侧，紧邻传声器处的125Hz～4000Hz各1/3倍频带的声压级，并对相同1/3倍频带的声压级进行平均，得出传声器处每个1/3倍频带的平均声压级。

5 测量所有测点处125Hz～4000Hz各1/3倍频带的声压级。

6 用每个测点处每个1/3倍频带的声压级减传声器处相应1/3倍频带的平均声压级，得出每个测点、每个1/3倍频带的传声增益。

7 分别对体育场馆的观众席、比赛场地的各测点相同1/3倍频带的传声增益进行平均，得出观众席和比赛场地每个1/3倍频带的平均传声增益。

5.4.4 测量最大声压级，可使用额定通带粉红噪声信号、模拟节目信号网络、测试传声器、声分析仪等测量仪器。各测量仪器及扩声系统的连接见图5.4.4。额定通带粉红噪声信号的频率范围应为设计确定的扩声系统传输频率特性的频率范围，在该频率范围之外的衰减应不小于12dB/倍频程。测量最大声压级应按下列步骤进行：

1 将额定通带粉红噪声信号通过模拟节目信号网络馈入调音台输入端，调节调音台的增益，使测点的信噪比符合本规程第5.3.4条的规定。保持调音台、功率放大器的增益不变。

2 测量所有测点处的线性声压级。分别对体育馆或体育场的观众席、比赛场地的各测点声压级进行平均，得出观众席和比赛场地的平均声压级。

3 用声频电压表测量功率放大器的输出电压，读3s～5s时间内输出电压的平均值，计算测量时的输出功率。

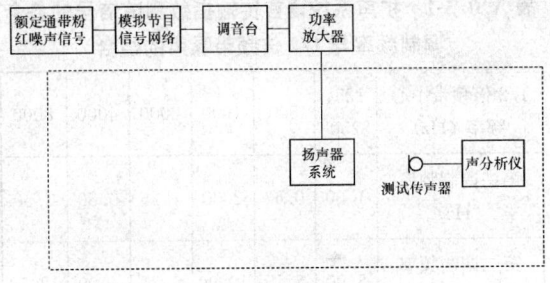

图 5.4.4　宽带噪声法测量最大
声压级原理框图

4　最大声压级应按下式计算：

$$L_{\max} = \overline{L} + 10\log \frac{P_{sy}}{P_{cy}} \qquad (5.4.4)$$

式中：$L_{\max}$——最大声压级（dB）；

　　　$\overline{L}$——平均声压级（dB）；

　　　P_{sy}——设计使用功率（W）；

　　　P_{cy}——测量时输出功率（W）。

5.4.5　测量声场不均匀度，可使用噪声信号发生器、测试传声器、声分析仪等测量仪器。各测量仪器及扩声系统的连接见图 5.4.2。测量声场不均匀度应按下列步骤进行：

1　将粉红噪声信号馈入调音台输入端。调节噪声信号发生器、调音台的增益，使测点的信噪比符合本规程第 5.3.4 条的规定。保持噪声信号发生器、调音台、功率放大器的增益不变。

2　测量所有测点处 1000Hz、4000Hz 两个 1/3 倍频带的声压级。分别找出体育馆或体育场的观众席、比赛场地的各测点相同 1/3 倍频带的声压级极大值和声压级极小值，用观众席或比赛场地每个 1/3 倍频带的声压级极大值减同一区域、相应 1/3 倍频带的声压级极小值，得出观众席和比赛场地每个 1/3 倍频带的声场不均匀度。

5.4.6　测量背景噪声可使用测试传声器、声分析仪等测量仪器。各测量仪器的连接见图 5.4.6。测量应符合下列规定：

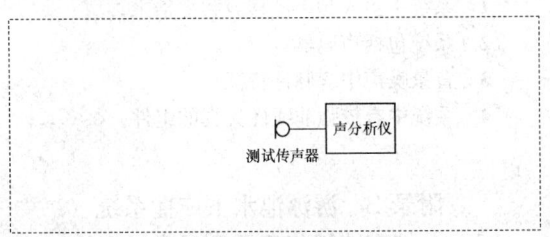

图 5.4.6　背景噪声测量原理框图

1　测量体育馆比赛大厅内背景噪声时，通风、调温、调光等产生噪声的设备应按正常使用状态运行，扩声系统应关闭。

2　测量体育场内背景噪声时，扩声系统应关闭，

并不应有偶然、突发噪声。

3　测量所有测点处 31.5Hz～8000Hz 各倍频带的声压级。分别对体育馆或体育场的观众席、比赛场地的各测点相同倍频带的声压级进行平均，得出观众席和比赛场地每个倍频带的平均声压级。

5.4.7　测量混响时间，可使用噪声信号发生器、测试传声器、混响时间测量装置等测量仪器。各测量仪器及扩声系统的连接见图 5.4.7。测量混响时间应按下列步骤进行：

1　将粉红噪声信号馈入调音台输入端。调节噪声信号发生器、调音台的增益，使测点的信噪比符合本规程第 5.3.4 条的规定。

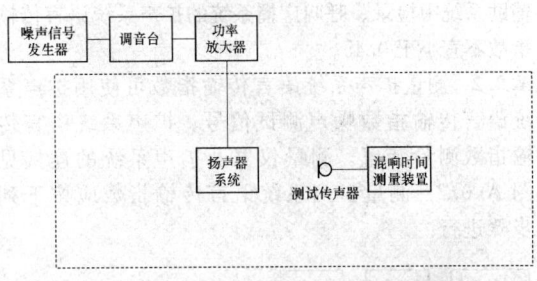

图 5.4.7　混响时间测量（测试声源为扩声
系统扬声器）原理框图

2　测量所有测点处 125Hz～4000Hz 各倍频带的混响时间。必要时可按 100Hz～5000Hz 的各 1/3 倍频带测量混响时间。每个测点、每个频带应至少测量 3 条衰变曲线。

3　分别对体育馆的观众席、比赛场地的各测点相同倍频带（或 1/3 倍频带）的混响时间进行平均，得出观众席和比赛场地每个倍频带（或 1/3 倍频带）的平均混响时间。

5.4.8　测量未设扩声系统的训练馆或不考虑扩声系统情况下体育馆的混响时间，测试声源宜使用全向声源，其余测量仪器可使用噪声信号发生器、测试功率放大器、测试传声器、混响时间测量装置等测量仪器。各测量仪器的连接见图 5.4.8。测量混响时间应按下列步骤进行：

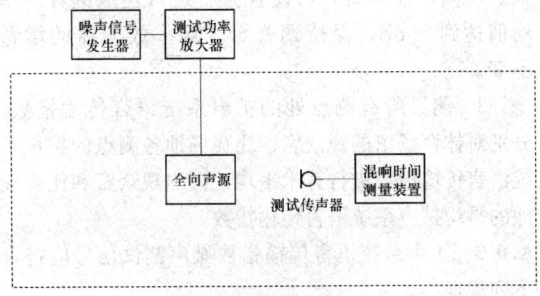

图 5.4.8　混响时间测量（测试声源
为全向声源）原理框图

1　将全向声源置于比赛场地中央，其中心距地面 1.5m；

2 将粉红噪声信号馈入测试功率放大器输入端。调节噪声信号发生器、测试功率放大器的增益，使测点的信噪比符合本规程第 5.3.4 条的规定；

3 按本规程第 5.4.7 条第 2、3 款的规定进行。

附录 A 扩声系统语言传输指数（STIPA）指标及测量方法

A.0.1 体育馆主扩声系统的扩声系统语言传输指数在空场条件下不应小于 0.5；体育场主扩声系统的扩声系统语言传输指数在空场条件下不应小于 0.45；辅助系统中检录、呼叫广播系统的扩声系统语言传输指数不宜小于 0.45。

A.0.2 测量扩声系统语言传输指数可使用扩声系统语言传输指数噪声测试信号、扩声系统语言传输指数测量装置。测量仪器及扩声系统的连接见图 A.0.2。测量扩声系统语言传输指数应按下列步骤进行：

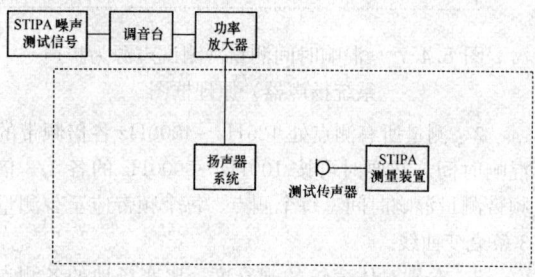

图 A.0.2 STIPA 测量原理框图

1 按照本规程第 5.3.6 条第 1、2、3 款的要求选取测点。

2 将扩声系统语言传输指数噪声测试信号馈入调音台输入端，调节调音台的增益，使各测点处 A 声级的算术平均值达到正常使用声级；若正常使用声级不明确，对体育场馆主扩声系统，可使各测点处 A 声级的算术平均值达到 80dB~85dB；对检录、呼叫广播系统，可使各测点处 A 声级的算术平均值达到 75dB；保持调音台、功率放大器的增益不变。

3 测量所有测点处的扩声系统语言传输指数。分别对体育场馆的观众席、比赛场地各测点的扩声系统语言传输指数进行算术平均，得出观众席和比赛场地的平均扩声系统语言传输指数。

A.0.3 扩声系统语言传输指数噪声测试信号应符合下列规定：

1 由受到 12 个正弦频率强度调制的 7 个 1/2 倍频程带宽（倍频程间隔）无规噪声载波信号组成；

2 各个调制频率与 1/2 倍频带噪声的组合应符合表 A.0.3-1 的规定；

表 A.0.3-1 扩声系统语言传输指数测试信号的各个调制频率与 1/2 倍频带噪声的组合

1/2 倍频带中心频率（Hz）	125、250	500	1000	2000	4000	8000
第一调制频率（Hz）	1.00	0.63	2.00	1.25	0.80	2.50
第二调制频率（Hz）	5.00	3.15	10.00	6.25	4.00	12.50

3 无规噪声载波信号应具有符合表 A.0.3-2 规定的长时语言频谱；

表 A.0.3-2 长时语言的各倍频带声压级、A 计权声级的相对关系

倍频带中心频率（Hz）	125	250	500	1000	2000	4000	8000	A 计权
声压级（dB）	2.9	2.9	−0.8	−6.8	−12.8	−18.8	−24.8	0.0

4 无规噪声载波信号的幅度应按下式调制：

$$A(t) = \sqrt{1 + \cos 2\pi \cdot f_m t} \qquad (A.0.3)$$

式中：f_m ——调制频率（Hz）；

t ——时间（s）。

A.0.4 扩声系统语言传输指数测量装置应由下列功能单元组合：

1 测量放大器；

2 倍频程带通滤波器；

3 包络检波器-低通滤波器；

4 调制转移函数、扩声系统语言传输指数的计算单元；

5 扩声系统语言传输指数的显示单元。

A.0.5 扩声系统语言传输指数测量方法不应用于下列扩声系统：

1 系统中引入频率漂移或频率倍乘；

2 系统包括声码器；

3 背景噪声中含脉冲特征；

4 系统中有较强非线性失真的组件。

附录 B 游泳池水下广播系统扩声特性指标及测量方法

B.1 游泳池水下广播系统扩声特性指标

B.1.1 在 125Hz~8000Hz 频带内，游泳池水下广播系统的最大声压级不应小于 135dB。

注：水中的基准声压 $P_0 = 1\mu\text{Pa}$。

B.1.2 在中心频率为 1kHz、4kHz 的 1/3 倍频带，游泳池水下广播系统的稳态声场不均匀度不应大于 10dB。

B.1.3 游泳池水下广播系统不应产生明显可察觉的噪声干扰。

B.2 游泳池水下广播系统扩声特性测量的一般要求

B.2.1 测量项目应包括最大声压级、声场不均匀度。

B.2.2 在不同位置上测得的声压级，当计算平均声压级时，应取算术平均值。

B.3 游泳池水下广播系统扩声特性的测量仪器

B.3.1 噪声信号发生器的性能应符合本规程第 5.2.1 条的规定。

B.3.2 测试水听器应符合现行国家标准《声学 标准水听器》GB/T 4128 中的［低频］测量水听器（也称二级标准水听器）的规定。

B.3.3 声分析仪应由测量放大器与 1/3 倍频程带通滤波器组成。测量放大器的性能应符合本规程第 5.2.4 条的规定。1/3 倍频程带通滤波器应符合现行国家标准《电声学 倍频程和分数倍频程滤波器》GB/T 3241 的规定。

B.3.4 声频电压表的性能应符合本规程第 5.2.9 条的规定。

B.4 游泳池水下广播系统扩声特性的测量条件

B.4.1 测量前，游泳池水下广播系统的设备应按设计要求安装完毕，并调整广播系统，使之处于正常工作状态。有系统均衡器时，应在测量前调整到系统最佳补偿状态。

B.4.2 测量时，广播系统中线路输入通路的均衡（幅度频率响应）调节应置于"0"位置。

B.4.3 测量最大声压级、声场不均匀度时，测点处的信噪比不应小于 15dB。

B.4.4 测点的选取应符合下列规定：

1 所有测点与游泳池池壁、池底的距离不应小于 1.2m。

2 对矩形平面的游泳池，当游泳池水下扬声器沿游泳池的两长边对称布置，测点可在 1/2 花样游泳比赛区域（游泳池平面的长对称轴的一侧）选取；对非矩形平面的游泳池，测点应在整个花样游泳比赛区域内选取。测点分布应均匀并具代表性。

3 最大声压级、声场不均匀度的测点数不应少于 18 点。

B.5 游泳池水下广播系统扩声特性的测量方法

B.5.1 测量最大声压级，可使用额定通带粉红噪声信号、模拟节目信号网络、测试水听器、声分析仪等测量仪器。各测量仪器及游泳池水下广播系统的连接见图 B.5.1。额定通带粉红噪声信号的频率范围应为 125Hz～8000Hz，在该频率范围之外的衰减应不小于 12dB/倍频程。测量最大声压级应按下列步骤进行：

1 将额定通带粉红噪声信号通过模拟节目信号网络馈入调音台输入端，调节调音台的增益，使测点的信噪比符合本规程第 B.4.3 条的规定。保持调音台、功率放大器的增益不变。

2 测量所有测点处的线性声压级。对游泳池内各测点的声压级进行平均，得出平均声压级。

3 用声频电压表测量功率放大器的输出电压，读 3s～5s 时间内输出电压的平均值，计算测量时的输出功率，用本规程式（5.4.4）计算最大声压级。

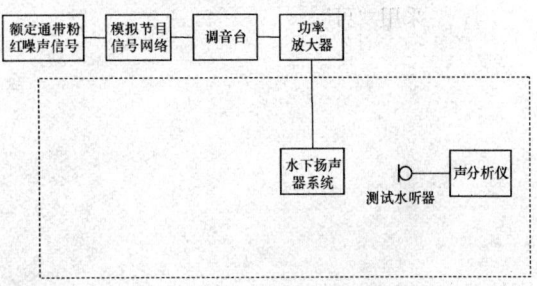

图 B.5.1　游泳池水下广播系统宽带噪声法测量
最大声压级测量原理框图

B.5.2 测量声场不均匀度，可使用噪声信号发生器、测试水听器、声分析仪等测量仪器。各测量仪器及游泳池水下广播系统的连接见图 B.5.2。测量声场不均匀度应按下列步骤进行：

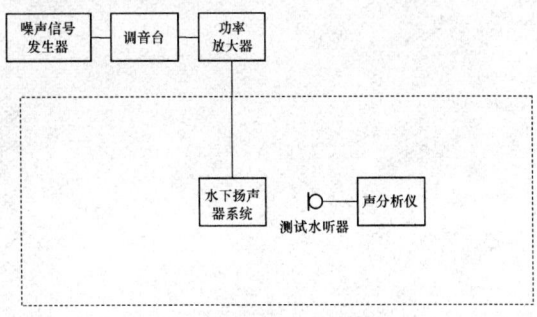

图 B.5.2　游泳池水下广播系统声场
不均匀度测量原理框图

1 将粉红噪声信号馈入调音台输入端。调节噪声信号发生器、调音台的增益，使测点的信噪比符合本规程第 B.4.3 条的规定。保持噪声信号发生器、调音台、功率放大器的增益不变。

2 测量所有测点处 1000Hz、4000Hz 两个 1/3 倍频带的声压级。找出游泳池内各测点相同 1/3 倍频带的声压级极大值和声压级极小值，用每个 1/3 倍频带的声压级极大值减相应 1/3 倍频带的声压级极小值，得出每个 1/3 倍频带的声场不均匀度。

本规程用词说明

1　为便于在执行本规程条文时区别对待，对于要求严格程度不同的用词说明如下：

1）表示很严格，非这样做不可的：

正面词采用"必须"，反面词采用"严禁"；

2）表示严格，在正常情况下均应这样做的：

正面词采用"应"，反面词采用"不应"或"不得"；

3）表示允许稍有选择，在条件许可时首先应这样做的：

正面词采用"宜"，反面词采用"不宜"；

4）表示有选择，在一定条件下可以这样做的，采用"可"。

2　条文中指明应按其他有关标准执行的写法为："应符合……的规定"或"应按……执行"。

引用标准名录

1　《厅堂扩声系统设计规范》GB 50371

2　《声环境质量标准》GB 3096

3　《电声学　倍频程和分数倍频程滤波器》GB/T 3241

4　《声学　标准水听器》GB/T 4128

5　《模拟节目信号》GB/T 6278

6　《声系统设备互连的优选配接值》GB/T 14197

7　《电声学　声校准器》GB/T 15173

8　《测量传声器　第4部分：工作标准传声器规范》GB/T 20441.4

中华人民共和国行业标准

体育场馆声学设计及测量规程

JGJ/T 131—2012

条 文 说 明

修 订 说 明

《体育场馆声学设计及测量规程》JGJ/T 131 -
2012，经住房和城乡建设部 2012 年 11 月 1 日以第
1515 号公告批准、发布。

本规程是在《体育馆声学设计及测量规程》JGJ/
T 131 - 2000 的基础上修订而成，上一版的主编单位
是中国建筑科学研究院，参编单位是北京市建筑设计
研究院、广播电影电视部设计院、东南大学，主要起
草人是林杰、项端祈、骆学聪、柳孝图、徐春、王
峥、陈建华、付秀章。本次修订的主要技术内容是：
1. 增加了对体育场进行声学设计、声学测量的内容；
2. 对于体育馆，适当调整了建筑声学、噪声控制、
扩声系统的设计指标与要求，对声学测量的仪器与方
法也作了适当调整；3. 以附录的形式，增加了有关
扩声系统语言传输指数方面和有关游泳池水下广播系
统扩声特性指标及其测量方法的内容。

本规程修订过程中，编制组根据近年来收集到的
对各类体育场馆声学方面的意见，以及长期大量开展
的体育场馆声学调研、设计、检测工作，综合考虑体
育场馆的现状与发展趋势、人们对各类体育场馆的声
学要求、社会经济的发展水平、建筑声学技术与扩声
技术的发展水平，并在广泛征求意见的基础上，最后
经审查定稿。

为便于广大设计、施工、科研、学校等单位有关
人员在使用本规程时能正确理解和执行条文规定，
《体育场馆声学设计及测量规程》编制组按章、节、
条顺序编制了本规程的条文说明，对条文规定的目
的、依据以及执行中需要的有关事项进行了说明。但
是，本条文说明不具备与规程正文同等的法律效力，
仅供使用者作为理解和把握规程规定的参考。

目　次

1 总　　则

1.0.2　能够进行球类、体操（技巧）、武术、拳击、击剑、举重、摔跤、柔道等体育项目，还有集会、杂技（马戏）、音乐、文艺演出等多种用途的体育馆为综合体育馆。只能进行单独一类体育项目的体育馆为专项体育馆，如：游泳馆、溜冰馆、网球馆、田径馆等。综合体育馆对音质要求较高，需要对声学方面有较多投资。专项体育馆对音质要求不高，主要是保证语言清晰、控制噪声和声缺陷。由于综合体育馆、专项体育馆对声学方面的不同要求，设计上也应有所区别。

1.0.3　为避免在建筑设计已定局时才进行声学设计、在建筑声学设计已定局时才进行扩声系统设计，致使出现难以补救的缺陷或虽可补救但花费较大或即使经补救效果仍不理想的局面，特制定本条。

　　体育场馆的声学环境是建筑声学、扩声系统、噪声水平三者综合的结果，只有相互配合、统一考虑，并得到其他有关工种的支持，才能达到良好的效果。

1.0.4　对于设有可开合活动顶盖的体育场，当活动顶盖闭合时，体育场的声学边界条件实际上已变成与体育馆相同，但所形成的室内容积却远远大于体育馆的室内容积；同时这类体育场还可能设置通风空调系统，但这类体育场的外围护结构（特别是活动顶盖）的隔声能力通常较弱。因此，应按照体育馆的声学设计原则进行这类体育场的建筑声学设计、噪声控制设计，但不照搬体育馆的声学指标。

2　建筑声学设计

2.1　一般规定

2.1.1　在体育场馆中基本上都使用扩声系统，可以不考虑自然声演出的要求，所以体育场馆建筑声学设计的目的主要就是保证扩声系统的正常使用。而体育馆的一些多用途使用目的和部分体育项目对声学方面的要求可通过扩声系统加以实现。

　　训练馆中通常不设置固定安装的扩声系统。在训练馆中，不同的训练项目对声环境有不同的要求，如网球训练馆，应主要保证球落地时不能出现明显的回声，因为这会影响运动员对球的落点的判断。有一些训练项目，在运动员训练时教练会大声指导，有时会使用移动扩声设备或手持扩音器，这时就需要保证运动员可以听清教练员所说的内容，即保证一定的语言清晰度。也有一些运动项目在训练时需要播放音乐，如艺术体操和自由体操等，这时音乐的节奏对运动员的训练有很大的影响，因此应保证不会由于低频混响

时间过长导致音乐的节奏含混不清。

2.1.2　不论举行体育比赛还是多用途使用，均要求体育馆不能出现声缺陷。而有的体育馆的建筑形式却容易出现声缺陷，因此应注意消除。

2.1.3　声学设计时声学材料的选择、布置应与建筑形式协调，而吸声材料和构造的选择也必须考虑结构的形式以及结构的荷载要求，在吸声材料布置时应考虑观众席和比赛场地对声环境的不同要求。

2.1.4　体育场馆中使用的声学材料和构造是装修的一部分，所以除了对体育场馆的声学效果有影响外，对它的装修效果、防火特性、卫生与环保特性以及装修造价等都有直接的影响，所以在选择声学材料和构造时不能单纯地考虑其声学特性，而应该综合考虑上述各种特性。

2.1.5　"节能低碳"是目前在建筑设计中必须考虑的问题。体育馆体积大，特别是轻型屋盖和轻质墙体材料、大面积玻璃幕墙的采用导致能耗高，需要做"保温"或"隔热"设计。玻璃棉一类吸声材料也是良好的绝热材料，所以无论其做吸声墙面还是做吸声吊顶，都可提高体育馆围护结构的热工性能。因此，如果将声学设计与"保温"等设计结合，可充分发挥材料作用。

2.1.6　在体育场馆中进行体育活动时，经常会有一些脉冲声，如篮球、网球等球类撞击地板的声音，这些声音有可能会通过反射屋面或墙体产生回声甚至多重回声，影响运动员的比赛，所以在进行声学处理时应将这些声音作为声源加以考虑。

2.2　混响时间

2.2.1　表 2.2.1-1 中的指标是指体育馆比赛大厅在 80％满场的条件下的指标。这是因为综合体育馆比赛大厅的混响时间设计指标的制定主要是保证体育馆比赛大厅正常使用条件下的声环境能够满足扩声系统语言清晰度的要求，而正常使用时体育馆比赛大厅内应该是坐满观众的，但考虑到许多情况下，观众的上座率不会是 100％，一般在 80％左右，所以将 80％上座率条件作为满场混响时间设计指标的条件。

　　原规程中将综合体育馆的容积分为三档，分别给出混响时间的设计范围，但从近几年兴建的体育馆看，很多体育馆的容积都远远大于 80000m³，比 80000m³ 大 2～3 倍的体育馆很多，有一些甚至大 4～5 倍，所以将容积大于 80000m³ 的体育馆都归于一档，不太合理。所以本次修编将容积分为四档，分别制定混响时间设计范围，由于前两档是以容积增加一倍划分，所以将第三、四档的容积确定为 80000m³ ～ 160000m³ 和大于 160000m³。

　　也有少数特大型体育馆，其比赛大厅的容积高达 300000m³～500000m³，比 160000m³ 还要大 1～2 倍，在这么大的容积内达到 2.1s 的混响时间比较困难。

但此类体育馆为数极少，所以就没有单列一档，而采用注的形式予以规定。

各频率混响时间相对于 500Hz～1000Hz 混响时间的比值是通过对音质效果反映较好的综合体育馆的满场混响时间测量结果进行统计分析后得到的。

2.2.2 游泳馆比赛厅混响时间是根据近年来国内、外新建的几座符合国际比赛标准的游泳馆的混响时间提出的。

2.2.3 花样滑冰项目要求有优美的音乐播放效果，同时要表现音乐的力度和节奏感，因而混响时间不能太长。另外，能进行花样滑冰项目的溜冰馆往往还有进行冰球、速滑的使用功能，因而比赛厅容积较大，若要求比赛厅混响时间过短，花费将会很多。混响时间过短还会影响音乐的丰满度。综合以上两方面原因，设计具有花样滑冰功能的溜冰馆时，提出混响时间按综合体育馆比赛大厅混响时间范围上限设计的要求。

冰球馆、速滑馆、网球馆、田径馆等专项体育馆对音质要求不高，以能听清简短致词、通报运动员成绩和人名即可。并且专项体育馆一般容积较大，观众人数相对较少，因此按游泳馆混响时间值设计可满足使用要求。

2.2.4 表 2.2.4 中的辅助房间都是对声学环境有较高要求的功能性房间，所以对其混响时间进行了规定，但一些各种建筑通用的对声学环境有较高要求的功能性房间，如新闻发布厅、会议室等，参见相关规范。

2.2.5 本条中的（2.2.5）式就是艾润-努特生（Eyring-Knudsen）公式，是计算混响时间的传统公式。近年来计算机声学模拟软件逐渐成熟，使用计算机声学模拟软件计算混响时间的也多起来。

2.3 吸声与反射处理

2.3.1 比赛大厅的每座容积值一般都较高，可做吸声的墙面又有限，而且顶部往往是声音传播反射的必经之地，所以一般在体育馆中，顶部是可以进行吸声处理的最佳位置，应充分利用比赛大厅的上空做吸声处理。有吊顶的比赛大厅应采用吸声吊顶，对于采用顶部网架或桁架暴露形式的比赛大厅，可以将屋面下皮设计成强吸声构造，如果还不能满足控制混响时间的要求，可在网架或桁架内设置空间吸声体。

2.3.2 出于自然采光节约人工照明能耗的考虑，许多体育馆在屋面设置了采光顶。正式体育比赛时或为防止阳光直射，往往需设计遮阳系统，应利用遮阳系统兼顾吸声。

2.3.3 有些比赛大厅采用大面积玻璃幕墙作为比赛大厅与室外的分隔构造，或者在观众席后部的墙上设玻璃窗，这些玻璃窗一般面积都比较大并且玻璃的吸声

系数又较小，因此在这些窗前设有吸声效果的窗帘（如：厚重织物窗帘），对增加吸声量、防止出现声缺陷都是有益的。同时窗帘还能起到调节比赛大厅内光线、保温的作用。另外比赛大厅内可能有控制室、评论员室以及贵宾室等房间的观察窗，这些窗在使用时窗前不能有遮挡物，并且面积一般不大，所以这些窗可不设窗帘。如一定要对这些窗进行声学处理，可将窗玻璃倾斜，把声音反射到无害之处去。

2.3.4 比赛大厅内设有记分牌的墙面及部分其他墙面面积较大，无吸声处理易产生强反射或回声，应对这些墙做吸声处理。

2.3.5 比赛场地周围矮墙、看台栏板一般为平行、坚硬平面，容易出现回声、颤动回声，在比赛场地周围的矮墙、看台栏板上设置吸声构造可消除可能出现的声缺陷。

2.3.6 有一些体育馆采用了比赛大厅与休息大厅连通的建筑形式，如果休息大厅与比赛大厅的混响时间相差较大，则会产生耦合效应，影响比赛大厅的声环境，因此要求在休息大厅内进行一定的吸声处理，保证休息大厅的混响时间与比赛大厅的混响时间相近。

2.3.7 游泳馆内为高潮湿环境，而吸声材料长期处于高潮湿环境中，会导致两个方面的问题，一方面是材料本身由于长期暴露在潮湿环境中而导致的变质和老化，另一方面是潮湿环境对材料声学性能的影响。一般多孔吸声材料的吸声机理是依靠空气与材料内部连通的空隙摩擦而消耗声能，而在高潮湿环境中，水分可能渗入到材料内部，影响材料内部空隙的连通性，从而影响材料的吸声特性。所以在进行游泳馆内吸声材料的防潮处理时应同时考虑这两方面的因素。

2.3.8 网球比赛时运动员需要依靠球落地的声音判断球的位置，如果网球馆中有回声和多重回声，会影响运动员的判断力，因此设置本条。

2.3.9 由于一些体育场看台有较深的挑棚，而在挑棚深处会出现声音衰减较慢的情况，影响扩声系统的清晰度，因此设置本条。

2.3.10 由于主席台和裁判席通常是使用传声器的区域，所以在主席台、裁判席周围壁面应吸声处理有利于提高扩声系统的传声增益。

2.3.11 没有观众席的体育馆、训练馆和游泳馆主要是用于运动员训练和群众体育活动，由于没有观众，所以如果不做任何吸声处理，则会导致室内混响时间过长，虽然这类场馆对声环境要求不是太高，但过长的混响时间和明显的声学缺陷也会影响训练和活动的效果，所以制定此条。

2.3.12 为了满足表 2.2.4 中对辅助房间混响时间的要求，这些房间在进行装修设计时必须考虑进行吸声处理。

NR值	倍频程中心频率（Hz）								
	31.5	63	125	250	500	1000	2000	4000	8000
NR-35	79	63	52	44	38	35	32	30	28
NR-40	82	67	56	49	43	40	37	35	33

3 噪声控制

3.1 一般规定

3.1.1 为了有效而经济地控制噪声，须在建筑物的用地确定后，就将对声环境质量的要求作为总图布置、单体建筑设计的重要依据之一。在此基础上再考虑必要的隔声、吸声、消声、隔振等措施。室内噪声源主要是通风、空调、照明等设备系统，这些设备系统的选型对于室内背景噪声级有很大的影响，如采用"下送上回"的置换式通风系统可大大降低空调的噪声。

3.1.2 由于大、中型体育馆采用了空调设备，这些机房及其附属设备（例如冷却塔等）的噪声会对周围环境产生干扰，因此在设计时必须按照国家的有关环境噪声标准同时考虑解决。

3.2 室内背景噪声限值

3.2.2 这里的噪声限值采用国际标准化组织（ISO）噪声评价 NR（Noise Rating）曲线族，有利于工程设计中按频率（倍频带中心频率）来处理噪声。通过对近几年新建的体育馆的背景噪声的测试调查，发现满足比赛大厅 NR-35 限值要求的体育馆较少，大多数处于 NR-40 以下，有的甚至超过 NR-40。其噪声主要来自于空调与通风系统，且随着体育馆大，等级越高，所需的空调、通风设备容量越大，噪声治理的难度也越大。另外，在观看体育比赛时观众所发出的噪声通常会远高于馆内的背景噪声。因此，本次修订规程将比赛大厅背景噪声限值确定为 NR-40。体育馆往往需要具备体育比赛、演出、集会等多种用途，对于以演出、集会等为主要用途的体育馆，可按多用途厅堂的背景噪声要求进行设计。

贵宾休息室的噪声限值是依据现行国家标准《民用建筑隔声设计规范》GB 50118 中的有关规定而确定的。

评论员室、播音室的噪声限值参照《有线广播录音、播音室声学设计规范和技术用房技术要求》GYJ 26 中有关规定而确定的。

不同噪声源产生的噪声频谱有差异，A 计权声级的数值与噪声评价曲线 NR 数之间并不总是存在"$NR=L_A-5$"的关系。部分噪声评价曲线 NR 值与倍频程声压级的对应关系见表 1。

表 1 噪声评价曲线 NR 值对应的各倍频程声压级（dB）

NR值	倍频程中心频率（Hz）								
	31.5	63	125	250	500	1000	2000	4000	8000
NR-30	76	59	48	39	34	30	26	25	23

3.3 噪声控制和其他声学要求

3.3.1 为了减弱外界噪声对比赛大厅的影响以及避免大厅声响对周围环境产生干扰，比赛大厅的外围护结构应具有必要的隔声量，特别是对于隔声较差的外围护透光构件应采取必要措施提高其隔声性能。近年来，大跨度轻质屋面在体育馆建筑中得到了广泛运用。这些轻质屋面隔绝外界雨致噪声、风致噪声的能力较差。在条件许可的情况下，根据大厅的使用要求，可采取适当的隔声、减振措施。

3.3.3 为了避免评论员室相互之间的干扰，应保证评论员室之间的隔墙具有必要的隔声能力。

3.3.4 空调系统的消声降噪处理，应首先考虑用土建方式解决大风量通风的消声。实践证明这种方式不仅可以充分利用空间、消声频带较宽、花费较少，而且隔声效果又好。采用"下送上回"的置换式通风系统也可大大降低空调的噪声。

3.3.5 系指因用地条件所限，在建筑群总体布置、单体建筑设计都做了充分的考虑后而无法完全避免设备用房与主体建筑相连的情况，必须考虑采取特殊的降噪、减振措施。

4 扩声系统设计

4.1 一般规定

4.1.3 固定系统永久性地安装于场馆内，供日常体育比赛活动使用。当场馆进行非体育比赛活动（如文艺活动）时，这些活动使用要求变化大，质量要求高，但次数少。如有特殊声音艺术效果要求的文艺演出，无论从技术考虑还是从经济上考虑，这类活动的扩声设施以部分或全部临时安装为宜。固定安装系统就只是作为广播通知等语言类扩声配合使用。

4.1.4 在实际活动中，主扩声系统和辅助系统有时同时独立工作，向不同的听众扩声；有时需合并为一个系统。

4.1.5 主要观众席一般指主席台、裁判席等。在主要观众席和比赛场地周边等设置综合输入、输出接口，是为方便拾取各种需要的信号。

4.1.6 扩声系统对服务区以外区域不应造成环境噪声污染是为提高环境质量。

4.2 扩声特性指标

4.2.1 将体育馆与体育场的特性指标分别列出是为引导建设方区别对待。游泳馆等有观众席的室内比赛场馆扩声系统特性指标可参考体育馆标准使用。

大部分区域，一般指80%区域即可。

系统噪声取决于系统电指标信噪比，在系统正常工作时，电噪声远低于馆内背景噪声，故不需对系统噪声作定量规定。如因系统工作不正常引起的交流声及啸声，则应排除故障。

4.2.3 检录、呼叫广播系统的声场不均匀度指标，表示的是额定条件下所服务区域内声压级极大值和声压级极小值的差值。

4.3 主扩声系统

4.3.1 体育馆扩声传声器的指向特性严重地影响系统的传声增益，故强调之。在场馆中，一般传声器线很长，故以低阻平衡为宜。

4.3.4 本条规定为了提高传声增益，同时为避免声场的强度—时间结构不合理而造成声音缺陷，影响清晰度。

4.3.6 暗装扬声器系统外面的装饰会影响扬声器系统的辐射特性（频响、指向性等），因此推荐明装。但有时不可避免暗装扬声器系统。在设计时，格条尺寸（宽度和厚度）可按小于控制频率范围的上限频率波长的1/2考虑，以尽可能减少对扬声器系统服务角度内直达声辐射的影响。

4.4 辅助系统

4.4.5

2 水下扬声器安装在游泳池与泳道相平行的两侧池壁上，依据现有的技术资料：安装高度为扬声器中心距水面1.20m。

水下扬声器也可临时设置。

3 由于声波在水中传播的速度是在空气中传播速度的4倍多，所以要对水下声信号延时，以保证运动员在水中和水面能听到同步的声音。

4.5 扩声控制室与功放机房

4.5.3 目前不少扩声设备和设备机柜带有冷却用的排风扇、电源变压器等，运转时产生噪声，影响工作，因此建议在可能条件下设置设备室。

4.5.9 可控硅调光设备干扰扩声系统的主要途径之一就是通过电源，因此应尽可能将扩声设备的电源与可控硅调光设备的电源分开。

5 声 学 测 量

5.1 一 般 规 定

5.1.1 体育场馆竣工后的声学测试对检验体育场馆

是否达到声学设计要求和清楚了解体育场馆的声学状况便于日后使用都是必要的。对总结声学设计的经验教训，提高声学设计水平也是十分有益的。

5.1.2 由于体育场内的背景噪声主要受体育场周围环境噪声影响，所以本规程第3章"噪声控制"中未明确规定体育场内的背景噪声限值。但也还有需要知道体育场内背景噪声的情形，不论是为了解体育场内的安静程度，还是测量其他扩声参数时需要核实信噪比，都需要对体育场内的背景噪声进行测量。因此本条没有对体育场内的背景噪声像其他声学参数那样严格规定为测量项目，而是作为可以选择的项目。

5.1.3 本规程第4.2.1条、4.2.2条中规定允许比赛场地扩声特性指标比观众席降低一级。为便于分别考核观众席、比赛场地的声学状况，允许对测得的数据分别加以统计。

5.1.4 因为希望了解在各位置上声压级的分布情况，故采用算术平均。

5.1.5 本规程所列的必测声学特性指标还不够充分地决定音质和清晰度。而在一般工程中，不可能进行繁复的、带有探索性的项目测试。为保证听感符合使用要求，规定作主观试听是必要的。

5.2 测 量 仪 器

5.2.10 《Acoustics-Measurement of room acoustic parameters-Part 1：Performance spaces》ISO 3382-1：2009中规定：给出指数平均的连续衰变曲线的测量装置，其指数平均时间应小于且尽量接近$T/30$（T为所要测量的混响时间值）；给出由许多单个短时线性平均数据组成的不间断衰变曲线的测量装置，其线性平均时间应小于$T/12$。

对于体育馆来说，较高频率的混响时间值可能小于1s，那么1/32s的指数平均时间有可能大于$T/30$。而1/64s的指数平均时间可以保证，即使是0.5s的混响时间，仍然满足指数平均时间小于$T/30$。1/25s的线性平均时间可以保证，即使是0.5s的混响时间，仍然满足线性平均时间小于$T/12$。因此规定：输出指数平均声压级的测量装置，其指数平均时间常数应不大于1/64s；输出线性平均声压级的测量装置，其线性平均时间常数不应大于1/25s。

5.2.13 根据体育场馆声学测量的具体需求以及测量原理，本规程对测量仪器的功能、准确度的基本要求做了规定。由于新型测量仪器的推出或测量仪器的升级换代较快，故本规程不排斥使用达到同等准确度的其他测量仪器。

5.3 测 量 条 件

5.3.3 传声器输入、线路输入通路的均衡通常设有低频段、中频段、高频段调节，当这些调节均置于"0"位置时，传声器输入、线路输入通路的幅度频率响应是平直的，因而业内一般也将传声器输入、线路输入通路的均衡调节的"0"位置通俗地称为"平直"位置。

扩声系统中传声器输入、线路输入通路的音调调节是用来根据不同需要对声音信号进行不同处理，不是声系统的固定音调补偿，所以测量时需排除这一因素。

5.3.4 依据现行国家标准《厅堂扩声特性测量方法》GB/T 4959 及《厅堂混响时间测量规范》GBJ 76 中的相关规定确定。

5.3.6

1 为避免墙面、地面等反射面对测量数据的影响，测点与墙面、地面的距离应大于所测 1/3 或 1/1 倍频带中心频率的 1/4 波长。除背景噪声外，体育场馆测量项目的下限中心频率为 63Hz～125Hz，其 1/4 波长为 1m 左右。观众坐在椅子上，观众耳朵的实际平均高度为 1.2m。中国男子站立时，耳朵平均高度为 1.55 m，加上鞋底厚度，耳朵平均高度近 1.6m。测点距地面的高度是综合考虑以上因素而规定的。

2 根据体育场馆座位多，声场常具对称性的特点，强调选点的代表性，以减少测量工作量。为使测点分布均匀，可在测量区域内每隔几个座位选一列，再每隔几排选一点。

3～5 根据体育馆的使用功能，其声学要求不如剧院、音乐厅那样高，为对体育馆的声学状况有一基本了解并减少测量工作量，故如此规定测点数目。

5.4 测 量 方 法

本规程给出的各声学参数的测量方法，是针对体育场馆的使用特点而提出的相对简便、普遍使用的测量方法。对于某些声学参数还有其他测量方法，例如：测量最大声压级还可采用电输入窄带噪声法、声输入窄带噪声法、声输入宽带噪声法，测量混响时间还可采用脉冲响应积分法，等等。

5.4.2、5.4.3 由于体育场馆的比赛场地面积大、观众席座位多，为提高测量工作效率，采用宽带噪声法。

5.4.3

1 在体育场馆中举行的各种活动（集会、比赛、演出等），使用扩声系统时，传声器一般均距使用者较近，很少有远距离拾声的情况出现，所以只规定测试声源置于传声器前 0.5m。

当设计所定的传声器使用点不明确时，将传声器置于主席台一排中点及主席台中线上，距主席台 2/3 比赛场地宽度处是基于以下几点考虑：

  1）在体育场馆举行的大多数活动，一般都要在主席台一排设置、使用传声器；

  2）在进行羽毛球决赛、乒乓球决赛等比赛时，主裁判的传声器位置大约在主席台中线上，

距主席台 2/3 比赛场地宽度处；

  3）在体育馆比赛场地上设置演出区时，一般都设在主席台对面的比赛场地上。传声器的使用范围大致为从比赛场地中部至远离主席台一侧的比赛场地。

因此当设计所定的使用点不明确时，按本条规定确定传声器使用点就能基本了解大多数使用情况下的传声增益。

2 此时扩声系统达到最高可用增益。

5.4.4 在测量及数据处理工作量方面，宽带噪声法比窄带噪声法要少很多，故采用宽带噪声法测量。

测量最大声压级时，声级太低对声场激发不够，但信号太强，容易损坏扩声系统高音扬声器驱动器，因此建议用 1/10～1/4 设计使用功率。对于主扩声系统，当声压级接近 90dB 时还可用小于 1/10 的设计使用功率；对于辅助系统，当声压级接近 85dB 时还可用小于 1/10 的设计使用功率。

5.4.7 在体育馆内举行活动时，观众实际感受到的混响是比赛大厅内的扩声系统扬声器发声情况下的混响。由于混响时间与声源的指向特性及所处位置有关，为了测量观众实际感受到的混响时间，所以采用扩声系统的扬声器系统作为测试声源。

5.4.8 由于声源位置不同将测得不同混响时间，所以在测量混响时间时，应使测试声源的位置尽量接近实际使用情况下声源的位置。对于未设扩声系统的训练馆或不考虑扩声系统情况下的体育馆，使用情况下的声源主要是运动员在场地上训练、比赛等活动产生的声音。运动员在场地上活动，可能到达场地所有位置，也就是说场地各处都可能是声源位置。但大多数情况运动员还是在场地中部区域活动，场地中部区域各处的混响时间与场地中央的混响时间相差不多，在只选一个测试声源位置的情况下，场地中央是个不错的选择。另外，将测试声源放在场地上也比较简便、容易实现。考虑到上述因素，所以规定将测试声源置于比赛场地中央。

附录 A 扩声系统语言传输指数（STIPA）指标及测量方法

扩声系统语言传输指数（STIPA-SPEECH TRANSMISSION INDEX FOR PUBLIC ADDRESS SYSTEMS）是语言传输指数（STI）的简化形式，适用于评价扩声系统的语言传输质量，是客观评价语言清晰度的方法之一。

扩声系统语言传输指数（STIPA），也是基于调制转移函数（MTF）而得出的，并用来评价语言清晰度。但与测量语言传输指数（STI）相比，大大减

少了测量时间，一次测量只需要10s到15s。

与STI法需要98个受到不同低频正弦强度调制的1/2倍频程窄带噪声载波不同的是，STIPA法只需要12个调制频率和7个1/2倍频程窄带噪声载波，具体组合见表A.0.3-1。

相关内容可参见《Sound system equipment-Part 16：Objective rating of speech intelligibility by speech transmission index》IEC 60268-16：2003。

客观评价语言清晰度的参数是很重要的，但各种评价参数（如D50、AL$_{CONS}$％等）还没有统一，语言传输指数（STI）是目前使用较多、较普遍的评价参数。然而，汉语语言清晰度与语言传输指数（STI）之间关系的研究还较少，故本次修订将扩声系统语言传输指数（STIPA）列为附录。

A.0.2 使用扩声系统语言传输指数噪声测试信号、扩声系统语言传输指数测量装置，只是测量扩声系统语言传输指数的方法之一。

一般来说，声源的指向性是影响语言清晰度的重要因素，因此评价声音未经放大的发语人的语言清晰度，需要有与人嘴有相同指向特性的模拟器作为声源。如果语言由扩声系统放出来，通常可以不用这样的模拟器。

STIPA测量原理如图1所示。

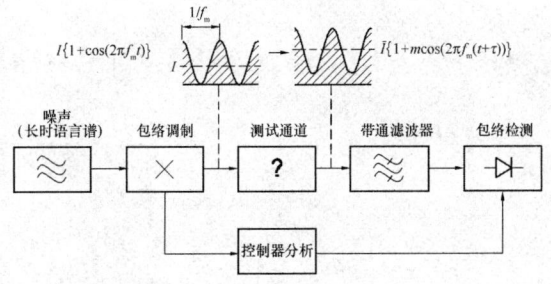

图1　STIPA测量原理图

本规程表4.2.1中规定一级、二级、三级体育馆主扩声系统的最大声压级分别为不小于105dB、不小于100dB、不小于95dB，本规程表4.2.2中规定一级、二级体育场主扩声系统的最大声压级分别为不小于105dB、不小于98dB，这些扩声系统放送85dB（A）的扩声系统语言传输指数（STIPA）噪声测试信号没有困难。本规程表4.2.2中规定三级体育场主扩声系统的最大声压级为90dB，这些扩声系统放送80dB（A）的扩声系统语言传输指数（STIPA）噪声测试信号没有困难。80～85dB（A）的噪声测试信号相对于正常体育场馆的背景噪声可以保证15dB以上的信噪比。

本规程表4.2.3中规定检录、呼叫广播系统的最大声压级为不小于85dB，这些检录、呼叫广播系统放送75dB（A）的扩声系统语言传输指数（STIPA）

噪声测试信号没有困难。75dB（A）的噪声测试信号相对于检录、呼叫广播系统所服务区域的正常背景噪声可以保证15dB以上的信噪比。

A.0.3 表A.0.3-2中给出的实际上是IEC 60268-16：2003中规定的男声长时语言频谱。IEC 60268-16：2003中也规定了女声的长时语言频谱，见表2。从表2可以看到，女声的长时语言频谱中不包含中心频率为125 Hz的倍频带。因而，女声的长时语言频谱比男声的长时语言频谱窄一些。

表2　女声长时语言的各倍频带声压级、A计权声级的相对关系

倍频带中心频率（Hz）	125	250	500	1000	2000	4000	8000	A计权
声压级（dB）	—	5.3	−1.9	−9.1	−15.8	−16.7	−18.0	0.0

A.0.5

2 扩声系统中可能包括的声码器：线性预测编码（LPC），码激励线性预测编码（CELP），剩余激励线性预测编码（RELP）等。

4 如果是或可能是第4种情形，宜使用语言传输指数（STI）法测量，或者用语言传输指数（STI）法来验证用扩声系统语言传输指数（STIPA）法测得的结果。

附录B　游泳池水下广播系统扩声特性指标及测量方法

B.1　游泳池水下广播系统扩声特性指标

根据近年来国内新建的几座符合国际比赛标准的游泳馆的游泳池水下广播系统的测试调查结果，并对其统计分析后，提出游泳池水下广播系统的扩声特性指标。

B.4　游泳池水下广播系统扩声特性的测量条件

B.4.4

1 花样游泳运动员表演、比赛的区域通常在游泳池中部。

花样游泳运动员的耳朵与其脚底的距离一般为1.4m～1.6m。当花样游泳运动员站立在游泳池底时，她们的耳朵距游泳池底一般不会小于1.4m。当花样游泳运动员头朝下直立没入水中时，她们的耳朵距游泳池水面一般不会超过1.8m。而花样游泳比赛要求水深不小于 3m，这也就是说距游泳池底 1.2m 以上的水域为花样游泳运动员的耳朵可能到达的空间。

2 所谓对称，不仅指游泳池平面形状对称，还包含游泳池水下扬声器的位置对称。

3 花样游泳比赛要求游泳池至少 20m 宽、30m 长，游泳池往往建成 25m 宽、50m 长的长方形，那么 1/2 花样游泳比赛区域为 10m～12.5m 宽、30m 长。如果间隔 5m 布一个测点，则至少需 18 个测点才能覆盖 1/2 花样游泳比赛区域。

中华人民共和国行业标准

辐射供暖供冷技术规程

Technical specification for radiant heating and cooling

JGJ 142—2012

批准部门：中华人民共和国住房和城乡建设部
施行日期：２０１３年６月１日

中华人民共和国住房和城乡建设部
公　　告

第 1450 号

住房城乡建设部关于发布行业标准
《辐射供暖供冷技术规程》的公告

现批准《辐射供暖供冷技术规程》为行业标准，编号为 JGJ 142-2012，自 2013 年 6 月 1 日起实施。其中，第 3.2.2、3.8.1、3.9.3、4.5.1、4.5.2、5.1.6、5.1.9、5.5.2、5.5.7、6.1.1 条为强制性条文，必须严格执行。原行业标准《地面辐射供暖技术规程》JGJ 142-2004 同时废止。

本规范由我部标准定额研究所组织中国建筑工业出版社出版发行。

中华人民共和国住房和城乡建设部
2012 年 8 月 23 日

前　　言

根据住房和城乡建设部《关于印发〈2010 年工程建设标准规范制订、修订计划〉的通知》（建标〔2010〕43 号）的要求，规程编制组经广泛调查研究，认真总结实践经验，参考有关国际标准和国外先进标准，在行业标准《地面辐射供暖技术规程》JGJ 142-2004 和广泛征求意见的基础上，修订本规程。

本规程主要内容是：1 总则；2 术语；3 设计；4 材料；5 施工；6 试运行、调试及竣工验收；7 运行与维护。

本次修订的主要技术内容是：1. 增加了辐射供冷有关规定，并将标准名称改为《辐射供暖供冷技术规程》；2. 增加了绝热层采用发泡水泥、预制沟槽保温板的地面供暖、预制轻薄供暖板地面供暖、毛细管网供暖供冷的有关规定；3. 增加了辐射面传热量的测试方法；4. 对各章节技术内容进行了全面修订。

本规程中用黑体字标志的条文为强制性条文，必须严格执行。

本规程由住房和城乡建设部负责管理和对强制性条文的解释，由中国建筑科学研究院负责具体技术内容的解释。执行过程中如有意见或建议，请寄送中国建筑科学研究院（地址：北京市北三环东路 30 号，邮政编码：100013）。

本 规 程 主 编 单 位：中国建筑科学研究院
本 规 程 参 编 单 位：北京市建筑设计研究院
　　　　　　　　　　哈尔滨工业大学
　　　　　　　　　　中国恩菲工程技术有限

公司
中国建筑西北设计研究院有限公司
北京瑞迪北方暖通设备工程技术有限公司
丹佛斯自动控制管理（上海）有限公司
佛山市日丰企业有限公司
北京温适宝科技有限公司
安徽安泽电工有限公司
中房集团新技术中心有限公司
上海乔治费歇尔管路系统有限公司
清华大学
重庆大学
南京师范大学
北京化工大学
天津商业大学
曼瑞德自控系统（乐清）有限公司
沃茨（上海）管理有限公司
欧博诺贸易（北京）有限公司
佛山塑料集团股份有限公

司经纬分公司

北京瑞贝姆辐射供热制冷系统技术有限公司

新疆宏迪节能技术有限公司

佛山威文管道系统有限公司

巴赛尔亚太咨询（上海）有限公司

陶氏化学（中国）有限公司

北京亚特伟达冷暖节能工程技术有限公司

北京新宇阳科技有限公司

北京恩斯慕天科贸有限公司

汉堡阁电热系统（上海）有限公司

宏岳塑胶集团有限公司

际高建业有限公司

浙江盛世博扬阀门工业有限公司

爱康企业集团（上海）有限公司

武汉鸿图节能技术有限公司

辽宁华源暖通工程有限公司

上海碧元采暖技术有限公司

威海嘉中进出口有限公司

本规程主要起草人员：徐　伟　邹　瑜　万水娥
董重成　宋　波　邓有源
路　宾　季　伟　张　毅
李晓鹏　张保红　黄　维
柳　松　周　磊　于东明
程乃亮　齐政新　刘　勇
狄洪发　卢　军　王子介
冯爱荣　杜国付　徐绍宏
金梧凤　陈立楠　刘　敬
浦　堃　李永鸿　郑鸿宇
王凤林　吴　燕　薛　勤
郝　磊　宋伟军　王安生
邵力君　钟思奕　郭晓玲
陈凤君　孔祥智　郑立克
桂正茂　王　芳　王东青
李光宇　刘爱国

本规程主要审查人员：徐华东　李娥飞　金丽娜
朱　能　于晓明　史新华
张先群　张　旭　赵欣虹

目　次

Contents

1 总　则

1.0.1 为规范辐射供暖供冷工程的设计、施工和验收，做到技术先进、经济合理、安全适用和保证工程质量，制定本规程。

1.0.2 本规程适用于以低温热水为热媒或以加热电缆为加热元件的辐射供暖工程，及以高温冷水为冷媒的辐射供冷工程的设计、施工及验收。

1.0.3 辐射供暖供冷工程的设计、施工和验收除应执行本规程外，尚应符合国家现行有关标准的规定。

2 术　语

2.0.1 辐射供暖供冷　radiant heating and cooling

提升或降低围护结构内表面中的一个或多个表面的温度，形成热或冷辐射面，通过辐射面以辐射和对流的传热方式向室内供暖供冷的方式。

2.0.2 毛细管网辐射系统　capillary mat radiant system

末端采用细小管道，加工成网状，敷设于地面、顶棚或墙面的一种以水为媒介的辐射供暖供冷系统。

2.0.3 混水装置　water mixing device

将热源的一部分高温供水和低温回水进行混合，获得户内所需供水温度的装置。

2.0.4 加热供冷管　heating and cooling pipe

用于进行热水或冷水循环并加热或冷却辐射表面的管道。

2.0.5 预制轻薄供暖板　precast light heating board

由保温基板、支撑木龙骨、塑料加热管、粘接胶、铝箔、配水和集水等装置组成，并在工厂制作的一种一体化地面供暖部件，简称供暖板。

2.0.6 加热电缆　heating cable

以供暖为目的、通电后能够发热的电缆。

2.0.7 预制沟槽保温板　pre-grooved insulation board

在工厂预制的、用于现场拼装敷设加热供冷管或加热电缆的、带有固定间距和尺寸沟槽的聚苯乙烯类泡沫塑料或其他保温材料制成的板块。

2.0.8 加热供冷部件　heating and cooling component

敷设在辐射面填充层内或预制沟槽保温板沟槽中的加热供冷管、加热电缆，以及供暖板、毛细管网等的统称。

2.0.9 混凝土或水泥砂浆填充式地面辐射供暖供冷　floating screed floor radiant heating or cooling

加热供冷部件敷设在绝热层之上，需填充混凝土或水泥砂浆后再铺设地面面层的地面辐射供暖供冷形式。简称混凝土填充式地面辐射供暖供冷。

2.0.10 预制沟槽保温板地面辐射供暖　pre-grooved insulation board floor radiant heating

将加热管或加热电缆敷设在预制沟槽保温板的沟槽中，加热管或加热电缆与保温板沟槽尺寸吻合且上皮持平，不需要填充混凝土即可直接铺设面层的地面辐射供暖形式。

2.0.11 均热层　heat distribution plates

采用预制沟槽保温板供暖地面时，铺设在加热部件之下或之上、或上下均铺设的可使加热部件产生的热量均匀散开的金属板或金属箔。

2.0.12 供暖板地面辐射供暖　precast light heating board floor radiant heating

以热水为热媒，采用预制轻薄供暖板加热地面的辐射供暖形式。

2.0.13 分水器　primary supply water manifold

用于连接集中供暖供冷系统的供水管和各加热供冷管分支环路的配水装置。

2.0.14 集水器　primary return water manifold

用于连接集中供暖供冷系统的回水管和各加热供冷管分支环路的汇水装置。

2.0.15 输配管　distribution pipe

供暖板地面辐射供暖系统中，在分水器、集水器和供暖板分水、集水装置之间，起中间输配作用的管道。

2.0.16 面层　surface course

建筑地面与室内空气直接接触的构造层，包括装饰面层及其找平层。

2.0.17 找平层　toweling course

在垫层或楼板面上进行抹平找坡的构造层。

2.0.18 隔离层　isolating course

防止建筑地面上各种液体透过地面的构造层。

2.0.19 填充层　filler course

在混凝土填充式辐射供暖供冷地面绝热层上设置加热供冷部件用的构造层，起到保护加热供冷部件并使地面温度均匀的作用。

2.0.20 绝热层　insulating course

辐射供暖供冷中，用于阻挡冷热量传递，减少无效冷热损失，在现场单独铺设的构造层（不包括预制沟槽保温板和供暖板的保温基板）。绝热层分辐射面绝热层和侧面绝热层。

2.0.21 防潮层　moisture proofing course

防止建筑地基或楼层地面下潮气透过地面的构造层。

2.0.22 伸缩缝　expansion joint

补偿混凝土填充层和面层等膨胀或收缩用的构造缝。分为填充层伸缩缝、面层伸缩缝。

2.0.23 发泡水泥　porous cement

将发泡剂、水泥、水等按配比要求制成泡沫浆料，浇筑于地面，经自然养护形成具有规定密度等级、强度等级和较低导热系数的泡沫水泥。

2.0.24 填充板 blind board

供暖板地面供暖系统中，与供暖板的保温基板的材质和厚度相同、上面粘贴铝箔的半硬质泡沫塑料板，用于敷设输配管和填充房间内未铺设供暖板的部位。

2.0.25 铝塑复合管 polyethylene-aluminum compound pipes

内层和外层为交联聚乙烯、耐热聚乙烯或聚乙烯，中间层为增强铝管，层间采用专用热熔胶，通过挤出成型方法复合成一体的管材。

2.0.26 聚丁烯-1管 polybutylene pipe-1

由聚丁烯-1树脂添加适量助剂，经挤出成型的热塑性塑料加热管，通常以PB标记。

2.0.27 无规共聚聚丁烯管 Polybutylene random copolymer pipe

以质量分数不少于85%的丁烯-1与其他烯烃单体共聚聚合而成的无规共聚物，添加适量助剂，经挤出成型的热塑性塑料加热管，通常以PB-R标记。

2.0.28 交联聚乙烯管 cross linked polyethylene pipe

以密度大于或等于0.94g/cm³的聚乙烯或乙烯共聚物，添加适量助剂，通过化学的或物理的方法，使其线型的大分子交联成三维网状的大分子结构的加热管，通常以PE-X标记。

2.0.29 耐热聚乙烯管 polyethylene of raised temperature resistance pipe

以乙烯和α烯烃共聚制成的特殊的线型高密度或中密度乙烯共聚物，添加适量助剂，经挤出成型的热塑性塑料加热管。依据其长期静液压强度曲线的不同分为PE-RT Ⅰ型和PE-RT Ⅱ型。

2.0.30 无规共聚聚丙烯管 polypropylene random copolymer pipes

以丙烯和适量乙烯的无规共聚物，添加适量助剂，经挤出成型的热塑性管材。通常以PP-R标记。

2.0.31 电热式控制阀 electrical thermal actuating valve

依靠阀门驱动器内被电加热的温包膨胀产生的推力推动阀杆，关闭或开启阀门流道的自动控制阀，简称热电阀。

2.0.32 自力式温控阀 thermostat valve

可人为设定温度，通过温包感应温度产生自力式动作，无需外界动力调节热水（冷水）流量，从而控制室温恒定的阀门，又称恒温控制阀。

2.0.33 温度控制器 thermostat

能够测量温度并发出控制调节信号的温度自控设备，简称温控器。

3 设 计

3.1 一般规定

3.1.1 热水地面辐射供暖系统的供、回水温度应由计算确定，供水温度不应大于60℃，供回水温差不宜大于10℃且不宜小于5℃。民用建筑供水温度宜采用35℃～45℃。

3.1.2 毛细管网辐射系统供暖时，供水温度宜符合表3.1.2的规定，供回水温差宜采用3℃～6℃。

表3.1.2 毛细管网供水温度（℃）

设置位置	宜采用温度
顶棚	25～35
墙面	25～35
地面	30～40

3.1.3 辐射供暖表面平均温度宜符合表3.1.3的规定。

表3.1.3 辐射供暖表面平均温度（℃）

设置位置		宜采用的平均温度	平均温度上限值
地面	人员经常停留	25～27	29
	人员短期停留	28～30	32
	无人停留	35～40	42
顶棚	房间高度2.5m～3.0m	28～30	—
	房间高度3.1m～4.0m	33～36	—
墙面	距地面1m以下	35	
	距地面1m以上3.5m以下	45	

3.1.4 辐射供冷系统供水温度应保证供冷表面温度高于室内空气露点温度1℃～2℃。供回水温差不宜大于5℃且不应小于2℃。辐射供冷表面平均温度宜符合表3.1.4的规定。

表3.1.4 辐射供冷表面平均温度（℃）

设置位置		平均温度下限值
地面	人员经常停留	19
	人员短期停留	19
墙面		17
顶棚		17

3.1.5 辐射供冷系统应结合除湿系统或新风系统进行设计。

3.1.6 辐射供暖供冷水系统冷媒或热媒的温度、流量和资用压差等参数，应同冷热源系统相匹配。冷热源系统应设置相应的控制装置。

3.1.7 采用辐射供暖的集中供暖小区，当外网的热媒温度高于 60℃ 时，宜在楼栋的采暖热力入口处设置混水装置或换热装置。

3.1.8 对于冬季供暖夏季供冷的辐射供暖供冷系统，冷热源设备宜选用热泵机组或热回收装置。

3.1.9 辐射供暖供冷水系统应按设备、管道及其附件所能承受的最低工作压力和水力平衡要求进行竖向分区设置，并应符合下列规定：

　　1 现场敷设的加热供冷管及其附件应满足系统工作压力要求；

　　2 采用供暖板地面辐射供暖时，应根据辐射供暖系统压力选择相应承压能力的产品。供暖板的承压能力应根据产品样本确定。

3.1.10 地面上的固定设备或卫生器具下方，不应布置加热供冷部件。

3.1.11 采用地面辐射供暖供冷时，生活给水管道、电气系统管线等不得与地面加热供冷部件敷设在同一构造层内。

3.1.12 采用加热电缆地面辐射供暖时，应符合下列规定：

　　1 当敷设间距等于 50mm，且加热电缆连续供暖时，加热电缆的线功率不宜大于 17W/m；当敷设间距大于 50mm 时，加热电缆线功率不宜大于 20W/m。

　　2 当面层采用带龙骨的架空木地板时，应采取散热措施；加热电缆的线功率不应大于 10W/m，且功率密度不宜大于 80W/m²。

　　3 加热电缆布置时应考虑家具位置的影响。

3.1.13 辐射供暖供冷工程应提供下列施工图设计文件：

　　1 设计说明；

　　2 楼栋内供暖供冷系统和加热供冷部件平面布置图；

　　3 供暖供冷系统图和局部详图；

　　4 温控装置及相关管线布置图，当采用集中控制系统时，应提供相关控制系统布线图；

　　5 水系统分水器、集水器及其配件的接管示意图；

　　6 地面构造及伸缩缝设置示意图；

　　7 供电系统图及相关管线平面图。

3.1.14 施工图设计说明中应包括下列内容：

　　1 室内外计算温度；

　　2 采用的辐射供暖供冷系统类型；

　　3 房间总热负荷或冷负荷、热媒总供热量或冷媒供冷量、加热电缆总供电功率；

　　4 热源或楼栋集中供暖供冷系统形式和热媒或冷媒参数；

　　5 热水或冷水系统选用的管材或供暖板、毛细管网及其工作压力，塑料管材的管系列（S）、公称外

径及壁厚；铝塑复合管和铜管的公称外径及壁厚；

　　6 加热电缆配电方案、类型、线功率、总长度、工作电压、工作温度等技术数据和条件；

　　7 绝热材料的类型、导热系数、表观密度、规格及厚度等；

　　8 采用的温控措施和温控器形式，及其电控系统的工作电压、工作电流等技术数据和条件；当采用集中控制系统时，应说明控制要求和原理；

　　9 分户热计量或电能计量方式；

　　10 填充层、面层伸缩缝的设置要求。

3.1.15 楼栋内供暖供冷系统和加热供冷部件平面布置图应绘制下列内容：

　　1 采用水系统时，应绘制分水器、集水器位置及与其连接的供暖供冷管道；

　　2 采用现场敷设加热供冷部件时，应绘出各房间加热供冷部件的具体布置形式，标明敷设长度、间距、加热供冷部件管径或规格（线功率）、各加热供冷部件环路或回路的敷设长度；配电线路布置平面图（包括电气安全保护）；

　　3 采用供暖板、毛细管网地面供暖时，应绘出铺设位置及输配管走向；

　　4 伸缩缝敷设平面图。

3.2 地面构造

3.2.1 辐射地面的构造做法应根据其设置位置和加热供冷部件的类型确定，不同类型辐射供暖地面构造做法可按本规程附录 A 选用。辐射地面的构造应由下列全部或部分组成：

　　1 楼板或与土壤相邻的地面；

　　2 防潮层（对与土壤相邻地面）；

　　3 绝热层；

　　4 加热供冷部件；

　　5 填充层；

　　6 隔离层（对潮湿房间）；

　　7 面层。

3.2.2 **直接与室外空气接触的楼板或与不供暖供冷房间相邻的地板作为供暖供冷辐射地面时，必须设置绝热层。**

3.2.3 供暖供冷辐射地面构造应符合下列规定：

　　1 当与土壤接触的底层地面作为辐射地面时，应设置绝热层。设置绝热层时，绝热层与土壤之间应设置防潮层；

　　2 潮湿房间的混凝土填充式供暖地面的填充层上、预制沟槽保温板或预制轻薄供暖板供暖地面的面层下，应设置隔离层。

3.2.4 地面辐射供暖面层宜采用热阻小于 0.05m²·K/W 的材料。

3.2.5 混凝土填充式地面辐射供暖系统绝热层热阻应符合下列规定：

1 采用泡沫塑料绝热板时，绝热层热阻不应小于表 3.2.5-1 的数值；

表 3.2.5-1　混凝土填充式供暖地面泡沫塑料绝热层热阻

绝热层位置	绝热层热阻 (m² · K/W)
楼层之间地板上	0.488
与土壤或不供暖房间相邻的地板上	0.732
与室外空气相邻的地板上	0.976

2 当采用发泡水泥绝热时，绝热层厚度不应小于表 3.2.5-2 的数值。

表 3.2.5-2　混凝土填充式供暖地面发泡水泥绝热层厚度（mm）

绝热层位置	干体积密度（kg/m³）		
	350	400	450
楼层之间地板上	35	40	45
与土壤或不供暖房间相邻的地板上	40	45	50
与室外空气相邻的地板上	50	55	60

3.2.6 采用预制沟槽保温板或供暖板时，与供暖房间相邻的楼板，可不设置绝热层。其他部位绝热层的设置应符合下列规定：

1 土壤上部的绝热层宜采用发泡水泥；

2 直接与室外空气或不供暖房间相邻的地板，绝热层宜设在楼板下，绝热材料宜采用泡沫塑料绝热板；

3 绝热层厚度不应小于表 3.2.6 的数值。

表 3.2.6　预制沟槽保温板和供暖板供暖地面的绝热层厚度

绝热层位置	绝热材料		厚度 (mm)
	发泡水泥	干体积密度（kg/m³）	
与土壤接触的底层地板上		350	35
		400	40
		450	45
与室外空气相邻的地板下	模塑聚苯乙烯泡沫塑料		40
与不供暖房间相邻的地板下	模塑聚苯乙烯泡沫塑料		30

3.2.7 混凝土填充式辐射供暖地面的加热部件，其填充层和面层构造应符合下列规定：

1 填充层材料及其厚度宜按表 3.2.7 选择确定；

2 加热电缆应敷设于填充层中间，不应与绝热层直接接触；

3 豆石混凝土填充层上部应根据面层的需要铺设找平层；

4 没有防水要求的房间，水泥砂浆填充层可同时作为面层找平层。

表 3.2.7　混凝土填充式辐射供暖地面填充层材料和厚度

绝热层材料	填充层材料	最小填充层厚度 (mm)
泡沫塑料板	加热管	50
	加热电缆	40
发泡水泥	加热管	40
	加热电缆	35

注：泡沫塑料板对应豆石混凝土填充层材料，发泡水泥对应水泥砂浆填充层材料。

3.2.8 预制沟槽保温板辐射供暖地面均热层设置应符合下列规定：

1 加热部件为加热电缆时，应采用铺设有均热层的保温板，加热电缆不应与绝热层直接接触；加热部件为加热管时，宜采用铺设有均热层的保温板；

2 直接铺设木地板面层时，应采用铺设有均热层的保温板，且在保温板和加热管或加热电缆之上宜再铺设一层均热层。

3.2.9 采用供暖板时，房间内未铺设供暖板的部位和敷设输配管的部位应铺设填充板。采用预制沟槽保温板时，分水器、集水器与加热区域之间的连接管，应敷设在预制沟槽保温板中。

3.2.10 当地面荷载大于供暖地面的承载能力时，应会同土建设计人员采取加固措施。

3.3　房间热负荷与冷负荷计算

3.3.1 辐射供暖供冷房间热负荷与冷负荷应按现行国家标准《民用建筑供暖通风及空气调节设计规范》GB 50736 的有关规定进行计算。

3.3.2 全面辐射供暖室内设计温度可降低 2℃。全面辐射供冷室内设计温度可提高 0.5℃～1.5℃。

3.3.3 局部辐射供暖系统的热负荷应按全面辐射供暖的热负荷乘以表 3.3.3 的计算系数的方法确定。

表 3.3.3　局部辐射供热负荷计算系数

供暖区面积与房间总面积的比值 K	K≥0.75	K=0.55	K=0.40	K=0.25	K≤0.20
计算系数	1	0.72	0.54	0.38	0.30

3.3.4 进深大于 6m 的房间，宜以距外墙 6m 为界分区，分别计算热负荷和冷负荷，并进行管线布置。

3.3.5 对敷设加热供冷部件的建筑地面和墙面，不应计算其传热损失。

3.3.6 当采用地面辐射供暖的房间（不含楼梯间）高度大于 4m 时，应在基本耗热量和朝向、风力、外门附加耗热量之和的基础上，计算高度附加率。每高出 1m 应附加 1%，但最大附加率不应大于 8%。

3.3.7 采用分户热计量或分户独立热源的辐射供暖系统，应考虑间歇运行和户间传热等因素。

3.4 辐射面传热量的计算

3.4.1 辐射面传热量应满足房间所需供热量或供冷量的需求。辐射面传热量应按下列公式计算：

$$q = q_f + q_d \qquad (3.4.1\text{-}1)$$

$$q_f = 5 \times 10^{-8} \left[(t_{pj} + 273)^4 - (t_{fj} + 273)^4 \right] \qquad (3.4.1\text{-}2)$$

全部顶棚供暖时：

$$q_d = 0.134(t_{pj} - t_n)^{1.25} \qquad (3.4.1\text{-}3)$$

地面供暖、顶棚供冷时：

$$q_d = 2.13 \left| t_{pj} - t_n \right|^{0.31} (t_{pj} - t_n) \qquad (3.4.1\text{-}4)$$

墙面供暖或供冷时：

$$q_d = 1.78 \left| t_{pj} - t_n \right|^{0.32} (t_{pj} - t_n) \qquad (3.4.1\text{-}5)$$

地面供冷时：

$$q_d = 0.87(t_{pj} - t_n)^{1.25} \qquad (3.4.1\text{-}6)$$

式中：q——辐射面单位面积传热量（W/m²）；

q_f——辐射面单位面积辐射传热量（W/m²）；

q_d——辐射面单位面积对流传热量（W/m²）；

t_{pj}——辐射面表面平均温度（℃）；

t_{fj}——室内非加热表面的面积加权平均温度（℃）；

t_n——室内空气温度（℃）。

3.4.2 混凝土填充式热水辐射供暖地面向上供热量和向下传热量应通过计算确定。当辐射供暖地面与供暖房间相邻时，其单位地面面积向上供热量和向下传热量可按本规程附录 B 确定。

3.4.3 辐射供冷地面向上供冷量应根据地面构造、供冷管敷设间距、供回水温度、室内空气温度等通过计算确定。

3.4.4 预制沟槽保温板、供暖板及毛细管网辐射表面向上供热量或供冷量，以及向下传热量应按产品检测数据确定。

3.4.5 房间所需单位地面面积向上供热量或供冷量应按下列公式计算：

$$q_1 = \beta \frac{Q_1}{F_r} \qquad (3.4.5\text{-}1)$$

$$Q_1 = Q - Q_2 \qquad (3.4.5\text{-}2)$$

式中：q_1——房间所需单位地面面积向上供热量或供冷量（W/m²）；

Q_1——房间所需地面向上的供热量或供冷量（W）；

F_r——房间内敷设供热供冷部件的地面面积（m²）；

β——考虑家具等遮挡的安全系数；

Q——房间热负荷或冷负荷（W）；

Q_2——自上层房间地面向下传热量（W）。

3.4.6 确定供暖地面向上供热量时，应校核地表面平均温度，确保其不高于本规程第 3.1.3 条规定的限值。地表面平均温度宜按下式计算：

$$t_{pj} = t_n + 9.82 \times \left(\frac{q}{100} \right)^{0.969} \qquad (3.4.6)$$

式中：t_{pj}——地表面平均温度（℃）；

t_n——室内空气温度（℃）；

q——单位地面面积向上的供热量（W/m²）。

3.4.7 确定辐射面向上供冷量时，应校核辐射表面平均温度，确保其不低于本规程第 3.1.4 条规定的限值。顶棚辐射供冷表面平均温度可按式（3.4.7-1）计算，地面辐射供冷表面平均温度可按式（3.4.7-2）计算：

$$t_{pj} = t_n - 0.175q^{0.976} \qquad (3.4.7\text{-}1)$$

$$t_{pj} = t_n - 0.171q^{0.989} \qquad (3.4.7\text{-}2)$$

式中：t_{pj}——辐射表面平均温度（℃）；

t_n——室内空气温度（℃）；

q——单位辐射面积向上供冷量（W/m²）。

3.4.8 辐射供暖供冷房间热媒供热量或冷媒供冷量，应包括辐射面向上供热量或供冷量和向下传热量或向土壤的传热损失。

3.4.9 当辐射系统为冬季供暖和夏季供冷共用时，为了同时满足夏季供冷与冬季供暖的需要，应综合考虑房间冷热负荷和辐射面的供冷量与供热量。

3.5 水系统设计

3.5.1 集中供暖空调系统的水质及其保证措施应符合国家现行有关标准的要求。供暖板地面辐射供暖系统应设置脱气除污器。毛细管网辐射系统应独立设置系统，并设置脱气除污器。

3.5.2 户内系统的热媒温度、压力或资用压差等参数与热源不匹配时，应根据需要采取设置换热器或混水装置等措施。换热器或混水装置宜接近终端用户。

3.5.3 采用集中热源或冷源的住宅建筑，楼内供暖供冷系统设计应符合下列规定：

　　1 应采用共用立管的分户独立系统形式；

　　2 同一对立管宜连接负荷相近的户内系统；

　　3 一对共用立管在每层连接的户数不宜超过 3 户；

　　4 共用立管接向户内系统的供、回水管应分别设置关断阀，其中一个关断阀应具有调节功能；

　　5 共用立管和分户关断调节阀门，应设置在户外公共空间的管道井或小室内；

　　6 每户的分水器、集水器，以及必要时设置的热交换器或混水装置等入户装置宜设置在户内，并应远离卧室等主要功能房间；

7 采用分户热计量的系统应安装相应的热计量或热量分摊装置。

3.5.4 对设置独立冷热源的户内系统，循环水泵的流量、扬程应符合户内供暖供冷系统的要求，系统定压值应符合加热供冷部件的承压要求。

3.5.5 分支环路的设置应符合下列规定：

1 连接在同一分水器、集水器的相同管径的各环路长度宜接近；现场敷设加热供冷管时，各环路管长度不宜超过 120m；当各环路长度差距较大时，宜采用不同管径的加热供冷管，或在每个分支环路上设置平衡装置。

2 每个主要房间应独立设置环路，面积小的附属房间内的加热供冷管、输配管可串联；

3 进深和面积较大的房间，当分区域计算热负荷或冷负荷时，各区域应独立设置环路；

4 不同标高的房间地面，不宜共用一个环路。

3.5.6 对于冬季供暖夏季供冷的地面辐射系统，卫生间等地面温度不宜过低的房间，应独立设置环路。

3.5.7 加热供冷管的敷设间距和供暖板的铺设面积，应根据房间所需供热量或供冷量、室内计算温度、平均水温、地面传热热阻等确定。

3.5.8 加热供冷管距离外墙内表面不得小于 100mm，与内墙距离宜为 200mm～300mm。距卫生间墙体内表面宜为 100mm～150mm。

3.5.9 现场敷设的加热供冷管应根据房间的热工特性和保证地面温度均匀的原则，并考虑管材允许的最小弯曲半径，采用回折型或平行型等布管方式。热负荷或冷负荷明显不均匀的房间，宜将高温管段或低温管段优先布置于房间热负荷或冷负荷较大的外窗或外墙侧。

3.5.10 加热供冷管应按系统实际工作条件确定，并应符合本规程附录C的规定。

3.5.11 加热供冷管和输配管流速不宜小于 0.25m/s。

3.5.12 输配管宜采用与供暖板内加热管相同的管材。

3.5.13 每个环路进、出水口，应分别与分水器、集水器相连接。分水器、集水器最大断面流速不宜大于 0.8m/s。每个分水器、集水器分支环路不宜多于 8路。每个分支环路供回水管上均应设置可关断阀门。

3.5.14 分水器前应设置过滤器；分水器的总进水管与集水器的总出水管之间宜设置清洗供暖系统时使用的旁通管，旁通管上应设置阀门。设置混水泵的混水系统，当外网为定流量时，应设置平衡管并兼作旁通管使用，平衡管上不应设置阀门。旁通管和平衡管的管径不应小于连接分水器和集水器的进出口总管管径。

3.5.15 分水器、集水器上均应设置手动或自动排气阀。

3.5.16 加热供冷管出地面与分水器、集水器连接时，其外露部分应加黑色柔性塑料套管。

3.5.17 辐射供冷用分水器、集水器表面应做防结露处理。

3.5.18 每个分支环路埋设部分不应设置连接件。

3.6 管道水力计算

3.6.1 管道的压力损失可按下列公式计算：

$$\Delta P = \Delta P_m + \Delta P_j \qquad (3.6.1-1)$$

$$\Delta P_m = \lambda \frac{l}{d} \frac{\rho v^2}{2} \qquad (3.6.1-2)$$

$$\Delta P_j = \zeta \frac{\rho v^2}{2} \qquad (3.6.1-3)$$

式中：ΔP——加热管的压力损失（Pa）；

$\quad \Delta P_m$——摩擦压力损失（Pa）；

$\quad \Delta P_j$——局部压力损失（Pa）；

$\quad \lambda$——摩擦阻力系数；

$\quad d$——管道内径（m）；

$\quad l$——管道长度（m）；

$\quad \rho$——水的密度（kg/m³）；

$\quad v$——水的流速（m/s）；

$\quad \zeta$——局部阻力系数。

3.6.2 铝塑复合管及塑料管的摩擦阻力系数，可按下列公式计算：

$$\lambda = \left\{ \frac{0.5\left[\frac{b}{2} + \frac{1.312(2-b)\lg 3.7\frac{d_n}{k_d}}{\lg Re_s - 1}\right]}{\lg \frac{3.7d_n}{k_d}} \right\}^2$$

$$(3.6.2-1)$$

$$b = 1 + \frac{\lg Re_s}{\lg Re_z} \qquad (3.6.2-2)$$

$$Re_s = \frac{d_n v}{\mu_t} \qquad (3.6.2-3)$$

$$Re_z = \frac{500 d_n}{k_d} \qquad (3.6.2-4)$$

$$d_n = 0.5(2d_w + \Delta d_w - 4\delta - 2\Delta\delta)$$

$$(3.6.2-5)$$

式中：λ——摩擦阻力系数；

$\quad b$——水的流动相似系数；

$\quad Re_s$——实际雷诺数；

$\quad v$——水的流速（m/s）；

$\quad \mu_t$——与温度有关的运动黏度（m²/s）；

$\quad Re_z$——阻力平方区的临界雷诺数；

$\quad k_d$——管子的当量粗糙度（m），对铝塑复合管及塑料管，$k_d = 1 \times 10^{-5}$（m）；

$\quad d_n$——管子的计算内径（m）；

$\quad d_w$——管外径（m）；

$\quad \Delta d_w$——管外径允许误差（m）；

δ——管壁厚（m）；

$\Delta\delta$——管壁厚允许误差（m）。

3.6.3 铜管的摩擦系数可按下式计算：

$$\frac{1}{\sqrt{\lambda}} = -2\lg\left(\frac{2.51}{Re\sqrt{\lambda}} + \frac{K/d_{\mathrm{n}}}{3.72}\right) \quad (3.6.3\text{-}1)$$

$$Re = \frac{d_{\mathrm{n}}v}{\mu_{\mathrm{t}}} \quad (3.6.3\text{-}2)$$

式中：λ——摩擦阻力系数；

Re——雷诺数；

d_{n}——管子的计算内径（m）；

K——管子的当量粗糙度（m），对铜管，$K=1 \times 10^{-5}$（m）；

v——水的流速（m/s）；

μ_{t}——与温度有关的运动黏度（m²/s）。

3.6.4 塑料管及铝塑复合管单位长度摩擦压力损失可按本规程附录 D 选用。

3.6.5 供暖板、毛细管网的压力损失应根据产品检测报告确定。

3.6.6 加热供冷管和供暖板输配管的局部压力损失应通过计算确定，其局部阻力系数可按本规程附录 D 选用。

3.6.7 热水地面辐射供暖系统分水器、集水器环路的总压力损失不宜大于 30kPa。

3.6.8 对于冬季供暖夏季供冷的辐射供暖供冷系统，水系统设计时，应以夏季供冷工况确定的水流量进行水力计算。

3.7 加热电缆系统的设计

3.7.1 加热电缆热线间距不宜小于 100mm。加热电缆热线与外墙内表面距离不得小于 100mm，与内墙表面距离宜为 200mm～300mm。

3.7.2 加热电缆长度和布线间距应按下列公式计算：

$$L \geqslant \frac{(1+\delta)\beta \cdot Q_{\mathrm{l}}}{P_{\mathrm{x}}} \quad (3.7.2\text{-}1)$$

$$S \approx 1000\frac{F_{\mathrm{r}}}{L} \quad (3.7.2\text{-}2)$$

式中：L——按加热电缆产品规格选定的电缆总长度（m）；

δ——向下传热量占加热电缆供热功率的比例，根据地面构造按表 3.7.2 取值；

β——考虑家具等遮挡的安全系数；

Q_{l}——房间所需地面向上的散热量（W），按本规程第 3.4.5 条计算确定；

P_{x}——加热电缆额定电阻时的线功率（W/m），根据加热电缆产品规格选取；

S——加热电缆布线间距（mm）；

F_{r}——敷设加热电缆的地面面积（m²）。

表 3.7.2 加热电缆供暖地面向下传热量占加热电缆供热功率的比例

绝热层材料	面层类型			
	瓷砖	塑料面层	木地板	地毯
聚苯乙烯泡沫塑料板	0.16	0.21	0.23	0.27
发泡水泥	0.15	0.21	0.23	0.26

注：计算条件为：加热电缆外表面温度为 45℃、敷设间距为 200mm，采用聚苯乙烯泡沫塑料板时，绝热层厚度为 20mm，填充层厚度为 40mm；采用发泡水泥时，绝热层厚度为 40mm，填充层厚度为 35mm。

3.7.3 每个房间宜独立设置加热电缆回路。当房间所需供热功率和加热电缆总长度超过产品规格中单根加热电缆的最大总功率或总长度时，应将电缆分设成 2 个或多个独立回路。每个回路加热电缆的最大总功率或总长度确定时，还应符合下列规定：

1 不宜超过所选温控器的额定工作电流；

2 不应超过产品规格限制。

3.7.4 加热电缆宜采用平行型布置。

3.8 温控与热计量

3.8.1 新建住宅热水辐射供暖系统应设置分户热计量和室温调控装置。

3.8.2 辐射供暖系统应能实现气候补偿，自动控制供水温度。辐射供冷系统宜能实现气候补偿，自动控制供水温度。

3.8.3 地面辐射供暖供冷水系统室温控制可采用分环路控制和总体控制两种方式，自动控制阀宜采用电热式控制阀，也可采用自力式温控阀和电动阀，并应符合下列规定：

1 当采用分环路控制时，应在分水器或集水器处的各个分支管上分别设置自动控制阀，控制各房间或区域的室内空气温度；

2 当采用总体控制时，应在分水器或集水器总管上设置自动控制阀，控制整个用户或区域的室内空气温度。

3.8.4 当采用加热电缆辐射供暖时，每个独立加热电缆辐射供暖环路对应的房间或区域应设置温控器。

3.8.5 温控器设置及选型应符合下列规定：

1 室温型温控器应设置在附近无散热体、周围无遮挡物、不受风直吹、不受阳光直晒、通风干燥、周围无热源体、能正确反映室内温度的位置，且不宜设在外墙上；

2 在需要同时控制室温和限制地表面温度的场合，应采用双温型温控器；

3 当加热电缆辐射供暖系统仅负担一部分供暖负荷或作为值班供暖时，可采用地温型温控器；

4 对开放大空间场所，室温型温控器应布置在所对应回路的附近，当无法布置在所对应的回路附近时，可采用地温型温控器；

5 地温型温控器的传感器不应被家具、地毯等覆盖或遮挡，宜布置在人员经常停留的位置且在加热部件之间；

6 对浴室、带沐浴设备的卫生间、游泳池等潮湿区域，室温型温控器的防护等级和设置位置应符合国家现行相关标准的要求；当不能满足要求时，应采用地温型温控器；

7 温控器的控制器设置高度宜距地面 1.4m，或与照明开关在同一水平线上。

3.8.6 辐射供冷系统应设置防止辐射面结露的控制装置，并应符合下列规定：

1 住宅建筑宜采用分室多点控制，在温湿度最不利的房间及变化最大的房间应分别设置；公共建筑宜选用分区控制方式；

2 防结露控制可采用露点传感器直接探测露点的方法，也可采用温湿度传感器探测并计算出露点的方法；

3 采用露点探测方法时，埋设点应靠近最易结露的位置，传感器可固定在冷水管表面，也可埋设在辐射体表面；

4 采用温湿度探测方法时，安装位置不宜靠近门窗等结露风险较大的区域。

3.8.7 壁挂炉辐射供暖系统宜采用混水装置，并宜采用室内温控、循环水泵及壁挂炉联动的整体控制方式。

3.9 电 气 设 计

3.9.1 配电设计应符合下列规定：

1 电度表的设置应符合当地供电部门规定并满足节能管理的要求；

2 当加热电缆辐射供暖系统用电需要单独计费时，该系统的供电回路应单独设置，并应独立设置配电箱和电度表；

3 当加热电缆辐射供暖系统与其他用电设备合用配电箱时，应分别设置回路；

4 加热电缆辐射供暖系统配电回路应装设过载、短路及剩余电流保护器。剩余电流保护器脱扣电流应为 30mA。

3.9.2 加热电缆辐射供暖系统应采用电压等级为 220V/380V 的交流供电方式。

3.9.3 加热电缆辐射供暖系统应做等电位连接，且等电位连接线应与配电系统的地线连接。

3.9.4 当加热电缆辐射供暖系统配电导线设计时，应合理布置温控器、接线盒等位置，减少连接管线，并应符合下列规定：

1 导线应采用铜芯导线；导体截面应按敷设方式、环境条件确定，且导体载流量不应小于预期负荷的最大计算电流和按保护条件所确定的电流；

2 固定敷设的电源线的最小芯线截面不应小于 2.5mm²；

3 电气线路的敷设方式应符合安全要求，导线穿管应满足国家现行相关标准的要求，与加热电缆系统的设备或元件连接的部分宜采用柔性金属导管敷设，其长度应满足国家现行相关标准的要求。

3.9.5 温控器的工作电流不得超过其额定工作电流；当所控制回路的工作电流大于温控器的额定工作电流时，可采用温控器与接触器等其他控制设备相结合的形式实现控制功能。

3.9.6 热水系统电驱动式自动调节阀和户内混水泵等用电设备的电气设计应符合下列规定：

1 电源回路应设置过载、短路及剩余电流保护器；

2 当采用 220V 或 380V 交流电压为热水系统用电设备供电时，不得将相关电气线路、接线端子等部分外露；用电设备外壳等外露可导电的部分，均应进行保护接地；

3 当采用 24V 交流电压为热水供暖系统用电设备供电时，其电气元件、线路应与 220V 交流电压等级的电器元件、线路相互隔离。

3.9.7 地温传感器穿线管、自动调节阀电源穿线管等均应选用硬质套管。

4 材 料

4.1 一 般 规 定

4.1.1 辐射供暖供冷系统中所使用的材料，应根据系统工作温度、系统工作压力、建筑荷载、建筑设计寿命、现场防水、防火以及施工性能等要求，经综合比较后确定。

4.1.2 辐射供暖供冷系统中所使用的材料均应符合国家现行相关标准的规定。

4.2 绝 热 层 材 料

4.2.1 绝热层材料应采用导热系数小、难燃或不燃，具有足够承载能力的材料，且不应含有殖菌源，不得有散发异味及可能危害健康的挥发物。

4.2.2 辐射供暖供冷工程中采用的聚苯乙烯泡沫塑料板材主要技术指标应符合表 4.2.2 的规定。

表 4.2.2 聚苯乙烯泡沫塑料板材主要技术指标

项 目	性能指标			
	模塑		挤塑	
	供暖地面绝热层	预制沟槽保温板	供暖地面绝热层	预制沟槽保温板
类别	Ⅱ¹⁾	Ⅲ¹⁾	W200²⁾	X150/W200²⁾
表观密度（kg/m³）	≥20.0	≥30.0	≥20.0	≥30.0
压缩强度³⁾（kPa）	≥100	≥150	≥200	≥150/≥200

续表 4.2.2

项 目		性能指标			
		模塑		挤塑	
		供暖地面绝热层	预制沟槽保温板	供暖地面绝热层	预制沟槽保温板
导热系数4) (W/m·K)		≤0.041	≤0.039	≤0.035	≤0.030/ ≤0.035
尺寸稳定性（%）		≤3	≤2	≤2	≤2
水蒸气透过系数 (ng/(Pa·m·s))		≤4.5	≤4.5	≤3.5	≤3.5
吸水率（体积分数）（%）		≤4.0	≤2.0	≤2.0	≤1.5/≤2.0
熔结性5)	断裂弯曲负荷	25	35	—	—
	弯曲变形	≥20	≥20	—	—
燃烧性能	氧指数	≥30	≥30	—	—
	燃烧分级		达到 B2 级		

注：1) 模塑Ⅱ型密度范围在 20kg/m³～30kg/m³ 之间，Ⅲ型密度范围在 30kg/m³～40kg/m³ 之间；

2) W200 为不带表皮挤塑材料，X150 为带表皮挤塑材料；

3) 压缩强度是按现行国家标准《硬质泡沫塑料压缩性能的测定》GB/T 8813 要求的试件尺寸和试验条件下相对形变为 10% 的数值；

4) 导热系数为 25℃时的数值；

5) 模塑断裂弯曲负荷或弯曲变形有一项能符合指标要求，熔结性即为合格。

4.2.3 预制沟槽保温板及其金属均热层的沟槽尺寸应与敷设的加热部件外径吻合，且应符合下列规定：

1 保温板总厚度不应小于表 4.2.3 的要求；

2 均热层最小厚度宜满足表 4.2.3 的要求，并应符合下列规定：

1）均热层材料的导热系数不应小于 237W/(m·K)；

2）加热电缆铺设地砖、石材等面层时，均热层应采用喷涂有机聚合物的，具有耐砂浆性的防腐材料。

表 4.2.3 预制沟槽保温板总厚度及均热层最小厚度

加热部件类型		保温板总厚度（mm）	均热层最小厚度（mm）				
			地砖等面层	木地板面层			
				管间距 <200mm		管间距 ≥200mm	
				单层	双层	单层	双层
加热电缆		15	0.1				
加热管外径(mm)	12	20	—	0.2	0.1	0.4	0.2
	16	25	—				
	20	30	—				

注：1 地砖等面层，指在敷设有加热管或加热电缆的保温板上铺设水泥砂浆找平层后与地砖、石材等粘接的做法；木地板面层，指不需铺设找平层，直接铺设木地板的做法；

2 单层均热层，指仅采用带均热层的保温板，加热管或加热电缆上不再铺设均热层时的最小厚度；双层均热层，指采用带均热层的保温板，加热管或加热电缆上再铺设一层均热层时每层的最小厚度。

4.2.4 发泡水泥绝热层材料应符合下列规定：

1 水泥宜用硅酸盐水泥、普通硅酸盐水泥、复合硅酸盐水泥；当条件受限制时，可采用矿渣硅酸盐水泥；水泥抗压强度等级不应低于 32.5；

2 发泡水泥绝热层材料的技术指标应符合表 4.2.4 的规定。

表 4.2.4 发泡水泥绝热层技术指标

干体积密度 (kg/m³)	抗压强度（MPa）		导热系数 [W/(m·K)]
	7 天	28 天	
350	≥0.4	≥0.5	≤0.07
400	≥0.5	≥0.6	≤0.08
450	≥0.6	≥0.7	≤0.09

4.2.5 当采用其他绝热材料时，其技术指标应按本规程表 4.2.2 的规定选用同等效果的绝热材料。

4.3 填充层材料

4.3.1 豆石混凝土填充层材料强度等级宜为 C15，豆石粒径宜为 5mm～12mm。

4.3.2 水泥砂浆填充层材料应符合下列规定

1 应选用中粗砂水泥，且含泥量不应大于 5%；

2 宜选用硅酸盐水泥或矿渣硅酸盐水泥；

3 水泥砂浆体积比不应小于 1：3；

4 强度等级不应低于 M10。

4.4 水系统材料

4.4.1 加热供冷管应满足设计使用寿命、施工和环保性能要求，并应符合下列规定：

1 加热供冷管的使用条件应满足现行国家标准《冷热水系统用热塑性塑料管材和管件》GB/T 18991 中的 4 级；

2 加热供冷管的工作压力不应小于 0.4MPa；

3 管道质量必须符合国家现行相关标准的规定；加热供冷管的物理力学性能应符合本规程附录 E 的规定；

4 加热管宜使用带阻氧层的管材。

4.4.2 供暖板应符合产品标准的规定，其输配管应符合加热管的相关规定。

4.4.3 分水器、集水器应符合产品标准的规定。

4.5 加热电缆辐射供暖系统材料和温控设备

4.5.1 辐射供暖用加热电缆产品必须有接地屏蔽层。

4.5.2 加热电缆冷、热线的接头应采用专用设备和工艺连接，不应在现场简单连接；接头应可靠、密封，并保持接地的连续性。

4.5.3 加热电缆外径不宜小于 5mm。

4.5.4 加热电缆的型号和商标应有清晰标志，冷、热线接头位置应有明显标志。

4.5.5 加热电缆应经国家质量监督检验部门检验合格。产品的电气安全性能、机械性能应符合本规程附录F的规定。

4.5.6 温控器应符合国家相关标准，外观不应有划痕，应标记清晰、面板扣合开启自如、温度调节部件使用正常。

4.5.7 热水地面供暖温度控制用自动调节阀应符合相关产品标准的规定。

5 施 工

5.1 一般规定

5.1.1 施工单位应具有相应的施工资质，工程质量验收人员应具备相应的专业技术资格。

5.1.2 施工图深化设计单位应具有相应的设计资质，修改设计应有设计单位出具的设计变更文件，并经原工程设计单位批准后方可施工。

5.1.3 施工安装前所具备条件应符合下列规定：

1 施工组织设计或施工方案应已批准，采用的技术标准和质量控制措施文件应齐全并已完成技术交底；

2 材料进场检验应已合格并满足安装要求；

3 施工现场应具有供水或供电条件，应有储放材料的临时设施；

4 土建专业应已完成墙面粉刷（不含面层），外窗、外门应已安装完毕，地面已清理干净，卫生间应做闭水试验并经过验收；

5 相关电气预埋等工程应已完成。

5.1.4 加热供冷部件的运输、存储应符合下列规定：

1 应进行遮光包装后运输，不得裸露散放；

2 运输、装卸和搬运时，应小心轻放，不得抛、摔、滚、拖；

3 不得曝晒雨淋，宜储存在温度不超过40℃且通风良好和干净的库房内；

4 应避免因环境温度和物理压力受到损害，并应远离热源。

5.1.5 施工过程中应防止油漆、沥青或其他化学溶剂接触污染加热供冷部件的表面。

5.1.6 **施工过程中，加热电缆间有搭接时，严禁电缆通电。**

5.1.7 施工时不宜与其他工种交叉施工作业，所有地面留洞应在填充层施工前完成。

5.1.8 **辐射面应平整、干燥、无杂物、无积灰。**

5.1.9 **施工过程中，加热供冷部件敷设区域，严禁穿凿、穿孔或进行射钉作业。**

5.1.10 施工的环境温度不宜低于5℃；在低于0℃的环境下施工时，现场应采取升温措施。

5.1.11 施工结束后应绘制竣工图，并应准确标注

加热供冷部件敷设位置及地温传感器埋设地点。

5.2 施工方案及材料、设备检查

5.2.1 施工单位应编制施工组织设计或施工方案，方案经批准后方可施工。

5.2.2 施工组织设计或施工方案应包括下列内容：

1 工程概况；

2 施工节点图、原始工作面至面层的剖面图、伸缩缝的位置等；

3 主要材料、设备的性能技术指标、规格、型号及保管存放措施；

4 施工工艺流程及各专业施工时间计划；

5 施工质量控制措施及验收标准，包括绝热层铺设、加热供冷部件安装、填充层铺设、面层铺设、分水器和集水器施工质量，水压试验（电阻测试和绝缘测试），隐蔽前、后综合检查，环路、系统试运行调试和竣工验收等；

6 施工进度计划、劳动力计划；

7 安全、环保、节能技术措施。

5.2.3 辐射供暖供冷系统所使用的主要材料、设备组件、配件、绝热材料必须具有质量合格证明文件，其性能技术指标及规格、型号应符合国家现行有关标准和设计文件的规定，并具有国家授权机构提供的有效期内的检验报告。进场时应做检查验收并经监理工程师核查确认。

5.2.4 管材及管件、分水器和集水器及其连接件进场前应对其外观损坏等进行现场复验。

5.2.5 加热供冷管应符合下列规定：

1 管道内外表面应光滑、平整、干净，不应有可能影响产品性能的明显划痕、凹陷、气泡等缺陷；

2 管径及壁厚应符合国家现行有关标准和设计文件的规定。

5.2.6 分水器、集水器及其连接件应符合下列规定：

1 分水器、集水器材料宜为铜质，应包括分、集水干管、主管关断阀或调节阀、泄水阀、排气阀、支路关断阀或调节阀和连接配件等；

2 内外表面应光洁，不得有裂纹、砂眼、冷隔、夹渣、凹凸不平及其他缺陷。表面电镀的连接件色泽应均匀，镀层应牢固，不得有脱镀的缺陷；

3 金属连接件间的连接和过渡管件与金属连接件间的连接密封应符合现行国家标准《55°密封管螺纹》GB/T 7306的规定；永久性的螺纹连接可使用厌氧胶密封粘接；可拆卸的螺纹连接可使用厚度不超过0.25mm的密封材料密封连接；

4 铜制金属连接件与管材之间的连接结构形式宜采用卡套式、卡压式或滑紧卡套挤扩式夹紧结构。

5.2.7 预制沟槽保温板、供暖板和毛细管网进场后，应对辐射面向上供热量或供冷量及向下传热量进行复验；加热电缆进场后，应对辐射面向上供热量及向下

传热量进行复验。复验应为见证取样送检。每个规格抽检数量不应少于一个。检验方法应符合本规程附录G的规定。

5.2.8 阀门、分水器、集水器组件安装前应做强度和严密性试验，并应符合下列规定：

　　1 试验应在每批数量中抽查10%，且不得少于1个；对安装在分水器进口、集水器出口及旁通管上的旁通阀门应逐个作强度和严密性试验，试验合格后方可使用。

　　2 强度试验压力应为工作压力的1.5倍，严密性试验压力应为工作压力的1.1倍；强度和严密性试验持续时间应为15s，其间压力应保持不变，且壳体、填料及阀瓣密封面应无渗漏。

5.3 绝热层的铺设

5.3.1 铺设绝热层的原始工作面应平整、干燥、无杂物，边角交接面根部应平且无积灰现象。

5.3.2 泡沫塑料类绝热层、预制沟槽保温板、供暖板的铺设应平整，板间的相互接合应严密，接头应用塑料胶带粘接平顺。直接与土壤接触或有潮湿气体侵入的地面应在铺设绝热层之前铺设一层防潮层。

5.3.3 在铺设辐射面绝热层的同时或在填充层施工前，应由供暖供冷系统安装单位在与辐射面垂直构件交接处设置不间断的侧面绝热层，侧面绝热层的设置应符合下列规定：

　　1 绝热层材料宜采用高发泡聚乙烯泡沫塑料，且厚度不宜小于10mm；应采用搭接方式连接，搭接宽度不应小于10mm；

　　2 绝热层材料也可采用密度不小于20kg/m³的模塑聚苯乙烯泡沫塑料板，其厚度应为20mm，聚苯乙烯泡沫塑料板接头处应采用搭接方式连接；

　　3 侧面绝热层应从辐射面绝热层的上边缘做到填充层的上边缘；交接部位应有可靠的固定措施，侧面绝热层与辐射面绝热层应连接严密。

5.3.4 发泡水泥绝热层的施工现场应具备下列设备：

　　1 平整发泡水泥绝热层和水泥砂浆填充层表面的装置；

　　2 适应不同工艺特点的专用搅拌机；

　　3 活塞式泵或挤压式泵，或其他可满足要求的发泡水泥或水泥砂浆输送泵。

5.3.5 浇注发泡水泥绝热层之前的施工准备应符合下列规定：

　　1 对设备、输送泵及输送管道进行安全性检查；

　　2 根据现场使用的水泥品种进行发泡剂类型配方设计后方可进行现场制浆；

　　3 在房间墙上标记出发泡水泥绝热层浇筑厚度的水平线。

5.3.6 发泡水泥绝热层现场浇筑宜采用物理发泡工艺，并应符合下列规定：

　　1 施工浇筑中应随时观察检查浆料的流动性、发泡稳定性，并应控制浇筑厚度及地面平整度；发泡水泥绝热层自流平后，应采用刮板刮平；

　　2 发泡水泥绝热层内部的孔隙应均匀分布，不应有水泥与气泡明显的分离层；

　　3 当施工环境风力大于5级时，应停止施工或采取挡风等安全措施；

　　4 发泡水泥绝热层在养护过程中不得振动，且不应上人作业。

5.3.7 发泡水泥绝热层应在浇筑过程中进行取样检验；宜按连续施工每50000m²作为一个检验批，不足50000m²时应按一个检验批计。

5.3.8 预制沟槽保温板铺设应符合下列规定：

　　1 可直接将相同规格的标准板块拼接铺设在楼板基层或发泡水泥绝热层上；

　　2 当标准板块的尺寸不能满足要求时，可用工具刀裁下所需尺寸的保温板对齐铺设；

　　3 相邻板块上的沟槽应互相对应、紧密依靠。

5.3.9 供暖板及填充板铺设应符合下列规定：

　　1 带木龙骨的供暖板可用水泥钉钉在地面上进行局部固定，也可平铺在基层地面上；填充板应在现场加龙骨，龙骨间距不应大于300mm，填充板的铺设方法与供暖板相同；

　　2 不带龙骨的供暖板和填充板可采用工程胶点粘在地面上，并在面层施工时一起固定；

　　3 填充板内的输配管安装后，填充板上应采用带胶铝箔覆盖输配管。

5.4 加热供冷管系统的安装

5.4.1 加热供冷管应按设计图纸标定的管间距和走向敷设，加热供冷管应保持平直，管间距的安装误差不应大于10mm。加热供冷管敷设前，应对照施工图纸核定加热供冷管的选型、管径、壁厚，并应检查加热供冷管外观质量，管内部不得有杂质。加热供冷管安装间断或完毕时，敞口处应随时封堵。

5.4.2 加热供冷管及输配管切割应采用专用工具，切口应平整，断口面应垂直管轴线。

5.4.3 加热供冷管及输配管弯曲敷设时应符合下列规定：

　　1 圆弧的顶部应用管卡进行固定；

　　2 塑料管弯曲半径不应小于管道外径的8倍，铝塑复合管的弯曲半径不应小于管道外径的6倍，铜管的弯曲半径不应小于管道外径的5倍；

　　3 最大弯曲半径不得大于管道外径的11倍；

　　4 管道安装时应防止管道扭曲；铜管应采用专用机械弯管。

5.4.4 混凝土填充式供暖地面距墙面最近的加热管与墙面间距宜为100mm；每个环路加热管总长度与设计图纸误差不应大于8%。

5.4.5 埋设于填充层内的加热供冷管及输配管不应有接头。在铺设过程中管材出现损坏、渗漏等现象时，应当整根更换，不应拼接使用。

5.4.6 施工验收后，发现加热供冷管或输配管损坏，需要增设接头时，应符合下列规定：

1 应报建设单位或监理工程师，提出书面补救方案，经批准后方可实施；

2 塑料管和铝塑复合管增设接头时，应根据管材，采用热熔或电熔插接式连接，或卡套式、卡压式铜制管接头连接；采用卡套式、卡压式铜制管接头连接后，应在铜制管接头外表面做防腐处理，并应采用橡胶软管套，且两端做好密封；装饰层表面应有检修标识；

3 铜管宜采用机械连接或焊接连接；

4 应在竣工图上清晰表示接头位置，并记录归档。

5.4.7 加热供冷管应设固定装置。加热供冷管弯头两端宜设固定卡；加热供冷管直管段固定点间距宜为 500mm～700mm，弯曲管段固定点间距宜为 200mm～300mm。

5.4.8 加热供冷管或输配管穿墙时应设硬质套管。

5.4.9 在分水器、集水器附近以及其他局部加热供冷管排列比较密集的部位，当管间距小于 100mm 时，加热供冷管外部应设置柔性套管。

5.4.10 加热供冷管或输配管出地面至分水器、集水器连接处，弯管部分不宜露出面层。加热供冷管或供暖板输配管出地面至分水器、集水器下部阀门接口之间的明装管段，外部应加装塑料套管或波纹管套管，套管应高出面层 150mm～200mm。

5.4.11 加热供冷管或输配管与分水器、集水器连接应采用卡套式、卡压式挤压夹紧连接，连接件材料宜为铜质。铜质连接件直接与 PP-R 塑料管接触的表面必须镀镍。

5.4.12 加热供冷管的环路布置不宜穿越填充层内的伸缩缝，必须穿越时，伸缩缝处应设长度不小于 200mm 的柔性套管。

5.4.13 分水器、集水器宜在加热供冷管敷设之前进行安装。水平安装时，宜将分水器安装在上，集水器安装在下，中心距宜为 200mm，集水器中心距地面不应小于 300mm。

5.4.14 填充层伸缩缝设置应与加热供冷管的安装同步或在填充层施工前进行，并应符合下列规定：

1 当地面面积超过 30m² 或边长超过 6m 时，应按不大于 6m 间距设置伸缩缝，伸缩缝宽度不应小于 8mm；伸缩缝宜采用高发泡聚乙烯泡沫塑料板，或预设木板条待填充层施工完毕后取出，缝槽内满填弹性膨胀膏；

2 伸缩缝宜从绝热层的上边缘做到填充层的上边缘；

3 伸缩缝应有效固定，泡沫塑料板也可在铺设辐射面绝热层时挤入绝热层中。

5.4.15 输配管与其配水、集水装置的接头连接时，应采用专用工具将管道套到接头根部，再用专用固定卡子卡住，使其紧密连接。

5.4.16 供暖板的配水、集水装置可采用暗装方式，也可采用明装方式。采用暗装方式时，宜与供暖板一起埋在面层下；采用明装方式时，配水、集水装置宜单独安装在外窗下的墙面上。

5.5 加热电缆系统的安装

5.5.1 加热电缆应按照施工图纸标定的电缆间距和走向敷设。加热电缆应保持平直，电缆间距的安装误差不应大于 10mm。敷设前应对照施工图纸核定型号，并应检查外观质量。

5.5.2 加热电缆出厂后严禁剪裁和拼接，有外伤或破损的加热电缆严禁敷设。

5.5.3 加热电缆安装前后应测量加热电缆的标称电阻和绝缘电阻，并做自检记录。

5.5.4 加热电缆施工前，应确认加热电缆冷线预留管、温控器接线盒、地温传感器预留管、供暖配电箱等预留、预埋工作已完毕。

5.5.5 加热电缆的弯曲半径不应小于生产企业规定的限值，且不得小于 6 倍电缆直径。

5.5.6 采用混凝土填充式地面供暖时，加热电缆下应铺设金属网，并应符合下列规定：

1 金属网应铺设在填充层中间；

2 除填充层在铺设金属网和加热电缆的前后分层施工外，金属网网眼不应大于 100mm×100mm，金属直径不应小于 1.0mm；

3 应每隔 300mm 将加热电缆固定在金属网上。

5.5.7 加热电缆的热线部分严禁进入冷线预留管。

5.5.8 加热电缆的冷线与热线接头应暗装在填充层或预制沟槽保温板内，接头处 150mm 之内不应弯曲。

5.5.9 伸缩缝的设置应符合本规程第 5.4.14 条的规定。

5.5.10 加热电缆供暖系统和温控系统的电气施工应符合现行国家标准《电气装置安装工程 1kV 及以下配线工程施工及验收规范》GB 50254 和《建筑电气工程施工质量验收规范》GB 50303 的规定。

5.6 水 压 试 验

5.6.1 管道敷设完成，经检查符合设计要求后应进行水压试验，水压试验应符合下列规定：

1 水压试验应在系统冲洗之后进行，系统冲洗应对分水器、集水器以外主供、回水管道进行冲洗，冲洗合格后再进行室内供暖系统的冲洗；

2 水压试验之前，应对试压管道和构件采取安全有效的固定和保护措施；

3 水压试验应以每组分水器、集水器为单位，逐回路进行；

4 混凝土填充式地面辐射供暖户内系统试压应进行两次，分别在浇筑混凝土填充层之前和填充层养护期满后进行；预制沟槽保温板、供暖板和毛细管网户内系统试压应进行两次，分别在铺设面层之前和之后进行；

5 冬季进行水压试验时，在有冻结可能的情况下，应采取可靠的防冻措施，试压完成后应及时将管内的水吹净、吹干。

5.6.2 水压试验压力应为工作压力的 1.5 倍，且不应小于 0.6MPa。在试验压力下，稳压 1h，其压力降不应大于 0.05MPa，且不渗不漏。

5.7 填充层施工

5.7.1 填充层施工前应具备下列条件：

1 加热电缆经电阻检测和绝缘性能检测合格；

2 侧面绝热层和填充层伸缩缝已安装完毕；

3 加热供冷管安装完毕且水压试验合格、加热供冷管处于有压状态；

4 温控器的安装盒、加热电缆冷线穿管已经布置完毕；

5 通过隐蔽工程验收。

5.7.2 混凝土填充层施工，应由有资质的土建施工方承担，供暖供冷系统安装单位密切配合。填充层施工过程中不得拆除和移动伸缩缝。

5.7.3 地面辐射供暖供冷工程施工过程中，埋管区域应实施工通道或采取加盖等保护措施，严禁人员踩踏加热供冷部件。

5.7.4 水泥砂浆填充层应与发泡水泥绝热层结合牢固，单处空鼓面积不应大于 0.04cm²，且每个自然房间不应多于 2 处。

5.7.5 水泥砂浆填充层表层的抹平工作应在水泥砂浆初凝前完成，压光或拉毛工作应在水泥砂浆终凝前完成。

5.7.6 混凝土填充层施工中，加热供冷管内的水压不应低于 0.6MPa；填充层养护过程中，系统水压不应低于 0.4MPa。

5.7.7 填充层施工中，严禁使用机械振捣设备；施工人员应穿软底鞋，使用平头铁锹。

5.7.8 系统初始供暖、供冷前，水泥砂浆填充层养护时间不应少于 7d，或抗压强度应达到 5MPa 后，方可上人行走；豆石混凝土填充层的养护周期不应少于 21d。养护期间及期满后，应对地面采取保护措施，不得在地面加以重载、高温烘烤、直接放置高温物体和高温设备。

5.7.9 填充层应在铺设过程中进行取样检验；宜按连续施工每 10000m² 作为一个检验批，不足 10000m² 时按一个检验批计。

5.7.10 填充层施工完毕后，应进行加热电缆的标称电阻和绝缘电阻检测验收并做好记录。

5.8 面 层 施 工

5.8.1 面层施工前，填充层应达到面层需要的干燥度和强度。面层施工除应符合土建施工设计图纸的各项要求外，尚应符合下列规定：

1 施工面层时，不得剔、凿、割、钻和钉填充层，不得向填充层内楔入任何物件；

2 石材、瓷砖在与内外墙、柱等垂直构件交接处，应留 10mm 宽伸缩缝；木地板铺设时，应留不小于 14mm 的伸缩缝；伸缩缝应从填充层的上边缘做到高出面层上表面 10mm～20mm，面层敷设完毕后，应裁去伸缩缝多余部分；伸缩缝填充材料宜采用高发泡聚乙烯泡沫塑料；

3 面积较大的面层应由建筑专业计算伸缩量，设置必要的面层伸缩缝。

5.8.2 以木地板作为面层时，木材应经过干燥处理，且应在填充层和找平层完全干燥后进行木地板施工。

5.8.3 以瓷砖、大理石、花岗岩作为面层时，填充层伸缩缝处宜采用干贴施工。

5.8.4 采用预制沟槽保温板或供暖板时，面层可按下列方法施工：

1 木地板面层可直接铺设在预制沟槽保温板或供暖板上，可发性聚乙烯（EPE）垫层应铺设在保温板或供暖板下，不得铺设在加热部件上；

2 采用带木龙骨的供暖板时，木地板应与木龙骨垂直铺设；

3 铺设石材或瓷砖时，预制沟槽保温板及其加热部件上，应铺设厚度不小于 30mm 的水泥砂浆找平层和粘接层；水泥砂浆找平层应加金属网，网格间距不应大于 100mm，金属直径不应小于 1.0mm。

5.8.5 采用发泡水泥绝热层和水泥砂浆填充层时，当面层为瓷砖或石材地面时，填充层和面层应同时施工。

5.9 卫 生 间 施 工

5.9.1 卫生间应做两层隔离层。

5.9.2 卫生间过门处应设置止水墙，在止水墙内侧应配合土建专业做防水。加热供冷管穿止水墙处应采取隔离措施。

5.10 质 量 验 收

5.10.1 加热供冷管、加热电缆、供暖板安装完毕，混凝土填充式的填充层或预制沟槽保温板、供暖板的面层施工前，应按隐蔽工程要求，由工程承包方提出书面报告，由监理工程师组织各有关人员进行中间验收。工程质量检验表可按本规程附录 H 进行填写。

5.10.2 辐射供暖供冷水系统检查和验收应包括下列内容：

1 加热供冷管、预制沟槽保温板或供暖板、输配管、分水器、集水器、阀门、附件、绝热材料、温控及计量设备等的质量；

2 原始工作面、填充层、面层、隔离层、绝热层、防潮层、均热层、伸缩缝等施工质量；

3 管道、分水器、集水器、阀门、温控及计量设备等安装质量；

4 管路冲洗；

5 隐蔽前、后水压试验。

5.10.3 加热电缆系统检查和验收应包括下列内容：

1 加热电缆、温控及计量设备、绝热材料等的质量；

2 原始工作面、填充层、面层、隔离层、绝热层、防潮层、均热层和伸缩缝等施工质量；

3 隐蔽前、后加热电缆标称电阻和绝缘电阻检测；

4 加热电缆、温控及计量设备安装质量。

5.10.4 发泡水泥绝热层验收应符合下列规定：

1 发泡水泥绝热层施工完毕后，在填充层施工前，应按隐蔽工程要求，由施工方会同监理单位进行分项中间验收；

2 干体积密度验收应符合现行国家标准《蒸压加气混凝土性能试验方法》GB/T 11969 的规定；

3 7d、28d 抗压强度应符合现行国家标准《蒸压加气混凝土性能试验方法》GB/T 11969 的规定；

4 导热系数应符合现行国家标准《绝热材料稳态热阻及有关特性的测定 防护热板法》GB 10294 的规定。

5.10.5 辐射供暖供冷系统中间验收应符合下列规定：

1 供暖供冷地面施工前，地面的平整、清洁状况符合施工要求；

2 绝热层的厚度、材料的物理性能及铺设应符合设计要求；

3 伸缩缝应按设计要求敷设完毕；

4 供暖板表面应平整，接缝处应严密。

5 加热供冷管、输配管、加热电缆的材料、规格及敷设间距、弯曲半径及固定措施等应符合设计要求；

6 填充层内加热供冷管、输配管不应有接头，弯曲部分不得出现硬折弯现象；

7 隐蔽敷设的加热电缆的发热区域不应裁剪和破损；加热电缆之间不应在任何地方有相互接触，交叉或者重叠的现象；

8 加热供冷管、输配管、分水器、集水器及其连接处在试验压力下无渗漏；

9 加热电缆系统每个环路应无短路和断路现象，电阻及绝缘电阻测试符合要求；

10 阀门启闭灵活，关闭严密；

11 温控及计量装置、分水器、集水器及其连接件等安装后应有成品保护措施；

12 供暖地面按要求铺设防潮层、隔离层、均热层、钢丝网等；

13 填充层、找平层、面层平整，表面无明显裂缝。

5.10.6 绝热层、预制沟槽保温板、加热供冷管、加热电缆、供暖板及分水器和集水器施工技术要求及允许偏差应符合表 5.10.6-1 的规定；原始工作面、填充层、面层施工技术要求及允许偏差应符合表 5.10.6-2 的规定。

表 5.10.6-1 绝热层、保温板、填充板、管道部件施工技术要求及允许偏差

序号	项目	条件	技术要求	允许偏差 (mm)
1	绝热层	泡沫塑料类 结合	无缝隙	—
		厚度	按设计要求	+10
		发泡水泥 厚度	按设计要求	±5
2	预制沟槽保温板	保温板 结合	无缝隙	—
		均热层（如有） 厚度	采用地砖等面层的加热电缆时，不小于0.1mm；采用木地板时，总厚度不应小于0.2mm	—
3	加热供冷管	弯曲半径 塑料管	不小于8倍管外径，不应大于11倍管外径	−5
		弯曲半径 铝塑复合管	不小于6倍管外径，不应大于11倍管外径	−5
		弯曲半径 铜管	不小于5倍管外径，不应大于11倍管外径	−5
		固定点间距 直管	宜为0.5m～0.7m	+10
		固定点间距 弯管	宜为0.2m～0.3m	
4	加热电缆	间距	按设计要求	+10
		弯曲半径	不应小于生产企业规定限值，且不得小于6倍管外径	−5
5	预制轻薄供暖板	供暖板和填充板 连接	无缝隙	—
		输配管 间距	按设计要求	−10
		输配管 弯曲半径	要求同加热供冷管	−5
6	分水器、集水器安装	垂直距离	宜为200mm	±10

表 5.10.6-2　原始工作面、填充层、面层施工技术要求及允许偏差

序号	项目	条件		技术要求	允许偏差 (mm)
1	原始工作面	铺设绝热层或保温板、供暖板前		平整	—
2	填充层	豆石混凝土	加热供冷管	标号, 宜 50mm 最小厚度	C15, 宜 50mm	平整度 ±5
			加热电缆	C15, 宜 40mm	
		水泥砂浆	加热供冷管	标号, 宜 40mm 最小厚度	M10, 宜 40mm	平整度 ±5
			加热电缆	M10, 宜 35mm	
		面积大于 30m² 或长度大于 6m		留 8mm 伸缩缝	+2
		与内外墙、柱等垂直部件		留 10mm 侧面绝热层	+2
3	面层	与内外墙、柱等垂直部件	瓷砖、石材地面	留 10mm 伸缩缝	+2
			木地板地面	留大于或等于 14mm 伸缩缝	+2

注：原始工作面允许偏差应满足相应土建施工标准。

6　试运行、调试及竣工验收

6.1　试运行与调试

6.1.1　辐射供暖供冷系统未经调试，严禁运行使用。

6.1.2　辐射供暖供冷系统的试运行调试，应在施工完毕且养护期满后，且具备正常供暖供冷和供电的条件下，由施工单位在建设单位配合下进行。

6.1.3　初始供暖时，水温变化应平缓。供暖系统的供水温度应控制在高于室内空气温度 10℃ 左右，且不应高于 32℃，并应连续运行 48h；以后每隔 24h 水温升高 3℃，直至达到设计供水温度，并保持该温度运行不少于 24h；在设计供水温度下应对每组分水器、集水器连接的加热管逐路进行调节，直至达到设计要求。

6.1.4　初始供冷调试应在新风系统调试后进行，水温变化应平缓。供冷系统的供水温度应控制在高于室内空气露点温度 2℃ 以上，逐渐降低直至达到设计供水温度，并保持该温度运行不少于 24h。在设计供水温度下应对每组分水器、集水器连接的供冷管逐路进行调节，直至达到设计要求。

6.1.5　加热电缆辐射供暖系统初始通电加热时，应控制室温平缓上升，直至达到设计要求。

6.1.6　辐射供暖供冷系统调试完成后，宜对下列性能参数进行检测，并应符合下列规定：

　　1　辐射体表面平均温度满足本规程第 3.1.3 条和第 3.1.4 条的规定；

　　2　室内空气温度满足设计要求；

　　3　辐射供暖供冷系统进出口水温度及温差满足设计要求。

6.1.7　辐射体表面平均温度测定应符合下列规定：

　　1　温度计应与辐射体表面紧密粘贴；

　　2　温度测点数量不应少于 5 对，其中一半测点应沿热媒流程均匀设置在加热供冷管上，另一半测点应设在加热供冷管之间且沿热媒流程均匀布置；

　　3　辐射体表面平均温度应取各测点温度的算术平均值；

　　4　温度测量系统准确度应为 ±0.2℃。

6.1.8　辐射供暖供冷系统室内空气温度检测应符合下列规定：

　　1　辐射供暖时，宜以房间中央离地 0.75m 高处的空气温度作为评价依据；

　　2　辐射供冷时，宜以房间中央离地 1.1m 高处空气温度作为评价依据；

　　3　温度测量系统准确度应为 ±0.2℃。

6.1.9　辐射供暖供冷系统进出口水温测点宜布置在分水器、集水器上，温度测量系统准确度应为 ±0.1℃。

6.2　竣工验收

6.2.1　竣工验收应在辐射供暖供冷系统性能检测合格后进行。

6.2.2　竣工验收时，应提供下列文件：

　　1　施工图、竣工图和设计变更文件；

　　2　主要设备和管材、配件等主要材料的出厂合格证及检验报告；

　　3　辐射供暖供冷系统性能检测报告；

　　4　中间验收记录；

　　5　冲洗和试压记录；

　　6　工程质量检验评定记录；

　　7　系统试运行和调试记录；

　　8　材料和产品的现场复验报告；

　　9　工程使用维护说明书。

7　运行与维护

7.0.1　辐射供暖供冷系统首次运行注水前应充分排气。系统每年首次运行时，需确保户外户内阀门开启到位，过滤器无堵塞，立管进回水放气通畅，加热供冷管内无气堵。

7.0.2　辐射供暖供冷系统加热供冷管在非供暖或供冷季应进行满水保护。在有冻结可能的地区应排水、泄压。

7.0.3　加热电缆辐射供暖系统每年供暖期使用前，应检查温控器及电路系统是否正常。

7.0.4　辐射供暖供冷系统的表面上应有明显的标识，不得进行打洞、钉凿、撞击、高温作业等工作。

附录 A 辐射供暖地面构造图示

A.0.1 混凝土填充式供暖地面构造可按图 A.0.1-1 和图 A.0.1-2 设置：

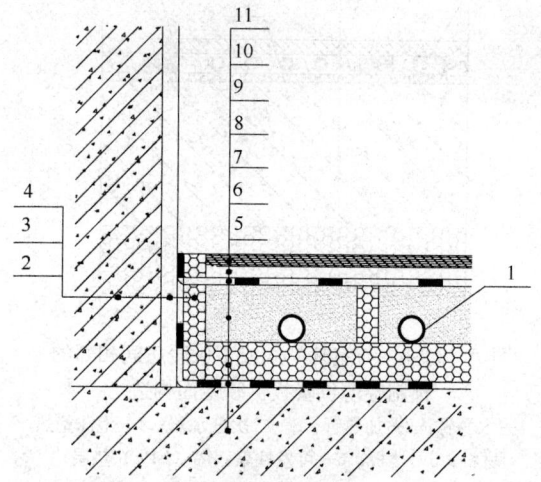

图 A.0.1-1 采用塑料绝热层（发泡水泥绝热层）的混凝土填充式热水供暖地面构造

1—加热管；2—侧面绝热层；3—抹灰层；4—外墙；5—楼板或与土壤相邻地面；6—防潮层（对与土壤相邻地面）；7—泡沫塑料绝热层（发泡水泥绝热层）；8—豆石混凝土填充层（水泥砂浆填充找平层）；9—隔离层（对潮湿房间）；10—找平层；11—装饰面层

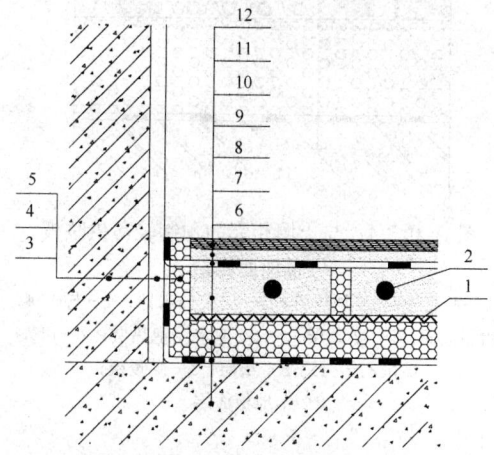

图 A.0.1-2 采用泡沫塑料绝热层（发泡水泥绝热层）的混凝土填充式加热电缆供暖地面构造

1—金属网；2—加热电缆；3—侧面绝热层；4—抹灰层；5—外墙；6—楼板或与土壤相邻地面；7—防潮层（对与土壤相邻地面）；8—泡沫塑料绝热层（发泡水泥绝热层）；9—豆石混凝土填充层（水泥砂浆填充找平层）；10—隔离层（对潮湿房间）；11—找平层；12—装饰面层

A.0.2 预制沟槽保温板式供暖地面构造可按图 A.0.2-1～图 A.0.2-4 设置：

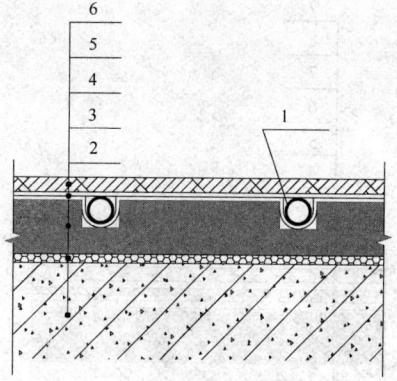

图 A.0.2-1 与供暖房间相邻的预制沟槽保温板供暖地面构造

1—加热管或加热电缆；2—楼板；3—可发性聚乙烯（EPE）垫层；4—预制沟槽保温板；5—均热层；6—木地板面层

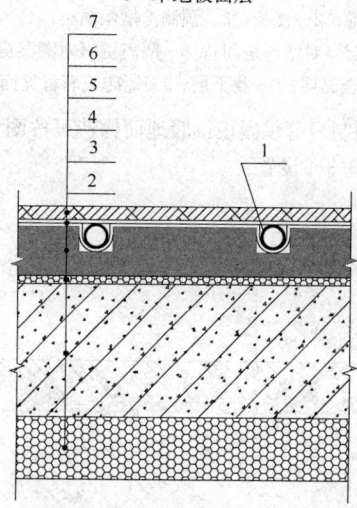

图 A.0.2-2 与室外空气或不供暖房间相邻的预制沟槽保温板供暖地面构造

1—加热管或加热电缆；2—泡沫塑料绝热层；3—楼板；4—可发性聚乙烯（EPE）垫层；5—预制沟槽保温板；6—均热层；7—木地板面层

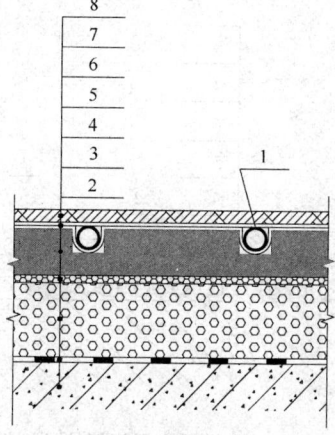

图 A.0.2-3 与土壤相邻的预制沟槽保温板供暖地面构造

1—加热管或加热电缆；2—与土壤相邻地面；3—防潮层；4—发泡水泥绝热层；5—可发性聚乙烯（EPE）垫层；6—预制沟槽保温板；7—均热层；8—木地板面层

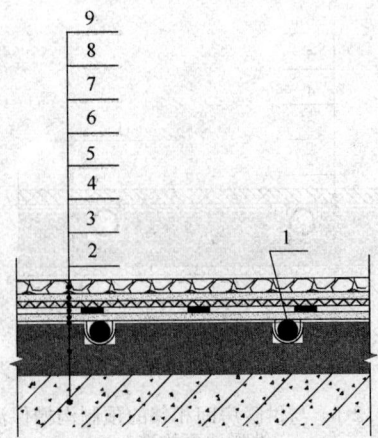

图 A.0.2-4　与供暖房间相邻的预制沟槽保温板
加热电缆供暖地面构造

1—加热电缆；2—楼板；3—预制沟槽保温板；4—均热层；
5—找平层（对潮湿房间）；6—隔离层（对潮湿房间）；
7—金属层；8—找平层；9—地砖或石材地面

A.0.3　预制轻薄供暖板供暖地面构造可按图 A.0.3-
1～ 图 A.0.3-4 设置：

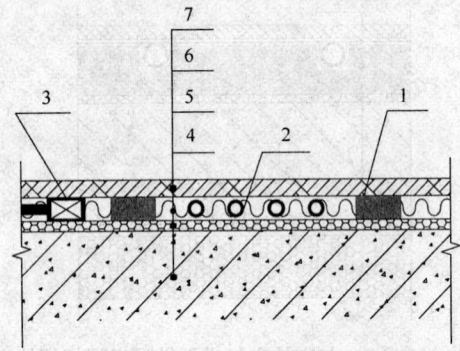

图 A.0.3-1　与供暖房间相邻的预制轻薄
供暖板供暖地面构造（一）

1—木龙骨；2—加热管；3—二次分水器；4—楼板；5—可发性
聚乙烯（EPE）垫层；6—供暖板；7—木地板面层

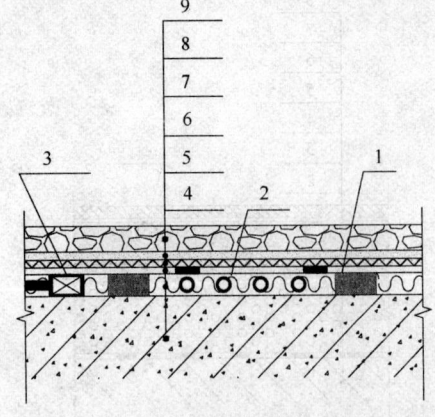

图 A.0.3-2　与供暖房间相邻的预制轻薄
供暖板供暖地面构造（二）

1—木龙骨；2—加热管；3—二次分水器；4—楼板；5—供暖板；
6—隔离层（对潮湿房间）；7—金属层；8—找平层；
9—地砖或石材面层

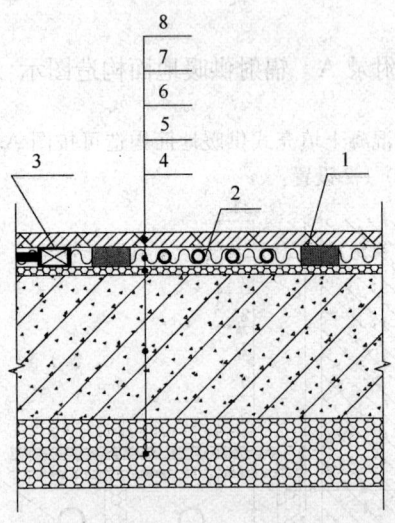

图 A.0.3-3　与室外空气或不供暖房间相邻的
预制轻薄供暖板供暖地面构造

1—木龙骨；2—加热管；3—二次分水器；4—泡沫绝热
材料；5—楼板；6—可发性聚乙烯（EPE）垫层；
7—供暖板；8—木地板面层

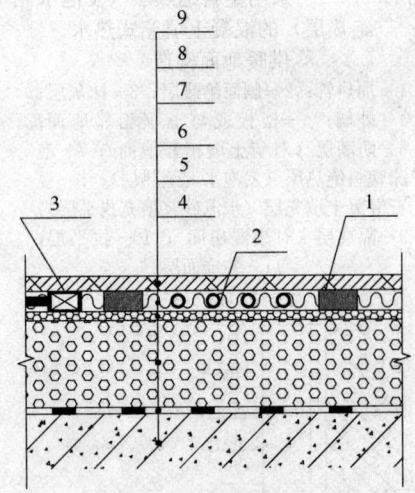

图 A.0.3-4　与土壤相邻的预制轻薄供暖板
供暖地面构造

1—木龙骨；2—加热管；3—二次分水器；4—与土壤
相邻地面；5—防潮层；6—发泡水泥绝热层；7—可发
性聚乙烯（EPE）垫层；8—供暖板；
9—木地板面层

附录 B　混凝土填充式热水辐射
供暖地面单位面积散热量

B.1　**采用聚苯乙烯塑料板绝热层的混凝土填充式
热水辐射供暖地面单位面积散热量**

B.1.1　当采用导热系数为 0.38W/(m·K) 的 PE-X
管时，单位地面面积的向上供热量和向下传热量可按
表 B.1.1-1～表 B.1.1-4 取值。

表 B.1.1-1 水泥、石材或陶瓷面层单位地面面积的向上供热量和向下传热量（W/m²）

平均水温（℃）	室内空气温度（℃）	加热管间距（mm）									
		500		400		300		200		100	
		向上供热量	向下传热量	向上供热量	向下传热量	向上供热量	向下传热量	向上供热量	向下传热量	向上供热量	向下传热量
35	16	64.4	18.4	72.6	18.8	81.8	19.4	91.4	20.0	100.7	21.0
	18	57.7	16.7	65.0	17.0	73.2	17.4	81.7	18.1	89.9	19.0
	20	51.0	14.9	57.4	15.2	64.6	15.6	72.1	16.1	79.3	16.9
	22	44.3	13.1	49.9	13.3	56.0	13.7	62.5	14.2	68.7	14.9
	24	37.7	11.3	42.4	11.5	47.6	11.9	53.0	12.2	58.2	12.8
40	16	82.3	23.1	93.0	23.6	105.0	24.2	117.6	25.2	129.8	26.5
	18	75.5	21.4	85.3	21.8	96.2	22.4	107.7	23.3	118.8	24.4
	20	69.7	19.6	77.6	20.0	87.5	20.6	97.9	21.4	107.9	22.4
	22	62.0	17.9	69.9	18.2	78.8	18.7	88.1	19.4	97.1	20.4
	24	55.2	16.1	62.3	16.4	70.1	16.8	78.3	17.5	86.3	18.3
45	16	100.6	27.9	113.8	28.4	128.6	29.4	144.3	30.4	159.6	32.0
	18	93.7	26.1	106.0	26.7	119.7	27.5	134.3	28.5	148.5	30.0
	20	86.9	24.4	98.2	24.9	110.9	25.6	124.4	26.6	137.4	27.9
	22	80.0	22.6	90.4	23.1	102.1	23.7	114.4	24.7	126.4	25.9
	24	73.2	20.9	82.7	21.3	93.3	21.8	104.5	22.7	115.7	23.9
50	16	119.1	32.6	134.9	33.3	152.7	34.2	171.6	35.7	190.1	37.5
	18	112.2	30.9	127.0	31.5	143.8	32.4	161.5	33.8	178.9	35.5
	20	105.3	29.2	119.2	29.8	134.8	30.6	151.5	31.9	167.7	33.5
	22	98.3	27.4	111.3	28.0	125.9	28.8	141.4	29.9	156.5	31.5
	24	91.4	25.7	103.5	26.2	117.0	26.9	131.3	28.0	145.3	29.4
55	16	137.8	37.4	156.3	38.2	177.1	39.5	199.4	41.0	221.2	43.1
	18	130.9	35.7	148.4	36.7	168.1	37.5	189.2	39.1	209.9	41.1
	20	123.9	34.0	140.5	34.7	159.1	35.7	179.0	37.2	198.5	39.1
	22	117.0	32.2	132.6	32.9	150.1	33.8	168.9	35.2	187.2	37.1
	24	110.0	30.5	124.7	31.1	141.1	32.0	158.7	33.3	175.9	35.1

注：1　计算条件为加热管公称外径20mm，填充层厚度50mm，聚苯乙烯泡沫塑料绝热层导热系数0.041W/(m·K)、厚度20mm，供回水温差10℃；

　　2　水泥、石材或陶瓷面层热阻为0.02m²·K/W。

表 B.1.1-2　塑料类材料面层单位地面面积的向上
供热量和向下传热量（W/m²）

平均水温（℃）	室内空气温度（℃）	加热管间距（mm）									
		500		400		300		200		100	
		向上供热量	向下传热量	向上供热量	向下传热量	向上供热量	向下传热量	向上供热量	向下传热量	向上供热量	向下传热量
35	16	54.4	19.3	59.7	19.8	65.2	20.3	70.8	21.1	76.1	22.0
	18	48.7	17.4	53.5	17.9	58.4	18.4	63.4	19.1	68.1	19.9
	20	43.1	15.6	47.3	16.0	51.6	16.4	56.0	17.0	60.1	17.7
	22	37.5	13.7	41.1	14.0	44.9	14.4	48.7	15.0	52.2	15.6
	24	31.9	11.8	35.0	12.1	38.2	12.5	41.4	12.9	44.3	13.4
40	16	69.3	24.3	76.2	24.9	83.4	25.6	90.6	26.6	97.4	27.8
	18	63.6	22.4	69.9	23.0	76.5	23.7	83.1	24.6	89.3	25.6
	20	57.9	20.6	63.6	21.1	69.6	21.7	75.6	22.5	81.3	23.5
	22	52.3	18.7	57.4	19.2	62.7	19.7	68.1	20.5	73.2	21.4
	24	46.6	16.8	51.1	17.2	55.9	17.8	60.7	18.4	65.2	19.2
45	16	84.5	29.3	92.9	30.0	101.8	31.0	110.8	32.1	119.2	33.5
	18	78.8	27.4	86.6	28.1	94.8	29.1	103.2	30.1	111.0	31.4
	20	73.0	25.6	80.3	26.2	87.9	27.1	95.6	28.1	102.9	29.3
	22	67.3	23.7	73.9	24.3	81.0	25.2	88.1	26.1	94.7	27.2
	24	61.6	21.9	67.6	22.4	74.0	23.1	80.5	24.0	86.6	25.0
50	16	99.8	34.3	109.9	35.1	120.4	36.4	131.2	37.7	141.3	39.4
	18	94.1	32.5	103.5	33.3	113.5	34.4	123.6	35.7	133.1	37.3
	20	88.3	30.6	97.1	31.4	106.5	32.4	115.9	33.7	124.8	35.2
	22	82.5	28.8	90.8	29.5	99.5	30.4	108.3	31.6	116.6	33.0
	24	76.8	26.9	84.4	27.6	92.5	28.5	100.7	29.6	108.4	30.9
55	16	115.3	39.3	127.0	40.3	139.3	41.8	151.9	43.3	163.8	45.2
	18	109.5	37.5	120.6	38.5	132.3	39.8	144.2	41.3	155.5	43.1
	20	103.7	35.7	114.2	36.6	125.3	37.9	136.6	39.3	147.2	41.0
	22	97.9	33.9	107.8	34.7	118.2	35.8	128.9	37.2	138.9	38.9
	24	92.1	32.0	101.4	32.8	111.2	33.9	121.2	35.2	130.6	36.8

注：1　计算条件为加热管公称外径20mm，填充层厚度50mm，聚苯乙烯泡沫塑料绝热层导热系数0.041W/(m·K)、厚度20mm，供回水温差10℃；

　　2　塑料类材料面层热阻为0.075m²·K/W。

表 B.1.1-3　木地板材料面层单位地面面积的
向上供热量和向下传热量（W/m²）

平均水温 （℃）	室内空气 温度 （℃）	加热管间距（mm）									
		500		400		300		200		100	
		向上 供热量	向下 传热量	向上 供热量	向下 传热量	向上 供热量	向下 传热量	向上 供热量	向下 传热量	向上 供热量	向下 传热量
35	16	51.1	19.6	55.4	20.1	59.9	20.7	64.4	21.4	68.6	22.3
	18	45.8	17.7	49.7	18.2	53.7	18.7	57.7	19.4	61.4	20.2
	20	40.5	15.8	43.9	16.2	47.5	16.7	51.0	17.3	54.3	18.0
	22	35.3	13.9	38.2	14.3	41.3	14.7	44.3	15.2	47.1	15.8
	24	30.0	12.0	32.5	12.3	35.1	12.7	37.7	13.1	40.1	13.6
40	16	65.1	24.6	70.7	25.3	76.5	26.2	82.2	27.1	87.7	28.2
	18	59.7	22.8	64.9	23.4	70.2	24.2	75.5	25.0	80.4	26.0
	20	54.4	20.9	59.1	21.4	63.9	22.1	68.7	22.9	73.2	23.8
	22	49.1	19.0	53.3	19.5	57.6	20.1	61.9	20.8	66.0	21.7
	24	43.8	17.1	47.5	17.5	51.3	18.1	55.2	18.7	58.8	19.5
45	16	79.2	29.7	86.1	30.5	93.3	31.6	100.4	32.6	107.1	34.0
	18	73.9	27.9	80.3	28.6	86.9	29.5	93.5	30.6	99.8	31.9
	20	68.5	26.0	74.4	26.7	80.6	27.5	86.7	28.6	92.5	29.7
	22	63.1	24.1	68.6	24.7	74.2	25.5	79.9	26.5	85.2	27.6
	24	57.8	22.2	62.7	22.8	67.9	23.5	73.0	24.4	77.9	25.4
50	16	93.6	34.8	101.8	35.7	110.3	37.0	118.8	38.3	126.8	39.9
	18	88.2	33.0	95.9	33.9	103.9	35.1	111.9	36.3	119.4	37.8
	20	82.8	31.1	90.0	31.9	97.5	33.1	105.0	34.2	112.1	35.7
	22	77.4	29.2	84.1	30.0	91.1	31.0	98.1	32.2	104.7	33.5
	24	72.0	27.4	78.2	28.1	84.7	29.0	91.2	30.1	97.3	31.3
55	16	108.0	39.9	117.6	41.0	127.5	42.3	137.4	44.0	146.7	45.9
	18	102.6	38.1	111.6	39.1	121.2	40.5	130.4	42.0	139.3	43.8
	20	97.2	36.3	105.7	37.2	114.6	38.4	123.5	39.9	131.9	41.6
	22	91.7	34.4	99.8	35.3	108.2	36.5	116.6	37.9	124.5	39.5
	24	86.3	32.5	93.9	33.4	101.8	34.5	109.7	35.8	117.1	37.3

注：1　计算条件为加热管公称外径20mm，填充层厚度50mm，聚苯乙烯泡沫塑料绝热层导热系数0.041W/(m·K)、厚
　　　度20mm，供回水温差10℃；
　　2　木地板材料面层热阻为0.1m²·K/W。

平均水温 （℃）	室内空气 温度 （℃）	加热管间距（mm）									
		500		400		300		200		100	
		向上 供热量	向下 传热量	向上 供热量	向下 传热量	向上 供热量	向下 传热量	向上 供热量	向下 传热量	向上 供热量	向下 传热量
35	16	45.2	20.1	48.3	20.6	51.4	21.3	54.4	22.0	57.3	22.8
	18	40.5	18.2	43.3	18.7	46.1	19.3	48.8	19.9	51.4	20.6
	20	35.9	16.2	38.3	16.7	40.8	17.2	43.2	17.8	45.4	18.4
	22	31.2	14.3	33.3	14.7	35.5	15.2	37.6	15.6	39.5	16.2
	24	26.6	12.3	28.4	12.6	30.2	13.0	32.0	13.5	33.6	13.9
40	16	57.5	25.3	61.4	26.0	65.4	26.9	69.4	27.7	73.1	28.7
	18	52.8	23.4	56.4	24.0	60.1	24.8	63.7	25.6	67.1	26.6
	20	48.1	21.5	51.4	22.0	54.7	22.7	58.0	23.5	61.1	24.4
	22	43.4	19.5	46.3	20.0	49.4	20.6	52.3	21.3	55.1	22.1
	24	38.7	17.6	41.3	18.1	44.0	18.6	46.7	19.2	49.1	19.9
45	16	69.9	30.5	74.7	31.4	79.7	32.5	84.5	33.5	89.1	34.7
	18	65.2	28.6	69.7	29.4	74.3	30.3	78.8	31.4	83.0	32.6
	20	60.4	26.7	64.6	27.4	68.9	28.3	73.1	29.3	77.0	30.4
	22	55.7	24.8	59.6	25.4	63.5	26.2	67.3	27.2	71.0	28.2
	24	51.0	22.8	54.5	23.4	58.1	24.2	61.6	25.0	64.9	25.9
50	16	82.4	35.8	88.2	36.8	94.1	37.9	99.8	39.3	105.3	40.8
	18	77.7	33.9	83.1	34.8	88.6	35.9	94.1	37.2	99.2	38.6
	20	72.9	32.0	78.0	32.9	83.2	33.9	88.3	35.1	93.1	36.4
	22	68.2	30.1	72.9	30.9	77.8	31.8	82.5	33.0	87.0	34.2
	24	63.4	28.1	67.8	28.9	72.3	29.8	76.8	30.8	80.9	32.0
55	16	95.1	41.0	101.8	42.2	108.6	43.5	115.3	45.1	121.6	46.8
	18	90.3	39.2	96.7	40.3	103.1	41.5	109.5	43.0	115.5	44.7
	20	85.5	37.3	91.5	38.3	97.7	39.5	103.7	41.0	109.4	42.5
	22	80.8	35.4	86.4	36.3	92.2	37.5	97.9	38.8	103.3	40.3
	24	76.0	33.4	81.3	34.4	86.8	35.4	92.1	36.7	97.2	38.1

注：1 计算条件为加热管公称外径 20mm，填充层厚度 50mm，聚苯乙烯泡沫塑料绝热层导热系数 0.041W/(m·K)、厚度 20mm，供回水温差 10℃；

2 铺厚地毯面层热阻为 0.15m²·K/W。

B.1.2 当采用导热系数为 0.23W/(m·K)的 PB 管 时，单位地面面积的向上供热量和向下传热量可按表 B.1.2-1~表 B.1.2-4 取值。

表 B.1.2-1 水泥、石材或陶瓷面层单位地面面积的
向上供热量和向下传热量（W/m²）

平均水温（℃）	室内空气温度（℃）	加热管间距（mm）									
		500		400		300		200		100	
		向上供热量	向下传热量	向上供热量	向下传热量	向上供热量	向下传热量	向上供热量	向下传热量	向上供热量	向下传热量
35	16	54.7	16.5	63.1	17.0	72.9	17.8	84.3	18.8	96.4	20.2
	18	49.0	15.0	56.5	15.4	65.3	16.1	75.4	17.0	86.2	18.3
	20	43.4	13.4	49.9	13.8	57.7	14.4	66.5	15.2	76.0	16.3
	22	37.7	11.8	43.4	12.1	50.1	12.7	57.7	13.3	65.8	14.4
	24	32.1	10.2	36.9	10.5	42.5	10.9	48.9	11.5	55.8	12.4
40	16	69.8	20.7	80.6	21.4	93.5	22.2	108.2	23.6	124.2	25.5
	18	64.1	19.2	74.0	19.7	85.7	20.6	99.2	21.8	113.7	23.5
	20	58.4	17.6	67.3	18.1	77.9	18.9	90.1	20.0	103.3	21.6
	22	52.6	16.0	60.7	16.5	70.2	17.2	81.2	18.2	93.0	19.6
	24	46.9	14.4	54.1	14.9	62.5	15.5	72.2	16.4	82.6	17.6
45	16	85.2	25.0	98.5	25.7	114.3	26.8	132.6	28.4	152.6	30.8
	18	79.4	23.4	91.7	24.1	106.5	25.1	123.5	26.7	142.0	28.8
	20	73.6	21.9	85.0	22.5	98.7	23.4	114.4	24.9	131.5	26.9
	22	67.8	20.3	78.3	20.9	90.8	21.7	105.2	23.1	120.9	24.9
	24	62.0	18.7	71.6	19.2	83.0	20.0	96.1	21.3	110.4	23.0
50	16	100.7	29.2	116.5	30.1	135.5	31.3	157.5	33.3	181.7	36.1
	18	94.9	27.7	109.8	28.5	127.6	29.7	148.3	31.5	171.0	34.1
	20	89.0	26.1	103.0	26.9	119.7	28.1	139.1	29.7	160.3	32.2
	22	83.2	24.5	96.2	25.3	111.8	26.2	129.9	27.9	149.6	30.3
	24	77.4	23.0	89.5	23.6	103.9	24.6	120.7	26.1	138.9	28.3
55	16	116.4	33.4	134.8	34.4	157.0	35.9	182.8	38.2	211.2	41.4
	18	110.5	31.9	128.0	32.9	149.0	34.3	173.5	36.4	200.4	39.5
	20	104.7	30.4	121.2	31.3	141.1	32.6	164.2	34.7	189.6	37.6
	22	98.8	28.8	114.4	29.7	133.1	30.9	154.9	32.9	178.8	35.6
	24	92.9	27.2	107.6	28.1	125.2	29.3	145.6	31.0	168.0	33.7

注：1 计算条件为加热管公称外径 20mm，填充层厚度 50mm，聚苯乙烯泡沫塑料绝热层导热系数 0.041W/(m·K)、厚度 20mm，供回水温差 10℃；

2 水泥、石材或陶瓷面层热阻为 0.02m²·K/W。

表 B.1.2-2　塑料类材料面层单位地面面积的
向上供热量和向下传热量（W/m²）

平均水温（℃）	室内空气温度（℃）	加热管间距（mm）									
		500		400		300		200		100	
		向上供热量	向下传热量	向上供热量	向下传热量	向上供热量	向下传热量	向上供热量	向下传热量	向上供热量	向下传热量
35	16	48.4	17.3	53.9	18.1	60.1	18.8	66.7	20.0	73.6	21.3
	18	43.4	15.7	48.3	16.4	53.8	17.0	59.7	18.0	65.9	19.3
	20	38.4	14.0	42.8	14.5	47.6	15.2	52.8	16.1	58.2	17.2
	22	33.4	12.3	37.2	12.8	41.4	13.4	45.9	14.2	50.6	15.1
	24	28.5	10.6	31.7	11.0	35.2	11.6	39.0	12.2	42.9	13.0
40	16	61.7	21.7	68.8	22.6	76.7	23.7	85.3	25.1	94.2	26.9
	18	56.6	20.1	63.1	20.9	70.4	21.9	78.2	23.2	86.4	24.9
	20	51.6	18.4	57.5	19.2	64.0	20.1	71.2	21.3	78.6	22.8
	22	46.5	16.8	51.8	17.4	57.7	18.3	64.2	19.4	70.8	20.7
	24	41.5	15.1	46.2	15.8	51.5	16.4	57.1	17.4	63.1	18.6
45	16	75.1	26.2	83.8	27.2	93.5	28.7	104.1	30.3	115.3	32.5
	18	70.0	24.6	78.6	25.5	87.2	26.8	97.0	28.4	107.4	30.5
	20	64.9	22.9	72.4	23.8	80.8	25.0	89.9	26.5	99.5	28.4
	22	59.8	21.3	66.7	22.1	74.4	23.2	82.8	24.6	91.6	26.3
	24	54.7	19.6	61.0	20.4	68.1	21.4	75.7	22.6	83.7	24.3
50	16	88.7	30.6	99.0	31.9	110.6	33.4	123.3	35.5	136.6	38.1
	18	83.5	29.0	93.3	30.2	104.2	31.7	116.1	33.7	128.6	36.1
	20	78.4	27.4	87.6	28.5	97.8	29.9	108.9	31.8	120.7	34.1
	22	73.3	25.7	81.8	26.8	91.4	28.1	101.8	29.8	112.7	32.0
	24	68.2	24.1	76.1	25.0	85.0	26.3	94.6	27.9	104.8	29.9
55	16	102.3	35.1	114.4	36.5	127.8	38.5	142.6	40.8	158.2	43.8
	18	97.2	33.5	108.6	34.8	121.4	36.9	135.4	38.9	150.2	41.8
	20	92.1	31.9	102.8	33.2	115.0	34.8	128.2	37.0	142.2	39.7
	22	86.9	30.2	97.1	31.5	108.5	33.0	121.0	35.1	134.2	37.7
	24	81.8	28.6	91.3	29.8	102.1	31.2	113.8	33.2	126.2	35.6

注：1　计算条件为加热管公称外径20mm，填充层厚度50mm，聚苯乙烯泡沫塑料绝热层导热系数0.041W/(m·K)、厚度为20mm，供回水温差10℃；

2　塑料类材料面层热阻为0.075m²·K/W。

平均水温（℃）	室内空气温度（℃）	加热管间距（mm）									
		500		400		300		200		100	
		向上供热量	向下传热量	向上供热量	向下传热量	向上供热量	向下传热量	向上供热量	向下传热量	向上供热量	向下传热量
35	16	45.7	17.6	50.4	18.4	55.5	19.2	60.9	20.4	66.5	21.7
	18	41.0	16.0	45.2	16.6	49.7	17.4	54.5	18.4	59.6	19.6
	20	36.3	14.3	39.9	14.8	43.9	15.5	48.2	16.4	52.7	17.5
	22	31.6	12.6	34.8	13.1	38.2	13.7	41.9	14.4	45.8	15.4
	24	26.9	10.8	29.6	11.3	32.5	11.8	35.7	12.5	38.9	13.3
40	16	58.2	22.2	64.2	23.1	70.7	24.2	77.7	25.6	85.0	27.4
	18	53.4	20.5	58.9	21.3	64.9	22.4	71.3	23.7	78.0	25.3
	20	48.7	18.8	53.6	19.6	59.1	20.5	64.9	21.7	71.0	23.2
	22	43.9	17.1	48.4	17.8	53.3	18.7	58.5	19.7	64.0	21.1
	24	39.2	15.4	43.1	16.0	47.5	16.8	52.2	17.8	57.0	18.9
45	16	70.8	26.7	78.1	27.8	86.2	29.2	94.8	30.9	103.8	33.0
	18	66.0	25.0	72.8	26.1	80.3	27.4	88.3	29.0	96.7	31.0
	20	61.2	23.4	67.5	24.3	74.4	25.5	81.9	27.1	89.7	28.9
	22	56.4	21.7	62.2	22.6	68.6	23.7	75.4	25.1	82.6	26.8
	24	51.6	20.0	56.9	20.8	62.8	21.8	69.0	23.1	75.5	24.7
50	16	83.5	31.2	92.2	32.6	101.8	34.3	112.1	36.3	122.9	38.8
	18	78.7	29.6	86.8	30.8	95.9	32.4	105.6	34.4	115.7	36.7
	20	73.9	27.9	81.6	29.1	90.0	30.6	99.1	32.4	108.6	34.6
	22	69.1	26.3	76.2	27.4	84.1	28.7	92.6	30.5	101.5	32.5
	24	64.3	24.6	70.9	25.6	78.2	26.9	86.1	28.5	94.4	30.4
55	16	96.4	35.8	106.5	37.3	117.6	39.4	129.6	41.6	142.2	44.5
	18	91.5	34.2	101.1	35.6	111.7	37.4	123.0	39.7	135.0	42.5
	20	86.7	32.5	95.8	33.9	105.8	35.6	116.5	37.8	127.8	40.4
	22	81.8	30.9	90.4	32.2	99.8	33.8	110.0	35.8	120.6	38.3
	24	77.0	29.2	85.1	30.4	93.9	31.9	103.5	33.9	113.5	36.2

注：1　计算条件为加热管公称外径 20mm，填充层厚度 50mm，聚苯乙烯泡沫塑料绝热层导热系数 0.041W/(m·K)、厚度为 20mm，供回水温差 10℃；

　　2　木地板材料面层热阻为 0.1m²·K/W。

表 B.1.2-4 铺厚地毯面层单位地面面积的
向上供热量和向下传热量（W/m²）

平均水温（℃）	室内空气温度（℃）	加热管间距（mm）									
		500		400		300		200		100	
		向上供热量	向下传热量	向上供热量	向下传热量	向上供热量	向下传热量	向上供热量	向下传热量	向上供热量	向下传热量
35	16	40.8	18.3	44.2	19.0	47.9	20.0	51.8	21.0	55.8	22.2
	18	36.6	16.5	39.7	17.2	43.0	18.0	46.4	19.0	50.0	20.1
	20	32.4	14.8	35.1	15.5	38.0	16.1	41.1	17.0	44.3	17.9
	22	28.2	13.0	30.6	13.5	33.1	14.2	35.8	14.9	38.5	15.8
	24	24.0	11.2	26.0	11.7	28.2	12.2	30.4	12.9	32.8	13.6
40	16	51.8	22.9	56.3	23.9	61.0	25.0	66.0	26.4	71.2	28.0
	18	47.6	21.2	51.7	22.1	56.0	23.3	60.6	24.4	65.3	25.9
	20	43.4	19.5	47.1	20.3	51.0	21.3	55.2	22.4	59.5	23.8
	22	39.1	17.7	42.5	18.4	46.0	19.3	49.8	20.4	53.7	21.6
	24	34.9	15.9	37.9	16.7	41.0	17.4	44.4	18.3	47.8	19.4
45	16	63.0	27.6	68.4	28.8	74.2	30.2	80.4	31.9	86.7	33.9
	18	58.7	25.9	63.8	27.0	69.2	28.3	74.9	29.9	80.8	31.7
	20	54.5	24.2	59.1	25.2	64.2	26.4	69.5	27.9	75.0	29.6
	22	50.2	22.4	54.5	23.4	59.1	24.5	64.0	25.9	69.1	27.4
	24	46.0	20.7	49.9	21.6	54.1	22.6	58.6	23.8	63.2	25.3
50	16	74.3	32.4	80.7	33.7	87.6	35.4	94.9	37.4	102.5	39.7
	18	70.0	30.7	76.0	32.0	82.5	33.5	89.4	35.4	96.5	37.6
	20	65.7	28.9	71.4	30.2	77.5	31.6	83.9	33.4	90.6	35.5
	22	61.4	27.2	66.7	28.4	72.4	29.8	78.4	31.4	84.7	33.3
	24	57.1	25.4	62.1	26.5	67.4	27.8	73.0	29.4	78.8	31.2
55	16	85.6	37.1	93.0	38.7	101.0	40.8	109.5	43.0	118.4	45.6
	18	81.3	35.4	88.4	36.9	96.0	38.7	104.0	41.0	112.4	43.5
	20	77.0	33.7	83.7	35.1	90.9	36.9	98.5	39.0	106.5	41.4
	22	72.7	32.0	79.0	33.3	85.8	35.0	93.0	37.0	100.5	39.3
	24	68.4	30.2	74.4	31.5	80.7	33.1	87.5	35.0	94.6	37.1

注：1 计算条件为加热管公称外径 20mm，填充层厚度 50mm，聚苯乙烯泡沫塑料绝热层导热系数 0.041W/(m·K)、厚度为 20mm，供回水温差 10℃；

2 铺厚地毯面层热阻为 0.15m²·K/W。

B.1.3 当采用导热系数为386W/(m·K)的铜管时，单位地面面积的向上供热量和向下传热量可按表 B.1.3-1～表 B.1.3-4 取值。

表 B.1.3-1 水泥、石材或陶瓷面层单位地面面积的
向上供热量和向下传热量（W/m²）

平均水温（℃）	室内空气温度（℃）	加热管间距（mm）							
		500		400		300		200	
		向上供热量	向下传热量	向上供热量	向下传热量	向上供热量	向下传热量	向上供热量	向下传热量
35	16	81.0	22.8	89.0	22.5	96.8	22.2	103.5	22.2
	18	72.5	20.6	79.6	20.4	86.5	20.2	92.5	20.0
	20	64.0	18.4	70.2	18.2	76.3	18.0	81.5	17.9
	22	55.6	16.1	60.9	16.0	66.1	15.8	70.6	15.7
	24	47.2	13.7	51.7	13.6	56.0	13.6	59.8	13.5
40	16	104.0	28.8	114.4	28.4	124.6	28.2	133.5	28.0
	18	95.4	26.6	104.8	26.2	114.2	26.0	122.3	25.8
	20	86.7	24.3	95.3	23.9	103.7	23.9	111.0	23.7
	22	78.1	22.1	85.8	21.9	93.3	21.7	99.8	21.5
	24	69.5	19.9	76.3	19.5	83.0	19.5	88.7	19.4
45	16	127.5	34.4	140.4	34.1	153.2	34.0	164.3	33.9
	18	118.8	32.2	130.7	32.0	142.6	31.8	152.9	31.7
	20	110.0	30.0	121.1	29.8	132.0	29.8	141.5	29.6
	22	101.2	28.1	111.4	27.8	121.4	27.5	130.1	27.4
	24	92.6	25.6	101.8	25.5	110.8	25.4	118.7	25.3
50	16	151.4	40.3	167.0	40.1	182.4	39.9	195.8	39.8
	18	142.6	38.6	157.2	37.9	171.6	37.7	184.3	37.6
	20	133.8	36.0	147.4	35.8	160.9	35.6	172.7	35.5
	22	124.9	34.2	137.6	33.6	150.2	33.6	161.2	33.3
	24	116.1	31.6	127.8	31.4	139.5	31.4	149.6	31.2
55	16	175.7	46.9	193.9	46.1	212.1	45.9	228.0	45.7
	18	166.8	44.2	184.0	44.0	201.2	43.7	216.3	43.6
	20	157.9	42.1	174.2	41.8	190.4	41.6	204.6	41.5
	22	148.8	40.4	164.3	39.6	179.6	39.4	192.9	39.3
	24	140.1	37.7	154.4	37.7	168.7	37.3	181.2	37.2

注：1 计算条件为加热管公称外径/内径 22/19mm，填充层厚度50mm，聚苯乙烯泡沫塑料绝热层导热系数 0.041W/(m·K)、厚度为20mm，供回水温差 10℃；
2 水泥、石材或陶瓷面层热阻为 0.02m²·K/W。

表 B.1.3-2 塑料面层单位地面面积的
向上供热量和向下传热量（W/m²）

平均水温 （℃）	室内空气 温度 （℃）	加热管间距（mm）							
		500		400		300		200	
		向上 供热量	向下 传热量	向上 供热量	向下 传热量	向上 供热量	向下 传热量	向上 供热量	向下 传热量
35	16	66.4	23.0	70.8	23.1	74.8	23.0	78.2	23.0
	18	59.4	21.0	63.4	20.9	67.0	20.8	70.0	20.8
	20	52.5	18.8	56.0	18.7	59.2	18.6	61.8	18.5
	22	45.7	16.3	48.7	16.3	51.4	16.3	53.6	16.3
	24	38.9	14.1	41.4	14.0	43.7	14.0	45.6	14.0
40	16	84.9	29.1	90.6	29.2	95.9	29.1	100.2	29.0
	18	77.8	27.1	83.1	26.8	87.9	26.7	91.9	26.8
	20	70.8	24.9	75.6	24.7	80.0	24.6	83.5	24.6
	22	63.9	22.4	68.1	22.3	72.1	22.3	75.3	22.3
	24	56.9	20.1	60.7	20.1	64.2	20.0	67.0	20.0
45	16	103.6	35.5	110.7	35.3	117.3	35.0	122.6	35.0
	18	96.6	33.3	103.2	32.9	109.2	32.9	114.2	32.9
	20	89.5	30.7	95.6	30.9	101.2	30.7	105.8	30.6
	22	82.5	28.5	88.0	28.6	93.2	28.5	97.4	28.4
	24	75.4	26.2	80.5	26.2	85.2	26.1	89.0	26.1
50	16	122.7	41.2	131.2	41.2	139.0	41.1	145.4	41.1
	18	115.6	39.0	123.5	39.2	130.9	38.9	136.9	38.9
	20	108.5	36.8	115.9	37.0	122.8	36.9	128.5	36.8
	22	101.3	35.0	108.3	34.5	114.7	34.6	120.0	34.6
	24	94.3	32.4	100.7	32.3	106.7	32.3	111.5	32.3
55	16	142.0	47.4	151.9	47.3	161.0	47.3	168.6	47.3
	18	134.8	45.7	144.4	45.1	152.9	45.1	160.0	45.2
	20	127.7	43.5	136.5	42.9	144.7	42.9	151.5	43.0
	22	120.6	40.8	128.9	40.7	136.6	40.7	142.9	40.7
	24	113.4	38.6	121.2	38.5	128.5	38.4	134.4	38.5

注：1　计算条件为加热管公称外径/内径 22/19mm，填充层厚度 50mm，聚苯乙烯泡沫塑料绝热层导热系数 0.041W/(m·K)、厚度为 20mm，供回水温差 10℃；

　　2　塑料类材料面层热阻为 0.075m²·K/W。

表 B.1.3-3　木地板面层单位地面面积的
向上供热量和向下传热量（W/m²）

平均水温（℃）	室内空气温度（℃）	加热管间距（mm）							
		500		400		300		200	
		向上供热量	向下传热量	向上供热量	向下传热量	向上供热量	向下传热量	向上供热量	向下传热量
35	16	61.7	23.4	65.1	23.3	68.1	23.3	70.5	23.2
	18	55.3	21.2	58.3	21.1	61.0	21.0	63.1	21.0
	20	48.9	18.9	51.6	18.7	53.9	18.8	55.8	18.7
	22	42.5	16.4	44.8	16.5	46.9	16.5	48.5	16.5
	24	36.2	14.2	38.1	14.1	39.8	14.1	41.2	14.1
40	16	78.8	29.6	83.2	29.4	87.1	29.4	90.2	29.3
	18	72.3	27.0	76.3	27.2	79.9	27.0	82.7	27.1
	20	65.8	25.1	69.5	24.8	72.7	24.9	75.3	24.8
	22	59.4	22.5	62.6	22.5	65.5	22.5	67.8	22.5
	24	52.9	20.3	55.8	20.2	58.4	20.3	60.4	20.2
45	16	96.1	35.8	101.5	35.4	106.4	35.3	110.2	35.4
	18	89.6	33.2	94.6	33.4	99.1	33.3	102.7	33.2
	20	83.1	30.9	87.7	31.1	91.8	31.0	95.2	31.0
	22	76.6	28.7	80.8	28.6	84.6	28.6	87.6	28.7
	24	70.0	26.4	73.9	26.4	77.4	26.4	80.1	26.4
50	16	113.8	41.5	120.2	41.5	125.9	41.5	130.5	41.6
	18	107.1	39.7	113.2	39.6	118.6	39.3	122.9	39.4
	20	100.6	37.1	106.2	37.3	111.3	37.2	115.4	37.2
	22	94.0	35.2	99.2	35.1	104.0	34.9	107.8	34.9
	24	87.4	32.6	92.3	32.6	96.7	32.7	100.2	32.6
55	16	131.5	47.7	139.0	47.7	145.7	47.7	151.1	47.8
	18	124.9	45.5	132.0	45.5	138.4	45.5	143.5	45.6
	20	118.3	43.8	125.0	43.6	131.0	43.4	135.8	43.4
	22	111.6	41.5	118.0	41.3	123.6	41.2	128.2	41.2
	24	105.1	38.8	111.0	38.8	116.3	38.9	120.6	38.9

注：1 计算条件为加热管公称外径/内径 22/19mm，填充层厚度 50mm，聚苯乙烯泡沫塑料绝热层导热系数 0.041W/(m·K)、厚度为 20mm，供回水温差 10℃；

2 木地板材料面层热阻为 0.1m²·K/W。

表 B. 1. 3-4 铺厚地毯面层单位地面面积的
向上供热量和向下传热量（W/m²）

平均水温（℃）	室内空气温度（℃）	加热管间距（mm）							
		500		400		300		200	
		向上供热量	向下传热量	向上供热量	向下传热量	向上供热量	向下传热量	向上供热量	向下传热量
35	16	53.6	23.7	55.7	23.7	57.5	23.6	58.9	23.6
	18	48.1	21.5	49.9	21.4	51.6	21.3	52.8	21.3
	20	42.5	19.0	44.2	19.0	45.6	19.0	46.7	19.0
	22	37.0	16.7	38.4	16.8	39.7	16.7	40.6	16.7
	24	31.5	14.4	32.7	14.4	33.8	14.4	34.6	14.4
40	16	68.3	29.6	71.0	29.9	73.4	29.8	75.2	29.8
	18	62.7	27.7	65.2	27.6	67.3	27.5	69.0	27.5
	20	57.1	25.1	59.4	25.3	61.3	25.2	62.8	25.2
	22	51.5	23.0	53.5	23.0	55.3	22.9	56.7	22.9
	24	46.0	20.5	47.8	20.5	49.3	20.5	50.5	20.6
45	16	83.2	36.2	86.5	36.1	89.4	36.0	91.7	36.0
	18	77.6	33.9	80.7	33.6	83.3	33.6	85.4	33.7
	20	72.0	31.3	74.8	31.5	77.3	31.5	79.2	31.5
	22	66.3	29.0	68.9	29.0	71.2	29.2	73.0	29.2
	24	60.7	26.7	63.1	26.9	65.1	26.9	66.8	26.9
50	16	98.3	42.0	102.2	42.1	105.7	42.1	108.3	42.3
	18	92.6	39.8	96.3	40.1	99.6	39.9	102.1	40.0
	20	87.0	37.5	90.4	37.6	93.4	37.6	95.8	37.7
	22	81.3	35.3	84.5	35.3	87.3	35.3	89.5	35.4
	24	75.6	33.0	78.6	33.0	81.2	33.1	83.3	33.2
55	16	113.5	48.3	118.1	48.3	122.1	48.4	125.2	48.6
	18	107.8	46.1	112.2	46.1	115.9	46.2	118.9	46.3
	20	102.1	44.0	106.2	43.9	109.8	44.1	112.6	44.1
	22	96.4	42.0	100.3	41.8	103.7	41.8	106.3	41.8
	24	90.7	39.3	94.4	39.3	97.5	39.5	100.0	39.5

注：1 计算条件为加热管公称外径/内径 22/19mm，填充层厚度 50mm，聚苯乙烯泡沫塑料绝热层导热系数 0.041W/(m·K)、厚度为 20mm，供回水温差 10℃；

　　 2 铺厚地毯面层热阻为 0.15m²·K/W。

B.2 采用发泡水泥绝热层的混凝土填充式热水辐射供暖地面单位面积散热量

管时，单位地面面积的向上供热量和向下传热量可按表 B.2.1-1～表 B.2.1-4 取值。

B.2.1 当采用导热系数为 0.38W/(m·K) 的 PE-X

表 B.2.1-1 水泥、石材或陶瓷面层单位地面面积的
向上供热量和向下传热量（W/m²）

平均水温（℃）	室内空气温度（℃）	加热管间距（mm）									
		500		400		300		200		100	
		向上供热量	向下传热量	向上供热量	向下传热量	向上供热量	向下传热量	向上供热量	向下传热量	向上供热量	向下传热量
35	16	48.6	19.5	59.5	19.5	74.4	19.5	94.1	19.6	115.6	20.1
	18	43.7	17.6	53.4	17.6	66.7	17.6	84.1	17.7	103.2	18.1
	20	38.7	15.7	47.2	15.7	58.9	15.7	74.2	15.8	90.8	16.2
	22	33.7	13.8	41.1	13.8	51.1	13.8	64.3	13.9	78.6	14.2
	24	28.8	11.9	35.0	11.9	43.5	11.9	54.5	12.0	66.4	12.3
40	16	62.1	24.5	76.1	24.5	95.5	24.5	121.2	24.6	149.7	25.3
	18	57.1	22.7	69.9	22.6	87.6	22.6	111.0	22.7	136.9	23.4
	20	52.0	20.8	63.6	20.8	79.7	20.7	100.9	20.8	124.3	21.4
	22	47.0	18.9	57.4	18.9	71.8	18.8	90.8	18.9	111.6	19.5
	24	42.0	17.0	51.2	17.0	63.9	17.0	80.7	17.0	99.1	17.5
45	16	75.8	29.6	93.0	29.5	117.0	29.5	148.9	29.7	184.8	30.5
	18	70.7	27.7	86.7	27.7	108.6	27.6	138.6	27.9	171.8	28.6
	20	65.6	25.8	80.4	25.8	100.9	25.8	128.3	26.0	158.9	26.7
	22	60.5	24.0	74.1	23.9	93.0	23.9	118.0	24.1	146.0	24.7
	24	55.4	22.1	67.8	22.1	85.0	22.0	107.8	22.2	133.1	22.8
50	16	89.7	34.6	110.2	34.6	138.8	34.6	177.2	34.8	220.7	35.8
	18	84.5	32.8	103.9	32.7	130.7	32.7	166.8	32.9	207.6	33.9
	20	79.4	30.9	97.5	30.9	122.6	30.9	156.4	31.1	194.5	32.0
	22	74.3	29.1	91.1	29.0	114.6	29.0	146.0	29.2	181.3	30.0
	24	69.2	27.2	84.8	27.2	106.5	27.1	135.6	27.3	168.3	28.1
55	16	103.7	39.7	127.6	39.7	161.0	39.6	206.1	39.9	257.5	41.2
	18	98.6	37.9	121.2	37.8	152.8	37.8	195.5	38.1	244.2	39.2
	20	93.4	36.0	114.8	36.0	144.7	36.0	185.0	36.2	230.9	37.3
	22	88.3	34.2	108.4	34.1	136.6	34.1	174.5	34.3	217.6	35.4
	24	83.1	32.3	102.0	32.3	128.4	32.3	164.0	32.5	204.4	33.4

注：1　计算条件为加热管公称外径 20mm，填充层厚度 40mm，发泡水泥绝热层导热系数 0.08W/(m·K)、厚度 40mm，供回水温差 10℃；

2　水泥、石材或陶瓷面层热阻为 0.02m²·K/W。

表 B.2.1-2 塑料面层单位地面面积的
向上供热量和向下传热量（W/m²）

平均水温（℃）	室内空气温度（℃）	加热管间距（mm）									
		500		400		300		200		100	
		向上供热量	向下传热量	向上供热量	向下传热量	向上供热量	向下传热量	向上供热量	向下传热量	向上供热量	向下传热量
35	16	45.1	19.8	53.0	20.0	62.7	20.3	73.9	20.6	84.5	21.3
	18	40.5	17.9	47.5	18.2	56.2	18.3	66.1	18.6	75.6	19.3
	20	35.9	16.0	42.1	16.1	49.7	16.4	58.4	16.6	66.7	17.2
	22	31.3	14.1	36.6	14.2	43.2	14.4	50.7	14.6	57.9	15.1
	24	26.7	12.1	31.2	12.2	36.7	12.4	43.1	12.6	49.1	13.0
40	16	57.5	24.9	67.6	25.3	80.1	25.5	94.6	26.0	108.4	26.9
	18	52.8	23.0	62.1	23.2	73.5	23.5	86.7	24.0	99.4	24.8
	20	48.1	21.1	56.5	21.4	66.9	21.6	78.9	22.0	90.4	22.8
	22	43.5	19.2	51.0	19.4	60.4	19.6	71.1	20.0	81.4	20.7
	24	38.8	17.3	45.5	17.4	53.8	17.6	63.3	18.0	72.4	18.6
45	16	70.0	30.1	82.4	30.3	97.8	30.8	115.7	31.4	132.9	32.5
	18	65.3	28.2	76.9	28.4	91.2	28.9	107.8	29.4	123.8	30.4
	20	60.6	26.3	71.3	26.5	84.5	26.8	99.8	27.4	114.6	28.4
	22	55.9	24.4	65.7	24.6	77.9	24.9	91.9	25.4	105.5	26.3
	24	51.2	22.5	60.1	22.6	71.2	23.0	84.1	23.4	96.4	24.2
50	16	82.7	35.3	97.5	35.5	115.8	36.0	137.1	36.8	157.8	38.1
	18	77.9	33.3	91.8	33.6	109.1	34.1	129.2	34.8	148.6	36.1
	20	73.2	31.5	86.2	31.7	102.4	32.1	121.2	32.8	139.3	34.0
	22	68.5	29.6	80.6	29.8	95.7	30.2	113.2	30.8	130.1	32.0
	24	63.8	27.7	75.0	27.9	89.0	28.1	105.2	28.8	120.9	29.9
55	16	95.5	40.4	112.6	40.7	134.0	41.3	158.9	42.2	183.1	43.8
	18	90.7	38.5	107.0	38.9	127.3	39.4	150.8	40.2	173.8	41.8
	20	86.0	36.7	101.4	37.0	120.5	37.5	142.8	38.3	164.5	39.7
	22	81.2	34.8	95.7	35.1	113.8	35.5	134.8	36.3	155.2	37.7
	24	76.5	32.9	90.1	33.2	107.0	33.6	126.7	34.3	145.9	35.6

注：1 计算条件为加热管公称外径 20mm，填充层厚度 40mm，发泡水泥绝热层导热系数 0.08W/(m·K)、厚度 40mm，供回水温差 10℃；

2 塑料类材料面层热阻为 0.075m²·K/W。

表 B.2.1-3 木地板面层单位地面面积的
向上供热量和向下传热量（W/m²）

平均水温（℃）	室内空气温度（℃）	加热管间距（mm）									
		500		400		300		200		100	
		向上供热量	向下传热量	向上供热量	向下传热量	向上供热量	向下传热量	向上供热量	向下传热量	向上供热量	向下传热量
35	16	44.1	19.9	50.9	20.1	58.8	20.5	67.5	21.0	75.4	21.7
	18	39.5	18.0	45.6	18.2	52.7	18.5	60.4	18.9	67.5	19.6
	20	35.0	16.1	40.4	16.3	46.6	16.6	53.4	16.9	59.6	17.5
	22	30.5	14.1	35.1	14.3	40.6	14.5	46.4	14.9	51.8	15.4
	24	26.1	12.2	29.9	12.3	34.5	12.6	39.5	12.8	44.0	13.2
40	16	56.1	25.0	64.8	25.3	75.1	25.7	86.3	26.4	96.6	27.3
	18	51.5	23.1	59.5	23.6	68.9	23.9	79.2	24.4	88.6	25.3
	20	47.0	21.2	54.2	21.5	62.7	21.8	72.0	22.4	80.6	23.2
	22	42.4	19.3	48.9	19.5	56.6	19.9	64.9	20.3	72.6	21.0
	24	37.9	17.4	43.6	17.6	50.4	17.9	57.8	18.3	64.6	18.9
45	16	68.3	30.2	79.0	30.6	91.6	31.2	105.4	31.9	118.2	33.0
	18	63.7	28.3	73.6	28.7	85.4	29.1	98.2	29.9	110.1	31.1
	20	59.1	26.4	68.3	26.7	79.1	27.2	91.0	27.8	102.0	28.9
	22	54.5	24.5	62.9	24.8	72.9	25.2	83.8	25.9	93.9	26.8
	24	49.9	22.6	57.6	22.8	66.7	23.2	76.7	23.8	85.8	24.7
50	16	80.6	35.4	93.3	35.8	108.3	36.6	124.8	37.4	140.1	38.8
	18	76.0	33.5	87.9	33.9	102.0	34.5	117.5	35.4	131.9	36.7
	20	71.4	31.6	82.5	32.0	95.8	32.5	110.3	33.4	123.8	34.6
	22	66.8	29.7	77.2	30.1	89.5	30.6	103.0	31.4	115.6	32.5
	24	62.1	27.8	71.8	28.1	83.3	28.6	95.8	29.3	107.5	30.4
55	16	93.1	40.6	107.8	41.1	125.2	41.8	144.4	42.9	162.3	44.6
	18	88.4	38.7	102.4	39.2	118.9	39.9	137.1	40.9	154.1	42.5
	20	83.8	36.8	97.0	37.3	112.6	37.9	129.8	38.9	145.9	40.4
	22	79.2	34.9	91.6	35.4	106.3	36.0	122.5	36.9	137.6	38.3
	24	74.5	33.0	86.2	33.5	100.0	34.0	115.3	34.9	129.4	36.2

注：1 计算条件为加热管公称外径 20mm，填充层厚度 40mm，发泡水泥绝热层导热系数 0.08W/（m·K）、厚度 40mm，供回水温差 10℃；

2 木地板材料面层热阻为 0.1m²·K/W。

表 B.2.1-4　铺厚地毯面层单位地面面积的
向上供热量和向下传热量（W/m²）

平均水温（℃）	室内空气温度（℃）	加热管间距（mm）									
		500		400		300		200		100	
		向上供热量	向下传热量	向上供热量	向下传热量	向上供热量	向下传热量	向上供热量	向下传热量	向上供热量	向下传热量
35	16	40.9	20.2	45.9	20.5	51.5	20.9	57.1	21.5	62.1	22.2
	18	36.7	18.3	41.2	18.5	46.1	19.0	51.2	19.5	55.7	20.1
	20	32.5	16.5	36.5	16.6	40.8	16.9	45.3	17.4	49.2	17.9
	22	28.3	14.3	31.7	14.6	35.5	14.9	39.4	15.3	42.8	15.8
	24	24.2	12.4	27.1	12.6	30.3	12.8	33.5	13.1	36.4	13.6
40	16	51.9	25.4	58.4	25.8	65.5	26.5	72.9	27.1	79.3	28.0
	18	47.7	23.5	53.6	23.9	60.2	24.4	66.9	25.1	72.8	25.9
	20	43.5	21.5	48.9	21.9	54.8	22.3	60.9	22.9	66.2	23.8
	22	39.3	19.6	44.1	19.9	49.5	20.3	54.9	20.9	59.7	21.6
	24	35.1	17.6	39.4	17.9	44.1	18.3	49.0	18.8	53.2	19.4
45	16	63.2	30.6	71.1	31.2	79.8	31.8	88.8	32.8	96.7	33.9
	18	58.9	28.7	66.3	29.2	74.4	29.8	82.8	30.7	90.2	31.8
	20	54.7	26.8	61.5	27.2	69.0	27.8	76.7	28.6	83.6	29.6
	22	50.4	24.9	56.7	25.3	63.6	25.9	70.7	26.5	77.0	27.5
	24	46.2	22.9	51.9	23.3	58.2	23.8	64.7	24.5	70.4	25.3
50	16	74.5	35.9	83.9	36.5	94.3	37.3	104.9	38.4	114.4	39.7
	18	70.2	34.0	79.0	34.6	88.8	35.5	98.9	36.3	107.8	37.6
	20	65.9	32.1	74.2	32.6	83.4	33.3	92.8	34.3	101.2	35.5
	22	61.7	30.2	69.4	30.7	77.9	31.3	86.7	32.2	94.5	33.4
	24	57.4	28.2	64.6	28.7	72.5	29.3	80.7	30.2	87.9	31.2
55	16	85.9	41.2	96.8	41.9	108.8	42.8	121.2	44.1	132.3	45.7
	18	81.6	39.3	91.9	40.0	103.4	40.8	115.1	42.1	125.6	43.6
	20	77.4	37.4	87.1	38.0	97.9	38.9	109.0	40.0	118.9	41.4
	22	73.1	35.5	82.2	36.1	92.4	37.0	102.9	38.0	112.3	39.3
	24	68.8	33.5	77.4	34.1	87.0	34.9	96.8	35.8	105.6	37.2

注：1　计算条件为加热管公称外径20mm，填充层厚度40mm，发泡水泥绝热层导热系数0.08W/(m·K)、厚度40mm，供回水温差10℃；

2　铺厚地毯面层热阻为0.15m²·K/W。

B.2.2 当采用导热系数为 0.23W/(m·K) 的 PB 管时，单位地面面积的向上供热量和向下传热量可按表 B.2.2-1～表 B.2.2-4 取值。

**表 B.2.2-1　水泥、石材或陶瓷面层单位地面面积的
向上供热量和向下传热量（W/m²）**

平均水温（℃）	室内空气温度（℃）	加热管间距（mm）									
		500		400		300		200		100	
		向上供热量	向下传热量	向上供热量	向下传热量	向上供热量	向下传热量	向上供热量	向下传热量	向上供热量	向下传热量
35	16	43.6	17.8	53.8	17.7	68.0	17.9	87.3	18.3	110.4	19.2
	18	39.2	16.0	48.2	16.0	60.8	16.2	78.0	16.5	98.5	17.4
	20	34.8	14.2	42.7	14.3	53.8	14.5	68.8	14.8	86.8	15.5
	22	30.3	12.5	37.2	12.6	46.7	12.8	59.7	13.0	75.1	13.7
	24	25.9	10.8	31.7	10.9	39.7	11.0	50.6	11.2	63.5	11.8
40	16	55.7	22.2	68.7	22.4	87.0	22.4	112.2	23.0	142.7	24.2
	18	51.2	20.5	63.1	20.6	79.8	20.8	102.8	21.2	130.6	22.4
	20	46.7	18.8	57.5	18.9	72.6	19.0	93.4	19.5	118.5	20.5
	22	42.2	17.1	51.9	17.2	65.4	17.4	84.1	17.7	106.5	18.7
	24	37.7	15.4	46.3	15.5	58.3	15.6	74.8	15.9	94.6	16.8
45	16	67.9	26.7	83.9	26.8	106.4	27.0	137.7	27.7	175.9	29.2
	18	63.3	25.1	78.2	25.1	99.2	25.3	128.1	25.9	163.6	27.4
	20	58.8	23.3	72.5	23.5	91.9	23.6	118.7	24.2	151.3	25.5
	22	54.2	21.7	66.9	21.7	84.6	21.9	109.2	22.4	139.1	23.7
	24	49.7	19.9	61.2	20.0	77.4	20.2	99.7	20.7	126.9	21.8
50	16	80.2	31.2	99.3	31.4	126.1	31.8	163.6	32.4	209.9	34.3
	18	75.6	29.5	93.5	29.7	118.8	30.0	154.0	30.7	197.5	32.4
	20	71.1	27.9	87.8	28.2	111.5	28.3	144.4	28.9	185.0	30.6
	22	66.5	26.2	82.1	26.3	104.1	26.7	134.9	27.2	172.6	28.7
	24	61.9	24.5	76.4	24.6	96.9	24.9	125.3	25.4	160.2	26.9
55	16	92.7	35.7	114.8	35.9	146.2	36.2	190.0	37.1	244.7	39.3
	18	88.1	34.3	109.1	34.3	138.8	34.6	180.4	35.4	232.1	37.5
	20	83.5	32.4	103.3	32.6	131.4	32.9	170.7	33.6	219.5	35.6
	22	78.9	30.8	97.6	30.9	124.0	31.2	161.0	31.9	206.9	33.8
	24	74.3	29.1	91.8	29.2	116.7	29.5	151.3	30.2	194.3	32.0

注：1　计算条件为加热管公称外径 20mm，填充层厚度 40mm，发泡水泥绝热层导热系数 0.08W/(m·K)、厚度 40mm，供回水温差 10℃；

2　水泥、石材或陶瓷面层热阻为 0.02m²·K/W。

表 B.2.2-2 塑料类材料面层单位地面面积的
向上供热量和向下传热量（W/m²）

平均水温（℃）	室内空气温度（℃）	加热管间距（mm）									
		500		400		300		200		100	
		向上供热量	向下传热量	向上供热量	向下传热量	向上供热量	向下传热量	向上供热量	向下传热量	向上供热量	向下传热量
35	16	40.7	18.0	48.3	18.3	57.9	18.7	69.4	19.5	81.5	20.6
	18	36.6	16.3	43.3	16.5	51.9	17.0	62.2	17.6	72.9	18.6
	20	32.4	14.5	38.4	14.8	45.9	15.1	54.9	15.7	64.4	16.6
	22	28.3	12.8	33.4	13.0	39.9	13.3	47.7	13.8	55.9	14.6
	24	24.1	11.0	28.5	11.2	34.0	11.5	40.6	11.9	47.4	12.6
40	16	51.8	22.6	61.6	23.0	73.9	23.6	88.8	24.5	104.6	26.0
	18	47.6	20.9	56.5	21.3	67.8	21.8	81.5	22.6	95.9	24.0
	20	43.4	19.2	51.5	19.5	61.7	20.1	74.1	20.7	87.2	22.0
	22	39.2	17.4	46.5	17.7	55.7	18.2	66.8	18.9	78.5	20.0
	24	35.0	15.7	41.5	16.0	49.6	16.3	59.5	17.0	69.9	18.0
45	16	63.0	27.3	75.0	27.7	90.2	28.4	108.5	29.6	128.1	31.4
	18	58.8	25.6	69.9	26.1	84.0	26.6	101.1	27.7	119.3	29.4
	20	54.6	23.8	64.8	24.2	77.9	24.8	93.7	25.8	110.5	27.4
	22	50.4	22.1	59.8	22.5	71.8	23.0	86.3	24.0	101.7	25.4
	24	46.1	20.4	54.7	20.7	65.7	21.2	78.9	22.1	92.9	23.4
50	16	74.4	31.9	88.6	32.4	106.6	33.3	128.6	34.6	152.0	36.8
	18	70.1	30.5	83.5	30.7	100.4	31.5	121.1	32.7	143.2	34.9
	20	65.9	28.5	78.4	29.0	94.3	29.7	113.6	30.9	134.3	32.9
	22	61.7	26.8	73.3	27.2	88.1	27.9	106.1	29.1	125.4	30.9
	24	57.4	25.1	68.2	25.5	81.9	26.1	98.7	27.2	116.5	28.9
55	16	85.9	36.5	102.3	37.2	123.2	38.1	148.8	39.7	176.3	42.3
	18	81.6	34.8	97.2	35.5	117.0	36.4	141.3	37.9	167.4	40.3
	20	77.4	33.2	92.1	33.8	110.8	34.6	133.8	36.1	158.4	38.4
	22	73.1	31.5	86.9	32.0	104.6	32.8	126.3	34.2	149.5	36.4
	24	68.8	29.7	81.8	30.3	98.4	31.1	118.8	32.3	140.5	34.4

注：1 计算条件为加热管公称外径20mm，填充层厚度40mm，发泡水泥绝热层导热系数0.08W/(m·K)、厚度40mm，供回水温差10℃；

2 塑料类材料面层热阻为0.075m²·K/W。

表 B.2.2-3 木地板面层单位地面面积的向上
供热量和向下传热量（W/m²）

平均水温 （℃）	室内空气 温度 （℃）	加热管间距（mm）									
		500		400		300		200		100	
		向上 供热量	向下 传热量	向上 供热量	向下 传热量	向上 供热量	向下 传热量	向上 供热量	向下 传热量	向上 供热量	向下 传热量
35	16	39.9	18.1	46.5	18.5	54.5	19.1	63.7	19.8	73.0	21.0
	18	35.8	16.4	41.7	16.7	48.9	17.2	57.1	17.9	65.4	19.0
	20	31.7	14.6	36.9	14.9	43.2	15.4	50.4	16.0	57.7	17.0
	22	27.6	12.9	32.1	13.1	37.6	13.5	43.8	14.1	50.2	14.9
	24	23.6	11.1	27.4	11.3	32.0	11.7	37.3	12.1	42.6	12.9
40	16	50.7	22.7	59.2	23.2	69.5	23.9	81.4	25.0	93.5	26.5
	18	46.6	21.0	54.3	21.5	63.8	22.1	74.7	23.1	85.7	24.5
	20	42.5	19.3	49.5	19.7	58.1	20.3	68.0	21.2	78.0	22.5
	22	38.3	17.5	44.7	17.9	52.4	18.5	61.3	19.2	70.3	20.4
	24	34.2	15.8	39.9	16.1	46.7	16.6	54.6	17.3	62.6	18.4
45	16	61.7	27.4	72.0	28.0	84.7	28.9	99.3	30.1	114.3	32.0
	18	57.5	25.7	67.2	26.3	79.0	27.1	92.6	28.2	106.5	30.0
	20	53.4	24.0	62.3	24.5	73.2	25.2	85.8	26.4	98.7	28.0
	22	49.2	22.2	57.4	22.7	67.5	23.4	79.0	24.4	90.8	26.0
	24	45.1	20.5	52.6	20.9	61.7	21.6	72.3	22.5	83.0	23.9
50	16	72.7	32.1	85.0	32.8	100.1	33.8	117.5	35.3	135.4	37.6
	18	68.6	30.4	80.1	31.1	94.3	32.0	110.7	33.4	127.6	35.6
	20	64.4	28.7	75.3	29.3	88.5	30.2	103.9	31.5	119.7	33.5
	22	60.2	26.9	70.4	27.5	82.7	28.4	97.1	29.7	111.8	31.5
	24	56.1	25.2	65.5	25.8	77.0	26.6	90.3	27.7	103.9	29.5
55	16	83.9	36.8	98.2	37.6	115.6	38.8	135.9	40.5	156.8	43.1
	18	79.7	35.1	93.3	35.9	109.8	37.0	129.1	38.6	148.9	41.2
	20	75.5	33.4	88.3	34.1	104.0	35.2	122.2	36.8	141.0	39.1
	22	71.4	31.7	83.4	32.4	98.1	33.4	115.4	34.9	133.0	37.1
	24	67.2	29.9	78.5	30.6	92.4	31.6	108.5	33.0	125.1	35.1

注：1 计算条件为加热管公称外径 20mm，填充层厚度 40mm，发泡水泥绝热层导热系数 0.08W/(m·K)、厚度 40mm，
供回水温差 10℃；
2 木地板材料面层热阻为 0.1m²·K/W。

供热量和向下传热量（W/m²）

平均水温（℃）	室内空气温度（℃）	加热管间距（mm）									
		500		400		300		200		100	
		向上供热量	向下传热量	向上供热量	向下传热量	向上供热量	向下传热量	向上供热量	向下传热量	向上供热量	向下传热量
35	16	37.1	18.4	42.2	18.9	48.0	19.6	54.3	20.5	60.4	21.7
	18	33.3	16.7	37.9	17.1	43.1	17.7	48.7	18.5	54.1	19.6
	20	29.5	14.9	33.5	15.3	38.1	15.8	43.0	16.5	47.9	17.5
	22	25.7	13.1	29.2	13.5	33.2	13.9	37.5	14.5	41.6	15.4
	24	22.0	11.3	24.9	11.6	28.3	12.0	31.9	12.5	35.4	13.2
40	16	47.2	23.2	53.7	23.8	61.1	24.7	69.2	25.8	77.1	27.3
	18	43.3	21.4	49.3	22.0	56.1	22.8	63.5	23.8	70.7	25.2
	20	39.5	19.6	44.9	20.2	51.1	20.9	57.8	21.9	64.4	23.1
	22	35.7	17.9	40.5	18.4	46.1	19.0	52.2	19.9	58.1	21.0
	24	31.9	16.1	36.2	16.5	41.1	17.1	46.5	17.9	51.8	18.9
45	16	57.3	27.9	65.3	28.7	74.4	29.7	84.3	31.1	94.0	33.0
	18	53.5	26.2	60.8	26.9	69.3	27.9	78.6	29.2	87.6	30.9
	20	49.6	24.4	56.4	25.1	64.3	26.0	72.8	27.2	81.2	28.8
	22	45.7	22.7	52.0	23.3	59.3	24.1	67.1	25.2	74.8	26.7
	24	41.9	20.9	47.6	21.5	54.2	22.2	61.4	23.2	68.5	24.6
50	16	67.6	32.7	77.0	33.6	87.8	34.8	99.6	36.5	111.2	38.7
	18	63.7	31.0	72.5	31.8	82.7	33.0	93.8	34.5	104.7	36.6
	20	59.8	29.2	68.1	30.0	77.6	31.1	88.1	32.6	98.3	34.5
	22	55.9	27.5	63.7	28.2	72.6	29.3	82.3	30.6	91.9	32.5
	24	52.1	25.7	59.3	26.4	67.5	27.4	76.6	28.7	85.4	30.4
55	16	77.9	37.5	88.7	38.6	101.3	40.0	115.0	41.9	128.5	44.4
	18	74.0	35.8	84.8	36.8	96.2	38.1	109.2	39.9	122.0	42.4
	20	70.1	34.0	79.9	35.0	91.1	36.3	103.4	38.0	115.6	40.3
	22	66.2	32.3	75.4	33.3	86.0	34.4	97.6	36.0	109.1	38.2
	24	62.3	30.5	71.0	31.4	81.0	32.5	91.9	34.1	102.6	36.1

注：1　计算条件为加热管公称外径 20mm，填充层厚度 40mm，发泡水泥绝热层导热系数 0.08W/(m·K)、厚度 40mm，
供回水温差 10℃；

2　铺厚地毯面层热阻为 0.15m²·K/W。

附录 C 管材的选择

C.1 塑料管的选择

C.1.1 塑料管材质和连接方法的选择应以保证工程长期运行的安全可靠为原则，根据塑料管的抗蠕变能力的强弱、许用环应力的大小、工程环境等因素，经综合比较后确定。

C.1.2 塑料管管系列应按表 C.1.2-1 中使用条件 4 级以及设计压力选择；管系列值可按表 C.1.2-2 确定。

表 C.1.2-1 塑料管使用条件级别

使用条件级别	工作温度 T_D（℃）	在 T_D 下的使用时间（年）	最高工作温度 T_{max}（℃）	在 T_{max} 下的使用时间（年）	故障温度 T_{mal}（℃）	在 T_{mal} 下的使用时间（h）	典型的应用范围
1	60	49	80	1	95	100	供应热水（60℃）
2	70	49	80	1	95	100	供应热水（70℃）
3*	30 / 40	20 / 25	50	4.5	65	100	低温地面采暖
4	20 / 40 / 60	2.5 / 20 / 25	70	2.5	100	100	地面采暖和低温散热器采暖
5**	20 / 60 / 80	14 / 25 / 10	90	1	100	100	较高温散热器采暖

注：* 仅当 T_{mal} 不超过 65℃ 时才可使用；

　　** 当 T_D、T_{max} 和 T_{mal} 超出本表所给出的值时，不能用本表。

　　1 表中所列各使用条件级别的管道系统均应同时满足在 20℃ 和 1.0MPa 条件下输送冷水，达到 50 年使用寿命；

　　2 所有加热系统的介质只能是水或者经处理的水。

表 C.1.2-2 管系列（S）值

设计压力 P_D（MPa）	管系列（S）值					
	PB管 σ_D= 5.46MPa	PB-R管 σ_D= 4.34MPa	PE-X管 σ_D= 4.00MPa	PE-RT Ⅱ型 σ_D= 3.60MPa	PE-RT Ⅰ型 σ_D= 3.25MPa	PP-R管 σ_D= 3.30MPa
0.4	10	6.3（10）	6.3	5	5	5
0.6	8	6.3	6.3	5	5	5
0.8	6.3	5	5	4	4	4
1.0	5	4	4	3.2	3.2	3.2

注：1 σ_D 指设计压力；

　　2 括号内为理论值，实际选型时考虑到管材实际可行的壁厚因素，进行了圆整。

C.1.3 塑料管公称壁厚应根据本规程第 C.1.2 条选择的管系列及施工和使用中的不利因素综合确定。管材公称壁厚应符合表 C.1.3 的要求，并应同时符合下列规定：

　　1 对管径大于或等于 15mm 的管材，壁厚不应小于 2.0mm；

　　2 需要进行热熔焊接的管材，其壁厚不得小于 1.9mm。

表 C.1.3 管材公称壁厚（mm）

系统工作压力 P_D=0.4MPa						
公称外径（mm）	PB管	PB-R管	PE-X管	PE-RTⅡ型	PE-RTⅠ型	PP-R管
16	1.3	1.5	1.8	1.8	1.8	1.5
20	1.3	1.5	1.9	2.0	2.0	2.0
25	1.3	1.9	1.9	2.3	2.3	2.3
系统工作压力 P_D=0.6MPa						
公称外径（mm）	PB管	PB-R管	PE-X管	PE-RTⅡ型	PE-RTⅠ型	PP-R管
16	1.3	1.5	1.8	1.8	1.8	1.5
20	1.3	1.5	1.9	2.0	2.0	2.0
25	1.5	1.9	1.9	2.3	2.3	2.3
系统工作压力 P_D=0.8MPa						
公称外径（mm）	PB管	PB-R管	PE-X管	PE-RTⅡ型	PE-RTⅠ型	PP-R管
16	1.3	1.5	1.8	2.0	2.0	2.0
20	1.5	1.9	1.9	2.3	2.3	2.3
25	1.9	2.3	2.3	2.8	2.8	2.8
系统工作压力 P_D=1.0MPa						
公称外径（mm）	PB管	PB-R管	PE-X管	PE-RTⅡ型	PE-RTⅠ型	PP-R管
16	1.5	1.8	1.8	2.2	2.2	2.2
20	1.9	2.3	2.3	2.8	2.8	2.8
25	2.3	2.8	2.8	3.5	3.5	3.5

C.1.4 塑料管的公称外径、最小与最大平均外径，应符合表 C.1.4 的规定。

表 C.1.4 塑料管公称外径、最小与最大平均外径（mm）

塑料管材	公称外径	最小平均外径	最大平均外径
PB、PB-R、PE-X、PE-RT、PP-R 管	16	16.0	16.3
	20	20.0	20.3
	25	25.0	25.3

C.2 铝塑复合管的选择

C.2.1 铝塑复合管可采用搭接焊和对接焊两种形式。

C.2.2 铝塑复合管长期工作温度和允许工作压力应符合下列规定：

1 搭接焊式铝塑复合管长期工作温度和允许工作压力应符合表 C.2.2-1 的规定。

表 C.2.2-1　搭接焊式铝塑复合管长期工作温度和允许工作压力

流体类别	铝塑管代号	长期工作温度 T_o（℃）	允许工作压力 P_o（MPa）
冷热水	PAP	60	1.00
		75A	0.82
		82A	0.69
	XPAP	75	1.00
		82	0.86

注：1　A 系指采用中密度聚乙烯（乙烯与辛烯特殊共聚物）材料生产的复合管；

2　PAP 为聚乙烯/铝合金/聚乙烯，XPAP 为交联聚乙烯/铝合金/交联聚乙烯。

2 对接焊式铝塑复合管长期工作温度和允许工作压力应符合表 C.2.2-2 的规定。

表 C.2.2-2　对接焊式铝塑复合管长期工作温度和允许工作压力

流体类别	铝塑管代号	长期工作温度 T_o（℃）	允许工作压力 P_o（MPa）
冷热水	XPAP1、XPAP2、RPAP5	40	2.00
	PAP3、PAP4	60	1.00
	XPAP1、XPAP2、RPAP5	75	1.50
	XPAP1、XPAP2、RPAP5	95	1.25

注：1　XPAP1：一型铝塑管　聚乙烯/铝合金/交联聚乙烯；

2　XPAP2：二型铝塑管　交联聚乙烯/铝合金/交联聚乙烯；

3　PAP3：三型铝塑管　聚乙烯/铝/聚乙烯；

4　PAP4：四型铝塑管　聚乙烯/铝合金/聚乙烯；

5　RPAP5：五型铝塑管　耐热聚乙烯/铝合金/耐热聚乙烯。

C.2.3 铝塑复合管的公称外径、壁厚与偏差，应符合表 C.2.3 的规定。

表 C.2.3　铝塑复合管公称外径、壁厚与偏差（mm）

铝塑复合管	公称外径	公称外径公差	参考内径	管壁厚最小值	管壁厚公差
搭接焊	16	+0.3	12.1	1.7	+0.5
	20		15.7	1.9	
	25		19.9	2.3	
	16		10.9	2.3	
	20		14.5	2.5	
	25（26）		18.5（19.5）		

C.3 无缝铜管的选择

C.3.1 无缝铜管状态和类型的选择应满足系统工作压力。管径小于 22mm 时，宜选用软态铜管；管径为 22mm 或 28mm 时，应选用半硬态铜管。

C.3.2 无缝铜管的公称外径、壁厚与偏差，应符合表 C.3.2 的规定。

表 C.3.2　无缝铜管公称外径、壁厚与偏差（mm）

公称外径	壁厚			平均外径公差	
	A	B	C	普通级	高精级
15	1.2	1.0	0.7	±0.06	±0.03
18	1.2	1.0	0.8	±0.06	±0.03
22	1.5	1.2	0.9	±0.08	±0.04
28	1.5	1.2	0.9	±0.08	±0.04

C.3.3 无缝铜管的最大工作压力应符合表 C.3.3 的规定。

表 C.3.3　无缝铜管的最大工作压力（MPa）

管材状态和类型		公称外径（mm）			
		15	18	22	28
硬态（Y）	A	10.79	8.87	9.08	7.05
	B	8.87	7.31	7.19	5.59
	C	6.11	5.81	5.92	4.62
半硬态（Y_2）	A	8.56	7.04	7.21	5.60
	B	7.07	5.81	5.70	4.44
	C	4.85	4.61	4.23	3.30
软态（M）	A	7.04	5.80	5.94	4.61
	B	5.80	4.79	4.70	3.66
	C	3.99	3.80	3.48	2.72

附录 D　管道水力计算

D.0.1 塑料管及铝塑复合管单位长度摩擦压力损失（比摩阻，可按表 D.0.1 计算。

表 D.0.1　塑料管及铝塑复合管水力计算表　　　　　　　　续表 D.0.1

流速 v (m/s)	管内径 d_i/管外径 d_o (mm/mm) 12.1/16		管内径 d_i/管外径 d_o (mm/mm) 15.7/20		管内径 d_i/管外径 d_o (mm/mm) 19.9/25	
	比摩阻 R (Pa/m)	流量 G (kg/h)	比摩阻 R (Pa/m)	流量 G (kg/h)	比摩阻 R (Pa/m)	流量 G (kg/h)
0.01	0.60	4.14	0.39	6.97	0.27	11.19
0.02	1.60	8.28	1.09	13.93	0.77	22.38
0.03	2.97	12.41	2.04	20.90	1.45	33.57
0.04	4.66	16.55	3.22	27.86	2.31	44.76
0.05	6.65	20.69	4.62	34.83	3.32	55.96
0.06	8.93	24.83	6.22	41.79	4.49	67.15
0.07	11.49	28.96	8.02	48.76	5.81	78.34
0.08	14.31	33.10	10.02	55.73	7.27	89.53
0.09	17.39	37.24	12.20	62.69	8.87	100.72
0.10	20.73	41.38	14.57	69.66	10.60	111.91
0.11	24.32	45.51	17.11	76.62	12.47	123.10
0.12	28.15	49.65	19.84	83.59	14.47	134.29
0.13	32.22	53.79	22.73	90.56	16.60	145.49
0.14	36.54	57.93	25.80	97.52	18.85	156.68
0.15	41.08	62.06	29.04	104.49	21.24	167.87
0.16	45.86	66.20	32.44	111.45	23.74	179.06
0.17	50.87	70.34	36.01	118.42	26.37	190.25
0.18	56.11	74.48	39.75	125.38	29.13	201.44
0.19	61.57	78.61	43.64	132.35	32.00	212.63
0.20	67.25	82.75	47.70	139.32	34.99	223.82
0.21	73.16	86.89	51.92	146.28	38.10	235.02
0.22	79.28	91.03	56.29	153.25	41.33	246.21
0.23	85.62	95.16	60.83	160.21	44.68	257.40
0.24	92.18	99.30	65.52	167.18	48.14	268.59
0.25	98.95	103.44	70.36	174.15	51.72	279.78
0.26	105.94	107.58	75.36	181.11	55.41	290.97
0.27	113.13	111.71	80.51	188.08	59.22	302.16
0.28	120.54	115.85	85.81	195.04	63.14	313.35
0.29	128.16	119.99	91.27	202.01	67.18	324.55
0.30	135.98	124.13	96.87	208.97	71.32	335.74
0.31	144.02	128.26	102.63	215.94	75.58	346.93
0.32	152.26	132.40	108.53	222.91	79.95	358.12
0.33	160.70	136.54	114.59	229.87	84.43	369.31
0.34	169.35	140.68	120.79	236.84	89.02	380.50
0.35	178.21	144.81	127.14	243.80	93.72	391.69
0.36	187.26	148.95	133.63	250.77	98.53	402.88
0.37	196.52	153.09	140.27	257.73	103.45	414.08
0.38	205.98	157.23	147.06	264.70	108.47	425.27
0.39	215.64	161.36	153.99	271.67	113.61	436.46
0.40	225.50	165.50	161.07	278.63	118.85	447.65
0.41	235.56	169.64	168.29	285.60	124.20	458.84
0.42	245.81	173.78	175.65	292.56	129.66	470.03
0.43	256.27	177.91	183.16	299.53	135.22	481.22
0.44	266.92	182.05	190.81	306.50	140.89	492.41
0.45	277.76	186.19	198.60	313.46	146.67	503.61
0.46	288.81	190.33	206.53	320.43	152.55	514.80
0.47	300.04	194.46	214.61	327.39	158.53	525.99
0.48	311.48	198.60	222.82	334.36	164.63	537.18
0.49	323.10	202.74	231.18	341.32	170.82	548.37
0.50	334.92	206.88	239.67	348.29	177.12	559.56
0.51	346.94	211.01	248.30	355.26	183.53	570.75
0.52	359.14	215.15	257.08	362.22	190.04	581.94
0.53	371.54	219.29	265.99	369.19	196.65	593.14
0.54	384.13	223.43	275.04	376.15	203.37	604.33
0.55	396.91	227.57	284.23	383.12	210.19	615.52
0.56	409.88	231.70	293.56	390.09	217.11	626.71
0.57	423.04	235.84	303.03	397.05	224.14	637.90
0.58	436.39	239.98	312.63	404.02	231.27	649.09
0.59	449.93	244.12	322.37	410.98	238.50	660.28
0.60	463.65	248.25	332.25	417.95	245.83	671.47
0.61	477.57	252.39	342.26	424.91	253.26	682.67
0.62	491.67	256.53	352.41	431.88	260.80	693.86
0.63	505.97	260.67	362.69	438.85	268.44	705.05
0.64	520.44	264.80	373.11	445.81	276.18	716.24
0.65	535.11	268.94	383.67	452.78	284.02	727.43
0.66	549.96	273.08	394.36	459.74	291.96	738.62
0.67	565.00	277.22	405.19	466.71	300.00	749.81
0.68	580.23	281.35	416.15	473.67	308.14	761.00
0.69	595.64	285.49	427.24	480.64	316.38	772.20
0.70	611.23	289.63	438.47	487.61	324.72	783.39

流速 v (m/s)	管内径 d_i/管外径 d_o (mm/mm) 12.1/16		管内径 d_i/管外径 d_o (mm/mm) 15.7/20		管内径 d_i/管外径 d_o (mm/mm) 19.9/25	
	比摩阻 R (Pa/m)	流量 G (kg/h)	比摩阻 R (Pa/m)	流量 G (kg/h)	比摩阻 R (Pa/m)	流量 G (kg/h)
0.71	627.01	293.77	449.83	494.57	333.17	794.58
0.72	642.97	297.90	461.33	501.54	341.71	805.77
0.73	659.12	302.04	472.96	508.50	350.35	816.96
0.74	675.45	306.18	484.72	515.47	359.09	828.15
0.75	691.97	310.32	496.62	522.44	367.93	839.34
0.76	708.67	314.45	508.65	529.41	376.87	850.53
0.77	725.55	318.59	520.81	536.37	385.91	861.73
0.78	742.62	322.73	533.10	543.33	395.05	872.92
0.79	759.86	326.87	545.53	550.30	404.28	884.11
0.80	777.29	331.00	558.08	557.26	413.62	895.30
0.81	794.90	335.14	570.77	564.23	423.05	906.49
0.82	812.70	339.28	583.60	571.20	432.58	917.68
0.83	830.67	343.42	596.55	578.16	442.21	928.87
0.84	848.82	347.55	609.63	585.13	451.94	940.06
0.85	867.16	351.69	622.85	592.09	461.76	951.26
0.86	885.68	355.83	636.19	599.06	471.69	962.45
0.87	904.37	359.97	649.67	606.03	481.71	973.64
0.88	923.25	364.10	663.27	612.99	491.82	984.83
0.89	942.30	368.24	677.01	619.96	502.04	996.02
0.90	961.54	372.38	690.88	626.92	512.35	1007.21
0.91	980.95	376.52	704.87	633.89	522.76	1018.40
0.92	1000.55	380.65	719.00	640.85	533.27	1029.59
0.93	1020.32	384.79	733.26	647.82	543.87	1040.79
0.94	1040.27	388.93	747.64	654.79	554.57	1051.98
0.95	1060.40	393.07	762.16	661.75	565.37	1063.17
0.96	1080.71	397.20	776.80	668.72	576.26	1074.36
0.97	1101.20	401.34	791.57	675.68	587.25	1085.55
0.98	1121.86	405.48	806.48	682.65	598.34	1096.74
0.99	1142.70	409.62	821.51	689.61	609.52	1107.93
1.00	1163.72	413.75	836.67	696.58	620.80	1119.12
1.01	1184.92	417.89	851.95	703.55	632.17	1130.32
1.02	1206.29	422.03	867.37	710.51	643.64	1141.51
1.03	1227.84	426.17	882.91	717.48	655.21	1152.70
1.04	1249.57	430.30	898.59	724.44	666.87	1163.89
1.05	1271.47	434.44	914.39	731.41	678.63	1175.08
1.06	1293.55	438.58	930.32	738.38	690.48	1186.27
1.07	1315.81	442.72	946.37	745.34	702.43	1197.46
1.08	1338.24	446.86	962.55	752.31	714.47	1208.65
1.09	1360.85	450.99	978.86	759.27	726.61	1219.85
1.10	1383.63	455.13	995.30	766.24	738.84	1231.04
1.11	1406.59	459.27	1011.87	773.20	751.17	1242.23
1.12	1429.72	463.41	1028.56	780.17	763.60	1253.42
1.13	1453.02	467.54	1045.38	787.14	776.11	1264.61
1.14	1476.51	471.68	1062.32	794.10	788.73	1275.80
1.15	1500.16	475.82	1079.39	801.07	801.43	1286.99
1.16	1524.00	479.96	1096.59	808.03	814.24	1298.18
1.17	1548.00	484.09	1113.92	815.00	827.13	1309.38
1.18	1572.18	488.23	1131.37	821.97	840.12	1320.57
1.19	1596.54	492.37	1148.94	828.93	853.21	1331.76
1.20	1621.07	496.51	1166.65	835.90	866.39	1342.95

注：此表为热媒平均温度为 55℃ 的水力计算表。

D.0.2 当热媒平均温度不等于 55℃ 时，可由表 D.0.2 查出比摩阻修正系数，并按下式进行修正。

$$R_t = R \times a \qquad (D.0.2)$$

式中：R_t——热媒在设计温度和设计流量下的比摩阻（Pa/m）；

R——查表 D.0.1 得到的比摩阻（Pa/m）；

a——比摩阻修正系数。

表 D.0.2　比摩阻修正系数

热媒平均温度（℃）	55	50	45	40	35
修正系数 a	1	1.02	1.04	1.06	1.08

D.0.3 塑料管及铝塑复合管局部阻力系数（ζ）值可按表 D.0.3 选用。

表 D.0.3　局部阻力系数（ζ）值

管路附件	曲率半径 ≥5d_0 的 90°弯头	直流三通	旁流三通	合流三通	分流三通	直流四通
ζ值	0.3～0.5	0.5	1.5	1.5	3.0	2.0

管路附件	分流四通	乙字弯	括弯	突然扩大	突然缩小	压紧螺母连接件
ζ值	3.0	0.5	1.0	1.0	0.5	1.5

附录 E 加热供冷管管材物理力学性能

E.0.1 塑料管的物理力学性能应符合表 E.0.1 的规定。

表 E.0.1 塑料管的物理力学性能

项 目	PB	PB-R	PE-X	PE-RT Ⅱ型	PE-RT Ⅰ型	PP-R
20℃，1h 液压试验环应力（MPa）	15.50	15.40	12.00	11.2	9.9	16.00
95℃，1h 液压试验环应力（MPa）	—	—	4.80	—	—	—
95℃，22h 液压试验环应力（MPa）	6.50	5.40	4.70	4.1	3.8	4.20
95℃，165h 液压试验环应力（MPa）	6.20	5.10	4.60	4.0	3.6	3.80
95℃，1000h 液压试验环应力（MPa）	6.00	4.90	4.40	3.8	3.4	3.50
110℃，8760h 热稳定性试验环应力（MPa）	2.40	1.80	2.50	2.4	1.9	1.90
纵向尺寸收缩率（%）	≤2	≤2	≤3	≤2	≤2	≤2
交联度（%）	—	—	见注	—	—	—
0℃耐冲击（%）	—	—	—	—	—	破损率＜试样的10%
管材与混配料熔体流动速率之差	≤0.3g/10min（190℃、5kg条件下）	变化率≤原料的20%（190℃、2.16kg条件下）	—	与对原料测定值之差，不应超过±0.3g/10min且不超过±20%（190℃、5kg条件下）	与对原料测定值之差，不应超过±0.3g/10min且不超过±20%（190℃、5kg条件下）	变化率≤原料的30%（190℃、2.16kg条件下）

注：过氧化物交联（PE-Xa）交联度大于或等于70%；硅烷交联（PE-Xb）交联度大于或等于65%；辐照交联（PE-Xc）交联度大于或等于60%。

E.0.2 铝塑复合管的物理力学性能应符合表 E.0.2 的规定。

表 E.0.2 铝塑复合管的物理力学性能

公称直径（mm）	管环径向拉伸力（N）（HDPE、PEX）		静液压强度（MPa）		爆破压力（MPa）	
	搭接焊	对接焊	搭接焊（82℃，10h）	对接焊（95℃，10h）	搭接焊	对接焊
12	2100	—	2.72	—	7.0	—
16	2300	2400	2.72	2.42	6.0	8.0
20	2500	2600	2.72	2.42	5.0	7.0

注：1 交联度要求：硅烷交联大于或等于65%；辐照交联大于或等于60%；
2 热熔胶熔点大于或等于120℃；
3 搭接焊铝层拉伸强度大于或等于100MPa，断裂伸长率大于或等于20%；对接焊铝层拉伸强度大于或等于80MPa，断裂伸长率应不小于22%；
4 铝塑复合管层间粘合强度，按规定方法试验，层间不得出现分离和缝隙。

E.0.3 铜管机械性能应符合表 E.0.3 的规定。

表 E.0.3 铜管机械性能要求

状态	公称外径（mm）	抗拉强度，σ_b（MPa）	伸长率	
			δ_5（%）	δ_{10}（%）
硬态（Y）	≤100	≥315		
	＞100	≥295		
半硬态（Y₂）	≤54	≥250	≥30	≥25
软态（M）	≤35	≥205	≥40	≥35

附录 F 加热电缆的电气和机械性能要求

表 F 加热电缆的主要电气和机械性能要求

类别	检验项目	标准要求
标志	成品电缆表面标志	字迹清楚、容易辨认、耐擦
	标志间距离（标志在护套上）	最大500mm
电压试验 绝缘电阻	室温成品电缆电压试验（2.0kV/5min）	不击穿
	高温成品电缆电压试验（导体额定温度＋20℃，1.5kV/15min）	不击穿
	绝缘电阻（导体额定温度＋20℃）	最小0.03MΩ·km
加热导体	导体电阻（20±1）℃*	在标定值的（Ω/m）的＋10%和−5%之间
	电阻温度系数	不为负数

类别	检验项目	标准要求
成品性能试验	变形试验（A 类电缆 300N、B 类电缆 600N、C 类电缆 2000N，均耐受 1.5kV 30s）	不击穿
	拉力试验（最小拉力 120N）	不断裂
	正反卷绕试验	不击穿
	低温冲击试验（−15±2℃）	不开裂
	屏蔽的耐穿透性	试针推入绝缘需触及屏蔽
绝缘层	绝缘厚度	
	平均厚度	最小 0.80mm
	最薄处厚度与平均厚度差值	不大于平均厚度的 10%+0.1mm
	交货状态原始性能	
	老化前抗张强度最小中间值	4.2N/mm²
	老化前断裂伸长率最小中间值	200%
	空气烘箱老化后的性能（7×24h，135℃±2℃）	
	抗张强度最大变化率	±30%
	断裂伸长率最大变化率	±30%
	空气弹老化试验（40h，127℃±1℃）	
	抗张强度最大变化率	±30%
	断裂伸长率最大变化率	±30%
绝缘层	非污染试验（7×24h，90℃±2℃）	
	抗张强度最大变化率	±30%
	断裂伸长率最大变化率	±30%
	热延伸试验（载荷时间 15min，机械压力 0.2N/mm²，250℃±3℃）	
	伸长率最大中间值	175%
	永久伸长率最大中间值	15%
	耐臭氧试验（臭氧浓度 0.025%～0.030%，24h）	不开裂
外护套	外护套厚度	
	厚度平均值	最小 0.8mm
	最薄处厚度与平均厚度差值不大于	厚度平均值的 15%+0.1mm
	交货状态原始性能老化前抗张强度最小中间值	15.0N/mm²
	老化前断裂伸长率最小中间值	
	空气烘箱老化后的性能（10×24h，135℃±2℃）	
	抗张强度最小中间值	15.0N/mm²
	断裂伸长率最小中间值	150%
	抗张强度最大变化率	±25%
	断裂伸长率最大变化率	±25%
	非污染试验（7×24h，80℃±2℃）	
	抗张强度最小中间值	15.0N/mm²
	断裂伸长率最小中间值	150%
	抗张强度最大变化率	±25%
	断裂伸长率最大变化率	±25%
	失重试验（10×24h，115℃±2℃）	
	失重最大值	2.0mg/cm²
	热冲击试验（1h，150℃±2℃）	不开裂
	高温压力试验（90℃±2℃）	
	压痕深度最大中间值	50%
	低温弯曲试验（−15℃±2℃）	不开裂
	热稳定性试验（200℃±0.5℃）	
	最小中间值	180min

附录 G 辐射面传热量的测试

G.0.1 以水为媒介的辐射供暖供冷系统供热量或供冷量的测试系统及测试方法可按现行国家标准《采暖散热器散热量测定方法》GB/T 13754 的规定确定。

G.0.2 测试小室内空气温度测点布置应符合本规程第 6.1.8 条的规定。

G.0.3 测试样品规格及其安装应符合下列规定：

　　1 测试样品边长宜为 3m±0.1m，在闭式小室内居中对称铺设；

　　2 测试时应按样品使用状态将其安装在模拟楼板上，样品的周边应设置绝热材料，样品安装宜按图 G.0.3 进行。

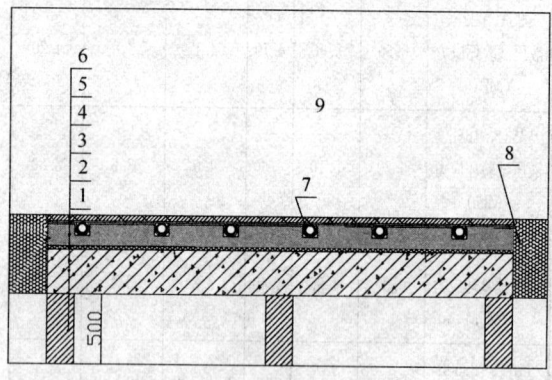

G.0.3　测试样品安装示意图

1—支架；2—模拟楼板；3—可发性聚乙烯（EPE）垫层；4—预制沟槽保温板；5—均热层；6—面层；7—加热管或加热电缆；8—绝热材料；9—闭式小室

G.0.4 以水为媒介的辐射系统辐射供热量或供冷量标准特征公式应按下式计算：

$$Q = K_M \cdot \Delta T^n \qquad (G.0.4)$$

式中：Q——测试样品的辐射供热量或供冷量（W）；

　　　ΔT——过余温度（K）；

　　K_M，n——针对测试样品的常数，通过最小二乘法求得。

G.0.5 热水辐射供暖系统辐射供热量标准特征公式至少应在过余温度分别为 15K±3K、24K±3K 和 33.5K±1K 三个测试工况的基础上确定。标准测试工况应符合下列规定：

　　1 过余温度为 33.5K±1K；

　　2 基准点空气温度为 18℃；

　　3 装置进口水温为 55℃，出口水温为 48℃；

　　4 小室大气压力为标准大气压力。

G.0.6 冷水辐射供冷系统辐射供冷量的标准特征公式至少应在过余温度分别为 10.5K±1K、8.5K±2K 和 6.5K±2K 三个测试工况的基础上确定。标准测试工况应符合下列规定：

1 过余温度为 10.5K±1K；

2 基准点空气温度为 26℃；

3 装置进口水温为 14℃，出口水温为 17℃；

4 小室大气压力为标准大气压力。

G. 0. 7 加热电缆辐射供暖系统功率应采用不低于 1.0 级的电功率计测量。

G. 0. 8 辐射面向下传热量可通过测定模拟楼板上表面和下表面平均温度，并经计算获得。模拟楼板上表面和下表面平均温度测定方法应符合本规程第 6.1.7 条的规定。辐射面向下传热量可按下式计算：

$$Q_1 = \frac{|t_u - t_d|}{R}S \qquad (G.0.8)$$

式中：Q_1 ——辐射面向下传热量（W）；

t_u ——模拟楼板上表面平均温度（℃）；

t_d ——模拟楼板下表面平均温度（℃）；

R ——模拟楼板热阻（$(m^2 \cdot ℃)/W$）；

S ——测试样品的面积（m^2）。

G. 0. 9 辐射面向上供热量或供冷量可按下式计算：

$$Q_2 = Q - Q_1 \qquad (G.0.9)$$

式中：Q_2 ——辐射面向上供热量或供冷量（W）；

Q ——测试样品的辐射供热量或供冷量或电功率（W）。

附录 H 工程质量检验表

表 H-1 以水为媒介的辐射供暖供冷系统安装工程质量检验表

工程名称					
分部(子分部)工程名称			验收单位		
施工单位			项目经理		
分包单位			分包项目经理		
专业工长(施工员)			施工班组长		
施工执行标准名称及编号			《辐射供暖供冷技术规程》JGJ 142—2012		
项目	序号	内 容	检验依据	施工单位评定检查记录	监理（建设）单位验收记录
主控项目	1	外径及壁厚	设计要求及附录C		
	2	加热（输配）管埋地接头	5.4.5、5.4.6		
	3	加热（输配）管水压试验	5.6.2		
	4	加热管（输配）弯曲半径	5.4.3		
一般项目	1	分、集水器安装	设计要求		
	2	加热（输配）管安装	5.4.1～5.4.12		
	3	防潮层、隔离层铺设	设计要求		
	4	泡沫塑料绝热、保温、供暖板铺设	5.3.2		
	5	发泡水泥绝热层强度	4.2.4		
	6	侧面绝热层、伸缩缝设置	5.3.3、5.4.14		
	7	填充层强度	4.3.1、4.3.2		
施工单位检查评定结果		项目专业质量检查员： 年 月 日			
监理（建设）单位验收结论		监理工程师： （建设单位项目专业技术负责人） 年 月 日			

表 H-2　加热电缆地面辐射供暖系统安装工程质量检验表

工程名称					
分部（子分部）工程名称			验收单位		
施工单位			项目经理		
分包单位			分包项目经理		
专业工长（施工员）			施工班组长		
施工执行标准名称及编号			《辐射供暖供冷技术规程》JGJ 142—2012		

项目	序号	内容	检验依据	施工单位评定检查记录	监理（建设）单位验收记录
主控项目	1	加热电缆拼接	5.1.6、5.5.2、5.5.7		
	2	加热电缆弯曲半径	5.5.5		
	3	加热电缆冷热线接头	5.5.8、5.10.3		
	4	加热电缆电阻	不短路、断路		
	5	加热电缆绝缘电阻	附录 F		
一般项目	1	加热电缆安装	5.5.1、5.5.6		
	2	加热电缆与绝热层的隔离	3.2.6、5.2.6		
	3	防潮层、隔离层铺设	设计要求		
	4	泡沫塑料绝热（保温）板铺设	5.3.2		
	5	发泡水泥绝热层强度	4.2.4		
	6	侧面绝热层、伸缩缝设置	5.3.3、5.4.14		
	7	填充层强度	4.3.1、4.3.2		

施工单位检查评定结果	项目专业质量检查员： 年　月　日
监理（建设）单位验收结论	监理工程师： （建设单位项目专业技术负责人） 年　月　日

本规程用词说明

1　为便于在执行本规程条文时区别对待，对要求严格程度不同的用词说明如下：

　　1）表示很严格，非这样做不可的：
　　　　正面词采用"必须"，反面词采用"严禁"；
　　2）表示严格，在正常情况下均应这样做的：
　　　　正面词采用"应"，反面词采用"不应"或"不得"；
　　3）表示允许稍有选择，在条件许可时首先应这样做的：
　　　　正面词采用"宜"，反面词采用"不宜"；
　　4）表示有选择，在一定条件下可以这样做的采用"可"。

2　条文中指明应按其他有关标准执行的，写法为："应符合……的规定"或"应按……执行"。

引用标准名录

1　《电气装置安装工程 1kV 及以下配线工程施工及验收规范》GB 50254

2　《建筑电气工程施工质量验收规范》GB 50303

3　《民用建筑供暖通风及空气调节设计规范》GB 50736

4　《55°密封管螺纹》GB/T 7306

5　《硬质泡沫塑料压缩性能的测定》GB/T 8813

6　《绝热材料稳态热阻及有关特性的测定　防护热板法》GB 10294

7　《蒸压加气混凝土性能试验方法》GB/T 11969

8　《采暖散热器散热量测定方法》GB/T 13754

9　《冷热水系统用热塑性塑料管材和管件》GB/T 18991

中华人民共和国行业标准

辐射供暖供冷技术规程

JGJ 142—2012

条 文 说 明

修 订 说 明

《辐射供暖供冷技术规程》JGJ 142 - 2012，经住房和城乡建设部 2012 年 8 月 23 日以第 1450 号公告批准、发布。

本规程是在《地面辐射供暖技术规程》JGJ 142 - 2004 的基础上修订而成，上一版的主编单位是中国建筑科学研究院，参编单位是中国建筑西北设计研究院、北京市建筑设计研究院、北京有色工程设计研究总院、沈阳市华新国际工程设计顾问有限公司、哈尔滨工业大学、北京瑞迪北方暖通设备工程技术有限公司、北京中房耐克森科技发展有限公司、北京特希达科技有限公司、中房集团新技术中心有限公司、北京华源亚太化学建材有限责任公司、丹佛斯（天津）有限公司、上海乔治·费歇尔管路系统有限公司、北京华宇通阳光智能供暖设备有限公司、国际铜业协会（中国）、北京狄诺瓦科技发展有限公司、北京德欧环保设备有限公司、北京润和科技投资有限公司、北京华世通实业有限公司、佛山市日丰企业有限公司、合肥安泽电工有限公司、上海东理科技发展有限公司、泰科热控（湖州）有限公司、锦州奈特新型材料有限责任公司、国家化学建筑材料测试中心建工测试部。主要起草人员是徐伟、邹瑜、陆耀庆、曹越、黄维、万水娥、邓有源、赵先智、宋波、董重成、于东明、白金国、蒋剑彪、齐政新、周磊、浦垫、李岩、杨宏伟、黄艳珊、田巍然、史凤贤、王俊、胡晶薇、钟惠林、张力平、张国强、濮焕忠、罗才谟。

近年来辐射供暖供冷技术发展很快，已不再局限于地面辐射供暖形式，顶棚、墙面辐射供暖供冷系统及新型的辐射供暖供冷方式已得到应用。为此，除对原技术条款进行修改完善外，还补充了新的内容。本次修订的主要技术内容是：1. 增加了辐射供冷有关规定，并将标准名称改为"辐射供暖供冷技术规程"；2. 增加了绝热层采用发泡水泥、预制沟槽保温板的地面供暖、预制轻薄供暖板地面供暖、毛细管网供暖供冷的有关规定；3. 增加了辐射面向上供热（冷）量及向下传热量的测试方法；4. 对各章节技术内容进行了全面修订。

本规程在修订过程中，编制组对辐射供暖供冷系统应用进行了广泛调查研究，认真总结了国内的实践经验，吸收了近年来有关科研成果，借鉴了相关国际标准和国外先进标准，提出了适合我国应用条件的技术参数。

为便于广大设计、施工、科研、学校等单位有关人员在使用本标准时能正确理解和执行条文规定，《辐射供暖供冷技术规程》编制组按章、节、条顺序编制了本标准的条文说明，对条文规定的目的、依据以及执行中需注意的有关事项进行了说明。但是，本条文说明不具备与标准正文同等的法律效力，仅供适用者理解和把握标准规定的参考。

目　次

1 总　则

1.0.2　本规程适用范围。本规程以供暖技术内容为主，适用于一般民用与工业建筑。

本规程中，以低温热水为热媒的辐射供暖系统包括以下形式：

1　现场敷设加热管地面供暖：①混凝土填充式；②预制沟槽保温板。

2　预制轻薄供暖板地面供暖（供暖板成品厚度小于或等于 13mm，保温基板内镶嵌的加热管外径小于或等于 8mm）。

3　毛细管网地面、顶棚及墙面辐射供暖（毛细管网管径通常在 3mm～4mm，如 3.4mm×0.55mm 或 4.3mm×0.8mm 的 PP-R 管 或 PE-RT 管）。

加热电缆地面辐射供暖包括以下形式：

1　混凝土填充式；

2　预制沟槽保温板。

以高温冷水为冷媒的辐射供冷系统包括以下形式：

1　现场敷设混凝土填充式地面辐射供冷（管外径大于 16mm）。

2　毛细管网地面、顶棚及墙面辐射供冷。

近年来一些新型辐射供暖供冷方式，如结构供冷（TABS）、吊顶辐射板、冷梁等在国内已有应用，因目前积累的数据及资料尚不充分，未能包含在本规程之内。另外本规程不包含室外融雪系统。

1.0.3　本规程为辐射供暖供冷工程的专业性全国通用技术规程。根据国家主管部门有关编制和修订工程建设标准、规范等的统一规定，为了精简规程内容，凡其他全国性标准、规范等已有明确规定的内容，除确有必要者以外，本规程均不再另设条文。本条文的目的是强调在执行本规程的同时，还应注意贯彻执行相关标准、规范等的有关规定。

2 术　语

2.0.1　辐射面可以是地面、顶棚或墙面；工作媒介可以是热水或冷水、热空气或冷空气或电热；单独供暖时，称为辐射供暖；单独供冷时，称为辐射供冷。

2.0.4　本条规定的加热供冷管指不包含毛细管网的所有其他应用于地面辐射供暖供冷的室内水管道，包括铝塑复合管、聚丁烯-1 管、交联聚乙烯管、耐热聚乙烯管、铜管等。

2.0.5　供暖板成品厚度小于或等于 13mm，保温基板内镶嵌的加热管外径小于或等于 8mm。

2.0.6　加热电缆由冷线、热线和冷、热线接头组成，其中热线由发热线芯、绝缘层、接地屏蔽层和外护套等部分组成。发热线芯为加热电缆中将电能转换为热能的金属线芯。绝缘层为加热电缆内导体质检的绝缘材料层。接地屏蔽层是包裹在发热线芯外并与发热线芯绝缘的金属层，其材质可为编织成网的金属丝，也可是沿加热电缆纵向围合的金属带。接地屏蔽层具有电磁屏蔽作用，尤其是出现意外金属穿刺时，穿刺物首先通过了地线，确保了人身安全。接地屏蔽层必须要求是密实型的，螺旋缠绕时，螺旋间距不能大于 5mm，否则防穿刺触电危险的功能锐减；外护套为保护加热电缆内部不受外界环境影响（如腐蚀、受潮等）的电缆外围结构层。

2.0.8　预制沟槽保温板分为不带金属均热层和带金属均热层两种，前者用于地砖、石材面层的热水地面供暖系统，后者保温板上铺设有与加热部件外径尺寸相同沟槽的金属均热层，用于需均热的木地板面层供暖地面，或用于加热电缆供暖地面，使加热电缆与绝热层不直接接触。保温板厚度一般不超过 35mm。

2.0.17　找平层的作用是为铺设装饰面层抹平地面或与面砖石材等粘接；当粘接面砖时找平层包括约 20mm 厚水泥砂浆和约 5mm 厚胶粘剂；当采用水泥地面时，找平层即为面层。

2.0.20　侧面绝热层设于辐射区与非辐射区、建筑物墙体、柱、过门等结构交接处，用于防止地板冷热量渗出。墙面供暖供冷中，侧面绝热层设于辐射区与非辐射区、其他墙体、地面、顶棚、门窗口等结构交接处，用于防止墙面冷热量渗出。顶棚供暖供冷中，侧面绝热层设于辐射区与非辐射区、建筑物墙体、梁等围护结构交接处，防止顶棚冷热量渗出。辐射面绝热层一般采用聚苯乙烯等泡沫塑料板，辐射面绝热层也可用发泡水泥，侧面绝热层也可采用 PE 板条。侧面绝热层在填充层主要起到隔热的作用，在面层结构主要起到伸缩的作用。

2.0.22　伸缩缝如图 1 所示。

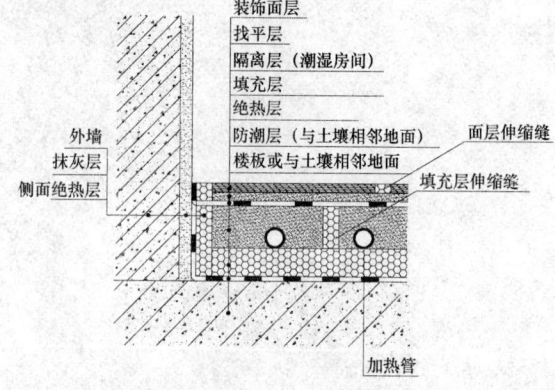

图 1　伸缩缝示意图

2.0.23　用于地面供暖时，称为发泡水泥绝热层；水泥中掺加骨料时，称为发泡混凝土。

2.0.28　按照交联方式的不同，可分为过氧化物交联聚乙烯（PE-Xa）、硅烷交联聚乙烯（PE-Xb）、辐照交联聚乙烯(PE-Xc)。

2.0.32 自力式温控阀由恒温阀头和恒温阀体组成,恒温阀头分为内置温包式、外置温包式、远程调控式。

2.0.33 温控器按照控制调节对象的不同,分为控制水路阀门开关的温控器和对加热电缆进行通断控制的温控器。温控器根据控制方式的不同主要分为室温型、地温型和双温型温控器。室温型温控器传感器和控制器为一体(传感器内置),设置在房间内反映室温的位置。地温型温控器的传感器为外置型,埋设在辐射地面或墙面或顶棚中,控制器设在房间便于操作的位置。双温型温控器兼有室温型和地温型温控器的构造和功能。采用水路自力式温控阀时,温控器即为感温原件内置、外置或远程调控的自力式恒温阀头。

3 设 计

3.1 一 般 规 定

3.1.1 本条从地面辐射供暖的安全、寿命和舒适考虑,规定供水温度不应超过 60℃。从舒适及节能考虑,地面供暖供水温度宜采用较低数值,国内外经验表明,35℃～45℃是比较合适的范围。保持较低的供水温度,有利于延长化学管材的使用寿命,有利于提高室内的热舒适感;控制供回水温差,有利于保持较大的热媒流速,方便排除管内空气,也有利于保证地面温度的均匀。故作此推荐。严寒和寒冷地区应在保证室内温度的基础上选择设计供水温度,严寒地区回水温度推荐不低于 30℃。

3.1.2 根据不同设置位置覆盖层的热阻及遮挡因素,确定毛细管网辐射系统的供水温度。

3.1.3 辐射供暖时,辐射体表面平均温度要求。

对于人员经常停留的地面,美国相关标准根据热舒适理论研究得出地面温度在 21℃～24℃时,不满意度低于 8%;EN 15377-1：2005 中推荐,经常停留地面温度上限为 29℃,非经常停留地面温度上限为 35℃。日本相关资料研究表明,地面温度上限为 31℃时,从人体健康、舒适考虑,是可以接受的。考虑到我国生活习惯,本规程将人员经常停留地面的温度上限值规定为 29℃。

EN15377-1：2005 中推荐墙面温度上限范围为 35℃～50℃,上限温度取决于墙面供暖系统的设置情况如:身体是否易于接触墙面,人员是否是儿童或老人等。同时还要综合考虑热损失及对邻室影响等因素。

3.1.4 辐射供冷系统的供水温度确定时,要考虑防结露、舒适性及控制方式等方面因素。当采用水温控制时,供水温度一般为 14℃～18℃,空调负荷越大,选用水温要越低;当采用辐射面温度直接控制时,供

水温度可在保证不结露的前提下,进一步降低。由于防结露的要求,辐射供冷系统供水温度通常高于常规冷冻水供水温度,所以适合采用地下水、蒸发冷却装置和高温冷水机组作为冷源,以提高能源使用效率。

辐射供冷量的大小主要取决于辐射供冷表面的温度与其他表面的温度之差,因此,减小供回水温差,降低供回水平均温度有利于提高供冷量,但供回水温差过低对节能不利。所以规定供、回水温差不宜大于 5℃,且不应小于 2℃。

辐射体表面温度限值参照欧洲标准 EN15377-1 确定。EN15377-1：2005 中规定:人员长时间坐卧的房间地面温度下限为 20℃,人员活动频繁的房间地面的温度下限为 18℃。

3.1.5 辐射供冷建筑需增强围护结构保温、隔热、气密程度,以尽量减小冷负荷。辐射供冷系统只能除去室内的显热负荷,无法除去室内的潜热负荷。为了防止辐射面结露和增加舒适度,需要设置除湿通风系统。室内部分显热负荷由辐射供冷系统承担,送风系统承担室内的全部潜热负荷和剩余的显热负荷。

风系统不仅要满足负荷、除湿和卫生要求,还要使工作区有一定风速以满足舒适要求。要合理选用风系统形式,以便在保证卫生要求条件下,尽量多使用室内回风,增加除湿能力和节约能耗。例如,有条件的建筑物,鼓励采用分散式新(回)风系统。风系统的送风形式,可以是地面、下送、中送、上送等多种形式,要结合建筑特点和使用要求灵活掌握。可能的情况下,尽量使经干燥处理的空气贴附冷辐射面,以进一步减少冷表面结露的可能,如采用地面置换通风、顶送或上侧送的顶棚贴附送风等。风系统的末端装置,适宜采用带室内回风的空气处理装置,如采用室内(或阳台、窗外、楼梯间)安装的高静压风机盘管(或户式新回风机组),通过风管送风至各房间。

当采用温湿度独立控制时,需要单独设计。

3.1.6 供暖时,供水温度适宜采用 35℃～45℃,低于常规散热器采暖系统;而供冷时,冷水温度又高于常规供冷水温度。冷热源选择时,建议优先选用热泵、余热、废热等低温热源,冷源选用高于 7℃供水温度的冷水机组,条件允许的地区,也可直接使用深井水、有一定深度的地表水等自然冷源或采用蒸发冷却装置,但冷水温度一般需低于 18℃,利于提高系统的能源利用效率。

3.1.7 辐射供暖时供回水温差较小,流量较大。如在较大的集中供暖小区直接采用低温热水循环则输送半径较大,水泵的功耗也较大,不利于节能。此条规定在集中供暖小区,适宜采用楼栋混水装置或换热装置,实现外网大温差小流量、楼内辐射供暖系统大流量小温差的运行模式。

3.1.9 竖向分区设置规定。设置竖向分区主要目的是减小设备、管道及部件所承受的压力，保证系统安全运行，避免立管出现垂直失调等现象。

3.1.10 在地面有遮挡覆盖的情况下，地面供暖系统的热量难以通过地表面充分散热，就会造成局部升温。对低温热水系统，回水温度就会升高，尽管减少了室内供暖热量，尚不至于有安全隐患；而对加热电缆系统，加热电缆仍然持续加热，可能会产生安全隐患。因此，应考虑尽量避免覆盖遮挡，在固定设备或卫生器具下方不应布置加热电缆、加热管，同时应尽量选用有腿的家具，以减少局部阻热。

3.1.12 加热电缆的线功率要求。普通加热电缆的线功率是基本恒定的，热量不能散出来就会导致局部温度上升，成为安全的隐患。国家标准《额定电压300/500V生活设施加热和防结冰用加热电缆》GB/T 20841-2007/IEC 60800：1992规定，护套材料为聚氯乙烯的加热电缆，表面工作温度（电缆表面允许的最高连续温度）为70℃；《美国UL认证》规定，加热电缆表面工作温度不超过65℃。当面层采用塑料类材料（面层热阻 $R = 0.075 m^2 \cdot K/W$）、混凝土填充层厚度35mm、聚苯乙烯泡沫塑料绝热层厚度20mm，加热电缆间距50mm，加热电缆表面温度70℃时，计算加热电缆的线功率为16.3W/m。因此，本条文作出了对加热电缆的线功率不宜超过17W/m的规定，以控制加热电缆表面温度，保证其使用寿命，并有利于地面温度均匀且不超出最高温度限制。加热电缆的线功率的选择，与敷设间距、面层热阻等因素密切相关，敷设间距越大，面层热阻越小，允许的加热电缆线功率也可适当加大；而当面层采用地毯等高热阻材料时，要选用更低线功率的加热电缆，以确保安全。

需要说明的是，17W/m的推荐限值，是在电压220V，敷设间距50mm的情况下得出的。通常情况下，加热电缆敷设间距在50mm以上，但特殊情况下，受敷设面积的限制，实际工程中存在敷设间距为50mm的情况，故从确保安全的角度，作此规定。计算表明，上述同样条件下，如加热电缆间距控制在100mm，即使采用热阻更大的厚地毯面层，加热电缆线功率的限值也可以达到20W/m以上。因此，实际工程加热电缆的线功率的选择，需要根据敷设间距、构造做法等综合考虑确定。

在采用带龙骨的架空木板作为地面时，加热电缆裸敷在架空地板的龙骨之间，需要对加热电缆有更加严格的、安全的规定。借鉴国内外大量的工程实践经验，在龙骨之间适宜敷设有利于加热电缆散热的金属均热层，且加热电缆的线功率不要大于10W/m，功率密度不宜大于80W/m²。

采用加热电缆地面辐射供暖，尚应考虑到家具布置的影响，加热电缆的布置要尽可能避开家具特别是无腿家具的占压区域，以免因占压区域的热损失而影响供暖效果或因占压区域的局部温度过高而影响加热电缆的使用寿命。

3.1.13～3.1.15 为了规范设计图纸，本条对辐射供暖供冷工程施工图的设计深度、图面表达内容与要求等，作出了具体的规定，以保证最终的效果，职责分明。

3.2 地面构造

3.2.2 强制性条文。为减少辐射地面的热损失，直接与室外空气接触的楼板、与不供暖房间相邻的地板，必须设置绝热层。

3.2.3 设置绝热层、防潮层、隔离层的要求。

当地面荷载特别大时，与土壤接触的底层的绝热层有可能承载能力不够，考虑到土壤热阻相对楼板较大，散热量较小，一般情况下均应设置绝热层。

为保证绝热效果，规定绝热层与土壤间设置防潮层。对于潮湿房间，混凝土填充式供暖地面的填充层上，预制沟槽保温板或预制轻薄供暖板供暖地面的地面面层下设置隔离层，以防止水渗入。

3.2.4 面层热阻的大小，直接影响到地面的散热量。实测证明，在相同供热条件和地板构造的情况下，在同一个房间里，以热阻为 $0.02 m^2 \cdot K/W$ 左右的花岗石、大理石、陶瓷砖等作面层的地面散热量，比以热阻为 $0.10 m^2 \cdot K/W$ 左右的木地板为面层时要高30%～60%；比以热阻为 $0.15 m^2 \cdot K/W$ 左右的地毯为面层时要高60%～90%。由此可见，面层材料对地面散热量的巨大影响。为了节省能耗和运行费用，采用地面辐射供暖供冷方式时，要尽量选用热阻小于 $0.05 m^2 \cdot K/W$ 的材料做面层。

混凝土填充式供暖地面适宜采用瓷砖或石材等热阻较小的面层，不适宜采用架空木地板面层。采用加热电缆地面供暖时，地面上不适宜铺设地毯，避免面层热阻过大，导致电缆温度过高，不仅影响电缆寿命，还易形成安全隐患。

预制沟槽保温板和供暖板供暖地面的特点是较轻薄、占据室内空间少，可直接铺设木地板，保温板或供暖板以及木地板面层均为干法施工，方便快捷，如采用瓷砖或石材面层为湿法施工，还需增加水泥砂浆找平层等厚度，且水泥砂浆对热层有腐蚀作用。因此除住宅厨房、卫生间等不适宜使用木地板的场合外，预制沟槽保温板和供暖板供暖地面均建议采用木地板面层，以避免湿作业。

3.2.5 为了减少无效热损失和相邻用户之间的传热量，本条给出了绝热层的最低要求。当绝热层采用模塑聚苯乙烯泡沫塑料板时，其对应厚度见表1。当工程条件允许时，适宜在此基础上再增加10mm。采用其他泡沫塑料类绝热材料时，可根据其导热系数，按热阻相当的原则确定厚度。聚苯乙烯泡沫塑料板主要技术指标见本规程第4.2节。

表1 模塑聚苯乙烯泡沫塑料板绝热层厚度（mm）

绝热层位置	绝热层厚度
楼层之间楼板上的绝热层	20
与土壤或不采暖房间相邻的地板上的绝热层	30
与室外空气相邻的地板上的绝热层	40

考虑发泡水泥和聚苯乙烯泡沫塑料绝热材料供暖地面构造的不同特点，不要求两种类型的绝热层热阻相当。

3.2.6 预制沟槽保温板或供暖板本身由泡沫塑料绝热材料构成，由于不需设填充层，加热部件上部热阻相对较小，向上的有效散热量比例与混凝土填充式供暖地面相比差距不大，因此如下层为供暖房间，不需另外设置绝热层；如铺设在与土壤接触的底层地板上，发泡水泥绝热层厚度可比混凝土填充式地面供暖时少5mm，以免占据室内高度过多。

采用预制沟槽保温板或供暖板时，在土壤或楼板上部不宜采用泡沫塑料板作绝热层，是为了避免保温板或供暖板与聚苯乙烯泡沫塑料板铺设在一起易产生相对位移，并为了保护面层不开裂。土壤上部采用发泡水泥容易与保温板或供暖板牢固结合；直接与室外空气接触的楼板在下面做外保温可与外墙外保温连为一体；与不供暖房间相邻的地板也宜在地板下表面贴泡沫塑料绝热板。

表中绝热层厚度为最小厚度。当工程条件允许时，模塑聚苯乙烯泡沫塑料板厚度适宜再增加10mm。

3.2.7 填充层的作用主要有二：一是保护加热管或加热电缆；二是使热量能比较均衡地传至地面，从而使地面的表面温度趋于均匀。为了达到以上目的，要求填充层有一定的厚度。由于填充层的厚度，直接影响到室内的净高、结构的荷载和建筑的初投资，所以不宜太厚。

填充层材料及其厚度应根据采用的绝热层材料和加热部件类型确定。采用发泡水泥绝热层时，因绝热层相对较厚，宜减少上部填充层厚度，因此推荐采用能够做得较薄的水泥砂浆。发泡水泥绝热层和水泥砂浆填充层之间有较好的结合性，即使填充层厚度较薄，也不会产生开裂。

规定加热电缆设在填充层中间，保证加热电缆与绝热材料之间有一定的填充层材料，是为了加强电缆向四周散热，避免供暖地面上部被地毯等遮挡不能向上散热，紧贴电缆的绝热层又阻挡向下散热时，产生加热电缆局部过热现象，影响加热电缆的寿命。为此将加热电缆的豆石混凝土填充层最小厚度由原规程的35mm增至40mm。

无论采用何种填充层，如填充层施工平整度符合铺设木地板的要求，可直接铺设木地板，否则需找平后再铺木地板。豆石混凝土的豆石粒径较大，结合性不好，一般面层为地砖或石材时还需另设与面层粘接的找平层（厚度约25mm，其中最上为约5mm的粘接层）。

没有防水要求的非潮湿间，水泥砂浆填充层可同时作为面层找平层，以减少地面上部厚度和热阻，因此水泥砂浆填充层施工要求平整度高，采用地砖或石材面层时，可直接用约5mm厚的粘接层与地砖等粘接，且水泥砂浆填充（找平）层应与面层施工同时进行。

3.2.8 预制沟槽保温板均热层材料常用铝箔和铝板，均热层材料的导热系数一般要大于237W/(m·K)。均热层可使加热部件产生的热量均匀地散开，形成均匀热辐射面而不会使发热体本身温度过高，尤其是电发热体；铺设在加热电缆之下时，使加热电缆不直接接触保温板，保证热量均匀地散开。铝箔厚度的选取可参考表2。

表2 铝箔厚度对地表面温度分布的影响

铝箔厚度0.1mm				
	供水温度35℃		供水温度55℃	
	最大值 (℃)	最小值 (℃)	最大值 (℃)	最小值 (℃)
地板上表面	25.19	21.15	33.04	24.44
地板下表面	20.11	20.04	22.79	22.63
铝箔厚度0.2mm				
	供水温度35℃		供水温度55℃	
	最大值 (℃)	最小值 (℃)	最大值 (℃)	最小值 (℃)
地板上表面	25.23	22.51	32.99	27.19
地板下表面	20.48	20.42	23.55	23.41
铝箔厚度0.3mm				
	供水温度35℃		供水温度55℃	
	最大值 (℃)	最小值 (℃)	最大值 (℃)	最小值 (℃)
地板上表面	25.26	23.2	33.01	28.63
地板下表面	20.67	20.61	23.92	23.81

3.3 房间热负荷与冷负荷计算

3.3.2 辐射供暖供冷系统室内设计温度。实践证实，人体的舒适度受辐射影响很大，欧洲的相关实验也证实了辐射和人体舒适度感觉的相互关系。根据国内外资料和国内一些工程的实测，辐射供暖用于全面供暖时，在相同热舒适条件下的室内温度可比对流供暖时的室内温度低2℃。供冷时，室内温度高于采用对流方式的供冷系统（0.5～1.5）℃，可达到同样舒适度。

3.3.3 当辐射供暖用于局部供暖时，热负荷计算还要乘以表3.3.3所规定的计算系数（局部供暖的面积与房间总面积的面积比大于75%时，按全面供暖耗热量计算）。

3.3.4 为适应外区较大热负荷的需求，确保室温均匀，对进深较大房间作此规定。例如：住宅内通户门的大起居室，距外墙6m以内无围护结构传热负荷，但有户门开启负荷，需分别加以计算。

3.3.5 敷设加热供冷部件的地面或墙面，不存在通过地面或墙面向外的传热负荷，因此房间外围护结构热负荷不包括敷设加热供冷部件辐射面的传热负荷。辐射面向外的传热负荷应计算在辐射供暖供冷房间热（冷）媒的供热（冷）量中，见本规程第3.4.8条。

3.3.6 原规程中规定地面供暖房间热负荷计算时，可不考虑高度附加。但实际工程的高大空间，尤其是间歇供暖时，常存在房间升温时间过长甚至供热量不足问题。原因之一与不计算高度附加有关：一是地面供暖向房间散热有将近一半仍依靠对流形式，房间高度方向也存在一些温度梯度；二是同样面积时，高大空间外墙等外围护结构比一般房间多，"蓄冷量"较大，供暖初期升温相对需热量较多。因此此次修订要求考虑高度附加率，高度附加率按散热器供暖计算值的50%取值。

3.3.7 对于采用加热电缆的住宅辐射供暖系统、集中热源分户热计量或采用分户独立热源的热水辐射供暖系统，其热负荷计算时需考虑间歇供暖附加值和户间传热负荷，考虑附加后房间热负荷可参考下式计算。

$$Q = \alpha \cdot Q_j + q_h \cdot M \qquad (1)$$

式中：Q——考虑附加后房间热负荷（W）；

Q_j——房间热负荷（W）；

α——考虑间歇供暖的修正系数，应根据热源和供暖方式、分户计量收费方式、供暖地面的热容量等因素确定，无资料时可参考表3取值。

q_h——房间单位面积平均户间传热量（W/ m^2），可取 $q_h = 7W/m^2$；

M——房间使用面积（m^2）。

表3　住宅间歇供暖热负荷修正系数

热源形式	供暖地面类型	间歇供暖修正系数α
集中热水供热	混凝土填充式	1.1
	预制沟槽保温板	1.2～1.3
	供暖板	1.2～1.3

续表3

热源形式	供暖地面类型	间歇供暖修正系数α
分户独立燃油燃气供暖炉供热	混凝土填充式	1.3
	预制沟槽保温板	1.4～1.5
	供暖板	1.4～1.5
加热电缆	混凝土填充式	1.3
	预制沟槽保温板	1.4～1.5

注：校核地面平均温度时，取α=1.0。

计算集中供暖系统的供暖立干管和建筑物总热负荷，以及供电干线和建筑物的总用电负荷时，不考虑户间传热量 $q_h \cdot M$，则房间热负荷可按下式计算：

$$Q = \alpha \cdot Q_j \qquad (2)$$

式中：α——考虑间歇供暖的修正系数，取α=1.1。

公共建筑如采用间歇供暖形式，可参考表3，对房间基本热负荷考虑一定的间歇供暖负荷修正。

3.4　辐射面传热量的计算

3.4.1 美国供暖制冷空调工程师协会ASHRAE在大量研究工作基础上提出了辐射传热量计算方法，计算原理清晰易懂，国内设计院多已采用，并已经过实际工程检验，认为可行，故本规程推荐采用此方法。条文中计算公式引自ASHRAE手册（2008年版）。辐射面向上传热量即辐射面向上的供热量或供冷量。

3.4.2 附录B为按本规程第3.4.1条规定的方法计算得出的。由于篇幅所限，附录B列出了采用混凝土填充式热水供暖地面时，聚苯乙烯塑料板绝热层和发泡水泥绝热层上敷设PE-X管、PB管，以及铜管采用聚苯乙烯塑料板绝热层时的计算数据。其他管材可根据其实际导热系数参照选用。若绝热层采用其他绝热材料，可根据其热阻值参照选用。附录B给出的数据均为供暖地面与供暖房间相邻时的计算结果，不包括与土壤接触、与不采暖房间或与室外空气相邻的情况。

3.4.3 辐射供冷地面向上供冷量应根据地面构造、供冷管敷设间距、供回水温度、室内空气温度等不同，按本规程第3.4.1条给出的公式计算确定。表4为采用混凝土填充式辐射供冷地面时，某工况下计算得到的单位地面面积向上供冷量。

表4　单位地面面积向上供冷量（W/m²）

供冷管间距（mm）	地板面层			
	瓷砖	塑料	木地板	地毯
500	25.3	22.5	21.3	19.2
400	28.2	24.4	22.9	20.3
300	31.3	26.3	24.5	21.5
200	34.3	28.2	26.1	22.7
100	37.1	30.0	27.6	23.8

注：供冷量计算条件：填充层为50mm厚混凝土；绝热层为20mm厚聚苯乙烯塑料板；管材为PEX，管径φ20×2mm；平均水温17℃；室内空气温度26℃。

3.4.4 预制沟槽保温板、供暖板及毛细管网辐射供暖供冷表面与混凝土填充式供暖地面的构造不同，辐射表面内部传热规律也不尽相同。各生产企业因采用的材料、厚度及其铺设的均热层厚度不同等各种因素，传热量也不相同。因此应按各产品样本提供的测试数据确定辐射表面向上供热量或供冷量，以及向下传热量。

3.4.6 校核供暖地面地表面平均温度的近似公式是由ASHRAE手册提供的计算方法，经回归得到的。如果表面平均温度高于本规程第3.1.3条规定的限值，应改善建筑热工性能或设置其他辅助供暖设备，减少地面辐射供暖系统负担的热负荷，满足限值要求。

3.4.7 校核辐射表面平均温度的近似公式是根据ASHRAE手册提供的计算方法，经回归得到的。其中，地面辐射供冷多工况计算条件为：管材为PE-X，管径 $\phi20 \times 2mm$；管间距分别为 100mm、200mm、300mm、400mm、500mm；面层分别为瓷砖、塑料面层、木地板、地毯；聚苯乙烯塑料板绝热层厚度20mm；填充层为50mm厚混凝土；室内空气温度26℃；平均水温15℃～19℃。顶棚辐射供冷多工况计算条件为：填充层为20mm厚砂浆；管材为PE-X，管径 $\phi14 \times 1.5mm$；管间距分别为 100mm、200mm、300mm、400mm、500mm；聚苯乙烯塑料板绝热层厚度20mm；室内空气温度为26℃；平均水温15℃～19℃。

3.5 水系统设计

3.5.1 供暖板管径小易堵塞，设置脱气除污器以防止堵塞。毛细管网地面供暖系统管径则更小，为防止堵塞，规定毛细管网系统应与常规系统分开，独立设置，并设置脱气除污器。

3.5.3 住宅建筑中按户划分系统，可以方便地实现按户热计量；同一对立管连接负荷相近的户内系统，利于水力平衡；限制共用立管每层连接的户内系统数量，是为了管井内分户阀门、计量（分摊）设备等的设置和管理。接向户内系统的供、回管上设置具有关断功能的阀门，是物业管理和检修的需要。当难以实现"同一对立管连接负荷相近的户内系统"时，面积较小套型的分户热表和户内系统的阻力会较小，阀门的调节功能可适应水力平衡的要求，因此要求其中一个关断阀具有调节功能，可根据户内系统的控制方式采用相对应的平衡控制装置，满足水力平衡要求。

共用立管和可关断和调节的阀门设置在户外，符合《住宅设计规范》关于公共功能管道的设置要求和物业管理需要。

每户分水器、集水器等入口装置仅为本户使用，维修时可以入户，且可方便居民自己设定户内水系统水温和室内温度。

3.5.6 卫生间等地面温度不宜过低的房间单独布置回路，使其能在供冷时关闭。

3.5.7 混凝土填充式地面供暖系统可参照附录B确定；预制沟槽保温板、供暖板及毛细管网辐射系统应按产品测试数据确定。

3.5.9 布管方式如图2至图4所示。

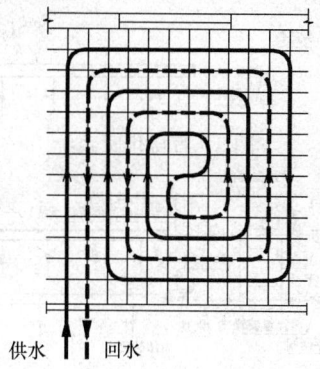

图2 回折型布置

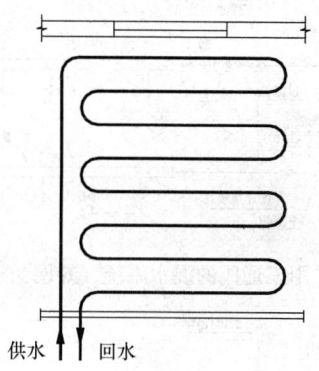

图3 平行型布置

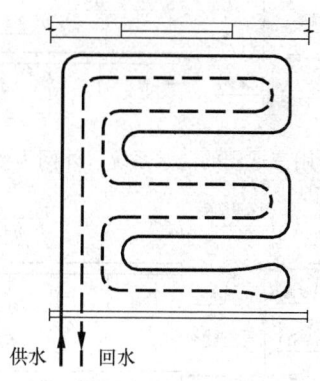

图4 双平行布置

3.5.11 加热管和输配管的敷设是无坡度的，因此管内流速不宜小于0.25m/s，以保证空气能够被水流带走并在集水器处排除。住宅卫生间等一些流量较小的支环路，如不满足流速要求，可将2个房间串联以加大流量，或选择较小直径的管道。常用的水流速为（0.25～0.5）m/s。

3.5.14、3.5.15 旁通管、平衡管及阀门等设置，可参考图5～图10所示。分水器、集水器上下位置，热计量装置设置在供水管或回水管，均可根据工程情况确定。

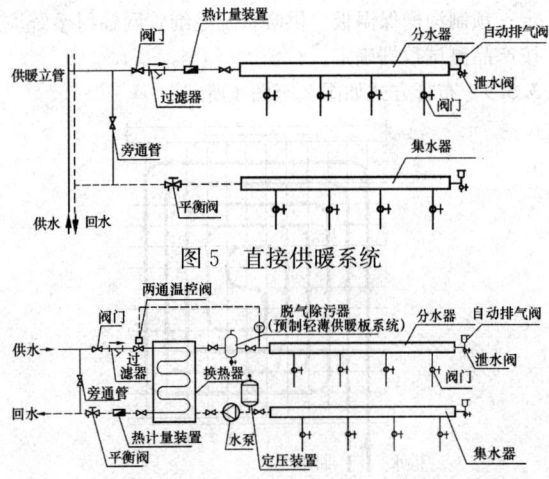

图 5　直接供暖系统

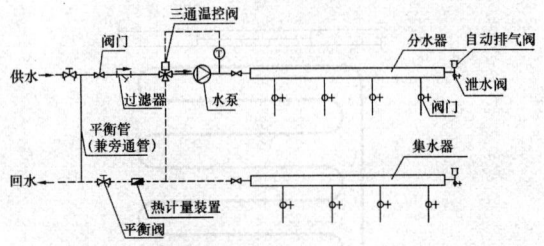

图 6　间接供暖系统

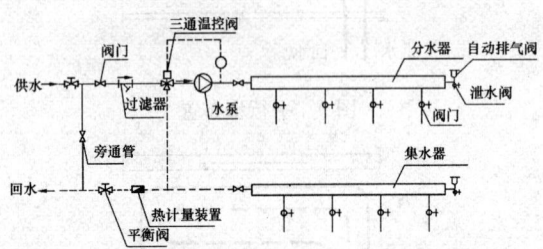

图 7　采用三通阀的混水系统（外网为定流量时）

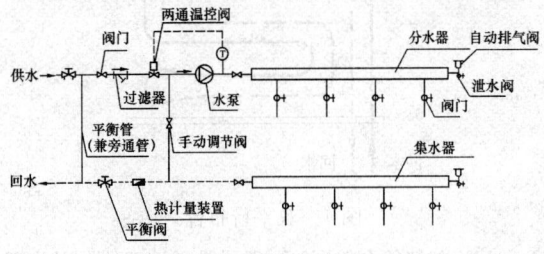

图 8　采用三通阀的混水系统（外网为变流量时）

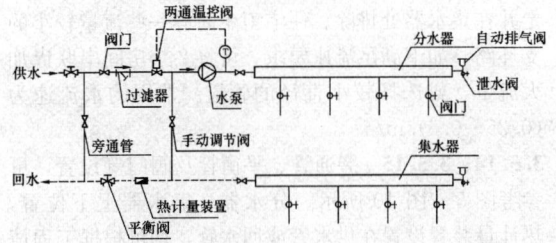

图 9　采用两通阀的混水系统（外网为定流量时）

图 10　采用两通阀的混水系统（外网为变流量时）

3.6　管道水力计算

3.6.2　该计算方法引自俄罗斯 1999 年出版的设计与施工规范《采用铝塑复合管供暖系统的设计与安装》。该方法是专门针对铝塑复合管制定的，其他塑料管材可参照计算。计算公式中引入了水的流动相似系数，使比摩阻公式适合于整个湍流区，同时管道内径计算公式考虑了管径与壁厚的制造公差，因此水力计算结果更加符合实际。

该方法还给出了铝塑复合管常用的局部阻力系数，为局部阻力的计算提供了条件。

3.6.5　预制轻薄供暖板的压力损失包括供暖板内配水、集水装置和加热管两部分之和。

3.6.7　系统阻力的限制，是为了集中供暖系统的水力平衡，也与分户独立热源设备相匹配。每套分水器、集水器环路的总压力损失指自分水器总进水管阀门前起，至集水器总出水管阀门后止，这一区间的总压力损失，其中不包括热量表过滤器和自动调节阀的局部阻力。

3.7　加热电缆系统的设计

3.7.1　下限建议值是出于安全需要，避免间距过小，出现搭接现象。

3.7.4　加热电缆的布置局限性较低温热水系统小，低温热水系统由于水温随行程而变化，需要尽可能将高温段设在热负荷较大的区域，而加热电缆由于线功率比较恒定，不必考虑温度差别的影响；同时加热电缆有单导线和双导线形式，单导线安装时加热电缆必须形成回路，两端与电源连接，双导线产品本身自成回路，只需一端连接电源，布置更加灵活。加热电缆布置方式如图 11～图 13 所示。

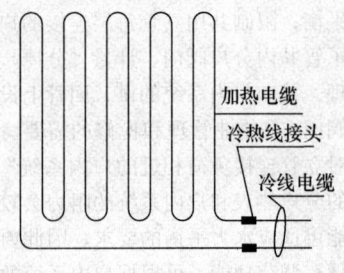

图 11　单导加热电缆单路平行布置

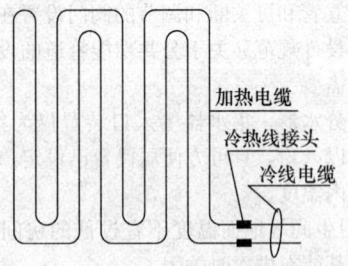

图 12　单导加热电缆双路平行布置

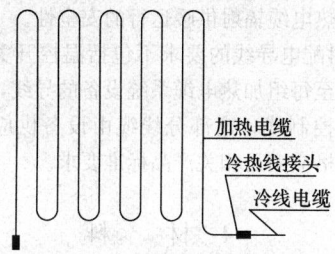

图13　双导加热电缆平行布置

3.8　温控与热计量

3.8.1　强制性条文。采用热水辐射供暖系统的住宅，应设分户热计量装置，并应符合《供热计量技术规程》JGJ 173 的规定。现有的辐射供暖工程出现了大量过热的现象，既不舒适又浪费了能源；为避免出现过热，需要温度调控装置进行调节，以满足使用要求。因此本规程要求设置室内温度调控装置。对于不能采用室温传感器时，如大堂中部等，可采用自动地面温度优先控制。

3.8.2　国家现行标准《严寒和寒冷地区居住建筑节能设计标准》JGJ 26 及《供热计量技术规程》JGJ 173 都强制规定热源和热力站应设置供热量控制装置。气候补偿器是供热量自动控制装置的一种形式，比较简单和经济，主要用在热力站。它能够在保持室内温度的前提下，根据室外气候变化自动调节供热出力，从而实现按需供热，节能效果明显。气候补偿器还可以根据需要设成分时控制模式，如针对办公建筑，可以设定不同时间段的不同室温需求，在上班时间设定正常供暖，在下班时间设定值班供暖。结合气候补偿器的系统调节作法比较多，也比较灵活，监测的对象除了用户侧供水温度之外，还可能包含回水温度和代表房间室内温度，控制的对象可以是热源侧的电动调节阀，也可以是水泵的变频器。

对于辐射供冷系统，采用气候补偿联合控制，也会起到更好节能效果。

3.8.3　也有将温度传感器设在总回水管上，通过感知回水温度间接控制室温的做法，控制系统比较简单，但地面被遮盖等情况会使回水温度升高，同时回水温度为各支路回水混合后的总体反映，因此回水温度不能直接和正确反映室温，会形成室温较高的假象，控制相对不准确。因此推荐将温度控制器设在被控温的房间或区域内，以房间温度作为控制依据。对于不能感受到所在区域的空气温度，如一些开敞大堂中部，可采用地面温度作为控制依据。

分环路控制是指对每个房间或功能区域分别进行温度控制，达到对每个房间或功能区域温度控制的目的。

分环路控制主要以电动控制方式为主，在每个房间或功能区域分别安装房间温控器，并与分集水器各

个环路上的热电执行器相连，对每个环路水量进行开关控制。控制阀可内置于集水器中（见图14），也可外接于集水器各环路上（见图15）。

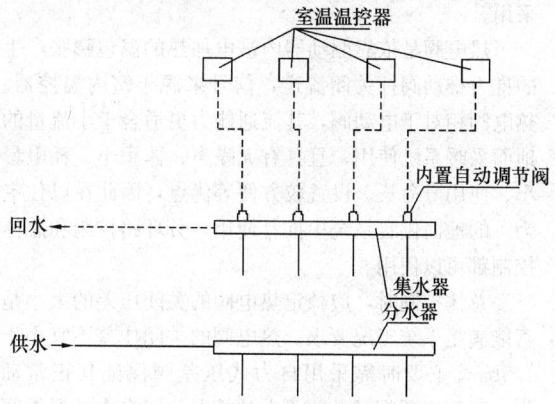

图14　分环路控制（控制阀内置于集水器中）

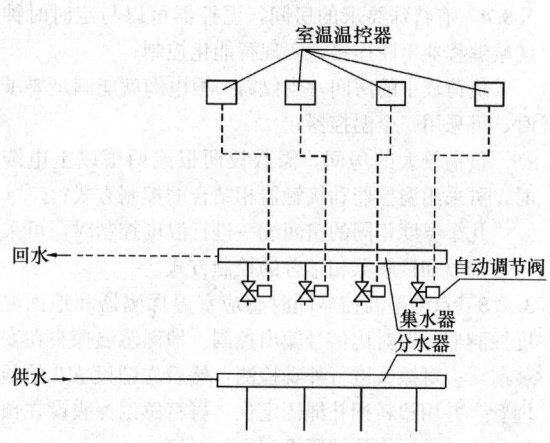

图15　分环路控制（控制阀外置于集水器）

分环路控制采用自力式温控阀时，可将各环路加热管在房间内从地面引高至墙面一定高度，安装控制阀，控制阀的局部高点处应有排气装置。

总体控制是指在典型房间或典型区域安装房间温控器，与分水器前端控制阀相连，通过设定和调节典型房间或区域的温度，来达到控制整个户内温度基本均衡的目的。总体控制主要以电动控制方式为主。总体控制示意图见图16。

总体控制也可采用远程设定式自力式温控阀，但

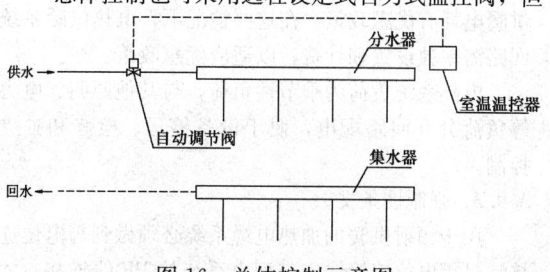

图16　总体控制示意图

不可采用内置温包型自力式温控阀。因为控制阀直接安装在分水器进口的总管上，恒温阀头感受的是分水器处的较高温度，很难感知室温，因此一般不予采用。

热电阀是依靠驱动器内被电加热的温包膨胀产生的推力推动阀杆关闭流道，信号来源于室内温控器。热电阀相对于电动阀，其流通能力更适合于小流量的地面采暖系统使用，且具有无噪声、体积小、耗电量小、使用寿命长、设置较方便等优点，因此在以住宅为主的地面供暖系统中推荐使用，分环路控制和总体控制都可以使用。

总体控制时，应核定热电阀的关闭压差的大小是否能满足系统工况要求。热电阀的关闭压差不宜小于1.5bar，必要时需采用自力式压差阀保证其正常动作，否则出现阀门关闭不上的情况。而自力式温控阀的关闭压差较小，在做总体控制时，建议配套自力式压差阀一同使用保证其正常关闭。

3.8.4 有特殊要求的房间，温控器可以与定时时钟区域编程器串联连接，实现智能化控制；

负荷较小的房间，当仅需一根电缆就能满足要求时，可采用一个温控器；

负荷较大的房间，需敷设两根或两根以上电缆时，可采用温控器和接触器相结合的控制方式；

几个温度相同的房间统一进行温度控制时，可采用温控器和接触器相结合的控制方式。

3.8.5 双温型温控器同时感应室温探测器和地面温度探测器，做对比信号输出控制。地温感温探头在安装前，应对探头进行外观检测，然后先铺设 $\phi16$ 的预埋管，并用塑料捆扎绳固定住，再将感温探头设在预埋管里；最后将预埋管管道末端封堵。

3.8.6 采用露点探测方法时，要考虑探测露点和真实露点间存在一定的滞后性，经修正计算后，确定供水温度或采取通断水措施。

采用温湿度探测方法时，安装保存运输调试运行过程中，注意保护不应使温湿度器结露，而引起的传感器失调。

3.8.7 实现室内温控、超温保护、系统节能为一体的整体控制。

3.9 电 气 设 计

3.9.1 有一些地区实行峰谷电价，有些地区对冬季供暖电耗有优惠政策，在这些情况下，电热供暖系统回路需单独设置和计费，以适应优惠政策。

电热系统负荷为季节性负荷，与其他照明、电力等负荷分开回路配电，便于设备停运、检修和独立控制。

3.9.3 强制性条文。

用于辐射供暖的加热电缆系统必须做到等电位连接，且等电位连接线应与配电系统的 PE 线连接，才能保障加热电缆辐射供暖运行的安全性。

3.9.4 对配电导线的要求不包括温控开关或接触器出线端配至每组加热电缆系统设备的导线，以及温度传感器的控制线，这部分线缆由设备供应商配套提供，其规格应满足相关产品标准要求。

4 材 料

4.1 一 般 规 定

4.1.1 施工性能不仅指安装施工的难易，主要应考虑在安装时或安装后材料可能产生的变化及对工程可能产生的潜在影响等。如加热管受到弯曲，在弯曲部位会产生较大内应力，对其使用寿命产生影响。

4.1.2 辐射供暖供冷系统中所用材料相关产品标准包括：

绝热层和填充层材料：《绝热用模塑聚苯乙烯泡沫塑料》GB/T 10801.1、《绝热用挤塑聚苯乙烯泡沫塑料》GB/T 10801.2、《通用硅酸盐水泥》GB 175；

管材：《冷热水系统用热塑性塑料管材和管件》GB/T 18991、《热塑性塑料管材通用壁厚表》GB/T 10798、《冷热水用交联聚乙烯（PE-X）管道系统》GB/T 18992、《冷热水用聚丁烯（PB）管道系统》GB/T 19473、《冷热水用无规共聚聚丁烯管材及管件》CJ/T 372、《冷热水用耐热聚乙烯（PE-RT）管道系统》GB/T 28799、《冷热水用聚丙烯管道系统》GB/T 18742、《铝塑复合压力管》GB/T 18997、《无缝铜水管和铜气管》GB/T 18033 等；

加热电缆：《额定电压 300/500V 生活设施加热和防结冰用加热电缆》GB/T 20841-2007/IEC 60800：1992 等；

温控器：《温度指示控制仪》JJG 874、《家用和类似用途电自动控制器 第十部分：温度敏感控制器的特殊要求》GB 14536.10 等；

水路自动调节阀：《家用和类似用途电自动控制器 第一部分：通用要求》GB 14536.1、《家用和类似用途电自动控制器：电动水阀的特殊要求及机械要求》GB 14536.9、《家用和类似用途电自动控制器 电起动器的特殊要求》GB 14536.16、《散热器恒温控制阀》JG/T195 等。

4.2 绝热层材料

4.2.2 表中数据摘自《绝热用模塑聚苯乙烯泡沫塑料》GB/T 10801.1-2002和《绝热用挤塑聚苯乙烯泡沫塑料》GB/T 10801.2-2002。国家标准《建筑材料及制品燃烧性能分级》GB 8624-2006已经对材料的燃烧性能进行了新的分级，但由于对应聚苯乙烯泡沫塑料的标准还未进行修改，仍引用其燃烧性能的数据。

从表 4.2.2可看出，挤塑材料绝热性等指标均好于模塑材料，宜优先选用，但价格较高。采用预制沟槽保温板的供暖地面上部无填充层均衡地面压力，因此规定采用密度和压缩强度较高的材料。

4.2.3 为尽量增加加热管或加热电缆向上的有效散热量，且不影响木地板的直接铺设，规定预制沟槽保温板及其均热层的沟槽尺寸应与敷设的加热管或加热电缆外径吻合。

限定保温板总厚度是为了限定最薄处最小厚度，以控制向下的传热损失。

限定均热层最小厚度为 0.1mm，主要是为了保证均热层的牢固性。

均热层要求其导热效果好，一般采用薄铝板或铝箔，因此采用其导热系数作为金属材料的最小限值。

水泥砂浆找平层对均热层有腐蚀作用，参照预制轻薄供暖板的产品标准，要求采用防腐均热层。

4.4 水系统材料

4.4.2、4.4.3 预制轻薄供暖板及采暖空调用冷、热水分集水器装置相关产品标准正在编制中。

4.5 加热电缆辐射供暖系统材料和温控设备

4.5.1 强制性条文。屏蔽接地是为了保证人身安全，防止人体触电和受到较强的电磁辐射。

4.5.2 加热电缆的冷线和热线接头为其薄弱环节，为满足至少 50 年的非连续正常使用寿命，加热电缆接头应做到安全可靠。为此，要求冷、热线的接头应由专用设备和工艺方法加工，不允许在现场简单连接，以保证其连接的安全性能、机械性能和使用寿命达到要求。连接方法除保证牢固可靠外，还应做好密封，避免接头处渗水漏电；此外，连接时还必须保持接地的连续性，确保用电安全。

4.5.3 加热电缆作为系统的重要组成部分，是决定该系统安全、舒适和使用寿命的关键，从系统舒适和安全角度考虑，应采用低温加热电缆作为加热元件。通常的电缆外表面温度限定低于 65℃，发热量的大小就取决于电缆外径（决定了外表面积大小）了，而电缆的线功率限定低于 20W/m，其外径就应近似为 6mm；此外，电缆外径还与产品材料、性能和工艺相关。从目前的应用情况看，国产加热电缆外径均不小于 6mm，国外线径 5mm 的加热电缆也有应用。近十几年已经推出线功率较小，线径更细的高品质热缆，线径仅 2.5mm。因此本规程对电缆外径建议不小于 5mm。

4.5.4 加热电缆的检测应为冷热线以及接头为一体检测，还应对接头位置设明显标志，予以特别注意。加热电缆的标志包括商标和电缆型号。

4.5.5 目前国内还没有针对地面辐射供暖系统中使用的加热电缆生产的标准，市场上的加热电缆多数为国外进口产品，也有引进技术国产化的电缆，均以

《额定电压 300/500V 生活设施加热和防结冰用加热电缆》GB/T 20841－2007/IEC 60800：1992 作为检验标准，具体内容见附录 F，附录 F 中列出的内容和技术指标比较 IEC 60800 原文已经简化。检测电缆的机构必须具有国家认可的检验资质。

4.5.6、4.5.7 温控器、自动调节阀产品标准见本规程第 4.1.2 条的条文说明。

5 施 工

5.1 一般规定

5.1.3 本条规定了施工前应具备的必要条件，如不具备这些条件，不能进行施工。

5.1.4 本条主要对加热供冷部件的运输、装卸和储存的条件作了原则性的规定，目的是防止在这些过程中损坏材料。

5.1.5 作为加热供冷管，无论 PE-X、PB 或 PE-RT，它们虽然都具有较强的耐酸碱腐蚀的能力，但是，油漆、沥青和化学溶剂对它们有较强的破坏作用，这种情况对于加热电缆同样存在，因此必须严格防止接触这类物质。

5.1.6 强制性条文。目的在于保护加热电缆，以免搭接时温度过高损坏电缆。

5.1.9 强制性条文。目的在于保护加热供冷管、加热电缆等加热供冷部件，免遭损坏。

5.1.10 塑料管和加热电缆的普遍特性是随着环境温度的降低，其韧性变差，抗弯曲性能变坏，因此很难施工。同时，当环境温度低于 5℃时，混凝土填充层的施工和养护质量也较难保证。当然，这也可以通过采取某些技术措施来确保混凝土的施工质量，但工程造价将相应增加，非万不得已不宜这么做。

5.2 施工方案及材料、设备检查

5.2.2 施工组织设计或施工方案中应包括基本信息和涉及安全、环保及其他信息，工程概况需包括工程名称、地点、层数、面积、工程量、工期及现场施工条件等。

5.2.6 分水器、集水器为管道系统的分路装置，设有排气阀、泄水阀及关断阀等，属重要部件，应按设计要求进行检查。

5.3 绝热层的铺设

5.3.1 地面平整与否，会影响到绝热层的铺设质量和加热供冷部件的安装质量。如不平整度较大，应由建筑公司用适当办法找平，不能用松散的砂粒找平。

5.3.2 本条规定了绝热层的铺设要求。绝热层接合应严密，多层绝热层要错缝铺放。

5.3.3 采用地面供暖时，与地面相接处的墙内表面

温度会升高，为了减少无效热损失和相邻用户之间的传热量，同时考虑施工方便，规定与内外墙、柱及过门等交接处伸缩缝宽度不宜小于10mm。

5.3.6 发泡水泥现场浇筑有物理发泡和化学发泡两种工艺流程：

1 物理发泡工艺流程

水
水泥 ──→ 搅拌 ──→ 浆料
                    └──→ 输送泵 ──→ 输送管 ──→ 现场
浇筑 ──→ 找平 ──→ 自然养护

2 化学发泡工艺流程

水
水泥 ──→ 搅拌 ──→ 输送泵 ──→ 输送管 ──→ 现场浇筑 ──→
发泡剂
找平 ──→ 自然养护

5.3.9 供暖板采用聚苯乙烯类泡沫塑料材质时，均设置龙骨，采用硬度很大的其他泡沫塑料材质时，一般不配龙骨。用钉子固定比较结实牢靠，有条件时宜采用，但需保证板的伸缩需求。地面下垫层内有其他管道时，应避开管道的位置以防钉坏管道。

填充板安装输配管后采用带胶铝箔覆盖，是为了使地面传热均匀。

5.4 加热供冷管系统的安装

5.4.1 本条贯彻了必须按照设计图纸施工的基本要求，旨在确保热水地面辐射供暖系统的供暖效果。管间距误差不大于10mm，实践证明是可以做到的。为了避免安装好后，一旦发现问题而引起返工，要求安装前作详细检查。

5.4.2 管道切割不好，断口不平整，与管轴线不垂直，都会影响管道的连接质量，造成渗漏或通过截面减小，为此，提出了规范化的操作要求和质量标准。

5.4.3 加热供冷管、输配管应做到自然释放，不允许出现扭曲现象，以免管道处于非正常受力状态，影响加热供冷管的使用寿命。管道允许最小弯曲半径与安装的环境温度有关，且弯曲半径过小，会造成机械损伤，以及弯处出现"死折"，使水流不通畅。平行型布置的管间距决定了加热供冷管所需的最大弯曲半径，当不满足最小弯曲半径限制时可采用回折型布置，在中心区较小范围内，因弯曲半径的限制可能减少了一点布管长度，但对环路总长影响不大。弯曲半径也不能过大，以免造成实际敷设长度小于设计值过多。在弯曲过程中，若对圆弧顶部不加力以限制，则极易出现"死折"，即无弧度的折弯。

5.4.4 工程实践证明，仅要求按设计间距施工，仍然会出现加热管总长度与设计严重不符、使房间供热量不足的现象。因此保证加热管长度的其他措施除按第5.4.3条控制最大弯曲半径，选择适宜的布置方式之外，还应注意墙面旁边的加热管不得距离墙面过

远，宜保持在100mm。最后应核对每个环路加热管长度与设计图纸的最大误差不应大于8%。

5.4.5 根据我国现状，即使热熔连接也会因质量问题而漏水，为了消除隐患，规定埋于填充层内的加热供冷管和输配管不应有接头（不包括输配管与供暖板配、集水装置之间的接头）。同时与《建筑给水排水及采暖工程施工质量验收规范》GB 50242相一致。

5.4.6 本条提出施工验收后发现加热供冷管损坏需要增设接头时，为确保各种接头与加热供冷管具有相同的使用寿命应采取的补救措施，为防止接头再一次渗漏，规定在装饰层表面留出检修标识。

5.4.7 加热供冷管固定的目的是使其定位，防止在铺设填充层或面层时产生位移。加热供冷管固定装置有多种方法，目前国内外比较典型的常采用的几种通常做法如下：

1 混凝土填充式辐射供暖供冷地面的加热供冷管：

1）用固定卡将加热供冷管直接固定在发泡水泥绝热层或泡沫塑料类绝热层（包括设有复合面层的绝热板）上；

2）用扎带将加热供冷管固定在泡沫塑料类绝热层上的钢丝网格上；

3）直接将加热供冷管卡在泡沫塑料类绝热层表面的专用管架或管卡上。

2 采用预制沟槽保温板辐射供暖地面时，用铝箔板将敷设在保温板沟槽内的加热供冷管表面与保温板粘接固定。

3 采用供暖板辐射供暖地面，填充板需现场开槽时，应采用开槽器；敷设在填充板的凹槽内的输配管，在其上方局部用铝箔胶带与填充板粘接固定。

预制轻薄供暖板供暖地面，固定输配管的填充板可预开槽或在现场开槽，当现场开槽时使用开槽器，可使尺寸准确、槽内光滑，便于输配管安装。输配管用带胶铝箔与填充板固定，是为了避免拐弯处等起鼓。

本条对固定点间距作了规定。固定点间距过大，加热供冷管反弹较大；不易定形的管材，其固定点的间距应根据需要加密。

5.4.9 在分水器、集水器附近往往汇集较多的管道，其他如门洞、走道等部位，有时也会有较多加热管通过，由于管道过多，容易形成局部地面温度过高，设置套管后，随着热阻的增大，地面温度将相应降低。一般采用聚氯乙烯或高密度聚乙烯波纹套管。

5.4.10 为了保护加热供冷管，露明部分管道通常应加套聚氯乙烯（PVC）塑料管。

5.4.11 用于一般采暖或生活热水埋地管材的PP-R管中的PP数值对铜离子非常敏感，铜离子会使PP的降解（老化）速度成百倍的增加，温度越高，越为严重，因此规定铜质连接件直接与PP-R接触的表面

必须镀镍。

5.4.12 本条提出加热供冷管穿越伸缩缝时，必须设置一定长度的柔性套管。这项措施是确保加热管在填充层内发生热胀冷缩变化时的自由度。

5.4.13 分水器、集水器在开始铺设加热供冷管之前安装的目的是保证柔性加热供冷管精确转向和通入分水器、集水器内。分水器、集水器安装示意图如图17所示。

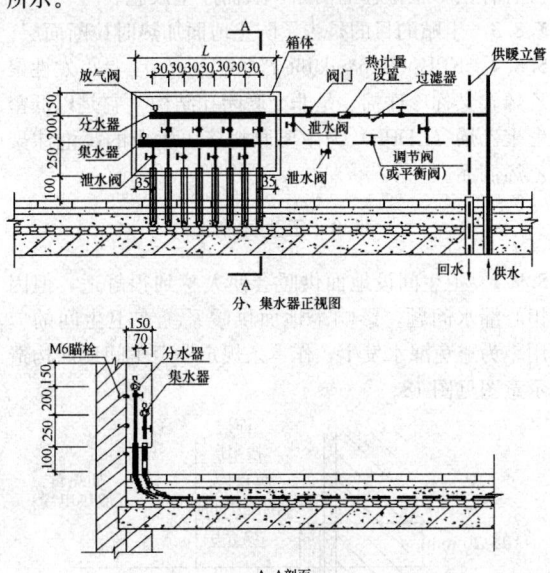

图 17 分水器、集水器安装示意图

5.4.14 混凝土填充层设置伸缩缝，是为了防止地面热胀冷缩而被破坏，是热水地面供暖工程设计中非常重要的部分。

混凝土的线膨胀系数约为 10×10^{-6} m/(m·℃)，间距为 6m 时，其膨胀量约为 2.7mm；考虑施工方便，规定伸缩缝宽度不宜小于 8mm。

采用聚乙烯泡沫塑料板时应采用压缩强度较小的材料，例如可采用密度不大于 $20 kg/m^3$ 的模塑聚苯乙烯泡沫塑料。

伸缩缝填充材料的设置方法举例：

1 采用高发泡聚乙烯泡沫塑料或满填弹性膨胀膏时，可用 8mm×80mm（高）木板先做伸缩缝，填充层终凝后取出，再填充高发泡聚乙烯泡沫塑料或内满填弹性膨胀膏。

2 采用聚乙烯泡沫塑料板时，可在铺设泡沫塑料类绝热层时留出伸缩缝位置，将聚乙烯泡沫塑料板插入其内，泡沫塑料类绝热层起到固定伸缩缝填充材料的作用。

5.4.15 供暖板配水、集水装置的接头为倒锥锯齿形，与加热管和输配管的连接只能采用专用工具才能将管道套到接头根部，再用专用固定卡子卡住，使连接非常紧密；连接后可承受极高的水压而不发生泄漏，采用明装或暗装都没有问题。施工单位应严格按

此规定操作，否则会存在漏水隐患，给用户造成损失，检修处理也很困难。

5.4.16 暗装的供暖板配水、集水装置出厂前与供暖板内的加热管已连接固定，位于供暖板内，施工时只需与输配管相连接，最后与供暖板一起埋在地面面层下。

明装供暖板配水、集水装置结构简单，价格相对便宜。采用明装方式时，一般将配水、集水装置单独安装在外窗下的墙面上，并将其接头分别与供暖板内留出的足够长的小加热管以及输配管相连接，最后用装饰物加以遮盖。

5.5 加热电缆系统的安装

5.5.2 强制性条文。一般在加热电缆出厂时，冷线热线及其接头应该已加工完成，每根电缆的长度和功率都应是确定的，电缆内可能是双导线自成回路，也可能是单导线需要在施工中连接成回路；冷线与热线也是在制造中连接好的，按照设计选型现场安装，不允许现场裁减和拼接，现场裁减或拼接不但不能调节发热功率，而且会造成电缆损坏，通电后会造成严重后果。如在竣工验收后，意外情况下出现电缆破损，必须由电缆厂家用专业设备和特殊方法来处理，以减少接头处存在的安全隐患。

5.5.3 测试检查每根电缆的电阻和绝缘电阻，是为了确定加热电缆无断路、短路现象。电阻和绝缘电阻测试在施工和验收过程中应进行 3 次：加热电缆安装前及安装后隐蔽前（见本条），填充层施工后（见本规程第 5.7.10 条）。

5.5.6 加热电缆不同于热水加热管，热水在加热管中处于流动状态，如果局部热阻较大，只能导致该处不能充分散热，导致该处热水的温差较小；而加热电缆线功率基本恒定，表面均匀散热，如果被压入绝热材料中，热阻很大，仍然恒定发热就会导致局部升温过高，影响电缆的寿命。要求金属网设在加热电缆下填充层中间，是为了使加热电缆与绝热层不直接接触，又有防裂和均热的作用。当在填充层铺设前铺设金属网和加热管时（填充层不分层施工），需要在铺设填充层时将金属网抬起，使填充层漏到金属网之下，加热电缆与绝热层不直接接触，金属网应具有一定强度，因此对其网眼尺寸和金属直径作出规定。

5.5.7 强制性条文。目的是防止热线在套管内发热，影响寿命和安全性能。

5.5.8 加热电缆的冷热线接头在地面下暗装的目的，是防止热线在地面上发热，形成安全隐患。同时，电缆出地面后就难以保证间距。接头处避免弯曲是为了确保接头通电时产生的应力能充分释放。

5.6 水 压 试 验

5.6.1 辐射供暖供冷系统水压试验是检验其应具备

的承压能力和严密性，以确保系统的正常运行。系统水压试验程序是为了确保水压试验得以正确地进行。为了保证除去管道中杂物，使用安全，强调水压试验前冲洗。先冲洗分水器、集水器以外主供、回水管道，以保证较大管道中的杂物不进入室内的加热供冷管系统。

由于加热供冷管是在填充层及壁面内隐蔽敷设，一旦发生渗漏，将难以处理，因此要求系统隐蔽前和隐蔽后各试压一次。

冬季在有冻结的地区应采取可靠的防冻措施，以免系统冻损。

5.6.2 辐射供暖供冷系统试验压力和检验方法，引自《建筑给水排水及采暖工程施工质量验收规范》GB 50242。

5.7 填充层施工

5.7.1 对填充层施工的时机作了明确规定，即未通过隐蔽工程验收之前，不得施工。

5.7.2 为了保证工程质量，从分工上明确规定了填充层应由土建承包单位负责施工，同时对安装单位的配合也作了具体规定。尤其是供暖系统安装单位设置伸缩缝并验收合格后，工程中常有土建做下道工序（填充层）施工时不注意保护上道工序的成品，出现拆除和移动伸缩缝的现象，因此特别强调应予以避免。

5.7.3 目的在于保护加热管、加热电缆等加热供冷部件，免遭损坏。

5.7.6 管内保持一定压力，既可以防止加热供冷管因挤压而变形，又可以及时发现管道的损坏。

5.7.8 对水泥砂浆填充层的要求引自现行国家标准《建筑地面工程施工质量验收规范》GB 50209 的有关规定；豆石混凝土填充层不受干扰的凝固和硬化时间：一般不加特殊掺合料的混凝土填充层为21d。最早48h以后才能踩踏。在此时间内，不得对加热供冷部件进行加热供冷及放置任何形式的荷载，以免造成填充层开裂。由于塑料管的熔点较低，多数都在（150～180)℃左右，很容易被电炉、喷灯等烤化，因此，施工中应对地面妥加保护。本条的这些要求，都是实践中教训的总结，必须引起足够的重视并严格遵守。

5.8 面层施工

5.8.1 在实际工程中，出现过很多在施工面层时损坏加热供冷部件的事故，而这些事故本来是完全可以避免的，因此在本条中对面层施工提出了一些具体的注意事项。

5.8.2 木地板出现翘裂的现象较多，究其原因，大致有以下三种情况：第一种情况是地板本身质量不好，未经严格干燥处理（含水率应低于20%），致使含水率过高，经过使用后，随着水率的降低，木材

收缩，产生裂纹。其实，这种地板，即使用在不是地暖供暖的室内，也同样会开裂。第二种情况是在填充层尚未完全干燥的情况下，过早的铺贴木地板。由于木地板铺贴后，混凝土中的水分仍在不断蒸发，使本来比较干燥的木地板的含水率升高，从而膨胀鼓翘。第三种情况是在铺贴木地板时，在地板与墙、柱等交接处未留伸缩缝，所以在地板受热产生膨胀时，由于没有补偿膨胀位移的出路，从而产生鼓翘。

5.8.3 干贴的目的是为了防止地面加热时拉断面层。

5.8.4 EPE（Expandable Polyethylene），是可发性聚乙烯，又称珍珠棉。是非交联闭孔结构，它是以低密度聚乙烯（LDPE）为主要原料挤压生成的高泡沫聚乙烯制品。

5.9 卫生间施工

5.9.1 卫生间设地面供暖会使人感到很舒适，但因担心漏水问题，影响了地面供暖系统在卫生间的应用。为避免漏水发生，作本条规定。卫生间地面构造示意图见图18。

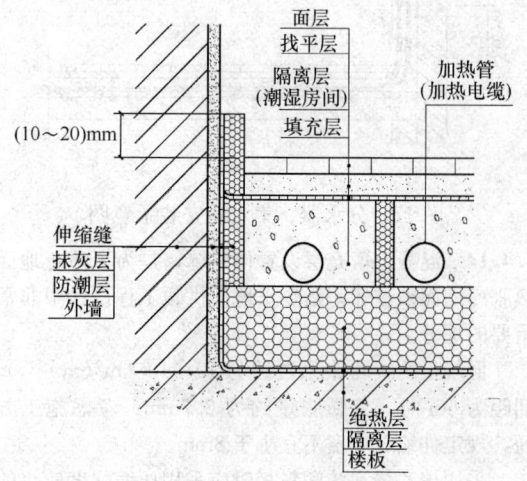

面层
找平层
隔离层（潮湿房间）
填充层
加热管（加热电缆）
(10～20)mm
伸缩缝
抹灰层
防潮层
外墙
绝热层
隔离层
楼板

图18 卫生间地面构造示意图

5.9.2 设止水墙目的是防止卫生间积水渗入绝热层，并沿绝热层渗入其他区域。

5.10 质量验收

5.10.1 加热电缆、加热供冷管、供暖板均隐蔽埋在填充层或面层内，因此应按隐蔽工程要求进行质量检验及验收，只有经检验合格后才允许隐蔽。

5.10.5 本条具体规定了中间验收应检验的项目。需根据各项工序完成后逐项验收，并有完整的检验及验收记录。

对加热电缆裁剪和破损可导致产品自身屏蔽接地层失效，影响用电安全。搭接时会导致局部温度过高，损坏加热电缆，造成安全隐患。需对加热电缆安装的各环节进行检验，并测试每一环路的电阻，确保系统无断路、短路现象。检验标准为测试每一回路的直流

电阻及冷态绝缘电阻，并应符合产品规定和国家现行标准《民用建筑电气设计规范》JGJ 16、《建筑电气工程施工质量验收规范》GB 50303 中的相关规定。

6 试运行、调试及竣工验收

6.1 试运行与调试

6.1.1 强制性条文。为了避免对系统造成损坏，在未经调试与试运行过程之前，应严格限制随意启动运行。

6.1.2 调试与试运行的目的，是使系统的水力工况和热力工况达到设计要求，为此，具备正常供暖供冷和供电条件是进行调试的必要条件。若暂时不具备正常供暖供冷和供电条件时，调试工作应推迟进行。

6.1.3、6.1.4 初始供热或供冷调试，是确保并进一步考核和检验工程设计与施工质量的一个重要环节，必须认真进行。试运行时，初次加热或供冷的水温应严格控制；同时，升温或降温过程一定要保持平稳和缓慢，确保建筑构件对温度变化有一个逐步变化的适应过程。

6.1.5 加热电缆的功率控制基本上都是开关调节控制方式，即只要是在通电状态下，电缆的发热功率就基本恒定，实现全功率加热，实际发热功率的调节是靠通电断电的时间周期比例关系来实现的。因此，在实际应用中，加热电缆表面的温度无法加以具体的控制；而且，比较热水形式的辐射供暖系统形式，加热电缆加热时的应力变化和对填充层的影响较小。因此，本条对升温速度不作具体规定，在初始通电加热时应保持室温尽量平缓地升高。

6.1.7 辐射供暖供冷表面平均温度不易测定，尤其是预制沟槽保温板和预制轻薄供暖板。所以测试辐射供暖供冷表面的平均温度时，应尽量多布置温度计测点，取其平均值；另外，由于温度是沿供热媒流动方向逐渐变化，且加热管上和两管道之间温度差别比较大，因此，本条规定出温度计的设置数量和布置方式。图 19 是辐射供暖供冷表面平均温度测试时温度

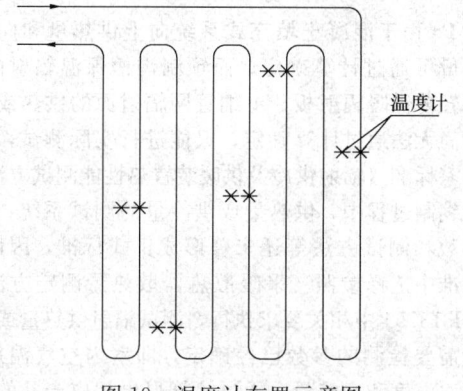

图 19 温度计布置示意图

6.1.8 辐射供暖供冷时，由于有辐射传热和对流传热同时作用，效果评价应以反映辐射和对流综合作用的黑球温度作为评价和考核的依据。但考虑目前工程检测技术条件，同时由于设计工况是以室内空气的干球温度作为设计的依据，缺乏黑球温度评价标准。为此，考虑实际工程的可操作性，本条规定以室内空气的干球温度作为评价的依据。欧洲标准 EN14037《水温低于 120℃ 的吊顶安装辐射板》在进行供暖测试时，以离地 0.75m 处温度作为参考温度，EN14240《建筑通风—冷却吊顶—测试及评定》在进行供冷测试时，以离地 1.1m 处温度作为参考温度。本规程在参考以上标准的同时，也考虑到头冷脚热的人体热舒适性要求，所以对于供暖和供冷的室内温度测点高度的规定是不同的。

7 运行与维护

7.0.1 充分排气可防止因积气导致循环不畅。检查过滤器以防止杂物对流动的影响。

7.0.2 充水保护是为了防止管材干裂，缩短系统使用寿命。排水、泄压是防止低温造成加热供冷管冻结，造成破坏或缩短使用寿命。

7.0.3 非采暖季由于保护不当或积灰等原因，可能会造成采暖季初次运行不安全，因此应对温控器和电路系统进行检查。

7.0.4 本条规定是为了保证使用安全。

附录C 管材的选择

C.1 塑料管的选择

C.1.1 管材选择时，除考虑许用环应力指标外，还应考虑管材的抗划痕能力、透氧率、蠕变特性和价格等因素，经综合比较后确定。目前，常用塑料管材有 PE-X、PE-RT II 型、PE-RT I 型、PB、PB-R。PP-R 管由于所需管壁较厚不易弯曲，地面供暖的加热管不宜采用，常用于生活热水和一般供暖埋地管道。

管材的蠕变特性对保证管材长期安全可靠的运行至关重要，蠕变数据是材料研发和工程选材的重要依据，蠕变性能好的管材，其在数十年的运行过程中承压能力变化不大。反之，运行时间越长，管材承压能力下降也越严重。塑料管的抗蠕变能力的强弱，可根据塑料管材国家标准中的预测强度参照曲线选择；塑料管许用环应力的大小，可根据表 C.1.2-2 确定。

塑料管的连接方式包括熔接式、电熔式和机械式。

关于管材透氧率，DIN4726 的规定值为 0.1g/

(m³·d)。

C.1.2 表 C.1.2-1 数据引自《冷热水系统用热塑性塑料管材和管件》GB/T 18991－2003；表 C.1.2-2 数据根据《冷热水用聚丁烯（PB）管道系统》GB/T 19473.2－2004、《冷热水用无规共聚聚丁烯管材及管件》CJ/T 372－2011、《冷热水用交联聚乙烯（PE-X）管道系统》GB/T 18992.2－2003 及《冷热水用耐热聚乙烯（PE-RT）管道系统》GB/T 28799—2012 确定。

管材的最大允许工作压力可用下面的公式进行计算：

$$PPMS = \sigma_D \times 2en / (dn - en)$$

其中：$PPMS$：最大允许工作压力，MPa；

σ_D：对应使用条件级别下的设计应力，MPa；

dn：公称外径，mm；

en：公称壁厚，mm

示例 1：$dn\ 20 \times en\ 2.0$ 的 PB 型管材，应用于使用条件级别 4 的低温辐射地面采暖领域，最大允许工作压力计算如下：

$$
\begin{aligned}
PPMS &= \sigma_D \times 2en / (dn - en)\\
&= 5.46 \times 2 \times 2.0/(20 - 2.0)\\
&= 1.21\text{MPa}
\end{aligned}
$$

示例 2：$dn\ 20 \times en\ 2.0$ 的 PB-R 型管材，应用于使用条件级别 4 的低温辐射地面采暖领域，最大允许工作压力计算如下：

$$
\begin{aligned}
PPMS &= \sigma_D \times 2en / (dn - en)\\
&= 4.34 \times 2 \times 2.0/(20 - 2.0)\\
&= 0.96\text{MPa}
\end{aligned}
$$

示例 3：$dn20 \times en2.0$ 的 PE-X 型管材，应用于使用条件级别 4 的低温辐射地面采暖领域，最大允许工作压力计算如下：

$$
\begin{aligned}
PPMS &= \sigma_D \times 2en / (dn - en)\\
&= 4.0 \times 2 \times 2.0/(20 - 2.0)\\
&= 0.89\text{MPa}
\end{aligned}
$$

示例 4：$dn\ 20 \times en\ 2.0$ 的 PE-RTⅡ型管材，应用于使用条件级别 4 的低温辐射地面采暖领域，最大允许工作压力计算如下：

$$
\begin{aligned}
PPMS &= \sigma_D \times 2en / (dn - en)\\
&= 3.6 \times 2 \times 2.0/(20 - 2.0)\\
&= 0.8\text{MPa}
\end{aligned}
$$

示例 5：$dn\ 20 \times en\ 2.0$ 的 PE-RTⅠ型管材，应用于使用条件级别 4 的低温辐射地面采暖领域，最大允许工作压力计算如下：

$$
\begin{aligned}
PPMS &= \sigma_D \times 2en / (dn - en)\\
&= 3.25 \times 2 \times 2.0/(20 - 2.0)\\
&= 0.72\text{MPa}
\end{aligned}
$$

C.1.3 考虑目前国内地暖系统施工现状，保证应用的安全性，对管径大于或等于 15mm 的管材，仍保留了原规程中对于塑料管材壁厚再行加厚的要求。

表中数值根据《冷热水用聚丁烯（PB）管道系统》GB/T 19473.2－2004、《冷热水用无规共聚聚丁烯管材及管件》CJ/T 372－2011、《冷热水用交联聚乙烯（PE-X）管道系统》GB/T 18992.2－2003 及《冷热水用耐热聚乙烯（PE-RT）管道系统》GB/T 28799—2012 确定。

C.1.4 数据取自《冷热水用聚丁烯（PB）管道系统》GB/T 19473、《冷热水用交联聚乙烯（PE-X）管道系统》GB/T 18992、《冷热水用耐热聚乙烯（PE-RT）管道系统》GB/T 28799、《冷热水用无规共聚聚丁烯管材及管件》CJ/T 372、《冷热水用聚丙烯管道系统》GB/T 18742。

C.2　铝塑复合管的选择

C.2.1 铝塑复合管是由聚乙烯材料和铝材两种杨氏模量相差很大的材料组成的多层管，在承受内压时，厚度方向的管环应力分布是不等值的，因此不能用 S 值来选用管材或确定管材的壁厚。内外塑料层和铝管层的最小壁厚取决于管径，壁厚和管径为固定尺寸关系，只能根据长期工作温度和允许工作压力选择不同类别的铝塑管，无法考虑各种使用温度的累计作用。铝塑复合管根据铝管焊接方法不同，分为搭接焊和对接焊两种形式。

C.2.2 表 C.2.2-1 引自《铝塑复合压力管》GB/T 18997.1；C.2.2-2 引自《铝塑复合压力管》GB/T 18997.2 和《铝塑复合压力管（对接焊）》CJ/T 159。

C.2.3 表中数据引自现行国家标准《铝塑复合压力管》GB/T 18997。

C.3　无缝铜管的选择

C.3.2 表中数据引自现行国家标准《无缝铜水管和铜气管》GB/T 18033。

C.3.3 表中数据引自现行国家标准《无缝铜水管和铜气管》GB/T 18033。

附录 G　辐射面传热量的测试

G.0.1 由于混凝土填充式系统向上供热量和向下传热量可通过计算确定，而预制沟槽保温辐射面、预制轻薄供暖辐射板、毛细管网辐射面的供热或供冷量尚无法通过计算确定，只能进行实际测试，目前国家标准《辐射供冷及供暖装置热性能测试方法》正在编制过程中，供热量或供冷量的测试系统、测试参数和测试方法等还未曾形成正式标准，因此，本标准中选择参照《采暖散热器散热量测定方法》GB/T 13754 中相关要求执行。测试辐射供热量或供冷量需要检测的参数已经确定，即室内空气温度、供回水温度和水流量，通过计算得出相应产品的辐射供热或供冷量。

G.0.4 用特征公式表示辐射装置的供热供冷量的意义在于，特征公式表征了装置在一定流量下不同过余温度的供热供冷量，设计人员在设计过程中可在不同过余温度下按照特征公式进行设计选型，也无需按照不同设计温度进行多次测试。

G.0.5 辐射供暖装置依据设计以及工程应用过程中辐射供暖供冷的供回水和室内温度参数来确定，设计中要求"热水地面辐射供暖系统的供、回水温度应由计算确定，供水温度不应大于60℃，供回水温差不宜大于10℃，且不宜小于5℃。民用建筑供水温度宜采用35℃～45℃。"工程中常采用的比较高的供水温度55℃，回水温度48℃，所以，本规程将供回水温度55℃/48℃定为高温工况（标准工况），在《采暖散热器散热量测定方法》GB/T 13754中规定室内基准温度为18℃，本规程仍沿用此温度，则过余温度为33.5K；而按照设计中"民用建筑供水温度宜采用35℃～45℃。"，则第二工况供水温度定为45℃，一般回水温度会在39℃左右，过余温度为24K；第三工况供水温度定为35℃，回水一般在31℃左右，过余温度为15K。

G.0.6 德国斯图加特大学IKE/LHR研究所测试毛细管网天花板制冷的参数，标准工况为进水温度13.5℃，出水温度15.5℃，基准点温度为26℃，其过余温度为11.5K。

在此参考其标准测试工况，同时考虑我国不同地区温湿度差异比较大的实际情况，为了减少结露的情况发生，将标准测试工况定为进水温度14℃，出水温度17℃，基准点温度为26℃，则过余温度为10.5K±1K。

本规程中要求"辐射供冷系统的供水温度应高于室内空气露点温度0.5℃以上，并小于20℃；供回水温差宜为2℃～4℃，不应小于2℃"。

在此将第三工况供水温度设定为19℃，一般回水温度会升高1.5℃左右，则过余温度取为6.5K，偏差为±2K。

第二工况取第一和第三工况供水温度的中间值，则供水温度16.5℃，回水温度升高约2.5℃左右，过余温度为8.5K，偏差为±2K。

G.0.8、G.0.9 目前，国内外测试辐射供暖供冷系统向上传热量普遍采用热流计的方法，如日本标准《住宅部件性能试验方法——供热供冷系统的地板采暖辐射装置》BLT HS/B-b-8：2007，中提出测试地面辐射板向上的散热量，试验方法是地面辐射装置正面上部全部安装热流计（如果可以认为与全面设置的效果等同时，可以不受此限）。在美国标准《辐射吊顶显热显冷量的测试方法》ASHRAE138-2009中向上及向下传热量也是采用热流计测试。国内实验室常用的方法也是采用热流计进行测试。

但是，当辐射表面温度均匀性较差的系统，由加热供冷部件上到加热供冷部件之间的热流密度变化梯度较大，且变化是非线性的，尤其是预制沟槽保温板和预制轻薄供暖板系统，利用热流计测量向上供热量时，除非在辐射面上部全部安装热流计，测试结果才能相对准确，但是从技术和经济上此方法很难实现。通过对多种方法进行比对，最终选定利用测量楼板上下表面温差，计算楼板向下传热量，再从热媒供热量减去向下传热量，得出辐射面向上供热量或供冷量的方法。

中华人民共和国行业标准

建筑陶瓷薄板应用技术规程

Technical specification for application of
building ceramic sheet board

JGJ/T 172—2012

批准部门：中华人民共和国住房和城乡建设部
施行日期：２０１２年８月１日

中华人民共和国住房和城乡建设部
公 告

第 1331 号

关于发布行业标准
《建筑陶瓷薄板应用技术规程》的公告

现批准《建筑陶瓷薄板应用技术规程》为行业标准，编号为 JGJ/T 172-2012，自 2012 年 8 月 1 日起实施。原《建筑陶瓷薄板应用技术规程》JGJ/T 172-2009 同时废止。

本规程由我部标准定额研究所组织中国建筑工业出版社出版发行。

中华人民共和国住房和城乡建设部

2012 年 3 月 15 日

前 言

根据住房和城乡建设部《关于印发〈2011 年工程建设标准规范制订、修订计划〉的通知》（建标〔2011〕17 号）的要求，规程编制组经广泛调查研究，认真总结实践经验，参考有关国际标准和国外先进标准，并在广泛征求意见的基础上，修订了《建筑陶瓷薄板应用技术规程》JGJ/T 172-2009。

本规程主要技术内容是：1. 总则；2. 术语和符号；3. 材料；4. 粘贴设计；5. 陶瓷薄板幕墙设计；6. 加工制作；7. 安装施工；8. 工程验收；9. 保养和维护。

本次修订的主要技术内容是：

1 适用范围增加了非抗震设计和抗震设防烈度为 6、7、8 度抗震设计的民用建筑的陶瓷薄板幕墙工程的材料、设计、加工制作、安装施工、工程验收以及保养和维护；

2 增加了陶瓷薄板幕墙设计、加工制作及保养和维护三章，材料、安装施工和工程验收三章中也增加了陶瓷薄板幕墙的有关内容。

本规程由住房和城乡建设部负责管理，由北京新型材料建筑设计研究院有限公司负责具体技术内容的解释。执行过程中如有意见或建议，请寄送北京新型材料建筑设计研究院有限公司（地址：北京市西直门外大街甲 143 号凯旋大厦 C 座，邮编：100044）。

本 规 程 主 编 单 位：北京新型材料建筑设计研究院有限公司

广东蒙娜丽莎新型材料集团有限公司（原广东蒙娜丽莎陶瓷有限公司）

本 规 程 参 编 单 位：北京港源建筑装饰工程有限公司

北京中新方建筑科技研究中心

广西建工集团第一建筑工程有限责任公司

本规程主要起草人员：薛孔宽　耿　直　杨文春
李云涛　韩海涛　田菀华
刘一军　张旗康　潘利敏
陈　峰　闻万梁　刘忠伟
任润德　苏洪波　王新会
肖玉明　肖　峰　李　力

本规程主要审查人员：叶耀先　马眷荣　刘万奇
刘元新　戎　安　杨洪儒
郭一鸣　袁　镔　夏海山
高长明　薛　峰

目 次

Contents

1 总　则

1.0.1 为规范建筑陶瓷薄板在建筑工程应用上的技术要求，保证工程质量，做到经济合理、安全适用，制定本规程。

1.0.2 本规程适用于建筑陶瓷薄板在民用建筑下列工程中的应用：

    1 室内地面、室内墙面；

    2 非抗震设计、粘贴高度不大于 24m 的室外墙面；

    3 抗震设防烈度为 6、7、8 度、粘贴高度不大于 24m 的室外墙面；

    4 非抗震设计和抗震设防烈度为 6、7、8 度的陶瓷薄板幕墙工程。

1.0.3 建筑陶瓷薄板的应用除应符合本规程外，尚应符合国家现行有关标准的规定。

2　术语和符号

2.1　术　语

2.1.1 建筑陶瓷薄板　building ceramic sheet board

由黏土和其他无机非金属材料经成型、高温烧成等生产工艺制成的厚度不大于 6mm、面积不小于 1.62m² 、最小单边长度不小于 900mm 的板状陶瓷制品。

2.1.2 薄法施工　thin set method

先用齿型镘刀把胶粘剂均匀地刮抹在施工基层上，再把建筑陶瓷薄板以揉压的方式压在胶粘剂上并形成厚度为 3mm～6mm 的粘结层的一种铺砌建筑陶瓷薄板的施工方法。

2.1.3 双组分水泥基胶粘剂　two-component cement based adhesive

把由水泥、细骨料和有机外加剂制成的粉剂在使用时与乳液现场拌合而成的、用于粘砌建筑陶瓷薄板的一种具有胶粘性能的材料。

2.1.4 填缝剂　grout

把由水泥、细骨料和外加剂制成的粉剂在使用时与液态外加剂或水现场拌制而成的、用于填充建筑陶瓷薄板间接缝的一种具有密封性能的材料。

2.1.5 齿形镘刀　notch trowel

薄法施工中采用的具有不同规格尺寸的 U 形或 V 形齿的施工工具。

2.1.6 基层　base

直接承受建筑陶瓷薄板饰面工程施工的表面层。

2.1.7 陶瓷薄板幕墙　ceramic sheet board curtain wall

面板材料为陶瓷薄板的建筑幕墙。

2.1.8 框支承陶瓷薄板幕墙　frame supported ceramic sheet board curtain wall

陶瓷薄板面板周边由金属框架支承的陶瓷薄板幕墙。

2.2　符　号

2.2.1 材料力学性能

    $C20$——表示立方体强度标准值为 $20N/mm^2$ 的混凝土强度等级；

    E——材料弹性模量；

    f_{cb}——陶瓷薄板强度设计值。

2.2.2 作用和作用效应

    d_f——作用标准值引起的陶瓷薄板幕墙构件挠度值；

    q_{Ek}——地震作用标准值；

    w_k——风荷载标准值；

    σ_{Ek}——地震作用下幕墙陶瓷薄板最大应力标准值；

    σ_{wk}——风荷载作用下幕墙陶瓷薄板最大应力标准值。

2.2.3 几何参数

    l——矩形建筑陶瓷薄板板材边长；

    t——陶瓷薄板面板厚度；型材截面厚度。

2.2.4 系数

    m——弯矩系数；

    α——材料线膨胀系数；

    η——折减系数；

    μ——挠度系数；

    ν——材料泊松比。

2.2.5 其他

    $d_{f,lim}$——构件挠度限值；

    D_{cb}——陶瓷薄板的刚度。

3　材　料

3.1　一　般　规　定

3.1.1 工程用材料除应符合本节的规定外，尚应符合现行国家标准《铝合金建筑型材》GB 5237.1～5237.6、《碳素结构钢》GB/T 700、《陶瓷板》GB/T 23266 的规定，并应满足设计要求。材料出厂时，应有出厂合格证书。

3.1.2 工程用材料应选用耐气候性的材料，其物理和化学性能应适应工程所在地的气候、环境，并应满足设计要求。

3.2　建筑陶瓷薄板

3.2.1 建筑陶瓷薄板的性能指标应符合表 3.2.1 的规定。

表 3.2.1　建筑陶瓷薄板的性能指标

序号	项目		指标	试验方法
1	吸水率（%）		≤0.5	按现行国家标准《陶瓷板》GB/T 23266 的有关规定进行
2	破坏强度(N)	厚度≥4.0mm	≥800	按现行国家标准《陶瓷板》GB/T 23266 的有关规定进行
		厚度<4.0mm	≥400	
3	断裂模数（MPa）		≥45	
4	耐磨性（mm³）		≤150	按现行国家标准《陶瓷板》GB/T 23266 的有关规定进行
5	内照射指数		≤1.0	按现行国家标准《建筑材料放射性核素限量》GB 6566 的有关规定进行
	外照射指数		≤1.3	
6	耐污染性		不低于3级	按现行国家标准《陶瓷砖试验方法 第14部分：耐污染性的测定》GB/T3810.14 的有关规定进行
7	抗冲击性		恢复系数不低于0.7	按现行国家标准《陶瓷砖试验方法 第5部分：用恢复系数确定砖的抗冲击性》GB/T 3810.5 的有关规定进行
8	耐低浓度酸和碱		不低于ULB级	按现行国家标准《陶瓷板》GB/T 23266 的有关规定进行
9	密度（g/cm³）		2.38	按现行国家标准《陶瓷砖试验方法 第3部分：吸水率、显气孔率、表观相对密度和容重的测定》GB/T 3810.3 的有关规定进行
10	弹性模量（GPa）		65	按现行行业标准《玻璃材料弹性模量、剪切模量和泊松比试验方法》JC/T 678 - 1997 的有关规定进行
11	泊松比		0.17	
12	线膨胀系数（1/℃）		4.93×10^{-4}	按现行行业标准《玻璃平均线性热膨胀系数试验方法》JC/T 679 的有关规定进行
13	导热系数 W/(m·K)	抛光面	0.68	按现行国家标准《绝热材料稳态热阻及有关特性的测定 防护热板法》GB/T 10294 的有关规定进行
		亚光面	0.66	
		釉面	0.86	

3.2.2 建筑陶瓷薄板的外观质量和尺寸偏差应符合表 3.2.2 的规定。

表 3.2.2　建筑陶瓷薄板的外观质量和尺寸偏差

序号	项目		指标	检查方法
1	尺寸及偏差（mm）	长度和宽度	±1.0	按现行国家标准《陶瓷板》GB/T 23266 的有关规定进行
		厚度	±0.3	
		对边长度差	≤1.0	
		对角线长度差	≤1.5	
2	表面质量		至少95%的板材其主要区域无明显缺陷	

3.3　粘贴用材料

3.3.1 聚合物水泥砂浆的性能指标应符合表 3.3.1 的规定。

表 3.3.1　聚合物水泥砂浆的性能指标

序号	项目	指标	试验方法
1	抗压强度（MPa）	≥17.5	按国家现行标准《建筑砂浆基本性能试验方法标准》JGJ/T 70 的有关规定进行
2	抗拉强度（MPa）	≥1.0	按国家现行标准《建筑砂浆基本性能试验方法标准》JGJ/T 70 的有关规定进行
3	抗剪强度（MPa）	≥2.0	按现行国家标准《建筑胶粘剂试验方法 第1部分：陶瓷砖胶粘剂试验方法》GB/T 12954.1 的有关规定进行*
4	吸水率（%）	≤5	按国家现行标准《建筑砂浆基本性能试验方法标准》JGJ/T 70 的有关规定进行
5	游离甲醛（g/kg）	≤1	按现行国家标准《室内装饰装修材料 胶粘剂中有害物质限量》GB 18583 的有关规定进行
6	苯（g/kg）	≤0.2	按现行国家标准《室内装饰装修材料 胶粘剂中有害物质限量》GB 18583 的有关规定进行
7	甲苯＋二甲苯（g/kg）	≤10	按现行国家标准《室内装饰装修材料 胶粘剂中有害物质限量》GB 18583 的有关规定进行
8	总挥发性有机化合物TVOC（g/L）	≤50	按现行国家标准《室内装饰装修材料 胶粘剂中有害物质限量》GB 18583 的有关规定进行

注：1. 对于外墙粘贴工程，表中5、6、7、8项不作要求。
　　2. *指在按照现行国家标准《建筑胶粘剂试验方法 第1部分：陶瓷砖胶粘剂试验方法》GB/T 12954.1 的有关规定进行样板制备时，应参照该标准第5.3节D类胶粘剂的试验方法，并将模板厚度改为10mm，金属垫条厚度改为5mm，养护时间改为28d。

3.3.2 水泥基胶粘剂的性能指标应符合表 3.3.2 的规定。

表 3.3.2 水泥基胶粘剂的性能指标

序号	项目	指标	试 验 方 法
1	拉伸胶粘原强度（MPa）	≥1.0	按国家现行标准《陶瓷墙地砖胶粘剂》JC/T 547 的有关规定进行
2	浸水后的拉伸胶粘强度（MPa）	≥1.0	按国家现行标准《陶瓷墙地砖胶粘剂》JC/T 547 的有关规定进行
3	热老化后的拉伸胶粘强度（MPa）	≥1.0	按国家现行标准《陶瓷墙地砖胶粘剂》JC/T 547 的有关规定进行
4	冻融循环后的拉伸胶粘强度（MPa）	≥0.5	按国家现行标准《陶瓷墙地砖胶粘剂》JC/T 547 的有关规定进行
5	20min 晾置时间后的拉伸胶粘强度（MPa）	≥1.0	按国家现行标准《陶瓷墙地砖胶粘剂》JC/T 547 的有关规定进行
6	28d 抗剪切强度（MPa）	≥2.0	按现行国家标准《建筑胶粘剂试验方法 第 1 部分：陶瓷砖胶粘剂试验方法》GB/T 12954.1 的有关规定进行*
7	抗压强度（MPa）	≥17.5	按国家现行标准《建筑砂浆基本性能试验方法标准》JGJ/T 70 的有关规定进行
8	吸水率（%）	≤4	按国家现行标准《建筑砂浆基本性能试验方法标准》JGJ/T 70 的有关规定进行
9	游离甲醛（g/kg）	≤1	按现行国家标准《室内装饰装修材料 胶粘剂中有害物质限量》GB 18583 的有关规定进行
10	苯（g/kg）	≤0.2	按现行国家标准《室内装饰装修材料 胶粘剂中有害物质限量》GB 18583 的有关规定进行
11	甲苯＋二甲苯（g/kg）	≤10	按现行国家标准《室内装饰装修材料 胶粘剂中有害物质限量》GB 18583 的有关规定进行
12	总挥发性有机化合物 TVOC（g/L）	≤50	按现行国家标准《室内装饰装修材料 胶粘剂中有害物质限量》GB 18583 的有关规定进行
13	初凝时间（h）	$0.75 \leqslant t \leqslant 6$	按国家现行标准《建筑砂浆基本性能试验方法标准》JGJ/T 70 的有关规定进行

续表 3.3.3

序号	项目	指标	试 验 方 法
14	终凝时间（h）	≤12	按国家现行标准《建筑砂浆基本性能试验方法标准》JGJ/T 70 的有关规定进行

注：1. 对于外墙粘贴工程，表中 9、10、11、12 项不作要求。

2. *指在按照现行国家标准《建筑胶粘剂试验方法 第 1 部分：陶瓷砖胶粘剂试验方法》GB/T 12954.1 的有关规定进行样板制备时，应参照该标准第 5.3 节 D 类胶粘剂的试验方法，并将模板厚度改为 10mm，金属垫条厚度改为 5mm，养护时间改为 28d。

3.3.3 水泥基填缝剂的性能指标应符合表 3.3.3 的规定。

表 3.3.3 水泥基填缝剂的性能指标

序号	项 目		指标	试 验 方 法
1	抗压强度（MPa）	标准试验条件	≥15.0	按国家现行标准《陶瓷墙地砖填缝剂》JC/T 1004 的有关规定进行
2		冻融循环后	≥15.0	按国家现行标准《陶瓷墙地砖填缝剂》JC/T 1004 的有关规定进行
3	抗折强度（MPa）	标准试验条件	≥2.5	按国家现行标准《陶瓷墙地砖填缝剂》JC/T 1004 的有关规定进行
4		冻融循环后	≥2.5	按国家现行标准《陶瓷墙地砖填缝剂》JC/T 1004 的有关规定进行
5	吸水量（g）	30min	≤5.0	按国家现行标准《陶瓷墙地砖填缝剂》JC/T 1004 的有关规定进行
		240min	≤10.0	按国家现行标准《陶瓷墙地砖填缝剂》JC/T 1004 的有关规定进行
6	收缩值（mm/m）		≤3.0	按国家现行标准《陶瓷墙地砖填缝剂》JC/T 1004 的有关规定进行
7	耐磨损性（mm³）		≤2,000	按国家现行标准《陶瓷墙地砖填缝剂》JC/T 1004 的有关规定进行
8	游离甲醛（g/kg）		≤1	按现行国家标准《室内装饰装修材料 胶粘剂中有害物质限量》GB 18583 的有关规定进行

序号	项 目	指标	试 验 方 法
9	苯（g/kg）	≤0.2	按现行国家标准《室内装饰装修材料胶粘剂中有害物质限量》GB 18583 的有关规定进行
10	甲苯＋二甲苯（g/kg）	≤10	按现行国家标准《室内装饰装修材料胶粘剂中有害物质限量》GB 18583 的有关规定进行
11	总挥发性有机化合物 TVOC（g/L）	≤50	按现行国家标准《室内装饰装修材料胶粘剂中有害物质限量》GB 18583 的有关规定进行

注：对于外墙粘贴工程，表中 9、10、11、12 项不作要求。

3.3.4 环氧基填缝剂的性能指标应符合表 3.3.4 的规定。

表 3.3.4　环氧基填缝剂的性能指标

序号	项 目	指标	试 验 方 法
1	抗拉强度（MPa）	≥7.0	按现行国家标准《建筑胶粘剂试验方法 第 1 部分：陶瓷砖胶粘剂试验方法》GB/T 12954.1 中 C 类胶粘剂的有关规定进行
2	抗压强度（MPa）	≥24	按国家现行标准《陶瓷墙地砖填缝剂》JC/T 1004 的有关规定进行
3	240min 吸水量(g)	≤0.1	按国家现行标准《陶瓷墙地砖填缝剂》JC/T 1004 的有关规定进行
4	耐磨损性（mm³）	≤250	按国家现行标准《陶瓷墙地砖填缝剂》JC/T 1004 的有关规定进行
5	收缩值（mm/m）	≤1.5	按国家现行标准《陶瓷墙地砖填缝剂》JC/T 1004 的有关规定进行

3.4　陶瓷薄板幕墙用材料

3.4.1 陶瓷薄板幕墙用材料应符合现行行业标准《玻璃幕墙工程技术规范》JGJ 102 的有关规定，具有抗腐蚀能力，并符合国家节约能源和环境保护的有关规定。

3.4.2 陶瓷薄板幕墙用材料的燃烧性能等级应符合下列规定：

　　1 陶瓷薄板幕墙保温用材料的燃烧性能等级应

符合国家现行有关标准的规定；

　　2 陶瓷薄板幕墙用防火封堵材料应符合现行国家标准《防火封堵材料》GB 23864 和《建筑用阻燃密封胶》GB/T 24267 的有关规定。

3.4.3 密封胶的粘结性和耐久性应满足设计要求，并应具有适用于陶瓷薄板幕墙面板基材、接缝尺寸以及变位量的类型和位移能力级别以及与所接触材料的无污染性。

3.4.4 陶瓷薄板幕墙面板的放射性核素限量，应符合现行国家标准《建筑材料放射性核素限量》GB 6566 的有关规定。

3.4.5 陶瓷薄板幕墙用铝合金型材、钢材应符合现行行业标准《玻璃幕墙工程技术规范》JGJ 102 的有关规定，其中铝合金型材的尺寸允许偏差不作高精级要求。

3.4.6 陶瓷薄板幕墙常用紧固件应符合现行行业标准《玻璃幕墙工程技术规范》JGJ 102 的有关规定。

3.4.7 陶瓷薄板幕墙与建筑主体结构之间或支承结构之间，宜采用钢连接件或铝合金连接件。钢连接件的材质和表面防腐处理应符合现行行业标准《玻璃幕墙工程技术规范》JGJ 102 的有关规定。铝合金型材连接件表面宜进行阳极氧化处理，其材质和表面处理质量应符合现行国家标准《铝合金建筑型材　第 1 部分：基材》GB 5237.1 和《铝合金建筑型材　第 2 部分：阳极氧化型材》GB 5237.2 的有关规定。连接件的厚度应经过计算确定，且钢板或钢型材的厚度不应小于 5mm，铝型材的厚度不应小于 6mm。

3.4.8 陶瓷薄板幕墙防雷连接件的材质、截面尺寸和防腐处理，应符合国家现行标准《建筑物防雷设计规范》GB 50057 和《民用建筑电气设计规范》JGJ 16 的有关规定。

3.4.9 陶瓷薄板幕墙用中性硅酮结构密封胶应符合现行行业标准《玻璃幕墙工程技术规范》JGJ 102 的有关规定。

3.4.10 陶瓷薄板幕墙的耐候密封应采用中性硅酮耐候密封胶，其性能应符合现行国家标准《建筑密封胶分级和要求》GB/T 22083 的有关规定。

3.4.11 陶瓷薄板幕墙用橡胶制品、密封胶条应符合现行行业标准《玻璃幕墙工程技术规范》JGJ 102 的有关规定。

3.4.12 与单组分硅酮结构密封胶配合使用的低发泡间隔双面胶带和作填充材料的聚乙烯泡沫棒应符合现行行业标准《玻璃幕墙工程技术规范》JGJ 102 的有关规定。

3.4.13 陶瓷薄板幕墙宜采用聚乙烯泡沫棒作填充材料，其密度不应大于 37kg/m³。

4　粘　贴　设　计

4.0.1 建筑陶瓷薄板饰面工程设计应从下列方面满

足安全要求：

1 基层要求；

2 薄法施工各构造层及各层所用材料的品种、成分和相应的技术性能指标；

3 伸缩缝位置、接缝和特殊部位的构造处理；

4 墙面凹凸部位的防水、排水构造。

4.0.2 基层应符合下列规定：

1 室内地面饰面工程，基层抗拉强度不应小于 0.3MPa，抗剪切强度不应小于 0.5MPa；室内、室外墙面饰面工程，基层抗拉强度不应小于 1.0MPa，抗剪切强度不应小于 1.0MPa；

2 基层平整度每 2 延米不应大于 3mm。

4.0.3 当基层不符合本规程第 4.0.2 条的规定时，应进行处理。当对墙面进行处理时，宜采用聚合物水泥砂浆。

4.0.4 室外墙面饰面工程的粘结层，应采用双组分水泥基胶粘剂。

4.0.5 室外墙面填缝剂宜选用环氧基填缝剂。

4.0.6 饰面工程构造层的各层材料及其配套材料应具有相容性。

4.0.7 对于有外观及色彩要求的工程，宜对建筑陶瓷薄板与填缝剂进行色彩选配。

4.0.8 对于室内和室外墙面饰面工程，建筑陶瓷薄板面层应设置伸缩缝。伸缩缝应选用弹性材料嵌缝。

4.0.9 结构墙体变形缝两侧粘贴的外墙陶瓷薄板之间的缝宽不应小于变形缝的宽度。

4.0.10 对窗台、檐口、装饰线、雨篷、阳台和落水口等墙面凹凸部位，应采用防水和排水构造。

4.0.11 外墙水平阳角处的顶面排水坡度不应小于 3%，并应设置滴水构造。

5 陶瓷薄板幕墙设计

5.1 陶瓷薄板幕墙的建筑设计

5.1.1 陶瓷薄板幕墙设计应根据建筑物的使用功能、立面设计，经综合技术经济分析，选择其形式、构造和材料。

5.1.2 陶瓷薄板幕墙应与建筑物整体及周围环境协调。

5.1.3 陶瓷薄板幕墙设计应采取防脱落措施；在人员流动密度大、青少年或幼儿活动的公共场所以及使用中容易受到撞击的部位，应采取防撞击措施。

5.1.4 陶瓷薄板幕墙的下列性能指标应符合现行国家标准《建筑幕墙》GB/T 21086 的有关规定：

1 抗风压性能；

2 水密性能；

3 气密性能；

4 平面内变形性能；

5 热工性能；

6 空气声隔声性能；

7 耐撞击性能；

8 承重力性能。

5.1.5 陶瓷薄板幕墙的性能设计应根据建筑物的类别、高度、体型以及建筑物所在地的物理、气候、环境等条件进行。

5.1.6 陶瓷薄板幕墙的性能检测应符合现行国家标准《建筑幕墙》GB/T 21086 的有关规定。

5.1.7 陶瓷薄板幕墙的构造设计应符合现行行业标准《玻璃幕墙工程技术规范》JGJ 102 的有关规定。

5.1.8 陶瓷薄板幕墙的钢框架支承结构应考虑温度变化的影响，设计时可进行温度应力分析或采取减少温度影响的构造措施。

5.1.9 主体结构的抗震缝、伸缩缝、沉降缝等部位的陶瓷薄板幕墙设计宜保证外墙面的完整性。一块陶瓷板不宜跨越抗震缝和伸缩缝两边。

5.1.10 陶瓷薄板幕墙的防火、防雷设计应符合现行行业标准《玻璃幕墙工程技术规范》JGJ 102 的有关规定。

5.2 陶瓷薄板幕墙的结构设计

5.2.1 陶瓷薄板幕墙应按外围护结构设计，设计使用年限不应小于 25 年。

5.2.2 陶瓷薄板幕墙的风荷载标准值应按现行国家标准《建筑结构荷载规范》GB 50009 计算，也可按风洞实验结果确定。

5.2.3 抗震设防烈度为 6、7、8 度的陶瓷薄板幕墙工程，应进行抗震设计。

5.2.4 陶瓷薄板幕墙的荷载、地震作用以及作用效应组合应符合现行行业标准《玻璃幕墙工程技术规范》JGJ 102 的有关规定。

5.2.5 陶瓷薄板幕墙结构构件应按现行行业标准《玻璃幕墙工程技术规范》JGJ 102 的有关规定验算承载力和挠度。

5.2.6 结构构件的受拉承载力应按净截面计算；受压承载力应按有效净截面计算；稳定性应按有效截面计算。构件的变形和各种稳定系数可按毛截面计算。

5.2.7 陶瓷薄板的强度设计值，可按表 5.2.7 的规定采用。

表 5.2.7 面板材料强度设计值（N/mm²）

材料种类	带釉陶瓷薄板	无釉陶瓷薄板
弯曲强度设计值 f_{cb}	18	23

5.2.8 常用的铝合金型材、热轧钢材、耐候钢和不锈钢螺栓强度设计值应符合现行行业标准《玻璃幕墙工程技术规范》JGJ 102 的有关规定。

5.2.9 陶瓷薄板幕墙除面板外其他材料的弹性模量、泊松比、线膨胀系数应符合现行行业标准《玻璃幕墙工程技术规范》JGJ 102 的有关规定。

5.2.10 钢铸件、常用不锈钢型材和棒材、常用不锈钢板材和带材、冷弯薄壁型钢的强度设计值应按本规程附录 A 采用。

5.2.11 铝合金结构连接强度设计值可按本规程附录 B 采用。

5.2.12 陶瓷薄板幕墙的连接设计应符合现行行业标准《玻璃幕墙工程技术规范》JGJ 102 的有关规定。

5.2.13 陶瓷薄板幕墙的硅酮结构密封胶应符合现行行业标准《玻璃幕墙工程技术规范》JGJ 102 的有关规定。

5.2.14 四边简支陶瓷薄板在垂直于幕墙平面的风荷载和地震作用下，陶瓷薄板截面最大应力应符合下列规定：

1 最大应力标准值可按几何非线性的有限元方法计算，也可按下列公式计算：

$$\sigma_{wk} = \frac{6mw_k a^2}{t^2}\eta \qquad (5.2.14\text{-}1)$$

$$\sigma_{Ek} = \frac{6mq_{Ek} a^2}{t^2}\eta \qquad (5.2.14\text{-}2)$$

$$\theta = \frac{w_k a^4}{Et^4} \ 或 \ \theta = \frac{(w_k + 0.5q_{Ek})a^4}{Et^4}$$

$$(5.2.14\text{-}3)$$

式中：θ——参数；

σ_{wk}、σ_{Ek}——分别为风荷载、地震作用下陶瓷薄板截面的最大应力标准值（N/mm²）；

w_k、q_{Ek}——分别为垂直于幕墙平面的风荷载、地震作用标准值（N/mm²）；

t——陶瓷薄板的厚度（mm）；

E——陶瓷薄板的弹性模量（N/mm²）；

m——弯矩系数，可由陶瓷薄板短边与长边边长之比 l_x/l_y 按表 5.2.14-1 采用；

η——折减系数，可由参数 θ 按表 5.2.14-2 采用。

表 5.2.14-1　四边支承陶瓷薄板的弯矩系数 m

l_x/l_y	0.50	0.55	0.60	0.65	0.70	0.75	0.80	0.85	0.90	0.95	1.00
四边简支	0.0995	0.0928	0.0861	0.0796	0.0733	0.0674	0.0618	0.0565	0.0517	0.0472	0.0431

注：1 计算时 l 值取 l_x、l_y 值中的较小值；
　　2 此表适用于泊松比为 0.17。

表 5.2.14-2　折减系数 η

θ	≤5.0	10.0	20.0	40.0	60.0	80.0	100.0
η	1.00	0.96	0.92	0.84	0.78	0.73	0.68
θ	120.0	150.0	200.0	250.0	300.0	350.0	≥400.0
η	0.65	0.61	0.57	0.54	0.52	0.51	0.50

2 最大应力设计值应按现行行业标准《玻璃幕墙工程技术规范》JGJ 102 的有关规定进行组合。

3 最大应力设计值不应超过陶瓷薄板强度设计值 f_{cb}。

5.2.15 陶瓷薄板在风荷载作用下的跨中挠度，应符合下列规定：

1 陶瓷薄板的刚度 D_{cb} 可按下式计算：

$$D_{cb} = \frac{Et^3}{12(1-\nu^2)} \qquad (5.2.15\text{-}1)$$

式中：D_{cb}——陶瓷薄板的刚度（N·m）；

ν——泊松比，可按本规程第 3.2.1 条采用。

2 陶瓷薄板跨中挠度可按几何非线性的有限元方法计算，也可按下式计算：

$$d_f = \frac{\mu w_k a^4}{D_{cb}}\eta \qquad (5.2.15\text{-}2)$$

式中：d_f——在风荷载标准值作用下挠度最大值（mm）；

μ——挠度系数，可由陶瓷薄板短边与长边边长之比 l_x/l_y 按表 5.2.15 采用。

表 5.2.15　四边支承板的挠度系数 μ

l_x/l_y	0.00	0.20	0.25	0.33	0.50
μ	0.01302	0.01297	0.01282	0.01223	0.01013
l_x/l_y	0.55	0.60	0.65	0.70	0.75
μ	0.00940	0.00867	0.00796	0.00727	0.00663
l_x/l_y	0.80	0.85	0.90	0.95	1.00
μ	0.00603	0.00547	0.00496	0.00449	0.00406

3 在风荷载标准值作用下，四边支承陶瓷薄板的挠度限值 $d_{f,\lim}$ 宜按其短边边长的 1/60 采用。

5.2.16 陶瓷薄板应按需要设置中肋等加劲肋。加劲肋可采用金属方管、槽形或角形型材。加劲肋应与面板可靠联结，并应有防腐措施。加劲肋的端部与幕墙框架之间应进行有效连接。

5.2.17 加劲肋陶瓷薄板应按多跨连续板计算。

5.2.18 陶瓷薄板的单跨中肋应按简支梁设计，中肋应有足够的刚度，其挠度不应大于中肋跨度的 1/180。

5.2.19 斜陶瓷薄板幕墙计算承载力时，应计入永久荷载、风荷载、雪荷载、施工荷载及地震作用在垂直于陶瓷薄板平面方向所产生的弯曲应力。施工荷载应根据施工情况决定，但不应小于 2.0kN 的集中荷载作用，施工荷载作用点应按最不利位置考虑。

5.2.20 横梁和立柱的设计应符合现行行业标准《玻璃幕墙工程技术规范》JGJ 102 的有关规定。

6　加工制作

6.1　一般规定

6.1.1 陶瓷薄板幕墙在加工制作前应与建筑、结构施工图进行核对，对已建主体结构进行复测，并应按实测结果对陶瓷薄板幕墙设计进行调整。

6.1.2 加工陶瓷薄板幕墙构件所采用的设备、机具应满足陶瓷薄板幕墙构件加工精度的要求，其检测量具应定期进行计量检定。

6.1.3 单元式陶瓷薄板幕墙的单元组件、隐框陶瓷薄板幕墙的装配组件均应在工厂加工制作。

6.1.4 采用硅酮结构密封胶粘结固定隐框陶瓷薄板幕墙构件时，应在洁净、通风的室内进行注胶，且环境温度、湿度条件应符合结构胶产品的有关规定；注胶宽度和厚度应满足设计要求。

6.2 铝型材和钢构件

6.2.1 陶瓷薄板幕墙的铝合金型材构件和钢构件的加工应按现行行业标准《玻璃幕墙工程技术规范》JGJ 102 的有关规定执行。

6.3 陶瓷薄板

6.3.1 陶瓷薄板加工前应进行检验并应符合本规程 3.2 节及下列规定：

1 陶瓷薄板不得有明显的色差；

2 陶瓷薄板的色泽和花纹图案应符合供需双方确定的样板。

6.3.2 陶瓷薄板切割、开孔过程中，应采用清水润滑和冷却。切割、开孔后，应用清水对孔壁进行清洁处理，并置于通风处自然干燥。

6.3.3 加工完成的陶瓷薄板应竖立存放于通风良好的仓库内，其与水平面夹角不应小于 85°，下边缘宜采用弹性材料衬垫，离地面高度宜大于 50mm。

6.4 构件加工后的表面防护处理

6.4.1 碳钢构件加工后的表面防护处理应按现行行业标准《玻璃幕墙工程技术规范》JGJ 102 的有关规定执行。

6.5 单元式陶瓷薄板幕墙组件

6.5.1 单元式陶瓷薄板幕墙在加工前应对各板块进行编号，并应注明加工、运输、安装方向和顺序。

6.5.2 单元板块构件之间的连接应牢固、可靠。构件之间连接处的缝隙应采用硅酮建筑密封胶密封。注胶前应将注胶表面清理干净，并采取防止三面粘结的措施。

6.5.3 单元板块与主体结构的连接件、吊挂件、支撑件应具备可调整范围，并应采用不锈钢螺栓将吊挂件与陶瓷薄板幕墙构件固定牢固。螺栓的规格和数量应满足设计要求，但螺栓数量不得少于 2 个，且连接件与单元板块之间固定螺栓的直径不应小于 10mm。

6.5.4 运输单元板块时，应采取措施防止板块在搬动、运输、吊装过程中变形。

6.5.5 单元式陶瓷薄板幕墙的加工组装应符合下列规定：

1 有防火要求的陶瓷薄板幕墙单元，应将面板、防火板、防火材料按设计要求组装在金属框架上；

2 有可视部分的混合幕墙单元，应将玻璃、陶瓷薄板面板、防火板及防火材料按设计要求组装在金属框架上；

3 陶瓷薄板幕墙单元内，面板与金属框架的连接应采用便于面板更换的构造措施。

6.5.6 单元块组装完成后，与室内连通或贯通前、后腔的工艺孔应进行封堵；通气孔宜采用防水透气材料封堵，并保持通气；排水孔应保持畅通。

6.5.7 采用自攻螺钉直接连接单元板块水平构件和竖向构件时，应符合下列规定：

1 每个连接点的螺钉不应少于 3 个，规格不应小于 ST4.2，拧入深度不宜小于 35mm；

2 预制孔的最大内径、最小内径和螺钉拧入扭矩应符合表 6.5.7 的规定；

3 宜采用气动工具拧紧螺钉，气动工具的气压不应小于 0.6MPa，并应通过抽查螺钉的拧入扭矩对压缩空气的气压进行调节和修正；

4 螺钉连接部位应做好密封处理。

表 6.5.7 预制螺钉孔内径要求

自攻螺钉螺纹规格	孔径（mm）		扭矩（N·m）
	最小	最大	
ST4.2	3.430	3.480	4.4
ST4.8	4.015	4.065	6.3
ST5.5	4.735	4.785	10.0
ST6.3	5.475	5.525	13.6

6.5.8 单元组件框加工制作和组装允许偏差应按现行行业标准《玻璃幕墙工程技术规范》JGJ 102 的有关规定执行。

6.6 构件、组件检验

6.6.1 陶瓷薄板幕墙构件或组件应按构件或组件的 5% 进行随机抽样检查，且每种构件或组件不得少于 5 件。当有一个构件或组件不符合规定时，应加倍进行复验，检验合格后方可出厂。复验时，若发现有一件不合格，则应对该批构件或组件进行 100% 检验，合格件允许出厂。

7 安装施工

7.1 粘贴工程

I 一般规定

7.1.1 本节适用于陶瓷薄板在室内地面、室内外墙面粘贴工程的安装施工。

7.1.2 陶瓷薄板用于外墙饰面工程时应符合国家现行标准《建筑装饰装修工程质量验收规范》GB 50210 和《外墙饰面砖工程施工及验收规程》JGJ 126 的有关规定。用于地面工程时,应符合现行国家标准《建筑地面工程施工质量验收规范》GB 50209 的有关规定。

7.1.3 施工材料进场后,应对水泥基胶粘剂的拉伸胶粘原强度、浸水后的拉伸胶粘强度、冻融循环后的拉伸胶粘强度、总挥发性有机化合物 TVOC 以及填缝剂的总挥发性有机化合物 TVOC 进行抽样复检,其材料性能指标应符合本规程第 3.3 节的有关规定。

7.1.4 陶瓷薄板饰面工程施工前,应对粘结和填缝所用的材料进行试配,经检验合格后方可使用。

7.1.5 室内外墙面饰面工程施工前应做出样板。室外墙面样板的检验应按现行行业标准《建筑工程饰面砖粘结强度检验标准》JGJ 110 的有关规定执行。

7.1.6 陶瓷薄板饰面工程施工前应明确陶瓷薄板的排列方案并预先编号。

Ⅱ 施 工 准 备

7.1.7 建筑陶瓷薄板的包装箱应牢固并有可靠的减振措施,在运输过程中应避免雨淋、水泡和长期日晒,搬运时应稳拿轻放,严禁摔扔。

7.1.8 在进行散装建筑陶瓷薄板的运输时必须侧立搬运,不得平抬。

7.1.9 建筑陶瓷薄板应存放在坚实、平整和干燥的仓库中,堆放高度应根据包装箱的强度确定。

7.1.10 饰面工程施工前,有防水要求的工序应施工完毕,抹灰、水电设备管线、门窗洞、脚手眼、阳台等应处理完毕。

7.1.11 基层应平整、坚实、洁净,不得有裂缝、明水、空鼓、起砂、麻面及油渍、污物等缺陷。

7.1.12 填缝剂施工前应清除缝隙间杂物,并应用清水润湿缝隙。

7.1.13 粘贴施工的环境温度宜为 5℃～35℃。

7.1.14 室外饰面工程不得在雨、雪天气和发生五级及五级以上大风时施工。

Ⅲ 施 工

7.1.15 室内地面粘贴施工应按下列流程进行:

  1 基层检查和处理;

  2 粘贴陶瓷薄板;

  3 填缝;

  4 表面清理。

7.1.16 当采用水泥基胶粘剂粘贴陶瓷薄板时,应符合下列规定:

  1 胶粘剂应按生产企业的产品使用说明配制;

  2 基层和陶瓷薄板的粘贴面应干净无尘,无

明水;

  3 基层上应涂抹胶粘剂,并应采用齿形镘刀均匀梳理,使之均匀分布成清晰、饱满的连续条纹;

  4 陶瓷薄板粘贴面上应涂抹胶粘剂,并采用齿形镘刀均匀梳理,条纹走向宜与基层胶粘剂的条纹走向垂直,厚度宜为基层胶粘剂厚度的一半;

  5 铺设陶瓷薄板宜借助玻璃吸盘、木杠,并用橡皮锤轻敲并摁压密实,应做到胶粘剂饱满、板面平整;

  6 陶瓷薄板表面及缝隙处的多余胶粘剂应及时清除;

  7 胶粘剂初凝后,严禁移动陶瓷薄板面层。

7.1.17 填缝剂施工应符合下列规定:

  1 胶粘剂终凝前,不得进行填缝剂施工;

  2 填缝剂应按生产企业的产品使用说明配制;

  3 缝隙间的杂物应清除,缝隙应润湿,且不得有滞水;

  4 填缝应密实饱满、无空穴或孔隙;

  5 多余的填缝剂应清理干净。

7.1.18 室内外墙面粘贴施工时,除应符合本规程第 7.1.15 条～第 7.1.17 条的规定外,尚应满足下列要求:

  1 施工应按自下而上的顺序进行;

  2 胶粘剂终凝前,必须采取有效可靠的侧向支护;

  3 板缝应采用定位器固定。

Ⅳ 安 全 规 定

7.1.19 切割陶瓷薄板时宜采取降噪措施。

7.1.20 施工中建筑废料和粉尘宜随时清理。

7.1.21 配制胶粘剂和填缝剂时,操作人员应佩戴防护手套。

7.1.22 施工过程中脚手架的搭设和使用必须符合现行行业标准《建筑施工扣件式钢管脚手架安全技术规范》JGJ 130 和《建筑施工高处作业安全技术规范》JGJ 80 的有关规定。

7.1.23 一切用电设备的操作必须符合现行行业标准《施工现场临时用电安全技术规范》JGJ 46 的有关规定。

7.2 陶瓷薄板幕墙工程

7.2.1 进场的陶瓷薄板幕墙构件和附件的材料品种、规格、色泽和性能,应满足设计要求。陶瓷薄板幕墙构件安装前应进行检验与校正。不合格的构件不得安装使用。

7.2.2 陶瓷薄板幕墙的安装施工应单独编制施工组织设计,并应包括下列内容:

  1 工程进度计划;

  2 搬运、吊装方法;

3 测量方法；

4 安装方法；

5 安装顺序；

6 构件、组件和成品的现场保护方法；

7 检查验收；

8 安全措施。

7.2.3 单元式陶瓷薄板幕墙的安装施工组织设计除应符合本规程第 7.2.2 条的规定外，尚应包括下列内容：

1 单元件的运输及装卸方案；

2 吊具的类型和吊具的移动方法，单元组件起吊地点、垂直运输与楼层水平运输方法和机具；

3 收口单元位置、收口闭口工艺和操作方法；

4 单元组件吊装顺序及吊装、调整、定位固定等方法和措施；

5 幕墙施工组织设计应与主体工程施工组织设计相互衔接，单元幕墙收口部位应与总施工平面图中施工机具的布置协调一致。

7.2.4 陶瓷薄板幕墙工程的施工测量应符合下列规定：

1 幕墙分格轴线的测量应与主体结构测量相配合，并及时调整、分配、消化主体结构偏差，不得积累；

2 单元式幕墙施工时，应对主体结构施工过程中的垂直度和楼层外廊进行测量、监控；

3 应定期对幕墙的安装定位基准进行校核；

4 对高层建筑幕墙的测量，应在风力不大于 4 级时进行。

7.2.5 陶瓷薄板幕墙安装过程中，应及时对半成品、成品进行保护；在构件存放、搬动、吊装时应轻拿轻放，不得碰撞、损坏和污染构件；对型材、面板的表面应采取保护措施。

7.2.6 钢结构焊接施工应符合现行行业标准《建筑钢结构焊接技术规程》JGJ 81 的有关规定。焊接作业时，应采取保护措施防止烧伤型材和面板表面。施焊后，应对钢材表面及时进行处理。

7.2.7 安装施工准备工作应按现行行业标准《玻璃幕墙工程技术规范》JGJ 102 的有关规定执行。

7.2.8 构件式、单元式陶瓷薄板幕墙施工工艺和安全规定应按现行行业标准《玻璃幕墙工程技术规范》JGJ 102 的有关规定执行。

8 工 程 验 收

8.1 粘 贴 工 程

Ⅰ 一 般 规 定

8.1.1 基层的施工质量检验数量，每 200m² 施工面

积应抽查一处，且不得少于三处。

8.1.2 室内地面饰面工程应按每一层次或每一施工段作为检验批。每一检验批应按自然间或标准间检验，抽查数量不应少于三间，不足三间时应全部检查。走廊过道应以 10m 长度为一间，礼堂、门厅应以两个轴线之间的面积为一间。

8.1.3 相同材料、工艺和施工条件的室内墙面饰面工程应按每 50 间划分为一个检验批，不足 50 间也应划分为一个检验批。大面积房间和走廊，宜按施工面积 30m² 为一间。室内每个检验批应抽查 10％ 以上，并不得少于三间，不足三间时应全部检查。

8.1.4 室外墙面饰面工程宜按建筑物层高或 4m 高度为一个检查层，每 20m 长度应抽查一处，每处宜为 3m 长。每一检查层应检查三处以上。

Ⅱ 主 控 项 目

8.1.5 用于基层处理的材料、双组分水泥基胶粘剂、水泥基填缝剂、环氧基填缝剂、陶瓷薄板等材料的品种、质量必须满足设计要求。

检验方法：检查出厂合格证、质量检验报告、现场抽样试验报告。

8.1.6 室外墙面饰面工程粘结强度检验应符合现行行业标准《建筑工程饰面砖粘结强度检验标准》JGJ 110 的有关规定。

8.1.7 建筑陶瓷薄板饰面工程应无空鼓、无裂缝。

检验方法：观察；用小锤轻击检查。

Ⅲ 一 般 项 目

8.1.8 基层应洁净、平整，不得有松动、起砂、蜂窝和脱皮等缺陷。

检验方法：观察和检查隐蔽工程验收记录。

8.1.9 基层的平整度每 2 延米不应大于 3mm。

检验方法：用 2m 靠尺和楔形塞尺检查。

8.1.10 陶瓷薄板接缝应平直、光滑，填缝应连续、密实；宽度和深度应满足设计要求。

检验方法：观察检查；尺量检查。

8.1.11 室内、室外墙面饰面工程陶瓷薄板粘贴的允许偏差应符合现行国家标准《建筑装饰装修工程质量验收规范》GB 50210 的有关规定。

8.1.12 室内地面饰面工程陶瓷薄板粘贴的允许偏差应符合现行国家标准《建筑地面工程施工质量验收规范》GB 50209 的有关规定。

8.2 陶瓷薄板幕墙工程

Ⅰ 一 般 规 定

8.2.1 陶瓷薄板幕墙工程验收前应将其表面清洗、擦拭干净。

8.2.2 陶瓷薄板幕墙工程验收时，宜根据工程实际

情况提交下列资料的部分或全部。

    1 幕墙工程的竣工图或施工图、结构计算书、热工性能计算书、设计变更文件及其他设计文件；

    2 幕墙工程所用各种材料、构件、组件、紧固件和其他附件的产品合格证书、性能检测报告、进场验收记录和复验报告；

    3 进口硅酮结构胶的商检证和海关报验单、国家指定检测机构出具的硅酮结构胶相容性和剥离粘结性试验报告；

    4 后置埋件的现场拉拔检测报告；

    5 幕墙的气密性能、水密性能、抗风压性能、平面内变形性能及其他设计要求的性能检测报告；

    6 注胶、养护环境的温度、湿度记录；双组分硅酮结构胶的成品切胶剥离试验记录；

    7 幕墙与主体结构防雷接地点之间的电阻检测记录；

    8 隐蔽工程验收文件；

    9 幕墙安装施工记录；

    10 现场淋水试验记录；

    11 其他有关的质量保证资料。

8.2.3 陶瓷薄板幕墙工程验收前，应在安装施工过程中完成下列隐蔽项目的现场验收。

    1 预埋件或后置锚栓连接件；

    2 构件与主体结构的连接节点；

    3 幕墙四周、幕墙内表面与主体结构之间的封堵；

    4 幕墙伸缩缝、沉降缝、抗震缝及墙面转角节点；

    5 幕墙防雷连接节点；

    6 幕墙防火、隔烟节点；

    7 单元式幕墙的封口节点。

8.2.4 陶瓷薄板幕墙工程应进行观感检验和抽样检验，每幅陶瓷薄板幕墙均应检验。检验批的划分应符合下列规定：

    1 设计、材料、工艺和施工条件相同的幕墙工程，每 $500m^2 \sim 1000m^2$ 为一个检验批，不足 $500m^2$ 应划分为一个独立检验批。每个检验批每 $100m^2$ 应至少抽查一处，每处不得少于 $10m^2$。

    2 同一单位工程中不连续的幕墙工程应单独划分检验批。

    3 对于异形或有特殊要求的幕墙，检验批的划分应根据幕墙的结构、工艺特点及幕墙工程的规模，宜由监理单位、建设单位和施工单位协商确定。

Ⅱ 主控项目

8.2.5 陶瓷薄板幕墙面板表面质量应符合下列规定：

表 8.2.5　陶瓷薄板幕墙面板的表面质量

序号	项目	质量要求 建筑陶瓷薄板	检查方法
1	缺棱：长×宽不大于 10mm×1mm（长度小于 5mm 不计）周边允许（个）	1	钢直尺
2	缺角：面积不大于 5mm ×2mm（面积小于 2mm× 2mm 不计）（处）	1	钢直尺
3	裂纹（包括隐裂、釉面龟裂）	不允许	目测观察
4	窝坑（毛面除外）	不明显	目测观察
5	明显擦伤、划伤	不允许	目测观察
6	单条长度不大于 100mm 的轻微划伤	不多于 2 条	钢直尺
7	轻微擦伤总面积	≤300mm²（面积小于 100mm² 不计）	钢直尺

注：表中规定的质量指标是指对单块面板的质量要求；目测检查，是指距板面 3m 处肉眼观察。

8.2.6 陶瓷薄板幕墙的安装质量测量检查应在风力小于 4 级时进行，并应符合表 8.2.6-1、表 8.2.6-2 的规定。

表 8.2.6-1　构件式陶瓷薄板幕墙安装质量

序号	项目	尺寸范围	允许偏差（mm）	检查方法
1	相邻立柱间距尺寸（固定端）	—	±2.0	钢直尺
2	相邻两横梁间距尺寸	不大于 2m	±1.5	钢直尺
		大于 2m	±2.0	钢直尺
3	单个分格对角线长度差	长边边长不大于 2m	≤3.0	钢直尺或伸缩尺
		长边边长大于 2m	≤3.5	钢直尺或伸缩尺
4	立柱、竖缝及墙面的垂直度	幕墙总高度不大于 30m	≤10.0	激光仪或经纬仪
		幕墙总高度不大于 60m	≤15.0	
		幕墙总高度不大于 90m	≤20.0	
		幕墙总高度不大于 150m	≤25.0	
		幕墙总高度大于 150m	≤30.0	

序号	项目	尺寸范围	允许偏差（mm）	检查方法
5	立柱、竖缝直线度	—	≤2.0	2.0m靠尺、塞尺
6	立柱、墙面的平面度	相邻两墙面	≤2.0	激光仪或经纬仪
		一幅幕墙总宽度不大于20m	≤5.0	
		一幅幕墙总宽度不大于40m	≤7.0	
		一幅幕墙总宽度不大于60m	≤9.0	
		一幅幕墙总宽度大于80m	≤10.0	
7	横梁水平度	横梁长度不大于2m	≤1.0	水平仪或水平尺
		横梁长度大于2m	≤2.0	
8	同一标高横梁、横缝的高度差	相邻两横梁、面板	≤1.0	钢直尺、塞尺或水平仪
		一幅幕墙幅宽不大于35m	≤5.0	
		一幅幕墙幅宽大于35m	≤7.0	
9	缝宽度（与设计值比较）	—	±2.0	游标卡尺

注：一幅幕墙是指立面位置或平面位置不在一条直线或连续弧线上的幕墙。

表 8.2.6-2 单元式陶瓷薄板幕墙安装质量

序号	项目	尺寸范围	允许偏差（mm）	检查方法
1	竖缝及墙面的垂直度	幕墙高度H不大于30m	≤10	激光经纬仪或经纬仪
		幕墙高度H不大于60m	≤15	
		幕墙高度H不大于90m	≤20	
		幕墙高度H不大于150m	≤25	
		幕墙高度H大于150m	≤30	
2	幕墙平面度		≤2.5	2m靠尺、钢直尺
3	竖缝直线度		≤2.5	2m靠尺、钢直尺
4	横缝直线度		≤2.5	2m靠尺、钢直尺
5	缝宽度（与设计值比较）		±2.0	游标卡尺

序号	项目	尺寸范围	允许偏差（mm）	检查方法
6	单元间接缝宽度（与设计值比较）		±2.0	钢直尺
7	相邻两组件面板表面高低差		≤1.0	深度尺
8	同层单元组件标高	宽度不大于35m	≤3.0	激光经纬仪或经纬仪
		宽度大于35m	≤5.0	
9	两组件对插件接缝搭接长度（与设计值比较）		±2.0	游标卡尺
10	两组件对插件距离槽底距离（与设计值比较）		±2.0	游标卡尺

Ⅲ 一般项目

8.2.7 陶瓷薄板幕墙观感检验应符合下列规定：

1 幕墙的框料和接缝应横平竖直，缝宽均匀，并应满足设计要求；

2 面板应表面平整、颜色均匀，品种、规格与色彩应与设计文件相符；表面应洁净、无污染，不得有凹坑、缺角、裂缝、斑痕，施釉表面不得有裂纹和龟裂；

3 转角部位的面板压向应满足设计要求，边缘整齐，合缝顺直；

4 滴水线、流水坡向应满足设计要求，宽窄均匀、光滑顺直。

8.2.8 陶瓷薄板幕墙隐蔽节点的遮封装修应整齐美观。陶瓷薄板幕墙边角部位、变形缝的构造应满足设计要求。

9 保养和维护

9.1 一般规定

9.1.1 陶瓷薄板工程铺贴完成后，应采取临时保护措施，不得污染和损伤陶瓷薄板。

9.1.2 陶瓷薄板幕墙工程竣工验收时，承包商应向业主提供现行《幕墙使用维护说明书》。《幕墙使用维护说明书》应包括下列内容：

1 幕墙的设计依据、主要特点和性能参数及幕墙结构的设计使用年限；

2 使用过程中的注意事项；

3 非普通开启窗的使用与维护要求；

4 环境条件变化可能对幕墙使用产生的影响；

5 日常与定期的维护、保养及清洁要求；

6 幕墙的主要结构特点及易损零部件的更换

方法；

　　7　备品、备料清单及主要易损件的名称、规格；

　　8　承包商的保修责任、保修年限。

9.1.3　陶瓷薄板幕墙工程承包商在陶瓷薄板幕墙交付使用前应为业主培训保养和维护人员。

9.1.4　陶瓷薄板幕墙交付使用后，业主应制定陶瓷薄板幕墙的检查、维护、保养计划与制度。

9.1.5　陶瓷薄板幕墙的保养和维护除应符合现行行业标准《建筑外墙清洗维护技术规程》JGJ 168 的有关规定外，尚应满足下列要求：

　　1　清洗材料及清洗方法应与幕墙面板材料相适应，不得污染、腐蚀和损伤面板、幕墙构件、密封材料或嵌缝材料，且不得污染环境；

　　2　清洗开缝式幕墙时，应制定适宜的施工作业方案并对水流量进行控制，防止清洗用水大量渗入幕墙背面；

　　3　幕墙的维护应由经培训合格的人员或具有相关资质的单位进行；

　　4　幕墙检查、清洗、保养与维护作业中，凡属高空作业者，应符合现行行业标准《建筑施工高处作业安全技术规范》JGJ 80 的有关规定；

　　5　进行幕墙清洗、维护和保养时，应做好周边环境的安全保护措施。

9.2　检查和维护

9.2.1　陶瓷薄板幕墙的日常维护和保养应符合下列规定：

　　1　保持幕墙表面整洁，避免锐器及腐蚀性气体和液体与幕墙表面接触；

　　2　保持幕墙排水系统的畅通，发现堵塞应疏通；

　　3　保持开缝式幕墙防水系统和排水系统的有效性和完好性，发现堵塞应疏通；

　　4　发现门、窗启闭不灵或附件损坏等现象时，应修理或更换；

　　5　发现密封胶或密封胶条脱落或损坏时，应进行修补与更换；

　　6　发现幕墙构件或附件的螺栓、螺钉松动或锈蚀时，应拧紧或更换；

　　7　发现幕墙面板挂件、背栓等连接部件松动或脱落时，应拧紧或更换；

　　8　发现幕墙构件锈蚀时，应除锈补漆或采取其他防锈措施；

　　9　对破损的板材应进行更换。

9.2.2　陶瓷薄板幕墙的定期检查和维护应符合下列规定：

　　1　在幕墙工程竣工验收后一年期满时，应对幕墙工程进行一次全面的检查，此后每五年应检查一次。

　　2　幕墙的定期检查和维护应包括下列项目：

　　　1）幕墙整体有无变形、错位、松动，一旦发现上述情况，应对该部位对应的隐蔽结构进行进一步检查；

　　　2）幕墙的主要承力件、连接件和连接螺栓等有无锈蚀、损坏，连接是否可靠；

　　　3）幕墙面板有无松动和损坏；

　　　4）密封胶有无脱胶、开裂、起泡，密封胶条有无脱落、老化等损坏现象；

　　　5）幕墙排水系统是否通畅，开缝式幕墙的防水系统是否损坏或失效。

　　3　幕墙工程使用十年后，应对该工程不同部位的结构硅酮密封胶进行粘结性能的抽样检查；此后每三年宜检查一次。

9.2.3　陶瓷薄板幕墙的灾后检查和维修应符合下列规定：

　　1　当幕墙遭遇强风袭击后，应对幕墙进行全面检查，修复或更换损坏的构件；发现损坏情况较严重时，应通知有关单位，制定切实可行的维修方案进行维修；

　　2　当幕墙遭遇地震、火灾等灾害后，应由专业技术人员对幕墙进行全面的检查，并根据损坏程度制定处理方案和维修方案进行维修。

9.3　清　洗

9.3.1　严禁使用酸性清洗剂清洗水泥基填缝剂。

9.3.2　业主应根据陶瓷薄板幕墙表面的积灰污染程度，确定其清洗次数，但每年不应少于一次。

9.3.3　清洗陶瓷薄板幕墙时，应按现行行业标准《建筑外墙清洗维护技术规程》JGJ 168 的有关规定进行，不得撞击和损伤幕墙。

附录 A　几种非常用材料强度设计值

A.0.1　钢铸件强度设计值可按表 A.0.1 采用。

表 A.0.1　钢铸件的强度设计值（N/mm²）

钢材牌号	抗拉、抗压和抗弯 f	抗剪 f_v	端面承压（刨平顶紧）f_{ce}
ZG200-400	155	90	260
ZG230-450	180	105	290
ZG270-500	210	120	325
ZG310-570	240	140	370
ZG03Cr18Ni10（σ_b=440N/mm²）	140	80	285
ZG07Cr19Ni9（σ_b=440N/mm²）	140	80	330
ZG03Cr18Ni10N（σ_b=510N/mm²）	180	100	285
ZG03Cr19Ni11Mo2（σ_b=440N/mm²）	140	80	285
ZG03Cr19Ni11Mo2N（σ_b=510N/mm²）	180	100	330

A.0.2 常用不锈钢型材和棒材强度设计值可按表 A.0.2 采用。

表 A.0.2 不锈钢型材和棒材的强度设计值（N/mm²）

统一数字代号	牌 号	规定非比例延伸强度 RP0.2b	抗拉强度 f_{slt}	抗剪强度 f_{slv}	端面承压强度 f_{slc}
S30408	06Cr19Ni10	205	180	105	245
S30403	022Cr19Ni10	175	150	90	220
S30458	06Cr19Ni10N	275	240	140	315
S30453	022Cr19Ni10	245	215	125	280
S31608	06Cr17Ni12Mo2	205	180	105	245
S31603	022Cr17Ni12Mo2	175	155	90	220
S31658	06Cr17Ni12Mo2N	275	240	140	315
S31653	022Cr17Ni12Mo2N	245	215	125	280

A.0.3 常用不锈钢板材和带材的强度设计值可按表 A.0.3 采用。

表 A.0.3 不锈钢板材和带材的强度设计值（N/mm²）

统一数字代号	牌 号	规定非比例延伸强度 RP0.2b	抗拉强度 f_{slt}	抗剪强度 f_{slv}	局部承压强度 f_{slc}
S30408	06Cr19Ni10	205	180	105	245
S30403	022Cr19Ni10	170	145	85	215
S30458	06Cr19Ni10N	240	210	120	275
S30453	022Cr19Ni10N	205	180	105	245
S31608	06Cr17Ni12Mo2	205	180	105	245
S31603	022Cr17Ni12Mo2	170	145	85	215
S31658	06Cr17Ni12Mo2N	240	210	120	275
S31653	022Cr17Ni12Mo2N	205	180	105	245

注：钢材的统一数字代号可参见现行国家标准《不锈钢和耐热钢 牌号及化学成分》GB/T 20878。

A.0.4 冷弯薄壁型钢的强度设计值应按表 A.0.4 采用。

表 A.0.4 冷弯薄壁型钢的强度设计值（N/mm²）

钢材牌号	抗拉、抗压和抗弯 f	抗剪 f_v	端面承压（磨平顶紧）f_{ce}
Q235	205	120	310
Q345	300	175	400

附录 B 铝合金结构连接强度设计值

B.0.1 铝合金结构普通螺栓和铆钉连接的强度设计值应按表 B.0.1-1 和表 B.0.1-2 采用。

表 B.0.1-1 普通螺栓连接的强度设计值（N/mm²）

螺栓的材料、性能等级和构件铝合金牌号			普通螺栓							
			铝合金			不锈钢			钢		
			抗拉 f_t	抗剪 f_v	承压 f_c	抗拉 f_t	抗剪 f_v	承压 f_c	抗拉 f_t	抗剪 f_v	承压 f_c
普通螺栓	铝合金	2B11	170	160	—						
		2A90	150	145	—						
	不锈钢	A2-50、A4-70				200	190	—			
		A2-70、A4-70				280	265	—			
	钢	4.6、4.8级							170	140	—
构件	6061-T4				210			210			210
	6061-T6				305			305			305
	6063-T5				185			185			185
	6063-T6				240			240			240
	6063A-T5				220			220			220
	6063A-T6				255			255			255

表 B.0.1-2 铆钉连接的强度设计值（N/mm²）

铝合金铆钉牌号及构件铝合金牌号		铝合金铆钉	
		抗剪 f_v^b	承压 f_c^b
铆钉	5B05-HX8	90	—
	2A01-T4	110	—
	2A10-T4	135	—
构件	6061-T4		210
	6061-T6		305
	6063-T5		185
	6063-T6		240
	6063A-T5		220
	6063A-T6		255

B.0.2 铝合金结构焊缝的强度设计值应按表 B.0.2 采用。

表 B.0.2　铝合金结构焊缝的强度设计值（N/mm²）

铝合金母材牌号及状态	焊丝型号	对接焊缝			角焊缝
		抗拉 f_t^w	抗压 f_c^w	抗剪 f_v^w	抗拉、抗压和抗剪 f_f^w
6061-T4 6061-T6	SAIMG-3(Eur5356)	145	145	85	85
	SAISi-1(Eur4043)	135	135	80	80
6063-T5 6063-T6 6063A-T5 6063A-T6	SAIMG-3(Eur5356)	115	115	65	65
	SAISi-1(Eur4043)	115	115	65	65

本规程用词说明

1　为便于在执行本规程条文时区别对待，对要求严格程度不同的用词说明如下：

　1）表示很严格，非这样做不可的：

　　　正面词采用"必须"，反面词采用"严禁"；

　2）表示严格，在正常情况均应这样做：

　　　正面词采用"应"，反面词采用"不应"或"不得"；

　3）表示允许稍有选择，在条件许可时首先应这样做的：

　　　正面词采用"宜"，反面词采用"不宜"；

　4）表示有选择，在一定条件下可以这样做的，采用"可"。

2　条文中指明应按其他有关标准执行的写法为："应符合……的规定"或"应按……执行"。

引用标准名录

1　《建筑结构荷载规范》GB 50009

2　《建筑物防雷设计规范》GB 50057

3　《建筑地面工程施工质量验收规范》GB 50209

4　《建筑装饰装修工程质量验收规范》GB 50210

5　《碳素结构钢》GB/T 700

6　《陶瓷砖试验方法　第3部分：吸水率、显气孔率、表观相对密度和容重的测定》GB/T 3810.3

7　《陶瓷砖试验方法　第5部分：用恢复系数确定砖的抗冲击性》GB/T 3810.5

8　《陶瓷砖试验方法　第14部分：耐污染性的测定》GB/T 3810.14

9　《铝合金建筑型材　第1部分：基材》GB 5237.1

10　《铝合金建筑型材　第2部分：阳极氧化型材》GB 5237.2

11　《铝合金建筑型材　第3部分：电泳涂漆型材》GB 5237.3

12　《铝合金建筑型材　第4部分：粉末喷涂型材》GB 5237.4

13　《铝合金建筑型材　第5部分：氟碳漆喷涂型材》GB 5237.5

14　《铝合金建筑型材　第6部分：隔热型材》GB 5237.6

15　《建筑材料放射性核素限量》GB 6566

16　《绝热材料稳态热阻及有关特性的测定　防护热板法》GB/T 10294

17　《建筑胶粘剂试验方法　第1部分：陶瓷砖胶粘剂试验方法》GB/T 12954.1

18　《室内装饰装修材料　胶粘剂中有害物质限量》GB 18583

19　《不锈钢和耐热钢　牌号及化学成分》GB/T 20878

20　《建筑幕墙》GB/T 21086

21　《建筑密封胶分级和要求》GB/T 22083

22　《陶瓷板》GB/T 23266

23　《防火封堵材料》GB 23864

24　《建筑用阻燃密封胶》GB/T 24267

25　《民用建筑电气设计规范》JGJ 16

26　《施工现场临时用电安全技术规范》JGJ 46

27　《建筑砂浆基本性能试验方法标准》JGJ/T 70

28　《建筑施工高处作业安全技术规范》JGJ 80

29　《建筑钢结构焊接技术规程》JGJ 81

30　《玻璃幕墙工程技术规范》JGJ 102

31　《建筑工程饰面砖粘结强度检验标准》JGJ 110

32　《外墙饰面砖工程施工及验收规程》JGJ 126

33　《建筑施工扣件式钢管脚手架安全技术规范》JGJ 130

34　《建筑外墙清洗维护技术规程》JGJ 168

35　《陶瓷墙地砖胶粘剂》JC/T 547

36　《玻璃平均线性热膨胀系数试验方法》JC/T 679

37　《陶瓷墙地砖填缝剂》JC/T 1004

38　《玻璃材料弹性模量、剪切模量和泊松比试验方法》JC/T 678-1997

中华人民共和国行业标准

建筑陶瓷薄板应用技术规程

JGJ/T 172—2012

条 文 说 明

修 订 说 明

《建筑陶瓷薄板应用技术规程》JGJ/T 172－2012 经住房和城乡建设部 2012 年 3 月 15 日以第 1331 号公告批准、发布。

本规程是在《建筑陶瓷薄板应用技术规程》JGJ/T 172－2009 的基础上修订而成，上一版的主编单位是北京新型材料建筑设计研究院有限公司和广东蒙娜丽莎新型材料集团有限公司（原广东蒙娜丽莎陶瓷有限公司），参编单位是上海雷帝建筑材料有限公司、北京城建集团有限责任公司、北京贝盟国际建筑装饰工程有限公司和咸阳陶瓷研究设计院，主要起草人员是薛孔宽、韩海涛、耿直、杨文春、田菀华、刘一军、张旗康、潘利敏、陈峰、闻万梁、刘幼红、温斌、唐国权、苏新禄、韩亚军、李志远和田美玲。

本次修订的主要技术内容是：增加了建筑陶瓷薄板在民用建筑的陶瓷薄板幕墙工程上的应用，分为非抗震设计和抗震设防烈度为 6、7、8 度两类，内容涉及材料、设计、加工制作、安装施工、工程验收以及保养和维护，相应的各章均增加了有关内容。

本规程修订过程中，编制组进行了广泛的调查研究，总结了我国建筑陶瓷薄板粘贴和非粘贴工程建设上的实践经验，通过弯曲强度性能检测试验取得了陶瓷薄板弯曲强度设计值等重要技术参数。

为便于广大设计、施工、科研、学校等单位有关人员在使用本规程时能正确理解和执行条文规定，《建筑陶瓷薄板应用技术规程》编制组按章、节、条顺序编制了本规程的条文说明，对条文规定的目的、依据以及执行中需注意的有关事项进行了说明。但是，本条文说明不具备与规程正文同等的法律效力，仅供使用者作为理解和把握规程规定的参考。

目 次

1 总 则

1.0.1 据统计，我国城乡每年新增建筑面积约 20 亿 m²，瓷砖产品的需求量正在持续稳定地增长。随着中国建筑陶瓷产能的快速增长，对矿产资源的消耗日益增大，结果导致建筑陶瓷企业的原料供应日趋紧张，优质原料日益枯竭，这点已经成为行业发展的瓶颈。因此优质原料减量化、低能耗、再利用的循环经济就成为陶瓷产业可持续发展的必由之路。作为国家"十五"科技攻关计划项目，建筑陶瓷薄板具有吸水率低、尺寸大、厚度小以及节能降耗、清洁环保、轻质高强等特点，它的出现使传统的建筑陶瓷观念发生了革命性的变化。制定本规程的目的，就是为建筑陶瓷薄板饰面工程的设计、加工制作、安装施工、工程验收以及保养和维护提供一套科学实用的依据，以规范工程实践，保证工程质量。

1.0.2 本规程的适用范围从两个方面加以限定：一是建筑陶瓷薄板的适用工程部位；二是建筑陶瓷薄板饰面工程的设计、加工制作、安装施工、工程验收以及保养和维护。

　　本规程在参照现行国家标准《建筑装饰装修工程质量验收规范》GB 50210 中第 8.3.1 条："本节适用于内墙饰面砖粘贴工程和高度不大于 100m、抗震设防烈度不大于 8 度、采用满贴法施工的外墙饰面砖粘贴工程的质量验收"的基础上，结合建筑陶瓷薄板本身的材料性质和国内各大主要城市的抗震设防烈度的规定，规定了用于外墙粘贴工程时的限制高度和抗震设防烈度。

　　此外，本次修订增加了建筑陶瓷薄板在非抗震设计和抗震设防烈度为 6、7、8 度的陶瓷薄板幕墙工程上的应用。

　　本规程中幕墙均指陶瓷薄板幕墙。

2 术语和符号

2.1.1 建筑陶瓷薄板的术语定义引自现行国家标准《陶瓷板》GB/T 23266。

2.1.3 水泥基胶粘剂根据使用方法不同可分为单组分、双组分。单组分是指生产中聚合物以粉末的形式分散在砂浆之中，现场使用时直接加水拌匀即可使用；而双组分是指聚合物以乳液形式，在现场直接与工厂预制的砂浆拌匀使用。

2.1.6 本规程中所指的基层是指符合本规程第 4.0.2 条规定的陶瓷薄板的安装面。当混凝土基体符合该规定时，混凝土基体便可作为基层；当不符合该规定时，需要进行处理。当采用增加找平层进行处理时，找平之后的面层即为基层。无论是否需要处理，只要符合本规程第 4.0.2 条规定的面层即视为基层。

3 材 料

3.1 一 般 规 定

3.1.1 材料是保证工程可靠性的物质基础。不同厂家、同一厂家不同产地的产品，都存在质量差别。为了保证工程安全和性能，材料必须满足设计要求并符合现行有关国家标准和行业标准的有关规定。当工程所在地地方政府有特殊要求时，还应符合相应地方标准的有关规定。当采用国外先进国家同类产品标准或生产厂商的企业标准作为产品质量控制依据时，不应低于现行国家相关标准并应满足设计要求。产品出厂时，必须有出厂合格证。进口材料还必须具有商检报告和原产地证明。

3.1.2 建筑物处在一个复杂的环境中，在不同的自然环境下，会承受如日晒、雨淋、风沙、冷冻、腐蚀、温度激变等不利因素的作用。因此，根据设计要求，材料应具有足够的耐候性和耐久性，具备防日晒、防风雨、防风沙、防腐蚀、防盗、防撞、保温、隔热、隔声等功能。

　　由于工程用材料种类较多，各自承担的功能和工作条件也不一致，因此，部分材料或构件，如可开启部位的五金件、部分密封材料等，其使用寿命不能和幕墙设计使用年限等同，属于可更换的易损件，在进行幕墙设计时，应予以充分考虑。

3.2 建筑陶瓷薄板

3.2.1、3.2.2 表 3.2.1 和表 3.2.2 中建筑陶瓷薄板的性能指标、外观质量和尺寸偏差的数据部分引自现行国家标准《陶瓷板》GB/T 23266，部分来自实验报告。

　　表 3.2.1 是对陶瓷薄板的统一要求，对于具体的特殊使用部位，会增加性能要求，如用在地面时要考虑耐磨性，但用在其他部位时对该性能没有要求。

3.3 粘贴用材料

3.3.1 作为基层处理材料，聚合物水泥砂浆的各项性能直接决定其能否为建筑陶瓷薄板的安装提供一个安全可靠的基层。本规程在参照《美国国家标准乳胶-水泥砂浆》（American National Standard Specifications for Latex-Portland Cement Mortar-2010）ANSI A118.4 中第 5.1.5 条"28d 剪切强度应大于 300psi（20.9 kgf/cm²）"和第 6.1 节"平均抗压强度不得小于 2500psi（175.8kgf/cm²）"的基础上，结合现行行业标准《建筑砂浆基本性能试验方法标准》JGJ/T 70 对材料的抗压强度、抗拉强度、抗剪强度以及吸水率等物理性能提出了具体要求。同时，根据现行国家标准《室内装饰装修材料　胶粘剂中有害物质限量》

GB 18583 对材料的环保性能提出了相应要求。

3.3.2 胶粘剂是保证建筑陶瓷薄板安全有效安装的关键。为此，本规程依据现有规范对胶粘剂的物理性能和环保性能提出了要求，以保证胶粘剂的各项性能指标有据可循。其中，胶粘剂的拉伸胶粘原强度、浸水后的拉伸胶粘强度、热老化后的拉伸胶粘强度、冻融循环后的拉伸强度以及 20min 晾置时间后的拉伸胶粘强度的指标均参照了现行行业标准《陶瓷墙地砖胶粘剂》JC/T 547；同时，本规程在参照《美国国家标准乳胶-水泥砂浆》（American National Standard Specifications for Latex-Portland Cement Mortar-2010）ANSI A118.4 中第 5.1.5 条 "28 天剪切强度应大于 300psi（20.9kgf/cm²）" 和第 6.1 节 "平均抗压强度不得小于 2500psi（175.8kgf/cm²）" 的基础上，结合现行行业标准《建筑砂浆基本性能试验方法标准》JGJ/T 70 中的有关实验方法对胶粘剂的 28d 抗剪切强度、抗压强度、吸水率以及初凝时间和终凝时间的指标提出了要求。最后，根据现行国家标准《室内装饰装修材料 胶粘剂中有害物质限量》GB 18583 对材料的环保性能提出了相应要求。

3.3.3 在工程实践中，常遇到填缝剂起粉、脱落、水斑、泛碱等严重影响装饰效果的弊病，可见填缝剂的好坏直接影响着最终的装饰效果。本规程中水泥基填缝剂的物理性能指标参照了现行行业标准《陶瓷墙地砖填缝剂》JC/T 1004 对各项性能指标作出了明确的规定。同时，依据现行国家标准《室内装饰装修材料 胶粘剂中有害物质限量》GB 18583 中的有关规定对有害挥发物质作出了限定。

3.3.4 由于环氧填缝剂本身的特殊性，为更好地保证建筑装饰效果以及成品的耐久性，本规程参照美国国家标准《关于耐化学制剂、可水洗的面砖粘结和面砖填缝用环氧树脂以及可水洗的面砖粘结用环氧树脂胶粘剂》（American National Standard Specifications for Chemical Resistant，Water Cleanable Tile-Setting and-Grouting Epoxy and Water Cleanable Tile-Setting Epoxy Adhesive-2009）ANSI A118.3 中第 5.5 节 "7d 剪切强度应大于 1000psi（69.8kgf/cm²）" 和第 5.6 节 "7d 后的平均抗压强度不得低于 3500psi（244kgf/cm²）" 的有关规定，同时结合现行国家标准《建筑胶粘剂试验方法 第 1 部分：陶瓷砖胶粘剂试验方法》GB/T 12954.1-2008 提出了关于对环氧填缝剂抗拉强度与抗压强度的要求。同时，参照现行行业标准《陶瓷墙地砖填缝剂》JC/T 1004 的要求对材料的吸水率、耐磨性以及收缩值作出了规定。

3.4 陶瓷薄板幕墙用材料

3.4.1 由于陶瓷薄板幕墙除面板设计外与玻璃幕墙相似，所以对其材料的具体要求应符合现行行业标准《玻璃幕墙工程技术规范》JGJ 102 的有关规定。

3.4.2 幕墙在使用过程中，应具有防止和阻止火灾扩大的功能，以尽可能地减少由火灾造成的财产损失和保护生命安全。而同时在幕墙工程的加工制作、安装施工过程中都存在着火灾隐患，因此，幕墙的材料选用就显得极其重要。本条对幕墙所用材料的燃烧性能作出了规定。尽管如此，在幕墙用材料中，国内外都还有少量材料是不防火的，如双面胶带、填充棒等，因此，在安装施工时，应高度重视防火问题并应采取有效的防火措施。

此外，在进行幕墙设计时，必须进行防火封堵构造设计，以防止火灾迅速蔓延，为抢救财产和人员逃生创造机会。防火封堵构造用材料，应采用符合现行国家标准《防火封堵材料》GB 23864 和《建筑用阻燃密封胶》GB/T 24267 有关规定的防火封堵材料和防火密封材料。

3.4.3 幕墙工程中所采用的硅酮类胶、环氧类胶、聚氨酯类胶等应具有与接触材料相适应的粘结性能和耐久性，以确保幕墙设计性能。这些胶在建筑上已被广泛采用，而且已有了比较成熟的经验。

由于陶瓷薄板是多孔材料，在与结构密封胶和建筑（耐候）密封胶接触的部位，密封胶中的小分子如增塑剂等非反应性物质就会从胶中渗出，继而渗入到陶瓷薄板的孔隙中，致使其表面油污和沾灰。因此，在使用前应进行耐污染试验，在证实无污染后才能使用。

建筑（耐候）密封胶是化学活性材料，经过长期存放，会出现粘结强度降低、耐候性能和伸缩性能下降等问题，因此必须在有效期内使用。

3.4.4 放射性核素会危害人体健康，因此，陶瓷薄板的放射性核素限量应符合现行国家标准《建筑材料放射性核素限量》GB 6566 的有关规定。

3.4.5 因为陶瓷薄板幕墙按有关规定一般使用在实体墙处，即不存在美观问题，所以铝合金型材尺寸允许偏差不需要达到高精级。

3.4.6 幕墙设计应尽量选用标准件。采用非标准紧固件时，产品质量应满足设计要求，并应有出厂合格证。

3.4.7 幕墙与建筑主体结构之间的连接件，传统上采用碳素结构钢、合金结构钢、低合金高强度结构钢或不锈钢制作。铝合金支承构件之间的连接件，一般采用铝合金型材制作。由于铝合金型材尺寸精度高，近年来，采用铝合金型材作为幕墙与建筑主体结构之间的连接件的做法，在单元式幕墙中得到了广泛使用。在进行幕墙与建筑主体结构或支承结构之间的连接件设计时，要综合考虑连接件的最小承载能力、截面局部稳定、耐久性（耐腐蚀性能）要求，选用适宜的材质、厚度和表面处理方法。

采用其他材质连接件（如铸钢件）时，材质和表面处理应符合国家现行有关标准的规定。

3.4.9 硅酮结构密封胶是影响陶瓷薄板幕墙安全的重要因素，因此应符合国家现行有关标准的规定。

3.4.11 幕墙用胶条，应当具有耐紫外线、耐老化、耐污染、弹性好、永久变形小等特性，并应符合现行国家标准《建筑门窗、幕墙用密封胶条》GB/T 24498 的有关规定。如果不对胶条的材质进行控制，就会出现老化开裂甚至脱落等严重问题，从而影响幕墙的气密性能和水密性能。

采用三元乙丙橡胶和硅橡胶制品时，要采取适当措施，保证胶条的连续性，以免因接头位置脱开而降低幕墙的气密性能和水密性能。

4 粘贴设计

4.0.2 基层的质量是保证工程质量的重要基础。对不符合规定的基层进行处理是保证陶瓷薄板粘贴工程质量的重要工序。基层强度低易造成粘结层与基层界面被破坏，故应针对不同的基层采取相应的处理措施。对于加气混凝土、轻质砌块和轻质墙板等基体，不仅应符合本规程第 4.0.2 条的有关规定，而且要特别注意使用过程中因温度变化而引起的收缩变形。基层平整度也必须符合此规定，否则会造成材料的浪费及陶瓷薄板断裂。当基层平整度不符合此规定时，可以采用适当的找平砂浆或垫层砂浆来进行基层找平。

4.0.4 双组分水泥基胶粘剂具有质量稳定、强度高、各项性能指标均优于单组分的胶粘剂的特点。为规范外墙陶瓷薄板的施工过程和施工质量，特明确本条。

4.0.5 水泥基填缝剂含有较多的碱活性成分，容易造成砖缝间的泛碱、"白花"、"流泪"和"镜框"等现象，极大地影响了使用效果。外墙气候环境条件恶劣复杂，容易受各种腐蚀性介质侵蚀，如酸雨、碱、污渍等都会破坏填缝材料，甚至通过破坏后的缝隙腐蚀板后的基材。因此，为了保证外墙填缝的施工质量，推荐采用环氧基填缝剂。

4.0.6 规程中强调这一条，是为了确保找平材料、胶粘剂材料、防水材料等各不同功能层间彼此结合紧密、传力牢固、兼容性强。

4.0.8 当陶瓷薄板在外墙应用时，设置伸缩缝，可以防止墙体结构变形及饰面板本身发生温度变形而导致的开裂和脱落。弹性嵌缝材料可选用弹性腻子密封胶、高弹性嵌缝膏等。

5 陶瓷薄板幕墙设计

5.1 陶瓷薄板幕墙的建筑设计

5.1.3 陶瓷薄板的脱落对人民的生命安全和财产安全会造成威胁，所以应采取防脱落措施。可以考虑在陶瓷薄板背面粘结无碱玻璃纤维布、不锈钢丝网复合层或有

同等作用的材料以增强其安全性。

对于容易受到撞击的部位，可以采取设置明显的警示标志，或者在陶瓷薄板背面粘结玻璃纤维布、不锈钢丝网复合层或有同等作用的材料等具体措施来避免撞击的发生和减轻撞击所带来的危害。

5.1.8 幕墙钢框架支承系统，对付温度影响有两条途径：自由位移而无温度应力；限制位移承受温度应力。可以采用前者，留温度缝；也可以采用后者，不留温度缝。

5.1.9 陶瓷薄板幕墙进行设计时，一块陶瓷薄板不宜跨越抗震缝和伸缩缝两边。如果确实无法避免时，应在同一块板的左右两侧设置伸缩构造。

5.1.10 防雷金属连接件应具有防腐蚀功能，以避免因表面被腐蚀而导致其截面减小，进而影响导电性能的问题出现。各种连接件的截面尺寸要求，应与现行国家标准《建筑物防雷设计规范》GB 50057 一致。对应于导电通路立柱的预埋件或固定件应采用截面不小于 $50mm^2$ 的热浸镀锌圆钢或扁钢连接件，圆钢直径不应小于 8mm，扁钢厚度不应小于 2.5mm。幕墙金属构件之间的连接宜采用铜质或铝质柔性导线，铜质导线的截面积不应小于 $16mm^2$，铝质导线的截面积不应小于 $25mm^2$。

5.2 陶瓷薄板幕墙的结构设计

5.2.1 建筑幕墙是由面板和支承结构组成的建筑物外围护结构体系，主要承受自重以及直接作用于其上的风荷载、地震作用、温度作用等，不分担主体结构承受的荷载和（或）地震作用。新修订的现行国家标准《工程结构可靠性设计统一标准》GB 50153 中规定，工程结构设计时，应规定结构的设计使用年限。现行国家标准《建筑结构可靠性设计标准》GB 50068 规定，易于替换的结构构件（此处是指承重结构构件）的设计使用年限为 25 年。建筑幕墙是非承重且易于替换的非结构构件，因此规定其设计使用年限应不小于 25 年。

5.2.3 我国是多地震国家，幕墙设计应区分为抗震设计和非抗震设计两类。对非抗震设防地区，进行幕墙设计时，只需考虑风荷载、重力荷载以及温度作用；对抗震设防地区，必须考虑地震作用，进行抗震设计。幕墙属于非结构构件，根据现行国家标准《建筑抗震设计规范》GB 50011 的有关规定，抗震设防烈度为 6 度及以上地区，要采用等效侧力法，对幕墙自身及其与主体结构的连接进行抗震设计计算。

幕墙与主体结构必须可靠连接、锚固。进行幕墙设计时，应对幕墙与主体结构的连接件及其锚固系统进行专门设计，并将有关设计和幕墙传递给主体结构的荷载和作用提供给主体结构设计师，对主体结构进行验算，以加强幕墙的抗震安全性和对生命的保护，避免因不合理设置而导致主体结构被破坏。

由于建筑幕墙自重较轻，幕墙承受的荷载和作用中，以风荷载为主，地震作用远小于风荷载作用，因此，无论是否进行抗震设计，均应以抗风设计为主。但是，由于地震作用是动力作用，并且直接作用于连接节点，易造成连接损坏、失效，甚至使建筑幕墙脱落、倒塌。因此，抗震设计的幕墙，不仅要以抗震设计和抗风设计中最不利的荷载和作用效应组合进行结构设计，还必须加强构造设计。

5.2.7 陶瓷薄板幕墙构造与隐框玻璃幕墙相同，因此承受水平荷载的陶瓷薄板是典型的薄板弯曲问题，设计时须进行陶瓷薄板的抗弯性能计算。表5.2.7中陶瓷薄板弯曲强度设计值是通过试验的方法获得的，具体试验结果如下：

采用《建筑玻璃-玻璃弯曲强度的测定，有小试验表面的平试样的同轴双环试验》（Glass in building-Determination of the bending strength of glass-Coaxial double ring test on flat specimens with small test surface areas）BS EN 1288-5-2000，对带釉陶瓷薄板和无釉陶瓷薄板分别进行了三组和两组试验。陶瓷薄板厚度为5.5mm，每组20片，结果见表1。

表1 试验结果（MPa）

试验结果		平均值	方差	变异系数
带釉陶瓷薄板	第一组	42.67	4.67	0.11
	第二组	49.52	4.68	0.09
	第三组	43.23	6.09	0.14
无釉陶瓷薄板	第一组	55.78	5.78	0.10
	第二组	59.41	7.46	0.13

陶瓷薄板与玻璃板同属脆性材料，其弯曲强度服从正态分布。玻璃板弯曲强度的变异系数位于0.15~0.25之间；表1试验结果表明，陶瓷薄板的变异系数位于0.09~0.14之间，说明陶瓷薄板弯曲强度的离散性比玻璃板的弯曲强度离散性要小。玻璃板的强度安全系数取2.5，满足工程设计要求，陶瓷薄板安全系数取2.5也应满足设计要求。将带釉陶瓷薄板三组试验平均值再取平均，除以安全系数2.5，得到带釉陶瓷薄板弯曲强度设计值18MPa。将无釉陶瓷薄板两组试验平均值再取平均，除以安全系数2.5，得到带釉陶瓷薄板弯曲强度设计值23MPa。

5.2.10 钢铸件的强度设计值来源于现行国家标准《钢结构设计规范》GB 50017的有关规定。其中，ZG03Cr18Ni10、ZG07Cr19Ni9、ZG03Cr18Ni10N三种不锈钢铸件材料相当于统一数字代号为S304XX系列的奥氏体型不锈钢，ZG03Cr19Ni11Mo2、ZG03Cr19Ni11Mo2N两种不锈钢铸件材料相当于统一数字代号为S316XX系列的奥氏体型不锈钢。

不锈钢材料（带材、板材、棒材和型材）主要用于幕墙的连接件和支承结构，材料分项系数取1.6，略高于普通钢结构。采用本附录A中未列出的不锈钢材料时，其抗拉强度标准值可取相应规定的非比例延伸强度RP0.2b；抗拉强度设计值可按其抗拉强度标准值除以系数1.15；抗剪强度设计值可按其抗拉强度标准值除以系数1.99取5的倍数采用。表A.0.2中规定的非比例延伸强度RP0.2b按现行国家标准《不锈钢棒》GB/T 1220确定；表A.0.3中规定的非比例延伸强度RP0.2按现行国家标准《不锈钢冷轧钢板和钢带》GB/T 3280和《不锈钢热轧钢板和钢带》GB/T 4237确定。

5.2.14、5.2.15 幕墙采用的陶瓷薄板计算公式是在小挠度情况下推导出来的，它假定陶瓷薄板只受到弯曲作用，只有弯曲应力而平面内薄膜应力则忽略不计，因此它适用于挠度 $d_f \leqslant t$（t 为板厚）的情况。表5.2.15中列出了在四边支承条件下陶瓷薄板的挠度系数 μ 的数值，其他边界条件下的挠度系数可参照现行《建筑结构静力计算手册》选用。

陶瓷薄板的挠度限值为边长的1/60，如边长为900mm的陶瓷薄板，其挠度允许值可达15mm，是其厚度5.5mm的2.7倍，此时应力、挠度的计算值会比实际值大很多，所以考虑一个系数 η 予以修正。

5.2.16~5.2.18 陶瓷薄板与加劲肋之间可以通过结构胶或其他材料牢固粘结，胶与其相接触的材料应有很好的相容性。胶的宽度应经过计算，保证在正负风压作用下，加劲肋都能起到加强作用。为了使幕墙框架成为加劲肋的支座，加劲肋的端部应与之有效连接，目的是将面板所受荷载作用直接有效地传递到主框架上。

进行肋的计算时，板面作用的荷载应按三角形或梯形分布传递到肋上，按等效弯矩原则化为均布荷载，见图1。对中肋刚度的要求，是为了使肋能够起到支承作用，从而使得陶瓷薄板可以按多跨连续板来计算。

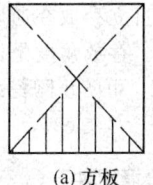

| (a) 方板 | (b) 矩形板 |

图1 板面荷载向肋的传递

6 加工制作

6.1 一般规定

6.1.1 陶瓷薄板幕墙结构属于围护结构，在施工前应对主体结构进行复测，当其误差超过陶瓷薄板幕墙设计图纸中的允许值时，一般应调整幕墙设计图纸，原则上不允许对原主体结构进行破坏性修整。

对陶瓷薄板幕墙设计进行调整时，要注意维持建筑立面的整体效果，不得破坏已建主体结构。

6.1.2 构件的加工质量和尺寸精度与构件加工用设备、工装、夹具、模具有直接关系，因此应经常对其进行检查、维修并做好定期保养，使加工设备始终保持良好的工作状态。质量检验用量具的测量精度应满足构件设计精度的要求并定期进行检测，以确保测量结果的准确性。

6.1.3 单元式陶瓷薄板幕墙和隐框陶瓷薄板幕墙的组件均应在车间加工组装，尤其是由硅酮结构胶固定的板块。

6.1.4 隐框陶瓷薄板幕墙构件应在室内进行加工，并要求室内清洁、干燥、通风良好，温度也应满足加工的需要，如北方的冬季应有采暖，南方的夏季应有降温措施等。对于硅酮结构密封胶的施工场所要求较严格，除要求清洁、无尘外，室内温度不宜低于15℃，也不宜高于27℃，相对湿度不低于50%。硅酮结构胶的注胶厚度及宽度应满足设计要求，且宽度不得小于7mm，厚度不得小于6mm。

6.3 陶瓷薄板

6.3.1 一般情况下，陶瓷薄板幕墙的立面分格尺寸应按陶瓷薄板的产品规格与板缝宽度确定，陶瓷薄板加工的主要工作内容是二次切割。因此，陶瓷薄板加工前的检验非常重要，它是保证陶瓷薄板幕墙工程质量符合有关规定的关键。因此，应加强加工前的检验，尤其是陶瓷薄板的表面质量、色泽、花纹图案，宜进行100%检验。

6.3.2 加工过程中，刀具和陶瓷薄板摩擦产生热量会造成刀具磨损，影响加工精度和加工表面质量，应采用清水进行润滑和冷却。加工后应立即对加工部位残留的瓷粉和其他物质进行清洗，并置于通风处自然干燥。

6.3.3 已加工完成的陶瓷薄板应直立存放在通风良好的仓库内，其角度不应小于85°。存放角度是保证陶瓷薄板存放过程安全的重要措施，可防止陶瓷薄板被挤压破碎和变形。

6.5 单元式陶瓷薄板幕墙组件

6.5.1 由于单元式幕墙板块在主体结构上的安装方式特殊，通常都采用插接方式，安装后不容易更换，所以必须在加工前对各板块编号。

运输方向是指板块装车时的摆放方向，目的在于防止板块变形和便于卸车。

6.5.4 单元板块安装就位之前，要经过多次搬动、运输，容易产生板块变形、连接松动等质量问题，造

成安装困难，影响施工质量。运输时，单元板块应摆放在专用托架上，托架应与板块的外形基本吻合，使其具有防止板块移位的功能。板块与托架、托架与车体应绑扎牢固，并作好防雨等天气突变的准备。

6.5.6 一般情况下，由于单元式陶瓷薄板幕墙的特殊构造，单元板块上通常有工艺孔、通气孔和排水孔，分别用来紧固横向和竖向构件的连接螺钉和形成等压腔以及将少量渗水排出陶瓷薄板幕墙之外。设计通气孔和排水孔的目的是为了提高陶瓷薄板幕墙的水密性能，应采用防水透气材料封堵，保持通畅和通气，做到"防水不防气"；而工艺孔的存在可能会改变构件内腔的压力分布，带来反作用。所以，应予以封堵。

7 安 装 施 工

7.1 粘 贴 工 程

Ⅱ 施 工 准 备

7.1.13 环境温度对施工质量有比较大的影响。温度过低，会导致胶粘剂固化的大幅延迟和胶粘剂强度提高的放缓，并造成终凝强度发生较大幅度的降低。温度过高，基层处理材料、胶粘剂和填缝剂中的水分会被快速蒸发流失，造成开裂，同样也会大大降低材料的粘结强度。故规定施工的高、低温度限制。

Ⅲ 施 工

7.1.16 本条对薄法施工工艺作了详细的说明。其中"应采用齿形镘刀均匀梳理，使之均匀分布成清晰、饱满的连续条纹"可保证胶粘剂与基层充分粘结，厚度均匀，从而达到对饰面安装平整度的要求。

建筑陶瓷薄板尺寸较大，为了防止在施工中出现空鼓，要求施工时在建筑陶瓷薄板粘贴面满涂胶粘剂。

7.1.18 在墙面安装建筑陶瓷薄板时，因自重会产生竖向滑移。施工时应自下而上，并采用有效可靠的防护措施，待胶粘剂材料终凝后，方可拆除。

Ⅳ 安 全 规 定

7.1.19 建筑陶瓷薄板切割会带来粉尘污染，切割过程中应用清水淋湿切口降温，以免造成建筑陶瓷薄板爆边，同时避免扬尘。

7.1.21 胶粘剂和填缝剂添加剂为高分子材料，对人体无害，但长期浸泡会对皮肤造成损害，应避免误入口眼。如有发生，可用大量清水及时冲洗。

7.2 陶瓷薄板幕墙工程

7.2.1 陶瓷薄板幕墙施工图中应明确规定陶瓷薄板

幕墙构件和附件的材料品种、规格、色泽和性能。构件的尺寸、形状不满足设计要求时，会严重影响陶瓷薄板幕墙的安装质量，因此不合格的构件和附件不得使用。

7.2.2 陶瓷薄板幕墙的安装施工质量，是直接影响陶瓷薄板幕墙能否满足其建筑物理及其他性能要求的关键之一，同时陶瓷薄板幕墙安装施工又是多工种的联合施工，和其他分项工程施工难免有交叉和衔接的工序。因此，为了保证陶瓷薄板幕墙的安装施工质量，要求安装施工承包单位单独编制陶瓷薄板幕墙施工组织设计。

7.2.3 单元式幕墙的安装施工组织设计与构件式的有明显区别。本条主要是针对单元式陶瓷薄板幕墙的自身特点而重点强调的。

7.2.4 本条强调在进行测量放线时，应注意下列事项：

   1 陶瓷薄板幕墙分格轴线、控制线的测量应与主体结构测量相配合，主体结构出现偏差时，陶瓷薄板幕墙分格线应根据主体结构偏差及时进行调整，不得积累。

   2 通常单元式陶瓷薄板幕墙施工是在主体结构尚未完全完成时就已开始进行。因此，陶瓷薄板幕墙的施工单位应对单元式陶瓷薄板幕墙施工开始后进行的主体结构的垂直度和结构楼层的外轮廓位置进行监控，发现误差超过陶瓷薄板幕墙安装允许的范围时，应及时反映给总承包单位，以便于主体结构施工单位进行修改、调整。

   3 定期对陶瓷薄板幕墙安装定位基准进行校核，以保证安装基准的正确性，避免因此产生的安装误差。

   4 对高层建筑，风力大于4级时容易产生不安全或测量不准确问题。

7.2.5 安装过程的半成品容易被损坏和污染，应引起重视，并采取保护措施。

8 工程验收

8.1 粘贴工程

Ⅱ 主控项目

8.1.6 在建筑外墙粘贴陶瓷薄板，因其厚度薄、自重轻，对提高安全性有利，但是吸水率低却对提高安全性不利。为确保工程质量和安全，在外墙陶瓷薄板施工完成后，必须按现行行业标准《建筑工程饰面砖粘结强度检验标准》JGJ 110的有关规定进行检查，其取样数量、检验方法、检验结果判定均应符合国家现行有关标准的规定。

Ⅲ 一般项目

8.1.9 基层是否平整与最终面板的粘贴质量及材料

用量紧密相关，必须在施工过程中严格控制。

8.2 陶瓷薄板幕墙工程

Ⅰ 一般规定

8.2.2 工程验收分为资料验收和工程现场验收。陶瓷薄板幕墙工程验收资料应符合现行有关国家标准、行业标准和工程所在地的地方标准的相关规定。现行国家标准《建筑装饰装修工程质量验收规范》GB 50210对幕墙工程的验收规定中，有关安全和功能的检测项目有幕墙的抗风压性能、气密性能、水密性能和平面内变形性能。近年来新制定的现行国家标准《建筑幕墙》GB/T 21086对幕墙的热工性能提出要求，现行国家标准《建筑节能工程施工质量验收规范》GB 50411中对幕墙节能工程上使用的保温隔热材料的热工性能进行了专门规定，有的省份还制定了地方的建筑节能施工质量验收规范或实施细则，这都要求幕墙工程设计、验收时贯彻执行。

本条列出了陶瓷薄板幕墙工程验收时，应提交的基本验收资料范围。对于具体的工程而言，除了设计文件和隐蔽工程验收记录必须提交之外，其他资料应根据工程实际涉及的部分，提交相应部分的验收资料。

8.2.3 陶瓷薄板幕墙施工完毕后，不少部位或节点已被装饰材料遮封隐蔽，在工程验收时无法观察和检测，但这些部位或节点的施工质量至关重要，必须在安装施工过程中完成隐蔽验收。工程验收时，应对隐蔽工程验收文件进行认真的审核与验收。

8.2.4 陶瓷薄板幕墙本身就具有装饰功能。凡是设置陶瓷薄板幕墙的建筑物，对于建筑外观质量都有比较高的要求。因此，陶瓷薄板幕墙外观质量检查应分为观感和抽样两部分。这样，既可观察陶瓷薄板幕墙的总体效果是否满足建筑设计要求，又可对施工质量进行具体评价。

检验批的划分应按现行国家标准《建筑装饰装修工程质量验收规范》GB 50210的有关规定并结合工程实际情况进行划分。

Ⅱ 主控项目

8.2.5 表8.2.5是按现行国家标准《建筑幕墙》GB/T 21086中人造板正面外观无缺陷允许值和人造板材幕墙每平方米外露表面质量的有关规定汇总制定的。

8.2.6 表8.2.6-1、表8.2.6-2在现行国家标准《建筑幕墙》GB/T 21086有关规定的基础上，根据工程经验，进行了补充。

Ⅲ 一般项目

8.2.7、8.2.8 本节提出了进行陶瓷薄板幕墙观感检验的一般要求。进行颜色均匀性检查时，与陶瓷薄板幕墙表面的距离不宜小于1m。

9 保养和维护

9.1 一般规定

9.1.2 随着我国幕墙行业的发展，各类幕墙新产品越来越多，结构形式越来越复杂，技术含量也越来越高。为使幕墙达到其设计寿命，合理使用和正确维护就必不可少。因此，幕墙承包单位应将《幕墙使用维护说明书》作为验收资料的组成部分向业主提供。对于有特殊功能要求的电动开启窗，应在开启窗附近的明显位置制作标贴指导使用。

9.1.5 在进行陶瓷薄板幕墙的清洗、保养和维护时，操作人员应按有关规定进行操作，维护保养设备应处于完好状态，防止出现人身和设备事故。

9.2 检查和维护

9.2.1~9.2.3 本节说明了陶瓷薄板幕墙日常维护和保养、定期检查和维护以及灾后检查和维修的工作内容及注意事项。

9.3 清 洗

9.3.1 采用酸性洗液，将会对水泥基的填缝剂造成腐蚀破坏。

9.3.3 业主或物业管理部门，应对陶瓷薄板幕墙表面定期清洗，清洗液不得对面板和陶瓷薄板幕墙构件产生腐蚀。清洗过程中要注意安全，并不得撞击和损伤幕墙。

中华人民共和国行业标准

房屋代码编码标准

Standard for house coding

JGJ/T 246—2012

批准部门：中华人民共和国住房和城乡建设部
施行日期：2 0 1 2 年 6 月 1 日

中华人民共和国住房和城乡建设部
公 告

第 1308 号

关于发布行业标准《房屋代码编码标准》的公告

现批准《房屋代码编码标准》为行业标准，编号为 JGJ/T 246 - 2012，自 2012 年 6 月 1 日起实施。

本标准由我部标准定额研究所组织中国建筑工业

出版社出版发行。

中华人民共和国住房和城乡建设部

2012 年 2 月 29 日

前 言

根据住房和城乡建设部《关于印发〈2009 年工程建设标准规范制订、修订计划〉的通知》（建标[2009] 88 号）的要求，标准编制组经广泛调查研究，认真总结实践经验，参考有关国际标准和国外先进标准，并在广泛征求意见的基础上，制定本标准。

本标准的主要技术内容是：1. 总则；2. 术语；3. 编码原则与代码结构；4. 赋码规则。

本标准由住房和城乡建设部负责管理，由北京市建设信息中心负责具体技术内容的解释。执行过程中如有意见或建议，请寄送北京市建设信息中心（地址：北京市海淀区西四环中路 16 号院 3 号楼；邮政编码：100039）。

本标准主编单位：北京市建设信息中心
中国建筑科学研究院

本标准参编单位：北京建科研软件技术有限公司
中国标准化研究院
住房和城乡建设部信息中心
中国房地产研究会房地产产权产籍和测量委员会
上海市住房保障和房屋管理局
重庆市国土资源和房屋管理局
天津市国土资源和房屋管理局
沈阳市房产局
长春市住房保障和房地产管理局
武汉市住房保障和房屋管理局
南通建筑工程总承包有限公司
东南大学
北京城建科技促进会

本标准主要起草人员：于 伟　王玉恒　沈建忠
姜万荣　王 海　郭义玲
陈岱林　闵锐利　杨佳燕
雷 娟　方天培　殷 悦
杨寒光　石 犇　李小林
宋秀明　杨柳忠　赵 伟
赵鑫明　顾建华　王知之
王 伟　孔繁明　李光远
孟祥云　马伟力　董年才
陆惠民　王建明

本标准主要审查人员：王 丹　方 裕　蒋景瞳
陈卓卓　蒋学红　刘 光
戴建中　吕元元　李俊基

目　次

Contents

1 总 则

1.0.1 为规范房屋代码的结构和编码规则，制定本标准。

1.0.2 本标准适用于房屋代码的编制。

1.0.3 房屋代码编码除应执行本标准外，尚应符合国家现行有关标准的规定。

2 术 语

2.0.1 户代码 unit code
  赋予房屋的户识别代码。

2.0.2 幢代码 building code
  赋予房屋的幢识别代码。

2.0.3 房屋代码 house code
  房屋的幢代码和户代码统称。

2.0.4 形心 centroid
  房屋水平投影面的几何中心。

3 编码原则与代码结构

3.0.1 所有房屋均应作为编码对象，并赋予幢代码及户代码。

3.0.2 房屋代码一经产生，永久有效，不得变更。房屋代码应具有唯一性、适用性、规范性和简明性。

3.0.3 房屋代码各码段赋码应按行政区划代码、幢编号、户编号、校验码顺序从左至右依次进行。

3.0.4 房屋代码应为特征组合码，并由26位字符组成，前25位为本体码，最后1位为校验码。从左至右排列应依次为（如图3.0.4所示）：9位行政区划代码、12位幢编号、4位户编号、1位数字校验码。

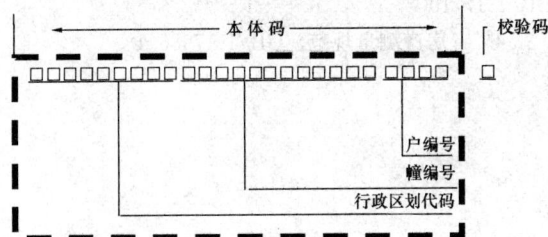

图 3.0.4 房屋代码结构图

4 赋 码 规 则

4.0.1 9位行政区划代码应以该房屋建筑物的形心所属的乡镇（街道）级行政区划地域为依据生成。行政区划代码应符合下列规定：

　1 前6位行政区划代码应符合现行国家标准《中华人民共和国行政区划代码》GB/T 2260的规定；

　2 后3位行政区划代码应符合现行国家标准《县级以下行政区划代码编制规则》GB/T 10114的规定。

4.0.2 12位幢编号可采用竣工时间法、坐标法、分宗法、分幅法中任意一种方法，在一个城市应使用一种方法。

4.0.3 当采用竣工时间法时，幢编号应以房屋的竣工时间为基础，由6位竣工时间代码和6位幢顺序号组成，并应符合下列规定：

　1 6位竣工时间代码应以房屋的竣工时间为依据生成。竣工时间代码应符合下列规定：

　　1） 能确定竣工年份及月份的房屋，采用该年份月份的6位数字（其中年份4位，月份2位）作为竣工时间代码；

　　2） 能确定竣工年份不能确定竣工月份的房屋，第1～4位采用该年份的数字，第5～6位使用"＊＊"；

　　3） 不能确定竣工年份但可确定竣工年代的房屋，第1～3位采用竣工年代的相应数字，第4～6位使用"＊＊＊"；

　　4） 仅能确认竣工所在世纪的房屋，第1～2位使用竣工相应世纪数字，第3～6位使用"＊＊＊＊"；

　　5） 竣工时间未知的房屋，使用"＊＊＊＊＊＊"。

　2 6位幢顺序号应以产生该幢房屋的幢赋码顺序为依据生成。幢顺序号应在行政区划代码和竣工时间代码所限定的范围内进行赋码，并按照生成幢的时间顺序从000001开始编排。

4.0.4 当采用坐标法时，幢编号应以房屋基础地理坐标为基础，由该幢的6位横坐标码和6位纵坐标码组成。当幢为规则建筑时，由幢西南角平面坐标表示；当幢为圆形或异形建筑时，可选幢内任一点平面坐标表示。坐标数值应以米为计量单位，横坐标数值在前，纵坐标数值在后，各取坐标值小数点前6位整数。坐标系应与所在城市基础测绘使用的坐标系一致。

4.0.5 当采用分宗法时，幢编号应以土地地籍分宗图（或房产分丘图）为基础，由4位街坊号或房产分区代码、4位宗地号（或丘号）、4位幢顺序号组成。街坊号应以在所属街道（或乡、镇）范围内以道路等自然形成的地块，按行政区划范围内的一定顺序用阿拉伯数字进行编号，从0001～9999；房产分区代码可按现行国家标准《房产测量规范》GB/T 17986.1的规定进行编制。宗地号应以在街坊内统一按一定顺序用阿拉伯数字进行编号，从0001～9999。幢顺序号应以在街坊号或房产分区代码、宗地号（或丘号）所限定的范围内进行编制，并应按生成幢的时间顺序进行编号，从0001～9999。

4.0.6 当采用分幅法时，幢编号应以房产分幅分丘图为基础，由 8 位分幅图分丘图号和 4 位幢顺序号组成。分幅图分丘图号应按现行国家标准《房产测量规范》GB/T 17986.1 的规定进行编制。幢顺序号在房产分幅分丘图所限定的范围内进行编制，并应按生成幢的时间顺序进行编号，从 0001～9999。

4.0.7 4 位户编号应以产生该户房屋的户赋码顺序为依据生成。户编号应在行政区划代码和幢编号所限定的范围内进行赋码；进行户编号赋码时，应按生成户的时间顺序从 0001 开始编制。当户编号为 0000 时，该房屋代码表示为幢代码。

4.0.8 1 位校验码应以 25 位本体码为依据，并应按现行国家标准《信息技术 安全技术 校验字符系统》GB/T 17710 的规定生成，校验码的生成应符合本标准附录 A 的规定。

4.0.9 房屋在发生户分割或合并时，幢代码应保持不变，发生变化的房屋应按本标准第 4.0.7 条、第 4.0.8 条的规定生成新的户代码和校验码。原户代码不得重复使用。

4.0.10 房屋改扩建时，房屋幢代码没有改变，产生变化的房屋应按本标准第 4.0.7 条、第 4.0.8 条的规定生成新的户代码和校验码，原户代码不得重复使用。当改扩建引起房屋幢定义发生根本改变时，应按本规范的规定生成新的房屋代码。

附录 A　校验码生成规则

A.0.1 校验码应以已确定的本体码为基础，按下列公式计算生成：

$$((((((((10+a_n)\parallel_{10}\times 2)\mid_{11}+a_{n-1})\parallel_{10}\times 2)\mid_{11}+\cdots+a_i)\parallel_{10}\times 2)\mid_{11}+\cdots+a_1)\parallel_{10}=1 \quad (A.0.1)$$

式中：n —— 包括校验码在内的字符串的字符数目；

$\quad\quad i$ —— 表示某字符在包括校验码字符在内的字

符串中从右到左的位置序号；

a_i —— 第 i 位置上某字符的字符值（当 a_i 为 *时，a_i 取 0）；

$\parallel_{10}$ —— 除以 10 后的余数，如果其值为零，则用 10 代替；

$\mid_{11}$ —— 除以 11 后的余数，在经过上述处理后余数的值不会为 0。

本标准用词说明

1 为便于在执行本标准条文时区别对待，对要求严格程度不同的用词说明如下：

　1） 表示很严格，非这样做不可的：

　　正面词采用"必须"，反面词采用"严禁"；

　2） 表示严格，在正常情况下均应这样做的：

　　正面词采用"应"，反面词采用"不应"或"不得"；

　3） 表示允许稍有选择，在条件许可时首先应这样做的：

　　正面词采用"宜"，反面词采用"不宜"；

　4） 表示有选择，在一定条件下可以这样做的，采用"可"。

2 条文中指明应按照其他有关标准执行的写法为："应符合……的规定"或"应按……执行"。

引用标准名录

1　《中华人民共和国行政区划代码》GB/T 2260

2　《县级以下行政区划代码编制规则》GB/T 10114

3　《信息技术 安全技术 校验字符系统》GB/T 17710

4　《房产测量规范》GB/T 17986.1

中华人民共和国行业标准

房屋代码编码标准

JGJ/T 246—2012

条 文 说 明

制 订 说 明

《房屋代码编码标准》JGJ/T 246-2012 经住房和城乡建设部 2012 年 2 月 29 日以第 1308 号公告批准、发布。

本标准制订过程中，编制组进行了多方面的调查研究，总结了我国房屋管理工作的实践经验，同时参考了国外先进技术法规，并通过试验取得了房屋代码应用的成功验证。

为便于广大设计、施工、管理、科研、学校等单位有关人员在使用本标准时能正确理解和执行条文规定，《房屋代码编码标准》编制组按章、条顺序编制了本标准的条文说明，对条文规定的目的、依据以及执行中需注意的有关事项进行了说明。但是，本条文说明不具备与标准正文同等的法律效力，仅供使用者作为理解和把握标准规定的参考。

目　次

1 总 则

1.0.1 长期以来，在房屋管理工作中，由于不能准确标识房屋管理对象，造成不同时期和不同管理部门间的房屋管理数据难以准确对应，使管理工作的开展十分困难。本标准将为房屋管理和相应信息系统的开发与应用，提供统一的房屋代码编码标准，赋予房屋统一的、永久的、唯一的代码标识。

1.0.2 本标准适用于房屋代码的编制。

2 术 语

2.0.1 这里的户是指可对其独立进行房屋权属管理的最小房屋单元。

2.0.2 这里的幢是指独立的、同一结构的、包括不同层次的房屋，一般针对楼房为自然幢，针对平房为院落。

2.0.3 这里的房屋是指人工建造的有固定基础、固定限界且有独立使用价值的建筑物、构筑物以及特定空间。它是幢和户的总称。

3 编码原则与代码结构

3.0.1 房屋代码由专门部门统一赋码，并在房产测绘、权属登记、房产交易等领域应用，具有唯一性及适用性。同时，把房屋代码设计为特征组合码，生成过程中引入地理信息系统（GIS）技术，易于赋码及阅读，具有简明性及规范性。

3.0.2 为确保房屋管理信息的可追溯性，房屋代码一经产生，不可变更，永久有效。当行政区划代码发生变化时，对已完成房屋代码赋码的房屋，不再重新赋码；未进行赋码的房屋，则根据最新行政区划代码，按本标准第4章的规则，进行房屋的代码赋码。

3.0.3 房屋代码各特征段存在依存关系。

4 赋 码 规 则

4.0.1 在编制房屋代码规则时，行政区划代码选择了9位，直接管理到街道办事处（乡镇）所管辖的地理范围和区域，这样房屋数量易于控制和管理。

4.0.2 幢编号中竣工时间法、坐标法、分宗法、分幅法4种方法主要顾及当前房屋编码的实际情况。但在一个城市（或地区），应从这4种方法中选择唯一一种方法。

4.0.3 以竣工时间法为例，幢编号应以房屋的竣工时间为依据生成。

　1 标准分别考虑了能确定准确竣工年份月份、竣工年份、竣工年代、竣工世纪和不能确定等5种情况，并提出了相应年份代码的赋码方式：

　　1）能确定竣工年份月份的房屋，以该竣工年份月份的6位数字表示，如1990年5月的房屋，记为199005；

　　2）能确定竣工年份不能确定竣工月份的房屋，第1～4位采用该年份的数字，第5～6位使用"＊＊"；如1990年竣工房屋，记为1990＊＊；

　　3）不能确定竣工年份但可确定竣工年代的房屋，第1～3位采用竣工年代的相应数值，第4～6位使用"＊＊＊"；如20世纪50年代竣工的房屋，记为195＊＊＊；

　　4）仅能确认竣工所在世纪的房屋，第1～2位使用竣工世纪相应数值，第3～6位使用"＊＊＊＊"；如17世纪竣工的房屋，记为16＊＊＊＊；

　　5）竣工时间未知的房屋，使用"＊＊＊＊＊＊"。

　2 幢顺序号，在确定行政区域（街道办事处或乡镇）及所属竣工时间的基础上，即前15位代码相同的幢按顺序进行赋码。基于房屋平均占地面积、街道级行政区域面积以及同一年度竣工房屋数量等因素，设置6位幢顺序号较为合理。

4.0.4 按照房屋的坐标生成幢编号，如图1所示。图中房屋西南角坐标为：(385779.053，526259.898)，房屋幢编号为：385779526259。

4.0.5 按照房屋的分宗分丘方法生成幢编号，如图2所示，××市卫生局所在具体房产分区（街坊）号为0008，如图3所示，该房屋的丘号为0011，该房屋栋号为（1）栋，编号为0001，则该房屋幢编号为000800110001。

4.0.6 按照房屋的分幅方法生成幢编号，如图4所示。××市卫生监督业务综合楼所在1∶500图幅编号为：85-26-32，如图5所示，该房屋的丘号为11，该房屋栋号为（1）栋，编号为0001，则该房屋幢编号为：852632110001。

4.0.7 代码中的4位户编号，根据管理的房屋户对象（户），户编号从0001开始编排，其顺序应按照国家和地方相关标准确定。对现有房屋也可以简单按照房屋序号简单排序，对已进入测绘管理系统的房屋，可以按系统现有的排序作为依据顺序编号。不论何种方式排序，需保证在同一幢内管理的房屋户对象顺序码唯一，不足4位的前面补零。

4.0.8 本校验码参考引用了国家标准《信息技术 安全技术　校验字符系统》GB/T 17710中的混合系统校验公式的方法。例：北京市东城区和平里街道办事处2006年5月规划建设的某房屋，幢编号为000109，户编号为0001，依赋码规则该房屋的前25位代码字符串为1101010102006050001090001，确定最后1位校验码。具体计算步骤如表1所示（$n=26$；$j=1，2，\cdots 26$）：

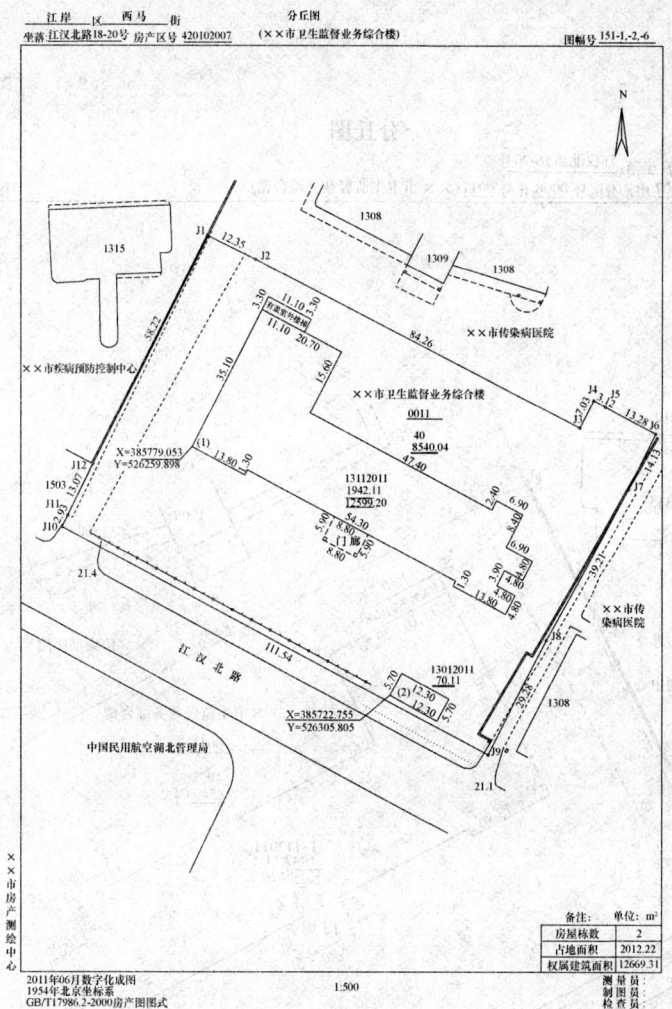

图 1　坐标法示意图

江岸区 房产区、房产分区专题图(局部)

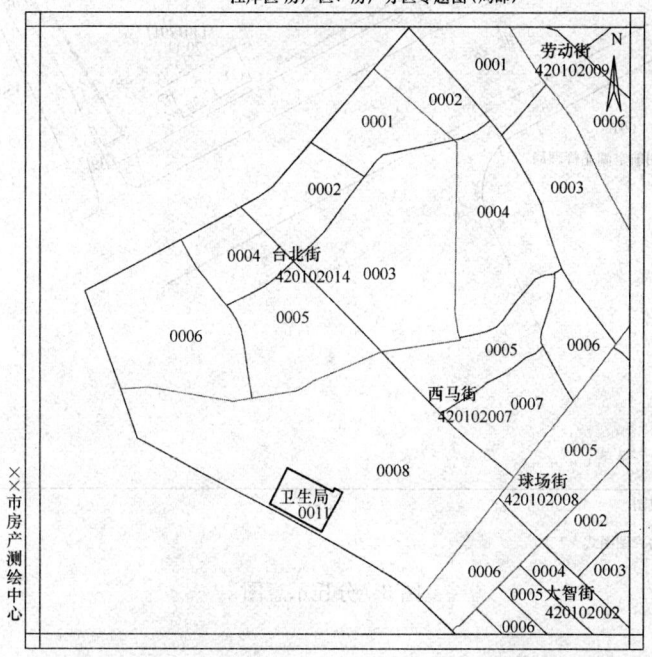

图 2　房产区(街道)、房产分区(街坊)划分示意图

分丘图

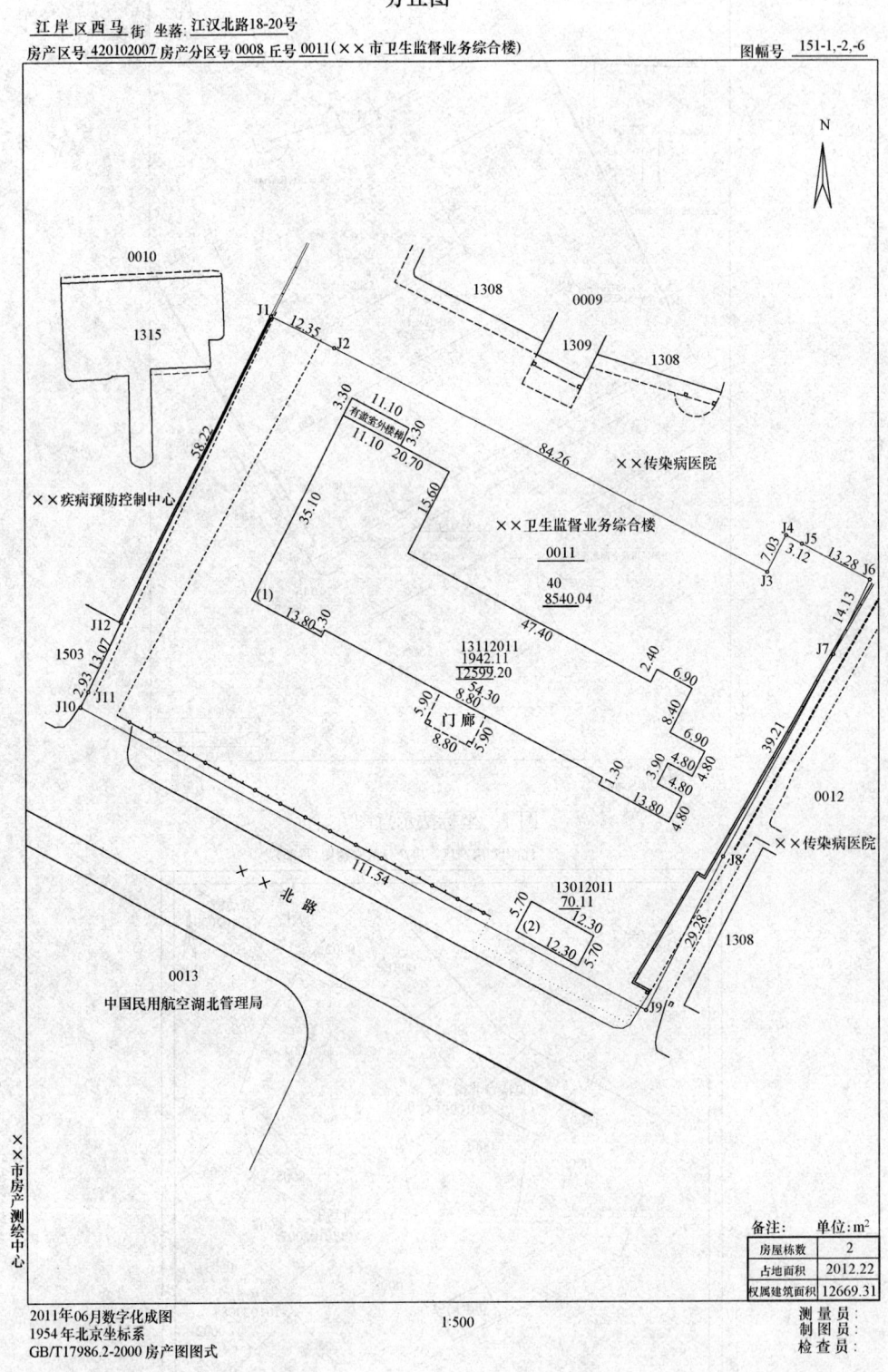

江岸区西马街 坐落 江汉北路18-20号
房产区号 420102007 房产分区号 0008 丘号 0011（××市卫生监督业务综合楼）

图幅号 151-1,-2,-6

备注：	单位：m²
房屋栋数	2
占地面积	2012.22
权属建筑面积	12669.31

2011年06月数字化成图
1954年北京坐标系
GB/T17986.2-2000 房产图图式

1:500

测 量 员：
制 图 员：
检 查 员：

图3 分丘示意图

分幅图（局部）

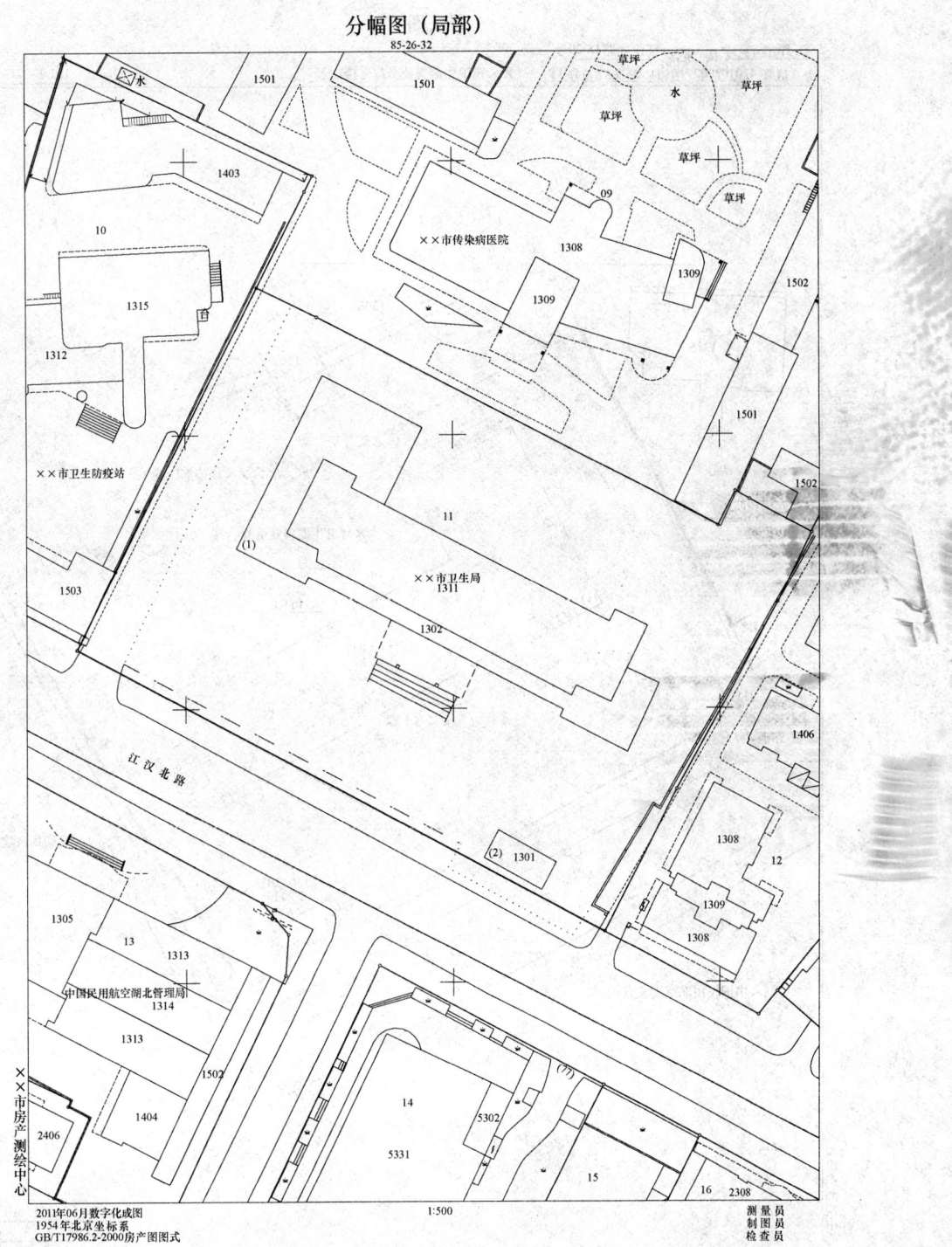

图 4 1:500 图幅

2—14—13

分丘图

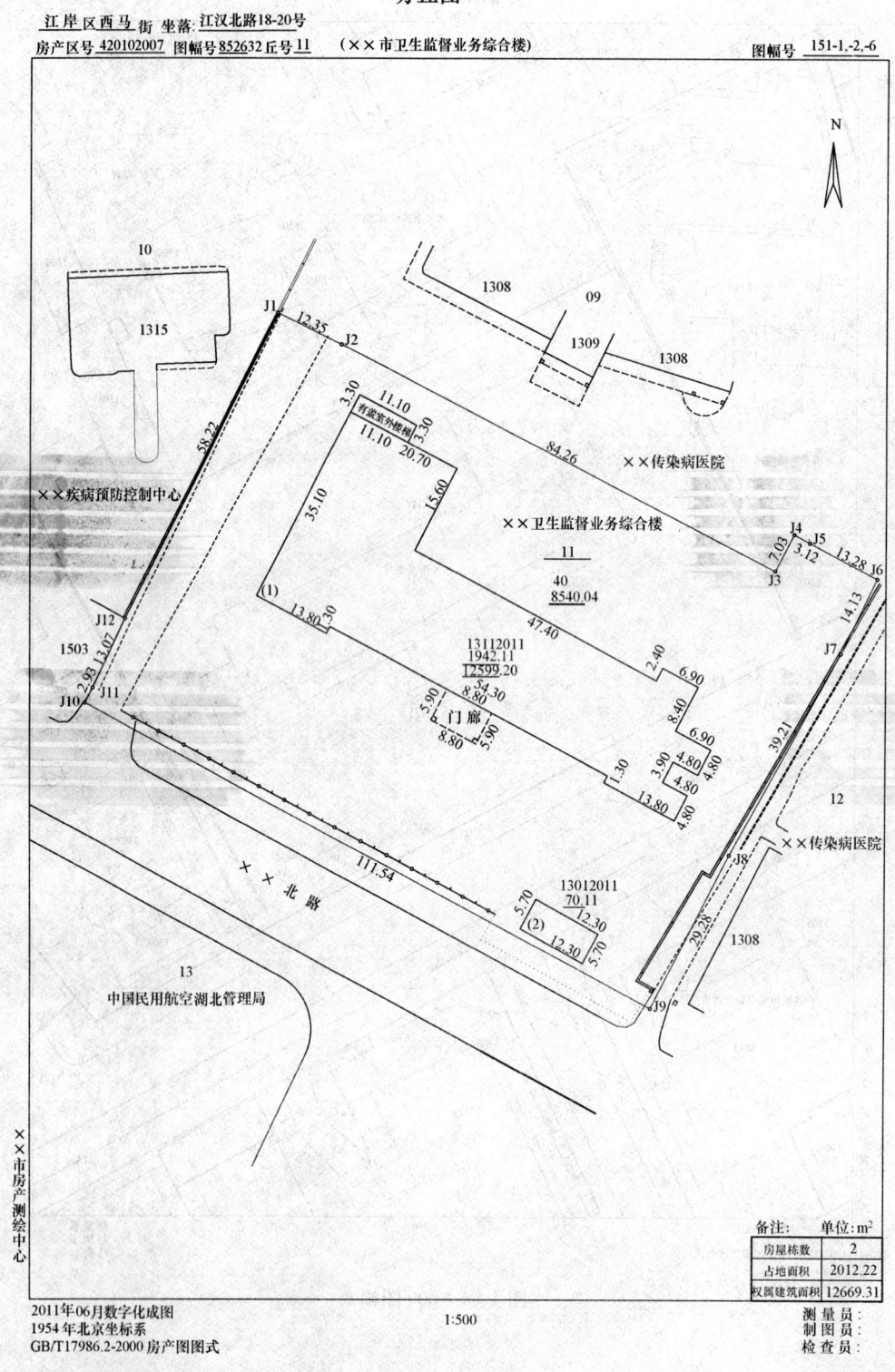

江岸区西马街 坐落:江汉北路18-20号
房产区号 420102007 图幅号 852632 丘号 11   (××市卫生监督业务综合楼)

图幅号 151-1,-2,-6

N

10

1315

J1   12.35   J2

58.22

3.30   11.10   3.30
有盖室外楼梯
11.10   20.70

××疾病预防控制中心

35.10   15.60

1308   09

1309   1308

84.26   ××传染病医院

7.03 J4 J5
3.12   13.28 J6

××卫生监督业务综合楼

11

40
8540.04

J3

14.13

J7

(1)   13.80 3.30

47.40

2.40   6.90

J12 13.07

1503   2.93

J11

J10

13112011
1942.11
12599.20
54.30
8.80

门廊

5.90   5.90
8.80   5.90

8.40

6.90

39.21

1.30   3.90 4.80
13.80   4.80 4.80

12

××传染病医院

J8

111.54

× × 北 路

13012011
70.11
5.70   12.30
(2)   12.30 5.70

29.28

1308

13
中国民用航空湖北管理局

J9

××市房产测绘中心

备注:	单位:m²
房屋栋数	2
占地面积	2012.22
权属建筑面积	12669.31

2011年06月数字化成图
1954年北京坐标系
GB/T17986.2-2000 房产图图式

1:500

测量员:
制图员:
检查员:

图5 分丘示意图

表 1　校验码计算步骤

步骤 j	a_{25-j+1}	$P_j\|_{11}+a_{25-j+1}=S_j$	$S_j\|_{10}\times2=P_{j+1}\|_{11}$	$P_{j+1}\|_{11}$
1	1	10+1=11	1×2=2	2÷11=0余2
2	1	2+1=3	3×2=6	6÷11=0余6
3	0	6+0=6	6×2=12	12÷11=1余1
4	1	1+1=2	2×2=4	4÷11=0余4
5	0	4+0=4	4×2=8	8÷11=0余8
6	1	8+1=9	9×2=18	18÷11=1余7
7	0	7+0=7	7×2=14	14÷11=1余3
8	1	3+1=4	4×2=8	8÷11=0余8
9	0	8+0=8	8×2=16	16÷11=1余5
10	2	5+2=7	7×2=14	14÷11=1余3
11	0	3+0=3	3×2=6	6÷11=0余6
12	0	6+0=6	6×2=12	12÷11=1余1
13	6	1+6=7	7×2=14	14÷11=1余3
14	0	3+0=3	3×2=6	6÷11=0余6
15	5	6+5=11	1×2=2	2÷11=0余2
16	0	2+0=2	2×2=4	4÷11=0余4
17	0	4+0=4	4×2=8	8÷11=0余8
18	0	8+0=8	8×2=16	16÷11=1余5
19	1	5+1=6	6×2=12	12÷11=1余1
20	0	1+0=1	1×2=2	2÷11=0余2
21	9	2+9=11	1×2=2	2÷11=0余2
22	0	2+0=2	2×2=4	4÷11=0余4
23	0	4+0=4	4×2=8	8÷11=0余8
24	0	8+0=8	8×2=16	16÷11=1余5
25	1	5+1=6	6×2=12	12÷11=1余1
26	a_1	$1+a_1=S_{25}$		

根据校验公式：

$$S_{26}\|_{10}\,(\mathrm{mod}\ 10)$$

即：
$$(1+a_1)\|_{10}=1$$

得出：
$$a_1=0$$

由上式得到校验码 a_1 的值是 0，加在字符串右端，则该房屋完整的 26 位代码为 110101010200605000010900010。该房屋代码结构图如图 6 所示。

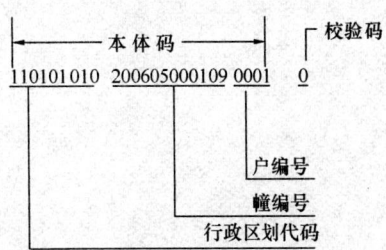

图 6　房屋代码结构图

4.0.9　房屋户对象在进行房屋分割和合并等操作时，原房屋代码所代表的房屋对象虽然物理上可能没有发生变化，但本质上管理对象已发生了根本改变，即改变了房屋户的定义，因此需要按第 4 章的规则对新的房屋管理对象进行赋码。

4.0.10　房屋改扩建时，没有改变房屋幢定义的继续沿用原房屋幢代码，产生变化的户应使用新的户代码。

中华人民共和国行业标准

底部框架-抗震墙砌体房屋抗震
技 术 规 程

Technical specification for earthquake-resistant of
masonry buildings with frame and seismic-wall
in the lower stories

JGJ 248—2012

批准部门：中华人民共和国住房和城乡建设部
施行日期：２０１２年８月１日

中华人民共和国住房和城乡建设部
公 告

第 1321 号

关于发布行业标准《底部框架-抗震墙砌体房屋抗震技术规程》的公告

现批准《底部框架-抗震墙砌体房屋抗震技术规程》为行业标准，编号为 JGJ 248-2012，自 2012 年 8 月 1 日起实施。其中，第 3.0.2、3.0.6、3.0.9、5.5.15、5.5.28、6.2.1、6.2.3、6.2.5、6.2.8、6.2.13、6.2.15 条为强制性条文，必须严格执行。

本规程由我部标准定额研究所组织中国建筑工业出版社出版发行。

中华人民共和国住房和城乡建设部

2012 年 3 月 1 日

前 言

根据原建设部《关于印发"一九九九年工程建设城建、建工行业标准制订、修订计划"的通知》（建标[1999] 309 号）的要求，规程编制组经广泛调查研究，认真总结实践经验，参考有关国际标准和国外先进标准，并在广泛征求意见的基础上，编制本规程。

本规程的主要技术内容是：1. 总则；2. 术语和符号；3. 基本规定；4. 地震作用和结构抗震验算；5. 底部框架-抗震墙抗震设计；6. 上部砌体结构抗震设计；7. 结构薄弱楼层判别及弹塑性变形验算；8. 施工。

本规程中以黑体字标志的条文为强制性条文，必须严格执行。

本规程由住房和城乡建设部负责管理和对强制性条文的解释，由中国建筑科学研究院负责具体技术内容的解释。执行过程中如有意见或建议，请寄送中国建筑科学研究院（地址：北京市北三环东路 30 号，邮政编码：100013）。

本 规 程 主 编 单 位：中国建筑科学研究院

本 规 程 参 编 单 位：中国建筑西南设计研究院有限公司

北京三茂建筑工程检测鉴定有限公司

辽宁省城乡建设规划设计院

西安建筑科技大学

大连理工大学

东南大学

四川大西南正华建设有限公司

大连市城乡建设委员会

本规程主要起草人员：肖 伟 高小旺 王 菁 王 巍 张志明 张宜磊 李清洋 杨树成 汪颖富 周晓夫 周培正 梁兴文 黄宗瑜 程文瀼 蔡贤辉

本规程主要审查人员：刘志刚 周炳章 张前国 李德荣 苏经宇 钟益村 耿树江 钱稼茹 曾德民 霍文营

目 次

Contents

1 总　则

1.0.1 为使底部框架-抗震墙砌体房屋经抗震设防后，减轻建筑地震破坏，避免人员伤亡，减少经济损失，制定本规程。

1.0.2 本规程主要适用于抗震设防烈度为 6 度、7 度和 8 度 $(0.20g)$、抗震设防类别为标准设防类的底层或底部两层框架-抗震墙砌体房屋的抗震设计与施工。

注：本规程中"6 度、7 度、8 度"即"抗震设防烈度为 6 度、7 度、8 度"的简称。

1.0.3 砌体类型适用于烧结类砖（包括烧结普通砖、烧结多孔砖）砌体、混凝土砖（包括混凝土普通砖、混凝土多孔砖）砌体和混凝土小型空心砌块砌体；采用非黏土的烧结砖、混凝土砖的房屋，块体的材料性能应有可靠的试验数据；当本规程未作具体规定时，可按本规程普通砖、多孔砖房屋的相应规定执行。

注：本规程中"小砌块"即"混凝土小型空心砌块"的简称。

1.0.4 进行抗震设计的底部框架-抗震墙砌体房屋，当遭受低于本地区抗震设防烈度的多遇地震影响时，主体结构不受损坏或不需修理可继续使用；当遭受相当于本地区抗震设防烈度的设防地震影响时，可能发生损坏，但经一般性修理仍可继续使用；当遭受高于本地区抗震设防烈度的罕遇地震影响时，不致倒塌或发生危及生命的严重破坏。

1.0.5 底部框架-抗震墙砌体房屋进行抗震设计与施工时，除应符合本规程要求外，尚应符合国家现行有关标准的规定。

2　术语和符号

2.1　术　语

2.1.1 底层框架-抗震墙砌体房屋　masonry buildings with frame and seismic-wall in first story

底层横向与纵向均为框架-抗震墙体系、第二层及其以上楼层为砌体墙承重体系构成的房屋。

2.1.2 底部两层框架-抗震墙砌体房屋　masonry buildings with frame and seismic-wall in the lower-two stories

底部两层横向与纵向均为框架-抗震墙体系、第三层及其以上楼层为砌体墙承重体系构成的房屋。

2.1.3 底部框架-抗震墙砌体房屋　masonry buildings with frame and seismic-wall in the lower stories

底层框架-抗震墙砌体房屋和底部两层框架-抗震墙砌体房屋的统称。

2.1.4 过渡楼层　transitional story

底层框架-抗震墙砌体房屋的第二层和底部两层框架-抗震墙砌体房屋的第三层。

2.2　符　号

2.2.1 作用和作用效应

F_{Ek}——结构总水平地震作用标准值；

F_i——质点 i 的水平地震作用标准值；

G_{eq}——地震时结构等效总重力荷载代表值；

G_i、G_j——分别为集中于质点 i、j 的重力荷载代表值；

M——弯矩；

N——轴向力；

V——剪力；

σ_0——对应于重力荷载代表值的砌体截面平均压应力。

2.2.2 材料性能

C——混凝土强度等级；

Cb——混凝土小砌块灌孔混凝土的强度等级；

E——砌体弹性模量；

E_c——混凝土弹性模量；

E_g——配筋混凝土小砌块砌体抗震墙的弹性模量；

E_s——钢筋弹性模量；

f_{ck}、f_c——混凝土轴心抗压强度标准值、设计值；

f_{gk}、f_g——灌孔小砌块砌体抗压强度标准值、设计值；

f_{gvk}、f_{gv}——灌孔小砌块砌体抗剪强度标准值、设计值；

f_{tk}、f_t——混凝土轴心抗拉强度标准值、设计值；

f_v、f_{vu}——非抗震设计的砌体抗剪强度设计值、极限抗剪强度计算取值；

f_{vE}、f_{vEu}——砌体沿阶梯形截面破坏的抗震抗剪强度设计值、抗震极限抗剪强度计算值；

f_y、f'_y——钢筋的抗拉强度、抗压强度设计值；

f_{yk}——钢筋抗拉强度标准值；

G——砌体剪变模量；

G_c——混凝土剪变模量；

G_g——配筋混凝土小砌块砌体抗震墙的剪变模量；

M——砂浆强度等级；

Mb——混凝土小砌块砌筑砂浆的强度等级；

MU——块体（砖、砌块）强度等级。

2.2.3 几何参数

A——墙水平截面面积；

A_c——墙内芯柱、构造柱或边缘构件的水平截面面积；

A_s、A'_s——受拉区、受压区纵向钢筋截面面积；

A_{sv}、A_{sh}——同一截面各肢竖向、水平箍筋或分布钢筋的全部截面面积；

A_w——T形、I字形截面抗震墙腹板的面积；

a_s、a_s'——纵向受拉钢筋合力点、受压钢筋合力点至截面近边的距离；

b——矩形截面宽度、T形和I字形截面的腹板宽度；

b_f、b_f'——T形、I字形截面受拉区及受压区翼缘宽度；

b_w——抗震墙截面宽度；

d——钢筋直径或圆形截面的直径；

e_a——附加偏心距；

H_i、H_j——分别为质点 i、j 的计算高度；

H_n——框架柱的净高；

h——层高；截面高度；

h_0——截面有效高度；

h_f、h_f'——T形、I字形截面受拉区及受压区翼缘高度；

l_a——非抗震设计时纵向受拉钢筋的锚固长度；

l_{aE}——纵向受拉钢筋的抗震锚固长度；

l_n——梁的净跨度；

s——箍筋或分布钢筋间距。

2.2.4 计算系数

α_1——受压区混凝土等效矩形应力图的应力值与混凝土轴心抗压强度设计值的比值；

α_{max}——水平地震影响系数最大值；

γ_{RE}——承载力抗震调整系数；

ζ_N——砌体抗震抗剪强度的正应力影响系数；

η_c——构造柱参与墙体工作时的墙体约束修正系数；柱端弯矩增大系数；

ξ_R——底部框架-抗震墙砌体房屋的上部砌体房屋层间极限剪力系数；

ξ_y——底部框架-抗震墙砌体房屋的底部层间屈服强度系数；

ρ——小砌块墙体中芯柱的填孔率；

ρ_v——柱箍筋加密区的体积配箍率；

ρ_w——钢筋混凝土墙板竖向分布钢筋配筋率。

3 基 本 规 定

3.0.1 底部框架-抗震墙砌体房屋的抗震设计，宜使底部框架-抗震墙部分与上部砌体房屋部分的抗震性能均匀匹配，避免出现特别薄弱的楼层和避免薄弱楼层出现在上部砌体房屋部分。

3.0.2 底部框架-抗震墙砌体房屋的总高度和层数应符合下列要求：

1 抗震设防类别为重点设防类时，不应采用底部框架-抗震墙砌体房屋。标准设防类的底部框架-抗震墙砌体房屋，房屋的总高度和层数不应超过表

3.0.2 的规定。

表 3.0.2 底部框架-抗震墙砌体房屋总高度（m）和层数限值

上部砌体抗震墙类别	上部砌体抗震墙最小厚度(mm)	烈度和设计基本地震加速度							
		6		7				8	
		0.05g		0.10g		0.15g		0.20g	
		高度	层数	高度	层数	高度	层数	高度	层数
普通砖多孔砖	240	22	7	22	7	19	6	16	5
多孔砖	190	22	7	19	6	16	5	13	4
小砌块	190	22	7	22	7	19	6	16	5

注：1 房屋的总高度指室外地面到主要屋面板板顶或檐口的高度，半地下室可从地下室室内地面算起，全地下室和嵌固条件好的半地下室应允许从室外地面算起；对带阁楼的坡屋面应算到山尖墙的1/2高度处；

2 室内外高差大于0.6m时，房屋总高度应允许比表中数值适当增加，但增加量应少于1.0m；

3 表中上部小砌块砌体房屋不包括配筋小砌块砌体房屋。

2 上部为横墙较少时，底部框架-抗震墙砌体房屋的总高度，应比表 3.0.2 的规定降低 3m，层数相应减少一层；上部砌体房屋不应采用横墙很少的结构。

注：横墙较少指同一楼层内开间大于 4.2m 的房间面积占该层总面积的 40% 以上；当开间不大于 4.2m 的房间面积占该层总面积不到 20% 且开间大于 4.8m 的房间面积占该层总面积的 50% 以上时为横墙很少。

3 6度、7度时，底部框架-抗震墙砌体房屋的上部为横墙较少时，当按规定采取加强措施并满足抗震承载力要求时，房屋的总高度和层数应允许仍按表 3.0.2 的规定采用。

3.0.3 底部框架-抗震墙砌体房屋底部楼层的层高不应超过 4.5m，当底层框架-抗震墙砌体房屋的底层采用约束砌体抗震墙时，底层层高不应超过 4.2m；上部砌体房屋部分的层高不应超过 3.6m。

3.0.4 底部框架-抗震墙砌体房屋总高度和总宽度的比值，6 度、7 度时不应超过 2.5，8 度时不应超过 2.0。其总高度与总长度的比值宜小于 1.5。当建筑平面接近正方形时，其高宽比宜适当减小。

3.0.5 底部框架-抗震墙砌体房屋的建筑形体及构件布置的平面、竖向规则性，应符合下列要求：

1 房屋的平面、竖向布置宜规则、对称。房屋平面突出部分尺寸不宜大于该方向总尺寸的 30%；除顶层或出屋面小建筑外，楼层沿竖向局部收进的水平向尺寸不宜大于相邻下一层该方向总尺寸的 25%。

2 建筑的质量分布和刚度变化宜均匀。

3 上部砌体房屋的平面轮廓凹凸尺寸，不应超过基本部分尺寸的 50%；当超过基本部分尺寸的 25% 时，房屋转角处应采取加强措施。

4 楼板开洞面积不宜大于该层楼面面积的 30%；底部框架-抗震墙部分有效楼板宽度不宜小于该层楼板基本部分宽度的 50%；上部砌体房屋楼板局部大洞口的尺寸不宜超过楼板宽度的 30%，且不应在墙体两侧同时开洞。

5 过渡楼层不应错层，其他楼层不宜错层。当局部错层的楼板高差超过 500mm 且不超过层高的 1/4 时，应按两层计算，错层部位的结构构件应采取加强措施；当错层的楼板高差大于层高的 1/4 时，应设置防震缝，缝两侧均应设置对应的结构构件。

3.0.6 底部框架-抗震墙砌体房屋的结构体系，应符合下列要求：

1 底层或底部两层的纵、横向均应布置为框架-抗震墙体系，抗震墙应基本均匀对称布置。上部的砌体墙体与底部的框架梁或抗震墙，除楼梯间附近的个别墙段外均应对齐。

2 6 度且总层数不超过四层的底层框架-抗震墙砌体房屋，应采用钢筋混凝土抗震墙、配筋小砌块砌体抗震墙或嵌砌于框架之间的约束普通砖砌体或小砌块砌体的砌体抗震墙，当采用约束砌体抗震墙时，应计入砌体墙对框架的附加轴力和附加剪力并进行底层的抗震验算，且同一方向不应同时采用钢筋混凝土抗震墙和约束砌体抗震墙；6 度时其余情况及 7 度时应采用钢筋混凝土抗震墙或配筋小砌块砌体抗震墙；8 度时应采用钢筋混凝土抗震墙。

3 底部框架-抗震墙砌体房屋的底部抗震墙应设置条形基础、筏形基础等整体性好的基础。

3.0.7 上部砌体房屋部分的结构体系和建筑布置，应符合下列要求：

1 应优先采用横墙承重或纵横墙共同承重的结构体系，不应采用砌体墙和混凝土墙混合承重的结构体系；

2 纵横向砌体抗震墙的布置应符合下列要求：

1）宜均匀对称，沿平面内宜对齐，沿竖向应上下连续；且纵横向墙体的数量不宜相差过大；内纵墙不宜错位；

2）同一轴线上的窗间墙宽度宜均匀，墙面洞口的面积，6 度、7 度时不宜大于墙面总面积的 55%，8 度时不宜大于 50%；

3）房屋在宽度方向的中部应设置内纵墙，其累计长度不宜小于房屋总长度的 60%（高宽比大于 4 的墙段不计入）。

3 楼梯间不宜设置在房屋的尽端或转角处；

4 不应在房屋转角处设置转角窗；

5 上部为横墙较少情况时或跨度较大时，宜采用现浇钢筋混凝土楼盖、屋盖。

3.0.8 底部框架-抗震墙砌体房屋的抗震横墙间距，不应超过表 3.0.8 的要求。

表 3.0.8　房屋抗震横墙间距（m）

部　位		烈　度		
		6	7	8
底层或底部两层		18	15	11
上部各层	现浇或装配整体式钢筋混凝土楼盖、屋盖	15	15	11
	装配式钢筋混凝土楼盖、屋盖	11	11	9

注：1 上部砌体房屋的顶层，最大横墙间距允许适当放宽，但应采取相应加强措施；

2 上部多孔砖抗震横墙厚度为 190mm 时，最大横墙间距应比表中数值减少 3m；

3 底部抗震横墙至无抗震横墙的边轴线框架的距离，不应大于表内数值的 1/2。

3.0.9 底层框架-抗震墙砌体房屋在纵横两个方向，第二层计入构造柱影响的侧向刚度与底层的侧向刚度比值，6 度、7 度时不应大于 2.5，8 度时不应大于 2.0，且均不得小于 1.0；

底部两层框架-抗震墙砌体房屋在纵横两个方向，底层与底部第二层侧向刚度应接近，第三层计入构造柱影响的侧向刚度与底部第二层的侧向刚度比值，6 度、7 度时不应大于 2.0，8 的度时不应大于 1.5，且均不得小于 1.0。

3.0.10 底部框架-抗震墙砌体房屋中，底部框架的抗震等级，6 度、7 度、8 度时应分别按三级、二级、一级采用；底部钢筋混凝土抗震墙和配筋小砌块砌体抗震墙的抗震等级，6 度、7 度、8 度时应分别按三级、三级、二级采用，其抗震构造措施按相应抗震等级中一般部位的要求采用（以下将"抗震等级一级、二级、三级"简称为"一级、二级、三级"）。

3.0.11 底部框架-抗震墙砌体房屋中上部砌体抗震墙墙段的局部尺寸，宜符合表 3.0.11 的要求。

表 3.0.11　上部砌体墙的局部尺寸限值（m）

部　位	6 度	7 度	8 度
承重窗间墙最小宽度	1.0	1.0	1.2
承重外墙尽端至门窗洞边的最小距离	1.0	1.0	1.2
非承重外墙尽端至门窗洞边的最小距离	1.0	1.0	1.0
内墙阳角至门洞边的最小距离	1.0	1.0	1.5
无锚固女儿墙（非出入口处）的最大高度	0.5	0.5	0.5

注：1 局部尺寸不足时，应采取局部加强措施弥补，且最小宽度不宜小于 1/4 层高和表中数据的 80%；

2 出入口处的女儿墙应有锚固。

3.0.12 底部框架-抗震墙砌体房屋的结构材料性能指标，应符合下列最低要求：

1 普通砖和多孔砖的强度等级不应低于 MU10；其砌筑砂浆强度等级，过渡楼层及底层约束砌体抗震墙不应低于 M10，其他部位不应低于 M5。

2 小砌块的强度等级，过渡楼层及底层约束砌体抗震墙不应低于 MU10，其他部位不应低于 MU7.5；其砌筑砂浆强度等级，过渡楼层及底层约束砌体抗震墙不应低于 Mb10，其他部位不应低于 Mb7.5。

3 混凝土的强度等级，框架柱、梁、节点核心区及钢筋混凝土抗震墙不应低于 C30，构造柱、圈梁及其他各类构件不应低于 C20，小砌块砌体抗震墙的芯柱及配筋小砌块砌体抗震墙的灌孔混凝土不应低于 Cb20。

4 框架和斜撑构件（含楼梯踏步段），其纵向受力钢筋采用普通钢筋时，钢筋的抗拉强度实测值与屈服强度实测值的比值不应小于 1.25；钢筋的屈服强度实测值与屈服强度标准值的比值不应大于 1.3，且钢筋在最大拉力下的总伸长率实测值不应小于 9%。

5 普通钢筋宜优先采用延性、韧性和可焊性较好的钢筋。普通钢筋的强度等级，纵向受力筋宜选用符合抗震性能指标的不低于 HRB400 级的钢筋，也可采用符合抗震性能指标的 HRB335 级钢筋；箍筋宜选用符合抗震性能指标的不低于 HRB335 级的钢筋，也可选用 HPB300 级钢筋。

6 按本规程设计的底部框架-抗震墙砌体房屋，混凝土强度等级不应超过 C50。

3.0.13 6 度、7 度和 8 度时，底部框架-抗震墙砌体房屋均应进行多遇地震作用下的截面抗震验算。

3.0.14 7 度（0.15g）和 8 度（0.20g）时，底部框架-抗震墙砌体房屋的抗震验算，尚应符合下列规定：

1 应进行罕遇地震作用下结构薄弱楼层的判别；

2 宜进行罕遇地震作用下结构薄弱楼层的弹塑性变形验算。

3.0.15 建筑场地为Ⅰ类时，底部框架-抗震墙砌体房屋允许按本地区抗震设防烈度降低一度的要求采取抗震构造措施，但抗震设防烈度为 6 度时仍应按本地区抗震设防烈度的要求采取抗震构造措施；建筑场地为Ⅲ类、Ⅳ类时，对设计基本地震加速度为 0.15g 的地区，宜按抗震设防烈度 8 度（0.20g）时的要求采取抗震构造措施。

4 地震作用和结构抗震验算

4.1 水平地震作用和作用效应计算

4.1.1 底部框架-抗震墙砌体房屋的地震作用，应符合现行国家标准《建筑抗震设计规范》GB 50011 的相关规定。

4.1.2 计算地震作用时，建筑的重力荷载代表值取值应符合现行国家标准《建筑抗震设计规范》GB 50011 的相关规定。

4.1.3 底部框架-抗震墙砌体房屋的水平地震影响系数的确定，应符合现行国家标准《建筑抗震设计规范》GB 50011 的相关规定。

4.1.4 底部框架-抗震墙砌体房屋的水平地震作用计算，应采用下列方法：

1 质量和刚度沿高度分布比较均匀的结构，可采用底部剪力法等简化方法；

2 除 1 款外的底部框架-抗震墙砌体房屋，宜采用振型分解反应谱法。

4.1.5 采用底部剪力法时，各楼层可仅取一个自由度，结构的水平地震作用标准值，应按下列公式计算（图 4.1.5）：

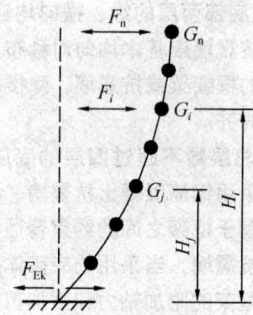

图 4.1.5 结构水平地震作用计算简图

$$F_{Ek} = \alpha_{max} G_{eq} \qquad (4.1.5-1)$$

$$F_i = \frac{G_i H_i}{\sum_{j=1}^{n} G_j H_j} F_{Ek}$$

$$(i=1, 2, \cdots, n) \qquad (4.1.5-2)$$

式中：F_{Ek}——结构总水平地震作用标准值（N）；

　　α_{max}——水平地震影响系数最大值，应按本规程第 4.1.3 条的规定采用；

　　G_{eq}——结构等效总重力荷载（N），多质点取总重力荷载代表值的 85%；

　　F_i——质点 i 的水平地震作用标准值（N）；

　　G_i、G_j——分别为集中于质点 i、j 的重力荷载代表值（N），应按本规程第 4.1.2 条的规定确定；

　　H_i、H_j——分别为质点 i、j 的计算高度（mm）。

4.1.6 采用底部剪力法时，突出屋面的屋顶间、女儿墙、烟囱等的地震作用效应，宜乘以增大系数 3，此增大部分不应往下传递，但与该突出部分相连的构件应予以计入；采用振型分解法时，突出屋面部分可作为一个质点。

4.1.7 底部框架-抗震墙砌体房屋考虑扭转影响时，第 i 层第 j 榀抗侧力构件的地震剪力，可按下列公式简化计算：

$$V'_{xj}(i) = \beta_{xj} V_{xj}(i) \tag{4.1.7-1}$$

$$V'_{yj}(i) = \beta_{yj} V_{yj}(i) \tag{4.1.7-2}$$

$$\beta_{xj} = 1 + \frac{y_j e_{sy}}{K_\Phi} \sum_{j=1}^{n} K_{xj} \tag{4.1.7-3}$$

$$\beta_{yj} = 1 + \frac{x_j e_{sx}}{K_\Phi} \sum_{j=1}^{m} K_{yj} \tag{4.1.7-4}$$

$$K_\Phi = \sum_{j=1}^{n} K_{xj} y_j^2 + \sum_{j=1}^{m} K_{yj} x_j^2 \tag{4.1.7-5}$$

式中：$V'_{xj}(i)$、$V'_{yj}(i)$——分别为 x、y 方向第 i 层第 j 榀构件考虑扭转影响的地震剪力（N）；

$V_{xj}(i)$、$V_{yj}(i)$——分别为 x、y 方向第 i 层第 j 榀构件不考虑扭转影响的地震剪力（N）；

β_{xj}、β_{yj}——分别为 x、y 方向考虑扭转影响的修正系数；当 β_{xj} 或 β_{yj} 小于 1.0 时取为 1.0；

K_{xj}、K_{yj}——分别为第 j 榀抗侧力构件 x、y 方向的平动刚度（N/mm）；

K_Φ——为扭转刚度（N·mm）；

e_{sx}、e_{sy}——分别为水平地震作用中心与楼层刚度中心 x、y 方向的偏心距（mm）；

x_j、y_j——分别为第 j 榀抗侧力构件到房屋平面上刚度中心 x、y 方向的距离（mm）。

4.1.8 底部框架-抗震墙砌体房屋的地震作用效应，应按下列规定调整：

1 对底层框架-抗震墙砌体房屋，当第二层与底层的侧向刚度比不小于 1.3 时，底层的纵向和横向地震剪力设计值均应乘以增大系数，其值可在 1.0～1.5 范围内选用，第二层与底层侧向刚度比大者应取大值；

注：层间侧向刚度可按本规程附录 A 的方法计算。

2 对底部两层框架-抗震墙砌体房屋，当第三层与第二层的侧向刚度比不小于 1.3 时，底层和第二层的纵向和横向地震剪力设计值均应乘以增大系数，其值可在 1.0～1.5 范围内选用，第三层与第二层侧向刚度比大者应取大值；

3 底层或底部两层纵向和横向地震剪力设计值，应全部由该方向的抗震墙承担，并按各墙体的侧向刚度比例分配。

4.1.9 底部框架-抗震墙砌体房屋中，底部框架的地震作用效应，宜按下列原则确定：

1 底部框架承担的地震剪力设计值，可按各抗侧力构件有效侧向刚度比例分配。有效侧向刚度的取值，框架不折减，混凝土抗震墙或配筋小砌块砌体抗震墙可乘以折减系数 0.30，约束普通砖砌体或小砌块砌体抗震墙可乘以折减系数 0.20。

2 当抗震墙之间楼盖长宽比大于 2.5 时，框架柱各轴线承担的地震剪力和轴向力，尚应计入楼盖平面内变形的影响。

4.1.10 底层框架-抗震墙砌体房屋的底层框架和抗震墙承担的倾覆力矩，可按该框架或抗震墙所从属重力荷载面积的比例和框架-抗震墙构件组合截面弹性弯曲刚度的比例的平均值进行分配。

4.1.11 底部两层框架-抗震墙砌体房屋的底部框架和抗震墙承担的倾覆力矩，可按第二层框架或抗震墙所从属重力荷载面积的比例和第二层框架-抗震墙构件组合截面弹性弯曲刚度的比例的平均值进行分配。

4.1.12 底层框架-抗震墙砌体房屋中底层嵌砌于框架之间的普通砖或小砌块的砌体墙，当符合本规程第 5.5.25 条、第 5.5.26 条的构造要求时，底层框架柱轴向力和剪力，应计入砖墙或小砌块墙引起的附加轴向力和附加剪力，其值可按下列公式计算（图 4.1.12）：

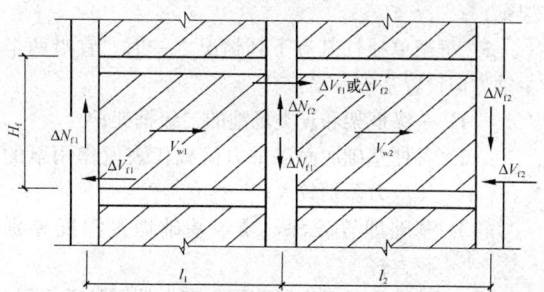

图 4.1.12 砌体抗震墙引起框架柱的
附加轴向力和附加剪力

$$\Delta N_f = V_w H_f / l \tag{4.1.12-1}$$

$$\Delta V_f = V_w \tag{4.1.12-2}$$

式中：ΔN_f——框架柱的附加轴向压力设计值（N）；

ΔV_f——框架柱的附加剪力设计值（N）；

V_w——墙体承担的剪力设计值（N），框架柱两侧有墙时，采用两者的较大值；

H_f——框架层高（mm）；

l——框架跨度（mm）。

4.1.13 底部框架-抗震墙砌体房屋的楼层水平地震剪力，应按下列原则进行分配：

1 现浇和装配整体式钢筋混凝土楼盖、屋盖等刚性楼盖、屋盖建筑，宜按各抗侧力构件的等效侧向刚度的比例分配；

2 普通的预制装配式钢筋混凝土楼盖、屋盖等半刚性楼盖、屋盖建筑，宜按各抗侧力构件的等效侧向刚度的比例和其从属面积上重力荷载代表值比例的平均值分配；

3 计入空间作用、楼盖变形和扭转的影响时，可按本节相关规定对上述分配结果作适当调整。

4.2 截面抗震验算

4.2.1 底部框架-抗震墙砌体房屋的地震作用效应和其他荷载效应的基本组合、结构构件的截面抗震验算，应符合现行国家标准《建筑抗震设计规范》GB 50011 的相关规定。

5 底部框架-抗震墙抗震设计

5.1 结 构 布 置

5.1.1 底部框架的结构布置除应符合本规程第3.0.6条的规定外，尚应符合下列规定：

1 框架柱网轴线宜与上部砌体房屋的轴线一致；

2 底部应采用双向现浇钢筋混凝土框架，且不应采用单跨框架；

3 框架梁的跨度不宜大于 7.5m；

4 支承上部砌体承重墙的托墙梁宜为底部框架梁；

5 框架单独柱基有下列情况之一时，宜沿两个主轴方向设置基础系梁：

1）一级框架和Ⅳ类场地的二级框架；

2）各柱基础底面在重力荷载代表值作用下的压应力差别较大；

3）基础埋置较深，或各基础埋置深度差别较大；

4）地基主要受力层范围内存在软弱黏性土层、液化土层或严重不均匀土层以及湿陷性黄土；

5）桩基承台之间。

5.1.2 底部抗震墙的布置除应符合本规程第3.0.6条的规定外，尚应符合下列规定：

1 抗震墙应布置在上部砌体结构有砌体抗震墙轴线处。

2 底部两层框架-抗震墙结构中的抗震墙应贯通底部两层。

3 抗震墙宜纵、横向相连；钢筋混凝土抗震墙墙板的两端（不包括洞口两侧）应设置框架柱；约束砌体抗震墙和配筋小砌块砌体抗震墙墙板应嵌砌于框架平面内。

4 楼梯间宜设置抗震墙，但不宜造成较大的扭转效应。

5 房屋较长时，刚度较大的纵向抗震墙不宜设置在房屋的端开间。

6 底层框架-抗震墙砌体房屋中，钢筋混凝土抗震墙的高宽比宜大于 1.0；底部两层框架-抗震墙砌体房屋中，钢筋混凝土抗震墙的高宽比宜大于 1.5。当不满足上述高宽比的要求时，宜采取在抗震墙的墙板中开设竖缝或在墙板中设置交叉的钢筋混凝土暗斜撑等措施。当在墙体开设洞口形成若干墙肢时，各墙肢的高宽比不宜小于 2.0。

注：抗震墙高度指抗震墙底面至过渡楼层楼板面的高度，宽度指抗震墙两侧边间的距离。

7 钢筋混凝土抗震墙洞口边距框架柱边不宜小于 300mm；约束砌体抗震墙和配筋小砌块砌体抗震墙洞口宜沿墙板居中设置；底部两层框架-抗震结构中的抗震墙洞口宜上下对齐。

8 抗震墙的基础应有良好的整体性和较强的抗转动能力。

5.1.3 底部框架-抗震墙的纵向或横向，可设置一定数量的钢支撑或耗能支撑，部分抗震墙可采用支撑替代。支撑的布置宜均匀对称。在计算楼层侧向刚度时，应计入支撑的刚度。

5.1.4 底部楼梯间应符合下列要求：

1 宜采用现浇钢筋混凝土楼梯；

2 楼梯间的布置不应导致结构平面特别不规则；楼梯构件与主体结构整浇时，应计入楼梯构件对地震作用及其效应的影响，并应对楼梯构件进行抗震承载力验算；宜采取构造措施，减少楼梯构件对主体结构刚度的影响；

3 楼梯间两侧填充墙与柱之间应加强拉结。

5.1.5 底部砌体隔墙、填充墙应符合现行国家标准《建筑抗震设计规范》GB 50011 中非结构构件的有关规定。当砌体填充墙的布置导致短柱或加大扭转效应时，应与框架柱脱开或采取柔性连接等措施。

5.2 托墙梁的作用与作用效应

5.2.1 计算竖向荷载作用下托墙梁的弯矩和剪力时，作用在托墙梁上的竖向荷载可按下列规定采用：

1 当底部均为框架梁作为托墙梁时，横向框支墙梁取其承载范围内本层楼盖传递的全部竖向荷载和托墙梁以上墙体传递的相应承载范围内全部楼（屋）盖荷载与墙体自重之和的 60%。

2 当底部为有次梁作为托墙梁时，纵梁支承的横向托墙梁荷载，可按本条第 1 款的规定采用；与其相邻的横向框支墙梁，取其承载范围内本层楼盖传递的全部竖向荷载和托墙梁以上墙体传递的相应承载范围内全部楼（屋）盖荷载与墙体自重之和的 85%。

3 纵向框支墙梁取其承载范围内本层楼盖（当为现浇双向板时）传递的全部竖向荷载、托墙梁以上墙体传递的相应承载范围内全部楼（屋）盖荷载（当上部各层楼盖为现浇双向板时）与墙体自重之和的 60%，以及支承在纵向托墙梁上的横向托墙梁传递的集中荷载。内纵托墙梁上的集中荷载取其承载范围内（图 5.2.1）全部竖向荷载的 90%；外纵托墙梁上的集中荷载取其承载范围内（图 5.2.1）全部竖向荷载的 1.1 倍。

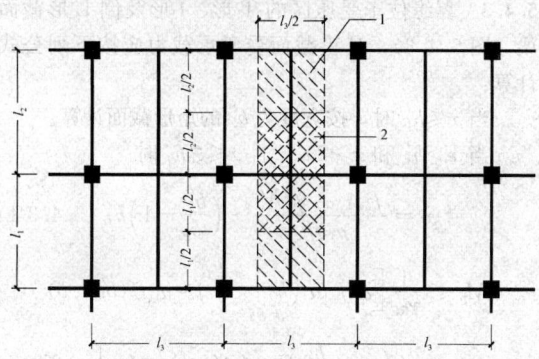

图 5.2.1 纵向框支墙梁上集中
荷载承载范围示意图
1—外纵梁上集中荷载取值范围；2—内纵梁上
集中荷载取值范围

5.2.2 托墙梁的地震作用效应和地震组合内力应采用下列方法计算：

1 一般的托墙梁，可按框架梁计算其水平地震作用效应。

2 一端与钢筋混凝土抗震墙平面内相连、另一端与框架相连的托墙梁，可按连梁计算其水平地震作用效应。

3 托墙梁计算地震组合内力时，应采用合适的计算简图。若考虑上部墙体与托墙梁的组合作用时，应计入地震时墙体开裂对组合作用的不利影响，可调整有关的弯矩系数、轴力系数等计算参数。

5.3 构件截面组合内力的调整

5.3.1 一级、二级、三级框架的梁柱节点处，除底部框架顶层及柱轴压比小于 0.15 者外，柱端组合的弯矩设计值应符合下式要求：

$$\sum M_c = \eta_c \sum M_b \qquad (5.3.1)$$

式中：$\sum M_c$——节点上下柱端截面顺时针或反时针方向组合的弯矩设计值之和（N·mm），上下柱端的弯矩设计值，可按弹性分析分配；

$\sum M_b$——节点左右梁端截面反时针或顺时针方向组合的弯矩设计值之和（N·mm），当一级框架节点左右梁端均为负弯矩时，绝对值较小的弯矩应取零；

η_c——框架柱端弯矩增大系数，一级可取 1.4，二级可取 1.2，三级可取 1.1。

5.3.2 一级、二级、三级底部框架柱的最上端和最下端，其组合的弯矩设计值应分别乘以增大系数 1.5、1.25 和 1.15。

5.3.3 一级、二级、三级框架梁和抗震墙的连梁，其梁端截面组合的剪力设计值应按下式调整：

$$V = \eta_{vb}(M_b^l + M_b^r)/l_n + V_{Gb} \qquad (5.3.3)$$

式中：V——梁端截面组合的剪力设计值（N）；

l_n——梁的净跨（mm）；

V_{Gb}——梁在重力荷载代表值作用下，按简支梁分析的梁端截面剪力设计值（N）；

M_b^l、M_b^r——分别为梁左右端截面反时针或顺时针方向组合的弯矩设计值（N·mm），一级框架当两端弯矩均为负弯矩时，绝对值较小一端的弯矩应取零；

η_{vb}——梁剪力增大系数，一级可取 1.3，二级可取 1.2，三级可取 1.1。

5.3.4 一级、二级、三级框架柱端部组合的剪力设计值应按下式调整：

$$V = \eta_{vc}(M_c^b + M_c^t)/H_n \qquad (5.3.4)$$

式中：V——柱端截面组合的剪力设计值（N）；

H_n——柱的净高（mm）；

M_c^t、M_c^b——分别为柱的上下端顺时针或反时针方向截面组合的弯矩设计值（N·mm），应符合本规程第 5.3.1 条、5.3.2 条的规定；

η_{vc}——柱剪力增大系数，一级可取 1.4，二级可取 1.2，三级可取 1.1。

5.3.5 一级、二级、三级框架的角柱，经本规程第 5.3.1 条、5.3.2 条、5.3.4 条调整后的组合弯矩设计值、剪力设计值尚应乘以不小于 1.10 的增大系数。

5.3.6 底部框架梁柱节点核心区的抗震验算应符合下列要求：

1 底部两层框架第一层顶的节点核心区，一级、二级、三级时应进行抗震验算；

2 底部框架顶层的节点核芯区，可不进行抗震验算，但应符合抗震构造措施的要求。

5.4 截面抗震验算

5.4.1 底部框架-抗震墙砌体房屋中的底部框架梁、柱、钢筋混凝土抗震墙和连梁，其截面组合的剪力设计值应符合下列要求：

跨高比大于 2.5 的梁、连梁及剪跨比大于 2 的柱和抗震墙：

$$V \leqslant \frac{1}{\gamma_{RE}}(0.20 f_c b h_0) \qquad (5.4.1-1)$$

跨高比不大于 2.5 的连梁、剪跨比不大于 2 的柱和抗震墙：

$$V \leqslant \frac{1}{\gamma_{RE}}(0.15 f_c b h_0) \qquad (5.4.1-2)$$

剪跨比应按下式计算：

$$\lambda = M^c/(V^c h_0) \qquad (5.4.1-3)$$

式中：V——按本章第 5.3.3 条、5.3.4 条、5.3.5 条等规定调整后的梁端、柱端或墙端截面组合的剪力设计值（N）；

b——梁、柱或抗震墙墙肢的截面宽度（mm）；圆形截面柱可按面积相等的方形截面计算；

h_0——截面有效高度（mm），抗震墙可取墙肢长度；

f_c——混凝土轴心抗压强度设计值（N/mm²）；

λ——剪跨比，取柱或墙上下端计算结果的较大值；反弯点位于柱高中部的框架柱可按柱净高与 2 倍柱截面高度之比计算；

M^c——柱端或墙端截面组合的弯矩计算值（N·mm）；

V^c——柱端或墙端截面与 M^c 对应的组合剪力计算值（N）；

γ_{RE}——承载力抗震调整系数，取 0.85。

5.4.2 矩形截面或翼缘位于受拉边的倒 T 形截面梁，其正截面受弯承载力应按下列公式计算：

当 $x \geqslant 2a_s'$，且 $x \leqslant \xi_b h_0$ 时

$$M_b \leqslant \frac{1}{\gamma_{RE}}\left[\alpha_1 f_c bx\left(h_0 - \frac{x}{2}\right) + f_y' A_s'(h_0 - a_s')\right]$$

(5.4.2-1)

当 $x < 2a_s'$ 时

$$M_b \leqslant \frac{1}{\gamma_{RE}}\left[f_y A_s(h_0 - a_s')\right] \quad (5.4.2\text{-}2)$$

式中：M_b——梁组合的弯矩设计值（N·mm）；

f_y、f_y'——分别为钢筋的抗拉和抗压强度设计值（N/mm²）；

A_s、A_s'——分别为受拉区和受压区纵向钢筋的截面面积（mm²）；

x——混凝土受压区高度（mm），应符合本章第 5.5.11 条的规定；

b——矩形截面的宽度或倒 T 形截面的腹板宽度（mm）；

h_0——梁截面的有效高度（mm）；

a_s'——受压区纵向钢筋合力点至截面受压边缘的距离（mm）；

f_c——混凝土轴心抗压强度设计值（N/mm²）；

α_1——受压区混凝土等效矩形应力图的应力值与混凝土轴心抗压强度设计值的比值，当混凝土强度等级不超过 C50 时，α_1 取为 1.0；

ξ_b——相对界限受压区高度，应按表 5.4.2 取值；

γ_{RE}——承载力抗震调整系数，取 0.75。

表 5.4.2 混凝土强度等级不超过 C50 时热轧钢筋的 ξ_b 值

钢筋种类	HRB335 级	HRB400 级	HRB500 级
ξ_b	0.550	0.518	0.482

5.4.3 翼缘位于受压区的 T 形、I 形及倒 L 形截面梁（图 5.4.3），其正截面受弯承载力应按下列公式计算：

当 $x \leqslant h_f'$ 时，按宽度为 b_f' 的矩形截面计算。

当 $x > h_f'$ 和 $x \geqslant 2a_s'$，且 $x \leqslant \xi_b h_0$ 时

$$x = \frac{f_y A_s - f_y' A_s'}{\alpha_1 b f_c} - \left(\frac{b_f'}{b} - 1\right)h_f' \quad (5.4.3\text{-}1)$$

$$M_b \leqslant \frac{1}{\gamma_{RE}}\left[\alpha_1 f_c bx\left(h_0 - \frac{x}{2}\right) + \alpha_1 f_c(b_f' - b)\right.$$

$$\left. \times h_f'\left(h_0 - \frac{h_f'}{2}\right) + f_y' A_s'(h_0 - a_s')\right]$$

(5.4.3-2)

式中：h_f'——T 形、I 形及倒 L 形截面受压区的翼缘高度（mm）；

b_f'——T 形、I 形及倒 L 形截面受压区的翼缘计算宽度（mm），按表 5.4.3 所列情况中的最小值取用；

γ_{RE}——承载力抗震调整系数，取 0.75。

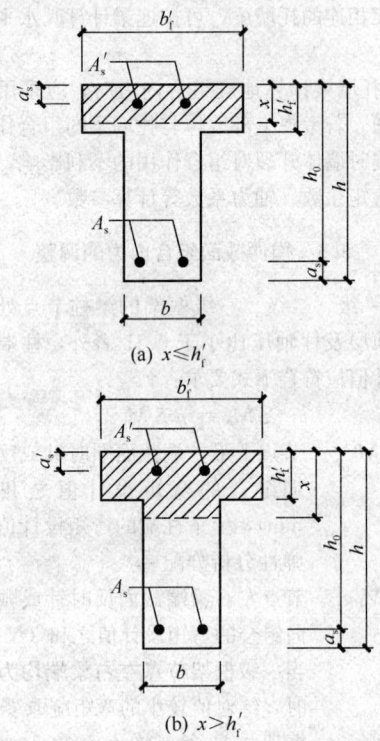

(a) $x \leqslant h_f'$

(b) $x > h_f'$

图 5.4.3 T 形截面梁受压区高度位置

表 5.4.3 受弯构件受压区有效翼缘计算宽度 b_f'

	情 况	T 形、I 形截面		倒 L 形截面
		肋形梁	独立梁	肋形梁
1	按计算跨度 l_0 考虑	$l_0/3$	$l_0/3$	$l_0/6$
2	按梁（肋）净距 s_n 考虑	$b+s_n$	—	$b+s_n/2$

续表 5.4.3

情况		T形、I形截面		倒L形截面
		肋形梁	独立梁	肋形梁
3	按翼缘高度 h_f' 考虑 $h_f'/h_0 \geqslant 0.1$	—	$b+12h_f'$	—
	$0.1 > h_f'/h_0 \geqslant 0.05$	$b+12h_f'$	$b+6h_f'$	$b+5h_f'$
	$h_f'/h_0 < 0.05$	$b+12h_f'$	b	$b+5h_f'$

注:1 表中 b 为梁的腹板宽度;

2 如肋形梁在梁跨内设有间距小于纵肋间距的横肋时,可不考虑表中情况 3 的规定。

3 对加腋的 T 形、I 形和倒 L 形截面,当受压区加腋的高度 h_h 不小于 h_f' 且加腋的长度 b_h 不大于 $3h_h$ 时,其翼缘计算宽度可按表中情况 3 的规定分别增加 $2b_h$(T 形梁、I 形截面)和 b_h(倒 L 形截面);

4 独立梁受压区的翼缘板在荷载作用下经验算沿纵肋方向可能产生裂缝时,其计算宽度应取腹板宽度 b。

5.4.4 考虑地震作用组合的矩形、T 形和 I 形截面的框架梁,其斜截面受剪承载力应按下式计算:

$$V_b \leqslant \frac{1}{\gamma_{RE}}\left(0.6\alpha_{cv}f_t bh_0 + f_{yv}\frac{A_{sv}}{s}h_0\right) \quad (5.4.4)$$

式中: V_b——梁组合的剪力设计值(N);

α_{cv}——斜截面混凝土受剪承载力系数,对于一般受弯构件取 0.7;对集中荷载作用下(包括作用有多种荷载,其中集中荷载对支座截面或节点边缘所产生的剪力值占总剪力的 75% 以上的情况)的独立梁,取 α_{cv} 为 $\dfrac{1.75}{\lambda+1}$,λ 为计算截面的剪跨比,可取 λ 等于 a/h_0,当 λ 小于 1.5 时,取 1.5,当 λ 大于 3 时,取 3,a 取集中荷载作用点至支座截面或节点边缘的距离;

f_t——混凝土轴心抗拉强度设计值(N/mm²);

A_{sv}——配置在同一截面内箍筋各肢的全部截面面积(mm²);

f_{yv}——箍筋抗拉强度设计值(N/mm²);

s——沿构件长度方向的箍筋间距(mm);

γ_{RE}——承载力抗震调整系数,取 0.85。

5.4.5 考虑地震作用组合的矩形截面偏心受压框架柱的正截面受压承载力,采用对称配筋($A_s=A_s'$)时,应按下列公式计算:

当 $x \geqslant 2a_s'$,且 $x \leqslant \xi_b h_0$ 时

$$x = \gamma_{RE}N_c/\alpha_1 f_c b \quad (5.4.5-1)$$

$$M_c \leqslant \frac{1}{\gamma_{RE}}\left[\alpha_1 f_c bx\left(h_0-\frac{x}{2}\right)+f_y'A_s'(h_0-a_s')\right]$$
$$-N_c\left(\frac{h}{2}-a_s\right)-N_c e_a \quad (5.4.5-2)$$

当 $x \geqslant 2a_s'$,且 $x > \xi_b h_0$ 时

$$\xi = \frac{x}{h_0}$$

$$=\frac{\gamma_{RE}N_c - \xi_b\alpha_1 f_c bh_0}{\gamma_{RE}N_c\left[\dfrac{\left(\dfrac{M_c}{N_c}+e_a\right)+\dfrac{h}{2}-a_s}{(0.8-\xi_b)(h_0-a_s')}-0.43\alpha_1 bh_0^2\right]+\alpha_1 f_c bh_0}+\xi_b$$

$$(5.4.5-3)$$

$$M_c \leqslant \frac{1}{\gamma_{RE}}\left[f_y'A_s'(h_0-a_s')+\xi(1-0.5\xi)\alpha_1 f_c bh_0^2\right]$$
$$-N_c\left(\frac{h}{2}-a_s\right)-N_c e_a \quad (5.4.5-4)$$

当 $x < 2a_s'$ 时

$$M_c \leqslant \frac{1}{\gamma_{RE}}f_y A_s(h_0-a_s')-N_c\left(\frac{h}{2}-a_s\right)-N_c e_a$$

$$(5.4.5-5)$$

式中: M_c——柱组合的弯矩设计值(N·mm);尚需根据柱两端截面按结构弹性分析确定的对同一主轴的组合弯矩设计值的比值、柱轴压比和柱长细比的情况,确定是否考虑轴向压力在该方向挠曲杆件中产生的附加弯矩影响;

N_c——柱组合的轴向压力设计值(N);

e_a——附加偏心距(mm),取 20mm 和偏心方向截面最大尺寸的 1/30 两者中的较大值;

h、h_0——柱的截面高度和截面有效高度(mm);

a_s——纵向受拉钢筋的合力点至截面近边缘的距离(mm);

ξ——柱截面受压区相对高度;

γ_{RE}——承载力抗震调整系数,当柱轴压比小于 0.15 时取 0.75,其他情况取 0.80。

5.4.6 考虑地震作用组合的矩形截面框架柱斜截面抗震受剪承载力,应按下式计算:

$$V_c \leqslant \frac{1}{\gamma_{RE}}\left(\frac{1.05}{\lambda+1}f_t bh_0 + f_{yv}\frac{A_{sv}}{s}h_0 + 0.056N_c\right)$$

$$(5.4.6)$$

式中: V_c——柱组合的剪力设计值(N);

N_c——柱组合的轴向压力设计值(N),当 N_c 大于 $0.3f_c bh$ 时,取 $0.3f_c bh$;

λ——柱的计算剪跨比,当 λ 小于 1.0 时,取 1.0;当 λ 大于 3.0 时,取 3.0;

γ_{RE}——承载力抗震调整系数,取 0.85。

5.4.7 考虑地震作用组合的矩形、T 形、I 字形偏心受压钢筋混凝土抗震墙(图 5.4.7)的正截面受压承载力,应按下列公式计算:

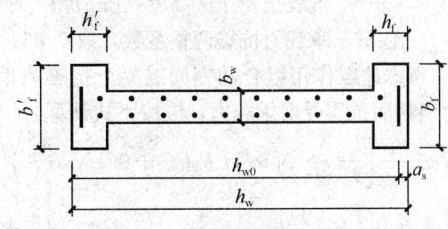

图 5.4.7 抗震墙截面尺寸

$$N \leqslant \frac{1}{\gamma_{RE}}(f'_y A'_s - \sigma_s A_s - N_{sw} + N_c)$$
$$(5.4.7\text{-}1)$$

$$M \leqslant \frac{1}{\gamma_{RE}}\left[f'_y A'_s(h_{w0} - a'_s) - M_{sw} + M_c\right]$$
$$- N\left(h_{w0} - \frac{h_w}{2}\right) \quad (5.4.7\text{-}2)$$

当 $x > h'_f$ 时

$$N_c = \alpha_1 f_c b_w x + \alpha_1 f_c (b'_f - b_w)h'_f \quad (5.4.7\text{-}3)$$

$$M_c = \alpha_1 f_c b_w x \left(h_{w0} - \frac{x}{2}\right)$$
$$+ \alpha_1 f_c (b'_f - b_w)h'_f\left(h_{w0} - \frac{h'_f}{2}\right)$$
$$(5.4.7\text{-}4)$$

当 $x \leqslant h'_f$ 时

$$N_c = \alpha_1 f_c b'_f x \quad (5.4.7\text{-}5)$$

$$M_c = \alpha_1 f_c b'_f x\left(h_{w0} - \frac{x}{2}\right) \quad (5.4.7\text{-}6)$$

当 $x \leqslant \xi_b h_{w0}$ 时（大偏心受压）

$$\sigma_s = f_y \quad (5.4.7\text{-}7)$$

$$N_{sw} = (h_{w0} - 1.5x)b_w f_{yw}\rho_w \quad (5.4.7\text{-}8)$$

$$M_{sw} = \frac{1}{2}(h_{w0} - 1.5x)^2 b_w f_{yw}\rho_w \quad (5.4.7\text{-}9)$$

当 $x > \xi_b h_{w0}$ 时（小偏心受压）

$$\sigma_s = \frac{f_y}{\xi_b - 0.8}\left(\frac{x}{h_{w0}} - 0.8\right) \quad (5.4.7\text{-}10)$$

$$N_{sw} = 0 \quad (5.4.7\text{-}11)$$

$$M_{sw} = 0 \quad (5.4.7\text{-}12)$$

式中：N、M——分别为组合的轴向压力（N）和弯矩（N·mm）的设计值；

f_y、f'_y、f_{yw}——分别为墙端部受拉、受压钢筋和墙板竖向分布钢筋的强度设计值（N/mm²）；

f_c——混凝土轴心抗压强度设计值（N/mm²）；

ρ_w——墙板竖向分布钢筋配筋率；

ξ_b——相对界限受压区高度，按本规程表 5.4.2 的规定取值；

A_s、A'_s——墙端部边缘构件内受拉、受压钢筋截面面积（mm²）；

x——混凝土受压区高度（mm）；

γ_{RE}——承载力抗震调整系数，取 0.85。

5.4.8 考虑地震作用组合的钢筋混凝土抗震墙偏心受压时斜截面抗震受剪承载力，应按下式计算：

$$V_w \leqslant \frac{1}{\gamma_{RE}}\left[\frac{1}{\lambda - 0.5}\left(0.4 f_t b_w h_{w0} + 0.1 N_w \frac{A_w}{A}\right)\right.$$
$$\left. + 0.8 f_{yh}\frac{A_{sh}}{s}h_{w0}\right] \quad (5.4.8)$$

式中：N_w——组合的墙体轴向压力设计值中的较小值（N）；当 N_w 大于 $0.2 f_c b_w h_w$ 时，取 $0.2 f_c b_w h_w$；

V_w——墙计算截面处的组合剪力设计值（N）；

A——抗震墙截面面积（mm²）；

A_w——T 形或 I 字形截面抗震墙腹板部分截面面积（mm²），矩形截面时，取 A_w 等于 A；

λ——计算截面处的剪跨比，$\lambda = M_w/(V_w h_{w0})$；当 λ 小于 1.5 时取 1.5，当 λ 大于 2.2 时取 2.2；此处，M_w 为与剪力设计值 V_w 对应的弯矩设计值；当计算截面与墙底之间的距离小于 $h_{w0}/2$ 时，λ 应按距墙底 $h_{w0}/2$ 处的弯矩设计值和剪力设计值计算；

A_{sh}——墙板水平分布钢筋和端柱同一截面内箍筋各肢的全部截面面积（mm²）；

s——墙板水平分布钢筋间距（mm）；

f_{yh}——墙板水平分布钢筋抗拉强度设计值（N/mm²）；

f_t——混凝土轴心抗拉强度设计值（N/mm²）；

γ_{RE}——承载力抗震调整系数，取 0.85。

5.4.9 底层框架-抗震墙砌体房屋中，底层嵌砌于框架之间的约束普通砖抗震墙或小砌块抗震墙及两端框架柱，其抗震受剪承载力，应按下列规定计算：

1 一般情况下，应采用下式计算：

$$V_{fw} \leqslant \frac{1}{\gamma_{REc}}\sum(M^u_{yc} + M^l_{yc})/H_0 + \frac{1}{\gamma_{REw}}\sum f_{vE}A_{w0}$$
$$(5.4.9)$$

式中：V_{fw}——嵌砌于框架之间的约束普通砖或小砌块抗震墙及两端框架柱承担的剪力设计值（N）；

f_{vE}——约束普通砖或小砌块抗震墙抗震抗剪强度设计值（N/mm²）；

A_{w0}——约束普通砖或小砌块抗震墙水平截面的计算面积（mm²），无洞口时取实际截面面积的 1.25 倍；有洞口时取净截面面积，但不计入宽度小于洞口高度 1/4 的墙段截面面积；

M^u_{yc}、M^l_{yc}——分别为底层框架柱上下端的正截面受弯承载力设计值（N·mm），可按现行国家标准《混凝土结构设计规范》GB 50010 非抗震设计的有关公式取等号计算；

H_0——底层框架柱的计算高度（mm），两侧均有约束普通砖或小砌块抗震墙时，取柱净高的 2/3，其余情况，取柱净高；

γ_{REc}——底层框架柱承载力抗震调整系数，可采用0.8；

γ_{REw}——嵌砌约束普通砖或小砌块抗震墙承载力抗震调整系数，可采用0.9；

2 当计入墙体内水平配筋、中部构造柱或芯柱对抗震受剪承载力的提高作用时，可按照本规程第6.1.2条、6.1.3条规定的相关方法进行计算。

5.4.10 底部配筋小砌块砌体抗震墙的截面抗震验算，应符合本规程附录B的有关规定。

5.5 抗震构造措施

Ⅰ 框架抗震构造措施

5.5.1 底层框架柱的截面尺寸，应符合下列要求：

1 矩形截面柱的各边边长均不应小于400mm；圆形截面柱的直径不应小于450mm；

2 柱剪跨比宜大于2；

3 矩形截面柱长边与短边的边长比不宜大于2。

5.5.2 柱轴压比不宜超过表5.5.2的规定。

表5.5.2 柱轴压比限值

抗震等级	一	二	三
轴压比	0.65	0.75	0.85

注：1 轴压比指柱组合的轴压力设计值与柱的全截面面积和混凝土轴心抗压强度设计值乘积之比值；柱组合轴压力设计值应包括倾覆力矩对柱产生的轴力；

2 表内限值适用于剪跨比大于2的柱；剪跨比不大于2的柱轴压比限值应降低0.05。

5.5.3 柱的纵向钢筋配置，应符合下列要求：

1 应对称配置；

2 截面边长大于400mm的柱，纵向钢筋间距不宜大于200mm；

3 柱纵向钢筋的最小总配筋率应按表5.5.3采用；

表5.5.3 柱截面纵向钢筋的最小总配筋率（百分率）

类 别	抗 震 等 级		
	一	二	三
中柱	1.0	0.8	0.8
边柱、角柱混凝土抗震墙端柱	1.1	0.9	0.9

注：1 柱纵向钢筋每一侧的配筋率不应小于0.2%；

2 钢筋强度标准值小于400MPa时，表中数值应增加0.1；钢筋强度标准值为400MPa时，表中数值应增加0.05。

4 柱纵向钢筋总配筋率不应大于5%；

5 剪跨比不大于2的一级柱，每侧纵向钢筋配

筋率不宜大于1.2%；

6 边柱、角柱及抗震墙端柱在地震作用组合下产生小偏心受拉时，柱内纵筋总截面面积应比其计算值增加25%；

7 柱纵向钢筋的绑扎接头应避开柱端的箍筋加密区。

5.5.4 柱的箍筋直径，6度、7度时不应小于8mm，8度时不应小于10mm，且沿柱全高箍筋间距不应大于100mm。

5.5.5 柱的箍筋加密区范围，应按下列规定采用：

1 柱端，取截面高度（圆柱直径）、柱净高的1/6和500mm三者的最大值；

2 底层柱的下端不小于柱净高的1/3；

3 刚性地面上下各500mm；

4 剪跨比不大于2的柱、因设置填充墙等形成的柱净高与柱截面高度之比不大于4的柱，取全高；

5 一级、二级框架的角柱，取全高。

5.5.6 柱箍筋加密区的体积配箍率，应符合下列规定：

1 一级、二级、三级，分别不应小于0.8%、0.6%、0.4%；体积配箍率应符合下式要求：

$$\rho_v \geqslant \lambda_v f_c / f_{yv} \quad (5.5.6)$$

式中：ρ_v——柱箍筋加密区的体积配箍率；计算复合螺旋箍的体积配箍率时，其非螺旋箍的箍筋体积应乘以折减系数0.80；

f_c——混凝土轴心抗压强度设计值（N/mm²），强度等级低于C35时，应按C35计算；

f_{yv}——箍筋或拉筋抗拉强度设计值（N/mm²）；

λ_v——最小配箍特征值，宜按表5.5.6采用。

表5.5.6 柱箍筋加密区的箍筋最小配箍特征值

抗震等级	箍筋形式	柱轴压比						
		≤0.3	0.4	0.5	0.6	0.7	0.8	0.9
一	普通箍、复合箍	0.10	0.11	0.13	0.15	0.17	0.20	0.23
	螺旋箍、复合或连续复合矩形螺旋箍	0.08	0.09	0.11	0.13	0.15	0.18	0.21
二	普通箍、复合箍	0.08	0.09	0.11	0.13	0.15	0.17	0.19
	螺旋箍、复合或连续复合矩形螺旋箍	0.06	0.07	0.09	0.11	0.13	0.15	0.17
三	普通箍、复合箍	0.06	0.07	0.09	0.11	0.13	0.15	0.17
	螺旋箍、复合或连续复合矩形螺旋箍	0.05	0.06	0.07	0.09	0.11	0.13	0.15

注：普通箍指单个矩形箍和单个圆形箍；复合箍指由矩形、多边形、圆形或拉筋组成的箍筋；复合螺旋箍指由螺旋箍与矩形、多边形、圆形箍或拉筋组成的箍筋；连续复合矩形螺旋箍指用一根通长钢筋加工而成的箍筋。

2 剪跨比不大于2的柱宜采用复合螺旋箍或井字复

合箍，其体积配箍率不应小于 1.2%。

5.5.7 柱箍筋非加密区的箍筋体积配箍率不宜小于加密区的 50%。

5.5.8 柱箍筋加密区箍筋肢距，一级不宜大于 200mm，二级、三级不宜大于 250mm。至少每隔一根纵向钢筋宜在两个方向有箍筋或拉筋约束；采用拉筋复合箍时，拉筋宜紧靠纵向钢筋并钩住箍筋。

5.5.9 框架节点核芯区箍筋的最大间距和最小直径宜按本规程第 5.5.4 条的规定采用，一级、二级、三级框架节点核芯区的配箍特征值分别不宜小于 0.12、0.10 和 0.08，且体积配箍率分别不宜小于 0.6%、0.5% 和 0.4%。柱剪跨比不大于 2 的框架节点核芯区，体积配箍率不宜小于核芯区上、下柱端的较大体积配箍率。

5.5.10 梁的截面尺寸，应符合下列要求：

 1 截面宽度不宜小于 200mm；

 2 截面高宽比不宜大于 4；

 3 净跨与截面高度之比不宜小于 4。

5.5.11 梁的钢筋配置，应符合下列要求：

 1 梁端计入纵向受压钢筋的混凝土受压区高度和梁截面有效高度之比，一级不应大于 0.25，二级、三级不应大于 0.35；

 2 梁端截面的底面和顶面纵向钢筋配筋量的比值，除按计算确定外，一级不应小于 0.5，二级、三级不应小于 0.3；

 3 梁端箍筋加密区的长度、箍筋最大间距和最小直径应按表 5.5.11 采用，当梁端纵向受拉钢筋的配筋率大于 2% 时，表中箍筋最小直径数值应增大 2mm。

表 5.5.11 梁端箍筋加密区的长度、箍筋的最大间距和最小直径

抗震等级	加密区的长度（采用较大值）（mm）	箍筋最大间距（采用最小值）（mm）	箍筋最小直径（mm）
一	$2h_b$, 500	$h_b/4$, $6d$, 100	10
二	$1.5h_b$, 500	$h_b/4$, $8d$, 100	8
三	$1.5h_b$, 500	$h_b/4$, $8d$, 150	8

注：1 d 为纵向钢筋直径，h_b 为梁截面高度；

 2 箍筋直径大于 12mm、数量不少于 4 肢且肢距不大于 150mm 时，一级、二级的最大间距允许适当放宽，但不得大于 150mm。

5.5.12 梁的纵向钢筋配置，尚应符合下列规定：

 1 梁端纵向受拉钢筋的配筋率不宜大于 2.5%；

 2 沿梁全长顶面和底面的配筋，一级、二级不应少于 2φ14，且分别不应少于梁两端顶面和底面纵向配筋中较大截面面积的 1/4；三级不应少

于 2φ12；

 3 一级、二级、三级框架内贯通中柱的每根纵向钢筋直径，对矩形截面柱，不宜大于柱在该方向截面尺寸的 1/20；对圆形截面柱，不宜大于纵向钢筋所在位置柱截面弦长的 1/20。

5.5.13 梁端箍筋加密区的箍筋配置，尚应符合下列规定：

 1 梁端加密区的箍筋肢距，一级不宜大于 200mm 和 20 倍箍筋直径的较大值，二级、三级不宜大于 250mm 和 20 倍箍筋直径的较大值；

 2 梁端加密区的第一个箍筋应设置在距离节点边缘 50mm 以内。

5.5.14 开竖缝钢筋混凝土抗震墙的边框梁在竖缝两侧的箍筋加密区范围不宜小于 1.5 倍梁高。

5.5.15 底部钢筋混凝土托墙梁应符合下列要求：

 1 梁截面宽度不应小于 300mm，截面高度不应小于跨度的 1/10；

 2 箍筋直径不应小于 8mm，间距不应大于 200mm；梁端在 1.5 倍梁高且不小于 1/5 梁净跨范围内，以及上部墙体的洞口处和洞口两侧各 500mm 且不小于梁高的范围内，箍筋间距不应大于 100mm；

 3 沿梁截面高度应设置通长腰筋，数量不应少于 2φ14，间距不应大于 200mm；

 4 梁的纵向受力钢筋和腰筋应按受拉钢筋的要求锚固在柱内，且支座上部的纵向钢筋在柱内的锚固长度应符合钢筋混凝土框支梁的有关要求。

5.5.16 底部钢筋混凝土托墙梁尚应符合下列要求：

 1 当托墙梁上部墙体在梁端附近有洞口时，梁截面高度不宜小于跨度的 1/8，且不宜大于跨度的 1/6；

 2 底部的纵向钢筋应通长设置，不得在跨中弯起或截断；每跨顶部通长设置的纵向钢筋面积，不应小于底部纵向钢筋面积的 1/3，且不宜小于 2φ18。

5.5.17 底部框架梁、柱的箍筋宜采用焊接封闭箍筋、连续螺旋箍筋或连续复合螺旋箍筋。当采用非焊接封闭箍筋时，其末端应做成 135° 弯钩，弯钩端头平直段长度不应小于箍筋直径的 10 倍；在纵向钢筋搭接长度范围内的箍筋间距不应大于搭接钢筋较小直径的 5 倍，且不宜大于 100mm。

Ⅱ 抗震墙抗震构造措施

5.5.18 底部钢筋混凝土抗震墙的截面尺寸，应符合下列规定：

 1 抗震墙墙板周边应设置梁（或暗梁）和端柱组成的边框。边框梁的截面宽度不宜小于墙板厚度的 1.5 倍，截面高度不宜小于墙板厚度的 2.5 倍；端柱的截面高度不宜小于墙板厚度的 2 倍，且其截面宜与同层框架柱相同。

 2 抗震墙墙板的厚度不宜小于 160mm，不应

小于墙板净高的 1/20。

5.5.19 钢筋混凝土抗震墙的水平和竖向分布钢筋的配筋率，均不应小于 0.30%，钢筋直径不宜小于 10mm，间距不宜大于 250mm，且应采用双排布置；双排分布钢筋间拉筋的间距不应大于 600mm，直径不应小于 6mm；墙体水平和竖向分布钢筋的直径，均不宜大于墙厚的 1/10。

5.5.20 钢筋混凝土抗震墙两端和洞口两侧应设置构造边缘构件，边缘构件包括暗柱、端柱和翼墙。构造边缘构件的范围可按图 5.5.20 采用，其配筋除应满足受弯承载力要求外，并宜符合表5.5.20 的要求。

5.5.21 钢筋混凝土抗震墙墙肢长度不大于墙厚的 3 倍时，应按柱的有关要求进行设计；矩形墙肢的厚度不大于 300mm 时，尚宜全高加密箍筋。

表 5.5.20 钢筋混凝土抗震墙构
造边缘构件的配筋要求

抗震等级	纵向钢筋最小量（取较大值）	箍筋或拉筋	
		最小直径（mm）	沿竖向最大间距（mm）
二	$0.006A_c$, $6\phi12$	8	200
三	$0.005A_c$, $4\phi12$	6	200

注：1 A_c 为边缘构件的截面面积；
　　2 拉筋水平间距不应大于纵筋间距的 2 倍；转角处宜采用箍筋。
　　3 当端柱为框架柱或承受集中荷载时，其纵向钢筋、箍筋直径和间距应满足柱的相关要求。

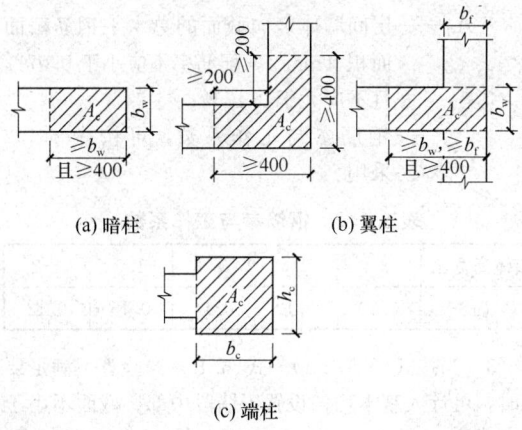

(a) 暗柱　　　　　(b) 翼柱

(c) 端柱

图 5.5.20　钢筋混凝土抗震墙的
构造边缘构件范围

5.5.22 开竖缝的钢筋混凝土抗震墙，应符合下列规定：

　　1 墙体水平钢筋在竖缝处断开，竖缝两侧墙板的高宽比应大于 1.5；

　　2 竖缝两侧应设暗柱，暗柱的截面范围为 1.5

倍墙体厚度；暗柱的纵筋不宜少于 $4\phi16$，箍筋可采用 $\phi8$，箍筋间距不宜大于 200mm；

　　3 竖缝内可放置两块预制隔板，隔板宽度应与墙体厚度相同。

5.5.23 跨高比较小的高连梁，可设水平缝形成双连梁、多连梁或采取其他加强受剪承载力的构造。

5.5.24 楼面梁与抗震墙平面外连接时，不宜支承在洞口连梁上；沿梁轴线方向宜设置与梁连接的抗震墙，梁的纵筋应锚固在墙内；也可在支承梁的位置设置扶壁柱或暗柱，并应按计算确定其截面尺寸和配筋。

5.5.25 6 度设防且总层数不超过四层的底层框架-抗震墙砌体房屋，底层采用约束砖砌体抗震墙时，其构造应符合下列要求：

　　1 砖墙应嵌砌于框架平面内，厚度不应小于 240mm，砌筑砂浆强度等级不应低于 M10，应先砌墙后浇框架梁柱；

　　2 沿框架柱每隔 300mm 配置 $2\phi8$ 水平钢筋和 $\phi5$ 分布短钢筋平面内点焊组成的拉结钢筋网片，并沿砖墙水平通长设置；在墙体半高处尚应设置与框架柱相连的钢筋混凝土水平系梁，系梁截面不应小于 240mm×180mm，纵向钢筋不应少于 $4\phi12$，箍筋直径不应小于 $\phi6$、间距不应大于 200mm；

　　3 墙长大于 4m 时和门、窗洞口两侧，应在墙内增设钢筋混凝土构造柱，构造柱应符合本规程第 6.2.2 条的有关规定。

5.5.26 6 度设防且总层数不超过四层的底层框架-抗震墙砌体房屋，底层采用约束小砌块砌体抗震墙时，其构造应符合下列要求：

　　1 小砌块墙应嵌砌于框架平面内，厚度不应小于 190mm，砌筑砂浆强度等级不应低于 Mb10，应先砌墙后浇框架梁柱；

　　2 沿框架柱每隔 400mm 配置 $2\phi8$ 水平钢筋和 $\phi5$ 分布短钢筋平面内点焊组成的拉结钢筋网片，并沿砌块墙水平通长设置；在墙体半高处尚应设置与框架柱相连的钢筋混凝土水平系梁，系梁截面不应小于 190mm×190mm，纵向钢筋不应少于 $4\phi12$，箍筋直径不应小于 $\phi6$、间距不应大于 200mm；

　　3 墙体在门、窗洞口两侧应设置芯柱，墙长大于 4m 时，应在墙内增设芯柱，芯柱应符合本规程第 6.2.6 条的有关规定；其余位置，宜采用钢筋混凝土构造柱替代芯柱，钢筋混凝土构造柱应符合本规程第 6.2.7 条的有关规定。

5.5.27 底部配筋小砌块砌体抗震墙的抗震构造措施，应符合本规程附录 B 的有关规定。

Ⅲ　其他抗震构造措施

5.5.28 **底层框架-抗震墙砌体房屋的底层和底部两层框架-抗震墙砌体房屋第二层的顶板应采用现浇钢**

筋混凝土板，并应满足下列要求：

    1 楼板厚度不应小于 120mm；

    2 楼板应少开洞、开小洞，当洞口边长或直径大于 800mm 时，应采取加强措施，洞口周边应设置边梁，边梁宽度不应小于 2 倍板厚。

5.5.29 底部框架梁、柱和钢筋混凝土墙内纵向钢筋的锚固长度和搭接长度应符合下列规定：

    1 纵向受拉钢筋的抗震锚固长度 l_{aE} 应按下列公式计算：

      一级、二级：$l_{aE}=1.15l_a$ (5.5.29-1)

      三级：$l_{aE}=1.05l_a$ (5.5.29-2)

式中：l_a——非抗震设计时纵向受拉钢筋的锚固长度（mm）。

    2 当采用搭接连接时，纵向受拉钢筋的抗震搭接长度 l_{lE} 应按下式计算：

$$l_{lE}=\zeta l_{aE} \qquad (5.5.29-3)$$

式中：ζ——纵向受拉钢筋搭接长度修正系数；当位于同一连接区段的内纵向钢筋搭接接头面积百分率（%）不大于 25% 和等于 50% 时，ζ 取值分别为 1.2 和 1.4，当纵向搭接钢筋接头面积百分率为中间值时，修正系数可按内插取值。

5.5.30 底部框架-抗震墙部分采用板式楼梯时，楼梯踏步板宜采用双层配筋。

6 上部砌体结构抗震设计

6.1 截面抗震验算

6.1.1 各类砌体沿阶梯形截面破坏的抗震抗剪强度设计值，应按下式确定：

$$f_{vE}=\zeta_N f_v \qquad (6.1.1)$$

式中：f_{vE}——砌体沿阶梯形截面破坏的抗震抗剪强度设计值（N/mm²）；

    f_v——非抗震设计的砌体抗剪强度设计值（N/mm²），应按现行国家标准《砌体结构设计规范》GB 50003 采用；

    ζ_N——砌体抗震抗剪强度的正应力影响系数，应按表 6.1.1 采用。

表 6.1.1 砌体抗震抗剪强度的正应力影响系数

砌体类别	σ_0/f_v							
	0.0	1.0	3.0	5.0	7.0	10.0	12.0	≥16.0
普通砖、多孔砖	0.80	0.99	1.25	1.47	1.65	1.90	2.05	—
混凝土小砌块	—	1.23	1.69	2.15	2.57	3.02	3.32	3.92

注：σ_0 为对应于重力荷载代表值的砌体截面平均压应力。

6.1.2 普通砖、多孔砖墙体的截面抗震受剪承载力，应按下列规定验算：

    1 一般情况下，应按下列公式验算：

$$V\leqslant\beta f_{vE}A/\gamma_{RE} \qquad (6.1.2-1)$$

$$\beta=\frac{1}{1+(0.1-0.4h_b/l)\sigma_0/f_v} \qquad (6.1.2-2)$$

式中：V——墙段剪力设计值（N）；

    A——墙体水平截面面积（mm²），多孔砖取毛截面面积；

    β——考虑底部托墙梁对过渡楼层承重墙体截面抗震受剪承载力影响的降低系数，对其他楼层墙体 β 值取 1.0；按式（6.1.2-2）计算所得的过渡楼层墙体的 β 值不应小于 0.8；

    h_b——托墙梁截面高度（mm）；

    l——托墙梁的计算跨度（mm），当两跨跨度值不相等时，取较大跨度值；墙体中部设置构造柱时，式（6.1.2-2）中的 l 值取实际跨度值的 1/2；

    γ_{RE}——承载力抗震调整系数；自承重墙取 0.75；承重墙当两端均有构造柱时取 0.9，其他情况取 1.0。

    2 采用水平配筋的普通砖、多孔砖墙体的截面抗震受剪承载力，应按下式验算：

$$V\leqslant\frac{1}{\gamma_{RE}}(f_{vE}A+\zeta_s f_{yh}A_{sh})\beta \qquad (6.1.2-3)$$

式中：f_{yh}——墙体水平钢筋抗拉强度设计值（N/mm²）；

    A_{sh}——层间墙体竖向截面的总水平钢筋截面面积（mm²），配筋率不应小于 0.07% 且不应大于 0.17%；

    ζ_s——钢筋参与工作系数，可按表 6.1.2 采用。

表 6.1.2 钢筋参与工作系数

墙体高宽比	0.4	0.6	0.8	1.0	1.2
ζ_s	0.10	0.12	0.14	0.15	0.12

    3 当按式(6.1.2-1)～式(6.1.2-3)验算不满足要求时，可计入基本均匀设置于墙段中部、截面不小于 240mm×240mm（墙厚 190mm 时为 240mm×190mm）且间距不大于 4m 的构造柱对受剪承载力的提高作用，按下列简化方法验算：

$$V\leqslant\frac{1}{\gamma_{RE}}[\eta_c f_{vE}(A-A_c)+\zeta_c f_t A_c$$
$$+0.08f_{yc}A_{sc}+\zeta_s f_{yh}A_{sh}]\beta \qquad (6.1.2-4)$$

式中：A_c——中部构造柱的截面总面积（mm²）；对横墙和内纵墙，A_c 大于 0.15A 时，取

0.15A；对外纵墙，A_c 大于 0.25A 时，取 0.25A；

f_t——中部构造柱的混凝土轴心抗拉强度设计值（N/mm²）；

A_{sc}——中部构造柱的纵向钢筋截面总面积（mm²）；配筋率不应小于 0.6%，大于 1.4% 时取 1.4%；

f_{yh}、f_{yc}——分别为墙体水平钢筋、中部构造柱纵向钢筋抗拉强度设计值（N/mm²）；

ζ_c——中部构造柱参与工作系数；居中设一根时取 0.5，多于一根时取 0.4；

η_c——墙体约束修正系数；一般情况取 1.0，构造柱间距不大于 3.0m 时取 1.1；

A_{sh}——层间墙体竖向截面的总水平钢筋截面面积（mm²），无水平钢筋时取 0。

6.1.3 小砌块墙体的截面抗震受剪承载力，应按下式验算：

$$V \leqslant \frac{1}{\gamma_{RE}}[f_{vE}A + (0.3f_{t1}A_{c1} + 0.3f_{t2}A_{c2} + 0.05f_{y1}A_{s1} + 0.05f_{y2}A_{s2})\zeta_c]\beta \quad (6.1.3)$$

式中：f_{t1}、f_{t2}——分别为芯柱、构造柱混凝土轴心抗拉强度设计值（N/mm²）；

A_{c1}、A_{c2}——分别为芯柱、构造柱截面总面积（mm²）；

A_{s1}、A_{s2}——分别为芯柱、构造柱钢筋截面总面积（mm²）；

f_{y1}、f_{y2}——分别为芯柱、构造柱钢筋抗拉强度设计值（N/mm²）；

ζ_c——芯柱、构造柱参与工作系数，可按表 6.1.3 采用；

γ_{RE}——承载力抗震调整系数；自承重墙取 0.75；承重墙当两端均有构造柱、芯柱时取 0.9，其他情况取 1.0。

表 6.1.3 芯柱、构造柱参与工作系数

填孔率 ρ	$\rho<0.15$	$0.15\leqslant\rho<0.25$	$0.25\leqslant\rho<0.5$	$\rho\geqslant0.5$
ζ_c	0.0	1.0	1.10	1.15

注：填孔率指芯柱根数（含构造和填实孔洞数量）与孔洞总数之比。

6.2 抗震构造措施

Ⅰ 上部砖砌体房屋抗震构造措施

6.2.1 上部砖砌体房屋，应按下列要求设置现浇钢筋混凝土构造柱（以下简称构造柱）：

1 构造柱设置部位应符合表 6.2.1 的要求；

表 6.2.1 上部砖砌体房屋构造柱设置要求

房屋总层数			设 置 部 位	
6度	7度	8度		
≤五	≤四	二、三	楼、电梯间四角，楼梯踏步段上下端对应的墙体处；建筑物平面凹凸角处对应的外墙转角处；错层部位横墙与外纵墙交接处；大房间内外墙交接处；较大洞口两侧	隔 12m 或单元横墙与外纵墙交接处；楼梯间对应的另一侧内横墙与外纵墙交接处；
六	五	四		隔开间横墙（轴线）与外墙交接处；山墙与内纵墙交接处；
七	六、七	≥五		内墙（轴线）与外墙交接处；内墙的局部较小墙垛处；内纵墙与横墙（轴线）交接处

注：较大洞口，内墙指不小于 2.1m 的洞口；外墙在内外墙交接处已设置构造柱时应允许适当放宽，但洞侧墙体应加强。

2 上部砖砌体房屋为横墙较少情况时，应根据房屋增加一层后的总层数，按表 6.2.1 的要求设置构造柱。

6.2.2 上部砖砌体房屋的构造柱，应符合下列要求：

1 过渡楼层的构造柱设置，除应符合本规程表 6.2.1 的要求外，尚应在底部框架柱、混凝土墙或配筋小砌块墙、约束砌体墙构造柱所对应处，以及所有横墙（轴线）与内外纵墙交接处设置构造柱，墙体内的构造柱间距不宜大于层高。过渡楼层墙体中凡宽度不小于 1.2m 的门洞和 2.1m 的窗洞，洞口两侧宜增设截面不小于 240mm×120mm（墙厚 190mm 时为 190mm×120mm）的边框柱。

2 构造柱截面不宜小于 240mm×240mm（墙厚 190mm 时为 190mm×240mm）。

3 构造柱纵向钢筋不宜少于 4φ14，箍筋间距不宜大于 200mm 且在柱上下端应适当加密；外墙转角的构造柱应适当加大截面及配筋。过渡楼层构造柱的纵向钢筋，6 度、7 度时不宜少于 4φ16，8 度时不宜少于 4φ18；纵向钢筋应锚入下部的框架柱、混凝土墙或配筋小砌块墙、托墙梁内，当纵向钢筋锚固在托墙梁内时，托墙梁的相应位置应采取加强措施。

4 构造柱与墙体连接处应砌成马牙槎，且应沿墙高每隔 500mm 设置 2φ6 水平钢筋和 φ5 分布短筋平面内点焊组成的拉结网片或 φ5 点焊钢筋网片，每边伸入墙内长度不宜小于 1m。6 度、7 度时下部 1/3 楼层（上部砖砌体房屋部分），8 度时下部 1/2 楼层（上部砖砌体房屋部分），上述拉结钢筋网片应沿墙体水平通长设置；过渡楼层中的上述拉结钢筋网片应沿墙高每隔 360mm 设置。

5 构造柱应与每层圈梁连接，或与现浇楼板可靠拉结。构造柱与圈梁连接处，构造柱的纵筋应在圈梁纵筋内侧穿过，保证构造柱纵筋上下贯通。

6 当整体房屋总高度和总层数接近本规程表 3.0.2 规定的限值时，纵、横墙内构造柱间距尚应符合下列要求：

    1）横墙内的构造柱间距不宜大于层高的两倍；下部 1/3 楼层（上部砖砌体房屋部分）的构造柱间距适当减少；

    2）当外纵墙开间大于 3.9m 时，应另设加强措施；内纵墙的构造柱间距不宜大于 4.2m。

6.2.3 上部砖砌体房屋的现浇钢筋混凝土圈梁设置，应符合下列要求：

1 装配式钢筋混凝土楼盖、屋盖，应按表 6.2.3 的要求设置圈梁；纵墙承重时，抗震横墙上的圈梁间距应比表内要求适当加密；

2 现浇或装配整体式钢筋混凝土楼盖、屋盖与墙体有可靠连接的房屋，应允许不另设圈梁，但楼板沿抗震墙体周边均应加强配筋并应与相应的构造柱钢筋可靠连接。

表 6.2.3 上部砖砌体房屋现浇钢筋混凝土圈梁设置要求

墙 类	烈 度	
	6、7	8
外墙和内纵墙	屋盖处及每层楼盖处	屋盖处及每层楼盖处
内横墙	同上；屋盖处间距不应大于 4.5m；楼盖处间距不应大于 7.2m；构造柱对应部位	同上；各层所有横墙，且间距不应大于 4.5m；构造柱对应部位

6.2.4 上部砖砌体房屋现浇钢筋混凝土圈梁的构造，应符合下列要求：

1 过渡楼层圈梁设置部位，除应符合本规程表 6.2.3 的要求外，尚应沿纵、横向各轴线均设置。

2 圈梁应闭合，遇有洞口时圈梁应上下搭接。圈梁宜与预制板设在同一标高处或紧靠板底。

3 楼盖、屋盖为预制板时，圈梁在本规程第 6.2.3 条要求的间距内无横墙时，应利用梁或板缝中配筋代替圈梁；纵墙中无横墙构造柱对应的圈梁，应在楼板处预留宽度不小于构造柱沿纵墙方向截面尺寸的板缝，做成现浇混凝土带，并与构造柱混凝土同

时浇筑，现浇混凝土带的纵向钢筋不应少于 4φ12，箍筋间距不宜大于 200mm。

4 圈梁的截面高度不应小于 120mm，配筋应符合表 6.2.4 的要求；过渡楼层圈梁的截面高度宜采用 240mm，屋顶圈梁的截面高度不应小于 180mm，配筋均不应少于 4φ12。

表 6.2.4 上部砖砌体房屋圈梁配筋要求

配 筋	6 度、7 度	8 度
最小纵筋	4φ10	4φ12
最大箍筋间距（mm）	250	200

Ⅱ 上部小砌块房屋抗震构造措施

6.2.5 上部小砌块房屋，应按表 6.2.5 的要求设置钢筋混凝土芯柱。对上部小砌块房屋为横墙较少的情况，应根据房屋增加一层后的总层数，按表 6.2.5 的要求设置芯柱。

表 6.2.5 上部小砌块房屋芯柱设置要求

房屋总层数			设置部位	设置数量
6 度	7 度	8 度		
≤五	≤四	二、三	建筑物平面凹凸角处对应的外墙转角；楼、电梯间四角，楼梯踏步段上下端对应的墙体处；大房间内外墙交接处；错层部位横墙与外纵墙交接处；隔 12m 或单元横墙与外纵墙交接处	外墙转角，灌实 3 个孔；内外墙交接处，灌实 4 个孔；楼梯踏步段上下端对应的墙体处，灌实 2 个孔
六	五	四	同上；隔开间横墙（轴线）与外纵墙交接处	
七	六	五	同上；各内墙（轴线）与外纵墙交接处；内纵墙与横墙（轴线）交接处和洞口两侧	外墙转角，灌实 5 个孔；内外墙交接处，灌实 4 个孔；内墙交接处，灌实 4~5 个孔；洞口两侧各灌实 1 个孔

续表 6.2.5

房屋总层数			设置部位	设置数量
6度	7度	8度		
一	七	>五	同上;横墙内芯柱间距不应大于2m	外墙转角,灌实7个孔; 内外墙交接处,灌实5个孔; 内墙交接处,灌实4~5个孔;洞口两侧各灌实1个孔

注:外墙转角、内外墙交接处、楼电梯间四角等部位,应允许采用钢筋混凝土构造柱替代部分芯柱。

6.2.6 上部小砌块房屋的芯柱,应符合下列要求:

1 过渡楼层的芯柱设置,除应符合本规程表 6.2.5 的要求外,尚应在底部框架柱、混凝土墙或配筋小砌块墙、约束砌体墙构造柱所对应处,以及所有横墙(轴线)与内外纵墙交接处设置芯柱;墙体内的芯柱最大间距不宜大于 1m。过渡楼层墙体中凡宽度不小于 1.2m 的门洞和 2.1m 的窗洞,洞口两侧宜增设单孔芯柱。

2 芯柱截面不宜小于 120mm×120mm。

3 芯柱混凝土强度等级,不应低于 Cb20。

4 芯柱的竖向插筋应贯通墙身且与每层圈梁连接,或与现浇楼板可靠拉结;芯柱每层插筋不应小于 $1\phi14$。过渡楼层芯柱的插筋,6 度、7 度时不宜少于每孔 $1\phi16$,8 度时不宜少于每孔 $1\phi18$;插筋应锚入下部的框架柱、混凝土墙或配筋小砌块墙、托墙梁内,当插筋锚固在托墙梁内时,托墙梁的相应位置应采取加强措施。

5 为提高墙体抗震受剪承载力而设置的芯柱,宜在墙体内均匀布置,最大净距不宜大于 2.0m。

6.2.7 上部小砌块房屋中替代芯柱的钢筋混凝土构造柱,应符合下列构造要求:

1 构造柱截面不宜小于 190mm×190mm;

2 构造柱的钢筋配置应符合本规程第 6.2.2 条第 3 款的规定;

3 构造柱与砌块墙连接处应砌成马牙槎,与构造柱相邻的砌块孔洞,6 度时宜填实,7 度时应填实,8 度时应填实并插筋;

4 构造柱应与每层圈梁连结,或与现浇楼板可靠拉结。构造柱与圈梁连接处,构造柱的纵筋应在圈梁纵筋内侧穿过,保证构造柱纵筋上下贯通。

6.2.8 上部小砌块房屋的现浇钢筋混凝土圈梁的设置位置,应按本规程第 6.2.3 条上部砖砌体房屋圈梁的规定执行;圈梁宽度不应小于 190mm,配筋不应少于 $4\phi12$,箍筋间距不应大于 200mm。

6.2.9 上部小砌块房屋现浇混凝土圈梁的构造,尚应符合本规程第 6.2.4 条的相关规定。

6.2.10 上部小砌块房屋墙体交接处或芯柱(构造柱)与墙体连接处应设置拉结钢筋网片,网片可采用 $\phi5$ 的钢筋点焊而成,沿墙高每隔 400mm、并沿墙体水平通长设置。

6.2.11 房屋总层数在 6 度时超过五层、7 度时超过四层、8 度时超过三层时,上部小砌块房屋在顶层的窗台标高处,沿纵横墙应设置通长的水平现浇钢筋混凝土带;其截面高度不应小于 60mm,纵筋不应少于 $2\phi10$,并应有分布拉结钢筋;其混凝土强度等级不应低于 C20。

水平现浇钢筋混凝土带亦可采用槽形砌块替代模板,其截面尺寸不宜小于 120mm×120mm,其纵筋和拉结钢筋不变。

Ⅲ 其他抗震构造措施

6.2.12 过渡楼层墙体的构造,尚应符合下列要求:

1 上部砌体墙的中心线宜同底部的框架梁、抗震墙的中心线相重合;构造柱或芯柱宜与框架柱上下贯通;

2 过渡楼层的砌体墙在窗台标高处,应设置沿纵横墙通长的水平现浇钢筋混凝土带;其截面高度不应小于 60mm,宽度不应小于墙厚,纵向钢筋不应少于 $2\phi10$,横向分布筋的直径不应小于 6mm、间距不应大于 200mm;混凝土强度等级不应低于 C20;

3 当过渡楼层的砌体抗震墙与底部框架梁、抗震墙不对齐时,应在底部框架内对应位置设置托墙次梁,并且过渡楼层砖墙或小砌块墙应采取更高的加强措施。

6.2.13 上部砌体房屋的楼盖、屋盖应符合下列要求:

1 现浇钢筋混凝土楼板或屋面板伸进纵、横墙内的长度,均不应小于 120mm;

2 装配式钢筋混凝土楼板或屋面板,当圈梁未设在板的同一标高时,板端伸进外墙的长度不应小于 120mm,伸进内墙的长度不应小于 100mm 或采用硬架支模连接,在梁上不应小于 80mm 或采用硬架支模连接;

3 当板的跨度大于 4.8m 并与外墙平行时,靠外墙的预制板侧边应与墙或圈梁拉结;

4 房屋端部大房间的楼盖,6 度时房屋的屋盖和 7 度、8 度时房屋的楼盖、屋盖,当圈梁设在板底时,钢筋混凝土预制板应相互拉结,并应与梁、墙或圈梁拉结。

6.2.14 楼盖、屋盖的钢筋混凝土梁或屋架应与墙、柱(包括构造柱)或圈梁可靠连接。不得采用独立砖柱。跨度不小于 6m 大梁的支承构件应采用组合砌体等加强措施,并满足承力力要求。

6.2.15 上部砌体房屋的楼梯间应符合下列要求：

1 顶层楼梯间墙体应设 $2\phi6$ 通长钢筋和 $\phi5$ 分布短钢筋平面内点焊组成的拉结网片或通长 $\phi5$ 钢筋点焊拉结网片，拉结网片沿墙高间距砖砌体墙为 500mm、小砌块砌体墙为 400mm；7 度、8 度时其他各层楼梯间墙体应在休息平台或楼层半高处设置 60mm 厚、纵向钢筋不应少于 $2\phi10$ 的钢筋混凝土带或配筋砖带（对砖砌体），配筋砖带不应少于 3 皮，每皮的配筋不应少于 $2\phi6$，砂浆强度等级不应低于 M7.5 且不低于同层墙体的砂浆强度等级；

2 楼梯间及门厅内墙阳角处的大梁支承长度不应小于 500mm，并应与圈梁连接；

3 装配式楼梯段应与平台板的梁可靠连接，8 度时不应采用装配式楼梯段；不应采用墙中悬挑式踏步或踏步竖肋插入墙体的楼梯，不应采用无筋砌体栏板；

4 突出屋面的楼、电梯间，构造柱或芯柱应伸到顶部，并与顶部圈梁连接；所有墙体应设 $2\phi6$ 通长钢筋和 $\phi5$ 分布短钢筋平面内点焊组成的拉结网片或通长 $\phi5$ 钢筋点焊拉结网片，拉结网片沿墙高间距砖砌体墙为 500mm、小砌块砌体墙为 400mm。

6.2.16 上部砌体房屋中，6 度、7 度时长度大于 7.2m 的大房间，以及 8 度时外墙转角及内外墙交接处，应设 $2\phi6$ 通长钢筋和 $\phi5$ 分布短钢筋平面内点焊组成的拉结网片或通长 $\phi5$ 钢筋点焊拉结网片，拉结网片沿墙高间距砖砌体墙为 500mm、小砌块砌体墙为 400mm。

6.2.17 上部砌体房屋中，坡屋顶的屋架应与顶层圈梁可靠连接，檩条或屋面板应与墙、屋架可靠连接，房屋出入口处的檐口瓦应与屋面构件锚固。采用硬山搁檩时，顶层内纵墙顶宜增砌支承山墙的踏步式墙垛，并设构造柱。

6.2.18 上部砌体房屋的门窗洞处不应采用砖过梁；过梁支承长度不应小于 240mm。

6.2.19 上部砌体房屋中，6 度、7 度时的预制阳台应与圈梁和楼板的现浇板带可靠连接，8 度时不应采用预制阳台。

6.2.20 上部砌体房屋中的后砌非承重砌体隔墙、烟道、风道、垃圾道等应符合现行国家标准《建筑抗震设计规范》GB 50011 中非结构构件的有关规定。

6.2.21 上部砌体房屋为横墙较少情况时，当整体房屋的总高度和总层数接近或达到本规程表 3.0.2 规定的限值时，应采取下列加强措施：

1 上部砌体房屋的最大开间尺寸不宜大于 6.6m。

2 同一结构单元内横墙错位数量不宜超过横墙总数的 1/3，且连续错位不宜多于两道；错位的墙体交接处均应增设构造柱，且楼（屋）面板应采用现浇钢筋混凝土板。

3 横墙和内纵墙上洞口的宽度不宜大于 1.5m；外纵墙上洞口的宽度不宜大于 2.1m 或开间尺寸的一半；且内外墙上洞口位置不应影响内外纵墙与横墙的整体连接。

4 所有纵横墙均应在楼盖、屋盖标高处设置加强的现浇钢筋混凝土圈梁；圈梁的截面高度不宜小于 150mm，上下纵筋各不应少于 $3\phi10$，箍筋不应小于 $\phi6$，间距不应大于 300mm。

5 所有纵横墙交接处及横墙的中部，均应增设满足下列要求的构造柱：在纵、横墙内的柱距不宜大于 3.0m，最小截面尺寸不宜小于 240mm×240mm（墙厚 190mm 时为 190mm×240mm），配筋宜符合表 6.2.21 的要求。对于上部小砌块房屋，墙体中部的构造柱可采用芯柱替代，芯柱的灌孔数量不应少于 2 孔，每孔插筋的直径不应小于 18mm。

表 6.2.21 增设构造柱的纵筋和箍筋设置要求

位置	纵 向 钢 筋			箍 筋		
	最大配筋率 (%)	最小配筋率 (%)	最小直径 (mm)	加密区范围 (mm)	加密区间距 (mm)	最小直径 (mm)
角柱	1.8	0.8	14	全高	100	6
边柱			14	上端 700 下端 500		
中柱	1.4	0.6	12			

6 同一结构单元的楼（屋）面板应设置在同一标高处。

7 顶层的窗台标高处，宜设置沿纵横墙通长的水平现浇钢筋混凝土带；其截面高度不应小于 60mm，宽度同墙厚，纵向钢筋不应少于 $2\phi10$，横向分布筋不应小于 $\phi6$、间距不应大于 200mm；混凝土强度等级不应低于 C20。

6.2.22 上部砌体房屋部分采用板式楼梯时，楼梯踏步板宜采用双层配筋。

7 结构薄弱楼层判别及弹塑性变形验算

7.0.1 罕遇地震作用下，底层框架-抗震墙砌体房屋的底层屈服强度系数，可按下列公式计算：

$$\xi_y(1) = V_R(1)/V_e(1) \qquad (7.0.1-1)$$

$$V_R(1) = V_{cy} + \gamma_1 \sum V_{my} \qquad (7.0.1-2)$$

$$V_R(1) = V_{cy} + \gamma_2 \sum V_{wy} \qquad (7.0.1-3)$$

式中：$\xi_y(1)$——底层层间屈服强度系数；

$V_R(1)$——底层的层间极限受剪承载力（N），底层采用约束砌体抗震墙时按式（7.0.1-2）计算；底层采用混凝土抗震墙或配筋小砌块砌体抗震墙时按式（7.0.1-3）计算；

$V_e(1)$——罕遇地震作用下，按弹性分析的底层地震剪力（N）；

V_{cy} ——底层框架的极限受剪承载力（N），可按本规程附录 C 的方法计算；

V_{my} ——底层一片约束普通砖或小砌块抗震墙的极限受剪承载力（N），可按本规程附录 C 的方法计算；

V_{wy} ——底层一片混凝土抗震墙或配筋小砌块砌体抗震墙的极限受剪承载力（N），可按本规程附录 C 的方法计算；

γ_1 ——约束普通砖或小砌块抗震墙的极限受剪承载力的折减系数，可取 0.70；

γ_2 ——混凝土抗震墙或配筋小砌块砌体抗震墙的极限受剪承载力的折减系数，对于高宽比不大于 1 的整体混凝土墙或配筋小砌块砌体抗震墙，γ_2 可取 0.75；对于开竖缝带边框的混凝土抗震墙，γ_2 可取 0.90。

7.0.2 罕遇地震作用下，底部两层框架-抗震墙砌体房屋的底部两层屈服强度系数，可采用下列公式计算：

$$\xi_y(i) = V_R(i)/V_e(i) \qquad (7.0.2\text{-}1)$$

$$V_R(i) = V_{cy}(i) + \gamma_3 \sum V_{wy}(i) \qquad (7.0.2\text{-}2)$$

式中：$\xi_y(i)$ ——底层或第二层的层间屈服强度系数；

$V_R(i)$ ——底层或第二层的层间极限受剪承载力（N）；

$V_e(i)$ ——罕遇地震作用下，按弹性分析的底层或第二层的地震剪力（N）；

$V_{cy}(i)$ ——底层或第二层框架的极限受剪承载力（N）；

$V_{wy}(i)$ ——底层或第二层一片混凝土抗震墙或配筋小砌块砌体抗震墙的极限受剪承载力（N）；

γ_3 ——底部两层混凝土抗震墙或配筋小砌块砌体抗震墙的极限受剪承载力的折减系数，对于高宽比大于 1 的整体混凝土墙或配筋小砌块砌体抗震墙，γ_3 可取 0.80。

7.0.3 罕遇地震作用下底部框架-抗震墙砌体房屋中上部砌体房屋部分的层间极限剪力系数，可按下式计算：

$$\xi_R(i) = V_R(i)/V_e(i) \qquad (7.0.3)$$

式中：$\xi_R(i)$ ——上部砌体房屋部分第 i 层的层间极限剪力系数；

$V_R(i)$ ——上部砌体房屋部分第 i 层的层间极限受剪承载力（N），可按本规程附录 C 的方法计算；

$V_e(i)$ ——罕遇地震作用下，按弹性分析的上部砌体房屋部分第 i 层的地震剪力（N）。

7.0.4 底层框架-抗震墙砌体房屋薄弱楼层的判别，可采用下列方法：

1 当 $\xi_y(1) < 0.8\xi_R(2)$ 时，底层为薄弱楼层；

2 当 $\xi_y(1) > 0.9\xi_R(2)$ 时，第二层或上部砌体房屋中的某一楼层为相对薄弱楼层；

3 当 $0.8\xi_R(2) \leqslant \xi_y(1) \leqslant 0.9\xi_R(2)$ 时，房屋较为均匀。

7.0.5 底部两层框架-抗震墙砌体房屋薄弱楼层的判别，可采用下列方法：

1 结构薄弱楼层处于底部或上部的判别，可按下列情况确定：

　1）当 $\xi_y(2) < 0.8\xi_R(3)$ 时，薄弱楼层在底部两层中 $\xi_y(i)$ 相对较小的楼层；

　2）当 $\xi_y(2) > 0.9\xi_R(3)$ 时，第三层或上部砌体房屋中的某一楼层为相对薄弱楼层；

　3）当 $0.8\xi_R(3) \leqslant \xi_y(2) \leqslant 0.9\xi_R(3)$ 时，房屋较为均匀。

2 当薄弱楼层处于底部时，尚应判断薄弱楼层处于底层或第二层。可按下列情况确定：

　1）当 $\xi_y(2) < \xi_y(1)$ 时，薄弱楼层在第二层；

　2）当 $\xi_y(2) > \xi_y(1)$ 时，薄弱楼层在底层。

7.0.6 底部框架-抗震墙砌体房屋在罕遇地震作用下结构薄弱楼层的弹塑性变形验算，可采用下列方法：

1 静力弹塑性分析方法或弹塑性时程分析法，应采用空间结构模型；

2 本规程第 7.0.7 条、7.0.8 条给出的简化计算方法。

7.0.7 底部框架-抗震墙砌体房屋结构薄弱楼层弹塑性层间位移的简化计算，宜符合下列要求：

1 结构薄弱楼层的位置在底部框架-抗震墙部分，且薄弱楼层的屈服强度系数不大于 0.5；

2 结构薄弱楼层的弹塑性层间位移可按下列公式计算：

$$\Delta u_p = \eta_p \Delta u_e \qquad (7.0.7\text{-}1)$$

或

$$\Delta u_p = \mu \Delta u_y = \frac{\eta_p}{\xi_y} \Delta u_y \qquad (7.0.7\text{-}2)$$

式中：Δu_p ——最大层间弹塑性位移（mm）；

Δu_y ——最大层间屈服位移（mm）；

μ ——楼层延性系数；

Δu_e ——罕遇地震作用下按弹性分析的最大层间位移（mm）；

η_p ——弹塑性层间位移增大系数，当薄弱楼层的屈服强度系数不小于相邻层该系数平均值的 80% 时，可按表 7.0.7 采用；当不大于该平均值的 50% 时，可按表内相应数值的 1.5 倍采用；其他情况可采用内插法取值；

ξ_y ——楼层屈服强度系数。

表7.0.7 弹塑性层间位移增大系数 η_p

房屋总层数	ξ_y		
	0.5	0.4	0.3
2～4	1.30	1.40	1.60
5～7	1.50	1.65	1.80

7.0.8 结构薄弱楼层弹塑性层间位移应符合下式要求：

$$\Delta u_p \leqslant [\theta_p]h \qquad (7.0.8)$$

式中：$[\theta_p]$——弹塑性层间位移角限值，对底部框架-抗震墙部分可取 1/100；

h——薄弱层楼层高度（mm）。

8 施 工

8.0.1 在施工中，当需要以强度等级较高的钢筋替代原设计中的纵向受力钢筋时，应按照钢筋受拉承载力设计值相等的原则换算，并应满足最小配筋率、变形及抗裂验算等要求。

8.0.2 底部框架-抗震墙砌体房屋中的钢筋混凝土构造柱、框架梁柱和砌体抗震墙，其施工应先砌墙后浇筑构造柱和框架梁柱。

8.0.3 底部框架-抗震墙砌体房屋过渡楼层构造柱纵向钢筋的锚固应满足设计要求，当设计图纸未明确要求时，构造柱纵向钢筋在底部框架柱、框架梁或混凝土抗震墙中的锚固长度不应小于 $30d$。

8.0.4 底层开竖缝的钢筋混凝土抗震墙，在竖缝处设置两块预制隔板时，隔板应采取防止其移位、变形或倾倒的可靠拉结、固定措施。

8.0.5 底部框架-抗震墙砌体房屋的底部后砌砌体填充墙与框架柱之间采取柔性连接措施时，柔性连接的缝隙应在墙体施工完成 7d 后采用弹性材料封闭。

8.0.6 小砌块砌体抗震墙施工时，宜选用专用小砌块砌筑砂浆和专用小砌块灌孔混凝土。灌孔混凝土应在砌筑完一个楼层或半个楼层墙体时浇筑，并应连续进行；灌孔混凝土每浇筑 400mm～500mm 高度捣实一次，或边浇筑边捣实，严禁在浇筑一个楼层高度后再进行振捣。

8.0.7 底部配筋小砌块砌体抗震墙施工时，墙顶边框梁的混凝土宜与墙体灌孔混凝土一起浇筑，边框梁顶部应是毛面。

8.0.8 底部框架-抗震墙砌体房屋的施工质量控制应符合下列要求：

1 施工单位应针对工程的施工特点，制定完善的施工方案及冬期、雨期的施工措施；

2 施工单位应有完善的质量管理制度；

3 施工单位应做好各道工序的质量控制与检验，每道工序完成后应进行工序质量检验和工序间的交接检验，并形成记录；当某道工序不满足质量和下道工

序的施工要求时，不得进行下道工序的施工；对于隐蔽工程，应及时进行检验并形成记录，检验合格后方可继续施工。

8.0.9 底部框架-抗震墙砌体房屋的施工应遵守施工安全、消防、环保等有关规定。

附录A 层间侧向刚度计算

A.0.1 底层框架-抗震墙砌体房屋中，底层钢筋混凝土抗震墙或配筋小砌块砌体抗震墙的层间侧向刚度可采用下列方法进行计算：

1 无洞钢筋混凝土抗震墙的层间侧向刚度可按式（A.0.1-1）计算；无洞配筋小砌块砌体抗震墙的层间侧向刚度可按式（A.0.1-2）计算：

$$K_{cwj} = \frac{1}{\dfrac{1.2h}{G_c A} + \dfrac{h^3}{6E_c I}} \qquad (A.0.1-1)$$

$$K_{gwj} = \frac{1}{\dfrac{1.2h}{G_g A} + \dfrac{h^3}{6E_g I}} \qquad (A.0.1-2)$$

式中：K_{cwj}——底层第 j 片钢筋混凝土抗震墙的层间侧向刚度（N/mm）；

K_{gwj}——底层第 j 片配筋小砌块砌体抗震墙的层间侧向刚度（N/mm）；

E_c、G_c——分别为底层钢筋混凝土抗震墙的混凝土弹性模量（N/mm²）和剪变模量（N/mm²）；

E_g、G_g——分别为底层配筋小砌块砌体抗震墙的弹性模量（N/mm²）和剪变模量（N/mm²）；

I、A——分别为底层钢筋混凝土抗震墙（包括边框柱）或配筋小砌块砌体抗震墙的截面惯性矩（mm⁴）和截面面积（mm²）；

h——底层钢筋混凝土抗震墙或配筋小砌块砌体抗震墙的计算高度（mm）。

2 开洞的钢筋混凝土抗震墙或配筋小砌块砌体抗震墙的层间侧向刚度，可按照本附录第 A.0.2 条第 3 款的基本原则进行计算。

A.0.2 上部砌体抗震墙、底层框架-抗震墙砌体房屋中的底层约束普通砖砌体抗震墙或约束小砌块砌体抗震墙的层间侧向刚度可采用下列方法进行计算：

1 墙片宜按门窗洞口划分为墙段；

2 墙段的层间侧向刚度可按下列原则进行计算：

1） 对于无洞墙段的层间侧向刚度，当墙段高宽比小于 1.0 时，可仅考虑其剪切变形，按式（A.0.2-1）计算；当墙段高宽比不小于 1.0 且不大于 4.0 时，应同时考虑其剪切和弯曲变形，按式（A.0.2-2）计算；当

墙段的高宽比大于 4.0 时，不考虑其侧向
刚度；

注：墙段的高宽比指层高与墙段长度之比，对门窗洞边
的小墙段指洞净高与洞侧墙段宽之比。

$$K_b = \frac{GA}{1.2h} \qquad (A.0.2\text{-}1)$$

$$K_b = \frac{1}{\dfrac{1.2h}{GA} + \dfrac{h^3}{12EI}}$$

$$= \frac{GA}{h(1.2 + 0.4h^2/b^2)}$$

$$= \frac{EA}{h(3 + h^2/b^2)} \qquad (A.0.2\text{-}2)$$

式中：K_b——墙段的层间侧向刚度（N/mm）；

E、G——分别为砌体墙的弹性模量（N/mm²）
和剪变模量（N/mm²）；

h——该层的层高（mm），对门窗洞边的小
墙段为洞净高；

b——墙段长度（mm），对门窗洞边的小墙
段为洞侧墙段宽；

A——墙段的水平截面面积（mm²）。

2）对于设置构造柱的小开口墙段，可按无洞
墙段计算的刚度，根据开洞率情况乘以表
A.0.2 的洞口影响系数：

表 A.0.2 小开口墙段洞口影响系数

开洞率	0.10	0.20	0.30
影响系数	0.98	0.94	0.88

注：1 开洞率为洞口水平截面积与墙段水平毛截面积
之比；

2 本表中洞口影响系数的适用范围如下：

1）门洞的高度不超过墙段层间计算高度的 80%；

2）内墙门、窗洞边离墙段端部净距离不小
于 500mm；

3）当窗洞高度大于墙段高的 50% 时，与开门洞
同样处理；当小于墙段高的 50% 时，表中影响系
数可乘以 1.1；

4）相邻洞口之间净宽小于 500mm 的墙段视为
洞口；

5）洞口中线偏离墙段中线的距离大于墙段长度的
1/4 时，表中影响系数应乘以 0.9。

3 复杂大开洞墙片的层间侧向刚度可按下列原
则进行计算：

1）一般可根据墙体开洞的实际情况，沿高度
分段求出各墙段在单位水平力作用下的侧
移 δ_n，求和得到整个墙片在单位水平力作
用下的顶点侧移值 δ，取其倒数得到该墙
片的层间侧向刚度；

2）对于图 A.0.2-1 所示的等高大开洞墙片，
可采用式（A.0.2-3）计算；对于图
A.0.2-2 所示的有两个以上高度或位置大

开洞的墙片，可采用式（A.0.2-4）～式
（A.0.2-7）计算；

$$K_{bj} = \frac{1}{\delta} = \frac{1}{\sum \delta_n} (n = 1, 2; \text{或} n = 1, 2, 3)$$

$$\qquad (A.0.2\text{-}3)$$

$$K_{bj} = \frac{1}{\delta} \qquad (A.0.2\text{-}4)$$

图 A.0.2-2a、b 中：

$$\delta = \delta_1 + \frac{1}{\dfrac{1}{\delta_2 + \delta_3} + \dfrac{1}{\delta_4}} \qquad (A.0.2\text{-}5)$$

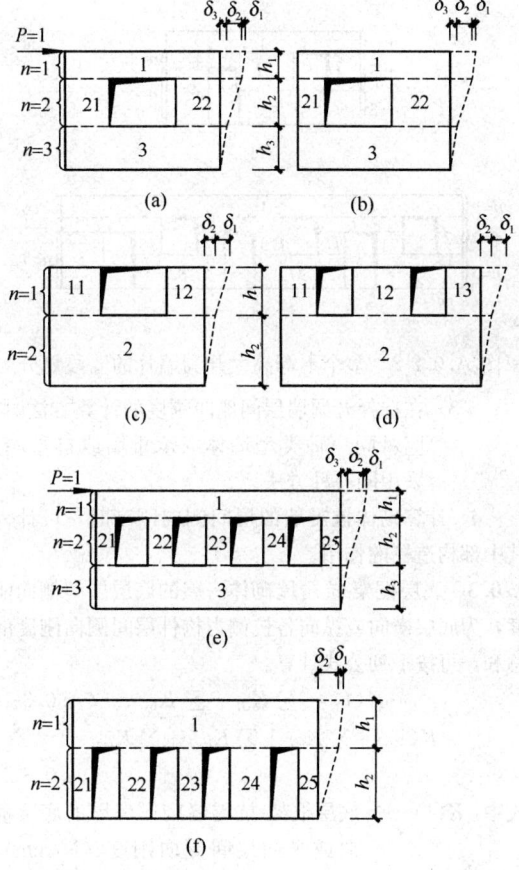

图 A.0.2-1 多个等高大开洞墙片的墙段划分

图 A.0.2-2c 中：

$$\delta = \delta_1 + \frac{1}{\dfrac{1}{\delta_2 + \delta_3} + \dfrac{1}{\delta_4 + \delta_5}} \qquad (A.0.2\text{-}6)$$

图 A.0.2-2d 中：

$$\delta = \delta_1 + \frac{1}{\dfrac{1}{\delta_2 + \delta_3} + \dfrac{1}{\delta_4 + \delta_5} + \dfrac{1}{\delta_6 + \delta_7 + \delta_8}}$$

$$\qquad (A.0.2\text{-}7)$$

式中：$\delta_n (n = 1, 2, 3, \cdots)$——第 n 墙段在单位水
平力作用下的侧移

(mm)；

K_{bj}——第 j 片墙的层间侧向
刚度（N/mm）。

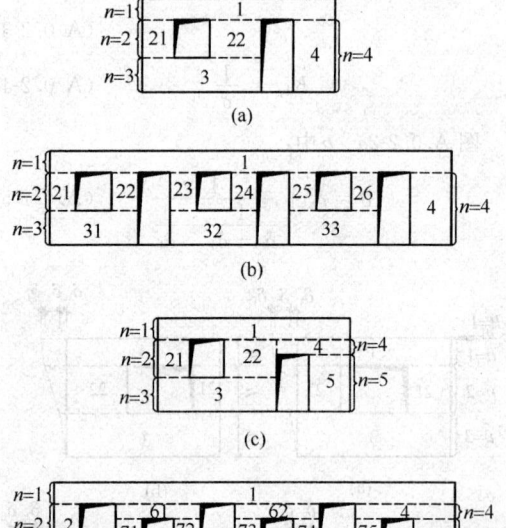

图 A.0.2-2 多个不等高大开洞墙片的墙段划分

3）在选择开洞墙层间侧向刚度的计算方法时，
应对同一种类型墙体（承重墙或自重墙）
采用同一种方法。

4 计算砌体抗震墙的层间侧向刚度时，可计入
其中部构造柱的作用。

A.0.3 底层框架-抗震墙砌体房屋的底层层间侧向刚
度，为底层横向或纵向各抗侧力构件层间侧向刚度的
总和，可按下列公式计算：

$$K(1) = \sum K_{cfj} + \sum K_{bj} \qquad (A.0.3-1)$$
$$K(1) = \sum K_{cfj} + \sum K_{cwj} + \sum K_{gwj}$$
$$(A.0.3-2)$$

式中：$K(1)$——底层框架-抗震墙砌体房屋的底层横
向或纵向层间侧向刚度（N/mm）；
底层采用约束砌体抗震墙时按式
（A.0.3-1）计算，底层采用混凝土
抗震墙或配筋小砌块砌体抗震墙时
按式（A.0.3-2）计算；

$\sum K_{cfj}$——底层钢筋混凝土框架的层间侧向刚
度总和（N/mm），可采用 D 值法
计算；

$\sum K_{bj}$——底层约束砌体抗震墙的层间侧向刚
度总和（N/mm）；

$\sum K_{cwj}$——底层钢筋混凝土抗震墙的层间侧向
刚度总和（N/mm）；

$\sum K_{gwj}$——底层配筋小砌块砌体抗震墙的层间
侧向刚度总和（N/mm）。

A.0.4 上部砌体房屋的层间侧向刚度为该层横向或
纵向所有墙片侧向刚度的总和，可按下式计算：

$$K(i) = \sum K_{bj} \qquad (A.0.4)$$

式中：$K(i)$——上部砌体房屋第 i 层横向或纵向层间
侧向刚度（N/mm）；

$\sum K_{bj}$——上部砌体房屋某层横向或纵向砌体
抗震墙的层间侧向刚度总和（N/
mm）。

附录 B 底部配筋小砌块砌体
抗震墙抗震设计要求

B.0.1 底部配筋小砌块砌体抗震墙和配筋小砌块砌
体连梁，其截面组合的剪力设计值应符合下列要求：
剪跨比大于 2 的抗震墙：

$$V \leqslant \frac{1}{\gamma_{RE}}(0.2f_g bh_0) \qquad (B.0.1-1)$$

跨高比不大于 2.5 的连梁、剪跨比不大于 2 的抗
震墙：

$$V \leqslant \frac{1}{\gamma_{RE}}(0.15f_g bh_0) \qquad (B.0.1-2)$$

剪跨比应按本规程式（5.4.1-3）计算。

式中：V——墙端或梁端截面组合的剪力设计值
（N）；

b——截面宽度（mm）；

h_0——截面有效高度（mm），抗震墙可取墙肢
长度；

f_g——灌孔小砌块砌体抗压强度设计值（N/
mm²）；

γ_{RE}——承载力抗震调整系数，取 0.85。

B.0.2 配筋小砌块砌体抗震墙中跨高比大于 2.5 的
连梁宜采用钢筋混凝土连梁，其截面组合的剪力设计
值和斜截面受剪承载力，应符合现行国家标准《混凝
土结构设计规范》GB 50010 对连梁的有关规定。

B.0.3 偏心受压时配筋小砌块砌体抗震墙斜截面抗
震受剪承载力，应按下列公式计算：

$$V_w \leqslant \frac{1}{\gamma_{RE}}\left[\frac{1}{\lambda - 0.5}(0.48f_{gv}b_w h_{w0} + 0.1N_w)\right.$$
$$\left. + 0.72f_{yh}\frac{A_{sh}}{s}h_{w0}\right] \qquad (B.0.3-1)$$

$$0.5V_w \leqslant \frac{1}{\gamma_{RE}}\left(0.72f_{yh}\frac{A_{sh}}{s}h_{w0}\right) \quad (B.0.3-2)$$

式中：N_w——组合的墙体轴向压力设计值（N），当
N_w 大于 $0.2f_g b_w h_w$ 时，取 $0.2f_g b_w h_w$；

V_w——墙体计算截面处的组合剪力设计值
（N）；

λ——计算截面处的剪跨比，$\lambda =$
$M_w/(V_w h_{w0})$；当 λ 小于 1.5 时，取
1.5；当 λ 大于 2.2 时，取 2.2；此处，

M_w 为与剪力设计值 V_w 对应的弯矩设计值；当计算截面与墙底之间的距离小于 $h_{w0}/2$ 时，λ 应按距墙底 $h_{w0}/2$ 处的弯矩设计值和剪力设计值计算；

f_{gv}——灌孔小砌块砌体抗剪强度设计值（N/mm²）；

A_{sh}——同一截面内的水平钢筋全部截面面积（mm²）；

s——水平分布钢筋间距（mm）；

f_{yh}——水平分布钢筋抗拉强度设计值（N/mm²）；

h_{w0}——墙体截面有效高度（mm）。

B.0.4 配筋小砌块砌体抗震墙的灌孔混凝土应采用坍落度大、流动性及和易性好，并与砌块结合良好的混凝土，灌孔混凝土的强度等级不应低于Cb20。

B.0.5 配筋小砌块砌体抗震墙应全部用灌孔混凝土灌实。

B.0.6 配筋小砌块砌体抗震墙的水平和竖向分布钢筋应符合表B.0.6的要求。水平分布钢筋宜双排布置，双排分布钢筋之间拉结筋的间距不应大于400mm，直径不应小于6mm；竖向分布钢筋宜采用单排布置，直径不应大于25mm。

表 B.0.6　配筋小砌块砌体抗震墙分布钢筋构造要求

抗震等级	最小配筋率（%）	最大间距（mm）	最小直径（mm）	
			水平分布钢筋	竖向分布钢筋
二	0.13	600	8	12
三	0.11	600	8	12

B.0.7 配筋小砌块砌体抗震墙墙肢端部应设置构造边缘构件。构造边缘构件的配筋范围为：无翼墙端部为3孔配筋，"L"形转角节点为3孔配筋，"T"形转角节点为4孔配筋；边缘构件范围内应设置水平箍筋；边缘构件的配筋应符合表B.0.7的要求。当墙肢端部为边框柱时，边框柱可作为构造边缘构件，墙肢与边框柱交接端宜设置1孔配筋。

表 B.0.7　配筋小砌块砌体抗震墙边缘构件配筋要求

抗震等级	每孔竖向钢筋最小配筋量	水平箍筋最小直径（mm）	水平箍筋最大间距（mm）
二	1φ16	6	200
三	1φ14	6	200

注：1　边缘构件水平箍筋宜采用搭接点焊网片形式；
　　2　边缘构件水平箍筋应采用不低于HRB335级的热轧钢筋。

B.0.8 配筋小砌块砌体抗震墙内水平和竖向分布钢筋的搭接长度不应小于48倍钢筋直径，锚固长度不应小于42倍钢筋直径。

B.0.9 配筋小砌块砌体抗震墙的水平分布钢筋，沿墙长应连续设置，两端的锚固应符合下列规定：

　　1 二级抗震墙，水平分布钢筋可绕竖向主筋弯180°弯钩，弯钩端部直段长度不宜小于12倍钢筋直径；水平分布钢筋也可弯入端部灌孔混凝土中，锚固长度不应小于30倍钢筋直径且不应小于250mm；当墙肢端部为边框柱时，水平分布钢筋应锚入边框柱中，其锚固构造应符合现行国家标准《混凝土结构设计规范》GB 50010的有关规定；

　　2 三级抗震墙，水平分布钢筋可弯入端部灌孔混凝土中，锚固长度不应小于25倍钢筋直径且不应小于200mm；当墙肢端部为边框柱时，水平分布钢筋应锚入边框柱中，其锚固构造应符合现行国家标准《混凝土结构设计规范》GB 50010的有关规定。

B.0.10 配筋小砌块砌体抗震墙中，跨高比小于2.5的连梁，可采用砌体连梁，其构造应符合下列要求：

　　1 连梁的上下纵向钢筋锚入墙内的长度，应符合本规程第5.5.29条中纵向受拉钢筋抗震锚固长度 l_{aE} 的要求，且均不应小于600mm；

　　2 连梁的箍筋应沿梁长设置；箍筋直径不应小于8mm；箍筋间距，二级不应大于100mm，三级不应大于120mm；

　　3 连梁在伸入墙体的纵向钢筋长度范围内应设置间距不大于200mm的构造箍筋，其直径应与该连梁的箍筋直径相同；

　　4 自梁顶面下200mm至梁底面上200mm范围内应增设腰筋，其间距不应大于200mm；每层腰筋的数量不应少于2φ10；腰筋伸入墙内的长度不应小于30倍的钢筋直径且不应小于300mm；

　　5 连梁内不宜开洞，需要开洞时应符合下列要求：

　　　　1） 在跨中梁高1/3处预埋外径不大于200mm的钢套管；

　　　　2） 洞口上下的有效高度不应小于1/3梁高，且不应小于200mm；

　　　　3） 洞口处应补强钢筋，被洞口削弱的截面应进行受剪承载力验算。

B.0.11 配筋小砌块砌体抗震墙在基础处应设置现浇钢筋混凝土地圈梁；圈梁的截面宽度应同墙厚，截面高度不宜小于200mm；圈梁混凝土抗压强度不应小于相应灌孔小砌块砌体的强度，且不应小于C20；圈梁的纵向钢筋不应小于4φ12，箍筋直径不应小于8mm，间距不应大于200mm。

附录 C 层间极限受剪承载力计算

C.0.1 矩形框架柱的层间极限受剪承载力，可按下式计算：

$$V_{cy} = \frac{M_{cy}^u + M_{cy}^t}{H_n} \alpha \qquad (C.0.1)$$

式中：M_{cy}^u、M_{cy}^t——分别为验算层偏心受压柱上、下端受弯极限承载力（N·mm）；

H_n——框架柱净高度（mm）；

α——修正系数，一般取为 1.0；对于底部两层框架的底层取为 0.9。

C.0.2 对称配筋矩形截面偏心受压柱极限受弯承载力可按下列公式计算：

当 $N \leqslant \xi_{bk} \alpha_1 f_{ck} b h_0$ 时

$$M_{cy} = f_{yk} A_s (h_0 - a_s') + 0.5Nh(1 - N/\alpha_1 f_{ck} bh) \qquad (C.0.2-1)$$

当 $N > \xi_{bk} \alpha_1 f_{ck} b h_0$ 时

$$M_{cy} = f_{yk} A_s (h_0 - a_s') + \xi(1 - 0.5\xi)\alpha_1 f_{ck} bh_0^2 - N(0.5h - a_s') \qquad (C.0.2-2)$$

$$\xi = \frac{(\xi_{bk} - 0.8)N - \xi_{bk} f_{yk} A_s}{(\xi_{bk} - 0.8)\alpha_1 f_{ck} b h_0 - f_{yk} A_s} \quad (C.0.2-3)$$

$$\xi_{bk} = \frac{\beta_1}{1 + \dfrac{f_{yk}}{E_s \varepsilon_{cu}}} \qquad (C.0.2-4)$$

$$\varepsilon_{cu} = 0.0033 - (f_{cu,k} - 50) \times 10^{-5} \qquad (C.0.2-5)$$

式中：N——对应于重力荷载代表值的柱轴向压力（N）；

A_s——柱实配纵向受拉钢筋截面面积（mm²）；

f_{yk}——柱纵向钢筋抗拉强度标准值（N/mm²）；

α_1——受压区混凝土等效矩形应力图的应力值与混凝土轴心抗压强度设计值的比值，当混凝土强度等级不超过 C50 时，α_1 取为 1.0；

a_s'——纵向受压钢筋合力点至截面近边的距离（mm）；

ξ_{bk}——相对界限受压区高度；

β_1——系数，当混凝土强度等级不超过 C50 时，β_1 取为 0.8；

E_s——钢筋弹性模量（N/mm²）；

ε_{cu}——非均匀受压时正截面的混凝土极限压应变，如计算的 ε_{cu} 值大于 0.0033，取 0.0033；

$f_{cu,k}$——混凝土立方体抗压强度标准值（N/mm²）。

C.0.3 钢筋混凝土抗震墙偏心受压时的层间极限受剪承载力可按下式计算：

$$V_{wy} = \frac{1}{\lambda - 0.5}\left(0.4f_{tk} b_w h_{w0} + 0.1N_w \frac{A_w}{A} \right) + 0.8f_{yhk} \frac{A_{sh}}{s} h_{w0} \qquad (C.0.3)$$

式中：N_w——对应于重力荷载代表值的墙体轴向压力（N），当 N_w 大于 $0.2f_{ck} A_w$ 时取 $0.2f_{ck} A_w$；

A——抗震墙的截面面积（mm²）；

A_w——T 形或 I 字形截面抗震墙腹板部分截面面积（mm²），矩形截面时，取 A_w 等于 A；

b_w——抗震墙截面宽度（mm）；

h_{w0}——抗震墙截面有效高度（mm）；

λ——抗震墙的计算剪跨比，当 λ 小于 1.5 时，取 1.5；当 λ 大于 2.2 时，取 2.2；

f_{tk}——混凝土轴心抗拉强度标准值（N/mm²）；

f_{yhk}——抗震墙水平分布钢筋抗拉强度标准值（N/mm²）；

s——抗震墙水平分布钢筋间距（mm）；

A_{sh}——配置在同一截面内的全部水平钢筋截面面积（mm²）。

C.0.4 配筋小砌块砌体抗震墙偏心受压时的层间极限受剪承载力，可按下式计算：

$$V_{wy} = \frac{1}{\lambda - 0.5}(0.48f_{gvk} b_w h_{w0} + 0.1N_w) + 0.72f_{yhk} \frac{A_{sh}}{s} h_{w0} \qquad (C.0.4)$$

式中：N_w——对应于重力荷载代表值的墙体轴向压力（N），当 N_w 大于 $0.2f_{gk} A_w$ 时取 $0.2f_{gk} A_w$；此处，A_w 为抗震墙截面积（mm²），f_{gk} 为灌孔小砌块砌体抗压强度标准值（N/mm²）；

b_w——抗震墙截面宽度（mm）；

h_{w0}——抗震墙截面有效高度（mm）；

λ——抗震墙的计算剪跨比；当 λ 小于 1.5 时，取 1.5；当 λ 大于 2.2 时，取 2.2；

f_{gvk}——灌孔小砌块砌体抗剪强度标准值（N/mm²）；

f_{yhk}——抗震墙水平分布钢筋抗拉强度标准值（N/mm²）；

s——水平分布钢筋间距（mm）；

A_{sh}——同一截面内的水平钢筋全部截面面积（mm²）。

C.0.5 底层框架-抗震墙砌体房屋中，底层嵌砌于框架之间的约束普通砖抗震墙或小砌块抗震墙及两端框架柱，其层间极限受剪承载力，应按下列规定计算：

1 一般情况下，可按下列公式计算：

$$V_{my} = \sum (M_{cy}^t + M_{cy}^c)/H_0 + f_{vEu} A_{w0} \qquad (C.0.5-1)$$

$$f_{vEu} = \zeta_N f_{vu} \qquad (C.0.5\text{-}2)$$

$$\zeta_N = \frac{1}{1.2}\sqrt{1+\sigma_0/f_{vu}} \qquad (C.0.5\text{-}3)$$

$$\begin{cases} \zeta_N = 1+0.55\sigma_0/f_{vu} & (\sigma_0/f_{vu} \leqslant 2.7) \\ \zeta_N = 1.54+0.35\sigma_0/f_{vu} & (2.7 < \sigma_0/f_{vu} \leqslant 6.8) \\ \zeta_N = 3.92 & (\sigma_0/f_{vu} > 6.8) \end{cases}$$
$$(C.0.5\text{-}4)$$

式中：f_{vEu}——砌体沿阶梯形截面破坏的抗震极限抗剪强度计算值（N/mm²）；

f_{vu}——约束普通砖或小砌块抗震墙的非抗震设计的砌体极限抗剪强度计算取值（N/mm²），可按表 C.0.5 采用；

A_{w0}——约束普通砖或小砌块抗震墙水平截面的计算面积（mm²），无洞口时可采用 1.25 倍实际截面面积；有洞口时取净截面面积，但宽度小于洞口高度 1/4 的墙段不考虑；

H_0——底层框架柱的计算高度（mm），两侧均有约束普通砖或小砌块抗震墙时，可采用柱净高的 2/3，其余情况，可取柱净高；

ζ_N——约束普通砖或小砌块抗震墙抗震抗剪强度正应力影响系数，对于约束普通砖抗震墙按式（C.0.5-3）计算，对于约束小砌块抗震墙按式（C.0.5-4）计算；

σ_0——对应于重力荷载代表值的砌体截面平均压应力（N/mm²）。

表 C.0.5 非抗震设计的砌体极限抗剪强度计算取值（MPa）

砌体种类	砂浆强度等级		
砖砌体	≥M10	M7.5	M5
	0.40	0.34	0.28
小砌块砌体	≥Mb10	Mb7.5	—
	0.22	0.19	—

2 当计入墙体内水平配筋、中部构造柱或芯柱对墙体层间极限受剪承载力的提高作用时，可按照本规程第 6.1.2 条、6.1.3 条规定的相关方法进行计算。水平配筋、中部构造柱或芯柱的材料强度设计值应采用材料强度标准值替代，并不应再考虑承载力抗震调整系数。

C.0.6 上部砌体结构层间极限受剪承载力，应按下列规定计算：

1 一般情况下，可按下列公式计算：

$$V_R(i) = \sum V_{Rj}(i) \qquad (C.0.6\text{-}1)$$

$$V_{Rj}(i) = f_{vEu} A_j(i) \qquad (C.0.6\text{-}2)$$

$$f_{vEu} = \zeta_N f_{vu} \qquad (C.0.6\text{-}3)$$

式中：$V_{Rj}(i)$——上部砌体结构第 i 层第 j 个墙片的层间极限受剪承载力（N）；

$A_j(i)$——上部砌体结构第 i 层第 j 个墙片的水平截面面积（mm²），多孔砖取毛截面面积；

f_{vu}——上部砌体抗震墙非抗震设计的砌体极限抗剪强度计算取值（N/mm²），可按本规程表 C.0.5 采用；

ζ_N——上部砌体抗震墙的抗震抗剪强度的正应力影响系数，对于砖抗震墙和小砌块抗震墙，可分别按本规程式（C.0.5-3）和式（C.0.5-4）计算。

2 当计入墙体内水平配筋、中部构造柱或芯柱对墙体层间极限受剪承载力的提高作用时，可按照本规程第 6.1.2 条、6.1.3 条规定的相关方法进行计算。水平配筋、中部构造柱或芯柱的材料强度设计值应采用材料强度标准值替代，并不应再考虑承载力抗震调整系数。

本规程用词说明

1 为便于在执行本规程条文时区别对待，对要求严格程度不同的用词说明如下：

　1）表示很严格，非这样做不可的：

　　正面词采用"必须"，反面词采用"严禁"；

　2）表示严格，在正常情况下均应这样做的：

　　正面词采用"应"，反面词采用"不应"或"不得"；

　3）表示允许稍有选择，在条件许可时首先这样做的：

　　正面词采用"宜"，反面词采用"不宜"；

　4）表示有选择，在一定条件下可以这样做的，采用"可"。

2 条文中指明应按其他有关标准执行的写法为："应符合……的规定"或"应按……执行"。

引用标准名录

1 《砌体结构设计规范》GB 50003

2 《混凝土结构设计规范》GB 50010

3 《建筑抗震设计规范》GB 50011

中华人民共和国行业标准

底部框架-抗震墙砌体房屋抗震技术规程

JGJ 248—2012

条 文 说 明

制 订 说 明

《底部框架-抗震墙砌体房屋抗震技术规程》JGJ 248-2012，经住房和城乡建设部 2012 年 3 月 1 日以第 1321 号公告批准、发布。

本规程制订过程中，编制组进行了广泛的调查研究，总结了近年来国内外大地震、特别是汶川大地震的经验教训。结合我国的经济条件和工程实践，总结了近十多年来我国底部框架-抗震墙砌体房屋抗震性能研究成果和工程应用经验，采纳了工程抗震的新科研成果，通过底层框架-抗震墙砖房和底部两层框架-抗震墙砖房整体模型试验等大量的试验研究，取得了这类房屋抗震性能的重要技术参数。为了进一步规范底部框架-抗震墙砌体房屋的抗震设计与施工，使之满足我国 6 度～8 度区抗震设防的要求，本规程在主要与国家标准《建筑抗震设计规范》GB 50011-2010 协调的基础上，对国家标准中底部框架-抗震墙砌体房屋的内容作了补充和细化。

为便于广大设计、施工、科研、学校等单位有关人员在使用本标准时能正确理解和执行条文规定，《底部框架-抗震墙砌体房屋抗震技术规程》编制组按章、节、条顺序编制了本规程的条文说明，对条文规定的目的、依据以及执行中需注意的有关事项进行了说明，还着重对强制性条文的强制性理由做了解释。但是，本条文说明不具备与规程正文同等的法律效力，仅供使用者作为理解和把握规程规定的参考。

目　次

1 总　则

1.0.1 底层框架-抗震墙砌体房屋和底部两层框架-抗震墙砌体房屋，早期是城市旧城改造和避免商业过分集中的较好结构形式。随着国民经济的快速发展，在农村城镇化及乡镇城市化的过程中，该种结构形式的房屋仍在继续兴建。目前大多集中在中小型城镇的沿街房屋中。

为了适应底部框架-抗震墙砌体房屋在抗震设防区建造的要求，总结了近十多年来的实际工程的震害经验（特别是"5·12"汶川大地震中的宝贵震害经验），结合十多年来对这种类型结构抗震性能和设计方法以及工程实践等研究成果，编制了本规程。

1.0.2 本规程的适用范围主要为抗震设防烈度为 6 度～8 度（0.05g～0.20g）的底部框架-抗震墙砌体房屋的抗震设计与施工。由于该类结构形式抗震性能相对较弱，规定仅允许用于标准设防类建筑。

1.0.3 烧结类砖包括烧结页岩砖、烧结煤矸石砖、烧结粉煤灰砖和烧结黏土砖等，烧结多孔砖的孔洞率不大于 35%。混凝土小型空心砌块是指主规格尺寸为 390mm×190mm×190mm、空心率为 50% 左右的单排孔混凝土小型空心砌块。砌体块体类型扩大了适用范围，包括混凝土砖。对于底部框架-抗震墙砌体房屋这类抗震性能相对较弱的结构形式，由于蒸压类砖材料性能相对较差，不适宜采用。

1.0.4 本条所阐述的抗震设防的三个水准的要求，是与《建筑抗震设计规范》GB 50011-2010 提出的抗震设防要求相一致的。

根据我国华北、西北和西南地区对建筑工程有影响的地震发生概率的统计分析，50 年内超越概率约为 63% 的地震烈度为众值烈度，比基本烈度约低一度半，规范取为第一水准烈度，称为"多遇地震"；50 年超越概率约 10% 的烈度，即 1990 中国地震烈度区划图规定的地震基本烈度或中国地震动参数区划图规定的峰值加速度所对应的烈度，规范取为第二水准烈度，称为"设防地震"；50 年超越概率 2%～3% 的烈度，规范取为第三水准烈度，称为"罕遇地震"，对应基本烈度 6 度时为 7 度强、7 度时为 8 度强、8 度时为 9 度弱。

与各烈度水准相应的抗震设防目标是：一般情况下（不是所有情况下），遭遇第一水准烈度——众值烈度（多遇地震）时，建筑处于正常使用状态，从结构抗震分析角度，可以视为弹性体系，采用弹性反应谱进行弹性分析；遭遇第二水准烈度——基本烈度（设防地震）时，结构进入非弹性工作阶段，但非弹性变形或结构体系的损坏控制在可修复的范围；遭遇第三水准烈度——最大预估烈度（罕遇地震）时，结构有较大的非弹性变形，但应控制在规定的严重破坏

范围内，以免倒塌。

1.0.5 主要阐明了本规程与国家现行有关标准的关系，即除遵守本规程规定外，尚应遵守国家现行其他有关标准的规定。

3　基　本　规　定

3.0.1 底部框架-抗震墙砌体房屋是由两种承重和抗侧力体系构成的结构，具有与同一种抗侧力体系构成的房屋不同的受力、变形和薄弱楼层判别的特点。底部框架-抗震墙具有较好的承载能力、变形能力和耗能能力，上部砌体房屋具有一定的承载能力，但其变形和耗能能力比较差，这类房屋的抗震能力不仅取决于底部框架-抗震墙和上部砌体房屋各自的抗震能力，而且还决定于两者之间抗震能力的匹配程度，即不能有一部分太弱。这种类型的房屋对结构抗震能力沿竖向分布的均匀性要求更加严格，关键在于底部与上部结构抗震能力的匹配关系，必须避免出现特别薄弱的楼层。

本规程对薄弱楼层的判别要求，是基于底部和上部之间抗震性能相匹配、不能有一部分过弱的前提而提出的，薄弱楼层系指在此前提下相对薄弱的楼层。由于底部框架-抗震墙部分具有较好的变形能力和耗能能力，在具有适当的极限承载力时不致发生集中的严重脆性破坏；而上部砌体部分的变形和耗能能力比较差，"大震"作用下若在极限承载力相对较小的楼层出现薄弱楼层，将产生集中的严重脆性破坏。实际震害表明，薄弱楼层出现在上部砌体部分时，房屋的整体抗震能力是比较差的。本规程规定结构的薄弱楼层不宜出现在上部砌体结构部分。

3.0.2 这类房屋的抗震能力不仅取决于底部框架-抗震墙和上部砌体房屋各自的抗震能力，而且还取决于两者抗震能力是否相匹配；在多层房屋中，存在着薄弱楼层，存在薄弱楼层的房屋的抗震能力，主要取决于其薄弱楼层的承载能力、变形能力以及与相邻楼层承载能力的相对比值。大量的震害表明，在强烈地震作用下，结构首先从最薄弱的楼层率先开裂、屈服、破坏，形成弹塑性变形和破坏集中的楼层，并将危及整个房屋的安全。对于底部框架-抗震墙砌体房屋，底部为钢筋混凝土框架-抗震墙体系，具有较好的承载能力、变形能力和耗能能力；上部为设置钢筋混凝土构造柱和圈梁的砌体房屋，具有一定的承载能力，其变形能力和耗能能力相对比较差，但构造柱与圈梁对脆性砌体的约束能提高其变形能力和耗能能力。依据这类房屋的抗震能力，给出了总层数和总高度的要求。

1 高烈度地区，该类房屋的破坏较为严重，8 度（0.30g）时不允许采用此类结构，8 度（0.20g）时对总层数和高度作了更为严格的限制。

2 房屋总层数为整数，必须严格遵守。房屋总高度按有效数字控制，当室内外高差不大于 0.6m 时，房屋总高度限值按表中数据的有效数字控制，即意味着可比表中数据增加 0.4m；当室内外高差大于 0.6m 时，虽然规定房屋总高度允许比表中的数据增加不多于 1.0m，实际上其增加量只能少于 0.4m。

3 突出屋面的屋顶间、女儿墙、烟囱等出屋面小建筑，可不计入房屋总层数和高度。但坡屋面阁楼层一般仍需计入房屋总层数和高度；对于斜屋面下的"小建筑"是否计入房屋总高度和层数，通常可按实际有效使用面积或重力荷载代表值是否小于顶层总数的 30% 控制。

4 底部框架-抗震墙砌体房屋底部属于钢筋混凝土结构，其地下室的嵌固条件应符合现行国家标准《建筑抗震设计规范》GB 50011 对混凝土结构的有关规定。当符合嵌固条件时，地下室的层数可不计入房屋的允许总层数内。

对于设置半地下室的底部两层框架-抗震墙砌体房屋，当半地下室不满足嵌固条件要求时，其半地下室楼层和其上部的一层已具有底部两层框架-抗震墙砌体房屋的特点，因此半地下室应计入底部两层的范围，半地下室上部仅允许再设一层框架-抗震墙的楼层。

5 关于上部砌体房屋横墙较少应降低一层的规定，主要是考虑横墙较少的砌体房屋部分的承载能力要降低的因素。对于上部砌体房屋横墙很少的情况，明确规定不允许采用。

6 对于上部砌体房屋横墙较少的情况，当按规定采取了较为严格的加强措施（按本规程第 6.2.21 条的要求）且抗震承载力满足要求时，6 度、7 度时允许与多层砌体房屋相当，底部框架-抗震墙砌体房屋的总层数和总高度可不降低。

3.0.3 当底层框架-抗震墙砌体房屋的底层采用约束砌体抗震墙时，底层层高较大会导致底层侧向刚度偏小，根据计算分析结果，底层的层高应有所减小。约束砌体的定义与国家标准《建筑抗震设计规范》GB 50011 - 2010 相同，大体上指由间距接近层高的构造柱与圈梁组成的砌体、同时墙中拉结钢筋网片符合相应的构造要求，具体做法可参见本规程第 5.5.25、5.5.26、6.2.21 条等。

3.0.4 底部框架-抗震墙砌体房屋和多层砌体房屋一样，存在着弯曲变形的影响，而随着房屋高宽比的增大其弯曲影响程度增强，为了保证底部框架-抗震墙砌体房屋的整体稳定性，限制了高宽比。

目前，设计建造的多层砌体房屋和底部框架-抗震墙砌体房屋中的上部砌体房屋部分的纵向抗震能力较横向抗震能力差一些，这主要是外纵墙开洞率大、内纵墙不贯通等。为了有效地保证这类房屋的纵向抗震能力，除了限制纵墙开洞率和内纵墙贯通外，减少

纵向的弯曲变形也是非常重要的，基于这方面的考虑，给出了房屋总高度与总长度的最大比值宜小于 1.5 的限制。当建筑平面趋近正方形时，纵向的弯曲变形对横向抗震性能的影响增大，故规定此时房屋的高宽比宜适当减小。

3.0.5 合理的建筑形体和规则的构件平面、竖向布置，是抗震设计中头等重要的原则。提倡平、立面规则对称，是基于震害经验总结和大量分析研究的成果。规则、对称的结构较容易正确估计其地震作用下的反应，可避免出现应力集中的部位，较容易采取构造措施和进行细部处理，其震害较不对称的房屋要轻。本条包含了对建筑的平、立面外形尺寸，抗侧力构件布置、质量分布，楼板开洞情况，以及错层等诸多因素的综合要求。

底部框架-抗震墙砌体房屋是由底部框架-抗震墙和上部砌体房屋两种承重和抗侧力构件构成的，底部与上部楼层的抗震能力相匹配，刚度变化不超过一定的限度等是非常重要的。由于多层砌体房屋部分的抗震能力相对比较差，而且增强应力集中部位的构造措施较为困难。因此，对于底部框架-抗震墙砌体房屋的平、立面布置规则的要求应更严格一些，其平立面布置最好为矩形，抗侧力构件在平面内布置宜对称，上下应连续、不错位、且横截面面积变化缓慢。底部框架-抗震墙砌体房屋平面突出部分不宜大于该方向总尺寸的 30%，楼层沿竖向局部收进的水平向尺寸不宜大于相邻下一层该方向总尺寸的 25%。不满足上述要求时，应考虑水平地震作用的扭转效应和对薄弱部位采取有效的措施。

砌体墙的抗震性能比混凝土墙弱，有关上部砌体房屋的楼板外轮廓、开大洞等不规则划分的界限应比混凝土结构有所加严。

错层结构受力复杂，底部框架-抗震墙砌体房屋结构竖向不规则，错层方面的规定应更严格。本规程明确规定过渡楼层不应错层，其他楼层不宜错层。当建筑设计确有需要时，允许局部错层，但错层部位楼板高差超过层高的 1/4 时必须设防震缝分成不同的结构单元，错层部位楼板高差超过 500mm 时应按两层计算。

3.0.6、3.0.7 抗震结构体系要求受力明确、传力合理且传力路线不间断，使结构的抗震分析更符合结构在地震时的实际反应，对提高结构的抗震能力十分有利，是布置结构抗侧力体系时首先考虑的条件之一。

1 底层框架-抗震墙砌体房屋的底层和底部两层框架-抗震墙砌体房屋的底部两层，在纵、横向均布置为框架-抗震墙体系，不能用构造柱、圈梁代替框架梁、柱，而使这类房屋的底部形不成完整的框架体系。在纵、横向均设置一定数量的抗震墙，使这类房屋的底部形成完整的框架-抗震墙体系。

震害经验和模型试验结果表明，底层和底部两层

均应沿纵横两个方向设置一定数量的抗震墙，使底部形成具有两道防线的框架-抗震墙体系。沿两个主轴方向均匀对称布置是防止扭转影响的要求。为了增强钢筋混凝土抗震墙的极限承载力和变形耗能能力、利于墙板的稳定，应把钢筋混凝土墙设计成带边框的钢筋混凝土墙，以保证抗震墙破坏后，周边的梁和边框柱仍能承受竖向荷载。

底部采用约束砌体抗震墙的情况，仅允许用于6度设防且总层数不超过四层时的底层框架-抗震墙砌体房屋，不允许在底部两层框架-抗震墙砌体房屋中采用。砌体抗震墙应采用约束砌体加强，并且不应采用约束多孔砖砌体，具体的构造见本规程第5.5节。6度、7度时，当上部为小砌块砌体房屋时，底部也允许采用配筋小砌块砌体抗震墙，应按照配筋小砌块的有关要求执行。还需注意，砌体抗震墙应基本均匀对称布置，避免或减少扭转效应，不作为抗震墙的砌体墙，应按填充墙处理，施工时后砌。

2 上部砌体房屋采用纵墙承重体系时，因横向支承较少，纵墙易受弯曲破坏而导致倒塌，故不宜采用全部纵墙承重的结构布置方案。砌体墙和混凝土墙混合承重的结构体系受力情况复杂，易造成不同材料墙体的各个击破，对于上下部分已为不同结构体系的底部框架-抗震墙砌体房屋更应避免采用。

上部砌体房屋的纵横墙分布均匀、对称，是为了使各墙体的受力较为均匀，避免出现较弱的薄弱部位破坏；沿平面内宜对齐和纵墙不宜错位以及沿竖向应上、下连续等，都是要求结构体系传力合理且传力路线不间断的具体化。当纵墙有错位时，可在错位处的楼（屋）面板增设现浇带，以便通过现浇板较好地将地震作用传递。

根据房屋两个主轴方向振动特性不宜相差过大的要求，规定纵横向墙体数量不宜相差过大，在房屋宽度方向的中部（约1/3宽度范围）应设有足够数量的内纵墙，且多道内纵墙开洞后的累计净长度不宜小于房屋纵向总长度的60%。当上部砌体房屋层数很少时，可比60%适当放宽。

控制上部砌体房屋部分墙体的开洞面积，对提高上部砌体房屋部分的整体抗震能力非常重要。开洞面积过大，使部分墙段的高宽比大于1.0，将减弱这些墙段的抗震能力。经分析比较，给出了对外纵墙开洞面积的控制要求。同一轴线上的窗间墙，包括与同一直线或弧线上墙段平行错位净距离不超过2倍墙厚的墙段上的窗间墙（此时错位处两墙段之间连接墙的厚度不应小于外墙厚度）。

上部砌体房屋的楼梯间墙体缺少各层楼板的双侧侧向支承，有时楼梯踏步还会削弱楼梯间的墙体。尤其是楼梯间顶层，墙体有一层半楼层的高度，地震中震害较重。因此，在建筑布置时楼梯间应尽量不设在尽端，或对尽端开间采取专门的加强措施。

转角窗严重削弱纵横向墙体在角部的连接，局部破坏严重，必须避免采用。

3.0.8 地震中，横墙间距的大小对房屋的抗倒塌能力影响很大。底部框架-抗震墙砌体房屋的抗震横墙最大间距分为两部分，一是底部框架-抗震墙部分，二是上部砌体房屋部分。抗震横墙最大间距同《建筑抗震设计规范》GB 50011-2010的要求。底部框架-抗震墙部分的抗震横墙最大间距较高层钢筋混凝土框架-抗震墙房屋的抗震墙最大间距要求要严格一些，主要是高层钢筋混凝土框架-抗震墙房屋是分层传递地震作用，而底部框架-抗震墙砌体房屋的底部要传递上部砌体房屋部分的地震作用。

上部砌体房屋的顶层，当屋面采用现浇钢筋混凝土结构，大房间平面长宽比不大于2.5时，最大抗震横墙间距的要求可适当放宽，但不应超过表3.0.8中数值的1.4倍及18m。此时抗震横墙除应满足抗震承载力计算要求外，相应的构造柱应予加强并至少向下延伸一层。

3.0.9 结构刚度沿楼层高度分布是否均匀，集中反映出结构层间弹性位移反应的均匀性。对于各楼层均为同一种结构体系构成的结构，其层间刚度与构件的截面尺寸、层高和构件材料强度等级等有关。在钢筋混凝土结构中，在各层构件的纵筋不改变的条件下，其层间刚度与层间极限承载力的变化趋势一致。由于底层框架-抗震墙砌体房屋的底层与上部砌体房屋之间构件承载能力和抗侧力刚度的差异等原因，这一结论已不再适用。从要求这类房屋弹性和弹塑性位移反应较为均匀的原则出发，在大量分析研究的基础上，得出第二层与底层侧向刚度比的适宜取值为1.2～2.0。由于上部砌体房屋部分的承载能力和变形、耗能能力都较底层框架-抗震墙差，所以在底层承载能力大于第二层承载能力的底层框架-抗震墙砌体房屋中，其弹塑性位移集中的楼层不是底层而是上部砌体房屋的较弱楼层，薄弱楼层在上部砌体房屋部分的底层框架-抗震墙砌体房屋的抗震能力是比较差的。因此，特别指出了第二层与底层侧向刚度的比值不应小于1.0。

底部两层框架-抗震墙砌体房屋楼层层间刚度均匀性与底层框架-抗震墙砌体房屋相类似，根据分析结果给出了第三层与第二层侧向刚度比的要求。

在计算侧向刚度比时，过渡楼层的侧向刚度应考虑构造柱的刚度贡献。

3.0.10 钢筋混凝土房屋抗震等级的划分是依据地震作用的大小（地震烈度）、房屋的主要抗侧力构件性能、房屋的高度以及所处的场地状况等综合考虑的，在抗震设计中的抗震等级应包括内力调整和抗震构造措施。底部钢筋混凝土结构部分的抗震等级大致与钢筋混凝土结构的框支层相当，底部框架的抗震等级比普通框架-抗震墙结构的要求要严格。但考虑到底部框架-抗震墙砌体房屋的总高度较低，底部钢筋混凝土抗震墙一般应按低矮墙或开竖缝墙设计，构造要求上有所区别。

3.0.11 底部框架-抗震墙砌体房屋的抗震能力取决于底部框架-抗震墙和上部砌体房屋两部分的抗震能力及其相匹配的程度，对于上部砌体房屋的局部尺寸控制是为了防止在该方向水平地震作用下因墙体的侧向刚度和破坏状态的差异而导致各个击破的破坏，防止出现相关局部部位实效而造成整体结构的破坏。个别或少数墙段不满足时可采取如增设构造柱等加强措施，但尺寸不足的小墙段应满足最小限值的要求。

外墙尽端指，建筑物平面凸角处（不包括外墙总长的中部局部凸折处）的外墙端头，以及建筑物平面凹角处（不包括外墙总长的中部局部凹折处）未与内墙相连的外墙端头。

3.0.12 底部框架-抗震墙砌体房屋的材料，主要是钢筋、混凝土、块体和砂浆，为了保证这类房屋的抗震性能提出了相应的要求。对底部框架-抗震墙部分的混凝土强度等级提出了更高的要求；过渡层受力复杂，其墙体材料强度应予以提高；框架梁、框架柱以及楼梯的踏步段等纵向钢筋应有足够的延性，钢筋伸长率的要求，是控制钢筋延性的重要性能指标。

规定框架普通纵向受力钢筋的抗拉强度实测值与屈服强度实测值的比值，是为保证当构件某个部位出现塑性铰以后，塑性铰处有足够的转动与耗能能力；规定屈服强度实测值与标准值的比值，是为保证实现强柱弱梁、强剪弱弯所规定的内力调整。

根据《建筑抗震设计规范》GB 50011-2010 规定的基本原则，从发展趋势考虑，不再推荐箍筋采用 HPB235 级钢筋，但现有生产的 HPB235 级钢筋仍可继续作为箍筋使用。

本规程中有关钢筋混凝土部分的规定是基于混凝土强度不超过 C50 的情况而给出的，故在其材料性能指标中限定了混凝土强度等级不超过 C50。

3.0.13 底部框架-抗震墙砌体房屋的底部和上部由两种不同的结构形式构成，结构体系上属于竖向不规则，故 6 度时也应进行多遇地震作用下的截面抗震验算。

3.0.14 《建筑抗震设计规范》GB 50011-2010 采用二阶段的设计方法，使房屋达到"小震"不坏、设防烈度可修、"大震"不倒的抗震设防要求。所谓二阶段设计方法，是指多遇"小震"作用下的构件截面抗震验算，和罕遇"大震"作用下的弹塑性变形验算以及相应的抗震构造措施。在抗震验算中，多遇"小震"作用下的构件截面抗震验算是为了使结构构件具有必要的承载能力；"大震"作用下的弹塑性变形验算是为了使结构避免出现特别薄弱的楼层，同时通过改善结构的均匀性和提高结构构件变形能力的构造措施，使房屋具有防止在"大震"作用下倒塌的能力。

在《建筑抗震设计规范》GB 50011-2010 中规定底部框架-抗震墙砌体房屋宜进行罕遇地震作用下薄弱楼层的弹塑性变形验算，并给出了底部框架-抗震墙部分的弹塑性层间位移角限值为 1/100。模型试验研究的结果以及实际震害调查结果表明，底部框架-抗震墙砌体房屋的薄弱楼层不一定均在底部，薄弱楼层的位置与底部抗震墙数量的多少以及上部砌体房屋的材料强度等级、抗震墙间距等有关。

砌体房屋的抗震性能，主要是依靠砌体的承载能力和钢筋混凝土构造柱、圈梁对脆性砌体的约束作用以及房屋规则性等来保证。因此，在《建筑抗震设计规范》GB 50011-2010 中对砌体房屋的抗震设计，采用的是"小震"作用下的构件承载力截面验算和设防烈度下的抗震构造措施。多层砌体房屋变形能力的离散性比较大，墙片的试验还不能完全反应整体房屋的状况。所以在砌体房屋中采用弹塑性变形验算有一定的困难。

由于此类房屋对结构抗震能力沿竖向分布的均匀性要求比一般房屋更加严格，结构薄弱楼层判别的关键在于底部与上部结构抗震能力的匹配关系，因此，不能简单采用多层钢筋混凝土框架房屋判断薄弱楼层的方法。基于对这类房屋抗震能力分析的研究成果，本规程提出了进行罕遇地震作用下极限承载力分析、薄弱楼层判别的方法，其目的是使底部框架-抗震墙砌体房屋的抗震设计更为合理，做到既安全又经济。这里还要强调的是，相应的构造措施对于防止"大震"不倒是非常重要的。

3.0.15 历次大地震的经验表明，同样或相近的建筑，建造于Ⅰ类场地时震害较轻，建造于Ⅲ类、Ⅳ类场地震害较重。

抗震构造措施不同于抗震措施。对Ⅰ类场地，仅降低抗震构造措施，不降低抗震措施中的其他要求，如按概念设计要求的内力调整措施等；对Ⅲ类、Ⅳ类场地，仅提高抗震构造措施，不提高抗震措施中的其他要求，如按概念设计要求的内力调整措施等。

4 地震作用和结构抗震验算

4.1 水平地震作用和作用效应计算

4.1.1～4.1.6 引入国家标准《建筑抗震设计规范》GB 50011-2010 中有关地震作用计算的要求。

突出屋面的小建筑，一般按其重力荷载小于标准层 1/3 来控制。

底部框架-抗震墙砌体房屋的动力特性类似多层砌体房屋，周期短。在采用振型分解反应谱法计算水平地震作用时，应考虑底部框架填充墙的刚度贡献、作适当调整，以保证对应的地震影响系数能够达到 $\alpha_{\max}$ 为宜。

4.1.7 对于应考虑扭转影响的底部框架-抗震墙砌体房屋，可采用考虑平动与扭转耦连的振型分解法进行分析。为了能进行简化分析，给出了近似的分析方法。

考虑扭转效应的现有的计算方法有许多，扭转效应修正系数法表示扭转时某榀抗侧力构件按平动分析的剪力效应的增大，物理概念明确。《建筑抗震设计规范》GBJ 11-89条文说明中也给出了按平动分析的层剪力效应增大的简化计算方法，其数值依赖于各类结构大量算例的统计。对低于40m的框架结构，当各层的质心和"计算刚心"接近于两串轴线时，根据上千个算例的分析，若偏心参数 ε 满足 $0.1<\varepsilon<0.3$，则边榀框架的扭转效应增大系数 $\eta_t = 0.65+4.5\varepsilon$。其偏心参数的计算公式是 $\varepsilon = e_y s_y/(K_\phi/K_x)$，其中，$e_y$、$s_y$ 分别为 i 层刚心和 i 层边榀框架距 i 层以上总质心的距离（y 方向），K_x、K_ϕ 分别为 i 层平动刚度和绕质心的扭转刚度。其他类型结构也有相应的扭转效应系数。

4.1.8 底部框架-抗震墙砌体房屋的地震反应，实际并未因底部的刚度小于过渡楼层而在底部出现增大的反应，但考虑到底部的严重破坏将危及整体房屋，为防止因底部严重破坏而导致房屋的整体垮塌、减少底部的薄弱程度，对底部的地震剪力设计值进行增大调整以增强底部的抗震承载能力。增大系数可按过渡楼层与其下相邻楼层的侧向刚度比值用线性插值法近似确定，侧向刚度比越大增加越多。

由于底部框架-抗震墙部分的承载能力、变形和耗能能力较上部砌体房屋部分要好一些，根据国内多家单位对这类房屋大量的抗震能力、结构均匀性与不同侧向刚度比相关性的工程实例分析结果，当过渡楼层与其下相邻楼层的侧向刚度比在 1.0～1.3 之间时，底部的地震剪力设计值可不作增大调整。

为了使底部第一道防线的抗震墙具有较好的承载能力，提出地震剪力设计值全部由抗震墙承担的要求。

4.1.9 关于底部框架承担的地震剪力，考虑了抗震墙开裂后的弹塑性内力重分布，是为了提高底部第二道防线的抗震能力。

楼层水平地震作用在各抗侧力构件之间的分配受楼盖平面内变形的影响较大，当抗震墙之间楼盖长宽比较大时，需考虑楼盖变形对楼层水平地震作用分配的影响。

4.1.10、4.1.11 底部框架-抗震墙砌体房屋地震倾覆力矩主要是引起楼层的转角。因此，地震倾覆力矩的分配就不能按过渡楼层底板处弯曲刚度无限大来考虑，这种假定是基于底部各抗震墙和框架在过渡楼层底板处的弯曲变形是相同的，与实际情况有较大差别。对上述楼层处弯曲刚度有较大贡献的是垂直于地震作用方向的梁和墙，只有当层数多，梁和墙的截面

较大时效果才明显。而该楼板出平面的刚度较小。通过有限元分析比较，进一步指出了假定过渡楼层底板弯曲刚度无限大的主要问题为：①夸大了抗震墙弯曲刚度的作用，致使框架分配的倾覆力矩小于实际承担值；②钢筋混凝土墙弯曲刚度对框架的影响与距它的距离有关，而上述假定无法反应；③底部框架-抗震墙开间相差较大时，框架承担的倾覆力矩应有所差别，而上述假定无法反应。

基于有限元法的分析结果，提出了一种半刚性的分配方法，即按框架-抗震墙的弯曲刚度和框架或抗震墙间从属重力荷载面积的比例的平均值进行分配。

4.1.12、4.1.13 按《建筑抗震设计规范》GB 50011-2010 的规定。

由普通砖或小砌块砌体抗震墙与混凝土框架组成的组合抗侧力构件，其所承担的地震作用将通过周边框架向下传递，故砌体抗震墙周边的框架柱需计入墙体引起的附加轴向力和附加剪力。

4.2 截面抗震验算

4.2.1 直接引用现行国家标准《建筑抗震设计规范》GB 50011 中的相关规定。

5 底部框架-抗震墙抗震设计

5.1 结 构 布 置

5.1.1 底部框架的柱网布置应尽量与上部砌体房屋纵、横墙的轴线一致，主要考虑在竖向荷载作用下墙体与框架共同作用，减少框架的变形。由于上部砌体房屋的使用功能要求，其轴线上墙体不一定全部贯通。在这种情况下可通过在底部钢筋混凝土墙中设置暗柱等措施，使底部的框架-抗震墙体系较为合理。

对于底部框架抗震设计，提出了应在纵、横两个方向均设置为现浇钢筋混凝土框架的要求。

国家标准《建筑抗震设计规范》GB 50011-2010 中对于框架-抗震墙结构中的框架，允许采用单跨结构。但由于底部框架-抗震墙砌体结构属于抗震性能相对较弱的结构体系，本规程增加了控制底部单跨框架结构的要求。底部框架某个主轴方向均为单跨属于单跨框架结构；某个主轴方向有局部的单跨框架，可不作为单跨框架结构对待。

底部框架的柱距不宜过大，以保证底部具有足够的侧向刚度，同时易于上部砌体墙与底部框架梁或抗震墙的边框梁对齐，尽可能减少次梁托墙的情况。

当框架柱采用独立基础时，增设两个主轴方向的基础系梁有利于增强框架的整体性和抗震性能。对于抗震性能要求高的一级框架和IV类场地上的二级底部框架柱等情况，采用独立基础时，提出宜沿两个主轴方向增设基础系梁的要求。

5.1.2 抗震墙的承载能力与材料强度等级、约束或配筋情况以及截面尺寸有关，同时与墙体的压应力有关，抗震墙布置在上部砌体结构有砌体抗震墙的轴线处，不仅利于结构重力荷载和地震剪力的传递，也有利于提高抗震墙的抗震承载力。

底部抗震墙的布置，对底部层的抗震性能有直接的影响，纵、横墙尽量相连不仅可提高墙体的侧向刚度，而且可提高墙体的承载能力。钢筋混凝土抗震墙带有翼缘、翼墙时，尚应考虑翼缘、翼墙的抗侧力作用；计算内力和变形时，墙体应计入端部翼墙的共同工作。对于翼墙的有效长度，可按照"每侧由墙面算起可取相邻抗震墙净间距的一半、至门窗洞口的墙长度及抗震墙总高度的15％三者的最小值"考虑，可供参考。

结合楼梯间布置抗震墙，以形成安全通道。楼梯间抗震墙的布置不宜对房屋整体造成较大的扭转效应。

底层框架-抗震墙砌体房屋的底层钢筋混凝土抗震墙，往往是高宽比小于1.0的低矮墙，低矮墙的破坏为脆性破坏。在钢筋混凝土墙中，高宽比大于2.0的为高剪力墙，其破坏状态为弯曲破坏，高宽比大于1.0小于2.0的为中等高的剪力墙，其破坏状态为弯剪破坏。为了改善带边框低矮钢筋混凝土墙的抗震性能，中国建筑科学研究院工程抗震研究所等单位进行了带边框开竖缝钢筋混凝土低矮墙的试验和分析研究。其做法是：在开竖缝处水平钢筋断开，在竖缝两侧设置暗柱。试验分为三组，一组为不开竖缝的带边框的整体墙，一组为水平钢筋在竖缝处断开，而且在竖缝处设置两块宽度与钢筋混凝土墙厚度相同的预制钢筋混凝土板，另一组为水平钢筋断开，但未设预制钢筋混凝土隔板。试验结果表明，带边框开竖缝的钢筋混凝土低矮墙具有较好的抗震性能，而且在开竖缝处设置两块钢筋混凝土预制板的墙较不设置的更好一些。因此，对带边框的钢筋混凝土低矮墙采用开竖缝至梁底，并在竖缝处放置两块预制的钢筋混凝土板，使带边框的低矮墙分成两个或三个高宽比大于1.5的墙板单元，可以大大改善带边框钢筋混凝土低矮墙的抗震性能，大大提高墙体的极限变形能力和耗能能力，其弹性刚度和极限承载能力较整体低矮墙降低不多，而且还具有后期变形稳定的特点。

在墙板中设置交叉暗斜撑有助于提高低矮墙的抗剪能力。

由于底部抗震墙承受相当大的地震剪力、弯矩和倾覆力矩，因此其基础应具有良好的整体性和较强的抗转动能力，防止当地基土较弱、基础刚度和整体性较差时，地震作用下抗震墙基础产生较大转动而使抗震墙的侧向刚度降低，从而对构件内力和位移产生不利影响。

5.1.3 在底部框架-抗震墙的横向或纵向设置钢支撑或耗能支撑，不仅能提高底部楼层的侧向刚度，而且能改善底部楼层的抗震性能，同时便于协调过渡楼层与其下层的侧向刚度比。当部分抗震墙采用支撑替代时，可以改善房屋使用功能的布置。

5.1.4 发生强烈地震时，楼梯间是重要的紧急逃生竖向通道，楼梯间（包括楼梯板）的破坏会延误人员疏散及救援工作，从而造成严重伤亡，楼梯间抗震设计要求应加强。楼梯边梁或横梁支承在柱上会形成短柱，震害表明，这些部位在强震中破坏是非常严重的。

楼梯构件与主体结构整浇时，梯板具有斜支撑的作用，对结构规则性、刚度、承载力的影响比较大，应参与抗震计算。当采取相应措施时（如梯板滑动支承于平台板），楼梯构件对结构刚度等的影响较小，是否参与整体抗震计算差别不大。当楼梯间设置抗震墙时，因抗震墙刚度较大，楼梯构件对结构刚度的影响较小，可不参与整体抗震计算。

5.2 托墙梁的作用与作用效应

5.2.1 本条规定了托墙梁上等效竖向荷载的取值方法。根据中国建筑科学研究院、西安建筑科技大学、大连理工大学等单位的试验研究和大量的有限元计算结果，取30％（无洞口墙梁）和50％（有洞口墙梁）的上部总荷载作为等效荷载计算托墙梁的弯矩和剪力，均比有限元计算结果大，为简化计算且偏于安全，不再区别墙梁是否带洞，均取60％的上部荷载作为等效荷载。

大连理工大学、哈尔滨建筑大学的试验研究和空间有限元分析结果表明，当底部为大开间时，与相应的小开间相比，抽柱轴线的横向托墙梁承担的竖向荷载减小较多，与其相邻的横向框支墙梁上的竖向荷载增加了约40％。考虑到空间有限元计算时，一些参数（如楼板刚度）取值的偏差，以及当上部各层楼板为预制板时，房屋实际的空间作用没有计算的那么大，所以在确定纵梁支承的横向托墙梁的等效荷载时，没有考虑房屋的整体空间作用，假定其负载范围内的竖向荷载全部由该梁承受，但仍考虑了其内拱卸荷作用，取等效荷载系数为0.6。但在确定横向框支墙梁的等效荷载时，考虑了抽柱使其竖向荷载增加40％的情况，取等效荷载系数为$(1.0+0.4)×0.6=0.84$，实际取0.85。

当底部为大开间时，横向托墙梁将传给纵向托墙梁一个集中荷载，其值可近似取承载范围的重力荷载值，考虑到内拱卸荷作用，将按此计算的集中荷载，对内、外纵梁分别乘以0.9和1.1的系数。计算结果表明，按上述方法计算得到的集中荷载，对内、外纵梁分别为9.3％和5.7％的总竖向荷载。哈尔滨建筑大学的有限元计算结果表明，内、外纵梁承受的集中荷载分别为5.9％和3.0％的总竖向荷载。可见，按本条规定所得到的内、外纵梁上的集中荷载分别是有限元计算结果的1.6倍和1.9倍，偏于安全。

5.2.2 大震时，托墙梁上部的砌体墙开裂严重，托墙梁受力状态与非抗震时的墙梁有所差异，应对非抗震计算时的有关参数进行调整。简化计算时，应采用偏于安全的方法。

对于次梁支托计算，应注意以下要求：①托墙的次梁应按《建筑抗震设计规范》GB 50011-2010中第3.4.4条考虑地震作用的计算和内力调整；②次梁的竖向力和弯矩应作为主梁的集中力和集中扭矩，并应传递到主梁两端的竖向支承构件，形成附加的地震作用效应。这个传递过程要有明确的地震作用传递途径；③主梁两端的竖向支承构件，应考虑主梁平面外的附加内力，构造上也应相应加强。

此外，对于框架柱的轴向力应对应于上部的全部竖向荷载。

5.3 构件截面组合内力的调整

5.3.1 "强柱弱梁"的调整是底部框架应遵从的原则。对于框架托墙梁的梁柱节点，由于托墙梁与一般框架梁受力的差异，托墙梁的截面比一般框架梁大得多，其具有比较大的变形能力，与钢筋混凝土结构的框支梁相同，不再要求托墙梁节点处满足强柱弱梁的规定。

对于底部框架-抗震墙砌体房屋，本条规定适用于底部两层框架第一层顶部的中间节点。

若计入楼板的钢筋，且材料强度标准值考虑一定的超强系数，则可提高框架"强柱弱梁"的程度。计算梁端实配抗震受弯承载力时，尚应计入梁两侧有效翼缘范围内的楼板。故在计算框架刚度和承载力时，所计入的梁两侧有效翼缘范围应相互协调，承载力计算可适当计入楼板的钢筋。

5.3.2 参照框支柱顶层柱上端和底层柱下端组合弯矩设计值的调整原则乘以增大系数。对于三级框架柱，参照一级、二级框支柱增大系数的原则，给出了增大系数为1.15。

5.3.3~5.3.5 底部框架-抗震墙"强剪弱弯"和角柱加强的调整要求。

5.3.6 对于底层框架的底层顶部和底部两层框架第二层顶部的节点核芯区，由于托墙梁的存在，可不进行抗震验算，但应符合抗震构造措施要求。

5.4 截面抗震验算

5.4.1~5.4.9 根据底部框架-抗震墙砌体房屋中底部框架梁、柱、钢筋混凝土墙和约束砌体抗震墙截面抗震验算的要求，给出了上述构件截面抗震验算公式。

由约束普通砖或小砌块砌体抗震墙与混凝土框架组成的组合抗侧力构件，在满足上下层侧向刚度比

2.5的前提下，数量较少但需承担全楼层100%的地震剪力（6度约为全楼总重力的4%）。因此，虽然仅适用于6度设防，但为判断其安全性，仍应进行抗震验算。

5.5 抗震构造措施

Ⅰ 框架抗震构造措施

5.5.1 底部框架-抗震墙砌体房屋的底部框架受力复杂，具有承担上部砌体房屋传递的竖向荷载、地震倾覆力矩和水平地震剪力等作用，矩形柱截面的边长比较《建筑抗震设计规范》GB 50011-2010中对一般钢筋混凝土框架柱的要求更严格一些。

5.5.2、5.5.3 柱轴压比的限值和柱纵向钢筋配置要求同《建筑抗震设计规范》GB 50011-2010。规定底部框架-抗震墙砌体房屋的底部框架柱不同于一般框架-抗震墙结构中的框架柱的要求，大体上接近框支柱的有关要求。柱轴压比、纵向钢筋的规定，参照了框架结构柱的相关要求。

5.5.4~5.5.8 按《建筑抗震设计规范》GB 50011-2010的规定，给出了柱箍筋配置的要求。因柱的箍筋间距已取全高不大于100mm，故加密区和非加密区箍筋配置的区别主要体现在体积配箍率和箍筋肢距方面。

对于由封闭箍筋和拉筋组成的复合箍，拉筋两端为135°弯钩，约束效果最好的是拉筋同时钩住主筋和箍筋，其次是拉筋紧靠纵筋并钩住箍筋，当拉筋间距符合箍筋肢距的要求，纵筋与箍筋有可靠拉结时，拉筋也可紧靠箍筋并钩住纵筋。

5.5.9 框架梁柱节点核芯区的混凝土应具有良好的约束，以使框架梁柱的纵向钢筋有可靠的锚固条件。因核芯区内箍筋的作用与柱端有所不同，其构造要求与柱端有所区别。

5.5.10~5.5.13 地震作用下，底部框架梁要有足够的变形能力，梁端截面混凝土相对受压区高度直接影响到梁的塑性转动量，从而决定了梁的变形能力，故抗震设计时梁端截面混凝土相对受压区高度应比非抗震设计时有更严格的要求。当相对受压区高度为0.25~0.35范围时，梁的位移延性系数可达到3~4，具有较好的变形能力。需注意的是，计算梁相对受压区高度和纵向受拉钢筋时，应采用梁、柱交界面的组合弯矩设计值，并计入受压钢筋量。计算梁端相对受压区高度时，宜按梁端截面实际受拉和受压钢筋面积进行计算。

梁端底面的钢筋能够增加负弯矩时梁端的塑性转动能力，还能防止地震作用下梁底出现正弯矩时梁端过早屈服或破坏严重，梁端底面和顶面纵向钢筋的合理比值对增强梁的变形能力是很重要的。

5.5.14 除按《建筑抗震设计规范》GB 50011-2010

对梁加密区箍筋的配置要求外,关于梁的箍筋加密区范围,本规程还补充了钢筋混凝土墙开竖缝处框梁的1.5倍梁高范围,这主要是由于开竖缝处梁剪力的增大。在带边框开竖缝钢筋混凝土低矮墙模型试验中发现,由于开竖缝附近没有对梁的箍筋加密而出现了该处混凝土的剪切破坏。

5.5.15、5.5.16 在底部框架-抗震墙砌体房屋中,底部框架梁分为两类,第一类是底部两层框架-抗震墙砌体房屋的第一层框架梁,这类梁与一般多层框架结构中的框架梁要求相同;第二类为底层框架-抗震墙砌体房屋的底层框架托墙梁和底部两层框架-抗震墙砌体房屋的第二层框架托墙梁,这类梁是极其重要的受力构件,受力情况复杂,对其构造措施作出了专门的加强规定。

托墙梁由于承受上部多层砌体墙传递的竖向荷载,其梁截面的正应力分布与一般框架梁有差异,其正应力分布的中和轴上移或下移较为明显,其拉应力大于压应力3倍左右,其中和轴已移至离顶部1/4～1/3处,针对这类梁的应力分布特点,提出了腰筋的配置要求。

对比《建筑抗震设计规范》GB 50011-2010对托墙梁的构造要求,本规程对托墙梁在上部墙体靠梁端开洞时的跨高比提出了更严格的要求(为了使过渡楼层墙体的水平受剪承载力不致降低过多),同时对梁中通长纵向钢筋的配置给出了加强要求。

Ⅱ 抗震墙抗震构造措施

5.5.18、5.5.19 从提高底部钢筋混凝土墙的变形能力出发,给出了底部钢筋混凝土墙的抗震措施。由于底部钢筋混凝土墙是底部的主要抗侧力构件,对其构造上提出了更为严格的要求,以加强抗震能力。

端柱的截面宜与本层的框架柱相同,并应符合框架柱的有关要求。

5.5.20 底部钢筋混凝土抗震墙为带边框的抗震墙且总高度不超过两层,其边缘构件可按一般部位的规定设置,只需要满足构造边缘构件的要求。

5.5.22 根据对开竖缝墙的试验和分析研究,专门给出了开竖缝钢筋混凝土抗震墙的构造措施,提出开竖缝墙应在竖缝处断开和应设置暗柱的要求。竖缝宽度一般可取70mm～100mm,预制隔板可采用钢筋混凝土隔板或其他材料的隔板,每块板厚可取35mm～50mm。

5.5.23 根据实际震害的经验总结,对高连梁,推荐采用设置水平缝的方法,使一根连梁成为大跨高比的双连梁或多连梁(使其跨高比大于2.5为宜),其破坏形态从剪切破坏变为弯曲破坏。

5.5.24 钢筋混凝土抗震墙体支承平面外的抗侧力楼面大梁时,其构造措施应加强,以保证墙体出平面的性能,同时,保证梁的纵筋在墙内的有效锚固,防止

在往复荷载作用下梁纵筋产生滑移和与梁连接的墙面混凝土拉脱。

5.5.25、5.5.26 从提高底部约束砌体抗震墙的抗震性能出发,对底部约束砌体抗震墙的墙厚、材料强度等级、约束及拉结构造等提出了要求,同时确保在使用中不致被随意拆除或更换。

Ⅲ 其他抗震构造措施

5.5.28 底层框架-抗震墙砌体房屋的底层和底部两层框架-抗震墙砌体房屋第二层的顶板应采用现浇板。考虑这层楼板传递水平地震作用和地震倾覆力矩,对现浇钢筋混凝土楼盖的厚度、配筋和开洞情况提出了要求,本规程同时对洞口边梁的宽度作出了规定。

5.5.30 实际震害表明,单层配筋的板式楼梯在强震中破坏严重,踏步板中部断裂、钢筋拉断,板式楼梯宜采用双层配筋予以加强。

6 上部砌体结构抗震设计

6.1 截面抗震验算

6.1.1 按照《建筑抗震设计规范》GB 50011-2010的方法,砌体抗震抗剪强度正应力影响系数的确定,对砖砌体采用主拉公式,对小砌块砌体采用剪摩公式。根据有关试验资料,当 $\sigma_0/f_v \geqslant 16$ 时,小砌块砌体的正应力影响系数如仍按剪摩公式线性增加,则其值偏高,偏于不安全,因此当 $\sigma_0/f_v > 16$ 时,小砌块砌体的正应力影响系数都按 $\sigma_0/f_v = 16$ 时取值为3.92。

6.1.2、6.1.3 规定了上部砌体墙抗震受剪承载力验算方法。根据西安建筑科技大学、大连理工大学等单位的试验研究和有限元分析,发现过渡楼层墙体的水平受剪承载力比相同条件的落地墙体降低约20%～30%。降低幅度主要与托梁高跨比 h_b/l、墙体高跨比 h_w/l、墙体截面平均压应力 σ_0 与砌体抗剪强度 f_v 之比等因素有关。为简化计算,墙体水平抗震受剪承载力降低系数 β 中主要考虑了托梁高跨比 h_b/l 和墙体截面平均压应力 σ_0 的影响。

另外,为了使过渡楼层墙体的水平抗震受剪承载力不致降低过多,本规程第5.5.15条、5.5.16条对托梁的高跨比 h_b/l 作了限制。当 σ_0 在正常范围内变化,h_b/l 在 1/10～1/6 范围内取值时,β 一般大于或等于0.8。当按式(6.1.2-2)计算所得的过渡楼层墙体的 β 值小于0.8时,应增大 h_b/l 值重新计算,使 β 值不小于0.8。

对水平配筋普通砖、多孔砖墙体以及小砌块墙体的截面抗震受剪承载力验算时,对过渡楼层墙体,同样考虑承载力降低系数 β。

计入中部构造柱对墙体受剪承载力提高作用时,

构造柱的承载力分别考虑了混凝土和钢筋的抗剪作用，但应注意不能随意加大混凝土的截面和钢筋的用量。公式（6.1.2-4）采用简化计算方法，计算的结果与试验结果相比偏于保守，供必要时利用。对于横墙较少房屋及外纵墙的墙段，计入其中部构造柱参与工作，抗震验算问题有所改善。

小砌块的计算公式中，同时设置芯柱和构造柱时，因芯柱和构造柱的材料有所区别，将芯柱和构造柱的参与项分别列出，以明确。

6.2 抗震构造措施

Ⅰ 上部砖砌体房屋抗震构造措施

6.2.1、6.2.2 构造柱对于墙体的约束作用，主要是依靠与各层墙体的圈梁或现浇楼板的整体性连接来实现，其截面尺寸并不要求很大。为保证其施工质量，构造柱需用马牙槎与墙体连接，同时应先砌墙后浇筑构造柱。底部框架-抗震墙砌体房屋比多层砌体房屋抗震性能稍弱，因此构造柱的设置要求更严格。

构造柱有利于提高房屋在地震时的抗倒塌能力，对于低层数、小规模且设防烈度低的底部框架-抗震墙砌体房屋（如房屋总层数为 6 度二层、三层和 7 度二层），本规程规定仍应按要求设置构造柱。

对楼梯间要求的加强，是为了保证在地震中具有应急疏散安全通道的作用。

表 6.2.1 中，间隔 12m 和楼梯间相对的内外墙交接处二者取一。

对于内外墙交接处的外墙小墙段，其两端存在较大洞口时，应在内外墙交接处按规定设置构造柱，考虑到施工时难以在一个不大的墙段内设置三根构造柱，墙段两端可不再设置构造柱，但小墙段的墙体需要加强，如拉结钢筋网片通长设置，间距加密。

上部砖砌体房屋部分的下部楼层加强构造柱与墙体之间的拉结措施，提高抗倒塌能力。

底部框架-抗震墙砖房的过渡楼层（底层框架-抗震墙砖房的第二层和底部两层框架-抗震墙砖房的第三层）与底部框架-抗震墙相连，受力比较复杂。要求这两类房屋的上部与底部的抗震能力大体相等或变化比较缓慢，既包括层间极限承载能力、又包括楼层的变形能力和耗能能力。对上部砖房部分的墙体设置钢筋混凝土构造柱和圈梁，除了能够提高墙体的抗震能力外，还可以大大提高墙体的变形能力和耗能能力。因此，对过渡楼层的构造柱设置和构造柱截面、配筋等提出了更为严格的要求。

6.2.3、6.2.4 采用现浇板时，可不另设圈梁，但必须保证楼板与构造柱的连接，楼板沿抗震墙体周边均应加强配筋，应有足够数量的楼板内钢筋伸入构造柱内并满足锚固要求。

底部框架-抗震墙砖房过渡楼层圈梁截面和配筋比多层砖房严格，其原因是为了增强过渡楼层的抗震能力，使过渡楼层墙体开裂后也能起到支承上部楼层的竖向荷载的作用，不至于使上部楼层的竖向荷载直接作用到底层框架-抗震墙砖房的底层和底部两层框架-抗震墙砖房第二层的框架梁上。过渡楼层除按本规程表 6.2.3 要求设置圈梁外，要求沿纵横向所有轴线均设置圈梁。

对于无横墙处纵墙中构造柱对应部位，给出了具体的圈梁做法要求。

底部框架-抗震墙砖房侧移比多层砖房大一些，为了使其具有较好的整体抗震性能，对其顶层圈梁的截面高度提出了较严格的要求。

Ⅱ 上部小砌块房屋抗震构造措施

6.2.5～6.2.9 对上部为混凝土小砌块房屋的芯柱、构造柱、圈梁的设置和配筋给出了规定，为提高过渡楼层的抗震能力，对过渡楼层的相应构造措施提出了更为严格的要求。

芯柱的设置要求比砖砌体房屋构造柱设置要严格。一般情况下，可在外墙转角、墙体交接处等部位，用构造柱替代芯柱，可较大程度地提高对砌块砌体的约束作用，也为施工带来方便。

砌块房屋的圈梁的要求要稍高于砖砌体房屋，主要是因为砌块砌体的竖缝间距大，砂浆不易饱满，且墙体受剪承载力低于砖砌体。

6.2.10 对于底部框架-抗震墙上部小砌块房屋的拉结措施，比一般多层小砌块房屋的要求要严格，拉结钢筋网片沿墙高度的间距加密为 400mm。

6.2.11 上部小砌块房屋的底层（过渡楼层）和顶层沿楼层半高处设置通长现浇钢筋混凝土带，是作为砌块房屋总层数和高度达到与普通砖砌体房屋相同的加强措施之一。过渡楼层的墙体加强措施另在本规程第 6.2.12 条中体现，本条主要强调了顶层的加强措施。另外，水平现浇钢筋混凝土带可采用槽形砌块作为模板，以便于施工。

Ⅲ 其他抗震构造措施

6.2.12 本条对过渡楼层的其他加强措施作出了规定。

底部框架-抗震墙砖房的模型试验及实际震害中发现，过渡楼层外纵墙的窗台标高处出现了多条规则的水平裂缝，这表明底部框架-抗震墙砌体房屋过渡楼层纵向的抗弯能力应适当增强，除了控制房屋的高宽比减少房屋弯曲变形的影响外，还应在过渡楼层外纵墙（阳台开间除外）的窗台板下边设置钢筋混凝土带，作为过渡楼层的加强措施。横墙和内纵墙上也相应设置钢筋混凝土带，与外纵墙上混凝土带连成整体。

对于底部次梁转换的情况，过渡层墙体的拉结要求（包括墙体拉结钢筋网片的要求及水平现浇钢筋混凝土带的要求）应采取比本规程第 6.2.2 条第 4 款、第 6.2.10 条和本条第 2 款更高的加强措施。

6.2.13～6.2.20 按照《建筑抗震设计规范》GB 50011-2010，对上部砌体房屋的楼（屋）盖、楼（电）梯间、大房间和局部墙体连接、坡屋顶、过梁、预制阳台以及后砌非承重砌体隔墙、烟道、风道、垃圾道等抗震构造作出了规定。

硬架支模的施工方法是：先支设梁或圈梁的模板，再将预制楼板支承在具有一定刚度的硬支架上，然后浇筑梁或圈梁、现浇叠合层等的混凝土。

组合砌体的定义见现行国家标准《砌体结构设计规范》GB 50003。

由于楼、电梯间比较空旷、受力复杂，在历次地震中破坏严重。而其在地震中作为重要的避震疏散通道，应形成应急疏散的"安全岛"，故其抗震构造措施的特别加强是非常重要的。突出屋面的楼、电梯间因"鞭梢效应"在地震中受到较大的地震作用，其抗震构造措施也应特别加强。

坡屋顶在地震中的受力情况与震害特点均比平屋顶复杂，应保证坡屋顶系统与墙体之间、系统构件之间的有效可靠连接，屋架支撑应保证屋架的纵向稳定性。硬山搁檩的做法不利于抗震，应特别加强构造措施，在横墙顶部宜设置沿斜坡的钢筋混凝土圈梁并加强与檩条的拉结措施。

门窗洞口处，不论是配筋砖过梁还是无筋砖过梁均不应采用，应采用钢筋混凝土过梁。

6.2.21 对应本规程第 3.0.2 条第 3 款的规定，对上部砌体房屋为横墙较少时不降低总层数和总高度的特别加强措施作出了详细规定。这方面底部框架-抗震墙砌体房屋与多层砌体房屋大致是相当的。相应的加强措施是较为严格的，且同时应满足抗震承载力的要求（抗震承载力验算时计入墙段中部钢筋混凝土构造柱的承载力）。

7 结构薄弱楼层判别及弹塑性变形验算

7.0.1、7.0.2 罕遇地震作用下底部框架-抗震墙砌体房屋的底部框架-抗震墙屈服强度系数计算的核心问题，是计算底部框架-抗震墙的层间受剪极限承载力。底部框架-抗震墙是由框架、钢筋混凝土墙或配筋小砌块砌体抗震墙、约束砌体抗震墙组成的。

由于底部抗震墙的侧向刚度远大于钢筋混凝土框架，在地震作用下抗震墙承担较多的地震剪力，抗震墙先开裂。抗震墙开裂后，其侧向刚度迅速降低（钢筋混凝土开裂后的刚度降低为初始刚度的 30%左右，砖抗震墙开裂后的刚度降低为初始刚度的 20%左右），在底部的框架和抗震墙中会产生内力重分布，钢筋混凝土框架承担的地震剪力将多一些。尽管如

此，是否钢筋混凝土框架和混凝土（配筋小砌块、约束砌体）抗震墙会同时达到其极限承载力，这是需要进一步深入探讨的问题。

从内力重分布来看，抗震墙开裂后侧向刚度降低，承担层间地震剪力的比例有所下降，但在钢筋混凝土框架柱开裂后，抗震墙承担的层间地震剪力的比例有所增长。因此，抗震墙会先于钢筋混凝土框架达到极限承载力。从钢筋混凝土框架和抗震墙在屈服和达到极限承载力时对应变形的来看，这两种抗侧力构件也是有差异的：钢筋混凝土框架模型试验表明，在层间位移角为 0.005(1/200) 左右时，构件达到屈服，在层间位移角为 0.008(1/125) 左右时，构件控制截面达到极限承载力；对于高宽比小于 1 的低矮型整体钢筋混凝土抗震墙，层间位移角在 0.005(1/200) 左右已达到极限承载力，而后承载力迅速降低，对于配筋小砌块砌体抗震墙和约束砌体抗震墙也大体差不多。为了改善带边框低矮墙的抗震性能，可采用在混凝土墙板中开竖缝的方法，即水平钢筋在竖缝处断开，并在竖缝两侧放置重叠的两块预制混凝土板，试验研究表明可以大大改善带边框低矮墙的变形和耗能能力。开竖缝墙达到极限承载力时的层间位移角为 0.0067(1/150) 左右，并且在开竖缝墙达到极限承载力后的承载力降低比较平稳。

底层框架-抗震墙砌体房屋的底层在框架达到极限承载力时，整个楼层的变形是协调的，即可根据钢筋混凝土框架达到极限承载力时的位移来判断和给出各种抗震墙极限承载力的降低情况，在总结试验研究成果的基础上提出了底层框架-抗震墙砌体房屋底层的极限承载力的计算公式。

底部两层框架-抗震墙砌体房屋底部两层的变形为剪弯变形，存在着弯曲构件（钢筋混凝土墙或配筋小砌块墙）和剪切构件（框架）协同工作。针对哪种构件较为薄弱和破坏严重的问题，在相关课题研究中也提出了底部两层框架-抗震墙砌体房屋的底部两层层间极限弯矩系数和层间极限剪力系数的分析方法。因为要把底部两层与上部砌体房屋部分的承载能力相比较以判断薄弱楼层，所以本规程提出了底部两层层间屈服强度系数的分析方法。对钢筋混凝土墙或配筋小砌块墙要分别计算弯曲破坏的受剪极限承载力和斜截面剪切破坏的受剪极限承载力，取两者的较小者作为抗震墙的层间受剪极限承载力，然后再考虑与框架的层间受剪极限承载力的综合。

7.0.3 底部框架-抗震墙砌体房屋上部砌体房屋部分层间极限剪力系数计算的核心问题，是计算上部砌体房屋各楼层墙体的受剪极限承载力，而不是楼层墙体受剪承载力的设计值。

各墙段的极限剪力系数为墙段的受剪极限承载力除以在"大震"作用下按弹性分析该墙段承担的地震剪力。地震作用下，往往从最薄弱的墙段［墙段的极

限剪力系数 $\xi_{Rj}(i)$ 最小〕开裂、破坏，当薄弱的墙段开裂后，其刚度迅速降低，这一层中的各墙段将产生塑性内力重分布，当薄弱楼层中的各墙段都先后开裂后，这一层中的砌体丧失承载能力，从最薄弱部分（比如：山墙、内外纵墙的交接处、楼梯间等）破坏，局部以至整个房屋倒塌。因此，用层间极限剪力系数来判断层楼的受剪承力和上部砌体房屋部分中的薄弱楼层是合适的。

考虑到各道墙及各墙段极限剪力系数差异将形成薄弱部分和该层各墙段的塑性内力重分布的因素，由同一层中各墙段的极限剪力系数来计算层楼的极限剪力系数时，采用加权平均的方法，即把 $\xi_{Rj}(i)$ 较小值的权取得大一些，其计算公式为：

$$\xi_R(i) = \cfrac{n}{\sum\limits_{j=1}^{n} \cfrac{1}{\xi_{Rj}(i)}} \tag{1}$$

式中：$\xi_R(i)$——第 i 层的横向或纵向的层间极限剪力系数；

n——第 i 层横向或纵向的墙体道数或墙段数。

对于上部为小砌块的房屋，也应采用同样的方法。

7.0.4、7.0.5 在强烈地震作用下，结构总是从最薄弱的部位开裂、破坏，并通过塑性内力重分布形成薄弱楼层，薄弱楼层的破坏将危及整个房屋的安全。因此，底部框架-抗震墙砌体房屋的薄弱楼层的判别是个重要的问题。震害和工程实例分析表明，对于钢筋混凝土框架或砌体结构，其 $\xi_y(i)$ 或 $\xi_R(i)$ 沿楼层高度分布最小的楼层为薄弱楼层。

底部框架-抗震墙砌体房屋是由底部框架-抗震墙和上部砌体房屋两部分构成的，其薄弱楼层的判别应先分别对这两部分进行判别，然后再加以比较确定。

1 上部砌体房屋部分薄弱楼层的判别

上部砌体房屋部分的薄弱楼层为层间极限剪力系数 $\xi_R(i)$ 沿楼层高度分布最小的楼层，可采用下列公式判别：

一般层 $\xi_R(i) < [\xi_R(i+1) + \xi_R(i-1)]/2 \tag{2}$

顶层 $\xi_R(n) < \xi_R(n-1) \tag{3}$

过渡楼层 $\xi_R(i) < \xi_R(i+1) \tag{4}$

对于底层框架-抗震墙砌体房屋，$i \geq 2$；对于底部两层框架-抗震墙砌体房屋，$i \geq 3$。

2 底层框架-抗震墙砌体房屋的薄弱楼层是否在底层的判别

对于底层是否为薄弱楼层的判别则较为复杂，由于底层框架-抗震墙的抗震性能（特别是变形能力和耗能能力）较第二层及其以上的多层砌体房屋要好得多，依据对底层框架-抗震墙砖房输入地震波的弹塑性位移反应分析，可根据 $\xi_y(1)$ 是否小于 $0.8\xi_R(2)$ 来判断，若 $\xi_y(1) < 0.8\xi_R(2)$，则底层为薄弱

楼层，若 $\xi_y(1) > 0.9\xi_R(2)$，则第二层或上部砌体房屋中的某一楼层为相对薄弱楼层，若 $\xi_y(1) = (0.8 \sim 0.9)\xi_R(2)$，则该结构较为均匀。

3 底部两层框架-抗震墙砌体房屋的薄弱楼层是否在底部的判别

对于底部两层框架-抗震墙，应先区分抗震墙和框架的极限剪力（弯矩）系数哪个相对较小，然后再判断第一层和第二层的屈服强度系数的大小，其中相对小的楼层为底部相对薄弱的楼层。

对于底部两层框架-抗震墙砌体房屋，整个房屋薄弱楼层的确定更为复杂一些，由于底部两层框架-抗震墙的抗震性能较第三层以上砌体房屋部分好得多，根据底部两层框架-抗震墙砌体房屋直接动力法弹塑性分析结果，建议采用下列原则处理：以底部框架-抗震墙部分和上部砌体房屋部分二者相邻楼层的屈服强度系数和极限剪力系数进行对比：①当底部框架-抗震墙部分第二层的屈服强度系数小于上部砌体房屋部分第三层极限剪力系数的80%时，则薄弱楼层在底部两层框架-抗震墙中；②当底部框架-抗震墙部分第二层的屈服强度系数不小于上部砌体房屋部分第三层极限剪力系数的90%时，则薄弱楼层在上部砌体房屋中；③当底部框架-抗震墙部分第二层的屈服强度系数与上部砌体房屋部分第三层极限剪力系数之比在0.8~0.9之间时，为较为均匀的房屋。

7.0.6~7.0.8 多层结构在强烈地震作用下，总是在较薄弱的楼层率先进入开裂、钢筋屈服、发展弹塑性变形状态，形成变形集中的现象。多层结构的弹塑性变形验算实质上就是薄弱楼层的最大层间弹塑性位移是否在结构楼层的变形能力允许的范围内。

总结底部框架-抗震墙砌体房屋的震害经验，参照《建筑抗震设计规范》GB 50011 - 2010 对底部框架-抗震墙砌体房屋在罕遇地震作用下薄弱楼层弹塑性变形验算的要求，给出了该类房屋当底部为薄弱楼层时的弹塑性变形的计算方法和变形允许指标。

8 施 工

8.0.1 混凝土结构施工中，往往因缺乏设计规定的钢筋型号（规格）而采用另外型号（规格）的钢筋代替，此时应注意替代后的纵向钢筋的总承载力设计值不应高于原设计的纵向钢筋总承载力设计值，以免造成薄弱部位的转移，以及构件在有影响的部位发生混凝土的脆性破坏（混凝土压碎、剪切破坏等）。

除按照上述等承载力原则换算外，还应满足最小配筋率和钢筋间距等构造要求，并应注意由于钢筋的强度和直径改变会影响正常使用阶段的挠度和裂缝宽度。

8.0.2 为确保砌体抗震墙与构造柱、底部框架柱等的连接，提高砌体抗震墙的变形能力，同时为加强对

施工质量的监督和控制，要求施工时应先砌墙后浇柱（或梁柱）。

8.0.3 底部框架-抗震墙砌体房屋过渡楼层构造柱纵向钢筋的锚固可能存在与底部框架柱和混凝土抗震墙相对应设置或不对应设置两种情况，与底部框架柱和混凝土抗震墙不相对应而其纵向钢筋锚入框架梁中的构造柱，其纵向钢筋的锚固，当直段长度无法达到 $30d$ 时，可采用弯折锚固措施、或其末端采用机械锚固措施。

8.0.4 底层开竖缝的钢筋混凝土抗震墙在竖缝处设置的两块预制隔板，应定位准确并保证其在施工过程中不致发生移位、变形或倾倒。可与相邻一侧抗震墙板的钢筋拉结或采取其他可靠的拉结、固定措施。

8.0.5 底部后砌砌体填充墙与框架柱之间的柔性连接缝隙，应在墙体施工完成后留置数天、使砌体的收缩变形基本完成后再进行封闭。

8.0.6 小砌块块体的壁比较薄，其砌筑砂浆和灌孔混凝土施工质量的控制是关键，宜选用专用小砌块砌筑砂浆和专用小砌块灌孔混凝土（大坍落度、自流性的细石混凝土）。灌孔混凝土必须浇捣密实，与砌块外壁之间应粘结良好、无缝隙，以保证灌孔混凝土与小砌块能较好的共同工作。

8.0.7 为保证底部配筋小砌块砌体抗震墙顶边框梁与墙体的可靠连接，边框梁的混凝土宜与墙体灌孔混凝土一起浇筑。若边框梁混凝土与墙体灌孔混凝土不一起施工，则砌块墙灌孔时不宜灌满，宜留出不小于 30mm 的凹槽使后浇的边框梁混凝土能与墙体可靠连接。而边框梁顶部做成毛面也是为了使边框梁与上部的墙体有更好的连接。

8.0.8 底部框架-抗震墙砌体房屋的施工质量能否满足设计和验收规范要求，直接关系到房屋的抗震能力能否满足要求。因此，施工单位应做好施工质量的过程控制，包括：针对工程的特点制定完善的施工方案、建立完善的质量管理制度以及工序的质量控制与检验等。

建筑工程是由多道工序构成的，各道工序质量好坏不仅影响本道工序的质量而且还会影响下道工序的质量。因此，只有保证每一道工序的质量才能保证整个工程质量。本条提出了施工单位应做好各道工序的质量控制与检验的要求以及隐蔽工程的检验要求。

中华人民共和国行业标准

采光顶与金属屋面技术规程

Technical specification for skylight and metal roof

JGJ 255—2012

批准部门：中华人民共和国住房和城乡建设部
施行日期：2 0 1 2 年 1 0 月 1 日

中华人民共和国住房和城乡建设部
公 告

第 1348 号

关于发布行业标准《采光顶与
金属屋面技术规程》的公告

现批准《采光顶与金属屋面技术规程》为行业标准，编号为 JGJ 255 - 2012，自 2012 年 10 月 1 日起实施。其中，第 3.1.6、4.5.1、4.6.4 条为强制性条文，必须严格执行。

本规程由我部标准定额研究所组织中国建筑工业

出版社出版发行。

中华人民共和国住房和城乡建设部

2012 年 4 月 5 日

前 言

根据原建设部《关于印发〈2005 年工程建设标准规范制订、修订计划（第一批）〉的通知》（建标〔2005〕84 号）的要求，规程编制组经广泛调查研究，认真总结实践经验，参考有关国际标准和国外先进标准，并在广泛征求意见的基础上，编制本规程。

本规程的主要技术内容是：1. 总则；2. 术语和符号；3. 材料；4. 建筑设计；5. 结构设计基本规定；6. 面板及支承构件设计；7. 构造及连接设计；8. 加工制作；9. 安装施工；10. 工程验收；11. 保养和维修。

本规程中以黑体字标志的条文为强制性条文，必须严格执行。

本规程由住房和城乡建设部负责管理和对强制性条文的解释，由中国建筑科学研究院负责具体技术内容的解释。执行过程中如果有意见或建议，请寄送中国建筑科学研究院（地址：北京市北三环东路 30 号院物理所；邮政编码：100013）

本 规 程 主 编 单 位：中国建筑科学研究院
中国新兴建设开发总公司
本 规 程 参 编 单 位：武汉凌云建筑装饰工程有限公司
北京江河幕墙装饰工程有限公司
广东金刚幕墙工程有限公司
深圳市新山幕墙技术咨询有限公司
成都硅宝科技实业有限责

任公司
上海精锐金属建筑系统有限公司
广东坚朗五金制品股份有限公司
渤海铝幕墙装饰工程有限公司
深圳金粤幕墙装饰工程有限公司
广东省建筑科学研究院
郑州中原应用技术研究开发有限公司
上海亚泽金属屋面装饰工程有限公司
中山市珀丽优板材有限公司
深圳中航幕墙工程有限公司
中邦韦伯（北京）建设工程有限公司
江苏龙升幕墙工程有限公司
北京德宏幕墙工程技术有限公司
北京中新方建筑科技研究中心
本 规 程 参 加 单 位：沈阳远大铝业工程有限公司

珠海兴业幕墙工程有限
公司

廊坊新奥光伏集成有限
公司

山东金晶科技股份有限
公司

本规程主要起草人员：姜　仁　蒋旭二　赵西安
　　　　　　　　　　黄小坤　胡忠明　杜继予
　　　　　　　　　　王德勤　黄庆文　魏东海
　　　　　　　　　　徐国军　王洪涛　刘忠伟

田延中　厉　敏　鲁冬瑞
韩志勇　邱　铭　闭思廉
徐其功　王有治　胡全成
张德恒　张晓彬　付军勇
王　春　孙　悦
本规程主要审查人员：徐金泉　李少甫　廖学权
　　　　　　　　　　黄　圻　张　芹　姜成爱
　　　　　　　　　　莫英光　王双军　张桂先
　　　　　　　　　　刘　明　徐　征　方　征
　　　　　　　　　　席时葭

目 次

Contents

1 总 则

1.0.1 为贯彻执行国家的技术经济政策，使采光顶与金属屋面工程做到安全适用、技术先进、经济合理，制定本规程。

1.0.2 本规程适用于民用建筑采光顶与金属屋面工程的材料选用、设计、制作、安装施工、工程验收以及维修和保养，适用于非抗震设计采光顶与金属屋面工程、抗震设防烈度为6、7、8度的采光顶工程和抗震设防烈度为6、7、8和9度的金属屋面工程。

1.0.3 采光顶与金属屋面应具有规定的工作性能。抗震设计的采光顶与金属屋面，在多遇地震作用下应能正常使用；在设防烈度地震作用下经修理后应仍可使用；在罕遇地震作用下支承构件等不得脱落。

1.0.4 采光顶与金属屋面工程设计、制作、安装和施工应实行全过程的质量控制。应从工程实际情况出发，合理选用材料、结构方案和构造措施，结构构件在运输、安装和使用过程中应满足承载力、刚度和稳定性要求，并符合防火、防腐蚀要求。

1.0.5 采光顶与金属屋面工程除应符合本规程外，尚应符合国家现行有关标准的规定。

2 术语和符号

2.1 术 语

2.1.1 采光顶 transparent roof，skylight
由透光面板与支承体系组成，不分担主体结构所受作用且与水平方向夹角小于75°的建筑围护结构。

2.1.2 金属屋面 metal roof
由金属面板与支承体系组成，不分担主体结构所受作用且与水平方向夹角小于75°的建筑围护结构。

2.1.3 光伏采光顶 skylight with PV system
与光伏系统具有结合关系的采光顶。

2.1.4 光伏金属屋面 metal roof with PV system
与光伏系统具有结合关系的金属屋面。

2.1.5 框支承采光顶 stick framed skylight，stick framed transparent roof
在主体结构上安装框架和透光面板所组成的采光顶。

2.1.6 点支承采光顶 point-supported glass roof
由面板、点支承装置或支承结构构成的采光顶。

2.1.7 平顶 horizontal roof
坡度小于3%的采光顶或金属屋面。

2.1.8 框支承金属屋面 stick framed metal roof
在主体结构上安装框架和金属面板所组成的金属屋面。

2.1.9 直立锁边金属屋面 standing seam metal roof
采用直立锁边板和T形支座咬合并连接到屋面支承结构的金属屋面系统。

2.1.10 正弦波纹板金属屋面 sinusoidal corrugated roof
采用正弦波纹板连接到屋面支承结构的金属屋面系统。

2.1.11 梯形板金属屋面 trapezoidal corrugated roof
采用梯形板连接到屋面支承结构的金属屋面系统。

2.1.12 直立锁边板 U-shape sheet for lock standing seam roof
截面为U形，能够通过专用设备或手工工艺将其相邻面板立边咬合而形成连续金属屋面的一种金属压型板。

2.1.13 T形支座 T fixing clip
用于直立锁边板和屋面支承体系之间，截面形状为T形的连接构件。

2.1.14 双层金属屋面系统 double-skin metal roof
在直立锁边金属屋面系统外侧附有屋面装饰层的金属屋面系统。

2.1.15 聚碳酸酯板 Polycarbonate sheet
以聚碳酸酯为原材料制成的实心或空心的板材或罩体，俗称为阳光板，实心板又称为PC板。

2.1.16 雨篷 canopy
建筑物外门顶部具有遮阳、挡雨和保护门扇作用的建筑结构。

2.1.17 抗风掀 wind uplift resistance
金属屋面抵抗由于风荷载产生的向上作用的能力。

2.2 符 号

2.2.1 材料力学性能

E——材料弹性模量；

f——材料强度设计值；

f_g——玻璃强度设计值；

f_v——钢材剪切强度设计值；

f_1——硅酮结构密封胶短期荷载作用下强度设计值；

f_2——硅酮结构密封胶永久荷载作用下强度设计值。

2.2.2 作用和作用效应

d_f——在均布荷载标准值作用下构件挠度最大值；

G_k——重力荷载标准值；

M——弯矩设计值；

N——轴力设计值；

P_{Ek}——水平地震作用标准值；

q，q_k——均布荷载、荷载标准组合值；

q_G——单位面积重力荷载设计值；

R ——构件承载力设计值，支座反力；

S ——作用效应组合的设计值；

S_{Ek} ——地震作用效应标准值；

S_{Gk} ——永久重力荷载效应标准值；

S_{wk} ——风荷载效应标准值；

S_{Qk} ——可变重力荷载效应标准值；

V ——剪力设计值；

w_0 ——基本风压；

σ ——在均布荷载作用下面板最大应力。

2.2.3 几何参数

A ——构件截面面积或毛截面面积；采光顶与金属屋面平面面积；

a ——矩形面板短边边长；

b ——矩形面板长边边长；

c_s ——硅酮结构密封胶的粘结宽度；

D ——弯曲刚度；

D_e ——等效弯曲刚度；

l ——跨度；

t ——面板厚度；型材截面厚度；

t_s ——硅酮结构密封胶粘结厚度；

t_e ——等效厚度；

W ——毛截面模量；

W_e ——等效截面模量；

ν ——材料泊松比。

2.2.4 系数

α ——材料线膨胀系数；

α_{max} ——水平地震影响系数最大值；

β_E ——地震作用动力放大系数；

δ ——硅酮结构密封胶的位移承受能力；

φ ——稳定系数；

γ ——塑性发展系数；

γ_0 ——结构构件重要性系数；

γ_g ——材料自重标准值；

γ_E ——地震作用分项系数；

γ_G ——永久重力荷载分项系数；

γ_Q ——可变重力荷载分项系数；

γ_w ——风荷载分项系数；

η ——折减系数；

m、m_x、m_y ——弯矩系数；

μ ——挠度系数；支座计算长度系数；

μ_{sl} ——局部风荷载体型系数；

μ_z ——风压高度变化系数；

ψ_Q ——可变重力荷载的组合值系数；

ψ_w ——风荷载作用效应的组合值系数。

2.2.5 其他

$d_{f,lim}$ ——构件挠度限值。

3 材 料

3.1 一般规定

3.1.1 采光顶与金属屋面用材料应符合国家现行标准的有关规定。

3.1.2 采光顶与金属屋面应选用耐候性好的材料。耐候性差的材料应采取适当的防护措施，并应满足设计要求。

3.1.3 面板材料应采用不燃性材料或难燃性材料；防火密封构造应采用防火密封材料。

3.1.4 硅酮类、聚氨酯类密封胶与所接触材料、被粘结材料的相容性和剥离粘结性能应符合相关规定和设计要求。

3.1.5 硅酮结构密封胶和硅酮建筑密封胶必须在有效期内使用。

3.1.6 采光顶与金属屋面工程的隔热、保温材料，应采用不燃性或难燃性材料。

3.2 铝合金材料

3.2.1 铝合金材料的牌号、状态应符合现行国家标准《变形铝及铝合金化学成分》GB/T 3190 的有关规定，铝合金型材应符合现行国家标准《铝合金建筑型材》GB 5237 的规定，型材尺寸允许偏差应满足高精级或超高精级的要求。

3.2.2 铝合金型材采用阳极氧化、电泳漆、粉末喷涂、氟碳漆喷涂进行表面处理时，应符合现行国家标准《铝合金建筑型材》GB 5237的规定，表面处理层的厚度应满足表 3.2.2 的要求。

表 3.2.2 铝合金型材表面处理层厚度

表面处理方法		膜厚级别（涂层种类）	厚度 t（μm）	
			平均膜厚	局部膜厚
阳极氧化		不低于 AA15	$t \geqslant 15$	$t \geqslant 12$
电泳涂漆	阳极氧化膜	B	—	$t \geqslant 9$
	漆膜	B	—	$t \geqslant 7$
	复合膜	B	—	$t \geqslant 16$
粉末喷涂			—	$t \geqslant 40$
氟碳喷涂	二涂		$t \geqslant 30$	$t \geqslant 25$
	三涂		$t \geqslant 40$	$t \geqslant 34$
	四涂		$t \geqslant 65$	$t \geqslant 55$

注：由于挤压型材横截面形状的复杂性，在型材某些表面（如内角、横沟等）的漆膜厚度允许低于本表的规定，但不允许出现露底现象。

3.3 钢材及五金材料

3.3.1 碳素结构钢和低合金高强度结构钢的种类、

牌号和质量等级应符合现行国家标准《碳素结构钢》GB/T 700、《低合金高强度结构钢》GB/T 1591 等的规定。

3.3.2 碳素结构钢和低合金高强度结构钢应采取有效的防腐处理。采用热浸镀锌防腐蚀处理时，锌膜厚度应符合现行国家标准《金属覆盖层 钢铁制件热浸镀锌层 技术要求及试验方法》GB/T 13912 的规定；采用防腐涂料时，涂层厚度应满足防腐设计要求，且应完全覆盖钢材表面和无端部封板的闭口型材的内侧，闭口型材宜进行端部封口处理；采用氟碳漆喷涂或聚氨酯漆喷涂时，涂膜的厚度不宜小于 $35\mu m$，在空气污染严重及海滨地区，涂膜厚度不宜小于 $45\mu m$。

3.3.3 耐候钢应符合现行国家标准《耐候结构钢》GB/T 4171 的规定。

3.3.4 焊接材料应与被焊接金属的性能匹配，并应符合现行国家标准《碳钢焊条》GB/T 5117、《低合金钢焊条》GB/T 5118 以及现行行业标准《建筑钢结构焊接技术规程》JGJ 81 的规定。

3.3.5 主要受力构件和连接件宜采用壁厚不小于 4mm 的钢板、壁厚不小于 2.5mm 的热轧钢管、尺寸不小于 L45×4 和 L56×36×4 的角钢以及壁厚不小于 2mm 的冷成型薄壁型钢。

3.3.6 采光顶与金属屋面用不锈钢应采用奥氏体型不锈钢，其化学成分应符合现行国家标准《不锈钢和耐热钢 牌号及化学成分》GB/T 20878 等的规定。

3.3.7 与采光顶、金属屋面配套使用的附件及紧固件应符合设计要求，并应符合现行国家标准《建筑用不锈钢绞线》JG/T 200、《建筑幕墙用钢索压管接头》JG/T 201、《铝合金窗锁》QB/T 3890 和《紧固件机械性能 不锈钢螺栓、螺钉和螺柱》GB/T 3098.6 等的规定。

3.4 玻　　璃

3.4.1 采光顶玻璃应符合国家现行相关产品标准的规定。

3.4.2 采光顶用中空玻璃除应符合现行国家标准《中空玻璃》GB/T 11944 的有关规定外，尚应符合下列规定：

　　1 中空玻璃气体层厚度应依据节能要求计算确定，且不宜小于 12mm。

　　2 中空玻璃应采用双道密封。一道密封胶宜采用丁基热熔密封胶。隐框、半隐框及点支承式采光顶用中空玻璃二道密封胶应采用硅酮结构密封胶，其性能应符合现行国家标准《建筑用硅酮结构密封胶》GB 16776 的规定。

3.4.3 夹层玻璃应符合现行国家标准《建筑用安全玻璃 第 3 部分：夹层玻璃》GB 15763.3 中规定的 II-1 和 II-2 产品要求。夹层玻璃用聚乙烯醇缩丁醛（PVB）胶片的厚度不应小于 0.76mm。有特殊要求

时可采用聚乙烯甲基丙烯酸酯胶片（离子性胶片），其性能应符合设计要求。

3.4.4 采光顶钢化玻璃应采用均质钢化玻璃。

3.4.5 当采光顶玻璃最高点到地面或楼面距离大于 3m 时，应采用夹层玻璃或夹层中空玻璃，且夹胶层位于下侧。

3.4.6 玻璃面板面积不宜大于 $2.5m^2$，长边边长不宜大于 2m。

3.5 聚碳酸酯板

3.5.1 聚碳酸酯板中空板应符合现行行业标准《聚碳酸酯（PC）中空板》JG/T 116 的要求，实心板应符合现行行业标准《聚碳酸酯（PC）实心板》JG/T 347 的要求。

3.5.2 采光顶用聚碳酸酯板宜采用直立式 U 形板、梯形飞翼板，可采用聚碳酸酯平板。

3.5.3 聚碳酸酯板黄色指数变化不应大于 1。

3.5.4 聚碳酸酯板燃烧性能等级不应低于现行国家标准《建筑材料及制品燃烧性能分级》GB 8624 中规定的 B-s2, d1, t1 级。

3.6 金属面板

3.6.1 根据建筑设计要求，金属屋面平板材料可选用铝合金板、铝塑复合板、铝蜂窝复合铝板、彩色钢板、不锈钢板、锌合金板、钛合金板、铜合金板等；金属屋面压型板材料可选用铝合金板、彩色钢板、不锈钢板、锌合金板、钛合金板、铜合金板等。

3.6.2 铝合金面板宜选用铝镁锰合金板材为基板，材料性能应符合现行行业标准《铝幕墙板 板基》YS/T 429.1 的要求；辊涂用的铝卷材材料性能应符合现行行业标准《铝及铝合金彩色涂层板、带材》YS/T 431 的规定。铝合金屋面板材的表面宜采用氟碳喷涂处理，且应符合现行行业标准《铝幕墙板 氟碳喷漆铝单板》YS/T 429.2 的规定。

3.6.3 铝塑复合板应符合现行国家标准《建筑幕墙用铝塑复合板》GB/T 17748 的规定，铝塑复合板用铝带还应符合现行行业标准《铝塑复合板用铝带》YS/T 432 的规定，并优先选用 3××× 系合金及 5×××系铝合金板材或耐腐蚀性及力学性能更好的其他系列铝合金。铝塑复合板用芯材应采用难燃材料。

3.6.4 铝蜂窝复合铝板应符合国家现行相关产品标准的规定。铝蜂窝芯层应为近似正六边形结构，其边长不宜大于 9.53mm，壁厚不宜小于 0.07mm。

3.6.5 金属屋面采用的钢板应符合下列规定：

　　1 彩色涂层钢板应符合现行国家标准《彩色涂层钢板及钢带》GB/T 12754 的规定；

　　2 镀锌钢板应符合现行国家标准《连续热镀锌钢板及钢带》GB/T 2518 的规定。

3.6.6 锌合金板表面应光滑、无水泡、无裂纹，其

化学成分应符合表3.6.6的规定。

表3.6.6 锌合金板化学成分（m/m）（％）

铜（Cu）	钛（Ti）	铝（Al）	锌（Zn）
0.08~1.0	0.06~0.2	≤0.015	余留部分含锌量不低于99.995

3.6.7 钛合金板应符合现行国家标准《钛及钛合金板材》GB/T 3621的规定。

3.6.8 铜合金板应符合现行国家标准《铜及铜合金板材》GB/T 2040的规定，宜选用TU1，TU2牌号的无氧铜。

3.6.9 铝合金压型板应符合现行国家标准《铝及铝合金压型板》GB/T 6891的规定，压型钢板应符合现行国家标准《建筑用压型钢板》GB/T 12755的规定，其他金属压型板材的品种、规格及色泽应符合设计要求；金属板材表面处理层厚度应符合设计要求。

3.6.10 压型金属屋面板的材料应具备良好的折弯性能，其折弯半径和表面处理层延伸率应满足板型冷辊压成型的规定。

3.6.11 屋面泛水板、包角等配件宜选用与屋面板相同材质、使用寿命相近的金属材料。

3.7 光伏系统用材料及光伏组件

3.7.1 连接用电线、电缆应符合现行国家标准《光伏（PV）组件安全鉴定 第一部分：结构要求》GB/T 20047.1的相关规定。

3.7.2 薄膜光伏组件应满足现行国家标准《地面用薄膜光伏组件 设定鉴定和定型》GB/T 18911相关规定。

3.7.3 晶体硅光伏组件应满足现行国家标准《地面用晶体硅光伏组件 设计鉴定和定型》GB/T 9535的相关规定。

3.7.4 光伏组件的外观质量除应符合玻璃产品标准要求外，尚应满足下列要求：

1 薄膜类电池玻璃不应有直径大于3mm的斑点、明显的彩虹和色差；

2 光伏组件上应标有电极标识。

3.7.5 光伏组件接线盒、快速接头、逆变器、集线箱、传感器、并网设备、数据采集器和通信监控系统应符合现行行业标准《民用建筑太阳能光伏系统应用技术规范》JGJ 203的规定，并满足设计要求。

3.8 建筑密封材料和粘结材料

3.8.1 采光顶与金属屋面工程的接缝用密封胶应采用中性硅酮密封胶，其物理力学性能应符合现行行业标准《幕墙玻璃接缝用密封胶》JC/T 882中密封胶20级或25级的要求，并符合现行国家标准《建筑密封胶分级和要求》GB/T 22083的规定。

3.8.2 中性硅酮密封胶的位移能力应满足工程接缝的变形要求，应选用位移能力较高的中性硅酮建筑密封胶。

3.8.3 采光顶与金属屋面的橡胶制品宜采用硅橡胶、三元乙丙橡胶或氯丁橡胶。

3.8.4 密封胶条应符合现行行业标准《建筑门窗用密封胶条》JG/T 187、《建筑橡胶密封垫——预成型实心硫化的结构密封垫用材料规范》HG/T 3099和现行国家标准《工业用橡胶板》GB/T 5574的规定。

3.8.5 接缝用密封胶应与面板材料相容，与夹层玻璃胶片不相容时应采取措施避免与其相接触。

3.9 硅酮结构密封胶

3.9.1 采光顶与金属屋面应采用中性硅酮结构密封胶，性能应符合现行国家标准《建筑用硅酮结构密封胶》GB 16776的规定，生产商应提供结构密封胶的位移承受能力数据和质量保证书。

3.9.2 硅酮结构密封胶使用前，应经国家认可实验室进行与其接触材料、被粘结材料的相容性和粘结性试验，并应对结构密封胶的邵氏硬度、标准状态下的拉伸粘结性进行确认，试验不合格的产品不得使用。

3.10 其 他 材 料

3.10.1 采光顶与金属屋面工程接缝部位采用的聚乙烯泡沫棒填充衬垫材料的密度不应大于37kg/m³。

3.10.2 防水卷材应符合现行国家标准《屋面工程技术规范》GB 50345的规定，宜采用聚氯乙烯、氯化聚乙烯、氯丁橡胶或三元乙丙橡胶等卷材，其厚度一般不宜小于1.2mm。

3.10.3 采光顶用天篷帘、软卷帘应分别符合现行行业标准《建筑用遮阳天篷帘》JG/T 252和《建筑用遮阳软卷帘》JG/T 254的规定。

4 建 筑 设 计

4.1 一 般 规 定

4.1.1 采光顶与金属屋面应根据建筑物的使用功能、外观设计、使用年限等要求，经过综合技术经济分析，选择其造型、结构形式、面板材料和五金附件，并能方便制作、安装、维修和保养。

4.1.2 采光顶与金属屋面应与建筑物整体及周围环境相协调。

4.1.3 光伏采光顶与光伏金属屋面的设计应考虑工程所在地的地理位置、气候及太阳能资源条件，合理确定光伏系统的布局、朝向、间距、群体组合和空间环境，应满足光伏系统设计、安装和正常运行要求。

4.1.4 光伏组件面板坡度宜按光伏系统全年日照最多的倾角设计，宜满足光伏组件冬至日全天有3h以上建筑日照时数的要求，并应避免景观环境或建筑自身对光伏组件的遮挡。

4.1.5 采光顶分格宜与整体结构相协调。玻璃面板的尺寸选择宜有利于提高玻璃的出材率。光伏玻璃面板的尺寸应尽可能与光伏组件、光伏电池的模数相协调，并综合考虑透光性能、发电效率、电气安全和结构安全。

4.1.6 严寒和寒冷地区的采光顶宜采取冷凝水排放措施，可设置融雪和除冰装置。

4.1.7 采光顶、金属屋面的透光部分以及开启窗的设置应满足使用功能和建筑效果的要求。有消防要求的开启窗应实现与消防系统联动。

4.1.8 采光顶的设计应考虑维护和清洗的要求，可按需要设置清洗装置或清洗用安全通道，并应便于维护和清洗操作。

4.1.9 金属屋面应设置上人爬梯或设置屋面上人孔，对于屋面四周没有女儿墙或女儿墙（或屋面上翻檐口）低于 500mm 的屋面，宜设置防坠落装置。

4.1.10 光伏采光顶与光伏金属屋面宜针对晶体硅光伏电池采取降温措施。

4.2 性能和检测要求

4.2.1 采光顶与金属屋面的物理性能等级应根据建筑物的类别、高度、体形、功能以及建筑物所在的地理、气候和环境条件进行设计。

4.2.2 采光顶、金属屋面承载力应符合下列规定：

1 采光顶、金属屋面的所受荷载与作用应符合本规程第 5.3 和 5.4 节的相关规定。

2 在自重作用下，面板支承构件的挠度宜小于其跨距的 1/500，玻璃面板挠度不超过长边的 1/120。

3 采光顶与金属屋面支承构件、面板的最大相对挠度应符合表 4.2.2 的规定。

表 4.2.2 采光顶与金属屋面支承构件、面板最大相对挠度

支承构件或面板			最大相对挠度（L 为跨距）
支承构件	单根金属构件	铝合金型材	L/180
		钢型材	L/250
玻璃面板（包括光伏玻璃）		简支矩形	短边/60
		简支三角形	长边对应的高/60
		点支承矩形	长边支承点跨距/60
		点支承三角形	长边对应的高/60
独立安装的光伏玻璃		简支矩形	短边/40
		点支承矩形	长边/40

续表 4.2.2

支承构件或面板			最大相对挠度（L 为跨距）
支承构件	单根金属构件	铝合金型材	L/180
		钢型材	L/250
金属面板	金属压型板	铝合金板	L/180
		钢板，坡度≤1/20	L/250
		钢板，坡度>1/20	L/200
	金属平板		L/60
	金属平板中肋		L/120

注：悬臂构件的跨距 L 可取其悬挑长度的 2 倍。

4.2.3 采光顶与金属屋面的抗风压、水密、气密、热工、空气声隔声和采光等性能分级应符合现行国家标准《建筑幕墙》GB/T 21086 的规定。采光顶性能试验应符合现行国家标准《建筑幕墙气密、水密、抗风压性能检测方法》GB/T 15227 的规定，金属屋面的性能试验应符合本规程附录 A 的规定。

4.2.4 有采暖、空气调节和通风要求的建筑物，其采光顶与金属屋面气密性能应符合《公共建筑节能设计标准》GB 50189 和现行国家标准《建筑幕墙》GB/T 21086 的相关规定。

4.2.5 采光顶与金属屋面的水密性能可按下列方法确定：

1 易受热带风暴和台风袭击的地区，水密性能设计取值应按下式计算，且取值不应小于 200Pa：

$$P = 1000\mu_z\mu_s w_0 \qquad (4.2.5)$$

式中：P——水密性能设计取值（Pa）；

w_0——基本风压（kN/m²）；

μ_z——风压高度变化系数，应按现行国家标准《建筑结构荷载规范》GB 50009 的规定采用，当高度小于 10m 时，应按 10m 高度处的数值采用；

μ_s——体型系数，应按照现行国家标准《建筑结构荷载规范》GB 50009 的规定采用。

2 其他地区，水密性能可按第 1 款计算值的 75% 进行设计，且取值不宜低于 150Pa。

3 开启部分水密性能按与固定部分相同等级采用。

4.2.6 采光顶采光设计应符合现行国家标准《建筑采光设计标准》GB/T 50033 的规定，并应满足建筑设计要求。

4.2.7 采光顶与金属屋面的空气声隔声性能应符合现行国家标准《民用建筑隔声设计规范》GB 50118 的规定，并应满足建筑物的隔声设计要求。对声环境要求高的屋面宜采取构造措施，宜进行雨噪声测试，测试结果应满足设计要求。

4.2.8 采光顶、金属屋面的光伏系统各项性能和检测应符合现行行业标准《民用建筑太阳能光伏系统应用技术规范》JGJ 203 的相关规定。

4.2.9 采光顶面板不宜跨越主体结构的变形缝；当必须跨越时，应采取可靠的构造措施适应主体结构的变形。

4.2.10 沿海地区或承受较大负风压的金属屋面，应进行抗风掀检测，其性能应符合设计要求。试验应符合本规程附录 B 的规定。

4.2.11 采光顶与金属屋面的物理性能检测应包括抗风压性能、气密性能和水密性能，对于有建筑节能要求的建筑，尚应进行热工性能检测。

4.2.12 采光顶与金属屋面的性能检测应由国家认可的检测机构实施。检测试件的结构、材质、构造、安装施工方法应与实际工程相符。

4.2.13 采光顶与金属屋面性能检测过程中，由于非设计原因致使某项性能未能达到设计要求时，可进行适当修补和改进后重新进行检测；由于设计或材料原因致使某项性能未能达到设计要求时，应停止本次检测，在对设计或材料进行更改后另行检测。在检测报告中应注明修补或更改的内容。

4.3 排 水 设 计

4.3.1 采光顶与金属屋面的防水等级、防水设防要求应符合现行国家标准《屋面工程质量验收规范》GB 50207 的规定。屋面排水系统应能及时地将雨水排至雨水管道或室外。

4.3.2 排水系统总排水能力采用的设计重现期，应根据建筑物的重要程度、汇水区域性质、气象特征等因素确定。对于一般建筑物屋面，其设计重现期宜为 10 年；对于重要的公共建筑物屋面，其设计重现期应根据建筑的重要性和溢流造成的危害程度确定，不宜小于 50 年。

4.3.3 排水系统设计所采用的降雨历时、降雨强度、屋面汇水面积和雨水流量应符合现行国家标准《建筑给水排水设计规范》GB 50015 的有关规定。

4.3.4 对于汇水面积大于 5000m² 的大型屋面，宜设置不少于 2 组独立的屋面雨水排水系统。必要时采用虹吸式屋面雨水排水系统。

4.3.5 排水设计应综合考虑排水坡度、排水组织、防水等因素，尽可能减少屋面的积水和积雪，必要时应设置防封堵设施，并方便进行清除、维护。

4.3.6 排水坡度应根据工程实际情况确定采光顶、金属平板屋面和直立锁边金属屋面的坡度不应小于 3%。

4.3.7 排水系统可选择有组织排水或无组织排水系统，要求较高时应选择有组织排水系统。排水系统设计尚应符合下列规定：

1 排水方向应顺直、无转折，宜采用内排水或外排水落水排放系统。

2 在建筑物人流密集处和对落水噪声有限制的屋面，应避免采用无组织排水系统。

3 在严寒地区金属屋面和采光顶檐口和集水、排水天沟处宜设置冰雪融化装置。在严寒和寒冷地区应采取措施防止积雪融化后在屋面檐口处产生冰凌现象。

4.3.8 天沟底板排水坡度宜大于 1%。天沟设计尚应符合下列规定：

1 天沟断面宽、高应根据建筑物当地雨水量和汇水面积进行计算。排水天沟材料宜采用不锈钢板，厚度不应小于 2mm。

2 天沟室内侧宜设置柔性防水层，宜布设在两侧板 1/3 高度以下处和底板下部。

3 较长天沟应考虑设置伸缩缝，顺直天沟连续长度不宜大于 30m，非顺直天沟应根据计算确定，但连续长度不宜大于 20m。

4 较长天沟采用分段排水时其间隔处宜设置溢流口。

4.3.9 当采光顶与金属屋面采取无组织排水时，应在屋檐设置滴水构造。

4.3.10 当直立锁边金属屋面坡度较大且下水坡长度大于 50m 时，宜选用咬合部位具有密封功能的金属屋面系统。

4.4 防雷、防火与通风

4.4.1 防雷设计应符合现行国家标准《建筑物防雷设计规范》GB 50057 和现行行业标准《民用建筑电气设计规范》JGJ 16 的有关规定。

4.4.2 金属框架与主体结构的防雷系统应可靠连接。当采光顶未处于主体结构防雷保护范围时，应在采光顶的尖顶部位、屋脊部位、檐口部位设避雷带，并与其金属框架形成可靠连接；金属屋面可按要求设置接闪器，可采用面板作为接闪器，并与金属框架、主体结构可靠连接。连接部位应清除非导电保护层。

4.4.3 防火设计应符合现行国家标准《建筑设计防火规范》GB 50016 的有关规定和有关法规的规定。

4.4.4 采光顶或金属屋面与外墙交界处、屋顶开口部位四周的保温层，应采用宽度不小于 500mm 的燃烧性能为 A 级保温材料设置水平防火隔离带。采光顶或金属屋面与防火分隔构件间的缝隙，应进行防火封堵。

4.4.5 防烟、防火封堵构造系统的填充材料及其保护性面层材料，应采用耐火极限符合设计要求的不燃烧材料或难燃烧材料。在正常使用条件下，封堵构造系统应具有密封性和耐久性，并应满足伸缩变形的要求；在遇火状态下，应在规定的耐火时限内，不发生开裂或脱落，保持相对稳定性。

4.4.6 采光顶的同一玻璃面板不宜跨越两个防火分区。防火分区间设置通透隔断时，应采用防火玻璃或防火玻璃制品，其耐火极限应符合设计要求。

4.4.7 对于有通风、排烟设计功能的金属屋面和采光顶，其通风和排烟有效面积应满足建筑设计要求。通风设计可采用自然通风或机械通风，自然通风可采用气动、电动和手动的可开启窗形式，机械通风应与建筑主体通风一并考虑。

4.5 节能设计

4.5.1 有热工性能要求时，公共建筑金属屋面的传热系数和采光顶的传热系数、遮阳系数应符合表 4.5.1-1 的规定，居住建筑金属屋面的传热系数应符合表 4.5.1-2 的规定。

**表 4.5.1-1 公共建筑金属屋面传热系数和
采光顶的传热系数、遮阳系数限值**

围护结构	区域	传热系数[W/(m²·K)]		遮阳系数 SC
		体型系数 ≤0.3	0.3≤体型系数 ≤0.4	
金属屋面	严寒地区A区	≤0.35	≤0.30	—
	严寒地区B区	≤0.45	≤0.35	—
	寒冷地区	≤0.55	≤0.45	—
	夏热冬冷	≤0.7		—
	夏热冬暖	≤0.9		—
采光顶	严寒地区A区	≤2.5		—
	严寒地区B区	≤2.6		—
	寒冷地区	≤2.7		≤0.50
	夏热冬冷	≤3.0		≤0.40
	夏热冬暖	≤3.5		≤0.35

表 4.5.1-2 居住建筑金属屋面传热系数限值

区域	传热系数[W/(m²·K)]						
	3层及3层以下	3层以上	体型系数 ≤0.4		体型系数 >0.4		
			D<2.5	D>2.5	D<2.5	D>2.5	
严寒地区A区	0.20	0.25	—	—	—	—	
严寒地区B区	0.25	0.30	—	—	—	—	
严寒地区C区	0.30	0.40	—	—	—	—	
寒冷地区A区 寒冷地区B区	0.35	0.45	—	—	—	—	

续表 4.5.1-2

区域	传热系数[W/(m²·K)]						
	3层及3层以下	3层以上	体型系数 ≤0.4		体型系数 >0.4		
			D<2.5	D>2.5	D<2.5	D>2.5	
						D<2.5	D≥2.5
夏热冬冷	—	—	≤0.8	≤1.0	≤0.5	≤0.6	
夏热冬暖	—	—	—	—	—	≤0.5	≤1.0

注：D 为热惰性系数。

4.5.2 采光顶宜采用夹层中空玻璃或夹层低辐射镀膜中空玻璃。明框支承采光顶宜采用隔热铝合金型材或隔热钢型材。金属屋面应设置保温、隔热层，其厚度应经计算确定。

4.5.3 采光顶与金属屋面的热桥部位应进行隔热处理，在严寒和寒冷地区，热桥部位不应出现结露现象。

4.5.4 采光顶传热系数、遮阳系数和可见光透射比可按现行行业标准《建筑门窗玻璃幕墙热工计算规程》JGJ/T 151 的规定进行计算，金属屋面应按现行国家标准《民用建筑热工设计规范》GB 50176 的规定进行热工计算。

4.5.5 寒冷及严寒地区的采光顶与金属屋面应进行防结露设计。封闭式金属屋面保温层下部应设置隔汽层。

4.5.6 采光顶宜进行遮阳设计。有遮阳要求的采光顶，可采用遮阳型低辐射镀膜夹层中空玻璃，必要时也可设置遮阳系统。

4.6 光伏系统设计

4.6.1 光伏系统设计应符合现行行业标准《民用建筑太阳能光伏系统应用技术规范》JGJ 203 的相关规定。

4.6.2 应根据建筑物使用功能、电网条件、负荷性质和系统运行方式等因素，确定光伏系统类型，可选择并网光伏系统或独立光伏系统。

4.6.3 光伏系统宜由光伏方阵、光伏接线箱、逆变器、蓄电池及其充电控制装置（限于带有储能装置系统）、电能表和显示电能相关参数仪表等组成。

4.6.4 光伏组件应具有带电警告标识及相应的电气安全防护措施，在人员有可能接触或接近光伏系统的位置，应设置防触电警示标识。

4.6.5 单晶硅光伏组件有效面积的光电转换效率应大于15%，多晶硅光伏组件有效面积的光电转换效率应大于14%，薄膜电池光伏组件有效面积的光电转换效率应大于5%。光伏组件有效面积光电转换效率 η 可按下式规定计算：

$$\eta = 0.97\eta_1\eta_2 \qquad (4.6.5)$$

式中：η——光伏组件有效面积光电转换效率；

η_1——电池片转化效率最低值，其最低值宜符合表 4.6.5 的规定；

η_2——超白玻璃太阳光透射率。

表 4.6.5　电池片转化效率最低值 η_1

	单晶硅	多晶硅	薄膜
电池片转化效率最低值	17%	16%	6%

4.6.6　在标准测试条件下，光伏组件盐雾腐蚀试验、紫外试验后其最大输出功率衰减不应大于试验前测试值的 5%。

5　结构设计基本规定

5.1　一　般　规　定

5.1.1　采光顶和金属屋面应按围护结构进行设计，并应具有规定的承载能力、刚度、稳定性和变形协调能力，应满足承载能力极限状态和正常使用极限状态的要求。

5.1.2　采光顶、金属屋面的面板和直接连接面板的支承结构的结构设计使用年限不应低于 25 年；间接支承屋面板的主要支承结构的设计使用年限宜与主体结构的设计使用年限相同。

5.1.3　直接连接面板的支承结构，其结构设计应符合现行国家标准《钢结构设计规范》GB 50017、《冷弯薄壁型钢结构技术规范》GB 50018 和《铝合金结构设计规范》GB 50429 的规定。

5.1.4　采光顶和金属屋面应进行重力荷载、风荷载作用计算分析；抗震设计时，应考虑地震作用的影响，并采取适宜的构造措施。当温度作用不可忽略时，结构设计应考虑温度效应的影响。

5.1.5　结构设计时应分别考虑施工阶段和正常使用阶段的作用和作用效应，可按弹性方法进行结构计算分析；当构件挠度较大时，结构分析应考虑几何非线性的影响。应按本规程第 5.4 节的规定进行作用或作用效应组合，并应按最不利组合进行结构设计。

5.1.6　结构构件应按下列规定验算承载力和挠度：

　1　承载力应符合下式要求：

$$\gamma_0 S \leqslant R \qquad (5.1.6-1)$$

式中：S——作用效应组合的设计值；

R——构件承载力设计值；

γ_0——结构构件重要性系数，可取 1.0。

　2　在荷载作用方向上，挠度应符合下式要求：

$$d_f \leqslant d_{f,lim} \qquad (5.1.6-2)$$

式中：d_f——作用标准组合下构件的挠度值；

$d_{f,lim}$——构件挠度限值。

5.2　材料力学性能

5.2.1　热轧钢材、冷成型薄壁型钢材料强度设计值及连接强度设计值应按照现行国家标准《钢结构设计规范》GB 50017 和《冷弯薄壁型钢结构技术规范》GB 50018 的规定采用。

5.2.2　不锈钢抗拉强度标准值 f_{sk1} 可取其屈服强度 $\sigma_{0.2}$。不锈钢抗拉强度设计值 f_{s1} 可按其抗拉强度标准值 f_{sk1} 除以 1.15 后采用；其抗剪强度设计值 f_{s1}^v 可按其抗拉强度标准值 f_{sk1} 的一半采用。

5.2.3　彩钢板抗拉强度设计值可按其屈服强度 $\sigma_{0.2}$ 除以系数 1.15 采用。

5.2.4　铝合金型材、铝合金板材的强度设计值及连接强度设计值应按现行国家标准《铝合金结构设计规范》GB 50429 的相关规定采用。

5.2.5　铝塑复合板的等效截面模量和等效刚度应根据实际情况通过计算或试验确定。当铝塑复合板的面板和背板厚度符合本规程第 3.6.3 条规定时，其等效截面模量 W_e 可参考表 5.2.5-1 采用，其等效弯曲刚度 D_e 可参考表 5.2.5-2 采用。

表 5.2.5-1　铝塑复合板的等效截面模量 W_e

厚度（mm）	4	5	6
W_e（mm³）	1.6	2.0	2.7

表 5.2.5-2　铝塑复合板的等效弯曲刚度 D_e

厚度（mm）	4	5	6
D_e（N·mm）	2.4×10^5	4.0×10^5	5.9×10^5

5.2.6　铝蜂窝复合板的等效截面模量和等效刚度应根据实际情况通过计算或试验确定。当铝蜂窝复合板的面板和背板厚度符合本规程第 3.6.4 条规定时，其等效截面模量 W_e 可参考表 5.2.6-1 采用，其等效弯曲刚度 D_e 可参考表 5.2.6-2 采用。

表 5.2.6-1　铝蜂窝复合板的等效截面模量 W_e

厚度（mm）	10	15	20	25
W_e（mm³）	4.5	14.0	19.0	24.0

表 5.2.6-2　铝蜂窝复合板的等效弯曲刚度 D_e

厚度（mm）	10	15	20	25
D_e（N·mm）	0.2×10^7	0.7×10^7	1.3×10^7	2.2×10^7

5.2.7　采光顶用玻璃的强度设计值应按表 5.2.7 的有关规定采用。夹层玻璃和中空玻璃的各片玻璃强度设计值可分别按所采用的玻璃类型确定。当钢化玻璃强度设计值达不到平板玻璃强度设计值的 3 倍、半钢化玻璃强度设计值达不到平板玻璃强度设计值的 2 倍时，表中数值应按照现行行业标准《建筑玻璃应用技术规程》JGJ 113 的规定进行调整。

表 5.2.7 采光顶玻璃的强度设计
值 f_g 和 f_{g2}（N/mm^2）

种 类	厚 度（mm）	中部强度，f_g	边缘强度	端面强度，f_{g2}
平板玻璃	5～12	9	7	6
	15～19	7	6	5
	≥20	6	5	4
半钢化玻璃	5～12	28	22	20
	15～19	24	19	17
	≥20	20	16	14
钢化玻璃	5～12	42	34	30
	15～19	36	29	26
	≥20	30	24	21

5.2.8 聚碳酸酯板的强度设计值可按表 5.2.8 的规定采用。

表 5.2.8 聚碳酸酯板强度设计值（N/mm^2）

板材种类	抗拉强度	抗压强度	抗弯强度
中空板	30	40	40
实心板	60	—	90

5.2.9 材料的弹性模量可按表 5.2.9 采用。

表 5.2.9 材料的弹性模量 E（N/mm^2）

材 料		E
铝合金型材、单层铝板		0.70×10^5
钢、不锈钢		2.06×10^5
铝塑复合板	厚度 4mm	0.20×10^5
	厚度 6mm	0.30×10^5
铝蜂窝复合板	厚度 10mm	0.35×10^5
	厚度 15mm	0.27×10^5
	厚度 20mm	0.21×10^5
玻璃		0.72×10^5
消除应力的高强钢丝		2.05×10^5
不锈钢绞线		$1.20 \times 10^5 \sim 1.50 \times 10^5$
高强钢绞线		1.95×10^5
钢丝绳		$0.80 \times 10^5 \sim 1.00 \times 10^5$
聚酯酸酯板		1370

5.2.10 材料的泊松比可按表 5.2.10 采用。

表 5.2.10 材料的泊松比 ν

材 料	ν
铝合金型材、单层铝板	0.30
钢、不锈钢	0.30

续表 5.2.10

材 料	ν
铝塑复合板	0.25
玻璃	0.20
高强钢丝、钢绞线	0.30
铝蜂窝复合板	0.25
聚碳酸酯板	0.28

5.2.11 材料的线膨胀系数可按表 5.2.11 采用。

表 5.2.11 材料的线膨胀系数 α（1/℃）

材 料	α
铝合金型材、单层铝板	2.3×10^{-5}
铝塑复合板	$2.40 \times 10^{-5} \sim 4.00 \times 10^{-5}$
铝蜂窝复合板	2.40×10^{-5}
钢 材	1.20×10^{-5}
不锈钢板	1.80×10^{-5}
混凝土	1.00×10^{-5}
玻 璃	$0.80 \times 10^{-5} \sim 1.00 \times 10^{-5}$
砖砌体	0.50×10^{-5}
聚碳酸酯中空板	6.5×10^{-5}
聚碳酸酯实心板	7.0×10^{-5}

5.2.12 材料的自重标准值可按表 5.2.12-1 的规定采用。铝塑复合板和铝蜂窝复合板的自重标准值可按表 5.2.12-2 采用。聚碳酸酯中空板的自重标准值可按表 5.2.12-3 采用，聚碳酸酯实心板的自重标准值可按表 5.2.12-4 采用。

表 5.2.12-1 材料的自重标准值 γ_{gk}（kN/m^3）

材 料	γ_{gk}	材 料	γ_{gk}
钢材，不锈钢	78.5	玻璃棉	0.5～1.0
铝合金	27.0	岩 棉	0.5～2.5
玻璃	25.6	矿渣棉	1.2～1.5

表 5.2.12-2 铝塑复合板和铝蜂窝复合板
的自重标准值 q_k（kN/m^2）

类 型	铝塑复合板			铝蜂窝复合板			
厚度（mm）	4	5	6	10	15	20	25
q_k	0.055	0.065	0.073	0.052	0.070	0.073	0.077

表 5.2.12-3 聚碳酸酯中空板的
自重标准值 q_k（N/m^2）

类 型	双 层					三 层
厚度（mm）	4	5	6	8	10	10
q_k	9.5	11.5	13.5	16.0	18.0	21.0

表 5.2.12-4 聚碳酸酯实心板的
自重标准值 q_k（N/m²）

厚度 （mm）	2	3	4	5	6	8	9.5	12
q_k	24	36	48	60	72	96	114	144

5.3 作 用

5.3.1 采光顶和金属屋面风荷载应按下列规定确定：

1 面板、直接连接面板的屋面支承构件的风荷载标准值应按现行国家标准《建筑结构荷载规范》GB 50009 的有关规定计算确定。

2 跨度大、形状或风荷载环境复杂的采光顶、金属屋面，宜通过风洞试验确定风荷载。

3 风荷载负压标准值不应小于 1.0kN/m²，正压标准值不应小于 0.5kN/m²。

5.3.2 采光顶和金属屋面的雪荷载、施工检修荷载应按现行国家标准《建筑结构荷载规范》GB 50009 的规定采用。

5.3.3 雨水荷载可按本规程第 4.3.3 条规定的最大雨量扣除排水量后确定。重要建筑宜按排水系统出现障碍时的最不利情况进行设计。

5.3.4 采光顶玻璃能够承受的活荷载应符合现行行业标准《建筑玻璃应用技术规程》JGJ 113 的规定，金属屋面应能在 300mm×300mm 的区域内承受 1.0kN 的活荷载，并不得出现任何缝隙、永久屈曲变形等破坏现象。

5.3.5 面板及与其直接相连接的支承结构构件，作用于水平方向的水平地震作用标准值可按下式计算：

$$P_{EK} = \beta_E \alpha_{max} G_k \qquad (5.3.5)$$

式中：P_{EK}——水平地震作用标准值（kN）；

β_E——地震作用动力放大系数，可取不小于 5.0；

α_{max}——水平地震影响系数最大值，应符合本规程第 5.3.6 条的规定；

G_k——构件（包括面板和框架）的重力荷载标准值（kN）。

5.3.6 水平地震影响系数最大值应按表 5.3.6 采用。

表 5.3.6 水平地震影响系数最大值 α_{max}

抗震设防烈度	6 度	7 度	8 度
α_{max}	0.04	0.08（0.12）	0.16（0.24）

注：7、8 度时括号内数值分别用于设计基本地震加速度为 0.15g 和 0.30g 的地区。

5.3.7 计算竖向地震作用时，地震影响系数最大值可按水平地震作用的 65% 采用。

5.3.8 支承结构构件以及连接件、锚固件所承受的地震作用，应包括依附于其上的构件传递的地震作用和其结构自重产生的地震作用。

5.4 作 用 组 合

5.4.1 面板及与其直接相连接的结构构件按极限状态设计时，当作用和作用效应按线性关系考虑时，其作用效应组合的设计值应符合下列规定：

1 无地震作用组合效应时，应按下式进行计算：

$$S = \gamma_G S_{Gk} + \psi_Q \gamma_Q S_{Qk} + \psi_w \gamma_w S_{wk} \quad (5.4.1-1)$$

2 有地震作用效应组合时，应按下式进行计算：

$$S = \gamma_G S_{GE} + \gamma_E S_{Ek} + \psi_w \gamma_w S_{wk} \quad (5.4.1-2)$$

式中：S——作用效应组合的设计值；

S_{Gk}——永久重力荷载效应标准值；

S_{GE}——重力荷载代表值的效应，重力荷载代表值的取值应符合现行国家标准《建筑抗震设计规范》GB 50011 的规定；

S_{Qk}——可变重力荷载效应标准值；

S_{wk}——风荷载效应标准值；

S_{Ek}——地震作用效应标准值；

γ_G——永久重力荷载分项系数；

γ_Q——可变重力荷载分项系数；

γ_w——风荷载分项系数；

γ_E——地震作用分项系数；

ψ_w——风荷载作用效应的组合值系数；

ψ_Q——可变重力荷载的组合值系数。

5.4.2 进行构件的承载力设计时，作用分项系数应按下列规定取值：

1 一般情况下，永久重力荷载、可变重力荷载、风荷载和地震作用的分项系数 γ_G、γ_Q、γ_w、γ_E 应分别取 1.2、1.4、1.4 和 1.3；

2 当永久重力荷载的效应起控制作用时，其分项系数 γ_G 应取 1.35；

3 当永久重力荷载的效应对构件有利时，其分项系数 γ_G 应取 1.0。

5.4.3 可变作用的组合值系数应按下列规定采用：

1 无地震作用组合时，当风荷载为第一可变作用时，其组合值系数 ψ_w 应取 1.0，此时可变重力荷载组合值系数 ψ_Q 应取 0.7；当可变重力荷载为第一可变作用时，其组合值系数 ψ_Q 应取 1.0，此时风荷载组合值系数 ψ_w 应取 0.6；当永久重力荷载起控制作用时，风荷载组合值系数 ψ_w 和可变重力荷载组合值系数 ψ_Q 应分别取 0.6 和 0.7。

2 有地震作用组合时，一般情况下风荷载组合值系数 ψ_w 可取 0；当风荷载起控制作用时，风荷载组合值系数 ψ_w 应为 0.2。

5.4.4 进行构件的挠度验算时应采用荷载标准组合，本规程第 5.4.1 条各项作用的分项系数均应取 1.0。

5.4.5 作用在倾斜面板上的作用，应分解成垂直于面板和平行于面板的分量，并应按分量方向分别进行作用或作用效应组合。

6 面板及支承构件设计

6.1 框支承玻璃面板

6.1.1 采光顶用框支承玻璃面板单片玻璃厚度和中空玻璃的单片厚度不应小于 6mm, 夹层玻璃的单片厚度不宜小于 5mm。夹层玻璃和中空玻璃的各片玻璃厚度相差不宜大于 3mm。

6.1.2 框支承用夹层玻璃可采用平板玻璃、半钢化玻璃或钢化玻璃。

6.1.3 框支承玻璃面板的边缘应进行精磨处理。边缘倒棱不宜小于 0.5mm。

6.1.4 玻璃面板应按照现行行业标准《建筑玻璃应用技术规程》JGJ 113 进行热应力、热变形设计计算。

6.1.5 板边支承的单片玻璃, 在垂直于面板方向的均布荷载作用下, 最大应力应符合下列规定:

1 最大应力可按考虑几何非线性的有限元法计算。规则面板可按下列公式计算:

$$\sigma = \frac{6mqa^2}{t^2}\eta \qquad (6.1.5-1)$$

$$\theta = \frac{qa^4}{Et^4} \qquad (6.1.5-2)$$

式中: σ ——在均布荷载作用下面板最大应力（N/mm^2）;

q ——垂直于面板的均布荷载（N/mm^2）;

a ——面板的特征长度, 矩形面板四边支承时为短边边长, 对边支承时为其跨度, 三角形面板为长边（mm）;

t ——面板厚度（mm）;

θ ——参数;

E ——面板弹性模量（N/mm^2）;

m ——弯矩系数, 可按面板的材质、形状和荷载形式由本规程附录 C 查取;

η ——折减系数, 可由参数 θ 按表 6.1.5 采用。

表 6.1.5 折减系数 η

θ	≤5.0	10.0	20.0	40.0	60.0	80.0	100.0
η	1.00	0.95	0.90	0.82	0.74	0.68	0.62
θ	120.0	150.0	200.0	250.0	300.0	350.0	≥400.0
η	0.57	0.50	0.44	0.40	0.38	0.36	0.35

2 玻璃面板荷载基本组合最大应力设计值不应超过玻璃中部强度设计值 f_g。

6.1.6 单片玻璃在垂直于面板的均布荷载作用下, 其跨中最大挠度应符合下列规定:

1 面板的弯曲刚度 D 可按下式计算:

$$D = \frac{Et^3}{12(1-\nu^2)} \qquad (6.1.6-1)$$

式中: D ——面板弯曲刚度（N·mm）;

t ——面板厚度（mm）;

ν ——泊松比。

2 在荷载标准组合值作用下, 面板跨中最大挠度宜采用考虑几何非线性的有限元法计算。规则面板可按下式计算:

$$d_f = \frac{\mu q_k a^4}{D}\eta \qquad (6.1.6-2)$$

式中: d_f ——在荷载标准组合值作用下的最大挠度值（mm）;

q_k ——垂直于面板的荷载标准组合值（N/mm^2）;

a ——面板特征长度, 矩形面板为短边的长度, 三角形面板为长边（mm）;

μ ——挠度系数, 可按面板的材质、形状及荷载类型由本规程附录 C 查取;

η ——折减系数, 可按本规程表 6.1.5 采用, q 值采用 q_k 计算。

6.1.7 采用 PVB 的夹层玻璃可按下列规定进行计算:

1 作用在夹层玻璃上的均布荷载可按下式分配到各片玻璃上:

$$q_i = q\frac{t_i^3}{t_e^3} \qquad (6.1.7-1)$$

式中: q ——作用于夹层玻璃上的均布荷载（N/mm^2）;

q_i ——为分配到第 i 片玻璃的均布荷载（N/mm^2）;

t_i ——第 i 片玻璃的厚度（mm）;

t_e ——夹层玻璃的等效厚度（mm）。

2 PVB 夹层玻璃的等效厚度可按下式计算:

$$t_e = \sqrt[3]{t_1^3 + t_2^3 + \cdots + t_n^3} \qquad (6.1.7-2)$$

式中: t_e ——夹层玻璃的等效厚度（mm）;

$t_1, t_2\cdots t_n$ ——各片玻璃的厚度（mm）;

n ——夹层玻璃的玻璃层数。

3 各片玻璃可分别按本规程第 6.1.5 条的规定进行应力计算。

4 PVB 夹层玻璃可按本规程第 6.1.6 条的规定进行挠度计算, 在计算玻璃刚度 D 时应采用等效厚度 t_e。

6.1.8 中空玻璃可按下列规定进行计算:

1 作用于中空玻璃上均布荷载可按下列公式分配到各片玻璃上:

1） 直接承受荷载的单片玻璃:

$$q_1 = 1.1q\frac{t_1^3}{t_e^3} \qquad (6.1.8-1)$$

2） 不直接承受荷载的单片玻璃:

$$q_i = q\frac{t_i^3}{t_e^3} \qquad (6.1.8-2)$$

2 中空玻璃的等效厚度可按下式计算:

$$t_e = 0.95\sqrt[3]{t_1^3 + t_2^3 + \cdots + t_n^3} \quad (6.1.8\text{-}3)$$

式中： t_e——中空玻璃的等效厚度（mm）；

t_1、t_2…t_n——各片玻璃的厚度（mm）。

3 各片玻璃可分别按本规程第 6.1.5 条的规定进行应力计算。

4 中空玻璃可按本规程第 6.1.6 条的规定进行挠度计算，在计算玻璃的刚度 D 时，应采用按式（6.1.8-3）计算的等效厚度 t_e。

6.2 点支承玻璃面板

6.2.1 矩形玻璃面板宜采用四点支承，三角形玻璃面板宜采用三点支承。相邻支承点间的板边距离，不宜大于 1.5m。点支承玻璃可采用钢爪支承装置或夹板支承装置。采用钢爪支承时，孔边至板边的距离不宜小于 70mm。

6.2.2 点支承玻璃面板采用浮头式连接件支承时，其厚度不应小于 6mm；采用沉头式连接件支承时，其厚度不应小于 8mm。夹层玻璃和中空玻璃中，安装连接件的单片玻璃厚度也应符合本条规定。钢板夹持的点支承玻璃，单片厚度不应小于 6mm。

6.2.3 点支承中空玻璃孔洞周边应采取多道密封。

6.2.4 在垂直于玻璃面板的均布荷载作用下，点支承面板的应力和挠度应符合下列规定：

1 单片玻璃面板最大应力和最大挠度可按照考虑几何非线性的有限元方法进行计算。规则形状面板也可按下列公式计算：

$$\sigma = \frac{6mqb^2}{t^2}\eta \quad (6.2.4\text{-}1)$$

$$d_f = \frac{\mu q_k b^4}{D}\eta \quad (6.2.4\text{-}2)$$

$$\theta = \frac{qb^4}{Et^4} \text{ 或 } \theta = \frac{q_k b^4}{Et^4} \quad (6.2.4\text{-}3)$$

式中：σ——在均布荷载作用下面板的最大应力（N/mm²）；

d_f——在荷载标准组合值作用下面板的最大挠度（mm）；

q、q_k——分别为垂直于面板的均布荷载、荷载标准组合值（N/mm²）；

D——面板弯曲刚度（N·mm），可按本规程公式（6.1.6-1）计算；

b——点支承面板特征长度，矩形面板为长边边长（mm）；

t——面板厚度（mm）；

θ——参数；

m——弯矩系数，四角点支承板可按本规程附录 C 中跨中弯矩系数 m_x、m_y 和自由边中点弯矩系数 m_{0x}、m_{0y} 分别采用；四点跨中支承板可按本规程附录 C 中弯矩系数 m 采用；

μ——挠度系数，可按本规程附录 C 采用；

η——折减系数，可由参数 θ 按本规程表 6.1.5 取用。

2 夹层玻璃和中空玻璃点支承面板的均布荷载的分配，可按本规程第 6.1.7 条、第 6.1.8 条的规定计算。

3 玻璃面板荷载基本组合最大应力设计值不应超过玻璃中部强度设计值 f_g。

6.3 聚碳酸酯板

6.3.1 聚碳酸酯板最大应力和挠度可按照考虑几何非线性的有限元方法进行计算。

6.3.2 聚碳酸酯板可冷弯成型，中空平板的弯曲半径不宜小于板材厚度的 175 倍，U 形中空板的最小弯曲半径不宜小于厚度的 200 倍，实心板的弯曲半径不宜小于板材厚度的 100 倍。

6.4 金 属 平 板

6.4.1 单层金属板和铝塑复合板宜四周折边或设置边肋；折边高度不宜小于 20mm。铝蜂窝复合板可折边或将面板弯折后包封板边。铝塑复合板开槽时不得触及铝板，开槽后剩余的板芯厚度不应小于 0.3mm；铝蜂窝复合板背板刻槽后剩余的铝板厚度不应小于 0.5mm。铝蜂窝复合板和铝塑复合板的芯材不宜直接暴露于室外，不折边的铝塑复合板和铝蜂窝复合板宜在其周边采用铝型材镶嵌固定。

6.4.2 金属平板可根据受力要求设置加强肋。铝塑复合板折边处应设边肋。加强肋可采用金属方管、槽形或角形型材，加强肋的截面厚度不应小于 1.5mm。

加强肋应与面板可靠连接，并应有防腐措施。金属平板中起支承边作用的中肋应与边肋或单层铝板的折边可靠连接。支承金属面板区格的中肋与其他相交中肋的连接应满足传力要求。

6.4.3 金属平板的应力和挠度计算应符合下列规定：

1 边和肋所形成的面板区格，四周边缘可按简支边考虑，中肋支撑线可按固定边考虑。

2 在垂直于面板的均布荷载作用下，面板最大应力宜采用考虑几何非线性的有限元方法计算，规则面板可分别按下列公式计算：

1) 单层金属屋面板：

$$\sigma = \frac{6mql_x^2}{t^2}\eta \quad (6.4.3\text{-}1)$$

$$\theta = \frac{ql_x^4}{Et^4} \quad (6.4.3\text{-}2)$$

2) 铝塑复合板和铝蜂窝复合板：

$$\sigma = \frac{ql_x^2}{W_e}\eta \quad (6.4.3\text{-}3)$$

$$\theta = \frac{ql_x^4}{11.2D_e t_e} \quad (6.4.3\text{-}4)$$

式中：σ——在均布荷载作用下面板中最大应力（N/

mm^2）；

q——垂直于面板的均布荷载（N/mm^2）；

l_x——金属平板区格的计算边长（mm），可按本规程附录C的规定采用；

E——面板弹性模量（N/mm^2），可按本规程表5.2.9采用；

t——面板厚度（mm）；

t_e——面板折算厚度，铝塑复合板可取$0.8t$，铝蜂窝复合板可取$0.6t$；

W_e——铝塑复合板或铝蜂窝复合板的等效截面模量（mm^3），可分别按本规程表5.2.5-1、表5.2.6-1采用；

D_e——铝塑复合板或铝蜂窝复合板的等效弯曲刚度（$N \cdot mm$），可分别按本规程表5.2.5-2、表5.2.6-2采用；

θ——参数；

m——弯矩系数，根据面板的边界条件和计算位置，可按本规程附录C分别按m、m_x^0、m_y^0查取；

η——折减系数，可由参数θ按表6.4.3采用。

3 中肋支撑线上的弯曲应力可取两侧板格固端弯矩计算结果的平均值。

4 金属面板荷载基本组合的最大应力设计值不应超过金属面板强度设计值。

表6.4.3 折减系数η

θ	$\leqslant 5$	10	20	40	60	80	100
η	1.00	0.95	0.90	0.81	0.74	0.69	0.64
θ	120	150	200	250	300	350	$\geqslant 400$
η	0.61	0.54	0.50	0.46	0.43	0.41	0.40

6.4.4 在均布荷载作用下，金属平板屋面的挠度应符合下列规定：

1 单层金属平板每区格的跨中挠度可采用考虑几何非线性的有限元方法计算，可按下列公式计算：

$$d_f = \frac{\mu q_k l_x^4}{D} \eta \qquad (6.4.4-1)$$

$$D = \frac{E t^3}{12(1-\nu^2)} \qquad (6.4.4-2)$$

式中：d_f——在荷载标准组合值作用下挠度最大值（mm）；

q_k——垂直于面板荷载标准组合值（N/mm^2）；

l_x——板区格的计算边长（mm），可按本规程附录C的规定采用；

t——板的厚度（mm）；

D——板的弯曲刚度（$N \cdot mm$）；

ν——泊松比，可按本规程第5.2.10条采用；

E——弹性模量（N/mm^2），可按本规程第5.2.9条采用；

η——折减系数，可按本规程表6.4.3采用，q值采用q_k值计算。

2 铝塑复合板和铝蜂窝复合板的跨中挠度可按有限元方法计算，可按下式计算：

$$d_f = \frac{\mu q_k l_x^4}{D_e} \eta \qquad (6.4.4-3)$$

式中：D_e——等效弯曲刚度（$N \cdot mm$），可分别按本规程表5.2.5-2、表5.2.6-2采用。

6.4.5 方形或矩形金属面板上作用的荷载可按三角形或梯形分布传递到板肋上，其他多边形可按角分线原则划分荷载（图6.4.5），板肋上作用的荷载可按等弯矩原则简化为等效均布荷载。

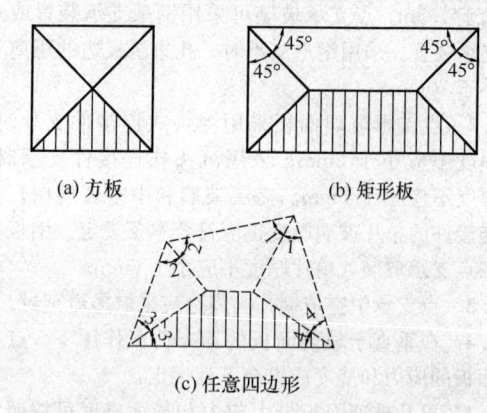

(a) 方板　　　　　　(b) 矩形板

(c) 任意四边形

图6.4.5　面板荷载向肋的传递

6.4.6 金属屋面板材的边肋截面尺寸可按构造要求设计。单跨中肋可按简支梁设计。多跨交叉肋可采用梁系进行计算。

6.5　压型金属板

6.5.1 压型金属屋面板可根据设计要求选用直立锁边板（图6.5.1）、卷边板或暗扣板。

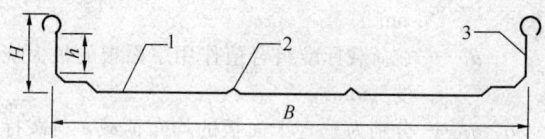

图6.5.1　直立锁边板

1—中间加筋板件；2—中间加筋肋；3—腹板

6.5.2 铝合金面板中腹板和受压翼缘的有效厚度应按现行国家标准《铝合金结构设计规范》GB 50429的规定计算。钢面板中腹板和受压翼缘的有效厚度应按现行国家标准《冷弯薄壁型钢结构技术规范》GB 50018的规定计算。

6.5.3 在一个波距的面板上作用集中荷载F时（图6.5.3a），可按下式将集中荷载F折算成沿板宽方向的均布荷载q_{re}（图6.5.3b），并按q_{re}进行单个波距的有效截面的受弯计算。

$$q_{re} = \eta \frac{F}{B} \qquad (6.5.3)$$

式中：F——集中荷载（N）；

B——波距（mm）；

η——折算系数，由试验确定；无试验依据时，可取 0.5。

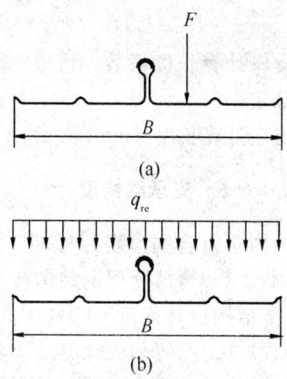

图 6.5.3　集中荷载下屋面面板的
简化计算模型

6.5.4　金属屋面板的强度可取一个波距的有效截面，以檩条或 T 形支座为梁的支座，按受弯构件进行计算。

$$M/M_u \leqslant 1 \qquad (6.5.4-1)$$
$$M_u = W_e f \qquad (6.5.4-2)$$

式中：M——截面所承受的最大弯矩（N·mm），可按图 6.5.4 的面板计算模型求得；

M_u——截面的受弯承载力设计值（N·mm）；

W_e——有效截面模量，应按现行国家标准《铝合金结构设计规范》GB 50429 或《冷弯薄壁型钢结构技术规范》GB 50018 的规定计算。

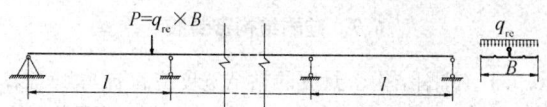

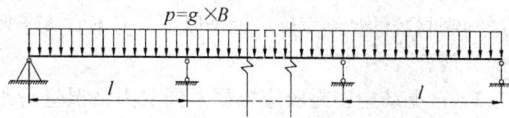

图 6.5.4　屋面面板的强度计算模型

P—集中荷载产生的作用于面板计算模型上的集中力；

B—波距（mm）；g—板面均布荷载（N/mm²）；

p—由 g 产生的作用于面板计算模型上的线均布力（N/mm）；l—跨距（mm）

6.5.5　压型金属板和 T 形支座的受压和受拉连接强度应进行验算，必要时可按试验确定。T 形支座的间距应经计算确定，并不宜超过 1600mm。

6.5.6　压型金属板中腹板的剪切屈曲应按下列公式

计算：

1　铝合金面板应符合下列规定：

当 $h/t \leqslant \dfrac{875}{\sqrt{f_{0.2}}}$ 时：$\begin{cases} \tau \leqslant \tau_{cr} = \dfrac{320}{h/t}\sqrt{f_{0.2}} \\ \tau \leqslant f_v \end{cases}$

$(6.5.6-1)$

当 $h/t \geqslant \dfrac{875}{\sqrt{f_{0.2}}}$ 时：$\tau \leqslant \tau_{cr} = \dfrac{280000}{(h/t)^2}$ $(6.5.6-2)$

式中：τ——腹板平均剪应力（N/mm²）；

τ_{cr}——腹板的剪切屈曲临界应力（N/mm²）；

f_v——抗剪强度设计值（N/mm²），应按现行国家标准《铝合金结构设计规范》GB 50429 取用；

$f_{0.2}$——名义屈服强度（N/mm²），应按现行国家标准《铝合金结构设计规范》GB 50429 取用；

h/t——腹板高厚比。

2　钢面板应符合下列规定：

当 $h/t < 100$ 时：$\begin{cases} \tau \leqslant \tau_{cr} = \dfrac{8550}{h/t} \\ \tau \leqslant f_v \end{cases}$ $(6.5.6-3)$

当 $h/t \geqslant 100$ 时：$\tau \leqslant \tau_{cr} = \dfrac{855000}{(h/t)^2}$ $(6.5.6-4)$

式中：τ——腹板平均剪应力（N/mm²）；

τ_{cr}——腹板的剪切屈曲临界应力（N/mm²）；

h/t——腹板高厚比。

6.5.7　铝合金面板和钢面板支座处腹板的局部受压承载力，应按下列公式验算：

$$R/R_w \leqslant 1 \qquad (6.5.7-1)$$
$$R_w = at^2\sqrt{fE}(0.5+\sqrt{0.02 l_c/t})[2.4+(\theta/90)^2]$$
$$(6.5.7-2)$$

式中：R——支座反力（N）；

R_w——一块腹板的局部受压承载力设计值（N）；

a——系数，中间支座取 0.12；端部支座取 0.06；

t——腹板厚度（mm）；

l_c——支座处的支承长度（mm），10mm < l_c < 200mm；端部支座可取 $l_c = 10$mm；

θ——腹板倾角（45° ≤ θ ≤ 90°）；

f——面板材料的抗压强度设计值（N/mm²）。

6.5.8　屋面板同时承受弯矩 M 和支座反力 R 的截面，应满足下列要求：

1　铝合金面板应符合下式规定：

$$\begin{cases} M/M_u \leqslant 1 \\ R/R_w \leqslant 1 \\ 0.94(M/M_u)^2 + (R/R_w)^2 \leqslant 1 \end{cases} \qquad (6.5.8-1)$$

2　钢面板应符合下式规定：

$$\begin{cases} M/M_u \leqslant 1 \\ R/R_w \leqslant 1 \\ (M/M_u)+(R/R_w) \leqslant 1.25 \end{cases} \quad (6.5.8\text{-}2)$$

式中：M_u——截面的弯曲承载力设计值（N·mm），$M_u = W_e f$；

W_e——有效截面模量，按现行国家标准《铝合金结构设计规范》GB 50429 或《冷弯薄壁型钢结构技术规范》GB 50018 的规定计算；

R_w——腹板的局部受压承载力设计值（N），应按本规程公式（6.5.7-2）计算。

6.5.9 金属屋面板同时承受弯矩 M 和剪力 V 的截面，应满足下列要求：

$$(M/M_u)^2 + (V/V_u)^2 \leqslant 1 \quad (6.5.9)$$

式中：V_u——腹板的受剪承载力设计值（N/mm²），铝合金面板取（$ht \cdot \sin\theta$）τ_{cr} 和（$ht \cdot \sin\theta$）f_v 中较小值，钢面板取（$ht \cdot \sin\theta$）τ_{cr}，τ_{cr} 应按本规程 6.5.6 条分别计算。

6.5.10 屋面板 T 形支座的强度应按下列公式计算：

$$\sigma = \frac{R}{A_{en}} \leqslant f \quad (6.5.10\text{-}1)$$

$$A_{en} = t_1 L_s \quad (6.5.10\text{-}2)$$

式中：σ——正应力设计值（N/mm²）；

f——支座材料的抗拉和抗压强度设计值（N/mm²）；

R——支座反力（N）；

A_{en}——有效净截面面积（mm²）；

t_1——支座腹板最小厚度（mm）；

L_s——支座长度（mm）。

6.5.11 屋面板 T 形支座的稳定性可简化为等截面柱模型（图 6.5.11）按下式计算：

$$\frac{R}{\varphi A} \leqslant f \quad (6.5.11)$$

式中：R——支座反力（N）；

φ——轴心受压构件的稳定系数，应根据构件的长细比、铝合金材料的强度标准值 $f_{0.2}$ 按现行国家标准《铝合金结构设计规范》GB 50429 取用；

A——毛截面面积（mm²），$A = t L_s$；

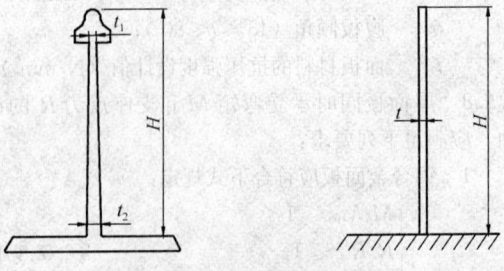

图 6.5.11 支座的简化模型
H—T 形支座高度

t——T 形支座等效厚度（mm），按（$t_1 + t_2$）/2 取值；

t_1——支座腹板最小厚度（mm）；

t_2——支座腹板最大厚度（mm）。

6.5.12 计算屋面板 T 形支座的稳定系数时，其计算长度应按下式计算：

$$l_0 = \mu H \quad (6.5.12)$$

式中：μ——支座计算长度系数，可取 1.0 或由试验确定；

l_0——支座计算长度（mm）。

6.6 支承结构设计

6.6.1 支承结构应符合国家现行标准《钢结构设计规范》GB 50017、《冷弯薄壁型钢结构技术规范》GB 50018、《铝合金结构设计规范》GB 50429、《空间网格结构技术规程》JGJ 7 等相关规定。

6.6.2 单根支承构件截面有效受力部位的厚度，应符合下列要求：

1 截面自由挑出的板件和双侧加肋的板件的宽厚应符合设计要求；

2 铝合金型材有效截面部位厚度不应小于 2.5mm，型材孔壁与螺钉之间由螺纹直接受拉、压连接时型材应局部加厚，局部壁厚不应小于螺钉的公称直径，宽度不应小于螺钉公称直径的 1.6 倍；

3 热轧钢型材有效截面部位的壁厚不应小于 2.5mm，冷成型薄壁型钢截面厚度不应小于 2.0mm。型材孔壁与螺钉之间由螺纹直接受拉、压连接时，应验算螺纹强度。

6.6.3 根据面板在构件上的支承情况决定其荷载和地震作用，并计算构件的双向弯矩、剪力、扭矩。大跨度开口截面宜考虑约束扭转产生的双力矩。

6.7 硅酮结构密封胶

6.7.1 硅酮结构密封胶的粘结宽度应符合本规程第 6.7.3 条的规定，且不应小于 7mm，其粘结厚度应符合本规程第 6.7.4 条的规定，且不应小于 6mm。硅酮结构密封胶的粘结宽度应大于厚度，但不宜大于厚度的 2 倍。

6.7.2 硅酮结构密封胶应根据不同受力情况进行承载力验算。在风荷载、雪荷载、积灰荷载、活荷载和地震作用下，其拉应力或剪应力不应大于其强度设计值 f_1；在永久荷载作用下，其拉应力或剪应力不应大于其强度设计值 f_2。

拉伸粘结强度标准值应符合现行国家标准《建筑用硅酮结构密封胶》GB 16776 的规定，f_1 可取为 0.2N/mm²，f_2 可取为 0.01N/mm²。

6.7.3 隐框玻璃面板与副框间硅酮结构密封胶的粘结宽度 C_s 应符合下列规定：

1 当玻璃面板为刚性板时应按下式计算：

$$C_s = \frac{q_k A}{S f_1} \qquad (6.7.3\text{-}1)$$

2 当玻璃面板为柔性板时应按下式计算：

$$C_s = \frac{q_k a}{2 f_1} \qquad (6.7.3\text{-}2)$$

式中：C_s——硅酮结构胶粘结宽度（mm）；

q_k——作用于面板的均布荷载标准值（N/mm²）；

S——玻璃面板周长，即硅酮结构密封胶缝的总长度（mm）；

A——面板面积（mm²）；

a——面板特征长度（mm）；矩形为短边长，狭长梯形为高，圆形为半径，三角形为内心到边的距离的 2 倍。

3 粘结宽度 C_s 尚应符合下式要求：

$$C_s \geqslant \frac{G_2}{S f_2} \qquad (6.7.3\text{-}3)$$

式中：G_2——平行于玻璃板面的重力荷载设计值（N）。

6.7.4 隐框玻璃面板与副框间硅酮结构密封胶的粘结厚度 t_s 应符合下式要求：

$$t_s \geqslant \frac{\mu_s}{\sqrt{\delta(2+\delta)}} \qquad (6.7.4)$$

式中：μ_s——玻璃与铝合金框的相对位移（mm），主要考虑玻璃与铝合金框之间因温度变化产生的相对位移，必要时还须考虑结构变形产生的相对位移；

δ——硅酮结构密封胶在拉应力为 $0.7 f_1$ 时的伸长率。

6.7.5 隐框、半隐框采光顶用中空玻璃二道密封胶应采用符合现行国家标准《建筑用硅酮结构密封胶》GB 16776 的结构密封胶，其粘结宽度 C_{s1} 应按下式计算，且不应小于 6mm：

$$C_{s1} \geqslant \beta C_s \qquad (6.7.5)$$

式中：C_{s1}——中空玻璃二道密封胶粘结宽度（mm）；

C_s——玻璃面板与副框间硅酮结构密封胶的粘结宽度（mm），可按本规程 6.7.3 条进行计算；

β——外层玻璃荷载系数，当外层玻璃厚度大于内层玻璃厚度时 $\beta=1.0$，否则 $\beta=0.5$。

7 构造及连接设计

7.1 一般规定

7.1.1 采光顶、金属屋面与主体结构之间的连接应能够承受并可靠传递其受到的荷载或作用，并应适应

主体结构变形。

7.1.2 采光顶、金属屋面与主体结构可采用螺栓连接或焊接。采用螺栓连接、挂接或插接的结构构件，应采取可靠的防松动、防滑移、防脱离措施。

7.1.3 当连接件与所接触材料可能产生双金属接触腐蚀时，应采用绝缘垫片分隔或采取其他有效措施防止腐蚀。

7.1.4 与主体结构相对应的变形缝应能够适应主体结构的变形，并不得降低采光顶、金属屋面该部位的主要性能要求。

7.1.5 连接构造应采取措施防止因结构变形、风力、温度变化等产生噪声。杆件间的连接处可设置柔性垫片或采取其他有效构造措施。

7.1.6 配套使用的铝合金窗、塑料窗、玻璃钢窗等应分别符合国家现行标准《铝合金门窗》GB/T 8478、《未增塑聚氯乙烯（PVC-U）塑料窗》JG/T 140 和《玻璃纤维增强塑料（玻璃钢）窗》JG/T 186 等的规定，并应符合设计要求。

7.1.7 连接光伏系统的支架、双层金属屋面系统中用于支承装饰层或其他辅助层的连接构件不宜穿透金属面板。如果确有必要穿透时，应采取柔性防水构造措施进行防水。

7.1.8 清洗装置或维护装置用穿过采光顶、金属屋面的金属构件宜选用不锈钢，且在穿透面板部位应采取可靠防水措施。

7.1.9 排烟窗应进行外排水设计，其顶面可高出采光顶或金属屋面，且宜设置排水构造。

7.1.10 连接光伏系统的支架承载力应满足设计和使用要求，应易于实现光伏电池的拆装。

7.2 玻璃采光顶

7.2.1 支承玻璃或光伏玻璃组件的金属构件应按照现行行业标准《玻璃幕墙工程技术规范》JGJ 102 的有关规定进行设计；点支承爪件应按照现行行业标准《建筑玻璃点支承装置》JG/T 138 的有关规定进行承载力验算。

7.2.2 严寒和寒冷地区采用半隐框或明框采光顶构造时，宜根据建筑物功能需要，在室内侧支承构件上设置冷凝水收集和排放系统。

7.2.3 框支承玻璃面板可采用注胶板缝或嵌条板缝。明框采光顶面板应有足够的排水坡度或设置外部排水构造，半隐框采光顶的明框部分宜顺排水方向布置。

7.2.4 隐框玻璃采光顶的玻璃悬挑尺寸应符合设计要求，且不宜超过 200mm。

7.2.5 点支承玻璃采用穿孔式连接时宜采用浮头连接件，连接件与面板贯穿部位宜采用密封胶密封。点支式玻璃平顶宜采用采光顶专用爪件。

7.2.6 点式支承装置应能适应玻璃面板在支承点处的转动变形要求。钢爪支承头与玻璃之间宜设置具有

弹性的衬垫或衬套，其厚度不宜小于 1mm，且应有足够的抗老化能力。夹板式点支承装置应设置衬垫承受玻璃重量。

7.2.7 除承受玻璃面板所传递的荷载或作用外，点支承装置不应兼作其他用途的支承构件。

7.2.8 采光顶倒挂隐框玻璃、倾斜隐框玻璃应设置金属承重构件，承重构件与玻璃之间应采用硬质橡胶垫片有效隔离。倒挂点支玻璃不宜采用沉头式连接件。

7.2.9 采光顶玻璃与屋面连接部位应进行可靠密封。连接处采光顶面板宜高出屋面。

7.2.10 支承采光顶的自平衡索结构、大跨度桁架与主体结构的连接部位应具备适应结构变形的能力。

7.2.11 玻璃采光顶板缝构造应符合下列规定：

    1 注胶式板缝应采用中性硅酮建筑密封胶密封，且应满足接缝处位移变化的要求。板缝宽度不宜小于 10mm。在接缝变形较大时，应采用位移能力较高的中性硅酮密封胶。

    2 嵌条式板缝可采用密封条密封，且密封条交叉处应可靠封接。连接构造上宜进行多腔设计，并宜设置导水、排水系统。

    3 开放式板缝宜在面板的背部空间设置防水层，并应设置可靠的导水、排水系统和有效的通风除湿构造措施。内部支承金属结构应采取防腐措施。

7.3 金属平板屋面

7.3.1 金属平板屋面的构造与连接宜符合现行行业标准《金属与石材幕墙工程技术规范》JGJ 133 的相关规定。

7.3.2 面板周边可采用螺栓或挂钩与支承构件连接，且螺栓直径不宜小于 4mm，螺栓的数量应根据板材所承受的荷载或作用计算确定，铆钉或锚栓孔中心至板边缘的距离不应小于 2 倍的孔径；孔中心距不应小于 3 倍的孔径。挂钩宜设置防噪声垫片。

7.3.3 金属平板屋面系统板缝构造应符合下列规定：

    1 注胶式板缝应符合下列要求：

        1）板缝底部宜采用泡沫条充填，宜采用中性硅酮密封胶密封，胶缝厚度不宜小于 6mm，宽度不宜小于厚度的 2 倍；应采取措施避免密封胶三面粘结；

        2）用于氟碳涂层表面的硅酮密封胶应进行粘结性试验，必要时可加涂底胶。

    2 封闭嵌条式板缝宜采用密封胶条密封，且密封条交叉处应可靠封接，宜采用压敏粘结材料进行粘结。板缝宜采用多道密封的防水措施。

7.3.4 开放式板缝构造应符合下列规定：

    1 背部空间应防止积水，并采取措施顺畅排水；

    2 保温材料外表应有可靠防水措施，可采用镀锌钢板、铝板为防水衬板；

    3 背部空间应保持通风；

    4 支承构件和金属连接件应采取有效的防腐措施。

7.4 压型金属板屋面

7.4.1 压型屋面板用铝合金板、钢板的厚度宜为 0.6mm～1.2mm，且宜采用长尺寸板材，应减少板长方向的搭接接头数量。直立锁边铝合金板的基板厚度不应小于 0.9mm。

7.4.2 金属屋面板长度方向的搭接端不得与支承构件固定连接，搭接处可采用焊接或泛水板，非焊接处理时搭接部位应设置防水堵头，搭接部分长度方向中心宜与支承构件中心一致，搭接长度应符合设计要求，且不宜小于表 7.4.2 规定的限值：

表 7.4.2 金属屋面板长度方向最小搭接长度（mm）

项 目		搭接长度 a
波高>70		375
波高≤70	屋面坡度<1/10	250
	屋面坡度≥1/10	200
面板过渡到立面墙面后		120

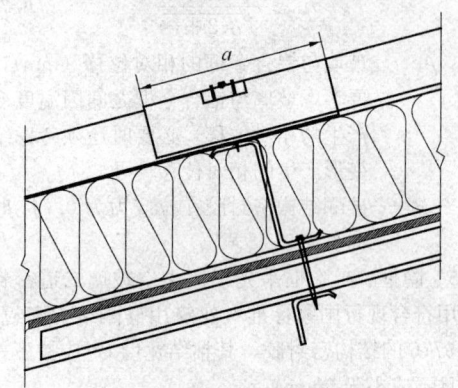

图 7.4.2 金属屋面板搭接图

7.4.3 压型金属屋面板侧向可采用搭接、扣合或咬合等方式进行连接，并应符合下列规定：

    1 当侧向采用搭接式连接时，连接件宜采用带有防水密封胶垫的自攻螺钉，宜搭接一波，特殊要求时可搭接两波。搭接处应用连接件紧固，连接件应设置在波峰上。对于高波铝合金板，连接件间距宜为 700mm～800mm；对于低波屋面板，连接件间距宜为 300mm～400mm。

    2 采用扣合式或咬合式连接时，应在檩条上设置与屋面板波形板相配套的固定支座，固定支座和檩条宜采用机制自攻螺钉或螺栓连接，且在边缘区域数量不应少于 4 个，相邻两金属面板应与固定支座可靠扣合或咬合连接。

7.4.4 压型金属屋面胶缝的连接应采用中性硅酮密

封胶。

7.4.5 金属屋面与立墙及突出屋面结构等交接处，应作泛水处理。屋面板与突出构件间预留伸缩缝隙或具备伸缩能力。

7.4.6 压型金属屋面板采用带防水垫圈的镀锌螺栓固定时，固定点应设在波峰上。外露螺栓均应密封。

7.4.7 梯形板、正弦波纹板连接应符合下列要求：

    1 横向搭接不应小于一个波，纵向搭接不应小于200mm。

    2 挑出墙面的长度不应小于200mm。

    3 压型板伸入檐沟内的长度不应小于150mm。

    4 压型板与泛水的搭接宽度不应小于200mm。

7.5 聚碳酸酯板采光顶

7.5.1 U形聚碳酸酯板应通过奥氏体型不锈钢连接件与支承构件连接，并宜采用聚碳酸酯扣盖勾接，U形聚碳酸酯板与扣盖间的空隙宜采用发泡胶条密封（图7.5.1）。采光顶较长时U形聚碳酸酯板可采用错台搭接方法搭接。

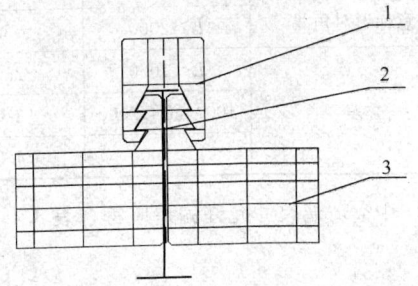

图 7.5.1　U形聚碳酸酯板的连接
1—扣盖；2—连接件；3—U形聚碳酸酯板

7.5.2 聚碳酸酯板支承结构宜以横檩为主，间距应经计算确定，其间距范围宜为700mm～1500mm。

7.5.3 采用硅酮密封胶作为密封材料时，应进行粘结性试验，发生化学反应的密封胶不得使用。

7.5.4 U形聚碳酸酯板采光顶的收边构件宜采用聚碳酸酯型材配件。

7.6 预埋件与后置锚固件

7.6.1 支承构件与主体结构应通过预埋件连接；当没有条件采用预埋件连接时，应采用其他可靠的连接措施，并宜通过试验验证其可靠性。

7.6.2 屋面与主体结构采用后加锚栓连接时，应采取措施保证连接的可靠性，应满足现行行业标准《混凝土结构后锚固技术规程》JGJ 145 的规定，并应符合下列规定：

    1 碳素钢锚栓应经过防腐处理；

    2 应进行承载力现场检验；

    3 锚栓直径应通过承载力计算确定，并且不应小于10mm；

    4 与化学锚栓接触的连接件，在其热影响区范围内不宜进行连续焊缝的焊接操作。

7.7 光伏组件及光伏系统

7.7.1 点支承光伏组件的电池片（电池板）至孔边的距离不宜小于50mm；框支承光伏组件电池片（电池板）至玻璃边的距离不宜小于30mm。

7.7.2 光伏采光顶电线（缆）、电气设备的连接设计应统筹安排，安全、隐蔽、集中布置，应满足安装维护要求。型材断面结构和支承构件设计应考虑光伏系统导线的隐蔽走线。

8　加　工　制　作

8.1　一　般　规　定

8.1.1 采光顶、金属屋面在加工制作前，应按建筑设计和结构设计施工图要求对已建主体结构进行复测，在实测结果满足相关验收规范的前提下对采光顶、金属屋面的设计进行必要调整。

8.1.2 硅酮结构密封胶应在洁净、通风的室内进行注胶，且环境温度、湿度条件符合结构胶产品的规定；注胶宽度和厚度应符合设计要求；不应在现场打注硅酮结构密封胶。

8.1.3 低辐射镀膜玻璃应根据其镀膜材料的粘结性能和其他技术要求，确定加工制作工艺。离线低辐射镀膜玻璃边部应进行除膜处理。

8.1.4 钢构件加工应符合现行国家标准《钢结构工程施工质量验收规范》GB 50205 和《冷弯薄壁型钢结构技术规范》GB 50018 的有关规定。钢构件表面处理应符合现行国家标准《钢结构工程施工质量验收规范》GB 50205 的有关规定。

8.1.5 钢构件焊接、螺栓连接应符合国家现行标准《钢结构设计规范》GB 50017、《冷弯薄壁型钢结构技术规范》GB 50018 及《建筑钢结构焊接技术规程》JGJ 81 的有关规定。

8.2　铝合金构件

8.2.1 采光顶的铝合金构件的加工应符合下列要求：

    1 型材构件尺寸允许偏差应符合表 8.2.1 的规定；

表 8.2.1　型材构件尺寸允许偏差（mm）

部　位	主支承构件长度	次支承构件长度	端头斜度
允许偏差	±1.0	±0.5	−15′

    2 截料端头不应有加工变形，并应去除毛刺；

    3 孔位的允许偏差为 0.5mm，孔距的允许偏差为±0.5mm，孔距累计偏差为±1.0mm；

　　4 铆钉的通孔尺寸偏差应符合现行国家标准《紧固件　铆钉用通孔》GB 152.1 的规定；

　　5 沉头螺钉的沉孔尺寸偏差应符合现行国家标准《紧固件　沉头用沉孔》GB 152.2 的规定；

　　6 圆柱头、螺栓的沉孔尺寸应符合现行国家标准《紧固件　圆柱头用沉孔》GB 152.3 的规定。

8.2.2 铝合金构件中槽、豁、榫的加工应符合现行行业标准《玻璃幕墙工程技术规范》JGJ 102 的有关规定。

8.2.3 铝合金构件弯加工应符合下列要求：

　　1 铝合金构件宜采用拉弯设备进行弯加工；

　　2 弯加工后的构件表面应光滑，不得有皱折、凹凸、裂纹。

8.3　钢结构构件

8.3.1 平板型预埋件、槽型预埋件加工精度及表面要求应符合现行行业标准《玻璃幕墙工程技术规范》JGJ 102 的有关规定。

8.3.2 钢型材主支承构件及次支承构件的加工应符合现行国家标准《钢结构工程施工质量验收规范》GB 50205 的有关规定。

8.4　玻璃、聚碳酸酯板

8.4.1 采光顶用单片玻璃、夹层玻璃、中空玻璃的加工精度除应符合国家现行相关标准的规定外还应符合下列要求：

　　1 玻璃边长尺寸允许偏差应符合表 8.4.1-1 的要求。

表 8.4.1-1　玻璃尺寸允许偏差（mm）

项　目	玻璃厚度（mm）	长度 L≤2000	长度 L>2000
边长	5、6、8、10、12	±1.5	±2.0
	15、19	±2.0	±3.0
对角线差（矩形、等腰梯形）	5、6、8、10、12	2.0	3.0
	15、19	3.0	3.5
三角形、梯形的高	5、6、8、10、12	±1.5	±2.0
	15、19	±2.0	±3.0
菱形、平行四边形、任意梯形对角线	5、6、8、10、12	±1.5	±2.0
	15、19	±2.0	±3.0

　　2 钢化玻璃与半钢化玻璃的弯曲度应符合表 8.4.1-2 的要求。

表 8.4.1-2　钢化玻璃与半钢化玻璃的弯曲度

项目	最大值	
	水平法	垂直法
弓形变形（mm/mm）	0.3%	0.5%
波形变形（mm/300mm）	0.2%	0.3%

　　3 夹层玻璃尺寸允许偏差应符合表 8.4.1-3 的要求。

表 8.4.1-3　夹层玻璃尺寸允许偏差（mm）

项　目	允许偏差（L 为测量长度）	
边长	L≤2000	±2.0
	L>2000	±2.5
对角线差（矩形、等腰梯形）	L≤2000	2.5
	L>2000	3.5
三角形、梯形的高	L≤2000	±2.5
	L>2000	±3.5
菱形、平行四边形、任意梯形对角线	L≤2000	±2.5
	L>2000	±3.5
叠差	L<1000	2.0
	1000≤L<2000	3.0
	L≥2000	4.0

　　4 中空玻璃尺寸允许偏差应符合表 8.4.1-4 的要求。

表 8.4.1-4　中空玻璃尺寸允许偏差（mm）

项　目	允许偏差（L 为测量长度）	
边长	L<1000	±2.0
	1000≤L<2000	+2.0，−3.0
	L≥2000	±3.0
对角线差（矩形、等腰梯形）	L≤2000	2.5
	L>2000	3.5
三角形、梯形的高	L≤2000	±2.5
	L>2000	±3.5
菱形、平行四边形、任意梯形对角线	L≤2000	±2.5
	L>2000	±3.5
厚度 t	$t<17$	±1.0
	$17≤t<22$	±1.5
	$t≥22$	±2.0
叠差	L<1000	2.0
	1000≤L<2000	3.0
	L≥2000	4.0

8.4.2 热弯玻璃尺寸允许偏差、弧面扭曲允许偏差应分别符合表8.4.2-1和表8.4.2-2的要求。

表8.4.2-1 热弯玻璃尺寸允许偏差（mm）

项　目	允　许　偏　差	
高度 H	$H \leqslant 2000$	±3.0
	$H > 2000$	±5.0
弧长	弧长 $D \leqslant 1500$	±3.0
	弧长 $D > 1500$	±5.0
弧长吻合度	弧长 $D \leqslant 2400$	3.0
	弧长 $D > 2400$	5.0
弧面弯曲	弧长 $D \leqslant 1200$	2.0
	$1200 < $ 弧长 $D \leqslant 2400$	3.0
	弧长 $D > 2400$	3.0

表8.4.2-2 热弯玻璃弧面扭曲允许偏差（mm）

高度 H	弧长（D）	
	$D \leqslant 2400$	$D > 2400$
$H \leqslant 1800$	3.0	5.0
$1800 < H \leqslant 2400$	5.0	5.0
$H > 2400$	5.0	6.0

8.4.3 点支承玻璃加工应符合下列要求：

1 面板及其孔洞边缘应倒棱和磨边，倒棱宽度不应小于1mm，边缘应进行细磨或精磨；

2 裁切、钻孔、磨边应在钢化前进行；

3 加工允许偏差除应符合本规程第8.4.1条外，还应符合表8.4.3的规定；

表8.4.3 点支承玻璃加工允许偏差

项目	孔　位	孔中心距	孔轴与玻璃平面垂直度
允许偏差	0.5mm	±1.0mm	12′

4 孔边处第二道密封胶应为硅酮结构密封胶；

5 夹层玻璃、中空玻璃的钻孔可采用大、小孔相配的方式。

8.4.4 中空玻璃合片加工时，应考虑制作地点和安装地点不同气压的影响，应采取措施防止玻璃大面变形。

8.4.5 聚碳酸酯板的加工应符合下列规定：

1 加工允许偏差应符合表8.4.5的规定；

表8.4.5 聚碳酸酯板加工允许偏差（mm）

项　目	边长 $L \leqslant 2000$	边长 $L > 2000$
边长	±1.5	±2.0
对角线差（矩形、等腰梯形）	2.0	3.0

续表8.4.5

项　目	边长 $L \leqslant 2000$	边长 $L > 2000$
菱形、平行四边形、任意梯形的对角线	±2.0	±3.0
边直度	1.5	2.0
钻孔位置	0.5	0.5
孔的中心距	±1.0	±1.0
三角形、菱形、平行四边形、梯形的高	±2.5	±3.5

2 板材可冷弯成型，也可采用真空成型，不得采用板材胶粘成型。

8.4.6 聚碳酸酯板加工表面不得出现灼伤，直接暴露的加工表面宜采取抗紫外线老化的防护措施。

8.5 明框采光顶组件

8.5.1 夹层玻璃、聚碳酸酯板与槽口的配合尺寸（图8.5.1）应符合表8.5.1的要求。

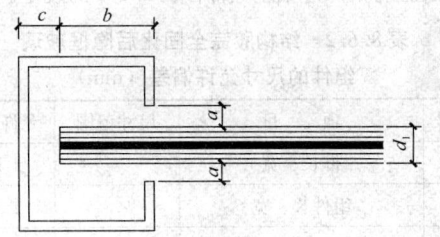

图8.5.1 夹层玻璃、聚碳酸酯板
与槽口的配合示意
a，c—间隙；b—嵌入深度；d_1—夹层玻璃或
聚碳酸酯板厚度

**表8.5.1 夹层玻璃、聚碳酸酯板
与槽口的配合尺寸（mm）**

总厚度 d_1（mm）		a	b	c
玻璃	10～12	≥4.5	≥22	≥5
	大于12	≥5.5	≥24	≥5
聚碳酸酯板（实心板）	≤10	≥4.5	≥25	≥22
	>10	≥5.5	≥25	≥24

8.5.2 夹层中空玻璃与槽口的配合尺寸（图8.5.2）

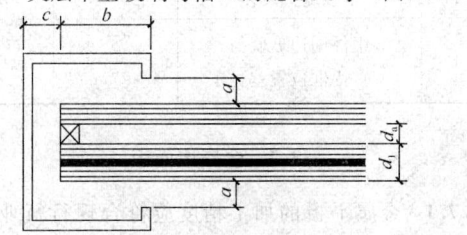

图8.5.2 夹层中空玻璃与槽口的配合示意
a，c—间隙；b—嵌入深度；
d_1—夹层中空玻璃厚度；d_a—空气层厚度

宜符合表 8.5.2 的要求。

表 8.5.2 夹层中空玻璃与槽口的配合尺寸（mm）

夹层中空玻璃总厚度	d_1	a	b	c		
				下边	上边	侧边
$6+d_a+d_1$	5+PVB+5	≥5	≥19	≥7	≥5	≥5
$8+d_a+d_1$ 及以上	6+PVB+6	≥6	≥22	≥7	≥5	≥5

8.5.3 明框玻璃采光顶组件导气孔及排水通道的形状、位置应符合设计要求，组装时应保证通道畅通。

8.6 隐框采光顶组件

8.6.1 硅酮结构密封胶固化期间，不应使结构胶处于单独受力状态。组件在硅酮结构密封胶固化并达到足够承载力前不应搬运。

8.6.2 硅酮结构密封胶完全固化后，隐框玻璃采光顶装配组件的尺寸偏差应符合表 8.6.2 的规定。

表 8.6.2 结构胶完全固化后隐框玻璃组件的尺寸允许偏差（mm）

序号	项目	尺寸范围	允许偏差
1	框长、宽	—	±1.0
2	组件长、宽	—	±2.5
3	框内侧对角线差及组件对角线差（矩形和等腰梯形）	长度≤2000	2.5
		长度>2000	3.5
4	三角形、菱形、平行四边形、梯形的高	—	±3.5
5	菱形、平行四边形、任意梯形对角线	—	±3.0
6	组件平面度	—	3.0
7	组件厚度	—	±1.5
8	胶缝宽度	—	+2.0，0
9	胶缝厚度	—	+0.5，0
10	框组装间隙	—	0.5
11	框接缝高度差	—	0.5
12	组件周边玻璃与铝框位置差	—	±1.0

8.7 金属屋面板

8.7.1 金属平板的加工精度应符合现行行业标准《金属与石材幕墙工程技术规范》JGJ 133 的规定。

8.7.2 金属压型板的基板尺寸允许偏差应符合表 8.7.2 的规定。

表 8.7.2 基板尺寸允许偏差（mm）

项目	允许偏差（mm）		检测要求
	钢卷板	铝卷板	
镰刀弯	25	75	测量标距为 10m
波高	8	15	波峰与波谷平面的竖向距离

8.7.3 对于有弧度的屋面板应根据板型和弯弧半径选择自然成弧或机械预弯成弧，外观应平整、顺滑。

8.7.4 屋面板可采用工厂加工或工地现场加工。对于板长超过 10m 的板件宜采用现场压型加工。

8.7.5 压型金属板材和泛水板加工成型后应符合下列规定：

1 不得出现基板开裂现象；

2 无大面积明显的凹凸和皱褶，表面应清洁；

3 涂层或镀层应无肉眼可见裂纹、剥落和擦痕等缺陷。

8.7.6 压型金属板材加工（图 8.7.6）允许偏差应符合表 8.7.6 的规定。

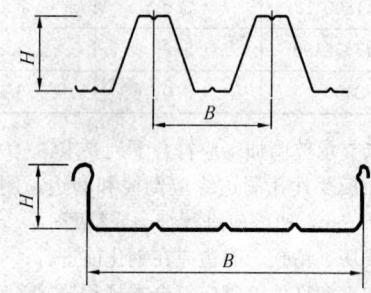

图 8.7.6 压型金属板材加工图

表 8.7.6 屋面压型金属板材加工允许偏差（mm）

项目内容			允许偏差
波距	≤200		±1.0
	>200		±1.5
波高	钢板、钛锌板	$H≤70$	±1.5
		$H>70$	±2.0
	铝合金板		±2.0
侧向弯曲（在长度范围内）	铝合金板钢板		20.0
	铝、钛锌等合金板		25.0
覆盖宽度	钢板、钛锌板	$H≤70$	+8.0，−2.0
		$H>70$	+5.0，−2.0
	铝合金板	$H≤70$	+10.0，−2.0
		$H>70$	+7.0，−2.0
板长			+9.0，0
横向剪切偏差			5.0

8.7.7 泛水板、包角板、排水沟几何尺寸的允许偏差应符合表 8.7.7 的规定。

表 8.7.7 泛水板、包角板、排水沟几何尺寸加工允许偏差

项目	下料长度 (mm)	下料宽度 (mm)	弯折面宽度 (mm)	弯折面夹角 (°)
允许偏差	±5.0	±2.0	±2.0	2

注：表中的允许偏差适用于弯板机成型的产品。用其他方法成型的产品也可参照执行。

8.8 光伏系统

8.8.1 电池板的正负电极应与接线盒可靠连接。接线盒安装牢固，无松动现象，并用专用密封胶密封。

8.8.2 汇流条、互联条应焊接牢固、平直、无突出、毛刺等缺陷。

8.8.3 电池板封装过程中，应严格控制各项加工参数，并在出厂前贴标签，注明电池板的各项性能参数。

9 安装施工

9.1 一般规定

9.1.1 采光顶与金属屋面安装前，应对主体结构进行测量，经验收合格后方可进行安装施工。

9.1.2 采光顶与金属屋面的安装施工应编制施工组织设计，应包括下列内容：

1 工程概况、组织机构、责任和权利、施工进度计划和施工工序安排（包括技术规划、现场施工准备、施工队伍及有关组织机构等）；

2 材料质量标准及技术要求；

3 与主体结构施工、设备安装、装饰装修的协调配合方案；

4 搬运、吊装方法、测量方法及注意事项；

5 试验样品设计、制作要求和物理性能检验要求；

6 安装顺序、安装方法及允许偏差要求，关键部位、重点难点部位施工要求，嵌缝收口要求；

7 构件、组件和成品的现场保护方法；

8 质量要求及检查验收计划；

9 安全措施及劳动保护计划；

10 光伏系统安装、调试、运行和验收方案；

11 相关各方交叉配合方案。

9.1.3 采光顶与金属屋面工程的施工测量放线应符合下列要求：

1 分格轴线的测量应与主体结构测量相配合，及时调整、分配、消化测量偏差，不得累积；放线时应进行多次校正；

2 应定期对安装定位基准进行校核；

3 测量应在风力不大于4级时进行。

9.1.4 安装过程中，应及时对采光顶与金属屋面半成品、成品进行保护；在构件存放、搬运、吊装时不得碰撞、损坏和污染构件。

9.2 安装施工准备

9.2.1 安装施工之前，应检查现场清洁情况，脚手架和起重运输设备等应具备安装施工条件。

9.2.2 构件储存时应依照采光顶与金属屋面安装顺序排列放置，储存架应有足够的承载力和刚度。在室外储存时应采取保护措施。

9.2.3 采光顶、金属屋面与主体结构连接的预埋件，应在主体结构施工时按设计要求埋设，预埋件的位置偏差不应大于20mm。采用后置埋件时，其方案应经确认后方可实施。

9.2.4 采光顶与金属屋面的支承构件安装前应进行检验与校正。

9.3 支承结构

9.3.1 采光顶、金属屋面支承结构的施工应符合国家现行相关标准的规定。钢结构安装过程中，制孔、组装、焊接和涂装等工序应符合现行国家标准《钢结构工程施工质量验收规范》GB 50205 的有关规定。

9.3.2 大型钢结构构件应进行吊装设计，并宜进行试吊。

9.3.3 钢结构安装就位、调整后应及时紧固，并应进行隐蔽工程验收。

9.3.4 钢构件在运输、存放和安装过程中损坏的涂层及未涂装的安装连接部位，应按现行国家标准《钢结构工程施工质量验收规范》GB 50205 的有关规定补涂。

9.4 采 光 顶

9.4.1 采光顶的安装施工应按下列要求进行：

1 根据采光顶的形状确定施工放线的基点，找出定位基准线，以基准线为定位点确定采光顶各分格点的空间定位，支座应安装定位准确；

2 支承结构的安装应按预定安装顺序安装；

3 采光顶框架构件、点支承装置安装调整就位后应及时紧固；

4 装饰压板应顺水流方向设置，表面应平整，接缝符合设计要求；

5 采光顶的周边封堵收口、屋脊处压边收口、支座处封口处理应铺设平整且可靠固定，并应符合设计要求；

6 采光顶防雷体系的设置应符合设计要求；

7 采光顶天沟、排水槽及隐蔽节点施工应符合设计要求；

8 保温材料应铺设平整且可靠固定，拼接处不应留缝隙；

9 通气槽及雨水排出口等应按设计要求施工；

10 安装用的临时紧固件应在构件紧固后及时拆除；

11 采用现场焊接或高强度螺栓紧固的构件，在安装就位后应及时进行防锈处理。

9.4.2 采光顶玻璃安装应按下列要求进行：

1 安装前应对玻璃进行表面清洁；

2 采用橡胶条密封时，胶条长度宜比边框内槽口长1.5%～2.0%；橡胶条斜面断开后应拼成预定的设计角度，并应粘结牢固、镶嵌平整；

3 球形或椭球形采光顶玻璃安装宜按从中心向四周辐射的方法施工。

9.4.3 硅酮建筑密封胶施工环境温度应符合产品要求和设计要求，打注前应保证打胶面清洁、干燥，不宜在夜晚、雨天打注。

9.4.4 采光顶玻璃较厚时，可采用上下两面分别注胶。

9.4.5 框支承采光顶构件安装允许偏差应符合表9.4.5的规定。

表 9.4.5 框支承采光顶构件安装允许偏差

序号	项目	尺寸范围	允许偏差（mm）
1	水平通长构件吻合度	构件总长度≤30m	10.0
		30m<构件总长度≤60m	15.0
		60m<构件总长度≤90m	20.0
		构件总长度>90m	25.0
2	采光顶坡度	坡起长度≤30m	+10
		30m<坡起长度≤60m	+15
		60m<坡起长度≤90m	+20
		坡起长度>90m	+25
3	单一纵向、横向构件直线度	构件长度≤2000mm	2.0
		构件长度>2000mm	3.0
4	横向、纵向构件直线度	采光顶长度或宽度≤35m	5.0
		采光顶长度或宽度>35m	7.0
5	分格框对角线差	对角线长度≤2000mm	3.0
		对角线长度>2000mm	3.5
6	檐口位置差	相邻两组件	2.0
		长度≤10m	3.0
		长度>10m	6.0
		全长方向	10.0

续表 9.4.5

序号	项目	尺寸范围	允许偏差（mm）
7	组件上缘接缝的位置差	相邻两组件	
		长度≤15m	
		长度>30m	
		全长方向	
8	屋脊位置差	相邻两组件	
		长度≤10m	
		长度>10m	
		全长方向	
9	同一缝隙宽度差	与设计值比	±2.0

9.4.6 点支承的采光顶安装应符合表9.4.6的规定。

表 9.4.6 点支承采光顶安装允许偏差

序号	项目	尺寸范围	允许偏差（mm）
1	脊（顶）水平高差	—	±3.0
2	脊（顶）水平错位	—	±2.0
3	檐口水平高差	—	±3.0
4	檐口水平错位	—	±2.0
5	跨度（对角线或角到对边垂高）差	≤3000mm	3.0
		≤4000mm	4.0
		≤5000mm	6.0
		>5000mm	9.0
6	胶缝宽度	与设计值相比	0，+2.0
7	胶缝厚度	同一胶缝	0，+0.5
8	采光顶接缝及大面玻璃水平度	采光顶长度≤30m	±10.0
		30m<采光顶长度≤60m	±15.0
9	采光顶接缝直线度	采光顶长度或宽度≤35m	±5.0
		采光顶长度或宽度>35m	±7.0
10	相邻面板平面高低差	—	2.5

9.5 金属平板、直立锁边板屋面

9.5.1 金属平板屋面的安装和运输应符合现行行业标准《金属与石材幕墙工程技术规范》JGJ 133 的相关规定。

9.5.2 直立锁边板应根据板型和设计的配板图铺设；铺设时应先在檩条上安装固定支座，板材和支座的连接应按所采用板材的要求确定。

9.5.3 直立锁边板的肋高和板宽应符合设计要求，顺水流方向设置；沿坡度方向（纵向）宜为一整体，无接口，无螺钉连接；压型面板长度不宜大于25m，且应设置相应变形导向控制点。

9.5.4 直立锁边屋面板与立面墙体及突出屋面结构等交接处应作泛水处理，固定就位后搭接口处应采用密封材料密封。

9.5.5 直立锁边板咬合应符合设计要求，平行咬口间距应准确、立边高度应一致。咬口顶部不得有裂纹，咬口连接处直径（或高度）应满足系统供应商技术要求，偏差不得超过2mm。

9.5.6 直立锁边屋面的檐口线、泛水段应顺直，无起伏现象。檐口与屋脊局部起伏5m长度内不大于10mm。

9.5.7 相邻两块直立锁边板宜顺年最大频率风向搭接；上下两排板的搭接长度应根据板型和屋面坡长确定，并应符合本规程表7.4.2的要求，搭接部位应采用密封材料密封；对接拼缝与外露螺钉应作密封处理。

9.5.8 在天沟与金属面板搭接部位，金属面板伸入天沟长度应根据施工季节等因素计算确定，且不宜小于150mm；当有檐沟时，金属面板应伸入檐沟内，其长度不宜小于50mm；檐口端部应采用专用封檐板封堵；山墙应采用专用包角板封严。无檐沟屋面金属面板挑出长度不宜小于120mm，无组织排水屋面且无檐沟时金属面板挑出长度不宜小于200mm。

9.5.9 泛水板单体长度不宜大于2m，泛水板的安装应顺直；泛水板与直立锁边板的搭接宽度应符合不同板型的设计要求。

9.5.10 直立锁边系统板缝咬合方向应符合设计要求，平行流水方向板缝宜用立咬口，咬口折边方向应按顺水流方向或主导风向设置。垂直流水方向的板缝可采用平咬口。

9.5.11 金属面板与突出屋面结构的连接处，金属面板应向上弯起固定后做成泛水，其弯起高度不宜小于200mm。

9.5.12 底泛水与面泛水安装位置及工艺应满足设计要求，接口应紧密。面泛水板与面板之间、收口板与面板之间应采用泡沫塑料封条密封，底泛水板与面板搭接处采用硅酮密封胶粘结牢靠。

9.5.13 直立锁边金属屋面构件安装允许偏差（图9.5.13）应符合表9.5.13的规定。

表9.5.13 直立锁边金属屋面构件安装允许偏差

序号	项　目	允许偏差
1	支座直线度	$\pm L/200\text{mm}$

续表9.5.13

序号	项　目	允许偏差
2	支座与连接表面垂直度	$\pm 1.0°$
3	横向相邻支座位置差	$\pm 5.0\text{mm}$

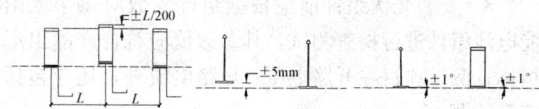

图9.5.13 直立锁边金属屋面构件安装允许偏差

9.6 梯形、正弦波纹压型金属屋面

9.6.1 采用压板固定式金属板材时应采用带防水垫圈的螺栓固定，固定点应设在波峰上。外露螺栓应采用密封胶密封。螺栓数量在波瓦四周的每一搭接边上，均不应少于3个，波中央不少于6个。

9.6.2 压型板挑出部分应符合设计规定，且无檐沟时，挑出墙面不应小于200mm；有檐沟时伸入檐沟长度不应小于150mm，檐口应采用专用堵头封檐板封堵，山墙应采用专用包角板封严。

9.6.3 铺设压型板宜从檐口开始，相邻两块应顺主导风向搭接，搭接宽度横向不应少于一个波，纵向搭接长度不应小于200mm。搭接部位应采用密封材料密封，对接拼缝与外露螺钉应作密封处理。

9.6.4 屋脊、斜脊、天沟和突出屋面结构等与屋面的连接处应采用泛水板连接，每块泛水板的长度不宜大于2m，泛水板的安装应顺直，其与压型板的搭接宽度不少于200mm，泛水高度不应小于150mm。

9.6.5 金属屋面的收边、收口和变形缝安装应符合设计要求。

9.7 聚碳酸酯板

9.7.1 聚碳酸酯板的安装宜采用干法施工，可采用湿法进行施工。

9.7.2 聚碳酸酯U形板的安装应符合下列规定：

1 板材边缘应去毛刺，孔内应保持干净；

2 可采用型材盖板、金属盖板、端部U形保护盖对U形板进行密封，U形板边部不得外露；

3 预安装件与支承结构安装之前应检查胶带有无损坏，检查合格后加盖板材端口板；

4 中空板材不宜进行横向弯曲。

9.7.3 聚碳酸酯中空平板边缘安装应符合下列规定：

1 板材与型材或镶嵌框的槽口应留出有效间隙，板材受热膨胀或在荷载作用下发生位移时不应有卡死现象；

2 板材边部被夹持部分至少含有一条筋肋。

9.8 光伏系统

9.8.1 安装施工准备应包括下列内容：

1 应对设备进行开箱检查，合格证、说明书、测试记录、附件备件均应齐全；

2 按设计要求检查太阳能电池组件的型号、规格、数量和完好程度，应无漏气、漏水、裂缝等缺陷；

3 安装光伏组件前应根据组件参数对每个太阳能电池组件进行检查测试，其参数值应符合产品出厂指标；测试项目除开路电压、短路电流外，还应包括安全检测；

4 应将工作参数接近的组件装在同一子方阵中。

9.8.2 光伏组件安装应符合下列规定：

1 安装时组件表面应铺遮光板，遮挡阳光，防止电击危险；

2 光伏组件在存放、搬运、吊装等过程中不得碰撞受损；光伏组件吊装时，其底部应衬垫木，背面不得受到任何碰撞和重压；

3 组件在支承构件上的安装位置和排列方式应符合设计要求；

4 光伏组件的输出电缆不得非正常短路。

9.8.3 布线应符合下列规定：

1 电缆宜隐藏在支承构件中，并应便于维修；

2 布线施工应符合现行国家标准《电气装置安装工程电缆线路施工及验收规范》GB 50168 的相关规定；

3 组件方阵的布线应有支撑、紧固、防护等措施，导线应留有适当余量；

4 方阵的输出端应有明显的极性标志和子方阵的编号标志；

5 电缆线穿过屋面处应预留防水套管，并作防水密封处理；防水套管应在屋面防水层施工前埋设。

9.8.4 辅助系统、电气设备安装应符合下列规定：

1 电气设备安装应符合现行国家标准《建筑电气工程施工质量验收规范》GB 50303 的相关规定；

2 电气系统接地应符合现行国家标准《电气装置安装工程接地装置施工及验收规范》GB 50169 的相关规定；

3 带蓄能装置的光伏系统，蓄电池安装应符合现行国家标准《电气装置安装工程蓄电池施工及验收规范》GB 50172 的相关规定；

4 在逆变器、控制器的表面，不得设置其他电气设备和堆放杂物，保证设备的通风环境；

5 光伏系统并网的电气连接方式应采用与电网相同的方式，并应符合现行国家标准《光伏系统并网技术要求》GB/T 19939 的相关规定；

6 光伏系统和电网的专用开关柜应有醒目标识；标识应标明"警告"、"双电源"等提示性文字和符号。

9.8.5 系统调试应符合下列要求：

1 系统调试前应检查下列项目：

1）接线应无碰地、短路、虚焊等，设备及布线对地绝缘电阻应符合产品设计要求；

2）接地保护安全可靠；

3）光伏组件表面应清洁。

2 光伏系统调试和检测应符合国家现行标准的相关规定。

3 光伏系统应按设计要求进行调试，内容包括方阵、配电系统、数据采集系统及整体系统调试。

9.9 安 全 规 定

9.9.1 采光顶与金属屋面的安装施工除应符合现行行业标准《建筑施工高处作业安全技术规范》JGJ 80、《建筑机械使用安全技术规程》JGJ 33、《施工现场临时用电安全技术规范》JGJ 46 的有关规定外，还应符合施工组织设计中规定的各项要求。

9.9.2 安装施工机具在使用前，应进行安全检查。电动工具应进行绝缘电压试验。手持玻璃吸盘及玻璃吸盘机应进行吸附重量和吸附持续时间试验。

9.9.3 采用脚手架施工时，脚手架应经过设计，并应与主体结构可靠连接。

9.9.4 与主体结构施工交叉作业时，在采光顶与金属屋面的施工层下方应设置防护网。

9.9.5 现场焊接作业时，应采取可靠的防火措施。

9.9.6 采用吊篮、马道施工时，应符合下列要求：

1 施工吊篮、马道应进行设计，使用前应进行严格的安全检查，符合要求方可使用；马道两侧的护栏高度不得小于 1100mm，底部应铺厚度不小于 3mm 的防滑钢板，并连接可靠；

2 施工吊篮、马道不宜作为垂直运输工具，并不得超载；

3 不宜在空中进行施工吊篮、马道检修；

4 不宜在施工马道内放置带电设备，不得利用施工马道构件作为焊接地线；

5 施工工人应戴安全帽、配带安全带。

10 工 程 验 收

10.1 一 般 规 定

10.1.1 采光顶与金属屋面工程在验收前应将其表面清洗干净。

10.1.2 验收时应提交下列资料：

1 竣工图、结构计算书、热工计算书、设计变更文件及其他设计文件；

2 工程所用各种材料、附件及紧固件，构件及组件的产品合格证书、性能检测报告，进场验收报告记录和主要材料复试报告；

3 工程中使用的硅酮结构胶应提供国家认可实验室出具的硅酮结构胶相容性和剥离粘结性试验报

告;进口硅酮结构胶提供商检证;

4 硅酮结构胶的注胶及养护时环境的温度、湿度记录,注胶过程记录;双组分硅酮结构胶的混匀性试验记录及拉断试验记录;

5 构件的加工制作记录;现场安装过程记录;

6 后置锚固件的现场拉拔检测报告;

7 设计要求进行气密性、水密性、抗风压、热工和抗风掀试验时,应提供其检验报告;

8 现场淋水试验记录,天沟或排水槽等关键部位的蓄水试验记录;

9 防雷装置测试记录;

10 隐蔽工程验收文件;

11 拉杆和拉索的张拉记录;

12 其他质量保证资料。

10.1.3 采光顶工程验收前,应在安装施工过程中完成下列隐蔽项目的现场验收:

1 预埋件或后置锚固件质量;

2 构件与主体结构的连接节点安装,构件之间连接节点安装;

3 排水槽和落水管的安装,排水槽与落水管之间的连接安装;

4 排水槽的防水层施工,采光顶与周边防水层的连接节点安装;

5 采光顶的四周,内表面与其他装饰面相接触部位的封堵,以及保温材料的安装;

6 屋脊处、穿顶的圆心点、不同面的转弯处等节点的安装,变形缝处构造节点安装;

7 防雷装置的安装;

8 冷凝结水收集排放装置的安装。

10.1.4 金属屋面工程验收前,应在安装施工过程完成下列隐蔽项目的现场验收:

1 预埋件或后置锚固件质量;

2 支撑结构的安装及支撑结构与主体结构的连接节点安装;

3 屋面底衬板的铺装;

4 支架的安装;

5 保温层及隔声层的安装;

6 屋面面板铺装,搭接处咬合处理;

7 屋面防水层或泛水板的安装;

8 金属屋面封口收边的安装,变形缝处构造节点安装;

9 天沟或排水槽的安装节点,排水槽板之间的焊接节点,落水管与排水槽之间的连接;

10 检修口及排烟窗口的安装;

11 金属屋面防雷装置的安装。

10.1.5 采光顶与金属屋面工程质量验收应分别进行观感检验和抽样检验,并应按下列规定划分检验批:

1 安装节点设计相同,使用材料,安装工艺和施工条件基本相同的采光顶工程每 500m² ~ 1000m²

为一个检验批,不足 500m² 应划分为一个检验批;每个检验批每 100m² 应至少抽查一处,每处不得少于 10m²;金属屋面工程每 3000m² ~ 5000m² 为一个检验批,不足 3000m² 应划分为一个检验批;每个检验批每 1000m² 应至少抽查一处,每处不得少于 100m²;

2 天沟或排水槽应单独划分检验批,每个检验批每 20m 应至少抽查一处,每处不得小于 2m;

3 同一个工程的不连续采光顶、金属屋面工程应单独划分检验批;

4 对于异形或有特殊要求的采光顶与金属屋面工程,检验批的划分应根据结构、工艺特点及工程规模,由监理单位、建设单位和施工单位共同协商确定。

10.1.6 采光顶与金属屋面工程的构件或接缝应进行抽样检查,每个采光顶的构件或接缝应各抽查 5%,并均不得少于 3 根(处);采光顶的分格应抽查 5%,并不得少于 10 个。抽检质量应符合本规程第 10.2 节的规定。每个金属屋面的构件或接缝各抽查 5%,并均不得少于 3 根(处),抽检质量应符合本规程第 10.3 节的规定。

10.2 采 光 顶

10.2.1 采光顶观感检验应符合下列要求:

1 采光顶框架、支承结构及面板安装应准确并符合设计要求;

2 装饰压板应顺水流方向设置,表面应平整,不应有肉眼可察觉的变形、波纹或局部压砸等缺陷;装饰压板应按照设计要求接缝;

3 铝合金型材不应有脱膜,严重砸坑,严重划痕等现象;钢材表面氟碳涂层厚度基本一致,色泽均匀,不应有掉漆返锈、焊缝未打磨等现象;玻璃的品种、规格与颜色应与设计相符合,色泽应均匀一致,并不应有析碱、发霉、漏气和镀膜脱落等现象;

4 采光顶的周边封堵收口,屋脊处压边收口,支座处封口处理以及防雷体系应符合设计要求;

5 采光顶的隐蔽节点应进行遮封装修,遮封板安装应整齐美观;变形缝、排烟窗等节点做法应符合设计要求;

6 天沟或排水槽的节点做法应符合设计要求;

7 现场淋水试验和天沟或排水槽的蓄水试验不应有渗漏;

8 采光顶的电动或手动开启窗以及电动遮阳帘,其抽样检验的工程验收应符合现行国家标准《建筑装饰装修工程质量验收规范》GB 50210 的有关规定。

10.2.2 框支承采光顶抽样检验应符合下列要求:

1 铝型材、钢材和玻璃表面不应有明显的电焊灼伤伤痕、油斑或其他污垢;铝型材锯口不应有铝屑或毛刺;钢材焊接应打磨平滑;

2 玻璃安装应牢固，密封胶条应镶嵌密实，密封胶应填充饱满平整；

3 每平方米玻璃的表面质量应符合表10.2.2-1的规定；

表 10.2.2-1 每平方米玻璃表面质量要求

项 目	质 量 要 求
0.1mm～0.3mm 宽划伤痕	长度小于100mm；不超过 8 条
擦伤总面积	不大于 500mm²

4 一个分格铝合金框架或钢框架表面质量应符合表10.2.2-2的规定；

表 10.2.2-2 一个分格铝合金框架或钢框架表面质量要求

项 目	质 量 要 求	
	铝合金框架	钢框架
擦伤，划伤深度	不大于膜层厚度	不大于氟碳喷涂层的厚度
擦伤总面积（mm²）	不大于 500	不大于 250
划伤总长度（mm）	不大于 150	不大于 75
擦伤划伤处	不大于 4	不大于 2

5 框支承采光顶框架构件安装质量应符合表10.2.2-3的规定。

表 10.2.2-3 框支承采光顶框架构件安装质量要求

	项 目		允许偏差（mm）	检查方法
1	水平通长构件吻合度	构件总长度≤30m	10.0	水准仪、经纬仪或激光经纬仪
		30m<构件总长度≤60m	15.0	
		60m<构件总长度≤90m	20.0	
		构件总长度>90m	25.0	
2	采光顶坡度	坡起长度≤30m	+10.0	水准仪、经纬仪或激光经纬仪
		30m<坡起长度≤60m	+15.0	
		60m<坡起长度≤90m	+20.0	
		坡起长度>90m	+25.0	
3	单一纵向或横向构件直线度	长度≤2000mm	2.0	水平尺
		长度>2000mm	3.0	
4	相邻构件的位置差	—	1.0	钢板尺塞尺

续表 10.2.2-3

	项 目		允许偏差（mm）	检查方法
5	纵向通长或横向通长构件直线度	构件长度≤35m	5.0	经纬仪或激光经纬仪
		构件长度>35m	7.0	
6	分格框对角线差	对角线长≤2000mm	3.0	对角线尺或钢卷尺
		对角线长>2000mm	3.5	

注：纵向构件或接缝是指垂直于坡度方向的构件或接缝；横向构件或接缝是指平行于坡度方向的构件或接缝。

10.2.3 框支承隐框采光顶的安装质量除应符合表10.2.2-3中的规定外，还应符合表10.2.3的规定。

表 10.2.3 框支承隐框采光顶安装质量要求

	项 目		允许偏差（mm）	检查方法
1	相邻面板的接缝直线度		2.5	2m靠尺，钢板尺
2	纵向通长或横向通长接缝直线度	接缝长度≤35m	5.0	经纬仪或激光经纬仪
		接缝长度>35m	7.0	
3	玻璃间接缝宽度（与设计值比）		±2.0	卡尺

10.2.4 点支承采光顶钢结构验收应符合现行国家标准《钢结构工程施工质量验收规范》GB 50205 的规定。

10.2.5 拉杆和拉索需预应力张拉时，应有预应力张拉值要求，并应符合设计要求。

10.2.6 点支承采光顶安装允许偏差应符合表10.2.6的规定。

表 10.2.6 点支承采光顶安装质量要求

	项 目		允许偏差（mm）	检查方法
1	水平通长接缝吻合度	接缝长度≤30m	10.0	水准仪、经纬仪或激光经纬仪
		30m<接缝长度≤60m	15.0	
		接缝长度>60m	20.0	
2	采光顶坡度	接缝长度≤30m	+10.0	经纬仪或激光经纬仪
		30m<接缝长度≤60m	+20.0	
		接缝长度>60m	+30.0	
3	相邻面板的平面高低差		±2.5	2m靠尺，钢板尺

项 目	允许偏差 (mm)	检查方法
4	相邻面板的接缝直线度	2.5	2m靠尺，钢板尺
5	玻璃间接缝宽度（与设计值比）	±2.0	卡尺

10.2.7 钢爪安装偏差应符合下列要求：

1 相邻钢爪距离偏差不应大于 1.5mm；

2 同一平面钢爪的高度允许偏差应符合表 10.2.7 的规定；

3 同一平面相邻面板钢爪的高度允许偏差不应大于 1.0mm。

表 10.2.7 同一平面钢爪的高度允许偏差

	项 目	允许偏差 (mm)	检查方法
1	单元长度≤30m	5.0	水准仪、经纬仪或激光经纬仪
2	30m<单元长度≤60m	7.5	
3	单元长度>60m	10.0	

10.2.8 聚碳酸酯 U 形板采光顶工程除应符合采光顶的质量验收要求外，还应符合下列规定：

1 板面固定牢固，收边整洁，保护膜应清理干净；

2 板材表面应扩口后再采用自攻螺钉固定；

3 检查板材的安装方向，板材 UV 面应朝向阳光方向且不得横方向弯曲。

10.3 金属平板屋面

10.3.1 金属平板屋面观感检验应符合下列要求：

1 金属屋面的收边、收口应整齐美观，节点做法符合设计要求；

2 天沟或排水槽的节点做法、天沟与金属屋面板的接缝应符合设计要求；焊缝宽度适中，光滑流畅，无焊瘤，无咬边，无夹渣，无裂纹，无气孔；

3 天窗、排烟窗、排气窗、屋面检修口、防雷装置等部位节点做法应符合设计要求，安装牢固，安装位置正确，搭接顺序准确；

4 伸缩缝、沉降缝、防震缝等变形缝的节点做法应符合设计要求，安装牢固，安装位置正确，搭接顺序准确，并保持外观效果的一致性；

5 出金属屋面构造物应设有支撑结构，并自成体系，不应直接固定在金属屋面板上；

6 现场淋水试验和水槽的蓄水试验不应有渗漏；

7 胶缝应平直，表面应光滑，无污染、无漏胶、无起泡、无开裂；

8 框架及面板安装应准确并符合设计要求；

9 金属板材表面应无脱膜现象，颜色均匀，表面平整，不应有可觉察的变形、波纹或局部压砸等缺陷。

10.3.2 金属屋面工程抽样检验的一般要求应符合下列规定：

1 金属板面层不应有明显的电焊灼伤伤痕、油斑和其他污垢；截口应平齐，无毛刺；

2 每平方米金属面板的表面质量应符合表 10.3.2 的规定。

表 10.3.2 每平方米金属面板的表面质量

项 目	质 量 要 求
0.1mm～0.3mm 宽划伤	长度小于100mm；不超过 8 条
擦伤	不大于 500mm²

注：1 露出金属基体的为划伤；
　　2 没有露出金属基体的为擦伤。

10.3.3 金属平板屋面的安装质量应符合表 10.3.3 的规定。

表 10.3.3 金属平板屋面安装质量要求

	项 目		允许偏差 (mm)	检查方法
1	水平通长接缝的吻合度	接缝长度≤30m	10	水准仪、经纬仪或激光经纬仪
		30m<接缝长度≤60m	15	
		60m<接缝长度≤90m	20	
		90m<接缝长度≤150m	25	
		接缝长度>150m	30	
2	金属屋面坡度	起坡长度≤30m	+10	水准仪、经纬仪或激光经纬仪
		30m<起坡长度≤60m	+15	
		60m<起坡长度≤90m	+20	
		起坡长度>90m	+25	
3	通长纵缝或横缝直线度	纵向、横向长度≤35m	5	经纬仪或激光经纬仪
		纵向、横向长度>35m	7	

10.4 压型金属屋面

10.4.1 金属屋面观感检验除应符合本规程 10.3.1

条1~6款外还应符合下列要求：

1 金属屋面板的肋高和板宽应符合设计要求，且顺水流方向设置；沿坡度方向（横向）应为一整体，无接口，无螺钉连接处；

2 面层屋面卷板伸入天沟或排水槽的长度应符合设计要求，其伸入长度不应小于50mm；面板之间搭接应顺茬搭接，且搭接严密；

3 面层屋面卷板搭接处咬合方向应符合设计要求，咬合紧密，且连续平整，不应出现扭曲和裂口现象；

4 底泛水和面泛水安装位置及工艺应满足设计要求，接合应紧密；

5 檐口收边与山墙收边应安装牢固，包封严密，棱角顺直，并应符合设计要求。

10.4.2 金属屋面工程抽样检验除应符合本规程10.3.2条相关规定外还应符合下列要求：

1 面泛水板与面板之间，收口板与面板之间宜采用泡沫塑料封条密封，底泛水板与面板搭接处应采用硅酮密封胶粘结牢靠；

2 直立锁边式金属屋面板安装质量应符合表10.4.2的规定。

表10.4.2 直立锁边式金属屋面板安装质量要求

	项　目		允许偏差（mm）	检查方法
1	纵向通长构件的吻合度	构件长度≤35m	5	水准仪、经纬仪或激光经纬仪
		构件长度>35m	7	
2	金属屋面坡度	起坡长度≤50m	+20	水准仪、经纬仪或激光经纬仪
		起坡长度>50m	+30	
3	横向通长构件直线度	横向构件长度≤35m	5	经纬仪或激光经纬仪
		横向构件长度>35m	7	

10.5 光伏系统

10.5.1 工程验收时应对光伏采光顶、光伏金属屋面工程的光伏系统进行专项验收。

10.5.2 光伏采光顶、光伏金属屋面工程的光伏系统验收项目宜包括下列内容：

1 电气设备应按现行国家标准《建筑电气工程施工质量验收规范》GB 50303的相关规定验收；

2 电气线缆线路应按现行国家标准《电气装置安装工程电缆线路施工及验收规范》GB 50168的相关规定验收。电气系统接地应按现行国家标准《电气装置安装工程接地装置施工及验收规范》GB 50169的相关规定验收；

3 逆变器应按现行国家标准《离网型风能、太阳能发电系统用逆变器 第1部分：技术条件》GB/T 20321.1的规定验收；

4 带蓄能装置的光伏系统，蓄电池应按现行国家标准《电气装置安装工程蓄电池施工及验收规范》GB 50172的规定验收；

5 并网系统应按现行国家标准《光伏系统并网技术要求》GB/T 19939的相关规定验收。

10.5.3 竣工验收时尚应提交下列资料：

1 竣工图、设计变更文件及光伏系统计算书，计算内容应包括结构设计、发电量和阴影分析等。

2 光伏组件玻璃的产品合格证、性能检验报告和进场验收记录。性能检验项目应包括：光伏玻璃的耐潮湿性、耐紫外线辐照性以及相关光学性能指标。

3 光伏组件各项性能检测报告，检验项目包括开路电压、短路电流、峰值功率和温度系数等。

4 逆变器和配电成套设备的检测报告，产品合格证书和产品认证证书。

5 光伏防雷系统工程验收记录。

6 系统调试和试运行记录。

7 系统运行、监控、显示、计量等功能的检验记录。

8 工程使用、运行管理及维护说明书。

10.5.4 光伏系统验收前，应在安装施工中完成下列隐蔽项目的现场验收：

1 光伏组件之间、光伏组件与支承构件之间的结构安全性、电气连接及建筑封堵；

2 系统防雷与接地保护的连接节点；

3 隐蔽安装的电气管线工程。

10.5.5 对于影响工程安全和系统性能的验收项目，应在本项目验收合格后才能进入下一道工序的施工。这些验收项目至少包括下列内容：

1 在光伏系统验收前，进行防水工程的验收；

2 在光伏组件就位前，进行光伏系统支承结构的验收；

3 光伏系统电气预留管线的验收；

4 既有建筑增设或改造的光伏系统工程施工前，进行建筑结构和建筑电气安全检查。

10.5.6 竣工验收应在光伏系统工程分项工程验收或检验合格后，交付用户前进行。所有验收应做好记录，签署文件，立卷归档。

11 保养和维修

11.1 一般规定

11.1.1 采光顶、金属屋面工程竣工验收时，承包商应向业主提供使用维护说明书，应包括下列内容：

1 采光顶或金属屋面的设计依据、主要性能参数及结构的设计使用年限；

2 使用注意事项、光伏系统电气安全注意事项；

3 日常与定期的维护、保养要求；

4 主要结构特点及易损零部件更换方法；

5 备品、备件清单及主要易损件的名称、规格；

6 承包商的保修责任。

11.1.2 在采光顶或金属屋面交付使用前，在业主有要求时，工程承包商应为业主培训维修、维护人员。

11.1.3 采光顶或金属屋面交付使用后，业主应根据使用维护说明书的相关要求及时制定采光顶或金属屋面的维修、保养计划与制度。

11.1.4 外表面的检查、清洗、保养与维修应符合现行行业标准《建筑外墙清洗维护技术规程》JGJ 168 的相关规定。凡属高空作业者，应符合现行行业标准《建筑施工高处作业安全技术规范》JGJ 80 的有关规定。

11.1.5 光伏系统的运行、维护和保养应由相关专业公司进行，并配备专人进行系统的操作、维护和保养管理工作。禁止调整控制器参数。蓄电池充放电状态失常时，应由有关生产厂家进行检查和调整。

11.2 检查与维修

11.2.1 采光顶、金属屋面日常维护和保养应符合下列规定：

1 表面应整洁，避免锐器及腐蚀性气体、液体与其接触；

2 排水系统应畅通，导水通道不得堵塞；

3 在使用过程中如发现窗启闭不灵或附件、电路系统损坏等现象时，应及时修理或更换；

4 密封胶或密封胶条不得脱落或损坏；

5 构件或附件的螺栓不得松动或锈蚀；

6 对锈蚀的构件应及时除锈补漆或采取其他防锈措施。

11.2.2 光伏系统日常维护和保养应符合下列规定：

1 光伏电池列阵表面不得有局部污物、不得破损；

2 在运行过程中，应加强对各系统硬件、软件工作状态、运行情况等方面的日常检查，发现有异常情况应及时处理，并做好维修记录；

3 线路及电缆接插件连接检查；接线箱等外壳不得有锈蚀现象；

4 定期填写每旬（或月）的供电量统计记录、系统的运行、维护和检查记录；

5 机房环境湿度、温度应符合要求，保持机房空气清洁，定期通风换气。

11.2.3 定期检查和维护应符合下列规定：

1 在采光顶或金属屋面工程竣工验收后一年时，应对工程进行一次全面的检查；此后每五年应检查一次；检查项目应包括：

　　1）整体有无变形、错位、松动，如有，则应对该部位对应的隐蔽结构进行进一步检查；主要承力构件、连接构件和连接螺栓等是否损坏、连接是否可靠、有无锈蚀等；

　　2）采光顶或金属屋面的面板有无松动、损坏；

　　3）密封胶有无脱胶、开裂、起泡，密封胶条有无脱落、老化等损坏现象；

　　4）开启部分是否启闭灵活，五金附件是否有功能障碍或损坏，电路是否畅通，安装螺栓或螺钉是否松动和失效；

　　5）排水系统是否通畅；检查和清理排水天沟内的垃圾和灰尘不应超过 6 个月，并应在雨季尤其是雷、暴雨季节增加检查频率。

2 金属屋面磨损、破坏后修复部位应每年检查一次。

3 施加预拉力的拉杆或拉索结构的采光顶工程在工程竣工验收后六个月时，应对该工程进行一次全面的预拉力检查和调整，此后每三年应检查一次。

4 采光顶工程使用十年后应对该工程不同部位的结构硅酮密封胶进行粘结性能的抽样检查；此后每三年宜检查一次。

11.2.4 光伏系统定期检查和维护应符合下列规定：

1 所有部位接线检查。

2 光伏组件的封装及接线接头，不得有封装开胶进水、电池变色及接头松动、脱线、腐蚀等现象。

3 应每季度检查一次太阳能电池列阵，内容包括：

　　1）绝缘电阻测量检查；

　　2）开路电压测量检查。

4 应每季度进行一次接线箱的绝缘电阻测量检查。

5 应每季度检查一次逆变器、蓄电池、并网系统保护装置，内容包括：

　　1）显示功能；

　　2）绝缘电阻测量检查；

　　3）逆变器保护功能试验；

　　4）蓄电池的接线端子的连接、保护性外套、通风孔和引线等。"免维护"蓄电池还需要检查容器、接线端子、引线和通风措施。

6 应每季度进行一次接地检查。

7 应定期检测蓄电池荷电状态，当蓄电池电解液液面下降时，需向蓄电池内添加去离子水或蒸馏水。

8 应定期检查新生长的植物是否遮挡了太阳光照射通道。

11.2.5 灾后检查和修复应符合下列规定：

1 当采光顶或金属屋面遭遇强风袭击后，应及时对采光顶或金属屋面进行全面的检查，修复或更换损坏的构件；对张拉杆索结构的采光顶工程，应进行一次全面的预拉力检查和调整；

2 当采光顶或金属屋面遭遇地震、火灾等灾害后，应由专业技术人员对采光顶或金属屋面进行全面的检查，并根据损坏程度制定处理方案，及时处理。

11.3 清 洗

11.3.1 应根据采光顶或金属屋面表面的积灰污染程度，确定其清洗次数，但每年不应少于一次。

11.3.2 清洗采光顶或金属屋面应按采光顶、金属屋面使用维护说明书要求选用清洗液。

11.3.3 清洗过程中不得撞击和损伤采光顶或金属屋面的表面。

11.3.4 光伏采光顶、光伏屋面宜由专业人员指导进行清洗。

附录 A　金属屋面物理性能试验方法

A.0.1 试验设备应符合下列规定：

1 压力箱体应能将试件水平或按指定的角度安装，并应使试件周围得到可靠的密封（图 A.0.1）；

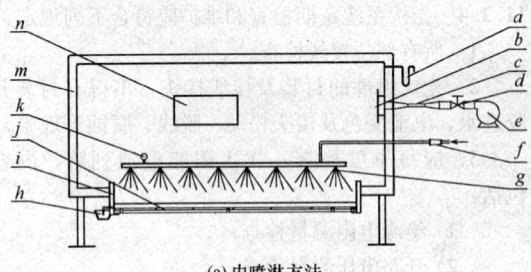

(a) 内喷淋方法

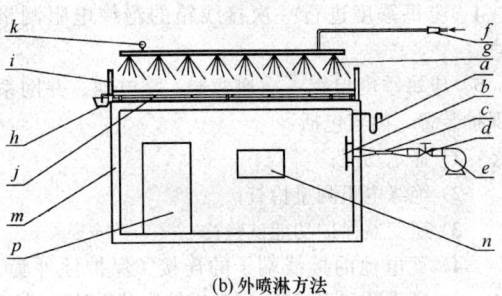

(b) 外喷淋方法

图 A.0.1　金属屋面物理性能检测设备示意图
a—压力计；*b*—挡板；*c*—风速测量装置；*d*—阀门；
e—风压提供装置；*f*—水流量计；*g*—喷淋装置；
h—排水装置；*i*—样品安装架；*j*—试验样品；
k—水压计；*m*—压力箱；*n*—视窗；*p*—通行门

2 风压提供装置应能按照现行国家标准《建筑幕墙》GB/T 21086、《建筑幕墙气密、水密、抗风压性能检测方法》GB/T 15227 的规定提供指定的风压；

3 淋水装置应满足现行国家标准《建筑幕墙》GB/T 21086、《建筑幕墙气密、水密、抗风压性能检测方法》GB/T 15227 和设计者提出的淋水量和淋水方向要求；

4 空气流量测量装置应满足现行国家标准《建筑幕墙》GB/T 21086、《建筑幕墙气密、水密、抗风压性能检测方法》GB/T 15227 的规定；

5 位移测量装置应满足面板、檩条位移测量的需要，测试精度应达到现行国家标准《建筑幕墙气密、水密、抗风压性能检测方法》GB/T 15227 的规定；

6 压力测量装置应能实时检测并反馈压力箱体内外空气压力差值。

A.0.2 金属屋面试件安装应符合下列规定：

1 至少应有一个面板与实际工程的受力状态相符合，至少应有一个完整波距，且密封状态相符合；

2 T 形支座的制作、安装应与实际工程相符合，T 形支座间距应能反映实际工程情况；

3 金属屋面各功能层的安装应与实际工程相符合；

4 屋面板端头可采用适当方法进行密封，但不应影响气密性的测量结果。

A.0.3 金属屋面试件在检验设备上宜按水平方向安装，必要时可按屋面工程的实际角度进行安装。

A.0.4 气密性能、水密性能和抗风压性能试验过程可按现行国家标准《建筑幕墙气密、水密、抗风压性能检测方法》GB/T 15227 的规定进行。

A.0.5 试验结果可按现行国家标准《建筑幕墙》GB/T 21086 进行定级。检测报告应符合现行国家标准《建筑幕墙气密、水密、抗风压性能检测方法》GB/T 15227 的规定。

附录 B　金属屋面抗风掀试验方法

B.0.1 试验设备应符合下列规定：

1 试验设备应由试验箱体、风压提供装置、位移测量装置和压力测量装置组成，其性能应满足本附录测试的过程需要。

2 试验箱体应由三部分组成：底部压力箱、中部安装架和上部压力箱（图 B.0.1）。压力箱应具有足够的刚度，确保试验过程中不影响试验结果。

3 试验装置压力箱内部最小尺寸应为 3050mm×3050mm。

4 试验设备底部压力箱应密闭，应具有独立的压力施加装置，应为正压腔体。试验时应施加静压。空气压力测量点应为五个点，可采用外径为 φ6.4mm 的铜管，从压力箱平面四个角部底部伸入到内部，应与水平面成 45°，四个角部的铜管口到角部距离应为 1067mm，第五根铜管应距风管道入口中心 457mm。五个测点管口距压力箱底部距离应为 178mm，应通过外径为 φ6.4mm 的铜管连接到一起，并与压力测量装置进行连接。

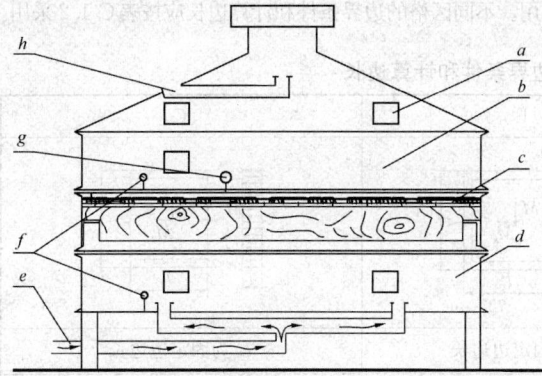

图 B.0.1 抗风掀试验设备示意图

a—观察孔；b—上部压力箱；c—试件；
d—底部压力箱；e—下进气口；f—压力
测点；g—位移测量装置；h—上进气口

5 试验设备上部压力箱应密闭，应具有独立的压力施加装置，应为负压腔体。试验时应进行波动加压。空气压力测量点应为五个点，可采用外径为 $\phi 6.4mm$ 的铜管，从压力箱平面四个角部底部伸入到内部，应与水平面成 45°，四个角部的铜管口到角部距离应为 457mm。第五根铜管应距风管道入口中心 305mm，五个测点管口距压力箱底部距离应为 203mm，应通过外径为 $\phi 6.4mm$ 的铜管连接到一起，并与压力测量装置进行连接。

6 风压提供装置应由两套独立的装置组成，分别为上下压力箱提供风压。

7 记录仪应能记录测试时的压力情况。

B.0.2 试件安装应符合下列规定：

1 金属屋面试件应具有代表性，应和实际工程安装的构造相符合；

2 试件与上下两个压力箱体之间应安装牢固，并进行可靠的密封；

3 测试设备和试件应在室温状态下保持一段时间，直到其温度达到室温后方可进行测试。

B.0.3 试验过程及方法应符合下列规定：

1 上部箱体应施加负压，下部箱体应施加正压。具体施加的压力数值和时间应符合本规程表 B.0.4 的规定。其中每个级别的第 3 阶段的波动周期为 $(10\pm2)s$。

2 在第 15 级测量时，测试压力与设定压力值误差不宜超过 49.8Pa，平均压力与设定压力值的误差不宜超过 37.3Pa，在第 30、60 和 90 级测量时，各级测试压力与设定压力值误差不宜超过 77.2Pa，平均压力与设定压力值误差不宜超过 62.2Pa。

3 每级 60min 波动加压结束、定级检测项目完成后，应检查试件并对观察结果进行记录。

4 测试过程中应对试件的垂直位移进行记录。

5 在测试阶段，除非设备发生渗漏，否则不得对试件进行修理或修复。

B.0.4 试验分级应符合下列规定：

1 测试结果分为四级：15 级、30 级、60 级和 90 级，其测试要求应符合表 B.0.4 的规定；

表 B.0.4 金属屋面抗风掀性能分级

性能分级	检测阶段	持续时间（min）	负压（kPa）	正压（kPa）
15 级	1	5	0.45	0.00
	2	5	0.45	0.25
	3	60	0.27~0.78	0.25
	4	5	0.70	0.00
	5	5	0.70	0.40
30 级	1	5	0.79	0.00
	2	5	0.79	0.66
	3	60	0.39~1.33	0.66
	4	5	1.16	0.00
	5	5	1.16	1.00
60 级	1	5	1.55	0.00
	2	5	1.55	1.33
	3	60	0.79~2.66	1.33
	4	5	1.94	0.00
	5	5	1.94	1.66
90 级	1	5	2.33	0.00
	2	5	2.33	1.99
	3	60	1.16~2.33	1.99
	4	5	2.71	0.00
	5	5	2.71	2.33

2 如果需要达到 90 级，试件应通过 30 级和 60 级，并能达到 90 级；如果需要达到 60 级，试件应通过 30 级和 15 级，并能达到 60 级；如果需要达到 30 级，可直接检测，不必进行 15 级检测。

附录 C 弹性板的弯矩系数和挠度系数

C.1 均布荷载作用下四边简支板和四边支承板

C.1.1 不同加肋方式面板类型可分为四边简支板和四边支承板（图 C.1.1）。

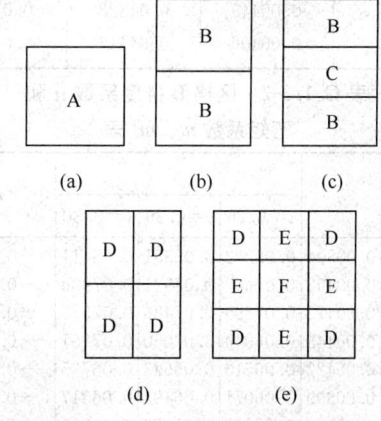

图 C.1.1 板块不同边界条件类型

（a）四边简支板；（b）、（c）、（d）、（e）为
不同加肋方式的四边支承板；
A、B、C、D、E、F—不同边界条件的区格

C.1.2 不同区格均应承受垂直于板面的均布荷载 q 作用。不同区格的边界条件和计算边长应按表 C.1.2 采用。

表 C.1.2 不同区格的边界条件和计算边长

区格类型	A	B	C
边界条件			
边长定义	l_x 为短边边长	l_y 为固定边边长	l_y 为固定边边长
边界条件			
边长定义	l_x 为短边边长	l_y 为简支边的邻边边长	l_x 为短边边长

C.1.3 不同区格挠度系数 μ 的跨中弯矩系数 m 和固端弯矩系数 m_x^0 或 m_y^0 可依据其边支承类型和泊松比 ν，分别按照表 C.1.3-1～表 C.1.3-6 采用。

表 C.1.3-1 区格 A 挠度系数 μ 和弯矩系数 m 表

l_x/l_y 或 a/b	μ	m	
		$\nu=0.20$	$\nu=0.30$
0.50	0.01013	0.09998	0.10172
0.55	0.00940	0.09340	0.09550
0.60	0.00867	0.08684	0.08926
0.65	0.00796	0.08042	0.08313
0.70	0.00727	0.07422	0.07718
0.75	0.00663	0.06834	0.07151
0.80	0.00603	0.06278	0.06612
0.85	0.00547	0.05756	0.06104
0.90	0.00496	0.05276	0.05634
0.95	0.00449	0.04828	0.05192
1.00	0.00406	0.04416	0.04784

表 C.1.3-2 区格 B 挠度系数 μ 和弯矩系数 m、m_x^0 表

l_x/l_y	μ	m			m_x^0
		$\nu=0.20$	$\nu=0.25$	$\nu=0.30$	
0.50	0.00504	0.08292	0.08351	0.08411	−0.01212
0.55	0.00492	0.07847	0.07921	0.07996	−0.01187
0.60	0.00472	0.07398	0.07486	0.07575	−0.01158
0.65	0.00448	0.06949	0.07050	0.07151	−0.01124
0.70	0.00422	0.06510	0.06623	0.06735	−0.01087
0.75	0.00399	0.06071	0.06194	0.06317	−0.01048
0.80	0.00376	0.05647	0.05779	0.05911	−0.01007
0.85	0.00352	0.05244	0.05384	0.05524	−0.00965
0.90	0.00329	0.04864	0.05010	0.05156	−0.00922
0.95	0.00306	0.04498	0.04649	0.04800	−0.00880
1.00	0.00285	0.04157	0.04311	0.04466	−0.00839

续表 C.1.3-2

l_x/l_y	μ	m			m_x^0
		$\nu=0.20$	$\nu=0.25$	$\nu=0.30$	
l_y/l_x	μ	m			m_x^0
1.00	0.00285	0.04157	0.04311	0.04466	−0.0839
0.95	0.00324	0.04426	0.04589	0.04752	−0.0882
0.90	0.00368	0.04703	0.04875	0.05047	−0.0926
0.85	0.00417	0.04991	0.05173	0.05354	−0.0907
0.80	0.00473	0.05287	0.05479	0.05671	−0.1014
0.75	0.00536	0.05586	0.05789	0.05992	−0.1056
0.70	0.00605	0.05888	0.06103	0.06317	−0.1096
0.65	0.00680	0.06188	0.06415	0.06642	−0.1133
0.60	0.00762	0.06504	0.06744	0.06984	−0.1166
0.55	0.00848	0.06826	0.07079	0.07332	−0.1193
0.50	0.00935	0.07132	0.07398	0.07663	−0.1215

表 C.1.3-3 区格 C 挠度系数 μ 和弯矩系数 m、m_x^0 表

l_x/l_y	μ	m			m_x^0
		$\nu=0.20$	$\nu=0.25$	$\nu=0.30$	
0.50	0.00261	0.07096	0.07144	0.07192	−0.0843
0.55	0.00259	0.06748	0.06808	0.06867	−0.0840
0.60	0.00255	0.06394	0.06465	0.06563	−0.0834
0.65	0.00250	0.06083	0.06120	0.06202	−0.0826
0.70	0.00243	0.05678	0.05770	0.05862	−0.0814
0.75	0.00236	0.05335	0.05463	0.05583	−0.0799
0.80	0.00228	0.04997	0.05106	0.05216	−0.0782
0.85	0.00220	0.04671	0.04788	0.04094	−0.0763
0.90	0.00211	0.04366	0.04489	0.04612	−0.0743
0.95	0.00201	0.04070	0.04198	0.04325	−0.0721
1.00	0.00192	0.03791	0.03923	0.04054	−0.0698

l_y/l_x	μ	m			m_x^0
1.00	0.00912	0.03791	0.03932	0.04054	−0.0698
0.95	0.00223	0.04083	0.04221	0.04360	−0.0746
0.90	0.00260	0.04392	0.04583	0.04683	−0.0797
0.85	0.00303	0.04714	0.04868	0.05021	−0.0850
0.80	0.00354	0.05050	0.05213	0.05375	−0.0904
0.75	0.00413	0.05396	0.05569	0.05742	−0.0959
0.70	0.00482	0.05742	0.05926	0.06111	−0.1013
0.65	0.00560	0.06079	0.06276	0.06474	−0.1066
0.60	0.00647	0.06406	0.06618	0.06829	−0.1114
0.55	0.00743	0.06703	0.06930	0.07157	−0.1156
0.50	0.00844	0.06967	0.07210	0.07453	−0.1191

表 C.1.3-4　区格 D 挠度系数 μ 和 弯矩系数 m、m_x^0、m_y^0 表

l_x/l_y	μ	m			m_x^0	m_y^0
		$\nu=0.20$	$\nu=0.25$	$\nu=0.30$		
0.50	0.00471	0.07944	0.08021	0.08099	−0.1179	−0.0786
0.55	0.00454	0.07473	0.07564	0.07655	−0.1140	−0.0785
0.60	0.00429	0.07001	0.07104	0.07027	−0.1095	−0.0782
0.65	0.00399	0.06529	0.06643	0.06756	−0.1045	−0.0777
0.70	0.00368	0.06066	0.06189	0.06312	−0.0992	−0.0770
0.75	0.00340	0.05603	0.05734	0.05865	−0.0938	−0.0760
0.80	0.00313	0.05162	0.05300	0.05438	−0.0883	−0.0748
0.85	0.00286	0.04747	0.04891	0.05036	−0.0829	−0.0733
0.90	0.00261	0.04361	0.04510	0.04659	−0.0776	−0.0716
0.95	0.00237	0.03993	0.04145	0.04297	−0.0726	−0.0698
1.00	0.00215	0.03657	0.03811	0.03966	−0.0677	−0.0677

表 C.1.3-5　区格 E 挠度系数 μ 和 弯矩系数 m、m_x^0、m_y^0 表

l_x/l_y	μ	m			m_x^0	m_y^0
		$\nu=0.20$	$\nu=0.25$	$\nu=0.30$		
0.50	0.0258	0.07133	0.07199	0.07265	−0.0836	−0.0569
0.55	0.0255	0.06758	0.06834	0.06910	−0.0827	−0.0570
0.60	0.0249	0.06377	0.06464	0.06551	−0.0814	−0.0571
0.65	0.0240	0.05992	0.06089	0.06186	−0.0796	−0.0572
0.70	0.0229	0.05608	0.05714	0.05820	−0.0774	−0.0572
0.75	0.0219	0.05229	0.05343	0.05456	−0.0750	−0.0572
0.80	0.0208	0.04856	0.04976	0.05097	−0.0722	−0.0570
0.85	0.0196	0.04498	0.04624	0.04750	−0.0693	−0.0567
0.90	0.0184	0.04166	0.04296	0.04427	−0.0663	−0.0563
0.95	0.0172	0.03846	0.03980	0.04114	−0.0631	−0.0558
1.00	0.0160	0.03543	0.03680	0.03817	−0.0600	−0.0550

l_x/l_y	μ	m			m_x^0	m_y^0
		$\nu=0.20$	$\nu=0.25$	$\nu=0.30$		
l_y/l_x	μ	m			m_x^0	m_y^0
1.00	0.00160	0.03543	0.03680	0.03817	−0.0600	−0.0550
0.95	0.00182	0.03791	0.03934	0.04077	−0.0629	−0.0599
0.90	0.00206	0.04046	0.04195	0.04344	−0.0656	−0.0653
0.85	0.00233	0.04306	0.04461	0.04617	−0.0683	−0.0711
0.80	0.00262	0.04570	0.04731	0.04893	−0.0707	−0.0772
0.75	0.00294	0.04841	0.05009	0.05177	−0.0729	−0.0837
0.70	0.00327	0.05111	0.05285	0.05459	−0.0748	−0.0903
0.65	0.00365	0.05377	0.05556	0.05736	−0.0762	−0.0970
0.60	0.00403	0.05635	0.05891	0.06003	−0.0773	−0.1033
0.55	0.00437	0.05876	0.06064	0.06252	−0.0780	−0.1093
0.50	0.00463	0.06102	0.06293	0.06483	−0.0784	−0.1146

表 C.1.3-6　区格 F 挠度系数 μ 和 弯矩系数 m、m_x^0、m_y^0 表

l_x/l_y	μ	m			m_x^0	m_y^0
		$\nu=0.20$	$\nu=0.25$	$\nu=0.30$		
0.50	0.00253	0.07073	0.07090	0.07143	−0.0829	−0.0570
0.55	0.00246	0.06651	0.06718	0.06784	−0.0814	−0.0571
0.60	0.00236	0.06253	0.06333	0.06412	−0.0793	−0.0571
0.65	0.00224	0.05841	0.05933	0.06024	−0.0766	−0.0571
0.70	0.00211	0.05429	0.05531	0.05634	−0.0735	−0.0569
0.75	0.00197	0.05027	0.05139	0.05251	−0.0701	−0.0565
0.80	0.00182	0.04638	0.04758	0.04877	−0.0664	−0.0559
0.85	0.00168	0.04264	0.04390	0.04516	−0.0626	−0.0551
0.90	0.00153	0.03908	0.04039	0.04170	−0.0588	−0.0541
0.95	0.00140	0.03576	0.03710	0.03844	−0.0550	−0.0528
1.00	0.00127	0.03264	0.03400	0.03536	−0.0513	−0.0513

C.2　均布荷载作用下四角点支承板

C.2.1 四角点支承板的计算简图中计算跨度应取长边边长（图 C.2.1）。

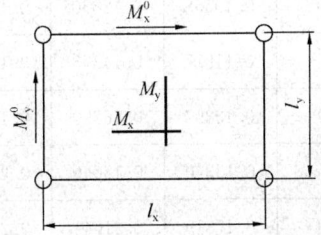

图 C.2.1　四角点支承板的计算简图

C.2.2 四角点支承板的跨中挠度系数 μ、跨中弯矩系数 m_x、m_y 以及自由边中点弯矩系数 m_{0x}、m_{0y}，可依据其泊松比 ν，按照表 C.2.2 采用。

表 C.2.2　四角点支承板的挠度系数 μ、跨中弯矩系数 m_x、m_y 和自由边中点弯矩系数 m_{0x}、m_{0y}

l_x/l_y	μ	m_x		m_y	
		$\nu=0.20$	$\nu=0.30$	$\nu=0.20$	$\nu=0.30$
0.50	0.01417	0.0196	0.0214	0.1221	0.1223
0.55	0.01451	0.0252	0.0271	0.1213	0.1216
0.60	0.01496	0.0317	0.0337	0.1204	0.1208
0.65	0.01555	0.0389	0.0410	0.1193	0.1199
0.70	0.01630	0.0469	0.0490	0.1181	0.1189
0.75	0.01725	0.0556	0.0577	0.1169	0.1178
0.80	0.01842	0.0650	0.0671	0.1156	0.1167
0.85	0.01984	0.0752	0.0772	0.1142	0.1155
0.90	0.02157	0.0861	0.0881	0.1128	0.1143
0.95	0.02363	0.0976	0.0996	0.1113	0.1130
1.00	0.02603	0.1098	0.1117	0.1098	0.1117

l_x/l_y	μ	m_{0x}		m_{0y}	
		$\nu=0.20$	$\nu=0.30$	$\nu=0.20$	$\nu=0.30$
0.50	—	0.0580	0.0544	0.1304	0.1301
0.55	—	0.0654	0.0618	0.1318	0.1314
0.60	—	0.0732	0.0695	0.1336	0.1330
0.65	—	0.0814	0.0778	0.1356	0.1347
0.70	—	0.0901	0.0865	0.1377	0.1365

续表 C.2.2

l_x/l_y	μ	m_{0x}		m_{0y}	
		$\nu=0.20$	$\nu=0.30$	$\nu=0.20$	$\nu=0.30$
0.75	—	0.0994	0.0958	0.1399	0.1385
0.80	—	0.1091	0.1056	0.1424	0.1407
0.85	—	0.1195	0.1160	0.1450	0.1429
0.90	—	0.1303	0.1269	0.1477	0.1453
0.95	—	0.1416	0.1384	0.1506	0.1479
1.00	—	0.1537	0.1505	0.1537	0.1505

C.3　均布荷载作用下四点跨中支承矩形板

C.3.1　四孔点支承板可按均布荷载作用下四点跨中支承矩形板进行计算（图 C.3.1）。

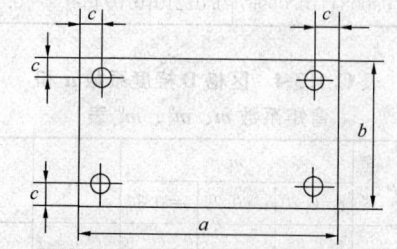

图 C.3.1　均布荷载作用下四点跨中支承矩形板计算示意图

C.3.2　均布荷载作用下四点跨中支承矩形板弯矩系数 m 和挠度系数 μ 应符合表 C.3.2 的规定。

表 C.3.2　均布荷载作用下四点跨中支承矩形板弯矩系数 m 和挠度系数 μ（$\nu=0.20$）

	b/a	b/c							
		8	10	12	14	16	18	20	22
m	1.00	0.07219	0.08774	0.09846	0.10613	0.11188	0.11637	0.11995	0.12289
	0.95	0.07853	0.09581	0.10718	0.11550	0.12169	0.12660	0.13046	0.13364
	0.90	0.08607	0.10493	0.11745	0.12648	0.13324	0.13852	0.14275	0.14621
	0.85	0.09470	0.11544	0.12938	0.13933	0.14679	0.15258	0.15723	0.16104
	0.80	0.10558	0.12830	0.14372	0.15470	0.16305	0.16937	0.17453	0.17872
	0.75	0.11817	0.14375	0.16100	0.17342	0.18255	0.18968	0.19543	0.20012
	0.70	0.13397	0.16290	0.18227	0.19609	0.20647	0.21452	0.22100	0.22623
	0.65	0.15340	0.18649	0.20852	0.22437	0.23617	0.24534	0.25268	0.25870
	0.60	0.17819	0.21641	0.24188	0.26011	0.27371	0.28433	0.29281	0.29975
	0.55	0.21030	0.25508	0.28494	0.30622	0.32221	0.33460	0.34453	0.35265
	0.50	0.25291	0.30627	0.34186	0.36724	0.38623	0.40105	0.41285	0.42249

	b/a	b/c							
		8	10	12	14	16	18	20	22
μ	1.00	0.00638	0.00887	0.01084	0.01241	0.01370	0.01476	0.01566	0.01642
	0.95	0.00683	0.00961	0.01181	0.01358	0.01503	0.01622	0.01723	0.01809
	0.90	0.00751	0.01066	0.01317	0.01519	0.01684	0.01821	0.01937	0.02035
	0.85	0.00853	0.01217	0.01508	0.01742	0.01933	0.02092	0.02227	0.02341
	0.80	0.01004	0.01434	0.01777	0.02054	0.02280	0.02468	0.02628	0.02763
	0.75	0.01225	0.01745	0.02160	0.02495	0.02769	0.02997	0.03188	0.03353
	0.70	0.01573	0.02200	0.02714	0.03129	0.03469	0.03751	0.03990	0.04193
	0.65	0.02163	0.02916	0.03532	0.04061	0.04495	0.04854	0.05156	0.05413
	0.60	0.03021	0.04057	0.04889	0.05560	0.06109	0.06566	0.06952	0.07281
	0.55	0.04310	0.05784	0.06952	0.07889	0.08653	0.09287	0.09821	0.10275
	0.50	0.06325	0.08494	0.10199	0.11557	0.12660	0.13572	0.14336	0.14986

C.4 均布荷载作用下任意三角形板

C.4.1 简支三角形板可按均布荷载作用下任意三角形板进行计算（图 C.4.1）。

C.4.2 简支任意三角形板在均布荷载作用下的弯矩系数 m_x、m_y 可按表 C.4.2-1 的规定计算。挠度系数可按表 C.4.2-2 的规定计算。

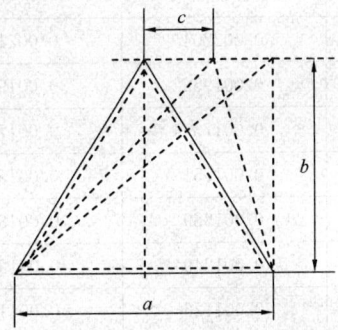

图 C.4.1 均布荷载作用下
任意三角形板计算示意图

表 C.4.2-1 简支任意三角形板在均布荷载作用下的弯矩系数 m_x、m_y（$\nu=0.20$）

c/a	0		1/8		1/4		3/8		1/2	
a/b	m_x	m_y	m_x	m_y	m_x	m_y	m_x	m_y	m_x	m_y
0.50	0.04313	0.02759	0.04295	0.02761	0.04243	0.02767	0.04163	0.02775	0.04055	0.02783
0.55	0.04007	0.02665	0.03989	0.02667	0.03934	0.02673	0.03845	0.02680	0.03728	0.02687
0.60	0.03716	0.02573	0.03697	0.02575	0.03641	0.02581	0.03553	0.02588	0.03438	0.02594
0.65	0.03458	0.02485	0.03439	0.02487	0.03384	0.02492	0.03295	0.02499	0.03178	0.02502
0.70	0.03230	0.02399	0.03211	0.02401	0.03154	0.02407	0.03063	0.02413	0.02944	0.02412
0.75	0.03023	0.02317	0.03004	0.02320	0.02946	0.02325	0.02853	0.02329	0.02733	0.02325
0.80	0.02835	0.02239	0.02815	0.02241	0.02756	0.02245	0.02663	0.02248	0.02542	0.02243
0.85	0.02663	0.02162	0.02642	0.02164	0.02584	0.02169	0.02490	0.02171	0.02370	0.02163
0.90	0.02505	0.02089	0.02485	0.02092	0.02425	0.02096	0.02333	0.02096	0.02213	0.02085
0.95	0.02360	0.02020	0.02340	0.02022	0.02281	0.02025	0.02189	0.02025	0.02070	0.02011
1.00	0.02227	0.01952	0.02207	0.01954	0.02149	0.01958	0.02057	0.01956	0.01940	0.01940
1.10	0.01990	0.01826	0.01970	0.01828	0.01913	0.01832	0.01825	0.01826	0.01712	0.01807
1.20	0.01787	0.01710	0.01768	0.01712	0.01713	0.01715	0.01628	0.01708	0.01520	0.01684

续表 C.4.2-1

c/a	0		1/8		1/4		3/8		1/2	
a/b	m_x	m_y	m_x	m_y	m_x	m_y	m_x	m_y	m_x	m_y
1.30	0.01611	0.01603	0.01593	0.01606	0.01541	0.01608	0.01459	0.01599	0.01357	0.01573
1.40	0.01459	0.01506	0.01442	0.01508	0.01392	0.01510	0.01315	0.01499	0.01218	0.01470
1.50	0.01326	0.01416	0.01309	0.01418	0.01262	0.01419	0.01189	0.01407	0.01098	0.01377
1.60	0.01209	0.01334	0.01193	0.01336	0.01149	0.01336	0.01081	0.01323	0.00995	0.01291
1.70	0.01106	0.01263	0.01091	0.01264	0.01050	0.01262	0.00985	0.01247	0.00905	0.01212
1.80	0.01015	0.01195	0.01001	0.01196	0.00962	0.01195	0.00902	0.01178	0.00826	0.01140
1.90	0.00934	0.01131	0.00921	0.01133	0.00884	0.01131	0.00828	0.01113	0.00757	0.01075
2.00	0.00862	0.01071	0.00850	0.01073	0.00815	0.01070	0.00762	0.01051	0.00696	0.01014
2.50	0.01375	0.00826	0.01156	0.00827	0.00645	0.00823	0.00525	0.00804	0.00475	0.00773
3.00	0.01662	0.00651	0.01426	0.00652	0.00897	0.00652	0.00379	0.00633	0.00346	0.00606

表 C.4.2-2 简支任意三角形板在均布荷载作用下的挠度系数 μ（$\nu=0.20$）

a/b	0	1/8	1/4	3/8	1/2
0.50	0.002204	0.002195	0.002169	0.002126	0.002069
0.55	0.001952	0.001943	0.001917	0.001873	0.001816
0.60	0.001737	0.001727	0.001701	0.001658	0.001601
0.65	0.001551	0.001541	0.001515	0.001473	0.001416
0.70	0.001389	0.001381	0.001355	0.001313	0.001258
0.75	0.001249	0.001241	0.001215	0.001174	0.001121
0.80	0.001126	0.001118	0.001093	0.001053	0.001002
0.85	0.001018	0.001010	0.000986	0.000948	0.000898
0.90	0.000923	0.000915	0.000892	0.000855	0.000808
0.95	0.000838	0.000831	0.000809	0.000774	0.000728
1.00	0.000763	0.000756	0.000735	0.000701	0.000658
1.10	0.000637	0.000630	0.000611	0.000581	0.000541
1.20	0.000535	0.000529	0.000512	0.000484	0.000449
1.30	0.000453	0.000448	0.000432	0.000408	0.000376
1.40	0.000386	0.000381	0.000367	0.000345	0.000317
1.50	0.000331	0.000326	0.000314	0.000294	0.000269
1.60	0.000285	0.000281	0.000270	0.000252	0.000230
1.70	0.000247	0.000243	0.000234	0.000218	0.000197
1.80	0.000215	0.000212	0.000203	0.000189	0.000171
1.90	0.000187	0.000185	0.000177	0.000165	0.000148
2.00	0.000164	0.000162	0.000155	0.000144	0.000129
2.50	0.000090	0.000089	0.000085	0.000078	0.000069
3.00	0.000053	0.000053	0.000050	0.000046	0.000041

本规程用词说明

1 为了便于在执行本规程条文时区别对待,对要求严格程度不同的用词说明如下:

    1)表示很严格,非这样做不可的:

        正面词采用"必须",反面词采用"严禁"。

    2)表示严格,在正常情况下均应这样做的:

        正面词采用"应",反面词采用"不应"或"不得"。

    3)表示允许稍有选择,在条件许可时首先这样做的:

        正面词采用"宜",反面词采用"不宜";

    4)表示有选择,在一定条件下可以这样做的,采用"可"。

2 条文中指明应按其他有关标准执行的写法为:"应符合……的规定"或"应按……执行"。

引用标准名录

1 《建筑结构荷载规范》GB 50009

2 《建筑抗震设计规范》GB 50011

3 《建筑给水排水设计规范》GB 50015

4 《建筑设计防火规范》GB 50016

5 《钢结构设计规范》GB 50017

6 《冷弯薄壁型钢结构技术规范》GB 50018

7 《建筑采光设计标准》GB/T 50033

8 《建筑物防雷设计规范》GB 50057

9 《民用建筑隔声设计规范》GB 50118

10 《电气装置安装工程电缆线路施工及验收规范》GB 50168

11 《电气装置安装工程接地装置施工及验收规范》GB 50169

12 《电气装置安装工程蓄电池施工及验收规范》GB 50172

13 《民用建筑热工设计规范》GB 50176

14 《公共建筑节能设计标准》GB 50189

15 《钢结构工程施工质量验收规范》GB 50205

16 《屋面工程质量验收规范》GB 50207

17 《建筑装饰装修工程质量验收规范》GB 50210

18 《建筑电气工程施工质量验收规范》GB 50303

19 《屋面工程技术规范》GB 50345

20 《铝合金结构设计规范》GB 50429

21 《紧固件 铆钉用通孔》GB/T 152.1

22 《紧固件 沉头用沉孔》GB/T 152.2

23 《紧固件 圆柱头用沉孔》GB/T 152.3

24 《碳素结构钢》GB/T 700

25 《低合金高强度结构钢》GB/T 1591

26 《铜及铜合金板材》GB/T 2040

27 《连续热镀锌钢板及钢带》GB/T 2518

28 《紧固件机械性能 不锈钢螺栓、螺钉和螺柱》GB/T 3098.6

29 《变形铝及铝合金化学成分》GB/T 3190

30 《钛及钛合金板材》GB/T 3621

31 《耐候结构钢》GB/T 4171

32 《碳钢焊条》GB/T 5117

33 《低合金钢焊条》GB/T 5118

34 《铝合金建筑型材》GB 5237

35 《工业用橡胶板》GB/T 5574

36 《铝及铝合金压型板》GB/T 6891

37 《铝合金门窗》GB/T 8478

38 《建筑材料及制品燃烧性能分级》GB 8624

39 《地面用晶体硅光伏组件 设计鉴定和定型》GB/T 9535

40 《中空玻璃》GB/T 11944

41 《彩色涂层钢板及钢带》GB/T 12754

42 《建筑用压型钢板》GB/T 12755

43 《金属覆盖层 钢铁制件热浸镀锌层 技术要求及试验方法》GB/T 13912

44 《建筑幕墙气密、水密、抗风压性能检测方法》GB/T 15227

45 《建筑用安全玻璃 第3部分:夹层玻璃》GB 15763.3

46 《建筑用硅酮结构密封胶》GB 16776

47 《建筑幕墙用铝塑复合板》GB/T 17748

48 《地面用薄膜光伏组件 设定鉴定和定型》GB/T 18911

49 《光伏系统并网技术要求》GB/T 19939

50 《光伏(PV)组件安全鉴定 第一部分:结构要求》GB/T 20047.1

51 《离网型风能、太阳能发电系统用逆变器 第1部分:技术条件》GB/T 20321.1

52 《不锈钢和耐热钢 牌号及化学成分》GB/T 20878

53 《建筑幕墙》GB/T 21086

54 《建筑密封胶分级和要求》GB/T 22083

55 《空间网格结构技术规程》JGJ 7

56 《民用建筑电气设计规范》JGJ 16

57 《建筑机械使用安全技术规程》JGJ 33

58 《施工现场临时用电安全技术规范》JGJ 46

59 《建筑施工高处作业安全技术规范》JGJ 80

60 《建筑钢结构焊接技术规程》JGJ 81

61 《玻璃幕墙工程技术规范》JGJ 102

62 《建筑玻璃应用技术规程》JGJ 113

中华人民共和国行业标准

采光顶与金属屋面技术规程

JGJ 255—2012

条 文 说 明

修 订 说 明

《采光顶与金属屋面技术规程》JGJ 255－2012经住房和城乡建设部 2012 年 4 月 5 日以第 1348 号公告批准、发布。

本规程制订过程中，编制组进行了广泛、深入的调查、研究，总结了国内主要的采光顶和金属屋面优秀工程以及国外有代表性的采光顶和金属屋面工程的实践经验，同时参考了美国、英国和欧盟等国家或地区的标准。

为了便于广大设计、施工、科研、学校等单位有关人员在使用本规程时能正确理解和执行条文规定，《采光顶与金属屋面技术规程》编制组按章、节、条的顺序编制了本规程的条文说明，对条文规定的目的、依据以及执行中需注意的有关事项进行了说明，还着重对强制性条文的强制性理由作了解释。但是，本条文说明不具备与规程正文同等的法律效力，仅供使用者作为理解和把握规程规定的参考。

目　次

1 总 则

1.0.1 建筑幕墙、采光顶与金属屋面是重要的建筑围护结构，在我国获得蓬勃发展，其使用量已位居世界前列。在我国，建筑幕墙标准化已经形成相对独立、比较完善的体系，一系列标准已经陆续完成了制定或修订，但采光顶与金属屋面标准化体系还不够完善，不能满足工程的需要，因此为了使采光顶与金属屋面的设计、加工制作、安装施工和维修保养做到安全适用、经济合理，编制本规程。

采光顶常用的面板材料有玻璃、聚碳酸酯板等。面板支承方式也多种多样，主要包括框架支承和点支承，其中框架支承包括三边、四边、多边支承，与玻璃幕墙类似，框架支承还可分为明框、半隐框和隐框方式；点支承包括三点、四点、六点等支承方式，通过钢爪或夹板固定玻璃。聚碳酸酯板可采用平板、多层中空板等，其中U形中空板结构设计合理，防水性能好。采光顶的支承结构也千变万化，通常采用钢结构、铝合金结构或玻璃结构等，钢结构包括：刚性结构（梁、拱、树状支柱、桁架和网架、单层和双层网壳等）、柔性结构（张拉索杆体系、自平衡索杆体系、索网和整体张拉穹顶等）和混合结构（同时采用刚性结构和柔性结构的支承体系）等。

金属屋面是20世纪60～70年代开始使用，近几年才大量应用的屋面系统，从发展阶段上看，由开始的金属平板类建筑幕墙系统发展到专业压型板（连续板材）类系统，在技术方面实现很大的飞跃。采用建筑幕墙构造的金属屋面可以参考幕墙类规范执行，技术方面相对成熟。采用压型板的金属屋面构造设计方面比较成熟，但在计算理论方面尚需进一步研究。通常压型板金属屋面可以分为四类：直立锁边屋面系统、直立卷边屋面系统、转角立边双咬合屋面系统和古典式扣盖屋面系统。

直立锁边点支承屋面系统是通过专用设备或手工咬合工艺，将直立锁边板和T形支座咬合并连接到屋面支承结构的金属屋面系统，主要用于大跨度建筑屋面。其特点是：T形支座通过咬合方式连接，屋面板不设置穿孔，防水性能好；U形直立锁边板自身形成相互独立的排水槽，使屋面能够有效地进行排水，排水性能高；在面板和支座之间能够实现滑动，有效吸收屋面板因热胀冷缩等产生的温差变形，使得该系统在纵向超长尺寸面板的应用中有明显优势。

直立卷边咬合系统采用压型板三维弯弧，并进行立边卷边咬合，能够满足特异造型的需要，通常用于倾斜小于25°的屋面、球面及弧形屋面，在建筑外观要求比较时尚的建筑中应用较为广泛。该系统还具有立边高度小、板材损耗少、重量轻、安装方便等优点。

转角立边双咬合和古典式扣盖屋面系统应用较少，可参考本规程采用。

太阳能光伏系统作为一种新型的绿色的能源技术，是国家重点支持的新能源领域。光伏建筑一体化是光伏系统应用的重要形式，为了更好地获得太阳能资源，通常将光伏系统与采光顶、金属屋面结合设计。因此为促进光伏系统在建筑中的应用，确保工程质量，本规程编制组在大量工程实例调查分析基础上，编制了光伏系统在采光顶、金属屋面工程中应用的要求。

雨棚结构设计形式多样，与开放式采光顶、金属屋面具有相似性，可参照本规程的相关规定执行。

1.0.2 本规程适用范围未包含工业采光顶与金属屋面工程，主要考虑到工业建筑范围很广，往往有不同于民用建筑的特殊要求，如可能存在腐蚀、辐射、高温、高湿、振动、爆炸等特殊条件，本规程难以全部涵盖。当然，一般用途的工业建筑，其玻璃与金属面板的设计、制作等可参照本规程的有关规定，有特殊要求的，应专门研究，并采取相应的措施。

9度抗震设计的玻璃采光顶，工程经验不多。9度时地震作用较大，主体结构的变形很大，甚至可能发生比较严重的破坏，采光顶的设计、制作、安装施工需要采取更有效的措施，才能保证在9度抗震设防时达到本规程第1.0.3条的要求。因此，本规程尚未将9度抗震设计的采光顶列入适用范围。对因特殊需要，必须在9度抗震设防区建造采光顶工程时，应专门研究，并采取更有效的抗震措施。

1.0.3 采光顶与金属屋面应具有良好的抗风压、气密、水密、热工和隔声等性能。面板本身应具有足够的承载能力，避免在风荷载和其他荷载组合作用下破坏。我国沿海地区经常受到台风的袭击，设计中应考虑有足够的抗风能力。在风荷载作用下，采光顶与金属屋面和主体结构之间的连接件发生拔出、拉断等严重破坏的情况比较少见，主要问题是保证其足够的活动能力，使采光顶与金属屋面构件避免受主体结构过大位移的影响。

在地震作用下，采光顶与金属屋面构件和连接件会受到动力作用，防止或减轻地震震害的主要途径是加强构造措施。

在多遇地震作用下，采光顶与金属屋面不允许破坏，应保持完好；在设防烈度地震作用下，采光顶与金属屋面不应有严重破损，一般只允许部分面板破碎，经修理后仍然可以使用；在罕遇地震作用下（相当于比设防烈度约高1.0度，重现期大约1500～2000年，50年超越概率约2%～3%），可能会严重破坏（比如面板破碎），但支承结构、构件不应脱落、倒塌。这种规定与我国现行国家标准《建筑抗震设计规范》GB 50011的指导思想是一致的。

1.0.4 采光顶与金属屋面在建筑物中既是建筑的外

装饰，同时又是建筑物的外围护结构，是跨行业的综合性技术，从设计、材料选用、加工制作和安装施工等方面，都应从严控制，精心操作。因此，应进行采光顶与金属屋面生产全过程的质量控制，有效保证采光顶与金属屋面工程质量和安全。

虽然采光顶与金属屋面自身不分担主体建筑的荷载和作用，但它要承受自身受到的荷载、地震作用和温度变化等，因此，必须满足风荷载、雪荷载、积灰荷载、地震作用和温度变化对它的影响，使采光顶与金属屋面具有足够的安全性。

1.0.5 构成采光顶与金属屋面的主要材料有：钢材、铝材、玻璃、金属面板和粘结密封材料等，大多数材料均有国家标准、行业标准，在选择材料时应符合这些标准的要求。

在采光顶与金属屋面的设计、制作和施工中，密切相关的还有下列现行国家标准或行业标准：《建筑幕墙》GB/T 21086、《玻璃幕墙工程技术规范》JGJ 102、《建筑玻璃应用技术规程》JGJ 113、《建筑结构荷载规范》GB 50009、《建筑装饰装修工程质量验收规范》GB 50210、《钢结构设计规范》GB 50017、《冷弯薄壁型钢结构技术规范》GB 50018、《铝合金结构设计规范》GB 50429、《公共建筑节能设计标准》GB 50189、《民用建筑太阳能光伏系统应用技术规范》JGJ 203、《高层民用建筑设计防火规范》GB 50045、《建筑设计防火规范》GB 50016、《建筑物防雷设计规范》GB 50057、《钢结构工程施工质量验收规范》GB 50205、《屋面工程技术规范》GB 50345 和《屋面工程质量验收规范》GB 50207 等以及有关建筑幕墙物理性能方面的标准等，其相关的规定也应参照执行。

3 材　　料

3.1 一 般 规 定

3.1.1 材料是保证采光顶与金属屋面质量和安全的物质基础。采光顶与金属屋面所使用的材料概括起来，基本上可分为五大类：支承框架、面板、密封填缝、结构粘结和其他辅助材料（保温材料、隔声材料和隔汽材料等）。对于光伏采光顶和金属屋面，除了上述材料外，还包含大量的电气材料、设备和附件。这些材料和设备由于生产厂家不同，质量差别较大。因此为确保采光顶与金属屋面安全可靠，就要求所使用的材料应符合国家或行业标准规定的要求；对其中少量暂时还没有国家标准的材料，应符合设计要求，或参考国外同类产品标准要求；生产企业制定的企业标准经备案后可作为产品质量控制的依据。

3.1.2 采光顶与金属屋面处于建筑物的外面，经常受自然环境不利因素的影响，如日晒、雨淋、积雪、

积灰、风沙等。因此要求采光顶与金属屋面材料要有足够的耐候性和耐久性，除不锈钢和轻金属材料外，其他金属材料应进行热镀锌或其他有效的防腐处理，并满足设计要求。

3.1.3 无论是在加工制作、安装施工中，还是交付使用后，采光顶与金属屋面的防火都十分重要，面板材料应采用不燃材料和难燃材料。

3.1.4 硅酮类胶、聚氨酯类密封胶应有与接触材料相容性试验报告和剥离粘结性试验报告。这些密封胶在建筑上已被广泛采用，而且已有了比较成熟的经验。

3.1.5 硅酮结构密封胶是结构性粘结的主要传力材料，如使用过期产品，会因结构胶性能下降导致粘结强度降低，造成安全隐患。硅酮建筑密封胶是幕墙、采光顶与金属屋面系统密封性能的有效保证，过期产品的耐候性能和伸缩性能下降，且表面易产生裂纹。因此硅酮结构密封胶和硅酮建筑密封胶必须在有效期内使用。

3.1.6 近些年，由于对节能性能有较高要求，使得保温、隔热材料在建筑上获得普遍应用。但一些采用易燃或可燃隔热、保温材料的工程，发生严重的火灾，造成很大损失。因此考虑到采光顶与金属屋面的重要性，对隔热、保温材料应提高防火性能要求，应采用岩棉、矿棉、玻璃棉、防火板等不燃或难燃材料。岩棉、矿棉应符合现行国家标准《建筑用岩棉、矿渣棉绝热制品》GB/T 19686 的规定，玻璃棉应符合现行国家标准《建筑绝热用玻璃棉制品》GB/T 17795 的规定。根据公安部、住房和城乡建设部联合发布的《民用建筑外保温系统及外墙装饰防火暂行规定》（公通字［2009］46 号）的文件精神："对于屋顶基层采用耐火极限不小于 1.00h 的不燃烧体的建筑，其屋顶的保温材料不应低于 B_2 级；其他情况，保温材料的燃烧性能不应低于 B_1 级。"制定本条文。

3.2 铝合金材料

3.2.1 铝合金型材精度有普通级、高精级和超高精级之分。采光顶与金属屋面对材料的要求较高，为保证其承载力、变形和美观要求，应采用高精级或超高精级的铝合金型材。

3.3 钢材及五金材料

3.3.1 碳素结构钢和低合金高强度结构钢的种类、牌号和质量等级应符合现行国家标准《优质碳素结构钢》GB/T 699、《碳素结构钢》GB/T 700、《低合金高强度结构钢》GB/T 1591、《合金结构钢》GB/T 3077、《碳素结构钢和低合金结构钢热轧薄钢板和钢带》GB 912、《碳素结构钢和低合金结构钢热轧厚钢板和钢带》GB/T 3274、《结构用无缝钢管》GB/T 8162 等相关产品标准的规定。

3.3.5 采光顶与金属屋面支承钢结构的最小截面尺寸，要综合考虑其最小承载能力、截面局部稳定和耐腐蚀性能要求。本条根据现行国家标准《钢结构设计规范》GB 50017 和《冷弯薄壁型钢结构技术规范》GB 50018 的规定制定。

3.3.6 不锈钢材的防锈能力与其铬和镍含量有关。目前常用的不锈钢型材有 304 系列：S30408（06Cr19Ni10）、S30458（06Cr19Ni10N）、S30403（022Cr19Ni10），含镍铬总量为 27%～29%，镍含量 9%～10%；316 系列：S31608（06Cr17Ni12Mo2）、S31658（06Cr17Ni12Mo2N）、S31603（022Cr17Ni12Mo2），含镍铬总量 29%～31%，含镍量 12%～14%。316 系列型材防锈性能优于 304 系列，更适用于耐腐蚀性能要求较高的环境。采光顶与金属屋面采用的奥氏体不锈钢尚应符合现行国家标准《不锈钢棒》GB/T 1220、《不锈钢冷加工钢棒》GB/T 4226、《不锈钢冷轧钢板和钢带》GB/T 3280、《不锈钢热轧钢带》YB/T 5090、《不锈钢热轧钢板和钢带》GB/T 4237 的规定。

3.3.7 当前国内标准五金配件的品种尚不齐全，且无幕墙、采光顶专用的产品标准，因此所用附件、紧固件应首先符合设计要求，并应符合国家现行标准《建筑用不锈钢绞线》JG/T 200、《建筑幕墙用钢索压管接头》JG/T 201、《建筑门窗五金件　旋压执手》JG/T 213、《建筑门窗五金件　传动机构用执手》JG/T 124、《建筑门窗五金件　滑撑》JG/T 127、《建筑门窗五金件　多点锁闭器》JG/T 215、《铝合金窗锁》QB/T 3890、《紧固件　螺栓和螺钉通孔》GB/T 5277、《十字槽盘头螺钉》GB/T 818、《不锈钢自攻螺钉》GB 3098.21、《紧固件机械性能　螺栓、螺钉和螺柱》GB/T 3098.1、《紧固件机械性能　螺母　粗牙螺纹》GB/T 3098.2、《紧固件机械性能　螺母　细牙螺纹》GB/T 3098.4、《紧固件机械性能　自攻螺钉》GB/T 3098.5、《紧固件机械性能　不锈钢螺栓、螺钉和螺柱》GB/T 3098.6、《紧固件机械性能　不锈钢螺母》GB/T 3098.15 的规定。

3.4 玻　璃

3.4.1 国家现行相关产品标准包括《平板玻璃》GB 11614、《半钢化玻璃》GB/T 17841、《建筑用安全玻璃　第 1 部分：防火玻璃》GB 15763.1、《建筑用安全玻璃　第 2 部分：钢化玻璃》GB 15763.2、《建筑用安全玻璃　第 3 部分：夹层玻璃》GB 15763.3、《建筑用安全玻璃　第 4 部分：均质钢化玻璃》GB 15763.4、《镀膜玻璃　第 1 部分　阳光控制镀膜玻璃》GB/T 18915.1、《镀膜玻璃　第 2 部分　低辐射镀膜玻璃》GB/T 18915.2 等标准。

3.4.2 中空玻璃第一道密封胶应用丁基热熔密封胶，符合现行行业标准《中空玻璃用丁基热熔密封胶》JC/T 914 的规定。不直接承受紫外线照射且不承受荷载的中空玻璃第二道密封胶符合现行行业标准《中空玻璃用弹性密封胶》JC/T 486 的规定；隐框、半隐框及点支式采光顶用中空玻璃直接承受紫外线照射且承受荷载，因此其第二道密封胶应采用硅酮结构密封胶，其性能符合现行国家标准《建筑用硅酮结构密封胶》GB 16776 的规定。需要注意点支式玻璃孔边处二道密封胶应采用硅酮结构密封胶。

3.4.3 在现行国家标准《建筑用安全玻璃　第 3 部分：夹层玻璃》GB 15763.3 中对夹层玻璃的霰弹冲击性能提出要求，采光顶应采用 II-1 和 II-2 级别的产品。聚乙烯醇缩丁醛（PVB）胶片仍然是幕墙、采光顶夹层玻璃胶片应用的主流产品，工程应用经验较多，可靠性好，但厚度不应小于 0.76mm。由于结构、节能设计要求，已经有许多高强型、复合型、功能型胶片在工程中得到应用。本规程允许这些新材料和新工艺，但其力学性能（胶片与玻璃的粘结强度）必须保证，且符合设计要求。

3.4.4 单片钢化玻璃、钢化中空玻璃存在自爆的危险，近年来采光顶钢化玻璃自爆事件频发，有些造成一定损失，因此采光顶用钢化玻璃须经过均质处理，即为均质钢化玻璃，降低玻璃的自爆率，提高采光顶的安全性。

3.4.5 本条为安全规定，与现行行业标准《建筑玻璃应用技术规程》JGJ 113 基本一致。一些重点工程，在人流比较密集的采光顶下侧采取构造措施（如不锈钢丝网），防止玻璃破裂后整体脱落。

3.4.6 采光顶玻璃面积过大，在重力作用下玻璃变形可能形成"锅底"导致积水；工程应用经验还表明，玻璃面积过大，还会使玻璃的破裂率升高，降低了采光顶的安全性。因此玻璃面板面积不宜大于 2.5m²。如果确有可靠技术措施，玻璃面积可适当加大。

3.5 聚碳酸酯板

3.5.2 直立式 U 形板、梯形飞翼板，采用结构化防水原理，在模具设计时将两侧直立收边，并采用具有双层结构倒钩的 U 形多层中空结构，与 U 形倒钩卡件相卡接，能较好地解决防水问题。聚碳酸酯平板厚度较薄时容易产生较大弯曲变形，在温度变化较大时也会产生较大变形，应用过程中可能会出现漏水现象，因此工程中可采用聚碳酸酯平板，但需要做好防水设计。

3.5.3 作为采光顶的面板材料，聚碳酸酯板应具有良好的耐候性和抗老化性。常见的失效形式是板材黄化，因此应控制黄色指数变化指标，提高对聚碳酸酯板的要求。在生产板材时，紫外线稳定剂（uv）的线性分布最低点小于 80 时可保证聚碳酸酯板黄色指数变化不大于 1。

3.5.4 根据现行国家标准《公共场所阻燃制品及组件燃烧性能要求和标识》GB 20286 的规定，作为采光顶面板使用的聚碳酸酯板，其燃烧性能等级不应低于 GB 8624 规定的 B 级，且产烟等级不低于 s2 级、燃烧滴落物/微粒的附加等级不低于 d1 级、产烟毒性等级不低于 t1 级。

3.6 金 属 面 板

3.6.1 金属屋面的面板，通常可按建筑设计的要求，选用平板或压型板制作。材料选用通常为铝合金板、铝塑复合板、铝蜂窝复合铝板、彩色钢板、不锈钢板、锌合金板、钛合金板和铜合金板。在我国，目前较常用的面板材料为铝合金板、铝塑复合板、彩色钢板。随着建筑发展的需要，近年来锌合金板、钛合金板在屋面上也有较多的应用，取得较好的建筑装饰效果，但由于单片实心板一般厚度较薄，平整度较差，所以较多的采用复合材料。金属面板使用的金属和金属复合板的产品标准，目前在我国还不健全，有些产品尚未有国家或行业标准，所以在选用屋面金属面板材料时，也可参照国外同类产品标准的性能指标及要求。

3.6.2 由于 3×××、5××× 系合金的铝锰、铝镁合金板具有强度高、延伸率大、塑性变形范围大等优点，在建筑屋面板中得到广泛的应用。

3.6.3 金属屋面与建筑幕墙的环境条件基本相同，因此屋面用铝塑复合板应符合现行国家标准《建筑幕墙用铝塑复合板》GB/T 17748 的规定。为提高屋面的防火性能，铝塑复合板用芯材应采用难燃材料。

3.6.4 铝蜂窝复合板具有较好的表面平整度和刚度，当面板面积较大时，通常考虑选用铝蜂窝复合板作为屋面面板。铝蜂窝复合板的表面平整度和刚度主要依靠铝蜂窝芯的结构。通常铝蜂窝芯应为近似正六边形结构，其边长不宜大于 9.53mm，壁厚不宜小于 0.07mm。

3.6.6 由于我国目前暂无锌合金板的国家和行业产品标准，表 3.6.6 中所提出的锌合金板的化学成分要求是参照 EN 988《锌和锌合金—扁平轧制建材的规范》（Zinc and zinc alloys-Specification for rolled flat products for building）的要求所制定。

3.6.7 钛合金板具有强度高、耐腐蚀好、热膨胀系数低，且耐高低温性能好、抗疲劳强度高等优点，在许多尖端行业都得到应用。近几年来，钛合金板在建筑行业中也得到应用。由于钛合金板的价格较昂贵，所以通常选用钛合金复合板，复合板面层的钛板厚度为 0.3mm，底层面板可用不锈钢板或铝板。

3.6.8 铜具有高抗腐蚀性能，且易于加工，有独特、自然的外观效果，非常适合作为屋面材料。铜种类很多，可满足各种需要，SF-Cu 即无磷去氧还原铜适用于建筑业，通常也称为太古铜。

3.8 建筑密封材料和粘结材料

3.8.2 采光顶支承结构等所使用的基材一般具有较大的线膨胀系数，由此造成面板之间接缝的位移变化较大，因此密封胶应能适应板缝的变形要求。通常采光顶的接缝变化比普通玻璃幕墙大些，因此应优先选用位移能力较高的中性硅酮建筑密封胶。

4 建 筑 设 计

4.1 一 般 规 定

4.1.1 采光顶与金属屋面的建筑设计由建筑师和屋面（幕墙）专业设计师共同完成。建筑设计的主要任务是确定采光顶与金属屋面的线条、色调、构图、虚实组合和协调围护结构与建筑整体以及与环境的关系，并对采光顶与金属屋面的性能、材料和制作工艺提出设计要求，要根据建筑的使用功能、造价、环境、能耗、施工技术条件进行设计，并能方便制作、安装、维修和保养。

4.1.2 采光顶、金属屋面与建筑物整体的协调是建筑造型的需要，是建筑师非常关注的问题。采光顶、金属屋面还应与周围环境相协调，尤其是外观造型和颜色方面的协调。

4.1.4 集成型采光顶、金属屋面的光伏系统具有整体性，因此需要考虑坡度设计，以便获得最佳日照效果。独立安装型采光顶、金属屋面的光伏系统可根据设计需要进行布置，能够通过安装支架进行调整。

4.1.5 采光顶的分格是建筑设计的重要内容，设计者除了考虑外观效果外，必须综合考虑室内空间组合、功能、视觉以及加工条件等多方面的要求。玻璃分格设计合理有利于提高玻璃的出材率，能够减低工程总体成本。采光顶用光伏玻璃不但需考虑外观效果、玻璃的出材率，还需考虑太阳能电池片数量的组合和光伏玻璃整体的透光率、发电效率、电气安全和结构安全。金属屋面外设光伏组件一般均采用厂家的标准光伏组件。

4.1.6 工程经验表明，严寒和寒冷地区采光顶如果出现冷凝水，往往很难处理，给采光顶的使用带来不便，常用的解决办法是设置冷凝水的排放系统。为满足冬季除冰雪需要，可设置电热式融雪和除冰设备。

4.1.7 采光顶与金属屋面作为建筑的外围护结构，本身要求具有良好的密封性。如果透光部分的开启窗设置过多、开启面积过大，既增加了采暖空调的能耗、影响整体效果，又增加了雨水渗漏的可能性。实际工程中，开启扇的设置数量，应兼顾建筑使用功能、美观和节能环保的要求。

采光顶与金属屋面的开启设置通常还具有消防和排烟作用，因此有消防功能的开启窗应实现与消防系统联动。

4.1.8 采光顶的设计应满足维护和清洗的需要。采光顶位于建筑顶面，空气中的灰尘及油污会落到表面上，需要清洗。因此建筑物要具备维护清洗的条件。

4.1.10 在周围温度较高时，光伏电池的发电效率降低较快。通过降温的方法，可避免环境温度过高，确保光伏电池能够正常工作。

4.2 性能和检测要求

4.2.1 建筑物的物理性能和建筑物的功能、重要性等有关，采光顶、金属屋面的性能应根据建筑物的高度、体形、建筑物所在的地理、气候、环境等条件以及建筑物的使用功能要求进行设计。如沿海或经常有台风地区，采光顶、金属屋面的抗风压性能和水密性能要求高些，而风沙较大地区则要求采光顶、金属屋面的抗风压性能和气密性能高些，对于严寒、寒冷地区和炎热地区则要求采光顶、金属屋面的保温、隔热性能良好。

4.2.2 单根构件的挠度控制是正常使用状态下的功能要求，不涉及结构的安全，加之所采用的风荷载又是50年一遇的最大值，发生的机会较少，所以不宜控制过严，避免由于挠度控制要求而使材料用量增加太多。隐框玻璃板的副框，一般采用金属件多点连接在支承梁上；明框玻璃板与支承梁间有弹性嵌缝或密封胶。因此支承梁变形后对玻璃的支承状况改变不大。试验表明，支承梁挠度达到跨度1/180时，玻璃的工作仍是正常的。因此，对铝型材的挠度控制值定为1/180。钢型材强度较高，其挠度控制则可以稍严一些。

铝合金面板挠度限值与现行国家标准《铝合金结构设计规范》GB 50429 取值一致，钢面板挠度限值与现行国家标准《冷弯薄壁型钢结构技术规范》GB 50018 取值一致。

简支矩形和点支承矩形玻璃面板的挠度限值与现行行业标准《玻璃幕墙工程技术规范》JGJ 102 基本一致。简支三角形和点支承三角形的挠度限值是在近些年工程经验和实验室检测的基础上总结提出的结果。

本规程仅对相对挠度提出指标要求，对绝对挠度量未进行规定。

4.2.3 在现行国家标准《建筑幕墙》GB/T 21086 中对采光顶与金属屋面水密、气密、热工、空气声隔声等性能要求及分级有规定，但针对金属屋面的检测没有给出明确的规定，因此金属屋面的性能试验应按照本规程附录A的规定执行。附录A中的方法结合我国的实际情况，按照现行国家标准《建筑幕墙》GB/T 21086 的分级要求，主要采用《建筑幕墙气密、水密、抗风压性能检测方法》GB/T 15227 的试验方法和试验步骤进行编制。本方法还参考了美国标准《室

外金属屋面板系统气密性检测标准方法》ASTM E 1680-95（2003版）、《均匀静压下室外金属屋面板系统水密性检测标准方法》ASTM E 1646-95（2003版）和《均匀静压下薄金属屋面板系统和边板系统结构性检测标准方法》ASTM E 1592-01 等先进标准。在美国标准《室外金属屋面板系统气密性检测标准方法》ASTM E 1680 中规定，淋水量为 $3.4L/(m^2 \cdot min)$，是不变的定值，在国家标准《建筑幕墙气密、水密、抗风压性能检测方法》GB/T 15227 中，规定沿海地区为 $4L/(m^2 \cdot min)$，其他地区为 $3L/(m^2 \cdot min)$。可见美国标准和我国标准规定的淋水量数值差别不大，因此本条继续沿用 GB/T 15227 关于淋水量数值的规定。

4.2.4 气密性直接影响采光顶与金属屋面的热工性能，因此在有采暖、空气调节和通风要求的建筑物中，应对气密性提出要求，应符合现行国家标准《公共建筑节能设计标准》GB 50189 和《建筑幕墙》GB/T 21086 的相关规定。试验表明，金属屋面普遍存在气密性较差的问题，与国外的构造相比，在气密设计上存在差距。

4.2.5 水密性关系到采光顶、金属屋面的使用功能和寿命。水密性要求与建筑物的重要性、使用功能以及所在地的气候条件有关。本条的规定与《建筑幕墙》GB/T 21086-2007、《玻璃幕墙工程技术规范》JGJ 102-2003 略有差别。本条公式中的系数 1000 为 "kN/m^2" 和 "Pa" 的换算系数。

根据现行国家标准《建筑结构荷载规范》GB 50009 的规定，屋面所受风压会比建筑幕墙小许多，并且背风面为负压区。例如，封闭式双坡屋面，与水平面夹角不大于 15° 时迎风屋面 $\mu_s=-0.6$，背风屋面 $\mu_s=-0.5$，而对于落地双坡屋面，迎风屋面 $\mu_s=0.1$，背风屋面 $\mu_s=-0.5$，这样水密性指标值（绝对值）要比幕墙取 $\mu_s=1.2$ 小很多。由于屋面在正风压和负风压下均会发生雨水渗漏，但正风压可能更不利一些。正是因为这些原因，使得屋面水密性指标的确定变得相当复杂，尤其对于复杂曲面、波浪形屋面这一指标将无法准确确定。

美国标准《均匀静压下室外金属屋面板系统水密性检测标准方法》ASTM E 1646-95（2003版）规定：对与水平面夹角不大于 30° 的屋面，其水密性测试压力差为 137Pa，对于与水平面夹角大于 30° 的屋面按屋面设计风压的 20% 确定压力差值，并不得超过 575Pa。经过综合分析并参考 ASTM E 1646 的相关规定，本规程规定采光顶、金属屋面的水密性能指标至少达到 150Pa，易受热带风暴和台风袭击的地区，水密性能指标不应小于 200Pa。

在沿海受热带风暴和台风袭击的地区，大风多同时伴有大雨。而其他地区刮大风时很少下雨，下雨时风又不是最大。所以本规程提出其他地区可按本条公

式计算值的 75%进行设计。由于采光顶、金属屋面面积大，一旦漏雨后不易处理。

采光顶、金属屋面设计时，透光部分开启窗的水密性等级与其他部分的要求相同。

热带风暴和台风多发地区，是指《建筑气候区划标准》GB 50178-1993 中的ⅢA 和ⅣA 地区。

4.2.7 采光顶与金属屋面的隔声性能应根据建筑的使用功能和环境条件进行设计。不同功能的建筑所允许的噪声等级可根据现行国家标准《民用建筑隔声设计规范》GB 50118 的规定确定。聚碳酸酯属轻质材料，在雨水撞击情况下，会产生较大的噪声，因此对声环境要求较高的建筑须经过雨噪声测试，满足设计要求后方可采用。清华大学对中国国家游泳馆进行过雨噪声的测试，较好地解决了声环境的设计问题。

4.2.9 采光顶为外围护结构，不分担主体结构所受荷载与作用。当其面板跨越主体结构的伸缩缝、沉降缝及抗震缝等变形缝时，容易出现破坏、漏水等现象，因此尽量避免跨越主体结构变形缝。如必须跨越时，应在采光顶上采取构造措施，以适应主体结构的变形，避免发生不必要的破坏或渗漏。

4.2.10 金属屋面风掀破坏比较常见，为验证金属屋面的设计，本规程引入抗风掀试验方法。中国建筑科学研究院已经采用本方法对多项金属屋面工程实施了检验，效果比较好。由于我国在抗风掀试验方面的研究比较少，因此本规程附录 B 主要参考美国标准《Tests for Uplift Resistance of Roof Assemblies》UL580-2006 进行制定。

4.2.11 抗风压性能、气密性能和水密性能是采光顶与金属屋面的物理性能的重要指标，需要通过检测进行验证，因此应进行检测。对于有建筑节能要求的建筑，尚应进行热工性能检测。

4.2.12 按照规定，采光顶与金属屋面性能的检测应该由经过国家实验室认可委员会认可的检测机构实施。由于性能检测是工程设计验证性检测，因此检测试件的结构、材质、构造、安装工艺等均应与实际工程相符。但考虑到在有些情况下，由于试件尺度太大，或者有些安装方法在试验室没有办法实现，试件不能完全符合实际情况，此时应由建设单位、建筑设计人员、监理人员和行业有关专家共同确定。

4.2.13 采光顶与金属屋面性能检测中，由于非设计原因如安装施工的缺陷，使某项性能未达到规定要求的情况时有发生。这些缺陷通过改进施工安装工艺是有可能弥补的，故允许对安装施工工艺进行改进，修补缺陷后重新检测，以节省人力、物力。在设计或材料缺陷造成采光顶与金属屋面性能达不到要求时，应修改设计或更换材料，重新制作试件，另行检测。检测报告中说明有关修补或更改的内容。

4.3 排水设计

4.3.2 屋面雨水排水系统的设计重现期，应根据建筑物的重要程度、汇水区域性质、气象特征等因素确定。由于系统的水力计算中充分利用了雨水水头，系统的流量负荷未预留排除超设计重现期雨水的能力，对重要公共建筑物屋面、生产工艺不允许渗漏的工业厂房屋面采用的设计重现期取值不宜过小。本条规定与现行国家标准《建筑给水排水设计规范》GB 50015 的规定基本一致。

4.3.4 对于大型屋面，宜设 2 组独立排水系统，以提高安全度。

4.3.6 为提高采光顶、直立锁边金属屋面和金属平板金属屋面排水的可靠性，本规程规定其排水坡度不应小于 3%。当采光顶玻璃面板在自重作用下形成"锅底"，可能导致积水、积灰时，可适当加大采光顶排水坡度；当金属屋面系统的排水设计能力较差或搭接处容易渗漏时，可适当加大金属屋面的排水坡度；在沿海等降雨强度较大地区，可能导致采光顶与金属屋面漏水时，可适当加大其排水坡度。

4.3.8 在排水天沟内侧设柔性防水层的主要作用是防止天沟金属板材料在焊接或搭接时产生孔隙而出现漏水现象，同时也可以防止水流噪声，提高防腐性能，有效地提高天沟的使用寿命。

4.4 防雷、防火与通风

4.4.2 采光顶和金属屋面是附属于主体建筑的围护结构，其金属框架一般不单独作防雷接地，而是利用主体结构的防雷体系，与建筑本身的防雷设计相结合，因此要求应与主体结构的防雷体系可靠连接，并保持导电通畅。压顶板体系（避雷带）应与主体结构屋顶的防雷系统有效的连通。金属屋面可按要求设置接闪器，也可以利用其面板作为接闪器。

4.4.4 根据公安部、住房和城乡建设部联合发布的《民用建筑外保温系统及外墙装饰防火暂行规定》（公通字［2009］46 号）的文件精神："屋顶与外墙交界处、屋顶开口部位四周的保温层，应采用宽度不小于 500mm 的 A 级保温材料设置水平防火隔离带。"制定本条文。

4.4.6 为了避免两个防火分区因玻璃破碎而相通，造成火势迅速蔓延，因此同一玻璃面板不宜跨越两个防火分区。采光顶用防火玻璃主要包括单片防火玻璃，以及由单片防火玻璃加工成的中空、夹层玻璃等制品。

4.5 节能设计

4.5.1 现行国家标准《公共建筑节能设计标准》GB 50189 针对公共建筑围护结构包括屋面、屋面透明部分提出强制规定，因此公共建筑采光顶与金属屋面的热工设计必须符合其要求。

居住建筑较少采用采光顶、金属屋面，因此在现行行业标准《严寒和寒冷地区居住建筑节能设计标准》JGJ 26、《夏热冬冷地区居住建筑节能设计标准》JGJ 134、《夏热冬暖地区居住建筑节能设计标准》JGJ 75尚未对透明屋面（采光顶）作出具体规定，但针对屋面提出较高要求。金属屋面是比较理想的屋面维护结构，性能优异，应满足不同地区居住建筑节能设计标准的要求。

4.5.5 在冬季采暖的地区，采光顶、金属屋面的室内外温差会比较大。如果在设计中不注意热桥的处理，就很容易出现结露现象。采光顶的防结露设计应根据现行国家标准《民用建筑热工设计规范》GB 50176进行。其他地区相对而言对结露的要求不高，暂未提出要求。

金属屋面通常被设计成面板部分开放式构造，容许水蒸气排出，但如果未设计隔汽层，则水蒸气会进入室内，或者室内的水蒸气也会进入屋面系统内部，对系统材料（如保温棉）进行破坏，从而影响金属屋面的正常使用，因此应设置隔汽层，一般应铺设于保温层下方。

4.6 光伏系统设计

4.6.4 人员有可能接触或接近的、高于直流 50V 或 240W 以上的系统属于应用等级 A，适用于应用等级 A 的设备被认为是满足安全等级 Ⅱ 要求的设备，即 Ⅱ 类设备。当光伏系统从交流侧断开后，直流侧的设备仍有可能带电，因此，光伏系统直流侧应设置必要的触电警示和防止触电的安全措施。

4.6.5 光伏组件的光电转换效率是光伏系统发电量的关键影响因素。因此本条对建筑上应用的光伏组件的转换效率提出要求。为了便于建筑工程中对光伏组件进行复检，采用电池片有效面积即实际上电池片的总面积来进行计算。超白玻璃太阳光透射率与玻璃类型、厚度相关，可按超白玻璃产品标准确定。系数 0.97 是考虑光伏组件封装过程的效率损失。

4.6.6 现行国家标准《光伏(PV)组件紫外试验》GB/T 19394 和《光伏组件盐雾腐蚀试验》GB/T 18912 对光伏组件的耐久性试验提出明确要求，本规程的试验指标就是根据这两个试验标准制定的。

根据工程的数据统计，建筑上应用的光伏组件在 20 年内输出功率衰减一般不超过初始测试值的 20%。

5 结构设计基本规定

5.1 一 般 规 定

5.1.1 采光顶和金属屋面是建筑物的外围护结构的一部分，主要承受直接作用其上的风荷载、重力荷载（积灰荷载、雪荷载、活荷载和自重）、地震作用、温度作用等，不分担主体结构承受的荷载和地震作用。采光顶和金属屋面结构体系应满足承载能力极限状态和正常使用极限状态的基本要求。

面板与支承结构之间、支承结构与主体结构之间，应有足够的变形能力，以适应主体结构的变形；当主体结构在外荷载作用下产生变形时，不应使构件产生强度破坏和不能允许的变形。

采光顶和金属屋面的主体结构（如大梁、屋架、桁架、板架、网架、索结构等）设计应符合国家现行有关标准的要求，本规程不作具体要求。

5.1.2 面板以及与面板直接连接的支承结构（主梁、次梁等）的受载面积小、影响面小，可按维护结构考虑，属于现行国家标准《建筑结构可靠度设计统一标准》GB 50068 中所说的"易于替换的结构构件"，因此其结构设计使用年限不应低于 25 年。间接支承面板的支承结构是大跨度、重载的屋面主要结构（如支承檩条的大梁、屋架、网架、索结构等），基本属于主体结构的范畴，其结构设计使用年限应与主体结构相同。

5.1.3 直接与面板连接的支承结构，一般是钢结构构件、铝合金结构构件，其结构设计应符合国家本条相关标准的规定。

5.1.4 重力荷载和风荷载是屋面结构承受的最主要荷载，结构设计应考虑这些荷载的组合及效应计算；在抗震设防地区，由于采光顶和金属屋面的面板和直接连接的支承结构一般尺度较小、重量较轻，地震作用相对风荷载一般较小，承载力和挠度验算时可忽略其作用。但在构造设计上适当加以考虑，以保证其抗震性能；温度等非荷载作用涉及温度场及适宜的分析方法，本规程没有给出明确的设计方法，当需要考虑时，应按国家有关标准的规定进行结构计算分析和设计。

5.1.5 对非抗震设防的地区，只需考虑风荷载以及积灰荷载、雪荷载、屋面活荷载、结构自重等重力荷载，必要时应考虑温度作用；对抗震设防的地区，尚应考虑地震作用影响。目前，结构抗震设计的标准是小震下保持弹性，基本不产生损坏。在这种情况下，构件也应基本处于弹性工作状态。因此，本规程中有关构件的内力和挠度计算均可采用弹性方法进行。对变形较大的场合（如尺度较大的金属面板、玻璃面板等），宜考虑几何非线性的影响。

在采光顶和金属屋面工程中，温度变化引起的对面板、胶缝和支承结构的作用效应是存在的。温度作用的影响一般可通过建筑或结构构造措施解决，而不一一进行计算，实践证明是简单、可行的办法。对温度变化比较敏感的工程，在设计计算和构造处理上应采取必要的措施，避免因温度应力造成构件破坏。

5.1.6 采光顶和金属屋面结构构件类型较多，主要承受重力荷载（活荷载、雪荷载、自重荷载等）、风荷载和温度作用，应分别进行承载力和挠度分析和设计。

承载力极限状态设计时，应考虑作用或作用效应组合；正常使用极限状态设计时，应考虑作用或作用效应的标准组合或频遇组合，此时，作用的分项系数均取 1.0。本条给出的承载力设计表达式具有通用意义，作用效应设计值 S 可以是内力或应力，承载力设计值 R 可以是构件的承载力设计值或材料强度设计值。

结构或结构构件的重要性系数 γ_0，主要考虑因素是结构或结构构件破坏后果的严重程度，应按结构构件的安全等级和不同结构的工程经验确定。采光顶和金属屋面属于建筑的外围护结构，其重要程度和破坏后果的严重程度通常低于主体结构。除预埋件之外，其余构件的安全等级一般不超过二级，按现行国家标准《建筑结构可靠度设计统一标准》GB 50068 的有关规定可取为 0.95；但是，采光顶和金属屋面大多用于大型公共建筑，正常使用中不允许发生破坏，而且对于玻璃面板而言，其破坏后坠落的后果还是比较严重的，因此，本条规定采光顶和金属屋面结构的重要性系数 γ_0 取 1.0，是比较妥当的。

采光顶和金属屋面面板及金属构件（如主梁、次梁）习惯上不采用内力设计表达式，所以在本规程的相关条文中直接采用与钢结构、铝合金结构设计相似的应力表达形式；预埋件设计时，则采用内力表达形式。采用应力设计表达式时，计算应力所采用的内力（如弯矩、轴力、剪力等），应采用作用效应的基本组合，并取最不利组合进行设计。

和一般幕墙结构不同，采光顶和金属屋面的重力荷载、风荷载、竖向地震作用或作用分量往往不在同一方向上，所以在变形（挠度）控制时，应考虑不同作用的标准组合，以最不利组合效应进行变形控制。

5.2 材料力学性能

5.2.12 聚碳酸酯中空板形式多样，自重也各不相同，本规程根据聚碳酸酯板材供应企业公布的数据进行整理，取各家重量较大的列入表 5.2.12-3，因此采用该表进行计算时，偏于保守，较为安全。

5.3 作 用

5.3.4 采光顶玻璃活荷载按现行行业标准《建筑玻璃应用技术规程》JGJ 113 的规定执行。本条金属屋面的活荷载参照采用美国标准《结构直立锁边铝屋面板系统规范》ASTM E1637 的规定确定。

6 面板及支承构件设计

6.1 框支承玻璃面板

6.1.1 采光顶玻璃承受屋面荷载的作用，其厚度不宜过小，以保证安全。从近几年采光顶工程设计和施工经验来看，单片玻璃 6mm 的最小厚度是合适的。夹层玻璃的各片玻璃是共同受力的，厚度可以略小。如果夹层玻璃和中空玻璃的各片玻璃厚度相差过大，则玻璃受力大小会过于悬殊，容易因受力不均匀而发生破裂。

6.1.2 采光顶用单片钢化玻璃和夹层钢化玻璃都不是绝对安全的。钢化玻璃（包括钢化中空玻璃）存在自爆的危险，近年来采光顶钢化玻璃自爆事件频发，有些还产生对人身和财物的伤害。夹层钢化玻璃自爆后虽然不会飞溅伤人，但如果设计、施工不当，也会整片向下弯曲后从胶缝处破断或从框架中拔出，整体落下，形成更严重的威胁。

当采光顶高度不大时，例如 3m 以下，可以采用单片钢化玻璃。

半钢化夹层玻璃或平板夹层玻璃破裂机会少，而且一旦破裂，形成玻璃碎块较大，可以由边框夹持或胶缝粘结，不会变形下垂，避免了整片落下的危险。

夹丝玻璃在民用建筑采光顶中一般不采用，主要是由于不美观、金属丝在边缘处易生锈污染玻璃。

6.1.3 玻璃切割后边缘留下许多微小裂纹和缺陷会产生应力集中现象，这是采光顶玻璃热炸裂和自爆的诱发因素，因此玻璃应进行细磨和倒棱，消除这些微裂缝和缺陷。

6.1.4 为防止玻璃面板受温度影响而破坏，玻璃面板应进行热应力、热变形设计计算，玻璃面板的缝宽应满足面板温度变形和主体结构位移的要求，并在嵌缝材料的受力和变形的承受范围之内。根据现行行业标准《建筑玻璃应用技术规程》JGJ 113 的规定，半钢化玻璃和钢化玻璃可不进行热应力计算。

6.1.5 框支承玻璃在垂直于面板的荷载作用下，受力状态与周边支承板类似，可按周边简支边界条件计算其跨中最大弯矩、最大应力和最大挠度。

玻璃面板的应力和挠度应采用弹性力学方法计算较为合适，精确计算宜采用考虑几何非线性的有限元法进行，目前有较多的有限元计算软件可供选择。但为了方便使用，本规程也提供了简单易行且计算精度可满足工程设计要求的简化设计方法，即周边支承面板弹性小挠度应力、挠度计算公式，为考虑与大挠度分析方法计算结果的差异，采用折减系数的方法将应力、挠度计算值予以折减。本规程附录 C 中表 C.3.2、表 C.4.2-1 和表 C.4.2-2 采用小挠度有限元法计算。在实际应用时，表中数据可内插或外插进行。《点支式玻璃幕墙工程技术规程》CECS127-2001有与本规程附录 C 中表 C.3.2 接近的计算数据。《Tables for the Analysis of Plates, Slabs and Diaphragms based on the Elastic Theory》 (R. Bares, 1979) 有与本规程附录 C 中表 C.4.2-1 和表 C.4.2-2 接近的计算数据。

在进行构件承载力计算时，采用相同方向荷载组合设计值计算构件的最大应力设计值。

玻璃是脆性材料，表面存在着大量的微观裂纹，在永久荷载作用下，微观裂缝会不断扩展，使其承载力明显下降。采光顶玻璃长期受重力作用，因此计算时强度设计值应采用玻璃中部强度设计值。

6.1.7 夹层玻璃用胶片的力学性能较玻璃相差很远。一般认为，当 $G \geqslant 20$ N/mm² 时，夹层玻璃的承载力与等厚的整片玻璃相同。因此，由 PVB 夹层玻璃按各片玻璃承载力之和计算，不考虑其整体工作。离子型胶片（SGP）夹层的玻璃在 40℃ 以下，承受短期荷载时，是可以考虑其整截面工作的。但由于离子型胶片在国内刚开始应用，经验很少，所以本条中未列入 SGP 的夹层玻璃计算方法。

本条规定与 JGJ 102 - 2003 基本一致，美国 ASTM E1300 标准有相同的规定。

6.1.8 中空玻璃的各片玻璃之间有气体层，直接承受荷载的正面玻璃的挠度一般略大于间接承受荷载的其他玻璃的挠度，分配的荷载也略大一些。为保证安全和简化设计，将正面玻璃分配的荷载加大 10%，这与本规程编制组关于中空玻璃的试验结果相近，也与美国 ASTM E1300 标准的计算原则相接近。

考虑到直接承受荷载的玻璃挠度大于按各片玻璃等挠度原则计算的挠度值，所以中空玻璃的等效厚度 t_e 考虑折减系数 0.95。

6.2 点支承玻璃面板

6.2.1 四点支承板为比较常见的连接形式，优势比较明显，工程应用经验比较丰富。而对六点支承板，支承点的增加使承载力没有显著提高，但跨中挠度可大大减小。所以，一般情况下宜采用单块四点支承玻璃；当挠度过大时，可采用六点支承板。

点支承面板采用开孔支承装置时，玻璃板在孔边会产生较高的应力集中。为防止破坏，孔洞距板边不宜太近。此距离应视面板尺寸、板厚和荷载大小而定，一般情况下孔边到板边的距离有两种限制方法：一种是板边距离法，即是本条的规定，另一种是按板厚的倍数规定。这两种方法的限值是大致相当的。孔边距为 70mm 时，可以采用爪长较小的 200 系列钢爪支承装置。

6.2.2 点支承玻璃在支承部位应力集中明显，受力复杂。因此点支承玻璃的厚度应具有比框支承玻璃更严格的要求。

6.2.3 中空玻璃的干燥气体层要求更严格的密封条件，防止漏气后中空内壁结露，为此常采用多道密封措施。工程中通常采用金属夹板夹持中空玻璃的方法，避免在中空玻璃上穿孔。

6.2.4 点支承玻璃可按多点支承弹性薄板进行应力计算，计算时宜考虑大挠度变形的影响。其计算公式与框支承面板类似（参见本规程 6.1.5～6.1.8 条的条文说明），只是采用的计算系数值不同。

本规程附录 C 中给出相应的弯矩系数和挠度系数数值，针对四孔支承面板给出相同孔边距时的数据，同时保留对应四角点支承板的数据，可在进行夹板式支承面板设计时使用。

6.4 金属平板

6.4.1 单层铝板和铝塑复合板一般通过四周折边增大板的刚度，而且可以避免铝塑复合板的芯材在大气中外露。一般情况下，采用螺钉或不锈钢抽芯铆钉连接，在折边中心线开孔，折边高度 20mm 能够满足 JGJ/T 139 - 2001 中"连接件孔边距不应小于开孔宽度的 1.5 倍"和本规程的规定。目前，一些工程中采用铝塑复合板不折边而附加铝型材的办法，此时，铝塑复合板应镶入铝内。铝蜂窝复合板可以采用折边、将面板弯折后包封板边、采用密封胶封边的做法。采用开缝构造设计时尤其注意采取措施防止板芯直接外露。

6.4.2 金属平板较薄，必要时应设置加强肋增加其刚度并保持板面平整。作为面板的支承边时，加强肋是面板区格的不动支座，所以应保证中肋与边肋、中肋与中肋的可靠连接，满足传力要求。一些工程中，中肋只考虑用作保证面板平整，不作为面板支承边，此时，中肋只与面板连接，不与边肋或单层铝板的板边连接，中肋两端处于无支座的浮动状态，无法作为区格面板的支承边，此时，面板计算时不宜考虑中肋的支承边作用。

6.4.3 金属板材的周边，无论有无边肋，均可以产生转动，所以计算时，可以作为简支边考虑；通常荷载或作用是均匀分布的，中肋两侧的板区格同时受力，当跨度相等或接近时，基本上不发生明显的板面转动，计算时可作为固定边考虑。当采用非线性有限元方法计算带肋面板时，边肋的约束条件可以考虑为垂直于板面方向的线位移为零。

弹性薄板的计算公式为：

$$\sigma = \frac{6mqa^2}{t^2} \qquad (1)$$

$$d_f = \frac{\mu q a^4}{D} \qquad (2)$$

上述公式是假定板的变形为小挠度，板只承受弯曲作用，只产生弯曲应力而面内薄膜应力可忽略不计。因此，公式的适用范围是挠度不大于板厚（即 $d_f \leqslant t$）。

当面板的挠度大于板厚时，该计算公式将会产生显著的误差，即计算得到的应力 σ 和挠度 d_f 比实际情况大，而且随着挠度与板厚之比加大，计算的应力和挠度会偏大到工程不可接受的程度，失去了计算的意义。按偏大的计算结果设计板材，不仅会使材料用量大大增多，而且规定的应力和挠度控制条件也失去了意义。

通常金属面板的挠度都允许到边长的 1/60，对于区格边长为 500mm、厚度为 3mm 的铝板，挠度允许值 8mm 已超过板厚的 2 倍，此时应力、挠度的计算值比实际值大 50%～80%。用计算挠度 d_f 小于边长的 1/60 来控制，与预期的控制值相比严了许多。承载力计算也有类似情况。

为此，对于金属面板计算，应对现行小挠度条件的应力和挠度计算结果考虑适当折减（参照本规程第 6.1.6 条、6.1.7 条条文说明）。

英国 B. Aalami 和 D. G. Williams 对不同边界的矩形薄板进行了系统计算，详见本规程第 6.1.5 条条文说明，据此编制了本规程正文表 6.4.3。具体数值对比见本规程第 6.1.5 条条文说明。

由本规程第 6.1.5 条条文说明可知，修正系数 η 随 θ 下降很快，即按小挠度公式计算的应力量挠度可以折减很多。为安全稳妥，在编制表 6.4.3 时，取了较计算结果偏大的数值，留有充分的余地。同样在计算板的挠度 d_f 时，也宜考虑类似的折减系数 η，见本规程第 6.1.5 条条文说明。

由于板的应力与挠度计算中，泊松比 ν 的影响很有限，折减系数 η 原则上也近似适用于不同金属板的应力和挠度计算。

铝塑复合板和铝蜂窝复合板为三层夹芯板，各层材料的力学性能不同，进行应力和挠度计算时，板的力学特性由等效截面模量 W_e 和等效刚度 D_e 表达。W_e 和 D_e 由夹层板的弯曲试验得出。在计算其参数 θ 值时，公式（6.4.3-4）的分母应采用 Et^3，也可近似用 $11.2D_e t_e$ 代替，此处 ν 采用 0.25。

6.5 压型金属板

6.5.1 金属屋面用压型板通常采用铝合金板、不锈钢板、钛锌板等，目前比较成熟的压型板有：直立锁边系统（适用于板宽 600mm 以内、厚度 1.0mm 以内的各种金属板）、有立边叠合系统（适用于宽度 1000mm 以内的各种金属板，板厚 0.8mm～1.0mm）、扣盖系统（适用于板厚 0.8mm～1.0mm、板宽 600mm 以内）、平锁扣系统（适用于板厚 0.8mm～1.2mm、板宽 600mm 以内）等。

6.5.2 现行国家标准《铝合金结构设计规范》GB 50429 对铝合金面板作出了专门的设计规定，《冷弯薄壁型钢结构技术规范》GB 50018 对钢面板作出了专门的设计规定，本条直接予以引用。

6.5.3 集中荷载 F 作用下的屋面面板计算与板型、尺寸等有关，目前尚无精确的计算方法，一般根据试验结果确定。规程给出的将集中荷载 F 沿板宽方向折算成均布线荷载 q_{re}（公式 6.5.3）是一个近似的简化公式，式中折算系数 η 由试验确定，若无试验资料，可取 $\eta=0.5$，即近似假定集中荷载 F 由两个槽口承受，这对于多数板型是偏于安全的。

屋面板上的集中荷载主要是施工或使用期间的检修荷载。按我国荷载规范规定，屋面板施工或检修荷载 $F=1.0$kN；验算时，荷载 F 不乘以荷载分项系数，除自重外，不与其他荷载组合。但如果集中荷载超过 1.0kN，则应按实际情况取用。

6.5.5 T形支座和面板的连接强度受材料性质及连接构造等许多因素影响，目前尚无精确的计算理论，需根据试验分别确定面板在受面外拉力和压力作用下的连接强度。T形支座的间距应经计算确定，满足屋面所受作用的要求，且不宜超过 1600mm。

6.5.6 公式（6.5.6-1）和（6.5.6-2）分别为腹板弹塑性和弹性剪切屈曲临界应力设计值，与现行国家标准《铝合金结构设计规范》GB 50429 的规定一致。公式（6.5.6-3）和（6.5.6-4）与现行国家标准《冷弯薄壁型钢结构技术规范》GB 50018 的规定一致。

6.5.7 腹板局部承压涉及因素较多，很难精确分析。本公式取自现行国家标准《铝合金结构设计规范》GB 50429 和《冷弯薄壁型钢结构技术规范》GB 50018，并和欧洲规范相同。

6.5.8 本公式取自现行国家标准《铝合金结构设计规范》GB 50429 和《冷弯薄壁型钢结构技术规范》GB 50018，并和欧洲规范相同。

6.5.10 公式（6.5.10-1）和（6.5.10-2）取自现行国家标准《铝合金结构设计规范》GB 50429。

6.5.12 屋面板 T形支座的稳定性可按等截面模型进行简化计算。支座端部受到板面的侧向支撑，根据面板侧向支撑情况，支座的计算长度系数的理论值范围为 0.7～2.0。同济大学进行的 0.9mm 厚 65mm 高 400mm 宽的铝合金面板试验中，量测了 T形支座破坏时的支座反力值，表 1 为按本规程公式计算得到的承载力标准值（取 μ 为 1.0，f 为 $f_{0.2}$）和试验值。考虑到试验得到的支座破坏数据有限，而板厚、板型对支座侧向支撑的影响又比较复杂，本规程建议根据试验确定计算长度值。

表 1 T形支座承载力标准值和试验值的比较（kN）

	承载力标准值 μ 取 1.0	试验值					
		1	2	3	4	5	6
承载力	6.38	6.585	5.819	6.154	6.341	5.15	5.29
状态	—	破坏	未破坏	未破坏	未破坏	未破坏	未破坏

6.6 支承结构设计

6.6.2 单根支承构件指梁、斜柱、拱等简单的支承结构，受弯薄壁金属梁的截面存在局部稳定问题，为防止产生压应力区的局部屈曲，通常可按下列方法之一加以限制：

1 规定最小壁厚 t_{min} 和规定最大宽厚比；

2 对抗压强度设计值或允许应力予以降低。

钢型材最小壁厚的限值均小于现行国家标准《六角螺母 C 级》GB/T 41 和《六角薄螺母》GB/T 6172.1 中螺纹规格 D 为 M5 的螺母厚度尺寸，应验算螺纹强度，保证连接强度。

6.7 硅酮结构密封胶

6.7.1 硅酮结构密封胶承受荷载和作用产生的应力大小，关系到构件的安全，对结构胶必须进行承载力验算，而且保证最小的粘结宽度和厚度。隐框玻璃板材的结构胶粘结宽度一般应大于其厚度。

6.7.2 硅酮结构密封胶缝应进行受拉和受剪承载能力极限状态验算，习惯上采用应力表达式。计算应力设计值时，应根据受力状态，考虑作用效应的基本组合。具体的计算方法应符合本规程有关条文的规定。采光顶、金属屋面与幕墙的荷载方式略有不同，考虑强度计算的适用性，本规程取值尽量与现行行业标准《玻璃幕墙工程技术规范》JGJ 102 保持一致。

现行国家标准《建筑用硅酮结构密封胶》GB 16776 中，规定了硅酮结构密封胶的拉伸强度值不低于 0.6N/mm^2。在风荷载或地震作用下，硅酮结构密封胶的总安全系数不小于 4，套用概率极限状态设计方法，风荷载分项系数取 1.4，地震作用分项系数取 1.3，则其强度设计值 f_1 约为 $0.21\text{N/m}^2 \sim 0.195\text{N/m}^2$，本规程取为 0.2N/m^2，此时材料分项系数约为 3.0。在永久荷载（重力荷载）作用下，硅酮结构密封胶的强度设计值 f_2 取为风荷载作用下强度设计值的 1/20，即 0.01N/mm^2。

目前生产厂家已生产了强度大于 1.2N/mm^2 的高强度结构胶，并在高层建筑、9 度设防地区建筑、索网采光顶中应用。有依据时所采用的高强度结构胶的强度设计值可适当提高。

6.7.3 隐框玻璃面板与副框间硅酮结构密封胶的粘结宽度应根据玻璃面板的厚度、规格等因素综合考虑，具体方法是：

1 在玻璃面板较小或厚度较厚，玻璃发生弯曲变形很小时，可近似认为玻璃面板为刚性板，则胶缝受力比较均匀，共同受力，可以直接用周长进行计算。

2 当玻璃有较大变形时，胶缝的受力不均匀，目前被普遍认可的理论是梯形荷载分配理论。

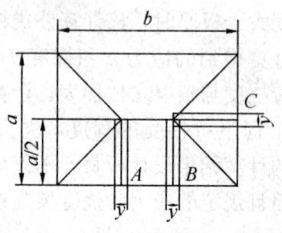

图 1 矩形面板胶缝宽度计算简图

以矩形为例，a、b 分别为矩形的高和宽，以四个顶点作角平分线，见图 1。则 A、B 和 C 处的胶缝所承受的荷载基本相等，如果取相当小的长度 y，则荷载可表示为 $\dfrac{qya}{2}$，此处胶缝的承载能力为 $f_1 y C_s$。

因此 $f_1 y C_s = qya/2$。即 $C_s = \dfrac{qa}{2f_1}$。

采用类似的理论，分别可以推导出圆形、梯形和三角形的胶缝宽度计算公式（见图 2）。

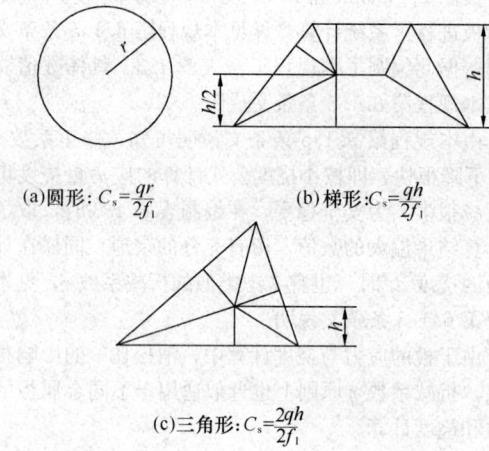

(a)圆形：$C_s = \dfrac{qr}{2f_1}$　　(b)梯形：$C_s = \dfrac{qh}{2f_1}$

(c)三角形：$C_s = \dfrac{2qh}{2f_1}$

图 2 圆形、梯形和三角形面板
胶缝宽度计算简图

任意四边性可补足成三角形，并按三角形的方法进行计算。

本条规定与美国标准《Standard Guide for Structural Sealant Glazing》ASTM C1401-09a 的规定基本一致。

3 沿面板平面内方向，重力荷载会产生切向分力，应进行验算。

6.7.4 结构胶所承受应力的标准值不应大于 $0.7f_1$，此时对应的伸长率为 δ，在此伸长率下，结构胶沿厚度产生的最大位移应能满足胶缝变形的要求。本条规定与现行行业标准《玻璃幕墙工程技术规范》JGJ 102 一致。

硅酮结构密封胶承受永久荷载的能力较低，而且会有明显的变形，所以工程中一般在长期受力部位设金属件支承，倒挂的玻璃也采用类似的金属安全件。

6.7.5 本条参考《Guideline For European Technical

Approval For Structural Sealant Glazing Systems (SSGS) Part 1：Supported And Unsupported Systems》ETAG E002：2001 附录 2 的规定制定，对于较小的单元或非矩形尚应考虑气候的影响。

7 构造及连接设计

7.1 一般规定

7.1.1 采光顶与金属屋面的连接节点种类很多，如中部节点、边部节点、交叉面节点、檐口节点等。各种连接节点的功能不同，其连接方式和构造都有很大的差异。但不论采用何种形式的连接，都必须保证采光顶与金属屋面在使用过程中能够承受并可靠传递屋面的荷载或作用。

7.1.4 构造缝设计应能够适应主体结构的变形要求，并不得降低该部位的气密性、水密性、抗风压性能和保温性能等要求。

7.1.6 采光顶和金属屋面配套使用的铝合金窗、塑料窗、玻璃钢窗应比建筑幕墙用窗要求更高，因此应符合设计要求，且应分别符合国家现行标准《铝合金门窗》GB/T 8478、《未增塑聚氯乙烯（PVC-U）塑料窗》JG/T 140、《玻璃纤维增强塑料（玻璃钢）窗》JG/T 186 等的规定。

7.1.8 由于清洗和维护或特殊功能的需要，在屋面支承结构上安装支承构件并穿过采光顶或金属屋面的面板实现使用功能。为有效防止节点处产生漏水现象，在穿透面板的节点部位应采用可靠防水措施。应根据每个项目的实际情况采用构造性防水或封堵式防水。

7.2 玻璃采光顶

7.2.2 为防止在玻璃室内侧产生冷凝水向下流淌，宜设置冷凝水收集和排放系统。通常排放槽有两种形式：（1）冷凝水较多的环境（如泳池、浴室和多水的房间等）主支承构件与次支承构件的排放槽要连通，并应设置排水道（孔），将水引入排水道；（2）在冷凝水较少的环境或结露现象不严重的采光顶，主次龙骨的排放槽可以不连通，如有结露现象时，可在排放槽内自然蒸发。

7.2.3 采光顶玻璃面板属于柔性板，本身还会有自重下的挠度，形成"锅底"，如果锅底积水、积灰会影响采光顶外观。考虑玻璃变形后排水要求，排水坡度不宜小于 3%。防止在每一个玻璃分格内出现积水现象，排水通道可以采用排水槽或排水孔的形式。半隐框采光顶的明框部分宜顺排水方向布置。

7.2.5 点支式玻璃穿孔式连接件主要分为浮头式和沉头式两种。沉头式连接件外观虽然美观，但承载力稍差，且防水性能不易保证，因此采光顶如采用穿孔式连接时，宜采用浮头式连接件。为便于装配和安装时调整位置，玻璃板开孔的直径通常稍大于爪件的金属轴，因此除轴上加封套管外，还应采用密封胶将空隙密封，以便可靠传递荷载，并防止漏水。

为了有效降低玻璃应力集中，应增大施工中玻璃平面位置的可调量。点支式玻璃平顶宜采用全部大圆孔的爪件。

7.2.6 点支承面板受弯后，板的角部产生转动，如果转动被约束，则会在支承处产生较大的弯矩。因此支承装置应能适应板支承部位的转动变形。当面板尺寸较小、荷载较小、支承部位转动较小时，可以采用夹板式或固定式支承装置；当面板尺寸较大、荷载较大、支承部位转动较大时，则宜采用带球铰的活动式支承装置。

根据清华大学的试验资料，垫片厚度超过 1mm 后，加厚垫片并不能明显减少支承头处玻璃的应力集中；而垫片厚度小于 1mm 时，垫片厚度减薄会使支承处玻璃应力迅速增大。所以垫片最小厚度取为 1mm。

夹板式点支承装置应设置衬垫承受玻璃重量，避免玻璃与夹板刚性接触，造成玻璃破裂。

7.2.7 支承装置只用来支承玻璃和玻璃承受的风荷载、雪荷载、积灰荷载或地震作用，不应在支承装置上附加其他设备和重物。

7.2.8 采光顶倒挂隐框玻璃、倾斜隐框玻璃通过结构胶传递重力，使结构胶处于长期受拉或受剪状态，因此设计时应尽量避免倒挂隐框玻璃构造，通过设置承重构件可改善结构胶的工作状态，延长结构胶的使用寿命，提高采光顶的安全性。

7.2.9 采光顶的边缘与屋面之间应有过渡连接。为保证采光顶在使用过程中的各项物理性能，采光顶面板宜高出屋面，一般不少于 80mm。

7.2.10 一般情况下自平衡索结构、轮辐式结构、张悬梁结构、马鞍形索结构采光顶等均由主体结构支承，相互间会有较大相对位移，因此其连接部位需要能够适应结构变形的能力，一般可设置成连杆机构。

7.2.11 本条对玻璃采光顶板缝构造作出规定：

1 注胶式板缝应采用中性硅酮建筑密封胶密封，且能满足接缝处位移变化的要求。在工程材料的线膨胀系数较大或结构及环境因素造成接缝形变较大时，应选用位移能力较高的硅酮密封胶。尤其在点支式玻璃采光顶中，玻璃面板采用的是点支承方式固定的，当玻璃在受到垂直于玻璃平面的荷载时，将产生较大的平面外变形（最大可达边长的 1/60），这将在受力玻璃的边缘与相邻的面板边缘出现较大的剪切和拉伸作用。所以在使用密封胶进行面板之间密封时应优先选用低模量高弹性的硅酮密封胶。密封胶不得腐蚀玻璃镀膜和夹层胶片。

2 嵌条式板缝可采用密封条密封，且密封条交叉处应可靠封接。尽管如此，仍有可能导致漏水，因此连接构造上宜进行多腔设计，并应设置导水、排水系统。

3 开放式板缝在采光顶中应用较少，通常作为装饰层，不需要实现功能层的作用。因此宜在面板的背部空间设置防水层，并应设置可靠的导排水系统和采取必要的通风除湿构造措施。其内部支承金属结构应采取防腐措施。

7.3 金属平板屋面

7.3.1 金属平板的连接方式与金属板幕墙的面板的连接方法基本相似，连接设计时可参照现行行业标准《金属与石材幕墙工程技术规范》JGJ 133 的相关规定。

7.3.3 金属平板屋面的渗漏现象比较普遍，在考虑板间的连接密封时，宜优先选用密封胶进行密封。

7.3.4 在采用开放式连接结构时，应充分考虑金属平板与支承结构间的密封和设立完整的排水系统。

7.4 压型金属板屋面

7.4.2 金属屋面板长度方向搭接时，其下部应有可靠的硬质支撑，由于屋面板热胀冷缩，因此不得与下部结构固定连接；搭接部位应采用可靠连接，保证搭接部位的结构性能和防水性能。

7.4.5 泛水与屋面板两板间应放置通长密封条，螺栓拧紧后，两板的搭接口处应用密封材料封严。

7.5 聚碳酸酯板采光顶

7.5.1 U形聚碳酸酯板通过奥氏体型不锈钢连接件与支承构件连接，采用聚碳酸酯扣盖勾接，不锈钢连接件与聚碳酸酯板可以相对滑动，以便吸收温度变形。为达到良好的密封效果，U形聚碳酸酯板与扣盖间的空隙宜用发泡胶条密封。如采光顶较长时，可采用错台搭接的方法，在设计板材铺檩结构时，在板材对接处设计错台，低处板材安装时在错台下方，高处板材安装时探出，形成搭接。

7.5.2 一般情况下，U形聚碳酸酯板的铺檩分隔在横檩方向，且应根据板材厚度、建筑高度以及所受荷载等因素计算确定铺檩间距，通常在 700mm～1500mm 之间。必要时可根据板材的宽度，设计纵向铺檩，加强承载能力。

7.5.3 硅酮密封胶和聚碳酸酯板粘结性受很多因素的影响，使用时必须进行粘结试验，确认不发生化学反应后方可使用。

7.5.4 U形聚碳酸酯板的收边型材宜为聚碳酸酯材质。

8 加 工 制 作

8.1 一 般 规 定

8.1.1 采光顶、金属屋面属于围护结构，在施工前对主体结构进行复测，当其误差超过采光顶、金属屋面设计图纸中的允许值时，一般宜首先调整采光顶、金属屋面设计图纸。原则上应避免对原主体结构进行破坏性修理。

8.1.2 硅酮结构密封胶加工场所应在室内，并要求清洁、通风良好，温度也应满足要求，如北方的冬季应有采暖，南方的夏季应有降温措施等。对于硅酮结构密封胶的施工场所要求较严格，除要求清洁、无尘外，室内温度不宜低于 15℃，也不宜高于 30℃，相对湿度不宜低于 50%。硅酮结构胶的注胶厚度及宽度应符合设计要求，一般宽度不得小于 7mm，厚度不得小于 6mm。硅酮结构密封胶应在洁净、通风的室内进行注胶，不应在现场打注硅酮结构密封胶，以保证注胶质量。收胶缝的余胶一般不得重新使用。

8.1.3 低辐射镀膜玻璃是一种特殊的玻璃，近来在采光顶中的应用越来越多。但根据试验，其镀膜层在空气中非常容易氧化，且其膜层易与硅酮结构胶发生化学反应，相容性较差。因此，加工制作时应按相容性和其他技术要求，制定加工工艺，应采取除膜等必要的处理措施。

8.2 铝合金构件

8.2.1 铝型材的加工精度是影响构件质量的关键问题。本条对构件的加工误差要求与现行行业标准《玻璃幕墙工程技术规范》JGJ 102 的规定相当。

8.2.3 采用拉弯设备进行铝合金构件的弯加工，是比较常见的加工方法，能够确保构件的加工质量。

8.4 玻璃、聚碳酸酯板

8.4.1 单片玻璃、中空玻璃、夹层玻璃应满足相关产品标准的规定。由于工程的需要，本规程对玻璃的外观尺寸、允许偏差要求更为严格，加工时应以此为准。本规程关于矩形玻璃的规定与现行国家标准《建筑幕墙》GB/T 21086、行业标准《玻璃幕墙工程技术规范》JGJ 102 的规定基本相同。

其他形状玻璃的尺寸偏差要求可根据供需双方的要求确定。

8.4.2 对玻璃进行弯曲加工后，反射的影像会发生扭曲变形，特别是镀膜玻璃的这种变形会很明显。因此对弧形玻璃的加工除几何尺寸要求外，特别规定了其拱高及弯曲度的允许偏差。

8.4.3 玻璃钢化后不能再进行机械加工，因此玻璃的裁切、磨边、钻孔等应在钢化前完成。玻璃面板钻孔的允许偏差是根据机械加工原理、公差理论、玻璃钻孔设备及刀具的加工精密度而定的。

中空玻璃开孔处胶层至少应采取双道密封，内层密封可采用丁基密封胶，外层密封应采用硅酮结构密封胶，打胶应均匀、饱满、无空隙。

当玻璃面板由两片单层玻璃组合而成时，在制作过程中应单片分别加工后再合片。如果两片玻璃孔径大小一致，则所有的孔都要对位准确，实际操作比较困难，主要是因为单片玻璃制作时存在形状、尺寸、孔位、孔径等允许偏差。常用的方法是两片单层玻璃钻大小不同的孔，以使多孔容易对位。

8.4.4 采用立式注胶法进行中空玻璃加工时，玻璃内的气压与大气压是平衡的，但当安装所在地与加工所在地的气压相差较大时，中空玻璃受到气压差的影响会产生不可恢复的变形，因此应采取适当措施来消除气压差的影响。常用的方法是采用均压管调节法。

8.4.6 聚碳酸酯板加工时，所用刀具和切削速度应适当，防止加工表面出现灼伤；加工后，板材表面的抗紫外线涂层被破坏，应进行防护处理，防止局部加速老化。

8.5 明框采光顶组件

8.5.1、8.5.2 明框玻璃采光顶的玻璃与槽口之间的间隙除应达到嵌固玻璃要求外，还要能适应热胀冷缩的变形及主体结构层间移位或其他荷载作用下导致的框架变形，以避免玻璃直接碰到金属槽口，造成玻璃破碎或漏水现象。

8.5.3 明框玻璃采光顶一般设置导气孔及排水通道，加工制作时应按设计要求进行，组装时应保持通道顺畅、不泄漏。

8.6 隐框采光顶组件

8.6.1 硅酮结构密封胶在长期重力荷载作用下承载力很低，固化前强度更低，而且硅酮结构密封胶在重力作用下会产生明显的变形。若使硅酮结构密封胶在固化期间处于受力较大的状态，会造成粘结失效等安全隐患。因此在加工组装过程中应采取措施减小结构胶所承受的应力。注胶后的隐框组件可采用周转架分块安置；如直接叠放时，要求放置垫块直接传力，并且叠放层数不宜过多。

8.7 金属屋面板

8.7.2 控制加工金属压型板的卷板的几何形状，是确保金属压型板成型质量的要素之一。

8.7.5 压型金属板是一种典型的薄壁钢结构，板件的裂纹、褶皱损伤对其承载力影响较大，且不易修复，因此应无裂纹、褶皱损伤等现象。

8.7.6 压型金属板的波高、侧向弯曲、覆盖宽度、板长、横向剪切偏差，均需满足一定的精度要求，才

能确保屋面系统的安装及安装质量。

9 安装施工

9.1 一般规定

9.1.1 采光顶与金属屋面属于外围护结构，为保证安装施工质量，要求主体结构应满足采光顶与金属屋面安装的基本条件，并符合有关结构施工质量验收规范的规定。

9.1.2 安装施工是保证采光顶与金属屋面工程质量的关键，又是多工种的联合施工，和其他分项工程施工难免有交叉和衔接的工序。因此，为保证采光顶与金属屋面的安装施工质量，要求安装施工承包单位单独编制采光顶与金属屋面的施工组织设计方案。

9.1.3 采光顶与金属屋面的施工测量，主要强调：

1 采光顶与金属屋面分格轴线的测量应与主体结构测量相配合，主体结构出现偏差时，采光顶与金属屋面的分格线应根据主体结构偏差及时调整、分配、消化，不得积累。采光顶与金属屋面的形状大多不规则，而且主体结构的施工难免出现偏差，所以在测量时应绘制精确的设计放样详图，对曲面结构的采光顶与金属屋面，要严格控制中心点和纵横控制轴线，并进行复核定位。采光顶与金属屋面为空间定位，测量放线时使用高精度定位仪器能保证测量放线的准确性。

2 定期对采光顶与金属屋面的安装定位基准进行校核，以保证安装基准的正确性，避免因此产生安装误差。

3 对采光顶与金属屋面的测量，如果风力大于4级，容易产生不安全因素或测量不准确等问题。

9.1.4 对加工好的半成品、成品构件进行保护，在构件存放、搬运、吊装时，应防止碰撞、损坏、污染构件。在室外储存时更应采取有效保护措施。

9.2 安装施工准备

9.2.3 采光顶与金属屋面多为空间异形结构，为保证其安装准确性，在安装前应检查采光顶与金属屋面各部件的加工精度和配合性，并确认预埋件的位置偏差不应大于20mm。因预埋件偏差过大或其他原因采用后置埋件时，其方案应经业主、监理、建筑设计单位共同认可后再进行安装施工。

9.3 支承结构

9.3.2 大型钢结构的吊装设计包括吊装受力计算、吊点设计、附件设计、就位和固定方案、就位后的位置调整等。对支承钢结构本身即是主体结构的情况，吊装时一般应设置支撑平台作为临时支撑，并设置千斤顶等调整位置的设备，以便准确安装。

9.3.3 钢结构安装就位、调整后应及时紧固，防止产生变形，并应进行隐蔽工程验收。

9.3.4 钢构件在空气中容易产生锈蚀，作为采光顶支承结构的钢构件，应按现行国家标准的有关规定进行防腐处理。

9.4 采 光 顶

9.4.2 本条对采光顶玻璃安装提出要求：

1 采光顶玻璃安装采用机械或人工吸盘，所以要求玻璃表面保持清洁，以避免发生漏气，保证施工安全。

2 在玻璃周边安装橡胶条，保证玻璃周边的嵌入量及空隙一致并符合设计要求，使面板在建筑变形及温度变形时，可以在胶条的约束下滑动，消除变形对玻璃的影响。

3 球形或椭球形采光顶玻璃安装顺序宜按从中间向四周辐射的方法施工较为合适，便于吸收各类误差。

9.4.3 硅酮建筑密封胶的施工必须严格遵照施工工艺进行。夜晚光照不足，雨天缝内潮湿，均不宜打胶。打胶温度应在指定的温度范围内，打胶前应使打胶面清洁、干燥。

9.4.4 为保证采光顶的水密性能及外观质量，采光顶玻璃内外密封胶注胶宜分别进行。

9.4.5 采光顶框架安装的准确性和安装质量，影响整个采光顶的安装质量，是采光顶安装施工的关键之一，其安装允许偏差应控制在合理的范围内。特别是弧形、球形及椭球形等采光顶，其内外轴线的距离影响到采光顶的周长，影响玻璃面板的封闭，应认真对待。

对弧形、球形及椭球形等不规则形状的采光顶，其支承结构的安装顺序对采光顶框架的安装很重要，可能影响采光顶结构的封闭，应严格按施工组织设计的要求顺序安装。

采光顶处于建筑物的外表面，其受热胀冷缩的影响最大，在框架安装时应留有一定的缝隙，以适应和消除温差变形的影响。

采光顶处于建筑物的外表面，对水密性能的要求比幕墙更高，因此对采光顶的装饰压板、周边封堵收口、屋脊处压边收口、支座处封口、天沟、排水槽、通气槽、雨水排出口及隐蔽节点处理应按设计要求铺设平整且可靠固定，防止出现渗漏现象。

9.5 金属平板、直立锁边板屋面

9.5.1 现行行业标准《金属与石材幕墙工程技术规范》JGJ 133对框支承围护结构有较明确的规定，金属平板屋面与其相似，因此相关的一些规定可以直接执行JGJ 133，本规程不再重复。

9.5.2 直立锁边板材为薄壁长条、多种规格的型材，

本条强调板材应根据设计的配板图铺设和连接固定。

9.5.3 金属板面顺水流方向设置，沿坡度方向（纵向）应为一整体，无接口，无螺钉连接，是为了保证金属屋面排水顺畅。由于金属面板材料的特性，热胀冷缩引起面板的摩擦会影响其使用寿命，同时面板过长可能导致面板起拱或脱离支座连接件；设置位移控制点是为控制面板的伸缩方向，确保按设计要求的方向伸缩。

9.5.4 屋面板与立面墙体及突出屋面结构等交接处应作泛水处理，防止漏水。

9.5.5 直立锁边板之间是通过咬口连接的，咬口施工质量直接影响屋面防水功能，本条对于金属板材的咬口质量提出要求。

9.5.6 金属板材屋面的檐口线、泛水段应顺直，无起伏现象，檐口与屋脊局部起伏5m长度内不大于10mm，使屋面整齐、美观。

9.5.7 铺设金属板材屋面时，相邻两块板应顺年最大频率风向搭接，可避免刮风时冷空气灌入屋面内部；上下两排板的搭接长度应根据板型和屋面坡长确定，由于压型钢屋面的坡度一般较小，所以上下两块板的搭接长度宜稍长一些，最短不宜小于200mm。所有搭接缝内应用密封材料密封，防止渗漏。

9.5.8 用金属板材制作的天沟，屋面金属板材应伸入沟帮两侧，长度不宜小于150mm，以便固定密封。屋面金属板材伸入檐沟的长度不宜小于50mm，以防爬水。金属板材的类型不一，屋面的檐口和山墙应采用与板型配套的堵头封檐板和包角板封严。

9.5.12 底泛水与面泛水安装位置及工艺应满足设计要求，接口应紧密。面泛水板与面板之间、收口板与面板之间应采用泡沫塑料封条密封，底泛水板与面板搭接处应采用硅酮密封胶粘结牢靠。

9.6 梯形、正弦波纹压型金属屋面

9.6.1 为保证金属屋面的水密性能达到设计要求，对固定及搭接提出具体要求。

9.6.4 为便于泛水板的安装和密封，每块泛水板的长度不宜大于2m。

9.6.5 本条对金属屋面的收边、收口提出要求，同时也对沉降缝、伸缩缝、防震缝等变形缝的安装处理提出要求。

9.7 聚碳酸酯板

9.7.1 干法施工采用金属压条和密封胶条实现密封，板材在热膨胀和受载变形时可以相对自由地伸缩，是比较理想的解决雨水渗漏的方法。湿式装配法一般使用硅酮密封胶进行聚碳酸酯U形板的湿式装配，密封系统只能承受板材有限的移动，即允许一定量的热膨胀，否则可能导致屋面渗漏。

9.7.3 在聚碳酸酯中空平板安装工程中，边部安装

非常重要。为有效吸收变形，板材与型材或镶嵌框的槽口应留出有效间隙，板材被夹持的部分至少含有一条筋肋，且被夹持长度一般不宜小于25mm。

9.8 光伏系统

9.8.1 针对太阳能电池组件应按照现行国家标准《汽车安全玻璃试验方法 第3部分：耐辐照、高温、潮湿、燃烧和耐模拟气候试验》GB/T 5137.3进行安全性检测。

9.9 安全规定

9.9.1 采光顶与金属屋面的安装施工应根据相关技术标准的规定，结合工程实际情况，制定详细的安全操作规程，确保施工安全。

9.9.2 施工机具在使用前，应进行安全检查，确保机具及人员的安全。

9.9.3 采用脚手架施工时，脚手架应经过设计和必要的计算，在适当的部位与主体结构应可靠连接，保证其足够的承载力、刚度和稳定性。

9.9.4 采光顶与金属屋面安装，经常与主体结构施工、设备安装或室内装饰交叉作业，为保证施工人员安全，应在采光顶与金属屋面的施工层下方设置防护网进行防护。

9.9.5 本条对现场焊接作业提出要求，防止施工现场发生火灾。

10 工程验收

10.1 一般规定

10.1.2 采光顶与金属屋面工程验收，包括资料检查和工程实体检查两部分。工程资料是施工过程质量控制和材料质量控制的重要依据。对资料进行检查是工程验收的一个重要组成部分。

作为起粘结作用的硅酮结构密封胶，是保证采光顶与金属屋面工程结构安全的重要环节，使用前应对其邵氏硬度、拉伸粘结强度、相容性进行复试；对张拉索体系采光顶工程，应采用大变形硅酮结构密封胶，并应对其拉伸变形进行复试。

按照现行国家标准《建筑幕墙》GB/T 21086 的要求，采用新材料新工艺的采光顶与金属屋面工程，应按设计要求进行相关的性能检测，并提交相应的检测报告。

采光顶和金属屋面的防雷装置应和主体工程的防雷装置同时测试，以保证防雷效果的完整性。

天沟或排水槽是采光顶和金属屋面工程一个重要的子分部工程，也是施工的难点，因此对排水槽应作48h蓄水试验，并做好相应记录。

10.1.3 对隐蔽部分的节点进行验收是关系到整个采光顶与金属屋面工程结构安全和使用性能的关键环节，应在装饰材料封闭前完成验收。工程验收时，应对隐蔽工程验收文件和设计文件进行认真比较并审查，当发现两者不符时，应拆除装饰面板，对隐蔽工程中不符合设计要求的内容进行抽样复查。

当采光顶中设计有冷凝结水收集装置时，应对其排水坡度、坡向、收集槽布置以及收集槽之间的连接节点进行隐蔽工程验收并做好记录；当设计为暗装排水槽时，其隐蔽工程验收和蓄水试验均应在装饰材料封闭前完成。

10.1.5 采光顶与金属屋面对外观质量要求都比较高，因此采光顶与金属屋面工程的实体验收应分别进行观感检验和抽样检验。

考虑到规程的相互连续性，本标准的采光顶工程检验批的设定与《玻璃幕墙工程技术规范》JGJ 102-2003 第11.1.4条的规定基本一致，也便于工程技术人员的掌握和操作，而金属屋面工程一般体量较大，同一工程的做法比较单一，因此其检验批的设定相对放大一些。由于天沟或排水槽是采光顶与金属屋面工程的防水薄弱环节，应作为重点检验对象，因此本条对此单独设立检验批。

由于目前国内采光顶与金属屋面的种类、结构形式、造型等层出不穷，本条不能完全包含其中，因此对于特殊的采光顶与金属屋面工程，其检验批的划分可由监理单位、建设单位和施工单位根据工艺特点、工程规模等因素共同协商确定。

10.1.6 本条规定采光顶与金属屋面工程抽样检查的数量。每个采光顶与金属屋面的纵向（环向）构件或纵向（环向）接缝，横向（径向）构件或横向（径向）接缝应各检查5%，并不得少于3根，其中不同平面相交、不同装饰板相接的构件或接缝为必查内容。采光顶的分格是指由纵向和横向框架或接缝形成的网格，应抽查5%，并不得少于10个。

10.2 采光顶

10.2.1 本条规定了采光顶工程的观感检验质量要求，重点检查其整体美观性和水密性能。

1 明框或隐框采光顶的框架和采光面板是否安装正确是影响采光顶安装质量和美观性的重要因素，应重点检查；

2 装饰压板应顺着水流方向设置，便于排水通畅，且不易积灰；

3 对检查单元的框架、玻璃、装饰盖板等内容的表面色泽、接缝、平整度、焊缝等提出要求；

4 对隐蔽节点的封口处理要求整齐美观；

5 重点检查天沟或排水槽的坡度、坡向以及与排水管的连接节点是否符合设计要求，钢板或不锈钢板焊接是否有漏焊、针眼等缺陷；

6 采光顶的电动或手动开启以及电动遮阳帘，

是影响到采光顶的水密性、气密性、遮阳效果等使用功能的重要因素，因此，应作为采光顶工程的子分项工程进行单独验收，重点检查开启位置及方向，开启的灵活性，开启扇的安装节点，遮阳帘的安装节点，电动控制装置的安装等内容。

10.2.2 本条是对框支承采光顶工程的抽样检验质量要求。

1 对支撑框架及玻璃表面的外观和清洁程度提出要求。

2 对玻璃安装及密封胶条施工提出要求。采光顶的玻璃应安装牢固，当发现玻璃松动时，应割去密封胶，检查玻璃固定压块的数量和位置是否符合设计要求，并对该检验单元的玻璃进行加倍抽查。

3 对玻璃表面的质量要求。本条规定与 GB/T 21086-2007 和 JGJ 102-2003 的有关规定基本一致。对于中空玻璃、夹层玻璃而言其划伤痕的数量和擦伤面积是指每平方米玻璃内各层玻璃划伤痕数量和擦伤面积的累积。另外，关于玻璃加工尺寸的偏差、玻璃面板弯曲度等检查应在材料进场前完成。工程验收时，应检查材料进场检验记录，并对其外观进行复查。

4 对铝合金框架和钢框架表面的质量要求。对铝合金框架和钢框架的要求加以区分，是由于钢框架在加工厂或现场进行表面处理，其成品保护相对简单，且对表面的缺陷修复也比较容易，同时钢框架表面缺陷对基体的性能影响比铝框架大，因此本条对钢框架表面的质量提出了更高的要求。

5 由于玻璃依附在框架上，框架的安装质量直接影响到整个采光顶的安装质量，因此本条对框架的安装质量提出了要求。为了便于与 JGJ 102-2003 的规定作比较，可以将采光顶比作"躺倒"的幕墙，玻璃幕墙的垂直度即为采光顶的纵向或环向水平度。由于采光顶工程一般设有坡度，且各部分通常不在同一水平面上，因此可以将一个采光顶分解为若干等高直线或等高曲线（一般与框架重合），验收时只需检查等高线上各等高直线或等高曲线与设计值的吻合度。

一个采光顶根据坡起点和最高点的位置可分成若干个检查单元，其检查单元的长度和宽度与通常意义的长度和宽度一般有所区别。对于单坡平面采光顶，其检查单元的长度和宽度即为采光顶的长度和宽度；对于双坡平面采光顶，其检查单元的长度即为采光顶的长度，而宽度分别为两个坡起点到最高点投影距离；对于圆形或椭圆形采光顶，其检查单元的长度是指与坡度方向垂直的最大周长，其宽度指坡起点与最高点之间的投影距离；对于双曲面、花瓣形等异形采光顶，其检查单元的长度和宽度应由设计单位、监理单位、施工单位共同商定。

采光顶的坡度是衡量采光顶或天沟排水是否通畅的重要指标，在验收时应给与特别注意。采光顶坡度偏差是指坡起点和最高点两者的标高差与设计值之间的偏差值。考虑到坡度对排水和结构挠度存在有利影响，因此本条规定只允许有正差。相邻构件的位置偏差是指相邻构件的进出、高低等空间位置的偏差，此条规定与 JGJ 102-2003 所规定的内容不完全一致。

10.2.3 本条是对框支承隐框采光顶的安装质量要求。

1 由于隐框采光顶的玻璃完全外露，为防止同一平面内的各玻璃拼接在一起，出现影像畸变的现象，同时还保证采光顶排水的顺畅性，因此要求检查时抽检同一平面相邻两玻璃表面的平面度。

2 隐框采光顶的玻璃之间，玻璃与其他装饰板之间的拼缝整齐与否与采光顶的外观质量关系较大，与采光顶吸收变形的能力也有关系，因此，增加第 3 项拼缝宽度偏差（与设计值比较）检查的内容。

10.2.4 点支承采光顶一般位于大堂、出入口等人流密集的部位，一般采用钢结构支撑体系，其钢结构施工质量是影响采光顶结构安全可靠的重要因素，因此应严格按照现行国家标准《钢结构工程施工质量验收规范》GB 50205 的要求进行检查。

10.2.5 拉杆和拉索的预应力张拉对点支承采光顶的支承结构起着至关重要的作用，其预应力张拉值必须符合设计要求，并进行现场检验和隐蔽检验，同时还应有预应力张拉记录。

10.2.6 对点支承采光顶安装质量的要求。点支承采光顶与隐框采光顶的安装质量标准基本一致，重点检查接缝的水平度、垂直度，相邻面板的平面度等。

10.2.7 由于钢爪的安装质量直接影响到点支承采光顶玻璃的安装和外观质量，因此，施工时应进行重点控制。

1 本条参照 JGJ 102-2003 的第 11.4.5 条第 1 款，并根据玻璃开孔加工的允许偏差为 1mm 的要求，规定相邻钢爪纵向和横向距离偏差不大于 1.5mm。

2 钢爪的安装高度偏差有可能引起玻璃安装的水平偏差，为避免累积偏差过大，对钢爪安装高度偏差应从严控制，因此其允许偏差值为采光顶水平度允许偏差值的一半。相邻钢爪的安装高度允许偏差为 1.0mm，与同一平面的相邻玻璃面板高低允许偏差是一致的。

10.2.8 本条对聚碳酸酯U形板采光顶的质量验收作出另外规定。重点检查聚碳酸酯板的收边和收口处理。由于聚碳酸酯板材的安装方向影响到采光顶的使用年限，故也是检查重点之一。

10.3 金属平板屋面

10.3.1 本条是对框支承金属屋面观感检验的质量要求。

1 天沟或排水槽的坡度和坡向应符合设计要求，以保证排水通畅，防止过多积水；天沟或排水槽应采用钢板或不锈钢板，并焊接成一个整体，钢板的厚度、支承构件的布置应符合设计要求，以防止因积水过多造成天沟或排水槽发生变形，甚至坍塌的现象；板材间焊缝光滑流畅，不应有焊接缺陷，以防止出现雨水渗漏现象；金属屋面整体应做淋水试验，天沟或水槽应做蓄水试验，并且不应出现渗漏现象。

在验收时应重点检查变形缝、天窗、排气窗、屋面检修口、防雷装置以及出屋面构造物等部位，检查其节点做法是否合理，安装是否牢固，搭接顺序是否正确。

2 金属平板屋面采用硅酮密封胶进行密封，而且密封胶完全外露，其打胶质量既影响屋面防水性能，又影响屋面的整体外观效果，因此，验收时应重点检查胶缝是否平直，是否无污染、无漏胶处、无起泡、无开裂。

3 框架和金属平板是否安装正确是影响金属屋面工程安装质量和美观性的重要因素，应重点检查。

4 金属平板表面缺陷直接影响外观质量，因此，对其表面质量的要求较直立锁边金属屋面板严格。

10.3.3 本条是对框支承金属屋面板安装质量的要求。与直立锁边金属屋面相比，框支承金属屋面更像是"躺倒"的金属幕墙。因此表 10.3.3 的第 1 项关于水平通长接缝的吻合度的规定，参考 JGJ 133 - 2001 的有关规定制定，分为五个档次；第 3 项关于通长纵缝、横缝的直线度则分为两个档次。

10.4 压型金属屋面

10.4.1 本条规定了压型金属屋面工程的观感检验质量要求。重点检查面板铺设的整体性，细部构造的合理性以及雨水渗透性能。

1 为防止金属屋面出现雨水渗漏、倒排水等现象，屋面卷板应顺水流方向设置，顺茬搭接，沿坡度方向尽量为一块整板。

2 直立锁边处是金属屋面的薄弱环节，也是验收的重点检查内容。咬边应紧密，且连续平整，不应出现扭曲和裂口的现象。

3 为了保证排水的通畅性，并防止出现倒排水现象，在金属板与天沟或檐口交界处，金属板与山墙交界处均应按设计要求安装泛水板。泛水板接合应紧密，收边牢固，包封严密，棱角顺直。

10.4.2 本条对金属屋面工程抽样检验提出要求。

1 底泛水板和面板之间的密封是金属屋面防水的关键环节，因此应采用耐久性较好的硅酮密封胶粘结；而面泛水板与面板之间、收口板与面板之间，考虑到美观性和抗污染性，宜采用泡沫塑料封条粘结密封。

2 本款是对直立锁边金属屋面板安装质量的要求。由于直立锁边金属屋面工程一般体量较大，而且

面板整体较好，为便于操作，纵向构件的吻合度以及横向构件的直线度的允许偏差均以 35m 为界，分为 5mm 和 7mm 两个档次；而金属屋面坡度的坡度则以 50m 为界，分为 +20mm 和 +30mm 两个档次。

10.5 光伏系统

10.5.1 光伏系统是建筑电气工程的一部分，与采光顶、金属屋面差别较大，专业性强，且存在一定安全问题，因此需要进行专项验收。

11 保养和维修

11.1 一般规定

11.1.1 为了使采光顶或金属屋面在使用过程中达到和保持设计要求的功能，确保不发生安全事故，本规程规定承包商应提供给业主使用维修说明书，作为工程竣工交付内容的组成部分，指导采光顶或金属屋面的使用和维护。

11.1.2 随着我国幕墙和金属屋面行业的发展，新产品越来越多，结构形式也越来越复杂，技术含量越来越高，对维修、维护人员的要求也越来越高。本条要求工程承包商在工程交付使用前应为业主培训合格的维修、维护人员。

11.1.3 采光顶或金属屋面在正常使用时，业主应根据使用维护说明书及本规程的相关要求，制定维修保养计划与制度，保证其安全性与功能性要求。主要包括：日常维护与保养；定期检查和维修；地震、台风、火灾后的全面检查与修复。

11.2 检查与维修

11.2.3 根据实际工程经验，在采光顶或金属屋面工程竣工验收后一年内，工程加工和施工工艺及材料、附件的一些缺陷均有不同程度的暴露。所以在工程竣工验收后一年时，应对工程进行一次全面的检查。

定期检查项目中，面板包括玻璃和金属面板。对玻璃面板，应检查有无剥落、裂纹等；对金属面板，应检查有无起鼓、凹陷等变形。

对于使用结构硅酮密封胶的采光顶或金属屋面工程，本规程规定使用十年后进行首次粘结性能的检查，此后每五年检查一次。首次检查规定与《玻璃幕墙工程技术规范》JGJ 102 - 2003 的规定基本一致。

关于抽样比例及抽样部位，本规程未作出具体规定。实际工程的检查应由检查部门制定检查方案，由相应设计资质部门审核后实施。

"每三年检查一次"是建立在检查结果良好的基础上，如果粘结性能有下降趋势的话，应根据检查结果制定检查间隔时间，增加检查频次。

中华人民共和国行业标准

索结构技术规程

Technical specification for cable structures

JGJ 257—2012

批准部门：中华人民共和国住房和城乡建设部
施行日期：2 0 1 2 年 8 月 1 日

中华人民共和国住房和城乡建设部
公 告

第 1323 号

关于发布行业标准
《索结构技术规程》的公告

现批准《索结构技术规程》为行业标准，编号为 JGJ 257－2012，自 2012 年 8 月 1 日起实施。其中，第 5.1.2、5.1.5 条为强制性条文，必须严格执行。

本规程由我部标准定额研究所组织中国建筑工业出版社出版发行。

中华人民共和国住房和城乡建设部
2012 年 3 月 1 日

前 言

根据原建设部《关于 1991 年工程建设行业标准制定、修订项目计划表（建设部部分第一批）》（建标〔1991〕413 号）的要求，规程编制组经广泛调查研究，认真总结实践经验，参考有关国际标准和国外先进标准，并在广泛征求意见的基础上，编制了本规程。

本规程的主要技术内容是：总则；术语和符号；基本规定；索体与锚具；设计与分析；节点设计与构造；制作、安装及验收等，包括了索结构的定义、索结构形式、计算模型、索和锚具的材料及性能、各类节点的设计与构造要求、制作安装与验收。

本规程以黑体字标志的条文为强制性条文，必须严格执行。

本规程由住房和城乡建设部负责管理和对强制性条文的解释，由中国建筑科学研究院负责具体技术内容的解释。执行过程中如有意见或建议，请寄送中国建筑科学研究院建筑结构研究所（地址：北京市北三环东路 30 号，邮政编码：100013）。

本 规 程 主 编 单 位：中国建筑科学研究院
本 规 程 参 编 单 位：哈尔滨工业大学
　　　　　　　　　　　同济大学
　　　　　　　　　　　东南大学
　　　　　　　　　　　北京工业大学
　　　　　　　　　　　安徽省建筑设计研究院
　　　　　　　　　　　淄博市建筑设计研究院
　　　　　　　　　　　中国建筑西南设计研究院有限公司
　　　　　　　　　　　浙江东南网架股份有限公司
　　　　　　　　　　　巨力索具股份有限公司
　　　　　　　　　　　柳州欧维姆机械股份有限公司
　　　　　　　　　　　布鲁克（成都）工程有限公司
　　　　　　　　　　　珠海市晶艺玻璃工程有限公司
　　　　　　　　　　　广东坚朗五金制品股份有限公司

本规程主要起草人员：蓝　天　钱基宏　沈世钊
　　　　　　　　　　赵鹏飞　武　岳　肖　炽
　　　　　　　　　　宋士军　曹　资　赵基达
　　　　　　　　　　朱兆晴　谢永铸　邓开国
　　　　　　　　　　钱若军　徐荣熙　于　滨
　　　　　　　　　　周观根　厉　敏　龙　跃
　　　　　　　　　　王德勤　陈跃华　杨建国

本规程主要审查人员：张毅刚　刘锡良　张其林
　　　　　　　　　　耿笑冰　甘　明　郭彦林
　　　　　　　　　　张同亿　秦　杰　陈志华
　　　　　　　　　　冯　健

目　次

Contents

1 总　则

1.0.1 为在索结构的设计与施工中贯彻执行国家的技术经济政策，做到技术先进、安全适用、经济合理、确保质量，制定本规程。

1.0.2 本规程适用于以索为主要受力构件的各类建筑索结构，包括悬索结构、斜拉结构、张弦结构及索穹顶等的设计、制作、安装及验收。

1.0.3 索结构的设计、制作、安装及验收，除应符合本规程的规定外，尚应符合国家现行有关标准的规定。

2 术语和符号

2.1 术　语

2.1.1 拉索　tension cable
由索体和锚具组成的受拉构件。

2.1.2 索体　cable body
拉索受力的主要部分，可为钢丝束、钢绞线、钢丝绳或钢拉杆。

2.1.3 索结构　cable structure
由拉索作为主要受力构件而形成的预应力结构体系。

2.1.4 悬索结构　cable-suspended structure
由一系列作为主要承重构件的悬挂拉索按一定规律布置而组成的结构体系，包括单层索系（单索、索网）、双层索系及横向加劲索系。

2.1.5 斜拉结构　cable-stayed structure
在立柱（塔、桅）上挂斜拉索到主要承重构件而组成的结构体系。

2.1.6 张弦结构　structure with tensioning chord
由上弦刚性结构或构件与下弦拉索以及上下弦之间撑杆组成的结构体系。

2.1.7 索穹顶　cable dome
由脊索、谷索、环索、撑杆及斜索组成并支承在圆形、椭圆形或多边形刚性周边构件上的结构体系。

2.1.8 索桁架　cable truss
由在同一竖向平面内两根曲率方向相反的索以及两索之间的撑杆组成的结构体系。

2.1.9 横向加劲索系　transversely stiffened suspended cable system
由平行布置的单索及与索垂直方向上设置的梁或桁架等横向加劲构件组成的结构体系，通过对横向加劲构件两端施加强迫位移在整个体系中建立预应力。

2.1.10 柔性索　flexible cable
仅承受拉力的构件，如钢丝束、钢绞线、钢丝绳及钢拉杆。

2.1.11 劲性索　rigid cable
长度远大于其截面特征尺寸，可承受拉力和部分弯矩的构件，如型钢等。

2.1.12 初始几何状态　initial geometrical state
单索悬挂后，在自重作用下的自然形态。

2.1.13 初始预应力状态　initial prestressed state
索结构在预应力施加完毕后的自平衡状态。

2.1.14 荷载状态　loading state
索结构在外部荷载作用下的平衡状态。

2.2 符　号

2.2.1 材料性能
E——索体材料的弹性模量；
F——拉索的抗拉力设计值；
F_{tk}——拉索的极限抗拉力标准值；
N_d——拉索承受的最大轴向拉力设计值；
α——索体材料的线膨胀系数。

2.2.2 几何参数
A——索体净截面积；
l——拉索长度。

2.2.3 计算系数
γ_R——拉索的抗力分项系数；
γ_0——结构重要性系数；
γ_{pi}——预应力作用分项系数。

2.2.4 其他
σ_{l1}——拉索张拉端锚固压实内缩引起的预应力损失。

3 基本规定

3.1 结构选型

3.1.1 索结构的选型应根据建筑物的功能与形状，综合考虑材料供应、加工制作与现场施工安装方法，选择合理的结构形式、边缘构件及支承结构，且应保证结构的整体刚度和稳定性。

3.1.2 当索结构用于建筑物屋盖时，宜选用本规程中所规定的悬索结构、斜拉结构、张弦结构或索穹顶。悬索结构可采用单层索系（单索、索网）、双层索系及横向加劲索系。

3.1.3 单索宜采用重型屋面。当平面为矩形或多边形时，可将拉索平行布置构成单曲下凹屋面[图 3.1.3（a）]。当平面为圆形时，拉索可按辐射状布置构成碟形的屋面，中心宜设置受拉环[图 3.1.3（b）]。当平面为圆形并允许在中心设置立柱时，拉索可按辐射状布置构成伞形屋面[图 3.1.3（c）]。

3.1.4 索网宜采用轻型屋面。平面形状可为方形、矩形、多边形、菱形、圆形、椭圆形等（图 3.1.4）。

3.1.5 双层索系宜采用轻型屋面。承重索与稳定索

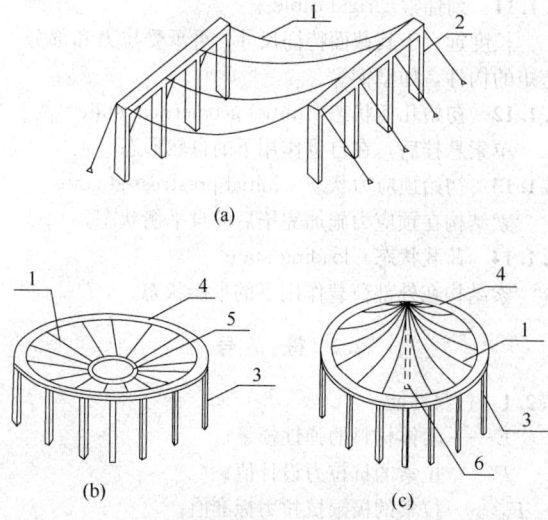

(a)

图 3.1.3　单索

1—承重索；2—边柱；3—周边柱；4—圈梁；
5—受拉环；6—中柱

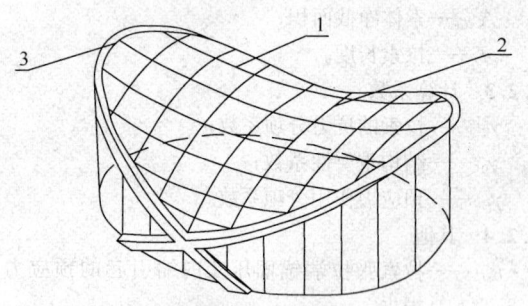

图 3.1.4　索网

1—承重索；2—稳定索；3—拱

可采用不同的组合方式，两索之间应分别以受压撑杆或拉索相联系。当平面为矩形或多边形时，承重索、稳定索宜平行布置，构成索桁架形式的双层索系［图3.1.5（a）］；当平面为圆形时，承重索、稳定索宜按辐射状布置，中心宜设置受拉环［图3.1.5（b）］。

3.1.6　横向加劲索系宜采用轻型屋面。当平面形状为方形、矩形或多边形时，拉索应沿纵向平行布置。

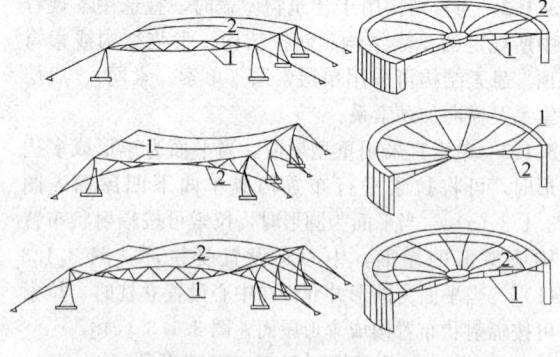

(a) 矩形平面　　　　　　(b) 圆形平面

图 3.1.5　双层索系结构

1—承重索；2—稳定索

横向加劲构件宜采用桁架或梁（图3.1.6）。

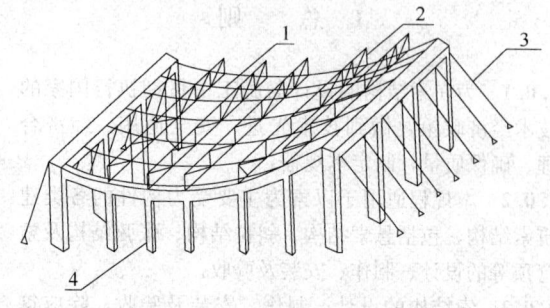

图 3.1.6　横向加劲索系

1—索；2—横向加劲构件；3—锚索；4—柱

3.1.7　斜拉结构宜采用轻型屋面，设置的立柱（桅杆）应高出屋面；斜拉索可平行布置，也可按辐射状布置。

3.1.8　张弦结构宜采用轻型屋面。张弦结构可按单向、双向或空间布置成形以适应不同形状的平面，并应符合下列规定：

1　单向张弦结构的平面形状可为方形或矩形，按照上弦不同的构造方式宜采用张弦梁、张弦拱或张弦拱架等形式；

2　双向张弦结构的平面形状可为方形或矩形，宜采用如单向张弦结构的各种上弦构造方式呈正交布置成形；

3　空间张弦结构的平面形状可为圆形、椭圆形或多边形，宜采用辐射式张弦结构或张弦网壳（弦支穹顶）。张弦网壳（弦支穹顶）的网格形式应按现行行业标准《空间网格结构技术规程》JGJ 7选用。

3.1.9　索穹顶的屋面宜采用膜材。当屋盖平面为圆形或拟椭圆形时，索穹顶的网格宜采用梯形［图3.1.9（a）］，联方形［图3.1.9（b）］或其他适宜的形式。索穹顶的上弦可设脊索及谷索，下弦应设若干层的环索，上下弦之间以斜索及撑杆连接。

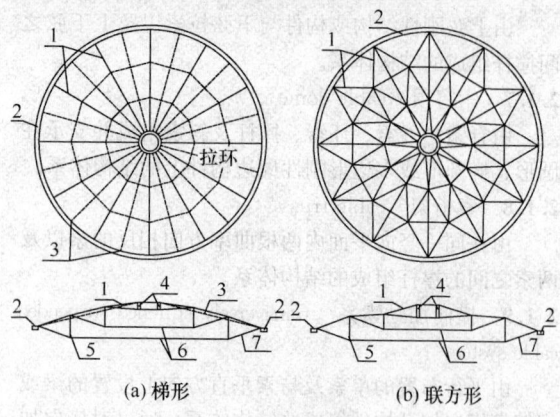

(a) 梯形　　　　　　(b) 联方形

图 3.1.9　索穹顶

1—脊索；2—压环；3—谷索；4—拉环；
5—撑杆；6—环索；7—斜索

3.1.10　当索结构用于支承玻璃幕墙时，可采用单层索系或双层索系。单层索系宜采用单索、平面索网或曲面索网。双层索系宜采用索桁架。

3.1.11 当索结构用于支承玻璃采光顶时，可采用单层索系、双层索系或张弦结构。单层索系宜采用曲面索网；双层索系宜采用平行布置或辐射布置索桁架；张弦结构宜采用张弦拱。

3.2 结 构 设 计

3.2.1 根据受力要求，索结构应选用仅承受拉力的柔性索或可承受拉力和部分弯矩的劲性索。

3.2.2 索的预应力宜采用下列方法建立：

1 在单索上采用钢筋混凝土屋面板等重屋面，并可在屋面板上加荷并浇筑板缝，然后卸载建立预应力；

2 在索网中通过张拉稳定索、承重索建立预应力；

3 在双层索系中通过张拉稳定索或承重索建立预应力，也可调节承重索与稳定索之间的撑杆长度建立预应力；

4 在横向加劲索系中，宜通过下压横向加劲构件的两端支座使其强迫就位，从而对纵向索建立预应力；

5 在张弦结构中，宜通过张拉拉索、伸长撑杆等方法建立预应力。

3.2.3 索的反力可采用下列方法传递：

1 形成自平衡体系；

2 以斜拉索或斜拉杆通过地锚传至地基；

3 通过边梁及其支承结构（如柱、框架、落地拱）传至地基。

3.2.4 设计索结构屋面时，应采取措施防止屋面被风掀起。对风吸力特别大的部位应采取加强屋面和索的连接构造或对屋盖局部加大屋面自重等措施。

3.2.5 对于单索屋盖，当平面为矩形时，索两端支点可设计为等高或不等高，索的垂度宜取跨度的 1/10～1/20；当平面为圆形时，中心受拉环与结构外环直径之比宜取 1/8～1/17，索的垂度宜取跨度的 1/10～1/20。

3.2.6 对于索网屋盖，承重索的垂度宜取跨度的 1/10～1/20，稳定索的拱度宜取跨度的 1/15～1/30。

3.2.7 对于双层索系屋盖，当平面为矩形时，承重索的垂度宜取跨度的 1/15～1/20，稳定索的拱度可取跨度的 1/15～1/25；当平面为圆形时，中心受拉环与结构外环直径之比宜取 1/5～1/12，承重索的垂度宜取跨度的 1/17～1/22，稳定索的拱度宜取跨度的 1/16～1/26。

3.2.8 对于横向加劲索系屋盖，悬索两端支点可设计为等高或不等高，索的垂度宜取跨度的 1/10～1/20，横向加劲构件（梁或桁架）的高度宜取跨度的 1/15～1/25。

3.2.9 对于双层索系玻璃幕墙，索桁架矢高宜取跨度的 1/10～1/20。

3.2.10 张弦拱（张弦拱架）的垂度宜取结构跨度的 1/10～1/14。

3.2.11 张弦网壳矢高不宜小于跨度的 1/10。

3.2.12 索穹顶的高度与跨度之比不宜小于 1/8；斜索与水平面相交的角度宜大于 15°。

3.2.13 悬索结构中，单索屋盖最大挠度与跨度之比自初始几何状态之后不宜大于 1/200；索网、双层索系及横向加劲索系屋盖最大挠度与跨度之比自初始预应力状态之后不宜大于 1/250。

3.2.14 斜拉结构、张弦结构或索穹顶屋盖在荷载作用下的最大挠度与跨度之比自初始预应力状态之后不宜大于 1/250。

3.2.15 单层平面索网玻璃幕墙的最大挠度与跨度之比不宜大于 1/45。曲面索网及双层索系玻璃幕墙自初始预应力状态之后的最大挠度与跨度之比不宜大于 1/200。

3.2.16 曲面索网及双层索系玻璃采光顶自初始预应力状态之后的最大挠度与跨度之比不宜大于 1/200。张弦结构玻璃采光顶自初始预应力状态之后的最大挠度与跨度之比不宜大于 1/200。

4 索体与锚具

4.1 一 般 规 定

4.1.1 拉索应由索体与锚具组成。

4.1.2 拉索索体宜采用钢丝束、钢绞线、钢丝绳或钢拉杆。

4.1.3 拉索两端锚具的构造应由建筑外观、索体类型、索力、施工安装、索力调整、换索等多种因素确定。

4.1.4 室外长拉索宜考虑风振和雨振影响并应设置适当的阻尼减振装置。

4.2 索体材料与性能

4.2.1 钢丝束索体的选用应满足下列要求：

1 钢丝的质量、性能应符合现行国家标准《桥梁缆索用热镀锌钢丝》GB/T 17101 的规定，钢丝束的质量、性能应符合现行国家标准《斜拉桥热挤聚乙烯高强钢丝拉索技术条件》GB/T 18365 的规定；

2 半平行钢丝束索体（图 4.2.1），宜采用直径 5mm 或 7mm 的高强度、低松弛、耐腐蚀钢丝，钢丝束外应以高强缠包带缠包，应有热挤高密度聚乙烯（HDPE）护套，在高温、高腐蚀环境下护套宜采用双层，高密度聚乙烯技术性能应符合现行行业标准《桥梁缆索用高密度聚乙烯护套料》CJ/T 297 的规定；

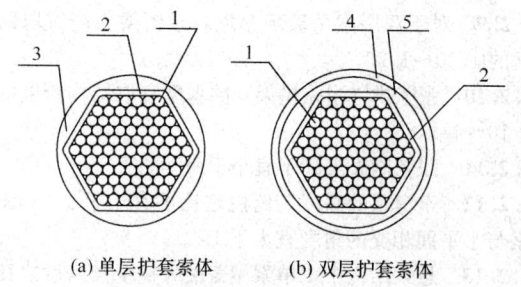

(a) 单层护套索体　　　(b) 双层护套索体

图 4.2.1　钢丝束索体截面形式

1—高强钢丝；2—高强缠包带；3—HDPE 护套；
4—外层 HDPE 护套；5—内层 HDPE 护套

3　钢丝束的极限抗拉强度宜选用 1670MPa、1770MPa 等级别。

4.2.2　钢绞线索体的选用应满足下列要求：

1　钢绞线的质量、性能应符合国家现行标准《预应力混凝土用钢绞线》GB/T 5224、《高强度低松弛预应力热镀锌钢绞线》YB/T 152、《镀锌钢绞线》YB/T 5004 的规定；

2　钢绞线索体（图 4.2.2）可分别采用镀锌钢绞线、高强度低松弛预应力热镀锌钢绞线、不锈钢钢绞线；

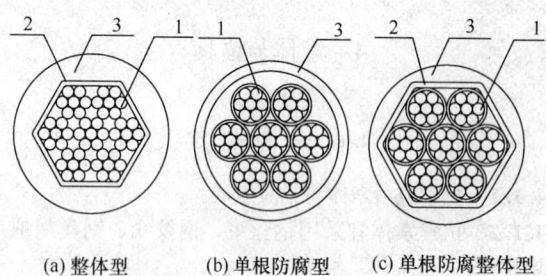

(a) 整体型　　(b) 单根防腐型　　(c) 单根防腐整体型

图 4.2.2　钢绞线索体截面形式

1—钢绞线；2—高强缠包带；3—HDPE 护套

3　钢绞线的极限抗拉强度可选用 1570MPa、1720MPa、1770MPa、1860MPa 或 1960MPa 等级别；

4　不锈钢绞线的质量、性能、极限抗拉强度应符合现行行业标准《建筑用不锈钢绞线》JG/T 200 的规定。

4.2.3　钢丝绳索体的选用应满足下列要求：

1　钢丝绳的质量、性能应符合现行国家标准《一般用途钢丝绳》GB/T 20118 的规定，密封钢丝绳的质量、性能应符合现行行业标准《密封钢丝绳》YB/T 5295 的规定；

2　钢丝绳索体宜采用密封钢丝绳、单股钢丝绳、多股钢丝绳截面形式（图 4.2.3）。钢丝绳索体应由绳芯和钢丝股组成，结构用钢丝绳应采用无油镀锌钢芯钢丝绳。

3　钢丝绳的极限抗拉强度可选用 1570MPa、1670MPa、1770MPa、1870MPa 或 1960MPa 等级别。

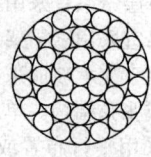

(a) 密封钢丝绳　　(b) 单股钢丝绳　　(c) 多股钢丝绳

图 4.2.3　钢丝绳索体截面形式

4　不锈钢钢丝绳的质量、性能、极限抗拉强度应符合现行国家标准《不锈钢丝绳》GB/T 9944 的规定。

4.2.4　钢拉杆索体的选用应满足下列要求：

1　钢拉杆的质量、性能应符合现行国家标准《钢拉杆》GB/T 20934 的规定；

2　钢拉杆杆体的屈服强度可选用 345MPa、460MPa、550MPa 或 650MPa 等级别。

4.2.5　索体材料的弹性模量宜由试验确定。在未进行试验的情况下，索体材料的弹性模量可按表 4.2.5 取值。

表 4.2.5　索体材料弹性模量

索 体 类 型		弹性模量(N/mm²)
钢丝束		$(1.9\sim2.0)\times10^5$
钢丝绳	单股钢丝绳	1.4×10^5
	多股钢丝绳	1.1×10^5
钢绞线	镀锌钢绞线	$(1.85\sim1.95)\times10^5$
	高强度低松弛预应力钢绞线	$(1.85\sim1.95)\times10^5$
	预应力混凝土用钢绞线	$(1.85\sim1.95)\times10^5$
钢拉杆		2.06×10^5

4.2.6　索体材料的线膨胀系数值宜由试验确定。

4.3　锚　具

4.3.1　热铸锚锚具和冷铸锚锚具的质量、性能、检验和验收应符合现行行业标准《塑料护套半平行钢丝拉索》CJ 3058 的规定。

4.3.2　挤压锚具、夹片锚具的质量、性能、检验和验收应符合现行国家标准《预应力筋用锚具、夹具和连接器》GB/T 14370、《预应力筋用锚具、夹具和连接器应用技术规程》JGJ 85 的规定。

4.3.3　玻璃幕墙拉索压接锚具的制作、验收应符合现行行业标准《建筑幕墙用钢索压管接头》JG/T 201 的规定。

4.3.4　钢拉杆锚具的制作、验收应符合现行国家标准《钢拉杆》GB/T 20934 的规定。

4.3.5　拉索常用锚具及连接的构造形式应满足安装和调节的需要（图 4.3.5）。钢丝束、钢丝绳索体可

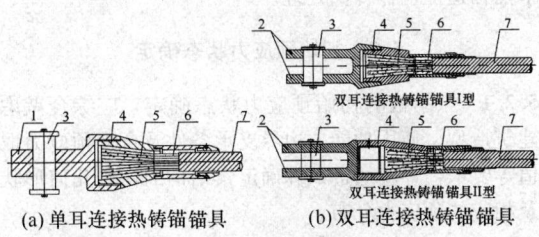

(a) 单耳连接热铸锚锚具　　(b) 双耳连接热铸锚锚具

1—单耳叉；2—双耳叉；3—销轴；4—锚环；5—热铸料；
6—高强钢丝；7—索体

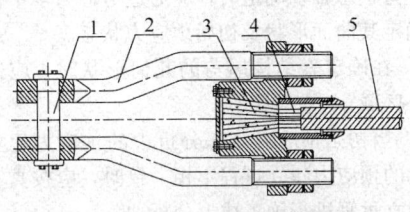

(c) 双螺杆连接热铸锚锚具

1—销轴；2—螺杆锚环；3—热铸料；4—高强钢丝；
5—索体

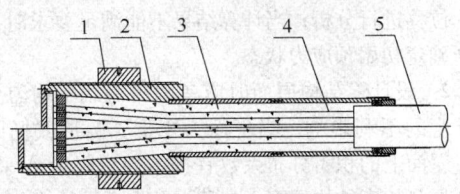

(d) 螺纹螺母连接冷铸锚锚具

1—螺母；2—锚环；3—冷铸料；4—高强钢丝；5—索体

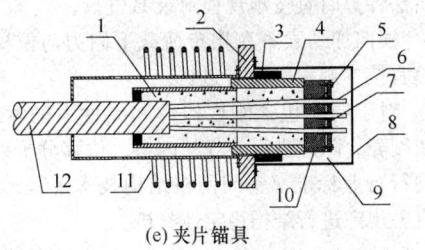

(e) 夹片锚具

1—环氧砂浆；2—垫板；3—螺母；4—支撑筒；5—夹片；
6—钢绞线；7—防松装置；8—保护罩；9—防腐油脂；
10—锚板；11—螺旋筋；12—索体

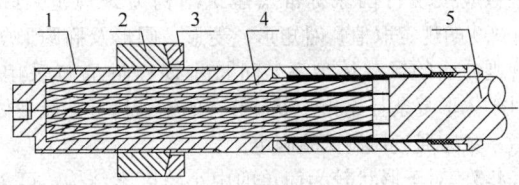

(f) 挤压锚具

1—锚固套；2—螺母；3—球垫；4—钢绞线；5—索体

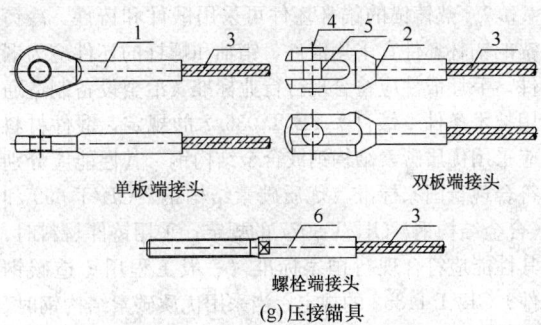

单板端接头　　　　　　双板端接头

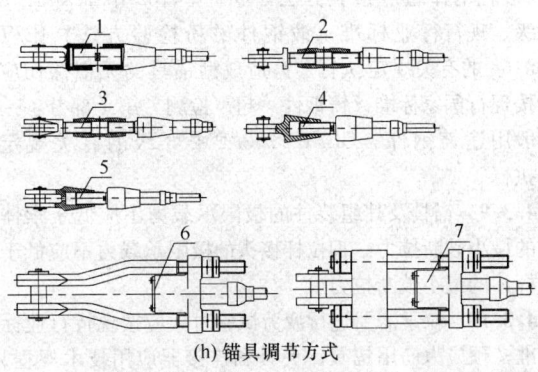

螺栓端接头

(g) 压接锚具

1—单板端接头；2—双板端接头；3—钢索；
4—端盖；5—销轴；6—螺栓端接头

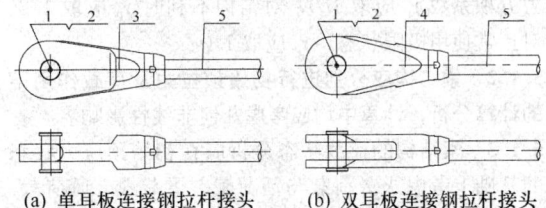

(h) 锚具调节方式

1—双耳双向螺杆调节型；2—单耳套筒调节型；
3—双耳套筒调节型；4—单耳单向螺杆调节型；
5—双耳单向螺杆调节型；6—双螺杆Ⅰ型；
7—双螺杆Ⅱ型

图 4.3.5　拉索锚具构造形式及调节方式

采用热铸锚锚具或冷铸锚锚具。钢绞线索体可采用夹
片锚具，也可采用挤压锚具或压接锚具。承受低应力
或动荷载的夹片锚具应有防松装置。

4.3.6　钢拉杆宜采用单耳板、双耳板或螺纹螺母连
接接头［图 4.3.6（a）、图 4.3.6（b）、图 4.3.6
（c）］，并宜采用连接器进行连接或调节［图 4.3.6
（d）］。

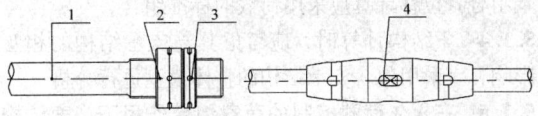

(a) 单耳板连接钢拉杆接头　　(b) 双耳板连接钢拉杆接头

1—销轴；2—端盖；3—单耳接头；4—双耳接头；5—杆体

(c) 螺纹螺母连接钢拉杆接头　　(d) 钢拉杆连接器

1—杆体；2—螺母；3—锁紧螺母；4—调节套筒

图 4.3.6　钢拉杆接头及连接构造形式

4.3.7 热铸锚的锚杯坯件可采用锻件和铸件，冷铸锚的锚杯坯件宜采用锻件，销轴和螺杆的坯件应为锻件。毛坯锻件应符合现行行业标准《冶金设备制造通用技术条件 锻件》YB/T 036.7 的规定，锻件材料应采用优质碳素结构钢或合金结构钢，其性能应分别符合现行国家标准《优质碳素结构钢》GB/T 699 和《合金结构钢》GB/T 3077 的规定；采用铸件材料时，其性能应符合现行国家标准《一般工程用铸造碳钢件》GB/T 11352 的规定；当采用优质碳素结构钢时，宜采用 45 号钢。

4.3.8 锻钢成型锚具的无损探伤应按现行国家标准《锻轧钢棒超声检验方法》GB/T 4162 中 A 级或 B 级、现行行业标准《锻钢件磁粉检验方法》JB/T 8468 的有关规定执行。铸造成型锚具的无损探伤应按现行国家标准《铸钢件 超声检测 第 1 部分：一般用途铸钢件》GB/T 7233.1 中 3 级的有关规定执行。

4.3.9 锚具及其组装件的极限承载力不应低于索体的最小破断拉力。钢拉杆接头的极限承载力不应低于杆体的最小破断拉力。

4.3.10 拉索需要进行疲劳试验时，应按现行行业标准《预应力筋用锚具、夹具和连接器应用技术规程》JGJ 85、《塑料护套半平行钢丝拉索》CJ 3058 有关规定执行，玻璃幕墙拉索压管接头的疲劳试验应按现行行业标准《建筑幕墙用钢索压管接头》JG/T 201 的有关规定执行。

5 设计与分析

5.1 设计基本规定

5.1.1 索结构设计应采用以概率理论为基础的极限状态设计方法，以分项系数设计表达式进行计算。对承载能力极限状态，当预应力作用对结构有利时预应力分项系数 γ_{pi} 应取 1.0，对结构不利时 γ_{pi} 应取 1.2。对正常使用极限状态，γ_{pi} 应取 1.0。

5.1.2 索结构应分别进行初始预拉力及荷载作用下的计算分析，计算中均应考虑几何非线性影响。

5.1.3 索结构的荷载状态分析应在初始预应力状态的基础上考虑永久荷载与活荷载、雪荷载、风荷载、地震作用、温度作用的组合，并应根据具体情况考虑施工安装荷载。拉索截面及节点设计应采用荷载的基本组合，位移计算应采用荷载的标准组合。

5.1.4 索结构计算时，应考虑其与支承结构的相互影响，宜采用包含支承结构的整体模型进行分析。

5.1.5 在永久荷载控制的荷载组合作用下，索结构中的索不得松弛；在可变荷载控制的荷载组合作用下，索结构不得因个别索的松弛而导致结构失效。

5.1.6 对于使用中需要更换拉索的情况，在计算和

节点构造上应作专门处理。

5.2 初始预应力状态确定

5.2.1 索结构的初始预应力状态确定，应综合考虑建筑造型、使用功能、边界支承条件及合理预应力取值等要求，并应通过试算确定索结构的初始几何形状及相应的预应力分布。

5.2.2 当索结构曲面形状简单且以受均布荷载为主时，宜通过解析方法确定其曲面形状及初始预应力状态；当索结构曲面形状复杂无法用解析函数表示且初始预应力状态难以确定时，应通过考虑力学平衡的方法来确定其曲面形状及初始预应力状态。

5.2.3 在确定索结构屋盖的几何形状时，应避免形成扁平区域。

5.2.4 当初始预应力状态分析中的预应力建立过程与实际的预应力建立过程不相一致时，应按真实的预应力建立过程进行施工成形分析。

5.3 静 力 分 析

5.3.1 索结构的静力分析应在初始预应力状态的基础上对结构在永久荷载与可变荷载组合作用下的内力、位移进行分析；当计算结果不能满足要求时，应重新确定初始预应力状态。

5.3.2 设计索结构屋面时应考虑雪荷载不均匀分布所产生的不利影响。当平面为矩形、圆形或椭圆形时，屋面上的积雪分布系数宜按本规程附录 A 采用。复杂形状的索结构屋面上的积雪分布系数应进行专门研究确定。

5.3.3 单索在任意连续分布荷载下的内力与位移采用解析法计算时宜按本规程附录 B 进行。

5.3.4 横向加劲索系在均布荷载下内力与位移的简化计算宜按本规程附录 C 进行。

5.3.5 对于同时包含刚性构件和柔性索的索结构，如张弦网壳，除应进行常规的内力、位移分析外，尚应按现行行业标准《空间网格结构技术规程》JGJ 7 中的有关规定进行结构稳定性分析。

5.4 风 效 应 分 析

5.4.1 索结构设计时应考虑风荷载的静力和动力效应。

5.4.2 对索结构进行风静力效应分析时，风载体型系数应按现行国家标准《建筑结构荷载规范》GB 50009 的规定取值；对矩形、菱形、圆形及椭圆形等规则曲面的风载体型系数可按本规程附录 D 采用；对体形复杂且无相关资料参考的索结构，其风载体型系数宜通过风洞试验确定。

5.4.3 对于形状较为简单的中小跨度索结构，可采用对平均风荷载乘风振系数的方法近似考虑结构的风动力效应。风振系数可取为：单索 1.2～1.5；索网

1.5～1.8；双层索系 1.6～1.9；横向加劲索系 1.3～1.5；其他类型索结构 1.5～2.0；其中，结构跨度较大且自振频率较低者取较大值。

5.4.4 对于满足下列条件之一的索结构，应通过风振响应分析确定风动力效应：

1 跨度大于 25m 的平面索网结构或跨度大于 60m 的其他类型索结构；

2 索结构的基本自振周期大于 1.0s；

3 体型复杂且较为重要的结构。

5.4.5 对于墙面或屋面开洞的非封闭式索结构，应根据具体情况考虑内压与结构外部风荷载的叠加效应。

5.5 地震效应分析

5.5.1 对于抗震设防烈度为 7 度及 7 度以上地区，索结构应进行多遇地震作用效应分析。

5.5.2 对于抗震设防烈度为 7 度或 8 度地区、体型较规则的中小跨度索结构，可采用振型分解反应谱法进行地震效应分析；对于其他情况，应考虑索结构几何非线性，采用时程分析法进行单维地震作用抗震计算，并宜进行多维地震效应时程分析。

5.5.3 采用时程分析法时，应按建筑场地类别和设计地震分组选用不少于两组的实际强震记录和一组人工模拟的加速度时程曲线，其平均地震影响系数曲线应与现行国家标准《建筑抗震设计规范》GB 50011 所给出的地震影响系数曲线在统计意义上相符。加速度时程曲线最大值应根据与抗震设防烈度相应的多遇地震的加速度时程曲线最大值进行调整，并应选择足够长的地震动持续时间。

5.5.4 在进行地震效应分析时，对于计算模型中仅含索元的结构阻尼比值宜取 0.01；对于由索元与其他构件单元组成的结构体系的阻尼比值应进行调整。

5.5.5 索结构抗震分析时，宜采用包括支承结构在内的整体模型进行计算；也可把支承结构简化为索结构的弹性支座，按弹性支承模型进行计算。支承结构应按有关规范进行抗震验算。

5.5.6 平行布置的单索及横向加劲索系索结构的自振频率与振型可按本规程附录 E 进行简化计算。

5.6 索截面计算

5.6.1 拉索的抗拉力设计值应按下式计算：

$$F = \frac{F_{tk}}{\gamma_R} \qquad (5.6.1)$$

式中：F——拉索的抗拉力设计值（kN）；

F_{tk}——拉索的极限抗拉力标准值（kN）；

γ_R——拉索的抗力分项系数，取 2.0；当为钢拉杆时取 1.7。

5.6.2 拉索的承载力应按下式验算：

$$\gamma_0 N_d \leqslant F \qquad (5.6.2)$$

式中：N_d——拉索承受的最大轴向拉力设计值（kN）；

γ_0——结构的重要性系数。

6 节点设计与构造

6.1 一 般 规 定

6.1.1 索结构节点构造应符合计算假定，应做到传力路线明确、确保安全并便于制作和安装。

6.1.2 索结构节点的钢材及节点连接件材料应按现行国家标准《钢结构设计规范》GB 50017 的规定选用。节点采用锻造、锻压、铸造或其他加工方法进行制作时，其材质应按现行国家标准《低合金高强度结构钢》GB/T 1591、《优质碳素结构钢》GB/T 699 的有关规定选用。

6.1.3 索结构节点的承载力和刚度应按现行国家标准《钢结构设计规范》GB 50017 的规定进行验算。索结构节点应满足其承载力设计值不小于拉索内力设计值 1.25～1.5 倍的要求。

6.1.4 索结构主要受拉节点的焊缝质量等级应为一级，其他的焊缝质量等级不应低于二级。

6.1.5 索结构节点的构造设计应考虑施加预应力的方式、结构安装偏差及进行二次张拉的可能性。

6.2 索与索的连接节点

6.2.1 双向拉索的连接（图 6.2.1-1）、拉索与柔性边索的连接（图 6.2.1-2）以及径向索与环索的连接（图 6.2.1-3）宜分别采用 U 形夹具、螺栓夹板或铸

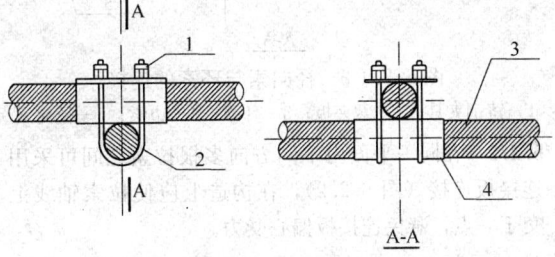

(a) 双向拉索的U形夹具连接
1—双螺帽；2—U形夹；3—拉索；4—厚铅皮

(b) 双向拉索的螺栓夹具连接
1—钢夹板；2—拉索；3—螺栓

图 6.2.1-1 双向拉索的连接

钢夹具。索体在夹具中不应滑移,夹具与索体之间的摩擦力应大于夹具两侧索体的索力之差,并应采取措施保证索体防护层不被挤压损坏。

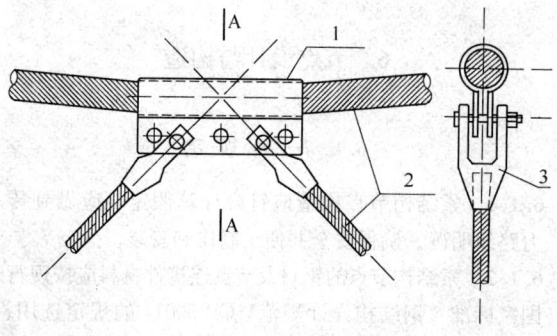

图 6.2.1-2　拉索与柔性边索的连接
1—钢夹板；2—拉索；3—锚具

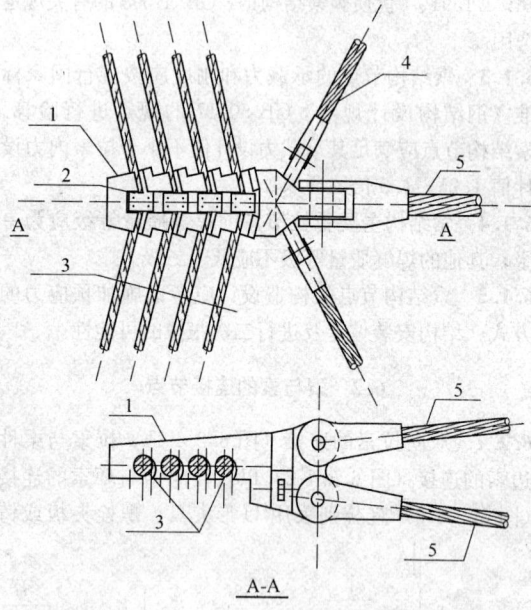

图 6.2.1-3　径向索与环索的连接
1—铸钢夹具；2—索夹板；3—环索；4—边索；5—径向索

6.2.2　在同一平面内不同方向多根拉索之间可采用连接板连接(图 6.2.2),在构造上应使拉索轴线汇交于一点,避免连接板偏心受力。

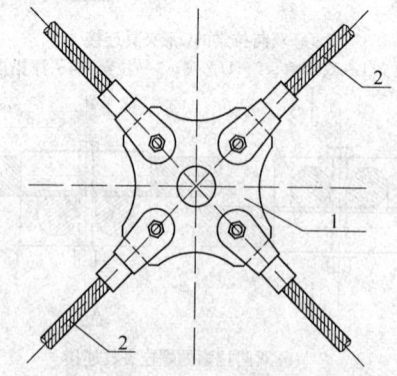

图 6.2.2　同一平面多根拉索连接板连接
1—连接钢板；2—拉索

6.3　索与刚性构件的连接节点

6.3.1　横向加劲系的拉索与作为横向加劲构件的桁架下弦的连接,可采用 U 形夹具,在构造上应满足桁架下弦与索之间可产生转角位移但不产生相对线位移的要求(图 6.3.1)。

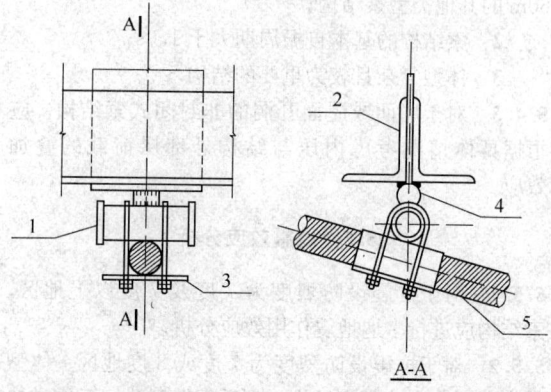

图 6.3.1　横向加劲索系的拉索与桁架下弦连接
1—圆钢管；2—桁架下弦；3—U 形夹具；4—圆钢；5—拉索

6.3.2　斜拉结构节点应由立柱(撑杆)、拉索及调节器构成,拉索与立柱(撑杆)可通过耳板连接。

6.3.3　张弦梁、张弦拱、张弦拱架结构的索、杆节点连接构造应满足索与撑杆之间可产生转角位移的要求。

6.3.4　张弦网壳结构下弦节点应由环索、斜索、撑杆构成,拉索与撑杆宜通过耳板连接(图 6.3.4)。

6.3.5　索穹顶结构上弦节点应由脊索、斜索、撑杆

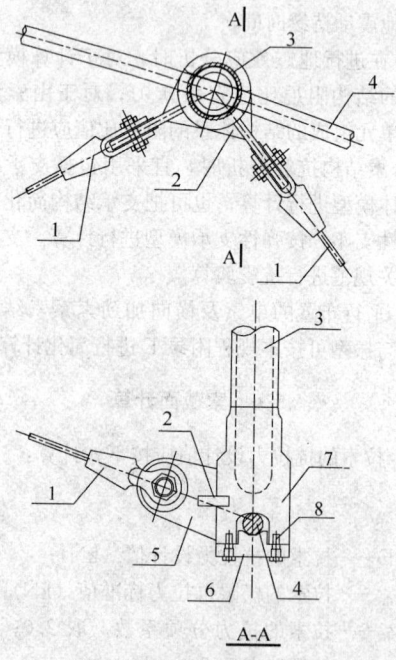

图 6.3.4　张弦网壳下弦拉索与撑杆连接节点
1—斜索；2—加劲肋；3—撑杆；4—环索；5—耳板；
6—索夹；7—铸钢节点；8—固定螺栓

构成，拉索与撑杆通过索夹具连接（图 6.3.5-1），索穹顶结构下弦节点应由环索、斜索、撑杆构成，环索与撑杆通过索夹具连接（图 6.3.5-2）。

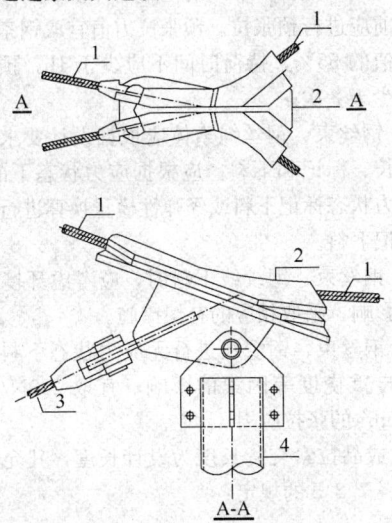

图 6.3.5-1 索穹顶上弦节点连接
1—脊索；2—索夹具；3—斜索；4—撑杆

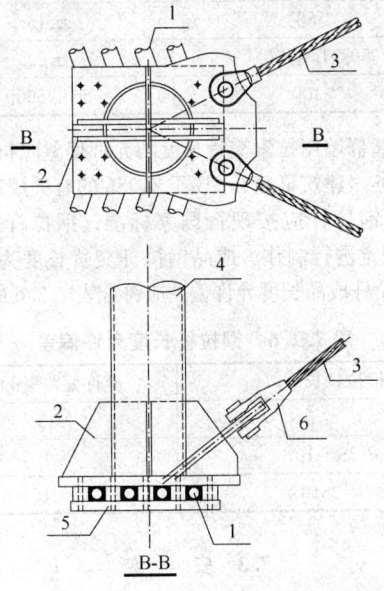

图 6.3.5-2 索穹顶下弦节点连接
1—环索；2—加劲肋；3—斜索；4—撑杆；
5—索夹具；6—锚具

6.4 索与支承构件的连接节点

6.4.1 拉索的锚固节点应采取可靠、有效的构造措施，保证传力可靠、减少预应力损失及施工便利；应保证锚固区的局部承压强度及刚度。

6.4.2 拉索与钢筋混凝土支承构件的连接宜通过预埋钢管或预埋锚栓将拉索锚固，拉索与钢支承构件的连接宜通过加肋钢板将拉索锚固，通过端部的螺母与螺杆调整拉索拉力。

6.4.3 可张拉的拉索锚具与支座的连接应保证张拉区有足够的施工空间，便于张拉施工操作。

6.5 索与屋面、玻璃幕墙和采光顶的连接节点

6.5.1 拉索与钢筋混凝土屋面板的连接宜采用连接板或钢筋钩连接（图 6.5.1-1），拉索与屋面钢檩条的连接宜采用夹具或螺栓夹具连接（图 6.5.1-2）。

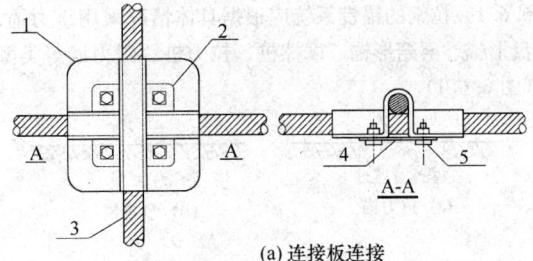

(a) 连接板连接
1—连接板；2—搭屋面板；3—拉索；4—厚垫板；5—固定螺栓

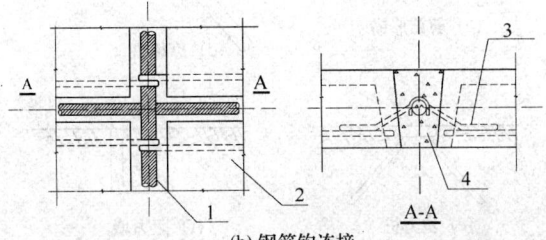

(b) 钢筋钩连接
1—拉索；2—混凝土屋面板；3—钢筋钩；4—混凝土填缝

图 6.5.1-1 拉索与钢筋混凝土屋面板的连接

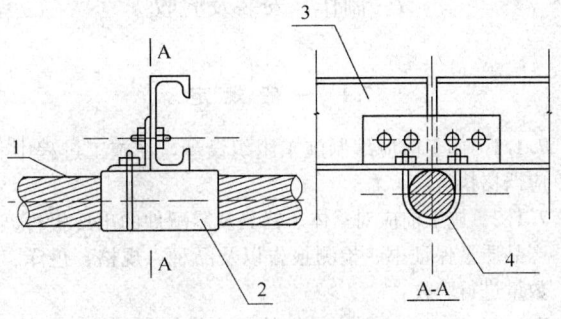

(a) U形夹具连接
1—拉索；2—厚铅皮；3—钢檩条；4—U形夹具

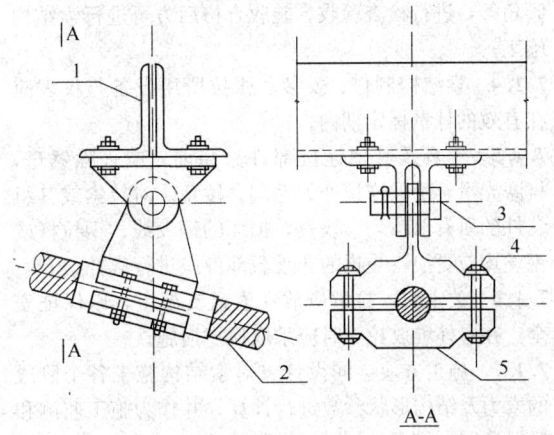

(b) 螺栓夹具连接
1—桁架式钢檩条；2—拉索；3—销轴；4—螺栓；5—铸钢夹具
图 6.5.1-2 拉索与屋面钢檩条的连接

6.5.2 拉索与玻璃幕墙和采光顶的连接节点除应满足传力可靠的要求外，还应同时满足与玻璃构件的连接要求。

6.6 锚锭系统

6.6.1 拉索的锚锭系统应根据具体情况采用重力锚、盘形锚、蘑菇形锚、摩擦桩、拉力桩、阻力墙等类型（图6.6.1）。

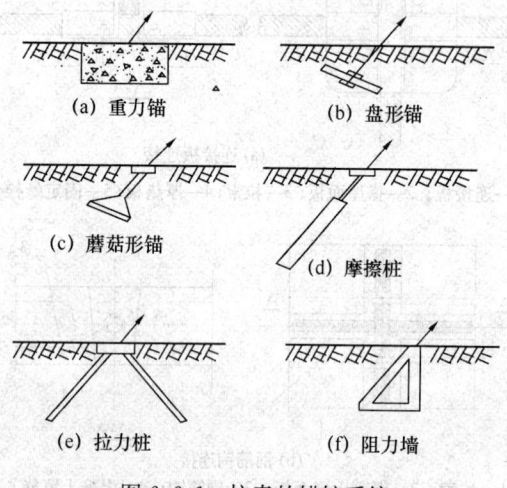

    (a) 重力锚   (b) 盘形锚

    (c) 蘑菇形锚   (d) 摩擦桩

    (e) 拉力桩   (f) 阻力墙

图 6.6.1 拉索的锚锭系统

7 制作、安装及验收

7.1 一般规定

7.1.1 施工前应编制施工组织设计，在施工过程中应严格执行。

7.1.2 施工前应对索体、锚具及零配件的出厂报告、产品质量保证书、检测报告以及品种、规格、色泽、数量进行验收。

7.1.3 施工前应对支承结构或边缘构件上用于拉索锚固的锚板、锚栓、孔道等的空间坐标、几何尺寸及倾角等，进行检查验收，验收合格后方可进行索结构施工。

7.1.4 索结构制作、安装、张拉所用设备与仪表应在有效的计量标定期内。

7.1.5 锚具及其他连接部件涂装前，应去除锈斑，打磨光滑，确保连接处无毛刺、棱角。对拉索或其组装件的所有部位均应检查，损坏的钢绞线、钢拉杆或钢丝均应更换，受损的非承载部件应进行修补。

7.1.6 放索时，拉索应放在索盘支架上，以保证安全。在室外堆放拉索时应采取保护措施。

7.1.7 施工方应会同设计方对索结构施工各个阶段的索力及结构形状参数进行计算，并作为施工监测和质量控制的依据。

7.1.8 施工完成后应采取保护措施，防止拉索被损坏。在拉索的周边不得进行焊接、切割等作业。

7.2 制 索

7.2.1 非低松弛索体（钢丝绳、不锈钢钢绞线等）在下料前应进行预张拉。预张拉值宜取钢索抗拉强度标准值的55%，持荷时间不应少于1h，预张拉次数不应少于2次。

7.2.2 钢丝束、钢丝绳索体应根据设计要求对索体进行测长、标记和下料。应根据应力状态下的索长，进行应力状态标记下料或经弹性模量换算进行无应力状态标记下料。

7.2.3 钢丝束、钢绞线下料时，应考虑环境温度对索长的影响，采取相应的补偿措施。

7.2.4 钢丝束、钢绞线进行无应力状态下料时，应考虑其自重挠度等因素的影响，宜取 $200N/mm^2 \sim 300N/mm^2$ 的张拉应力。

7.2.5 成品拉索交货长度为设计长度，其允许偏差应符合表7.2.5的规定：

表 7.2.5 拉索长度允许偏差

拉索长度 L（m）	允许偏差（mm）
≤50	±15
50<L≤100	±20
>100	±L/5000

    玻璃幕墙用拉索交货长度的允许偏差应符合现行国家标准《建筑幕墙》GB/T 21086的有关规定。

7.2.6 钢拉杆应按现行国家标准《钢拉杆》GB/T 20934规定进行制作。成品钢拉杆交货长度为设计长度，钢拉杆成品长度允许偏差应符合表7.2.6的规定。

表 7.2.6 钢拉杆长度允许偏差

单根拉杆长度（m）	允许偏差（mm）
≤5	±5
5~10	±10
>10	±15

7.3 安 装

7.3.1 拉索两锚固端间距的允许偏差应为 $L/3000$（L 为两锚固端的距离）和20mm两者之间的较小值。

7.3.2 拉索的安装工艺应满足整体结构对索的安装顺序和初始态索力的要求，并应计算出每根拉索的安装索力和伸长量。

7.3.3 拉索在安装过程中应采取有效措施防止损坏。

7.3.4 索结构安装时，应在相应工作面上设置安全网，作业人员应系安全带。

7.3.5 在户外作业时，宜在风力不大于四级的情况下进行。在安装过程中应注意风速和风向，应采取安全防护措施避免拉索发生过大摆动。有雷电时，应停止作业。

7.3.6 拉索在安装过程中，应防止雨水进入索体及锚具内部。

7.3.7 索夹安装时，应满足各施工阶段索夹拼装螺栓的拧紧力矩要求。

7.3.8 安装顺序宜先安装承重索，后安装稳定索，并应根据设计的初始几何形态曲面和预应力值进行调整。

7.3.9 各种屋面构件宜对称安装。

7.4 张拉及索力调整

7.4.1 拉索张拉前应进行预应力施工全过程模拟计算，计算时应考虑拉索张拉过程对预应力结构的作用及对支承结构的影响，应根据拉索的预应力损失情况确定适当的预应力超张拉值。

7.4.2 张拉前应对张拉系统的设备和仪表进行标定，标定时应由千斤顶主动顶加载试验设备，并应绘出图表供现场使用。

7.4.3 拉索张拉应遵循分阶段、分级、对称、缓慢匀速、同步加载的原则。

7.4.4 拉索张拉前应确定以索力控制为主或结构位移控制为主的原则。对结构重要部位宜同时进行索力和位移双控制；并应规定索力和位移的允许偏差。

7.4.5 拉索张拉过程中应检测并复核拉力、实际伸长量和油缸伸出量，每级张拉时间不应少于 0.5min，并应做好记录。记录内容应包括：日期、时间、环境温度、索力、索伸长量和结构位移的测量值。

7.4.6 由单根钢绞线组成的群锚，可逐根张拉拉索。

7.4.7 采用张拉设备施加预应力时，其作用点形心应经过拉索轴线。

7.4.8 拉索张拉时可直接用千斤顶与经校验的配套压力表监控拉索的张拉力。必要时，也可用其他测力装置同步监控拉索的张拉力。

7.4.9 悬索结构的拉索张拉尚应满足下列要求：

   1 张拉时，应综合考虑边缘构件及支承结构刚度与索力间的相互影响；

   2 拉索分阶段分级张拉时，应防止边缘构件与屋面构件变形过大；

   3 各阶段张拉后，应检查张拉力、拱度及挠度；张拉力允许偏差不宜大于设计值 10%，拱度及挠度允许偏差不宜大于设计值 5%。

7.4.10 斜拉结构的拉索张拉应考虑立柱、钢架和拱架等支承结构与被吊挂结构的变形协调以及结构变形对索力的影响，施工时应以结构关键点的变形量及索力作为主要施工监控内容。

7.4.11 张弦梁、张弦拱、张弦桁架的拉索张拉尚应满足下列要求：

   1 在钢结构拼装完成、拉索安装到位后，进行拉索预紧，预紧力宜取预应力状态索力的 10%～15%；

   2 张拉过程中应保证结构的平面外稳定。

7.4.12 张弦网壳结构的拉索张拉，应考虑多索分批张拉相互间的影响，单层网壳和厚度较小的双层网壳

的拉索张拉时，应注意防止结构的局部或整体失稳。

7.4.13 在索力、位移调整完成后，对于钢绞线拉索的夹片锚具应采取防松措施，使夹片在低应力状态下不至松动。对钢丝拉索端的连接螺纹应检查螺纹咬合丝扣数量和螺母外露丝扣长度是否满足设计要求，并应在螺纹上加装防松装置。

7.4.14 在玻璃幕墙、采光顶的拉索张拉施工完成后，在面板安装前可根据拉索的分布情况进行配重检测，配重量取 1.05 倍至 1.2 倍的面板自重。

7.4.15 拉索张拉时应考虑预应力损失，张拉端锚固压实内缩引起的预应力损失 σ_{l1} 应按下式计算：

$$\sigma_{l1} = \frac{a}{l}E \qquad (7.4.15)$$

式中：a——张拉端锚固压实内缩位移值，可按表 7.4.15 取值；

    E——索材料的弹性模量；

    l——拉索长度。

表 7.4.15　张拉端锚固压实内缩位移值 a

锚具类型		a (mm)
端部螺母连接锚具	螺母间隙	1
夹片式锚具	端部夹片有顶压	5
	端部夹片无顶压	6～8

7.5 防护要求

7.5.1 室外拉索应采取可靠的密封防水、防腐蚀和耐老化措施；室内拉索应采取可靠的防火措施和相应的防腐蚀措施。

7.5.2 索体采取普通防腐时，对高强钢丝或钢绞线应进行镀锌、镀铝锌、防锈漆、环氧喷涂处理或对索体包裹护套；索体采取多层防护时，对高强钢丝和钢绞线应经防腐蚀处理后再在索体外包裹护套，两端锚具应采用表面镀层防腐蚀或喷涂防腐涂料。

7.5.3 当拉索外露的塑料护套有耐老化要求时，应采用双层塑料护套，内层添加抗老化剂和抗紫外线成分，外层应满足建筑色彩要求。

7.5.4 索体防火宜采用钢管内布索、钢管外涂敷防火涂料保护的方法，当拉索外露的塑料护套有防火要求时，应在塑料护套中添加阻燃材料或外涂满足防火要求的特殊涂料。

7.6 维　护

7.6.1 拉索的维护应由工程承包单位会同设计、制作、安装单位共同编制维护手册，交业主在日常使用中执行。其余构件维护可按国家现行有关标准执行。

7.6.2 应定期检查拉索在使用过程中是否出现松弛现象，并应采用恰当措施予以张紧。

7.6.3 索体护套破损后所用的修补材料应与原护套材料一致，修补后的护套性能应与原性能一致。

7.7 验 收

7.7.1 索结构作为子分部工程，应按现行国家标准《钢结构工程施工质量验收规范》GB 50205 和本规程的规定，按制作分项工程、安装分项工程和索张拉分项工程分别进行验收。

7.7.2 验收应具备下列资料：

1 结构设计图、竣工图、图纸会审记录、设计变更文件、使用软件名称；

2 施工组织设计、技术交底记录；

3 产品质量保证书、产品出厂检验报告、制作工艺设计；

4 施工检验记录，隐蔽工程验收记录，加工、安装自检记录；千斤顶标定记录；拉索张拉及结构变位记录、张拉行程记录；

5 锚具无损探伤报告。

7.7.3 拉索制作分项工程应按下列规定进行验收：

1 主控项目

1）拉索外径允许偏差应按现行国家标准《斜拉桥热挤聚乙烯高强钢丝拉索技术条件》GB/T 18365 验收；

2）成品拉索长度允许偏差应符合本规程第7.2.5条的规定；

3）成品钢拉杆长度允许偏差应符合本规程第7.2.6条的规定；

4）索体材料及性能应符合本规程第4.2节的规定。

2 一般项目

1）索体表面应圆整、光洁、无损伤、无污垢、护套无破损；

2）锚具、销轴及其他连接件表面应无损伤；锚具护层不应存在破损、起皱、发白等情况，护层外观均匀有一定光泽。

7.7.4 索安装分项工程应按下列规定进行验收：

1 主控项目

1）安装完成的索力和垂度、拱度应符合设计要求；

2）拉索和其他结构构件连接的节点应符合设计要求；

3）所有锚具和其他连接件应符合设计要求。

2 一般项目

1）安装完成后，索体表面应圆整、光洁、无损伤、无污垢、护套无破损，如果护套存在破损，应作相应的修补；

2）安装完成后，锚具、销轴及其他连接件表面应无损伤；如果存在损伤，应作相应的修补。

7.7.5 拉索张拉分项工程应按下列规定进行验收：

1 主控项目

1）张拉完成后的拉索拉力和拱度、挠度应满足设计要求；

2）拉索和其他结构构件连接的节点应满足设计要求；

3）所有锚具和其他连接件应满足设计要求。

2 一般项目

1）张拉完成后，索体表面应圆整、光洁、无损伤、无污垢、护套无破损；

2）张拉完成后，锚具、销轴及其他连接件应无损伤；

3）张拉完成后结构变形均符合设计要求。

7.7.6 拉索张拉完成后，索体、锚具及其他连接件的永久性防护工程应满足设计要求。

附录 A 索结构屋面的雪荷载积雪分布系数

A.0.1 矩形、单曲下凹屋面，碟形屋面，伞形屋面，椭圆平面，马鞍形屋面的雪荷载积雪分布系数宜分别按图 A.0.1-1～图 A.0.1-4 采用。

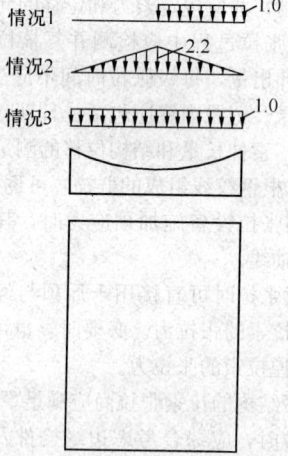

图A.0.1-1 矩形、单曲下凹屋面

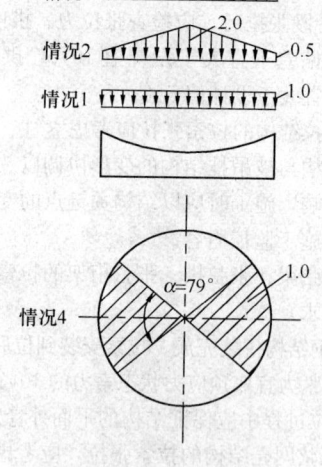

图 A.0.1-2 碟形屋面

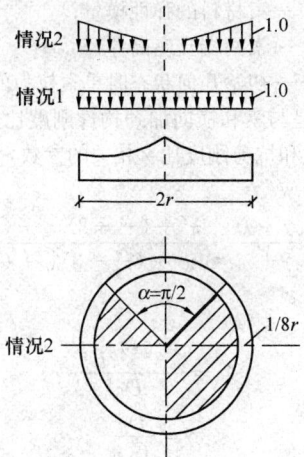

图 A.0.1-3 伞形屋面

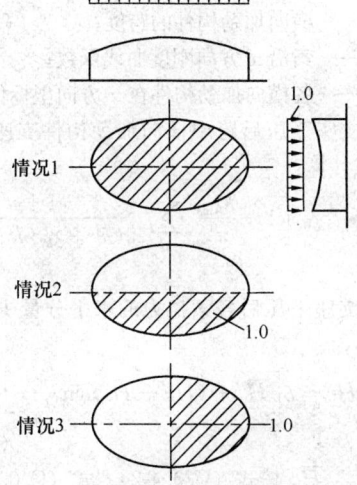

图 A.0.1-4 椭圆平面、马鞍形屋面

附录 B 单索在任意分布荷载下的解析法计算

B.0.1 在初始任意分布荷载 $q_0(x)$ 下，单索的初始几何形态宜按下式计算（图 B.0.1）：

$$z_0(x) = \frac{M(x)}{H_0} + \frac{a_0}{l}x \qquad (\text{B}.0.1)$$

式中：l——单索跨度；

a_0——单索两端支座高差；

x——水平坐标；

$M(x)$——跨度等于索跨度的简支梁在 $q_0(x)$ 荷载下的弯矩函数；

H_0——初始几何状态时单索拉力的水平分量。

B.0.2 当分布荷载由初始 $q_0(x)$ 增加到 $q_L(x)$ 时，单索的拉力水平分量可按下式计算（图 B.0.2）。

$$H_L^3 + \left[\frac{EA}{2lH_0^2}\int_0^l V_0^2(x)\mathrm{d}x - H_0 - \frac{EA(a_t^2-a_0^2)}{2l^2}\right.$$

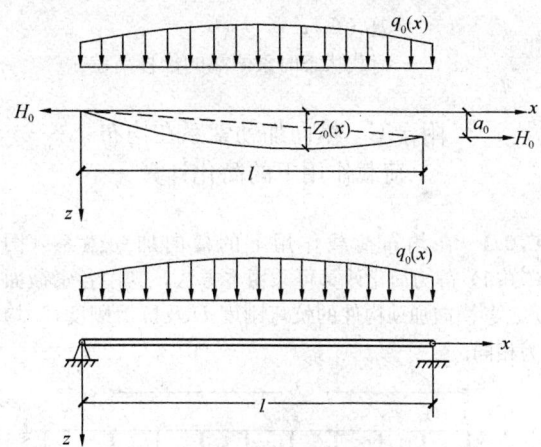

图 B.0.1 初始几何形态时单索在分布荷载下的计算简图

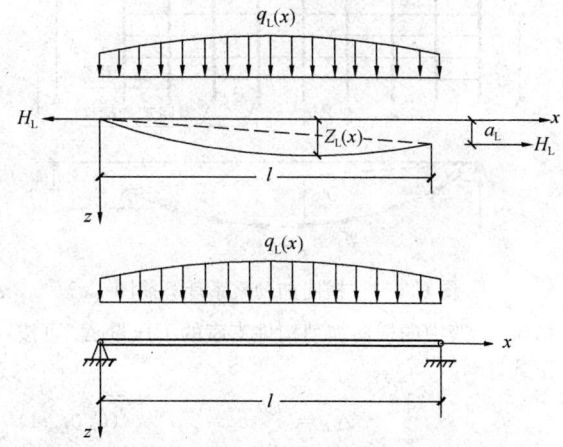

图 B.0.2 荷载状态时单索在分布荷载下的计算简图

$$\left.- \frac{EA(u_r-u_L)}{l} + EA\alpha\Delta t\right]H_L^2 - \frac{EA}{2l}\int_0^l V_t^2(x)\mathrm{d}x = 0$$

$$(\text{B}.0.2\text{-}1)$$

单索的几何形态可按下式计算：

$$Z_L(x) = \frac{M_L(x)}{H_L} + \frac{q_t}{l}x \qquad (\text{B}.0.2\text{-}2)$$

式中：H_L——荷载状态时单索拉力的水平分量；

$V_0(x)$——跨度等于索跨度的简支梁相应在 $q_0(x)$ 荷载下的剪力函数；

$V_t(x)$——跨度等于索跨度的简支梁相应在 $q_L(x)$ 荷载下的剪力函数；

$M_L(x)$——跨度等于索跨度的简支梁在 $q_L(x)$ 荷载下的简支梁弯矩；

$Z_L(x)$——单索几何形状坐标；

A——单索的截面面积；

E——索材料的弹性模量；

u_L、u_r——由初始状态到荷载状态时单索的左、右两端支座水平位移；

α——索材料的线膨胀系数；

Δt——索由初始状态到荷载状态时的温

差（℃）；

a_t——荷载状态时索两端的位移高差。

附录 C 横向加劲索系在均布荷载作用下的简化计算

C. 0.1 在均布荷载作用下的横向加劲索系（图 C. 0.1）静力简化计算可采用本方法，其中各索截面 A、各横向加劲构件的抗弯刚度 D 及抗剪刚度 G_s 均为相同。

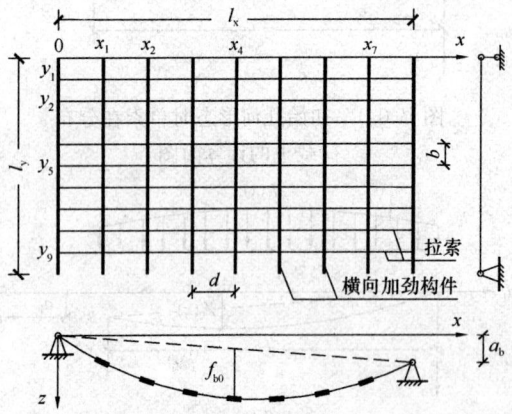

图 C. 0.1 横向加劲索系计算简图

C. 0.2 跨中的横向加劲构件支座的下压量 Δ_m 可按下式计算：

$$\Delta_m = \frac{q_d b}{2} w_1 \qquad (C. 0.2\text{-}1)$$

其他第 i 榀横向加劲构件支座的下压量 Δ_i 可按下式计算：

$$\Delta_i = \Delta_m \frac{4x(l_x - x)}{l_x^2} \beta_i \qquad (C. 0.2\text{-}2)$$

式中：q_d——均布面荷载设计值；

　　w_1——单索在单位荷载作用下的跨中挠度值，由式（C. 0.2-3）计算；

　　β_i——参数，按式（C. 0.2-6）计算；

　　l_x——拉索的跨度；

　　b——拉索间距。

式（C. 0.2-1）、式（C. 0.2-2）中的计算参数可按下列规定计算确定：

1 单索在单位荷载作用下的跨中挠度值 w_1 可按下列公式计算：

$$w_1 = \frac{3 l_x^4 \alpha}{128 f_{b0} EA \mu} \qquad (C. 0.2\text{-}3)$$

$$\alpha = 1 + \frac{16 f_{b0}^2}{3 l_x^2} + \frac{a_b^2}{l_x^2} \qquad (C. 0.2\text{-}4)$$

$$\mu = 1 + \frac{3 H_0 l_x^2}{16 EA f_{b0}^2} \qquad (C. 0.2\text{-}5)$$

式中：f_{b0}——支座下压前索的初始垂度；

　　A——单索的截面积；

E——索材料的弹性模量；

　　α_b——索两端支座高差；

　　H_0——初始几何状态时单索拉力的水平分量。

2 β_i 是与索和横向加劲构件刚度比 λ_i 及加劲构件抗弯刚度和抗剪刚度比 γ 相关的参数，按下列公式计算：

$$\beta_i = \frac{1 + \lambda_i \gamma + \lambda_i}{1 + \lambda_m \gamma + \lambda_m} \cdot \frac{\pi^2 + (\pi^2 - 8)\lambda_m + (\pi^2 - 8)\lambda_m \gamma}{\pi^2 + (\pi^2 - 8)\lambda_i + (\pi^2 - 8)\lambda_i \gamma}$$

$$(C. 0.2\text{-}6)$$

$$\lambda_i = \frac{K_i(x) \dfrac{d}{b} l_y^4}{D \pi^4} \qquad (C. 0.2\text{-}7)$$

$$\gamma = \frac{D \pi^2}{G_s l_y^2} \qquad (C. 0.2\text{-}8)$$

$$K_i(x) = \frac{l_x^2}{4 w_1 x(l_x - x)} \qquad (C. 0.2\text{-}9)$$

式中：d——横向加劲构件的间距；

　　l_y——横向加劲构件的跨度；

　　$K_i(x)$——索沿 x 方向刚度曲线函数；

　　x——各横向加劲构件在 x 方向坐标位置。

C. 0.3 支座下压后跨中横向加劲构件支座反力 R_m 可按下式计算：

$$R_m = \frac{d}{2 w_1 b} l_y \Delta_m \left[1 - \frac{8 \lambda_m}{\pi^2} \sum_{n=1,3,5\cdots} \frac{1 + n^2 \gamma}{(n^4 + \lambda_m \gamma n^2 + \lambda_m) n^2} \right]$$

$$(C. 0.3)$$

C. 0.4 支座下压后各索拉力的水平分量 H_j 可按下式计算：

$$H_j = b \left[\overline{H}_0 + (\overline{H}_m - \overline{H}_0) \sin \frac{\pi}{l_y} y \right]$$

$$(C. 0.4\text{-}1)$$

式中：$\overline{H}_0$、$\overline{H}_m$ 按式（C. 0.4-2）、式（C. 0.4-3）、式（C. 0.4-4）计算。当计算 $\overline{H}_0$ 时应取 $y=0$；当计算 $\overline{H}_m$ 时应取 $y = \dfrac{l_y}{2}$；

$$\overline{H}_j = \frac{(q_{d0} + \Delta q_j) l_x^2}{8(f_{b0} + w_j)} \qquad (C. 0.4\text{-}2)$$

$$\Delta q_j = \frac{64 EA\alpha}{3 l_x^4 b} \left[w_j^3 + 3 f_{b0} w_j^2 + \left(2 f_{b0}^2 + \frac{3 l_x^2}{8 EA} \overline{H}_0 b\alpha \right) w_j \right]$$

$$(C. 0.4\text{-}3)$$

$$w_j = \Delta_m + \frac{4}{\pi} \left(\frac{q_{d0} \cdot d \cdot l_y^2}{D \pi^4} \right.$$

$$\left. - \lambda_m \Delta_m \sum_{n=1,3,5\cdots} \frac{1 + n^2 \gamma}{n(n^4 + \lambda_m \gamma n^2 + \lambda_m)} \sin \frac{n\pi}{l_y} y \right)$$

$$(C. 0.4\text{-}4)$$

$$j = 0, \ m$$

式中：q_{d0}——初始几何状态时均布荷载设计值。

C. 0.5 支座下压后及均布荷载下索拉力的水平分量 H_j 应按本规程式（C. 0.4-1）、式（C. 0.4-2）、式（C. 0.4-3）、式（C. 0.4-4）计算，其中 q_{d0} 应按 q_d

取用。

C.0.6 支座下压后均布荷载作用下，横向加劲索系几何曲面函数 $Z(x,y)$ 可按下式确定：

$$Z(x,y) = \frac{4(f_{b0}+\Delta_m)(l_x-x)x}{l_x^2}\left(1+\frac{w_m-\Delta_m}{f_{b0}+\Delta_m}\sin\frac{\pi}{l_y}y\right)$$

(C.0.6)

C.0.7 横向加劲构件在支座下压后和均布荷载作用下的弯矩函数可按下式计算：

$$M_i(y) = \frac{4K_i(x)\dfrac{d}{b}l_y^2}{\pi^3}\Delta_i\sum_{i=1,3,5,\ldots}^{\infty}\frac{n}{n^4+\lambda_i\gamma n^2+\lambda_i}\sin\frac{n\pi}{l_y}y$$

(C.0.7)

附录 D 索结构屋面的风载体型系数

表 D 索结构屋面的风载体型系数

项次	平面体型	体型系数 μ_s		
1	矩形平面单曲下凹屋面	$\dfrac{f_b}{L}=\dfrac{1}{20}-\dfrac{1}{10}$	−1.75；0.30 ←0.4L→←0.6L→	
2	圆形平面碟形屋面	$\dfrac{f_b}{D}=\dfrac{1}{20}-\dfrac{1}{10}$	−1.00；−0.40 ←0.5L→←0.5L→	
3	圆形平面伞形屋面	$\dfrac{a_b}{D}=\dfrac{1}{20}-\dfrac{1}{10}$	−1.30；−0.30；0.00 ←D→	
4	菱形平面马鞍形屋面		0.2；0.2L₂；0.2L₂ 0.6L₂；0.2L₂ 0.06L₂；−2.7 −0.4；−0.8；−0.4 0.15L₁ 0.70L₁ 0.15L₁ 1—低点；2—高点	

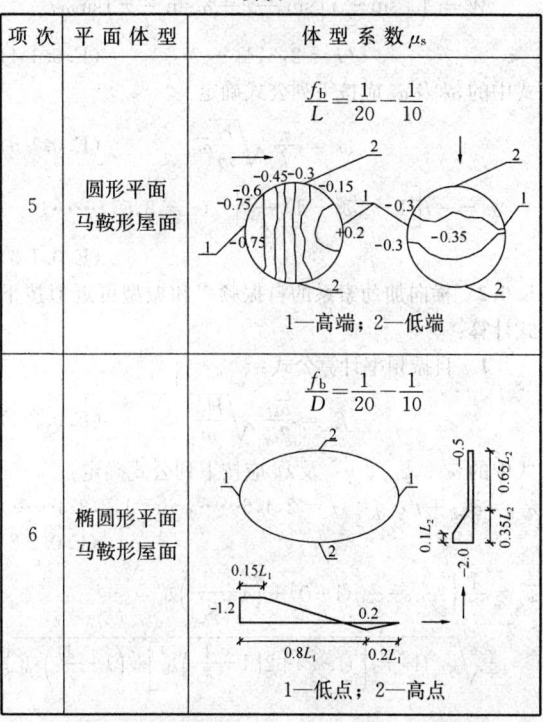

续表 D

项次	平面体型	体型系数 μ_s
5	圆形平面马鞍形屋面	$\dfrac{f_b}{L}=\dfrac{1}{20}-\dfrac{1}{10}$ −0.45；−0.3；0.15；2；−0.6；−0.75；0.2；−0.75；2；1；−0.3；−0.35；−0.3 1—高端；2—低端
6	椭圆形平面马鞍形屋面	$\dfrac{f_b}{D}=\dfrac{1}{20}-\dfrac{1}{10}$ −0.5；0.65L₂；0.35L₂；0.1L₂；−2.0；2；1；1；2 0.15L₁；−1.2；0.8L₁；0.2L₁ 1—低点；2—高点

注：D 为圆形平面的直径；L 为索的跨度；a_b 为承重索和稳定索的两端支座高差；f_b 为承重索的垂度。

附录 E 单索及横向加劲索系的结构自振频率和振型简化计算

E.0.1 平行布置的单索的自振频率和振型可近似按下式计算：

1 自振频率计算公式：

$$f_i = \frac{\bar{\omega}_i}{2l}\sqrt{\frac{H}{m}}$$

(E.0.1-1)

式中的 $\bar{\omega}_i^2$ 应按下式确定：

当 $i=2,4,6\cdots\cdots$ 时：

$$\bar{\omega}_i^2 = i^2$$

(E.0.1-2a)

当 $i=1,3,5\cdots\cdots$ 时：

$$\bar{\omega}_i^2 = \frac{1}{2}\left\{1+i^2+\left(1+\frac{1}{i^2}\right)\lambda\right.$$
$$\left.\pm\sqrt{(1-i^2)\left[(1-i^2)+2\left(1-\frac{1}{i^2}\right)\lambda\right]+\left(1+\frac{1}{i^2}\right)^2\lambda^2}\right\}$$

(E.0.1-2b)

按式（E.0.1-2）计算 $\bar{\omega}_i$ 时，将出现两个频率解，当该对称振型的两个频率解均在前后两个反对称振型频率之间时，该对称振型的两个频率解均为真实解，否则只有一个真实解。

式（E.0.1-2）中的 λ 应按下式确定：

$$\lambda = \frac{512EAf^2}{\pi^4 l^2 H}$$

(E.0.1-3)

2 振型计算公式：

$$W = \left(\left| \sin \frac{\pi}{2} i \right| \sin \frac{\pi}{l} x + \alpha_i \sin \frac{i\pi}{l} x \right) \sin \omega_i t$$
$$(i = 2,3,4\cdots\cdots) \qquad (E.0.1\text{-}4)$$

式中的 ω_i 及 α_i 应按下列公式确定：

$$\omega_i = \frac{\pi}{l} \sqrt{\frac{H}{m}} \overline{\omega}_i \qquad (E.0.1\text{-}5)$$

$$\alpha_i = -i \left[1 - (\overline{\omega}_i^2 - 1) \frac{1}{\lambda} \right] \quad (i = 3,5,7\cdots\cdots)$$
$$(E.0.1\text{-}6)$$

E.0.2 横向加劲索系的自振频率和振型可近似按下式计算：

1 自振频率计算公式：

$$f_{ij} = \frac{\overline{\omega}_{ij}}{2l_x} \sqrt{\frac{H_m}{m}} \qquad (E.0.2\text{-}1)$$

式中的 $\overline{\omega}_{ij}^2$、$\varphi_{1,j}$、$\varphi_{2,j}$ 及 λ_b 应按下列公式确定：

$$\overline{\omega}_{ij}^2 = \varphi_{1,j} + i^2 \varphi_{2,j} \quad (i = 2,4,6\cdots\cdots, j = 1,2,3,4\cdots\cdots)$$
$$(E.0.2\text{-}2)$$

$$\overline{\omega}_{ij}^2 = \frac{1}{2} \left\{ 2\varphi_{1,j} + \varphi_{2,j}(1+i)^2 + \left(1 + \frac{1}{i^2}\right)\lambda_b \right.$$
$$\left. \pm \sqrt{\varphi_{2,j}(1-i^2)\left[(1-i^2) + 2\left(1-\frac{1}{i^2}\right)\lambda_b\right] + \left(1+\frac{1}{i^2}\right)^2 \lambda_b^2} \right\}$$

$$(i = 3,5,7\cdots\cdots, j = 1,2,3\cdots\cdots) \qquad (E.0.2\text{-}3)$$

$$\varphi_{1,j} = D_t \left(\frac{l_x}{\pi}\right)^2 \left(\frac{j\pi}{l_y}\right)^4 \frac{1}{H_m},$$
$$\varphi_{2,j} = \left(H_0 + \frac{(H_m - H_0)8j^2}{\pi(4j^2-1)} \right) \frac{1}{H_m}$$
$$(E.0.2\text{-}4)$$

$$\lambda_b = \frac{512EA_b(f_{s0} + \Delta m)^2}{\pi^4 l_x^2 H_m} \left[1 + \left(\frac{\Delta f}{f_{s0} + \Delta m}\right) \frac{16j^2}{(4j^2-1)} \right]$$
$$(E.0.2\text{-}5)$$

按式（E.0.2-3）计算 $\overline{\omega}_{ij}$ 时，将出现两个频率解，当该对称振型的两个频率解均在前后两个反对称振型频率之间时，该对称振型的两个频率解均为真实解，否则只有一个真实解。

2 振型计算公式：
$$W = \left(\left| \sin \frac{\pi}{2} i \right| \sin \frac{\pi}{l_x} x + \alpha_{ij} \sin \frac{i\pi}{l_x} x \right) \sin \frac{j\pi}{l_y} y \sin \omega_{ij} t$$
$$(i = 2,3,4\cdots\cdots, j = 1,2,3\cdots\cdots)$$
$$(E.0.2\text{-}6)$$

式中的 ω_{ij} 及 α_{ij} 应按下列公式确定：

$$\omega_{ij} = \frac{\pi}{l_x} \sqrt{\frac{H_m}{m}} \overline{\omega}_{ij} \qquad (E.0.2\text{-}7)$$

$$\alpha_{ij} = -i \left[1 - (\overline{\omega}_{ij}^2 - \varphi_{1,j} - \varphi_{2,j}) \frac{1}{\lambda_b} \right]$$
$$(i = 3,5,7\cdots\cdots, j = 1,2,3\cdots\cdots)$$
$$(E.0.2\text{-}8)$$

式中： A、A_b ——单索、单位宽度承重索的截面面积；

    D_t ——单位宽度横向加劲构件的抗弯刚度；

E ——索材料的弹性模量；

f_i、f_{ij} ——索结构的自振频率；

f ——单索的垂度；

f_{s0} ——横向加劲索系支座下压前索的初始垂度；

H ——单索拉力的水平分量；

H_0、H_m ——横向加劲索系的单位宽度边索索力与跨中索力；

l、l_x、l_y ——单索、沿承重索或横向加劲构件方向的跨度；

m ——单位面积的质量；

W ——索结构振型；

Δf ——横向加劲索系跨中加劲构件的跨中挠度；

Δm ——横向加劲索系跨中加劲构件支座下压量；

α_i ——索结构对称振型组合系数；

$\varphi_{1,j}$、$\varphi_{2,j}$ ——横向加劲索系加劲构件刚度参数与索力分布参数；

λ、λ_b ——单索、承重索的索结构参数；

$\overline{\omega}_i$、$\overline{\omega}_{ij}$ ——无量纲化圆频率；

ω_i、ω_{ij} ——圆频率。

本规程用词说明

1 为便于在执行本规程条文时区别对待，对要求严格程度不同的用词说明如下：

 1） 表示很严格，非这样做不可的：

  正面词采用"必须"，反面词采用"严禁"；

 2） 表示严格，在正常情况下均应这样做的：

  正面词采用"应"，反面词采用"不应"或"不得"；

 3） 表示允许稍有选择，在条件许可时首先这样做的：

  正面词采用"宜"，反面词采用"不宜"；

 4） 表示有选择，在一定条件下可以这样做的，采用"可"。

2 条文中指明应按其他有关标准执行的写法为"应符合……的规定"或"应按……执行"。

引用标准名录

1 《建筑结构荷载规范》GB 50009

2 《建筑抗震设计规范》GB 50011

3 《钢结构设计规范》GB 50017

4 《钢结构工程施工质量验收规范》GB 50205

5 《优质碳素结构钢》GB/T 699

6 《低合金高强度结构钢》GB/T 1591

7 《合金结构钢》GB/T 3077

8 《锻轧钢棒超声检验方法》GB/T 4162

9 《预应力混凝土用钢绞线》GB/T 5224

10 《铸钢件 超声检测 第1部分：一般用途铸钢件》GB/T 7233.1

11 《不锈钢丝绳》GB/T 9944

12 《一般工程用铸造碳钢件》GB/T 11352

13 《预应力筋用锚具、夹具和连接器》GB/T 14370

14 《桥梁缆索用热镀锌钢丝》GB/T 17101

15 《斜拉桥热挤聚乙烯高强钢丝拉索技术条件》GB/T 18365

16 《一般用途钢丝绳》GB/T 20118

17 《钢拉杆》GB/T 20934

18 《建筑幕墙》GB/T 21086

19 《空间网格结构技术规程》JGJ 7

20 《预应力筋用锚具、夹具和连接器应用技术规程》JGJ 85

21 《建筑用不锈钢绞线》JG/T 200

22 《建筑幕墙用钢索压管接头》JG/T 201

23 《锻钢件磁粉检验方法》JB/T 8468

24 《桥梁缆索用高密度聚乙烯护套料》CJ/T 297

25 《塑料护套半平行钢丝拉索》CJ 3058

26 《冶金设备制造通用技术条件 锻件》YB/T 036.7

27 《高强度低松弛预应力热镀锌钢绞线》YB/T 152

28 《镀锌钢绞线》YB/T 5004

29 《密封钢丝绳》YB/T 5295

中华人民共和国行业标准

索结构技术规程

JGJ 257—2012

条 文 说 明

制 订 说 明

《索结构技术规程》JGJ 257-2012，经住房和城乡建设部 2012 年 3 月 1 日以第 1323 号公告批准、发布。

本规程编制过程中，编制组进行了系统广泛的调查研究，总结了我国索结构结构工程设计及施工中的实践经验，同时参考有关国内标准，并在广泛征求意见的基础上编制了本规程。

为了便于广大设计、施工、科研、学校等单位有关人员在使用本规程时能正确理解和执行条文规定，《索结构技术规程》编制组按照章、节、条顺序编制了本规程的条文说明，对条文规定的目的、依据以及执行中需注意的有关事项进行了说明，还着重对强制性条文的强制性理由进行了解释。但是，本条文说明不具备和规程正文同等的法律效应，仅供使用者作为理解和把握规程中有关规定的参考。

目　次

1 总　则

1.0.1　本规程所称的"索结构"是指在建筑结构的屋盖（含采光顶）和玻璃幕墙中所广泛采用的以索作为主要受力构件的结构形式，并将其归纳为悬索结构、斜拉结构、张弦结构和索穹顶。

3 基本规定

3.1 结构选型

3.1.1　本条指明了几个影响索结构形式的主要因素，并强调了结构的整体刚度和稳定。

3.1.2　本条是综合考虑索结构受力特点、组成形式等因素进行的分类，基本涵盖了目前屋盖用索结构的所有形式，其中对传统的悬索结构又进行了细分。

3.1.3　单索易在不对称性荷载下产生机构性位移，抗负风压的能力也很差。采用重型屋面是解决问题的一个途径。

3.1.4　索网由相互正交和曲率相反的承重索和稳定索组成，形成负高斯曲率的曲面。在施加一定的预应力后，索网可以具有很大的刚度，可采用轻型屋面。

3.1.5　双层索系的承重索、稳定索、受压撑杆和拉索一般布置在同一竖向平面内。由于其外形与受力特点与传统平面桁架相似，所以又被称为"索桁架"。双层索系的布置方式取决于建筑平面。在施加预应力后，稳定索可以和承重索一起抵抗竖向荷载作用，从而使体系的刚度得到加强，它同时具有良好的形状稳定性，可采用轻型屋面。

3.1.6　设置横向加劲构件是改善单层索系工作性能的一种方法。横向加劲构件可采用梁或桁架，它们与索垂直相交并设置于索上。开始安装时，横向加劲构件的两端支座与支承之间空开一段距离，然后对两端支座下压而产生强迫位移，从而在结构中建立预应力。这时横向加劲构件呈反拱状态，承受负弯矩。施加荷载后，跨中挠度逐步增加，横向加劲构件也转而承受正弯矩。实践表明，通过下压支座而建立的预应力，使横向加劲构件与索共同受力，并大大增加了屋盖结构的刚度，尤其是在承受不均匀分布荷载时，横向加劲构件能有效地分担和传递荷载。当建筑物平面形状为方形、矩形或多边形时，横向加劲索系是一种适宜采用的结构体系。

3.1.7　为抵抗风的上吸力作用，必要时宜设置斜拉结构的下拉防风索。

3.1.8　张弦结构是由刚度较大的刚性构件与柔性的"弦"、连接二者的撑杆组成。由于索的参与，张弦结构的整体刚度远大于单纯刚性构件的刚度。

　　张弦网壳亦称弦支穹顶。

3.1.9　索穹顶是一种索系支承式结构。此时，空间索系是主要承重结构，而膜材主要起围护作用。从受力特点看，索穹顶是一种特殊形式的双层空间索系。梯形索穹顶由美国盖格（D. Geiger）首先提出，其中脊索与斜索、撑杆位于同一竖直平面内，脊索呈辐射状布置，环索将同一圈撑杆的下端连成一体，膜材覆盖在脊索上，谷索布置在相邻脊索之间并用于将膜材张紧。联方形索穹顶由美国李维（M. Levy）首先提出，其中脊索被布置成联方型网格的形式，不设谷索。

3.2 结构设计

3.2.1　在选择索的形式时，应综合考虑结构特点、力学性能、施工难易、造价等多种因素。其中，劲性索在保持抗拉结构充分利用材料强度这一优点的同时，还可改善结构的形状稳定性。

3.2.2　预应力的大小与分布对索结构的刚度具有重要影响，对索结构施加预应力是施工的重要环节。根据不同的结构形式，本条给出了几种常用的、行之有效的施加预应力方法。在具体实践时，应结合结构特点及计算结果灵活选择或采取其他有效方法。

3.2.5～3.2.8　对于悬索结构来说，索的垂度与跨度之比是十分重要的参数。一般地，在同等条件下，此比值越小，结构的形状稳定性及刚度越差，索的拉力也越大；反之，结构性态得以改善，但结构所占空间也有所加大。本规程中对各种悬索体系的规定取自国内外工程实践的经验，可作为设计时参考。

3.2.13　索结构属于柔性结构，只有在对其施加一定的预应力后，索结构才能具有必要的刚度和有效地承受荷载，因此本条规定除单索外的其他索结构跨中竖向位移均由初始预应力状态位置算起。跨中竖向位移与跨度之比的限值 1/250 系参考现行行业标准《空间网格结构技术规程》JGJ 7确定，从国内若干已建成的悬索结构可知，当索结构按满足承载能力极限状态要求选定几何尺寸及索截面后，一般均能满足本条规定的结构刚度要求。

　　对于单索结构，考虑到一般均采用钢筋混凝土屋面板等重屋面，在屋面板上加荷并浇筑板缝，然后卸载建立预应力，所以本条规定单索跨中竖向位移自初始几何状态位置算起。

4 索体与锚具

4.1 一般规定

4.1.1　本条说明了拉索的基本组成形式。

4.1.2　本条列出了目前常用索体形式，如钢丝束、钢绞线、钢丝绳或钢拉杆形式，其他新型索体如碳纤维拉索等，待研究推广及应用到一定程度后再列入。

钢丝束、钢绞线、钢丝绳可用于不同长度、不同索力和不同工作环境条件。由一组单根钢绞线组成的群锚钢绞线拉索安装方便，适用于小型设备高空作业。钢拉杆主要优点为不易燃、耐久、耐腐蚀，可用于室内或室外，钢拉杆受制造能力限制，一般10m左右设置一个接头，可利用正反牙套筒接长。

4.1.3 本条说明了确定拉索两端锚具构造形式的主要因素。

4.1.4 长度大于50m的拉索要考虑风振和雨振的影响。拉索的减振措施可参考桥梁斜拉索的做法。

4.2 索体材料与性能

4.2.1 在索结构中最常用的是半平行钢丝束，它由若干根高强度钢丝采用同心绞合方式一次扭绞成型，捻角2°～4°，扭绞后在钢丝束外缠高强缠包带，缠包层应齐整致密、无破损；然后热挤高密度聚乙烯（HDPE）护套。钢丝拉索的HDPE护套分为单层和双层。双层HDPE套的内层为黑色耐老化的HDPE层，厚度为（3～4）mm；外层为根据业主需要确定的彩色HDPE层，厚度为（2～3）mm。钢丝束进行精确下料后两端加装冷、热锚进行预张拉，拉索以成盘或成圈方式包装，这种拉索的运输和施工都比较方便。

4.2.2 钢绞线是由多根高强钢丝呈螺旋形绞合而成，可按1×3、1×7、1×19和1×37等规格选用，钢绞线索体具有破断力大、施工安装方便等特点。

4.2.3 密封钢丝绳是以若干平行圆形钢丝束为缆心，外面逐层搓裹截面为"Z"形的钢丝，相邻两层的捻向相反，互相咬合形成防护层，包裹住内部的钢丝束。这种钢丝绳结构紧凑，具有最大面积率，水分不易侵入，成为密封钢丝绳。相对一般钢丝绳而言，密封钢丝绳具有强度高、弹性模量大等优点，但价格较贵。

钢丝绳是由多股钢丝围绕一核心绳芯捻制而成，绳芯可采用纤维芯或金属芯。纤维芯的特点是柔软性好，便于施工，但强度较低，纤维芯受力后直径会缩小，导致索伸长，从而降低索的力学性能和耐久性，所以结构用钢丝绳应采用无油镀锌钢芯钢丝绳。

4.2.4 钢拉杆是近年来开发的一种新型拉锚构件，主要由圆柱形杆体、调节套筒、锁母和两端形式各异的接头拉环组成，由碳素钢、合金钢制成，具有强度高、韧性好等特点，可广泛用于空间结构、桥梁等。

4.2.5 本条根据制索厂家提供的数据，仅供设计计算时参考使用。应注意，对于多根钢丝束组合索体，特别是钢绞线组合类型索体，其弹性模量变化范围较大。

4.3 锚 具

4.3.1 浇铸锚具分为热铸锚锚具和冷铸锚锚具。热铸锚锚具采用低熔点的合金填料进行浇铸，合金熔液冷却后锚住索体。冷铸锚锚具采用环氧树脂和铁砂、矿粉、固化剂、增韧剂等搅拌后浇入锚杯，凝固后与索体形成锥塞。本条规定了浇铸锚具制作、验收的行业标准。

4.3.2 单个的挤压锚具或夹片锚具主要用于锚固单股钢绞线，由一组夹片锚具或挤压锚具构成的群锚用于钢绞线索体的锚固。本条规定了挤压锚、夹片锚具制作、验收的行业标准。

4.3.3 压接锚具通常采用高强钢材做成索套，在高压下挤压成形握裹住索体，属握裹式锚具。本条规定了压接锚具制作、验收的行业标准。

4.3.5 图4.3.5（b）中锚具的锚杯与接头是分体制作，然后通过螺纹互相连接。图4.3.5（c）双螺杆连接的热铸锚锚具适用于准确建立索力值及大距离调节张拉伸长量情况。图4.3.5（d）冷铸锚锚具采用了螺纹螺母连接，适用于大吨位索力值情况，并能调整索力值。图4.3.5（e）夹片锚具用于钢绞线索体，适用于大距离调节张拉伸长量情况，一组钢绞线组成的群锚拉索适用于小型设备高空安装。图4.3.5（f）挤压锚具采用了螺母承压连接，适用于大吨位索力值情况，并能调整索力值。图4.3.5（g）压接锚具加工制作比较简单，适用于较小拉力情况。图4.3.5（h）采用双向螺杆或调节套筒调节形式的浇铸锚具，由于施加预应力时对油泵给千斤顶供油加压与旋转螺杆或套筒的同步要求高，张拉后套筒与螺杆间有一定的间隙预应力损失，一般用于索力较小、对拉索张拉准确值建立要求不严格的拉索。

4.3.7 锚具材料应采用低合金高强度结构钢，并经过热处理以提高综合机械性能。小锚具采用锻造方式制作，大锚具采用铸造制作。

4.3.9 为实现"强锚固"的要求，要求锚具和连接件后于索体破断。

5 设计与分析

5.1 设计基本规定

5.1.1 预应力荷载是一种人为施加的结构内力，其变异性（即偏离原设计值的程度）对结构整体的影响可能是有利的，也可能是不利的。例如，放大预应力可以导致索结构的刚度提高，但同时也会降低索材料的安全储备并增加下部支承结构的负担。此外，对于非自平衡式索结构，放大或缩小预应力还可能导致结构的初始平衡位置发生变化。

5.1.2 索结构分析中应考虑几何非线性影响，但可不考虑材料非线性。几何非线性是悬索理论的固有特点，与初始垂度相比，悬索在荷载增量作用下产生的竖向位移并不是微量，这在小垂度问题中尤为如此。

因此索结构的平衡方程必须考虑按变形后新的几何位置来建立。对于较为刚性的索结构，如斜拉结构和张弦结构，在进行荷载状态计算时，可不考虑几何非线性的影响。

5.1.3 本条规定了索结构设计应计算或验算的内容。

5.1.4 本条强调了支承结构对索结构的影响。与网壳等拱形结构类似，支承结构的变形对索结构的内力和变形都有较大影响，可能会产生较大的附加内力，也可能会使部分索段因松弛而退出工作。

5.1.5 索具有只能受拉不能受压的特点，当索内力为负时即意味着出现了松弛现象，索将退出工作。加大预拉力可以有效减少松弛现象的出现，但是会增加索支承结构的负担。通常情况下，少量的索在短时间内出现松弛不会影响结构的整体稳定性，当外荷载撤除后松弛的索又会张紧恢复工作。但在某些情况下，比如对于索穹顶结构，索松弛可能会导致结构产生不可逆的变形，甚至结构整体垮塌，这种情况是应当在设计中严格避免的。

5.1.6 如果在建筑使用周期内需要更换索体，则应在设计时对换索过程进行分析，确定合理的换索方案；还应在节点构造上保证索体更换的可操作性。

5.2 初始预应力状态确定

5.2.1 初始预应力状态确定是索结构分析和设计的前提和关键，应综合考虑建筑造型、使用功能和结构受力合理等方面的要求，通过反复试算确定。

5.2.2 索网的几何形状通常可采用由两组正交的、曲率相反的索形成具有负高斯曲率的曲面。索网的形状还取决于索力和边缘构件的形式。对于椭圆形、菱形、圆形等简单平面投影形状的索结构，一般可采用双曲抛物面形式的索网曲面，其优点是整个曲面采用同一曲率、曲面形成简单、索力也比较均匀，但是当平面形状复杂时，索网曲面就难以用解析函数来描述，其初始几何形状应通过考虑力学平衡的方法来确定。

5.2.3 扁平区域不仅容易在屋面形成积水或积雪，而且会导致结构的局部刚度较弱。

5.3 静力分析

5.3.2 本规程附录A为根据国外资料给出的常用索结构的雪荷载情况及相应的积雪分布系数，可供计算时采用。由于当前有关雪荷载分布的资料很少，设计人员应根据具体地区及实际的屋盖形式进行专门分析确定雪荷载分布情况，特别要注意由于刮风造成的屋面积雪不均匀分布荷载。

5.3.3、5.3.4 采用本规程提供的解析法分析索结构时应符合以下条件：

    1 索的垂度与跨度比小于1/10；索的支座高差与其跨度之比不大于1/10；

    2 索结构的支承刚度足够大，可简化为固定铰支承计算模型。

单索的计算理论是基于以下两点基本假设：首先索是理想柔性的，既不能受压，也不能抗弯；其次索的材料符合胡克定律，即索的应力和应变符合线性关系。采用解析方法分析单索有两种方法：一是按荷载沿索长分布的精确计算法，当荷载沿索长均匀分布时索的形状是一悬链线；另一种是按荷载沿索跨分布的近似计算法，当荷载沿跨度均匀分布时索的形状是一抛物线，由于悬链线的计算非常繁琐，在实际应用中，一般均按抛物线计算，本规程附录B所给出的公式是按此假定推导而得。

本规程附录C中给出的横向加劲索系简化计算方法是根据索与横向加劲索构件不同的力学特征，将该结构简化为一组具有相互作用弹性地基梁。从有限元非线性分析及结构模型试验的结果来看，这种结构在均布荷载下基本上呈线性反应的特征。因此在简化分析中引入了线性变形的假定，这样就可应用叠加原理。为了更好地表现结构的特点，在涉及索的计算中仍尽可能地考虑索的非线性特征。

5.3.5 传统的以拉索为主的悬索结构一般不存在失稳问题，但是对于由刚性构件和柔性索共同组成的索结构，如张弦网壳结构，存在由刚性构件受压所导致的结构整体或局部失稳问题，在设计时应予以重视。

5.4 风效应分析

5.4.1 索结构属风敏感结构体系，风荷载对结构的作用表现为平均风压的不均匀分布作用和脉动风压的动力作用。对于索结构的风效应分析，目前在理论上已较为成熟，但尚缺乏简便实用的工程计算方法；因此在实际工程设计中，应根据具体情况，由专业机构对索结构的风效应进行分析或进行风洞试验。

5.4.2 影响屋盖结构风压分布的因素很多，也很复杂，如曲面的几何形状、曲率、风向等等。因此条文规定悬索结构的风荷载体型系数宜进行风洞试验确定。附录D列出的风荷载体型系数系根据原建工部建筑科学研究院和原哈尔滨建筑大学所做的风洞试验结果以及参考有关国外资料汇编而成。

5.4.3 由于索结构的响应与荷载呈非线性关系，所以定义索结构的荷载风振系数在理论上是不严密的，应该定义结构响应风振系数。在这方面，国内学者已开展了一定数量的研究工作。但是由于响应风振系数在实际使用中不甚方便，特别是考虑不同荷载的组合效应时；此外，响应风振系数也与现行荷载规范规定的荷载风振系数不相协调，在实际使用中易出现混淆问题，因此本规程仍采用了荷载风振系数的概念。从实际索结构的力学特点来看，当结构完全张紧成形后，其力学性能接近线性，因此可以用荷载风振系数来近似计算索结构的风动力效应。

5.4.4 对于本条列出的索结构情况，应对风动力效应进行较为细致地分析。当采用风振时程分析方法或随机振动理论分析时，输入的风荷载时程或功率谱宜根据风洞试验确定。本条规定的结构自振周期大于1s是参考了美国、澳大利亚等国的荷载规范规定。

5.4.5 从已发生的房屋结构风灾害来看，在强风作用下由于门窗突然开启（或破碎）导致建筑内压骤增，进而引发屋盖被掀起的实例较多，因此设计中需要根据具体情况考虑内压与结构外部风吸力的叠加作用。

5.5 地震效应分析

5.5.2 当进行索结构单维地震效应分析时，对 X、Y、Z 三个方向的地震作用效应均应分别计算；

当进行多维地震效应时程分析时，对输入的地震加速度时程曲线最大值按以下比例调整：

1 （X 水平方向）：0.85（Y 水平方向）：0.65（Z 竖向）

1 （Y 水平方向）：0.85（X 水平方向）：0.65（Z 竖向）

5.5.3 采用时程分析法时，要注意正确选择输入的地震加速度时程曲线，应满足地震动三要素的要求，即频谱特征、有效峰值和持续时间均应符合规定。

1 频谱特征：先按实际地震波的卓越周期与场地特征周期值相接近的原则，初步选择数个实际地震波；继而经计算选用其平均地震影响系数曲线与现行抗震规范所给出的地震影响系数曲线在统计意义上相符的加速度时程曲线。所谓"在统计意义上相符"指的是，用选择的加速度时程曲线计算单质点体系得出的地震影响系数曲线与现行抗震规范所给出的地震影响系数曲线相比，在不同周期值时均相差不大于20%。

2 有效峰值：根据选用的实际地震波加速度峰值与设防烈度相应的多遇地震时的加速度时程曲线最大值相等的原则，对实际地震波进行调整。地震加速度时程曲线的最大值见现行国家标准《建筑抗震设计规范》GB 50011-2010 表 5.1.2-2。

3 持续时间：输入的加速度时程曲线的持续时间应包含地震记录最强部分，并要求选择足够长的持续时间。一般建议选择的持续时间取不少于结构基本周期的 10 倍，且不小于 10s。

5.5.4 影响阻尼比值的因素甚为复杂，随结构类型、材料、屋面、质量、刚度、节点构造、动力特性等多种因素变化。阻尼比取值应根据结构实测与试验结果经统计分析而得来。

1 仅含索元的结构阻尼比取值：

根据收集到的国内外资料统计，对于无屋面覆盖层的索结构的阻尼比值均远远小于 0.01，对于有轻屋面覆盖层的索结构阻尼比值约为 0.01 左右，极少部分为 0.01～0.02，仅个别达 0.03。为安全设计，建议仅含索元的结构阻尼比值取 0.01。

2 由索元与其他构件单元组成的结构体系的阻尼比取值：

对于由索元与其他构件单元组成的索结构，阻尼比值可采用下式计算：

$$\zeta = \frac{\sum_{s=1}^{n} \zeta_s W_s}{\sum_{s=1}^{n} W_s} \qquad (1)$$

式中：

ζ——计算结构的阻尼比值；

ζ_s——第 s 个单元阻尼比值。对索元取 0.01；对钢构件取 0.02；对混凝土构件取 0.05；

n——计算结构的单元数；

W_s——第 s 个单元的位能；

梁元位能为：$W_s = \frac{L_s}{6(EI)_s}(M_{as}^2 + M_{bs}^2 - M_{as}M_{bs})$ 杆元位能为：

$$W_s = \frac{N_s^2 L_s}{2(EA)_s}$$

L_s、$(EI)_s$、$(EA)_s$——分别为第 s 杆的计算长度、抗弯刚度和抗拉刚度；

M_{as}、M_{bs}、N_s——分别取结构在重力荷载代表值作用下第 s 杆两端的静弯矩和该杆静轴力。

5.5.6 为简化计算，本条给出了几类典型索结构的自振频率与振型的简化计算方法。

附录 E 中对于平行布置的单索及横向加劲索系采用瑞雷－里兹法给出了索结构的自振频率与振型。索结构的基频为反对称双半波振型，对于对称振型则以二项正弦函数来逼近，以反映振动中索力增量对于频率与振型的影响。简化计算与有限元分析及模型试验结果相比精度较高，可以满足工程分析需要。由于简化计算推导中采用了索是小垂度的假定，因此本条给出的公式适用范围为索垂跨比与稳定索的拱跨比为 $\frac{1}{8} \sim \frac{1}{20}$。

5.6 索截面计算

5.6.1 关于拉索的抗力分项系数，以往由于缺少统计数据，只能按允许应力法反推。在这次规程编制过程中，受编制组委托由哈尔滨工业大学对由巨力集团提供的近 800 根钢拉杆以及 OVM 公司提供的 500 余根钢绞线的拉拔试验数据进行了统计分析，在此基础上采用基于可靠度理论的一次二阶矩法得到钢绞线的抗力分项系数约为 1.12，相当于安全系数为 1.4；钢拉杆的抗力分项系数约为 1.23，相当于安全系数为 1.53。此外，同济大学的学者也对高强钢丝束拉索开展过类似研究，得到材料的抗力分项系数为 1.15，相当于安全系数为1.55。总的来看，国内一些大型拉索生产企业的产品生产质量较为稳定，材料离散性不大。但是由于以上数据所依据的仅是部分厂家的索体抗拉强度统计值，在实际使用过程中不同厂家产品之间还会有一定的离散性，而且索体与锚具连接时也存在一定程度的强度折减，因此在最终确定规程的拉索抗力分项系数时，综合考虑了上述因素，确定钢丝束、钢绞线和钢丝绳的抗力分项系数取2.0，钢拉杆的抗力分项系数取1.7。此外，由于钢丝束、钢绞线和钢丝绳中各钢丝的受力不完全相同，因此"拉索的极限抗拉力标准值"为拉索的最小破断索力，而不是钢丝破断力的总和。由于各钢丝的受力不完全相同，对于钢丝束、钢绞线、钢丝绳，"拉索的极限抗拉力标准值"为拉索的最小破断索力，而不是钢丝破断力的总和。

6 节点设计与构造

6.1 一 般 规 定

6.1.1 索结构的节点可分为索与索连接节点、索与刚性构件连接节点、玻璃幕墙和采光顶节点等多种类型。本条强调节点的构造设计应与结构分析时所作的计算假定尽量相符。由于实际工程中的节点构造需考虑制作工艺和安装的要求，节点的刚度、嵌固能力等有时难达到与计算分析所假定的一致，所以在结构分析和设计时应考虑到节点刚度或变形的影响。

6.1.5 由于结构安装偏差、索体松弛效应等影响，在索结构节点构造设计时应考虑进行二次张拉的可能性。

6.2 索与索的连接节点

6.2.1 索与索之间的连接主要指承重索与稳定索之间的连接。本条列出的几种夹具仅是目前常用的夹具，夹具夹紧之后需保证不得产生滑移。由于连续索夹具节点两侧索体的索力在一般情况下都不相等，为保证结构的几何稳定，应确保夹具与索体之间的摩擦力大于夹具两侧索体的索力之差，同时应注意防止索夹损伤拉索护套表面。

6.2.2 应根据拉索的交叉角度优化连接节点板的外形，避免因角度过小使拉索相碰，应采取构造措施减少因开孔和造型切角引起的应力集中。

6.3 索与刚性构件的连接节点

6.3.1 在横向加劲索系中索与桁架节点应可靠连接，不应产生相对滑移。但由于索与桁架下弦节点存在偏心矩，故在节点设计时需考虑出桁架平面内的弯矩的影响。

6.3.2 由于斜拉结构的拉索拉力往往较大，对连接

耳板的强度应予以验算。设计时应特别注意连接耳板平面外的稳定性。

6.4 索与支承构件的连接节点

6.4.3 对于张拉节点，设计时应根据可能出现的节点预应力超张拉情况，验算节点承载力。可张拉节点应有可靠的防松措施。

6.5 索与屋面、玻璃幕墙和采光顶的连接节点

6.5.1 本条列出常用的两种钢筋混凝土屋面板与索的连接方式。通常做法是将钢筋混凝土屋面板搁置在连接板上，通过连接板将屋面荷载传递至索，钢筋混凝土屋面板宜与索节点处的连接板焊接。对于承受较小荷载的悬索结构也可采用将钢筋混凝土屋面板的钢筋钩直接与索相连的方式。

7 制作、安装及验收

7.1 一 般 规 定

本节主要规定索结构施工前应做好的主要准备工作。索结构施工前应制定完整的施工组织设计，并经审核批准，必要时可组织专家审查。

索结构施工过程应与设计考虑的荷载工况一致。为了做好索结构的施工工作，施工单位与设计单位的密切配合至关重要。必要时，在施工的重要阶段设计人员可在现场进行指导、检查，对拉索安装时的垂度和拱度偏差、张拉时索力变化、结构变形应进行必要的观测。

7.2 制 索

7.2.1 非低松弛索体预张拉的作用主要是消除钢索的非弹性变形影响，预张拉值由设计确定，如设计没有明确的规定可按本规定取值。

预张拉应在其相匹配的张拉台座上进行。预张拉荷载可用油压千斤顶的压力表控制，压力表精度等级应不低于1.5级，其量程应与预张拉荷载大小相匹配。预张拉时，可将预张拉值数据相同的钢索串联，并用工具索配长，同时张拉。

7.2.4 进行无应力状态下料时，需取（200～300）N/mm² 的张拉应力，主要作用是保证索的平直及克服自重挠度对索长的影响要求。

7.3 安 装

7.3.5 拉索安装时受风力影响较大，发生较大风时，应中止作业，并采取措施确保安全。

7.3.6 应特别注意保护拉索护套与锚具连接部位的密闭性，防止雨水、潮气等的进入。

7.3.7 传力索夹的安装，应考虑拉索张拉后直径变

小对索夹夹持力的影响，索夹固定螺栓一般分为初拧、中拧和终拧三个过程，也可根据具体情况将后两个过程合二为一。在拉索张拉前可将索夹螺栓初拧，张拉后进行中拧，结构承受全部恒载后对索夹进行检查并终拧。拧紧程度可用扭矩扳手控制。

7.3.9 拉索是柔性构件、易变形，为使结构变形对称，最终形成设计要求的曲面，屋面构件应分级对称进行安装。

7.4 张拉及索力调整

7.4.1 宜建立索结构和支承结构的整体结构模型进行拉索的张拉力计算，模拟施工过程的各个阶段进行分析，应使各个张拉阶段的结构内力和变形均在规定的结构安全工作范围内，从而确定合理的拉索张拉方案。

7.4.2 根据实际经验，千斤顶标定时试验机主动压千斤顶与千斤顶主动顶试验机两者的试验结果是不同的。因此试验时，应模拟施工中千斤顶主动顶工件的工况。

7.4.3 当需要张拉的索数量较多、张拉设备不足时，可以将索分批进行张拉，但分批张拉也应对称进行。

张拉过程中，张拉预应力在结构传递是经过一定时间逐步完成的，因此，应缓慢均匀地张拉，同批张拉的索应同步张拉。

由于可能存在预应力传递过程摩擦损失、索松弛及锚具锚固效率等问题造成的预应力损失。因此，可根据具体情况确定是否需要超张拉，超张拉值应控制在规定的结构安全工作范围内。

7.4.4 不同的索结构对预应力变化的敏感程度不同。因此，在张拉前应由设计单位和施工单位共同确定张拉的控制原则，即是控制索力还是控制位移，或两者兼控，并确定索力及位移的允许偏差值。一般宜控制在 10% 以内。

7.4.5 本条规定的张拉时间为最低要求值。

7.4.9 悬索结构属于柔性结构，张拉时，可能会比较敏感地改变屋面形态，而屋面形态的改变又会直接影响结构内力分布，因此，屋面的拱度和挠度控制精度应更严格。

7.4.10 斜拉结构当采用桅杆支撑且其根部节点为球铰时，桅杆顶部位移对预应力张拉较为敏感，在张拉过程中应用多台经纬仪进行观测监控，以保证其在安全范围内摆动，张拉结束后，要求结构曲面、标高、桅杆倾斜方向及角度皆符合设计要求。

7.4.12 张弦网壳采取分批张拉时，应对称进行。

7.4.15 拉索张拉时应考虑预应力损失。其中因拉索张拉端锚固压实内缩引起的预应力损失 σ_{l1} 将随索的长度增加而减少。在实际工程中，拉索长度较短时（如 20m～30m）需要考虑预应力损失情况，当拉索长度较长时，锚固的压实内缩量引起的预应力损失很小，可忽略不计。

当有条件采用测试仪器测定索力时，除预应力松弛损失外，其他预应力损失可不进行计算，直接根据测试仪器控制张拉索力。

7.5 防护要求

7.5.2 室外拉索的防护要求较严，尤其是两端锚具部位。室外拉索的防腐蚀主要考虑防止雨水侵蚀，以及密封材料的老化。各种防腐方式根据使用条件和结构主要性能等因素选用。必要时可考虑换索要求。

锚具的零件防腐蚀可参照钢结构的防腐蚀要求处理，室外锚具不宜采用冷镀锌处理。应特别重视钢绞线拉索端头处的防腐蚀密封处理。

本条中所列的防腐蚀方法适用于环境为一般大气介质条件，实践证明比较有效。如有其他可靠的方法，证明有效者也可使用。

7.5.4 当有消防要求时，室内拉索应考虑满足防火的基本要求。带塑料护套的拉索，其防火可参照电线电缆的防火涂料做法。

7.6 维 护

7.6.2 索结构在使用过程中，由于存在季节温度变化、风雨冰雪等气象现象作用以及动荷载、混凝土的徐变、索松弛及支座沉降等多种因素影响。拉索的预应力会降低，根据需要可进行定期检查，建议结构完工后半年一次，以后可一年一次，稳定后可不进行观测。

中华人民共和国行业标准

混凝土结构耐久性修复与防护技术规程

Technical specification for rehabilitation and protection
of concrete structures durability

JGJ/T 259—2012

批准部门：中华人民共和国住房和城乡建设部
施行日期：2 0 1 2 年 8 月 1 日

中华人民共和国住房和城乡建设部
公　告

第 1322 号

关于发布行业标准《混凝土结构
耐久性修复与防护技术规程》的公告

现批准《混凝土结构耐久性修复与防护技术规程》为行业标准，编号为 JGJ/T 259-2012，自 2012年 8 月 1 日起实施。

本规程由我部标准定额研究所组织中国建筑工业出版社出版发行。

2012 年 3 月 1 日

前　言

根据原建设部《关于印发〈二○○一～二○○二年度工程建设城建、建工行业标准制订、修订计划〉的通知》（建标〔2002〕84 号）的要求，编制组经广泛调查研究，认真总结实践经验，参考有关国际标准和国外先进标准，并在广泛征求意见的基础上，编制本规程。

本规程的主要内容是：1　总则，2　术语，3基本规定，4　钢筋锈蚀修复，5　延缓碱骨料反应措施及其防护，6　冻融损伤修复，7　裂缝修补，8混凝土表面修复与防护。

本规程由住房和城乡建设部负责管理，由中冶建筑研究总院有限公司负责具体技术内容的解释。执行过程中如有意见或建议，请寄送至中冶建筑研究总院有限公司《混凝土结构耐久性修复与防护技术规程》管理组（地址：北京市海淀区西土城路33号，邮编　100088）。

本 规 程 主 编 单 位：中冶建筑研究总院有限公司

本 规 程 参 编 单 位：国家工业建筑诊断与改造工程技术研究中心
上海房地产科学研究院
南京水利科学研究院
中国建筑材料科学研究总院
中国京冶工程技术有限公司
武汉理工大学
清华大学
北京交通大学
铁道部运输局
广东省建筑科学研究院
阿克苏诺贝尔特种化学（上海）有限公司
富斯乐有限公司
广州市胜特建筑科技开发有限公司

本规程主要起草人员：惠云玲　郝挺宇　郭小华
陈　洋　岳清瑞　洪定海
王　玲　陈友治　朋改非
林志伸　郭永重　邱元品
朱雅仙　常好诵　陈秋霞
陈夏新　陈琪星　覃维祖
陆瑞明　赵为民　常正非
张　量　吴如军　韩金田
范卫国　徐龙贵　周云龙

本规程主要审查人员：李国胜　赵铁军　王庆霖
巴恒静　张家启　包琦玮
牟宏远　何　真　谢永江
冷发光　李克非

目　次

Contents

1 总 则

1.0.1 为使既有混凝土结构的耐久性修复与防护做到技术先进，经济合理，安全适用，确保质量，制定本规程。

1.0.2 本规程适用于既有混凝土结构耐久性修复与防护工程的设计、施工及验收。本规程不适用于轻骨料混凝土及特种混凝土结构。

1.0.3 混凝土结构耐久性修复与防护的设计、施工及验收，除应符合本规程的规定外，尚应符合国家现行有关标准的规定。

2 术 语

2.0.1 耐久性修复 durability rehabilitation

采用技术手段，使耐久性损伤的结构或其构件恢复到修复设计要求的活动。

2.0.2 耐久性防护 durability protection

采用技术手段，维持混凝土结构耐久性达到期望水平的活动。

2.0.3 钢筋阻锈剂 corrosion inhibitor for steel bar

加入混凝土或砂浆中或涂刷在混凝土或砂浆表面，能够阻止或减缓钢筋腐蚀的化学物质。

2.0.4 混凝土防护面层 surface coating

涂抹或喷涂覆盖在混凝土表面并与之牢固粘结的防护层。

2.0.5 界面处理材料 interfacial bonding agent

用于混凝土修复区域界面处增强相互粘结力的材料。

2.0.6 电化学保护 electrochemical protection

对被保护钢筋施加一定的阴极电流，通过改变钢筋的电位或钢筋所处的腐蚀环境，使其不再腐蚀的保护方法。阴极保护、电化学脱盐和电化学再碱化统称为电化学保护。

2.0.7 阴极保护 cathodic protection

给钢筋持续施加一定密度的阴极电流，使钢筋不能进行释放电子的阳极反应（腐蚀）的技术措施。

2.0.8 电化学脱盐 electrochemical chloride extraction

给钢筋短期施加密度较大的阴极电流，使混凝土中带负电荷的氯离子在电场作用下迁移出混凝土保护层，同时也由于阴极反应适当提高钢筋周围的 pH 值，使钢筋再钝化的技术措施。

2.0.9 电化学再碱化 electrochemical realkalization

给钢筋短期施加密度较大的阴极电流，使钢筋周围已中性化（包括碳化）的混凝土 pH 值提高到 11 以上，使钢筋再钝化的技术措施。

3 基 本 规 定

3.0.1 混凝土结构在下列情况下应进行耐久性修复

与防护：

    1 结构已出现较严重的耐久性损伤；

    2 耐久性评定不满足要求的结构；

    3 达到设计使用年限拟继续使用，经评估需要时。

3.0.2 混凝土结构在下列情况下宜进行耐久性修复与防护：

    1 结构已经出现一定的耐久性损伤；

    2 使用年限较长的结构或对结构耐久性要求较高的重要建（构）筑物；

    3 结构进行维修改造、改建或用途及使用环境改变时。

3.0.3 混凝土结构耐久性修复与防护应根据损伤原因与程度、工作环境、结构的安全性和耐久性要求等因素，按下列基本工作程序进行：

    1 耐久性调查、检测与评定；

    2 修复与防护设计；

    3 修复与防护施工；

    4 检验与验收。

3.0.4 耐久性调查、检测与评定应按照下列规定进行：

    1 混凝土结构耐久性状况调查及检测应包括结构及构件原有状况、现有状况和使用情况等。根据工程实际情况和要求调查和检测下列内容：

        1） 混凝土结构的使用环境、建筑物使用历史及维修改造情况；

        2） 设计资料调查，包括设计图纸、地质勘察报告、结构类型、工程结构用途、建筑物的相互关系；

        3） 施工情况调查，包括混凝土原材料、配合比、养护方式及钢筋有关试验记录；

        4） 混凝土外观状况调查与检测，包括混凝土外观损伤类型、位置、大小；混凝土裂缝情况及渗漏水情况；混凝土表面干湿状态、有无污垢；

        5） 混凝土质量调查与检测，包括混凝土强度、弹性模量、钢筋保护层厚度、吸水率、氯离子含量、碳化深度、钢筋锈蚀状况、碱骨料反应。

    2 混凝土结构耐久性的评定应根据国家现行相关标准进行。结构环境作用等级的划分原则应符合现行国家标准《混凝土结构耐久性设计规范》GB/T 50476 的规定。

3.0.5 修复与防护设计应根据不同结构类型及其环境作用等级、耐久性损伤原因及类型、预期修复效果、目标使用年限等，制定相应的修复与防护设计方案，并应包括下列内容：

    1 目的、范围；

    2 设计依据；

3 修复与防护方案或图纸；

4 材料性能及要求；

5 施工工艺要求；

6 检验及验收要求。

3.0.6 修复与防护施工应制定严格的施工方案。修复施工宜按基层处理、界面处理、修复处理、表层处理四个工序进行。修复防护施工工艺及操作要求的制定应根据所选择材料的性能、施工条件及周围环境、修复防护方法进行。

3.0.7 检验与验收应符合下列规定：

1 质量检验宜包括材料检验和实体检验：

材料检验：材料应提供型式检验和出厂检验报告，关键材料应进行进场复验。

实体检验：对重要结构、重要部位、关键工序，可在施工现场进行实体检验。

2 工程验收应按现行国家标准《建筑工程施工质量验收统一标准》GB 50300 的规定执行，应按分部、分项工程验收及竣工验收两个阶段进行。

分部、分项工程验收：在隐蔽工程和检验批验收合格的基础上，应提交原材料的产品合格证与质量检验报告单（出厂检验报告及进场复检验报告等）、现场配制材料配合比报告、施工过程中重要工序的自检验和交接检记录、抽样检验报告、见证检测报告、隐蔽工程验收记录、分部工程观感验收记录、实体抽样检验验收记录等文件。

竣工验收：除应满足分部、分项工程验收的规定外，尚应提交竣工报告、施工组织设计或施工方案、竣工图、设计变更和施工洽商等文件。

3.0.8 混凝土结构耐久性调查检测与评定、修复与防护设计、施工应由具有相应工程经验的单位承担。

4 钢筋锈蚀修复

4.1 一般规定

4.1.1 修复前，结构的使用环境、钢筋锈蚀原因、范围及程度应根据调查、检测及评定结果确定。

4.1.2 根据调查与检测结果，修复设计方案宜按表4.1.2选用。

表 4.1.2 修复设计方案

序号	锈蚀原因	修复方案	
		一般锈蚀	严重锈蚀
1	中性化诱发	表面防护处理 钢筋阻锈处理	钢筋阻锈处理 电化学再碱化
2	掺入型氯化物诱发	钢筋阻锈处理 表面迁移阻锈处理	钢筋阻锈处理 电化学脱盐 阴极保护

续表4.1.2

序号	锈蚀原因	修复方案	
		一般锈蚀	严重锈蚀
3	渗入型氯化物诱发	表面防护处理 表面迁移阻锈处理 钢筋阻锈处理	钢筋阻锈处理 电化学脱盐 阴极保护

注：1 修复设计时，应根据结构实际情况选用表格中的一种方案或同时采用多种方案；

2 当环境作用等级为Ⅰ-B、Ⅰ-C时，应采取特殊的表面防护处理措施并具有较强的憎水能力；当环境作用等级为Ⅲ、Ⅳ时，应采取特殊的表面防护处理措施并具有较强的抗氯离子扩散能力。

4.1.3 钢筋锈蚀修复处理，应进行钢筋阻锈处理及混凝土表面处理。对严重盐污染大气环境下的重要结构，宜在钢筋开始腐蚀尚未引起混凝土顺筋胀裂的早期，采用阴极保护、电化学脱盐等技术进行修复防护处理。当采用电化学保护方法进行钢筋锈蚀修复时应经专门论证。

4.2 材 料

4.2.1 钢筋阻锈处理材料可采用修补材料、掺入型钢筋阻锈剂、钢筋表面钝化剂和表面迁移型阻锈剂，并应符合下列规定：

1 在钢筋阻锈处理中应采用钢筋阻锈剂抑制混凝土中钢筋的电化学腐蚀；

2 修补材料宜掺入适量的掺入型阻锈剂，同时，不应影响修复材料的各项性能，其基本性能应符合现行行业标准《钢筋阻锈剂应用技术规程》JGJ/T 192的规定；

3 钢筋表面钝化剂宜修复已锈蚀的钢筋混凝土结构，钢筋表面钝化剂应涂刷在钢筋表面并应与钢筋具有良好的粘结能力；

4 表面迁移型阻锈剂宜用于防护与修复工程，表面迁移型阻锈剂应涂刷在混凝土结构表面，并应渗透到钢筋周围。

4.2.2 电化学保护材料应符合本规程附录 A.1 的规定。

4.3 钢筋阻锈修复施工

4.3.1 混凝土表面迁移阻锈处理修复工艺应符合下列规定：

1 混凝土表面基层应清理干净，并应保持干燥；

2 在混凝土表面应喷涂表面迁移型阻锈剂；

3 表面防护处理应符合设计要求。

4.3.2 钢筋阻锈处理修复工艺除应按基层处理、界面处理、修复处理和表面防护处理进行外，尚应符合下列规定：

1 修复范围内已锈蚀的钢筋应完全暴露并进行

除锈处理；

2 在钢筋表面应均匀涂刷钢筋表面钝化剂；

3 在露出钢筋的断面周围应涂刷迁移型阻锈剂；

4 凿除部位应采用掺有阻锈剂的修补砂浆修复至原断面，当对承载能力有影响时，应对其进行加固处理；

5 构件保护层修复后，在表面宜涂刷迁移型阻锈剂。

4.4 电化学保护施工

4.4.1 电化学保护可采用阴极保护、电化学脱盐和电化学再碱化，并应符合下列规定：

1 阴极保护可用于普通混凝土结构中钢筋的保护；

2 电化学脱盐可用于盐污染环境中的混凝土结构；

3 电化学再碱化可用于混凝土中性化导致钢筋腐蚀的混凝土结构；

4 预应力混凝土结构不得进行电化学脱盐与再碱化处理；静电喷涂环氧涂层钢筋拼装的构件不得采用任何电化学保护；当预应力混凝土结构采用阴极保护时，应进行可行性论证。

4.4.2 当采用电化学保护时，应根据环境差异及所选用阳极类型，把所需保护的混凝土结构分为彼此独立的、区域面积为 $50m^2 \sim 100m^2$ 的保护区域。

4.4.3 电化学保护的可行性论证、设计、施工、检测、管理应由有工程经验的单位实施。

4.4.4 电化学保护施工应符合本规程附录 A.2 的规定。

4.5 检验与验收

4.5.1 掺入型阻锈剂、迁移型阻锈剂、修补材料等关键材料应进行进场复验，材料性能应符合现行行业标准《钢筋阻锈剂应用技术规程》JGJ/T 192、《混凝土结构修复用聚合物水泥砂浆》JG/T 336 等有关标准和设计的规定。

4.5.2 钢筋阻锈修复检验应符合下列规定：

1 修复完成后，应进行外观检查。表面应平整，修复材料与基层间粘结应牢靠，无裂缝、脱层、起鼓、脱落等现象，当对粘结强度有要求时，现场应进行拉拔试验确定粘结强度；

2 当对抗压强度与物理化学性能有要求时，可对修复材料留置试块检测其相应性能；

3 对修补质量有怀疑时，可采用钻芯取样、超声波或金属敲击法进行检验。

4.5.3 电化学保护检验与验收应符合本规程附录 A.3 的规定。

5 延缓碱骨料反应措施及其防护

5.1 一般规定

5.1.1 应在对混凝土碱骨料反应检测分析的基础上确定工程结构的损伤程度，并应综合考虑工程重要性及修复费用，按下列规定确定修复方案：

1 对判断已发生碱骨料反应的结构，应在对未来活性和膨胀发展进行评估的基础上采取延缓碱骨料反应损伤的措施；

2 工程检测如果发现混凝土尚未发生碱骨料反应破坏，但存在发生碱骨料反应条件时，宜采取预防和防护措施；

3 当碱骨料反应破坏严重或者是对结构安全性有影响时，宜考虑更换或者拆除相应的构件或者结构。

5.1.2 延缓碱骨料反应可采用封堵裂缝、涂刷表面憎水防护材料等技术措施。

5.1.3 防护或延缓碱骨料反应措施实施后应进行定期的检查。

5.2 材 料

5.2.1 碱骨料反应损伤修补材料应与混凝土基体紧密结合，耐久性好，在修复后应防止外部环境中潮湿水分侵入混凝土。

5.2.2 裂缝处理可采用填充密封材料或灌浆。对于活动性裂缝，应采用极限变形较大的延性材料修补，灌浆材料应具有可灌性。

5.2.3 表面憎水防护材料应满足透气防水的要求，应保护混凝土结构免受周围环境的影响。

5.3 延缓碱骨料反应施工

5.3.1 对于存在发生碱骨料反应条件，尚未出现碱骨料反应破坏的混凝土结构，宜对结构混凝土表面进行防护处理，混凝土表面防护施工应按本规程第8.3.2条的规定进行。

5.3.2 对于已发生碱骨料反应，外观出现裂缝的混凝土结构，应按下列步骤进行施工：

1 基层处理：应清除裂缝表面松散物及混凝土表面反应物等物质，并应干燥表面；

2 裂缝封堵：应根据裂缝的宽度、深度、分布及特征，选择表面处理法、压力灌浆法、填充密封法进行裂缝封堵，裂缝封堵应按本规程第7.3节的规定进行；

3 涂刷表面防护材料：应根据选择的材料按本规程第8.3.2条的规定涂刷表面防护材料。

5.4 检验与验收

5.4.1 灌缝材料、表面防护材料等关键材料应进行进场复验，其性能应符合现行行业标准《混凝土裂缝修复灌浆树脂》JG/T 264 和《混凝土结构防护用渗透型涂料》JG/T 337 等相关标准和设计的规定。

5.4.2 延缓碱骨料反应施工后应进行定期检查，记录和测量裂缝的发展情况。

6 冻融损伤修复

6.1 一般规定

6.1.1 应在对混凝土冻融损伤调查分析的基础上确定结构冻融损伤程度，并应综合考虑工程重要性，按下列规定确定修复方案：

1 已出现冻融损伤的结构，应按冻融损伤程度的不同分为下列两种类型进行修复：

1）结构混凝土表面未出现剥落，但出现开裂；

2）结构混凝土表面出现剥落或酥松。

2 当冻融破坏严重或对结构安全性有影响时，宜更换或拆除相应的构件或结构。

6.2 材料

6.2.1 选择冻融损伤修复材料时，应综合考虑冻融损伤性质、影响因素、损伤区域大小、特征和剥落程度，修复材料可选用修补砂浆、灌浆材料和高性能混凝土及界面处理材料，并应符合下列规定：

1 当结构混凝土表面未出现剥落但出现开裂时，宜用灌浆材料和修补砂浆进行修复；

2 当结构混凝土表面出现了剥落或酥松时，宜采用高性能混凝土、修补砂浆、灌浆材料及界面处理材料进行修复。

6.2.2 修复材料除应符合现行国家有关标准规定外，尚应符合下列规定：

1 应选用强度等级不低于 42.5 的硅酸盐水泥或普通硅酸盐水泥；

2 应掺用引气剂，修复材料中含气量宜为 4%～6%；

3 修复材料的强度不应低于修复结构中原混凝土的设计强度；

4 修复材料的抗冻等级不应低于原混凝土抗冻等级。

6.3 冻融损伤修复施工

6.3.1 对结构混凝土表面未出现剥落但出现开裂的情况，宜先清除冻伤混凝土，再应按本规程第 7.3 节的规定注入灌浆材料，修补裂缝。然后应在原混凝土结构表面进行修补，宜用修补砂浆进行防护。

6.3.2 对结构混凝土表面出现剥落或酥松的情况，修复宜按基层处理、界面处理、修复处理和表面防护处理四步进行，除应满足本规程第 8.3.1 条外，尚应

符合下列规定：

1 对基层处理，应剔除受损混凝土并露出基层未损伤混凝土；

2 对界面处理，当剥蚀深度小于 30mm 时，可采用涂刷界面处理材料进行处理；当剥蚀深度不小于 30mm 时，基层混凝土和修复材料之间除应涂刷界面处理材料外，尚宜采用锚筋增强其粘结能力；

3 对修复施工，当剥蚀深度小于 30mm 时，宜采用修补砂浆或灌浆材料进行修复；当剥蚀深度不小于 30mm 时，宜采用高性能混凝土或灌浆材料进行修复；

4 根据工程实际需要按本规程第 8.3.2 条的规定进行表面防护处理。

6.3.3 修复后，应进行保温、保湿养护，被修复部分不得再遭受冻害。

6.4 检验与验收

6.4.1 修补砂浆、灌浆材料、高性能混凝土、界面处理材料、引气剂等关键材料应进行进场复验，其性能应符合国家现行标准《水泥基灌浆材料应用技术规范》GB/T 50448、《混凝土外加剂应用技术规范》GB 50119 以及《混凝土结构修复用聚合物水泥砂浆》JG/T 336、《混凝土界面处理剂》JC/T 907 的规定。

6.4.2 冻融损伤修复检验应符合下列规定：

1 当对混凝土中气泡间距有要求时，可从修复材料中取样，进行磨片加工，采用微观试验方法测定修复材料中的气泡间距系数，并应符合现行国家标准《混凝土结构耐久性设计规范》GB/T 50476 和设计的规定；

2 当对抗压强度、抗冻等级、抗渗等级有要求时，可对修复材料留置试块检测其抗压强度、抗冻等级、抗渗等级，有条件时，可检测其动弹性模量并计算抗冻耐久性指数，并应符合现行国家标准《混凝土结构耐久性设计规范》GB/T 50476 的规定。

7 裂缝修补

7.1 一般规定

7.1.1 裂缝修补前应对裂缝进行调查和检测，内容可包括裂缝宽度、裂缝深度、裂缝状态及特征、裂缝所处环境、裂缝是否稳定、裂缝是否渗水和裂缝产生的原因，并应根据调查和检测结果确定裂缝修补方法。修补方法可分为表面处理法、压力灌浆法、填充密封法。

7.1.2 由于钢筋锈蚀、碱骨料反应、冻融损伤引起的裂缝，其处理应分别按本规程第 4、5、6 章的规定进行修复。

7.2 材　料

7.2.1 混凝土结构裂缝修补材料可分为表面处理材料、压力灌浆材料、填充密封材料三大类。裂缝修补材料应能与混凝土基体紧密结合且耐久性好。

7.2.2 混凝土结构裂缝表面处理材料可采用环氧胶泥、成膜涂料、渗透性防水剂等材料，其使用应符合下列规定：

　　1 环氧胶泥宜用于稳定、干燥裂缝的表面封闭，裂缝封闭后应能抵抗灌浆的压力；

　　2 成膜涂料宜用于混凝土结构的大面积表面裂缝和微细活动裂缝的表面封闭；

　　3 渗透性防水剂遇水后能化合结晶为稳定的不透水结构，宜用于微细渗水裂缝迎水面的表面处理。

7.2.3 混凝土结构裂缝填充密封材料可采用环氧胶泥、聚合物水泥砂浆以及沥青油膏等材料。对于活动性裂缝，应采用柔性材料修补。

7.2.4 混凝土结构裂缝压力灌浆材料可采用环氧树脂、甲基丙烯酸树脂、聚氨酯类等材料。其性能应符合现行行业标准《混凝土裂缝修复灌浆树脂》JG/T 264 的规定。有补强加固要求的浆液，固化后的抗压、抗拉强度应高于被修补的混凝土基材。

7.3 裂缝修补施工

7.3.1 表面处理法施工应符合下列规定：

　　1 应清除裂缝表面松散物；有油污处应用丙酮清洗，潮湿裂缝表面应清除积水；在进行下步工序前，裂缝表面应干燥。

　　2 所选择的材料应均匀涂抹在裂缝表面。

　　3 涂覆厚度及范围应符合设计及材料使用规定。

7.3.2 压力灌浆法施工应符合下列规定：

　　1 表面处理：裂缝灌浆前，应清除裂缝表面的灰尘、浮渣和松散混凝土，并应将裂缝两侧不小于 50mm 宽度清理干净，且应保持干燥。

　　2 设置灌浆嘴：灌注施工可采用专用的灌注器具进行，宜设置灌浆嘴。其灌注点间距宜为 200mm～300mm 或根据裂缝宽度和裂缝深度综合确定。对于大体积混凝土或大型结构上的深裂缝，可在裂缝位置钻孔，当裂缝形状或走向不规则时，宜加钻斜孔，增加灌浆通道。钻孔后，应将钻孔清理干净并保证灌浆通道畅通，钻孔灌浆的裂缝孔内宜用灌浆管，对灌注有困难的裂缝，可先在灌注点凿出“V”形槽，再设置灌浆嘴。

　　3 封闭裂缝：灌浆嘴设置后，宜用环氧胶泥封闭，形成一个密闭空腔。应预留浆液进出口。

　　4 密封检查：裂缝封闭后应进行压气试漏，检查密封效果。试漏应待封缝胶泥或砂浆达到一定强度后进行。试漏前应沿裂缝涂一层肥皂水，然后从灌浆嘴通入压缩空气，凡漏气处，均应予修补密封直至不漏为止。

　　5 灌浆：根据裂缝特点用灌浆泵或注胶瓶注浆。应检查灌浆机具运行情况，并应用压缩空气将裂缝吹干净，再用灌浆泵或针筒注胶瓶将浆液压入缝隙，宜从下向上逐渐灌注，并应注满。

　　6 修补后处理：等灌浆材料凝固后，方可将灌缝器具拆除，然后进行表面处理。

7.3.3 填充密封法施工应符合下列规定：

　　1 应沿裂缝将混凝土开凿成宽 2cm～3cm、深 2cm～3cm 的“V”形槽；

　　2 应清除缝内松散物；

　　3 应用所选择的材料嵌填裂缝，直至与原结构表面持平。

7.3.4 裂缝修补处理后，可根据设计需要进行表面防护处理。

7.4 检验与验收

7.4.1 表面处理材料、填充密封材料和压力灌浆材料等关键材料应进行进场复验，其性能应满足现行国家行业标准《混凝土裂缝修复灌浆树脂》JG/T 264 等相关标准和设计的要求。

7.4.2 裂缝修补检验应满足下列规定：

　　1 裂缝表面清理后封闭前应复验灌嘴，是否准确可靠；

　　2 裂缝灌浆后应检查灌浆是否密实，可钻芯取样检查灌缝效果。

8　混凝土表面修复与防护

8.1　一般规定

8.1.1 混凝土表面修复前，应对缺陷和损伤情况进行调查，修复方案应根据缺陷和损伤的程度和原因制定。

8.1.2 混凝土表面防护应符合下列规定：

　　1 混凝土表面防护，应在完成结构缺陷与损伤的修复之后进行；

　　2 根据防护设计的不同要求，表面防护可采用憎水浸渍、防护涂层或表面覆盖等方法进行，并应满足渗透性、抗侵蚀性、钢筋防锈性、裂缝桥接能力及外观等性能要求。

8.2　材　料

8.2.1 混凝土表面修复材料可采用界面处理材料和修补砂浆，修补砂浆的抗压强度、抗拉强度、抗折强度不应低于基材混凝土。

8.2.2 混凝土表面防护材料应根据实际工程需要选择，可采用无机材料、有机高分子材料以及复合材料，并应符合下列规定：

1 在环境介质侵蚀作用下，防护材料不得发生鼓胀、溶解、脆化和开裂现象；

2 防护材料应满足结构耐久性防护的要求，根据不同的环境条件和耐久性损伤类型宜分别具有抗碳化、抗渗透、抗氯离子和硫酸盐侵蚀、保护钢筋性能；

3 用于抗磨作用的防护面层，应在其使用寿命内不被磨损而脱离结构表面；

4 防护面层应与混凝土表面粘结牢固，在其使用寿命内，不应出现开裂、空鼓、剥落现象。

8.3 表面修复与防护施工

8.3.1 混凝土表面修复施工应符合下列规定：

1 混凝土结构表面修复的工序可分为基层处理、界面处理、修补砂浆施工和养护。

2 基层处理：对需要修复的区域应作出标记，然后宜沿修复区域的边缘切一条深度不小于 10mm 的切口。剔除表面区域内已经污染或损伤的混凝土，深度不应小于 10mm；修复区边缘混凝土应进行凿毛处理，对混凝土和露出的钢筋表面应进行彻底清洁，对遭受化学腐蚀的部分，应采用高压水进行冲洗，并应彻底清除腐蚀物。

3 界面处理：修补砂浆施工前，应将裸露的钢筋固定好并进行阻锈处理，待其干燥后应采用清水对混凝土基面彻底润湿，然后喷涂或刷涂界面处理材料。

4 修补砂浆施工：根据构件的受力情况、施工部位及现场状况可采用涂抹、机械喷涂及支模浇筑方法进行施工。

5 养护：修补砂浆施工后，宜进行养护。

8.3.2 混凝土表面防护施工应符合下列规定：

1 表面防护前应进行去掉浮尘、油污或其他化学污染物的表面处理工作，对劣化的混凝土表层，宜先打磨清除，再用水清洗。对不宜用水清洗的表面，可用高压空气吹扫。

2 混凝土表面防护材料应按其配比要求进行配制或调制。

3 采用渗透型保护涂料对混凝土表面进行憎水浸渍时，宜采用喷涂或刷涂法施工，且施工时应保证混凝土表面及内部充分干燥。当采用其他有机材料时，底层宜干燥。

4 采用无机或复合材料进行混凝土表面防护时，宜抹涂施工，并应符合下列规定：

1）无机砂浆类材料面层施工时，应充分润湿混凝土基底部位，不得空鼓和脱落。

2）复合类材料面层施工时，应保证混凝土表面及内部充分干燥，不得起鼓和剥落。

3）当混凝土表面整体施工时，分隔缝应错缝设置。

4）当混凝土立面或顶面的防护面层厚度大于 10mm 时，宜分层施工。每层抹面厚度宜为 5mm~10mm，应待前一层触干后，方可进行下一层施工。

5）施工完毕后，表面触干即应进行喷雾（水或养护剂）养护或覆盖塑料薄膜、麻袋。潮湿养护期间如遇寒潮或下雨，应加以覆盖，养护温度不应低于 5℃。

5 当混凝土表面需多层防护时，应先等第一层防护材料施工完毕，检查合格后，方可进行第二层的防护材料施工。

8.4 检验与验收

8.4.1 表面修复材料和表面防护材料应进行进场复验，其性能应满足现行行业标准《混凝土结构修复用聚合物砂浆》JG/T 336、《混凝土界面处理剂》JC/T 907、《聚合物水泥防水砂浆》JC/T 984、《混凝土结构防护用成膜型涂料》JG/T 335 等相关标准规定和设计的要求。

附录 A 电化学保护

A.1 材　料

A.1.1 电化学保护的材料和设备可采用阳极系统、电解质、检测和控制系统、电缆和直流电源等，并应符合下列规定：

1 阴极保护阳极系统应能在保护期间提供并均匀分布保护区域所需的保护电流。阳极材料的设计和选择，应满足保护系统的设计寿命要求和电流承载能力。

2 电化学脱盐和再碱化的阳极系统应由网状或条状阳极与浸没阳极的电解质溶液组成，电化学脱盐所用电解质宜采用 $Ca(OH)_2$ 饱和溶液或自来水；电化学再碱化所用电解质宜采用 0.5M~1M 的 Na_2CO_3 水溶液等。

3 检测和控制系统的埋入式参比电极可选用 Ag/AgCl/0.5mol/LKCl 凝胶电极和 Mn/MnO_2/0.5mol/L NaOH 电极；便携式参比电极可选用 Ag/AgCl/0.5mol/L KCl 电极。参比电极的精度应达到 ±5 mV（20℃24h）。钢筋/混凝土电位的检测设备可采用精度不低于 ±1mV、输入阻抗不小于 10MΩ 的数字万用表，也可选用符合测量要求的其他数据记录仪。

4 电源电缆、阳极电缆、阴极电缆、参比电极电缆和钢筋/混凝土电位测量电缆应适合使用环境，并应满足长期使用的要求。电缆芯的最小截面尺寸应按通过 125% 设计电流时的电压降确定。

5 直流电源应满足长期不间断供电要求，应具有技术性能稳定、维护简单的特点和抗过载、防雷、抗干扰、防腐蚀、故障保护等功能。直流电源的输出电流和输出电压应根据使用条件、辅助阳极类型、保护单元所需电流和回路电阻计算确定。

A.1.2 阴极保护宜采用经证实有效的阳极系统，也可选用经室内以及现场试验应用与实践充分验证的新型阳极系统，并应符合下列规定：

 1 外加电流阴极保护的阳极系统可在下列三种系统中选用：

  1）可采用混凝土表面安装网状贵金属阳极与优质水泥砂浆或聚合物改性水泥砂浆覆盖层组成的阳极系统；

  2）可采用条状贵金属主阳极与含碳黑填料的水性或溶剂性导电涂层次阳极组成的阳极系统；

  3）可采用开槽埋设于构件中的贵金属棒状阳极与导电聚合物回填物组成的阳极系统。

 2 牺牲阳极式阴极保护的阳极系统可在下列两种系统中选用：

  1）可采用锌板与降低回路电阻的回填料组成的阳极系统；

  2）可采用涂覆于混凝土表面的导电底涂料与锌喷涂层组成的阳极系统。

A.2 电化学保护施工

A.2.1 电化学保护工程施工可分为凿除和修补损伤区混凝土保护层、电连接保护单元内钢筋、安装监测与控制系统、安装阳极系统、制作和铺设电缆、安装直流电源等工序，并应符合下列规定：

 1 实施电化学保护前，应先清除已胀裂、层裂的混凝土保护层和钢筋上的锈层，并应采用电导率和物理特性与原混凝土基层接近的水泥基材料修复凿除部位至原断面，对结构安全性有影响时应进行加固处理；

 2 各保护区内钢筋之间以及钢筋与混凝土中其他金属件之间应成为电连接整体，阳极系统与阴极系统（钢筋）间不得存在短路现象；

 3 电化学保护的监测与控制系统、阳极系统中各部件的规格、性能、安装位置等应符合设计要求。直流电源安装应按现行国家标准《电气装置安装工程低压电器施工及验收规范》GB 50254的规定执行。各种电缆应有唯一性标识。

A.2.2 电化学保护技术的特征应符合表 A.2.2 的规定。

表 A.2.2 电化学保护技术的特征

项　目	阴极保护	电化学脱盐	电化学再碱化
通电时间	在防腐蚀期间持续通电	约8周	100h～200h

续表 A.2.2

项　目	阴极保护	电化学脱盐	电化学再碱化
电流密度（A/m²）	0.001～0.05	1～2	1～2
通电电压(V)	<15	5～50	5～50
电解液	—	$Ca(OH)_2$ 饱和溶液或自来水	0.5M～1M 的 Na_2CO_3 水溶液
确认效果的方法	测定电位或电位衰减/发展值	测定混凝土的氯离子含量和钢筋电位	测定混凝土 pH 值和钢筋电位
确认效果的时间	在防腐蚀期间定期检测	通电结束后	通电结束后

A.2.3 电化学保护电流密度除应使保护效果达到本规程第 A.3.5 条的规定外，尚应控制在不降低阳极系统和混凝土质量的范围内。具体保护电流密度宜通过经验数据或进行现场试验确定，也可按照表 A.2.2 选取，不同条件混凝土结构阴极保护电流密度也可按表 A.2.3 选取。

表 A.2.3 宜采用的阴极保护电流密度

钢筋周围的环境及钢筋的状况	保护电流密度（mA/m²）（按保护钢筋面积计）
碱性、干燥、有氯盐，混凝土（优质）保护层厚，钢筋轻微锈蚀	3～7
潮湿、有氯盐，混凝土质量差，保护层薄或中等厚度	8～20
氯盐含量高、潮湿而且干湿交替、富氧，混凝土保护层薄，气候炎热，钢筋锈蚀严重	30～50

A.2.4 电化学保护系统调试应符合下列规定：

 1 应以设计电流的 10%～20% 进行初始通电，测量直流电源的输出电压和输出电流以及钢筋/混凝土电位，所有部件的安装、连接应正确；

 2 对外加电流阴极保护，试通电正常后，应逐步加大阴极保护电流，直至钢筋/混凝土的电位满足本规程第 A.3.5 条的规定；对电化学脱盐和电化学再碱化，试通电正常后，应逐步加大保护电流，直至设计值。

A.2.5 电化学脱盐和再碱化保护系统通电结束后，应及时拆除混凝土表面阳极系统及其配件，采用高压淡水清洗处理的混凝土表面并应进行表面修复处理或表面防护处理。

A.3 检验与验收

A.3.1 电化学保护工程所用的设备、材料和仪器应经过实际应用或有关试验验证，并应有出厂合格证或质量检验报告。

A.3.2 电化学保护系统安装完毕后，应进行下列方面的检验：

    1 逐一检查所用的阳极、电缆、参比电极、仪器设备规格、数量、安装位置是否符合设计要求；

    2 检查保护系统所有部件安装是否牢固、是否有损坏，电缆和设备连接是否正确；

    3 测量保护单元内钢筋的电连接性和钢筋网与阳极系统之间的电绝缘性，电缆的绝缘电阻和电连续性，检测埋设参比电极的初始数据；

    4 测量保护区域内钢筋的自然电位和混凝土原始氯离子含量或 pH 值。

A.3.3 在通电实施过程中，应根据本规程第 A.2.2 条的方法定期确认保护效果，直至满足本规程第 A.3.5 条的规定。电化学脱盐和电化学再碱化的电解液还应定期检测、更换，并应保持一定的碱度。

A.3.4 在阴极保护持续运行期间，每年应定期对保护系统进行检查和维护，应定期检测和记录电源设备的输出电压、输出电流和钢筋保护电位。

A.3.5 电化学保护效果应符合下列规定：

    1 阴极保护在整个保护寿命期间，各保护单元内钢筋/混凝土电位应符合下列规定之一：

        1）去除 IR 降后的保护电位范围普通钢筋应为 $-720mV \sim -1100mV$（相对于 Ag/AgCl/0.5mol/LKCl 参比电极）；预应力钢筋应为 $-720mV \sim -900mV$（相对于 Ag/AgCl/0.5mol/LKCl 参比电极）；

        2）钢筋电位的极化衰减值或极化发展值不应少于 100mV。

    2 电化学脱盐处理后，混凝土内氯离子含量应低于临界氯离子浓度。

    3 电化学再碱化处理后，混凝土 pH 值应大于 11。

本规程用词说明

1 为便于在执行本规程条文时区别对待，对要求严格程度不同的用词说明如下：

    1）表示很严格，非这样做不可的：

        正面词采用"必须"，反面词采用"严禁"；

    2）表示严格，在正常情况下均应这样做的：

        正面词采用"应"，反面词采用"不应"或"不得"；

    3）表示允许稍有选择，在条件许可时首先应这样做的：

        正面词采用"宜"，反面词采用"不宜"；

    4）表示有选择，在一定条件下可以这样做的，采用"可"。

2 条文中指明应按其他有关标准执行的写法为："应符合……的规定"或"应按……执行"。

引用标准名录

    1 《混凝土外加剂应用技术规范》GB 50119

    2 《电气装置安装工程 低压电器施工及验收规范》GB 50254

    3 《建筑工程施工质量验收统一标准》GB 50300

    4 《水泥基灌浆材料应用技术规范》GB/T 50448

    5 《混凝土结构耐久性设计规范》GB/T 50476

    6 《钢筋阻锈剂应用技术规程》JGJ/T 192

    7 《混凝土裂缝修复灌浆树脂》JG/T 264

    8 《混凝土结构防护用成膜型涂料》JG/T 335

    9 《混凝土结构修复用聚合物水泥砂浆》JG/T 336

    10 《混凝土结构防护用渗透型涂料》JG/T 337

    11 《混凝土界面处理剂》JC/T 907

    12 《聚合物水泥防水砂浆》JC/T 984

中华人民共和国行业标准

混凝土结构耐久性修复与防护技术规程

JGJ/T 259—2012

条 文 说 明

制 订 说 明

《混凝土结构耐久性修复与防护技术规程》JGJ/T 259-2012，经住房和城乡建设部2012年3月1日以第1322号公告批准、发布。

本规程制订过程中，针对我国既有混凝土结构耐久性损伤及修复工程特点，编制组进行了大量的工程调查及试验研究，总结了我国混凝土结构耐久性修复与防护方面的实践经验。同时参考了欧洲、美国和日本现有修复方面先进的技术规范，结合国内实际，提出切实可行的做法。

为便于广大设计、施工、科研、学校等单位有关人员在使用本规程时能正确理解和执行条文规定，《混凝土结构耐久性修复与防护技术规程》编制组按章、节、条顺序编制了本规程的条文说明，对条文规定的目的、依据以及执行中需注意的有关事项进行了说明。但是，本条文说明不具备与规程正文同等的法律效力，仅供使用者作为理解和把握规程规定的参考。

目　次

1 总 则

1.0.1 国内外对混凝土结构耐久性的重视程度与日俱增。在我国，目前由于结构耐久性不足造成的结构寿命缩短甚至出现重大事故的实例很多。对混凝土结构及时、有效地进行修复与防护可显著改善其耐久性状况，大大延长结构服役寿命。以往混凝土结构的修复工作没有得到应有的重视，不少修复陷入修一坏一再修一再坏的怪圈，造成了资源的极大浪费，严重背离了我国可持续发展的基本战略。本规程的出发点在于规范混凝土结构耐久性的修复与防护，延长结构使用寿命。混凝土结构耐久性的修复、防护涉及因素复杂，有些相关机理目前还在深入研究之中，本规程的编制是基于现有的认识水平，为满足目前工程需要而首次编制的。

1.0.2、1.0.3 本规程的适用范围是既有混凝土结构耐久性的修复与防护，强调影响结构耐久性的因素，对由于耐久性引起的承载能力不足而需进行的加固问题，须按照有关加固规范与本规程的规定并行处理。

有关部门已制定的混凝土结构现场检测标准、混凝土结构耐久性评定标准中，对如何评估结构耐久性现状已有详细描述，这些工作构成了科学修复的基础。目前混凝土结构加固等相关规范中部分也涉及耐久性内容，本条主要强调应与上述内容相协调。

混凝土结构广泛用于各种自然及人工环境下，特殊地区、特殊环境下的混凝土结构耐久性修复与防护，除应符合本规程的相关规定外，尚应符合国家现行有关标准的规定，采取相应的防护措施。尤其对极端严重腐蚀环境下的结构耐久性，应与地方或行业中相关的防腐蚀技术规范等内容相符合。

3 基 本 规 定

3.0.1、3.0.2 我国没有建筑物定期检测评价法规，新加坡的建筑物管理法强制规定，居住建筑在建造后10年及以后每隔10年必须进行强制鉴定，公共、工业建筑则为建造后5年及以后每隔5年进行一次强制鉴定。日本通常要求建筑物服役20年后进行一次鉴定。英国等国家对于体育馆等人员密集的公共建筑作了强制定期鉴定规定。根据我国工程经验，良好使用环境下民用建筑无缺陷的室内构件一般可使用50年；而处于潮湿环境下的室内构件和室外构件往往使用20年~30年就需要维修；使用环境较恶劣的工业建筑使用25年~30年即需大修；处于严酷环境下的工程结构甚至不足10年即出现严重的耐久性损伤。因此在保证建筑物安全性的前提下，民用建筑使用30年~40年、工业建筑及露天结构使用20年左右宜进行耐久性评估与修复。大型桥梁、地铁、大型公共建筑等重要的基础设施以及处于严酷环境下的工程结

构，则应根据具体情况进行耐久性评定修复与防护。耐久性不满足要求的结构主要是指不满足耐久性评定标准或耐久性设计规范要求以及其他存在耐久性问题的结构。本条提出了进行耐久性修复与防护的原则规定。

3.0.3 本条明确了进行混凝土结构耐久性修复与防护时应综合考虑的因素，并规定了进行耐久性修复与防护的基本工作程序，可根据工程的重要性、规模、复杂程度等特点制定详细的工作流程。应在耐久性调查、检测与评估的基础上进行耐久性修复与防护设计。耐久性修复前，应提供修复所需全部技术资料，特别应提供结构耐久性现状鉴定报告。

3.0.4 本条给出了建议的混凝土结构耐久性调查、检测内容，可根据工程的具体情况选择相应的调查和检测内容，条文未包括全部检测内容，如有时需检测混凝土表层渗透性、氯离子扩散系数、混凝土孔结构等，应根据工程实际情况确定混凝土结构耐久性调查、检测内容。

混凝土结构耐久性评定有关内容可参考国家现行标准《混凝土结构耐久性评定标准》CECS 220执行。

3.0.5 混凝土结构耐久性修复与防护设计方案作为技术性文件，应包括工程概况、建造年代及条文规定的内容，但格式可以不统一。

3.0.6 鉴于修复与防护施工的复杂性和多样性，在施工前应根据实际工程特点制定严格的施工方案，以确保施工质量，一般修复施工宜按基层处理、界面处理、修复处理、表层处理四个工序进行，对于一些简单的修复施工也可按其中的部分工序进行，基层处理和界面处理是保证基层混凝土与修复材料间粘结效果的重要措施，表层处理可以减少环境对结构的作用，为延长结构的耐久性，应对表层处理效果定期检查，10年~15年宜检查一次。当表层处理质量不能满足要求时，应重新进行处理。

3.0.7 本条对混凝土结构耐久性修复与防护工程质量检验和工程验收作了一般性规定，各种不同损伤类型的修复还应符合相应各章的检验与验收的规定。

1 由于修复与防护工程的工程量一般比新建工程小，本条只要求对重要结构、重要部位和关键工序，可在施工现场进行实体检验，且本规程未对关键工序作强制性规定，应根据不同损伤类型、修复工艺、所处环境和下一目标使用年限确定关键工序，并在修复与防护设计方案中加以规定。

2 工程验收宜按分部、分项工程验收和竣工验收两个阶段进行，可将不同损伤类型（如钢筋锈蚀修复、延缓碱骨料反应措施及防护、冻融损伤修复、裂缝修补、混凝土表面修复与防护）的修复工程划分为一个分部工程，再按具体的修复工艺划分分项工程。

修复与防护完工后，外观检查是最基本的要求。修复材料与基层混凝土的粘结强度直接影响修复质量，为了确保修复质量，对修复面积较大、修复厚度较厚或特殊重要工程，可采用现场拉拔试验的方法确

定其粘结强度。

当修复材料为现场配制时，其配合比及试验结果报告应在修复施工前提供，以确保修复材料的性能指标满足设计和施工要求。

3.0.8 与一般工程相比，混凝土结构耐久性调查、检测与评定、修复与防护设计、施工的专业性较强，应由具有相应工程经验的单位承担。

4 钢筋锈蚀修复

4.1 一般规定

4.1.1 修复前，应进行调查与检测，查阅结构相关的原始设计、施工详图、施工说明、验收与竣工资料、材料试验报告、使用与维修记录等；应进行现场普查、详细检测及进行必要的室内试验；以鉴定结构现状，确定使用环境、钢筋锈蚀原因、范围及程度。

现场普查应记录暴露于不同自然环境、应力状态下的各区域不同构件、部位的损伤（包括表面缺陷、裂缝、锈斑、层裂、剥落、渗漏、变形等）状态和分布，并确定进一步进行详细检测的典型范围和要求。

现场详细检测应包括在典型检测范围内无损检测混凝土保护层厚度、混凝土电阻率、钢筋半电池电位图，检测氯离子含量或碳化深度的分布，据此判断钢筋腐蚀范围及程度。

4.1.2 本条给出了钢筋锈蚀修复方案选择宜根据调查与检测结果，考虑钢筋锈蚀程度、钢筋锈蚀原因和环境作用等级等综合确定。对处于Ⅰ-B、Ⅰ-C类潮湿环境中的钢筋锈蚀修复问题，应在修复完成后防止外界水分侵入构件内部导致钢筋继续锈蚀，故需在表面建立憎水防护层；对处于Ⅲ、Ⅳ类盐污染环境中的钢筋锈蚀修复问题，应在修复完成后防止外界氯离子再次侵入构件，故需在表面建立阻止氯离子进入的隔离层。环境作用等级的划分原则应符合现行国家标准《混凝土结构耐久性设计规范》GB/T 50476的规定。

钢筋锈蚀产生的原因分为混凝土中性化诱发、掺入型氯化物诱发、渗入型氯化物诱发三种。混凝土中性化诱发是指空气中的二氧化碳等气体气相扩散到混凝土的毛细孔中，与孔隙液中的氢氧化钙发生反应，从而使孔隙液的pH值降低，当中性化深度达到钢筋表面时，钢筋钝化膜遭受破坏，在具备一定水和氧的条件下，钢筋开始锈蚀；掺入型氯化物诱发是指由于新拌混凝土中掺入氯化物早强剂、防冻剂或采用海水、海砂等拌制混凝土，当钢筋周围的氯离子浓度达到临界浓度，钢筋钝化膜遭受破坏，并导致钢筋锈蚀；渗入型氯化物诱发是指周围环境中的氯离子通过混凝土孔隙向混凝土内部，当钢筋周围的氯离子浓度达到临界浓度，钢筋钝化膜遭受破坏，并导致钢筋锈蚀。

钢筋锈蚀程度分为一般锈蚀和严重锈蚀两种，锈蚀程度可通过检测钢筋混凝土构件的半电池电位进行判断。根据已有工程经验和研究成果，当半电池电位为 $-200mV \sim -350mV$ 时，可认为钢筋一般锈蚀，当半电池电位小于 $-350mV$ 时，可通过以下两方面进行判断，当符合其中一项时，即认为钢筋严重锈蚀：

1) 构件表面外观状况：构件表面已开始出现较多的锈斑、局部流锈水、局部层裂（鼓起）和混凝土保护层出现 0.3mm~3mm 的顺筋锈胀裂缝和顺筋剥落等现象。

2) 钢筋表面外观状况：钢筋出现锈皮或浅锈坑，钢筋截面开始减小。

当构件表面广泛出现锈斑、流锈水、层裂（鼓起），混凝土保护层广泛出现较宽的顺筋锈胀裂缝网或成片地剥落、露筋时，应检查钢筋锈蚀造成的截面损失率，若其截面损失超过 5%，则需补筋加固。

钢筋锈蚀电位、构件和钢筋表面状况仅能判断钢筋目前的锈蚀状况，为了掌握钢筋锈蚀的发展趋势，还应通过钢筋腐蚀速率和混凝土电阻率综合判断。

4.1.3 过去传统的局部修补方法，难以全面彻底清除导致腐蚀破损的原因，也难以阻止腐蚀继续发展。以阻锈剂处理局部修补部位的钢筋和老混凝土界面处，该问题得到一定程度的改善。对于严重盐污染的重要结构，建议在钢筋开始锈蚀的初期，及时实施电化学保护，则具有显著的技术经济效果。

阴极保护是根据钢筋腐蚀只发生于释放自由电子的阳极区的电化学本质，对钢筋持续施加阴极电流，使其表面各处均不再发生释放电子的阳极反应。外加电流阴极保护，需持续施加并定期检测、监控保护电流，以保证保护范围内的具有电连续性的所有钢筋在剩余使用期间均可获得正常的保护。牺牲阳极阴极保护，无需直流电源和检测监控装置，无需对保护电流持续进行调控和维护管理，但因牺牲阳极所能提供的保护电流有限，故适用范围和年限有限。电化学脱盐（对于中性化混凝土为电化学再碱化）是在短期内以外加电源与临时设置于混凝土表面的阳极和电解质溶液，对被保护范围内所有具有电连续性的钢筋施加大的阴极电流，通过离子的电迁移及钢筋上的阴极反应，使盐污染（或中性化）的混凝土中氯离子浓度在短期内降低到低于钢筋腐蚀所需的临界浓度以下，同时提高了钢筋附近混凝土孔隙液的pH值，从而恢复并可在断电后长期保持钢筋的钝态，免除钢筋腐蚀。

对盐污染（或中性化）混凝土结构实施电化学保护的必要性，是因为传统的修补方式（完全清除钢筋锈蚀所引起的胀裂的混凝土保护层，清除露出钢筋上的锈皮，用优质砂浆或混凝土补平），即使修补质量好，也不能制止局部修补附近（外表尚完好但混凝土已被盐污染或中性化到钢筋）成为新的阳极而发生腐蚀，在这些表面追加抗盐污染或防中性化的涂层，已不能制止腐蚀发生。如将局部修补范围扩大到在剩余使用期内预期会发生腐蚀之处，必然会大大增加修补工程量和造价，以及结构停止运行的间接损失，甚至实际上往往是行不通的。电化学保护则可以经济可靠地制止腐蚀的发展，特别是在盐污染或中性化已广泛存在，但它们所引起的钢筋腐蚀破坏范围和程度尚局限于较小范围的严重锈蚀初期，若能及时实施电化学保护，其技术经济效果尤为突出。

鉴于电化学保护基本知识与技能尚未被广泛普及，而电化学保护技术含量高，其功效高低与其可行性论证、设计、施工、检测、管理是否合乎要求关系密切，因此，规定应经专门论证后再实施。

4.2 材 料

4.2.1 修复材料掺入阻锈剂后，不仅应使其对混凝土拌合物的凝结时间、工作度、力学强度无不良影响，同时还应有良好的体积稳定性、较小的收缩性、良好的抗渗性、良好的抗裂性、材质的均匀性、良好的抗氯离子扩散性能等。掺入阻锈剂主要为了显著地提高钢筋表面钝化膜的稳定性，显著提高引起钢筋锈蚀的氯离子临界浓度或抗中性化的临界 pH 值。由于阻锈剂类型、品种、适用掺量和工艺目前尚难以明确规定，因此，本规程目前只提出基本要求和原则规定。

4.3 钢筋阻锈修复施工

4.3.1 本条对在混凝土保护层上表面迁移阻锈处理施工做了规定。目前国内对基层处理重视不够，只有确保基层处理质量，才能最大限度地发挥表面迁移阻锈处理的作用。

4.3.2 本条规定了钢筋阻锈处理修复时的工艺。修复前，应将修复范围内已锈蚀的钢筋完全暴露并进行除锈处理；钢筋除锈后，应采用钢筋表面钝化剂使已锈蚀的钢筋重新钝化；为了保护修复范围附近的钢筋免遭锈蚀，应在修复范围钢筋四周和修复后构件表面涂刷迁移型阻锈剂；为了使修复材料能更好地保护修复范围内的钢筋，修复用的混凝土或砂浆应含有掺入型阻锈剂。应结合工程实际情况，按本规程第 8.2.2 条选择表面防护材料，并按本规程第 8.3.2 条进行表面防护处理。

4.4 电化学保护施工

4.4.1 钢筋混凝土电化学保护是在混凝土表面、外部或内部，设置阳极，在阳极与埋设于混凝土中的钢材之间，通以直流电流，利用在钢材表面或混凝土内部发生的电化学反应，进行修复保护。本规程的电化学保护分为阴极保护技术、电化学脱盐技术、混凝土再碱化技术等几种，其中阴极保护又可分为外加电流阴极保护和牺牲阳极阴极保护。

近年电化学脱盐技术在我国海港码头上已得到大量推广应用，外加电流阴极保护也在跨海大桥等盐污染混凝土结构上开始应用，牺牲阳极的阴极保护在海港工程中也已示范性的试用成功。有必要也有可能制定相应规范，以保证和推动该项技术的应用。

以环氧涂层钢筋剪切、焊接加工成的钢筋网（笼）浇筑的钢筋混凝土构件，禁止采用任何电化学保护技术。因为在这种构件内，各根钢筋之间被环氧涂层（绝缘层）隔开，不具备电连续性，若实施电化学保护，则必然会引起严重的杂散电流腐蚀。

采用无金属护套的预应力高强钢丝预应力混凝土结构，如果采用外加电流密度较大的电化学脱盐或再碱化技术时，则由于很可能引起氢脆或应力腐蚀而导致预应力筋突然断裂破坏。因此这种预应力结构不允许采用电化学脱盐和电化学再碱化。

保护电流密度过大，会显著提高钢筋周围混凝土的碱度，促进碱活性骨料发生膨胀反应，故含有碱活性骨料的结构也应慎用电化学保护，必要时，可以在电解质或现浇的混凝土拌合物中掺适量锂化合物，以降低或消除碱活性骨料的膨胀反应。

4.4.2 一座结构各构件的湿度、氯盐污染程度、保护层厚度和几何尺寸等常有差异，因而造成钢筋自腐蚀电位和混凝土电阻存在较大的差异。为使电化学保护连续有效，应将钢筋周围环境存在显著差异的各个区域，分成彼此独立的单元，并与相应的阳极系统构成独立的电流回路。当结构中钢筋腐蚀程度存在显著差异时，也应划分成不同单元进行分别修复；当使用的阳极系统在某些区域得到的电流数量有限或所选用阳极类型的电阻受环境影响较大时，应增加分区数量。一般建议，分区单元面积为 $50m^2 \sim 100m^2$，但视结构形状与环境条件可适当变动。

4.4.3 鉴于电化学保护基本知识与技能尚未广泛普及，而电化学保护技术含量高，其功效高低取决于其可行性论证、设计、施工、检测、管理是否符合要求。因此，本规程规定钢筋混凝土结构的电化学保护的各阶段工作，应由具备相应工程经验的单位承担。

4.5 检验与验收

4.5.2 修复与防护完工后，外观检查是最基本的要求。修复材料与基层混凝土的粘结强度直接影响修复质量，为了确保修复质量，对修复面积较大、修复厚度较厚或特殊重要工程，可采用现场拉拔试验的方法确定其粘结强度。

对修复面积大、修复材料用量较大的结构，可参照现行有关规范要求预留试块，至少预留三组，现场实体检测可采用取芯、回弹及拉拔试验的方法确定。

5 延缓碱骨料反应措施及其防护

5.1 一 般 规 定

5.1.1 碱骨料反应（Alkali-Aggregate Reaction，简

称 AAR）指混凝土中的碱与骨料中的活性组分之间发生的破坏性膨胀反应，是影响混凝土长期耐久性和安全性的最主要因素之一。该反应不同于其他混凝土病害，其开裂破坏是整体性的，且目前尚无有效的修补方法，而其中的碱碳酸盐反应的预防尚无有效措施。在各种混凝土病害中，钢筋锈蚀、冻融破坏和碱骨料反应都会引起混凝土开裂而出现裂纹，从而相互促进、加速破坏，使耐久性迅速下降，最终导致混凝土破坏。

碱骨料反应包括三种类型：碱硅酸反应、碱硅酸盐反应（慢膨胀型碱硅酸反应）和碱碳酸盐反应。一般认为，碱硅酸盐反应本质上是一种慢膨胀型碱硅酸反应，所以，本规程按碱骨料反应包括碱硅酸反应和碱碳酸盐反应两类。

不论哪一种类型的碱骨料反应必须具备如下三个条件，才会对混凝土工程造成损坏：一是配制混凝土时由水泥、骨料（海砂）、外加剂和拌合水中带进混凝土中一定数量的碱，或者混凝土处于有碱渗入的环境中；二是有一定数量的碱活性骨料存在；三是潮湿环境，可以供应反应物吸水膨胀时所需的水分。只有具备这三个条件，才有可能发生碱骨料反应工程破坏。因此，对混凝土结构应先进行检测分析，若具备上述三个条件但尚未发生，需进行预防；若已发生，则需分析活性骨料含量、活性矿物成分、混凝土碱含量、水分供应情况等，最好结合实验室试验判断将来的膨胀潜力，进而采取相应的处理办法。

国内外的 AAR 研究工作一般都集中在诊断和防治上（如 AAR 的反应进程和破坏机理、混凝土中碱骨料反应环的测定方法、使用矿物掺合料预防 AAR 等），修补和维护工作是第二位的。在多数情况下，已经确诊是发生 AAR 的结构会被拆除或部分重建，如高速公路路面、混凝土轨枕等，因为已经不能服役或者很危险了。

5.1.2 在不拆除结构或更换构件时，延缓 AAR 的措施一般有裂缝封堵、止水两大类。因骨料、混凝土碱含量不能改变，只能采取断绝水分供应的方法抑制碱骨料反应。国外也有报道用锂盐溶液喷洒构件表面抑制碱骨料反应的修复方法，但长期效果如何尚未获得公认的结果，另外价格较高也是阻碍这种方法普及的另一因素。

5.1.3 以目前国内外的经验，必须长期监测针对碱骨料反应的修复效果，以及时发现是否有异常发生。如日本对发生碱骨料反应桥墩修复后，定期的检查、检测已持续了近 20 年。我国某铁路线上有 200 多孔制造于 20 世纪 80 年代初的预应力混凝土梁，在 1990 年前后经检测确认梁体开裂的原因是发生了碱骨料反应，经相关部门修补、评估后，认为还可服役，目前对整治的效果还在观察中。

5.2 材 料

5.2.2 作为碱骨料反应最直接和可见的外部现象，裂缝会导致混凝土材料的渗透性增大，影响结构的整体性。修复工作中首先可能做的就是封堵裂缝。裂缝的注入和密封应该在对未来活性和膨胀仔细评估的基础上。用压缩空气清除干净裂缝及附近区域，注入密封剂来封堵宽的裂缝，有助于阻止外界侵蚀性介质的侵入，同时还能阻断凝胶流动和凝胶填充的通道。

本条强调采用极限变形较大的材料封堵裂缝，是因为碱骨料反应的裂缝不会在修补后马上停止发展，如果用较脆性的材料封堵，可能会引起新的开裂。例如某桥梁曾采用普通环氧树脂注入修补，但过一段时间后，所修补处附近出现了新的裂缝。

5.2.3 表面憎水防护材料是一种保护混凝土结构免受周围环境和正在进行的碱骨料反应的有效可靠的措施。如：使用柔性的聚合物水泥砂浆涂层（含有聚丙烯树脂、硅酸盐水泥和外加剂）、硅烷防护剂等。选择的表面憎水防护材料应该具备如下要求：

1 应该对常用的服役条件具有足够的抵抗力，如对紫外线、浪溅区和磨蚀环境（海工结构）、干湿和冷热循环等。如：大坝和水电站在发生 AAR 破坏的同时，还受到干湿和冻融循环的复合破坏，表面防护材料必须具有足够的保护能力；

2 减少 AAR 的表面防护材料应该与混凝土有很好的相容性，足够的粘结或者能够渗入不规则混凝土表面及潮湿的碱性基底（如使用硅烷时）；

3 应能使混凝土内部水分可以向外界散发，而外界液体水分无法进入混凝土内部。

在世界范围内，在使用此类涂层、密封剂、渗透剂、浸渍剂、隔膜时还不能总是令人满意。因为同类的涂层在性能和抵抗外部侵蚀的能力上差别很大，有的长期耐久性很差。硅烷防护剂已经被广泛使用，现有的数据显示在试验室条件下，烷基和烷氧基硅烷能够阻止水分和氯离子的侵入，但对孔径分布和混凝土碳化无明显的影响。现场数据表明，裂缝在 0.5mm～2.0mm 时，硅烷的渗透性很小，硅烷是拒水性的，但不是防水剂或孔隔断剂，多数情况下，其渗透和浸渍的深度不超过 1mm，这个有限的深度防止渗透的有效性会随着环境劣化很快衰退。近年来研发的新型硅烷、硅氧烷材料，渗透深度有了较大提高，可用于修复碱骨料反应影响的混凝土结构。另外，一些高柔性的聚合物水泥砂浆涂层也已用于此类修复工程。

5.4 检验与验收

5.4.2 碱骨料反应是一个长期的过程，为了确定已经采取的延缓与防护措施是否有效，应进行定期检查。

6 冻融损伤修复

6.1 一般规定

6.1.1 根据实际工程中和试验研究中常见的冻融损伤现象，冻融造成的混凝土材料损伤主要是引发混凝土开裂与裂缝扩展，裂缝扩展又引发表面剥落。因此，根据混凝土表面开裂和剥落情况可将混凝土冻融损伤分为两种类型进行修复。

当冻融破坏非常严重或对结构安全性要求特别高时，考虑到其修复难度大、修复费用高、维护成本大等因素，宜考虑更换或拆除某些破坏严重的构件或结构，以降低其全寿命周期成本，增加结构的安全性。

混凝土冻融损伤修复调查宜按表1进行。

表1 混凝土冻融损伤修复的调查内容

调查项目		具体内容	备 注
冻融损伤的部位特征		朝向	
		是否属水位变化区或易被水冲饱和的部位	
气候特征		常年气温分布	
		最冷月平均气温	
		每年气温正负交替次数	
		冻融循环次数	
损伤区特征		损伤破坏形态	
		损伤区域大小	
		损伤深度	
		钢筋外露情况	
设计资料		设计依据的标准、规范	
		设计说明书	
		设计图	
		混凝土设计指标	
施工资料		原材料	
		配合比	
		浇筑与养护	
		试验数据	
		质量控制	
		环境条件	
		验收资料	
管理状况		冻融损伤发展过程	
		养护修理记录	
		是否有冲磨剥蚀、钢筋锈蚀、混凝土化学侵蚀等病害发生或多种病害同时发生	
对结构物的影响		安全性	
		耐久性	
		外观	
有条件时的混凝土检测		抗压强度	
		动弹性模量	
		抗冻等级	
		抗渗等级	
		微观结构	

6.2 材 料

6.2.1 根据冻融损伤性质、影响因素、损伤区域大小、特征和剥落程度等因素可选用修补砂浆、灌浆材料和高性能混凝土。并确定修复材料中外加剂的种类和含量。

6.2.2 选用强度等级不低于42.5的硅酸盐水泥或普通硅酸盐水泥，是因为这些水泥的凝结硬化速度快，避免混凝土或砂浆在较早龄期发生冻融损伤。

必须掺用引气剂，是因为引气剂可提高混凝土或砂浆的抗冻性。

6.3 冻融损伤修复施工

6.3.1、6.3.2 分别规定了结构混凝土表面出现剥落和未出现剥落时采取的修复施工方法，但无论对于哪种情况，在冻融损伤修复前均需要清除冻伤混凝土，否则难以达到修复效果。

对于处于严酷环境（如去冰盐环境）下的结构，当采用混凝土或灌浆材料修复时，可采用耐候性钢板作为模板在混凝土表面进行包覆处理。

6.3.3 施工时应进行保温、保湿养护，避免发生混凝土的冻害。因为即使采用了合理设计、配制并经快冻法抗冻性试验检验确认的修复材料，如果养护不当，仍有可能发生材料的早期冻伤，形成永久性缺陷，则该修复材料的抗冻性将有所降低，不能满足工程的要求。

6.4 检验与验收

6.4.2 在冻融损伤修复前，必要时，可从修复材料中取样，进行磨片加工，采用微观试验方法测定修复材料中的气泡间距系数，可按照现行国家标准《混凝土结构耐久性设计规范》GB/T 50476相关要求执行。修复材料的抗冻等级应不低于原混凝土抗冻等级，并应满足当地的气候条件及部位设计所需的抗冻等级。

在修复施工前，宜按照现行国家标准《普通混凝土长期性能和耐久性能试验方法标准》GB/T 50082中混凝土抗冻性试验快冻法，用修复材料制作抗冻试件，并进行混凝土拟修复施工期间所处环境条件下的保温、保湿养护，其目的是确保修复材料在实际施工条件下进行正常的凝结硬化，避免在较早龄期发生冻融损伤，修复材料到28d龄期时具备工程所要求的抗冻性。在28d龄期时，开始进行快冻法抗冻性试验，该抗冻性试验必须采用快冻法，不得以慢冻法代替。修复材料的抗冻等级应分别高于或等于原混凝土抗冻等级。

对修复材料用量较大的结构，可参照现行有关规范要求预留试块，至少预留三组，现场实体检测可采用取芯、回弹及拉拔试验的方法确定。

7 裂 缝 修 补

7.1 一 般 规 定

7.1.1 本条给出了裂缝调查的主要内容以及常用的裂缝修补方法。裂缝调查时应特别注意裂缝是否渗水和裂缝是否稳定，以便有针对性的采用堵漏和柔性材料修复。由温度应力产生的裂缝会随温度变化而活动，宜首先考虑降低结构的温度变化幅度，再行修复裂缝。当裂缝是由于结构变形而引起时，应查明结构变形原因，有针对性的采取限制变形的措施。根据已查明的裂缝性状及裂缝宽度，并考虑环境作用等级的影响，可按表2确定裂缝修补方法。

表 2 混凝土结构不同裂缝的修补方法

环境作用等级	裂缝宽度(mm)	裂缝性状			
		活动裂缝	渗水裂缝	表面裂缝	稳定裂缝
Ⅰ-A	<0.3	表面处理法 压力灌浆法 填充密封法	表面处理法 压力灌浆法	表面处理法	表面处理法 压力灌浆法
Ⅰ-B、Ⅰ-C	<0.2				
Ⅰ-A	≥0.3	压力灌浆法 填充密封法	压力灌浆法 填充密封法	表面处理法 填充密封法	压力灌浆法 填充密封法
Ⅰ-B、Ⅰ-C	≥0.2				

对其他环境作用等级下的裂缝处理，除采用Ⅰ-B、Ⅰ-C下的裂缝修复方法外，还应采取特殊防护处理措施。

7.1.2 由于钢筋锈蚀、碱骨料反应和冻融等引起的损伤中经常出现裂缝，而且其机理比较复杂，因此对于此类裂缝的修补在满足本章的相关要求外，还应满足相应各章的特殊要求。

7.2 材 料

7.2.1 本条给出了裂缝修补材料的分类及基本要求。裂缝修补的目的是恢复结构的整体性和耐久性，在修补后能防止外部环境中有害介质从裂缝处侵蚀混凝土，因此要求修补材料要能和混凝土有较好的粘结性能和较好的耐久性。大部分修补材料为高分子材料，紫外线照射、高低温交替及干湿交替等不利环境下耐久性较差，裂缝修补后应做表面防护处理。

7.2.2 本条给出了混凝土结构裂缝表面修补材料的主要种类和适用范围，使用时还应特别注意优先选用无毒无害的环保材料。渗透性防水剂一般不能用于活动裂缝的表面修补。

7.2.3 本条给出了混凝土结构裂缝填充密封材料的主要种类和适用范围。

7.2.4 本条给出了混凝土结构裂缝灌浆材料的主要种类。灌浆浆液的黏度应根据裂缝宽度调整，较细的裂缝应采用黏度较低的浆液灌注，浆液固化时间应适合灌注施工要求，浆液固化后应有一定的弹性。

7.3 裂缝修补施工

7.3.1 本条给出了裂缝表面处理的一般施工程序。裂缝表面处理时，沿裂缝两侧各 20mm～30mm 宽度清理干净，并保持干燥。潮湿渗水裂缝一般应灌注堵漏剂以保护构件内部钢筋，防止锈蚀。只有稳定较细的裂缝在迎水面处理时才能使用渗透结晶材料进行表面处理。

7.3.2 压力灌浆法是将裂缝表面封闭后，再压力灌注灌浆材料，恢复构件的整体性。施工时尚应注意裂缝表面宜用结构胶或环氧胶泥封闭，宽 20mm～30mm，长度延伸出缝端 50mm～100mm，确保封闭可靠。凿"V"形槽的裂缝应封闭到与原表面平。根据裂缝特点可选用灌浆泵或注胶瓶注浆。灌浆前试气工序很重要，试气压力一般可控制在 0.3MPa～0.4MPa。化学浆液的灌浆压力宜为 0.2MPa～0.3MPa，压力应逐渐升高，达到规定压力后，应保持压力稳定，以满足灌浆要求。灌浆停止的标志一般为吸浆率小于 0.05L/min，在继续压注 5min～10min 后即可停止灌浆。

7.3.3 本条给出了填充密封法施工的一般要求。填充密封法一般是针对混凝土结构表面较大的裂缝。开凿"V"形槽时其深度一般不超过钢筋保护层厚度。应注意界面粘结处理，以防止原来一条裂缝经修补后粘结不好变成两条裂缝。

7.4 检 验 与 验 收

7.4.2 为检查裂缝的密封效果及贯通情况，可在裂缝封闭之后、灌浆之前用压缩空气试漏。为防止水进入裂缝后引起灌浆材料固化不良与混凝土粘结性能下降，不应使用压力水试漏。压力水检查灌浆是否密实时，压力值应略小于灌浆压力，基本不吸水不渗漏可认定为合格。

采用钻芯取样方法也可以检查裂缝灌浆效果，但对原结构有一定的损伤，一般情况下不建议采用。

8 混凝土表面修复与防护

8.1 一 般 规 定

8.1.1 混凝土表面修复包括表面损伤修复和表面缺陷修复。表面损伤是指混凝土在使用过程中由于环境作用造成的腐蚀、剥落、分层损伤；表面缺陷是指混凝土在施工过程中遗留的先天缺陷。

本章混凝土表面修复是对混凝土结构出现的表面缺陷和表面损伤进行的常规修复，由于外界化学侵蚀，如氯离子侵蚀、碳化、钢筋锈蚀、碱骨料反应、冻融循环引起的混凝土损伤修复，还应满足本规程其他章节规定的特殊要求。

混凝土表面修复前，应对混凝土表面缺陷和损伤情况进行调查，并根据缺陷和损伤的程度及原因制定修复方案，混凝土结构表面缺陷与损伤调查宜包括如下内容：

1 表面：干湿状态、有无污垢；

2 外观损伤：类型、范围、分布；

3 裂缝：位置、类型、宽度、深度、长度；

4 分层、疏松、起皮：区域、深度；

5 剥落和凸起：数量、大小、深度；

6 蜂窝、狗洞：位置、大小、数量；

7 锈斑或腐蚀侵蚀、磨损、撞损、白化；

8 外露钢筋；

9 翘曲和扭曲；

10 先前的局域修补或其他修补；

11 构件所处环境、服役环境中侵蚀性介质、混凝土中性化程度。

8.1.2 混凝土表面防护适用于新建工程和既有工程的耐久性维护。

对于特殊重要的新建工程、设计使用寿命较长的新建工程，在设计时规定需作表面防护的或在建成后发现无法达到设计使用寿命时，可采用混凝土表面防护，阻止或延缓混凝土碳化，抵抗混凝土遭受环境介质的侵蚀，保护钢筋免受或减缓锈蚀作用。

对于既有工程，在进行混凝土结构耐久性修复后，可根据需要进行混凝土表面防护，当混凝土表面尚未出现耐久性损伤时，为延缓混凝土结构劣化，增强混凝土对钢筋的保护作用，延长结构使用寿命，也可进行混凝土表面防护处理。

8.2 材　料

8.2.1 混凝土结构表面修复的耐久性与修复材料同基础混凝土的相容性有关。该相容性可以划分为三个不同的类别：功能相容性、环境相容性、尺寸相容性。

功能相容性是指修复材料同基础混凝土之间物理性能的关系。修复材料的抗压、抗折、抗拉强度应不低于基础混凝土；修复材料与基础混凝土的粘结强度应足够大以保证破坏不发生在界面。

环境相容性是指修复材料抵抗环境侵蚀的能力，并应考虑到需要完全覆裹钢筋而不造成空洞。

尺寸相容性是指修复材料在使用期间保持体积稳定的能力。这要求修复材料具有低收缩以及与基础混凝土类似的热膨胀系数。

8.2.2 选择防护材料时，应根据防护对象、防护对象所处的条件、使用情况等，结合防护材料的物理力学性能和抗侵蚀能力等因素加以综合考虑。

8.3 表面修复与防护施工

8.3.1 界面处理材料受环境因素影响较大，在室外环境条件下，为保证混凝土表面修复时界面的稳定性，界面处理材料的选用应与环境条件相适应。

8.3.2 混凝土配合比不当、施工质量差造成混凝土表面有浮浆、密实性差或强度降低时，其表层容易剥落。在做防护面层前应予以清除。对于无机防护材料或无机有机复合防护材料，除洁净混凝土表面外，为增加防护层与混凝土表面的粘结力，防止脱空，一般还应凿毛混凝土的表层。防护面层与混凝土表面的粘结效果取决于施工时混凝土表面的状况，如表面洁净情况、干燥情况、温度等，还与施工的方法与程序有关。

配制表面防护材料时，要保证充分拌合均匀，但不宜剧烈搅动。要按照防护材料的凝结时间要求使用完，如发现凝团、结块等现象不得使用。

若混凝土结构表面出现裂缝，应按照混凝土裂缝修补工艺先进行裂缝的处理。除此之外，质量低劣的混凝土或与土体接触部分的混凝土表面，应先进行防水处理。水从外表面向混凝土内部扩散和渗透，会降低防护层的防护效果和寿命。

混凝土表面防护层采用抹涂、喷涂或刷涂方法施工，要根据防护材料的特性和防护方案确定，并满足防护要求。

附录 A　电化学保护

A.1 材　料

A.1.1、A.1.2 给出了电化学保护中所涉及材料和设备的种类，以及选用原则和要求。

A.2 电化学保护施工

A.2.1 为了保证电化学保护技术能有效发挥作用，应在实施电化学保护之前对被保护的钢筋混凝土结构进行必要的检查和修整，保证钢筋与阳极系统之间既存在良好的离子通路，又不会造成短路。

如果被保护的钢筋混凝土存在因钢筋锈蚀胀裂、剥落或其他原因导致混凝土分层破损，均需凿除这些破损的混凝土保护层，清除钢筋上的锈层。然后对保护区域内混凝土上凿除部位或其他分层部位用水泥基修补材料修复至原断面，必要时应进行加固处理。

在保护范围内，所有需保护的钢筋均应具有良好的电连续性，否则没有电连接的钢筋会发生杂散电流腐蚀；阴极系统和阳极系统之间的短路会使阴极保护系统失效。所以，在实施电化学保护之前，应对钢筋的电连接性和阴极与阳极之间的短路现象进行必要的检测和评定。

A. 2. 2、A. 2. 3 为了决定初期保护电流密度，有必要通过阴极极化试验和现场试验决定。

采用电化学保护时，阳极电位正移量与电流成正比，与所用阳极材料的类别而有所不同。

采用外加电流阴极保护时，应确认在工作电流密度下阳极电位不超过析氯电位，以避免在长期的运行过程与阳极接触的混凝土被劣化；对于牺牲阳极方式的阴极保护，牺牲阳极输出电流是由混凝土电阻、钢筋和阳极之间的电位差以及牺牲阳极材料决定的，一般不易控制。在设计时，应设置必要的阳极面积，以获得所需的保护电流密度。

电化学脱盐（再碱化）的电流密度应在考虑阴极的钢筋面积、混凝土的密实性以及污染程度等各种条件后，取适当的值。为确保实施期间的安全性，必须选择对人体的安全电压值。另外，为了让氯离子的脱出或再碱化，大于 $0.5A/m^2$ 的电流密度是必要的。

但是如果采用的电流密度过高，电化学脱盐（再碱化）处理会对混凝土产生严重的负面作用。因此，不能随便地增大电流密度。从实际情况来看，一般 $1A/m^2 \sim 2A/m^2$ 的电流密度是合适的。

A. 3 检验与验收

A. 3. 5 电化学保护的准则引自美国腐蚀工程师学会（NACE）1990 制定的 RP0290－90《大气中钢筋混凝土结构外加电流阴极保护推荐性规程》、英国标准 BS7361 的第一部分（1991）、日本土木学会《电气化学防蚀工法设计施工指针（案）》（2001）、欧洲标准 EN 12696《混凝土中钢的阴极保护》（2000）和欧洲标准草案 prEN 14038－1《钢筋混凝土电化学再碱化与脱盐处理—第一部分：再碱化》。按此准则，混凝土中的钢筋是能得到充分保护的。

中华人民共和国行业标准

住宅厨房模数协调标准

Standard for modular coordination of residential kitchen

JGJ/T 262—2012

批准部门：中华人民共和国住房和城乡建设部
施行日期：2 0 1 2 年 5 月 1 日

中华人民共和国住房和城乡建设部
公　　告

第 1245 号

关于发布行业标准《住宅厨房模数协调标准》的公告

现批准《住宅厨房模数协调标准》为行业标准，编号为 JGJ/T 262 - 2012，自 2012 年 5 月 1 日起实施。

本标准由我部标准定额研究所组织中国建筑工业出版社出版发行。

2012 年 1 月 11 日

前　　言

根据原建设部《关于印发一九九八年工程建设城建、建工行业标准制订、修订项目计划的通知》（建标〔1998〕59 号）的要求，标准编制组经广泛调查研究，认真总结实践经验，参考有关国际标准和国内外先进标准，并在广泛征求意见的基础上，编制了本标准。

本标准的主要技术内容是：1. 总则；2. 术语；3. 厨房空间尺寸；4. 厨房部件和公差；5. 厨房设备、设施及接口。

本标准由住房和城乡建设部负责管理，由国家住宅与居住环境工程技术研究中心负责具体技术内容的解释。执行过程中如有意见或建议，请寄送国家住宅与居住环境工程技术研究中心（地址：北京市西城区车公庄大街 19 号，邮编：100044）。

本 标 准 主 编 单 位：国家住宅与居住环境工程技术研究中心

本 标 准 参 编 单 位：中国建筑设计研究院

中国建筑标准设计研究院

深圳华森建筑与工程设计顾问有限公司

雅世置业（集团）有限公司

博洛尼家居用品北京有限公司

本标准主要起草人员：仲继寿　靳瑞冬　张　岳
王　羽　班　焯　曹　颖
李　婕　韩亚非　张兰英
林建平　胡　璧　师前进
王路成　刘　水　郑岭芬
谷再平　郭　景　马韵玉
张伟民　张锡虎　张晓泉

本标准主要审查人员：孙克放　左亚洲　王　鹏
业祖润　朱显泽　陆伟伟
胡荣国　秦　铮　潘锦云

目　次

Contents

1 总 则

1.0.1 为促进住宅产业化与设计建造技术发展，实现住宅厨房空间与相关家具、设备设施尺寸的协调，制定本标准。

1.0.2 本标准适用于住宅厨房及其相关家具、设备设施的设计和安装。

1.0.3 住宅厨房参数与相关尺寸应根据模数原理取得协调一致，相关家具、设备设施及其部件尺寸应符合工业化生产及安装的要求。

1.0.4 住宅厨房参数及相关尺寸协调，除应符合本标准外，尚应符合国家现行有关标准的规定。

2 术 语

2.0.1 厨房参数 kitchen parameter
　　住宅厨房空间的净尺寸及推荐使用的数列。

2.0.2 基本模数 basic module
　　模数协调中的基本尺寸单位，其数值为100mm，符号为M，即1M等于100mm。

2.0.3 分模数 infra-modular size
　　导出模数的一种，其数值是基本模数的分倍数，分别是 M/10（10mm）、M/5（20mm）和 M/2（50mm）。

2.0.4 厨房设施 kitchen facility
　　进行炊事活动所需的燃气、给水、排水、通风、电气等管路及附件。

2.0.5 厨房设备 kitchen equipment
　　炊事活动所需使用的燃气灶、洗涤池、排油烟机、冰箱等产品。

2.0.6 厨房家具 kitchen furniture
　　炊事活动所需的操作台和储存柜等产品。

2.0.7 厨房部件 kitchen element
　　组成厨房设备、设施或家具的基本单元。

2.0.8 公差 tolerance
　　厨房部件在制作、定位和安装时的允许偏差的绝对值。其值是正偏差和负偏差的绝对值之和。

3 厨房空间尺寸

3.0.1 住宅厨房内部空间净尺寸应是基本模数的倍数，宜根据表3.0.1选用，并应优先选用黑线范围内净面积对应的平面净尺寸。

3.0.2 当需要对厨房内部空间进行局部分割时，可插入分模数 M/2（50mm）或 M/5（20mm）。

3.0.3 厨房室内装修地面至室内吊顶的净高度不应小于2200mm。

3.0.4 对于厨房空间的墙体，其厚度宜符合模数，

表3.0.1 厨房内部空间平面净尺寸（mm）和净面积（m²）系列

开间方向净尺寸 进深方向净尺寸	1500	1700	1800	2200	2500	2800	3100
2700	4.05 单排布置	4.59 L形布置	4.86 U形布置	5.94	6.75	7.56 U形布置 (有冰箱)	8.37
3000	4.50	5.10 L形布置 (有冰箱)	5.40 双排布置	6.60	7.50	8.40	9.30
3300	4.95 单排布置	5.61	5.94 双排布置 (有冰箱); U形布置 (有冰箱)	7.26	8.25	9.34	10.23
3600	5.40	6.12	6.48	7.92	9.00	10.08	11.16
4100		6.97	7.38	9.02	10.25	11.48	12.71

3.0.5 厨房门窗位置、尺寸和开启方式不得妨碍厨房设施、设备和家具的安装与使用。

3.0.6 满足乘坐轮椅的特殊人群要求的厨房设计除应符合现行行业标准《城市道路和建筑物无障碍设计规范》JGJ 50 的规定外，尚应符合下列规定：

　　1 厨房的净宽不应小于2000mm，且轮椅回转直径不应小于1500mm。

　　2 满足乘坐轮椅的特殊人群使用要求的厨房地柜台面下方空间净宽度不应小于600mm，高度不应小于650mm，深度不应小于350mm。

　　3 厨房的室内装修地面到吊柜底面的高度不应大于1200mm。

4 厨房部件和公差

4.1 厨房部件的尺寸

4.1.1 厨房部件的尺寸应是基本模数的倍数或是分模数的倍数，并应符合人体工程学的要求。

4.1.2 厨房部件高度尺寸应符合下列规定：

　　1 地柜（操作柜、洗涤柜、灶柜）高度应为750mm～900mm，地柜底座高度为100mm。当采用非嵌入灶具时，灶台台面的高度应减去灶具的高度。

　　2 在操作台面上的吊柜底面距室内装修地面的高度宜为1600mm。

4.1.3 厨房部件深度尺寸应符合下列规定：

　　1 地柜的深度可为600mm、650mm、700mm，

推荐尺寸宜为 600mm。地柜前缘踢脚板凹口深度不应小于 50mm。

2 吊柜的深度应为 300mm～400mm，推荐尺寸宜为 350mm。

4.1.4 厨房部件宽度尺寸应符合表 4.1.4 的规定。

表 4.1.4 厨房部件的宽度尺寸（mm）

厨房部件	宽度尺寸
操作柜	600、900、1200
洗涤柜	600、800、900
灶柜	600、750、800、900

4.2 厨房部件的公差

4.2.1 厨房部件应根据部件大小和产品要求确定部件安装的精度。厨房部件的公差宜符合表 4.2.1 规定。

表 4.2.1 厨房部件的公差（mm）

部件尺寸 公差级别	＜50	≥50 且 ＜160	≥160 且 ＜500	≥500 且 ＜1600	≥1600 且 ＜5000
1 级	0.5	1.0	2.0	3.0	5.0
2 级	1.0	2.0	3.0	5.0	8.0
3 级	2.0	3.0	5.0	8.0	12.0

5 厨房设备、设施及接口

5.1 一般规定

5.1.1 洗涤柜宜靠近竖向排水管布置，灶柜宜靠近排气道或排气口布置。

5.1.2 排气道及竖向管线的管井应沿着墙角布置。管线排列宜布置在厨房设备同一侧墙面或相邻墙面。

5.2 管道及接口

5.2.1 水平管道空间应位于橱柜及其他设备的背面，且应靠近地面处。管道空间的深度距墙面不宜大于 100mm，高度范围应在自装修地面至 700mm 之间。

5.2.2 燃气管线与墙面的距离应根据不同管径进行设计，与墙面最小净距不应小于 30mm。

5.2.3 厨房内的竖向排气道装修完成面外包尺寸宜为基本模数的倍数。进气口应朝向灶具方向。

5.2.4 以家具形式围合的洗涤柜、灶柜、操作柜，应预留相应接口。

5.3 照明及插座

5.3.1 厨房照明重点应在主要操作台面上。照明点宜在操作台区域、灶台和水池上方，厨房照明开关宜设置在厨房门外侧。

5.3.2 插座设置的高度应根据适用设备确定，且距室内装修地面的高度宜为 300mm、1200mm、2100mm。

本标准用词说明

1 为便于执行本标准条文时区别对待，对要求严格程度不同的用词说明如下：

1） 表示很严格，非这样做不可的：
正面词采用"必须"，反面词采用"严禁"；

2） 表示严格，在正常情况下均应这样做的：
正面词采用"应"，反面词采用"不应"或"不得"；

3） 表示允许稍有选择，在条件许可时首先应这样做的：
正面词采用"宜"，反面词采用"不宜"；

4） 表示有选择，在一定条件下可以这样做的，采用"可"。

2 条文中指定应按其他有关标准执行的写法为："应符合……的规定"或"应按……执行"。

引用标准名录

1 《城市道路和建筑物无障碍设计规范》JGJ 50

中华人民共和国行业标准

住宅厨房模数协调标准

JGJ/T 262—2012

条 文 说 明

制 定 说 明

《住宅厨房模数协调标准》JGJ/T 262－2012，经住房和城乡建设部 2012 年 1 月 11 日以第 1245 号公告批准、发布。

本标准制定过程中，编制组进行了厨房空间、设备设施系统等方面的调查研究，总结了我国住宅厨房工程建设领域的实践经验，同时参考了国外先进技术法规、技术标准，取得了重要技术参数。

为便于广大设计、施工等单位有关人员在使用本标准时能正确理解和执行条文规定，《住宅厨房模数协调标准》编制组按章、节、条顺序编制了本标准的条文说明，对条文规定的目的、依据以及执行中需注意的有关事项进行了说明。但是，本条文说明不具备与标准正文同等的法律效力，仅供使用者作为理解和把握标准规定的参考。

目　次

1 总 则

1.0.1 制定本标准的目的是为了推进住宅工业化、产业化的发展，提高住宅的建造技术水平。住宅建筑的厨房空间是家具、设备设施及管道等较为集中的空间，遵循模数协调原则，实现尺寸配合，可保证厨房空间在功能、质量和经济效益方面获得优化，并使住宅的整个品质得到提升。

1.0.2 本标准主要适用于城市及村镇住宅厨房设计中的设计参数选取，厨房空间与各部件、部件与部件之间的模数尺寸的协调，以及厨房家具、设备、管线的设计和安装。

1.0.3 解决居住建筑建设领域的工业化问题，关键在于如何在建设的各个环节实现系统的尺寸协调。本标准通过对住宅厨房空间尺寸、部件及其接口尺寸的模数协调，使住宅厨房建造能够更好地满足住宅的工业化生产及安装要求，促使住宅建设从粗放型生产转化为集约型的社会化协作生产。

3 厨房空间尺寸

3.0.1 本条规定了厨房内部空间尺寸应是基本模数的倍数，这为推进厨房空间与家具、设施、设备尺寸的模数协调提供了条件。

表 3.0.1 中提出的是住宅厨房设计中常用的厨房内部空间净尺寸及净面积（指装修后的净尺寸）系列。

本表符合现行国家标准《住宅设计规范》GB 50096 的规定：住宅厨房使用面积不应小于 $3.5m^2$，但这个使用面积不包含管井和通风道面积，而本标准是包含了管井和通风道面积的。黑线范围内净面积所对应的尺寸为推荐尺寸系列，可以在单排、双排、L形以及U形四种布局中，提供较为舒适、经济的厨房空间（表1）。开间 2200mm 以上、进深 3600mm～4100mm 的厨房，面积较大，可容纳更多功能，适合于餐室型厨房、起居餐室型厨房及高档住宅厨房。

住宅厨房的平面布局应符合炊事活动的基本流程。本标准中所推荐的尺寸和净面积，是在住宅厨房设计经验总结的基础上提出的操作顺序合理、有利于提高空间使用率及操作效率的尺寸系列。

表1 住宅厨房典型平面布置图例（mm）

类 型	图 示	平面净尺寸
1 单排布置厨房（无冰箱）		1500×2700

续表1

类 型	图 示	平面净尺寸
2 单排布置厨房（有冰箱）		1500×3300
3 双排布置厨房（无冰箱）		1800×3000
4 双排布置厨房（有冰箱）		1800×3300
5 L形布置厨房（无冰箱）		1700×2700
6 L形布置厨房（有冰箱）		1700×3000
7 U形布置厨房（无冰箱）		1800×2700
8 U形布置厨房（有冰箱）		1800×3300
9 U形布置厨房（有冰箱），该厨房满足乘坐轮椅的特殊人群的使用要求		2800×2700

3.0.2 本条所规定的局部分割时插入的分模数，是指用户对厨房空间进一步划分时所采用的隔断宜符合模数。为了使划分后的空间仍然符合模数协调要求，不对设备设施等的安装产生影响，采用分模数对厨房内部空间隔断进行界定是十分必要的。

3.0.3 规定净高的最小值有利于厨房设备、家具的合理布局，保证良好的自然通风及人们在厨房操作过程中的舒适性。

3.0.4 按模数网格设置厨房的墙体，有利于促进实现厨房内部空间与家具、设备及管线的模数协调。但在实际操作过程中，也会出现墙体厚度为非模数的情况。当构成厨房空间的墙体厚度为非模数尺寸时，厨房空间与相邻空间之间可用中断区调整模数网格之间的关系，即可将墙体置于网格中断区内，以保证厨房内部空间及相邻空间符合模数尺寸要求（图1）。

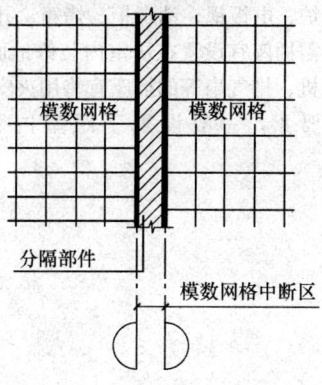

图1　模数网格中断区

3.0.5　厨房的门窗位置、尺寸及开启方式，直接影响空间的使用效率及舒适性，因此应尽可能地考虑空间使用的自由度，保证充足的有效空间。

3.0.6　通常情况下，无障碍空间除应考虑使用者有肢体障碍的情况外，还应考虑到盲人或有智力障碍的人群，以及由于年龄的增长出现各类生活不便的情况。而本标准中仅针对乘坐轮椅的肢体残疾人群对厨房空间的需求作出规定。

厨房设计中应为轮椅使用者留出足够的轮椅回转空间。本条规定了轮椅原地回转时所需的空间大小。在具体设计时，可将灶台、操作台下方空间凹进一定尺寸，以满足轮椅使用者的操作需求，并提供轮椅回转空间（图2）。

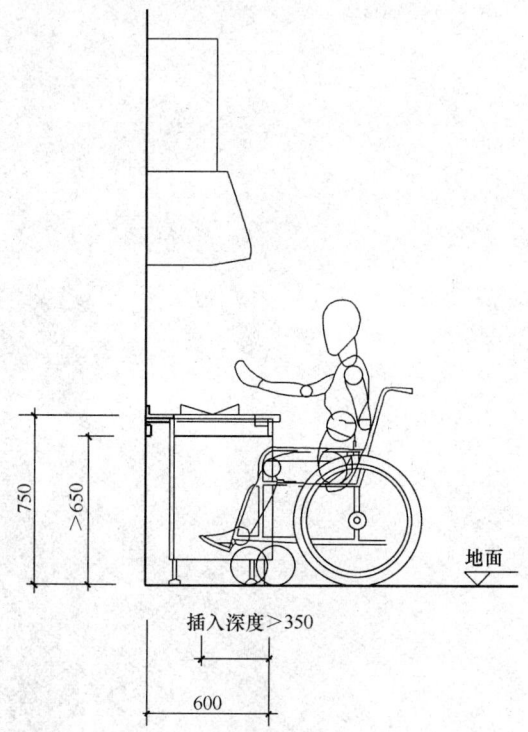

图2　满足轮椅使用要求的橱柜（单位：mm）

4　厨房部件和公差

4.1　厨房部件的尺寸

4.1.2、4.1.3　厨房家具、设备名称及尺寸如图3所示（包括操作台、洗涤台和灶台）。
4.1.3　本条所规定的厨房家具深度尺寸应包括台面板、灶具、烤箱等，只有手柄和开关可以凸出在外。

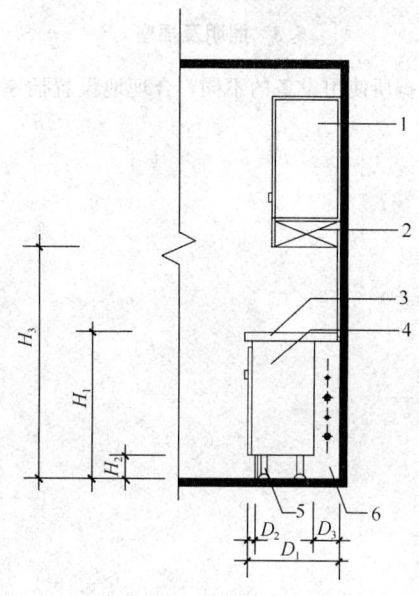

图3　厨房家具、设备名称及尺寸
1—吊柜；2—建议用于照明设备的空间；3—操作台面；4—地柜；5—底座；6—水平管道空间；H_1—地柜（操作柜、洗涤柜、灶柜）高度；H_2—地柜底座高度；H_3—吊柜底面距室内装修地面的高度；D_1—地柜的深度；D_2—地柜前缘踢脚板凹口深度；D_3—水平管道空间距墙面的深度

4.2　厨房部件的公差

4.2.1　在设计中应考虑到公差的允许值，并处理在合理的范围中，以保证在安装接缝、加工制作、放线定位中的误差处于允许的范围内，满足接口的功能、质量和美观要求。表4.2.1参照日本《建筑部件的基本公差》A003-1963编制，以供参考。表4.2.1中部件尺寸指与部件定位和安装相关的空间尺寸，与此无关的尺寸不需要满足表中的公差规定。同时，不同用户对美观、经济，以及不同的设备产品对安装精度要求的不同，在具体建设与安装中，公差级别高低的选择根据具体要求确定。

5　厨房设备、设施及接口

本章主要针对设施系统与设备、家具等的连接关系作出相应的规定。其基本原则是：

1 便于工业化生产。

2 节省空间，便于安装、维护和更新。

5.2 管道及接口

5.2.2 燃气管线与墙面的距离应根据不同管径进行设计，当燃气管径≤DN25 时，与墙面净距不小于30mm；当燃气管径在 DN25～DN40 时，与墙面净距不小于 50mm；当燃气管径＝DN50 时，与墙面净距不应小于70mm。

5.3 照明及插座

根据所使用设备的不同，合理地设置插座的位置，可减少电线穿绕，方便使用。一般来说，用于洗碗机、电冰箱的插座宜设置在距装修地面 300mm 的位置；微波炉、电饭锅、消毒柜、烤箱、开水壶等厨房小家电所需插座宜设置在居室内装修地面 1200mm处；排油烟机、排气扇等的插座宜将用火安全性作为重要考虑要素，一般设置于距室内装修地面2100mm 处。

中华人民共和国行业标准

住宅卫生间模数协调标准

Standard for module coordination of residential bathroom

JGJ/T 263—2012

批准部门：中华人民共和国住房和城乡建设部
施行日期：2 0 1 2 年 5 月 1 日

中华人民共和国住房和城乡建设部
公　　告

第 1246 号

关于发布行业标准《住宅卫生间
模数协调标准》的公告

现批准《住宅卫生间模数协调标准》为行业标准，编号为 JGJ/T 263-2012，自 2012 年 5 月 1 日起实施。

本标准由我部标准定额研究所组织中国建筑工业

出版社出版发行。

2012 年 1 月 11 日

前　　言

根据原建设部《关于印发一九九八年工程建设城建、建工行业标准制订、修订项目计划的通知》（建标〔1998〕59 号）的要求，标准编制组经广泛调查研究，认真总结实践经验，参考有关国际和国内外先进标准，并在广泛征求意见的基础上，编制了本标准。

本标准的主要技术内容是：1. 总则；2. 术语；3. 卫生间空间尺寸；4. 卫生间部件和公差；5. 卫生间设备、设施及接口。

本标准由住房和城乡建设部负责管理，由国家住宅与居住环境工程技术研究中心负责具体技术内容的解释。执行过程中如有意见或建议，请寄送国家住宅与居住环境工程技术研究中心（地址：北京市西城区车公庄大街 19 号，邮编：100044）。

本 标 准 主 编 单 位：国家住宅与居住环境工程技术研究中心

本 标 准 参 编 单 位：中国建筑设计研究院

中国建筑标准设计研究院

深圳华森建筑与工程设计顾问有限公司

雅世置业（集团）有限公司

苏州有巢氏系统卫浴有限公司

本标准主要起草人员：靳瑞冬　仲继寿　王　羽　李　婕　张　岳　曹　颖　班　焯　张兰英　韩亚非　林建平　胡　璧　师前进　王路成　宫铁军　龙俊介　谷再平　郭　景　马韵玉　张伟民　张锡虎　张晓泉

本标准主要审查人员：孙克放　左亚洲　王　鹏　业祖润　朱显泽　陆伟伟　胡荣国　秦　铮　潘锦云

目　次

Contents

1 总 则

1.0.1 为促进住宅产业化与设计建造技术发展，实现住宅卫生间空间与相关家具、设备、设施尺寸的协调，制定本标准。

1.0.2 本标准适用于住宅卫生间及其相关家具、设备、设施的设计和安装。

1.0.3 住宅卫生间参数与相关尺寸应根据模数原理取得协调一致，相关家具、设备、设施及其部件尺寸应符合工业化生产及安装的要求。

1.0.4 住宅卫生间参数及相关尺寸协调，除应符合本标准外，尚应符合国家现行有关标准的规定。

2 术 语

2.0.1 卫生间参数 bathroom parameter
　　住宅卫生间空间的净尺寸及推荐使用的数列。

2.0.2 基本模数 basic module
　　模数协调中的基本尺寸单位，其数值为100mm，符号为M，即1M等于100mm。

2.0.3 分模数 infra-modular size
　　导出模数的一种，其数值是基本模数的分倍数，分别是M/10(10mm)、M/5(20mm)和M/2(50mm)。

2.0.4 卫生间设备 bathroom equipment
　　卫生间内所需使用的坐便器、洗面器、浴盆、淋浴器等洁具及洗衣机等产品。

2.0.5 卫生间设施 bathroom facility
　　卫生间所需的给水、排水、通风、电气等管路及附件。

2.0.6 卫生间家具 bathroom furniture
　　卫生间所需使用的与洗面器结合的洗面台、放置和储存洗浴用品及化妆品的镜箱、陈设柜和储存柜等产品。

2.0.7 整体卫生间 entirety bathroom
　　在有限的空间内实现洗面、淋浴、如厕等多种功能的独立卫生单元，也称整体卫浴。

2.0.8 卫生间部件 bathroom element
　　组成卫生间设备、设施或家具的基本单元。

2.0.9 公差 tolerance
　　卫生间部件在制作、定位和安装时的允许偏差的绝对值。其值是正偏差和负偏差的绝对值之和。

3 卫生间空间尺寸

3.0.1 住宅卫生间内部空间净尺寸应是基本模数的倍数，宜根据表3.0.1选用，并优先选用黑线范围内净面积对应的平面净尺寸。

3.0.2 当需要对卫生间内部空间进行局部分割时，可插入分模数 M/2（50mm）或 M/5（20mm）。

表 3.0.1　卫生间内部空间平面净尺寸（mm）和净面积（m²）系列

长度＼宽度	900	1200	1300	1500	1800
1300	1.32	1.44	1.56 便器、洗面器		
1500	1.35 便器		1.95 便器、洗面器		
1800	1.76	1.92	2.06	2.40 便器、洗面器、淋浴器	
2100	1.98	2.16	2.34	2.70 便器、洗面器、浴盆	2.88
2200	2.31	2.52	2.73	3.15 便器、洗面器、浴盆	3.36 便器、洗面器、淋浴器、洗衣机
2400	2.42	2.54	2.86	3.30 便器、洗面器、浴盆	3.52 便器、洗面器、淋浴器、洗衣机
2700	2.64	2.88	3.12	3.60 便器、洗面器、淋浴器（分室）	3.84
3000	2.70	3.60	3.90	4.50	5.40 便器、洗面器、浴盆、洗衣机（分室）
3200	2.88	3.84	4.16	4.80 便器、洗面器、浴盆、洗衣机	5.76
3400	3.06	4.08	4.42	5.10 便器、洗面器、浴盆、洗衣机（分室）	6.12

3.0.3 卫生间自室内装修地面至室内吊顶的净高度不应小于2200mm。

3.0.4 对于卫生间空间的墙体，其厚度宜符合模数，并应按模数网格布置。

3.0.5 卫生间门窗尺寸、位置和开启方式应方便使用，并应满足卫生间设备安装和使用的最小空间要求。

4 卫生间部件和公差

4.1 卫生间部件的尺寸

4.1.1 住宅卫生间部件的尺寸应是基本模数的倍数

或是分模数的倍数，并应符合人体工程学的要求。

4.1.2 整体卫生间应考虑产品尺寸与建筑空间尺寸的协调，其最小安装尺寸应符合下列规定：

　　1 整体卫生间有安装管道的侧面与墙面之间不应小于 50mm；无安装管道的侧面与墙面之间不应小于 30mm；

　　2 整体卫生间的底部与楼地面之间不应小于 150mm；

　　3 整体卫生间的顶部与顶棚底部之间不应小于 250mm。

4.1.3 满足乘坐轮椅的特殊人群要求的卫生间设计，除应符合现行行业标准《城市道路和建筑物无障碍设计规范》JGJ 50 的规定外，尚应符合下列规定：

　　1 坐便器两侧应留有设置 L 形抓杆的空间，水平部分抓杆距室内装修地面高度应为 650mm，垂直部分抓杆的顶端距室内装修地面高度应为 1400mm。

　　2 洗面器下方应留出轮椅使用空间，净高度不应小于 650mm，深度不应小于 350mm，洗面器的挑出宽度不应小于 600mm。距洗面器两侧和前缘 50mm 处宜设安全抓杆。洗面器前应留有 1100mm×800mm 的空间。

　　3 设备设施的开关应为低位式开关。

　　4 卫生间内应设求助呼叫按钮，安装高度距室内装修地面宜为 400mm～500mm。

4.2　卫生间部件的公差

4.2.1 卫生间部件应根据其大小和产品要求确定精度。卫生间部件的公差宜符合表 4.2.1 规定。

表 4.2.1　卫生间部件的公差（mm）

公差级别 ＼ 部件尺寸	<50	≥50 且 <160	≥160 且 <500	≥500 且 <1600	≥1600 且 <5000
1 级	0.5	1.0	2.0	3.0	5.0
2 级	1.0	2.0	3.0	5.0	8.0
3 级	2.0	3.0	5.0	8.0	12.0

5　卫生间设备、设施及接口

5.1　一般规定

5.1.1 卫生间设备及设施设计、管道井设置，应符合模数协调要求。卫生间管道井设置应便于装配、检查和维修。

5.1.2 卫生间设备可用中心线定位。

5.2　排水与管道及接口

5.2.1 便器排水口设置应符合下列规定：

　　1 对于坐便器排水口中心与侧墙装修完成面之间的距离，无立管时不应小于 400mm，有立管时不

应小于 450mm。

　　2 坐便器采用下排水时，排水口中心与后墙装修完成面之间的距离宜为 305mm、400mm 和 200mm，推荐尺寸宜为 305mm；坐便器采用后排水时，排水口中心距地面高度宜为 100mm 和 180mm，推荐尺寸宜为 180mm。

　　3 蹲便器中心线与侧墙装修完成面之间的距离，无立管时不应小于 400mm，有立管时不应小于 450mm。排水口设置应保证蹲便器后边缘距装修完成墙面不小于 200mm。

5.2.2 洗面器排水口中心线与侧墙装修完成面之间的距离不应小于 350mm。洗面器侧面距其他洁具不应小于 100mm。

5.3　排气道及接口

5.3.1 竖向排气管道宜设置在卫生间的里侧，其外包尺寸宜符合模数协调的要求。

5.3.2 卫生间内排气道与竖向排气道的接口直径应大于 $\phi 80mm$。

5.4　照明及插座

5.4.1 卫生间插座应配置防溅水型插座，安装高度应适应不同设备设施的高度要求，可为 300mm、1500mm、1800mm。满足残疾人与老年人等特殊人群需求的卫生间插座距室内装修地面高度，宜根据插座所服务设备、设施而定，且应满足轮椅使用者的高度要求，可为 300mm、600mm、1200mm。

本规范用词说明

　　1 为便于在执行本标准条文时区别对待，对要求严格程度不同的用词说明如下：

　　　1）表示很严格，非这样做不可的：

　　　　正面词采用"必须"，反面词采用"严禁"；

　　　2）表示严格，在正常情况下均应这样做的：

　　　　正面词采用"应"，反面词采用"不应"或"不得"；

　　　3）表示允许稍有选择，在条件许可时首先应这样做的：

　　　　正面词采用"宜"，反面词采用"不宜"；

　　　4）表示有选择，在一定条件下可以这样做的，采用"可"。

　　2 条文中指定应按其他有关标准执行的写法为："应符合……的规定"或"应按……执行"。

引用标准名录

　　1 《城市道路和建筑物无障碍设计规范》JGJ 50

中华人民共和国行业标准

住宅卫生间模数协调标准

JGJ/T 263—2012

条 文 说 明

制 定 说 明

《住宅卫生间模数协调标准》JGJ/T 263-2012，经住房和城乡建设部 2012 年 1 月 11 日以第 1246 号公告批准、发布。

本标准制定过程中，编制组进行了卫生间空间、设备、设施系统等方面的调查研究，总结了我国住宅卫生间工程建设领域的实践经验，同时参考了国外先进技术法规、技术标准，取得了重要技术参数。

为便于广大设计、施工等单位有关人员在使用本标准时能正确理解和执行条文规定，《住宅卫生间模数协调标准》编制组按章、节、条顺序编制了本标准的条文说明，对条文规定的目的、依据以及执行中需注意的有关事项进行了说明。但是，本条文说明不具备与标准正文同等的法律效力，仅供使用者作为理解和把握标准规定的参考。

目　次

1 总 则

1.0.1 制定本标准的目的是为了推进住宅工业化、产业化的发展，提高住宅的建造技术水平。住宅建筑的卫生间空间是家具、设备、设施及管道等较为集中的空间，遵循模数协调准则，实现尺寸配合，可保证卫生间空间在功能、质量和经济效益方面获得优化，并使住宅的整个品质得到提升。

1.0.2 本标准主要适用于城市及村镇住宅卫生间设计中的设计参数选取，卫生间空间与家具、设备设施，家具、设备设施之间，以及各部件与部件之间的模数尺寸协调；同时适用于卫生间家具、设备、管线的设计和安装。

1.0.3 解决居住建筑建设领域的工业化问题，关键在于如何在建设的各个环节实现系统的尺寸协调。本标准通过对住宅卫生间空间尺寸、设备设施及其接口尺寸的模数协调，使住宅卫生间建造能够更好地满足住宅的工业化生产及安装要求，促使住宅建设从粗放型生产转化为集约型的社会化协作生产。

3 卫生间空间尺寸

3.0.1 本条规定了卫生间内部空间尺寸应是基本模数的倍数，这为推进卫生间空间与设备、家具尺寸的模数协调提供了条件。

表 3.0.1 总结了国家建筑标准设计图集《住宅卫生间》01 SJ 914 中的常用卫生间空间尺寸。按照一件到四件卫生设备集中配置的卫生间，给出不同尺寸的配置建议，力求保证使用功能和空间使用效率。黑线范围内净面积所对应的尺寸为推荐尺寸系列。

根据国家标准《住宅设计规范》GB 50096 的规定，三件卫生设备集中配置的卫生间，使用面积不小于 2.50m²；两件卫生设备集中配置的卫生间，使用面积分别不小于 1.80m²（便器和洗面器）和 2.00m²（便器和洗浴器或洗面器和洗浴器）；单设便器的不小于 1.10m²。同时，卫生间设备设施的配置，需符合国家标准《住宅卫生间功能及尺寸系列》GB/T 11977-2008 中 5.2"卫生间设施配置"的规定。表 3.0.1 的卫生间净面积是指装修后的净尺寸，含竖向排气道和管道井面积。

表 1　住宅卫生间典型平面布置图（mm）

类型	图示	平面净尺寸
便器		1500×900
便器、洗面器		1500×1300

续表 1

类型	图示	平面净尺寸
便器、洗面器、淋浴器		1800×1500
便器、洗面器、浴盆		2100×1500
便器、洗面器、淋浴器、洗衣机		2400×1800
便器、洗面器、浴盆		2700×1500
便器、洗面器、浴盆、洗衣机		3400×1500

3.0.2 本条所规定的局部分割时插入的分模数，是指用户对卫生间空间进一步划分时所采用的隔断应符合的模数。为了使划分后的空间仍然符合模数协调要求，不对设备设施等的安装产生影响，采用分模数对卫生间内部空间隔断的进行界定是十分必要的。

3.0.3 规定净高的最小值有利于卫生间设备合理布局，保证良好的自然通风及卫生间使用的舒适性。

3.0.4 按模数网格设置卫生间的墙体，有利于促进实现卫生间内部空间与家具、设备及管线尺寸的模数协调。但在实际建设过程中，也会出现墙体厚度为非模数的情况。当构成卫生间空间的墙体厚度为非模数尺寸时，卫生间空间与相邻空间之间可用中断区调整模数网格之间的关系，即可将墙体置于网格中断区内，以保证卫生间内部空间及相邻空间符合模数尺寸要求。

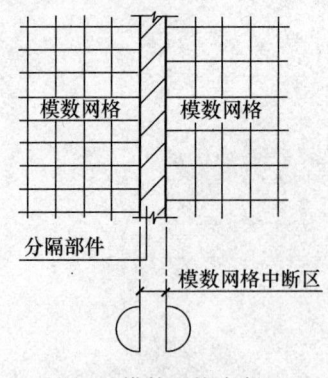

图 1　模数网格中断区

3.0.5 卫生间的门窗尺寸、位置及开启方式，直接影响空间的使用效率及舒适性，因此应尽可能地考虑空间使用的自由度，保证充足的有效空间。

4 卫生间部件和公差

4.1 卫生间部件的尺寸

4.1.2 整体卫生间是对一种新型工业化生产的卫浴间产品的类别统称，产品具有独立的框架结构及配套功能，一套成型的产品即是一个独立的功能单元。对于整体卫生间最小安装尺寸，本条提出相关的规定，目的是保证整体卫生间与安装空间有良好的定位和衔接。

4.1.3 通常情况下，无障碍空间除应考虑使用者有肢体障碍的情况外，还应考虑盲人或有智力障碍的人群，以及由于年龄的增长出现各类生活不便的情况。而标准中仅针对乘坐轮椅的肢体残疾人群对卫生间空间使用的需求作出规定。

条文中的 1100mm×800mm 是每个轮椅席位的最小尺寸，洗面器前设置空间尺寸不小于该尺寸是为了方便乘坐轮椅者的使用。

4.2 卫生间部件的公差

4.2.1 在设计中应当把公差的允许值考虑进去，并处理在合理的范围中，以保证在安装接缝、加工制作、放线定位中的误差处于可允许的范围内，满足接口的功能、质量和美观要求。

表 4.2.1 是参照日本《建筑部件的基本公差》A003-1963 编制的，供选择应用。表中的部件尺寸指部件定位、安装时与其相关的空间尺寸，其他尺寸不需要满足表 4.2.1 的公差规定。公差级别由产品的档次和精度要求确定。

5 卫生间设备、设施及接口

本章主要对卫生间设备、设施的连接作出相应的规定。其基本原则是：

1 便于工业化生产。

2 节省空间，便于安装、维护和更替。

5.3 排气道及接口

本节相关内容仅针对设置统一的竖向排气道、各户安装独立的排气扇的住宅卫生间排气系统，不包括集中的机械排气送风系统或直排系统。竖向排气管道宜设置在卫生间的里侧，以便使卫生间外的新鲜空气能通过门扇下部的百叶或缝隙贯穿卫生间，更新室内空气。

5.4 照明及插座

本节主要对卫生间照明和插座作出规定。对于不同设备对插座高度的要求，防溅水型插座距室内装修地面高度有以下几类：洁身器宜为 300mm，洗衣机宜为 1500mm，剃须刀插座宜为 1500mm，排气扇插座宜为 1800mm 等。同时，本节也对满足残疾人与老年人等特殊人群需求的卫生间插座作出了具体规定，根据设备对插座高度要求的不同作出不同的规定。

中华人民共和国行业标准

光伏建筑一体化系统运行与维护规范

Code for operation and maintenance of building mounted
photovoltaic system

JGJ/T 264—2012

批准部门：中华人民共和国住房和城乡建设部
施行日期：２０１２年５月１日

中华人民共和国住房和城乡建设部
公 告

第 1229 号

关于发布行业标准《光伏建筑一体化
系统运行与维护规范》的公告

现批准《光伏建筑一体化系统运行与维护规范》为行业标准，编号为 JGJ/T 264-2012，自 2012 年 5 月 1 日起实施。

本规范由我部标准定额研究所组织中国建筑工业出版社出版发行。

中华人民共和国住房和城乡建设部

2011 年 12 月 26 日

前 言

根据住房和城乡建设部《关于印发〈2009 年工程建设标准规范制订、修订计划〉的通知》（建标 [2009] 88 号）的要求，规范编制组经广泛调查研究，认真总结实践经验，参考有关国际标准和国外先进标准，并在广泛征求意见的基础上，编制了本规范。

本规范的主要技术内容是：1. 总则；2. 术语；3. 基本规定；4. 运行与维护；5. 巡检周期和维护记录。

本规范由住房和城乡建设部负责管理，由无锡尚德太阳能电力有限公司负责具体技术内容的解释。执行过程中如有意见或建议，请寄送无锡尚德太阳能电力有限公司（地址：无锡市新区新华路 12 号，邮编：214028）。

本 规 范 主 编 单 位：无锡尚德太阳能电力有限公司
　　　　　　　　　　华仁建设集团有限公司

本 规 范 参 编 单 位：福建省建筑科学研究院
　　　　　　　　　　江苏省建筑科学研究院
　　　　　　　　　　中国质量认证中心
　　　　　　　　　　常州天合光能有限公司
　　　　　　　　　　阿特斯光伏电子（常熟）有限公司
　　　　　　　　　　南京冠亚电源设备有限公司

本规范主要起草人员：李卫江　杨　荣　孟昭渊
　　　　　　　　　　邵　吉　梁　哲　沈道军
　　　　　　　　　　朱秋良　黄夏东　谢竹雯
　　　　　　　　　　李　明　康　魏　张　臻
　　　　　　　　　　肖桃云　闫广川　孙邦伍

本规范主要审查人员：金孝权　吴达成　宋建刚
　　　　　　　　　　姜　仁　姜希猛　邢国强
　　　　　　　　　　周　滢　罗　多　于　波
　　　　　　　　　　魏启东

目　次

Contents

1 总　则

1.0.1 为使光伏建筑一体化系统的运行与维护做到安全适用、技术先进、经济合理，制定本规范。

1.0.2 本规范适用于验收合格并投入正常使用的光伏建筑一体化系统的运行与维护。

1.0.3 光伏建筑一体化系统的运行与维护，除应符合本规范外，尚应符合国家现行有关标准的规定。

2 术　语

2.0.1 光伏建筑一体化系统　building mounted photovoltaic system

与建筑结合的光伏系统，包括建材型光伏系统、构件型光伏系统和安装型光伏系统。

2.0.2 直流汇流箱　DC combiner

在太阳能光伏发电系统中，将一定数量、规格相同的光伏组件串联，组成若干光伏串列，并将若干光伏串列并联汇流后接入的装置。

2.0.3 光伏方阵　PV array

由若干光伏组件在机械和电气上按一定方式组装在一起，并有固定的支撑结构而构成的直流发电单元，其中不包括地基、太阳跟踪器、温度控制器等类似的部件。

2.0.4 巡检　patrol inspection

按特定的周期，对光伏建筑一体化系统运行状况进行巡视检查的活动。

3 基本规定

3.0.1 光伏建筑一体化系统经验收合格后，在系统投用前，应制定运行与维护技术手册。

3.0.2 光伏建筑一体化系统不应对人员或建筑物造成危害，其运行与维护应保证系统本身安全，并应保持正常的发电能力。

3.0.3 光伏建筑一体化系统主要部件在运行期间，应始终符合国家现行有关产品标准的规定，达不到要求的部件应及时维修或更换。

3.0.4 光伏建筑一体化系统的主要部件周围不得堆积易燃易爆物品，设备本身及周围环境应散热良好，设备上的灰尘和污物应及时清理。

3.0.5 光伏建筑一体化系统的各个接线端子应牢固可靠，设备的接线孔处应采取有效封堵措施。

3.0.6 光伏建筑一体化系统的主要部件在运行时，温度、声音、气味等不应出现异常情况，指示灯应正常工作并保持清洁。

3.0.7 光伏建筑一体化系统中的计量设备和器具应符合计量的要求。

3.0.8 光伏建筑一体化系统运行和维护人员应具备相应的专业技能。

3.0.9 光伏建筑一体化系统运行和维护的全部过程应进行记录，且所有记录应存档，并应对每次故障记录进行分析。

4 运行与维护

4.1 一般规定

4.1.1 光伏建筑一体化系统的日常维护宜选择在晚上或阴天进行。

4.1.2 光伏建筑一体化系统维护前应做好安全准备，并应断开所有应断的开关，必要时应穿绝缘鞋，戴绝缘手套，使用绝缘工具。

4.2 光伏方阵

4.2.1 安装型光伏建筑一体化系统中光伏组件的运行与维护应符合下列规定：

1 光伏组件表面应保持清洁，清洗光伏组件时应符合下列规定：

1) 可使用柔软洁净的布料擦拭光伏组件，不应使用腐蚀性溶剂或硬物擦拭光伏组件；

2) 不宜使用与组件温差较大的液体清洗组件；

3) 不应在风力大于 4 级、大雨或大雪等气象条件下清洗光伏组件。

2 光伏组件应根据本规范表 5.0.1 的要求定期检查，当出现下列情况之一时应及时调整或更换光伏组件：

1) 光伏组件存在玻璃破碎、背板灼焦、明显的颜色变化；

2) 光伏组件中存在与组件边缘形成连通通道的气泡；

3) 光伏组件中存在与任何电路形成连通通道的气泡；

4) 光伏组件接线盒变形、扭曲、开裂或烧毁，接线端子无法良好连接。

3 光伏组件上的带电警告标识不得缺失。

4 对于使用金属边框的光伏组件，边框应可靠接地。边框和支撑结构应结合良好，两者之间接触电阻不应大于 4Ω。

5 当太阳辐照度为 $500W/m^2$ 以上，风速不大于 $2m/s$，且无阴影遮挡时，同一光伏组件外表面（电池正上方区域）温度差异应小于 $20℃$。装机容量大于 $50kWp$ 的光伏电站，宜配备用于检测光伏组件外表面温度差异的红外线热像仪。

6 应使用直流钳型电流表在太阳辐射强度基本一致的条件下测量接入同一个直流汇流箱的各光伏组件串的输入电流，并计算其平均值，各组件串与平均值的偏差不应超过 5%。

4.2.2 支撑结构的维护应符合下列规定：

　　1 螺栓、焊缝和支撑结构的连接等应牢固可靠；

　　2 支撑结构表面的防腐层，不应存在开裂和脱落现象，否则应及时处理。

4.2.3 建材型和构件型光伏建筑一体化系统的运行与维护，除应符合本规范第 4.2.1 条的相关规定外，还应符合下列规定：

　　1 光伏建材和光伏构件应根据本规范表 5.0.1 的要求定期由专业人员检查、清洗、保养和维护，当出现下列情况时应立即调整或更换：

　　　　1）太阳能光伏中空玻璃内结露、进水，影响光伏幕墙工程的视线和热性能；

　　　　2）玻璃炸裂，包括玻璃热炸裂和钢化玻璃自爆炸裂；

　　　　3）镀膜玻璃脱膜；

　　　　4）玻璃松动、开裂、破损等。

　　2 光伏建材和光伏构件的排水系统应根据本规范表 5.0.1 的要求定期疏通、保持畅通。

　　3 采用光伏建材或光伏构件的门、窗应启闭灵活，五金附件应无功能障碍或损坏，安装螺栓或螺钉不应有松动和失效等现象。

　　4 光伏建材和光伏构件的密封胶应无脱胶、开裂、起泡等不良现象，密封胶条不应发生脱落或损坏。

　　5 对光伏建材和光伏构件进行检查、清洗、保养、维修时所采用的机具设备应牢固，操作灵活方便，安全可靠，并有防止撞击和损伤光伏建材和光伏构件的措施。

　　6 在室内清洁光伏建材和光伏构件时，应防止水流入防火隔断材料及组件或方阵的电气接口。

4.2.4 光伏方阵与建筑物结合部分应符合下列规定：

　　1 光伏方阵应与建筑主体结构连接牢固，在台风、暴雨等恶劣天气过后，应普查光伏方阵的方位角及倾角，使其符合设计要求；

　　2 光伏方阵整体不应有变形、错位、松动；

　　3 用于固定光伏方阵的植筋或后置螺栓不应松动；采取预制基座安装的光伏方阵，预制基座应保持平稳、整齐，不得移动；

　　4 光伏方阵的主要受力构件、连接构件和连接螺栓不应损坏、松动，焊缝不应开焊，金属材料的防锈涂膜应完整，不应有剥落、锈蚀现象；

　　5 光伏方阵支撑结构上或光伏方阵区域内不应附加其他设施；光伏系统区域内不应增设对光伏系统运行及安全可能产生影响的设施。

4.3 直流汇流箱、直流配电柜

4.3.1 直流汇流箱和直流配电柜不得存在影响使用的变形、锈蚀、漏水、积灰，箱体外表面的安全警示标识应完整无破损，箱体上的防水锁启闭应灵活。

4.3.2 直流汇流箱和直流配电柜各个接线端子不应松动、锈蚀。

4.3.3 直流汇流箱和直流配电柜的直流输出母线的正极对地、负极对地的绝缘电阻应大于 $0.5M\Omega$。

4.3.4 直流汇流箱和直流配电柜配备的直流断路器规格应符合设计要求，动作应灵活，性能应稳定可靠。

4.3.5 直流汇流箱和直流配电柜配置的浪涌保护器应有效。

4.3.6 直流汇流箱内直流熔丝的规格应符合设计要求。

4.3.7 直流配电柜的直流输入接口与直流汇流箱的连接应稳定可靠。

4.3.8 直流配电柜的直流输出与并网主机直流输入处的连接应稳定可靠。

4.4 控制器、逆变器

4.4.1 控制器的运行与维护应符合下列规定：

　　1 控制器的过充电电压、过放电电压的设置应符合设计要求；

　　2 控制器上的警示标识应完整清晰；

　　3 控制器各接线端子不得出现松动、锈蚀现象；

　　4 控制器内的直流熔丝的规格应符合设计要求；

　　5 直流输出母线的正极对地、负极对地、正负极之间的绝缘电阻应大于 $0.5M\Omega$。

4.4.2 逆变器的运行与维护应符合下列规定：

　　1 逆变器不应存在锈蚀、积灰等现象，散热环境应良好，逆变器运行时不应有较大振动和异常噪声；

　　2 逆变器上的警示标识应完整无破损；

　　3 逆变器中模块、电抗器、变压器的散热风扇应能根据温度变化自动启动和停止；散热风扇运行时不应有较大振动及异常噪声，当出现异常情况时应断电检查；

　　4 应根据本规范表 5.0.1 的要求定期通过断开交流输出侧断路器，检查逆变器的工作情况，当出现异常情况时应断电检查；

　　5 逆变器中直流母排电容温度过高或超过使用年限时，应及时更换；

　　6 逆变器的输出电能质量应符合电网并网或系统设计的要求。

4.5 接地与防雷系统

4.5.1 光伏接地系统与建筑接地装置的连接应可靠。

4.5.2 光伏组件、支撑结构、电缆金属铠装与屋面金属接地网格的连接应可靠。

4.5.3 光伏方阵与防雷系统共用接地装置的接地电阻值应在设计规定的范围内。

4.5.4 光伏方阵的监视、控制系统、功率调节设备接地线与防雷系统之间的过电压保护装置功能应有效，其接地电阻应在设计规定的范围内。

4.5.5 光伏方阵防雷装置应有效，并应在雷雨季节到来之前、雷雨过后及时检查。

4.6 交流配电柜

4.6.1 交流配电柜维护前应提前通知停电起止时间，并应将维护所需工具准备齐全。

4.6.2 交流配电柜维护的安全事项应符合下列规定：

1 操作电源侧（或带电侧）真空断路器时，应穿绝缘靴，戴绝缘手套，并应有专人监护；

2 停电后应验电，并应确保在配电柜不带电的状态下进行维护；

3 分段保养配电柜时，带电和不带电配电柜交界处应装设隔离装置；

4 电容器对地放电之前，不得触摸电容器柜；

5 配电柜保养完毕送前，应确保无工具遗留在配电柜内。

4.6.3 交流配电柜维护时应检查下列项目：

1 配电柜的金属底座与基础型钢的镀锌螺栓应可靠连接，防松零件应齐全；

2 配电柜标明被控设备编号、名称或操作位置的标识器件应完整，编号应清晰、工整；

3 母线接头应连接紧密、无变形、无放电变黑痕迹，绝缘应无松动和损坏，紧固连接螺栓不应生锈；

4 手车、抽出式成套配电柜推拉应灵活，无卡阻碰撞现象；动触头与静触头的中心线应一致，且触头应接触紧密；

5 配电柜中开关的主触点不应有烧熔痕迹，灭弧罩不应烧黑和损坏，各接线螺栓应紧固，配电柜内应保持清洁；

6 应把各分开关单元从抽屉柜中取出，紧固各接线端子；应检查电流互感器、电流表、电度表的安装和接线，紧固断路器进出线，清洁开关柜内和配电柜后面引出线处的灰尘；手柄操作机构应灵活可靠；

7 低压电器发热物件散热应良好，切换压板应接触良好，信号回路的信号灯、按钮、光字牌、事故报警等动作和信号显示应准确；

8 配电柜间线路的线间和线对地间绝缘电阻值，馈电线路应大于 0.5MΩ；二次回路应大于 1MΩ。

4.7 电 缆

4.7.1 光伏系统的电缆选型及敷设应符合设计要求。

4.7.2 电缆不应在过负荷的状态下运行，电缆的铅包不应出现膨胀、龟裂现象。

4.7.3 电缆在进出设备处的部位应封堵完好，不应存在直径大于 10mm 的孔洞。

4.7.4 对于电缆对设备外壳造成过大压力、拉力的部位，电缆的支撑点应完好。

4.7.5 电缆保护钢管口不应有穿孔、裂缝和显著的凹凸不平；金属电缆管不应有严重锈蚀。

4.7.6 室外电缆井内的堆积物、垃圾应及时清理。

4.7.7 电缆沟或电缆井的盖板应完好无缺；电缆沟内不应有积水或杂物；电缆沟内支架应牢固，无锈蚀和松动现象；铠装电缆外皮及铠装不应有影响性能的锈蚀。

4.7.8 当光伏系统中使用双拼或多拼电缆时，应检查电流分配和电缆外皮的温度。

4.7.9 电缆终端头接地应良好，绝缘套管应完好、清洁，无闪络放电痕迹；电缆相色应明显、准确。

4.7.10 金属电缆桥架及其支架和引入或引出的金属电缆导管应可靠接地；金属电缆桥架间应可靠连接。

4.7.11 桥架穿墙处防火封堵应严密、无脱落。

4.8 蓄 电 池

4.8.1 蓄电池室温度宜控制在 5℃~25℃之间，通风状况应良好。

4.8.2 在维护或更换蓄电池时，所用工具应带绝缘套。

4.8.3 蓄电池在使用过程中应避免过充电和过放电。

4.8.4 蓄电池的上方和周围不得堆放杂物。

4.8.5 蓄电池表面应保持清洁，当出现腐蚀漏液、凹瘪或鼓胀现象时，应及时处理，并应查找原因。

4.8.6 蓄电池单体间连接螺栓应保持紧固。

4.8.7 当遇连续多日阴雨天，造成蓄电池充电不足时，应停止或缩短对负载的供电时间。

4.8.8 每季度宜对蓄电池进行 2 次~3 次均衡充电。当蓄电池组中单体电池的电压异常时，应及时处理。

4.8.9 对停用时间超过 3 个月以上的蓄电池，应补充充电后再投入运行。

4.8.10 更换电池时，宜采用同品牌、同型号的电池。

4.9 数据通信系统

4.9.1 监控及数据传输系统的设备应保持外观完好，螺栓和密封件应齐全，操作键应接触良好，显示数字应清晰。

4.9.2 对于无人值守的数据传输系统，系统的终端显示器，每天应至少检查 1 次有无故障报警，当有故障报警时，应及时维修。

4.9.3 每年应至少对数据传输系统中输入数据的传感器灵敏度进行一次校验，同时应对系统的模拟/数字（A/D）变换器的精度进行检验。

4.9.4 超过使用年限的数据传输系统中的主要部件，应及时更换。

5 巡检周期和维护记录

5.0.1 光伏建筑一体化系统巡检周期及要求应符合表5.0.1的规定，并应按本规范附录A填写巡检记录表。

表5.0.1 巡检周期及要求

检查内容		巡检周期			要求
		小于50kW$_P$	50kW$_P$~1000kW$_P$	大于1000kW$_P$	
安装型光伏组件	组件表面清洁情况	1次/月	1次/周	1次/周	4.2.1(1)
	组件外观、气味异常	1次/月	1次/月	1次/周	4.2.1(2)
	组件带电警告标识	1次/月	1次/月	1次/月	4.2.1(3)
	组件接地情况	1次/季度	1次/季度	1次/季度	4.2.1(4)
	组件温度异常	1次/季度	1次/月	1次/月	4.2.1(5)
	组件串电流一致性	1次/季度	1次/月	1次/月	4.2.1(6)
支撑结构	支撑结构连接情况	1次/半年	1次/半年	1次/半年	4.2.2(1)
	支撑结构防腐蚀情况	1次/半年	1次/半年	1次/半年	4.2.2(2)
建材型和构件型光伏系统	外观异常	1次/季度	1次/月	1次/月	4.2.3(1)
	排水系统	1次/季度	1次/月	1次/月	4.2.3(2)
	门窗、五金件、螺栓	1次/季度	1次/季度	1次/季度	4.2.3(3)
	密封胶	1次/季度	1次/季度	1次/季度	4.2.3(4)
光伏方阵与建筑物结合部分	光伏方阵角度	1次/半年	1次/半年	1次/半年	4.2.4(1)
	光伏方阵整体情况	1次/半年	1次/半年	1次/半年	4.2.4(2)
	光伏系统锚固结构	1次/半年	1次/半年	1次/半年	4.2.4(3)
	受力构件、连接构件、螺栓	1次/半年	1次/半年	1次/半年	4.2.4(4)
	光伏系统周边情况	1次/半年	1次/半年	1次/半年	4.2.4(5)
直流汇流箱	外观异常	1次/季度	1次/月	1次/月	4.3.1
	接线端子异常	1次/季度	1次/季度	1次/月	4.3.2
	绝缘电阻	1次/年	1次/年	1次/年	4.3.3
	直流断路器	1次/季度	1次/季度	1次/季度	4.3.4
	浪涌保护器	1次/季度	1次/季度	1次/季度	4.3.5
	直流熔丝	1次/季度	1次/季度	1次/季度	4.3.6
直流配电柜	外观异常	1次/季度	1次/月	1次/月	4.3.1
	接线端子异常	1次/季度	1次/季度	1次/月	4.3.2
	绝缘电阻	1次/年	1次/年	1次/年	4.3.3
	直流断路器	1次/季度	1次/季度	1次/季度	4.3.4
	浪涌保护器	1次/季度	1次/季度	1次/季度	4.3.5
	直流输入连接	1次/季度	1次/季度	1次/季度	4.3.7
	直流输出连接	1次/季度	1次/季度	1次/季度	4.3.8

续表 5.0.1

检查内容		巡检周期			要求
		小于50kW$_P$	50kW$_P$~1000kW$_P$	大于1000kW$_P$	
控制器	过充电电压设置	1次/季度	1次/月	1次/月	4.4.1(1)
	过放电电压设置	1次/季度	1次/月	1次/月	4.4.1(1)
	警示标识	1次/季度	1次/月	1次/月	4.4.1(2)
	接线端子异常	1次/季度	1次/月	1次/月	4.4.1(3)
	直流熔丝	1次/年	1次/年	1次/年	4.4.1(4)
	绝缘电阻	1次/年	1次/年	1次/年	4.4.1(4)
逆变器	外观异常	1次/季度	1次/月	1次/月	4.4.2(1)
	警示标识	1次/季度	1次/月	1次/月	4.4.2(2)
	散热风扇	1次/季度	1次/月	1次/月	4.4.2(3)
	断路器	1次/季度	1次/季度	1次/季度	4.4.2(4)
	母排电容温度	1次/季度	1次/月	1次/月	4.4.2(5)
	电能质量	1次/2年	1次/2年	1次/2年	4.4.2(6)
接地与防雷系统	光伏接地系统与建筑接地装置连接	1次/半年	1次/半年	1次/半年	4.5.1
	组件、支撑结构、电缆金属铠装接地连接	1次/半年	1次/半年	1次/半年	4.5.2
	接地线的接地电阻	1次/半年	1次/半年	1次/半年	4.5.3
	过电压保护装置	1次/半年	1次/半年	1次/半年	4.5.4
	防雷装置	1次/半年	1次/半年	1次/半年	4.5.5
配电线路	交流配电柜	1次/半年	1次/季度	1次/月	4.6.3
	电缆	1次/半年	1次/季度	1次/季度	4.7
蓄电池	蓄电池室温度及通风	1次/周	1次/天	1次/天	4.8.1
	蓄电池组周围情况	1次/月	1次/月	1次/月	4.8.4
	蓄电池表面异常	1次/月	1次/月	1次/月	4.8.5
	蓄电池单体连接螺栓	1次/季度	1次/季度	1次/季度	4.8.6
	蓄电池组电压	1次/季度	1次/季度	1次/季度	4.8.8
	单体蓄电池电压	1次/季度	1次/季度	1次/季度	4.8.8
数据通信系统	外观异常	1次/月	1次/周	1次/周	4.9.1
	终端显示器	1次/天	1次/天	1次/天	4.9.2
	传感器灵敏度	1次/年	1次/年	1次/年	4.9.3
	模拟/数字(A/D)变换器精度	1次/年	1次/年	1次/年	4.9.3
	主要部件使用年限	1次/月	1次/月	1次/月	4.9.4

注：光伏建筑一体化系统运行不正常或遇自然灾害时，应立即检查。

5.0.2 对于系统中需要维护的项目，应由专业技术人员进行维护和验收，维护和验收时应按本规范附录B填写维护记录表。

附录A 巡检记录表

表A 光伏建筑一体化系统巡检记录表

光伏建筑一体化系统巡检记录表					
巡检日期		巡检人			
检查内容		要求	检查结果	处理意见	备注
安装型光伏组件	组件表面清洁情况	4.2.1(1)			
	组件外观、气味异常	4.2.1(2)			
	组件带电警告标识	4.2.1(3)			
	组件接地情况	4.2.1(4)			
	组件温度异常	4.2.1(5)			
	组件串电流一致性	4.2.1(6)			
支撑结构	支撑结构连接情况	4.2.2(1)			
	支撑结构防腐情况	4.2.2(2)			
建材型和构件型光伏系统	外观异常	4.2.3(1)			
	排水系统	4.2.3(2)			
	门窗、五金件、螺栓	4.2.3(3)			
	密封胶	4.2.3(4)			
光伏方阵与建筑物结合部分	光伏方阵角度	4.2.4(1)			
	光伏方阵整体情况	4.2.4(2)			
	光伏系统锚固结构	4.2.4(3)			
	受力构件、连接构件、螺栓	4.2.4(4)			
	光伏系统周边情况	4.2.4(5)			
直流汇流箱	外观异常	4.3.1			
	接线端子异常	4.3.2			
	绝缘电阻	4.3.3			
	直流断路器	4.3.4			
	浪涌保护器	4.3.5			
	直流熔丝	4.3.6			
直流配电柜	外观异常	4.3.1			
	接线端子异常	4.3.2			
	绝缘电阻	4.3.3			
	直流断路器	4.3.4			
	浪涌保护器	4.3.5			
	直流输入连接	4.3.7			
	直流输出连接	4.3.8			

续表A

检查内容		要求	检查结果	处理意见	备注
控制器	过充电电压设置	4.4.1(1)			
	过放电电压设置	4.4.1(1)			
	警示标识	4.4.1(2)			
	接线端子异常	4.4.1(3)			
	直流熔丝	4.4.1(4)			
	绝缘电阻	4.4.1(5)			
逆变器	外观异常	4.4.2(1)			
	警示标识	4.4.2(2)			
	散热风扇	4.4.2(3)			
	断路器	4.4.2(4)			
	母排电容温度	4.4.2(5)			
	电能质量	4.4.2(6)			
接地与防雷系统	光伏接地系统与建筑接地装置连接	4.5.1			
	组件、支撑结构、电缆金属铠装接地连接	4.5.2			
	接地线的接地电阻	4.5.3			
	过电压保护装置	4.5.4			
	防雷装置	4.5.5			
配电线路	交流配电柜	4.6.3			
	电缆	4.7			
蓄电池	蓄电池室温度及通风	4.8.1			
	蓄电池组周围情况	4.8.4			
	蓄电池表面异常	4.8.5			
	蓄电池单体连接螺栓	4.8.6			
	蓄电池组电压	4.8.8			
	单体蓄电池电压	4.8.8			
数据通信系统	外观异常	4.9.1			
	终端显示器	4.9.2			
	传感器灵敏度	4.9.3			
	模拟/数字(A/D)变换器精度	4.9.3			
	主要部件使用年限	4.9.4			

注: 光伏建筑一体化系统运行不正常或遇自然灾害时, 应立即检查。

附录 B 维护记录表

表 B 光伏建筑一体化系统维护记录表

项目名称	
维护内容	签发人：　　　　　日期：
维护结果	维护人：　　　　　日期：
验收	检验员：　　　　　日期：

本规范用词说明

1 为便于在执行本规范条文时区别对待，对要求严格程度不同的用词说明如下：

　　1）表示很严格，非这样做不可的：

　　　　正面词采用"必须"，反面词采用"严禁"；

　　2）表示严格，在正常情况下均应这样做的：

　　　　正面词采用"应"，反面词采用"不应"或"不得"；

　　3）表示允许稍有选择，在条件许可时首先应这样做的：

　　　　正面词采用"宜"，反面词采用"不宜"。

　　4）表示有选择，在一定条件下可以这样做的，采用"可"。

2 条文中指明应按其他有关标准执行的写法为："应符合……的规定"或"应按……执行"。

中华人民共和国行业标准

光伏建筑一体化系统运行与维护规范

JGJ/T 264—2012

条 文 说 明

制 定 说 明

《光伏建筑一体化系统运行与维护规范》JGJ/T 264-2012，经住房和城乡建设部2011年12月26日以第1229号公告批准、发布。

本规范制定过程中，编制组进行了深入细致、广泛全面的调查研究，总结了我国光伏建筑一体化系统运行与维护的实践经验，同时参考了国外先进技术法规、技术标准，通过试验取得了系统正常运行时光伏组件外表面温度差异等重要技术参数。

为便于广大设计、施工、科研、学校等单位有关人员在使用本规范时能正确理解和执行条文规定，《光伏建筑一体化系统运行与维护规范》编制组按章、节、条顺序编制了本规范的条文说明，对条文规定的目的、依据以及执行中需注意的有关事项进行了说明。但是，本条文说明不具备与规范正文同等的法律效力，仅供使用者作为理解和把握规范规定的参考。

目　次

1 总 则

1.0.1 本条阐明了制定本规范的目的。近年来，随着光伏建筑一体化工程日益增多，光伏建筑一体化系统的运行与维护工作越来越受到重视。为了保证光伏建筑一体化系统运行和维护的每个环节都有统一的、切实可行的方法，制定了本规范。

1.0.2 本条规定了本规范的适用范围，即仅适用于已通过验收，开始正常使用的光伏建筑一体化系统的日常运行与维护工作。

3 基 本 规 定

3.0.2 光伏建筑一体化系统的运行与维护，首先要确保安全问题，其次要通过经济合理的维护周期、维护方法，使得系统运行在最佳发电状态，延长使用寿命，产生最大的经济、社会效益。

3.0.3 光伏建筑一体化系统的主要部件包括光伏组件、支撑结构、直流汇流箱、直流配电柜、控制器、逆变器、交流配电柜及线路、建筑结合部件、储能装置、数据通信系统等，各个部件的使用寿命、使用环境、产品性能等参数不尽相同。为保证光伏建筑一体化系统的运行，各个部件均应按照产品标准的规定来使用。对不能正常使用的部件，需要及时维修、更换，防止事故发生。

3.0.4 为了防止火灾等事故发生，光伏建筑一体化系统主要部件的周围应避免放置杂物。为了防止设备过热、短路等事故，延长设备使用寿命，增加发电量，需保持设备的洁净和周围环境的通风散热。

3.0.6 为了防止噪声污染，光伏建筑一体化系统运行时所产生的声音应符合设计要求。另外，温度、声音、气味的异常也是判断系统出现故障的重要信号。指示灯正常工作以便观察系统运行状态。

3.0.7 光伏建筑一体化系统中的计量设备应符合国家现行有关规定，以便今后获得相关的政策补贴。

3.0.8 由于光伏建筑一体化系统本身的特点，要求运行与维护人员根据自身的工作内容熟悉相应的光伏、电气或建筑的相关知识。

3.0.9 为了衡量系统的性能以及做好管理工作，光伏建筑一体化系统运行和维护的全过程需做好详细的记录。

4 运行与维护

4.1 一 般 规 定

4.1.2 为了防止在运行和维护过程中发生人员触电事故，需注意断电、绝缘等事项。

4.2 光 伏 方 阵

4.2.1 光伏组件的运行与维护要求：

1 光伏组件表面的灰尘、污垢等不洁物会严重影响光伏系统的发电效率，因此光伏组件表面需要保持清洁，有必要对组件表面进行清洗；

2 光伏组件的玻璃破碎、背板灼焦等明显的颜色变化表明组件已经损坏，会大大降低系统的发电量，且存在不安全因素；其中，光伏组件明显的颜色变化主要指封装材料脱层、光伏组件中进入水汽等现象；

3、4 光伏组件是整个系统的发电部件，需要安全接地，并有明显的警告标识；

5 在正常运行状态下，同一光伏组件电池上方的表面温度差异在5℃～10℃。因为系统安装的地理位置、辐照量等都会影响到温差，并且检测方法不同，温差也会有一定的不同，考虑到恶劣的环境，同一光伏组件电池上方的组件外表面温度差异需小于20℃，如超过20℃会降低系统的发电效率，还存在较大安全隐患。

4.2.2 支撑结构是保证光伏系统正常运行的必要外部条件。

4.2.3 太阳能光伏中空玻璃一旦出现结露、进水、炸裂、脱膜、松动和开裂等现象，除了影响幕墙美观外，还严重影响其隔热、发电等功能，因此需要由专业人士进行定期巡检、维护，及时更换相关部件等。

4.2.4 光伏方阵与建筑物结合部分的运行与维护要求：

本条第5款中，支撑结构只用来支撑光伏方阵和光伏组件所承受的风荷载或地震作用，不能在支撑结构上或光伏系统区域内附加其他设施和重物，如：

1）遮阳设施；

2）管线；

3）室内装修紧靠光伏建筑支架杆件，例如将窗帘盒固定在光伏系统的支架上；

4）广告牌等。

4.3 直流汇流箱、直流配电柜

4.3.1、4.3.2 直流汇流箱和直流配电柜是否完好、接线端子接触是否良好会直接影响光伏发电系统的电性能安全，如存在问题，可能会导致打火漏电等安全隐患。

4.3.3 直流输出母线的正极对地、负极对地、正负极之间的绝缘电阻过小，会影响人身安全。

4.3.8 直流配电柜的直流输出与并网主机直流输入处的连接情况，直接影响发电系统的稳定性和可靠性。

4.4 控制器、逆变器

4.4.1 控制器的运行与维护要求：

1 控制器是否完好、接线端子接触是否良好，会直接影响光伏发电系统的电性能安全，如存在问题，可能会导致打火漏电等安全隐患。控制器保护电压对发电系统的安全性和可靠性至关重要；

    5 直流输出母线的正极对地、负极对地、正负极之间的绝缘电阻过小，会影响人身安全。

4.4.2 逆变器的运行与维护要求：

    1 逆变器的散热环境直接影响逆变器的稳定性和可靠性；

    3 逆变器中模块、电抗器、变压器的温度，直接影响设备的安全和寿命。

4.5 接地与防雷系统

4.5.1 建筑结构钢筋构成整体网笼，使用竖向钢管穿过建筑基础并埋入地数米，通常具有良好的接地性能。光伏接地系统一般是连接在建筑结构钢筋上，需要保持连接可靠。

4.5.2 屋面避雷网格一般为利用屋面板钢筋焊接成的 10m×10m 或 12m×8m 的网格，所有网格就近与建筑结构圈梁或柱钢筋连接或与屋面避雷带连接，需要保证接地性能良好。

4.6 交流配电柜

4.6.3 本条是参考现行国家标准《建筑电气工程施工质量验收规范》GB 50303 关于成套配电柜、控制柜（屏、台）和动力、照明配电箱（盘）安装中相关内容而确定的。

4.7 电 缆

4.7.6 电缆井内堆积物、垃圾如不能及时清理，将会影响电缆的检修、维护甚至造成电缆的损坏。

4.7.10 桥架与支架间螺栓、桥架连接板螺栓固定完好，以达到可靠连接的目的。

4.8 蓄 电 池

4.8.2 使用带绝缘套工具，是为了防止蓄电池短路。

4.8.4 蓄电池的上方或周围堆放杂物可能会导致蓄电池两极短路。

4.8.7 停止或缩短电站的供电时间，以避免造成蓄电池过放电。

中华人民共和国行业标准

轻型木桁架技术规范

Technical code for light wood trusses

JGJ/T 265—2012

批准部门：中华人民共和国住房和城乡建设部
施行日期：2 0 1 2 年 8 月 1 日

中华人民共和国住房和城乡建设部
公　告

第 1327 号

关于发布行业标准
《轻型木桁架技术规范》的公告

现批准《轻型木桁架技术规范》为行业标准，编号为 JGJ/T 265-2012，自 2012 年 8 月 1 日起实施。

本规范由我部标准定额研究所组织中国建筑工业出版社出版发行。

中华人民共和国住房和城乡建设部
2012 年 3 月 1 日

前　言

根据原建设部《关于印发〈2006 年工程建设标准规范制订、修订计划（第一批）〉的通知》（建标［2006］77 号）的要求，规范编制组经广泛调查研究，认真总结实践经验，参考有关国际标准和国外先进标准，并在广泛征求意见的基础上，编制本规范。

本规范主要技术内容是：总则、术语和符号、材料、基本设计规定、构件与连接设计、轻型木桁架设计、防护、制作与安装、维护管理。

本规范由住房和城乡建设部负责管理。由中国建筑西南设计研究院有限公司负责具体技术内容的解释。执行过程中如有意见或建议，请寄送中国建筑西南设计研究院有限公司（地址：四川省成都市天府大道北段 866 号，邮编：610042）。

本 规 范 主 编 单 位：中国建筑西南设计研究院
　　　　　　　　　　　有限公司
本 规 范 参 编 单 位：四川省建筑科学研究院
　　　　　　　　　　　哈尔滨工业大学
　　　　　　　　　　　同济大学
　　　　　　　　　　　四川大学
　　　　　　　　　　　重庆大学

公安部四川消防研究所
中国林业科学研究院
本 规 范 参 加 单 位：欧洲木业协会
　　　　　　　　　　　加拿大木业协会
　　　　　　　　　　　MITEK 澳大利亚公司
　　　　　　　　　　　苏州皇家整体住宅系统股
　　　　　　　　　　　份有限公司
　　　　　　　　　　　赫英木结构制造（天津）
　　　　　　　　　　　有限公司
　　　　　　　　　　　上海宏加新型建筑结构制
　　　　　　　　　　　造有限公司
本规范主要起草人员：龙卫国　王永维　杨学兵
　　　　　　　　　　　倪　春　祝恩淳　张新培
　　　　　　　　　　　何敏娟　周淑容　蒋明亮
　　　　　　　　　　　王渭云　倪　竣　张绍明
　　　　　　　　　　　张海燕　李俊明　方　明
本规范主要审查人员：戴宝城　熊海贝　陆伟东
　　　　　　　　　　　吕建雄　古天纯　邱培芳
　　　　　　　　　　　杨　军　孙德魁　王林安
　　　　　　　　　　　程少安

目 次

Contents

1 总 则

1.0.1 为在轻型木桁架的应用中贯彻执行国家的技术经济政策，做到技术先进、安全适用、经济合理，确保质量，制定本规范。

1.0.2 本规范适用于在建筑工程中采用金属齿板进行节点连接的轻型木桁架及相关结构体系的设计、制作、安装和维护管理。

1.0.3 轻型木桁架的设计、制作、安装和维护管理，除应符合本规范的规定外，尚应符合国家现行有关标准的规定。

2 术语和符号

2.1 术 语

2.1.1 规格材 dimension lumber
木材截面的宽度和高度按规定尺寸生产加工的规格化的木材。

2.1.2 齿板 truss plate
用于轻型木桁架节点连接或杆件接长的经表面镀锌处理的钢板经冲压成带齿的金属板。

2.1.3 钉板 nail-on plate
用于桁架节点连接的经表面镀锌处理的带圆孔金属板。连接时采用圆钉固定在杆件上。

2.1.4 结合板 field splice plate
用于桁架部分节点在施工现场进行连接的经表面镀锌处理的钢板经冲压成一半带齿，另一半带圆孔的金属板。

2.1.5 金属连接件 metal connector
用于固定、连接、支承木桁架或木构件的专用金属构件。如梁托、螺栓、柱帽、直角连接件、金属板条等。

2.1.6 轻型木桁架 light wood truss
采用规格材制作桁架杆件，并由齿板在桁架节点处将各杆件连接而形成的木桁架。

2.1.7 组合桁架 girder truss
主要用于支承轻型木桁架的桁架。一般由多榀相同的轻型木桁架组成。

2.1.8 悬臂桁架 cantilever truss
桁架端部上弦杆与下弦杆相交面的外端位于支座边沿外侧的桁架。

2.1.9 支座端节点 heel joint
桁架端部支座处，上弦杆与下弦杆相交的节点。

2.1.10 对接节点 splice joint
当桁架跨度较大时，弦杆用齿板对接接长的节点。

2.1.11 屋脊节点 pitch break joint
桁架屋脊处上弦杆与腹杆相交的节点。

2.1.12 搭接节点 lapped joint
桁架下弦杆与加强杆相搭接时，位于加强杆末端处的节点。

2.1.13 腹杆节点 web joint
桁架腹杆与弦杆相交的节点。

2.2 符 号

2.2.1 作用和作用效应
M——弯矩设计值；
N——轴向力设计值；
P_w——下弦规格材的抗剪承载力；
P_A——梁端剪力；
R——梁端支座反力；
V——剪力设计值；
ω——构件按荷载效应的标准组合计算的挠度。

2.2.2 材料性能或强度设计指标
E——木材弹性模量；
f_c——木材顺纹抗压及承压强度设计值；
$f_{c,90}$——木材横纹承压强度设计值；
f_m——木材抗弯强度设计值；
f_t——木材顺纹抗拉强度设计值；
f_v——木材顺纹抗剪强度设计值；
n_r——板齿强度设计值；
t_r——齿板抗拉强度设计值；
v_r——齿板抗剪强度设计值；
$[\omega]$——受弯构件的挠度限值。

2.2.3 几何参数
A——构件全截面面积；
A_n——构件净截面面积；
b——构件的截面宽度；
h——构件的截面高度；
h_n——构件的净截面高度；
I——构件的全截面惯性矩；
l_0——受压构件的计算长度；
L_b——支承面宽度；
W——构件的截面模量；
W_n——构件的净截面模量。

2.2.4 计算系数及其他
K_B——构件局部受压长度调整系数；
K_{Zcp}——构件局部受压尺寸调整系数；
k_h——桁架端节点弯矩影响系数；
φ——轴心受压构件的稳定系数；
φ_l——受弯构件的侧向稳定系数；
φ_m——考虑轴向力和初始弯矩共同作用的折减系数；
φ_y——轴心压杆在垂直于弯矩作用平面 y-y 方向按长细比 λ_y 确定的稳定系数。

3 材　料

3.1 规　格　材

3.1.1 轻型木桁架的杆件应采用经目测分级或机械分级的规格材制作。规格材目测分级的选材标准和强度指标、规格材机械分级的强度指标应符合现行国家标准《木结构设计规范》GB 50005 的规定。

3.1.2 制作桁架时，规格材含水率应小于 20%。

3.1.3 轻型木桁架弦杆和腹杆的截面尺寸不应小于 40mm×65mm。

3.1.4 当轻型木桁架采用目测分级规格材时，木桁架的上弦杆、下弦杆以及截面尺寸为 40mm×65mm 的腹杆，所采用的规格材等级不应低于 Ⅲc 级。当轻型木桁架采用机械分级规格材时，木桁架的上弦杆和下弦杆采用的规格材强度等级不宜低于 M14 级。

3.1.5 制作桁架时，严禁采用指接头的规格材。

3.2 齿板与连接件

3.2.1 齿板和连接件应由经镀锌处理后的薄钢板制作。镀锌应在齿板和连接件制作前进行。镀锌层重量不应低于 275g/m²。钢板可采用 Q235 碳素结构钢和 Q345 低合金高强度结构钢。齿板采用的钢材性能应满足表 3.2.1 的要求。对于进口齿板，当有可靠依据时，也可采用其他型号的钢材。

表 3.2.1　齿板采用钢材的性能要求

钢材品种	屈服强度 （N/mm²）	抗拉强度 （N/mm²）	伸长率 （δ₅, %）
Q235	≥235	≥370	26
Q345	≥345	≥470	21

3.2.2 齿板和连接用钢应具有屈服强度、抗拉强度、伸长率和硫、磷含量的合格保证。其质量应符合现行国家标准《碳素结构钢》GB/T 700 和《低合金高强度结构钢》GB/T 1591 的规定。

3.2.3 轻型木桁架采用的连接件应符合国家现行有关标准的规定及设计要求。尚无相应标准的连接件应符合设计要求，并应有满足设计要求的产品质量合格证书或相关的检测报告。

4　基本设计规定

4.1　设　计　原　则

4.1.1 本规范采用以概率理论为基础的极限状态设计法。

4.1.2 轻型木桁架的使用年限应与主体结构的使用年限相同，并应按表 4.1.2 采用。

表 4.1.2　设计使用年限

类别	设计使用年限	示　　例
1	5 年	临时性结构
2	25 年	易于替换的结构构件
3	50 年	普通房屋
4	100 年及以上	特别重要的建筑结构

4.1.3 轻型木桁架及其各杆件的安全等级宜与整个建筑结构的安全等级相同。设计时应根据建筑结构的具体情况，按表 4.1.3 规定选用相应的安全等级。

表 4.1.3　建筑结构的安全等级

安全等级	破坏后果	建筑物类型
一级	很严重	重要的建筑物
二级	严重	一般的建筑物
三级	不严重	次要的建筑物

注：对有特殊要求的建筑物，其安全等级应根据具体情况另行确定。

4.1.4 对于承载能力极限状态，轻型木桁架各杆件及连接应按荷载效应基本组合，采用下列极限状态设计表达式：

$$\gamma_0 S \leqslant R \qquad (4.1.4)$$

式中：γ_0——结构重要性系数；取值应符合现行国家标准《木结构设计规范》GB 50005 的规定；

S——承载能力极限状态的荷载效应设计值；按现行国家标准《建筑结构荷载规范》GB 50009 进行计算；

R——轻型木桁架各杆件或连接的承载力设计值。

4.1.5 对正常使用极限状态，应按荷载效应的标准组合，采用下列极限状态设计表达式：

$$S \leqslant C \qquad (4.1.5)$$

式中：S——正常使用极限状态的荷载效应设计值；

C——轻型木桁架结构或桁架各杆件按正常使用要求规定的变形限值。

4.2　设计指标和允许值

4.2.1 规格材强度设计值与弹性模量应按现行国家标准《木结构设计规范》GB 50005 的规定采用。未包含的进口规格材应由本规范管理机构按国家规定的程序确定其强度设计值与弹性模量。

4.2.2 轻型木桁架（图 4.2.2）允许变形限值应符合表 4.2.2 的规定。

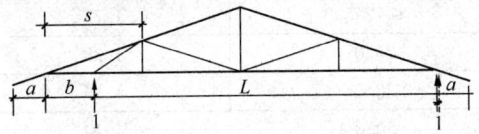

图 4.2.2　桁架几何尺寸取值示意图

1—支座；s—上、下弦节间的尺寸；a—上、下弦杆件悬挑段的尺寸；b—桁架悬臂段的尺寸；L—桁架跨度

表 4.2.2　轻型木桁架变形限值

变形部位			用　途	
			屋盖	楼盖
允许挠度 $[\omega]$	上弦节间		$s/180$	$s/180$
	下弦节间		$s/360$	$s/360$
	悬臂段 b		$b/120$	$b/120$
	悬挑段 a		$a/120$	不适用
	下弦最大挠度		$L/180$	$L/180$
			$L/360$（按恒载时）	$L/360$（按恒载时）
	桁架下有吊顶时，节点或节间最大挠度	灰泥或石膏板吊顶	$L/360$（按活载时）	$L/360$（按活载时）
		其他吊顶	$L/240$（按活载时）	$L/360$（按活载时）
		无吊顶	$L/240$（按活载时）	$L/360$（按活载时）
水平变形限值（mm）	铰支座处		25	

注：上、下弦节间变形是指相对于节端的局部变形，s 取所计算变形处的节间几何尺寸。

4.2.3　当轻型木桁架在恒载作用下产生的挠度大于 5mm 时，桁架的制作应按其恒载作用产生的挠度起拱。

4.2.4　轻型木桁架所采用的齿板强度设计值应按表 4.2.4-1 和表 4.2.4-2 的规定采用，并应符合下列规定：

　　1　齿板安装时宜采用平压；如果安装齿板使用滚筒压制，滚筒的直径应大于 600mm，并且表 4.2.4-1 和表 4.2.4-2 中各设计值应乘以 0.8 的调整系数；

　　2　齿板强度等级 Ⅰ 级和 Ⅱ 级适用于厚度大于等于 0.9mm 的齿板；齿板强度等级 Ⅲ 级适用于厚度大于等于 1.2mm 的齿板；齿板强度等级 Ⅳ 级适用于厚度大于等于 1.5mm 的齿板；

　　3　齿板强度设计值应根据规格材在使用状态下的含水率进行调整，干燥使用状态下调整系数 k_w 取 1.00；潮湿使用状态下调整系数 k_w 取 0.67；

　　4　采用经阻燃处理的规格材时，齿板强度设计值的调整系数 k_r 应由试验确定；

　　5　满足表 4.2.4-1 和表 4.2.4-2 中板齿和齿板强度设计值规定的进口齿板应符合本规范附录 A 的规定。

表 4.2.4-1　板齿强度设计值 n_r

（N/mm²，木材全干比重为 $\rho \geqslant 0.40$）

齿板荷载工况	齿板强度等级			
	Ⅰ	Ⅱ	Ⅲ	Ⅳ
荷载作用方向与木纹方向和齿板主轴平行	1.80	1.35	1.45	1.35
荷载作用方向与木纹方向平行，与齿板主轴垂直	1.24	1.17	1.05	0.79
荷载作用方向与木纹方向垂直，与齿板主轴平行	1.03	0.85	1.03	1.03
荷载作用方向与木纹方向和齿板主轴垂直	1.14	1.03	1.24	1.14

表 4.2.4-2　齿板强度设计值

（N/mm，木材全干比重为 $\rho \geqslant 0.40$）

齿板荷载工况			齿板强度等级	
			Ⅰ　Ⅱ	Ⅲ　Ⅳ
齿板抗拉强度 t_r	荷载作用方向与齿板主轴平行		113	208
	荷载作用方向与齿板主轴垂直		84	84
齿板抗剪强度 v_r	荷载作用方向与齿板主轴的夹角	0°	56	79
		30°	68	110
		60°	82	115
		90°	62	84
		120°	42	70
		150°	39	68

4.2.5　由齿板试验确定板齿和齿板强度设计值时，应按本规范附录 A 的要求进行。

5　构件与连接设计

5.1　构件设计

5.1.1　轴心受拉构件的承载力应按下式进行验算：

$$\frac{N_t}{A_n} \leqslant f_t \qquad (5.1.1)$$

式中：f_t——规格材顺纹抗拉强度设计值（N/mm²）；

N_t——轴心受拉构件拉力设计值（N）；

A_n——受拉构件的净截面面积（mm²）；计算 A_n 时，应扣除分布在 150mm 长度上的缺孔投影面积。

5.1.2 轴心受压构件的承载力应按下列公式进行验算：

1 按强度验算

$$\frac{N_c}{A_n} \leqslant f_c \qquad (5.1.2\text{-}1)$$

2 按稳定验算

$$\frac{N_c}{\varphi A} \leqslant f_c \qquad (5.1.2\text{-}2)$$

式中：f_c——规格材顺纹抗压强度设计值（N/mm²）；

N_c——轴心受压构件压力设计值（N）；

A_n——受压构件的净截面面积（mm²）；

A——受压构件的全截面面积（mm²）；

φ——轴心受压构件稳定系数；按本规范第 5.1.3 条确定。

5.1.3 规格材的轴心受压构件稳定系数应按下列公式确定：

当 $\lambda \leqslant 75$ 时，$\varphi = \dfrac{1}{1 + \left(\dfrac{\lambda}{80}\right)^2}$ (5.1.3-1)

当 $\lambda > 75$ 时，$\varphi = \dfrac{3000}{\lambda^2}$ (5.1.3-2)

构件长细比为：$\lambda = \dfrac{l_0}{i}$ (5.1.3-3)

桁架受压构件的计算长度为：

$$l_0 = K_e l_p \qquad (5.1.3\text{-}4)$$

式中：i——构件截面的回转半径（mm）；

l_p——桁架计算模型节点之间的实际距离；对于桁架平面内，取两节点中心距离；对于桁架平面外，取侧向支承点（如檩条或撑条）之间的距离；

K_e——在桁架平面内取 0.8；在桁架平面外取 1.0。

5.1.4 构件局部受压的承载力应按下式进行验算：

$$\frac{N_c}{A K_B K_{Zcp}} \leqslant f_{c.90} \qquad (5.1.4)$$

式中：$f_{c.90}$——规格材横纹承压强度设计值（N/mm²）；

N_c——局部压力设计值（N）；

A——局部受压截面面积（mm²）；

K_B——局部受压长度调整系数；应按表 5.1.4-1 取值；当局部受压区域内有较高弯曲应力时不应采用本系数；

K_{Zcp}——局部受压尺寸调整系数；应按表 5.1.4-2 取值。

表 5.1.4-1 局部受压长度调整系数 K_B

顺纹测量承压长度(mm)	修正系数 K_B
≤12.5	1.75
25.0	1.38
38.0	1.25
50.0	1.19
75.0	1.13
100.0	1.10
≥150.0	1.00

注：1. 当承压长度为中间值时，可采用插入法求出 K_B 值；

2. 局部受压的区域离构件端部不得小于 75mm。

表 5.1.4-2 局部受压尺寸调整系数 K_{Zcp}

构件截面宽度与构件截面高度的比值	K_{Zcp}
≤1.0	1.00
≥2.0	1.15

注：比值在 1.0～2.0 之间时，可采用插入法求出 K_{Zcp} 值。

5.1.5 当构件的两侧承受局部压力（图 5.1.5），且局部受压中心之间的距离不大于构件截面高度时，局部受压截面面积按下式确定，并且，验算时 $f_{c.90}$ 应采用全表面横纹承压强度设计值。

$$A = b\left(\frac{L_1 + L_2}{2}\right) \leqslant 1.5 b L_1 \qquad (5.1.5)$$

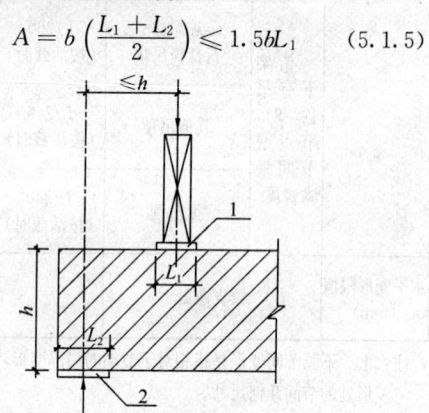

图 5.1.5 构件局部受压示意图

1—局部受压较小边；2—局部受压较大边

式中：b——局部受压截面宽度（mm）；

L_1——局部受压截面较小边长度（mm）；

L_2——局部受压截面较大边长度（mm）。

5.1.6 对于两侧承受局部压力的构件，可用齿板加强局部压力区域。齿板加强后，构件的局部受压承载力应按本规范公式（5.1.4）计算。

5.1.7 受弯构件的抗弯承载力应按下式进行验算：

$$\frac{M}{W_n} \leqslant f_m \qquad (5.1.7)$$

式中：f_m——规格材抗弯强度设计值（N/mm²）；

M——受弯构件弯矩设计值（N·mm）；

W_n——受弯构件的净截面模量（mm³）。

当需验算受弯构件的侧向稳定时，应按现行国家标准《木结构设计规范》GB 50005 的规定计算。

5.1.8 受弯构件的抗剪承载力应按下式验算：

$$\frac{Vs}{Ib} \leqslant f_v \qquad (5.1.8)$$

式中：f_v——规格材顺纹抗剪强度设计值（N/mm²）；

V——受弯构件剪力设计值（N）；

I——构件的全截面惯性矩（mm⁴）；

b——构件的截面宽度（mm）；

s——剪切面以上的截面面积对中和轴的面积矩（mm³）。

5.1.9 拉弯构件的承载力应按下式验算：

$$\frac{N}{A_n f_t} + \frac{M}{W_n f_m} \leqslant 1 \qquad (5.1.9)$$

式中：N、M——轴向拉力设计值（N）、弯矩设计值（N·mm）；

A_n——拉弯构件净截面面积（mm²）；按本规范第 5.1.1 条规定计算；

W_n——拉弯构件净截面模量（mm³）；

f_t、f_m——规格材顺纹抗拉强度设计值、抗弯强度设计值（N/mm²）。

5.1.10 压弯构件的承载力应按下列公式验算：

1 按强度验算

$$\frac{N}{A_n f_c} + \frac{M}{W_n f_m} \leqslant 1 \qquad (5.1.10\text{-}1)$$

2 按稳定验算

$$\frac{N}{\varphi \varphi_m A} \leqslant f_c \qquad (5.1.10\text{-}2)$$

$$\varphi_m = (1-K)^2 \qquad (5.1.10\text{-}3)$$

$$K = \frac{M}{W f_m \left(1 + \sqrt{\frac{N}{A f_c}}\right)} \qquad (5.1.10\text{-}4)$$

式中：A_n、W_n——构件净截面面积（mm²）、净截面模量（mm³）；

φ、A——轴心受压构件的稳定系数与全截面面积（mm²）；

φ_m——考虑轴向力和弯矩共同作用的折减系数；

N——轴向压力设计值（N）；

M——横向荷载作用下构件最大弯矩设计值（N·mm）；

f_c、f_m——规格材顺纹抗压强度设计值、抗弯强度设计值（N/mm²）。

5.1.11 压弯构件弯矩作用平面外的侧向稳定应按下式验算：

$$\frac{N}{\varphi_y A f_c} + \left(\frac{M}{\varphi_l W f_m}\right)^2 \leqslant 1 \qquad (5.1.11)$$

式中：φ_y——由垂直于弯矩作用平面方向的长细比 λ_y 确定的轴心压杆稳定系数；

φ_l——受弯构件的侧向稳定系数，按现行国家标准《木结构设计规范》GB 50005 确定；

N、M——轴向压力设计值（N），弯矩平面内的弯矩设计值（N·mm）；

W——构件截面模量（mm³）；

A——构件的全截面面积（mm²）。

5.2 桁架及其杆件变形验算

5.2.1 桁架及其杆件的变形应按下式验算：

$$\omega \leqslant [\omega] \qquad (5.2.1)$$

式中：ω——按荷载效应标准组合及桁架分析模型计算所得桁架及其杆件的变形；

$[\omega]$——桁架及其杆件的变形限值（mm），应按本规范表 4.2.2 的规定取值。

5.3 齿板连接承载力计算

5.3.1 齿板连接不宜用于腐蚀、潮湿或有冷凝水的环境。齿板不得用于传递压力。

5.3.2 齿板连接应按承载能力极限状态荷载效应的基本组合验算齿板连接的板齿承载力、齿板抗拉承载力、齿板抗剪承载力和齿板剪-拉复合承载力。

5.3.3 在节点处，应按轴心受压或轴心受拉构件进行构件净截面强度验算，构件净截面高度 h_n 应按下列规定取值：

1 在支座端节点处，下弦杆件的净截面高度 h_n 为杆件截面底边到齿板上边缘的尺寸；上弦杆件的 h_n 为齿板在杆件截面高度方向的垂直距离[图 5.3.3(a)]；

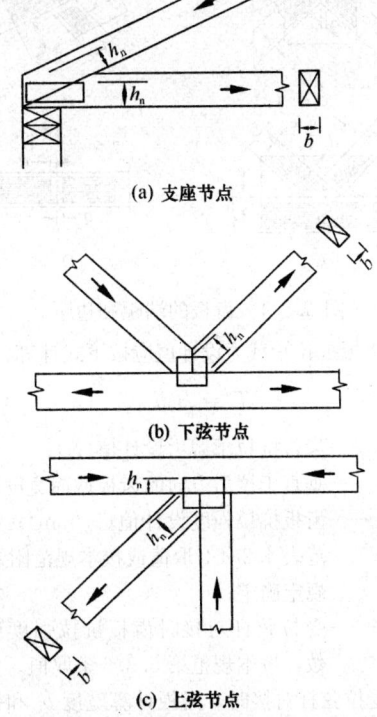

(a) 支座节点

(b) 下弦节点

(c) 上弦节点

图 5.3.3 杆件净截面尺寸示意图

2 在腹杆节点和屋脊节点处，杆件的净截面高度 h_n 为齿板在杆件截面高度方向的垂直距离［图 5.3.3（b）、(c)］。

5.3.4 板齿承载力设计值应按下列公式计算：

$$N_r = n_r k_h A \qquad (5.3.4-1)$$

$$k_h = 0.85 - 0.05(12\tan\alpha - 2.0) \quad (5.3.4-2)$$

式中：N_r——板齿承载力设计值（N）；

n_r——板齿强度设计值（N/mm²）；按本规范表 4.2.4-1 取值或按本规范附录 A 的规定确定；

A——齿板表面净面积（mm²）；是指用齿板覆盖的构件面积减去相应端距 a 及边距 e 内的面积（图 5.3.4）；端距 a 应平行于木纹量测，并不大于 12mm 或 1/2 齿长的较大者；边距 e 应垂直于木纹量测，并取 6mm 或 1/4 齿长的较大者；

k_h——桁架端节点弯矩影响系数；$0.65 \leqslant k_h \leqslant 0.85$；

α——桁架端节点处上、下弦间夹角（°）。

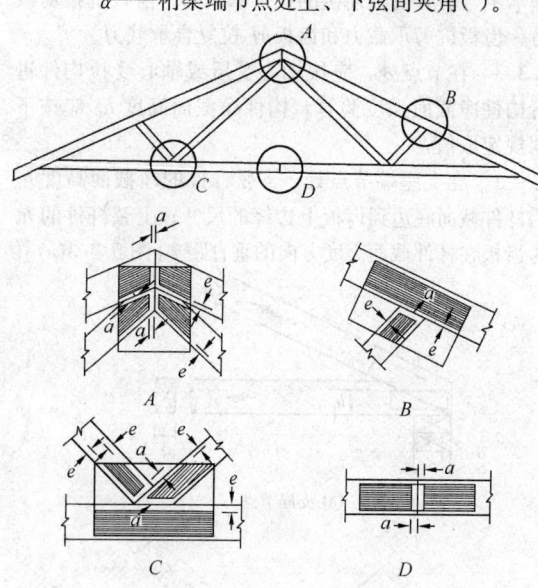

图 5.3.4 齿板的端距和边距

5.3.5 齿板抗拉承载力设计值应按下式计算：

$$T_r = k t_r b_t \qquad (5.3.5)$$

式中：T_r——齿板抗拉承载力设计值（N）；

b_t——垂直于拉力方向的齿板截面宽度（mm）；

t_r——齿板抗拉强度设计值（N/mm）；按本规范表 4.2.4-2 取值或按本规范附录 A 的规定确定；

k——受拉弦杆对接时齿板抗拉强度调整系数，按本规范第 5.3.6 条取值。

5.3.6 受拉弦杆对接时，齿板计算宽度 b_t 和抗拉强度调整系数 k 应按下列规定取值：

1 当齿板宽度小于或等于弦杆截面高度 h 时，齿板的计算宽度 b_t 可取齿板宽度，齿板抗拉强度调整系数应取 $k=1.0$。

2 当齿板宽度大于弦杆截面高度 h 时，齿板的计算宽度 b_t 可取 $b_t = h + x$，x 取值应符合下列规定：

　　1) 对接处无填块时，x 应取齿板凸出弦杆部分的宽度，但不应大于 13mm；

　　2) 对接处有填块时，x 应取齿板凸出弦杆部分的宽度，但不应大于 89mm。

3 当齿板宽度大于弦杆截面高度 h 时，抗拉强度调整系数 k 应按下列规定取值：

　　1) 对接处齿板凸出弦杆部分无填块时，应取 $k=1.0$；

　　2) 对接处齿板凸出弦杆部分有填块且齿板凸出部分的宽度 $\leqslant 25$mm 时，应取 $k=1.0$；

　　3) 对接处齿板凸出弦杆部分有填块且齿板凸出部分的宽度 > 25mm 时，k 应按下式计算：

$$k = k_1 + \beta k_2 \qquad (5.3.6)$$

式中：$\beta = x/h$，k_1、k_2 计算系数应按表 5.3.6 取值。

4 对接处采用的填块截面宽度应与弦杆相同。在桁架节点处进行弦杆对接时，该节点处的腹杆可视为填块。

表 5.3.6 计算系数 k_1、k_2

弦杆截面高度 h(mm)	k_1	k_2
65	0.96	-0.228
90~185	0.962	-0.288
285	0.97	-0.079

注：当 h 值为表中数值之间时，可采用插入法求出 k_1、k_2 值。

5.3.7 齿板抗剪承载力设计值应按下式计算：

$$V_r = \nu_r b_v \qquad (5.3.7)$$

式中：V_r——齿板抗剪承载力设计值（N）；

b_v——平行于剪力方向的齿板受剪截面宽度（mm）；

ν_r——齿板抗剪强度设计值（N/mm），按本规范表 4.2.4-2 取值或按本规范附录 A 的规定确定。

5.3.8 当齿板承受剪-拉复合力时（图 5.3.8），齿板

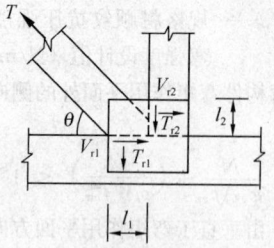

图 5.3.8 齿板剪-拉复合受力

剪-拉复合承载力设计值应按下列公式计算：

$$C_r = C_{r1} l_1 + C_{r2} l_2 \qquad (5.3.8\text{-}1)$$

$$C_{r1} = V_{r1} + \frac{\theta}{90}(T_{r1} - V_{r1}) \qquad (5.3.8\text{-}2)$$

$$C_{r2} = T_{r2} + \frac{\theta}{90}(V_{r2} - T_{r2}) \qquad (5.3.8\text{-}3)$$

式中：C_r——齿板剪-拉复合承载力设计值（N）；

C_{r1}——沿 l_1 方向齿板剪-拉复合强度设计值（N/mm）；

C_{r2}——沿 l_2 方向齿板剪-拉复合强度设计值（N/mm）；

l_1——所考虑的杆件沿 l_1 方向的被齿板覆盖的长度（mm）；

l_2——所考虑的杆件沿 l_2 方向的被齿板覆盖的长度（mm）；

V_{r1}——沿 l_1 方向齿板抗剪强度设计值（N/mm）；

V_{r2}——沿 l_2 方向齿板抗剪强度设计值（N/mm）；

T_{r1}——沿 l_1 方向齿板抗拉强度设计值（N/mm）；

T_{r2}——沿 l_2 方向齿板抗拉强度设计值（N/mm）；

T——腹杆承受的设计拉力（N）；

θ——杆件轴线间夹角（°）。

5.3.9 受压弦杆对接时，应符合下列规定：

1 对接各杆件的板齿承载力设计值不应小于该杆轴向压力设计值的 65%（图 5.3.9）。

2 对竖切受压节点（图 5.3.9），对接各杆板齿承载力设计值不应小于垂直于受压弦杆对接面的荷载分量设计值的 65% 与平行于受压弦杆对接面的荷载分量设计值之矢量和。

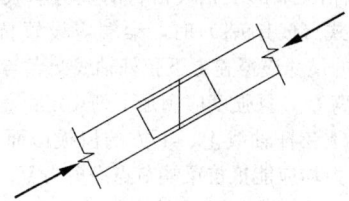

图 5.3.9 弦杆对接时
竖切受压节点示意图

5.3.10 弦杆对接处，当需考虑齿板的抗弯承载力时，齿板抗弯承载力设计值 M_r 应按公式（5.3.10-1）、公式（5.3.10-2）及公式（5.3.10-3）计算。对接节点处的弯矩 M_f 和拉力 T_f 应满足公式（5.3.10-4）及公式（5.3.10-5）的要求。

$$M_r = 0.27 t_r (0.5 w_b + y)^2 + 0.18 b f_c (0.5 h - y)^2 - T_f y \qquad (5.3.10\text{-}1)$$

$$y = \frac{0.25 b h f_c + 1.85 T_f - 0.5 w_b t_r}{t_r + 0.5 b f_c} \qquad (5.3.10\text{-}2)$$

$$w_b = k b_t \qquad (5.3.10\text{-}3)$$

$$M_r \geqslant M_f \qquad (5.3.10\text{-}4)$$

$$t_r \cdot w_b \geqslant T_f \qquad (5.3.10\text{-}5)$$

式中：M_r——齿板抗弯承载力设计值（N·mm）；

t_r——齿板抗拉强度设计值（N/mm）；

w_b——齿板截面计算的有效宽度（mm）；

b_t——齿板计算宽度（mm），按本规范第5.3.6条的规定确定；

k——齿板抗拉强度调整系数，按本规范第5.3.6条的规定确定；

y——弦杆中心线与木/钢组合中心轴线的距离（mm），可为正数或负数；当 y 在齿板之外时，弯矩公式（5.3.10-1）失效，不能采用；

b、h——分别为弦杆截面宽度（mm）、高度（mm）；

T_f——对接节点处的拉力设计值（N）；对接节点处受压时取 0；

M_f——对接节点处的弯矩设计值（N·mm）；

f_c——规格材顺纹抗压强度设计值（N/mm²）。

5.4 与其他结构体系连接设计

5.4.1 当下部结构为砌体结构、钢筋混凝土结构或钢结构时，应在下部结构上方设置经防腐处理的木垫梁，木桁架与木垫梁连接；当下部结构为木结构时，木桁架应直接与墙体顶梁板或其他木构件连接。

5.4.2 木桁架与墙体顶梁板或木垫梁的连接、木垫梁与下部结构的连接应通过计算确定，且计算时应考虑风和地震荷载引起的侧向力以及风荷载引起的上拔力。上部结构产生的水平力或上拔力应乘以 1.2 倍的放大系数。

5.4.3 木垫梁与下部结构应采用锚栓或螺栓连接；除应满足计算要求外，锚栓或螺栓直径不应小于 10mm，间距不应大于 2.0m，锚栓埋入深度不得小于 300mm，且每根木垫梁两端应各设置一根锚栓，端距为 100mm～300mm。

5.4.4 木桁架与木垫梁、墙体顶梁板或其他木构件应采用金属连接件或钉连接。当采用钉连接时，除应满足计算要求外，钉的总数不应少于 3 颗，钉的直径不应小于 3.3mm，钉的长度不应小于 80mm。屋顶端部以及洞口侧面的木桁架宜采用金属连接件连接。

5.4.5 当有上拔力时，屋顶端部以及洞口侧面的木桁架与木垫梁、墙体顶梁板或其他木构件应采用抗拔金属连接件连接。对于在其他位置的木桁架，连接木桁架的抗拔金属连接件之间的间距不应大于 2.4m。

5.4.6 连接及连接件应按现行国家标准《钢结构设计规范》GB 50017 和《木结构设计规范》GB 50005 的有关规定进行承载力验算。

6 轻型木桁架设计

6.1 木桁架的计算

6.1.1 木桁架形式应根据屋面形状、荷载分布、跨度和使用要求进行设计。常用形式可按本规范附录 B 的规定采用。木桁架的节点分为支座端节点、屋脊节点、对接节点、腹杆节点及搭接节点（图 6.1.1）。

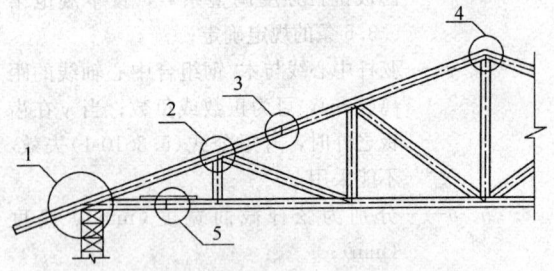

图 6.1.1 木桁架节点示意图

1—支座端节点；2—腹杆节点；3—对接节点；
4—屋脊节点；5—搭接节点

6.1.2 木桁架应按结构形式和连接位置建立平面桁架静力计算模型，所有荷载均应作用在桁架平面内。桁架构件内力与变形应根据计算模型进行静力计算。

6.1.3 木桁架静力分析时，屋面均布荷载应根据桁架间距、受荷面积均匀分配到桁架上弦或下弦。

6.1.4 桁架静力计算模型应满足下列条件：

1 弦杆应为多跨连续杆件；

2 弦杆在屋脊节点、变坡节点和对接节点处应为铰接节点；

3 弦杆对接节点处用于抗弯时应为刚接节点；

4 腹杆两端节点应为铰接节点；

5 桁架两端与下部结构连接一端应为固定铰支，另一端应为活动铰支。

6.1.5 桁架设计模型中对各类相应节点的计算假定应符合本规范附录 C 的规定。

6.1.6 桁架构件设计时，各杆件的轴力与弯矩的取值应满足下列规定：

1 杆件的轴力应取杆件两端轴力的平均值；

2 弦杆节间弯矩应取该节间所受的最大弯矩；

3 对拉弯或压弯杆件，轴力应取杆件两端轴力的平均值，弯矩应取杆件跨中弯矩与两端弯矩中较大者。

6.1.7 当相同桁架数量大于等于 3 榀且桁架之间的间距小于等于 600mm 时，如果所有桁架都与楼面板或屋面板有可靠连接，这时，桁架弦杆的抗弯强度设计值 f_m 可乘以 1.15 的共同作用系数。

6.1.8 设计齿板连接节点时，作用于齿板连接节点上的力，应取与该节点相连杆件的杆端内力。

6.1.9 当木桁架端部采用梁式端节点时（图

6.1.9），在支座内侧支承点上的下弦杆截面高度不应小于 1/2 原下弦杆截面高度或 100mm 两者中的较大值，并应按下列要求验算该端支座节点的承载力：

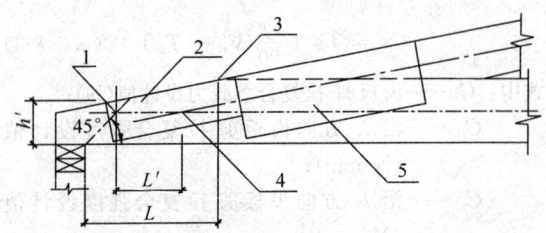

图 6.1.9 桁架梁式端节点示意图

1—投影交点；2—抗剪齿板；3—上弦杆起始点；
4—上下弦杆轴线交点；5—主要齿板

1 端节点抗弯验算时，用于抗弯验算的弯矩为支座反力乘以从支座内侧边缘到上弦杆起始点的水平距离 L。

2 当图中投影交点比上、下弦杆轴线交点更接近桁架端部时，端节点需进行抗剪验算。桁架端部下弦规格材的抗剪承载力应按下式验算：

$$\frac{1.5R}{nbh'} \leqslant f_v \qquad (6.1.9-1)$$

式中：b——规格材截面宽度（mm）；

f_v——规格材顺纹抗剪强度设计值（N/mm²）；

R——梁端支座总反力（N）；

n——当由多榀相同尺寸的规格材木桁架形成组合桁架时，n 为形成组合桁架的桁架榀数；

h'——下弦杆在投影交点处的截面计算高度（mm）。

3 当桁架端部下弦规格材的抗剪承载力不满足本规范公式（6.1.9-1）时，梁端应设置抗剪齿板。抗剪齿板的尺寸应覆盖上下弦杆轴线交点与投影交点之间的距离 L'，且强度应满足下列规定：

1） 下弦杆轴线上、下方的齿板截面抗剪承载力均应能抵抗梁端节点净剪力 V；

2） 沿着下弦杆轴线的齿板截面抗剪承载力应能抵抗梁端节点净剪力 V；

3） 梁端节点净剪力应按下式计算：

$$V = \left(\frac{1.5R}{nh'} - bf_v\right)L' \qquad (6.1.9-2)$$

式中：L'——上下弦杆轴线交点与投影交点之间的距离（mm）。

6.1.10 对于由多榀桁架组成的组合桁架，作用于组合桁架的荷载应由每榀桁架均匀承担。当多榀桁架之间采用钉连接时，钉的承载力应按下式验算：

$$q\left(\frac{n-1}{n}\right)\left(\frac{s}{n_r}\right) \leqslant N_v \qquad (6.1.10)$$

式中：N_v——钉连接的抗剪承载力设计值(N)；

　　　　n——组成组合桁架的桁架榀数；

　　　　s——钉连接的间距(mm)；

　　　　n_r——钉列数；

　　　　q——作用于组合桁架的均布线荷载(N/mm)。

6.2 木桁架的构造

6.2.1 桁架之间的间距宜为 600mm，当设计要求增加桁架间距时，最大间距不得超过 1200mm。

6.2.2 轻型木桁架采用齿板连接时应符合下列构造规定：

　　1 齿板应成对对称设置于构件连接节点的两侧；

　　2 采用齿板连接的构件厚度不应小于齿嵌入构件深度的两倍；

　　3 在与桁架弦杆平行及垂直方向，齿板与弦杆的最小连接尺寸以及在腹杆轴线方向齿板与腹杆的最小连接尺寸均应符合表 6.2.2 的规定；

　　4 弦杆对接所用齿板宽度不应小于弦杆相应宽度的 65%。

表 6.2.2 齿板与桁架弦杆、腹杆最小连接尺寸（mm）

规格材截面尺寸 (mm×mm)	桁架跨度 L(m)		
	$L\leqslant12$	$12<L\leqslant18$	$18<L\leqslant24$
40×65	40	45	—
40×90	40	45	50
40×115	40	45	50
40×140	40	50	60
40×185	50	60	65
40×235	65	70	75
40×285	75	75	85

6.2.3 当用齿板加强局部承压区域时（图 6.2.3），齿板加强弦杆局部横纹承压节点处应符合下列规定：

　　1 加强齿板底部边缘距离支承接触面应小于 6mm；

　　2 与支承接触面相对面的腹杆接触面不应小于支承接触面；

　　3 齿板两侧边缘距离支承接触面的边缘不应大于 3mm。

6.2.4 桁架设计时，对接节点应设置在弯曲应力较低的部位。下弦杆的中间支座必须设置在节点上。

6.2.5 桁架设计时，上弦对接节点按铰接计算时应符合下列要求：

　　1 对接节点宜设置于节间一端的四分点处，其位置可在节间长度的 ±10% 内调整；

　　2 对接节点不得设置在与支座、弦杆变坡处或屋脊节点相邻的弦杆节间内。

6.2.6 桁架设计时，下弦对接节点应符合下列要求：

　　1 对接节点不得设置在与支座、弦杆变坡处相邻的弦杆节间内；

　　2 对接节点可设置于节间一端的四分点处，其位置可在节间长度的 ±10% 内调整；

　　3 除邻近支座端节点的腹杆节点外，其余腹杆节点可设置对接接头；对于图 6.2.6 所示的桁架，其下弦腹杆节点可设对接接头。

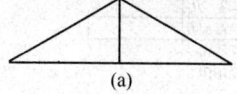
(a)

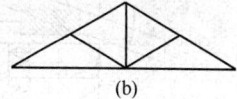
(b)

图 6.2.6 简单桁架

6.2.7 桁架上、下弦杆的对接节点不应设置在同一节间内。相邻两榀桁架的弦杆对接节点不宜设置于相同节间内。桁架腹杆杆件严禁采用对接节点。

6.2.8 短悬臂桁架设计时应符合下列要求：

　　1 桁架两端悬臂长度之和不应超过桁架净跨的 1/4，且桁架每端最大悬臂长度不应超过 1400mm。

　　2 对于没有加强楔块的短悬臂（图 6.2.8-1），最大悬臂长度 C 应按下式计算：

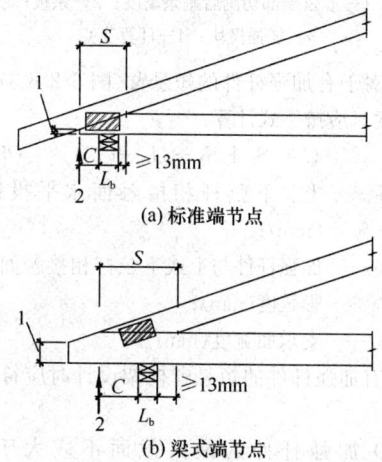
(a) 标准端节点

(b) 梁式端节点

图 6.2.8-1 无楔块桁架悬臂部分示意图
1—下弦端部切割后剩余高度；2—计算支点

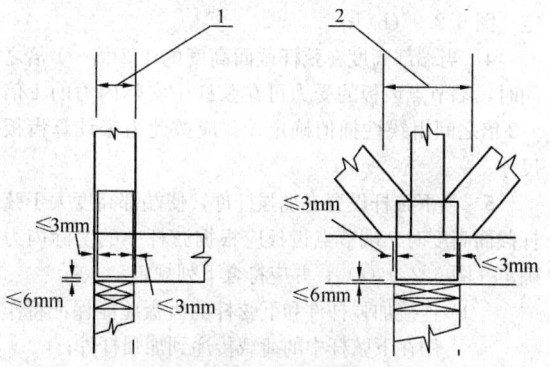

图 6.2.3 齿板加强弦杆局部横纹承压节点图
1—端柱宽度必须大于或等于承压宽度；
2—腹杆区域必须大于或等于承压宽度

$$C = S - (L_b + 13) \qquad (6.2.8\text{-}1)$$

式中：S——上、下弦杆相接触面水平投影长度（mm）；

L_b——支承面宽度（mm）。

端节点齿板应根据作用在弦杆上的实际内力确定。当弦杆斜切面过长时宜按构造要求设置构造齿板（即系板）。

3 对于有加强楔块的短悬臂（图6.2.8-2），最大悬臂长度 C 和楔块最小长度 S_2 应按下式计算：

$$C = S_1 + 89 \qquad (6.2.8\text{-}2)$$
$$S_2 = L_b + 100 \qquad (6.2.8\text{-}3)$$

式中：S_1——上、下弦杆相接触面水平投影长度（mm）；

L_b——支承面宽度（mm）。

用于确定上、下弦杆接触面水平投影长度 S 的最大长度时，S_2 的尺寸可由楔块高度 h_1 等于下弦杆截面高度 h 来确定。端部节点齿板应根据下弦杆中的实际内力确定。楔块上应设系板与上下弦连接，系板面积取相应端节点齿板面积的20%。

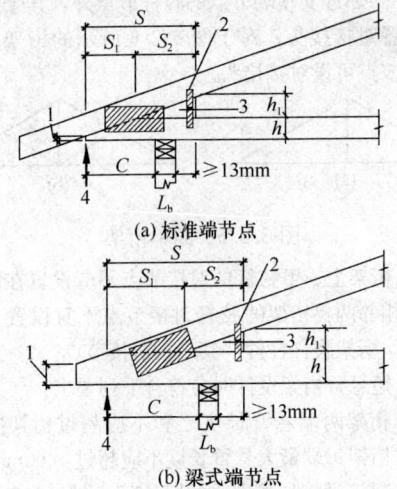

图6.2.8-2 有楔块桁架悬臂部分示意图
1—下弦端部切割后剩余高度；2—系板；
3—加强楔块；4—计算支点

4 对于有加强杆件的短悬臂（图6.2.8-3），最大悬臂长度 C 应按下式计算：

$$C = S_1 + S_2 - (L_b + 13) \qquad (6.2.8\text{-}4)$$

式中：S_1——上、下弦杆相接触面水平投影长度（mm）；

S_2——加强杆件与上或下弦杆相接触面水平投影长度（mm）；

L_b——支承面宽度（mm）。

5 有加强杆件的短悬臂桁架设计时应符合下列要求：

1) 加强杆件的最大截面不应大于40mm×185mm；

2) 上弦加强杆长度 LT 不应小于端节间上弦杆

长度的1/2，下弦加强杆长度 LB 不应小于端节间下弦杆长度的2/3；

3) 连接加强杆件和弦杆的齿板应能保证将作用在弦杆上的荷载传递到加强杆件；当加强杆件和弦杆只用一块齿板连接时，应采用1.2倍的弦杆内力设计该齿板；

4) 桁架支座端节点考虑加强杆件的作用时，该节点上的齿板在需要加强的弦杆上的连接宽度 y 应不小于25mm；

5) 上下弦杆交接面过长时宜设置附加系板（图6.2.8-3）。

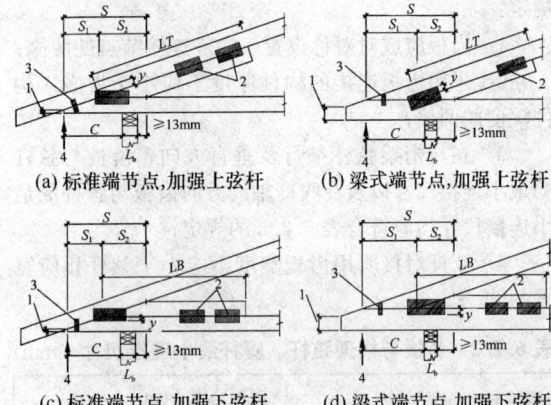

图6.2.8-3 有加强杆件的桁架悬臂部分示意图
1—下弦端部切割后剩余高度；2—系板；
3—附加系板；4—计算支点

6.2.9 除短悬臂桁架外，桁架端节点处齿板设计应符合下列规定：

1 若下弦端部经切割后，其剩余高度小于或等于6mm时，则端部高度应取为零；

2 若下弦端部经切割后，其剩余高度小于或等于下弦杆截面高度的1/2时，端节点齿板应根据弦杆中的实际内力确定［图6.2.9（a）］；

3 若下弦端部未经切割，即端部高度为弦杆截面高度时，端节点齿板应根据弦杆中实际内力的2倍确定［图6.2.9（b）］；

4 当端部高度在弦杆截面高度的1/2倍～1倍之间时，端节点齿板的受力可在弦杆中实际内力的1倍～2倍之间由线性插值确定，并应按此力来计算齿板尺寸；

5 当下弦杆设置有加强杆件，使端部高度大于弦杆截面高度时，端节点齿板应根据弦杆中的实际内力确定［图6.2.9（c）］；并应符合下列规定：

1) 连接加强杆件和下弦杆的齿板应能保证将作用在下弦杆中的荷载传递到加强杆件；

2) 当下弦杆与加强杆件只用一块齿板连接时，该齿板应采用1.2倍下弦杆的内力进行设计；

3) 加强杆件的长度不得小于下弦杆长度的 2/3，截面尺寸不得大于 40mm×185mm，端部经切割后剩余高度应小于截面高度的 1/2。

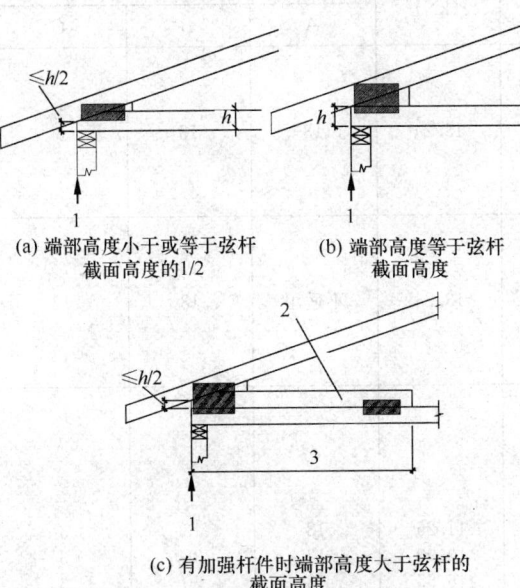

(a) 端部高度小于或等于弦杆　　(b) 端部高度等于弦杆
截面高度的1/2　　　　　　　　截面高度

(c) 有加强杆件时端部高度大于弦杆的
截面高度

图 6.2.9　桁架端部高度示意图

1—计算支点；2—加强杆件，截面尺寸不得大于 40mm×185mm；3—加强杆件长度，不得小于下弦杆长度的 2/3

6.2.10 作用于桁架节点处，并使该节点处弦杆横纹受拉的集中荷载 P 大于 2.5kN 时，齿板与弦杆的最小连接尺寸 y（mm）应按下式计算：

$$y = \frac{P-2.5}{0.1\rho} \qquad (6.2.10)$$

式中：P——节点集中荷载设计值（kN）；

ρ——木材全干比重。

当按公式（6.2.10）得出的最小连接尺寸大于弦杆截面高度的 3/4 时，应取 3/4 截面高度。

6.2.11 当多榀桁架用钉连成一榀组合桁架时，桁架之间的钉连接应满足下列要求：

1 钉连接的最多行数和最少行数应符合表 6.2.11 的规定；

2 钉长不应小于 75mm，钉的最大间距应为 300mm；顺纹最小钉间距应为 20d，顺纹最小钉端距应为 15d；横纹最小钉间距应为 10d，横纹最小钉边距应为 5d；

3 连接成一榀组合桁架的单个桁架不应多于 10 榀。

表 6.2.11　钉行数限值

杆件截面高度(mm)	最多钉行数	最少钉行数
65	1	1
90	2	1
115	2	1
140	3	2

续表 6.2.11

杆件截面高度(mm)	最多钉行数	最少钉行数
185	4	2
235	5	3
285	6	3

6.2.12 多榀轻型木桁架用钉连成组合桁架，当每榀桁架受力不同时，其弦杆钉连接除应满足本规范第 6.2.11 条的规定外，每榀桁架之间的钉连接尚应满足表 6.2.12 的要求，且相互连接的桁架榀数不应多于 5 榀。

表 6.2.12　不同榀数组合桁架的钉接方式

桁架榀数	钉接方式
2	
3	
4	
5	

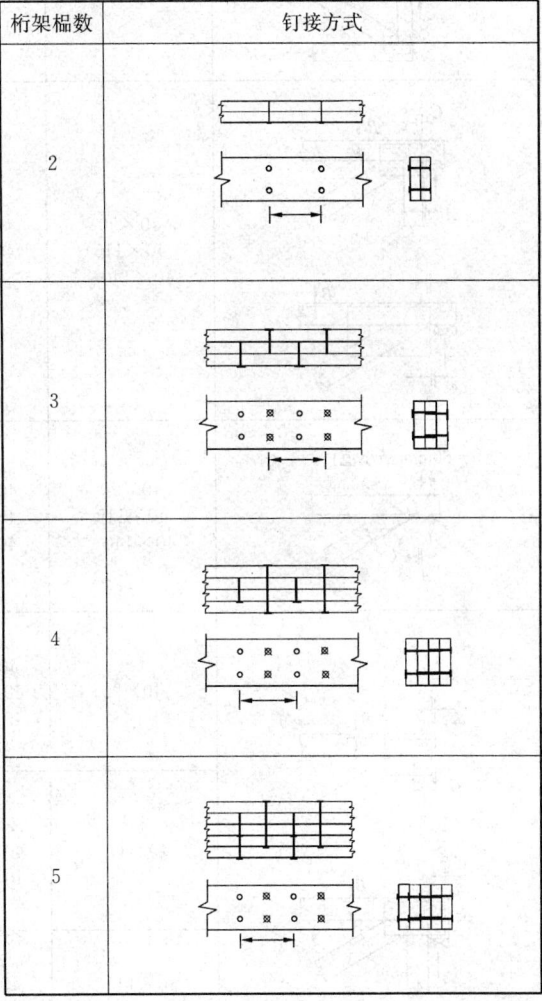

注：1　3 榀及 3 榀以上桁架组合成整体时，不同榀之间的钉间距应相互交错；

2　4 榀及 5 榀桁架组合成整体时，除用钉连接外，每节间内应用一根直径 $d \geqslant 13$mm 的螺栓将各榀桁架连成整体。

6.2.13 对于规格材立置的上承式桁架，对应于各类支承形式的构件规格、最大支座反力应按表 6.2.13 的规定采用。同时构件边缘最大间隙 A、B、C 也应满足表 6.2.13 的要求。

表 6.2.13　立置规格材上承式木桁架的设计规定

支承细节	上弦杆尺寸 (mm)	最小腹杆尺寸 (mm)	最大支座反力 (kN)	最大允许间隙 (mm)		
				A	B	C
	40×90	不适用	13.24	13	13	3
	40×90	不适用	13.24	不适用	13	13
	40×90	40×90	11.25	13	13	3
	40×115	40×90	13.90	13	38	3
	40×140*	40×90	16.55	13	50	3
	40×90	40×90	15.89	13	不适用	6
	40×115	40×90	17.87	13		6
	40×140*	40×90	19.86	13		6
	40×90	40×90	15.89	不适用	13	13
		40×115	18.54		13	13
		40×140	21.19		13	13
	40×115	40×90	16.22	不适用	38	13
		40×115	20.02		38	13
		40×140	23.84		38	13
	40×140*	40×90	16.55	不适用	50	13
		40×115	21.52		50	13
		40×140	26.48		50	13

注：1　对短期荷载作用，最大支座反力可提高 20%；当恒载产生的内力超过全部荷载所产生的内力的 80% 时，最大支座反力应减小 20%；

2　规格材的全干比重应大于 0.40；

3　*表示上弦杆尺寸可比 140mm 更大。

6.2.14　对于规格材平置的上承式桁架，对应于各类支承形式的构件规格、最大支座反力应按表 6.2.14 的规定采用；同时构件边缘最大间隙 A、B、C 也应满足表 6.2.14 的要求。

表 6.2.14　平置规格材上承式木桁架的设计规定

支承细节	上弦杆尺寸（mm）	最大支座反力（kN）	最大允许间隙（mm）		
			A	B	C
	40×90	3.97	13	3	3
	40×90	10.59	不适用	3	13
	2—40×90	10.59	13	3	3
	2—40×90	10.59	不适用	3	13
	2—40×90	—	不适用	3	3
	2—40×65	7.57	13	3	3
	2—40×90	26.48	不适用	3	13

注：1　对短期荷载作用，最大支座反力可提高 20％；当恒载产生的内力超过全部荷载所产生的内力的 80％时，最大支座反力应减小 20％。

2.　规格材的全干比重应大于 0.4。

6.2.15 轻型木桁架应采用齿板进行节点连接。对于需要在安装现场再进行节点连接的轻型木桁架，可采用结合板（图6.2.15）进行节点连接。结合板采用圆钉连接部分可按本规范附录D的规定进行验算。

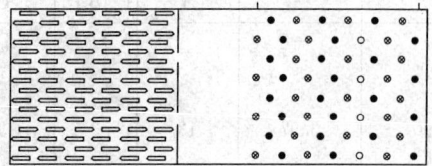

图 6.2.15 结合板示意图

6.2.16 对于下弦有连续支承点的轻型木桁架，可采用钉板（图6.2.16）在安装现场进行节点连接。钉板可按本规范附录D的规定进行验算。

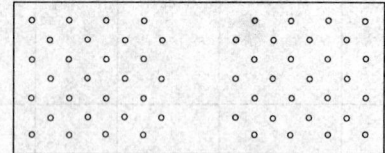

图 6.2.16 钉板示意图

6.3 木桁架的屋面木基层

6.3.1 轻型木桁架宜采用结构用木基结构板材作为屋面板，屋面板宜直接与桁架上弦杆连接。

6.3.2 当屋面板采用结构用木基结构板材，并且轻型木结构建筑满足国家标准《木结构设计规范》GB 50005-2003（2005年版）第9.2.6条的规定时，屋面板的最小厚度应分别符合表6.3.2-1和表6.3.2-2的规定。

表 6.3.2-1 上人屋顶的屋面板厚度

板支座的最大间距（mm）	木基结构板的最小厚度（mm）	
	$Q_K \leq 2.5 \text{kN/m}^2$	$2.5 \text{kN/m}^2 < Q_K \leq 5.0 \text{kN/m}^2$
300	15	15
400	15	15
600	18	22

注：Q_K 为屋面活荷载标准值。

表 6.3.2-2 不上人屋顶的屋面板厚度

板支座的最大间距（mm）	木基结构板的最小厚度（mm）	
	$G_K \leq 0.3 \text{kN/m}^2$ $s_K \leq 2.0 \text{kN/m}^2$	$0.3 \text{kN/m}^2 < G_K \leq 1.3 \text{kN/m}^2$ $s_K \leq 2.0 \text{kN/m}^2$
300	9	11
400	9	11
600	12	12

注：当恒荷载标准值 $G_K > 1.3 \text{kN/m}^2$ 或 $s_K > 2.0 \text{kN/m}^2$ 时，轻型木结构的构件及连接不能按构造设计，而应通过计算进行设计。

6.3.3 当结构用木基结构板不满足本规范第6.3.2条的要求时，应按国家标准《木结构设计规范》GB 50005-2003（2005年版）附录P的要求对屋盖进行抗侧力设计。

6.3.4 结构用木基结构板材的尺寸不宜小于1200mm×2400mm。在屋盖边界或开孔处，可使用宽度不小于300mm的窄板，但不得多于两块。当结构板的宽度小于300mm时，应加设填块固定。

6.3.5 平行于桁架构件方向的板材的端部接缝应在桁架构件上交错排列。垂直于桁架构件方向的接缝处应设置40mm×40mm的木填块或使用H形金属夹固定。相邻面板间应留不小于3mm的空隙。

6.3.6 结构用木基结构板材的屋面板与支承构件的钉连接应满足表6.3.6的构造要求。钉应牢固打入骨架构件中，钉面应与板面齐平。经常处于潮湿环境条件下的钉应有防护涂层。

表 6.3.6 屋面板与支承构件的钉连接要求

连接面板名称	连接件的最小长度（mm）			钉的最大间距
	普通圆钢钉或麻花钉	螺纹圆钉或麻花钉	U形钉	
厚度小于10mm的木基结构板材	50	45	40	沿板边缘支座150mm；沿板跨中支座300mm
厚度(10~20)mm的木基结构板材	50	45	50	
厚度大于20mm的木基结构板材	60	50	不允许	

6.3.7 当采用锯材作覆面时，锯材与桁架构件之间应牢固连接。当锯材宽度不大于185mm时，每个支承上应用两个51mm长的钉子钉牢；当锯材宽度大于185mm时，每个支承上应用三个51mm长的钉子钉牢。宽度大于285mm的锯材不宜用作屋面板。

6.3.8 当采用金属板作屋面板时，宜在桁架之间设置20mm×90mm的木质受钉条或40mm×90mm的檩条，其中心间距不宜超过400mm。

6.4 木桁架的支撑

6.4.1 应采取保证桁架在施工和使用期间的空间稳定，防止桁架侧倾，保证受压弦杆的侧向稳定以及承担和传递纵向水平力的有效措施。

6.4.2 屋盖应根据结构的形式和跨度、屋面构造及荷载等情况选用上弦横向支撑或垂直支撑。支撑构件的截面尺寸，可按构造要求确定。

6.4.3 桁架上弦杆应布置连续的水平支撑，其间距不应大于6m。当上弦杆和木基结构板直接连接时，可不设置上弦杆平面内的支撑。

6.4.4 桁架下弦杆应布置连续的水平支撑，其间距不应大于8m。当下弦杆和顶棚格栅直接连接时，可不设置下弦杆平面内的支撑。

6.4.5 当需要布置腹杆支撑时，其间距不应大于6m。交叉支撑的角度宜为45°。

6.4.6 当采用连续水平支撑防止屈曲变形时，应使用交叉支撑进行锚固。当使用钢杆作为支撑时，应设置可调整的拉紧装置。

6.4.7 桁架在安装就位过程中，应设置临时支撑。临时支撑可采用临时支架或桁架间临时垂直支撑。临时支撑可在桁架安装完成后拆除或作为永久支撑保留。

7 防 护

7.1 防 火

7.1.1 由轻型木桁架组成的结构构件，其燃烧性能和耐火极限应符合现行国家标准《建筑设计防火规范》GB 50016 的有关规定。

7.1.2 由轻型木桁架组成的楼、屋盖，当其空间的面积超过300m² 以及宽度或长度超过20m 时，应设置防火隔断。

7.1.3 房屋分户单元之间的楼、屋盖处应设置连续的防火隔断。

7.1.4 设置防火隔断时，可采用厚度不应小于12mm 的石膏板、厚度不应小于12mm 的胶合板或其他满足防火要求的材料。

7.1.5 在管道穿越轻型木桁架楼、屋盖处，应在管道与楼、屋盖接触处进行密封。

7.1.6 轻型木桁架楼、屋盖构件的燃烧性能和耐火极限可按表7.1.6确定。

表 7.1.6　轻型木桁架楼、屋盖构件的燃烧性能和耐火极限

构件名称	构件组合描述	耐火极限(h)	燃烧性能
屋盖轻型木桁架	木桁架中心间距为 600mm，木桁架底部为 1 层 15.9mm 厚防火石膏板	0.75	难燃
楼盖轻型木桁架	① 木桁架中心间距不大于 600mm；② 楼盖空间有隔声材料；③ 1 层 15.9mm 厚防火石膏板	0.50	难燃
	① 木桁架中心间距不大于 600mm；② 楼盖空间有隔声材料，隔声材料的重量为≥2.8kg/m² 的岩棉或炉渣材料，且厚度不小于 90mm；③ 1 层 15.9mm 厚防火石膏板	0.75	难燃

续表 7.1.6

构件名称	构件组合描述	耐火极限(h)	燃烧性能
楼盖轻型木桁架	① 木桁架中心间距不大于 600mm；② 楼盖空间无隔声材料；③ 2 层 15.9mm 厚防火石膏板	1.00	难燃
	① 木桁架中心间距不大于 600mm；② 楼盖空间无隔声材料；③ 2 层 12.7mm 厚防火石膏板	0.75	难燃

注：桁架构件截面不小于 40mm×90mm，金属齿板厚度不小于 1mm、齿长不小于 8mm、木桁架高度不小于 235mm。

7.2 防腐和防虫

7.2.1 室内轻型木桁架、组合桁架的支座节点不得密封在墙、保温层或通风不良的环境中。

7.2.2 防腐处理应根据设计要求进行，设计未作具体规定的，应符合现行国家标准《木结构设计规范》GB 50005 和《木结构工程施工质量验收规范》GB 50206 的有关规定。

7.2.3 木桁架采用经防腐处理的规格材时，规格材应有显著的防腐处理标识，标明处理厂家或商标、使用分类等级、所使用的防腐剂、载药量及透入度。

7.2.4 经化学药剂处理后的木材使用金属连接板时，应根据产品所用的不同防腐剂类型按表 7.2.4 选择合适的镀锌金属连接板。经特殊防腐处理的木材，应根据木材防腐处理单位和金属连接板供应商的建议选用合适的金属连接板。除了金属连接板外，所有的钢连接件，包括所有与防腐处理木材有接触的紧固件和圆钉都需要考虑正确的防腐措施。

表 7.2.4　不同防腐剂所适用的镀锌金属连接板

防腐剂类型	镀锌金属连接板
含硼酸钠盐复合防腐剂	钢板的镀锌层重量≥275g/m²
含碘复合防腐剂	钢板的镀锌层重量≥275g/m²
硼酸钠盐类防火和防腐剂	钢板的镀锌层重量≥275g/m²
氨溶季铵铜（ACQ）	钢板的镀锌层重量≥565g/m²
铜-硼-唑复合防腐剂（CuAz-1）铜-唑复合防腐剂（CuAz-2）	钢板的镀锌层重量≥565g/m²

7.2.5 在特殊环境或露天环境中使用的金属连接板，应采取额外的防腐措施。当在特殊环境或露天环境中使用镀锌层重量为 275g/m² 的镀锌金属连接板时，应在金属连接板上涂刷一层下列化合物之一：

　1　环氧聚酰胺底漆（SSPC-Paint 22）；

　2　煤焦油环氧树脂聚酰胺黑漆或深红底漆（SSPC-Paint 16）；

3 乙烯基丁缩醛铬酸锌盐底漆（SSPC-Paint 27）和常温使用的沥青砂胶漆（厚涂型）（SSPC-Paint 12）；

7.2.6 在桁架安装过程中和安装完成后，应在施工现场对预埋金属连接板涂刷所有防护涂层。在涂刷涂层之前，应去除预埋金属连接板上的灰尘和油污。

7.3 保温通风和防潮

7.3.1 除非常温暖潮湿地区外，屋盖应采用通风屋顶。自然通风时，通风口总面积不应小于通风空间面积的1/300，进风孔面积不应超过出风孔面积；通风口金属筛网应采取防腐蚀措施，并应防止雨水或雪进入通风口。

7.3.2 屋顶或顶棚处应设置连续的气密层。在屋顶与外墙交接处应保证气密层交接的连续。

7.3.3 屋顶宜设置防止蒸汽冷凝并具有适当的蒸汽渗透性的连续保温层。

7.3.4 屋面雨水排放宜采用有组织排水，屋顶排水系统的设计和安装应符合国家现行有关屋面工程技术规范的要求。

7.3.5 在屋面与墙界处、天沟处、屋面开洞处、屋顶坡度或方向改变处，应安装防止水分进入屋顶和墙体的泛水板。坡屋顶屋脊处可不安装泛水板。坡屋顶与墙或烟囱交接处，应安装将水排离墙或烟囱的阶梯形泛水板（或称为泻水假屋顶或马鞍形泛水）。金属泛水板应防腐蚀，并应满足相应要求。

7.3.6 屋顶应设置防水层。当采用砖瓦时，砖瓦下应铺设防水卷材或其他满足防水要求的屋面防水材料。防水卷材应从檐口起平行铺设，上层搭接下层，最小搭接宽度为100mm。屋顶屋脊上可铺设屋脊砖瓦。

8 制作与安装

8.1 制　作

8.1.1 轻型木桁架必须满足本章规定的制作最低质量要求。

8.1.2 齿板连接的构件制作宜在工厂进行，并应符合下列要求：

　　1 板齿应与构件表面垂直；

　　2 板齿嵌入构件的深度不应小于板齿承载力试验时板齿嵌入试件的深度；

　　3 拼装完成后齿板应无变形。

8.1.3 桁架所用规格材的树种、尺寸、等级应符合设计图纸的规定。当树种相同时，可采用力学性能达到或超过设计规定的其他等级的规格材代替原设计的规格材。采用与设计等级要求不同的规格材，或采用与原设计不符的结构复合材时，必须经设计人员复核

同意。

8.1.4 齿板存放时应避免损坏，用于制作木桁架的齿板应完好无损。

8.1.5 齿板的规格、类型、尺寸应与设计规定一致。

8.1.6 在不影响其他设计要求和桁架使用功能的前提下，可采用尺寸在单向或双向大于设计规定的同类型、同规格的金属齿板替代原设计的齿板（图8.1.6）。

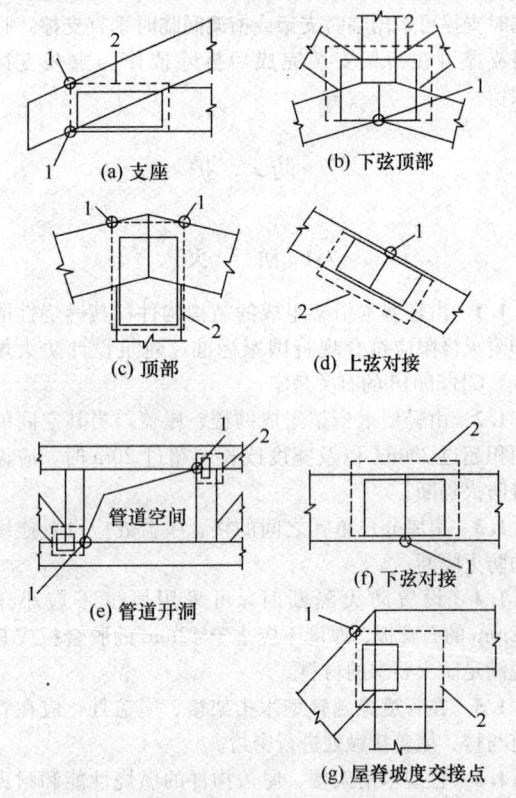

图 8.1.6　齿板安装示意图
1—齿板不得超过的控制点；2—虚线表示齿板以大代小时可延伸的位置

8.1.7 除设计另有规定，应在每个桁架节点的两侧同时设置齿板，齿板位置应与设计图纸一致。金属齿板安装位置的允许误差应为±6mm。

8.1.8 齿板安装不得影响其他设计要求和桁架使用功能。

8.1.9 齿板安装时，连接点应符合下列要求：

　　1 木材表面缺陷应包括死节、树皮、树脂囊、脱落节和钝棱。当通过齿槽孔可见板齿长度的1/4或以上时，应认定为板齿倒伏；在齿槽孔范围内发生木材表面隆起（即木材超出其正常表面），也应认定为板齿倒伏（图8.1.9-1）。

　　2 齿板连接处木构件宽度大于50mm时，木材表面缺陷的面积与板齿倒伏的面积之和不得大于该构件与齿板接触面积的20%（图8.1.9-2）。

　　3 齿板连接处木构件宽度小于或等于50mm时，

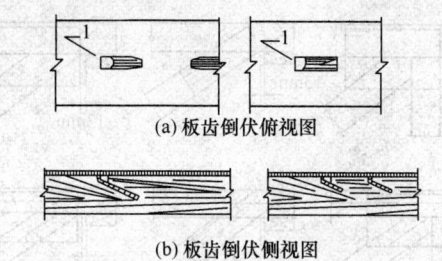

(a) 板齿倒伏俯视图

(b) 板齿倒伏侧视图

图 8.1.9-1 板齿倒伏示意图
1—槽孔可见板齿长度的 1/4

木材表面缺陷的面积与板齿倒伏的面积之和不得大于该构件与齿板接触面积的 10%（图 8.1.9-2）。

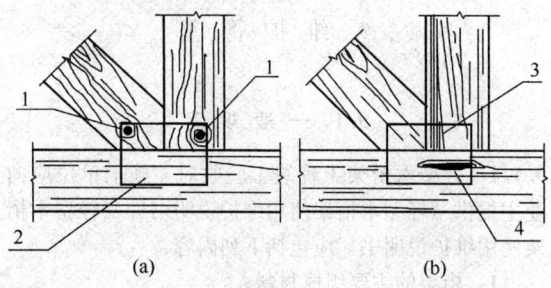

图 8.1.9-2 齿板接触面积内的木材表面缺陷示意图
1—木节；2—接触面无木材缺陷时板齿倒伏；3—钝棱；
4—树脂囊

8.1.10 轻型木桁架的制作误差不得超过表 8.1.10 中的规定值。

表 8.1.10 桁架的制作误差

	相同桁架间尺寸差	与设计尺寸间的误差
桁架长度方向	12.5mm	18.5mm
桁架高度方向	6.5mm	12.5mm

注：1 桁架长度系指不包括悬挑或外伸部分的桁架总长。用于限定制作误差。

2 桁架高度系指不包括悬挑或外伸等上、下弦杆突出部分的全榀桁架最高部位处的高度，为上弦顶面到下弦底面的总高度。用于限定制作误差。

8.1.11 制作轻型木桁架的木构件应锯切下料准确，桁架杆件在节点处应连接紧密。已制作完成的桁架杆件间制作误差的缝隙应符合下列规定：

1 当杆件间对接面超过齿板尺寸时，齿板边缘处构件之间的最大缝隙为 3mm[图 8.1.11(a)]；

2 当楼盖桁架弦杆对接时，全部对接接头范围内构件之间的最大缝隙为 1.5mm[图 8.1.11(b)]；

3 当屋盖桁架弦杆对接时，齿板边缘处构件之间的最大缝隙为 3mm[图 8.1.11(b)]；

4 当杆件间对接面没有超过齿板尺寸时，对接边缘处构件间的最大缝隙为 3mm[图 8.1.11(c)]。

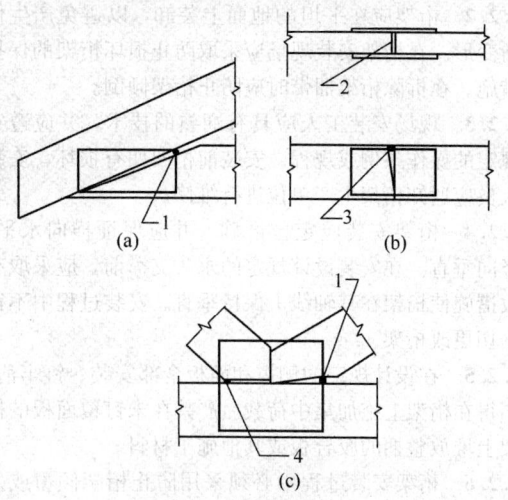

图 8.1.11 木构件间的允许缝隙示意图
1—齿板边缘处缝隙；2—楼盖桁架弦杆对接缝隙；
3—屋盖桁架弦杆对接处齿板边缘处缝隙；
4—对接边缘处构件间缝隙

8.1.12 板齿或桁架制作过程中引起的木构件劈裂不得超过所用树种、木材等级的允许值。在安装或拆除齿板过程中，当木构件损坏产生的缺陷超过允许值时，不得重新安装齿板，应更换木构件。

8.1.13 除设计另有规定，桁架节点中超过本规范第 8.1.11 条规定的缝隙均应用填片充塞。填片可采用镀锌金属片或经设计同意的其他材料。填片充塞应在齿板固定完成后进行。填片宽度应大于 20mm，长度应为填片塞入缝隙后再弯贴到被填塞构件上的尺寸不小于 25mm。填片应使用直径不小于 3mm 的螺纹钉或其他具有抗拔力的紧固件固定在构件上（图 8.1.13）。

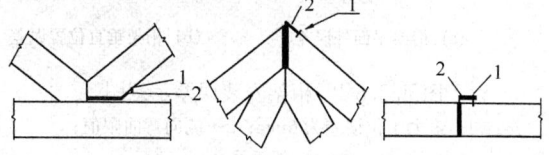

图 8.1.13 缝隙的填塞示意图
1—螺纹钉；2—填片

8.1.14 当安装齿板范围内的构件由于前期安装过齿板而含有齿孔或构件由于其他原因已有损坏时，板齿的作用应折半考虑。当板齿安装位置与前期已安装过齿板的区域不重叠（即木材无齿孔）时，板齿的作用可全部考虑。

8.2 搬运和安装

8.2.1 在桁架制作、运输和安装过程中，应避免使桁架承受过大的侧向弯曲。桁架的运输和安装可按本规范附录 E 的规定进行。

8.2.2 桁架应在平坦的地面上装卸，以避免产生侧向变形。在桁架安装现场应采取防止损坏桁架的保护措施。在拆除桁架捆带时应防止桁架倾倒。

8.2.3 现场安装工人应具有娴熟的技术，并应遵守规定的操作条例或规程。安装前桁架如有损坏，安装人员应通知桁架生产单位进行维修。

8.2.4 桁架安装应定位准确，并应保证横向水平、竖向垂直。在安装设计规定的永久支撑前，应采取有效措施使桁架在其轴线上保持垂直。安装过程中不得锯切更改桁架。

8.2.5 在设计规定的侧撑和面板全部安装、钉牢前，不得在桁架上施加集中荷载。严禁在未钉覆面板的桁架上堆放整捆的胶合板或其他施工材料。

8.2.6 桁架安装过程中必须采用防止桁架倾覆或发生连续倾倒的临时支撑。

8.2.7 覆面板与桁架的连接、桁架的锚固和剪刀支撑的连接必须符合设计要求，并保证屋面体系具有抵抗侧向风荷载和地震荷载的整体刚度。

8.2.8 桁架的安装应满足下列要求：

1 桁架整体平面的侧向弯曲或任一弦杆及面板的弯曲不得超过 $L/200$（L 为桁架的跨度或弦杆、腹杆及节点之间的长度）和 50mm 两者中的较小者［图8.2.8-1(a)］。

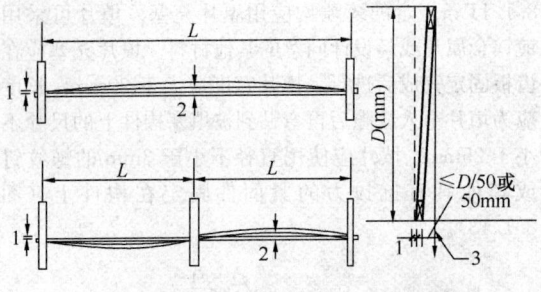

（a）桁架平面外误差　　（b）桁架垂直位置误差

图 8.2.8-1　桁架安装误差示意图
1—最大定位误差为 6mm；2—侧向弯曲限值；
3—铅垂线

2 桁架长度范围内，桁架上任何一点偏离桁架垂直平面位置的误差（即竖向误差）不得超过该点处桁架上弦到下弦间高度 D 的 1/50 和 50mm 两者中的较小者［图8.2.8-1(b)］。

3 桁架在支座上安装的位置不得偏离设计位置 6mm。吊件或桁架支座与其设计位置的偏差亦不应大于 6mm。桁架的间距应符合设计的规定。

4 除设计另有规定，上弦支承的平行弦桁架，其支座内边缘与第一根竖杆或斜腹杆的间距不得大于 13mm（图8.2.8-2）。

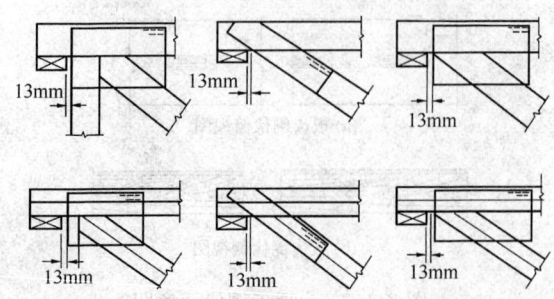

图 8.2.8-2　上弦支承平行弦桁架的安装误差
（包括单杆和双杆上弦）示意图

9　维　护　管　理

9.1　一　般　规　定

9.1.1 轻型木桁架工程竣工验收时，施工单位应向业主提供《轻型木桁架使用维护说明书》。《轻型木桁架使用维护说明书》应包括下列内容：

1 桁架的主要组成材料；

2 使用注意事项；

3 日常与定期的维护、保养要求；

4 承包商的保修责任。

9.1.2 在桁架交付使用后，业主或物业管理部门根据检查和维修的情况，应对检查结果和维修过程作出详细、准确的记录，并应建立检查和维修的技术档案。

9.2　检查与维修

9.2.1 轻型木桁架的常规检查可采用以经验判断为主的非破坏性方法，在现场对桁架易损坏部位可进行目测观察或手动检查。检查和维护应符合下列规定：

1 轻型木桁架工程竣工使用 1 年时，应对桁架工程进行一次常规检查。使用 1 年后，业主或物业管理部门应根据当地气候特点（雪季、雨季和风季前后），每 5 年进行一次常规检查。

2 常规检查的项目应包括：

1) 桁架不应有变形、开裂和损坏；

2) 桁架连接节点不应松动，构件不应有腐蚀和虫害的迹象；

3) 屋面桁架不应渗漏，保温材料不应受潮；

4) 桁架齿板表面不应有严重的腐蚀，齿板不应松动和脱落。

3 对常规检查项目中不符合要求的内容，应及时维修。

9.2.2 当桁架构件有腐蚀和虫害的迹象时，应根据腐蚀的程度、虫害的性质和损坏程度制定处理方案，及时进行维护。

附录 A　齿板试验要点及强度
设计值的确定

A.1　材料要求

A.1.1　试验所用齿板应与工程中实际使用的齿板相一致。齿板厚度误差应为±5%。齿板在试验前应用清洗剂清洗以去除油污。

A.1.2　试验所用规格材厚度应与工程中实际使用的规格材厚度相一致，宽度应与试验所用齿板宽度相协调。确定板齿或齿板极限承载力时，所用规格材含水率应为15%±0.2%，全干比重应为$0.82\rho\pm 0.03$。其中ρ为试验规格材的平均全干比重。木材的年轮应与规格材的宽面相正切，齿板区域不应有木节等缺陷。

A.2　试验要求

A.2.1　试验所用加载速度应为$1.0\,\text{mm/min}\pm 50\%$，以保证在5min～20min内试件达到极限承载力。

A.2.2　板齿极限强度应为板齿承受的极限荷载除以齿板表面净面积。应各取10个试件以确定下列情况时板齿的极限强度：

1　荷载平行于木纹及齿板主轴（图A.2.2-1）；

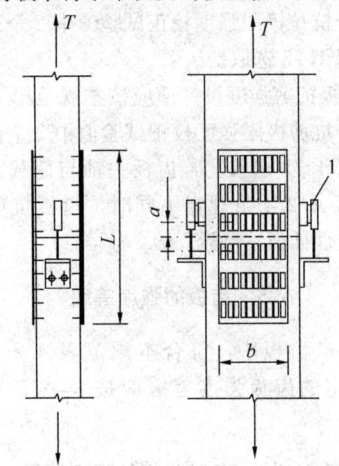

图 A.2.2-1　荷载平行于木纹及齿板主轴

$\alpha=0°\quad\theta=0°$

1—位移测试仪；a—端距；

b—宽度；L—长度

2　荷载平行于木纹但垂直于齿板主轴（图A.2.2-2）；

3　荷载垂直于木纹但平行于齿板主轴（图A.2.2-3）；

4　荷载垂直于木纹及齿板主轴（图A.2.2-4）。

制作试件时，应将齿板上位于规格材端距a及边距e内的板齿去除。

安装齿板时，应将板齿全部压入木材，齿板与木

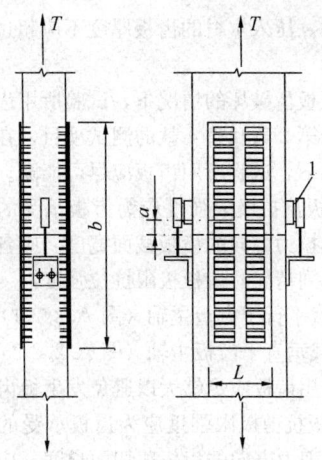

图 A.2.2-2　荷载平行于木纹但
垂直于齿板主轴

$\alpha=0°\quad\theta=90°$

1—位移测试仪；a—端距；

b—宽度；L—长度

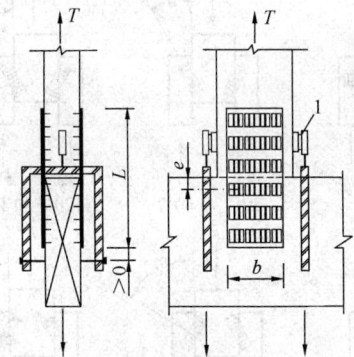

图 A.2.2-3　荷载垂直于木纹但
平行于齿板主轴

$\alpha=90°\quad\theta=0°$

1—位移测试仪；e—边距；

b—宽度；L—长度

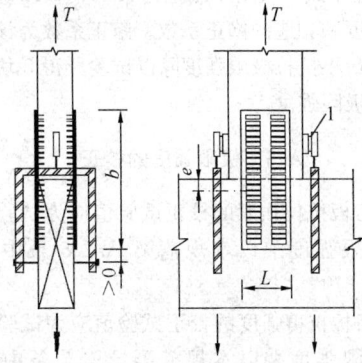

图 A.2.2-4　荷载垂直于木纹及
齿板主轴

$\alpha=90°\quad\theta=90°$

1—位移测试仪；e—边距；

b—宽度；L—长度

材间无空隙。压入木材的齿板厚度不应超过其厚度的二分之一。

在保证板齿破坏的情况下，试验所用齿板应尽可能长。对于第 2 款和第 4 款的测试项目，在保证板齿破坏的情况下，试验所用齿板应尽可能宽。

A.2.3 齿板抗拉极限强度应为齿板承受的极限拉力除以垂直于拉力方向的齿板截面宽度。应各取 3 个试件以确定下列情况时齿板极限抗拉强度：

  1 荷载平行于齿板主轴（图 A.2.2-1）；

  2 荷载垂直于齿板主轴（图 A.2.2-2）；

  试验所用齿板应足够大以避免发生板齿破坏。

A.2.4 齿板抗剪极限强度应为齿板承受的极限剪力除以平行于剪力方向的齿板剪切面长度。应各取 3 个试件以确定图 A.2.4 所列情况时齿板极限抗剪强度。其中 θ 为 $30°T$、$60°T$、$120°T$ 和 $150°T$ 是剪-拉复合受力情况；θ 为 $30°C$、$60°C$、$120°C$ 和 $150°C$ 是剪-压复合受力情况；θ 为 $0°$ 与 $90°$ 是纯剪情况。

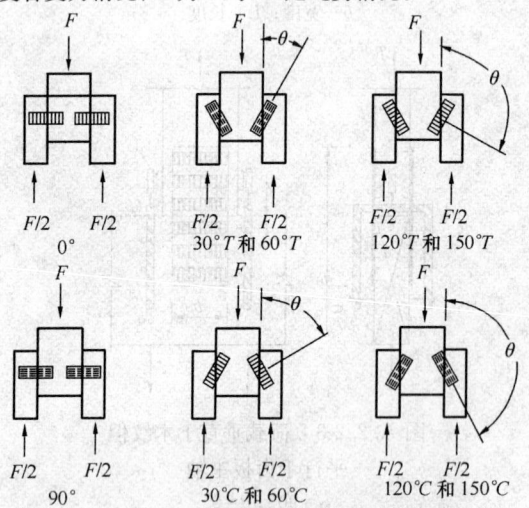

图 A.2.4 受剪试验中齿板主轴的方向

A.2.5 应测试 3 块用于制造齿板的钢板以确定其抗拉极限强度和相应的修正系数。修正系数为该钢板型号的规定最小抗拉极限强度除以试验所得 3 块试件的平均抗拉极限强度。

A.3 极限强度的校正

A.3.1 齿板抗拉强度的校正试验值应为试验所得齿板抗拉极限强度乘以本规范第 A.2.5 条中的修正系数。

A.3.2 齿板抗剪强度的校正试验值应为试验所得齿板抗剪极限强度乘以本规范第 A.2.5 条中的修正系数。

A.4 板齿和齿板强度设计值的确定

A.4.1 板齿强度设计值应符合下列规定：

  1 荷载平行于齿板主轴（$\theta=0°$）时，板齿强

设计值按下式计算：

$$n_{\mathrm{r}} = \frac{P_1 P_2}{P_1 \sin^2\alpha + P_2 \cos^2\alpha} \quad (A.4.1\text{-}1)$$

  2 荷载垂直于齿板主轴（$\theta=90°$）时，板齿强度设计值按下式计算：

$$n'_{\mathrm{r}} = \frac{P'_1 P'_2}{P'_1 \sin^2\alpha + P'_2 \cos^2\alpha} \quad (A.4.1\text{-}2)$$

以上各式中，P_1、P_2、P'_1 和 P'_2 的取值应采用按本规范第 A.2.2 条确定的相应各值的 10 个与 α、θ 相关的板齿极限强度试验值中的 3 个最小值的平均值除以系数 1.89。

确定 P_1、P_2、P'_1 和 P'_2 时所用的 θ 与 α 取值应符合表 A.4.1 的规定。

表 A.4.1 板齿极限强度与荷载作用方向的对应表

荷载作用方向	板齿极限强度			
	P_1	P'_1	P_2	P'_2
与木纹的夹角 α（°）	0	0	90	90
与齿板主轴的夹角 θ（°）	0	90	0	90

  3 当齿板主轴与荷载方向夹角 θ 不等于"0"或"90"时，板齿强度设计值应在 n_{r} 与 n'_{r} 间用线性插值法确定。

A.4.2 齿板抗拉强度设计值应按本规范第 A.2.3 条确定的 3 个抗拉极限强度校正试验值中 2 个最小值的平均值除以 1.75 选取。

A.4.3 齿板抗剪强度设计值应按本规范第 A.2.4 条确定的 3 个抗剪极限强度校正试验值中 2 个最小值的平均值除以 1.75 选取。若齿板主轴与荷载方向夹角与本规范第 A.2.4 条规定不同时，齿板抗剪强度设计值应按线性插值法确定。

A.5 齿板的强度等级

A.5.1 进口齿板中，符合本规范表 4.2.4-1 和表 4.2.4-2 规定的齿板强度等级应按表 A.5.1 的规定选用。

表 A.5.1 各种齿板的强度等级

强度等级	齿板型号
I	MiTek MT20/MII 20，Alpine Wave
II	Alpine HS20，ForeTruss FT20
III	MiTek 18 HS，Alpine HS18
VI	MiTek MT-16/MII-16，London ES-16

注：表中齿板型号均为进口齿板，采用时应根据生产商及型号对照选用。

A.5.2 未包含在本规范表 A.5.1 的齿板，应按本规范附录 A 的要求确定齿板特征值，并由本规范管理机构按国家规定的程序确定其强度等级。

附录 B 轻型木桁架常用形式

B.0.1 轻型木桁架常用形式见图 B.0.1 所示。

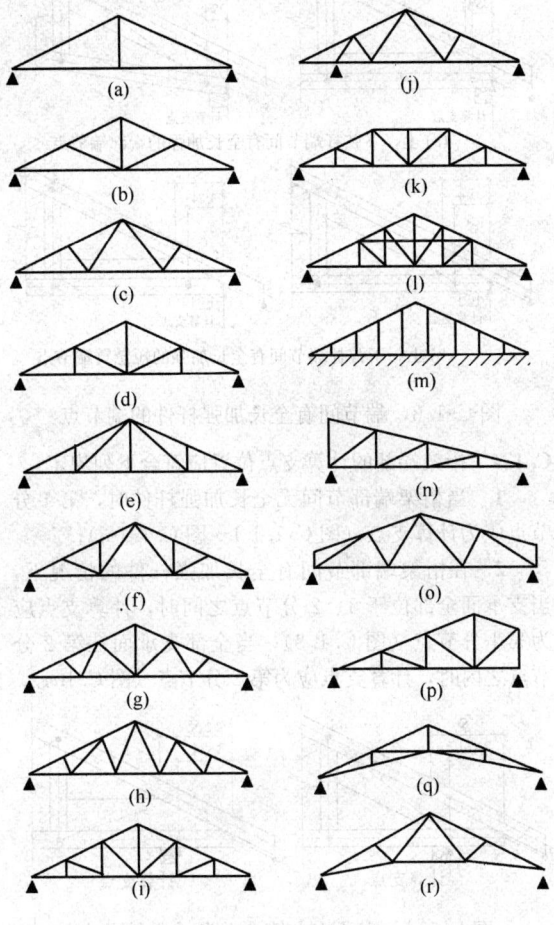

图 B.0.1 轻型木桁架常用形式示意图

B.0.2 对于支撑在钢筋混凝土屋面板上的木桁架常用形式见图 B.0.2 所示。

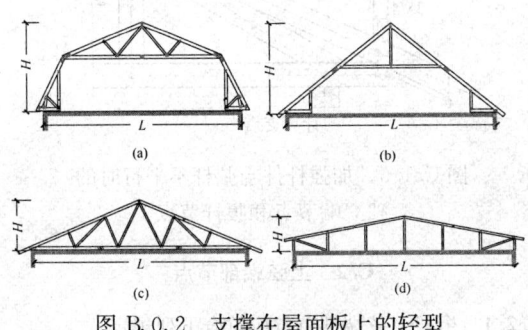

图 B.0.2 支撑在屋面板上的轻型
木桁架常用形式示意图

附录 C 桁架节点计算假定

C.1 桁架端节点

C.1.1 三角形桁架端节点可假定成三个分节点和三根虚拟杆件（图 C.1.1-1）。分节点的确定方法和虚拟杆件应符合下列规定：

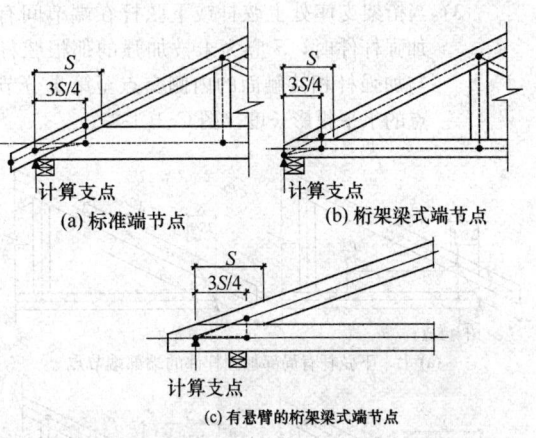

图 C.1.1-1 支座端节点

1 第 1 分节点位置的确定应满足下列要求：

1) 对于标准端节点[图 C.1.1-1(a)]，在端节点处上下弦杆件中较短一根的端部作一垂线，该垂线与上、下弦杆轴线相交，两交点中水平位置较低者应为第 1 分节点；

2) 对于桁架梁式端节点[图 C.1.1-1(b)]，在下弦杆端部作一垂线，该垂线与上、下弦杆轴线相交，两交点中水平位置较低者应为第 1 分节点；

3) 对于有悬臂的桁架梁式端节点[图 C.1.1-1(c)]，当支座位于上下弦杆相接触面之间时，在上弦杆外侧截断点作一垂线，该垂线与上、下弦杆轴线相交，两交点中水平位置较低者应为第 1 分节点。

2 第 2 分节点应位于下弦杆轴线上，且距第 1 分节点水平距离为 3S/4 处。S 的确定应符合下列规定：

1) 当桁架支座处上、下弦杆间无加强楔块时，S 应为上、下弦杆相接触面的内侧交点至第 1 分节点的水平投影长度（图 C.1.1-1）；

2) 当桁架支座处上、下弦杆间有加强楔块时，S 应为上弦杆下边与加强楔块内边的交点至第 1 分节点的水平投影长度（图 C.1.1-2）；

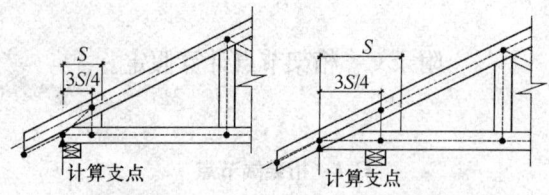

(a) 有加强楔块的端部端节点 (b) 有加强楔块的短悬臂端节点

图 C.1.1-2　有加强楔块的端节点

3） 当桁架支座处上弦杆或下弦杆在端节间有加强杆件时，S 应为未被加强的那根弦杆与加强杆相接触面的内侧交点至第 1 分节点的水平投影长度（图 C.1.1-3）。

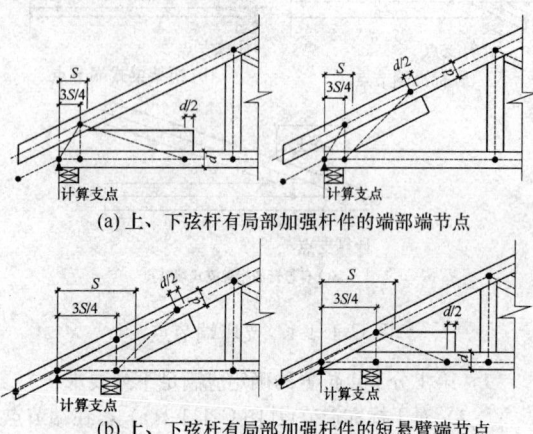

(a) 上、下弦杆有局部加强杆件的端部端节点

(b) 上、下弦杆有局部加强杆件的短悬臂端节点

图 C.1.1-3　端节间有局部加强杆件的端节点

3　过第 2 分节点作一垂线与上弦杆轴线的交点应为第 3 分节点。

4　第 1、2 分节点间水平投影距离（3S/4）不应大于 600mm。当第 2、3 分节点与第 1 分节点间距小于 50mm 时，则可将三个分节点简化为一个，即仅设第 1 分节点。

5　各分节点间的连线应作为虚拟杆件，虚拟杆件的截面尺寸、材质与其相邻的上下弦杆相同，靠支座一端上下弦杆间铰接，另一端与相邻上下弦杆连续。虚拟的竖杆的截面尺寸应为 40mm×90mm、弹性模量应为 10000MPa，与上下弦均为半铰连接。

C.1.2　当桁架支座处上、下弦杆的端节间有局部加强杆件（非端节间全长）时，桁架支座处应假定为 4 个分节点。前三个分节点的确定方法按本规范第 C.1.1 条的规定，第 4 分节点应位于被加强的弦杆的轴线上，距加强杆件端部"d/2"处，d 为被加强弦杆的截面高度（图 C.1.1-3）。第 4 虚拟杆件截面尺寸和材质应与加强杆件相同。

C.1.3　当桁架支座处上、下弦杆的端节间有全长加强杆件时，桁架支座处应假定为 4 个分节点。前三个

分节点的确定方法按本规范第 C.1.1 条的规定，被加强的弦杆轴线与腹杆轴线相交处应为第 4 分节点（图 C.1.3）。第 4 虚拟杆件截面尺寸和材质应与加强杆件相同。

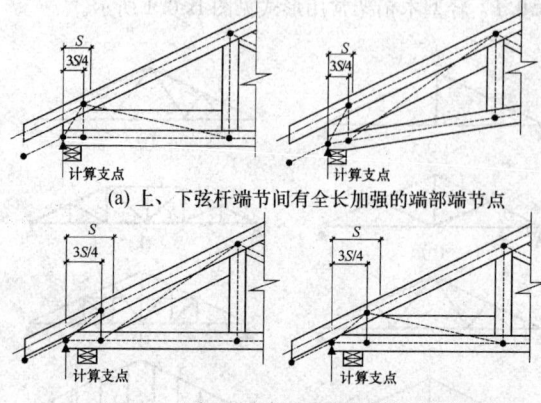

(a) 上、下弦端节间有全长加强的端部端节点

(b) 上、下弦杆端节间有全长加强的短悬臂端节点

图 C.1.3　端节间有全长加强杆件的端节点

C.1.4　桁架端部的计算支点位置应符合下列规定：

1　当桁架端部节间无全长加强杆件时，第 1 分节点应为计算支点（图 C.1.1-1～图 C.1.1-3）；

2　在桁架端部节间有全长加强杆件的情况下，当支承面全部位于 1、2 分节点之间时，计算支点应为第 1 分节点（图 C.1.3）；当全部支承面在第 2 分节点之内时，计算支点应为第 2 分节点（图 C.1.4）。

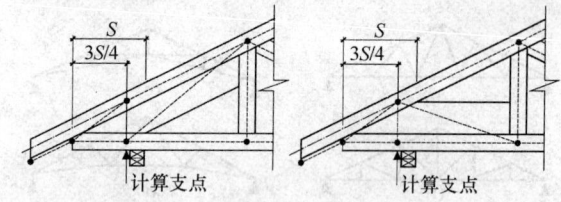

图 C.1.4　支承点在第 2 分节点的端节点

C.1.5　当支座端节间的全长加强杆件与弦杆不平行时，则加强杆与弦杆之间应分成独立的端节点和腹杆节点进行设计（图 C.1.5）。

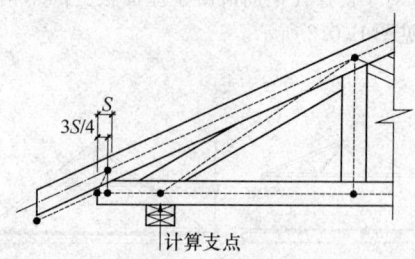

图 C.1.5　加强杆件与弦杆不平行时的
独立端节点和腹杆节点

C.2　上弦端部节点

C.2.1　桁架上弦端部节点应符合下列规定：

1　两相邻上弦杆竖向相切时，上弦杆端部竖向

相交的交线与两上弦杆轴线相交获得两个交点，该两交点的中点应假定为该处上弦端部的模拟节点[图 C.2.1(a)]；

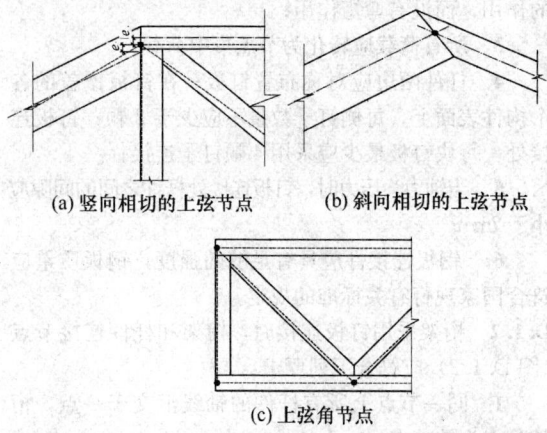

(a) 竖向相切的上弦节点　　(b) 斜向相切的上弦节点

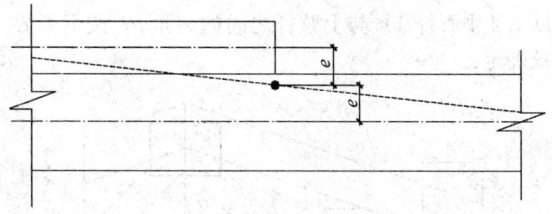

(c) 上弦角节点

图 C.2.1　上弦端部节点示意图

2　两相邻上弦斜向相切时，两上弦杆轴线的交点应假定为该处模拟节点[图 C.2.1(b)]；

3　桁架上弦端部为直角时，上弦杆轴线与上弦杆端部垂线的交点应假定为该处模拟节点[图 C.2.1(c)]。

C.3　杆件对接节点

C.3.1　弦杆对接节点应为两弦杆轴线与对接线相交所得到的两个交点的中点（图 C.3.1）。

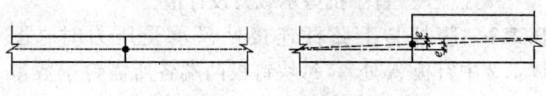

图 C.3.1　对接节点

C.4　搭接节点

C.4.1　在相搭接的两杆件中，较短杆件的端面与两个相互搭接杆件轴线间距的平分线的交点应为杆件搭接节点（图 C.4.1）。

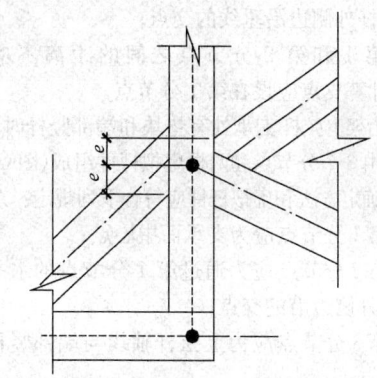

图 C.4.1　搭接节点

C.5　腹杆节点

C.5.1　桁架腹杆节点应为节点处腹杆和弦杆相接触面的中点与弦杆轴线垂直相交所得的交点（图 C.5.1）。

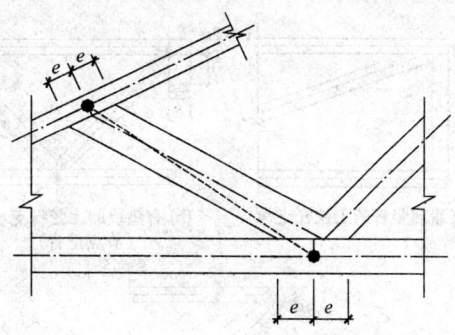

图 C.5.1　腹杆节点

C.6　内节点

C.6.1　桁架内节点应为节点处两侧腹杆与竖杆两侧相接触面的各边相对应边缘之间最小间距的中点与竖杆轴线垂直相交的交点（图 C.6.1）。

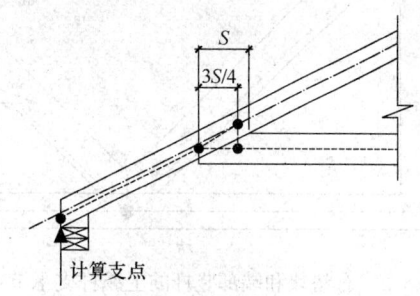

图 C.6.1　内节点

C.7　杆端支点

C.7.1　桁架杆端支点应为过桁架端部第 1 分节点的上弦轴线平行线与支座支承面外侧垂线的交点（图 C.7.1）。

图 C.7.1　杆端支承节点

C.8　上弦杆支点

C.8.1　桁架上弦杆支点应由两个分节点组成，分节点的确定方法应符合下列规定：

1　第 1 分节点应为上弦杆轴线与支承面内侧边沿垂线的交点（图 C.8.1）；

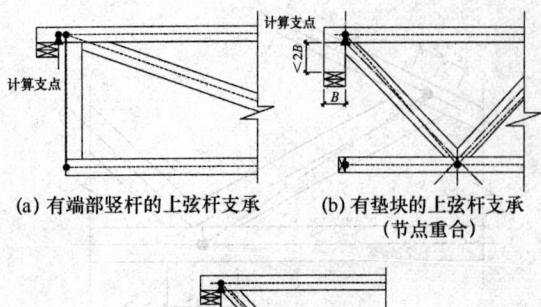

(a) 有端部竖杆的上弦杆支承　(b) 有垫块的上弦杆支承
（节点重合）

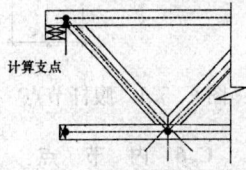

(c) 上弦杆支承（节点重合）

图 C.8.1　上弦杆支点

　　2　第 2 分节点应为上弦杆轴线与桁架端部杆件交汇处腹杆外侧边沿垂线的交点；

　　3　第 1 和第 2 分节点之间的距离不应大于 13mm；计算支点应设在第 1 分节点。

C.8.2　桁架上弦杆支承处有垫块和端部竖杆时，上弦杆支点应由 3 个分节点和两根虚拟杆件组成(图 C.8.2)。分节点的确定方法和虚拟杆件应符合下列规定：

　　1　第 1 分节点应为支承面中心点；

　　2　第 2 分节点应为通过第 1 分节点的水平线与端部竖杆外侧边沿的交点；

　　3　第 3 分节点应为上弦杆轴线与端部竖杆外侧边沿的交点；

　　4　1～3、2～3 分节点间的连线应作为虚拟杆件，计算支点应设在第 1 分节点。

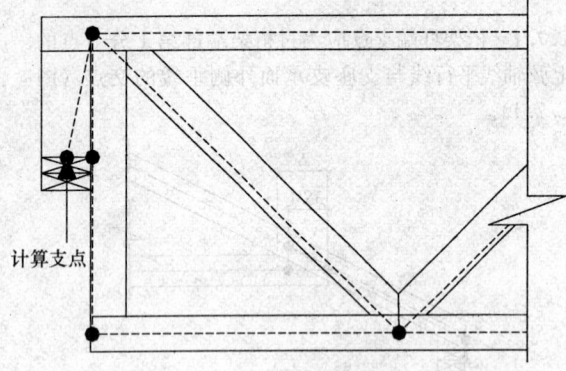

图 C.8.2　有垫块和端部竖杆的上弦杆支承节点

附录 D　钉板验算规定

D.1　钉板的设计规定

D.1.1　本附录的规定适用于使用金属钉板（结合板、圆孔板）连接的木桁架的设计验算。金属钉板验算应符合下列规定：

　　1　金属连接板至少一端应采用圆钉连接；

　　2　除弦杆的连接外，所有钉板连接处仅受轴力的作用，而没有弯矩作用；

　　3　所有荷载应转化为节点集中荷载；

　　4　杆件两边应对称布置钉板；在钉板覆盖的各个构件表面上，每侧钉子数量不应少于 2 颗；钉板连接处，每块钉板最少应采用 4 颗钉子连接；

　　5　当轴力为压力时，钉板连接处杆件之间的间隙应小于 2mm；

　　6　钢板连接件应具有足够的强度，钢板质量应符合国家现行有关标准的规定。

D.1.2　桁架采用钉板连接时，桁架和杆件连接节点(图 D.1.2) 应符合下列要求：

　　1　同一节点上所有杆件的轴线汇交于一点，桁架节点为铰节点；

　　2　上、下弦杆没有变坡；

　　3　支座支承处杆件没有采用加强措施，且杆件轴线的交点位于支座支承面内。

D.2　钉板用于腹杆与弦杆连接的验算

D.2.1　腹杆与上弦杆连接处只承受拉力时（图 D.1.2 中钉板 A 处），钉板上的钉子能够承受该拉力。每块钉板两端各所需钉子数量应按下式确定：

$$n = \frac{N_1}{2R_{90.d}}$$　　(D.2.1)

式中：N_1——腹杆（腹杆 1）的轴向力设计值；

　　　　$R_{90.d}$——钉子抗剪承载力设计值。

D.2.2　腹杆与上弦杆连接处只承受压力时（图 D.1.2 中钉板 A 处），每块钉板两端各所需钉子数量应按下式确定：

$$n = K_{red}\frac{N_1}{2R_{90.d}}$$　　(D.2.2)

式中：K_{red}——腹杆连接影响系数，按本规范第 D.2.3 条确定；

　　　　$R_{90.d}$——钉子抗剪承载力设计值。

D.2.3　腹杆连接影响系数 K_{red} 应根据腹杆（图 D.1.2 中腹杆 1）与上弦杆之间的夹角 θ，按下列要求确定：

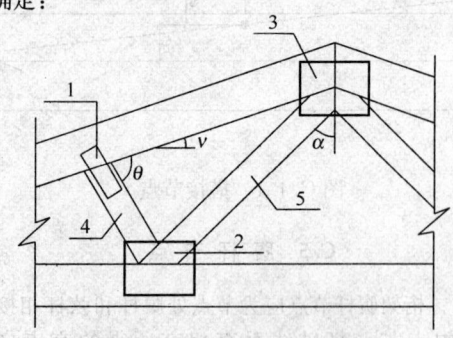

图 D.1.2　钉板连接示意图

1—钉板 A；2—钉板 B；3—钉板 C；4—腹杆 1；5—腹杆 2

1 腹杆与上弦杆之间的角度 $\theta > 75°$ 时，应取 $K_{red} = 0.5$；

2 腹杆与上弦杆之间的角度 $45° < \theta < 75°$ 时，应取 $K_{red} = 0.75$；

3 腹杆与上弦杆之间的角度 $\theta < 45°$ 时，应取 $K_{red} = 1.0$。

D.2.4 当腹杆 1 与上弦杆之间的角度由腹杆 1 与腹杆 2 之间的角度确定时（图 D.1.2），腹杆 1 与其他构件间的连接验算和腹杆 2 与其他构件间的连接验算，可按本规范第 D.2.2 条和第 D.2.3 条执行。

D.2.5 在下弦杆与钉板连接处（图 D.1.2 中钉板 B 处），两个腹杆在下弦杆轴线方向产生合力 N_{12} 时，每块钉板两端各所需钉子数量应按下式确定：

$$n = \frac{N_{12}}{2R_{90,d}} + 2 \qquad (D.2.5)$$

D.2.6 在屋脊节点处（图 D.1.2 中钉板 C 处），杆件间的连接验算应按下列规定进行：

1 腹杆与上弦杆之间的连接验算应按本规范第 D.2.1 条进行，腹杆中轴向力设计值可为拉力或压力；

2 当两个弦杆之间承受压力，且弦杆之间间隙小于 2mm 时，上弦杆之间的每块钉板两端各所需钉子数量按构造要求不少于 2 颗；

3 当两个弦杆之间承受拉力，上弦杆之间的连接验算应按本规范第 D.2.1 条进行，轴向力设计值应取弦杆的轴向力；

4 当验算两腹杆产生的竖向合力时，屋脊节点处每块钉板两端各所需钉子数量应按下式确定：

$$n = \frac{N_2 \cdot \cos\alpha}{2R_{90,d}} \qquad (D.2.6)$$

式中：N_2——两腹杆之一的轴向力设计值；

α——腹杆与垂直方向的夹角。

D.2.7 在支座节点处，当支承点位于下弦杆下部时（图 D.2.7），每块钉板两端各所需钉子数量应按本规范公式（D.2.1）确定，公式中轴向力为钉板上任何一端所承受的拉力，并按下式确定：

$$N_t = \frac{N_a}{\cos\nu} \qquad (D.2.7)$$

式中：N_a——上弦杆的轴向压力设计值；

ν——上弦杆与水平方向的夹角。

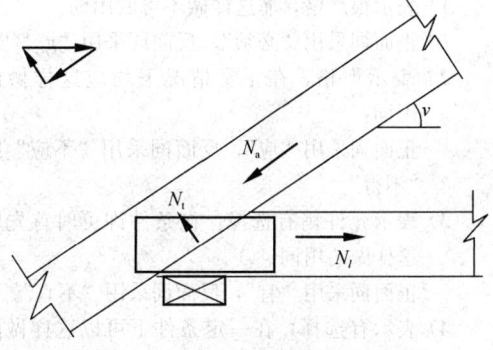

图 D.2.7　支座支撑在下弦杆下部

D.2.8 在支座节点处，当支承点位于上弦杆下部时（图 D.2.8），每块钉板两端各所需钉子数量应按本规范公式（D.2.1）确定，轴向力设计值应取下弦杆的轴向拉力。

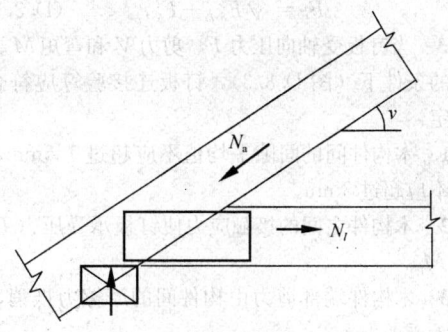

图 D.2.8　支座支撑在上弦杆下部

D.3　钉板用于弦杆接长的验算

D.3.1 当上下弦杆的接长采用钉板连接时，钉板连接的验算应根据弦杆是承受拉力作用，还是承受压力作用的不同情况进行验算。

D.3.2 当钉板受轴向拉力 N、剪力 V 和弯矩 M 共同作用的条件下，钉板连接验算应按下列规定进行：

1 假设作用于钉板上的轴力、剪力和力矩作用于钉子群的重心点（图 D.3.2）；

2 钉子群的位置坐标的原点设置在钉子群的重心点；

3 钉子群中钉子最大侧向力产生在距离重心最远的一个钉子上；

4 每块钉板应承受木构件产生的轴力、剪力和力矩各种荷载值的 1/2；

5 钉子群中钉子 i 在 x 方向和 y 方向的分力应按下列公式计算：

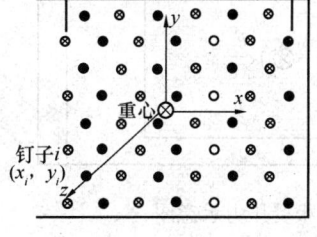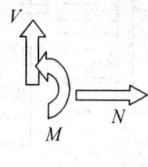

图 D.3.2　钉板受拉力示意图

$$F_{x,i} = \frac{N}{n} - \frac{M \cdot y_{y,i}}{I_p} \qquad (D.3.2-1)$$

$$F_{y,i} = \frac{V}{n} - \frac{M \cdot x_{y,i}}{I_p} \qquad (D.3.2-2)$$

$$I_p = \sum_{i=1}^{n} (x_i^2 + y_i^2) \qquad (D.3.2-3)$$

式中：N、V、M——分别为作用于钉板上的轴力、剪力和弯矩；

n——单个钉板上一端的钉子数量；

x_i、y_i——钉子 i 距重心点 x 方向和 y 方向的距离。

6 钉子群中钉子 i 承受的侧向力应按下式计算：

$$F_i = \sqrt{F_{x,i}^2 + F_{y,i}^2} \qquad (D.3.2\text{-}4)$$

D.3.3 当钉板受轴向压力 F、剪力 V 和弯矩 M 共同作用的条件下（图 D.3.3），钉板连接验算应符合下列规定：

1 木构件间的间隙平均值不应超过 1.5mm，最大值不应超过 3mm。

2 木构件之间的接触应力使钉板承受压力 $F_{x,n}$、弯矩 M_p。

3 木构件端部剪力由构件间的摩擦力抵消，钉板不承受剪力。

4 钉子群重心距构件上边缘为 a，构件之间的接触压力区高度 h_c 按下式计算：

$$h_c = \frac{F}{b \cdot f_c} \qquad (D.3.3\text{-}1)$$

式中：F——木构件的轴向压力（N）；

b——木构件的宽度（mm）；

f_c——木构件的抗压强度设计值（N/mm²）。

5 钉子群承受的弯矩 M_p 按下式计算：

$$M_p = \frac{1}{2}\left[M - F\left(a - \frac{h_c}{2}\right)\right] \qquad (D.3.3\text{-}2)$$

式中：M——节点处木构件中的弯矩设计值（N·mm）；

F——节点处木构件中的轴向压力（N）。

6 钉子群承受的轴向压力 $F_{x,n}$ 按下式计算：

$$F_{x,n} = \frac{F}{2} \qquad (D.3.3\text{-}3)$$

7 钉子群中钉子 i 的验算应根据轴向压力 $F_{x,n}$ 和弯矩 M_p 按本规范第 D.3.2 条规定的方法进行。

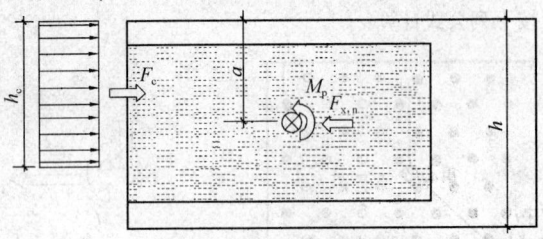

图 D.3.3 钉板受压力示意图

附录 E 桁架运输与安装规定

E.0.1 单榀轻型木桁架起吊与运输时，应按下列规定进行（图 E.0.1）：

1 当桁架跨度为 $L \leq 6\text{m}$ 时，可采用单点起吊，或采用人工搬运；

2 当桁架跨度为 $6\text{m} < L \leq 9\text{m}$ 时，桁架可采用

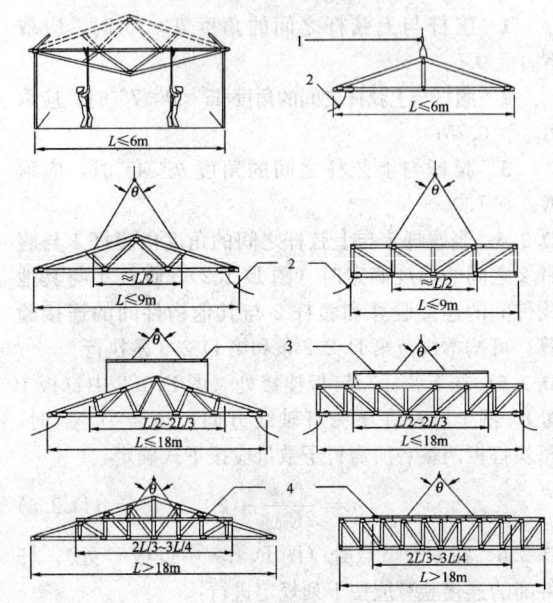

图 E.0.1 桁架的运输与安装
1—单点吊；2—导向线；3—分配梁；4—起吊梁

两点起吊，起吊点之间距离应为 $L/2$；

3 当桁架跨度为 $9\text{m} < L \leq 18\text{m}$ 时，桁架可采用长度为 $L/2 \sim 2L/3$ 的分配梁起吊；

4 当桁架跨度为 $L > 18\text{m}$ 时，桁架可采用长度为 $2L/3 \sim 3L/4$ 的起吊梁起吊；

5 当采用吊运方式搬运或安装桁架时，应设置导向线。

E.0.2 桁架在安装前存放时，应布置足够的竖向支承和侧向支撑，避免桁架产生过大的侧向弯曲或发生倾覆。

E.0.3 桁架在运输和安装过程中，当发生齿板与杆件连接不牢或板齿钉入不当造成节点松动时，不应将松动的齿板钉回原位，应与设计人员或生产厂家联系，共同确定修复方案。

本规范用词说明

1 为便于在执行本规范条文时区别对待，对要求严格程度不同的用词说明如下：

1）表示很严格，非这样做不可的用词：

正面词采用"必须"，反面词采用"严禁"。

2）表示严格，在正常情况下均应这样做的用词：

正面词采用"应"，反面词采用"不应"或"不得"。

3）表示允许稍有选择，在条件许可时首先应这样做的用词：

正面词采用"宜"，反面词采用"不宜"。

4）表示有选择，在一定条件下可以这样做的用词，采用"可"。

2 条文中指明应按其他有关标准执行的写法为
"应符合……的规定"或"应按……执行"。

引用标准名录

1 《木结构设计规范》GB 50005

2 《建筑结构荷载规范》GB 50009

3 《建筑设计防火规范》GB 50016

4 《钢结构设计规范》GB 50017

5 《木结构工程施工质量验收规范》GB 50206

6 《碳素结构钢》GB/T 700

7 《低合金高强度结构钢》GB/T 1591

中华人民共和国行业标准

轻型木桁架技术规范

JGJ/T 265—2012

条 文 说 明

制 订 说 明

《轻型木桁架技术规范》JGJ/T 265 - 2012，经住房和城乡建设部 2012 年 3 月 1 日以第 1327 号公告批准、发布。

本规范制订过程中，编制组经过广泛的调查研究，参考了加拿大《轻型木桁架设计规程》（TPIC-Truss Design Procedures and Specifications for Light Metal Plate Connected Wood Trusses），总结并吸收了欧美地区在轻型木桁架技术和设计、应用等方面的成熟经验，并结合我国的具体情况，编制了本规范。

为了便于广大设计、施工、科研和学校等单位的有关人员在使用本技术规范时能正确理解和执行条文规定，《轻型木桁架技术规范》编制组按章、节、条顺序编制了本技术规范的条文说明，对条文规定的目的、依据以及执行中需注意的有关事项进行了说明。但是，本条文说明不具备与标准正文同等的法律效力，仅供使用者作为理解和把握标准规定的参考。

目　　次

1 总　则

1.0.1 本条主要阐明制订本技术规范的目的。

考虑到我国轻型木结构建筑的发展趋势，轻型木桁架在建筑中的应用将会越来越多。本技术规范主要规范了轻型木桁架的设计、制作与安装和维护管理，指导轻型木桁架在工程中的应用，避免在工程中出现质量问题。

1.0.2 本条规定了本技术规范的适用范围。

本技术规范全面采用欧美国家近几十年来轻型木桁架的先进技术和先进工艺，结合我国实际情况，制订我国轻型木桁架的设计和施工体系。本技术规范主要适用于采用金属齿板和规格材进行节点连接的轻型木桁架的设计、施工和维护管理。轻型木桁架主要用于住宅、单层工业建筑和公共建筑中。除用于木结构建筑外，也适用于在钢筋混凝土结构、钢结构和砌体结构中的楼面系统或屋面系统。

1.0.3 本条主要明确应与相关规范配套使用。

由于国家标准《木结构设计规范》GB 50005-2003（2005 年版）目前正在进行修订，因此，对于轻型木桁架的设计，在执行本技术规范的有关规定时，当出现与国家标准《木结构设计规范》GB 50005-2003（2005 年版）的相关规定有不同之处时，可按本规范的要求执行。

2　术语和符号

2.1　术　语

在国家相关标准中有关轻型木桁架的惯用术语基础上，列出了新术语。主要是参照国际上轻型木桁架技术常用术语进行编写。例如，结合板、组合桁架、支座端节点、屋脊节点等。

2.2　符　号

解释了本规范采用的主要符号的意义。

3　材　料

3.1　规　格　材

3.1.3、3.1.4 明确规定了轻型木桁架的杆件尺寸和材质等级的最低要求。

轻型木桁架所用的规格材等级和尺寸应符合设计图纸的要求。当制作轻型木桁架时，没有符合设计要求的规格材，可使用不同等级的规格材进行替代，但是，替代材料的各项材性指标都应满足或超过设计要求的材料等级。当轻型木桁架采用金属齿板进行节点

连接时，由于金属齿板抗侧强度在不同树种的木材中是不同的，如果使用不同于设计要求的树种替代时，虽然其各项材性指标都可能高于设计要求的木材，但金属齿板的抗侧强度可能会不满足设计要求。因此，为了避免这个问题，当没有木桁架设计人员的许可时，只能采用相同树种的较高等级的规格材替代原设计所要求的规格材等级。

3.2　齿板与连接件

3.2.1 本条规定了国产金属齿板应采用的钢材种类和钢材最低性能应满足的要求。对于进口金属齿板，他们应满足相应进口国的钢材等级和最低力学性能的规定。表 1、表 2 是不同地区进口金属齿板的钢材等级和最低力学性能。齿板常用的形式如图 1 所示。

**表 1　北美地区制造的金属齿板的钢材
等级和最低力学性能**

等　级	SQ230	SQ255	SQ275	HSLA I340 或 HSLA II340	HSLA I410 或 HSLA II410
极限抗拉强度(MPa)	310	360	380	410	480
最小屈服强度(MPa)	230	255	275	340	410
伸长率(50mm 间距)(%)	20	18	16	20	16

注：镀锌层可以在齿板生产前完成，宜采用 G90 的镀锌层。

**表 2　澳大利亚、新西兰制造的金属齿板的
钢材等级和最低力学性能**

等　级	G250	G300	G350	G450	G500	G550
极限抗拉强度(MPa)	320	340	420	480	520	550
最小屈服强度(MPa)	250	300	350	450	500	550
伸长率(50mm 间距)(%)	25	20	15	10	8	2

注：G450 适用于厚度大于 1.50 mm 的冷轧钢。G500 适用于厚度介于 1.00 mm 和 1.50 mm 之间的冷轧钢。G550 适用于厚度不大于 1.00 mm 的冷轧钢。

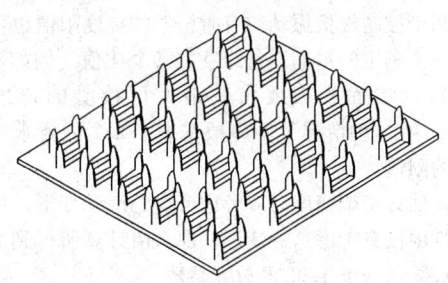

图 1　常用齿板示意图

3.2.3 轻型木桁架采用的金属连接件品种和规格较多，无论采用何种金属连接件都应符合现行有关国家标准的规定及设计要求。由于金属连接件的更新换代较快，许多新产品在工程中应用时，尚无相应的标准规范，因此，本条规定了，采用无相应标准规范的连接件首先应满足设计规定的性能要求，并应提供满足设计要求的产品质量合格证书或经相关的检验机构对

金属连接件进行检测合格的报告。

4 基本设计规定

4.1 设 计 原 则

根据《建筑结构可靠度设计统一标准》GB 50068 和《木结构设计规范》GB 50005 相关规定，本规范仍采用以概率理论为基础的极限状态设计方法。本节的相关规定均来源于上述两本国家标准。

4.1.4、4.1.5 在进行屋面体系的轻型木桁架设计时，根据抗震设防要求应考虑地震作用的放大效应对屋面轻型木桁架的影响。

本规范仅用于单榀桁架的竖向荷载计算；桁架系统抗侧力验算应按屋盖结构进行计算，与下部结构的连接应通过计算确定。

4.2 设计指标和允许值

4.2.1 在现行国家标准《木结构设计规范》GB 50005 中已规定了规格材的强度设计值和弹性模量设计值，本规范只需直接引用。对于该规范中未包含的进口规格材的强度设计值和弹性模量设计值，应按国家规定的相关程序进行确定。

4.2.2 本条表 4.2.2 中规定的挠度限值是根据美国《轻型木桁架国家设计规范》（ANSI/TPI 1-National Design Standard for Metal Plate Connected Wood Truss Construction）和加拿大《轻型木桁架设计规程》（TPIC-Truss Design Procedures and Specifications for Light Metal Plate Connected Wood Trusses）中的相应挠度限值制定的。工程师可根据需要对桁架（尤其是楼板桁架）采用更为严格的挠度要求。当需要考虑楼板振动控制时，因为通常随着楼板跨度的增加会引起楼板振动的问题，所以采用更严格的挠度限值有利于控制楼板振动。有时桁架的挠度限值也可以采用一个确定的量而不是跨度的某个比值。例如，某一特殊的屋面桁架要求其最大可接受的挠度为 50mm，在这种情况下不应根据表 4.2.2 的要求确定挠度的限值。

在估计桁架挠度时应考虑节点的滑动变形。如果在计算中没有考虑这一变形，那么由计算所得到的挠度时应乘以一个 1.33 的放大系数。

4.2.4 在北美和欧洲，每家采用金属齿板制作轻型木桁架的生产厂都有自己的桁架齿板设计值，各个生产厂的金属齿板设计值各不相同。本规范没有采纳这一方法。因为，目前在中国各地还没有能生产满足设计要求的金属齿板的生产厂，为了工程设计人员便于进行设计，本规范规定了表 4.2.4 的齿板强度设计值。所以，本规范采用的设计值并不代表某一厂家的齿板设计值，而是通过金属齿板主要的生产商提供的齿板设计值进行对比分析，并根据对规格材设计值相同的转换方法而确定的。

虽然，用这一方法得到的设计值并不能充分利用齿板的力学性能，但这些设计值可以为工程设计人员提供一定的灵活性，从而不必担心市场上是否有设计所要求的齿板产品和型号。符合本规范设计值的进口齿板应按本规范附录 A 表 A.5.1 选用。

齿板的设计值适用于材料全干比重在 0.4～0.45 之间的树种。大量的研究表明材料的全干比重和齿板抗侧强度之间有一定的线性关系，即当材料的全干比重增加时，齿板的抗侧强度也随之增加。所以当使用较高全干比重的规格材时，如果有按本规范附录 A 的试验方法得到的数据支持，也可以采用更高的设计值。

由于齿板在构件连接节点的两侧均是对称布置，本规范规定的齿板强度设计值是节点处一对（两块）齿板的强度设计值。

4.2.5 由于金属齿板的规格和种类不统一，制作桁架时采用的材料全干比重也随树种不同而变化，因此，本条规定了按本规范附录 A 的试验方法也可得到齿板的强度设计值。本条与国家标准《木结构设计规范》GB 50005 - 2003（2005 年版）的相关规定是一致的。

5 构件与连接设计

5.1 构 件 设 计

5.1.3 受压构件的有效长度 l_0 计算时，对于桁架平面内节点间取 0.8 的调整系数主要是为了考虑构件端部的实际约束情况。Grant 等（参考文献：Grant, D., Keenan, F. J., Korbonen, J. E. 1986. Effective length of compression web members in light wood trusses. Forest Products Journal. Vol. 36, No. 5：57-60）在 1986 年的试验表明这一假定是合理的。桁架弦杆和腹杆平面外的有效长度见图 2。桁架弦杆构件的有效长度也可以由结构分析来确定，在分析中应根据实际情况适当考虑构件端部的约束情况。平面内最小的有效长度不应小于杆件长度的 0.65 倍。

5.1.4 局部受压尺寸调整系数 K_{Zcp} 是考虑构件的设置对局部受压承载力的影响。由于材料的生长特性，试验表明同一构件的宽边的抗压强度要高于窄边的抗

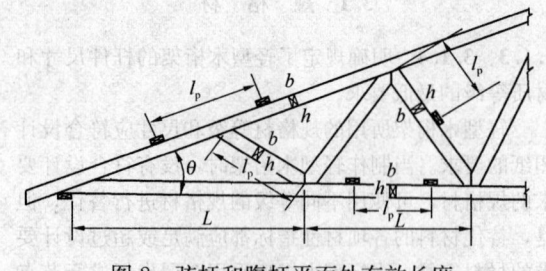

图 2 弦杆和腹杆平面外有效长度

压强度（参考文献：①Lum, C. 1994. Rationalizing compression perpendicular-to-grain design. Report to Forestry Canada. No. 13. Project No. 1510K018, Forintek Canada Corp., Vancouver, BC. ②Lum, C. 1995. Compression perpendicular-to-grain design in CSA O86.1-94. Report to Forestry Canada. No. 14. Project No. 1510K018, Forintek Canada Corp., Vancouver, BC.）。

当局部受压长度小于150mm且局部受压的区域离构件端部不小于75mm时，横纹抗压强度可以乘以支承长度调整系数 K_B。但该局部受压长度调整系数对于局部受压区域内有较高弯曲应力时不适用。

对于桁架杆件的横纹局部受压分两种情况。第一种情况是局部压力仅作用于杆件的一面，相应的局部受压区域的另一面没有局部压力。腹杆与弦杆的交界面是第一种横纹局部受压的典型例子。第一种横纹局部受压只需按本规范第5.1.4条对构件的局部受压表面进行承载力验算。

第二种情况是局部压力同时作用于杆件的两侧，这种情况大多数位于桁架的支承节点处，如本规范图6.2.3所示。对于第二种横纹局部受压，除了按本规范第5.1.4条对构件的局部受压两个表面分别进行承载力验算之外，还要对构件内部的局部受压区进行承载力验算。具体的验算方法可参考加拿大《轻型木桁架设计规程》（TPIC-Truss Design Procedures and Specifications for Light Metal Plate Connected Wood Trusses）。当第二种局部受压区域采用了齿板加强时，则不需要对构件内部的局部受压区进行承载力验算，只需按照本规范第5.1.4条和第5.1.5条的要求验算构件局部受压的承载力。

5.1.6 研究表明，可采用桁架齿板加强来提高构件的局部受压承载力（参考文献：Bulmanis, N. S., Latos, H. A., Keenan, F. J. 1983. Improving the bearing strength of supports of light wood trusses. Canadian Journal of Civil Engineering, Vol. 10, pp. 306-312.）。当构件的局部受压区域和齿板布置满足本规范第6.2.3条的要求时，只需按照本规范第5.1.4条的要求验算构件局部受压的承载力。

5.3 齿板连接承载力计算

5.3.3 在节点处，应采用构件的净截面验算构件的抗拉和抗压强度。构件抗拉或抗压计算时的 h_n 是指抗拉或抗压构件在节点中实际受力处的有效高度。当抗拉或抗压构件中的轴力除以有效截面面积后得到的应力超过木材抗拉或抗压承载能力时，在削弱的净截面处有可能会发生抗拉或抗压的破坏。

在下弦杆和上弦杆相交的支座端节点处，下弦杆净截面的有效高度 h_n 为齿板顶部到下弦杆下表面的距离［本规范图5.3.3（a）］。如果节点处下弦杆的有

效高度只考虑延伸到齿板的下边缘，则沿齿板下边缘的木材抗剪承载力为薄弱环节。然而，齿板下边缘的剪切破坏与实际观察到的破坏并不相符。试验表明在支座端节点处的破坏通常为竖向开裂。所以如果齿板下边缘到弦杆下边缘之间的距离较小，下弦杆在节点处的有效高度可以延伸到弦杆的下边缘。

当支座端节点处的上弦杆有两块齿板时（图3），上弦杆的净截面高度 h_n 应为两块齿板可覆盖的上弦杆最大高度。对于同样的节点，下弦杆的净截面高度 h_n 应为两块齿板有效高度之和。节点中齿板之间的距离由下弦杆中水平剪力和拉力来决定。

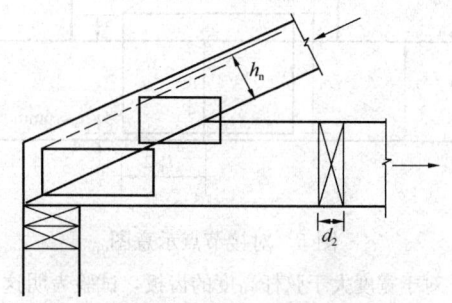

图3 节点处上弦杆中 h_n 示意图

5.3.4 桁架端节点弯矩影响系数 k_h 考虑了端节点上的弯矩对齿板承载力的影响，该系数的大小是由大量木桁架设计经验确定的。对于坡度较小的桁架（坡度小于3∶12）该影响系数为0.85，对于坡度较大的桁架（坡度大于5.5∶12）该影响系数为0.65。

对于上弦杆和下弦杆没有直接相交的端部节点（图4），这一影响系数不适用。

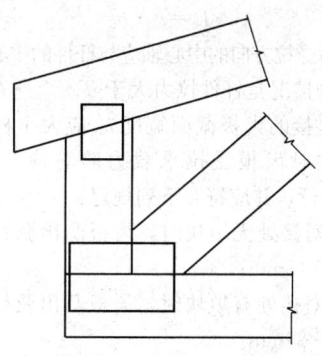

图4 桁架端节点示意图

5.3.6 与弦杆高度相同的齿板一般可以提供足够的抗拉强度。当齿板净截面不能满足承载力要求时，需要使用宽度大于弦杆高度的齿板，有时还可能会用木填块来进一步提高齿板的承载力。在这种情况下，实际能有效传递节点处拉力的齿板宽度由最大允许有效宽度的控制。

早期的研究显示，齿板传递拉力的能力随着齿板宽度凸出弦杆部分的高度的增加而降低。这些研究成

果表明超出的齿板宽度越大，传递到该部分的拉应力则越小（参考文献：Njoto, I., Salim, I. 1978. Tensile strength of eccentric roof truss tension splices. Department of Civil Engineering and Applied Mechanics. McGill University.）。本条规定的承载力调整系数 k 是一个经验系数。对于有填块加强的对接节点，试验显示超出弦杆高度部分的齿板有效宽度为 89mm，本条文中对于齿板有效宽度的限值正是根据该试验结果而设定的。图 5 所示为有无填块时的最大允许有效宽度。

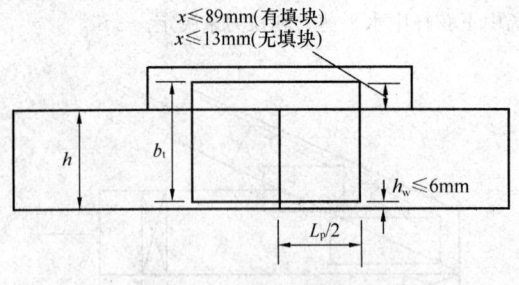

图 5 对接节点示意图

对于宽度大于弦杆高度的齿板，试验表明这种节点首先在弦杆对接面下边缘处出现拉应力破坏，然后沿着弦杆和填块的对接面剪切破坏。弦杆对接面下边缘处发生的拉应力破坏是由节点中的偏心受力引起的。

受拉杆件对接时，齿板根据杆件拉力的大小分为两种情况。第一种情况是杆件拉力小于或等于 $T_r = t_r \cdot h$ 时，表明用于杆件对接的齿板截面宽度 b_t 不需大于杆件的截面高度 h。这时齿板受拉承载力验算可按下式计算：

$$T_r = t_r \cdot b_t \tag{1}$$

齿板沿受拉方向的中心轴应与杆件的中心轴重合。

第二种情况是杆件拉力大于 $T_r = t_r \cdot h$ 时，表明用于杆件对接的齿板截面宽度 b_t 应大于杆件的截面高度 h。这时齿板受拉承载力验算应按本规范第 5.3.5 条进行，并应符合下列规定：

1 当对接处无填块时，齿板凸出弦杆部分的宽度不应大于 13mm；

2 当对接处有填块时，齿板凸出弦杆部分的宽度不应大于 89mm。

5.3.8 剪力和拉力的复合公式与国家标准《木结构设计规范》GB 50005-2003（2005 年版）中的相关公式相同，仅修正了原公式中部分错误。该公式是参照美国《轻型木桁架国家设计规范》（ANSI/TPI 1-National Design Standard for Metal Plate Connected Wood Truss Construction）和加拿大《轻型木桁架设计规程》（TPIC-Truss Design Procedures and Specifications for Light Metal Plate Connected Wood Trusses）中的相应公式得到的。该公式利用交接面处齿板的抗拉和抗剪强度来估算齿板在交接面处的复合应力。1986 年

Kocher 的试验证明这个公式是保守的（参考文献：Kocher, G. L., 1986. An experimental investigation of buckling in the unsupported regions of metal connector plates as used in parallel-chord wood truss joints. Department of Civil and Environmental Engineering. Marquette University.）。

当腹杆的角度很小或很大时，齿板在交接面处基本上只有一种破坏模式，这时该公式得到的承载力和实际比较接近。

5.3.9 在设计受压弦杆对接节点时，齿板不传递压力，但连接受压对接节点的齿板刚度会影响节点处压力的分配。一般在设计时假定齿板的承载力为压力的 65%，并按此进行板齿的验算。美国《轻型木桁架国家设计规范》和加拿大《轻型木桁架设计规程》都采用了这一假定。

虽然在生产加工时应尽量保证让对接杆件的接头处没有缝隙，但在实际生产过程中很难做到。当受压节点有缝隙时，齿板将承受 100% 的压力直到缝隙闭合为止。研究表明，当接头处有缝隙时，齿板会发生局部屈曲和滑移。当缝隙在 1.6mm 范围内时，通常主要的变形是齿滑移。当缝隙在 3.2mm 左右时，齿板多会产生局部屈曲（参考文献：Kirk, L. S., McLain, T. E., Woeste, F. E. 1989. Effect of gap size on performance of metal plated joints in compression. Society of Wood Science and Technology, Wood and Fiber, Vol. 21, No. 3：274-288.）。在任何情况下，由 1.6mm 或 3.2mm 左右的缝隙导致的局部屈曲或滑移不会导致节点的破坏。对于节点设计来说，缝隙处发生的局部屈曲不会影响桁架的强度。由于平行弦楼盖桁架通常由挠度控制，所以平行弦楼盖桁架中受压对接节点的位移变形会进一步影响桁架的挠度。

5.3.10 本条中各公式是参照美国《轻型木桁架国家设计规范》（ANSI/TPI 1-National Design Standard for Metal Plate Connected Wood Truss Construction）和加拿大《轻型木桁架设计规程》（TPIC-Truss Design Procedures and Specifications for Light Metal Plate Connected Wood Trusses）。这些公式基于试验和理论的结合。有关的拉弯节点试验表明，所有的节点破坏都发生在齿板净截面处（参考文献：O'Regan, P. J., Woeste, F. E., Lewis, S. L. 1998. Design procedure for the steel net-section of tension splice joints in MPC wood trusses. Forest Products Journal. Vol. 48, No. 5：35-42.）。试验结果和三个用于计算对接节点处齿板净截面极限抗弯承载力的理论模型进行了对比。在此试验研究的基础上，采用了最精确的一个理论模型并在其基础上发展形成了公式（5.3.10-1）。

因为弯矩承载力的计算公式中假定中性轴 y 是位于齿板内的，所以需要检验计算所得的中性轴是否符

合这一假定。如果中性轴不在齿板内，公式（5.3.10-1）是不适用的。这种情况通常发生在弯矩很小但拉力很大的时候。

当节点为压弯复合受力时，可将压力的65％作为拉力来设计该节点。这一假定与受压对接节点齿板的设计相同。

6 轻型木桁架设计

6.1 木桁架的计算

6.1.9 本条规定参照了加拿大《轻型木桁架设计规程》（TPIC-Truss Design Procedures and Specifications for Light Metal Plate Connected Wood Trusses）。

6.1.10 对于支承其他轻型木桁架的组合桁架，设计人员需首先假定组合桁架中每榀桁架所承担的荷载。一般通常假定每一榀桁架承担相同的荷载。这一理想的分配假定忽略了偏心和平面外变形以及下弦杆扭转的影响，并且假定每一榀桁架之间的连接为刚性连接。在实际应用中，有许多因素可以弥补假定的误差所带来的影响。众所周知，每一榀桁架所承担的力和该榀桁架的相对刚度有关。由于组合桁架是由多榀相同的桁架组成，所以假定每榀桁架承担相同的荷载是合理的。另外，多榀相同桁架的共同作用可抵消因每榀桁架受力不均所带来的影响。桁架上下弦的永久支撑可减少偏心，平面外变形以及下弦杆扭转所造成的影响。

对于由三榀桁架组成的组合桁架，各榀桁架之间的连接可以用钉将外部的桁架直接与中间的桁架连接。对于由多于三榀桁架组成的组合桁架，除了用钉连接之外，还需要用螺栓或其他连接件将其组成组合桁架的各榀桁架连接起来。对于由多于三榀桁架组成的组合桁架，无论在任何情况下，都不能只用钉将各榀桁架连接起来。在设计时，只能考虑一种连接件（钉、螺栓或其他连接件）来传递各榀桁架之间的荷载。不可将两种不同的连接件的承载力叠加。

当作用于组合桁架的荷载来自一边时，用于连接第一榀桁架和其他桁架之间的连接件需传递较大的荷载。例如，假设由三榀桁架组成的组合桁架的每榀桁架承担相同的荷载，则第一榀和第二榀桁架之间的连接件需传递第二榀和第三榀桁架荷载的总和（2/3作用于组合桁架的荷载）。

6.2 木桁架的构造

6.2.8 本条对于短悬臂设计的规定参照了加拿大《轻型木桁架设计规程》（TPIC-Truss Design Procedures and Specifications for Light Metal Plate Connected Wood Trusses）。

6.2.10 本条的规定参照了加拿大《轻型木桁架设计规程》（TPIC-Truss Design Procedures and Specifications for Light Metal Plate Connected Wood Trusses）。原公式仅适用于两种树种，为了让该公式适用于更多不同的树种，对原公式进行了拟合，故公式（6.2.10）为拟合公式。本条文主要是针对构件横纹抗拉的强度设计。用于支承其他轻型木桁架等的组合桁架下弦杆经常会出现这种情况。

由不同齿板尺寸连接的40mm×140mm规格材的横纹抗拉试验表明，当作用在构件上的集中横纹抗拉荷载不大于2.5kN时，构件无需用齿板加强。当集中横纹抗拉荷载大于2.5kN时，荷载作用点需用齿板加强。

6.2.13、6.2.14 上承式桁架可承受的最大支座反力主要是根据73个上承式平行弦桁架的试验结果确定的（参考文献：Percival, D. H., et al. 1985. Test results from an investigation of parallel-chord, top-chord bearing wood trusses. Research Report 85-1. Small Homes Council-Building Research Council. Urbana-Champaign, IL.），试验包括了不同的树种，齿板尺寸以及规格材的平置或立置。最大支座反力取决于总的反力和荷载作用时间。对于永久荷载，最大支座反力应相应降低。对于短期荷载，最大支座反力可适当提高。设计时，当支座反力大于本规范表6.2.13和表6.2.14的限值时，不宜采用此种支承方式。

另外，上承式平行弦桁架的设计应考虑上弦杆超出桁架部分可能出现的剪切破坏。早期试验表明（参考文献：McAlpine, W. R., Grossthanner, O. A. 1979. Proposed design methods for three typical truss details：Top chord bearing of floor trusses. Proceedings of the 1979 Metal Plate Wood Truss Conference. P-79-28. Forest Products Research Society. Medison, WI.）：当端部腹杆和支座之间的距离在13mm至25mm之间时，剪应力不是决定性因素。表6.2.13和表6.2.14中的最大支座反力是根据腹杆和支座之间的间隙为13mm时而得到的，因此当间隙超过13mm时，应考虑剪切和弯矩对超出桁架部分的弦杆的影响。

6.4 木桁架的支撑

6.4.2 桁架的永久支撑应与所设计的桁架垂直以保证桁架的整体工作及减小计算长度。与桁架垂直的永久支撑作用力应足以保证构件的侧向稳定。一般可以假定作用在每一个侧向支撑上的力为桁架构件中计算所得的最大轴向压力的20％。永久支撑的设计应考虑拉力和压力的作用。

侧向支撑必须和对角支撑或一些其他的等效支承一起有效工作。累计侧向支撑力应等于支撑力乘以所支撑的桁架的片数。当采用对角支撑时，桁架的片数为对角支撑之间的桁架片数。累计支撑力不应超过支撑构件，钉连接或任何其他连接的承载力。

6.4.3 桁架的上弦杆平面内永久支撑应足以抵抗上弦杆的水平位移。屋面覆面板或金属屋面和其他允许使用的屋面材料，如果按横膈设计，可以用作永久水平支撑。当金属屋面用作横膈时，设计时必须明确屋面搭接和连接固定的要求以传递支撑之间的力。

檩条的间距不能超过设计图纸中桁架上弦杆的轴压计算长度，并要与上弦杆有可靠的连接。当没有适当的横膈以避免檩条侧向移动时，设计时应在上弦杆底部设置永久对角支撑。如图6所示，尽管使用了间距较小的檩条，仍有必要在上弦杆平面内设置永久对角支撑。

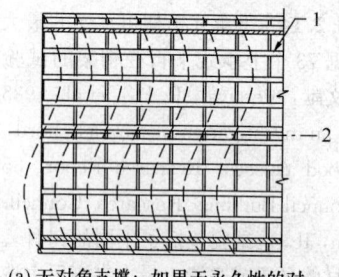

(a) 无对角支撑：如果无永久性的对角支撑系统，即使屋面檩条布置间距很近，上弦杆也可能发生屈曲

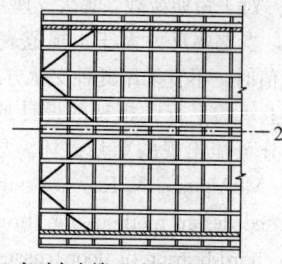

(b) 有对角支撑：永久性对角支撑系统用钉固定在上弦杆件的底面可以防止水平滑移

图6 屋面檩条作为上弦杆永久支撑
1—屋面檩条；2—屋脊线

6.4.4 桁架下弦杆平面内永久支撑的设置可以用来固定桁架设计间距以及提供下弦杆的侧向支撑，抵抗由风荷载或其他荷载引起下弦杆受压时产生屈曲。在多跨桁架或悬挑桁架中，在下弦杆受压的部分应设置侧向支撑以避免发生屈曲。设置侧向支撑的方法同简支桁架的上弦杆。图7所示为下弦杆平面内的侧向永

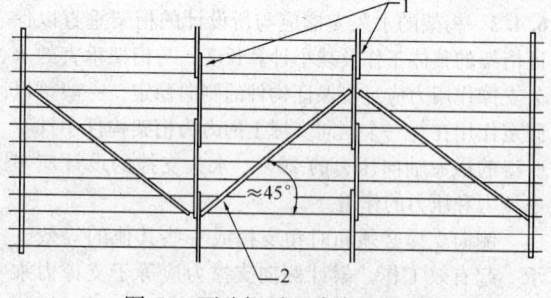

图7 下弦杆平面内永久支撑
1—连续水平支撑；2—防止水平支撑滑移的对角支撑

久支撑和对角支撑的共同使用。

当下弦杆有工程设计的水平横膈或石膏板支撑时，可以不设置连续侧向支撑和对角支撑。

6.4.5 腹杆平面内的侧向支撑可以保证桁架的竖向位置和设计间距。另外，当腹杆中需要采用永久侧向支撑以减小计算长度时，该永久侧向支撑的布置位置需要在设计图纸中标明。设计时还应对腹杆的永久侧向支撑设置对角支撑或者其他等效支撑以约束侧向支撑移动[图8(a)]。

当桁架设计不需要布置任何腹杆平面内的永久侧向支撑时，设计时为了保证屋面系统的稳定，可能仍需要布置间断的或连续的对角支撑[图8(b)]。腹杆平面内的永久对角支撑还可以控制挠度或振动。

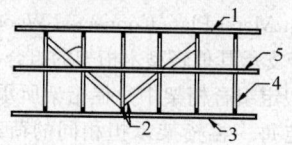

(a) 防止连续水平支撑滑移

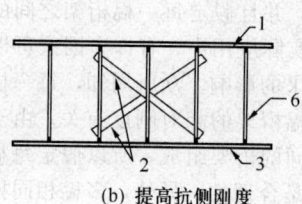

(b) 提高抗侧刚度

图8 腹杆平面内永久性对角支撑
1—覆面板材；2—对角支撑；3—天花板；4—受压腹杆；
5—连续水平支撑；6—腹杆

7 防 护

7.1 防 火

轻型木桁架的防火设计应符合现行国家标准《建筑设计防火规范》GB 50016和《木结构设计规范》GB 50005的有关规定。本节仅规定了轻型木桁架的防火构造要求，并给出了轻型木桁架构件的燃烧性能和耐火极限，以便设计和施工时参照执行。

8 制作与安装

8.1 制 作

8.1.5 在桁架设计时应指定齿板的规格、类型和尺寸。未经设计，不允许按面积相等的方法用两块齿板替代原设计的单块齿板。例如，在桁架设计中一端节点处应采用125mm×400mm的齿板进行连接，则不可用两块125mm×200mm的齿板替代。

8.1.6 在木桁架设计中，对于相同类型和规格的齿

板，当齿板的单向或双向尺寸大于设计尺寸时，可以用来替代原齿板。但需要注意，当齿板在一个方向大于设计尺寸，而在另一个方向小于设计尺寸时，即使齿板总面积大于原设计齿板面积，仍不可以用于替代原齿板。另外，替代的齿板上板齿方向必须和原设计中齿板的板齿方向一致，与齿板面积无关。

本规范图 8.1.6 所示为布置齿板的位置，如果齿板的边缘在一根或多根木构件外突出时，可能会在安装桁架时影响到桁架的使用。最严重的情况是，齿板在上弦构件上边缘或下弦构件下边缘外的突出部分会影响覆面板的安装，这种情况是不允许的。另外，当齿板突出部分位于阁楼空间或穿过楼面桁架的管道槽时，都会影响到正常的使用功能。

8.1.9 桁架设计允许每一片齿板与节点处各个构件接触面上最多 20％（对于连接较窄木构件的齿板为 10％）的板齿在连接中失效，失效的原因包括生产过程中的原因以及木构件缺陷导致的原因。其中板齿的倒伏属于生产过程原因导致的失效。

对于失效的板齿采用上述的限值可以在齿板验收时保证足够的有效板齿连接，但对于齿板与木构件之间连接的接触面还是需要进行基本的目测检验以确定失效的板齿不超过上述限值，这样可以避免在齿板连接的接触面出现较大的木材缺陷或在生产过程中因为对中误差导致大量非正常的板齿倒伏。

附录 A　齿板试验要点及强度设计值的确定

《木结构设计规范》GB 50005-2003（2005 版）附录 M 中给出了板齿承载力设计值和齿抗滑移承载力设计值，以验算板齿承载力和齿抗滑移承载力。由于两种承载力都是用以验算板齿的强度，同时为了和常用的连接件设计保持一致，本规范附录 A 中板齿承载力设计值将上述规范附录 M 中板齿承载力设计值和齿抗滑移承载力设计值合并，取两者的较小值作为其承载力设计值。经过计算和比较，对大多数常用齿板而言，齿抗滑移承载力在板齿承载力计算中不起控制作用，因此，对计算结果没有影响。然而当齿抗滑移承载力较小时，计算的结果会较为保守。

中华人民共和国行业标准

被动式太阳能建筑技术规范

Technical code for passive solar buildings

JGJ/T 267—2012

批准部门：中华人民共和国住房和城乡建设部
施行日期：2 0 1 2 年 5 月 1 日

中华人民共和国住房和城乡建设部
公 告

第 1238 号

关于发布行业标准
《被动式太阳能建筑技术规范》的公告

现批准《被动式太阳能建筑技术规范》为行业标准，编号为 JGJ/T 267 - 2012，自 2012 年 5 月 1 日起实施。

本规范由我部标准定额研究所组织中国建筑工业出版社出版发行。

中华人民共和国住房和城乡建设部
2012 年 1 月 6 日

前 言

根据住房和城乡建设部《关于印发〈2008 年工程建设标准规范制订、修订计划（第一批）〉的通知》（建标〔2008〕102 号）的要求，规范编制组经广泛调查研究，认真总结实践经验，参考有关国际标准和国外先进标准，并在广泛征求意见的基础上，编制本规范。

本规范的主要技术内容是：1 总则；2 术语；3 基本规定；4 规划与建筑设计；5 技术集成设计；6 施工与验收；7 运行维护及性能评价。

本规范由住房和城乡建设部负责管理，由中国建筑设计研究院负责具体技术内容的解释。执行过程中如有意见或建议，请寄送中国建筑设计研究院国家住宅工程中心（地址：北京市西城区车公庄大街 19 号，邮编：100044）。

本 规 范 主 编 单 位：中国建筑设计研究院
山东建筑大学

本 规 范 参 编 单 位：中国建筑西南设计研究院
国家住宅与居住环境工程技术研究中心
中国建筑标准设计研究院
甘肃自然能源研究所
大连理工大学
天津大学
国家太阳能热水器质量监督检验中心（北京）
中国可再生能源学会太阳能建筑专业委员会
深圳华森建筑与工程设计咨询顾问有限公司
上海中森建筑与工程设计顾问有限公司
昆明新元阳光科技有限公司

本规范主要起草人员：仲继寿 张 磊 王崇杰
薛一冰 冯 雅 喜文华
陈 滨 张树君 王立雄
鞠晓磊 刘叶瑞 何 涛
曾 雁 管振忠 高庆龙
刘 鸣 朱佳音 杨倩苗
徐 丹 朱培世 郝睿敏
梁咏华 鲁永飞

本规范主要审查人员：孙克放 薛 峰 黄 汇
陈衍庆 刘加平 杨西伟
袁 镔 曾 捷 张伯仑

目　　次

Contents

1 总　则

1.0.1 为在建筑中充分利用太阳能，推广和应用被动式太阳能建筑技术，规范被动式太阳能建筑设计、施工、验收、运行和维护，保证工程质量，制定本规范。

1.0.2 本规范适用于新建、扩建、改建被动式太阳能建筑的设计、施工、验收、运行和维护。

1.0.3 被动式太阳能建筑设计，应充分考虑环境因素和建筑的使用特性，满足建筑的功能要求，实现其环境效益、经济效益和社会效益。

1.0.4 被动式太阳能建筑设计、施工、验收、运行和维护除应符合本规范外，尚应符合国家现行有关标准的规定。

2 术　语

2.0.1 被动式太阳能建筑　passive solar building

不借助机械装置，冬季直接利用太阳能进行采暖、夏季采用遮阳散热的房屋。

2.0.2 直接受益式　direct gain

太阳辐射直接通过玻璃或其他透光材料进入需采暖的房间的采暖方式。

2.0.3 集热蓄热墙式　thermal storage wall

利用建筑南向垂直的集热蓄热墙面吸收穿过玻璃或其他透光材料的太阳辐射热，然后通过传导、辐射及对流的方式将热量送到室内的采暖方式。

2.0.4 附加阳光间　attached sunspace

在建筑的南侧采用玻璃等透光材料建造的能够封闭的空间，空间内的温度会因温室效应而升高。该空间既可以对建筑的房间提供热量，又可以作为一个缓冲区，减少房间的热损失。

2.0.5 蓄热屋顶　thermal storage roof

利用设置在建筑屋面上的集热蓄热材料，白天吸热，晚上通过顶棚向室内放热的屋顶。

2.0.6 对流环路式　convective loop

在被动式太阳能建筑南墙设置太阳能空气集热蓄热墙或空气集热器，利用在墙体上设置的上下通风口进行对流循环的采暖方式。

2.0.7 集热部件　thermal storage component

被动式太阳能建筑的直接受益窗、集热蓄热墙或附加阳光间等用来完成被动式太阳能采暖的集热功能设施或构件。

2.0.8 参照建筑　reference building

是与设计的被动式太阳能建筑同种类型、同样面积、符合当地现行节能设计标准热工参数规定的建筑，作为计算节能率和经济性的比较对象。

2.0.9 辅助热量　auxiliary heat

当被动式太阳能建筑的室内温度低于设计计算温度时，由辅助能源系统向房间提供的热量。

2.0.10 太阳能贡献率　energy saving fraction

太阳能建筑的供热负荷中，太阳能得热所占的百分率。

2.0.11 蓄热体　thermal mass

能够吸收和储存热量的密实材料。

2.0.12 南向辐射温差比　south radiation temperature difference ratio

南向垂直面的平均辐照度与室内外温差的比值。

3 基本规定

3.0.1 被动式太阳能建筑设计应遵循因地制宜的原则，结合所在地区的气候特征、资源条件、技术水平、经济条件和建筑的使用功能等要素，选择适宜的被动式建筑技术。

3.0.2 被动式太阳能建筑围护结构的热工与节能设计，应符合现行国家标准《民用建筑热工设计规范》GB 50176 和国家现行有关建筑节能设计标准的规定。

3.0.3 当建筑仅采用被动式太阳能技术时，室内的温度和空气品质应满足人体健康及基本舒适度的要求。

3.0.4 被动式太阳能采暖气候分区可按表 3.0.4 划分为四个气候区。

表 3.0.4　被动式太阳能采暖气候分区

被动太阳能采暖气候分区		南向辐射温差比 ITR [W/(m²·℃)]	南向垂直面太阳辐照度 I(W/m²)	典型城市
最佳气候区	A区 (SHIa)	$ITR \geq 8$	$I \geq 160$	拉萨、日喀则、稻城、小金、理塘、得荣、昌都、巴塘
	B区 (SHIb)	$ITR \geq 8$	$160 > I \geq 60$	昆明、大理、西昌、会理、木里、林芝、马尔康、九龙、道孚、德格
适宜气候区	A区 (SHIIa)	$6 \leq ITR < 8$	$I \geq 120$	西宁、银川、格尔木、哈密、民勤、敦煌、甘孜、松潘、阿坝、若尔盖
	B区 (SHIIb)	$6 \leq ITR < 8$	$120 > I \geq 60$	康定、阳泉、昭觉、昭通
	C区 (SHIIc)	$4 \leq ITR < 4$	$I \geq 60$	北京、天津、石家庄、太原、呼和浩特、长春、上海、济南、西安、兰州、青岛、郑州、长春、张家口、吐鲁番、安康、伊宁、民和、大同、锦州、保定、承德、唐山、大连、洛阳、日照、徐州、宝鸡、开封、玉树、齐齐哈尔
一般气候区 (SHIII)		$3 \leq ITR < 4$	$I \geq 60$	乌鲁木齐、沈阳、吉林、武汉、长沙、南京、杭州、合肥、南昌、延安、商丘、邢台、淄博、泰安、海拉尔、克拉玛依、鹤岗、天水、安阳、通化

被动太阳能采暖气候分区	南向辐射温差比 ITR [W/(m²·℃)]	南向垂直面太阳辐照度 I(W/m²)	典型城市
不宜气候区 (SHⅣ)	ITR≤3	—	成都，重庆，贵阳，绵阳，遂宁，南充，达县，泸州，南阳，遵义，岳阳，信阳，吉首，常德
	—	I<60	

3.0.5 被动式降温气候分区可按表 3.0.5 划分为四个气候区。

表 3.0.5 被动式降温气候分区

被动降温气候分区		7月平均气温 T(℃)	7月平均相对湿度 φ(%)	典型城市
最佳气候区	A区 (CHⅠa)	T≥26	φ<50	吐鲁番，若羌，克拉玛依，哈密，库尔勒
	B区 (CHⅠb)	T≥26	φ≥50	天津，石家庄，上海，南京，合肥，南昌，济南，郑州，武汉，长沙，广州，南宁，海口，重庆，西安，福州，杭州，桂林，香港，台北，澳门，珠海，常德，景德镇，宜昌，蚌埠，达县，信阳，驻马店，安康，南阳，济南，郑州，商丘，徐州，宜宾
适宜气候区	A区 (CHⅡa)	22<T<26	φ<50	乌鲁木齐，敦煌，民勤，库车，喀什，和田，莎车，安西，民丰，阿勒泰
	B区 (CHⅡb)	22<T<26	φ≥50	北京，太原，沈阳，长春，吉林，哈尔滨，成都，贵阳，兰州，银川，齐齐哈尔，汉中，宝鸡，西阳，雅安，承德，绥德，通辽，黔西，安达，延安，伊宁，西昌，天水
可利用气候区 (CHⅢ)		18<T≤22	—	昆明，呼和浩特，大同，盘县，毕节，张掖，会理，玉溪，小金，民和，敦化，昭通，巴塘，腾冲，昭觉
不需降温气候区 (CHⅣ)		T≤18	—	拉萨，西宁，丽江，康定，林芝，日喀则，格尔木，马尔康，昌都，道孚，九龙，松潘，德格，甘孜，玉树，阿坝，稻城，红原，若尔盖，理塘，色达，石渠

3.0.6 被动式太阳能建筑设计应体现共享、平衡、

集成的理念。规划、建筑、结构、暖通空调、电气与智能化、经济等各专业应紧密配合。

4 规划与建筑设计

4.1 一般规定

4.1.1 被动式太阳能建筑规划、建筑设计前期，应对建设场地周边的环境和建筑使用功能等要素进行调研。

4.1.2 被动式太阳能建筑规划与设计应依据地理、气候等基本要素，结合工程性质和使用功能，满足被动式太阳能建筑的朝向、日照条件。

4.1.3 被动式太阳能建筑的集热部件和通风口等，应与建筑功能和造型有机结合，应有防风、雨、雪、雷电、沙尘等技术措施。

4.2 场地与规划

4.2.1 场地设计应充分利用场地地形、地表水体、植被和微气候等资源，或通过改造场地地形地貌，调节场地微气候。

4.2.2 以采暖为主地区的被动式太阳能建筑规划应符合下列规定：

 1 当仅采用被动式太阳能集热部件供暖时，集热部件在冬至日应有 4h 以上日照；

 2 宜在建筑冬季主导风向一侧设置挡风屏障。

4.2.3 以降温为主地区的被动式太阳能建筑规划应符合下列规定：

 1 建筑应朝向夏季主导风向，充分利用自然通风；

 2 应利用道路、景观通廊等措施引导夏季通风，满足夏季被动式降温的要求。

4.3 形体、空间与围护结构

4.3.1 建筑形体宜规整，体形系数应符合国家现行建筑节能设计标准的规定。

4.3.2 建筑的主要朝向宜为南向或南偏东至南偏西不大于 30°范围内。

4.3.3 建筑南向采光房间的进深不宜大于窗上口至地面距离的 2 倍，双侧采光房间的进深不宜大于窗上口至地面距离的 4 倍。

4.3.4 建筑设计应对平面功能进行合理分区。以采暖为主地区的建筑主要房间宜避开冬季主导风向，对热环境要求较高的房间宜布置在南侧。

4.3.5 以采暖为主的地区，建筑围护结构应符合下列规定：

 1 外围护结构的保温性能不应低于所在地区的国家现行建筑节能设计标准的规定；

 2 墙面、地面应选用蓄热材料；

3 在满足天然采光与室内热环境要求的前提下，应加大南向开窗面积，减少北向开窗面积；

4 建筑的主要出入口应设置防风门斗。

4.3.6 以降温为主的地区，建筑围护结构宜符合下列规定：

1 宜具有良好的隔热性能；

2 建筑在主导风向迎风面上的开窗面积不宜小于在背风面上的开窗面积；

3 在满足天然采光的前提下，受太阳直接辐射的建筑外窗宜设置外遮阳；

4 屋面宜采用架空隔热、植被绿化、被动蒸发等降温技术；

5 围护结构表面宜采用太阳吸收率小于 0.4 的饰面材料，外墙宜采用垂直绿化等隔热措施。

4.4 集热与蓄热

4.4.1 在以采暖为主的地区，建筑南向可根据需要，选择直接受益窗、集热蓄热墙、附加阳光间、对流环路等集热装置。

4.4.2 采取直接受益窗时，应根据其面积、玻璃层数、传热系数和空气渗透系数等参数确定房间的集热量。

4.4.3 采取集热蓄热墙时，应根据其集热面积、空腔厚度、蓄热性能、进出风口大小等参数确定房间的集热量，并应采取夏季通风降温措施。

4.4.4 蓄热材料应根据需要，因地制宜地选用砖、石、混凝土等重质材料及水体、相变材料等。

4.4.5 蓄热体的设置方式、位置、厚度和面积应根据建筑采暖或降温的要求确定。

4.4.6 蓄热体宜与建筑构件相结合，并应布置在阳光直射且有利于蓄热换热的部位。

4.5 通风降温与遮阳

4.5.1 附加阳光间宜与走廊、阳台、露台、温室等功能空间结合设计，并应采取夏季通风降温措施。

4.5.2 建筑设计宜设置天井、中庭等垂直公用空间。当利用垂直公用空间的通风降温效果不能满足要求时，宜采用通风道等其他措施。

4.5.3 直接受益窗、附加阳光间应设置夏季遮阳和避免眩光的装置。

4.5.4 建筑遮阳应优先采用活动外遮阳。

4.5.5 固定式水平遮阳设施的设置不应影响室内冬季日照的要求。

4.5.6 建筑南墙面和山墙面宜采用植被遮阳。

4.5.7 建筑南侧场地宜种植枝少叶茂的落叶乔木。

4.6 建 筑 构 造

4.6.1 建筑外门窗的气密性等级应符合国家现行建筑节能设计标准的规定。以采暖为主的地区，窗户宜加装活动保温装置。

4.6.2 采暖为主地区的建筑，应减少建筑构配件、窗框、窗扇等设施对南向集热窗的遮挡。

4.6.3 当采用辅助能源系统时，建筑设计应为设备的布置、安装和维护提供条件。多层、高层建筑应考虑集热装置、构件的更换和清洁。

4.7 建筑设计评估

4.7.1 被动式太阳能建筑设计应进行评估，且应符合下列规定：

1 在被动式太阳能建筑方案设计阶段，应对被动式太阳能建筑运行效果进行预评估；

2 在被动式太阳能建筑扩初设计文件中，应对被动式太阳能建筑规划要求和选用技术进行专项说明；

3 在被动式太阳能建筑施工图设计阶段，应对建筑耗热量指标进行评估，并应对需要的辅助热源系统进行优化设计；

4 在施工图设计文件中，应对被动式太阳能建筑设计、施工与验收、运行与维护等技术要求进行专项说明；

5 在建筑运行一年后，应对建筑能耗、运行成本、回收年限、节能率以及太阳能贡献率等进行技术经济性能评价。

4.7.2 对于被动式太阳能建筑的综合节能效果，居住建筑应高于国家现行居住建筑节能设计标准的规定；公共建筑应高于现行国家标准《公共建筑节能设计标准》GB 50189 的规定。被动式太阳能建筑的太阳能贡献率应按本规范附录 A～附录 D 估算，并宜符合表 4.7.2 的规定。

表 4.7.2 被动式太阳能建筑的太阳能贡献率

被动式太阳能采暖气候分区		典型城市	太阳能贡献率	
			室内设计温度13℃	室内设计温度16℃～18℃
最佳气候区	A区（SHIa）	西藏的拉萨及山南地区	≥65%	45%～50%
	B区（SHIb）	昆明	≥90%	60%～80%
适宜气候区	A区（SHⅡa）	兰州、北京、呼和浩特、乌鲁木齐	≥35%	20%～30%
	B区（SHⅡb）	石家庄、济南	≥40%	25%～35%
可利用气候区（SHⅢ）		长春、沈阳、哈尔滨	≥30%	20%～25%
一般气候区（SHⅣ）		西安、郑州、杭州、上海、南京、福州、武汉、合肥、南宁	≥25%	15%～20%
不利气候区（SHⅤ）		贵阳、重庆、成都、长沙	≥20%	10%～15%

注：当同时采用主被动式采暖措施时，室内设计温度取16℃～18℃，太阳能贡献率限值应对应其室内设计温度的取值。

4.7.3 冬季被动式太阳能采暖的室内计算温度宜大于13℃；夏季被动式降温的室内计算温度宜为29℃～31℃，高温高湿地区取值宜低于29℃。

5 技术集成设计

5.1 一般规定

5.1.1 被动式太阳能供暖和降温设施，应结合建筑形式综合考虑冬季采暖和夏季降温的技术措施，减少设施在冬季的热量损失和冷风渗透以及夏季向室内的传热。

5.1.2 被动式太阳能建筑设计不能满足建筑基本热舒适度要求时，应设置其他辅助供暖或制冷系统，辅助系统设计应与被动式太阳能建筑设计同步进行。

5.2 采 暖

5.2.1 建筑采暖方式应根据采暖气候分区、太阳能利用效率和房间热环境设计指标，按表5.2.1进行选用。

表 5.2.1 建筑采暖方式

被动式太阳能建筑采暖气候分区		推荐选用的单项或组合采暖方式
最佳气候区	最佳气候A区	集热蓄热墙式、附加阳光间式、直接受益式、对流环路式、蓄热屋顶式
	最佳气候B区	集热蓄热墙式、附加阳光间式、对流环路式、蓄热屋顶式
适宜气候区	适宜气候A区	直接受益式、集热蓄热墙式、附加阳光间式、蓄热屋顶式
	适宜气候B区	集热蓄热墙式、附加阳光间式、直接受益式、蓄热屋顶式
	适宜气候C区	集热蓄热墙式、附加阳光间式、蓄热屋顶式
可利用气候区		集热蓄热墙式、附加阳光间式、蓄热屋顶式
一般气候区		直接受益式、附加阳光间式

5.2.2 采暖方式应根据建筑结构、房间使用性质、造价，选择适宜的单项或组合采暖方式。以白天使用为主的房间，宜选用直接受益窗式或附加阳光间式；以夜间使用为主的房间，宜选用具有较大蓄热能力的集热蓄热墙式和蓄热屋顶式。

5.2.3 直接受益窗设计应符合下列规定：

1 应对建筑的得热与失热进行热工计算，合理确定窗洞口面积，南向集热窗的窗墙面积宜为50%；

2 窗户的热工性能应优于国家现行有关建筑节能设计标准的规定。

5.2.4 集热蓄热墙设计应符合下列规定：

1 集热蓄热墙的组成材料应有较大的热容量和导热系数，并应确定其合理厚度；

2 集热蓄热墙向阳面外侧应安装玻璃或透明材料，并应与集热蓄热墙向阳面保持100mm以上的距离；

3 集热蓄热墙向阳面应选择太阳辐射吸收系数大、耐久性能强的表面涂层进行涂覆；

4 透光和保温装置的外露边框构造应坚固耐用、密封性好；

5 应根据建筑热工计算或南墙条件确定集热蓄热墙的形式和面积；

6 集热蓄热墙应设置对流风口，对流风口上应设置可自动或者便于关闭的保温风门，并宜设置风门逆止阀；

7 宜利用建筑结构构件作为集热蓄热体；

8 应设置防止夏季室内过热的排气口。

5.2.5 附加阳光间设计应符合下列规定：

1 附加阳光间应设置在南向或南偏东至南偏西夹角不大于30°范围内的墙外侧；

2 附加阳光间与采暖房间之间公共墙上的开孔位置应有利于空气热循环，并应方便开启和严密关闭，开孔率宜大于15%；

3 采光窗宜设置活动遮阳设施；

4 附加阳光间内地面和墙面宜采用深色表面；

5 应合理确定透光盖板的层数，并应设置夜间保温措施；

6 附加阳光间应设置夏季降温用排风口。

5.2.6 蓄热屋顶设计应符合下列规定：

1 蓄热屋顶保温盖板宜采用轻质、防水、耐候性强的保温构件；

2 蓄热屋顶盖板应根据房间温度、蓄热介质（水等）温度和室外太阳辐射照度进行灵活调节和启闭；

3 保温板下方放置蓄热体的空间净高宜为200mm～300mm；

4 蓄热屋顶应有良好的保温性能，并应符合国家现行有关建筑节能设计标准的规定。

5.2.7 对流环路设计应符合下列规定：

1 集热器安装位置应低于蓄热体，集热器背面应设置保温材料；

2 蓄热材料应选用重质材料，蓄热体接受集热器空气流的表面面积宜为集热器面积的50%～75%；

3 集热器应设置防止空气反向流动的逆止风门。

5.2.8 蓄热体设计应符合下列规定：

1 应采用能抑制室温波动、成本低、比热容大、性能稳定、无毒、无害、吸热放热能力强的材料作为建筑蓄热体；

2 蓄热体应布置在能直接接收阳光照射的位置，蓄热地面、墙面内表面不宜铺设地毯、挂毯等隔热材料；

3 蓄热体的厚度和质量应根据建筑整体的热平衡计算确定；蓄热体的面积宜为集热面积的（3～5）倍。

5.3 通 风

5.3.1 应组织好建筑的自然通风。宜采用可开启的外窗作为自然通风的进风口和排风口，或专设自然通风的进风口和排风口。

5.3.2 自然通风口应设置可开启、关闭装置。应按空调和采暖季节卫生通风的要求设置卫生通风口或进行机械通风。卫生通风口应有防雨、隔声、防水、防虫的功能，其净面积（S_f）应满足下式要求：

$$S_f \geqslant 0.0016S \qquad (5.3.2)$$

式中：S_f——卫生通风口净面积（m^2）；
S——该房间的地板净面积（m^2）。

5.4 降 温

5.4.1 应控制室内热源散热。室内热源散热量大的房间应设置隔热性能良好的门窗，房间内产生的废热应能直接排放到室外。

5.4.2 建筑外窗不宜采用两层通窗和天窗。

5.4.3 夏热冬冷、夏热冬暖、温和地区的建筑屋面宜采用浅色面层，采用植被屋面或蒸发冷却屋面时，应设置被动蒸发冷却屋面的液态物质补给装置和清洁装置。

5.4.4 夏热冬冷、夏热冬暖、温和地区的建筑外墙外饰面层宜采用浅色材料，并辅助外遮阳及绿化等隔热措施，外饰面材料太阳吸收率宜小于0.4。

5.4.5 建筑遮阳应综合考虑地区气候特征、经济技术条件、房间使用功能等因素，在满足建筑夏季遮阳、冬季阳光入射、自然通风、采光、视野等要求的情况下，确定遮阳形式和措施。

5.4.6 夏季室外计算湿球温度较低、日间温差较大的干热地区，应采用被动蒸发冷却降温方式。

5.4.7 应优先采用能产生穿堂风、烟囱效应和风塔效应的建筑形式，合理组织被动式通风降温。

6 施工与验收

6.1 一般规定

6.1.1 被动式太阳能建筑验收应符合现行国家标准《建筑节能工程施工质量验收规范》GB 50411 的规定。

6.1.2 被动式太阳能建筑应进行专项验收。

6.2 施 工

6.2.1 建筑施工及设备安装不得破坏建筑的结构、屋面防水层、建筑保温和附属设施，不得削弱建筑在寿命期内承受荷载作用的能力。

6.2.2 被动式太阳能建筑施工前，应编制详细的施工组织方案。太阳能系统及装置安装应与建筑主体结构施工、其他设备安装、装饰装修等相配合。

6.2.3 被动式太阳能建筑施工应做好细部处理，并应做好密封和防水等。

6.2.4 被动式太阳能集热部件的安装应符合下列规定：

1 安装直接受益窗、集热器等部件时，应对预埋件、连接件进行防腐处理；

2 边框与墙体间缝隙应用密封胶填嵌饱满密实，表面应平整光滑、无裂缝，填塞材料及方法应符合设计要求。

6.2.5 被动式太阳能建筑构造施工应符合下列规定：

1 围护结构周边热桥部位应采取保温措施；

2 地面应选用蓄热性能较好的材料，宜设置防潮层。

6.3 验 收

6.3.1 被动式太阳能建筑工程验收应符合下列规定：

1 被动式太阳能建筑屋面应符合现行国家标准《屋面工程质量验收规范》GB 50207 的有关规定；

2 保温门的内装保温材料应填充密实，性能应满足设计要求，门与门框间应加设密封条；

3 在结构墙体开洞时，开洞位置和洞口截面大小应满足结构抗震及受力的要求；

4 墙面留洞的位置、大小及数量应符合设计要求；应按图纸设计逐个检查核对墙体上洞口的尺寸大小、数量及位置的准确性，洞边框正侧面垂直度允许偏差不应大于 1.5mm，框的对角线长度差不宜大于1mm；洞口与墙洞内抹灰应平直光滑，洞内宜刷深色（无光）漆；

5 热桥部位应按设计要求采取隔断热桥的措施。

6.3.2 应在工程移交用户前、分项工程验收合格后进行系统调试和竣工验收，并应提交包括系统热性能在内的检验记录。

7 运行维护及性能评价

7.1 一般规定

7.1.1 设计单位应编制被动式太阳能建筑用户使用手册。

7.1.2 被动式太阳能建筑应按建筑类型，分类制定相应的维护管理措施。

7.1.3 被动式太阳能建筑节能、环保效益的分析评定指标应包括系统的年节能量、年节能费用、费效比、回收年限和温室气体减排量。

7.2 运行与管理

7.2.1 对被动式太阳能建筑系统和装置应定期检查维护，并应符合下列规定：

　　1 对附加阳光间或集热部件的密封性能应进行定期检查，对流环路系统和蓄热屋顶系统的上下通风孔应保持畅通，并应确保开闭设施能够正常使用；

　　2 蓄热地面不应有影响蓄热性能的覆盖物；

　　3 应确保通风换气设施的正常使用，气流通道上不得覆盖障碍物；

　　4 对于安装有可调节天窗、移动式遮阳或保温设施的建筑，应对调节装置、移动轨道和限位机构等进行定期的检查和维护；

　　5 应对集热装置、蓄热装置定期进行系统检查、清洁及更换；

　　6 应对蓄热屋顶的蓄热水箱、屋面、保温盖板等做定期的防水、防破损检修，并应定期补充和更新蓄热介质（水等）。

7.3 性能评价

7.3.1 应对被动式太阳能建筑的建造、运行成本和投资回收年限及对环境的影响进行评价。建造与运行成本应按本规范附录 E 估算，投资回收年限应按本规范附录 F 估算。

附录 A 全国主要城市平均日照时数

表 A　全国主要城市平均日照时数（h）

城市	月　　份												
	1	2	3	4	5	6	7	8	9	10	11	12	全年
北　京	210.3	160.2	270.8	254.9	261.2	231.7	200.5	185.4	192.3	216.3	192.7	199.8	2576.1
天　津	178.4	132.3	244.3	219.5	237.8	221.1	183.4	148.9	199.3	215.4	174.4	184.9	2348.2
石家庄	168.4	98.5	266	250.1	247.8	203.5	149	170.4	168	189.9	195.4	171.2	2274.1
太　原	157.4	147.4	256.7	277.7	271.1	254.2	251.5	243.8	166.1	190	220.7	183.5	2620.1
呼和浩特	121.6	151.9	285.2	279.1	313.1	300.7	276.9	236.4	235	233	209	175.3	2816.8
沈　阳	148.8	169.5	263.1	211.3	212.2	140.6	166.7	146.5	234.3	220.6	172.8	163.5	2249.9
大　连	228.2	198.2	269.6	245.7	286.6	246.9	284	218.5	235.7	253.4	195.6	166.6	2749.7
长　春	154.9	196.5	238.3	204.3	228.6	151	147.1	188	241.9	221.9	190.6	161.9	2324.1
哈尔滨	77.5	148.5	245.4	162	213.7	234.7	155.1	201.8	212.3	215.4	159.7	107.9	2134
上　海	113.9	83	170.2	195.3	176.9	154.9	161.4	164.7	159	112.6	135.5		1829
南　京	130	98.3	202.1	230.5	184.5	211.1	195.7	138.9	131.5	161.6	106.6	146.7	1937.5
杭　州	92.4	56.4	161.3	200.2	124	180.8	156.4	197	132.9	102.6	141.8		1762.2
合　肥	98.2	75.2	184.6	219.2	194.6	214	191.4	141	130.3	156	95.3	134.3	1834.1
福　州	74.4	34.1	100.3	137.6	66.8	246.5	154.4	174.8	120.2	111.1	124.9		1469.2
南　昌	43.7	51.6	109.2	200	106.7	183.4	274.3	222.7	214.7	165	86.8	136.2	1794.5

城市	月　份												
	1	2	3	4	5	6	7	8	9	10	11	12	全年
济　南	197.7	115.5	219.6	249.1	286.5	254.1	159.3	185.7	139.9	194.4	183.9	183.8	2369.5
青　岛	201.8	151.9	235.4	256.6	278.6	209.2	160.9	165.3	138.1	210.7	174.5	171.6	2355.1
武　汉	110.4	51.3	149.5	212.4	170.3	177.5	233.8	173	167.4	139.6	110.2	134.3	1829.7
郑　州	83.8	79.5	181.5	227.8	186.6	201.5	78.7	139.8	125.4	147.5	146.9	141.9	1740.9
广　州	83.9	16	52.8	44.3	72.6	61	175.3	147.7	146.7	210.6	145.7	131.9	1288.5
长　沙	26.8	38.1	80.6	158.6	80	149	249.1	181.6	144	116.9	91.6	106.7	1423.1
南　宁	33.4	19.7	44	92.4	189.6	84.9	231.1	171	164	170.6	121.7	100.8	1423.2
海　口	88.4	103.6	104.2	138.6	232	163.6	228.4	225.5	180.5	180.4	132.9	60.7	1840.5
桂　林	37	17.1	33.6	109.3	143	80.4	246.9	208.2	202.4	111.4	111.4	102.6	1466.8
重　庆	12.2	29.7	62.3	125.1	80.6	113.4	179.4	97.2	171	17.9	5.9	4.3	903.9
温　江	30.7	26.5	78.2	111.9	94.7	118	76.4	77.3	70.7	32.8	30.1	29.7	777
贵　阳	25.5	51	39.2	117.5	106.4	97.2	188.9	97.7	145.9	76.1	49.4	9.3	1004.1
昆　明	216.4	214.7	188	238	280.4	105.5	109.6	96.6	114.4	129.7	181.4	149.6	2054.3
拉　萨	237.6	208.2	253.6	267.7	273.9	291.7	263.3	206.4	277.8	267.3	284.7	267.8	3100
西　安	82.3	76.9	198.2	228.3	207.8	253	190.6	143.3	153.4	131.9	129.2	154.5	1949.4
兰　州	185.9	180.8	201.5	235.7	251.5	260	215	163.8	167.9	184.1	202.1		2469.9
西　宁	186.2	188.2	189.5	253.6	259.1	261.1	194.8	198.6	153.9	161.9	207	220	2477.5
银　川	165.2	171.6	262	273.7	282.2	293.3	262.7	253.9	216.4	225.1	214.2	193.1	2813.4
乌鲁木齐	40	88.5	204.7	294	311.4	334.8	289.8	270.2	285.3	225.6	109.6	74.8	2528.7

注：本表引自《中国统计年鉴数据库》（2005 年版）。

附录 B 全国部分代表性城市采暖期日照保证率

表 B　全国部分代表性城市采暖期日照保证率（%）

城　市	月　份				
	11	12	1	2	3
北　京	26.76	27.75	29.21	22.25	37.61
天　津	24.22	25.68	24.78	18.38	33.93
石家庄	27.14	23.78	23.39	13.68	36.94
太　原	30.65	25.49	21.86	20.47	35.65
呼和浩特	29.03	24.35	16.89	21.10	39.61
沈　阳	24.00	22.71	20.67	23.54	36.54
大　连	27.19	23.14	31.69	27.53	37.44
长　春	26.47	22.49	21.51	27.29	33.10
哈尔滨	22.18	14.99	10.76	20.63	34.08
上　海	15.64	18.82	15.82	11.53	23.64
南　京	14.81	20.38	18.06	13.65	28.07

城　市	月　份				
	11	12	1	2	3
杭　州	14.25	19.69	12.83	7.83	22.40
合　肥	13.24	18.65	13.64	10.44	25.64
福　州	15.43	17.35	10.33	4.74	13.93
南　昌	12.06	18.92	6.07	7.17	15.17
济　南	25.54	25.53	27.46	16.04	30.50
青　岛	24.24	23.88	28.03	21.10	32.69
郑　州	20.40	19.71	11.64	11.04	25.21
武　汉	15.31	18.65	15.33	7.13	20.76
长　沙	12.72	14.82	3.72	5.29	11.19
广　州	20.24	18.32	11.65	2.22	7.33
南　宁	16.90	14.00	4.64	2.74	6.11
海　口	18.46	8.43	12.28	14.39	14.47
桂　林	15.47	14.25	5.14	2.38	4.67
重　庆	0.82	0.60	1.69	4.13	8.65
温　江	4.18	4.13	4.26	3.68	10.86
贵　阳	6.86	1.29	3.54	7.08	5.44
昆　明	25.19	20.78	30.06	33.99	26.11
拉　萨	39.54	37.19	33.00	28.92	35.22
西　安	17.94	21.46	11.43	10.68	27.53
兰　州	25.57	28.07	25.82	25.11	27.99
西　宁	28.75	30.56	25.86	26.14	26.32
银　川	29.75	26.82	22.94	23.83	36.39
乌鲁木齐	15.22	10.39	5.56	12.29	28.43

注：本表根据附录 A 提供的日照时数计算得出。

附录 C　全国主要城市垂直南向面总日射月平均日辐照量

表 C　全国主要城市垂直南向面总日射月平均日辐照量

$[MJ/(m^2 \cdot d)]$

月份 城市	1	2	3	4	5	6	7	8	9	10	11	12
北　京	14.81	15.00	13.70	11.07	10.28	8.99	8.46	9.25	12.43	14.41	13.84	13.75
沈　阳	11.93	14.20	13.49	10.97	9.63	8.43	8.02	9.02	12.35	14.03	12.71	11.40
哈尔滨	12.63	14.00	13.33	10.84	9.40	9.08	8.68	9.62	12.26	13.73	7.35	11.12
长　春	14.80	15.83	14.13	11.01	9.61	8.92	8.19	9.11	12.69	14.30	14.01	12.97
西　安	9.18	8.89	8.34	7.79	7.49	7.61	7.36	8.59	7.70	8.84	9.12	9.00
呼和浩特	15.73	17.30	14.53	11.64	10.61	10.15	9.52	10.81	14.09	16.99	15.74	16.25

月份 城市	1	2	3	4	5	6	7	8	9	10	11	12
乌鲁木齐	11.18	12.11	13.09	11.72	11.11	10.27	10.16	11.82	13.35	16.20	14.44	11.24
拉　萨	23.93	19.90	15.05	10.83	8.70	7.87	8.45	9.73	12.79	20.11	24.62	25.20
兰　州	9.77	11.68	10.91	10.37	9.17	8.87	8.22	9.23	9.72	11.83	11.03	9.27
郑　州	11.34	10.68	9.56	8.30	8.07	7.43	7.78	8.74	11.02	11.35	11.34	
银　川	16.48	16.37	13.16	11.38	10.20	9.34	8.99	10.28	12.35	15.50	16.92	16.32
济　南	12.56	12.51	11.45	9.26	8.68	7.72	6.85	7.10	10.47	12.87	13.15	12.76
太　原	14.50	14.12	12.41	10.16	9.49	8.42	7.84	8.96	10.75	13.67	13.90	13.84
南　京	10.34	9.73	8.75	7.43	6.89	6.53	6.66	8.02	8.39	11.19	11.53	11.26
合　肥	9.94	8.95	8.15	7.04	6.77	6.68	6.39	7.56	7.81	10.38	10.61	10.10
上　海	9.95	9.24	7.06	6.53	6.94	6.97	7.99	10.01	10.69	10.47		
成　都	5.30	5.48	6.48	6.76	6.66	6.73	7.15	6.13	5.44	5.43	5.03	
汉　口	8.94	8.33	7.23	6.96	6.52	6.95	7.13	9.07	10.10	10.14	9.42	
福　州	8.65	5.54	4.38	4.50	5.23	4.97	6.48	6.02	6.98	8.25	7.63	7.72
广　州	6.42	4.69	3.52	4.06	4.91	5.07	4.86	6.19	9.31	9.17		
南　宁	5.57	4.28	4.26	4.42	4.96	4.93	5.51	6.92	7.04	7.88	7.55	
贵　阳	3.91	4.28	4.86	5.83	7.31	6.31	5.09	4.40	6.23	4.68		
海　口	6.37	6.83	5.53	5.04	5.30	8.82	6.61	5.49	6.32	7.47	6.63	7.11
石家庄	7.64	8.33	7.67	7.83	6.89	5.68	7.12	8.49	8.37	7.91		
长　沙	4.20	3.38	4.13	3.90	4.46	4.34	4.50	5.01	6.22	6.67	6.48	6.83
南　昌	5.51	3.91	4.81	4.30	3.62	6.37	7.23	8.94	8.21	7.84		
杭　州	7.23	6.38	5.56	5.58	5.60	5.67	6.45	6.25	7.55	8.48	10.12	
西　宁	16.74	16.01	13.28	11.30	9.69	8.79	9.94	10.98	14.71	17.06	17.11	

注：本表引自《中国建筑热环境分析专用气象数据集》。

附录 D　被动式太阳能建筑太阳能贡献率计算方法

D.0.1　太阳能贡献率（f）应按下式计算：

$$f = \frac{Q_u}{q} \tag{D.0.1}$$

式中：Q_u——采暖期单位建筑面积净太阳辐射得热量（MJ/m^2）；

q——参照建筑的采暖期单位建筑耗热量（MJ/m^2）。

D.0.2　采暖期单位建筑面积净太阳辐射得热量（Q_u）应按下式计算：

$$Q_u = \sum_i \eta_i I_i c_i \tag{D.0.2}$$

式中：η_i——第 i 个集热部件热效率（%）；

I_i——采暖期内投射在第 i 个集热部件所在面上的总日射辐照量（MJ/m^2）；

c_i——第 i 个集热部件集热面积占总建筑面积的百分比（%）。

D.0.3 单位建筑面积耗热量（q）应按下式计算：

$$q = q_{HT} + q_{INF} - q_{IH} \qquad (D.0.3)$$

式中：q_{HT}——单位建筑面积通过围护结构的传热耗热量（W/m²）；

q_{INF}——单位建筑面积的空气渗透耗热量（W/m²）；

q_{IH}——单位建筑面积的建筑物内部，包括炊事、照明、家电和人体散热在内的得热量（W/m²），住宅取 3.8W/m²。

D.0.4 单位建筑面积围护结构的传热耗热量（q_{HT}）应按下式计算：

$$q_{HT} = (t_i - t_e) \times (\sum_{i=1}^{n} \xi_i K_i F_i)/A_0 \quad (D.0.4)$$

式中：t_i——室内设计温度（℃），根据是否采取主动采暖措施，选取 13℃ 或 16℃；

t_e——采暖期室外平均温度（℃）；

A_0——建筑面积（m²）；

ξ_i——围护结构传热系数的修正系数；

K_i——围护结构的平均传热系数［W/(m²·K)］；

F_i——围护结构的面积（m²）。

D.0.5 单位建筑面积的空气渗透耗热量应按下式计算：

$$q_{INF} = 0.278c_p V\rho(t_i - t_e)/A_0 \qquad (D.0.5)$$

式中：c_p——干空气的定压质量比热容［kJ/(kg·℃)］，可取 1.0056kJ/(kg·℃)；

ρ——室外温度下的空气密度（kg/m³）；

V——渗透空气的体积流量（m³/h），可由建筑物换气次数与建筑总体积之乘积求得。

附录 E 被动式太阳能建筑建造与运行成本计算方法

E.0.1 建筑建造与运行成本（LCC）应按下式计算：

$$LCC = CF \cdot E_{LCE} \qquad (E.0.1)$$

式中：CF——常规能源价格（元/kWh）；

E_{LCE}——建筑建造与运营能耗（kWh）。

E.0.2 常规能源价格（CF）应按下式计算：

$$CF = CF'/(g \cdot E_{ff}) \qquad (E.0.2)$$

式中：CF'——常规燃料价格（元/kg），可取标准煤；

g——常规燃料发热量（kWh/kg），标煤发热量为 8.13kWh/kg；

E_{ff}——常规采暖设备的热效率（%）。

E.0.3 建筑建造与运行周期内，建材生产总能耗（E_1）应按下式计算：

$$E_1 = \sum_{i=1}^{n} \frac{L_b}{L_i} m_i(1 + w_i/100)M_i \quad (E.0.3)$$

式中：n——材料种类数；

L_b——建筑寿命（年）；

L_i——建筑材料的使用寿命（年）；

m_i——i 材料的总使用量（t 或 m³）；

w_i——建造过程中 i 材料的废弃比率（%）；

M_i——生产单位使用量 i 材料的能耗（kWh/t 或 kWh/m³）。

E.0.4 建筑建造与运行周期内，运行能耗（E_4）应按下式计算：

$$E_4 = L_b E_a \qquad (E.0.4)$$

式中：E_a——全年采暖及空调能耗之和（kWh）。

附录 F 被动式太阳能建筑投资回收年限计算方法

F.0.1 回收年限（n）应按下式计算：

$$n = \frac{\ln[1 - PI(d - e)]}{\ln(\frac{1+e}{1+d})} \qquad (F.0.1)$$

式中：PI——折现系数；

d——银行贷款利率（%）；

e——年燃料价格上涨率（%）。

F.0.2 折现系数（PI）应按下式计算：

$$PI = A/(\Delta Q_{aux,q} \cdot CF - A \cdot DJ) \quad (F.0.2)$$

式中：A——总增加投资（元）；

$\Delta Q_{aux,q}$——被动式太阳能建筑与参照建筑相比的节能量（kWh）；

CF——常规燃料价格（元/kWh）；

DJ——维修费用系数（%）。

F.0.3 常规能源价格应按本规范式（E.0.2）计算。

F.0.4 总增加投资（A）应按下式计算：

$$A = A_p - A_{ref} \qquad (F.0.4)$$

式中：A_p——被动式太阳能建筑的总初投资（元）；

A_{ref}——参照建筑初投资（元）。

本规范用词说明

1 为便于在执行本规范条文时区别对待，对要求严格程度不同的用词说明如下：

1）表示很严格，非这样做不可的：

正面词采用"必须"，反面词采用"严禁"；

2）表示严格，在正常情况下均应这样做的：

正面词采用"应"，反面词采用"不应"或"不得"；

3）表示允许稍有选择，在条件许可时首先应这样做的：

正面词采用"宜"，反面词采用"不宜"；

4）表示有选择，在一定条件下可以做的，采用"可"。

2 条文中指明应按其他有关标准执行的写法为："应符合……的规定"或"应按……执行"。

引用标准名录

1 《民用建筑热工设计规范》GB 50176

2 《公共建筑节能设计标准》GB 50189

3 《屋面工程质量验收规范》GB 50207

4 《建筑节能工程施工质量验收规范》GB 50411

中华人民共和国行业标准

被动式太阳能建筑技术规范

JGJ/T 267—2012

条 文 说 明

制 订 说 明

《被动式太阳能建筑技术规范》JGJ/T 267 - 2012，经住房和城乡建设部 2012 年 1 月 6 日以第 1238 号公告批准、发布。

本规范制订过程中，编制组进行了广泛的调查研究，总结了我国被动式太阳能建筑工程建设的实践经验，同时参考了国外先进技术法规、技术标准。

为便于广大设计、施工、科研、学校等单位有关人员在使用本规范时能正确理解和执行条文规定，《被动式太阳能建筑技术规范》编制组按章、节、条顺序编制了本规范的条文说明，对条文规定的目的、依据以及执行中需注意的有关事项进行了说明。但是，本条文说明不具备与规范正文同等的法律效力，仅供使用者作为理解和把握规范规定的参考。

目　次

1 总　则

1.0.1 被动式太阳能建筑像生态住宅、绿色建筑一样，是建筑理念或技术手段之一。被动式太阳能建筑的核心理念是被动技术在建筑中的应用。被动技术（passive techniques）强调直接利用阳光、风力、气温、湿度、地形、植物等场地自然条件，通过优化规划和建筑设计，实现建筑在非机械、不耗能或少耗能的运行方式下，全部或部分满足建筑采暖降温等要求，达到降低建筑使用能耗，提高室内环境性能的目的。被动式太阳能建筑技术通常包括天然采光，自然通风，围护结构的保温、隔热、遮阳、集热、蓄热等方式。与之对应的是主动技术（active techniques），是指通过采用消耗能源的机械系统，提高室内舒适度，通常包括以消耗能源为基础的机械方式满足建筑采暖、空调、通风等要求，当然也包括太阳能采暖、空调等主动太阳能利用技术。

我国正处于快速城镇化和大规模建设时期，在建筑的全生命周期内，推广被动式太阳能建筑理念和技术，对于节约资源和能源，实现与自然和谐共生具有重要意义。制定本规范的目的是引导人们从规划阶段入手，在建筑设计、施工、验收、运行和维护的过程中，充分利用太阳能，正确实施被动式太阳能建筑理念和技术，促进建筑的可持续发展。

1.0.2 本规范不仅适用于新建的被动式太阳能建筑，同时也适用于改建和扩建的被动式太阳能建筑，包括局部采用被动式太阳能技术的建筑。被动式太阳能建筑理念与既有建筑改造在节约资源、降低运行能耗、减少环境污染方面目的一致，在既有建筑改造中更应充分应用被动优先的建筑设计与运营理念。

1.0.3 被动式太阳能建筑的目标是在建筑全寿命周期内，适应地区气候特征，充分利用阳光、风力、地形、植被等场地自然条件，在满足建筑使用功能的同时，减少对自然环境的扰动，降低建筑运营对化石能源的需求，实现其经济效益、社会效益和环境效益。

1.0.4 符合国家现行法律法规与相关标准是被动式太阳能建筑的必要条件。本规范没有涵盖通常建筑物所应有的功能和性能要求，而是着重提出与被动技术应用相关的内容，主要包括规划与建筑设计、集热与降温设计、施工与验收、运行维护及性能评价等方面。因此，对建筑的基本要求，如结构安全、防火安全等重要要求未列入本规范，而由其他相关的国家现行标准进行规定。

2 术　语

2.0.1 被动式太阳能建筑是指通过建筑朝向的合理选择和周围环境的合理布置，内部空间和外部形体的巧妙处理，以及建筑材料和结构、构造的恰当选择，使其在冬季能集取、蓄存并使用太阳能，从而解决建筑物的采暖问题；同时在夏季通过采取遮阳等措施又能遮蔽太阳辐射，及时地散逸室内热量，从而解决建筑物的降温问题。其他的降温方式还有对流降温、辐射降温、蒸发降温和大地降温。

2.0.2 在北半球阳光通过南向窗玻璃直接进入房间，被室内地板、墙壁、家具等吸收后转变为热能，为房间供暖。直接受益式供热效率较高，缺点是晚上降温快，室内温度波动较大，对于仅需要白天供热的办公室、学校教室等比较适用，直接受益式太阳能建筑利用方式参见图1。

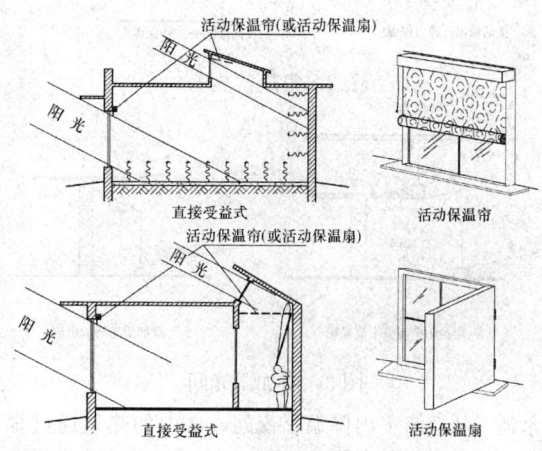

图 1　直接受益式太阳能建筑利用方式

2.0.3 集热蓄热墙又称特朗勃墙，在南向外墙除窗户以外的墙面上覆盖玻璃，墙表面涂成黑色，在墙的上下部位留有通风口，使热风自然对流循环，把热量交换到室内。一部分热量通过热传导传送到墙的内表面，然后以辐射和对流的形式向室内供热；另一部分热量加热玻璃与墙体间夹层内的空气，热空气由墙体上部的风口向室内供热。室内冷空气由墙体下部风口进入墙外的夹层，再由太阳加热进入室内，如此反复循环，向室内供热，集热蓄热墙参见图2。

2.0.4 阳光间附加在房间南侧，通过墙体将房间与阳光间隔开，墙上开有门窗。阳光间的南墙或屋面为玻璃或其他透明材料。阳光间受到太阳照射而升温，白天可向室内供热，晚间可作房间的保温层。东西朝向的阳光间提供的热量比南向少一些，且夏季西向阳光间会产生过热，因而不宜采用。北向虽不能提供太阳热能，但可获得介于室内与室外之间的温度，从而减少房间的热量损失。附加阳光间参见图3。

2.0.5 蓄热屋顶也称屋顶浅池，有两种应用方式。其中一种是在屋顶建造浅水池，利用浅水池集热蓄热，而后通过屋面板向室内传热；另一种是由充满水的黑色袋子"覆盖屋面"。冬季，它们受到太阳照射时，集取、储存太阳能，热量通过支撑它的金属顶棚，将热量辐射到房间；夏季，室内热量向上传递给

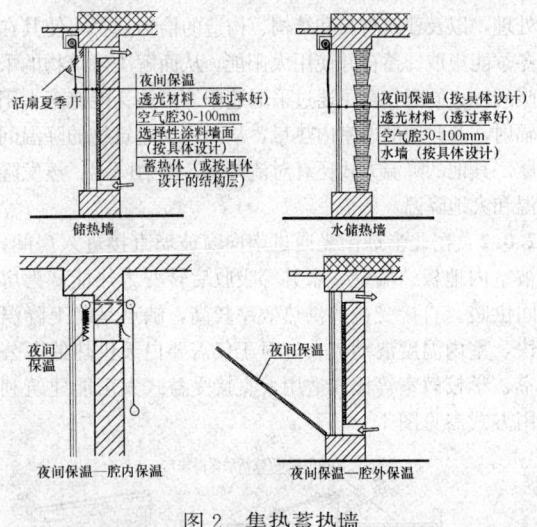

储热墙
- 夜间保温
- 透光材料（透过率好）
- 空气腔30~100mm
- 选择性涂料墙面（按具体设计）
- 蓄热体（或按具体设计的结构层）
- 活扇夏季开

水储热墙
- 夜间保温（按具体设计）
- 透光材料（透过率好）
- 空气腔30~100mm
- 水墙（按具体设计）

夜间保温—腔内保温
- 夜间保温

夜间保温—腔外保温
- 夜间保温

图 2　集热蓄热墙

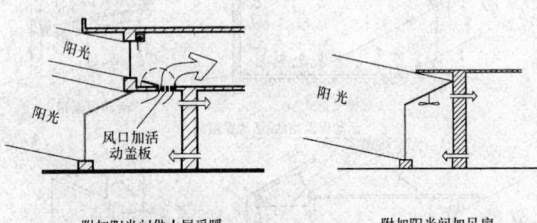

附加阳光间供上层采暖
- 阳光
- 阳光
- 风口加活动盖板

附加阳光间加吊扇
- 阳光

图 3　附加阳光间

水池，从而使室内降温。夜间，水中的热量通过辐射、对流和蒸发，释放到空气中。浅池或水袋上设置可移动的保温板，冬季白天开启，夜间关闭；夏季白天关闭，夜间开启，从而提高屋顶浅池的采暖降温性能。利用其他蓄热体也可达到同样的效果。蓄热屋顶参见图4。

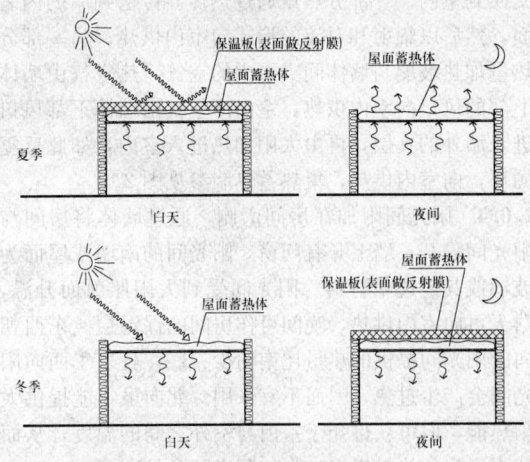

夏季
- 保温板（表面做反射膜）
- 屋面蓄热体
- 白天
- 屋面蓄热体
- 夜间

冬季
- 屋面蓄热体
- 白天
- 保温板（表面做反射膜）
- 屋面蓄热体
- 夜间

图 4　蓄热屋顶

2.0.6　对流环路式是唯一在无太阳照射时不损失热量的采暖方式。早期对流环路式是借助建筑地坪与室外地面的高差安装空气集热器并用风道与地面卵石床连通，卵石设在室内地坪以下，热空气加热卵石后借助风扇强制循环向室内供热。现在对流环路式是利用

南向外墙中的对流环路金属板（铁板、铝板）和保温材料，补充南向窗户直接提供太阳能的不足。对流环路板是一层或两层高透光率玻璃或阳光板，覆盖在一层黑色金属吸热板上，吸热板后面有保温层，墙上下部位开有通风孔。对流环路式参见图5。

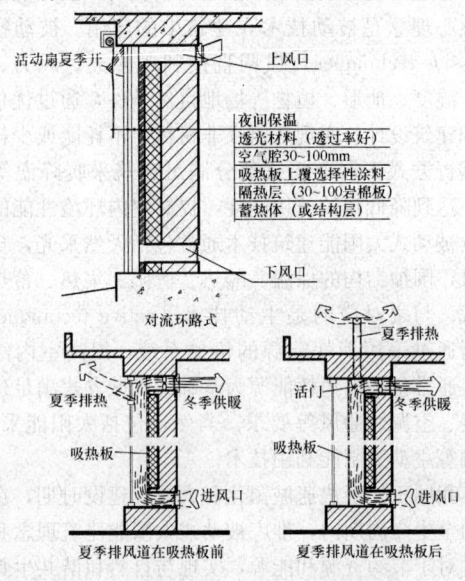

对流环路式
- 活动扇夏季开
- 上风口
- 夜间保温
- 透光材料（透过率好）
- 空气腔30~100mm
- 吸热板上覆选择性涂料
- 隔热层（30~100岩棉板）
- 蓄热体（或结构层）
- 下风口

- 夏季排热
- 吸热板
- 冬季供暖
- 进风口
夏季排风道在吸热板前

- 夏季排热
- 活门
- 冬季供暖
- 吸热板
- 进风口
夏季排风道在吸热板后

图 5　对流环路集热方式

2.0.8　参照建筑是指以设计的被动式太阳能建筑为原型，将设计建筑各项围护结构的传热系数改为符合当地建筑节能设计标准的限值，窗墙比改为符合本规范推荐值的虚拟建筑，计算所得的建筑物耗热量指标，即参照建筑耗热量指标，作为设计的被动式太阳能建筑的耗热量指标下限值。设计建筑的实际耗热量指标，应在满足至少小于参照建筑耗热量指标的基础上，同时满足被动式太阳能采暖气候分区所对应的太阳能贡献率下限值时，才可判定为被动式太阳能建筑设计。

2.0.9　由于太阳辐射存在较大的间歇性和不稳定性，所以必须设置辅助能源系统以提供能量补充。

2.0.10　太阳能贡献率是分析被动式太阳能利用经济效益的重要指标之一。它是指被动式太阳能贡献的能量与总能量消耗及占用量之比，即产出量与投入量之比，或所得量与所费量之比。计算公式为，太阳能贡献率(%)＝贡献量(产出量，所得量)/投入量(消耗量，占用量)×100%

2.0.12　南向辐射温差比是衡量南向窗太阳辐射得热和因室内外温度差失热平衡关系的指标。

3　基　本　规　定

3.0.1　被动式太阳能建筑设计应因地制宜，遵循适用、坚固、经济的原则。并应注意建筑造型美观大方，符合地域文化特点，与周围建筑群体相协调，同时必须兼顾所在地区气候、资源、生态环境、经济水

平等因素，合理地选择被动式采暖与降温技术。

3.0.2 本条文的目的是要求被动式太阳能建筑必须是节能建筑，相应被动式太阳能建筑围护结构的热工与节能设计，必须符合《民用建筑热工设计规范》GB 50176建筑热工设计分区中所在气候区国家和地方建筑节能设计标准和实施细则的要求。

3.0.3 被动式太阳能建筑应符合现行国家标准《室内空气质量标准》GB/T 18883的相应规定。被动式太阳能建筑须保证必要的新鲜空气量，室内人员密集的学校、办公楼等或建设在高海拔地区的被动式太阳能建筑应核算必要的换气量。综合气象因素在$SDM>20$地区，被动式太阳能建筑在冬季采暖期间，主要房间在无辅助热源的条件下，室内平均温度应达到12℃；室温日波动范围不应大于10℃。夏季室内温度不应高于当地普通建筑室内温度。

3.0.4 由于我国幅员辽阔，各地气候差异很大，针对各地不同的气候条件，采用南向垂直面太阳辐照度与室内外温差的比值（辐射温差比），作为被动式太阳能采暖气候分区的一级分区指标，南向垂直面太阳辐照度（W/m²）作为被动式太阳能采暖气候分区的二级指标，划分出不同的被动式太阳建筑设计气候区。采用南向垂直面太阳能辐照度作为气候分区的主要参数是因为被动式太阳能采暖建筑的集热构件一般采用南向垂直布置的方式。条文中根据不同的累年1月平均气温、水平面或南向垂直墙面1月太阳平均辐照度，将被动式太阳能采暖划分为四个气候区。

某地方是否可以采用被动式太阳能采暖设计，应该用不同的指标进行分类。被动式太阳能采暖设计除了1月水平面和南向垂直墙面太阳辐照度外，还与一年中最冷月的平均温度有直接的关系，当太阳辐射很强时，即使最冷月的平均温度较低，在不采用其他能源采暖，室内最低温度也能达到10℃以上。因此，本标准用累年1月南向垂直墙面太阳辐照度与1月室内外温差的比值作为被动太阳能采暖建筑设计气候分区的一级指标，同时采用南向垂直面的太阳辐照度作为二级分区指标比较科学。

图6～图9中各气候区具体城市依据本地的累年1月平均气温、1月水平面和南向垂直墙面太阳辐照度值、南向辐射温差比，靠近相邻不同气候区城市作比较，选择气候类似的邻近城市作为气候分区区属。

建筑设计阶段是决定建筑全年能耗的重要环节。在建筑规划及建筑设计过程中，应充分考察地域气候条件和太阳能资源，巧妙地利用室外气候的季节变化和周期性波动规律，综合运用保温隔热、蓄热构件的蓄放热特性、自然通风、被动采暖降温技术等建筑设计方法，以最大限度地降低建筑全年室内环境调节的能量需求。

3.0.5 被动式降温分区的主要思路为，当最热月温度高于舒适的温度时，应采用遮阳等被动式降温措

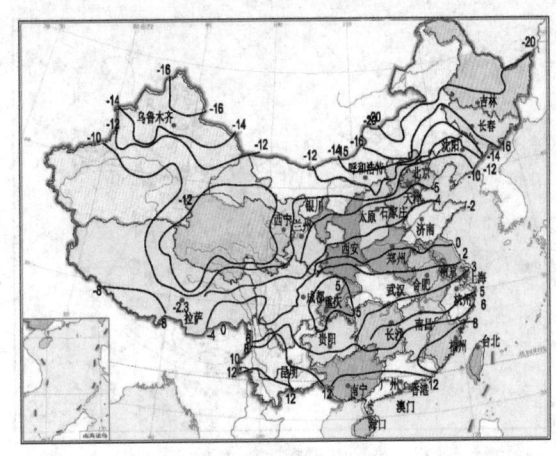

图6 全国累年1月平均气温分布图（℃）

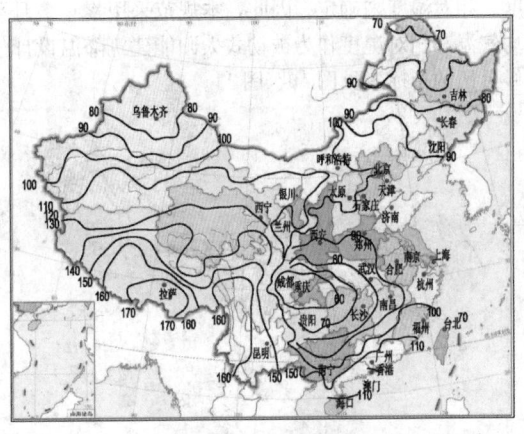

图7 1月水平面平均辐照度分布图（W/m²）

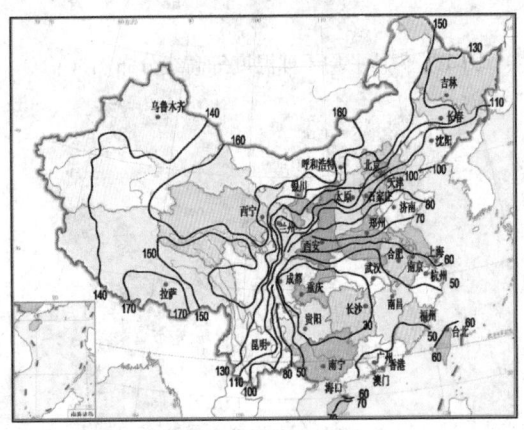

图8 1月南向垂直面平均辐照度分布图（W/m²）

施。根据空气湿度不同，降温分区又可分为湿热和干热两种类型，所以本规范根据最热月的相对湿度、平均温度确定分区指标。

根据累年7月平均气温和7月平均相对湿度指标，将被动式太阳能降温气候分区划分为条文中表3.0.5所示的四个区，被动降温应充分利用遮蔽太阳辐射、增强自然通风、蒸发冷却等被动式降温措施。被动降温技术的效率主要由夏季太阳辐照度、平均温

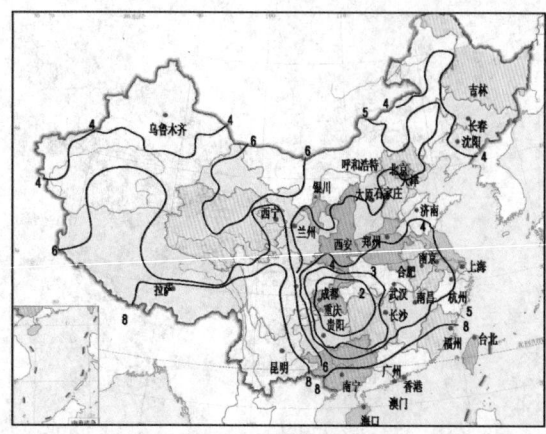

图 9　1月南向辐射温差比等值曲线分布图

度、相对湿度来确定。因此，本规范采用累年7月平均气温和相对湿度作为被动式太阳能建筑降温设计气候分区的指标，见图10、图11。

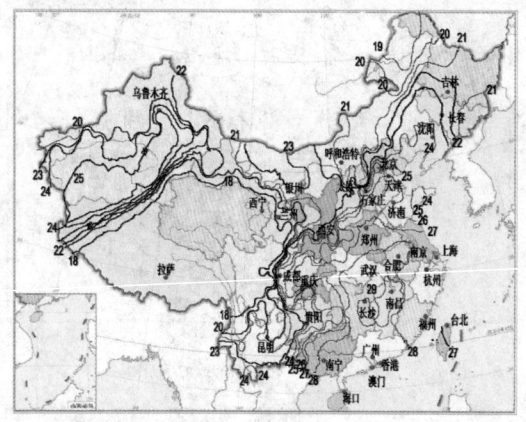

图 10　7月平均干球温度等高线分布图（℃）

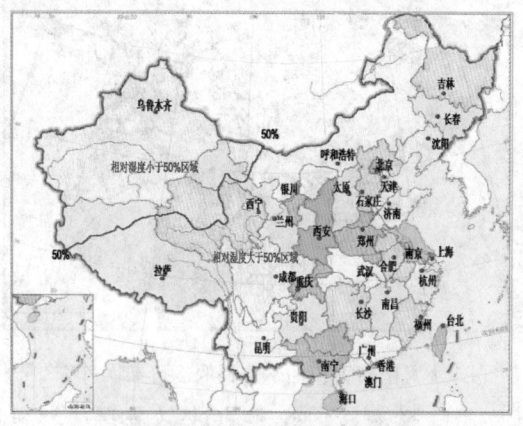

图 11　累年7月相对湿度等于50%分界图（%）

3.0.6 本条文规定被动式太阳能建筑设计应体现学科和专业之间的结合，尤其强调各专业间的相互配合。被动式太阳能建筑技术是多学科、多层面、多技术相融合的综合性工程，在相关技术的实用性、先进性与可操作性等方面需要共享、平衡与集成，才能使设计的被动式太阳能建筑性能发挥得更好。

4　规划与建筑设计

4.1　一般规定

4.1.1 在建筑设计开展之前，应收集与被动式太阳能建筑设计相关的数据，充分掌握建筑所在地区的特征，包括：

　　1 太阳能资源：太阳辐射强度、全年的太阳日照时数、在典型日和时段的太阳高度角等；

　　2 气候条件：全年温度数据、冬季的主导风向及风速、夏季的主导风向及风速、全年的主导风向及风速、全年的采暖度日数和全年的空调度日数等；

　　3 建筑场地环境：建筑周围其他建筑或构筑物、自然地形、植被等的遮挡情况，建筑周围有无水体等；

　　4 能源供应情况：建筑物冬季供暖情况、建筑周围有无可利用的冷热源。

4.1.2 在进行建筑规划设计时，应确保建筑特别是建筑的集热部分有充分的日照时间和强度，以保证建筑充分地利用太阳能。如果一天的日照时数少于4h，太阳能的利用价值会大大下降，因此设计被动式太阳能建筑时应尽可能地利用自然条件，避免因遮挡造成的有效日照时数缩短。拟建建筑向阳面的前方应无固定遮挡，同时应避免周围地形、地物（包括附近建筑物）在冬季对建筑物接收阳光的遮挡。

4.1.3 集热部件和通风口等应与建筑功能和造型有机结合，应有防风、雨、雪、雷电、沙尘以及防火、防震等技术措施。例如集热蓄热墙的玻璃盖板应是部分或全部可开启的，以便定期清扫灰尘，保证集热效率。同时玻璃盖板周边应密封，防止冷风渗透。

4.2　场地与规划

4.2.1 改造和利用现有地形及自然条件，以创造有利于被动式太阳能建筑的外部环境。例如植被在夏季提供阴影，并利用蒸腾作用产生凉爽的空气流；落叶乔木的冬夏变化、水环境的合理设计等。以上措施都能改变建筑的外部热环境。

4.2.2 通常冬季9时至15时之间6h中太阳辐照度值占全天总太阳辐照度的90%左右，若前后各缩短半小时（9∶30～14∶30），则降为75%左右。因此，为在冬季能获得较多的太阳辐射，被动式太阳能建筑日照间距应保证冬至日正午前后4h～6h的日照时间，并且在9时至15时之间没有较大遮挡。

　　冬季防风不仅能提高户外活动空间的舒适度，同时也能减少建筑由冷风渗透引起的热损失。在冬季上风向处，利用地形或周边建筑、构筑物及常绿植被为建筑竖立起一道风屏障，避免冷风的直接侵袭，能有效减少建筑冬季的热损失。有关研究表明，距4倍建筑高度处的单排、高密度的防风林（穿透率为36%），能使风速降低90%，同时可以减少被遮挡建筑60%的冷风渗透量，节约15%的常规能源消耗。设置适当高度、密度与间距的防风林会取得很好的挡风效果。

4.2.3 应在场地规划中优化建筑布局，结合道路、景观等设计，提高组团内的风环境质量，引导夏季季风朝向主要建筑，加快局部风速，降低建筑周边环境温度；另一方面，还要考虑控制冬季局部最大风速以减少冷风渗透。

4.3 形体、空间与围护结构

4.3.1 建筑的体形系数是指建筑与室外大气接触的外表面面积（不包括地面）与其所包围的建筑体积之比。体形系数越大，单位建筑空间散热面积越大，能耗越多。

4.3.2 当接收面面积相同时，由于方位的差异，其各自所接收到的太阳辐射也不相同。假设朝向正南的垂直面在冬季所能接收到的太阳辐照量为100%，其他方向的垂直面所能接收到的太阳辐照量如图12所示。从图中看出，当集热面的方位角超过30°时，其接收到的太阳辐照量就会急剧减少。因此，为了尽可能多地接收太阳辐射，应使建筑的主要朝向在偏离正南±30°夹角以内。最佳朝向是南向，以及南偏东或西15°范围。超过了这一范围，不但影响冬季被动式太阳能采暖效果，而且会造成其他季节室内过热的现象。

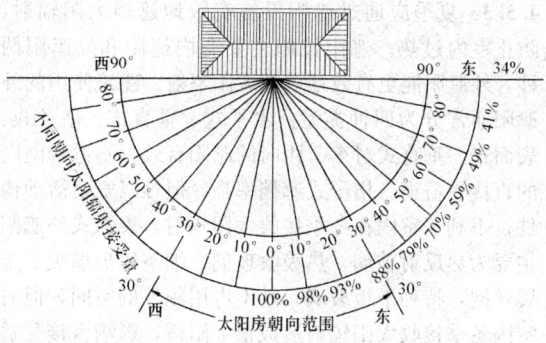

图12　不同方向的太阳辐照量

4.3.3 根据《建筑采光设计标准》GB/T 50033，一般单侧采光时房间进深不大于窗上口至地面距离的2倍，双侧采光时进深可较单侧采光时增大一倍，如图13所示。

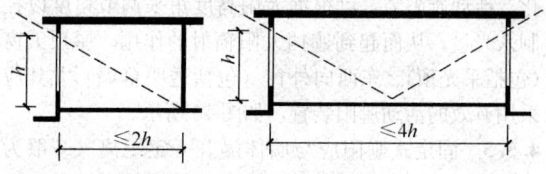

图13　进深与采光方式的关系

4.3.4 所谓功能分区就是指将空间按不同功能要求进行分类，并根据它们之间联系的密切程度加以组合、划分。

对居住建筑进行功能分区时，应注意以下原则：

1 布置住宅建筑的房间时，宜将老人用房布置在南偏东侧，在夏天可减少太阳辐射得热，冬天又可获得较多的日照；儿童用房宜南向布置；由于起居室主要在晚上使用，宜南向或南偏西布置，其他卧室可朝北；厕所、卫生间及楼梯间等辅助用房朝北或朝西均可。

2 门窗洞口的开启位置除有利于提高居室的面积利用率与合理布置家具外，宜有利于组织穿堂风，避免"口袋屋"形平面布局。

3 厨房和卫生间进出排风口的设置要避免强风时的倒灌现象和油烟等对周围环境的污染。

4.3.5 墙体、地面应采用比热容大的材料，如砖、石、密实混凝土等。条件许可时可设置专用的水墙或相变材料蓄热。

随着技术的发展，特别是节能的影响，国际照明委员会编写了《国际采光指南》，为设计提供了设计依据和标准。通过降低北向房间层高，利用晴天采光计算方法进行采光设计，约可减小15%的开窗面积。

在建筑的外门口加设防风门斗，可减少冷风进入室内，使室内热环境更为舒适。防风门斗的设置，首先要考虑门的朝向。我国北方地区部分建筑为了充分利用南向房间，把外门（多数为单元门）朝北向开，以致在外门敞开或损坏的情况下，北风大量灌入。因此，在加设门斗时，宜将门斗的入口转折90°。转为朝东，以避开冬天主要风向——北向和西北向，减少寒风吹袭。其次，还要考虑门斗的尺寸大小。门斗后应至少有1.2m～1.8m的空间，门斗应该密封良好。

4.3.6 风的出口和入口的大小影响室内空气流速，出风口面积小于进风口面积，室内空气流速增加；出风口面积大于进风口面积，室内空气流速降低，如图14所示。因此建筑在主导风向迎风面开窗面积，不应小于背风面上的开窗面积，以增加室内的空气流动。

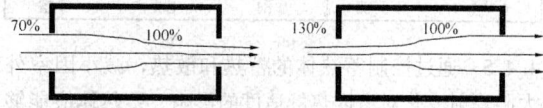

图14　风的出口和入口的相对大小
对室内空气流速的影响

4.4 集热与蓄热

4.4.1 被动式太阳能采暖按照南向集热方式分为直接受益式、集热蓄热墙式、附加阳光间式、对流环路式等基本集热方式，可根据使用情况采用其中任何一种基本方式。但由于每种基本形式各有其不足之处，如直接受益式易产生过热现象，集热蓄热墙式构造复杂，操作稍显繁琐，且与建筑立面设计难于协调。因此在设计中，建议采用两种或三种集热方式相组合的复合式太阳能采暖。

4.4.2 直接受益窗的形式有侧窗、高侧窗、天窗三种。在相同面积的情况下，天窗获得的太阳辐照量最多；同样，由于热空气分布在房间顶部，通过天窗对外辐射散失的热量也最多。一般的天窗玻璃、保温板很难保证天窗全天热收支盈余，因此，直接受益窗多选用侧窗、高侧窗两种形式。应用天窗时应进行热工计算，确保天窗全天热收支盈余。

4.4.3 采用集热蓄热墙时，空气间层宽度宜取其垂直高度的1/20～1/30。集热蓄热墙空气间层宽度宜为80mm～100mm。对流风口面积一般取集热蓄热墙面积的1%～3%，集热蓄热墙风口可略大些，对流风口面积等于空气间层截面积。风口形状一般为矩形，宜做成扁宽形。对于较宽的集热蓄热墙可将风口分成若干个，在宽度方向均匀布置。上下风口垂直间距应尽量拉大。

夏天为避免热风从集热蓄热墙上风口进入室内应关闭上风口，打开空气夹层通向室外的风口，使间层中热空气排入大气，并可辅之以遮阳板遮挡阳光的直射。但必须合理地设计以避免其冬天对集热蓄热墙的遮挡。

4.4.4 常用蓄热材料的热物理参数见表1。

表1 常用蓄热材料的热物理参数

材料名称	表观密度 ρ_0 kg/m³	比热 c_p kJ/ (kg·℃)	容积比热 $y \cdot c_p$ kJ/ (m³·℃)	导热系数 λ W/ (m·K)
水	1000	4.20	4180	2.10
砾石	1850	0.92	1700	1.20～1.30
砂子	1500	0.92	1380	1.10～1.20
土（干燥）	1300	0.92	1200	1.90
土（湿润）	1100	1.10	1520	4.60
混凝土砌块	2200	0.84	1840	5.90
砖	1800	0.84	1920	3.20
松木	530	1.30	665	0.49
硬纤维板	500	1.30	628	0.33
塑料	1200	1.30	1510	0.84
纸	1000	0.84	837	0.42

4.4.5 通过控制蓄热体的蓄热和散热，减小因室外太阳辐射变化对室内热舒适度的影响。蓄热体能够直接而又长时间地接收太阳辐射，因为要储存同样数量的太阳辐射热量，非直接照射所需的蓄热体体积要比直接照射的蓄热体大4倍。

根据建筑整体的热收支、蓄热体位置、蓄热体表面性质和蓄热材料来决定蓄热体的厚度和面积，建议采用以下厚度的蓄热墙：土坯墙200mm～300mm，黏土砖墙240mm～360mm，混凝土墙300mm～400mm，水墙150mm以上。半透明或透明的水墙可应用于建筑的门厅，在创造柔和的光环境的同时储存

太阳热能，减小室温波动。采用直接受益窗时，蓄热体的表面积占室内总表面积的1/2以上为宜。

4.4.6 蓄热体可以是建筑构件本身，也可以另外设置。蓄热体设在容易接收太阳照射的位置，其位置如图15所示。

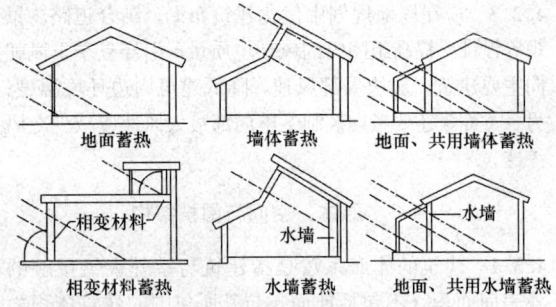

地面蓄热　墙体蓄热　地面、共用墙体蓄热

相变材料蓄热　水墙蓄热　地面、共用水墙蓄热

图15 蓄热体的位置

4.5 通风降温与遮阳

4.5.1 附加阳光间室内阳光充足可作多种生活空间，也可作为温室种植花卉，美化室内外环境；阳光间与相邻内层房间之间的关系变化比较灵活，既可设砖石墙，又可设落地门窗或带槛墙的门窗，适应性较强。附加阳光间的冬季通风也很重要，因为种植植物等原因，阳光间内湿度较大，容易出现结露现象。夏季可以利用室外植物遮阳，或安装遮阳板、百叶帘，开启甚至拆除玻璃扇来达到通风降温目的。

4.5.2 采用天井、楼梯、中庭等自然通风措施时应满足相关防火规范的要求。

4.5.3 夏季应通过遮阳设施有效地遮挡太阳辐射，防止室内过热。遮阳设施主要有内遮阳和外遮阳两种，外遮阳能更有效地遮挡太阳辐射。建筑使用的外遮阳通常分为四种类型：水平式、垂直式、格子式、表面式。垂直式对东、西向的遮阳有效，不适合南向的直接受益窗。格子式遮挡率高，但难以安装活动构件，不利于室内在冬季接收太阳辐射。表面式外遮阳主要为热反射玻璃、热吸收玻璃、细条纹玻璃板、金属丝网，特种平板玻璃，其不占用额外的空间，但对室内冬季接收太阳辐射造成很大阻碍，影响直接受益窗的集热效果。水平式对南向窗户遮阳效果最佳，适合直接受益窗的夏季遮阳。水平式外遮阳又分为固定遮阳和活动遮阳。附加阳光间的夏季遮阳设置与直接受益窗相同。

4.5.4 由于太阳方位角在一天中随着太阳的运动而变化，活动遮阳装置可根据太阳高度角来调节角度以控制入光量，从而起到遮挡太阳辐射的作用。屋顶天窗（包括采光顶）、东西向外窗（包括透明幕墙）尤其应采用有效的活动遮阳装置，如图16所示。

4.5.5 固定式遮阳应与墙体隔开一定距离（一般为100mm），目的是使大部分热空气沿墙排走，起到散热的作用。

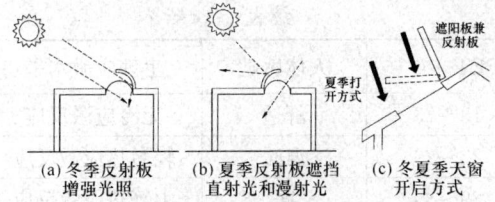

(a) 冬季反射板
增强光照　(b) 夏季反射板遮挡
直射光和漫射光　(c) 冬夏季天窗
开启方式

图16　天窗的活动遮阳

4.5.6 建筑物的最佳活动遮阳装置为落叶乔木。树叶随气温的变化萌发、生长和凋零,茂盛的枝叶可以阻挡夏季灼热的阳光,而冬季温暖的阳光又会透过光秃的枝条射入室内。植物遮阳费用低,且有利于改善和净化建筑周围环境。

4.5.7 建筑南面栽种的落叶乔木虽然在夏季可以起到良好的遮荫作用,但是在冬季干秃的枝干也会遮挡30%～60%的阳光。所以,建筑南面的树木高度最好总是控制在太阳能采集边界的高度以下,既可以遮挡夏季阳光,又可以在冬季让阳光照射到建筑的南墙面上。

4.6　建　筑　构　造

4.6.1 门窗的气密性能和绝热性能是提高太阳能利用率的重要因素,平开窗的气密性好,因此宜优先采用平开窗。冬季夜晚通过窗户大约会损失50%的热量,所以在以冬季采暖为主的地区的建筑上安装了节能窗后还必须对窗户采取保温措施,表2给出了6种窗户的活动保温装置。

表2　外窗活动保温装置

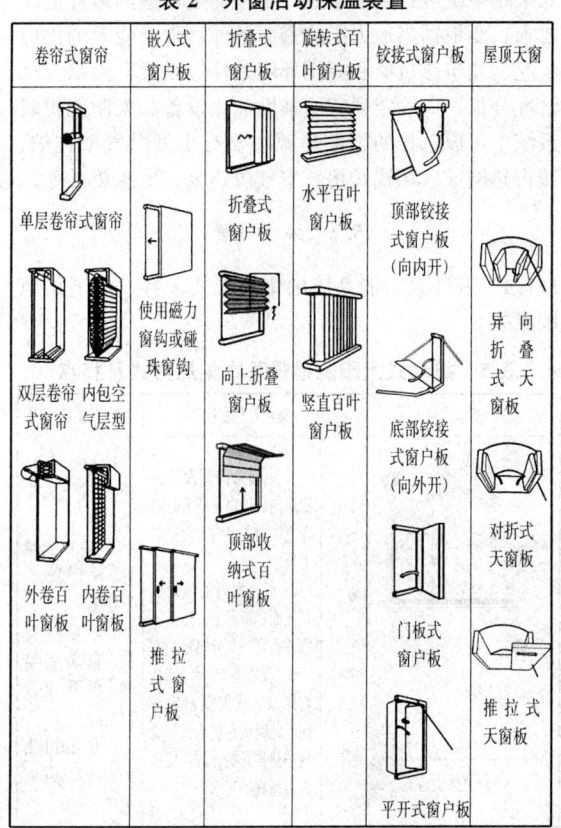

卷帘式窗帘	嵌入式窗户板	折叠式窗户板	旋转百叶窗户板	铰接式窗户板	屋顶天窗
单层卷帘式窗帘	使用磁力窗钩或碰珠窗钩	折叠式窗户板 向上折叠窗户板	水平百叶窗户板 竖直百叶窗户板	顶部铰接式窗户板 (向内开) 底部铰接式窗户板 (向外开)	异向折叠式天窗板
双层卷帘式窗帘　内包空气层型					对折式天窗板
外卷百叶窗帘　内卷百叶窗帘	推拉式窗户板	顶部收纳式百叶窗板	门板式窗户板 平开式窗户板		推拉式天窗板

4.6.2 在以采暖为主地区,合理加大窗格尺寸,在满足通风的前提下,缩小开启扇,减少窗框与窗扇的自身遮挡,可获得更多的太阳光。

4.6.3 主动式太阳能供暖应与被动式太阳能建筑统一设计、施工、管理,以减少初投资和运行费用。多层、高层建筑应考虑集热装置、构件的更换和清洁。例如非上人坡屋面考虑日后更换集热板的搭梯口和维修通道,集热器表面设置自动清洗积灰装置等。

4.7　建筑设计评估

4.7.1 被动式太阳能建筑除必须遵守建筑现行相关设计、施工规范、规程之外,还有其他的特殊要求,所以应在规划设计、建筑设计和系统设计方案阶段的设计文件节能专篇中,对被动式太阳能建筑技术进行同步说明。在施工图设计文件中除应对被动式太阳能建筑的施工与验收、运行与维护等技术要求进行说明外,特别应对特殊构造部位(例如集热蓄热墙、夹心墙、保温隔热层、防水等部位)和重点施工部位,以及重要材料或非常规材料,如透光材料、蓄热材料以及非定型构件、防水材料的铺设等技术验收要求进行说明。

对被动式太阳能建筑的舒适性和节能率进行评估的目的是为了保证在任何天气情况下都能满足人们对热舒适性的基本需求。由于被动式太阳能建筑采暖受室外天气影响,其热性能具有不确定性,而太阳能贡献率不可能达到100%,因此,在连阴天、下雪天、下雨天等特殊时期,为保证室内的设计温度,配置合适的辅助供暖系统是有必要的。

4.7.2 太阳能贡献率是对被动式太阳能建筑性能进行评价的重要指标,体现了在设计过程中被动式太阳能采暖降温技术的应用水平。在计算各太阳能资源区划对应地区被动式太阳能建筑的太阳能贡献率最低限值时,太阳能集热部件的热效率应高于30%。

由于太阳能贡献率与建筑的耗热量指标密切相关,所以室内设计温度至关重要。根据我国国情及冬季人体可接受的舒适性温度下限值,当只采取被动式措施时,被动式太阳能建筑的室内设计温度设为13℃;当同时采用主被动式采暖措施时,室内设计温度应达到16℃～18℃。下面选取北京市为例,给出太阳能贡献率的计算过程。

选取北京地区某四单元五层居住建筑,建筑朝向为南北向,按照北京市居住建筑节能65%标准选择围护结构的墙体材料、厚度及窗户类型。建筑信息见表3。被动式太阳能建筑在与参照建筑相同的建筑类型、建筑面积与围护结构基础上,增加被动式太阳能采暖措施。

表 3 建 筑 信 息

建筑类型	建筑外形尺寸 长度×进深×高度 (m)	体形系数	建筑面积 (m²)	围护结构传热系数 W/(m²·K)			
				外墙	屋顶	地面	窗户
多层	41×14.04×14.45	0.264	2328.8	0.6	0.6	0.5	2.8

1 围护结构的传热耗热量

假设采取主被动式采暖措施，室内设计温度设为16℃，北京市采暖期室外空气平均温度为－1.6℃，依次代入各围护结构的传热系数及面积，则依照本规范式（D.0.4）可计算得单位建筑面积围护结构的传热耗热量为 12.88W/m²。

2 空气渗透耗热量

根据北京市新颁布的《居住建筑节能设计标准》，冬季室内的换气次数取 0.5 次/h，代入公式（D.0.5）计算得出 q_{INF} 为 5.58W/m²。

3 参照建筑的耗热量

依照《居住建筑节能设计标准》，北京市采暖期天数取为 129d，则参照建筑的采暖期内单位面积的总耗热量按公式（D.0.3）计算得 163.39MJ/m²。

4 根据附录 C，查得北京地区垂直南向面的总日射月平均日辐照量，计算得知采暖期内垂直南向面上总日射辐照量为 1834.38MJ/m²。

5 假设在参照建筑的南向垂直面上安装太阳能空气集热器，根据参照建筑的南墙面积及南向窗墙比计算得知，南向垂直面的可利用最大集热面积为 338m²，集热面积可达到建筑面积的 14.5%。在这里集热器热效率、集热面积占总建筑面积比例分别取下限值为 30% 和 10%，则依据公式（D.0.2）计算得采暖期内单位建筑面积净太阳辐射得热量 Q_u 为 55.03MJ/m²。

6 太阳能贡献率

利用以上计算数据，参照公式（D.0.1）计算得太阳能贡献率 f 为 33.68%。

4.7.3 从表 4 可以看出，在 13℃～18℃之间人体感觉微凉，会产生轻微冷应激反应。采用被动式太阳能技术措施的目的是节能减排，不能保证满足人体的舒适要求；主动式太阳能技术和常规采暖降温技术，能充分达到舒适度的要求。因此室内采暖计算温度取13℃，能满足人体的耐受要求。

表 4 PET 及相应人体热感觉

PET（℃）	人体感觉	生理应激水平
<4	很冷	极端冷应激反应
4～8	冷	强烈冷应激反应
8～13	凉	中等冷应激反应
13～18	微凉	轻微冷应激反应

续表 4

PET（℃）	人体感觉	生理应激水平
18～23	舒适	无冷应激反应
23～29	温暖	轻微热应激反应
29～35	暖	中等热应激反应
35～41	热	强烈热应激反应
>41	很热	极端热应激反应

南方大部分地区夏季高温高湿气候居多，同时无风日也较多，室内温度过高，人会觉得闷热难耐，因此室内温度的取值略低于北方地区。另外，通过对南、北方一些夏季较炎热的主要城市典型气候年夏季室外温度变化数据的统计分析可知，南方地区平均日温差为 7℃左右，北方地区为 9℃左右，都具有夜间自然通风降温的潜力。

5 技术集成设计

5.1 一 般 规 定

5.1.1 本条是针对进行被动式太阳能建筑设计给出的总的设计原则。

5.1.2 对于被动式太阳能建筑采暖，在阴天和夜间不能保证室内基本热舒适度要求时，应采用其他主动式采暖系统进行辅助采暖，来保证建筑室内热舒适度要求。要根据当地太阳能资源条件、常规能源的供应状况、建筑热负荷和周围环境条件等因素，做综合经济性分析，以确定适宜的辅助加热设备。太阳能供暖系统中可以选择的辅助热源主要有小型燃气壁挂炉、城市热网或区域锅炉房、空气源热泵、地源热泵等。

5.2 采   暖

5.2.1 五种太阳能系统的集热形式、特点和适用范围见表 5。

表 5 被动式太阳能建筑基本集热方式及特点

基本集热方式	集热及热利用过程	特点及适应范围
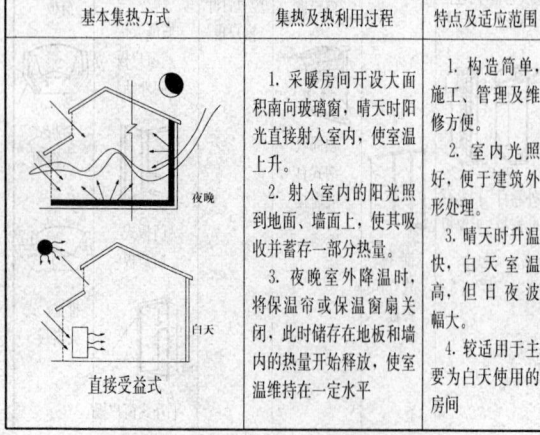 直接受益式	1. 采暖房间开设大面积南向玻璃窗，晴天时阳光直接射入室内，使室温上升。 2. 射入室内的阳光照到地面、墙面上，使其吸收并蓄存一部分热量。 3. 夜晚室外降温时，将保温帘或保温窗扇关闭，此时储存在地板和墙内的热量开始释放，使室温维持在一定水平	1. 构造简单，施工、管理及维修方便。 2. 室内光照好，便于建筑外形处理。 3. 晴天时升温快，白天室温高，但日夜波幅大。 4. 较适用于主要为白天使用的房间

基本集热方式	集热及热利用过程	特点及适应范围
 集热蓄热墙式	1. 在采暖房间南墙上设置带玻璃外罩的吸热墙体，晴天时直接受阳光照射。 2. 阳光透过玻璃外罩照到墙体表面使其升温，并将间层内空气加热。 3. 供热方式：被加热的空气靠热压经上下风口与室内空气对流，使室温上升；受热的墙体传热至内墙面，夜晚以辐射和对流方式向室内供热	1. 构造比直接受益式复杂，清理及维修稍困难。 2. 晴天时室内升温较直接受益式慢。但由于蓄热体可在夜晚向室内供热，日夜波幅小，室温较均匀。 3. 适用于全天或主要为夜间使用的房间，如卧室等
 附加阳光间式	1. 在带南窗的采暖房间外用玻璃等透明材料围合成一定的空间。 2. 阳光透过大面积透光外罩，加热阳光间空气，并照射到地面、墙面上，使其吸收和储存一部分热能；一部分阳光可直接射入采暖房间。 3. 供热方式：靠热压经上下风口与室内空气循环对流，使室温上升；受热墙体传热至内墙面，夜晚以辐射和对流方式向室内供热	1. 材料用量大，造价较高。但清理、维修较方便。 2. 阳光间内晴天时升温快温度高，但日夜温差大。应组织好气流循环，向室内供热，否则易产生白天过热现象。 3. 阳光间内可放置盆花，具有观赏、娱乐、休息等多种功能；也可作为入口兼起冬季室内外空间缓冲区的作用
 蓄热屋顶式	1. 冬季采暖季节，晴天白天打开盖板，将蓄热体暴露在阳光下，吸收热量；夜晚盖上隔热板保温，使白天吸收了太阳能的蓄热体释放热量，并以辐射和对流的形式传到室内。 2. 夏季白天盖上隔热板，阻止太阳能通过屋顶向室内传递热量，夜间移去隔热板，利用天空辐射、长波辐射和对流换热等自然传热过程降低屋池内蓄热体的温度从而达到夏天降温的目的	1. 适合冬季不太寒冷且纬度低的地区。 2. 要求系统中隔热板的热阻大，且封装蓄热材料容器的密闭性好。 3. 使用相变材料，可提高热效率

基本集热方式	集热及热利用过程	特点及适应范围
 对流环路式	1. 系统由太阳能集热器和蓄热体组成。 2. 集热器内被加热的空气，借助于温差产生的热压直接送入采暖房间，也可送入蓄热材料储存热量，在需要时向房间供热	1. 构造较复杂，造价较高。 2. 集热和蓄热量大，蓄热体的位置合理，能获得好的室内热环境。 3. 适用于有一定高差的南向坡地建筑

5.2.2 这几种基本集热方式具有各自的特点和适用性，对起居室（堂屋）等主要在白天使用的房间，为保证白天的用热环境，宜选用直接受益窗或附加阳光间。对于以夜间使用为主的房间（卧室等），宜选用具有较大蓄热能力的集热蓄热墙。常用的蓄热材料分为建筑类材料和相变类化学材料。建筑类蓄热材料包括土、石、砖及混凝土砌块，室内家具（木、纤维板等）也可作为蓄热材料，其性能见表1。水的比热容大，且无毒、价廉，是最佳的显热蓄热材料，但需有容器。鹅卵石、混凝土、砖等蓄热材料的比热容比水小得多，因此在蓄热量相同的条件下，所需体积就要大得多，但这些材料可以作为建筑构件，不需额外容器。在建筑设计中选用太阳能集热方式时，还应根据建筑的使用功能、技术及经济的可行性来确定。

5.2.3 为了获得更多的太阳辐射，南向集热窗的面积应尽可能大，但同时需要避免产生过热现象及减少外窗的传热损失，要确定合理的窗口面积，同时做好夜间保温。

能耗软件动态模拟结果表明，随着窗墙比的增大，采暖能耗逐渐降低。当南向集热窗的窗墙面积比大于50%后，单位建筑面积采暖能耗量的减少将趋于稳定，但随着窗户面积的增大，通过窗户散失的热量也会增大，因此，规定南向集热窗的窗墙面积比取50%较为合适。

5.2.4 集热蓄热墙是在玻璃与它所供暖的房间之间设置蓄热体。与直接受益窗比较，由于其良好的蓄热能力，室内的温度波动较小，热舒适性较好。但是集热蓄热墙系统构造较复杂，系统效率取决于集热蓄热墙的蓄热能力、是否设置通风口以及外表面的玻璃性能。经过分析计算，在总辐射强度大于 $300W/m^2$ 时，有通风孔的实体墙式效率最高，其效率较无通风孔的实体墙式高出一倍以上。集热效率的大小随风口面积与空气间层截面面积的比值的增大略有增加，适宜比值为 0.80 左右。集热蓄热墙表面的玻璃应具有良好的透光性和保温性。

5.2.5 附加阳光间增加了地面部分为蓄热体，同时减少了温度波动和眩光。当共用墙上的开孔率大于15%时，附加阳光间内的可利用热量可通过空气自然循环进入采暖房间。采用附加阳光间集热时，应根据设定的太阳能节能率确定集热负荷系数，选取合理的玻璃层数和夜间保温装置。阳光间进深加大，将会减少进入室内的热量，热损失增加。

5.2.6 蓄热屋顶兼有冬季采暖和夏季降温两种功能，适合冬季不甚寒冷，而夏季较热的地区。用装满水的密封塑料袋作为蓄热体，置于屋顶顶棚之上，其上设置可水平拉开闭的保温板。冬季白天晴天时，将保温板敞开，水袋充分吸收太阳辐射热，其所蓄热量通过辐射和对流传至下面房间。夜间则关闭保温板，阻止向外的热损失。夏季保温板启闭情况则与冬季相反。白天关闭保温板，隔绝阳光及室外热空气，同时水袋吸收房间内的热量，降低室内温度，夜晚则打开保温板，使水袋冷却。保温板还可根据房间温度、水袋内水温和太阳辐照度，实现自动调节启闭。

5.2.7 对流环路板的传热系数宜小于2；蓄热材料多为石块，石块的最佳尺寸取决于石床的深度，蓄热体接受集热器空气流的横断面面积宜为集热器面积的50%～75%；在集热器中设置防止空气反向流动的逆止风门或者集热器安装位置低于蓄热体的位置都能有效防止空气反向气流。

5.2.8 在利用太阳能采暖的房间中，为了营造良好的室内热环境，可采用砖、石、密实混凝土、水体或相变蓄热材料作为建筑蓄热体。蓄热体可按以下原则设置：

1）设置足够的蓄热体，防止室内温度波动过大。

2）蓄热体应尽量布置在能受阳光直接照射的地方。参考国外的经验，单位集热蓄热墙面积，宜设置（3～5）倍面积的蓄热体。如采用直接受益窗系统时，包括地面在内，最好蓄热体的表面积在室内总面积的50%以上。

5.3 通 风

5.3.1 建筑室内通风是提高室内空气质量、改善室内热环境的重要措施。目前建筑外窗设计中，尽管外窗面积有越来越大的趋势，但外窗的可开启面积却逐渐减少，甚至达不到外窗面积30%的要求。在这种外窗开启面积下创造一个室内自然通风良好的热环境是不可能的。为保证居住建筑室内的自然通风环境，提出本条规定是非常必要和现实的。

5.3.2 自然通风是我国南方地区防止室内过热的有效措施。为了达到空气品质与节能的平衡而对房间通风口的面积作出规定，以在满足改善室内热环境条件、室内卫生要求的同时，达到节约能源的目的。自

然通风口净面积 S_f 的确定主要根据以下理由：

热压通风口的面积与进排风口的垂直距离、室内外的温差、房间面积密切相关。表6给出了房间面积为 $18m^2$、夏季空调时段室内温度为 $26℃$ 时，不同的上下通风口垂直距离 H、不同的室内外温差 Δt 下的进排风口的面积 F。图17给出了单个通风口面积与上下通风口的垂直距离、室内外温差的关系。

表6 不同的上下通风口垂直距离 H、不同的室内外温差 Δt 下的进排风口的面积 F（m^2）

Δt（℃）＼H（m）	1	1.2	1.4	1.6	1.8	2	2.2	2.4
6	0.032	0.029	0.027	0.025	0.024	0.023	0.022	0.021
8	0.028	0.025	0.024	0.022	0.021	0.02	0.019	0.018
10	0.025	0.023	0.021	0.02	0.019	0.018	0.017	0.016
12	0.023	0.021	0.019	0.018	0.017	0.016	0.015	0.015
14	0.02	0.018	0.017	0.016	0.015	0.014	0.013	0.013

当房间面积 $A \neq 18m^2$ 时，单个通风口的面积 F' 可按下式计算：

$$F' = nF \qquad (1)$$

式中：n——修正系数，$n = A/18$；

A——实际房间面积（m^2）。

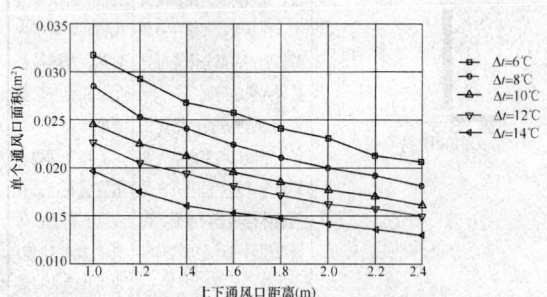

图17 单个通风口面积与上下通风口垂直距离、室内外温差的关系曲线

5.4 降 温

5.4.1 夏季室内过热除了建筑室外热作用外，室内热源散热也是一个重要的因素，因此，控制室内热源散热是非常重要的降温措施。

5.4.2 太阳辐射通过窗户进入室内的热量是造成夏季室内过热的主要原因，特别是别墅或跃层式建筑在外窗设计时采用连通两层的通窗，其建筑窗墙面积比过大，不利于夏季建筑的隔热。为此，对天窗的节能设计也作了规定。

5.4.3 生态植被绿化屋面不仅具有优良的保温隔热性能，也是集环境生态效益、节能效益和热环境舒适效益为一体的屋顶形式，适用于夏热冬冷地区、夏热冬暖地区与温和地区。

屋面多孔材料被动式蒸发冷却降温技术是利用水分蒸发消耗大量的太阳热量，以减少传入建筑的热量，在我国南方实际工程应用中有非常好的隔热降温效果。

5.4.4 采用浅色饰面材料的围护结构外墙面，在夏季能反射较多的太阳辐射，从而能降低外墙内表面温度；当无太阳直射时，能将围护结构内部在白天所积蓄的太阳辐射热较快地向天空辐射出去。

活动外遮阳装置应便于操作和维护，如外置活动百叶窗、遮阳帘等。外遮阳措施应避免对窗口通风产生不利影响。

5.4.5 建筑物外、内遮阳宜采用活动式遮阳，可以随季节的变化，或一天中时间的变化和天空的阴暗情况进行调节，在不影响自然通风、采光、视野的前提下冬季争取日照，遮阳设施应注意窗口向外眺望的视野以及它与建筑立面造型之间的协调，并且力求遮阳系统构造简单。

5.4.7 在夏季夜间或室外温度较低时，利用室外温度较低的空气进行通风是建筑降温、降低能耗的有效措施。穿堂风是我国南方地区传统建筑解决潮湿闷热和通风换气的主要措施，不论是在住宅群体的布局上，或是在单个住宅的平面与空间构成上，都应注重穿堂风的利用。

建筑与房间所需要的穿堂风应满足两个要求，即气流路线应流过人的活动范围；建筑群及房间的风速应 ≥ 0.3m/s。

在烟囱效应利用和风塔设计时应科学、合理地利用风压和热压，处理好在建筑的迎风面与背风面形成的风压差，注重通风中庭和通风烟囱在功能与建筑构造、建筑室内空间的结合。

6 施工与验收

6.1 一般规定

6.1.1 本条强调被动式太阳能建筑验收应符合的国家规范。

6.1.2 被动式太阳能建筑竣工后，主要通过包括热性能评价（通过太阳能贡献率衡量）、经济评价（被动式太阳能建筑节能率衡量）、相对于参照建筑的辅助热量、年节约的标煤量、年节能收益及投资回收年限等指标对其进行验收。

6.2 施 工

6.2.1 被动式太阳能建筑施工安装不能破坏建筑的结构、屋面防水层和附属设施，确保建筑在寿命期内承受荷载的能力。

1 太阳能集热部件施工

集热部件主要包括直接受益窗、空气集热器、附

加阳光间等。这些部件的框架宜采用隔热性能好，对框扇遮挡少的材料，最大限度地接收太阳辐射，满足保温隔热要求。直接受益窗、空气集热器等部件的安装，应采用不锈钢预埋件、连接件，如非不锈钢件应做镀锌防腐处理。连接件每边不少于 2 个，且不大于 400mm。为防止在使用过程中由于窗缝隙及施工缝造成冷风渗透，边框与墙体间缝隙应用密封胶填嵌饱满密实，表面平整光滑，无裂缝，填塞材料、方法符合设计要求。窗扇应嵌贴经济耐用、密封效果好的弹性密封条。

2 屋面施工顺序及施工方法

被动式太阳能建筑屋面保温做法有两种形式，一种是平屋顶屋面保温，另一种是坡屋顶屋面保温。

1) 平屋顶施工顺序及施工方法

平屋顶施工顺序是：屋面板、找平层、隔汽层、保温层、找坡层、找平层、防水层、保护层。

保温层一般采用板状保温材料或散状保温材料，厚度根据当地的纬度和气候条件决定。在保温层上按 600mm×600mm 配置 φ6 钢筋网后做找平层；散状保温材料施工时，应设加气混凝土支撑垫块，在支撑垫块之间均匀地码放用塑料袋包装封口的散状保温材料，厚度为 180mm 左右，支撑垫块上铺薄混凝土板。其他做法与一般建筑相同。

2) 坡屋顶施工顺序及施工方法

坡屋顶屋面一般坡度为 26°～30°。屋面基层的构造通常有三种：①檩条、望板、顺水条、挂瓦条；②檩条、椽条、挂瓦条；③檩条、椽条、苇箔、草泥。

坡屋顶屋面保温一般采用室内吊顶。吊顶方法很多，有轻钢龙骨吊纸面石膏板或吸声板、木方龙骨吊PVC 板或胶合板、高粱秆抹麻刀灰等。保温材料有袋装珍珠岩、岩棉毡等。

3 地面施工方法

被动式太阳能建筑地面除了具有普通房屋地面的功能以外，还具有蓄热和保温功能，由于地面散失热量较少，仅占房屋总散热量的 5% 左右，因此，被动式太阳能建筑地面与普通房屋的地面稍有不同。其做法有两种：

1) 保温地面法

素土夯实，铺一层油毡或塑料薄膜来防潮。铺 150mm～200mm 厚干炉渣用来保温。铺 300mm～400mm 厚毛石、碎砖或砂石用来蓄热，按常规方法做地面。

2) 防寒沟地面法

在房屋基础四周挖 600mm 深，400mm～500mm 宽的沟，内填干炉渣保温。

6.2.2～6.2.4 施工前应熟悉被动式太阳能建筑的全套施工图纸，在确定施工方案时要着重确定各主要部件、节点的施工方法和施工顺序，在材料的选择和采购中，应该注意以下问题：

1 保温材料性能指标应符合设计要求；

2 为确保保温材料的耐久和保温性能，其含水率必须严格控制，如果设计无要求时，应以自然风干状态的含水率为准；吸水性较强的材料必须采取严格的防水防潮措施，不宜露天存放；

3 保温材料进场所提供的质量证明文件应包括其技术指标；

4 选用稻壳、棉籽壳、麦秸等有机材料作保温材料时，应进行防腐、防蛀、防潮处理；

5 板状保温材料在运输及搬运过程中应轻拿轻放，防止损伤断裂，缺棱掉角，以保证板的外形完整；

6 吸热、透光材料应按设计要求选用，无设计要求时，按下列指标选用：吸热体材料，如铁皮、铝板的厚度应该不小于 0.05mm；纤维板、胶合板的厚度应该不小于 3mm；透光材料，如玻璃厚度不小于 3mm；

7 对集热材料、蓄热材料的使用有特殊设计要求时，施工中应严格执行保证措施；使用蓄热材料、化学材料应有相应的防水、防毒、防潮等安全措施。

6.2.5 本条根据被动式太阳能建筑构造区别于普通建筑的情况，强调指出被动式太阳能建筑在外围护结构的构造及其施工过程中的要求。

6.3 验 收

6.3.2 本条强调被动式太阳能建筑系统工程相对复杂，所以在验收时必须进行系统调试，以确保系统正常运行。

7 运行维护及性能评价

7.1 一般规定

7.1.1 编制用户使用手册的目的是使用户能够借助本手册，了解被动式太阳能系统、装置的作用及如何通过被动式调节手段，营造适宜的室内环境，减少对常规能源的依赖。

7.1.2 不同的被动式太阳能建筑类型，其使用功能和时间都有所不同，根据具体情况制定相应的维护管理措施是非常必要的。

7.1.3 被动式太阳能建筑是具有超低能耗特征的建筑形式。对这类特殊建筑进行性能评价是为了更好地了解被动式设计策略的有效性，对其技术经济综合性能、节能率等进行评价以及为辅助能源系统设计提供参考依据。

7.2 运行与管理

7.2.1 对被动式太阳能建筑系统进行定期检查维护是十分必要的。

1 附加阳光间和集热部件的密封状况直接影响太阳能的利用效率，所以必须对其进行定期密封检查，确保集热部件的正常使用。对流换热式集热蓄热构件是通过集热构件上下通风孔的热空气循环达到采暖目的的，如果通风孔内堆满杂物，热空气无法流动，则会降低甚至失去采暖效果。

2 由于热质材料的衰减和延迟特性，热质蓄热地面白天通过窗户吸收太阳辐射热，所吸收的热量在夜间释放出来，起到抑制室温波动的作用。如果地面有其他覆盖物会影响热质蓄热地面的蓄放热效果。

3 气流通道受阻，会直接影响自然通风效果，甚至完全失去自然通风作用，从而影响室内空气品质和自然通风降温效果。

4 冬季，可调节天窗能起到增强室内天然采光、控制太阳辐射、调节室内换气次数等作用；夏季和过渡季节，可调节天窗可诱导自然通风避免室内过热。因此有必要定期检查天窗调节部件，确保其开关正常，充分发挥可调节天窗的优势。

5 集热部件外表面涂有吸收率高的深色无光涂层，若表面覆盖灰尘，集热效率就会大幅度下降。所以应对蓄热装置定期进行系统检查与清洁，确保灰尘、杂质等不会影响其蓄热性能。

6 蓄热屋顶的屋面、蓄热水箱、保温板如有破损，势必会降低屋顶的蓄热能力，而且屋顶很可能出现漏水、渗水现象。

7.3 性能评价

7.3.1 建筑建造和运行成本是指建筑材料的生产、建筑规划、设计、施工、运行维护过程花费的费用。环境影响的评价包括以下几个方面：资源、能源枯竭、沙漠化、温室效应、城市热岛、土壤污染、臭氧层破坏、对生态系统的恶劣影响等。

附录 B 全国部分代表性城市采暖期日照保证率

采暖期日照保证率（f_{ss}）按下式计算：

$$f_{ss} = \frac{n}{N} \qquad (2)$$

式中：n——月平均日照时数（h）；

　　　N——月总小时数（h）。

依据附录 B 及公式（2），可得到部分代表性城市采暖期日照保证率。

《中国建筑热环境分析专用气象数据集》以中国气象局气象信息中心气象资料室收集的全国 270 个地面气象台站 1971 年～2003 年的实测气象数据为基础，通过分析、整理、补充源数据以及合理的插值计算，获得了全国 270 个站的建筑热环境分析专用气象数据集。其内容包括根据观测资料整理出的设计用室外气象参数，以及由实测数据生成的动态模拟分析用逐时气象参数。

附录 D 被动式太阳能建筑太阳能贡献率计算方法

D. 0. 1 太阳能贡献率 f 是指被动式太阳能建筑与参照建筑相比所节省的采暖能耗百分比。即采暖期内单位建筑面积被动太阳能建筑的净太阳辐射得热量 Q_u 与参照建筑耗热量 q 之比。

中华人民共和国行业标准

现浇混凝土空心楼盖技术规程

Technical specification for cast-in-situ concrete hollow floor structure

JGJ/T 268—2012

批准部门：中华人民共和国住房和城乡建设部
施行日期：２０１２年８月１日

中华人民共和国住房和城乡建设部
公 告

第 1326 号

关于发布行业标准《现浇混凝土空心
楼盖技术规程》的公告

现批准《现浇混凝土空心楼盖技术规程》为行业
标准，编号为 JGJ/T 268 - 2012，自 2012 年 8 月 1 日
起实施。

本规程由我部标准定额研究所组织中国建筑工业

出版社出版发行。

中华人民共和国住房和城乡建设部
2012 年 3 月 1 日

前 言

根据原建设部《关于印发〈二〇〇二～二〇〇三
年度工程建设城建、建工行业标准制定、修订计划〉
的通知》（建标〔2003〕104 号）的要求，规程编制
组经广泛调查研究，认真总结工程实践经验；参考有
关国际标准和国外先进标准，在广泛征求意见的基础
上，编制本规程。

本规程的主要技术内容是：1. 总则；2. 术语和
符号；3. 材料；4. 基本规定；5. 结构分析方法；6.
结构构件计算；7. 构造规定；8. 施工及验收。

本规程由住房和城乡建设部负责管理，由中冶建
筑研究总院有限公司负责具体技术内容的解释。执行
过程中如有意见和建议，请寄送至中冶建筑研究总院
有限公司（地址：北京市海淀区西土城路 33 号，邮
编：100088）。

本 规 程 主 编 单 位：中冶建筑研究总院有限
公司

本 规 程 参 编 单 位：长沙巨星轻质建材股份有
限公司
中国京冶工程技术有限
公司
中国建筑科学研究院
北京市建筑工程研究院有
限责任公司

重庆大学
北京东方京宁建材科技有
限公司
深圳大学建筑设计研究院
中国电子工程设计院
北京市建筑工程设计有限
责任公司
西安建筑科技大学
中国建筑材料科学研究
总院

本规程主要起草人员：吴转琴　尚仁杰　刘　航
胡　萍　元宏华　李　萍
徐　焱　徐金声　刘　畅
李培彬　姚谦峰　文　辉
周建锋　刘景亮　范蕴蕴
蒋方新　周　时　秦士洪
全学友　翁端衡

本规程主要审查人员：马克俭　叶列平　李云贵
宋玉普　吴　徽　范　重
束伟农　李晨光　杨伟军
束七元

目　　次

Contents

1 总　　则

1.0.1 为使现浇混凝土空心楼盖的设计、施工做到技术先进、安全适用、经济合理、确保质量，制定本规程。

1.0.2 本规程适用于工业与民用建筑及一般构筑物的现浇钢筋混凝土及预应力混凝土空心楼盖结构的设计、施工及验收。

1.0.3 现浇混凝土空心楼盖的设计、施工及验收除应符合本规程的规定外，尚应符合国家现行有关标准的规定。

2　术语和符号

2.1　术　　语

2.1.1 现浇混凝土空心楼板　cast-in-situ concrete hollow slab

采用内置或外露填充体，经现场浇筑混凝土形成的空腔楼板。

2.1.2 现浇混凝土空心楼盖　cast-in-situ concrete hollow floor structure

由现浇混凝土空心楼板和支承梁（或暗梁）等水平构件形成的楼盖结构。

2.1.3 刚性支承楼盖　rigid edge supported floor structure

由墙或竖向刚度较大的梁作为楼板竖向支承的楼盖。

2.1.4 柔性支承楼盖　flexible edge supported floor structure

由竖向刚度较小的梁作为楼板竖向支承的楼盖。

2.1.5 柱支承楼盖　column supported floor structure

由柱作为楼板竖向支承，且支承间没有刚性梁和柔性梁的楼盖。

2.1.6 填充体　filler

永久埋置于现浇混凝土楼板中，置换部分混凝土以达到减轻结构自重的物体。按形状和成型方式可分为：管状成型的填充管、棒状成型的填充棒、箱状成型的填充箱、块状成型的填充块和板状成型的填充板等。

2.1.7 内置填充体　embedded filler

埋置于现浇混凝土楼板中，表面均不外露的填充体。

2.1.8 外露填充体　exposed filler

埋置于现浇混凝土楼板中，其上表面或下表面或上、下表面暴露于楼板表面的填充体。

2.1.9 体积空心率　volumetric void ratio

现浇混凝土楼板区格内填充体的体积与楼板体积的比值。填充体的体积包括了填充体材料的体积和内部空腔的体积。

2.1.10 表观密度　apparent density

自然状态下填充体的质量与体积的比值。

2.1.11 肋　rib

同一柱网内相邻填充体侧面之间、端面之间形成的混凝土区域。

2.1.12 主肋　main-rib

现浇混凝土空心楼板中相邻填充板之间形成的肋。

2.1.13 次肋　secondary-rib

现浇混凝土空心楼板中填充板内相邻轻质芯块间形成的肋。

2.1.14 肋间距　rib spacing

相邻两肋中心线之间的距离。

2.1.15 翼缘厚度　flange depth

填充体上、下表面分别至现浇混凝土空心楼板顶面、底面的距离。

2.1.16 拟板法　analogue slab method

将现浇混凝土空心楼板等效为实心板进行内力和变形分析的计算方法。

2.1.17 拟梁法　analogue cross beam method

将现浇混凝土空心楼板等效为双向交叉梁系进行内力和变形分析的计算方法。

2.1.18 经验系数法　empirical coefficient method

用弯矩分配系数计算现浇混凝土空心楼盖各板带控制截面弯矩的计算方法。

2.1.19 等代框架法　equivalent frame method

在两个方向将柱支承楼盖或柔性支承楼盖等效成以柱轴线为中心的连续框架分别进行内力分析的计算方法。

2.2　符　　号

2.2.1 材料性能

E_c ——混凝土弹性模量；

E_{cb} ——梁混凝土弹性模量；

E_{cs} ——板混凝土弹性模量；

E_{cc} ——柱混凝土弹性模量；

E_x ——正交各向异性板 x 向弹性模量；

E_y ——正交各向异性板 y 向弹性模量；

G_{xy} ——正交各向异性板剪变模量；

g_{fil} ——填充体表观密度；

ν_c ——混凝土泊松比；

ν_x ——正交各向异性板 x 向泊松比；

ν_y ——正交各向异性板 y 向泊松比。

2.2.2 作用、作用效应

G_{fil} ——楼板区格内填充体重量；

M_0 ——计算板带在计算方向一跨内的

总弯矩设计值；

M_{x1}、M_{y1}、M_{x1y1} —— 等效各向同性板 x 向弯矩、y 向弯矩以及扭矩；

M_x、M_y、M_{xy} —— 正交各向异性板 x 向弯矩、y 向弯矩以及扭矩。

2.2.3 几何参数

A_a、A_p —— 圆形截面填充体空心楼板纵向、横向截面积；

b —— 计算单元宽度；计算板带宽度；等代框架梁计算宽度；

b_b —— 梁截面宽度；拟梁宽度；

b_c —— 柱截面宽度；

b_w —— 计算截面肋宽；

c_2 —— 等代框架法中垂直于板跨度 l_1 方向的柱（柱帽）宽；

D —— 圆形截面填充体直径；

h —— 楼板厚度；

h_0 —— 楼板截面有效高度；

h_c —— 柱截面高度；

h_{con} —— 空心楼板折实厚度；

I_1 —— 等代框架中梁板在柱（柱帽）边缘处的截面惯性矩；

I_0 —— 计算单元等宽度实心楼板截面惯性矩；

I_a、I_p —— 圆形截面填充体空心楼板纵向、横向截面惯性矩；

I_c —— 柱在计算方向的截面惯性矩；

K_c —— 等代框架法中柱的抗弯线刚度；

K_{ec} —— 等代框架法中等效柱的抗弯线刚度；

K_t —— 等代框架法中柱两侧抗扭构件的抗扭刚度；

l_1 —— 经验系数法及等代框架法中板计算方向跨度；

l_2 —— 经验系数法及等代框架法中板垂直于计算方向的跨度；

l_x —— 正交各向异性板 x 向计算跨度；刚性支承双向板长跨跨度；

l_y —— 正交各向异性板 y 向计算跨度；刚性支承双向板短跨跨度；

l_{x1}、l_{y1} —— 等效各向同性板 x 向和 y 向跨度；

l_n —— 计算方向板的净跨。

2.2.4 计算系数及其他

C —— 经验系数法计算中的截面抗扭常数；

k —— 正交各向异性板 y 向与 x 向的弹性模量比；填充管（棒）空心楼板横向与纵向惯性矩比；

α_1 —— 经验系数法计算中计算方向梁与板截面抗弯刚度的比值；

α_2 —— 经验系数法计算中垂直于计算方向梁与板截面抗弯刚度的比值；

β —— 填充管（棒）空心楼板横向受剪承载力调整系数；

β_b —— 等代框架计算中抗扭刚度增大系数；

β_t —— 经验系数法中抗扭刚度系数；

ρ_{void} —— 体积空心率。

3 材 料

3.1 混 凝 土

3.1.1 用于现浇混凝土空心楼盖的混凝土强度等级：钢筋混凝土楼盖不宜低于 C25，预应力混凝土楼盖不宜低于 C40，且不应低于 C30。

3.2 普 通 钢 筋

3.2.1 现浇混凝土空心楼盖的普通纵向受力钢筋宜采用 HRB400、HRB500、HRBF400 和 HRBF500 钢筋，也可采用 HPB300、HRB335、HRBF335、RRB400 钢筋。

3.3 预应力筋及锚固系统

3.3.1 现浇预应力混凝土空心楼盖的预应力筋宜优先选用高强低松弛钢绞线，必要时也可选用钢丝束、纤维预应力筋等性能可靠的预应力筋，其性能应符合现行国家标准《预应力混凝土用钢绞线》GB/T 5224 和《预应力混凝土用钢丝》GB/T 5223 等相关标准的规定。

3.3.2 预应力可采用有粘结、无粘结、缓粘结等技术体系，其性能应符合国家现行标准《混凝土结构设计规范》GB 50010、《无粘结预应力混凝土结构技术规程》JGJ 92 和《缓粘结预应力钢绞线》JG/T 369 的规定。

3.3.3 预应力锚固系统应符合现行国家标准《预应力筋用锚具、夹具和连接器》GB/T 14370 的规定。

3.4 填 充 体

3.4.1 用于现浇混凝土空心楼盖的填充体材料，氯化物和碱的总含量应符合现行国家标准《混凝土结构设计规范》GB 50010 中对混凝土材料的要求；放射性核素的限量应符合现行国家标准《建筑材料放射性核素限量》GB 6566 的要求；正常使用环境下不应产生有损人身健康及环境的有害成分，火灾时防火等级要求时间内不得产生析出楼板的有毒气体。

3.4.2 填充管、填充棒的规格尺寸应根据具体工程需要确定，外径可取 100mm～500mm，尺寸允许偏差应符合表 3.4.2 的规定，检验方法应按本规程附录 A 的规定执行。填充管、填充棒的外观质量应符合下列要求：

　　1 表面应平整，无明显贯通性裂纹、孔洞；

　　2 填充管管端应封堵密实、牢固；

　　3 当填充棒有外裹封闭层时，封裹应密实，粘附应牢固。

表 3.4.2　填充管、填充棒尺寸允许偏差

项　　目		允许偏差（mm）
长度（mm）	$L \leqslant 500$	±8
	$L > 500$	±10
断面尺寸（mm）	$D \leqslant 300$	±5
	$D > 300$	±8
轴向表面平直度（mm）	$L \leqslant 500$	5
	$L > 500$	8

3.4.3 填充箱、填充块的规格尺寸应根据具体工程需要确定，边长可取 400mm～1200mm，尺寸允许偏差应符合表 3.4.3 的规定，检验方法应按本规程附录 A 的规定执行。当内置填充箱、填充块的底面短边尺寸大于 600mm 时，宜在中部设置竖向通孔。填充箱、填充块外观质量应符合下列规定：

　　1 表面应平整，无明显贯通性裂纹、孔洞；

　　2 填充箱应具有可靠的密封性；

　　3 外露填充箱的外露面侧边应与楼盖混凝土有可靠连接。

表 3.4.3　填充箱、填充块尺寸允许偏差

项　　目	允许偏差（mm）
边　长	+5，−8
高　度	+5，−8
表面平整度	5
两对角线长度差	10

3.4.4 填充板的规格尺寸应根据具体工程需要确定，边长可取 800mm～1800mm，厚度可取 80mm～500mm，尺寸允许偏差应符合表 3.4.4 的规定，检验方法应按本规程附录 A 的规定执行。填充板外观质量应符合下列规定：

　　1 填充板表面应平整，轻质芯块应排列整齐；

　　2 连接网不应有脱落；

　　3 轻质芯块表面不应有明显破损，大小应满足混凝土浇筑密实的要求。

表 3.4.4　填充板的尺寸允许偏差

项　　目		允许偏差（mm）
轻质芯块	边长、厚度	+5，−8
	表面平整度	8
连接网	间距	±5
	表面平整度	8
整体板	边长、厚度	+5，−8
	表面平整度	8

3.4.5 填充体的物理力学性能应符合表 3.4.5 的规定，检验方法应按本规程附录 A 的规定执行。

表 3.4.5　填充体的物理力学性能要求

项　　目	技 术 指 标
表观密度（kg/m³）	15.0～500.0
48h 浸泡后局部抗压荷载（kN）	≥1.0
自然吸水率（%）	≤5
抗振动冲击	ϕ30 振动棒紧贴内置表面振动 1min，不出现贯通性裂纹及破损

注：1 当外露填充箱上表面为混凝土，且与现浇混凝土同样受力时，上表面质量和体积可不计入表观密度计算；

　　2 填充板的局部抗压强度是指轻质芯块的局部抗压强度。

4　基　本　规　定

4.1　结构布置原则

4.1.1 现浇混凝土空心楼盖的结构布置应受力明确、传力合理。

4.1.2 现浇混凝土空心楼板为单向板时，填充体长向应沿板受力方向布置。

4.1.3 现浇混凝土空心楼板为双向板时，填充体宜为平面对称形状，并宜按双向对称布置；当为填充管、填充棒等平面不对称形状时，其长向宜沿受力较大的方向布置。

4.1.4 直接承受较大集中静力荷载的楼板区域，不宜布置填充体；直接承受较大集中动力荷载的楼板区格，不应采用空心楼盖。

4.2　截面特性计算

4.2.1 双向布置填充体的现浇混凝土空心楼板，两正交方向的截面特性应按下列规定计算：

　　1 选取两相邻填充体中心线之间的范围作为一个计算单元（图 4.2.1-1）。

　　2 当填充体为内置填充体、单面外露填充体和

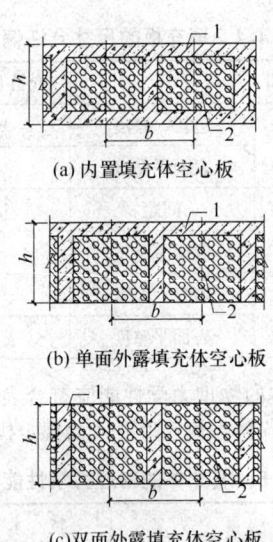

(a) 内置填充体空心板

(b) 单面外露填充体空心板

(c)双面外露填充体空心板

图 4.2.1-1 现浇混凝土空心楼板截面示意图

1—混凝土；2—填充体

双面外露填充体时，可将计算单元分别简化为 I 形截面、T 形截面和矩形截面来计算其截面积 A 和截面惯性矩 I（图 4.2.1-2）。

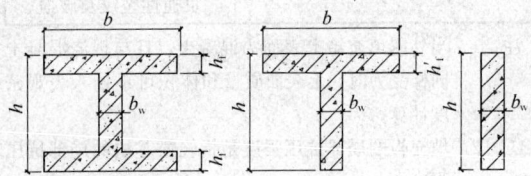

图 4.2.1-2 截面计算单元示意图

3 当填充体外壳为混凝土且与现浇混凝土可靠连接时，可将填充体外壳计入混凝土截面内计算截面特性。

4.2.2 当内置填充体为圆形截面且圆心与板形心一致时，可取宽度 $D+b_w$ 为一个计算单元（图 4.2.2），其截面积和截面惯性矩的计算应符合下列规定：

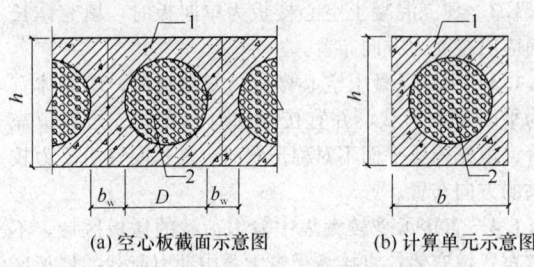

(a) 空心板截面示意图   (b) 计算单元示意图

图 4.2.2 圆形截面填充体空心板

1—混凝土；2—填充体

1 空心楼板沿填充体纵向的截面积和截面惯性矩应按下列公式计算：

$$A_a = bh - \frac{1}{4}\pi D^2 \qquad (4.2.2\text{-}1)$$

$$I_a = \frac{bh^3}{12} - \frac{\pi D^4}{64} \qquad (4.2.2\text{-}2)$$

式中：A_a、I_a——纵向一个计算单元宽度内空心楼板截面积（mm^2）、截面惯性矩（mm^4）；

D——填充体直径（mm）；

b_w——肋宽（mm）；

b——计算单元宽度（mm），大小为 $D+b_w$；

h——楼板厚度（mm）。

2 空心楼板沿填充体横向的截面积和截面惯性矩可按下列公式计算：

$$A_p = b(1.06h - D) \qquad (4.2.2\text{-}3)$$

$$I_p = kI_a \qquad (4.2.2\text{-}4)$$

式中：A_p、I_p——横向一个计算单元宽度内空心楼板截面积（mm^2）、截面惯性矩（mm^4）；

k——横向计算单元与纵向计算单元截面惯性矩比，可按表 4.2.2 采用，中间值按线性插值。

表 4.2.2 横向计算单元与纵向计算单元截面惯性矩比 k

D/h	0.45	0.50	0.55	0.60	0.65	0.70	0.75	0.80
k	0.97	0.96	0.95	0.93	0.90	0.87	0.82	0.77

5 结构分析方法

5.1 一般规定

5.1.1 现浇混凝土空心楼盖应采用满足力学平衡条件和变形协调条件的计算方法进行结构分析。结构分析宜采用弹性分析方法；在有可靠依据时可考虑内力重分布，当进行内力重分布时应考虑正常使用要求。

5.1.2 当楼盖平面布置不规则、填充体布置间距不等、作用有局部集中荷载、局部开洞等特殊情况时，宜作专门的计算分析。结构分析所采用的电算程序应经考核验证，其技术条件应符合本规程和现行国家标准《混凝土结构设计规范》GB 50010 的有关规定。

5.1.3 现浇混凝土空心楼板的自重应考虑空心的影响，整体分析时，也可通过折实厚度考虑板自重，可按本规程附录 B 计算。

5.1.4 周边刚性支承的内置填充体现浇混凝土空心楼板，可采用拟板法按本规程第 5.2 节的规定计算；也可采用拟梁法按本规程第 5.3 节的规定计算。周边刚性支承的外露填充体现浇混凝土空心楼板宜采用拟梁法按本规程第 5.3 节的规定计算。

5.1.5 柱支承、柔性支承及混合支承现浇混凝土空心楼盖竖向均布荷载下的内力宜采用经验系数法按本规程第5.4节的规定计算；当不符合经验系数法的规定时，可采用等代框架法按本规程第5.5节的规定计算。

5.1.6 承受地震及风荷载作用的柱支承、柔性支承及混合支承现浇混凝土空心楼盖，宜采用等代框架法按本规程第5.5节的规定计算。

5.2 拟 板 法

5.2.1 现浇混凝土空心楼板按拟板法计算时，应符合下列规定：

1 现浇混凝土空心楼板肋间距宜小于2倍板厚；

2 内置填充体现浇混凝土空心楼板双向刚度相同或相差较小时，可作为各向同性板计算，否则宜按正交各向异性板计算。

5.2.2 刚性支承现浇混凝土空心楼板应按下列原则计算：

1 两对边刚性支承的现浇混凝土空心楼板可按单向板计算；

2 四边刚性支承现浇混凝土空心楼板应按下列规定计算：

1）长边与短边长度之比不大于2时，应按双向板计算；

2）长边与短边长度之比大于2，但小于3时，宜按双向板计算；

3）长边与短边长度之比不小于3时，宜按沿短边方向受力的单向板计算，并应沿长边方向布置构造钢筋。

5.2.3 现浇混凝土空心楼板可按下列规定等效为等厚度的实心板计算：

1 当现浇混凝土空心楼板作为各向同性板计算时，各向同性板弹性模量E可按下式计算：

$$E = \frac{I}{I_0} E_c \qquad (5.2.3-1)$$

式中：I——计算单元截面惯性矩（mm^4），可按本规程第4.2节的规定采用；

I_0——计算单元等宽度实心板截面惯性矩（mm^4）；

E_c——混凝土弹性模量（N/mm^2）。

2 当现浇混凝土空心楼板作为正交各向异性板计算时，正交各向异性板的弹性模量、泊松比、剪变模量可按下列规定确定：

1）x向和y向弹性模量可分别按下列公式计算：

$$E_x = \frac{I_x}{I_{0x}} E_c \qquad (5.2.3-2)$$

$$E_y = \frac{I_y}{I_{0y}} E_c \qquad (5.2.3-3)$$

2）x向和y向泊松比可分别按下列公式计算：

$$\max(\nu_x, \nu_y) = \nu_c \qquad (5.2.3-4)$$

$$E_x \nu_y = E_y \nu_x \qquad (5.2.3-5)$$

3）对于内置填充体现浇混凝土空心楼板，其剪变模量可按下式计算：

$$G_{xy} = \frac{\sqrt{E_x E_y}}{2(1 + \sqrt{\nu_x \nu_y})} \qquad (5.2.3-6)$$

式中：I_x、I_y——x向、y向计算单元截面惯性矩（mm^4），可按本规程4.2节规定计算；

I_{0x}、I_{0y}——与I_x、I_y对应计算单元等宽度实心板截面惯性矩（mm^4）；

E_x、ν_x——现浇混凝土空心楼板等效为正交各向异性板的x向弹性模量（N/mm^2）和泊松比；

E_y、ν_y——现浇混凝土空心楼板等效为正交各向异性板的y向弹性模量（N/mm^2）和泊松比；

G_{xy}——现浇混凝土空心楼板等效为正交各向异性板的剪变模量（N/mm^2）；

ν_c——混凝土泊松比，取0.2。

5.2.4 现浇混凝土空心楼板等效为正交各向异性板后，可用有限元法进行内力和变形计算；当填充体为内置填充体时，可按本规程附录C提供的等效各向同性板法计算。

5.2.5 刚性支承现浇混凝土空心楼板按拟板法求得的双向板弹性弯矩值，可按下列规定取弯矩控制值：

1 正弯矩：每个方向分别划分为板边区域和跨中区域三个配筋范围（图5.2.5），均按1/4板短跨尺寸分界；板边区域的弯矩控制值可取相应方向最大正弯矩值的1/2，跨中区域的弯矩控制值可取相应方向最大正弯矩值；

2 负弯矩：均可取相应方向负弯矩的最大值。

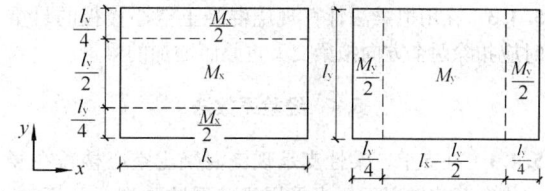

图 5.2.5 双向板弹性正弯矩取值示意

注：M_x、M_y——l_x、l_y跨度方向计算最大正弯矩（N·m/m），其中$l_x \geq l_y$。

5.3 拟 梁 法

5.3.1 现浇混凝土空心楼板按拟梁法计算时，应符合下列规定：

1 所取拟梁宜在相邻区格边间连续；

2 每个区格板内拟梁的数量在各方向上均不宜少于5根（图5.3.1）；

3 计算中宜考虑空心楼板扭转刚度的影响。

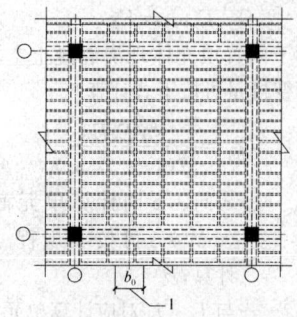

(a) 现浇混凝土空心楼盖示意图

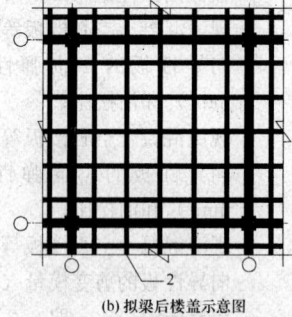

(b) 拟梁后楼盖示意图

图 5.3.1 拟梁法示意图

1—拟梁对应的空心板宽度；2—拟梁尺寸为 $b_b \times h$

5.3.2 拟梁的截面可按抗弯刚度相等、截面高度相等的原则确定，拟梁的宽度可按下式计算：

$$b_b = \frac{I}{I_0} b_0 \qquad (5.3.2)$$

式中：b_0——拟梁对应的空心楼板宽度（mm）；

b_b——拟梁宽度（mm）；

I——拟梁对应空心楼板宽 b_0 范围内截面惯性矩之和（mm^4），可按本规程第 4.2 节的规定计算；

I_0——拟梁对应空心楼板宽 b_0 范围内按等厚实心板计算的截面惯性矩（mm^4）。

5.3.3 在用拟梁法计算现浇混凝土空心楼板的自重时应扣除两个方向拟梁交叉重叠而增加的梁量。

5.4 经验系数法

5.4.1 柱支承、柔性支承现浇混凝土空心楼盖在竖向均布荷载作用下，当采用经验系数法进行计算时，应符合下列规定：

　　1 楼盖为矩形区格，任一区格的长边与短边之比不应大于 2；

　　2 楼盖结构的每个方向至少应有三个连续跨；

　　3 同一方向相邻跨的跨度差不应超过较长跨的 1/3；

　　4 任一方向柱离相邻柱中心线的偏移距离不应超过该方向跨度的 1/10；

　　5 可变荷载标准值与永久荷载标准值之比不应大于 2；

　　6 楼盖应按纵、横两个方向分别计算，且均应

考虑全部竖向荷载的作用；

　　7 对于柔性支承楼盖，两个垂直方向的梁尚应满足下式要求：

$$0.2 \leqslant \frac{\alpha_1 l_2^2}{\alpha_2 l_1^2} \leqslant 5.0 \qquad (5.4.1\text{-}1)$$

式中：l_1、l_2——分别为板计算方向和垂直于计算方向的跨度（m），取柱支座中心线之间的距离；

α_1、α_2——分别为计算方向和垂直于计算方向梁与板截面抗弯刚度的比值。

　　8 计算方向和垂直于计算方向梁与板截面抗弯刚度的比值应按下式计算：

$$\alpha = \frac{E_{cb} I_b}{E_{cs} I_s} \qquad (5.4.1\text{-}2)$$

式中：E_{cb}、E_{cs}——分别为梁、板的混凝土弹性模量（N/mm^2）；

I_b、I_s——分别为梁、板的截面惯性矩（mm^4），应分别按本规程第 5.4.2 条和第 5.4.3 条的规定计算。

5.4.2 柔性支承现浇混凝土空心楼盖中，梁的截面惯性矩 I_b 可按 T 形或倒 L 形截面计算，每侧翼缘计算宽度宜取梁高与板厚之差，且不应超过板厚的 4 倍。

5.4.3 柔性支承现浇混凝土空心楼盖中，楼板的截面惯性矩 I_s 可按本规程第 5.4.4 条的规定的计算板带计算，梁位置按实心板计算，空心楼板部分的截面惯性矩可按本规程第 4.2 节的规定计算。

5.4.4 计算板带取柱支座中心线两侧区格各自中心线为界的板带。板带可划分为柱上板带和跨中板带，板带宽度应按下列规定取值：

　　1 柱上板带应为柱支座中心线两侧各自区格宽度的 1/4 之和；

　　2 跨中板带应为每侧各自区格宽度的 1/4。

5.4.5 计算板带在计算方向一跨内的总弯矩设计值 M_0（N·m）应按下式计算：

$$M_0 = \frac{1}{8} q b l_n^2 \qquad (5.4.5)$$

式中：q——板面竖向均布荷载设计值（N/m^2）；

b——计算板带的宽度（m）；当垂直于计算方向柱中心线两侧跨度不等时，取两侧跨度的平均值；当计算板带位于楼盖边缘时，取该区格中心线到楼盖边缘的距离；

l_n——计算方向板的净跨（m），取相邻柱（柱帽或墙）侧面之间的距离，且不应小于 $0.65 l_1$。

5.4.6 计算板带的总弯矩设计值 M_0 可按下列原则分配（图 5.4.6）：

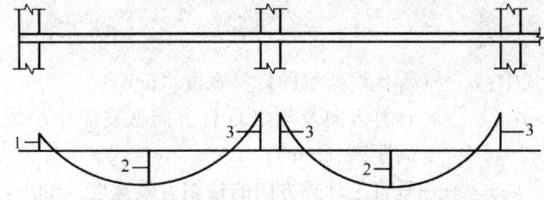

图 5.4.6　板带总弯矩的分配示意图

1—边支座负弯矩；2—正弯矩；3—内支座负弯矩

1　计算板带的内跨负弯矩设计值应取 $0.65 M_0$，正弯矩设计值应取 $0.35 M_0$；

2　计算板带的端跨弯矩应按表 5.4.6 的系数分配：

表 5.4.6　计算板带端跨各控制截面弯矩设计值分配系数

约束条件 截面内力	边支座简支	边支座为柔性支承			边支座嵌固
		各支座之间均有梁	内支座之间无梁		
			无边梁	有边梁	
边支座负弯矩	0	0.16	0.26	0.30	0.65
正弯矩	0.63	0.57	0.52	0.50	0.35
内支座负弯矩	0.75	0.70	0.70	0.70	0.65

3　内支座截面设计时，其负弯矩应取支座两侧负弯矩的较大值，否则应对不平衡弯矩按相邻构件的刚度再分配；设计板的边缘或边梁时，应考虑边支座负弯矩的扭转作用。

5.4.7　柱上板带各控制截面所承担的弯矩设计值宜按本规程第 5.4.6 条确定的弯矩设计值乘以表 5.4.7 的系数确定。

表 5.4.7　柱上板带弯矩分配系数

截面内力	适用条件		l_2/l_1		
			0.5	1.0	2.0
内支座负弯矩	$\alpha_1 l_2/l_1 = 0$		0.75	0.75	0.75
	$\alpha_1 l_2/l_1 \geqslant 1.0$		0.90	0.75	0.45
边支座负弯矩	$\alpha_1 l_2/l_1 = 0$	$\beta_t = 0$	1.00	1.00	1.00
		$\beta_t \geqslant 2.0$	0.75	0.75	0.75
	$\alpha_1 l_2/l_1 \geqslant 1.0$	$\beta_t = 0$	1.00	1.00	1.00
		$\beta_t \geqslant 2.0$	0.90	0.75	0.75
正弯矩	$\alpha_1 l_2/l_1 = 0$		0.60	0.60	0.60
	$\alpha_1 l_2/l_1 \geqslant 1.0$		0.90	0.75	0.45

注：1　柱上板带弯矩分配系数可按表中数值的线性插值确定；

2　当支座由墙或柱组成，且其支承长度不小于 $3b/4$ 时，可按负弯矩在计算板带宽度 b 范围内均匀分布计算；

3　表中抗扭刚度系数 β_t 应按本规程第 5.4.8 条的规定确定。

5.4.8　抗扭刚度系数 β_t 应满足下列规定：

$$\beta_t = \frac{E_{cb}C}{2.5 E_{cs}I_s} \quad (5.4.8\text{-}1)$$

$$C = \sum \left(1 - 0.63 \frac{x}{y}\right) \frac{x^3 y}{3} \quad (5.4.8\text{-}2)$$

式中：C——截面抗扭常数（mm^4），将垂直于跨度方向的抗扭构件横截面划分为若干个矩形，取不同划分方案计算结果的最大值；

x、y——抗扭构件划分为若干矩形时，每一矩形截面的高度与宽度（mm），抗扭构件横截面应按下列规定确定：

1　对于柱支承楼盖，只有一个矩形时，其截面高度可取楼板厚度，宽度可取与柱（柱帽）等宽（图 5.4.8）；

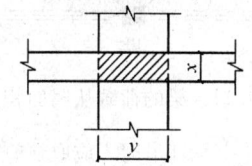

(a) 无柱帽及平托板

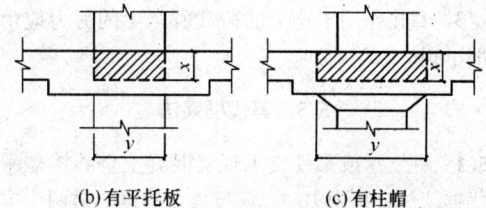

(b) 有平托板　　　　　(c) 有柱帽

图 5.4.8　典型抗扭构件宽度图示

2　对于柔性支承楼盖，可取下述两种情况的较大值：

1)　板带加上横梁凸出板上、下的部分，板带的宽度取与柱（柱帽）等宽；

2)　本规程第 5.4.2 条规定的计算截面。

5.4.9　柔性支承楼盖柱上板带所承担的弯矩包括由板承担的弯矩和由梁承担的弯矩两部分。由梁承担的弯矩占柱上板带总弯矩的比例应按下列规定取值：

1　当 $\dfrac{\alpha_1 l_2}{l_1} \geqslant 1.0$ 时，取 85%；

2　当 $0 \leqslant \dfrac{\alpha_1 l_2}{l_1} < 1.0$ 时，取 0 到 85% 之间的线性插值；

3　直接作用于梁上的荷载所产生的弯矩应由梁全部承担。

5.4.10　柔性支承楼盖跨中板带所承担的弯矩设计值应按下列规定取值：

1　计算板带中柱上板带未承受的弯矩设计值应按比例分配给两侧的跨中板带；

2　与支承墙平行的边跨跨中板带，应承受远离墙体的半个跨中板带弯矩设计值的两倍。

5.4.11　柔性支承楼盖应按现行国家标准《混凝土结构设计规范》GB 50010 的规定验算梁的斜截面受剪承载力，梁承担的剪力设计值应按下列规定计算：

1　当 $\dfrac{\alpha_1 l_2}{l_1} \geqslant 1.0$ 时，梁应承受其荷载从属面积

范围内板所传递的设计剪力；该从属面积取板角 45°
线与相邻区格平行于梁的中心线所包围的面积（图
5.4.11 阴影面积）；

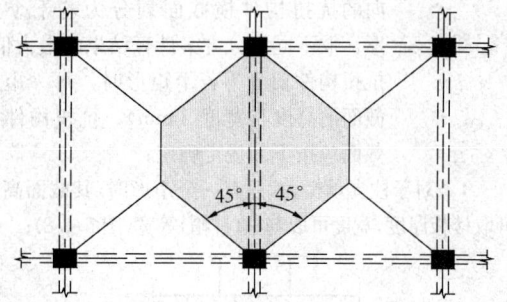

图 5.4.11　梁的荷载从属面积示意

2　当 $0 \leqslant \dfrac{\alpha_1 l_2}{l_1} < 1.0$ 时，应取 0 剪力值和本条第
1 款所计算剪力设计值之间的线性插值；

3　直接作用于梁上的荷载所产生的剪力应由梁
全部承担。

5.5　等代框架法

5.5.1　柱支承或柔性支承现浇混凝土空心楼盖采用
等代框架法计算内力时，应按楼盖的纵、横两个方向
分别进行，每个方向的计算均应取全部竖向作用
荷载。

5.5.2　等代框架梁的计算宽度应按下列规定确定：

1　竖向荷载作用下，等代框架梁的计算宽度可
取垂直于计算方向的两个相邻区格板中心线之间的距
离（图 5.5.2）。

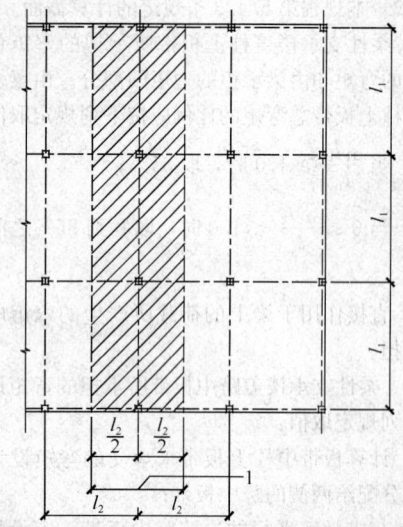

图 5.5.2　竖向荷载作用下等代框架梁的计算宽度
1—等代框架梁计算宽度

2　水平荷载或地震作用下，等代框架梁的计算
宽度宜取下列公式计算结果的较小值：

$$b = \frac{1}{2}(l_2 + b_{cc2}) \qquad (5.5.2\text{-}1)$$

$$b = \frac{3}{4}l_1 \qquad (5.5.2\text{-}2)$$

式中：b ——等代框架梁的计算宽度（mm）；

l_1、l_2 ——计算方向及与之垂直方向柱支座中心线
间距离（mm）；

b_{cc2} ——垂直于计算方向的柱帽有效宽度（mm），
无柱帽时取 0。

5.5.3　等代框架梁位于节点区外任意截面的惯性矩
I_{bf} 应按下式计算：

$$I_{bf} = I_b + I_{s0} \qquad (5.5.3)$$

式中：I_b ——计算方向柱轴线上梁的截面惯性矩
（mm^4），梁截面应按本规程第 5.4.2 条
规定确定；

I_{s0} ——等代框架梁宽度范围内除 I_b 所取梁截
面外楼板截面惯性矩（mm^4），空心楼
板部分的截面惯性矩可按本规程第 4.2
节的规定计算。

5.5.4　等代框架梁在柱中线至柱（柱帽）边之间的
截面惯性矩，可按下式计算：

$$I_b = \frac{I_1}{(1 - c_2/l_2)^2} \qquad (5.5.4)$$

式中：c_2 ——垂直于板跨度 l_1 方向的柱（柱帽）宽
（mm）；

I_1 ——等待框架中梁板在柱（柱帽）边缘处的
截面惯性矩（mm^4），按式（5.5.3）
计算。

5.5.5　等代框架当跨度相差较大或相邻跨荷载相差
较大时，应考虑柱及柱两侧抗扭构件的影响按等效柱
计算，等效柱的刚度可按下列公式计算：

1　等效柱的截面惯性矩 I_{ec} 应按下式计算：

$$I_{ec} = \frac{K_{ec}}{K_c} I_c \qquad (5.5.5\text{-}1)$$

2　等效柱的抗弯线刚度 K_{ec} 应按下式计算：

$$K_{ec} = \frac{\sum K_c}{1 + \sum K_c/K_t} \qquad (5.5.5\text{-}2)$$

式中：K_c ——柱的抗弯线刚度（N·mm），按本规程
第 5.5.6 条确定；

I_c ——柱在计算方向的截面惯性矩（mm^4）；

K_t ——柱两侧抗扭构件刚度（N·mm），按本
规程第 5.5.7 条确定。

5.5.6　柱的抗弯线刚度应按下列公式计算：

$$K_c = \psi \frac{4E_{cc} I_c}{H_i} \qquad (5.5.6\text{-}1)$$

$$\psi = 1 + 1.83\lambda_{ca} + 14.7\lambda_{ca}^2 \qquad (5.5.6\text{-}2)$$

$$\lambda_{ca} = h_{ca}/H_i \qquad (5.5.6\text{-}3)$$

式中：E_{cc} ——柱的混凝土弹性模量（N/mm^2）；

h_{ca} ——柱帽高度（mm），无柱帽时取 0；

ψ ——考虑柱帽的影响系数；

λ_{ca} ——柱帽高度与柱计算长度之比；

H_i ——柱的计算长度（mm），取下层楼板中

心轴至上层楼板中心轴间距离；对底层柱取基础顶面至一层楼板中心轴距离；柔性支承楼盖尚应减去梁、板高度之差。

5.5.7 柱两侧抗扭构件刚度 K_t 可按下式计算：

$$K_t = \beta_b \sum \frac{9 E_{cs} C}{l_2 (1 - c_2/l_2)^3} \qquad (5.5.7-1)$$

式中：E_{cs}——板的混凝土弹性模量（N/mm²）；

C——截面抗扭常数（mm⁴），按本规程式（5.4.8-2）计算；

β_b——抗扭刚度增大系数，对柱支承楼盖，应取 1.0；对柔性支承楼盖，可按下式计算：

$$\beta_b = \frac{I_{bf}}{I_{bs}} \qquad (5.5.7-2)$$

式中：I_{bf}——等代框架梁截面惯性矩（mm⁴），按本规程第 5.5.3 条规定计算；

I_{bs}——等代框架梁宽度的楼板截面惯性矩（mm⁴），梁位置按实心板计算，空心楼板部分的截面惯性矩可按本规程第 4.2 节的规定计算。

5.5.8 柱支承现浇混凝土空心楼盖在竖向均布荷载作用下按等代框架法进行计算时，负弯矩控制截面可按下列规定确定：

1 对内跨支座，弯矩控制截面可取柱（柱帽）侧面处，但与柱中心的距离不应大于 $0.175l_1$；

2 对有柱帽或托板的边跨支座，弯矩控制截面距柱侧距离不应超过柱帽侧面与柱侧面距离的 1/2。

6 结构构件计算

6.1 一般规定

6.1.1 现浇混凝土空心楼盖的设计，除应符合本规程有关规定外，尚应符合国家现行标准《混凝土结构设计规范》GB 50010、《建筑抗震设计规范》GB 50011 和《无粘结预应力混凝土结构技术规程》JGJ 92、《预应力混凝土结构抗震设计规程》JGJ 140 等的有关规定。

6.1.2 现浇混凝土空心楼盖进行承载力计算和抗裂验算时，应取楼盖混凝土实际截面；正截面受弯承载力计算时，位于受压区的翼缘计算宽度应按现行国家标准《混凝土结构设计规范》GB 50010 有关规定确定；受压区高度不宜大于受压翼缘的厚度；当单向布置填充体时，横向受弯承载力计算的受压区高度不应大于受压翼缘的厚度；抗裂验算时，应考虑位于受拉区的翼缘。

6.1.3 对于现浇预应力混凝土空心楼盖，除应进行承载能力极限状态计算和正常使用极限状态验算外，尚应按具体情况对施工阶段进行验算。预应力作为荷载效应时，对于承载能力极限状态，当预应力作用效应对结构有利时，预应力分项系数应取 1.0，不利时应取 1.2；对于正常使用极限状态，预应力作用分项系数应取 1.0。

6.1.4 超静定现浇预应力混凝土空心楼盖在进行承载力计算和抗裂验算时，应考虑次内力影响，次内力参与组合的计算应符合现行国家标准《混凝土结构设计规范》GB 50010 的有关规定。

6.2 设计计算原则

6.2.1 现浇混凝土空心楼盖的承载力极限状态应按下列公式验算：

持久设计状况、短暂设计状况

$$\gamma_0 S_d \leqslant R_d \qquad (6.2.1-1)$$

地震设计状况

$$S_d \leqslant R_d / \gamma_{RE} \qquad (6.2.1-2)$$

式中：γ_0——结构重要性系数，按现行国家标准《混凝土结构设计规范》GB 50010 采用；

S_d——承载力极限状态下作用组合的效应设计值，按现行国家标准《建筑结构荷载规范》GB 50009 和《建筑抗震设计规范》GB 50011 的有关规定计算；

R_d——结构构件承载力设计值；

γ_{RE}——承载力抗震调整系数。

6.2.2 现浇混凝土空心楼盖的正常使用极限状态验算，应根据荷载效应的标准组合并考虑长期作用的影响按下式验算：

$$S \leqslant C \qquad (6.2.2)$$

式中：S——正常使用极限状态荷载组合的效应设计值；

C——结构构件达到正常使用要求所规定的变形、裂缝宽度、应力和自振频率等的限值，按现行国家标准《混凝土结构设计规范》GB 50010 采用。

6.3 承载力极限状态计算

6.3.1 柱支承及柔性支承楼盖柱上板带的承载力计算应考虑水平荷载效应与竖向荷载效应的组合，跨中板带可仅考虑竖向荷载效应的组合。

6.3.2 刚性支承楼盖现浇混凝土空心楼板的承载力计算可仅考虑竖向荷载组合的效应。

6.3.3 现浇混凝土空心楼盖的正截面受弯承载力应按现行国家标准《混凝土结构设计规范》GB 50010 中有关规定验算。

6.3.4 现浇混凝土空心楼板斜截面受剪承载力应将计算单元截面简化为 I 形、T 形或矩形截面按现行国家标准《混凝土结构设计规范》GB 50010 中有关规定执行；当设置肋梁时，应考虑肋梁内箍筋对受剪承载力的影响。

6.3.5 当内置填充体为填充管（棒）且未配置抗剪钢筋时，现浇混凝土空心楼板计算单元宽度范围内的受剪承载力应符合下列规定：

1 空心楼板沿填充管（棒）纵向受剪承载力应按下式计算：

$$V \leq 0.7 f_t b_w h_0 + V_p \qquad (6.3.5-1)$$

2 空心楼板沿填充管（棒）横向受剪承载力应同时满足下列公式：

$$V \leq 0.5 f_t b(h - D) + V_p \qquad (6.3.5-2)$$
$$V \leq 0.5 \beta f_t b_w b \qquad (6.3.5-3)$$

式中：f_t——混凝土轴心抗拉强度设计值（N/mm²）

V_p——计算单元宽度内由预应力所提高的受剪承载力设计值（N），按现行国家标准《混凝土结构设计规范》GB 50010 的有关规定确定；

V——计算宽度范围内剪力设计值（N）；

h_0——空心楼板截面有效高度（mm）；

h——空心楼板板厚（mm）；

b_w——肋宽（mm）；

b——计算单元宽度（mm），大小为 $D + b_w$（图 6.3.5）；

β——空心楼板沿填充管（棒）横向受剪承载力调整系数，按下式计算：

$$\beta = \frac{h + D}{2(D + b_w)} \qquad (6.3.5-4)$$

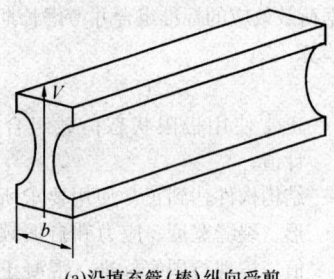

(a)沿填充管(棒)纵向受剪

(b) 沿填充管(棒)横向受剪

图 6.3.5 沿管（棒）纵向和横向受剪

6.3.6 柱支承楼盖，应在柱周围设置楼板实心区域，其尺寸和配筋应根据受冲切承载力计算确定，冲切承载力应按现行国家标准《混凝土结构设计规范》GB 50010 的有关规定计算。

6.3.7 柔性支承楼盖，宜由支承梁受剪承载力和节

点实心区域受冲切承载力承受全部竖向荷载，梁所承担的剪力设计值应按本规程 5.4.11 条规定取值。支承梁与柱相交周边设置实心区域时，其尺寸及配筋应根据抗冲切承载力计算确定。

6.4 正常使用极限状态验算

6.4.1 现浇混凝土空心楼盖可按区格板进行挠度验算。在楼面竖向均布荷载作用下区格板的最大挠度计算值应按荷载标准组合效应并考虑荷载长期作用影响的刚度计算，所求得的最大挠度计算值不应超过表 6.4.1 规定的挠度限值。当构件制作时预先起拱，且使用上允许，最大挠度计算值可减去起拱值。预应力混凝土构件可按现行国家标准《混凝土结构设计规范》GB 50010 的规定考虑预应力所产生的反拱值。

表 6.4.1　楼盖挠度限值

跨度（m）	挠度限值
$l_0 < 7$	$l_0/200$（$l_0/250$）
$7 \leq l_0 \leq 9$	$l_0/250$（$l_0/300$）
$l_0 > 9$	$l_0/300$（$l_0/400$）

注：1　表中 l_0 为楼盖的计算跨度；

2　表中括号内数值用于使用上对挠度有较高要求的楼盖。

6.4.2 现浇混凝土空心楼盖挠度计算所采用的楼板刚度可按下列规定确定：

1 现浇混凝土空心楼板的刚度应按国家现行标准《混凝土结构设计规范》GB 50010 和《无粘结预应力混凝土结构技术规程》JGJ 92 的有关规定计算，并应按本规程第 4.2 节的规定考虑楼板的空心效应。

2 刚性支承楼盖现浇混凝土空心楼板刚度可取短跨方向跨中最大弯矩处的刚度。

3 柱支承及柔性支承楼盖现浇混凝土空心楼板刚度可取两个方向中间板带跨中最大弯矩处的刚度平均值。

6.4.3 在楼面竖向荷载作用下，钢筋混凝土及有粘结预应力混凝土空心楼板的裂缝控制应符合现行国家标准《混凝土结构设计规范》GB 50010 的有关规定；无粘结预应力混凝土空心楼盖的裂缝宽度计算应符合现行行业标准《无粘结预应力混凝土结构技术规程》JGJ 92 的有关规定。

6.4.4 对于大跨度现浇混凝土空心楼盖，宜进行竖向自振频率验算，其自振频率不宜小于表 6.4.4 的限值。

表 6.4.4　楼盖竖向自振频率的限值（Hz）

房屋类型	自振频率限值
住宅、公寓	5
办公、旅馆	4
大跨度公共建筑	3

6.4.5 对于具有特殊使用要求的现浇混凝土空心楼盖结构，应根据使用功能的具体要求进行验算。

7 构 造 规 定

7.1 一 般 规 定

7.1.1 现浇混凝土空心楼板的体积空心率可按本规程附录B计算，当填充体为填充管、填充棒时，宜为20%～50%；当填充体为内置填充箱、填充块、填充板时，宜为25%～60%；当填充体为外露填充箱、填充块时，宜为35%～65%。

7.1.2 现浇混凝土空心楼盖的跨度、跨高比宜符合表7.1.2的规定。

表 7.1.2 楼盖的跨度、跨高比

结构类别		适用跨度（m）	跨高比	备注
刚性支承楼盖	单向板	7～20	30～40	—
	双向板	7～25	35～45	取短向跨度
柔性支承楼盖	区格板	7～20	30～40	取长向跨度
柱支承楼盖	有柱帽	7～15	35～45	取长向跨度
	无柱帽	7～10	30～40	取长向跨度

注：1 当耐火等级低于二级（含二级）、无开洞、静态均布荷载大于70%时，跨高比宜取上限；
　　2 如遇荷载集中（单重大于5kN的集中活荷载）或开洞尺寸大于1.5倍板厚时，跨高比宜取下限；
　　3 如属耐火等级为一级的重要建筑物，跨高比宜取下限；
　　4 如有可靠经验且满足设计要求时，可适当放宽跨度限值。

7.1.3 现浇混凝土空心楼板应沿受力方向设肋，肋宽宜为填充体高度的1/8～1/3，且当填充体为填充管、填充棒时，不应小于50mm；当填充体为填充箱、填充块时，不宜小于70mm；当肋中放置预应力筋时，肋宽不应小于80mm。

7.1.4 现浇混凝土空心楼板边部填充体与竖向支承构件间应设置实心区，实心区宽度应满足板的受剪承载力要求，从支承边起不宜小于0.20倍板厚，且不应小于50mm（图7.1.4）。

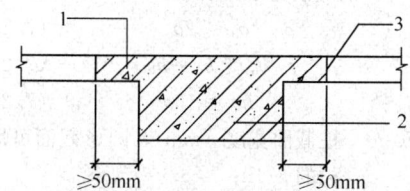

图 7.1.4 实心区范围示意图
1—混凝土实心区；2—支承构件；3—填充体起始处

7.1.5 当填充体为内置填充体时，现浇混凝土空心楼板上、下翼缘的厚度宜为板厚的1/8～1/4，且不宜小于50mm，不应小于40mm（图7.1.5）。

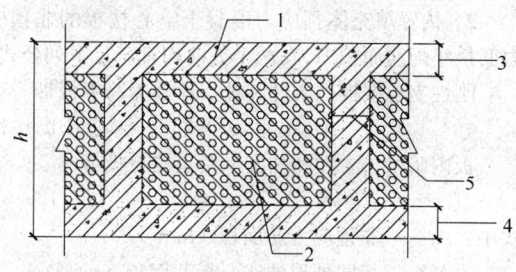

图 7.1.5 上、下翼缘厚度及肋宽示意图
1—现浇混凝土；2—填充体；3—上翼缘厚度；4—下翼缘厚度；5—肋宽

7.1.6 当填充体为填充板且楼板内布置预应力筋时，预应力筋宜布置在主肋内，主肋宽宜为100mm～200mm，并考虑预应力筋的构造要求（图7.1.6）。

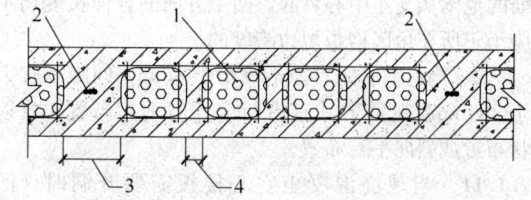

图 7.1.6 填充板空心楼板构造
1—填充板；2—预应力筋；
3—主肋宽；4—次肋宽

7.1.7 当填充体为填充管（棒）时，在填充管（棒）方向宜设横肋，横肋间距不宜大于1.2m，横肋宽度不宜小于100mm，并可考虑横肋参与受剪承载力计算。

7.1.8 现浇混凝土空心楼板主受力钢筋应符合下列规定：

　　1 受力钢筋与填充体的净距不得小于10mm；

　　2 填充体为内置填充体时，楼板中非预应力受力钢筋宜均匀布置，其间距不宜大于250mm；

　　3 跨中的板底钢筋应全部伸入支座，支座的板面钢筋向板内延伸的长度应覆盖负弯矩图并满足锚固长度的要求，负弯矩受力钢筋应锚入边梁内，其锚固长度应满足现行国家标准《混凝土结构设计规范》GB 50010的有关规定。对无边梁的楼盖，边支座锚固长度从柱中心线算起。

7.1.9 现浇混凝土空心楼板的最小配筋应符合下列规定：

　　1 受力钢筋最小配筋面积 A_s 应符合下列规定：

$$A_s/A_0 \geqslant \rho_{\min} I/I_0 \qquad (7.1.9\text{-}1)$$

式中：$\rho_{\min}$——最小配筋率，按现行国家标准《混凝土结构设计规范》GB 50010的有关规定取值。

　　　　I——截面惯性矩（mm^4）；

I_0——相同外形的实心板截面惯性矩（mm^4）。

2 内置填充体预应力混凝土空心楼板的非预应力筋最小配筋面积 A_s 在两个方向均宜满足下列公式：

刚性支承楼板、柔性和柱支承楼盖跨中板带

$$A_s/A_0 \geqslant 0.0025 \qquad (7.1.9-2)$$

板内暗梁、柔性和柱支承楼盖柱上板带

$$A_s/A_0 \geqslant 0.0030 \qquad (7.1.9-3)$$

式中：A_s——非预应力筋面积（mm^2）；

A_0——相同外形的实心板截面积（mm^2）。

3 当有可靠的试验依据时，最低配筋率可按试验结果确定。

7.1.10 当现浇混凝土空心楼板为内置填充体，受力钢筋间距大于150mm时，楼板角部宜配置附加的构造钢筋，构造钢筋应符合下列规定：

1 楼板角部板顶、板底均应配置构造钢筋，配筋的范围从支座中心算起，两个方向的延伸长度均不应小于所在角区格板短边跨度的1/4；

2 构造钢筋的直径不宜小于8mm，间距不宜大于200mm，配筋方式宜沿两个方向垂直布置、放射状布置或斜向平行布置。

7.1.11 当现浇混凝土空心楼板需要开洞时（图7.1.11），应符合国家现行标准《建筑抗震设计规范》GB 50011、《高层建筑混凝土结构技术规程》JGJ 3、《无粘结预应力混凝土结构技术规程》JGJ 92 的有关规定，并应满足下列规定：

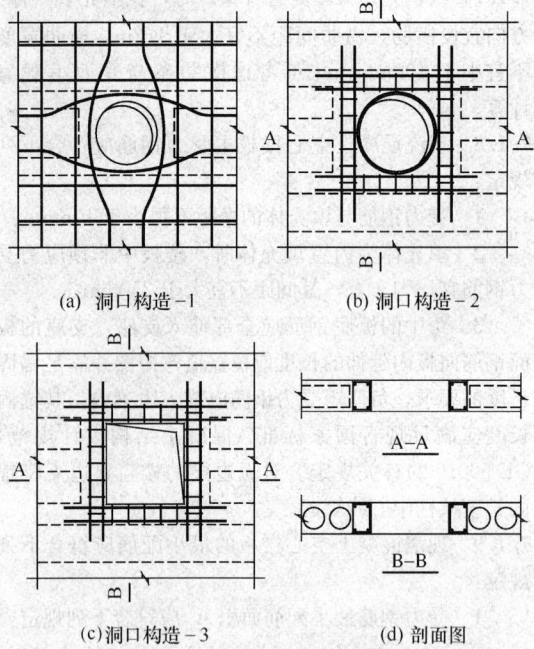

(a) 洞口构造-1　　　(b) 洞口构造-2

(c)洞口构造-3　　　(d) 剖面图

图 7.1.11　洞口构造示意图

1 当洞口尺寸不大于300mm或不大于板厚时，可将填充体在洞口处取消，钢筋绕过洞口；

2 当洞口尺寸大于300mm并大于板厚时，洞口周边应布置不小于100mm宽的实心板带，且应在洞边布置补偿钢筋，每个方向的补偿钢筋面积不应小于该方向被切断钢筋的面积；

3 当洞口切断肋时，应在洞口的周边设暗梁，暗梁宽度不应小于150mm，每个方向暗梁主筋面积不应小于该方向被切断钢筋的面积，暗梁纵筋不应少于2根直径12mm钢筋，暗梁箍筋直径不应小于8mm；

4 圆形洞口应沿洞边上、下各配置一根直径8mm～12mm 的环形钢筋及 $\phi6@200～300$ 放射形钢筋。

7.1.12 当现浇混凝土空心楼板下需要吊挂时，吊点宜布置在肋内，当布置在下翼缘时应验算吊挂承载力；当空心楼板配有预应力筋时，严禁吊点打孔伤及预应力筋。

7.1.13 当现浇混凝土空心楼盖需要设置后浇带时，后浇带的宽度及间距应符合现行行业标准《高层建筑混凝土结构技术规程》JGJ3 的有关规定，后浇带内可放置填充体（图7.1.13）。

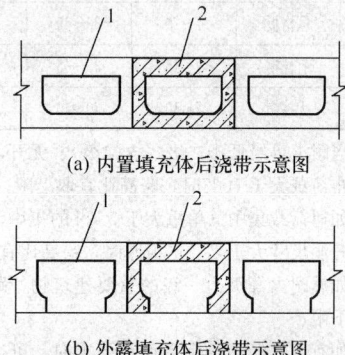

(a) 内置填充体后浇带示意图

(b) 外露填充体后浇带示意图

图 7.1.13　后浇带示意图

1—填充体；2—后浇带

7.2 柔性支承楼盖

7.2.1 柔性支承梁应符合国家现行标准《建筑抗震设计规范》GB 50011 及《预应力混凝土结构抗震设计规程》JGJ 140 中有关扁梁的规定，柔性支承梁宜双向布置，且不宜用于一级抗震等级框架结构。柔性支承梁的截面尺寸除应满足有关标准对挠度和裂缝宽度要求外，尚应满足下列要求：

$$b_b \leqslant 2b_c \qquad (7.2.1-1)$$

$$b_b \leqslant b_c + h_b \qquad (7.2.1-2)$$

$$h_b \geqslant 16d \qquad (7.2.1-3)$$

式中：b_c——柱截面宽度（mm），圆形截面可取柱直径的8/10；

b_b——柔性支承梁的截面宽度（mm），当柔性支承梁为边梁时不宜超过柱截面宽度 b_c；

h_b——柔性支承梁的截面高度（mm），可取计算跨度的 1/25～1/22；

d ——柱纵筋直径（mm）。

7.2.2 当柔性支承梁能承担全部剪力时，柔性支承楼盖可不进行抗冲切验算。柔性支承梁箍筋设置应满足现行国家标准《建筑抗震设计规范》GB 50011 中框架梁的要求，且箍筋加密区不应小于 1000mm。

7.2.3 当采用梁宽大于柱宽的宽扁梁时，外露填充体柔性支承楼盖宜在柱周边设置实心区域，范围应为柱截面边缘外不小于 1.5 倍板厚，板面宜配置钢筋网。在肋中配有负弯矩钢筋的范围内，宜配置构造用封闭箍筋，箍筋直径不应小于 6mm，间距不应大于肋高，且不应大于 200mm。

7.3 柱支承楼盖

7.3.1 柱支承楼盖宜在纵、横柱轴线上设置实心区域，其宽度不应小于柱宽加两侧各 100mm。

7.3.2 柱支承楼盖宜在柱周边设置实心区域，范围应为柱截面边缘向外不小于 1.5 倍板厚。

7.3.3 柱支承楼盖可根据承载力和变形要求采用无柱帽（柱托）板形式或有柱帽（柱托）板形式。柱托板的长度和厚度应按计算确定，且每方向长度不宜小于板跨度的 1/6，厚度不宜小于楼板厚度的 1/4。抗震设防烈度为 7 度时宜采用有托板，8 度时应采用有托板，此时托板每方向长度不宜小于同方向柱截面宽度与 4 倍板厚之和，托板处总厚度不应小于 16 倍柱纵筋直径。当无柱托板且无梁板受冲切承载力不足时，可采用型钢剪力架（键），此时板的厚度不应小于 200mm。

7.3.4 抗震设计时，柱支承楼盖的周边和楼梯、电梯洞口周边宜设置刚性支承梁。

7.3.5 抗震设计时，无柱帽的柱支承板楼盖应沿纵、横柱轴线在板内设置暗梁，暗梁宽度取柱宽及两侧各 1.5 倍板厚之和。暗梁配筋应符合下列要求：

　1　暗梁上、下纵向钢筋应分别不小于柱上板带上、下钢筋截面面积的 1/2，且下部钢筋不宜小于上部钢筋的 1/2；

　2　当计算不需要箍筋时，箍筋直径不应小于 8mm，间距不宜大于 $3h_0/4$，肢距不宜大于 $2h_0$；

　3　当计算需要箍筋时，箍筋应按计算确定，直径不应小于 10mm，间距不宜大于 $h_0/2$，肢距不宜大于 $1.5h_0$。

7.3.6 无柱帽柱支承楼盖，沿两个主轴方向均应布置通过柱截面的板底连续钢筋，且钢筋的总截面面积应符合下式要求：

$$f_{py}A_p + f_yA_s \geqslant N_G \qquad (7.3.6)$$

式中：N_G ——该层楼面重力荷载代表值作用下的柱轴向压力设计值（N），8 度时尚应计入竖向地震作用影响；

　　　A_s ——贯通柱截面的板底纵向普通钢筋的截

面面积（mm²）；

　　　f_y ——通过柱截面的板底连续钢筋抗拉强度设计值（N/mm²）。

　　　A_p ——贯通柱截面连续预应力筋截面积（mm²）；

　　　f_{py} ——预应力筋抗拉强度设计值，对无粘结预应力筋，取其应力设计值 σ_{pu}（N/mm²）。

8 施工及验收

8.1 施工要点

8.1.1 现浇混凝土空心楼盖的施工应符合下列规定：

　1　填充体、普通钢筋、预应力筋、混凝土等分项工程施工除应符合本规程规定外，尚应符合国家现行标准《混凝土结构工程施工质量验收规范》GB 50204、《无粘结预应力混凝土结构技术规程》JGJ 92 及其他相关标准的规定。

　2　施工前应编制专项施工技术方案。

　3　模板应按设计要求起拱，当设计未作规定时，起拱高度宜为跨度的 0.1%～0.3%。

　4　填充体在运输和堆放时应轻装轻卸，严禁甩扔，运输中应捆紧绑牢。

　5　填充体的安装位置应符合设计要求，并应采取措施保证其安装位置准确、行列平直。

　6　施工中应采取措施防止损坏填充体，板面钢筋安装之前已损坏的填充体应予以更换，板面钢筋安装之后损坏的填充体，应采取有效措施进行修补或封堵，防止混凝土漏入。

　7　预留、预埋设施安装工序应与钢筋、填充体安装等工序穿插进行。

　8　当预留、预埋设施无法避开填充体时，可对填充体采取开孔或断开等措施，并应对孔洞和缺口进行封堵修复。对管线集中的部位，宜采用局部调整填充体尺寸等措施避让。

　9　浇筑混凝土前应对模板及填充体浇水润湿。

　10　填充体安装和混凝土浇筑过程中，宜铺设架空施工通道，禁止将施工机具和材料直接放置在填充体上，施工操作人员不得直接在填充体上踩踏。

　11　混凝土浇筑宜采用泵送施工，并一次连续浇捣成型；在楼板钢筋上铺设输送混凝土的泵管时，宜使用柔性缓冲支垫架空支承在板面；混凝土的坍落度不宜小于 150mm；振动混凝土时，应避免振动器触碰预应力筋、钢筋支凳、填充体；应保证板底、肋、板面混凝土充填饱满，无积存气囊、气泡。

　12　当楼板厚度大于 500mm 时，楼板混凝土浇筑和振动宜分层进行，首次浇筑宜为板厚的 3/5，待混凝土振捣密实后，再进行第二次浇筑捣实，第二振捣时振动器插入第一层中不宜大于50mm，第二层混凝土浇筑振捣应在第一层混凝土初凝前进行。

13 浇筑混凝土时应对填充体进行观察，发现异常情况，应及时采取措施进行处理。

8.1.2 内置填充体现浇混凝土空心楼盖的施工除应满足本规程第8.1.1条规定外，尚应符合下列规定：

1 内置填充体底部应有定位措施，保证下翼缘厚度和板底受力钢筋混凝土保护层厚度；

2 内置填充体应有可靠的抗浮和防水平漂移措施；

3 内置填充体空心楼板的混凝土用粗骨料的最大粒径不宜大于25mm；

4 当填充体为填充管（棒）时，浇筑混凝土宜顺填充管（棒）方向推进。

8.1.3 外露填充体空心楼盖的施工除应满足本规程第8.1.1条规定外，尚应符合下列规定：

1 楼板底部不铺设模板或不满铺模板时，其底部木龙骨和模板应满足外露填充体受力的要求，且应能向支架有效传递上部荷载。

2 外露填充体要锚入现浇混凝土内的钢筋（丝）锚固方向应正确、锚固长度应符合设计或相关标准的规定。

8.1.4 现浇混凝土空心楼盖施工流程宜符合本规程附录D的规定。

8.2 材料进场验收

8.2.1 填充体进场检验批的划分应符合下列规定：

1 内置填充体及单面外露填充体进场时，应按同一厂家在正常生产条件下生产的同工艺、同规格、同材质的产品，连续进场5000件为一检验批，不足5000件时亦按一批计，检查产品合格证、出厂检验报告，并进行抽样检验。当连续3批一次检验合格时，可改为符合前述条件的每10000件为一个检验批。

2 双面外露填充体顶板应按同一厂家在正常生产条件下生产的同工艺、同规格、同材质的产品，且连续进场2000件为一检验批，不足2000件时亦按一批计，检查产品合格证、出厂检验报告，并进行抽样检验。当连续5个检验批均一次检验合格时，可改为每5000件为一个检验批。

8.2.2 填充体的检验方法应符合本规程附录A的规定，抽样应符合下列规定：

1 每个检验批产品的外观质量应全数目测检查，其外观质量应符合本规程第3.4节的相关规定；对不符合外观质量要求的产品，可在现场修补，经检验合格后可重新使用。

2 从外观质量检验合格的产品中随机抽取10件试样进行尺寸检验，检验合格后，从中随机抽取3件试样检验各项物理力学性能指标。

8.2.3 填充体的质量等级判定规则应符合下列规定：

1 当抽取的10件试样尺寸偏差符合本规程第3.4节规定的合格率不小于90%，且没有严重超差时，该检验批产品的尺寸可判定为合格。当合格率小于90%但不小于80%时，应再从该批中随机抽取10件试样进行检验，当按两次抽样总和计算的合格率不小于90%，且没有严重超差时，则该检验批的尺寸仍可判定为合格。如不符合上述要求，则应逐件检验，并剔除严重超差者。

2 从上述10件试样中随机抽取3件试样进行物理力学性能检验，当检验符合本规程第3.4.5条的规定时，该检验批的物理力学性能可判定为合格。如某检验项目不符合要求，则应加倍抽样对不合格项目复检，当复检试样的检验结果均符合要求时，该检验批的物理力学性能仍可判定为合格；当复检试样的检验结果仍不符合要求时，该检验批产品的该项物理力学性能判定为不合格。

8.2.4 填充体进场验收应按本规程附录E中的相关记录表进行记录，与本批产品的出厂合格证和出厂检验报告一齐归入工程质量保证资料存档备查。

8.2.5 用户对填充体物理力学性能有特殊需要时，可根据相应要求进行专项性能的抽样检验，检验方案可由有关各方共同协商确定。

8.3 工程施工质量验收

8.3.1 现浇混凝土空心楼盖结构用钢筋、填充体、预应力筋、水泥、砂、石、外加剂、矿物掺合料、水等原材料的进场检验，应按现行国家标准《混凝土结构工程施工质量验收规范》GB 50204及其他相关标准的有关规定执行。

8.3.2 填充体安装检验批的质量要求及验收方法应符合表8.3.2的规定，验收结果可按本规程附录E记录。

表8.3.2 填充体安装检验批的质量要求及验收方法

序号	检查项目	质量要求	检查数量	检验方法
1	填充体规格型号数量及安装位置	应符合设计要求	全数检查	观察，辅以钢尺量测
2	内置填充体抗浮及防漂移技术措施	应合理、正确	全数检查	目测检查
3	外露填充体钢筋外伸锚固	应方向正确	在同一检验批内，抽查总行、列数的5%且不少于5行	目测检查
4	破损填充体的处理	第8.1.1节第6款规定	全数检查	目测检查

序号	检查项目	质量要求	检查数量	检验方法
5	同行（列）填充体中心线	≤15mm	同一检验批抽查总行（列）的5%且不少于5	拉线，用钢尺量测
6	相邻行（列）填充体平行度	≤15mm		拉线，用钢尺量测
7	相邻填充体顶面高差	≤13mm	同一检验批抽查区格板总数的5%，且不少于3处	靠尺配以塞尺量测

8.3.3 内置填充体或单面外露填充体的安装验收宜归入模板分项工程验收，可不参与混凝土结构子分部工程的验收，但应提供填充体质量检验报告及出厂合格证等质量保证材料。

8.3.4 当双面外露填充体的顶板作为楼板结构的组成部分时，双面外露填充体的安装验收宜归入装配式结构分项工程验收，可参与混凝土结构子分部工程的验收；当双面外露填充体不参与结构受力时，双面外露填充体的安装验收可按本规程第 8.3.3 条的规定验收。

8.3.5 现浇混凝土空心楼盖结构作为混凝土结构子分部工程的组成部分，其各分项工程应按现行国家标准《混凝土结构工程施工质量验收规范》GB 50204 的规定进行验收。

附录 A 填充体检验方法

A.1 外观检查

A.1.1 填充体的外观质量用目测观察进行全数检查。

A.2 尺寸偏差检查

A.2.1 填充管、填充棒的尺寸偏差应按表 A.2.1 进行检验，尺寸测量应精确至 1mm。

表 A.2.1 填充管、填充棒尺寸偏差检验

项 目	测量工具	检 测 方 法
长度	钢尺	沿试样长度方向量测三次，取最大偏差值
断面尺寸	钢尺和外卡钳	在试样两端面及中部各量测一次，取最大偏差值
轴向表面平直度	靠尺和塞尺	在试样表面轴向量测三次，取最大偏差值

A.2.2 填充块、填充箱、填充板尺寸偏差应按表 A.2.2 检验，尺寸测量应精确至 1mm。

表 A.2.2 填充块、填充箱、填充板尺寸偏差检验

项 目	测量工具	检 测 方 法
边长	钢尺	沿试样四个边长各量测一次，取最大偏差值
高度（厚度）	钢尺	沿试样四个侧面各量测一次，取最大偏差值
对角线长度差	钢尺	对试样顶面和底面的对角线测量，取较大差值
表面平整度	靠尺和塞尺	在试样各表面分别量测一次，取最大偏差值

A.3 物理力学性能检查

A.3.1 填充体的表观密度可按下列规定进行检验：

1 测量和计算体积：

1) 填充管（棒）：取自然干燥的试样，量测其直径和长度（精确至 $1×10^{-3}$ m），计算其体积 V（精确至 $1×10^{-6}$ m³）；

2) 填充块（箱）：取自然干燥的试样，量测其长、宽和高（精确至 $1×10^{-3}$ m），计算其体积 V（精确至 $1×10^{-6}$ m³）；

3) 填充板：取自然干燥的填充板试样，量测轻质芯块的长、宽和厚（精确至 $1×10^{-3}$ m），计算其体积 V（精确至 $1×10^{-6}$ m³）。

2 用台秤称其质量 M（精确至 0.01kg）；

3 填充体表观密度 g_{fil} 应按下式计算（精确至 0.1kg/m³）：

$$g_{fil} = M/V \qquad (A.3.1)$$

A.3.2 填充体的局部抗压荷载可按下列规定进行检验：

1 取试样放入水中浸泡：填充管、填充棒长度宜为 1m；填充箱、填充块为一个填充体；填充板为一个芯块，边长不小于 20cm；

2 浸泡 48h 后取出放置在水平板面上，底部垫平放稳，填充管、填充棒可采用与试样同长的三角木塞在两侧；

3 将 100mm×100mm×20mm 的加荷垫板放置

在试样受检面中部，当填充体上表面为弧面时应采用同弧面垫板；

4 加荷分 5 级进行，每级加荷值为本规程表 3.4.5 中规定荷载值的 20%，并静置 5min，对试样外表面观察；

5 当加荷值达到本规程表 3.4.5 中规定的荷载值，试样无裂纹及破损迹象，可判定该批产品局部抗压荷载检验合格。

A.3.3 填充体的自然吸水率可按下列要求进行检验：

1 取一件填充体试样，称取试样自然干燥后质量 m_0；

2 将填充体试样浸没在 10℃～25℃ 清水中，水面应保持高出试样 10mm～20mm，24h 后将试样取出，用干毛巾擦干试样表面附着水，随即称取试样的质量 m_1；

3 填充体的自然吸水率 w_m 按下式计算：

$$w_m = \frac{m_1 - m_0}{m_0} \times 100\% \qquad (A.3.3)$$

4 当自然吸水率满足本规程第 3.4.5 条规定时，可判定为自然吸水率检验合格。

A.3.4 填充体抗振动冲击性可按下列要求进行检验：

1 选取外观质量、尺寸偏差合格的自然干燥的填充体试样；

2 用直径 30mm 的振动棒紧贴试样受测面振动 1min；

3 检查表面，当无贯通性裂纹及破损时，则判定抗振动冲击性能合格。

附录 B 空心楼板自重、折实厚度、体积空心率计算

B.0.1 现浇混凝土空心楼板自重可按下式计算：

$$G = (V_u - V_{fil}) \cdot \gamma + G_{fil} \qquad (B.0.1)$$

式中：G ——现浇混凝土空心楼板区格内自重（kN），区格是指双向相邻柱轴线间形成的一个楼板区域；

G_{fil} ——现浇混凝土空心楼板区格内填充体的重量（kN）；

V_{fil} ——现浇混凝土空心楼板区格内填充体的体积（m^3）；

V_u ——现浇混凝土空心楼板区格内总体积（m^3）；

γ ——混凝土重度（kN/m^3）。

B.0.2 现浇混凝土空心楼板按重量等效的折实厚度可按下式计算：

$$h_{con} = \frac{G}{V_u \cdot \gamma} \times h \qquad (B.0.2)$$

式中：h_{con} ——现浇混凝土空心楼板折实厚度；

h ——现浇混凝土空心楼板厚度。

B.0.3 现浇混凝土空心楼板的体积空心率 ρ_{void} 可按下式计算：

$$\rho_{void} = \frac{V_{fil}}{V_u} \times 100\% \qquad (B.0.3)$$

式中：V_{fil} ——现浇混凝土空心楼板区格内填充体的体积（m^3）；

V_u ——现浇混凝土空心楼板区格内总体积（m^3）。

附录 C 正交各向异性板的等效各向同性板法

C.0.1 由内置填充体形成的上、下表面闭合的正交各向异性板，其力学参数存在本规程式（5.2.3-6）所列关系，可将正交各向异性板等效为各向同性板计算。

C.0.2 等效各向同性板的几何尺寸、力学参数及荷载可由下列原则确定：

1 等效各向同性板的几何尺寸可按下列公式计算：

x 向跨度

$$l_{x1} = l_x \qquad (C.0.2-1)$$

y 向跨度

$$l_{y1} = k^{\frac{1}{4}} l_y \qquad (C.0.2-2)$$

2 等效各向同性板的弹性模量可按下式计算：

$$E_1 = E_x \qquad (C.0.2-3)$$

3 等效各向同性板的泊松比可按下式计算：

$$\nu_1 = k^{\frac{1}{2}} \nu_c \qquad (C.0.2-4)$$

4 等效各向同性板匀布荷载保持不变，集中荷载为原荷载的 $k^{\frac{1}{4}}$ 倍。

5 正交异性板 y 向与 x 向的弹性模量比 k，应按下式计算：

$$k = \frac{E_y}{E_x} \qquad (C.0.2-5)$$

式中：l_x、l_y ——正交各向异性板 x 向和 y 向的跨度；

l_{x1}、l_{y1} ——等效各向同性板 x 向和 y 向的跨度；

E_x、E_y ——正交各向异性板 x 向、y 向弹性模量；

E_1、ν_1 ——等效各向同性板的弹性模量、泊松比。

C.0.3 计算出尺寸为 $l_{x1} \times l_{y1}$、弹性模量为 E_1、泊松比为 ν_1 的各向同性板在相应等效荷载作用下的内力和变形，原正交异性板各对应点变形不变，内力应按下列公式计算：

x 向弯矩：$\qquad M_x = M_{x1} \qquad (C.0.3-1)$

y 向弯矩：$\qquad M_y = k^{\frac{1}{2}} M_{y1} \qquad (C.0.3-2)$

扭矩：　　　　$M_{xy} = k^{\frac{1}{4}} M_{x1y1}$　　　(C.0.3-3)

x 向剪力：　　$Q_x = Q_{x1}$　　　(C.0.3-4)

y 向剪力：　　$Q_y = k^{\frac{1}{4}} Q_{y1}$　　　(C.0.3-5)

式中：M_{x1}、M_{y1}、M_{x1y1}——等效各向同性板 x 向弯
矩、y 向弯矩及扭矩；

M_x、M_y、M_{xy}——正交各向异性板 x 向弯
矩、y 向弯矩及扭矩；

Q_{x1}、Q_{y1}——等效各向同性板 x 向剪
力、y 向剪力；

Q_x、Q_y——正交各向异性板 x 向剪
力、y 向剪力。

附录 D　施　工　流　程

D.0.1　现浇混凝土空心楼盖可按图 D.0.1 流程施工：

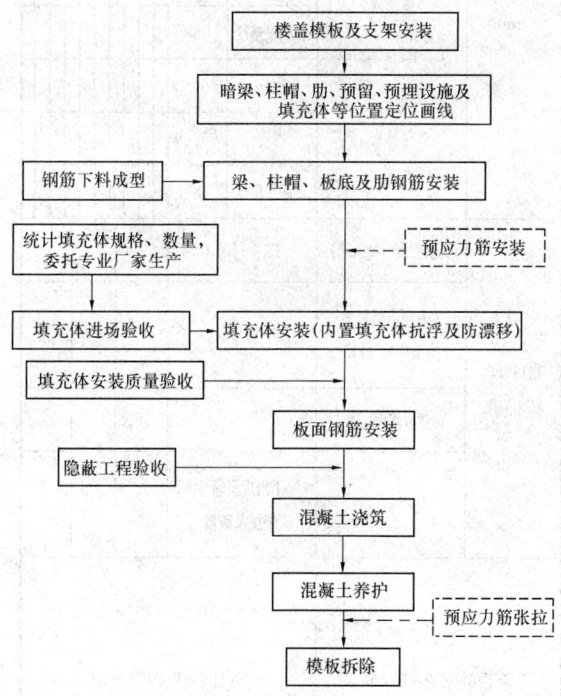

图 D.0.1　现浇混凝土空心楼盖施工流程图

注：1　图中虚线工序为预应力特需工序；
　　2　预留、预埋设施施工应适时与钢筋、填充体安装
　　　穿插进行。

附录 E　填充体质量验收记录表

E.1　进场验收记录表

E.1.1　各类填充体进场验收应按下列各表分别记录：

表 E.1.1-1　填充管、填充棒进场验收记录表

产品名称			规格型号	
产品合格证			出厂检验报告	
生产厂名称			进场日期	
批次			批量	
检验项目		质量要求	检查结果	
外观质量	贯通性裂纹、孔洞	不允许		
	填充管封堵	密实、牢固		
	外裹封闭层	封裹严密、粘附牢固		
尺寸偏差 (mm)	长度	$L\leqslant500$　±8		
		$L>500$　±10		
	端面尺寸	$D\leqslant300$　±5		
		$D>300$　±8		
	轴向平直度	$L\leqslant500$　$\leqslant5$		
		$L>500$　$\leqslant8$		
物理力学性能	表观密度（kg/m³）	15.0～500.0		
	48h 浸泡后局部抗压荷载（kN）	$\geqslant1.0$		
	自然吸水率（%）	$\leqslant5$		
	抗振动冲击	不出现贯通性裂纹及破损		
施工单位检查评定结果			项目专业质量检查员： 年　月　日	
监理（建设）单位验收结论			监理工程师： （建设单位项目专业技术负责人） 年　月　日	

注：产品合格证和出厂检验报告应作为本表的附件。

表 E.1.1-2 填充箱、填充块进场验收记录表

产品名称		规格型号	
产品合格证		出厂检验报告	
生产厂名称		进场日期	
批　次		批　量	
检验项目		质量要求	检查结果
外观质量	贯通性裂纹、孔洞	不允许	
	填充箱密封性	可靠	
	外露填充箱外露侧面与楼板混凝土连接件	应符合设计要求或符合产品标准规定	
尺寸偏差（mm）	边长	+5，−8	
	高度	+5，−8	
	表面平整度	5	
	对角线长度差	10	
物理力学性能	表观密度（kg/m³）	15.0～500.0	
	48h浸泡后局部抗压荷载（kN）	≥1.0	
	自然吸水率（%）	≤5	
	抗振动冲击	不出现贯通性裂纹及破损	
施工单位检查评定结果	项目专业质量检查员： 　年　月　日		
监理（建设）单位验收结论	监理工程师： （建设单位项目专业技术负责人）　年　月　日		

注：产品合格证和出厂检验报告应作为本表的附件。

表 E.1.1-3 填充板进场验收记录表

产品名称		规格型号	
产品合格证		出厂检验报告	
生产厂名称		进场日期	
批　次		批　量	
检验项目		质量要求	检查结果
外观质量	芯块排列	整齐	
	连接网脱落	不允许	
	芯块破损	不允许	
尺寸偏差（mm）	轻质芯块 边长	+5，−8	
	轻质芯块 厚度	+5，−8	
	轻质芯块 表面平整度	8	
	连接网 间距	±5	
	连接网 表面平整度	8	
	整体板 边长	+5，−8	
	整体板 厚度	+5，−8	
	整体板 表面平整度	8	
物理力学性能	表观密度（kg/m³）	15.0～500.0	
	48h浸泡后局部抗压荷载（kN）	≥1.0	
	自然吸水率（%）	≤5	
	抗振动冲击	不出现贯通性裂纹及破损	
施工单位检查评定结果	项目专业质量检查员： 　年　月　日		
监理（建设）单位验收结论	监理工程师： （建设单位项目专业技术负责人）　年　月　日		

注：产品合格证和出厂检验报告应作为本表的附件。

E.2 填充体安装检验批质量验收记录表

E.2.1 各类填充体安装检验批质量验收应按表E.2.1记录。

表 E.2.1 填充体安装检验批质量验收记录表

分部工程名称			验收部位、区段		
施工单位			项目经理		
施工执行标准名称及编号					
检查项目			质量验收标准规定	施工单位检查评定记录	监理(建设)单位验收记录
主控项目	1	填充体规格型号数量及安装位置	应符合设计要求		
	2	内置填充体抗浮防漂移技术措施	应合理、正确		
	3	外露填充体钢筋外伸锚固	应方向正确		
	4	破损填充体的处理	第8.1.1节第6款的规定		
一般项目	1	同行(列)填充体中心线	≤15mm		
	2	相邻行(列)填充体平行度	≤15mm		
	3	相邻填充体顶面高差	≤13mm		
施工单位检查评定结果	专业施工员		施工班组长		
	项目专业质量检查员: 年 月 日				
监理(建设)单位验收结论	监理工程师: (建设单位项目专业技术负责人) 年 月 日				

本规程用词说明

1 为便于在执行本规程条文时区别对待,对于要求严格程度不同的用词说明如下:

1)表示很严格,非这样做不可的:
正面词采用"必须";反面词采用"严禁";

2)表示严格,在正常情况下均应这样做的:
正面词采用"应";反面词采用"不应"或"不得";

3)表示允许稍有选择,在条件许可时首先应这样做的:正面词采用"宜";反面词采用"不宜";

4)表示有选择,在一定条件下可以这样做的,采用"可"。

2 条文中指明应按其他有关标准、规范执行的写法为"应符合……的规定"或"应按……执行"。

引用标准名录

1 《建筑结构荷载规范》GB 50009
2 《混凝土结构设计规范》GB 50010
3 《建筑抗震设计规范》GB 50011
4 《混凝土结构工程施工质量验收规范》GB 50204
5 《预应力混凝土用钢丝》GB/T 5223
6 《预应力混凝土用钢绞线》GB/T 5224
7 《建筑材料放射性核素限量》GB 6566
8 《预应力筋用锚具、夹具和连接器》GB/T 14370
9 《高层建筑混凝土结构技术规程》JGJ 3
10 《无粘结预应力混凝土结构技术规程》JGJ 92
11 《预应力混凝土结构抗震设计规程》JGJ 140
12 《缓粘结预应力钢绞线》JG/T 369

中华人民共和国行业标准

现浇混凝土空心楼盖技术规程

JGJ/T 268—2012

条 文 说 明

制 订 说 明

《现浇混凝土空心楼盖技术规程》JGJ/T 268 - 2012，经住房和城乡建设部 2012 年 3 月 1 日以 1326 号公告批准、发布。

本规程编制过程中，编制组进行了广泛的调查研究，总结了现浇混凝土空心楼盖技术的实践经验，同时参考了国外先进技术法规、技术标准，通过试验取得了现浇混凝土空心楼盖设计、施工等重要技术参数。

为便于广大设计、施工、科研、学校等单位有关人员在使用本规程时能正确理解和执行条文规定，《现浇混凝土空心楼盖技术规程》编制组按章、节、条顺序编制了本规程的条文说明，对条文规定的目的、依据以及执行中需注意的有关事项进行了说明。但是，本条文说明不具备与规程正文同等的法律效力，仅供使用者作为理解和把握规程规定的参考。

目　次

1 总 则

1.0.1 现浇混凝土空心楼盖结构在减轻楼盖自重、减小地震作用、隔声、节能等方面较传统的实心板有较明显的优势,同时可降低总体成本、改善使用功能,目前已经在一些大跨度写字楼、商业楼、大型会展中心、图书馆、多层停车场等公共建筑及大开间民用住宅中广泛应用。

现浇混凝土空心楼盖结构有自身的特点,如:由于填充体布置的不对称性引起板的正交各向异性、正交异性板的内力和变形计算方法以及圆孔板横向抗剪问题、横向最低配筋率及其算法等,这些都是过去没有遇到的,也是本规程要解决的问题。

制定本规程是为了规范现浇混凝土空心楼盖中使用的填充体的技术参数,并对以上提到的新的技术问题给出解决办法,确保工程设计和施工质量,使该项技术得到更好的应用和发展。

1.0.2 本条明确了本规程的适用范围,适用于一般工业与民用建筑工程。因缺乏可靠的近场地震资料和数据,抗震设防烈度大于 9 度的柱支承空心楼盖没列入本规程。

1.0.3 现浇混凝土空心楼盖是混凝土结构的一种形式,设计计算依据现行国家标准《混凝土结构设计规范》GB 50010 进行,本规程只是根据该结构的特点进一步细化和明确,特别是解决板的正交各向异性参数的计算问题、正交异性板的内力计算方法问题以及圆孔板横向抗剪问题等。其他常规设计问题,凡现行标准中已有明确规定的,本规程原则上不再重复。同时,规程编制过程中参考了《现浇混凝土空心楼盖结构技术规程》CECS 175:2004。

2 术语和符号

2.1 术 语

术语是根据本规程内容表达的需要而列出的。其他较常用和重要的术语在相关标准中已有规定,此处不再重复。

2.1.2 现浇混凝土空心楼盖的填充体空心部分不参与结构受力。现浇混凝土空心楼盖包括了混凝土空心楼板和梁(暗梁)等水平支承构件。

2.1.3 刚性支承楼盖的楼板只承受竖向荷载,竖向刚度较大的梁是一模糊的概念,一般认为 $\frac{\alpha_1 l_2}{l_1}$ 达到 4 或 5 就可以作为刚性支承梁,楼板就可以按四边竖向刚性支承的双向板计算。

2.1.4 柔性支承楼盖介于刚性梁支承和无梁柱支承楼盖之间,本规程给出了这类楼盖的计算方法。

2.1.5 柱支承楼盖也就是无梁楼盖。

2.1.6~2.1.8 给出各种形式的内置填充体和外露填充体的定义。

填充板是通过钢丝连接网将轻质芯块连为一体形成的网格状填充板,填充板的构造见图 1,现场浇筑混凝土后与混凝土成为整体。

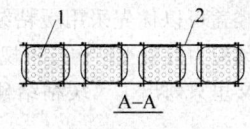

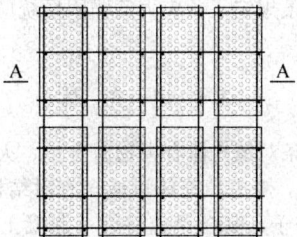

图 1 填充板示意图
1—轻质芯块;2—连接网

2.1.9 体积空心率只是表明了填充体占的体积,由于填充体有一定重量,因此不能完全表达减轻自重的比率。

2.1.10 表观密度是衡量填充体自重和占有板内体积的一个宏观量度,体积空心率相同时,填充体表观密度越小越能减轻自重。

2.1.16~2.1.19 给出了现浇混凝土空心楼盖的几种计算方法的定义。

2.2 符 号

本节给出了本规程所用到的主要符号。

3 材 料

3.1 混 凝 土

3.1.1 本条对现浇混凝土空心楼盖的最低混凝土强度等级作了规定。

3.2 普 通 钢 筋

3.2.1 本规程提倡采用 HRB400 级钢筋作为主受力钢筋。

3.3 预应力筋及锚固系统

3.3.1 公称直径 15.2mm 的低松弛钢绞线是我国目前预应力混凝土结构中应用最广的预应力筋,优先采用高强低松弛预应力钢绞线对于工程设计和施工都是有利的。

3.3.2 本条说明了结构可采用的预应力体系类别。近年来缓粘结预应力技术在不断推广应用，对于柱支承的空心楼盖，由于楼盖参与了结构抗震，而无粘结预应力混凝土结构延性比不上有粘结预应力混凝土结构，有粘结预应力技术在楼板中应用存在波纹管和群锚布置困难等施工缺陷，而采用缓粘结预应力体系既可以提高抗震性能、又便于施工，因此，柱支承的现浇混凝土空心楼盖可以优先采用缓粘结预应力技术。由于《缓粘结预应力混凝土结构技术规程》还没有颁布，因此，条文里只列出了《缓粘结预应力钢绞线》JG/T 369。

3.3.3 本条规定了预应力筋锚固系统应遵循的有关标准。

3.4 填 充 体

3.4.1 本条对填充体有害物质含量、火灾时的形态等作了规定，考虑填充体可能含有对结构有害成分，尤其是氯离子，其含量应符合《混凝土结构设计规范》GB 50010 的要求。

3.4.2 本条对填充管、填充棒的规格、尺寸作了具体的规定，填充棒断面也可以不为圆形，此时，D 取断面的最大尺寸。

3.4.3 本条对填充箱、块的规格、尺寸作了具体的规定。

3.4.4 本条对填充板的规格、尺寸作了具体的规定。

3.4.5 本条规定了填充体的物理力学性质，局部抗压荷载主要为了防止施工中填充体上站人等造成破坏。外露填充体表面一般为混凝土，且有一定厚度并与现浇混凝土有可靠连接，能参与板的共同受力，这种情况的外露填充体上表面可以与现浇混凝土一起考虑，在计算填充体表观密度时不计入其质量和体积。表观密度最小为 15kg/m³ 是根据国家标准《绝热用模塑聚苯乙烯泡沫塑料》GB/T 10801.1-2002 的规定确定的，当聚苯乙烯泡沫填充体有加强构造时，表观密度可适当减小。

4 基 本 规 定

4.1 结构布置原则

4.1.3 现浇混凝土空心楼盖为双向板时，内力与两个方向的刚度比例有关，如果双向布置不对称，两个方向刚度不同，需要用正交异性板理论去求弹性内力。对于对称布置的内置填充体空心板，可根据截面惯性矩等效为各向同性板计算；对于对称布置的外露填充体空心板，由于板抗扭刚度的影响，原则上仍为正交异性板，如果忽略抗扭刚度的影响，可以按各向同性板理论计算，误差在工程设计要求精度范围内。

4.1.4 楼板的空心截面不利于承受较大的集中荷载。在承受较大的集中静力荷载的部位，宜采用实心楼板或采取有效的局部加强构造措施。对于承受较大的集中动力荷载的部位（如较大机械设备等）的区格板，应采用实心楼板。

4.2 截面特性计算

4.2.1 对于具有一定刚度的实心填充体，填充体在理论上会参与楼板的受力。经过计算分析，填充体弹性模量要达到混凝土弹性模量的 10%以上才有明显的效果，而目前采用的实心填充体都未达到这个数值，因此，暂时不考虑填充体与混凝土共同受力的复合作用。本节给出了将内置填充体空心楼板、单面外露填充体空心楼板和双面外露填充体空心楼板的计算单元分别简化为I形、T形和矩形截面计算单元，可以得到计算单元的截面积和截面惯性矩。

4.2.2 对于单向布置的圆截面填充体形成的空心楼板，纵向满足平截面假定，可以直接计算截面积和截面惯性矩。空心楼板横向不能满足平截面假定，因此不能直接得到受压时等效的截面积和抗弯时等效的截面惯性矩，本节是在采用有限元法进行计算分析基础上得到。

1 横向截面积的计算如下：

根据填充体直径 D 与板厚的比值以及肋宽与板厚的比值建立计算模型（图2），混凝土建立有限元，填充体忽略不计，左端固定，右端施加水平向位移作用 d，计算支座的水平支座反力 R_{A1}，得到水平刚度 $K_1 = R_{A1}/d$；再建立外形相同的实心混凝土模型，同样左端固定，右端施加水平向位移作用 d，计算支座的水平支座反力 R_{A0}，得到混凝土实心板水平刚度 $K = R_{A0}/d$，空心楼板横向有效的截面积 A 与实心楼板截面积 A_0 相比为：$A/A_0 = K/K_1 = R_{A1}/R_{A0}$，这样得到表1：

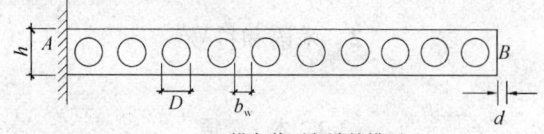

(a) 横向截面积计算模型

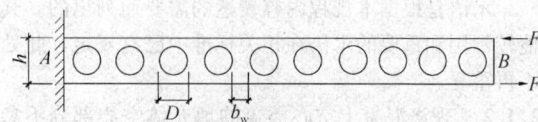

(b) 横向截面惯性矩计算模型

图 2 截面特性计算模型

表 1 横向换算截面积与实化板截面积比值

b_w/h ＼ D/h	0.5	0.6	0.7	0.8
0.2	0.562	0.463	0.360	0.254
0.3	0.572	0.471	0.366	0.259
0.4	0.582	0.478	0.373	0.266

通过对表中数据回归分析，可以得到横向宽度 $b = D + b_w$ 范围内截面有效面积的近似计算公式 (4.2.2-3)，该公式计算值与表中数据误差均不超过 3.5%，满足工程设计精度。

2 截面惯性矩计算如下：

计算模型见图 2（b），左端固定，右端作用一力偶，根据 B 端发生的转角换算出截面宏观的抗弯刚度，抗弯刚度除以混凝土弹性模量进而得到空心楼板横向宏观等效的截面惯性矩；纵向截面惯性矩可以按平截面假定得到；相同宽度板的横向等效截面惯性矩除以纵向截面惯性矩得到参数 k 值，也就是表 4.2.2 给出的数值。

由于纵向截面惯性矩可以通过平截面假定按公式 (4.2.2-2) 计算出，有了 k 值就可以很容易得到横向等效的截面惯性矩。

圆形截面内置填充体现浇混凝土空心楼板横向和纵向惯性矩比见图 3，计算方法可参看文献"现浇混凝土空心板的正交各向异性研究"，特种结构，2007，24（2）：12-14。

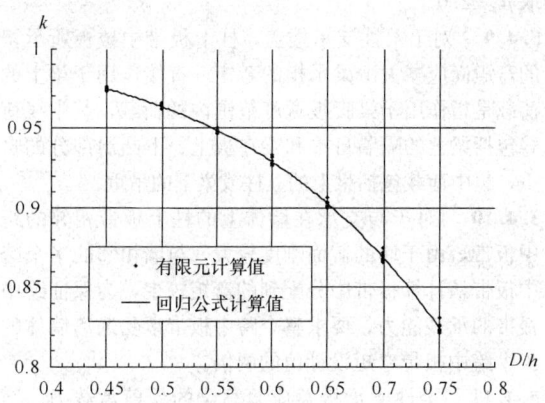

图 3　横向和纵向惯性矩比与圆孔直径和板厚比值的关系

5　结构分析方法

5.1　一般规定

本节规定了现浇混凝土空心楼盖结构分析原则和每种楼盖所采用的计算方法。

5.1.5、5.1.6　混合支承是指由柱支承、柔性支承、刚性梁支承中两种混合的支承。

5.2　拟板法

5.2.1　本条规定了现浇混凝土空心楼板采用拟板法的条件。

5.2.2　本条给出了单向板和双向板的划分原则。

5.2.3　现浇混凝土空心楼板可以采用拟板法计算，各向同性板需要的参数是板厚、弹性模量和泊松比，

第 1 款给出了弹性模量计算方法，泊松比不变。

对于正交各向异性板，需要的参数除了板厚外，还有两个正交方向上的弹性模量、泊松比，以及剪变模量。第 2 款给出了内置填充体形成的空心楼板力学参数计算方法。对于填充管（棒）圆截面填充体空心楼板，等效为正交异性板时顺管（棒）方向弹性模量比横向大，顺向的泊松比近似按混凝土泊松比取值，因此，有公式 (5.2.3-4)。上、下表面封闭的空心楼板等效为正交异性板后剪变模量可以按公式 (5.2.3-6) 计算。

对于上、下表面不能封闭的外露填充体形成的空心板，由于板的抗扭刚度比上、下封闭的板小很多，需要根据肋梁的抗扭刚度折算板的剪变模量，本规程没有给出。

当外露填充体双向对称布置但是上、下表面不封闭时，尽管双向抗弯刚度相同，但是，严格意义上也属于正交各向异性板。

对于内置填充体空心板，两个方向刚度相同或相差不大时可以按各向同性板计算；当两个方向刚度不同时宜按正交异性板理论计算，本节给出了正交各向异性板的所有力学参数的计算方法。

5.2.4　内置填充体空心板可以等效为各向同性板计算，方法见附录 C。

5.2.5　刚性支承楼盖按拟板法计算出的是板内最大弯矩值，本条参考了现行协会标准《现浇混凝土空心楼盖结构技术规程》CECS 175：2004 的有关规定将一跨板分为三个区域，给出了各区域配筋的正弯矩控制值，与全跨采用最大弯矩控制配筋相比，有效节省钢筋用量。

5.3　拟梁法

本节给出了采用拟梁法计算的条件和计算方法。每个方向拟梁不少于 5 根可以更接近于板的受力，并且要考虑梁的抗扭刚度。对于填充体为填充管和填充棒的空心板，可以通过板的正交各向异性确定的刚度换算为梁的刚度，进而在拟梁中考虑板的正交各向异性。

5.4　经验系数法

5.4.1　经验系数法参考了美国 ACI318 规范的相关规定。柱支承和柔性支承楼盖如满足本条限制条件，可采用经验系数法进行竖向均布荷载作用下的内力分析。第 1 款的限制主要是保证楼板的双向受力。第 2 款的限制主要是由于经验系数法假定楼盖的第一内支座既非嵌固，也非简支，如果结构只有两个连续跨，则中支座负弯矩值不满足假定。第 3 款的限制是为保证楼板支座负弯矩分布不超过钢筋切断点。第 4 款给出了柱子相对规则柱网的偏移限制。第 5 款的限制是由于经验系数法是在均布重力荷载试验的基础上得出

的，大多数情况下，可变荷载与永久荷载比值不超过2，就可以不计荷载形式的影响。第6款给出了经验系数法的应用方法。第7款的限制是为保证楼盖弹性弯矩的分布符合经验系数法的假定，当超出该限制时，楼盖弹性弯矩的分布将发生显著变化。

5.4.2 对于柔性支承楼盖，计算梁的截面惯性矩时应考虑楼板的翼缘作用。中间梁可按T形、边梁按倒L形截面计算。如图4所示：

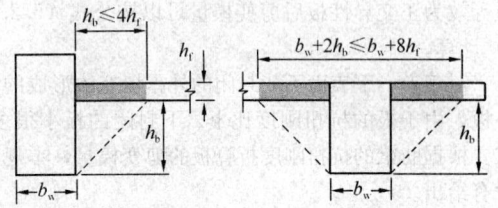

图4 楼板翼缘作用示意

5.4.3 本条楼板的截面惯性矩主要用于 α 和 β_t 的计算，其计算宽度取为计算板带的宽度，对柔性支承楼盖，不包括梁在楼板上、下凸出部分的截面。

当内模为筒芯时，由于正交各向异性，应区分顺筒方向和横筒方向分别计算。公式均由楼板实心区域和空心区域两个部分组成。

5.4.5 总弯矩设计值 M_0 的计算公式中，假定支座反力作用于与计算方向垂直的柱或柱帽的侧面，因此计算跨度取为净跨。计算净跨时，对于矩形或方形截面柱按实际柱侧面位置确定，对于圆形、正多边形等形状可按面积相等的方形截面确定。如图5所示：

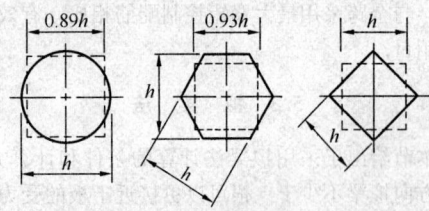

图5 支座等效截面

5.4.6 负弯矩的计算截面为支座侧面，见5.4.5条条文说明；正弯矩的计算截面为跨中。

对于楼盖端跨，各控制截面弯矩按表5.4.6中系数确定。表中系数基于等效支座刚度原则确定。表中除了简支与嵌固两种情况之外，正弯矩和内支座负弯矩的系数取值接近于变化范围的上限，边支座负弯矩接近于变化范围的下限，这主要是由于多数情况下，边支座负弯矩所需配筋很少，通常按裂缝控制采用构造配筋。表中系数除符合上述原则外，还进行了适当调整，以保证正弯矩与负弯矩平均值绝对值之和等于 M_0。

支座截面设计时应考虑支座两侧板弯矩的差异。对不平衡弯矩进行再分配时，构件抗弯刚度可按混凝土毛截面计取。垂直于板边或边梁的弯矩应传给柱或

墙支座，设计板边和边梁时应考虑该弯矩引起的扭转应力。

5.4.7 对于承受竖向均布荷载的柱支承楼盖和柔性支承楼盖，设计时可认为控制截面弯矩分别在柱上板带和跨中板带内均匀分布。表5.4.7中的分配系数为柱上板带承担弯矩占计算板带弯矩的比值。

5.4.8 边支座负弯矩分配时，应考虑截面抗扭刚度系数 β_t 的影响，当梁的抗扭刚度相对于被支承板的抗弯刚度很小时，即 $\beta_t = 0$ 时，可认为全部边支座负弯矩由柱上板带承担，跨中板带按最小配筋率配筋即可；当梁的抗扭刚度相对于被支承板的抗弯刚度不可忽略时，可按表中系数线性内插确定柱上板带弯矩分配系数。β_t 的计算公式中，混凝土的剪切模量根据《混凝土结构设计规范》GB 50010 取为其弹性模量的 $1/2.5$。

当支座为沿柱轴线布置的墙体时，可以认为是很刚性的梁，其 $\alpha_1 l_2 / l_1 \geq 1.0$。当边支座由垂直于计算方向的墙体组成，如果为抗扭刚度很低的砌体墙体，应取 $\beta_t \geq 0$，如果为抗扭刚度很大的混凝土墙体，应取 $\beta_t \geq 2.0$。

5.4.9 对于柔性支承楼盖，柱上板带中楼板所承担的弯矩尚应减去由梁承担的弯矩。直接作用于梁上的荷载是指作用于梁腹板宽度范围内的荷载，其中线荷载包括梁上的隔墙自重和梁在板上、下凸出部分的自重，集中荷载包括梁上的立柱或梁下的吊重。

5.4.10 对于与支承在墙体上的柱上板带相邻的跨中板带，由于墙的截面刚度较大，与墙相邻的半个跨中板带从计算板带中分配到的弯矩较少，为保证跨中板带的承载能力，要求整个跨中板带承受远离墙体的半个跨中板带弯矩设计值的两倍。

5.4.11 柔性支承楼盖应验算梁的受剪承载力。当 $\alpha_1 l_2 / l_1 \geq 1.0$ 时，梁承担其从属面积内的全部设计剪力；当 $0 \leq \alpha_1 l_2 / l_1 < 1.0$ 时，梁所承担的设计剪力按本条第2款计算，剩余的剪力由板承担，此时还应验算板的抗冲切承载力。

5.5 等代框架法

5.5.1 采用等代框架法进行内力分析时，在竖向均布荷载作用下，每个计算方向的等代框架均为以柱轴线为中心的连续平面框架。在水平地震荷载作用下，地震作用计算应考虑楼盖的全部永久荷载和可变荷载组合值，且应符合现行国家标准《建筑抗震设计规范》GB 50011 的有关规定。

5.5.2 在竖向荷载作用下，等代框架梁的计算宽度与经验系数法计算板带宽度相同；在水平荷载或地震作用下，等代框架梁的计算宽度较小，这是由于在水平荷载或地震作用下，主要通过柱的弯曲把水平荷载或地震作用传给板带，而能与柱一起工作的板带宽度较小。

5.5.3 等代框架梁惯性矩的计算原则与本规程5.4.3条基本相同，主要区别在于，第5.4.3条实心部分惯性矩的计算仅指楼板，而本条包括梁。

5.5.4 本条是用来计算等代框架梁在支座节点区宽度范围内的截面惯性矩，支座节点区可以是柱、柱帽、托板和墙。

5.5.5、5.5.6 对柱支承楼盖，当无柱帽时，等代框架柱的计算高度从下层楼板中心线到上层楼板中心线，当有柱帽时，该计算高度应考虑柱帽的刚域作用进行折减，该折减系数参考国家现行标准《钢筋混凝土升板结构技术规范》GBJ 130-90确定。对柔性支承楼盖，等代框架柱的计算高度应考虑梁对柱的刚度提高作用进行折减。竖向荷载作用下，宜考虑柱及柱两侧抗扭构件的影响按等效柱计算刚度，由于抗扭构件的存在，减少了柱弯矩的分配，等效柱的柔度为柱柔度和两侧横向抗扭构件柔度之和，由此可确定等效柱的转动刚度计算公式。

5.5.7 本条抗扭构件刚度的计算公式中抗扭常数C的计算同本规程第5.4.8条。式（5.5.7-1）为根据三维楼盖变参数分析得出的近似计算公式，该公式假定扭矩沿受扭构件呈线性分布，在支座中心处最大，在跨中处为0。增大系数 β_b 为考虑横向梁影响的增大系数。

5.5.8 本条规定了采用等代框架法分析时的弯矩控制截面，支座侧面位置可参考第5.4.5条文说明确定。对于有柱帽的边跨支座，按本条规定可避免边支座弯矩折减过多。

6 结构构件计算

6.1 一 般 规 定

6.1.1 现浇混凝土空心楼板的承载力和抗裂验算均是在满足现行国家标准《混凝土结构设计规范》GB 50010的基础上进行的。

6.1.2 由于肋中一般不配箍筋，因此，控制受压区高度在受压翼缘内。本规程中将填充体上、下混凝土截面板称为翼缘，以便在将截面计算单元按I形、T形截面计算时与习惯叫法统一。

6.1.3 本条给出了预应力混凝土楼盖承载力极限状态计算和正常使用极限状态验算时，预应力作为荷载效应的考虑方法。

6.1.4 本条给出了预应力混凝土空心楼盖在进行承载力计算和抗裂验算时次内力考虑方法。

6.2 设计计算原则

本节给出了空心楼盖按承载力极限状态验算的统一公式和正常使用极限状态验算的统一公式，后面章节中极限状态验算只是给出了现浇混凝土空心楼盖特

有的验算，可以直接按现行国家标准《混凝土结构设计规范》GB 50010进行设计计算的内容没有重复给出。

6.3 承载力极限状态计算

6.3.1 柱支承及柔性支承楼盖柱上板带除了承受竖向荷载外，还承受水平荷载效应。

6.3.2 刚性支承楼盖的水平荷载效应由刚性支承构件承受，板的承载力计算可仅考虑竖向荷载组合的作用效应。

6.3.3、6.3.4 空心楼盖的正截面受弯承载力和斜截面受剪承载力都是按现行国家标准《混凝土结构设计规范》GB 50010相关章节计算。

6.3.5 空心楼板的抗剪设计是区别于普通实心板的重要部分，顺孔方向的抗剪可以参照现行国家标准《混凝土结构设计规范》GB 50010中I形截面受弯构件斜截面受剪承载力计算公式，也就是本节公式（6.3.5-1）。

横孔方向的抗剪比较复杂，在肋宽较大而上、下翼缘较小时，上、下翼缘会先于肋发生剪切破坏。在正弯矩区上翼缘是压剪受力，下翼缘是拉剪受力，拉剪翼缘受剪承载力降低，压剪翼缘受剪承载力提高，总体上可以认为整个截面受剪承载力基本不变，可以得到公式（6.3.5-2）。

取图6（a）计算单元隔离体，纵向宽度为 b，左、右弯矩和剪力之间的关系为下式：

$$M_R - M_L = (b_w + D)V \qquad (1)$$

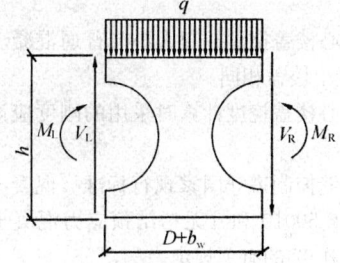

(a) 计算单元隔离体

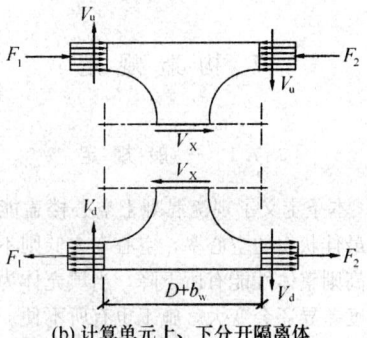

(b) 计算单元上、下分开隔离体

图6 横孔方向受力图

式中：V——剪力设计值，取 $V = V_L - 0.5(b_w + D)bq$，由于 V_L 和 V 相差不大，可取最大剪力进行计算。

取图 6(b) 上、下隔离体，左侧弯矩与上、下翼缘轴力之间的关系为下式：

$$F_1 \cong \frac{M_L}{0.5(h + D)} \qquad (2)$$

右侧弯矩与上、下翼缘轴力之间的关系为下式：

$$F_2 \cong \frac{M_R}{0.5(h + D)} \qquad (3)$$

由于 F_1 与 F_2 不相等，因此，肋在横向存在剪力 V_x，其大小为：

$$V_x = F_2 - F_1 \qquad (4)$$

$$V_x \cong \frac{(b_w + D)}{0.5(h + D)}V \qquad (5)$$

由于肋的宽度 b_w 较小，试验研究表明，这个剪力是造成空心板横孔方向剪切破坏的原因，按照现行国家标准《混凝土结构设计规范》GB 50010 的有关规定：

$$V_x = \frac{(b_w + D)}{0.5(h + D)}V \leqslant 0.7 b_w f_t \qquad (6)$$

因为肋内一般不配钢筋，肋的横向抗剪为素混凝土抗剪，根据试验研究并参考美国《ACI318 M-05》将系数 0.7 调整为 0.5，得到公式：

$$\frac{(b_w + D)}{0.5(h + D)}V \leqslant 0.5 b b_w f_t \qquad (7)$$

进而得到 (6.3.5-3)。

6.4 正常使用极限状态验算

6.4.1 空心楼盖挠度控制大小与普通混凝土楼盖及预应力混凝土楼盖相同。

6.4.2 空心楼盖挠度计算时采用的刚度应该考虑空心效应。

6.4.3 裂缝控制遵守国家现行标准《混凝土结构设计规范》GB 50010 和《无粘结预应力混凝土结构技术规程》JGJ 92 的有关规定。

6.4.4 楼盖竖向自振频率可以采用弹性动力分析获得。

7 构 造 规 定

7.1 一 般 规 定

7.1.1 本条定义了现浇混凝土空心楼盖能发挥受力及构造最佳状态的空心率，空心率太低则不经济，空心率太高则整体性能有所下降，当填充体为管、棒时双向刚度差异还会变大，施工也有所不便。体积空心率宜以一个楼板区格为计算单元，见附录 B。

7.1.2 现浇混凝土空心板的刚度比等厚度的实心板刚度略小，但重量更轻，厚度一般比相同跨度的实心

板取值稍大即可，但不宜小于 200mm，否则空心率及其他构造难以满足。空心率随板厚增加而增大，故无特殊要求或当荷载较大时建议取适当厚一些。

7.1.3 肋宽的取值应根据剪力计算确定，同时考虑混凝土的浇筑及施工的方便，确定最小肋宽。

7.1.5 内置填充体成形的现浇混凝土空心楼板，当按整板考虑计算时，受压区高度应控制在实心翼缘内，同时考虑受力筋的保护层厚度，确定最小厚度不宜小于 50mm；外露填充体自带预制底板，无现浇下翼缘，不受此条限制。

7.1.7 垂直管方向设肋可传递该方向的剪力，增强空心楼板的双向受力性能。

7.1.8 考虑受力钢筋需要一定的混凝土握裹，与填充体的净距离不应小于 10mm。

7.1.9 由于现浇混凝土空心楼板的空腔通常都不是连续布置，楼板断面会随截断位置不同而不同，式 (7.1.9-1) 根据混凝土空心楼板的开裂弯矩与最小配筋的承载力相同确定。对于预应力空心板，非预应力筋的最低配筋率是为了避免在设计的使用荷载下抗裂性弱的一方突然出现过大的裂缝宽度（超过现行国家标准《混凝土结构设计规范》GB 50010 规定的正常使用极限状态裂缝宽度限值）和长度，造成用户不能正常使用。因为规范和规程没有规定双向的空心板必须双向都配置预应力筋使其抗裂度相同，没有规定其两个方向都要作抗裂设计，也没有提供双向裂缝宽度的计算方法。当正交异性空心楼板的内力分析和实际构造不一致时，更为严重，故对填充体为管和棒的空心楼板补充这条规定。

7.1.10 结合现行国家标准《混凝土结构设计规范》GB 50010 规定并根据工程经验用于确定楼板角部抵抗应力集中的钢筋。

7.1.11 给出了现浇混凝土空心楼板遇到洞口时的处理方法，参照了贵州省《现浇混凝土圆孔空心楼盖结构技术规程》DBJ 52-52-2007。

7.1.12 当填充体为内置时，板底有不小于 50mm 的实心混凝土层，故吊挂点可设置于任意位置；当填充体为外露时，由于填充体自身混凝土底板仅 20mm ~ 30mm 厚，只宜吊挂较轻且无摆动的物体，并宜采用化学锚栓连接。较重物体吊挂点仍需设置于现浇混凝土肋梁下。

7.1.13 当填充体为内置时，后浇带内填充体两侧的肋宽不宜小于 200mm，以方便施工。

7.2 柔性支承楼盖

7.2.1 柔性支承楼盖是介于柱支承楼盖和刚性支承楼盖之间的一种楼盖。为满足抗震要求，对柔性支承梁的宽度和高度作了一定的限制。

7.2.2 柔性支承梁承担全部剪力时，柱边冲切不起决定作用，但柱周边仍建议设置一定范围实心区域。

由于柔性梁梁高较小，2倍梁高的箍筋加密区长度已不满足设计要求。

7.3 柱支承楼盖

7.3.1、7.3.2 实心区域应根据受力状态配置适当数量的钢筋。

7.3.3 地震时板柱节点为薄弱点，容易出现正截面裂缝从而导致冲切抗力不足的脆性破坏，故8度抗震设计时宜采用有托板或柱帽的板柱节点。

7.3.4 地震时由于结构不可避免的扭转，在边跨、楼电梯洞口边容易出现受力复杂的情况，因此宜设刚性支承梁。

7.3.5 暗梁宽度的设置依据国家标准 GB 50011-2001 第6.6.7条，其配筋参考国家标准 GB 50011-2001 第6.3节中相关条文并结合工程经验，当为高层建筑时，尚应满足现行行业标准《高层建筑混凝土结构技术规程》JGJ 3 的相关条文。

7.3.6 为了防止无柱帽板柱结构的柱边开裂以后楼板脱落，穿过柱截面板底两个方向钢筋的受拉承载力应满足该层柱承担的重力荷载代表值的轴压力设计值。对一端在柱截面对边锚固的普通钢筋和预应力筋，截面积按一半计算。

8 施工及验收

8.1 施工要点

8.1.1 现浇混凝土空心楼盖的正确施工是保证楼盖满足设计要求的前题：

1 现浇混凝土空心楼盖结构的施工及质量验收包括模板、钢筋、混凝土或预应力等分项工程。在施工及验收时除应遵守本规程的要求外，还应符合现行国家标准《混凝土结构工程施工质量验收规范》GB 50204 的有关规定。当楼盖中采用无粘结预应力混凝土结构技术时，其施工和质量验收尚应符合现行行业标准《无粘结预应力混凝土结构技术规程》JGJ 92 等的有关规定。

2 在进行现浇混凝土空心楼盖施工前，应编制专门的施工技术方案，并取得工程监理和建设单位批准。施工技术方案应包括施工工艺流程、施工材料、施工设备、操作方法、质量保证措施、质量问题的处理及安全措施等针对性内容，同时方案中涉及工程建设强制性标准的内容，应有明确的规定和相应的措施。根据现行国家标准《建筑工程施工质量验收统一标准》GB 50300 和《混凝土结构工程施工质量验收规范》GB 50204 的有关规定，对现浇混凝土空心楼盖施工现场和施工项目的质量管理体系和质量保证制度提出了要求。施工时，参与工程建设的有关各方均应实行全过程质量控制。

3 现浇混凝土空心楼盖的适度起拱有利于抵消拆模后楼盖自重引起的挠度变形。楼盖宜按设计要求起拱；当设计未作规定时，宜按跨度的 0.1‰～0.3‰进行起拱，起拱值的下限值适用于跨度和荷载均不大的楼盖，当楼盖的跨度较大时，板底挠度容易引起顶棚面下坠的视觉偏差，宜采用较大值进行楼盖起拱。当楼盖的支模系统为全木结构时，起拱值宜适当增大。预应力混凝土空心楼盖的起拱值应按设计和施工验算确定。

4 填充体产品虽然有一定强度和抗冲击性能，可抵抗正常施工荷载，但装卸和运输时过重的撞击、挤压和甩扔可能导致裂缝和破损，另外填充体装卸和转运次数越多损伤越大，影响其正常使用功能。填充体在施工现场的垂直运输宜采用专门吊篮装运。施工现场采用钢丝绳直接捆绑吊运填充体产品有两大危害：一是不安全，二是易造成产品损坏。填充体的堆放场地应平整坚实，堆高不得超过相关规定。

5 保证填充体安装位置准确、行列顺直、与梁柱间混凝土实心部分的尺寸准确，对于满足设计要求非常重要，应严格执行。这里所指的位置包括填充体的竖向位置及它们与相邻构件之间的水平位置。填充体竖向位置的过大偏差将导致空心楼板孔腔顶部和底部现浇板厚不能满足设计规定，板内受力钢筋的混凝土保护层厚度不能满足相关要求，板的承载能力削弱。填充体水平位置的过大偏差将导致肋不顺直或截面尺寸不符合设计要求，肋内受力钢筋的混凝土保护层厚度亦不能满足有关规定。

主要技术措施有：

1) 按设计要求绘制填充体排布图，排布图上应详细标明填充体型号规格、肋宽及与周围结构构件之间的距离等。楼盖施工时，应严格按设计图或排布图的规定对框架梁、肋梁、柱帽、预留预埋设施及填充体等安装位置定位画线。

2) 按照施工技术方案规定对内置填充体采取安装定位、抗浮锚固、防水平漂移等技术措施。

6 施工过程中防止填充体损坏的措施主要有：合理安排各工序施工，在已安装完工的内置填充体上铺设脚手板或模板覆盖保护等。施工人员直接踩踏内置填充体，施工机具直接放置在填充体上，可能造成填充体破损，影响楼盖混凝土成型质量，故应避免。对于板面钢筋完工之前损坏的填充体应予以更换；板面钢筋完工之后损坏的填充体采取有效处理措施，以保证填充体的外形尺寸符合要求，且不会漏入混凝土。

7 制订现浇混凝土空心楼盖施工技术方案时应将预留、预埋、钢筋安装和填充体安装的配合方案予以明确。施工时应视预留、预埋设施所在部位，尽可能与钢筋及填充体安装相互配合，穿插或同步进行，避免预留预埋工序介入时间滞后而造成施工困难或损坏填充体。

8　外径（或截面边长）不大于 30mm 的预留预埋管线对楼盖截面削弱不大，可水平布置在框架梁、柱帽、肋等结构截面内。由于外径（或截面边长）大于 30mm 的预留预埋管线或管线密集部位会对楼盖截面削弱较大，从而影响楼板结构受力性能，可采用对填充体开孔、断开等措施，让较大尺寸的预留预埋设施或集中管线埋设于填充体开孔或断开处。由此造成的填充体破损应及时封堵，以避免混凝土进入其空腔内。在管线集中处，也可采用较小尺寸的填充体替换较大尺寸的填充体，让出预埋管线位置，也不会造成楼板截面削弱。现浇混凝土空心楼盖孔腔顶部及底部板厚一般较薄，又是楼板的关键受力区域，预留预埋设施在其中水平布置将会严重削弱楼板截面，故应避免。

9　大部分填充体和模板材料都具有吸水性。浇筑混凝土前对其浇水润湿，有利于保证楼盖混凝土施工质量。

10　采取铺设架空施工通道，避免施工操作人员直接在安装好的内置填充体上踩踏，不将施工机具及材料直接堆放在安装好的填充体上，是防止填充体损坏和移位，保证楼盖施工质量的有效措施之一。

11　现浇混凝土空心楼盖混凝土采用泵送施工有利于保证连续供料，避免出现混凝土施工冷缝。混凝土泵管工作时会产生冲击力，泵管在楼面上铺设时采用柔性缓冲支垫（诸如废旧小汽车外胎）架空支承在板面的纵横肋梁交汇处，可以较大程度地缓泵管对填充体、钢筋及模板的冲击力。布料时，混凝土落差太大，其下落冲击力对填充体、钢筋和模板均不利。浇捣混凝土时，振捣器紧贴钢筋、预应力筋、钢筋马凳或填充体振动，会造成钢筋走位或填充体破损，影响工程质量。两相邻振捣点的间距不得大于 500mm，振捣器在每处振捣时间宜在 20～30s 之间，既不能漏振，也不得在同一点长时间振捣。

12　当楼盖厚度大于 500mm 时，对框架梁和肋的混凝土分层布料振捣有利于排出混凝土内气泡和保证混凝土密实。前后两层混凝土布料振捣时间差不得超过混凝土初凝时间。当施工企业有能力保证混凝土施工质量时，厚度大于 500mm 的楼盖混凝土也可采用一次布料振捣方式施工。

13　为了能及时处理填充体在混凝土中的浮力和振捣器作用下可能会出现的上浮、水平漂移或破损等事故，保证现浇混凝土空心楼盖施工质量和施工安全，应安排专人在混凝土浇筑过程中对填充体的定位、抗浮、防水平位移等措施进行观察和维护。

8.1.2　内置填充体空心楼盖施工的专项要求：

1　保证内置填充体底部现浇板厚度及与板底受

力钢筋混凝土保护层厚度的定位措施有多种，施工时可根据实际情况选用。目前常用的定位措施有内置填充体底部自带定位脚、设支承钢筋、专门垫块、钢筋马凳等多种。

2　在混凝土浇筑时，现浇空心楼盖中的内置填充体在混凝土及振捣器作用下会产生上浮、水平漂移，导致楼盖截面尺寸与设计要求不符，因此必须采取相应的技术措施。内置填充体抗浮锚固用拉丝（筋）的规格、间距等必须经计算确定，抗浮锚固拉丝（筋）的布设位置应便于同支模系统的木龙骨或钢架管绑牢拉紧。防止内置填充体上浮及水平漂移措施可根据实际情况确定，其布设位置和传力应合理可靠，在混凝土及振捣器作用下不会损坏填充体。

3　现浇空心楼盖的混凝土粗骨料粒径应兼顾填充体形式、构件截面尺寸、施工设备和施工条件等因素。由于现浇空心楼盖内置填充体两侧肋宽度和底部板厚尺寸均较小，粗骨料粒径较大时，粗骨料在内置填充体底部板中流动困难，易造成板底混凝土骨料分布不均匀，故规定现浇空心楼盖混凝土粗骨料最大粒径不宜大于 25mm。

4　按顺管或顺棒方向浇筑混凝土有利于防止填充管或填充棒水平漂移。

8.1.3　外露填充体空心楼盖施工的专项要求：

1　本条所说的"不铺设模板"是仅指外露填充体及肋底部均不铺设模板，而利用外露填充体底板作为模板，适用于外露填充体底板每向外挑 1/2 肋宽的情况，但框架梁及跨中次梁底部还是应按要求铺设模板。"不满铺模板"是指外露填充体底部不铺设模板，而利用外露填充体底板作为模板，但肋、框架梁及次梁底部还是应按要求铺设模板。外露填充体空心楼板采用不铺设模板或不满铺模板的支模方式时，其底部木龙骨规格、数量及间距均应经模板设计验算确定。

2　外露填充体外露部件的外伸钢筋（丝）与梁锚固连接方向及锚固长度符合相关规定是结构共同受力的要求，施工时应认真对待。

8.2　材料进场验收

8.2.1　填充体进场检验批的划分应符合下列规定：

1　本条对内置填充体及单面外露填充体进场验收检验批的划分作了详细说明，作为一个检验批的产品应是同一工厂在正常生产条件下连续生产的产品。所谓"正常生产条件"是指工厂生产设备运转正常、生产操作人员稳定、原材料供应正常且质量稳定、生产中未发生较大质量事故，所生产的填充体质量稳定并抽检合格。进场验收时作为一个检验批的填充体还须是采用相同工艺、相同原材料生产的同一规格型号的产品。对于存放时间较长（超过 3 个月以上）的玻纤增强型无机类填充体，其中的玻纤性能会因遇水泥中碱性物质会产生变化，对填充体物理力学性能会有不利影响，亦不能作为一个检验批。当连续三个检验批内置填充体或单面外露填充体产品均一次检验合格时，足以说明其质量比较稳定，可将每个检验批的批量扩大至 10000 件。进场检验时，应注意同一检验批的界定条件和每个检验批中抽样数量的规定。当一次进场的数量大于该产品的进场检验批量时，应划分为若干个检验批进行检验；当一次进场的数量少于该产品的进场检验批数量时，也应作为一个检验批进行检验。内置填充体及单面外露填充体进场时，应提供产品合格证、产品出厂检验报告等产品质量证明文件。

    2 本条对双面外露填充体进场检验批划分的界定条件作了相应规定。参照现行国家标准《混凝土结构工程施工质量验收规范》GB 50204 中对预制构件进场验收按每 1000 件数量划为一个检验批规定，鉴于双面外露填充体的顶板属钢筋混凝土预制构件，但其余部件仅作为模板或装饰构件，故此，本规程将双面外露填充体每个检验批的批量定为 2000 件。当连续五个检验批次的双面外露填充体产品均一次检验合格时，足以说明其质量比较稳定，可将每个检验批数量扩大至 5000 件。

8.2.2 本条对填充体的抽样及检验作了规定：

    填充体进场验收时，除应检查产品质量证明文件外，还应对产品外观质量全数目测检查，并现场随机抽取规定数量的试样检测外观尺寸偏差及物理力学性能指标，用于外观尺寸偏差检验的填充体必须外观质量合格，用于物理力学性能检验的填充体必须外观质量及尺寸偏差均合格。填充体外观质量不符合本规程规定时，对能够返修的，可在现场修理或退回厂家修理，并经重新验收合格后方可使用；对无法修理的，不得用于工程。

8.2.3 本条对填充体的质量等级判定规则作了规定：

    1 本条对填充体尺寸偏差检验方法、复检条件、结果判定及不合格的处理办法等方面进行了相应规定。本条中的"严重超差"是指填充体某项目检验时出现会造成楼板成型后截面尺寸不符合设计要求的尺寸偏差。

    2 本条对填充体物理力学性能指标检验方法、结果判定及复检条件等方面进行了相应规定。

8.2.4 填充体作为现浇混凝土空心楼盖中空心孔腔的非抽芯式成孔材料，其质量对保证现浇空心楼盖质量起着较为重要的作用，进场时应严格按本规程的有关规定对其质量进行检查验收，并认真记录进场验收结果，及时做好出厂合格证、质量检验报告和进场验收记录整理归档工作。

8.2.5 对本规程中未规定的填充体质量指标项目，当工程需要时，经工程有关各方共同商定后，可进行专项检测。

8.3 工程施工质量验收

8.3.1 现浇混凝土空心楼盖施工所用材料包括填充体、钢筋以及混凝土的各种原材料。对预应力混凝土空心楼盖工程，还包括预应力筋、锚具、夹具和连接器等。各种原材料进场时均应进行抽样检验，其质量应符合相应标准的规定。应遵照现行国家标准《混凝土结构工程施工质量验收规范》GB 50204 中对各种原材料进场检验的有关规定执行。

8.3.3 根据本条的规定，现浇混凝土空心楼盖中内置填充体和单面外露填充体的安装宜按模板分项工程的要求进行施工质量控制和验收。内置填充体和单面外露填充体安装检验批与普通模板安装检验批的划分方法可取一致，例如均按楼层、结构缝或施工段划分。根据具体情况，内置填充体和单面外露填充体安装检验批可与普通模板安装检验批一同验收，也可单独验收。与普通模板分项工程一样，内置填充体和单面外露填充体的安装不参与混凝土结构子分部工程的验收。

    内置填充体和单面外露填充体安装检验批的抽检频率、验收方法及质量要求应符合表 8.3.2 中相关规定。

    施工质量验收程序、组织应符合现行国家标准《混凝土结构工程施工质量验收规范》GB 50204 的规定。其中，检验批的检查层次为：生产班级的自检、交接检；施工企业质量检验部门的专业检查和评定；监理单位（建设单位）组织的检验批验收。在施工过程中，前一工序的施工质量未得到监理单位（建设单位）的检查认可，不应进行后续工序的施工，以免质量缺陷累积，造成更大的损失。对工程质量起重要作用或有争议的检验项目，应进行由各方参与的见证检测，以确保施工过程中的关键质量得到控制。

8.3.4 当双面外露填充体的顶板为楼板结构的组成部分时，其安装检验批验收后，应归入装配式结构分项工程验收，并参与混凝土结构子分部工程的验收评定。双面外露填充体安装检验批的抽检频率、验收方法及质量要求按表 8.3.2 中规定。

8.3.5 国家标准《混凝土结构工程施工质量验收规范》GB 50204－2002 第 10.2.1 条规定的文件和记录反映在从基本的检验批开始，贯彻于整个施工过程的质量控制结果，落实了过程控制的基本原则，是确保工程质量的重要证据。

附录 A 填充体检验方法

A.1 外 观 检 查

A.1.1 填充体的外观质量采用目测方式检查，必要时可辅以其他检测工具。填充体进场验收时，对其外观质量全数检查，是为了防止外观质量存在缺陷的填充体用于工程，影响现浇混凝土空心楼盖质量。

A.2 尺寸偏差检查

A.2.1 填充管、填充棒的尺寸偏差的测量控制精度为 1mm，填充管、填充棒长度或断面尺寸偏差值为实测值减去标志值。填充管、填充棒断面尺寸测量方法，在端面用钢尺直接量测，在管中部用外卡钳辅以钢尺测量。测量圆形断面的填充管、棒不圆度方法，从端面上选取管径或棒径存在明显差异且相互垂直的两向测量。

A.2.2 填充板、填充块、填充箱边长或高度尺寸偏差值为实测值减去标志值。填充板、填充块、填充箱对角线长度差测量方法：测量填充体顶面或底面的两对角线长度值，将同一平面上两对角线长度值中较大者减去较小者，所得结果即为对角线长度差。

A.3 物理力学性能检查

A.3.1 填充体重量是楼盖结构设计时荷载的重要指标之一，本条规定了检验方法及相关要求。进行楼盖结构设计或模板验算选用该指标时，应注意将填充管（棒）的表观密度、填充箱（块）的表观密度换算成作用于单位面积楼盖上的荷载值。用作表观密度计算的重量检测试样应处于自然干燥状态，否则，检测结果与填充体的真实性状会有差异。

A.3.2 本条规定了填充体 48h 水中浸泡后局部抗压荷载的检验方法及相关要求。对于圆弧面的填充体局部抗压加载时，除采用在其侧向垫放三角木方法保持试样稳定外，亦可采用将试样放置在细砂上，使其保持稳定。在试样承压面放置加压垫板是为了便于加载，对圆弧形承压面的试样，应采用与承压面相一致的弧面加压垫板，加压垫板应与试样承压面紧密接触，为了消除二者的间隙，圆弧形承压面与加压垫板之间可垫放如橡胶板之类的柔性垫层，对平面承压面与加压垫板之间可垫放如细砂之类的柔性垫层。采用标准砝码分级加载，当加载值达到本规程中规定荷载值后，如要继续加载至试样破坏，每级加荷值应改为规定局部抗压荷载值的 5%，48h 水中浸泡是防止填充体遇水软化，浇筑混凝土后变形。

A.3.3 本条中填充体的自然吸水率是指填充体母体材料的吸水率，当填充体为实心的填充棒、填充板、填充块时，可取整个填充体作为吸水率受检试样；当填充体为空腔的填充管、填充箱时，应采用切块方式检验其吸水率。

A.3.4 填充体抗振动冲击的受检面应是填充体与空心楼盖现浇混凝土相接触的所有表面，检测时振捣器必须紧贴填充体受检表面振动，抗振动冲击测试时间应从振捣器完全启动后开始计时。

附录 B 空心楼板自重、折实厚度、体积空心率计算

B.0.1 设计阶段计算现浇混凝土空心楼板自重时应根据经验或厂家提供的填充体尺寸和重量进行计算。空心楼板区格体积、自重只包括楼板，不包括轴线上的梁。

B.0.2 现浇混凝土空心楼板按重量等效的折实厚度是衡量楼板自重减轻的一个重要指标，比体积空心率更准确。

B.0.3 现浇混凝土空心楼板的体积空心率是反映楼板减轻自重的标志参数之一。式（B.0.3）所表示的空心率是指一个楼板区格单元的空心率。

附录 C 正交各向异性板的等效各向同性板法

对于内置填充体形成的空心楼盖，为上、下表面闭合的正交异性板，存在一种简单的等效各向同性板计算方法，参看文献"现浇混凝土空心板的正交各向异性及等效各向同性板计算方法"，工业建筑，2009，39（2）：72-75 和文献"一种正交各向异性板的等效各向同性板计算方法"，力学与实践，2009，31（1）：57-60。

附录 D 施 工 流 程

本附录给出了现浇混凝土空心楼盖施工参照的工艺流程。

现浇混凝土空心楼盖施工控制的关键点为：填充体安装、预留预埋及混凝土浇筑等工序。内置填充体安装就位准确后，应对内置填充体采取有效的防水平漂移措施和抗浮锚固措施；预留、预埋设施施工时既要满足其相应功能，又能尽量减少预留、预埋设施对楼盖结构截面削弱，并尽可能不对填充体有开孔或断开等损伤；现浇混凝土空心楼盖的混凝土应在填充体周围的楼盖有效截面内充填饱满、密实。当设计图中无填充体的平面布置详图时，施工现场应根据设计要求及填充体布置规则绘制排布图，并按设计图或排布图统计填充体的型号、规格和数量，并提前向专业厂家订购。严格执行图中的"暗梁、柱帽、肋、预留、预埋设施及填充体等位置定位画线"工序操作是保证框架暗梁、柱帽、肋、预留、预埋设施和填充体等安装位置准确的前提，也是保证成型后的楼盖结构截面尺寸符合设计要求的有效方法之一；图中的"内置填

充体抗浮及防漂移"工序虽然排在"板面钢筋安装"工序之前，但实施过程中也可两者同时进行，即利用支承板面钢筋的钢筋马凳控制肋宽度及防止内置模水平方向漂移，利用将板面钢筋向下锚固作为内置填充体抗浮措施，但此时板面钢筋与内置填充体间的混凝土保护层厚度应正确。肋内钢筋安装施工程序应视具体情况而定，当肋内箍筋为双肢环箍时，应先安装肋梁钢筋，再安装板底部钢筋，待内置填充体安装后，再进行板面钢筋安装；当肋内箍筋为单肢箍时，因肋内单肢箍必须同时钩挂到板底和板面最外侧的受力钢筋，所以应在板面钢安装完后，再安装肋内单肢箍筋。预留、预埋设施安装施工应穿插到钢筋及填充体安装工序之中进行。

内置填充体现浇混凝土空心楼盖施工应遵照该施工工艺流程图及施工技术方案要求进行。

肋内钢筋安装工序的先后会因外露填充体型号不同而异：对于外露填充体底板未伸至肋梁底时，肋内钢筋安装可在外露填充体安装之前与框架梁及柱帽钢筋安装同时施工；当外露填充体底板伸至肋梁底部并采用现场拼装式的外露填充体时，应待外露模底板安装完后再进行肋梁钢筋安装；当采用整体式的外露填充体时，则应在肋梁钢筋安装之前进行外露填充体安装施工。

附录 E　填充体质量验收记录表

E.1　进场验收记录表

E.1.1　表 E.1.1-1 列出了填充管、填充棒进场时应检验项目及相应质量要求。表 E.1.1-2 列出了填充箱、填充块进场时应检验项目及相应质量要求。表 E.1.1-3 列出了填充板进场时应检验项目及相应质量要求。各种类型的填充体进场时，施工项目的专业质量检验员和监理工程师共同按该验收记录表的要求进行验收及记录检测结果。产品合格证、出厂检验报告及进场检验报告应作为本表的附件。

E.2　填充体安装检验批质量验收记录表

E.2.1　表 E.2.1 列出了填充体安装检验批验收应检查的项目及相应质量要求。内置填充体抗浮措施、外露填充体顶板和底板钢筋外伸锚固、施工中局部破损的填充体的处理等是保证现浇混凝土空心楼盖结构截面成型准确及结构安全可靠的重要项目，故将其归入质量验收主控项目。填充体安装定位、抗浮及防水平漂移措施完工后，经施工班组自检与交接检，专业施工员随班检查，项目专职质量检验员检查合格后，由项目专职质量检验员填写该记录表，并向项目监理机构（或建设单位项目管理机构）报验，由项目监理工程师（建设单位项目技术负责人）组织项目专业质量检验员等共同进行验收。按照现行建筑法规的有关规定，参加质量检查验收有关各方对验收结果真实有效应承担各自相应的责任。

中华人民共和国行业标准

轻型钢丝网架聚苯板混凝土构件应用技术规程

Technical specification for the application of concrete elements reinforced
with light steel mesh framed expanded polystyrene panel

JGJ/T 269—2012

批准部门：中华人民共和国住房和城乡建设部
施行日期：2 0 1 2 年 7 月 1 日

中华人民共和国住房和城乡建设部
公 告

第 1222 号

关于发布行业标准《轻型钢丝网架
聚苯板混凝土构件应用技术规程》的公告

现批准《轻型钢丝网架聚苯板混凝土构件应用技术规程》为行业标准，编号为 JGJ/T 269 - 2012，自 2012 年 7 月 1 日起实施。

本规程由我部标准定额研究所组织中国建筑工业出版社出版发行。

2011 年 12 月 19 日

前 言

根据原建设部《关于印发〈2005 年工程建设标准规范制订、修订计划（第一批）〉的通知》（建标函 [2005] 84 号）的要求，规程编制组经广泛调查研究、认真总结实践经验，参考有关国际标准和国外先进标准，并在广泛征求意见的基础上，编制了本规程。

本规程的主要技术内容是：1 总则；2 术语和符号；3 材料；4 建筑设计；5 结构构造；6 结构设计；7 施工；8 质量验收。

本规程由住房和城乡建设部负责管理。由上海沪标工程建设咨询有限公司负责具体技术内容的解释。执行过程中如有意见或建议，请寄送上海沪标工程建设咨询有限公司（地址：上海市斜土路 1175 号 1008 室，邮编：200032）。

本 规 程 主 编 单 位：上海沪标工程建设咨询有限公司
新八建设集团有限公司

本 规 程 参 编 单 位：上海申标建筑设计有限公司
上海建筑科学研究院有限公司
上海胜柏新型建材有限公司
浙江舜杰建筑集团股份有限公司
山东新国屋建筑材料有限公司
浙江丰惠建设集团有限公司

本规程主要起草人员：高清华 赖松林 徐佩琳
陶为农 夏春红 沈志勇
李以炘 杨星虎 张鲁山
蒲梦江 毕子锦 陈德平
周长兴 颜宜彪 赵俊青
吴云芝 彭圣钦

本规程主要审查人员：程懋堃 沈 恭 李晓明
艾永祥 陈企奋 王惠章
周建龙 彭少民 王爱勋
戴自强

目 次

Contents

1 总 则

1.0.1 为规范轻型钢丝网架聚苯板混凝土构件的设计和施工，做到安全适用、技术先进、经济合理，确保工程质量，制定本规程。

1.0.2 本规程适用于抗震设防烈度 8 度及以下、建筑高度 10m 及以下、层数 3 层及以下的房屋承重墙体构件和楼板（屋面板）构件的设计和施工，也适用于一般工业和民用建筑的非承重墙体构件应用。本规程不适用于长期处于潮湿或有腐蚀介质环境的构件应用。

1.0.3 轻型钢丝网架聚苯板混凝土构件的设计、施工及验收，除应符合本规程外，尚应符合国家现行有关标准的规定。

2 术语和符号

2.1 术 语

2.1.1 轻型钢丝网架聚苯板 light steel mesh framed expanded polystyrene panel

以模塑聚苯乙烯泡沫塑料（EPS）板为芯材，两侧外覆高强钢丝网片，网片用镀锌钢丝斜插穿过聚苯板，点焊连接而成的三维空间组合板材。简称 3D 板。

2.1.2 3D 板混凝土构件 concrete element reinforced with 3D panel

3D 板与混凝土复合形成的构件，包括 3D 墙板和 3D 楼板（屋面板）。

2.1.3 3D 墙板 concrete wall reinforced with 3D panel

3D 板在施工现场竖向安装就位后，两侧喷射细石混凝土层形成的墙板。

2.1.4 3D 楼板（屋面板） concrete floor/roof slab reinforced with 3D panel

3D 板在施工现场水平安装就位后，顶面浇筑细石混凝土层，底面喷射细石混凝土层形成的楼板（屋面板）。

2.1.5 L 形连接件 L-shape connecter

由镀锌钢板制作而成的、用于 3D 板与梁柱及楼地面之间连接和固定的 L 形配件。

2.1.6 角网 splice mesh in the corner

3D 墙板转角处加强用的钢丝网片，分为阴角网、阳角网。

2.1.7 U 形网 U-shape mesh

用于加强 3D 墙板与梁、柱、门窗洞口等处的 U 形钢丝网片。

2.2 符 号

2.2.1 材料性能

E_c——混凝土弹性模量；

E_s——钢筋（丝）弹性模量；

f_c——混凝土轴心抗压强度设计值；

f_{stk}——根据极限强度确定的钢丝抗拉（压）强度标准值；

f_{tk}——混凝土轴心抗拉强度标准值；

f_y——钢筋或钢丝抗拉（压）强度设计值；

f_{yk}——根据屈服强度确定的钢筋抗拉（压）强度标准值；

f_{y1}——板内加配普通钢筋的抗拉（压）强度设计值；

f_{y2}——小梁内加配普通钢筋的抗拉（压）强度设计值。

2.2.2 作用、作用效应及承载力

F_{Ek}——结构总水平地震作用标准值；

F_i——质点 i 的水平地震作用标准值；

G_{eq}——结构等效总重力荷载；

G_i、G_j——分别为集中于质点 i、j 的重力荷载代表值；

M——弯矩设计值；

M_1——小梁受压翼缘宽度范围内的弯矩；

M_q——按荷载准永久组合计算的弯矩值；

V——支座内边处的剪力设计值；

σ_c——混凝土应变为 ε_c 时的混凝土压应力；

σ_{sq}——按荷载准永久组合计算的纵向受拉钢筋（丝）的应力；

ε_c——混凝土压应变；

ε_{cmax}——混凝土离中和轴最远处的（即最大）压应变；

ε_s、ε'_s——分别为钢筋（丝）的拉、压应变；

ε_0——混凝土压应力刚达到 f_c 时的混凝土压应变，取 0.002；

w_{max}——按荷载准永久组合并考虑长期作用影响的最大裂缝宽度。

2.2.3 几何参数

A——混凝土截面面积；

A_s、A'_s——分别为受拉、压的纵向面网的截面面积；

A_{s1}、A'_{s1}——分别为板内受拉、压区纵向加配普通钢筋的截面面积；

A_{s2}、A'_{s2}——分别为板间增加小梁内受拉、压的纵向加配普通钢筋的截面面积；

A_{s3}——组合过梁底部 $0.2h_1$ 范围内的水平钢筋截面面积；

A_{sa}——在聚苯板缝间另加小梁的受压翼缘宽度 b_1 范围外的板内受拉纵向面网的截面面积；

A_{ss}——斜插丝截面面积；

A_{sv}、A_{sh}——分别为竖向、横向钢筋（丝）全部截面面积；

B——荷载准永久组合作用下并考虑长期作用影响的刚度；

B_s——荷载准永久组合作用下受弯构件的短期刚度；

H——墙体高度；

H_A——建筑物外墙总高度；

H_i、H_j——分别为质点 i、j 的计算高度；

I——对截面重心轴的截面惯性矩；

a——集中荷载到过梁支座的水平距离；

a_1——最外层纵向受拉钢筋（丝）外边缘到受拉区底边的距离；

a_2——斜插丝斜率；

a_3——斜插丝节距；

a_4——斜插丝组成的钢骨架的间距；

a_5——最内层钢丝边缘到聚苯板边的净距离；

b——3D 板截面长（宽）度；

b_1——小梁受压翼缘宽度；

c——混凝土截面重心轴到墙体的内侧或楼板的上侧外边的尺寸；

d_{eq}——受拉区纵向钢筋（丝）的等效直径；

d_i——受拉区第 i 种纵向钢筋（丝）的公称直径；

e——轴向压力作用点至纵向受拉钢筋（丝）合力点的距离；

e_0——轴向压力对截面重心的偏心距；

e_a——附加偏心距；

e_i——初始偏心距；

h——3D 板的总厚度；

h_B——建筑物高度方向混凝土圈梁的累计高度；

h_0——截面有效高度；

h_1——墙洞以上的墙体与圈梁的总高度；

h_{10}——过梁截面有效高度；

i——对截面重心轴的截面回转半径；

l——楼板、屋面板的计算跨度；

l_0——墙体计算高度；

l_1——过梁计算跨度；

l_w——验算墙段的长度；

r——建筑物的平均窗墙面积比；

s_v、s_h——分别为竖向、横向钢筋（丝）的间距；

t_0——聚苯板厚度；

t_1、t_2——分别为 3D 板墙体的外、内侧或楼板的下、上侧的混凝土层厚度；

x——混凝土的简化等效矩形应力图的受压区高度；

x_n——按截面应变保持平面的假定所确定的中和轴高度；

z——纵向受拉网片 A_s 合力至混凝土受压区合力点之间的距离；

z_1——纵向受拉钢筋 A_{s1} 合力至混凝土受压区合力点之间的距离；

z_2——纵向受拉钢筋 A_{s2} 合力至混凝土受压区合力点之间的距离；

α——斜插丝与垂直线（即 V 的作用方向）的夹角。

2.2.4 计算系数及其他

D——外墙板主墙体的热惰性指标；

K——内墙体的传热系数；

K_B——混凝土圈梁部位传热系数；

K_m——外墙板的平均传热系数；

K_p——外墙板主墙体的传热系数；

S_c——材料的蓄热系数计算值；

n_i——受拉区第 i 种纵向钢筋（丝）的根数；

α_1——受压混凝土矩形应力图的应力值与混凝土轴心抗压强度设计值的比值；

α_E——相应于结构基本自振周期的水平地震影响系数值；

β_1——混凝土矩形应力图受压区高度与中和轴高度（中和轴到受压区边缘的距离）的比值；

η——偏心距综合增大系数；

ζ_c——偏心受压构件的截面曲率修正系数；

λ——计算剪跨比；

λ_c——材料的导热系数计算值；

μ——计算长度系数；

ν_i——受拉区第 i 种纵向钢筋（丝）的相对粘结特性系数；

ξ_b——纵向受拉钢筋屈服与受压区混凝土破坏同时发生时的相对界限受压区高度；

ρ_{te}——按有效受拉混凝土截面面积（bt_1）计算的纵向受拉钢筋（丝）配筋率；

υ——抗剪强度折减系数；

φ——墙体稳定系数；

ψ——裂缝间纵向受拉钢筋（丝）应变不均匀系数。

3 材 料

3.1 聚 苯 板

3.1.1 3D 板的芯材应采用阻燃型模塑聚苯乙烯泡沫塑料（EPS）板（以下简称聚苯板），其主要性能指标应符合表 3.1.1 的规定。

表 3.1.1　聚苯板主要性能指标

项　　目	性能指标	试验方法
表观密度(kg/m³)	18～22	GB/T 6343
导热系数[W/(m·K)]	≤0.039	GB/T 10294 或 GB/T 10295
压缩强度(MPa)	≥0.10	GB/T 8813
垂直于板面方向的抗拉强度(MPa)	≥0.10	JG 149
尺寸稳定性(%)	≤0.50	GB/T 8811
吸水率(%)	≤4	GB/T 8810
燃烧性能等级	不低于 C 级	GB 8624

3.1.2　聚苯板厚度宜为 50mm、70mm、100mm、120mm 等，宽度宜为 1200mm，长度宜小于或等于 6000mm。

3.1.3　聚苯板外观尺寸和允许偏差应符合表 3.1.3 的规定。

表 3.1.3　聚苯板外观尺寸和允许偏差

外观尺寸（mm）		允许偏差（mm）
长度、宽度	1000～2000	±6.0
	2001～4000	±8.0
	＞4000	正偏差不作规定，—10
厚度	50～75	±2.0
	76～100	±3.0
	＞100	±4.0
对角线差	1000～2000	5.0
	2001～4000	10.0
	＞4000	13.0

3.1.4　聚苯板在工程应用前，应在自然条件下至少陈化 42d 或在（60±5）℃环境中至少陈化 5d。

3.2　钢丝网架

3.2.1　3D 板的钢丝网片和斜插丝应采用冷拔低碳钢丝，且抗拉强度标准值（f_{stk}）不应小于 550N/mm²，抗拉强度的设计值（f_y）应取 320N/mm²，弹性模量（E_s）应取 $2.0×10^5$ N/mm²。

3.2.2　3D 板钢丝网片的钢丝直径不应小于 2.2mm，网孔宜为 50mm × 50mm。斜插丝直径不应小于 3.0mm，并应有镀锌层。钢丝的主要技术指标应符合表 3.2.2 的规定，其他性能应符合国家标准《一般用途低碳钢丝》GB/T 343 的规定。用于 3D 承重墙板、3D 楼板（屋面板）的斜插丝，每平方米用量不应少于 117 根；用于 3D 非承重墙板的斜插丝，每平方米用量不应少于 58 根，并应符合本规程附录 A 表 A.1.1 的规定。

表 3.2.2　钢丝的主要技术指标

直径（mm）		抗拉强度(N/mm²)	反复弯曲试验（次）	镀锌层质量(g/m²)	用途
公称	实际				
2.2	2.23+0.05	≥550	≥6	—	网片的经、纬钢丝
3.0	3.03+0.05				
3.0	3.03+0.05		≥4	≥122	斜插丝
3.8	3.83+0.06				

注：反复弯曲试验为反复弯曲 180°的次数。

3.2.3　3D 板钢丝网片的钢丝表面应光滑整洁，不应有油污、裂纹、翘皮、纵向拉痕等缺陷；纬丝与经丝排列应互相垂直，不得有漏剪、翘伸的钢丝挑头；焊点区外不得有钢丝锈点；斜插丝不得有漏丝现象。

3.2.4　3D 板钢丝网片的允许尺寸偏差应符合表 3.2.4 的规定。钢丝网片每平方米的实际质量与公称质量的允许偏差应为±4.5%。

表 3.2.4　3D 板钢丝网片的允许尺寸偏差

项　　目	允许偏差（mm/10m）
长度	±10.0
宽度	±10.0
两对角线差	±10.0

3.2.5　对于 3D 板钢丝网片与斜插丝构成的钢丝网架，其焊接应可靠，焊点应无过烧现象；网片漏焊、脱焊点数不得大于总焊点的 2%；斜插丝不得漏焊、脱焊；焊点抗拉力的最小值应符合表 3.2.5 的规定。

表 3.2.5　焊点抗拉力的最小值

项　目	网片钢丝之间		斜插丝与片钢丝	
钢丝直径（mm）	2.2	3.0	3.0 与 2.2	3.8 与 3.0
焊点抗拉力最小值(N)	400	500	2140	3430

3.2.6　3D 板钢丝网片的强度、伸长率和冷弯的试验方法应符合现行行业标准《冷拔低碳钢丝应用技术规程》JGJ 19 的规定。

3.3　配　件

3.3.1　L 形连接件应采用厚度为 1.2mm 的建筑用热镀锌钢板制作，规格宜为 L100mm×100mm。

3.3.2　平网应由钢丝网片剪裁而成，宽度应大于或等于 300mm。

3.3.3　角网应由钢丝网片剪裁而成，阳角网应采用 L150mm×300mm，阴角网应采用 L150mm×150mm。角网长度不宜大于 4.0m。

3.3.4　U 形网应由钢丝网片加工而成，双肢长度均不应小于 150mm，双肢间宽度应根据 3D 板的厚度确定。

3.4 混 凝 土

3.4.1 3D墙板或楼板（屋面板）的面层材料应采用强度等级不低于C20的细石混凝土。

3.4.2 细石混凝土应采用强度等级为42.5的普通硅酸盐水泥，并应符合现行国家标准《通用硅酸盐水泥》GB 175的规定。

3.4.3 细石混凝土骨料的粒径应按混凝土的施工工艺确定。采用活塞泵喷射工艺时，粗骨料的最大粒径不应大于8mm；采用涡轮泵喷射工艺时，粗骨料的最大粒径不应大于5mm。粒径不大于0.125mm的细骨料应占骨料总量的4%~9%。采用现浇工艺时，粗骨料的粒径不应大于16mm。

3.4.4 当工程需要采用掺合料时，掺量应通过试验确定，且加掺合料后的混凝土性能应符合设计要求。

4 建 筑 设 计

4.1 3D板混凝土构件基本构造

4.1.1 3D板混凝土构件的基本构造层应依次为饰面层、混凝土钢丝网片层、聚苯板（含斜插丝）、混凝土钢丝网片层、饰面层组成（图4.1.1）。

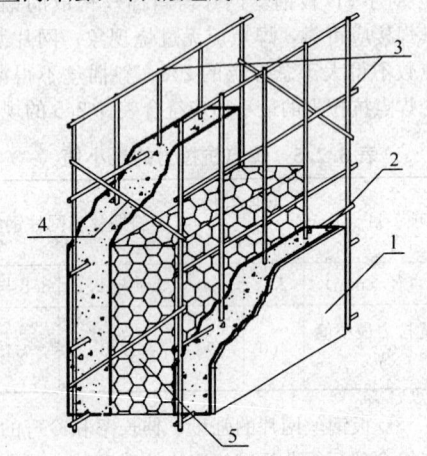

图4.1.1 3D板混凝土构件基本构造
1—饰面层；2—混凝土；3—钢丝网片；
4—斜插丝；5—聚苯板

4.1.2 3D板混凝土构件斜插丝的设置应符合下列规定（图4.1.2）：

1 钢丝网架中网片和斜插丝所组成的钢骨架间距应分为Ⅰ型和Ⅱ型两种。对于Ⅰ型钢骨架，1200mm宽范围内应设12道斜插丝，且斜插丝间距（a_4）应为100mm；对于Ⅱ型钢骨架，1200mm宽范围内应设7道斜插丝，且两端斜插丝间距（a_4）应为150mm，其余斜插丝间距（a_4）应为200mm；

2 斜插丝的节距（a_3）应分为A型和B型两种。A型节距应为200mm，B型节距应为100mm。

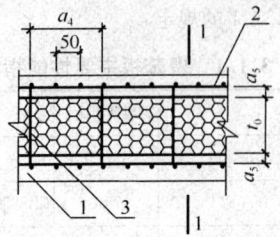

(a) 3D板混凝土构件平面图

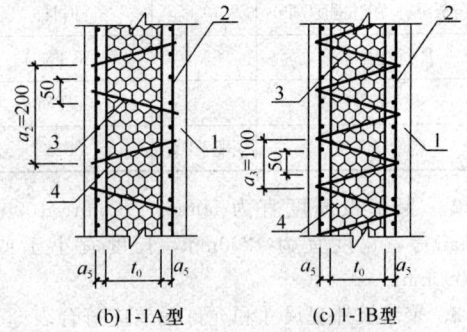

(b) 1-1A型　　(c) 1-1B型

图4.1.2 3D板混凝土构件斜插丝设置
1—饰面层及混凝土；2—钢丝网片；
3—斜插丝；4—聚苯板；
a_3—斜插丝节距；a_4—斜插丝间距；a_5—最内层钢丝边缘到聚苯板边的净距离

4.1.3 3D板中聚苯板厚度应根据建筑构造、结构和建筑热工的要求确定，并应符合下列规定：

1 外墙板聚苯板厚度不应小于100mm，且不应大于120mm；

2 承重内墙板聚苯板厚度不应小于70mm，非承重内墙板中聚苯板厚度不应小于50mm；

3 楼板、屋面板中聚苯板厚度不应小于70mm。

4.1.4 3D板两侧的细石混凝土层厚度应符合下列规定：

1 对于外墙板外侧，不应小于50mm；对于外墙板内侧，承重墙不应小于50mm，非承重墙不应小于35mm。

2 承重内墙两侧不应小于45mm；非承重内墙两侧不应小于35mm。

3 楼板（屋面板）顶面不应小于50mm；楼板（屋面板）底面不应小于45mm，并应符合本规程第5.2.1条的规定。

4.2 平立面设计

4.2.1 3D板混凝土构件用于承重墙和楼板（屋面板）时，房屋层高不应大于4.8m，抗震横墙间距不应大于7.5m，楼板（屋面板）跨度不应大于4.8m。

4.2.2 建筑平面及立面设计应符合抗震概念设计的要求，且不应采用严重不规则的设计方案。

4.2.3 平面设计时应采用300mm为基本模数，立面设计时应采用100mm为基本模数。

4.2.4 相邻开间楼面标高宜相同，不宜作错层设计。用于卫生间、厨房等潮湿房间时，应有防水措施。

4.2.5 3D板混凝土构件可用作承重内外墙板、非承重内外墙板、楼板及屋面板等。抗震设防烈度为8度时，房屋高宽比不应大于2.0，抗震设防烈度为8度以下时，房屋高宽比不应大于2.5。3D墙板和3D楼板（屋面板）常用规格应符合本规程附录A的规定。

4.2.6 建筑设计应根据功能需要，合理设置各类竖井、管道、表箱位置。

4.2.7 墙板排板设计时宜采用整板，当出现非整板时，其宽度应符合下列规定：

　　1 窗间承重墙宽度不应小于500mm；窗间非承重墙宽度不应小于300mm；

　　2 墙的尽端（墙垛）、阴角至门窗洞边的距离，承重墙不应小于500mm；非承重墙不应小于300mm；

　　3 门窗洞口顶部至楼板（屋面板）底部的距离不应小于300mm。

4.2.8 3D墙板上的孔洞应在混凝土施工前预留，当孔洞单边长度小于300mm时，也可在墙板安装完成后切割开孔。

4.2.9 3D墙板表面可根据工程要求选用不同的饰面层。

4.2.10 当楼板、楼梯、雨篷、阳台等设计为非3D板混凝土构件时，其与3D板混凝土构件的连接，应采用钢筋混凝土构件作过渡连接。

4.2.11 3D板混凝土构件每侧细石混凝土厚度大于或等于35mm时，构件耐火极限可按2.5h取值。

4.2.12 常用3D墙板的空气计权隔声量可按表4.2.12采用。

表4.2.12　常用3D墙板的空气计权隔声量

应用部位	主墙体构造层厚度（mm）				空气计权隔声量（dB）
	聚苯板	混凝土层		内外侧粉刷层	
		外侧	内侧		
外墙	100	50	50	20	47
	100	50	50	—	46
	120	50	50	20	48
内墙	70	40	40	—	45
	70	35	35	20	45
	100	35	35	20	46

4.3　3D板混凝土构件建筑构造

4.3.1 3D板混凝土构件拼接时，附加的平网、阳角网、阴角网以及U形网等的长度和宽度应符合本规程第3.3节的规定。

4.3.2 3D板混凝土构件的拼接应符合下列规定：

　　1 3D墙板或3D楼板（屋面板）横向拼接时，其拼缝处双侧应各附加平网一层，且平网应与钢丝网片绑扎连接（图4.3.2-1）；

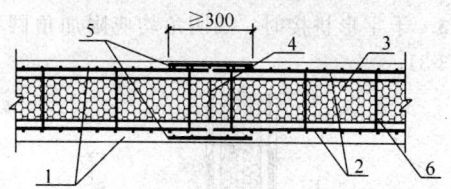

图4.3.2-1　3D墙板或3D楼板（屋面板）横向拼接
1—混凝土；2—钢丝网片；3—聚苯板；4—3D板横向拼缝；5—平网；6—斜插丝（间距方向）

　　2 3D墙板竖向拼接时，拼缝处双侧除各附加平网一层外，尚应在墙板一侧钢丝网片内侧附加1根校平钢筋，钢筋直径宜为10mm，间距宜为500mm，长度宜为600mm（图4.3.2-2）。

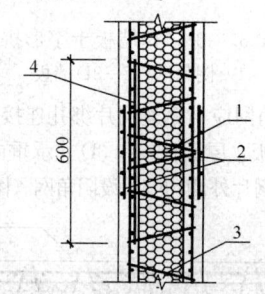

图4.3.2-2　3D墙板竖向拼接
1—3D板竖向拼缝；2—平网；3—斜插丝（节距方向）；4—校平钢筋

4.3.3 3D墙板的转角处增强应符合下列规定：

　　1 L形拼接时，阴阳角均应附加角网（图4.3.3-1）；

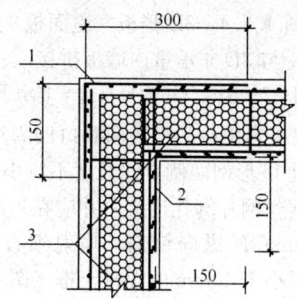

图4.3.3-1　3D墙板L形拼接
1—阳角网；2—阴角网；3—3D墙板

　　2 T形拼接时，阴角处应附加角网（图4.3.3-2）；

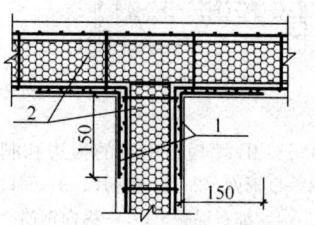

图4.3.3-2　3D墙板T形拼接
1—阴角网；2—3D墙板

3 十字形拼接时，四阴角均应附加角网（图 4.3.3-3）；

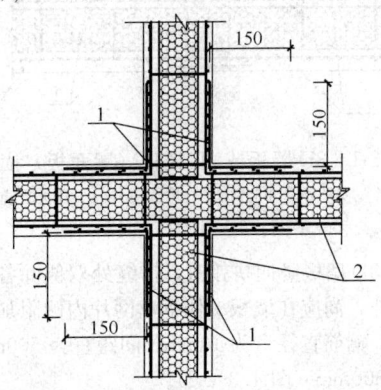

图 4.3.3-3 3D墙板十字形拼接
1—阴角网；2—3D墙板

4 附加角网应与钢丝网片绑扎连接。

4.3.4 3D楼板（屋面板）和 3D 非承重内墙板拼接的阴角处，钢丝网片外侧均应加设阴角网（图 4.3.4）。

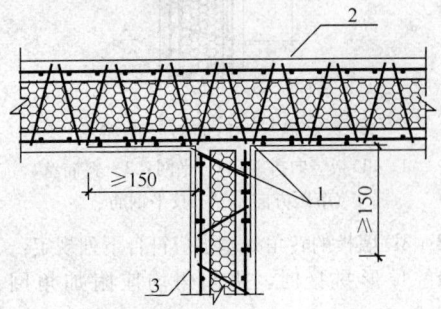

图 4.3.4 3D楼板（屋面板）
与 3D 非承重内墙板拼接
1—阴角网；2—楼板（屋面板）；3—非承重内墙板

4.3.5 3D墙板自由端的板边和洞口四周均应采用 U 形网包覆，且 U 形网两侧直线长度不应小于 150mm。U 形网应与钢丝网片绑扎连接，并应在角部内侧加设 2 根直径为 8mm 的纵向钢筋，喷射细石混凝土后，应形成厚度不小于 40mm 的混凝土框（图 4.3.5）。

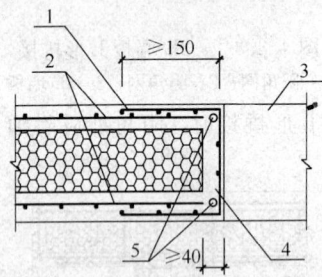

图 4.3.5 3D墙板自由端的板边和洞口四周
1—U形网；2—钢丝网片；3—洞口；
4—细石混凝土；5—纵向钢筋

4.3.6 3D墙板门窗洞口角部内外两侧应按 45°方向加贴300mm×500mm 的平网增强（图 4.3.6）。

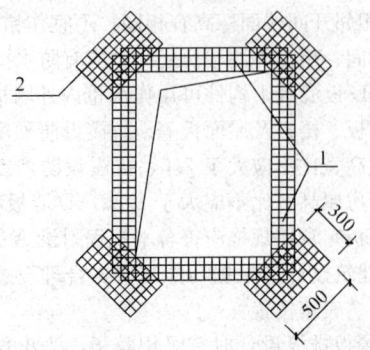

图 4.3.6 洞口角部内外侧平网增强
1—U形网；2—平网

4.4 围护结构热工设计

4.4.1 3D板混凝土构件用于民用建筑时，围护结构的热工性能应符合国家现行有关建筑节能设计标准的规定。聚苯板的厚度应通过对围护结构热工性能的计算确定。当不能符合国家现行有关建筑节能设计标准的规定时，应另行采取保温措施。

4.4.2 进行 3D 板建筑围护结构热工性能计算时，其主要组成材料的导热系数计算值（λ_c）和蓄热系数计算值（S_c）应按表 4.4.2 取值。

表 4.4.2 3D板建筑围护结构主要组成材料的导热系数和蓄热系数的计算值

组成材料	密度 （kg/m³）	导热系数计算值 λ_c[W/(m·K)]	蓄热系数计算值 S_c[W/(m²·K)]
聚苯板（有斜插丝）	18~22	0.059	0.54
面层细石混凝土	2300	1.51	15.36
圈梁钢筋混凝土	2500	1.74	17.20
抹灰砂浆	1800	0.87	10.75

4.4.3 不同厚度 3D 外墙板主墙体的传热系数（K_p）和热惰性指标（D）的计算值可按表 4.4.3 取值。

表 4.4.3 不同厚度 3D 外墙板主墙体传热系数和热惰性指标的计算值

主墙体构造层厚度（mm）				传热系数 计算值 K_p [W/(m²·K)]	热惰性 计算值 D
聚苯板	混凝土面层		抹灰层	总厚度	
	外侧	内侧			
100	50	35~50	两侧各20	225~240	0.51	2.27~2.43
	50	35~50	—	185~200	0.53~0.52	1.78~1.93
120	50	35~50	两侧各20	245~260	0.44	2.46~2.61
	50	35~50	—	205~220	0.45~0.44	1.96~2.12

4.4.4 3D板混凝土构件用于房屋建筑外墙时，应考虑结构性热桥的影响，并应取平均传热系数（K_m）；其计算方法应符合国家现行有关建筑节能设计标准的规定。

4.4.5 3D内墙板的传热系数（K）计算值可按表4.4.5取值。

表4.4.5　3D内墙板的传热系数的计算值

墙体构造层厚度（mm）				传热系数计算值 $K[W/(m^2 \cdot K)]$	备注
聚苯板	混凝土面层	抹灰层	总厚度		
70	两侧各45	两侧各20	200	0.66	用于承重内墙
	两侧各45	—	160	0.68	
100	两侧各45	两侧各20	230	0.50	
	两侧各45	—	190	0.51	
50	两侧各35	两侧各20	160	0.86	用于非承重内墙
	两侧各35	—	120	0.90	

4.4.6 3D楼板（屋面板）的传热系数（K）和热惰性指标（D）的计算值可按表4.4.6取值。

表4.4.6　3D楼板（屋面板）的传热系数和热惰性指标的计算值

楼板（屋面板）构造层厚度（mm）				传热系数计算值 $K[W/(m^2 \cdot K)]$		热惰性指标计算值 D（用于屋面板）
聚苯板	混凝土面层		总厚度	用于楼板	用于屋面板	
	上侧	下侧				
70	50	45	165	0.68	0.72	1.61
100	50	45	195	0.51	0.52	1.88
120	50	45	215	0.43	0.45	2.07

4.4.7 3D板外墙与屋面热桥部位在冬季的内表面温度不应低于室内空气露点温度。当低于室内空气露点温度时，应对热桥部位采取附加保温措施。

5　结 构 构 造

5.1　连接节点构造

5.1.1 3D外墙板、3D承重内墙板与基础的连接应采用双面预留插筋的方法，钢筋直径不应小于10mm，间距不应大于500mm，长度不应小于850mm，其埋入基础的深度不得小于250mm。

插筋应设在钢丝网片内侧，并应与钢丝网片绑扎连接。墙板底部与基础之间应有厚度不小于40mm的细石混凝土垫层（图5.1.1）。

5.1.2 3D非承重内墙板与钢筋混凝土地面及上部钢筋混凝土楼板或梁底的连接，可采用单排插筋，且插筋的直径、间距、长度、埋入深度等应符合本规程第5.1.1条的规定，也可采用L形连接件连接。L形连接件设置的间距不宜大于500mm，并应用M8×70膨胀螺栓或射钉固定在连接部位的混凝土中。L形连接件与墙板侧边贴合的部位可采用现场打孔的方法，用镀锌铁丝与钢丝网片绑扎连接（图5.1.2）。

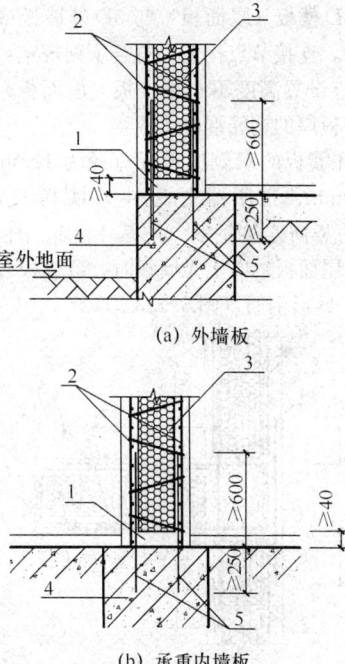

图5.1.1　3D墙板与基础的连接
1—细石混凝土垫层；2—钢丝网片；
3—聚苯板；4—基础；5—插筋

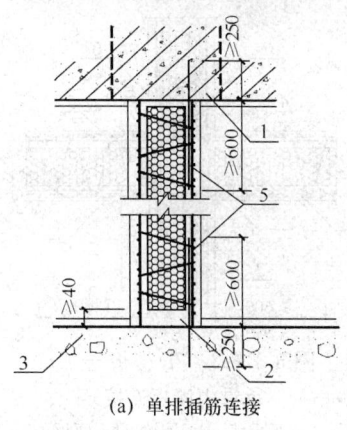

(a) 单排插筋连接

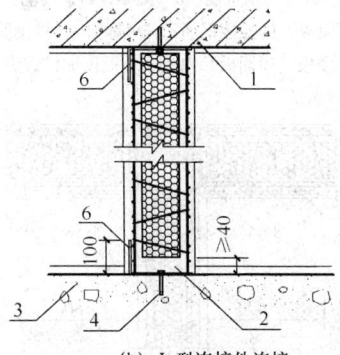

(b) L型连接件连接

图5.1.2　3D非承重内墙板与混凝土地面及上部楼板或梁底的连接
1—楼板或梁；2—细石混凝土垫层；3—混凝土地面；
4—膨胀螺栓或射钉；5—插筋；6—L形连接件

5.1.3 3D楼板（屋面板）与3D外墙板或承重内墙板相连时，连接节点构造应符合下列规定：

1 应设置高度不小于楼板（屋面板）厚度、宽度等于墙板厚的钢筋混凝土圈梁。

2 在墙板的双侧应设置直径为10mm、间距不大于500mm、自圈梁外边伸入墙板长度不小于400mm的竖向连接钢筋（图5.1.3-1、图5.1.3-2）。当楼板（屋面板）以上无墙板时，该墙板竖向连接钢筋应改为U形钢筋（图5.1.3-3）。

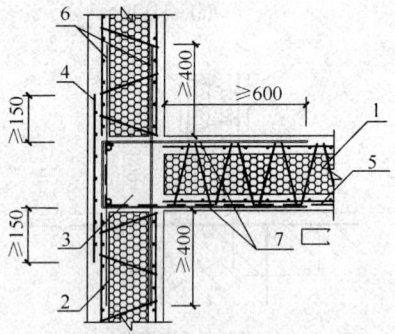

图5.1.3-1　3D楼板（屋面板）
与3D外墙板连接

1—楼板（屋面板）；2—墙板；3—圈梁；4—平网；5—楼板内加设的受力钢筋；6—墙板内连接钢筋；7—楼板内U形钢筋

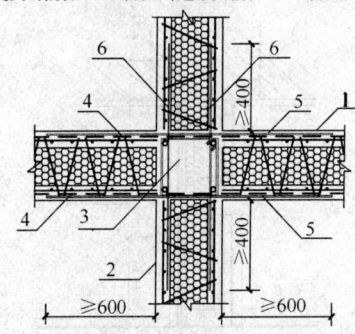

图5.1.3-2　3D楼板与3D
承重内墙板连接

1—楼板；2—承重墙；3—圈梁；4—平网；5—楼板（屋面板）内连接钢筋；6—墙板内连接钢筋；虚线—楼板（屋面板）内板底及板顶加设的受力钢筋

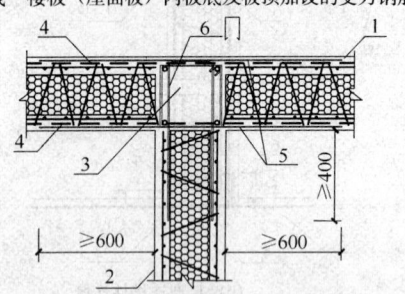

图5.1.3-3　3D楼板（屋面板）与
3D承重内墙板连接（上部无承重墙）

1—楼板（屋面板）；2—承重墙；3—圈梁；4—平网（屋面板）内板底及板顶加设的受力钢筋；5—楼板（屋面板）连接钢筋；6—墙板内U形连接钢筋

3 在楼板顶面和底面应设置直径为10mm、间距不大于200mm、自圈梁外边伸入楼板长度不小于600mm的水平连接钢筋（图5.1.3-2、图5.1.3-3）；当仅墙板一侧有楼板（屋面板）时，该楼板（屋面板）水平连接钢筋应改为U形钢筋（图5.1.3-1）。

4 当3D楼板（屋面板）底部加设受力钢筋时，受力钢筋应伸入混凝土圈梁（图5.1.3-1，图5.1.3-2，图5.1.3-3）。

5.1.4 3D非承重墙板洞口宽度小于或等于1800mm时，洞顶可采用横放3D板作过梁，两侧上下应各附加不小于2φ8钢筋，钢筋间距应大于或等于300mm，两侧搁置长度应大于或等于250mm（图5.1.4）。

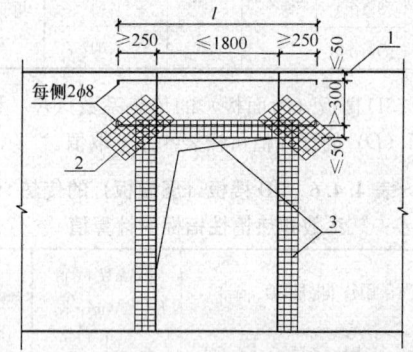

图5.1.4　3D墙板洞口过梁

1—结构底；2—平网；3—U形网

3D承重墙板洞口和宽度大于1800mm的3D非承重墙板洞口的钢筋混凝土过梁，其设计应符合本规程附录B的规定。

5.2　3D楼板（屋面板）的加强措施

5.2.1 当3D楼板（屋面板）采用加设受力钢筋作加强措施时，受力钢筋应与钢丝网片绑扎牢固。板底的细石混凝土厚度应符合下列规定：

1 当钢筋放置在聚苯板板底预留的槽孔时，板底的细石混凝土厚度不应小于45mm（图5.2.1a）；

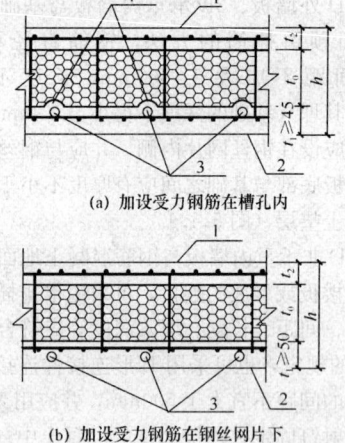

(a) 加设受力钢筋在槽孔内

(b) 加设受力钢筋在钢丝网片下

图5.2.1　3D楼板（屋面板）加设受力钢筋的设置

1—楼板（屋面板）面；2—楼板（屋面板）底；3—加设的受力钢筋；4—聚苯板预留钢筋槽孔

2 当钢筋放置在板底钢丝网片下侧时，板底的细石混凝土厚度不应小于 50mm（图 5.2.1b）。

5.2.2 当 3D 楼板（屋面板）采用在板间增加钢筋混凝土小梁或肋的加强措施时，小梁或肋的宽度不应小于 100mm，且应在加小梁或肋处板的上下两侧附加平网，平网宽度应为肋宽加两侧各 150mm，并应在上下钢丝网片内侧附加连接钢筋，钢筋的直径不应小于 8mm，间距不应大于 200mm，长度应为 1000mm（图 5.2.2）。

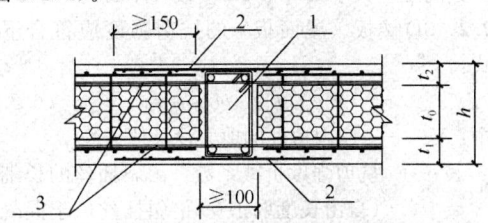

图 5.2.2　3D 楼板（屋面板）间增加钢筋
混凝土小梁或肋的构造
1—钢筋混凝土小梁或肋；2—平网；3—附加连接钢筋

6 结构设计

6.1 一般规定

6.1.1 采用 3D 板混凝土构件时，应采用以概率理论为基础的极限状态设计方法，以可靠指标度量结构构件的可靠度，采用分项系数的设计表达式，针对构件的特点进行结构计算。

6.1.2 3D 板混凝土构件的安全等级应为二级。

6.1.3 采用 3D 墙板时，其静力计算应符合下列规定：

1 在竖向荷载作用下，构件在每层高度范围内，可近似地视作两端铰支的竖向受压构件；在水平荷载作用下，可视作竖向受弯构件；

2 对本层的竖向荷载，应考虑对墙板的实际偏心影响，可取圈梁宽度（墙宽）的 10% 作为其偏心距。由上一楼层传来的竖向荷载，可视作作用于上一楼层的墙板截面重心处。本层墙板内的偏心距应按直线变化考虑。

6.1.4 3D 板混凝土构件的正截面承载能力极限状态计算和正常使用极限状态验算中，其截面应按翼缘宽度为 b、腹板（以斜插丝与网片组成的桁架）宽度取为 0 的连体 I 形截面钢筋混凝土构件考虑（图 6.1.4）。

3D 板混凝土构件的截面常数可根据其规格，按下列公式计算：

$$A = b(t_1 + t_2) \tag{6.1.4-1}$$

$$c = [t_2^2/2 + t_1(h - t_1/2)]/(t_1 + t_2) \tag{6.1.4-2}$$

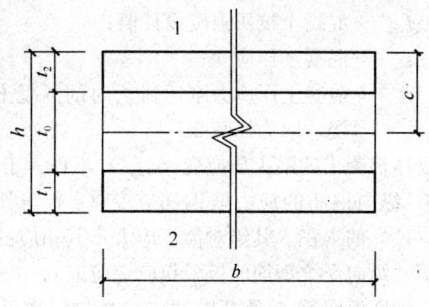

图 6.1.4　3D 板混凝土构件计算截面
1—内侧（内墙）或顶面（楼板、屋面板）；
2—外侧（外墙）或底面（楼板、屋面板）

$$I = b\big[(t_1^3 + t_2^3)/12 + t_1(h - c - t_1/2)^2$$
$$+ t_2(c - t_2/2)^2\big] \tag{6.1.4-3}$$

$$i = \sqrt{(I/A)} \tag{6.1.4-4}$$

$$h = t_1 + t_0 + t_2 \tag{6.1.4-5}$$

式中：A——混凝土截面面积（mm^2）；

b——板截面长（宽）度（mm）；

t_1、t_2——墙体的外、内侧和楼板的顶板、底板的混凝土层厚度（mm）；

c——混凝土截面重心轴到墙体的内侧或楼板的顶板外边的尺寸（mm）；

I——对重心轴的截面惯性矩（mm^1）；

i——对重心轴的截面回转半径（mm）；

t_0——聚苯板厚度（mm）；

h——板的总厚度（mm）。

6.1.5 3D 板混凝土构件的正截面承载能力极限状态计算和正常使用极限状态验算应符合下列基本假定（图 6.1.5）：

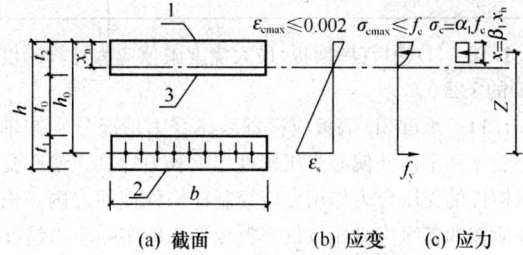

(a) 截面　　　(b) 应变　　　(c) 应力

图 6.1.5　3D 板混凝土构件正截面的混凝土
和钢筋的应变与应力
1—楼板（屋面板）顶面；2—楼板
（屋面板）底面；3—中和轴

1 截面应变保持平面。

2 不考虑混凝土的抗拉强度。

3 混凝土受压时，应力与应变关系应符合下列公式规定：

当 $\varepsilon_c \leqslant \varepsilon_0$ 时，

$$\sigma_c = f_c(\varepsilon_c/\varepsilon_0)[2 - (\varepsilon_c/\varepsilon_0)] \tag{6.1.5}$$

式中：σ_c——混凝土应变为 ε_c 时的混凝土压应力；

f_c——混凝土抗压强度设计值；

ε_c——混凝土压应变；

ε_0——混凝土压应力刚达到 f_c 时的混凝土压应变，取为 0.002。

受压混凝土的最大压应变（ε_{cmax}）不得大于 ε_0。

4 纵向钢筋的应力取钢筋应变（ε_s）与其弹性模量（E_s）的乘积，其绝对值不应大于其相应的强度设计值。纵向受拉钢筋的极限拉应变应取 0.01。

6.1.6 3D 板混凝土受弯构件应按单向、单筋截面设计。

6.1.7 3D 板混凝土受弯构件正截面受压区混凝土的应力图形可简化为等效的矩形应力图，且其高度（x）应取按截面应变保持平面的假定的中和轴高度 x_n 乘以系数 β_1，其应力值应取混凝土轴心抗压强度设计值 f_c 乘以系数 α_1。系数 α_1 和 β_1 应根据实际的 ε_{cmax} 按本规程附录 C 表 C.0.1 确定。

6.1.8 3D 楼板（屋面板）计算的剪力应以支座内边为准。其受剪承载力应分别按构件内斜插丝和圈梁交界处两个截面验算，并应使伸入圈梁的钢筋能单独承载剪力。圈梁交界处应取 t_1、t_2 两者中较薄的钢筋混凝土板。

6.1.9 3D 楼板（屋面板）最大裂缝宽度的限值应符合表 6.1.9 的规定。

表 6.1.9 3D 楼板（屋面板）最大裂缝宽度的限值（mm）

情 况	板	小梁或突出板底的肋
一般情况	0.2	0.3
对处于年平均相对湿度小于 60% 地区	0.3	0.4

6.1.10 3D 楼板（屋面板）最大挠度限值应为计算跨度（l）的 1/200。

6.1.11 承重 3D 墙板应根据墙体受力情况分别按轴心受压和平面外偏心受压构件作承载力计算。偏心受压构件的受压合力作用点应控制在构件截面之内。构件应按两翼缘均受压或仅一翼缘受压的实际应力情况计算。

6.1.12 在水平荷载作用下的非承重 3D 墙板宜按受弯构件和支座处受剪节点作承载力计算。

6.1.13 3D 板混凝土构件间所有连接均应通过圈梁。圈梁的截面高度不应小于楼板（屋面板）厚度且不应小于 150mm，截面宽度不应小于墙板厚度。最小纵筋应为 4ϕ12，最小箍筋应为 ϕ6@200。

6.1.14 3D 墙板的房屋的抗震计算可按本规程附录 D，采用底部剪力法进行计算。

6.2 3D 楼板（屋面板）计算

6.2.1 3D 楼板（屋面板）应按单向、单筋截面的简

支板或连续板计算。

当不能满足抗剪承载力时，可按本规程附录 A 表 A.2.1 的方法，在聚苯板间另加现浇钢筋混凝土小梁或肋，其高度应大于或等于 3D 楼板（屋面板）厚度。

当不能满足抗弯承载力时，可按本规程附录 A 表 A.2.2 的方法在聚苯板预留槽中或网片外加配普通钢筋，也可在聚苯板缝间另加钢筋混凝土小梁或肋，其高度应大于或等于 3D 楼板（屋面板）厚度。

6.2.2 3D 楼板（屋面板）的抗剪强度应符合下列公式：

$$V \leqslant \upsilon f_y A_{ss} b \cos\alpha / a_4 \qquad (6.2.2)$$

式中：V——支座内边处的剪力设计值（N）；

υ——抗剪强度折减系数：由斜插丝的长细比（自由长度取 1.05 倍斜插丝位于混凝土间的净空长度、计算长度系数 μ 取 0.70）按本规程附录 C 的表 C.0.2 查稳定系数 φ；当 $\varphi > 0.55$ 时 υ 取 0.55，否则取 $\upsilon = \varphi$；常用规格的 υ 值及 $\upsilon f_y A_{ss} \cos\alpha$ 值可按本规程附录 C 的表 C.0.3 取值；

f_y——斜插丝抗拉及抗压强度设计值（取 320N/mm^2）；

A_{ss}——斜插丝截面积（mm^2）；

b——板截面宽度（mm）；

α——斜插丝与垂直线（即 V 的作用方向）的夹角（图 6.2.2）；

a_4——斜插丝组成的钢骨架的间距（mm）。

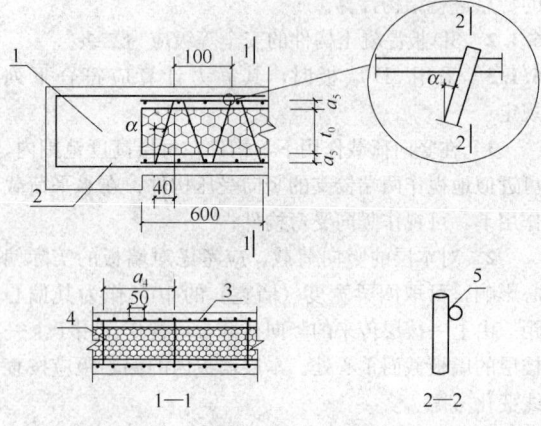

图 6.2.2 斜插丝钢骨架

1—圈梁；2—附加钢筋 ϕ8@200；3—钢丝网片；
4—斜插丝；5—焊接点

6.2.3 3D 楼板（屋面板）正截面受弯承载力计算应按下列公式确定：

$$M \leqslant A_s f_y z \qquad (6.2.3-1)$$

$$x_n = A_s f_y / (b\beta_1 \alpha_1 f_c) \qquad (6.2.3-2)$$

$$z = h_0 - x/2 = h_0 - \beta_1 x_n/2 \qquad (6.2.3-3)$$

式中：M——弯矩设计值（N·mm）；

A_s——受拉区纵向网片的截面面积（mm²）；

f_y——网片的抗拉强度设计值（N/mm²）；

h_0——截面有效高度（mm），取 $h_0 = t_2 + t_0 + 20$（mm）；

x_n——按截面应变保持平面的假定所确定的中和轴高度；

z——纵向受拉网片 A_s 合力至混凝土受压区合力点之间的距离（mm）；

α_1、β_1——根据 $(A_s f_y) / (b f_c h_0)$ 按本规程附录 C 表 C.0.1 查得；

f_c——混凝土轴心抗压强度设计值（N/mm²）；

b——板截面宽度（mm）；

t_2——受压侧混凝土的厚度（mm）；

t_0——聚苯板的厚度（mm）。

6.2.4 当采取加配普通钢筋的加强措施时，3D 楼板（屋面板）正截面受弯承载力应按下列公式确定：

$$M \leqslant A_s f_y z + A_{s1} f_{y1} z_1 \quad (6.2.4\text{-}1)$$
$$x_n = (A_s f_y + A_{s1} f_{y1}) / (b \beta_1 \alpha_1 f_c) \quad (6.2.4\text{-}2)$$
$$z = h_0 - x/2 = h_0 - \beta_1 x_n / 2 \quad (6.2.4\text{-}3)$$

式中：A_{s1}——受拉区纵向加配普通钢筋的截面面积（mm²）；

f_{y1}——加配普通钢筋的抗拉强度设计值（N/mm²）；

z_1——受拉区纵向加配钢筋 A_{s1} 至混凝土受压区合力点之间的距离（mm），当在网片外加配普通钢筋时 $z_1 = z$，当在聚苯板预留槽中加配普通钢筋时 $z_1 = z - 30$。

中和轴高度尚应符合下列条件：

$$x_n \leqslant 0.333 h_0 \quad (6.2.4\text{-}4)$$
$$x_n \leqslant t_2 \quad (6.2.4\text{-}5)$$

6.2.5 当采取在聚苯板缝间另加钢筋混凝土小梁或肋的加强措施时，小梁或肋的受压翼缘宽度 b_1 可取 $10 t_2$，但不得大于 $l/3$。钢筋混凝土小梁或肋的正截面受弯承载力应按下列公式确定：

$$M_1 \leqslant (A_s - A_{sa}) f_y z + A_{s2} f_{y2} z_2 \quad (6.2.5\text{-}1)$$
$$x_n = [(A_s - A_{sa}) f_y + A_{s2} f_{y2}] / (b \beta_1 \alpha_1 f_c)$$
$$(6.2.5\text{-}2)$$

式中：M_1——钢筋混凝土小梁或肋受压翼缘宽度范围内的弯矩设计值（N·mm）；

A_{s2}——钢筋混凝土小梁或肋纵向受拉普通钢筋的截面面积（mm²）；

f_{y2}——钢筋混凝土小梁或肋纵向受拉钢筋的抗拉强度设计值（N/mm²）；

z_2——纵向受拉钢筋 A_{s2} 合力至混凝土受压区合力点之间的距离（mm）；

A_{sa}——钢筋混凝土小梁或肋受压翼缘宽度 b_1 范围外的网片的截面面积（mm²）。

中和轴高度尚应符合本规程公式（6.2.4-4）和式

（6.2.4-5）的条件。

6.2.6 3D 楼板（屋面板）的最大裂缝宽度（w_{max}）可按荷载准永久组合并考虑长期作用影响的效应，并应按下列公式计算：

$$w_{max} = 2.1 \psi \sigma_{sq} (1.9 a_1 + 0.08 d_{eq} / \rho_{te}) / E_s$$
$$(6.2.6\text{-}1)$$
$$\sigma_{sq} = M_q / [0.9 h_0 (A_s + A_{s1})] \quad (6.2.6\text{-}2)$$
$$\psi = 1.1 - 0.65 f_{tk} / (\rho_{te} \sigma_{sq}) \quad (6.2.6\text{-}3)$$
$$d_{eq} = \Sigma n_i d_i^2 / (\Sigma n_i \nu_i d_i) \quad (6.2.6\text{-}4)$$
$$\rho_{te} = (A_s + A_{s1}) / (b t_1) \quad (6.2.6\text{-}5)$$

式中：σ_{sq}——按荷载准永久组合计算的纵向受拉钢筋（丝）的应力（N/mm²）；

M_q——按荷载准永久组合计算的弯矩值（N·mm），取计算区段内的最大弯矩值；

ψ——裂缝间纵向受拉钢筋（丝）应变不均匀系数：当 $\psi < 0.2$ 时，取 $\psi = 0.2$；当 $\psi > 1.0$ 时，取 $\psi = 1.0$；

E_s——钢筋（丝）弹性模量（2.0×10^5 N/mm²）；

a_1——最外层纵向受拉钢筋（丝）外边缘到受拉区底边的距离（mm），取 $a_1 = t_1 - 25$；当 $a_1 < 20$ 时，取 $a_1 = 20$；当 $a_1 > 65$ 时，取 $a_1 = 65$；

d_{eq}——受拉区纵向钢筋（丝）的等效直径（mm）；

d_i——受拉区第 i 种纵向钢筋（丝）的公称直径（mm）；

n_i——受拉区第 i 种纵向钢筋（丝）的根数；

ν_i——受拉区第 i 种纵向钢筋（丝）的相对粘结特性系数：光面钢筋为 0.7，带肋钢筋为 1.0；

ρ_{te}——按有效受拉混凝土截面面积（$b t_1$）计算的纵向受拉钢筋（丝）配筋率；在最大裂缝宽度计算中，当 $\rho_{te} < 0.01$ 时，取 $\rho_{te} = 0.01$。

所求得的最大裂缝宽度不应超过本规程第 6.1.9 条规定的限值。

常用 3D 楼板（屋面板）的最大裂缝宽度验算时，可按本规程附录 C 的表 C.0.4 取值。

6.2.7 3D 楼板（屋面板）在正常使用极限状态下的挠度应按荷载准永久组合并考虑长期作用影响的刚度（B）用结构力学方法计算。所求得的挠度计算值不应超过本规程第 6.1.10 条规定的限值。刚度（B）可按下列公式计算：

$$B = B_s / 2 \quad (6.2.7\text{-}1)$$
$$B_s = (E_s A_s h_0^2) / [1.15 \psi + 0.2 + 6 E_s A_s / (3.5 E_c b t_2)]$$
$$(6.2.7\text{-}2)$$

式中：B_s——荷载准永久组合作用下受弯构件的短期刚度（N/mm²）；

E_c——混凝土弹性模量（N/mm²）。

6.3 3D墙板计算

6.3.1 3D墙板的墙体计算高度（l_0）应取墙体高（H），并应符合下列规定：

1 在房屋底层，应为底层楼板顶面到墙基顶面处的距离；

2 在房屋其他层次，应为楼板顶面或其他水平支点间的距离；

3 对于山墙，可取层高加山墙尖高度的1/2。

6.3.2 3D承重墙板的长细比（l_0/i）应小于等于70。3D非承重墙板的长细比（l_0/i）应小于等于100。

当长细比（l_0/i）超过限值时，应采取加大墙厚（或增设圈梁）等措施。

注：i 为对重心轴的截面回转半径，按本规程第6.1.4条的公式计算。

6.3.3 3D承重墙板的受压正截面承载力计算中平面外初始偏心距（e_i）应按下式计算：

$$e_i = e_0 + e_a \qquad (6.3.3)$$

式中：e_0——验算截面处总的轴向压力对截面重心的偏心距（mm）；计算时，上层墙传来的荷载可视作作用于上层墙截面重心处，而本层传来的荷载可视作作用于偏离支座中心线0.1h处；

e_a——附加偏心距（mm），取$h/8$，但不应小于20mm。

轴心受压（$e_0 = 0$）的 e_i 不应小于20mm。偏心受压的 e_i 不应小于30mm。

6.3.4 3D承重墙板的偏心受压正截面承载力计算中轴向压力平面外偏心距综合增大系数（η）可按下列公式计算：

$$\eta = 0.7[1 + \zeta_c (l_0/i)^2/(8400 e_i/h_0)] \qquad (6.3.4-1)$$

$$\zeta_c = f_c b t_2/N \qquad (6.3.4-2)$$

式中：h_0——截面有效厚度（mm），即受拉钢丝网（离聚苯板边20）至截面受压边缘的距离；

ζ_c——偏心受压构件的截面曲率修正系数，当 $\zeta_c > 1.0$ 时取 $\zeta_c = 1.0$。

6.3.5 3D承重墙板的平面外偏心受压正截面承载力应根据截面两翼缘全部受压和一翼缘受压、一翼缘受拉两种情况（图6.3.5），分别按下列公式验算翼缘 t_1 和 t_2 的承载力：

$$N_{t1} = N(h_0 - t_2/2 - e)/(h_0 - t_2/2) \qquad (6.3.5-1)$$

$$N_{t2} = Ne/(h_0 - t_2/2) \qquad (6.3.5-2)$$

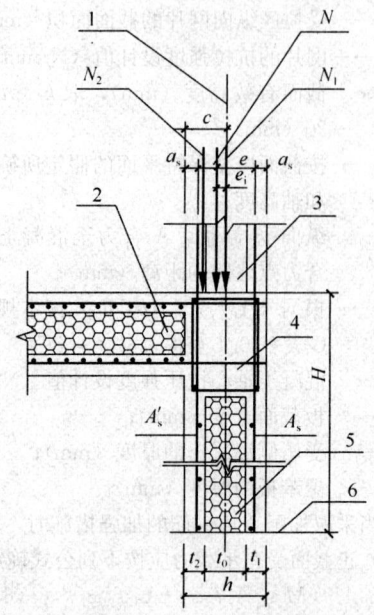

图6.3.5　3D墙体荷载

1—墙体截面重心线；2—楼板；3—上层墙体；
4—圈梁；5—下层墙体；6—下层楼面或基础面
N_1—上层墙体传来的轴向力；
N_2—本层墙体传来的轴向力

$$e = \eta e_i + h_0 - c \qquad (6.3.5-3)$$

式中：N_{t1}、N_{t2}——分别为翼缘 t_1 和 t_2 承受的压力（负值为拉力）；

e——轴向压力作用点至纵向受拉钢筋（丝）合力点的距离。

当两侧均受压时（$e < h_0 - t_2/2$），翼缘 t_2 承受的压力应符合下式规定：

$$N_{t2} \leqslant (0.95 f_c b t_2 + A'_s f'_s) \qquad (6.3.5-4)$$

当 t_2 受压、t_1 受拉时（$h_0 - t_2/2 < e \leqslant h_0$），翼缘 t_1 承受的拉力和翼缘 t_2 承受的压力应符合下列公式规定：

$$N_{t1} \leqslant 0.8 A_s f_y \qquad (6.3.5-5)$$

$$N_{t2} \leqslant (0.85 f_c b t_2 + 0.9 A'_s f'_y) \qquad (6.3.5-6)$$

式中：A_s、A'_s——受拉侧（t_1）、受压侧（t_2）内的纵向网片截面积（mm²）。

当不符合 $e \leqslant h_0$ 时，应加大墙厚（增加混凝土层厚度或改用较大厚度聚苯板）。

当不符合公式（6.3.5-4）～（6.3.5-6）的规定时，可采取加配普通钢筋、加大墙厚（增加混凝土层厚度或改用较大厚度聚苯板）或提高混凝土强度等级等措施。

6.3.6 受水平力作用下的3D非承重墙板的承载力，可按本规程第6.2.2条和第6.2.3条的规定进行验算（图6.3.6）。

6.3.7 3D墙板的抗剪强度验算应符合下列规定：

1 出平面方向的抗剪强度验算应符合本规程第

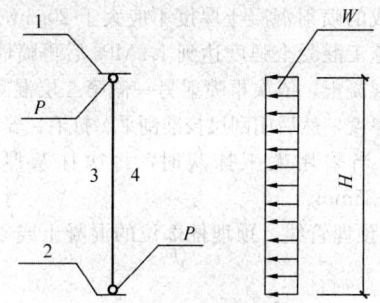

图 6.3.6　3D 非承重墙荷载
1—上层楼面或屋面；2—下层楼面或基础面；
3—户内；4—户外

6.2.2 条的规定。

2 平面内方向的抗剪强度应按下式验算：

$$V \leqslant 0.15 f_c (t_1 + t_2) l_w \qquad (6.3.7)$$

式中：V——验算墙段的剪力设计值（N）；

　　　l_w——验算墙段的长度（mm）。

6.3.8 3D 墙板上洞口的过梁和组合过梁设计应符合本规程附录 B 的规定。

7 施 工

7.1 一 般 规 定

7.1.1 3D 板混凝土构件工程施工现场应建立质量管理体系、施工质量检查验收制度。施工组织设计和施工方案，应经审查批准。施工人员应经专门培训。

7.1.2 每立方米细石混凝土的水泥用量不应超过 350kg，水灰比应在 0.5～0.6 之间。细石混凝土骨料的级配和混凝土配合比应满足混凝土设计强度的要求。喷射混凝土还应满足可泵性、和易性的要求，坍落度应为 75mm±10mm。

7.1.3 平网与 3D 板钢丝网片应采用绑扎方式作可靠连接，网孔宜错开。洞口四周根据设计要求，可加设钢筋。

7.1.4 在面层施工前，应检查附加钢丝网片和钢筋以及预埋管线、预埋件的位置、数量，并应符合设计要求。

7.1.5 面层喷射混凝土及其厚度应符合国家现行有关标准的规定和设计要求。面层施工时，混凝土应密实、与聚苯板粘结牢固，无脱层、空鼓现象。

7.1.6 施工期间应防止板面受碰撞振动。

7.1.7 常温下面层混凝土完成后，养护期不得少于 7d，前 3d 喷水时间间隔不应大于 3h，后 4d 每天喷水不应少于 2 次。平均气温低于 5℃时，宜采用塑料布覆盖或其他保温保湿养护措施。

7.1.8 冬期和雨期施工时，应根据当地气候条件编制季节性施工方案。冬期施工应符合现行行业标准《建筑工程冬期施工规程》JGJ/T 104 的有关规定。

7.1.9 混凝土施工时应按有关规定留置标养及同条件养护试块。

7.1.10 3D 板混凝土构件工程的施工宜按下列程序进行（图 7.1.10）。

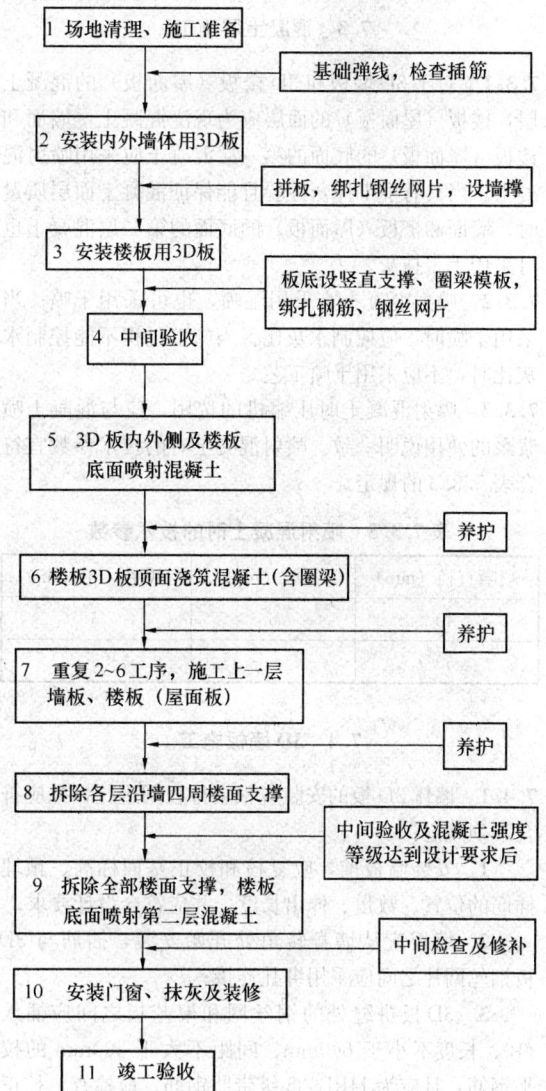

图 7.1.10　3D 板混凝土构件工程施工程序
注：当仅用 3D 墙板或楼板的一种构件时，相关程序可简化。

7.2 施 工 准 备

7.2.1 施工前应根据设计要求和现场情况编制施工方案，并应向施工人员交底。

7.2.2 3D 板进场后应水平堆放在坚实、平整、干燥的场地上。顶部应加防雨遮盖。

7.2.3 3D 板的堆放和施工现场应符合现行国家标准《建设工程施工现场消防安全技术规范》GB 50720 的规定。

7.2.4 施工前应绘制建筑施工排板图，对不同尺寸、形状的板材进行编号。排板应减少拼缝和规格。

7.2.5 对3D板的裁剪和加工，应根据排板图要求进行，并应根据编号和就位顺序分别堆放。

7.2.6 施工机具设备应在施工前进行调试。

7.3 混凝土层施工

7.3.1 对于3D墙板和3D楼板（屋面板）的混凝土层，楼板（屋面板）的面层应为现浇混凝土，墙面和楼板（屋面板）的底面的第一层混凝土应采用喷射混凝土。当具有手工抹灰经验且能保证混凝土面层质量时，墙面和楼板（屋面板）的底面的第二层混凝土也可采用手工抹灰。

7.3.2 喷射混凝土宜采用湿喷，也可采用干喷。当采用干喷时，应控制水灰比。当施工过程不能控制水灰比时，不应采用干喷工艺。

7.3.3 喷射混凝土时压缩机的选用，应与混凝土喷浆泵的使用说明一致。喷射混凝土时的技术参数宜符合表7.3.3的规定。

表7.3.3 喷射混凝土时的技术参数

喷嘴直径（mm）	气压（bar）	效率（m³/min）
40	6	3
50	6	5

7.4 3D墙板施工

7.4.1 墙体3D板的安装应根据排板图进行，并应符合下列规定：

　1　安装墙板前，应复核和校正基面标高、预埋插筋的位置、数量、伸出长度，并应符合设计要求；

　2　墙板应从墙身转角处开始安装，插筋与3D板钢丝网片之间应采用绑扎连接；

　3　3D板拼缝处的钢丝网和聚苯板之间应插入φ10、长度不小于600mm、间距不大于500mm的校平钢筋，且应为HRB335级带肋钢筋。应检查、校正墙板垂直度。

7.4.2 3D墙板之间连接或拼缝处应附加增强网，门窗开口处应增设U形网和45度斜向平网。增强网应与3D板钢丝网片绑扎连接。

7.4.3 管线应布置在3D板的钢丝网和聚苯板之间。对直径超过15mm的管线，应根据管线走向，在聚苯板上预先开管线槽。当管线安装需剪断局部钢丝网时，断口处应用平网加固。

7.4.4 安装墙体3D板时，应加墙撑，墙撑高度应大于或等于3D板高度的2/3。墙板喷射混凝土前，3D板的另一侧应加支撑。墙撑的拆除应在3D板两侧第一层喷射混凝土养护强度达到本规程第7.4.5条规定后才能进行。

7.4.5 细石混凝土面层采用喷射混凝土工艺时，每次

分层完成的喷射混凝土厚度不应大于20mm，并应待第一层施工混凝土强度达到1.2MPa后再喷墙板另一侧细石混凝土，依次再喷射另一侧第二层混凝土，直至设计厚度，然后用刮尺校准刮平、打毛、养护。

7.4.6 当采用人工抹灰时，每次抹灰厚度宜为15mm～25mm。

7.4.7 预埋管线、预埋件部位的混凝土或砂浆，应密实。

7.5 3D楼板（屋面板）施工

7.5.1 沿3D楼板（屋面板）跨度方向布置支撑立柱时，其间距应经计算确定且不应大于1.5m；支撑横梁应与板底处于同一标高，边立柱离墙距离不宜大于0.5m。支撑系统应安全可靠。上下层楼板支撑应在同一直线上。

7.5.2 3D楼板（屋面板）在3D板安装就位后，在板的拼缝处应加平网，支座处应按设计要求加连接钢筋及受力钢筋。

7.5.3 3D楼板（屋面板）面层混凝土浇筑前，应根据设计要求预埋管线与预埋件。

7.5.4 3D楼板（屋面板）施工过程中应随时观察支撑的牢固情况。

7.5.5 当混凝土强度达到设计强度后，可拆除其楼面支撑。

7.5.6 支撑拆除后，应及时将混凝土施工时留下的孔洞填筑密实。

8 质量验收

8.1 一般规定

8.1.1 3D板混凝土构件工程施工质量验收应符合现行国家标准《建筑工程施工质量验收统一标准》GB 50300的规定。

8.1.2 3D板混凝土构件工程可划分为钢筋、混凝土、3D板混凝土构件、现浇结构等分项工程。

8.1.3 钢筋、混凝土、现浇结构等分项工程的验收应符合现行国家标准《混凝土结构工程施工质量验收规范》GB 50204的规定。

8.1.4 3D板混凝土构件工程中各分项工程可根据与施工方式相一致且便于控制施工质量的原则，按楼层、结构缝或施工段划分为若干检验批。

8.1.5 3D板混凝土构件工程施工质量验收应包括施工过程隐蔽验收和建筑工程竣工验收。

8.1.6 3D板混凝土构件分项工程验收时，应检查下列文件和记录：

　1　材料的产品合格证书、性能检测报告、复试报告；

　2　细石混凝土的配合比通知单；

3 细石混凝土的性能试验报告;

4 施工记录(包括墙体排板安装设计图、施工方案、技术交底);

5 施工质量控制资料(包括隐蔽工程验收单、检测记录等);

6 各检验批的主控项目、一般项目的验收记录;

7 重大技术问题的处理及设计变更文件。

8.1.7 3D板混凝土构件分项工程隐蔽工程验收应包括下列内容:

1 3D墙板的轴线位置、垂直平整度及拼缝;

2 3D板接头和拼缝处的构造加强钢筋连接网片:平网、角网;

3 校平钢筋、插筋;

4 预埋件;

5 预埋管道。

8.1.8 3D板混凝土构件分项工程验收时,其主控项目应全部符合本规程的规定;一般项目应有80%及以上的抽检处符合本规程的规定,或偏差值在允许偏差范围内。

8.1.9 检验批的质量验收可按本规程附录E记录。

8.2 3D板混凝土构件分项工程

主 控 项 目

8.2.1 3D板应有产品的出厂合格证书、产品性能检测报告。进入施工现场的3D板应有材料主要性能的进场复试报告。

检查数量:按进场批次检查。

检验方法:检查相关资料。

8.2.2 3D板的表面应清洁,无明显油污,焊点区外不应有钢丝锈点,纬丝和经丝排列应垂直,不得有翘伸的钢丝挑头,斜插丝不允许有漏丝现象。焊点不得有过烧现象,漏焊点应少于2%的总焊点,靠网片板边200mm区域内的焊点不应漏焊、脱焊。

检查数量:全数检查。

检验方法:观察。

8.2.3 每块3D板的芯板侧面应有出厂专用标志,并应包括厂名、产品规格、生产日期和检验合格章。

检查数量:全数检查。

检验方法:观察。

8.2.4 3D板表面喷射混凝土强度等级应符合设计要求,且不应低于C20。

用于检查的混凝土试件,应在喷射混凝土地点随机抽取。取样和试件留置应符合下列规定:

1 每一工作班不超过100m³的同一配合比的混凝土,取样不得少于一次;

2 每一楼层、同一配合比的混凝土,取样不得少于一次。

检验方法:检查施工日记及混凝土试块强度试验

报告。

8.2.5 平网、U形网、角网、L形连接件的品种、规格、性能应符合设计要求。

抽检数量:全数检查。

检验方法:平网、U形网、角网、L形连接件的合格证书、性能试验报告。

8.2.6 平网、U形网、角网、L形连接件的设置应符合设计要求。

抽检数量:每一楼层抽20%的部位,且不少于3处。

检验方法:喷射混凝土前观察与尺量检查。

8.2.7 3D板混凝土构件之间或与其他结构构件之间的连接固定应符合设计要求,插筋、校平钢筋、附加受力钢筋等应位置正确、安装牢固。

抽检数量:每一楼层抽20%的连接部位,且不少于3处。

检验方法:喷射混凝土前观察与尺量检查。

一 般 项 目

8.2.8 用于墙体的3D板安装就位后,应立即根据水准点和轴线校正位置,板与板之间的拼缝缝隙不得大于1.5mm。

检查数量:全数检查。

检验方法:观察,尺量。

8.2.9 3D板安装轴线位置及垂直平整度的允许偏差值应符合表8.2.9的规定。

表8.2.9 3D板的轴线位置及垂直平整度允许偏差(mm)

项次	项 目	允许偏差	抽检方法
1	轴线位置	5	经纬仪和尺检查,或用其他测量仪器检查
2	垂直度	5	用经纬仪或2m托线板检查
3	表面平整度	5	用2m靠尺检查

抽检数量:外墙,每20m抽查一处,每处3延长米,但不应少于三处,且所有墙角必查;内墙,按有代表性的自然间抽查10%,但不应少于3间,每间不应少于两处,且所有墙角必查。

8.2.10 3D墙板表面喷射混凝土允许偏差应符合表8.2.10的规定。

表8.2.10 3D墙板表面喷射混凝土允许偏差(mm)

项 目		允许偏差	抽检方法
喷射细石混凝土厚度	每一层	±2	针插和尺量检查
	总厚度	+5 0	针插和尺量检查

抽检数量:每一面墙面不少于5处,且不超过

4m² 测一处。

检查方法：用钢针插入和尺量检查。

8.2.11 3D 墙板的尺寸允许偏差应符合表 8.2.11 的规定。

表 8.2.11　3D 墙板的尺寸允许偏差（mm）

项次	项　目		允许偏差	抽检方法
1	轴线位置		8	用经纬仪和尺量检查，或用其他测量仪器检查
2	垂直度	每层	8	用经纬仪或吊线、钢尺检查
		全高	$H/1000$ 且小于 30	用经纬仪、钢尺检查
3	表面平整度		8	用 2m 靠尺检查
4	预埋件中心线位置		10	用经纬仪和尺量检查，或用其他测量仪器检查
5	门窗洞口（宽、高）		±5	钢尺检查
6	窗口位移		20	用经纬仪和尺量检查，或用其他测量仪器检查

抽检数量：对于轴线位置、垂直度、表面平整度，外墙，每 20m 抽查一处，每处 3 延长米，且不应少于三处，且所有墙角必查；内墙，按有代表性的自然间抽查 10%，且不应少于 3 间，每间不应少于两处且所有墙角必查。

楼板（屋面板）表面平整度按有代表性的自然间抽查 10%，且不应少于 3 间。对于预埋件中心线位置、门窗洞口（宽、高）、窗口位移，检验批中抽检 10%，且不应少于 5 处。

附录 A　3D 板混凝土构件常用规格和增加构件承载力的方法

A.1　3D 板混凝土构件常用规格

A.1.1　3D 板混凝土构件常用规格可按表 A.1.1 采用。

表 A.1.1　3D 板混凝土构件常用规格（mm）

3D板混凝土构件		3D板			细石混凝土	
		聚苯板厚度 t_0	斜插丝型号	网片	外（下）侧混凝土厚度 t_1	内（上）侧混凝土厚度 t_2
承重外墙		100,120	B-Ⅰ、B-Ⅱ	φ3@50	50~60	50~60
承重内墙		70,100	B-Ⅰ、B-Ⅱ	φ3@50	45~60	45~60
非承重外墙	强	100,120	B-Ⅰ、B-Ⅱ	φ3@50	50~60	45~50
	弱	100,120	A-Ⅰ、A-Ⅱ	φ2.2@50	50	35~50
非承重内墙		50,70	A-Ⅰ、A-Ⅱ	φ2.2@50	35~40	35~40

续表

3D板混凝土构件	3D板			细石混凝土	
	聚苯板厚度 t_0	斜插丝型号	网片	外（下）侧混凝土厚度 t_1	内（上）侧混凝土厚度 t_2
楼板或屋面板	70、100、120	B-Ⅰ、B-Ⅱ	φ3@50	45~50 连续板 50~80	50~80

注：1　聚苯板常用的厚度为 50、70、100、120（mm）。如设计需要在聚苯板的槽内放置加配普通钢筋时，应在订货时对有加工条件的 3D 板加工厂提出聚苯板开槽要求：宜在厚度不小于 100mm 的聚苯板上，按设计规定的间距开不小于 20mm×20mm 的槽；

2　斜插丝型号由字母和数字组成；字母 A、B 表示材料尺寸等，罗马数字Ⅰ、Ⅱ表示根据不同的机器生产的斜插丝骨架的间距。

A-Ⅰ、A-Ⅱ型用 φ3、节距 a_3=200mm、斜率 a_2=60、网片离聚苯板净距 a_5=13mm；

B-Ⅰ、B-Ⅱ型用 φ3.8、节距 a_3=100mm、斜率 a_2=40、网片离聚苯板净距 a_5=19mm；

A-Ⅰ型、B-Ⅰ型的间距 a_4=100mm，即 1200mm 宽范围内设 12 道；

A-Ⅱ型、B-Ⅱ型的间距 a_4 平均=171.4mm，即 1200mm 宽范围内设 7 道，除两端间距=150mm 外，其余间距 a_4 均为 200mm；

3　常用的细石混凝土为 C20，除斜插丝型号为 A-Ⅰ、A-Ⅱ 的墙板最小厚度可为 35mm 外，其他构件的最小厚度为 45mm，但如设计需要在网片外侧放置加配普通钢筋时，混凝土厚度最小应为 50mm；最大厚度应根据结构及热工等设计要求，不宜超过 80mm；

4　非承重外墙分强、弱两类，强的用于高度大、受水平力大的外墙，以受弯为主。

A.1.2　常用承重 3D 墙板规格可按表 A.1.2 采用。

表 A.1.2　常用承重 3D 墙板规格

序　号	W1	W2	W3	W4	W5	W6
外 t_1（mm）	50	60	50	60	45	45
t_0（mm）	100		120		70	100
内 t_2（mm）	50	60	50	60	45	45
h（mm）	200	220	220	240	160	190
A/b（mm）	100	120	100	120	90	90
c（mm）	100	110	110	120	80	95
I/b（mm³）	583333	804000	743333	1008000	312750	488250
i（mm）	76.38	81.85	86.22	91.65	58.95	73.65
自重（kN/m²）	2.6	3.1	2.6	3.1	2.3	2.4

A.1.3　常用非承重 3D 墙板规格可按表 A.1.3 采用。

表 A.1.3　常用非承重 3D 墙板规格

类　型	外　墙				内　墙			
序号	W11	W12	W13	W14	W15	W16	W17	W18
外 t_1（mm）	50	50	50	50	35	40	35	40
t_0（mm）	100		120		70			
内 t_2（mm）	40	40	50	50	35	40	35	40
h（mm）	190	210	220	230	140	140	140	150
A/b（mm）	90	90	100	110	70	80	70	80
c（mm）	100.56	111.67	110	120.45	60	65	70	75
I/b（mm³）	482972	620750	743333	863644	133583	172667	200083	252667
i（mm）	73.26	83.05	86.22	88.61	43.68	46.46	53.46	56.20
自重（kN/m²）	2.3	2.3	2.6	2.8	1.8	2.0	1.8	2.0

A. 1. 4 常用 3D 楼板（屋面板）的规格和强度可按表 A. 1. 4 采用。

表 A. 1. 4 常用 3D 楼板（屋面板）的规格和强度

序　号		S1	S2	S3	S4	S5	S6	S7	S8	S9
上 t_2 (mm)		50	50	60	50	60	60	60	70	80
t_0 (mm)		70			100			120		
下 t_1 (mm)		40	50	60	50	50	60	60	60	60
h (mm)		160	170	190	200	210	220	240	250	260
h_0 (mm)		140	140	150	170	180	180	200	210	220
自重 (kN/m²)		2.3	2.5	3.0	2.6	2.8	3.1	3.1	3.3	3.6
x_n (mm)	$\phi3@50$	25.3	25.3	25.3	28.6	28.6	28.6	28.6	28.6	33.1
	加 $\phi6@200$ 后	32.2	32.2	38.0	38.0	38.0	38.0	41.8	41.8	41.8
	加 $\phi8@200$ 后	38.1	38.1	40.7	43.7	43.7	43.7	47.2	47.2	47.2
	加 $\phi10@200$ 后	40.8	40.8	43.0	46.6	51.8	51.8	55.0	55.0	58.6
	加 $\phi8@100$ 后	39.3	39.3	39.3	45.3	51.7	51.7	57.5	57.5	61.0
	加 $\phi10@100$ 后	43.9	43.9	43.9	43.9	52.0	52.0	52.0	60.9	60.9
容许最大 x_n (mm)		46.7	46.7	50.0	50.0	60.0	60.0	60.0	70.0	73.3
$[M]$ (kN-m/m)	$\phi3@50$	5.95	5.95	6.40	7.26	7.71	7.71	8.62	9.06	9.45
	加 $\phi6@200$ 后	10.77	10.77	11.53	13.12	13.95	13.95	15.51	16.35	17.18
	加 $\phi8@200$ 后	14.36	14.36	15.39	17.54	18.68	18.68	20.81	21.95	23.08
	加 $\phi10@200$ 后	20.49	20.49	22.12	25.73	26.43	26.43	29.52	31.16	32.59
	加 $\phi8@100$ 后	22.84	22.84	24.65	27.92	29.35	29.35	32.61	34.43	36.04
	加 $\phi10@100$ 后	34.68	34.68	37.48	43.10	45.26	45.26	50.88	52.90	55.71
$[V]$ (kN/m)	B-I 型	18.76			16.54			12.46		
	B-II 型	10.94			9.65			7.27		

注: 1 加筋 $\phi6$ 和 $\phi8$ 为 HPB300, $\phi10$ 为 HRB335;
2 加筋在网片外, 仅选具有代表性的 @200 和 @100 两种, 实际设计中根据需要可用其他间距。

A. 2 增加构件承载力的方法

A. 2. 1 增加构件承载力可按表 A. 2. 1 采用。

表 A. 2. 1 增加构件承载力可采取的措施

措施＼承载力	增加聚苯板厚度	增加受压区混凝土厚度	纵向加配普通钢筋	聚苯板间设置钢筋混凝土小梁（肋）
受弯	有效	单面	单面	有效
受压	有效	双面	双面	有效但一般不用
受剪	无效	无效	无效	有效

A. 2. 2 提高受弯构件承载力的方法可表 A. 2. 2 选择。

表 A. 2. 2 提高受弯构件承载力的方法

加配普通钢筋的位置		在聚苯板的槽内	在网片外侧
混凝土最小厚度 t_1 (mm)		40 与不加配普通钢筋一致	50 以保证足够的混凝土保护层
h_0		$t_2 + t_0 - 10$	$t_2 + t_0 + 20$
钢筋间距		限制于聚苯板开槽的间距	根据设计要求, 不受限制
技术经济比较	聚苯板开槽	需找有加工条件的工厂、增加聚苯板开槽的工作	没有聚苯板开槽的工作
	混凝土用量和自重	基本不增加	增加
	钢筋用量	因 h_0 减小而钢筋用量有所增加	虽 h_0 未减小但因自重增加而钢筋用量与左项相差不大
结论 (适用范围)		1 用于加配普通钢筋的板的数量较少时; 2 此时板底和临时支撑可不加配普通钢筋者一致	1 用于加配普通钢筋的板的数量较多时; 2 此时板底和临时支撑与不加配普通钢筋者不一致

附录 B 过梁和组合过梁

B. 0. 1 集中荷载 P 和墙洞的处理应符合下列规定（图 B. 0. 1）:

1 集中荷载应按 45° 扩散;

2 通过过梁将荷载传递到墙洞的两侧时, 可在墙洞的两侧增加钢筋。

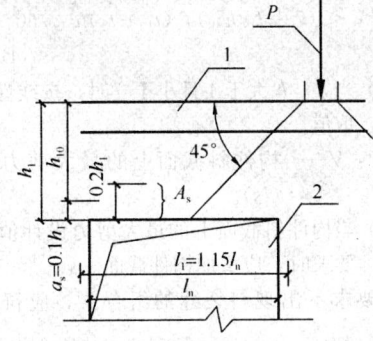

图 B. 0. 1 墙洞口集中荷载的处理
1—墙洞以上的墙体或圈梁的顶部; 2—洞口

B. 0. 2 过梁的计算应符合下列规定:

1 当过梁的 l_1/h_1 大于或等于 5.0 时, 可将圈梁兼作过梁, 并应按现行国家标准《混凝土结构设计规范》GB 50010 计算;

2 当过梁 l_1/h_1 小于 5.0 时, 可将墙洞以上的墙体与圈梁组合为过梁, 并应按本规程第 B. 0. 3 和 B. 0. 4 条计算。

注: 1 l_1 为过梁计算跨度（mm）, 取 $1.15 \times l_n$（l_n 为

　　　　过梁净跨度）；

　　　　2 h_1 为墙洞以上的墙体与圈梁的总高（mm）。

B.0.3 组合过梁正截面受弯承载力应按下列公式确定（图 B.0.3）：

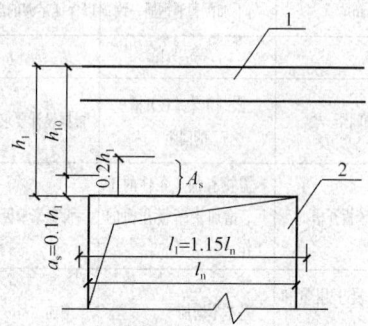

图 B.0.3　组合过梁正截面受弯承载力
1—墙洞口以上墙体或圈梁顶部；2—洞口

$$M \leqslant f_y A_{s3} z \qquad (B.0.3-1)$$
$$z = 0.648h_1 + 0.032l_1 \qquad (B.0.3-2)$$

式中：M——弯矩设计值；

　　　　A_{s3}——底部 $0.2h_1$ 范围内的水平钢筋截面面积（mm^2）。

当 $l_1 < h_1$ 时，取 $z = 0.6l_1$。

当组合过梁正截面受弯承载力（M）不满足要求时，应增配底部受拉钢筋。

B.0.4 组合过梁的受剪承载力应符合下列规定：

1 受剪截面应符合下列条件：

　　1）当 h_{10}/h 小于或等于 4 时
$$V \leqslant (10 + l_1/h_1) f_c (t_1 + t_2) h_{10}/60$$
$$(B.0.4-1)$$

　　2）当 h_{10}/h 大于或等于 6 时
$$V \leqslant (7 + l_1/h_1) f_c (t_1 + t_2) h_{10}/60$$
$$(B.0.4-2)$$

　　3）当 h_{10}/h 大于 4 且小于 6 时，按线性内插法取值。

式中：V——构件斜截面上的最大剪力设计值（N）。

　　4）当构件斜截面上的最大剪力设计值不满足要求时，应增加构件截面。

2 要求不出现斜裂缝的组合梁，应符合下列条件：
$$V_k \leqslant 0.5f_{tk}(t_1 + t_2)h_{10} \qquad (B.0.4-3)$$

式中：V_k——按荷载效应的标准组合计算的剪力值（N）；

　　　　f_{tk}——混凝土轴心抗拉强度标准值（N/mm^2）。

此时可不再进行斜截面受剪承载力计算。

3 斜截面的受剪承载力应符合下列规定：

　　1）在均布荷载作用下，应按下式确定：
$$V \leqslant h_{10}[0.7f_t(8 - l_1/h_1)(t_1 + t_2) + 1.25f_y$$
$$(l_1/h_1 - 2)(A_{sv}/s_h) +$$

$$(2.5 - 0.5l_1/h_1)f_y(A_{sh}/s_v)]/3 \qquad (B.0.4-4)$$

　　2）在集中荷载作用下，应按下式确定：
$$V \leqslant h_{10}\{[5.25/(\lambda+1)]f_t(t_1 + t_2)$$
$$+ (l_1/h_1 - 2)f_y(A_{sv}/s_h) + (2.5 - 0.5l_1/h_1)$$
$$f_y(A_{sh}/s_v)\}/3 \qquad (B.0.4-5)$$

式中：　l_1/h_1——跨高比，当 $l_1/h_1 < 2.0$ 时，取 $l_1/h_1 = 2.0$；

　　A_{sv}、A_{sh}——分别为竖向、横向钢筋（丝）全部截面面积（mm^2）；

　　　s_v、s_h——分别为竖向、横向钢筋（丝）的间距（mm）；

　　　　　λ——计算剪跨比，当 $l_1/h_1 \leqslant 2.0$ 时，取 $\lambda = 0.25$；当 $2.0 < l_1/h_1 < 5.0$ 时，取 $\lambda = a/h_{10}$，其中，a 为集中荷载到过梁支座的水平距离；λ 的上限值为 $(0.92l_1/h_1 - 1.58)$，下限值为 $(0.42l_1/h_1 - 0.58)$。

附录 C　结构设计计算用表

C.0.1 受压混凝土矩形应力图的应力值与混凝土轴心抗压强度设计值的比值（α_1）和混凝土矩形应力图受压区高度与中和轴高度（中和轴到受压区边缘的距离）的比值（β_1）应按表 C.0.1 取值。

表 C.0.1　α_1 和 β_1

序号	1	2	3	4	5	6	7	8
ε_{cmax}	0.002	0.0015	0.0012	0.0010	0.00085	0.00075	0.0007	0.00065
$\Sigma(A_sf_y)/(bf_ch_0)$	$\geqslant$0.1961	0.1654	0.1405	0.1225	0.1069	0.0965	0.0883	0.0785
β_1	0.7500	0.7222	0.7083	0.7000	0.6941	0.6904	0.6887	0.6870
α_1	0.8889	0.7788	0.6776	0.5952	0.5256	0.4752	0.4489	0.4218

序号	9	10	11	12	13	14	15	—
ε_{cmax}	0.0006	0.00055	0.0005	0.00045	0.0004	0.00035	0.0003	
$\Sigma(A_sf_y)/(bf_ch_0)$	0.0692	0.0605	0.0521	0.0440	0.0363	0.0290	0.0223	
β_1	0.6852	0.6836	0.6818	0.6800	0.6786	0.6772	0.6754	
α_1	0.3941	0.3654	0.3361	0.3060	0.2751	0.2434	0.2110	

注：1　算出 $\Sigma(A_sf_y)/(bf_ch_0)$；

　　2　在 $\Sigma(A_sf_y)/(bf_ch_0)$ 行中找到大于等于该值的最接近的一列；

　　3　在该列的 β_1 行中查得 β_1；

　　4　在该列的 α_1 行中查得 α_1。

C.0.2 稳定系数（φ）应按表 C.0.2 取值。

表 C.0.2　稳定系数 φ

λ_K	0	1	2	3	4	5	6	7	8	9
110	>0.550	0.550	0.548	0.541	0.534	0.527	0.520	0.514	0.507	0.500
120	0.494	0.488	0.481	0.475	0.469	0.463	0.457	0.451	0.445	0.440

续表 C.0.2

λK	0	1	2	3	4	5	6	7	8	9
130	0.434	0.429	0.423	0.418	0.412	0.407	0.402	0.397	0.392	0.387
140	0.383	0.378	0.373	0.369	0.364	0.360	0.356	0.351	0.347	0.343
150	0.339	0.335	0.331	0.327	0.323	0.320	0.316	0.312	0.309	0.305
160	0.302	0.298	0.295	0.292	0.289	0.285	0.282	0.279	0.276	0.273
170	0.270	0.267	0.264	0.262	0.259	0.256	0.253	0.251	0.248	0.246
180	0.243	0.241	0.238	0.236	0.233	0.231	0.229	0.226	0.224	0.222
190	0.220	0.218	0.215	0.213	0.211	0.209	0.207	0.205	0.203	0.201
200	0.199	—	—	—	—	—	—	—	—	—

注：表中 $\lambda_K = \lambda \sqrt{(f_{stk}/235)}$

C.0.3 υ 和 $\upsilon f_y A_{ss} \cos\alpha$ 应按表 C.0.3 取值。

表 C.0.3 υ 和 $\upsilon f_y A_{ss} \cos\alpha$

t_0(mm)	50		70		100		120	
	υ	$\upsilon f_y A_{ss}\cos\alpha$ (kN)	υ	$\upsilon f_y A_{ss}\cos\alpha$ (kN)	υ	$\upsilon f_y A_{ss}\cos\alpha$ (kN)	υ	$\upsilon f_y A_{ss}\cos\alpha$ (kN)
A型斜插丝	0.550	0.991	0.476	0.921	0.284	0.582	0.211	0.443
B型斜插丝	0.550	1.824	0.550	1.876	0.474	1.654	0.354	1.246

C.0.4 常用 3D 楼板（屋面板）的最大裂缝宽度验算时，可按表 C.0.4 取值。

表 C.0.4 常用 3D 楼板（屋面板）最大裂缝宽度验算取值

纵向受拉钢丝 A_s(mm²/m)	φ3@50 141.5	φ3@50 141.5	φ3@50 141.5	φ3@50 141.5	φ3@50 141.5	φ3@50 141.5
加纵向受拉钢筋 A_{s1}(mm²/m)	—	φ6@200 141.5	φ8@200 251.5	φ10@200 392.5	φ8@100 503	φ10@100 785
A_s+A_{s1}(mm²/m)	141.5	283	393	534	644.5	926.5
d_{eq}(mm)	3/0.7=4.2857	4/0.7=5.7143	5/0.7=7.1429	136/(0.7×22)=8.8312	82/(0.7×14)=8.3673	118/(0.7×16)=10.5357
$0.08d_{eq}$(mm)	0.3429	0.4571	0.5714	0.7065	0.6694	0.8429

t_1(mm)	a_1(mm)	$1.9a_1$(mm)	$1/\rho_{te}$	$1/\rho_{te}$	$1/\rho_{te}$	$1/\rho_{te}$	$1/\rho_{te}$	$1/\rho_{te}$
40	20	38	100	100*	100*	74.91*	—	—
50	25	47.5	100	100	100	93.63	77.58	53.97
60	35	66.5	100	100	100	100	93.10	64.76
70	45	85.5	100	100	100	100	100	75.55
80	55	104.5	100	100	100	100	100	86.35

注：1 当需验算裂缝宽度时，可根据纵向受拉钢筋（丝）和 t_1 查表各数据代入本规程（6.2.4-1）～（6.2.4-5）式求出结果；
2 *指仅用于加筋放在聚苯板的槽内者。

附录 D 抗震计算要点

D.0.1 3D 板混凝土构件房屋的抗震计算可采用底部剪力法进行计算，各楼层可仅取一个自由度，结构的水平地震作用标准值，应按下列公式计算（图 D.0.1）：

$$F_{Ek} = \alpha_E G_{eq} \quad (D.0.1\text{-}1)$$

$$F_i = G_i H_i F_{Ek} / (\sum_{j=1}^{n} G_j H_j) \quad (D.0.1\text{-}2)$$

式中：F_{Ek}——结构总水平地震作用标准值；
　　　α_E——相应于结构基本自振周期的水平地震影响系数值，按表 D.0.1 采用。

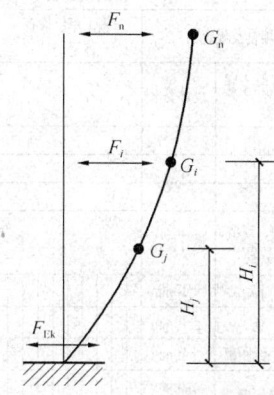

图 D.0.1 结构水平地震作用计算简图

表 D.0.1 水平地震影响系数

地震影响	6度	7度	8度
多遇地震	0.04	0.08 (0.12)	0.16 (0.24)
罕遇地震	0.28	0.50 (0.72)	0.90 (1.20)

注：括号外、内数值分别用于设计基本地震加速度为 0.15g 和 0.30g 的地区。

　　　G_{eq}——结构等效总重力荷载，单质点取总重力荷载代表值，多质点可取总重力荷载代表值的 85%；
　　　F_i——质点 i 的水平地震作用标准值；
　　　G_i、G_j——分别为集中于质点 i、j 的重力荷载代表值，应取结构和构配件自重标准值和 $0.5\times$（雪荷载＋楼面活荷载）之和；
　　　H_i、H_j——分别为质点 i、j 的计算高度。
注：$i=1, 2, n, n\leqslant3$。

D.0.2 对 3D 板混凝土构件房屋，可只选从属面积较大或竖向应力较小的墙段进行截面抗震承载力验算。

D.0.3 地震按刚度作剪力分配时，墙段宜按门窗洞口划分。高宽比大于 4 的，可不参与剪力分配。截面验算可仅按本规程公式（6.3.7）验算平面内方向的抗剪强度。
注：墙段的高宽比指层高与墙长之比，对门窗洞边的小墙段指洞净高与洞侧墙宽之比。

附录 E 3D 板混凝土构件工程的检验批质量验收记录表

表 E 3D 板混凝土构件工程的检验批质量验收记录表

工程名称				验收部位		
施工单位				项目经理		
施工执行标准名称及编号				专业工长		
分包单位				施工班组长		
质量验收项目及规定					施工单位检查评定记录	监理(建设)单位验收记录
主控项目	1 喷射细石混凝土强度等级		设计要求			
	2 加强钢丝网(平网、角网 U 形网)	品种、规格、数量	设计要求			
		长	±10mm			
		宽	±10mm			
		中心线距离	±10mm			
	3 喷射混凝土厚度	总厚度	±5mm 0			
	4 插筋、校平钢筋	品种、规格、数量				
一般项目	1 聚苯板与聚苯板间拼缝		≤1.5mm			
	2 轴线位移		8mm			
	3 垂直度		8mm			
	4 表面平整度		≤8mm			
	5 预埋件中心线位置		10			
	6 门窗洞口(宽、高)		±5			
	7 窗口位移		20			

注: 1 本表由施工项目专业质量检查员填写,监理工程师(建设单位项目技术负责人)组织项目专业质量(技术)负责人等进行验收。

2 预埋设施(管、件、螺栓)、预留洞、竖向插筋、水平拉结筋等允许偏差及验收应符合《混凝土结构工程施工质量验收规范》GB 50204 的相关规定。

本规程用词说明

1 为便于在执行本规程条文时区别对待,对要求严格程度不同的用词说明如下:

1)表示很严格,非这样做不可的:

正面词采用"必须",反面词采用"严禁";

2)表示严格,在正常情况下均应这样做的:

正面词采用"应",反面词采用"不应"或"不得";

3)表示允许稍有选择,在条件许可时首先这样做的:

正面词采用"宜",反面词采用"不宜";

4)表示有选择,在一定条件下可以这样做的,采用"可"。

2 条文中指定应按其他有关标准执行的写法为:"应符合……的规定"或"应按……执行"。

引用标准名录

1 《混凝土结构设计规范》GB 50010

2 《混凝土结构工程施工质量验收规范》GB 50204

3 《建筑工程施工质量验收统一标准》GB 50300

4 《建设工程施工现场消防安全技术规范》GB 50720

5 《通用硅酸盐水泥》GB 175

6 《一般用途低碳钢丝》GB/T 343

7 《泡沫塑料及橡胶表观密度的测定》GB/T 6343

8 《建筑材料及制品燃烧性能分级》GB 8624

9 《硬质泡沫塑料吸水率的测定》GB/T 8810

10 《硬质泡沫塑料尺寸稳定性试验方法》GB/T 8811

11 《硬质泡沫塑料压缩性能的测定》GB/T 8813

12 《绝热材料稳态热阻及有关特性的测定 防护热板法》GB/T 10294

13 《绝热材料稳态热阻及有关特性的测定 热流计法》GB/T 10295

14 《冷拔低碳钢丝应用技术规程》JGJ 19

15 《建筑工程冬期施工规程》JGJ/T 104

16 《膨胀聚苯板薄抹灰外墙外保温系统》JG 149

中华人民共和国行业标准

轻型钢丝网架聚苯板混凝土
构件应用技术规程

JGJ/T 269—2012

条 文 说 明

制 订 说 明

《轻型钢丝网架聚苯板混凝土构件应用技术规程》JGJ/T 269－2012，经住房和城乡建设部 2011 年 12 月 19 日以第 1222 号公告批准、发布。

规程制定过程中，编制组进行了广泛的调查研究，总结了我国工程建设钢丝网架聚苯板混凝土构件应用的实践经验，同时参考了奥地利 EVG3D 板系统结构工作手册等规范性文件，通过对 3D 板混凝土构件的验证试验，取得了重要技术参数。

为便于广大设计、施工、科研、学校等单位有关人员在使用本规程时能正确理解和执行条文的规定，《轻型钢丝网架聚苯板混凝土构件应用技术规程》编制组按章、节、条顺序编制了本规程的条文说明，对条文说明规定的目的、依据以及执行中需注意的有关事项进行了说明。但是，本条文说明不具备与规程正文同等的法律效力，仅供使用者作为理解和把握规程规定的参考。

目　次

1 总　则

1.0.1 轻型钢丝网架聚苯板混凝土构件是由工厂生产的 3D 板和现场浇筑混凝土两部分组成。工厂生产的 3D 板是以阻燃型模塑聚苯乙烯泡沫塑料板（EPS）为芯材，两侧外覆高强钢丝网片，网片间用穿过聚苯板的斜插镀锌钢丝点焊连接成三维空间组合板材。3D 板运到施工现场后，两侧覆盖规定厚度的细石混凝土，即形成 3D 墙板或 3D 楼板（屋面板）。这类构件混凝土厚度小，钢丝配筋率低。建成的房屋具有构造简单、施工方便、保温、隔热、隔声性能好等特点。在国外已有成熟的工程实践经验，国内在山东潍坊、江苏苏州、上海等地也有不少工程实例。为使该类构件在工程中正确使用，制定本规程。

1.0.2 本条提出了规程的适用范围，包括抗震设防等级、房屋高度、层数等，其中关于非承重墙体构件的应用，不受抗震、房屋高度和层数的限制。本规程还规定了 3D 板混凝土构件不适合使用的范围，主要考虑 3D 板混凝土构件中钢丝较细，混凝土保护层也较薄，易受潮锈蚀，故不应在长期潮湿或有腐蚀介质环境中使用，也包括不能应用于室外地坪以下与土壤直接接触的部位。

1.0.3 3D 板混凝土结构的设计、施工过程中需要在执行本规程的同时，符合国家现行标准的规定。

2　术语和符号

2.2　符　号

2.2.1　材料性能

f_{yk}、f_{stk}——钢筋、面网与斜插丝抗拉（压）强度标准值同《混凝土结构设计规范》GB 50010 - 2010 和《冷拔低碳钢丝应用技术规程》JGJ 19；《钢结构设计规范》GB 50017 - 2003 中用 f_y。

f_y——面网或斜插丝抗拉（压）强度设计值同《混凝土结构设计规范》GB 50010 - 2010；《钢结构设计规范》GB 50017 - 2003 中用 f。

2.2.3　几何参数

a_1——最外层纵向受拉钢筋（丝）外边缘到受拉区底边的距离；《混凝土结构设计规范》GB 50010 - 2010 中用 c；

b——3D 板截面长（宽）度；《混凝土结构设计规范》GB 50010 - 2010 中用 b_f、b'_f。

h_1——墙洞以上的墙体与圈梁的总高度；《混凝土结构设计规范》GB 50010 - 2010 中用 h。

l_1——过梁计算跨度；《混凝土结构设计规范》GB 50010 - 2010 中用 l_0。

2.2.4　计算系数及其他

α_E——相应于结构基本自振周期的水平地震影响系数值；《建筑抗震设计规范》GB 50011 - 2010 中用 α_1。

3　材　料

3.1　聚苯板

3.1.1 聚苯板（EPS）是 3D 板混凝土构件的芯材，该材料的密度和导热系数小，是一种具有一定强度的性价比优良的绝热制品，可使 3D 板具有自重轻而热阻大的特性。为确保其应用质量，本条文规定了对聚苯板（EPS）基本的技术性能要求和试验方法。

表 3.1.1 中的指标根据聚苯板的使用条件，主要按照国家标准《绝热用模塑聚苯乙烯泡沫塑料》GB/T 10801.1 - 2002 以及行业标准《膨胀聚苯板薄抹灰外墙外保温系统》JG 149 - 2003 的要求确定。其中尺寸稳定性考虑到用于芯材时，聚苯板的表面积与体积之比，在较多情况会小于用于外墙外保温的情况，故在行业标准《膨胀聚苯板薄抹灰外墙外保温系统》JG 149 - 2003 的基础上作了适当调整。在燃烧性能方面，因防火需要，聚苯板应为难燃型，其燃烧性能不应低于国家标准《建筑材料及制品燃烧性能分级》GB 8624 - 2006 中的 C 级。

3.1.2 明确用于 3D 板中聚苯板的规格尺寸。3D 板可用于墙板、楼板和屋面板，墙板又有外墙板与内墙板之分，加上建筑物围护结构有不同的保温隔热要求，故聚苯板在厚度上根据应用需要可有多种规格。

3.1.3 聚苯板外观尺寸的允许偏差按国家标准《绝热用模塑聚苯乙烯泡沫塑料》GB/T 10801.1 - 2002 规定基础上适当作了从严要求。

3.1.4 聚苯板在工程应用前经过一定条件、一定时间的陈化，是为了防止制品因后收缩而造成板与板之间过大的间隙。后收缩是指制品中残留发泡剂向外扩散导致的收缩，是一种不可逆的尺寸变化。EPS 板材的后收缩过程可能需要几天或几周，取决于残留发泡剂的含量，并与加工条件以及制品表面积与体积之比等因素有关。聚苯板陈化，可使制品的尺寸基本稳定，满足尺寸稳定性的要求。本条对聚苯板的陈化要求系参照美国标准 ASTM 2430—2005《外墙外保温及饰面孔应用膨胀聚苯乙烯泡沫（EPS）》的相关规定。该标准适用于建筑用聚苯乙烯泡沫保温板。

3.2　钢丝网架

3.2.1 3D 板的钢丝网架由聚苯板芯材两侧的钢丝网片与穿过芯材连接钢丝网片的斜插丝经点焊而成。本条规定网片钢丝和斜插丝的用料、抗拉强度与弹性模量要求。其相关指标均按行业标准《冷拔低碳钢丝应用技术规程》JGJ 19-2010对冷拔低碳钢丝的要求取值。

3.2.2 根据结构计算以及国内外的应用实践，规定网片钢丝与斜插丝的最小直径与最少用量，以及反复弯曲试验和斜插丝镀锌层质量的要求。反复弯曲试验的次数按国家标准《一般用途低碳钢丝》GB/T 343-94对冷拉普通用钢丝的要求确定。另外，斜插丝穿过聚苯板芯材部分是可能受潮的，故斜插丝应予镀锌，其锌层质量根据轻工行业标准《镀锌电焊网》QB/T 3897-1999以及建筑工业行业标准《胶粉聚苯颗粒外墙外保温系统》JG 158-2004对热镀锌电焊网的要求取不小于122g/m²。

3.2.3 规定了网片钢丝的表面质量以及网片的外观质量要求。斜插丝是构成钢丝网架的重要受力构件，故不得漏焊。

3.2.4 规定了钢丝网片的允许尺寸偏差和单位面积质量的允许偏差要求。表3.2.4的允许尺寸偏差系根据行业标准《钢筋焊接网混凝土结构技术规程》JGJ 114-2003对焊接网几何尺寸的允许偏差确定；网片的实际质量与公称质量的允许偏差按照国家标准《钢筋混凝土用第3部分：钢筋焊接网》GB/T 1499.3-2002对钢筋焊接网的要求采用。

3.2.5 对钢丝网架焊接质量的要求。其中网片钢丝之间焊点抗拉力的要求根据轻工业行业标准《镀锌电焊网》QB/T 3897采用；斜插丝与网片钢丝的焊点抗拉力根据斜插丝的抗拉强度标准值（$f_{stk}=550N/mm^2$）乘以系数0.55确定（见本规程第6.2.2条条文说明）。

3.2.6 对钢丝网强度、伸长率和冷弯性能试验方法的规定。

3.3 配 件

3.3.1 L形连接件用于3D非承重内墙板与混凝土地面及上部楼板或梁底的连接。

3.3.2 平网用于3D墙板横向和竖向拼接，3D楼板（屋面板）的横向拼接以及上下层3D墙板圈梁的连接等。规定平网的宽度不应小于300mm，则每个3D板混凝土构件的搭接宽度可达到150mm。确保可靠连接。

3.3.3 阴角网和阳角网常用于墙体的L形拼接、T形拼接和十字形拼接中。阳角网的长边是指3D墙板在L形阳角拼接中，除了覆盖墙体规定宽度外，还应覆盖与之相拼接墙体的厚度。

3.4 混 凝 土

3.4.1、3.4.2 3D墙板和楼板（屋面板）两侧的面层材料均为细石混凝土，为确保构件性能，条文规定了对细石混凝土采用水泥强度等级以及水泥的其他质量要求。

3.4.3 3D墙板和楼板（屋面板）两侧的细石混凝土面层厚度均较薄（50mm～35mm），且除楼板（屋面板）上表面可采取现浇工艺外，面层混凝土的施工主要采用喷射工艺，故其骨料粒径不能太粗，并应保证一定的小粒径细骨料含量。条文对采用喷射工艺（包括喷浆设备为活塞泵和涡轮泵时）施工规定的粗细骨料粒径要求是国外多年来的工程实践经验值。当采用现浇抹灰工艺施工时（如楼板和屋面板面层），其粗骨料的粒径可相对较大。

3.4.4 规定了需要在混凝土中掺加掺合料的要求。

4 建 筑 设 计

4.1 3D板混凝土构件基本构造

4.1.1 3D板是由工厂预制，将其间两层钢丝网片用斜插丝相连，中间填充聚苯板的网架在施工现场包覆混凝土后，形成中间为聚苯板两侧为钢丝网混凝土层的复合构件，称之为3D板混凝土构件。此构件可用于建筑上不同功能的构件，如3D墙板或3D楼板（屋面板）等。聚苯板作为芯材，主要起保温的功能，双侧钢丝网片混凝土层主要起受力功能，同时有墙体的保护、防火、防水、隔声等功能。作为外围护时，还起到加大围护体热惰性的作用。

4.1.2 3D板混凝土构件中，连接钢丝网片的镀锌斜插丝的直径，以及与钢丝网片中径向钢丝形成的径向钢骨架的间距，斜插丝平行钢丝间距（节距）等均因受设备工艺和构件的受力不同而有所不同，桁架间距分为Ⅰ型、Ⅱ型两种；斜插丝节距分为A型、B型两种。

4.1.3 聚苯板的厚度应根据不同气候地区和不同应用部位而不同。作为外围护结构时，应根据不同气候地区不同节能保温隔热要求经计算后决定，但目前受网架制作设备的制约，采用的聚苯板最薄厚度为50mm，最大厚度为120mm。

4.1.4 3D板混凝土构件的双面混凝土面层厚度是从力学角度计算确定，同时也考虑到不同的使用部位不同防水防火要求而有所增减。

4.2 平立面设计

4.2.1 3D板混凝土构件的适用范围已在本规程第1.0.2条中明确。在具体平立面设计中，当用于承重构件时，还应控制其层高、横墙间距和跨度。

4.2.2 3D板在工厂制作，可产业化大批量生产，构件质量高但规格尺寸较单一。设计者应按现有3D板的规格尺寸及模数进行精心设计。3D板的结构受力体系类似砌体式承重结构，而且板面尺寸较大，因此应尽可能减少构件的拼接及现场的裁割。建筑设计时不应采用"严重不规则"的平立面设计方案。对"严重不规则"平立面设计的定义在《建筑抗震设计规范》GB 50011中有明确的规定。总之应使平面简洁，上下承重墙及门窗洞口对齐，避免采用转角窗及悬臂式构件等。砌体建筑抗震设计的原则也适合3D板构件体系中。

4.2.3 以300mm为平面设计基本模数，以100mm为立面设计基本模数，符合国家模数制的基本规定，也符合3D板尺寸要求，有利于与建筑门窗等配件的尺寸协调，有利于房屋对不同高度的需求。

4.2.4 错层造成楼板结构的高低、不连续、整体性差，受力复杂，影响结构的安全性。规定厨房、卫生间等潮湿房间采取防水措施，主要考虑3D板混凝土构件混凝土层较薄，配筋率低等因素。

4.2.5 本条列出了3D板混凝土构件在工程中使用的构件种类。

3D板的规格、尺寸及构成，除受建筑功能、结构安全、节能需要进行计算确定外，也受到目前生产设备及工艺的限制，例如目前聚苯板厚度最大只能做到120mm，钢丝网片的规格、斜插丝的设置也不能随意更改。因此建筑及结构设计应遵循现有条件按本规程附录A进行选用。

4.2.6 3D板设计时对竖井、管道、表箱等位置应统一安排。预埋件及留孔，应在喷射混凝土层施工前即要留好，不得在3D板混凝土构件已完成后再开孔、打洞，防止损伤构件的完整性及造成裂缝。

4.2.7 3D板是工厂生产的产品，所以在应用时宜采用整板。在排板设计时，要使非整板用量为最少，且非整板的宽度不能太小，以保证施工质量。尤其作承重墙用时，窗间墙或转角门垛等处墙板宽度不能太小，以免受轴力后失稳。因此规定了承重墙板、非承重墙板宽的最小尺寸。

4.2.8 3D墙板的开孔，应在排板时预留，但孔洞小于300mm×300mm时，可以在墙体安装完成（强度达到80%）后再用电切割器等工具切割开挖，而锤击、钻、凿等野蛮施工，会造成墙体开裂等质量事故。

4.2.9、4.2.10 3D板混凝土构件的表面可以采用不同的外饰面，3D板混凝土构件也可根据设计需要和混凝土或钢结构等其他结构件组合使用，但由于有聚苯板内芯，所以不能采用电焊的方式直接相互连接，以免电焊热量熔化聚苯板或造成隐患。所以需采用钢筋混凝土构件作过渡连接的方法，并能保证其整体性。

4.2.11 3D板混凝土构件的耐火时间不取决于板中的聚苯板，聚苯板仅作为保温及构件的内模使用，因为当聚苯板温度达到180℃还未到着火点时聚苯板已熔化及气化。实际耐火极限时间是靠两层35mm或

上的混凝土板。经国家认可的检测机构检测，耐火时间大于2.5h。

4.2.12 3D墙板空气计权隔声量计算值供设计选用。从该表可以看出一般用3D墙板作分户墙的空气计权隔声量都在45dB以上，满足一般住宅的隔声要求。

4.3 3D板混凝土构件建筑构造

4.3.1 3D板混凝土构件的拼接常采用平网、阴角网、阳角网、U形网等增强。除条文中注明者外，其长度或宽度均应符合本规程第3.3节的规定。

4.3.2 3D混凝土构件横向拼接时，接缝处附加平网可保持混凝土层的整体性和钢丝网片的连续性。在3D墙板竖向拼接时，除了钢丝网片外加平网外，在钢丝网片内侧（双面）增设校平钢筋，有利于轴力的传递及接缝的补强，同时有利于墙身的平整度。

4.3.3 3D墙板转角处，均为应力集中和易开裂的部位，故均应加设阳角网、阴角网补强，并保持钢丝网片的连续性及混凝土层的整体性。

4.3.4 3D楼板（屋面板）和3D墙板连接处在阴角部分为防止混凝土开裂，均应加设阴角网。

4.3.5 3D墙板边缘处或洞口处应用钢筋混凝土收头，所以采用U形网片及纵向$\phi 8$钢筋形成混凝土边框，作为开口部位的加固，也可作为门窗构件的固定部位。

4.3.6 在门窗及洞口角部等阴角处为应力集中的部位，易造成墙面开裂，故应在洞口内外两侧用平网按45°方向加强。

4.4 围护结构热工设计

4.4.1 3D板混凝土构件的芯材因采用聚苯板（EPS），其热阻较大，在一定范围内，是一种具有自保温功能的围护结构。为确保设计建筑物墙体、屋面和楼板的节能保温符合规定，聚苯板（EPS）的厚度应根据国家现行建筑节能设计标准的要求，通过对围护结构的热工计算确定。但聚苯板（EPS）的厚度与钢丝网架的宽度有关，目前国内引进设备所生产的钢丝网架，聚苯板（EPS）芯材的最大厚度只能达到120mm，且聚苯板越厚则斜插丝承受剪力的能力越低，故不能达到节能设计标准时，应另外采取保温措施。

4.4.2 提供3D板围护结构主要组成材料的导热系数和蓄热系数设计计算值（λ_c、S_c）。在3D板混凝土构件中，聚苯板（EPS）并不是完全干燥的，且有为数不少的斜插丝从中穿过而形成热桥，故在热工计算时应对聚苯板（EPS）的导热系数和蓄热系数作出修正。混凝土和抹灰砂浆的导热系数和蓄热系数计算值取自国家标准《民用建筑热工设计规范》GB 50176。

4.4.3 提供两种聚苯板厚度的内外两侧有抹灰层和无抹灰层3D外墙板的主墙体传热系数（K_p）和热惰

性指标（D）计算值，其中 K_p 可用于外墙平均传热系数（K_m）的计算。在 3D 板外墙中，结构性热桥相对于常规外墙，其面积不大，故有利于外墙保温性能的提高。

4.4.4 在建筑节能设计标准中，外墙的传热系数均为包括主墙体（主体部位）及其周边结构性热桥在内的外墙平均传热系数（K_m），其计算要求和方法已有相关的节能设计标准和《民用建筑热工设计规范》GB 50176 作出规定。

4.4.5 提供三种厚度聚苯板两侧有抹灰层和无抹灰层 3D 内墙板的传热系数（K）的计算值。房屋中的内墙属于内围护结构，在计算传热系数（K）时，其两侧的换热阻之和按 $0.22m^2 \cdot K/W$ 取值。

4.4.6 提供三种厚度聚苯板的 3D 楼板（屋面板）的传热系数（K）和热惰性指标（用于屋面板）计算值，其中楼板按内围护结构计算；屋面板按外围护结构计算，内、外两侧换热阻之和按 $0.15m^2 \cdot K/W$ 取值。

4.4.7 3D 板外墙和屋面中的热桥（如钢筋混凝土梁、柱等）是热流密集部位，在冬季，其内表面温度往往较低。如内表面温度低于室内空气露点温度，易产生结露，既恶化室内环境，又增加传热损失。因此，在建筑热工设计时，应验算热桥部位在冬季的内表面温度。如内表面温度低于室内空气露点温度，应对热桥部位采取附加保温措施。

5 结 构 构 造

5.1 连接节点构造

5.1.1 底层安装 3D 墙板时，在其基础上应先双面预埋插筋的主要目的是定位，同时起抗剪和连接作用，因此其埋入混凝土的深度不需像"计算中充分利用钢筋的抗拉强度时"的 382mm（《混凝土结构设计规范》GB 50010 - 2010（8.3.1-2）式）或"计算中充分利用钢筋的抗压强度时"的 267mm（《混凝土结构设计规范》GB 50010 - 2010 第 8.3.4 条）。根据国外多年实践和国内外试验证明，用 180mm 已有足够的安全保证；但为进一步确保安全计采用了 250mm。插筋位置应在 3D 板钢丝网片和聚苯板之间，以确保钢筋外保护层厚度以及和钢丝网片连接的可靠度。

5.1.2 3D 非承重墙板安装时，可单排插筋，也可用 L 形连接件作为 3D 墙板与混凝土地面及上部楼板或梁底的连接件。

5.1.3 3D 楼板和 3D 外墙板或承重内墙板的连接均通过钢筋混凝土圈梁，在构造上水平通过 U 形钢筋，竖向通过连接钢筋加强 3D 墙板与 3D 楼板（屋面板）的整体性。同时规定了 3D 楼板和 3D 墙板不同连接方式的构造措施；如钢筋伸入的长度等。

5.1.4 3D 墙板门窗洞口的加强，除应符合本规程第 4.3.5、4.3.6 条规定外，还应按承重墙、非承重墙以及洞口的不同宽度设置过梁。3D 墙板横放是指将 3D 墙板按 90°转向，设置在门窗洞口，作为过梁。

5.2 3D 楼板（屋面板）的加强措施

5.2.1 3D 楼板（屋面板）加强的受力钢筋放置的位置有两种：

1 在 3D 楼板（屋面板）底的面网下侧，此时底部混凝土层厚度应加大，以保证钢筋有足够的保护层。

2 在 3D 楼板（屋面板）底的面网上侧，此时聚苯板底部应在工厂生产时预留钢筋槽。

5.2.2 在室内空间跨度较大或楼面荷载较重时，结构设计中可采取在板间增设钢筋混凝土小梁或肋的措施。

6 结 构 设 计

6.1 一 般 规 定

6.1.1、6.1.2 根据我国现行标准统一规定。

6.1.3 墙板与基础、楼板、上下层墙的节点构造和受力情况等不同于钢筋混凝土墙，而与砌体相似，且房屋构成"箱形结构"，故 3D 板混凝土构件的房屋的静力计算取与砌体相似。像不同材料的框架、排架、拱、屋架等结构的静力计算相似而截面设计则需按各自的规范进行一样，3D 墙板的截面设计应按本规程第 6.3 节进行。

6.1.4 3D 板混凝土构件在纵向（横截面，即主截面）是以钢筋混凝土作为翼缘与每隔一定距离由一片镀锌的斜插丝和网片焊接而成的钢筋骨架作为腹板连成的钢筋混凝土与钢组合的翼缘宽度为全部 b（根据腹板的间距 $<6t_2$，$t_2/h_0 \geqslant 0.28$，查《混凝土结构设计规范》GB 50010 - 2010 表 5.2.4 和《钢结构设计规范》GB 50017 - 2003 的第 11.1.2 条得出）、腹板宽度为 0 的 I 形构件。此点已为国内外试验、国外评估和鉴定以及已建工程所确认。

3D 板混凝土构件常用截面的截面常数见附录 A 表 A.1.2～表 A.1.4，其中 I 不计钢丝的存在。

6.1.5 第 1 款、第 2 款同《混凝土结构设计规范》GB 50010 - 2010 第 6.2.1 条之第 1 款、第 2 款规定。

第 3 款：《混凝土结构设计规范》GB 50010 - 2010（6.2.1-2）式规定 $\varepsilon_0 < \varepsilon_c \leqslant \varepsilon_{cu}$ 时应力仍为 f_c，但试验证明：对 3D 板混凝土构件这样较薄的混凝土翼缘、$\varepsilon_c \geqslant \varepsilon_0$ 时应力小于 f_c。为安全计，取 $\varepsilon_{cmax} \leqslant \varepsilon_0$。

由于低配筋率的 3D 板混凝土构件属拉力控制；即钢筋拉应力 σ_s 达到 f_y 时（$\varepsilon_s = f_y/E_s$），ε_{cmax} 还远未达到 ε_0，故不能将 ε_{cmax} 固定为 ε_0。

第 4 款同《混凝土结构设计规范》GB 50010－2010 第 6.2.1 条第 4 款规定。

6.1.6 横向的纵截面为上下两片钢筋混凝土板，仅起将荷载传到单向设置的腹板（斜插丝组成的抗剪钢筋骨架）或另加于聚苯板缝间的小梁的作用，故 3D 板混凝土的楼板（屋面板）应能按单向板考虑。

由于受压侧的网片位于中和轴附近，其应力甚小，故按单筋截面计算。

6.1.7 简化的等效矩形应力图的面积（$\alpha_1 f_c x$，即合力）和合力作用点（$x/2$）需与受压区混凝土的应力图形的面积和合力点（均可由积分得出）一致。系数 β_1、α_1 取决于 ε_{cmax} 的大小和应力图形内全部受压区混凝土，故 β_1、α_1 不是固定的，应根据实际 ε_{cmax} 确定。

6.1.8 由于作为腹板的钢筋骨架（镀锌的斜插丝）不进入圈梁，其抗剪作用转移到斜插丝终点处由"代替"网片的钢筋和混凝土翼缘组成的钢筋混凝土板，故需分别按下列两截面验算：

作为腹板的镀锌的斜插丝——由于斜插丝穿过聚苯板部分不是埋在混凝土中（这就是需镀锌防锈的原因），不能按钢筋混凝土中的弯起钢筋计算受剪承载力，故应该按钢杆用《钢结构设计规范》GB 50017－2003 验算。

斜插丝终点相接由"代替"网片的钢筋和混凝土翼缘组成的钢筋混凝土板和"代替"网片的钢筋——按《混凝土结构设计规范》GB 50010－2010 第 6.3.3 条钢筋混凝土板的最大 $V = 0.7 \times 1.1 \times b \times 20 = 15.4$ kN/m。如用本规程第 4.2 节"代替钢筋"为 $\phi 8$ @200（$A_s = 252$ mm^2/m），根据《钢结构设计规范》GB 50017－2003，HPB235 钢的剪应力设计值为 125N/mm^2（我们用 HPB300 更高），得出的受剪承载力为 $125 \times 252 = 31.5$ kN/m，较由钢筋骨架算者为大，故可仅验算情况 1。

6.1.9 根据 3D 板混凝土的环境类别为"一类环境"按《混凝土结构设计规范》GB 50010－2010 第 3.5.2 条、裂缝控制等级为"三级"按《混凝土结构设计规范》GB 50010－2010 第 3.4.4 条；按《混凝土结构设计规范》GB 50010－2010 第 3.4.5 条规定最大裂缝宽度限值一般取 0.3mm，而对处于年平均相对湿度小于 60% 地区按《混凝土结构设计规范》GB 50010－2010 表 3.4.5 注 1 最大裂缝宽度限值可取 0.4mm。小梁或突出板底的肋与普通钢筋混凝土同；3D 楼板（屋面板）由于钢筋细、保护层薄，故采取较严要求。

6.1.10 最大挠度限值根据《混凝土结构设计规范》GB 50010－2010 第 3.4.3 条，但计算跨度"l_0"改用"l"表示，以免与墙体计算高度"l_0"混淆，由于本规程涉及的 l 范围均 <7m 故仅取 $l/200$ 一项。

6.1.11 由于偏心受压构件的配筋甚少、节点构造和静力计算均与砌体结构的节点构造和静力计算相似，故将其合力作用点控制在构件截面之内。翼缘仅占混凝土受压区的一部分，故不能用简化的等效矩形应力图系数 β_1、α_1 的方法，需根据翼缘受压混凝土所处的实际应变值范围所确定的应力进行计算。

6.1.12 由于 3D 板混凝土墙板一般为双面对称配筋且自重较轻，在水平力（如风力）作用下的非承重墙按受弯构件计算较按平面外大偏心受压构件计算安全。

6.1.13 按照本构件的特性并结合《建筑抗震设计规范》GB 50011－2010 第 7.3.3 条和第 7.3.4 条定出。

6.1.14 由于 3D 板混凝土构件的房屋的构造与砌体结构的构造相似，抗震设计亦与砌体结构相似，按《建筑抗震设计规范》GB 50011－2010 进行。但砌体结构在抗震构造上要求的"圈梁"已经存在，而"钢筋混凝土构造柱"，因 3D 墙板本身已是钢筋混凝土而不需再加。

6.2 3D 楼板（屋面板）计算

6.2.2 3D 楼板（屋面板）受剪承载力计算的规定是根据下列原则确定的：

1 3D 楼板（屋面板）计算的剪力取支座内边为准。

2 根据本规程第 6.1.8 条，仅需考虑 I 形截面内的一侧。按《混凝土结构设计规范》GB 50010－2010 第 6.3 节的规定，仅考虑腹板作为受剪截面。其受剪承载力应符合本规程（6.2.2）式。

3 上下两片钢筋混凝土翼缘仅起将荷载横向传递到钢筋骨架或另加在聚苯板缝间的小梁的作用。以 50mm 厚钢筋混凝土上翼缘为例，根据《混凝土结构设计规范》GB 50010－2010 第 6.3.3 条横向的受剪承载力为 25.4kN/m，完全可以承担上述传递作用。

4 考虑到网片与斜插丝焊接节点强度的削弱（网片较斜插丝细）及杆件中心线交点偏离等因素，根据表 1 分析，将斜插丝的强度设计值乘以折减系数 0.55。

表 1　折减系数分析

| 网片/斜插丝 | 网片截面积/斜插丝截面积 | 焊接节点破坏试验的最大拉力/f_{stk} | | 结　论 |
		国外 $f_{stk}=500$N/mm^2	国内 $f_{stk}=550$N/mm^2	
$\phi 3.0$/$\phi 3.8$	0.623	0.541～0.713	0.749～0.811	取折减系数为 0.55，即 f_y =176N/mm^2
$\phi 2.2$/$\phi 3.0$	0.538	—	0.718～0.767	

5 受压腹杆按两端部分固定（即约束）于混凝土的情况考虑稳定系数 φ：

1）确定其计算长度："自由（无支撑）长度"（即混凝土起部分固定作用的合力作用点间的距离）取 1.05×"斜插丝位于混凝土间的净空长度"，计算长度系数 μ 按两端部分固定（即约束）取 0.7，由此确定的计算长度为 0.735×"斜插丝位于混凝土间的净空长度"。

2）根据长细比按本规程附录 C 表 C.0.2（摘自《钢结构设计规范》GB 50017－2003 附录表 C-1）确定稳定系数 φ。

6 综合以上几个方面，钢筋骨架用单一的折减系数 υ 建立抗剪强度公式（6.2.2）。式中 υ 取值规定：当稳定系数 $\varphi \geqslant 0.55$ 时，υ 取 0.55（即此时为受拉腹杆和焊接节点控制），否则取 $\upsilon = \varphi$（即此时为受压腹杆控制）。

6.2.3～6.2.5 正截面受弯承载力计算

1 β_1、α_1 的确定

由于配筋率较低的 3D 板混凝土受弯构件计算中规定 $\varepsilon_{cmax} \leqslant \varepsilon_0$（见本规程第 6.1.5 条）而非固定为 $\varepsilon_{cmax} = \varepsilon_0$（$=0.002$），故不能用固定的 β_1、α_1（见本规程第 6.1.7 条）。当钢筋拉应力 σ_s 达到 f_y 时（即 $\varepsilon_s = f_y/E_s$），ε_{cmax} 远未达到 ε_0。本规程根据不同配筋率用 ε_{cmax}（由 0.0003～0.002）与 ε_s（由 0.00162～0.0048）同步增加算出的 $\Sigma(A_s f_s)/(bf_c h_0)$ 和其相应的 β_1、α_1，编成附录 C 的表 C.0.1，以便直接查用。

2 对 x_n 有较严的要求

由于低配筋率的 3D 板混凝土构件属拉力控制，一般情况下 ε_{cmax} 达不到 ε_0。当纵向加配普通钢筋或聚苯板间设置钢筋混凝土小梁时，为限制过高配筋率并保证构件属"韧性破坏"，破坏前有较大变形和裂缝等预兆，规定 ε_{cmax} 达到 ε_0 时 ε_s 不得小于 0.004（国外规范规定 ε_{cmax} 达到 ε_{cu} 时，ε_s 不得小于 0.005）；得 x_n/h_0 上限为 $\varepsilon_0/(\varepsilon_0 + \varepsilon_s) = 0.002/(0.002 + 0.004) = 0.333$。

使用"简化的等效矩形应力图"（见本规程第 6.1.7 条）需保证受压区全部在混凝土翼缘内即中和轴位于混凝土翼缘内，故同时规定 $x_n \leqslant t_2$。

不同的 ε_{cmax} 有其相应 x_n/h_0 的下限（表 2），此时 ε_s 为《混凝土结构设计规范》GB 50010－2010 第 6.2.1 条规定的最大值 0.01。

x_n/h_0 的下限可由下式求得：

$$x_n/(h_0 - x_n) = \varepsilon_c/\varepsilon_s \tag{1}$$

$$x_n/h_0 = \varepsilon_c/(\varepsilon_c + \varepsilon_s) \tag{2}$$

$$x_n/h_0 = \varepsilon_c/(\varepsilon_c + 0.01) \tag{3}$$

表 2 x_n/h_0 下限时的 β_1 和 α_1

	ε_{cmax}	x_n/h_0 下限 （此时 $\varepsilon_s = 0.01$）	x_n/h_0 下限时 $A_s f_y/$ $(bf_c h_0)$	β_1	α_1
普通钢筋混凝土	0.0033	0.24812	0.19800	0.8236 *	0.9689 *
3D 钢筋混凝土	0.0020	0.16667	0.11111	0.7500	0.8889

注：*《混凝土结构设计规范》GB 50010－2010 第 6.2.6 条的条文说明中规定"为简化计算，取 $\alpha_1 = 1.0$，$\beta_1 = 0.8$"。

以 3D 板混凝土的受弯构件为例（表 3）来说明本规程的重要规定，即在低配筋率的情况下不能按固定的 β_1、α_1 计算：

混凝土：C20，截面 $t_2 + t_0 + t_1 = 50 + 100 + 40$，$b = 100$

钢筋：$f_y = 320 N/mm^2$、$\phi3@50$、$A_s = 141.5 mm^2$

表 3 不同 β_1 和 α_1 计算结果的对比

计算方法	按 $\varepsilon_{cmax} = 0.0020$ 固定 β_1 和 α_1 计算	按实际的 ε_{cmax} 的 β_1 和 α_1 计算
$A_s f_y/(bf_c h_0)$	$141.5 \times 320/(1000 \times 9.6 \times 170)$ $= 0.02775$ < 0.11111（见表 2）很多	$141.5 \times 320/(1000 \times 9.6 \times 170)$ $= 0.02775$ 查附录 C 表 C.0.1 得 ε_c $= 0.00035$
β_1、α_1 $x(mm)$ $x_n(mm)$	$141.5 \times 320/(1000 \times 9.6 \times 0.88889)$ $= 5.3$ $5.3/0.75 = 7.1 < $ 下限 28.3 $(= 0.16667 \times 170)$ 很多	$\beta_1 = 0.6772$，$\alpha_1 = 0.2434$ $141.5 \times 320/(1000 \times 9.6 \times 0.2434)$ $= 19.38$ $19.38/0.6772 = 28.6$
ε_s $M(kN \cdot m)$	$0.002 \times (170 - 7.1)/7.1$ $= 0.0459 > 0.01$ $141.5 \times 0.32 \times (0.17 - 0.0053/2)$ $= 7.58$	$0.00035 \times 141.4/28.6 = 0.00173$ $141.5 \times 0.32 \times (0.17 -$ $0.01938/2) = 7.26$

由表 3：可见在低配筋率的情况下，按固定的 β_1、α_1 算出的结果对 M 影响不大（略偏于不安全，最大误差为 4%～5%）；而对 x_n/h_0 影响较大，由 $x/\beta_1 h_0$ 得出的 x_n/h_0（小于下限）将低于实际很多（可不足实际的 20%），使 ε_s 大于 0.01 而不符合《混凝土结构设计规范》GB 50010－2010 第 6.2.1 条第 4 款的规定，尤其对 T 形截面，可能会掩盖中和轴已处于 T 形截面的受压翼缘外的实际情况。

6.2.6 按荷载准永久组合并考虑长期作用影响的效应验算最大裂缝宽度是按《混凝土结构设计规范》GB 50010－2010 第 7.1 节的有关规定执行，但对公式作了以下变动：

1 （6.2.6-1）式按《混凝土结构设计规范》GB 50010－2010（7.1.2-1）式，"c_s"改为"a_1"以免混淆；根据验证试验的结果，系数 α_{cr} 按《混凝土结构设计规范》GB 50010－2002 取 2.1 较为合适，故不按《混凝土结构设计规范》GB 50010－2010 的 1.9；

2 （6.2.6-2）式按《混凝土结构设计规范》GB 50010－2010（7.1.4-3）式，根据 x 小的特点"0.87"改为"0.9"；

3 （6.2.6-5）式按《混凝土结构设计规范》GB 50010－2010（7.1.2-4）式，用"bt_1"直接代"A_{te}"。

为简化计算，在聚苯板缝间另加小梁时，A_{te} 仍用"bt_1"；用不同 E_s 的钢筋时统一用较低的 E_s 值，偏于安全。

由于 3D 楼板（屋面板）所用钢筋（丝）较细（在网片外加配普通钢筋时亦以用较细钢筋为宜），一般情况下均能满足最大裂缝宽度限值的要求。

6.2.7 按荷载准永久组合并考虑长期作用影响效应的挠度验算是按《混凝土结构设计规范》GB 50010－

2010 第 7.2 节的有关规定执行，但对公式作了下列精简：

1 (6.2.7-1)式按《混凝土结构设计规范》GB 50010-2010 (7.2.2-2)式：因是单筋截面按《混凝土结构设计规范》GB 50010-2010 第 7.2.5 条之 1 得 $\theta=2$，以"2"直接代式中的"θ"；

2 (6.2.7-2)式按《混凝土结构设计规范》GB 50010-2010 (7.2.3-1)式：将分母末项化简如下：

$$6\alpha_E\rho/(1+3.5\gamma_f') = (6E_sA_s/E_c)/[bh_0 + 3.5(b_f'-b)h_f']$$

因《混凝土结构设计规范》GB 50010-2010 的 b、b_f'、h_f' 分别为本规程中的 0、b、t_2，故得分母末项为 $6E_sA_s/(3.5E_cbt_2)$。

为简化计算，在聚苯板缝间另加小梁时，"$bh_0 + 3.5(b_f'-b)h_f'$"仍用"$3.5bt_2$"，用不同 E_s 的钢筋时统一用较低的 E_s 值，偏于安全。

6.3 3D墙板计算

6.3.1 计算高度 H 的取值系按照《砌体结构设计规范》GB 50003-2001 第 5.1.3 条和《混凝土结构设计规范》GB 50010-2010 表 6.2.20-2 注。

l_0 的取值在本规程统一规定 $l_0=H$，为《混凝土结构设计规范》GB 50010-2010 表 6.2.20-2 底层柱和《砌体结构设计规范》GB 50003-2001 表 5.1.3 刚性方案的表中最小值。

6.3.2 长细比的取值：《混凝土结构设计规范》GB 50010-2010 和《砌体结构设计规范》GB 50003-2001 用 l_0/h（按实心截面，$i=0.2887h$），而本规程统一用 l_0/i（按实际截面，$i=0.353h\sim0.392h$），参考国外资料本规程规定控制 $l_0/i\leq70$，相当于 $l_0/h\leq24.7\sim27.7$。与《混凝土结构设计规范》GB 50010-2010 第 9.4.1 条的 25 和《砌体结构设计规范》GB 50003-2001 表 6.1.1 砂浆强度等级为 M7.5 的 26 相当。

《砌体结构设计规范》GB 50003-2001 第 6.1.3 条规定非承重墙长细比限值可乘以 $1.2(h=240)\sim1.5(h=90)$，本规程统一规定非承重墙长细比控制 $l_0/i\leq100$（相当于 70 乘以 1.43）；有水平荷载作用者，并用承载力计算控制。

6.3.3 承重墙真正的轴心受压在实际情况中是不存在的，这是因为工程中实际存在着荷载作用位置的不定性、混凝土质量的不均匀性及施工偏差等因素都可能产生附加偏心距 e_a。因此在轴心受压和偏心受压承载力计算中均应考虑附加偏心距 e_a 的存在。《混凝土结构设计规范》GB 50010-2010 第 6.2.5 规定的"$h/30$"对于墙体总是小于 20，故按改用"$h/8$"，与国外经验同。

e_0 取自《砌体结构设计规范》GB 50003-2001 第 4.2.5 条之 3。偏心受压的 e_i 最小可为约 25，用 e_i 不应小于 30，同国外经验。

6.3.4 根据《混凝土结构设计规范》GB 50010-2010 第 6.2.4 条作下列处理：

1 偏心距综合增大系数 η 是 $C_m\eta_{ns}$ 的合成。因 $M_1=0$，$C_m=0.7$，可直接放入公式。

2 为便于使用，统一用 l_0/i，l_0 为《混凝土结构设计规范》GB 50010-2010 中的 l_c；i/h 范围为 $0.353\sim0.392$，取用 $i/h=0.392$，则 $(l_0/i)^2/1300 = (l_0/h)^2/8460$，取整数 8400，偏安全。

6.3.5 平面外偏心受压正截面承载力计算

3D墙板在偏心受压正截面承载力验算中和轴的受压区侧不是全部有混凝土，翼缘内混凝土应力情况见表 4、表 5。

表 4 t_2翼缘内混凝土应力情况

情况	中和轴高度 x_n 与 t_2 的关系	t_2翼缘内混凝土应力情况
1	$x_n \leq t_2$	中和轴受压区侧全部有混凝土，故应力情况同矩形截面
2	$x_n > t_2$	中和轴到 t_2 翼缘边间无混凝土，混凝土应力应视其截取的应变范围确定

表 5 t_1翼缘内混凝土应力情况

情况	中和轴高度 x_n 与 $(h-t_1)$ 的关系	t_1翼缘内混凝土应力情况
1	$x_n \leq (h-t_1)$	处于中和轴受拉区侧，混凝土拉应力不计
2	$x_n > (h-t_1)$	受压部分的混凝土应力应视其截取的应变范围确定

根据截面两翼缘全部受压和仅一翼缘受压两种不同的情况，算出不同 x_n 时的 σ_c、σ_s 和 σ_s'，按表 6 的结论建立公式。限制 $e\leq h_0$。

表 6 计算公式的分析

截面受压情况	t_1、t_2全部受压		仅 t_2 受压	
e 变化范围	$(t_0/2+20) \rightarrow (h_0-t_2/2)$		$(h_0-t_2/2) \rightarrow h_0$	
x_n 变化范围	$\infty \rightarrow h_0$		$h_0 \rightarrow 0.555h_0$	
位置	t_1	t_2	t_1	t_2
垂直荷载（受压为正）[变化范围]	$N(h_0-t_2/2-e)/(h_0-t_2/2)$ [$N/2 \rightarrow 0$]	$Ne/(h_0-t_2/2)$ [$N/2 \rightarrow N$]	$-N(e-h_0+t_2/2)/(h_0-t_2/2)$ [$0 \rightarrow -Nt_2/(2h_0-t_2)$]	$Ne/(h_0-t_2/2)$ [$N \rightarrow Nh_0/(h_0-t_2/2)$]
平均 σ_c 变化范围	$f_c \rightarrow 0$	$f_c \rightarrow 0.96f_c$（最不利）	0（拉应力不计）	$0.92f \rightarrow 0.867f_c$（最不利）
σ_s、σ_s'	f_y	f_y	$f_y \rightarrow 0.928f_y$（最不利）	f_y
随着 e 增加和 x_n 减少，各参数间的变化情况	垂直荷载减少 σ_c减少 σ_s'减少	垂直荷载增加 σ_c减少 σ_s'不变	垂直荷载（拉力）增加 σ_c（拉应力不计） σ_s增加（$\leq f_y$）	垂直荷载增加 σ_c减少 σ_s'减少
结论	只需按(6.3.5-3)式验算 t_2 内强度。t_2 合力点在 A_s' 中心，偏于安全		按(6.3.5-4)式验算 t_1 内 A_s 的 σ_s。按(6.3.5-5)式验算 t_2 内 σ_c 和 σ_s'。t_2 合力点在 A_s' 中心处，应力折减系数取最小值，中间值用直线插入，偏于安全	

6.3.6 因自重轻，受水平力（风力）作用下的非承重墙的承载力按受弯构件验算较按大偏心受压验算安全。

6.3.7 根据《建筑抗震设计规范》GB 50011－2010（6.2.9-2）式和（F.2.3-2）式结合本构件的特性简化得出本规程（6.3.7）公式。

7 施 工

7.1 一般规定

7.1.1 3D板混凝土构件工程，专业性较强，与传统施工工艺有较大差异，尤其是3D板的排列、拼装、细石混凝土的喷射等，因此提出了加强施工现场管理的规定。

7.1.2 为保证3D板混凝土构件质量，防止混凝土开裂，水灰比和水泥用量是关键。水泥用量大不仅浪费、增加造价，而且使混凝土收缩加大，因此规定了每立方米混凝土的水泥用量。

7.1.3 为了保证3D板的整体性，加强薄弱部位，故在3D板拼接处和关键部位增设了钢丝网片或钢筋，要求与3D板钢丝网片有可靠的连接。

7.1.4 在3D板构件安装后，喷射混凝土面层前应仔细检查各种设备管线、开关插座以及各种预埋件是否均已到位，确认无误后再进行下道工序，以免事后开凿，影响构件质量。

7.1.5 面层喷射混凝土施工应符合设计要求和有关施工规范规程要求，喷浆前清除聚苯板表面及钢丝网污物，以使混凝土与聚苯板有较好的结合。面层混凝土厚度是结构受力的关键尺寸，应采用有效的方法进行控制，如在聚苯板上钉钉，钉露出的长度即为混凝土面层的厚度等。

7.1.7 混凝土面层易开裂，故面层应有足够的养护时间，在夏天高温或干燥季节更应加强养护，必要时应加铺塑料膜保水养护。平均气温低于5℃时，浇水会降低混凝土表面温度，不利于强度增长，而且随着气温进一步下降，还会使混凝土产生冻害，故在此气温下时应采用塑料布覆盖，或蒸汽养护等保温保湿措施。

7.1.8 由于我国幅员辽阔，气候条件差异很大，因此对于冬期和雨期施工，应结合各地的实际情况和施工经验制定季节性施工方案。

7.1.9 同条件试块用于确定混凝土的实际强度，由于聚苯板钢丝网架两侧包裹的混凝土层为50mm左右，钻芯取样与回弹这两种混凝土实体强度检测方法都不适用，故同条件试块是确定现场实体混凝土强度的较好办法，同时也符合《混凝土结构工程施工质量验收规范》GB 50204的规定。

7.1.10 基本施工工序

在3D板安装之前，基础部分包括插筋已施工完成，安装墙板之前，找平基面后进行放线，放线位置可以墙板外墙面或内墙面为控制线，视施工方便而定；

竖墙板应按本规程第7.4.1条的规定，从墙体转角处开始，使墙板形成一定的空间刚度，减少临时支撑；

墙板安装完成，应检查墙面的平整度和垂直度及校平钢筋；

楼板支撑系统的安全可靠包括支撑基础的坚固，不会发生下沉，支撑自身的稳固等；

楼板准备主要是指根据设计要求，加板底受力钢筋，受力钢筋与3D板网片的固定等。

7.2 施工准备

7.2.1 3D板是一种工厂预制构件，在现场进行装配整体施工，需要必备的施工设备，如混凝土喷射泵等。基础工程和传统的基础工程一样在上部结构施工前就应完成，因此在正式安装施工前，对基础的工程质量如基础轴线位置偏差、基础强度、表面平整度、基础中预留插筋等给予确认和修正；同时现场要留出足够场地堆放3D板，并应有一定符合堆放要求的防护设施。因此，根据现场情况做好施工组织和进度计划是必要的，以使工程有条不紊地进行。

7.2.2、7.2.3 本条提出了3D板堆放场地的要求。3D板受潮后易改变性能，影响质量，因此提出了加做防雨遮盖的规定。3D板又是耐火等级较低的材料，有些火灾往往在施工现场发生，因此提出了应符合现行国家标准《建设工程施工现场消防安全技术规范》GB 50720的要求，包括远离火源、设置灭火器材以及不得在现场电焊等防火措施。

7.2.4 排板是施工准备的重要工作。3D板有其基本规格，而实际工程的高度、长度和转角形式以及门窗、管线位置等要求都是不尽相同的。通过排板可使板的生产规格和现场要求尽可能统一起来。减少拼接缝和非常用规格板，减少损耗浪费。

7.2.5 根据排板图对3D板进行切割成型，各构件进行编号，分别堆放，以便安装时对号入座。

7.2.6 对施工机具进行调试和检查，便于施工顺利进行。

7.3 混凝土层施工

7.3.1 混凝土面层的施工质量，是3D板结构安全的可靠保证。喷射混凝土施工，混凝土较密实，可以大大减少起鼓脱壳现象。鉴于国内混凝土喷射应用经验不多，故提出在保证质量情况下允许采用手工抹灰，但为保证混凝土密实度及与聚苯板的良好粘结，故强调墙板与楼板（屋面板）的底面的第一层混凝土施工采用喷射混凝土工艺，第二层可采用手工抹灰工艺，以确保其质量。

7.3.2 干喷是干物料用压缩空气通过软管喷出，并在喷嘴处与水混合，其优点是管道不易堵塞，其缺点是物料在喷射过程中回弹量较大，约15%～40%，而且不能回收再利用；操作时粉尘较大；面层粗糙，后处理工作量较大；水灰比不易控制；干物料保存要求高；压缩泵价格较高，故施工措施若不能有效控制水灰比则不得采用干喷法施工。

湿喷是比较成熟的施工工艺，其优点是回弹量少，约10%左右，可以回收重新拌合后再用；面层后处理工作量小；水灰比容易控制；压缩机价格较低，其缺点是对混凝土的可泵性要求较高。

7.4 3D墙板施工

7.4.1 墙板安装从墙角处开始，可使安装一开始就处在有刚度状态；复核墙板与基础联系的预留插筋其规格、位置数量等是否符合要求，主要是确保墙体与基础的可靠连接。

拼接处采用校平钢筋可提高拼接缝钢丝网片两侧的平整度。

7.4.2 3D板拼接处、门窗开口处等都是节点薄弱环节，采用不同附加网可加强整体性。

7.4.3 凡安装管线或其他原因剪断钢丝网片处，用附加平网进行加固，是保证墙体质量的措施。

7.4.4 高度大于3.0m的3D板墙，为防止喷射混凝土时墙面刚度不足，影响混凝土质量，故在喷射混凝土施工时，对墙体加设临时支撑。

7.4.5、7.4.6 为保证混凝土面层质量，面层厚度应分层分次到位。当墙面一侧喷浆完成后，应养护一段时间，使混凝土达到一定强度，然后再喷另一侧的混凝土，这样，可避免后道喷射产生的压力对已喷射一侧混凝土面层的影响。

7.5 3D楼板（屋面板）施工

7.5.1～7.5.6 本节对楼板（屋面板）施工中影响质量的几个环节进行了规定：一是楼板的支撑系统应通过设计计算确定，例如采取措施避免支撑立柱基底不均匀下沉，侧向失稳等，因为没有混凝土面层的3D板是不能承受荷重的；二是3D板钢丝网片与受力钢筋、支座钢筋等绑扎牢固，通过混凝土的浇筑形成整体；三是楼板（屋面板）支撑的拆除方法主要根据混凝土达到的强度逐渐拆除。

8 质量验收

8.1 一般规定

8.1.1 本条明确了3D板混凝土构件分项工程的质量验收，包括工程验收的划分、要求、程序和组织等均应符合现行国家标准《建筑工程施工质量验收统一标准》GB 50300的规定。

8.1.2 因3D板混凝土构件为主体结构中的一种新型构件，《建筑工程施工质量验收统一标准》GB 50300附录B.0.1中未包括，故将3D板混凝土构件也列为分项工程。

8.1.3 3D板结构工程中钢筋、混凝土、现浇结构等分项工程的施工质量验收在现行国家标准《混凝土结构工程施工质量验收规范》GB 50204中已有相关的规定，因此，钢筋混凝土现浇结构等分项工程的施工质量验收应按该规范执行。

8.1.4 分项工程可由一个或多个检验批组成。当单位工程体量较小时，如每层建筑面积小于200m²可按楼层划分为若干检验批；单位工程体量大时，可按结构缝或施工段划分为若干检验批。

8.1.6 本条明确了3D板混凝土构件各分项工程验收时应检查的文件和记录，是根据现行国家标准《建筑工程施工质量验收统一标准》GB 50300的相关规定提出的。这些文件、资料和记录，反映了工程施工全过程的质量控制，是评价工程质量的重要依据。

8.1.7 本条明确了3D板混凝土构件分项工程隐蔽工程的验收内容，这些内容直接关系到工程质量。

8.1.8 按国家标准有关规定，提出了验收合格的标准要求。

8.1.9 为规范检验批质量验收工作，统一了3D板混凝土构件工程的检验批质量验收记录表的内容和格式。

8.2 3D板混凝土构件分项工程

主 控 项 目

8.2.1 3D板是3D板混凝土构件的主要产品，除了提供出厂的规定资料外，对进入现场的3D板还应包括聚苯板、钢丝网片、斜插丝等材料的进场复试报告。

8.2.2 钢丝网片经丝、纬丝的焊接以及经丝与斜插丝的焊接是组成钢丝网架的重要工艺，直接影响构件的承载力，因此应按规定全数检查其漏丝、漏焊、脱焊以及过烧等现象。

8.2.3 规定了聚苯板出厂时板侧应有的标志。

8.2.4 规定了3D板表面喷射混凝土的强度等级、检查方法和数量。混凝土强度等级应检查其在施工过程中留置标养和同条件养护试块的试验报告。

8.2.5、8.2.6 对3D板混凝土构件常用连接件：平网、U形网、角网、L形连接件验收的规定。

8.2.7 对3D墙板与3D楼板（屋面板）之间或与其他构件之间的连接用插筋、校平钢筋、连接钢筋、受力钢筋等验收的规定。

8.2.8、8.2.9 3D墙板安装轴线位置及垂直平整度的允许偏差将影响3D墙板的位置正确和垂直平整度，是一项重要的检查项目。本条规定了检查内容、要求和方法、数量。

8.2.10 本条提出了3D墙板表面喷射的混凝土允许偏差。由于构件表面混凝土厚度较小，因此混凝土的总厚度为$+5$（mm），实际上不允许有负偏差。

8.2.11 3D墙板尺寸允许偏差会影响房屋的安全和美观，因此检查内容包括轴线位置、垂直度（每层及全高）、表面平整度、预埋件位置、门窗洞口位置和宽高等，都应逐项按规定数量检查。

附录A 3D板混凝土构件常用规格和增加构件承载力的方法

A.1 3D板混凝土构件常用规格

A.1.1 将3D板截面和钢丝数据以及构件常用规格列表便于设计时使用。

A.1.2～A.1.4 中仅选择若干常用的3D板混凝土构件列出截面常数和强度，备设计和校对时参考之用。

A.2 增加构件承载力的方法

A.2.1 列出增加构件承载力可采取的措施和有效的范围。

A.2.2 对在聚苯板的槽内和在网片外侧两种不同位置加配普通钢筋的方法进行比较并给出结论（适用范围）。

附录B 过梁和组合过梁

B.0.1、B.0.2 按国家标准《混凝土结构设计规范》GB 50010-2010附录G和国外经验将过梁分成普通受弯构件和深受弯构件。为避免同一符号代表不同内容，将l_0、h和h_0分别改为l_1、h_1和h_{10}。

B.0.3 正截面受弯承载力计算

按国家标准《混凝土结构设计规范》GB 50010-2010附录G.0.2条并参考国外经验，根据3D板混凝土构件具体情况作了下列简化：

1 因圈梁内有受压钢筋，$x < 0.2h_{10}$，故取$x = 0.2h_{10}$。

2 取底部$0.2h_1$范围内的水平钢筋作为A_s，故$a_s = 0.1h_1$。

B.0.4 斜截面受剪承载力计算

1 按国家标准《混凝土结构设计规范》GB 50010-2010附录G.0.3条。

2 按国家标准《混凝土结构设计规范》GB 50010-2010附录G.0.5条。符合本条的条件时可不再进行国家标准《混凝土结构设计规范》GB 50010-2010附录G.0.4条的斜截面受剪承载力计算。钢筋配置已符合国家标准《混凝土结构设计规范》GB 50010-2010附录G.0.10条和G.0.12条的规定。

3 按国家标准《混凝土结构设计规范》GB 50010-2010附录G.0.4条，作了简化。

附录C 结构设计计算用表

C.0.1 表C.0.1专为由$\Sigma(A_s f_y)/(bf_c h_0)$直接查出$\beta_1$、$\alpha_1$而编制。有15列4行：15列分别由$\varepsilon_c = 0.002 \sim 0.001$（其相应的$\varepsilon_s = 0.0048 \sim 0.0024$）和$\varepsilon_c = 0.00085 \sim 0.0003$（其相应的$\varepsilon_s = 0.00205 \sim 0.00162$）组成，钢筋拉应力$\sigma_s$均达到$f_y$；4行由$\varepsilon_c$、$\Sigma A_s f_y/(bf_c h_0)$、$\beta_1$、$\alpha_1$组成。

C.0.2 表C.0.2稳定系数φ是取自国家标准《钢结构设计规范》GB 50017-2003附录C表C-1中的一部分，并用统一后的f_{stk}，以免混淆并便于设计时使用。

C.0.3 表C.0.3和表C.0.4分别对常用3D楼板、屋面板截面验算抗剪强度所需的数据和验算裂缝所需数据列表，便于设计时使用。

附录D 抗震计算要点

D.0.1 按国家标准《建筑抗震设计规范》GB 50011-2010的第7.2.1条、第5.2.1条、第5.1.4条、第5.1.3条，但根据3D板混凝土构件的特点作了简化，并将"α_1"改为"α_E"以免混淆。

D.0.2 按国家标准《建筑抗震设计规范》GB 50011-2010的第7.2.2条。

D.0.3 按国家标准《建筑抗震设计规范》GB 50011-2010的第7.2.3条，根据3D板混凝土构件的特点作了简化。

中华人民共和国行业标准

建筑物倾斜纠偏技术规程

Technical specification for incline-rectifying of buildings

JGJ 270—2012

批准部门：中华人民共和国住房和城乡建设部
施行日期：2 0 1 2 年 1 2 月 1 日

中华人民共和国住房和城乡建设部
公　告

第 1451 号

住房城乡建设部关于发布行业标准
《建筑物倾斜纠偏技术规程》的公告

现批准《建筑物倾斜纠偏技术规程》为行业标准，编号为 JGJ 270 - 2012，自 2012 年 12 月 1 日起实施。其中，第 3.0.7 和第 5.3.3 条为强制性条文，必须严格执行。

本规范由我部标准定额研究所组织中国建筑工业出版社出版发行。

中华人民共和国住房和城乡建设部
2012 年 8 月 23 日

前　　言

根据住房和城乡建设部《关于印发〈2008 年工程建设标准规范制订、修订计划（第一批）〉的通知》（建标〔2008〕第 102 号）的要求，规程编制组经广泛调查研究，认真总结实践经验，参考有关国内标准和国际标准，并在广泛征求意见的基础上，编制本规程。

本规程的主要技术内容是：1. 总则；2. 术语和符号；3. 基本规定；4. 检测鉴定；5. 纠偏设计；6. 纠偏施工；7. 监测；8. 工程验收。

本规程中以黑体字标志的条文为强制性条文，必须严格执行。

本规程由住房和城乡建设部负责管理和对强制性条文的解释，由中国建筑第六工程局有限公司负责具体技术内容的解释。执行过程中如有意见或建议，请寄送中国建筑第六工程局有限公司（地址：天津市滨海新区塘沽杭州道 72 号，邮编：300451）。

本 规 程 主 编 单 位：中国建筑第六工程局有限公司
中国建筑第四工程局有限公司

本 规 程 参 编 单 位：山东建筑大学
广东省建筑科学研究院
天津大学
中国建筑股份有限公司
中国建筑西南勘察设计研究院有限公司
中铁西北科学研究院有限公司
天津中建建筑技术发展有限公司
北京交通大学
江苏东南特种技术工程有限公司
武汉大学设计研究总院
贵州中建建筑科研设计院有限公司
陕西省建筑科学研究院
哈尔滨工业大学
黑龙江省四维岩土工程有限公司

本规程主要起草人员：王存贵　虢明跃　唐业清
刘祖德　王 桢　王成华
王林枫　刘洪波　刘 波
李 林　李今保　李重文
肖绪文　何新东　余 流
杨建江　陆海英　张 鑫
张晶波　张云富　张新民
张立敏　徐学燕　康景文

本规程主要审查人员：周福霖　马克俭　王惠昌
叶观宝　郑 刚　穆保岗
吴永红　朱武卫　马荣全

目　次

Contents

1 总 则

1.0.1 为了在建筑物纠偏工程中贯彻执行国家的技术经济政策，做到安全可靠、技术先进、经济合理、确保质量，制定本规程。

1.0.2 本规程适用于建筑物（含构筑物）纠偏工程的检测鉴定、设计、施工、监测和验收。

1.0.3 建筑物纠偏工程应综合考虑工程地质与水文地质条件、基础和上部结构类型、使用状态、环境条件、气象条件等因素。

1.0.4 建筑物纠偏工程的检测鉴定、设计、施工、监测和验收除应符合本规程外，尚应符合国家现行有关标准的规定。

2 术语和符号

2.1 术 语

2.1.1 纠偏工程 incline-rectifying engineering

采用有效技术措施对已倾斜的建筑物予以纠偏扶正，并达到规定标准的活动。

2.1.2 倾斜角 incline angle

建筑物倾斜后的结构竖直面与原设计的结构竖直面的夹角或基础变位后的底平面与原设计的基底水平面的夹角。

2.1.3 倾斜率 incline rate

倾斜角的正切值。

2.1.4 回倾速率 incline-reverting speed

建筑物纠偏时，顶部固定观测点回倾方向的每日水平变位值。

2.1.5 防复倾加固 strengthening preventing repeated incline

为防止建筑物纠偏后再次倾斜，对其地基、基础或结构进行相应的加固处理。

2.1.6 迫降法 forced falling incline-rectifying method

在倾斜建筑物沉降较小一侧，采取技术措施促使其沉降加大，达到纠偏目的的方法。

2.1.7 抬升法 uplifting incline-rectifying method

在倾斜建筑物沉降较大一侧，采取技术措施抬高基础或结构，达到纠偏目的的方法。

2.1.8 综合法 composite incline-rectifying method

对倾斜建筑物同时采用两种或两种以上方法纠偏，达到纠偏目的的方法。

2.1.9 信息化施工 information construction

通过分析纠偏施工监测数据，及时调整和完善纠偏设计与施工方案，保证施工有效和回倾可控、协调。

2.2 符 号

2.2.1 几何参数

A ——基础底面面积；

a ——残余沉降差值；

b ——基础底面宽度（最小边长），或纠偏方向建筑物宽度；

d ——基础埋置深度；

e' ——倾斜建筑物重心到基础形心的水平距离；

Δh_i ——计算点抬升量；

H_g ——自室外地坪算起的建筑物高度；

L ——转动点（轴）至沉降最大点的水平距离；

l_i ——转动点（轴）至计算抬升点的水平距离；

S_H ——建筑物纠偏顶部水平变位设计控制值；

S_{Hl} ——建筑物纠偏前顶部水平变位值；

S_V ——建筑物纠偏设计迫降量或抬升量；

S'_V ——建筑物纠偏前的沉降差值；

W ——基础底面抵抗矩；

x_i、y_i ——第 i 根桩至基础底面形心的 y、x 轴线的距离。

2.2.2 物理力学指标

F_k ——相应于作用的标准组合时，上部结构传至基础顶面的竖向力值；

F_T ——纠偏中的施工竖向荷载；

f_a ——修正后的地基承载力特征值；

f_{ak} ——地基承载力特征值；

G_k ——基础自重和基础上的土重标准值；

M_h ——相应于作用的标准组合时，水平荷载作用于基础底面的力矩值；

M_p ——作用于倾斜建筑物基础底面的力矩值；

M_{xk}、M_{yk} ——相应于作用的标准组合时，作用于倾斜建筑物基础底面形心的 x、y 轴的力矩值；

N_a ——抬升点的抬升荷载值；

N_i ——第 i 根桩所承受的拔力；

N_{max} ——单根桩承受的最大拔力；

p_k ——相应于作用的标准组合时，基础底面的平均压力值；

p_{kmax} ——相应于作用的标准组合时，基础底面边缘的最大压力值；

p_{kmin} ——相应于作用的标准组合时，基础底面边缘的最小压力值；

Q_k ——建筑物需抬升的竖向荷载标准值；

R_t ——单根桩抗拔承载力特征值；

γ ——基础底面以下土的重度；

γ_m ——基础底面以上土的加权平均重度。

2.2.3 其他参数

n ——抬升点数量；

η_b、η_d ——基础宽度和埋深的地基承载力修正系数。

3 基 本 规 定

3.0.1 经过检测鉴定和论证，确认有继续使用或保护价值的倾斜建筑物，可进行纠偏处理。

3.0.2 纠偏指标应符合下列规定：

1 建筑物的纠偏设计和施工验收合格标准应符合表3.0.2的要求；

2 对纠偏合格标准有特殊要求的工程，尚应符合特殊要求。

表 3.0.2 建筑物的纠偏设计
和施工验收合格标准

建筑类型	建筑高度(m)	纠偏合格标准
建筑物	$H_g \leqslant 24$	$S_H \leqslant 0.004 H_g$
	$24 < H_g \leqslant 60$	$S_H \leqslant 0.003 H_g$
	$60 < H_g \leqslant 100$	$S_H \leqslant 0.0025 H_g$
	$100 < H_g \leqslant 150$	$S_H \leqslant 0.002 H_g$
构筑物	$H_g \leqslant 20$	$S_H \leqslant 0.008 H_g$
	$20 < H_g \leqslant 50$	$S_H \leqslant 0.005 H_g$
	$50 < H_g \leqslant 100$	$S_H \leqslant 0.004 H_g$
	$100 < H_g \leqslant 150$	$S_H \leqslant 0.003 H_g$

注：1 S_H 为建筑物纠偏顶部水平变位设计控制值；
2 H_g 为自室外地坪算起的建筑物高度。

3.0.3 纠偏工程应由具有相应资质的专业单位承担，技术方案应经专家论证。

3.0.4 建筑物纠偏前，应进行现场调查、收集相关资料；设计前应进行检测鉴定；施工前应具备纠偏设计、施工组织设计、监测及应急预案等技术文件。

3.0.5 纠偏工程应遵循安全、协调、平稳、可控、环保的原则。

3.0.6 纠偏设计应根据检测鉴定结果及纠偏方法，对上部结构、基础的强度和刚度进行验算；对不满足要求的结构构件，应在纠偏前进行加固补强。

3.0.7 纠偏施工应设置现场监测系统，实施信息化施工。

3.0.8 纠偏工程在纠偏施工过程中和竣工后应进行沉降和倾斜监测。

3.0.9 古建筑物纠偏不应破坏古建筑物原始风貌，复原应做到修旧如旧。

3.0.10 纠偏工程的设计与施工不应降低原结构的抗震性能和等级。

4 检 测 鉴 定

4.1 一 般 规 定

4.1.1 建筑物检测鉴定应包括收集相关资料、现场调查、制定检测鉴定方案、检测鉴定和提供检测鉴定报告等步骤。

4.1.2 检测鉴定方案应明确检测鉴定工作的目的、内容、方法和范围。

4.1.3 纠偏工程的检测鉴定成果应满足纠偏设计、施工和防复倾加固等相关工作需要。

4.2 检 测

4.2.1 建筑物检测不应影响结构整体稳定性和安全性，不应加速建筑物的倾斜。

4.2.2 应对建筑物沉降、倾斜进行检测；可对建筑物地基和结构进行检测，检测内容根据需要按表4.2.2进行选择。

表 4.2.2 建筑物检测内容

项目名称		检测内容
沉降和倾斜检测		各点沉降量、最大沉降量、沉降速率，倾斜值和倾斜率
地基和结构检测	地基	地基土的分层分类、含水量、密度、相对密度、液化、孔隙比、压缩性、可塑性、湿陷性、膨胀性、灵敏度和触变性、承载力特征值、地下水位、地基处理情况等
	基础	基础的类型、尺寸、材料强度、配筋情况及裂损情况等
	上部承重结构	结构类型、布置、传力方式、构件尺寸、材料强度、变形与位移、裂缝、配筋情况、钢材锈蚀、构造及连接等
	围护结构	裂缝、变形和位移、构造及连接等

4.2.3 沉降检测与倾斜检测应符合下列要求：

1 沉降观测点布置应符合现行行业标准《建筑变形测量规范》JGJ 8 的有关规定；

2 倾斜观测点布置应能全面反映建筑物主体结构的倾斜特征，宜在建筑物角部、长边中部和倾斜量较大部位的顶部与底部布置；

3 建筑的整体倾斜检测结果应与基础差异沉降间接确定的倾斜检测结果进行对比。

4.2.4 地基检测应符合下列要求：

1 地基检测应采用触探测试查明地层的均匀性和对地层进行力学分层，在黏性土、粉土、砂土层内应采用静力触探，在碎石土层内采用圆锥动力触探；

2 应在分析触探资料的条件上，选择有代表性的孔位和层位取样进行物理力学试验、标准贯入试验、十字板剪切试验；

3 勘察孔距离基础边缘不宜大于0.5m，勘察孔的间距不宜大于8m。

4.2.5 结构检测应符合现行国家标准《建筑结构检

测技术标准》GB/T 50344 的有关规定。

4.3 鉴　定

4.3.1 建筑物应根据倾斜值、沉降值和结构现状等检测结果，按国家现行标准《工业建筑可靠性鉴定标准》GB 50144、《民用建筑可靠性鉴定标准》GB 50292、《危险房屋鉴定标准》JGJ 125 进行鉴定。

4.3.2 既有结构承载力验算应符合下列规定：

1 计算模型应符合既有结构受力和构造的实际情况；

2 对正常设计和施工且结构性能完好的建筑物，结构或构件的材料强度可取原设计值，其他情况应按实际检测结果取值；

3 结构或构件的几何参数应采用实测值。

4.3.3 建筑物鉴定应按现行国家标准《建筑地基基础设计规范》GB 50007 验算地基承载力和变形性状。

4.3.4 鉴定报告应明确建筑物产生倾斜的原因。

5 纠 偏 设 计

5.1 一 般 规 定

5.1.1 纠偏工程设计前，应进行现场踏勘、了解建筑物使用情况、收集相关资料等前期准备工作，掌握下列相关资料和信息：

1 原设计和施工文件，原岩土工程勘察资料和补充勘察报告，气象资料，地震危险性评价资料；

2 检测鉴定报告；

3 使用及改扩建情况；

4 相邻建筑物的基础类型、结构形式、质量状况和周边地下设施的分布状况、周围环境资料；

5 与纠偏工程有关的技术标准。

5.1.2 纠偏工程设计应包括下列内容：

倾斜建筑物概况、检测与鉴定结论、工程地质与水文地质条件、倾斜原因分析、纠偏目标控制值、纠偏方案比选、纠偏设计、结构加固设计、防复倾加固设计、施工要求、监测点的布置及监测要求等。

5.1.3 纠偏设计应遵循下列原则：

1 防止结构破坏、过量附加沉降和整体失稳；

2 确定沉降量（抬升量）和回倾速率的预警值；

3 考虑纠偏施工对相邻建筑物、地下设施的影响；

4 根据监测数据，及时调整相关的设计参数。

5.1.4 纠偏设计应按倾斜原因分析、纠偏方案比选、纠偏方法选定、结构加固设计、纠偏施工图设计、纠偏方案动态优化等步骤进行。

5.1.5 建筑物纠偏通常采用迫降法、抬升法和综合法等，各种纠偏方法可按本规程附录 A 选用。

5.1.6 防复倾加固应综合考虑建筑物倾斜原因并结

合所采用的纠偏方法进行设计。

5.2 纠偏设计计算

5.2.1 纠偏设计计算应包括下列内容：

1 确定纠偏设计迫降量或抬升量；

2 计算倾斜建筑物重心高度、基础底面形心位置和作用于基础底面的荷载值；

3 验算地基承载力及软弱下卧层承载力；

4 验算地基变形；

5 确定纠偏实施部位及相关参数；

6 进行防复倾加固设计计算。

5.2.2 建筑物纠偏需要调整的迫降量或抬升量和残余沉降差值（图 5.2.2），可按下列公式计算：

$$S_V = \frac{(S_{Hl} - S_H)b}{H_g} \qquad (5.2.2\text{-}1)$$

$$a = S'_V - S_V \qquad (5.2.2\text{-}2)$$

式中：S_V ——建筑物纠偏设计迫降量或抬升量（mm）；

S'_V ——建筑物纠偏前的沉降差值（mm）；

S_{Hl} ——建筑物纠偏前顶部水平变位值（mm）；

S_H ——建筑物纠偏顶部水平变位设计控制值（mm）；

b ——纠偏方向建筑物宽度（mm）；

a ——残余沉降差值（mm）；

H_g ——自室外地坪算起的建筑物高度（mm）。

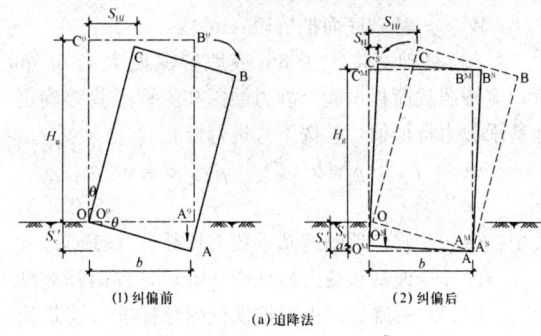

(1) 纠偏前 　　　　　　　　(2) 纠偏后

(a) 迫降法

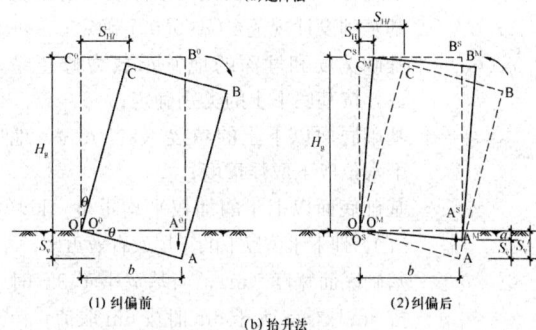

(1) 纠偏前 　　　　　　　　(2) 纠偏后

(b) 抬升法

图 5.2.2　纠偏迫降或抬升计算示意

5.2.3 作用于基础底面的力矩值可按下式计算：

$$M_p = (F_k + G_k) \times e' + M_h \qquad (5.2.3)$$

式中：M_p ——作用于倾斜建筑物基础底面的力矩值

$(kN \cdot m)$;

F_k —— 相应于作用的标准组合时，上部结构传至基础顶面的竖向力值（kN）；

G_k —— 基础自重和基础上的土重标准值（kN）；

e' —— 倾斜建筑物基础合力作用点到基础形心的水平距离（m）；

M_h —— 相应于荷载效应标准组合时，水平荷载作用于基础底面的力矩值（kN·m）。

5.2.4 纠偏工程地基承载力验算应按下列公式计算：

1 基础在偏心荷载作用下，基底最小压力 p_{kmin} >0 时，则基础底面压应力可按下列公式计算：

$$p_k = \frac{F_k + G_k + F_T}{A} \qquad (5.2.4-1)$$

$$\frac{p_{kmax}}{p_{kmin}} = \frac{F_k + G_k + F_T}{A} \pm \frac{M_p}{W} \qquad (5.2.4-2)$$

式中：p_k —— 相应于作用的标准组合时，基础底面的平均压力值（kPa）；

p_{kmax} —— 相应于作用的标准组合时，基础底面边缘的最大压力值（kPa）；

p_{kmin} —— 相应于作用的标准组合时，基础底面边缘的最小压力值（kPa）；

F_T —— 纠偏中的施工竖向荷载（kN）；

A —— 基础底面面积（m^2）；

W —— 基础底面抵抗矩（m^3）。

2 当基础宽度大于 3m 或埋置深度大于 0.5m 时，应按照载荷板试验、静力触探和工程经验等确定地基承载力特征值，并按下式进行修正：

$$f_a = f_{ak} + \eta_b \gamma (b-3) + \eta_d \gamma_m (d-0.5)$$
$$(5.2.4-3)$$

式中：f_a —— 修正后的地基承载力特征值（kPa）；

f_{ak} —— 地基承载力特征值（kPa），宜由补充勘察确定，也可按现行国家标准《建筑地基基础设计规范》GB 50007 确定；

η_b、η_d —— 基础宽度和埋深的地基承载力修正系数，按基底下土的类别确定；

γ —— 基础底面以下土的重度（kN/m^3），地下水位以下取浮重度；

γ_m —— 基础底面以上土的加权平均重度（kN/m^3），地下水位以下的土层取有效重度；

b —— 基础底面宽度（m），当基宽小于 3m 时按 3m 取值，大于 6m 时按 6m 取值；

d —— 基础埋置深度（m）。

3 基底压力应满足下列公式要求：

轴心受压情况：$p_k \leqslant f_a$ $(5.2.4-4)$

偏心受压情况：$p_{kmax} \leqslant 1.2 f_a$ $(5.2.4-5)$

5.2.5 纠偏工程桩基承载力应按国家现行标准《建

筑地基基础设计规范》GB 50007、《建筑桩基技术规范》JGJ 94、《既有建筑地基基础加固技术规范》JGJ 123 进行验算。

5.3 迫降法设计

5.3.1 迫降法主要包括掏土法、地基应力解除法、辐射井射水法、浸水法、降水法、堆载加压法、桩基卸载法等。

5.3.2 迫降法纠偏设计应符合下列规定：

1 应确定迫降顺序、位置和范围，确保建筑物整体回倾变位协调；

2 计算迫降后基础沉降量，确定预留沉降值；

3 根据建筑物的结构类型、建筑高度、整体刚度、工程地质条件和水文地质条件等确定回倾速率，顶部控制回倾速率宜在 5mm/d～20mm/d 范围内。

5.3.3 位于边坡地段建筑物的纠偏，不得采用浸水法和辐射井射水法。

5.3.4 距相邻建筑物或地下设施较近建筑物的纠偏，不应采取浸水法和降水法。

5.3.5 掏土法设计应符合下列规定：

1 掏土法适用于地基基为黏性土、粉土、素填土、淤泥质土和砂性土等的浅埋基础的建筑物的纠偏工程；

2 确定取土范围、孔槽位置、孔槽尺寸、取土量、取土顺序、批次、级次等设计参数及防止沉降突变的措施；

3 人工掏土法工作槽槽底标高应不超过基础底板下表面以下 0.8m；当沿基础边连续掏土时，基础下水平掏土槽的高度不大于 0.4m，水平掏土深度距建筑物外墙外侧不小于 0.4m；当沿基础边分条掏土时，分条掏土宽度不宜大于 0.6m，高度不宜大于 0.3m，掏土条净间距不宜小于 1.5m，掏土水平总深度不宜超过基础形心线；基础下水平掏土每次掘进深度不宜大于 0.3m；

4 钻孔掏土法的孔间距宜取 0.5m～1.0m，孔的直径宜取 0.1m～0.2m，每级钻孔深度宜为 0.5m～1.5m，孔深不宜超过基础形心线；当同一孔位布置多孔时，两孔之间夹角不应小于 15°；当分层布孔时，孔位应呈梅花状布置；

5 确定取土孔槽的回填材料及回填要求。

5.3.6 地基应力解除法设计应符合下列规定：

1 地基应力解除法适用于厚度较大软土地基上的浅基础建筑物的纠偏工程；

2 根据建筑物场地的工程地质条件、基础形式、附加应力分布范围、回倾量的要求以及施工机具等，确定钻孔的位置、直径、间距、深度等参数及成孔的顺序、批次，确定取土的顺序、批次、级次；

3 钻孔应设置护筒，护筒埋置深度应超过基底平面以下不小于 2.0m；

4 钻孔孔径宜为 0.3m～0.4m，钻孔净间距不宜小于 1.5m，钻孔距基础边缘不宜小于 0.4m，不宜大于 2.0m，成孔深度不宜小于基底以下 3.0m。

5.3.7 辐射井射水法设计应符合下列规定：

1 辐射井射水法适用于地基土为黏性土、淤泥质土、粉土、砂性土、填土等的建筑物的纠偏工程；

2 根据建筑物的整体刚度、基础类型、工程地质和水文地质、场地条件、回倾量的要求等因素确定射水井的位置、尺寸、间距、深度以及射水孔的位置、数量和射水方向等参数，并确定射水的顺序、批次、级次；

3 辐射井应设置在建筑物沉降较小一侧，井外壁距基础边缘不宜小于 0.5m；

4 辐射井应进行稳定验算，井的内径不宜小于 1.2m，混凝土井身的强度等级不应低于 C20，砖强度等级不应低于 MU10，水泥砂浆强度等级不应低于 M5；辐射井应封底，井底至射水孔的距离不宜小于 1.8m，井底至射水作业平台的距离不宜小于 0.5m；

5 射水孔直径宜为 63mm～110mm，射水管直径宜为 43mm～63mm，射水孔竖向位置布置，距基底不宜小于 0.5m；地基有换填层时，射水孔距换填层不宜小于 0.3m；

6 射水孔长度不宜超过基础形心线，最长不宜大于 20m，在平面上呈网格状交叉分布，网格面积不宜小于 2m²；

7 射水压力宜为 0.5MPa～2MPa，流量宜为 30L/min～50L/min，并应根据现场试验性施工调整射水压力及流量。

5.3.8 浸水法设计应符合下列规定：

1 浸水法适用于地基土为含水量低于塑限含水量、湿陷系数 δ_s 大于 0.05 的湿陷性黄土或填土且基础整体刚度较好建筑物的纠偏工程；

2 浸水法应先进行现场注水试验，通过试验确定注水流量、流速、压力和湿陷性土层的渗透半径、渗水量等有关设计参数；注水试验孔距倾斜建筑物不宜小于 5m，试验孔底部应低于基础底面以下 0.5m；一栋建筑物的试验注水孔不宜少于 3 处；

3 根据试验确定的设计参数，计算沉降量与回倾速率，明确注水量、流速、压力和浸水深度，确定注水孔的位置、尺寸、间距、深度；

4 浸水湿陷量可根据土层厚度及土的湿陷性按下式计算：

$$S = \sum_{i=1}^{n} \beta \delta_{si} h_i \qquad (5.3.8)$$

式中：S——浸水湿陷量（mm）；

δ_{si}——第 i 层地基土的湿陷系数；

h_i——第 i 层受水浸湿的地基土的厚度（mm）；

β——基底地基土侧向挤出修正系数，对基底下 0m～5m 深度内取 1.5，对基底下 5m

～10m 深度内取 1.0。

5 注水孔深度应达到湿陷性土层，并应低于基础底面以下 0.5m；当地基土中含有透水性较强的碎石类土层或砂性土层时，注水孔的水位应低于渗水碎石类土层或砂性土层底面标高；

6 预留停止注水后的滞后沉降量，对于中等湿陷性地基上的条形基础、筏板基础，滞后沉降量宜为纠偏沉降量的 1/10～1/12；

7 确定注水孔的回填材料及回填要求。

5.3.9 降水法设计应符合下列规定：

1 降水法适用于地下水位较高，可失水固结下沉的粉土、砂性土、黏性土等地基上的浅埋基础或摩擦桩基础且结构刚度较好的建筑物的纠偏工程；

2 应防止对相邻建筑物产生不利影响，当降水井深度范围内有承压水并可能引起相邻建筑物或地下设施沉降时，不得采用降水法；

3 应进行现场抽水试验，确定水力坡度线、水头降低值、抽水量和影响半径等；

4 确定抽水井和观察井的位置、数量和深度，明确抽水顺序、抽水深度；

5 降水后水力坡度线不宜超过基础形心线位置；

6 预留停止抽水后发生的滞后沉降量，滞后沉降量宜为纠偏沉降量的 1/10～1/12；

7 确定抽水井和观察井的回填材料及回填要求。

5.3.10 堆载加压法设计应符合下列规定：

1 堆载加压法适用于地基土为淤泥、淤泥质土、黏性土、湿陷性土和松散填土等建筑物的纠偏工程；

2 确定堆载加压的重量、范围、形状、级次及每级堆载的重量和卸载的时间、重量、级次等；

3 堆载加压宜按外高内低梯形形状设计；堆载范围宜从基础外边线起，不宜超过基础形心线；

4 应验算承受堆载的结构构件的承载力和变形，当承载力和变形不能满足要求时，应对结构进行加固设计。

5.3.11 桩基卸载法设计应符合下列规定：

1 验算原桩基的单桩桩顶竖向力标准值和单桩竖向承载力特征值。

2 确定卸载部位、卸载方法和卸载桩数，并确定桩基卸载顺序、批次、级次。

3 应避免桩基失稳和防止建筑物突降。

4 桩顶卸载法适用于原建筑物采用灌注桩的纠偏工程；桩顶卸载法设计应符合下列规定：

　1）应计算需要截断的承台下基桩数量和桩基顶部截断的长度，基桩顶部截断长度应大于纠偏设计迫降量；

　2）应根据断桩顺序、批次，验算截断桩后的承台承载力，当不满足要求时，应进行加固；

　3）采用托换体系截断承台下的桩基时，应对牛腿、千斤顶和拟截断部位以下的桩等形成的托换体系进行设计（图5.3.11）；应验算托换结构体系的正截面受弯承载力、局部受压承载力和斜截面受剪承载力；千斤顶的选型应根据需支承点的竖向荷载值确定，千斤顶工作荷载取其额定工作荷载的80%，再取安全系数2.0；

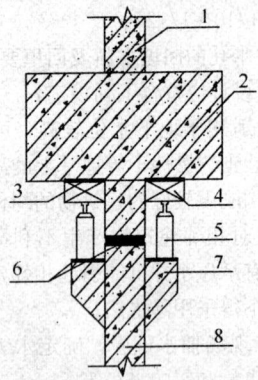

图 5.3.11 断桩托换体系示意

1—原柱；2—原承台；3—埋件；4—垫块；5—千斤顶；6—钢垫板；7—新加牛腿；8—原基桩

    4）应进行截断桩的连接节点设计，填充材料宜采用微膨胀混凝土、无收缩灌浆料。

5 桩身卸载法适用于原建筑物采用摩擦桩或端承摩擦桩纠偏工程；桩身卸载法设计应符合下列规定：

    1）确定需卸载每根桩的沉降量；

    2）确定卸载桩周土的范围与深度；

    3）可采用射水、取土、浸水等办法降低桩侧摩阻力；

    4）桩身卸载后宜采用灌注水泥浆或水泥砂浆等回填方式填充桩侧土体，恢复桩身摩擦力。

5.4 抬升法设计

5.4.1 抬升法适用于重量相对较轻的建筑物纠偏工程。

5.4.2 抬升法可分为上部结构托梁抬升法、锚杆静压桩抬升法和坑式静压桩抬升法。

5.4.3 建筑物抬升法纠偏设计应符合下列规定：

    1 原基础及其上部结构不满足抬升要求时，应先进行加固设计；

    2 砖混结构建筑物抬升不宜超过6层，框架结构建筑物抬升不宜超过8层；

    3 抬升托换结构体系的承载力、刚度应符合现行国家标准《混凝土结构设计规范》GB 50010、《钢结构设计规范》GB 50017的规定，并应在平面内连续闭合；

    4 应确定千斤顶的数量、位置和抬升荷载、抬升量等参数；

    5 锚杆静压桩抬升法和坑式静压桩抬升法等带基础抬升后的间隙应采用水泥砂浆或微膨胀混凝土填充，水泥砂浆强度不应低于M5，混凝土强度不应低于C15。

5.4.4 抬升法设计计算应符合下列规定：

    1 抬升力应根据纠偏建筑物上部荷载值确定。

    2 抬升点应根据建筑物的结构形式、荷载分布以及千斤顶额定工作荷载确定，对于砌体结构抬升点间距不宜大于2.0m，抬升点数量可按下式估算：

$$n \geqslant k \frac{Q_k}{N_a} \tag{5.4.4-1}$$

式中：n——抬升点数量（个）；

    Q_k——建筑物需抬升的竖向荷载标准值（kN）；

    N_a——抬升点的抬升荷载值（kN），取千斤顶额定工作荷载的80%；

    k——安全系数，取2.0。

    3 各点抬升量应按下式计算：

$$\Delta h_i = \frac{l_i}{L} S_v \tag{5.4.4-2}$$

式中：Δh_i——计算点抬升量（mm）；

    l_i——转动点（轴）至计算抬升点的水平距离（m）；

    L——转动点（轴）至沉降最大点的水平距离（m）；

    S_v——建筑物纠偏设计抬升量（沉降最大点的抬升量）（mm）。

5.4.5 上部结构托梁抬升法设计应符合下列规定：

    1 砌体结构托梁抬升应在砌体墙下设置托梁或在墙两侧设置夹墙梁形成墙梁体系［图5.4.5（a）］；

    2 砌体结构托梁可按倒置弹性地基梁进行设计，其计算跨度为相邻三个支承点的两边缘支点的距离；

    3 砌体结构托梁和框架结构连系梁应在平面内连续闭合，并与原结构可靠连接；

    4 框架结构托梁抬升应在框架结构首层柱设置托换结构体系［图5.4.5（b）］；

    5 框架结构的托换结构体系应验算正截面受弯承载力、局部受压承载力和斜截面受剪承载力；

    6 应确定砌体开洞和抬升间隙的填充材料和要求；

    7 结构截断处的恢复连接应满足承载力和稳定性要求。

5.4.6 锚杆静压桩抬升法设计应符合下列规定：

    1 锚杆静压桩抬升法适用于粉土、粉砂、细砂、黏性土、填土等地基，采用钢筋混凝土基础且上部结构自重较轻的建筑物纠偏工程；

    2 应对建筑物基础的强度和刚度进行验算，当不满足压桩和抬升要求时，应对基础进行加固补强；

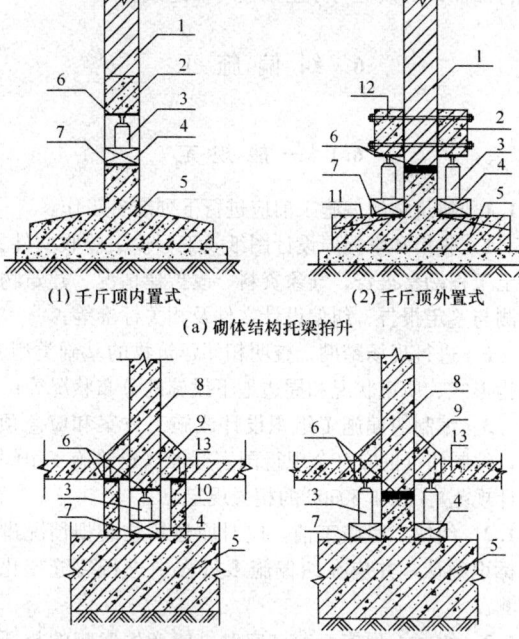

(1) 千斤顶内置式　　　(2) 千斤顶外置式

(a) 砌体结构托梁抬升

(1) 千斤顶内置式　　　(2) 千斤顶外置式

(b) 框架结构托梁抬升

图 5.4.5　上部结构托梁抬升法示意

1—墙体；2—钢筋混凝土托梁；3—千斤顶；4—垫块；
5—基础；6—钢垫板；7—钢埋件；8—框架柱；9—新
加牛腿；10—支墩；11—基础新增加部分；12—对拉螺
栓；13—钢筋混凝土连梁

3 应确定桩端持力层的位置，计算单桩竖向承载力和压桩力，最终压桩力取单桩竖向承载力特征值的 2.0 倍；

4 应确定桩节尺寸、桩身材料和强度、桩节构造和桩节间连接方式；

5 应设计锚杆直径和锚固长度、反力架和千斤顶等，锚杆锚固长度应为（10～12）倍锚杆直径，并不应小于 300mm；

6 应确定压桩孔位置和尺寸，压桩孔孔口每边应比桩截面边长大 50mm～100mm，桩顶嵌入建筑物基础承台内长度应不小于 50mm；

7 封桩应采取持荷封桩的方式，设计封桩持荷转换装置，明确封桩要求，锚杆桩与基础钢筋应焊接或加钢板锚固连接，封桩混凝土应采用微膨胀混凝土，强度比原混凝土提高一个等级，且不应低于 C30。

5.4.7 坑式静压桩抬升法设计应符合下列规定：

1 坑式静压桩抬升法适用于黏性土、粉质黏土、湿陷性黄土和人工填土等地基，且地下水位较低，采用钢筋混凝土基础、上部结构自重较轻的建筑物纠偏工程；

2 应对建筑物基础的强度和刚度进行验算，当不满足压桩和抬升要求时，应对基础进行加固补强；

3 应确定桩端持力层的位置，计算单桩竖向承

载力和压桩力，最终压桩力取单桩竖向承载力特征值的 2.0 倍；

4 应确定桩截面尺寸和桩长、桩节构造和桩节间连接方式、千斤顶规格型号；预制方桩边长不宜大于 200mm，混凝土强度等级不宜低于 C30；钢管桩直径不宜小于 159mm，壁厚不应小于 8mm；

5 桩位宜布置在纵横墙基础交接处、承重墙基础的中间、独立基础的中心或四角等部位，不宜布置在门窗洞口等薄弱部位；

6 根据桩的位置确定工作坑的平面尺寸、深度和坡度，明确开挖顺序并应计算工作坑边坡稳定；

7 千斤顶拆除应采取桩持荷的方式，设计持荷转换装置，明确载荷转换和千斤顶拆除要求；

8 确定基础抬升间隙的填充材料、工作坑的回填材料及回填要求。

5.5　综合法设计

5.5.1 综合法适用于建筑物体形较大、基础和工程地质条件较复杂或纠偏难度较大的纠偏工程。

5.5.2 综合法应根据建筑物倾斜状况、倾斜原因、结构类型、基础形式、工程地质和水文地质条件、纠偏方法特点及适用性等进行多种纠偏方法比选，选择一种最佳组合，并明确一种或两种主导方法。

5.5.3 选择综合法应考虑所采用的两种及两种以上纠偏方法在实施过程中的相互不利影响。

5.6　古建筑物纠偏设计

5.6.1 古建筑物纠偏设计应根据主要倾斜原因、倾斜及裂损状况、地质条件、环境条件等，综合选择纠偏加固方案，顶部控制回倾速率宜在 3mm/d～8mm/d 范围内。

5.6.2 古建筑物纠偏设计文件除应包括一般纠偏工程设计内容外，尚应包含文物保护、复旧工程等设计内容。

5.6.3 古建筑物纠偏增设或更换构件应具有可逆原性。

5.6.4 纠偏方法宜采用迫降法及综合法；当采用抬升法纠偏时，对基础应进行托换加固设计，对结构应进行临时加固设计。

5.6.5 非地基基础引起的古建筑物倾斜，纠偏设计应避免对原地基的扰动。

5.6.6 因地基基础引起的古建筑物倾斜，纠偏作业部位宜选择在地基、基础或结构下部便于隐蔽的部位；对有地宫的古塔，纠偏部位应选择在地宫下的地基中。

5.6.7 裂损的古建筑物或倾斜量大的古塔，宜先加固后纠偏。

5.6.8 木结构古建筑物，因局部构件腐朽产生的倾斜，腐朽构件更换与纠偏宜同时进行。

5.6.9 位于不稳定斜坡上的古建筑物纠偏，纠偏设计应考虑边坡病害治理和纠偏的相互影响。

5.6.10 位于风景名胜区或居民区的古建筑物，纠偏设计应考虑施工机械噪声、粉尘、施工污水等对文物及环境的影响。

5.6.11 位于地震区的古建筑物和高耸处的古塔纠偏，纠偏设计应考虑抗震、防雷击措施。

5.6.12 安全防护系统的设计必须有两种以上措施保护结构安全，并与应急预案相配套形成多重防护体系。

5.7 防复倾加固设计

5.7.1 防复倾加固主要包括地基加固法、基础加固法、基础托换法、结构调整法和组合加固法等。

5.7.2 建筑物防复倾加固设计应在分析倾斜原因的基础上，按建筑物地基基础设计等级和场地复杂程度、上部结构现状、纠偏目标值、纠偏方法、施工难易程度、技术经济分析等，确定最佳的设计方案。

5.7.3 防复倾加固设计应符合下列规定：

1 应根据工程地质与水文地质条件、上部结构刚度和基础形式，选择合理的抗复倾结构体系，抗复倾力矩与倾覆力矩的比值宜为 1.1～1.3；

2 基底合力的作用点宜与基础底面形心重合；

3 应验算地基基础的承载力与沉降变形，当不满足要求时，应对地基基础进行加固。

5.7.4 高层建筑物或高耸构筑物需设置抗拔桩时，应符合下列规定：

1 单根抗拔桩所承受的拔力应按下式验算：

$$N_i = \frac{F_k + G_k}{n} - \frac{M_{xk} \cdot y_i}{\sum y_i^2} - \frac{M_{yk} \cdot x_i}{\sum x_i^2}$$

(5.7.4-1)

式中：F_k ——相应于作用的标准组合时，上部结构传至基础顶面的竖向力值（kN）；

G_k ——基础自重和基础上的土重标准值（kN）；

M_{xk}、M_{yk} ——相应于荷载效应标准组合时，作用于倾斜建筑物基础底面形心的 x、y 轴的力矩值；

x_i、y_i ——第 i 根桩至基础底面形心的 y、x 轴线的距离；

N_i ——第 i 根桩所承受的拔力。

2 抗拔锚桩的布置和桩基抗拔承载力特征值应按现行行业标准《建筑桩基技术规范》JGJ 94 的相关规定确定，并应按下式验算：

$$N_{max} \leqslant kR_t$$

(5.7.4-2)

式中：N_{max} ——单根桩承受的最大拔力；

R_t ——单根桩抗拔承载力特征值；

k ——系数，对于荷载标准组合，$k = 1.1$；对于地震作用和荷载标准组合，$k = 1.3$。

3 当基础不满足抗拔桩抗拉要求时，应对基础

进行加固；抗拔桩与原基础应可靠连接。

6 纠 偏 施 工

6.1 一 般 规 定

6.1.1 建筑物纠偏施工前应进行下列准备工作：

1 收集和掌握原设计图纸及工程竣工验收文件、岩土工程勘察报告、气象资料、改扩建情况、建筑物检测与鉴定报告、纠偏设计文件及相关标准等；

2 进行现场踏勘，查明相邻建筑物的基础类型、结构形式、质量状况和周边地下设施的分布状况等；

3 编制纠偏施工组织设计或施工方案和应急预案，编制和审批应符合现行国家标准《建筑施工组织设计规范》GB/T 50502 的相关规定。

6.1.2 纠偏工程施工前，应对原建筑物裂损情况进行标识确认，并应在纠偏施工过程中进行裂缝变化监测。

6.1.3 纠偏工程施工前，应对可能产生影响的相邻建筑物、地下设施等采取保护措施。

6.1.4 纠偏施工过程中，应分析比较建筑物的纠偏沉降量（抬升量）与回倾量的协调性。

6.1.5 纠偏施工过程中，应同步实施防止建筑物产生突沉的措施。

6.1.6 纠偏工程应实行信息化施工，根据监测数据、修改后的相关设计参数及要求，调整施工顺序和施工方法。

6.1.7 纠偏施工应根据设计的回倾速率设置预警值，达到预警值时，应立即停止施工，并采取控制措施。

6.1.8 建筑物纠偏达到设计要求后，应对工作槽、孔和施工破损面等进行回填、封堵和修复。

6.2 迫 降 法 施 工

6.2.1 迫降纠偏应在监测点布设完成并进行初次监测后，方可实施。

6.2.2 迫降法纠偏每批每级施工完成后应有一定时间间隔，时间间隔长短根据回倾速率确定；纠偏施工后期，应减缓回倾速率，控制回倾量。

6.2.3 掏土法纠偏施工应符合下列规定：

1 根据设计文件和施工操作要求，确定辅助工作槽的深度、宽度和坡度及槽边堆土的位置和高度；深度超过 3m 的工作槽应进行边坡稳定计算；槽底应设排水沟和集水井，槽边应设置截水沟；

2 掏土孔（槽）的位置、尺寸和角度应满足设计要求，并应进行编号；分条掏土槽位偏差不应大于10cm，尺寸偏差不应大于 5cm；钻孔孔位偏差不应大于 5cm，角度偏差不应大于 3°；

3 应先从建筑物沉降量最小的区域开始掏土，隔孔（槽）、分批、分级有序进行，逐步过渡；

4 应测量每级掏土深度，人工掏土每级掏土深度偏差不应大于 5cm，钻孔掏土每级掏土深度偏差不应大于 10cm；

5 应计量当天每孔（槽）的掏土量，并根据掏土量和纠偏监测数据确定下一步的掏土位置、数量和深度。

6.2.4 地基应力解除法纠偏施工应符合下列规定：

1 施工设备宜采用功率较大的钻孔排泥设备；

2 钻孔的位置、深度和孔径应满足设计要求，钻孔孔位偏差不应大于 10cm；

3 钻孔前应理置护筒，避开地下管线、设施等，护筒高出地面应不小于 20cm，并设置防护罩和防下沉措施；

4 钻孔应先从建筑物沉降量最小的区域开始，隔孔分批成孔，首次钻进深度不应超过护筒以下 3m；

5 应确定每批取土排泥的孔位，每级取土排泥深度宜为 0.3m～0.8m；

6 纠偏施工结束，应封孔后再拔出护筒。

6.2.5 辐射井法纠偏施工应符合下列规定：

1 辐射井井位、射水孔位置和射水孔角度应符合设计要求，辐射井井位偏差不应大于 20cm，射水孔应进行编号，射水孔孔位偏差不应大于 3cm，角度偏差不应大于 3°；射水孔距射水平台不宜小于 1.2m；

2 辐射井成井施工应采用支护措施；井口应高出地面不小于 0.2m，并设置防护设施；

3 射水孔应设置保护套管，保护套管在基础下的长度不宜小于 20cm；

4 射水顺序宜采用隔井射水、隔孔射水；

5 射水水压和流量应满足设计要求，可根据现场试验性施工调整射水压力和流量；

6 射水过程中射水管管嘴应伸到孔底；每级射水深度宜为 0.5m～1.0m；

7 应计量排出的泥浆量，估算排土量，并确定下一批次的射水孔号和射水深度；

8 泥浆应集中收集，环保排放。

6.2.6 浸水法纠偏施工应符合下列规定：

1 注水孔位置和深度应符合设计要求，位置偏差不应大于 20cm，深度偏差不应大于 10cm，注水孔应进行编号；

2 注水孔底和注水管四周应设置保护碎石或粗砂，厚度不宜小于 20cm；

3 注水量、流速、压力应符合设计要求，可根据现场施工监测结果调整注水量；

4 应确定各注水孔的注水顺序，注水应隔孔分级注水，每天注水量不应超过该孔注水总量的 10%；

5 应避免外来水流入注水孔内。

6.2.7 降水法纠偏施工应符合下列规定：

1 降水井井位、深度应准确，井位偏差不宜大于 20cm，并应对井进行编号；

2 打井施工应保证井壁稳定，泥浆应集中收集，

环保排放；井口高出地面应不小于 0.2m，并应设置防护设施；

3 抽水顺序应采用隔井抽水，降水水位应符合设计要求，根据现场监测结果进行调整；

4 水位观测应准确并做好记录，观测井内不得抽水。

6.2.8 堆载加压法施工应符合下列规定：

1 堆载材料选择应遵循就地取材的原则，选择重量较大、易于搬运码放的材料；

2 堆载前应按设计要求进行结构加固或增设临时支撑，加固材料强度达到设计要求后方可堆载；

3 堆载应分级进行，每级堆载应从建筑物沉降量最小的区域开始，堆载重量不应超过设计规定的重量，当回倾速率满足设计要求后方可进行下一级堆载；

4 卸载时间和卸载量应根据监测的回倾情况、沉降量和地基土回弹等因素确定。

6.2.9 桩基卸载法施工应符合下列规定：

1 桩顶卸载法施工应符合下列要求：

　1）根据卸载部位和操作要求，设计工作坑的位置、尺寸和坡度；

　2）应保证托换结构插筋与原结构连接牢固，避免破坏原桩内的钢筋；

　3）在托换体系的材料强度达到设计要求并检查确认托换体系可靠连接后方可进行截桩；截桩时不应产生过大的振动或扰动，并保证截断面平整；

　4）每批截桩应从建筑物沉降量最小的区域开始，每批截桩数严禁超过设计规定；

　5）应在截断的桩头上加垫钢板；

　6）桩顶卸载应分级进行，单级最大沉降量不应大于 10mm，顶部控制回倾速率不应大于 20mm/d，每级卸载后应间隔一定时间，当顶部回倾量与本级迫降量协调后方可进行下一级卸载；

　7）连接节点的钢筋焊接质量应满足国家现行标准《混凝土结构工程施工质量验收规范》GB 50204、《钢筋焊接及验收规程》JGJ 18 和《钢筋焊接接头试验方法标准》JGJ/T 27 的规定；连接节点的空隙填充应密实。

2 桩身卸载法施工应符合下列要求：

　1）桩周土卸载应两侧对称进行，保留一定范围桩周土；

　2）射水初始阶段对部分桩周土射水，应采用较低的射水压力、较小的射水量和持续较短的射水时间；

　3）桩身卸载纠偏应分级同步协调进行，每级纠偏时建筑物顶部控制回倾速率不应大于 10mm/d，每级卸载后应有一定时间间隔；

4）根据上次纠偏监测数据确定后续的射水位置、范围、深度和时间；

5）纠偏结束后应及时恢复桩身摩擦力，材料回填密实。

6.3 抬升法施工

6.3.1 抬升纠偏前，应进行沉降观测，地基沉降稳定后方可实施纠偏；应复核每个抬升点的总抬升量和各级抬升量，并作出标记。

6.3.2 千斤顶额定工作荷载应根据设计确定，且使用前应进行标定。

6.3.3 托换结构体系应达到设计承载力要求且验收合格后方可进行抬升施工。

6.3.4 抬升过程中，各千斤顶每级的抬升量应严格控制。

6.3.5 抬升纠偏施工期间应避开恶劣天气和周围振动环境的影响。

6.3.6 上部结构托梁抬升法施工应符合下列规定：

1 托换结构内纵筋应采用机械连接或焊接，接头位置避开抬升点；

2 砌体结构托梁施工应分段进行，墙体开洞长度由计算确定；在混凝土强度达到设计强度的75%以后进行相邻段托梁施工；夹墙梁应连续施工，在混凝土强度达到设计强度的100%以后方可进行对拉螺栓安装；

3 框架结构断柱时相邻柱不应同时断开，必要时应采取临时加固措施；

4 对于千斤顶外置抬升，竖向荷载转换到千斤顶后方可进行竖向承重结构的截断施工；对于框架结构千斤顶内置抬升，竖向荷载转换到托换结构后方可进行竖向承重结构的截断施工；

5 应避免结构局部拆除或截断时对保留结构产生较大的扰动和损伤；

6 抬升监测点的布设每柱或每抬升处不应少于一点，并在结构截断前完成；截断施工时，应监测墙、柱的竖向变形和托换结构的异常变形；

7 正式抬升前必须进行一次试抬升；

8 抬升过程中钢垫板应做到随抬随垫，各层垫块位置应准确，相邻垫块应进行焊接；

9 抬升应分级进行，单级最大抬升量不应大于10mm，每级抬升后应有一定间隔时间，当顶部回倾量与本级抬升量协调后方可进行下一级抬升；

10 恢复结构连接完成并达到设计强度后方可拆除千斤顶；当框架结构采用千斤顶内置式抬升时，应先对支墩和新加牛腿可靠连接后再拆除千斤顶。

6.3.7 锚杆静压桩抬升法施工应符合下列规定：

1 反力架应与原结构可靠连接，锚杆应做抗拔力试验；

2 基础中压桩孔开孔宜采用振动较小的方法，

并保证开孔位置、尺寸准确；

3 桩位平面偏差不应大于20mm，单节桩垂直度偏差不应大于1‰；桩节与节之间应可靠连接；

4 处于边坡上的建筑物，应避免因压桩挤土效应引起建筑物产生水平位移；

5 压桩应分批进行，相邻桩不应同时施工；当桩压至设计持力层和设计压桩力并持荷不少于5min后方可停止压桩；

6 在抬升范围的各桩均达到控制压桩力且试抬升合格后方可进行抬升施工；

7 抬升应分级同步协调进行，单级最大抬升量不应大于10mm，每级抬升后应有一定间隔时间，当顶部回倾量与本级抬升量协调后方可进行下一级抬升；

8 抬升量的监测应每柱或每抬升处不少于一点；

9 基础与地基土的间隙应填充密实，强度应达到设计要求；

10 持荷封桩应采用荷载转换装置，荷载完全转换后方可拆除抬升装置；封桩混凝土达到设计强度后方可拆除转换装置；

11 锚杆静压桩施工除符合本规程的规定外，尚应按现行行业标准《既有建筑地基基础加固技术规范》JGJ 123执行。

6.3.8 坑式静压桩抬升法施工应符合下列规定：

1 工作坑应跳坑开挖，严禁超挖，开挖后应及时压桩支顶；

2 压桩桩位偏差不应大于20mm，各桩段间应焊接连接；

3 压桩施工应保证桩的垂直度，单节桩垂直度偏差不应大于1‰；当桩压至设计持力层和设计压桩力并持荷不少于5min后方可停止压桩；

4 在抬升范围内的各桩达到最终压桩力后进行一次试抬升，试抬升合格后方可进行抬升施工；

5 抬升应分级同步协调进行，单级最大抬升量不应大于10mm，每级抬升后应有一定间隔时间，当顶部回倾量与本级抬升量协调后方可进行下一级抬升；

6 撤除抬升千斤顶应控制基础下沉量和桩顶回弹，千斤顶承受的荷载通过转换装置完全转换后方可拆除千斤顶；

7 基础与地基之间的抬升缝隙应填充密实。

6.4 综合法施工

6.4.1 两种及两种以上纠偏方法组合纠偏施工应确定各种方法的施工顺序和实施时间。

6.4.2 迫降法与抬升法组合不宜同时施工，抬升法实施应在基础沉降稳定后进行。

6.5 古建筑物纠偏施工

6.5.1 纠偏施工前应先落实和完善文物保护措施；

应在文物专家的指导下，对文物、梁、柱及壁画等进行围挡、包裹、遮盖和妥善保护，并应设专人监护。

6.5.2 对需要临时拆除的结构构件，应先从多角度拍照、录像，拆除时应进行编号、登记、按顺序妥善保存。

6.5.3 纠偏施工前应对工人进行文物保护法制教育，施工中若新发现文物古迹，应立即上报文物主管部门，并应停止施工保护好施工现场。

6.5.4 纠偏施工前，应完成结构安全保护和施工安全防护，并保证安全防护系统可靠。

6.5.5 纠偏施工前，应对主要的施工工序、施工工艺和文物保护措施进行试验性实施演练。

6.5.6 当古建筑物倾斜与滑坡、崩塌等地质灾害有关时，应先实施灾害源的治理施工，后进行纠偏施工。

6.5.7 监测点的布置和拆除应减少对古建筑物的损伤，拆除后应按原样做好外观复原工作。

6.5.8 对有地宫的古塔实施纠偏时，应采取防止地下水或施工用水进入地宫的措施。

6.5.9 采用抬升法纠偏时，应先对基础进行加固托换，对结构进行临时加固；抬升前应进行试抬升。

6.5.10 纠偏施工应严格控制回倾速率，做到回倾缓慢、平稳、协调。

6.5.11 纠偏完成后修复防震、防雷系统，并应按原样做好外观复旧工作。

6.6 防复倾加固施工

6.6.1 当建筑物沉降未稳定时，对沉降较大一侧，应先进行防复倾加固施工；对沉降较小一侧，应在纠偏完成后进行防复倾加固施工。

6.6.2 防复倾加固施工应减小对建筑物不均匀沉降的不利影响，严格控制地基附加沉降。

6.6.3 当采用注浆法加固地基时，各种注浆参数应由试验确定，注浆施工应重点控制注浆压力和流量，宜按跳孔间隔、由疏到密、先外围后内部的方式进行。

6.6.4 当采用锚杆静压桩进行防复倾加固施工时，压入锚杆桩应隔桩施工，由疏到密进行；建筑物沉降大的一侧采用持荷封桩法，沉降小的一侧直接封桩。

6.6.5 对于饱和粉砂、粉土、淤泥土或地下水位较高的地基，防复倾加固成孔时不应采用产生较大振动的机械。

6.6.6 防复倾地基加固施工除符合本规程的规定外，尚应按现行行业标准《既有建筑地基基础加固技术规范》JGJ 123 执行。

7 监 测

7.1 一般规定

7.1.1 纠偏工程施工前，应制定现场监测方案并布设完成监测点。

7.1.2 纠偏工程应对建筑物的倾斜、沉降、裂缝进行监测；水平位移、主要受力构件的应力应变、地下水位、设施与管线变形、地面沉降和相邻建筑物的沉降等监测可选择进行。

7.1.3 沉降监测点、倾斜监测点、水平位移监测点布置应能全面反映建筑物及地基在纠偏过程中的变形特征，并应对监测点采取保护措施。

7.1.4 同一监测项目宜采用两种监测方法，对照检查监测数据；监测宜采用自动化监测技术。

7.1.5 纠偏工程监测频率和监测周期应符合下列规定：

1 施工过程中的监测应根据施工进度进行，施工前应确定监测初始值；

2 施工过程中每天监测不应少于两次，每级次纠偏施工监测不应少于一次；

3 当监测数据达到预警值或监测数据异常时，应立即报告；并应加大监测频率或采用自动化监测技术进行实时监测；

4 纠偏竣工后，建筑物沉降观测时间不应少于6个月，重要建筑、软弱地基上的建筑物观测时间不应少于1年；第一个月的监测频率，每10天不应少于一次；第二、三个月，每15天不应少于一次，以后每月不应少于一次。

7.1.6 监测应由专人负责，并固定仪器设备；监测仪器设备应能满足观测精度和量程的要求，且应检定合格。

7.1.7 每次监测工作结束后，应提供监测记录，监测记录应符合本规程附录B的规定；竣工后应提供施工期间的监测报告，监测结束后应提供最终监测报告。

7.1.8 纠偏监测除应符合本规程外，尚应符合国家现行标准《工程测量规范》GB 50026 和《建筑变形测量规范》JGJ 8 的有关规定。

7.2 沉 降 监 测

7.2.1 纠偏工程施工沉降监测应测定建筑物的沉降值，并计算沉降差、沉降速率、倾斜率、回倾速率。

7.2.2 纠偏沉降监测等级不应低于二级沉降观测。

7.2.3 沉降监测应设置高程基准点，基准点设置不应少于3个；基准点的布设应设置在建筑物和纠偏施工所产生的沉降影响范围以外、位置稳定、易于长期保存的地方，并应进行复测。

7.2.4 沉降监测点布设应能全面反映建筑物及地基变形特征，除满足现行行业标准《建筑变形测量规范》JGJ 8 的有关规定外，尚应沿外墙不大于3m间距布设。

7.2.5 沉降监测报告内容应包括基准点布置图、沉降监测点布置图、沉降监测成果表、沉降曲线图、沉降监测成果分析与评价。

7.3 倾 斜 监 测

7.3.1 建筑物的倾斜监测应测定建筑物顶部监测点相对于底部监测点或上部相对于下部监测点的水平变位值和倾斜方向，并计算建筑物的倾斜率。

7.3.2 倾斜监测方法应根据建筑物特点、倾斜情况和监测环境条件等选择确定。

7.3.3 倾斜监测点宜布置在建筑物的角点和倾斜量较大的部位，并应埋设明显的标志。

7.3.4 倾斜监测报告内容应包括倾斜监测点位布置图、倾斜监测成果表、主体倾斜曲线图，倾斜监测成果分析与评价。

7.4 裂 缝 监 测

7.4.1 裂缝监测内容包括裂缝位置、分布、走向、长度、宽度及变化情况。

7.4.2 裂缝监测应采用裂缝宽度对比卡、塞尺、裂纹观测仪等监测裂缝宽度，用钢尺度量裂缝长度，用贴石膏的方法监测裂缝的发展变化。

7.4.3 纠偏工程施工前，应对建筑物原有裂缝进行观测，统一编号并做好记录。

7.4.4 纠偏工程施工过程中，当监测发现原有裂缝发生变化或出现新裂缝时，应停止纠偏施工，分析裂缝产生的原因，评估对结构安全性的影响程度。

7.4.5 裂缝监测报告内容应包括裂缝位置分布图、裂缝观测成果表、裂缝变化曲线图。

7.5 水平位移监测

7.5.1 靠近边坡地段的倾斜建筑物，应对水平位移和场地滑坡进行监测。

7.5.2 水平位移观测点布置应选择在墙角、柱基及裂缝两边。

7.5.3 水平位移监测方法可选用视准线法、激光准直法、测边角法等方法。

7.5.4 纠偏工程施工过程中，当发现发生水平位移时，必须停止纠偏施工。

7.5.5 水平位移监测报告内容应包括水平位移观测点位布置图、水平位移观测成果表、建筑物水平位移曲线图。

8 工 程 验 收

8.0.1 建筑物的倾斜率达到纠偏设计要求后，方可进行工程竣工验收。

8.0.2 纠偏工程验收的程序和组织应符合现行国家标准《建筑工程施工质量验收统一标准》GB 50300的规定。

8.0.3 纠偏工程合格验收应符合下列规定：

    1 纠偏工程的质量应验收合格；

    2 质量控制资料应完整；

    3 安全及功能检验和抽样检测结果应符合有关规定；

    4 观感质量验收应符合要求。

8.0.4 纠偏工程验收应提交下列文件和记录：

    1 检测鉴定报告；

    2 补充勘察报告；

    3 纠偏工程设计文件、图纸会审记录和设计变更文件、竣工图；

    4 纠偏施工组织设计或施工方案；

    5 竣工验收申请和竣工验收报告；

    6 监测报告；

    7 质量控制资料记录；

    8 其他文件和记录。

8.0.5 建筑物纠偏工程竣工验收记录表应符合本规程附录C的规定。

附录 A 建筑物常用纠偏方法选择

A.0.1 浅基础建筑物常用纠偏方法宜按表A.0.1选择。

表 A.0.1 浅基础建筑物常用纠偏方法选择

纠偏方法	无筋扩展基础				扩展基础、柱下条形基础、筏形基础			
	黏性土粉土	砂土	淤泥	湿陷性土	黏性土粉土	砂土	淤泥	湿陷性土
掏土法	√	√	√	√	√	√	√	√
辐射井射水法	√	√	△	△	√	√	△	△
地基应力解除法	×	×	×	×	√	√	×	×
浸水法	×	×	×	√	×	×	×	√
降水法	△	√	√	△	△	√	√	△
堆载加压法	√	√	√	√	√	√	√	√
锚杆静压桩抬升法	△	△	△	△	√	√	√	√
坑式静压桩抬升法	△	△	△	△	√	√	√	√
上部结构托梁抬升法	√	√	√	√	√	√	√	√

注：表中符号√表示比较适合；△表示有可能采用；×表示不适于采用。

A.0.2 桩基础建筑物常用纠偏方法宜按表A.0.2选择。

表 A.0.2 桩基础建筑物常用纠偏方法选择

纠偏方法	桩 基 础			
	黏性土、粉土	砂土	淤泥	湿陷性土
辐射井射水法	√	√	√	√
浸水法	×	×	×	×
降水法	△	△	△	△
堆载加压法	△	△	△	△
桩顶卸载法	√	√	√	√
桩身卸载法	√	√	√	√
上部结构托梁抬升法	√	√	√	√

注：表中符号√表示比较适合；△表示有可能采用；×表示不适于采用。

附录 B 建筑物纠偏工程监测记录

B.0.1 建筑物纠偏工程沉降监测应按表 B.0.1 记录。

表 B.0.1 建筑物纠偏工程沉降监测记录

第 页 共 页

工程名称：_____ 建设单位：_____ 施工单位：_____ 测量单位：_____
结构形式：_____ 基础形式：_____ 建筑层数：_____ 仪器型号：_____ 起算点号：_____ 起算点高程：_____

测点编号	初次 年月日时 高程(m)	第次 年月日时 本次高程(m)	本次沉降量(mm)	累计沉降量(mm)	沉降速率(mm/d)	第次 年月日时 本次高程(m)	本次沉降量(mm)	累计沉降量(mm)	沉降速率(mm/d)	第次 年月日时 本次高程(m)	本次沉降量(mm)	累计沉降量(mm)	沉降速率(mm/d)	第次 年月日时 本次高程(m)	本次沉降量(mm)	累计沉降量(mm)	沉降速率(mm/d)	第次 年月日时 本次高程(m)	本次沉降量(mm)	累计沉降量(mm)	沉降速率(mm/d)
监测间隔时间																					
监测人																					
记录人																					
备注	简要分析及判断性结论																				

B.0.2 建筑物纠偏工程倾斜监测应按表 B.0.2 记录。

表 B.0.2 建筑物纠偏工程倾斜监测记录

第 页 共 页

工程名称：_____ 建设单位：_____ 施工单位：_____ 测量单位：_____
结构形式：_____ 建筑层数：_____ 建筑高度：_____ 仪器型号：_____

测点编号	初次 年月日时 顶点倾斜值(mm)	倾斜率(‰)	第次 年月日时 顶点倾斜值(mm)	顶点回倾量(mm)	回倾速率(mm/d)	倾斜率(‰)	第次 年月日时 顶点倾斜值(mm)	顶点回倾量(mm)	回倾速率(mm/d)	倾斜率(‰)	第次 年月日时 顶点倾斜值(mm)	顶点回倾量(mm)	回倾速率(mm/d)	倾斜率(‰)	第次 年月日时 顶点倾斜值(mm)	顶点回倾量(mm)	回倾速率(mm/d)	倾斜率(‰)
平均值																		
监测间隔时间																		
监测人																		
记录人																		
备注	简要分析及判断性结论																		

附录 C 建筑物纠偏工程竣工验收记录

C.0.1 建筑物纠偏工程竣工验收记录应按表 C.0.1 记录。

表 C.0.1 建筑物纠偏工程竣工验收记录

工程名称		结构类型		层数/建筑面积	
施工单位		技术负责人		开工日期	
项目经理		项目技术负责人		竣工日期	
序号	项目	验收记录		验收结论	
1	残留倾斜值				
2	安全和主要使用功能核查及抽查结果	共核查 项,符合要求 项,共抽查 项,符合要求 项			
3	工程资料核查	共 项,经审查符合要求 项,经核定符合规范要求 项			
4	观感质量验收	共抽查 项,符合要求 项,不符合要求 项			
5	综合验收结论				
参加验收单位	建设单位	监理单位	设计单位	施工单位	
	(公章)单位(项目)负责人年 月 日	(公章)总监理工程师年 月 日	(公章)单位(项目)负责人年 月 日	(公章)单位(项目)负责人年 月 日	

本规程用词说明

1 为便于在执行本规程条文时区别对待,对要求严格程度不同的用词说明如下:

1) 表示很严格,非这样做不可的用词:
正面词采用"必须",反面词采用"严禁";

2) 表示严格,在正常情况下均应这样做的用词:
正面词采用"应",反面词采用"不应"或"不得";

3) 表示允许稍有选择,在条件许可时首先应这样做的用词:
正面词采用"宜",反面词采用"不宜";

4) 表示有选择,在一定条件下可以这样做的,采用"可"。

2 条文中指明应按其他有关标准执行的写法为:"应符合……的规定"或"应按……执行"。

引用标准名录

1 《建筑地基基础设计规范》GB 50007

2 《混凝土结构设计规范》GB 50010

3 《钢结构设计规范》GB 50017

4 《工程测量规范》GB 50026

5 《工业建筑可靠性鉴定标准》GB 50144

6 《混凝土结构工程施工质量验收规范》GB 50204

7 《民用建筑可靠性鉴定标准》GB 50292

8 《建筑工程施工质量验收统一标准》GB 50300

9 《建筑结构检测技术标准》GB/T 50344

10 《建筑施工组织设计规范》GB/T 50502

11 《建筑变形测量规范》JGJ 8

12 《钢筋焊接及验收规程》JGJ 18

13 《钢筋焊接接头试验方法标准》JGJ/T 27

14 《建筑桩基技术规范》JGJ 94

15 《既有建筑地基基础加固技术规范》JGJ 123

16 《危险房屋鉴定标准》JGJ 125

中华人民共和国行业标准

建筑物倾斜纠编技术规程

JGJ 270—2012

条 文 说 明

制 订 说 明

《建筑物倾斜纠偏技术规程》JGJ 270 - 2012，经住房和城乡建设部 2012 年 8 月 23 日以第 1451 号公告批准、发布。

本规程制订过程中，编制组进行了大量的调查研究，总结了我国建筑物纠偏工程领域的实践经验，同时参考了国外先进技术标准，通过试验，取得了建筑物纠偏工程设计、施工、监测和验收的重要技术参数。

为便于广大设计、施工、科研、学校等单位的有关人员在使用本规程时能正确理解和执行条文规定，《建筑物倾斜纠偏技术规程》编制组按章、节、条顺序编制了本规程的条文说明，对条文规定的目的、依据以及执行中需注意的有关事项进行了说明，还着重对强制性条文的强制性理由作了解释。但是，本条文说明不具备与标准正文同等的法律效力，仅供使用者作为理解和把握标准规定的参考。

目 次

1 总　则

1.0.1　本条阐述了编制此规程的目的。随着国家经济的发展，工程建设总量和规模越来越大，因勘察、设计、施工、使用不当或因改扩建荷载变化、受邻近新建工程和自然灾害影响等导致建筑物倾斜时有发生，纠偏相对于拆除后重建具有良好的经济性，符合节约型社会的要求；同时，纠偏工程的设计与施工具有特殊性，应规范建筑物纠偏行为，有效控制纠偏风险，做到安全可靠、技术先进、经济合理、确保质量。

1.0.2　本条规定了本规程的适用范围，适用于倾斜建筑物纠偏工程的检测鉴定、设计、施工、监测和验收全过程。

1.0.4　本条规定了建筑物纠偏工程除符合本规程外，还应遵循国家现行有关标准的规定。如《建筑结构荷载规范》GB 50009、《混凝土结构设计规范》GB 50010、《砌体结构设计规范》GB 50003、《建筑地基基础设计规范》GB 50007、《既有建筑地基基础加固技术规范》JGJ 123 和《建筑地基处理技术规范》JGJ 79 等。

3 基本规定

3.0.1　建筑物发生倾斜后，通常由工程建设单位或相关管理单位（古建筑物或文物建筑）委托具有资质的单位进行检测鉴定，并组织有关专家，依据检测鉴定结论，对建筑物现状进行评估或论证，综合考虑纠偏的技术可行性和经济合理性等因素，确定是否需进行纠偏。

3.0.2　高耸构筑物基础面积小，重心高，倾斜后引起的附加弯矩大，为了减小附加应力对构筑物结构的不利影响，因此本规程规定的构筑物纠偏设计和施工验收标准相对较严。

3.0.3　纠偏工程技术难度高、风险大，技术方案应经过专家论证后执行，专家组成员应当由 5 名及以上符合相关专业要求的专家组成。

3.0.5　纠偏施工过程中保证结构安全至关重要，因此必须做到变形协调，避免结构产生过大附加应力；必须做到回倾和迫降（抬升）平稳可控，防止建筑物发生突沉突变，避免结构损伤、破坏，甚至倒塌。

　　纠偏建筑物多数处在城区或景区内，对环境保护要求高，因此应对涉及的泥浆排放、施工噪声、扬尘等污染环境的因素采取有效措施，加以控制，实现绿色施工。

3.0.7　由于纠偏工程复杂、涉及的因素多，施工过程中的效果与设计的预期难以一致，必须适时

监测，及时分析监测数据，调整设计与施工参数，做到信息化施工，以控制纠偏风险，保证纠偏效果。

3.0.9　古建筑物是国家乃至世界文化遗产的重要组成部分和展示载体，文物破坏了不能再生，因此，纠偏不应破坏古建筑物原始风貌；古建筑物纠偏复原应符合文物修缮保护相关规定，达到修旧如旧的要求。

4 检测鉴定

4.1 一般规定

4.1.1、4.1.2　既有建筑物的检测鉴定是实施纠偏工程的依据。现场调查是检测鉴定工作的重要环节，大量检测鉴定工程实践表明，程序化地进行现场调查和收集相关资料工作，综合分析并统筹确定检测鉴定工作的范围、内容、方法和深度，可以最大限度地避免出现下列情况：需检测的重要指标遗漏、对某种指标的检测方法不当造成检测结果不可信、鉴定时未进行必要的结构分析或结构分析深度不够、检测鉴定工作的方向和结论出现严重偏差等情况。

4.1.3　本条规定了检测鉴定工作的深度。要求检测鉴定的结果，应能满足倾斜原因分析、纠偏设计与施工和防复倾加固等相关参数或数据要求。

4.2 检　测

4.2.2　地基和结构检测可选用下列方法：

　1　基础检测可采取下列方法：

　　1）进行局部开挖，检查复核基础的类型、尺寸及埋置深度，检查基础开裂、腐蚀或损坏程度；

　　2）采用钢筋探测仪或剔凿保护层检测钢筋直径、数量、位置和锈蚀情况；

　　3）采用非破损法或钻孔取芯法测定基础材料的强度；

　　4）采用局部开挖检查复核桩型和桩径；采用可行方法确定桩身完整性和桩的承载力。

　2　上部结构检测可采取下列方法：

　　1）采用量测法复核结构布置和构件截面尺寸或绘制结构现状图；

　　2）采用观察和测量仪器，检查主要结构构件的变形、腐蚀、施工缺陷等；采用裂缝观测仪和声波透射法，检测裂缝宽度和深度；

　　3）采用钢筋探测仪或剔凿保护层，检测钢筋直径、数量、位置、保护层厚度等；采用取样法、腐蚀测量仪法，检测钢筋材质和

钢材腐蚀状况；采用酚酞溶液法测定混凝土的碳化深度；

4）采用钻芯法、回弹法、超声回弹综合法等测定混凝土的强度；采用贯入法、回弹法、实物取样法或其他方法检测砖、砂浆的强度；

5）采用现场取样法、超声波探伤法、超声波厚度检测仪法、X光探仪及其他可行方法检测钢结构的材质和焊缝。

4.3 鉴　　定

4.3.3 既有建筑经过多年使用后，其地基承载力会有所变化，一般情况可根据建筑物使用年限、岩土类别、基础底面实际压应力等，考虑地基承载力长期压密提高系数，验算地基承载力和变形特性。如进行地基现状勘察，应按现状勘察资料给出的参数，验算地基承载力和变形特性。

5　纠　偏　设　计

5.1　一　般　规　定

5.1.1 纠偏工程设计前，应收集、掌握大量的相关资料和信息，满足建筑物纠偏设计工作的要求。当原始设计、施工文件缺失时，应在检测与鉴定时补充有关内容；当原岩土工程勘察资料缺失时，应补充岩土勘察；现场踏勘是纠偏工程设计前的重要环节，大量纠偏工程实践表明，程序化地进行现场调查和收集相关资料和信息，结合建筑物的现状实况，综合分析并统筹确定纠偏设计方案至关重要。

5.1.3 纠偏设计应在充分分析计算的基础上，依据工程的具体特点和采取的纠偏方法，提出避免建筑物结构破坏和整体失稳的有针对性控制要点和切实可行的控制措施，为施工提供依据。

对于迫降法，纠偏设计应明确有效措施，控制沉降速率，避免因过大的附加沉降引起结构破坏和整体失稳；对于抬升法，应控制抬升速率和抬升同步性，避免因抬升速率过快、抬升不同步和抬升装置失稳导致结构构件破坏和结构整体失稳。

5.1.5 建筑物纠偏方法通常包括迫降法、抬升法和综合法等。本规程对成熟的、先进的、可靠的纠偏方法进行了规定，具体方法见本规程附录A。除了本规程附录A所列方法外，还有表1和表2所列方法可供选用。表中所列的纠偏方法，应在充分分析倾斜原因的基础上，结合建筑物的结构特点、工程地质、水文地质、周边环境等因素及当地纠偏实践经验合理选择；同时，纠偏工程的检测鉴定、设计、施工、监测及验收尚应符合本规程的有关规定，确保纠偏过程中的结构安全。

表1　浅基础建筑物纠偏方法选择参考

纠偏方法	无筋扩展基础				扩展基础、柱下条形基础、筏形基础			
	黏性土粉土	砂土	淤泥	湿陷性土	黏性土粉土	砂土	淤泥	湿陷性土
卸载反向加压法	√	√	√	√	√	√	√	√
增层加压法	√	√	√	√	√	√	√	√
振捣液化法	△	√	√	×	△	√	√	×
振捣密实法	×	√	√	×	×	√	√	×
振捣触变法	×	√	√	×	×	√	√	×
抬墙梁法	√	√	√	√	√	√	√	√
静力压桩法	√	√	√	√	√	√	√	√
锚杆静压桩法	√	√	△	√	√	√	△	√
地圈梁抬升法	√	√	√	√	√	√	√	√
注入膨胀剂抬升法	√	√	√	√	√	√	√	√
预留法	√	√	√	√	√	√	√	√
横向加载法	√	√	√	√	√	√	√	√

注：表中符号√表示比较适合；△表示有可能采用；×表示不适于采用。

表2　桩基础建筑物纠偏方法选择参考

纠偏方法	桩基础			
	黏性土、粉土	砂土	淤泥	湿陷性土
卸载反向加压法	△	△	△	△
增层加压法	√	√	√	√
振捣法	×	√	√	×
承台卸载法	△	△	△	△
负摩擦力法	√	√	√	√

注：表中符号√表示比较适合；△表示有可能采用；×表示不适于采用。

5.1.6 防复倾加固设计应针对建筑物倾斜原因和采取的纠偏方法，考虑下列三个阶段的内容及要求：纠偏前，对于沉降未稳定的建筑物，在沉降较大一侧的限沉加固；纠偏过程中，防止建筑物发生沉降突变的加固；纠偏后，防止建筑物可能再次发生倾斜的加固。

5.2　纠偏设计计算

5.2.3 公式（5.2.3）计算作用于基础底面的力矩值时，荷载参数应取原设计值；当使用功能发生变化，导致使用荷载与原设计发生较大变化时，该部位按实际使用功能的荷载取值计算。

5.2.4 公式（5.2.4-2）适用于 $e' \leqslant b/6$ 时的情况；

当 $e' > b/6$ 时，应按下式计算：

$$p_{kmax} = \frac{2(F_K + G_K + F_T)}{3la} \qquad (1)$$

式中：l——垂直于力矩作用方向的基础底面边长；

a——合力作用点至基础底面最大压力边缘的距离。

验算纠偏前基础底面压应力和地基承载力时，纠偏中的施工竖向荷载 F_T 取值为零；纠偏施工过程增加荷载，验算在未扰动地基前的基础底面压应力和地基承载力时，应考虑纠偏中的增加施工竖向荷载 F_T。

5.3 迫降法设计

5.3.2 迫降法纠偏时，控制回倾速率一般控制在 5mm/d～20mm/d 范围内，基础和结构刚度较大、结构整体性较好时，可取大值；回倾速率在纠偏开始与结束阶段宜取小值。

5.3.3 位于边坡地段的建筑物，采用浸水法和辐射井射水法纠偏，因水的浸泡，会导致地基承载力降低、抗滑力下降、有害变形加大，引起地基失稳，建筑物产生水平位移，发生结构破坏甚至倒塌。

5.3.4 距相邻建筑物或地下设施较近的纠偏工程，采用浸水法或降水法，可能会导致其产生较大的不均匀沉降，引起相邻建筑物或地下设施发生倾斜或破坏。此外，距被纠工程较近的天然气、煤气、暖气等允许沉降较小的主干管线，慎用浸水法或降水法。

5.3.5 地基土掏土面积可根据掏土后基底压力推算，掏土后基底压力应满足下式要求：

$$1.2f_a > p'_k > f_a \qquad (2)$$

式中：f_a——修正后的地基承载力特征值（kPa）；

p'_k——掏土后基底压力（kPa）。

掏土孔水平深度应根据建筑物倾斜情况和基础形式进行确定，水平深度不宜超过基础型心线，以防止掏土过程中建筑物沉降较大一侧产生新的附加沉降。

5.3.6 地基应力解除法是在倾斜建筑物沉降小的一侧，利用机具在基础边缘外侧取土成孔，解除地基土侧向应力，使基底土体侧向挤出变形，达到纠偏目的。

地基应力解除法最早起源于我国沿海、沿江、滨湖软土地区，主要适用于建造在厚度较大的淤泥或软塑黏性土地基上建筑物的纠偏工程。

5.3.7 辐射井法是常用的一种迫降纠偏方法，是在倾斜建筑物沉降小的一侧设置辐射井，在面向建筑物一侧辐射井井壁上留若干个射水孔，由孔内向地基土中压力射水并把土带出孔外，使地基土部分液化或强度降低，加大持力层局部土体附加应力，促使基底土压缩变形，达到纠偏的目的。

辐射井一般设置在建筑物的外侧。对于基础很宽的筏形基础，箱形基础或外侧没有辐射井作业空间的，可以考虑设置在建筑物里面。

常用的射水管直径为 43mm～63mm，射水孔不宜过大，防止流沙影响基础。

实践证明，合理的射水孔长度为 8m～12m，当射水孔超过 20m 后，难以控制射水孔的方向和深度。在进行射水孔交叉射水时，其交叉面积不宜小于 2 ㎡，否则射水孔塌孔较快，回倾速率过快，容易造成结构损伤和破坏。

射水井内径大小，要考虑射水作业人员的工作空间，合理的井径为 1.5m～1.8m，井的直径小于 1.2m 时，作业困难。井底距射水作业平台要有 0.5m 的空间，便于水泵抽泥浆。

5.3.8 浸水法是根据土的湿陷特性，采用人工注水方式使地基产生沉降变形，从而达到纠偏的目的。

浸水法的设计参数来自于现场试验，因此，现场试验尤为重要，试验参数要准确计量。

5.3.9 降水法是通过降低建筑物沉降较小一侧的地下水位，引起地基土孔隙水压力降低，使地基产生附加沉降，达到建筑物纠偏的目的。

根据建筑物的倾斜状况、工程地质和水文地质条件，降水法可选用轻型井点降水、大口井降水和沉井降水等方法。

纠偏时，应根据建筑物需要调整的迫降量来确定抽水量大小及水位下降深度，设置若干水位观测井，及时记录水力坡度线下降情况，与实测沉降值比较，以便调整水位。

建筑物附近存在补给水源或降雨丰富时，应采取必要措施，防止地表水、补给水渗入，影响降水效果。

为了防止邻近建筑物发生不均匀沉降，可在邻近建筑物附近设置水位观测井，必要时应设置地下隔水墙等。

5.3.10 堆载加压法是通过在倾斜建筑物沉降较小的一侧增加荷载对地基加压，形成一个与建筑物倾斜相反的力矩，加快该侧的沉降速率，从而达到纠偏的目的。

根据纠偏量的大小计算所需沉降量，结合地基土的性质，计算完成纠偏沉降量所需要施加的附加应力增量，确定应施加的堆载量，堆载重量可根据堆载后基底压力推算，基底压力应不大于 1.2 倍地基承载力特征值。

为了有效控制建筑物的回倾速率，防止突降引起结构损伤，荷载应分级施加。

堆载设计时应验算建筑物基础和堆载区域相关结构构件的承载力和刚度，当承载力和刚度不足时，进行加固后方可堆载。

采用加压法时，应根据地基土的性质和上部荷载重量，合理考虑卸载后地基反弹的影响。

5.3.11 桩基卸载法是通过消除或减少部分桩的承载力，使建筑物荷载重新分配到其他桩上，迫使桩基产生沉降，达到纠偏目的。

对于采用预制桩的建筑物，托换体系能够可靠传力后方可采用桩顶卸载法。

设计时应考虑工作坑开挖后，原桩摩擦力损失、承台下地基承载力损失及地下水位改变等因素对基础承载力的影响。

5.4 抬升法设计

5.4.1 由于抬升法一般采用千斤顶进行抬升，尽管从理论上来讲可以对任何建筑物进行抬升纠偏，但由于抬升的施工过程改变了原有建筑物某些构件的受力状态，因此基于安全经济合理的考虑，抬升法纠偏的建筑物上部荷载不宜过大。

5.4.2 抬升法纠偏时应结合地质条件、上部结构特点、基础形式以及环境条件等选择合适的抬升方法，选择采用上部结构托梁抬升法、锚杆静压桩抬升法和坑式静压桩抬升法。

5.4.3 对抬升点部位的结构构件，应进行抗压、抗弯及抗冲切强度的验算，不足时应进行补强加固。由于抬升纠偏过程中不可避免的产生一些次应力或改变某些结构构件的受力状态，超出了这些构件原设计中对于构件承载力或变形的要求，加固设计应根据抬升纠偏过程中的最不利状态进行。

抬升法纠偏难度较大，应控制纠偏建筑物的高度；当高度超过限制时，应增加必要的支撑增大结构的整体刚度，同时适当增加托换结构的安全储备，并增设防止建筑物结构整体失稳的保护措施。

抬升点宜选择在上部结构刚度较大位置，如框架柱位置、纵横墙交叉位置或构造柱位置等，同时在荷载分布较大的位置应多布置千斤顶。对于门窗洞口等受力薄弱部位，可采取增大该部位反力梁的刚度等措施。

5.4.4 抬升力根据上部结构荷载的标准组合确定，其中活荷载考虑纠偏过程中上部结构中实际的活荷载。对用托换梁进行抬升时的抬升力为托换梁以上的作用荷载与托换梁自重荷载之和。建筑物由于局部沉降发生的倾斜，或者沉降较小一侧不需抬升时，此时抬升力可以仅考虑局部荷载。

纠偏需要调整的最大抬升量应包括三个内容：建筑物不均匀沉降的调整值、使用功能需要的整体抬升值、地基剩余不均匀变形预估调整值，三者相加确定抬升量。

5.4.5 倒置弹性地基墙梁计算方法依据现行国家标准《砌体结构设计规范》GB 50003 中墙梁的计算方法，将托梁视作墙梁，托梁和上部砌体作为一个组合结构进行计算。

断柱前框架结构上部结构本身属于整体超静定结构，其柱脚为固端，而抬升时框架柱脚为自由端，因此，计算结果与原结构内力结果有一定的改变，为了

消除内力改变对结构的影响，托换前增设连系梁相互拉接，可消除柱脚的变位问题。

托换结构体系应计算新加牛腿、托梁、连系梁、支墩、对拉螺栓、预埋钢垫板等构件。

5.4.6 锚杆静压桩抬升法是通过在基础上埋设锚杆固定压桩架，由建筑物的自重作为压桩反力，用千斤顶将桩段从基础中预留或开凿的压桩孔内逐段压入土中，逐根压入后一起抬升建筑物，再将桩与基础连结在一起，从而达到纠偏的目的。

当既有建筑基础的强度和刚度不满足压桩和抬升要求时，除了对基础进行加固补强方法外，也可采用新增钢筋混凝土构件作为压桩和抬升的反力承台。

桩位布置应靠近墙体或柱，对砖混结构桩位应在墙体两侧对称布设，并避开门窗洞口；对框架结构，应在柱的四周对称布设。桩数应由上部荷载及单桩竖向承载力计算确定。

5.4.7 坑式静压桩抬升法是在建筑物沉降大的部位基础下开挖工作坑，以建筑物自重为压载，用千斤顶将预制桩（混凝土桩或钢管桩）分节压入地基土中，再以静压桩为反力支点，通过多个千斤顶同时协调向上抬升建筑物从而达到纠偏的目的。

应明确开挖工作坑的顺序和要求，工作坑坑底距基础底面不宜小于 2.0m。

桩位不宜布置在门窗洞口等薄弱部位，当无法避开时，应对基础进行补强加固或用门窗洞口用原墙体相同材料填充密实。

基础抬升间隙的填充材料宜选用水泥砂浆或混凝土；工作坑可用 3:7 灰土分层夯填密实，回填至静压桩顶面以下 200mm 处，其余空隙可用 C25 以上混凝土浇筑密实。

5.5 综合法设计

5.5.2、5.5.3 通过大量的纠偏实践验证，在对各纠偏方法进行组合使用时应注意以下几点：

1 在采用迫降法对沉降未稳定，且沉降量、沉降速率较大倾斜建筑物进行纠偏时，应先对建筑物沉降较大的一侧进行限沉，沉降较小一侧的限沉应结合纠偏和防复倾加固同时进行；

2 对于地基承载能力不足造成建筑物发生倾斜的情况，纠偏宜选用能同时提高地基承载能力的纠偏方法，还应考虑多种加固方法对基础的变形协调的影响。

5.6 古建筑物纠偏设计

5.6.1 古建筑物的倾斜原因，一般可归纳为以下几种类型：斜坡不稳定型、地基不均匀沉降型、基础不均匀压缩型、建筑物自身不均匀破坏型和组合型等。在这些原因之中，还应该深入分析导致倾斜的关键。如斜坡不稳定是由于滑坡还是侧向侵蚀造成应力松

弛；地基不均匀沉降是岩性不同还是由于含水情况不同以及其他原因；建筑物自身不均匀破坏是差异风化造成或是其他外力作用的结果，如地震、水灾、风力、战争或人为破坏等。

由于古建筑年代久远，结构强度比原来减少较多，加之古建筑的重要性，因此应更加严格控制纠偏的回倾速率。

5.6.3 增设构件是为了保证纠偏施工过程中结构安全所增加的临时构件；对更换原有构件，应持慎重态度，能修补加固的，应设法最大限度地保留原件；必须更换的构件，应在隐蔽处注明更换的时间，更换换下的原物、原件不得擅自处理，应统一由文物主管部门处置。

5.6.4 古建筑物（包括古塔）属于国家宝贵文物，文物不能再生，纠偏必须做到万无一失。为了确保安全稳妥、可控、变位协调，纠偏方法宜采用迫降法及综合法。由于古建筑物年代久远，结构大多为砖、木、石、土等材料构成，砌体胶结强度低，整体性差，结构松散、裂损严重。为避免纠偏过程中倒塌，应先对结构进行加固补强，并采取临时加固措施，再实施纠偏。当采用抬升法纠偏时，应预先对基础进行托换加固，形成整体基础，抬升时直接对托换结构施力，避免对古建筑物造成损坏。

5.6.5 地基经过上部荷载长期作用，压缩变形已经完成，地基已稳定，而且倾斜是由于上部结构荷载偏心或局部构件破坏引起的古建筑物纠偏，设计应避免对原地基的扰动。

5.6.8 由于局部构件腐朽引起的木结构古建筑物倾斜，纠偏设计应分析设计更换构件合理尺寸，通过更换腐朽构件实现纠偏目标。

5.6.9 不稳定斜坡的常用加固措施有：抗滑桩、锚索抗滑桩、挡土墙、扶壁式挡墙、锚索地梁、锚索框架、疏排水设施等。

5.6.11 纠偏工程对古建筑物原来的防震、防雷系统有一定的影响，在纠偏设计中应考虑加强这方面的设防体系，不能因纠偏受到削弱。

5.6.12 因古建筑的特殊性，安全保护必须采用两种以上措施多重设防，如古塔纠偏可采用千斤顶防护、定位墩防护及缆拉防护等，一旦某种措施失效，还有其他措施能确保结构安全，做到有备无患。

5.7 防复倾加固设计

5.7.3 防复倾设计的基本原则是形成反向弯矩，使建筑物的合力矩 $\Sigma M = 0$，从根本上消除引起倾斜的力学原因。抗复倾力矩数值与倾覆力矩数值的比值取为 $1.1\sim1.3$，当安全等级高时取大值，反之取小值。

5.7.4 高层建筑和高耸构筑物由于重心高，水平荷载大，偏心距较大，因此防复倾设计时宜设置锚桩体系防止倾斜再次发生。鉴于被纠建筑物已发生过倾斜，再次发生倾斜的概率相对较大，故系数 k 取 1.1 或 1.3。

6 纠 偏 施 工

6.1 一 般 规 定

6.1.1 纠偏工程施工组织设计或施工方案，应根据纠偏设计文件对纠偏施工的特点、难点及纠偏施工风险进行分析，并制定有针对性的控制要点、结构安全防护措施和质量保证措施。

6.1.4 纠偏沉降量（抬升量）与回倾量的协调性对于纠偏工程非常重要，应根据现场实测数据及时验算，如果变形不协调，结构内将产生附加应力，可能导致结构损伤和破坏。

6.1.6 信息化施工是保证结构安全和纠偏效果的重要前提，应及时分析对比监测数据与设计参数的差异，当两者差异较大时，应修改设计参数和设计要求，并调整施工顺序和施工方法，否则有可能达不到纠偏效果，更可能因变形不协调或回倾速率过快，导致结构损伤甚至破坏。

6.1.7 回倾速率预警值一般取设计控制值的 60%～80%，当达到预警值时，应立即停止施工，分析监测数据、施工情况和回倾速率的发展趋势，确定是否采取控制措施，以防止回倾速率过大导致结构损伤或破坏。

6.2 迫降法施工

6.2.2 每级纠偏施工完成后，地基基础和上部结构应力重分布需要一定时间，间隔一段时间是为了避免建筑物发生沉降突变和结构破坏；施工后期减缓回倾速率控制回倾量是为了防止纠偏结束后继续发生过大的沉降，引起过倾。

6.2.3 掏土工作槽的位置、宽度和深度应根据建筑物的基础形式和埋深、地质情况、迫降量以及施工机具设备可操作性等进行确定。

采用钻孔掏土法钻孔深度达到设计深度后，未达到纠偏目标值，继续纠偏宜优先进行复钻。

6.2.4 当因地下管线、设施影响孔位偏差大于 20cm 时，应修改钻孔的位置、深度和孔径等设计参数。

首次钻进深度不宜过大，以防止因成孔引起建筑物突沉。

每批取土排泥的孔位和深度应根据上一级取土排泥量和监测数据分析确定。

6.2.5 由于地质条件复杂性，在正式射水施工前进行试验射水是必要的。要根据试验的射水孔深度、射水时间、压力、出土量等来验证设计参数。当参数调整好后再进行射水作业。

辐射井井位、射水孔孔位的定位十分重要，若偏差过大，射水不能达到指定部位，影响纠偏预期效果。当因障碍井位和孔位超过允许偏差时，应及时对井位和射水孔位置进行调整。

射水孔与基础底板之间设置保护管，防止土体塌方影响射水。射水的顺序应隔井隔孔进行，目的是控制建筑物沉降协调，控制回倾速率，并结合监测进行调整。每1至2轮射水后，测量取土量，并与估算取土量进行对比。每级射水深度宜为0.5m～1.0m，在软土地区每级射水深度宜取小值。

6.2.6 为了控制渗水范围，浸水法纠偏施工开始时，宜先少量注水，根据回倾速率逐步增大注水量。如实际纠偏效果与设计预期不一致，应及时通知设计者，对浸水法参数进行调整，施工中可通过增减个别注水孔水量来调节，使基础沉降协调。

注水孔底和注水管四周设置保护碎石或粗砂，目的是保护注水孔不被堵塞。

避免外来水流入注水孔内，对浸水法纠偏施工至关重要，可采用黏性土对孔周进行封堵，当遇下雨天时，应及时采用防雨布遮盖。

6.2.7 保证降水井成井、回填滤料和洗井的质量，是降水法纠偏成功的关键环节，应严格控制。

降水纠偏过程中，应及时根据降水井和观测井的监测数据对降水效果进行分析。

隔井抽水时，不抽水的井可以作为临时观察井。

6.2.8 堆载对结构安全影响较大，堆载施工前，应按照设计要求完成结构安全保护措施，并保证其使用安全；堆载施工中，必须严格控制每级的堆载重量和形状，防止因堆载过大建筑物产生沉降突变。

为了防止卸载过程中结构应力集中和可能的地基土回弹，卸载应分批分级进行，每级卸载后应有一定间隔时间。

堆载材料可选择袋装的砂、石、土、砖，混凝土砌块等。

6.2.9 截桩时不应产生过大的振动或扰动，主要是为了防止保留桩体局部开裂和保护托换体系安全；截断面平整有利于加垫的钢板均匀受力；断桩垫钢板是防止千斤顶失稳或出现故障时建筑物突沉的措施，故垫钢板要及时。

卸载过程中分级控制迫降量，以避免结构因应力集中而破坏。

施工初期采用较低的射水压力、较小的射水量和较短的射水时间，以防止建筑物因桩基失稳产生突沉。

6.3 抬升法施工

6.3.1 抬升法应在建筑物沉降稳定的前提下实施，当沉降速率较大时，应首先进行限沉。限沉不仅在沉降较大侧实施，必要时沉降较小侧也要限沉。

对每个抬升点的总抬升量和各级抬升量进行复核

计算是抬升纠偏施工前应做的一项重要工作，既可对设计进行验证，又可避免因设计不慎导致的错误。

6.3.4 严格控制各千斤顶每级的抬升量，目的是使结构内力有相对充分时间重新分布调整，避免因应力突变导致结构构件损伤。

6.3.6 为使竖向荷载有效转换到千斤顶上，结构截断施工前应顶紧千斤顶。截断施工应采取静力拆除法，以避免截断施工对保留结构产生较大的扰动和损伤。

如果相邻柱同时断开，结构内力重新分布，易导致周边构件应力集中，引起结构构件损伤和破坏。采取临时加固措施是为了保证截断后结构的刚度和整体稳定性，避免结构失稳。

正式抬升前要进行一次试抬升，最大抬升量不宜超过5mm，全面检验各项准备工作是否完备和设备、托换体系、结构本身等是否安全可靠。

每级抬升后的时间间隔确定原则：建筑物顶部实测回倾量与计算的本级抬升顶部回倾量基本一致。

达到纠偏目标后，对砌体结构，应采用混凝土或灌浆料将空隙填实，连成整体，达到设计强度后方可拆除千斤顶。对框架结构，当采用千斤顶内置式抬升时，应使托换体系的支墩与新加牛腿可靠连接后再拆除千斤顶，然后进行结构柱连接施工；当采用千斤顶外置式抬升时，先恢复结构柱连接施工，达到设计强度后再拆除千斤顶。

6.3.7 反力装置应保持竖直，锚杆螺栓的螺帽应紧固，压桩过程中应随时拧紧松动的螺帽。

为了保证桩的垂直度，就位的桩节应保持竖直，使千斤顶、桩节及压桩孔轴线尽可能一致，压桩时应垫钢板或套上钢桩帽后再进行压桩；预制桩节可采用焊接或硫黄胶泥连接；

锚杆静压桩具有对土的挤密效应，一般情况下对地基是有利的，但对处于边坡上的建筑物，其挤土效应有时可能会造成建筑物的水平位移，应引起高度重视。

为了保证压桩力不大于承受的上部荷载，压桩应分批进行，相邻桩不应同时施工。

在抬升过程中，千斤顶同步协调很重要；如果不同步，一方面达不到纠偏效果，另一方面可能会因个别抬升点受力过大，造成抬升装置损坏和锚杆静压桩破坏。

基础与地基土的间隙填充应考虑注料孔布设，孔间距不宜大于2m。

荷载转换装置可采用型钢制作，安装应牢固可靠，保证荷载能够完全转换。

6.3.8 控制开挖工作坑的顺序和及时进行压桩施工并给基础适当的顶力，是为了避免工作坑施工期间因地基接触面积减少导致剩余地基产生过大的附加压应力，防止地基产生新的变形和上部结构产生局部损伤或破坏。

荷载转换装置可参考以下做法：抬升完毕后，将抬升主千斤顶两侧的转换千斤顶同步加压，主千斤顶压力表回零时撤出，再用直径不小于159mm钢管嵌入预制桩顶和基础底面之间，钢管两端应有端板，用钢楔楔紧，将桩顶与钢管下端板焊接牢固，拆除转换千斤顶。

6.4 综合法施工

6.4.1 综合法中各种纠偏方法的施工顺序和实施时间很重要，目的在于充分利用主导方法的优点，避免两种及两种以上方法纠偏在实施过程中的相互不利影响。

6.5 古建筑物纠偏施工

6.5.1 施工单位进场后，应在文物主管部门专家的指导下，先对文物进行保护：将小件文物及易损文物移位保护，对不便移动的文物用草袋、软木、竹夹板等进行防护，安排专人进行看护。

6.5.2 临时拆除结构构件前，除了拍照、录像外，必要时应测量构件尺寸、空间位置尺寸，绘制构件和连接节点图。

6.5.3 纠偏施工触及古建筑物地基和基础时，有时可能会有新的考古发现，如地宫、石牌、老建筑物基础等；若有新的考古发现，应及时上报文物主管部门，并停止施工保护好现场。

6.5.5 实施试验性演练，是为了检验施工方案所确定施工工序、施工工艺和文物保护措施是否正确可行，提前发现问题，让操作人员有一个熟悉的过程，掌握操作要点和方法，避免直接大面积施工对古建筑造成不可挽回的损失。

6.5.6 本条规定了古建筑物先防灾治灾，后纠偏加固的施工原则；对因滑坡、崩塌等地质灾害引起古建筑倾斜严重的情况，在治理地质灾害的同时还应采取措施对古建筑实施保护，控制倾斜的进一步发展。

6.5.8 古塔一般都有地宫，如水进入地宫，会浸泡地基降低承载力，造成附加沉降，甚至会危及上部结构安全；同时，会对地宫里的文物造成侵蚀和损坏。因此，采取有效措施防止地下水和施工用水进入地宫对古塔纠偏至关重要。

6.6 防复倾加固施工

6.6.3 注浆压力和流量是注浆施工中最重要的参数，施工应做好记录，以分析地层空隙、确定注浆的结束条件、预测注浆的效果。

6.6.4 持荷封桩是锚杆静压桩施工的关键工序之一。封桩时应在千斤顶不卸载条件下，采用型钢托换支架，将锚杆与基础底板连接牢固后，拆除反力架。在封装混凝土达到设计强度后，再拆除型钢托换支架。

7 监 测

7.1 一般规定

7.1.1 监测方案是指导施工监测的重要技术文件。由于纠偏工程具有较大的风险性，在纠偏的全过程作好监测，以监测结果指导施工极其重要。监测方案主要内容包括监测目的、监测内容、监测点布置、测量仪器及方法、监测周期、监测项目报警值、监测结果处理要求和反馈制度等。

7.1.3 纠偏工程监测点布置不同于新建建筑物监测点的布置，应根据建筑物的倾斜状况、结构和基础特点、采用的纠偏方法等因素适当加密。

7.1.4 同一监测项目采用两种监测方法，不同监测方法能互相佐证，目的是保证监测数据的准确有效，不会因个别数据失效造成全部监测数据失效。

重大工程的纠偏监测宜采用自动化监测系统与技术，以实现对纠偏过程全天候、实时、自动监测。

7.1.5 纠偏结束后建筑物沉降观测时间不少于6个月，重要建筑物、软弱地基建筑物的沉降观测时间不少于1年。如果在此期间建筑物的沉降稳定，则再观测1次；如果建筑物的沉降速率仍然较大，则应适当延长观测时间。

7.1.7 每次监测数据的及时整理与分析对纠偏工程非常重要，因为监测成果不仅是对上一阶段纠偏效果的验证，更重要的是为调整设计参数及时提供依据，为后续施工提供支持。监测报告应包括沉降监测、倾斜监测、裂缝监测、水平位移监测等内容。

7.2 沉降监测

7.2.2 变形测量精度级别的确定应结合建筑物地基变形允许值确定。根据现行行业标准《建筑变形测量规范》JGJ 8，对于沉降观测点测站高差中误差的测定，其沉降差、基础倾斜、局部倾斜等相对沉降的测定中误差，不应超过变形允许值的1/20；根据本规程确定的每天5mm～20mm的回倾速率，对常见的多层建筑纠偏，沉降观测点测站高差中误差一般在0.18mm～0.72mm之间，二级的沉降观测点测站高差中误差为±0.5mm，因此本规程纠偏沉降监测等级选择不低于二级。

7.2.3 纠偏工程的沉降监测高程系统通常采用独立系统，必要时采用国家高程系统或所在地方的高程系统。纠偏施工期间，高程基准点应至少复测一次；当沉降监测结果出现异常或当测区受到暴雨、振动等外界因素影响时，也需及时进行复测。

7.2.4 纠偏过程中建筑物基础变形协调、上部结构和基础之间变形协调至关重要，它关系到纠偏工程的成败。沉降监测点的加密布置是为了准确反映纠偏过程中建筑物的变形特征，指导和控制纠偏施工行为，以实现建筑物的协调变形。

7.2.5 沉降监测报告，应对建筑物沉降全过程的发展变化进行分析，对纠偏工程竣工后建筑物沉降和倾斜现状进行评价，并对其发展趋势进行评估。

7.3 倾 斜 监 测

7.3.1 计算建筑物的倾斜率，上下测点的高度差应采用实测值。

7.3.2 建筑物倾斜监测，可选用投点法、测水平角法、前方交会法、激光铅直仪法、吊垂球法等监测方法。

7.4 裂 缝 监 测

7.4.3 纠偏施工前，对建筑物裂缝进行观测是一项非常必要的工作，裂缝观测记录各方应签字。

7.5 水平位移监测

7.5.1 靠近边坡地段或滑坡地段倾斜建筑物的水平位移监测至关重要。如果建筑物纠偏过程中发生了水平位移，将会威胁到建筑物的结构安全和人民生命财产安全，因此必须及时进行水平位移监测，以便尽早发现问题，立即采取措施，控制变形发展，避免造成损失。

8 工 程 验 收

8.0.1 当设计要求高于本规程第 3.0.2 条规定的纠偏合格标准时，纠偏施工应达到设计规定的标准后方可验收。

8.0.3 纠偏工程质量验收的主要内容包括倾斜率、新增部分和恢复部分的建筑、结构、管线等质量验收。

中华人民共和国行业标准

混凝土结构工程无机材料后锚固技术规程

Technical specification for post-anchoring used
in concrete structure with inorganic anchoring material

JGJ/T 271—2012

批准部门：中华人民共和国住房和城乡建设部
施行日期：2 0 1 2 年 8 月 1 日

中华人民共和国住房和城乡建设部
公　告

第 1282 号

关于发布行业标准《混凝土结构 工程无机材料后锚固技术规程》的公告

现批准《混凝土结构工程无机材料后锚固技术规程》为行业标准，编号为 JGJ/T 271-2012，自 2012 年 8 月 1 日起实施。

本规程由我部标准定额研究所组织中国建筑工业出版社出版发行。

中华人民共和国住房和城乡建设部

2012 年 2 月 8 日

前　言

根据住房和城乡建设部《关于印发〈2010 年工程建设标准规范制订、修订计划〉的通知》（建标〔2010〕43 号）的要求，规程编制组经广泛调查研究，认真总结实践经验，参考有关国际标准和国外先进标准，并在广泛征求意见的基础上，编制本规程。

本规程的主要技术内容是：1. 总则；2. 术语和符号；3. 材料要求；4. 设计；5. 施工；6. 检验与验收。

本规程由住房和城乡建设部负责管理，由济南四建（集团）有限责任公司负责具体技术内容的解释。执行过程中如有意见和建议，请寄送济南四建（集团）有限责任公司（地址：山东省济南市天桥区济洛路 163 号，邮政编码：250031）。

本规程主编单位：济南四建（集团）有限责任公司

潍坊昌大建设集团有限责任公司

本规程参编单位：山东省建筑科学研究院

河北省建筑科学研究院

烟台大学

郑州大学

青海省建筑建材科学研究院

甘肃省建筑科学研究院

江苏省建筑科学研究院有限公司

滨州市建设工程质量监督站

济宁市建设工程质量监督站

重庆市建筑科学研究院

山东华森混凝土有限公司

潍坊市建设工程质量安全监督站

济南中方加固改建有限公司

广州穗监工程质量安全检测中心

青岛固立特建材科技有限公司

山东省建筑设计研究院

重庆建工住宅建设有限公司

本规程主要起草人员：崔士起　成　勃　曹晓岩

朱九洲　张连悦　郑广斌

梁玉国　周新刚　刘立新

高永强　晏大玮　顾瑞南

焦海棠　赵吉刚　姜丽萍

李建业　马玉善　张　健

谢慧东　王东军　王自福

鲁统卫　李战发　焦自明

余炳星　吴福成　孙树勋

边智慧　冯　坚　张京街

陈　放　邢庆毅　张　癸

张维汇　初明进　任广平

周尚永　刘宗建　王国力

王宝科　王泉波　王维奇

本规程主要审查人员：高小旺　郝挺宇　李　杰

周学军　焦安亮　鲁爱民

王金玉　刘俊岩　徐承强

目 次

Contents

1 总 则

1.0.1 为促进无机材料后锚固技术在混凝土结构工程中的合理应用，做到技术先进、安全适用、经济合理、确保质量，制定本规程。

1.0.2 本规程适用于钢筋混凝土、预应力混凝土以及素混凝土结构采用无机材料进行后锚固工程的设计、施工与验收；不适用于轻骨料混凝土及特种混凝土结构的后锚固。

1.0.3 采用无机材料进行后锚固的混凝土结构抗震设防烈度不应大于 8 度（0.2g），且不应直接承受动力荷载重复作用。

1.0.4 混凝土结构工程无机材料后锚固技术除应符合本规程外，尚应符合国家现行有关标准的规定。

2 术语和符号

2.1 术 语

2.1.1 无机材料后锚固胶 inorganic anchorage adhesive

以无机胶凝材料为主要原料，加入填料和其他添加剂制得的用于锚固的胶，简称无机胶。

2.1.2 锚筋 anchorage bars

用于后锚固工程中的光圆或带肋钢筋。

2.1.3 无机材料后锚固技术 technic of post-anchorage used in concrete structure with inorganic anchoring material

采用无机胶将锚筋有效地锚固于既有混凝土结构中的技术。

2.1.4 基体 base

用于锚固锚筋并承受锚筋传递作用的混凝土结构或构件。

2.1.5 抗拔承载力检验 anchorage capacity test

沿锚筋轴线施加轴向拉拔荷载，以检验其锚固性能的现场试验。抗拔承载力检验可分为破坏性检验和非破坏性检验。

2.1.6 锚孔 drilling hole

进行锚固工程时，为布置锚筋而施工的钻孔。

2.2 符 号

B——基体沿锚固方向的尺寸；

D——锚孔直径；

d——锚筋直径；

d_1——机械锚固墩头直径；

$f_{bd.1}$——锚筋与无机胶的粘结强度设计值；

$f_{bd.2}$——无机胶与混凝土基体的粘结强度设计值；

f_s——锚筋锚固段在承载力极限状态下的强度设

计值；

h——机械锚固墩头长度；

l_{ds}——锚固深度设计值；

l_s——锚固深度计算值；

$l_{s.1}$——锚筋与无机胶界面的锚固深度计算值；

$l_{s.2}$——无机胶与基体界面的锚固深度计算值；

N_s——锚筋受拉承载力设计值；

N_0——锚筋的极限抗拔承载力实测值；

α_{spt}——为防止混凝土劈裂引用的计算系数；

γ_1——后锚固连接重要性系数；

η——群锚效应折减系数；

ξ——带肋钢筋机械锚固系数；

σ_s——进行后锚固深度计算时采用的锚筋应力计算值；

ψ_{ae}——考虑植筋位移延性要求的修正系数；

ψ_N——考虑结构构件受力状态对锚筋受拉承载力影响的修正系数。

3 材料要求

3.0.1 无机胶可按供货状态分为散装粉料式和锚固包式，应根据现场条件合理选用。

3.0.2 无机胶性能应满足表 3.0.2 的技术要求，其检验方法和抽样数量应符合现行行业标准《混凝土结构工程用锚固胶》JG/T 340 的规定。

表 3.0.2 无机胶技术要求

序号	项 目			要 求
1	外观质量			色泽均匀、无结块
2	施工时的使用温度范围			满足产品说明书标称的使用温度范围
3	拌合物性能	泌水率（%）		0
		凝结时间（min）	初凝	≥30
			终凝	≤120
		氯离子含量（%）		≤0.1
4	胶体性能	竖向膨胀率（%）	1d	≥0.1
			28d	≥0.1
		抗压强度（MPa）	1d	≥30.0
			28d	≥60.0
5	约束拉拔条件下带肋钢筋与混凝土的粘结强度（MPa）（Φ25，锚固深度150mm）		C30混凝土	≥8.5
			C60混凝土	≥14.0

注：氯离子含量系指其占胶凝材料总量的百分比。

3.0.3 无机胶中集料最大粒径不应大于 0.5mm。

3.0.4 基体应密实，后锚固区域不应有裂缝、风化等劣化现象，并应能承担锚筋传递的作用。

3.0.5 基体混凝土抗压强度实际值不宜低于20MPa，且不应低于15MPa。

3.0.6 本规程所指锚筋应为光圆钢筋、带肋钢筋等非预应力筋，其质量应符合现行国家标准《钢筋混凝土用钢 第1部分：热轧光圆钢筋》GB 1499.1、《钢筋混凝土用钢 第2部分：热轧带肋钢筋》GB 1499.2、《钢筋混凝土用余热处理钢筋》GB 13014等相关标准的规定。

4 设　计

4.1 一般规定

4.1.1 后锚固连接设计所采用的设计使用年限应与整个被连接结构的设计使用年限一致。

4.1.2 后锚固工程实施前应对后锚固部位的混凝土强度、基体尺寸及钢筋位置等项目进行检测，对后锚固部位的混凝土密实程度进行检查。

4.1.3 后锚固连接设计，应根据被连接结构类型、锚固连接受力性质的不同，对其破坏形态加以控制，应保证结构构件破坏时不发生锚筋滑脱或基体破坏。

4.1.4 后锚固深度应按锚固深度设计值确定，并应满足构造要求。

4.1.5 光圆钢筋锚固段的端部应采取机械锚固措施，带肋钢筋锚固段的端部可采取机械锚固措施。

4.2 计　算

4.2.1 锚筋锚固段在承载力极限状态下的强度设计值 f_s 应符合下式规定：

$$f_s \leqslant \frac{\eta}{\gamma_0 \cdot \gamma_1} f_y \qquad (4.2.1)$$

式中：η——群锚效应折减系数：对于受拉锚筋，相邻锚筋之间的净距不大于最小锚筋直径的3倍时取0.75，相邻锚筋净距大于最小锚筋直径的10倍时取1.0，其间按线性插值法确定；对于受压锚筋取1.0；

f_y——锚筋原材料抗拉强度设计值，应按现行国家标准《混凝土结构设计规范》GB 50010取值；

γ_0——结构重要性系数，应按现行国家标准《建筑结构可靠度设计统一标准》GB 50068的规定，安全等级为一、二、三级的建筑结构，分别不应小于1.1、1.0、0.9；

γ_1——后锚固连接重要性系数：对于破坏后果很严重的重要锚固，取1.2；一般的锚固取1.1。

4.2.2 进行后锚固深度计算时采用的锚筋应力计算值 σ_s 应符合下列公式的规定：

$$\sigma_s \geqslant f_s \qquad (4.2.2-1)$$
$$\sigma_s \leqslant f_{yk} \qquad (4.2.2-2)$$

式中：f_{yk}——锚筋原材料抗拉强度标准值，应按现行国家标准《混凝土结构设计规范》GB 50010取值。

4.2.3 锚筋的锚固深度计算值 l_s 应按下式计算：

$$l_s = \max\{l_{s,1}, l_{s,2}\} \qquad (4.2.3)$$

式中：$l_{s,1}$——锚筋与无机胶界面的锚固深度计算值（mm）；

$l_{s,2}$——无机胶与基体界面的锚固深度计算值（mm）。

4.2.4 锚筋与无机胶界面的锚固深度计算值 $l_{s,1}$ 应按下式计算：

$$l_{s,1} = \xi \frac{0.2\alpha_{spt}d\sigma_s}{f_{bd,1}} \qquad (4.2.4)$$

式中：ξ——带肋钢筋端部机械锚固影响系数，取0.8；其余均取1.0；

α_{spt}——为防止混凝土劈裂引用的计算系数，按表4.2.4取值；

d——锚筋直径（mm）；

σ_s——锚筋应力计算值（MPa）；

$f_{bd,1}$——锚筋与无机胶的粘结强度设计值，宜通过试验取得粘结强度标准值，试验方法应符合国家标准《混凝土结构加固设计规范》GB 50367-2006附录K的规定，材料分项系数可取1.4；无试验数据时，锚筋为光圆钢筋且采取机械锚固措施时可取3.5MPa，锚筋为带肋钢筋时可取5.0MPa。

表 4.2.4 考虑混凝土劈裂影响的计算系数 α_{spt}

混凝土保护层厚度（mm）		25	30	35	≥40
锚筋直径 d（mm）	≤20	1.0	1.0	1.0	1.0
	25	1.1	1.05	1.0	1.0
	32	1.25	1.15	1.1	1.05

4.2.5 无机胶与基体界面的锚固深度计算值 $l_{s,2}$ 应按下式计算：

$$l_{s,2} = \frac{0.2\alpha_{spt}d\sigma_s}{f_{bd,2}} \cdot \frac{d}{D} \qquad (4.2.5)$$

式中：α_{spt}——为防止混凝土劈裂引入的计算系数，按本规程表4.2.4取值，此时表中锚筋直径 d 按孔径 D 考虑；

$\dfrac{d}{D}$——锚筋直径 d 与锚孔直径 D 的比值，当 $\dfrac{d}{D} < 0.65$ 时，取 $\dfrac{d}{D} = 0.65$；

$f_{bd,2}$——无机胶与基体的粘结强度设计值，按表4.2.5取值。

表 4.2.5 无机胶与基体的粘结强度设计值

基体情况	混凝土强度等级					
	C15	C20	C25	C30	C40	≥C60
$f_{bd,2}$（MPa）	1.7	2.3	2.7	3.4	3.6	4.0

4.2.6 锚筋的锚固深度设计值 l_{ds} 应符合下式规定：

$$l_{ds} \geqslant \psi_N \psi_{ae} \psi_d l_s \qquad (4.2.6)$$

式中：ψ_N——考虑结构构件受力状态对锚筋受拉承载力影响的修正系数，当为悬挑结构构件时，取 1.5；当为非悬挑的重要构件接长时，取 1.15；当为其他构件时，取 1.0；

ψ_{ae}——考虑后锚固位移延性要求的修正系数，对抗震等级为一、二级的混凝土结构，取 1.25；对抗震等级为三、四级的混凝土结构，取 1.1。

ψ_d——考虑锚筋公称直径的修正系数，公称直径不大于 25mm 时，取 1.0；公称直径大于 25mm 时，取 1.1。

4.3 构 造 措 施

4.3.1 按构造要求的最小锚固深度 l_{min} 应取 12d 和 150mm 的较大值，对于悬挑结构构件，尚应乘以 1.5 的修正系数。

4.3.2 按构造要求的最大锚固深度 l_{max} 应满足下列公式的规定：

1 受压锚筋

$$l_{max} \leqslant B - \max(10d, 100) \qquad (4.3.2-1)$$

2 其他锚筋

$$l_{max} \leqslant B - \max(5d, 50) \qquad (4.3.2-2)$$

式中：B——基体沿锚固方向的尺寸（mm）；

d——锚筋直径（mm）。

4.3.3 锚孔直径与锚筋直径的对应关系应满足表 4.3.3 的要求。

表 4.3.3 锚孔直径与锚筋直径的对应关系

锚筋直径 d（mm）	≤16	>16，≤25	>25
锚孔直径 D（mm）	≥d+4	≥d+6	≥d+8

4.3.4 机械锚固措施（图 4.3.4）可采取墩头、焊接等方法取得，其端部的直径 d_1、长度 h 应符合下列公式的规定：

$$d_1 \geqslant \begin{cases} d+3 & (d \leqslant 16mm) \\ d+5 & (16mm < d \leqslant 25mm) \\ d+7 & (d > 25mm) \end{cases}$$

$$(4.3.4-1)$$

$$h \geqslant d \qquad (4.3.4-2)$$

4.3.5 锚筋与基体边缘的最小净距应符合下列规定：

1 当锚筋与基体边缘之间有不少于 2 根垂直于

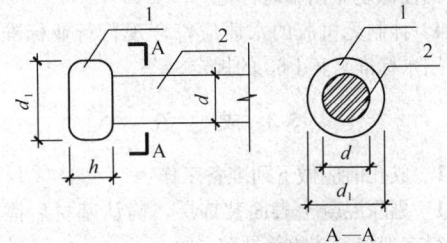

图 4.3.4 机械锚固措施示意图
1—机械锚固；2—锚筋

锚筋方向的钢筋，且配筋量不小于 $\phi8@100$ 或其等代截面积时，锚筋与基体边缘的最小净距不应小于 3d 和 50mm 的较大值；

2 其余情况时，锚筋与基体边缘的最小净距不应小于 5d 和 100mm 的较大值。

5 施 工

5.1 一 般 规 定

5.1.1 后锚固施工现场质量管理应有相应的施工技术标准、健全的质量管理体系、施工质量控制和质量检验制度。

5.1.2 后锚固施工项目应有施工组织设计和施工技术方案，并经审查批准。

5.1.3 后锚固施工应分为成孔、锚固等工序。

5.1.4 施工单位在每道工序完成后均应进行自检，并经有关单位确认其技术要求符合本规程的规定，形成隐蔽工程验收记录后，方能进行下一道工序的施工。

5.2 材 料

5.2.1 无机胶进场时应对其品种、级别、包装或散装仓号、出厂日期等进行检查，应有产品出厂质量保证书和产品说明书，应符合设计要求及现行行业标准《混凝土结构工程用锚固胶》JG/T 340 的规定。

无机胶存放期间不得受潮，不得有结块。当在使用中对无机胶质量有怀疑或无机胶出厂超过两个月时，应对其外观质量、初凝时间、氯离子含量、1d 抗压强度进行复验，并按复验结果使用。

5.2.2 锚筋进场时应有质量合格证书，进场后应抽取试件作力学性能检验，抽取方法及锚筋性能应符合现行国家标准《钢筋混凝土用钢　第 1 部分：热轧光圆钢筋》GB 1499.1、《钢筋混凝土用钢　第 2 部分：热轧带肋钢筋》GB 1499.2、《钢筋混凝土用余热处理钢筋》GB 13014 等的规定。

5.2.3 锚筋应平直、无损伤，表面不得有裂纹、油污、颗粒状或片状老锈。锚筋锚固段应除去浮锈，宜根据锚固深度做出临时标记。

5.2.4 拌制无机胶的水质应符合现行行业标准《混凝土用水标准》JGJ 63 的规定。

5.3 成 孔

5.3.1 成孔前应做下列准备工作:

1 剔除混凝土表面装饰层,确认基材后锚固区域不得有裂缝、疏松等缺陷;

2 对既有结构的钢筋布置情况进行调查,成孔时未经设计单位认可不得损伤原结构钢筋。

5.3.2 锚孔质量应符合下列规定:

1 锚孔孔壁应完整,不应有裂纹和损伤;

2 锚孔内应洁净,不应有粉末、污垢和杂物;

3 锚孔位置、深度和直径的尺寸偏差应符合表 5.3.2 的规定。

表 5.3.2 锚孔尺寸偏差

位置(mm)	深度(mm)	直径(mm)
10	≥10,且≤30	≥0,且≤5

5.4 锚 固

5.4.1 锚固施工时锚孔孔壁宜潮湿,但锚孔内不得有积水。

5.4.2 无机胶与水拌合时不得掺入其他任何外加剂或掺合料,并应符合下列规定:

1 采用散装粉料式无机胶时,应按随货提供的产品说明书上的推荐用水量加入水并搅拌均匀。机械搅拌时,搅拌时间宜为 1min～2min;人工搅拌时,宜先加入 2/3 的用水量搅拌 2min,随后加入剩余用水量继续搅拌至均匀。

2 采用锚固包式无机胶时,应将锚固包浸入水中,按随货提供的产品说明书上推荐的时间浸泡后取出。吸水后锚固包包装纸应不破损,折断锚固包,其断面中央应不见干料。

5.4.3 锚固时应先将制备好的无机胶注入锚孔内,然后将锚筋插入锚孔。锚筋的锚固深度应满足设计要求,锚筋与孔壁的间隙应均匀,间隙中应充满无机胶,不应有气泡或缝隙。

采用锚固包形式无机胶时,浸水后的锚固包送入锚孔前应将包装纸去除。

5.4.4 施工中废弃的锚孔,应采用无机胶填实。

5.5 成品保护

5.5.1 后锚固完毕后 3h 内应对无机胶加以覆盖并保湿养护,保湿时间不宜少于 24h。外露无机胶表面不应有龟裂或分层裂缝。冬期施工时,应考虑相应措施。

5.5.2 对锚筋成品应进行保护,24h 内不得对其进行碰撞,72h 内不得承受外部荷载作用。

5.5.3 锚筋可采用焊接方式连接,焊接时无机胶的龄期不得少于 72h。

6 检验与验收

6.1 检 验

6.1.1 后锚固质量检验应包括下列内容:

1 文件资料检查;

2 锚筋、无机胶的类别、规格检查;

3 锚孔质量检查;

4 锚固质量检查;

5 锚筋抗拔承载力检验。

6.1.2 文件资料检查应包括下列内容:

1 设计施工图纸、设计变更等相关文件;

2 无机胶的质量保证文件(含产品使用说明书、检验报告、合格证、生产日期、进场复验报告等);

3 锚筋的质量合格证书(含锚筋型号、材料规格等);

4 经审查批准的施工组织设计和施工技术方案;

5 施工过程中各工序自检记录、隐蔽工程验收记录等;

6 基体混凝土强度现场检测报告;

7 工程中重大问题的处理方法和验收记录;

8 其他必要的文件和记录。

6.1.3 锚孔质量检查应包括下列内容:

1 锚孔的位置、深度、直径;

2 锚孔的清孔情况;

3 锚孔周围基体不得存在缺陷;

4 成孔时不得损伤原有钢筋。

6.1.4 锚固质量检查应包括下列内容:

1 锚筋规格、位置、直径等;

2 无机胶硬化情况;

3 锚筋的锚固情况。

6.1.5 锚筋抗拔承载力检验宜在后锚固施工完毕 3d 后进行,锚筋抗拔承载力检验方法应符合本规程附录 A 的规定。

6.1.6 后锚固质量的检验可按工作班、楼层或施工段划分为若干检验批。

6.1.7 检验批的质量检验应符合下列规定:

1 对材料的进场复验,应按进场的批次和产品的抽样检验方案执行;

2 对锚固承载力检验,应按本规程附录 A 执行;

3 对其余项目,应按同一检验批数量的 10%,且不应少于 5 处进行随机抽样。

6.2 验 收

6.2.1 检验批合格质量应符合下列规定:

1 锚筋抗拔承载力抽样检验满足设计及本规程附录 A 的要求；

2 其余项目的质量经抽样检验合格；当采用计数检验时，合格点率不应小于 80%，且不合格点的最大偏差均不应大于允许偏差的 1.5 倍；

3 具有完整的施工操作依据、质量检查记录。

6.2.2 后锚固工程施工质量验收合格应符合下列规定：

1 有完整的文件资料且均为合格；

2 所有检验批检验均合格。

6.2.3 后锚固工程施工质量不符合要求时，应按下列规定进行处理：

1 返工返修，应重新进行验收；

2 经有资质的检测单位检测鉴定达到设计要求的，应予以验收；

3 经有资质的检测单位检测鉴定达不到设计要求，但经原后锚固设计单位核算并确认仍可满足结构安全和使用功能的，可予以验收；

4 经返修或加固处理后能够满足结构安全使用要求的工程，可根据技术处理方案和协商文件进行验收。

6.2.4 经返修或加固处理后仍不能满足结构安全使用要求的工程，不得验收。

附录 A　锚筋抗拔承载力现场检验方法及质量评定

A.1　基 本 规 定

A.1.1 本方法适用于混凝土结构工程无机材料后锚固施工质量的现场检验。

A.1.2 后锚固施工质量现场检验抽样时，应以同一规格型号、基本相同的施工条件和受力状态的锚筋为同一检验批。

A.1.3 锚筋抗拔承载力检验应分为破坏性检验和非破坏性检验，并应符合下列规定：

1 破坏性检验用于检验完成后不再继续工作、并与其他锚筋应处于同一施工工艺水平的锚筋；破坏性检验应按同一检验批数量的 1%，且不少于 3 根进行随机抽样；

2 非破坏性检验用于检验完成后仍将处于工作状态的锚筋；对于重要结构构件及生命线工程非结构构件，非破坏性检验应按同一检验批数量的 3%，且不少于 5 根进行随机抽样；对于一般结构及其他非结构构件，非破坏性检验应按同一检验批数量的 2%，且不少于 5 根进行随机抽样。

A.1.4 检验方法的选用应符合下列规定：

1 对仲裁性检验或委托方认为有必要时，应采

用破坏性检验。

2 对重要结构构件及生命线工程非结构构件，可采取破坏性检验或非破坏性检验。当采取破坏性检验时，应选择易修复或重新锚固的位置。

3 对其他工程锚筋，宜采取非破坏性检验。

A.1.5 现场检验应由通过计量认证、有相应检测资质的单位进行，检测人员应经专门培训并考核合格，所用仪器应符合本规程附录 A 第 A.2 节的要求。

A.2　仪器设备要求

A.2.1 现场检验用的仪器、设备应处于校验有效期内。

A.2.2 测力系统应符合下列规定：

1 压力表和千斤顶的量程应为最大试验荷载的 $(1.5\sim5.0)$ 倍，压力表精度不应低于 1.5 级；

2 测力系统整机误差应为 $\pm2\%$F.S.。

A.3　试 验 装 置

A.3.1 试验前应检查试验装置，使各部件均处于正常状态。

A.3.2 抗拔承载力检验的支撑环应紧贴基体，保证施加的荷载直接传递至被检验锚筋，且荷载作用线应与被检验锚筋的轴线重合。

A.3.3 加荷设备支撑环内径 D_0 应符合下式规定：

$$D_0 \geqslant \max(7d, 150\text{mm}) \tag{A.3.3}$$

A.4　加 载 方 法

A.4.1 破坏性检验的检验荷载值不应小于 $1.45N_s$；非破坏性检验的检验荷载值不应小于 $1.15N_s$，其中锚筋受拉承载力设计值 N_s 应符合下式规定：

$$N_s \geqslant f_s A_s \tag{A.4.1}$$

式中：f_s——锚筋锚固段在承载力极限状态下的强度设计值，应由设计单位提供。设计单位未提供时，宜取 f_y；

A_s——所检锚筋材料的截面面积。

A.4.2 锚筋抗拔承载力检验应采取连续加载的方法。加载时应匀速加至检验荷载值或出现破坏状态，加载时间应为 2min～3min。

A.4.3 当出现下列情况之一时，应终止加荷，并匀速卸荷，该锚筋抗拔承载力检验结束：

1 试验荷载达到检验荷载值并持荷 3min 后；

2 锚筋钢材拉伸破坏或基体出现裂缝等破坏现象时。

A.5　检 验 结 果 评 定

A.5.1 出现下列情况之一时可以判定该锚筋抗拔承载力合格：

1 在检验荷载值作用下 3min 的时间内，基体无开裂，锚固段不发生明显滑移；

2 达到检验荷载值且锚筋钢材拉伸破坏。

A.5.2 当不能满足本规程第 A.5.1 条时，应对该锚筋抗拔承载力评定为不合格。

A.5.3 检验批的合格评定应符合下列规定：

    1 当一个检验批所抽取的锚筋抗拔承载力全数合格时，应评定该批为合格批；

    2 当一个检验批所抽取的锚筋中有 5% 及 5% 以下（不足一根，按一根计）抗拔承载力不合格时，应另抽取 3 根锚筋进行破坏性检验，当抗拔承载力检验结果全数合格时，应评定该批为合格批；

    3 其他情况时，均应评定该批为不合格批。

本规程用词说明

    1 为便于在执行本规程条文时区别对待，对要求严格程度不同的用词说明如下：

      1） 表示很严格，非这样做不可的：

        正面词采用"必须"；反面词采用"严禁"。

      2） 表示严格，在正常情况下均应这样做的：

        正面词采用"应"；反面词采用"不应"或"不得"。

      3） 表示允许稍有选择，在条件许可时首先应这样做的：

        正面词采用"宜"；反面词采用"不宜"。

      4） 表示有选择，在一定条件下可以这样做的，采用"可"。

    2 条文中指明应按其他有关标准执行的写法为："应符合……的规定"或"应按……执行"。

引用标准名录

    1 《混凝土结构设计规范》GB 50010

    2 《建筑结构可靠度设计统一标准》GB 50068

    3 《混凝土结构加固设计规范》GB 50367

    4 《钢筋混凝土用钢　第 1 部分：热轧光圆钢筋》GB 1499.1

    5 《钢筋混凝土用钢　第 2 部分：热轧带肋钢筋》GB 1499.2

    6 《钢筋混凝土用余热处理钢筋》GB 13014

    7 《混凝土用水标准》JGJ 63

    8 《混凝土结构工程用锚固胶》JG/T 340

中华人民共和国行业标准

混凝土结构工程无机材料后
锚固技术规程

JGJ/T 271—2012

条 文 说 明

制 订 说 明

《混凝土结构工程无机材料后锚固技术规程》JGJ/T 271-2012，经住房和城乡建设部 2012 年 2 月 8 日以第 1282 号公告批准、发布。

本规程制订过程中，编制组对混凝土结构工程中采用无机材料进行后锚固时的材料要求、设计、施工、检验与验收等进行了调查研究，总结了我国各地的实践经验，同时参考借鉴了国外先进技术法规、技术标准，通过大量试验取得了一系列重要技术参数。

为便于广大设计、施工、科研、学校等单位的有关人员在使用本规程时能正确理解和执行条文规定，《混凝土结构工程无机材料后锚固技术规程》编制组按章、节、条顺序编制了本规程的条文说明，对条文规定的目的、依据以及执行中需要注意的有关事项进行了说明。但是，本条文说明不具备与规程正文同等的法律效力，仅供使用者作为理解和把握规程规定的参考。

目 次

1 总 则

1.0.1 混凝土结构工程中的后锚固连接技术与预埋连接技术相比,一方面具有施工简便、使用灵活、时间限制少等优点,另一方面其可能出现的破坏形态较多且较为复杂。后锚固技术所使用的锚固材料大致可分为无机材料和有机材料。我国先后颁布了《混凝土结构后锚固技术规程》JGJ 145-2004、《混凝土结构加固设计规范》GB 50367-2006 等标准,对采用有机材料进行后锚固的设计、施工等作了规定,但均未涉及采用无机材料的内容。无机后锚固材料是以无机胶凝材料为主要原料,加入填料和其他添加剂制得的用于锚固的胶,其特点是加入适量的水拌合后,具有早强、高强、微膨胀的性能,可以将普通钢筋有效地锚固于混凝土内。无机后锚固材料具有耐久性好、无毒环保等优点,在国内已有较多的工程应用,为安全可靠、经济合理地使用无机材料后锚固技术,确保后锚固工程质量,制定本规程。

1.0.2、1.0.3 后锚固连接的受力性能与基体材料的种类密切相关,目前国内外的科研成果及使用经验主要集中在现行国家标准《混凝土结构设计规范》GB 50010 所适用的钢筋混凝土、预应力混凝土以及素混凝土结构。对于轻骨料混凝土及特种混凝土结构以及位于抗震烈度大于 8 度(0.2g)的地区及承受直接动力荷载重复作用的混凝土结构工程,目前尚无相应的研究资料,暂不适用于本规程。

3 材料要求

3.0.1 散装粉料式一般 2kg～25kg 为一个包装,使用时称取一定的无机胶,配以相应比例的水,搅拌均匀后注入孔内;锚固包式是采用透水纸将松散的无机胶包装成比锚孔直径稍小的圆柱体,使用前将圆柱体浸入水中使其充分吸水,然后将无机胶放入孔内。

3.0.3 无机胶中集料过多、粒径过大可能造成后锚固施工困难,并可能影响无机胶的性能,从而影响后锚固效果。

3.0.4 后锚固区域指基体承担锚筋的作用时,产生较明显效应的区域。后锚固区域如存在劣化现象,将影响锚筋的锚固效果,可能过早产生破坏。

3.0.5 原基体的混凝土强度过低,将明显降低无机胶与混凝土间的有效粘结,故本条对采用后锚固技术进行加固和改造的基体作出了最低强度的限制。对于混凝土基体的强度要求,现行国家标准《混凝土结构加固设计规范》GB 50367 中规定重要构件为 C25,一般构件为 C20;现行行业标准《混凝土结构后锚固技术规程》JGJ 145 中规定不应低于 C20。本次试验针对 C20 以下的混凝土结构进行了专题研究,试验结果表明,在采取了相应的措施后,锚筋仍能满足锚固要求。

3.0.6 预应力筋的锚固应由专门的锚夹具来实现,不应采用本规程的后锚固技术。后锚固用的钢筋,应能符合国家现行有关标准的规定。

4 设 计

4.1 一般规定

4.1.2 混凝土强度是设计锚固深度的重要参数,密实的混凝土是可靠锚固的前提,确定后锚固的位置、锚筋直径等参数同样需要了解基体尺寸及钢筋位置。

4.1.3 后锚固破坏类型可分为锚筋钢材破坏、锚筋滑脱及基体破坏。锚筋钢材破坏一般具有明显的塑性变形;锚筋滑脱及基体破坏均属脆性破坏,应加以控制。

4.1.4 后锚固深度应同时满足锚固深度设计值和构造要求。

4.1.5 带肋钢筋能较好地与结构胶粘剂结合,可以保证锚固效果。圆钢与无机胶之间的粘结强度较低,因此在使用光圆钢筋作为锚筋时,应加设机械锚固措施。

4.2 计 算

4.2.1 考虑到后锚固难以做到预埋钢筋的锚固深度和弯折形状,故在设计时,锚筋的设计抗拉强度采取了一定的折减,以提高锚筋在承载力极限状态下的可靠性。锚筋达到设计规定的应力时不应发生拔出破坏或基体破坏等后锚固破坏。

在混凝土构件受力过程中,不同位置锚筋的最大设计应力是不完全相同的,没有必要要求锚筋在所有截面上均达到屈服强度。当后锚固部位的锚筋受力较大时,可采取增加锚筋数量等方法解决。

后锚固连接重要性系数 γ_1,对于破坏后果很严重的重要锚固取 1.2,一般的锚固取 1.1,是参照现行行业标准《混凝土结构后锚固技术规程》JGJ 145-2004 第 4.2.4 条的规定选取的。

关于本条的群锚效应折减系数的取值说明如下:在山东省建筑科学研究院的试验中,两根锚筋的群锚效应(Φ12 间距 36mm)折减系数为 0.8;在河北省建筑科学研究院的试验中,两根锚筋的群锚效应(Φ12 间距 120mm)折减系数为 0.71。本规程群锚效应折减最小取 0.75。Φ12 锚筋无约束时,C15 混凝土破坏范围的半径大约是 140mm,深度 50mm,考虑到破坏混凝土 25mm 深度范围浮浆层强度较弱,即锚筋间距 140mm(12d)就不会相互影响了(图 1)。对于强度稍高的混凝土,该作用半径明显变小,本规程统一规定为 10d 以上不再相互影响。后锚固工程中净距

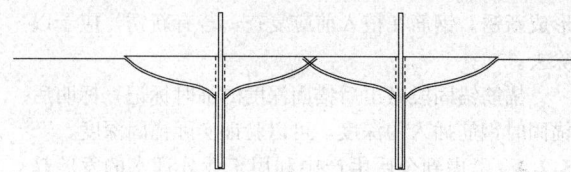

图 1 群锚破坏界面示意图

大于 10d 的情况较少，一般出现在现浇板类锚筋等工程中。受压锚筋破坏时一般不会出现椎体破坏的形式，此时可不考虑群锚效应。

4.2.3~4.2.5 锚固深度计算值考虑了机械锚固、基体混凝土强度、锚孔直径与锚筋直径的关系、锚筋种类（光圆钢筋或带肋钢筋）、锚孔与边缘的最小距离（有无钢筋的影响）等条件的影响：

1 混凝土强度不同，则混凝土与无机胶粘结强度不同，但无机胶与锚筋的粘结强度不变；

2 考虑了锚筋端部附加锚固的有利影响；

3 考虑了锚孔直径的影响，在一定范围内锚孔直径越大，对锚固越有利，但锚孔直径不可能无限制增大，故对锚孔直径的有利作用系数进行了限制；

4 无机胶与基体界面的锚固深度计算值 $l_{s,2}$ 的计算公式由锚筋与无机锚固胶界面的锚固深度计算值 $l_{s,1}$ 的计算公式推导而来。

根据现行国家标准《混凝土结构设计规范》GB 50010-2010 第 8.3.3 条的规定，采用机械锚固的，可取锚固深度计算值的 $0.6l_s$，本规程中机械锚固尺寸偏小，取 $0.8l_s$。由于机械锚固措施不会大于钻孔范围，故在无机胶与基体界面的锚固深度计算值 $l_{s,1}$ 中没有机械锚固措施的影响。

公式中考虑了混凝土强度的影响。中国建筑科学研究院结构所针对新旧混凝土界面的粘结强度进行了一系列的试验研究，研究结果中 C20 及以上混凝土等级的粘结强度均小于本规程的规定（表 1）。本规程 C15 混凝土与无机胶结合面按该研究的粘结强度取值是偏于保守的。

表 1　结合面混凝土抗剪强度 f_{vk}（N/mm²）

混凝土强度等级	C10	C15	C20	C25	C30	C35	C40	C45	C50	C60
f_{vk}	1.25	1.70	2.10	2.50	2.85	3.20	3.50	3.80	3.90	4.10

劈裂影响的计算系数按现行国家标准《混凝土结构加固设计规范》GB 50367 的规定取值，粘结强度设计值取基体混凝土强度不小于 C60 的情况，这是因为此时的基体为无机胶，无机胶的强度不小于 C60。

光圆钢筋粘结强度按行业标准《水泥基灌浆材料》JC/T 986 的技术要求，圆钢不小于 4.0MPa。现行国家标准《混凝土结构设计规范》GB 50010 中规定混凝土材料的分项系数取 1.4，无机胶参照执行，

并考虑光圆钢筋端部的机械锚固措施的有利作用，取 3.5MPa。

根据材料要求，带肋钢筋与 C30 混凝土之间的粘结强度应不小于 8.5MPa，材料分项系数为 1.4，设计值可不小于 6.1MPa；按国家标准《混凝土结构加固设计规范》GB 50367-2006 第 12.2.4 条的规定，基体混凝土强度不小于 C60 时取 5.0MPa，本规程取较低值。

4.3　构　造　措　施

4.3.1 现行国家标准《混凝土结构设计规范》GB 50010-2010 第 9.2.2 条，简支梁和连续梁简支端的下部纵向受力钢筋深入支座内的锚固深度，对带肋钢筋不应小于 12d，对光圆钢筋不应小于 15d；第 9.3.5 条，梁柱节点中梁钢筋的锚固要求：计算中不利用该钢筋强度时，伸入支座的锚固深度对带肋钢筋不小于 12d，对光圆钢筋不小于 15d。采取机械锚固措施的锚筋锚固可取锚固深度计算值的 60%。故本规程最小锚固深度取 12d。

有专家指出牛腿、框架节点等构造措施不应小于 20d。本规程已在锚筋的锚固深度设计值中考虑了受力状态为悬挑时的影响系数 1.5，此时的锚固深度设计值均已大于 20d，故不再在构造措施中另行规定。

依据本规程的计算公式，锚筋受拉状态下锚固深度一般为 16d~35d，在工程中可以较为顺利地实现。如混凝土强度较低、受力状态较严格等状态时锚固深度较大，实施较为困难，可考虑采用其他方法综合处理。

4.3.2 本条文规定了最大锚固深度，有利于保证后锚固基体的结构受力性能，同时降低现场施工难度。锚固深度过大，在施工过程中，如控制不当时会出现穿透基体，引起基体损伤过大。对于受压锚筋，由于锚筋的弹性模量远大于无机胶的弹性模量，故锚筋端部对基体的局部压力仍然较大，剩余混凝土厚度过薄还可能造成局部冲切破坏（图 2）。

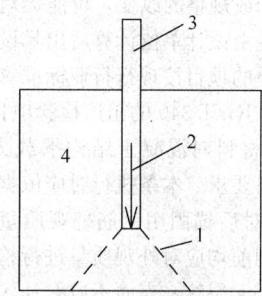

图 2　局部冲切破坏示意图
1—冲切破坏椎体最不利一侧的斜
截面；2—锚筋对混凝土的局部
压力 N；3—锚筋；4—基体

4.3.3 本条文规定了锚孔直径与锚筋直径的对应关

系。锚孔直径过小，则无机胶与混凝土界面的界面面积较小，无机胶层较薄，膨胀量较小，不利于无机胶与锚筋的锚固；锚孔直径亦不应过大，过大不仅施工困难、费时费工费料，而且更容易对原结构和已有钢筋造成损伤。

4.3.4 在锚筋末端设置机械锚固是减小锚固长度的有效方式，其原理是利用受力钢筋端部机械锚固的锚头对无机胶的局部挤压作用加大锚固承载力，减小发生锚筋滑移的可能性。机械锚固措施应与锚筋端部连接牢靠，本规程参照现行国家标准《混凝土结构设计规范》GB 50010－2010 中第 8.3.3 条规定了机械锚固措施。

4.3.5 锚筋距混凝土边缘过小容易发生混凝土边缘的劈裂破坏，故应对锚筋与混凝土边缘的最小距离加以限制。

5 施 工

5.1 一般规定

5.1.1 根据现行国家标准《建筑结构施工质量验收统一标准》GB 50300 的有关规定，本条对混凝土结构无机材料后锚固施工现场和施工项目的质量管理体系和质量保证体系提出了要求。施工单位应推行生产控制和合格控制的全过程质量控制。对施工现场质量管理，要求有相应的施工技术标准、健全的质量管理体系、施工质量控制和质量检验制度。

5.1.2 对具体的施工项目，要求有经审查批准的施工组织设计和施工技术方案，对涉及结构安全和人身安全的内容，应有明确的规定和相应的措施。

5.2 材 料

5.2.1 无机锚固材料进场时，应根据产品合格证检查其品种、型号、级别、规格和出厂日期，并有序存放，以免造成混料错批。无机锚固材料或锚筋的品种、型号、级别或规格的改变，可能会对后锚固锚固力产生影响，应由设计单位计算后出具设计变更通知书。无机胶复验的项目按现行行业标准《混凝土结构工程用锚固胶》JG/T 340 的出厂检验项目执行。

5.2.2 锚筋原材料对混凝土结构承载力至关重要，对其质量应严格要求。本条执行时应依据相关要求。

5.2.3 为加强对后锚固用钢筋外观质量的控制，钢筋进场时和使用前均应对外观质量进行检查。钢筋应平直、无损伤、无裂纹，表面不应有油污、颗粒状或片状老锈，以免影响钢筋强度和与无机胶的有效粘结。

后锚固之前有专门对锚筋除锈、除油污的工序，但此项工序与后锚固往往间隔有一段时间，而钢筋表面的钝化层被除去后，很容易在潮湿的空气中氧化，

形成新锈。钢筋在植入前应复查，若有新锈，应予以除去。

锚筋锚固段做出后锚固深度的临时标记，标明后锚固时钢筋插入的深度，可以验证实际锚固深度。

5.2.4 考虑到今后生产中利用工业处理水的发展趋势，除采用饮用水外，也可采用其他水源，但其质量应符合现行行业标准《混凝土用水标准》JGJ 63 的规定。

5.3 成 孔

5.3.1 成孔前应查明后锚固区域内不得有缺陷、裂缝；应采用有效手段探明原有钢筋的位置，未经设计许可，在成孔时不得伤及原有钢筋。

钻孔工具采用冲击钻和水钻均可，两类工具成孔孔壁粗糙程度略有不同，但均不会影响正常锚固。钻孔时遇到原有钢筋，有可能对原有结构造成损害，并容易卡住钻头，并可能对施工人员和机械设备造成伤害。故后锚固时应避开原有钢筋。采用水钻时，钻头遇到钢筋时操作人员不易察觉，应尤其注意避免对原有钢筋造成损伤。

5.3.2 后锚固孔壁如有裂缝或其他局部损伤，在后锚固完成后的结构受力过程中，有可能在局部受拉、受压时首先破坏，降低结构承载力。

本条文还规定了钻孔位置、深度、直径的允许偏差，以保证后锚固工程的施工质量。过大的尺寸偏差可能影响基体的受力性能、使用功能，也可能影响下一步工序的顺利进行。

后锚固位置偏差过大可能造成锚筋的受力状态与设计不一致，影响结构安全；由于钻头端部为锥状，加上无机胶的影响，锚筋实际植入的深度往往小于锚孔实际深度，故要求锚孔实际深度值应比锚固设计深度值大 10mm。

5.4 锚 固

5.4.1 孔壁保持潮湿可以增强无机锚固材料与基体的粘结，但孔内积水将影响无机胶的配合比，故注入无机胶时不得有积水。

5.4.2 无机胶中的掺料配比是生产研究单位经过多种配方对比后优选而来的，优选时考虑了多种因素的影响，且生产时添加掺料配比统一、质量稳定。施工中随意增添掺料将可能使无机胶的某些指标发生较大的偏差，质量波动较大，影响后锚固的施工质量。

无机类锚固胶的用水量比对锚固的强度、可操作性等均有很大影响，用水量应严格按产品使用说明书的要求，固定专人负责配制和复核。无机类锚固胶的配制，应避免无机胶溅出，避免无机胶内混入空气、粉尘、油污等。

锚固包的浸入水中的时间与锚固包的直径有关，浸水时间过长可能造成无机胶初凝或包装纸破损；浸

水时间过短可能造成锚固包内部仍为干料。

5.4.3 后锚固的施工可按以下方法进行：

将制备好的无机胶注入孔内，注入量可参考产品说明书，并根据本次工程的实际情况来确定，一般为锚孔深度的 $1/2\sim2/3$，并以锚筋插入孔内后有少量无机胶溢出孔口为宜。无机胶注入孔内后，应立即将锚筋边旋转边插入孔内，避免将空气带入孔内，并可使钢筋充分接触无机胶。锚筋插入锚孔后并校正方向，使锚筋的锚固深度、位置满足设计要求。锚筋的锚固深度范围内应充满无机胶，否则应立即拔出钢筋，重新注入无机胶再插入钢筋，不应在钢筋与孔壁之间的缝隙直接注入无机胶。

锚固包的包装纸在施工过程中难以被充分捣碎并均匀分布于胶体中，并可能会在无机胶与混凝土壁之间形成部分隔离层，从而影响粘结强度。因此本规程规定浸水后的锚固包送入锚孔前应将包装纸去除。

无机胶注入孔内可采取下列方式进行：

1 利用无机胶流动性好的特点，依靠自重自由流至孔的最深处。

2 仅靠无机胶的自重不能满足施工要求时，采用高位料斗提高无机胶的位能差，使无机胶自由流至孔的最深处。

3 采用增压或减压设备，使无机胶达到孔的最深处并使无机胶充满所填充的部位。

无机胶有继续溢出趋势的，可采用吸水材料堵住孔口。此时无机胶的水灰比减小，流动性会相应减小。

5.4.4 后锚固施工时会产生深度位置等不满足要求的废孔，废孔如不进行处理，则可能造成混凝土内部缺陷，影响结构安全。

5.5 成品保护

5.5.1 虽然大部分无机胶与外界不接触，但无机胶表面失水可能产生较深的裂缝，影响锚筋的锚固性能。

5.5.2 无机胶硬化强度增长需要一定的时间，过早的碰撞和外部荷载作用可能使胶层内部产生微裂缝，影响粘结性能。故规定从无机胶初凝到养护时间完成的时间内，不得触动锚筋，锚筋不得承受外部荷载作用，以免影响锚筋的锚固效果。

5.5.3 根据试验数据，现场养护条件下 72h，无机胶的抗压强度一般能达到 40MPa 以上。无机胶与混凝土属同类型的材料，理论分析和试验数据均表明，此时焊接产生的短时间高温不会对无机胶的粘结性能产生影响，因此作了本条规定。

6 检验与验收

6.1 检 验

6.1.4 后锚固外观质量检查方便快捷，可作为后锚

固质量的初步检查。检查时可用圆钢钉刻画等方式检查无机胶硬化程度；可用手拔、摇等方式初步检查锚筋的锚固情况。

6.1.5 锚筋抗拔承载力检验需无机胶达到一定的强度后才能进行。虽然无机胶在标准养护状态下 1d 即可达到 30MPa，但考虑到工程现场条件的不确定性，一般要求宜在施工完毕 3d 后进行抗拔承载力检验。如果养护温度过低，检验的时间可相应延后。

6.2 验 收

6.2.1～6.2.4 本节内容是根据现行国家标准《建筑工程施工质量验收统一标准》GB 50300 的相关要求规定的。

附录 A 锚筋抗拔承载力现场检验方法及质量评定

A.1 基 本 规 定

A.1.1 对后锚固工程进行锚筋抗拔承载力现场检测，检测时锚筋、无机胶、基体均受力，较为全面地反映了后锚固工程的质量。

A.1.2 规定了同一检验批的定义，以便现场检验时抽检。

A.1.3、A.1.4 规定了破坏性检验和非破坏性检验的选用原则和抽检数量。

破坏性检验反映了无机胶后锚固的最终抗拔承载力，对于较为重要的后锚固工程，应采取此方法进行检验。但检验破坏后的锚筋已作废，需要重新进行后锚固，有些情况下（如梁柱节点处）在基体上难以再次找到后锚固的空间，并增加施工费用、难度和工期，此时可采取非破坏性检验。

具体的抽检部位一般由建设、监理和施工单位共同确定。

A.2 仪器设备要求

A.2.1 为保证测试数据准确，现场检验所用的设备，如拉拔仪、测力仪等，应保证其处于校验有效期。

A.3 试 验 装 置

A.3.3 加荷设备的支撑环与锚筋净距如果尺寸过小，将对孔口混凝土形成约束，从而造成拉拔承载力提高的假象，故规定本条。现行行业标准《混凝土结构后锚固技术规程》JGJ 145 - 2004 规定为 max$(12d，250)$，但锚筋间距往往小于 $12d$，现场检验时支撑环的放置易受周边钢筋的影响；现采用现行国家标准《建筑结构加固工程施工质量验收规范》GB

50550 中的规定，并规定了最小值。

A.4 加 载 方 法

A.4.1 根据现行国家标准《建筑结构加固工程施工质量验收规范》GB 50550-2010 附录 W.5.2 的要求，破坏性检验用安全系数，对于钢材破坏时取 1.45。若在此检验荷载下未发生锚固破坏现象，可判定为检验结果合格；非破坏性检验取 1.15 倍设计荷载系根据《建筑结构加固工程施工质量验收规范》GB 50550-2010 第 W.4.1 条的规定。加载时间的规定，《建筑结构加固工程施工质量验收规范》GB 50550-2010 中取 2min～3min 加载至设定的检验荷载，2min～7min 加载至破坏荷载。

有文献中还提到分级加荷法和分级循环加荷法，但未能说明分级加荷和分级循环加荷与连续加荷检验之间的联系，为保证检验标准的唯一性，本规程只采用连续加载法。

A.5 检验结果评定

A.5.1 现行国家标准《建筑结构加固工程施工质量

验收规范》GB 50550、现行行业标准《混凝土结构后锚固技术规程》JGJ 145 等标准中规定持荷期间荷载不降低或降低不超过 5％为合格。在实际操作中，有可能因为加载设备的原因（如千斤顶油缸密闭性能不好等）造成荷载降低，容易造成争议。故本规程规定保持检验荷载值 3min，观察锚筋根部是否有明显滑移。

A.5.2 后锚固破坏状态可分为界面破坏（锚固胶与混凝土界面破坏或锚固胶与锚筋界面破坏）、锚筋受拉破坏（锚筋拉断）和基体破坏（混凝土锥状受拉破坏、基体边缘破坏或混凝土劈裂破坏）三类。破坏状态中含有界面破坏时，锚筋瞬间滑移，锚筋抗拔承载力急剧下降，属脆性破坏特征，应予以避免；破坏状态为锚筋受拉破坏时，应对锚筋材料是否满足现行国家标准《钢筋混凝土用钢 第 1 部分：热轧光圆钢筋》GB 1499.1、《钢筋混凝土用钢 第 2 部分：热轧带肋钢筋》GB 1499.2 等标准的要求进行检验；破坏状态为基体破坏时，应对后锚固的位置、基体混凝土强度、基体内部密实情况、设计情况等进行检查，研究相应的处理措施。

中华人民共和国行业标准

建筑施工企业信息化评价标准

Standard for evaluating the informatization
of construction enterprises

JGJ/T 272—2012

批准部门：中华人民共和国住房和城乡建设部
施行日期：2 0 1 2 年 5 月 1 日

中华人民共和国住房和城乡建设部
公 告

第 1226 号

关于发布行业标准《建筑施工企业信息化评价标准》的公告

现批准《建筑施工企业信息化评价标准》为行业标准，编号为 JGJ/T 272－2012，自 2012 年 5 月 1 日起实施。

本标准由我部标准定额研究所组织中国建筑工业出版社出版发行。

中华人民共和国住房和城乡建设部

2011 年 12 月 26 日

前 言

根据原建设部《关于印发〈2007 年工程建设标准规范制订、修订计划（第一批〉〉的通知》（建标 [2007] 125 号）的要求，标准编制组经过深入的调查研究，认真分析和总结国内外建筑施工企业信息化成果，结合实践经验，并在广泛征求意见的基础上，编制了本标准。

本标准的主要技术内容是：总则、术语和符号、基本规定、评价指标与评分、评价规则。

本标准由住房和城乡建设部负责管理，由中国建筑业协会负责具体技术内容的解释。执行过程中如有意见和建议，请寄中国建筑业协会（邮编：100081；地址：北京市中关村南大街 48 号九龙商务中心 A 座 7 层）。

本 标 准 主 编 单 位：中国建筑业协会
中建国际建设有限公司

本 标 准 参 编 单 位：中国建筑科学研究院
清华大学
中国建筑工程总公司
中国铁路工程总公司
哈尔滨工业大学
中国交通建设集团有限公司
中国建筑一局（集团）有限公司
中博建设集团有限公司
北京广联达梦龙软件有限公司
易建科技有限公司
广联达软件股份有限公司
广东同望科技股份有限公司
金蝶软件（中国）有限公司

本标准主要起草人员：吴 涛 黄如福 王小莹
马智亮 崔惠钦 李 虎
高 峰 常戌一 邓小姝
江 雄 鞠成立 王要武
王爱华 景 万 刘宇林
李孝文 陈岱林 许海民
井振威 李洪东 张铁城
王 建 彭书凝 陈于玲
安维红 黄 昀

本标准主要审查人员：崔俊芝 王 毅 符 建
丘亮新 陈小平 刘长滨
戴建中 许海涛 李东风
王文天 骆汉宾 雪明锁
郑晓生

2—28—2

目　次

Contents

1 总 则

1.0.1 为引导建筑施工企业科学、合理、有效地进行信息化建设,提高建筑施工企业信息化水平,制定本标准。

1.0.2 本标准适用于建筑施工企业信息化水平的综合评价。

1.0.3 建筑施工企业信息化水平的综合评价除应符合本标准外,尚应符合国家现行有关标准的规定。

2 术语和符号

2.1 术 语

2.1.1 企业信息化 enterprise informatization

企业利用现代信息技术,通过深入开发和广泛利用信息资源,不断提高企业的生产、经营、协同管理、决策的效率和水平,提高企业工作效率和管理效益,提升企业竞争力的过程,也是企业利用信息技术改进企业经营管理方式的过程。

2.1.2 应用系统 application system

直接应用于企业生产和管理的应用软件及硬件系统。

2.1.3 应用集成 integration of applications

将服务于企业的相互独立的应用软件整合为一个统一协调的应用系统。

2.1.4 数据集成 data integration

指实现应用系统之间共享数据,并且当应用系统中某些数据发生改变时,所有与这些数据有关的数据,会即时、准确、一致地随之变化。

2.1.5 数据管理 data management

指利用计算机及其相关技术进行数据收集、传输、处理和存储等。

2.1.6 企业门户 enterprise portal

企业为其员工、业主、客户、供应商、承包商和监理单位等在因特网上访问本企业各种信息资源提供的单一的入口。

2.1.7 灾难恢复系统 disaster recovery system

用于防灾备份、灾后恢复信息系统的软件和硬件系统。

2.1.8 安全认证系统 security authentication system

用于保证系统的用户按所拥有的权限安全、正确地访问信息系统的软件和硬件系统。

2.1.9 防病毒系统 virus protection system

用于监控识别、扫描和清除电脑病毒、特洛伊木马和恶意软件等的软件系统。

2.1.10 入侵检测系统 intrusion detection system

是一种对网络传输进行即时监视,在发现可疑传输时发出警报或者采取主动反应措施的网络安全设备。

2.1.11 安全审计系统 safety audit system

主要用于监视、记录用户对网络系统的各类操作,并通过分析记录数据,实现对用户操作行为的监控和审计,最大限度地保障企业信息系统安全运行。

2.1.12 CAD(计算机辅助设计) computer aided design

工程技术人员以计算机为工具,对产品和工程开展设计、绘图、造型、分析和编写技术文档等设计活动的总称。

2.2 符 号

2.2.1 各评价指标的评价及评价结果的计算符号:

F——企业信息化水平的综合评价得分;

K_1——信息化应用范围系数;

K_2——信息化应用成效系数;

s_{ij}——第 i 方面的第 j 个评价指标的得分;

α——信息化水平评价总得分;

α_i——第 i 个评价者给出的信息化水平评价总得分。

3 基 本 规 定

3.0.1 参评企业应满足下列条件:

1 具有法人资格;

2 企业的主要应用系统连续使用 6 个月以上;

3 已形成本标准第 5.2.2 条规定的相关资料。

3.0.2 建筑施工企业信息化水平应对参评企业业务、技术、保障、应用、成效等 5 个方面的指标进行评价。

表 3.0.2 建筑施工企业信息化水平评价指标

方面序号	方面	指标序号	指标
1	业务	1	经营性业务信息化程度
		2	生产性业务信息化程度
		3	综合性业务信息化程度
2	技术	1	数据管理水平
		2	数据集成水平
		3	应用集成水平
3	保障	1	信息化建设投入程度
		2	信息化建设规划编制与实施状况
		3	信息化制度制定与执行状况
		4	信息化组织健全度
		5	信息化安全保障度
4	应用	1	信息化应用范围
5	成效	1	管理标准化程度
		2	管理创新程度
		3	总体应用效果

3.0.3 建筑施工企业信息化水平等级应依据综合评价得分按表3.0.3确定。

表 3.0.3 建筑施工企业信息化水平等级标准

序号	信息化水平等级	企业信息化水平的综合评价得分（F）范围
1	A 级	$90 \leqslant F \leqslant 100$
2	B 级	$80 \leqslant F < 90$
3	C 级	$65 \leqslant F < 80$
4	D 级	$50 \leqslant F < 65$
5	E 级	$30 \leqslant F < 50$

4 评价指标与评分

4.1 一般规定

4.1.1 应根据参评企业提交的相关资料，核查企业的实际情况，按本标准规定的方法，使用本标准附录A提供的评价用表，对信息化水平评价指标逐一进行评价。

4.1.2 应在对各评价指标进行评分的基础上，计算出信息化水平评价总得分。

4.2 业务方面

4.2.1 业务方面应包括经营性业务信息化程度、生产性业务信息化程度、综合性业务信息化程度3个评价指标。

4.2.2 经营性业务信息化程度应按表4.2.2评分，本评价指标得分应为各评价点得分之和。

表 4.2.2 经营性业务信息化程度（s_{11}）的评分标准

序号	评价点	要点	评分范围
1	市场经营管理	市场信息管理、客户关系管理、工程项目资信管理、雇主信用管理、竞争对手管理、市场营销绩效管理、统计分析等	0~27
2	全面预算管理	业务预算、财务预算、资本预算和筹资预算	0~7
3	财务会计管理	科目配置、制单记账（录入记账凭证的内容、制单、审核、记账）、账簿管理（自动生成所有账簿）、编制财务报表（含企业各级组织）等	0~26
4	资金管理	资金计划与支付监控、资金成本管理、资金上划、下拨及存款管理、网银系统等	0~26

续表 4.2.2

序号	评价点	要点	评分范围
5	固定资产管理	固定资产购置、日常管理、折旧管理、重点资产管理、报表统计等	0~7
6	电子商务	供需方数据交换、电子采购、网上结算等	0~7

4.2.3 生产性业务信息化程度应按表4.2.3评分，本评价指标得分应为各评价点得分之和。

表 4.2.3 生产性业务信息化程度（s_{12}）的评分标准

序号	评价点	要点	评分范围
1	投标管理	投标资料管理、投标评审管理等	0~7
2	招标管理	招标计划管理、分包商管理、招标文件管理、招标评审管理、中标资料管理等	0~5
3	成本管理	责任成本、目标成本、计划成本、实际成本、成本分析等	0~17
4	合约管理	合同台账、变更、索赔、结算、收支、统计分析等	0~17
5	进度管理	总进度计划（总进度计划分解为分进度计划）、分进度计划汇总为总进度计划）、进度对比分析等	0~7
6	物料管理	需求计划、采购计划、招标采购（询价、比价）、日常业务管理、供应商管理、统计分析、库存管理、网上封样等	0~5
7	设备管理	需求计划、供应计划、采购租赁管理、供应商管理、合同管理、使用管理、维修保养管理、报废管理、成本核算分析等	0~5
8	质量管理	质量目标计划、质量台账（重大质量安全事故、竣工工程质量记录）、工程质量检查评价、统计分析等	0~5
9	安全职业健康管理	安全目标计划、安全投入管理、安全台账、安全质量检查评价、统计分析等	0~5

序号	评价点	要点	评分范围
10	协同管理	信息收集、管理、查询等	0～5
11	工程资料管理	资料分类、数据采集整理编目、收发、归档、借阅、审批、跟踪、检索查询等	0～5
12	科技与试验管理	施工组织设计及技术方案、设计变更与技术复核、项目技术研发管理、检验与试验、工程测量等	0～5
13	辅助设计、施工技术应用	从下列应用系统中任选 5 个：设计施工管理集成应用、虚拟施工系统、远程视频监控系统、远程视频会议和教学系统、施工安全设计、工程量计算、工程计算机辅助设计（CAD）系统、企业定额管理等	0～12

4.2.4 综合性业务信息化程度应按表 4.2.4 评分，本评价指标得分应为各评价点得分之和。

表 4.2.4 综合性业务信息化程度（s_{13}）的评分标准

序号	评价点	要点	评分范围
1	风险管理	企业经营的风险识别、风险分析、风险防范与对策、风险管理决策等	0～8
2	人力资源管理	人事管理、合约管理、薪资管理、人力资源计划管理、培训管理、绩效管理等	0～30
3	办公管理	收发文管理、会议管理、邮件管理、公文流转管理、工作计划管理、任务管理、企业制度管理、行业动态、发布信息等	0～30
4	网站及企业内网门户	宣传和沟通信息等	0～7
5	档案资料管理	档案分类目录、文档资料录入、档案资料归档、查询、借阅管理等	0～7

序号	评价点	要点	评分范围
6	企业知识管理	施工组织设计数据库、市场信息数据库、质量安全知识数据库、施工常用技术规范工法数据库、工程项目竣工结算数据库等	0～7
7	综合报表管理	包括企业生产经营管理的：信息采集、分类汇总、制表、统计分析、查询等	0～11

4.3 技术方面

4.3.1 技术方面应包括数据管理水平、数据集成水平和应用集成水平 3 个评价指标。

4.3.2 数据管理水平应按表 4.3.2 评分。

表 4.3.2 数据管理水平（s_{21}）的评分标准

层次	特征	评分取值范围
1	企业数据经过系统规划、设计，实现数据集中管理	$80 \leqslant s_{21} \leqslant 100$
2	企业数据经过系统规划、设计，部分实现数据集中管理	$60 \leqslant s_{21} < 80$
3	企业数据经过系统规划、设计，未实现数据集中管理	$50 \leqslant s_{21} < 60$
4	企业部分数据经过系统规划、设计，未实现数据集中管理	$30 \leqslant s_{21} < 50$
5	只是基于应用系统实现了企业数据的封装管理	$0 \leqslant s_{21} < 30$

4.3.3 数据集成水平应按表 4.3.3 评分，本评价指标得分应为各评价点得分之和。

表 4.3.3 数据集成水平（s_{22}）的评分标准

序号	评价点	层次	特征	评分取值范围
1	信息化标准	1	建立了较完整的企业信息分类与编码标准体系	30～50
		2	部分业务建立了企业信息分类与编码标准体系	20～29
		3	部分业务遵循了已有的信息分类与编码标准	0～19

续表 4.3.3

序号	评价点	层次	特征	评分取值范围
2	集成方式	1	实现了实时的数据集中管理	40～50
		2	以汇集数据的方式实现了数据集中管理	30～39
		3	实现了点对点数据交换	10～29
		4	以电子介质、电子邮件等实现数据上报	0～9

注：企业信息分类与编码标准包括企业人、财、物、合同、组织机构等的编码。

4.3.4 应用集成水平应按表 4.3.4 评分。

表 4.3.4 应用集成水平（s_{23}）的评分标准

层次	特 征	评分取值范围
1	实现了针对合约管理、成本管理、办公管理、资金管理、市场营销管理、财务会计管理、人力资源管理等业务的应用集成	$95 \leqslant s_{23} \leqslant 100$
2	实现了针对合约管理、成本管理、办公管理、资金管理、市场营销管理、财务会计管理、人力资源管理中 6 项业务的应用集成	$85 \leqslant s_{23} < 95$
3	实现了针对合约管理、成本管理、办公管理、资金管理、市场营销管理、财务会计管理、人力资源管理中 5 项业务的应用集成	$80 \leqslant s_{23} < 85$
4	实现了针对合约管理、成本管理、办公管理、资金管理、市场营销管理、财务会计管理、人力资源管理中 4 项业务的应用集成	$70 \leqslant s_{23} < 80$
5	实现了针对合约管理、成本管理、办公管理、资金管理、市场营销管理、财务会计管理、人力资源管理中 3 项业务的应用集成	$50 \leqslant s_{23} < 70$
6	实现了针对合约管理、成本管理、办公管理、资金管理、市场营销管理、财务会计管理、人力资源管理中 2 项业务的应用集成	$30 \leqslant s_{23} < 50$
7	其他任意两个或两个以上应用的集成	$0 \leqslant s_{23} < 30$

4.4 保 障 方 面

4.4.1 保障方面应包括信息化建设投入程度、信息化建设规划编制与实施状况、信息化制度制定与执行状况、信息化组织健全度和信息化安全保障度 5 个评价指标。

4.4.2 信息化建设投入程度应按表 4.4.2 评分，其中，信息化建设投入率应按下式计算：

$$\mu = \frac{\sum_{i=1}^{5} q_i}{\sum_{i=1}^{5} t_i} \times 100\% \qquad (4.4.2)$$

式中：μ——信息化建设投入率；

q_i——第 i 年的企业信息化建设投入（万元），包括：公司、直属分公司、事业部及其项目部的信息化基础设施和系统软件购置、应用系统建设、信息化工作人员工资和用于办公场地、员工信息化培训、信息化咨询以及信息系统日常运行与维护等费用；

t_i——第 i 年企业营业收入额（万元）；

i——年份：$i=1$ 代表企业申请信息化评价的上一年，$i=2$ 代表上上一年，以此类推最近 5 年。

表 4.4.2 信息化建设投入程度（s_{31}）的评分标准

层次	特征（信息化建设投入率 μ 的取值）	评分取值范围
1	$0.1\% \leqslant \mu < 0.3\%$	$80 \leqslant s_{31} \leqslant 100$
2	$0.07\% \leqslant \mu < 0.1\%$	$60 \leqslant s_{31} < 80$
3	$0.04\% \leqslant \mu < 0.07\%$	$30 \leqslant s_{31} < 60$
4	$0.01\% \leqslant \mu < 0.04\%$	$10 \leqslant s_{31} < 30$
5	$0 \leqslant \mu < 0.01\%$	$0 \leqslant s_{31} < 10$

注：信息化建设投入率 μ 大于 0.3% 时取 100 分。

4.4.3 信息化建设规划编制与实施状况应按表 4.4.3 评分。

表 4.4.3 信息化建设规划编制与实施状况（s_{32}）的评分标准

层次	特 征	评分取值范围
1	编制了信息化建设规划，且实施情况良好	$75 \leqslant s_{32} \leqslant 100$
2	编制了信息化建设规划，且实施情况较好	$50 \leqslant s_{32} < 75$
3	编制了信息化建设规划，且部分得到实施	$25 \leqslant s_{32} < 50$
4	编制了信息化建设规划，且少数得到实施	$10 \leqslant s_{32} < 25$
5	无信息化建设规划	$0 \leqslant s_{32} < 10$

4.4.4 信息化制度制定与执行状况应按表 4.4.4 对每一评价点评分，本评价指标得分应为各评价点得分之和。

表 4.4.4 信息化制度制定与执行状况 (s_{33}) 的评分标准

序号	评价点	评分取值范围
1	机房及设备管理制度制定与执行	0～10
2	信息系统安全管理制度制定与执行	0～10
3	运行维护管理制度制定与执行	0～10
4	信息化组织管理制度制定与执行	0～10
5	信息化采购管理制度制定与执行	0～10
6	信息化培训管理制度制定与执行	0～10
7	信息化建设管理制度制定与执行	0～10
8	数据采集管理制度制定与执行	0～10
9	应用与绩效管理制度制定与执行	0～10
10	信息化相关技术资料管理制度制定与执行	0～10

4.4.5 信息化组织健全度应按表 4.4.5 对每一评价点评分，本评价指标得分应为各评价点得分之和。

表 4.4.5 信息化组织健全度 (s_{34}) 的评分标准

序号	评价点	评分取值范围
1	设有企业信息化领导小组和企业首席信息官（CIO）或类似岗位	0～20
2	设有独立的信息化管理职能部门	0～20
3	设有明确的信息化管理岗位	0～20
4	接受过信息化培训人员达企业管理和技术人员之和的 80% 以上	0～20
5	80% 以上项目部有明确的信息管理工作责任人	0～20

4.4.6 信息化安全保障度应按表 4.4.6 对每一评价点评分，本评价指标得分应为各评价点得分之和。

表 4.4.6 信息化安全保障度 (s_{35}) 的评分标准

序号	评价点	评分取值范围
1	具备灾难恢复系统	0～30
2	具备安全认证系统	0～20
3	具备防病毒系统	0～15
4	具备入侵检测系统	0～15
5	具备安全审计系统	0～20

4.5 应用方面

4.5.1 应用方面应包括信息化应用范围 1 个评价指标。

4.5.2 信息化应用范围 (s_{41}) 的得分应按下式计算：

$$s_{41} = \frac{\sum_{i=1}^{3} X_i}{\sum_{i=1}^{3} Y_i} \times 100 \qquad (4.5.2)$$

式中：X_1——公司总部部门信息化覆盖数；

X_2——公司直属分公司、事业部信息化覆盖数；

X_3——评价时开工已超过 6 个月公司在建工程项目信息化覆盖数；

Y_1——公司部门实设总数；

Y_2——公司直属分公司、事业部实设总数；

Y_3——评价时开工已超过 6 个月公司在建工程项目实设总数。

4.6 成效方面

4.6.1 成效方面应包括管理标准化程度、管理创新程度和总体应用效果 3 个评价指标。

4.6.2 管理标准化程度应按表 4.6.2 对每一评价点评分，本评价指标得分应为各评价点得分之和。

表 4.6.2 管理标准化程度 (s_{51}) 的评分标准

序号	评价点	评分取值范围
1	信息化业务流程的标准化程度	0～35
2	信息化业务流程支持企业发展战略及核心管理业务程度	0～35
3	与信息化业务流程相配套的管理制度标准化程度	0～30

4.6.3 管理创新程度应按表 4.6.3 对每一评价点评分，本评价指标得分应为各评价点得分之和。

表 4.6.3 管理创新程度 (s_{52}) 的评分标准

序号	评价点	评分取值范围
1	管理模式优化程度	0～35
2	业务模式优化程度	0～35
3	技术应用优化程度	0～30

4.6.4 总体应用效果应按表 4.6.4 对每一评价点评分，本评价指标得分应为各评价点得分之和。

表 4.6.4 总体应用效果 (s_{53}) 的评分标准

序号	评价点	评分取值范围
1	信息化产生的企业竞争力	0～35
2	信息化产生的企业经济效益	0～35
3	信息化产生的企业社会效益	0～30

4.7 信息化水平评价总得分计算方法

4.7.1 信息化水平评价总得分应按下列公式计算：

$$\alpha = K_1 \cdot K_2 \cdot [0.5s_1' + 0.3(0.3s_{21} + 0.3s_{22} + 0.4s_{23}) + 0.2(0.3s_{31} + 0.1s_{32} + 0.2s_{33} + 0.1s_{34} + 0.3s_{35})] \quad (4.7.1\text{-}1)$$

$$K_1 = s_{41}/100 \quad (4.7.1\text{-}2)$$

$$K_2 = (0.4s_{51} + 0.3s_{52} + 0.3s_{53})/100 \quad (4.7.1\text{-}3)$$

$$s_1' = \begin{cases} 100 & \text{当 } s_1 > 56 \text{ 且 } K_2 > 0.90 \\ & \text{且 } s_1 + 400(K_2 - 0.9) > 100 \\ s_1 + 400 \cdot (K_2 - 0.9) & \text{当 } s_1 > 56 \text{ 且 } K_2 > 0.90 \\ & \text{且 } s_1 + 400(K_2 - 0.9) \leqslant 100 \\ s_1 & \text{当 } s_1 \leqslant 56 \text{ 或 } K_2 \leqslant 0.90 \end{cases}$$

$$(4.7.1\text{-}4)$$

$$s_1 = 0.35s_{11} + 0.4s_{12} + 0.25s_{13} \quad (4.7.1\text{-}5)$$

式中：α——信息化水平评价总得分；

K_1——信息化应用范围系数；

K_2——信息化应用成效系数；

s_{21}——数据管理水平得分；

s_{22}——数据集成水平得分；

s_{23}——应用集成水平得分；

s_{31}——信息化建设投入程度得分；

s_{32}——信息化建设规划编制与实施状况得分；

s_{33}——信息化制度制定与执行状况得分；

s_{34}——信息化组织健全度得分；

s_{35}——信息化安全保障度得分；

s_{41}——信息化应用范围得分；

s_{51}——管理标准化程度得分；

s_{52}——管理创新程度得分；

s_{53}——总体应用效果得分；

s_1——调整前企业业务信息化程度得分；

s_1'——调整后企业业务信息化程度得分；

s_{11}——经营性业务信息化程度得分；

s_{12}——生产性业务信息化程度得分；

s_{13}——综合性业务信息化程度得分。

5 评价规则

5.1 评价方式

5.1.1 建筑施工企业信息化水平的综合评价可分为企业自我评价及第三方评价两种方式。

5.1.2 当企业进行自我评价时，应组建由企业最高管理者代表参加的信息化评价小组，成员包括企业相关业务部门的负责人和技术骨干，必要时也可聘请外部专家，并从成员中确定一名组长和一名副组长。

5.1.3 当采取第三方评价方式时，应组建不少于5

人的信息化评价小组。该小组成员应具有相关专业及信息化知识，熟悉建筑施工企业业务过程。应从信息化评价小组成员中选举产生组长和副组长各一名，并确定采用记名评价或无记名评价。

5.1.4 评价时，信息化评价小组每一位成员应对每一评价指标、评价点进行打分并应符合本标准附录 A 的要求。当出现未填写或未评价项或违反本标准的评分原则时，则该评价者的评价应视为无效评价。

5.1.5 第三方评价宜采用现场评价形式，条件具备时可采用远程评价形式。

5.1.6 当采用现场评价时，评价前评价者应阅读参评资料，并应到参评企业现场进行调查和访谈，观看企业信息系统应用演示。

5.1.7 当采用远程评价时，应远程操作企业的应用系统。

5.2 评价程序及综合评价得分

5.2.1 企业信息化水平综合评价，应遵循下列程序：

1 参评企业准备并提交相关资料；

2 成立信息化评价小组；

3 参评企业针对参评资料进行口头汇报；

4 信息化评价小组针对参评资料进行核查；

5 信息化评价小组实施评价；

6 信息化评价小组撰写评价报告。

5.2.2 参评企业应准备并提交下列资料：

1 企业组织结构情况，宜按本标准附录 B 表 B.0.1-1 准备；

2 企业应用系统的建设及应用情况，宜按本标准附录 B 表 B.0.1-2 准备；

3 企业工程项目信息系统的建设及其在在建项目中的应用情况，宜按本标准附录 B 表 B.0.1-3 准备；

4 对应于不同业务的企业数据的集成情况，宜按本标准附录 B 表 B.0.1-4 准备；

5 企业信息化建设投入情况，宜按本标准附录 B 表 B.0.1-5 准备；

6 企业信息化规划编制情况，宜按本标准附录 B 表 B.0.1-6 准备；

7 企业信息化管理制度建设情况，宜按本标准附录 B 表 B.0.1-7 准备；

8 企业信息化组织建设情况，宜按本标准附录 B 表 B.0.1-8 准备；

9 企业信息化安全措施情况，宜按本标准附录 B 表 B.0.1-9 准备；

10 企业信息化标准及规范的编制及使用情况，宜按本标准附录 B 表 B.0.1-10 准备；

11 企业实施信息化过程中梳理业务流程情况，宜按本标准附录 B 表 B.0.1-11 准备；

12 信息化推动企业管理创新的情况，宜按本标

附录 A 评 价 用 表

表 A 评 价 用 表

评价指标	评价点	评分范围	得分
经营性业务信息化程度 s_{11}	市场经营管理	0~27	
	全面预算管理	0~7	
	财务会计管理	0~26	
	资金管理	0~26	
	固定资产管理	0~7	
	电子商务	0~7	
生产性业务信息化程度 s_{12}	投标管理	0~7	
	招标管理	0~5	
	成本管理	0~17	
	合约管理	0~17	
	进度管理	0~7	
	物料管理	0~5	
	设备管理	0~5	
	质量管理	0~5	
	安全职业健康管理	0~5	
	协同管理	0~5	
	工程资料管理	0~5	
	科技与试验管理	0~5	
	辅助设计、施工技术应用	0~12	
综合性业务信息化程度 s_{13}	风险管理	0~8	
	人力资源管理	0~30	
	办公管理	0~30	
	网站及企业内网门户	0~7	
	档案资料管理	0~7	
参评企业			

评价指标	评价点	评分范围	得分
综合性业务信息化程度 s_{13}	企业知识管理	0~7	
	综合报表管理	0~11	
数据管理水平 s_{21}		0~100	
数据集成水平 s_{22}	信息化标准	0~50	
	集成方式	0~50	
应用集成水平 s_{23}		0~100	
信息化建设投入程度 s_{31}	t_1	q_1	
	t_2	q_2	
	t_3	q_3	
	t_4	q_4	
	t_5	q_5	
信息化建设规划编制与实施状况 s_{32}		0~100	
信息化制度制定与执行状况 s_{33}	机房及设备管理制度制定与执行	0~10	
	信息系统安全管理制度制定与执行	0~10	
	运行维护管理制度制定与执行	0~10	
	信息化组织管理制度制定与执行	0~10	
	信息化采购管理制度制定与执行	0~10	
	信息化培训管理制度制定与执行	0~10	
	信息化建设管理制度制定与执行	0~10	
	数据采集管理制度制定与执行	0~10	
	应用与绩效管理制度制定与执行	0~10	
	信息化相关技术资料管理制度制定与执行	0~10	
评价人签名			

评价指标	评价点	评分范围	得分
信息化组织健全度 s_{34}	设有企业信息化领导小组和企业首席信息官(CIO)或类似岗位	0~20	
	设有独立信息化管理职能部门	0~20	
	设有明确的信息化管理岗位	0~20	
	接受过信息化培训人员达企业管理和技术人员之和的80%以上	0~20	
	80%以上项目部有明确的信息管理工作责任人	0~20	
信息化安全保障度 s_{35}	具备灾难恢复系统	0~30	
	具备安全认证系统	0~20	
	具备防病毒系统	0~15	
	具备入侵检测系统	0~15	
	具备安全审计系统	0~20	
信息化应用范围 s_{41}	X_1	Y_1	
	X_2	Y_2	
	X_3	Y_3	
管理标准化程度 s_{51}	信息化业务流程的标准化程度	0~35	
	信息化业务流程支持企业发展战略及核心管理业务程度	0~35	
	与信息化业务流程相配套的管理制度标准化程度	0~30	
管理创新程度 s_{52}	管理模式优化程度	0~35	
	业务模式优化程度	0~35	
	技术应用优化程度	0~30	
总体应用效果 s_{53}	信息化产生的企业竞争力	0~35	
	信息化产生的企业经济效益	0~30	
	信息化产生的企业社会效益	0~35	
评价日期		年　　月　　日	

准附录 B 表 B.0.1-12 准备；

13 信息化产生企业核心竞争力的情况，宜按本标准附录 B 表 B.0.1-13 准备；

14 信息化产生企业经济效益的情况，宜按本标准附录 B 表 B.0.1-14 准备；

15 信息化产生企业社会效益的情况，宜按本标准附录 B 表 B.0.1-15 准备；

16 评价组织单位规定需要提供的其他资料。

5.2.3 企业信息化水平的综合评价得分应按下式计算：

$$F = \frac{1}{n} \cdot \sum_{i=1}^{n} \alpha_i \qquad (5.2.3)$$

式中：F——企业信息化水平的综合评价得分；

α_i——第 i 个评价者给出的信息化水平评价总得分；

n——信息化评价小组中的评价者数。

附录 B 参评企业应提交资料格式

B.0.1 参评企业应提交资料格式见表 B.0.1-1～表 B.0.1-15。

表 B.0.1-1 企业组织结构情况

公司总部部门、直属分公司和事业部总数：

单位	序号	单位名称	负责人
公司总部部门	1		
	2		
	3		
公司直属分公司	4		
	5		
公司直属事业部	6		
	7		

注：可根据需要加行。

表 B.0.1-2 企业应用系统的建设及应用情况

序号	信息化主要应用系统	应用情况	启用时间	企业职能部门、分公司及事业部名称	系统负责人
1		□经常使用 □基本不用			
2		□经常使用 □基本不用			
3		□经常使用 □基本不用			
4		□经常使用 □基本不用			

注：可根据需要加行。

表 B.0.1-3 企业工程项目信息系统的建设及其在在建项目中的应用情况

公司直属项目部以及分公司（含事业部）所属项目部总数

上级管理单位	序号	在建项目部名称	负责人	是否应用了信息系统
公司总部	1			□是 □否
	2			□是 □否
	3			□是 □否
以下按分公司、事业部列出在建项目部名称				
	4			□是 □否
	5			□是 □否
	6			□是 □否
	7			□是 □否
	8			□是 □否
	9			□是 □否

注：可根据需要加行。

表 B.0.1-4 对应于不同业务的企业数据的集成情况

序号	被集成的业务名称	集成方式	集成时间	应用情况
1		□数据集中管理 □汇集数据 □点对点数据交换		□经常使用 □不常使用 □基本不用
2		□数据集中管理 □汇集数据 □点对点数据交换		□经常使用 □不常使用 □基本不用
3		□数据集中管理 □汇集数据 □点对点数据交换		□经常使用 □不常使用 □基本不用
4		□数据集中管理 □汇集数据 □点对点数据交换		□经常使用 □不常使用 □基本不用

注：可根据需要加行。

表 B.0.1-5 企业信息化建设投入情况

年份	信息化建设投入（万元）	企业营业额（万元）	证明文件编号

注：企业信息化建设投入包括：公司、直属分公司、事业部及其项目部的信息化基础设施和系统软件购置、应用系统建设、信息化工作人员工资和用于办公场地、员工信息化培训、信息化咨询以及信息系统日常运行与维护等费用。

表 B.0.1-6 企业信息化规划编制情况

序号	信息化规划	企业信息化规划名称	编制年月	签发、监督部门	执行情况说明
1	总体规划				
2	实施规划				
3					

注：可根据需要加行。

表 B.0.1-7 企业信息化管理制度建设情况

序号	信息化制度	企业信息化制度名称	编制年月	签发、监督部门	执行情况说明
1	机房及设备管理制度制定与执行				
2	信息系统安全管理制度制定与执行				
3	运行维护管理制度制定与执行				
4	信息化组织管理制度制定与执行				
5	信息化采购管理制度制定与执行				
6	信息化培训管理制度制定与执行				
7	信息化建设管理制度制定与执行				
8	数据采集管理制度制定与执行				
9	应用与绩效管理制度制定与执行				
10	信息化相关技术资料管理制度制定与执行				

注：可根据需要加行。

表 B.0.1-8 企业信息化组织建设情况

序号	组织建设事项	证明文件编号
1	企业信息化领导小组成立时间	
2	设立企业首席信息官或信息主管时间	
3	建立企业信息化管理职能部门的时间	
4	企业拥有专职信息化人员数	
5	企业拥有兼职信息化人员数	
6	已参加信息化培训员工数量	
7	企业管理和技术人员总数	
8	拥有明确的信息管理责任人的项目部总数	

表 B.0.1-9 企业信息化安全措施情况

序号	措施	主要功能、技术指标简介	应用情况	证明材料编号
1	灾难恢复			
2	安全认证系统			
3	防病毒系统			
4	入侵检测系统			
5	安全审计系统			

表 B.0.1-10 企业信息化标准及规范的编制及使用情况

序号	信息化标准及规范名称	应用系统名称	标准类别	证明材料编号
1			□国家标准 □行业标准 □企业标准	
2			□国家标准 □行业标准 □企业标准	
3			□国家标准 □行业标准 □企业标准	
4			□国家标准 □行业标准 □企业标准	

注：可根据需要加行。

表 B.0.1-11 企业实施信息化过程中梳理业务流程情况

序号	梳理的流程		处理流程的信息系统名称	信息系统上线时间	应用情况	配套管理制度	
	名称	是否核心业务				名称	编制时间
1		□是 □否			□经常使用 □基本不用		
2		□是 □否			□经常使用 □基本不用		
3		□是 □否			□经常使用 □基本不用		
4		□是 □否			□经常使用 □基本不用		
5		□是 □否			□经常使用 □基本不用		
6		□是 □否			□经常使用 □基本不用		

注：可根据需要加行。

表 B. 0. 1-12　信息化推动企业管理创新的情况

序号	改进项目	创新点		
		编目号	名　称	摘要说明
1	管理模式优化程度	一		
		二		
		三		
2	业务模式优化程度	四		
		五		
		六		
3	技术应用优化程度	七		
		八		
		九		
创新点说明：（按编目号、名称顺序说明）				

注：可根据需要加行。

表 B. 0. 1-13　信息化产生企业核心竞争力的情况

序号	评价点	效果
1	企业信息化得到企业领导、员工的认同和支持	□85％以上支持　□基本支持　□不太支持
2	企业高层领导能随时获得企业的财务、人力资源和经营等信息	□能　□基本上能　□不能
3	支持企业组织变革管理（例如企业快速复制）	□能　□基本上能　□不能
4	支持员工学习	□能　□基本上能　□不能
效果说明：		

注：可根据需要加行。

表 B. 0. 1-14　信息化产生企业经济效益的情况

序号	评价点	效果说明
1	提高合同风险管控能力，企业营业额、利润率稳定或持续增长	
2	提高现金管控能力，统一会计政策、会计科目、信息标准、成本标准、组织体系，实现了会计集中核算、资金集中管理、资本集中运作、预算集约调控、风险在线监控	
3	提高企业资源（人、财、机、物资、信息）快速协调应用能力	

续表 B. 0. 1-14

序号	评价点	效果说明
4	同一工作，单位工作时间是否缩短；同一业务，处理周期是否缩短，即是否提高了工作效率	
5	企业的销售成本、管理成本、沟通成本、办公成本、生产成本、库存成本等是否降低，即是否降低了成本	
6	增加企业知识积累，提高企业业务工作依赖信息化程度	
7	市场响应速度加快，市场经营活动更加规范	

表 B. 0. 1-15　信息化产生企业社会效益的情况

序号	评价点	效果说明
1	提高了企业知名度和企业形象	
2	具有稳定的合作关系（稳定上下游企业，即供应商和分包商）	

本标准用词说明

1　为便于在执行本标准条文时区别对待，对于要求严格程度不同的用词说明如下：

　1）表示很严格，非这样做不可的：

　　　正面词采用"必须"；反面词采用"严禁"；

　2）表示严格，在正常情况下均应这样做的：

　　　正面词采用"应"；反面词采用"不应"或"不得"；

　3）表示允许稍有选择，在条件许可时首先应这样做的：

　　　正面词采用"宜"；反面词采用"不宜"；

　4）表示有选择，在一定条件下可以这样做的，采用"可"。

2　条文中指明应按其他有关标准执行的写法为"应按……执行"或"应符合……的规定"。

中华人民共和国行业标准

建筑施工企业信息化评价标准

JGJ/T 272—2012

条 文 说 明

制 定 说 明

《建筑施工企业信息化评价标准》JGJ/T 272 - 2012，经住房和城乡建设部 2011 年 12 月 26 日以第 1226 号公告批准、发布。

本标准制定过程中，编制组经过深入调查研究，结合实践经验，认真分析和总结了国内外建筑施工企业信息化水平评价成果。

为了便于施工企业和第三方评价时，正确理解和执行条文规定，《建筑施工企业信息化评价标准》编制组按章、节、条顺序，编制了本标准的条文说明。但是，本条文说明不具备与标准正文同等的法律效力，仅供使用者作为理解和把握标准规定的参考。

目　次

1 总 则

1.0.1 信息化对切实增强建筑施工企业的市场竞争能力和可持续发展能力，提高行业的整体素质，推动行业发展和进步具有重要作用。规范建筑施工企业信息化水平评价，对指导建筑施工企业建设有效益的信息化，提高企业信息化水平，具有重要意义。

2 术语和符号

2.1 术 语

2.1.1 企业信息化是企业利用现代信息技术，通过深入开发和广泛利用信息资源，不断提高企业的生产、经营、管理、决策的效率和水平，提高企业工作效率和管理效益，提升企业竞争力的过程，也是企业利用信息技术改造传统的经营管理方式的过程。企业信息化有很多不同的定义，以上是对它比较一致的看法。

2.1.11 安全审计系统能够针对网络中的访问与操作行为制定一定的行为策略与约束条件，以关注重要的网络操作行为风险。安全审计系统一般包括采集各种操作系统的日志、日志管理、日志查询、入侵检测、自动生成安全分析报告、网络状态实时监视、事件响应机制等功能。作为一个独立的软件，它和其他的安全产品（如防病毒系统、入侵检测系统等）在功能上互相独立，但是同时又能互相协调、补充，保护网络的整体安全。

2.1.12 CAD 即计算机辅助设计，是一种人与计算机结合的技术。它让人与计算机紧密配合，发挥各自所长，从而使其工作优于每一方。目前，最普遍的应用是，工程技术人员以计算机为工具，对产品和工程开展设计、绘图、造型、分析和编写技术文档等设计活动。

3 基 本 规 定

3.0.1 企业完成一个信息化建设目标后，信息系统本身需要一个稳定应用时期，其成效也需要经过实践才能得到检验。因此，企业主要信息系统至少应连续投入使用 6 个月以上才能参评。

参加建筑施工企业信息化评价的企业应具备法人资格，在信息化水平评价时，应提交信息化评价相关资料，供评价者核查。

3.0.2 为了简化企业信息化评价指标，在综合评价建筑施工企业信息化水平时，对企业信息化的基础设施（包括计算机硬件、网络等）不作专门评价。一般来说，如果一个企业的信息化建设达到了一定的高

度，必定会具备相应的基础设施。反之，如果企业具备较高的基础设施水平，而信息化水平和成效不高，那么，对这样的基础设施也没有评价的价值。因此，本标准主要是从业务、技术、保障、应用及成效 5 个方面综合评价企业信息化水平。

3.0.3 我国施工企业众多，信息化建设水平参差不齐，为了能够较好地区分我国建筑施工企业信息化水平，将建筑施工企业信息化水平分为 5 个等级，即 A 级、B 级、C 级、D 级和 E 级，其中 A 级为最高级别。

4 评价指标与评分

4.1 一 般 规 定

4.1.2 信息化水平评价总得分是评价小组的任意一位评价者按本标准对企业信息化水平综合评价得出的总分值；综合评价得分是汇总评价小组每一位评价者的信息化水平评价总得分后的平均值。

4.3 技 术 方 面

4.3.1 数据管理水平表示企业管理数据实现管理集中化的水平，数据集成水平表示企业管理数据实现标准化及集成化的水平，应用集成水平表示企业主要业务的集成水平。

建筑施工企业实施信息化的关键是实现企业数据的有效采集、快速加工处理和传输应用。因此，本标准用企业的数据管理、数据集成和应用集成水平来表示企业信息化的技术水平。

4.3.3 数据集成是实现企业协同管理的关键，而数据的标准化是数据集成的基础。因此，在实现企业数据集成的过程中，有条件的企业应建立自己的信息分类与编码标准，否则，也应遵循国家或行业信息分类与编码标准，从而实现数据管理与应用的标准化。

在数据集成方式上，应采用数据集中管理的方式，否则，也应采用汇集数据的方式，对原有的少数系统也可以采用点对点数据交换方式。其中，数据集中管理表示被集成的业务的相关数据经过统一设计，按照系统规划存储，并由集成应用系统统一调度、加工处理和管理；汇集数据表示集成系统中某一业务系统，需要用到另一业务系统的数据时，应先将所需数据汇集到本地，然后再进行加工处理和管理；点对点数据交换方式表示业务系统相互提供接口，以此交换数据，实现数据集成。

4.3.4 以合约管理为主线、以成本管理为核心是现代建筑施工企业管理的重要特征，因此，合约管理和成本管理的信息化最为重要。建筑施工企业实施企业信息化时，一般是在实现合约管理和成本管理信息化的基础上，逐步集成其他业务（例如办公管理、资金

管理、市场营销管理、财务会计管理、人力资源管理等），形成企业集成应用信息系统。

因此，对该评价指标的评价是，被集成的业务越多，得分越高。

4.4 保 障 方 面

4.4.2 对企业信息化建设投入，既要考虑均衡投入，也要考虑一次性投入。因此，信息化建设投入率应按企业近5年（信息化评价那一年的最近前5年）信息化总投入额（包括人、财、物的投入）与公司近5年经营总收入之比算出。

4.4.3 企业信息化建设规划应是结合企业发展战略、企业需求以及企业资源制定出的企业信息化建设大纲，是企业信息化建设的指导性文件。该文件应包括：信息化建设总体目标、建设内容、阶段目标和内容、建设方法、组织措施以及投入计划。企业信息化建设规划制定完成后，还应根据企业内外部环境和企业业发展情况，对信息化建设规划适时作出调整。信息化建设规划的正式调整方案是信息化建设规划的组成部分。

4.4.4 企业信息化基本管理制度应包括机房及设备管理制度（如果外包，应提供委托管理合同）、信息系统安全管理制度、运行维护管理制度、信息化组织管理制度、信息化采购管理制度、信息化培训管理制度、信息化建设管理制度、数据采集管理制度、应用与绩效管理制度、信息化相关技术资料管理制度。在相关制度存在的前提下，制度越完善、严谨，评价得分应越高。

4.4.5 企业应根据企业信息化建设和运行的需要，建立相应的管理组织，包括：建立信息化领导小组，指定信息化主管领导，条件成熟时应成立独立的信息化管理职能部门，项目部应有明确的信息化管理责任人，明确企业各信息化管理人员的工作岗位和责任，组织企业员工进行信息化知识培训。

4.4.6 企业应根据信息化建设的需要采取必要的安全措施。原则上，信息技术应用系统规模越大，覆盖的业务和组织越多，安全措施应越完备。安全措施主要包括建立防病毒体系、灾难恢复系统、安全认证系统、入侵检测系统和安全审计系统。

4.5 应 用 方 面

4.5.2 信息化应用范围用于反映企业应用了信息系统的组织个数与企业实际设置的组织个数之比，企业实设组织包括公司、分公司、事业部及其工程项目部（信息化评价时开工超过6个月在建工程项目）；企业应用了信息系统的组织，指的是企业某一组织应用了本标准表4.2.2～表4.2.4中的某一业务信息系统。

4.6 成 效 方 面

4.6.1 管理标准化和管理创新是企业信息化最直接的成果。因此，管理标准化程度、管理创新程度以及总体应用效果是评价企业信息化水平的重要评价指标。

4.6.2 管理标准化程度表示企业在实施信息化过程中，对业务流程实现规范化管理的程度。为实现业务流程的规范化管理，企业首先应梳理企业业务流程，尤其是支持企业发展战略的核心业务流程。另外，一旦针对流程实施信息化后，一定要有制度保证，即建立与流程相配套的企业管理制度。

4.6.3 管理创新程度主要通过企业应用信息化改进企业管理模式、业务模式以及技术应用方面的程度来反映。具体可从如下几方面进行说明和评价。

1 在管理模式改进方面的要点包括：一是，企业在信息化过程中，是否明晰了自身的管理模式（如，财务管控模式、战略管控模式、经营管控模式或混合管控模式），且这一管理思想在企业信息化中实施情况如何；二是，企业信息化是否支持企业供需链管理或是否建立了虚拟企业；三是，是否梳理出了清晰的管理流程，设置了相应的工作岗位，明确了工作职责，提高了企业总部的监督能力，分公司和事业部的服务、控制能力以及基层组织的执行力。

2 在业务模式改进方面的要点包括：企业在信息、资金、采购、合同等管理方面是否有所改进，并支持企业集约化管理。

3 在技术应用改进方面的要点包括：是否建设了虚拟施工系统、远程视频监控系统、远程视频会议和教学系统、施工安全设计、工程量计算、工程CAD、企业定额管理等工具软件，改进了企业生产手段，提高了企业生产效率。

4.6.4 总体应用效果包括提升企业的核心竞争力的效果、提升企业经济效益的效果以及提升社会效益的效果。

1 对于提升企业核心竞争力的效果，可从以下几方面进行评价：

    1）企业信息化建设是否得到企业领导、员工的认同和支持；

    2）通过信息化建设，企业高层领导是否能随时获得企业的财务、人力资源和经营等信息；

    3）信息化建设是否能够支持企业组织变革管理（如，企业快速复制）；

    4）信息化建设是否支持员工学习。

评价时，企业应按表 B.0.1-13 提供提升企业核心竞争力说明材料。

2 对于信息化提升企业经济效益的成果，可从以下几方面进行评价：

    1）提高合同风险管控能力，企业营业额、利润率稳定或持续增长；

    2）提高现金管控能力，统一会计政策、会计科目、信息标准、成本标准、组织体系，实现了会计集中核算、资金集中管理、资本集中运作、预算集约调控、风险在线监控；

3）提高企业资源（人、财、机、物资、信息）快速协调应用能力；

4）同一工作，单位工作时间是否缩短；同一业务，处理周期是否缩短，即是否提高了工作效率；

5）企业的销售成本、管理成本、沟通成本、办公成本、生产成本、库存成本等是否降低，即是否降低了成本；

6）增加企业知识积累，提高企业业务工作依赖信息化程度；

7）提高市场响应速度加快，市场经营活动更加规范。

3 对于信息化建设提升企业社会效益的效果，可从以下几方面进行评价：

1）企业知名度和企业形象是否提高；

2）企业是否具有稳定的合作伙伴关系（稳定的上下游企业，即供应商和分包商）。

4.7 信息化水平评价总得分计算方法

4.7.1 各评价指标的权重系数是在专家评判的基础上，利用模糊数学方法计算得到的。确定各指标的权重系数的原则是，对于那些能够量化、相对能够客观评价的定性指标以及明显重要的指标，权重稍高一些；对于那些人为影响因素较大且不影响全局的评价指标，权重稍低一些。

信息化应用范围和成效的评价结果均采用系数方式表达，即，企业信息化水平评价总得分等于"基本分×信息化应用范围系数×信息化应用成效系数"，其中基本分等于加权后业务、技术和保障方面得分之和。这样评价的结果可以对企业信息化水平做出立体式的反映，而不是只反映一个点或一个面。

5 评 价 规 则

5.1 评 价 方 式

5.1.1 企业可根据信息化建设和管理工作需要自行决定企业信息化评价方式。无论采取哪种方式，原则上均应参照本标准组织实施评价。

5.1.2 自我评价是企业全面系统地调查、分析本企业信息化建设程度、建设水平以及存在的问题或需要改进的地方的一种评价方式。

5.1.3 第三方评价是企业通过第三方，组织参评企业以外的专家，全面系统地分析参评企业信息化的建设程度、建设水平以及存在的问题或需要改进的地方的一种评价方式。

中华人民共和国行业标准

钢丝网架混凝土复合板结构技术规程

Technical specification for wire grids concrete composite slab structure

JGJ/T 273—2012

批准部门：中华人民共和国住房和城乡建设部
施行日期：2 0 1 2 年 1 0 月 1 日

中华人民共和国住房和城乡建设部
公　告

第 1349 号

关于发布行业标准《钢丝网架混凝土
复合板结构技术规程》的公告

现批准《钢丝网架混凝土复合板结构技术规程》为行业标准，编号为 JGJ/T 273-2012，自 2012 年 10 月 1 日起实施。

本规程由我部标准定额研究所组织中国建筑工业

出版社出版发行。

中华人民共和国住房和城乡建设部

2012 年 4 月 5 日

前　　言

根据住房和城乡建设部《关于印发〈2010 年工程建设标准规范制订、修订计划〉的通知》（建标〔2010〕43 号文）的要求，规程编制组经广泛调查研究，认真总结实践经验，参考有关国际标准和国外先进标准，并在广泛征求意见的基础上，编制本规程。

本规程的主要技术内容是：总则、术语和符号、材料、设计规定、结构计算与截面设计、构造措施、施工、施工质量验收。

本规程由住房和城乡建设部负责管理，由华声（天津）国际企业有限公司负责具体技术内容的解释。执行过程中如有意见或建议，请寄送华声（天津）国际企业有限公司（地址：天津市河西区友谊北路 65 号银丰大厦 A 座 801、806 室，邮编：300204）。

本 规 程 主 编 单 位：华声（天津）国际企业有限公司
天津市建筑设计院

本 规 程 参 编 单 位：天津大学建筑工程学院
福州市建筑设计院
天津永泰红磡集团
天津市三房建建筑工程有限公司

天厦建筑设计（厦门）有限公司
内蒙古筑业工程勘察设计有限公司
保定市维民建筑设计有限公司
河北加华工程设计有限公司

本规程主要起草人员：戴自强　赵仲星　刘　军
郑　奎　李砚波　刘祖玲
黄兆纬　孟宪福　李志国
纪　蓓　陈　刚　韩德信
仲　敏　林功丁　林兴年
陈　炜　李　津　田志伟
魏　明　王常青　王建文
李军茹　屈　臻　王国斌
王森林

本规程主要审查人员：徐正忠　姜忻良　黄小坤
程绍革　李晓明　王存贵
艾永祥　张　方　杜家林

目　次

Contents

1 总 则

1.0.1 为了贯彻执行国家的墙体改革和节能政策，使钢丝网架混凝土复合板结构体系的设计及施工做到安全适用、技术先进、经济合理、确保质量，制定本规程。

1.0.2 本规程适用于 8 度及 8 度以下抗震设防区以及非抗震设防区的多层民用建筑。

1.0.3 钢丝网架混凝土复合板结构体系的设计、施工及验收，除应符合本规程外，尚应符合国家现行有关标准的规定。

2 术语和符号

2.1 术 语

2.1.1 钢丝网架板 wire grids slab

以镀锌钢丝焊接成符合各种使用功能和结构要求的三维空间网架，中间填充模塑聚苯乙烯泡沫塑料板或岩棉板而形成的板，简称 CS 板。

2.1.2 钢丝网架混凝土复合墙板 wire grids concrete composite wall slab

钢丝网架板两侧配置纵向钢筋，喷（抹）混凝土后而形成的复合墙板，简称 CS 墙板。

2.1.3 钢丝网架混凝土复合楼板 wire grids concrete composite floor slab

钢丝网架板下采用预应力混凝土，板上浇筑混凝土叠合层而形成的复合楼板，简称 CS 楼板。

2.1.4 钢丝网架混凝土复合屋面板 wire grids concrete composite roof slab

钢丝网架板上浇筑混凝土，板下喷（抹）抗裂水泥砂浆或细石混凝土而形成的复合屋面板，简称 CS 屋面板。

2.1.5 钢丝网架混凝土复合板结构 wire grids concrete composite slab structure

由 CS 墙板、CS 楼板或现浇楼板、CS 屋面板和现浇边缘构件组成的装配整体式空间结构体系，简称 CS 板式结构。

2.2 符 号

2.2.1 材料性能

E_c——混凝土弹性模量；

E_s——钢筋弹性模量；

f_c——混凝土轴心抗压强度设计值；

f_{py}——预应力钢筋的抗拉强度设计值；

f_y——钢筋抗拉强度设计值；

f_y'——钢筋抗压强度设计值；

f_{ys}'——斜插丝的抗压强度设计值；

f_{yw}——CS 墙板内纵（横）向钢筋抗拉强度设计值。

2.2.2 作用和作用效应

F_{Ek}——结构总水平地震作用标准值；

G_{eq}——结构等效总重力荷载代表值；

M——弯矩设计值；

M_k——按荷载效应标准组合计算的弯矩值；

N——轴向力设计值；

N_{P0}——预应力钢筋及非预应力钢筋的合力；

R——结构构件的承载力设计值；

S——荷载效应组合设计值；

V——剪力设计值。

2.2.3 几何参数

A_0——板的换算截面面积，不考虑中间保温层；

A_s、A_s'、A_p——分别为单位板宽内上下非预应力钢筋和预应力钢筋的截面面积；

A_w——CS 墙板混凝土水平截面面积；

B——荷载效应的标准组合作用下并考虑荷载长期作用影响的刚度；

B_s——荷载效应的标准组合作用下受弯构件的短期刚度；

b——板截面宽度；

e_i——初始偏心距；

e_0——轴向力对截面重心的偏心距；

e_a——附加偏心距；

h_{01}、h_{02}——分别为非预应力钢筋和预应力钢筋的合力点到受压区边缘的距离；

h_w——CS 墙板截面高度；

l_a——纵向钢筋锚固长度；

I_0——换算截面惯性矩。

2.2.4 计算系数

α——水平地震影响系数；

γ_{RE}——承载力抗震调整系数；

φ——考虑纵向弯曲影响的折减系数；

ν——由钢丝长细比控制的受压稳定系数。

3 材 料

3.0.1 用于 CS 板构件预制或现浇（喷、抹）的细石混凝土强度等级不应低于 C20，不宜高于 C35；预制 CS 楼板下预应力混凝土强度等级不应低于 C30；CS 板式结构的边缘构件、楼梯等部分采用普通混凝土，应符合现行国家标准《混凝土结构设计规范》GB 50010 的有关规定。

3.0.2 当 CS 屋面板下采用抗裂水泥砂浆时，其强度等级不应低于 M10。

3.0.3 CS 板式结构受力钢筋及连接钢筋宜采用 HRB400、HPB300 级钢筋，CS 楼板预应力钢筋宜采用高强度低松弛钢丝。

3.0.4 CS 板钢丝网及斜插丝应采用冷拔镀锌钢丝，冷拔镀锌钢丝性能要求应符合表 3.0.4 的规定；钢丝网网格宜为 50mm×50mm，斜插丝的间距不应大于 100mm，任何情况下钢丝直径不应小于 2.00mm。

表 3.0.4 冷拔镀锌钢丝性能要求

项 目	性能要求		试验方法
抗拉强度（MPa）	590~850		GB/T 228.1
180°弯曲试验（次）	2.00≤ϕ<2.50	≥6	GB/T 238
	2.50≤ϕ≤3.50	≥4	
镀锌层质量（g/m²）	≥20		GB/T 1839

注：ϕ 为冷拔镀锌钢丝直径。

3.0.5 CS 板芯板采用模塑聚苯乙烯泡沫塑料板时，其性能应符合表 3.0.5 的规定；CS 承重墙板的芯板厚度不宜小于 100mm，CS 楼板、屋面板的芯板厚度不宜小于 70mm，CS 板构件的芯板厚度不宜大于 200mm；CS 屋面板、外墙板的芯板厚度尚应符合国家建筑节能设计标准的规定，CS 屋面板、墙板的热工指标应按本规程附录 A 取用。

表 3.0.5 模塑聚苯乙烯泡沫塑料板性能要求

项 目		性能要求	试验方法
表观密度（kg/m³）		18~22	GB/T 6343
导热系数〔W/（m·K）〕		≤0.039	GB/T 10294
水蒸气透过系数〔ng/（m·s·Pa）〕		≤4.5	QB/T 2411
压缩强度（kPa）		≥100	GB/T 8813
尺寸稳定性（%）		≤0.3	GB/T 8811
吸水率（%）		≤4	GB/T 8810
熔结性	断裂弯曲负荷（N）	≥25	GB/T 8812.1、GB/T 8812.2
	弯曲变形（mm）	≥20	
燃烧性能	氧指数（%）	≥30	GB/T 2406.1、GB/T 2406.2
	燃烧分级	不应低于 B2 级	GB/T 8626、GB 8624

注：断裂弯曲负荷或弯曲变形有一项符合指标要求即为合格。

3.0.6 CS 板式结构非承重隔墙可采用双面喷（抹）抗裂水泥砂浆的 CS 板，抗裂水泥砂浆强度等级不应低于 M5。

4 设 计 规 定

4.1 一 般 规 定

4.1.1 抗震设防的 CS 板式结构房屋应按现行国家标准《建筑工程抗震设防分类标准》GB 50223 确定其抗震设防类别及抗震设防标准。

4.1.2 CS 板式结构房屋宜采用全部落地的 CS 墙板承重，8 度抗震设防区墙板间距不应大于 9m，8 度以下抗震设防区及非抗震设防区墙板间距不应大于 12m。

4.1.3 丙类的多层 CS 板式结构房屋可采用钢筋混凝土底部框架-抗震墙结构，底部框架-抗震墙结构层不应超过 2 层，且应满足现行国家标准《建筑抗震设计规范》GB 50011 的有关规定；上部各层 CS 墙板间距应符合本规程第 4.1.2 条的规定。

4.1.4 多层 CS 板式结构房屋的层数和总高度不应超过表 4.1.4 的规定。

表 4.1.4 房屋的层数和总高度限值（m）

房屋类别	烈度（设计基本地震加速度）					
	6 度		7 度		8 度（0.20g）	
	高度	层数	高度	层数	高度	层数
多层 CS 板式结构	21	7	18	6	15	5
底部框架-抗震墙	22	7	19	6	16	5

注：1 房屋的总高度指室外地面到主要屋面板板顶或檐口的高度，半地下室从地下室内地面算起，全地下室和嵌固条件好的半地下室应允许从室外地面算起；对带阁楼的坡屋面应算到山尖墙的 1/2 高度处；

2 室内外高差大于 0.6m 时，房屋总高度应允许比表中的数据适当增加，但增加量应少于 1m；

3 乙类的多层 CS 板式结构房屋仍按本地区设防烈度查表，其层数应减少一层且总高度应降低 3m，不应采用底部框架-抗震墙 CS 板式结构。

4.1.5 CS 板式结构房屋的层高不宜超过 3.5m，底部框架-抗震墙房屋的底部层高不应超过 4.5m。

4.1.6 CS 板式结构房屋的高宽比，8 度抗震设防区不宜超过 2.5，8 度以下抗震设防区及非抗震区不宜超过 3.0。

4.1.7 CS 板式结构房屋楼梯间不宜设置在房屋的尽端或转角处。

4.1.8 CS 板式结构房屋不应在房屋转角处设置转角窗。

4.2 建筑设计与结构布置

4.2.1 建筑设计应符合抗震概念设计要求，建筑的平面布置和立面设计宜简单、规则，不应采用特别不规则的设计方案。

4.2.2 CS 板式结构房屋的屋顶形式可采用坡屋顶，也可采用平屋顶，平屋顶的排水坡度宜采用结构找坡。

4.2.3 当采用 CS 墙板做女儿墙时，下层 CS 墙板的竖向边缘构件应伸至女儿墙顶，并与女儿墙压顶圈梁连接；女儿墙应按计算确定，且不宜大于本规程表

6.3.5 的规定。

4.2.4 CS 板式结构房屋悬挑阳台、悬挑空调板应与楼板在同一标高，并应采用现浇钢筋混凝土构件；阳台栏板可采用 CS 墙板。

4.2.5 结构布置应符合下列规定：

　　1 CS 墙板平面布置宜规则、均匀、对称，并应具有良好的整体性；

　　2 CS 墙板侧向刚度沿竖向宜均匀变化，避免侧向刚度和承载力突变；

　　3 对不规则结构宜按现行国家标准《建筑抗震设计规范》GB 50011 的规定采取抗震措施。

4.2.6 CS 板式结构房屋应在下列部位设置构造柱：

　　1 横纵墙板交接处和独立墙板端部；

　　2 楼层梁与 CS 墙板交接处；

　　3 在较长的 CS 墙板中部，且构造柱间距不宜大于 6m。

4.2.7 CS 板式结构房屋各层横、纵墙板顶部均应设置现浇钢筋混凝土圈梁，圈梁宜与楼板设在同一标高。

4.2.8 采用 CS 楼板时，板跨度不宜大于 4.2m；采用 CS 屋面板时，板跨度不宜大于 4.5m，悬挑净长度不宜大于 0.6m。

4.3 抗 震 等 级

4.3.1 CS 板式结构房屋抗震等级应按表 4.3.1 确定。

表 4.3.1 CS 板式结构房屋的抗震等级

结构类型		丙类建筑			乙类建筑		
		6度	7度	8度	6度	7度	8度
CS 墙板	抗震墙	四	三	三	三	二	二
钢筋混凝土底部框架-抗震墙	框架	四	三	三			
	抗震墙	三	三	二			

4.4 荷载与地震作用

4.4.1 建筑的风荷载、楼面活荷载、屋面雪荷载取值及荷载组合应按现行国家标准《建筑结构荷载规范》GB 50009 的规定执行。

4.4.2 建筑的场地类别、抗震设防烈度、设计基本地震加速度值以及反应谱特征周期等，应根据现行国家标准《建筑抗震设计规范》GB 50011 的有关规定确定。

4.4.3 地震作用计算应符合现行国家标准《建筑抗震设计规范》GB 50011 的规定，对 CS 板式结构水平地震作用可采用底部剪力法或振型分解反应谱法计算。

　　1 采用底部剪力法时，应按下式计算：

$$F_{Ek} = \alpha_1 G_{eq} \qquad (4.4.3\text{-}1)$$

式中：F_{Ek}——结构总水平地震作用标准值（kN）；

　　　　G_{eq}——结构等效总重力荷载代表值（kN）；

　　　　α_1——水平地震影响系数，应按现行国家标准《建筑抗震设计规范》GB 50011 确定。

　　2 采用振型分解反应谱法时，应按下式计算：

$$F_{ji} = \alpha_j \gamma_j X_{ji} G_i (i = 1, 2, \cdots n, j = 1, 2, \cdots m)$$
$$(4.4.3\text{-}2)$$

$$\gamma_j = \sum_{i=1}^{n} X_{ji} G_i \Big/ \sum_{i=1}^{n} X_{ji}^2 G_i \qquad (4.4.3\text{-}3)$$

式中：F_{ji}——j 振型 i 质点的水平地震作用标准值（kN）；

　　　　G_i——集中于质点 i 的重力荷载代表值（kN）；

　　　　X_{ji}——j 振型 i 质点的水平相对位移（mm）；

　　　　α_j——相应于 j 振型自振周期的地震影响系数；

　　　　γ_j——j 振型的参与系数。

　　3 水平地震作用效应（弯矩、剪力、轴向力和变形），当相邻振型的周期比小于 0.85 时，可按下式确定：

$$S_{Ek} = \sqrt{\sum S_j^2} \qquad (4.4.3\text{-}4)$$

式中：S_{Ek}——水平地震作用标准值的效应（kN）；

　　　　S_j——j 振型水平地震作用标准值的效应（kN），可只取前 2 个～3 个振型。

4.4.4 CS 板式结构任一楼层的水平地震剪力应按现行国家标准《建筑抗震设计规范》GB 50011 的规定分配；CS 板式结构的楼层水平地震剪力应按各墙板等效侧移刚度的比例分配。

5 结构计算与截面设计

5.1 一 般 规 定

5.1.1 CS 板式结构的内力和位移可按弹性方法计算。

5.1.2 CS 板式结构可采用平面结构空间协同作用、空间杆-墙板元等有限元计算模型。内力和位移计算时可假定楼板在其自身平面内为无限刚性，相应设计时应采取必要措施保证楼板内的平面刚度。当楼板会产生明显的平面内变形时，计算时应考虑其影响，或对刚性假定的计算结果进行调整。

5.1.3 CS 板式结构构件承载力应符合下列公式的规定：

　　无地震作用组合时：$\gamma_0 S \leqslant R$ （5.1.3-1）

　　有地震作用组合时：$S \leqslant R/\gamma_{RE}$ （5.1.3-2）

式中：R——结构构件抗力的设计值（kN）；

　　　　S——作用效应组合的设计值（kN），应符合本规程第 5.1.5～5.1.7 条的规定；

γ_0——结构重要性系数，对于安全等级为二、三级的构件分别取 1.0、0.9；

γ_{RE}——承载力抗震调整系数，按现行国家标准《建筑抗震设计规范》GB 50011 取值。

5.1.4 地震作用计算应符合下列规定：

1 一般情况下，应至少在建筑结构的两个主轴方向分别计算水平地震作用，各方向的水平地震作用应由该方向抗侧力构件承担；

2 有斜交抗侧力构件的结构，当相交角度大于 15°时，应分别计算各抗侧力构件方向的水平地震作用；

3 质量和刚度分布明显不对称的结构，应计入双向水平地震作用下的扭转影响；其他情况，应允许采用调整地震作用效应的方法计入扭转影响。

5.1.5 无地震作用效应组合时，荷载效应组合的设计值应符合下列规定：

$$S = \gamma_G S_{Gk} + \psi_Q \gamma_Q S_{Qk} + \psi_w \gamma_w S_{wk} \quad (5.1.5)$$

式中：S——荷载效应组合的设计值（kN）；

S_{Gk}——永久荷载效应标准值（kN）；

S_{Qk}——活荷载效应标准值（kN）；

S_{wk}——风荷载效应标准值（kN）；

γ_G——永久荷载效应分项系数；

γ_Q——活荷载效应分项系数；

γ_w——风荷载效应分项系数；

ψ_Q、ψ_w——分别为楼板活荷载组合值系数和风荷载组合值系数，当永久荷载效应起控制作用时应分别取 0.7 和 0.6，当可变荷载效应起控制作用时应分别取 1.0 和 0.6 或 0.7 和 1.0；储藏室、通风机房和电梯机房，楼面活荷载组合值系数取 0.7 的场合应取 0.9。

5.1.6 无地震作用效应组合时，荷载分项系数应按下列规定采用：

1 承载力计算时：

1）永久荷载的分项系数 γ_G：当其效应对结构不利时，对由可变荷载效应控制的组合应取 1.2，对由永久荷载效应控制的组合应取 1.35；当其效应对结构有利时，应取 1.0；

2）楼面活荷载的分项系数 γ_Q，应取 1.4；

3）风荷载的分项系数 γ_w，应取 1.4。

2 位移计算时，本规程公式（5.1.5）中各分项系数应取 1.0。

5.1.7 有地震作用效应组合时，其荷载效应和地震作用效应组合的设计值应符合下列规定：

1
$$S = \gamma_G S_{GE} + \gamma_{Eh} S_{EhK} \quad (5.1.7)$$

式中：S——荷载效应和地震作用效应组合设计值（kN）；

S_{EhK}——水平地震作用标准值的效应（kN），尚

应乘以相应的增大系数或调整系数；

S_{GE}——重力荷载代表值的效应（kN）；

γ_G——重力荷载分项系数，应取 1.2，当重力荷载效应对结构有利时取不大于 1.0；

γ_{Eh}——水平地震作用分项系数，应取 1.3。

2 位移计算时，公式（5.1.7）中各分项系数均应取 1.0。

5.1.8 非抗震设计时，应按本规程第 5.1.5 条的规定进行荷载效应的组合；抗震设计时，应同时按本规程第 5.1.5 条和第 5.1.7 条的规定进行荷载效应和地震作用效应的组合。

5.1.9 房屋高度大于 15m，基本风压值大于 0.5kN/m² （$n=50$），且层高大于 3.5m，或开间尺寸大于 4.5m 时，CS 外墙板应进行竖向荷载、风荷载组合作用下构件平面外承载力验算，并采取相应的加强措施。

5.1.10 CS 板式结构变形应符合下式规定：

$$\Delta_u / h \leqslant 1/1000 \quad (5.1.10)$$

式中：Δ_u——楼层层间弹性水平位移（mm）；

h——楼层层高（mm）。

5.1.11 CS 墙板受剪截面应符合下列规定：

1 无地震作用组合时：

$$V \leqslant 0.25 f_c b_w h_{w0} \quad (5.1.11-1)$$

2 有地震作用组合时：

剪跨比 λ 大于 2 时，

$$V \leqslant \frac{1}{\gamma_{RE}}(0.2 f_c b_w h_{w0}) \quad (5.1.11-2)$$

剪跨比 λ 小于或等于 2 时，

$$V \leqslant \frac{1}{\gamma_{RE}}(0.15 f_c b_w h_{w0}) \quad (5.1.11-3)$$

式中：b_w——截面混凝土计算厚度，一般取墙板两侧混凝土层厚度之和（mm）；

f_c——混凝土轴心抗压强度设计值（N/mm²）；

h_{w0}——截面有效高度（mm）；

V——截面剪力设计值（kN）；

λ——计算截面处的剪跨比，即 $M_c/(V_c h_{w0})$，其中 M_c、V_c 分别取与 V_w 同一组合的、未进行内力调整的弯矩和剪力设计值。

5.1.12 CS 板式结构底层墙肢，其截面组合的剪力设计值，二、三级抗震等级时按下式调整，四级抗震等级及无地震作用组合时不调整。

$$V = \eta_{vw} V_w \quad (5.1.12)$$

式中：V——CS 墙板底部墙肢截面组合的剪力设计值（kN）；

V_w——CS 墙板底部墙肢截面组合的剪力计算值（kN）；

η_{vw}——剪力增大系数，二级取 1.4，三级

取 1.2。

5.1.13 CS墙板的底层斜截面抗震受剪承载力验算应符合现行国家标准《混凝土结构设计规范》GB 50010 的规定。

5.1.14 抗震设计的 CS 板式结构墙肢在重力荷载代表值作用下的轴压比，二级时，不宜大于 0.5；三、四级时，不宜大于 0.6，墙肢轴压比应符合下列规定：

$$N/A_w f_c \qquad (5.1.14)$$

式中：N——重力荷载代表值作用下 CS 墙板墙肢底部轴向压力设计值（kN）；

A_w——CS 墙板混凝土水平截面面积（mm^2）；

f_c——混凝土轴心抗压强度设计值（N/mm^2）。

5.2 截面设计

5.2.1 正截面承载力应按下列假定进行计算：

1 截面应变保持平面；

2 不考虑混凝土的抗拉作用；

3 不考虑斜插丝的抗弯作用；

4 不考虑上下层混凝土与夹芯板间相互分离错动；

5 混凝土受压的应力与应变之间的关系应按下式规定取用：

当 $\varepsilon_c \leqslant \varepsilon_0$ 时

$$\sigma_c = f_c \left[1 - \left(1 - \frac{\varepsilon_c}{\varepsilon_0} \right)^2 \right] \qquad (5.2.1)$$

式中：f_c——混凝土轴心抗压强度设计值，按现行国家标准《混凝土结构设计规范》GB 50010 采用；

σ_c——混凝土压应变为 ε_c 时的混凝土压应力；

ε_0——混凝土压应力达到 f_c 时的混凝土压应变，当计算的 ε_0 值小于 0.002 时，应取 0.002。

6 纵向受拉钢筋的极限拉应变应取 0.01。

5.2.2 受弯构件、偏心受力构件正截面受压区混凝土的应力图形可简化为等效的矩形应力图。

5.2.3 CS 楼、屋面板正截面受弯承载力应符合下列规定（图 5.2.3）：

1 混凝土受压区高度应按下式确定：

$$\alpha_1 f_c bx = A_s f_y + A_p f_{py} - A_s' f_y' \qquad (5.2.3-1)$$

2 混凝土受压区高度尚应符合下式条件：

$$x \leqslant \beta_1 t_1 \qquad (5.2.3-2)$$

式中：A_s、A_s'、A_p——分别为单位板宽内上下非预应力钢筋和预应力钢筋的截面面积（mm^2）；

b——矩形截面的宽度（mm）；

f_c——混凝土轴心抗压强度设计值（N/mm^2），按现行国家标准

《混凝土结构设计规范》GB 50010 采用；

f_y、f_y'——非预应力钢丝的抗拉强度设计值（N/mm^2），按现行行业标准《冷拔低碳钢丝应用技术规程》JGJ 19 采用；

f_{py}——预应力钢筋的抗拉及抗压强度设计值（N/mm^2），按现行国家标准《混凝土结构设计规范》GB 50010 采用；

α_1——系数，取 1.0；

β_1——系数，取 0.8。

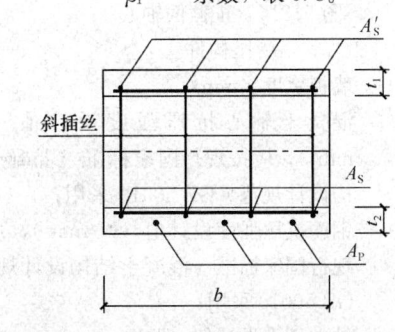

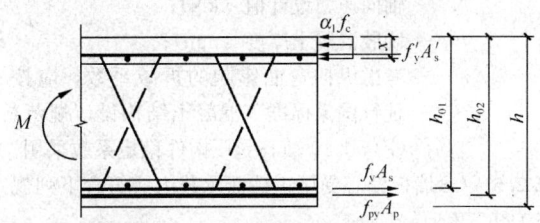

图 5.2.3 板正截面受弯承载力计算

当满足公式（5.2.3-2）要求时，x 应按下列公式计算：

$$x = \frac{A_s f_y + A_p f_{py}}{\alpha_1 f_c b} \leqslant \beta_1 t_1 \qquad (5.2.3-3)$$

$$M \leqslant f_{py} A_p (h_{01} - x/2) + f_y A_s (h_{02} - x/2) \qquad (5.2.3-4)$$

式中：h_{01}、h_{02}——分别为非预应力钢筋和预应力钢筋的合力点到受压区边缘的距离（mm）；

M——弯矩设计值（N·mm）；

x——混凝土受压区高度（mm），应符合本规程公式（5.2.3-2）要求。

5.2.4 CS 墙板轴心受压正截面承载力应符合下列规定（图 5.2.4）：

1 构造要求：$t_1 = t_2$；

2 轴向压力设计值应符合下式规定：

$$N \leqslant 1.8 \varphi [f_c bt_1 + f_y' A_s'] \qquad (5.2.4)$$

式中：A_s'——钢筋和钢丝网片的截面面积之和（mm^2）；

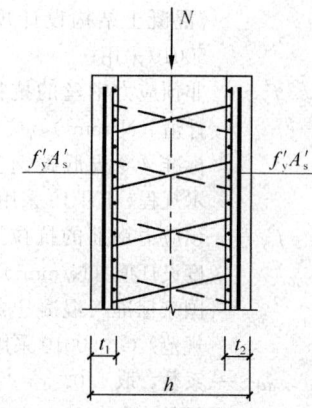

图 5.2.4　正截面轴心
受压构件

b——墙板宽度（mm）；

f_c——混凝土轴心抗压强度设计值（N/mm²），应按现行国家标准《混凝土结构设计规范》GB 50010 采用；

f'_y——钢筋抗压强度设计值（N/mm²），应按现行国家标准《混凝土结构设计规范》GB 50010 采用；

N——轴向压力设计值（kN）；

t_1、t_2——墙肢混凝土厚度（mm）；

φ——考虑纵向弯曲影响的折减系数，应按现行国家标准《混凝土结构设计规范》GB 50010 轴心受压构件稳定系数采用。

5.2.5 CS墙板偏心受压正截面承载力应符合下列规定(图5.2.5)：

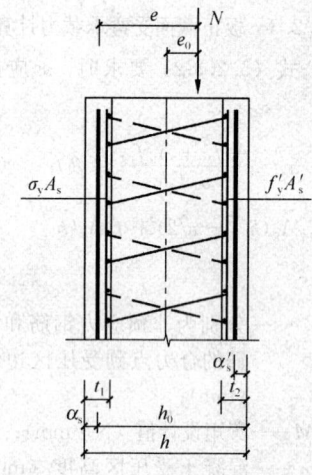

图 5.2.5　构件正截面偏压受力图

1 构造要求：$t_1=t_2$；$A_s=A'_s$；$e_0 \leqslant 0.3h_0$；

2 钢筋和钢丝网片的截面面积应符合下列公式规定：

$$A_s = A'_s = \frac{N \cdot e - f_c t_2 b\left(h_0 - \dfrac{t_2}{2}\right)}{f'_y\left(h_0 - a'_s\right)}$$

（5.2.5-1）

$$e = e_i + \frac{h}{2} - a_s \qquad (5.2.5\text{-}2)$$

$$e_i = e_0 + e_a \qquad (5.2.5\text{-}3)$$

式中：e_i——初始偏心距，取墙厚的 1/10（mm）；

e_0——轴向力对截面重心的偏心距（mm），取为 M/N，当需要考虑二阶效应时，M 应按现行国家标准《混凝土结构设计规范》GB 50010 的规定确定；

e_a——附加偏心距，取 20mm。

3 计算所得钢筋截面面积不得小于按轴心受压构件计算的钢筋截面面积。

5.2.6 CS楼、屋面板斜截面承载力应符合下式规定：

$$V \leqslant n \cdot \nu \cdot A_s \cdot f'_{ys} \cdot \cos\alpha \qquad (5.2.6)$$

式中：A_s——单根斜插丝的截面面积（mm²）；

f'_{ys}——斜插丝的抗拉及抗压强度设计值（N/mm²）；

n——一排横向受压斜插丝的根数，$n=b/s$；

b——截面宽度（mm）；

s——斜插丝横向间距（mm）；

α——斜插丝与垂线之间的夹角（°）；

ν——由斜插丝长细比控制的受压稳定系数，可按表 5.2.6 取用。

表 5.2.6　斜插丝受压稳定系数 ν

斜插丝直径（mm）	芯板厚度（mm）							
	60	70	80	90	100	110	120	130
2.00	0.515	0.395	0.316	0.254	0.209	0.174	0.141	—
2.50	0.714	0.600	0.494	0.407	0.339	0.237	0.243	0.209
3.00	0.795	0.706	0.615	0.514	0.434	0.369	0.316	0.273
3.50	0.855	0.798	0.724	0.664	0.618	0.482	0.369	0.364

5.2.7 CS楼板、屋面板在正常使用状态下的挠度，应按现行国家标准《混凝土结构设计规范》GB 50010 进行受弯构件挠度验算。

5.2.8 CS楼、屋面板裂缝控制应符合下列规定：

1 CS楼板一般要求不出现裂缝，在荷载效应的标准组合下，受力边缘应力应符合下列规定：

$$\sigma_{ck} - \sigma_{pc} \leqslant f_{tk} \qquad (5.2.8\text{-}1)$$

$$\sigma_{ck} = \frac{M_k}{I_0} y_0 \qquad (5.2.8\text{-}2)$$

$$\sigma_{pc} = \frac{N_{p0}}{A_0} + \frac{N_{p0} e_{p0}}{I_0} y_0 \qquad (5.2.8\text{-}3)$$

式中：A_0——板的换算截面面积（mm²），不考虑中间保温层；

f_{tk}——混凝土轴心抗拉强度标准值（N/mm²）；

e_{p0}——N_{p0} 对换算截面重心与预应力钢筋合力点的距离（mm）；

I_0——换算截面的惯性矩（mm）；

M_k——按荷载效应的标准组合计算的弯矩值（N·mm）；

N_{p0}——预应力钢筋的合力（kN），应按现行国家标准《混凝土结构设计规范》GB 50010 计算；

σ_{ck}——荷载效应的标准组合下抗裂验算边缘的混凝土法向应力；

σ_{pc}——扣除全部预应力损失后在抗裂验算边缘混凝土的预压应力；

y_0——换算截面的重心至截面下边缘的距离（mm）。

2 CS 屋面板应按现行国家标准《混凝土结构设计规范》GB 50010 的规定进行正截面裂缝宽度验算。

3 当满足下式时可不进行屋面板的挠度及裂缝宽度验算：

$$\frac{h}{l_0} \geqslant \frac{1}{28} \qquad (5.2.8\text{-}4)$$

当满足下式时可不进行楼面板的挠度验算：

$$\frac{h}{l_0} \geqslant \frac{1}{30} \qquad (5.2.8\text{-}5)$$

式中：h——板厚（mm）；

l_0——板计算跨度（mm）。

6 构 造 措 施

6.1 一 般 规 定

6.1.1 CS 板式结构伸缩缝最大间距应按现行国家标准《混凝土结构设计规范》GB 50010 中现浇剪力墙结构的规定执行。

6.1.2 CS 板式结构钢筋锚固长度、搭接长度及混凝土保护层厚度应符合现行国家标准《混凝土结构设计规范》GB 50010 的相关规定；墙板中的边缘构件混凝土保护层厚度应符合现行国家标准《混凝土结构设计规范》GB 50010 墙板保护层厚度的规定。

6.1.3 CS 板拼接时应在板缝处附加板缝加强网，并与 CS 板钢丝网绑扎牢固（图 6.1.3）；其钢丝直径及网格尺寸宜与被连接 CS 板钢丝网一致，且钢丝直径不应小于 2.00mm，加强网两侧搭接宽度不得小于 100mm。

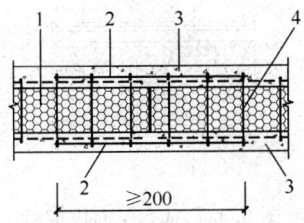

图 6.1.3 CS 板拼缝
1—CS 板；2—板缝加强网；3—细石混凝土；
4—斜插丝

6.1.4 CS 板构件连接节点附加的连接钢筋直径均不应小于 6mm，间距不应大于 300mm。

6.2 边 缘 构 件

6.2.1 CS 墙板构造柱应符合下列规定（图 6.2.1）：

1 截面尺寸宜与相邻墙板厚度相同，且不应小于 180mm×180mm，楼层梁下构造柱宽度宜与梁同宽，且不应小于 180mm；

2 纵向钢筋三级及以下时宜采用 4 根直径 12mm 的钢筋，房屋四角和二级时宜采用 4 根直径 14mm 的钢筋；

注："二级、三级及以下"，即"抗震等级为二级和抗震等级为三、四级及非抗震设防"的简称。

3 箍筋直径不应小于 6mm，间距不应大于 200mm，且宜在柱上下端加密。

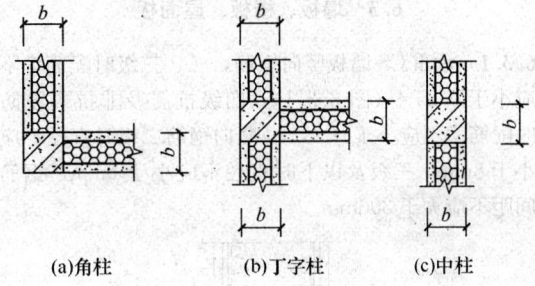

(a)角柱　　(b)丁字柱　　(c)中柱

图 6.2.1 构造柱

6.2.2 建筑物节能要求较高时，可用角部边缘构件代替外墙角部构造柱（图 6.2.2a）；将外墙中部构造柱移至墙板内侧（图 6.2.2b、c）。

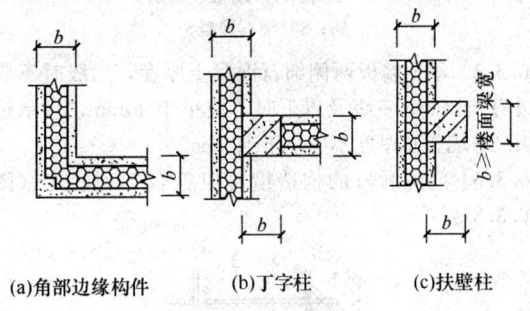

(a)角部边缘构件　(b)丁字柱　(c)扶壁柱

图 6.2.2 CS 墙板边缘构件

6.2.3 在外墙角部设 1 根直径不小于 14mm 的竖向钢筋；两侧 CS 板端部的钢丝网纵向钢丝加粗和斜插丝均适当加粗、加密；内外角加强网的钢丝均加粗，与两侧 CS 板钢丝网绑扎闭合；并用附加连接钢筋连接，形成角部边缘构件（图 6.2.3）。

6.2.4 CS 板式结构圈梁截面宽度应与墙板厚度相同、梁高不应小于楼板厚度，且不应小于 180mm×180mm；纵筋直径不宜小于 12mm，且不应少于 4 根；箍筋直径不应小于 6mm，间距不应大于 200mm。

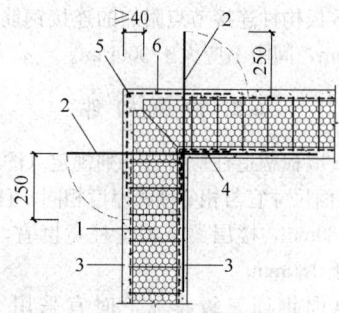

图 6.2.3　角部边缘构件
1—端部钢丝网加强的 CS 板；2—附加连接钢筋
弯折与 CS 板钢丝网绑牢；
3—细石混凝土；4—内角加强网；
5—角部钢筋；6—外角加强网

6.3　墙板、楼板、屋面板

6.3.1　承重 CS 墙板竖向钢筋，二、三级时配筋率不应小于 0.25%（图 6.3.1），四级抗震及非抗震设防时配筋率不应小于 0.2%；竖向钢筋二级时直径不应小于 8mm，三级及以下时直径不应小于 6mm，钢筋间距不应大于 300mm。

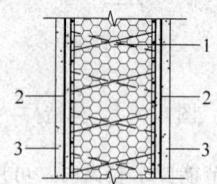

图 6.3.1　CS 墙板构造
1—CS 板；2—墙板竖向钢
筋；3—细石混凝土

6.3.2　承重墙板两侧细石混凝土厚度，二级时不应小于 50mm，三级及以下时不应小于 40mm，且承重用 CS 墙板总厚度不应小于 180mm。

6.3.3　门窗洞口的构造措施应符合下列规定（图 6.3.3）：

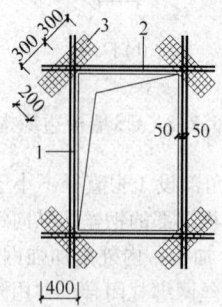

图 6.3.3　门窗洞口
附加钢筋
1—洞口侧边附加钢筋；2—洞口上下边
附加钢筋；3—加强网

1　门窗洞口侧边附加钢筋直径宜与墙板竖向钢筋直径一致；洞口宽度小于 1.5m 时，洞口边每一侧的附加钢筋不得少于 2 根；洞口宽度大于或等于 1.5m 时，该钢筋不得少于 3 根；

2　洞口上下边附加钢筋的数量和直径可与洞口侧边附加钢筋一致；

3　洞口角部应设置 45°斜向加强钢丝网片，网片规格应与墙板钢丝网规格一致。

6.3.4　承重 CS 墙板门窗洞口宽度不应大于 1.8m；非承重 CS 墙板门窗洞口宽度不应大于 2.0m，洞口上皮至楼板上皮的距离不应小于 0.5m。

6.3.5　CS 墙板的局部尺寸限值，宜符合表 6.3.5 的规定。

表 6.3.5　CS 墙板的局部尺寸限值（m）

部　　位	6 度	7 度	8 度
承重窗间墙最小宽度	0.8	0.8	1.0
承重外墙尽端至门窗洞边的最小距离	0.8	0.8	1.0
非承重外墙尽端至门窗洞边的最小距离	0.6	0.8	1.0
内墙阳角至门窗洞边的最小距离	0.6	0.8	1.2
女儿墙的最大高度	1.5	1.2	1.0

注：局部尺寸不足时，应采取局部加强措施弥补，且最小宽度不宜小于 1/4 层高和表列数据的 80%。

6.3.6　CS 楼板下预应力混凝土层厚度不应小于 35mm（图 6.3.6），板上混凝土叠合层厚度不应小于 40mm；楼板之间宜设置板缝，板缝宽度不宜小于 50mm，宜配置直径不小于 8mm 的纵向钢筋。

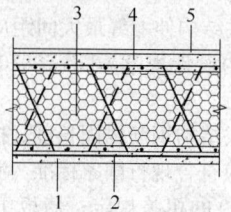

图 6.3.6　CS 楼板构造
1—预制细石混凝土层；2—预应
力钢筋；3—CS 板；4—细石混凝
土叠合层；5—面层

6.3.7　CS 屋面板板下抗裂水泥砂浆厚度不应小于 25mm，板上混凝土层厚度不应小于 40mm。

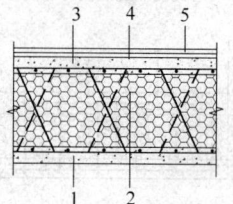

图 6.3.7　CS 屋面板构造
1—抗裂水泥砂浆层；2—CS 板；
3—现浇细石混凝土；4—找平
层；5—防水层

6.3.8 CS楼、屋面板支座处，应沿支座长度方向配置间距不大于150mm的上部构造钢筋，其直径不应小于6mm，该构造钢筋伸入板内的长度距墙板（梁）边算起不宜小于板计算跨度 l_0 的1/4。

6.3.9 当采用CS屋面板做挑檐板，且挑出长度小于或等于0.6m时，可配置直径不小于6mm，间距不大于200mm的板上构造钢筋（图6.4.4-2）。

6.4 连接节点

6.4.1 CS墙板的水平连接应符合下列规定：

1 墙板间采用墙板附加连接钢筋与构造柱连接的方式（图6.4.1-1）；

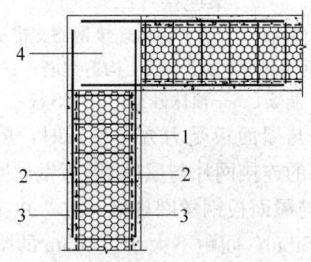

图 6.4.1-1 CS墙板水平连接（一）
1—CS板；2—附加连接钢筋锚入构造柱；3—细石混凝土；4—构造柱

2 外墙构造柱移至墙板内侧时，采用墙板附加连接钢筋与构造柱连接的方式（图6.4.1-2）；

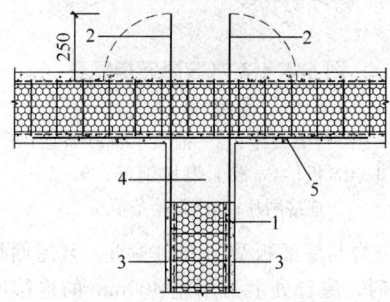

图 6.4.1-2 CS墙板水平连接（二）
1—CS板；2—内墙附加连接钢筋弯折与CS板钢丝网绑牢；3—细石混凝土；4—构造柱；5—附加连接钢筋锚入构造柱

3 承重墙板与非承重墙板采用附加连接角网的连接方式（图6.4.1-3），角网宽300mm，由与墙板钢丝网同一规格的钢丝网片制成。

6.4.2 CS墙板的竖向连接应符合下列规定：

1 墙板与楼层梁或基础梁连接，采用两侧预留连接钢筋的方式，连接钢筋应与墙板竖向钢筋一致（图6.4.2-1）；

2 上下层墙板连接可采用下层竖向钢筋贯通圈梁与上层墙板竖向钢筋搭接的方式，也可采用下层墙板竖向钢筋和上层预留连接钢筋分别锚入圈梁的方式（图6.4.2-2）；

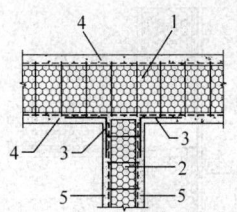

图 6.4.1-3 承重墙板与非承
重墙板水平连接
1—承重墙CS板；2—非承重墙CS板；
3—角网；4—细石混凝土；
5—抗裂水泥砂浆

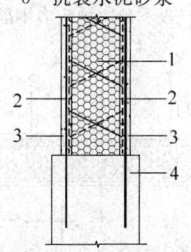

图 6.4.2-1 CS墙板
竖向连接（一）
1—CS板；2—预留连接钢筋与
墙板钢筋搭接；3—细石混凝土；
4—楼层梁或基础梁

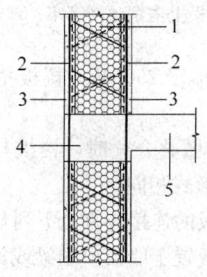

图 6.4.2-2 CS墙板竖向
连接（二）
1—CS板；2—下层竖向钢筋贯通圈梁
与上层墙板竖向钢筋搭接；3—细石混
凝土；4—圈梁；5—楼板

3 连接钢筋与墙板竖向钢筋搭接时，搭接接头应相互错开，位于同一连接区段内的钢筋接头面积不宜大于钢筋总面积的50%。

6.4.3 CS楼板的连接应符合下列规定：

1 CS楼板与墙板连接时，预制CS楼板半成品两端板下甩出的预应力钢筋及板上构造负钢筋均应锚入圈梁（图6.4.3-1）；

2 CS楼板与梁连接时，预制CS楼板半成品直接置于梁上皮，梁上预留连接钢筋交错折弯与板上皮钢丝网绑牢（图6.4.3-2）；梁上预留连接钢筋，二级时直径不应小于8mm，三级及以下时直径不应小于6mm，间距均不大于300mm，锚入梁内部分端部应做直钩，弯钩长度不应小于5mm，甩出部分折弯后

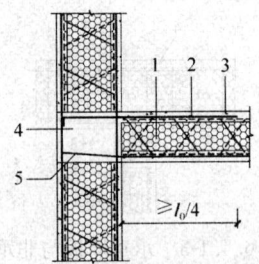

图 6.4.3-1　CS 楼板与墙板连接

1—预制 CS 楼板半成品；2—板上构造负钢筋；

3—细石混凝土叠合层；4—圈梁；

5—板下预留预应力钢筋

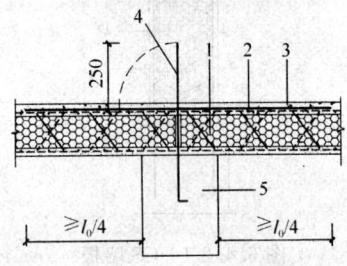

图 6.4.3-2　CS 楼板与混凝土梁连接

1—预制 CS 楼板半成品；2—板上构造负钢筋；

3—细石混凝土叠合层；4—梁上预留连接钢筋

交错折弯与板上皮钢丝网绑牢；5—混凝土梁

水平段长度不应小于 250mm；楼板搭梁长度不应小于 80mm；

3　混凝土梁做叠合梁时，楼板与其连接形式和楼板与墙板连接形式相同。

6.4.4　CS 屋面板的连接应符合下列规定：

1　CS 屋面板置于墙板顶圈梁或梁上，梁上预留连接钢筋交错折弯与板上皮钢丝网绑牢（图 6.4.4-1）。预留钢筋直径不小于 6mm，间距不大于 300mm，锚入梁内部分端部做直钩，弯钩长度不应小于 5mm，甩出部分折弯后水平段长度不应小于 250mm；屋面板搭梁长度不应小于 80mm；

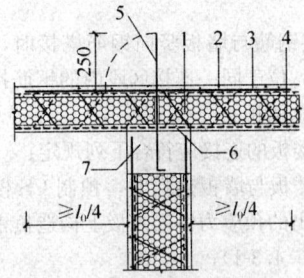

图 6.4.4-1　CS 屋面板与墙顶

圈梁连接（一）

1—CS 板；2—板上附加钢；3—现浇细石混凝土；

4—抗裂水泥砂浆层；5—梁上预留连接钢筋交错折弯与

板上皮钢丝网绑牢；6—预抹砂浆；7—圈梁

2　采用 CS 屋面板做挑檐时，墙顶圈梁应按本条第 1 款的规定预留连接钢筋，交错折弯与 CS 板下皮钢丝网绑牢（图 6.4.4-2）；

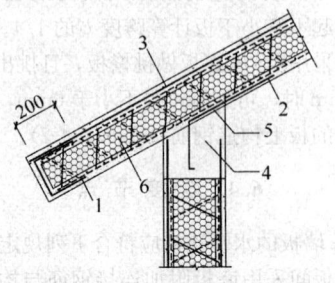

图 6.4.4-2　CS 屋面板与墙顶圈

梁连接（二）

1—板端槽网；2—梁上预留连接钢筋交错折弯与

板下皮钢丝网绑牢；3—板上构造钢筋；4—墙顶

圈梁；5—预抹砂浆；6—CS 板

3　屋脊与屋面板受力方向平行时，屋脊处上下用宽 400mm 的连接网片与屋面 CS 板钢丝网绑牢，连接网片规格与屋面板钢丝网规格一致，并在板上设置直径不小于 6mm，间距不大于 300mm 的附加连接钢筋（图 6.4.4-3）；

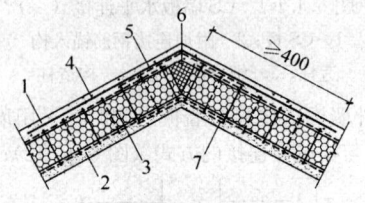

图 6.4.4-3　CS 屋面板屋脊

连接（一）

1—细石混凝土；2—抗裂水泥砂浆层；

3—CS 板；4—板上附加钢筋；5、7—

连接网片；6—聚苯条填实

4　屋脊与屋面板受力方向垂直，且屋面板跨度小于 3m 时，屋脊处上下用宽 400mm 的连接网片与屋面 CS 板钢丝网绑牢，连接网片规格与屋面板钢丝网规格一致；板下设直径不小于 6mm，间距不大于 200mm 的附加钢筋，穿过屋面 CS 板弯折与板上钢丝网绑牢（图 6.4.4-4）。

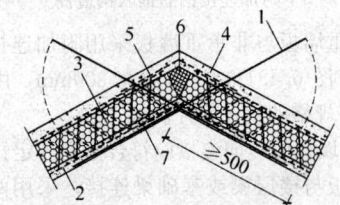

图 6.4.4-4　CS 屋面板屋脊连接（二）

1—附加钢筋穿过 CS 板与板上钢丝网绑牢；

2—抗裂水泥砂浆层；3—CS 板；4—细石

混凝土；5、7—连接网片；6—聚苯条填实

7 施 工

7.1 一 般 规 定

7.1.1 CS板式结构工程的施工应符合设计要求。

7.1.2 CS板式结构工程的施工应针对结构工程的特点，编制施工方案和施工工艺标准，并严格贯彻执行。

7.1.3 CS板的生产应按深化设计后的排板图下料，并进行编号，现场应按规格分类码放，安装时应对号就位。

7.1.4 CS板或预制CS楼板半成品现场码放时应平整并苫盖，码放时间一般不宜超过45d，任何情况下不应超过90d。

7.1.5 CS板式结构工程施工期间，环境空气温度不宜低于5℃，5级以上大风天气不得进行CS板构件吊装和安装。

7.1.6 CS墙板、楼板和屋面板安装就位前，应对照设计图纸，对基础梁、圈梁或楼层梁的顶面标高以及预埋件、预留连接钢筋、预留线管等进行核对，符合设计要求方可进行安装。

7.1.7 CS板式结构的施工宜按下列顺序进行：

   1 CS墙板施工顺序，宜按下列流程进行（图7.1.7-1）；

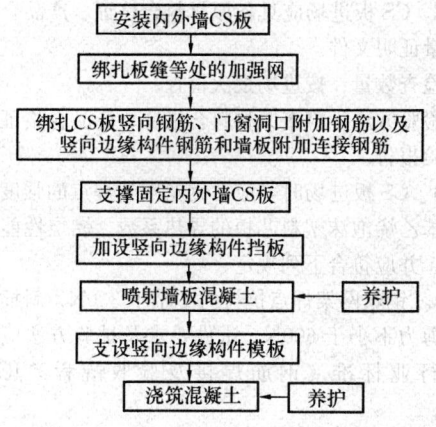

图 7.1.7-1　CS墙板施工顺序框图

   2 CS楼板施工顺序，宜按下列流程进行（图7.1.7-2）；

   3 CS屋面板施工顺序，宜按下列流程进行（图7.1.7-3）。

7.2 施 工 要 求

7.2.1 安装就位预制CS楼板半成品时，应先搭设支撑架体，支撑距板端不宜大于200mm，当楼板跨度大于3.3m时宜在板跨中增加一道支撑。

7.2.2 安装就位屋面CS板时，板下应有可靠的支

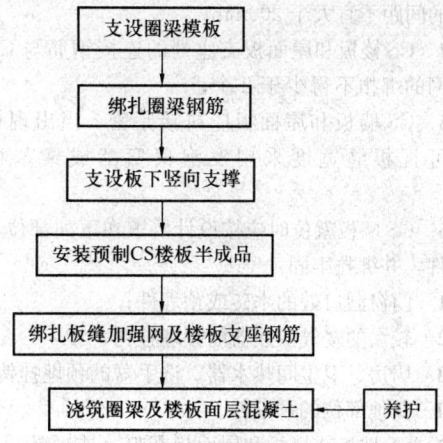

图 7.1.7-2　CS楼板施工顺序框图

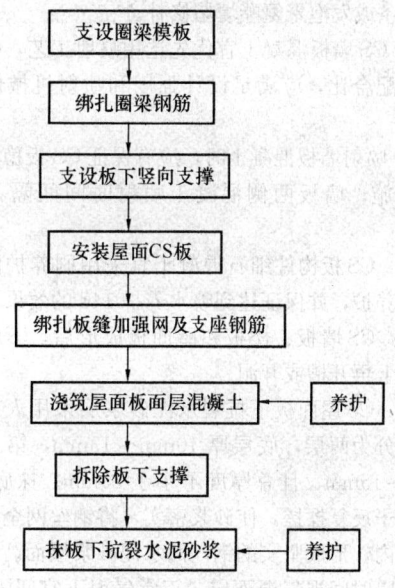

图 7.1.7-3　CS屋面板施工顺序框图

撑，支撑间距不得大于1.0m。当芯板厚度小于或等于100mm时应在板跨中起拱，起拱高度为板跨的3/1000。

7.2.3 与CS墙板连接的圈梁（地梁），表面应平整，外墙CS板就位时，板下应先铺垫厚度不小于10mm的水泥砂浆。与CS屋面板连接的圈梁表面，可依屋面坡度做成斜面，铺屋面CS板时，梁上应先铺垫厚度不小于25mm的水泥砂浆。

7.2.4 CS板绑扎应满足下列规定：

   1 与CS板钢丝网绑扎用的绑丝宜采用22号镀锌钢丝；

   2 CS板板缝处的绑扎丝扣宜为斜扣，绑扣间距沿加强网长向不得大于200mm；

   3 梁上预留连接钢筋与CS墙板竖向钢筋搭接范围内的绑扣不得少于3个，竖向钢筋与CS板钢丝网

绑扣的间距不宜大于 200mm;

4 CS楼板和屋面板支座处的连接钢筋与 CS 板钢丝网的绑扣不得少于 2 个。

7.2.5 CS墙板和屋面板应拼接紧密,当出现板缝时,可视板缝宽度采用发泡聚氨酯或聚苯板条封堵。

7.2.6 CS墙板就位时应按设计要求在下列部位设置预埋件,并绑扎牢固:

1 门窗洞口处的木砖或预埋件;

2 较大的暖气散热器的预埋挂钩;

3 厨房、卫生间热水器、洗手盆的预埋挂钩;

4 其他部位的预埋件。

7.2.7 CS墙板、楼板和屋面板在喷(抹)混凝土或砂浆前,应敷设好线管、线盒;敷设线管时,可在芯板上开槽,开槽方向宜与板跨平行;出现破损时可用聚苯板条或发泡聚氨酯填堵修补。

7.2.8 CS墙板混凝土宜优先选用喷射工艺,喷射混凝土的配合比,应满足设计强度和喷射机械性能的要求。

7.2.9 喷射墙板混凝土时,应有保证CS板稳定性的支撑措施;墙板两侧混凝土喷射时间间隔不宜小于 24h。

7.2.10 CS板构件细石混凝土宜采用刷养护液的方法进行养护,并保证达到喷水养护 14d 的效果。

7.2.11 CS墙板、楼板和屋面板成形后,不应在混凝土层上再开槽或开洞。

7.2.12 CS屋面板下抗裂水泥砂浆层采用人工抹灰时,宜分为两层,底层厚 10mm~13mm,第二层厚 12mm~15mm,且总厚度不小于 25mm。抹底层时,应用抹子反复揉搓,使砂浆密实,将钢丝网全部包在砂浆层内,形成坚实的钢丝网水泥砂浆层面。每层抹灰的间隔时间视气温而定,正常气温下宜间隔 2d 以上。每层砂浆终凝后应喷水养护。

8 施工质量验收

8.1 一般规定

8.1.1 CS板式结构工程验收应按现行国家标准《建筑工程施工质量验收统一标准》GB 50300 执行。

8.1.2 CS板式结构工程主体分部工程,可划分为下列子分部工程:

1 CS墙板子分部工程;

2 CS楼板子分部工程;

3 CS屋面板子分部工程。

8.1.3 CS板式结构工程主体子分部工程,可划分为下列分项工程:

1 CS墙板子分部工程可划分为CS板安装固定、墙体钢筋绑扎(含边缘构件及线管、线盒)、墙体喷

(抹)细石混凝土等分项工程;

2 CS楼板子分部工程可划分为CS楼板半成品安装就位、钢筋绑扎(含圈梁及板缝)、浇筑板面叠合层混凝土等分项工程;

3 CS屋面板子分部工程可划分为CS板安装就位、钢筋绑扎、浇筑板面混凝土、抹板下水泥砂浆层等分项工程。

各分项工程可根据与施工方式相一致且便于控制施工质量的原则,按工作班、楼层、结构缝或施工段划分为若干检验批。

8.1.4 钢筋、模板和混凝土等分项工程均应按现行国家标准《混凝土结构工程施工质量验收规范》GB 50204 的规定进行验收。

8.1.5 CS板式结构工程主体各子分部工程的验收,应在各相关分项工程验收合格的基础上,进行质量控制资料检查、观感质量验收和结构实体检验。

8.1.6 CS板式结构工程主体各相关分项工程的验收,应在所含检验批验收合格的基础上进行验收。

8.2 钢丝网架板的质量验收

Ⅰ 主 控 项 目

8.2.1 CS板应在明显部位有拟用的工程名称、构件名称、尺寸或编号等标识。

8.2.2 CS板进场应具备原材料合格证、产品合格证等质量证明文件。

检查数量:按进场批次检查。

检验方法:检查原材料合格证、产品合格证、质量检验报告。

8.2.3 CS板进场时,应对钢丝网架焊点的强度及模塑聚苯乙烯泡沫塑料芯板的导热系数、燃烧性能抽样复验,并应符合下列规定:

1 钢丝网架焊点抗拉力不小于 330N,斜插丝焊点抗剪力不小于 600N。试件要求及试验方法应符合现行行业标准《钢筋焊接及验收规程》JGJ 18 规定。

复验的检验批:同类型的 CS 板不大于 3000m², 且进场时间不超过 90d,为一个检验批。

检查数量:每检验批抽取钢丝网焊点拉伸试件和斜插丝焊点抗剪试件各 1 组,每组 3 件。

2 泡沫塑料芯板性能及试验方法应符合本规程表3.0.5的规定。

Ⅱ 一 般 项 目

8.2.4 CS板外观质量应符合表 8.2.4 的规定。

检查数量:同一检验批内同型号的 CS 板,抽检不少于其数量的 10%,且不少于 3 块。

检验方法:观察、钢尺检查。

表 8.2.4　CS 板质量要求

项　目	质 量 要 求
外观	表面清洁，不得有油污，芯板不得松动
芯板对接	全长对接不得超过 2 块，短于 500mm 的板条不得使用
钢丝锈点	焊点区以外不允许
斜插丝插入聚苯芯板角度	保持一致，误差≤3°
钢丝排列	纵横向钢丝应垂直，网格间距误差 ±2mm
钢丝接头	板边挑头允许长度≤6mm，插丝挑头 ≤5mm； 不得有 5 个以上漏剪、翘伸的钢丝接头
焊点质量	网片漏焊、脱焊不得超过焊点数的 8‰，且不应集中一处，连续脱焊不应多于 2 点，板端 200mm 区段内的焊点不允许脱焊、虚焊

8.2.5　CS 板外观尺寸应符合表 8.2.5 的规定。

　　检查数量：同一检验批内同型号的 CS 板，抽检不少于其数量的 10%，且不少于 3 块。

　　检验方法：钢尺检查。

表 8.2.5　CS 板尺寸要求

项　目	允许偏差（mm）	备　注
板长度	±5	—
板宽度	±5	—
芯板厚度	+2	同一块板≥2 个点
总厚度	±5	同一块板≥2 个点
芯板中心位移	±2	—
对角线差	≤10	—
钢丝网片间距	±2	同一块板≥3 个点

8.3　钢丝网架板安装质量验收

Ⅰ　主 控 项 目

8.3.1　CS 板加强网设置及绑扎应符合本规程第 7.2.4 条的规定。

　　检查数量：每层的墙板、楼板不大于 100m² 各为一个检验批，屋面板不大于 100m² 为一个检验批，每检验批各部位抽查不小于 3 处。

　　检验方法：观察。

Ⅱ　一 般 项 目

8.3.2　CS 板安装质量及检测方法应符合表 8.3.2-1、

8.3.2-2 的规定。

　　检查数量：每层的墙板、楼板不大于 100m² 各为一个检验批，屋面板不大于 100m² 为一个检验批，每检验批各部位抽查不小于 3 处。

　　检验方法：观察，按表 8.3.2-1、表 8.3.2-2 执行。

表 8.3.2-1　CS 墙板安装质量要求

项目	允许偏差（mm）	检验方法
表面平整度	5	2m 靠尺、塞尺检查
立面垂直度	5	吊线、钢尺检查
相邻板上表面高差	±5	钢尺检查
轴线位置	4	卷尺检查
门窗洞口高度、宽度	+5，−3	钢尺检查
门窗洞口水平、垂直	±5	拉线、吊线检查

表 8.3.2-2　CS 屋面板安装质量要求

项　目		允许偏差（mm）	检验方法
相邻板底面高差	吊顶	5	尺量检查
	不吊顶	3	尺量检查
板表面平整度		4	2m 靠尺检查

8.4　预制楼板半成品的质量验收

Ⅰ　主 控 项 目

8.4.1　预制 CS 楼板半成品应在明显部位有拟用的工程名称、构件尺寸或编号等标识。

8.4.2　预制 CS 楼板半成品应具备原材料合格证、产品性能报告、产品合格证等质量证明文件。

　　检查数量：按进场批次全数检查。

　　检验方法：检查原材料合格证、产品合格证、质量检验报告。

Ⅱ　一 般 项 目

8.4.3　预制 CS 楼板半成品外观质量、外观尺寸及检验方法应符合表 8.4.3-1、表 8.4.3-2 的规定。

　　检查数量：按进场数量每 100 块为一个检验批，每检验批抽查 3 块。

　　检验方法：观察，钢尺检查。

表 8.4.3-1　预制 CS 楼板半成品质量要求

项　目	允许偏差（mm）	检验方法
混凝土缺棱掉角	长度≤20	钢尺检查
板下露钢筋	不允许	观察检查
板下混凝土横纵向裂缝	不允许	观察检查

表 8.4.3-2 预制 CS 楼板半成品尺寸要求

项　　目	允许偏差(mm)	检验方法
混凝土板长度	±5	钢尺检查
混凝土板宽度	±3	钢尺检查
混凝土厚度	±3	钢尺检查
侧向弯曲	板长/750,且≤20	拉线检查
表面平整	≤5	拉线检查
对角线差	≤10	拉线检查
翘曲	≤板宽/750	拉线检查
预应力钢筋外伸长度	≤10	钢尺检查

8.4.4 预制 CS 楼板半成品安装质量应符合表 8.4.4 的规定。

检查数量:每层的楼板不大于 100m² 为一个检验批,每检验批各部位抽查不小于 3 处。

检验方法:观察,钢尺检查。

表 8.4.4 预制 CS 楼板半成品安装质量要求

项　　目		允许偏差(mm)	检验方法
相邻板底面高差	吊顶	5	钢尺检查
	不吊顶	3	钢尺检查
搭梁时搁置长度		±5	钢尺检查

8.5 连接节点的质量验收

Ⅰ 主控项目

8.5.1 CS 板式结构边缘构件钢筋及连接钢筋的品种、级别、规格和数量必须符合设计要求,连接钢筋的绑扎应符合本规程第 7.2.4 条的规定。

8.5.2 CS 板式结构连接节点混凝土的外观质量不应有严重缺陷,对已经出现严重缺陷的,应由施工单位提出技术处理方案,并经设计、监理(建设)单位认可后进行处理。对经处理的部位,应重新检查验收。

检查数量:全数检查。

检验方法:观察,检查技术处理方案。

Ⅱ 一般项目

8.5.3 CS 板式结构连接节点混凝土的外观质量不宜有一般缺陷,对已经出现一般缺陷的,应有施工单位按技术处理方案进行处理,并重新检查验收。

检查数量:全数检查。

检验方法:观察,检查技术处理方案。

8.6 工 程 验 收

8.6.1 CS 板式结构中的混凝土结构工程的质量应符合现行国家标准《混凝土结构工程施工质量验收规范》GB 50204 的相关规定。CS 屋面板下抹灰层质量应符合现行国家标准《建筑装饰装修工程质量验收规范》GB 50210 的相关规定。

8.6.2 CS 板式结构喷射细石混凝土强度的实体检验,应在混凝土喷射地点制备 1.2m×1.2m 的试件,并与结构实体同条件养护,按本规程附录 B 的规定抽取芯样;也可根据合同约定,在现场试件和结构实体上抽取芯样,抽取的芯样按本规程附录 B 进行强度检验。

8.6.3 CS 板式结构主体工程验收应提供下列资料:

1 CS 板或预制 CS 楼板原材料合格证、产品合格证及其组成材料的产品合格证,现场验收记录,现场复试报告;

2 子分部、分项工程施工质量检验记录;

3 隐蔽工程质量验收记录;

4 混凝土和砂浆试块强度试验报告;

5 混凝土构件实体检验记录;

6 重大技术问题的处理或修改设计的技术文件;

7 其他有关文件和记录。

附录 A CS 墙板、屋面板热工指标

A.0.1 CS 墙板热工指标应按表 A.0.1 取用。

表 A.0.1 CS 墙板热工指标

构造层厚度(mm)			总厚度(mm)	传热阻 R_0 (m²·K/W)	传热系数 K_0 [W/(m²·K)]	热惰性指标 D
钢丝网架聚苯板	外侧混凝土	内侧混凝土				
100	40	40	180	1.91	0.52	1.4
110	40	40	190	2.08	0.48	1.5
120	40	40	200	2.25	0.44	1.6
130	40	40	210	2.43	0.41	1.6
140	40	40	220	2.60	0.39	1.7

A.0.2 CS 屋面板热工指标应按表 A.0.2 取用。

表 A.0.2 CS 屋面板热工指标

构造层厚度(mm)			总厚度(mm)	传热阻 R_0 (m²·K/W)	传热系数 K_0 [W/(m²·K)]	热惰性指标 D
钢丝网架聚苯板	细石混凝土	水泥砂浆				
80			145	1.52	0.66	1.1
90			155	1.68	0.59	1.2
100			165	1.85	0.54	1.3
110	40	25	175	2.01	0.50	1.3
120			185	2.18	0.46	1.4
130			195	2.35	0.43	1.5
140			205	2.51	0.40	1.5

A.0.3 CS 板材料热工指标技术参数应按表 A.0.3 取用。

表 A.0.3　材料热工性能计算参数

项　目	导热系数 λ [W/(m·K)]	修正系数 α	蓄热系数 S [W/(m²·K)]
钢丝网架聚苯板	0.039	CS外墙板 1.50	0.74
		CS屋面板 1.55	
钢筋细石混凝土	1.51	1.00	15.36
钢筋水泥砂浆	1.28	1.00	13.57

注：本表数据参数全部引自现行国家标准《民用建筑热工设计规范》GB 50176。

附录 B　CS板式结构实体混凝土强度检测方法

B.0.1　从现场试件和结构实体抽取的芯样最小样本不宜小于 15 个。

B.0.2　取样采用直径为 50mm 的钻芯机钻取芯样；芯样钻取时应避开主筋，并将取出的芯样采用双端磨平机进行端面磨平处理。应保证端面平行，且垂直于芯样轴线。

B.0.3　进行芯样试件的抗压强度试验时，先量测芯样试件的端面直径 d 和芯样试件的高度 h，精确至 0.1mm。以测得的极限荷载值 P 和芯样试件的直径 d，按下式计算每一个芯样试件的抗压强度 $f_{cu,cor,i}$，抗压强度精确至 0.1MPa。

$$f_{cu,cor,i} = 4P/\pi d^2 \qquad (B.0.3)$$

B.0.4　芯样试件标准高径比为 0.95，最小高径比不得小于 0.8，可按下式由被测芯样试件抗压强度推导出每一个标准高径比芯样试件的抗压强度 $f_{c,cor,i}$。

$$f_{c,cor,i} = \mu f_{cu,cor,i} \qquad (B.0.4)$$

式中：μ——高径比修正系数，$\mu = [2.44 - 1.52(h/d)]^{-1}$。

B.0.5　由标准高径比芯样试件抗压强度 $f_{c,cor,i}$ 推导出每一个立方体抗压强度 $f_{cu,i}$ 的关系可按下式计算。

$$f_{cu,i} = \beta f_{c,cor,i} \qquad (B.0.5)$$

式中：β——立方体修正系数，取 0.76。

B.0.6　CS板式结构实体混凝土强度推定，应符合现行国家标准《建筑结构检测技术标准》GB/T 50344 的规定。

本规程用词说明

1　为了便于在执行本规程条文时区别对待，对要求严格程度不同的用词说明如下：

　1）表示很严格，非这样做不可的用词：

　　正面词采用"必须"，反面词采用"严禁"；

　2）表示严格，在正常情况下均应这样做的用词：

　　正面词采用"应"，反面词采用"不应"或"不得"；

　3）对表示允许稍有选择，在条件允许时首先应这样做的用词：

　　正面词采用"宜"，反面词采用"不宜"；

　4）表示有选择，在一定条件下可以这样做的，采用"可"。

2　条文中指明应按其他有关标准执行的写法为："应按……执行"或"应符合……的规定"。

引用标准名录

1　《建筑结构荷载规范》GB 50009

2　《混凝土结构设计规范》GB 50010

3　《建筑抗震设计规范》GB 50011

4　《民用建筑热工设计规范》GB 50176

5　《混凝土结构工程施工质量验收规范》GB 50204

6　《建筑装饰装修工程质量验收规范》GB 50210

7　《建筑工程抗震设防分类标准》GB 50223

8　《建筑工程施工质量验收统一标准》GB 50300

9　《建筑结构检测技术标准》GB/T 50344

10　《金属材料　拉伸试验　第1部分：室温试验方法》GB/T 228.1

11　《金属材料　线材　反复弯曲试验方法》GB/T 238

12　《钢产品镀锌层质量试验方法》GB/T 1839

13　《塑料　用氧指数测定燃烧行为　第1部分：导则》GB/T 2406.1

14　《塑料　用氧指数测定燃烧行为　第2部分：室温试验》GB/T 2406.2

15　《硬质泡沫塑料水蒸气透过性能的测定》QB/T 2411

16　《泡沫塑料及橡胶　表观密度的测定》GB/T 6343

17　《硬质泡沫塑料吸水率的测定》GB/T 8810

18　《硬质泡沫塑料尺寸稳定性试验方法》GB/T 8811

19　《硬质泡沫塑料　弯曲性能的测定　第1部分：基本弯曲试验》GB/T 8812.1

20　《硬质泡沫塑料　弯曲性能的测定　第2部分：弯曲强度和表观弯曲模量的测定》GB/T 8812.2

21　《硬质泡沫塑料压缩性能的测定》GB/T 8813

22　《建筑材料及制品燃烧性能分级》GB 8624

23　《建筑材料可燃性试验方法》GB/T 8626

24　《绝热材料稳态热阻及有关特性的测定　防护热板法》GB/T 10294

25　《钢筋焊接及验收规程》JGJ 18

26　《冷拔低碳钢丝应用技术规程》JGJ 19

中华人民共和国行业标准

钢丝网架混凝土复合板结构技术规程

JGJ/T 273—2012

条 文 说 明

制 订 说 明

《钢丝网架混凝土复合板结构技术规程》JGJ/T 273-2012 经住房和城乡建设部 2012 年 4 月 5 日以第 1349 号公告批准、发布。

本规程制订过程中，编制组进行了广泛和深入的调查研究，总结了多年来 CS 预应力混凝土夹芯板试验研究、CS 混凝土夹芯承重墙板承重能力的试验研究、混凝土夹芯板（CS 板）结构非线性有限元分析研究等有关 CS 板式结构的研究成果以及工程实践经验，通过多项专题研究，取得了重要技术参数。

为便于广大设计、施工、科研、学校等单位有关人员在使用本规程时能正确理解和执行条文规定，《钢丝网架混凝土复合板结构技术规程》编制组按章、节、条顺序编制了本规程的条文说明，对条文规定的目的、依据以及执行中需注意的有关事项进行了说明。但是，本条文说明不具备与规程正文同等的法律效力，仅供使用者作为理解和把握规程规定的参考。

目　次

1 总 则

1.0.1 CS 板式结构体系集承重、保温、隔热、隔声于一体，具有自重轻、抗震性能好、施工方便等优点，可替代砖混结构，符合国家墙体改革及节能政策。

钢丝网架聚苯复合板在 20 世纪 80 年代引入我国，早期在建筑工程中多用于保温材料和框架结构的填充墙。经过我国工程技术人员多年的研究，改进钢丝网架的结构和规格，在板两侧采用一定厚度的细石混凝土（水泥砂浆），配置钢筋，构成钢丝网架混凝土复合板承重构件，既大大地提高了其承载力和刚度，又保留了自重轻、保温隔热性能好的优点，使钢丝网架混凝土复合板的应用范围扩展到楼板、屋面板和承重墙板，进而开发出这些构件组成的新型的钢丝网架混凝土复合板结构体系。

1.0.2 CS 板式结构体系是新型结构体系，为安全、稳妥和经济，暂时限定在 8 度或 8 度以下抗震设防区以及非抗震设防区应用，在 9 度抗震设防区应用时应进行专门研究。

CS 板式结构体系也适用于侧向刚度较大的既有建筑接层，如钢筋混凝土剪力墙结构、砖混结构，接层后房屋的层数和总高度，均不应超过现行国家标准《建筑抗震设计规范》GB 50011 对既有建筑规定的限值。已有的 CS 板式结构体系接层工程实例，接层层数均为 1 层，接层层数大于 1 层时应进行专门研究。

单层钢丝网架混凝土复合板结构体系的农村住宅，可参照本规程的相关规定执行，各项要求可适当放宽。

2 术语和符号

2.1 术 语

2.1.1 CS 是"复合板"英文 Composite Slab 的缩写。钢丝网架混凝土复合板结构体系从研发到推广以及成果鉴定和有关批文，一直沿用"CS 板式结构"的名称，故本规程中将钢丝网架混凝土复合板结构简称为 CS 板式结构。

CS 板中间填充可用模塑聚苯乙烯泡沫塑料板（EPS）或岩棉板，其性能应符合相关规定的要求。

2.2 符 号

本节参考现行国家标准《混凝土结构设计规范》GB 50010 和《建筑抗震设计规范》GB 50011 中的主要符号编制。

3 材 料

3.0.1、3.0.2 细石混凝土指粗骨料粒径不大于 8mm 的混凝土。

CS 板构件混凝土层较薄容易出现裂缝，故混凝土强度等级不宜过高。现浇（喷、抹）的混凝土及砂浆中的砂子应采用中砂，细度模数不低于 2.3；抗裂水泥砂浆可在砂浆中外掺适量聚合物乳液或抗裂添加剂，也可添加建筑专用聚丙烯纤维。

3.0.3 工程实例中 CS 楼板所用的预应力钢筋均采用高强度低松弛钢丝。如有经验，也可采用其他性能可靠的预应力材料，其性能应符合现行国家标准《预应力混凝土用钢丝》GB/T5223 和《预应力混凝土用钢绞线》GB/T 5224 的要求。

3.0.4、3.0.5 钢丝焊接成的三维空间网架是 CS 板的骨架，钢丝的直径、间距应通过计算和试验确定，本规程只对钢丝最小直径和间距作了限定。

CS 板材料的性能要求分别参照现行行业标准《钢丝网架夹芯板用钢丝》YB/T 126、《外墙外保温工程技术规程》JGJ 144、现行国家标准《绝热用模塑聚苯乙烯泡沫塑料》GB/T 10801.1。

耐火极限试验表明：采用燃烧分级为 B2 级的模塑聚苯乙烯板做芯板的 CS 承重墙板耐火极限大于 3.0h。

工程实体检测表明：芯板厚度为 130mm 厚的 CS 墙板传热系数为 0.44W/（m² · K）；芯板厚度为 140mm 厚的 CS 屋面板，传热系数为 0.44W/（m² · K）。

3.0.6 CS 板非承重隔墙作为 CS 板结构的配套产品，具有自重轻、隔热隔声好、施工工艺与主体相近等优点，故本规程推荐在 CS 板式结构中优先采用 CS 板非承重隔墙。非承重 CS 墙板，板芯之模塑聚苯乙烯泡沫塑料板的表观密度可采用≥15kg/m³。

4 设 计 规 定

4.1 一 般 规 定

4.1.4 CS 板式结构体系的墙板厚度较薄，为确保安全，本规程限定了 CS 板式结构房屋的总高度、层数。

4.1.6 本规程限定了 CS 板式结构房屋的高宽比：

1 单面走廊房屋的总宽度不包括走廊宽度；

2 建筑平面接近正方形时，其高宽比宜适当减小。

4.1.7 房屋尽端的楼梯间外墙缺少侧向支撑，稳定性差，对抗震不利，对于 CS 板墙尤为明显。故在建筑布置时楼梯尽量不设在房屋尽端，或对房屋尽端开间采取特殊措施，如在楼梯梁下增加构造柱等。

4.2 建筑设计与结构布置

4.2.2 CS板式结构房屋做平屋顶时采用结构找坡，可以减少找坡层做法，方便施工，减轻荷载，更好的发挥CS板的优点。

4.2.3 上人屋面女儿墙高度不满足建筑设计规范防护要求时，可在CS板女儿墙顶加设栏杆。

4.2.5 CS墙板平面布置原则如下：

1 同方向墙板在平面上宜对齐；

2 各片墙板的墙肢长度宜大致相等；

3 墙板的墙肢长度不宜大于8m，也不应小于0.5m或总墙厚的3倍。

CS墙板竖向布置原则如下：

1 墙板宜贯通到顶，并应上下对齐、连续设置；

2 墙板上的各楼层洞口宜上下对齐、成列布置，尽量避免左右错位。洞口的设置应避免使墙肢侧向刚度大小相差悬殊。

4.2.6、4.2.7 在横纵墙交接处设置构造柱，可以约束墙体并起到连接作用；在CS墙板中部、楼层梁与内外墙交接处设置构造柱，可以提高墙体稳定性并解决梁下墙板局部受压问题。

结构模型试验结果表明："现浇钢筋混凝土边缘构件始终能保持结构的整体性，保证结构整体受力，使结构具有变形能力大、延性好的特点"。

4.2.8 CS楼板试验时最大板跨度为4.8m，CS屋面板试验时最大板跨度为5.1m，考虑生产、运输和安装等因素，本规程限定了楼板和屋面板的使用跨度，当横墙间距较大时，应设置承重梁。

4.4 荷载与地震作用

4.4.3 大量的试验研究及计算分析显示：CS墙板是能够有效地承受侧向作用，并保持结构整体稳定的承重墙体，在CS板式结构体系中，CS墙板与楼板形成整体共同工作，因此可将CS墙板构件视为抗震墙进行计算分析，计算结果与试验结果吻合较好。

CS板式结构适用于横纵墙较多的多层或低层建筑，刚度较大，一般情况下地震作用采用底部剪力法计算即可满足工程设计的要求。

5 结构计算与截面设计

5.1 一般规定

5.1.1 CS板式结构的内力和位移按弹性方法计算时，可考虑楼板梁和连梁局部塑性变形引起的内力重分布。

5.1.9 当房屋高度大于15m，基本风压值大于0.5kN/m² (n=50)，且层高大于3.5m，或开间尺寸大于4.5m时，CS外墙板可采取增加墙板两侧混凝土

厚度，或配墙体横向钢筋等加强措施。

5.2 截 面 设 计

5.2.1 研究结果表明：CS墙板内的空间钢丝网架能够提供足够的空间拉结作用和剪切刚度，使墙板两侧混凝土同步变形，保证墙板两侧混凝土不产生滑移变形，完成共同工作，能够满足平截面假定。

5.2.3 当满足公式 $x \leqslant \beta_1 t_1$ 要求时，中和轴在受压区混凝土内，离受压钢丝很近，假定受压钢丝不起作用，即 $A'_s = 0$。

5.2.4 在实际工程中，受压构件在不同的内力组合下，设计计算时的轴心受压构件可能出现偏心情况，偏心受压构件可能有相反方向的弯矩。构造条件：$t_1 = t_2$；$A'_s = A_s$ 可以有效保证当出现上述情况时结构整体的可靠性。

5.2.6 受压稳定系数 ν 按现行国家标准《钢结构设计规范》GB 50017 的相应规定计算；表5.2.6根据常用板芯厚度及斜插丝的直径及根数确定，如果芯板厚度超出表5.2.6范围，应通过增加斜插丝的直径及密度来满足斜截面承载力要求。

5.2.7 钢丝网架混凝土夹芯板按现行国家标准《混凝土结构设计规范》GB 50010 进行受弯构件挠度计算的计算值与试验值最小相差0.8%，最大相差5.8%。说明该计算在正常使用极限状态下的精度可以满足工程设计要求，可以用来计算正常使用极限状态下CS楼、屋面板的挠度。

5.2.8 研究结果表明：钢丝网架混凝土夹芯板按现行国家标准《混凝土结构设计规范》GB 50010 进行开裂弯矩计算的计算值与试验值误差在9%以内。说明该计算在正常使用极限状态下的精度可以满足工程设计要求，可以用来计算正常使用极限状态下CS楼、屋面板的裂缝宽度。

CS楼板正截面的受力裂缝等级为二级——一般要求不出现裂缝的构件。但是按概率统计的观点，符合公式（5.2.8-1）的情况下，并不意味着楼板绝对不会出现裂缝。

6 构 造 措 施

6.1 一 般 规 定

6.1.1 CS板式结构伸缩缝最大间距按现行国家标准《混凝土结构设计规范》GB 50010 中现浇剪力墙结构规定执行时，可不考虑混凝土收缩和温度应力的影响。

6.1.2 CS墙板钢筋直径较小，混凝土厚度较薄，钢筋的混凝土保护层厚度较小，为便于将墙板钢筋及附加连接钢筋锚入相邻边缘构件，故墙板中边缘构件钢筋的混凝土保护层可按墙板的保护层厚度执行。

6.2 边缘构件

6.2.1 构造柱属CS板式结构的边缘构件，其钢筋应按计算和构造双控。本规程结合试验结果和工程实例，对构造柱的最小截面及配筋的下限作了规定。

6.2.3 研究结果表明：代替外墙角部构造柱的角部边缘构件能起到构造柱的作用。角部边缘构件与其他部位构造柱共同组成的CS板式结构，在抗震设防烈度为8度时，多遇地震的抗震可靠度为99.592%，罕遇地震的抗震可靠度为99.972%，能够保证建筑物的安全。

6.3 墙板、楼板、屋面板

6.3.1 CS墙板的纵向钢筋应按计算和构造双控，本规程对CS墙板纵向配筋的下限作了规定。CS墙板的配筋率可用墙板配筋面积和网架钢丝面积之和进行计算。

6.3.2 CS墙板试验时，墙板两侧的细石混凝土层采用30mm厚即可满足受力要求，实际工程中在电线管和附加钢筋交叉处，30mm厚的混凝土层不满足钢筋保护层厚度要求，也容易出现裂缝，考虑到混凝土结构的耐久性以及墙板的防火性能，本规程限定了CS墙板混凝土层的最小厚度。设计人在设计时可以根据当地气候环境，结合房屋墙体饰面做法适当调整墙板混凝土层厚度。

承重CS墙板的刚度不宜太小，且墙板厚度会影响构造柱、圈梁的截面尺寸以及楼板支座的搭接长度，故本规程规定了承重CS墙板总厚度的下限。

6.3.3 CS墙板洞口边缘的钢筋应按计算和构造双控。本规程结合试验结果和工程实例，对洞口边缘的最小配筋作了限定。

6.3.4 限制洞口宽度主要是要保证墙段的整体刚度，避免洞口上的连梁及窗下槛墙出现平面外变形，设计时应结合墙段开间、层高、墙板厚度等因素综合考虑。以往的工程实例中墙上洞口绝大部分宽度均小于或等于1.8m，若超过1.8m时可考虑在洞口边设边缘构件。

6.3.5 研究成果表明：CS板式结构应避免小墙肢截面长度与厚度之比小于3的情况，故本规程限定了墙板局部尺寸，防止这些部位的失效。

6.3.8 CS楼板、屋面板均应按设计要求配置支座上部钢筋，本规程仅对按构造配置的支座上部钢筋作了规定。

6.3.9 CS屋面板做挑檐挑出长度大于0.6m时，板上钢筋应按计算确定。

6.4 连接节点

6.4.2 CS板式结构体系模型抗震试验结果表明："一层墙板和基础的连接以及楼层间墙板和墙板的竖向连接，罕遇地震作用下为体系的薄弱部位，应加强构造措施。"本规程对于上述部位的竖向连接只作了一般规定，设计人可根据工程实际情况适当加强。

6.4.3 CS板式结构可采用CS楼板，也可采用现浇混凝土楼板，由于现浇混凝土楼板连接构造为常规做法，故本规程未涉及。

7 施 工

7.1 一般规定

7.1.1、7.1.2 CS板式结构体系为新型结构体系，CS板式结构工程的施工，除应按现行国家标准执行外，还应与设计单位密切配合，针对CS板式结构房屋的特点，结合施工技术设备及施工工艺，对结构方案、构造节点等方面作全面考虑，严格按图施工，以保证CS板式结构工程的工程质量和施工安全。这是施工必须遵循的原则。

7.1.3 工厂按排板图生产CS板，现场按规格分类码放，安装对号就位，可以方便施工，减少现场裁板工作量，节约材料。

7.1.4 工程实践显示：CS板或预制CS楼板半成品随着现场露天码放时间的加长，聚苯乙烯泡沫塑料板会出现变黄、收缩甚至酥软、蜂窝和焊点处生锈等现象，本规程对现场码放时间作一般规定，施工现场可根据当地气候环境进行调整。

7.2 施工要求

7.2.2 CS屋面板施工分两种方法：

1 后抹灰法：将CS板安装固定后，再浇筑板上混凝土，抹板下砂浆。

2 预抹灰法：预先抹CS板下第一遍砂浆，板两侧各留不小于100mm的宽度不抹，将CS板安装固定后，再浇筑板上混凝土，抹板下第二遍砂浆。

7.2.3 工程实践显示：CS外墙板根部如处理不好，风雨较大时会出现渗漏现象，在外墙CS板下铺垫密实度较好的砂浆，是解决此问题的方法之一。

7.2.4 CS板加强网的连接补强作用对CS板式结构很重要，包括板缝加强网、阴阳角加强网、门窗洞口槽网等，加强网及其绑扎质量对整个工程质量关系较大，本规程对此作了一般规定，设计人可根据工程实际情况适当加强。

7.2.7 工程实践中线管敷设采用塑料焊枪在CS板上溜槽，局部剪断钢丝网穿入线管，用绑丝绑牢，剪断的钢丝网用平网补强。预留箱盒洞口可采用在CS板上绑扎苯板块的方法。

7.2.8 CS墙板喷射混凝土施工可参照国家喷射混凝土的相关规定。工程实践中，喷射混凝土采用YSP-125液压泵送湿喷机和柴油发动空压机（7m³～9m³），喷射过程中气压控制在 3MPa～4MPa。混凝土中添加水泥用量 1‰的高效减水剂或泵送剂，混凝土坍落度控制在 8cm～12cm。

7.2.9 CS 板自重很轻，在喷射混凝土时很容易出现变形和位移，尤其是在喷射第一面混凝土时。因此喷射施工前应根据墙板高度、墙段长度以及混凝土泵压力指标和喷射顺序等因素，采取可靠的支顶措施，保证施工时 CS 板的稳定性。

7.2.11 CS 墙板、楼板和屋面板均为复合构件，且混凝土层较薄，成型后在混凝土层上再开槽或开洞，会破坏构件的整体性，削弱构件的承载能力，因此应严格限制。必须开槽时，应保护墙板钢筋，且横向开槽长度应小于 500mm。当在墙板上开洞口大于 300mm×300mm 时，应按设计要求作加固处理。

7.2.12 CS 屋面板为复合板，板下砂浆层的质量会影响屋面板的承载能力，本条规定可以减少砂浆层的流坠和开裂现象，保证施工质量。另外抹灰前在 CS 板表层喷涂界面剂或 108 胶水泥浆亦能提高砂浆层的施工质量。

8 施工质量验收

8.1 一般规定

8.1.2、8.1.3 子分项工程、分部工程是根据现行国家标准《建筑工程施工质量验收统一标准》GB 50300 规定的原则划分的。CS 板式结构采用现浇钢筋混凝土楼板（梁）时，分项工程划分可按常规做法。钢筋、混凝土以及模板分项工程均应按现行国家标准《混凝土结构工程施工质量验收规范》GB 50204 的规定进行验收。

8.2 钢丝网架板的质量验收

8.2.3 CS 板钢丝网架斜插丝的焊点强度对于承重用的 CS 板是一项较重要的性能指标，本规程结合试验结果和工程实例，对钢丝网架斜插丝的焊点强度作了适当地提高。

当施工现场取样不方便时，可在工厂同条件下加工试件。

8.3 钢丝网架板安装质量验收

8.3.1 CS 板加强网设置及绑扎是 CS 板式结构体系整个工程质量的关键工序，施工和监理单位应给予足够的重视。

8.5 连接节点的质量验收

8.5.1～8.5.3 CS 板式结构体系的连接节点是关键部位，施工和监理单位应给予足够的重视。

中华人民共和国行业标准

装饰多孔砖夹心复合墙技术规程

Technical specification for cavity wall filled with
insulation and decorative perforated brick

JGJ/T 274—2012

批准部门：中华人民共和国住房和城乡建设部
施行日期：２０１２年１０月１日

中华人民共和国住房和城乡建设部
公　告

第 1347 号

关于发布行业标准《装饰多孔砖
夹心复合墙技术规程》的公告

现批准《装饰多孔砖夹心复合墙技术规程》为行业标准，编号为 JGJ/T 274 - 2012，自 2012 年 10 月 1 日起实施。

本规程由我部标准定额研究所组织中国建筑工业出版社出版发行。

中华人民共和国住房和城乡建设部

2012 年 4 月 5 日

前　言

根据住房和城乡建设部《关于印发〈2009 年工程建设标准规范制订、修订计划〉的通知》（建标 [2009] 88 号）的要求，编制组经广泛调查研究，认真总结实践经验，参考有关国际标准和国外先进标准，并在广泛征求意见的基础上，编制本规程。

本规程的主要技术内容是：1　总则；2　术语和符号；3　材料；4　基本规定；5　建筑与建筑节能设计；6　结构设计；7　施工；8　质量验收。

本规程由住房和城乡建设部负责管理，由西安墙体材料研究设计院负责具体技术内容的解释。执行过程中如有意见或建议，请寄送西安墙体材料研究设计院（地址：陕西省西安市长安南路 6 号，邮编：710061）。

本 规 程 主 编 单 位：西安墙体材料研究设计院
　　　　　　　　　　　西安建筑科技大学

本 规 程 参 编 单 位：黑龙江省寒地建筑科学研究院
　　　　　　　　　　　秦皇岛发电有限责任公司晨奢建材分公司
　　　　　　　　　　　吉林省第二建筑工程公司
　　　　　　　　　　　秦皇岛福电集团送变电工程公司

本规程主要起草人员：尚建丽　李寿德　周丽红
　　　　　　　　　　　朱卫中　白国良　贾彦武
　　　　　　　　　　　赵裕文　郭永亮　史志东
　　　　　　　　　　　王科颖　张锋剑

本规程主要审查人员：高连玉　同继锋　苑振芳
　　　　　　　　　　　王庆霖　张昌叙　赵成文
　　　　　　　　　　　杨晓明　王　辉　邵永民

目　次

Contents

1 总 则

1.0.1 为使夹心复合墙建筑的设计、施工做到技术先进、安全可靠、经济合理，确保工程质量，制定本规程。

1.0.2 本规程适用于严寒及寒冷地区的非抗震设防区和严寒及寒冷地区抗震设防烈度为 6 度至 8 度地区夹心复合墙建筑的设计、施工及验收。

1.0.3 夹心复合墙建筑的设计、施工及验收，除应符合本规程外，尚应符合国家现行有关标准的规定。

2 术语和符号

2.1 术 语

2.1.1 烧结装饰多孔砖 fired decorative perforated brick

以页岩、煤矸石或粉煤灰等为主要原料，经焙烧后，孔洞率不小于 25% 且具有装饰外表面的砖。

2.1.2 非烧结装饰空心砌块 non-fired decorative hollow block

以骨料和水泥为主要原料，经混料、成型等工序而制成的、空心率不小于 35% 且具有装饰外表面的砌块。

2.1.3 配砖 auxiliary brick

砌筑时与主规格砖配合使用的砖。

2.1.4 饰面砖 tapestry brick

用于夹心墙构造中圈梁等混凝土构件外露面装饰的砖。

2.1.5 夹心保温材料 thermal insulating material

填充在内、外叶墙中间，用于提高墙体保温性能的板状类、憎水性颗粒类材料。

2.1.6 夹心复合墙 cavity wall filled with insulation

在预留连续空腔内填充保温或隔热材料，内、外叶墙之间用防锈的金属拉结件连接而成的墙体，又称夹心墙。

2.1.7 拉结件 tie

两端分别锚固在内、外叶墙灰缝中，用于连接内、外叶墙的防锈金属连接件。

2.1.8 外叶墙控制缝 control joint

把外叶墙体分割成若干个独立墙肢的缝，作用是使墙肢在其平面内可自由变形且对其平面外的作用有较高的抵抗能力。

2.1.9 建筑物体形系数 shape coefficient of building

建筑物与室外大气接触的外表面积与其所包围的体积的比值。外表面积中，不包括地面、不采暖楼梯间隔墙和户门的面积。

2.1.10 围护结构传热系数 heat transfer coefficient of building envelope

在稳态条件下，围护结构两侧空气温差为 1℃，在单位时间内通过单位面积围护结构的传热量。

2.1.11 热桥 thermal bridge

围护结构中包含混凝土梁或柱等结构性部位，在室内、外温度作用下，形成热流密集、内表面温度较低的部位。

2.1.12 夹心墙的高厚比 ratio of height to thickness of cavity wall with insulation

夹心墙的计算高度（H_0）与有效厚度（h_e）之比。

2.1.13 非组合作用 non-composite action

两叶墙之间由拉结件连接，内叶墙承重、外叶墙自承重的组合体系。

2.2 符 号

A_n——内叶墙截面毛面积；

A_w——外叶墙截面毛面积；

F_p——夹心墙主体部位的面积；

F_B——夹心墙热桥部位的面积；

H_0——夹心墙计算高度；

h_n——内叶墙横截面厚度；

h_w——外叶墙横截面厚度；

h_e——夹心墙有效厚度；

K_m——夹心墙平均传热系数；

K_p——夹心墙主体部位传热系数；

K_B——夹心墙热桥部位传热系数；

MU——块体强度等级；

M——砂浆强度等级；

S——拉结件之间距离；

β——墙柱的高厚比；

$[\beta]$——墙柱的允许高厚比；

λ——导热系数；

ρ——表观密度；

φ——水蒸气渗透系数；

ω——吸水率。

3 材 料

3.1 块 体 材 料

3.1.1 外叶墙可采用烧结装饰多孔砖、非烧结装饰砌块，内叶墙可采用各类承重砖或混凝土砌块。

3.1.2 烧结装饰多孔砖强度等级分为 MU10、MU15、MU20、MU25、MU30，其技术性能应符合现行国家标准《烧结多孔砖和多孔砌块》GB 13544 的规定。

3.1.3 非烧结装饰砌块技术性能应符合现行行业标准《装饰混凝土砌块》JC/T 641 的规定。

3.1.4 内叶墙用块体材料性能应符合相应技术标准的要求，其强度等级应按现行国家标准《砌体结构设计规范》GB 50003、《墙体材料应用统一技术规范》GB 50574 的规定采用。

3.1.5 当夹心墙为自承重墙时，内叶墙空心砖强度等级不应低于 MU3.5，轻集料混凝土砌块强度等级不应低于 MU3.5，最大干密度应符合现行国家标准《墙体材料应用统一技术规范》GB 50574 的规定。

3.2 砌 筑 砂 浆

3.2.1 承重夹心墙内叶墙砌筑砂浆的选用应符合现行国家标准《砌体结构设计规范》GB 50003 的有关规定。

3.2.2 外叶墙所用砂浆宜采用预拌砂浆或与块体相应的专用砂浆砌筑。预拌砂浆性能应符合现行行业标准《预拌砂浆》JG/T 230 的规定，混凝土砌块专用砂浆应符合现行行业标准《混凝土小型空心砌块和混凝土砌筑砂浆》JC 860 的规定。

3.2.3 外叶墙墙面应采用防水透气、抗裂性能好的勾缝剂，勾缝剂性能尚应符合现行行业标准《陶瓷墙地砖填缝剂》JC/T 1004 的规定。

3.3 保 温 材 料

3.3.1 保温材料宜选用模塑聚苯乙烯泡沫塑料板（EPS）、挤塑聚苯乙烯泡沫塑料板（XPS）、憎水岩棉制品、聚氨酯泡沫塑料板。

3.3.2 模塑聚苯乙烯泡沫塑料板（EPS），除应符合现行国家标准《绝热用模塑聚苯乙烯泡沫塑料》GB/T 10801.1 规定的阻燃性（ZR）外，其主要技术性能指标尚应符合表 3.3.2 的规定。

表 3.3.2 模塑聚苯乙烯泡沫塑料板（EPS）的性能指标

项　目	指　标	项　目	指　标
表观密度（kg/m³）	18～22	水蒸气渗透系数[ng/(Pa·m·s)]	≤4.5
导热系数[W/(m·K)]	≤0.041	吸水率（%）	≤4.0
压缩强度（MPa）	>0.10	尺寸稳定性（%）	≤3.0

3.3.3 挤塑聚苯乙烯泡沫塑料板（XPS），除应符合现行国家标准《绝热用挤塑聚苯乙烯泡沫塑料》GB/T 10801.2 规定的阻燃性（ZR）外，其主要技术性能指标尚应符合表 3.3.3 的规定。

表 3.3.3 挤塑聚苯乙烯泡沫塑料板（XPS）的性能指标

项　目	指　标	项　目	指　标
表观密度（kg/m³）	18～22	水蒸气渗透系数[ng/(Pa·m·s)]	≤3.5
导热系数[W/(m·K)]	≤0.030	吸水率（%）	≤1.5
压缩强度（MPa）	>0.15	尺寸稳定性（%）	≤2.0

3.3.4 憎水岩棉板质量应符合现行国家标准《绝热用岩棉、矿渣棉及其制品》GB/T 11835 的要求，其主要性能指标尚应符合表 3.3.4 的规定。

表 3.3.4 岩棉板主要技术性能指标

项　目	指　标	项　目	指　标
密度（kg/m³）	40～100	导热系数[W/(m·K)]	≤0.044
密度误差（%）	±15	吸水率（%）	≤2.0
有机物含量（%）	≤4.0	燃烧性能	不燃材料

3.3.5 聚氨酯泡沫塑料除应符合现行国家标准《建筑绝热用硬质聚氨酯泡沫塑料》GB/T 21558 规定的燃烧性能要求外，其主要性能指标尚应符合表 3.3.5 的规定。

表 3.3.5 聚氨酯泡沫塑料主要技术性能指标

项　目	指标	项　目	指标
表观密度（kg/m³）	≥30	水蒸气渗透系数[ng/(Pa·m·s)]	≤6.5
导热系数[W/(m·K)]	≤0.024	吸水率（%）	≤4.0
压缩强度（MPa）	≥0.12	尺寸稳定性（%），70℃，48h	≤2.0

3.3.6 当采用现场发泡保温材料时，其导热系数宜控制在 0.04W/(m·K) 以下，发泡保温材料憎水率不应小于 95%，其他性能指标应符合现行国家标准《建筑绝热用硬质聚氨酯泡沫塑料》GB/T 21558 规定。

3.3.7 夹心墙保温材料燃烧性能等级不应低于现行国家标准《建筑材料及其制品燃烧性能分级》GB 8624 中规定的 C 级。

3.4 拉 结 件

3.4.1 拉结件分为通用型和可调型，采用直径为 4mm～6mm 的钢筋制作。通用型包括 Z 形或矩形冷轧带肋钢筋拉结件和焊接钢筋网拉结件（图 3.4.1）。

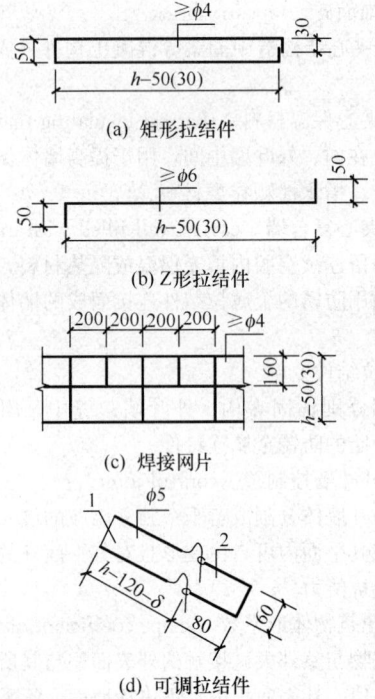

图 3.4.1 拉结件示意图

1—扣钉件；2—孔眼件；h—夹心墙总厚度；δ—保温层厚度；h-50(30)—内（外）叶墙厚度分别为 240(115)、190(90) 对应的拉结件长度

3.4.2 夹心墙的拉结件可根据建筑形式、块体材质及抗震设防烈度等情况，按下列原则选用：

1 非抗震设防地区的多层房屋和基本风压值小于 0.6N/m² 地区的高层建筑，夹心墙可采用 Z 形或矩形拉结件；

2 抗震设防地区的多层房屋或基本风压值大于 0.6N/m² 的高层建筑，夹心墙宜采用焊接钢筋网拉结件；

3 内、外叶墙块体材质不同时，宜采用可调拉结件。

4 基 本 规 定

4.1 一 般 规 定

4.1.1 夹心复合墙体应按非组合作用进行夹心墙设计。承重夹心墙内叶墙应为承重叶墙，外叶墙应为自承重叶墙；非承重夹心墙（自承重或填充墙）内、外叶墙均应为自承重墙。

4.1.2 夹心复合墙应依据其功能要求分别进行建筑、建筑节能、结构的计算与构造设计。

4.1.3 承重夹心复合墙内叶墙，应按现行国家标准《砌体结构设计规范》GB 50003 等相关标准进行结构设计。

4.1.4 夹心复合墙的夹层厚度不宜大于 120mm，两侧内、外叶墙应由拉结件拉结。

4.1.5 多、高层砌体房屋承重夹心墙的外叶墙可由楼盖、梁或挑板作为横向支承。

4.1.6 夹心复合墙外叶墙的最大横向支承间距，宜按下列规定采用：抗震设防烈度 6 度时不宜大于 9m，7 度时不宜大于 6m，8 度时不宜大于 3m。

4.1.7 严寒及寒冷地区，保温层与外叶墙间应设置空气间层，其间距宜为 20mm，且应在楼层处采取排湿构造措施。

4.1.8 承重夹心复合墙的耐火等级应符合现行国家标准《建筑设计防火规范》GB 50016 中规定的四级要求。

4.2 耐 久 性 规 定

4.2.1 夹心复合墙应根据结构所处环境条件按现行国家标准《砌体结构设计规范》GB 50003 进行耐久性设计。

4.2.2 外叶墙块体除应满足强度等级和装饰性要求外，尚应符合下列规定：

1 烧结装饰多孔砖的吸水率应小于 5%，其耐久性指标应符合现行国家标准《烧结多孔砖和多孔砌块》GB 13544 中的规定；

2 非烧结块体的抗冻性应符合表 4.2.2 的规定。

表 4.2.2 非烧结块体抗冻性要求

使用条件	抗冻等级	技术指标	
		质量损失（%）	强度损失（%）
采暖区	≥F50	≤5	≤25
非采暖区	≥F25		

注：采暖区和非采暖区指最冷月平均气温以 -5℃ 为界限，前者低于 -5℃，后者高于 -5℃。

4.2.3 外叶墙未采用烧结装饰多孔砖、非烧结装饰砌块，且需要饰面层装饰时，其饰面装饰层应采用具有防水、透气性能的材料。

4.2.4 对安全等级为一级或结构设计使用年限大于 50 年的房屋，宜采用不锈钢拉结件（筋、网片）；对其他安全等级及设计使用年限的房屋，当属于环境类别 1 时，宜采用热镀锌拉结筋或具有等效防腐性能涂料层的拉结筋。

4.2.5 拉结件应按下列规定进行防腐处理：

1 当采用热镀锌方法进行拉结件防腐处理时，其镀层厚度不应小于 45μm 或采用具有等效防腐性能的涂料层；

2 钢筋网片防腐处理时，不应出现遗漏点，焊接点处镀层应加厚且不小于 50μm；

3 拉结件应先按设计选型加工，后进行防腐处理；

4 采用塑料套筒进行拉结件防腐处理或选用与钢材等强度的耐腐蚀材料做拉结件。

5 建筑与建筑节能设计

5.1 建 筑 设 计

5.1.1 夹心复合墙砌体建筑的平面及竖向设计应符合下列规定：

1 平面设计宜用 3M 或 2M 为基本模数，外叶墙平面模数和竖向模数宜采用 1M；

2 门窗洞口的平面和竖向尺寸宜符合 1M 的基本模数。

5.1.2 夹心复合墙应按下列原则做墙体排块设计：

1 内、外叶墙为烧结多孔砖时，承重墙体宜采用统一主规格，细部构造尺寸则宜符合半砖（120mm）的倍数。

2 外叶墙为烧结装饰多孔砖，内叶墙为混凝土砌块时，宜采用主规格块材，细部构造尺寸宜使用辅助砌块并按设计要求进行芯柱布置。

3 各种管道的主管、支管设立宜事先预留孔洞，并应在夹心墙排块图上详细标注，施工时应采用混凝土填实各预留孔洞。

5.1.3 夹心复合墙建筑的防水设计应符合下列规定：

1 夹心墙建筑的室内地面以下和室外散水坡顶

面以上应设置防潮层。

2 窗洞口四周应有防雨水的构造措施。

5.1.4 夹心复合墙建筑墙体的空气声计权隔声量，可根据墙厚和空气间层设计在 45dB～50dB 范围内选用。

5.1.5 夹心复合墙建筑的屋面应设保温层并应符合下列规定：

1 设置挑檐时，屋面保温层应覆盖整个挑檐。

2 设置女儿墙时，保温层应贯通女儿墙直至女儿墙压顶。

3 屋面刚性防水层应设置分隔缝，并应与周边女儿墙断开。

5.2 建筑节能设计

5.2.1 居住建筑节能设计应符合下列规定：

1 建筑物体形系数宜控制在 0.3 及 0.3 以下，当体形系数大于 0.3，屋面和外墙应加强保温措施；

2 夹心墙建筑围护结构的传热系数应符合本规程附录 A 的有关规定。

5.2.2 公共建筑节能设计应符合下列规定：

1 建筑物体形系数宜控制在 0.4 以下，当体形系数大于 0.4，屋面和外墙应加强保温措施；

2 夹心墙公共建筑围护结构的传热系数应符合本规程附录 B 的有关规定；

3 外窗（包括阳台门上部透明部分）面积不宜过大；不同朝向的窗墙面积比不应超过表 5.2.2 规定的数值：

表 5.2.2　不同朝向的窗墙面积比

朝向	北	东、西	南
窗墙面积比	0.25	0.30	0.35

注：如窗墙面积比超过表中规定的数值，则应调整外墙和屋顶等围护结构的传热系数，使建筑物耗热量指标达到规定要求。

5.2.3 保温节能设计应符合下列规定：

1 墙体平均传热系数宜按本规程附录 C 的方法计算。

2 保温层设计应符合下列原则：

　1）应根据当地气候条件对墙体传热系数限值的要求，计算并确定夹心墙保温层的厚度；

　2）当选用聚苯板（EPS）、挤塑板（XPS）、岩棉板等保温板材作保温层时，导热系数应采用修正后的计算导热系数。

3 圈梁产生的热桥部位应进行保温处理（图5.2.3-1）。

4 地坪以下及与地坪接触的周边外墙部位应进行保温处理（图5.2.3-2）。

5.2.4 夹心墙防潮设计应符合下列规定：

1 严寒地区的建筑采用夹心墙时，应按现行国家

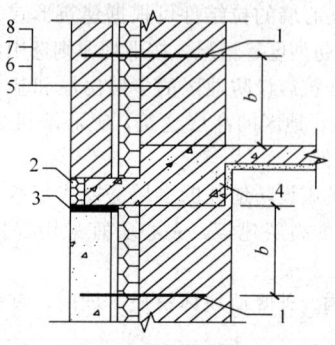

(a) 圈梁构造一

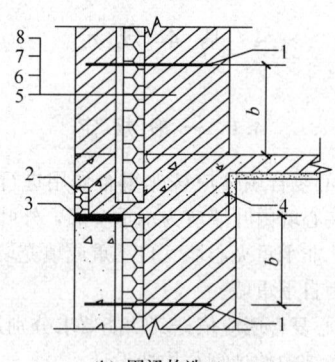

(b) 圈梁构造二

图 5.2.3-1　圈梁构造示意图

1—拉结件；2—保温材料；3—弹性层；4—圈梁；5—内叶墙；6—保温层；7—空气间层；8—外叶墙；b—拉结件至圈梁的距离

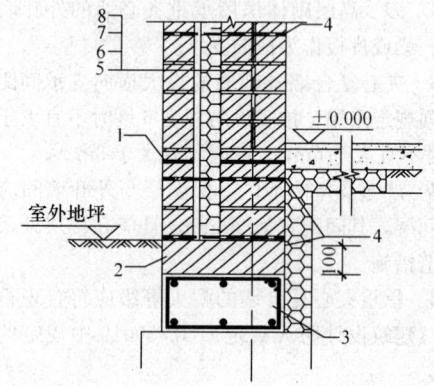

图 5.2.3-2　基础周边墙体保温示意图

1—防潮层；2—实心砖；3—基础圈梁；4—拉结钢筋网片；5—内叶墙；6—保温层；7—空气间层；8—外叶墙

标准《民用建筑热工设计规范》GB 50176 的规定进行冷凝验算，并应设置排湿层（空气间层）与泄水口；

2 夏热冬冷地区的建筑采用夹心墙时，可不进行内部冷凝受潮验算。但外叶墙应进行防水、抗渗设计。

5.3 建 筑 构 造

5.3.1 外叶墙的构造应符合下列规定：

1 外叶墙与保温层之间宜设置 20mm 厚的排湿

空气层（图5.3.1-1）。

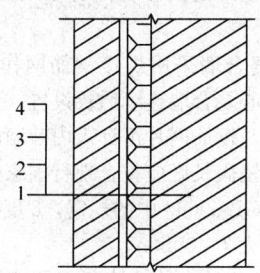

图 5.3.1-1　排湿层示意图

1—内叶墙；2—保温层；3—排湿空气层；4—外叶墙

2　外叶墙宜设置泄水口（图5.3.1-2）。

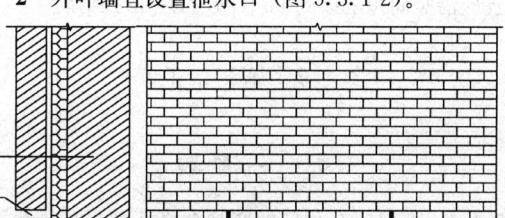

图 5.3.1-2　泄水口示意图

1—泄水口；2—内叶墙；3—保温层；
4—空气间层；5—外叶墙；L—泄水口间距

5.3.2　外叶墙应根据块体材料特性宜设置控制缝（图5.3.2），对于烧结砖类砌体，其间距宜为6m～8m；对于混凝土砌块类砌体，控制缝间距宜为4m～6m。控制缝应采用硅酮胶或其他密封胶嵌实。

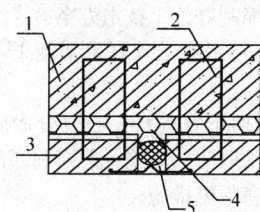

图 5.3.2　外叶墙控制缝示意图

1—构造柱；2—拉结件；3—外叶墙；
4—保温层；5—控制缝

5.3.3　圈梁或楼板外挑处与外叶墙的接触面上宜设置2mm～3mm厚度的弹性层（图5.3.3）。

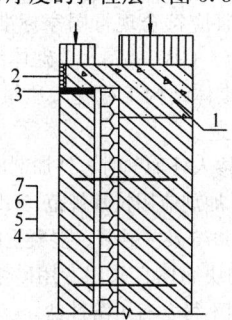

图 5.3.3　保温层和弹性层示意图

1—圈梁；2—保温材料；3—弹性层；4—内叶墙；
5—保温层；6—空气间层；7—外叶墙

6　结　构　设　计

6.1　非抗震设计

6.1.1　承重夹心复合墙内叶墙承受墙体自重、梁板荷载以及各层挑板传来的外叶墙和保温层重量等竖向荷载，外叶墙仅承受墙体自重，可不考虑竖向荷载在内、外叶墙间的分配。

6.1.2　承重夹心复合墙内叶墙承受其平面内由风荷载引起的水平力作用时，不应考虑与其平行的外叶墙的作用。

6.1.3　承重夹心复合墙承载力计算采用的有效计算面积仅为内叶墙的截面面积。

6.1.4　承重夹心墙和自承重夹心墙高厚比采用有效厚度 h_e，有效厚度可按下式计算：

$$h_e = \sqrt{h_n^2 + h_w^2}　(6.1.4)$$

式中：h_n——内叶墙横截面厚度（mm）；

　　　　h_w——外叶墙横截面厚度（mm）。

6.1.5　多层房屋夹心墙宜按下列规定进行出平面的抗裂验算。

　　1　夹心墙在水平荷载（风荷载）作用下，内力可根据其横向支承条件并忽略其连续性，按单向或双向板简支板计算。板的有效跨度可取板支承中心的距离或支承间净距加墙有效厚度中较小者。

　　2　出平面弯矩可按叶墙的相对抗弯刚度的比例进行分配。

　　3　当轴向力的偏心距 e 超过截面重心到轴向力所在偏心方向截面边缘距离的0.6倍时，夹心墙的内、外叶墙分别按下式进行抗裂验算：

$$\frac{M_k}{W} - \sigma_0 \leqslant f_{tm.k}　(6.1.5)$$

式中：M_k——由风荷载引起的叶墙弯矩标准值（N·m）；

　　　W——叶墙截面抵抗矩（m³）；

　　　σ_0——叶墙轴向压应力标准值（MPa）；

　　　$f_{tm.k}$——砌体沿通缝截面弯曲抗拉强度标准值（MPa）。

　　4　当夹心墙的内叶墙为配筋砌体墙，其单向板跨厚比小于35或连续板、双向板的跨厚比小于45时，可不进行夹心墙出平面的抗裂验算。

6.1.6　夹心复合墙夹层厚度不大于120mm且满足本规程第6.3节构造要求时，可不进行拉结件的锚固、压曲等验算。

6.2　抗　震　设　计

6.2.1　抗震设防地区夹心复合墙砌体结构除应满足非抗震设计要求外，尚应按本节的规定进行抗震设计。

6.2.2 夹心复合墙砌体结构抗震设计应按现行国家标准《建筑抗震设计规范》GB 50011 和《砌体结构设计规范》GB 50003 进行。

6.2.3 承重夹心复合墙内叶墙作为抗侧力构件承受其平面内的水平地震剪力，不应考虑外叶墙的抗侧力作用。

6.2.4 夹心墙外叶墙由楼板挑板支承，重力荷载代表值计算时，外叶墙的自重应集中到与支承挑板相连的楼盖处。

6.2.5 承重夹心复合墙平面内的侧向刚度，应只考虑承重内叶墙的侧向刚度。

6.2.6 夹心复合墙拉结件在满足非抗震设计要求的条件下，可不进行拉结件的验算。

6.3 构 造 要 求

6.3.1 夹心复合墙叶墙间的连接应符合下列规定：

　　1 拉结件在叶墙上的部分应全部埋入砂浆或混凝土中，拉结件的端部弯 90°，其弯折段长度不应小于 50mm。

　　2 当采用矩形拉结件时，钢筋直径不应小于 4mm，当为 Z 形拉结件时，钢筋直径不应小于 6mm；拉结件应在墙面上梅花形布置，拉结件的水平和竖向最大间距分别不宜大于 800mm 和 600mm；有抗震设防要求时，其水平和竖向最大间距分别不宜大于 800mm 和 400mm。

　　3 当采用可调拉结件时，钢筋直径不应小于 4mm，拉结件的水平和竖向最大间距均不宜大于 400mm。叶墙间灰缝的高差不应大于 3.0mm，可调拉结件中孔眼和扣钉间的公差不应大于 1.6mm。

　　4 当采用钢筋网片作拉结件时，网片横向钢筋的直径不应小于 4mm；其间距不应大于 400mm；网片的竖向间距不宜大于 600mm，有抗震设防要求时，其竖向间距不宜大于 400mm。

　　5 拉结件在叶墙上的搁置长度，不应小于叶墙厚度的 2/3，并不应小于 60mm。

　　6 门窗洞口周边 300mm 范围内应附加间距不大于 600mm 的拉结件。

　　7 控制缝两侧应附加间距不大于 600mm 的拉结件。

6.3.2 拉结件和灰缝钢筋的最小砂浆保护层厚度不应小于 15mm。

6.3.3 支承外叶墙的挑板除应满足结构受力要求外，挑板厚度应与饰面砖尺寸相协调。

6.3.4 夹心复合墙用于框架填充时，内叶墙与框架柱、梁的连接方法应按现行国家标准《砌体结构设计规范》GB 50003 中有关规定采用，外叶墙与框架柱连接可采用 1φ6 钢筋拉结。

6.3.5 抗震设防区夹心复合墙砌体应符合下列规定：

　　1 承重夹心复合墙构造柱截面高度与内叶墙厚度相同，构造柱应沿高度方向每 400mm 设置拉结件与外叶墙拉结。

　　2 夹心复合墙采用焊接钢筋网作为拉结件时，焊接网应沿夹心复合墙连续通长设置，外叶墙至少有一根纵向钢筋。钢筋网片可计入内叶墙的配筋率，钢筋网片搭接与锚固长度应符合现行国家标准《砌体结构设计规范》GB 50003 中的规定，8 度抗震设防地区竖向间距不应大于 400mm。

　　3 外墙转角处，外叶墙两方向拉结网片置于同一灰缝时，如灰缝过厚可上、下层交错放置。

　　4 门窗洞口边，外叶墙应设阳槎与内叶墙搭接，且应沿竖向每隔 300mm 设置"U"形拉结筋。

7 施 工

7.1 一 般 规 定

7.1.1 材料应有相应的产品合格证书、产品性能检测报告，多孔砖、砌块、保温板、拉结件、水泥及钢筋等材料应在进场复检合格后方可使用。

7.1.2 施工除应符合本节规定外，尚应符合现行国家标准《砌体结构工程施工质量验收规范》GB 50203 的规定。

7.1.3 施工的管理人员和操作工人，上岗前必须接受专业培训。

7.1.4 施工前，应根据施工图纸、工法，并结合施工现场条件等编制好施工技术方案。

7.1.5 施工应采用双排外脚手架施工，严禁在外叶墙留脚手眼。

7.1.6 冬、雨期不宜进行夹心复合墙施工；对未完工的墙体，应采取防雨措施；严寒和寒冷地区冬季来临之前应有防寒保温措施。

7.1.7 砌体施工质量等级控制应符合现行国家标准《砌体结构工程施工质量验收规范》GB 50203 的要求，且不应低于 B 级。

7.2 砌 筑 砂 浆

7.2.1 砌筑砂浆应符合现行国家标准《墙体材料应用统一技术规范》GB 50574、《砌体结构设计规范》GB 50003 及《砌体结构工程施工质量验收规范》GB 50203 中有关规定。

7.2.2 当砂浆掺入外加剂时，外加剂应符合国家现行标准《混凝土外加剂应用技术规范》GB 50119、《混凝土外加剂》GB 8076 及《砂浆、混凝土防水剂》JC 474 中有关规定。砌块墙体宜采用专用砂浆，外叶墙用砂浆掺加的外加剂不得含有可溶性盐。

7.2.3 施工中采用强度等级小于 M5 水泥砂浆代替水泥混合砂浆时，必须将水泥砂浆提高一个强度等级。

7.3 施工准备

7.3.1 施工人员应熟悉施工图，了解墙体各部位的构造和门窗洞口的位置、尺寸、标高，明确拉结件规格、位置、埋入长度等，确定保温板的尺寸，并加工制作或订货。

7.3.2 施工材料应按计划组织进场。材料进场后，应按品种、规格和强度分等级分别堆放，并设置标识。

7.3.3 砖、砌块、水泥、砂等材料的存放应采取有效的防潮、防雨、防冻及其他污染措施，块体材料场地应预先夯平整，宜垫起堆放，便于排水，垛间应有适当宽度的通道；保温材料的存放应采取有效的防水、防潮、防火措施；拉结件及塑料尼龙类材料应采取必要的措施防止材料变形和暴晒。

7.3.4 拉结件应采取工厂制作，并按设计及本规程第4.2.5条要求做好防腐处理，进场后应按型号、规格进行堆放。

7.3.5 施工前应准备好施工用具及必要的检测工具，准备好裁切保温板的木案及电热丝、壁纸刀、电热丝切割器等。

7.3.6 砌筑夹心复合墙时，烧结普通砖和烧结多孔砖应提前1d～2d适度湿润，其相对含水率宜为60%～70%；混凝土多孔砖、混凝土实心砖、装饰多孔砖及砌块不宜提前浇水湿润；其他非烧结类块体的相对含水率宜为40%～50%。

7.3.7 施工前，应按技术要求和施工程序砌筑一个开间和层高的样板墙，砌块夹心复合墙尚应按照排块图砌筑，在建设、设计、施工三方达成共识的基础上，作为指导工程的样板，保留到工程验收之后。

7.3.8 砌筑底层墙体前，必须对基础工程按有关规定进行检查和验收，符合要求后方可进行墙体施工。

7.4 砌筑要求

7.4.1 内、外叶墙砌筑应符合现行国家标准《墙体材料应用统一技术规范》GB 50574和《砌体结构工程施工质量验收规范》GB 50203中有关规定。

7.4.2 砌筑墙体应设置皮数杆，其有效间距不宜大于15m，墙体的阴、阳角及内、外墙交接处应增设皮数杆。

7.4.3 正常施工条件下，每日砌筑高度不宜大于1.4m或一步脚手架的高度。

7.4.4 砌筑时，砌块墙体宜采用专用铺灰器具，砖墙体宜采用"三一"砌砖法砌筑，水平灰缝和竖向灰缝应随砌随刮平。

7.4.5 夹心复合墙砌体应上下错缝，灰缝应横平竖直、饱满、密实，灰缝厚度宜为10mm，竖向灰缝宜采用加浆填实的方法，严禁用水冲浆灌缝。

7.4.6 内、外叶墙应沿墙高分段砌筑，每段墙体应按照内叶墙→保温层→空气间层→外叶墙→拉结件的顺序连续施工（图7.4.6）。

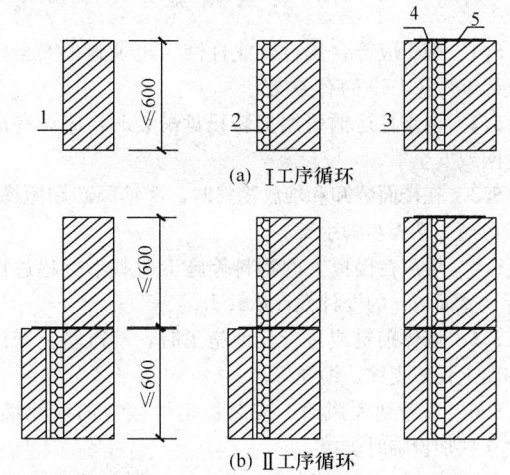

(a) I工序循环

(b) II工序循环

图7.4.6 施工顺序
1—内叶墙；2—保温板；3—外叶墙；
4—预留20mm空气间层；5—放置拉结件

7.4.7 砌筑外叶墙时，应先砌筑好摺底砖，底层砌筑砂浆应采用防水砂浆，并应随砌随清扫残留在外叶墙外表面的砂浆。

7.4.8 保温板应按墙面尺寸及拉结件竖距进行裁割，横向搭接的两侧边应切割成45°坡角，切割后的保温板不应缺棱掉角，保温板应固定在内叶墙，从一侧开始、自下而上进行安装，并及时清理落在接缝处的杂物；上下保温板的竖缝应错开，错缝距离不应小于100mm，外墙转角处保温板应咬槎搭接。

7.4.9 拉结件应随砌随放置，埋入灰缝正中，在灰缝内每边的埋入长度不小于50mm。

7.4.10 每段内、外叶墙砌筑完后，应检查墙面的垂直度和平整度，并随时纠正偏差。

7.4.11 在底层墙体底部、每层圈梁上、门窗洞口、过梁上及不等高房屋的屋面交接处等部位，应设置外墙泄水口并采取预留孔，严禁砌完墙体后打凿孔，墙体砌筑完后应清理预留孔。

7.4.12 外叶墙砌筑时，在灰缝达到"指纹硬化"时，用专业划缝机和专用勾缝剂勾凹圆或V形缝，凹缝深度宜为4mm～5mm。

7.4.13 砌筑施工段的分段位置宜设在伸缩缝、沉降缝、防震缝、构造柱或门窗洞口处。相邻施工段的砌筑高度差不得超过一个楼层高度，且不应大于4m。

7.4.14 遇雨天应停止施工，新砌墙体应用防雨布遮盖；继续施工时，应复核墙体的垂直度，如垂直度超过允许偏差，应拆除后重新砌筑。

7.4.15 对伸出墙面的建筑部件根部及水平装饰线脚等处，应采取有效的防水措施。

7.4.16 内叶墙设计规定的洞口、沟槽和预埋件等，应在砌筑时预留或预埋，不应在砌好的墙体上剔凿或用冲击钻钻孔。

7.5 安全措施

7.5.1 施工应符合现行行业标准《建筑施工安全检查标准》JGJ 59 的有关规定。

7.5.2 当垂直运输采用集装托盘吊装时，应设有尼龙网或安全罩。

7.5.3 在楼面装卸和堆放物料时，严禁倾卸和抛掷，不得撞击楼板和脚手架。

7.5.4 堆放在楼板上的物料等施工荷载不得超过楼板（屋面板）的设计允许承载力。

7.5.5 墙体砌筑或进行其他施工时，不得墙上操作和墙上设置支撑、缆绳等。

7.5.6 当遇到大风时，应对稳定性较差的窗间墙、独立柱加设临时支撑。

8 质量验收

8.1 主控项目

8.1.1 墙体所用块体材料强度等级必须符合设计要求。

抽检数量：每 5 万块装饰多孔砖或每 1 万块砌块应至少抽检一组，其他块体材料应符合现行国家标准《砌体结构工程施工质量验收规范》GB 50203 的规定。

检验方法：查块材出厂合格证及块材进场强度等级复试报告。

8.1.2 砌筑砂浆品种必须符合设计要求。

抽检数量：每一检验批且不超过 250m³ 砌体的各类、各强度等级的砌筑砂浆，每台搅拌机应至少抽检一次。验收批的预拌砂浆、蒸压加气混凝土砌块专用砂浆，抽检可为 3 组。

检验方法：在砂浆搅拌机出料口或在湿拌砂浆的储存容器出料口随机取样制作砂浆试块（现场拌制的砂浆，同盘砂浆只应作 1 组试块），试块标养 28d 后作强度试验。预拌砂浆中的湿拌砂浆稠度应在进场时取样检验。

8.1.3 保温板的导热系数、密度、抗压强度、燃烧性能必须符合设计要求和本规程第 3.3 节的规定。

抽检数量：每一生产厂家，每 500m² 保温板至少抽检一组。

检验方法：检查保温板的产品合格证书、产品性能复试报告。

8.1.4 拉结件的品种、规格、尺寸、力学性能及防腐，必须符合设计要求。

抽检数量：在检验批中抽检 20%，且不应少于 5 个。

检验方法：尺量拉结件长度允许偏差为±2.5%；检查拉结件防腐镀层检测报告，不锈钢拉结件检查产

品的合格证书、产品性能复试报告。

8.1.5 保温板厚度、其水平和竖向接缝必须严密，空气间层厚度应符合设计要求。

检查数量：按楼层（4m 高以内）每 20m 抽查一处，每处 3 延长米，每楼层不应少于 3 处。

检验方法：观察检查、尺量、查看施工隐蔽验收记录。

8.1.6 砌体灰缝应饱满，砖砌体内叶墙水平灰缝和垂直灰缝砂浆饱满度不得低于 80%，砌块砌体内叶墙水平灰缝和垂直灰缝的砂浆饱满度不得低于 90%，各种块材外叶墙水平灰缝和竖向灰缝饱满度不得低于 90%。

抽检数量：每检验批抽查不应少于 5 处。

检验方法：用百格网检查砖底面与砂浆的粘结痕迹面积。每处检测 3 块砖，取其平均值。

8.1.7 墙体拉结件的水平及竖向间距、埋入长度均应符合设计要求。

检查数量：每检验批抽检 20%，且不应少于 5 处。

检查方法：观察和尺量检查。

8.2 一般项目

8.2.1 承重墙砌体和填充墙砌体一般尺寸和位置允许偏差、构造柱位置及垂直度的允许偏差，检验数量及检验方法应符合现行国家标准《砌体结构工程施工质量验收规范》GB 50203 中相关规定。保温板碰头缝间隙用楔形塞尺检查，允许偏差为 3mm。

8.2.2 保温板安装位置应正确，上下层保温板间压槎错缝搭接及横向保温板 45°坡角压槎搭接应符合设计要求。

检验方法：观察和手推（视其是否与内叶墙贴紧）。

检查数量：按楼层（4m 高以内）每 20m 抽查一处，每处 3 延长米，每楼层不应少于 3 处。

8.2.3 空气间层厚度应符合设计要求，允许偏差为±3mm。

检查数量：按楼层（4m 高以内）每 20m 抽查一处，每处 3 延米长，每楼层不应少于 3 处。

检查方法：尺量检查。

8.2.4 放置拉结件的两叶墙水平灰缝要保证水平对准，允许误差为±3mm，放置可调拉结件的内、外叶墙水平灰缝高差不超过 30mm。

检查数量：每检验批抽检 20%，且不应少于 5 处。

检验方法：靠尺和楔形塞尺检查。

8.2.5 外墙的门窗洞口四周，应按设计要求采取节能保温措施。

检查数量：每检验批抽查 5%，并不少于 5 个洞口。

检查方法：对照设计检查，检查隐蔽工程验收记录。

8.2.6 圈梁、过梁等易产生热桥部位，应符合设计要求。

检查数量：按不同热桥种类，每种抽查 20%，并不少于 5 处。

检查方法：对照设计检查，检查隐蔽工程验收记录。

8.3 工 程 验 收

8.3.1 工程验收除应执行本条外，尚应符合现行国家标准《砌体结构工程施工质量验收规范》GB 50203 中有关子分部工程验收的技术规定。

砌体工程验收前，应提供下列文件和记录：

1 夹心复合墙的设计文件、图纸审查、设计变更和洽商记录；

2 施工方案和施工工艺文件；

3 施工技术交底记录；

4 施工材料的产品合格证、出厂检验报告和现场验收记录；

5 隐蔽工程验收记录；

6 拉结件的防腐镀层检测报告；

7 其他必须提供的资料。

8.3.2 应对下列隐蔽项目进行验收：

1 防潮层；

2 沉降缝、伸缩缝、控制缝和防震缝；

3 内叶墙外侧和外叶墙内侧原浆刮平；

4 保温板厚度、接槎；

5 空腔层厚度及清理；

6 预埋拉结件及钢筋位置、数量；

7 门窗洞口边，内、外叶墙的接槎连接；

8 构造柱位置、数量；

9 热桥部位处理；

10 其他隐蔽工程项目。

8.3.3 夹心保温工程不符合设计要求和下列规定的，应按要求返工重做。

1 保温板的密度等级、规格、导热系数指标中任何一项未达到设计要求或不符合本规程表 3.3.2～表 3.3.5 的规定；

2 保温板的安装违反施工工序要求，造成保温板缺棱掉角、板缝过大或板间砂浆嵌缝或不符合本规程第 7.4.8 条的规定；

3 内、外叶墙拉结件未按要求做防腐处理或其规格、间距不符合设计要求和本规程第 6.3.1 条的规定。

附录 A 严寒和寒冷地区居住建筑传热系数限值

A.0.1 严寒（A）区围护结构传热系数应符合表 A.0.1 的规定。

表 A.0.1 严寒（A）区围护结构传热系数限值

围护结构部位	传热系数[W/(m²·K)]		
	≤3 层建筑	(4～8) 层建筑	≥9 层建筑
屋面	0.20	0.25	0.25
外墙	0.25	0.40	0.50
架空或外挑楼板	0.30	0.40	0.40
非采暖地下室顶板	0.35	0.45	0.45

A.0.2 严寒（B）区围护结构传热系数应符合表 A.0.2 的规定。

表 A.0.2 严寒（B）区围护结构传热系数限值

围护结构部位	传热系数[W/(m²·K)]		
	≤3 层建筑	(4～8) 层建筑	≥9 层建筑
屋面	0.25	0.30	0.30
外墙	0.30	0.45	0.55
架空或外挑楼板	0.30	0.45	0.45
非采暖地下室顶板	0.35	0.50	0.50

A.0.3 严寒（C）区围护结构传热系数应符合表 A.0.3 的规定。

表 A.0.3 严寒（C）区围护结构传热系数限值

围护结构部位	传热系数[W/(m²·K)]		
	≤3 层建筑	(4～8) 层建筑	≥9 层建筑
屋面	0.30	0.40	0.40
外墙	0.35	0.50	0.60
架空或外挑楼板	0.35	0.50	0.50
非采暖地下室顶板	0.50	0.60	0.60

A.0.4 寒冷（A）区围护结构传热系数应符合表 A.0.4 的规定。

表 A.0.4 寒冷（A）区围护结构传热系数限值

围护结构部位	传热系数[W/(m²·K)]		
	≤3 层建筑	(4～8) 层建筑	≥9 层建筑
屋面	0.35	0.45	0.45
外墙	0.45	0.60	0.70
架空或外挑楼板	0.45	0.60	0.60
非采暖地下室顶板	0.50	0.65	0.65

A.0.5 寒冷（B）区围护结构传热系数应符合表 A.0.5 的规定。

表 A.0.5　寒冷（B）区围护结构传热系数限值

围护结构部位	传热系数[W/(m²·K)]		
	≤3 层建筑	(4~8) 层建筑	≥9 层建筑
屋面	0.35	0.45	0.45
外墙	0.45	0.60	0.70
架空或外挑楼板	0.45	0.60	0.60
非采暖地下室顶板	0.50	0.65	0.65

附录 B　严寒和寒冷地区公共建筑传热系数限值

B.0.1 严寒（A）区围护结构传热系数应符合表 B.0.1 的规定。

表 B.0.1　严寒（A）区围护结构传热系数限值

围护结构部位	传热系数[W/(m²·K)]	
	体形系数≤0.3	0.3<体形系数≤0.4
屋面	0.35	0.30
外墙（包括非透明幕墙）	0.45	0.40
底面接触室外的架空或外挑楼板	0.45	0.40
非采暖房间与采暖房间的隔墙或楼板	0.60	0.60

B.0.2 严寒（B）区围护结构传热系数应符合表 B.0.2 的规定。

表 B.0.2　严寒（B）区围护结构传热系数限值

围护结构部位	传热系数[W/(m²·K)]	
	体形系数≤0.3	0.3<体形系数≤0.4
屋面	0.45	0.35
外墙（包括非透明幕墙）	0.50	0.45
底面接触室外的架空或外挑楼板	0.50	0.45
非采暖房间与采暖房间的隔墙或楼板	0.80	0.80

B.0.3 寒冷地区围护结构传热系数应符合表 B.0.3 的规定。

表 B.0.3　寒冷地区围护结构传热系数限值

围护结构部位	传热系数[W/(m²·K)]	
	体形系数≤0.3	0.3<体形系数≤0.4
屋面	0.55	0.45
外墙（包括非透明幕墙）	0.60	0.50
底面接触室外的架空或外挑楼板	0.60	0.50
非采暖房间与采暖房间的隔墙或楼板	1.50	1.50

附录 C　夹心墙平均传热系数的计算方法

C.0.1 夹心墙平均传热系数应按下式计算：

$$K_m = \frac{K_P F_P + K_{B1} F_{B1} + K_{B2} F_{B2} + \cdots + K_{Bj} F_{Bj}}{F_P + F_{B1} + F_{B2} + \cdots + F_{Bj}}$$

(C.0.1)

式中：　K_m——夹心墙的平均传热系数[W/(m²·K)]；

　　　　K_P——夹心墙主体部位的传热系数[W/(m²·K)]；

　　　　F_P——夹心墙主体部位的面积(m²)；

K_{B1}、K_{B2}、$\cdots$、K_{Bj}——夹心墙热桥部位传热系数[W/(m²·K)]；

F_{B1}、F_{B2}、$\cdots$、F_{Bj}——夹心墙热桥部位的面积(m²)。

本规程用词说明

1　为便于在执行本规程条文时区别对待，对要求严格程度不同的用词说明如下：

　　1）表示很严格，非这样做不可的：

　　　　正面词采用"必须"，反面词采用"严禁"；

　　2）表示严格，在正常情况下均应这样做的：

　　　　正面词采用"应"，反面词采用"不应"或"不得"；

　　3）表示允许稍有选择，在条件许可时首先应这样做的：

　　　　正面词采用"宜"，反面词采用"不宜"；

　　4）表示有选择，在一定条件下可以这样做的，采用"可"。

2　条文中指明应按其他有关标准执行的写法为："应按……执行"或"应符合……的规定"。

引用标准名录

1　《砌体结构设计规范》GB 50003

2　《建筑抗震设计规范》GB 50011

3　《建筑设计防火规范》GB 50016

4　《混凝土外加剂应用技术规范》GB 50119

5　《民用建筑热工设计规范》GB 50176

6　《砌体结构工程施工质量验收规范》GB 50203

7　《墙体材料应用统一技术规范》GB 50574

8　《混凝土外加剂》GB 8076

9　《建筑材料及其制品燃烧性能分级》GB 8624

10　《绝热用模塑聚苯乙烯泡沫塑料》GB/T 10801.1

11　《绝热用挤塑聚苯乙烯泡沫塑料》GB/

T 10801.2

12 《绝热用岩棉、矿渣棉及其制品》GB/T 11835

13 《烧结多孔砖和多孔砌块》GB 13544

14 《建筑绝热用硬质聚氨酯泡沫塑料》GB/T 21558

15 《建筑施工安全检查标准》JGJ 59

16 《预拌砂浆》JG/T 230

17 《砂浆、混凝土防水剂》JC 474

18 《装饰混凝土砌块》JC/T 641

19 《混凝土小型空心砌块和混凝土砖砌筑砂浆》JC 860

20 《陶瓷墙地砖填缝剂》JC/T 1004

中华人民共和国行业标准

装饰多孔砖夹心复合墙技术规程

JGJ/T 274—2012

条 文 说 明

制 订 说 明

《装饰多孔砖夹心复合墙技术规程》JGJ/T 274 - 2012，经住房和城乡建设部 2012 年 4 月 5 日以第 1347 号公告批准、发布。

本规程在制订过程中，编制组进行了大量的调查研究，总结了我国夹心复合墙工程应用的实践经验，同时参考了国外先进技术标准，通过对夹心复合墙的砌体基本力学性能试验研究、抗震性能试验研究、房屋模型的模拟地震振动台试验研究、传热试验研究和拉结件试验研究等，取得了重要的技术参数和编制依据。

为便于广大设计、施工、科研、学校等单位有关人员在使用本规程时能正确理解和执行条文规定，《装饰多孔砖夹心复合墙技术规程》编制组按章、节、条顺序编制了本规程的条文说明，对条文规定的目的、依据以及执行中需注意的有关事项进行了说明。但是，本条文说明不具备与规程正文同等的法律效力，仅供使用者作为理解和把握规程规定的参考。

目　次

1 总 则

1.0.1 根据我国砌体结构发展状况，夹心墙已在一些地区得到了应用，为规范其设计、施工和验收，提出编制技术依据。

1.0.2 夹心墙具有良好的保温性能和防火性能，尤其适合严寒及寒冷地区的建筑外墙，编制组通过对装饰多孔砖夹心墙抗震性能试验的研究及分析，证明夹心墙体的抗震性能能够满足 6 度至 8 度地区抗震设防要求。

夹心墙砌体结构包括：夹心墙单、多层砌体结构，夹心墙底部框架结构，夹心墙配筋砌体剪力墙结构及框架结构的填充墙。

2 术语和符号

2.1 术 语

2.1.1～2.1.13 对与夹心墙建筑相关的名称，进行定义。

2.2 符 号

规定了有关夹心墙的主要符号，其余符号参照国家标准《砌体结构设计规范》GB 50003 的有关规定。

3 材 料

3.1 块体材料

3.1.1 夹心墙在材料选用上具有灵活多样的特点，根据块材的材质和种类，在试验和已有应用经验基础上，规定了内、外叶墙的选材范围。

3.1.2 由于烧结装饰多孔砖作为外叶墙，直接承受大气环境作用，为保证其耐久性，提出装饰多孔砖的强度等级要求；同时外叶墙要起到装饰作用，应选择棱角整齐、无弯曲、裂纹、颜色均匀、规格基本一致的无石灰爆裂、泛霜现象出现，抗冻性及抗风化性符合相应规范要求的装饰多孔砖。

3.1.3 当外叶墙选用非烧结装饰块材时，装饰混凝土砌块（简称装饰砌块）应符合现行行业标准规定的技术指标。

3.1.4 由于内叶墙为承重墙且选材范围较大，除应根据所选材料的种类进行性能的检验外，其强度、耐久性应符合相应标准的技术要求。

3.1.5 本条规定了当夹心墙为自承重墙时应满足的基本要求。

3.2 砌筑砂浆

3.2.1 砌筑砂浆的质量直接影响砌体结构性能，承重夹心墙内叶墙必须保证砂浆强度等级，砂浆强度等级应符合现行国家标准《砌体结构设计规范》GB 50003 的规定。

3.2.2 外叶墙直接与大气环境接触，其抗渗、裂缝等问题将影响墙体的耐久性，因此外叶墙所用砂浆宜采用预拌砂浆或与块体相应的专用砂浆砌筑。

3.2.3 外叶墙勾缝剂应具有装饰作用，并能有效防止雨水渗透和泛碱，由于目前没有相应的勾缝剂标准和技术要求，本规程提出勾缝剂可参考现行行业标准《陶瓷墙地砖填缝剂》JC/T 1004。

3.3 保温材料

3.3.1～3.3.5 对夹心墙所选的各种保温材料的性能指标提出要求。

3.3.6 目前夹心墙保温材料大多为板类，随着新型保温材料和施工技术的发展，现场发泡保温材料在施工中得以应用，为保证夹心墙保温性能，对这类保温材料导热系数和憎水性提出要求。

3.3.7 现行国家标准《建筑材料及其制品燃烧性能分级》GB 8624 中将材料燃烧性能等级分为 A1、A2、B、C、D、E、F 七个等级，按照该标准提出保温材料燃烧性能等级不应低于 C 级。

3.4 拉结件

3.4.1 在试验基础上并参考国外规范，对夹心墙可选用拉结件的类型、材质以及直径进行说明。

3.4.2 拉结件的类型直接影响夹心墙的稳定，根据抗震设防烈度及建筑形式、房屋层数、地区风压，提出了拉结件类型的选用原则。提出以地区基本风压值 $0.6N/m^2$ 为界，非抗震设防地区选用 Z 形或矩形拉结件，抗震设防地区宜采用钢筋网拉结件；另试验研究表明，内、外叶墙块体材质不同时，可采用可调拉结件以起到一定的协调作用。

4 基本规定

4.1 一般规定

4.1.1 夹心墙分组合作用和非组合作用两种结构形式，本规程是按照非组合作用进行夹心墙的设计，本条明确了夹心墙承重和非承重体系中，其内、外叶墙各自的作用。

4.1.2 夹心墙功能不同，其性能要求也不同，夹心墙的建筑、节能、结构计算和构造设计是需考虑的主要方面。

4.1.3 规定了承重夹心复合墙内叶墙的结构设计原则和应执行的设计标准。

4.1.4 参考国外相关资料，对于非组合夹心墙，空腔层厚度超过 100mm 时，拉结件作用降低。考虑到外叶墙的稳定和 20mm 厚的排湿空气层，本条规定夹层厚度不宜大于 120mm。

4.1.5、4.1.6 参考国外有关标准和现行国家标准《砌体结构设计规范》GB 50003 中有关规定，提出了横向支承的布置和最大间距的要求。

4.1.7 严寒和寒冷地区的夹心墙，考虑室内、外湿度相差较大，应采取排湿构造措施。

4.1.8 建筑防火是关系到人民生命财产安全的重大问题。夹心墙所用材料及构造特点，决定其具有良好的防火性能，但作为建筑构件必须满足现行国家标准《建筑设计防火规范》GB 50016 要求，因此增加本条文。现行国家标准《建筑设计防火规范》GB 50016 中规定的四级耐火等级，是根据两个指标：一是燃烧性能为难燃烧体，二是耐火极限为 0.5h。不论夹心墙保温材料属于可燃还是难燃，内、外叶墙材质决定了夹心墙属难燃烧体，为保证夹心墙的防火安全性，实际工程中需要检测其耐火极限是否达到要求。

4.2 耐久性规定

4.2.1 现行国家标准《砌体结构设计规范》GB 50003 规定结构的耐久性根据环境类别和设计使用年限进行设计，并提出具体规定和要求。

4.2.2 需严格控制装饰多孔砖的吸水率和装饰砌块抗冻性，以保证外叶墙的耐久性。

4.2.3 当外叶墙采用外饰面层进行装饰，为避免装饰层起鼓脱落，保证外叶墙材料的耐久性，饰面层应采用防水且透气的材料。

4.2.4 拉结件对夹心墙耐久性的影响有两个方面，一是材质，二是形式。不锈钢材料有较好的防腐性能，钢筋网片比拉结筋锚固性能强，设计时可以根据建筑物的安全等级及设计使用年限选择拉结件材质和形式。环境类别划分按照现行国家标准《砌体结构设计规范》GB 50003 进行。

4.2.5 拉结件耐久性决定了外叶墙的耐久性，而拉结件防腐性能又决定其耐久性。本条规定的拉结件的防腐要求，是在借鉴国外相关规定防腐镀层不小于 $290g/m^2$ 的基础上，考虑我国实际工程应用中的可操作性，进行了等效厚度的换算。

5 建筑与建筑节能设计

5.1 建筑设计

5.1.1 为保证夹心墙砌筑质量和美观，应对外叶墙砌筑的模数提出要求，具体要求应满足现行国家标准《砌体结构工程施工质量验收规范》GB 50203 的规定。

5.1.2 为保证不同外叶墙饰面类型夹心墙的外装饰效果，应对不同块体材料组合的规格、尺寸、细部构

造和外叶墙的配套组砌提出要求。

5.1.3 为保证夹心墙保温性能，并考虑窗洞口、勒脚处经常与水接触，必须做好该部位的防潮和防水构造措施。

5.1.4 可以通过调整夹心墙墙厚和空气间层厚度，使得隔声指标可以达到设计取值范围。

5.1.5 为了保证夹心墙建筑整体的节能保温效果，提出屋面挑檐和女儿墙的保温构造要求。

5.2 建筑节能设计

5.2.1、5.2.2 夹心墙既可在居住建筑中应用，也可在公共建筑中应用，鉴于两类建筑均有相应的建筑节能设计标准，考虑建筑物体形系数对建筑能耗的影响，并能有效降低建筑能耗，本条提出应满足的相应地区墙体传热系数限值。

5.2.3 夹心墙最大特点是可根据不同的保温材料，确定不同厚度的保温层，因此本条提出保温层的设计原则，对保温层厚度、导热系数、热桥和保温措施等方面提出了具体要求。

夹心墙的外墙阴、阳角及丁字墙节点处的拉结钢筋比较密集，增加了局部部位的热桥效应，尤其是圈梁处，因此必须在该部位采取有效的保温措施，最大限度地减少热损失，以保证夹心墙的保温节能效果。

与土壤接触的地面以及地面以上几十厘米高的周边外墙（特别是墙角）由于受二维、三维传热的影响，比较容易出现表面温度低的情况，一方面造成大量的热量损失，另一方面也容易发生返潮、结露，因此要特别注意这一部分围护结构的保温防潮。在严寒及寒冷地区，即使没有地下室，也应该将外墙外侧的保温延伸到地坪以下，有利于减小周边地面以及地面以上几十厘米高的周边外墙（特别是墙角）热损失，提高内表面温度，避免结露。

5.2.4 同第 5.3.1 条、第 5.3.2 条的条文说明

5.3 建筑构造

5.3.1 由于人们室内活动不可避免要产生湿气，严寒和寒冷地区冬季室外温度很低，在外叶墙内表面上就会冷凝，进而冻结，产生较大的冻胀压力，严重时造成外叶墙的外突、崩塌，有效的措施设置排湿空气层。总结我国严寒地区已有夹心墙应用实践证明，雨水长期作用于外叶墙，会使外叶墙与保温层之间形成液相，如果不排出，长此以往将会导致保温层失效，借鉴国外有关夹心外叶墙防雨水的构造，提出宜在外叶墙合适部位设置泄水口。

5.3.2 外叶墙直接暴露在外，经受极端气候环境影响，产生的温度和干缩变形比内叶墙大，是夹心墙开裂的主要原因之一。因此对外叶墙的抗裂或防裂措施与砌体房屋其他墙体抗裂措施不同，根据欧美规范和国内相关研究表明，防止或减少砌体房屋墙体裂缝的

最直接的措施是设置局部分割缝或控制缝，将长墙变短，将温度变形应力减小到砌体允许的程度。为避免产生裂缝，应在适当部位设置控制缝。由于装饰砖和装饰砌块材质差别，变形有差异，故本条文提出两种情况下控制缝间距。

5.3.3 通过对夹心墙抗震性能试验研究发现，夹心墙仅内叶墙设置构造柱，挑板与外叶墙之间若不设置弹性层，在低周反复水平荷载作用下，由于受两者间摩阻力的影响，外叶墙破坏时的裂缝宽度很大，影响结构的使用功能，因此宜在该接触面设置弹性层。

6 结 构 设 计

6.1 非抗震设计

6.1.1~6.1.6 主要参考现行国家标准《砌体结构设计规范》GB 50003 中对砌体结构及夹心墙设计的相关规定。关于夹心墙出平面抗裂验算中的墙厚可按内叶墙厚采用。

6.2 抗 震 设 计

6.2.1、6.2.2 抗震设防地区的夹心墙砌体房屋抗震设计，首先要在满足非抗震设计的基础上，应对结构进行抗震作用复核验算。

6.2.3 与承重夹心墙竖向荷载下内叶墙受力原则一致，非组合夹心墙抗震设计时，不考虑外叶墙平面内抗侧力作用，主要以内叶墙作为抗侧力构件进行计算。

6.2.4、6.2.5 规定承重夹心墙砌体结构设计原则，抗震设计均可按照现行国家标准《建筑抗震设计规范》GB 50011 规定进行。

6.2.6 拉结件拉拔试验研究表明，最小拉拔力可以满足抗震要求。

6.3 构 造 要 求

6.3.1 依据现行国家标准《砌体结构设计规范》GB 50003 中对夹心墙拉结件布置、形式及直径的规定。

6.3.2 为防止拉结件锈蚀，规定最小保护层厚度，当拉结件或灰缝钢筋采用不锈钢时，仍应满足最小保护层厚度的要求。

6.3.4 框架结构填充夹心墙的连接方法，应符合现行国家标准《砌体结构设计规范》GB 50003 的规定。

6.3.5 根据抗震设防烈度要求，提出加强构造柱与墙之间的连接要求以及拉结件的布置。

7 施 工

7.1 一 般 规 定

7.1.3 按照现行国家标准《墙体材料应用统一技术规范》GB 50574 要求上岗前应进行必要的培训。

7.1.5 双排外脚手架能够保证夹心复合墙的施工顺序和质量；外叶墙只起自承重作用，厚度一般为90mm 或 115mm，不宜承受施工荷载，如在外叶墙设置脚手架使其局部受压，且施工后脚手架眼对墙体防雨、防渗性能有影响，故本条规定严禁在外叶墙留脚手眼。

7.1.6 保温材料受潮、雨淋，将严重影响其保温的性能，另外装饰多孔砖砌筑湿度大时上墙，增加墙体侵蚀和泛白，因此雨期不宜施工，应采取防雨措施，可用塑料布遮盖防雨；冬期可在遮雨布下放置保温材料，以防冰冻引起外墙产生收缩裂缝。

7.1.7 施工质量对夹心复合墙体性能影响很大，本条规定对施工质量控制不应低于 B 级。

7.2 砌 筑 砂 浆

7.2.2 砂浆中含可溶性盐会引起墙体泛碱，影响装饰砖的外装饰效果。

7.2.3 根据新修订的国家标准《砌体结构设计规范》GB 50003 的规定：当砌体用强度等级小于 M5 的水泥砂浆砌筑时，砌体强度设计值应予降低，其中抗压强度值乘以 0.9 的调整系数；轴心抗拉、弯曲抗拉、抗剪强度值乘以 0.8 的调整系数；当砌筑砂浆强度等级大于和等于 M5 时，砌体强度设计值不予降低。

7.3 施 工 准 备

7.3.3 砖、砌块、水泥、砂等材料直接放置在地面上会被地面水或其他有机物质污染，增加风化或者侵蚀，宜垫起堆放，并便于排水，垛间应有适当宽度的通道以保持通风。

7.3.6 对吸水率较大的烧结普通砖和烧结多孔砖提前润湿以防止上墙后吸收砂浆中过多的水分而影响粘结力；而装饰多孔砖吸水率低，太湿上墙难，在砂浆层上产生滑移，因此不宜提前浇水湿润。

7.3.7 为保证施工质量，施工前应先砌样板墙，以作为施工的指导。

7.4 砌 筑 要 求

7.4.3 为了保证施工中墙体的整体稳定。

7.4.4 专用铺灰器可避免砌筑砌块时往砌块孔里掉灰，保证灰缝砂浆饱满度，提高施工速度；"三一"砌砖法即一铲灰、一块砖、一揉压的砌筑方法，该法对提高水平灰缝和竖向灰缝的饱满度都有利，粘结性好，墙面整洁。

7.4.9 根据国内、外相关施工经验：严禁拉结件后放置或明露墙体的外侧和填满灰缝后将拉结件压入灰缝中，对已固定好的拉结件不能再移动，制订本条规定。

7.4.11 借鉴国外有关夹心外叶墙构造，在外叶墙合适部位设置泄水口，以导出空腔中的水分，并保证预留孔的通畅以便排水。

泄水口设置方法有两种：一是每隔 600mm 左右留置开放的竖向端缝；二是每隔 400mm 左右在竖向端缝内设置直径 10mm 左右不锈钢或塑料管（图1）。

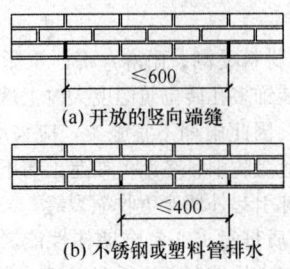

(a) 开放的竖向端缝

(b) 不锈钢或塑料管排水

图 1 泄水口示意

7.4.12 灰缝是主要渗漏源，除要采用措施保证灰缝砂浆饱满度外，必须进行二次勾缝处理，勾缝形式宜采用排水好的凹圆或 V 形缝。勾缝顺序为：由上而下，先勾水平缝，后勾竖缝。灰缝应厚度均匀、颜色一致。

8 质 量 验 收

8.1 主 控 项 目

8.1.2 本条是根据新修订的国家标准《砌体结构工程施工质量验收规范》GB 50203 对砌筑砂浆规定进行编制。

8.1.4 按照新修订的国家标准《砌体结构工程施工质量验收规范》GB 50203 规定，检验批应按照楼层划分，且不超过 250m³ 砌体为一个检验批。

8.1.6、8.1.7 同 8.1.4。

8.2 一 般 项 目

8.2.4 同 8.1.4。

8.2.5 按照现行国家标准《建筑节能工程施工质量验收规范》GB 50411 的有关规定：外墙或毗邻不采暖空间墙体上的门窗洞口四周的侧面，墙体上凸窗四周的侧面，应按设计要求采取节能保温措施。

8.2.6 按照现行国家标准《建筑节能工程施工质量验收规范》GB 50411 的有关规定：严寒和寒冷地区外墙热桥部位，应按设计要求采取节能保温等隔断热桥措施。

8.3 工 程 验 收

8.3.2 隐蔽工程验收是工程质量、防止质量隐患的重要手段之一，本条在现行国家标准《建筑节能工程施工质量验收规范》GB 50411 的基础上，又增加夹心复合墙的几个项目，这些项目应在下一施工工序开始前，由工程负责人会同建设单位、监理单位等共同进行检查和验收。验收合格后认真办理隐蔽工程验收的各项手续，并整理归档作为竣工验收的一部分。

8.3.3 保温工程的质量决定了夹心复合墙建筑的节能效果能否达到节能设计标准要求，因此，依据现行国家标准《建筑工程施工质量验收统一标准》GB 50300 中当建筑工程质量不符合要求时的有关规定，本条给出了当保温工程质量不符合要求时的处理办法。

中华人民共和国行业标准

建筑施工起重吊装工程安全技术规范

Technical code for safety of lifting in construction

JGJ 276—2012

批准部门：中华人民共和国住房和城乡建设部
施行日期：2 0 1 2 年 6 月 1 日

中华人民共和国住房和城乡建设部
公　告

第 1242 号

关于发布行业标准《建筑施工
起重吊装工程安全技术规范》的公告

现批准《建筑施工起重吊装工程安全技术规范》为行业标准，编号为 JGJ 276 - 2012，自 2012 年 6 月 1 日起实施。其中，第 3.0.1、3.0.19、3.0.23 条为强制性条文，必须严格执行。

本规范由我部标准定额研究所组织中国建筑工业出版社出版发行。

中华人民共和国住房和城乡建设部

2012 年 1 月 11 日

前　　言

根据原建设部《一九八九年工程建设专业标准规范制订修订计划》（建标工字【89】第 058 号）的要求，编制组经广泛调查研究，认真总结实践经验，参考有关国际标准和国外先进标准，并在广泛征求意见的基础上，编制本规范。

本规范的主要技术内容是：1. 总则；2. 术语和符号；3. 基本规定；4. 起重机械和索具设备；5. 混凝土结构吊装；6. 钢结构吊装；7. 网架吊装。

本规范中以黑体字标志的条文为强制性条文，必须严格执行。

本规范由住房和城乡建设部负责管理和对强制性条文的解释，由沈阳建筑大学负责具体技术内容的解释。执行过程中如有意见或建议，请寄送沈阳建筑大学土木工程学院（地址：沈阳市浑南东路 9 号，邮编：110168）

本 规 范 主 编 单 位：沈阳建筑大学
　　　　　　　　　　东北金城建设股份有限公司

本 规 范 参 编 单 位：中建三局第二建设工程有限责任公司

中铁四局集团建筑工程有限公司

上海建工设计研究院

北京首钢建设集团有限公司

甘肃伊真建设工程有限公司

陕西省建设工程质量安全监督总站

本规范主要起草人员：魏忠泽　张　健　秦桂娟
　　　　　　　　　　卢伟然　罗　宏　陈新安
　　　　　　　　　　许　伟　焦　莉　吴长城
　　　　　　　　　　焦宁艳　张庆远　严　训
　　　　　　　　　　杨德洪　刘　兵　龙传尧
　　　　　　　　　　刘　波　张　坤　董燕囡
　　　　　　　　　　汤坤林　刘建国　胡　冲
　　　　　　　　　　葛文志　彭　杰

本规范主要审查人员：应惠清　耿洁明　孙宗辅
　　　　　　　　　　胡长明　施卫东　杨纯仪
　　　　　　　　　　郭洪君　肖华锋　张宝琚

目　次

Contents

1 总 则

1.0.1 为贯彻执行安全生产方针，确保建筑工程施工起重吊装作业的安全，制定本规范。

1.0.2 本规范适用于建筑工程施工中的起重吊装作业。

1.0.3 建筑工程施工中的起重吊装作业，除应符合本规范外，尚应符合国家现行有关标准的规定。

2 术语和符号

2.1 术 语

2.1.1 起重吊装作业 crane lifting operation

使用起重设备将被吊物提升或移动至指定位置，并按要求安装固定的施工过程。

2.1.2 吊具 hoist auxiliaries

拴挂和固定被吊物的工、机具和配件，如吊索、吊钩、吊梁和卡环等。

2.1.3 绑扎 tightening

吊装前，用吊索和卡环按起吊规定对被吊物吊点处的捆绑。

2.1.4 起吊 hoisting

被吊物的吊装和空中运输过程。

2.1.5 溜绳 anti-sway rope

在吊升的结构物上拴绳，由下面的人拉住，防止结构物在吊升过程中任意摆动。

2.1.6 超载 overload

超过或大于起重设备的额定起重量。

2.1.7 临时固定 temporary holding or fixation

对搁置就位的被吊物进行临时性拉结和支撑的措施。

2.1.8 永久固定 permanent holding or fixation

校正完成后，按设计要求进行的永久性的连接固定。

2.1.9 空载 no-load

起重机械没有负载的工作状态。

2.1.10 缆风绳 balance rope

用来保证安装的构件或设备在操作过程中保持稳定的钢丝绳，上端与安装对象拉结，下端与地锚固定。

2.1.11 破断拉力 tensile strength of rope

按规定的试验方法把绳索拉断所需要的力。

2.1.12 钢丝绳牵引力 tensile force of steel rope

重物起升后，卷筒上的钢丝绳所产生的拉力。

2.1.13 安全绳 safety rope

用于防止起重人员在高空作业时发生坠落事故的绳索的总称。

2.2 符 号

A——面积；

a——距离；

b——厚度、宽度；

D，d——直径；

f——承载力设计值；

F——拉力、阻力；

$[F]$——容许拉力；

H——高度；

i——传动比；

K——系数；

L——长度；

M——弯矩；

N——轴向力；

P——功率、水平反力；

Q——计算荷载、重量；

T——摩擦阻力；

v——速度；

W——截面抵抗矩；

γ——重力密度；

η——效率、降低系数；

μ——摩擦系数；

σ——正应力；

τ——剪应力；

φ——内摩擦角；

ω——转速。

3 基 本 规 定

3.0.1 起重吊装作业前，必须编制吊装作业的专项施工方案，并应进行安全技术措施交底；作业中，未经技术负责人批准，不得随意更改。

3.0.2 起重机操作人员、起重信号工、司索工等特种作业人员必须持特种作业资格证书上岗。严禁非起重机驾驶人员驾驶、操作起重机。

3.0.3 起重吊装作业前，应检查所使用的机械、滑轮、吊具和地锚等，必须符合安全要求。

3.0.4 起重作业人员必须穿防滑鞋、戴安全帽，高处作业应佩挂安全带，并应系挂可靠，高挂低用。

3.0.5 起重设备的通行道路应平整，承载力应满足设备通行要求。吊装作业区域四周应设置明显标志，严禁非操作人员入内。夜间不宜作业，当确需夜间作业时，应有足够的照明。

3.0.6 登高梯子的上端应固定，高空用的吊篮和临时工作台应固定牢靠，并应设不低于1.2m的防护栏杆。吊篮和工作台的脚手板应铺平绑牢，严禁出现探头板。吊移操作平台时，平台上面严禁站人。当构件吊起时，所有人员不得站在吊物下方，并应保持一定

3.0.7 绑扎所用的吊索、卡环、绳扣等的规格应根据计算确定。起吊前，应对起重机钢丝绳及连接部位和吊具进行检查。

3.0.8 高空吊装屋架、梁和采用斜吊绑扎吊装柱时，应在构件两端绑扎溜绳，由操作人员控制构件的平衡和稳定。

3.0.9 构件的吊点应符合设计规定。对异形构件或当无设计规定时，应经计算确定，保证构件起吊平稳。

3.0.10 安装所使用的螺栓、钢楔、木楔、钢垫板和垫木等的材质应符合设计要求及国家现行标准的有关规定。

3.0.11 吊装大、重构件和采用新的吊装工艺时，应先进行试吊，确认无问题后，方可正式起吊。

3.0.12 大雨、雾、大雪及六级以上大风等恶劣天气应停止吊装作业。雨雪后进行吊装作业时，应及时清理冰雪并应采取防滑和防漏电措施，先试吊，确认制动器灵敏可靠后方可进行作业。

3.0.13 吊起的构件应确保在起重机吊杆顶的正下方，严禁采用斜拉、斜吊，严禁起吊埋于地下或粘结在地上的构件。

3.0.14 起重机靠近架空输电线路作业或在架空输电线路下行走时，与架空输电线的安全距离应符合现行行业标准《施工现场临时用电安全技术规范》JGJ 46 和其他相关标准的规定。

3.0.15 当采用双机抬吊时，宜选用同类型或性能相近的起重机，负载分配应合理，单机载荷不得超过额定起重量的 80%。两机应协调工作，起吊的速度应平稳缓慢。

3.0.16 起吊过程中，在起重机行走、回转、俯仰吊臂、起落吊钩等动作前，起重司机应鸣声示意。一次只宜进行一个动作，待前一动作结束后，再进行下一动作。

3.0.17 开始起吊时，应先将构件吊离地面 200mm～300mm 后暂停，检查起重机的稳定性、制动装置的可靠性、构件的平衡性和绑扎的牢固性等，确认无误后，方可继续起吊。已吊起的构件不得长久停滞在空中。严禁超载和吊装重量不明的重型构件和设备。

3.0.18 严禁在吊起的构件上行走或站立，不得用起重机载运人员，不得在构件上堆放或悬挂零星物件。严禁在已吊起的构件下面或起重臂下旋转范围内作业或行走。起吊时应匀速，不得突然制动。回转时动作应平稳，当回转未停稳前不得做反向动作。

3.0.19 **暂停作业时，对吊装作业中未形成稳定体系的部分，必须采取临时固定措施。**

3.0.20 高处作业所使用的工具和零配件等，应放在工具袋（盒）内，并严禁抛掷。

3.0.21 吊装中的焊接作业，应有严格的防火措施，

并应设专人看护。在作业部位下面周围 10m 范围内不得有人。

3.0.22 已安装好的结构构件，未经有关设计和技术部门批准不得随意凿洞开孔。严禁在其上堆放超过设计荷载的施工荷载。

3.0.23 **对临时固定的构件，必须在完成了永久固定，并经检查确认无误后，方可解除临时固定措施。**

3.0.24 对起吊物进行移动、吊升、停止、安装时的全过程应采用旗语或通用手势信号进行指挥，信号不明不得启动，上下联系应相互协调，也可采用通信工具。

4 起重机械和索具设备

4.1 起重机械

4.1.1 凡新购、大修、改造、新安装及使用、停用时间超过规定的起重机械，均应按有关规定进行技术检验，合格后方可使用。

4.1.2 起重机在每班开始作业时，应先试吊，确认制动器灵敏可靠后，方可进行作业。作业时不得擅自离岗和保养机车。

4.1.3 起重机的选择应满足起重量、起重高度、工作半径的要求，同时起重臂的最小杆长应满足跨越障碍物进行起吊时的操作要求。

4.1.4 自行式起重机的使用应符合下列规定：

1 起重机工作时的停放位置应按施工方案与沟渠、基坑保持安全距离，且作业时不得停放在斜坡上。

2 作业前应将支腿全部伸出，并应支垫牢固。调整支腿应在无载荷时进行，并将起重臂全部缩回转至正前或正后，方可调整。作业过程中发现支腿沉陷或其他不正常情况时，应立即放下吊物，进行调整后，方可继续作业。

3 启动时应先将主离合器分离，待运转正常后再合上主离合器进行空载运转，确认正常后，方可开始作业。

4 工作时起重臂的仰角不得超过其额定值；当无相应资料时，最大仰角不得超过 78°，最小仰角不得小于 45°。

5 起重机变幅应缓慢平稳，严禁快速起落。起重臂未停稳前，严禁变换挡位和同时进行两种动作。

6 当起吊荷载达到或接近最大额定荷载时，严禁下落起重臂。

7 汽车式起重机进行吊装作业时，行走用的驾驶室内不得有人，吊物不得超越驾驶室上方，并严禁带载行驶。

8 伸缩式起重臂的伸缩，应符合下列规定：

1）起重臂的伸缩，应在起吊前进行。当起吊

过程中需伸缩时,起吊荷载不得大于其额定值的 50%。

2）起重臂伸出后的上节起重臂长度不得大于下节起重臂长度,且起重臂伸出后的仰角不得小于使用说明中相应的规定值。

3）在伸起重臂同时下降吊钩时,应满足使用说明中动、定滑轮组间的最小安全距离规定。

9 起重机制动器的制动鼓表面磨损达到 2.0mm 或制动带磨损超过原厚度 50% 时,应予更换。

10 起重机的变幅指示器、力矩限制器和限位开关等安全保护装置,应齐全完整、灵活可靠,严禁随意调整、拆除,不得以限位装置代替操作机构。

11 作业完毕或下班前,应按规定将操作杆置于空挡位置,起重臂应全部缩回原位,转至顺风方向,并应降至 40°～60° 之间,收紧钢丝绳,挂好吊钩或将吊钩落地,然后将各制动器和保险装置固定,关闭发动机,驾驶室加锁后,方可离开。

4.1.5 塔式起重机的使用应符合国家现行标准《塔式起重机安全规程》GB 5144、《建筑施工塔式起重机安装、使用、拆卸安全技术规程》JGJ 196 及《建筑机械使用安全技术规程》JGJ 33 中的相关规定。

4.1.6 拔杆式起重机的制作安装符合下列规定:

1 拔杆式起重机应进行专门设计和制作,经严格的测试、试运转和技术鉴定合格后,方可投入使用。

2 安装时的地基、基础、缆风绳和地锚等设施,应经计算确定。缆风绳与地面的夹角应在 30°～45° 之间。缆风绳不得与供电线路接触,在靠近电线处,应装设由绝缘材料制作的护线架。

4.1.7 拔杆式起重机的使用应符合下列规定:

1 在整个吊装过程中,应派专人看守地锚。每进行一段工作或大雨后,应对拔杆、缆风绳、索具、地锚和卷扬机等进行详细检查,发现有摆动、损坏等情况时,应立即处理解决。

2 拔杆式起重机移动时,其底座应垫以足够的承重枕木排和滚杠,并将起重臂收紧,处于移动方向的前方,倾斜不得超过 10°,移动时拔杆不得向后倾斜,收放缆风绳应配合一致。

4.2 绳 索

4.2.1 吊装作业中使用的白棕绳应符合下列规定:

1 应由剑麻的茎纤维搓成,并不得涂油。其规格和破断拉力应符合产品说明书的规定。

2 只可用作受力不大的缆风绳和溜绳等。白棕绳的驱动力只能是人力,不得用机械动力驱动。

3 穿绕白棕绳的滑轮直径,应大于白棕绳直径的 10 倍。麻绳有结时,不得穿过滑车狭小之处。长期在滑车使用的白棕绳,应定期改变绕绳方向。

4 整卷白棕绳应根据需要长度切断绳头,切断前应用铁丝或麻绳将切断口扎紧。

5 使用中发生的扭结应立即抖直。当有局部损伤时,应切去损伤部分。

6 当绳长度不够时,应采用编接接长。

7 捆绑有棱角的物件时,应垫木板或麻袋等物。

8 使用中不得在粗糙的构件上或地下拖拉,并应防止砂、石屑嵌入。

9 编接绳头绳套时,编接前每股头上应用绳扎紧,编接后相互搭接长度:绳套不得小于白棕绳直径的 15 倍;绳头不得小于 30 倍。

10 白棕绳在使用时不得超过其容许拉力,容许拉力应按下式计算:

$$[F_z] = \frac{F_z}{K} \qquad (4.2.1)$$

式中:$[F_z]$——白棕绳的容许拉力（kN）;

F_z——白棕绳的破断拉力（kN）;

K——白棕绳的安全系数,应按表 4.2.1 采用。

表 4.2.1 白棕绳的安全系数

用　途	安全系数
一般小型构件 （过梁、空心板及 5kN 重以下等构件）	≥6
5kN～10kN 重吊装作业	10
作捆绑吊索	≥12
作缆风绳	≥6

4.2.2 采用纤维绳索、聚酯复丝绳索应符合现行国家标准《纤维绳索 通用要求》GB/T 21328、《聚酯复丝绳索》GB/T 11787 和《绳索 有关物理和机械性能的测定》GB/T 8834 的相关规定。

4.2.3 吊装作业中钢丝绳的使用、检验、破断拉力值和报废等应符合现行国家标准《重要用途钢丝绳》GB 8918、《一般用途钢丝绳》GB/T 20118 和《起重机 钢丝绳保养、维护、安装、检验和报废》GB/T 5972 中的相关规定。

4.3 吊 索

4.3.1 钢丝绳吊索应符合下列规定:

1 钢丝绳吊索应符合现行国家标准《一般用途钢丝绳吊索特性和技术条件》GB/T 16762、插编索扣应符合现行国家标准《钢丝绳吊索 插编索扣》GB/T 16271 中所规定的一般用途钢丝绳吊索特性和技术条件等的规定。

2 吊索宜采用 6×37 型钢丝绳制作成环式或 8 股头式（图 4.3.1）,其长度和直径应根据吊物的几何尺寸、重量和所用的吊装工具、吊装方法确定。使用时可采用单根、双根、四根或多根悬吊形式。

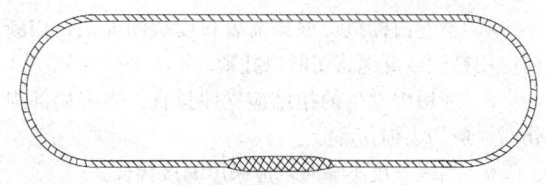

(a) 环状吊索

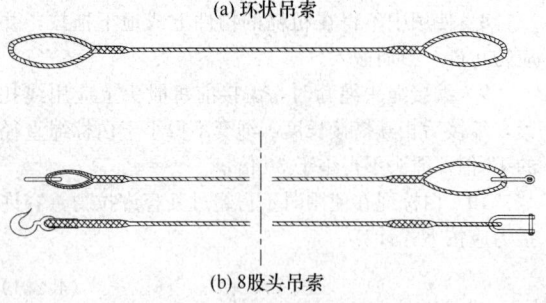

(b) 8股头吊索

图 4.3.1 吊索

3 吊索的绳环或两端的绳套可采用压接接头，压接接头的长度不应小于钢丝绳直径的 20 倍，且不应小于 300mm。8 股头吊索两端的绳套可根据工作需要装上桃形环、卡环或吊钩等吊索附件。

4 当利用吊索上的吊钩、卡环钩挂重物上的起重吊环时，吊索的安全系数不应小于 6；当用吊索直接捆绑重物，且吊索与重物棱角间已采取妥善的保护措施时，吊索的安全系数应取 6~8；当起吊重、大或精密的重物时，除应采取妥善保护措施外，吊索的安全系数应取 10。

5 吊索与所吊构件间的水平夹角宜大于 45°。计算拉力时可按本规范附录 A 表 A.1、表 A.2 选用。

4.3.2 吊索附件应符合下列规定：

1 套环应符合现行国家标准《钢丝绳用普通套环》GB/T 5974.1 和《钢丝绳用重型套环》GB/T 5974.2 的规定。

2 使用套环时，其起吊的承载能力，应将套环的承载能力与表 4.3.2 中降低后的钢丝绳承载能力相比较，采用小值。

3 吊钩应有制造厂的合格证明书，表面应光滑，不得有裂纹、刻痕、剥裂、锐角等现象。吊钩每次使用前应检查一次，不合格者应停止使用。

4 活动卡环在绑扎时，起吊后销子的尾部应朝下，吊索在受力后应压紧销子，其容许荷载应按出厂说明书采用。

表 4.3.2 使用套环时的钢丝绳强度降低率

钢丝绳直径（mm）	绕过套环后强度降低率（%）
10~16	5
19~28	15
32~38	20
42~50	25

4.3.3 横吊梁应采用 Q235 或 Q345 钢材，应经过设计计算，计算方法应按本规范附录 B 进行，并应按设计进行制作。

4.4 起重吊装设备

4.4.1 滑轮和滑轮组的使用应符合下列规定：

1 使用前，应检查滑轮的轮槽、轮轴、夹板、吊钩等各部件，不得有裂缝和损伤，滑轮转动应灵活，润滑良好。

2 滑轮应按本规范附录 C 表 C.0.1 中的容许荷载值使用。对起重量不明的滑轮，应先进行估算，并经负载试验合格后，方可使用。

3 滑轮组绳索宜采用顺穿法，由三对以上动、定滑轮组成的滑轮组应采用花穿法。滑轮组穿绕后，应开动卷扬机慢慢将钢丝绳收紧和试吊，检查有无卡绳、磨绳的地方，绳间摩擦及其他部分应运转良好，如有问题，应立即修正。

4 滑轮的吊钩或吊环应与起吊构件的重心在同一垂直线上。

5 滑轮使用前后应刷洗干净，擦油保养，轮轴应经常加油润滑，严禁锈蚀和磨损。

6 对重要的吊装作业、较高处作业或在起重作业量较大时，不宜用钩型滑轮，应使用吊环、链环或吊梁型滑轮。

7 滑轮组的上下定、动滑轮之间安全距离不应小于 1.5m。

8 对暂不使用的滑轮，应存放在干燥少尘的库房内，下面垫以木板，并应每 3 个月检查保养一次。

9 滑轮和滑轮组的跑头拉力、牵引行程和速度应符合下列规定：

1）滑轮组的跑头拉力应按下式计算：

$$F = \alpha Q \qquad (4.4.1-1)$$

式中：F——跑头拉力（kN）；

α——滑轮组的省力系数，其值可按本规范附录 C 表 C.0.2 选用；

Q——计算荷载（kN），等于吊重乘以动力系数 1.5。

2）滑轮跑头牵引行程和速度应按下列公式计算：

$$u = mh \qquad (4.4.1-2)$$
$$v = mv_1 \qquad (4.4.1-3)$$

式中：u——跑头牵引行程（m）；

m——滑轮组工作绳数；

h——吊件的上升行程（m）；

v——跑头的牵引速度（m/s）；

v_1——吊件的上升速度（m/s）。

4.4.2 卷扬机的使用应符合下列规定：

1 手动卷扬机不得用于大型构件吊装，大型构件的吊装应采用电动卷扬机。

2 卷扬机的基础应平稳牢固，用于锚固的地锚应可靠，防止发生倾覆和滑动。

3 卷扬机使用前，应对各部分详细检查，确保棘轮装置和制动器完好，变速齿轮沿轴转动，啮合正确，无杂音和润滑良好，发现问题，严禁使用。

4 卷扬机应安装在吊装区外，水平距离应大于构件的安装高度，并搭设防护棚，保证操作人员能清楚地看见指挥人员的信号。当构件被吊到安装位置时，操作人员的视线仰角应小于30°。

5 导向滑轮严禁使用开口拉板式滑轮。滑轮到卷筒中心的距离，对带槽卷筒应大于卷筒宽度的15倍；对无槽卷筒应大于20倍，当钢丝绳处在卷筒中间位置时，应与卷筒的轴心线垂直。

6 钢丝绳在卷筒上应逐圈靠紧，排列整齐，严禁互相错叠、离缝和挤压。钢丝绳缠满后，卷筒凸缘应高出2倍及以上钢丝绳直径，钢丝绳全部放出时，钢丝绳在卷筒上保留的安全圈不应少于5圈。

7 在制动操纵杆的行程范围内不得有障碍物。作业过程中，操作人员不得离开卷扬机，严禁在运转中用手或脚去拉、踩钢丝绳，严禁跨越卷扬机钢丝绳。

8 卷扬机的电气线路应经常检查，电机应运转良好，电磁抱闸和接地应安全有效，不得有漏电现象。

4.4.3 电动卷扬机的牵引力和钢丝绳速度应符合下列规定：

1）卷筒上的钢丝绳牵引力应按下列公式计算：

$$F = 1.02 \times \frac{P_{\mathrm{H}}\eta}{v} \qquad (4.4.3\text{-}1)$$

$$\eta = \eta_0 \times \eta_1 \times \eta_2 \times \cdots \times \eta_n \qquad (4.4.3\text{-}2)$$

式中： F ——牵引力（kN）；

P_{H} ——电动机的功率（kW）；

v ——钢丝绳速度（m/s）；

η ——总效率；

η_0 ——卷筒效率，当卷筒装在滑动轴承上时，取 $\eta_0 = 0.94$；当装在滚动轴承上时，取 $\eta_0 = 0.96$；

η_1、$\eta_2 \cdots \eta_n$ ——传动机构效率，按表4.4.3选用。

表 4.4.3 传动机构的效率

传 动 机 构		效 率
卷筒	滑 动 轴 承	0.94～0.96
	滚 动 轴 承	0.96～0.98
一对圆柱齿轮传动	开式传动 滑动轴承	0.93～0.95
	滚动轴承	0.95～0.96
	闭式传动 滑动轴承	0.95～0.96
	稀油润滑 滚动轴承	0.96～0.98

2）钢丝绳速度应按下列公式计算：

$$v = \pi D\omega \qquad (4.4.3\text{-}3)$$

$$\omega = \frac{\omega_{\mathrm{H}}i}{60} \qquad (4.4.3\text{-}4)$$

$$i = \frac{n_Z}{n_B} \qquad (4.4.3\text{-}5)$$

式中：v ——钢丝绳速度（m/s）；

D ——卷筒直径（m）；

ω ——卷筒转速（r/s）；

ω_{H} ——电动机转速（r/s）；

i ——传动比；

n_Z ——所有主动轮齿数的乘积；

n_B ——所有被动轮齿数的乘积。

4.4.4 捯链的使用应符合下列规定：

1 使用前应进行检查，捯链的吊钩、链条、轮轴、链盘等应无锈蚀、裂纹、损伤，传动部分应灵活正常。

2 起吊构件至起重链条受力后，应仔细检查，确保齿轮啮合良好，自锁装置有效后，方可继续作业。

3 应均匀和缓地拉动链条，并应与轮盘方向一致，不得斜向拽动。

4 捯链起重量或起吊构件的重量不明时，只可一人拉动链条，一人拉不动应查明原因，此时严禁两人或多人齐拉。

5 齿轮部分应经常加油润滑，棘爪、棘爪弹簧和棘轮应经常检查，防止制动失灵。

6 捯链使用完毕后应拆卸清洗干净，上好润滑油，装好后套上塑料罩挂好。

4.4.5 手扳葫芦应符合下列规定：

1 只可用于吊装中紧缆风绳和升降吊篮使用。

2 使用前，应仔细检查确认自锁夹钳装置夹紧钢丝绳后能往复做直线运动，不满足要求，严禁使用。使用时，待其受力后应检查确认运转自如，无问题后，方可继续作业。

3 用于吊篮时，应在每根钢丝绳处拴一根保险绳，并将保险绳的另一端固定在可靠的结构上。

4 使用完毕后，应拆卸、清洗、上油、安装复原，妥善保管。

4.4.6 千斤顶的使用应符合下列规定：

1 使用前后应拆洗干净，损坏和不符合要求的零件应更换，安装好后应检查各部位配件运转的灵活性，对油压千斤顶应检查阀门、活塞、皮碗的完好程度，油液干净程度和稠度应符合要求，若在负温情况下使用，油液应不变稠、不结冻。

2 千斤顶的选择，应符合下列规定：

1）千斤顶的额定起重量应大于起重构件的重量，起升高度应满足要求，其最小高度应与安装净空相适应。

2）采用多台千斤顶联合顶升时，应选用同一型号的千斤顶，并应保持同步，每台的额定起重量不得小于所分担重量的 1.2 倍。

3 千斤顶应放在平整坚实的地面上，底座下应垫以枕木或钢板。与被顶升构件的光滑面接触时，应加垫硬木板防滑。

4 设顶处应传力可靠，载荷的传力中心应与千斤顶轴线一致，严禁载荷偏斜。

5 顶升时，应先轻微顶起后停住，检查千斤顶承力、地基、垫木、枕木垛有无异常或千斤顶歪斜，出现异常，应及时处理后方可继续工作。

6 顶升过程中，不得随意加长千斤顶手柄或强力硬压，每次顶升高度不得超过活塞上的标志，且顶升高度不得超过螺丝杆或活塞高度的 3/4。

7 构件顶起后，应随起随搭枕木垛和加设临时短木块，其短木块与构件间的距离应随时保持在 50mm 以内。

4.5 地 锚

4.5.1 立式地锚的构造应符合下列规定：

1 应在枕木、圆木、方木地龙柱的下部后侧和中部前侧设置挡木，并贴紧土壁，坑内应回填土石并夯实，表面略高于自然地坪。

2 地坑深度应大于 1.5m，地龙柱应露出地面 0.4m～1.0m，并略向后倾斜。

3 使用枕木或方木做地龙柱时，应使截面的长边与受力方向一致，作用的荷载宜与地龙柱垂直。

4 单柱立式地锚承载力不够时，可在受力方向后侧增设一个或两个单柱立式地锚，并用绳索连接，使其共同受力。

5 各种立式地锚的构造参数及计算方法应符合本规范附录 D 的规定。

4.5.2 桩式地锚的构造应符合下列规定：

1 应采用直径 180mm～330mm 的松木或衫木做地锚桩，略向后倾斜打入地层中，并应在其前方距地面 0.4m～0.9m 深处，紧贴桩身埋置 1m 长的挡木一根。

2 桩入土深度不应小于 1.5m，地锚的钢丝绳应拴在距地面不大于 300mm 处。

3 荷载较大时，可将两根或两根以上的桩用绳索与木板将其连在一起使用。

4 各种桩式地锚的构造参数及计算方法应符合本规范附录 D 的规定。

4.5.3 卧式地锚的构造应符合下列规定：

1 钢丝绳应根据作用荷载大小，系结在横置木中部或两侧，并应采用土石回填夯实。

2 木料尺寸和数量应根据作用荷载的大小和土壤的承载力经过计算确定。

3 木料横置埋入深度宜为 1.5m～3.5m。当作

用荷载超过 75kN 时，应在横置木料顶部加压板；当作用荷载超过 150kN 时，应在横置木料前增设挡板立柱和挡板。

4 当卧式地锚作用荷载较大时，地锚的钢丝绳应采用钢拉杆代替。

5 卧式地锚的构造参数及计算方法应符合本规范附录 D 的规定。

4.5.4 各式地锚的使用应符合下列规定：

1 地锚采用的木料应使用剥皮落叶松、杉木。严禁使用油松、杨木、柳木、桦木、椴木和腐朽、多节的木料。

2 绑扎地锚钢丝绳的绳环应牢固可靠，横卧木四角应采用长 500mm 的角钢加固，并应在角钢外再用长 300mm 的半圆钢管保护。

3 钢丝绳的方向应与地锚受力方向一致。

4 地锚使用前应进行试拉，合格后方可使用。埋设不明的地锚未经试拉不得使用。

5 地锚使用时应指定专人检查、看守，如发现变形应立即处理或加固。

5 混凝土结构吊装

5.1 一 般 规 定

5.1.1 构件的运输应符合下列规定：

1 构件运输应严格执行所制定的运输技术措施。

2 运输道路应平整，有足够的承载力、宽度和转弯半径。

3 高宽比较大的构件的运输，应采用支承框架、固定架、支撑或用捯链等予以固定，不得悬吊或堆放运输。支承架应进行设计计算，应稳定、可靠和装卸方便。

4 当大型构件采用半拖或平板车运输时，构件支承处应设转向装置。

5 运输时，各构件应拴牢于车厢上。

5.1.2 构件的堆放应符合下列规定：

1 构件堆放场地应压实平整，周围应设排水沟。

2 构件应按设计支承位置堆放平稳，底部应设置垫木。对不规则的柱、梁、板，应专门分析确定支承和加垫方法。

3 屋架、薄腹梁等重心较高的构件，应直立放置，除设支承垫木外，应在其两侧设置支撑使其稳定，支撑不得少于 2 道。

4 重叠堆放的构件应采用垫木隔开，上下垫木应在同一垂线上。堆放高度梁、柱不宜超过 2 层；大型屋面板不宜超过 6 层。堆垛间应留 2m 宽的通道。

5 装配式大板应采用插放法或背靠法堆放，堆放架应经设计计算确定。

5.1.3 构件翻身应符合下列规定：

1 柱翻身时，应确保本身能承受自重产生的正负弯矩值。其两端距端面 1/5～1/6 柱长处应垫方木或枕木垛。

2 屋架或薄腹梁翻身时应验算抗裂度，不够时应予加固。当屋架或薄腹梁高度超过 1.7m 时，应在表面加绑木、竹或钢管横杆增加屋架平面刚度，并在屋架两端设置方木或枕木垛，其上表面应与屋架底面齐平，且屋架间不得有粘结现象。翻身时，应做到一次扶直或将屋架转到与地面夹角达到 70° 时，方可刹车。

5.1.4 构件拼装应符合下列规定：

1 当采用平拼时，应防止在翻身过程中发生损坏和变形；当采用立拼时，应采取可靠的稳定措施。当大跨度构件进行高空立拼时，应搭设带操作台的拼装支架。

2 当组合屋架采用立拼时，应在拼架上设置安全挡木。

5.1.5 吊点设置和构件绑扎应符合下列规定：

1 当构件无设计吊环（点）时，应通过计算确定绑扎点的位置。绑扎方法应可靠，且摘钩应简便安全。

2 当绑扎竖直吊升的构件时，应符合下列规定：

1）绑扎点位置应略高于构件重心。

2）在柱不翻身或吊升中不会产生裂缝时，可采用斜吊绑扎法。

3）天窗架宜采用四点绑扎。

3 当绑扎水平吊升的构件时，应符合下列规定：

1）绑扎点应按设计规定设置。无规定时，最外吊点应在距构件两端 1/5～1/6 构件全长处进行对称绑扎。

2）各支吊索内力的合力作用点应处在构件重心线上。

3）屋架绑扎点宜在节点上或靠近节点。

4 绑扎应平稳、牢固，绑扎钢丝绳与物体间的水平夹角应为：构件起吊时不得小于 45°；构件扶直时不得小于 60°。

5.1.6 构件起吊前，其强度应符合设计规定，并应将其上的模板、灰浆残渣、垃圾碎块等全部清除干净。

5.1.7 楼板、屋面板吊装后，对相互间或其上留有的空隙和洞口，应设置盖板或围护，并应符合现行行业标准《建筑施工高处作业安全技术规范》JGJ 80 的规定。

5.1.8 多跨单层厂房宜先吊主跨，后吊辅助跨；先吊高跨，后吊低跨。多层厂房宜先吊中间，后吊两侧，再吊角部，且应对称进行。

5.1.9 作业前应清除吊装范围内的障碍物。

5.2 单层工业厂房结构吊装

5.2.1 柱的吊装应符合下列规定：

1 柱的起吊方法应符合施工组织设计规定。

2 柱就位后，应将柱底落实，每个柱面应采用不少于两个钢楔楔紧，但严禁将楔子重叠放置。初步校正垂直后，打紧楔子进行临时固定。对重型柱或细长柱以及多风或风大地区，在柱上部应采取稳妥的临时固定措施，确认牢固可靠后，方可指挥脱钩。

3 校正柱时，严禁将楔子拔出，在校正好一个方向后，应稍打紧两面相对的四个楔子，方可校正另一个方向。待完全校正好后，除将所有楔子按规定打紧外，还应采用石块将柱底脚与杯底四周全部楔紧。采用缆风或斜撑校正柱时，应在杯口第二次浇筑的混凝土强度达到设计强度的 75% 时，方可拆除缆风或斜撑。

4 杯口内应采用强度高一级的细石混凝土浇筑固定。采用木楔或钢楔作临时固定时，应分二次浇筑，第一次灌至楔子下端，待达到设计强度 30% 以上，方可拔出楔子，再二次浇筑至基础顶；当使用混凝土楔子时，可一次浇筑至基础顶面。混凝土强度应作试块检验，冬期施工时，应采取冬期施工措施。

5.2.2 梁的吊装应符合下列规定：

1 梁的吊装应在柱永久固定和柱间支撑安装后进行。吊车梁的吊装，应在基础杯口二次浇筑的混凝土达到设计强度 50% 以上，方可进行。

2 重型吊车梁应边吊边校，然后再进行统一校正。

3 梁高和底宽之比大于 4 时，应采用支撑撑牢或用 8 号钢丝将梁捆于稳定的构件上后，方可摘钩。

4 吊车梁的校正应在梁吊装完，也可在屋面构件校正并最后固定后进行。校正完毕后，应立即焊接固定。

5.2.3 屋架吊装应符合下列规定：

1 进行屋架或屋面梁垂直度校正时，在跨中，校正人员应沿屋架上弦绑设的栏杆行走，栏杆高度不得低于 1.2m；在两端，应站在悬挂于柱顶上的吊篮上进行，严禁站在柱顶操作。垂直度校正完毕并进行可靠固定后，方可摘钩。

2 吊装第一榀屋架和天窗架时，应在其上弦杆拴缆风绳作临时固定。缆风绳应采用两侧布置，每边不得少于 2 根。当跨度大于 18m 时，宜增加缆风绳数，间距不得大于 6m。

5.2.4 天窗架与屋面板分别吊装时，天窗架应在该榀屋架上的屋面板吊装完毕后进行，并经临时固定和校正后，方可脱钩焊接固定。

5.2.5 校正完毕后应按设计要求进行永久性的接头固定。

5.2.6 屋架和天窗架上的屋面板吊装，应从两边向屋脊对称进行，且不得用撬杠沿板的纵向撬动。就位后应采用铁片垫实脱钩，并应立即电焊固定，应至少保证 3 点焊牢。

5.2.7 托架吊装就位校正后，应立即支模浇灌接头混凝土进行固定。

5.2.8 支撑系统应先安装垂直支撑，后安装水平支撑；先安装中部支撑，后安装两端支撑，并与屋架、天窗架和屋面板的吊装交替进行。

5.3 多层框架结构吊装

5.3.1 框架柱吊装应符合下列规定：

1 上节柱的安装应在下节柱的梁和柱间支撑安装焊接完毕、下节柱接头混凝土达到设计强度的75%及以上后，方可进行。

2 多机抬吊多层 H 型框架柱时，递送作业的起重机应使用横吊梁起吊。

3 柱就位后应随即进行临时固定和校正。榫式接头的，应对称施焊四角钢筋接头后方可松钩；钢板接头的，应各边分层对称施焊 2/3 的长度后方可脱钩；H 型柱则应对称焊好四角钢筋后方可脱钩。

4 重型或较长柱的临时固定，应在柱间加设水平管式支撑或设缆风绳。

5 吊装中用于保护接头钢筋的钢管或垫木应捆扎牢固。

5.3.2 楼层梁的吊装应符合下列规定：

1 吊装明牛腿式接头的楼层梁时，应在梁端和柱牛腿上预埋的钢板焊接后方可脱钩。

2 吊装齿槽式接头的楼层梁时，应将梁端的上部接头焊好两根后方可脱钩。

5.3.3 楼层板的吊装应符合下列规定：

1 吊装两块以上的双 T 形板时，应将每块的吊索直接挂在起重机吊钩上。

2 板重在 5kN 以下的小型空心板或槽形板，可采用平吊或兜吊，但板的两端应保证水平。

3 吊装楼层板时，严禁采用叠压式，并严禁在板上站人、放置小车等重物或工具。

5.4 墙板结构吊装

5.4.1 装配式大板结构吊装应符合下列规定：

1 吊装大板时，宜从中间开始向两端进行，并应按先横墙后纵墙，先内墙后外墙，最后隔断墙的顺序逐间封闭吊装。

2 吊装时应保证坐浆密实均匀。

3 当采用横吊梁或吊索时，起吊应垂直平稳，吊索与水平线的夹角不宜小于 60°。

4 大板宜随吊随校正。就位后偏差过大时，应将大板重新吊起就位。

5 外墙板应在焊接固定后方可脱钩，内墙和隔墙板可在临时固定可靠后脱钩。

6 校正完后，应立即焊接预埋筋，待同一层墙板吊装和校正完后，应随即浇筑墙板之间立缝作最后固定。

7 圈梁混凝土强度应达到 75% 及以上，方可吊装楼层板。

5.4.2 框架挂板吊装应符合下列规定：

1 挂板的运输和吊装不得用钢丝绳兜吊，并严禁用钢丝捆扎。

2 挂板吊装就位后，应与主体结构临时或永久固定后方可脱钩。

5.4.3 工业建筑墙板吊装应符合下列规定：

1 各种规格墙板均应具有出厂合格证。

2 吊装时应预埋吊环，立时应有预留孔。无吊环和预留孔时，吊索捆绑点距板端不应大于 1/5 板长。吊索与水平面夹角不应小于 60°。

3 就位和校正后应做可靠的临时固定或永久固定后方可脱钩。

6 钢结构吊装

6.1 一般规定

6.1.1 钢构件应按规定的吊装顺序配套供应，装卸时，装卸机械不得靠近基坑行走。

6.1.2 钢构件的堆放场地应平整，构件应放平、放稳，避免变形。

6.1.3 柱底灌浆应在柱校正完或底层第一节钢框架校正完，并紧固地脚螺栓后进行。

6.1.4 作业前应检查操作平台、脚手架和防风设施。

6.1.5 柱、梁安装完毕后，在未设置浇筑楼板用的压型钢板时，应在钢梁上铺设适量吊装和接头连接作业时用的带扶手的走道板。压型钢板应随铺随焊。

6.1.6 吊装程序应符合施工组织设计的规定。缆风绳或溜绳的设置应明确，对不规则构件的吊装，其吊点位置，捆绑、安装、校正和固定方法应明确。

6.2 钢结构厂房吊装

6.2.1 钢柱吊装应符合下列规定：

1 钢柱起吊至柱脚离地脚螺栓或杯口 300mm～400mm 后，应对准螺栓或杯口缓慢就位，经初校后，立即进行临时固定，然后方可脱钩。

2 柱校正后，应立即紧固地脚螺栓，将承重垫板点焊固定，并随即对柱脚进行永久固定。

6.2.2 吊车梁吊装应符合下列规定：

1 吊车梁吊装应在钢柱固定后、混凝土强度达到 75% 以上和柱间支撑安装完后进行。吊车梁的校正应在屋盖吊装完成并固定后方可进行。

2 吊车梁支承面下的空隙应采用楔形铁片塞紧，应确保支承紧贴面不小于 70%。

6.2.3 钢屋架吊装应符合下列规定：

1 应根据确定的绑扎点对钢屋架的吊装进行验算，不满足时应进行临时加固。

2 屋架吊装就位后，应在校正和可靠的临时固定后方可摘钩，并按设计要求进行永久固定。

6.2.4 天窗架宜采用预先与屋架拼装的方法进行一次吊装。

6.3 高层钢结构吊装

6.3.1 钢柱吊装应符合下列规定：

1 安装前，应在钢柱上将登高扶梯和操作挂篮或平台等固定好。

2 起吊时，柱根部不得着地拖拉。

3 吊装时，柱应垂直，严禁碰撞已安装好的构件。

4 就位时，应待临时固定可靠后方可脱钩。

6.3.2 钢梁吊装应符合下列规定：

1 吊装前应按规定装好扶手杆和扶手安全绳。

2 吊装应采用两点吊。水平桁架的吊点位置，应保证起吊后桁架水平，并应加设安全绳。

3 梁校正完毕，应及时进行临时固定。

6.3.3 剪力墙板吊装应符合下列规定：

1 当先吊装框架后吊装墙板时，临时搁置应采取可靠的支撑措施。

2 墙板与上部框架梁组合后吊装时，就位后应立即进行侧面和底部的连接。

6.3.4 框架的整体校正，应在主要流水区段吊装完成后进行。

6.4 轻型钢结构和门式刚架吊装

6.4.1 轻型钢结构的吊装应符合下列规定：

1 轻型钢结构的组装应在坚实平整的拼装台上进行。组装接头的连接板应平整。

2 屋盖系统吊装应按屋架→屋架垂直支撑→檩条、檩条拉杆→屋架间水平支撑→轻型屋面板的顺序进行。

3 吊装时，檩条的拉杆应预先张紧，屋架上弦水平支撑应在屋架与檩条安装完毕后拉紧。

4 屋盖系统构件安装完后，应对全部焊缝接头进行检查，对点焊和漏焊的进行补焊或修正后，方可安装轻型屋面板。

6.4.2 门式刚架吊装应符合下列规定：

1 轻型门式刚架可采用一点绑扎，但吊点应通过构件重心，中型和重型门式刚架应采用两点或三点绑扎。

2 门式刚架就位后的临时固定，除在基础杯口打入 8 个楔子楔紧外，悬臂端应采用工具式支撑架在两面支撑牢固。在支撑架顶与悬臂端底部之间，应采用千斤顶或对角楔垫实，并在门式刚架间作可靠的临时固定后方可脱钩。

3 支撑架应经过设计计算，且应便于移动并有足够的操作平台。

4 第一榀门式刚架应采用缆风或支撑作临时固定，以后各榀可用缆风、支撑或屋架校正器作临时固定。

5 已校正好的门式刚架应及时装好柱间永久支撑。当柱间支撑设计少于两道时，应另增设两道以上的临时柱间支撑，并应沿纵向均匀分布。

6 基础杯口二次灌浆的混凝土强度应达到 75% 及以上方可吊装屋面板。

7 网架吊装

7.1 一般规定

7.1.1 吊装作业应按施工组织设计的规定执行。

7.1.2 施工现场的钢管焊接工，应经过焊接球节点与钢管连接的全位置焊接工艺评定和焊工考试合格后，方可上岗。

7.1.3 吊装方法应根据网架受力和构造特点，在保证质量、安全、进度的要求下，结合当地施工技术条件综合确定。

7.1.4 吊装的吊点位置和数量的选择，应符合下列规定：

1 应与网架结构使用时的受力状况一致或经过验算杆件满足受力要求；

2 吊点处的最大反力应小于起重设备的负荷能力；

3 各起重设备的负荷宜接近。

7.1.5 吊装方法选定后，应分别对网架施工阶段吊点的反力、杆件内力和挠度、支承柱的稳定性和风荷载作用下网架的水平推力等项进行验算，必要时应采取加固措施。

7.1.6 验算荷载应包括吊装阶段结构自重和各种施工荷载。吊装阶段的动力系数应为：提升或顶升时，取 1.1；拔杆吊装时，取 1.2；履带式或汽车式起重机吊装时，取 1.3。

7.1.7 在施工前应进行试拼及试吊，确认无问题后方可正式吊装。

7.1.8 当网架采用在施工现场拼装时，小拼应先在专门的拼装架上进行。高空总拼应采用预拼装或其他保证精度措施，总拼的各个支承点应防止出现不均匀下沉。

7.2 高空散装法安装

7.2.1 当采用悬挑法施工时，应在拼成可承受自重的结构体系后，方可逐步扩展。

7.2.2 当搭设拼装支架时，支架上支撑点的位置应设在网架下弦的节点处。支架应验算其承载力和稳定性，必要时应试压，并应采取措施防止支柱下沉。

7.2.3 拼装应从建筑物一端以两个三角形同时进行，

两个三角形相交后，按人字形逐榀向前推进，最后在另一端正中闭合（图7.2.3）。

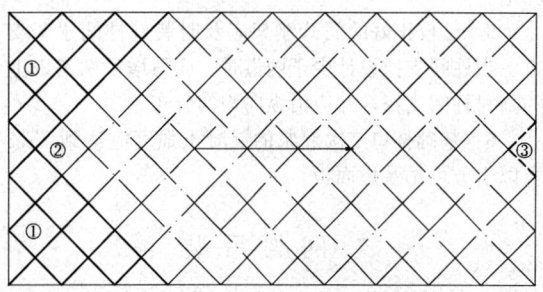

①～③——安装顺序
图7.2.3 网架的安装顺序

7.2.4 第一榀网架块体就位后，应在下弦中竖杆下方用方木上放千斤顶支顶，同时在上弦和相邻柱间应绑两根杉杆作临时固定。其他各块就位后应采用螺栓与已固定的网架块体固定，同时下弦应采用方木上放千斤顶顶住。

7.2.5 每榀网架块体应用经纬仪校正其轴线偏差；标高偏差应采用下弦节点处的千斤顶校正。

7.2.6 网架块体安装过程中，连接块体的高强度螺栓应随安装随紧固。

7.2.7 网架块体全部安装完毕并经全面质量检查合格后，方可拆除千斤顶和支杆。千斤顶应有组织地逐次下落，每次下落时，网架中央、中部和四周千斤顶的下降比例宜为2：1.5：1。

7.3 分条、分块安装

7.3.1 当网架分条或分块在高空连成整体时，其组成单元应具有足够刚度，并应能保证自身的几何不变性，否则应采取临时加固措施。

7.3.2 在条与条或块与块的合拢处，可采用临时螺栓等固定措施。

7.3.3 当设置独立的支撑点或拼装支架时，应符合本规范第7.2.2条的要求。

7.3.4 合拢时，应先采用千斤顶将网架单元顶到设计标高，方可连接。

7.3.5 网架单元应减少中间运输，运输时应采取措施防止变形。

7.4 高空滑移法安装

7.4.1 应利用已建结构作为高空拼装平台。当无建筑物可供利用时，应在滑移端设置宽度大于两个节间的拼装平台。滑移时应在两端滑轨外侧搭设走道。

7.4.2 当网架的平移跨度大于50m时，宜在跨中增设一条平移轨道。

7.4.3 网架平移用的轨道接头处应焊牢，轨道标高允许偏差应为10mm。网架上的导轮与导轨之间应预留10mm间隙。

7.4.4 网架两侧应采用相同的滑轮及滑轮组；两侧的卷扬机应选用同型号、同规格产品，并应采用同类型、同规格的钢丝绳，并在卷筒上预留同样的钢丝绳圈数。

7.4.5 网架滑移时，两侧应同步前进。当同步差达30mm时，应停机调整。

7.4.6 网架全部就位后，应采用千斤顶将网架支座抬起，抽去轨道后落下，并将网架支座与梁面预埋钢板焊接牢靠。

7.4.7 网架的滑移和拼装应进行下列验算：

    1 当跨度中间无支点时的杆件内力和跨中挠度值；

    2 当跨度中间有支点时的杆件内力、支点反力及挠度值。

7.5 整体吊装法

7.5.1 网架整体吊装可根据施工条件和要求，采用单根或多根拔杆起吊，也可采用一台或多台起重机起吊就位。

7.5.2 网架整体吊装时，应保证各吊点起升及下降的同步性。相邻两拔杆间或相邻两吊点组的合力点间的相对高差，不得大于其距离的1/400和100mm，亦可通过验算确定。

7.5.3 当采用多根拔杆或多台起重机吊装网架时，应将每根拔杆每台起重机额定负荷乘以0.75的折减系数。当采用四台起重机将吊点连通成两组或用三根拔杆吊装时，折减系数应取0.85。

7.5.4 网架拼装和就位时的任何部位离支承柱及柱上的牛腿等突出部位或拔杆的净距不得小于100mm。

7.5.5 由于网架错位需要，对个别杆件可暂不组装，但应取得设计单位的同意。

7.5.6 拔杆、缆风绳、索具、地锚、基础的选择及起重滑轮组的穿法等应进行验算，必要时应进行试验检验。

7.5.7 当采用多根拔杆吊装时，拔杆安装应垂直，缆风绳的初始拉力应为吊装时的60%，在拔杆起重平面内可采用单向铰接头。当采用单根拔杆吊装时，底座应采用球形万向接头。

7.5.8 拔杆在最不利荷载组合下，其支承基础对地基土的压力不得超过其允许承载力。

7.5.9 起吊时应根据现场实际情况设总指挥1人，分指挥数人，作业人员应听从指挥，操作步调应一致。应在网架上搭设脚手架通道锁扣摘扣。

7.5.10 网架吊装完毕，应经检查无误后方可摘钩，同时应立即进行焊接固定。

7.6 整体提升、顶升法安装

7.6.1 网架的整体提升法应符合下列规定：

1 应根据网架支座中心校正提升机安装位置。

2 网架支座设计标高相同时，各台提升装置吊挂横梁的顶面标高应一致；设计标高不同时，各台提升装置吊挂横梁的顶面标高差和各相应网架支座设计标高差应一致；其各点允许偏差应为5mm。

3 各台提升装置同顺序号吊杆的长度应一致，其允许偏差应为5mm。

4 提升设备应按其额定负荷能力乘以折减系数使用。穿心式液压千斤顶的折减系数取0.5；电动螺杆升板机的折减系数取0.7；其他设备应通过试验确定。

5 网架提升应同步。

6 整体提升法的下部支承柱应进行稳定性验算。

7.6.2 网架的整体顶升法应符合下列规定：

1 顶升用的支承柱或临时支架上的缀板间距应为千斤顶行程的整数倍，其标高允许偏差应为5mm，不满足时应采用钢板垫平。

2 千斤顶应按其额定负荷能力乘以折减系数使用。丝杆千斤顶的折减系数取0.6，液压千斤顶的折减系数取0.7。

3 顶升时各顶升点的允许升差为相邻两个顶升用的支承结构间距的1/1000，且不得大于30mm；若一个顶升用的支承结构上有两个或两个以上的千斤顶时，则取千斤顶间距的1/200，且不得大于10mm。

4 千斤顶或千斤顶的合力中心应与柱轴线对准。千斤顶本身应垂直。

5 顶升前和过程中，网架支座中心对柱基轴线的水平允许偏移为柱截面短边尺寸的1/50及柱高的1/500。

6 顶升用的支承柱或支承结构应进行稳定性验算。

附录 A 吊索拉力选用规定

表 A.1 吊索拉力简易计算值表

简　图	夹角 α	吊索拉力 F	水平压力 H
	30°	1.00G	0.87G
	35°	0.87G	0.71G
	40°	0.78G	0.60G
	45°	0.71G	0.50G
	50°	0.65G	0.42G
	55°	0.61G	0.35G
	60°	0.58G	0.29G
	65°	0.56G	0.24G
	70°	0.53G	0.18G
	75°	0.52G	0.13G
	80°	0.51G	0.09G

注：G——构件重力。

表 A.2 吊索选择对应值表

钢丝绳根数	1	2	4	2			4			8		
吊物重量 (kN)	吊索钢丝绳与重物的水平夹角											
	90°	90°	90°	60°	45°	30°	60°	45°	30°	60°	45°	30°
	吊索的钢丝绳直径 (mm)											
10	15.5	11	11	13	13	15.5	11	11	11	11	11	11
20	22	15.5	11	17.5	19.5	22	13	13	15.5	11	11	11
30	26	19.5	13	19.5	22	26	15.5	15.5	19.5	11	11	13
40	30.5	22	15.5	24	26	30.5	17.5	19.5	22	13	13	15.5
50	35	24	17.5	26	28.5	35	19.5	19.5	24	13	15.5	17.5

吊物重量 (kN)	吊索钢丝绳与重物的水平夹角									
	90°	60°	45°	30°	60°	45°	30°	60°	45°	30°
	吊索的钢丝绳直径（mm）									
60	37	26	19.5	28.5	30.5	37	19.5	22	26	15.5	15.5	19.5
70	43.5	28.5	19.5	30.5	35	43.5	22	24	28.5	15.5	17.5	19.5
80	43.5	30.5	22	32.5	37	43.5	24	26	30.5	17.5	17.5	22
90	47.5	32.5	24	35	39	47.5	24	28.5	32.5	17.5	19.5	24
100	47.5	35	24	37	43.5	47.5	26	28.5	35	19.5	22	24
150	60.5	43.5	30.5	39	52	60.5	32.5	35	43.5	24	26	30.5
200	—	47.5	35	47.5	56.5	—	37	43.5	47.5	26	28.5	35

附录 B　横吊梁的计算

B.0.1 滑轮横吊梁（图 B.0.1）的轮轴直径、吊环直径和截面的大小应依起重量大小，按卡环的计算原则进行计算。

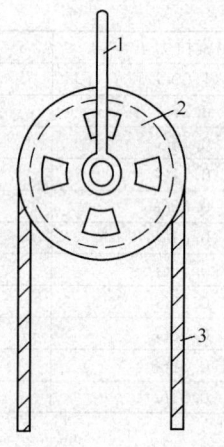

图 B.0.1　滑轮横吊梁

1—吊环；2—滑轮；3—吊索

B.0.2 钢板横吊梁（图 B.0.2）的计算应符合下列规定：

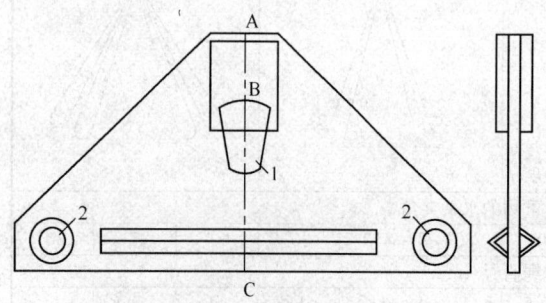

图 B.0.2　钢板横吊梁

1—挂钩孔；2—挂卡环孔

1 根据经验初步确定截面尺寸。

2 挂钩孔上边缘强度验算，计算荷载取构件自重设计值乘以 1.5 的动力系数，应按下式计算：

$$\sqrt{\sigma^2 + 3\tau^2} \leqslant [f] \qquad (B.0.2\text{-}1)$$

式中：σ——AC 截面受拉边缘的正应力（N/mm²）；

　　τ——AC 截面的剪应力（N/mm²）；

　　$[f]$——钢材抗拉强度设计值，Q235 钢取 140N/mm²。

3 对挂钩孔壁、卡环孔壁局部承压验算应按下式计算：

$$\sigma_{cc} = \frac{KG}{b\Sigma\delta} \leqslant [f] \qquad (B.0.2\text{-}2)$$

式中：σ_{cc}——孔壁计算承压应力（N/mm²）；

　　K——动力系数，取 1.5；

　　G——构件的自重设计值（kN）；

　　b——吊钩的计算厚度（mm）；

　　$\Sigma\delta$——孔壁钢板宽度的总和（mm）；

　　$[f]$——钢材抗拉强度设计值，Q235 钢取 194N/mm²。

B.0.3 钢管横吊梁的计算（图 B.0.3）应符合下列规定：

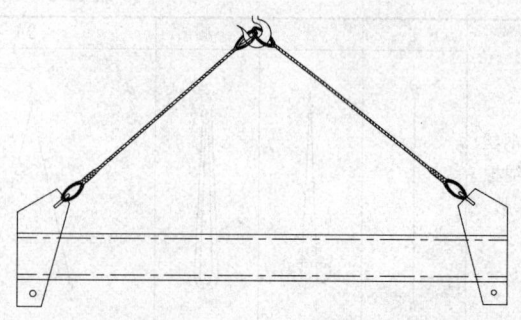

图 B.0.3　钢管横吊梁

1 计算钢管自重产生的轴力和弯矩，荷载应取构件自重设计值乘以 1.5 的动力系数。

2 应按 $[\lambda] = 120$ 初选钢管截面。

3 应按压弯构件进行稳定验算，Q235 钢取抗拉强度设计值 $[f] = 140$N/mm²。

附录 C 滑轮的容许荷载和滑轮组省力系数

C.0.1 滑轮的容许荷载应符合表 C.0.1 的规定。

表 C.0.1 滑轮容许荷载

滑轮直径(mm)	容许荷载 (kN)								钢丝绳直径 (mm)	
	单门	双门	三门	四门	五门	六门	七门	八门	适用	最大
70	5	10	—						5.7	7.7
85	10	20	30						7.7	11
115	20	30	50	80					11	14
135	30	50	80	100					12.5	15.5
165	50	80	100	160	200				15.5	18.5
185	—	100	160	200		320			17	20
210	80		200		320				20	23.5
245	100	160	—	320		500			23.5	25
280		200		500			800		26.5	28
320	160			500		800		1000	30.5	32.5
360	200				800	1000		1400	32.5	35

C.0.2 省力系数应符合表 C.0.2 的规定。

表 C.0.2 省力系数（α）

工作绳索数	滑轮个数(定动滑轮之和)	导向滑轮数						
		0	1	2	3	4	5	6
1	0	1.000	1.040	1.082	1.125	1.170	1.217	1.265
2	1	0.507	0.527	0.549	0.571	0.594	0.617	0.642
3	2	0.346	0.360	0.375	0.390	0.405	0.421	0.438
4	3	0.265	0.276	0.287	0.298	0.310	0.323	0.335
5	4	0.215	0.225	0.234	0.243	0.253	0.263	0.274
6	5	0.187	0.191	0.199	0.207	0.215	0.224	0.330
7	6	0.160	0.165	0.173	0.180	0.187	0.195	0.203
8	7	0.143	0.149	0.155	0.161	0.167	0.174	0.181
9	8	0.129	0.134	0.140	0.145	0.151	0.157	0.163
10	9	0.119	0.124	0.129	0.134	0.139	0.145	0.151
11	10	0.110	0.114	0.119	0.124	0.129	0.134	0.139
12	11	0.102	0.106	0.111	0.115	0.119	0.124	0.129
13	12	0.096	0.099	0.104	0.108	0.112	0.117	0.121
14	13	0.091	0.094	0.098	0.102	0.106	0.111	0.115
15	14	0.087	0.090	0.083	0.091	0.100	0.102	0.108
16	15	0.084	0.086	0.090	0.093	0.095	0.100	0.104

附录 D 地锚的构造参数及受力计算

D.1 立式地锚的构造参数

D.1.1 枕木单柱立式地锚的构造应符合下列规定：

1 枕木单柱立式地锚（图 D.1.1）的构造参数应符合表 D.1.1 的规定；

2 枕木应采用标准枕木，其尺寸为 160mm× 220mm×2500mm；

3 上下挡木应以截面长边贴靠地龙柱；

4 地龙柱截面长边应与作用荷载方向一致；

5 作用荷载宜与地龙柱垂直。

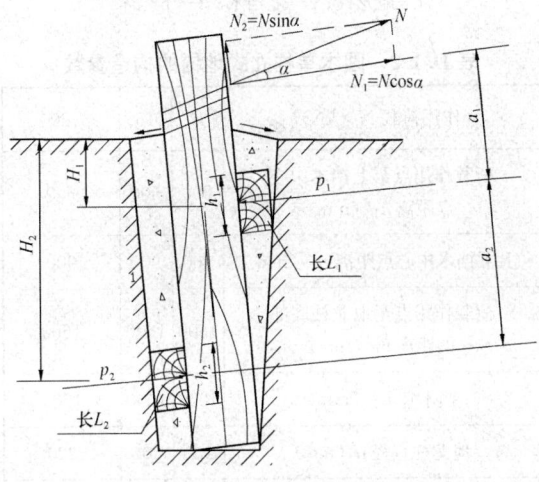

图 D.1.1 枕木单柱立式地锚构造图

表 D.1.1 枕木单柱立式地锚的构造参数

作用荷载 N (kN)	30	50	100
地龙柱根数	2	2	6
上挡木根数	2	3	5
下挡木根数	1	1	2
挡木长 L (mm)	1200	1400	1600
荷载作用点至上挡木中心点距离 a_1 (mm)	500	500	600
上下挡木中心点距离 a_2 (mm)	1200	1200	1200
土的承压力 (N/mm²)	0.2	0.2	0.23

D.1.2 圆木单柱立式地锚的构造应符合下列规定：

1 圆木单柱立式地锚（图 D.1.2）的构造参数应符合表 D.1.2 的规定；

2 上下挡木应等长；

3 挡木直径应与地龙柱直径相同。

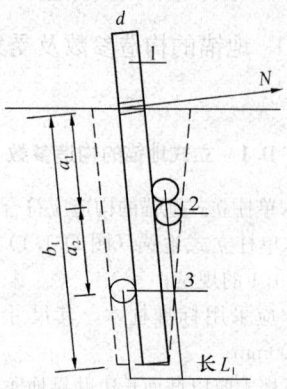

图 D.1.2　圆木单柱立式地锚构造图
1—地龙柱；2—上挡木；3—下挡木

表 D.1.2　圆木单柱立式地锚的构造参数

作用荷载 N（kN）	10	15	20
荷载作用点至上挡木中心点距离 a_1（mm）	500	500	500
上下挡木中心点距离 a_2（mm）	900	900	900
荷载作用点至地龙柱底部的距离 b_1（mm）	1600	1600	1600
挡木长 L_1（mm）	1000	1000	1200
地龙柱直径 d（mm）	180	200	220
土的承压力（N/mm²）	0.25	0.25	0.25

D.1.3 圆木双柱立式地锚的构造应符合下列规定：

1 圆木双柱立式地锚（图 D.1.3）的构造参数应符合表 D.1.3 的规定；

2 挡木直径应与地龙柱直径相同。

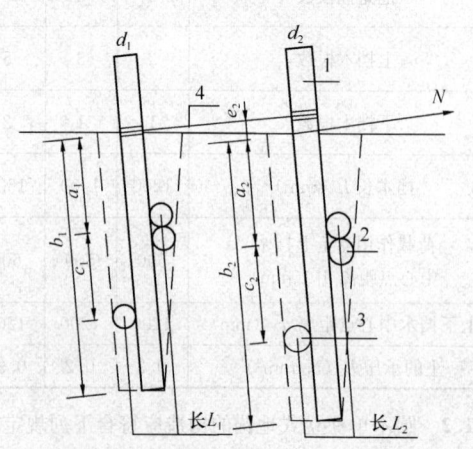

图 D.1.3　圆木双柱立式地锚构造图
1—地龙柱；2—上挡木；3—下挡木；4—绳索

表 D.1.3　圆木双柱立式地锚的构造参数

作用荷载 N (kN)	土层承压力 (N/mm²)	a_1	b_1	c_1	挡木长 L_1	地龙柱直径 d_1	a_2	b_2	c_2	e_2	挡木长 L_2	地龙柱直径 d_2
		(mm)										
30	0.25	500	1600	900	1000	180	500	1500	900	900	1000	220
40	0.25	500	1600	900	1000	200	500	1500	900	900	1000	250
50	0.25	500	1600	900	1200	220	500	1500	900	900	1000	260

D.1.4 圆木三柱立式地锚的构造应符合下列规定：

1 圆木三柱立式地锚（图 D.1.4）的构造参数应符合表 D.1.4 的规定；

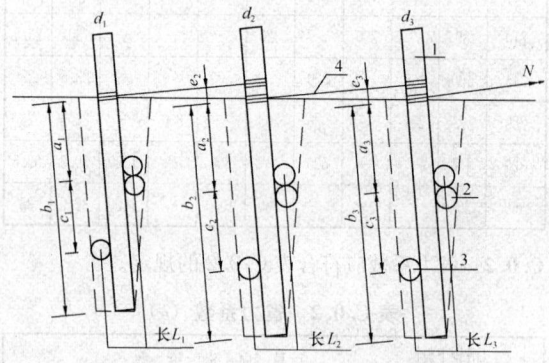

图 D.1.4　圆木三柱立式地锚构造图
1—地龙柱；2—上挡木；3—下挡木；4—绳索

2 挡木直径应与地龙柱直径相同。

表 D.1.4　圆木三柱立式地锚的构造参数

作用荷载 N (kN)	土层承压力 (N/mm²)	a_1	b_1	c_1	挡木长 L_1	地龙柱直径 d_1	a_2	b_2	c_2	e_2	挡木长 L_2	地龙柱直径 d_2	a_3	b_3	c_3	e_3	挡木长 L_3	地龙柱直径 d_3
		(mm)																
60	0.25	500	1600	900	1000	180	500	1500	900	900	1000	220	500	1500	900	900	1200	280
80	0.25	500	1600	900	1000	180	500	1500	900	900	1000	220	500	1500	900	900	1400	300
100	0.25	500	1600	900	1000	250	500	1500	900	900	1000	250	500	1500	900	900	1600	330

D.2　立式地锚的计算

D.2.1 地锚的抗拔应按下列公式计算：

$$KN_2 \leqslant \mu(P_1 + P_2) \quad (\text{D.2.1-1})$$

$$P_1 = \frac{N_1(a_1 + a_2)}{a_2} \quad (\text{D.2.1-2})$$

$$P_2 = \frac{N_1 a_1}{a_2} \quad (\text{D.2.1-3})$$

式中：P_1 ——上挡木处的水平反力（kN）；

$\quad\quad P_2$ ——下挡木处的水平反力（kN）；

$\quad\quad \mu$ ——地龙柱与挡木间的摩擦系数，取0.4；

$\quad\quad K$ ——地锚抗拔安全系数，取 $K \geqslant 2$；

$\quad\quad N_2$ ——地锚荷载 N 沿地锚轴向的分力（kN）；

$\quad\quad N_1$ ——地锚荷载 N 垂直地锚轴向的分力（kN）；

$\quad\quad a_1$ —— N_1 至 P_1 的轴向距离（mm）；

$\quad\quad a_2$ —— P_1 至 P_2 的轴向距离（mm）。

D.2.2 N_1 对土体产生的压力应按下式计算：

$$\frac{P_1}{h_1 L_1} \leqslant \eta f_{H1} \quad\quad (D.2.2\text{-}1)$$

$$\frac{P_2}{h_2 L_2} \leqslant \eta f_{H2} \quad\quad (D.2.2\text{-}2)$$

$$f_H = \left[\tan^2\left(45° + \frac{\psi}{2}\right) + \tan^2\left(45° - \frac{\psi}{2}\right) \right]\gamma H$$

$$(D.2.2\text{-}3)$$

式中：f_{H1}、f_{H2} ——深度 H_1、H_2 处土的承载力设计值；

$\quad\quad \gamma$ ——土的重力密度（kN/m³）；

$\quad\quad \psi$ ——土的内摩擦角，可采用45°计算；

$\quad\quad \eta$ ——土的承载力降低系数，取0.25～0.7；

$\quad\quad h_1$、h_2 ——为上、下挡木宽度（mm）；

$\quad\quad L_1$、L_2 ——为上、下挡木长度（mm）。

D.2.3 地锚强度应按下式计算：

$$\frac{N_2}{A_1} \pm \frac{N_1 a_1}{W_1} \leqslant f_t \quad\quad (D.2.3)$$

式中：A_1 ——地龙柱在 P_1 作用点处的横截面面积（mm²）；

$\quad\quad W_1$ ——地龙柱在 P_1 作用点处的截面抵抗矩（mm³）；

$\quad\quad f_t$ ——木材抗拉、抗弯强度设计值（N/mm²）。

D.3 桩式地锚的构造参数

D.3.1 单柱桩式地锚的构造参数应符合下列规定：

1 单柱桩式地锚（图D.3.1）的构造参数应符

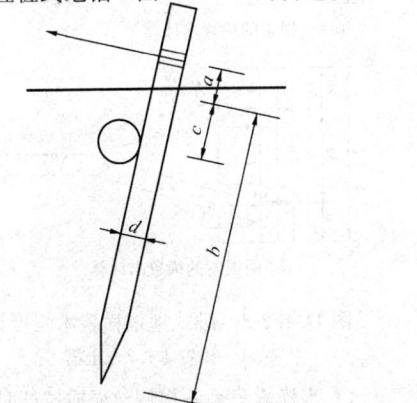

图 D.3.1 单柱桩式地锚构造图

合表D.3.1的规定；

2 挡木直径应与桩直径相同，挡木长不应小于1m。

表 D.3.1 单柱桩式地锚的构造参数

作用荷载（kN）	10	15	20	30
荷载作用点到地面受力点的轴向距离 a（mm）	300	300	300	300
地面受力点到桩尖的距离 b（mm）	1500	1200	1200	1200
地面受力点到挡木中心点的距离 c（mm）	400	400	400	400
桩直径 d（mm）	180	200	220	260
土层承压力（N/mm²）	0.15	0.2	0.23	0.31

D.3.2 双柱桩式地锚的构造应符合下列规定：

1 双柱桩式地锚（图D.3.2）的构造参数应符合表D.3.2的规定；

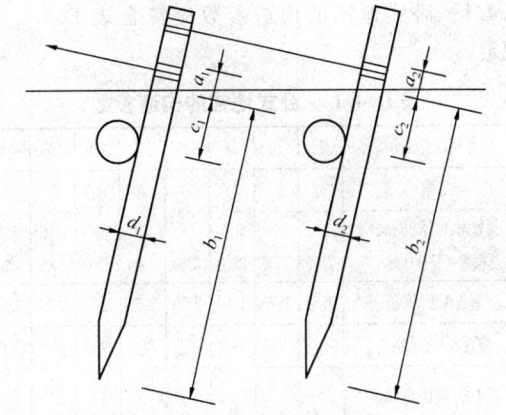

图 D.3.2 双柱桩式地锚构造图

2 挡木直径与桩直径相同，挡木长不应小于1m。

表 D.3.2 双柱桩式地锚的构造参数

作用荷载（kN）	土层承压力（N/mm²）	a_1	b_1	c_1	桩径 d_1	a_2	b_2	c_2	桩径 d_2
		（mm）							
30	0.15	300	1200	900	220	300	1200	400	200
40	0.2	300	1200	900	250	300	1200	400	220
50	0.28	300	1200	900	260	300	1200	400	240

D.3.3 三柱桩式地锚的构造应符合下列规定：

1 三柱桩式地锚（图D.3.3）的构造参数应符合表D.3.3的规定；

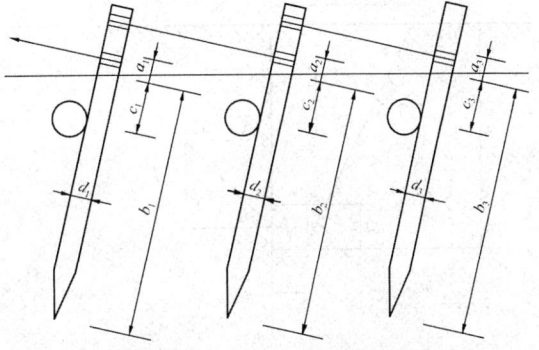

图 D.3.3 三柱桩式地锚构造图

2 挡木直径与桩直径相同，挡木长不应小于 1m。

表 D.3.3 三柱桩式地锚的构造参数

作用荷载 (kN)	土层承压力 (N/mm²)	a_1	b_1	c_1	桩径 d_1	a_2	b_2	c_2	桩径 d_2	a_3	b_3	c_3	桩径 d_3
		(mm)											
60	0.15	300	1200	900	280	300	1200	900	220	300	1200	400	200
80	0.2	300	1200	900	300	300	1200	900	250	300	1200	400	220
100	0.28	300	1200	900	330	300	1200	900	260	300	1200	400	240

D.3.4 桩式地锚的计算可参照立式地锚的计算。

D.4 卧式地锚的构造参数及计算

D.4.1 卧式地锚的构造参数应符合表 D.4.1 的规定。

表 D.4.1 卧式地锚的构造参数

作用荷载 (kN)	28	50	76	100	150	200	300	400
α 角	30°	30°	30°	30°	30°	30°	30°	30°
横置木(直径 240mm) 根数×长度(mm)	1× 2500	3× 2500	3× 3200	3× 3200	3× 3500	3× 3500	4× 4000	4× 4000
埋设深度 H(m)	1.70	1.70	1.80	2.20	2.50	2.75	2.75	3.50
横置木上的系绳点	一点	一点	一点	一点	两点	两点	两点	两点
挡木板(直径 200mm) 根数×长度(mm)					4× 2700	4× 2700	5× 4000	5× 4000
挡板立柱根数× 长度(mm)×直径(mm)					2× 1200× φ200	2× 1200× φ200	3× 1500× φ220	3× 1500× φ220
压板(密排直径 100mm 圆木) 长(mm)×宽(mm)			800× 3200	800× 3200	1400× 2700	1400× 3500	1500× 4000	1500× 4000

注：本表计算依据：夯填土重力密度为 16kN/m³，土的内摩擦角为 45°，木材的强度设计值为 11N/mm²。

D.4.2 卧式地锚的计算应符合下列规定：

1 竖向分力作用下抗拔（图 D.4.2-1）应按下列公式计算：

$$KN_2 \leqslant G + T \quad \text{(D.4.2-1)}$$

$$G = \frac{b + b_1}{2} hL\gamma \times 0.9 \quad \text{(D.4.2-2)}$$

$$T = \mu N_1 \quad \text{(D.4.2-3)}$$

式中：K——安全系数，一般取 $K \geqslant 3$；

N_2——地锚荷载 N 的垂直分力（kN）；

G——土体重力标准值（kN）；

L——横置木料长度（mm）；

γ——回填土石的重力密度（kN/m³）；

b——地坑上底尺寸（mm）；

b_1——地坑下底尺寸（mm）；

h——横木埋置深度（mm）；

T——摩擦阻力（kN）；

μ——摩擦系数，无木壁取 0.5，有木壁取 0.4；

N_1——地锚荷载 N 的水平分力（kN）。

2 水平分力作用下的土体承载力（图 D.4.2-1）应符合下列规定：

1） 在无木壁时的土体承载力应按下式计算：

$$\frac{N_1}{h_1 L} \leqslant \eta f_h \quad \text{(D.4.2-4)}$$

式中：f_h——深度 h 处土的承载力设计值（N/mm²）；

η——土的容许承载力降低系数，取 0.5 ~0.7；

h_1——横置木高度（mm）。

2） 在有木壁时的土体承载力应按下式计算：

$$\frac{N_1}{(h_1 + h')L} \leqslant \eta f_h \quad \text{(D.4.2-5)}$$

式中：h'——横置木顶至木壁顶的距离（mm）。

3 横置木的强度计算应符合下列规定（图 D.4.2-2）：

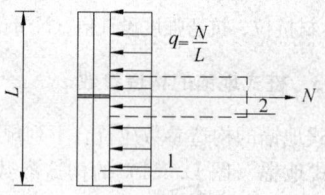

(a)一根索的横置木计算

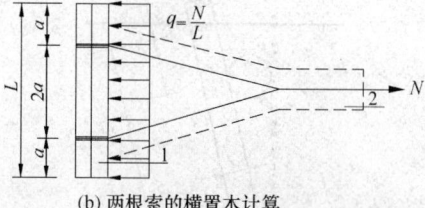

(b)两根索的横置木计算

图 D.4.2-2 卧式地锚横置木强度计算
1—横置木；2—土槽

1） 当横木只系一根钢丝绳或拉杆时：
若为圆形截面，应按单向受弯构件计算：

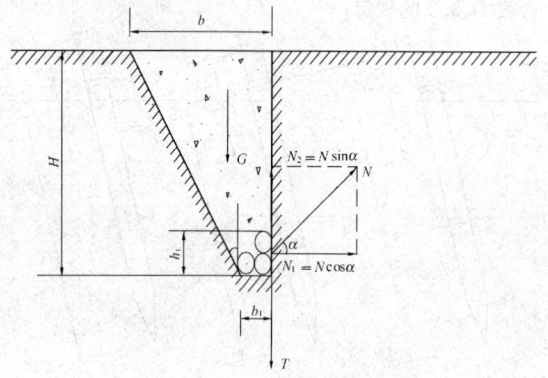

图 D.4.2-1 卧式地锚计算简图

$$\frac{M}{W} \leqslant f_{\mathrm{m}} \qquad \text{(D. 4. 2-6)}$$

$$M = NL/8 \qquad \text{(D. 4. 2-7)}$$

式中：f_{m} ——木材抗弯强度设计值（N/mm²）；

　　　M ——横木地锚荷载 N 引起的最大弯矩（N·m）；

　　　W ——中部圆形截面的抵抗矩（mm³）。

若为矩形截面，应按双向受弯构件计算：

$$\frac{M_{\mathrm{X}}}{W_{\mathrm{X}}} \pm \frac{M_{\mathrm{Y}}}{W_{\mathrm{Y}}} \leqslant f_{\mathrm{m}} \qquad \text{(D. 4. 2-8)}$$

$$M_{\mathrm{X}} = \frac{N_1 L}{8} \qquad \text{(D. 4. 2-9)}$$

$$M_{\mathrm{Y}} = \frac{N_2 L}{8} \qquad \text{(D. 4. 2-10)}$$

式中：M_{X}、M_{Y} ——横木水平和垂直分力 N_1 与 N_2 的弯矩（N·m）；

　　　W_{X}、W_{Y} ——横木水平和垂直方向横截面抵抗矩（mm³）。

　2）当横木系两根钢丝绳或拉杆时：

若为圆形截面，应按偏心单向受压构件计算：

$$\frac{N_0}{A} \pm \frac{Mf_{\mathrm{c}}}{Wf_{\mathrm{m}}} \leqslant f_{\mathrm{c}} \qquad \text{(D. 4. 2-11)}$$

$$M = \frac{Na^2}{2L} \qquad \text{(D. 4. 2-12)}$$

$$N_0 = \frac{N}{2}\tan\beta \qquad \text{(D. 4. 2-13)}$$

式中：N_0 ——横木的轴向压力（kN）；

　　　f_{c} ——木材抗压强度设计值（N/mm²）；

　　　β ——二绳索夹角的一半；

　　　A ——小头绑扎点处的圆截面的截面面积（mm²）；

　　　M ——横木地锚荷载 N 在绑扎点处引起的弯矩（N·m）；

　　　W ——小头绑扎点处的圆截面的截面抵抗矩（mm³）；

　　　a ——横木端部到绳索或拉杆绑扎处的距离（mm）。

若为矩形截面，应按偏心双向受压构件计算：

$$\frac{N_0}{A} \pm \frac{M_{\mathrm{X}}f_{\mathrm{c}}}{W_{\mathrm{X}}f_{\mathrm{m}}} \pm \frac{M_{\mathrm{Y}}f_{\mathrm{c}}}{W_{\mathrm{Y}}f_{\mathrm{m}}} \leqslant f_{\mathrm{c}} \qquad \text{(D. 4. 2-14)}$$

$$M_{\mathrm{X}} = \frac{N_1 a^2}{2L} \qquad \text{(D. 4. 2-15)}$$

$$M_{\mathrm{Y}} = \frac{N_2 a^2}{2L} \qquad \text{(D. 4. 2-16)}$$

式中：A ——矩形截面横截面面积（mm²）；

　　　M_{X}、M_{Y} ——横木地锚荷载 N 的水平和垂直分力 N_1 与 N_2 在绑扎点处所引起的弯矩（N·m）。

本规范用词说明

1 为便于在执行本规范条文时区别对待，对于要求严格程度不同的用词说明如下：

　1）表示很严格，非这样做不可的：

　　　正面词采用"必须"；反面词采用"严禁"。

　2）表示严格，在正常情况下均应这样做的：

　　　正面词采用"应"；反面词采用"不应"或"不得"。

　3）表示允许稍有选择，在条件许可时首先应这样做的：

　　　正面词采用"宜"；反面词采用"不宜"。

　4）表示有选择，在一定条件下可以这样做的，采用"可"。

2 条文中指明应按其他有关标准执行的写法为："应按……执行"或"应符合……的规定"。

引用标准名录

1 《塔式起重机安全规程》GB 5144

2 《起重机 钢丝绳保养、维护、安装、检验和报废》GB/T 5972

3 《钢丝绳用普通套环》GB/T 5974.1

4 《钢丝绳用重型套环》GB/T 5974.2

5 《绳索 有关物理和机械性能的测定》GB/T 8834

6 《重要用途钢丝绳》GB 8918

7 《聚酯复丝绳索》GB/T 11787

8 《钢丝绳吊索 插编索扣》GB/T 16271

9 《一般用途钢丝绳吊索特性和技术条件》GB/T 16762

10 《一般用途钢丝绳》GB/T 20118

11 《纤维绳索 通用要求》GB/T 21328

12 《建筑机械使用安全技术规程》JGJ 33

13 《施工现场临时用电安全技术规范》JGJ 46

14 《建筑施工高处作业安全技术规范》JGJ 80

15 《建筑施工塔式起重机安装、使用、拆卸安全技术规程》JGJ 196

中华人民共和国行业标准

建筑施工起重吊装工程安全技术规范

JGJ 276—2012

条 文 说 明

制 订 说 明

《建筑施工起重吊装工程安全技术规范》JGJ 276-2012，经住房和城乡建设部 2012 年 1 月 11 日以第 1242 号公告批准、发布。

本规范制订过程中，编制组进行了广泛的调查研究，总结了我国房屋建筑领域的起重吊装工程实践经验，同时参考了国外先进技术法规、技术标准。为便于广大设计、施工、科研、学校等单位有关人员在使用本规范时能正确理解和执行条文规定，《建筑施工起重吊装工程安全技术规范》编制组按章、节、条顺序编制了本规范的条文说明。但是，本条文说明不具备与规范正文同等的法律效力，仅供使用者作为理解和把握规范规定的参考。

目　次

1 总　　则

1.0.1　我国党和政府历来重视安全生产和劳动保护工作，明确指出要认真搞好安全生产并保障职工身体健康，以安全生产、劳动保护为指导方针。多年来的实践中，我国在安全生产、劳动保护方面的方针概括起来有以下三个方面：

1　安全与生产统一的方针。1949～1983 年是"生产必须安全，安全为了生产"，不能把生产与安全割裂开来，要把安全生产理解为辩证统一的关系。

2　"预防为主"的方针。1984～2004 年提出了"安全第一，预防为主"的方针，"预防为主"就是要在生产施工过程中，积极采取各种预防措施，把伤亡事故、职业病消灭在萌芽状态之中，做到防患于未然，并杜绝各种伤亡事故的发生。这就是开展安全生产工作的立足点。

3　2004 年以后，根据国家经济的发展状况，在原方针的基础上又提出了"安全第一，预防为主，综合治理"，也就是在发展生产的基础上，有计划地改善职工劳动条件，逐步实现变有害为无害，为职工创造一个安全、卫生的劳动条件。

1.0.3　本规范所列的各类结构吊装，除应遵守本规范中的规定外，还应遵守相关规范的专门规定。

未列入本规范专门章节的结构构件吊装，亦可参照已列的各类构件的吊装规定执行。

2　术语和符号

本章内容在条文中已经明确，此处不再重述。

3　基 本 规 定

3.0.1　通过调查，有一些工程在吊装作业进行前，并没有专项作业方案，仅凭经验进行施工，造成监督检查无据可依，也无法发现存在的安全隐患，甚至导致了安全事故的发生，给了我们血的教训。因此，在吊装作业前编制好吊装作业方案，使吊装作业从准备至吊装完毕的全过程都能做到有据可依、有章可循，不能仅凭经验施工；通过对方案的审查把关，能发现存在的安全隐患，及时予以纠正；在作业前要向全体作业人员进行全面交底，使每个人都知道自己的岗位、职责和应遵守的各项安全措施规定，未经技术负责人许可，不能自行更改，这样才能保证吊装作业的安全，所以，将本条列为强制性条文。

3.0.2　安全教育是提高职工安全生产知识的重要方法。当前建筑队伍中很多为新人，安全知识比较缺乏。因此，根据实际情况，除有针对性地组织职工学习一般的安全知识外，还应按特殊工种（起重工）统一进行专业的安全教育和技术训练（特殊工种专门教育），并统一组织考试。合格者发证，并准许上岗操作，杜绝无证上岗的违章操作现象发生。

3.0.3　要安全顺利地进行吊装，就需要有符合要求和规定的索具设备，不符合要求和规定的严禁使用。

3.0.4　安全带一般应高挂低用，即将安全带的绳端钩环挂在高的地方，而人在较低处工作。这样，万一发生坠落时，操作人员不仅不会摔到地面，而且还可避免由于重力加速度产生的冲击力对人体的伤害。

3.0.5　设置吊装禁区，禁止与吊装作业无关人员入内，是防止高处物体落下伤人。起重设备通行的道路上遇有坑穴和松软土时，应清理填实和作换土处理。对松软土也可加石重夯。总之，必须保证处理后的路基平整坚实，道路坡度平缓，以避免翻车发生重大事故，并且道路还应经常维修。

3.0.6　登高用的梯子、吊篮必须牢固。使用时，上端必须用绳索与已固定的构件绑牢，而且攀登或工作时，应注意检查绳子是否解脱，或被电焊、气割等飞溅的火焰烧断。如发现有这些现象，应及时更换绳子绑牢。在吊篮和工作台上工作思想要集中，防止踏上探头板而从高空坠落。吊移操作平台时，在平台上站人、放物后随时有可能滑下，从高处坠落伤人。

3.0.7　吊索、卡环、绳扣强调计算的目的，一是防止事故，二是建立起科学的态度。同时在选用卡环时，一般宜选用自动或半自动的卡环作为脱钩装置。在起吊作业中，钢丝绳是对安全起决定性作用的一环。因此，必须坚持在每班作业前，按本条要求一丝不苟地进行严格检查，不符合要求者应及时更换。

3.0.8　溜绳可控制屋架、梁、柱等起升时的摆动，构件摆动的角度越大，起重机相应增加的负荷也越大，所以应尽量控制构件的摆动，以避免超负荷起吊。拉好溜绳，是控制构件摆动的有效措施，同时也便于构件的就位和找正。

3.0.10　钢筋混凝土结构构件安装工程所使用的电焊条、钢楔（或木楔、垫铁、垫木等材料），要求必须按设计规定的规格和材质采用，同时还应符合国家相应的有关技术标准的规定，其目的是为了禁止采用不符合要求的材料，以避免发生重大事故。

3.0.11　起吊是结构吊装作业中的关键工艺，起吊的方法又决定于起重机械的性能、结构物的特点，所以在吊装大、重构件和采用新的吊装工艺时，更应特别重视，必须先进行试吊、否则，后果会很严重。

3.0.12　遇本条规定的恶劣天气时，为保证安全，应停止吊装作业。另外，在雨期或冬期里，构件上常因潮湿或积有冰雪而容易使操作人员滑倒。因此，必须采取措施防滑。

3.0.13　严禁斜拉或斜吊是因为将捆绑重物的吊索挂上吊钩后，吊钩滑车组不与地面垂直，就会造成超负荷及钢丝绳出槽，甚至造成拉断绳索和翻车事故；同时斜吊会使构件离开地面后发生快速摆动，可能会砸伤人或碰坏其他物体，被吊构件也可能会损坏。禁止起吊地下埋设件或粘结在地面上的构件，也是因为会产生超载或造成翻车事故。

3.0.14 施工用电大部分是 380V 以上的工业用电。有些高压电，其电压高达几千伏，甚至几万伏以上。如果在这种高压电附近工作，必须离开它一定的距离。即在线路下工作时要保持一定的垂直距离，在线路近旁工作时要保持一定的水平距离，以确保安全。

3.0.15 当柱子、屋架的重量较大，一台起重机吊不动时，则采用两台起重机抬吊，即双机抬吊法。选择同类型起重机是为了保证起升速度快慢一致，同时起吊的速度应尽量平稳缓慢，为做到上述要求，必须对两机统一指挥，使两机互相配合，动作协调。若两吊点间高差过大，则此时两机的实际荷载与理想的载荷分配不同，尤其是采用递送法吊装时，如副机只起递送作用，此时应考虑主机满载。根据两台起重机的类型和吊装构件的特点，应选择好绑扎位置和方法，并对两台起重机进行合理的载荷分配。

3.0.16 起重机在行走、回转、俯仰吊臂、起落吊钩等动作前，司机鸣声示意是为了提醒大家注意，共同协同工作，防止发生其他意外事故，同时一次只进行一个动作。这一方面是为了防止发生事故，另一方面是为了在动作前使操作人员有思想准备。

3.0.17 绑扎完毕，对构件应缓慢起吊，当提升离地一段距离后，应暂停提升，经检查构件、绑扎点、吊钩、吊索、起重机稳定、制动装置的可靠性等，确认无误后再继续提升。对已吊升的构件，应一次吊装就位，不得长久在半空中停置，若因某种原因不能就位，则应重新落地固定。超载吊装不仅会加速机械零件的磨损，缩短机械使用年限，而且也容易造成起重机发生恶性事故。因此，严禁超载吊装。对重量不明的重大构件和设备不能冒险吊装，防止出现意外事故。

3.0.18 在吊起的构件上站立和行走，由于不能拴安全带是很危险的。起重机不能吊运人员，一方面是因没有装人的设备，另一方面是因晃动和摆动太大，同时也无限位装置，容易发生意外。不准悬挂零星物件，是为了防止高处坠落伤人。限制人员的活动范围，是防止起重机失灵和旋转时人受到撞击等。忽快、忽慢和突然制动都会让起重机产生严重摆动和冲击荷载，很易使起重机失稳，所以动作要平稳。当回转未停稳前马上就反向动作，容易损伤臂杆和机器部件。

3.0.19 随着工程项目的大型化、复杂化，很多吊装作业的工期都相对比较长，不是当天或当班就能完成，这样就会出现吊装作业的暂停。当因天气、停电、下班等原因，作业出现暂停时，吊装作业未全部完成，安装的建筑结构尚未形成空间稳定体系，如不采取临时固定措施保证空间体系的稳定，很容易发生坍塌等严重的安全事故，所以，将本条列为强制性条文。

3.0.20 高处操作人员使用的工具、垫铁、焊条、螺栓等应放入随身佩带的工具袋内，不可随便向下或向上抛掷。

3.0.21 当吊装过程中有焊接作业时，火花下落，特别是切割时铁水下落很容易伤人，周围有易燃物时也容易引起火灾。因此，在作业部位下面周围 10m 范围内不得有人，并要有严格的防火措施。

3.0.22 因用已安装好的结构构件作受力点来进行搬运和吊装，以及堆放建筑材料、施工设备时，均应经过严格地科学计算才能决定，不得超过设计允许荷载，确保结构构件不会被压坏。凿洞开孔会对结构的受力性能造成损害。

3.0.23 在很多建筑结构中，有些构件在安装就位后，自身并不能保证在空间的稳定，需要依靠临时固定措施保证其稳定。即便是永久固定后，也只有在安装的构件或屋面系统能够保证自身稳定或整体稳定时，才能解除临时固定措施，否则容易造成构件失稳倾覆或空间体系的坍塌，导致发生严重的安全事故，所以，将本条列为强制性条文。

3.0.24 指挥信号必须准确，以免发生事故。所以，信号不明不得启动，需要语言沟通时，可用对讲机等通信工具进行，确保互相之间的语言能听清楚。

4 起重机械和索具设备

4.1 起重机械

4.1.1 内燃机的检查和启动应按要求进行，还应符合国家现行规范的有关规定。

4.1.2 在雨雪天作业，制动器受雨水或冰雪影响，容易失灵。因此，为防万一，作业前应先进行试吊，确认无问题后才能进行作业。

4.1.3 起重机的选择是起重吊装的重要问题，因为它关系到构件的吊装方法、起重机械的开行路线与停机位置、构件的平面布置等许多问题，应认真对待，满足要求。

4.1.4 自行式起重机的优点是灵活性大，移动方便，起重机本身是安装好的一个整体，一到现场，就可投入使用。但这类起重机的缺点是稳定性较差。

 1 起重机工作、行驶或停放时，应与沟渠、基坑保持最低的安全距离，不得停放于斜坡上，是为了防止发生翻车事故。

 2 起重机的四个支腿是保证起重机稳定性的

关键。

3 启动前将主离合器分离，并将各操纵杆放在空挡位置。启动后应检查各仪表指示值，待运转正常后合上主离合器进行空运转，并以低速运转 3min～5min，然后再逐渐增高转速。在低速运转时，机油压力、排气管排烟应正常，各系统管路应无泄漏现象，当温度和机油压力正常后，方可载荷作业。

4 起重机作业时的臂杆仰角，一般不超过 78°，臂杆的仰角过大，易造成起重机后倾或发生将构件拉斜的现象。

5 起重机吊重物时，不能猛起猛落吊杆或起重臂。因猛起吊杆或起重臂，容易造成所吊重物严重摆动，撞击吊杆，甚至使吊杆折断。若猛落吊杆，则在重力加速度的作用下，使冲击力加大，对起重机的底座有很大的冲击，也很易发生事故。如果中途突然刹车，起重机在重力加速度的作用下失去稳定，会造成臂杆折断。因此吊重物下降时，应用动力下降才能保证起重机的安全作业。这时，若变换挡位或同时进行两种动作，很易使各个部位和零配件损坏，使操纵失灵而发生事故。

6 起重机的稳定性，随起吊方向的不同而不同，起重能力也随之不同。在稳定性较好的方向起吊的额定荷载，当转到稳定性较差的方向上就会出现超载，有倾翻的可能。有的起重机对各个不同起吊方向的起重量，作了特殊的规定。因此，要认真按照起重机说明书的规定执行。另外，在满负荷时，下落吊杆就会造成严重超载，易使吊杆折断。这里还要强调一点，旋转不要过快，因吊重物回转时将会产生离心力，荷载将有飞出的趋势，并使幅度增加，起重能力下降，稳定性降低，倾覆的危险增大。

7 吊重超越驾驶室上的，万一起重机失灵，容易砸坏机身的前半部，造成车毁人亡的恶性事故。

8 当臂杆由几节采用液压伸缩时，应按规定伸缩，按顺序进行。当限制器发出警报时，应立即停止伸臂。伸缩式臂杆伸出后，当前节臂杆大于后节伸出的长度时，臂杆受力就不合理。因此，应在消除这不正常的情况后，方可作业。作业中臂杆不应小于规定的仰角，亦是为保证臂杆和车身的安全。同时在伸臂伸出时，应相应下降吊钩并保持动、定滑轮间的安全距离，避免将起重钢丝绳崩断或损坏其他机件。

9 此款要求是避免产生刹车不灵，或制动带断裂刹车失灵而发生严重事故。

10 根据调查分析，起重机的事故绝大多数都是由于超载、违章作业及安装不当引起的。因设计及制作质量低劣引起的事故仅占很小的比例。为此，国家规定起重机械必须设有安全保护装置，否则，不得出厂和使用。同时安全保护装置要完整、齐备和灵活，不准随意调整和拆除，也不准用限位器代替各操纵机构。

11 本款规定之所以要求这样做，是为了保证起重机自身停止作业时的稳定和安全，同时也是防止下班后伤及他人。

4.1.6 拔杆式起重机一般是在独脚拔杆的基础上改装的，可用圆木、钢管或用格构式桅杆制造。它是在独脚拔杆的下端装上一根可以俯伏和旋转的吊杆，拔杆的顶部与吊杆的头部之间由滑轮组钢丝绳的绕出绳穿过拔杆脚的导向轮引向卷扬机，开动卷扬机可以使吊杆上下变幅，也可以使吊杆回转。

拔杆式起重机是由拔杆、吊杆、起重滑轮组、卷扬机、缆风绳和地锚等几部分组成。木拔杆式起重机的起重量和起重高度较小；钢拔杆式起重机的起重量较大。一般的格构式起重机都制作成许多节，以便运输和按高度组装，它的起重量可达 200 多吨。木拔杆可由两根或三根圆木组合起来，捆在一起来加大截面面积。也可在拔杆的中部绑上钢管或型钢加固，以提高拔杆的强度和稳定性，增加承载力。捆绑拔杆时，可用钢丝绳或 8 号钢丝绑扎，空隙处用木楔塞紧。以上各种材质的拔杆式起重机均应经过设计计算，并在工地制作安装好后，通过了试验鉴定才可使用。

拔杆底座的作用，是把拔杆所承受的全部荷载传给地基。大型拔杆的支座为便于移动，在底座下设置滚筒，并用方木铺垫滑行道。底座下的地基必须平整坚实，以防在吊装中沉陷。

4.1.7 拔杆式起重机在吊装时将滚筒取掉，或用木楔垫实，并用 8 字吊索将拔杆锁住。

拔杆式起重机的缆风绳，是根据起重量、起重高度等因素来决定的，一般不少于 6 根，应按工作状态算出每根缆风绳的拉力，对于全回转的吊杆，每根缆风绳都有可能成为主要受力绳。因此，在选用钢丝绳和设置地锚时，要按最大拉力来选择和计算。

拔杆式起重机竖好后，使用前要试吊，将重物吊离地面 200mm，检查各部位和吊物的情况，经检查确认无问题后再起吊。

吊物要垂直，避免增加拔杆和缆风绳的受力。提升和下降要平稳，避免产生较大的冲击力，使拔杆和缆风绳超过其容许负荷而出事故。

吊装过程中拔杆式起重机的地锚十分重要，地锚要经过计算，埋设后还须经过试拉。使用前要经过详细检查才能正式使用。使用时要指定专人负责看守，如发现变形，要立即采取措施。在收紧、松动缆风绳时，必须小心谨慎，并用卷扬机或装有制动器的绞磨来控制，以保证吊装过程中的安全。

如突遇停电，要立即切断电源，并将吊物立即用制动刹车降至地面，以便保证构件和作业人员的安全。

移动时，在后缆风绳慢慢放松的同时，要收紧前缆风绳，使拔杆向移动方向前倾不超过 10°，移动时一定要保证拔杆不能后倾。

4.2 绳 索

4.2.1 白棕绳是由植物纤维搓成线，线绕成股，再将股拧成绳，全由机器加工，一般有三股、四股、九股三种。另外有浸油和不浸油之分。

1 浸油白棕绳不易腐烂，但质料变硬，不易弯曲，强度也比不浸油的绳低 10%～20%，所以在吊装中一般都用不浸油的白棕绳。但未浸油的白棕绳受潮后容易腐烂，因而使用年限较短。白棕绳的破断拉力只有同直径钢丝绳的10%左右，且易磨损或受潮腐烂，新绳和旧绳强度相差甚大，就是新绳强度也互有出入。因此，必须严格按出厂说明规定的破断拉力使用。

2 如必须用来作重要吊装作业时，可预先作超载25%的静载试验，以及超载 10%的动载试验，试验合格后方能使用。

3 和白棕绳配用的滑轮直径，要大于其直径的10倍，以免因受到较大的弯曲而降低强度。有结的白棕绳不应通过滑轮等狭窄的地方，以免绳子受到额外压力而降低强度。同时要定期改换穿绕方向，使绳的磨损均匀。

4 成卷白棕绳在拉开使用时，应先把绳卷平放在地上，将有绳头一面放在底下，从卷内拉出绳头。如从卷外拉出绳头，绳子就容易扭结。若需切断使用时，切断前应将切断口两侧扎紧，以防止切断后绳子松散。

5 使用中发生扭结应及时抖直的原因，是防止绳子受拉而折断。局部损伤应切去损伤部分，是为防止作业中受力容易拉断而发生事故。

6 绳子打结后，使用中强度要降低 50%以上，故应尽量用编接法接长。

7 为的是避免物件的尖锐边缘割伤绳索。

8 在地面上或有棱角的物件上拖拉绳子，易使绳子被损坏或因砂、石屑嵌入绳子内部，使其磨伤。

9 编接绳套时，应将绳端按绳股拆开约 15 倍绳直径的长度，按需要编接的绳套大小，将拆开的各股分别编入绳内即可。绳头编接，则是将两绳头各股松开 30 倍于原直径长度，然后将两个绳头各股交叉在一起，并互相顶紧将各绳股依次穿入不同的缝隙中拉紧。

10 白棕绳使用时，应按正文中容许拉力的规定使用。在工地上需要临时估算绳的破断拉力时，可采用下述经验公式：

$$F_z = d^2 K_1$$

式中：F_z——白棕绳的破断拉力（kN）；

d——白棕绳的直径；

K_1——白棕绳的破断强度系数，见表1。

表 1 白棕绳的破断强度系数

白棕绳直径（mm）	K_1（kN/mm²）
10 以下	0.046
10～20	0.038
21～30	0.031
31～50	0.023
51～60	0.019

注：使用浸油白棕绳 K_1 值降低 15%；使用旧白棕绳降低 30%；使用受潮白棕绳降低 40%。

11 白棕绳应堆放在干燥、不热、通风的库房内，或很松（指已用过）地卷好挂在木架上。在水中洗干净的，一定要晾干，以防霉烂。另外堆放时，应避免与有腐蚀性的化学药品接触，以免损坏白棕绳。

4.2.2 我国部分地区在小型吊装作业中采用了纤维绳索或聚酯复丝绳索，本条针对此类绳索引入了相关标准。

4.2.3 因国家已经颁布了钢丝绳的相关标准，本条明确了吊装作业中钢丝绳的使用、检验、破断拉力值和报废的标准，应符合相关标准的规定。

4.3 吊 索

4.3.1 吊索主要用于悬挂重物到起重机的吊钩上，也常用于固定绞磨、卷扬机、起重滑车，或拴绑其他物体。而吊索端部，经常连接着各种吊索附件。吊索根据不同的使用要求，可以用白棕绳、起重链条或钢丝绳等做成。起重工作中使用的吊索，一般是用钢丝绳做成。

钢丝绳吊索，一般要能弯曲、耐磨，故用 6×19 或 6×37 型钢丝绳较合适。计算钢丝绳吊索的直径，除决定于所吊重物的重量、吊索的根数和安全系数、吊索钢丝绳的类型等因素外，还与吊索和所吊重物间的水平夹角有关，一般以 45°～60°为宜。因此，应按构件的要求来选择角度，否则有可能导致构件的损坏。

4.3.2 常用的吊索附件有套环、吊钩和卡环等几种。吊索附件主要是指在吊索端部常与之连接的附件。吊索附件应该是结构简单，坚固耐用，使用安全，挂钩和脱钩方便，以保护吊索不被重物的棱角割伤。

1 套环一般用于固定在机械上的钢丝绳的 8 股头，为了防止钢丝绳受挤压而折断钢丝，编插时在 8 股头内嵌进一个套环。套环又分为白棕绳用（MT 型）和钢丝绳用（GT 型）两种。它的规格以号码表示，号码数即套环容许荷载的吨数。钢丝绳绕过套环后，虽避免了钢丝绳强度的过分降低，但由于套环直径较小，故钢丝绳的强度仍要降低一些，降低率应按本条规定采用。

2 吊钩有单钩和双钩两种，吊装工程一般用单钩，双钩多用在桥式和塔式起重机上。

吊钩一般都是用整块钢材锻造的（禁止采用铸造），锻成后要退火处理，以消除其残存的内应力，增加其韧性，要求硬度达到 95～135（HB）。对磨损或有裂缝的吊钩不得进行补焊修理。因为补焊后吊钩会变脆，致使受力后断裂而发生事故。

吊钩在钩挂吊索时，要将吊索挂至钩底；直接钩在构件吊环中时，不能使吊钩硬别歪扭，以免吊钩产生变形或被拉直而使吊环脱钩。

3 卡环（材料为 Q235 钢）用于吊索和吊索或吊索和构件吊环之间的连接。它由弯环与销子（又叫芯子）两部分组成。按弯环形式有直形卡环和马蹄形卡环之分；按销子和弯环的连接形式有螺栓式卡环和活络式卡环之分。螺栓式卡环的销子和弯环采用螺纹连接。活络式卡环的销子端头和弯环孔眼均无螺纹，可以直接抽出，它的销子截面有圆形和椭圆形两种。活络式卡环目前常用于吊装柱子，它的优点是在柱子就位并临时固定后，可在地面用事先系在销子尾部的白棕绳将销子拉出，解开吊索，避免了高处作业。但应特别注意，若吊索没有压紧活络销子，滑到边上去，形成弯环受力，销子很可能会自动掉下来，将是很危险的。

在现场施工中，如需迅速知道直形卡环和活络式卡环的允许荷载，可根据销子直径用下列近似公式估算：

允许荷载≈(35～40)d^2　（d 为卡环销子直径）单位：N

4.3.3 横吊梁常用于柱子和屋架等构件的吊装。用横吊梁吊柱子，容易使柱子保持垂直，便于安装；用横吊梁吊屋架，可以降低起吊高度，降低吊索拉力和吊索对构件的压力。横吊梁的种类很多，在吊装中可根据构件的特点和吊装方法，自行设计和制造。

4.4 起重吊装设备

4.4.1 滑轮是一种结构简单、携带方便的起重工具。由滑轮联合成的滑轮组，配合卷扬机、起重桅杆和其他起重机械，广泛应用于起重吊装作业中。

2 使用前应查明滑轮允许荷载后方准使用，并严格按照滑轮的额定起重量使用，不得超载。

3 滑轮组的穿绳方法是十分重要的，可分为顺穿法（普通穿法）和花穿法两种。顺穿法是将绳索从一侧滑轮开始，依顺序穿过定滑轮和动滑轮，跑头最后从另一侧滑轮中穿出。由于在工作时有滑轮阻力的影响，所以，绳索受力是不相同的。死头受力最小，绕过滑轮越多，受力就越大，跑头受力是最大的，这样滑轮架就有可能歪斜，工作也不平稳，故"三三"以上的滑轮组，最好采取花穿法。花穿法则是先按滑轮的顺序穿绕滑轮的半数后，就穿绕最后一个滑轮，然后返回中间，最后跑头从中间一个滑轮穿出。注意绳索穿绕后，应使后绕的半数滑轮的转动方向与先

穿绕的半数滑轮相反。穿绕好进行试用后，如有问题，应立即处理，不要勉强工作，以保证安全。

4 起吊重物与滑轮中心不在一条垂直线时，构件起吊后就不平稳；斜吊会造成超负荷及钢丝绳出槽，应避免。

5 本款要求的目的是为了工作时省力，减少磨损和防止锈蚀。

6 本款要求是为防止脱钩事故发生。

7 定滑轮和动滑轮保持一定的最小距离，是防止钢丝绳索互相摩擦或与滑轮缘摩擦。

8 本款要求是为防止受潮、污染、生锈，并可随拿随用。

9 在实际吊装作业中，由于钢丝绳有一定刚性，滑轮轴承也存在摩擦阻力。因此，滑轮组的跑头拉力与上述各因素有关，主要还是与轴承的类型有关。

4.4.2 卷扬机又名绞车，是一种主要的起重设备，可以独立使用，也可以和其他机构组合成较复杂的起重机械。一般在选择卷扬机时应考虑：牵引力的大小；钢丝绳牵引速度的快慢；卷扬筒的索容量，即所绕钢丝绳的总长度。

1 手动卷扬机多用在轻便的起重吊装工作中，或用在吊装作业中的辅助性工作。手动卷扬机的卷扬能力，一般为 5kN～30kN，机上如有两对变速传动齿轮时，可以根据起重量大小而变动提升速度。使用手动卷扬机时，摇把要对称安装。松下重物时要用摇把松，不能用钢丝绳松，并要防止摇把滑掉，发生安全事故。摇动手柄需要施加的力一般在 160N 以下。手摇卷扬机构造简单，一般可以自制。

电动卷扬机比手动卷扬机牵引力大，速度快，操作安全方便，广泛用于吊装作业。它的卷扬速度有快速和慢速之分，吊装中常用慢速，并使传动机构啮合正确，无杂音，要勤加油润滑。

2 安装时，卷扬机基座须固定平稳，因此，应设置相应的地锚来固定，并应搭设工作棚。

3 卷扬机在使用前，应按本款要求对各部分详细检查，注意棘轮装置和制动器是否完好，对于发现的问题，应采取措施予以处理后，才可使用。

4 卷扬机安装在吊装区域以外，主要是为了保证卷扬机操作人员和机器本身的安全。至于要求要能看清指挥人员的信号和大于安装高度，则是为了防止误操作和看清所安装的构件。操作人员的视线仰角一般控制在 30°内，使操作人员不至于仰头角度过大而产生疲劳。

5 导向滑轮若用开口拉板式滑轮，受力后易拉开而发生物毁人亡的重大事故，故严禁使用。导向轮至卷筒中心的距离不得小于本款的规定，否则，钢丝绳很难在卷筒上逐圈靠紧，且造成卷扬机受较大斜拉力而失稳，也使钢丝绳产生错叠、离缝和挤压。同时距离还应满足操作人员能看清指挥人员和拖动或起吊

的物件。

6 卷筒上的钢丝绳应排列整齐，如发现重叠或斜绕时应停机重新排列。钢丝绳应成水平状，从卷筒下面卷入，并与卷筒的轴线方向垂直，必要时可在卷扬机正前方设置导向滑轮，一般导向滑轮与卷筒保持不小于18m的距离，或使钢丝绳的最大偏离角不超过6°，这样才能够使钢丝绳排列整齐，不致互相错叠、挤压。

吊装构件时卷筒上的钢丝绳最少保留5圈，塔式起重机等规定是3圈，本款规定5圈是考虑此处所指的卷扬机并没固定在起重机上，使用的环境不同，5圈可以切实防止钢丝绳受力后从卷筒上滑出，并可以使钢丝绳在收紧过程中能排列整齐，保证钢丝绳不致受弯折、磨损而折断钢丝。

7 作业中不允许操作人员离开卷扬机，是为了防止刹车失灵和非操作人员操纵而发生事故。作业中不准跨越钢丝绳是防止被钢丝绳绊倒而发生事故。这条要求是为保证吊装作业和卷扬机操作人员安全的必要措施，应严格执行。

4.4.3 本条中所计算出的钢丝绳牵引力应大于滑轮跑头拉力，再通过导向滑轮，才能保证钢丝绳的安全。

4.4.4 捯链又叫链式滑车、手拉葫芦、神仙葫芦等，是一种简易、携带方便的手动起重设备。使用时只要1～2人就可操作，因而，常在建筑工地使用。

1 检查时，先检查吊钩、轮轴、轮盘，再把吊钩挂好，反拉牵引链条，将起重链条捯松逐一检查。

2 为慎重计，此条要求负重后，仍须再检查一次，证明自锁装置等无误后，才能继续作业。

3 本款要求是为防止跳链、掉槽、卡链等现象发生。

4 若一人能拉动，说明所吊物件不重，也不会超过额定起重量。两人或多人一齐猛拉牵引链条，这就说明所吊物件已超过额定起重量，若坚持继续作业就易发生事故。

5 捯链的转动部分应经常上油加强润滑，棘爪的刹车部分应经常检查，防止其失灵而发生重大事故。

6 本款要求目的是为了防止各部件不受损伤、生锈。同时做到随拿就能用。

4.4.5 手扳葫芦又叫钢丝绳手扳滑车。它由挂钩、自锁夹钳装置、手柄、钢丝绳和吊钩等组成。当扳动手柄时，它的两对自锁夹钳便像两只钢爪一样交替夹紧钢丝绳，并沿钢丝绳爬行，从而达到牵引的目的。它的体积小，重量轻（自重一般为90N～160N），使用方便，可在水平、垂直、倾斜状态下工作。

1 一般在结构吊装中做辅助工作用。

2 在使用前和使用时，或使用过程中，都应按本款要求进行严格检查，消灭不安全因素。

3 作吊篮用，在每根钢丝绳处另绑一根保险绳，是在手扳葫芦失灵时保证工作人员不致发生危险。

4.4.6 在建筑工程中，千斤顶的应用范围很广，它既可以校正构件的安装偏差和矫正构件的变形，又可以顶升和提升大跨度屋盖等。

1 此款是千斤顶正常运行所必备的条件，事前应严格按此款要求进行。

2 选择千斤顶时，应严格按照构件的起重量、起重高度和临时支垫的材料种类，按本款要求进行具体的选择。

3 铺设垫板是为扩大地基土的承压面积，增大承压能力，防止千斤顶下陷或歪斜；顶部设硬垫板是防止千斤顶在顶升过程中产生滑动而发生危险。

4 重物设顶处应是坚实部位，是为了防止顶坏重物；荷载与千斤顶轴线一致，是为了防止地基偏沉或荷载偏移而发生千斤顶偏斜的危险。

5 操作时，应将重物稍微顶起停住，按本款要求进行检查，如发现不良情况，必须进行处理，未处理前不得继续顶升。

6 本款要求是防止螺杆和活塞全部升起，损坏千斤顶而造成事故，并且随意加长手柄或强力硬压也会损坏千斤顶。

7 本款要求是为了防止千斤顶突然回油或倾倒而造成重大事故。

4.5 地　　锚

4.5.1～4.5.3 地锚又叫地龙或锚锭，它是固定缆风、导向滑轮、绞磨、卷扬机或溜绳等用的，并将力传给地基。在土法吊装中，地锚十分重要，地锚不牢将会发生重大的安全事故，故应予以足够的重视。重要的地锚正式使用前，应进行试拉，以确保安全。

1 立式地锚也叫立龙或站龙，是一种较简单的临时性地锚，是将枕木（方木）或圆木斜放在地坑中，在其下部后侧和中部前侧横放下挡木和上挡木，上下挡木紧贴土壁，将地龙柱卡住，上下挡木可使用枕木（方木）或圆木。

由枕木做成的立式地锚，若地龙柱和上下挡木均用两根枕木时，承受拉力可达30kN；若均用四根枕木时，承受拉力可达80kN。

2 桩式地锚通常采用长度1.5m～2.0m的松木或杉木略向后倾斜打入土中，还可在其前方距地面0.4m～0.9m深处紧贴桩木埋置长1m左右的挡木一根来提高锚固力，适合在有地面水或地下水位较高的地方采用。一般木桩埋入土中的深度，是根据作用力的大小而定的，但不小于1.5m；打桩时应使木桩与所固定的缆风绳相互垂直。

3 卧式地锚是将一根或几根圆木（废型钢也可），用钢丝绳捆绑在一起，横放在挖好的地锚坑内的底部，钢丝绳的一端从坑底前端的地坑中引出，绳与地面的坡度，应与缆风绳和地面的夹角一致，然后用土石回填夯实。卧式地锚可承受较大的拉力，一般应根据受力大小由计算确定，适合永久性地锚或在大型吊装作业中的地锚采用。

4.5.4 对本条各款说明如下：

1 地锚在吊装作业中十分重要，地锚损坏或有过大变形，都可能引起重大安全事故，故在埋设和使用时应特别重视，对材料的使用作出规定。

2 生根钢丝绳和锚栓的受力状态很复杂，往往被拉成极度弯曲的形状，因此，生根钢丝绳的绳环，无论是编接的还是卡接的，都应牢固可靠，不得有滑出或拉断的危险。

3 应做到生根钢丝绳与地锚的受力方向一致，这样，生根钢丝绳的受力才不致复杂化。

4 重要的地锚和埋设情况不明的地锚，一定要试拉，否则严禁使用，以防止出现不必要的重大事故。

5 使用前指定专人检查、看守，以防止万一发生变形而引起事故。

5 混凝土结构吊装

5.1 一般规定

5.1.1 构件运输既要合理组织，提高运输效率，又要保证构件不损坏、不变形、不倾倒，确保质量和安全。构件运输时的混凝土强度，一定要符合设计规定，如设计无要求应遵守《混凝土结构工程施工质量验收规范》GB 50204 的规定。否则，运输中振动较大，构件容易损坏。构件的垫点和卸装车时的吊点，不论上车运输或卸车堆放都应按设计要求进行。"r"形等形状的构件都属特型构件。叠放在车上或堆放在现场上的构件，构件之间的垫木应在同一条垂直线，且厚度相等。经核算需加固的必须加固。对于重心较高、支承面较窄的构件，应采用支架固定，严防在运输途中倾倒。大型构件因其不易调头，必须根据其安装方向确定装车方向，支承处需设转向装置的目的，是防止构件侧向扭转折断，并避免构件在运输时滑动、变形或互碰损坏。

5.1.2 为了给吊装作业创造有利条件，必须做到合理堆放，为此，应做到：

1 堆放构件的场地除需平整和压实外，还应排水良好，严防因地面下沉而使构件倾倒。

2 构件应严格按平面布置图堆放，并满足吊装方法和吊装方向的要求，同时还应按类型和吊装顺序做到配套堆放，目的是避免二次倒运。

3 垫点应接近设计支承位置，异形平面垫点应由计算确定，等截面构件垫点位置亦可设在离端部

0.207L（L 为构件长）处。柱子则应避免柱裂缝，一般易将垫点设在距牛腿 300mm～400mm 处。同时构件应堆放平稳，底部垫点处应设垫木，应避免搁空而引起翘棱。

4 对侧向刚度差、重心较高、支承面较窄的构件，如屋架、薄腹梁等，在直立堆放时，应设防倒撑木，或将几个构件用方木以铁丝连在一起，但相邻屋架的净距，要考虑捆绑绳索、安装支承连接件及张拉预应力筋等操作方便，一般可为 600mm。

5 成垛堆放的构件，各层垫木的位置应靠紧吊环的外侧，构件堆放应有一定的挂钩绑扎操作净距。相邻构件的净距一般不小于 2m。

6 插放的墙板，应用木楔子使墙板和架子固定牢靠，不得晃动。靠放的墙板应有一定的倾斜度（一般为 1:8），两侧的倾斜度应相等，堆放块数亦要相近，相差不应超过三块（包括结构吊装过程中形成的差数）。每侧靠放的块数视靠放架的结构而定。楼、屋面板重叠平放的构件，垫木应垫在吊点位置且与主筋方向垂直。

5.1.3 目前在现场预制的钢筋混凝土构件，一般都使用砖模或土模平卧（大面朝上）生产，为了便于清理和构件在起吊中不断裂，应先用起重机将构件翻转 90°，使小面朝上，并移到吊装的位置堆放。

1 柱本身翻身必须选择好吊点，应使其在翻身过程中能承受自身重量产生的正负弯矩，保证翻身时不裂缝。对已翻身或移至吊装位置搁置的柱子，应按设计要求布置支承点，无要求时，则按本款要求布置。

2 屋架都是平卧生产，运输或吊装均必须先翻身，由于屋架的平面刚度较差，翻转过程中往往容易损坏，故操作应注意：

1）如验算抗裂度不够时，可在屋架下弦中节点处设置垫点，使屋架在翻转过程中，下弦中部始终着实，以防悬空挠度过大而产生裂纹。屋架立直后，下弦的两端宜着实，而中部则应悬空，这样才符合设计要求而不会发生裂缝。但当屋架高度超过 1.7m 时，应按本款加固。

2）屋架一般是重叠生产，翻身时应在屋架两端用方木搭井字架（井字架的高度与下一榀屋架平面一样高），以便屋架由平卧翻转立直后搁置其上，以防止屋架在翻转中由高处滑落地面而损坏。

3）先将起重机吊钩基本上对准屋架平面中心，然后起升吊杆使屋架脱模，并松开转向滑车，让车身自由转动，接着起钩，同时配合起落吊杆，争取一次将屋架扶直，做不到一次扶直时，应将屋架转到与地面成 70°后再刹车。因为起重机的每一次刹车和启

动，都对屋架产生一个比较大的冲击力，可能会使屋架产生裂纹。在屋架接近立直时，应调整吊钩，使其对准屋架下弦中点，以防屋架吊起后摆动太大。

5.1.4 构件跨度大于30m时，如采用整体预制，不但运输不方便，而且翻身时（扶直）也容易损坏，故常分成几个块体预制，然后将块体运到现场组合成一个整体。这种组合工作叫做构件拼装。

1 平拼，即将块体平卧于操作台上或地面上进行拼装，拼装完毕后再吊。立拼，即将块体立着拼装，并直接在施工平面布置图中指定的位置上拼装。平拼不需要稳定措施，焊接大部分是平焊，拼装简便。立拼则需要稳定措施，尤其是高处立拼，必须搭设高质量的拼装架和工作台。所以在一般的情况下，小型构件用平拼，大型构件用立拼。立拼的程序一般为：做好各块体的支垫→竖立三脚架→块体就位→检查→焊接上、下弦拼接钢板。其中三脚架是稳定块体用的，必须牢固可靠。三脚架中的立柱可在屋架块体就位前埋入土中1m以上，梢径不宜小于100mm，其位置应与构件上拼装节点、安装支撑连接件的预留孔眼或预埋件等错开。

2 "安全挡木"是为了防止组合屋架块体在校正中倾倒。

5.1.5 绑扎就是使用吊装索具、吊具绑扎构件，并做好吊升准备的操作。

1 绑扎构件一般采用钢丝绳吊索及配合使用的其他专用吊具。随着新型结构的不断推广，为了保证安全、迅速地吊起构件，并使摘钩工作简易，绑扎方法也不断进步。

2 绑扎吊升过程中，应使构件成垂直状态（如预制柱），并应做到以下几点：

1）绑扎点应稍高于构件重心，使起吊时构件不致翻转；有牛腿的柱应绑在牛腿以下；工字形断面应绑在矩形断面处，否则应用方木加固翼缘；双肢柱应绑在平腹杆上。

2）当柱平放起吊的抗弯强度满足要求时，可以采用斜吊绑扎法，由于吊起后成倾斜状态，吊索歪在柱的一边，起重钩可低于柱顶，因此，起重杆可以短些。当柱子平放起吊的抗弯强度不足，需将柱由平放转为侧立然后起吊时，可采用正吊（又称直吊）绑扎法，采用这种方法绑扎后，横吊梁必须超过柱顶，起吊后柱呈直立状态，所以需要较长的起重杆。

3）为保证天窗架不改变原设计受力情况，宜采用四点绑扎。

3 绑扎吊升过程中成水平状态的构件，如各种梁、板等应做到：

1）尽量利用构件上预埋的吊环和预留的吊孔，

没有吊环和吊孔时，若设计图纸指定了绑扎点，应按照设计图纸规定绑扎起吊；若未指定绑扎点，应按本点要求绑扎。

2）为便于安装，应使梁、板在起吊后能基本保持水平，因此，其绑扎点应对称地设在构件两端，两根吊索要等长，吊钩应对准构件的中心。

3）屋架绑扎宜在节点上或靠近节点，其原因是避免上弦杆遭到破坏，具体绑扎方法应根据屋架的跨度、安装高度及起重机的臂杆长度确定。

4 吊点绑扎，必须做到安全可靠，便于脱钩。

5.1.6 此条要求是避免吊装时，构件上的杂物落下伤人。

5.1.7 此条要求是为了避免施工人员掉入孔洞或其他物体掉入伤人。

5.1.8 单层厂房吊装前应编制施工组织设计或作业设计（包括选择吊装机械、确定吊装程序、方法、进度、构件制作、堆放平面布置、构件的运输方法、劳动组织、构件和物资供应计划、质量标准、安全措施等），在吊装中应遵守这些施工组织设计。但对单层多跨厂房宜先主跨后辅跨；先高跨后低跨；先吊地下设施量大、施工期长的跨间，后吊地下设施量小或无地下设施、施工期短的跨间。多层厂房则应先吊中间，后吊两侧，再吊角部。对称进行的目的是为了防止柱梁产生偏心受压或受扭现象。

5.1.9 吊装前应对周围环境进行详细检查，尤其是起重机吊杆及尾部回转范围内的障碍物应拆除或采取妥善安全措施保护。

5.2 单层工业厂房结构吊装

5.2.1 钢筋混凝土柱子种类很多，轻重悬殊，因而绑扎方式和起重机的选择均差别较大。同时起吊前技术准备条件多，如杯口、柱身弹线、标高找平等，这些都需要认真做好准备。不仅如此，吊装中还应注意以下一些问题：

1 柱子的绑扎、吊装顺序、吊装方法、临时固定、校正方法等一定要符合施工组织设计规定。

2 柱子的临时固定，当柱高为10m以下时，可用木楔、钢楔或混凝土楔固定柱子根部；当柱高大于10m时，可用钢楔、千斤顶固定，也可用缆风绳或斜撑配合固定。用于临时固定的楔子，宜露出杯口100mm～150mm，以便柱子校正时调整。

3 柱子经临时固定后，必须经过平面位置（就位时校正）和垂直度的校正方可作最后固定。垂直度校正在柱子的两个相互垂直的平面内同时进行，设两台经纬仪同时观测。就位位置如仍与设计位置有较大的偏差，应边吊边校，即应将柱再次吊起，重新对线就位。不得在牛腿上拖拉梁，也不得使用撬杠沿纵向撬动梁。

4 对校正完毕的柱子经有关部门检查合格后，应及时进行最后固定。即在柱子杯口内浇筑强度高一级的细石混凝土。浇筑混凝土前应清除杯口内的杂物和积水。

采用缆绳或斜撑校正的柱子，必须在第二次浇筑的混凝土达到设计强度的 75% 后，方可拆除缆绳或斜撑。

5.2.2 钢筋混凝土吊车梁一般有"T"形截面、鱼腹式和组合式形式，为安全吊装，应注意以下事项：

1 吊车梁的安装为了稳定的需要，应在柱永久固定并达到强度要求、柱间永久支撑安装完毕后进行。吊索收紧后与梁的水平夹角不得小于 45°，是为保证梁的侧向稳定的需要。

2 重型吊车梁可待屋盖系统安装完毕后统一校正，检查梁纵轴线是否一致，两列吊车梁之间的跨距是否符合设计要求，梁的尺寸窄而高时，应采用支撑或用 8 号钢丝将梁捆于柱子上。

3 一般钢筋混凝土梁就位后校正完用垫铁垫平即可，不用采取特殊的临时固定措施。但当梁的高度与宽度之比大于 4 时，可用 8 号钢丝将梁捆于柱上，以防脱钩后倾倒。

4 吊车梁的校正工作，可在屋盖吊装前进行，也可在屋盖吊装后进行。但梁的垂直度和平面位置的校正，应同时进行，在校正完毕后，应立即将梁与柱上的预埋件进行焊接，并在接头处支模，浇灌细石混凝土。

5.2.3 屋架吊装前应将纵横轴线用经纬仪投于柱顶，并于柱顶弹屋架安装线。另外应在屋架上弦自中央向两边分别弹出天窗架、屋面板的安装位置线并在屋架下弦两端弹出安装用的纵横轴线，且在吊装时应注意下列事项：

1 将屋架提升至柱顶以上 300mm 处时，再缓慢降落，同时进行对线校正和垂直度校正。屋架平面位置的校正主要是对线。一次没有对好，需要进行第二次对线时，应将屋架提升起来，再慢慢落下，边落边对线。屋架的临时固定完成后，应及时用电焊与柱头焊接。当焊完全部焊缝 2/3 以上长度时，方可脱钩。

2 第一榀屋架的临时固定必须十分可靠。一般是在屋架或天窗架的上弦两侧各设两根钢丝缆风绳（当跨度超过 18m 时，应相应增加缆风绳的数量），有山墙抗风柱的厂房，亦可将屋架固定在抗风柱上。

第二榀屋架的校正和临时固定是以第一榀屋架为支承点，用屋架校正器（或其他自制的专用工具）进行，其余各榀屋架的校正调整和临时固定与第二榀屋架方法相同。

5.2.4 当该榀屋架的屋面板安装完后，这时屋架和屋面板已形成了空间体系，且刚度大，再安装天窗架时，屋架不会受什么影响，同时固定和操作过程也很安全。

5.2.5 用电焊作最后固定时，应避免同时在屋架两端的同一侧施焊，以免因焊缝收缩使屋架倾斜。另应待施焊完 2/3 焊缝长，即最后固定已得到基本的可靠保证时，才能摘钩。

5.2.6 两榀屋架吊装完毕后，即应从两端对称地向跨中吊装屋面板，否则易造成屋架受力的改变而发生严重的事故。另外在屋架或天窗架上吊装每一块屋面板时，宜对准安装线一次就位好，位置需要调整时，应将屋面板微微吊起，再次对线就位，不宜在板的纵向撬动，同时屋面板端在屋架或天窗架上的支承长度应符合设计要求，板的四角应用垫铁垫实，就位后应及时校正施焊，每块板的焊接角点不应少于 3 个。

5.2.7 吊装时，先将托架吊离地面 500mm，使其对中，吊至柱顶以上，拉溜绳旋转托架，用人力扶正就位，随即进行校正，使其支承平整、两端长度相当、垂直度正确，如有偏差，在支承处垫铁片和砂浆调整。校正时避免用撬杠撬动，以防柱子偏移，校正好后卸钩。最后按柱列支接头模板，浇灌接头混凝土固定。

5.2.8 因垂直支撑是保证屋架稳定的，水平支撑是抗纵向水平力的，所以应先安装垂直支撑，后安水平支撑。先安中部后安两端的原因，是因中部的刚度和稳定性差。这样做才能保证屋盖体系的整体稳定。

5.3 多层框架结构吊装

5.3.1 多层装配式结构中的柱子有普通单根柱（截面矩形或正方形）和"T"形、"+"形、"r"形、"H"形等异形柱子，同时根据柱子接头的形式不同，柱的吊装应注意下列事项：

1 为使下节柱的垂直度不会在吊装上节柱时发生较大变化，一般都应在吊装上节柱前将下节柱上的连系梁和柱间支撑安装好，并焊接完毕。且底层柱应在杯口二次灌浆和非底层柱接头的细石混凝土强度达到设计强度的 75% 以上后，方准吊装上节柱。

2 多机抬吊多层"H"形框架柱时，为使捆绑吊索不产生水平分力，递送作业的起重机应使用横吊梁，以防止吊索的水平分力使框架柱产生裂缝。采用多机抬吊时，在操作上还应注意下列几点：

1） 各起重机都应将回转刹车打开，以便在吊钩滑轮组发生倾斜时，可自动调整一部分。

2） 指挥人员应随时观察两机的起钩速度是否一致，当柱截面发生倾斜时，即说明两机起升速度有快慢，此时两机的实际负荷与理想的分配数值不同，应指挥升钩快者暂停，进行调整。

3） 副机司机应注意使副机的起钩速度与主机的起钩速度保持一致。

3 重量较轻的上节柱，可采用方木和钢管支撑进行临时固定和校正。

4 对上节为重型或较高的柱，应在纵横向加带正反扣螺母能调整长短的管式水平支撑或用缆风绳进行临时固定和校正。缆风绳用钢丝绳制作，用捯链或手扳葫芦拉紧，每根柱子拉四根缆风绳，柱子校正后，每根都应拉紧。如果一面松一面紧，在焊接中柱子垂直度容易发生变化。

5 保护柱接头钢筋的钢管或木条一定要绑扎牢靠，防止空中散落伤及地面人员。

5.3.2 目前常见的多层装配式结构的梁柱接头形式，有明牛腿和齿槽式两种，其吊装时应注意以下事项：

1 明牛腿由于支座接触面积较大，故校正后，只要将柱和梁端底部的预埋件相互焊接即可保证安全。

2 齿槽式由于梁在临时牛腿上搁置面积较小，为确保安全，所以应等梁上部接头钢筋焊好两根后，才可以脱钩。

5.3.3 楼层板一般分双T板、空心板和槽形板等，根据其不同类型吊装时，应注意以下事项：

1 双T板一般都预埋吊环，每次吊装一块板时，钩住吊环即可。每次吊两块以上板时，每块板吊索直接挂在吊钩上，并将各板间距离适当加大些，其目的是减小吊索对板翼的压力，防止翼缘损害。

2 用横吊梁和兜索一次叠层吊数块空心板或槽形板可大大提高吊装效率。用铁扁担的方法是将数块板平排，下用兜索平挂于铁扁担两端，并将板吊到梁上卸去兜索后，用撬杠将板撬至设计位置。用兜索的方法是将数块板加垫木重叠放置，靠近两端用兜索直接钩挂于吊钩上，并将板吊至梁端集中放置卸去兜索后，再将各板吊至设计位置。用上述两种方法，起吊后板两端必须保持水平或接近水平，严禁板两端高差过大，以防滑落掉下伤人。

3 楼层板吊装不得采用上层各板直接叠压于下层板上，这样最下层板容易断裂从高处坠落；另一方面吊于梁上后，不易分块穿拉兜索甚至产生危险。楼层板吊装时，禁止在板上站人、堆物、放工具和推车，其目的是防止这些人或物从高处坠落伤人。

5.4 墙板结构吊装

5.4.1 吊装一般有两种方式：一种是逐间闭合吊装，另一种是同类构件依次吊装。前者易于临时固定和组织流水作业，稳定性好，安全较有保证，应尽量采用此种方法吊装。

1 吊装顺序应从中间开始向两端进行，以便校正时易于调整误差。

2 坐浆的目的主要是保证墙板底部与基础部分能结合紧密，确保连接的整体性和传力的均匀性。

3 因大板的横向刚度较差，因此采用横吊梁和吊索与水平夹角不小于60°的规定，主要是防止产生

过大的水平力而使侧向失去稳定，至于要求吊装要垂直平稳主要是从安全上考虑，便于就位和临时固定。

4 墙板就位时，要对准外边线，稍有偏差用撬杠拔正。偏差较大时，则应将墙板吊起重新就位。较重、较大的墙板应随吊随校正。

5 第一个安装节间的墙板，应用操作台或8号钢丝和花篮螺栓，或者钢管斜撑与底部楼板进行临时固定和校正，以后的横向墙板和纵向墙板，分别用工具式水平拉杆或转角固定器和钢管斜撑进行临时固定和校正。但外墙板一定要在焊接固定后才能脱钩。

6 校正完的墙板，应立即梳整预埋钢筋，并焊接。待同层墙板全部吊完，经总体校正完毕后，即应浇筑墙板主缝。随后在墙板上支模、绑扎钢筋、浇灌圈梁混凝土。

7 拆模后待圈梁混凝土强度达到规定强度后，随即吊装大板楼板，并灌缝。接着可用同法吊装第二层墙板。

5.4.2 框架挂板随着墙板装配化的发展，今后将愈来愈多，使其维护结构完全装配化，可大量缩短工期，很有发展前途。

1 挂板的运输和吊装不得用钢丝绳兜吊，主要是怕破坏板的棱角和装饰效果，故应用专用卡具或工具进行运输和吊装。禁止用钢丝捆绑亦是如此。

2 安装前应用水准仪检查墙板基底的标高，墙板的安装高度应用墨线弹在柱子上，作为安装挂板的控制线。因此挂板就位后应随即和柱、梁、墙等作临时固定或永久固定，防止其坠落发生事故。

5.4.3 工业建筑墙板一般包括肋形板、实腹板和空心板等的安装。

1 除应有出厂合格证外，还应按要求数量运至现场堆放就位。埋设件表面浮浆应清理干净。

2 有吊环时可用吊环起吊，立吊时可预留孔。吊点的位置应按设计规定或经过验算后确定。但吊索绑扎点距板端应不大于1/5板长。为减小吊索的水平分力，故其水平夹角不应小于60°。为防止撞击其他构件，应设溜绳控制。

3 按柱上已弹好的墙板位置线，调整好墙板横、竖位置，就位后随即用压条螺栓固定，待螺栓拧紧摘钩后，螺栓与螺母的焊接可在墙板吊装完毕后进行，但每安装完一根压条，即应向压条里的竖缝灌灰浆，并应捣实，不能安装完几根压条后再一并灌浆。

采用焊接固定时，可在焊缝焊完2/3后脱钩，但应在上一层板安装前焊完下层板的焊缝。

6 钢结构吊装

6.1 一般规定

6.1.1 构件的配套按吊装流水顺序进行。

以一个结构安装流水段（如单厂的综合法吊装、高层一节钢结框架）为单元，集中配套齐全后，进行构件的复检和处理修复，然后按吊装顺序进行安装。配套中应特别注意附件（如连接板等）的配套，否则小小的零件将会影响到整个吊装进度，一般对零星附件是采用螺栓或钢丝直接临时绑扎固定在吊装节点上。但构件在装卸时，由于对基坑外侧地面荷载有所限制，故装卸机械不应靠近基坑行走。

6.1.3 灌浆前必须对柱基进行清理，立模板，用水冲洗并除去水渍，螺孔处必须用回丝擦干，然后用自流砂浆连续浇灌，一次完成。流出的砂浆应清洗干净，加盖草袋养护。砂浆必须做试块，到时试压，作为验收资料。

6.1.4 为便于接柱施工和焊工进行接头焊接操作，需在接头处搭设操作平台或脚手架等，以及为焊工在风速超过 5m/s 进行操作所设的防风设施等，均应在操作前进行详细检查，确属可靠后方可进行工作，确保使用安全。

6.1.5 为柱子、梁接头螺栓或焊接等施工和吊装时行走方便，应适量铺设带扶手的走道板，以确保安全。压型钢板必须随铺随焊，以防止滑落。

6.2 钢结构厂房吊装

6.2.1 钢柱的吊装方法与装配式钢筋混凝土柱相似，亦为旋转或滑行吊装法，对重型柱可采用双机或三机抬吊，但应注意下列事项：

1 初校时，垂直度偏差应控制在 20mm 以内。

2 钢柱校正时，垂直度用经纬仪检验，如有偏差，用螺旋千斤顶或油压千斤顶进行校正。在校正过程中，随时观察柱底部和标高控制块之间是否脱空，严防校正过程中造成水平标高的误差。校正好后，应立即将承重垫板上、下点焊牢固，防止滑动。并随即按规定灌浆进行永久固定。

6.2.2 单层厂房的钢构件吊车梁，根据起重设备的起重能力分为轻、中、重型三类。轻型者重量只有几吨，重型者有跨度大于 30m，重量 100t 以上者，可用双机抬吊，个别情况下还可设置临时支架分段吊装。同时钢吊车梁均为简支梁形式，梁端之间留有 10mm 左右的空隙。梁搁置处与牛腿面之间留有空隙，设钢垫板。梁与牛腿用螺栓连接。但吊装时应注意以下事项：

1 钢柱吊装完成，并经调整校正固定于基础上之后，达到一定强度并安装完永久性柱间支撑后，才能进行钢吊车梁吊装。吊车梁的校正主要包括标高、垂直度、轴线和跨距等。标高的校正可在屋盖吊装前进行。其他项目的校正应在屋盖吊装完成后进行，因为屋盖的吊装可能引起钢柱在跨向有微小的变动。吊车梁的跨距检验，应用钢卷尺量测，跨度大的用弹簧秤拉测（拉力一般为 100N～200N），为防止下垂，必要时对下垂度 Δ 应进行校正计算：

$$\Delta = \frac{e^2 L^3}{24P^2}$$

式中：Δ——中央下垂度（m）；

e——钢卷尺每米垂度（N/m）；

L——钢卷尺长度（m）；

P——量距时的拉力（N）。

2 支承紧贴面不小于 70% 主要是为了承力和传力的需要。

6.2.3 由于屋架的跨度、重量和安装高度不同，适合的吊装机械和吊装方法亦随之而异。但屋架一般都采用悬空吊装，为吊起后不致发生摇摆和碰坏其他构件。起吊前应在支座附近的节间用麻绳系牢，随吊随放松，以保持其正确位置。同时应注意以下事项：

1 钢屋架吊装前应根据吊点位置验算起吊时的稳定性，若不足时应采取可靠的临时加固措施方准吊装。

2 屋架临时固定如需临时螺栓和冲钉，则每个节点处应穿入的数量必须由计算确定，并应符合下列规定：

1）不得少于安装孔总数的 1/3，且不得少于两个；

2）冲钉穿入数量不宜多于临时螺栓的 30%；

3）扩钻后的螺栓（A 级、B 级）的孔不得使用冲钉。

3 最后固定的电焊或高强度螺栓应符合有关标准、规定或设计的要求。

6.2.4 为减少高处作业，应优先采用天窗架预先拼装在屋架上的方法，若采用此法天窗架与屋架之间应绑两道竖向木杆加固，并将吊索两面绑扎，把天窗架夹在中间，以保证天窗架的稳定。

6.3 高层钢结构吊装

6.3.1 钢柱吊装前应确定整个吊装程序，若选用节间综合吊装法时，必须先选择一个节间作为标准间，由上而下逐步构成空间标准间，然后以此为依靠，逐步扩大框架，直至该层完成。若选用构件分类大流水吊装法时，应在标准节框架先吊钢柱，再吊装框架梁，然后安装其他构件，按层进行，从上到下，最终形成框架。但具体吊装柱时，第一节是安装在柱基临时标高支承块上，其他各节柱都安装在下节钢柱的柱顶（采用对接焊），钢柱两侧装有临时固定用的连接板，上节钢柱对准下节钢柱柱顶中心线后，即用螺栓固定连接板作临时固定。所以在具体吊装时，应按本条规定执行。

1 为保证柱与柱、柱与梁接头施工操作的安全，一般在吊装前在地面上把操作挂篮或平台和爬梯固定于拟吊装的柱子上。

2 单机吊装时需在柱子根部垫以垫木，以回转法起吊，要禁止柱根拖地。多机抬吊时，应用两台或两台以上起重机悬空吊装，柱根部不着地，待吊离地面后在空中回直。

3 由于钢柱柱脚与基础多用地脚螺栓连接，柱与柱多用对接连接，因此，为使钢柱在就位时能顺利地套入地脚螺栓或对准插入下柱，应采用垂直法吊装。吊点一般利用柱顶临时固定的连接板的上螺孔，也可在柱制作时，在吊点部位焊吊耳，吊装完毕后再割去。另外，钢柱在起吊回转过程中应注意避免同其他的构件相碰撞，以免发生重大事故。

4 钢柱就位后，先对钢柱的垂直度、轴线、牛腿面标高进行初校，然后安设临时固定螺栓再拆除吊索，钢柱上下接触面的间隙，一般不得大于 1.5mm，如间隙在 1.5mm～6.0mm 之间，可用低碳钢的垫片垫实空隙。如超过 6mm，应查清原因后进行处理。

6.3.2 安装前应对钢梁的型号、长度、截面尺寸和牛腿位置进行检查，并在距梁上翼缘处适当位置开孔作为吊点。当一节钢框架吊装完毕，即需对已吊装的柱梁进行误差检验和校正。对于控制柱网的基准柱，用激光仪观测，其他柱根据基准柱用钢卷尺量测。但在具体吊装时应注意下述问题：

1 主梁吊装前，应在梁上装好扶手杆和扶手用的安全绳，待主梁吊到位时，将扶手用安全绳与钢柱系住，以保证施工安全。

2 为保证梁起吊后两端水平，故应采用两点吊。吊点的位置取决于钢梁的跨度。水平桁架的吊点位置应根据桁架的形状而定，但须保证起吊后平直，目的是便于安装连接。

3 安装连接螺栓时，要禁止在情况不明的情况下任意扩孔，且连接板必须平整。当梁标高超过允许规定时必须校正。

6.3.3 装配式剪力墙板安装在钢柱和楼层框架梁之间，剪力墙板有钢制墙板和钢筋混凝土墙板两种，但吊装时应注意下列事项：

1 进行墙板安装时，先用索具吊到就位部位附近临时搁置，然后调换索具，在分离器两侧同时下放对称索具绑扎墙板，再起吊安装到位。

2 剪力墙板是四周与钢柱和框架梁用螺栓连接再用焊接固定的，安装前在地面先将墙板与上部框架梁组合，然后一并安装，定位后再连接其他部位。剪力支撑安装部位与剪力墙板吻合，安装时应采用剪力墙板的安装方法，尽量组合后再进行安装。

6.3.4 校正应包括轴线、标高、垂直度，但目前在我国高层钢结构工程安装中尚无明确的规范可循，现有的建筑施工规范只适用于一般钢结构工程。为此，目前只能针对具体工程由设计单位参照有关规定提出校正的质量标准和允许偏差，供高层钢结构安装实施。但校正时标准柱的选择，对正方形框架是取 4 根转角柱，对长方形框架当长边与短边之比大于 2 时取 6 根柱，对多边形框架取转角柱，标准柱应用激光经纬仪以基准点为依据进行竖直观测，并对钢柱顶部进

行校正，其余柱校正采用量测的方法。但框架校正完后，要整理数据列表，并进行中间验收鉴定，然后才能开始高强螺栓紧固工作。

6.4 轻型钢结构和门式刚架吊装

6.4.1 组装时宜放样组装，并焊适当定位钢板（型钢）或用胎模，以保证构件的精度，组装中在构件表面的中心线偏差不得超过 3mm，连接表面及沿焊缝位置每边 30mm～50mm 范围内的铁毛刺和污垢，油污必须清除干净。

当有多条焊缝焊接时，相同电流强度焊接的焊缝宜同时焊完，然后调整电流强度焊另一条焊缝。焊接次序宜由中央向两侧对称施焊，对焊缝不多的节点，应一次施焊完毕，并不得在焊缝以外的构件表面及焊缝的表面和焊缝的端部起弧、灭弧。对于檩条等小杆件，可使用一些辅助固定卡具或夹具，或辅助定位板，以保证结构的几何尺寸正确。同时也可采用反弯措施或刚性固定措施来预防焊接变形。

将檩条的拉杆先行张紧，主要是增加屋面刚度，并传递屋面荷载。但应避免过分张紧，而使檩条侧向变形。屋架水平支撑在屋架与檩条安装完后拉紧，目的是增强屋盖刚度。

吊装轻型屋面板时，一般由上而下铺设。

6.4.2 刚架起吊后，起重机吊钩通过重心，才能使刚架柱子保持垂直。如果找重心没有把握，可增加一根平衡吊索来保持刚架柱子垂直。平衡吊索的长度应经过估算，并在起吊第一个刚架柱时，根据实际情况确定后，用夹头固定，也可用捯链进行调整。

门式刚架与基础的连接是铰接，杯口很浅，所以刚架的临时固定，除了在杯口打入八个楔子外，悬臂端应用架子支承。

支承井架为安全计必须经过设计计算，按设计制作或搭设。吊装量大应设计成移动式，吊装量小可用钢管脚手架搭设。

在纵向，第一个刚架必须用缆风或支撑作临时固定，以后各个刚架的临时固定，可用缆风或支撑，亦可用屋架校正器固定。

刚架在横轴线方向的倾斜，用架子上的千斤顶校正。刚架在纵轴线方向的倾斜，用缆风、支撑或屋架校正器校正。校正时应使柱脚面、柱顶面和悬臂端面的三点在同一个铅垂面上。已校正好的刚架，中部节点应立即焊接固定，柱间支撑亦应及时安装，并随即对柱脚进行二次灌浆。

这是为了刚架的整体稳定能有可靠的保证。

7 网架吊装

7.1 一般规定

7.1.3 网架应在专门的拼装模架上进行拼装，当跨

度较大时，应按气温情况考虑温度修正。同时吊装方法的选择要注意下列事项：

1 施工组织设计中应着重考虑把焊接工作放在加工厂或预制拼装场内进行，尽量减少高空或现场的工作量。

2 网架的安装方法及适用范围可按如下参考：

1）高空散装法：适用于螺栓连接节点的各种类型网架；

2）分条或分块安装法：适用于分割后刚度和受力状况改变较小的网架，如两向正交、正放四角锥、正放抽空四角锥等网架，分条或分块的大小应根据起重能力而定；

3）高空滑移法：适用于两向正交正放、正放四角锥、正放抽空四角锥等网架；

4）整体吊装法：适用于各种类型的网架，吊装时可在高空平移或旋转就位；

5）整体提升法：适用于周边支承及多点支承网架，可用升板机、油压千斤顶等小型机具进行施工；

6）整体顶升法：适用于支点较少的多点支承网架。

7.1.4 吊点在选择时特别应防止与使用时的受力相反，同时其反力应控制在不大于起重设备负荷能力的80%，且各反力大小应接近，禁止反力差超过20%。

7.1.5 安装方法选定后，应按本条要求进行分项认真验算，严禁发生重大事故。

7.1.6 验算时施工荷载须按本条要求乘以规定的动力系数。

7.1.7 试拼的目的主要是控制好网架框架轴线支座的尺寸和起拱要求。试吊的目的主要是检查吊装所有设备和吊装方法的可靠性和安全性。

7.1.8 小拼的目的是保证小拼单元的形状及尺寸的准确性，其允许偏差应符合现行国家《钢结构工程施工质量验收规范》GB 50205 和《空间网格结构技术规程》JGJ 7 的有关规定。焊接球节点与钢管中心允许偏差应为±1.0mm。高空总拼前应采用预拼装来保证精度要求。

7.2 高空散装法安装

7.2.1 高空散装法是先在地面上搭设满堂红拼装支架或部分拼装支架，将网架小拼装单元或杆件吊至支架上，直接在高空按设计位置进行拼装。悬挑法适用于非焊接节点（如螺栓球节点、高强度螺栓节点等）的各网架的拼装，并宜采用少支架的悬挑施工方法，不宜用于焊接球网架的拼装，因焊接易引燃脚手架板，同时高空焊接易影响焊接质量和降低工效。

7.2.2 支架的作用是用起重机将单榀钢桁架吊至设计位置，利用支架直接进行拼装。

7.2.3 这里应特别注意每榀块体的安装顺序，开始

的两个三角形部分，是由屋脊部分开始分别向两边安装；两三角形相交后，则由交点开始同时向两边安装。

7.2.4 当第一榀网架块体就位后，在中竖杆顶一方木和安放一个千斤顶主要是作调整标高用，在上弦绑杉杆是为稳定块体。其他各块体就位后，因已有螺栓与已固定的网架块体相连接。所以，只要用方木和千斤顶顶住下弦即可。不必再在上弦绑杉杆。

7.2.5 用经纬仪观测轴线偏差，如超过设计规定，可在块体上下弦挂捯链牵引校正。单个块体的标高偏差，用设置在下弦节点处的千斤顶校正。如果支架刚度不够，则已安装并已校正好的大面积网架的标高可能会发生下降，此时，只某一个千斤顶顶不动，而需同时操作网架下面的许多个千斤顶进行校正。

7.2.6 这种一次成活的办法，不仅可提高工作效率，而且可防止网架产生过大的挠度。

7.2.7 拆除时，为避免因个别支点受力过大使网架杆件变形，应组织地分几次下落千斤顶，且每次要使位于网架中央的千斤顶多下降一些，位于网架中央和周边之间的千斤顶次之，位于网架周边的千斤顶少降一些。位于网架中央的千斤顶一次下降量应控制在20mm～40mm范围内。

7.3 分条、分块安装

7.3.1 事先将网架分成若干段，先在地面上组装成条状或块状单元，再用起重机将单元体吊装就位拼成整体。

7.3.2 为保证顺利拼装，在条与条、块与块合拢处可先采用临时螺栓固定，待发现有偏差或误差时便于调整。全部拼装完成后，调整网架挠度和标高，焊接半圆球节点和安设下弦杆件，拧紧支座螺栓即可拆除支架或立柱。

7.3.5 网架运输中吊点及垫点应经计算确定，发现运输刚度不足应事先加固，防止发生变形。

7.4 高空滑移法安装

7.4.1 高空滑移法分单条滑移法和逐条滑移法两种，前者是将分条的网架单元在事先设置的滑轨上单条滑移到设计位置后拼接。后者是将分条的网架单元在滑轨上逐条积累拼接后滑移到设计位置。有条件时，应尽量在地面拼成条或块状单元吊至拼装平台上进行拼装。

7.4.2 采用滑移法安装网架时，平移单元在拼装和牵引过程中的挠度比较大，为减小挠度，故平移跨度大于50m的网架，宜在跨中增加一条平移轨道。

7.4.3 网架平移用的轨道，可用槽钢或扁钢焊在梁面预埋钢板上，轨道底面用水泥砂浆塞满，并在接头处焊牢，否则平移时，轨道会产生局部压陷，使平移阻力增大。轨道安装后要除锈并刷机油保养。另外，

为了使网架沿直线平移，一般还在网架上安装导轮，在天沟梁上设置导轨。

7.4.4 为做到网架两端同步前进，应按本条要求选择滑轮和卷扬机，并应选用慢速卷扬机，且根据卷扬机的牵引能力和卷扬机速度确定牵引滑轮组的工作线数。钩挂滑轮组的动滑轮，应根据实际工程的需要采用几个单门滑轮，以便对网架进行多点挂钩。

7.4.5 为保证网架能平稳地滑移，滑移速度以不超过 1m/min 为宜。同时平移中两侧同步差达到 30mm 时，应停机调整同步。

7.4.6 抽去轨道前抬起网架支座时，应注意支座的均匀上升。

7.4.7 验算结果，当网架滑移单元由于增设中间滑轨引起杆件内力变化时，要采取临时加固措施，以防杆件失稳。

7.5 整体吊装法

7.5.1 整体安装就是先将网架在地面上拼装成整体，然后用起重设备将其整体提升到设计位置加以固定。这种方法不需高大的拼装支架，高空作业少，易保证质量，但需要起重量大的起重设备，技术较复杂。当采用多根拔杆方案时，可利用每根拔杆两侧起重机滑轮组中产生水平分力不等原理推动网架移动或转动进行就位，见图1。

网架吊装设备可根据起重滑轮组的拉力进行受力分析，提升阶段和就位阶段，可分别按下式计算起重滑轮组的拉力：

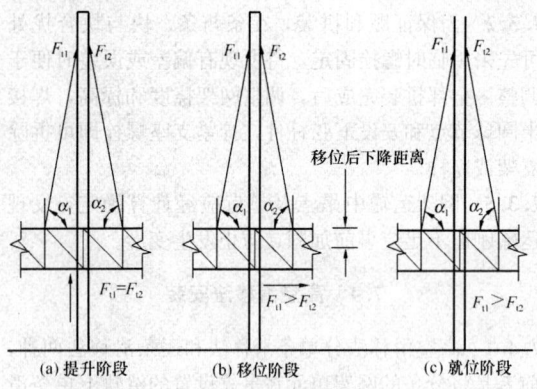

(a) 提升阶段　　(b) 移位阶段　　(c) 就位阶段

图1　网架空中移位示意

提升阶段（图1a）

$$F_{t1} = F_{t2} = \frac{G_1}{2\sin\alpha_1}$$

就位阶段（图1c）

$$F_{t1}\sin\alpha_1 + F_{t2}\sin\alpha_2 = G_1$$

式中：　G_1——每根拔杆所担负的网架、索具等荷载；

　　　　F_{t1}、F_{t2}——起重滑轮组的拉力；

　　　　α_1、α_2——起重滑轮组钢丝绳与水平面的夹角。

网架位移距离（或旋转角度）与网架下降高度之间的关系可用图解法或计算法确定。当采用单根拔杆方案时，对矩形网架，可通过调整缆风绳使拔杆吊着网架进行平移就位；对正多边或圆形网架可通过旋转拔杆使网架转动就位。

7.5.2 提升中，若高差超过允许值即应停止起吊立即进行调整。

7.5.3 考虑起升及下降的不同步，使起重设备负荷不均，为保证其不超负荷，应乘以折减系数。

7.5.4 为防止网架整体提升与柱子相碰，错开的距离取决于网架提升过程中网架与柱子或突出柱子的牛腿等部位之间的净距，一般不得小于 100mm，同时要考虑网架拼装方便和空中移位时起重机工作的方便。

7.5.5 由于整体提升和拼装的需要，可征求设计单位的同意，将网架的部分边缘杆件留待网架升起后再焊接。或变更部分影响网架提升的柱子牛腿。

7.5.6 拔杆的选择取决于其所承受的荷载和吊点布置，网架安装时的计算荷载为：

$$Q = (\gamma_{G1}Q_1 + Q_2 + Q_3)K$$

式中：γ_{G1}——荷载分项系数 1.1；

　　　Q_1——网架重量（kN）；

　　　Q_2——附加设备（包括桁条、通风管、脚手架）的重量（kN）；

　　　Q_3——吊具重量（kN）；

　　　K——由提升差异引起的受力不均匀系数，如网架重量基本均匀，各点提升差异控制在 100mm 以下时，此系数取值 1.3。

应经过网架吊装验算来确定吊点的数量和位置。不过，在起重能力、吊装应力和网架刚度满足要求的前提下，应当尽量减少拔杆和吊点的数量。缆风绳的布置，应使多根拔杆相互连接。

7.5.7 因拔杆保持垂直状态受力最好，为使拔杆在网架吊装的全过程中不致发生较大的偏斜，应对缆风绳施加较大的初拉力。底座采用球形万向接头和单向铰接头，主要是为网架就位需要。

7.5.8 本条要求是为防止吊装过程中基础下沉产生歪斜。

7.5.9 本条要求主要是为了顺利提升和保证网架均衡上升。

7.5.10 本条要求主要是为保证网架结构和操作人员的安全而要求做到的。

7.6 整体提升、顶升法安装

7.6.1 整体提升法是用安于柱顶横梁上的多台提升设备，将在地面上原位拼装好的网架提升到设计位置进行落位固定的安装方法，此法提升平稳，劳动强度低，提升差异小。但要注意以下一些事项：

1 由于网架提升离地后下弦要伸长，所以，可将提升机中心校正到比网架支座中心偏外 5mm 的地方。并在试提升时，用经纬仪测量吊杆垂直度，如垂直偏差超过 5mm，应放下网架，复校提升机位置。为此，应将承力桁架与钢柱连接的螺孔做成椭圆形，以便于校正。

2 本款要求是为减小网架在拆除吊杆时的搁置差。

3 所有提升装置的第一节吊杆为同顺序号吊杆，所有提升装置的第二节吊杆亦为同顺序号吊杆，余类推。

4 因液压千斤顶对超负荷受力特别敏感，很容易坏，所以使用时较额定负荷折减得多。

5 相邻两提升点和最高与最低两个点的提升允许升差值应通过验算确定。相邻两个提升点允许升差值：当用升板机时，应为相邻点距离的 1/400，且不应大于 15mm；当采用穿心式液压千斤顶时，应为相邻距离的 1/250，且不应大于 25mm。最高点与最低点允许升差值：当采用升板机时，不应超过 35mm，采用穿心式液压千斤顶时不应超过 50mm。

6 提升网架时的一切荷载均由这些柱子承担。

因此，保证结构在施工时的稳定性很重要。若经核算稳定性不够时，应设支撑加固。

7.6.2 网架采用整体顶升法，是利用千斤顶将在地面上拼装好的网架整体顶升至设计标高，此法的优点是不需要大型设备，施工简便。在施工中要注意以下事项：

1 支柱或支架上的缀板间距为使用行程的整倍数，主要便于倒换千斤顶。

2 本款说明同第 7.6.1 条第 4 款说明。但各千斤顶的行程和升起速度必须一致，千斤顶及其液压系统必须经过现场检验合格后方可使用。

3 控制各顶升点的允许值是为保证顶升过程达到同步。

4 千斤顶或千斤顶的合力中心与柱轴线对准，主要便于准确就位和使千斤顶均匀受力。千斤顶保持垂直是为防止千斤顶本身偏心受压而损坏。

5 避免网架结构对柱产生设计不允许出现的附加偏心荷载和对基础产生设计不允许出现的附加弯矩。

6 本款说明同第 7.6.1 条第 6 款说明。

中华人民共和国行业标准

红外热像法检测建筑外墙饰面
粘结质量技术规程

Technical specification for inspecting the defects of exterior walls
cement coating of building with infrared thermography method

JGJ/T 277—2012

批准部门：中华人民共和国住房和城乡建设部
施行日期：2 0 1 2 年 5 月 1 日

中华人民共和国住房和城乡建设部
公　告

第 1240 号

关于发布行业标准《红外热像法检测
建筑外墙饰面粘结质量技术规程》的公告

现批准《红外热像法检测建筑外墙饰面粘结质量技术规程》为行业标准，编号为 JGJ/T 277 - 2012，自 2012 年 5 月 1 日起实施。

本规程由我部标准定额研究所组织中国建筑工业出版社出版发行。

中华人民共和国住房和城乡建设部
2012 年 1 月 6 日

前　言

根据住房和城乡建设部《关于印发〈2010 年工程建设标准规范制订、修订计划〉的通知》（建标［2010］43 号）的要求，规程编制组经广泛调查研究，认真总结实践经验，参考有关国际标准和国外先进标准，并在广泛征求意见的基础上，编制了本规程。

本规程的主要技术内容是：1. 总则；2. 术语；3. 检测仪器；4. 检测；5. 检测数据分析；6. 检测结论和报告。

本规程由住房和城乡建设部负责管理，由甘肃省建设投资（控股）集团总公司负责具体技术内容的解释。执行过程中如有意见或建议，请寄送甘肃省建设投资（控股）集团总公司（地址：兰州市七里河区西津东路 575 号，邮编：730050）。

本 规 程 主 编 单 位：甘肃省建设投资（控股）
　　　　　　　　　　　集团总公司
　　　　　　　　　　　中国建筑科学研究院

本 规 程 参 编 单 位：甘肃省建筑科学研究院
　　　　　　　　　　　四川省建筑科学研究院
　　　　　　　　　　　广西建筑科学研究设计院
　　　　　　　　　　　中国计量科学研究院
　　　　　　　　　　　河北省建筑科学研究院
　　　　　　　　　　　沈阳市建设工程质量检测中心
　　　　　　　　　　　重庆市建设工程质量监督总站检测中心
　　　　　　　　　　　沈阳建筑大学
　　　　　　　　　　　山西省建筑科学研究院
　　　　　　　　　　　北京东方建宇混凝土科学技术研究院

本规程主要起草人员：王欢祥　冯力强　徐教宇
　　　　　　　　　　　晏大玮　孟康荣　张剑峰
　　　　　　　　　　　李杰成　原遵东　边智慧
　　　　　　　　　　　贾玉新　文先琪　吴玉厚
　　　　　　　　　　　魏利国　王安岭

本规程主要审查人员：陆津龙　崔士起　由世岐
　　　　　　　　　　　陈　松　张嘉亮　曹万智
　　　　　　　　　　　金光辉　马岷成　高永强

目　次

Contents

1 总　　则

1.0.1 为规范红外热像技术在建筑外墙饰面层粘结质量检测中的应用，制定本规程。

1.0.2 本规程适用于建筑外墙采用满粘法施工的饰面层粘结质量检测，不适用于下列饰面层的粘结质量检测：

　　1 采用混色饰面砖或涂料，且影响检测结果判断的饰面层；

　　2 表面有较大凹凸装饰的饰面层。

1.0.3 使用红外热像法进行建筑外墙饰面层粘结质量检测的人员，应通过专业技术培训。

1.0.4 采用红外热像法检测建筑外墙饰面层粘结质量时，除应符合本规程外，尚应符合国家现行有关标准的规定。

2 术　　语

2.0.1 饰面层　cement coating

　　附着于建筑外墙外侧，起装饰作用的构造层。

2.0.2 空间分辨力　spatial resolution

　　红外热像仪分辨物体空间几何形状细节的能力。

2.0.3 图像处理　image processing

　　对红外热像图进行除噪声、图像色彩调整、消除背景、空鼓面积计算等处理。

2.0.4 空鼓　exfoliation of cement coating

　　饰面层与基层之间或饰面层内部各层材料之间因相互粘结不牢而出现的分层现象。

3 检 测 仪 器

3.1 技 术 要 求

3.1.1 红外热像仪的性能指标应满足下列条件：

　　1 工作波段为 $8\mu m \sim 14\mu m$，且具备可见光成像辅助功能；

　　2 检测温度范围为 $-20℃ \sim 100℃$；

　　3 温度显示分辨率不大于 $0.08℃$；

　　4 测温一致性不大于 $0.5℃$；

　　5 测温准确度为 $\pm 2℃$；

　　6 探测器像素值不小于 320×240；

　　7 空间分辨力不小于 1mrad。

3.1.2 红外热像仪应具有产品合格证。

3.1.3 红外热像仪应定期进行校准，并应符合下列规定：

　　1 红外热像仪校准方法应按本规程附录 A 执行；

　　2 校准项目应包括温度示值误差和测温一致性；

　　3 校准有效期不宜超过 1 年。

3.2 使用环境条件

3.2.1 红外热像仪的使用环境条件应符合下列规定：

　　1 环境温度应在 $-5℃ \sim 40℃$；

　　2 环境湿度应小于 90%。

4 检　　测

4.1 一 般 规 定

4.1.1 红外热像法检测建筑外墙饰面层粘结质量工作程序，应按图 4.1.1 进行。

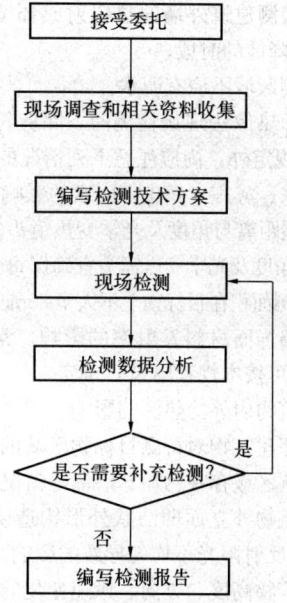

图 4.1.1　红外热像法检测建筑外墙饰面层粘结质量工作程序框图

4.1.2 接受委托后，应进行现场调查和资料收集，并宜包括下列内容：

　　1 建筑物结构形式、规模、饰面情况、使用时间；

　　2 建筑设计图纸；

　　3 建筑物方位、朝向、日照、周边环境遮挡或反射情况；

　　4 建筑物冷、热源部位及工作情况；

　　5 建筑物外墙渗漏、开裂、脱落及维修等情况。

4.1.3 检测前应编写检测技术方案，并应符合下列规定：

　　1 检测技术方案应依据委托的内容、现场调查结果和收集的资料编写。

　　2 检测技术方案应包括下列内容：

　　1) 检测时间；

　　2) 被检墙面的方位及检测时段；

　　3) 检测仪器在现场的工作位置；

4）拍摄距离、拍摄角度及拍摄次数；

5）对检测结果进行验证的方法。

3 检测时段可按本规程附录 B 确定。

4 选择拍摄距离和拍摄角度时，应保证被测建筑物周边环境无障碍物遮挡，并应保证所得图像易于识别。

4.2 现场检测

4.2.1 红外热像法现场检测的环境和条件应符合下列规定：

1 应选择在晴天、低风速的条件，且风速不宜大于 4m/s；

2 被检测建筑外墙的热辐射或环境温度应处于快速升高或降低的时段；

3 待测区域不应有明水。

4.2.2 红外热像法现场检测时，除应符合本规程第 3.2.1 条的规定外，尚应注意下列情况的影响：

1 降水、雾霾、扬尘等因素的影响。

2 拍摄距离与角度及光学变焦镜头的影响。所选拍摄距离与角度及光学变焦镜头宜确保每张红外热像图的最小可探测面积在目标物上不大于 50mm×50mm。

3 外墙饰面材料发射率的影响。常用饰面材料表面发射率可按本规程附录 C 确定。

4 建筑物内外冷热源的影响。

5 相邻建筑物对待测目标物区域的影响。

6 待测区域存在污垢、渗漏等情况的影响。

7 建筑物外立面凹凸状外形构造阴影区域及幕墙、门窗等反射阳光不均匀导致的影响。

8 建筑物高度、方向、风速变化的影响。

9 建筑物结构变化（冷、热桥）导致温度场异常的影响。

4.2.3 红外热像法现场检测应按下列步骤进行：

1 安放、调试仪器及设备，使其处于正常工作状态；

2 记录天气、气温、日照、风速、饰面层表面温度等；

3 拍摄并记录被测区域红外及可见光图像；

4 记录拍摄距离、角度、拍摄时间等相关信息；

5 验证疑似缺陷部位；

6 填写检测记录表，记录表格式可按本规程附录 D 执行。

5 检测数据分析

5.0.1 红外热像图分析时，应采用易识别粘结缺陷的图像表达检测结果。

5.0.2 红外热像图分析应包括下列内容：

1 对分块拍摄的红外热像图进行准确的拼接合成；

2 对合成后的图像进行几何修正；

3 除去背景，选择适宜的温度范围，选用 2 色～3 色显示图像，突出缺陷在图像中的分布；

4 采用箭头、框图等标注方法说明缺陷位置及范围；

5 将经过处理得到的缺陷分布图与所测外墙立面可见光图像准确叠加，输出结果图。

5.0.3 粘结缺陷判定可按下列步骤进行：

1 对红外热像图和可见光图像进行分析处理，得到所测饰面层红外热像和可见光粘结缺陷标记图像。

2 根据检测现场的实际环境和条件，排除周边环境的影响，得出检测结果。必要时，应采用辅助检测方法验证检测结果。

3 推定饰面层粘结缺陷部位和程度。

6 检测结论和报告

6.0.1 根据检测结果，应对建筑外墙饰面层粘结质量进行分级，给出措施建议，并应符合表 6.0.1 的规定。

表 6.0.1 建筑外墙饰面层粘结质量分级及措施建议

等 级	分 级	措施建议
I	无明显缺陷	可不采取措施
II	有明显缺陷	应采取措施

6.0.2 检测报告应包括下列内容：

1 工程名称及工程概况；

2 委托单位；

3 检测单位及人员名称；

4 检测仪器型号及编号；

5 检测区域范围及被测墙面轴线位置；

6 检测区域墙体饰面材料类型；

7 检测时间、环境和条件；

8 检测数据（红外热像图及相同位置的可见光图像）；

9 检测结论；

10 图释。

附录 A 红外热像仪校准方法

A.0.1 红外热像仪校准的环境条件应符合下列规定：

1 环境温度应为（23±5）℃，湿度不应大于 85%RH；

2 应满足校准设备和被校准热像仪的适用条件要求；

3 不应有强环境热辐射。

A.0.2 校准红外热像仪的仪器及设备应符合下列规定：

1 宜采用铂电阻温度计、热电偶或辐射温度计测量黑体辐射源温度；

2 黑体辐射源的温度范围应满足被校准热像仪的技术要求。

A.0.3 红外热像仪的校准项目应包括外观、示值显示、示值误差、测温一致性。

A.0.4 红外热像仪的外观可通过手动、目测检查，且热像仪的外壳、机械调节部件、外露光学元件、按键、电器连接键等不应有影响热像仪测量功能的缺陷。

A.0.5 红外热像仪的示值显示可手动、目测检查，且热像仪的示值显示效果不应有影响正常使用的缺陷。

A.0.6 红外热像仪的示值误差校准应符合下列规定：

1 校准温度点应为量程的上、下限及量程的中间值。

2 应清洁热像仪光学外露元件。

3 应安装附加光学镜头等光学元件。

4 应根据热像仪的聚焦范围要求、光学分辨力及黑体辐射源直径，确定测量距离。

5 校准前，应将热像仪预先开机。

6 应根据热像仪的使用要求，输入量程和校准条件数据，且校准时热像仪发射率参数应设置为1或等于黑体辐射源发射率。

7 在进行示值误差校准之前，应完成热像仪的使用说明要求的对测量结果有影响的操作。

8 应将被校准热像仪置于点温度测试模式，测量黑体辐射源目标中心温度。在每一个校准温度点，应至少进行4次测量，并应同时记录黑体辐射源参考标准的测量值（$t_{BBi,j}$）、被校准热像仪示值（$t_{i,j}$）和被校准热像仪当前量程。

9 黑体辐射源辐射温度平均值（t_{BBi}）可按下式计算：

$$t_{BBi} = \frac{1}{m_i} \sum_{j=1}^{m_i} t_{BBi,j} \quad (A.0.6-1)$$

式中：$t_{BBi,j}$——在第 i 个校准温度点，标准器的第 j 个黑体辐射源温度测量值；

m_i——在第 i 个校准温度点的测量次数，$m_i \geq 4$。

10 被校准热像仪示值平均值（t_i）可按下式计算：

$$t_i = \frac{1}{m_i} \sum_{j=1}^{m_i} t_{i,j} \quad (A.0.6-2)$$

式中：$t_{i,j}$——在第 i 个校准温度点，被校准热像仪的第 j 个示值；

m_i——在第 i 个校准温度点的测量次数，$m_i \geq 4$。

11 第 i 个校准温度点的被校准热像仪的示值误差（Δt_i）可按下式计算：

$$\Delta t_i = t_i - t_{BBi} \quad (i=1、2、\cdots n) \quad (A.0.6-3)$$

A.0.7 红外热像仪的测温一致性校准应符合下列规定：

1 应根据热像仪实际使用情况设定黑体辐射源温度，宜为100℃。

2 应清洁热像仪光学外露元件。

3 应安装附加光学镜头等光学元件。

4 校准前，应将热像仪预先开机。

5 应根据热像仪的使用要求，输入量程和校准条件数据，且校准时热像仪发射率参数应设置为1或等于黑体辐射源发射率。

6 应根据热像仪的聚焦范围要求、光学分辨力及黑体辐射源直径，确定测量距离。在进行测温一致性测试时，不应使用热像仪的数字变焦功能。

7 在进行测温一致性校准之前，应完成热像仪使用说明要求的对测量结果有影响的操作。

8 应将被校准热像仪显示器画面划分为9个区域，且9个区域的中心点应分别标记。

9 在实验条件下，当黑体辐射源的尺寸不能完全覆盖热像仪视场时，应采用腔式黑体辐射源进行测温一致性测试，并应调整热像仪或黑体辐射源位置，使黑体辐射源中心分别成像于标记点，使用热像仪测量黑体辐射源中心温度；当黑体辐射源的尺寸能完全覆盖热像仪视场时，应采用面黑体辐射源进行测温一致性测试，调整热像仪或黑体辐射源位置，使面辐射源清晰成像，并将热像仪发射率参数设置为面辐射源发射率。应分别测量并记录标记点温度 t_{ri} 和 t_{r5}，且测量顺序应为 5→i→5（$i=1$、2、$\cdots 9$，$i \neq 5$）。

10 被校准热像仪测温一致性的值（ϕ_i）可按下式计算：

$$\phi_i = \bar{t}_{ri} - \bar{t}_{r5} \quad (i=1，2，\cdots 9, i \neq 5) \quad (A.0.7)$$

式中：$\bar{t}_{ri}$——在 i 个标记点，被校准热像仪示值的平均值。

附录 B 全国部分城市红外热像法检测建筑外墙饰面粘结质量适宜检测时段

表 B 全国部分城市红外热像法检测建筑外墙饰面粘结质量适宜检测时段

城市	建筑立面的朝向			
	东	南	西	北
北京	7:00~9:00	11:00~13:00	15:00~17:00	11:00~13:00
上海	8:00~9:00	11:00~13:00	15:00~16:00	11:00~13:00
南宁	8:00~9:00	11:00~13:00	15:00~16:00	11:00~13:00
广州	8:00~9:00	11:00~13:00	15:00~16:00	11:00~13:00

城市	建筑立面的朝向			
	东	南	西	北
福州	8：00~9：00	11：00~13：00	15：00~16：00	11：00~13：00
贵阳	8：00~9：00	11：00~13：00	15：00~16：00	11：00~13：00
长沙	8：00~9：00	11：00~13：00	15：00~16：00	11：00~13：00
郑州	8：00~9：00	11：00~13：00	15：00~16：00	11：00~13：00
武汉	8：00~9：00	11：00~13：00	15：00~16：00	11：00~13：00
西安	8：00~9：00	11：00~13：00	15：00~16：00	11：00~13：00
重庆	8：00~9：00	11：00~13：00	15：00~16：00	11：00~13：00
杭州	8：00~9：00	11：00~13：00	15：00~16：00	11：00~13：00
南京	8：00~9：00	11：00~13：00	15：00~16：00	11：00~13：00
南昌	8：00~9：00	11：00~13：00	15：00~16：00	11：00~13：00
合肥	8：00~9：00	11：00~13：00	15：00~16：00	11：00~13：00

附录 C 常用饰面材料表面发射率

表 C 常用饰面材料表面发射率

材料名称	状态	温度（℃）	发射率
水泥砂浆	干燥	常温	0.54
饰面砖	光滑、釉面	20	0.92
	白色、发光	常温	0.70~0.75
	红色、粗糙	20	0.88~0.93
	黄色、平滑耐火砖	20	0.85
大理石	光滑	常温	0.94

附录 D 检测记录表

表 D 外墙饰面层粘结质量检测记录表

工程名称：＿＿＿＿＿ 地址：＿＿＿＿＿
仪器名称：＿＿ 编号：＿＿ 基层材料：＿＿ 饰面材料：＿＿
天气：＿＿＿＿＿ 气温：＿＿＿＿ 风速：＿＿＿＿ 日照情况：＿＿＿

编号	分区	楼层	立面朝向	红外像片号	数码像片号	拍摄距离	拍摄角度	拍摄时间	饰面层表面温度

检测：＿＿＿＿＿ 校核：＿＿＿＿＿ 检测日期：＿＿＿＿＿

本规程用词说明

1 为便于在执行本规程条文时区别对待，对要求严格程度不同的用词说明如下：

1）表示很严格，非这样做不可的：
正面词采用"必须"，反面词采用"严禁"；

2）表示严格，在正常情况下均应这样做的：
正面词采用"应"，反面词采用"不应"或"不得"；

3）表示允许稍有选择，在条件许可时首先应这样做的：
正面词采用"宜"，反面词采用"不宜"；

4）表示有选择，在一定条件下可以这样做的，采用"可"。

2 条文中指明应按其他有关标准执行的写法为："应符合……的规定"或"应按……执行"。

中华人民共和国行业标准

红外热像法检测建筑外墙饰面
粘结质量技术规程

JGJ/T 277—2012

条 文 说 明

制 定 说 明

《红外热像法检测建筑外墙饰面粘结质量技术规程》JGJ/T 277-2012，经住房和城乡建设部 2012 年 1 月 6 日以第 1240 号公告批准、发布。

本规程制定过程中，编制组进行了广泛深入的调查研究，总结了我国工程建设建筑外墙饰面层粘结质量检测的实践经验，同时参考了《建筑红外热像检测要求》JG/T 269、《工业检测型红外热像仪》GB/T 19870 等，通过试验及实体工程现场检测取得了相关的重要技术参数。

为便于广大设计、施工、科研、学校等单位有关人员在使用本规程时能正确理解和执行条文规定，《红外热像法检测建筑外墙饰面粘结质量技术规程》编制组按章、节、条顺序编制了本规程的条文说明，对条文规定的目的、依据以及执行中需注意的有关事项进行了说明。但是，本条文说明不具备与规程正文同等的法律效力，仅供使用者作为理解和把握规程规定的参考。

目　次

1 总　则

1.0.1 本规程是对采用红外热像法检测建筑外墙湿作业施工的砂浆、外墙砖等饰面层粘结质量的技术规定。

1.0.2 本规程主要适用于建筑外墙采用满粘法施工的饰面层粘结质量的检测。

建筑物外墙的饰面砖施工方法是多种多样的，点粘法和条粘法在施工时就已经使饰面砖和墙体之间形成了空鼓，若使用红外热像法检测极易误判，最好不用热像法，而用其他方法检测。

对于采用外墙外保温体系饰面层，由于饰面层粘贴于保温材料表面，饰面层与外保温层之间、外保温层体系各层材料之间都有可能产生粘结空鼓。尤其是外墙外保温采用 EPS 聚苯板和 XPS 聚苯板的外墙薄抹灰系统，抹面砂浆与聚苯板之间产生粘结空鼓的情况比较常见，在用红外热像法检测时，可能无法准确区分热像图显示的空鼓原因，此时需要慎重采用红外成像法检测技术，并结合外墙外保温体系的饰面层粘结质量其他检测方法进行综合判断。

有些建筑外墙用多种不同颜色的外墙饰面材料粘贴成细小花纹图形，由于颜色不同，表面温度会有所不同，饰面正常部分和空鼓部分不能正确区分，所以这种情况下红外热像法是不适用的。

此外，由于表面有大的凹凸装饰的饰面层会发生红外线乱反射，所以红外热像法也不适用。

3 检测仪器

3.1 技术要求

3.1.1 太阳光在 6000K 时的峰值波长为 0.5μm，波长 3μm～5μm 时的光辐射强度约是波长 8μm～14μm 光辐射强度的 100 倍，所以，受太阳光的影响很大，即使是相同的材料波长在 6μm 以下时，除黑色涂料发射率大以外，白色涂料和外墙砖等发射率会降低，因此，需要在检测时恰当地选择红外热像仪的波长。建筑外墙饰面层检测时选用波长 8μm～14μm 的热像仪比较合适。

热像仪测温范围是可以事先设定的。−20℃～100℃ 测温范围基本能够满足建筑饰面层质量的检测。

热像仪温度显示分辨率是一个重要性能指标，由于建筑外墙饰面层正常部位与空鼓部位产生的温度差比较小（约为 0.5℃），为了保证检测结果的准确性，推荐使用温度显示分辨率不大于 0.08℃ 的仪器。

热像仪的像素值直接关系到检测结果的表达精度，因此，尽量选用像素值高的热像仪。否则，检测距离就会受到很大限制。

空间分辨力要求不小于 1mrad，在拍摄距离不超过 50m 时，可以确保每张红外热像图的最小可探测面积在目标物上不大于 50mm×50mm。

3.1.2 在红外热像仪出厂时，应该附带产品合格证。

3.1.3 为保证红外热像仪测温温差的准确性，使用者应按照规程附录 A 进行仪器的校准。附录 A 相关内容引用《热像仪校准规范》JJF 1187 的规定。

校准项目包括温度示值误差和测温一致性。温度示值误差：考虑到建筑外墙饰面层表面温度通常范围，温度示值误差不超过 ±2.0℃；测温一致性：不大于 0.5℃；复校时间间隔：由用户根据使用情况确定，建议为 1 年，使用特别频繁时应适当缩短。在使用中红外热像仪出现异常情况，从而对红外热像仪性能产生怀疑时，应提前进行校准。

3.2 使用环境条件

3.2.1 红外热像仪采用高灵敏度的红外探测器，为了避免影响图片质量，须对拍摄环境进行规定。通过查阅国内外成熟的红外热像仪的说明手册，结合实际工作中积累的经验，制定了仪器的使用应在环境温度 −5℃～40℃ 之间，检测时环境温度过低或过高会使墙面温度趋于均衡，空鼓部位与正常部位墙面温差很小，无法进行准确的检测与判定；环境湿度宜控制在 90% 以内，确保红外热像仪的正常使用。

4 检　测

4.1 一般规定

4.1.1 红外热像法检测建筑外墙饰面层粘结质量的检测程序应包含如下内容：接受委托并由委托方提供被检测建筑的权属关系证明和原始工程图纸等资料，在委托人无法提供以上资料或资料不全的情况下，检测单位应根据实际情况进行现场调查。在预调查的基础上制定检测方案，选定现场检测日期及现场检测实施方案。制定检测方案后，实施现场检测。根据现场检测记录的数据对红外热图像进行处理、分析，并判定被检测饰面层粘结空鼓部位、程度及质量分级。必要时，可采用锤击法、拉拔法等其他方法进行检测结果的验证，以确保检测结果的准确性。最后依据记录的相关资料编写检测报告。

4.1.2 现场调查和资料收集是在正式检测之前的准备调查，该调查是后期检测的必要条件。通过确认红外热像法的适用性及从建筑物管理人员处得到的信息，搞清楚该建筑物有无修补、建筑物的实际用途、环境特征等，相关信息有益于后续检测方案编写、现场检测和检测报告编制等工作的完成。

在调查过程中需要确认如下项目：

1 该建筑设计图纸：图纸和实际建筑是否完全

符合、有无差异；

2 该建筑的历史：竣工时间、施工方法、维修等情况；

3 该建筑的外观情况：观察建筑外墙饰面及其老化情况；

4 热（冷）环境：建筑内有无正在使用的热（冷）源及其位置；

5 建筑方位、建筑物朝向及各墙面的方位等；

6 周边情况：四周道路和人行道宽度、邻接地块和空地、相邻建筑的方位和高度，有无树木和障碍物等；

7 检测时应采取的安全措施和注意事项。

4.1.3 为了更高效地进行检测，根据现场调查结果以及对收集资料的分析，应事先做好检测技术方案。检测技术方案需要研究被测建筑物所具备的检测条件、环境和气象条件，然后决定检测时间，确定红外热像仪的工作位置、检测距离、检测次数以及必要时用其他检测方法确认热像法检测结果等。

检测技术方案的主要内容含义如下：

1 检测时间：收集长期天气预报，调查正式检测前约 4d～5d 的天气情况，选择气候状况相对稳定的时间段，然后确定检测日程。

2 需要检测墙面的位置及最佳检测时段：确认被测墙面日照能量、判断红外热像法的适用性，没有日照的部分应选取合适的检测时段，具体建议检测时段附录 B 引用标准《建筑红外热像检测要求》JG/T 269 规定的参数。

3 红外热像仪在现场的工作位置：应考虑建筑物规模（高度、宽度）、建筑物周边条件（相邻建筑、相邻空地、道路等）、检测距离等因素后再确定检测仪器工作位置。

4 检测距离及检测次数：红外热像法对被测建筑物的规模和结构形式基本没有限制，但是，建筑物的高度和平面尺寸过大，会使检测距离加大。如果红外热像仪仰角和水平角过大，会使检测精度降低，也会导致误判。所以，检测工作要在充分掌握红外热像仪检测功能的基础上进行。为了对大面积的墙面分块拍摄，应事前制作拍摄分块简图。应尽量减少检测次数，对于高大建筑外墙应选择恰当的检测距离。

5 辅助检测验证：对于涉及沾污部位、阴影部位及有热源的影响部位、树木障碍物的阴影部位、特殊部位（阳台侧面）等，应在确定异常缺陷部位后，用其他检测方法（如敲击法和拉拔法）进行辅助验证检测。

4.2 现场检测

4.2.1 为了使正常部位与空鼓部位产生温度差，则需要外墙温度有足够的变化量。使墙体产生人为的温度变化是比较困难的，因此主要依赖于太阳能和自然

界的气温变化。由于外墙表面温度分布随着天气、时间、方位的不同，其变化是相当复杂的，所以，对每一片外墙都需要确定好合适的检测时段。也就是说，本方法在用于外墙饰面检测时，在最适宜的环境条件下检测是非常重要的。当外墙的表面温度比主体温度高，热就从外墙表面传到主体中，当外墙的表面温度比主体低时，热就由里传到外。如果墙体饰面材料有空鼓，外墙和主体之间的热传导变小。因此，当外墙表面从日照或外部升温的空气中吸收热量时，有空鼓层的部位温度变化比正常情况大。通常，当暴露在太阳光或升温的空气中时，外墙表面的温度升高，空鼓部位的温度比正常部位的温度高；相反，当阳光减弱或气温降低，外墙表面温度下降时，剥落部位的温度比正常部位的温度低。由于空气的导热系数远低于瓷砖、砖、混凝土等建筑材料，因此当热流从表面进入建筑物饰面层时，即会在"空鼓"等缺陷部位受到空气阻挡发生"热堆积"，使该处的红外热像呈"热斑"等特征。由红外热像"热斑"出现的部位、持续时间等特征推知存在饰面砖粘结质量问题的区域范围。

红外热像法检测易受太阳辐射量变化的影响，所以在雨天时是不能进行检测的，在多云的天气下，如果正常部位和空鼓部位温度差大于 0.2℃，虽然可以进行检测，但是容易出现误判现象，所以应尽量在晴天时检测。降雨过后，外墙处于不均匀含水或表面湿润状态，另外，还有雨水从裂缝等处浸入空鼓部分，所以在雨水蒸发过程中实施检测也会增加误判的可能性。因此，需在墙壁完全干燥后再进行检测。从这个意义上讲，检测工作应在时间方面要给出相当大的余量。

4.2.2 尽量选在风和日丽的天气进行检测工作，刮风、下雨、有雾的天气不能进行检测。

一般的红外热像仪空间分辨力多为 1mrad 左右，红外热像仪在所测饰面层上能分辨的最小可测点面积为 50mm×50mm。为了满足分辨到 50mm 直径的目标，空间分辨力为 1mrad 的红外热像仪应在距被测目标 50m 以内的位置工作，当因环境条件限制无法满足要求时，应在相应的红外热像图旁注明。由于被测建筑物周边环境的限制，热像仪应在距被测目标距离在 50m～100m 之间，热像仪应配备长焦镜头进行拍摄，满足饰面层上能分辨的最小可测点面积为 50mm×50mm 的要求。当进行近距离高处拍摄时或更近距离的拍摄，热像仪应配备广角镜头进行拍摄。拍摄角度（红外热像仪观察方向与被测建筑饰面层发射表面法向方向的夹角）应控制在 45°以内，确保得到理想的拍摄效果，超过 45°时，应在相应的红外热像图旁注明。

红外热像仪不仅接收到被测物的放射，而且也有来自大气中的放射、天空或对面建筑物等的太阳反射光及其他干扰光，被测墙面发射率低的情况下，容易

受到这些影响。所以，在检测发射率低的外墙饰面层时，需要正确选择检测环境。

物体对于红外线的吸收率、发射率及穿透率之间的关系如下：

$$反射率(\rho) + 吸收率(t) + 穿透率(\tau) = 1$$

$$发射率(\varepsilon) = 吸收率(t)$$

建筑物饰面材料的穿透率几乎等于 0，所以，发射率 $(\varepsilon) = 1 - 反射率(\rho)$。

由此可以看出，对于发射率高的被测物，其自身的发射起主要作用，利用红外热像法可以得到很好的温度场分布图。但是，在红外线反射率高的被测物温度场分布图中，多数情况是对面反射。所以，恰当选择检测时段及检测仪器工作位置、角度等是很重要的。

红外线检测装置是将红外热像仪"视野"内的物体放射的红外线以平面的形式摄取，并根据其强弱转换成"图像"。当仪器具有基准温度源时则其具有红外线温度计的功能。但是外墙饰面质量的检测则主要使用其相对温度的检测功能。

在建筑外墙上容易沾污的位置是窗台下部或类似构造的地方，由于沾污后颜色变黑的位置容易吸热，温度会比其他部位高，采用红外热像法也易造成误判，应采用敲击法进行确认检测。在集中空调机械室的某些墙壁或开着空调的房间与未开空调的房间的外墙以及开着空调的房间的换气扇周围墙面，在检测时出现误判的可能性会增加，也需要用敲击法加以确认。树影下的墙壁、处于对面建筑物阴影下的被测外墙等都难于用热像法检测，应采取相应的措施排除这些影响或采取其他方法检测空鼓是否存在。

周边道路、空地、相邻建筑朝向及高度，有无树木、障碍物、阴影遮挡等情况，被检测对象的外墙面是否会受相邻建筑高度及位置的影响，出现墙面受日照不完全、不充足，甚至完全不受日照等情况，这些都需要在预调查阶段加以确认，并在方案中提出解决办法。

4.2.3 对现场检测的步骤说明如下：

按照被检测建筑外墙饰面层和现场环境实际情况，安放和调试红外热像仪及其辅助设备，使其处于正常的工作状态。

在检测前和检测过程中记录相关的气象条件。如天气状况、环境气温、外墙饰面层表面温度、被测饰面层位置的空气速度及日照情况。

拍摄并储存、记录被检测外墙饰面层的红外热像图和可见光图像，并进行所得图像的朝向和分区编号，以便于在图像数据分析处理时不至于造成混淆。

记录拍摄相应的红外热像图和可见光图像时的拍摄时间、拍摄距离、拍摄角度，有助于对所拍得到

的图像进行分析和处理，确保图像分析处理的实际性和准确性。

采用红外热像法检测后，进行红外热像图和可见光图像分析和处理，对不能充分确定饰面层粘结质量的检测部位，可采用锤击法、拉拔法等其他检测方法进行必要的验证，进一步确认被检测饰面层部位的检验结果，确保饰面层粘结质量的判定准确性。

填写完整的检测记录表。

5 检测数据分析

5.0.1 进行红外线图像处理时，每个热像图都应根据其热像图具有的温度（或热量）信息进行图像处理，按照一定标准将最后的全部墙面红外热像整合，并作为建筑物整体的一个综合判断数据来使用。检测判定结论整理成易于委托方识别的建筑饰面空鼓缺陷分布图。

5.0.2 为最终表达检测结果，应以各墙面为单元，把分拍的热像整合拼接成一幅图像。

由于拍摄角度造成近大远小的效果，所以，要对拼接的热像图进行几何修正。

红外热像图数据处理是一个较为复杂的工作，在缺陷识别及数据分析时，需要在以下几个方面加以注意：

1 日照方面：1）日照时间；2）墙面与窗及窗框等表面温度的差别；3）有凹凸外形的建筑物的影响；4）阳光照不到的墙面所引起的温度差异。

2 中部和转角部分差异；污点处的表面和其他表面温度差异。

3 与风相关的方面：1）风对高层建筑表面温度的影响；2）风对女儿墙的影响。

4 室内侧墙面温度影响方面：1）冷暖空调室的影响；2）机械室、锅炉室等的热源影响；3）空鼓部分受雨水浸透的影响。

5 检测角度和放射率的关系。

5.0.3 在图像处理和分析中，单纯机械依靠红外热像图和可见光图处理有可能出现饰面层粘结缺陷判断不准，所以图像处理应考虑并除去现场实际环境和红外热像仪性能及使用环境的影响，并由具有建筑基本知识和经验的、经过专业培训的技术人员进行。

当红外热像图和可见光图像分析和处理不能充分确定饰面层粘结缺陷时，可采用锤击法、拉拔法等其他辅助检测方法进行必要的验证，进一步确认被测饰面层部位的检验结果。

根据红外热像图和可见光图图像处理、分析判定的饰面层粘结缺陷结果及必要时采用其他辅助检测方法进行验证的结果，推定出被测饰面层粘结缺陷区域

和程度。

6 检测结论和报告

6.0.1 本条对建筑外墙饰面层粘贴质量等级的划分，制定了用文字表述的分级标准。分级的原则是以质量对使用安全的影响程度划分的；分级是定性的。不采用定量分级主要是考虑到存在缺陷面积不容易确定，

最近几年全国各地发生高空饰面层坠落的事故，虽然坠落的饰面层较小，但是高度很高，造成了较为严重的安全事故。同时在检测到尚不造成安全危害的饰面层粘结缺陷时，考虑到外界自然环境的变化（如雨水的渗透、冻融等）都会使饰面层粘结缺陷发展扩大，最终会形成大的质量安全隐患。故而将质量等级划分为两个等级，Ⅰ级标准：无明显缺陷，可不采取措施；Ⅱ级标准：有明显缺陷，应采取措施。

中华人民共和国行业标准

房地产登记技术规程

Technical specification of real estate registration

JGJ 278—2012

批准部门：中华人民共和国住房和城乡建设部
施行日期：2 0 1 2 年 6 月 1 日

中华人民共和国住房和城乡建设部
公　告

第 1307 号

关于发布行业标准《房地产
登记技术规程》的公告

现批准《房地产登记技术规程》为行业标准，编号为 JGJ 278 - 2012，自 2012 年 6 月 1 日起实施。其中，第 4.5.7、4.5.8 条为强制性条文，必须严格执行。

本规程由我部标准定额研究所组织中国建筑工业出版社出版发行。

2012 年 2 月 29 日

前　言

根据住房和城乡建设部《关于印发〈2008 年工程建设标准规范制订、修订计划（第一批）〉的通知》（建标〔2008〕102 号）的要求，在认真总结我国房地产登记工作实践和理论研究成果，参考国内外房地产登记相关标准，并在充分征求意见的基础上，编制本规程。

本规程主要内容是：1. 总则，2. 术语和代号，3. 登记基本单元编码，4. 登记程序，5. 登记归档，6. 登记资料利用。

本规程中以黑体字标志的条文为强制性条文，必须严格执行。

本规程由住房和城乡建设部负责管理和对强制性条文的解释，由中国房地产研究会房地产产权产籍和测量委员会负责具体技术内容的解释。在执行过程中，如有意见或建议，请寄送中国房地产研究会房地产产权产籍和测量委员会（地址：北京市三里河路 9 号北配楼南楼 206 室，邮政编码：100835）。

本 规 程 主 编 单 位：中国房地产研究会房地产
产权产籍和测量委员会
本 规 程 参 编 单 位：成都市房屋产权登记中心
杭州市房产交易产权登记
管理中心
武汉市住房保障和房屋管
理局
无锡市房屋产权监理处
绍兴市房地产管理处
天津市国土资源和房屋管
理局

本规程主要起草人员：沈建忠　姜万荣　杨佳燕
王　策　倪吉信　赵鑫明
严　勇　刘　松　陈　浩
喻荣胜　管建平　陈亚菁
曾　婷　罗佳意　万孝红
于　阳　何　文　朱雪茹
李晨光　黄海燕

本规程主要审查人员：苗乐如　杨临萍　程　啸
王　丹　田卫华　李世忠
冯　骏　宋　唯　谢建良
盛常礼

目　次

Contents

1 总　则

1.0.1 为规范房地产登记业务，维护房地产交易安全，制定本规程。

1.0.2 本规程适用于中华人民共和国境内的房地产登记。

1.0.3 房地产登记应遵循下列原则：

　　1 房地产登记应由房地产所在地直辖市、市、县人民政府设立的房地产登记机构负责，并应按本规程进行登记；

　　2 房地产登记工作中，具有审核性质的工作应由登记官承担；

　　3 房地产登记应依申请或依职权启动；

　　4 房地产登记应遵循房屋所有权和该房屋占用范围内的土地使用权权利主体一致的原则；

　　5 未办理房屋所有权初始登记的，不得办理房屋的其他登记；因处分房地产而登记的，被处分的房地产权利应已登记；

　　6 房地产登记机构应依法提供房地产登记信息查询。

1.0.4 房地产登记机构应建立房地产登记信息系统，作为住房信息系统的重要组成部分。

1.0.5 房地产登记除应符合本规程外，尚应符合国家现行有关标准的规定。

2 术语和代号

2.1 术　语

2.1.1 房地产　real estate

定着于地表或地下的房屋及其所占用的土地。

2.1.2 房屋　building

有固定基础、固定界限且有独立使用价值，人工建造的建筑物、构筑物以及特定空间。

2.1.3 固定界限　fixed boundary

能够区分相邻房屋登记基本单元或共用部分，由固定的围护物或明确的界址点闭合形成的界线。

2.1.4 房屋登记基本单元　a basic unit of registered building　有明确、唯一编号的房屋。

2.1.5 房屋登记基本单元代码　a code for basic unit of registered building

房地产登记机构依据本规程编制的与房屋登记基本单元一一对应的代码。

2.1.6 利害关系人　interested party

能够提供证据证明房地产登记结果影响或可能影响其合法权益的人。

2.1.7 合并办理　co-registration

房地产登记机构依据申请人的申请，将多个独立

但相互关联的登记事项一并受理，并按登记事项顺序连续办理登记的行为。

2.1.8 登记官　registrar

通过全国房屋登记审核人员培训考核，从事房地产登记审核性质工作的专业人员。

2.1.9 登记资料　registered materials

登记过程中形成的登记簿、登记申请材料以及具有保存价值的材料。

2.1.10 登记簿　register

由房地产登记机构依法制作和管理，用于记载房地产自然状况、权利状况以及其他依法应登记事项的特定簿册，是房地产权利归属和内容的依据。

2.1.11 登簿　recording

房地产登记机构将准予登记的房地产自然状况、权利状况以及其他依法应登记事项在登记簿上予以记载的行为。

2.1.12 房地产权属证书　ownership certificate

房地产登记机构根据登记簿记载，向权利人颁发的权利证书，包括房屋所有权证、房屋他项权证或房地产权证、房地产他项权证等。

2.1.13 登记证明　registered certificate

房地产登记机构根据登记簿记载，向预告登记权利人、在建工程抵押权利人等发放的权利证明，包括预告登记证明、在建工程抵押登记证明等。

2.2 代　号

2.2.1 TIF——Tagged Image File Format 的缩写，是一种图像格式。

2.2.2 JPEG——Joint Photographic Experts Group 的缩写，是一种图像格式。

2.2.3 CEB——Chinese E-paper Basic 的缩写，是一种版式文件格式。

2.2.4 PDF——Portable Document Format 的缩写，是一种电子文件格式。

2.2.5 dpi——Dots Per Inch 的缩写，是指单位面积内的像素数，即扫描精度。

3 登记基本单元编码

3.0.1 房地产登记机构应为房屋编制房屋登记基本单元代码。房屋登记基本单元代码应具有唯一性、确定性，不得随意变动。

3.0.2 房屋登记基本单元代码应由阿拉伯数字组成。

3.0.3 房屋登记基本单元代码应为26位，前25位为本体码，最后1位为校验码。

3.0.4 本体码应由行政区划代码和基本单元代码构成。

3.0.5 行政区划代码应由9位三级行政区划代码组合构成，其中：第1~4位为市（地区、自治州、盟）

行政区划代码，第5、6位为区（县、旗）行政区划代码，第7～9位为街道（乡、镇）行政区划代码。行政区划代码应采用现行国家标准《中华人民共和国行政区划代码》GB/T 2260 和《县级以下行政区划代码编制规则》GB/T 10114 的规定。

3.0.6 基本单元代码应由12位基本单元幢代码和4位户代码组成。

3.0.7 编制基本单元幢代码和户代码、计算校验码应按现行行业标准《房屋代码编码标准》JGJ/T 246 确定的方法执行。编制方法确定后，不得擅自改变；当确需改变时，应与原代码建立对应关系。

3.0.8 房屋登记基本单元代码应记载于登记簿，并可标注在房地产权属证书及其附图、登记证明、房地产图、房地产登记档案中。

3.0.9 当房屋登记基本单元合并、分割时，应重新编码，原代码不宜再赋予其他房屋登记基本单元。

4 登记程序

4.1 一般规定

4.1.1 房地产登记宜按申请、受理、审核、登簿、发证的程序进行。房地产登记机构认为有必要的，可对登记有关事项进行公告。

4.1.2 房地产登记机构宜设立受理、审核、登簿、质量管理等岗位，审核、登簿、质量管理岗位工作应由登记官担任。受理、审核、质量管理岗位工作不应由同一人担任。

4.1.3 房地产登记机构宜设立房地产登记审核委员会，负责会审房地产登记重大疑难事项。房地产登记审核委员会应由3人及以上单数组成，其中登记官不应少于总人数的1/2。

4.1.4 房地产登记机构应对房地产登记质量进行定期、定量检查。房地产登记类型应符合本规程附录A的有关规定。

4.1.5 房地产登记质量检查应符合下列规定：

　　1 房屋所有权初始登记应每件检查，其他各种登记类型应按每月不低于登记件数的3%进行抽查；

　　2 每件检查业务均应填写检查记录，并应签署质量检查意见；

　　3 应计算错件数比例，对有误的登记业务应退回相应业务岗位，并提出书面纠正意见；

　　4 对纠正情况应进行监督，并应按月度、年度撰写质量检查报告。

4.1.6 房地产登记机构宜配置居民身份证读卡器等防伪、加密设备。

4.2 申请

4.2.1 申请人（代理人）应向房地产登记机构提交房地产登记申请材料，申请材料应齐全、形式规范、内容合法、真实有效。房地产登记申请材料应符合本规程附录B的要求。主要登记类型申请材料清单和登记业务表式样宜符合本规程附录C和附录D的要求。

4.2.2 房地产登记应共同申请，当有下列情形之一时，可单方申请：

　　1 因合法建造房屋取得房屋权利；

　　2 因人民法院、仲裁委员会的生效法律文书取得房地产权利；

　　3 因继承、受遗赠取得房地产权利；

　　4 因房屋所有权人的姓名或名称变更，申请变更登记；

　　5 因房屋坐落的街道、门牌号或房屋名称变更，申请变更登记；

　　6 因房屋面积增加或减少，申请变更登记；

　　7 因同一所有权人分割、合并房屋，申请变更登记；

　　8 房屋灭失；

　　9 权利人放弃房地产权利；

　　10 权利人申请不涉及房地产权利归属和内容的更正登记；

　　11 申请异议登记；

　　12 预售人和预购人订立商品房买卖合同后，预售人未按约定与预购人申请预告登记，预购人申请预告登记。

4.2.3 对共有的房地产，应由共有人共同申请登记。对按份共有的房地产，申请人还应提交各自房地产份额的约定书。

4.2.4 对建筑区划内属于全体业主共有的公共场所、公用设施和物业服务用房，申请人（代理人）应在申请房屋所有权初始登记时一并申请登记。

4.2.5 申请人委托他人代为申请登记时，应采取书面委托方式。

4.2.6 未成年人的房地产应由其监护人代为申请登记。当监护人代为申请时，应提交本人和未成年人的身份证明、监护关系证明。

4.2.7 需要申请人（代理人）确认的申请书及有关申请材料，应采取下列方式确认：

　　1 自然人宜采用签名或摁留指纹的方式。签名应与提交的身份证明上的姓名一致，不得使用省略名或曾用名。摁留指纹宜摁留其右手拇指指纹或食指指纹；

　　2 法人应采用加盖该法人印章的方式；

　　3 其他组织应采用加盖该组织印章的方式。

4.3 受理

4.3.1 受理工作应包括下列主要内容：

　　1 查验申请主体；

　　2 查验申请材料；

3 核对申请登记事项;

4 询问申请人（代理人）;

5 录入相关信息;

6 签署受理意见。

4.3.2 当符合下列情形之一时,房地产登记机构可合并办理登记:

1 以抵押贷款方式预购商品房的,预购商品房预告登记与预购商品房抵押权预告登记;

2 已设立所有权、抵押权预告登记的预购商品房符合相应登记条件后,预购商品房预告登记转房屋所有权转移登记与预购商品房抵押权预告登记转房屋抵押权设立登记;

3 已设立抵押权登记的在建工程竣工后,房屋所有权初始登记与在建工程抵押权登记转房屋抵押权设立登记;

4 以抵押贷款方式购买房屋的,房屋所有权转移登记与房屋抵押权设立登记;

5 继承人将自己的房地产份额转让给其他继承人,涉及的房屋所有权继承、转让等转移登记;

6 房屋所有权变更致使抵押权变更的,房屋所有权变更登记与抵押权变更登记;

7 房屋所有权转移、变更致使地役权转移、变更的,房屋所有权转移、变更登记与地役权转移、变更登记。

4.3.3 查验申请主体应包括下列主要内容:

1 申请人（代理人）为自然人的,申请材料上的姓名应与身份证明材料上的姓名一致,并宜通过身份证读卡器查验境内居民身份证真伪、采集相关信息;

2 申请人（代理人）为法人、其他组织的,申请材料上的名称应与身份证明材料上的名称一致。

4.3.4 查验申请材料应包括下列主要内容:

1 申请材料应齐全、完整;

2 房地产权属证书或登记证明应真实、有效;

3 有关部门出具的权利来源证明材料、其他有关证明材料应在规定的有效期限内且属依职权出具。

4.3.5 核对申请登记事项应包括下列主要内容:

1 申请材料上的内容应与申请登记事项相符;

2 申请材料之间的内容应相互对应;

3 申请登记事项与登记簿记载事项不得冲突。

4.3.6 询问申请人（代理人）应包括下列主要内容:

1 申请登记的事项应是申请人的真实意思表示;

2 申请登记的房地产应是共有或单独所有;对共有的房地产,应询问是共同共有或按份共有;对按份共有的,应询问申请人的共有份额;

3 当申请异议登记时,申请人应知悉异议不当应承担的责任;

4 询问结果应经被询问人签名或摁留指纹确认后归档保留。

4.3.7 对准予受理的,应出具受理凭证并告知申请人（代理人）应缴纳的登记费用。对不予受理的,应告知申请人（代理人）需补正的内容或不予受理的理由,并应将申请材料退还申请人（代理人）。

4.4 审　核

4.4.1 审核工作应包括下列主要内容:

1 审核申请材料的一致性、合法性;

2 进行实地查看;

3 公告登记事项;

4 会审重大疑难事项;

5 签署审核意见。

4.4.2 一致性审核应包括下列主要内容:

1 申请人（代理人）身份信息与申请材料、登记簿记载一致;

2 申请登记的房地产信息与申请材料、登记簿记载一致;

3 实地查看结果与申请材料、登记簿记载一致。

4.4.3 合法性审核应包括下列主要内容:

1 申请材料的形式应符合法律、法规和规章的要求;

2 申请房屋所有权初始登记、在建工程抵押权登记的,房屋应在规划验收证明或建设工程规划许可证明的范围内;申请预购商品房预告登记的,房屋应在预售许可证明范围内;申请其他登记的,房地产应在登记簿记载的范围内;

3 申请登记的房屋应符合房屋登记基本单元的要求;

4 申请登记事项与登记簿的记载不冲突;

5 已公告的,公告期届满无异议或异议不成立。

4.4.4 当有下列情形之一时,应进行实地查看:

1 房屋所有权初始登记;

2 在建工程抵押权登记;

3 因房屋灭失导致的房屋所有权注销登记。

4.4.5 房屋所有权初始登记实地查看应包括下列主要内容:

1 房屋坐落、房屋登记基本单元数量与证明材料记载的信息一致;

2 房屋已建造完毕。

4.4.6 在建工程抵押权登记实地查看应包括下列主要内容:

1 在建工程的坐落与证明材料记载的信息一致;

2 申请抵押的部分已建造。

4.4.7 因房屋灭失导致的房屋所有权注销登记实地查看应包括下列主要内容:

1 登记簿记载的房屋坐落与申请登记的房屋坐落信息一致;

2 房屋已灭失。

4.4.8 每件实地查看业务应由不少于 2 名登记工作

人员负责，其中至少1名应为登记官。查看人员宜对查看对象拍照留存，填写实地查看表，并应签名确认。

4.4.9 当有下列情况之一时，应进行公告：

　　1 集体土地上的房屋所有权初始登记；

　　2 房地产权属证书或登记证明公告作废；

　　3 因遗失、灭失等原因，应补发集体土地上的房地产权属证书或登记证明；

　　4 房地产登记机构认为应公告的其他情形。

4.4.10 公告应在房地产所在地公开发行的报纸上刊登，或在房地产登记机构官方网站上发布。

　　集体土地上房屋的公告宜在房屋所在地农村集体经济组织或村民委员会办公场所或房屋所在地张贴。该农村集体经济组织或村民委员会出具已公告的证明，或现场拍取的公告场景照片，可作为已公告依据。

4.4.11 公告期不宜少于5个工作日。房地产登记机构宜建立登记公告查询系统并应向社会提供查询服务。

4.4.12 对需进一步补充材料的，应告知申请人（代理人）补正内容和补正期限。

4.4.13 符合登记条件的，应予以登记。不符合登记条件或申请人（代理人）在通知的补正期限内无正当理由未补齐材料的，不予登记；不予登记的，应书面告知原因，并应退还申请材料。

4.5　登　簿

4.5.1 登记簿应按房屋登记基本单元建立，并应与房地产登记档案形成对应关系。

4.5.2 登记簿宜采用电子介质形式，也可采用纸介质形式。电子登记簿应定期异地备份，纸质登记簿应配备必要的安全保护设施。

4.5.3 登记官应负责填写登记簿，并应在电子登记簿上点击确认或在纸质登记簿上签名（章）确认。

4.5.4 登记官应根据审核结果在登记簿上记载相应的权利人。

4.5.5 房地产登记机构合并办理的登记，应在相应的登记簿上分别记载。

4.5.6 申请登记事项登簿之前，申请人（代理人）申请撤回登记申请的，房地产登记机构应准予撤回，收回受理凭证，并应退还申请材料。

4.5.7 记载于登记簿的时点应符合下列规定：

　　1 使用电子登记簿的，应以登记官将登记事项在登记簿上记载完毕并点击确认之时为准；

　　2 使用纸质登记簿的，应以登记官将登记事项在登记簿上记载完毕并签名（章）之时为准。

4.5.8 任何人不得擅自更改登记簿。当登记簿记载的事项有误时，应按更正登记程序进行更正。

4.6　发　证

4.6.1 房地产登记机构应根据登记簿的记载，填发房地产权属证书、登记证明。房地产权属证书、登记证明的印制和填写应符合国家有关规定。

4.6.2 房地产权属证书、登记证明记载的内容应使用国家法定文字，涉及数量、日期、编号，宜使用阿拉伯数字。

4.6.3 发证时，应核对权利人（代理人）身份证明，收回受理凭证；无法提供受理凭证的，应由权利人领取。领证人应在领证凭证上签名确认，并应注明领证日期。

4.6.4 下列登记不应颁发房地产权属证书或登记证明：

　　1 建筑区划内属于全体业主共有的房屋登记；

　　2 异议登记。

5　登　记　归　档

5.1　一　般　规　定

5.1.1 登记事项登簿后，房地产登记机构应将登记申请材料、登记审核材料和具有保存价值的其他材料收集、整理、归档，定期或永久保存。除本规程第5.3.9条中列入可销毁范围的登记档案为定期保存外，均应永久保存。

5.1.2 房地产登记档案存档形式应包括纸质形式和电子形式。当同时采用纸质形式和电子形式存档的，两者内容应保持一致。

5.1.3 房地产登记档案宜由房地产登记机构统一管理。

5.1.4 房地产登记档案库房的设计和管理应符合国家现行有关标准的规定，应做好防火、防盗、防高温、防尘、防光、防潮、防有害气体和防有害生物工作。

5.1.5 房地产登记机构应配备登记档案、登记簿检索工具，应实现档案目录和登记簿之间的双向查询、组合查询、模糊查询等功能，并应根据要求实现身份验证等功能。

5.2　存　档　范　围

5.2.1 房地产登记档案应采用文字、图表、声像等形式，其载体可为纸介质、电子介质等。

5.2.2 登记申请材料应包括房地产登记申请书、身份证明、房地产权利来源证明材料、房地产自然状况及登记簿记载的其他事项发生变化的证明材料等。

5.2.3 登记审核材料和其他材料应包括下列主要内容：

　　1 询问笔录；

2 实地查看材料；

3 登记审核结果材料；

4 其他证明材料。

5.3 纸质档案管理

5.3.1 纸质档案归档应包括接收、立卷、编号、装订、入库、上架等工作。

5.3.2 纸质档案归档应符合下列规定：

1 登记工作完成后，应将列入归档范围的材料收集齐全，并应按本规程的有关要求及时归档、检查验收、保管利用；

2 归档的材料应为原件或为经比对确认的复制件；对不符合要求的，不得接收。

5.3.3 纸质档案宜采用每办理1件登记所形成的材料立1个卷；合并办理的登记材料宜合并立卷。

5.3.4 纸质档案的立卷应包括：卷内材料的排列与编号、卷内目录和备考表的编制、卷皮和档案盒或档案袋的编写工作，并应符合下列规定：

1 卷内材料应按下列顺序排列：

1）目录；

2）结论性审核材料；

3）过程性审核材料；

4）当事人提供的登记申请材料；

5）图纸；

6）其他；

7）备考表。

2 卷内材料应每1页材料编写1个页号。单面书写的材料应在右上角编写页号；双面书写的材料应在正面右上角、背面左上角编写页号。图表、照片可编在与此相应位置的空白处或其背面。卷内目录、备考表可不编页号。编写页号应使用阿拉伯数字，起始号码从"1"开始。

3 卷内目录编制应符合下列规定：

1）顺序号应按卷内材料的排列顺序，每份材料应编1个顺序号，不得重复、遗漏；

2）材料题名应为材料自身的标题，不得随意更改和省略。如材料没有标题，应根据材料内容拟写一个标题；

3）页次应填写该材料所在的起始页，最后页应填起止页号；

4）备注应填写需注明的内容。

4 备考表的编制应符合下列规定：

1）立卷人应为负责归档材料立卷装订的人员；

2）检查人应为负责检查归档材料立卷装订质量的人员；

3）日期应为归档材料立卷装订完毕的日期。

5 卷皮与档案盒或档案袋项目的填写可采用计算机打印或手工填写。手工填写时应使用黑色墨水或墨汁填写，字体工整，不得涂改。

5.3.5 纸质档案可采用按归档流水号制定编号规则。

5.3.6 纸质档案装订应符合下列规定：

1 材料上的金属物应全部剔除干净，操作时不得损坏材料，不得对材料进行剪裁；

2 破损的或幅面过小的材料应采用A4白衬纸托裱，1页白衬纸应托裱1张材料，不得托裱2张及以上材料；字迹扩散的应复制并与原件一起存档，原件在前，复制件在后；

3 幅面大于A4的材料，应按A4大小折叠整齐，并应预留出装订边际；

4 卷内目录题名与卷内材料题名、卷皮姓名或名称与卷内材料姓名或名称应保持一致。姓名或名称不得用同音字或随意简化字代替；

5 卷内材料应向左下角对齐，装订孔中心线距材料左边际应为12.5mm；

6 应在材料左侧采用线绳装订；

7 材料折叠后过厚的，应在装订线位置加入垫片保持其平整；

8 卷内材料与卷皮装订在一起的，应整齐美观，不得压字、掉页，不得妨碍翻阅。

5.3.7 纸质档案整理装订完毕，宜消毒除尘后入库、上架。

5.3.8 房地产登记档案保管应符合下列规定：

1 档案库房应安装温湿度记录仪、配备空调及去湿、增湿设备，并应定期进行检修、保养；库房的温度应控制在14℃～24℃，相对湿度应控制在45%～60%；

2 档案库房应配备消防器材，并应按要求定期进行检查和更换；应安全使用电器设备，并应定期检查电器线路；库房内严禁明火装置和使用电炉及存放易燃易爆物品；库房内应安装防火及防盗自动报警装置，并应定期检查；

3 档案库房人工照明光源宜选用白炽灯，照度不宜超过100lx；当采用荧光灯时，应对紫外线进行过滤；不宜采用自然光源，当有外窗时应采取遮阳措施，档案在任何情况下均应避免阳光直射；

4 档案密集架应与地面保持80mm以上距离，其排列应便于通风降湿；

5 应检查虫霉、鼠害。当发现虫霉、鼠害时，应及时投放药剂，灭菌杀虫；

6 应配备吸尘器，加装密封门。有条件的可设置空气过滤装置。

5.3.9 下列纸质档案可列入销毁范围：

1 抵押权登记已注销满5年；

2 查封登记已解除满5年；

3 地役权登记已注销满2年；

4 预告登记已注销满2年；

5 异议登记已注销满2年。

5.3.10 销毁保管期届满的纸质档案应按下列程序

进行:

1 应由房地产登记档案管理人员、登记官和纪检、监察部门人员组成鉴定小组;

2 鉴定小组应对保管期届满的档案逐件进行审查,提出存毁意见。经鉴定有保存价值的档案,应重新整理编号,划定新的保管期限,妥善保管;不再保存的档案,应逐件编造清册,报本级房地产行政主管部门审批后销毁;

3 鉴定小组应指定 2 名以上鉴定小组人员监督销毁。监督销毁人员应根据销毁清册,对将要销毁的档案材料进行核对,确认无误后,方可进行销毁。销毁后,监销人员应在销毁清册上签名,并应注明焚毁或打浆的销毁方式和日期。

5.4 电子档案管理

5.4.1 电子档案的范围应包括电子档案目录、电子登记簿以及纸质档案的数字化加工处理成果。

5.4.2 电子档案应以 1 次登记为 1 件,按件建立电子档案目录。

5.4.3 电子登记簿应按房屋登记基本单元建立并应与电子档案目录形成关联。

5.4.4 房地产登记纸质档案宜进行数字化处理。

5.4.5 数字化处理基本流程应包括案卷整理、档案扫描、图像处理、图像存储、数据挂接、数据关联、数据验收、数据备份与异地保存。

5.4.6 数字化处理过程中应建立纸质档案数字化各环节的安全保密管理机制。纸质档案数字化的各个环节均应进行详细的记录,并应及时整理、汇总、装订成册,在数字化工作完成的同时形成完整、规范的记录。

5.4.7 数字化扫描处理应符合下列规定:

1 扫描应根据档案幅面的大小选择相应规格的扫描设备,大幅面档案可采用大幅面扫描仪,也可采用小幅面扫描后的图像拼接方式处理;

2 对页面为黑白二色且字迹清晰、不带插图的档案,可采用黑白二值模式进行扫描;对页面为黑白二色,但字迹清晰度差或带有插图的档案,以及页面为多色文字的档案,可采用灰度模式扫描;对页面中有红头、印章或插有黑白照片、彩色照片、彩色插图的档案,可采用彩色模式进行扫描;

3 当采用黑白二值、灰度、彩色等模式对档案进行扫描时,其分辨率宜选择大于或等于 100dpi;在文字偏小、密集、清晰度较差等特殊情况下,可适当提高分辨率;

4 对粘贴折页,可采用大幅面扫描仪扫描,或先分部扫描后拼接;对部分字体很小、字迹密集的情况,可适当提高扫描分辨率,选择灰度扫描或彩色扫描,采用局部深化技术解决;对字迹与表格颜色深度不同的,采用局部淡化技术解决;对页面中有黑白或彩色照片的材料,可采用 JPEG、TIF 等格式储存,应确保照片清晰度。

5.4.8 数字化图像处理应符合下列规定:

1 对出现偏斜的图像应进行纠偏处理;对方向不正确的图像应进行旋转还原;

2 对图像页面中出现的影响图像质量的杂质,应进行去污处理。处理过程中应遵循在不影响可懂度的前提下展现档案原貌的原则;

3 对大幅面档案进行分区扫描形成的多幅图像,应进行拼接处理,合并为一个完整的图像;

4 彩色模式扫描的图像应进行裁边处理,去除多余的白边。

5.4.9 数字化图像存储应符合下列规定:

1 采用黑白二值模式扫描的图像材料,宜采用 TIF 格式存储;采用灰度模式和彩色模式扫描的材料,宜采用 JPEG 格式存储。存储时的压缩率的选择,应以保证扫描的图像清晰可读为前提。提供网络查询的扫描图像,也可存储为 CEB、PDF 或其他格式;

2 图像材料的命名应确保其唯一性,并应与电子档案目录形成对应。

5.4.10 档案数字化转换过程中形成的电子档案目录与数字化图像,应通过网络及时加载到数据服务器端汇总,并应实现目录数据对相关联的数字图像的自动搜索,数字图像的排列顺序与纸质档案相符。

5.4.11 电子档案数据验收应符合下列规定:

1 对录入的目录数据和登记簿数据应进行抽查,抽查率不得低于 10%,错误率不得高于 3‰;

2 对纸质材料扫描后形成的图像材料应进行清晰度、污渍、黑边、偏斜等图像质量问题的控制;

3 对图像和目录数据挂接应进行抽查,抽查率不得低于 10%,错误率不得高于 3‰。

5.4.12 电子档案备份和异地保存应符合下列规定:

1 电子档案目录、电子登记簿以及纸质档案的数字化加工处理成果均应进行备份;

2 可选择在线增量备份、定时完全备份以及异地容灾备份的备份方式;

3 应至少每天 1 次做好增量数据和材料备份;

4 应至少每周 1 次定时做好完全备份,并应根据自身条件,应至少每年 1 次离线存放。存放地点应符合防火、防盗、防高温、防尘、防光、防潮、防有害气体和防有害生物的要求,还应采用专用的防磁柜存放;

5 应建立异地容灾体系,应对可能的灾害事故。异地容灾的数据存放地点与源数据存放地点距离不得小于 20km,在地震灾害频发地区,间隔距离不宜小于 800km;

6 备份数据应定期进行检验。备份数据检验的主要内容宜包括备份数据正常打开、数据信息完整、材料数量准确等；

7 数据与灾备机房的设计应符合现行国家标准《电子信息系统机房设计规范》GB 50174 的规定。

6 登记资料利用

6.1 一般规定

6.1.1 房地产登记机构应依法提供房地产登记资料查询、复制利用服务。房地产登记资料利用应包括对外利用和对内利用。

6.1.2 房地产登记机构可与公安、民政、税务、金融等部门建立登记资料相关信息共享机制。

6.1.3 房地产登记机构出具的登记资料查询结果应注明查询时间并加盖登记资料查询专用章。查询时间宜标注年、月、日、时、分、秒。

6.1.4 登记资料不得仅以权利人姓名或名称为条件进行查询。

6.2 登记资料对外利用

6.2.1 查询、复制登记簿应符合下列规定：

1 自然人、法人和其他组织提供身份证明、房屋坐落，可查询登记簿中房地产的自然状况及查封、抵押等权利限制状况；

2 所有权人提供身份证明、房屋坐落或房屋所有权证（房地产权证），可查询、复制其房地产的登记簿中信息；

3 其他权利人提供身份证明、房屋坐落或房屋他项权证（房地产他项权证或登记证明），可查询、复制登记簿中相关信息；

4 利害关系人提供身份证明、与查询房地产有利害关系的证明、房屋坐落，可查询、复制登记簿中相关信息。

6.2.2 查询、复制其他登记资料应符合下列规定：

1 所有权人提供身份证明、房屋所有权证（房地产权证），可查询、复制其房地产登记资料；

2 预告登记权利人提供身份证明、登记证明，可查询、复制与该房地产预告登记相关的登记资料；

3 抵押权人提供身份证明、房屋他项权证（房地产他项权证），可查询、复制与该房地产抵押权相关的登记资料；

4 房屋继承人（受遗赠人）提供身份证明、继承（受遗赠）证明，可查询、复制与继承、遗赠相关的登记资料；

5 公证机构、仲裁机构提供单位介绍信、已申请公证或仲裁的证明以及工作人员的工作证，可查询与公证、仲裁事项相关的登记资料。

6.2.3 国家安全机关、公安机关、检察机关、审判机关、纪检监察部门和证券监管部门提供单位介绍信、工作人员的工作证及相关证明材料，可查询、复制相关的登记资料。

6.2.4 对涉及国家安全、军事等保密的房地产登记资料，必须经国家安全、军事等机关书面同意后，方可利用。

6.2.5 查询房地产登记资料应按下列程序办理：

1 申请人（代理人）提交房地产登记资料查询申请书及有关证明材料；

2 房地产登记机构登记资料管理人员核对申请人（代理人）身份和条件，并告知应缴纳的费用；

3 房地产登记机构提供查询、出具查询结果。

6.2.6 符合查询条件的，房地产登记机构应及时提供查询服务。当时不能提供查询的，应向申请人（代理人）说明理由，并宜在受理申请之日起 10 个工作日内提供。

6.2.7 当有下列情形之一时，房地产登记机构可出具无查询结果的书面证明：

1 按申请人（代理人）提供的房屋坐落或房地产权属证书、登记证明查询无结果；

2 要求查询的房屋尚未进行登记；

3 要求查询的事项、资料不存在。

6.2.8 申请人（代理人）要求复制登记资料且符合本规程规定的，房地产登记机构应提供复制服务。

6.2.9 登记资料管理人员负责复制登记资料，经复核无误后，应在登记资料复制件上注明查询时间并加盖登记资料查询专用章。

6.2.10 申请人（代理人）自行摘录的登记资料不得加盖登记资料查询专用章。

6.2.11 登记资料管理人员宜做好台账记录，并应将申请人（代理人）提供的身份证明、申请书等申请材料一并留存备查。

6.3 登记资料对内利用

6.3.1 房地产登记机构工作人员、房地产登记机构之间因工作需要，房地产登记机构上级机关因诉讼、复议等需要，可内部查阅、调阅登记资料。

6.3.2 内部查阅房地产登记资料应填写房地产登记资料查阅单，经房地产登记资料管理部门负责人同意后，由登记资料管理人员查阅相关内容出具查询结果。

6.3.3 内部调阅房地产登记资料应填写房地产登记资料调阅单，经房地产登记资料管理部门负责人同意并填写房地产登记资料调阅登记册后，方可调出。

6.3.4 内部调阅登记资料时间最长不得超过 5 个工作日，到期不能归还的，调阅人应在调阅期届满前 1 个工作日到房地产登记资料管理部门说明情况并办理续借手续。

6.3.5 调阅人应负责调阅登记资料的完整和安全，严禁中途转借和私自复制，严禁遗失、拆散、调换、抽取、污损登记资料。

附录 A 登记类型

表 A 登记类型

一级分类	二级分类	三级分类
所有权登记	初始登记	单位建造房屋
		商品房
		个人建造房屋
		其他
	转移登记	买卖
		赠与
		继承
		分割
		产权互换
		兼并、合并、分立
		作价入股
		生效法律文书
		其他
	变更登记	姓名或名称变更
		地址、坐落变更
		面积增加或减少
		同一所有权人分割、合并房屋
		其他
	注销登记	房屋客体灭失
		房屋权利消灭
		其他
	一般抵押权登记	设立登记
		转移登记
		变更登记
		注销登记
	最高额抵押权登记	设立登记
		确定登记
		转移登记
		变更登记
		注销登记
	在建工程抵押权登记	设立登记
		转移登记
		变更登记
		注销登记

续表 A

一级分类	二级分类	三级分类
地役权登记	设立登记	—
	转移登记	—
	变更登记	—
	注销登记	—
预告登记	预购商品房预告登记	设立登记
		转移登记
		变更登记
		注销登记
	预购商品房抵押权预告登记	设立登记
		转移登记
		变更登记
		注销登记
	房屋所有权转移预告登记	设立登记
		转移登记
		变更登记
		注销登记
	房屋抵押权预告登记	设立登记
		转移登记
		变更登记
		注销登记
其他登记类型	更正登记	—
	异议登记	设立登记
		注销登记
	撤销登记	—

附录 B 登记申请材料要求

B.0.1 申请材料纸张和尺寸应符合下列规定：

　1 申请材料应采用韧性大、耐久性强、可长期保存的纸介质；

　2 申请材料幅面尺寸宜为国际标准 297mm×210mm。

B.0.2 填写申请材料宜使用黑色墨水或墨汁，不得使用修正液等进行修正。

B.0.3 申请材料所使用文字应符合下列规定：

　1 申请材料应使用汉字文本。少数民族自治区域内，可选用本民族或本自治区域内通用文字；

　2 少数民族文字文本的申请材料在非少数民族聚居或者多民族共同居住地区使用，应同时附汉字文本；

　3 外文文本的申请材料应附经公证或认证的汉

字译本。

B.0.4 申请人（代理人）姓名或名称应符合下列规定：

   1 申请材料中应使用申请人（代理人）的汉字姓名、名称或汉字译名。少数民族自治区域内，可选用本民族或本自治区域内通用文字；

   2 当使用汉字译名时，应在申请材料中附记其身份证明记载的姓名或名称。

B.0.5 申请材料中涉及数量、日期、编号的，宜使用阿拉伯数字。

B.0.6 当申请材料超过一页时，宜按 1、2、3……顺序排序，并宜在每页的右下角标注页码。

B.0.7 申请材料传递过程中，可将其合于左上角封牢。补充申请材料宜按同种方式另行排序封卷，不得拆开此前已封卷的资料直接添加。

B.0.8 申请材料应提交原件，但下列形式的复制文本应视为规范、有效：

   1 不能留存原件的，申请人（代理人）应提交与原件一致的复制件并提供原件，由登记人员对原件和复制件进行比对，并加盖本件与原件内容核对一致的印章；

   2 不能提供原件比对的，申请人（代理人）应提供出具该材料的机构或法定存档机构确认、公证机构公证或认证复制件与原件一致的证明。

B.0.9 申请房地产登记应提交合法、有效的申请材料。申请材料中需填写身份证明内容的，应注明证件名称，填写证件号码。

B.0.10 申请人（代理人）的身份证明材料应符合下列规定：

   1 境内自然人应提交居民身份证，未成年人可提交户口簿；

   2 军人应提交居民身份证或军官证、士兵证、文职干部证、学员证等身份证件；

   3 中华人民共和国香港、澳门特别行政区自然人应提交香港、澳门特别行政区居民身份证或香港、澳门特别行政区护照、港澳居民来往内地通行证、港澳同胞回乡证；

   4 中华人民共和国台湾地区自然人应提交台湾居民来往大陆通行证或台胞证；

   5 华侨应提交中华人民共和国护照；

   6 外籍人士应提交中国政府主管机关签发的居留证件或其所在国护照；

   7 境内企业法人应提交企业法人营业执照；

   8 境内机关法人、事业单位法人和社团法人应提交组织机构代码证、事业单位法人证书或社会团体法人登记证书；

   9 境外企业法人应提交其在境内设立分支机构或代表机构的批准文件和注册证明；

   10 境内经营性其他组织应提交营业执照；

   11 境内非经营性其他组织应提交组织机构代码证；

   12 境外其他组织应提交其在境内设立分支机构或代表机构的批准文件和注册证明；

   13 外国驻华使馆、领馆和外国驻华办事机构、国际组织驻华代表机构应提交该使馆、领馆、办事机构、代表机构出具的身份证明。

B.0.11 房地产登记后，房地产权利人的身份证明类型、证件号码等内容发生变更，当其申请办理已登记房地产的新登记事项时，提供证明申请主体与登记资料中留存或记载的主体为同一人的材料，应符合下列规定：

   1 境内自然人应提交其户籍所在地公安机关出具的身份变更证明材料；

   2 军人退役或转业，房地产以原军官证等身份证件登记的，宜提交原军人身份证件核发部门、现户籍所在地公安机关或民政部门出具的身份变更证明材料；

   3 境内自然人取得境外居民身份或境外自然人取得境内居民身份，应提交经公证或认证的身份变更证明材料；

   4 境外自然人应提交经认证的身份变更证明材料；

   5 境内法人、其他组织应提交其主体登记机构出具的相应身份变更证明材料；

   6 境外法人、其他组织应提交其批准和注册机构出具的身份变更证明材料。

B.0.12 申请登记的房地产，房地产登记机构已有其测绘成果的，申请人（代理人）可不再提供；无其测绘成果的，申请人（代理人）提交的测绘成果应符合登记的要求。

B.0.13 共有的房地产，申请人（代理人）应在申请书中注明或单独提交书面材料说明共有性质。按份共有房地产的，应明确相应具体份额。共有份额宜采取分数或百分数表示。

B.0.14 建筑物涉及区分所有情形，申请材料应符合下列规定：

   1 申请人（代理人）应在申请房屋所有权初始登记时提交说明建筑物区分所有情况的书面材料；

   2 建筑物区分所有情况的材料应包括标示专有、共有及公用具体位置的情况说明书；

   3 建筑物区分所有情况的材料应由规划部门确认或由建筑物区分所有权人书面约定。

B.0.15 用于申请房地产登记的人民法院、仲裁委员会法律文书应为已生效法律文书。已生效的一审人民法院法律文书，除民事调解书、不予受理民事裁定书、驳回起诉民事裁定书和管辖权异议民事裁定书外，尚应提交一审人民法院出具的法律文书生效确认证明材料或协助执行通知书。

B.0.16 用于申请房地产登记的下列材料应经公证：

　　1　因继承、受遗赠事实申请相关房地产登记的继承文书、受遗赠文书，但人民法院的生效法律文书确认相关房地产的继承、受遗赠事实的除外；

　　2　境外申请人委托他人申请房地产登记的委托书；

　　3　父母之外其他人处分未成年人的房地产申请登记的，应提供对未成年人享有监护权的证明，但人民法院指定监护除外。

B.0.17 经公证的材料应符合下列规定：

　　1　除委托、声明、遗嘱等单方法律行为外，其他涉及房地产的公证应由房地产所在地公证机构出具；

　　2　境外出具的公证材料应经转递或认证，并附汉字文本。

B.0.18 用于申请房地产登记的境外形成司法文书应符合下列规定：

　　1　中华人民共和国澳门特别行政区、中华人民共和国台湾地区形成的司法文书，应经境内人民法院裁定予以认可和执行；

　　2　外国司法文书应经境内人民法院裁定予以承认和执行；

　　3　未与中华人民共和国缔结或参加国际司法协助条约的外国法院司法文书，人民法院不予受理的香港特别行政区法院涉及房地产权属、婚姻关系等民事裁判类法律文书以及其他人民法院不予受理的涉外司法文书，宜经公证或认证。

附录C　主要登记类型申请材料清单

C.1　所有权登记申请材料表

表C.1.1　国有土地上的房屋所有权初始登记申请材料表

序号	申请材料名称	要　求	备　注
1	登记申请书	原件	—
2	申请人（代理人）身份证明	原件和经比对的复印件	—
3	建设用地使用权证明	原件和经比对的复印件	—
4	建设工程符合规划的证明	原件或经确认的复印件	—
5	建设工程施工证明	原件或经确认的复印件	建筑工程投资额或建筑面积在法定限额以内的，或法律、法规另有规定的，不提交
6	房屋已竣工的证明	原件或经确认的复印件	—
7	房屋测绘报告	原件或经确认的复印件	—
8	房屋地址证明	原件或经确认的复印件	—
9	批准文件	原件或经确认的复印件	经济适用住房、单位集资合作建房、廉租房、公共租赁房等
10	合作（联建）协议和产权分割清单	原件	合作修建（联建）建筑工程
11	规划部门确认业主共有房屋的证明或建筑物区分所有权人的书面约定	规划部门确认业主共有房屋的证明为原件或经确认的复印件，建筑物区分所有权人的书面约定为原件	建设单位申请业主共有的房屋所有权初始登记

表C.1.2　集体土地上的房屋所有权初始登记申请材料表

序号	申请材料名称	要　求	备　注
1	登记申请书	原件	—
2	申请人（代理人）身份证明	原件和经比对的复印件	—
3	宅基地使用权证明	原件和经比对的复印件	村民申请房屋所有权初始登记
4	集体所有建设用地使用权证明	原件和经比对的复印件	集体经济组织和乡镇（村）企业申请房屋所有权初始登记

序号	申请材料名称	要　求	备　注
5	房屋符合城乡规划的证明	原件或经确认的复印件	—
6	房屋测绘报告或村民住房平面图	原件或经确认的复印件	—
7	房屋地址证明	原件或经确认的复印件	—
8	申请人属于房屋所在地农村集体经济组织成员的证明	原件或经确认的复印件	村民申请房屋所有权初始登记
9	经村民会议同意或由村民会议授权经村民代表会议同意的证明	原件或经确认的复印件	集体经济组织申请房屋所有权初始登记
10	合作（联建）协议和产权分割清单	原件	合作修建（联建）建筑工程

表 C.1.3　国有土地上的房屋所有权转移登记申请材料表

序号	申请材料名称	要　求	备　注
1	登记申请书	原件	—
2	申请人（代理人）身份证明	原件和经比对的复印件	—
3	房屋所有权证书（房地产权证书）	原件	—
4	契税完税或减（免）税凭证	原件	不属于契税征税范畴的房屋，不提交
5	买卖合同；买卖审批表	原件	买卖经济适用住房、单位集资合作建房、房改房等政策性住房，需提交准予买卖审批表
6	互换合同	原件	互换
7	征收决定和征收补偿协议	征收决定为原件和经比对的复印件，征收补偿协议为原件	《国有土地上房屋征收与补偿条例》实施之前的拆迁项目，提交拆迁许可证和拆迁安置协议
8	赠与合同	原件	赠与
9	遗赠公证书和接受遗赠公证书	原件或经确认的复印件	遗赠
10	继承权公证书	原件或经确认的复印件	继承
11	房屋分割、合并协议；房屋地址证明	原件	房屋分割、合并；地址发生变动的，需提交经重新确认的房屋地址证明
12	约定协议；婚姻关系证明	原件	将共有的房屋约定为单独所有、将单独所有的房屋约定为共有或按份共有的份额转移；申请人属于夫妻关系的，需提交婚姻关系证明
13	作价入股的协议	原件	以房屋作价入股
14	合并（兼并）、分立的证明和房屋所有权转移的证明；主体资格灭失证明	合并（兼并）、分立的证明为原件和经比对的复印件，房屋所有权转移证明为原件	法人或其他组织合并（兼并）、分立；法人或其他组织丧失主体资格的，需提交主体资格灭失证明
15	所有权人被撤销的证明和房屋所有权转移的证明	所有权人被撤销的证明为原件和经比对的复印件，房屋所有权转移的证明为原件	所有权人被撤销
16	划拨、移交的证明和房屋所有权转移的证明	划拨、移交的证明为原件和经比对的复印件，房屋所有权转移的证明为原件	划拨、移交房屋
17	拍卖成交确认书	原件	拍卖

续表C.1.3

序号	申请材料名称	要求	备注
18	企业清算的证明和房屋所有权转移的证明	企业清算的证明为原件和经比对的复印件,房屋所有权转移的证明为原件	企业因破产而清算的,提交人民法院宣告企业破产的生效法律文书;企业因解散而清算的,提交股东(大)会决议(职工大会或职代会决议)和能够证明房屋所有权转移的清算方案(清算报告)或转让协议、证明
19	生效法律文书	原件或经确认的复印件	人民法院、仲裁委员会的生效法律文书确认房屋所有权转移
20	预告登记证明	原件	已办理预购商品房预告登记或房屋所有权转移预告登记
21	抵押权人(预告登记权利人)同意转让房屋的证明、他项权证(预告登记证明)及抵押权人(预告登记权利人)身份证明	抵押权人(预告登记权利人)同意转让房屋的证明为原件,他项权证(预告登记证明)及抵押权人(预告登记权利人)身份证明为原件和经比对的复印件	转移房屋设有抵押权或预购商品房抵押权预告登记、抵押权预告登记

表 C.1.4　集体土地上的房屋所有权转移登记申请材料表

序号	申请材料名称	要求	备注
1	登记申请书	原件	—
2	申请人(代理人)身份证明	原件和经比对的复印件	—
3	房屋所有权证书(房地产权证书)	原件	—
4	契税完税或减(免)税凭证	原件	—
5	宅基地使用权证明和农村集体经济组织同意转移房屋所有权的证明	原件或经确认的复印件	村民转让房屋所有权
6	集体所有建设用地使用权证明和村民会议同意或由村民会议授权经村民代表会议同意的证明	原件或经确认的复印件	农村集体经济组织转让房屋所有权
7	买卖合同	原件	买卖
8	互换合同	原件	互换
9	赠与合同	原件	赠与
10	遗赠公证书和接受遗赠公证书	原件或经确认的复印件	遗赠
11	继承权公证书	原件或经确认的复印件	继承
12	房屋分割、合并协议;房屋地址证明	原件	房屋分割、合并;地址发生变动的,需提交重新确认的房屋地址证明
13	约定协议;婚姻关系证明	原件	将共有的房屋约定为单独所有、将单独所有的房屋约定为共有或按份共有的份额转移;申请人属于夫妻关系的,需提交婚姻关系证明
14	拍卖成交确认书	原件	拍卖
15	企业清算的证明和房屋所有权转移的证明	企业清算证明为原件和经比对的复印件,房屋所有权转移的证明为原件	企业因破产而清算的,提交人民法院宣告企业破产的生效法律文书;企业因解散而清算的,提交股东(大)会决议(职工大会或职代会决议)和能够证明房屋所有权转移的清算方案(清算报告)或转让协议、证明

序号	申请材料名称	要 求	备 注
16	生效法律文书	原件或经确认的复印件	人民法院、仲裁委员会的生效法律文书确认房屋所有权转移
17	预告登记证明	原件	房屋所有权转移预告登记转移登记
18	抵押权人（预告登记权利人）同意转让房屋的证明、他项权证（预告登记证明）及抵押权人（预告登记权利人）身份证明	抵押权人（预告登记权利人）同意转让房屋的证明为原件，他项权证（预告登记证明）及抵押权人（预告登记权利人）身份证明为原件和经比对的复印件	转移房屋设有抵押权或预购商品房抵押权预告登记、抵押权预告登记

表 C.1.5 房屋所有权变更登记申请材料表

序号	申请材料名称	要 求	备 注
1	登记申请书	原件	—
2	申请人（代理人）身份证明	原件和经比对的复印件	—
3	房屋所有权证书（房地产权证书）	原件	—
4	建设工程规划许可证明、竣工验收证明和房屋测绘报告	原件或经确认的复印件	房屋改、扩建
5	变更证明	原件或经确认的复印件	房屋所有权人姓名（名称），房屋地址、用途等变更
6	房屋分割、合并的证明；房屋地址证明	原件	同一所有权人分割、合并房屋；地址发生变动的，需提交重新确认的房屋地址证明
7	国有土地使用权证明	原件和经比对的复印件	集体土地依法转为国有土地
8	生效法律文书	原件或经确认的复印件	人民法院、仲裁委员会的生效法律文书确认房屋所有权变更

表 C.1.6 房屋所有权注销登记申请材料表

序号	申请材料名称	要 求	备 注
1	登记申请书	原件	—
2	申请人（代理人）身份证明	原件和经比对的复印件	—
3	房屋所有权证书（房地产权证书）	原件	—
4	房屋倒塌的情况说明	原件	倒塌
5	征收决定及房屋已被拆除的证明	征收决定为原件和经比对的复印件，房屋已被拆除的证明为原件	《国有土地上房屋征收与补偿条例》实施之前的拆迁项目，提交拆迁许可证及房屋已被拆除的证明
6	放弃所有权的承诺书；他项权利人（预告登记权利人）书面同意证明	原件	放弃所有权；被放弃的房屋上存在他项权（预告登记）的，需提交他项权利人（预告登记权利人）的书面同意证明

C.2 抵押权登记申请材料表

表 C.2.1 一般抵押权设立登记申请材料表

序号	申请材料名称	要 求	备 注
1	登记申请书	原件	—
2	申请人（代理人）身份证明	原件和经比对的复印件	—

序号	申请材料名称	要 求	备 注
3	房屋所有权证书（房地产权证书）	原件和经比对的复印件	—
4	集体所有建设用地使用权证明	原件和经比对的复印件	乡镇、村企业以厂房等建筑物设定抵押权
5	主债权合同	原件	—
6	抵押合同	原件	—
7	预告登记证明	原件	已办理预购商品房抵押权预告登记或者抵押权预告登记转抵押权登记

表 C.2.2 一般抵押权转移登记申请材料表

序号	申请材料名称	要 求
1	登记申请书	原件
2	申请人（代理人）身份证明	原件和经比对的复印件
3	房屋他项权证书	原件
4	抵押担保的主债权已转让的证明	原件

表 C.2.3 一般抵押权变更登记申请材料表

序号	申请材料名称	要 求	备 注
1	登记申请书	原件	—
2	申请人（代理人）身份证明	原件和经比对的复印件	—
3	房屋他项权证书	原件	—
4	变更证明	原件或经确认的复印件	抵押当事人姓名或名称，房屋地址、用途等变更
5	变更协议；抵押权人（预告登记权利人）的书面同意证明	原件	抵押标的物范围、担保主债权数额、债务履行期限、担保范围或抵押顺位变更；影响到其他抵押权人（抵押权预告登记权利人）利益的，需提交其他抵押权人（预告登记权利人）的书面同意证明

表 C.2.4 最高额抵押权设立登记申请材料表

序号	申请材料名称	要 求	备 注
1	登记申请书	原件	—
2	申请人（代理人）身份证明	原件和经比对的复印件	—
3	房屋所有权证书（房地产权证书）	原件和经比对的复印件	—
4	最高额抵押合同	原件	—
5	主债权合同	原件	—
6	已存在债权的证明和抵押当事人同意将该债权纳入最高额抵押权担保范围的证明	原件	担保最高额抵押权设立前已存在的债权

表 C.2.5　最高额抵押权转移登记申请材料表

序号	申请材料名称	要　求
1	登记申请书	原件
2	申请人（代理人）身份证明	原件和经比对的复印件
3	房屋他项权证书	原件
4	抵押担保的主债权已转让的证明	原件
5	对最高额抵押权担保的主债权尚未确定的承诺	原件

表 C.2.6　最高额抵押权变更登记申请材料表

序号	申请材料名称	要　求	备　注
1	登记申请书	原件	—
2	申请人（代理人）身份证明	原件和经比对的复印件	—
3	房屋他项权证书	原件	—
4	对最高额抵押权担保的主债权尚未确定的承诺	原件	—
5	变更证明	原件或经确认的复印件	抵押当事人姓名或名称、房屋地址、用途等变更
6	变更协议；其他抵押权人（预告登记权利人）的书面同意证明	原件	抵押标的物范围、债权确定时间、担保债权范围、最高债权额或抵押顺位变更；影响到其他抵押权人（抵押权预告登记权利人）利益的，需提交其他抵押权人（预告登记权利人）的书面同意证明

表 C.2.7　最高额抵押权确定登记申请材料表

序号	申请材料名称	要　求
1	登记申请书	原件
2	申请人（代理人）身份证明	原件和经比对的复印件
3	房屋他项权证书	原件
4	最高额抵押权担保的债权已确定的证明	原件

表 C.2.8　在建工程抵押权设立登记申请材料表

序号	申请材料名称	要　求
1	登记申请书	原件
2	申请人（代理人）身份证明	原件和经比对的复印件
3	建设用地使用权证明或记载土地使用权状况的房地产权证书	原件和经比对的复印件
4	主债权合同	原件
5	抵押合同	原件
6	建设工程规划许可证明	原件和经比对的复印件

表 C. 2. 9　在建工程抵押权转移登记申请材料表

序号	申请材料名称	要　求
1	登记申请书	原件
2	申请人（代理人）身份证明	原件和经比对的复印件
3	登记证明	原件
4	抵押担保的主债权已转让的证明	原件

表 C. 2. 10　在建工程抵押权变更登记申请材料表

序号	申请材料名称	要　求	备　注
1	登记申请书	原件	—
2	申请人（代理人）身份证明	原件和经比对的复印件	—
3	登记证明	原件	—
4	变更证明	原件或经确认的复印件	抵押当事人姓名或名称，房屋地址、用途等变更
5	变更协议；抵押权人（预告登记权利人）的书面同意证明	原件	抵押标的物范围、担保债权数额、债务履行期限、担保范围或抵押顺位变更；影响到其他抵押权人（抵押权预告登记权利人）利益的，需提交其他抵押权人（预告登记权利人）的书面同意证明

表 C. 2. 11　一般抵押权、最高额抵押权或在建工程抵押权注销登记申请材料表

序号	申请材料名称	要　求	备　注
1	登记申请书	原件	—
2	申请人（代理人）身份证明	原件和经比对的复印件	—
3	房屋他项权证书或登记证明	原件	抵押权和最高额抵押权注销登记，提交房屋他项权证书；在建工程抵押权注销登记，提交登记证明
4	担保的主债权已消灭的证明	原件	主债权已消灭
5	抵押权人放弃权利声明	原件	抵押权人放弃抵押权
6	抵押权已实现的证明	原件	抵押权已实现

C. 3　地役权登记申请材料表

表 C. 3. 1　地役权设立登记申请材料表

序号	申请材料名称	要　求
1	登记申请书	原件
2	申请人（代理人）身份证明	原件和经比对的复印件
3	地役权合同	原件
4	房屋所有权证书（房地产权证书）	原件和经比对的复印件

表 C. 3. 2　地役权转移登记申请材料表

序号	申请材料名称	要　求
1	登记申请书	原件
2	申请人（代理人）身份证明	原件和经比对的复印件

序号	申请材料名称	要　求
3	房屋他项权证书	原件
4	地役权转让的证明	原件

表 C.3.3　地役权变更登记申请材料表

序号	申请材料名称	要　求	备　注
1	登记申请书	原件	—
2	申请人（代理人）身份证明	原件和经比对的复印件	—
3	房屋他项权证书	原件	—
4	变更证明	原件或经确认的复印件	地役权当事人姓名或名称，房屋地址、用途等变更
5	变更协议	原件	利用目的、方法、利用期限、利用范围等变更

表 C.3.4　地役权注销登记申请材料表

序号	申请材料名称	要　求	备　注
1	登记申请书	原件	—
2	申请人（代理人）身份证明	原件和经比对的复印件	—
3	房屋他项权证书	原件	—
4	合同权利义务终止的证明	原件	合同权利义务终止
5	标的物灭失证明	原件	供役地房屋或需役地房屋灭失
6	生效法律文书	原件或经确认的复印件	人民法院、仲裁委员会的生效法律文书确认地役权灭失

C.4　预告登记申请材料表

表 C.4.1　预购商品房预告登记设立登记申请材料表

序号	申请材料名称	要　求
1	登记申请书	原件
2	申请人（代理人）身份证明	原件和经比对的复印件
3	已备案的商品房预售合同	原件
4	预告登记约定协议	原件

表 C.4.2　预购商品房预告登记转移登记申请材料表

序号	申请材料名称	要　求	备　注
1	登记申请书	原件	—
2	申请人（代理人）身份证明	原件和经比对的复印件	—
3	预告登记证明	原件	—
4	继承权公证书	原件或经确认的复印件	继承
5	遗赠公证书和接受遗赠公证书	原件或经确认的复印件	遗赠
6	生效法律文书	原件或经确认的复印件	人民法院、仲裁委员会的生效法律文书确认预告登记权利转移

表 C.4.3　预购商品房预告登记变更登记申请材料表

序号	申请材料名称	要　求	备　注
1	登记申请书	原件	—
2	申请人（代理人）身份证明	原件和经比对的复印件	—
3	预告登记证明	原件	—
4	变更证明	原件或经确认的复印件	预告登记当事人姓名或名称，房屋地址、用途等变更

表 C.4.4　预购商品房预告登记注销登记申请材料表

序号	申请材料名称	要　求	备　注
1	登记申请书	原件	—
2	申请人（代理人）身份证明	原件和经比对的复印件	—
3	预告登记证明	原件	—
4	商品房预售合同权利义务终止的证明	原件	合同被解除、撤销、宣告无效或已履行完毕
5	生效法律文书	原件或经确认的复印件	人民法院、仲裁委员会的生效法律文书确认预告登记无效或失效

表 C.4.5　预购商品房抵押权预告登记设立登记申请材料表

序号	申请材料名称	要　求
1	登记申请书	原件
2	申请人（代理人）身份证明	原件和经比对的复印件
3	预告登记证明	原件和经比对的复印件
4	主债权合同	原件
5	抵押合同	原件
6	预告登记约定协议	原件

表 C.4.6　预购商品房抵押权预告登记转移登记申请材料表

序号	申请材料名称	要　求	备　注
1	登记申请书	原件	—
2	申请人（代理人）身份证明	原件和经比对的复印件	—
3	预告登记证明	原件	—
4	预告登记权利发生转移的证明	原件或经确认的复印件	因撤销、合并、兼并、分立等原因使预告登记权利人灭失，致预告登记权利转移

表 C.4.7　预购商品房抵押权预告登记变更登记申请材料表

序号	申请材料名称	要　求	备　注
1	登记申请书	原件	—
2	申请人（代理人）身份证明	原件和经比对的复印件	—
3	预告登记证明	原件	—
4	变更证明	原件或经确认的复印件	预告登记当事人姓名或名称，房屋地址、用途等变更
5	变更协议	原件	担保债权的数额、债务履行期限或担保范围变更

表 C. 4. 8 预购商品房抵押权预告登记注销登记申请材料表

序号	申请材料名称	要 求	备 注
1	登记申请书	原件	—
2	申请人（代理人）身份证明	原件和经比对的复印件	—
3	预告登记证明	原件	
4	主债权已消灭的证明	原件	主债权消灭
5	预告登记权利人放弃权利声明	原件	预告登记权利人放弃权利
6	预告登记权利已实现的证明	原件	预告登记权利已实现
7	生效法律文书	原件或经确认的复印件	人民法院、仲裁委员会的生效法律文书确认预告登记无效或失效

表 C. 4. 9 房屋所有权转移预告登记设立登记申请材料表

序号	申请材料名称	要 求
1	登记申请书	原件
2	申请人（代理人）身份证明	原件和经比对的复印件
3	房屋所有权证书（房地产权证书）	原件和经比对的复印件
4	房屋所有权转让合同	原件
5	预告登记约定协议	原件

表 C. 4. 10 房屋所有权转移预告登记转移登记申请材料表

序号	申请材料名称	要 求	备 注
1	登记申请书	原件	—
2	申请人（代理人）身份证明	原件和经比对的复印件	—
3	预告登记证明	原件	—
4	继承权公证书	原件或经确认的复印件	继承
5	遗赠公证书和接受遗赠公证书	原件或经确认的复印件	遗赠
6	生效法律文书	原件或经确认的复印件	人民法院、仲裁委员会的生效法律文书确认预告登记权利转移
7	婚姻关系证明和财产约定协议	婚姻关系证明为原件和经比对的复印件，财产约定协议为原件	结（离）婚

表 C. 4. 11 房屋所有权转移预告登记变更登记申请材料表

序号	申请材料名称	要 求	备 注
1	登记申请书	原件	—
2	申请人（代理人）身份证明	原件和经比对的复印件	—
3	预告登记证明	原件	—
4	变更证明	原件或经确认的复印件	预告登记当事人姓名或名称，房屋地址、用途等变更

表 C. 4. 12 房屋所有权转移预告登记注销登记申请材料表

序号	申请材料名称	要 求	备 注
1	登记申请书	原件	—
2	申请人（代理人）身份证明	原件和经比对的复印件	—

序号	申请材料名称	要　求	备　注
3	预告登记证明	原件	—
4	合同权利义务终止的证明	原件	合同被解除、撤销、宣告无效或已履行完毕
5	生效法律文书	原件或经确认的复印件	人民法院、仲裁委员会的生效法律文书确认预告登记无效或失效

表 C.4.13　房屋抵押权预告登记设立登记申请材料表

序号	申请材料名称	要　求
1	登记申请书	原件
2	申请人（代理人）身份证明	原件和经比对的复印件
3	房屋所有权证书（房地产权证书）	原件和经比对的复印件
4	主债权合同	原件
5	抵押合同	原件
6	预告登记约定协议	原件

表 C.4.14　房屋抵押权预告登记转移登记申请材料表

序号	申请材料名称	要　求	备　注
1	登记申请书	原件	—
2	申请人（代理人）身份证明	原件和经比对的复印件	—
3	预告登记证明	原件	—
4	预告登记权利发生转移的证明	原件	因撤销、合并、兼并、分立、死亡等原因使预告登记权利人灭失，致预告登记权利转移

表 C.4.15　房屋抵押权预告登记变更登记申请材料表

序号	申请材料名称	要　求	备　注
1	登记申请书	原件	—
2	申请人（代理人）身份证明	原件和经比对的复印件	—
3	预告登记证明	原件	—
4	变更证明	原件或经确认的复印件	预告登记当事人姓名或名称，房屋地址、用途等变更
5	变更协议；其他抵押权人（预告登记权利人）的书面同意证明	原件	抵押标的物范围、担保债权的数额、债务履行期限或担保范围变更；影响到其他抵押权人（抵押权预告登记权利人）利益的，需提交其他抵押权人（预告登记权利人）的书面同意证明

表 C.4.16　房屋抵押权预告登记注销登记申请材料表

序号	申请材料名称	要　求	备　注
1	登记申请书	原件	—
2	申请人（代理人）身份证明	原件和经比对的复印件	—
3	预告登记证明	原件	—

序号	申请材料名称	要 求	备 注
4	主债权已消灭的证明	原件	主债权消灭
5	预告登记权利人放弃权利声明	原件	预告登记权利人放弃权利
6	预告登记权利已实现的证明	原件	预告登记权利已实现
7	生效法律文书	原件或经确认的复印件	人民法院、仲裁委员会的生效法律文书确认预告登记无效或失效

C.5 其他登记申请材料表

表 C.5.1 补发房地产权属证书、登记证明的申请材料表

序号	申请材料名称	要 求
1	登记申请书	原件
2	申请人（代理人）身份证明	原件和经比对的复印件
3	遗失声明	原件

表 C.5.2 换发房地产权属证书、登记证明的申请材料表

序号	申请材料名称	要 求
1	登记申请书	原件
2	申请人（代理人）身份证明	原件和经比对的复印件
3	房地产权属证书或登记证明	原件

表 C.5.3 更正登记申请材料表

序号	申请材料名称	要 求	备 注
1	登记申请书	原件	—
2	申请人（代理人）身份证明	原件和经比对的复印件	—
3	登记簿记载错误的证明	原件	房地产登记机构书面通知相关权利人办理更正登记的，可以不提交
4	登记簿记载的权利人同意更正的证明	原件	利害关系人申请更正登记

表 C.5.4 异议设立登记申请材料表

序号	申请材料名称	要 求
1	登记申请书	原件
2	申请人（代理人）身份证明	原件和经比对的复印件
3	登记簿记载错误的证明	原件
4	登记簿记载的权利人不同意更正的情况说明	原件

表 C.5.5 异议注销登记申请材料表

序号	申请材料名称	要 求	备 注
1	登记申请书	原件	—
2	申请人（代理人）身份证明	原件和经比对的复印件	—
3	异议登记失效的证明	原件或经确认的复印件	证明材料包括申请人未起诉的证明材料、人民法院或仲裁委员会未受理、驳回起诉、驳回诉讼请求或其他不予支持诉讼请求的生效法律文书；异议登记簿记载的申请人主动申请注销异议登记的，可以不提交异议登记失效的证明

附录 D 登记业务表

D.1 登记申请书

D.1.1 房地产登记申请书，应符合下列规定：

1 申请书填写说明可与申请书合并、在登记场所公示或向申请人（代理人）单独提供；

2 询问笔录可与申请书合并或单独填写；

3 申请书填写内容修改应经申请人（代理人）签名或签章确认。

D.1.2 房屋所有权登记申请书宜符合下列规定：

1 房屋所有权初始登记申请书宜符合表 D.1.2-1 的规定；

2 建筑物区分所有情况清册宜符合表 D.1.2-2 的规定；

3 房屋所有权转移登记申请书宜符合表 D.1.2-3 的规定；

4 房屋所有权变更登记和注销登记申请书宜符合表 D.1.2-4 的规定。

表 D.1.2-1 房屋所有权初始登记申请书

信息收集声明：本申请书信息系依法定职权收集，用于房地产登记和登记资料利用。

_____（房地产登记机构名称）

申请人情况	姓名（名称）				联系电话	
	证件类型		证件号码		户籍地	
	共有情况	□共同共有		□按份共有（所占份额： ）		
	代理人姓名（名称）				联系电话	
	证件类型		证件号码			
申请内容	房屋坐落					
	房屋所在建筑物总层数	地上层数		房屋所在层数		
		地下层数				
	建筑面积	专有部分建筑面积		套内建筑面积		
	房屋结构	规划用途		土地使用权证号		
	建筑物区分所有情况	□详见建筑物区分所有情况清册				
	因□单位建造房屋□新建商品房□个人建造房屋□其他_____，申请房屋所有权初始登记。					
	备注：					
	申请人承诺所提交的登记申请材料、申请信息真实、合法、有效，如有不实，由申请人承担一切法律责任。 特此承诺			申请人（代理人）： （签章） 申请日期：		

表 D. 1. 2-2 建筑物区分所有情况清册

区分所有情况	建筑物名称	建筑物编号	建筑面积
法定共有			
约定共有			

表 D. 1. 2-3 房屋所有权转移登记申请书

信息收集声明：本申请书信息系依法定职权收集，用于房地产登记和登记资料利用。

_____（房地产登记机构名称）

	转让人姓名（名称）				联系电话	
申请人情况	证件类型		证件号码			
	共有情况	□共同共有		□按份共有（所占份额： ）		
	代理人姓名（名称）		联系电话			
	证件类型		证件号码			
	受让人姓名（名称）				联系电话	
	证件类型		证件号码		户籍地	
	共有情况	□共同共有		□按份共有（所占份额： ）		
	代理人姓名（名称）		联系电话			
	证件类型		证件号码			

	房屋坐落	房屋所有权证号（房地产权证号）	
申请内容	因□买卖□赠与（受遗赠）□继承□分割（合并）□互换□以房屋出资入股□其他法定情形_____ _____，申请房屋所有权转移登记。		
	备注：		

申请人承诺所提交的申请登记材料、申请信息真实、合法、有效，如有不实，由申请人承担一切法律责任。
特此承诺

转让人（代理人）：　　　　　　　　　　　　　　受让人（代理人）：
　　　（签章）　　　　　　　　　　　　　　　　　（签章）
申请日期：　　　　　　　　　　　　　　　　　　申请日期：

表 D.1.2-4　房屋所有权变更和注销登记申请书

信息收集声明：本申请书信息系依法定职权收集，用于房地产登记和登记资料利用。

_____（房地产登记机构名称）

申请人情况	姓名（名称）			联系电话	
	证件类型		证件号码		
	代理人姓名（名称）			联系电话	
	证件类型		证件号码		
申请内容	房屋坐落			房屋所有权证号（房地产权证号）	
	变更	变更前：			
		变更后：			
	注销	因□房屋灭失□放弃所有权□转本登记□其他情形_____，申请房地产注销登记。			
	备注：				

申请人承诺所提交的申请登记材料、申请信息真实、合法、有效，如有不实，由申请人承担一切法律责任。

特此承诺

申请人（代理人）：

（签章）

申请日期：

D.1.3　房地产抵押权登记和抵押权预告登记申请书宜符合下列规定：

1　房地产抵押权、预购商品房抵押权和房屋抵押权预告登记设立登记等各类登记申请书宜符合表 D.1.3-1 的规定；

2　房地产最高额抵押权确定登记申请书宜符合表 D.1.3-2 的规定；

3　房地产抵押权、预购商品房抵押权和房屋抵押权预告登记转移登记等各类登记申请书宜符合表 D.1.3-3 的规定；

4　房地产抵押权、预购商品房抵押权和房屋抵押权预告登记变更登记、注销登记等各类登记申请书宜符合表 D.1.3-4 的规定。

表 D.1.3-1 各类房地产抵押权设立登记申请书

信息收集声明：本申请书信息系依法定职权收集，用于房地产登记和登记资料利用。

_____（房地产登记机构名称）

申请人情况	抵押权人姓名（名称）			联系电话	
	证件类型		证件号码		
	代理人姓名（名称）			联系电话	
	证件类型		证件号码		
	抵押人姓名（名称）			联系电话	
	证件类型		证件号码		
	代理人姓名（名称）			联系电话	
	证件类型		证件号码		
	债务人姓名（名称）			联系电话	
	证件类型		证件号码		
申请内容	房屋坐落			房屋所有权证号（房地产权证号或预告登记证明号）	
	担保范围				
	债务履行期（债权确定期间）			被担保债权数额（最高债权数额）	

因 _____，申请□一般抵押权□在建工程抵押权□最高额抵押权□预购商品房抵押权预告登记□房屋抵押权预告登记设立登记。

备注：

申请人承诺所提交的申请登记材料、申请信息真实、合法、有效，如有不实，由申请人承担一切法律责任。
特此承诺
抵押权人（代理人）：　　　　　　　　　　　　　　抵押人（代理人）：
　　（签章）　　　　　　　　　　　　　　　　　　　（签章）
申请日期：　　　　　　　　　　　　　　　　　　申请日期：

表 D. 1. 3-2 房地产最高额抵押权确定登记申请书

信息收集声明：本申请书信息系依法定职权收集，用于房地产登记和登记资料利用。

_____（房地产登记机构名称）

申请人情况	抵押权人姓名（名称）			联系电话		
	证件类型		证件号码			
	代理人姓名（名称）			联系电话		
	证件类型		证件号码			
	抵押人姓名（名称）			联系电话		
	证件类型		证件号码			
	代理人姓名（名称）			联系电话		
	证件类型		证件号码			
	债务人姓名（名称）			联系电话		
	证件类型		证件号码			
申请内容	房屋坐落					
	他项权利证号			房屋所有权证号（房地产权证号）		
	最高债权确定事实			确定担保的债权数额		
	备注：					

申请人承诺所提交的申请登记材料、申请信息真实、合法、有效，如有不实，由申请人承担一切法律责任。
特此承诺

抵押权人（代理人）：　　　　　　　　　　　　　　　抵押人（代理人）：
　　　（签章）　　　　　　　　　　　　　　　　　　　　（签章）
申请日期：　　　　　　　　　　　　　　　　　　　　申请日期：

表 D.1.3-3 各类房地产抵押权转移登记申请书

信息收集声明：本申请书信息系依法定职权收集，用于房地产登记和登记资料利用。

_____（房地产登记机构名称）

申请人情况	抵押权转让人姓名（名称）		联系电话	
	证件类型	证件号码		
	代理人姓名（名称）		联系电话	
	证件类型	证件号码		
	抵押权受让人姓名（名称）		联系电话	
	证件类型	证件号码		
	代理人姓名（名称）		联系电话	
	证件类型	证件号码		
	抵押人姓名（名称）		联系电话	
	证件类型	证件号码		
申请内容	房屋坐落			
	房屋所有权证号（房地产权证号）		他项权证号（登记证明号）	
	因□主债权□其他转让_____，申请□抵押权转移登记□抵押权转移预告登记。			
	备注：			

申请人承诺所提交的申请登记材料、申请信息真实、合法、有效，如有不实，由申请人承担一切法律责任。
特此承诺
抵押权转让人（代理人）：　　　　　　　　　　　　　　抵押权受让人（代理人）：
　　　　　　　　（签章）　　　　　　　　　　　　　　　　　　　　　（签章）
申请日期：　　　　　　　　　　　　　　　　　　　　　申请日期：

表 D.1.3-4 各类房地产抵押权变更登记和注销登记申请书

信息收集声明：本申请书信息系依法定职权收集，用于房地产登记和登记资料利用。

_____（房地产登记机构名称）

申请人情况	抵押权人姓名(名称)			联系电话	
	证件类型		证件号码		
	代理人姓名(名称)			联系电话	
	证件类型		证件号码		
	抵押人姓名(名称)			联系电话	
	证件类型		证件号码		
	代理人姓名(名称)			联系电话	
	证件类型		证件号码		
申请内容	房屋坐落			房屋所有权证号(房地产权证号)	
				他项权证号(登记证明号)	
	抵押权(预告登记抵押权)变更	变更前：			
		变更后：			
	抵押权(预告登记抵押权)注销	因□主债权消灭□抵押权已经实现□抵押权人放弃抵押权□其他情形，申请抵押权注销登记。			
	备注：				

申请人承诺所提交的申请登记材料、申请信息真实、合法、有效，如有不实，由申请人承担一切法律责任。

特此承诺

抵押权人（代理人）：　　　　　　　　　　　　　　抵押人（代理人）：

　　　（签章）　　　　　　　　　　　　　　　　　　　（签章）

申请日期：　　　　　　　　　　　　　　　　　　　申请日期：

D.1.4 房地产地役权登记申请书宜符合表 D.1.4 的　　规定。

表 D.1.4　房地产地役权登记申请书

| | | 信息收集声明：本申请书信息系依法定职权收集，用于房地产登记和登记资料利用。 |

_____（房地产登记机构名称）

申请人情况	需役地人姓名（名称）			联系电话	
	证件类型		证件号码		
	代理人姓名（名称）			联系电话	
	证件类型		证件号码		
	供役地人姓名（名称）			联系电话	
	证件类型		证件号码		
	代理人姓名（名称）			联系电话	
	证件类型		证件号码		
申请内容	需役地坐落			房屋所有权证号（房地产权证号）	
	供役地坐落			房屋所有权证号（房地产权证号）	
	地役权设立期限	从　　年　　月　　日起，至　　年　　月　　日止。			
	变更内容	变更前			
		变更后			
	转移内容				
	注销事由				
	因□设立地役权□变更地役权□转移地役权□注销地役权申请地役权登记。				
	备注：				

申请人承诺所提交的申请登记材料、申请信息真实、合法、有效，如有不实，由申请人承担一切法律责任。
特此承诺
需役地人（代理人）：　　　　　　　　　　　　　　供役地人（代理人）：
　　　（签章）　　　　　　　　　　　　　　　　　　　　（签章）
申请日期：　　　　　　　　　　　　　　　　　　　申请日期：

D.1.5 预购商品房预告登记设立登记申请书宜符合 表 D.1.5 的规定。

表 D.1.5 预购商品房预告登记设立申请书

_____（房地产登记机构名称）

> 信息收集声明：本申请书信息系依法定职权收集，用于房地产登记和登记资料利用。

<table>
<tr><td rowspan="8">申请人情况</td><td>预售人名称</td><td></td><td colspan="2"></td><td>联系电话</td><td></td></tr>
<tr><td>证件类型</td><td></td><td>证件号码</td><td colspan="3"></td></tr>
<tr><td>代理人姓名（名称）</td><td></td><td colspan="2"></td><td>联系电话</td><td></td></tr>
<tr><td>证件类型</td><td></td><td>证件号码</td><td colspan="3"></td></tr>
<tr><td>预购人姓名（名称）</td><td></td><td colspan="2"></td><td>联系电话</td><td></td></tr>
<tr><td>证件类型</td><td></td><td>证件号码</td><td></td><td>户籍地</td><td></td></tr>
<tr><td>代理人姓名（名称）</td><td></td><td colspan="2"></td><td>联系电话</td><td></td></tr>
<tr><td>证件类型</td><td></td><td>证件号码</td><td colspan="3"></td></tr>
<tr><td rowspan="3">申请内容</td><td>房屋坐落</td><td></td><td colspan="2"></td><td>商品房预售合同备案 号</td><td></td></tr>
<tr><td colspan="5">因□预购预售人所售商品房□其他法定情形_____，申请预购商品房预告登记设立登记。</td></tr>
<tr><td colspan="5">备注：</td></tr>
</table>

申请人承诺所提交的申请登记材料、申请信息真实、合法、有效，如有不实，由申请人承担一切法律责任。
特此承诺

预售人（代理人）：　　　　　　　　　　　　　　　　预购人（代理人）：
　　（签章）　　　　　　　　　　　　　　　　　　　　　（签章）
申请日期：　　　　　　　　　　　　　　　　　　　　申请日期：

D.1.6 房地产更正、异议登记、换证、补证申请书 宜符合表 D.1.6 的规定。

表 D.1.6 房地产更正登记、异议登记、换证、补证申请书

信息收集声明：本申请书信息系依法定职权收集，用于房地产登记和登记资料利用。					

_____ （房地产登记机构名称）

申请人情况	申请人姓名（名称）			联系电话	
	证件类型		证件号码		
	代理人姓名（名称）			联系电话	
	证件类型		证件号码		
申请内容	房屋坐落			房地产权属证书号（登记证明号）	
	因____，申请□更正登记□异议登记（□设立□注销）□换证□补证				
	更正事项	更正前：			
		更正后：			
	换证或补证事由				
	异议事项	提示：《物权法》第十九条规定，房地产登记机构予以异议登记的，申请人在异议登记之日起十五日内不起诉，异议登记失效。异议登记不当，造成权利人损害的，权利人可以向申请人请求损害赔偿。			
	备注：				

申请人承诺所提交的申请登记材料、申请信息真实、合法、有效，如有不实，由申请人承担一切法律责任。

特此承诺

申请人（代理人）：

（签章）

申请日期：

D.1.7 房地产登记撤回申请书宜符合表 D.1.7 的 规定。

表 D.1.7 房地产登记撤回申请书

信息收集声明：本申请书信息系依法定职权收集，用于房地产登记和登记资料利用。

_____（房地产登记机构名称）

申请人情况	姓名（名称）			联系电话	
	证件类型		证件号码		
	代理人姓名（名称）			联系电话	
	证件类型		证件号码		
申请内容	房屋坐落			受理编号	
	申请撤回___年___月___日申请的_____登记。				
	备注：				

申请人承诺所提交的申请登记材料、申请信息真实、合法、有效，如有不实，由申请人承担一切法律责任。

特此承诺

申请人（代理人）：

（签章）

申请日期：

D.2 协助执行、查询、审核类表格

D.2.1 办理协助执行类业务书宜符合下列规定：

1 接收执行法律文书类业务书宜符合表 D.2.1-

1 的规定；

2 协助执行审查建议书宜符合表 D.2.1-2 的规定。

表 D.2.1-1 接收执行法律文书类业务书

受理编号：（　　）

接收执行材料	执行单位								
	裁定书、判决书或其他生效法律文书								
	协助执行通知书								
送达人员姓名				联系电话					
执行公务证件号码				工作证件号码					
权利人姓名（名称）									
证件类型				证件号码					
被执行房地产状况	执行事项								
	商品房预售合同备案号								
	商品房预售许可证号								
	房地产权属证书号（登记证明号）								
	房地产坐落	所在区	街道（地名）	门牌	幢	单元	楼层	房号	

接收送达人：　　　　　　　　　　　　　　　　　　　　　　　　　接收时间：　年　月　日

表 D.2.1-2 协助执行审查建议书

执行文号	执行单位	
	裁定书、判决书或其他生效法律文书	
	协助执行通知书	
审查建议		

协助执行机构（签章）：

年　月　日

D. 2. 2 房地产登记资料查询申请书宜符合表 D. 2. 2 的规定。

表 D. 2. 2 房地产登记资料查询申请书

申请人 姓名（名称）		联系电话	
证件类型		证件号码	
代理人 姓名（名称）		联系电话	
证件类型		证件号码	
房屋坐落			
房地产权属证书号 （登记证明号）			
查询目的			

查询内容
申请人申请查询以下内容（在以下□中打✓）：

登记簿信息	其他登记资料
□房屋自然状况信息	□与房屋土地使用权有关登记资料
□房屋所有权信息	□与房屋所有权有关登记资料
□房屋他项权利登记信息	□与房屋他项权利有关登记资料
□房屋预告登记信息	□与房屋预告登记有关登记资料
□更正登记信息	□与房屋更正登记有关登记资料
□异议登记信息	□与房屋异议登记有关登记资料
□房屋查封或其他限制登记信息	□其他＿＿＿＿＿＿＿＿＿
□有无登记信息	

申请人承诺按所填查询目的查询以上登记内容并合法使用，由此产生的法律责任，由申请人承担。

申请人（代理人）：

（签　章）

申请日期：

提示：

房地产权利人或利害关系人如对查询行为或查询结果有异议，可自查询登记信息之日起三个月内向人民法院提起行政诉讼或于 60 日内申请行政复议。

D.2.3 房地产登记受理审核、实地查看、询问业务用表宜符合下列规定：**1** 房地产登记受理审核业务书宜符合表 D.2.3-1 的规定；

2 实地查看表宜符合表 D.2.3-2 的规定；

3 询问笔录宜符合表 D.2.3-3 的规定。

表 D.2.3-1　房地产登记受理审核业务书

业务类型		受理编号	
申请人		联系电话	
房屋坐落		申请日期	
受理人		受理日期	
受理意见		受理人签名：	
审核登记官		审核日期	
审核意见		登记官签名：	
审核委员会 会审意见		会审日期：	
登簿登记官		登簿日期	
缮证人		缮证时间	

表 D.2.3-2　实地查看表

业务类型		受理号	
申请人			
房地产（项目） 坐落			
查看时间			
查看的标的物状况			
查看人签名			
备　注			

表 D.2.3-3　询问笔录

受理编号：

询问人：

1. 申请登记事项是否为申请人真实意思表示？

回答：（请填写是或否）

_____

2. 申请登记的房地产是共有，还是单独所有？

回答：（请填写共有或单独所有）

_____

3. 申请登记的房地产是按份共有，还是共同共有？

回答：（共有情况下，请填写是按份共有或共同共有）

_____

4. 申请登记的房地产共有份额情况？

回答：（按份共有情况下，请填写具体份额。共同共有人不填写本栏）

_____

5. 申请异议登记时，权利人是否不同意办理更正登记？

回答：（申请异议登记时填写，申请其他登记不填写本栏）

_____

6. 申请异议登记时，是否已知悉异议不当应承担的责任？

回答：（申请异议登记时填写，申请其他登记不填写本栏）

_____

7. 其他需要询问的有关事项：

_____

_____

经被询问人确认，以上询问事项均回答真实、无误。

被询问人签名（签章）：

询问日期：

本规程用词说明

1　为便于在执行本规程条文时区别对待，对要求严格程度不同的用词说明如下：

1）表示很严格，非这样做不可的：

正面词采用"必须"，反面词采用"严禁"；

2）表示严格，在正常情况下均应这样做的：

正面词采用"应"，反面词采用"不应"或"不得"；

3）表示允许稍有选择，在条件许可时首先应这样做的：

正面词采用"宜"，反面词采用"不宜"；

4）表示有选择，在一定条件下可以这样做的，采用"可"。

2　条文中指明应按其他有关标准执行的写法为："应符合……的规定"或"应按……执行"。

引用标准名录

1　《中华人民共和国行政区划代码》GB/T 2260

2　《县级以下行政区划代码编制规则》GB/T 10114

3　《电子信息系统机房设计规范》GB 50174

4　《房屋代码编码标准》JGJ/T 246

中华人民共和国行业标准

房地产登记技术规程

JGJ 278—2012

条 文 说 明

制 订 说 明

《房地产登记技术规程》（JGJ 278 - 2012），经住房和城乡建设部 2012 年 2 月 29 日以第 1307 号公告批准、发布。

本规程编制过程中，编制组进行了认真的调查研究，在总结我国房地产登记工作实践和理论研究成果，参考国内外房地产登记相关标准，并在充分征求意见的基础上，制订了本规程。

为便于房地产登记机构、登记人员及相关单位、有关人员在使用本规程时能正确理解和执行条文规定，《房地产登记技术规程》编制组按章、节、条顺序编制了本规程的条文说明。对条文规定的目的、依据以及执行中需注意的有关事项进行了说明。但是，本条文说明不具备与规程正文同等的法律效力，仅供使用者作为理解和把握规程规定的参考。

目　次

1 总 则

1.0.2 虽然全国各地房地产登记管理体制、模式不完全相同，但对登记申请材料要求、登记申请主体审查、登记程序、登记信息查询等的要求具有共性。本规程不涉及房地产登记机构职能划分、登记模式划分的内容，仅对房屋及其占用土地登记过程中工作程序、要求进行规范。因此，本规程适用于中华人民共和国境内的房地产登记。

1.0.3 房地产登记应遵循以下原则：

第一，依法登记原则。这是最基本的要求。任何一个登记行为都需要在法律、法规和规章规定的框架下进行，不能自行创设。因此，登记应遵循包括地方法规、地方政府规章在内的法律、法规和规章的规定。同时，按照现行法律的有关规定，房地产登记实行属地管辖，且须由法定机构负责。房地产登记是不动产物权的公示方法，为了便于当事人查询，发挥房地产登记机构维护交易安全的功能，客观上需要在每一行政区域内由同一个机构负责登记工作。因此，房地产登记应由房地产所在地的直辖市、市、县人民政府设立的房地产登记机构负责。

第二，登记审核人员持证上岗原则。按照《房屋登记办法》以及住房和城乡建设部《关于做好房屋登记审核人员培训考核工作（试行）的通知》的要求，在登记机构从事房屋登记审核性质工作的人员都必须通过全国房屋登记审核人员培训考核，取得《房屋登记官培训考核合格证书》后，方可从事登记审核性质的工作。

第三，依申请登记或依职权启动原则。房地产登记程序启动，一般情况下是由当事人提出申请。也就是说无人申请则不能启动登记程序；例外情形是登记机构依据法定职权，对法律、法规和规章有明确规定的情形直接进行登记，无需当事人再提出申请启动登记程序。

第四，房地产主体一致原则。即房屋所有权与其所占用的土地使用权权利主体一致不得相互分离，更不得相互冲突。房屋和土地虽然是不同的不动产，但两者在客观上存在不可分割的联系。该原则在我国法律和实践中得到遵循。《城市房地产管理法》、《物权法》和《房屋登记办法》都明确了这一原则。

第五，在先已登记原则。首先，如果房屋没有办理房屋所有权初始登记，原则上不能办理房屋的其他登记，除非法律另有规定，如预告登记；其次，处分房地产之人，其房地产权利必须已经在登记簿进行了记载，否则不能为其办理登记。对在先已登记原则，我国法律、法规和规章也有明确的规定。例如，《物权法》第 31 条就是基于在先已登记原则而作出的规定。《房屋登记办法》第 35 条第 1 款、《土地登记办法》第 45 条的规定，都是在先已登记原则的具体体现。按照在先已登记原则，不动产物权的变动在登记簿上得到了连续、完整的记载，描述了不动产物权变化的所有阶段。

第六，依法查询原则。为了发挥房地产登记的公示作用，保障房地产交易安全，单位和个人可以查询房地产权利的记载信息。房地产登记机构应当提供查询服务。但房地产登记机构提供房地产登记资料查询并不是随意的，必须依照规定进行查询。

3 登记基本单元编码

3.0.1 房屋登记要保证登记客体的唯一性，就必须是每个登记基本单元对应唯一的房屋代码，这个代码和每个公民拥有唯一的居民身份证号码类似，是唯一的，不得随意调整、改变。

3.0.3～3.0.6 规定了房屋登记基本单元代码的码段结构和位数。房屋登记基本单元代码由本体码（25位）及校验码（1位）共 26 位组成，其中本体码（25 位）由行政区划代码（9 位）、幢代码（12 位）、户代码（4 位）组成。房屋登记基本单元代码结构如图 1 所示。

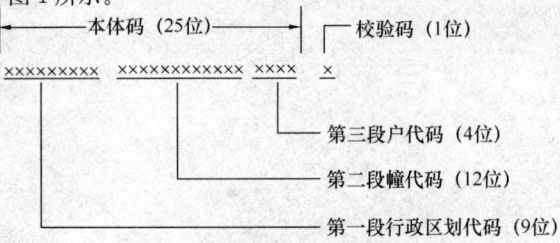

图 1 房屋基本单元代码结构图

3.0.7 如行政区划调整、编码方法改变等造成房屋登记基本单元代码变化的，新、旧代码应建立对应关系，以保持代码的稳定性、关联性。

3.0.8 房屋登记基本单元代码必须在登记簿上记载，是否标注在房地产权属证书及其附图、登记证明、房地产图、房地产登记档案中，不做强制要求，由各地根据保密等具体情况自行确定。

4 登记程序

4.1 一般规定

4.1.1 考虑公告不是房地产登记的必经程序，是否公告，主要由登记机构根据具体情况作出。因此，将申请、受理、审核、登簿、发证列为房地产登记一般程序。

4.1.2 审核是工作人员对受理移交的申请材料的一致性、合法性进行审核，是保证登记质量的关键环节。登簿是工作人员将有关登记事项记载于登记簿，确保物权生效和信息准确的重要环节。质量管理是对受理、审核、登簿等各个登记环节的合法性、准确性进行全面监督，及时发现差错，提高登记质量。鉴于上述岗位的特点，这些岗位的工作人员应为登记官。同时，房地产登记受理、审核和质量管理岗位之间，需相互制约，因此，规定受理、审核和质量管理岗位不应由同一个人承担。

4.1.3 房屋登记面广量大，个性化问题和历史遗留等疑难业务频频出现，这些复杂问题的形成具有多种原因，要解决这些疑难问题，仅依靠单个登记官的知识、经验难以作出准确判断。房地产登记机构有必要建立房地产登记审核委员会研究解决登记疑难业务。房地产登记审核委员会组成人员除登记官外，还应聘请法官、房地产行政主管部门管理人员、专业律师参加。

4.1.6 为有效防范虚假申请风险，房地产登记机构有必要引进现代化的防伪、加密设施设备。在总结地方比较成熟做法的基础上，提出了房地产登记机构宜配备一些技术成熟的防伪、加密设备，如身份证识别器等，防止当事人提供虚假身份证骗取房屋权利。

4.2 申　　请

4.2.2 单方申请是依申请登记的一种特殊方式。本条在《房屋登记办法》的基础上，结合登记实务，进行了具体细化。

4.2.3 共有包括共同共有、按份共有。房地产登记机构对于按份共有的房地产登记时，应注明共有人各自的份额，以便明确各所有权人的权利份额，为今后处分共有房地产做好基础工作。因此，按份共有人应提交各自房地产份额的约定书。

4.3 受　　理

4.3.1 受理是登记的第一个环节，在该程序中，应重点查验申请主体是否符合要求、申请材料是否齐全并符合要求，并根据具体情况对申请人（代理人）进行询问。

4.3.2 为方便群众、加强管理、提高效率，本条提出了合并办理的七项情形。合并办理是房地产登记机构依据申请人（代理人）的申请，将多个虽相对独立但彼此相互关联的登记事项一并受理，并按登记事项顺序连续办理登记的行为。

4.3.4 查验申请材料要做到：真实性即房地产权属证书或登记证明真实有效；完整性即收取的申请材料齐全完整；关联性即申请材料内容应与申请登记的事项相互对应，申请材料之间的内容应相互对应；询问结果与申请材料应相互对应；有效性即权利来源证明材料、其他有关证明材料应为依法有管理职权的部门出具。证明材料应在规定的有效使用期限内。

4.3.7 不予受理，告知申请人（代理人）补正内容，

或不予受理的理由，可以口头告知，也可以书面告知，但申请人（代理人）要求书面告知的，房地产登记机构应书面告知。

4.4 审　　核

4.4.9 本条所列第1、3种情形是适应集体土地房屋登记的做法，因为集体土地房屋流转有一定范围的限制，张贴公告能够在特定的范围内有效征询是否存在异议。第2种情形是因权利人不配合等原因无法收回权属证书或证明而公示原证书或证明作废的方式。

4.4.11 需通过公告方式来征询是否存在异议时，房地产登记机构应发布公告并应明确公告期限。

4.5 登　　簿

4.5.2 电子介质形式、纸介质形式登记簿形式具有同等的法律效力。电子登记簿应按照本规程第5.4.12条要求进行备份。

4.5.6 撤回登记申请的前提是，申请登记事项尚未记载于登记簿；其申请人（代理人）必须是原申请启动登记的人，如原启动登记是共同申请的，应共同申请撤回登记。

4.5.7 本条为强制条款。按照《物权法》规定，不动产物权的设立、变更、转让和消灭，依照法律规定应当登记的，自记载于不动产登记簿时发生效力。记载于登记簿的时点即为物权变动、变更的时点。确定记载于登记簿的时点在物权登记工作中十分重要。

4.5.8 本条为强制条款。登记簿是确定物权归属和内容的根据，对社会有公信力，对房地产登记机构有约束力。登簿后发现记载有误的，无论权属证书、登记证明是否发出，包括登记官在内的任何人都不得擅自更改。发现错误，应按照更正登记的程序更正。

4.6 发　　证

4.6.3 为避免出现领证纠纷，对领证时无法提供受理凭证的，要求权利人持本人身份证领取证书，不得委托他人代理。

4.6.4 由于全体业主共有的房屋不能单独转让，这类房屋在登记簿记载后，不发证也不会对权利人造成影响。我国台湾地区对该类房屋也作了同样的规定。

异议登记自受理之日起，就记载于登记簿，受理与记载于登记簿同步，房地产登记机构出具的受理凭证就可证明异议登记已生效，不必再颁发登记证明。

5　登记归档

5.1　一般规定

5.1.1 房地产登记档案是房地产登记机构在房地产登记过程中形成的有保存价值的历史记录，是房地产

登记工作中的真实记载和重要依据。归档是登记材料转化为档案的关键环节。因为房地产登记过程中形成的材料还是分散的、不系统的，只有经过归档环节，按归档范围将材料收集齐全，按立卷原则与方法进行系统整理才能转化为房地产登记档案。完成登记材料的收集、整理和归档，是对房地产登记机构的一项基本要求。

合理确定档案的保管期限，既是建立登记档案的前提，也是加强登记档案管理的有效手段。登记档案保管期限除按照本规程第 5.3.9 条可列入销毁范围的登记档案进行定期保存外，其他的均应永久保存。

5.1.3 《物权法》第十六条规定，"不动产登记簿由登记机构管理"，《房屋登记办法》第二十八条规定，"房屋登记机构应当将房屋登记资料及时归档并妥善管理"。因此，房地产登记档案宜由房地产登记机构统一管理。

5.1.4 房地产登记档案是房地产登记的重要资料，房地产登记机构必须配备符合国家标准的库房，以保证登记档案的安全和正常使用。

5.1.5 房地产登记机构提供登记资料查询服务，是法定的义务。档案检索一般采取手工检索与计算机检索两种方式，检索工具是为了方便使用者提高档案、资料的查准、查全率。本条中所列的档案检索工具，是指各地房地产登记机构所建立的计算机辅助检索工具，其功能要能满足各种实际情况的多条件查询模式。同时，由于登记档案涉及个人隐私等方面，因此特别要求检索工具必须具备严格的身份验证功能，防止信息滥查和泄露。

5.2 存档范围

5.2.1 房地产登记档案内容的记录形式可以是文字、图表、声像等；信息记载的载体有纸张、胶片、磁带、磁盘、光盘等。

5.3 纸质档案管理

5.3.2 房地产登记材料归档是否及时，是否齐全完整，整理是否规范，书写材料是否适于长久保存，直接关系到房地产登记档案的质量，关系到档案作用的发挥。登记工作完成后，登记人员应将列入归档范围的材料收集齐全，编制移交清册一式二份，经登记负责人审查后及时送交档案部门；档案部门应对归档材料检查验收，不符合要求的，不得接收。

5.3.3 纸质档案宜按照"一件一卷"立卷，每办理一件登记所形成的材料立一个卷。

5.3.5 房地产档案的编号是指以字符形式赋予房地产档案，用以固定和反映档案排列顺序的一组代码。各地编号规则不同，主要有分丘编号法、流水编号法、业务分类编号法等，都能满足档案利用的需要。

按照档案归档的流水号进行统一编号方法主要优点在于方便工作和能充分利用库房。

5.3.6 纸质档案装订后，要便于保管和展开翻阅。

5.3.9 随着房地产市场的飞速发展，房地产登记档案日益增长，档案库房日趋紧张，因此各地关于登记档案的销毁呼声较大，哪些登记档案可以销毁是一个比较棘手的问题，以前也没有统一的标准。通过调研，借鉴一些金融机构对个人住房贷款档案的保管期限的规定及民法通则对诉讼时效的规定，现将抵押权登记已注销、查封登记已解除满五年的，地役权登记、所有权预告登记、抵押权预告登记、异议登记已注销满二年的登记档案列入可销毁范围。

5.3.10 登记档案保管期满后，就进入了鉴定销毁阶段。鉴定销毁关系到登记档案的生死存亡，是一项十分严肃、谨慎、重要的工作，必须履行严格的审批程序。一般应由档案管理部门提出存毁意见，再由鉴定小组提出鉴定意见，报本级房地产行政主管部门审批后按规定指定专人监督销毁。

5.4 电子档案管理

5.4.1 传统的电子档案，是指通过计算机磁盘等设备进行存储，与纸质档案相对应，相互关联的通用电子图像文件集合。而登记电子档案，其内容应该包括了档案目录数据文件、登记信息数据文件以及纸质档案的数字化加工处理成果，其中登记信息的数据文件，就是以登记簿为核心的各类登记信息及其关联信息的集合体。

5.4.2 电子档案目录的建立，与其对应的纸质档案有一定区别，按规定可采取合卷的纸质档案，其对应的电子档案目录，仍应按实际发生的登记"次"数，分别建立电子档案目录。

5.4.3 电子登记簿应与电子档案目录形成对应关联关系，达到方便查询利用的目的。

5.4.8 数字化图像要进行去污处理，如处理黑点、黑线、黑框、黑边等，去除多余的白边，处理后应达到视觉上基本不感觉偏斜、符合阅读习惯、在不影响可懂度的前提下展现档案原貌。

5.4.12 定时完全备份建议采取近线备份模式，即指存储设备与计算机系统物理连接，操作系统或应用系统不可随时读取和修改备份于其中的电子档案和数据，备份策略、恢复方式等通过独立于操作系统、应用系统的存储管理系统实施。离线存放的备份介质有磁带（LT04）、光盘及移动硬盘，一般推荐使用一次性写入光盘和移动硬盘。

异地容灾体系就是为了防范由于自然灾害、社会动乱和人为破坏等灾害造成的企事业单位信息系统数据损失的一项系统工程，而常见的灾害包括地震、洪水、火灾以及大范围的电力故障、计算机病毒等，因此建立异地容灾体系应注意灾备数据的存放地点除了与源数据间隔必要的安全距离外，还应不处于同一地震带、同一水域、同一供电电网等。

6 登记资料利用

6.1 一般规定

6.1.3 由于房地产登记状况可能随时发生变化，借鉴市场经济发达国家、我国台湾地区的做法，确定查询时间标注到秒。但考虑到一些城市登记信息可能尚未完全实现计算机电子化管理，查询时间标注到"秒"存在一定的难度，因此，对查询时间未作强制要求，采取"宜"的表述方式，增强了条款的可适用性。

6.1.4 本条从保护所有权人隐私权的角度，规定了登记资料不能仅以权利人姓名或名称为条件进行查询。

6.2 登记资料对外利用

6.2.1 登记资料查询既要满足需要又要保护权利人的隐私。依据《物权法》、《房屋登记簿管理试行办法》等法规，对各类主体的查询范围作了具体规定。

6.2.4 凡涉及国家安全、军事等保密的房地产登记资料，不得擅自提供查询；如确须查询的，经国家安全、军事等机关书面同意后，方可提供查询。

6.2.7 申请人（代理人）要求房地产登记机构出具无查询结果证明的，房地产登记机构应当出具。申请人（代理人）不要求出具的，房地产登记机构也可以口头告知。

6.3 登记资料对内利用

6.3.2 房地产登记部门内部查阅房地产登记资料的，须经批准，登记资料管理人员不得擅自提供查阅。

6.3.3 房地产登记资料调阅是指相关人员将登记资料带离档案库房。登记资料调阅应严格控制。经批准调阅的，登记资料管理人员有义务负责督促归还，归还时要检查登记资料是否完好、完整。

附录 B 登记申请材料要求

B.0.1 本条考虑实践中各类申请材料的多元性，以满足档案保存为基本原则，明确了申请材料的材质要求。

B.0.3 目前涉及申请房地产登记的文字要求仅见于《房屋登记办法》。《房屋登记办法》实施后，较好地解决了境外申请人语言文字种类繁多、房地产登记机构记载不统一等问题。但随着登记工作的进行，各地又出现了一些新问题。主要有"中文"和"汉语语言文字"的区分；少数民族文字的使用；外文文本的汉字文本是否必须经过公证。本条明确了汉字文本的概念，依据《中华人民共和国国家通用语言文字法》、《中华人民共和国居民身份证法》，解决了少数民族文字文本材料和外文文本材料的采信方式。

中华人民共和国行业标准

建筑结构体外预应力加固技术规程

Technical specification for strengthening building
structures with external prestressing tendons

JGJ/T 279—2012

批准部门：中华人民共和国住房和城乡建设部
施行日期：2 0 1 2 年 5 月 1 日

中华人民共和国住房和城乡建设部
公 告

第 1227 号

关于发布行业标准《建筑结构
体外预应力加固技术规程》的公告

现批准《建筑结构体外预应力加固技术规程》为行业标准，编号为 JGJ/T 279-2012，自 2012 年 5 月 1 日起实施。

本规程由我部标准定额研究所组织中国建筑工业出版社出版发行。

中华人民共和国住房和城乡建设部
2011 年 12 月 26 日

前 言

根据原建设部《关于印发〈二〇〇二～二〇〇三年度工程建设城建、建工行业标准制定、修订计划〉的通知》（建标〔2003〕104 号）的要求，规程编制组经广泛调查研究，认真总结工程实践经验；参考有关国际标准和国外先进标准，在广泛征求意见的基础上，编制本规程。

本规程的主要技术内容是：1. 总则；2. 术语和符号；3. 基本规定；4. 材料；5. 结构设计；6. 构造规定；7. 防护；8. 施工及验收。

本规程由住房和城乡建设部负责管理，由中国京冶工程技术有限公司负责具体技术内容的解释。执行过程中如有意见和建议，请寄送至中国京冶工程技术有限公司《建筑结构体外预应力加固技术规程》编制组（地址：北京市海淀区西土城路 33 号，邮编：100088）。

本规程主编单位：中国京冶工程技术有限公司
浙江舜杰建筑集团股份有限公司

本规程参编单位：同济大学
中国建筑科学研究院
中冶建筑研究总院有限公司
北京市建筑设计研究院
北京市建筑工程研究院有限责任公司
上海同吉建筑设计工程有限公司
南京工业大学

本规程主要起草人员：尚仁杰 吴转琴 陈坤校
熊学玉 李晨光 李东彬
束伟农 宫锡胜 顾 炜
李延和 仝为民 邵卫平

本规程主要审查人员：陶学康 霍文营 孟少平
郑文忠 李培彬 吴 徽
庄军生 张 瀑 朱尔玉
司毅民 朱 龙

目　　次

Contents

1 总　　则

1.0.1 为使采用体外预应力加固法进行加固的混凝土建筑结构设计与施工做到安全适用、技术先进、经济合理、确保质量，制定本规程。

1.0.2 本规程适用于房屋建筑和一般构筑物的混凝土结构采用体外预应力加固法进行加固的设计、施工及验收。

1.0.3 混凝土结构加固前，应根据建筑物类别按现行国家标准《工业建筑可靠性鉴定标准》GB 50144和《民用建筑可靠性鉴定标准》GB 50292进行可靠性鉴定。当房屋建筑处于抗震设防区时，应按现行国家标准《建筑抗震鉴定标准》GB 50023进行抗震可靠性鉴定。

1.0.4 混凝土结构采用体外预应力进行加固的设计、施工及验收，除应符合本规程外，尚应符合国家现行有关标准的规定。

2　术语和符号

2.1　术　　语

2.1.1 结构加固　strengthening of existing structures

对可靠性不足或使用过程中要求提高可靠度的承重结构、构件及其相关部分，采取增强、局部更换或调整其内力等措施，使其具有满足国家现行标准及使用要求的安全性、耐久性和适用性。

2.1.2 体外预应力加固法　structure member strengthened with external prestressing tendon

通过布置体外预应力束并施加预应力，使既有结构构件的受力得到调整、承载力得到提高、使用性能得到改善的一种主动加固方法。

2.1.3 体外预应力束　external prestressing tendon

布置在混凝土构件截面之外的后张预应力筋及外护套等。

2.1.4 转向块　deviator

改变体外预应力束方向的、与混凝土构件相连接的中间支承块。

2.1.5 锚固块　anchorage block

承受预应力锚具作用并将其传递给混凝土结构的附加锚固装置。

2.1.6 体外预应力二次效应　second-order effect of external prestressing

体外预应力筋与构件横向变形不一致而引起的附加预应力效应。

2.2　符　　号

2.2.1　材料性能

E_c——混凝土弹性模量；

E_s——钢筋弹性模量；

f_c——混凝土轴心抗压强度设计值；

f_{tk}、f_t——混凝土轴心抗拉强度标准值、设计值；

f_{ptk}——预应力筋极限强度标准值；

f_{pyk}——预应力螺纹钢筋的屈服强度标准值；

f_y、f'_y——非预应力筋的抗拉、抗压强度设计值；

f_{yv}——受剪计算非预应力筋抗拉强度设计值；

f_{py}——预应力筋的抗拉强度设计值。

2.2.2　作用、作用效应

M——弯矩设计值；

M_1——主弯矩值，即由预加力对截面重心偏心引起的弯矩值；

M_2——由预加力在超静定结构中产生的次弯矩；

M_k、M_q——按荷载效应的标准组合、准永久组合计算的弯矩值；

M_{cr}——受弯构件的正截面开裂弯矩值；

N_2——由预加力在超静定结构中产生的次轴力；

N_{p0}——混凝土法向预应力等于零时预应力筋及非预应力筋的合力；

V——剪力设计值；

w_{max}——按荷载效应的标准组合并考虑长期作用影响计算的最大裂缝宽度；

σ_{pc}——扣除全部预应力损失后，由预应力在抗裂验算边缘产生的混凝土法向预压应力；

σ_{con}——预应力筋的张拉控制应力；

σ_{p0}——预应力筋合力点处混凝土法向应力等于零时的预应力筋应力；

σ_{pe}——预应力筋的有效预应力；

σ_{pu}——体外预应力筋的应力设计值；

σ_l——预应力筋在相应阶段的预应力损失值。

2.2.3　几何参数

A——构件截面面积；

A_0——构件换算截面面积；

A_p——构件受拉区体外预应力筋截面面积；

A_s——构件受拉区非预应力筋截面面积；

b——矩形截面宽度，T形、I形截面的腹板宽度；

B——受弯构件的截面刚度；

B_s——受弯构件的短期截面刚度；

h——截面高度；

h_p——预应力筋合力点至受压区边缘的距离；

h_s——非预应力筋合力点至受压区边缘的距离；

I——截面惯性矩；

I_0——换算截面惯性矩；

W——截面受拉边缘的弹性抵抗矩；

W_0——换算截面受拉边缘的弹性抵抗矩。

2.2.4　计算系数及其他

α_E——钢筋弹性模量与混凝土弹性模量的比值；

β_1——矩形应力图受压区高度与中和轴高度（中和轴到受压区边缘的距离）的比值；

γ——混凝土构件的截面抵抗矩塑性影响系数；

λ——计算截面的剪跨比；

κ——考虑孔道每米长度局部偏差的摩擦系数；

μ——摩擦系数；

ρ——纵向受力钢筋的配筋率；

θ——考虑荷载长期作用对挠度增大的影响系数；

ψ——裂缝间纵向受拉钢筋应变不均匀系数。

3 基本规定

3.1 一般规定

3.1.1 体外预应力加固法可用于下列情况的混凝土构件加固：

1 提高结构与构件的承载能力；

2 减小结构构件正常使用中的变形或裂缝宽度；

3 既有结构处于高应力、应变状态，且难以直接卸除其结构上的荷载；

4 抗震加固及其他特殊要求的加固。

3.1.2 既有结构的混凝土强度等级不宜低于C20。

3.1.3 既有混凝土结构需进行体外预应力加固时，应按鉴定结论和委托方提出的要求，由具有相应资质等级的设计单位进行加固设计。

3.1.4 加固后的混凝土结构安全等级应根据结构破坏后果的严重性、结构重要性、既有结构可靠性鉴定结果和加固设计使用年限，由委托方和设计单位按实际情况确定。结构加固设计使用年限应根据既有结构的使用年限、可靠性鉴定结果和使用要求确定。

3.1.5 混凝土结构的体外预应力加固设计应考虑施工工艺的可行性，合理选用预应力锚固体系，保证受力合理、施工方便。

3.1.6 对高温、高湿、低温、冻融、化学腐蚀、振动、温度应力、地基不均匀沉降等影响因素引起的既有结构损坏，应在加固设计文件中提出防治对策，并应按设计要求进行治理和加固。

3.1.7 对加固过程中可能出现倾斜、失稳、过大变形或坍塌的混凝土结构，应在加固设计文件中提出相应的施工安全和施工监测要求，施工单位应严格执行。

3.1.8 未经技术鉴定或设计许可，不得改变加固后结构的用途和使用环境。

3.2 设计计算原则

3.2.1 采用体外预应力加固混凝土结构时，应对结构的整体进行作用（荷载）效应分析，并应进行承载能力极限状态计算和正常使用极限状态验算。

3.2.2 加固设计中，应按下列规定进行承载能力极限状态和正常使用极限状态的设计及验算：

1 结构上的作用，应经调查或检测核实，并应根据现行国家标准《混凝土结构加固设计规范》GB 50367的规定确定其标准值或代表值。结构上的作用已在可靠性鉴定中确定时，宜在加固设计中引用。

2 既有结构的加固计算模型，应符合其实际受力和构造状况；作用效应组合和组合值系数及作用的分项系数，应按现行国家标准《建筑结构荷载规范》GB 50009确定。

3 结构的几何尺寸，对既有结构应采用实测值；对新增部分，可采用加固设计文件给出的名义值。

4 既有结构钢筋强度标准值和混凝土强度等级宜采用检测结果推定的标准值，当材料的性能符合原设计要求时，可采用原设计的标准值。

5 超静定结构应考虑体外预应力对相邻构件内力的影响以及预应力产生的次内力对结构内力的影响。

6 加固后构件刚度发生变化时，整体静力计算和抗震计算应考虑刚度变化对内力分配的影响。

3.2.3 既有结构为普通混凝土结构时，体外预应力束配筋截面积应符合下列规定：

1 混凝土板、简支梁、框架梁跨中：

$$A_p \leqslant 4 \frac{f_y h_s}{\sigma_{pu} h_p} A_s \qquad (3.2.3-1)$$

2 框架梁梁端：

一级抗震等级

$$A_p \leqslant 2 \frac{f_y h_s}{\sigma_{pu} h_p} A_s \qquad (3.2.3-2)$$

二、三级抗震等级

$$A_p \leqslant 3 \frac{f_y h_s}{\sigma_{pu} h_p} A_s \qquad (3.2.3-3)$$

式中：σ_{pu}——体外预应力筋的应力设计值（N/mm²）；

f_y——非预应力筋的抗拉强度设计值（N/mm²）；

h_s、h_p——非预应力筋合力点、预应力筋合力点至受压区边缘的距离（mm）；

A_s、A_p——构件受拉区非预应力筋截面面积、体外预应力筋截面面积（mm²）。

3.2.4 既有结构为预应力混凝土结构时，应综合考虑加固前和加固后的预应力度，保证结构的延性要求。

4 材　料

4.1 混　凝　土

4.1.1 体外预应力加固采用的混凝土强度不应低于C30。

4.2 预应力钢材

4.2.1 体外预应力束的选用应根据结构受力特点、环境条件和施工方法等确定，体外预应力束的预应力筋可采用预应力钢绞线、预应力螺纹钢筋，并宜采用涂层预应力筋或二次加工预应力筋。

4.2.2 预应力钢绞线和预应力螺纹钢筋的屈服强度标准值（f_{pyk}）、极限强度标准值（f_{ptk}）及抗拉强度设计值（f_{py}）应按表 4.2.2 采用。

表 4.2.2 预应力钢绞线和预应力螺纹钢筋的强度标准值及抗拉强度设计值（N/mm²）

种类	符号	公称直径 d（mm）	屈服强度标准值 f_{pyk}	极限强度标准值 f_{ptk}	抗拉强度设计值 f_{py}
预应力螺纹钢筋	ϕ^T	18、25、32、40、50	785	980	650
			930	1080	770
			1080	1230	900
钢绞线	ϕ^S	1×3	—	1570	1110
		8.6、10.8、12.9	—	1860	1320
			—	1960	1390
		1×7	—	1720	1220
		9.5、12.7、15.2、17.8	—	1860	1320
			—	1960	1390
		21.6	—	1860	1320

4.2.3 预应力筋弹性模量（E_p）应按表 4.2.3 采用，对于重要的工程，钢绞线可采用实测的弹性模量。

表 4.2.3 预应力筋弹性模量（×10⁵ N/mm²）

种类	E_p
预应力螺纹钢筋	2.00
钢绞线	1.95

4.2.4 涂层预应力筋可采用镀锌钢绞线和环氧涂层预应力钢绞线，当防腐材料为灌注水泥浆时，不应采用镀锌钢绞线。涂层预应力筋性能应符合下列规定：

1 镀锌钢绞线的规格和力学性能应符合国家现行标准《高强度低松弛预应力热镀锌钢绞线》YB/T 152 的规定；

2 环氧涂层预应力钢绞线的性能应符合国家现行标准《环氧涂层七丝预应力钢绞线》GB/T 21073 和《填充型环氧涂层钢绞线》JT/T 737 的规定。

4.2.5 二次加工钢绞线可采用无粘结预应力钢绞线，其规格和性能指标应符合现行行业标准《无粘结预应力钢绞线》JG 161 的规定。

4.3 锚 具

4.3.1 体外预应力加固用锚具和连接器的性能应符合国家现行标准《预应力筋用锚具、夹具和连接器》GB/T 14370 和《预应力筋用锚具、夹具和连接器应用技术规程》JGJ 85 的规定，并宜选用结构紧凑、锚固回缩值小的锚具。

4.3.2 锚具应满足分级张拉、补张拉和放松拉力等张拉工艺的要求。

4.4 转向块、锚固块及连接用材料

4.4.1 转向块、锚固块的材料性能应符合现行国家标准《碳素结构钢》GB/T 700、《低合金高强度结构钢》GB/T 1591、《一般工程用铸造碳钢件》GB/T 11352 的有关规定。

4.4.2 转向块、锚固块与既有结构的连接用材料性能应符合现行行业标准《混凝土结构后锚固技术规程》JGJ 145 的规定。

4.5 防 护 材 料

4.5.1 体外束的外套管可采用钢管或高密度聚乙烯（HDPE）管等。对不可更换的体外束，可在管内灌注水泥浆；对可更换的体外束，管内应灌注专用防腐油脂。

4.5.2 灌浆用水泥应采用普通硅酸盐水泥，并应符合现行国家标准《通用硅酸盐水泥》GB 175 的规定。

4.5.3 外加剂的技术性能及应用方法应符合现行国家标准《混凝土外加剂》GB 8076、《混凝土外加剂应用技术规范》GB 50119 等的规定。

4.5.4 水泥浆水胶比及其性能应符合现行国家标准《混凝土结构工程施工规范》GB 50666 的有关规定。

4.5.5 专用防腐油脂的技术性能应符合现行行业标准《无粘结预应力筋专用防腐润滑脂》JG 3007 的规定。

4.5.6 防火涂料的技术性能应符合现行国家标准《钢结构防火涂料》GB 14907 的规定。

5 结 构 设 计

5.1 一 般 规 定

5.1.1 体外预应力加固超静定混凝土结构，在进行承载力极限状态计算和正常使用极限状态验算时，应考虑预应力次弯矩、次剪力、次轴力的影响。对于承载力极限状态，当预应力作用效应对结构有利时，预应力作用分项系数应取 1.0，不利时应取 1.2；对正常使用极限状态，预应力作用分项系数应取 1.0。体外预应力配筋截面积可按本规程附录 A 的方法估算。

5.1.2 体外预应力加固超静定混凝土结构，计算截面的次弯矩（M_2）和次轴力（N_2）宜按下列公式计算：

$$M_2 = M_r - M_1 \tag{5.1.2-1}$$

$$N_2 = N_r - N_1 \quad\quad (5.1.2\text{-}2)$$

$$M_1 = N_1 e_{p1} \quad\quad (5.1.2\text{-}3)$$

式中：M_r、N_r——由预加力的等效荷载在结构构件截面上产生的综合弯矩值（N·mm）、综合轴力值（N）；

M_1——主弯矩值，即预加力对计算截面重心偏心引起的弯矩（N·mm）；

N_1——主轴力值，即计算截面预加力在构件轴线上的分力（N），当预应力筋弯起角度很小时，可近似取 $\sigma_{pe}A_p$；

e_{p1}——截面重心至预加力合力点距离（mm）。

次剪力宜根据构件各截面次弯矩的分布按结构力学方法计算。

5.1.3 体外预应力筋的预应力损失值可按表 5.1.3 的规定计算。

表 5.1.3 体外预应力筋的
预应力损失值（N/mm²）

引起损失的因素		符号	取　值
张拉端锚具变形和预应力筋内缩		σ_{l1}	按本规程第 5.1.4 条的规定计算
预应力筋摩擦	与孔道壁之间的摩擦	σ_{l2}	按本规程第 5.1.5 条的规定计算
	在转向块处的摩擦		按本规程第 5.1.5 条的规定计算
	张拉端锚口摩擦		按实测值或厂家提供数据确定
预应力筋应力松弛		σ_{l4}	按本规程第 5.1.6 条的规定计算
混凝土收缩和徐变		σ_{l5}	按本规程第 5.1.7 条的规定计算

注：孔道指张拉前已固定的孔道。

5.1.4 直线预应力筋因张拉端锚具变形和预应力筋内缩引起的预应力损失值（σ_{l1}）可按下式计算：

$$\sigma_{l1} = \frac{a}{l} E_p \quad\quad (5.1.4)$$

式中：a——张拉端锚具变形和预应力筋内缩值（mm），可按表 5.1.4 采用；

l——张拉端至锚固端之间的距离（mm）。

表 5.1.4 张拉端锚具变形和
预应力筋内缩值 a（mm）

锚具类别		a
支承式锚具	螺帽缝隙	1
	每块后加垫板的缝隙	1
夹片式锚具	有顶压时	5
	无顶压时	6~8

5.1.5 预应力筋摩擦引起的预应力损失值（σ_{l2}）可按下列规定计算：

1 预应力螺纹钢筋

$$\sigma_{l2} = 0 \quad\quad (5.1.5\text{-}1)$$

2 预应力钢绞线

$$\sigma_{l2} = \sigma_{con}(1 - e^{-\kappa x - \mu\theta}) \quad\quad (5.1.5\text{-}2)$$

式中：σ_{con}——体外预应力筋张拉控制应力（N/mm²），按本规程第 8.5.2 条取值；

x——张拉端至计算截面固定孔道长度累计值（m），当 $x \leqslant 2m$ 时，可忽略；

θ——张拉端至计算截面预应力筋转角累计值（rad）；

κ——考虑孔道每米长度局部偏差的摩擦系数（1/m），可按表 5.1.5 采用；

μ——预应力筋与孔道壁之间的摩擦系数，可按表 5.1.5 采用。

表 5.1.5 摩擦系数取值

孔道材料、成品束类型	κ	μ
钢管穿光面钢绞线	0.001	0.30
HDPE 管穿光面钢绞线	0.002	0.13
无粘结预应力钢绞线	0.004	0.09

注：表中系数也可根据实测数据确定；当孔道采用不同材料时，应分别考虑，分段计算。

5.1.6 预应力筋应力松弛引起的预应力损失值（σ_{l4}）可按下列规定计算：

1 预应力螺纹钢筋

$$\sigma_{l4} = 0.03\sigma_{con} \quad\quad (5.1.6\text{-}1)$$

2 预应力钢绞线

1）当 $\sigma_{con} \leqslant 0.5 f_{ptk}$ 时，取 $\sigma_{l4} = 0$；

2）当 $0.5 f_{ptk} < \sigma_{con} \leqslant 0.7 f_{ptk}$ 时：

$$\sigma_{l4} = 0.125\left(\frac{\sigma_{con}}{f_{ptk}} - 0.5\right)\sigma_{con} \quad\quad (5.1.6\text{-}2)$$

5.1.7 混凝土收缩和徐变引起的预应力损失终极值（σ_{l5}）可按下列规定计算：

1 对一般建筑结构构件

$$\sigma_{l5} = \frac{55 + 300\dfrac{\sigma_{pc}}{f'_{cu}}}{1 + 15\rho} \quad\quad (5.1.7\text{-}1)$$

$$\rho = (A_p + A_s)/A \quad\quad (5.1.7\text{-}2)$$

式中：σ_{pc}——受拉区体外预应力筋合力点高度处的混凝土法向压应力（N/mm²），当预应力筋位于截面受拉边缘外时，可假设预应力筋合力点高度处有混凝土并按平截面假定计算；

f'_{cu}——施加预应力时既有结构混凝土立方体抗压强度（N/mm²）；

ρ——受拉区预应力筋和非预应力筋的配筋率。

计算受拉区体外预应力筋合力点高度处的混凝土法向压应力（σ_{pc}）时，预应力损失值应仅考虑混凝土预压前（第一批）的损失；σ_{pc} 值不得大于 $0.5f'_{cu}$；同一段体外预应力筋取其平均值计算。

2 当结构处于年平均相对湿度低于 40% 的环境下，σ_{l5} 值应增加 30%。

3 既有结构混凝土浇筑完成后时间超过 5 年时，σ_{l5} 值可取 0。

4 对重要的建筑结构构件，当需要考虑与时间相关的混凝土收缩、徐变及预应力筋应力松弛预应力损失值时，可按现行国家标准《混凝土结构设计规范》GB 50010 进行计算。

5.1.8 体外预应力加固进行分批张拉时，应考虑后批张拉预应力筋所产生的混凝土弹性压缩对于先批预应力筋的影响，可将先批张拉的预应力筋张拉控制应力增加 $\alpha_E \sigma_{pci}$。

注：σ_{pci} 为后批张拉预应力筋在先批张拉预应力筋重心处所产生的混凝土法向压应力，同一体外段取其平均值计算，当预应力筋位于截面受拉边缘外时，可假设预应力筋高度处有混凝土并按平截面假定计算。

5.1.9 体外预应力筋的应力设计值（σ_{pu}）可按下式计算：

$$\sigma_{pu} = \sigma_{pe} + \Delta\sigma_p \qquad (5.1.9)$$

式中：σ_{pe}——有效预应力值（N/mm²）；

$\Delta\sigma_p$——预应力增量，正截面受弯承载力计算时：对于简支受弯构件 $\Delta\sigma_p$ 取为 100N/mm²，连续、悬臂受弯构件 $\Delta\sigma_p$ 取为 50N/mm²；斜截面受剪承载力计算时：$\Delta\sigma_p$ 取为 50N/mm²。

5.2 承载能力极限状态计算

5.2.1 矩形截面或翼缘位于受拉边的倒 T 形截面受弯构件（图 5.2.1），其正截面受弯承载力应符合下列规定：

$$M \leqslant \sigma_{pu} A_p \left(h_p - \frac{x}{2} \right) + f_y A_s \left(h - a_s - \frac{x}{2} \right)$$
$$+ f'_y A'_s \left(\frac{x}{2} - a'_s \right) \qquad (5.2.1-1)$$

混凝土受压区高度应按下式确定：

$$\alpha_1 f_c b x = f_y A_s - f'_y A'_s + \sigma_{pu} A_p \quad (5.2.1-2)$$

混凝土受压区高度（x）尚应符合下列条件：

$$x \leqslant \xi_b h_0 \qquad (5.2.1-3)$$
$$x \geqslant 2a'_s \qquad (5.2.1-4)$$

式中：M——弯矩设计值（N·mm）；

α_1——系数，当混凝土强度等级不超过 C50 时取为 1.0，当混凝土强度等级为 C80 时取为 0.94，其间按线性内插法确定；

A_s、A'_s——既有结构受拉区、受压区纵向非预应力筋的截面面积（mm²）；

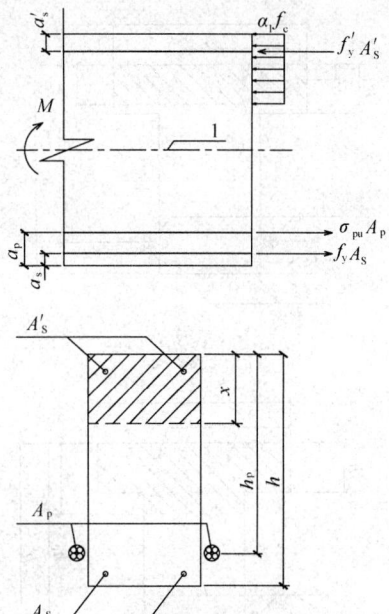

图 5.2.1 矩形截面受弯构件正截面
受弯承载力计算
1—截面重心轴

A_p——体外预应力筋的截面面积（mm²）；

x——等效矩形应力图形的混凝土受压区高度（mm）；

σ_{pu}——体外预应力筋预应力设计值（N/mm²），可按本规程第 5.1.9 条规定取值；

f_c——既有结构混凝土轴心抗压强度设计值（N/mm²）；

f_y、f'_y——非预应力筋的抗拉、抗压强度设计值（N/mm²）；

b——矩形截面的宽度或倒 T 形截面的腹板宽度（mm）；

a_s——受拉区纵向非预应力筋合力点至受拉边缘的距离（mm）；

a'_s——受压区纵向非预应力筋合力点至截面受压边缘的距离（mm）；

h_0——受拉区纵向非预应力筋和体外预应力筋合力点至受压边缘的距离（mm）；

ξ_b——相对界限受压区高度，可取 0.4；

h_p——体外预应力筋合力点至截面受压区边缘的距离（mm）。

当跨中预应力筋转向块固定点之间的距离小于 12 倍梁高时，可忽略二次效应的影响；当跨中预应力筋转向块固定点之间的距离不小于 12 倍梁高时，可根据构件变形确定二次效应的影响。

5.2.2 翼缘位于受压区的 T 形（图 5.2.2）、I 形截面受弯构件，其正截面受弯承载力应符合下列规定：

1 当满足式（5.2.2-1）时，截面应按宽度为 b'_f

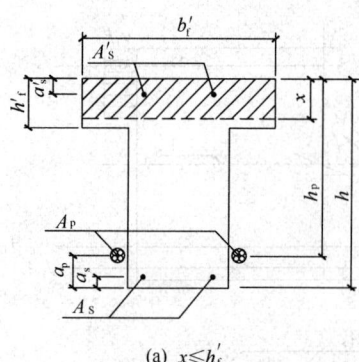

(a) $x \leqslant h'_f$

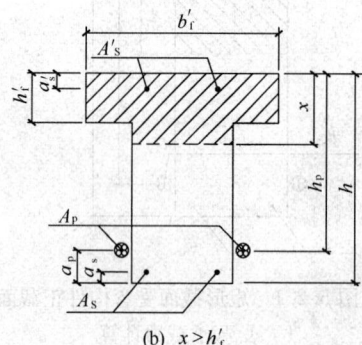

(b) $x > h'_f$

图 5.2.2 T形截面受弯构件
受压区高度位置

的矩形截面按本规程第 5.2.1 条计算:

$$\alpha_1 f_c b'_f h'_f \geqslant f_y A_s + \sigma_{pu} A_p - f'_y A'_s$$

$$(5.2.2-1)$$

2 当不满足公式（5.2.2-1）时，正截面受弯承载力应按下式确定:

$$M \leqslant \sigma_{pu} A_p \left(h_p - \frac{x}{2} \right) + f_y A_s \left(h - a_s - \frac{x}{2} \right)$$
$$+ f'_y A'_s \left(\frac{x}{2} - a'_s \right)$$
$$+ \alpha_1 f_c (b'_f - b) h'_f \left(\frac{x}{2} - \frac{h'_f}{2} \right) \quad (5.2.2-2)$$

混凝土受压区高度（x）应按下式确定:

$$\alpha_1 f_c [bx + (b'_f - b) h'_f] = f_y A_s + \sigma_{pu} A_p - f'_y A'_s$$

$$(5.2.2-3)$$

式中: b——T形、I形截面的腹板宽度（mm）;

h'_f——T形、I形截面受压区翼缘高度（mm）;

b'_f——T形、I形截面受压区的翼缘计算宽度（mm）。

计算 T 形、I 形截面受弯构件时，混凝土受压区高度尚应符合本规程式（5.2.1-3）和式（5.2.1-4）的规定。

5.2.3 当混凝土受压区高度（x）大于 $\xi_b h_0$ 时，加固构件正截面承载力计算应按现行国家标准《混凝土结构设计规范》GB 50010 的规定，按小偏心受压构件计算。

5.2.4 体外预应力加固矩形、T形和I形截面的混凝土受弯构件，其受剪截面应符合下列规定:

1 当 $h_w / b \leqslant 4$ 时:

$$V \leqslant 0.25 \beta_c f_c b h_0 \quad (5.2.4-1)$$

2 当 $h_w / b \geqslant 6$ 时:

$$V \leqslant 0.20 \beta_c f_c b h_0 \quad (5.2.4-2)$$

3 当 $4 < h_w / b < 6$ 时，应按线性内插法确定。

式中: V——考虑预应力次剪力组合的构件斜截面最大剪力设计值（N）;

β_c——混凝土强度影响系数: 当混凝土强度等级不超过 C50 时，取 β_c 等于 1.0; 当混凝土强度等级为 C80 时，取 β_c 等于 0.8; 其间按线性内插法确定;

b——矩形截面的宽度，T形截面或 I 形截面的腹板宽度（mm）;

h_0——原截面的有效高度（mm）;

h_w——截面的腹板高度（mm）: 对矩形截面，取有效高度; 对 T 形截面，取有效高度减去翼缘高度; 对 I 形截面，取腹板净高。

5.2.5 当既有结构受剪截面不符合本规程第 5.2.4 的规定时，应先采取加大受剪截面、粘钢等加固方式加强截面，再进行体外预应力加固。

注: **1** 对 T 形或 I 形截面的简支受弯构件，当有实践经验时，本规程式（5.2.4-1）中的系数可改用 0.3;

2 对受拉边倾斜的构件，当有实践经验时，其受剪截面的控制条件可适当放宽。

5.2.6 在计算斜截面的受剪承载力时，其剪力设计值的计算截面应考虑体外预应力筋锚固处、转向块处、支座边缘处、受拉区弯起钢筋弯起点处、箍筋截面面积或间距改变处以及腹板宽度改变处的截面。对受拉边倾斜的受弯构件，尚应包括梁的高度开始变化处、集中荷载作用处和其他不利的截面。

5.2.7 体外预应力加固矩形、T形和I形截面的受弯构件，其斜截面的受剪承载力应按下列公式计算:

$$V = V_{cs} + V_p + 0.8 f_{yv} A_{sb} \sin \alpha_s + 0.8 \sigma_{pu} A_{pb} \sin \alpha_p$$

$$(5.2.7-1)$$

$$V_{cs} = \alpha_{cv} f_t b h_0 + f_{yv} \frac{A_{sv}}{s} h_0 \quad (5.2.7-2)$$

$$V_p = 0.05 (N_{p0} + N_2) \quad (5.2.7-3)$$

式中: V——考虑次剪力组合的斜截面上最大剪力设计值（N）;

V_{cs}——构件斜截面上混凝土和箍筋的受剪承载力设计值（N）;

V_p——由预加力所提高的构件受剪承载力设计值（N）;

A_{sv}——配置在同一截面内箍筋各肢的全部截面面积（mm^2）: $A_{sv} = n A_{sv1}$，此处，n 为在同一截面内箍筋的肢数，A_{sv1} 为单肢箍筋的截面面积（mm^2）；

s——沿构件长度方向的箍筋间距（mm）；

h_0——原截面的有效高度（mm）；

f_{yv}——受剪计算非预应力筋抗拉强度设计值（N/mm^2）；

A_{sb}、A_{pb}——分别为同一平面内的弯起非预应力筋、弯起预应力筋的截面面积（mm^2）；

α_s、α_p——分别为斜截面弯起非预应力筋、弯起预应力筋的切线与构件纵轴线的夹角；

α_{cv}——斜截面混凝土受剪承载力系数，对一般受弯构件取 0.7；对集中荷载作用下（包括作用有多种荷载，其中集中荷载对支座截面或节点边缘所产生的剪力值占总剪力值的 75% 以上的情况）的独立梁，$\alpha_{cv} = \frac{1.75}{\lambda+1}$，$\lambda$ 为计算截面的剪跨比，可取 λ 等于 a/h_0，当 $\lambda < 1.5$ 时，取 λ 为 1.5，当 $\lambda > 3$ 时，取 λ 为 3，a 为集中荷载作用点至支座或节点边缘的距离；

N_{p0}——计算截面上混凝土法向预应力等于零时的纵向预应力筋及非预应力筋合力（N）；当 $N_{p0} + N_2 > 0.3f_cA_0$ 时，取 $N_{p0} + N_2 = 0.3f_cA_0$，此处，A_0 为构件的换算截面面积。

注：对合力 N_{p0} 引起的截面弯矩与外弯矩方向相同的情况，以及体外预应力加固连续梁和加固后允许出现裂缝的混凝土简支梁，均应取 V_p 为 0。

5.3 正常使用极限状态验算

5.3.1 体外预应力加固结构构件的裂缝控制等级及最大裂缝宽度限值应根据使用环境类别和结构类别，按现行国家标准《混凝土结构设计规范》GB 50010 的规定确定。

5.3.2 体外预应力加固已开裂的混凝土梁，裂缝完全闭合时所需的体外预加力（N_{clo}）可按下式计算：

$$N_{clo} = \frac{\sigma_{clo} + \dfrac{M_i}{W}}{\dfrac{e_{p0}}{W} + \dfrac{1}{A}} \qquad (5.3.2)$$

式中：M_i——加固前构件所承受的荷载弯矩标准值（N·mm）；

e_{p0}——体外预应力筋合力中心相对截面形心的距离（mm）；

W——原截面受拉边缘的弹性抵抗矩，可取毛截面（mm^3）；

A——原截面面积，可取毛截面（mm^2）；

σ_{clo}——与构件加固前最大裂缝宽度相对应的混凝土名义压应力（N/mm^2），可按表 5.3.2 采用。

表 5.3.2 混凝土名义压应力

加固前裂缝宽度（mm）	0.10	0.20	0.30
σ_{clo}（N/mm^2）	0.50	0.75	1.25

注：中间值按线性插值确定。

5.3.3 体外预应力加固钢筋混凝土矩形、T 形、I 形截面的受弯构件，可按下列公式计算加固后的正截面开裂弯矩值（M_{cr}）：

1 加固前未开裂：

$$M_{cr} = (\sigma_{pc} + \gamma f_{tk})W \qquad (5.3.3-1)$$

2 加固前已开裂：

$$M_{cr} = \sigma_{pc}W \qquad (5.3.3-2)$$

式中：σ_{pc}——扣除全部预应力损失后，由预加力在抗裂验算边缘产生的混凝土法向预压应力（N/mm^2）；

γ——加固混凝土构件截面抵抗矩塑性影响系数，应按现行国家标准《混凝土结构设计规范》GB 50010 规定确定；

f_{tk}——混凝土抗拉强度标准值（N/mm^2）。

当体外预应力受弯构件考虑次内力组合的外荷载弯矩大于开裂弯矩值（M_{cr}）时，裂缝宽度应按本规程第 5.3.4 条规定计算。

5.3.4 体外预应力加固矩形、T 形、倒 T 形和 I 形截面的混凝土受弯构件中，按荷载效应的标准组合并考虑长期作用影响的最大裂缝宽度（mm）可按下列公式计算：

$$w_{max} = \alpha_{cr}\psi\frac{\sigma_{sk}}{E_s}\left(1.9c + 0.08\frac{d_{eq}}{\rho_{te}}\right)$$
$$(5.3.4-1)$$

$$\psi = 1.1 - 0.65\frac{f_{tk}}{\rho_{te}\sigma_{sk}} \qquad (5.3.4-2)$$

$$d_{eq} = \frac{\sum n_i d_i^2}{\sum n_i \nu_i d_i} \qquad (5.3.4-3)$$

$$\rho_{te} = \frac{A_s}{A_{te}} \qquad (5.3.4-4)$$

式中：α_{cr}——构件受力特征系数，对预应力混凝土构件，取 $\alpha_{cr} = 1.5$；

ψ——裂缝间纵向受拉钢筋应变不均匀系数；当 $\psi < 0.2$ 时，取 ψ 为 0.2；当 $\psi > 1$ 时，取 ψ 为 1；对直接承受重复荷载的构件，取 ψ 为 1；

σ_{sk}——按荷载效应的标准组合计算的构件纵向受拉钢筋的等效应力（N/mm^2），按本规程第 5.3.5 条规定计算；

E_s——既有结构钢筋弹性模量（N/mm^2）；

c——最外层纵向受拉钢筋外边缘至受拉区底边的距离（mm）；当 $c < 20$ 时，取 c 为 20；当 $c > 65$ 时取 c 为 65；

ρ_{te}——按有效受拉混凝土截面面积计算的纵向受拉非预应力筋配筋率，当 $\rho_{te} < 0.01$

时，取 ρ_{te} 为 0.01；

A_{te}——有效受拉混凝土截面面积（mm^2），对受弯、偏心受压和偏心受拉构件，取 A_{te} 为 $0.5bh+(b_f-b)h_f$，此处 b_f、h_f 为受拉翼缘的宽度、高度；

d_{eq}——受拉区纵向非预应力筋的等效直径（mm）；

d_i——受拉区第 i 种纵向非预应力筋的公称直径（mm）；

n_i——受拉区第 i 种纵向非预应力筋的根数；

ν_i——受拉区第 i 种纵向非预应力筋的相对粘结特性系数，按现行国家标准《混凝土结构设计规范》GB 50010 取值。

5.3.5 在荷载效应的标准组合下，考虑次内力影响的体外预应力加固混凝土构件受拉区纵向钢筋的等效应力可按下列公式计算：

$$\sigma_{sk}=\frac{M_k-N_{p0}(z-e_p)}{(0.30A_p+A_s)z} \quad (5.3.5\text{-}1)$$

$$z=\left[0.87-0.12(1-\gamma_f')\left(\frac{h_0}{e}\right)^2\right]h_0 \quad (5.3.5\text{-}2)$$

$$e=e_p+\frac{M_k}{N_{p0}} \quad (5.3.5\text{-}3)$$

$$\gamma_f'=\frac{(b_f'-b)h_f'}{bh_0} \quad (5.3.5\text{-}4)$$

$$e_p=y_{ps}-e_{p0} \quad (5.3.5\text{-}5)$$

式中：M_k——按荷载效应的标准组合计算的弯矩（N·mm），取计算区段内的最大弯矩值；

A_p——受拉区体外预应力筋截面面积（mm^2）；

z——受拉区纵向非预应力筋和预应力筋合力点至截面受压区合力点的距离（mm）；

h_0——受拉区纵向非预应力筋和预应力筋合力点至截面受压区边缘的距离（mm）；

e_p——混凝土法向预应力等于零时预加力 N_{p0} 的作用点至受拉区纵向预应力筋和非预应力筋合力点的距离（mm）；

y_{ps}——受拉区纵向预应力筋和非预应力筋合力点的偏心距（mm）；

e_{p0}——混凝土法向预应力等于零时预加力 N_{p0} 作用点的偏心距（mm）；

γ_f'——受压翼缘截面面积与腹板有效截面面积的比值；

b_f'、h_f'——受压翼缘的宽度、高度（mm）；在公式（5.3.5-4）中，当 $h_f'>0.2h_0$ 时，取 h_f' 为 $0.2h_0$。

5.3.6 矩形、T形、倒 T 形和 I 形截面受弯构件考虑荷载长期作用影响的刚度（B）可按下式计算：

$$B=\frac{M_k}{M_q(\theta-1)+M_k}B_s \quad (5.3.6)$$

式中：M_q——按荷载效应的准永久组合计算的弯矩值（N·mm），取计算区段内的最大弯矩值；

B_s——荷载效应的标准组合作用下受弯构件的短期刚度（N·mm^2），按本规程第 5.3.7 条计算；

θ——考虑荷载长期作用对挠度增大的影响系数，取 1.5。

5.3.7 在荷载效应的标准组合作用下，体外预应力加固混凝土受弯构件的短期刚度（B_s）可按下列公式计算：

1 要求不出现裂缝的构件以及加固后裂缝完全闭合未重新开裂构件：

$$B_s=0.85E_cI_0 \quad (5.3.7\text{-}1)$$

2 允许出现裂缝的构件以及加固后裂缝闭合又重新开裂构件：

$$B_s=\frac{0.85E_cI_0}{\kappa_{cr}+(1-\kappa_{cr})\omega} \quad (5.3.7\text{-}2)$$

$$\kappa_{cr}=\frac{M_{cr}}{M_k} \quad (5.3.7\text{-}3)$$

$$\omega=\left(1.0+\frac{0.21}{\alpha_E\rho}\right)(1+0.45\gamma_f)-0.7 \quad (5.3.7\text{-}4)$$

$$\gamma_f=\frac{(b_f-b)h_f}{bh_0} \quad (5.3.7\text{-}5)$$

式中：α_E——钢筋弹性模量与混凝土弹性模量的比值；

ρ——纵向受拉非预应力筋和预应力筋换算配筋率，取 $(A_s+0.30A_p)/bh_0$；

I_0——构件换算截面惯性矩（mm^4）；

M_{cr}——构件正截面开裂弯矩（N·mm），按本规程第 5.3.3 条确定；

γ_f——受拉翼缘截面面积与腹板有效截面面积的比值；

b_f、h_f——受拉翼缘的宽度、高度（mm）；

κ_{cr}——预应力加固混凝土受弯构件正截面的开裂弯矩 M_{cr} 与弯矩 M_k 的比值，当 $\kappa_{cr}>1.0$ 时，取 κ_{cr} 为 1.0。

注：对预压时预拉区出现裂缝的构件，B_s 应降低 10%。

5.3.8 体外预应力加固混凝土受弯构件在使用阶段的预应力反拱值，宜根据加固梁开裂截面完全闭合前、后的反向短期抗弯刚度分两阶段按结构力学方法计算，计算中预应力筋的应力应扣除全部预应力损失，反向短期刚度可按下列规定取值：

1 预加力（N_p）从 0 增加达到裂缝完全闭合预加力（N_{clo}）过程中，构件短期刚度可按下式分段取值计算：

$$B_s = \frac{N_{\text{clo}} - N_p}{N_{\text{clo}}} \cdot \frac{E_s A_s h_0^2}{1.15\psi + 0.2 + \frac{6\alpha_E \rho_s}{1 + 3.5\gamma_f'}}$$

$$+ \frac{N_p}{N_{\text{clo}}} \cdot 0.85 E_c I_0 \qquad (5.3.8)$$

式中：ρ_s——纵向受拉非预应力筋换算配筋率，取 A_s/bh_0。

2 裂缝完全闭合后，短期刚度可按本规程式 (5.3.7-1) 计算。

考虑预压应力长期作用的影响，可将计算求得的预应力反拱值乘以增大系数 1.5。

5.3.9 对重要或特殊构件的长期反拱值，可根据专门的试验分析确定或采用合理的收缩、徐变计算方法经分析确定；对恒载较小的构件，应考虑反拱过大对使用的不利影响。

5.4 转向块、锚固块设计

5.4.1 体外预应力加固采用钢制转向块、锚固块时，除应按现行国家标准《钢结构设计规范》GB 50017 对转向块、锚固块进行承载能力极限状态计算和正常使用极限状态验算外，尚应对转向块、锚固块与原混凝土结构的连接进行承载力极限状态计算。

5.4.2 按承载能力极限状态设计钢制转向块、锚固块及连接件时，预应力等效荷载标准值应按预应力筋极限强度标准值计算得出。

5.4.3 按正常使用极限状态设计钢制转向块、锚固块及连接件时，预应力等效荷载标准值应按预应力筋最大张拉控制应力计算得出。

5.4.4 与转向块、锚固块连接处的既有结构混凝土应按现行国家标准《混凝土结构设计规范》GB 50010 进行受冲切承载力和局部受压承载力计算。在预应力张拉阶段局部受压承载力计算中，局部压力设计值应取 1.2 倍张拉控制力进行计算；在正常使用阶段验算中，局部压力设计值应取预应力筋极限强度标准值进行计算。

6 构造规定

6.1 预应力筋布置原则

6.1.1 体外预应力加固设计时，体外束可采用直线、双折线或多折线布置方式，且其布置应使结构对称受力，对矩形、T 形或 I 字形截面梁，体外束宜布置在梁腹板的两侧。

6.1.2 体外束转向块和锚固块的设置宜根据体外束的设计线形确定，对多折线体外束，转向块宜布置在距梁端 1/4～1/3 跨度的范围内，当转向块间距大于 12 倍梁高时，可增设中间定位用转向块；对多跨连续梁、板，当采用多折线体外束时，可在中间支座或

其他部位增设锚固块，当大于三跨时，宜采用分段锚固方法。

6.1.3 体外束的锚固块与转向块之间或两个转向块之间的自由段长度不宜大于 8m；超过 8m 时，宜设置固定节点或防振动装置。

6.1.4 体外束在每个转向块处的弯曲角不宜大于 15°，当弯曲角大于 15°时，应按现行国家标准《预应力混凝土用钢绞线》GB/T 5224-2003 确定其力学性能指标，或依据可靠的理论、试验数据对体外预应力筋的强度值进行折减。

6.1.5 体外束与转向块的接触长度应由弯曲角度和曲率半径计算确定。

6.2 节点构造

6.2.1 体外预应力束的锚固体系节点构造应符合下列规定：

1 对于有整体调束要求的钢绞线夹片锚固体系，可采用外螺母支撑承力方式调束；

2 对处于低应力状态下的体外束，锚具夹片应设防松装置；

3 对可更换的体外束，应采用体外束专用锚固体系，且应在锚具外预留钢绞线的张拉工作长度。

6.2.2 转向块宜布置于被加固梁的底部、顶部或次梁与被加固梁交接处，并宜符合本规程附录 B 的规定。当采用其他形式的转向块时，应按本规程 5.4 节的要求进行设计计算，除应满足钢绞线的转向要求外，尚应做到传力可靠、构造合理。

6.2.3 锚固块宜布置在被加固梁的端部，并宜符合本规程附录 B 的规定。当采用其他形式的锚固块时，应按本规程 5.4 节要求进行锚固块设计，除应满足预应力筋的锚固外，尚应做到传力可靠、构造合理。

7 防 护

7.1 防 腐

7.1.1 体外束张拉锚固后，应对锚具及外露预应力筋进行防腐处理。当处于腐蚀环境时，应设置全密封防护罩，对不要求更换的体外束，可在防护罩内灌注环氧砂浆或其他防腐蚀材料；对可更换的体外束，应保留满足张拉要求的预应力筋长度，并在防护罩内灌注专用防腐油脂或其他可清洗的防腐材料。

7.1.2 体外束的外套管应符合下列规定：

1 外套管应能抵抗运输、安装和使用过程中的各种作用力，不得损坏；

2 采用水泥基灌浆料时，套管应能承受 1.0N/mm² 的内压，孔道的内径宜比预应力束外径大 6mm～15mm，且孔道的截面积宜为穿入预应力筋截面积的 3 倍～4 倍；

3 采用防腐化合物填充管道时，除应满足温度和内压的要求外，管道和防腐化合物之间，不得因温度变化效应对钢绞线产生腐蚀作用；

4 镀锌钢管的壁厚不宜小于管径的 1/40，且不应小于 2mm；高密度聚乙烯管的壁厚宜为 2mm～5mm，且应具有抗紫外线功能和耐老化性能，并应在有需要时能够更换；

5 普通钢套管应具有可靠的防腐蚀措施，在使用一定时期后应重新涂刷防腐蚀涂层。

7.1.3 体外束的防腐蚀材料应符合下列规定：

1 水泥基灌浆料、专用防腐油脂应能填满外套管和连续包裹预应力筋的全长，并不得产生气泡；

2 体外束采用工厂预制时，其防腐蚀材料在加工、运输、安装及张拉过程中，应具有稳定性、柔性，不应产生裂缝，并应在所要求的温度范围内不流淌；

3 防腐蚀材料的耐久性能应与体外束所属的环境类别和设计使用年限的要求相一致。

7.1.4 钢制转向块和钢制锚固块应采取防锈措施，并应按防腐蚀年限进行定期维护。钢材的防锈和防腐蚀采用的涂料、钢材表面的除锈等级以及防腐蚀对钢材的构造要求等，应满足现行国家标准《工业建筑防腐蚀设计规范》GB 50046 和《涂装前钢材表面锈蚀等级和除锈等级》GB/T 8923 的规定。在设计文件中应注明所要求的钢材除锈等级和所要用的涂料（或镀层）及涂（镀）层厚度。

7.2 防　火

7.2.1 体外预应力加固体系的耐火等级，应不低于既有结构构件的耐火等级。用于加固受弯构件的体外预应力体系耐火极限应按表 7.2.1 采用。

表 7.2.1　体外预应力体系耐火极限（h）

耐火等级	单、多层建筑				高层建筑	
	一级	二级	三级	四级	一级	二级
耐火极限	2.00	1.50	1.00	0.50	2.00	1.50

7.2.2 体外预应力加固体系的防火保护材料及措施应符合下列规定：

1 在要求的耐火极限内，应有效保护体外预应力筋、转向块、锚固块及锚具等；

2 防火材料应易与体外预应力体系结合，并不应产生对体外预应力体系的有害影响；

3 当钢构件受火产生允许变形时，防火保护材料不应发生结构性破坏，应仍能保持原有的保护作用直至规定的耐火时间；

4 当防火措施达不到耐火极限要求时，体外预应力筋应按可更换设计，并应验算体外预应力筋失效后结构不会塌落；

5 防火保护材料不应对人体有毒害；

6 应选用施工方便、易于保障施工质量的防火措施。

7.2.3 当体外预应力体系采用防火涂料防火时，耐火极限大于 1.5h 的，应选用非膨胀型钢结构防火涂料；耐火极限不大于 1.5h 的，可选用膨胀型钢结构防火涂料。防火涂料保护层厚度应按国家现行有关标准确定。

8　施工及验收

8.1　施工准备

8.1.1 采用体外预应力加固混凝土结构时，应根据加固设计方案中预应力体系的不同确定预应力施工工艺。

8.1.2 体外预应力加固施工前，应由专业施工单位根据设计图纸与现场施工条件，编制体外预应力加固施工方案，施工方案应经加固设计单位确认后再实施。

8.1.3 体外预应力加固工程中穿孔孔道宜采用静态开孔机成型，开孔前应探测既有结构钢筋位置，钻孔时应避开构件中的钢筋，当无法避开时，应通知设计单位，采取相应措施。

8.2　预应力筋加工制作

8.2.1 预应力筋的下料长度应通过计算确定。计算时应综合考虑其孔道长度、锚具长度、千斤顶长度、张拉伸长值和混凝土压缩变形量以及根据不同张拉方法和锚固形式预留的张拉长度等因素。

8.2.2 预应力筋制作或组装时，宜采用砂轮锯或切断机切断，不得采用加热、焊接或电弧切割，且施工过程中应避免电火花和电流损伤预应力筋。

8.2.3 当钢绞线采用挤压锚具时，挤压前应在挤压模内腔或挤压套外表面涂润滑油，压力表读数应符合操作说明书的规定。

8.3　转向块、锚固块安装

8.3.1 转向块、锚固块安装固定时，束形控制点的设计曲线竖向位置偏差应符合表 8.3.1 的规定；转向块曲率半径和转向导管半径偏差均不应大于相应半径的±5%。

表 8.3.1　束形控制点的设计曲线竖向位置允许偏差

截面高（厚）度（mm）	$h \leqslant 300$	$300 < h \leqslant 1500$	$h > 1500$
允许偏差（mm）	±5	±10	±15

8.3.2 转向块、锚固块与既有结构的连接可采用结构加固用 A 级胶粘剂、化学锚栓、膨胀螺栓等，施

工技术应符合现行行业标准《混凝土结构后锚固技术规程》JGJ 145 的规定。

8.4 预应力筋安装

8.4.1 体外预应力束在安装过程中应注意排序，无法进行整束穿筋的宜采用单根穿筋的方法。在张拉之前应对所有预应力筋进行预紧。在穿筋过程中应采取防护措施，不应拖曳体外束，不得造成对表面防护层的损害。

8.4.2 体外预应力束张拉前，应由定位支架或其他措施控制其位置。

8.5 预应力张拉

8.5.1 张拉设备的选用、标定和维护应符合下列规定：

1 张拉设备应满足体外预应力筋的张拉和锚具的锚固要求；

2 张拉设备及仪表，应定期维护和校验；

3 张拉设备应配套标定、配套使用；

4 张拉设备的标定期限不应超过半年，当在使用过程中张拉设备出现反常现象时或千斤顶检修后，应重新标定；

5 张拉所用压力表的精度不宜低于 1.6 级，标定千斤顶用的试验机或测力计的精度不应低于 $\pm 1\%$；标定时千斤顶活塞的运行方向，应与实际张拉工作状态一致。

8.5.2 预应力筋的张拉控制应力（σ_{con}）应符合下列规定：

1 钢绞线

$$0.40 f_{ptk} \leqslant \sigma_{con} \leqslant 0.60 f_{ptk} \quad (8.5.2-1)$$

2 预应力螺纹钢筋

$$0.50 f_{pyk} \leqslant \sigma_{con} \leqslant 0.70 f_{pyk} \quad (8.5.2-2)$$

式中：f_{ptk}——钢绞线极限强度标准值（N/mm²）；
　　　f_{pyk}——预应力螺纹钢筋屈服强度标准值（N/mm²）。

当要求部分抵消由于应力松弛、摩擦、预应力筋分批张拉等因素产生的预应力损失时，张拉控制应力可增加 $0.05 f_{ptk}$；当有可靠依据时，可提高张拉控制应力。

8.5.3 预应力筋张拉应在转向块、锚固块安装完成，且连接材料达到设计强度时进行。

8.5.4 预应力筋用应力控制法张拉时，应以伸长值进行校核。实际伸长值与计算伸长值之差应控制在 $\pm 6\%$ 以内，否则应暂停张拉，待查明原因并采取措施予以调整后再继续张拉。

8.5.5 千斤顶张拉体外预应力筋的计算伸长值（Δl）可按下式计算：

$$\Delta l = \frac{F_{pm} l_p}{A_p E_p} \quad (8.5.5)$$

式中：F_{pm}——预应力筋平均张拉力（N），取张拉端拉力与计算截面扣除摩擦损失后的拉力平均值；
　　　l_p——预应力筋的实际长度（mm）。

8.5.6 后张预应力筋的实际伸长值宜在初应力为张拉控制应力的 10% 时开始量测，分级记录。实际伸长值（Δl_0）可按下式确定：

$$\Delta l_0 = \Delta l_1 + \Delta l_2 - \Delta l_3 \quad (8.5.6)$$

式中：Δl_1——从初应力至最大张拉力间的实测伸长值（mm）；
　　　Δl_2——初应力以下的推算伸长值（mm），可根据张拉力与伸长值成正比关系确定；
　　　Δl_3——张拉过程中构件变形引起的预应力筋缩短值（mm），对于变形较小的构件，可略去。

8.5.7 预应力筋张拉锚固后实际建立的预应力值与设计规定检验值的相对偏差不应超过 $\pm 5\%$。

8.5.8 预应力筋的张拉顺序应符合下列规定：

1 当设计中无具体要求时，可根据结构受力特点、施工方便、操作安全等因素确定；

2 张拉宜对称进行，减小对既有结构的偏心，也可采用分级张拉；

3 当预应力筋采取逐根张拉或逐束张拉时，应保证各阶段不出现对结构不利的应力状态，同时宜考虑后批张拉的预应力筋产生的弹性压缩对先批张拉预应力筋的影响。

8.5.9 预应力张拉时，应根据设计要求采用一端张拉或两端张拉。当采用两端张拉时，宜两端同时张拉，也可一端先张拉，另一端补张拉。

8.5.10 对同一束预应力筋，宜采用相应吨位的千斤顶整束张拉。当整束张拉有困难时，也可采用单根张拉工艺，单根张拉时应考虑各根之间的相互影响。

8.5.11 张拉过程中应避免预应力筋断裂或滑脱。当有断裂时，应该进行更换；当有滑脱时，应对滑脱的预应力筋重新穿筋张拉。

8.5.12 预应力筋张拉时，应对张拉力、压力表读数、张拉伸长值、异常现象等作详细记录。

8.6 工程验收

8.6.1 建筑结构体外预应力加固分项工程施工质量验收应符合现行国家标准《混凝土结构工程施工质量验收规范》GB 50204 的有关规定。

8.6.2 体外预应力加固分项工程可根据材料类别划分为预应力筋、锚具、孔道灌注材料、转向块、锚固块、防火材料等检验批。原材料的批量划分、质量标准和检验方法应符合国家现行有关产品标准。

8.6.3 体外预应力加固分项工程可根据施工工艺流程划分为预应力筋制作与安装、张拉、灌注、封锚及防火等检验批。

8.6.4 原材料进场的主控项目验收应符合下列规定：

1 预应力筋应按本规程第 4.2 节规定抽取试件做力学性能检验，其质量应符合国家现行有关标准的规定。预应力筋应每 60t 为一批，每批抽取一组试件，检查产品合格证、出厂检验报告和进场复验报告。

2 预应力筋用锚具应按设计要求采用，其性能应符合本规程第 4.3.1 条的规定。对用量较少的一般工程，当供货方提供有效的试验报告时，可不作静载锚固性能试验。

3 孔道灌浆用水泥的性能应符合本规程第 4.5.2 条的规定，孔道灌浆用外加剂的性能应符合本规程第 4.5.3 条的规定，孔道灌注防腐油脂的性能应符合本规程第 4.5.5 条的规定，并应检查产品合格证、出厂检验报告和进场复验报告。对于用量较少的一般工程，当有可靠依据时，可不作材料性能的进场复验。

4 防火涂料的性能应符合本规程第 4.5.6 条的规定，并应检查产品合格证、出厂检验报告和进场复验报告。对于用量较少的一般工程，当有可靠依据时，可不作材料性能的进场复验。

8.6.5 预应力筋制作与安装的主控项目验收应符合下列规定：

1 体外预应力筋安装时，其品种、级别、规格、数量应符合设计要求；

2 施工过程中应避免电火花损伤预应力筋，受损伤的预应力筋应予以更换。

8.6.6 张拉的主控项目验收应符合下列规定：

1 体外预应力筋的张拉力、张拉顺序及张拉工艺应符合设计及施工方案的要求。

2 当采用应力控制方法张拉时，应校核预应力筋的伸长值，实际伸长值与设计计算理论伸长值的相对允许值偏差为 ±6%。

3 体外预应力筋张拉锚固后实际建立的预应力值与设计规定值的相对允许偏差不应超过 ±5%。抽查数量应为预应力筋总数的 3%，且不应少于 5 束。检查方法为见证张拉记录。

4 体外张拉过程中应避免预应力筋断裂或滑脱；当发生断裂或滑脱时，断裂或滑脱的数量不得超过同一截面预应力筋总根数的 3%，且每束钢丝不得超过一根；对多跨双向连续板，其同一截面应按每跨计算。

8.6.7 孔道灌注、封锚及防火的主控项目验收应符合下列规定：

1 体外预应力筋张拉后应及时在外套管孔道内进行灌注水泥浆或专用防腐油脂，灌注应饱满、密实；

2 体外预应力筋的封锚保护应符合设计要求，

防护罩应符合本规程第 7.1.1 条的规定；

3 防火涂料钢材基层应进行防锈处理，防火涂料的厚度应符合设计规定值，当设计没有明确规定时，应符合国家现行有关标准的规定。

8.6.8 原材料进场的一般项目验收应符合下列规定：

1 预应力筋使用前应进行全数外观检查，预应力筋展开后应平顺，不得弯折，表面不应有裂纹、小刺、机械损伤、氧化铁皮和油污等；二次加工钢绞线采用的无粘结预应力筋护套应光滑、无裂缝、无明显褶皱，无粘结预应力筋护套轻微破损者应外包防水塑料胶带修补，严重破损者不得使用。

2 预应力筋用锚具使用前应进行全数外观检查，其表面应无锈蚀、机械损伤和裂纹。

3 体外预应力束的外套管在使用前应进行全数外观检查，其内外表面应清洁、无锈蚀，不应有油污、孔洞。

4 体外预应力加固用转向块、锚固块及连接用钢材的性能应符合本规程第 4.4.1 条的规定。应检查钢材产品合格证、出厂检验报告和进场复验报告。

8.6.9 制作与安装的一般项目验收应符合下列规定：

1 预应力筋下料应采用砂轮锯或切割机切断，不得采用电弧切割；

2 对于可更换和多次张拉的锚具，预应力筋端部应预留再次张拉的长度，并应做好防护处理；

3 体外预应力束的转向块、锚固块的规格、数量、位置和形状应符合设计要求；

4 转向块、锚固块与既有结构的连接应牢固，预应力束张拉时不应出现位移和变形；

5 体外束的外套管应密封良好，接头应严密且不得漏浆或漏油脂；

6 体外预应力筋束形控制点的竖向位置偏差应符合本规程表 8.3.1 的规定。抽查数量应为预应力筋总数的 5%，且不应少于 5 束，每束不应少于 5 处，用钢尺检查，束形控制点的竖向位置偏差合格点率应达到 90% 及以上，且不得有超过表中数值 1.5 倍的尺寸偏差。

8.6.10 对于张拉的一般项目验收，锚固阶段张拉端预应力筋的内缩值应符合设计要求，当设计无具体要求时，应符合本规程表 5.1.4 的规定。每工作班应抽查预应力筋总数的 3%，且不应少于 3 束，用钢尺检查。

8.6.11 体外预应力孔道灌注、封锚及防火的一般项目验收应符合下列规定：

1 体外预应力筋锚固后的外露部分宜采用机械方法切割，对不要求更换的体外束其外露长度不宜小于预应力筋直径的 1.5 倍，且不宜小于 30mm；对可更换的体外束，应预留再次张拉的长度。抽查数量应为预应力筋总数的 3%，且不应少于 5 束。检查方法为观察和钢尺检查。

2 灌浆用水泥浆的性能及水泥浆强度应符合本规程第 4.5.4 条的规定。检查水泥浆性能试验报告和水泥浆试件强度试验报告。

3 防火涂料涂刷不应有遗漏，涂层应闭合，无脱层、空鼓、粉化松散等外观缺陷。

8.6.12 体外预应力加固分项工程施工质量验收时，应提供下列文件和记录：

1 经审查批准的施工组织设计和施工技术方案；

2 设计变更文件；

3 预应力筋、锚具的出厂合格证和进场复验报告；

4 转向块、锚固块原材料的合格证和进场复验报告；

5 张拉设备配套标定报告；

6 体外束设计曲线坐标检查记录；

7 转向块、锚固块与混凝土结构的连接检查记录；

8 预应力筋张拉及灌浆记录；

9 外套管灌注及锚固端防护封闭记录、水泥浆试块强度报告；

10 体外预应力体系外露部分防火措施检查记录。

附录 A 体外预应力筋数量估算

A.0.1 体外预应力筋截面面积可按下式估算：

$$A_P = \frac{N_P}{\sigma_{pu}} \qquad (A.0.1)$$

式中：N_p——体外预应力筋的拉力设计值（N），按本附录第 A.0.2 条计算；

σ_{pu}——预应力筋应力设计值（N/mm²），按本规程第 5.1.9 条计算，预应力总损失可按 $0.2\sigma_{con}$ 估算。

A.0.2 矩形截面梁体外预应力筋拉力设计值（N_p）可根据矩形梁的截面宽度（b）、有效高度（H_{0p}）和承受弯矩设计值（ΔM），按下列公式计算（图 A.0.2）：

$$N_p = \alpha_1 f_c b x_p \qquad (A.0.2-1)$$

$$x_p = H_{0p}^2 - \sqrt{H_{0p}^2 - 2\Delta M/(\alpha_1 f_c b)} \qquad (A.0.2-2)$$

$$H_{0p} = h - x_0 - a_p \qquad (A.0.2-3)$$

$$\Delta M = \eta M - M_0 \qquad (A.0.2-4)$$

$$M_0 = f_y' A_s' (h - a_s' - a_s) + \alpha_1 f_c b x_0 (h - 0.5x_0 - a) \qquad (A.0.2-5)$$

$$x_0 = \frac{f_y A_s - f_y' A_s'}{\alpha_1 f_c b} \qquad (A.0.2-6)$$

式中：ΔM——考虑弯矩增大系数影响后梁的弯矩加固量（N·mm）；

M——加固梁弯矩设计值（N·mm）；

M_0——加固前既有结构受弯承载力（N·

mm）；

η——设计弯矩增大系数，取 1.05；

x_0——加固前既有结构受压区高度（mm）；

b、h——截面宽度、高度（mm）；

a_p——体外预应力筋拉力至受拉区边缘的距离（mm），边缘外取负数。

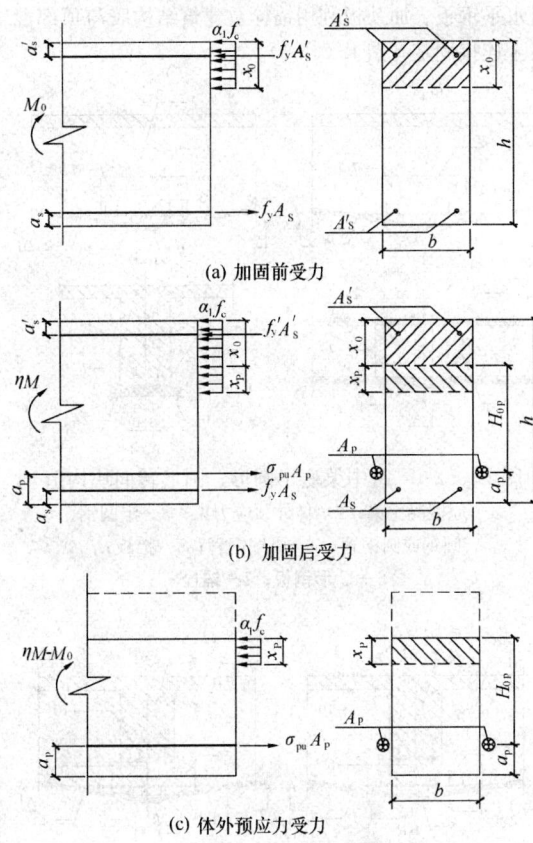

(a) 加固前受力

(b) 加固后受力

(c) 体外预应力受力

图 A.0.2 体外预应力加固截面受力

附录 B 转向块、锚固块布置及构造

B.0.1 体外预应力加固混凝土结构的转向块、锚固块形式和布置应根据既有建筑结构布置、体外预应力筋布置选用（图 B.0.1）。

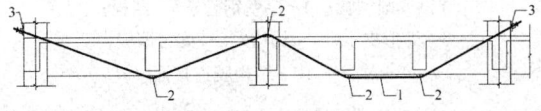

图 B.0.1 转向块、锚固块布置
1—体外预应力束；2—转向块；3—锚固块

B.0.2 当转向块转向采用半圆钢、圆钢或圆钢管时，预应力筋在转向块处宜采用厚壁钢套管，并宜通过挡板固定预应力束位置，转向块构造及与加固梁的连接可采用下列形式：

1 当转向块安装在加固梁底部时，可通过 U 形钢板利用锚栓及结构胶与加固梁底部和侧面连接固定（图 B.0.2-1）。

2 当转向块安装在加固梁跨中的次梁下时，可通过加固梁底部钢板、次梁底部 T 形支撑板利用锚栓和结构胶固定（图 B.0.2-2）。

3 当转向块安装在加固梁顶部支座处时，可通过水平钢板、加劲板利用锚栓及建筑结构胶与顶部混凝土连接固定（图 B.0.2-3）。

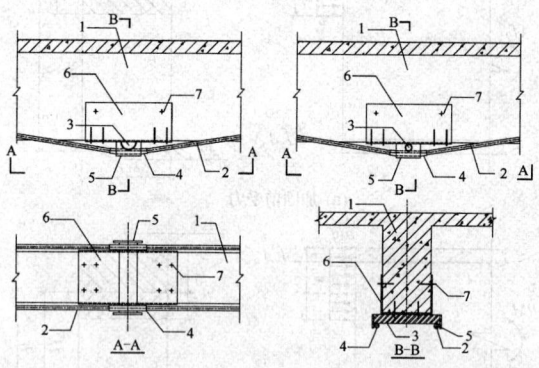

图 B.0.2-1 跨中梁底半圆形、圆形转向块构造
1—原混凝土梁；2—体外预应力束；3—半圆钢、
圆钢或圆钢管；4—厚壁钢管；5—挡板；
6—U 形钢板；7—锚栓

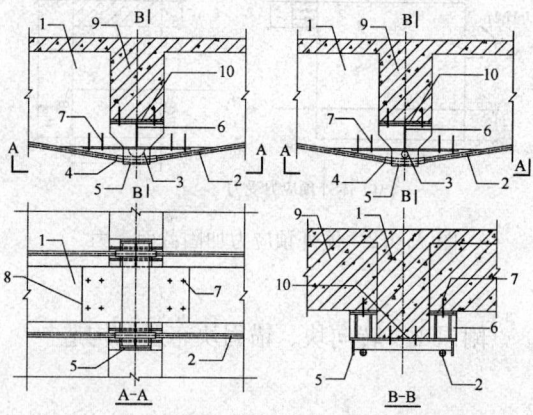

图 B.0.2-2 跨中次梁下半圆形、圆形转向块构造
1—原混凝土梁；2—体外预应力束；3—半圆钢、
圆钢或圆钢管；4—厚壁钢管；5—挡板；
6—T 形支承；7—锚栓；8—梁底钢板；
9—次梁；10—结构胶连接面

B.0.3 当转向块为鞍形时，预应力束套管可在鞍形转向块上平顺通过，并宜通过挡板固定预应力束位置，转向块构造及与加固梁的连接可采用下列形式：

1 当转向块安装在加固梁底部时，可通过不同高度的横向加劲形成弧面鞍座，并通过水平钢板、加劲板利用锚栓及结构胶与加固梁底部、侧面或跨中次梁连接固定（图 B.0.3-1）。

2 当转向块安装在加固梁顶部时，可通过不同

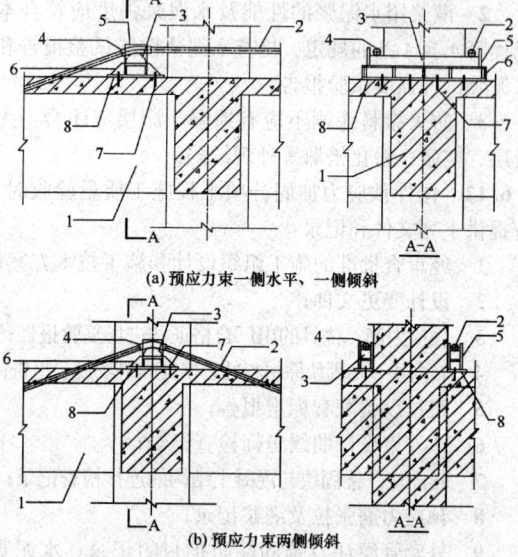

(a) 预应力束一侧水平、一侧倾斜

(b) 预应力束两侧倾斜

图 B.0.2-3 梁顶部半圆形、圆形转向块构造
1—原混凝土梁；2—体外预应力束；3—半圆钢、
圆钢或圆钢管；4—厚壁钢管；5—挡板；
6—钢支承；7—锚栓；8—结构胶连接面

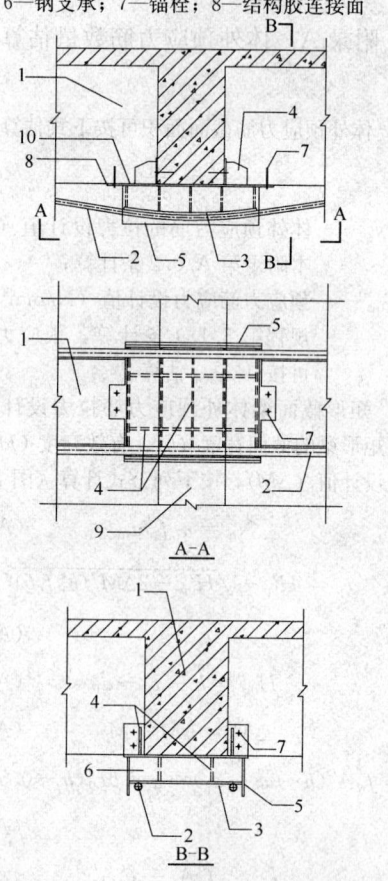

图 B.0.3-1 梁跨中鞍形转向块构造
1—原混凝土梁；2—体外预应力束；3—鞍形弧面；
4—加劲板；5—挡板；6—鞍座；7—锚栓；8—梁
底钢板；9—次梁；10—结构胶连接面

高度的横向加劲形成弧面鞍座，并通过水平钢板、加

劲板利用锚栓及结构胶与加固梁顶部连接固定（图B.0.3-2）。

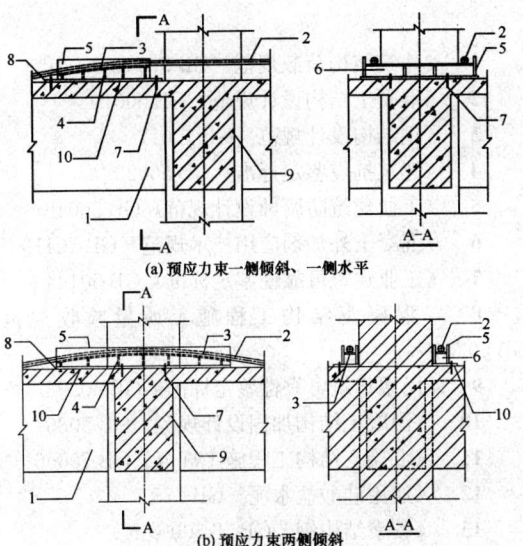

(a) 预应力束一侧倾斜、一侧水平

(b) 预应力束两侧倾斜

图 B.0.3-2 梁端部鞍形转向块构造

1—原混凝土梁；2—体外预应力束；3—鞍形弧面；
4—加劲板；5—挡板；6—鞍座；7—锚栓；
8—梁顶钢板；9—横向梁；10—结构胶连接面

B.0.4 当转向块采用钢管时，钢管厚度不宜小于5mm，钢管与加固梁的连接可采用下列形式：

1 当转向块安装在加固梁跨中两侧时，宜采用U形钢板利用锚栓和结构胶与加固梁连接固定，钢管与U形钢板的侧面焊接固定，并通过竖向加劲加强钢管与U形钢板的连接［图B.0.4（a）］。

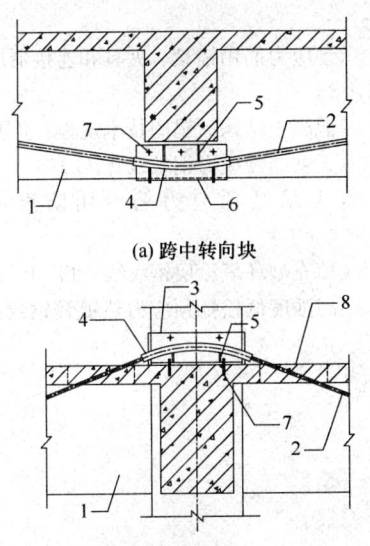

(a) 跨中转向块

(b) 梁端转向块

图 B.0.4 钢管转向块构造

1—原混凝土梁；2—体外预应力束；3—钢板
与柱子连接；4—厚壁钢管；5—加劲板；
6—U形钢板；7—锚栓；8—楼板开洞

2 当转向块安装在加固梁顶柱子两侧时，宜采用钢板利用锚栓和结构胶与加固梁顶和柱子连接固定，钢管与柱子侧面钢板焊接固定，并通过竖向加劲加强钢管与竖向钢板的连接［图B.0.4（b）］，预应力束穿过楼板时应在楼板开洞，张拉后封堵。

B.0.5 锚固块宜做成钢结构横梁形式布置在加固梁端部，并将预加力传递给加固混凝土结构，锚固块的布置可采用下列形式：

1 当加固梁为独立梁时，锚固块宜布置在加固梁端中性轴稍偏上的位置（图B.0.5-1）；

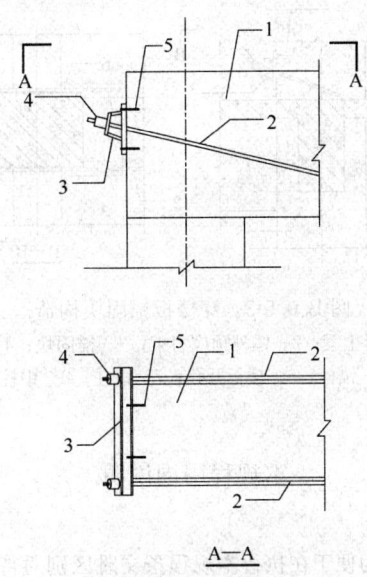

A—A

图 B.0.5-1 梁端部锚固块构造

1—原混凝土梁；2—体外预应力束；
3—锚固块；4—锚具；
5—锚栓

2 当加固梁端部有边梁时，可在边梁上钻孔，体外束穿过边梁锚固在加固梁中性轴稍偏上的位置（图B.0.5-2）；

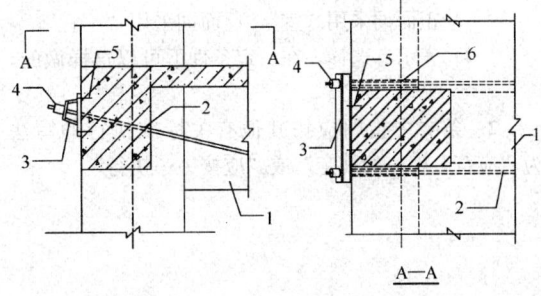

A—A

图 B.0.5-2 穿边梁锚固块构造

1—原混凝土梁；2—体外预应力束；3—锚固块；
4—锚具；5—锚栓；6—边梁开孔

3 当加固梁有边梁或在跨中锚固有横向梁时，也可在楼板开孔，体外束穿过楼板锚固，锚固块通过钢板箍固定在上层柱底部（图 B.0.5-3），这种方式应注意预加力对柱底剪力的影响。

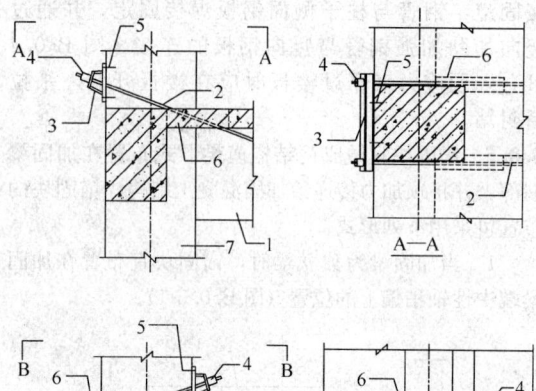

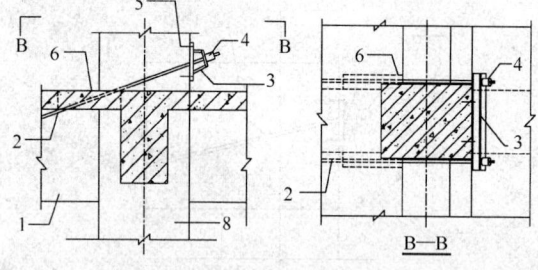

图 B.0.5-3　穿楼板锚固块构造

1—原混凝土梁；2—体外预应力束；3—锚固块；4—锚具；
5—锚栓；6—楼板开孔；7—边柱；8—中柱

本规程用词说明

1 为便于在执行本规程条文时区别对待，对于要求严格程度不同的用词说明如下：

　　1）表示很严格，非这样做不可的：
　　　　正面词采用"必须"，反面词采用"严禁"；
　　2）表示严格，在正常情况下均应这样做的：
　　　　正面词采用"应"，反面词采用"不应"或"不得"；
　　3）表示允许稍有选择，在条件许可时首先应这样做的：
　　　　正面词采用"宜"，反面词采用"不宜"；
　　4）表示有选择，在一定条件下可以这样做的，采用"可"。

2 条文中指明应按其他有关标准执行的写法为"应符合……的规定"或"应按……执行"。

引用标准名录

1　《建筑结构荷载规范》GB 50009

2　《混凝土结构设计规范》GB 50010

3　《钢结构设计规范》GB 50017

4　《建筑抗震鉴定标准》GB 50023

5　《工业建筑防腐蚀设计规范》GB 50046

6　《混凝土外加剂应用技术规范》GB 50119

7　《工业建筑可靠性鉴定标准》GB 50144

8　《混凝土结构工程施工质量验收规范》GB 50204

9　《民用建筑可靠性鉴定标准》GB 50292

10　《混凝土结构加固设计规范》GB 50367

11　《混凝土结构工程施工规范》GB 50666

12　《通用硅酸盐水泥》GB 175

13　《碳素结构钢》GB/T 700

14　《低合金高强度结构钢》GB/T 1591

15　《预应力混凝土用钢绞线》GB/T 5224 - 2003

16　《混凝土外加剂》GB 8076

17　《涂装前钢材表面锈蚀等级和除锈等级》GB/T 8923

18　《一般工程用铸造碳钢件》GB/T 11352

19　《预应力筋用锚具、夹具和连接器》GB/T 14370

20　《钢结构防火涂料》GB 14907

21　《环氧涂层七丝预应力钢绞线》GB/T 21073

22　《预应力筋用锚具、夹具和连接器应用技术规程》JGJ 85

23　《混凝土结构后锚固技术规程》JGJ 145

24　《无粘结预应力钢绞线》JG 161

25　《无粘结预应力筋专用防腐润滑脂》JG 3007

26　《填充型环氧涂层钢绞线》JT/T 737

27　《高强度低松弛预应力热镀锌钢绞线》YB/T 152

中华人民共和国行业标准

建筑结构体外预应力加固技术规程

JGJ/T 279—2012

条 文 说 明

制　订　说　明

《建筑结构体外预应力加固技术规程》JGJ/T 279-2012，经住房和城乡建设部 2011 年 12 月 26 日以 1227 号公告批准、发布。

本规程编制过程中，编制组进行了广泛的调查研究，总结了建筑结构体外预应力加固技术的实践经验，同时参考了国外先进技术法规、技术标准，吸取了国内外最新研究成果。

为便于广大设计、施工、科研、学校等单位有关人员在使用本规程时能正确理解和执行条文规定，《建筑结构体外预应力加固技术规程》编制组按章、节、条顺序编制了本规程的条文说明，对条文规定的目的、依据以及执行中需注意的有关事项进行了说明。但是，本条文说明不具备与规程正文同等的法律效力，仅供使用者作为理解和把握规程规定的参考。

目 次

1 总 则

1.0.1 体外预应力加固混凝土结构有别于其他加固方法，增大截面法、粘钢法、粘碳纤维等方法可以有效提高构件承载力，体外预应力加固混凝土结构除了提高承载力外，还可以有效提高截面抗裂性和通过等效荷载减小构件挠度，体外预应力是一种主动的加固方式。另外，体外预应力在耐久性方面也有其独特的优势：体外预应力筋设置在混凝土外，便于检测、重新张拉和更换，体外预应力筋的检测可以预防破坏事故的发生，体外预应力筋重新张拉及更换，可以保证预应力筋的应力水平及结构的可靠性，延长结构寿命。

体外预应力加固法是近年来快速发展和普遍采用的加固方法之一。由于体外预应力加固法采用专用设备，技术要求高和需要专业队伍施工，克服了其他方法"全民施工"带来的质量管理混乱的缺点，对确保加固工程质量有利。体外预应力加固法与其他加固法比较有如下优点：

1 加固与卸载合一，共同工作性能好。体外预应力加固结构在预应力加固的同时可以对既有结构进行卸载。加固完成后，既有结构与新加预应力筋共同承担荷载，属于一种主动加固法。

2 强度、刚度同时加固。体外预应力加固法在提高被加固构件承载力的同时，可使构件产生反拱变形和减小结构裂缝宽度。

3 适用于超筋截面构件的加固。体外预应力加固法是一种体外布索，可以通过抬高转向块高度加大预应力筋与既有结构受压边缘的距离，从而使构件不超筋。所以对超筋构件加固同样有效，这一点是前述的许多方法所不具备的。

4 对被加固构件的承载力提高幅度较大。试验研究表明，体外预应力加固法采用的高强度低松弛钢绞线，其数量可根据需要配置，可显著提高承载力。

5 体外预应力加固法适应性强。体外预应力加固法对单跨梁、连续梁、框架梁、井字梁、单双向板、偏心受压柱等均能起到加固作用；体外预应力加固法特别适用于低强度混凝土结构以及火灾、腐蚀、冻融等钢筋混凝土结构的加固。

体外预应力加固法已经广泛应用在建筑结构的混凝土梁、板加固中，并取得了良好的效果，体外预应力与体内预应力相比有两大不同：一是体外预应力二次效应，二是预应力二次加载的影响。但是，这些特点并没有在现行国家标准《混凝土结构设计规范》GB 50010 中明确指出，本规程就是利用混凝土结构设计原理明确体外预应力加固混凝土结构的设计方法和施工验收方法。

1.0.2 体外预应力加固技术除了在工业与民用建筑中采用外，也广泛应用在铁路和公路桥梁的加固中，由于铁路和公路桥梁与建筑结构采用的设计方法不同，因此，本规程没有涉及铁路和公路桥梁的体外预应力加固。另外，有些钢结构也采用了体外预应力技术进行加固，但是体外预应力加固钢结构与张弦结构受力类似，因此，本规程主要适用于房屋和一般构筑物钢筋混凝土结构采用体外预应力技术进行加固的设计、施工及验收，适用范围与现行国家标准《混凝土结构设计规范》GB 50010 相一致。如果既有结构是预应力混凝土结构，也可进行体外预应力加固，设计方法可参考本规程进行，由于公式较为复杂，工程中应用也极少，因此，本规程没有给出。

1.0.3、1.0.4 这 2 条规定了本规程在使用中应与其他标准配套使用。要加固的工程大都使用了一段时间，不论是因为功能改变还是因为出现了承载力不足、裂缝过大或挠度过大等问题，都应该按照相应的国家现行标准进行鉴定，然后进行加固设计。

2 术语和符号

2.1 术 语

2.1.1～2.1.6 本规程采用尽量少的新术语，凡是国家现行标准中已作规定的，尽量加以引用，不再作出新的规定。与体外预应力加固技术紧密相关的术语进行了强调，重新作了规定。术语的规定参考了国家现行标准和国外先进标准。

"体外预应力束"、"转向块"、"锚固块"和"体外预应力二次效应"是体外预应力技术特有的术语；"既有结构加固"、"体外预应力加固法"在现行国家标准《混凝土结构加固技术规范》GB 50367 中有规定。

2.2 符 号

本规程采用的符号及其含义尽可能与现行国家标准《混凝土结构设计规范》GB 50010、《混凝土结构加固设计规范》GB 50367一致，以便于在加固设计、计算中引用其相关公式。

3 基 本 规 定

3.1 一 般 规 定

3.1.1 本条规定了体外预应力加固适用的场合，主要是混凝土梁、板等受弯构件。虽然混凝土柱也可以用体外预应力加固，但是施加预应力后增大了混凝土柱的轴力，因此一般情况下不建议用预应力筋加固混凝土柱。有的文献用角钢加固柱子的四个角，并通过让角钢承受压力而减小混凝土柱压力，也就是角钢施加预压力对混凝土柱施加预拉力，这种情况不在本规程范围。体外预应力加固的目的一方面是为了满足承载力极限状态，另一方面是为了满足正常使用极限状态；还有一种特殊情况就是既有结构处于高应力、高应变状态，又难以卸除荷载进行其他方式加固，体外预应力加固可以不用卸载，这也是体外预应力加固技术与其他加固方法相比的一项优点。

3.1.2 新建预应力工程对混凝土材料抗压强度给出限值的主要原因是采用高强度混凝土可以充分发挥预应力筋的高强作用，做到两种材料的合理匹配，同时也解决后张法构件锚固区混凝土局部承压问题。体外预应力加固法的锚固区混凝土局部承压也是需重视的问题，应通过对锚固端的设计来解决，试验研究和大量的工程实践证明，通过合理设计锚固块来解决混凝土局部承压问题，体外预应力加固技术用于低强度混凝土结构加固是一个有效方法。

3.1.3 混凝土结构是否需要加固应经过可靠性鉴定确认，我国现行的国家标准《工业建筑可靠性鉴定标准》GB 50144 和《民用建筑可靠性鉴定标准》GB 50292 是我国工业建筑和民用建筑可靠性鉴定的依据，可以作为混凝土结构进行加固设计的基本依据。由于既有建筑结构的加固设计和施工远远复杂于新建建筑结构的设计和施工，因此，应由有相应资质等级的单位进行体外预应力加固设计。另外，超静定结构的加固设计，尤其是体外预应力加固会影响到相邻结构构件的内力，影响整体结构的内力；我国建筑结构的抗震设计标准也在不断提高，结构构件的加固往往与抗震加固结合进行，因此，加固影响到整体内力且与抗震加固相结合时，应按现行国家标准《建筑抗震鉴定标准》GB 50023 进行抗震能力鉴定。体外预应力加固可以改善抗裂性、减小挠度、提高承载力，但是预应力度过大会影响结构的抗震延性，因此，抗震加固时体外预应力加固可与加大截面法、粘钢、粘碳纤维等方法相结合进行。

当体外预应力加固设计与其他加固方法相结合进行时，加固设计的范围可以包括整幢建筑物或其中某独立区段，也可以是指定的结构或构件，但均应考虑该结构的整体性。

3.1.4 被加固的混凝土结构、构件，其加固前的服役时间各不相同，加固后的结构功能又有所改变，因此，不能用新建时的安全等级作为加固后的安全等级，应该根据业主对于加固后的目标适用期的要求，加固后结构使用用途和重要性，由委托方和设计方共同确定。

3.1.5 体外预应力加固混凝土结构施工中最重要的工序是预应力筋的张拉。张拉主要方式是通过千斤顶，因此设计的时候就要考虑到预应力筋的布置满足张拉端能够布置锚固块、布置千斤顶进行张拉，否则，即使设计满足了承载力和抗裂要求，施工也难以

实现，成为不能够实施的设计方案。

对于超静定结构，预应力张拉会改变结构的内力，尤其是与加固构件相邻而未进行体外预应力加固的部分，加固部分的预应力张拉产生的变形会引起结构的次内力，因此，应该考虑次内力产生的不利影响。

3.1.6 对于由高温、高湿、低温、冻融、化学腐蚀、振动、温度应力、地基不均匀沉降等影响因素引起的既有结构损坏，在进行结构体外预应力加固时或加固前，应该提出有效的防治对策和措施，对高温、高湿、低温、冻融、化学腐蚀、振动、温度应力、地基不均匀沉降等产生的源头进行治理和消除，只有消除了根源才可以防止结构破损的进一步发展。通常情况下是先治理然后加固，治理后加固才可以保证加固后结构的安全性和正常使用。

3.1.7 加固施工不同于新建建筑结构，加固施工经常是局部采用支撑，利用了既有结构的稳定性体系，但是对于可能出现倾斜、失稳、变形过大或塌陷的混凝土结构，既有结构已经不能作为支撑的一部分，因此，应提出相应的施工安全措施要求和施工监测要求，防止施工中可能出现的倾斜、失稳、变形过大或塌陷。

3.1.8 混凝土结构体外预应力加固设计都是以委托方提供的结构用途、使用条件和使用环境为依据进行的，因此，加固后也应按委托方委托设计的要求使用，如果改变了使用功能或使用环境，应该重新进行鉴定或经过设计的许可，否则可能产生难以预料的后果。

3.2 设计计算原则

3.2.1 本条是按现行国家标准《混凝土结构设计规范》GB 50010 作出规定的。

3.2.2 本条对混凝土结构体外预应力加固设计计算需要的数据如何得到给出了详细而明确的规定，同时明确了需要考虑次内力对相邻构件的影响及加固后可能引起的刚度变化对内力的影响。

3.2.3 本条给出了普通钢筋混凝土构件进行体外预应力加固时体外预应力最大配筋量与既有结构普通钢筋的比例，采用了现行国家标准《混凝土结构设计规范》GB 50010 的表达方式。体外预应力筋中间段与混凝土没有直接的连接，试验表明，为了改善构件在正常使用中的变形性能，体外预应力筋配筋不宜过多。在全部受拉钢筋中，有粘结的非预应力筋产生的拉力达到总拉力的25％时，可有效改善无粘结预应力受弯构件的性能，如裂缝分布、间距和宽度以及变形能力，接近有粘结预应力梁的性能，本条考虑了这一影响，并考虑到体外预应力加固受弯构件与无粘结预应力混凝土构件相比，性能稍差，因此，控制比现行国家标准《混凝土结构设计规范》GB 50010 中无

粘结预应力筋更严。

3.2.4 既有结构为预应力混凝土结构时，体外预应力加固用预应力配筋量确定应考虑既有结构体内预应力配筋，综合考虑总配筋，主要目的是为了控制结构的延性。

4 材　　料

4.1 混　凝　土

4.1.1 《混凝土结构设计规范》GB 50010 - 2010 第4.1.2条规定预应力混凝土结构强度不宜低于C40，且不应低于C35。对于既有建筑混凝土结构的体外预应力加固，由于混凝土收缩、徐变大部分已经发生，收缩、徐变损失减小，且既有结构一般为普通混凝土结构，与预应力混凝土结构相比混凝土强度会稍偏低，所以将加固用的混凝土强度定为不应低于C30。

4.2 预应力钢材

4.2.1 体外预应力加固用预应力筋主要采用了国家标准《混凝土结构设计规范》GB 50010 - 2010 中规定的预应力筋。由于体外预应力束没有被混凝土包裹，因此在腐蚀环境中采用体外预应力加固时应采用涂层预应力筋。

4.2.2、**4.2.3** 预应力钢绞线和预应力螺纹钢筋的屈服强度标准值 f_{pyk}、抗拉强度标准值 f_{ptk}、强度设计值 f_{py} 及弹性模量均按国家标准《混凝土结构设计规范》GB 50010 - 2010采用。

4.2.4 涂层预应力筋主要为了抵抗环境的腐蚀，这里选取了常用的几种涂层预应力筋：镀锌钢绞线、环氧涂层钢绞线，每种产品均有相应的产品标准。镀锌钢绞线会与水泥浆发生反应，因此，如果是外套管内灌注水泥浆，不能采用镀锌钢绞线。

4.2.5 二次加工预应力筋目前最常用的是无粘结预应力钢绞线，缓粘结预应力钢绞线是最近在预应力混凝土结构中采用的一种新的预应力产品，也可用在体外预应力加固中，可以参考相应的产品标准。

4.3 锚　　具

4.3.1、**4.3.2** 体外预应力加固用锚具和连接器与一般预应力混凝土结构用锚具和连接器是相同的，锚具的类型主要是与预应力筋的类型相匹配，锚固效率系数等参数要求按现行国家标准《预应力筋用锚具、夹具和连接器》GB/T 14370采用即可。由于一般预应力混凝土结构锚具在预应力筋张拉后进行混凝土封锚，封锚后不再打开，而体外预应力筋张拉后一般不用混凝土封锚，而是用封锚盖封闭，且存在将来进行张拉调节的可能，因此，锚具的封锚会不同，封锚既要防腐蚀性好，又要容易打开。夹片锚有可能在预应

力筋应力过低时松开，因此，应该有防松措施。目前已经有专用于体外预应力筋的锚具，可以优先采用这样的锚具。

4.4 转向块、锚固块及连接用材料

4.4.1、**4.4.2** 转向块、锚固块大都采用钢材，连接采用后锚固方式，一方面减小体外预应力加固施工的湿作业，另一方面钢材强度高，后锚固施工方便，产品较多，因此，本条给出了钢材和连接材料需要满足的标准。

4.5 防　护　材　料

4.5.1 体外预应力筋没有埋在混凝土内，不能得到混凝土的保护，因此，体外预应力筋、转向块及锚固块的防护是非常重要的。

工业与民用建筑中，体外预应力筋一般采用钢套管进行保护，也有个别采用 HDPE 套管的，套管内都灌注水泥浆、防腐蚀油脂等进行防腐。

4.5.2、**4.5.3** 给出了灌注水泥浆用水泥和外加剂应符合的产品标准。

4.5.4 给出了外套管内灌注水泥浆的技术要求，现行国家标准《混凝土结构工程施工质量验收规范》GB 50204 和《混凝土结构工程施工规范》GB 50666都给出了水泥浆的技术要求，稍有不同，本规程以现行国家标准《混凝土结构工程施工规范》GB 50666为主。应注意灌注水泥浆后体外预应力筋将不可更换。

4.5.5 灌注的油脂应为体外预应力钢绞线所采用的专用油脂。

4.5.6 体外预应力束、转向块及锚固块都是钢材，钢材在高温下应力释放、强度降低，因此，防火是很重要的，应该根据现行国家标准《钢结构防火涂料》GB 14907 的规定进行防火处理。

5 结　构　设　计

5.1 一　般　规　定

5.1.1 根据现行国家标准《工程结构可靠性设计统一标准》GB 50153 和《混凝土结构设计规范》GB 50010 的有关规定，当进行预应力混凝土结构构件承载力极限状态及正常使用极限状态的荷载组合时，应计算预应力作用参与组合，对后张预应力混凝土超静定结构，预应力作用效应为综合内力 M_r、V_r 及 N_r，包括预应力产生的次弯矩、次剪力和次轴力。在承载力极限状态下，预应力分项系数应不利时取 1.2、有利时取 1.0，正常使用极限状态下，预应力分项系数通常取 1.0。

要计算次内力，首先要有预应力配筋，附录 A

给出了预应力配筋的估算方法，估算了预应力配筋，就可以进行次内力计算和后面的承载力极限状态计算及正常使用极限状态验算。

5.1.2 本条给出了次内力计算方法，设计中一定要注意次内力的符号和方向，正确确定次内力对结构有利还是对结构不利，尤其是次剪力，次剪力最好是通过次弯矩来计算，次弯矩的产生和次剪力是同时的，次弯矩的变化率就是次剪力，对于独立梁，一般情况下一跨内次剪力是一样的，次剪力对梁的两端产生的效果是正好相反的，对左端不利，对右端就有利，对左端有利，对右端就不利，因此，一定要注意方向。当计算次内力时，可略去 $\sigma_{l5}A_s$ 的影响，取 $N_p = \sigma_{pe}A_p$。

5.1.3 本条列出了体外预应力筋中的预应力损失项。预应力总损失值小于 $80N/mm^2$ 时，应按 $80N/mm^2$ 取。按照现行国家标准《混凝土结构设计规范》50010 增加了张拉端锚口摩擦损失。

5.1.4 给出了预应力筋由于锚具变形和预应力筋内缩引起的预应力损失值，预应力筋锚固时锚具回缩值按锚具类型分别为支承式和夹片式给出了数值。计算中应该注意锚具回缩影响的范围，如果锚具回缩产生的反向摩擦不能传递到下一段预应力筋，锚具回缩损失只影响第一段预应力筋。

5.1.5 由于体外预应力筋与构件接触长度非常小，因此，大部分情况下局部偏摆产生的摩擦损失不足 1%，可以忽略，只考虑转角产生的摩擦损失。摩擦系数的取值参考了国家标准《混凝土结构设计规范》GB 50010-2010 的数值。

5.1.6 预应力筋的应力松弛引起的预应力损失值与初应力和极限强度有关。本规程公式是按国家标准《混凝土结构设计规范》GB 50010-2010 给出的。

5.1.7 混凝土收缩和徐变引起的预应力损失按国家标准《混凝土结构设计规范》GB 50010-2010 给出。对既有结构混凝土浇筑完成后的时间超过 5 年的，混凝土收缩、徐变已经基本完成，取 $\sigma_{l5}=0$。

5.1.8 先张拉的预应力筋由张拉后批体外预应力筋所引起的混凝土弹性压缩的预应力损失与体内预应力混凝土结构是一样的。

5.1.9 体外预应力筋的应力设计值与无粘结预应力筋的设计值确定方法基本相似，国内外都采用了有效预应力值再加预应力增量的计算方法，德国 DIN4227 规范无粘结预应力计算方法最为简单：单跨梁预应力增量取 $110N/mm^2$，悬臂梁预应力增量取 $50N/mm^2$，连续梁预应力增量取为零，我国现行行业标准《无粘结预应力混凝土结构技术规程》JGJ 92 中对体外预应力筋应力增量规定为 $100N/mm^2$，本条是参考国内外规范及工程经验作出规定的。

5.2 承载能力极限状态计算

5.2.1、5.2.2 给出了矩形、T 形和 I 形截面受弯承载力计算方法，公式按现行国家标准《混凝土结构设计规范》GB 50010 的有关规定列出，其弯矩设计值应考虑次内力组合。国内外研究成果表明，当转向块间距离小于 12 倍梁高时可以忽略二次效应的影响。为考虑二次效应的影响，国内也有一些试验和理论研究，但是，目前并没有大家公认的计算公式，《体外预应力筋极限应力和有效高度计算方法》（土木工程学报第 40 卷第 2 期）给出了一个在试验基础上总结的公式，当需要计算二次效应时可供参考。加固前构件在初始弯矩作用下，截面受拉边缘混凝土的初始应变在一般情况下数值较小，故所列公式中未计及该初始应变对承载力的影响。

体外预应力加固混凝土结构的相对界限受压区高度 ξ_b 不能简单按现行国家标准《混凝土结构设计规范》GB 50010 有关公式来确定。但是 GB 50010-2010 中第 10.1.14 条给出了无粘结预应力混凝土结构的综合配筋特性 ξ_p，ξ_p 与相对界限受压区高度含义基本相同，因此，可以按现行国家标准《混凝土结构设计规范》GB 50010 对无粘结预应力混凝土的限制，偏安全地取 0.4。当相对界限受压区高度超过 0.4 时，非预应力筋和预应力筋强度不能达到设计值，在第 5.2.3 条中规定了计算方法。

5.2.3 体外预应力加固设计中，正截面承载力尚可按偏心受压构件进行计算，并根据 ξ 不大于 ξ_b 或大于 ξ_b 分别按大偏心受压构件或小偏心受压构件计算。此外，也有按反向荷载平衡法进行正截面承载力计算的体外预应力加固实例。当 ξ 大于 ξ_b 时，技术措施还可以通过加大截面或采用其他方案。

5.2.4～5.2.7 按现行国家标准《混凝土结构设计规范》GB 50010 给出了体外预应力加固后斜截面承载力计算方法和公式，此时弯起体外预应力筋的应力设计值应按 $(\sigma_{pe}+50)N/mm^2$ 取值，h_0 是指原混凝土结构截面的有效高度。

5.3 正常使用极限状态验算

5.3.1 本条给出了体外预应力加固混凝土结构裂缝控制要求，由于体外预应力筋有专门的外护套保护并灌注防腐材料，故采用的裂缝控制与现行国家标准《混凝土结构设计规范》GB 50010 一致。

5.3.2 本条给出了已经开裂的混凝土受弯构件，裂缝完全闭合时需要施加的预应力值，该值也可以作为预应力配筋的预估值。该方法是根据《体外预应力加固配筋混凝土梁的变形控制》（工业建筑 2009 年第 12 卷第 12 期）的试验研究和理论分析成果得出的，预加力 N_{cl0} 应抵消 M_i 产生的拉应力并产生 σ_{cl0} 的压应力。

5.3.3 本条给出了体外预应力加固后构件开裂弯矩的计算方法。加固前已经开裂的构件，当截面压应力一旦达到 0，就开始重新开裂。

5.3.4、5.3.5 对体外预应力加固后的构件裂缝及其宽度计算公式，仍采用国家标准《混凝土结构设计规范》GB 50010-2010 中预应力混凝土受弯构件的计算方法。因为加固后的构件在重新加载开裂时，用现有的裂缝计算公式得出的裂缝宽度与试验裂缝基本相符，因此，本条采用了同样的计算公式。裂缝宽度计算对应的正常使用极限状态，变形相对较小，因此，可以不考虑二次效应的影响。

5.3.6 所给出的体外预应力加固受弯构件考虑荷载长期作用影响的刚度计算方法，与现行国家标准《混凝土结构设计规范》GB 50010-2010 中计算方法一致，要注意的是考虑荷载长期作用对挠度增大的影响系数，一般取 2.0，但是对于体外预应力加固混凝土结构有所不同，由于混凝土徐变影响已经减小，因此，折减取 1.5，第 5.3.8 条计算预应力反拱考虑长期作用的增大系数也取 1.5。

5.3.7 本条给出了未开裂构件或裂缝完全闭合后构件的刚度，以及加固后又重新开裂构件的刚度计算，注意在式（5.3.7-3）中开裂弯矩应根据是首次开裂还是闭合后重新开裂，按本规程第 5.3.3 条规定来选用不同的开裂弯矩。

5.3.8 本条给出了体外预应力在张拉过程中产生的反拱值计算方法，可以利用体外预应力产生的等效荷载进行计算。根据东南大学《体外预应力加固配筋混凝土梁的变形控制》（工业建筑 2009 年第 12 卷第 12 期）试验研究和理论分析，开裂后构件抗弯刚度明显低于未开裂构件，施加预应力将逐渐增大构件刚度，故将计算反拱的刚度分两个阶段计算，第一阶段是裂缝逐渐闭合的过程，刚度随预加力增加而增大，当预加力达到裂缝完全闭合的预加力 N_{c0} 时，刚度增大为 $0.85E_cI_0$；预加力为 0 时，构件反向刚度可近似按普通钢筋混凝土构件开裂刚度计算，即：

$$B_s = \frac{E_sA_sh_0^2}{1.15\psi + 0.2 + \frac{6\alpha_E\rho_s}{1+3.5\gamma'_f}} \tag{1}$$

中间按线性插值得到了本规程公式（5.3.8）。

5.4 转向块、锚固块设计

5.4.1 体外预应力加固用转向块、锚固块设计是体外预应力节点设计的关键，如果转向块、锚固块松动、移动或有大的变形，体外预应力筋内的应力会立刻降低，甚至会降为 0。因此，体外预应力转向块、锚固块的设计应安全可靠。采用钢结构做转向块时，转向块的设计应按现行国家标准《钢结构设计规范》GB 50017 进行承载力极限状态计算和正常使用极限状态验算。

5.4.2 在进行转向块、锚固块承载力设计时不能按有效预应力值，也不能按预应力筋抗拉强度设计值计算，而应该按预应力筋的极限强度标准值进行计算。

达到转向块、锚固块节点强度与预应力筋强度等强。

5.4.3 按正常使用验算转向块和锚固块时，预应力筋拉应力应按最大张拉控制应力来考虑。

5.4.4 本条为了确保既有结构混凝土冲切承载力和局部受压承载力与预应力筋强度等强。

6 构 造 规 定

6.1 预应力筋布置原则

6.1.1 本条规定了体外预应力束的布置原则。

6.1.2 本条规定了体外预应力束转向块的布置原则。多折线体外预应力束转向块布置在距梁端 1/4～1/3 跨度的范围内，中间跨大概有 1/3 跨长两端有转向块，转向块的设置一方面减小二次效应，减小由于梁的变形引起的预应力效应的降低，二是为了提高预应力筋的应力增量，根据国内外试验和理论研究，当转向块之间距离小于 12 倍梁高或板厚时，可以忽略二次效应的影响。

6.1.3 体外束的锚固块与转向块之间或两个转向块之间的自由段长度不大于 8m，主要为了防止体外预应力束在扰动下产生与构件频率相近的振动，长期的共振会引起体外预应力束的疲劳损伤。

6.1.4 由于体外束通过转向块进行弯折转向，在体外索与转向块的接触区域内，摩擦和横向挤压力的作用和体外索弯折后产生的内应力将会造成体外预应力筋的强度降低。CEB—FIP 模式规范给出了相应的限制：预应力筋（体外索）弯折点的转角应小于 15°，曲率半径应满足一定的要求，当不满足以转角和曲率半径要求时要求通过试验确定预应力筋（体外索）的强度。

在实际工程中，除了桥梁结构和大跨度建筑结构外，上述弯折转角小于 15°和最小曲率半径的限值条件是很难满足的。因此针对量大、面广的民用建筑的加固工程应按照国家标准《预应力混凝土用钢绞线》GB/T 5224-2003 规定采用"偏斜拉伸试验"来测试预应力筋的极限强度值。

在量少、不便通过"偏斜拉伸试验"来测试预应力筋的强度值的情况下，国内研究工作表明，可按钢绞线强度标准值为 $0.8f_{ptk}$ 进行计算。

6.1.5 规定了体外束与转向块接触长度的确定方法。

6.2 节 点 构 造

6.2.1～6.2.3 体外预应力加固在全国已经完成了大量的工程实践，节点构造方式也多种多样，没有统一的方式，本节介绍了一些节点构造方式，并在附录 B 中给出了一些常见的节点构造供设计和施工参考。

7 防　护

7.1 防　腐

7.1.1 体外预应力筋拉力通过锚具将预应力传递给原混凝土结构，因此锚具是保证预应力的关键，本条给出了锚具的防护套节点做法。

7.1.2 本条给出了体外预应束保护套管的具体要求。参数按现行国家标准《混凝土结构工程施工规范》GB 50666 给出。

7.1.3 本条给出了体外预应力束防腐蚀材料应满足的技术要求。

7.1.4 钢制转向块和锚固块主要通过涂刷防锈漆来进行防锈，防锈漆的涂刷应按现行国家标准进行。防锈漆的使用都有一定的耐久性，一般大于 25 年就需要重新涂刷，因此，应根据防锈漆的厚度和使用年限进行检查和重新涂刷。

7.2 防　火

7.2.1 体外预应力体系防火等级是按现行国家标准《建筑设计防火规范》GB 50016 和《高层民用建筑设计防火规范》GB 50045 的要求确定，防火涂料的性能、涂层厚度及质量要求可参考现行国家标准《钢结构防火涂料》GB 14907 和协会标准《钢结构防火涂料应用技术规程》CECS24 的规定。

7.2.2 本条给出了防火保护材料的选用及施工的具体要求。

7.2.3 本条给出了根据耐火极限选取膨胀型和非膨胀型防火涂料的原则。

除了刷防火涂料外，也可采用混凝土或水泥砂浆包裹，可先用钢丝网包裹，然后涂抹混凝土或水泥砂浆，涂抹厚度不应小于 30mm，该方法施工简单、方便，工程中应用也很广泛。

8　施工及验收

8.1　施工准备

8.1.1~8.1.3 体外预应力加固施工比体内预应力施工技术要求更高，因此，必须由专业施工单位来完成，施工前必须编制详细的施工方案，同时，预应力施工也属于住房和城乡建设部发布的危险性较大的项目，必要时应该通过专家论证。施工方案必须满足设计的要求，因此，要求施工方案要经过设计单位认可才可以实施。

8.2　预应力筋加工制作

8.2.1~8.2.3 给出了预应力筋下料长度确定方法、

下料方法及挤压锚挤压时注意事项。预应力筋要采用砂轮锯或切断机切断，加热、焊接或电弧切割都会让预应力筋达到高温，高温后预应力筋强度会明显降低，因此，应避免高温切断，施工过程中也应该避免电火花和电流损伤预应力筋，特别是转向块和锚固块都是钢材的，现场可能会用到电气焊，因此，这些钢配件应尽量在工厂加工好，现场直接安装，减少现场的电气焊操作，如果必须电气焊，应采取对预应力筋的临时防护措施。

8.3　转向块、锚固块安装

8.3.1 体外预应力转向块竖向误差直接影响体外预应力筋的有效高度，直接影响承载力大小、裂缝宽度计算和刚度计算，因此，必须严格控制转向块竖向安装误差。本条给出的数据保证预应力筋有效高度相差一般不超过 2%，以满足工程设计的要求，当既有结构梁高越大时，相对误差越小。

8.3.2 转向块与既有结构的连接处除了竖向压力外，还有预应力反向荷载产生的水平方向的分力，一般情况下钢材与混凝土表面的摩擦系数在 0.3，靠压力产生的摩擦就可以抵抗水平分力产生的可能的滑动，当转向块处预应力筋转角很大时，水平分力也可能大于摩擦力而产生滑动，稍有滑动就会将预应力降低很多，因此，可采用结构加固用 A 级胶粘剂、化学锚栓、膨胀螺栓等保证转向块不滑动。

8.4　预应力筋安装

8.4.1、8.4.2 体外预应力束一般在原混凝土结构下安装，操作不方便，因此，应该提前注意排序，然后安装。安装好的部分要定位好，张拉之前对所有预应力束均进行预紧。对于涂层预应力筋或二次加工的预应力筋，应注意安装过程中保护外防护层。

8.5　预应力张拉

8.5.1 本条参照现行国家标准《混凝土结构工程施工质量验收规范》GB 50204 和《混凝土结构工程施工规范》GB 50666 有关条款制定。

8.5.2 体外预应力筋的张拉控制应力值要比体内布置的预应力筋张拉控制应力低些，参考行业标准《无粘结预应力混凝土结构技术规程》JGJ 92-2004，对于预应力钢绞线不宜超过 $0.6 f_{ptk}$，且不应小于 $0.4 f_{ptk}$；国家标准《混凝土结构设计规范》GB 50010-2010 对体内预应力筋：钢绞线不应超过 $0.75 f_{ptk}$，预应力螺纹钢筋不应超过 $0.85 f_{pyk}$，本条规定同时也参照了国外的标准。

8.5.4~8.5.12 按现行国家标准《混凝土结构工程施工质量验收规范》GB 50204 和《混凝土结构工程施工规范》GB 50666 的有关条款制定。

体外预应力张拉与体内预应力张拉相比，更应该重视对称张拉。体外预应力筋通过转向块和锚固块将预应力传递给原混凝土结构，不对称张拉会引起转向块和锚固块偏心受力，有可能引起偏转，因此，必须按对称性张拉，必要时必须分级张拉。

梁端张拉能保证体外预应力筋梁端拉力尽可能对称。另外，也要根据设计要求，如果设计按两端张拉计算的摩擦损失和有效预应力，并要求两端张拉的，施工时必须两端张拉。

建筑结构中一束体外预应力筋根数不是很多，张拉位置能整束张拉时应整束张拉，整束张拉会引起偏心，施工中应注意。为了减少偏心，可以整束分级张拉。

8.6 工程验收

8.6.1 本条给出了体外预应力工程施工质量验收的依据。

8.6.2 本条给出了体外预应力施工质量验收按材料类别划分的检验批。

8.6.3 本条给出了体外预应力施工质量验收按施工工艺划分的检验批。

8.6.4～8.6.7 给出了体外预应力施工的主控项目质量验收方法。

8.6.8～8.6.11 给出了体外预应力施工的一般项目质量验收方法。

附录 A 体外预应力筋数量估算

体外预应力筋截面面积计算需要求解本规程第 5.2 节方程组，特别是当考虑二次效应影响时，计算更为复杂，本附录给出了一种初步设计估算预应力筋面积的方法。

通过既有结构构件力的平衡确定出既有结构混凝土截面受压区高度和承载力大小，再根据需要达到的承载力定义结构加固量 ΔM，梁截面去掉原来的非预应力筋和对应的受压区高度后得到预应力筋有效高度 H_{0P}，这样就把设计变成了设计截面宽度为 b、有效高度为 H_{0P} 的矩形梁（图 A.0.2c），达到受弯承载力为 ΔM，只配预应力筋，也就是单筋矩形梁设计，得到了简单的计算公式。

对于 T 形截面梁，同样可以按原来截面大小和配筋得到截面受压区高度和承载力大小，原截面去掉原配筋对应的受压区高度后得到新的 T 形截面梁（受压区都在翼缘）或矩形截面梁（受压区进入腹板），然后按 T 形截面梁或矩形截面梁进行单筋设计就可以得到预应力配筋。本附录只给出了矩形截面梁估算方法，T 形截面梁同样可以按上述方法计算。

附录 B 转向块、锚固块布置及构造

本附录给出了常用体外预应力转向块和锚固块节点的构造形式简图，可供设计人员参考。工程中还有许多形式，可结合实际工程确定，目前尚无统一的、标准的方式，只要满足传力要求、施工方便即可。

中华人民共和国行业标准

中小学校体育设施技术规程

Technical specification for sports facilities of
primary and middle school

JGJ/T 280—2012

批准部门：中华人民共和国住房和城乡建设部
施行日期：２０１２年８月１日

中华人民共和国住房和城乡建设部
公 告

第 1279 号

关于发布行业标准
《中小学校体育设施技术规程》的公告

现批准《中小学校体育设施技术规程》为行业标准，编号为 JGJ/T 280-2012，自 2012 年 8 月 1 日起实施。

本规程由我部标准定额研究所组织中国建筑工业

出版社出版发行。

中华人民共和国住房和城乡建设部

2012 年 2 月 8 日

前　言

根据住房和城乡建设部《关于印发〈2010 年工程建设标准规范制订、修订计划〉的通知》（建标〔2010〕43 号）的要求，规程编制组经广泛调查研究，认真总结实践经验，参考有关国际标准和国外先进标准，并在广泛征求意见的基础上，编制本规程。

本规程的主要技术内容是：1. 总则；2. 术语；3. 基本规定；4. 材料及器材；5. 设计；6. 施工；7. 检验与验收；8. 场地维护与养护。

本规程由住房和城乡建设部负责管理，由中国建筑标准设计研究院负责具体技术内容的解释。执行过程中如有意见或建议，请寄送中国建筑标准设计研究院（地址：北京海淀区首体南路 9 号主语国际 2 号楼；邮编：100048）。

本 规 程 主 编 单 位：中国建筑标准设计研究院
　　　　　　　　　　　河南国安建设集团有限公司

本 规 程 参 编 单 位：北京工业大学建筑勘察设计院
　　　　　　　　　　　上海建筑设计研究院有限公司

上海体育学院
北京四中
北京市朝阳区体育局
北京市第八十中学
北京中小学体协
福建省福州第三中学
中智华体（北京）科技有限公司

本规程主要起草人员：郭　景　黄　野　卫永胜
　　　　　　　　　　李　涯　王奎仁　崔永祥
　　　　　　　　　　孙大元　文复生　冯长林
　　　　　　　　　　黄　斌　褚　波　曹光达
　　　　　　　　　　吴大松　马志高　潘嘉凝
　　　　　　　　　　郭建萍　李道山　刘　鹏
　　　　　　　　　　陈于山　徐文海

本规程主要审查人员：蔡昭昀　朱显泽　黄　汇
　　　　　　　　　　许绍业　孟庆生　戴正雄
　　　　　　　　　　张　浩　张留铁　田　健
　　　　　　　　　　殷　波　方朝良　郭家燊
　　　　　　　　　　毕正勇

目　次

Contents

1 总　　则

1.0.1 为保证中小学校体育基本教学、课外体育活动和课余体育训练的基本条件和质量，使中小学校体育设施符合使用功能、安全、卫生、经济及体育工艺等的要求，制定本规程。

1.0.2 本规程适用于城镇和农村中小学校（含非完全小学）的体育设施的设计、选材、施工、检验与验收及场地维护与养护。不适用于体育专业学校及特殊教育学校的体育设施。

1.0.3 中小学校体育设施应符合现行国家标准《中小学校设计规范》GB 50099 的规定，并应结合本地区、本校办学特色及实际情况，合理确定场地规模、运动项目、设备标准和配套设施。

1.0.4 中小学校体育设施的设计、选材、施工、检验与验收及场地维护与养护除应符合本规程外，尚应符合国家现行有关标准的规定。

2 术　　语

2.0.1 体育设施　sports facilities

作为体育竞技、体育教学、体育娱乐和体育锻炼等活动的体育建筑、运动场地、配套设施以及体育器材等的总称，分为室内设施和室外设施。

2.0.2 中小学校的体育用地　field of sports for junior and senior school

中小学校的田径项目用地、球类项目用地、体操及武术项目用地以及场地间的专用甬路。

2.0.3 风雨操场　sports ground with roof

有顶盖的体育场地，包括有顶无围护墙的场地及有顶有围护墙的场馆。

2.0.4 健身器械　fitness equipment

供学生健身运动锻炼的器材。

2.0.5 安全区　buffer area

根据体育运动本身特点及安全需要，在运动场地周边设置的保护性区域。又称缓冲区。

2.0.6 围挡　surrounding facilities

在运动场地周边，用于拦挡和安全防护的设施或构筑物。

2.0.7 面层　surface course

直接承受各种物理和化学作用的建筑地面、墙面等表面层。

2.0.8 涂层　coat coating

涂覆在面层表面，起防护、绝缘、装饰等作用的固态连续膜层。

2.0.9 现浇型面层　cast-in-situ surface

现场浇筑铺装的面层。

2.0.10 预制型面层　prefabricated surface

工厂预制成成品，在现场粘结铺装的面层。

2.0.11 合成面层　synthetic surface

用人工合成方法制成的运动场地面层。

2.0.12 草层　grass surface

存活在地上的草坪草及部分根和枯草。

2.0.13 根系层　root zone layer

由矿物质、有机质、砂组成，具有可渗透性，密布根系的土壤层。

2.0.14 渗水层　filter layer

设置在根系层下，由砂或其他相似材料组成的，以排水和储水为目的的土层。

2.0.15 运动木地板　sport wooden floor

可满足比赛、教学、训练和健身等体育活动要求，具有符合运动、保护和技术功能等标准要求的专用木地板。

2.0.16 投掷圈　throwing circle

由圈箍、抵趾板（铅球项目）、地面组成，运动员进行投掷项目时的起掷范围。

2.0.17 落地区　landing area

投掷项目的投掷物扇形落地范围。

2.0.18 牵引力系数　traction coefficient

草坪表面与仿钉鞋底表面的摩擦系数。

2.0.19 地面速率　surface pace rating

用于测量网球和地面间的摩擦作用，反映网球从场地面层反弹的速度及角度最显著的特性。

2.0.20 游泳池　swimming pool

供游泳比赛、教学、训练的专用水池。

2.0.21 泳道　swimming lane

游泳池比赛时，用水面浮标和池底、池壁的标志线加以界定的比赛活动区。

2.0.22 看台　seats for the spectator

体育设施中供观众观看比赛的席位。分为活动式看台和固定式看台。

2.0.23 视线　sightline

由观众眼睛至场地设计视点的连线。

2.0.24 视点　focus point

为保证观众的观看质量，在视线设计时，根据不同竞赛项目和不同标准，能够保证观众观看比赛场地的全部或绝大部分时所确定的场地设计平面的位置。

2.0.25 冲击吸收　shock absorbency

地面系统对冲击力的减缓性能。

2.0.26 滚动负荷　rolling load

确保地板不受损坏的滚动体产生的许可荷载。

2.0.27 标准垂直变形　standdard vertical deformation

20kg 重物从规定高度落在地面时，受力地面垂直方向的变形。

2.0.28 滑动摩擦系数　sliding friction coefficient

物体在接触地面时产生的滑动摩擦力与正压力

之比。

2.0.29 角度球反弹率 angled ball rebound rate

足球以一定入射角度和速率射向草坪后,足球的反弹速率与入射速率之比。

3 基本规定

3.0.1 中小学校应结合本地区的气候条件、地理环境、社会、经济、技术发展水平及民族习俗等不同因素,合理选择运动项目,体育设施应满足教学功能要求。

3.0.2 中小学校体育设施应满足学生和老师在课上和课余活动时的安全要求。

3.0.3 中小学校体育设施建设应满足保护环境、节地、节能、节水、节材的要求,并应遵循节约建设投资,降低运行成本的原则。

3.0.4 中小学校体育设施中建筑的设计使用年限和耐火等级应符合国家现行相关标准的规定。

3.0.5 中小学校体育设施的给水、排水、电力、通信及供热等设施的建设应与主体设施同步建设。

3.0.6 中小学校体育设施应符合消防、防灾、安全防范、水质安全、行为安全、环境安全等的规定。确定为避灾疏散场所的学校体育设施,在应急疏散、生命线系统等方面的规划、设计应符合国家现行相关标准的规定。

3.0.7 中小学校体育设施的设置应兼顾课余、节假期间与社区共用。

4 材料及器材

4.0.1 中小学校体育设施所选用的材料的品种、规格和质量等除应符合设计要求和国家现行有关标准的规定外,还应符合《建筑材料放射性核素限量》GB 6566、《民用建筑工程室内环境污染控制规范》GB 50325、《室内装饰装修材料 人造板及其制品中甲醛释放限量》GB 18580、《室内装饰装修材料 溶剂型木器涂料中有害物质限量》GB 18581、《室内装饰装修材料 内墙涂料中有害物质限量》GB 18582、《室内装饰装修材料 胶粘剂中有害物质限量》GB 18583、《室内装饰装修材料 木家具中有害物质限量》GB 18584、《室内装饰装修材料 壁纸中有害物质限量》GB 18585、《室内装饰装修材料 聚氯乙烯卷材地板中有害物质限量》GB 18586、《室内装饰装修材料 地毯、地毯衬垫及地毯胶粘剂有害物质释放限量》GB 18587、《混凝土外加剂中释放氨的限量》GB 18588、《建筑内部装修设计防火规范》GB 50222的规定。

4.0.2 中小学校体育设施所选用的器材的品种、规格和质量等应符合使用要求和国家现行有关标准的

规定。

5 设 计

5.1 一 般 规 定

5.1.1 体育运动项目选择、体育设施设计宜与学校规划设计同步进行。

5.1.2 中小学校体育设施的设计应符合下列规定:

1 应符合运动项目体育工艺的基本要求;

2 应合理规划远期、近期体育设施建设项目,为改建和发展留有条件;

3 应布局合理,功能分区明确,交通组织顺畅,满足安全使用、管理维护简便等要求;

4 运动场地应平整,在其周边的同一高程上应有相应的安全防护空间;

5 应结合环境资源,并根据地形、地貌和地质情况,因地制宜,充分保护和利用自然地形和天然资源;

6 应进行人性化设计,并宜解决学生夏季室外上课时的防晒、防雨等问题。

5.1.3 多个学校校址集中或组成校区时,宜合建共用的体育设施。

5.2 运 动 场 地

5.2.1 根据运动项目特点,中小学校运动场地可按表5.2.1进行分类。

表 5.2.1 中小学校运动场地

序号	场地名称	运 动 项 目
1	田径类场地	跑、跳、投等
2	球类场地	篮球、排球、网球、棒(垒)球、羽毛球、乒乓球、腰旗橄榄球等
3	游泳类场地	游泳
4	健身器械场地	爬绳和爬杆、软梯、吊环、攀网、平行梯、肋木、攀岩墙、不具有杠面弹力性能单双杠、小学用单双杠、中学用单双杠、轮滑、独轮车等
5	技巧艺术类场地	舞蹈艺术、体操、技巧、武术及形体训练等
6	其他特殊设置的运动项目场地	滑冰等

5.2.2 运动场地包括比赛场地、教学场地及练习场地。正规竞技比赛用场地的规格和设施应符合相应运动项目规则的有关规定。

5.2.3 室外田径场地及室外足球、篮球、排球、网

球、羽毛球场等运动场地的长轴，宜南北向布置。长轴南偏东宜小于20°，南偏西宜小于10°。

5.2.4 运动场地外侧应按运动项目竞赛规则的规定预留安全区，并应符合缓冲距离、通行宽度及安全防护等方面的规定。安全区内不应有凸出或凹陷的障碍物。运动场地上空净高应满足教学及训练要求。

5.2.5 有围挡的场地对外出入口不应少于两处，其尺寸应满足人员出入方便、疏散安全和器材运输的要求。疏散通道面层应采用防滑材料。

5.2.6 室外运动场地应满足各项运动场地的坡度要求，排水应通畅，并宜根据场地的清洗、保养及维护等方面要求，合理设置给水排水设施。中小学校部分室外运动场地坡度应符合表5.2.6的规定。

表5.2.6 中小学校部分室外运动场地坡度

序号	场地名称	横向（短边）坡度	纵向（长边）坡度
1	足球场（天然草坪）	0.3%～0.5%	—
	足球场（人工草坪，无渗水功能）	≤0.8%	
	足球场（人工草坪，有渗水功能）	0.3%	
2	排球场、篮球场	0.3%～0.5%	0.3%～0.5%
3	网球场	≤0.5%	≤0.4%
4	田径场（跑道）	≤1%（内低外高）	≤0.1%（跑进方向）
	田径场（跳远及三级跳远）	—	≤0.1%（跑进方向，最后30m）
	田径场（跳高）	—	≤0.4%（跑进方向，最后15m）
	田径场（铅球、铁饼）	—	≤0.1%（落地区，朝投掷方向）

5.2.7 室外运动场地宜采用封闭式围挡或围网，且网球和室外游泳池应设置封闭式围挡或围网。部分项目封闭式围挡或围网的最小高度应符合表5.2.7的规定。

表5.2.7 部分项目封闭式围挡或围网的最小高度（m）

项目名称	网球	网球（屋顶上）	足球	篮球	排球	室外游泳池
围挡最小高度	4	6	3	3	3	3

注：1 围挡或围网应坚固、无凸出部分，门把手、门闩应隐蔽；
2 围网网眼尺寸应根据运动项目确定。

5.2.8 室外运动场地宜高出周边地面。设有围挡的场地，宜高出周围地面100mm～200mm，人口宜设置坡道。

5.2.9 运动场地的照度应满足运动项目要求，且应照度均匀、避免眩光；照明电力、计算机网络及电视电缆等的地下管线、管道应由设计确定。

5.2.10 中小学校宜在室外运动场地周边设置洗手池、洗脚池等设施。

5.2.11 运动场地材料应满足学生身体健康、安全、比赛、教学、训练的要求及运动项目对地面材料及构造的要求；球场和跑道不宜采用非弹性的面层材料。

5.2.12 中小学校体育设施场地面层常用材料宜按表5.2.12选择。

表5.2.12 中小学校体育设施场地面层常用材料

序号	场地名称	面层材料
1	足球场	土质、天然草坪、人造草坪
2	篮球场	土质、聚氨酯、其他合成材料、运动木地板
3	排球场	土质、聚氨酯、其他合成材料、运动木地板
4	网球场	土质、聚氨酯、丙烯酸、其他合成材料
5	田径场	土质、聚氨酯、其他合成材料、煤渣、火山岩
6	羽毛球场	土质、聚氨酯、其他合成材料、运动木地板
7	乒乓球场	土质、水泥、其他合成材料、运动木地板
8	舞蹈兼形体教室	运动木地板
9	健身器械场地	沙质、软质合成材料、人造草坪、聚氨酯、运动木地板

5.2.13 运动场地面层构造做法宜按本规程附录A选择。

5.2.14 中小学校室内部分运动场地最小净高宜符合表5.2.14的规定。

表5.2.14 中小学校室内部分运动场地最小净高（m）

项目名称	篮球	排球	网球	田径	羽毛球	乒乓球	体操	健身等
最小净高	7.0	7.0	3.0～12.5	9.0	9.0	4.0	6.0	2.6

5.3 田 赛 场 地

5.3.1 中小学校跳远和三级跳远场地设施应包括助跑道、起跳板和落地区（沙坑），并应符合下列规定：

1 中小学校跳远和三级跳远场地规格应符合表5.3.1的规定；

表5.3.1　中小学校跳远和三级跳远场地规格

名　称		跳远	立定跳远	三级跳远
助跑道	起跳板尺寸	长1.22m±0.01m，宽0.2m±0.002m，厚≤0.10m		
	起点至起跳线	≥30m		
	起跳线至沙坑近端	1m~3m	—	高中女子≥7m 高中男子≥9m
	起跳线至沙坑远端	≥8m	—	18m
落地区（沙坑）	宽（不含边框宽）	2.75m~3.00m（双助跑道4.02m~5.50m）		
	长（不含边框宽）	7m~9m		
	深度	≥0.40m		

2 助跑道宽应为1.22m，并应有0.05m宽的白色标志线标识，也可采用0.05m宽、0.1m长实线、间距0.5m的虚线标识；助跑道面层材料宜与跑道面层相同，坡度应符合本规程表5.2.6的规定；

3 起跳板应采用木材或其他适宜的坚硬材料制成，应嵌入起跳线凹槽内，并用黏性物质填实；安装后，起跳板应与助跑道在同一水平面上，且宜为白色；

4 教学、训练场地可采用颜色标志线替代木制起跳板；

5 落地区（沙坑）的中心线应与助跑道中心线一致，沙坑边框上部宜采用木材或水泥，上沿应为企口形式，并应用软质材料覆盖，覆盖面层厚度不应小于0.02m，沙面与边框、助跑道应在同一水平面上；沙坑深度不宜小于0.40m；

6 沙子应采用清洗过的河沙或海沙，不应含有机成分，粒径不应大于2mm，粒径小于0.2mm的颗粒质量不应超过5%。

5.3.2 中小学校跳高场地设施应包括助跑区、跳高支架及横杆、落地区（垫子或沙），并应符合下列规定：

1 中小学校跳高场地规格应符合表5.3.2的规定（图5.3.2）；

表5.3.2　中小学校跳高场地规格

助 跑 区		落 地 区		
半径（m）	材料、坡度	长（m）	宽（m）	材料
≥15	材料与径赛跑道相同，坡度≤0.4%并朝向横杆中心，落地区应位于助跑上坡位置	≥6.00	≥4.00	垫子
		≥5.10	≥3.10	沙

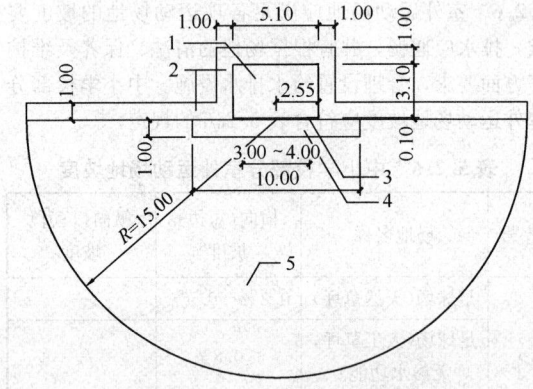

图5.3.2　中小学校跳高场地设施平面图（m）
1—沙或垫子；2—安全区；3—跳高支架；4—水平区域；5—助跑区

2 采用椭圆形跑道的助跑区，应设置可移动道牙，椭圆形跑道应与沿跑道沿的弓形表面一致，且该处的排水沟盖板不应有漏水孔；

3 采用堆沙的落地区，沙坑深宜为0.30m，堆沙厚度不应小于0.50m；

4 采用垫子的落地区，垫子的长度不应小于6.00m，宽度不应小于4.00m，并应采用防鞋钉穿透的落地垫，垫子高度不应小于0.70m；

5 跳高架立柱高度刻度宜为0.50m~2.00m；横杆长度应为3.00m~4.00m，直径宜为25mm~30mm，质量不应超过2000g；跳高架立柱与落地区之间距离不应小于0.10m。

5.3.3 铅球场地设施应包括投掷圈和落地区，并应符合下列规定：

1 中小学校铅球场地规格应符合表5.3.3的规定（图5.3.3-1）。

表5.3.3　中小学校铅球场地规格

投 掷 圈		扇形落地区		
直径（m）	材料	圆心角	长（半径）（m）	地面材料
2.135±0.005	钢圈、木抵趾板、混凝土地面	≥40°	20	可留下痕迹的材料

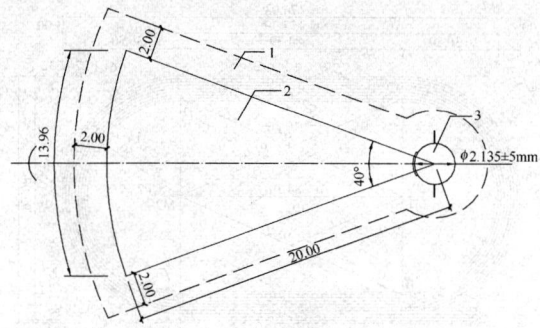

图 5.3.3-1 中小学校铅球场地平面图 (m)
1—安全区；2—落地区；3—投掷圈

2 铅球投掷圈内沿直径应为 2.135m±0.005m。

3 圈箍应采用 0.076m×0.006m 的带状钢材或其他适宜材料制成，宜为白色，上沿应与圈外地面齐平。投掷圈区域内地面应采用混凝土，厚度不应小于 0.15m，混凝土表面应具有附着摩擦力；地面应水平，且应比投掷圈上沿低 0.02m±0.006m。投掷圈应有圆心标识，并应与表面齐平，宜使用内径为 0.04m 的黄铜管埋置。投掷圈内次要位置可分开设置三个与地面齐平的防腐蚀排水口。从投掷圈两边应各画一条宽度为 0.05m，长度不小于 0.75m 的白线，白线后沿的理论延长线应通过投掷圈圆心，并与落地区中心线垂直。

4 抵趾板采用木材或其他适宜材料制成弧形，内沿应与投掷弧内沿吻合，宜为白色（图 5.3.3-2）。抵趾板应安装在落地区分界线之间的地面上；其前沿应为直线型，长度应为 1.15m±0.01m；内弧长度应为 1.22m±0.01m，最窄处宽度应为 0.112m±0.002m；并应高于投掷圈地面 0.10m±0.002m。

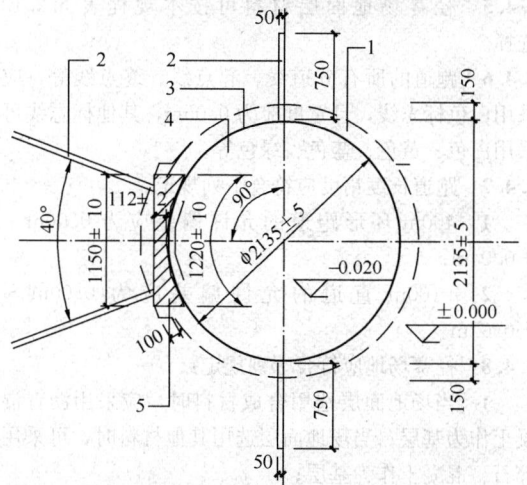

图 5.3.3-2 中小学校铅球场地投掷圈
抵趾板平面图 (mm)
1—混凝土地面浇筑范围；2—50mm 宽白色
标志线；3—6mm 厚 76mm 高的钢圈箍；
4—混凝土地面；5—抵趾板

5 落地区应为草坪或其他适宜材料，并应以 0.05m 宽白线标识。落地区在投掷方向上的纵向坡度不应大于 0.1‰。

6 落地区线外安全区宽度不应小于 2m。

5.3.4 掷铁饼场地设施应包括投掷圈、护笼、扇形落地区，并应符合下列规定：

1 中小学校掷铁饼场地规格应符合表 5.3.4 的规定（图 5.3.4-1）。

表 5.3.4　中小学校掷铁饼场地规格

名称	投掷圈		护笼（护网）(m)	落地区		
	直径(m)	材料		圆心角	长(半径)(m)	地面
掷铁饼	2.50±0.005	钢圈、混凝土地面	10×6，高≥4	40°	60	天然草坪

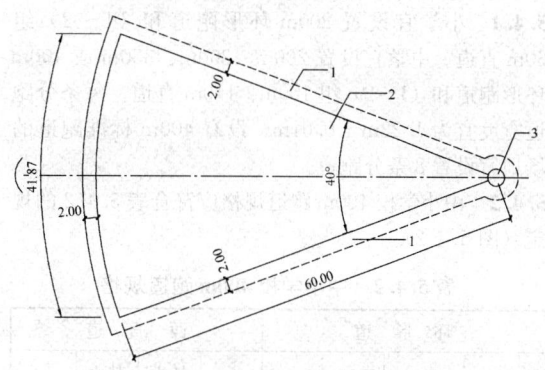

图 5.3.4-1 中小学校掷铁饼场地平面图 (m)
1—安全区；2—落地区；3—投掷圈

2 铁饼投掷圈由圈箍、地面组成。投掷圈内沿直径应为 2.50m±0.005m。

3 投掷圈的圈箍采用钢材或其他适宜材料制成，厚度不应小于 0.006m，高度应为 0.07m～0.08m，宜漆成白色，顶面应与投掷圈外的地面平齐。投掷圈内应采用混凝土地面，圈内地面应水平，且应比投掷圈上沿低 0.02m±0.006m。圈内应设置圆心标识。投掷圈内应至少设置 3 个与地坪齐的排水口，并应采用防腐蚀排水管与排水系统连接。

4 落地区应为草坪或其他适宜材料。从投掷方向看，落地区向下的纵向坡度不应大于 0.1‰。

5 护笼（护网）应能阻挡以 25.00m/s 运行、重量为 2kg 的铁饼。

6 护笼（护网）平面应为 U 字形。护笼开口的宽度应为 6.00m，并应位于投掷圈圆心前方 7.00m 处（图 5.3.4-2）。护笼（护网）开口宽度应为挡网内沿净宽。挡网或挂网最低点高度不应小于 4.00m。应有防止铁饼从护笼和挡网的连接处、挡网或挂网下方冲出的措施。

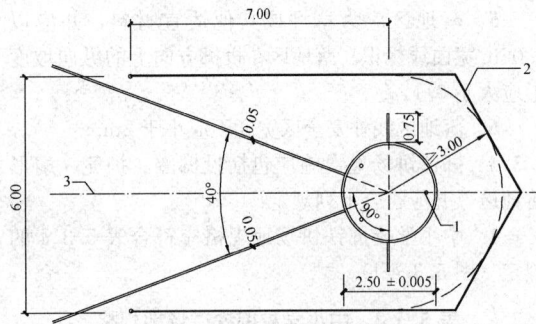

图 5.3.4-2 护笼平面图（m）

1—排水管；2—护笼；3—中心线

7 挡网材料宜采用天然材料、合成纤维、低碳钢丝或高抗张力钢丝。绳索网眼尺寸不应大于 0.044m，钢丝网眼尺寸不应大于 0.05m。

5.4 径 赛 场 地

5.4.1 小学宜设置 200m 环形跑道和（1～2）组 60m 直道。中学宜设置 200m、300m、350m 或 400m 环形跑道和（1～2）组 100m、110m 直道。每条分跑道宽度宜为 1.22m±0.01m。设有 400m 标准跑道的场地宜设置 8 条分跑道。

5.4.2 中小学校 400m 跑道规格应符合表 5.4.2 的规定（图 5.4.2）。

表 5.4.2 中小学校 400m 跑道规格

环 形 道				西 直 道			
弯道半径（内沿 m）	两圆心距（直段）m	每条分道宽度（m）	分道数量（条）	总长度（m）	其中起点准备区长度（m）	其中终点缓冲区长度（m）	分道数量（条）
36.5	84.39	1.22	≥6	130	3	17	8

注：1 跑道内沿周长为 398.12m；

2 跑道内道第一分道的理论跑进路线周长为 400.00m，是按距第一分道线外沿 0.30m（不装道牙时为 0.20m）处的跑程计算的；

3 每条分道宽 1.22m，含分道标注线宽 0.05m 位在各道的跑进方向的右侧。测量跑程除第一分道外，其他分道按相邻左侧分道外沿 0.20m 处丈量；分道的次序由内圈第一分道起向外侧顺序排列；

4 跑道内外侧安全区应距跑道不少于 1.00m 空间；

5 西直道设置 100m 短跑和 110m 跨栏跑的起点，以及所有径赛的同一终点。终点线位于直道与弯道交接处；

6 直道宜设置在西侧。

5.4.3 中小学校 400m 跑道道牙应符合下列规定：

1 跑道道牙规格应符合表 5.4.3 的规定；

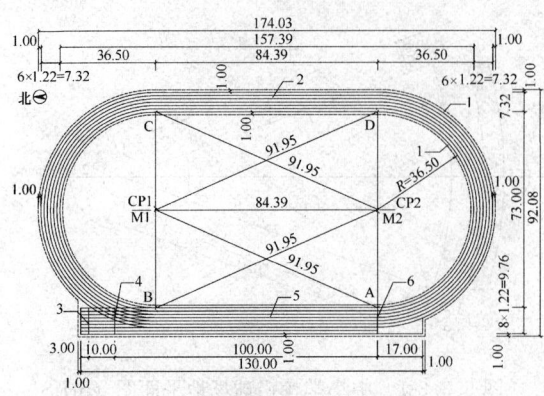

图 5.4.2 中小学校 400m 跑道平面图（m）

1—安全区；2—6 条跑道；3—110m 栏起点；

4—100m 起点；5—8 条直跑道；6—终点

注：1 A、B、C、D 四点在跑道内沿上；

2 CP1～CP2（M1～M2）的间距为 84.39m+0.01m；CP1/M1～A 或 D 和 CP2/M2～B 或 C 的距离均为 91.95m；

3 图中标注的尺寸为有道牙的情况。

表 5.4.3 跑道道牙规格

道牙宽度（m）	道牙高度（m）	道牙材料	道牙标高
≥0.05	0.05	金属或其他适当材料	在同一水平面上

2 比赛场地的道牙宜为可装卸式，且下部透空排水；

3 道牙上不应有凸出物；

4 教学、训练用场地的跑道不应设道牙。

5.4.4 跑道坡度应符合本规程表 5.2.6 的规定。

5.4.5 径赛场地面层材料可按本规程表 5.2.12 选择。

5.4.6 跑道的所有分道线、起点线、终点线等，应采用白色标志线，且宽度应为 0.05m，其他标志线可采用白色、黄色、蓝色、绿色等。

5.4.7 跑道长度精度应符合下列规定：

1 400m 环形跑道的允许偏差应为 0.00m～+0.04m；

2 100m 直道的允许偏差应为 0.00m～+0.02m。

5.4.8 径赛场地应符合下列规定：

1 当场地面层选用合成材料时，应采用沥青混凝土作为基层；当场地面层选用其他材料时，可采用碎石、混凝土作为基层；

2 场地面层构造可按本规程附录 A 选择；

3 场地地面距地下水位的距离应大于 1.00m；

4 塑胶跑道应雨后 30min 后无积水。

5.4.9 采用合成材料面层的厚度应符合下列规定：

1 除需加厚区域外，径赛场地面层平均厚度不应小于13mm，低于产品证书规定厚度10%的面积不应超过总面积的10%，且任何区域的厚度不应小于10mm。

10mm；采用复合型合成材料时，面层平均厚度不应小于11mm；采用渗水（透气）型合成材料时，面层平均厚度不应小于12mm。

2 跳高起跳区中助跑道最后3m、跳远及三级跳远区中助跑道最后13m的区域，面层厚度均不应小于20mm。

4 中小学体育设施场地面层宜使用渗水型合成材料。

3 教学用场地（非穿钉鞋）可不设加厚区。采用混合型合成材料时，面层平均厚度不应小于

5.4.10 中小学校小型跑道规格应符合表5.4.10的规定，且跑道外围安全区应大于1.00m（图5.4.10-1、图5.4.10-2、图5.4.10-3、图5.4.10-4）。

表5.4.10 中小学校小型跑道规格（m）

周长 R (m)	200m			300m			350m		
	A	B	C	A	B	C	A	B	C
15	92.008	42.20	52.248	—	—	—	—	—	—
16	90.866	44.20	49.106	—	—	—	—	—	—
17	89.724	46.20	45.965	—	—	—	—	—	—
17.5	89.182	47.20	44.422	—	—	—	—	—	—
18	88.583	48.20	42.823	—	—	—	—	—	—
19	87.441	50.20	39.681	—	—	—	—	—	—
20	86.30	52.20	36.54	—	—	—	—	—	—
21	85.158	54.20	33.398	—	—	—	—	—	—
22	—	—	—	138.897	61.08	80.257	—	—	—
23	—	—	—	137.755	63.08	77.115	—	—	—
24	—	—	—	136.614	65.08	73.974	—	—	—
25	—	—	—	135.472	67.08	70.832	—	—	—
26	—	—	—	134.330	69.08	67.690	—	—	—
27	—	—	—	133.189	71.08	64.549	158.189	71.080	89.549
28	—	—	—	132.047	73.08	61.407	157.047	73.080	86.407
29	—	—	—	130.906	75.08	58.266	155.906	75.080	83.266
30	—	—	—	—	—	—	154.764	77.080	80.124
31	—	—	—	—	—	—	153.622	79.080	76.982
32	—	—	—	—	—	—	152.481	81.080	73.841
33	—	—	—	—	—	—	151.339	83.080	70.699
34	—	—	—	—	—	—	150.198	85.080	67.558

注：1 200m跑道按4条分跑道，300m、350m跑道按6条分跑道。

2 200m跑道半径15m～21m，300m跑道半径22m～29m，350m跑道半径27m～34m。

3 R为跑道内沿半径，表中A、B、C所示位置见图5.4.10-1～图5.4.10-4；

4 每条分跑道的实际周长均按内沿0.20m处丈量（按无道牙），道宽1.22m。

5 室外田径跑道外围安全区应大于1.00m。

6 $R=17.5m$的200m跑道宜用于室内田径馆。室内田径馆跑道外围安全区应大于1.50m。

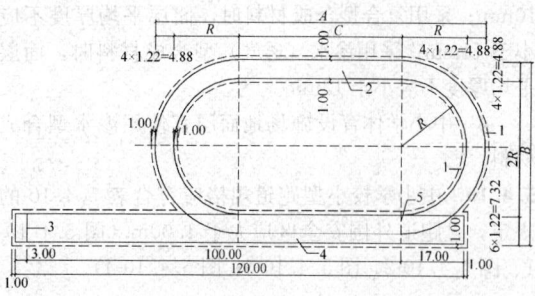

图 5.4.10-1　中小学校 200m 跑道
平面图（m）（一）

1—安全区；2—4 条分跑道；3—100m 起点；
4—6 条直分跑道；5—终点

注：本图为 4 条分跑道、6 条 100m 直分跑道的中
小学校 200m 跑道平面布置示意图。

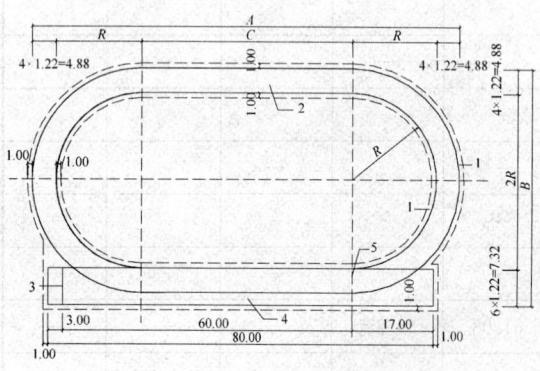

图 5.4.10-2　中小学校 200m 跑道
平面图（m）（二）

1—安全区；2—4 条分跑道；3—60m 起点；
4—6 条直分跑道；5—终点

注：本图为 4 条分跑道、6 条 60m 直分跑道的中小
学校 200m 跑道平面布置示意图。

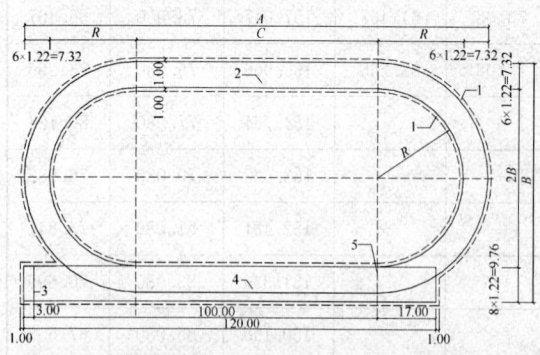

图 5.4.10-3　中小学校 300m 跑道
平面图（m）

1—安全区；2—6 条分跑道；3—60m 起点；
4—8 条直分跑道；5—终点

注：本图为 6 条分跑道、8 条 100m 直分跑道的中
小学校 300m 跑道平面布置示意图。

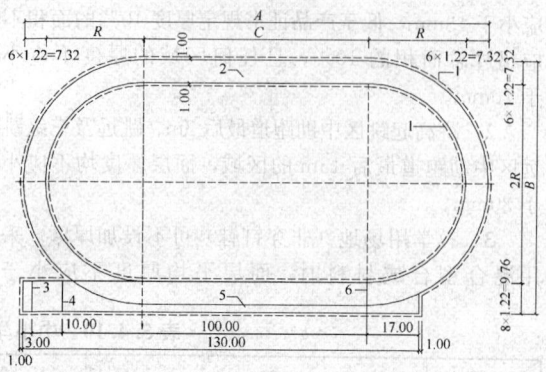

图 5.4.10-4　中小学校 350m 跑道
平面图（m）

1—安全区；2—6 条分跑道；3—110m 跑起点；
4—100m 跑起点；5—8 条直分跑道；6—终点

注：本图为 6 条分跑道、8 条 100m 直分跑道的中
小学校 350m 跑道平面布置示意图。

5.4.11　中小学校运动场地综合布置应符合下列规定
（图 5.4.12）：

1　各运动项目的场地布置应紧凑合理，在满足
各项比赛、教学或训练要求和保证安全的前提下，应
充分利用；

2　铁饼、铅球的落地区可设在足球场内，铅球
落地区也可设置在足球场与弯道之间；投掷圈应设在
足球场端线之外；

3　跳远和三级跳远宜设置在跑道直道外侧；

4　比赛用场地的西直道外侧场地宽度宜满足终
点裁判工作、颁奖仪式等活动的需求；

5　场地应有良好的排水设施，沿跑道内侧应设
环形排水沟，全场外侧宜设置排水沟，明沟应有漏水
盖板；

6　场地内应根据使用要求，设置通信、信号、
网络、供电、给排水管线等其他设施。

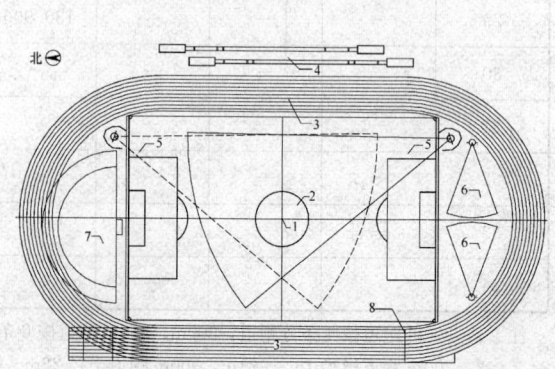

图 5.4.12　中小学校运动场地综合布置平面图

1—足球场地中心位置标记；2—足球场；3—标准跑道；
4—跳远及三级跳设施；5—掷铁饼设施；6—推铅球
设施；7—跳高设施；8—终点线

5.5 足 球 场 地

5.5.1 中小学校足球场地规格应符合表5.5.1的规定（图5.5.1-1、图5.5.1-2、图5.5.1-3）。

表 5.5.1 中小学校足球场地规格

项目名称 参数	11 人制 （标准足球 场地）	7 人制	5 人制
场地尺寸 长×宽(m)	(90~120)× (45~90) （竞技比赛场 地为： 105×68）	(60~70)× (40~50)	(25~42)× (15~25)
安全区(m)	边线外≥1.5 端线外≥3.0	≥1.5 端线外≥2.0	≥1.5
球门尺寸 长×高(m)	7.32×2.44	5.5×2	3×2
线宽、球门柱宽度、 横梁厚度(mm)	120	100	80

注：1 表中场地宽度有区间范围的，宜按11人制足球比赛场地比例，按长：宽约为1.5：1设计；
　　2 非标准足球场根据具体条件制定场地尺寸，但任何情况下长度均应大于宽度；
　　3 设置在田径场地内的足球场，其足球门架宜采用装卸式或移动式球门；
　　4 足球场地周围与其他场地材料交接处应平整；
　　5 场地界限宽度包含在场地各个区域之内。

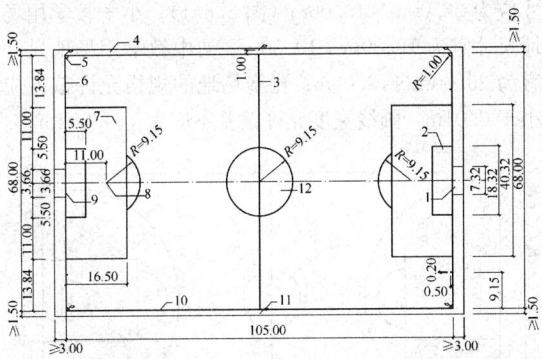

图 5.5.1-1 中小学校11人制足球场地平面图(m)
1—1号球门；2—球门区；3—中线；4—草坪延伸区；
5—角球区；6—端线；7—大禁区；8—点球点；
9—球门线；10—边线；11—中线旗；
12—中圈

5.5.2 中小学校足球门规格应符合表5.5.2-1的规定，中小学校足球网规格应符合表5.5.2-2的规定。

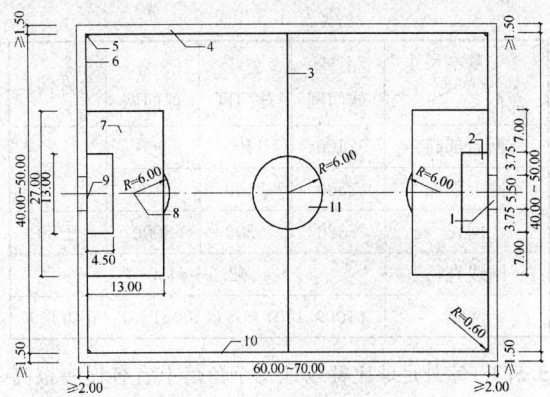

图 5.5.1-2 中小学校7人制足球场地平面图(m)
1—2号足球门；2—球门区；3—中线；4—草坪延伸区；
5—角球区；6—端线；7—大禁区；8—点球点；
9—球门线；10—边线；11—中圈

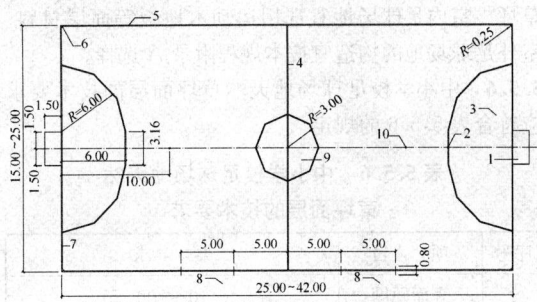

图 5.5.1-3 中小学校5人制足球场
地平面示意图（m）

1—3号足球门；2—罚球点；3—罚球区；4—中线；
5—边线；6—角球区；7—端线；8—换人区；
9—中圈；10—第二罚球点

表 5.5.2-1 中小学校足球门规格（mm）

基本尺寸 部位名称	1 号球门	2 号球门	3 号球门	对角线 误差	横梁 挠度
球门下方深度	3000	2000	1500	≤15	≤10
球门内高度	2440±10	2000±10	2000±10		
球门上方深度	2400	1140	900		
球门内口宽度	7320±10	5500±10	3000±10		

注：1 中小学用足球门分为1号足球门（11人制足球比赛用足球门），2号足球门（7人制足球比赛用足球门），3号足球门（5人制足球比赛用足球门）；
　　2 球门柱和横梁应为白色。

表 5.5.2-2 中小学校足球网规格（mm）

基本尺寸 部位	1 号 球门网	2 号 球门网	3 号 球门网	允许偏差
网前部高	3000	2000	1500	±50
网下部深	2440	2000	2000	±50

基本尺寸 \ 部位	1号球门网	2号球门网	3号球门网	允许偏差
网后部高	2400	1400	900	±50
网上部深	2500	2100	2100	
网长	7320	5500	3000	±80
网线直径	φ2.5～φ4.0			
网眼	(100×100)～(150×150)（正方形）			

5.5.3 室外足球比赛场地每个角落上宜各设一根高度不小于 1.50m 的旗杆；在中线的两端、边线以外不小于 1.00m 处，宜设置旗杆。

5.5.4 室外足球场地的围网高度应符合本规程表 5.2.7 的规定。

5.5.5 室外足球场地宜选用土质、天然草坪或人造草坪。室内足球场地宜选用运动木地板等面层材料。室外足球场地的构造宜按本规程附录 A 选择。

5.5.6 中小学校足球场地天然草坪面层的技术要求应符合表 5.5.6 的规定。

表 5.5.6 中小学校足球场地天然草坪面层的技术要求

序号	项目	要求
1	表面硬度	10～100
2	牵引力系数	1.0～1.8
3	平整度（c）	合格值为≤30mm
4	根系层渗水速率（e）	采用圆筒法合格值为（0.4～1.2）mm/min 采用实验室法合格值为（1.0～4.2）mm/min
5	有机质及营养供给	根系层要求应有足够的有机质及氮（N）、磷（P）、钾（K）、镁（Mg）等
6	环境保护	不应使用带有危险的或是散发对人、土壤、水、空气有危害污染的物质或材料

注：1 平整度为草坪场地表面凹凸的程度，3m 长度范围内任意两点相对高差值；

　　2 同一场地应采用一种方法检测，当检测结果有分歧时以实验室检测法为准。

5.5.7 中小学校足球场地人工草坪面层的技术要求应符合表 5.5.7 的规定。

表 5.5.7 中小学校足球场地人工草坪面层的技术要求

序号	项目	要求
1	场地坡度	无渗水功能的场地≤0.8%，有渗水功能的场地≤0.3%

序号	项目	要求
2	平整度	直径 3m 范围内间隙≤10mm
3	拉伸强度、连接强度	草坪底衬的拉伸强度以及连接处的连接强度均应＞15N/mm
4	安全和环境保护	材料应具有阻燃性和抗静电性能，并符合国家有关人身健康、安全及环境保护的规定。室内人造草坪面层应符合室内环境的有关要求

5.5.8 中小学校足球场沙土面层的技术要求应符合表 5.5.8 的规定。

表 5.5.8 中小学校足球场沙土面层的技术要求

序号	项目	要求
1	场地坡度	≤0.8%
2	平整度	3m 直尺，间隙≤15mm

5.5.9 室外足球场地排水沟的位置、深度、宽度应根据场地具体布置情况、当地气候条件经计算确定。现场砌筑的排水沟宽度不宜小于 0.40m，沟内纵坡宜为 0.3%～0.5%，沟内应均匀设置沉砂井，沉砂井间距宜为 30m。草坪下宜设置排水暗管或盲沟。

5.5.10 室外足球场地采用人工浇洒时，应在场地外侧设置洒水栓井。

5.5.11 室内足球场地地面应做防水处理。

5.6 其他球类场地

5.6.1 中小学校篮球场地应符合下列规定：

　　1 进行篮球比赛、教学、训练的比赛场地的尺寸应为 28.00m×15.00m（图 5.6.1）；小学教学用场地尺寸宜为 18.00m×10.00m；初中教学用场地尺寸宜为 26.00m×13.00m；比赛场地的规格允许偏差应小于 0.01m，画线宽度允许偏差不应大于 0.002m。

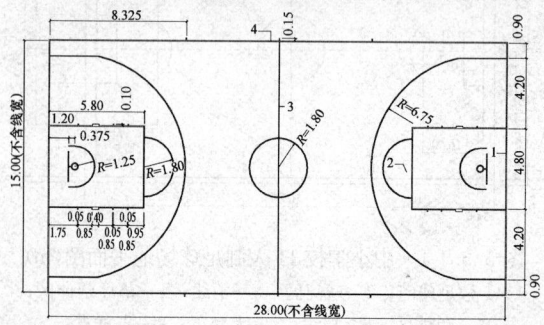

图 5.6.1　28.00m×15.00m 篮球场地平面图（m）
1—端线；2—罚球区；3—中线；4—边线

　　2 场地线的颜色应容易辨认，线宽为 50mm，边线和端线的宽度不应包含在场地尺寸范围内。场地内颜色应以界线内侧范围为准，场地外围颜色应从界线外侧算起。

3 比赛场地外安全区的宽度应为端线外不小于 5.00m，边线外不小于 6.00m；教学、训练场地安全区的宽度应为线外不小于 2.00m。

4 教学、训练场地净高不宜小于 6.00m。

5 篮板的地面正投影与端线内侧的距离应为 1.20m。篮圈距地高度应符合下列规定：

1）小学 1～3 年级应为 2.05m±0.008m；

2）小学 4～6 年级应为 2.35m±0.008m；

3）中学生应为 2.70m±0.008m；

4）高中生宜为 3.05m±0.008m；

5）成人或竞技比赛应为 3.05m±0.008m。

6 中小学校篮球网基本尺寸应符合表 5.6.1 的规定。

表 5.6.1 中小学校篮球网基本尺寸（mm）

网 眼	网线直径	网 高	网口直径	网底直径
45～50（菱形）	φ2.5～φ4.0	400～450	450±8	350±8

7 篮球场地可兼作 5 人制足球场。

8 三对三篮球比赛场地宜为半个标准篮球场，场地尺寸应为 14.00m×15.00m，也可按半场比例适当缩小，长度方向可减少 2.00m，宽度方向可减少 1.00m。

9 篮球场地的面层采用混合型、复合型合成材料时，平均厚度不宜小于 7mm；采用透气型合成材料时，平均厚度不宜小于 10mm。

5.6.2 中小学校排球场地应符合下列规定：

1 进行排球比赛、教学、训练的场地尺寸宜为 18.00m×9.00m（图 5.6.2）。

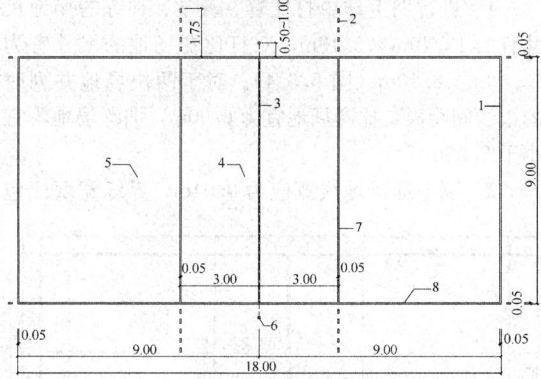

图 5.6.2 中小学校排球场地平面图（m）

1—端线；2—进攻延长线；3—中线及球网；4—前场区；
5—后场区；6—网柱；7—进攻线；8—边线

2 排球场地线宽应为 50mm，边线和端线的宽度应包含在场地尺寸范围内。

3 排球场地四周安全区尺寸不应小于 3.00m。

4 净高应大于或等于 7.00m。

5 网柱应为圆形，并应设在边线外 0.50m～1.00m 处（比赛场地应设在边线外 1.00m 处），柱高应 2.55m。对于球网中央高度，小学为 1.80m±0.005m；中学应为 2.00m±0.005m。

6 中小学校用排球网基本尺寸应符合表 5.6.2 的规定。

表 5.6.2 中小学校排球网基本尺寸（mm）

部 位 名 称		基 本 尺 寸
球网长度		9500～10000
拉网中央高度	中学	2000±5
	小学	1800±5
网柱高度	中学	2120±5
	小学	1920±5
球网宽度	中学	1000±25
	小学	700±25
网孔尺寸		(100±20)×(100±20)（正方形）
球网上包边宽		70±4
球网两端高度		球网两端高度不应高于拉网中央高度 200mm，且两端应相等

7 排球场地的面层采用混合型、复合型合成材料时，平均厚度不宜小于 7mm；采用透气型合成材料时，平均厚度不宜小于 10mm。

5.6.3 中小学校网球场地应符合下列规定：

1 场地外观应符合下列规定：

1）场地表面颜色应均匀，不应出现明显的色差；

2）场地面层应粘结牢固、不得有断裂、起泡、脱皮、空鼓等现象；

3）所有划线应是同一颜色；

4）场地四周围挡应使用较深颜色；

5）室外网球场全打区场地表面应至少比周围地面高出 0.254m；

6）室内网球场地两边墙面 2.44m 以下范围内、场地两端墙面 3.66m 以下范围内，应为较深颜色；墙的上部及顶棚应为浅色；场地四周围挡应使用较深颜色。

2 场地规格应符合下列规定：

1）进行网球单打比赛、教学、训练的场地尺寸宜为 23.77m×8.23m，双打比赛场地的尺寸宜为 23.77m×10.97m，规格尺寸允许偏差应为±5mm（图 5.6.3）；

2）场地发球中线宽度应为 50mm，端线宽度应为 100mm，其他界线宽度应为 50mm，界线宽度应包含在各区域的有效范围内；

3）对于场地外安全区的宽度，端线外不应小

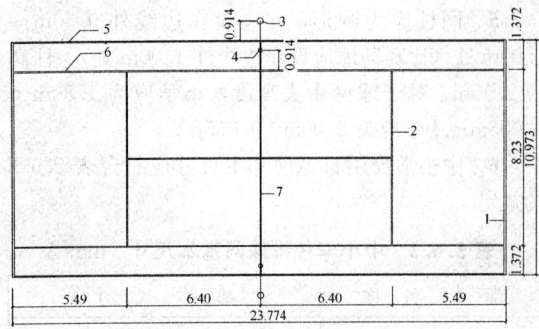

图 5.6.3 中小学校网球场地平面图（m）
1—端线；2—发球线；3—双打网柱；4—单打网柱；
5—双打边线；6—单打边线；7—中线

于 6.40m，边线外不应小于 3.66mm；

4）网球场球网上方净高不应小于 12.50m，四周墙壁及场地外围区域净高不应小于 3.00m。

3 场地固定设施应符合下列规定：

1）网柱高度应为 1.07m，且不应超过网绳顶端以上 25.4mm，网柱应设在边线外 0.914m 处，球网中央高度应为 0.914m；

2）网柱宜为圆形或方形，颜色宜为黑色或绿色。

4 球网应符合下列规定：

1）中小学校网球网基本尺寸应符合表 5.6.3-1 的规定；

表 5.6.3-1 中小学校网球网基本尺寸（mm）

部位名称	基本尺寸
球网长度	12800±30
球网宽度	1070±25
拉网中央高度	914±5
网柱高度	1070±5
网孔尺寸	(45±3)×(45±3)（正方形）
球网上包边宽	40～50
球网左右包边宽	40～50
网线直径	$\phi2.5\sim\phi3.5$

2）网带里的绳索或钢丝绳抗断强度不应小于 1179kg；

3）球网的抗张强度不应小于 124kg，球网合股线的抗张强度应在 84kg～141kg 之间。

5 地锚应与场地表面平齐，并应与张网线平行。

6 挡网应符合下列规定：

1）挡网应位于场地边缘内侧 300mm 处；

2）高度不应小于 4m；

3）网眼尺寸应为 44.5mm×44.5mm；

4）所有立柱为边长不应小于 65mm×65mm 的

方柱或外径 75mm 的圆柱；

5）横梁的边长或外径不应小于 65mm；

6）柱、梁中心距不应小于 3m；

7）挡网颜色应为绿色、黑色或褐色。

7 单片场地应在一个斜面上，室外场地的坡度应符合本规程表 5.2.6 的规定。

8 场地表面任何位置高差不应超过 0.002m。

9 中小学校网球场地表面物理机械性能应符合表 5.6.3-2 的规定。

表 5.6.3-2 中小学校网球场地表面物理机械性能

项 目	性能指标
反（回）弹值（%）	≥80
滑动阻力（N）	60～100
冲击吸收（%）	5～15
地面速率	30～45
渗水性（率）（mm/min）	0

10 网球场地的面层采用丙烯酸材料时，平均厚度不宜小于 3mm；采用混合型、复合型合成材料时，平均厚度不宜小于 7mm；采用透气型合成材料时，平均厚度不宜小于 10mm。

11 照明应符合下列规定：

1）最低照度应符合本规程表 5.12.2 的规定；

2）室外场地灯柱应安装在挡网延长线上；

3）灯柱的位置与高度应满足场地对固定障碍物的要求；

4）照明装置的布局应为边照明，端线后面不应安装照明装置。

5.6.4 中小学校羽毛球场地应符合下列规定：

1 进行羽毛球单打比赛、教学、训练的场地尺寸宜为 13.40m×5.18m，双打比赛场地的尺寸宜为 13.40m×6.10m（图 5.6.4）。对于两块场地并列时的边线间距离，比赛场地宜为 6.00m，训练场地不宜小于 2.00m；

2 羽毛球场地线宽应为 0.04m，界线宽度应包

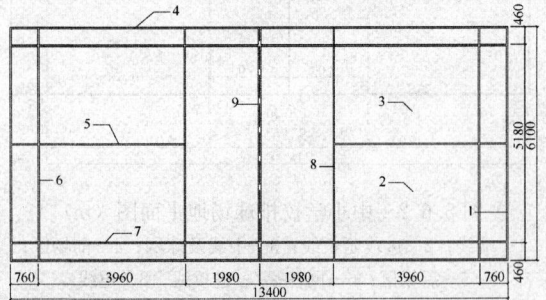

图 5.6.4 中小学校羽毛球场地平面图（mm）
1—端线即单打后发球线；2—左发球区；3—右发球区；
4—双打边线；5—中线；6—双打后发球线；7—单打边线；8—前发球线；9—中线

含在各区域有效范围内；

3 对于场地外安全区，端线及边线外均不应小于2.00m；

4 羽毛球教学、训练用场地净高不应小于9.0m；

5 室内羽毛球场地四周墙壁应为深色，且反射率应小于0.2；

6 网柱应设在场地边线中心点上，网柱高应为1.55m；球网中央高度应为1.524m；

7 中小学校羽毛球网基本尺寸应符合表5.6.4规定；

表5.6.4 中小学校羽毛球网基本尺寸（mm）

部位名称		基本尺寸
球网长度		≥6100
球网宽度	中学	760±25
	小学	500±25
拉网中央高度	中学	1524±5
	小学	1314±5
网柱高度	中学	1550±8
	小学	1340±8
网孔尺寸		(18±3)×(18±3)（正方形）
球网上包边宽		70±4
球网左右包边宽		50±4
网线直径		$\phi1.5\sim\phi2$

8 羽毛球场地的面层采用混合型、复合型合成材料时，平均厚度不宜小于7mm；采用透气型合成材料时，平均厚度不宜小于10mm。

5.6.5 中小学校乒乓球场地应符合下列规定：

1 室内场地净高不宜小于4m；

2 球台尺寸应为2.74m×1.525m×（高）0.76m（小学乒乓球台面高度宜为0.66m）；球网长度应为1.83m，球网高应为0.1525m；

3 活动围挡高度宜为0.76m，成组布置球台且中间有过道时，过道净宽不宜小于1.00m；

4 室内场地地面宜采用运动木地板或合成材料面层，合成材料面层平均厚度不宜小于7mm，地面颜色不宜太浅，且应避免反光强烈及打滑；

5 室内球台四周墙壁和挡板反射率应小于0.2，颜色宜为墨绿等深色；

6 室内场地两端墙面不宜设直接自然采光，当两侧设采光窗时，窗台高度不宜小于1.50m，采光照度应均匀。

5.6.6 中小学校腰旗橄榄球场地应符合下列规定：

1 腰旗橄榄球场地长度宜为55.00m～73.00m，宽度宜为18.00m～27.00m，并宜优先采用73.00m×27.00m（图5.6.6）；可根据实际用地情况按比例调整场地大小；

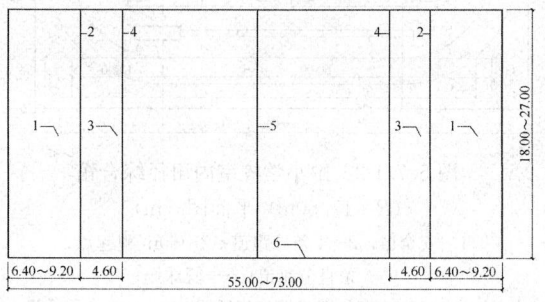

图5.6.6 中小学校腰旗橄榄球
场地平面图（m）
1—达阵区；2—得分线；3—非跑区；4—5码线；
5—中线；6—边线

2 端线及边线外应各有5.00m宽的安全区。

5.7 风雨操场（小型体育馆、室内田径综合馆）

5.7.1 中小学校风雨操场（小型体育馆）宜作为篮球、排球、网球、羽毛球、体操、蹦床等运动项目的比赛、教学或训练场地（图5.7.1-1）；中小学校室内田径综合馆宜作为200m跑道、短跑、田赛项目或球类项目的教学或训练场地（图5.7.1-2）。

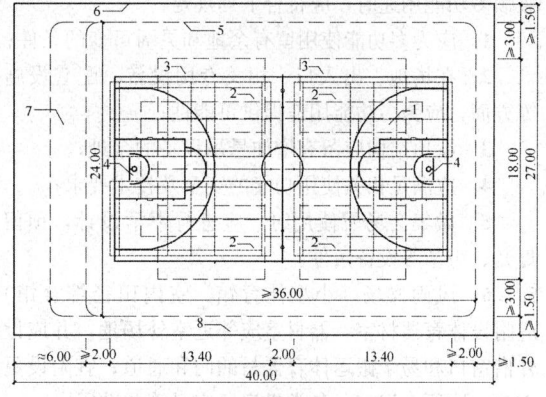

图5.7.1-1 中小学校风雨操场平面图（m）
1—网球场；2—羽毛球场；3—排球场；4—篮球场；
5—夹层轮廓线（无夹层馆的内轮廓线）；6—场馆内
轮廓线；7—夹层活动区；8—夹层（走廊兼看台）
注：本图为含1个篮球场地、1个网球场地、2个
排球场地、4个羽毛球场地的风雨操场平面布
置示意图。

5.7.2 中小学校风雨操场（小型体育馆、室内田径综合馆）规格应根据学校规模、比赛、教学、训练项目确定。

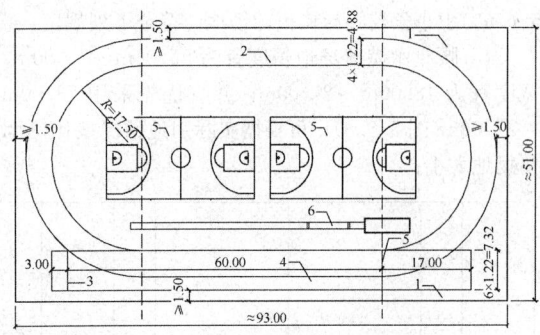

图 5.7.1-2 中小学校室内田径综合馆
（R＝17.50m）平面图（m）
1—安全区；2—4 条分跑道；3—60m 跑起点；
4—6 条直分跑道；5—篮球场；
6—跳远及三级跳设施
注：本图为含 2 个篮球场地、1 个 60m 直跑道、1
个 200m 跑道、1 个跳远的室内田径综合馆平
面布置示意图。

5.7.3 以球类项目为主的风雨操场的平面尺寸宜为
20.00m×36.00m、24.00m×36.00m、36.00m×
36.00m、36.00m×52.00m 等；室内田径综合馆（容
纳 1 个 200m 跑道）的平面尺寸宜为（90.00m～
100.00m）×（50.00m～60.00m）。

5.7.4 风雨操场（小型体育馆、室内田径综合馆）
宜贴近室外体育场地设置，位置宜相对独立，并应便
于对社会开放。

5.7.5 当风雨操场（小型体育馆、室内田径综合馆）
兼顾多功能用途时，应符合下列规定：

　1 应为多功能使用留有余地和灵活可变的条件；

　2 在场地、出入口、相关专用设备、配套设施
等方面，应为多功能用途提供可能性；

　3 屋顶结构应留有增加悬吊设备的余地；

　4 应满足相关使用功能的安全及技术要求；

　5 做集会场所使用时，应进行声学设计，预留
灯光、声学等设备条件。

5.7.6 风雨操场（小型体育馆、室内田径综合馆）
应附设体育器材室，器材室应邻近室外场地，并应设
外借窗口和易于搬运体育器材的门和通道；宜附设更
衣室、厕所、浴室、各类机房、广播等辅助用房。

5.7.7 风雨操场（小型体育馆、室内田径综合馆）
宜采用自然采光，并应根据项目和多功能使用时对光
线的要求，设置必要的遮光和防眩光措施。高度在
2.10m 以下的墙面宜为深色。室内场地的照度应符合
本规程表 5.12.2 的规定。

5.7.8 运动场地面层材料应根据主要运动项目的要
求确定，不宜采用刚性面层材料。

5.7.9 风雨操场（小型体育馆、室内田径综合馆）
应优先采用自然通风，在场地、标高、环境许可的条
件下，宜采取低位开窗；当场地条件不满足时，应设

机械通风或空调；气候适宜地区的场馆宜安装低位通
风百叶窗；窗台高度小于 2.10m 时，窗户的室内侧
应采取安全防护措施。

5.7.10 风雨操场（小型体育馆、室内田径综合馆）
应符合现行国家标准《体育馆卫生标准》GB 9668 的
有关规定。

5.7.11 风雨操场（小型体育馆、室内田径综合馆）
室内的墙面和顶棚应选用有吸声减噪作用的材料及构
造做法，且墙面吸声减噪材料应耐撞击。

5.7.12 风雨操场（小型体育馆、室内田径综合馆）
屋顶结构应设计预留安装吊环、吊杆、吊绳、爬梯等
健身器材的吊钩；地面应预留体操器械所需埋件；固
定运动器械的预埋件不应凸出地面或墙面。

5.7.13 风雨操场（小型体育馆、室内田径综合馆）
室内的墙面应坚固、平整、无凸起，对于柱、低窗窗
口、暖气等高度低于 2.00m 的部分应设有防撞措施；
门和门框应与墙平齐，门应向场外或疏散方向开启，
并应符合安全疏散的规定。

5.7.14 风雨操场（小型体育馆、室内田径综合馆）
的灯具等悬吊物应设防护措施，悬吊物的安装应
牢固。

5.7.15 有条件的风雨操场（小型体育馆）可设置看
台及小型舞台。

5.7.16 无看台的风雨操场（小型体育馆），宜设夹
层挑廊。

5.7.17 风雨操场（小型体育馆、室内田径综合馆）
应设置广播系统。

5.7.18 有条件的风雨操场（小型体育馆）可设置电
动记分系统，并应预留人工记分牌的位置。

5.7.19 辅助用房设计应符合下列规定：

　1 体育器材室的门窗或通道应满足借用及搬运
体育器材的需要；

　2 体育器材室内应采取防虫、防潮措施；

　3 更衣室面积及更衣柜数量、卫生间（浴室）
面积及卫生器具数量应符合国家现行有关标准的
规定。

5.7.20 室内田径综合馆除应符合本规程第 5.7.3 条～
第 5.7.19 条的规定外，还宜符合下列规定：

　1 室内田径综合馆宜设置 200m 长的长圆形跑
道，其内侧可设置短跑或田赛项目，也可设置球类
项目；

　2 弯道半径宜为 15.00m～19.00m，标准弯道
半径应为 17.50m（第一分道的跑程的计算半径），弯
道不宜倾斜；

　3 室内墙面应平整光滑，距地面 2.00m 高度内
不应有凸出墙面的物件或设施；

　4 在直道终点后缓冲段的尽端应设置能承受运
动者冲撞力的缓冲挂垫墙；

　5 安全区宽度不应小于 1.50m。

5.8 游泳池、游泳馆

5.8.1 中小学校设置游泳池时，游泳池规格宜为8条泳道，泳道长度宜为50m或25m。在气候适宜的条件下，宜建室外游泳池，室外游泳池长轴宜南北向。

5.8.2 中小学校游泳池、游泳馆不宜设置跳水池。

5.8.3 游泳池、游泳馆均应附设更衣室、卫生间、浴室、技术设备房、器材库房、医务急救室、广播等辅助用房。

5.8.4 游泳池的给水排水系统应符合国家现行标准《建筑给水排水设计规范》GB 50015及《游泳池给水排水工程技术规程》CJJ 122的有关规定。

5.8.5 游泳池入口处应设强制通过式浸脚消毒池，池长不应小于2.00m，宽度与通道相同，深度不应小于0.20m；淋浴室与浸脚消毒池之间应当设置强制通过式淋浴装置。

5.8.6 游泳池、游泳馆的安全要求应符合国家现行标准《体育场所开放条件与技术要求 第1部分：游泳场所》GB 19079.1的有关规定。

5.8.7 当游泳池设有观众席时，游泳者和观众的交通路线和场地应分开。

5.8.8 游泳馆的主体结构应有防腐蚀性能，外部围护结构及外墙门窗等应满足隔汽、防潮、保温、隔热及防止结露的要求。馆内装饰材料、设备及设施应有防潮、防腐蚀措施。

5.8.9 游泳馆室内2.00m高度以上的墙面应采取吸声减噪措施。

5.8.10 竞技比赛游泳池应符合下列规定：

1 游泳池长×宽应为50m×21m或25m×21m。游泳池两端池壁自水面上＋0.30m至水面下0.80m范围内的长度的允许偏差应为＋0.03m(50m池)～－0.00m、＋0.02m(25m池)～－0.00m。池深不应小于2.00m。池侧的池岸宽度不应小于2m，池端的池岸宽度不应小于3m。

2 每条泳道宽度应为2.50m，最外侧分道线距池边不应小于0.50m。

3 池壁和池岸装饰面应选用防滑材料，池岸与池身阳角交接处为弧形；池壁和池底应设置标志线，其位置及尺寸应符合比赛规则的要求（图5.8.10）泳道标志线尺寸应符合表5.8.10的规定；两端池壁应设置浮标挂钩。

4 出发端应按比赛规则要求安装出发台，其表面积不应小于0.50m×0.50m，前缘应高出水面0.50m～0.75m，台面向前倾斜角度不应超过10°；出发台应坚固且没有弹性，台面应防滑；在水面上0.30m～0.60m处，应安装水平和垂直的仰泳握手器，且不应凸出池壁；出发台应标明泳道次序号码，并应按出发方向由右向左依次排列。

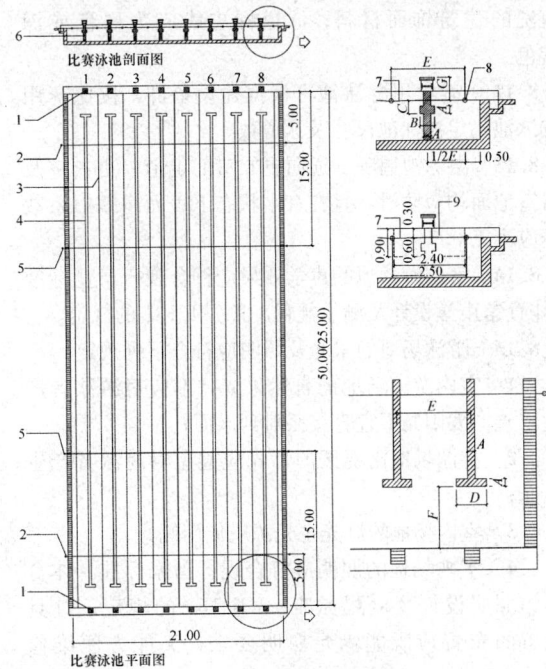

图5.8.10 标准泳池标志线位置及尺寸图（m）

1—出发台；2—仰泳转身标志线；3—泳道分隔线；4—泳道标志线；5—抢跳犯规召回线；6—池端泳道目标标志线；7—水面；8—泳道线挂钩；9—电子计时触板（2.40×0.90×0.10）

5 池身两侧应至少设置四个嵌入池身的攀梯，攀梯不得凸出池壁。池壁水面下1.20m处宜设通长歇脚台，宽度应为0.10m～0.15m。

6 场地水面上净空高度宜为8.00m～10.00m。

表5.8.10 泳道标志线尺寸（m）

符号	表示内容	尺寸	备注
A	泳道标志线、两端横线和目标线宽	0.20～0.30	优选0.25
B	池端目标标志线的长度	0.50	—
C	池端目标标志线中心水下深度	0.30	—
D	泳道标志线两端横线的长度	1.00	—
E	相邻两条泳道标志线间的距离	2.50	≥2.00
F	泳道标志线两端横线到池端壁距离	2.00	—
G	出发台前沿到水平面的高度	0.50～0.75	—

5.8.11 竞技比赛和训练用的游泳池池底和池壁应为白色，宜采用游泳池专用瓷砖或颜色相同、耐用、易

清洗的建筑饰面材料；泳道标志线应为黑色或深蓝色。

5.8.12 教学用游泳池可根据建设条件，按比赛用游泳池确定游泳池尺寸及泳道数。

5.8.13 游泳池周围、通向更衣室的走道、更衣室及浴室地面均应防滑，且在有水状态下表面净摩擦系数不应小于 0.5。

5.8.14 室内游泳池的声学效果应符合现行行业标准《体育馆声学设计及测量规程》JGJ/T 131 的规定。

5.8.15 游泳场地的采光及照明应符合下列规定：

1 室内游泳场地的自然采光，不应对游泳者产生眩光，太阳光不宜直接照射到水面；

2 游泳场地比赛区的灯光应避免对游泳者产生眩光；

3 室内场地的灯光主光源应使用侧光；

4 室内场地的照明应符合现行国家标准《体育场馆照明设计及检测标准》JGJ 153 的规定，灯具位置的布置应既能满足照明要求，又能方便维修更换。

5.8.16 游泳池的水质、水温应符合下列规定：

1 水质应符合现行行业标准《游泳场所卫生标准》GB 9667的规定；

2 水质、水温应符合现行行业标准《游泳池水质标准》CJ 244的规定；

3 室内游泳池水温不宜低于 25℃，室温应高于水温1℃～2℃。

5.8.17 新建、改建、扩建的游泳场所必须配备循环水净化消毒设备，循环水处理系统的设计和设施配备应符合现行行业标准《游泳池给水排水工程技术规程》CJJ 122 的规定。

5.8.18 游泳场地周边环境应符合下列规定：

1 游泳场地内的空气质量应符合现行国家标准《室内空气中细菌总数卫生标准》GB/T 17093 的规定；

2 游泳场地内空气相对湿度不应大于 75%；

3 池岸地面排水不应排入池内或进入游泳池水处理系统；

4 室外游泳场地池岸边 5m 范围内不宜有裸露泥土、落叶树木，并应避开粉尘等污染源。

5.8.19 游泳池的辅助用房与设施应符合下列规定：

1 中小学校游泳馆淋浴设置不应少于表 5.8.19 的规定；

表 5.8.19 中小学校游泳馆淋浴数目设置数量表

使用人数	性 别	淋浴数目
100 人以下	男	1个/20人
	女	1个/15人

2 技术设备用房宜包括水处理室、水质检验室、水泵房、配电室等设备、仓储用房等；当采用液氯等化学药物进行水处理时，应有独立的加氯室及化学药品储藏间，并应防火、防爆、通风。

5.9 舞 蹈 教 室

5.9.1 舞蹈教室宜满足舞蹈艺术课、体操课、技巧课、武术课等的教学要求，并可用于开展形体训练活动。每个学生的使用面积不宜小于 $6m^2$。

5.9.2 舞蹈教室应按男女学生分班上课的需要设置。

5.9.3 舞蹈教室应附设更衣室，并宜附设卫生间、浴室和器材储藏室。

5.9.4 舞蹈教室内应在与采光窗相垂直的一面墙上设通长镜面，镜面（含镜座）总高度不宜小于2.10m，镜座高度不宜大于 0.30m。镜面两侧的墙上及对面后墙上应装设把杆，镜面上宜装设固定把杆。把杆升高时的高度应为 0.90m；把杆与墙面的最小净距离不应小于 0.40m。

5.9.5 舞蹈教室应避免眩光。

5.9.6 舞蹈教室地面宜铺装运动木地板，墙面及吊顶应采取吸声措施；墙面阳角应抹圆；宜设置墙裙。

5.9.7 舞蹈教室宜设带防护网的吸顶灯，采暖等各种设施应暗装。

5.9.8 舞蹈教室应设计电声系统。

5.9.9 当学校有地方或民族舞蹈课时，舞蹈教室的设计宜满足其相关需求。

5.10 看 台

5.10.1 中小学校的体育建筑、运动场地中可根据建设条件设置看台。

5.10.2 看台设计应使观众有良好的视觉条件和安全方便的疏散条件。

5.10.3 中小学校体育建筑、运动场地中的观众席宜设计成水泥看台，也可选择无背条凳、无背方凳、有背硬椅等形式。主席台可根据实际情况设置。中小学校体育场馆观众席最小尺寸不应小于表 5.10.3 的规定。

表 5.10.3 中小学校体育场馆观众席最小尺寸（m）

规格＼席位种类	水泥台阶	无背条凳	无背方凳	有背硬椅
座宽	—	0.42	0.45	0.48
排距	0.70	0.72	0.75	0.80
每层高度（座椅到地面）	0.30～0.40	0.30～0.45	0.30～0.45	0.40～0.46

5.10.4 看台应进行视线设计，视点选择应符合下列

规定：

　　1　应根据运动项目的特点，使学生观众看到比赛场地的全部或绝大部分，且应看到运动员的全身或主要部分；

　　2　应以使用场地主要运动项目为设计依据；

　　3　看台视点位置应符合表5.10.4的规定。

表5.10.4　看台视点位置

项目	视点平面位置	视点距地面高度（m）	视线升高差C值（m/每排）
篮球场	边线及端线	0.00	0.06
游泳池	最外泳道外侧边线	水面	0.06
足球场	边线端线（重点是角球点及球门处）	0.00	0.06
田径场	两直道侧边线与终点线的交叉点	0.00	0.06

　　5.10.5　活动看台的设置，应考虑分区、走道设置、疏散方式、看台收纳方式等要求，且应保证活动看台在场地安全区范围之外。

　　5.10.6　看台栏杆应符合下列规定：

　　1　栏杆高度不应低于0.90m，室外看台后部及端部的栏杆应高于1.10m；

　　2　正面栏杆不应遮挡观众视线，并应保证观众安全；

　　3　对于横向过道，至少一侧应设栏杆；

　　4　当看台坡度较大、前后排高差超过0.50m时，其纵向过道上应设置栏杆扶手；采用无靠背座椅时，不宜超过10排，超过时应增设横向过道或横向栏杆；

　　5　栏杆的构造应经过结构计算。

　　5.10.7　小型体育馆看台视线、安全出口和走道的设计应符合现行行业标准《体育建筑设计规范》JGJ 31规定。

　　5.10.8　室外看台上空的雨棚应符合下列规定：

　　1　雨棚的大小应根据使用要求确定；

　　2　应合理确定雨棚的造型和结构形式；

　　3　当雨棚设检修天桥时，应设置高度不低于1.05m的防护栏杆。

5.11　室外健身器械运动场地

　　5.11.1　室外健身器械运动场地规格尺寸应根据项目本身要求设置。

　　5.11.2　室外健身器械运动场地地面可选用软质合成材料面层、沙质等材料；软质合成材料面层的厚度不应小于25mm。

　　5.11.3　室外健身器械运动场地地面的排水坡度应符合本规程表5.2.6中的规定。

　　5.11.4　室外健身器械运动场地应有排水设施。排水沟宽度、深度应根据当地气候条件经计算确定，位置应根据具体场地布置情况确定。

5.12　室内环境与室内外照明

　　5.12.1　室内环境应符合下列规定：

　　1　室内空气应符合现行国家标准《室内空气质量标准》GB/T 18883、《民用建筑工程室内环境污染控制规范》GB 50325及《室内空气中细菌总数卫生标准》GB/T 17093的规定；

　　2　根据当地气候条件，应充分利用自然通风和天然采光；

　　3　当采用换气次数确定室内通风时，体育馆最小允许换气次数应为3次/h。对于舞蹈教室最小允许换气次数，小学应为2.5次/h，初中应为3.5次/h，高中应为4.5次/h；

　　4　风雨操场（室内田径综合馆）、舞蹈教室在地面上的采光系数最低值应为2%，最小窗地比应为1：5.0；

　　5　风雨操场（室内田径综合馆）、舞蹈教室照度标准值不应低于表5.12.1-1的规定；

表5.12.1-1　风雨操场（室内田径综合馆）、舞蹈教室照度标准值

序号	名　称	规定照度的平面	维持平均照度（lx）	统一眩光值 UGR	显色指数 R_a
1	风雨操场（室内田径综合馆）	地面	300	—	65
2	舞蹈教室	地面	300	19	80

　　6　舞蹈教室的照明功率密度值应符合表5.12.1-2的规定；

表5.12.1-2　舞蹈教室的照明功率密度值

房间	照明功率密度（W/m²）		对应照度值（lx）
	现行值	目标值	
舞蹈教室	11	9	300

注：当房间的照度值高于或低于本表中对应照度值时，其照明功率密度应按比例提高或折减。

　　7　舞蹈教室的混响时间应符合现行国家标准《民用建筑隔声设计规范》GB 50118的规定；

　　8　风雨操场（小型体育馆、室内田径综合馆）的室内设计温度应为12℃～15℃；舞蹈教室的室内设计温度应为22℃；

　　9　应采用有效的通风措施，风雨操场（室内田径综合馆）、舞蹈教室的室内空气中CO_2的浓度不应大于0.15%。

5.12.2 体育场地照明应避免眩光，中小学校其他体育场地最低照度应符合表5.12.2的规定。

表5.12.2 中小学校其他体育场地最低照度

序号	运动项目	参考平面	照度（lx)ᵃ	
			室内	室外
1	篮球、排球、网球、羽毛球	地面	300	200
2	足球	地面	200	150
3	乒乓球ᵇ	台面	300	—
4	游泳	地面	200	180
5	室内健身	地面	200	—
6	室外综合场地	地面	—	200

注：a 为平均维持照度值；

　　b 乒乓球场地照明应重点考虑防止台面眩光。

6 施 工

6.1 一 般 规 定

6.1.1 承担中小学校体育设施施工的单位应具备相应的施工资质。施工前，应编制施工组织设计或施工的方案，建立工程质量管理体系、安全生产管理体系及质量检验制度。

6.1.2 施工单位应按工程设计图纸施工。工程设计的修改应由原设计单位负责，施工单位不得擅自修改工程设计。

6.1.3 施工单位应按照工程设计要求、施工技术标准和合同的约定，对材料、构配件和设备进行检验，并应经验收合格后使用。

6.2 场地地面面层

6.2.1 运动木地板安装施工应符合下列规定：

　　1 基层工程应已完工，施工现场应整洁干净，地面施工质量应达到设计要求；

　　2 基层表面应做找平、分格处理；

　　3 安装铺设上、下龙骨，并应交验合格；

　　4 铺设多层板应固定牢固，符合平整度要求，并应交验合格；

　　5 木龙骨及多层板应做防虫、防腐、防潮处理，并应设置防潮隔离层；

　　6 安装运动木地板，并应交验合格；

　　7 场地地面画线应根据设计要求用体育运动专用画线油漆画线。

6.2.2 面层丙烯酸涂料施工应符合下列规定：

　　1 面层施工宜按下列顺序进行：

　　1）检测、平整场地；

　　2）基层构造层；

　　3）中间构造层；

　　4）饰面层；

　　5）画线。

　　2 沥青混凝土、混凝土基础应养护28d以上。基础表面应压光拉毛，不应有车辙、硬结、凹沉、龟裂或开口等。平整度、坡度应符合设计要求。

　　3 施工时温度应在12℃～36℃之间。

　　4 应在施工前检测场地平整度，在明显凹陷部位做出标识，并应填平。

　　5 基础构造层施工时，应在强化沥青填充剂拌合砂、水后，铺涂二遍并应找平地面。

　　6 中间构造层施工时，应在丙烯酸强化填充剂拌合砂、水后，涂刮一遍。

　　7 面层施工时，应在丙烯酸色料浓缩物石英砂和水搅拌后，涂刮二遍。

　　8 饰面层施工时，应用丙烯酸色料浓缩加水搅拌后，涂刮一遍。

　　9 画线时，应用丙烯酸色料浓缩物画白色界线两遍。

6.2.3 球类运动聚氨酯面层施工应符合下列规定：

　　1 面层施工宜按下列顺序进行：

　　1）检测、平整场地；

　　2）涂铺环氧封闭底漆；

　　3）铺撒高弹性颗粒；

　　4）涂弹性聚氨酯增厚层；

　　5）平整弹性增厚层；

　　6）涂刷弹性聚氨酯自流平浆；

　　7）平整弹性层表面；

　　8）涂铺弹性聚氨酯面漆；

　　9）标线漆画定标线。

　　2 基层施工应符合下列规定：

　　1）沥青混凝土、混凝土基础应养护28d以上；

　　2）基础表面应压光拉毛，清洁干燥，不应有车辙、硬结、凹沉、龟裂或开口等；

　　3）平整度、坡度应符合设计要求。

　　3 清理现场应符合下列规定：

　　1）应清理施工、配料、搅拌场地，保持配料场地及周围平整、干净；

　　2）应检测现场平整度。

　　4 配料时，应按工艺配比产品各组分搅拌均匀。

　　5 现场应对场地凹处进行找平、放线。

　　6 施工天气状况应符合下列规定：

　　1）施工现场天气应无雨，场地干燥；

　　2）环境温度应高于8℃。

　　7 涂铺环氧封闭底漆时，应避免出现气泡。

　　8 铺撒高弹性颗粒、涂弹性聚氨酯增厚层、平整弹性增厚层应符合下列规定：

1）铺撒前应检查底层平整度。施工次序应由内向外；

2）面层应待底层干透、稳固后，均匀铺撒。

9 应涂刷弹性聚氨酯自流平浆、平整弹性层表面、涂铺弹性聚氨酯面漆。

10 收边部位应进行修整，修边人员应随时检查厚度、平整度。

11 清理、画线应符合下列规定：

1）应按设计要求将塑胶面层全部铺完，整体清理场地。跑道塑胶表面应干燥，无水分；

2）应根据设计要求用体育运动专用画线油漆画线；

3）雨天、阴天光线不足、风大（大于4级）时，不应画线。

6.2.4 混合型、复合型塑胶面层施工应符合下列规定：

1 场地面层施工应按下列顺序进行：

1）检测、平整场地；

2）防水层；

3）中间构造层；

4）塑胶面层；

5）表面撒红色、绿色胶粒；

6）画线。

2 基层施工应符合下列规定：

1）沥青混凝土、混凝土基层应养护28d以上；

2）基层表面应压光拉毛，清洁干燥，不应有车辙、硬结、凹沉、龟裂或开口等；

3）平整度、坡度应符合设计要求。

3 施工气候状况应符合下列规定：

1）施工现场天气应无雨，场地干燥；

2）环境温度应高于8℃。

4 基层表面应铺装防水层。

5 铺设中间构造层时，应将聚氨酯混合胶料与粒径为2mm～4mm的环保橡胶粒，按比例在搅拌机内搅拌后，摊铺在防水层上，其厚度应符合设计要求。

6 铺设塑胶颗粒面层应符合下列规定：

1）应在双组分无溶剂弹性聚氨酯自流平纯胶料按工艺配比用搅拌机搅拌后，涂在中间构造层上，随即撒上环保颗粒；

2）颗粒面层双组分弹性聚氨酯自流平纯胶料干透后，应将未被其粘结住的颗粒回收、清理。

7 清理、画线应符合下列规定：

1）按设计要求将塑胶面层全部铺完，整体清理场地。跑道塑胶表面应干燥，无水分；

2）根据设计要求用体育运动专用画线油漆画线；

3）雨天、阴天光线不足、风大（大于4级）时不应画线；

4）应于跑道残余颗粒回收后画线。

6.2.5 透气型塑胶跑道施工应符合下列规定：

1 场地面层施工应按下列顺序进行：

1）检测、平整场地；

2）涂刷底油；

3）铺设底层黑粒；

4）表面喷涂撒红粒子；

5）画线。

2 基层施工应符合下列规定：

1）沥青混凝土、混凝土基层应养护28d以上；

2）基础表面应压光拉毛，清洁干燥，不应有车辙、硬结、凹沉、龟裂或开口等；

3）平整度、坡度应符合设计要求。

3 施工气候状况应符合下列规定：

1）施工现场天气应无雨，场地干燥；

2）环境温度应高于8℃。

4 应涂刷底油。

5 应铺设黑粒子后进行表面喷压。

6 应喷涂红粒子。

7 画线应符合下列规定：

1）应按设计要求将塑胶面层全部铺完，整体清理场地。跑道塑胶表面应干燥，无水分；

2）应根据设计要求用体育运动专用画线油漆画线；

3）雨天、阴天光线不足、风大（大于4级）时不应画线。

6.3 场 地 基 层

6.3.1 选用合成材料面层时，基层宜采用沥青混凝土基层；场地面层选用其他材料时，宜采用碎石、混凝土基层。

6.3.2 级配砂石垫层的沥青混凝土基层施工应按下列顺序进行：

1 挖土方；

2 级配砂石垫层；

3 沥青碎石稳定层；

4 中粒沥青混凝土；

5 细粒沥青混凝土。

6.3.3 灰土垫层加无机料或级配碎石层的沥青混凝土基层施工应按下列顺序进行：

1 挖土方；

2 2∶8或3∶7灰土（分层夯实，每层约100mm厚）；

3 无机料或级配碎石，碎石粒径≤40mm；

4 中粒沥青混凝土；

5 细沥青混凝土，压实系数0.95。

6.3.4 级配砂石垫层加水泥石粉层的沥青混凝土基层施工应按下列顺序进行：

1 挖土方；

2 级配砂石垫层；

3 水泥石粉层，在碎石面上铺 100mm 水泥石粉（水泥含量 8％），并压实；

4 中粒沥青混凝土；

5 细粒沥青混凝土。

6.3.5 土方工程应符合下列规定：

1 应通过勘探选择持力层；

2 原地基土比较密实的场地，应防止在挖土方时扰动原土或超挖；

3 普通场地，应先去除腐殖土、松土层或对霜冻敏感的基层。

6.3.6 土方施工应符合下列规定：

1 应在施工场地设置 5.00m×5.00m 的方格木桩，标识挖土深度后进行机械施工；

2 在至持力层 100mm 厚度时，应采用人力施工；

3 整平工作应做到一次成型，经碾压后的平整度应用 3m 直尺检查，空隙不应大于 20mm；

4 整平后应用重型带振动压路机（10t 及以上）碾压，轮迹深度不应高于 5mm，达到 98％的密实度后，进行下一道工序施工。

6.3.7 3：7 或 2：8 灰土夯实应符合下列规定：

1 施工应按下列顺序进行：

1）检验土料和石灰粉的质量并过筛；

2）灰土拌合；

3）基底清理；

4）分层铺灰土；

5）夯打密实；

6）找平验收。

2 应检查土料种类和质量以及石灰材料的质量，符合国家现行有关标准的规定后再分别过筛。

3 灰土的配合比应用体积比，严格控制配合比。拌合时应均匀一致，至少翻拌两次，拌合好的灰土颜色应一致。灰土拌合可调整含水率使之符合设计要求。

4 应清理基底的杂物及积水。

5 灰土的摊铺每层厚度不应超过 100mm，分层碾压夯实至达到设计要求的厚度。

6 灰土层经检验合格后，应立即开始养护，养护期不应少于 7d，养护期间应始终保持稳定层表面潮湿。养护期内出现缺陷时，应及时挖补，且挖补的压实厚度不应小于 80mm，不得薄层贴补。

6.3.8 级配砂石垫层工程应符合下列规定：

1 不得有风化石和不稳定矿石掺入，含砂量、粒径及厚度应符合设计要求；

2 摊铺时，松铺系数应为 1.2～1.3，并应按先远后近的顺序进行摊铺；每一次压实厚度不应超过 200mm；当设计厚度大于 200mm 时，应分层摊铺；

3 应由压路机（10t 及以上带振动）分层碾压锁实；

4 应检查压实干密度、平整度、坡度及厚度。

6.3.9 沥青碎石层施工应符合下列规定：

1 主层石料粒径应为 30mm～70mm、嵌缝石料为 15mm～25mm；

2 摊铺厚度应符合设计要求；

3 摊铺整平至符合质量要求后，应碾压至无明显轮迹为止；

4 应机洒沥青油。且每 150mm 厚的沥青油用量应为 6kg/m²；

5 应进行施工质量检查。

6.3.10 沥青混凝土施工应符合下列规定：

1 应用机械将沥青混凝土碾压，并应分初压、复压和终压三个阶段进行碾压；碾压方向应由边向中，由低向高。

2 应控制碾压时的沥青混凝土温度。初压时温度不应低于 110℃，复压时不应低于 90℃，终压完成时温度不应低于 70℃。

3 压路机碾压应符合操作规范的规定。碾压应匀速进行。

4 已经施工完成的沥青层，应采取防止油料、润滑脂、汽油或其他有机杂质掉落在其上的保护措施，不应在沥青层上堆放石子、块料、泥土等其他杂物。

5 已经完成碾压的沥青层，不应修补表皮。

6.3.11 沥青混凝土完成后，宜经过 28d 养护时间后，再进行面层施工。

7 检验与验收

7.1 一般规定

7.1.1 中小学校体育设施的施工验收宜包括场地基础与场地面层的质量验收、运动项目体育工艺的质量验收、固定设施安装的质量验收。

7.1.2 场地基础的质量验收应符合现行国家标准《建筑工程施工质量验收统一标准》GB 50300 和《建筑地基基础工程施工质量验收规范》GB 50202 的规定。

7.1.3 场地面层的质量验收应符合下列规定：

1 运动木地板面层的检验与验收应符合现行国家标准《天然材料体育场地使用要求及检验方法 第 2 部分：综合体育场馆木地板场地》GB/T 19995.2 的规定；

2 游泳场地的检验与验收应符合现行国家标准《体育场地使用要求及检验方法 第 2 部分：游泳场地》GB/T 22517.2 的规定；

3 网球场地面层的检验与验收应符合现行国家

标准《人工材料体育场地使用要求及检验方法 第 2 部分：网球场地》GB/T 20033.2 的规定；

4 足球场地人造草坪面层的检验与验收应符合现行国家标准《人工材料体育场地使用要求及检验方法 第 3 部分：足球场地人造草面层》GB/T 20033.3 的规定；

5 足球场地天然草坪面层的检验与验收应符合现行国家标准《天然材料体育场地使用要求及检验方法 第 1 部分：足球场地天然草面层》GB/T 19995.1 的规定；

6 土质面层运动场地的验收应符合现行国家标准《建筑地面工程施工质量验收规范》GB 50209 和《建筑工程施工质量验收统一标准》GB 50300 的规定。

7.1.4 中小学校体育设施工程质量施工验收应符合下列规定：

1 工程质量应符合工程勘察、设计文件的要求；

2 参加验收的各方人员应具备相应的资格；

3 工程质量验收应在施工单位自行检查评定合格的基础上进行；

4 隐蔽工程在隐蔽前应由施工单位通知有关单位进行验收，并应形成验收文件；

5 涉及结构安全的试块、试件以及有关材料，应进行见证取样检测；

6 检验批的质量应按主控项目和一般项目验收；

7 对涉及结构安全和使用功能的重要分部工程应进行抽样检测；

8 承担见证取样检测及有关结构安全检测的单位应具有相应资质；

9 工程的观感质量应由验收人员通过现场检查，并应共同确认。

7.1.5 工程质量验收时应检查下列文件和记录：

1 工程施工图、设计说明及其他设计文件；

2 材料的出厂合格证书、性能检测报告、进场验收记录和复检报告，进口产品应提供中文说明书和按规定提供商检报告；

3 隐蔽工程、分项工程的验收记录；

4 施工记录。

7.1.6 面层材料取样验收样块应与现场面层材料一致。

7.2 田径场地面层

7.2.1 田径场地合成材料面层外观应符合下列规定：

1 合成材料面层表面应色泽均匀；

2 场地跑道、助跑道和两个半圆区面层铺设的材料和颜色宜一致；

3 合成面层固化应均匀稳定，不应出现起鼓、气泡、裂缝、分层、断裂或台阶式凹凸；

4 点位线应清晰、不反光且无明显虚边；

5 表面颗粒应均匀，粘结牢固。

7.2.2 合成面层厚度应符合本规程第 5.4.9 条的规定。

7.2.3 面层平整度应符合下列规定：

1 在 3m 直尺下，不得出现超过 6mm 的间隙，3mm～6mm 间隙的点位数应少于总检测点 15%；

2 在 1m 直尺下，不得出现超过 3mm 的间隙，1mm～3mm 间隙的点位数应少于总检测点 15%。

7.2.4 面层坡度应符合下列规定：

1 跑进方向应为纵向，跑道的纵向坡度应小于 0.1%；

2 垂直于跑进方向应为横向，环形跑道应向场地中心方向倾斜，跑道的横向坡度应小于 1%；

3 扇形半圆区内助跑道纵向坡度应小于 0.4%。

7.2.5 预制型面层与基层的粘结符合下列规定：

1 竞赛区不应出现空鼓；

2 接头应平顺，接头部位不应有缝隙，并不应出现台阶式凹凸。

7.2.6 合成面层材料的有机溶剂及游离异氰酸酯含量应符合下列规定：

1 有机溶剂应小于等于 50mg/kg；

2 游离异氰酸酯应小于等于 20 mg/kg。

7.2.7 合成面层材料的无机填料不应超过 65%。

7.2.8 面层材料的物理机械性能应符合表 7.2.8 的规定。

表 7.2.8 面层材料的物理机械性能

面层类型	拉伸强度（MPa）	拉断伸长率（%）	冲击吸收（%）	垂直变形（mm）	抗滑值 BPN 20℃	阻燃性（级）
非渗水型合成面层材料	≥0.50	≥40	35～50	0.6～2.5	≥47	1
渗水型合成面层材料	≥0.40	≥40	35～50	0.6～2.5	≥47	1

7.2.9 在 168h 老化试验后，面层材料的拉伸强度和拉断伸长率应符合本规程表 7.2.8 的规定。

7.2.10 合成面层材料的重金属含量应符合下列规定：

1 铅不应大于 90mg/kg；

2 镉不应大于 10mg/kg；

3 铬不应大于 10 mg/kg；

4 汞不应大于 2mg/kg。

7.2.11 径赛项目设施规格除应符合本规程第 5.4 节规定外，还符合下列规定：

1 跑道标记应符合下列规定（图 7.2.11）：

1）除弧形起跑线外，所有起跑线和终点线应与分道线呈直角标示；

2）接近终点线处，跑道上应标示字符高度大

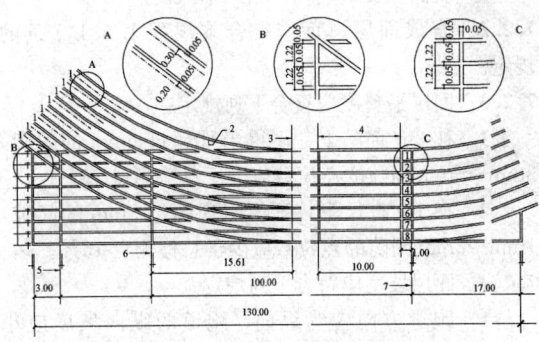

图 7.2.11　直跑道画线（m）

1—环形跑道的测量线(实跑线)；2—跑道内沿；
3—通过半圆圆心的轴；4—距离确定线（可
选择）；5—110m起跑线；6—100m起跑线；
7—终点线

于0.80m×0.50m的分道号码；

　　3）所有起跑线，对于每名运动员所允许选取的最短路线距离应一致，且不应少于规定距离。

　　2　400m跑道的内凸沿的高度应为50mm～65mm，宽度应大于50mm，并应保持水平；可采用铝合金材料或其他合成材料制成，不应影响场地排水；内凸沿应安装结实并可拆卸。

　　3　场地两个半圆圆心点基准桩应永久保留，其间距允许偏差值应为±5mm。

7.2.12　田径场地符合本规程第7.2.1条～第7.2.11条的规定时，可判定为场地合格。

7.3　篮 球 场 地

7.3.1　标准篮球场地规格应符合本规程第5.6.1条的规定。且场地的标志线应清晰，无明显虚边，颜色宜为白色。

7.3.2　运动木地板面层的场地应符合下列规定：

　　1　运动木地板的表面不应起刺，并应符合现行国家标准《实木地板　第1部分：技术要求》GB/T 15036.1和《实木复合地板》GB/T 18103的规定，且面层的外观质量应符合一等品的规定。龙骨、毛地板、木地板的含水率均应低于地板用户所在地区的平衡含水率。龙骨、毛地板的质量要求符合现行国家标准《木结构工程施工质量验收规范》GB 50206的规定。

　　2　运动木地板面层物理机械性能应符合表7.3.2的规定。

表7.3.2　运动木地板面层物理机械性能指标

内　　容	性能指标
	教学、训练、健身
冲击吸收（%）	≥40

续表 7.3.2

内　　容	性能指标
	教学、训练、健身
球反弹率（%）	≥75
滚动负荷（N）	≥1500
滑动摩擦系数 μ	0.4～0.7

　　3　场地外观、板面拼装缝隙宽度、板面拼缝平直、相邻板材高差、面层开洞等项目允许偏差应符合现行国家标准《建筑地面工程施工质量验收规范》GB 50209的规定。

　　4　铺装好的运动木地板层表面，用2m靠尺测量，间隙不应大于2mm；场地应整体平整，在场地上任意选取间距15m的两点，用水准仪测量标高，其标高差值不应大于15mm。

　　5　运动木地板结构宜具有通风设施。

　　6　面层不应存在起翘、下凹等各种变形。

　　7　运动木地板层铺装完成后，应至少在16h后进行检测；在实验室中的检测，可在试样制备完成后随时进行。各种测试宜在地板铺装后10d内完成检验。当检验中没有其他特殊要求时，同一结构的场地应至少检验5个测试点。

7.3.3　篮球场地的检验结果判定与处理应符合下列规定：

　　1　项目检验结果的判定

　　1）在场地测试中，当被测项目80%以上的测试点合格，并且该项目的全部测试点的平均值合格时，可判定该项目合格。当被测项目不能达到要求时，应对不合格项目进行再次取样或者加倍取样，当重新检验批的测试结果满足合格条件时，可判定被测项目合格。

　　2）当经过三次以上检验，测试结果仍不能满足合格条件时，应判定被测项目不合格。

　　2　场地检验结果的判定

　　1）当所有被测项目合格时，应当判定场地合格。

　　2）当被测篮球场地的冲击吸收、球反弹率、滚动负荷合格；滑动摩擦系数不合格，但其超差范围经供需双方认可，不影响该场地正常使用时，可判定场地合格。

　　3　当被测项目不满足要求时，应判定场地不合格。对不合格场地应进行施工整改至合格。

7.3.4　合成弹性面层场地验收可按田径场地合成材料面层验收要求执行。

7.4 天然草坪足球场地

7.4.1 天然草坪足球场地规格、画线应符合本规程第 5.5.1 条的规定。

7.4.2 天然草坪足球场地面层应符合本规程第 5.5.10 条的规定。

7.4.3 天然草坪足球场地的检验方法及取样规则应符合现行国家标准《天然材料体育场地使用要求及检验方法 第 1 部分：足球场地天然草面层》GB/T 19995.1 的规定。

7.4.4 天然草坪足球场地检验结果的判定应符合下列规定：

　　1 对于非破坏性检验项，应在被测现场随机取样不少于 20 个点，或每个点代表面积小于 400m², 并应覆盖被检测场地，所测点的合格率不小于 95% 时，可判定合格；

　　2 对于破坏性检验项，应选择 3~5 个样点，每个点代表面积小于 2000m²，所有测点全合格时，可判定该项合格。

7.5 人造草坪足球场地

7.5.1 人造草坪足球场地规格、划线应符合本规程第 5.5.1 条的规定。

7.5.2 人造草坪足球场地面层要求应符合本规程第 5.5.11 条的规定。

7.5.3 人造草坪足球场地的检验方法及取样规则应符合现行国家标准《人工材料体育场地使用要求及检验方法 第 3 部分：足球场地人造草面层》GB/T 20033.3 的规定。

7.5.4 人造草坪足球场地的实验室检测应符合下列规定：

　　1 应向有资质的检验机构提交 2m×2m 和 10m×1m 能够完全代表铺装场地的样品和填充料各一份；

　　2 当所检均达到本规程的规定时，可判定该产品实验室检测合格。

7.5.5 人造草坪足球场地检测合格判定规则：

　　1 保证实验室检测与场地检测的草坪应是同一品种（序列）；

　　2 应提供实验室检测合格报告，当对无实验室检测合格报告的草坪进行现场检测时，应增加本规程第 5.5.11 条中第 1~第 2 款的测定；

　　3 草坪铺装完成后三个月或 120d 后，可进行场地检测；

　　4 在被测标准场地内随机取样不少于 20 个点，覆盖被检测场地，所测点的合格率不小于 95%，可判定合格。

7.6 网 球 场 地

7.6.1 网球场地规格、划线及场地要求应符合本规程第 5.6.3 条的规定。

7.6.2 网球场地检验方法及取样规则应符合现行国家标准《人工材料体育场地使用要求及检验方法 第 2 部分：网球场地》GB/T 20033.2 的规定。

7.6.3 网球场地检验结果判定应符合下列规定：

　　1 网球场地所有设施设备均应附有产品合格证书和产品说明书；

　　2 检验结果符合本规程第 5.6.3 条的要求时，可判为合格；

　　3 当检验结果有不合格项时，应另行检验两次，其算术平均值仍不合格的，应判该网球场地不合格。

7.7 游 泳 场 地

7.7.1 游泳场地应符合本规程第 5.8 节的规定。

7.7.2 游泳场地的规格尺寸、声学指标、照度、水温及水质、地面静摩擦系数等，应进行现场检测。本规程第 5.8 节中的其他项目均应为观察项目，可采用目测法进行检测。

7.7.3 中小学校游泳场地的规格尺寸、声学指标、照度、水温及水质等的检测及取样方法，应符合现行国家标准《体育场地使用要求及检验方法 第 2 部分：游泳场地》GB/T 22517.2 的规定。

7.7.4 中小学校游泳场地检验结果的判定和处理应符合下列规定：

　　1 所有采用目测观察或现场检测项目均符合本规程第 5.8 节的规定时，可判定该场地为合格；

　　2 当出现不合格项目，应在整改后再次进行检验，直至合格。

8 场地维护与养护

8.1 天 然 草 坪

8.1.1 天然草坪铺装完成后，保养时间不应少于 100d。保养期间应避免重型机械和车辆的碾压。

8.1.2 雨雪天气不宜使用天然草坪。

8.1.3 天然草坪场地的给排水系统应保持通畅。

8.1.4 天然草坪保养应符合下列规定：

　　1 草坪草高度宜保持在 0.03m~0.05m。修剪的频率应根据草坪的生长速度确定。

　　2 草坪施肥的种类和施量应根据草坪营养缺失种类、当地气候、土壤、草坪使用强度和修剪频率而确定。

　　3 杂草应定期清除。

　　4 对于病虫害，应根据区域、时期、病虫害种类的不同进行防治，并应以预防为主、防治结合。

　　5 应适时补充土壤水分、及时灌溉。灌溉浇水时间宜在早晨太阳出现之前，灌溉用水量应根据检查土壤水的实际渗透度进行确定。

6 足球场草坪覆土（沙）的材料应以细河沙为主，适当配以有机肥和缓效化肥。

7 当草坪出现退化、人为的破坏、使用过度、长期使用而缺乏正确的养护管理以及使用杀虫剂、除草剂、肥料不当而造成草坪受伤害，使草坪局部以至全部失去使用价值时，应采取下列维护措施：

  1）草坪打孔、表面松土。应用草坪打孔机打孔，打孔、松土宜为每年进行一次，并应在冬、春两季进行。

  2）草坪梳草。应除去过密的不健康草茎叶，同时划破表土层松土，然后用吸草机把枯草吸走，或用人工的方法处理掉。

  3）草坪覆土（沙）施肥。

  4）草坪补草。当草坪被人为破坏、使用过度、保养不当，造成草坪伤害严重，无法生长或自然死亡时，应采取补播、补种或铺草皮。

8.2 人造草坪

8.2.1 运动场地人造草坪安装完成后，保养时间不应少于14d。重型器械和交通车辆不应进入场地。保养期间，高温天气时不得清扫。

8.2.2 人造草坪在使用期间的养护应符合下列规定：

1 机动车辆不应在场地内行驶、停放；

2 应保持清洁、及时清理杂物、污渍、油渍；

3 33℃以上天气，不应使用清洁机清洁；

4 应定期用水冲洗；

5 发生损坏时，应及时修补；

6 应按产品保养手册进行保养和清洁。

8.3 运动木地板

8.3.1 应避免锐物划、戳伤运动木地板。

8.3.2 应避免阳光长时间直晒运动木地板。

8.3.3 应保持运动木地板干燥、清洁、及时清除水渍。清洁时，应用干的软布擦干净，不得用碱水、肥皂水等腐蚀性液体擦洗。

8.3.4 应定期清扫运动木地板。

8.4 合成材料面层

8.4.1 合成材料面层有污秽应随时清洗，应定期（7d）清扫砂、树叶、垃圾等，每季度应整体洗刷一次。

8.4.2 合成材料面层使用前后应用水冲刷。

8.4.3 跑道上的各种标志及线，应保持清晰、醒目。有褪色时，应重新描画。

8.4.4 场地面层在发生断裂、脱层时，应及时修补。

附录 A 运动场地面层构造做法

表 A 运动场地面层构造做法

类别	编号	厚度 D	简图	构造做法	附注
合成面层场地	合1	D（580～680）不含面层		1. 合成材料面层（具体厚度依据不同场地要求设计） 2. 30厚细沥青混凝土，压实系数0.95 3. 50厚中粒石沥青混凝土 4. 250～300厚无机料或级配碎石，碎石粒径≤40 5. 250～300厚2：8或3：7灰土（分层夯实，每层约为100） 6. 地基土	严寒寒冷地区常用做法；适用田径、篮球、排球、羽毛球、乒乓球、网球等场地
	合2	D（480～630）不含面层		1. 合成材料面层（具体厚度根据不同场地要求设计） 2. 30厚细沥青混凝土，压实系数0.95 3. 50厚中粒石沥青混凝土 4. 150～250厚无机料或级配碎石，碎石粒径≤40 5. 250～300厚2：8或3：7灰土（分层夯实，每层约为100） 6. 地基土	寒冷地区常用做法；适用田径、篮球、排球、羽毛球、乒乓球、网球等场地

注：场地面层构造做法表中所注尺寸的单位均为 mm。下同。

类别	编号	厚度 D	简 图	构 造 做 法	附 注
合成面层场地	合3	D（370～420）不含面层		1. 合成材料面层（具体厚度根据不同场地要求设计） 2. 30 厚细沥青混凝土，压实系数 0.95 3. 40 厚中粒石沥青混凝土 4. 150 厚水泥石粉层，水泥含量 8% 5. 150～200 厚级配碎石层，碎石粒径≤40 6. 地基土	夏热冬暖、夏热冬冷地区常用做法；适用田径、篮球、排球、羽毛球、乒乓球、网球等场地
	合4	D320 不含面层		1. 合成材料面层（具体厚度根据不同场地要求设计） 2. 30 厚细沥青混凝土，压实系数 0.95 3. 40 厚中粒石沥青混凝土 4. 150 厚水泥石粉层，水泥含量 8% 5. 100 厚级配碎石层，碎石粒径≤40 6. 地基土	夏热冬暖地区常用做法；适用田径、篮球、排球、羽毛球、乒乓球、网球等场地
	合5	D393		1. 13 厚预制橡胶卷材面层（背面用专用胶带接缝） 2. 30 厚沥青砂浆压实抹平 3. 50 厚沥青混凝土 4. 300 厚天然级配砂石，或 3∶7 灰土分两步夯实 5. 地基土	适用于田径跑道、篮球、排球、网球、健身等室外场地
	合6	D680		1. 7～13 厚合成材料面层 2. 30 厚细粒石沥青混凝土，碎石粒径≤10 3. 50 厚中粒石沥青混凝土，碎石粒径≤20 4. 100 厚级配碎石，碎石粒径≤30 5. 300 厚无机料 6. 200 厚 3∶7 灰土（分层夯实，每层约为 100） 7. 素土夯实，压实系数≥0.9	适用于田径跑道、篮球、排球等室外场地
	合7	D420		1. 人工草坪（内填环保橡胶粒、石英砂等填充物） 2. 120 厚 C20 混凝土分仓跳格浇筑，表面拍浆抹平[分格缝宽 20，内填沥青胶泥，中距（4～6）m] 3. 300 厚 3∶7 灰土分两步夯实 4. 地基土	适用于足球、健身等室外场地
	合8	D320		1. 人造草坪面层（绒长 30，内填石英砂、环保橡胶颗粒） 2. 120 厚 C20 混凝土或沥青混凝土随打随抹平，分块捣制，每块横纵向不超过 6m，缝宽 20，沥青砂浆处理，松木条嵌缝，要求平整 3. 200 厚 2∶8 灰土（分层夯实，每层约为 100） 4. 地基土	适用于器械健身等场地

类别	编号	厚度 D	简 图	构 造 做 法	附 注
合成面层场地	合9	D333		1. 13厚人造草坪（内含喷灌滴水）面层 2. 聚酯无纺布底垫 3. 20厚矿渣、黄土压实层 4. 300厚碎石压实层 5. 地基土	适用于曲棍球等场地
	合10	D640		1. 人造草坪面层 2. 10厚合成材料吸震垫 3. 40厚中粒式渗水沥青混凝土层（粒径为≤10） 4. 40厚中粒式渗水沥青混凝土层（粒径为≤20） 5. 喷涂乳化沥青结合层 6. 300厚灰土（2∶8）碎石稳定层（设粒径为≤30级配碎石盲沟，内设盲管） 7. 250厚3∶7灰土层（分层夯实，每层约为100） 8. 地基土	适用于足球、室外场地； 足球人造草坪面层：（绒长50~55，内填石英砂、环保橡胶颗粒）
木地板场地	木1	D204 L84	 地面　　楼面 拆装体育专用地板	1. 面层地板硬木实木指接双拼1200×120×22 表面地板漆 2. 毛地板落叶松耐水胶合板1196×116×12 和面层地板固定在一起 3. 铝合金轨道1300×66×22，用钢夹和毛地板连接 4. 高压聚乙烯垫66×8粘在铝合金轨道上 5. 20厚1∶2.5水泥砂浆找平 6. 水泥砂浆一道（内掺建筑胶） ─── 7. 120厚C15混凝土垫层 8. 地基土　｜　7. 现浇钢筋混凝土楼板或预制楼板现浇叠合层	适用于室内足球、篮球、排球、羽毛球等场地。不宜用于正式比赛场地 拆装体育运动木地板构造、做法需由专业厂家提供
	木2	D（314~334） L144	 地面　　楼面 拆装体育专用地板	1. 面层地板硬木实木指接双拼1200×120×22 表面地板漆 2. 毛地板落叶松耐水胶合板1196×116×12 和面层地板固定在一起 3. 铝合金轨道1300×66×22，用钢夹和毛地板连接 4. 高压聚乙烯垫66×8粘在铝合金轨道上 5. 20厚1∶2.5水泥砂浆找平 6. 水泥砂浆一道（内掺建筑胶） ─── 7. 80~100厚C15混凝土垫层 8. 150厚碎石夯入土中　｜　7. 60厚LC7.5轻骨料混凝土60厚1∶6水泥焦渣 8. 现浇钢筋混凝土楼板或预制楼板现浇叠合层	

类别	编号	厚度 D	简 图	构 造 做 法	附 注
木地板场地	木3	D（314~334）L144	地面　　楼面 拆装体育专用地板	1. 面层地板硬木实木指接双拼 1200×120×22 表面地板漆 2. 毛地板落叶松耐水胶合板 1196×116×12 和面层地板固定在一起 3. 铝合金轨道 1300×66×22，用钢夹和毛地板连接 4. 高压聚乙烯垫 66×8 粘在铝合金轨道上 5. 20 厚 1:2.5 水泥砂浆找平 6. 水泥砂浆一道（内掺建筑胶） 7. 80~100 厚 C15 混凝土垫层｜7. 60 厚 1:6 水泥焦渣或 60 厚 LC7.5 轻骨料混凝土 8. 150 厚粒径 5~32 卵石（碎石）灌 M2.5 混合砂浆振捣密实或 3:7 灰土｜8. 现浇钢筋混凝土楼板或预制楼板现浇叠合层 9. 地基土	适用于室内足球、篮球、排球、羽毛球等场地。不宜用于正式比赛场地 拆装体育运动木地板构造、做法需由专业厂家提供
	木4	D218 L98	地面　　楼面	1. 1200~2400×120（130）×22 的硬木双拼地板表面地板漆 2. 无纺布一层 3. 300×18 的松木胶合板，间距 540 4. 300×18 的松木胶合板，间距 540 5. 20 厚的弹性垫 6. 20 厚 1:3 水泥砂浆压实抹光 7. 120 厚 C15 混凝土垫层｜7. 现浇钢筋混凝土楼板或预制楼板现浇叠合层 8. 地基土	适用于室内足球、篮球、排球、羽毛球等场地。不宜用于正式比赛场地
	木5	D（328~348）L158	地面　　楼面	1. 1200~2400×120（130）×22 的硬木双拼地板表面地板漆 2. 无纺布一层 3. 300×18 的松木胶合板，间距 540 4. 300×18 的松木胶合板，间距 540 5. 20 厚的弹性垫 6. 20 厚 1:3 水泥砂浆压实抹光 7. 80~100 厚 C15 混凝土垫层｜7. 60 厚 LC7.5 轻骨料混凝土或 60 厚 1:6 水泥焦渣 8. 150 厚碎石夯入土中｜8. 现浇钢筋混凝土楼板或预制楼板现浇叠合层	适用于室内足球、篮球、排球、羽毛球等场地。不宜用于正式比赛场地
	木6	D（328~348）L158	地面　　楼面	1. 1200~2400×120（130）×22 的硬木双拼地板表面地板漆 2. 无纺布一层 3. 300×18 的松木胶合板，间距 540 4. 300×18 的松木胶合板，间距 540 5. 20 厚的弹性垫 6. 20 厚 1:3 水泥砂浆压实抹光 7. 80~100 厚 C15 混凝土垫层｜7. 60 厚 1:6 水泥焦渣或 60 厚 LC7.5 轻骨料混凝土 8. 150 厚粒径 5~32 卵石（碎石）灌 M2.5 混合砂浆振捣密实或 3:7 灰土｜8. 现浇钢筋混凝土楼板或预制楼板现浇叠合层 9. 地基土	

类别	编号	厚度 D	简 图	构 造 做 法	附 注
木地板场地	木7	D(265～270) L(145～150)	地面　楼面	1. 25～30厚硬木地板面层，表面涂200μm厚聚酯漆或聚氨酯漆（背面刷防腐剂） 2. 50×80木龙骨中距400和45厚橡胶垫 3. 20厚橡胶垫和25厚木板 4. 50厚C25细石混凝土表面抹平压光 5. 水泥浆一道（内掺建筑胶） 6. 120厚C15混凝土垫层 ／ 6. 现浇钢筋混凝土楼板或预制楼板现浇叠合层 7. 地基土	适用于室内足球、篮球、排球、羽毛球等场地。不宜用于正式比赛场地 注： ① 45厚橡胶垫 ② 50高龙骨 ③ 25厚木板 ④ 20厚橡胶垫
	木8	D(375～400) L(205～210)	地面　楼面	1. 25～30厚硬木地板面层，表面涂200μm厚聚酯漆或聚氨酯漆（背面刷防腐剂） 2. 50×80木龙骨中距400和45厚橡胶垫 3. 20厚橡胶垫和25厚木板 4. 50厚C25细石混凝土表面抹平压光 5. 水泥浆一道（内掺建筑胶） 6. 80～100厚C15混凝土垫层 ／ 6. 60厚LC7.5轻骨料混凝土 7. 150厚碎石夯入土中 ／ 7. 现浇钢筋混凝土楼板或预制楼板现浇叠合层	
	木9	D(375～400) L(205～210)	地面　楼面	1. 25～30厚硬木地板面层，表面涂200μm厚聚酯漆或聚氨酯漆（背面刷防腐剂） 2. 50×80木龙骨中距400和45厚橡胶垫 3. 20厚橡胶垫和25厚木板 4. 50厚C25细石混凝土表面抹平压光 5. 水泥浆一道（内掺建筑胶） 6. 80～100厚C15混凝土垫层 ／ 6. 60厚1：6水泥焦渣或60厚LC7.5轻骨料混凝土 7. 150厚粒径5～32卵石（碎石）灌M2.5混合砂浆振捣密实或3：7灰土 ／ 7. 现浇钢筋混凝土楼板或预制楼板现浇叠合层 8. 地基土	适用于室内足球、篮球、排球、羽毛球等场地。不宜用于正式比赛场地
	木10	D233 L113	地面　楼面	1. 1200～2400×120（130）×22的硬木双拼地板表面地板漆，或1200～2400×60（65）×22的硬木指接地板表面地板漆 2. 无纺布一层 3. 毛地板松木胶合板1220×1220×12 4. 松木龙骨63×38间距400 5. 21厚弹性垫400×400 6. 20厚1：3水泥砂浆压实抹光 7. 120厚C15混凝土垫层 ／ 7. 现浇钢筋混凝土楼板或预制楼板现浇叠合层 8. 地基土	适用于室内足球、篮球、排球、羽毛球、乒乓球等场地

续表 A

类别	编号	厚度 D	简 图	构 造 做 法	附注
木地板场地	木11	D（343～363）L153	地面　楼面	1. 1200～2400×120（130）×22 的硬木双拼地板表面地板漆，或 1200～2400×60（65）×22 的硬木指接地板表面地板漆 2. 无纺布一层 3. 毛地板松木胶合板 1220×1200×12 4. 松木龙骨 63×38 间距 400 5. 21 厚弹性垫 400×400 6. 20 厚 1：3 水泥砂浆压实抹光 7. 80～100 厚 C15 混凝土垫层 ∥ 7. 60 厚 LC7.5 轻骨料混凝土或 60 厚 1：6 水泥焦渣 8. 150 厚碎石夯入土中 ∥ 8. 现浇钢筋混凝土楼板或预制楼板现浇叠合层	适用于室内足球、篮球、排球、羽毛球、乒乓球等场地
	木12	D（343～363）L153	地面　楼面	1. 1200～2400×120（130）×22 的硬木双拼地板表面地板漆，或 1200～2400×60（65）×22 的硬木指接地板表面地板漆 2. 无纺布一层 3. 毛地板松木胶合板 1220×1200×12 4. 松木龙骨 63×38 间距 400 5. 21 厚弹性垫 400×400 6. 20 厚 1：3 水泥砂浆压实抹光 7. 80～100 厚 C15 混凝土垫层 ∥ 7. 60 厚 1：6 水泥焦渣或 60 厚 LC7.5 轻骨料混凝土 8. 150 厚粒径 5～32 卵石（碎石）灌 M2.5 混合砂浆振捣密实或 3：7 灰土 ∥ 8. 现浇钢筋混凝土楼板或预制楼板现浇叠合层 9. 地基土	
	木13	D282 L162	地面　楼面	1. 1200～2400×120（130）×22 的硬木双拼地板表面地板漆 2. 无纺布一层 3. 毛地板耐水胶合板 1220×1200×12 4. 上层龙骨 1200×50×40 间距 400 5. 弹性垫 100×50×10 间距 400×400 6. 下层龙骨 1200×50×40 间距 400 7. 垫块 100×100×18 间距 400×400 8. 20 厚 1：3 水泥砂浆压实抹光 9. 120 厚 C15 混凝土垫层 ∥ 9. 现浇钢筋混凝土楼板或预制楼板现浇叠合层 10. 地基土	适用于室内足球、篮球、排球、羽毛球、乒乓球等场地
	木14	D（392～412）L222	地面　楼面	1. 1200～2400×120（130）×22 的硬木双拼地板表面地板漆 2. 无纺布一层 3. 毛地板耐水胶合板 1220×1200×12 4. 上层龙骨 1200×50×40 间距 400 5. 弹性垫 100×50×10 间距 400×400 6. 下层龙骨 1200×50×40 间距 400 7. 垫块 100×100×18 间距 400×400 8. 20 厚 1：3 水泥砂浆压实抹光 9. 80～100 厚 C15 混凝土垫层 ∥ 9. 60 厚 LC7.5 轻骨料混凝土或 60 厚 1：6 水泥焦渣 10. 150 厚碎石夯入土中 ∥ 10. 现浇钢筋混凝土楼板或预制楼板现浇叠合层	

续表 A

类别	编号	厚度 D	简 图	构 造 做 法	附 注
天然草坪场地	草1	D500 不含面层		1. 天然草坪 2. 250 厚种植土 3. 100 厚中粗砂 4. 150 厚碎石（盲管埋设在碎石中） 5. 地基土	适用于田径、足球、棒球、垒球、网球等室外场地
	草2	D（550～600）不含面层		1. 天然草坪 2. 200～250 厚种植土（成分：细砂、土、草炭土、有机肥料） 3. 100 厚中粗砂（中间加铺无纺布一层） 4. 250 厚碎石（宜设盲沟，盲沟内埋设 80 厚碎石盲管，填卵石粒径 20～50） 5. 地基土	适用于田径、足球等室外场地
	草3	D（600～800）不含面层		1. 天然草坪 2. 250 厚种植土（成分：细砂、土、草炭土、有机肥料） 3. 170 厚砂黏土 4. 30 厚粗砂 5. 土工布（0.2kg/m²） 6. 150～350 厚碎石，粒径 30～70（宜设盲管） 7. 地基土	适用于田径、足球、棒球、垒球、网球等室外场地
	草4	D480 不含面层		1. 天然草坪 2. 60 厚种植土 3. 120 厚黄土 4. 300 厚级配砂石 5. 地基土	适用于田径、足球、网球等室外场地
	草5	D（350～550）不含面层		1. 天然草坪 2. 100～300 厚种植土 3. 250 厚炉渣碎石 4. 地基土	适用于田径、足球、网球等室外场地
	草6	D（770～870）不含面层		1. 天然草坪 2. 250 厚种植土（成分：细砂、土、草炭土、有机肥料） 3. 120 厚砂性土（压实系数 0.87） 4. 100 厚粗砂（粒径 0.5～2 洒水沉实再碾压） 5. 100 厚砾石（粒径 5～32） 6. 150～250 厚卵石（粒径 50～70） 7. 50 厚砾石，粒径 5～32（下面宜设盲沟） 8. 地基土	适用于田径、足球、棒球、垒球、网球等室外场地

类别	编号	厚度 D	简 图	构 造 做 法	附 注
黄土、砂土、混合土及三合土场地	土1	D480 不含面层	炉渣混合土场地	1. 撒细炉渣沫 2. 100厚1:4:5石灰、黄土、炉渣 3. 80厚细炉渣 4. 100厚粗炉渣 5. 50厚碎砖块碎石 6. 150厚块石或碎石 7. 地基土	主要用于室外田径跑道，条件允许的不宜采用
	土2	D650 不含面层	炉渣混合土场地	1. 撒细炉渣粉压平 2. 100厚1:3:7石灰、黄土、炉渣 3. 150厚细炉渣压实 4. 50厚碎砖压实 5. 150厚锯末压实 6. 200厚碎砖压实 7. 地基土	本做法适用于运动场跑道
	土3	D300 不含面层	灰土场地	1. 100厚2:8（石灰:不含砂黄土）和石灰闷透过筛后与黄土拌合，用6kg/m³盐溶于水中，与拌合料闷透铺好碾压、拍打 2. 200厚炉渣垫层 3. 素土夯实	适用于网球场地
	土4	D500	灰土场地	1. 100厚2:8石灰黄土（红土）层，压实 2. 200厚黄土层，压实 3. 200厚碎石压入土中 4. 素土夯实	本做法为普通运动场地，适用于网球等运动
	土5	D580	灰土场地	1. 100厚黄土表面撒石灰粉碾子压实，清水浇透，经数日碾压4～5遍后，表面刷红土浆，碾压多遍后成型 2. 60厚细炉渣压实 3. 200厚粒径30～40炉渣压实 4. 70厚粒径20～40砾石压实 5. 150厚粒径50～100砾石压实 6. 地基土	本做法为普通运动场地，适用于篮球、排球、羽毛球、网球等运动
	土6	D510	灰土场地	1. 100厚不含砂性黄土碾平，清水浇透，再铺一层细砂碾压多遍，扫去浮砂 2. 200厚粒径30～40炉渣压实 3. 60厚粒径20～40砾石压实 4. 150厚粒径50～100砾石压实 5. 素土夯实	本做法为普通运动场地，适用于篮球、排球、羽毛球、网球等运动

类别	编号	厚度 D	简 图	构 造 做 法	附 注
黄土、砂土、混合土及三合土场地	土7	D（600～930）	砂土场地	1. 50～80 厚黄砂土 2. 300 厚碎石中间层用 3. 50 厚砂或 150 厚砂石层（中间层有 1～2 层） 4. 200～400 厚碎石或卵石垫层 5. 素土夯实	广泛适用于网球、篮球、排球、足球、垒球、棒球、铅球、羽毛球等室外场地
	土8	D320	砂土场地	1. 120 厚亚砂土层，压实 2. 200 厚 3：7 灰土分两步夯实 3. 地基土	本做法为普通运动场地，适用于篮球、排球、羽毛球等运动
	土9	D355	砂土场地	1. 5 厚细砂 2. 50 厚钙质砂 3. 100 厚渗水灰泥层或炉渣垫层 4. 200 厚碎石或卵石 5. 地基土	适用于器械健身场地
	土10	D430	砂土场地	1. 20 厚粘土表面撒细砂（粘土浆分 15 层泼洒法施工，待半干后碾平，再铺一层细砂即可） 2. 200 厚粒径 30～40 炉渣压实 3. 60 厚粒径 20～40 砾石压实 4. 150 厚粒径 50～100 砾石压实 5. 地基土	本做法为普通运动场地，适用于排球、羽毛球等运动
	土11	D205	砂土场地	1. 5 厚细砂面层 2. 30 厚 3～7 沥青石、浇洒沥青乳液一层 3. 30 厚碎石，粒径 10～20 4. 50 厚炉渣，粒径 30～40 5. 20 厚碎石，粒径 10～15 6. 70 厚碎石，粒径 30～60（下面宜设盲沟） 7. 素土夯实	适用于网球场
	土12	D550	红土场地	1. 100 厚红土层（掺盐 8％ 以下） 2. 100 厚细沙过滤层 3. 50 厚豆石层 4. 100 厚碎石排水层粒径大于 20～50 5. 300 厚碎石（宜设盲沟，盲沟内埋设 110 双壁波纹排水管，填碎石粒径 20～50） 6. 素土夯实	适用于棒球、垒球内场、红土网球场及安全警示区

本规程用词说明

1 为便于执行本规程条文时区别对待，对要求严格程度不同的用词说明如下：

1) 表示很严格，非这样做不可的：

正面词采用"必须"，反面词采用"严禁"；

2) 表示严格，在正常情况下均应这样做的：

正面词采用"应"，反面词采用"不应"或"不得"；

3) 表示允许稍有选择，在条件许可时首先应这样做的：

正面词采用"宜"，反面词采用"不宜"；

4) 表示有选择，在一定条件下可以这样做的，采用"可"。

2 条文中指明应按其他有关标准执行的写法为："应符合……的规定"或"应按……执行"。

引用标准名录

1 《建筑给水排水设计规范》GB 50015

2 《中小学校设计规范》GB 50099

3 《民用建筑隔声设计规范》GB 50118

4 《建筑地基基础工程施工质量验收规范》GB 50202

5 《木结构工程施工质量验收规范》GB 50206

6 《建筑地面工程施工质量验收规范》GB 50209

7 《建筑内部装修设计防火规范》GB 50222

8 《建筑工程施工质量验收统一标准》GB 50300

9 《民用建筑工程室内环境污染控制规范》GB 50325

10 《建筑材料放射性核素限量》GB 6566

11 《游泳场所卫生标准》GB 9667

12 《体育馆卫生标准》GB 9668

13 《实木地板 第1部分：技术要求》GB/T 15036.1

14 《室内空气中细菌总数卫生标准》GB/T 17093

15 《实木复合地板》GB/T 18103

16 《室内装饰装修材料 人造板及其制品中甲醛释放限量》GB 18580

17 《室内装饰装修材料 溶剂型木器涂料中有害物质限量》GB 18581

18 《室内装饰装修材料 内墙涂料中有害物质限量》GB 18582

19 《室内装饰装修材料 胶粘剂中有害物质限量》GB 18583

20 《室内装饰装修材料 木家具中有害物质限量》GB 18584

21 《室内装饰装修材料 壁纸中有害物质限量》GB 18585

22 《室内装饰装修材料 聚氯乙烯卷材地板中有害物质限量》GB 18586

23 《室内装饰装修材料 地毯、地毯衬垫及地毯胶粘剂有害物质释放限量》GB 18587

24 《混凝土外加剂中释放氨的限量》GB 18588

25 《室内空气质量标准》GB/T 18883

26 《体育场所开放条件与技术要求 第1部分：游泳场所》GB 19079.1

27 《天然材料体育场地使用要求及检验方法 第1部分：足球场地天然草面层》GB/T 19995.1

28 《天然材料体育场地使用要求及检验方法 第2部分：综合体育场馆木地板场地》GB/T 19995.2

29 《人工材料体育场地使用要求及检验方法 第2部分：网球场地》GB/T 20033.2

30 《人工材料体育场地使用要求及检验方法 第3部分：足球场地人造草面层》GB/T 20033.3

31 《体育场地使用要求及检验方法 第2部分：游泳场地》GB/T 22517.2

32 《体育建筑设计规范》JGJ 31

33 《体育馆声学设计及测量规程》JGJ/T 131

34 《体育场馆照明设计及检测标准》JGJ 153

35 《游泳池给水排水工程技术规程》CJJ 122

36 《游泳池水质标准》CJ 244

中华人民共和国行业标准

中小学校体育设施技术规程

JGJ/T 280—2012

条 文 说 明

制　定　说　明

《中小学校体育设施技术规程》JGJ/T 280－2012，经住房和城乡建设部 2012 年 2 月 8 日以第 1279 号公告批准、发布。

本规程制定过程中，编制组进行了调研与技术交流、关键技术研究、非标准田径场地设计方案的调查研究，总结了我国中小学校体育设施建设的实践经验，同时参考了国外先进技术标准。

为便于广大设计、施工、科研、学校等单位有关人员在使用本规程时能正确理解和执行条文规定，《中小学校体育设施技术规程》编制组按章、节、条顺序编制了本规程的条文说明，对条文规定的目的、依据以及执行中需注意的有关事项进行了说明。但是，本条文说明不具备与规程正文同等的法律效力，仅供使用者作为理解和把握规程规定的参考。

目 次

1 总 则

1.0.1 随着我国经济高速发展、人民生活水平不断提高,对学生身体素质的要求也愈来愈高。国家及社会对中小学校体育设施的投入有了很大的变化,学校体育设施也在高速发展。体育设施的建设投资大、影响面广,但目前仍存在使用功能、安全、技术、经济、卫生、材料选用、施工质量、工程验收标准及后期维护保养等方面的问题。因此提出相关要求,在中小学校体育设施的建设及使用中遵照执行。

1.0.2 本规程适用于新建、改建和扩建的学校体育设施。规程中的体育设施主要是指作为体育竞技、体育教学、体育娱乐、体育锻炼等活动,需要进行施工或安装的运动场地、配套设施。

1.0.3 我国地域经济发展很不平衡,区域之间、城市乡村之间经济及用地规模差异极大,应因地制宜的选择学校的体育设施。当受经济或场地条件限制时,可通过调整运动项目,删减体育设施品种等方法来解决,但不应降低每一项体育设施的质量标准。

为了方便中小学校体育设施的设计,本规程将我国目前还在执行的标准中有关中小学主要体育项目的用地指标、体育教室使用用房面积指标摘抄如下,供设计时参考。但由于我国近些年经济发展水平太快,这些现行标准中的数据已远不能满足当前中小学校建设的现状,因此设计时一方面要结合学校的具体情况,另一方面要关注这些相关标准的修编情况,以现行版本为准。

1 表1为中小学主要体育项目的用地指标。

2 表2～表6为《国家学校体育卫生条件试行基本标准》中体育用地指标。

表1 中小学主要体育项目的用地指标

项目		最小场地(m²)	最小用地 (m²)	备 注
广播 体操	小学	—	2.88/生	按全校学生计算, 可与球场共用
	中学	—	3.88/生	
60m 直跑道		82.00×6.88 (60.00+22.00)×(1.22×4+2.00)	564.16	4道
100m 直跑道		132.00×6.88 (100.00+32.00)×(1.22×4+2.00)	908.16	4道
		132.00×9.32 (100.00+32.00)×(1.22×6+2.00)	1230.24	6道
200m 环形道		99.00×44.20 (97.00+2.00)×(42.20+2.00)	4375.80	4道;含60m 直跑道
		132.00×44.20 (130.00+2.00)×(42.20+2.00)	5834.40	4道; 含6道100m直跑道
300m 环形道		143.32×67.10 (141.32+2.00)×(64.20+2.00)	9616.77	6道; 含8道100m直跑道
400m 环形道		174.03×91.10 (172.03+2.00)×(89.10+2.00)	16021.00	6道; 含8道100m直跑道
足球		94.00×71 (90.00+4.00)×(68.00+3.00)	6674	11人制足球场
篮球		32.00×19.00 (28.00+4.00)×(15.00+4.00)	608.00	
排球		24.00×15.00 (18.00+6.00)×(9.00+6.00)	360.00	
跳高		砂坑5.10×3.10、海绵包6.00×4.00 (5.10+2.00)×(3.10+2.00)	—	最小助跑 半径15.00m
跳远		坑3.00×9.00 (2.75+2.00)×(7.00～9.00+2.00)	248.76	最小助跑 长度30m

续表1

项 目	最小场地（m²）	最小用地（m²）	备 注
立定跳远	坑 2.76×9.00 (2.76＋2.00)×(9.00＋2.00)	59.03	坑距起跳板 1.20m
铁饼	半径 60 的 34.92°扇面 (2.60＋4.00)落地 34.92°扇面	—	落地半径 60.00m
铅球	半径 20 的 40°扇面 (2.20＋4.00)落地 40°扇面	—	落地半径 20.00m
武术、体操	14.00 宽	320	包括器械等用地

注：体育用地范围计量界定于各种项目的安全保护区（含投掷类项目的落地区）的外缘。

表2 小 学

运动场地类别	≤18 班	24 班	30 班以上
田径场（块）	200m(环形)1 块	300m(环形)1 块	300m～400m(环形)1 块
篮球场（块）	2	2	3
排球场（块）	1	2	2
器械体操＋游戏区	200m²	300m²	300m²

表3 九年制学校

运动场地类别	≤18 班	27 班	36 班以上
田径场（块）	200m(环形)1 块	300m(环形)1 块	300m～400m(环形)1 块
篮球场（块）	2	3	3
排球场（块）	1	2	3
器械体操＋游戏区	200m²	300m²	350m²

表4 初级中学

运动场地类别	≤18 班	27 班	36 班以上
田径场（块）	300m(环形)1 块	300m(环形)1 块	300m～400m(环形)1 块
篮球场（块）	2	2	3
排球场（块）	1	2	2
器械体操＋游戏区	100m²	150m²	200m²

表5 完全中学

运动场地类别	≤18 班	27 班	30 班	36 班以上
田径场（块）	200m(环形) 1 块	300m(环形) 1 块	300m(环形) 1 块	300m～400m (环形)1 块
篮球场（块）	2	2	3	3
排球场（块）	1	2	2	3
器械体操＋游戏区	100m²	150m²	200m²	200m²

表6 高级中学(含中等职业学校)

运动场地类别	≤18 班	27 班	30 班	36 班以上
田径场（块）	200m(环形) 1 块	300m(环形) 1 块	300m(环形) 1 块	300m～400m (环形)1 块

运动场地类别	≤18班	27班	30班	36班以上
篮球场（块）	2	2	3	3
排球场（块）	1	2	2	3
器械体操＋游戏区	100m²	150m²	200m²	200m²

注：1　200m 的环形田径场应至少包括 60m 直跑道；
　　2　田径场内应设置（1～2）个沙坑（长 7.00m～9.00m，宽 3.00m～4.27m，助跑道长 25.00～45.00m）；
　　3　器械体操区学校可根据实际条件进行集中或分散配备；
　　4　因受地理环境限制达不到标准的山区学校，可因地制宜建设相应的体育活动场地。

3　本规程将城市普通中小学校体育教学用房面　积（表 7～表 10）提供如下。

表 7　城市普通完全小学体育教室用房使用面积表（m²）

用房名称	基本指标				规划指标				备注
	12班	18班	24班	30班	12班	18班	24班	30班	
体育活动室	—	—	—	—	670	670	670	670	—
器材室	40	40	61	61	—	—	—	—	

注：用房面积中包括辅助用房面积。

表 8　城市普通九年制学校体育教学用房使用面积表（m²）

用房名称	基本指标				规划指标				备注
	12班	18班	24班	30班	12班	18班	24班	30班	
体育活动室	—	—	—	—	670	740	1040	1340	—
器材室	48	48	48	48	—	—	—	—	

注：用房面积中包括辅助用房面积。

表 9　城市普通初级中学体育教学用房使用面积表（m²）

用房名称	基本指标				规划指标				备注
	12班	18班	24班	30班	12班	18班	24班	30班	
体育活动室	—	—	—	—	740	1040	1340	1340	—
器材室	63	63	63	63	—	—	—	—	

注：用房面积中包括辅助用房面积。

表 10　城市普通完全中学及高级中学体育教学用房使用面积表（m²）

用房名称	基本指标				规划指标				备注
	12班	18班	24班	30班	12班	18班	24班	30班	
体育活动室	—	—	—	—	1040	1340	1340	1340	—
器材室	63	63	63	63	—	—	—	—	

注：用房面积中包括辅助用房面积。

4　农村普通中小学校体育教学用房面积应符合　体育教室使用用房面积表 11～表 15 的规定。

表 11　农村普通非完全小学体育教学用房使用面积指标（m²）

用房名称	基本指标（4班120人）		规划指标（4班120人）	
	间数	每间使用面积（m²）	间数	每间使用面积（m²）
体育器材室	—	—	1	25

表 12 农村普通完全小学体育教学用房使用面积基本指标（m²）

用房名称	6班270人		12班540人		18班810人		24班1080人	
	间数	每间使用面积（m²）	间数	每间使用面积（m²）	间数	每间使用面积（m²）	间数	每间使用面积（m²）
体育器材室	1	25	1	39	1	39	1	39

表 13 农村普通完全小学体育教学用房使用面积规划指标（m²）

用房名称	6班270人		12班540人		18班810人		24班1080人	
	间数	每间使用面积（m²）	间数	每间使用面积（m²）	间数	每间使用面积（m²）	间数	每间使用面积（m²）
体育活动室	—	—	1	300	1	300	1	300
体育器材室	1	25	1	39	1	39	1	39

表 14 农村普通初级中学体育教学用房使用面积基本指标（m²）

用房名称	12班600人		18班900人		24班1200人	
	间数	每间使用面积（m²）	间数	每间使用面积（m²）	间数	每间使用面积（m²）
体育器材室	1	50	1	60	1	70

表 15 农村普通初级中学体育教学用房使用面积规划指标（m²）

用房名称	12班600人		18班900人		24班1200人	
	间数	每间使用面积（m²）	间数	每间使用面积（m²）	间数	每间使用面积（m²）
体育活动室	1	300	1	450	1	608
体育器材室	1	50	1	60	1	70

2 术 语

2.0.1 本规程中室内设施主要包括风雨操场（小型体育馆、室内田径综合馆）、游泳馆、舞蹈教室和体育活动室；室外设施主要包括田径场、游泳池、球类运动场、固定健身器械及其他活动场地。本规程不含场馆主体建筑结构等专业设计、施工及验收的内容。

2.0.11 常用于田径、篮球、排球、羽毛球、网球和健身等运动项目场地的面层。

2.0.17 落地区应采用可留下痕迹的材料（草坪、煤渣、土质等）。

2.0.19 测量网球地面速率通常采用将网球以某一角度打到地面之后，测量网球入射和回弹的速度及角度的变化。

2.0.20 比赛池的规格尺寸规则上有明确要求，在满足技术条件的前提下，也可以进行其他水上项目的比赛、教学和训练。

3 基本规定

3.0.2 主要包括活动空间与场地、建筑材料、运动器材等方面的安全问题。

3.0.4 本规程主要针对中小学体育设施中的运动场地、配套设施以及体育器材等方面的要求，不含体育建筑本身的内容，因此此条只原则性的提出体育建筑最关键的问题要符合国家现行的相关规范标准的规定。

3.0.5 配套基础设施是体育设施应用的基本条件，大部分配套基础设施（特别是管网）埋置于地下，这些设施应先于主体建设，避免设施不配套影响体育设施的使用。

3.0.6 "安全第一"是学校体育设施建设必须执行的基本原则。

3.0.7 中小学校体育设施在满足自身教学需要的前提下，需要适当考虑对社区开放的需要。

5 设 计

5.1 一般规定

5.1.1 对于新建中小学校的体育运动项目选择、体育设施设计应与学校规划设计同步进行。本条采用"宜"是考虑既有学校的增建。

5.1.2 4 当多班同时在同一场地上课或训练时，为满足安全、防护的要求，空间最好能安全分隔，相邻布置的各体育场地之间宜预留安全分隔设施的安装条件。

5.2 运动场地

5.2.2 正规竞技比赛用场地的规格和设施标准应符

合各运动项目规则的有关规定；且当规则对比赛场地和设施的规格尺寸有正负公差限制时，必须严格遵守。

5.2.3 正式比赛用室外运动场地的纵轴应南北向布置；非正式比赛用室外场地的纵轴宜南北向布置。限制纵轴的偏斜角度是因为田径场内常顺纵轴布置球场。若东西向布置，当太阳高度较低时，每场有一方必须面对太阳投射，或面对太阳接球，极易发生伤害事故，故规定宜将场地的长轴南北向布置。一般学校早上第一节不安排体育课，所以对南偏东的限制较松；下午课外活动时，操场上锻炼人数较多，所以对南偏西的限制较严格。

5.2.4 运动场地外侧预留的安全区，也称为缓冲区或无障碍区。运动场地上空净高有条件的应满足比赛要求。

5.2.6 场地排水系统设计的正确与否对体育场地的质量和寿命影响很大。表 5.2.6 中部分运动项目场地坡度为 0.3‰～0.5‰，一般干旱少雨地区为 0.3‰，要根据具体情况进行设计。

5.2.9 中小学校体育运动场地最低照度见本规程表5.12.2。

5.2.11 场地材料除要满足学生身体健康安全、比赛、教学、训练的要求，符合运动项目对地面材料及构造的要求外，还应满足运动项目对场地的背景、划线、颜色等方面的要求；比赛是指非竞技比赛。实际上教学用的场地更要结实、耐磨；材料要选择符合儿童健康、环保的合格产品。

5.2.12 由于天然草坪维护费用较高，目前一般中小学校不宜采用，但考虑国家经济发展快，本规程写入相关内容，为有条件建设的场地提供相关技术依据。

5.2.13 尽量选用渗水型的合成面层材料，但黄土干旱地区不宜选用渗水型的。

5.3 田 赛 场 地

5.3.1 按照现行国家标准《体育建筑设计规范》JGJ 31，跳远起点至起跳线长度为不小于 40m，考虑学生的非专业性，本规程将长度设定为 30m；三级跳远中起跳线至沙坑尽端不小于 11m～13m，本规程设定为不小于 9m；起跳线至沙坑远端跳远为不小于 10m～12m、三级跳远为 20m～22m，本规程设定分别为不小于 8m、20m；本规程中沙坑长度设定为 7m～9m。边框宽度为 0.05m；如考虑学生侧倒，沙坑宽度可不为规则所限。

5.3.2 背跃式跳高的垫子高度一般不小于 0.60m。

5.3.3 铅球投掷圈基础做法见图 1。

2 按照现行国家标准《体育建筑设计规范》JGJ 31，铅球场地扇形落地区的圆心角为 34.92°，长（半径）为 25m。考虑学生非专业性的实际情况，本规程将圆心角设定为不小于 40°；考虑到全国中学生铅球记录（6kg）为 18m～19m，本规程将扇形落地区半径设定为 20m。

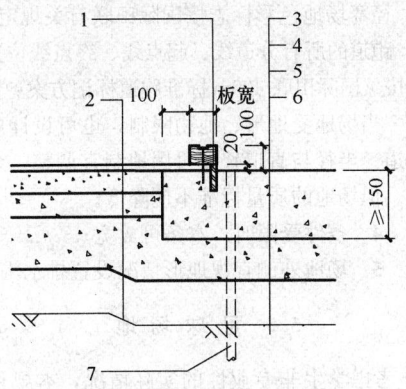

图 1 中小学铅球投掷圈基础做法（mm）

1—成品抵趾板；2—场地做法（见具体工程设计）；3—≥150 厚 C25 混凝土随捣随抹；4—级配砂石（厚度见具体工程设计）；5—基层（材料厚度见具体工程设计）；6—地基土；7—排水管

3 铁饼投掷圈基础做法见图 2。

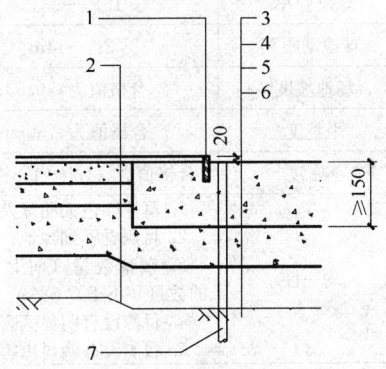

图 2 中小学铁饼投掷圈基础做法（mm）

1—76×6 钢圈；2—场地做法（见具体工程设计）；3—≥150 厚 C25 混凝土随捣随抹；4—级配砂石（厚度见具体工程设计）；5—基层（材料厚度见具体工程设计）；6—地基土；7—排水管

投掷圈应在浇筑地面混凝土前固定，以防止浇灌、振捣混凝土时引起投掷圈的变形。

5.3.4 2 按照现行国家标准《体育建筑设计规范》JGJ 31，铁饼场地扇形落地区的圆心角为 34.92°，长（半径）为 80m。考虑学生非专业性的实际情况，本规程将圆心角设定为不小于 40°；考虑到全国中学生铁饼记录 67m 左右，本规程将扇形落地区半径设定为 60m。

5.4 径 赛 场 地

5.4.2、5.4.3 给出的有关 400m 跑道数据、平面图均符合竞技比赛规则的要求，是 400m 标准跑道数据、平面图。表 5.4.3 注 3 考虑到中小学校室外运动场地在平时经常用做操场，出操或上体育课时凸出地面的道牙极易造成伤害事故，故不应设置道牙。

5.4.5 径赛场地色彩标志按国际田联有关规定。

5.4.6 跑道的所有分道线、起点线、终点线位置及标记要求按《国际田联 400m 标准跑道标记方案》执行。

5.4.10 当场地受地形、地物限制，也可设计成其他形式跑道。半径与直道长度可因地制宜调整，余地可用它途。但场地的质量标准不应降低。

5.4.11 4 条件受限时，本条可放宽。

　　　　5 场地外侧宜视地形情况设置排水沟。

5.5 足 球 场 地

5.5.6 考虑学生非专业性的实际情况，本规程只对场地表面硬度等 6 项提出要求。竞技比赛用足球场地天然草面层的技术要求见表 16，供参考。

表 16　足球场地天然草面层的技术要求

序号	项目	要　　求
1 *	表面硬度	10～100
2 *	牵引力系数	1.0～1.8
3	球反弹率a	15%～55%
4	球滚动距离	2m～14m
5	场地坡度b	合格值为≤0.5%
6 *	平整度c	合格值为≤30mm
7	茎密度d	合格值为（1.5～4）枚/cm²
8	均一性	1. 草坪颜色无明显差异；2. 目测看不到裸地；3. 杂草数量（向上生长茎的数量）小于 0.5%；4. 目测没有明显病害特征；5. 目测没有明显虫害特征
9 *	根系层渗水速率e	采用圆筒法合格值为（0.4～1.2）mm/min　采用实验室法合格值为（1.0～4.2）mm/min
10	渗水层渗水速率f	＞3.0mm/min
11 *	有机质及营养供给g	根系层要求应有足够的有机质及氮（N）、磷（P）、钾（K）、镁（Mg）等
12 *	环境保护	不应使用带有危险的或是散发对人、土壤、水、空气有危害污染的物质或材料
13	叶宽度h	叶宽度宜≤6mm

注：a　足球垂直自由落向场地表面后反弹的高度与开始下落高度的百分比；
　　b　指与场地长轴成直角方向的坡度；
　　c　草坪场地表面凹凸的程度；3m 长度范围内任意两点相对高差值；
　　d　单位面积内向上生长茎的数量；
　　e　同一场地应采用一种方法检测，当检测结果有分歧时以实验室检测法为准；
　　f　实验室检测法数值；
　　g　具体要求见《运动场　第 4 部分：运动场草皮面积》DIN 18035－4 中的规定；
　　h　可根据各地区具体情况，选择合适的草种；
　　*　系指教学及休闲场地需满足的项目。

5.5.7 考虑中小学非专业竞技的实际情况，本规程只对场地坡度、平整度、拉伸及连接强度及安全和环境保护等项提出要求。竞技比赛用足球场地人工草面层的技术要求见表 17 中，供参考。

表 17　足球场地人工草面层的技术要求

序号	项　目	要　　求
1	场地坡度a	无渗水功能的场地≤0.8%，有渗水功能的场地≤0.3%
2	平整度	直径 3m 范围内间隙≤10mm
3	渗水速率	＞3.0mm/min
4	球反弹力（%）	30～50
5	球滚动距离（m）	4～10
6	角度球反弹率（50km/h，15°入射角）（%）	45～70
7	冲击吸收（%）	55～70
8	垂直变形（mm）	4～9
9	牵引力系数μ	1.2～1.8
10	滑动阻力	120～220
11	拉伸强度、连接强度	草坪底衬的拉伸强度以及连接处的连接强度均应＞15N/mm
12	防磨损性能	耐磨模拟试验后，草坪颜色应无明显变化，其性能符合本表第 4、5、6、7、8、9、10、11 项的要求
13	抗老化性能	草坪经紫外线照射和高温老化后，草坪底衬的拉伸强度以及连接处的连接强度均应符合本表第 11 项的规定
14	安全和环境保护	材料应具有阻燃性和抗静电性能，并符合国家有关人身健康、安全及环境保护的规定。室内人造草面层应符合室内环境的有关要求。

注：a　指与场地长轴成直角方向的坡度。

5.6 其他球类场地

5.6.1 4 竞技比赛场地净高应不小于 7.00m。

　　　　5 高中校篮圈距地高度也可根据学生身高情况，不按 3.05m 高度设置，考虑能让学生体验扣篮成功的愉悦心情。

5.6.2 成人或正式比赛男子为 2.43m、女子为 2.24m。

5.6.4 4 比赛场地净高不小于 12.00m。

5.6.5 进行正式比赛场地规格为长 14.00m，宽

7.00m。球台位于场地中央，与场地长、短边之间的缓冲距离分别为 2.74m、5.63m，场地净高不小于 5.52m。训练场地规格为长 12.00m，宽 6.00m。球台位于场地中央，与场地长、短边之间的缓冲距离分别为 2.24m、4.63m，场地净高不小于 5.52m。

5.6.6 美国腰旗橄榄球联盟要求场地长 60 码～80 码（约 55m～73.15m），宽 20 码～30 码（约 18m～27m），两边各有 7 码～10 码（约 6.4m～9.14m）宽的达阵区。根据用地情况，场地大小可适当地调整，常用场地尺寸为 73m×27m。在两边的达阵区边沿的两侧竖有相距 23 英尺 4 英寸（约 7.11m）的门柱，在离地 10 英尺（约 3.05m）的高度由一根横梁连接两门柱。场地四个顶点均竖有界标塔。

5.7 风雨操场（小型体育馆、室内田径综合馆）

5.7.1 应根据各学校所在地的气候特点、规模、自身办学需要及经济条件建设风雨操场。有条件的学校可把风雨操场做大些，如设置可容纳一个 200m 环形跑道的田径场地，其周长可根据建设条件设置，外圈为跑道、中间可设篮、排球等运动项目。这样可解决在北方地区天寒地冻，南方地区多阴雨等不利天气时，教学、训练不受影响。

5.7.2 图 5.7.2-2 为室内田径综合馆布置方式之一，仅供参考。各学校可根据具体情况，充分利用有限的场地，合理安排体育项目。

5.7.5 如指定作为地震避难场所时，场馆设施标准应符合现行国家标准《地震应急避难场所 场址及配套设施》GB 21734 的规定。

5.7.9 设计人员应重视场馆自然通风设计，应避免降温、通风完全借助于空调，增加运营费用且不利于节能。如在没有空调的情况下，由于室内不能通风换气，学生很难在里面开展教学活动。在调查中，学校反映，在不使用机械通风和空调的情况下，室内场馆开设通风窗口，以确保室内空气流通，利于学生的身心健康。

5.7.13 本条为保障学生安全。

5.7.14 本条为保障学生安全。

5.7.16 挑廊可用作小型看台及环形跑道，也便于窗户清洗及设施维护修理。

5.7.20 本规程考虑实际教学情况，推荐有条件的学校修建室内田径综合馆，馆内宜设置 200m 长的长圆形跑道，其内侧可设置短跑或田赛项目，也可设置球类项目；由于只是用于教学，因此弯道不宜倾斜，弯道半径也可根据建设条件选择适宜的数值。

5.8 游泳池、游泳馆

5.8.1 游泳设施通常是指能够进行游泳、跳水、水球和花样游泳等室内外比赛、教学或训练的建筑和设施。室外的称作游泳池（场），室内的称作游泳馆。

竞技比赛游泳设施主要由比赛池、练习池、看台、辅助用房及设施组成。

国际正式比赛游泳池标准规格泳道长度宜为 50m 或 25m。学校泳池长度和泳道数量按比赛池规定设置有益于使训练适应比赛要求，提高训练效果；同时也利于对社会开放，举办业余比赛活动，增加学校的经济收入。

5.8.2 为防止发生意外，中小学不宜设置跳水池。关于中小学校游泳池深度问题，据调查凡设有深水池的学校，不易发生安全问题，倒是设有浅水区游泳池的学校，易出现淹死学生的现象，分析其原因，认为由于国家有进深水池的严格规定，加上学校严格的管理制度，保障了学生游泳的安全。但考虑我国地域辽阔，各学校的管理能力参差不齐，本规程只给出了竞技比赛泳池的深度，没对教学用的泳池作明确规定，设计时可视学校管理水平确定深水区的设置。对于仅供教学用的游泳池，池水深可设为 1.20m～2.00m（但不推荐学校建浅水游泳区）。

5.8.5 本条根据卫监督发〔2007〕205 号文"卫生部、国家体育总局关于印发《游泳场所卫生规范》的通知"中要求游泳者在进入游泳池之前强制接受身体清洗而在通道上设置的通过式淋浴装置的条款而定的。

5.8.6 为保障学生安全，在设计游泳馆时应注意，更衣室通往游泳池的最后一道门一定要设门锁。

5.8.10 本条依据现行国家标准《体育建筑设计规范》JGJ 31 中丙级游泳比赛池规格编写的。学校教学用游泳池可根据办学特色及条件选择泳池规格及标准。游泳池长×宽为 50m×21m 或 25m×21m 是 8 条泳道的尺寸。

5.8.12 本条为保障学生安全而设置。

5.9 舞蹈教室

5.9.2 因男女生采用不同的课程内容、要求和训练方法，故应分开上课。同时，舞蹈和形体训练课上，须对学生逐一辅导，学生人数宜少。男女生分开后该教室只需容纳半个班的学生。

5.9.7 本条为保障学生安全而设置。

5.10 看 台

5.10.3 学校看台建议只设计成水泥看台，不安装各种座椅，以便于看台的多种利用及多坐学生。

6 施 工

6.3 场 地 基 层

6.3.7 田径场地合成材料面层的厚度在不同区域是不同的，为保证合成材料面层的平整度，要求在铺筑沥青混凝土基层施工时预留加厚区的厚度。

7 检验与验收

7.1 一般规定

7.1.4 隐蔽工程项目一般包括：

1）地基土、回填土；

2）金属件的防锈处理；

3）设备管线的敷设；

4）游泳馆的保温、隔热、隔声、隔汽、防水和防潮处理等。

7.6 网球场地

因天然草场地、土质网球场地的材料、保养维护成本较高，本规程未包含。仅在附录 A 场地面层构造做法中示意。

7.7 游泳场地

7.7.3 考虑学校教学用，故游泳场地验收时比竞技比赛用的场地要求稍低一些；竞技比赛用游泳场地对规格尺寸、声学指标、照度、水温及水质、地面静摩擦系数的检测及取样方法，应符合现行国家标准《体育场地使用要求及检验方法 第 2 部分：游泳场地》GB/T 22517.2 中的规定。

8 场地维护与养护

8.1 天然草坪

8.1.4 1 草坪修剪的频率因草坪的生长速度而定。夏季宜每星期修剪一次，春秋宜两个星期修剪一次。

每次修剪要改变修剪的方向。利用剪草机运行方向变化可使草坪形成不同的草坪花纹（又称阴阳线条）。修剪出的草屑应运出场外进行处理。遗落在草坪上的草屑或尘土应用吸草机或人工清除干净。

2 草坪施肥的种类和施量应以草坪营养缺失种类、当地气候、土壤、草坪使用强度和修剪频率而定。草坪生长季节宜以磷、钾肥为主，高温季节不宜施用氮肥，宜施以磷、钾为主的复合肥，一般生长季节宜为 3～5 次，每次施肥量宜为 $15g/m^2$～$20g/m^2$。

5 草坪的灌溉：灌溉浇水时间宜在早晨太阳出现之前，灌溉用水量应采用检查土壤水的实际渗透度进行确定。当土壤湿润到 100mm～150mm 时，草坪草即有充分的水分供给。当使用自动喷灌系统时，春夏季节宜每天浇灌 1～2 次，每次的浇水时间宜为 5min～8min，秋冬季节因气候干燥，宜每天浇灌 2～3 次，每次的浇水时间宜为 8min～10min。足球场草坪的吸水量宜为 5mm～8mm。

6 足球场草坪覆土（沙）作业宜采用覆沙（土）机或手工进行，撒完后用拖耙耙平，再用圆筒式滚压碾平。每次厚度不宜超过 5mm，当有低洼地或凹陷过深时，应分数次进行。

7 4）补播：对应补播的地块让表土稍松动，除去枯草屑，然后播种子，表面机盖上薄薄的细河沙，平整压实。所用种子与原草坪一致，并应进行适当的催芽、拌肥和消毒处理，每天浇水（2～3）次。补种：对应补种的地块让表土进行疏松，除去枯草屑，然后从草坪中挖取等量的草，用人工方法挖穴种植，株行距宜为 30mm～50mm。补种后要进行轻剪，施少量有机肥或复合肥，再覆盖一层薄细河沙，每天浇水（2～3）次。铺草皮：铲去要修补的草坪，并测定面积，从育草场取来同一品种草块，进行铺盖，滚压紧实，施肥浇水，(15～20)d 生根后，即可使用。

中华人民共和国行业标准

高强混凝土应用技术规程

Technical specification for application of high strength concrete

JGJ/T 281—2012

批准部门：中华人民共和国住房和城乡建设部
施行日期：２０１２年１１月１日

中华人民共和国住房和城乡建设部
公 告

第 1366 号

关于发布行业标准《高强混凝土应用技术规程》的公告

现批准《高强混凝土应用技术规程》为行业标准，编号为 JGJ/T 281－2012，自 2012 年 11 月 1 日起实施。

本规程由我部标准定额研究所组织中国建筑工业

出版社出版发行

中华人民共和国住房和城乡建设部

2012 年 5 月 3 日

前 言

根据住房和城乡建设部《关于印发〈2010 年工程建设标准规范制订、修订计划〉的通知》（建标〔2010〕43 号）的要求，编制组经广泛调查研究，认真总结实践经验，参考有关国际标准和国外先进标准，并在广泛征求意见的基础上，编制本规程。

本规程的主要技术内容是：1. 总则；2. 术语和符号；3. 基本规定；4. 原材料；5. 混凝土性能；6. 配合比；7. 施工；8. 质量检验。

本规程由住房和城乡建设部负责管理，由中国建筑科学研究院负责具体技术内容的解释。执行过程中如有意见或建议，请寄送至中国建筑科学研究院（地址：北京市北三环东路 30 号；邮政编码：100013）。

本 规 程 主 编 单 位：中国建筑科学研究院
　　　　　　　　　　　浙江大东吴集团建设有限公司

本 规 程 参 编 单 位：四川华鎣建工集团有限公司
　　　　　　　　　　　上海建工（集团）总公司
　　　　　　　　　　　甘肃三远硅材料有限公司
　　　　　　　　　　　东莞市万科建筑技术研究有限公司
　　　　　　　　　　　江苏博特新材料有限公司
　　　　　　　　　　　深圳市安托山混凝土有限公司
　　　　　　　　　　　合肥天柱包河特种混凝土有限公司
　　　　　　　　　　　上海市建筑科学研究院（集团）有限公司
　　　　　　　　　　　中建商品混凝土有限公司
　　　　　　　　　　　辽宁省建设科学研究院
　　　　　　　　　　　北京东方建宇混凝土科学

技术研究院有限公司
上海建工材料工程有限公司
广东三和管桩有限公司
青岛一建集团有限公司
云南建工混凝土有限公司
中国建筑第八工程局有限公司
贵州中建建筑科研设计院有限公司
陕西建工集团第三建筑工程有限公司
浙江中联建设集团有限公司
山西省建筑科学研究院
青岛理工大学

本规程主要起草人员：
冷发光	丁 威	韦庆东
周永祥	姚新良	郭朝友
龚 剑	王洪涛	谭宇昂
刘建忠	高芳胜	沈 骥
俞海勇	王 军	王 元
路来军	吴德龙	魏宜龄
孙从磊	李章建	曹建华
王玉岭	冉志伟	刘军选
王芳芳	赵铁军	王 晶
张 俐	孙 俊	纪宪坤
王永海		

本规程主要审查人员：
石云兴	郝挺宇	张仁瑜
杜 雷	杨再富	陈文耀
闻德荣	罗保恒	封孝信
李帼英	刘数华	

目　次

Contents

1 总　　则

1.0.1 为规范高强混凝土应用技术，保证工程质量，做到技术先进、安全可靠、经济合理，制定本规程。

1.0.2 本规程适用于高强混凝土的原材料控制、性能要求、配合比设计、施工和质量检验。

1.0.3 高强混凝土的应用除应符合本规程外，尚应符合国家现行有关标准的规定。

2　术语和符号

2.1　术　　语

2.1.1 高强混凝土　high strength concrete
强度等级不低于 C60 的混凝土。

2.1.2 硅灰　silica fume
在冶炼硅铁合金或工业硅时，通过烟道收集的以无定形二氧化硅为主要成分的粉体材料。

2.2　符　　号

$f_{cu,0}$——混凝土配制强度；

$f_{cu,k}$——混凝土立方体抗压强度标准值；

$t_{sf,m}$——两次试验测得的倒置坍落度筒中混凝土拌合物排空时间的平均值；

t_{sf1}，t_{sf2}——两次试验分别测得的倒置坍落度筒中混凝土拌合物排空时间。

3　基本规定

3.0.1 高强混凝土的拌合物性能、力学性能、耐久性能和长期性能应满足设计和施工的要求。

3.0.2 高强混凝土应采用预拌混凝土，其标记应符合现行国家标准《预拌混凝土》GB/T 14902 的规定。

3.0.3 强度等级不小于 C60 的纤维混凝土、补偿收缩混凝土、清水混凝土和大体积混凝土除应符合本规程的规定外，还应分别符合国家现行标准《纤维混凝土应用技术规程》JGJ/T 221、《补偿收缩混凝土应用技术规程》JGJ/T 178、《清水混凝土应用技术规程》JGJ 169 和《大体积混凝土施工规范》GB 50496 的规定。

3.0.4 当施工难度大的重要工程结构采用高强混凝土时，生产和施工前宜进行实体模拟试验。

3.0.5 对有预防混凝土碱骨料反应设计要求的高强混凝土工程结构，尚应符合现行国家标准《预防混凝土碱骨料反应技术规范》GB/T 50733 的规定。

4　原　材　料

4.1　水　　泥

4.1.1 配制高强混凝土宜选用硅酸盐水泥或普通硅酸盐水泥。水泥应符合现行国家标准《通用硅酸盐水泥》GB 175 的规定。

4.1.2 配制 C80 及以上强度等级的混凝土时，水泥 28d 胶砂强度不宜低于 50MPa。

4.1.3 对于有预防混凝土碱骨料反应设计要求的高强混凝土工程，宜采用碱含量低于 0.6% 的水泥。

4.1.4 水泥中氯离子含量不应大于 0.03%。

4.1.5 配制高强混凝土不得采用结块的水泥，也不宜采用出厂超过 3 个月的水泥。

4.1.6 生产高强混凝土时，水泥温度不宜高于 60℃。

4.2　矿物掺合料

4.2.1 用于高强混凝土的矿物掺合料可包括粉煤灰、粒化高炉矿渣粉、硅灰、钢渣粉和磷渣粉。粉煤灰应符合现行国家标准《用于水泥和混凝土中的粉煤灰》GB/T 1596 的规定，粒化高炉矿渣粉应符合现行国家标准《用于水泥和混凝土中的粒化高炉矿渣粉》GB/T 18046 的规定，钢渣粉应符合现行国家标准《用于水泥和混凝土中的钢渣粉》GB/T 20491 的规定，磷渣粉应符合现行行业标准《混凝土用粒化电炉磷渣粉》JG/T 317 的规定，硅灰应符合现行国家标准《高强高性能混凝土用矿物外加剂》GB/T 18736 的规定。

4.2.2 配制高强混凝土宜采用Ⅰ级或Ⅱ级的 F 类粉煤灰。

4.2.3 配制 C80 及以上强度等级的高强混凝土掺用粒化高炉矿渣粉时，粒化高炉矿渣粉不宜低于 S95 级。

4.2.4 当配制 C80 及以上强度等级的高强混凝土掺用硅灰时，硅灰的 SiO_2 含量宜大于 90%，比表面积不宜小于 $15×10^3 \ m^2/kg$。

4.2.5 钢渣粉和粒化电炉磷渣粉宜用于强度等级不大于 C80 的高强混凝土，并应经过试验验证。

4.2.6 矿物掺合料的放射性应符合现行国家标准《建筑材料放射性核素限量》GB 6566 的有关规定。

4.3　细骨料

4.3.1 细骨料应符合现行行业标准《普通混凝土用砂、石质量及检验方法标准》JGJ 52 和《人工砂混凝土应用技术规程》JGJ/T 241 的规定；混凝土用海砂应符合现行行业标准《海砂混凝土应用技术规范》JGJ 206 的规定。

4.3.2 配制高强混凝土宜采用细度模数为 2.6～3.0 的Ⅱ区中砂。

4.3.3 砂的含泥量和泥块含量应分别不大于 2.0% 和 0.5%。

4.3.4 当采用人工砂时，石粉亚甲蓝（MB）值应小于 1.4，石粉含量不应大于 5%，压碎指标值应小于 25%。

4.3.5 当采用海砂时，氯离子含量不应大于 0.03%，贝壳最大尺寸不应大于 4.75mm，贝壳含量不应大于 3%。

4.3.6 高强混凝土用砂宜为非碱活性。

4.3.7 高强混凝土不宜采用再生细骨料。

4.4 粗 骨 料

4.4.1 粗骨料应符合现行行业标准《普通混凝土用砂、石质量及检验方法标准》JGJ 52 的规定。

4.4.2 岩石抗压强度应比混凝土强度等级标准值高 30%。

4.4.3 粗骨料应采用连续级配，最大公称粒径不宜大于 25mm。

4.4.4 粗骨料的含泥量不应大于 0.5%，泥块含量不应大于 0.2%。

4.4.5 粗骨料的针片状颗粒含量不宜大于 5%，且不应大于 8%。

4.4.6 高强混凝土用粗骨料宜为非碱活性。

4.4.7 高强混凝土不宜采用再生粗骨料。

4.5 外 加 剂

4.5.1 外加剂应符合现行国家标准《混凝土外加剂》GB 8076 和《混凝土外加剂应用技术规范》GB 50119 的规定。

4.5.2 配制高强混凝土宜采用高性能减水剂；配制 C80 及以上等级混凝土时，高性能减水剂的减水率不宜小于 28%。

4.5.3 外加剂应与水泥和矿物掺合料有良好的适应性，并应经试验验证。

4.5.4 补偿收缩高强混凝土宜采用膨胀剂，膨胀剂及其应用应符合国家现行标准《混凝土膨胀剂》GB 23439 和《补偿收缩混凝土应用技术规程》JGJ/T 178 的规定。

4.5.5 高强混凝土冬期施工可采用防冻剂，防冻剂应符合现行行业标准《混凝土防冻剂》JC 475 的规定。

4.5.6 高强混凝土不应采用受潮结块的粉状外加剂，液态外加剂应储存在密闭容器内，并应防晒和防冻，当有沉淀等异常现象时，应经检验合格后再使用。

4.6 水

4.6.1 高强混凝土拌合用水和养护用水应符合现行

行业标准《混凝土用水标准》JGJ 63 的规定。

4.6.2 混凝土搅拌与运输设备洗刷水不宜用于高强混凝土。

4.6.3 未经淡化处理的海水不得用于高强混凝土。

5 混凝土性能

5.1 拌合物性能

5.1.1 泵送高强混凝土拌合物的坍落度、扩展度、倒置坍落度筒排空时间和坍落度经时损失宜符合表 5.1.1 的规定。

表 5.1.1 泵送高强混凝土拌合物的坍落度、扩展度、倒置坍落度筒排空时间和坍落度经时损失

项 目	技术要求
坍落度(mm)	≥220
扩展度(mm)	≥500
倒置坍落度筒排空时间(s)	>5 且<20
坍落度经时损失(mm/h)	≤10

5.1.2 非泵送高强混凝土拌合物的坍落度宜符合表 5.1.2 的规定。

表 5.1.2 非泵送高强混凝土拌合物的坍落度

项 目	技术要求	
	搅拌罐车运送	翻斗车运送
坍落度(mm)	100～160	50～90

5.1.3 高强混凝土拌合物不应离析和泌水，凝结时间应满足施工要求。

5.1.4 高强混凝土拌合物的坍落度、扩展度和凝结时间的试验方法应符合现行国家标准《普通混凝土拌合物性能试验方法标准》GB/T 50080 的规定；坍落度经时损失试验方法应符合现行国家标准《混凝土质量控制标准》GB 50164 的规定；倒置坍落度筒排空试验方法应符合本规程附录 A 的规定。

5.2 力 学 性 能

5.2.1 高强混凝土的强度等级应按立方体抗压强度标准值划分为 C60、C65、C70、C75、C80、C85、C90、C95 和 C100。

5.2.2 高强混凝土力学性能试验方法应符合现行国家标准《普通混凝土力学性能试验方法标准》GB/T 50081 的规定。

5.3 长期性能和耐久性能

5.3.1 高强混凝土的抗冻、抗硫酸盐侵蚀、抗氯离子渗透、抗碳化和抗裂等耐久性能等级划分应符合国

2—36—6

家现行标准《混凝土质量控制标准》GB 50164 和《混凝土耐久性检验评定标准》JGJ/T 193 的规定。

5.3.2 高强混凝土早期抗裂试验的单位面积的总开裂面积不宜大于 $700mm^2/m^2$。

5.3.3 用于受氯离子侵蚀环境条件的高强混凝土的抗氯离子渗透性能宜满足电通量不大于 1000C 或氯离子迁移系数（D_{RCM}）不大于 $1.5 \times 10^{-12} m^2/s$ 的要求；用于盐冻环境条件的高强混凝土的抗冻等级不宜小于 F350；用于滨海盐渍土或内陆盐渍土环境条件的高强混凝土的抗硫酸盐等级不宜小于 KS150。

5.3.4 高强混凝土长期性能与耐久性能的试验方法应符合现行国家标准《普通混凝土长期性能和耐久性能试验方法标准》GB/T 50082 的规定。

6 配 合 比

6.0.1 高强混凝土配合比设计应符合现行行业标准《普通混凝土配合比设计规程》JGJ 55 的规定，并应满足设计和施工要求。

6.0.2 高强混凝土配制强度应按下式确定：

$$f_{cu,0} \geqslant 1.15 f_{cu,k} \qquad (6.0.2)$$

式中：$f_{cu,0}$——混凝土配制强度（MPa）；
$f_{cu,k}$——混凝土立方体抗压强度标准值（MPa）。

6.0.3 高强混凝土配合比应经试验确定，在缺乏试验依据的情况下宜符合下列规定：

1 水胶比、胶凝材料用量和砂率可按表 6.0.3 选取，并应经试配确定；

表 6.0.3 水胶比、胶凝材料用量和砂率

强度等级	水胶比	胶凝材料用量（kg/m³）	砂率（%）
≥C60，<C80	0.28～0.34	480～560	
≥C80，<C100	0.26～0.28	520～580	35～42
C100	0.24～0.26	550～600	

2 外加剂和矿物掺合料的品种、掺量，应通过试配确定；矿物掺合料掺量宜为 25%～40%；硅灰掺量不宜大于 10%。

6.0.4 对于有预防混凝土碱骨料反应设计要求的工程，高强混凝土中最大碱含量不应大于 3.0kg/m³；粉煤灰的碱含量可取实测值的 1/6，粒化高炉矿渣粉和硅灰的碱含量可分别取实测值的 1/2。

6.0.5 配合比试配应采用工程实际使用的原材料，进行混凝土拌合物性能、力学性能和耐久性能试验，试验结果应满足设计和施工的要求。

6.0.6 大体积高强混凝土配合比试配和调整时，宜控制混凝土绝热温升不大于 50℃。

6.0.7 高强混凝土设计配合比应在生产和施工前进行适应性调整，应以调整后的配合比作为施工配合比。

6.0.8 高强混凝土生产过程中，应及时测定粗、细骨料的含水率，并应根据其变化情况及时调整称量。

7 施 工

7.1 一 般 规 定

7.1.1 高强混凝土的施工应符合现行国家标准《混凝土结构工程施工规范》GB 50666 和《混凝土质量控制标准》GB 50164 的有关规定。

7.1.2 生产高强混凝土的搅拌站（楼）应符合现行国家标准《混凝土搅拌站（楼）》GB/T 10171 的规定。

7.1.3 在施工之前，应制订高强混凝土施工技术方案，并应做好各项准备工作。

7.1.4 在高强混凝土拌合物的运输和浇筑过程中，严禁往拌合物中加水。

7.2 原材料贮存

7.2.1 各种原材料贮存应符合下列规定：

1 水泥应按品种、强度等级和生产厂家分别贮存，不得与矿物掺合料等其他粉状料相混，并应防止受潮；

2 骨料应按品种、规格分别堆放，堆场应采用能排水的硬质地面，并应有遮雨防尘措施；

3 矿物掺合料应按品种、质量等级和产地分别贮存，不得与水泥等其他粉状料相混，并应防雨和防潮；

4 外加剂应按品种和生产厂家分别贮存。粉状外加剂应防止受潮结块；液态外加剂应贮存在密闭容器内，并应防晒和防冻，使用前应搅拌均匀。

7.2.2 各种原材料贮存处应有明显标识。

7.3 计 量

7.3.1 原材料计量应采用电子计量设备，其精度应符合现行国家标准《混凝土搅拌站（楼）》GB/T 10171 的规定。每一工作班开始前，应对计量设备进行零点校准。

7.3.2 原材料的计量允许偏差应符合表 7.3.2 的规定，并应每班检查 1 次。

表 7.3.2 原材料的计量允许偏差（按质量计，%）

原材料品种	水泥	骨料	水	外加剂	掺合料
每盘计量允许偏差	±2	±3	±1	±1	±2
累计计量允许偏差	±1	±2	±1	±1	±1

注：累计计量允许偏差是指每一运输车中各盘混凝土的每种材料计量和的偏差。

7.3.3 在原材料计量过程中，应根据粗、细骨料的含水率的变化及时调整水和粗、细骨料的称量。

7.4 搅　　拌

7.4.1 高强混凝土采用的搅拌机应符合现行国家标准《混凝土搅拌站（楼）》GB/T 10171 的规定，宜采用双卧轴强制式搅拌机，搅拌时间宜符合表 7.4.1 的规定。

表 7.4.1　高强混凝土搅拌时间（s）

混凝土强度等级	施工工艺	搅拌时间
C60～C80	泵送	60～80
	非泵送	90～120
＞C80	泵送	90～120
	非泵送	≥120

7.4.2 当高强混凝土掺用纤维、粉状外加剂时，搅拌时间宜在表 7.4.1 的基础上适当延长，延长时间不宜少于 30s；也可先将纤维、粉状外加剂和其他干料投入搅拌机干拌不少于 30s，然后再加水按表 7.4.1 的搅拌时间进行搅拌。

7.4.3 清洁过的搅拌机搅拌第一盘高强混凝土时，宜分别增加 10%水泥用量、10%砂子用量和适量外加剂，相应调整用水量，保持水胶比不变，补偿搅拌机容器挂浆造成的混凝土拌合物中的砂浆损失；未清理过的搅拌高水胶比混凝土的搅拌机用来搅拌高强混凝土时，该盘混凝土宜增加适量水泥和外加剂，且水胶比不应增大。

7.4.4 搅拌应保证高强混凝土拌合物质量均匀，同一盘混凝土的搅拌匀质性应符合现行国家标准《混凝土质量控制标准》GB 50164 的有关规定。

7.5 运　　输

7.5.1 运输高强混凝土的搅拌运输车应符合现行行业标准《混凝土搅拌运输车》JG/T 5094 的规定；翻斗车应仅限用于现场运送坍落度小于 90mm 的混凝土拌合物。

7.5.2 搅拌运输车装料前，搅拌罐内应无积水或积浆。

7.5.3 高强混凝土从搅拌机装入搅拌运输车至卸料时的时间不宜大于 90min；当采用翻斗车时，运输时间不宜大于 45min；运输应保证浇筑连续性。

7.5.4 搅拌运输车到达浇筑现场时，应使搅拌罐高速旋转20s～30s后再将混凝土拌合物卸出。当混凝土拌合物因稠度原因出罐困难而掺加减水剂时，应符合下列规定：

1 应采用同品种减水剂；

2 减水剂掺量应有经试验确定的预案；

3 减水剂掺入混凝土拌合物后，应使搅拌罐高速旋转不少于90s。

7.6 浇　　筑

7.6.1 高强混凝土浇筑前，应检查模板支撑的稳定性以及接缝的密合情况，并应保证模板在混凝土浇筑过程中不失稳、不跑模和不漏浆；天气炎热时，宜采取遮挡措施避免阳光照射金属模板，或从金属模板外侧进行浇水降温。

7.6.2 当暑期施工时，高强混凝土拌合物入模温度不应高于 35℃，宜选择温度较低时段浇筑混凝土；当冬期施工时，拌合物入模温度不应低于 5℃，并应有保温措施。

7.6.3 泵送设备和管道的选择、布置及其泵送操作可按现行行业标准《混凝土泵送施工技术规程》JGJ/T 10 的有关规定执行。

7.6.4 当缺乏高强混凝土泵送经验时，施工前宜进行试泵。

7.6.5 当泵送高度超过 100m 时，宜采用高压泵进行泵送。

7.6.6 对于泵送高度超过 100m 的、强度等级不低于 C80 的高强混凝土，宜采用 150mm 管径的输送管。

7.6.7 当向下泵送高强混凝土时，输送管与垂线的夹角不宜小于 12°。

7.6.8 在向上泵送高强混凝土过程中，当泵送间歇时间超过 15min 时，应每隔 4min～5min 进行四个行程的正、反泵，且最大间歇时间不宜超过 45min；当向下泵送高强混凝土时，最大间歇时间不宜超过 15min。

7.6.9 当改泵较高强度等级混凝土时，应清空输送管道中原有的较低强度等级混凝土。

7.6.10 当高强混凝土自由倾落高度大于 3m 时，宜采用导管等辅助设备。

7.6.11 高强混凝土浇筑的分层厚度不宜大于 500mm，上下层同一位置浇筑的间隔时间不宜超过 120min。

7.6.12 不同强度等级混凝土现浇对接处应设在低强度等级混凝土构件中，与高强度等级构件间距不宜小于 500mm；现浇对接处可设置密孔钢丝网拦截混凝土拌合物，浇筑时应先浇高强度等级混凝土，后浇低强度等级混凝土；低强度等级混凝土不得流入高强度等级混凝土构件中。

7.6.13 高强混凝土可采用振捣棒捣实，插入点间距不应大于振捣棒振动作用半径，泵送高强混凝土每点振捣时间不宜超过 20s，当混凝土拌合物表面出现泛浆，基本无气泡逸出，可视为捣实；连续多层浇筑时，振捣棒应插入下层拌合物 50mm 进行振捣。

7.6.14 浇筑大体积高强混凝土时，应采取温控措施，温控应符合现行国家标准《大体积混凝土施工规范》GB 50496 的规定。

7.6.15 混凝土拌合物从搅拌机卸出后到浇筑完毕的延续时间不宜超过表7.6.15的规定。

表 7.6.15 混凝土拌合物从搅拌机卸出后到浇筑完毕的延续时间（min）

混凝土施工情况		气温	
		≤25℃	>25℃
泵送高强混凝土		150	120
非泵送高强混凝土	施工现场	120	90
	制品厂	60	45

7.7 养 护

7.7.1 高强混凝土浇筑成型后，应及时对混凝土暴露面进行覆盖。混凝土终凝前，应用抹子搓压表面至少两遍，平整后再次覆盖。

7.7.2 高强混凝土可采取潮湿养护，并可采取蓄水、浇水、喷淋洒水或覆盖保湿等方式，养护水温与混凝土表面温度之间的温差不宜大于20℃；潮湿养护时间不宜少于10d。

7.7.3 当采用混凝土养护剂进行养护时，养护剂的有效保水率不应小于90%，7d和28d抗压强度比均不应小于95%。养护剂有效保水率和抗压强度比的试验方法应符合现行行业标准《公路工程混凝土养护剂》JT/T 522的规定。

7.7.4 在风速较大的环境下养护时，应采取适当的防风措施。

7.7.5 当高强混凝土构件或制品进行蒸汽养护时，应包括静停、升温、恒温和降温四个阶段。静停时间不宜小于2h，升温速度不宜大于25℃/h，恒温温度不应超过80℃，恒温时间应通过试验确定，降温速度不宜大于20℃/h。构件或制品出池或撤除养护措施时的表面与外界温差不宜大于20℃。

7.7.6 对于大体积高强混凝土，宜采取保温养护等温控措施；混凝土内部和表面的温差不宜超过25℃，表面与外界温差不宜大于20℃。

7.7.7 当冬期施工时，高强混凝土养护应符合下列规定：

1 宜采用带模养护；

2 混凝土受冻前的强度不得低于10MPa；

3 模板和保温层应在混凝土冷却到5℃以下再拆除，或在混凝土表面温度与外界温度相差不大于20℃时再拆除，拆模后的混凝土应及时覆盖；

4 混凝土强度达到设计强度等级标准值的70%时，可撤除养护措施。

8 质 量 检 验

8.0.1 高强混凝土的原材料质量检验、拌合物性能检验和硬化混凝土性能检验应符合现行国家标准《混凝土质量控制标准》GB 50164的规定。

8.0.2 高强混凝土的原材料质量应符合本规程第4章的规定；拌合物性能、力学性能、长期性能和耐久性能应符合本规程第5章的规定。

附录 A 倒置坍落度筒排空试验方法

A.0.1 本方法适用于倒置坍落度筒中混凝土拌合物排空时间的测定。

A.0.2 倒置坍落度筒排空试验应采用下列设备：

1 倒置坍落度筒：材料、形状和尺寸应符合现行行业标准《混凝土坍落度仪》JG/T 248的规定，小口端应设置可快速开启的封盖。

2 台架：当倒置坍落度筒支撑在台架上时，其小口端距地面不宜小于500mm，且坍落度筒中轴线应垂直于地面；台架应能承受装填混凝土和插捣。

3 捣棒：应符合现行行业标准《混凝土坍落度仪》JG/T 248的规定。

4 秒表：精度0.01s。

5 小铲和抹刀。

A.0.3 混凝土拌合物取样与试样的制备应符合现行国家标准《普通混凝土拌合物性能试验方法标准》GB/T 50080的有关规定。

A.0.4 倒置坍落度筒排空试验测试应按下列步骤进行：

1 将倒置坍落度筒支撑在台架上，筒内壁应湿润且无明水，关闭封盖。

2 用小铲把混凝土拌合物分两层装入筒内，每层捣实后高度宜为筒高的1/2。每层用捣棒沿螺旋方向由外向中心插捣15次，插捣应在横截面上均匀分布，插捣筒边混凝土时，捣棒可以稍稍倾斜。插捣第一层时，捣棒应贯穿混凝土拌合物整个深度；插捣第二层时，捣棒应插透到第一层表面下50mm。插捣完刮去多余的混凝土拌合物，用抹刀抹平。

3 打开封盖，用秒表测量自开盖至坍落度筒内混凝土拌合物全部排空的时间（t_{sf}），精确至0.01s。从开始装料到打开封盖的整个过程应在150s内完成。

A.0.5 试验应进行两次，并应取两次试验测得排空时间的平均值作为试验结果，计算应精确至0.1s。

A.0.6 倒置坍落度筒排空试验结果应符合下式规定：

$$|t_{sf1} - t_{sf2}| \leqslant 0.05 t_{sf,m} \qquad (A.0.6)$$

式中：$t_{sf,m}$——两次试验测得的倒置坍落度筒中混凝土拌合物排空时间的平均值（s）；

t_{sf1}，t_{sf2}——两次试验分别测得的倒置坍落度筒中混凝土拌合物排空时间（s）。

本规程用词说明

1 为便于在执行本规程条文时区别对待，对要求严格程度不同的用词说明如下：

    1）表示很严格，非这样做不可的：

        正面词采用"必须"，反面词采用"严禁"；

    2）表示严格，在正常情况下均应这样做的：

        正面词采用"应"，反面词采用"不应"或"不得"；

    3）表示允许稍有选择，在条件许可时，首先应这样做的：

        正面词采用"宜"，反面词采用"不宜"；

    4）表示有选择，在一定条件下可以这样做的，采用"可"。

2 条文中指明应按其他有关标准执行的写法为："应符合……的规定"或"应按……执行"。

引用标准名录

1 《普通混凝土拌合物性能试验方法标准》GB/T 50080

2 《普通混凝土力学性能试验方法标准》GB/T 50081

3 《普通混凝土长期性能和耐久性能试验方法标准》GB/T 50082

4 《混凝土外加剂应用技术规范》GB 50119

5 《混凝土质量控制标准》GB 50164

6 《大体积混凝土施工规范》GB 50496

7 《混凝土结构工程施工规范》GB 50666

8 《预防混凝土碱骨料反应技术规范》GB/T

9 《通用硅酸盐水泥》GB 175

10 《用于水泥和混凝土中的粉煤灰》GB/T 1596

11 《建筑材料放射性核素限量》GB 6566

12 《混凝土外加剂》GB 8076

13 《混凝土搅拌站（楼）》GB/T 10171

14 《预拌混凝土》GB/T 14902

15 《用于水泥和混凝土中的粒化高炉矿渣粉》GB/T 18046

16 《高强高性能混凝土用矿物外加剂》GB/T 18736

17 《用于水泥和混凝土中的钢渣粉》GB/T 20491

18 《混凝土膨胀剂》GB 23439

19 《混凝土泵送施工技术规程》JGJ/T 10

20 《普通混凝土用砂、石质量及检验方法标准》JGJ 52

21 《普通混凝土配合比设计规程》JGJ 55

22 《混凝土用水标准》JGJ 63

23 《清水混凝土应用技术规程》JGJ 169

24 《补偿收缩混凝土应用技术规程》JGJ/T 178

25 《混凝土耐久性检验评定标准》JGJ/T 193

26 《海砂混凝土应用技术规范》JGJ 206

27 《纤维混凝土应用技术规程》JGJ/T 221

28 《人工砂混凝土应用技术规程》JGJ/T 241

29 《混凝土防冻剂》JC 475

30 《混凝土坍落度仪》JG/T 248

31 《混凝土用粒化电炉磷渣粉》JG/T 317

32 《混凝土搅拌运输车》JG/T 5094

33 《公路工程混凝土养护剂》JT/T 522

中华人民共和国行业标准

高强混凝土应用技术规程

JGJ/T 281—2012

条 文 说 明

制 订 说 明

《高强混凝土应用技术规程》JGJ/T 281-2012，经住房和城乡建设部 2012 年 5 月 3 日以第 1366 号公告批准、发布。

本规程编制过程中，编制组进行了广泛而深入的调查研究，总结了我国工程建设中高强混凝土应用技术的实践经验，同时参考了国外先进技术法规、技术标准，通过试验取得了高强混凝土应用技术的相关重要技术参数。

为便于广大设计、施工、科研、学校等单位有关人员在使用本规程时能正确理解和执行条文规定，《高强混凝土应用技术规程》编制组按章、节、条顺序编制了本规程的条文说明，供使用者参考。但是，本条文说明不具备与规程正文同等的法律效力，仅供使用者作为理解和把握规程规定的参考。

目　次

1 总　　则

1.0.1 近年来，高强混凝土及其应用技术迅速发展并逐步成熟，在我国得到广泛应用，总结和归纳高强混凝土技术成果和应用经验，制订高强混凝土技术标准，有利于进一步促进高强混凝土的健康发展。

1.0.2 由于高强混凝土强度等级高，因此其特性和有关技术要求与常规的普通混凝土有所不同，原材料、混凝土性能、配合比和施工的控制要求也比常规的普通混凝土严格。本规程是针对高强混凝土的原材料、配合比、性能要求、施工和质量检验的专用标准，可以指导我国高强混凝土的应用。

1.0.3 与本规程有关的、难以详尽的技术要求，应符合国家现行标准的有关规定。

2　术语和符号

2.1　术　　语

2.1.1 高强混凝土属于普通混凝土范畴，由于强度等级高带来的技术特殊性，现行国家标准《预拌混凝土》GB/T 14902 将高强混凝土列为特制品。

2.1.2 硅灰主要用于强度等级不低于 C80 的混凝土。国家标准《砂浆、混凝土用硅灰》正在编制过程中，在其发布并实施之前，可采用现行国家标准《高强高性能混凝土用矿物外加剂》GB/T 18736 中有关硅灰的规定。

3　基本规定

3.0.1 本条规定了控制高强混凝土拌合物性能、力学性能、长期性能与耐久性能的基本原则。高强混凝土拌合物性能包括坍落度、扩展度、倒置坍落度筒排空时间、坍落度经时损失、凝结时间、不离析和不泌水等；力学性能包括抗压强度、轴压强度、弹性模量、抗折强度和劈拉强度等；长期性能与耐久性能主要包括收缩、徐变、抗冻、抗硫酸盐侵蚀、抗氯离子渗透、抗碳化和抗裂等性能。

3.0.2 高强混凝土技术要求高，预拌混凝土有利于质量控制。现行国家标准《预拌混凝土》GB/T 14902 规定高强混凝土为特制品，特制品代号 B，高强混凝土代号 H。高强混凝土标记示例：C80 强度等级、240mm 坍落度、F350 抗冻等级的高强混凝土，其标记为 B-H-C80-240(S5)-F350-GB/T 14902。

3.0.3 强度等级不小于 C60 的纤维混凝土、补偿收缩混凝土、清水混凝土和大体积混凝土可属于高强混凝土范畴。由于纤维混凝土、补偿收缩混凝土、清水混凝土和大体积混凝土都有较大的特殊性，所以有各

自的专业技术标准。本标准与纤维混凝土、补偿收缩混凝土、清水混凝土和大体积混凝土的相关标准是协调的。高强混凝土用于压蒸养护工艺生产的离心混凝土桩可按相关专业标准的技术要求操作。

3.0.4 高强混凝土经常用于重要的或特殊的工程，这些结构往往比较复杂，对生产施工要求较高，并且情况差异较大，因此，对于这类工程结构，进行生产和施工的实体模拟试验是保证工程质量的比较通行的做法。

3.0.5 预防混凝土碱骨料反应对于高强混凝土工程结构非常重要，尤其是在不得不采用碱活性骨料的情况下。现行国家标准《预防混凝土碱骨料反应技术规范》GB/T 50733 中包括了抑制骨料碱活性有效性的检验和预防混凝土碱骨料反应技术措施等重要内容。

4　原　材　料

4.1　水　　泥

4.1.1 配制高强混凝土宜选用新型干法窑或旋窑生产的硅酸盐水泥或普通硅酸盐水泥。立窑水泥的质量稳定性不如新型干法窑和旋窑生产的水泥。硅酸盐水泥或普通硅酸盐水泥之外的通用硅酸盐水泥内掺混合材比例高，混合材品质也较低，胶砂强度较低，与之比较，采用硅酸盐水泥或普通硅酸盐水泥并掺加较高质量的矿物掺合料配制高强混凝土更具有技术和经济的合理性。

4.1.2 采用胶砂强度低于 50MPa 的水泥配制 C80 及其以上强度等级混凝土的技术经济合理性较差，甚至难以实现强度等级上限水平的配制目的。

4.1.3 混凝土碱骨料反应的重要条件之一就是混凝土中有较高的碱含量，引起混凝土碱骨料反应的有效碱主要是水泥带来的，因此，采用低碱水泥是预防混凝土碱骨料反应的重要技术措施。

4.1.4 烧成后的水泥熟料中残留的氯离子含量很低，但在粉磨工艺中采用的助磨剂却良莠不齐，严格控制水泥中氯离子含量有利于避免熟料烧成后粉磨时掺入不良材料。再者高强混凝土水泥用量较高，控制水泥中氯离子含量有利于控制混凝土中总的氯离子含量。

4.1.5 配制高强混凝土对水泥要求相对较严，结块的水泥和过期水泥的质量会有变化。

4.1.6 在水泥供应紧张时，散装水泥运到搅拌站输入储罐时，经常会温度过高，如立即采用，会对混凝土性能带来不利影响，应引起充分注意。

4.2　矿物掺合料

4.2.1 高强混凝土中可掺入较大掺量的矿物掺合料，有利于改善高强混凝土技术性能（比如改善泵送性能，减少水化热，减少收缩等）和经济性。粉煤灰、

粒化高炉矿渣粉和硅灰是高强混凝土最常用的矿物掺合料，磷渣粉和钢渣粉经过试验验证也是可以适量掺用的。

4.2.2 配备粉煤灰分选设备的年发电能力较大的电厂产出的粉煤灰，一般可达到Ⅱ级灰或Ⅰ级灰质量水平。实践表明，Ⅱ级粉煤灰也能够满足高强混凝土的配制要求，目前许多高强混凝土工程采用的是Ⅱ级灰。C类粉煤灰为高钙灰，由于潜在的游离氧化钙问题，技术安全性不及F类粉煤灰。

4.2.3 S95级和S105级的粒化高炉矿渣粉，活性较好，易于配制C80及以上强度等级的高强混凝土。

4.2.4 配制C80及以上强度等级的高强混凝土时，对硅灰质量要求较高。

4.2.5 钢渣粉和粒化电炉磷渣粉活性一般低于粒化高炉矿渣粉，并且质量稳定性也比粒化高炉矿渣粉差，在采用普通硅酸盐水泥的情况下，在混凝土中掺用限量为20%，比粒化高炉矿渣粉低得多。

4.2.6 矿物掺合料属于工业废渣，可能出现放射性问题，比如粒化电炉磷渣粉等，应避免使用放射性不符合现行国家标准《建筑材料放射性核素限量》GB 6566规定的矿物掺合料。

4.3 细 骨 料

4.3.1 天然砂包括河砂、山砂和海砂等，人工砂是采用除软质岩和风化岩之外的岩石经机械破碎和筛分制成的砂。现行行业标准《普通混凝土用砂、石质量及检验方法标准》JGJ 52和《人工砂混凝土应用技术规程》JGJ/T 241包括了对天然砂和人工砂的规定，但对于海砂，现行行业标准《海砂混凝土应用技术规范》JGJ 206的规定更为合理，主要表现在氯离子含量和贝壳含量的规定方面。

4.3.2 采用细度模数为2.6～3.0的Ⅱ区中砂配制高强混凝土有利于混凝土性能和经济性的优化。

4.3.3 砂的含泥量和泥块含量会影响混凝土强度和耐久性，高强混凝土的强度对此尤为敏感。

4.3.4 高强混凝土胶凝材料用量多，控制人工砂的石粉含量，有利于减少混凝土中粉体总量，从而有利于控制混凝土收缩等不利影响。规定人工砂的压碎指标值便于人工砂颗粒强度控制，对实现高强混凝土的强度要求是比较重要的。

4.3.5 现行行业标准《海砂混凝土应用技术规范》JGJ 206借鉴了日本和我国台湾地区的标准，并同时考虑到我国大陆地区的实际情况，将钢筋混凝土用海砂的氯离子含量限值规定为0.03%，低于现行行业标准《普通混凝土用砂、石质量及检验方法标准》JGJ 52规定的0.06%。现行行业标准《海砂混凝土应用技术规范》JGJ 206规定的海砂氯离子含量低于现行行业标准《普通混凝土用砂、石质量及检验方法标准》JGJ 52另一个原因是，现行行业标准《普通混凝土用砂、石质量及检验方法标准》JGJ 52测定氯离子含量的制样存在烘干过程，而海砂净化后实际应用是湿砂状态，研究表明，这种差异会低估实际应用时海砂中氯离子的含量。因此，在不改变现行行业标准《普通混凝土用砂、石质量及检验方法标准》JGJ 52干砂制样方法的前提下，可以通过降低氯离子含量的限值来解决这一问题。

规定贝壳最大尺寸的原因是，大贝壳会影响高强混凝土的性能，尤其是强度。目前宁波、舟山地区经过净化的海砂，其贝壳含量的常见范围是5%～8%。试验研究发现，采用贝壳含量在7%～8%的海砂可以配制C60混凝土，且试验室的耐久性指标良好。从目前取得的贝壳含量对普通混凝土抗压强度和自然碳化深度影响的10年数据来看，贝壳含量从2.4%增加到22.0%，抗压强度和自然碳化深度无明显变化。2003年发布的《宁波市建筑工程使用海砂管理规定》（试行）对贝壳含量有如下规定：混凝土强度等级大于C60，净化海砂的贝壳含量小于4.0%；强度等级为C30～C60，净化海砂的贝壳含量小于（4.0%～8.0%）；强度等级小于C30，净化海砂的贝壳含量小于（8.0%～10.0%）。《普通混凝土用砂、石质量及检验方法标准》JGJ 52规定：用于不小于C60强度等级的混凝土，海砂的贝壳含量不应大于3.0%。

4.3.6 通常高强混凝土用于重要结构，且水泥用量略高，出于安全性考虑，尽量不要采用碱活性骨料。由于高强混凝土结构的混凝土用量一般有限，尚可接受调运骨料的情况。

4.3.7 现行行业标准《再生骨料应用技术规程》JGJ/T 240规定再生细骨料最高可配制C40及以下强度等级混凝土。在国内实际工程中应用，目前仅北京和青岛等地区应用了C40等级再生骨料混凝土。

4.4 粗 骨 料

4.4.1 现行行业标准《普通混凝土用砂、石质量及检验方法标准》JGJ 52对高强混凝土用粗骨料是适用的。

4.4.2 岩石抗压强度高的粗骨料有利于配制高强混凝土，尤其混凝土强度等级值越高就越明显。试验研究和工程实践表明，用于高强混凝土的岩石的抗压强度比混凝土设计强度等级值高30%是比较合理的。

4.4.3 连续级配粗骨料堆积相对比较紧密，空隙率比较小，有利于混凝土性能，也有利于节约其他更重要资源的原材料。试验研究和工程实践表明，高强混凝土粗骨料的最大公称粒径为25mm比较合理，既有利于强度、控制收缩，也有利于施工性能，经济上也比较合理。

4.4.4 粗骨料含泥（包括泥块）较多将明显影响混凝土强度，高强混凝土的强度对此比较敏感。

4.4.5 如果粗骨料针片状颗粒含量较多，则级配较差，空隙率比较大，针片状颗粒易于断裂，这些对混凝土性能会有影响，强度等级值越高影响越明显，同时对混凝土泵送性能影响也较明显。

4.4.6 与4.3.6条文说明相同。

4.4.7 由于高强混凝土多数用于重要或特殊工程，目前尚缺乏再生粗骨料用于高强混凝土工程的实例。

4.5 外 加 剂

4.5.1 现行国家标准《混凝土外加剂》GB 8076 规定的外加剂品种包括高性能减水剂、高效减水剂、普通减水剂、引气减水剂、泵送剂、早强剂、缓凝剂和引气剂等；现行国家标准《混凝土外加剂应用技术规范》GB 50119 规定了不同剂种外加剂的应用技术要求。

4.5.2 现行国家标准《混凝土外加剂》GB 8076 规定的高性能减水剂包括不同品种，但规定减水率不小于25%。工程实践表明，采用减水率不小于28%的聚羧酸系高性能减水剂配制 C80 及以上等级混凝土具有良好的表现，也是目前主要的做法。

4.5.3 外加剂品种多，差异大，掺量范围也不同，在实际工程应用时，不同产地、品种或品牌的水泥对外加剂和矿物掺合料的适应情况有差异，可能与水泥和矿物掺合料产生适应性问题，只有经过试验验证，才能证明是否适用。

4.5.4 膨胀剂是与水泥、水拌合后经水化反应生成钙矾石、氢氧化钙或钙矾石和氢氧化钙，使混凝土产生体积膨胀的外加剂。补偿收缩混凝土是由膨胀剂或膨胀水泥配制的自应力为 0.2MPa～1.0MPa 的混凝土。对于高强混凝土结构，减少高强混凝土早期收缩是非常重要的，采用适量膨胀剂可以在一定程度上改善高强混凝土早期收缩。

4.5.5 采用防冻剂是混凝土冬期施工常用的低成本方法，高强混凝土也可采用。

4.5.6 配制高强混凝土对外加剂要求严格，结块的粉状外加剂，即便重新粉磨处理后质量也会有变化；液态外加剂出现沉淀等异常现象后质量会有变化。

4.6 水

4.6.1 高强混凝土用水技术要求与其他普通混凝土用水并无差异。现行行业标准《混凝土用水标准》JGJ 63 包括了对各种水用于混凝土的规定。

4.6.2 混凝土企业设备洗刷水碱含量高，且水中粉体颗粒含量高，质量却不高，不适宜配制高强混凝土。

4.6.3 未经淡化处理的海水含有大量氯盐和其他盐类，会引起严重的混凝土钢筋锈蚀问题和其他混凝土性能问题，危及混凝土结构的安全性。

5 混凝土性能

5.1 拌合物性能

5.1.1 试验研究和工程实践表明，泵送高强混凝土拌合物性能在表5.1.1给出的技术范围内，即能较好地满足泵送施工要求和硬化混凝土的各方面性能，并在一般情况下，泵送高强混凝土坍落度 220mm～250mm，扩展度 500mm～600mm，坍落度经时损失值 0mm～10mm，对工程有比较强的适应性。泵送高强混凝土拌合物黏度较大，倒置坍落度筒流出时间指标的设置，有利于将拌合物黏度控制在可顺利泵送施工的水平，并且使大高程泵送的泵压不至于过高。

5.1.2 采用搅拌罐车运输，出罐的最低坍落度约为 90mm，否则出罐困难。另外，由于调度、运输、泵送前压车等情况的影响，坍落度需有一定的富余。对于非泵送高强混凝土，坍落度 50mm～90mm 混凝土的各方面性能较好，翻斗车运送时坍落度大了混凝土拌合物易于分层和离析。

5.1.3 高强混凝土控制拌合物不泌水、不离析很重要；对于不同的现场条件，可以通过采用外加剂调节凝结时间满足施工要求。

5.1.4 高强混凝土拌合物性能试验方法与常规的普通混凝土拌合物性能试验方法基本相同。

5.2 力 学 性 能

5.2.1 立方体抗压强度标准值系指按标准方法制作和养护的边长为 150mm 的立方体试体，在 28d 龄期用标准试验方法测得的具有不小于 95%保证率的抗压强度值。目前我国混凝土相关企业配制的混凝土强度可以超过 130MPa，相当于超过 C110，本规程最大强度等级为 C100 是可行的。

5.2.2 现行国家标准《普通混凝土力学性能试验方法标准》GB/T 50081 规定了抗压强度、轴压强度、弹性模量、抗折强度和劈拉强度等试验方法。

5.3 长期性能和耐久性能

5.3.1 国家现行标准《混凝土质量控制标准》GB 50164 和《混凝土耐久性检验评定标准》JGJ/T 193 对混凝土抗冻、抗硫酸盐侵蚀、抗氯离子渗透、抗碳化和抗裂等耐久性能划分了等级。现行国家标准《混凝土质量控制标准》GB 50164 关于耐久性能等级的划分同样适用高强混凝土，只是高强混凝土的耐久性能等级不会落入比较低的等级范围。一般来说，高强混凝土的耐久性能可以达到表1的指标范围。

5.3.2 早期抗裂试验的单位面积上的总开裂面积不大于 $700mm^2/m^2$ 是采用萘系外加剂的一般强度等级混凝土的较好的水平，而采用聚羧酸系外加剂的一般

表 1 高强混凝土可达到的耐久性能指标范围

耐久性项目	技术要求	
	≥C60	≥C80
抗冻等级	≥F250	≥F350
抗渗等级	>P12	>P12
抗硫酸盐等级	≥KS150	≥KS150
28d 氯离子渗透(库仑电量，C)	≤1500	≤1000
84d 氯离子迁移系数 D_{RCM} (RCM法)($\times 10^{-12}\mathrm{m}^2/\mathrm{s}$)	≤2.5	≤1.5
碳化深度(mm)	≤1.0	≤0.1

强度等级混凝土的较好水平是不大于 $400\mathrm{mm}^2/\mathrm{m}^2$。

5.3.3 滨海或海洋等氯离子侵蚀环境条件，以及盐冻和盐渍土环境条件是典型的不利于混凝土耐久性的严酷环境条件，本条文关于高强混凝土耐久性能指标的有关规定，有利于提高高强混凝土在上述典型严酷环境条件下应用的耐久性水平。试验研究和工程实践表明，高强混凝土达到本条文规定的高强混凝土耐久性能指标范围是可行的。

5.3.4 现行国家标准《普通混凝土长期性能和耐久性能试验方法标准》GB/T 50082 规定了收缩、徐变、抗冻、抗水渗透、抗硫酸盐侵蚀、抗氯离子渗透、碳化和抗裂等与本规程高强混凝土长期性能与耐久性能有关的试验方法。

6 配 合 比

6.0.1 现行行业标准《普通混凝土配合比设计规程》JGJ 55 包括了高强混凝土配合比设计的技术内容，因此对高强混凝土配合比设计也是适用的。本标准未涉及的配合比设计的通用技术内容可执行现行行业标准《普通混凝土配合比设计规程》JGJ 55 的规定。

6.0.2 对于高强混凝土配制强度计算公式，现行行业标准《普通混凝土配合比设计规程》JGJ 55 和《公路桥涵施工技术规范》JTG/T F50 都已经采用了本条文给出的计算公式［即式（6.0.2）］，实际上，这一公式早已经在公路桥涵和建筑工程等混凝土工程中得到应用和检验。

6.0.3 高强混凝土配合比参数变化范围相对比较小，适合于根据经验直接选择参数然后通过试验确定配合比。试验研究和工程应用表明，本条给出的配合比参数范围对高强混凝土配合比设计具有实际应用的指导意义。对于泵送高强混凝土，为保证泵送施工顺利，推荐控制每立方米高强混凝土拌合物中粉料浆体的体积为 340L～360L（水泥、粉煤灰、粒化高炉矿渣粉、硅灰和水等密度可知大致，容易估算粉料浆体的体积），这也有利于配合比参数的优选。对于高强混凝土，较高强度等级水胶比比较低，在满足拌合物施工性

能要求前提下宜采用较少的胶凝材料用量和较小的砂率，矿物掺合料掺量应满足混凝土性能要求并兼顾经济性，这些规律与常规的普通混凝土配合比设计规律没有太大差别。

6.0.4 对于高强混凝土，要将混凝土中碱含量控制在 $3.0\mathrm{kg/m}^3$ 以内，需要采用低碱水泥，并采用较大掺量的碱含量较低的粉煤灰和粒化高炉矿渣粉等矿物掺合料。混凝土中碱含量是测定的混凝土各原材料碱含量计算之和，而实测的粉煤灰和粒化高炉矿渣粉等矿物掺合料碱含量并不是参与碱骨料反应的有效碱含量，对于矿物掺合料中有效碱含量，粉煤灰碱含量取实测值的 1/6，粒化高炉矿渣粉和硅灰的碱含量分别取实测值的 1/2，已经被混凝土工程界采纳。

6.0.5 配合比试配采用的工程实际原材料，以基本干燥为准，即细骨料含水率小于 0.5%，粗骨料含水率小于 0.2%。高强混凝土配合比设计不仅仅应满足强度要求，还应满足施工性能、其他力学性能和耐久性能的要求。

6.0.6 混凝土绝热温升可以在试验室通过测试绝热容器中混凝土的温度升高过程测得，也可在现场通过实测足尺寸混凝土模拟试件内的温度升高过程测得。

6.0.7 现行行业标准《普通混凝土配合比设计规程》JGJ 55 中配合比设计过程中经历计算配合比、试拌配合比，然后形成设计配合比。生产和施工现场会出现各种情况，需要对设计配合比进行适应性调整后才能用于生产和施工。

6.0.8 在高强混凝土生产过程中，堆场上的粗、细骨料的含水率会变化，从而影响高强混凝土的水胶比和用水量等，因此，在生产过程中，应根据粗、细骨料的含水率变化情况及时调整配合比。

7 施 工

7.1 一 般 规 定

7.1.1 高强混凝土的施工要求严于常规的普通混凝土，因此，在符合现行国家标准《混凝土结构工程施工规范》GB 50666 和《混凝土质量控制标准》GB 50164 的基础上，还应符合本规程的规定。

7.1.2 现行国家标准《混凝土搅拌站（楼）》GB/T 10171 对主要参数系列、搅拌设备、供料系统、贮料仓、配料装置、混凝土贮斗、安全环保和其他方面作出了全面细致的规定，对保证高强混凝土生产质量十分重要。

7.1.3 高强混凝土施工技术方案可分为两个方面：一方面是搅拌站的生产技术方案（涉及原材料、混凝土制备和运输等），进行生产质量控制；另一方面是工程现场的施工技术方案（涉及浇筑、成型、养护及其相关的工艺和技术等），进行现场施工质量控制。

当然，这两个方面可以合为一体。

7.1.4 高强混凝土水胶比低，强度对用水量的变化极其敏感，因此，在运输和浇筑成型过程中往混凝土拌合物中加水会明显影响混凝土强度，同时也会对高强混凝土的耐久性能和其他力学性能产生影响，对工程质量具有很大危害。

7.2 原材料贮存

7.2.1 高强混凝土所用的粉料种类多，避免相混和防潮是共同的要求。骨料堆场采用遮雨设施已逐步在预拌混凝土搅拌站得到实施，高强混凝土水胶比低，强度对用水量的变化极其敏感，采用遮雨措施防止骨料含水量波动，对保证施工配合比的准确性非常重要。高强混凝土常用的液态外加剂（比如聚羧酸系高性能减水剂）受冻后性能会降低。

7.2.2 原材料分别标识清楚有利于避免混乱和用料错误。

7.3 计 量

7.3.1 高强混凝土生产对原材料计量要求较高，尤其是对水和外加剂的计量要求高。采用电子计量设备有利于保证计量精度，保证高强混凝土生产质量。

7.3.2 符合现行国家标准《混凝土搅拌站（楼）》GB/T 10171 规定称量装置可以满足表 7.3.2 的要求。

7.3.3 如果堆场上的粗、细骨料的含水率变化而称量不变，对水胶比和用水量会有影响，从而影响高强混凝土性能；相对而言，粗、细骨料用量对高强混凝土性能影响较小。

7.4 搅 拌

7.4.1 采用双卧轴强制式搅拌机有利于高强混凝土的搅拌。对于高强混凝土，强度等级高比强度等级低的搅拌时间长；非泵送施工比泵送施工搅拌时间长。

7.4.2 高强混凝土拌合物黏度较大，适当延长搅拌时间或采取合适的投料措施，有利于纤维和粉状外加剂在高强混凝土中分散均匀。

7.4.3 本条文的规定仅针对清洁过的或未清理过的搅拌机搅拌的第一盘混凝土。

7.4.4 现行国家标准《混凝土质量控制标准》GB 50164 关于同一盘混凝土的搅拌匀质性的规定有两点：①混凝土中砂浆密度两次测值的相对误差不应大于 0.8%；②混凝土稠度两次测值的差值不应大于混凝土拌合物稠度允许偏差的绝对值。

7.5 运 输

7.5.1 搅拌运输车难以将坍落度小于 90mm 的高强混凝土拌合物卸出。

7.5.2 罐内积水或积浆会使混凝土配合比欠准确。

7.5.3 采用外加剂调整混凝土拌合物的可操作时间

并控制混凝土出机至现场接收不超过 90min 是易行的。运输保证浇筑的连续性有利于避免高强混凝土结构出现因浇筑间断产生的"冷缝"或薄弱层。

7.5.4 在现场施工组织不畅而导致压车或因交通阻塞延长运输时间等场合下，多发生混凝土拌合物坍落度损失过大导致搅拌运输车卸料困难的问题，向搅拌罐内掺加适量减水剂并搅拌均匀可改善拌合物稠度将混凝土拌合物卸出。

7.6 浇 筑

7.6.1 高强混凝土拌合物中浆体多，流动性大，浇筑时对模板的压力大，浇筑时易于漏浆和胀模，因此，支模是高强混凝土施工的关键环节之一；天气炎热时金属模板会被晒得发烫，对高强混凝土性能不利。

7.6.2 在不得已的情况下，降低高强混凝土拌合物温度的常用方法是采用加冰的拌合水；提高拌合物温度的常用方法是采用加热的拌合水，拌合用水可加热到 60℃ 以上，应先投入骨料和热水搅拌，然后再投入胶凝材料等共同搅拌。

7.6.3 现行行业标准《混凝土泵送施工技术规程》JGJ/T 10 规定了普通混凝土和高强混凝土的泵送设备和管道的选择、布置及其泵送操作的有关规定。

7.6.4 高强混凝土泵送是施工的关键环节之一。一般认为：高强混凝土拌合物用水量小，黏度大，尤其在大高程泵送情况下，有一定的控制难度，解决了高强混凝土的泵送问题，基本就解决了高强混凝土施工的主要问题。施工前进行高强混凝土试泵能够为提高泵送的可靠性做准备。

7.6.5 由于高强混凝土黏度大，间歇后开始泵送瞬间黏滞作用大，进行较大高程的高强混凝土泵送，对泵压要求高。

7.6.6 强度等级不低于 C80 的高强混凝土黏度很大，采用较大管径的输送管有利于减小黏度对泵送的影响。

7.6.7 向下泵送高强混凝土时，控制输送管与垂线的夹角大一些有利于防止形成空气栓塞引起堵泵。

7.6.8 在泵送过程中，为了防止混凝土在输送管中形成栓塞导致堵泵，应尽量避免混凝土在输送管中长时间停滞不动。当向下泵送高强混凝土时，反泵无益。

7.6.9 输送管道中的原有较低强度等级混凝土混入后来浇筑的较高强度等级混凝土中会引发工程事故。

7.6.10 高强混凝土自由倾落不易离析，但结构配筋较密时，高强混凝土会被结构配筋筛析成离析状态。

7.6.11 高强混凝土结构通常是分层浇筑的，分层厚度不宜过大和层间浇筑间隔时间不宜过长，有利于保证每层混凝土浇筑质量和整体结构的匀质性。自密实高强混凝土浇筑不受此条规定的限制。

7.6.12 例如，在整体现浇柱和梁时，柱可能是高强混凝土，而梁不是高强混凝土，那么现浇对接处应设在梁中；由于高强混凝土流动性大，所以需要设置密孔钢丝网拦截；填补柱头混凝土时应注意不要采用梁的混凝土。

7.6.13 泵送高强混凝土振捣时间不宜过长，以避免石子和浆体分层。非泵送的高强混凝土也可以采用其他密实方法，比如预制桩采用的离心法等。

7.6.14 高强混凝土结构尺寸较大的情况不少，并且由于高强混凝土温升较高，温控就尤为重要。采取措施后，高强混凝土可以满足现行国家标准《大体积混凝土施工规范》GB 50496 的温控要求。

7.6.15 混凝土制品厂采用的高强混凝土可以是塑性混凝土或低流动性混凝土，操作时间相对减少。

7.7 养 护

7.7.1 高强混凝土早期收缩比较大，如果再发生表面水分损失，会加大混凝土开裂倾向，因此，应采取措施防止混凝土浇筑成型后的表面水分损失。

7.7.2 一方面，高强混凝土强度发展比较快，另一方面，由于施工性能要求和经济原因，矿物掺合料掺量比较大，因此，潮湿养护时间不宜少于 10d。

7.7.3 对于竖向结构的混凝土立面，采用混凝土养护剂比较有利。

7.7.4 风速较大对高强混凝土养护十分不利，一方面，如果混凝土不好，混凝土表面会迅速失水，导致表面裂缝，另一方面，大风会破坏养护的覆盖条件。

7.7.5 混凝土成型后蒸汽养护前的静停时间长一些有利于减少混凝土在蒸养过程中的内部损伤；控制升温速度和降温速度慢一些，可减小温度应力对混凝土

内部结构的不利影响；如果生产效率和时间允许，控制最高和恒温温度不超过 65℃比较合适。

7.7.6 对于大体积高强混凝土，通常采用保温措施控制混凝土内部、表面和外界的温差。

7.7.7 冬期施工时，高强混凝土结构带模养护比较有利，易于采取保温措施（比如保温模板等），保湿效果也可以；采用高强混凝土的结构往往比较重要，提高受冻前的强度要求是有益的；对通常用于重要结构的高强混凝土，撤除养护措施时混凝土强度达到设计强度等级的 70％比常规普通混凝土的 50％高一些有利于结构安全，主要是考虑到高强混凝土强度后期发展潜力比较小。

8 质 量 检 验

8.0.1 高强混凝土的检验规则与常规的普通混凝土一致，现行国家标准《混凝土质量控制标准》GB 50164 第 7 章混凝土质量检验完全适用于高强混凝土的检验。

8.0.2 高强混凝土性能以满足设计和施工要求为合格；设计和施工未提出要求的性能可不评价。

附录 A 倒置坍落度筒排空试验方法

高强混凝土拌合物黏性较大，流动速度也较慢，对泵送施工有影响。本试验方法可用于检验评价混凝土拌合物的流动速度和与输送管壁的黏滞性。对于高强混凝土，排空时间越短，拌合物与输送管壁的黏滞性就越小，流动速度也越大，有利于高强混凝土的泵送施工。

中华人民共和国行业标准

高压喷射扩大头锚杆技术规程

Technical specification for underreamed anchor by jet grouting

JGJ/T 282—2012

批准部门：中华人民共和国住房和城乡建设部
施行日期：2 0 1 2 年 1 1 月 1 日

中华人民共和国住房和城乡建设部
公 告

第 1378 号

关于发布行业标准《高压喷射扩大头锚杆技术规程》的公告

现批准《高压喷射扩大头锚杆技术规程》为行业标准，编号为 JGJ/T 282‐2012，自 2012 年 11 月 1 日起实施。

本规程由我部标准定额研究所组织中国建筑工业出版社出版发行。

中华人民共和国住房和城乡建设部

2012 年 5 月 16 日

前　　言

根据住房和城乡建设部《关于印发〈2010 年工程建设标准规范制订、修订计划〉的通知》（建标〔2010〕43 号）的要求，规程编制组经广泛调查研究、认真总结实践经验，参考有关国内标准，并在广泛征求意见的基础上，编制本规程。

本规程的主要技术内容是：1 总则；2 术语和符号；3 基本规定；4 设计；5 施工和工程质量检验；6 试验。

本规程由住房和城乡建设部负责管理，由深圳钜联锚杆技术有限公司负责具体技术内容的解释。执行过程中如有意见或建议，请寄送深圳钜联锚杆技术有限公司（地址：深圳市福田区莲花路香丽大厦丽梅阁 4D，邮政编码：518034）。

本 规 程 主 编 单 位：深圳钜联锚杆技术有限公司
　　　　　　　　　　　标力建设集团有限公司

本 规 程 参 编 单 位：中国水利水电科学研究院
　　　　　　　　　　　华中科技大学
　　　　　　　　　　　苏州市能工基础工程有限责任公司
　　　　　　　　　　　中冶建筑研究总院有限公司
　　　　　　　　　　　深圳市勘察研究院有限公司
　　　　　　　　　　　广东省工程勘察院
　　　　　　　　　　　广东省基础工程公司
　　　　　　　　　　　武汉市人防建筑设计研究院

本规程主要起草人员：曾庆义　杨晓阳　黎克强
　　　　　　　　　　　汪小刚　朱仁贵　陈宝弟
　　　　　　　　　　　王玉杰　郑俊杰　施鸣升
　　　　　　　　　　　杨　松　刘　钟　周洪涛
　　　　　　　　　　　蒋　鹏　王　军　邵孟新
　　　　　　　　　　　王少敏　王立明　李　宏

本规程主要审查人员：陈祥福　徐祯祥　钱力航
　　　　　　　　　　　苏自约　顾晓鲁　王群依
　　　　　　　　　　　李　虹　刘国楠　郭明田
　　　　　　　　　　　刘建华　张杰青　贾建华

目　次

Contents

1 总　　则

1.0.1 为规范高压喷射扩大头锚杆的设计、施工，做到技术先进、安全适用、经济合理和确保质量，制定本规程。

1.0.2 本规程适用于土层锚固高压喷射扩大头锚杆的设计、施工、检验与试验。

1.0.3 高压喷射扩大头锚杆的设计与施工，应综合考虑场地周边环境、工程地质和水文地质条件、建筑物结构类型和性质等因素，有效地利用扩大头锚杆的力学性能。

1.0.4 高压喷射扩大头锚杆的设计、施工、检验与试验，除应符合本规程的规定外，尚应符合国家现行有关标准的规定。

2　术语和符号

2.1　术　　语

2.1.1 高压喷射扩大头锚杆　underreamed anchor by jet grouting
采用高压流体在锚孔底部按设计长度对土体进行喷射切割扩孔并灌注水泥浆或水泥砂浆，形成直径较大的圆柱状注浆体的锚杆。

2.1.2 锚头　anchor head
锚杆杆体出露在锚孔孔口以外连接外部承载构件的外端头及其连接件。

2.1.3 锚杆杆体　anchor tendon
连接外部承载构件和注浆体并传递拉力的杆件。

2.1.4 自由段　free anchor length
杆体不与注浆体和地层粘结，能自由变形的部分。

2.1.5 锚固段　fixed anchor length
杆体锚固于注浆体实现力的传递的部分。

2.1.6 注浆体　grouting body
由灌注于锚孔内的水泥浆或水泥砂浆凝结而成的固结体。

2.1.7 锚固体　anchorage body
锚固段注浆体与嵌固注浆体的土体所组成的受力共同体。

2.1.8 永久性锚杆　permanent anchor
设计使用期超过2年的锚杆。

2.1.9 临时性锚杆　temporary anchor
设计使用期不超过2年的锚杆。

2.1.10 预应力锚杆　prestressed anchor
施加预应力以期获得较小的工后变形的锚杆。

2.1.11 非预应力锚杆　non-prestressed anchor
不施加预应力的锚杆。

2.1.12 位移控制锚杆　controlled displacement anchor
扩大头深埋于不受基坑边坡开挖影响的稳定地层中，从锚头到扩大头或承载体之间全长为自由段、工作位移主要由自由段杆体的弹性性能控制的锚杆。

2.1.13 可回收锚杆（又称可拆芯锚杆）　removable anchor
在达到设计使用期后可从地层中收回杆体的锚杆。

2.1.14 回转型锚杆（又称U形锚杆）　U-shape anchor
杆体绕承载体回转，使其两个端头同时出露并锁定的锚杆。

2.1.15 抗浮锚杆　anti-floating anchor
设置于建（构）筑物基础底部，用以抵抗地下水对建（构）筑物基础上浮力的锚杆。

2.1.16 锚杆倾角　angle of anchor
锚杆轴线与水平面之间的夹角。

2.1.17 承载体　load bearing body
在回转型锚杆中，作为杆体回转支点并直接承受杆体压力的部件。

2.1.18 合页夹形承载体　hinge shape bearing plate
置于锚孔扩大头后可使其两翼张开增大承压面积的承载体。

2.1.19 张拉锁定值　lock-off load
锚杆杆体张拉后锁定完成时的拉力值。

2.1.20 锚杆抗拔力极限值　ultimate bearing capacity
锚杆在轴向拉力作用下达到破坏状态前或出现不适于继续受力的变形时所对应的最大拉力值。

2.1.21 锚杆抗拔力特征值　designed bearing capacity
锚杆极限抗拔力标准值除以抗拔安全系数后的值。

2.1.22 锚杆基本试验　basic test
为确认锚杆设计参数和施工工艺，在工程锚杆正式施工前进行的现场锚杆极限抗拔力试验。

2.1.23 锚杆验收试验　acceptance test
为确认工程锚杆是否符合设计要求，在工程锚杆施工后进行的锚杆抗拔力试验。

2.1.24 锚杆蠕变试验　creep test
确定锚杆在不同加荷等级的恒定荷载作用下位移随时间变化规律的试验。

2.1.25 锚杆位移　anchor displacement
锚杆试验时锚头处测得的沿锚杆轴线方向的位移。

2.1.26 锚固体整体稳定性　overall stability of anchorage body
全部或任一局部区域内所有锚杆同时受力达到抗拔力特征值时，锚固体整体保持稳定的能力。

2.2　符　　号

A_s——锚杆杆体的截面面积；

c——土体的黏聚力；

D_1——锚杆钻孔直径；

D_2——锚杆扩大头直径；

E_s——锚杆杆体弹性模量；

F_m——整根钢绞线所能承受的最大力；

F_{py}——整根钢绞线的设计力；

f_{ptk}、f_{py}——钢绞线和热处理钢筋的抗拉强度标准值、设计值；

f_{yk}、f_y——预应力混凝土用螺纹钢筋和普通热轧钢筋的抗拉强度标准值、设计值；

f_{mg}——锚固段注浆体与地层的摩阻强度标准值；

f_{ms}——锚固段注浆体与锚杆杆体的粘结强度标准值；

K——锚杆抗拔安全系数，即锚固段注浆体与地层的抗拔安全系数；

K_a、K_p、K_0——土体的主动土压力系数、被动土压力系数、静止土压力系数；

K_F——抗浮锚杆稳定安全系数；

K_s——锚杆杆体与注浆体的粘结安全系数；

K_t——锚杆杆体的抗拉断综合安全系数；

k_T——锚杆杆体的轴向刚度系数；

L_c——锚杆杆体的变形计算长度；

L_D、L_d、L_f——锚杆的扩大头长度、非扩大头锚固段长度、自由段长度；

N_k——锚杆拉力标准值；

P——锚杆试验时对锚杆施加的荷载值；

p_D——扩大头前端土体对扩大头的抗力强度值；

S、S_e、S_p——锚杆的总位移、弹性位移、塑性位移；

T_{ak}——锚杆抗拔力特征值；

T_{uk}——锚杆抗拔力极限值；

α——锚杆倾角；

ζ——当锚杆采用 2 根或 2 根以上钢筋或钢绞线时，钢筋或钢绞线与注浆体的粘结强度降低系数；

ξ——锚杆在拉力作用下扩大头向前位移时反映土的挤密效应的侧压力系数；

ψ——扩大头长度对钢筋或钢绞线与扩大头注浆体粘结强度的影响系数；

φ、φ'——土体的内摩擦角、有效内摩擦角。

3 基本规定

3.0.1 高压喷射扩大头锚杆的设计使用年限应与所

服务的建（构）筑物的设计使用年限相同，防腐保护等级和构造应符合本规程第 4.3 节的规定。

3.0.2 高压喷射扩大头锚杆的监测和维护管理应符合所服务的建（构）筑物的相关要求。

3.0.3 锚杆的扩大头不应设在下列地层中：

　　1 有机质土；

　　2 淤泥或淤泥质土；

　　3 未经压实或改良的填土。

3.0.4 高压喷射扩大头锚杆的设计和施工应在搜集岩土工程勘察、工程场地和环境条件、主体建（构）筑物设计施工条件等方面资料的基础上进行，主要工作内容应符合下列规定：

　　1 搜集地层岩土的工程特性指标、地下水的分布状况、锚固地层的地层结构和整体稳定性、锚固地层对施工方法的适应性、地下水的腐蚀性等岩土工程条件；

　　2 搜集邻近场地的交通设施、地下管线、地下构筑物分布和埋深、相邻建（构）筑物现状、基础形式和埋深，以及水、电、材料供应条件等工程场地和环境条件资料；

　　3 搜集拟建建（构）筑物的平面布置图、基础或地下室的平面图和剖面图、基坑开挖图等资料；

　　4 搜集施工机械的设备条件、动力条件、施工机械的进出场及现场运行条件、建（构）筑物基础施工条件或方案等有关施工资料。

3.0.5 锚杆设计时，所采用的作用效应组合应符合所服务的建（构）筑物的相关要求。

4 设 计

4.1 一般规定

4.1.1 高压喷射扩大头锚杆的抗拔安全系数以及锚杆杆体与注浆体之间的粘结安全系数，应根据锚杆破坏的危害程度和锚杆的使用年限，按表 4.1.1 确定。

表 4.1.1 锚杆安全系数

等级	锚杆破坏的危害程度	锚杆抗拔安全系数 K		杆体与注浆体粘结安全系数 K_s	
		临时锚杆	永久锚杆	临时锚杆	永久锚杆
Ⅰ	危害大，且会造成公共安全问题	2.0	2.2	1.8	2.0
Ⅱ	危害较大，但不致造成公共安全问题	1.8	2.0	1.6	1.8
Ⅲ	危害较轻，且不致造成公共安全问题	1.6	2.0	1.4	1.6

4.1.2 锚杆的抗拔力极限值应根据现场基本试验确定。

4.1.3 设计文件应规定扩大头的设计长度、直径和施工工艺参数，应规定锚杆抗拔力特征值和张拉锁定值，并应规定锚杆的防腐等级。

4.1.4 锚杆锚头与外部承载构件的梁、板、台座的连接以及相关结构的尺寸和配筋应符合现行国家标准《混凝土结构设计规范》GB 50010 和《建筑地基基础设计规范》GB 50007 的规定。

4.2 材 料

4.2.1 高压喷射扩大头锚杆杆体采用的钢绞线应符合下列规定：

1 用于制作预应力锚杆杆体的钢绞线、环氧涂层钢绞线、无粘结钢绞线，应符合现行国家标准《预应力混凝土用钢绞线》GB/T 5224 的规定；预应力钢绞线的抗拉强度标准值 f_{ptk}、抗拉强度设计值 f_{py} 或整根钢绞线的设计力 F_{py} 应按本规程附录 A 表 A.0.1～表 A.0.3 的规定取值；

2 可回收锚杆和回转型锚杆杆体可采用无粘结钢绞线；

3 预应力钢绞线不应有接头。

4.2.2 高压喷射扩大头锚杆杆体采用的钢筋应符合下列规定：

1 锚杆抗拔力较大时宜采用预应力混凝土用螺纹钢筋或热处理钢筋。预应力混凝土用螺纹钢筋和热处理钢筋的力学性能指标应按本规程附录 A 表 A.0.4 和表 A.0.5 的规定取值；

2 锚杆抗拔力较小时可采用 HRB400 级或 HRB335 级钢筋。钢筋抗拉强度标准值 f_{yk} 和设计值 f_y 应按本规程附录 A 表 A.0.6 的规定取值；

3 锚杆杆体的连接应能承受杆体的极限抗拉力。

4.2.3 注浆材料采用的水泥应符合下列规定：

1 宜采用普通硅酸盐水泥，其质量应符合现行国家标准《通用硅酸盐水泥》GB 175 的规定；有防腐要求时可采用抗硫酸盐水泥，不宜采用高铝水泥；

2 应采用强度等级不低于 42.5 的水泥。

4.2.4 注浆材料所采用的水应符合下列规定：

1 拌合用水宜采用饮用水；当采用其他水源时，应经过试验确认对水泥浆体和杆体材料无害；

2 拌合用水的水质应符合现行行业标准《混凝土用水标准》JGJ 63，拌合水中酸、有机物和盐类等对水泥浆体和杆体有害的物质含量不得超标，不得影响水泥正常凝结和硬化。

4.2.5 注浆材料所采用的细骨料应符合下列规定：

1 采用水泥砂浆时，应选用最大颗粒小于 2.0mm 的砂；

2 砂的含泥量按重量计不得大于 3%；砂中云

母、有机质、硫化物和硫酸盐等有害物质的含量，按总重量计不得大于 1%。

4.2.6 可回收锚杆和回转型锚杆可采用合页夹形承载体、网筋注浆复合承载体、高分子聚酯纤维增强模塑料承载体或钢板承载体。锚杆施工前，对承载体应进行基本试验，承载体的承载能力应符合本规程表 4.1.1 锚杆抗拔安全系数的要求。

4.2.7 锚具应符合下列规定：

1 预应力筋用锚具、夹具和连接器的性能，均应符合现行国家标准《预应力筋用锚具、夹具和连接器》GB/T 14370 的规定；

2 预应力锚具的锚固力不应小于预应力杆体极限抗拉力的 95%，且实测达到极限抗拉力时的杆体总应变值不应小于 2%。

4.2.8 承压板和承载构件应符合下列规定：

1 承压板和承载构件的强度和构造必须满足锚杆极限抗拔力要求，以及锚具和结构物的连接构造要求；

2 承压板宜由钢板制作。

4.2.9 锚杆自由段应设置杆体隔离套管，套管内应充填防腐润滑油脂。套管材料应符合下列规定：

1 应具有足够的强度和柔韧性，在加工和安装的过程中不易损坏；

2 应具有防水性和化学稳定性，对杆体材料无不良影响；

3 应具有防腐蚀性，与水泥浆和防腐润滑油脂接触无不良反应；

4 不影响杆体的弹性变形。

4.2.10 杆体自由段隔离套管内所充填的防腐润滑油脂和无粘结钢绞线的防腐材料应满足现行行业标准《无粘结预应力筋专用防腐润滑脂》JG/T 3007 的技术要求。防腐材料在锚杆的设计使用期限内，应符合下列规定：

1 应保持防腐性能和物理稳定性；

2 应具有防水性和化学稳定性，不得与周围介质和相邻材料发生不良反应；

3 不得对锚杆自由段的变形产生限制和不良影响；

4 在规定的工作温度内和张拉过程中，不得开裂、变脆或成为流体。

4.2.11 锚杆锚固段和自由段设置的杆体定位器应采用钢、塑料或其他对杆体无害的材料制成，不得采用木质材料。定位器的形状和大小不影响注浆浆液的自由流动。

4.2.12 注浆管应具有足够的内径和耐压能力，能保证浆液压至钻孔的底部，并满足施工工艺参数的要求。

4.3 防 腐

4.3.1 地层介质对锚杆的腐蚀性评价，可根据环境类型、锚杆所处地层的渗透性、地下水位变化状态和地层介质中腐蚀成分的含量按照现行国家标准《岩土工程勘察规范》GB 50021分为微、弱、中、强四个腐蚀等级。抗浮锚杆和其他长期处于最低地下水位以下的锚杆可按长期浸水处理，边坡和基坑支护锚杆应按干湿交替处理。

4.3.2 强或中等腐蚀环境中的永久性锚杆和强腐蚀环境中的临时性锚杆应采用Ⅰ级防腐构造；弱腐蚀环境中的永久性锚杆和中等腐蚀环境中的临时性锚杆应采用Ⅱ级防腐构造；微腐蚀环境中的永久性锚杆和弱腐蚀环境中的临时性锚杆应采用Ⅲ级防腐构造。微腐蚀环境的临时性锚杆可不采取专门的防腐构造。

4.3.3 锚杆Ⅰ级防腐构造（图4.3.3）应符合下列规定：

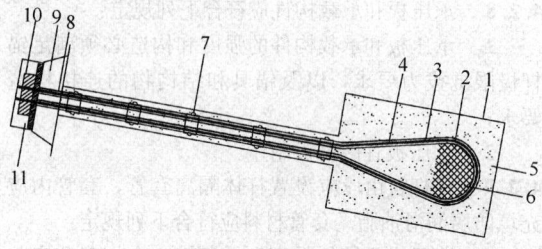

图4.3.3 Ⅰ级防腐锚杆构造

1—扩大头；2—锚杆杆体；3—套管；4—防腐油脂；5—注浆体；6—承载体；7—杆体定位器；8—水密性构造；9—承载构件；10—锚具；11—锚具罩

1 杆体应全部用套管或防腐涂层密封保护，应与地层介质完全隔离；杆体与套管的间隙应充填防腐油脂，必要时可采用双重套管密封保护；

2 杆体套管或防腐涂层应延伸进入过渡管或外部承载构件并应采用水密性接缝或构造；

3 锚头应采用锚具罩封闭保护；锚具罩应采用钢材或塑料制作，锚具罩应完全罩住锚具、垫板和杆体尾端，与混凝土支承面的接缝应采用水密性接缝。

4.3.4 锚杆Ⅱ级防腐构造应符合下列规定：

1 预应力锚杆（图4.3.4-1），杆体自由段应采用套管密封保护与地层介质隔离，杆体与套管的间隙

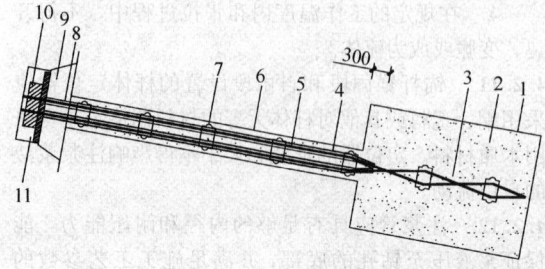

图4.3.4-1 Ⅱ级防腐预应力锚杆构造

1—扩大头；2—注浆体；3—锚杆杆体；4—套管；5—防腐油脂；6—自由段；7—杆体定位器；8—水密性构造；9—承载构件；10—锚具；11—锚具罩

应充填防腐油脂；扩大头段依靠注浆体保护，保护层厚度不应小于100mm；自由段套管应延伸进入过渡管或承载构件并应采用水密性接缝或构造；自由段套管与扩大头段注浆体的搭接长度不应小于300mm。

2 非预应力锚杆（图4.3.4-2），扩大头段体依靠注浆体保护，保护层厚度不应小于100mm；非扩大头段杆体应采用防腐涂层保护，且注浆体保护层厚度不应小于20mm；防腐涂层应进入承载构件并应采用水密性接缝或构造；防腐涂层进入扩大头的搭接长度不应小于300mm。

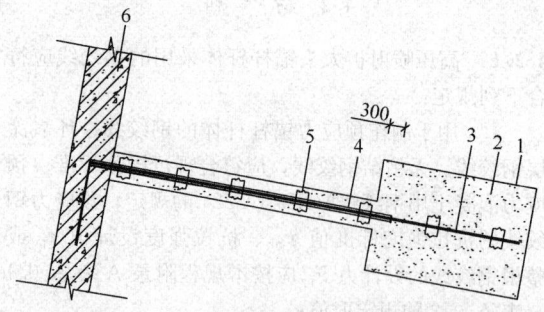

图4.3.4-2 Ⅱ级防腐非预应力锚杆构造

1—扩大头；2—注浆体；3—锚杆杆体；4—杆体防腐涂层；5—杆体定位器；6—承载构件

4.3.5 锚杆Ⅲ级防腐构造应符合下列规定：

1 锚头位于地面或坡面的锚杆，锚头至地下水位变幅最低点和冻融最深点以下2m范围内的锚杆杆体，应采用内充防腐油脂的套管密封保护，或采用防腐涂层保护；套管或防腐涂层应延伸进入过渡管或外部承载构件并应采用水密性接缝或构造；

2 锚头位于地下室底板的锚杆，锚头至地下室底板底面以下2m范围内的锚杆杆体，应采用内充防腐油脂的套管密封保护，或采用防腐涂层保护；套管或防腐涂层应延伸进入过渡管或底板混凝土并应采用水密性接缝或构造。

4.3.6 扩大头注浆体应针对地层介质中腐蚀成分的类别按现行国家标准《工业建筑防腐蚀设计规范》GB 50046的规定采用能抗耐地层介质腐蚀的水泥或掺入耐腐蚀材料。

4.3.7 永久性锚杆锚头防腐保护应符合下列规定：

1 预应力锚杆在预应力张拉作业完成后，应及时进行保护；

2 需调整拉力的锚杆，应采用可调节拉力的锚具，锚具和承压板应采用锚具罩封闭，锚具罩内应填充防腐油脂；

3 不需调整拉力的锚杆，锚具和承压板可采用混凝土封闭，封锚混凝土保护层最小厚度不应小于50mm，封锚混凝土与承载构件之间应设置锚筋或钢丝网。

4.3.8 临时性锚杆锚头防腐保护应符合下列规定：

1 在腐蚀环境中，锚具和承压板应装设锚具

罩，锚具罩内应充填防腐油脂；

2 在非腐蚀环境中，外露锚具和承压板可采用防腐涂层保护。

4.3.9 防腐涂层的材料和厚度应符合现行国家标准《工业建筑防腐蚀设计规范》GB 50046 的规定。

4.3.10 在正常使用期间若锚杆防腐体系发生破坏或失效，应及时采取有效的修补措施。

4.4 抗 浮 锚 杆

4.4.1 抗浮锚杆可根据建（构）筑物结构和荷载特点采用非预应力锚杆或预应力锚杆，锚杆的防腐构造等级应根据地层介质的腐蚀性和锚杆类别按本规程第 4.3.1 条和第 4.3.2 条的规定采用。

4.4.2 Ⅰ级防腐等级的抗浮锚杆，可采用回转型预应力钢绞线锚杆（图 4.4.2），钢绞线应采用无粘结钢绞线或有外套保护管的无粘结钢绞线。

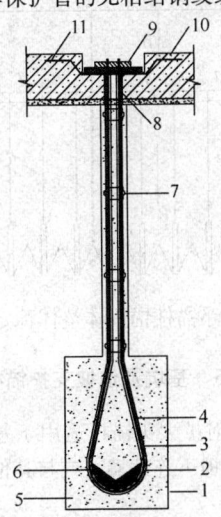

图 4.4.2 Ⅰ级防腐抗浮预应力钢绞线锚杆构造

1—扩大头；2—锚杆杆体；3—套管；4—防腐油脂；5—注浆体；6—合页夹形承载体；7—杆体定位器；8—水密性构造；9—锚具；10—地下室底板；11—附加筋

4.4.3 Ⅱ级防腐等级的抗浮锚杆，可采用非预应力钢筋锚杆（图 4.4.3-1）或预应力钢绞线锚杆（图 4.4.3-2）。

4.4.4 Ⅲ级防腐等级的抗浮锚杆，可采用非预应力钢筋锚杆（图 4.4.4-1）或预应力钢绞线锚杆（图 4.4.4-2）。

4.4.5 非预应力钢筋锚杆杆体材料可采用普通螺纹钢筋或预应力混凝土用螺纹钢筋。钢筋伸入混凝土梁板内的锚固长度应符合现行国家标准《混凝土结构设计规范》GB 50010 的要求，钢筋伸入混凝土内的垂直长度不应小于基础梁高度或板厚度的一半，且不应小于 300mm。钢筋直径较大不宜弯折时，可采用锚板锚固在梁板混凝土内。预应力混凝土用螺纹钢筋严禁采用焊接接长，其杆体定位器严禁采用焊接安装。

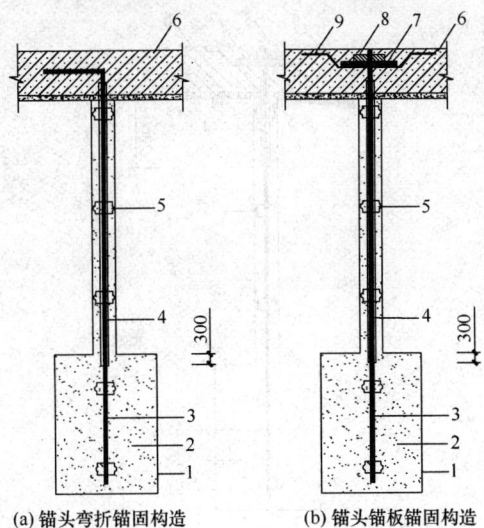

(a) 锚头弯折锚固构造   (b) 锚头锚板锚固构造

图 4.4.3-1 Ⅱ级防腐抗浮非预应力钢筋锚杆构造

1—扩大头；2—注浆体；3—锚杆杆体；4—杆体防腐涂层；5—杆体定位器；6—地下室底板；7—锚板；8—锚具；9—附加筋

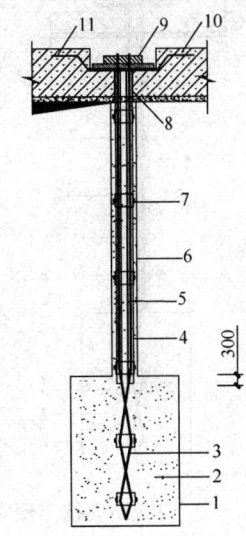

图 4.4.3-2 Ⅱ级防腐抗浮预应力钢绞线锚杆构造

1—扩大头；2—注浆体；3—锚杆杆体；4—套管；5—防腐油脂；6—自由段；7—杆体定位器；8—水密性构造；9—锚具；10—地下室底板；11—附加筋

4.4.6 预应力锚杆的锚头可采用混凝土封闭，封闭应符合底板结构的防水要求。

4.4.7 抗浮锚杆的平面布置，应根据浮力大小的区域变化和底板结构形式确定，并可考虑减小底板（梁）弯矩和厚度的要求。

4.4.8 抗浮锚杆的长度不宜小于 6m，扩大头长度不宜小于 2m，锚杆间距不应小于 2m。锚杆长度和间距应满足锚固体整体稳定性要求。

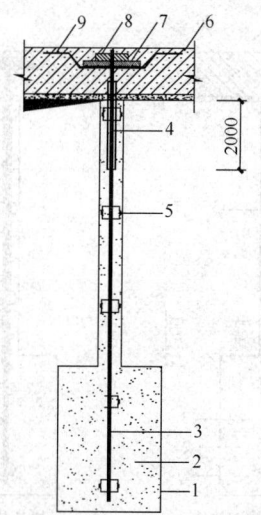

图 4.4.4-1　Ⅲ级防腐抗浮非预应力钢筋锚杆构造

1—扩大头；2—注浆体；3—锚杆杆体；4—杆体防腐
涂层；5—杆体定位器；6—地下室底板；7—锚板；
8—锚具；9—附加筋

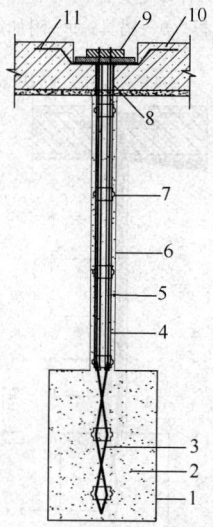

图 4.4.4-2　Ⅲ级防腐抗浮预应力
钢绞线锚杆构造

1—扩大头；2—注浆体；3—锚杆杆体；4—
套管；5—防腐油脂；6—自由段；7—杆体定
位器；8—水密性构造；9—锚具；10—地下
室底板；11—附加筋

4.4.9　地下室整体和任一局部区域抗浮锚杆的抗拔力均应满足抵抗浮力的要求，其根数 n 按式（4.4.9-1）计算：

$$n \geqslant \frac{F_w - W}{T_{ak}} \qquad (4.4.9\text{-}1)$$

式中：F_w——作用于地下室整体或某一局部区域的
浮力（kN）；

W——地下室整体或某一局部区域内抵抗浮

力的建筑物总重量（不包括活荷载）
（kN）；

T_{ak}——单根抗浮锚杆的抗拔力特征值（kN）。

地下室整体和任一局部区域锚固体还均应满足锚固体整体稳定性要求，可按式（4.4.9-2）验算：

$$K_F = \frac{W' + W}{F_w} \geqslant 1.05 \qquad (4.4.9\text{-}2)$$

式中：K_F——抗浮稳定安全系数；

W'——地下室整体或某一局部区域内锚固范
围土体的有效重量（kN）。锚固范围的
深度可按锚杆底部破裂面以上范围计
算，破裂角可取 $30°$；平面范围可按地
下室周边锚杆的包络面积计算，或取
该局部区域周边锚杆与相邻锚杆的中
分线（图 4.4.9）。

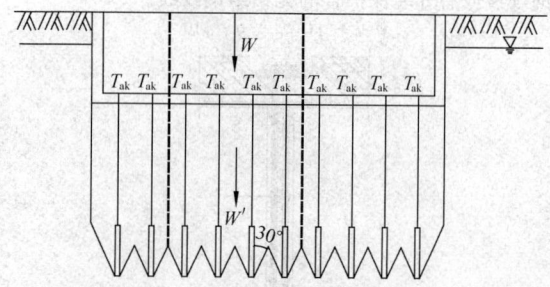

图 4.4.9　抗浮锚杆锚固体整体稳定计算示意图

4.5　基坑及边坡支护锚杆

4.5.1　高压喷射扩大头锚杆适用于基坑及边坡支护锚拉排桩、锚拉地下连续墙，或与其他支护结构联合使用。

4.5.2　锚杆扩大头应设置于具有一定埋深的稍密或稍密以上的碎石土、砂土、粉土以及可塑或可塑状态以上的黏性土中。

4.5.3　锚杆的布置应避免对相邻建（构）筑物的基础产生不良影响。

4.5.4　临时性锚杆应采用预应力钢绞线锚杆；永久性锚杆根据使用要求和地质条件，可选用非预应力锚杆或预应力锚杆（图 4.5.4）。

4.5.5　锚杆的倾角不宜小于 $20°$，且不应大于 $45°$。

4.5.6　锚杆自由段的长度应按穿过潜在破裂面之后不小于锚孔孔口到基坑底距离的要求来确定，可按式（4.5.6）计算（图 4.5.6），且不应小于 10m；当扩大头前端有软土时，锚杆自由段长度还应完全穿过软土层。

$$L_f = \frac{(h_1 + h_2)\sin\left(45° - \dfrac{\varphi}{2}\right)}{\sin\left(45° + \dfrac{\varphi}{2} + \alpha\right)} + h_1 \qquad (4.5.6)$$

式中：L_f——锚杆自由段长度；

h_1——锚杆锚头中点至基坑底面的距离（m）；

h_2——净土压力零点（主动土压力等于被动土压力）到基坑底面的深度（m）；

φ——土体的内摩擦角（°）；对非均质土，可取净土压力零点至地面各土层的厚度加权平均值。

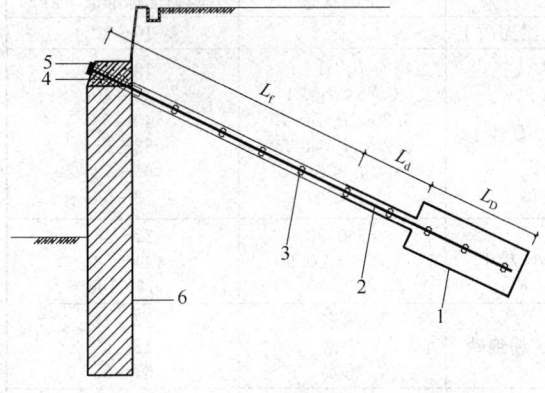

(a) 基坑支护锚杆

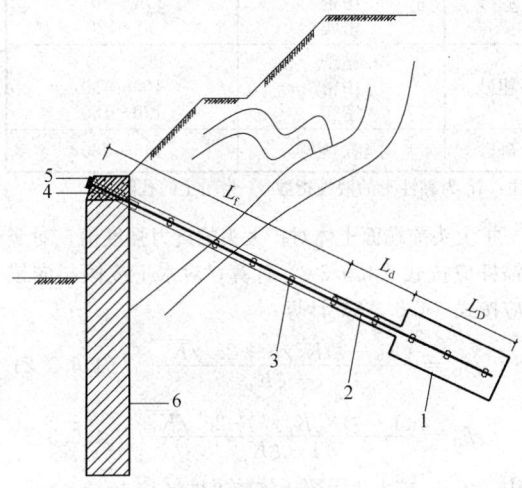

(b) 边坡支护锚杆

图 4.5.4　支护锚杆结构示意

1—扩大头；2—锚杆杆体；3—杆体定位器；4—过渡管；5—锚头；6—支护桩；

L_f—自由段；L_d—非扩大头锚固段；L_D—扩大头段

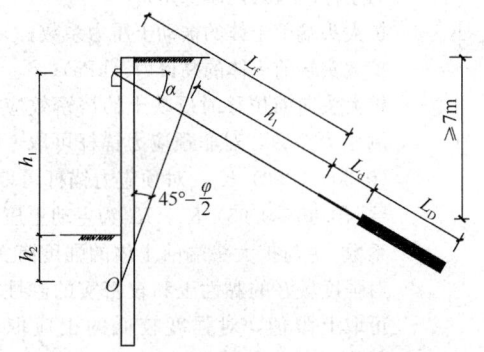

图 4.5.6　锚杆自由段长度计算简图

4.5.7　扩大头长度宜为 2m～6m，应按本规程第 4.6.5 条的规定计算确定；锚固段总长度（含扩大

长度）宜为 6m～10m，普通锚固段长度宜为 1m～4m。扩大头最小埋深不应小于 7m。

4.5.8　锚杆间距应符合下列规定：

　　1　水平间距不应小于 1.8m，竖向间距不应小于 3m；

　　2　扩大头的水平净距不应小于扩大头直径的 1 倍，且不应小于 1.0m，竖向净距不应小于扩大头直径的 2 倍；

　　3　当间距较小时，应加大锚杆长度、加大扩大头埋深，并将扩大头合理错开布置。

4.5.9　锚杆的长度、埋深和间距应满足锚固体稳定性要求。

4.5.10　对于允许位移较小、位移控制较严格的支护工程或其关键部位，或已建基坑及边坡支护工程出现位移过大和地面开裂等情况需进行加固时，应按位移控制的要求设计位移控制锚杆。

4.5.11　位移控制锚杆的结构布置应符合下列规定：

　　1　扩大头应设置在基坑开挖影响范围以外的稳定地层之中；

　　2　扩大头应设置于较密实的砂土、粉土或强度较高、压缩性较低的黏性土中；

　　3　锚头至扩大头应全长设置为自由段。

4.5.12　位移控制锚杆扩大头的设置除应符合本规程第 4.5.5～4.5.11 条的规定以外，尚应符合下列规定：

　　1　扩大头前端有软土层时，前端面到软土的距离不应小于扩大头直径的 7 倍；

　　2　扩大头前端面到潜在滑裂面的距离不应小于扩大头直径的 12 倍，扩大头的埋深不应小于扩大头直径的 15 倍；

　　3　基坑坡体土质条件较差时，可将扩大头设置在基坑底高程之下。

4.5.13　位移控制锚杆应按 I 级安全等级设计，且在计算土压力时应根据控制位移的要求和土层力学条件，按位移与土压力的对应关系选取土压力值，必要时可取静止土压力值。

4.5.14　张拉锁定时，位移控制锚杆最大张拉荷载应为抗拔力特征值的 1.2 倍。

4.5.15　回转型锚杆杆体可采用无粘结钢绞线，承载体可采用合页夹形承载体、网筋注浆复合型承载体。

4.5.16　基坑及边坡支护锚杆除抗拔力应满足支护体系结构计算的要求外，锚杆锚固体尚应满足整体稳定性要求。锚固体整体稳定性验算可按本规程附录 B 执行，稳定安全系数不应小于 1.5。

4.6　锚杆结构设计计算

4.6.1　高压喷射扩大头锚杆的拉力应根据所服务的建（构）筑物的结构状况，按照国家现行标准《建筑结构荷载规范》GB 50009、《混凝土结构设计规范》GB 50010、《建筑边坡工程技术规范》GB 50330 和《建筑基坑支护技术规程》JGJ 120 确定。

4.6.2 扩大头直径应根据土质和施工工艺参数通过现场试验确定；无试验资料时，可按表4.6.2选用，或者根据类似地质条件的施工经验选用，施工时应通过现场试验或试验性施工验证。

表 4.6.2 高压喷射扩大头锚杆扩大头直径参考值

土　质		扩大头直径 D_2 (m)		
		水泥浆扩孔	水和水泥浆扩孔	水和水泥浆复喷扩孔
黏性土	$0.5 \leqslant I_L < 0.75$	0.4～0.7	0.6～0.9	0.7～1.1
	$0.25 \leqslant I_L < 0.5$	—	0.5～0.8	0.6～1.0
	$0 \leqslant I_L < 0.25$	—	0.4～0.7	0.45～0.9
砂土	$0 < N < 10$	0.6～1.0	1.0～1.4	1.1～1.6
	$11 < N < 20$	0.5～0.9	0.9～1.3	1.0～1.5
	$21 < N < 30$	0.4～0.8	0.8～1.2	0.9～1.4
砾砂	$N < 30$	0.4～0.9	0.6～1.0	0.7～1.2

注：1 I_L 为黏性土液性指数，N 为标准贯入锤击数；
　　2 扩孔压力(25～30)MPa；喷嘴移动速度(10～25)cm/min；转速(5～15)r/min。

4.6.3 高压喷射扩大头锚杆的抗拔力极限值与土质、扩大头埋深、扩大头尺寸和施工工艺有关，应通过现场原位基本试验按本规程第6.2.7条的规定确定；无试验资料时，可按式（4.6.3-1）估算，但实际施工时必须经过现场基本试验验证确定。

$$T_{uk} = \pi \left[D_1 L_d f_{mg1} + D_2 L_D f_{mg2} + \frac{(D_2^2 - D_1^2) p_D}{4} \right]$$
(4.6.3-1)

式中：T_{uk}——锚杆抗拔力极限值（kN）；
D_1——锚杆钻孔直径（m）；
D_2——扩大头直径（m）；
L_d——锚杆普通锚固段的计算长度（m）。对非预应力锚杆，取实际长度减去两倍扩大头直径；对预应力锚杆取 $L_d = 0$；
L_D——扩大头长度（m）；
f_{mg1}——锚杆普通锚固段注浆体与土层间的摩阻强度标准值（kPa），通过试验确定；无试验资料时，可按表4.6.3取值；
f_{mg2}——扩大头注浆体与土层间的摩阻强度标准值（kPa），通过试验确定；无试验资料

时，可按表4.6.3取值；
p_D——扩大头前端面土体对扩大头的抗力强度值（kPa）。

表 4.6.3 注浆体与土层间的极限摩阻强度标准值

土质	土的状态	摩阻强度标准值（kPa）
淤泥质土	—	16～20
黏性土	$I_L > 1$	18～30
	$0.75 < I_L \leqslant 1$	30～40
	$0.50 < I_L \leqslant 0.75$	40～53
	$0.25 < I_L \leqslant 0.50$	53～65
	$0 < I_L \leqslant 0.25$	65～73
	$I_L < 0$	73～90
粉土	$e > 0.90$	22～44
	$0.75 < e \leqslant 0.90$	44～64
	$e < 0.75$	64～100
粉细砂	稍密	22～42
	中密	42～63
	密实	63～85
中砂	稍密	54～74
	中密	74～90
	密实	90～120
粗砂	稍密	80～120
	中密	100～130
	密实	120～150
砾砂	中密、密实	140～180

注：I_L 为黏性土的液性指数，e 为粉土的孔隙比。

扩大头前端面土体对扩大头的抗力强度值，对竖直锚杆应按式（4.6.3-2）计算；对水平或倾斜向锚杆应按式（4.6.3-3）计算：

$$p_D = \frac{(K_0 - \xi) K_p \gamma h + 2c \sqrt{K_p}}{1 - \xi K_p}$$
(4.6.3-2)

$$p_D = \frac{(1 - \xi) K_0 K_p \gamma h + 2c \sqrt{K_p}}{1 - \xi K_p}$$
(4.6.3-3)

式中：γ——扩大头上覆土体的重度（kN/m³）；
h——扩大头上覆土体的厚度（m）；
K_0——扩大头端前土体的静止土压力系数，可由试验确定；无试验资料时，可按有关地区经验取值，或取 $K_0 = 1 - \sin\varphi'$（φ' 为土体的有效内摩擦角）；
K_p——扩大头端前土体的被动土压力系数；
c——扩大头端前土体的黏聚力（kPa）；
ξ——扩大头向前位移时反映土的挤密效应的侧压力系数，对非预应力锚杆可取 $\xi = (0.50\sim0.90) K_a$，对预应力锚杆可取 $\xi = (0.85\sim0.95) K_a$，K_a 为主动土压力系数。ξ 与扩大头端前土体的强度有关，对强度较好的黏性土和较密实的砂性土可取上限值，对强度较低的土应取下限值。

4.6.4 锚杆抗拔力特征值应按下式确定：

$$T_{ak} = \frac{T_{uk}}{K} \geqslant N_k$$
(4.6.4)

式中：T_{ak}——锚杆抗拔力特征值（kN）；

T_{uk}——锚杆抗拔力极限值（kN）；

K——锚杆抗拔安全系数，按本规程表 4.1.1 取值；

N_k——荷载效应标准组合计算的锚杆拉力标准值（kN）。

4.6.5 扩大头长度尚应符合注浆体与杆体间的粘结强度安全要求，应按下式计算：

$$L_D \geq \frac{K_s T_{ak}}{n \pi d \zeta f_{ms} \psi} \qquad (4.6.5)$$

式中：K_s——杆体与注浆体的粘结安全系数，按本规程表 4.1.1 取值；

T_{ak}——锚杆抗拔力特征值（kN）；

L_D——锚杆扩大头的长度（m），当杆体自由段护套管或防腐涂层进入到扩大头内时，应取实际扩大头长度减去搭接长度；

d——杆体钢筋直径或单根钢绞线的直径（mm）；

f_{ms}——杆体与扩大头注浆体的极限粘结强度标准值（MPa），通过试验确定；当无试验资料时，可按本规程表 4.6.5 取值；

ζ——采用 2 根或 2 根以上钢筋或钢绞线时，粘结强度降低系数，竖直锚杆取 0.6～0.85；水平或倾斜向锚杆取 1.0；

ψ——扩大头长度对粘结强度的影响系数，按第 4.6.6 条取值；

n——钢筋的根数或钢绞线股数。

表 4.6.5　杆体与注浆体的极限粘结强度标准值

粘结材料	粘结强度标准值 f_{ms}（MPa）
水泥浆或水泥砂浆注浆体与螺纹钢筋	1.2～1.8
水泥浆或水泥砂浆注浆体与钢绞线	1.8～2.4

注：水泥强度等级不低于 42.5，水灰比 0.4～0.6。

4.6.6 扩大头长度对粘结强度的影响系数 ψ，应由试验确定；无试验资料时，可按表 4.6.6 取值。

表 4.6.6　扩大头长度对粘结强度的影响系数 ψ 建议值

锚固地层	土		层	
扩大头长度（m）	2～3	3～4	4～5	5～6
粘结强度影响系数 ψ	1.6	1.5	1.4	1.3

4.6.7 扩大头长度不能满足第 4.6.5 条规定或采用无粘结杆体时，可在扩大头长度范围内杆体上设置一个或多个承载体。承载体的承载力和数量应通过锚杆

基本试验确定，其安全系数不应小于表 4.1.1 中锚杆抗拔安全系数 K。

4.6.8 锚杆杆体的截面面积应符合下列公式规定：

$$A_s \geq \frac{K_t T_{ak}}{f_y} \qquad (4.6.8-1)$$

$$A_s \geq \frac{K_t T_{ak}}{f_{py}} \qquad (4.6.8-2)$$

式中：K_t——锚杆杆体的抗拉断综合安全系数，应根据锚杆的使用期限和防腐等级确定，临时性锚杆取 $K_t=1.1～1.2$，永久性锚杆取 $K_t=1.5～1.6$（其中，一级防腐应取上限值，二级防腐应取中值，三级防腐和三级以下应取下限值）；

T_{ak}——锚杆的抗拔力特征值（kN）；

f_y、f_{py}——预应力混凝土用螺纹钢筋和普通热轧钢筋的抗拉强度设计值、钢绞线和热处理钢筋的抗拉强度设计值（kPa）。

4.6.9 锚杆的轴向刚度系数应由试验确定。当无试验资料时可按下式估算：

$$k_T = \frac{A_s E_s}{L_c} \qquad (4.6.9)$$

式中：k_T——锚杆的轴向刚度系数（kN/m）；

A_s——锚杆杆体的截面面积（m²）；

E_s——锚杆杆体的弹性模量（kN/m²）；

L_c——锚杆杆体的变形计算长度（m），可取 $L_c = L_f～L_f+L_d$。

4.7　初始预应力

4.7.1 高压喷射扩大头锚杆用于建筑物抗浮的预应力锚杆时，其初始预应力（张拉锁值）应根据建筑物工作条件下地下水位变幅、地基承载能力和锚头承载结构状况等因素按预期的预应力值确定。

4.7.2 高压喷射扩大头锚杆用于基坑和边坡支护的预应力锚杆时，其初始预应力应根据地层条件和支护结构变形要求确定，宜取抗拔力特征值的 60%～85%。

5　施工和工程质量检验

5.1　一般规定

5.1.1 高压喷射扩大头锚杆施工所用的原材料和施工设备的主要技术性能应符合现行国家标准《工业建筑防腐蚀设计规范》GB 50046 和设计要求。

5.1.2 施工前应根据设计要求和地质条件进行现场工艺试验，调整和确定合适的工艺参数，检验扩大头直径和锚杆抗拔力。

5.1.3 扩大头直径的检验可采用下列方法：

1 有条件时可在相同地质单元或土层中进行扩孔试验，通过现场量测和现场开挖量测；

2 在正式施工前，应在锚杆设计位置进行试验性施工，计量水泥浆灌浆量，通过灌浆量计算扩大头直径；

3 在施工中应对每一根工程锚杆现场实时计量水泥浆灌浆量并通过灌浆量计算扩大头直径。

5.1.4 扩大头的位置和长度应根据达到设计要求的高压喷射压力和提升速度的起始和终止位置计算。

5.1.5 高压喷射扩大头锚杆施工采用的钻机宜具有自动监测记录钻头钻进和提升速度、钻头深度以及扩孔过程中水或浆的压力和流量的功能，在施工过程中应对每一根锚杆全过程监测记录钻头深度、钻头钻进和提升速度、水或浆的压力和流量等数据，应按本规程第5.1.3条第3款和第5.1.4条计算扩大头位置、长度和直径。

5.1.6 试验锚杆达到28d龄期或浆体强度达到设计强度的80％后，应进行基本试验以检验抗拔力。扩大头直径的检测结果与抗拔力检测结果应反馈给设计人，必要时应调整有关设计参数。

5.1.7 工程锚杆达到28d龄期或浆体强度达到设计强度的80％后，应进行抗拔力验收试验以检验锚杆施工质量。当扩大头直径和长度的检测结果与抗拔力验收试验的检测结果不符时，应以抗拔力验收试验的结论为判定标准。

5.2 杆体制作

5.2.1 高压喷射扩大头锚杆杆体原材料的制作应符合下列规定：

1 杆体原材料上不应带有可能影响其与注浆体有效粘结或影响锚杆使用寿命的有害物质；受有害物质污染的杆体原材料不得使用；

2 钢筋、钢绞线或钢丝应采用切割机切断，不得采用电弧切割；

3 加工完成的杆体在储存、搬运、安放时，应避免机械损伤、介质侵蚀和污染。

5.2.2 钢筋锚杆杆体的制作应符合下列规定：

1 制作前钢筋应平直、除锈；

2 普通螺纹钢筋接长可采用焊接或机械连接；当采用双面焊接时，焊缝长度不应小于5倍钢筋直径；预应力混凝土用螺纹钢筋接长应采用专用连接器；

3 沿杆体轴线方向每隔1.0m～2.0m应设置一个杆体定位器，注浆管应与杆体绑扎牢固，绑扎材料不宜采用镀锌材料；

4 当锚杆的杆体采用预应力混凝土用螺纹钢筋时，严禁在杆体上进行任何电焊操作。

5.2.3 钢绞线或高强钢丝锚杆杆体的制作应符合下列规定：

1 钢绞线或高强钢丝应清除锈斑，下料长度应考虑钻孔深度和张拉锁定长度，应确保有效长度不小于设计长度；

2 钢绞线或高强钢丝应平直排列，应在杆体全长范围内沿杆体轴线方向每隔1.0m～1.5m设置一个定位器，注浆管应与杆体绑扎牢固，绑扎材料不宜采用镀锌材料；

5.2.4 回转型锚杆杆体的制作应符合下列规定：

1 用作可回收锚杆的回转型锚杆，杆体材料可采用无粘结钢绞线；用作腐蚀环境中的永久性锚杆，杆体材料应采用无粘结钢绞线，必要时应采用有外套保护管的无粘结钢绞线；

2 采用网筋注浆复合承载体时，网筋设置长度不应小于扩大头长度，并应包围杆体回转段四周；采用合页夹形承载体时应保证合页夹与钢绞线可靠连接且合页夹进入扩大头后能自由张开；采用聚酯纤维承载体时，无粘结钢绞线应绕承载体弯曲成U形，并应采用钢带与承载体绑扎牢固；采用钢板承载体时，挤压锚固件应与钢板可靠连接；

3 安装承载体时，不得损坏钢绞线的防腐油脂和外包塑料（HDPE或PP）软管。

5.2.5 锚杆杆体的储存应符合下列规定：

1 杆体制作完成后应尽早使用，不宜长期存放；

2 制作完成的杆体不得露天存放，宜存放于干燥清洁的场所。应避免机械损伤或油渍溅落在杆体上；

3 当存放环境相对湿度超过85％时，杆体外露部分应进行防潮处理；

4 对存放时间较长的杆体，在使用前应进行严格检查。

5.3 钻 孔

5.3.1 高压喷射扩大头锚杆钻孔应符合下列规定：

1 钻孔前，应根据设计要求和地层条件，定出孔位，作出标记；

2 锚杆水平、垂直方向的孔距误差不应大于100mm；钻头直径不应小于设计钻孔直径3mm；

3 钻孔角度偏差不应大于2°；

4 锚杆钻孔的深度不应小于设计长度，且不宜大于设计长度500mm。

5.3.2 在不会出现塌孔和涌砂流土的稳定地层中，对于竖直向锚杆可采用钻杆钻孔；对于下列各种情形均应采用套管护壁钻孔：

1 存在不稳定地层；

2 存在受扰动易出现涌砂流土的粉土；

3 存在易塌孔的砂层；

4 存在易缩颈的淤泥等软土地层；

5 水平或水平向倾斜锚杆；

6 回转型锚杆。

5.4 扩 孔

5.4.1 高压喷射扩大头锚杆的高压喷射扩孔施工工艺参数应根据土质条件和扩大头直径通过试验或工程经验确定，正式施工前应进行试验性施工验证，并应在施工中严格控制。

5.4.2 扩孔的喷射压力不应小于 20MPa，喷嘴给进或提升速度可取（10～25）cm/min，喷嘴转速可取（5～15）r/min。

5.4.3 用于扩孔的水应符合本规程第 4.2.4 条的要求。

5.4.4 高压喷射注浆的水泥，宜采用强度等级不低于 42.5 的普通硅酸盐水泥。

5.4.5 水泥浆液的水灰比应按工艺和设备要求确定，可取 1.0～1.5。

5.4.6 连接高压注浆泵和钻机的输送高压喷射液体的高压管的长度不宜大于 50m。

5.4.7 当喷射注浆管贯入锚孔中，喷嘴达到设计扩大头位置时，可按设计规定的工艺参数进行高压喷射扩孔。喷管应均匀旋转、均匀提升或下沉，由上而下或由下而上进行高压喷射扩孔。喷射管分段提升或下沉的搭接长度不得小于 100mm。

5.4.8 高压喷射扩孔可采用水或水泥浆。采用水泥浆液扩孔工艺时，应至少上下往返扩孔两遍；采用清水扩孔工艺时，最后还应采用水泥浆液扩孔一遍。

5.4.9 在高压喷射扩孔过程中出现压力骤然下降或上升时，应查明原因并应及时采取措施，恢复正常后方可继续施工。

5.4.10 施工中应严格按照施工参数施工，应按本规程附录 C.0.1 的表格由钻机自动监测记录并按本规程附录 C.0.2 的表格做好各项记录。

5.5 杆 体 安 放

5.5.1 高压喷射扩大头锚杆扩孔完成后，应立即取出喷管并将锚杆杆体放入锚孔到设计深度。采用套管护壁钻孔时，应在杆体放入钻孔到设计深度后再将套管拔出。

5.5.2 锚杆杆体的安放应符合下列规定：

1 在杆体放入锚孔前，应检查杆体的长度和加工质量，确保满足设计要求；

2 安放杆体时，应防止扭结和弯曲；注浆管宜随杆体一同放入锚孔，注浆管到孔底的距离不应大于 300mm；

3 安放杆体时，不得损坏防腐层，不得影响正常的注浆作业；杆体安放后，不得随意敲击，不得悬挂重物；

4 锚杆杆体插入孔内的深度不应小于设计长度；杆体角度偏差不应大于 2%。

5.6 注 浆

5.6.1 高压喷射扩大头锚杆注浆应符合下列规定：

1 向下倾斜或竖向的锚杆注浆，注浆管的出浆口至孔底的距离不应大于 300mm，浆液应自下而上连续灌注，且应确保从孔内顺利排水、排气；

2 向上倾斜的锚杆注浆，应在孔口设置密封装置，将排气管端口设于孔底，注浆管的出浆口应设在离密封装置约 50cm 处；

3 注浆设备的浆液生产能力应能满足计划量的需要，额定压力应能满足注浆要求，采用的注浆管应能在 1h 内完成单根锚杆的连续注浆；

4 注浆后不得随意敲击杆体，也不得在杆体上悬挂重物。

5.6.2 注浆材料应根据设计要求确定，材料性质不得对杆体产生不良影响。宜采用水灰比为 0.4～0.6 的纯水泥浆。采用水泥砂浆时，应进行现场配比试验，检验其浆液的流动性和浆体强度能否达到设计和施工工艺的要求。

5.6.3 注浆浆液应搅拌均匀，随拌随用，并应在初凝前用完。应采取防止石块、杂物混入浆液的措施。

5.6.4 当孔口溢出浆液或排气管排出的浆液与注入浆液颜色和浓度一致时，方可停止注浆。

5.6.5 锚固段注浆体的抗压强度不应小于 20MPa，浆体强度检验用的试块数量，若单日施工的锚杆数量不足 30 根，则每累计 30 根锚杆不应少于一组；若单日施工的锚杆数量超过 30 根，则每天不应少于一组。每组试块的数量不应少于 6 个。

5.7 张拉和锁定

5.7.1 高压喷射扩大头锚杆采用预应力锚杆时，其张拉和锁定应符合下列规定：

1 锚杆承载构件的承压面应平整，并与锚杆轴线方向垂直；

2 锚杆张拉前应对张拉设备进行标定；

3 锚杆张拉应在同批次锚杆验收试验合格后，且承载构件的混凝土抗压强度值不低于设计要求时进行；

4 锚杆正式张拉前，应取 10%～20% 抗拔力特征值 T_{ak} 对锚杆预张拉 1 次～2 次，每次均应松开锚具工具夹片调平钢绞线后重新安装夹片，使杆体完全平直，各部位接触紧密；

5 锚杆应采用符合现行国家标准《预应力筋用锚具、夹具和连接器》GB/T 14370 和设计要求的锚具。

5.7.2 锚杆张拉至 $1.10T_{ak}$～$1.20T_{ak}$ 时，对砂性土层应持荷 10min，对黏性土层应持荷 15min，然后卸荷至设计要求的张拉锁定值进行锁定。锚杆张拉荷载的分级和位移观测时间应按表 5.7.2 的规定。

表 5.7.2 锚杆张拉荷载分级和位移观测时间

荷载分级	位移观测时间（min）		加荷速率（kN/min）
	岩层、砂土层	黏性土层	
$0.10T_{ak} \sim 0.20T_{ak}$	2	2	不大于 100
$0.50T_{ak}$	5	5	
$0.75T_{ak}$	5	5	
$1.00T_{ak}$	5	10	不大于 50
$1.10T_{ak} \sim 1.20T_{ak}$	10	15	

注：T_{ak}——锚杆抗拔力特征值。

5.7.3 抗浮预应力锚杆锁定时间的确定，应考虑现场条件和后续主体结构施工对预应力值的影响。

5.7.4 基坑支护预应力锚杆的锁定，应在该层锚杆孔口高程以下土方开挖之前完成。

5.8 工程质量检验

5.8.1 高压喷射扩大头锚杆原材料的质量检验应包括下列内容：

 1 原材料出厂合格证；

 2 材料现场抽检试验报告；

 3 锚杆浆体强度等级检验报告。

5.8.2 锚杆的抗拔力检验应按照本规程第 6.4 节验收试验的规定进行。抗拔力验收试验的数量不应小于工程锚杆总数的 5％且不少于 3 根。锚杆验收试验出现不合格锚杆时，应增加锚杆试验数量，增加的锚杆试验根数应为不合格锚杆的 3 倍。

5.8.3 锚杆的质量检验应符合表 5.8.3 的规定。

表 5.8.3 锚杆工程质量检验标准

项目	序号	检查项目	允许偏差或允许值	检查方法
主控项目	1	锚杆杆体插入长度（mm）	+100 −30	用钢尺量
	2	锚杆拉力特征值（kN）	设计要求	现场抗拔试验
	3	扩孔压力（MPa）	±10％	钻机自动监测记录或现场监测
	4	喷嘴给进和提升速度（cm/min）	±10％	钻机自动监测记录或现场监测
	5	扩大头长度（mm）	±100	钻机自动监测记录或现场监测
	6	扩大头直径（mm）	≥1.0 倍设计直径	钻机自动监测记录

续表 5.8.3

项目	序号	检查项目	允许偏差或允许值	检查方法
一般项目	1	锚杆位置（mm）	100	用钢尺量
	2	钻孔倾斜度（°）	±2	测斜仪等
	3	浆体强度（MPa）	设计要求	试样送检
	4	注浆量（L）	大于理论计算浆量	检查计量数据
	5	杆体总长度（m）	不小于设计长度	用钢尺量

5.8.4 锚杆工程验收应提交下列资料：

 1 原材料出厂合格证、原材料现场抽检试验报告、水泥浆或水泥砂浆试块抗压强度等级试验报告；

 2 按本规程附录 C 的内容和格式提供的钻机自动监测记录和锚杆工程施工记录；

 3 锚杆验收试验报告；

 4 隐蔽工程检查验收记录；

 5 设计变更报告；

 6 工程重大问题处理文件；

 7 竣工图。

5.9 不合格锚杆处理

5.9.1 对抗拔力不合格的锚杆，应废弃或降低标准使用。

5.9.2 锚杆抗拔力验收试验出现不合格锚杆时，在不影响结构整体受力的条件下，可分区按力学效用相同的不合格锚杆占总量的比率推算锚杆实际总抗拔力与设计总抗拔力的差值，按不小于差值的原则增补锚杆。

6 试 验

6.1 一般规定

6.1.1 高压喷射扩大头锚杆的最大试验荷载不宜大于锚杆杆体极限承载力的 80％。

6.1.2 试验用计量仪表（压力表、测力计、位移计）应满足测试要求的精度和量程。

6.1.3 试验用加荷装置（千斤顶、油泵）的额定压力应满足最大试验荷载的要求。

6.1.4 锚杆抗拔试验应在注浆体满 28d 龄期或注浆体强度达到设计强度 80％后进行。

6.2 基 本 试 验

6.2.1 高压喷射扩大头锚杆应进行现场基本试验以确定锚杆的抗拔力极限值。

6.2.2 锚杆基本试验采用的地层条件、杆体材料、锚杆参数和施工工艺应与工程锚杆相同，且试验数量不应少于3根。为得出锚固体的抗拔力极限值，避免杆体先行断裂，当杆体强度不能满足本规程第6.1.1条时，可加大杆体的截面面积。

6.2.3 锚杆基本试验应采用分级循环加荷，加荷等级和位移观测时间应符合表6.2.3的规定。

6.2.4 锚杆基本试验出现下列情况之一时，可判定锚杆破坏：

1 后一级荷载产生的锚头位移增量达到或超过前一级荷载产生的位移增量的2倍；

2 锚头位移持续增长；

3 锚杆杆体破坏。

**表 6.2.3 锚杆基本试验循环加荷
等级和观测时间**

预应力锚杆 加荷量 $\dfrac{P}{A_s f_{ptk}}$（%）或 $\dfrac{P}{A_s f_{yk}}$（%）	初始荷载	—	—	—	10	—	—	—
	第一循环	10	—	—	30	—	—	10
	第二循环	10	30	—	40	—	30	10
	第三循环	10	30	40	50	40	30	10
	第四循环	10	40	50	60	50	40	10
	第五循环	10	50	60	70	60	50	10
	第六循环	10	60	70	80	70	60	10
观测时间（min）		5	5	5	10	5	5	5

注：1 第五循环前加荷速率为100kN/min，第六循环的加荷速率为50kN/min；

  2 在每级加荷观测时间内，测读位移不应少于3次；

  3 在每级加荷观测时间内，锚头位移增量小于0.1mm时，可施加下一级荷载，否则应延长观测时间，直至锚头位移增量在2h内小于2.0mm时，方可施加下一级荷载。

6.2.5 锚杆基本试验结果宜按荷载与对应的锚头位移列表整理，并按本规程附录D绘制锚杆荷载-位移（P-S）曲线、锚杆荷载-弹性位移（P-S_e）曲线和锚杆荷载-塑性位移（P-S_p）曲线。

6.2.6 单根锚杆抗拔力极限值应取破坏荷载的前一级荷载。在最大试验荷载下未达到本规程第6.2.4条规定的破坏标准时，锚杆的抗拔力极限值应取最大试验荷载。

6.2.7 当每组试验锚杆抗拔力极限值的极差与平均值的比值不大于0.3时，应取平均值的95%与最小值之间的较大者作为锚杆抗拔力极限值。当极差与平均值的比值大于0.3时，可增加试验锚杆数量，分析极差过大的原因，结合工程具体情况确定抗拔力极

限值。

6.3 蠕 变 试 验

6.3.1 对用于塑性指数大于17的土层中的高压喷射扩大头锚杆，应进行蠕变试验。进行蠕变试验的锚杆不得少于3根。

6.3.2 锚杆蠕变试验的加荷等级和观测时间应符合表6.3.2的规定。在观测时间内荷载应保持恒定。

表 6.3.2 锚杆蠕变试验的加荷等级和观测时间

加荷等级	观测时间（min）	
	临时性锚杆	永久性锚杆
$0.25 T_{ak}$	—	10
$0.50 T_{ak}$	10	30
$0.75 T_{ak}$	30	60
$1.00 T_{ak}$	60	120
$1.25 T_{ak}$	90	240
$1.50 T_{ak}$	120	360

6.3.3 在每级荷载下按时间1、2、3、4、5、10、15、20、30、45、60、75、90、120、150、180、210、240、270、300、330、360min记录蠕变量。

6.3.4 试验结果可按荷载-时间-蠕变量整理，并按本规程附录E绘制蠕变量-时间对数（S-lgt）曲线。蠕变率可由下式计算：

$$K_c = \frac{S_2 - S_1}{\lg t_2 - \lg t_1} \tag{6.3.4}$$

式中：S_1——t_1时所测得的蠕变量；

  S_2——t_2时所测得的蠕变量。

6.3.5 锚杆在最后一级荷载作用下的蠕变率不应大于2.0mm/对数周期。

6.4 验 收 试 验

6.4.1 永久性的高压喷射扩大头锚杆最大试验荷载不应小于锚杆抗拔力特征值的1.5倍；临时性锚杆的最大试验荷载不应小于锚杆抗拔力特征值的1.2倍。

6.4.2 验收试验应分级加荷，初始荷载宜取锚杆抗拔力特征值的10%，分级加荷值宜取锚杆抗拔力特征值50%、75%、1.00倍、1.20倍、1.35倍和1.50倍。

6.4.3 验收试验中，每级荷载的稳定时间均不小于5min，最后一级荷载的稳定时间应为10min，并应记录每级荷载下的位移增量。如在上述稳定时间内锚头位移增量不超过1.0mm，可认为锚头位移收敛稳定；否则该级荷载应再维持50min，并在20、30、40、50和60min时记录锚杆位移增量。

6.4.4 加荷至最大试验荷载并观测10min，待位移稳定后即卸荷，然后加荷至锁定荷载锁定。试验结果应按本规程附录F绘制荷载-位移（P-S）曲线。

6.4.5 对预应力锚杆，当符合下列要求时，应判定验收合格：

1 在最大试验荷载下所测得的弹性位移量，应大于该荷载下杆体自由段长度理论弹性伸长值的60%（非位移控制锚杆）或80%（位移控制锚杆），且小于锚头到扩大头之间杆体长度的理论弹性伸长值；

2 在最后一级荷载作用下锚头位移应收敛稳定。

6.4.6 对非预应力锚杆，当符合下列要求时，应判定验收合格：

1 在抗拔力特征值荷载下所测得的位移量应小于锚杆工作位移允许值；

2 在最后一级荷载作用下锚头位移应收敛稳定。

附录 A 锚杆杆体材料力学性能

A.0.1 1×2结构钢绞线的力学性能应符合表A.0.1的规定。

表 A.0.1 1×2结构钢绞线力学性能

钢绞线结构	钢绞线公称直径 D_n (mm)	钢绞线参考截面面积 A_s (mm²)	抗拉强度标准值 f_{ptk} (MPa)	抗拉强度设计值 f_{py} (MPa)	整根钢绞线的最大力 F_m (kN)	整根钢绞线的设计力 F_{py} (kN)
1×2	5.00	9.82	1570	1110	15.4	10.9
			1720	1220	16.9	12.0
			1860	1320	18.3	13.0
			1960	1400	19.2	13.7
	5.80	13.2	1570	1110	20.7	14.6
			1720	1220	22.7	16.1
			1860	1320	24.6	17.5
			1960	1400	25.9	18.5
	8.00	25.1	1470	1040	36.9	26.0
			1570	1110	39.4	27.9
			1720	1220	43.2	30.6
			1860	1320	46.7	33.2
			1960	1400	49.2	35.1
	10.00	39.3	1470	1040	57.8	40.7
			1570	1110	61.7	43.6
			1720	1220	67.6	47.9
			1860	1320	73.1	52.0
			1960	1400	77.0	54.9
	12.00	56.5	1470	1040	83.1	58.6
			1570	1110	88.7	62.7
			1720	1220	97.2	68.9
			1860	1320	105.0	74.7

注：钢绞线公称直径指钢绞线外接圆直径的名义尺寸。

A.0.2 1×3结构钢绞线的力学性能应符合表A.0.2的规定。

表 A.0.2 1×3结构钢绞线力学性能

钢绞线结构	钢绞线公称直径 D_n (mm)	钢绞线参考截面面积 A_s (mm²)	抗拉强度标准值 f_{ptk} (MPa)	抗拉强度设计值 f_{py} (MPa)	整根钢绞线的最大力 F_m (kN)	整根钢绞线的设计力 F_{py} (kN)
1×3	6.20	19.8	1570	1110	31.1	22.0
			1720	1220	34.1	24.2
			1860	1320	36.8	26.1
			1960	1400	38.8	27.7
	6.50	21.2	1570	1110	33.3	23.5
			1720	1220	36.5	25.9
			1860	1320	39.4	28.0
			1960	1400	41.6	29.7
	8.60	37.7	1470	1040	55.4	39.1
			1570	1110	59.2	41.9
			1720	1220	64.8	45.9
			1860	1320	70.1	49.8
			1960	1400	73.9	52.7
	8.74	38.6	1570	1110	60.6	42.8
			1670	1180	64.5	45.7
			1860	1320	71.8	51.0
	10.80	58.9	1470	1040	86.6	61.1
			1570	1110	92.5	65.4
			1720	1220	101.0	71.6
			1860	1320	110.0	78.1
			1960	1400	115.0	82.0
	12.90	84.8	1470	1040	125.0	88.1
			1570	1110	133.0	94.0
			1720	1220	146.0	103.5
			1860	1320	158.0	112.2
			1960	1400	166.0	118.4
(1×3)I	8.74	38.6	1570	1110	60.6	42.8
			1670	1180	64.5	45.7
			1860	1320	71.8	51.0

注：（1×3）I结构为用3根刻痕钢丝捻制的钢绞线。

A.0.3 1×7结构钢绞线的力学性能应符合表A.0.3的规定。

钢绞线结构	钢绞线公称直径 D_n (mm)	钢绞线参考截面面积 A_s (mm²)	抗拉强度标准值 f_{ptk} (MPa)	抗拉强度设计值 f_{py} (MPa)	整根钢绞线的最大力 F_m (kN)	整根钢绞线的设计力 F_{py} (kN)
1×7	9.50	54.8	1720	1220	94.3	66.9
			1860	1320	102.0	72.4
			1960	1400	107.0	76.3
	11.10	74.2	1720	1220	128.0	90.8
			1860	1320	138.0	98.0
			1960	1400	145.0	103.4
	12.70	98.7	1720	1220	170.0	120.5
			1860	1320	184.0	130.6
			1960	1400	193.0	137.6
	15.20	140.0	1470	1040	206.0	145.2
			1570	1110	220.0	155.5
			1670	1180	234.0	165.7
			1720	1220	241.0	170.9
			1860	1320	260.0	184.6
			1960	1400	274.0	195.4
	15.70	150.0	1770	1250	266.0	188.6
			1860	1320	279.0	198.1
	17.80	191.0	1720	1220	327.0	231.8
			1860	1320	353.0	250.6
(1×7)C	12.70	112.0	1720	1320	208.0	147.7
	15.20	165.0	1820	1290	300.0	213.0
	18.00	223.0	1720	1220	384.0	272.3

注：(1×7) C 结构为用 7 根刻痕钢丝捻制又经模拔的钢绞线。

A.0.4　预应力混凝土用螺纹钢筋的力学特性应符合表 A.0.4 的规定。

表 A.0.4　预应力混凝土用螺纹钢筋力学特性

级别	屈服强度 f_y (MPa)	抗拉强度标准值 f_{yk} (MPa)	断后伸长率 A (%)	最大力下总伸长率 A_{gt} (%)	应力松弛性能 初始应力	应力松弛性能 1000h 后应力松弛率 (%)
	不小于					
PSB785	785	980	7			
PSB830	830	1030	6	3.5	$0.8f_y$	≤3
PSB930	930	1080	6			
PSB1080	1080	1230	6			

注：预应力混凝土用螺纹钢筋抗拉强度设计值采用表中屈服强度除以 1.2。

A.0.5　热处理钢筋的力学特性应符合表 A.0.5 的规定。

表 A.0.5　热处理钢筋力学特性

钢筋种类	钢筋直径 d (mm)	抗拉强度标准值 f_{ptk} (MPa)	抗拉强度设计值 f_{py} (MPa)
40Si2Mn	6	1470	1040
48Si2Mn	8.2		
45Si2Cr	10		

A.0.6　普通螺纹钢筋的力学特性符合表 A.0.6 的规定。

表 A.0.6　普通螺纹钢筋力学特性

	钢筋种类	钢筋直径 d (mm)	抗拉强度标准值 f_{yk} (MPa)	抗拉强度设计值 f_y (MPa)
热轧钢筋	HRB335 (20MnSi)	6~50	335	300
	HRB400 (20MnSiV、20MnSiNb、20MnTi)	6~50	400	360
	RRB400 (K20MnSi)	8~40	400	360

附录 B　支护锚杆锚固体整体稳定性验算

B.0.1　单排锚杆支护的整体稳定性验算可采用 Kranz 方法（图 B.0.1），由锚固体中心 c 向挡土结构下端假设支点 b 连成一条直线，并假设 bc 线为深部滑动线，再通过 c 点垂直向上作直线 cd，这样 $abcd$ 块体上除作用有自重 W 外，还作用有 E_a、E_1 和 Q。当块体处于平衡状态时，可利用力多边形求得锚杆承受的最大拉力 R_{max}，其水平分力 $R_{h.max}$ 与锚杆抗拔力特征值的水平分力之比为整体稳定性安全系数。

锚杆最大拉力的水平分为 $R_{h.max}$ 也可根据图 B.0.1（c）所示的力平衡关系按下列公式求得（砂性土层时，$c=0$）：

$$E_{rh} = \left[W - (E_{ah} - E_{1h})\tan\delta \right]\tan(\varphi - \theta) \quad (B.0.1\text{-}1)$$

$$R_{h.max} = \frac{E_{ah} - E_{1h} + E_{rh}}{1 + \tan\alpha\tan(\varphi - \theta)} \quad (B.0.1\text{-}2)$$

式中：W——深层滑动线上部的土重；

E_{ah}——挡土结构上端至挡土结构假设支点间所受的主动土压力的水平分力；

E_{1h}——假设的锚固壁面上所受的主动土压力的水平分力；

δ——墙与土间的摩擦角；

φ——土的内摩擦角；

θ——深层滑动线的倾角；

α——锚杆倾角。

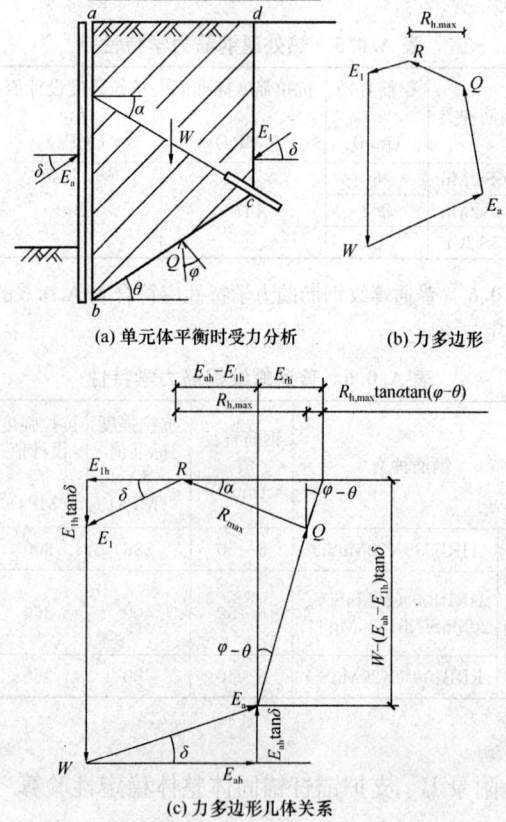

(a) 单元体平衡时受力分析　　(b) 力多边形

(c) 力多边形几何体关系

图 B.0.1　单排锚杆锚固体整体稳定性验算示意

B.0.2　双排锚杆支护的整体稳定性验算可采用 Kranz 方法（图 B.0.2），上排锚杆锚固体在下排锚杆

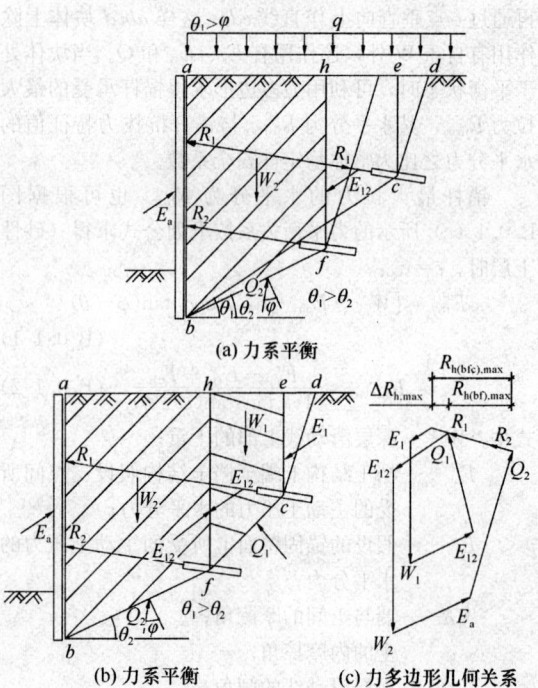

(a) 力系平衡

(b) 力系平衡　　(c) 力多边形几何关系

图 B.0.2　双排锚杆锚固体整体稳定性验算示意

锚固体滑动楔体的外侧，滑动面 bc 的倾角比下排锚杆滑动面 bf 的倾角大（$\theta_1 > \theta_2$）。此时整体稳定性安全系数可按下列公式计算：

$$F_{bc} = \frac{R_{h(bc),max}}{P_{0(1h)} + P_{0(2h)}} \qquad (B.0.2\text{-}1)$$

$$F_{bf} = \frac{R_{h(bf),max}}{P_{0(2h)}} \qquad (B.0.2\text{-}2)$$

$$F_{bfc} = \frac{R_{h(bfc),max}}{P_{0(1h)} + P_{0(2h)}} \qquad (B.0.2\text{-}3)$$

$$F'_{bf} = \frac{R_{h(bf),max}}{P_{0(1h)} + P_{0(2h)}} \qquad (B.0.2\text{-}4)$$

附录 C　高压喷射扩大头锚杆施工记录表

C.0.1　高压喷射扩大头锚杆施工钻机自动监测记录表格宜符合表 C.0.1 的规定。

表 C.0.1　高压喷射扩大头锚杆钻机自动监测记录表

工程名称：　　　锚杆编号：　　日期：　　年　月　日

时间	深度 (m)	钻进/提升速度 (cm/min)	转速 (r/min)	压力 (MPa)	流量 (L/min)
扩大头长度 (m)			钻孔总深度 (m)		
扩大头直径 (m)			总灌浆量 (L)		

业主（监理）：＿＿＿　质检员：＿＿＿　机长：＿＿＿

C.0.2　高压喷射扩大头锚杆施工记录表格宜符合表 C.0.2 的规定。

表 C.0.2 高压喷射扩大头锚杆施工记录表

工程名称：

锚杆编号	开钻时间	终孔时间	钻孔深度(m)	钻头直径(mm)	一次扩孔（水）				二次扩孔（水）				浆液扩孔 水灰比：						下锚		注浆 水灰比：	
					压力(MPa)	开喷深度(m)	开喷时间	停喷时间	停喷深度(m)	压力(MPa)	开喷深度(m)	开喷时间	停喷时间	停喷深度(m)	压力(MPa)	开喷深度(m)	开喷时间	停喷时间	停喷深度(m)	水泥用量(包)	下锚时间	锚杆部长	起止时间	注浆量(L)

业主（监理）：_____ 质检员：_____ 机长：_____ 记录：_____

附录 D 锚杆基本试验曲线

D.0.1 锚杆基本试验荷载-位移曲线宜符合图 D.0.1 的规定。

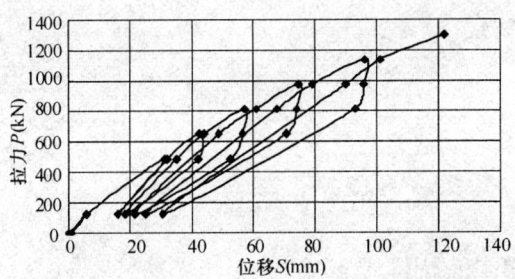

图 D.0.1 荷载-位移曲线

D.0.2 锚杆基本试验荷载-弹性位移、荷载-塑性位移曲线宜符合图 D.0.2 的规定。

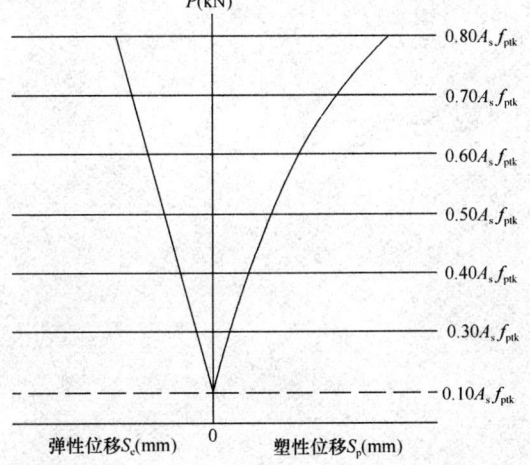

图 D.0.2 荷载-弹性位移、荷载-塑性位移曲线

附录 E 锚杆蠕变试验曲线

E.0.1 锚杆蠕变试验曲线宜符合图 E.0.1 的规定。

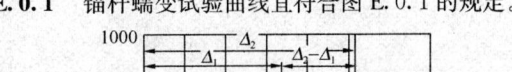
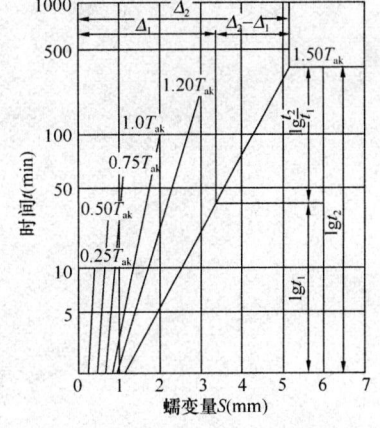

图 E.0.1 锚杆蠕变试验曲线

附录 F 锚杆验收试验曲线

F.0.1 锚杆验收试验曲线宜符合图 F.0.1 的规定。

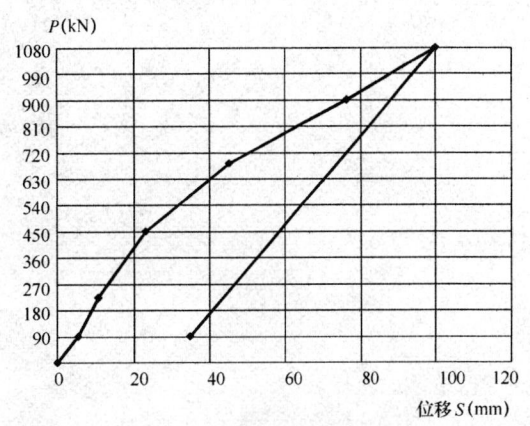

图 F.0.1 锚杆验收试验曲线

本规程用词说明

1 为便于执行本规程条文时区别对待,对要求严格程度不同的用词说明如下:

1) 表示很严格,非这样做不可的:
正面词采用"必须",反面词采用"严禁";

2) 表示严格,在正常情况下均应这样做的:
正面词采用"应",反面词采用"不应"或"不得";

3) 表示允许稍有选择,在条件许可时首先应这样做的:
正面词采用"宜",反面词采用"不宜";

4) 表示有选择,在一定条件下可以这样做的,采用"可"。

2 条文中指明应按其他有关标准执行的写法为:"应符合……的规定"或"应按……执行"。

引用标准名录

1 《建筑地基基础设计规范》GB 50007

2 《建筑结构荷载规范》GB 50009

3 《混凝土结构设计规范》GB 50010

4 《岩土工程勘察规范》GB 50021

5 《工业建筑防腐蚀设计规范》GB 50046

6 《建筑边坡工程技术规范》GB 50330

7 《通用硅酸盐水泥》GB 175

8 《预应力混凝土用钢绞线》GB/T 5224

9 《预应力筋用锚具、夹具和连接器》GB/T 14370

10 《混凝土用水标准》JGJ 63

11 《建筑基坑支护技术规程》JGJ 120

12 《无粘结预应力筋专用防腐润滑脂》JG/T 3007

中华人民共和国行业标准

高压喷射扩大头锚杆技术规程

JGJ/T 282—2012

条 文 说 明

制 订 说 明

《高压喷射扩大头锚杆技术规程》JGJ/T 282 -
2012 经住房和城乡建设部 2012 年 5 月 16 日以第
1378 号文批准、发布。

本规程编制过程中，编制组进行了扩大头锚杆的
现状与发展、基于可靠度指标的安全系数研究、扩大
头锚杆的力学机制和计算方法、钢绞线粘结强度和扩
大头锚杆受力机制数值模拟等的调查、试验和研究，
总结了我国工程建设的相关实践经验，同时参考了国
内有关锚杆设计的主要标准，取得了重要技术参数。

为便于广大设计、施工、科研、学校等单位有关
人员在使用本规程时能正确理解和执行条文规定，
《高压喷射扩大头锚杆技术规程》编制组按章、节、
条顺序编制了本规程的条文说明，对条文规定的目
的、依据以及执行中须注意的有关事项进行了说明。
但是，本条文说明不具备与规程正文同等的法律效
力，仅供使用者作为理解和把握规程规定的参考。

目　次

1 总 则

1.0.1 高压喷射扩大头锚杆作为一种新型的锚固结构，抗拔力大，位移小，可靠性高，安全性好，可以降低工程造价，提高安全水平，符合我国节能降耗的产业政策方向。

1.0.2 高压喷射扩大头锚杆适用于工业与民用建筑、水利水电、市政工程、城市地铁轨道交通、地下空间资源开发等建设工程的基础抗浮、基坑支护和边坡支护工程。

1.0.4 本规程未明确处，按现行国家标准和相关行业标准执行。

3 基本规定

3.0.1 本条所述设计使用年限，对抗浮锚杆，应与锚杆所连接的主体建筑物的设计使用年限相同；对边坡支护锚杆，应与边坡的设计使用年限相同；对基坑支护锚杆，应与基坑的设计使用年限相同。

3.0.2 锚杆的监测和维护管理，对基坑和边坡支护锚杆应按照基坑和边坡的要求执行；对抗浮锚杆应按照锚杆所连接的主体建筑物的要求执行。

4 设 计

4.1 一般规定

4.1.1 本条规定将杆体与注浆体粘结安全系数和注浆体与地层抗拔安全系数分别处理。杆体和注浆体属于人工材料，其力学参数的离散性比地层土体小，为达到相同的可靠度要求，杆体与注浆体的粘结安全系数比注浆体与地层抗拔的安全系数小。

4.1.3 扩大头的直径、长度和抗拔力与施工工艺参数密切相关，设计文件明确规定有关施工工艺参数有利于施工管理和质检人员现场监督检查，控制工程质量。

4.2 材 料

4.2.1 可回收锚杆和回转型锚杆杆体规定采用无粘结钢绞线。当工程小且有条件时，也可以在现场对裸线进行加工，外套软管宜采用高密度聚乙烯（HDPE）软管或聚丙烯（PP）软管，不得采用聚氯乙烯（PVC）软管。高密度聚乙烯软管和聚丙烯软管均具有耐腐蚀、内壁光滑、强度高、韧性好、重量轻等特点，但聚丙烯的使用环境温度不得低于0℃；而聚氯乙烯软管强度低，高温和低温时化学稳定性差，易脆化、老化。防腐油脂应满足设计和有关规范要求。

除修复的情况外，钢绞线不得连接。在修复时若须对钢绞线进行连接，应采取可靠的连接方式并经过试验验证。

4.2.3 为了加快注浆体的凝结，必要时可使用早强水泥，但不推荐在制备水泥浆时添加早强剂。不宜采用高铝水泥是因其后期强度降低较大。

4.2.6 网筋注浆复合承载体和合页夹形承载体具有弹性，承载体大，与注浆体大范围结合成一体，可较好地避免应力集中、安装和回收卡死等不良现象，优于传统的块状承载体，适合于扩大头可回收锚杆和回转型锚杆。

承载体是制约锚杆抗拔力的重要因素之一，施工前应针对承载体进行锚杆的基本试验，检验承载体的承载能力是否达到锚杆抗拔安全系数 K 的要求。

4.2.10 为避免套管端口密封不严、漏浆，或者套管破损引起漏浆而影响自由段的自由变形，自由段杆体应涂以润滑油脂或防腐油脂后再安装套管。

4.3 防 腐

4.3.1 钢材长期浸泡在水中时，由于氧溶入较少，不易发生化学反应，故钢材不易被腐蚀；相反，处于干湿交替状态的钢材，由于氧溶入较多，易发生电化学反应，钢材易被腐蚀。边坡和基坑支护锚杆，由于坡体和坡面水环境复杂，水位变化频繁复杂，锚杆易被腐蚀。

4.3.3 防腐问题是永久性锚杆应用的一个突出难题。对Ⅰ级防腐锚杆，采用套管或防腐涂层密封保护使锚杆杆体与地层介质完全隔离，是根本解决办法。为了避免端口的问题，可采用回转型锚杆，杆体在地层中全长被套管封闭，与地层没有任何接触，使地下介质无法接触杆体。对于钢筋锚杆，应对钢筋与地层接触的全部外表面采用防腐涂层保护，与地层介质完全隔离。

4.3.4 Ⅱ级防腐锚杆通常是依靠注浆体保护。《岩土锚杆（索）技术规程》CECS 22：2005 第 6.3 节规定，Ⅱ级防腐的永久性锚杆杆体水泥浆保护层厚度不应小于 20mm，临时性锚杆不应小于 10mm。《建筑桩基技术规范》JGJ 94 2008 第 4.1.2 条规定，主筋的混凝土保护层厚度不应小于 35mm，水下灌注混凝土不得小于 50mm。本条规定扩大头段的注浆体保护层厚度不应小于 100mm，比上述两规范提高了一倍以上。扩大头段杆体的保护层厚度可根据扩大头直径和杆体的倾斜允许值计算，不能满足本条要求时，应增大扩大头直径或控制杆体倾斜。钢筋锚杆非扩大头的保护层厚度采用圆盘状定位器（或称对中支架）控制，其边沿宽度应大于要求的保护层厚度。

4.3.7 封锚混凝土为二次浇筑，设置锚筋或钢丝网可防止混凝土保护层开裂、脱落。

4.4 抗浮锚杆

4.4.3 钢筋伸入混凝土梁、板内的锚固部分可以弯折，见图4.4.3-1a，其垂直长度应满足第4.4.5条要求。钢筋可以采用锚板锚固在梁、板混凝土内，见图4.4.3-1b，锚板可通过附加筋与梁板主筋连成整体，锚具可采用专用锚具。

4.4.9 式（4.4.9-1）参照《南京地区建筑地基基础设计规范》DGJ32/J 12-2005第9.2.4条，与南京地区抗浮桩的计算保持一致。当锚杆布置短而密时，可能会出现"群锚现象"。群锚现象的力学原因是相邻的锚杆锚固区土体主要受力范围的重叠引起应力的有害叠加，从而使锚杆共同作用时的抗拔力低于这些锚杆单独作用时的抗拔力之和。群锚效应与锚杆间距、长度和地层性状等有关，还与锚杆的拉力大小有关。因此，在布置锚杆时应注意其间距和长度的合理性，当锚杆短而密时应进行锚固体整体稳定性验算。

4.5 基坑及边坡支护锚杆

4.5.2 锚杆扩大头的埋深和所在土层的土质情况是影响锚杆抗拔力和锚固体稳定性的两个主要因素，在设计时应予以充分重视。

4.5.6 本条对自由段最小长度的规定，是为了确保锚固体的稳定安全和减小基坑位移。在适当的范围内，自由段越长，锚固体埋置越深远，安全性越好。锚固段最好设置在基坑开挖变形影响范围以外的土层中，本条以潜在滑裂面以外沿锚杆轴线方向自由段的长度不小于孔口到基坑底深度的距离作为标准，基坑开挖的影响已相对比较小了。若有软土，自由段尚应完全穿过软土。如果自由段过短，锚固段设置在基坑开挖变形影响范围内，锚固体将随基坑开挖而移动，对基坑坡体的位移控制和稳定安全不利。用式（4.5.6）计算时，对分层土内摩擦角可按厚度加权平均取值。

4.5.8 扩大头锚杆单根抗拔力较大，其间距应比普通锚杆适当加大。

4.5.9 整体稳定性验算若不能满足要求，应加大锚杆长度和扩大头埋深、加大间距。

4.5.10 当周边环境对基坑位移要求严格时，支护结构设计应以位移控制为设计条件。普通预应力锚杆自由段短，没有穿过基坑开挖变形影响范围，基坑下挖时锚固段会随基坑坡体一起位移。普通锚杆锚固段太长，在受力过程中随着应力向锚固段后端传递而发生较大的位移，因此，普通预应力锚杆是不能严格控制基坑位移的。采用扩大头锚杆，一是设置足够长的自由段，以完全穿过基坑变形影响范围（工程实践中，当周边建筑物对位移敏感时，可以将扩大头设置在基坑底高程以下，完全不受基坑开挖的影响）；二

是采用很短的锚固段长度（一般仅以4m～6m长度的扩大头为锚固段），消除或显著减小锚杆工作期间由于应力传递产生的位移；三是采用较大的拉力进行预张拉后再锁定，以消除或减小锚杆工作期间锚固体范围土体的变形，这样，可以使基坑的位移基本上由锚杆自由段的弹性所控制，这个变形是可计算的和可控制的。

4.5.11 基坑边坡坡体可分为滑裂区、滑裂松动区和变形影响区，位移控制锚杆的布置应使自由段穿过这三个区域，将扩大头布置在不受基坑开挖和变形影响的稳定地层之中，且要求土质较好，以确保扩大头基本不发生位移，成为一个相对固定的锚固点。本条第1款规定应以扩大头设置在变形影响区以外为原则，当基坑坡体土质较差、变形影响区较大时，应将扩大头设置在基坑底面高程以下。

扩大头到锚头之间全长设置为自由段，实现扩大头到锚头之间"点到点"的弹性拉结和力的传递，将荷载直接传递给扩大头，避免由于锚固段应力峰值的向后迁移而出现不可测、不可控制的附加位移。

4.5.12 扩大头前端软土层对扩大头的位移是有影响的，根据数值模拟研究并参考相关资料，这个距离为7倍～12倍扩大头直径。基坑坡体土质较差，如淤泥或淤泥质土，基坑开挖变形影响范围很远，应将扩大头设置在基坑底高程以下，以避免基坑变形的影响。

4.5.13 主动土压力和被动土压力都是以较大的位移量为前提的，当位移控制值较小时，实际土压力值将与主动土压力和被动土压力有差异。

4.5.14 张拉荷载比普通锚杆提高是为了尽量减小锚固段土体的后期变形。

4.5.15 扩大头直径比普通锚固段直径大很多，对于回转型可回收锚杆，采用网筋注浆复合型承载体和合页夹形承载体可适当地在孔内利用弹性张开，回转半径大，回收方便，锚固体的受力条件好，比普通的U形槽承载体更好。

4.5.16 支护锚杆锚固体的整体稳定性验算方法，可参考Kranz方法。一般资料推荐的安全系数为1.2～1.5，本条规定不小于1.5。

4.6 锚杆结构设计计算

4.6.2 扩大头直径与土质、设备能力和施工工法参数有关。

4.6.3 扩大头锚杆的抗拔力值与土质、扩大头埋深和扩大头尺寸有关。本条计算公式根据《扩大头锚杆的力学机制和计算方法》（《岩土力学》VoL.31 No.5；1359-1367），其中 ξ 的取值参考了表1、表2和表3所列多个实际工程的经验数据和数值模拟研究结果（表3）。

表1 扩大头锚杆抗拔力计算值与工程试验对比（支护锚杆）

工程项目	扩大头锚杆设计参数						ξ系数取值	规程公式计算值(kN)	抗拔力设计值(kN)	基本试验值(kN)	验收试验最大拉力(kN)
	自由段长度(m)	普通锚固段长度(m)	普通锚固段直径(m)	扩大头长度(m)	扩大头直径(m)	扩大头上覆土厚(m)					
太原新湖滨基坑支护工程锚杆类型MG1	17.0	4.0	0.13	6.0	0.8	12.2	0.90	1975.42	890	≥1400	—
太原新湖滨基坑支护工程锚杆类型MG2	13.0	4.0	0.13	6.0	0.8	15.7	0.90	2465.58	980	—	1080
太原新湖滨基坑支护工程锚杆类型MG3	13.0	4.0	0.13	6.0	0.8	18.4	0.90	2678.81	980	—	1080
太原新湖滨基坑支护工程锚杆类型MG4	17.0	4.0	0.13	6.0	0.8	12.2	0.90	1975.42	750	—	—
太原新湖滨基坑支护工程锚杆类型MG5	13.0	4.0	0.13	6.0	0.8	15.6	0.90	2458.29	980	—	1080
青岛奥帆赛场31号地基坑支护1号试验锚杆	16.0	5.0	0.13	5.0	0.8	10.2	0.90	1948.36	—	1406(1500钢绞线断裂)	—
青岛奥帆赛场31号地基坑支护2号试验锚杆	13.0	5.0	0.13	5.0	0.8	8.9	0.90	1854.19	—	≥1250	—
青岛奥帆赛场31号地基坑支护3号试验锚杆	16.0	5.0	0.13	5.0	0.8	10.2	0.90	1948.36	—	≥1250	—
广州市轨道交通五号线基坑1号试验锚杆	10.0	7.0	0.13	5.0	0.8	9.5	0.80	1600.51	—	≥920	—
广州市轨道交通五号线基坑3号试验锚杆	18.0	7.0	0.13	5.0	0.8	14.0	0.80	1797.46	—	≥920	—
深圳盐田蓝郡广场基坑1剖面锚杆	10.0	5.0	0.13	5.0	0.5	9.4	0.90	949.81	680	≥1000	816

续表1

| 工程项目 | 扩大头锚杆设计参数 | | | | | | ξ系数取值 | 规程公式计算值(kN) | 抗拔力设计值(kN) | 基本试验值(kN) | 验收试验最大拉力(kN) |
	自由段长度(m)	普通锚固段长度(m)	普通锚固段直径(m)	扩大头长度(m)	扩大头直径(m)	扩大头上覆土厚(m)					
深圳盐田蓝郡广场基坑2剖面锚杆	10.0	5.0	0.13	5.0	0.5	12.4	0.90	1109.72	680	≥1000	816
深圳福民佳园基坑支护工程锚杆	8.0	12.0	0.13	5.0	0.8	10.6	0.80	1749.02	850	—	1020
惠州华贸中心基坑EP7—181号试验锚杆	10.0	4.0	0.14	4.0	0.4	9.0	0.95	716.77	670	1302(钢绞线断裂)	—
惠州华贸中心基坑EP7—182号试验锚杆	10.0	4.0	0.14	4.0	0.4	9.0	0.95	716.77	670	≥1042	—
惠州华贸中心基坑EP7—183号试验锚杆	10.0	4.0	0.14	4.0	0.4	9.0	0.95	716.77	670	≥1042	—
深圳丹平快速公路下沉段基坑支护A区剖面	10.0	4.0	0.13	4.0	0.4	11.5	0.95	1132.75	700	—	840
深圳丹平快速公路下沉段基坑支护B区剖面	10.0	3.0	0.13	3.0	0.6	7.5	0.95	1128.70	600	—	720
深圳丹平快速公路下沉段基坑支护D区剖面	10.0	4.0	0.13	4.0	0.6	9.5	0.95	1373.06	550	—	660
深圳万通物流中心基坑支护4号基本试验锚杆	16.0	5.0	0.13	5.0	0.5	13.9	0.95	1638.68	850	≥1240	—
深圳万通物流中心基坑支护5号基本试验锚杆	16.0	5.0	0.13	5.0	0.5	13.9	0.95	1638.68	850	≥1240	—
深圳万通物流中心基坑支护6号基本试验锚杆	18.0	5.0	0.13	5.0	0.5	14.75	0.95	1678.87	850	≥1240	—

工程项目	扩大头锚杆设计参数						ξ系数取值	规程公式计算值（kN）	抗拔力设计值（kN）	基本试验值（kN）	验收试验最大拉力（kN）
	自由段长度（m）	普通锚固段长度（m）	普通锚固段直径（m）	扩大头长度（m）	扩大头直径（m）	扩大头上覆土厚（m）					
深圳警备区司令部住宅楼基坑支护 1 剖面锚杆	10.0	2.0	0.13	6.0	0.5	11.7	0.90	1015.88	570	—	684
深圳警备区司令部住宅楼基坑支护 2 剖面锚杆	10.0	0	—	6.0	0.5	10.4	0.90	964.31	570	—	684
深圳警备区司令部住宅楼基坑支护 3 剖面锚杆	10.0	2.0	0.13	6.0	0.5	11.7	0.90	1015.88	730	—	876
深圳警备区司令部住宅楼基坑支护 4 剖面锚杆	9.0	0	—	6.0	0.5	11.7	0.90	995.97	570	—	684
深圳警备区司令部住宅楼基坑支护 5 剖面锚杆	10.0	0	—	6.0	0.5	11.2	0.90	983.79	570	—	684
天津市梅江湾综合服务楼基坑支护	10.0	5.0	0.13	4.0	0.8	10.2	0.90	1707.34	600	—	720
苏州中翔小商品市场三期基坑支护工程施工	13.0	9.0	0.15	3.0	0.8	9.1	0.95	1025.30	600	≥960	720
苏州名宇商务广场基坑支护工程（可回收锚杆试验）	6.0	12.0	0.15	3.0	0.8	8.6	0.85	869.57	450	≥720	540
江苏平江新城定销房基坑支护工程	10.0	7.0	0.15	3.0	0.8	10.2	0.95	950.41	500	≥800	600
苏州市吴中人防 806 工程	8.0	12.0	0.15	3.0	0.8	11.5	0.90	921.85	550	≥800	600

表 2　扩大头锚杆抗拔力计算值与工程试验对比（抗浮锚杆）

工程项目	扩大头锚杆设计参数					ξ系数取值	规程公式计算值(kN)	抗拔力设计值(kN)	基本试验值(kN)	验收试验最大拉力(kN)
	普通锚固段长度(m)	普通锚固段直径(m)	扩大头长度(m)	扩大头直径(m)	扩大头上覆土厚度(m)					
深圳盛世鹏城扩大头抗浮锚杆工程	4.0	0.15	4.0	0.55	4.0	0.90	887.89	300	700（钢筋屈服）	450
广州逸泉山庄扩大头抗浮锚杆工程	4.0	0.15	3.0	0.6	4.0	0.60	573.92	225	—	450
深圳观澜芷峪澜湾花园扩大头抗浮锚杆工程	8.0	0.15	3.0	0.8	8.0	0.80	1130.83	400	—	800
苏州百购商业广场抗浮锚杆工程	0	0.15	4.0	0.8	6.0	0.90	852.37	360	≥720	540
苏州高铁商务酒店抗浮锚杆工程	0	0.15	3.0	0.8	9.0	0.80	795.26	300	≥600	450
苏州红鼎湾小区抗浮锚杆工程	0	0.15	2.0	0.8	7.0	0.95	1472.52	700	≥1400	1050
吴中区姜家小区动迁房抗浮锚杆工程	0	0.15	3.0	0.8	9.0	0.70	1498.62	450	≥900	675
南环新村解危改造工程抗浮锚杆工程	0	0.15	2.0	0.8	7.0	0.90	822.67	350	≥700	525

表 3　扩大头锚杆抗拔力计算值与数值模拟结果对比（竖向锚杆）

验证工况	扩大头锚杆验证工况参数						ξ系数取值	规程公式计算值(kN)	数值模拟结果(kN)	相对误差
	自由段长度(m)	普通锚固段长度(m)	普通锚固段直径(m)	扩大头段长度(m)	扩大头段直径(m)	扩大头上覆土厚度(m)				
验证工况一	6.0	4.0	0.12	4.0	0.6	10.0	0.75	1081.6	1200	9.87%
验证工况二	6.0	—	—	4.0	1.2	6.0	0.75	1071.0	1300	17.62%
验证工况三	4.0	—	—	2.0	1.6	4.0	—	679.2	740	8.22%
验证工况四	6.0	4.0	0.12	4.0	0.6	10.0	0.50	476.9	640	25.48%
验证工况五	6.0	—	—	4.0	0.6	6.0	0.50	397.0	404	1.73%
验证工况六	4.0	—	—	2.0	1.6	4.0	0.50	938.4	980	4.24%
验证工况七	6.0	4.0	0.12	4.0	0.6	10.0		578.9	800	27.64%
验证工况八	6.0	—	—	4.0	0.6	6.0	0.60	423.9	520	18.48%
验证工况九	4.0	—	—	2.0	1.6	4.0	0.60	940.7	1080	12.90%

4.6.5 本条参照《岩土锚杆（索）技术规程》CECS22：2005 第 7.5.1 条。式（4.6.5）中没有考虑普通锚固段注浆体与锚杆杆体的粘结作用，偏于安全。由于扩大头的特点，杆体有明显的抛物线形下坠，对水平或倾斜向锚杆取 $\zeta=1.0$。表 4.6.5 数据在《岩土锚杆（索）技术规程》CECS22：2005 表 7.5.1-3 的基础上参考钢绞线粘结强度试验的结果（表 4）降低 40% 得来，适用于水灰比为 0.4～0.6 的水泥浆或水泥砂浆（水泥强度等级不低于 42.5）。

表 4　钢绞线与水泥浆注浆体粘结强度试验数据

试件编号	锚固长度	0.025mm 滑移力（kN）	粘结强度（MPa）	最大拉力（kN）	粘结强度极限值（MPa）	衬垫材料
1	$10D_n$	5	0	22.5	3.10	
2	$20D_n$	25.3	1.74	37.8	2.61	
3	$20D_n$	26.4	1.82	38.5	2.64	
4	$20D_n$	26.1	1.80	36.4	2.51	木板
5	$30D_n$	31.7	1.46	43.3	1.99	
6	$40D_n$	41.8	1.44	80.7	2.78	
7	$60D_n$	61.2	1.41	117.7	2.70	

注：1　钢绞线公称直径 D_n 为 15.20mm，抗拉强度标准值 1860MPa；
　　2　注浆体采用强度等级 42.5 的普通硅酸盐水泥，水灰比 0.5；
　　3　注浆体直径 150mm；
　　4　为避免应力不均匀，水泥浆注浆体试件受拉端与钢模之间加入了衬垫木板。

4.6.6 本条规定参考《岩土锚杆（索）技术规程》CECS22：2005 第 7.5.2 条。

4.6.7 锚杆承载体的承载力目前尚没有可靠的通用计算公式，应通过现场基本试验确定。

4.6.8 国内涉及锚杆的主要现行标准《建筑边坡工程技术规范》GB 50330、《建筑基坑支护技术规程》JGJ 120 和《岩土锚杆（索）技术规程》CECS22 对杆体截面面积的设计计算有一些差异。本条抗拉断综合安全系数 K_t 包含特征值与设计值的换算以及锚杆耐久防腐等方面因素。抗拔桩对钢筋的耐久防腐保护一般是通过限制桩身混凝土裂缝开展宽度来抵抗地下介质的侵蚀，锚杆对钢材的耐久防腐保护一般是采取必要的防腐构造并通过增加钢材的截面面积预留一定的表层腐蚀裕量来抵抗地下介质的侵蚀。钢筋受侵蚀后会在表面形成一层薄的氧化层，该氧化层具有抗耐外部介质侵蚀的作用。对临时性锚杆，本条取 $K_t=1.1～1.2$，是考虑本规程第 4.5.4 条的规定，临时性锚杆杆体材料一般采用钢绞线，而钢绞线的标准强度与设计强度还有 1.4 倍的安全储备。

4.7　初始预应力

4.7.1　各个工程的地下水位变幅与所需抗浮力之比

值相差很大，很难有一个统一的范围，锚杆的初始预应力值（张拉锁定值）应根据具体工程情况确定，本条不作具体规定。

4.7.2　用于支护的预应力锚杆的初始预应力值，现行各规程的规定相差较大。《建筑基坑支护技术规程》JGJ 120－1999 规定，锚杆预应力值（锁定值）宜为锚杆轴向受拉承载力设计值的 50%～65%。《岩土锚杆（索）技术规程》CECS 22：2005 规定，对位移控制要求较高的工程，初始预应力值（张拉锁定值）宜为锚杆拉力设计值；对位移控制要求较低的工程宜为锚杆拉力设计值的 75%～90%。本条规定 60%～85% 是基于工程经验和以下原则：

　　1　初始预应力值（张拉锁定值）宜尽量高，以提高预应力锚杆的效率，并控制位移；

　　2　预应力锚杆锁定以后，基坑的开挖意味着锚杆荷载的增加，因此预应力锚杆的初始预应力值也不能过高，以保证在荷载增加或变化的各种工况下，锚杆的工作拉力值不超过其抗拔力特征值。

5　施工和工程质量检验

5.1　一般规定

5.1.1　高压喷射扩大头锚杆施工应采用专用设备，这是确保工程质量的基础。

5.1.2　扩大头直径和锚杆抗拔力与地层条件、设备能力和施工工艺有关，因此，在正式施工前应进行现场试验。

5.1.3　扩大头直径的现场开挖量测可在较浅的相同地质单元或土层中进行。扩大头直径的试验检验除本条规定的两种方法之外，有条件时可以采用其他可靠的方法。

5.1.5　高压喷射扩大头锚杆施工质量应根据设计要求的工艺参数进行过程控制，钻机具备自动监测记录的功能，可较好地确保施工监测记录客观、真实、可靠。

5.1.6　目前所能进行的扩大头直径检测大多为间接方法，抗拔力检测为直接方法，因此当两者出现矛盾时应以抗拔力检测结果为依据调整有关设计参数（如扩大头直径、长度、抗拔力计算参数等）。

5.2　杆体制作

5.2.1　钢锚杆杆体尤其是钢绞线不得采用电焊等高温方式熔断。钢绞线的力学性能对表面的机械损伤非常敏感，应避免擦刮、碰撞、锤击等，否则应报废。

5.2.2　杆体定位器是杆体获得注浆体保护层厚度的必要条件，对永久性钢筋锚杆，定位器的布设间距应取 1.0m，其他情况可取 1.0m～1.5m。当杆体采用预应力混凝土用螺纹钢筋时，严格禁止采用任何电焊操作，哪怕在杆体上轻轻点焊，也对杆体强度有较大损伤，必须杜绝。

5.2.3 钢绞线的下料长度应考虑承载构件、张拉长度的要求，在设计长度的基础上留有足够的富余量。因预应力扩大头锚杆自由段较长，杆体定位器应在包括自由段的全长范围内设置。

5.2.4 因钢塑 U 形承载体存在卡死的风险，水平向或水平倾斜向锚杆应优先采用网筋注浆复合承载体或合页夹形承载体。

5.3 钻 孔

5.3.2 采用套管护壁钻孔，对后续杆体安放有利，因此，除土层稳定的竖向锚杆以外，均推荐采用套管护壁钻孔；对回转型锚杆，因杆体安放时对孔壁有挤压作用，应采用套管护壁钻孔。

5.4 扩 孔

5.4.1 高压喷射扩孔的施工参数中压力、提升速度、扩孔遍数是最重要的工艺参数，应予以足够的重视。在通过试验或工程经验初步确定之后，在正式施工前应进行试验性施工验证，在施工中应严格按经试验确定的参数执行。

5.4.4 有工期要求时，可采用同强度等级的早强水泥，但不推荐掺入速凝剂、早强剂等外加剂。

5.4.5 水泥浆液的水灰比不宜太低，以免影响高压喷射扩孔的效果。

5.4.6 高压管长度不宜太长，以免产生较大的压力损失，影响高压喷射扩孔效果。

5.4.7 目前的设备能力，喷管长度一般为 2m 左右，当扩大头设计长度大于 2m 时，须分段扩孔。为保证整个扩大头段的连续性，施工时进行适当的搭接是必要的。

5.4.9 在扩孔施工过程中，压力骤降或骤升都属于不正常情况，应立即停止作业，查明原因，排除故障，恢复正常后才能恢复扩孔作业。

5.4.10 高压喷射扩孔是一个过程，实现过程控制是保障质量的重要手段。因此，按附录 C 如实准确地记录各项数据，是质量管理的一个重要环节。

5.5 杆体安放

5.5.1 扩孔完成后，应立即取出喷管并迅速将杆体放入锚孔直到设计深度，以免浆液沉淀和凝结导致增加杆体放入的难度。采用套管钻孔的，应在杆体放入到位后立即取出套管，以免增加套管取出的难度。

5.6 注 浆

5.6.1 注浆的目的是将钻孔和扩孔的泥浆和较稀的水泥浆置换出来，因此，注浆管的出浆口插入孔底并且保持连续不断地灌注是非常重要的。

5.6.2 注浆浆液不能过稀，以确保能将泥浆和较稀的水泥浆置换出来，形成强度较高的注浆体。有条件进行水泥砂浆注浆时，砂浆的水灰比在满足可注性的条件下应尽量小，具体根据注浆设备性能确定。

5.7 张拉和锁定

5.7.1 锚杆张拉和锁定是锚杆施工的最后一道工序，对台座、锚具的检查控制是十分必要的。由于扩大头锚杆的自由段一般较长，应重视在正式张拉前取 10%～20% 抗拔力特征值进行的预张拉。为调平摆正自由段，必要时还可以在预张拉过程卸下千斤顶重新安装夹片。

5.7.2 锁定时，为了达到设计要求的张拉锁定值，锁定荷载应高于张拉锁定值，根据经验一般可取张拉锁定值的 1.10 倍～1.15 倍，必要时可采用拉力传感器和油压千斤顶现场对比测试确定。

5.7.3 在主体结构施工期间，结构竖向荷载（包括建筑物的自重、上覆土重以及其他恒载）的增加对预应力锚杆的锁定是有影响的，设计时应充分考虑，确定合理的锁定时间和张拉锁定值。

5.8 工程质量检验

5.8.4 高压喷射扩大头锚杆施工质量应严格进行过程控制，钻机自动监测记录是客观和真实的，旁站监督是必要的。

5.9 不合格锚杆处理

5.9.1 不合格锚杆是废弃还是降低标准使用，不仅与该锚杆的力学性能有关，还应考虑锚杆的布置情况。

6 试 验

6.1 一般规定

6.1.1 杆体的极限承载力按其标准强度计算。当杆体所采用的钢绞线根数较少且自由段摆平调直较好时，各根钢绞线受力较均匀，对不用于工程的试验锚杆可取 90% 极限承载力为最大试验荷载。

6.2 基本试验

6.2.2 锚杆极限抗拔力试验的主要目的是确定锚固体的抗拔承载力和验证锚杆设计施工工艺参数的合理性，因而锚杆的破坏应控制在锚固体与土体之间。由于杆体的设计是可控因素，适当增加锚杆杆体截面面积，可以避免试验时杆体承载力的不足。

6.2.3 表 6.2.3 循环试验加荷等级在《岩土锚杆（索）技术规程》CECS 22：2005 的基础上，根据实践经验并参照国外有关地层锚杆标准（草案）的有关规定，对试验加荷的步距进行了一些调整，在各循环的各个加荷等级中以使后一级步距不大于前一级步距。

6.2.7 极差为本组试验中最大值与最小值之差。当某组试验锚杆试验结果的离散性较小，平均值的95%已小于该组试验的最小值时，则应取最小值作为其抗拔力极限值。

6.4 验 收 试 验

6.4.5 本规程规定的扩大头锚杆的自由段长度较长，自由段变形的影响因素较多，因此，对非位移控制锚杆本条规定将实测弹性位移应超过自由段长度理论弹性伸长值的比例定为60%；对位移控制锚杆，弹性位移能充分自由地展开是重要的，故仍规定为80%。

6.4.6 与预应力锚杆不同，非预应力锚杆试验位移与工作位移是一致的，因此，对非预应力锚杆应以锚杆总位移量作为是否合格的判定依据之一。

中华人民共和国行业标准

自密实混凝土应用技术规程

Technical specification for application
of self-compacting concrete

JGJ/T 283—2012

批准部门：中华人民共和国住房和城乡建设部
施行日期：2 0 1 2 年 8 月 1 日

中华人民共和国住房和城乡建设部

公 告

第 1330 号

关于发布行业标准《自密实混凝土
应用技术规程》的公告

现批准《自密实混凝土应用技术规程》为行业标准，编号为 JGJ/T 283-2012，自 2012 年 8 月 1 日起实施。

本规程由我部标准定额研究所组织中国建筑工业

出版社出版发行。

中华人民共和国住房和城乡建设部

2012 年 3 月 15 日

前 言

根据住房和城乡建设部《关于印发〈2010 年工程建设标准规范制订、修订计划（第一批）〉的通知》（建标〔2010〕43 号）的要求，规程编制组经广泛调查研究，认真总结实践经验，参考有关国际标准和国外先进标准，并在广泛征求意见的基础上，编制本规程。

本规程的主要技术内容是：1. 总则；2. 术语和符号；3. 材料；4. 混凝土性能；5. 混凝土配合比设计；6. 混凝土制备与运输；7. 施工；8. 质量检验与验收。

本规程由住房和城乡建设部负责管理，由厦门市建筑科学研究院集团股份有限公司负责具体技术内容的解释。本规程执行过程中如有意见或建议，请寄送厦门市建筑科学研究院集团股份有限公司（地址：厦门市湖滨南路 62 号，邮编：361004）。

本 规 程 主 编 单 位：厦门市建筑科学研究院集团股份有限公司
福建六建集团有限公司

本 规 程 参 编 单 位：四川华西绿舍建材有限公司
中冶建工集团有限公司
厦门源昌城建集团有限公司
中国建筑第四工程局有限公司
辽宁省建设科学研究院
中南大学
重庆大学

湖南大学
同济大学
重庆建工住宅建设有限公司
云南省建筑科学研究院
厦门天润锦龙建材有限公司
福建科之杰新材料有限公司
厦门市工程检测中心有限公司
江苏山水建设集团有限公司

本规程主要起草人员：李晓斌　桂苗苗　王世杰
程志潮　曾冲盛　余志武
钱觉时　彭军芝　王德辉
龙广成　孙振平　王　元
杨善顺　张　明　王于益
邓　岗　周尚永　马　林
杨克红　林添兴　麻秀星
陈怡宏　陈　维　刘登贤
蒋亚清　吴方华　徐仁崇
钟怀武

本规范主要审查人员：阎培渝　路来军　马保国
樊粤明　李美利　王自强
文恒武　颜万军　刘忠群
李镇华　严捍东　蔡森林

目 次

Contents

1 总 则

1.0.1 为规范自密实混凝土的生产与应用,做到技术先进、经济合理、安全适用,确保工程质量,制定本规程。

1.0.2 本规程适用于自密实混凝土的材料选择、配合比设计、制备与运输、施工及验收。

1.0.3 自密实混凝土的材料选择、配合比设计、制备与运输、施工及验收除应符合本规程外,尚应符合国家现行有关标准的规定。

2 术语和符号

2.1 术 语

2.1.1 自密实混凝土 self-compacting concrete

具有高流动性、均匀性和稳定性,浇筑时无需外力振捣,能够在自重作用下流动并充满模板空间的混凝土。

2.1.2 填充性 filling ability

自密实混凝土拌合物在无需振捣的情况下,能均匀密实成型的性能。

2.1.3 间隙通过性 passing ability

自密实混凝土拌合物均匀通过狭窄间隙的性能。

2.1.4 抗离析性 segregation resistance

自密实混凝土拌合物中各种组分保持均匀分散的性能。

2.1.5 坍落扩展度 slump-flow

自坍落度筒提起至混凝土拌合物停止流动后,测量坍落扩展面最大直径和与最大直径呈垂直方向的直径的平均值。

2.1.6 扩展时间(T_{500}) slump-flow time

用坍落度筒测量混凝土坍落扩展度时,自坍落度筒提起开始计时,至拌合物坍落扩展面直径达到500mm的时间。

2.1.7 J环扩展度 J-Ring flow

J环扩展度试验中,拌合物停止流动后,扩展面的最大直径和与最大直径呈垂直方向的直径的平均值。

2.1.8 离析率 segregation percent

标准法筛析试验中,拌合物静置规定时间后,流过公称直径为5mm的方孔筛的浆体质量与混凝土质量的比例。

2.2 符 号

2.2.1 自密实性能等级

f_m——粗骨料振动离析率;

PA——坍落扩展度与J环扩展度之差;

SF——坍落扩展度;

SR——离析率;

VS——扩展时间(T_{500})。

2.2.2 体积

V_a——每立方米混凝土中引入的空气体积;

V_g——每立方米混凝土中粗骨料的体积;

V_s——每立方米混凝土中细骨料的体积;

V_m——每立方米混凝土中砂浆的体积;

V_p——每立方米混凝土中去除粗、细骨料后剩下的浆体体积;

V_w——每立方米混凝土中水的体积。

2.2.3 质量

m_b——每立方米混凝土中胶凝材料的质量;

m_{ca}——每立方混凝土中外加剂的质量;

m_g——每立方米混凝土中粗骨料的质量;

m_s——每立方米混凝土中细骨料的质量;

m_m——每立方米混凝土中矿物掺合料的质量;

m_w——每立方米混凝土用水的质量。

2.2.4 密度

ρ_b——胶凝材料的表观密度;

ρ_c——水泥表观密度;

ρ_g——粗骨料的表观密度;

ρ_m——矿物掺合料表观密度;

ρ_s——细骨料的表观密度;

ρ_w——拌合水的表观密度。

2.2.5 强度

$f_{cu,0}$——混凝土配制强度值;

f_{ce}——水泥的28d实测抗压强度。

2.2.6 其他

α——每立方米混凝土中外加剂占胶凝材料总量的质量百分数;

β——每立方米混凝土中矿物掺合料占胶凝材料的质量分数;

H——混凝土侧压力计算位置处至新浇筑混凝土顶面的总高度;

γ——矿物掺合料胶凝系数;

γ_c——混凝土的重力密度;

Φ_s——单位体积砂浆中砂所占的体积分数。

3 材 料

3.1 胶凝材料

3.1.1 配制自密实混凝土宜采用硅酸盐水泥或普通硅酸盐水泥,并应符合现行国家标准《通用硅酸盐水泥》GB 175的规定。当采用其他品种水泥时,其性能指标应符合国家现行相关标准的规定。

3.1.2 配制自密实混凝土可采用粉煤灰、粒化高炉矿渣粉、硅灰等矿物掺合料,且粉煤灰应符合国家现行标准《用于水泥和混凝土中的粉煤灰》GB/T 1596 的规定，粒化高炉矿渣粉应符合现行国家标准《用于水泥和混凝土中的粒化高炉矿渣粉》GB/T 18046 的规定，硅灰应符合现行国家标准《高强高性能混凝土用矿物外加剂》GB/T 18736 的规定。当采用其他矿物掺合料时，应通过充分试验进行验证，确定混凝土性能满足工程应用要求后再使用。

3.2 骨 料

3.2.1 粗骨料宜采用连续级配或 2 个及以上单粒径级配搭配使用，最大公称粒径不宜大于 20mm；对于结构紧密的竖向构件、复杂形状的结构以及有特殊要求的工程，粗骨料的最大公称粒径不宜大于 16mm。粗骨料的针片状颗粒含量、含泥量及泥块含量，应符合表 3.2.1 的规定，其他性能及试验方法应符合现行行业标准《普通混凝土用砂、石质量及检验方法标准》JGJ 52 的规定。

表 3.2.1　粗骨料的针片状颗粒含量、含泥量及泥块含量

项　目	针片状颗粒含量	含泥量	泥块含量
指标（%）	≤8	≤1.0	≤0.5

3.2.2 轻粗骨料宜采用连续级配，性能指标应符合表 3.2.2 的规定，其他性能及试验方法应符合国家现行标准《轻集料及其试验方法　第 1 部分：轻集料》GB/T 17431.1 和《轻骨料混凝土技术规程》JGJ 51 的规定。

表 3.2.2　轻粗骨料的性能指标

项目	密度等级	最大粒径	粒型系数	24h 吸水率
指标	≥700	≤16mm	≤2.0	≤10%

3.2.3 细骨料宜采用级配Ⅱ区的中砂。天然砂的含泥量、泥块含量应符合表 3.2.3-1 的规定；人工砂的石粉含量应符合表 3.2.3-2 的规定。细骨料的其他性能及试验方法应符合现行行业标准《普通混凝土用砂、石质量及检验方法标准》JGJ 52 的规定。

表 3.2.3-1　天然砂的含泥量和泥块含量

项　目	含泥量	泥块含量
指标（%）	≤3.0	≤1.0

表 3.2.3-2　人工砂的石粉含量

项　目		指　标		
		≥C60	C55～C30	≤C25
石粉含量（%）	MB<1.4	≤5.0	≤7.0	≤10.0
	MB≥1.4	≤2.0	≤3.0	≤5.0

3.3 外 加 剂

3.3.1 外加剂应符合现行国家标准《混凝土外加剂》GB 8076 和《混凝土外加剂应用技术规范》GB 50119 的有关规定。

3.3.2 掺用增稠剂、絮凝剂等其他外加剂时，应通过充分试验进行验证，其性能应符合国家现行有关标准的规定。

3.4 混凝土用水

3.4.1 自密实混凝土的拌合用水和养护用水应符合现行行业标准《混凝土用水标准》JGJ 63 的规定。

3.5 其 他

3.5.1 自密实混凝土加入钢纤维、合成纤维时，其性能应符合现行行业标准《纤维混凝土应用技术规程》JGJ/T 221 的规定。

4 混凝土性能

4.1 混凝土拌合物性能

4.1.1 自密实混凝土拌合物除应满足普通混凝土拌合物对凝结时间、黏聚性和保水性等的要求外，还应满足自密实性能的要求。

4.1.2 自密实混凝土拌合物的自密实性能及要求可按表 4.1.2 确定，试验方法应按本规程附录 A 执行。

表 4.1.2　自密实混凝土拌合物的自密实性能及要求

自密实性能	性能指标	性能等级	技术要求
填充性	坍落扩展度（mm）	SF1	550～655
		SF2	660～755
		SF3	760～850
	扩展时间 T_{500}（s）	VS1	≥2
		VS2	<2
间隙通过性	坍落扩展度与 J 环扩展度差值（mm）	PA1	25<PA1≤50
		PA2	0≤PA2≤25
抗离析性	离析率（%）	SR1	≤20
		SR2	≤15
	粗骨料振动离析率（%）	f_m	≤10

注：当抗离析性试验结果有争议时，以离析率筛析法试验结果为准。

4.1.3 不同性能等级自密实混凝土的应用范围应按表 4.1.3 确定。

表 4.1.3 不同性能等级自密实混凝土的应用范围

自密实性能	性能等级	应用范围	重要性
填充性	SF1	1 从顶部浇筑的无配筋或配筋较少的混凝土结构物; 2 泵送浇筑施工的工程; 3 截面较小,无需水平长距离流动的竖向结构物	控制指标
	SF2	适合一般的普通钢筋混凝土结构	
	SF3	适用于结构紧密的竖向构件、形状复杂的结构等(粗骨料最大公称粒径宜小于16mm)	
	VS1	适用于一般的普通钢筋混凝土结构	
	VS2	适用于配筋较多的结构或有较高混凝土外观性能要求的结构,应严格控制	
间隙通过性[1]	PA1	适用于钢筋净距80mm~100mm	可选指标
	PA2	适用于钢筋净距60mm~80mm	
抗离析性[2]	SR1	适用于流动距离小于5m、钢筋净距大于80mm的薄板结构和竖向结构	可选指标
	SR2	适用于流动距离超过5m、钢筋净距大于80mm的竖向结构。也适用于流动距离小于5m、钢筋净距小于80mm的竖向结构,当流动距离超过5m,SR值宜小于10%	

注:1 钢筋净距小于60mm时宜进行浇筑模拟试验;对于钢筋净距大于80mm的薄板结构或钢筋净距大于100mm的其他结构可不作间隙通过性指标要求。
　　2 高填充性(坍落扩展度指标为SF2或SF3)的自密实混凝土,应有抗离析性要求。

4.2 硬化混凝土的性能

4.2.1 硬化混凝土力学性能、长期性能和耐久性能

应满足设计要求和国家现行相关标准的规定。

5 混凝土配合比设计

5.1 一般规定

5.1.1 自密实混凝土应根据工程结构形式、施工工艺以及环境因素进行配合比设计,并应在综合考虑混凝土自密实性能、强度、耐久性以及其他性能要求的基础上,计算初始配合比,经试验室试配、调整得出满足自密实性能要求的基准配合比,经强度、耐久性复核得到设计配合比。

5.1.2 自密实混凝土配合比设计宜采用绝对体积法。自密实混凝土水胶比宜小于0.45,胶凝材料用量宜控制在400kg/m³~550kg/m³。

5.1.3 自密实混凝土宜采用通过增加粉体材料的方法适当增加浆体体积,也可通过添加外加剂的方法来改善浆体的黏聚性和流动性。

5.1.4 钢管自密实混凝土配合比设计时,应采取减少收缩的措施。

5.2 混凝土配合比设计

5.2.1 自密实混凝土初始配合比设计宜符合下列规定:

1 配合比设计应确定拌合物中粗骨料体积、砂浆中砂的体积分数、水胶比、胶凝材料用量、矿物掺合料的比例等参数。

2 粗骨料体积及质量的计算宜符合下列规定:

1) 每立方米混凝土中粗骨料的体积(V_g)可按表5.2.1选用;

表 5.2.1 每立方米混凝土中粗骨料的体积

填充性指标	SF1	SF2	SF3
每立方米混凝土中粗骨料的体积(m³)	0.32~0.35	0.30~0.33	0.28~0.30

2) 每立方米混凝土中粗骨料的质量(m_g)可按下式计算:

$$m_g = V_g \cdot \rho_g \qquad (5.2.1\text{-}1)$$

式中:ρ_g——粗骨料的表观密度(kg/m³)。

3 砂浆体积(V_m)可按下式计算:

$$V_m = 1 - V_g \qquad (5.2.1\text{-}2)$$

4 砂浆中砂的体积分数(Φ_s)可取0.42~0.45。

5 每立方米混凝土中砂的体积(V_s)和质量(m_s)可按下列公式计算:

$$V_s = V_m \cdot \Phi_s \qquad (5.2.1\text{-}3)$$

$$m_s = V_s \cdot \rho_s \qquad (5.2.1\text{-}4)$$

式中:ρ_s——砂的表观密度(kg/m³)。

6 浆体体积(V_p)可按下式计算:

$$V_p = V_m - V_s \qquad (5.2.1\text{-}5)$$

7 胶凝材料表观密度（ρ_b）可根据矿物掺合料和水泥的相对含量及各自的表观密度确定，并可按下式计算：

$$\rho_b = \cfrac{1}{\cfrac{\beta}{\rho_m} + \cfrac{(1-\beta)}{\rho_c}} \qquad (5.2.1\text{-}6)$$

式中：ρ_m——矿物掺合料的表观密度（kg/m³）；

ρ_c——水泥的表观密度（kg/m³）；

β——每立方米混凝土中矿物掺合料占胶凝材料的质量分数（%）；当采用两种或两种以上矿物掺合料时，可以 β_1、β_2、β_3 表示，并进行相应计算；根据自密实混凝土工作性、耐久性、温升控制等要求，合理选择胶凝材料中水泥、矿物掺合料类型，矿物掺合料占胶凝材料用量的质量分数 β 不宜小于 0.2。

8 自密实混凝土配制强度（$f_{cu,0}$）应按现行行业标准《普通混凝土配合比设计规程》JGJ 55 的规定进行计算。

9 水胶比（m_w/m_b）应符合下列规定：

　1）当具备试验统计资料时，可根据工程所使用的原材料，通过建立的水胶比与自密实混凝土抗压强度关系式来计算得到水胶比；

　2）当不具备上述试验统计资料时，水胶比可按下式计算：

$$m_w/m_b = \frac{0.42 f_{ce}(1-\beta+\beta \cdot \gamma)}{f_{cu,0} + 1.2} \qquad (5.2.1\text{-}7)$$

式中：m_b——每立方米混凝土中胶凝材料的质量（kg）；

m_w——每立方米混凝土中用水的质量（kg）；

f_{ce}——水泥的 28d 实测抗压强度（MPa）；当水泥 28d 抗压强度未能进行实测时，可采用水泥强度等级对应值乘以 1.1 得到的数值作为水泥抗压强度值；

γ——矿物掺合料的胶凝系数；粉煤灰（$\beta \leqslant 0.3$）可取 0.4、矿渣粉（$\beta \leqslant 0.4$）可取 0.9。

10 每立方米自密实混凝土中胶凝材料的质量（m_b）可根据自密实混凝土中的浆体体积（V_p）、胶凝材料的表观密度（ρ_b）、水胶比（m_w/m_b）等参数确定，并可按下式计算：

$$m_b = \cfrac{(V_p - V_a)}{\left(\cfrac{1}{\rho_b} + \cfrac{m_w/m_b}{\rho_w}\right)} \qquad (5.2.1\text{-}8)$$

式中：V_a——每立方米混凝土中引入空气的体积（L），对于非引气型的自密实混凝土，V_a 可取 10L～20L；

ρ_w——每立方米混凝土中拌合水的表观密度（kg/m³），取 1000kg/m³。

11 每立方米混凝土中用水的质量（m_w）应根据每立方米混凝土中胶凝材料质量（m_b）以及水胶比（m_w/m_b）确定，并可按下式计算：

$$m_w = m_b \cdot (m_w/m_b) \qquad (5.2.1\text{-}9)$$

12 每立方米混凝土中水泥的质量（m_c）和矿物掺合料的质量（m_m）应根据每立方米混凝土中胶凝材料的质量（m_b）和胶凝材料中矿物掺合料的质量分数（β）确定，并可按下列公式计算：

$$m_m = m_b \cdot \beta \qquad (5.2.1\text{-}10)$$
$$m_c = m_b - m_m \qquad (5.2.1\text{-}11)$$

13 外加剂的品种和用量应根据试验确定，外加剂用量可按下式计算：

$$m_{ca} = m_b \cdot \alpha \qquad (5.2.1\text{-}12)$$

式中：m_{ca}——每立方米混凝土中外加剂的质量（kg）；

α——每立方米混凝土中外加剂占胶凝材料总量的质量百分数（%）。

5.2.2 自密实混凝土配合比的试配、调整与确定应符合下列规定：

1 混凝土试配时应采用工程实际使用的原材料，每盘混凝土的最小搅拌量不宜小于 25L。

2 试配时，首先应进行试拌，先检查拌合物自密实性能必控指标，再检查拌合物自密实性能可选指标。当试拌得出的拌合物自密实性能不能满足要求时，应在水胶比不变、胶凝材料用量和外加剂用量合理的原则下调整胶凝材料用量、外加剂用量或砂的体积分数等，直到符合要求为止。应根据试拌结果提出混凝土强度试验用的基准配合比。

3 混凝土强度试验时至少应采用三个不同的配合比。当采用不同的配合比时，其中一个应为本规程第 5.2.2 条中第 2 款确定的基准配合比，另外两个配合比的水胶比宜较基准配合比分别增加和减少 0.02；用水量与基准配合比相同，砂的体积分数可分别增加或减少 1%。

4 制作混凝土强度试验试件时，应验证拌合物自密实性能是否达到设计要求，并以该结果代表相应配合比的混凝土拌合物性能指标。

5 混凝土强度试验时每种配合比至少应制作一组试件，标准养护到 28d 或设计要求的龄期时试压，也可同时多制作几组试件，按《早期推定混凝土强度试验方法标准》JGJ/T 15 早期推定混凝土强度，用于配合比调整，但最终应满足标准养护 28d 或设计规定龄期的强度要求。如有耐久性要求时，还应检测相应的耐久性指标。

6 应根据试配结果对基准配合比进行调整，调整与确定应按《普通混凝土配合比设计规程》JGJ 55 的规定执行，确定的配合比即为设计配合比。

7 对于应用条件特殊的工程，宜采用确定的配合比进行模拟试验，以检验所设计的配合比是否满足工程应用条件。

6 混凝土制备与运输

6.1 原材料检验与贮存

6.1.1 自密实混凝土原材料进场时，供方应按批次向需方提供质量证明文件。

6.1.2 原材料进场后，应进行质量检验，并应符合下列规定：

1 胶凝材料、外加剂的检验项目与批次应符合现行国家标准《预拌混凝土》GB/T 14902 的规定；

2 粗、细骨料的检验项目与批次应符合现行行业标准《普通混凝土用砂、石质量及检验方法标准》JGJ 52 的规定，其中人工砂检验项目还应包括亚甲蓝（MB）值；

3 其他原材料的检验项目和批次应按国家现行有关标准执行。

6.1.3 原材料贮存应符合下列规定：

1 水泥应按品种、强度等级及生产厂家分别贮存，并应防止受潮和污染；

2 掺合料应按品种、质量等级和产地分别贮存，并应防雨和防潮；

3 骨料宜采用仓储或带棚堆场贮存，不同品种、规格的骨料应分别贮存，堆料仓应设有分隔区域；

4 外加剂应按品种和生产厂家分别贮存，采取遮阳、防水等措施。粉状外加剂应防止受潮结块；液态外加剂应贮存在密闭容器内，并应防晒和防冻，使用前应搅拌均匀。

6.2 计量与搅拌

6.2.1 原材料的计量应按质量计，且计量允许偏差应符合表 6.2.1 的规定。

表 6.2.1 原材料计量允许偏差（％）

序号	原材料品种	胶凝材料	骨料	水	外加剂	掺合料
1	每盘计量允许偏差	±2	±3	±1	±1	±2
2	累计计量允许偏差	±1	±2	±1	±1	±1

注：1 现场搅拌时原材料计量允许偏差应满足每盘计量允许偏差要求；
　　2 累计计量允许偏差是指每一运输车中各盘混凝土的每种材料计量和的偏差，该项指标仅适用于采用计算机控制计量的搅拌站。

6.2.2 自密实混凝土宜采用集中搅拌方式生产，生产过程应符合现行国家标准《预拌混凝土》GB/T 14902 的规定。

6.2.3 自密实混凝土在搅拌机中的搅拌时间不应少于 60s，并应比非自密实混凝土适当延长。

6.2.4 生产过程中，每台班应至少检测一次骨料含水率。当骨料含水率有显著变化时，应增加测定次数，并应依据检测结果及时调整材料用量。

6.2.5 高温施工时，生产自密实混凝土原材料最高入机温度应符合表 6.2.5 的规定，必要时应对原材料采取温度控制措施。

表 6.2.5 原材料最高入机温度

原材料	最高入机温度（℃）
水泥	60
骨料	30
水	25
粉煤灰等掺合料	60

6.2.6 冬期施工时，宜对拌合水、骨料进行加热，但拌合水温度不宜超过 60℃、骨料不宜超过 40℃；水泥、外加剂、掺合料不得直接加热。

6.2.7 泵送自密实轻骨料混凝土所用的轻粗骨料在使用前，宜采用浸水、洒水或加压预湿等措施进行预湿处理。

6.3 运　输

6.3.1 自密实混凝土运输应采用混凝土搅拌运输车，并宜采取防晒、防寒等措施。

6.3.2 运输车在接料前应将车内残留的混凝土清洗干净，并应将车内积水排尽。

6.3.3 自密实混凝土运输过程中，搅拌运输车的滚筒应保持匀速转动，速度应控制在 3r/min～5r/min，并严禁向车内加水。

6.3.4 运输车从开始接料至卸料的时间不宜大于 120min。

6.3.5 卸料前，搅拌运输车罐体宜高速旋转 20s 以上。

6.3.6 自密实混凝土的供应速度应保证施工的连续性。

7 施　工

7.1 一　般　规　定

7.1.1 自密实混凝土施工前应根据工程结构类型和特点、工程量、材料供应情况、施工条件和进度计划等确定施工方案，并对施工作业人员进行技术交底。

7.1.2 自密实混凝土施工应进行过程监控，并应根据监控结果调整施工措施。

7.1.3 自密实混凝土施工应符合现行国家标准《混凝土结构工程施工规范》GB 50666 的规定。

7.2 模板施工

7.2.1 模板及其支架设计应符合现行国家标准《混凝土结构工程施工规范》GB 50666 的相关规定。新浇筑混凝土对模板的最大侧压力应按下式计算：

$$F = \gamma_c H \qquad (7.2.1)$$

式中：F——新浇筑混凝土对模板的最大侧压力（kN/m^2）；

γ_c——混凝土的重力密度（kN/m^3）；

H——混凝土侧压力计算位置处至新浇筑混凝土顶面的总高度（m）。

7.2.2 成型的模板应拼装紧密，不得漏浆，应保证构件尺寸、形状，并应符合下列规定：

1 斜坡面混凝土的外斜坡表面应支设模板；

2 混凝土上表面模板应有抗自密实混凝土浮力的措施；

3 浇筑形状复杂或封闭模板空间内混凝土时，应在模板上适当部位设置排气口和浇筑观察口。

7.2.3 模板及其支架拆除应符合现行国家标准《混凝土结构工程施工规范》GB 50666 的规定，对薄壁、异形等构件宜延长拆模时间。

7.3 浇 筑

7.3.1 高温施工时，自密实混凝土入模温度不宜超过 35℃；冬期施工时，自密实混凝土入模温度不宜低于 5℃。在降雨、降雪期间，不宜在露天浇筑混凝土。

7.3.2 大体积自密实混凝土入模温度宜控制在 30℃以下；混凝土在入模温度基础上的绝热温升值不宜大于 50℃，混凝土的降温速率不宜大于 2.0℃/d。

7.3.3 浇筑自密实混凝土时，应根据浇筑部位的结构特点及混凝土自密实性能选择机具与浇筑方法。

7.3.4 浇筑自密实混凝土时，现场应有专人进行监控，当混凝土自密实性能不能满足要求时，可加入适量的与原配合比相同成分的外加剂，外加剂掺入后搅拌运输车滚筒应快速旋转，外加剂掺量和旋转搅拌时间应通过试验验证。

7.3.5 自密实混凝土泵送施工应符合现行行业标准《混凝土泵送施工技术规程》JGJ/T 10 的规定。

7.3.6 自密实混凝土泵送和浇筑过程应保持连续性。

7.3.7 大体积自密实混凝土采用整体分层连续浇筑或推移式连续浇筑时，应缩短间歇时间，并应在前层混凝土初凝之前浇筑次层混凝土，同时应减少分层浇筑的次数。

7.3.8 自密实混凝土浇筑最大水平流动距离应根据施工部位具体要求确定，且不宜超过 7m。布料点应根据混凝土自密实性能确定，并通过试验确定混凝土布料点的间距。

7.3.9 柱、墙模板内的混凝土浇筑倾落高度不宜大于 5m，当不能满足规定时，应加设串筒、溜管、溜槽等装置。

7.3.10 浇筑结构复杂、配筋密集的混凝土构件时，可在模板外侧进行辅助敲击。

7.3.11 型钢混凝土结构应均匀对称浇筑。

7.3.12 钢管自密实混凝土结构浇筑应符合下列规定：

1 应按设计要求在钢管适当位置设置排气孔，排气孔孔径宜为 20mm。

2 混凝土最大倾落高度不宜大于 9m，倾落高度大于 9m 时，应采用串筒、溜槽、溜管等辅助装置进行浇筑。

3 混凝土从管底顶升浇筑时应符合下列规定：

1） 应在钢管底部设置进料管，进料管应设止流阀门，止流阀门可在顶升浇筑的混凝土达到终凝后拆除；

2） 应合理选择顶升浇筑设备，控制混凝土顶升速度，钢管直径不宜小于泵管直径的 2 倍；

3） 浇筑完毕 30min 后，应观察管顶混凝土的回落下沉情况，出现下沉时，应人工补浇管顶混凝土。

7.3.13 自密实混凝土宜避开高温时段浇筑。当水分蒸发速率过快时，应在施工作业面采取挡风、遮阳等措施。

7.4 养 护

7.4.1 制定养护方案时，应综合考虑自密实混凝土性能、现场条件、环境温湿度、构件特点、技术要求、施工操作等因素。

7.4.2 自密实混凝土浇筑完毕，应及时采用覆盖、蓄水、薄膜保湿、喷涂或涂刷养护剂等养护措施，养护时间不得少于 14d。

7.4.3 大体积自密实混凝土养护措施应符合设计要求，当设计无具体要求时，应符合现行国家标准《大体积混凝土施工规范》GB 50496 的有关规定。对裂缝有严格要求的部位应适当延长养护时间。

7.4.4 对于平面结构构件，混凝土初凝后，应及时采用塑料薄膜覆盖，并应保持塑料薄膜内有凝结水。混凝土强度达到 1.2N/mm² 后，应覆盖保湿养护，条件许可时宜蓄水养护。

7.4.5 垂直结构构件拆模后，表面宜覆盖保湿养护，也可涂刷养护剂。

7.4.6 冬期施工时，不得向裸露部位的自密实混凝土直接浇洒水养护，应用保温材料和塑料薄膜进行保温、保湿养护，保温材料的厚度应经热工计算确定。

7.4.7 采用蒸汽养护的预制构件，养护制度应通过试验确定。

8 质量检验与验收

8.1 质量检验

8.1.1 自密实混凝土拌合物检验项目除应符合现行国家标准《混凝土结构工程施工质量验收规范》GB 50204的规定外，还应检验自密实性能，并应符合下列规定：

1 混凝土自密实性能指标检验应包括坍落扩展度和扩展时间；

2 出厂检验时，坍落扩展度和扩展时间应每100m³相同配合比的混凝土至少检验1次；当一个台班相同配合比的混凝土不足100m³时，检验不得少于1次；

3 交货时坍落扩展度和扩展时间检验批次应与强度检验批次一致；

4 实测坍落扩展度应符合设计要求，混凝土拌合物不得出现外沿泌浆和中心骨料堆积现象。

8.1.2 对掺引气型外加剂的自密实混凝土拌合物应检验其含气量，含气量应符合国家现行相关标准的规定。

8.1.3 自密实混凝土强度应满足设计要求，检验的试件应符合下列规定：

1 出厂检验试件留置方法和数量应符合现行国家标准《预拌混凝土》GB/T 14902的规定；

2 交货检验试件留置方法和数量应符合现行国家标准《混凝土结构工程施工质量验收规范》GB 50204的规定。

8.1.4 对有耐久性设计要求的自密实混凝土，还应检验耐久性项目，其试件留置方法和数量应符合现行行业标准《混凝土耐久性检验评定标准》JGJ/T 193的规定。

8.1.5 混凝土拌合物自密实性能的试验方法应按本规程附录A执行，混凝土试件成型方法应按本规程附录B执行。混凝土拌合物的其他性能试验方法应按现行国家标准《普通混凝土拌合物性能试验方法标准》GB/T 50080的规定执行。自密实混凝土的力学性能、长期性能和耐久性能试验方法应分别按现行国家标准《普通混凝土力学性能试验方法标准》GB/T 50081和《普通混凝土长期性能和耐久性能试验方法标准》GB/T 50082的规定执行。

8.2 检验评定

8.2.1 自密实混凝土强度应按现行国家标准《混凝土强度检验评定标准》GB/T 50107的规定进行检验评定。

8.2.2 自密实混凝土耐久性能应按现行行业标准《混凝土耐久性检验评定标准》JGJ/T 193的规定进行检验评定。

8.3 工程质量验收

8.3.1 自密实混凝土工程质量验收应按现行国家标准《混凝土结构工程施工质量验收规范》GB 50204的规定执行。

附录A 混凝土拌合物自密实性能试验方法

A.1 坍落扩展度和扩展时间试验方法

A.1.1 本方法用于测试自密实混凝土拌合物的填充性。

A.1.2 自密实混凝土的坍落扩展度和扩展时间试验应采用下列仪器设备：

1 混凝土坍落度筒，应符合现行行业标准《混凝土坍落度仪》JG/T 248的规定；

2 底板应为硬质不吸水的光滑正方形平板，边长应为1000mm，最大挠度不得超过3mm，并应在平板表面标出坍落度筒的中心位置和直径分别为200mm、300mm、500mm、600mm、700mm、800mm及900mm的同心圆（图A.1.2）。

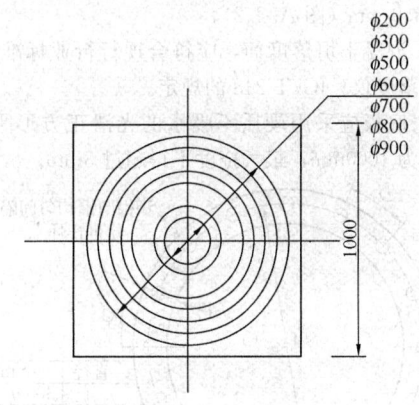

图 A.1.2 底板

A.1.3 混凝土拌合物的填充性能试验应按下列步骤进行：

1 应先润湿底板和坍落度筒，坍落度筒内壁和底板上应无明水；底板应放置在坚实的水平面上，并把筒放在底板中心，然后用脚踩住两边的脚踏板，坍落度筒在装料时应保持在固定的位置。

2 应在混凝土拌合物不产生离析的状态下，利用盛料容器一次性使混凝土拌合物均匀填满坍落度筒，且不得捣实或振动。

3 应采用刮刀刮除坍落度筒顶部及周边混凝土余料，使混凝土与坍落度筒的上缘齐平后，随即将坍落度筒沿铅直方向匀速地向上快速提起300mm左右的高度，提起时间宜控制在2s。待混凝土停止流动后，应测量展开圆形的最大直径，以及与最大直径呈垂直方向的直径。自开始入料至填充结束应在1.5min内完成，坍落度筒提起至测量拌合物扩展直径结束应控制在40s之内完成。

4 测定扩展度达500mm的时间（T_{500}）时，应自坍落度筒提起离开地面时开始，至扩展开的混凝土外缘初触平板上所绘直径500mm的圆周为止，应采用秒表测定时间，精确至0.1s。

A.1.4 混凝土的扩展度应为混凝土拌合物坍落扩展终止后扩展面相互垂直的两个直径的平均值，测量精确应至1mm，结果修约至5mm。

A.1.5 应观察最终坍落后的混凝土状况，当粗骨料在中央堆积或最终扩展后的混凝土边缘有水泥浆析出时，可判定混凝土拌合物抗离析性不合格，应予记录。

A.2 J环扩展度试验方法

A.2.1 本方法适用于测试自密实混凝土拌合物的间隙通过性。

A.2.2 自密实混凝土J环扩展度试验应采用下列仪器设备：

1 J环，应采用钢或不锈钢，圆环中心直径和厚度应分别为300mm、25mm，并用螺母和垫圈将16根 ϕ16mm×100mm圆钢锁在圆环上，圆钢中心间距应为58.9mm（图A.2.2）。

2 混凝土坍落度筒，应符合现行行业标准《混凝土坍落度仪》JG/T 248的规定。

3 底板应采用硬质不吸水的光滑正方形平板，边长应为1000mm，最大挠度不得超过3mm。

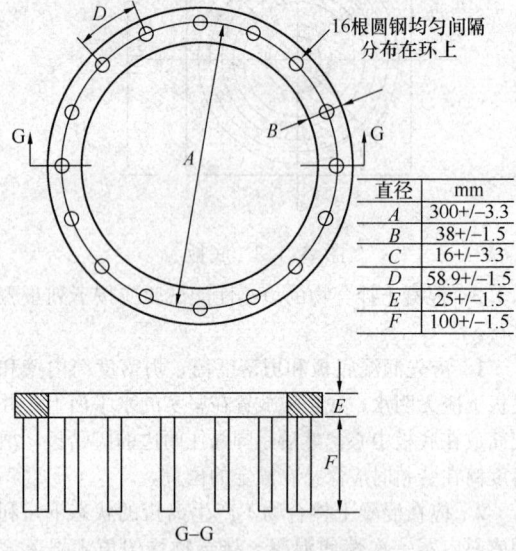

图A.2.2 J环的形状和尺寸

A.2.3 自密实混凝土拌合物的间隙通过性试验应按下列步骤进行：

1 应先润湿底板、J环和坍落度筒，坍落度筒内壁和底板上应无明水。底板应放置在坚实的水平面

上，J环应放在底板中心。

2 应将坍落度筒倒置在底板中心，并应与J环同心。然后将混凝土一次性填充至满。

3 应采用刮刀刮除坍落度筒顶部及周边混凝土余料，随即将坍落度筒沿垂直方向连续地向上提起300mm，提起时间宜为2s。待混凝土停止流动后，测量展开扩展面的最大直径以及与最大直径呈垂直方向的直径。自开始入料至提起坍落度筒应在1.5min内完成。

4 J环扩展度应为混凝土拌合物坍落扩展终止后扩展面相互垂直的两个直径的平均值，测量应精确至1mm，结果修约至5mm。

5 自密实混凝土间隙通过性性能指标（PA）结果应为测得混凝土坍落扩展度与J环扩展度的差值。

6 应目视检查J环圆钢附近是否有骨料堵塞，当粗骨料在J环圆钢附近出现堵塞时，可判定混凝土拌合物间隙通过性不合格，应予记录。

A.3 离析率筛析试验方法

A.3.1 本方法适用于测试自密实混凝土拌合物的抗离析性。

A.3.2 自密实混凝土离析率筛析试验采用下列仪器设备和工具：

1 天平，应选用称量10kg、感量5g的电子天平。

2 试验筛，应选用公称直径为5mm的方孔筛，且应符合现行国家标准《金属穿孔板试验筛》GB/T 6003.2的规定。

3 盛料器，应采用钢或不锈钢，内径为208mm，上节高度为60mm，下节带底净高为234mm，在上、下层连接处需加宽3mm～5mm，并设有橡胶垫圈（图A.3.2）。

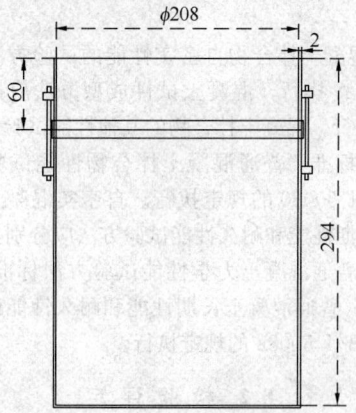

图A.3.2 盛料器形状和尺寸

A.3.3 自密实混凝土拌合物的抗离析性筛析试验应按下列步骤进行：

1 应先取10L±0.5L混凝土置于盛料器中，放置在水平位置上，静置15min±0.5min。

2 将方孔筛固定在托盘上，然后将盛料器上节混凝土移出，倒入方孔筛；用天平称量其 m_0，精确到 1g。

3 倒入方孔筛，静置 120s±5s 后，先把筛及筛上的混凝土移走，用天平称量筛孔流到托盘上的浆体质量 m_1，精确到 1g。

A.3.4 混凝土拌合物离析率（SR）应按下式计算：

$$SR = \frac{m_1}{m_0} \times 100\% \qquad (A.3.4)$$

式中：SR——混凝土拌合物离析率（%），精确到 0.1%；

m_1——通过标准筛的砂浆质量（g）；

m_0——倒入标准筛混凝土的质量（g）。

A.4 粗骨料振动离析率跳桌试验方法

A.4.1 本方法适用于测试自密实混凝土拌合物的抗离析性能。

A.4.2 粗骨料振动离析率跳桌试验应采用下列仪器设备和工具：

1 检测筒应采用硬质、光滑、平整的金属板制成，检测筒内径应为 115mm，外径应为 135mm，分三节，每节高度均应为 100mm，并应用活动扣件固定（图 A.4.2）。

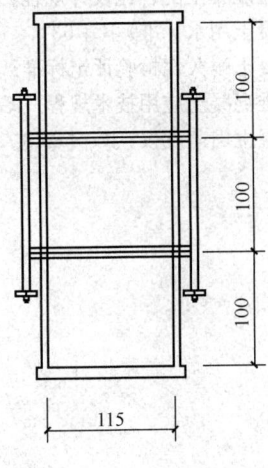

图 A.4.2　检测筒尺寸

2 跳桌振幅应为 25mm±2mm。

3 天平，应选用称量 10kg、感量 5g 的电子天平。

4 试验筛，应选用公称直径为 5mm 的方孔筛，其性能指标应符合现行国家标准《金属穿孔板试验筛》GB/T 6003.2 的规定。

A.4.3 自密实混凝土拌合物的抗离析性跳桌试验应按下列步骤进行：

1 应将自密实混凝土拌合物用料斗装入稳定性检测筒内，平至料斗口，垂直移走料斗，静置 1min，用抹刀将多余的拌合物除去并抹平，且不得压抹。

2 应将检测筒放置在跳桌上，每秒转动一次摇柄，使跳桌跳动 25 次；

3 应分节拆除检测筒，并将每节筒内拌合物装入孔径为 5mm 的圆孔筛子中，用清水冲洗拌合物，筛除浆体和细骨料，将剩余的粗骨料用海绵拭干表面的水分，用天平称其质量，精确到 1g，分别得到上、中、下三段拌合物中粗骨料的湿重 m_1、m_2 和 m_3。

A.4.4 粗骨料振动离析率应按下式计算：

$$f_{\mathrm{m}} = \frac{m_3 - m_1}{\overline{m}} \times 100\% \qquad (A.4.4)$$

式中：f_{m}——粗骨料振动离析率（%），精确到 0.1%；

$\overline{m}$——三段混凝土拌合物中湿骨料质量的平均值（g）；

m_1——上段混凝土拌合物中湿骨料的质量（g）；

m_3——下段混凝土拌合物中湿骨料的质量（g）。

附录 B　自密实混凝土试件成型方法

B.0.1 本方法适用于自密实混凝土试件的成型。

B.0.2 自密实混凝土试件成型应采用下列设备和工具：

1 试模，应符合国家现行有关标准的规定。

2 盛料容器。

3 铲子、抹刀、橡胶手套等。

B.0.3 混凝土试件的制作应符合下列规定：

1 成型前，应检查试模尺寸，并对试模表面涂一薄层矿物油或其他不与混凝土发生反应的隔离剂。

2 在试验室拌制混凝土时，其材料用量应以质量计，且计量允许偏差应符合表 B.0.3 的规定。

表 B.0.3　原材料计量允许偏差（%）

原材料品种	水泥	骨料	水	外加剂	掺合料
计量允许偏差	±0.5	±1	±0.5	±0.5	±0.5

B.0.4 取样应按现行国家标准《普通混凝土拌合物性能试验方法标准》GB/T 50080 中的规定执行。

B.0.5 试样成型应符合下列规定：

1 取样或试验室拌制的自密实混凝土在拌制后，应尽快成型，不宜超过 15min。

2 取样或拌制好的混凝土拌合物至少拌三次，再装入盛料器。

3 应分两次将混凝土拌合物装入试模，每层的装料厚度宜相等，中间间隔 10s，混凝土拌合物应高出试模口，不应使用振动台或插捣方法成型。

4 试模上口多余的混凝土应刮除，并用抹刀抹平。

本规程用词说明

1 为便于在执行本规程条文时区别对待,对要求严格程度不同的用词说明如下:

　　1)表示很严格,非这样做不可的:
　　　　正面词采用"必须",反面词采用"严禁";

　　2)表示严格,在正常情况下均应这样做的:
　　　　正面词采用"应",反面词采用"不应"或"不得";

　　3)表示允许稍有选择,在条件许可时首先应这样做的:
　　　　正面词采用"宜",反面词采用"不宜";

　　4)表示有选择,在一定条件下可以这样做的采用"可"。

2 条文中指明应按其他有关标准执行的写法为:"应符合……的规定"或"应按……执行"。

引用标准名录

1 《普通混凝土拌合物性能试验方法标准》GB/T 50080

2 《普通混凝土力学性能试验方法标准》GB/T 50081

3 《普通混凝土长期性能和耐久性能试验方法标准》GB/T 50082

4 《混凝土强度检验评定标准》GB/T 50107

5 《混凝土外加剂应用技术规范》GB 50119

6 《混凝土结构工程施工质量验收规范》GB 50204

7 《大体积混凝土施工规范》GB 50496

8 《混凝土结构工程施工规范》GB 50666

9 《通用硅酸盐水泥》GB 175

10 《用于水泥和混凝土中的粉煤灰》GB/T 1596

11 《金属穿孔板试验筛》GB/T 6003.2

12 《混凝土外加剂》GB 8076

13 《预拌混凝土》GB/T 14902

14 《轻集料及其试验方法　第1部分:轻集料》GB/T 17431.1

15 《用于水泥和混凝土中的粒化高炉矿渣粉》GB/T 18046

16 《高强高性能混凝土用矿物外加剂》GB/T 18736

17 《混凝土泵送施工技术规程》JGJ/T 10

18 《早期推定混凝土强度试验方法标准》JGJ/T 15

19 《轻骨料混凝土技术规程》JGJ 51

20 《普通混凝土用砂、石质量及检验方法标准》JGJ 52

21 《普通混凝土配合比设计规程》JGJ 55

22 《混凝土用水标准》JGJ 63

23 《混凝土耐久性检验评定标准》JGJ/T 193

24 《纤维混凝土应用技术规程》JGJ/T 221

25 《混凝土坍落度仪》JG/T 248

中华人民共和国行业标准

自密实混凝土应用技术规程

JGJ/T 283—2012

条 文 说 明

制 订 说 明

《自密实混凝土应用技术规程》JGJ/T 283 - 2012，经住房和城乡建设部 2012 年 3 月 15 日以第 1330 号公告批准、发布。

本规程制订过程中，编制组进行了广泛而深入的调查研究，总结了我国工程建设中自密实混凝土工程应用的实践经验，同时参考了国外技术标准，通过试验取得了自密实混凝土应用的重要技术参数。

为便于广大设计、施工、科研、学校等单位有关人员在使用本规程时能正确理解和执行条文规定，《自密实混凝土应用技术规程》编制组按章、节、条顺序编制了本规程的条文说明，对条文规定的目的、依据以及执行中需注意的有关事项进行了说明。但是，本条文说明不具备与规程正文同等的法律效力，仅供使用者作为理解和把握规程规定的参考。

目 次

1 总　则

1.0.1 近年来自密实混凝土在工程中的应用越来越多，但尚无专门的自密实混凝土应用技术的行业标准或者国家标准指导自密实混凝土的生产和应用，无法为自密实混凝土在建筑工程中的广泛应用提供技术依据。因此，有必要制定本规程。

1.0.2 本条明确了规程的适用范围。自密实混凝土适用于现场浇筑的自密实混凝土工程和生产预制自密实混凝土构件，尤其适用于浇筑量大、振捣困难的结构以及对施工进度、噪声有特殊要求的工程。本规程对自密实混凝土生产与应用所涉及的各环节作出规定。

1.0.3 本条规定了本规程与其他标准、规范的关系。

2　术语和符号

2.1　术　语

2.1.1～2.1.4 强调自密实混凝土的特点。

2.1.5 本条对坍落扩展度进行定义，以区别《普通混凝土拌合物性能试验方法标准》GB/T 50080 - 2002 第 3.1.3 条所定义的普通混凝土坍落扩展度。

2.1.6 本条对扩展时间（T_{500}）进行定义。

2.1.7 本条根据美国 ASTM 标准《Standard Test Method for Passing Ability of Self-Consolidating Concrete by J-Ring》C1621/C1621M-09b 对 J 环扩展度进行定义。

2.1.8 本条根据欧洲自密实混凝土指南《The European Guidelines for Self-Compacting Concrete—Specification，Production and Use》对离析率进行定义。

3　材　料

3.1　胶凝材料

3.1.1 本条规定了自密实混凝土所用的水泥品种。当有特殊要求时，可根据设计、施工要求以及工程所处环境确定。自密实混凝土宜选用通用硅酸盐水泥，不宜采用铝酸盐水泥、硫铝酸盐水泥等凝结时间短、流动性经时损失大的水泥。

3.1.2 自密实混凝土可掺入粉煤灰、磨细矿渣粉、硅粉等矿物掺合料，并应符合相关矿物掺合料应用技术规范以及相关标准的要求。不同的矿物掺合料对混凝土工作性和物理力学性能、耐久性所产生的作用既有共性，又不完全相同。因此，应依据混凝土所处环境、设计要求、施工工艺要求等因素，经试验确定矿物掺合料种类及用量。当使用磨细矿化碳酸钙、石英

粉等其他掺合料时，应考虑掺合料的粒径分布、形状和需水量，减少对混凝土拌合物需水量或敏感度的影响，并通过试验验证，方可使用。

3.2　骨　料

3.2.1 在满足自密实混凝土性能的前提下，可根据优质、经济、就地取材的原则选择天然骨料、人工骨料或两者混合使用来制备自密实混凝土。粗骨料最大粒径对自密实混凝土工作性能影响较大，根据国内外标准相关规定和工程实际经验，粗骨料最大粒径不宜超过20mm。欧洲自密实混凝土指南《The European Guidelines for Self-Compacting Concrete—Specification，Production and Use》中对配筋密集、形状复杂的结构或有特殊要求的工程，要求自密实混凝土坍落扩展度在760mm～850mm 或 850mm 以上，粗骨料的最大粒径不宜大于16mm。

粗骨料中针片状颗粒含量对自密实混凝土间隙通过性影响较大，将增加拌合物的流动阻力，同时，对混凝土强度等性能也存在不利影响。《自密实混凝土应用技术规程》CECS203：2006 规定粗骨料中针、片状含量不宜超过 8%；而《自密实混凝土设计与施工指南》CCES 02 - 2004 规定粗骨料中针、片状含量不宜超过 10%。因此，编制组开展了关于针片状颗粒对自密实混凝土自密实性能相关性的试验，主要试验研究结果见表1和表2。从表1可看出，本次验证试验混凝土配合比中矿物掺合料掺量超过总胶凝材料用量40%，因此，设计采用混凝土 60d 龄期强度。

表 1　验证试验混凝土基准配合比

系列	强度等级	每立方米混凝土材料用量（kg/m³）						
		水	水泥	矿粉	粉煤灰	砂子	石子	外加剂
BZA	C60	163	316	132	79	805	880	1.24%
BZB	C60	164	318	106	106	817	853	1.22%
BZC	C30	166	207	46	207	805	880	0.9%

表 2　验证试验自密实混凝土测试结果

编号	石子针片状含量（%）	坍落扩展度（mm）	J 环扩展度（mm）	坍落扩展度与 J 环扩展度差值（mm）	扩展时间 T_{500}（s）	离析率（%）	7d抗压强度（MPa）	28d抗压强度（MPa）	60d抗压强度（MPa）	拌合物中粗骨料堆积现象
BZA-1	6	760	760	0	1.8	17.9	36.3	50.8	67.5	轻微
BZA-2	7	755	745	10	2.1	12.7	40.3	56.0	72.3	
BZA-3	8	755	750	5	1.8	18.1	38.5	52.3	70.6	
BZA-4	9	760	750	10	2.3	16.4	42.6	57.5	74.1	
BZA-5	10	770	735	35	1.9	20.1	45.3	55.8	72.8	轻微
BZB-1	6	670	665	5	3.6	6.6	43.7	54.0	71.2	
BZB-2	7	660	655	5	2.8	5.2	46.4	60.5	76.5	

续表2

编号	石子针片状含量(%)	坍落扩展度(mm)	J环扩展度(mm)	坍落扩展度与J环扩展度差值(mm)	扩展时间T_{500}(s)	离析率(%)	7d抗压强度(MPa)	28d抗压强度(MPa)	60d抗压强度(MPa)	拌合物中粗骨料堆积现象
BZB-3	8	650	640	10	4.4	4.8	40.1	53.7	72.9	
BZB-4	9	700	625	65	2.1	13.6	41.3	55.6	75.8	严重
BZB-5	10	665	630	35	3.9	2.1	39.0	51.9	70.1	轻微
BZC-1	5	655	650	5	3.4	5.4	21.6	31.7	42.4	
BZC-2	6	650	640	10	2.9	4.4	22.9	32.5	45.5	
BZC-3	7	680	670	10	8.1	2.4	26.6	37.5	48.9	
BZC-4	8	725	690	35		15.6	20.2	30.1	41.7	轻微
BZC-5		660	645	25			29.4	44.0	46.6	

由表1和表2可看出，当胶凝材料用量较多时，粗骨料的针、片状颗粒含量控制在8%以下，混凝土拌合物性能易满足相关要求；当胶凝材料用量较低时，粗骨料的针、片状颗粒含量过高，易造成拌合物粗骨料堆积，混凝土拌合物间隙通过性下降。结合试验验证结果，本规程确定粗骨料针、片状颗粒含量上限值为8%。

粗骨料含泥量、泥块含量等性能指标对自密实混凝土性能也有较大影响，本规程按《普通混凝土用砂、石质量及检验方法标准》JGJ 52-2006相关要求严格取值，规定含泥量、泥块含量应分别小于1.0%、0.5%。

3.2.2 轻粗骨料吸水率的大小，不仅影响轻骨料混凝土的性能，还将影响正常泵送施工。根据国内相关研究情况，编制组开展了关于轻骨料吸水率对自密实混凝土自密实性能相关性试验，研究结果见表3、表4和表5。

表3 试验采用轻粗骨料性能指标

种类	密度等级	最大粒径(mm)	筒压强度(MPa)	24h吸水率(%)
圆形海泥陶粒	1000	≤16	6.733	11.31
椭圆形陶粒	900	≤20	6.421	12.22
圆形淤泥陶粒	1100	≤16	7.653	18.90
碎石形页岩陶粒	900	≤20	9.460	7.38

表4 试验混凝土基准配合比

种类	编号	水	水泥	粉煤灰	矿粉	砂子	陶粒	外加剂	陶粒预湿时间(h)
		每立方米混凝土材料用量(kg/m³)							
圆形淤泥陶粒	LSCC-1	241	338	145	0	793	560	6.88	0
圆形淤泥陶粒	LSCC-2	174	338	145	0	793	560	5.55	0.5
圆形淤泥陶粒	LSCC-3	174	338	145	0	793	560	5.55	1
圆形淤泥陶粒	LSCC-4	175	360	103	51	805	543	6.20	2
椭圆形陶粒	LSCC-5	189	330	167	0	796	593	7.72	0
椭圆形陶粒	LSCC-6	174	330	167	0	796	593	6.45	0.5
椭圆形陶粒	LSCC-7	186	510	22	0	796	593	6.12	1
椭圆形陶粒	LSCC-8	179	410	103	0	796	593	5.90	2
圆形海泥陶粒	LSCC-9	175	338	103	51	805	504	9.71	0.5
圆形海泥陶粒	LSCC-10	175	338	103	51	805	504	5.45	1
圆形海泥陶粒	LSCC-11	170	349	103	51	781	592	6.00	1
圆形海泥陶粒	LSCC-12	158	296	182	0	769	551	6.20	2
碎石形页岩陶粒	LSCC-13	175	360	103	51	805	557	5.45	0.5

表5 试验测试结果

编号	坍落扩展度(mm)	J环扩展度(mm)	扩展时间T_{500}(s)	离析率(%)	1h扩展(mm)	1h扩展度损失百分比(%)
LSCC-1	690	660	2.1	3.9	455	34.1
LSCC-2	630	640	2.9	15.0	485	31.8
LSCC-3	670	660	2.3	16.4	465	30.6
LSCC-4	680	680	3.2	13.3	505	26.5
LSCC-5	690	685	3.1	1.1	545	21.9
LSCC-6	635	605	3.9	1.4	535	20.5
LSCC-7	675	685	4.9	4.4	565	15.0
LSCC-8	660	650	4.1	2.20	590	10.6
LSCC-9	620	615	7.0	2.9	565	15.7
LSCC-10	640	635	2.3	7.6	605	10.9
LSCC-11	600	605	4.3	2.9	550	8.3
LSCC-12	630	630	5.1	2.9	630	4.8
LSCC-13	590	570	3.8	0.2	565	4.3

由表4和表5试验结果可看出，陶粒的吸水率过大，导致拌合物坍落扩展度损失过快，影响到自密实混凝土自密实性能。结合《轻骨料混凝土技术规程》JGJ 51-2002相关规定以及国内相关研究文献，因此，本规程规定轻粗骨料24h吸水率宜不大于10%。当24h吸水率大于10%时，应通过试验验证，确保满足可泵送施工要求。

当采用密度等级过低的轻骨料配制自密实混凝土时，混凝土拌合物易产生离析，因此，本规程规定轻粗骨料密度等级不宜低于700级。轻骨料最大粒径、粒型系数按行业标准《轻骨料混凝土技术规程》JGJ 51-2002相关要求严格取值，规定最大粒径不大于16mm、粒型系数不大于2.0。

3.2.3 本条规定自密实混凝土所用细骨料宜选用中砂。砂的含泥量、泥块含量对自密实混凝土自密实性能影响较大，故本规程规定天然砂的含泥量、泥块含量分别不大于3.0%、1.0%。

人工砂中含有适量石粉能改善混凝土的工作性，但过量的石粉会因吸附更多的水分，导致混凝土工作性变差，编制组以胶凝材料用量、石粉含量、人工砂MB值为主要影响因素，开展人工砂石粉、MB值对自密实混凝土自密实性能影响试验，试验方案见表6、表7和表8。

表6 人工砂的 MB 测试结果

编 号	人工砂	石粉（%）	亚甲基蓝（mL）	MB 值
1	未洗	2	20	1
2	未洗	3	20	1
3	未洗	5	25	1.25
4	洗过	7	10	0.5
5	洗过	12	15	0.75
6	洗过	15	15	0.75

从表6人工砂MB值测试结果可看出，当采用未洗过的人工砂，石粉含量≥2%时，人工砂MB值均≥1；当采用洗过的人工砂，石粉含量≤15%时，人工砂MB值均≤1。因此，编制组通过清洗人工砂、人工添加石粉含量来控制人工砂MB值。

表7 人工砂自密实混凝土验证试验基准配合比

强度	每立方米混凝土材料用量（kg/m³）						
	水	水泥	矿粉	粉煤灰	人工砂	石子	外加剂
C60	166	305	107	123	798	853	1.25%
C55	168	280	50	170	818	854	1.23%
C25	179	192	48	240	830	880	0.92%

验证试验混凝土配合比中矿物掺合料掺量超过总胶凝材料用量40%，因此，设计采用混凝土60d龄期强度。

表8 人工砂自密实混凝土验证试验方案

编号	强度等级	人工砂石粉含量（%）	人工砂MB值
BZYA-1	C25	10	<1
BZYA-2	C25	12	<1

续表8

编号	强度等级	人工砂石粉含量（%）	人工砂MB值
BZYA-3	C25	15	<1
BZYA-4	C55	8	<1
BZYA-5	C55	10	<1
BZYA-6	C55	12	<1
BZYA-7	C60	6	<1
BZYA-8	C60	7	<1
BZYA-9	C60	8	<1
BZYB-1	C25	4	≥1
BZYB-2	C25	5	≥1
BZYB-3	C25	6	≥1
BZYB-4	C55	2	≥1
BZYB-5	C55	3	≥1
BZYB-6	C55	4	≥1
BZYB-7	C60	1	≥1
BZYB-8	C60	2	≥1
BZYB-9	C60	3	≥1

表9 洗过人工砂的自密实混凝土验证试验结果

编号	石粉含量（%）	坍落扩展度（mm）	J环扩展度（mm）	坍落扩展度与J环扩展度差值（mm）	扩展时间 T_{500}（s）	7d抗压强度（MPa）	28d抗压强度（MPa）	60d抗压强度（MPa）	和易性
BZYA-1	10	675	670	5	2.9	22.9	32.2	43.3	良好
BZYA-2	12	660	650	10	2.7	25.0	37.8	42.8	良好
BZYA-3	15	675	665	10	2.9	19.3	30.9	41.9	良好
BZYA-4	8	605	605	0	2.0	35.4	50.9	65.5	良好
BZYA-5	10	645	635	10	5.0	36.8	49.6	66.7	稍黏
BZYA-6	12	645	635	10	8.8	39.9	51.3	68.0	较黏
BZYA-7	6	705	705	0	2.4	40.2	57.1	75.2	良好
BZYA-8	7	680	670	10	4.6	42.6	52.2	74.3	良好
BZYA-9	8	660	650	10	6.7	50.2	57.8	76.4	稍黏

由表8和表9可知，当人工砂MB<1，配制C60、C55、C25人工砂自密实混凝土时，人工砂中石粉含量可分别控制在7%、10%、15%以内，混凝土具有良好的和易性。

表 10 未洗过人工砂的自密实混凝土验证试验结果

编号	石粉含量（%）	坍落扩展度（mm）	J环扩展度（mm）	扩展度与J环扩展度差值（mm）	扩展时间 T_{500}（s）	7d抗压强度（MPa）	28d抗压强度（MPa）	60d抗压强度（MPa）	和易性
BZYB-1	4	660	650	10	3.1	25.8	34.9	41.5	良好
BZYB-2	5	650	640	10	2.7	22.7	31.2	39.2	良好
BZYB-3	6	620	620	0	4.9	24.6	33.8	42.9	稍黏
BZYB-4	2	605	605	0	2.8	33.3	47.8	63.3	良好
BZYB-5	3	645	635	10	3.2	38.2	49.7	65.9	良好
BZYB-6	4	640	635	5	4.5	38.3	48.6	65.8	稍黏
BZYB-7	1	685	685	0	3.6	45.4	57.7	73.7	良好
BZYB-8	2	690	680	10	3.3	42.4	55.1	71.5	良好
BZYB-9	3	690	680	10	5.8	49.7	56.0	72.3	稍黏

由表 8 和表 10 可知，在人工砂 MB 值≥1.0 时，石粉含量对自密实混凝土拌合物黏聚性影响较明显，石粉用量过大将会使混凝土拌合物过黏，混凝土流动性降低，影响到自密实混凝土自密实性能。

结合试验结果及现行行业标准《普通混凝土用砂、石质量及检验方法标准》JGJ 52-2006 的相关规定，本规程规定配制 C25 及以下、C30～C55、C60 以上的人工砂自密实混凝土，当 MB 值<1.4 时，人工砂中石粉含量宜分别控制在 5%、7%、10% 以内；当 MB 值≥1.4 时，人工砂中石粉含量宜控制在 2%、3%、5% 以内。根据人工砂 MB 值和石粉含量的相关性试验以及相关研究表明：若将 MB 值降低至 1.0 时，石粉中以粉为主，含泥量低，即使石粉含量达到 15%，人工砂的含泥量仍控制在现行行业标准规定的限额内。当人工砂 MB≤1.0 时，配制 C25 及以下混凝土时，经试验验证能确保混凝土质量后，其石粉含量可放宽到 15%。

3.3 外 加 剂

3.3.1 本条规定制备自密实混凝土所用外加剂的种类。为获得外加剂最佳的性能，需考虑胶凝材料的物理与化学特性，如细度、碳含量、碱含量和 C_3A 等因素对外加剂产生的影响。聚羧酸系高性能减水剂具有掺量低、减水率高、混凝土强度增长快、混凝土拌合物坍落度损失小、拌合物黏滞阻力小等优点，而且相比于其他类型的高效减水剂，聚羧酸系高性能减水剂还具有引气功能，可以明显改善混凝土的收缩性能，并在一定程度上弥补自密实混凝土收缩较大的缺陷。所以，聚羧酸系高性能减水剂适用于配制自密实混凝土，尤其是在配制高强自密实混凝土方面表现出更加明显的性能优势。

3.3.2 为了使拌合物在高流动性条件下获得良好的

黏聚性而不离析，配制低强度等级自密实混凝土及水下自密实混凝土时，可用增稠剂、絮凝剂等其他外加剂，改善混凝土拌合物的和易性，但需通过试验进行验证。

3.4 混凝土用水

3.4.1 本条规定自密实混凝土的拌合用水和养护用水与普通混凝土一样，应按现行行业标准《混凝土用水标准》JGJ 63 的规定执行。

3.5 其 他

3.5.1 纤维在自密实混凝土和普通混凝土中的作用相同，其性能指标应符合行业标准《纤维混凝土应用技术规程》JGJ/T 221 中的相关规定。加入纤维一般会降低拌合物的流动性，具体掺量需要通过试验确定。

4 混凝土性能

4.1 混凝土拌合物性能

4.1.1 与普通混凝土相比，自密实混凝土特有的性能要求为自密实性能，其他性能参照普通混凝土的相关标准要求。

4.1.2 编制组收集了日本、英国、欧洲、美国等国家制定的标准规范，各标准自密实性能指标及相应的测试方法见表 11～表 13。

表 11 国内外自密实混凝土标准汇编

标 准 名 称	编制时间	编制机构
JSCE-D101 高流动化コンクリート施工指針	1997	日本土木学会
JASS 5T-402 流動化コンクリート指針	2004	日本建筑学会
高流動（自己充填）コンクリート制造マニュアル	1997	日本预拌混凝土行业协会
Specification and Guidelines For Self-Compacting Concrete 欧洲自密实混凝土规程	2002	EFNARC
European Self-Compacting Concrete Guidelines 欧洲自密实混凝土应用指南	2005	EFNARC、BIBM、ER-MCO、EFCA、CEMBUREAU
ASTM C 1610/C1610Ma-2006 Standard Test Method for Static Segregation of Self-Consolidating Concrete Using Column Technique	2006	美国试验与材料协会

标 准 名 称	编制时间	编制机构
ASTM C1621/C1621M-09b Standard Test Method for Passing Ability of Self-Consolidating Concrete by J-Ring	2009	美国试验与材料协会
ASTM C 1611/C 1611M-05 Standard Test Method for Slump Flow of Self-Consolidating Concrete	2005	美国试验与材料协会
BS EN206-9-2010 Additional Rules for Self-Compacting Concrete（SCC）	2010	英国标准学会
CCES 02-2004 自密实混凝土设计与施工指南	2004	中国土木学会
CECS203-2006 自密实混凝土应用技术规程	2006	中国工程建设标准化协会
DBJ13-55-2004 自密实高性能混凝土技术规程	2004	福建省建设厅
DB29-197-2010 自密实混凝土应用技术规程	2008	天津市建设厅
DBJ04-254-2007 高流态自密实混凝土应用技术规程	2007	山西省建设厅
CNS 14840 A3398 自充填混凝土障碍通过性试验法（U形或箱形法）	1993	中国台湾标准
CNS 14841 A3399 自充填混凝土流下性试验法（漏斗法）	1993	中国台湾标准
CNS 14842 A3400 高流动性混凝土坍流度试验法	1993	中国台湾标准

表 12　不同标准自密实性能指标

英国标准	日本标准	欧洲指南	欧洲规程	中国标准化协会标准	中国土木学会指南	中国台湾标准
坍落扩展度	U形槽充填高度	流动性/填充性	填充性	填充性	填充性	U形槽填充高度
黏聚性	流动性	黏聚性	间隙通过性	流动性	间隙通过性	流动性
间隙通过性	抗离析性	间隙通过性	抗离析性	抗离析性	抗离析性	抗离析性
抗离析性		抗离析性				

表 13　不同标准自密实混凝土自密实性能测试方法

标 准	测 试 方 法
英国标准	坍落扩展度、T_{50}、V 形漏斗、L 形仪、J 环、筛析法
日本标准	坍落扩展度、U 形仪、V 形漏斗、T_{500}
欧洲规程	坍落扩展度、T_{50}、V 形漏斗、J 环、Orimet 漏斗、L 形仪、U 形仪、填充箱、GMT 法
欧洲指南	坍落扩展度、方筒箱、T_{500}、V 形漏斗、O 形漏斗、Orimet 漏斗、L 形仪、U 形仪、J 环、筛析法、针入度、静态沉降柱等
美国标准	坍落扩展度、T_{500}、J 环、静态沉降柱
中国标准化协会标准	坍落扩展度、U 形仪、V 形漏斗、T_{50}
中国土木学会指南	坍落扩展度、T_{500}、L 形仪、U 形仪、拌合物跳桌试验
中国台湾标准	坍落扩展度、U 形仪、V 形漏斗、T_{50}

由表 12 可看出，混凝土自密实性能主要可通过流动性、填充性、间隙通过性、抗离析性来表征。自密实性能指标相应测试方法也主要以坍落扩展度、T_{500}、J 环、L 形仪、U 形仪、筛析法和拌合物跳桌试验为主。

根据国内相关研究情况，编制组选择坍落扩展度、T_{500}、J 环、U 形仪、V 形漏斗、筛析法、静态沉降柱等测试方法对自密实混凝土自密实性能进行验证试验，试验基准配合比及结果见表 14、表 15 和表 16。

表 14　自密实混凝土验证试验基准配合比

编号	设计强度	单方混凝土材料用量（kg/m³）							胶凝材料用量（kg/m³）
		水	水泥	矿粉	粉煤灰	砂	石子	外加剂	
BZP-TR-2	60	175	310	137	110	784	798	4.38	548
BZP-TR-3	60	163	316	132	79	805	880	4.22	527
BZP-TR-4	60	159	308	128	77	752	908	5.39	513
BZP-TR-5	30	176	203	101	201	833	770	4.08	503
BZP-TR-6	30	171	203	45	203	786	880	3.83	451
BZP-TR-7	30	166	196	44	196	764	935	3.71	436
BZP-TR-8	60	163	316	132	79	805	880	5.66	529
BZP-TR-9	60	164	307	127	77	793	908	5.12	512
BZP-TR-10	60	167	313	130	78	775	908	5.47	521

表 15　不同测试方法的测试结果

编号	强度	坍落扩展度(mm)	J环扩展度(mm)	坍落扩展度与J环扩展度差值(mm)	U形槽填充高度(mm)	V形漏斗时间(s)	T_{500}时间(s)	静态沉降柱(%)	自密实性能
BZP-TR-1	C60	750	750	0	330	16	2.6	14.9	合格
BZP-TR-2	C60	720	705	15	335	12	2.1	12.7	合格
BZP-TR-3	C60	650	645	5	320	47	7.0	27.0	不合格
BZP-TR-4	C30	720	710	10	335	11	3.9	14.4	合格
BZP-TR-5	C30	695	635	50	315	18	4.5	4.7	不合格
BZP-TR-6	C30	605	565	40	310	32	7.7	1.6	不合格

由表 15 可看出，与我国协会标准《自密实混凝土应用技术规程》CECS203：2006 相比较，采用美国标准规定坍落扩展度、T_{500}、J 环扩展度、静态沉降柱均可准确表征自密实混凝土自密实性能。但从实验可操作性来看，静态沉降柱体积较大，操作起来极为不便。因此，为进一步优化测试方案，引入英国标准《Additional Rules for Self-Compacting Concrete》BS EN206-9：2010 规定的自密实混凝土拌合物抗离析性测试方法，即筛析法。

表 16　不同测试方法的测试结果

编号	强度	坍落扩展度(mm)	J环扩展度(mm)	坍落扩展度与J环扩展度之差(mm)	U形槽填充高度(mm)	V形漏斗时间(s)	T_{500}时间(s)	筛析法(%)	自密实性能
BZP-TR-7	60	710	655	55	305	43	2.8	20.6	不合格
BZP-TR-8	60	620	620	0	325	56	8.3	8.8	不合格
BZP-TR-9	60	580	570	10	330	20	3.9	4.3	合格

由表 16 可看出，采用坍落扩展度、J 环、T_{500}、筛析法这四种组合测试方法可准确表征自密实混凝土拌合物性能，同时更具有可操作性和实用性，容易在自密实混凝土工程实践中应用。

在参考国内外文献、相关标准及试验验证的基础上，结合考虑测试方法可操作性和准确性，本规程规定自密实混凝土自密实性能包括填充性、间隙通过性和抗离析。混凝土填充性通过坍落扩展度试验和 T_{500} 试验共同测试，间隙通过性通过 J 环扩展试验进行测试，抗离析性通过筛析试验或跳桌试验测试。

4.1.3　自密实混凝土应根据工程应用特点着重对其中一项或者几项指标作为主要要求，一般不需要每个指标都达到最高要求。填充性是自密实混凝土的必控指标，间隙通过性和抗离析性可根据建（构）筑物的结构特点和施工要求进行选择。参考欧洲标准《European Self-Compacting Concrete Guidelines》对各自实性能指标适用范围的规定，本规程规定了自密实混凝土自密实性能的性能等级及适用范围。

坍落扩展度值描述非限制状态下新拌混凝土的流动性，是检验新拌混凝土自密实性能的主要指标之一。T_{500} 时间是自密实混凝土的抗离析性和填充性综合指标，同时，可以用来评估流动速率。VS1的流动时间较长，表现出良好的触变性能，有利于减轻模板压力或提高抗离析性，但容易使混凝土表面形成孔洞，堵塞，阻碍连续泵送，建议控制在 2s～8s 范围内使用；VS2 具有良好的填充性能和自流平的性能，使混凝土能获得良好的表观性能，一般适合于配筋密集的结构或要求流动性有良好表观的混凝土，但是该等级自密实混凝土拌合物易泌水和离析。

间隙通过性用来描述新拌混凝土流过具有狭口的有限空间（比如密集的加筋区），而不会出现分离、失去黏性或者堵塞的情况。因此，在定义间隙通过性的时候，应考虑加筋的几何形状、密度、混凝土填充性、骨料最大粒径。自密实混凝土可以连续填满模板的最小间隔为限定尺寸，这个间隔常和加筋间隔有关。除非配筋非常密集，否则，通常不会把配筋和模板之间的空间考虑在内。

抗离析性是保证自密实混凝土均匀性和质量的基本性能。对于高层或者薄板结构来说，浇筑后产生的离析有很大的危害性，它可导致表面开裂等质量问题。

4.2　硬化混凝土的性能

4.2.1　自密实混凝土硬化后的其他性能和普通混凝土的要求一样，可以参照普通混凝土的检验方法进行。

5　混凝土配合比设计

5.1　一般规定

5.1.1　本条规定了自密实混凝土配合比设计的基本要求。

5.1.2　混凝土的配合比一般可采用假定表观密度法和绝对体积法进行设计。目前，国内外自密实混凝土相关标准主要采用绝对体积法进行设计，同时，采用绝对体积法可避免因胶凝组分密度不同引起的计算误差，因此，本规程规定自密实混凝土配合比设计宜采用绝对体积法。大量工程实践表明，为使自密实混凝土具有良好的施工性能和优异的硬化后的性能，自密实混凝土的水胶比选择不宜过大，一般不宜大于 0.45；胶凝材料用量宜控制在 400　kg/m³～550kg/m³。

5.1.3　增加粉体材料用量和选用高性能减水剂有利

于浆体充分包裹粗细骨料颗粒，使骨料悬浮于浆体中，达到自密实性能。对于低强度等级的混凝土，由于其水胶比较大，浆体黏度较小，仅靠增加单位体积浆体量不能满足工作性要求，特别是难以满足抗离析性能要求，可通过掺加增黏剂予以改善，但增黏剂的使用应通过试验确定。

5.1.4 钢管自密实混凝土结构要求浇筑硬化后的自密实混凝土与钢管壁之间结合紧密，以便共同工作，因此，要求必须采取降低自密实混凝土收缩变形的措施。例如，可通过以下几方面减少钢管自密实混凝土收缩：掺入优质矿物掺合料取代部分水泥，减少水泥化学收缩；掺入膨胀剂来补偿混凝土收缩，但膨胀剂掺量需通过试验确定；混凝土浇筑完后，采用蓄水养护，减少混凝土早期塑性收缩。

5.2 混凝土配合比设计

5.2.1 初始配合比设计应符合下列要求：

1 确定了拌合物中的粗骨料体积、砂浆中砂的体积、水胶比、胶凝材料中矿物掺合料用量，也就确定了混凝土中各种原材料的用量。鉴于骨料对自密实混凝土自密实性的重要影响，因此在配合比设计中特别给出粗细骨料参数；尽管国外在自密实混凝土配合比设计中给出了水粉比参数，但考虑我国传统混凝土配合比设计常采用水胶比参数；同时，已有标准中给出的水粉比范围较窄（如欧洲自密实规程为水粉体积比0.85～1.10），而且还需根据不同胶凝材料的表观密度进行换算。故此考虑实用性和有效性，本规程沿用水胶比的概念，并给出了水胶比的上限值0.45。

2 在其他条件一定的情况下，粗骨料的体积是影响拌合物和易性的重要因素。大量研究结果表明，1m³混凝土中粗骨料体积宜控制在0.28m³～0.35m³。过小则混凝土弹性模量等力学性能显著降低，过大则拌合物的工作性显著降低，不能满足自密实性能的要求。

3 粗骨料和砂浆共同组成了自密实混凝土，因此确定了粗骨料体积就可得到单方自密实混凝土中的砂浆体积。

4 砂浆中砂的体积分数显著影响砂浆的稠度，从而影响自密实混凝土拌合物的和易性。大量试验研究表明，自密实混凝土的砂浆中砂的体积分数在0.42～0.45之间较为适宜，过大则混凝土的工作性和强度降低，过小则混凝土收缩较大，体积稳定性不良。使用其他类型的砂，其最佳砂率应由试验确定。

7 为改善混凝土自密实性能、水化温升特性、强度及收缩等性能，须掺入适当比例的矿物掺合料，实践表明其总质量掺量不宜少于20%的总胶凝材料用量。

8 自密实混凝土与普通混凝土相同，其配制强度对生产施工的混凝土强度应具有充分的保证率。自密实混凝土的强度确定仍采用与普通混凝土相似的方法。

9 为使混凝土水胶比计算公式更符合普遍掺加矿物掺合料的技术应用情况，结合大量的国内外实践经验和试验验证，采用矿物掺合料胶凝系数和相应的混凝土强度进行统计分析，充分考虑矿物掺合料对体系的强度贡献，从而计算出水胶比。实践表明，该公式适用于水胶比在0.25～0.45之间。由于本规程水胶比计算公式与《普通混凝土配合比设计规程》JGJ 55有所不同，因此，粉煤灰、矿渣粉等矿物掺合料的胶凝系数，应按表17进行取值。

表17 矿物掺合料胶凝系数

种　类	掺量（%）	掺合料胶凝系数
Ⅰ级或Ⅱ级粉煤灰	≤30	0.4
矿渣粉	≤40	0.9

11 根据单方自密实混凝土中胶凝材料用量以及确定的水胶比，即可计算得到单方用水量，一般而言自密实混凝土的用水量不宜超过190kg/m³。

5.2.2 试配、调整与确定。

1 在试配过程中，为减少试配与实际生产配合比误差，进行试配时应采用实际使用的原材料。如果搅拌量太小，由于混凝土拌合物浆体粘锅的因素影响和体量不足等原因，拌合物的代表性不足。

2、3 初始配合比进行试配时，首先应测试拌合物自密实性能的控制指标，再检查拌合物自密实性能可选指标。当混凝土拌合物自密实性能满足要求后，即开始混凝土强度试验。混凝土强度试验的目的是通过三个不同水胶比的配合比的比较，取得能够满足配制强度要求、胶凝材料用量经济合理的配合比。由于混凝土强度试验是在混凝土拌合物性能调整合格后进行的，所以强度试验采用三个不同水胶比的配合比的混凝土拌合物性能应维持不变，同时维持用水量不变，增加和减少胶凝材料用量，并相应减少和增加砂的体积分数，外加剂掺量也作微调。在没有特殊规定的情况下，混凝土强度试件在28d龄期进行抗压试验；当设计规定采用60d或90d等其他龄期强度时，混凝土强度试件在相应的龄期进行抗压试验。

5 高耐久性是高性能混凝土的一个重要特征，如果实际工程对混凝土耐久性有具体要求，则需要对自密实混凝土相应的耐久性指标进行检测，并据此调整混凝土配合比直至满足耐久性要求。

7 有些工程的施工条件特殊，采用试验室的测试方法并不能准确评价混凝土拌合物的施工性能是否满足实际要求，可根据需要进行足尺试验，以便直观准确地判断拌合物的工作性能是否适宜。

自密实混凝土的工作性对原材料的波动较为敏感，工程施工时，其原材料应与试配时采用的原材料一致。当原材料发生显著变化时，应对配合比重新进行试配调整。

当混凝土配合比需要调整时，可按表18进行调整。

表18　各因素措施对自密实混凝土拌合物性能的影响

采取措施		影响性能					
		填充性	间隙通过性	抗离析性	强度	收缩	徐变
1	黏性太高						
1.1	增大用水量	+	+	−	−	−	−
1.2	增大浆体体积	+	+	+	+	−	−
1.3	增加外加剂用量	+	+	−	−	0	0
2	黏性太低						
2.1	减少用水量	−	−	+	+	+	+
2.2	减少浆体体积	−	−	+	−	+	+
2.3	减少外加剂用量	−	−	+	+	0	0
2.4	添加增稠剂	−	−	+	+	0	0
2.5	采用细粉	+	+	+	+	0	0
2.6	采用细砂	+	+	+	−	0	0
3	屈服值太高						
3.1	增大外加剂用量	+	+	−	+	0	0
3.2	增大浆体体积	+	+	+	+	−	−
3.3	增大灰体积	+	+	+	+	−	−
4	离析						
4.1	增大浆体体积	+	+	+	+	−	−
4.2	增大灰体积	+	+	+	+	−	−
4.3	减少用水量	−	−	+	+	+	+
4.4	采用细粉	+	+	+	+	0	−
5	工作性损失过快						
5.1	采用慢反应型水泥	0	0	0	0	0	0
5.2	增大惰性物掺量	0	0	0	0	0	0
5.3	用不同类型外加剂	※	※	※	※	※	※
5.4	采用矿物掺合料	※	※	※	※	※	※
6	堵塞						
6.1	降低最大粒径	+	+	+	−	−	−
6.2	增大浆体体积	+	+	+	+	−	−
6.3	增大灰体积	+	+	+	+	−	−
说明		+			具有好的效果		
		−			具有较差的效果		
		0			没有显著效果		
		※			结果发展趋势不确定		

自密实混凝土配合比表示方法可按表19进行表示。

表19　自密实混凝土配合比表示方法

自密实等级		
设计强度等级		
使用环境条件/耐久性要求		
拌合物性能目标值	坍落扩展度（mm）	
	T_{500}（s）	
	…	
	…	
1m³自密实混凝土材料用量	体积用量(L)	质量用量(kg)
粗骨料		
砂		
水		
水泥		
矿物掺合料 A		
矿物掺合料 B		
高效减水剂		
其他外加剂		

6　混凝土制备与运输

6.1　原材料检验与贮存

6.1.1、6.1.2　本条规定了原材料进场检验项目和复检的规则。原材料性能除应符合国家现行相关标准，还应根据本规程对原材料特殊要求，按本规程相关规定对原材料进行进场检验。

6.1.3　规定本条第 3 款是因为混凝土自密实性能对用水量比较敏感，为减少骨料含水率变化导致混凝土质量波动，建议对骨料采取仓储和加屋顶遮盖处置。在春、夏多雨季节，应严格控制砂、石的含水率，稳定混凝土质量；在夏季高温季节，挡雨棚能够避免太阳直射骨料，降低骨料温度，进而降低混凝土拌合物温度。

本条第 4 款规定外加剂贮存要求。不同类型的外加剂间的相容性较差，如聚羧酸系减水剂与萘系减水剂不相容，相混时容易出现混凝土流动性变差、用水量急增、坍落度损失严重等现象，因此，使用不同类型的化学外加剂时，必须严格分类贮存避免相混。

6.2　计量与搅拌

6.2.2　采用集中搅拌方式生产有利于控制自密实混凝土质量的稳定性，其生产过程与预拌混凝土相同。

6.2.3　自密实混凝土所用胶凝材料较多，混凝土拌合物要求具有较高的流变性能。为确保新拌自密实混凝土的匀质性，自密实混凝土在搅拌机中的搅拌时间（从全部材料投完算起）不应少于60s，并应比非自密实混凝土适当延长搅拌时间，具体时间应根据现场试验确定。

6.2.4 自密实混凝土性能对用水量较为敏感，必须严格根据骨料含水率调整拌合用水量。

6.2.5 根据工程调研结果和国内相关标准规定，高温施工时，混凝土搅拌首先宜对机具设备采取遮阳措施；当对混凝土搅拌温度进行估算，达不到规定要求温度时，对原材料采取直接降温措施；采取对原材料进行直接降温时，对水、骨料进行降温最方便和有效；混凝土加冰屑拌合时，冰屑的重量不宜超过剩余水的50%，以便于冰的融化。

6.2.6 当采用热水拌制混凝土，特别是60℃以上的热水，若水泥直接与热水接触，易造成急凝、速凝或假凝现象；同时，也会对混凝土的工作性造成影响，坍落度损失加大，因此，当采用60℃以上的热水时，应先投入骨料和水或者是2/3的水进行预拌，待水温降低后，再投入胶凝材料与外加剂进行搅拌，搅拌时间应较常温条件下延长30s~60s。

6.2.7 泵送轻骨料自密实混凝土时，轻骨料孔隙率和吸水率比普通骨料大，在泵送压力下，轻骨料会急剧吸收拌合物中的水分，使泵送管道内的拌合物坍落度明显下降，和易性变差，影响泵送，甚至发生堵泵现象。当压力消失后，轻骨料内部吸收的水分又会释放出来，影响轻骨料混凝土的凝结和硬化后的性能。《轻骨料混凝土技术规程》JGJ 51-2002附录B中的第B.1.2条规定：泵送轻骨料混凝土采用的轻粗骨料在使用前，宜浸水或洒水进行预湿处理，预湿后的吸水率不应少于24h吸水率。因此，泵送轻骨料自密实混凝土所用的轻骨料，宜采用浸水、洒水或加压预湿等措施进行预湿处理，以保证轻骨料自密实混凝土性能。

6.3 运 输

6.3.3 在运输过程中，搅拌车的滚筒保持匀速转动有利于减少自密实混凝土拌合物流动性损失。搅拌车内加水将严重影响自密实混凝土的自密实性能，必须严格控制。

6.3.5 卸料前快速旋转的目的是提高混凝土的均匀性。

7 施 工

7.1 一般规定

7.1.1 自密实混凝土的施工质量对各种因素变化比较敏感，因此应由具有一定经验的技术人员编制专项

施工方案（必要时可请配合比设计人员参与编制）并应对参与施工人员事先进行适当的培训和技术交底。

7.1.2 由于自密实混凝土流动性大、侧压力大等特点，在施工过程中应加强对结构复杂、施工环境条件特殊的混凝土结构模板的施工过程监控，并根据检测情况及时调整施工措施。

7.1.3 自密实混凝土自密实性能直接影响到工程施工质量，因此，自密实混凝土施工时，除应符合《混凝土结构工程施工规范》GB 50666相关规定，尚应充分考虑其流动性大、侧压力大等特点，符合本章的相关规定。

7.2 模板施工

7.2.1 由于自密实混凝土流动性大，模板的侧压力标准值应按 $F = \gamma_c \cdot H$（液体压力）计算。与普通混凝土相比，自密实混凝土屈服值较低，几乎没有支撑自重的能力，浇筑的过程中下部模板所承受的侧向压力会随浇筑高度增长而线性增加，这样就要求模板具有更高的刚度和坚固程度。然而由于自密实混凝土具有触变性，在浇筑流动到位静置较短时间后，其屈服值就会快速增长，支撑自重的能力同步增大，对模板作用的侧向压力则会相应减少。因此，设计时应以混凝土自重传递的液压力大小为作用压力，同时考虑分隔板、配筋状况、浇筑速度、温度影响，提高安全系数。

7.2.2 自密实混凝土流动性大，模板间的微小缝隙会造成跑浆、漏浆等现象，影响自密实混凝土均匀性和强度发展。《混凝土结构工程施工质量验收规范》GB 50204-2002第4.2.4条要求为"模板的接缝不应漏浆"，《建筑施工模板安全技术规范》JGJ 162-2008第6.1.3条要求"防止漏浆"，考虑自密实混凝土流动性大，按 GB 50204-2002 要求，不得漏浆。对上部封闭的空间部位的浇筑，应在上部留有排气孔，否则会造成混凝土的空洞。

7.2.3 模板及其支架拆除的顺序及相应的施工安全措施对避免重大工程事故非常重要，在制定施工技术方案时应考虑周全。模板及其支架拆除时，混凝土结构可能尚未形成设计要求的受力体系，必要时应加设临时支撑。后浇带模板的拆除及支顶易被忽视而造成结构缺陷，应特别注意。

7.3 浇 筑

7.3.1 本条规定了高温施工、冬期施工混凝土入模温度的上下限值要求。降雨、雪或模板内积水均会对自密实混凝土自密实性能产生较大影响，甚至导致混凝土离析，因此，在降雨、雪时，不宜直接在露天浇筑混凝土。在采取相应挡雨、雪措施后方可使用。

7.3.4 根据工程实践经验，当减水剂的加入量受控时，对混凝土的其他性能无明显影响。本条对此作出

明确规定，要求采取该种做法时，应事先批准、作出记录，外加剂掺量和搅拌时间应经试验确定。因此，当运抵现场的混凝土坍落扩展度低于设计要求下限值时，可采取调整外加剂用量等方法来改善自密实混凝土拌合物性能。

7.3.6 自密实混凝土的浇筑效果主要取决于混凝土的工作性能。因此，保持混凝土浇筑的连续性是其关键，如停泵时间过长，自密实混凝土自密实性能变差，必须对泵管内的混凝土进行处理。

7.3.8 在浇筑过程中为了保证混凝土质量，控制混凝土流淌距离，应选择适宜的布料点并控制间距。

7.3.9 混凝土浇筑离析现象的产生，主要与混凝土下料方式、最大粗骨料粒径以及混凝土倾落高度有关。《混凝土结构工程施工规范》GB 50666－2011 中规定当骨料粒径小于或等于 25mm，倾落高度宜在 6m 以内。而自密实混凝土所用粗骨料最大粒径小于 20mm，骨料是悬浮在浆体中，为避免因混凝土下落产生的冲击力过大造成自密实混凝土中骨料下沉产生离析，本规程从严考虑，规定混凝土浇筑倾落高度应在 5m 以下。

7.3.11 混凝土均衡上升可以避免混凝土流动不均匀造成的缺陷，有利于排除混凝土内部气孔。同时均匀、对称浇筑，可防止高差过大造成模板变形或其他质量、安全隐患。

7.3.12 本条第 3 款是指在具备相应浇筑设备的条件下，从管底顶升浇筑混凝土也是可以采取的施工方法。在钢管底部设置的进料管应能与混凝土输送管道进行可靠的连接，止流阀门是为了在混凝土浇筑后及时关闭，以便拆除混凝土输送管。

7.4 养 护

7.4.3 自密实混凝土每立方米胶凝材料用量一般都在 400kg/m³ 以上，水化温升较大。因此，采用大体积自密实混凝土的结构部位应采取有效的温控和养护措施。

7.4.4 由于楼板和底板等平面结构构件，相对面积较大，又较薄，容易失水，所以应采用塑料薄膜覆盖，防止表面水分蒸发，但在夏季施工时应注意避免阳光直射塑料薄膜以防混凝土温升过高。当脚踩上去混凝土板表面没有脚印时，混凝土强度接近 1.2N/mm²，应及时进行覆盖保温养护或蓄水养护。

附录 B 自密实混凝土试件成型方法

本附录对自密实混凝土拌合物性能、力学性能、长期性能和耐久性能试件的成型方法进行规定。

中华人民共和国行业标准

金融建筑电气设计规范

Code for electrical design of financial buildings

JGJ 284—2012

批准部门：中华人民共和国住房和城乡建设部
施行日期：2 0 1 2 年 1 2 月 1 日

中华人民共和国住房和城乡建设部
公　告

第 1440 号

住房城乡建设部关于发布行业标准
《金融建筑电气设计规范》的公告

现批准《金融建筑电气设计规范》为行业标准，编号为 JGJ 284-2012，自 2012 年 12 月 1 日起实施。其中，第 4.2.1、19.2.1 条为强制性条文，必须严格执行。

本规范由我部标准定额研究所组织中国建筑工业出版社出版发行。

中华人民共和国住房和城乡建设部
2012 年 7 月 19 日

前　言

根据住房和城乡建设部《关于印发〈2008 年工程建设标准规范制订、修订计划（第一批）〉的通知》（建标〔2008〕102 号）的要求，规范编制组经广泛调查研究，认真总结实践经验，参考有关国际标准和国外先进标准，并在广泛征求意见的基础上，编制本规范。

本规范的主要技术内容是：1. 总则；2. 术语和代号；3. 金融设施分级；4. 供配电系统；5. 配变电所；6. 应急电源；7. 低压配电；8. 配电线路；9. 照明与控制；10. 节能与监测；11. 电磁兼容与防雷接地；12. 智能化集成系统；13. 信息设施系统；14. 信息化应用系统；15. 建筑设备管理系统；16. 安全技术防范系统；17. 电气防火；18. 机房工程；19. 自助银行与自动柜员机室。

本规范中以黑体字标志的条文为强制性条文，必须严格执行。

本规范由住房和城乡建设部负责管理和对强制性条文的解释，由上海建筑设计研究院有限公司负责具体技术内容的解释。执行过程中如有意见或建议，请寄送上海建筑设计研究院有限公司（地址：上海市石门二路 258 号，邮政编码：200041）。

本规范主编单位：上海建筑设计研究院有限公司

本规范参编单位：中国人民银行
上海证券交易所
中国建筑设计研究院
华东建筑设计研究院有限公司
中国建筑东北设计研究院有限公司
中国建筑西北设计研究院有限公司
中建国际（深圳）设计顾问有限公司
中国电子工程设计研究院
广东省建筑设计研究院
国际商业机器全球服务（中国）有限公司
上海银欣高新技术发展股份有限公司
霍尼韦尔（天津）有限公司
溯高美索克曼电气（上海）有限公司

本规范主要起草人员：陈众励　李　军　朱　文　王力坚　陈　琪　李炳华　钟景华　杨德才　郭晓岩　陈建飚　陆振华　陈志堂　胡　戎　叶海东　邓　清　成红文　翁晓翔　赵济安　邵民杰　俞勤潮　陈　亮　黄文琦　陈维克

本规范主要审查人员：张文才　侯维栋　孙　兰　温伯银　王金元　程大章　杜毅威　周爱农　王东林　俞志敏　海　青　胡　毅

目　次

Contents

1 总　　则

1.0.1 为规范金融建筑的电气设计，做到安全可靠、经济合理、技术先进、节能环保，制定本规范。

1.0.2 本规范适用于新建、扩建和改建的金融建筑及其设施的电气设计，不适用于银行金库、货币发行库等特殊金融场所的电气设计。

1.0.3 金融建筑电气设计应采取有效的节能措施，降低电能消耗；应选用符合国家现行有关标准的电气设备，严禁使用已被国家淘汰的电气产品。

1.0.4 金融建筑中的非金融设施的电气设计，可按现行行业标准《民用建筑电气设计规范》JGJ 16执行。

1.0.5 金融建筑的供配电、安全技术防范、信息设施、电磁兼容与防雷接地等系统应与该建筑物中金融设施的等级相适应。

1.0.6 金融建筑电气设计除应符合本规范外，尚应符合国家现行有关标准的规定。

2　术语和代号

2.1　术　　语

2.1.1　金融建筑　financial building

为银行业及其衍生品交易、证券交易、商品及期货交易、保险业等金融业务服务的建筑物。

2.1.2　金融设施　financial facilities

金融建筑物中直接服务于金融业务的各种设备及其场所，包括计算机房、电源室、专用空调设备、营业厅等。

2.1.3　数据监控中心　enterprise command center（ECC）

数据中心用于对电源、空调、消防设备等辅助设备实施集中监测、集中操作和集中管理的场所。

2.1.4　银行营业场所　banking business place

办理现金出纳、有价证券、会计结算等业务的物理区域，包括营业厅（室）、与营业厅（室）相连通的库房、通道、办公室及相关设施。

2.1.5　自动柜员机　automatic teller machine（ATM）

银行提供给客户用于自行完成存款、取款、缴费和转账等业务的设备。

2.1.6　自助银行　self service bank（SSB）

银行设立的电子化无人值守营业场所，由客户使用银行提供的自动柜员机、自动存款机等设备，通过计算机、网络通信等信息技术，自行完成取款、存款、转账、缴费和查询等金融服务。

2.1.7　银行金库　bank-vaults

中央银行货币发行库与主要存在于商业银行的现金业务库。

2.1.8　货币发行库　issuance-vaults

保管国家待发行的货币——发行基金暨黄金储备的金库，是中央银行组织机构的重要组成部分，履行中央银行货币发行、回笼、销毁等职能的主要设施，分为总库、分库、中心支库、支库四级。

2.1.9　业务库　commercial-vaults

银行为办理日常现金收付业务而设立的库房，其保留的现金是金融机构现金收付的周转金，是营运资金的组成部分。

2.1.10　库房禁区　vault-passway

以库房为核心，出、入库和日常性票币、金银处理作业区等周界围墙以内的特定区域。

2.1.11　电源分配单元　power distribution unit（PDU）

专为机柜式安装的电气设备提供电力分配的，拥有不同的功能、安装方式和插位组合的配电产品。

2.1.12　电磁兼容性　electromagnetic compatibility（EMC）

设备或系统在其电磁环境中能正常工作，且不对该环境中的其他设备和系统构成不能承受的电磁干扰的性能。

2.2　代　　号

2.2.1　EPS——应急电源装置，emergency power supply。

2.2.2　UPS——不间断电源装置，uninterrupted power source。

2.2.3　ATS——自动转换开关，auto-transfer switch。

2.2.4　STS——静态转换开关，static transfer switch。

2.2.5　EMC——电磁兼容性，electromagnetic compatibility。

3　金融设施分级

3.0.1　金融设施等级应根据建筑物中金融设施在国家金融系统运行、经济建设及公众生活中的重要程度，以及该金融设施运行失常可能造成的危害程度等因素确定。

3.0.2　运行失常时将产生下列情形之一的金融设施，应确定为特级：

　　1　在全国或更大范围内造成金融秩序紊乱的；

　　2　给国民经济造成重大损失的；

　　3　在全国或更大范围内对公众生活造成严重影响的。

3.0.3　运行失常时将产生下列情形之一的金融设施，应确定为一级：

1 在大范围内造成金融秩序紊乱的；

2 给国民经济造成较大损失的；

3 在大范围内对公众生活造成严重影响的。

3.0.4 运行失常时将产生下列情形之一的金融设施，应确定为二级：

1 在有限范围内造成金融秩序紊乱的金融设施；

2 给国民经济造成损失的金融设施；

3 在较小范围内对公众生活造成严重影响的金融设施。

3.0.5 不属于特级、一级和二级的，应确定为三级金融设施。

4 供配电系统

4.1 一般规定

4.1.1 供配电系统的设计方案应按金融设施等级、用电负荷等级、供电系统可靠性要求、近期和中远期供电容量需求以及金融类用户的其他特殊使用要求确定。

4.1.2 供配电系统设计应符合国家现行标准《供配电系统设计规范》GB 50052 和《民用建筑电气设计规范》JGJ 16 的有关规定。

4.2 负荷分级与供电要求

4.2.1 金融设施的用电负荷等级应符合表 4.2.1 的规定。

表 4.2.1 金融设施的用电负荷等级

金融设施等级	用电负荷等级
特级	一级负荷中特别重要的负荷
一级	一级负荷
二级	二级负荷
三级	三级负荷

4.2.2 直接影响金融设施运行的空调设备的用电负荷等级，应与金融设施用电负荷等级相同。

4.2.3 金融建筑中的通信、安防、监控等设备的负荷等级应与该建筑中最高等级的用电负荷相同。

4.2.4 消防用电负荷及非金融设施用电负荷的等级应符合国家现行相关标准的规定。

4.2.5 金融设施的供电应符合下列规定：

1 特级、一级金融设施应由两个或两个以上电源供电，当电源发生故障时，至少有一个电源不应同时受到损坏；

2 特级金融设施应设置持续工作型应急发电机组，非金融设施负荷不得接入该发电机组；

3 一级金融设施宜设置持续工作型应急发电机组；

4 二级及以下金融设施的供电可按现行国家标准《供配电系统设计规范》GB 50052 执行；

5 设有特级、一级金融设施的金融建筑，其供配电系统应在满足金融业务总体要求的前提下，兼顾分期实施的可能性。

4.2.6 金融设施的供电可靠性等级（可靠度 R）应符合下列规定：

1 金融设施的供电可靠性等级（可靠度 R）应根据金融设施等级、使用要求、当地的供电条件以及运行经济性等因素确定；

2 金融设施主机房供配电系统的可靠性等级（可靠度 R）应符合表 4.2.6 的规定；

表 4.2.6 金融设施供电可靠性等级（可靠度 R）

金融设施等级	供电可靠性等级（可靠度 R）
特级	0.99999 及以上
一级	0.9999 及以上
二级	0.999 及以上
三级	不作规定

3 特级、一级金融设施的供配电系统应作可靠性等级（可靠度 R）校验；二级金融设施的供配电系统宜作可靠性等级（可靠度 R）校验；

4 可靠性等级（可靠度 R）校验可按本规范附录 A 执行。

4.2.7 特级、一级金融设施的供配电系统应满足带电维护的要求。

4.2.8 设有特级金融设施的金融建筑宜具有两个或两个以上的高压进户电源线敷设路径。

4.2.9 特级、一级金融设施的供配电系统中，任何单点故障都不应导致该设施中的重要设备断电。

4.2.10 直接影响金融设施运行的空调设备，其电源的恢复时间应小于机房温升至预警值的时间。

4.3 配变电系统及其监控

4.3.1 当采用低压供电时，金融设施数据机房应自配变电所低压配电室起，采用放射式专线供电。

4.3.2 金融设施专用低压配电系统中，照明插座用电、空调用电、动力用电、特殊用电等应根据其功能分回路供电。

4.3.3 二级及以上金融设施的专用变压器低压侧总开关及其主要出线开关，应监测三相电流、电压、功率因数、有功功率、无功功率、总谐波含量、21 次及以下各次谐波电流分量等电气参数。

4.3.4 特级、一级金融设施的专用变压器低压侧总开关及其主要出线开关，应监测并记录过载与短路等故障信息。

5 配变电所

5.1 一般规定

5.1.1 本章适用于交流电压为 35kV 及以下的配变电所设计。

5.1.2 配变电所的设计方案应根据工程特点、负荷性质、用电容量、所址环境、供电条件和节约电能等因素确定，并宜适当考虑发展的余地。

5.1.3 配变电所设计应符合现行国家标准《3～110kV 高压配电装置设计规范》GB 50060、《10kV 及以下变电所设计规范》GB 50053、《并联电容器装置设计规范》GB 50227 的有关规定。

5.2 所址选择

5.2.1 配变电所位置选择应符合下列规定：

　　1 特级、一级金融设施应设数据中心专用配电所，且应接近负荷中心；

　　2 特级、一级金融设施的专用配变电所不宜设置在地下室的最底层，当设在地下室的最底层时，应采取预防洪水及消防用水水淹渍配变电所的措施；

　　3 特级金融设施专用配变电所至主机房电源室的低压线路应双路径敷设，一级金融设施专用配变电所至主机房电源室的低压线路宜双路径敷设。

5.2.2 当配变电所设置在建筑物的地下室时，宜设置空调设备或机械通风与去湿设备。

5.2.3 分期实施的金融设施的配变电所应预留后续配变电设备的安装空间、设备搬运及线缆敷设通道；后续工程施工时不得危及既有金融设施的安全运行。

5.2.4 特级金融设施的专用配变电所中，不同电源的配变电设备应分别设置房间；控制（值班）室中，不同电源的监控设备之间宜采取隔离措施。

5.3 配电变压器选择

5.3.1 特级、一级金融设施的主机房应设置专用变压器。

5.3.2 二级金融设施的主机房宜设置专用变压器。当主机房与其他负载合用变压器，且条件许可时，可为主机房 UPS 设置隔离变压器，并应将隔离变压器出线侧的中心点接地。

5.3.3 金融设施宜选用空载损耗较低且绕组线为 Dy_{n11} 型的配电变压器。

5.3.4 金融设施专用变压器的负载率应符合下列规定：

　　1 长期工作负载率不宜高于 75%；

　　2 应具备短时间维持所有重要负荷正常运行的能力；

　　3 当谐波状况严重时，变压器应降容使用。

5.4 电力电容器装置

5.4.1 应根据谐波特性合理选择电容器的电气参数。

5.4.2 当负载的谐波含量超过规定限值时，应根据其谐波特性采取抑制措施。

6 应急电源

6.1 应急发电机组

6.1.1 热电联供系统、风力发电系统及太阳能发电系统不得作为金融设施的应急电源，燃气发电机组不宜作为金融设施的应急电源。

6.1.2 应急发电机组输出功率的选择应符合下列规定：

　　1 发电机组的输出功率及台数应根据负荷大小、投入顺序以及负载的最大启动电流等因素确定；

　　2 当负荷较大时，宜采用多机并列运行；当机组台数较多时，可实施发电机组分组、分区供电；

　　3 当谐波状况严重时，发电机组应降容使用；

　　4 金融设施中，当发电机组的主要负载为 UPS 时，发电机组容量选择应考虑 UPS 的功率因数、电池组充电功率、谐波等因素对发电机负载能力的影响，并应按本规范附录 B 计算确定；

　　5 当发电机组的容量较大、供电距离较长，并经技术经济论证认为合理时，可采用 10kV 或 6kV 发电机组；

　　6 金融设施应急发电机组的冗余形式应符合表 6.1.2 的规定：

表 6.1.2　金融设施应急发电机组的冗余形式

金融设施等级	应急发电机组的冗余形式
特级	$N+X$ 冗余（$X \leqslant N$）
一级	N

注：N、X 均为自然数。

6.1.3 发电机组及其控制装置应符合下列规定：

　　1 应选用自启动发电机组，当公共电网中断供电时，机组应能在 30s 内达到稳态运行，并向负载供电；

　　2 当发电机组自启动失败时，应发出报警信号并传至数据监控中心（ECC）及其他相关控制值班室；

　　3 应具有自动卸载功能；

　　4 当两台及以上发电机组并列运行时，应具有自动同步功能；

　　5 大功率用电设备应按预设程序分组投入。

6.1.4 发电机房的设备布置应符合下列规定：

　　1 当有两个及以上发电机组时，特级金融设施可设置两个发电机房、两个应急电源配电间；

　　2 当金融设施采取分期建设方式或有扩建可能时，应预留所需设备空间。

6.1.5 当采用柴油发电机组时，其储油设施的设置应符合下列规定：

　　1 特级金融设施宜在室外设置满足其专用发电机组 12h 耗油量的储油设施；一级金融设施宜在室外设置满足其发电机组 8h 耗油量的储油设施；

　　2 发电机房内应设置日用储油间，其总储存量不应超过机组 8h 的耗油量，并应采取防火措施；

　　3 日用燃油箱宜高位布置，出油口的标高宜高于柴油机的喷油泵；

　　4 当机组较多、储油量较大时，储油设施宜分组设置；

　　5 应分别装设电动和手动油泵，其容量应按最大输油量确定。当机组较多、储油量较大时，卸油泵和供油泵宜分组设置；当机组台数较少、储油量较小时，卸油泵和供油泵可共用。

6.2　不间断电源装置（UPS）

6.2.1 符合下列情况之一的，应设置 UPS：

　　1 金融设施的主机房；

　　2 二级及以上金融设施的安全技术防范系统；

　　3 营业厅等场所的金融业务专用电源插座回路；

　　4 其他不允许中断供电的设备与场所。

6.2.2 UPS 应按负荷性质、负荷容量、供电时间等要求选择，并应符合下列规定：

　　1 UPS 容量的选择应考虑负载的特性及冗余形式；

　　2 UPS 进线端的功率因数不宜低于 0.95，总谐波电流畸变率（THD_i）不宜大于 15%；

　　3 当 UPS 的总容量大于等于 200kVA 时，其在线工作效率不宜低于 92%；当 UPS 的容量小于 200kVA 时，其在线工作效率不宜低于 93%；

　　4 当多台 UPS 并列运行时，宜采用随负载增长分批手动或自动投入的工作方式。

6.2.3 UPS 蓄电池组的容量（安时值）应符合下列规定：

　　1 当设有应急发电机组时，主机房 UPS 的持续供电时间不宜小于 15min。

　　2 当未设置应急发电机组时，特级、一级金融设施 UPS 的持续供电时间不宜小于 12h，二级金融设施 UPS 的持续供电时间不宜小于 8h。

6.2.4 UPS 的冗余形式宜符合表 6.2.4 的规定。

表 6.2.4　UPS 的冗余形式

金融设施等级	UPS 的冗余形式
特级	$2N$ 或 $2(N+1)$
一级	$N+X$（$X \leqslant N$）
二级	$N+1$
三级	N

　　注：N、X 均为自然数。

6.2.5 当不间断电源系统采用双母线馈电时，双母线之间应设置电源同步装置，并应确保两个 UPS 输出端电压差不超过 ±8%、相位差不超过 ±10°，且电源同步装置应采取冗余措施。

6.2.6 特级、一级金融设施中，大功率 UPS 应有两个电源输入端口，并应设置旁路系统。

6.2.7 当 3 台及以上不间断电源并列运行时，应具有手动式的公共旁路功能。

6.2.8 当未设置金融设施专用变压器或隔离变压器，且使用环境许可时，可选用内置隔离变压器的不间断电源。

6.2.9 特级、一级金融设施主机房的 UPS 应设置监控系统。

6.2.10 UPS 设备房布置应符合下列规定：

　　1 特级金融设施中，双总线方式的两组 UPS 应分别设置设备房；

　　2 200kVA 及以上的 UPS 或 100kWh 以上的蓄电池组，宜设置蓄电池间；两组互为备份的 UPS 的蓄电池间不宜合用；

　　3 UPS 设备房应满足结构荷载、消防、环境温湿度等的要求；

　　4 UPS 设备房不应有与其运行及防护无关的设备管道通过。

7　低 压 配 电

7.1　一 般 规 定

7.1.1 本章适用于金融建筑中工频交流电压 1000V 及以下的低压配电系统设计。

7.1.2 金融建筑中直接为金融设施服务的配电系统不得采用 TN-C 系统。

7.1.3 金融设施低压配电系统的电气参数应符合表 7.1.3 的规定。

表 7.1.3　金融设施低压配电系统的电气参数

金融设施	特级、一级	二级	三级
稳态电压偏移范围（%）	±2	±5	−13～+7
稳态频率偏移范围（Hz）	±0.2	±0.5	±1.0
电压波形畸变率（%）	3～5	5～8	8～10

7.2　低压配电系统

7.2.1 金融设施的低压配电系统应独立于建筑物中的其他配电系统。

7.2.2 主机房不间断电源、专用空调、照明、插座、安全技术防范系统等设备应采用放射式配电。

7.2.3 金融设施低压配电系统的短路和过载保护装

置应具有选择性。

7.2.4 特级金融设施的终端配电柜中可设置中性点对地电压监测仪表。

7.2.5 金融设施低压配电系统中的电源分配单元（PDU）应具有配电、防雷、电源监测等功能。

7.3 低压电器的选择

7.3.1 金融设施的机械式自动转换开关（ATS）应符合下列规定：

　　1 ATS的电气和机械特性应符合现行国家标准《低压开关设备和控制设备》GB/T 14048.11的规定；

　　2 自动转换开关在电源转换过程中不得造成负载设备中性线悬浮；

　　3 特级、一级金融设施的ATS应具有旁路检修功能；

　　4 大容量ATS应具有切换时间调节功能，切换时间应与供配电系统继电保护时间相配合。

7.3.2 特级金融设施主机房宜选用具有数字监视功能的ATS，其状态信息宜传至数据监控中心（ECC）。

7.3.3 金融设施的静态自动转换开关（STS）应具有下列功能：

　　1 电源转换时间不应大于5ms；

　　2 过电压/欠电压保护功能；

　　3 断电自动转换功能；

　　4 事故报警功能；

　　5 手/自动转换功能。

7.3.4 当金融设施主机房配电系统中设置剩余电流保护器时，应选择A型剩余电流动作保护器（RCD）。

8 配电线路

8.1 一般规定

8.1.1 本章适用于工频交流电压1000V及以下低压配电线路的设计。

8.1.2 一般配电线路与消防设备配电线路的设计与选型应符合现行行业标准《民用建筑电气设计规范》JGJ 16的有关规定。

8.2 线缆选择与敷设

8.2.1 特级金融设施的应急发电机组至主机房的供电干线应采用AⅠ级耐火电缆或采取性能相当的防护措施。

8.2.2 一级金融设施的应急发电机组至主机房的供电干线应采用AⅡ级耐火电缆或采取性能相当的防护措施。

8.2.3 除直埋和穿管暗敷的电缆外，特级和一级金融设施主机房、辅助区和支持区的配电干线应采用低烟无卤阻燃A类电缆或母线槽。

8.2.4 二级金融设施主机房、辅助区和支持区的配电干线宜采用低烟无卤阻燃A类电缆或母线槽。

8.2.5 除全程穿管暗敷的电线外，特级和一级金融设施主机房、辅助区和支持区的分支配电线路应采用低烟无卤阻燃A类的电线。

8.2.6 二级金融设施主机房、辅助区和支持区的分支配电线路宜采用低烟无卤阻燃A类电线。

8.2.7 特级金融设施从电源进户处至设备受电端应具有两个或两个以上的敷线路径。

8.2.8 一级金融设施从电源进户处至设备受电端宜具有两个敷线路径。

9 照明与控制

9.1 一般规定

9.1.1 金融建筑各区域的照明照度标准、照明装置及其控制方式等应根据金融建筑的使用性质和金融设施的等级进行选择。

9.1.2 金融建筑的光源、灯具及附件等应根据金融建筑内各区域的视觉要求、作业性质和环境条件进行选择。

9.1.3 金融建筑照明设计应符合国家现行标准《建筑照明设计标准》GB 50034、《民用建筑电气设计规范》JGJ 16等的相关规定。

9.2 照明质量

9.2.1 现金、票据类作业区域的工作照明照度均匀度不宜小于0.7，非作业区域、通道等的照明照度均匀度不宜小于0.5。

9.2.2 金融建筑的通道和其他非作业区域正常照明的照度值不宜低于作业区域正常照明照度值的1/3。

9.2.3 金融建筑内需要高清晰度摄像监控的区域，垂直照度（E_v）与水平照度（E_h）之比宜为0.25～0.50。

9.2.4 金融建筑的照明设计应避免对监控摄像机造成逆光效应。

9.2.5 金融建筑的照明设计应防止灯光在各类显示屏和监视器上产生反射眩光。

9.2.6 金融建筑各类工作场所的照明标准值、统一眩光值（UGR）和显色指数（Ra）宜符合表9.2.6的规定。

表9.2.6 金融建筑各类工作场所的照明标准值、UGR和Ra

房间及场所	参考平面及其高度	照度标准值（lx）	UGR	Ra
银行、证券、期货、保险业营业厅	地面	200	≤22	≥80
营业柜台	台面	500	≤19	≥80

续表 9.2.6

房间及场所		参考平面及 其高度	照度标准值 (lx)	UGR	Ra
客户服务中心	普通	0.75m水平面	200	≤22	≥60
	VIP	0.75m水平面	300	≤22	≥80
证券、期货、外汇交易所交易厅		0.75m水平面	300	≤22	≥80
数据中心主机房		0.75m水平面	500	≤19	≥80
保管库		地面	200	≤22	≥80
信用卡作业区		0.75m水平面	300	≤19	≥80
培训部		0.75m水平面	300	≤22	≥80
自助银行		地面	200	≤19	≥80

9.3 照 明 设 计

9.3.1 营业柜台等场所宜设置局部照明。

9.3.2 照明配电系统应符合下列规定：

1 电源插座和照明灯具应分别设置配电回路；

2 特级金融设施营业厅、交易厅及其他大空间公共场所的照明灯具应由两个回路供电，且应各带50%灯具并交叉布置；

3 一级金融设施营业厅、交易厅及其他大空间公共场所的照明灯具宜由两个回路供电，且宜各带50%灯具并交叉布置；

4 库房禁区、特级金融设施警戒区等重点设防部位应设置警卫照明；

5 营业厅、交易厅等场所应设值班照明。

9.4 应 急 照 明

9.4.1 应急照明设计应符合下列规定：

1 正常照明因故障熄灭后仍须维持正常工作的场所，应设置备用照明；

2 疏散通道及出口应设置疏散照明。

9.4.2 应急照明的设置部位应符合表 9.4.2 的规定。

表 9.4.2 应急照明的设置部位

应急照明种类	设 置 部 位
备用照明	营业厅、交易厅、理财室、离行式自助银行、保管库等金融服务场所；数据中心、银行客服中心的主机房；消防控制室、安防监控中心（室）、电话总机房、配变电所、发电机房、气体灭火设备房等重要辅助设备机房
疏散照明	大堂、营业厅、交易厅等人员密集场所；疏散楼梯间及其前室、疏散通道、消防电梯前室等部位

9.4.3 应急照明的照度标准值应符合下列规定：

1 现金交易柜台工作面上的备用照明照度标准值不应低于其正常照明照度标准值的 50%；

2 营业厅、交易厅等人员密集公共场所的疏散通道、疏散出入口、疏散楼梯间的疏散照明照度标准值不应低于 5 lx；其他部位的疏散照明照度标准值不应低于 2 lx。

9.4.4 当正常电源故障停电后，现金交易柜台、保管库、自动柜员机等处的备用照明电源转换时间不应大于 0.1s，其他应急照明的电源转换时间不应大于 1.5s。

9.4.5 保管库等重要场所的应急照明应与入侵报警等安全技术防范系统联动，当入侵报警系统触发报警时，应同时强制点亮相应区域的应急照明和警卫照明。

9.4.6 疏散指示标志灯宜处于点亮状态。

9.4.7 营业厅、交易厅、数据中心主机房等场所宜设应急照明电源装置。

9.5 照 明 控 制

9.5.1 营业厅、交易厅等公共场所的照明宜采用集中控制，并宜按建筑使用条件和天然采光状况采取分区、分组控制或自动调光措施。

9.5.2 离行式自助银行、自动柜员机室的照明系统应由安防监控中心（室）或值班室控制，不得设置就地控制开关。

9.5.3 安防监控中心（室）应能遥控开启相关区域的应急照明和警卫照明。

10 节能与监测

10.1 一 般 规 定

10.1.1 金融建筑应选用高效节能的供配电设备，提高配电效率。

10.1.2 金融建筑应选用高效节能的用电设备，提高用电效率。

10.1.3 金融建筑应合理选取用电指标和其他设计参数。

10.1.4 当金融建筑由两路电源供电时，宜采用两路电源同时运行的方式；由三路电源供电时，可采用两用一备或三路同时运行的方式。

10.2 负 荷 计 算

10.2.1 金融建筑方案设计阶段宜采用单位面积功率法进行负荷估算。

10.2.2 金融建筑初步设计阶段宜采用单位面积功率法和需要系数法进行负荷计算。

10.2.3 金融建筑施工图设计阶段宜采用需要系数法进行负荷计算。

10.2.4 用电设备的电负荷值及用电设备所产生的热负荷值应根据设备的技术参数确定。当缺乏相关资料时，用电设备的电负荷值可根据表 10.2.4 并结合工程实际情况确定。

表 10.2.4　用电设备的电负荷值

建筑场所	平均用电功率密度（W/m²）
数据中心主机房	500～1500
辅助区、支持区、办公区	70～100

注：表中数据包括正常照明、动力及空调负荷，其中空调负荷为采用电制冷集中空调方式时的数据。

10.3　数据中心的能源效率（PUE）

10.3.1 金融设施数据中心的能源效率指标（PUE）可按表 10.3.1 进行分级和评价。

表 10.3.1　数据中心的能源效率指标（PUE）分级和评价

PUE	PUE≤1.6	1.6<PUE≤2.0	2.0<PUE≤2.5	PUE>2.5
能效等级	一级	二级	三级	四级
客观评价	很好	好	一般	差

10.3.2 特级金融设施的数据中心能源效率指标不应大于 1.8，一级金融设施的数据中心的能源效率指标不应大于 2.0，其他金融设施数据中心的能源效率指标不应大于 2.5。

10.4　能耗计量与监测

10.4.1 大型金融建筑应设能耗监测系统。

10.4.2 根据管理需要，建筑物中的金融设施区域可单独设置能耗监测系统。

10.4.3 金融建筑的能耗监测系统分类、分项计量的形式应根据建筑物所消耗的能源种类与用能设备的种类确定。

10.4.4 金融建筑宜采用自动计量的方式采集能耗数据，也可采用人工记录并输入能耗监测系统的方式。

10.4.5 自动计量装置所采集的能耗数据，应通过标准通信接口实时或定时上传至能耗监测系统。

10.4.6 能耗监测系统所采集的分类及分项能耗数据应定期自动传输至上级监控中心。

10.4.7 电能计量应符合下列规定：

　　1 大型金融建筑的电能计量装置，应在满足供电部门电业计费要求的同时，对以电力为主要能源的冷水机组、锅炉等大功率用电设备和具有租赁功能的用电场所分别设置电能计量装置。

　　2 应按下列分类方法对电能消耗进行分类计量：

　　　1）照明插座用电，包括室内外照明（含应急照明、室外景观照明等）及插座用电。

　　　2）空调用电，包括空调、采暖及通风设备的用电。当末端风机盘管、排气扇等设备难

以单独计量时，可纳入照明负荷。

　　　3）动力用电，包括给水排水系统设备、电梯、自动扶梯、数据中心主机房及其支持区的用电。

　　　4）其他特殊用电设备的用电。

　　3 电能计量应采用精度等级为 1.0 级及以上的有功电能表，并应具有标准的通信接口。

11　电磁兼容与防雷接地

11.1　一　般　规　定

11.1.1 金融建筑的营业厅、交易厅、数据中心主机房宜符合一级电磁环境标准；其他场所宜符合二级电磁环境标准。当不符合规定时，宜采取电磁骚扰抑制措施。

11.1.2 与金融设施无关的电磁骚扰源设备不宜布置在数据中心主机房内。

11.1.3 金融设施中选用的 UPS 应经电磁兼容性认证。

11.2　电能质量与传导干扰的抑制

11.2.1 金融建筑电源进户处的电能质量应符合现行国家标准《电能质量　公共电网谐波》GB/T 14549 的规定。当不符合规定时，应在其金融设施专用回路上采取电源净化措施。

11.2.2 金融设施供配电系统应采取下列措施预防和治理电源性传导干扰：

　　1 当 UPS 总容量大于 100kVA，且其总谐波电流畸变率（THD_i）大于 15% 时，宜在 UPS 电源输入端采取谐波治理措施；

　　2 滤波装置宜布置在谐波源设备附近。

11.3　金融设施电子信息系统的防雷分级及措施

11.3.1 电子信息系统的雷电防护等级应根据金融设施的等级、发生雷电事故的可能性、雷击可能造成的直接损失和间接损失等因素确定，并应符合下列规定：

　　1 数据中心主机房及其辅助区的雷电防护等级应按表 11.3.1 确定。

表 11.3.1　数据中心主机房及其辅助区的雷电防护等级

雷电防护等级	机　房　类　型
A 级	特级、一级金融设施数据中心的主机房及其辅助区
B 级	二级金融设施数据中心的主机房及其辅助区
C 级	三级金融设施数据中心的主机房及其辅助区

2 除数据中心主机房及其辅助区外的电子信息系统的雷电防护等级，应按现行国家标准《建筑物电子信息系统防雷技术规范》GB 50343 执行。

11.3.2 金融设施供配电系统的防雷设计应符合下列规定：

1 特级、一级、二级金融设施的数据中心主机房供电专线应逐级设置电涌保护器；三级金融设施的数据中心主机房供电专线宜逐级设置电涌保护器；

2 数据中心主机房以外的电子信息系统电源线路，技术经济合理时，可在其交流配电柜（箱）处设电涌保护器。

11.3.3 网络传输线路的防雷设计应符合下列规定：

1 特级、一级、二级金融设施的数据中心主机房及其辅助区的网络传输线路进户处应设电涌保护器，三级金融设施的数据中心主机房及其辅助区的网络传输线路进户处宜设电涌保护器；

2 其他电子信息系统的网络传输线路，技术经济合理时，可在其线路进户处设置电涌保护器。

11.3.4 特级金融设施可选用具有数字化监测功能的电涌保护器。

11.3.5 建筑物防雷与接地设计应符合现行国家标准《建筑物防雷设计规范》GB 50057、《建筑物电子信息系统防雷技术规范》GB 50343 的规定。

12 智能化集成系统

12.1 一般规定

12.1.1 智能化集成系统应与数据监控中心（ECC）监控系统联网，并应预留与其他相关系统联网所需的通信接口。

12.1.2 智能化集成系统发出指令的响应时间应满足联动控制的实时性要求。

12.1.3 智能化集成系统的设计应符合现行国家标准《智能建筑设计标准》GB/T 50314 的有关规定。

12.2 系统功能

12.2.1 智能化集成系统宜具备全局性管理功能和自主型或辅助型全局性决策功能。

12.2.2 智能化集成系统应实现除金融业务计算机网络系统和金融专业安全防范系统以外的智能化子系统主要信息的整合与共享。

13 信息设施系统

13.1 一般规定

13.1.1 特级、一级金融设施金融业务专用的综合布线系统应相对独立。

13.1.2 信息设施系统的设计方案应根据金融设施的等级、不同功能区域的应用需求以及建筑物（群）的管理模式等确定。

13.1.3 信息设施系统的设计应符合现行国家标准《智能建筑设计标准》GB/T 50314、《综合布线系统工程设计规范》GB 50311 的规定。

13.2 通信与网络设施

13.2.1 特级、一级金融设施宜设置金融业务专用通信接入系统。

13.2.2 特级、一级金融设施的生产业务专用数据通信宜设置两个通信线路接入通道，二级金融设施的生产业务专用数据通信可设置一个或两个通信线路接入通道。

13.2.3 证券交易、商品期货交易、外汇交易等类型的特级、一级金融设施除应设有线通信接入系统外，还应设卫星通信等无线通信系统。

13.2.4 特级、一级金融设施宜设专用电话程控交换机。

13.2.5 特级、一级金融设施宜设置具有国际金融信息服务功能的卫星电视接收系统，二级金融设施可设置具有国际金融信息服务功能的卫星电视接收系统。

13.2.6 特级、一级金融设施宜设物业管理专用无线对讲系统或设置与电话程控交换机联网的微区域移动通信系统（PHS）。

13.2.7 特级、一级金融设施的办公区域内宜设置无线网络服务系统，二级金融设施的办公区域内可设置无线网络服务系统。

13.2.8 移动通信室内覆盖系统应支持多家运营商的通信服务，且宜采用合路技术。

13.3 综合布线系统

13.3.1 金融设施的综合布线系统应根据其等级、功能分布及管理模式进行规划设计。

13.3.2 特级、一级金融设施的生产业务专用数据通信网络应支持多个运营商接入，二级金融设施的生产业务专用数据通信网络宜支持多个运营商接入。

13.3.3 特级、一级金融设施的生产业务专用数据通信主干链路应自成体系，并应与建筑物或建筑群中其他网络相互隔离。有条件时，生产业务专用数据通信主干链路可经专用管井敷设。二级金融设施的生产业务专用数据通信主干链路宜自成体系。

13.3.4 特级、一级金融设施的生产业务专用数据通信主干链路应采取冗余措施，二级金融设施的生产业务专用数据通信主干链路宜采取冗余措施。

13.4 呼叫显示与信息发布系统

13.4.1 呼叫显示系统的设计应符合下列规定：

1 银行及保险业营业厅应设置营业性呼叫显示系统，证券交易、商品交易类建筑的营业厅可设置呼叫显示系统。

2 呼叫显示系统的功能应具有下列功能：

    1）支持银行、保险业营业厅公共服务所需的多序列自动发号与叫号；

    2）支持多台发号机联网、号码统一排序；

    3）具备多机联网管理及远程监控功能；

    4）发号机的人机界面简洁、直观，能快速输出排队票号，并显示顾客排队的种类、序号等信息；

    5）呼叫器支持工作人员密码登录和即时修改；

    6）采用同步的实时叫号语音提示及显示屏显示；

    7）具有多个等候区的排队信息显示功能，各等候区的呼叫显示可独立运行。

3 呼叫显示系统的系统组成及功能，应满足银行、保险行业的内部业务管理要求。

4 呼叫显示系统的布线宜穿金属导管（槽）暗敷。

13.4.2 信息发布系统的设计应符合下列规定：

1 银行、保险、证券、商品期货等类金融建筑的营业厅宜设置动态金融信息发布系统；

2 金融建筑的办公区域可按需设置引导及信息发布显示装置、公共传媒信息显示装置及时钟系统；

3 信息发布系统的控制电缆、数据光缆和电缆，宜采用金属导管（槽）保护，并应可靠接地。

14 信息化应用系统

14.1 一 般 规 定

14.1.1 信息化应用系统的设计应满足金融建筑对于信息安全、通信效率和系统可靠性的要求。

14.1.2 金融设施的专用系统应相对独立、自成体系，必要时也可与其他信息化应用系统联网。

14.2 物业管理系统

14.2.1 设有特级、一级金融设施的建筑物（群）应设置物业管理系统，设有二级金融设施的建筑物或建筑群宜设置物业管理系统。

14.2.2 物业管理系统应满足金融建筑及其金融设施的物业管理需求，并应保证各类系统信息资源的共享和优化管理。

14.2.3 物业管理系统应具备实用性、可靠性和高效性，并应具有信息采集、存储及综合处理的功能。

14.2.4 物业管理系统采用的通信协议和接口应符合国家现行有关标准的规定。

15 建筑设备管理系统

15.1 一 般 规 定

15.1.1 特级金融设施应设置数据监控中心（ECC）及专用智能化监控系统，一级金融设施宜设置数据监控中心及专用智能化监控系统，二级金融设施可设置数据监控中心及专用智能化监控系统。

15.1.2 建筑设备监控系统应监视数据监控中心监控系统的工作状态。

15.1.3 建筑设备管理系统应对数据监控中心监控系统监控范围以外的机电设备进行监控与管理。

15.1.4 当直接数字控制器采用就近供电方式时，交易厅、营业厅、保管库等区域的照明控制不宜纳入其控制范围，否则照明控制回路的继电器宜具备失电时自保持功能。

15.1.5 建筑设备监控系统控制室宜与消防控制室合用。

15.1.6 建筑设备监控系统设计应符合现行国家标准《智能建筑设计标准》GB/T 50314 的有关规定。

15.2 数据监控中心（ECC）监控系统的设计

15.2.1 数据监控中心监控系统应对数据中心主机房及其辅助区内的空调系统、供配电系统、火灾自动报警系统、安全技术防范系统等机电设施实施监控与管理。

15.2.2 特级、一级金融设施的直接数字控制器宜由数据监控中心的专用电源集中供电。

15.2.3 数据监控中心监控系统应实时监测数据中心的下列信息：

1 常用电源的工作状态；

2 发电机组的工作状态；

3 UPS工作状态；

4 数据中心主机房的温度与湿度；

5 漏水监测系统工作状态与报警信号；

6 精密空调系统工作状态与故障信号。

16 安全技术防范系统

16.1 一 般 规 定

16.1.1 金融建筑宜采取人防和技防相结合、主动防御和被动防御相结合的安防策略。

16.1.2 安全技术防范系统应满足金融设施区域和非金融设施区域的不同使用要求。

16.1.3 金融设施的安全技术防范系统设计应根据金融设施的等级和被保护场所的特点采取外围防护、重点区域防护和重点目标防护等多层次的防护设施。

16.1.4 金融建筑安全技术防范系统应与金融设施专业安全技术防范系统联网。

16.1.5 金融建筑安全技术防范系统应具备与当地公安部门专用系统联网的条件。

16.1.6 安全技术防范系统的设计应符合国家现行标准《安全防范工程技术规范》GB 50348、《银行安全防范报警监控联网系统技术要求》GB/T 16676、《银行营业场所风险等级和防护级别的规定》GA 38、《银行自助设备 自助银行安全防范的规定》GA 745的有关规定。

16.2 配 置 要 求

16.2.1 金融建筑的安全技术防范系统设备宜按表16.2.1配置。

表 16.2.1 金融建筑安全技术防范系统设备配置表

项　　目		安装区域或覆盖范围
视频安防监控系统	摄像机	建筑物周界
		电梯轿厢内
	摄像机	金融设施出入口
		营业厅、交易厅、保管库、离行式自助银行
		数据中心主机房、不间断电源室
		安防监控中心（室）、数据监控中心（ECC）
	控制记录显示装置	安防监控中心（室）
入侵报警系统	入侵探测器	建筑物（群）周界
	入侵探测器/声光报警器	保管库、营业厅、交易厅
		数据中心主机房、不间断电源室
	控制记录显示装置	安防监控中心（室）
	防盗报警控制器	安防监控中心（室）
出入口控制系统		金融设施出入口、数据中心主机房、不间断电源室
		安防监控中心（室）、数据监控中心（ECC）
电子巡更系统		配变电所、应急发电机房、数据中心主机房
车库管理系统		停车库、停车场

16.3 系 统 设 计

16.3.1 安全技术防范系统宜具备视频安防监控、入侵报警、出入口控制、电子巡查、停车场（库）管理等系统的全部或部分功能。

16.3.2 特级、一级金融设施中重要部位或重点目标宜连续录像。

16.3.3 视频安防监控设备管线宜暗敷，重要部位的摄像机宜具备防破坏功能。

16.3.4 安全技术防范系统应预留与火灾自动报警系统、建筑设备监控系统、智能照明控制系统等相关系统联网的接口。

16.3.5 银行营业厅、保管库、离行式自助银行、交易厅、数据中心等重要区域的安全技术防范系统应采用 UPS 供电。

17 电 气 防 火

17.1 一 般 规 定

17.1.1 金融建筑的电气防火设施应包括火灾自动报警系统、漏电火灾报警系统及其他电气防火措施等。

17.1.2 金融建筑物和建筑群的防火设计应根据金融设施和非金融设施的不同功能，分别采取针对性技术措施。

17.1.3 金融设施应设置火灾自动报警系统。

17.1.4 建筑高度大于 250m 的金融建筑宜进行消防性能化设计。

17.1.5 金融建筑的电气防火设计应符合现行国家标准《高层民用建筑设计防火规范》GB 50045、《建筑设计防火规范》GB 50016、《火灾自动报警系统设计规范》GB 50116 的有关规定。

17.2 火灾自动报警系统

17.2.1 金融建筑火灾自动报警系统保护对象的等级可按表 17.2.1 划分。

表 17.2.1 金融建筑火灾自动报警系统保护对象的等级划分

等　　级	保 护 对 象
特级防火金融建筑	拥有特级金融设施的金融建筑；拥有二级及以上金融设施且高度大于 100m 的其他金融建筑
一级防火金融建筑	拥有一级金融设施的建筑；一类高层金融建筑；建筑高度不大于 24m、单层建筑面积大于 3000m² 的金融建筑；使用面积大于 1000m² 的地下金融建筑
二级防火金融建筑	拥有二级金融设施的金融建筑；二类高层金融建筑；建筑高度不大于 24m、设有集中式空气调节系统的金融建筑；建筑高度不大于 24m、单层建筑面积大于 2000m² 但不大于 3000m² 的金融建筑；使用面积不大于 1000m² 的地下金融建筑

17.2.2 特级金融设施数据中心主机房及其不间断电源室应设置管路吸气式火灾探测报警系统，一级金融设施数据中心主机房及其不间断电源室宜设置管路吸气式火灾探测报警系统。

17.2.3 数据中心主入口、数据监控中心（ECC）、消防及安防监控中心（室）、警卫值班室内应设置区域火灾报警控制箱或区域报警显示器。

17.2.4 数据监控中心（ECC）、消防及安防监控中心（室）、警卫值班室内应设置消防专用电话机。

17.2.5 金融设施区域火灾报警控制器除应显示本区域火灾信息外，还应能显示金融设施所在建筑物其他区域的火灾信息。

17.3 消防联动控制系统

17.3.1 数据监控中心（ECC）内应设置本区域的消防联动控制柜。

17.3.2 特级、一级金融设施数据中心主机房电源不得由火灾自动报警系统联动跳闸。

17.3.3 数据中心主机房、保管库等部位的电子门锁，在发生火灾报警后不得自动联动释放，应由主机房工作人员、数据监控中心值班人员或消防人员根据现场情况进行人工控制。

17.4 电气火灾监控系统

17.4.1 特级、一级防火金融建筑的下列部位应设置电气火灾监控探测器：

　　1 金融设施专用空调电源干线、动力末端配电箱、照明与插座末端配电箱；

　　2 弱电机房、值班室、商场、厨房及餐厅、观影设施、娱乐设施、展览设施等区域的照明与插座配电箱。

17.4.2 二级防火金融建筑的金融设施专用空调电源干线、动力末端配电箱、照明与插座末端配电箱，应设置电气火灾监控探测器。

17.4.3 金融设施电源室的电气火灾监控探测器宜具有温度探测功能。

17.5 重要场所的电气防火措施

17.5.1 特级、一级金融设施数据中心主机房的密闭式吊顶内及高度大于 300mm 的架空地板内，应设置火灾探测器；二级金融设施数据中心主机房的密闭式吊顶内及高度大于 300mm 的架空地板内宜设置火灾探测器。

17.5.2 特级金融设施的数据中心主机房应采用气体灭火系统，严禁采用水介质灭火系统。

17.5.3 一级及以下金融设施的数据中心主机房宜采用气体灭火系统。

17.5.4 特级、一级金融设施中的纸币和票据类库房内应采用气体灭火系统；二级金融设施中的纸币和票据类库房内宜设气体灭火系统。

17.5.5 金融设施电线电缆的选型应符合本规范第 8 章的规定。

18 机房工程

18.1 一般规定

18.1.1 本章节适用于金融建筑中数据中心主机房及其辅助区、数据监控中心（ECC）机房的工程设计。

18.1.2 机房工程设计应注重机房环境的安全、可靠、环保、节能、方便、舒适。

18.1.3 数据中心主机房不得贴近高强度的电磁骚扰源。

18.1.4 数据中心主机房应采取防静电措施。

18.1.5 数据中心主机房宜远离建筑物防雷引下线等主要的雷击散流通道。

18.1.6 机房工程设计应符合现行国家标准《智能建筑设计标准》GB/T 50314、《电子信息系统机房设计规范》GB 50174 的有关规定。

18.2 土建设计条件

18.2.1 数据中心主机房平面布局应符合下列规定：

　　1 特级、一级金融设施数据中心主机房周边应设配套用房；

　　2 当采用水冷空调系统时，空调机房与生产区域之间应采用防火防水隔墙进行分隔，其他设备机房与生产区域之间宜采用防火防水隔墙进行分隔；

　　3 主机房的柱距不宜小于 9m。

18.2.2 主机房及辅助区通道应符合下列规定：

　　1 机房通道宜按功能分为生产通道和机电设备维护通道，两种通道之间宜采取隔离措施；

　　2 生产通道的净宽不应小于 2.0m，机电设备维护通道的净宽不应小于 2.5m；

　　3 机房地（板）面与通道之间不宜存在坡道和台阶。

18.2.3 地面材质的选择应符合下列规定：

　　1 数据中心主机房、辅助区、数据监控中心（ECC）机房应采用防静电架空地板，走道等部位宜采用防静电架空地板；

　　2 冷冻机房、配变电所、发电机房、配电间、货物装卸区、拆箱调试区及其相邻走道等地面宜覆盖防尘涂料。

18.2.4 门窗设计应符合下列规定：

　　1 主机房不宜布置窗户；当机房及其楼梯间临街设窗时，应装设防爆防弹玻璃；

　　2 主机房、电源室、配电间、精密空调室、电梯间及通道上的门框净高不应低于 2.4m，宽度不应小于 1.8m，其他门框宽度不应小于 1m。

18.2.5 管道竖井布置应符合下列规定：

1 当网络设备采用双重电源线路供电或双路冷冻水供水时，两条线路或管道宜安装在两个独立的竖井内，且宜布置在机房的两侧；

2 新风空调风井宜布置在精密空调机房的两侧，其面积应满足保持机房正压所需新风量及蓄电池室通风换气的需求；

3 应设置蓄电池间排风井或排风管道；

4 应设置气体灭火系统排风管道。

18.3 精密空调设计条件

18.3.1 特级、一级金融设施的数据中心主机房宜采用水冷空调系统。

18.3.2 特级、一级金融设施数据中心主机房的空调冷水机组宜采用 $N+X$ 的冗余配置。

18.3.3 特级、一级金融设施数据中心主机房的空调系统供回水总管宜采用 $2N$ 冗余配置，两路供回水管道宜经不同路径敷设。

18.3.4 特级、一级金融设施数据中心主机房的末端精密空调应采用 $N+X$ 的配置。

18.3.5 当特级、一级金融设施数据中心主机房采用风冷空调系统时，应采用具有双压缩机、双风机的机型，冷媒管宜经两个路径布置，并宜经不同的竖井接至室外机。

18.4 消防设计条件

18.4.1 特级、一级金融设施数据中心主机房、电源室、数据监控中心（ECC）机房和金融设施总配电间应设置气体灭火系统。

18.4.2 设有管网式气体灭火系统的机房内均应设置就地手动启动的事故排风系统。

18.4.3 主机房与外部连通的门口处，架空地板上、下均应采取挡水措施。

18.5 接 地

18.5.1 金融设施宜采用共用接地系统，其接地电阻值应满足相关各系统中最低电阻值的要求。当无相关资料时，接地电阻应按不大于 1Ω 设计。

18.5.2 当一个计算机网络系统涉及多幢相邻建筑物时，建筑物之间的接地系统可作等电位联结。

18.5.3 数据中心主机房接地网络的形式应根据金融设施的等级及主机房的规模等因素确定。

18.5.4 数据中心主机房内正常情况下不带电的外露导体应与接地系统作可靠的连接。

18.6 防静电措施

18.6.1 架空地板宜采用由钢、铝或其他有足够机械强度的阻燃性材料制成的拼装式地板，地板面层及其构造均应采取防静电措施，且不应暴露金属构造。

18.6.2 特级、一级金融设施数据中心主机房的防静电地板对地电阻值应为 $1\times10^5\,\Omega\sim1\times10^7\,\Omega$，其表面电阻值应为 $1\times10^5\,\Omega\sim1\times10^8\,\Omega$，摩擦起电电压值不得大于 100V。

18.6.3 二级金融设施数据中心主机房的防静电地板对地电阻值应为 $1\times10^5\,\Omega\sim1\times10^8\,\Omega$，其表面电阻值应为 $1\times10^5\,\Omega\sim1\times10^9\,\Omega$，摩擦起电电压值不得大于 200V。

18.6.4 三级金融设施数据中心主机房的防静电地板或地面对地电阻值应为 $1\times10^5\,\Omega\sim1\times10^9\,\Omega$，其表面电阻值应为 $1\times10^5\,\Omega\sim1\times10^9\,\Omega$，摩擦起电电压值不得大于 1000V。

18.6.5 数据中心主机房内绝缘体的静电电位不应大于 1000V。

18.6.6 防静电接地系统中各连接部件间的接触电阻值不宜大于 0.1Ω。

18.6.7 当数据中心主机房内不设活动地板时，应在地面上铺设防静电地毯或涂覆防静电树脂涂料。

18.7 数据监控中心（ECC）机房

18.7.1 数据监控中心的机房应包括控制操作区和辅助工作区。

18.7.2 机房的操作席位和显示屏的规格与数量应根据业务管理流程进行设置。

18.7.3 空调系统应满足长期连续工作的需要。

18.7.4 控制台上的插座应由不间断电源供电。

18.7.5 综合布线系统应能满足多种信息网络服务接入以及信息网络功能调整的需求。

19 自助银行与自动柜员机室

19.1 供电设计

19.1.1 自助银行及自动柜员机室的供电负荷等级应与所在建筑物的最高负荷等级相同。

19.1.2 自助银行及自动柜员机室宜配置 UPS。

19.1.3 自助银行及自动柜员机室配电柜应设置在银行封闭式管控区域内。

19.2 安全防护措施

19.2.1 自助银行及自动柜员机室的现金装填区域应设置视频安全监控装置、出入口控制装置和入侵报警装置，且应具备与 110 报警系统联网功能。

19.2.2 自助银行及自动柜员机室的用户服务区应设置视频安全监控装置。

19.2.3 离行式自助银行及自动柜员机室的外墙及银行值班室应分别装设警铃。室外警铃的声压级不应小于 100dB(A)，室内警铃的声压级不应小于 80dB(A)。

附录 A 供电可靠性等级 （可靠度 R）计算方法

A.0.1 供电系统及元件的可靠函数 $R(t)$ 和故障函数 $Q(t)$ 的关系可用下式表示：

$$R(t) = 1 - Q(t) \qquad (A.0.1)$$

式中：$R(t)$——可靠函数；

$Q(t)$——故障函数。

A.0.2 供电系统及元件的可靠度 R 和不可靠度 Q 的关系可用下式表示：

$$R = 1 - Q \qquad (A.0.2)$$

式中：R——可靠度；

Q——不可靠度。

A.0.3 供电系统典型环节的可靠性指标可按下列方法计算：

1 两个独立元件串联连接系统的可靠度可按下式计算（图 A.0.3-1）：

$$R = R_A \times R_B \qquad (A.0.3-1)$$

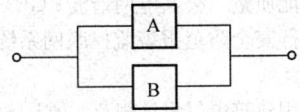

图 A.0.3-1 串联连接系统框图

式中：R_A——元件 A 的可靠度；

R_B——元件 B 的可靠度。

2 n 个独立元件串联连接系统的可靠度可按下式计算：

$$R = \prod_{i=1}^{n} R_i \qquad (A.0.3-2)$$

3 两个独立元件并联连接系统的可靠度可按下式计算（图 A.0.3-2）：

$$R = R_A \times R_B + R_A \times Q_B + R_B \times Q_A$$
$$\qquad (A.0.3-3)$$

图 A.0.3-2 并联连接系统框图

式中：Q_A——元件 A 的不可靠度；

Q_B——元件 B 的不可靠度。

4 n 个独立元件并联连接系统的可靠度可按下式计算：

$$R = 1 - \prod_{i=1}^{n} Q_i \qquad (A.0.3-4)$$

5 串-并联系统的可靠度可按下列步骤简化计算（图 A.0.3-3）：

1）将串联元件 A、D 归并形成等效元件 F，将串联元件 B、E 归并形成等效元件 G；然后将等效元件 F、G 归并成等效元件 H

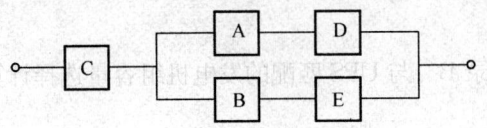

图 A.0.3-3 串-并联系统框图

（图 A.0.3-4），系统等效简化后的可靠度可按下列公式计算：

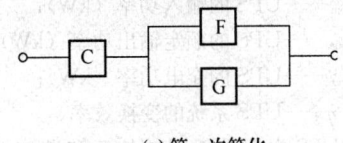

(a) 第一次简化

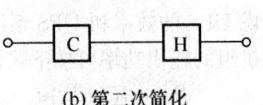

(b) 第二次简化

图 A.0.3-4 串-并联系统简化框图

等效元件 F 的可靠度：

$$R_F = R_A \times R_D \qquad (A.0.3-5)$$

等效元件 G 的可靠度：

$$R_G = R_B \times R_E \qquad (A.0.3-6)$$

2）将并联元件 F、G 归并形成等效元件 H，并可按下式计算：

$$R_H = 1 - Q_F \times Q_G \qquad (A.0.3-7)$$

3）串-并联系统的可靠度可按下式计算：

$$R = R_C \times R_H \qquad (A.0.3-8)$$

6 部分冗余系统的可靠度可按下式计算（图 A.0.3-5）：

$$R = R_A \times R_B \times R_C + R_A \times R_B \times Q_C + R_B$$
$$\times R_C \times Q_A + R_A \times R_C \times Q_B \qquad (A.0.3-9)$$

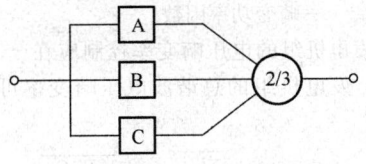

图 A.0.3-5 n 取 r 表决系统框图

7 n 个元件中至少 k 个元件工作，系统才有效的部分冗余系统可按下式计算：

$$R = R^n + C_n^{n-1} \times R^{n-1} \times Q^1 + C_n^{n-2} \times R^{n-2}$$
$$\times Q^2 + \cdots\cdots + C_n^k \times R^k \times Q^{n-k} \quad (A.0.3-10)$$

8 备用冗余系统的可靠度可按下式计算（图 A.0.3-6）：

$$R = R_K \times (1 - Q_A \times Q_B) \qquad (A.0.3-11)$$

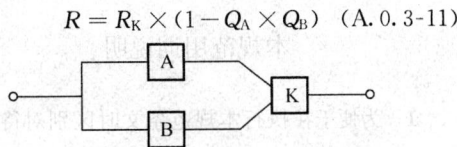

图 A.0.3-6 备用冗余系统框图

式中：R_K——元件 K 的可靠度。

附录 B 与 UPS 匹配的发电机组容量选择计算

B.0.1 UPS 的输入端功率可按下式计算：

$$P_{\text{UPSin}} = \frac{P_{\text{UPSout}}}{\eta} + P_{\text{UPSpower}} \qquad (\text{B.0.1})$$

式中：P_{UPSin}——UPS 的输入功率（kW）；

P_{UPSout}——UPS 的额定输出功率（kW）；

P_{UPSpower}——UPS 的充电功率（kW）；

η——UPS 系统的变换效率。

B.0.2 当 UPS 内置功率因数校正和谐波抑制元件时，可只考虑 UPS 的效率和 UPS 系统的充电功率的影响，发电机组的输出功率可按下式计算：

$$P_{\text{g}} = K \times P_{\text{UPSin}} \qquad (\text{B.0.2})$$

式中：P_{g}——发电机组输出的有功功率（kW）；

K——安全系数，取 1.1~1.2。

B.0.3 当 UPS 没有内置功率因数校正和谐波抑制元件时，应考虑 UPS 功率因数及谐波的影响，发电机组的输出视在功率可按下列公式计算：

$$S_{\text{gout}} = K \times S_{\text{UPSin}} \qquad (\text{B.0.3-1})$$

$$S_{\text{UPSin}} = \frac{P_{\text{UPSout}}}{PF} \qquad (\text{B.0.3-2})$$

$$PF = PF_{\text{disp}} \times PF_{\text{dist}} \qquad (\text{B.0.3-3})$$

式中：S_{gout}——发电机组输出的视在功率（kVA）；

K——安全系数，取 1.1~1.2；

S_{UPSin}——UPS 的输入视在功率（kVA）；

PF——UPS 的输入功率因数（包括相位无功和畸变无功）；

PF_{disp}——位移功率因数；

PF_{dist}——畸变功率因数。

B.0.4 发电机组的电压畸变率控制应在 -5%~+5% 以内，发电机组的总谐波电压畸变率可按下式计算：

$$THD_{\text{u}} = \sqrt{\frac{\Sigma U_{\text{n}}^2}{U_1}} = \sqrt{\frac{\Sigma(I_{\text{n}}Z)^2}{U_1}} \qquad (\text{B.0.4})$$

式中：THD_{u}——总谐波电压畸变率；

U_1——电源基波电压；

U_{n}——各次谐波电压；

I_{n}——各次谐波电流；

Z——发电机组电源内阻；

n——谐波次数。

本规范用词说明

1 为便于在执行本规范条文时区别对待，对于要求严格程度不同的用词说明如下：

　　1）表示很严格，非这样做不可的：

　　　　正面词采用"必须"，反面词采用"严禁"；

　　2）表示严格，在正常情况下均应这样做的：

　　　　正面词采用"应"，反面词采用"不应"或"不得"；

　　3）表示允许稍有选择，在条件许可时首先应这样做的：

　　　　正面词采用"宜"，反面词采用"不宜"；

　　4）表示有选择，在一定条件下可以这样做的，采用"可"。

2 条文中指明应按其他有关标准执行的写法为："应符合……规定"或"应按……执行"。

引用标准名录

1 《建筑设计防火规范》GB 50016

2 《建筑照明设计标准》GB 50034

3 《高层民用建筑设计防火规范》GB 50045

4 《供配电系统设计规范》GB 50052

5 《10kV 及以下变电所设计规范》GB 50053

6 《建筑物防雷设计规范》GB 50057

7 《3～110kV 高压配电装置设计规范》GB 50060

8 《火灾自动报警系统设计规范》GB 50116

9 《电子信息系统机房设计规范》GB 50174

10 《并联电容器装置设计规范》GB 50227

11 《综合布线系统工程设计规范》GB 50311

12 《智能建筑设计标准》GB/T 50314

13 《建筑物电子信息系统防雷技术规范》GB 50343

14 《安全防范工程技术规范》GB 50348

15 《低压开关设备和控制设备》GB/T 14048.11

16 《电能质量 公共电网谐波》GB/T 14549

17 《银行安全防范报警监控联网系统技术要求》GB/T 16676

18 《民用建筑电气设计规范》JGJ 16

19 《银行营业场所风险等级和防护级别的规定》GA 38

20 《银行自助设备 自助银行安全防范的规定》GA 745

中华人民共和国行业标准

金融建筑电气设计规范

JGJ 284—2012

条 文 说 明

制 订 说 明

《金融建筑电气设计规范》JGJ 284 - 2012，经住房和城乡建设部 2012 年 7 月 19 日以第 1440 号公告批准、发布。

本规范编制过程中，编制组进行了金融建筑电气设计及应用需求的调查研究，总结了我国金融建筑电气工程建设的实践经验，同时参考了国外先进技术法规、技术标准，取得了制订本规范所必要的重要技术参数。

为便于广大设计、施工、科研、学校等单位有关人员在使用本标准时能正确理解和执行条文规定，《金融建筑电气设计规范》编制组按章、节、条顺序编制了本规范的条文说明，对条文规定的目的、依据以及执行中需注意的有关事项进行了说明，还着重对强制性条文的强制性理由做了解释。但是，本条文说明不具备与规范正文同等的法律效力，仅供使用者作为理解和把握规范规定的参考。

目　次

1 总 则

1.0.4 有些金融建筑中，除了设有金融设施外，还有商店、出租型办公等非金融业务场所。建筑物中的这些非金融业务场所不必按金融设施的要求进行设计，可以按现行行业标准《民用建筑电气设计规范》JGJ 16 执行。

2 术语和代号

2.1.12 对于电磁兼容性的评估应包括两个方面：电磁干扰和电磁敏感度。

3 金融设施分级

3.0.1 金融设施等级的划分应坚持"由用户自主定级、自主管理、自主保障"的原则。金融设施的建设单位或使用单位应根据工程的使用功能、重要性、投资控制目标等因素自行确定其重要性等级，并确定相应的技术标准和安全措施。

此处的"用户"包括自用及租用的金融类机构和企业，诸如从事银行业及其衍生品交易、证券交易、商品及期货交易、保险业等金融相关业务的企事业单位。

3.0.2 "全国或更大范围"是指全中国或更大范围的区域。中国人民银行以及我国的主要国有商业银行的核心金融设施，应定为特级金融设施。

3.0.3 "大范围"一般指省（自治区、直辖市）级和地区级的区域范围。

3.0.4 "较小范围"一般指县级（含县级市）区域范围。

4 供配电系统

4.2 负荷分级与供电要求

4.2.1 金融设施的安全运行与供电的可靠性是密切相关的。重要的金融设施一旦发生停电，将在大范围内造成金融秩序紊乱，给金融企业造成重大的经济损失和严重的社会问题。如果将高等级金融设施按低等级负荷来提供电力，势必严重危及金融设施的安全运行；反之，如果无故提高低等级金融设施的用电负荷等级，势必造成巨大的投资浪费。因此，金融设施的用电负荷等级必须与金融设施等级相适应。

4.2.2 因为金融建筑数据中心机房等场所通常都密布着用电设备，计算机设备的运行有赖于空调系统的持续、正常运行。一旦空调设备断电，机房内的温度会迅速升高，导致计算机设备宕机并危及金融设施的

安全运行，故作此规定。

4.2.3 大型金库等特殊金融设施的安防与通信还有其他要求，例如，为防止电源及线路人为破坏，其安防系统的终端设备通常内置备用电源。但由于这些特殊建筑不在本规范适用范围内，故本规范未作详细规定。

4.2.5 第 2 款：当外部电源故障时，数据机房的专用发电机组需要持续工作数小时甚至更长时间，故应选用持续工作型发电机组。为确保数据中心的供电安全，消防设备及其他非金融设施负荷应另行配置备用发电机组，不应接入特级金融设施数据机房的应急供电系统。

第 5 款：由于金融业务发展迅速，通常数据中心的用电量比较大。如果片面追求一次性全部建成，不但会导致首期投资巨大，而且由于初期业务设备较少，配变电设备长期处于低负载率运行状态，既不经济，也不节能。所以，必要时供配电系统应根据金融业务的发展规划分期实施。

4.2.6 关于供配电系统可靠性等级的计算方法，可将其典型的重要负荷配电系统简化为等效框图，再根据等效框图中各种不同环节所对应的计算公式（如串联环节、并联环节、n 选 r 环节等）逐步计算出各个节点的可靠性等级，最后计算出目标节点处（通常指重要负荷的受电端）的可靠性等级数据。

4.2.7 金融建筑中的特级、一级金融设施往往要求不间断供电。即使是短暂的停电维护时间也可能对金融企业造成严重的社会影响和经济损失，故要求供电系统设计应使重要设备能够在用电设备不停电的情况下进行维护。技术上可采取系统冗余、设置维护用旁路开关或使用可在线维护的设备等措施。

4.2.9 金融设施中的重要设备通常包括金融设施专用电源（UPS）、金融专业安防设备等。

金融建筑中的特级金融设施自公共电网电源进户后的整个供电系统中不应存在线路及配电设备的瓶颈，即供配电系统中不应存在不可逾越的线路及设备故障点（此类故障在金融行业内通常被称为单点故障）。

4.2.10 因为大型的数据中心一旦空调设备断电，机房内的温度会迅速升高，导致计算机设备宕机并危及金融设施的安全运行。而柴油发电机的多机组并机、电源切换、冷冻机组断电后的再次启动等时间，可能会大于机房温升至预警值的时间，故作此规定。机房温升至预警值的时间通常由网络设备供应商提供。

若不能满足，则应设置其他备用电源，以控制机房的温升。

4.3 配变电系统及其监控

4.3.2 照明插座用电指金融设施区域的照明用电以

及普通的插座用电，如检修或打扫用的插座。

空调用电指为金融设施区域服务的空调设备。

动力用电指为金融设施区域服务的水泵、起重设备等。

此处的其他用电是指金融设施用电。

4.3.3 多功能仪表宜具有监测或计量三相电流、电压、有功功率、功率因数、有功电能、总谐波电流畸变率和谐波分量等功能。这是因为数据中心供电回路中谐波含量较高，装设具有测量谐波分量功能的表具有利于监控配电回路供电情况及分析故障原因。此类仪表应能测量21次及以下各次谐波分量。

4.3.4 具有故障记录功能的仪表可提供原始数据，便于分析故障原因。

5 配变电所

5.2 所址选择

5.2.1 特级、一级金融设施的电源室都由双电源供电，且要求两条电源线路经由不同的路径敷设，以提高电源可靠性。

本规范的数据中心特指以集中的数据存储和统一的信息处理平台为依托，在相应的系统支持下，通过集中的运行、监控、管理手段，承担金融业务或全辖区范围内信息存储、处理和传输的机构。它通常包括主机房、辅助区、支持区和行政管理区。其中，主机房是指数据中心中用于电子信息处理、存储、交换和传输设备的安装和运行的建筑空间，包括服务器机房、网络机房、存储机房等功能区域；辅助区是指数据中心中用于电子信息设备和软件的安装、调试、维护、运行监控和管理的场所，包括进线间、测试机房、数据监控中心（ECC）、指挥中心、备件库、打印室、维修室等；支持区是指数据中心中支持并保障完成信息处理过程和必要的技术作业的场所，包括变配电室、柴油发电机房、不间断电源室、空调机房、动力站房、消防设施用房、消防和安防控制室等。行政管理区是指数据中心中用于日常行政管理及客户对托管设备进行管理的场所，包括工作人员办公室、门厅、值班室、盥洗室、更衣室和用户工作室等。

由于国家标准《数据中心基础设施设计规范》（将替代《电子信息系统机房设计规范》GB 50174）正在修订中，上述概念（术语）可能与之不符，故仅在金融建筑行业内使用。

5.2.4 对于特级金融设施而言，不同电源的两台或多台变压器不应放在一个房间内，不同电源的配电柜也不应放在一个房间内，但同一电源的变压器、配电柜可以放在一个房间内。工程实践中，变压器内部绕组短路引发爆炸、高低压配电柜内部短路引起柜体严重变形的事故都曾发生。当发生此类严重事故时，相邻设备容易受牵连而停运。特级金融设施必须避免此类次生灾害的发生，故作此规定。

5.3 配电变压器选择

5.3.1 特级和一级金融建筑内的大型数据机房设有大量的金融业专用数据及网络设备，设置专用变压器，有利于提高其供电可靠性及保证其供电质量。同时，为了避免由于负载不平衡、谐波电流或检修操作不当（例如，单回路拉闸检修等）而引起的中心点电位严重漂移，通常会将UPS出线侧的中心点接地。而这样做的副作用是，一旦发生单相接地故障，其零线上的高电位将传至该变压器下属的所有设备外壳上，直到保护电器动作才能解除危险。如果设置专用变压器，就可以将这类事故的影响面限制在金融设施内部，而不会危及其他区域。

5.3.2 当采用合用变压器时，如果简单地将UPS出线侧中心点作接地处理，则一旦发生单相接地等故障，其零线上的高电位将传至这台合用变压器下属的所有设备上，这就会危及金融设施以外的用户，由于他们很难及时得到安全警告，他们的处境会比金融设施内部的人员更加危险。因此，有条件时可设置隔离变压器并将其中心点接地，从而将此类事故限制在机房内，以降低事故风险。

5.3.3 由于金融建筑的重要性，供配电系统多为冗余系统，为数据机房供电的变压器的实际负载率往往较低（低于50%），变压器的空载损耗在总耗电量中所占的比例较高，因此较之一般工程更有必要采用空载损耗低的节能型变压器。同时，由于金融设施内UPS、计算机、服务器等非线性负载较多，采用绕组结线为Dy_{n11}型的配电变压器可以阻断三次及其倍数次谐波电流在变压器两侧的传播。

5.3.4 第2款：金融建筑中的数据机房、专用空调等重要负荷要求采用双电源，在一路电源失去的情况下，另一路电源需承担所有重要负荷。因此，对重要负荷供电的变压器可采取强迫风冷措施，允许适度过载运行，其容量应能保证所有重要负荷的供电。

第3款：在理想情况下，变压器只需承受由工频电流所致的温升。但在金融设施的配电系统中往往存在谐波电流，这种非工频电流将导致变压器的额外温升，当谐波电流严重时就应考虑变压器降容使用。

5.4 电力电容器装置

5.4.1 谐波电流会导致无功补偿电容器所承受的端电压升高，为了避免由此造成的电容器损坏，一般可以按下列方法选择其耐压参数：

1 根据谐波源设备所占的百分比（G_h/S_n 的比值），按表1确定补偿电容器的耐压参数。

表 1　根据谐波源设备所占的百分比确定补偿电容器的耐压参数

$\dfrac{G_h}{S_n} \leqslant 15\%$	$15\% < \dfrac{G_h}{S_n} \leqslant 25\%$	$25\% < \dfrac{G_h}{S_n} \leqslant 60\%$
标准电容器	电容器额定电压增加 10%	电容器额定电压增加 10% 并配置谐波抑制电抗器

其中，G_h 为电容器组所在母线上的谐波源设备的视在功率额定值的矢量和，S_n 为系统中变压器视在功率额定值的矢量和。

2　根据变压器负载率和总谐波畸变率 THD_i（估算值），按表 2 确定补偿电容器的耐压参数。

表 2　根据变压器负载率和总谐波畸变率确定补偿电容器的耐压参数

$THD_i \times \dfrac{S}{S_n} \leqslant 5\%$	$5\% < THD_i \times \dfrac{S}{S_n} \leqslant 10\%$	$10\% < THD_i \times \dfrac{S}{S_n} \leqslant 20\%$
标准电容器	电容器额定电压增加 10%	电容器额定电压增加 10% 并配置谐波抑制电抗器

其中，S_n 为变压器视在功率，S 为变压器副边实测的视在功率（满负荷且不带电容器），THD_i 为变压器副边谐波电流畸变率。

应当注意的是，谐波电流还会导致电容器过载、过热。故谐波严重时，还会影响电容器的容量选择。

5.4.2　谐波电流较严重时，应配置电抗器。串联调谐电抗器配比可按下列方法计算：在调谐频率 f_n 处，$X_L = \dfrac{X_C}{n^2}$。

式中，X_L 为电抗器基波感抗值，X_C 为电容器基波容抗值，n 为谐波次数。

在确定电抗器容量时，应使实际调谐频率小于理论调谐频率（即希望抑制的谐波频率），以避免发生系统的局部谐振。此外还应考虑一定裕度，因为当电容器使用时间较长后，其介质材料绝缘性能将退化，从而导致电容值下降，引起谐振频率的升高。工程设计时，常见的 UPS 电源脉冲数及推荐配电系统采用电抗器配比见表 3。

表 3　常见的 UPS 电源脉冲数及推荐配电系统采用电抗器配比

UPS电源脉冲数	理论调谐次数 n	理论调谐频率（Hz）	实际电抗器配比
6	5	250	5.4%可选 4.5%～5.5%
	7	350	2.52%可选 2%～3%
12	11	550	1%
	13	650	1%

当抑制谐波电流所需电抗器的配比小于 1% 时，

实际选型一般取 1%，以便确保对电容器涌流的抑制效果。

6　应 急 电 源

6.1　应急发电机组

6.1.1　由于管道煤气（天然气）故障概率较高、用户不便储存且用气安全较难保障，故不推荐使用燃气发电机组。

6.1.2　第 4 款：发电机组容量与 UPS 容量的匹配计算见附录 B，应当注意的是，实际计算时还应考虑金融设施专用空调等负荷的用电需求。对于非特级金融设施，消防设施和金融设施可合用发电机组，此时还应考虑消防等非金融设施的用电需求。

第 5 款：在有些金融设施中，特别重要负荷容量很大（例如大于 5000kVA），或发电机房距离用电负荷较远（例如大于 200m），并经过技术经济比较认为合理时，可考虑采用 10kV 或 6kV 柴油发电机组，这样有利于节能和降低运行成本。

6.1.3　第 5 款：大功率设备通常包括单台功率 200kW 及以上的精密空调等设备。按预设程序分组投入备用发电系统可以减轻对发电机组冲击。

6.1.5　第 1 款：目前 TIA942 标准规定的指标为 12h。TIA 及其他国际标准对于发电机组持续供电时间的要求，总体趋势是在下降。

第 2 款：储油间的防火措施应满足相应的《建筑设计防火规范》GB 50016 的规定。

第 3 款：日用燃油箱高位布置可实现重力自流式输油，有利于提高备用发电系统的可靠性。

6.2　不间断电源装置（UPS）

6.2.2　第 2 款：目前国内市场上常见 UPS（在满载状态下）的功率因数如表 4 所示。

表 4　常见 UPS（在满载状态下）的功率因数

序号	UPS整流器的类型	配置的输入滤波器类型	输入功率因数 PF
1	6 脉冲可控硅相控整流器	无	0.8
2	6 脉冲可控硅相控整流器	LC 无源滤波器	0.9
3	6 脉冲可控硅相控整流器	有源滤波器	0.98
4	12 脉冲可控硅相控整流器	无	0.9
5	12 脉冲可控硅相控整流器	11 次无源滤波器	0.95
6	具有 PFC 的 IGBT 整流器	不需要	0.99

第 3 款：UPS 的在线工作效率是指整组 UPS 工作时的总效率。

第4款：为节约资源，UPS工作容量不宜选取过大。当多台UPS并机时，在保证冗余度的前提下，剩余的UPS退出工作，当负荷增加到系统冗余负载量的85%～90%时，手动投入或自动投入余下的UPS。

6.2.3 第1款：本条款中的供电时间是根据《银发〔2002〕260号文件》中的相关规定提出的。

6.2.4 UPS的并机冗余一般采用 $N+X$ 表示。N 代表承担负载所需的UPS台数，X 表示冗余（备份）的UPS台数（也就是供电系统允许故障退出的UPS台数）。

2N 表示两组UPS并联；$2(N+1)$ 表示两台（组）有冗余功能的UPS再并联。

特级金融设施的UPS系统可采用其他冗余形式，但必须满足金融设施对UPS系统冗余度的要求，并应进行供电可靠性验算。

6.2.6 此处大功率UPS指总功率为200kVA及以上的UPS。特级、一级金融设施中，由于系统容量大，往往多台UPS并联。为提高可靠性，大型UPS通常采取公共静态旁路和维护旁路措施，或双静态旁路和维护旁路措施。

6.2.9 一般而言，电能管理系统并未对UPS的主要运行数据加以监控，而UPS系统对于金融设施的正常运行又至关重要，故提此要求。UPS监控系统可监控表5所列参数。

表5 UPS监控系统主要监控参数

	主输入参数	三相电压、三相电流
遥测项目	旁路输入参数	三相电压、输入频率
	输出参数	三相电压、三相电流、输出频率、输出功率因数、每相容量、UPS总功率、单台UPS总负荷量%、UPS总系统负荷量%（指并机系统）
	整流器输出	直流电压、直流电流
	蓄电池	蓄电池容量、蓄电池电压、蓄电池充电电流（或放电电流）、后备时间提示
	UPS机房参数（可选）	温度、湿度
遥信项目（状态）	整流器状态	UPS输入电压、UPS整流器工作状态
	逆变器状态	逆变器工作状态
	旁路状态	旁路频率与电压、负载在逆变器或旁路状态

	工作状态	正常工作模式还是节能工作模式、并机系统中模块工作状态、系统 N 台设备工作状态（同步或非同步状态）、并机系统入列或解列状态
	电池状态	电池工作状态、蓄电池放电状态（充电状态或均冲模式）
遥信项目（报警）	开关状态	手动旁路开关状态、UPS输出开关状态、蓄电池开关状态、逆变器输出开关状态（可选）、静态旁路输入开关状态（可选）
		综合报警、UPS过载报警、输入超限报警、旁路电源超限报警、过温报警、立即停机报警、手动旁路操作报警、手动旁路报警、维护服务提示报警、逆变与旁路间禁止转换报警、蓄电池开关打开报警、由于过载或逆变器停机报警、整流故障报警、逆变故障报警、面板报警、单台模块综合报警、电池故障报警、蓄电池放电报警、蓄电池充电失败报警

7 低压配电

7.1 一般规定

7.1.2 金融建筑中，可能存在科普教育、普通办公场所、商场、餐饮等非金融业务区域，服务于这些区域的配电系统可不受此限。当金融设施的输入电源采用TN-C系统时，应自入户后第一个配电柜处将PEN线重复接地，此后将N线与PE线分开。

当配电系统中存在两种及以上接地形式时，应协调好相互间的关系，确保系统稳定和用电安全。

7.1.3 当不能满足表7.1.3所列要求时，通常可以采取以下措施：

1 将大功率电动机等冲击性负荷与金融设施负荷接入不同的变压器；当难以做到由不同变压器供电时，可由变电所低压柜分别采用专用回路供电。

2 空调压缩机组、大功率水泵等电动机采用软启动或降压启动。

3 针对金融设施中的敏感负载设电源净化装置。电缆的燃烧性能分级参见相关国家标准。

7.2 低压配电系统

7.2.4 金融设备往往对中性点对地电压的要求较高。

当中性点对地电压大于 2V 时，可能会影响设备的正常运行，设置监测中性点对地电压的仪表，可尽早报警、及时处理，避免发生重大事故。

7.3　低压电器的选择

7.3.1　第 2 款：如果三相 UPS 出线侧中心点未作重复接地，而其电源侧的 ATS 在转换过程中不能维持中性线连续导通，则在 ATS 转换过程中，会出现 UPS 及其负载设备中性线不接地的状况。此时，如果 UPS 的三相负载严重不平衡、谐波电流过大或检修操作不当（例如，单相回路拉闸急修等）而引起中心点电位严重漂移，就可能导致服务器等重要网络设备损坏，从而导致严重后果。为避免此类严重事故的发生，本规范特作此项规定。

7.3.2　金融设施主机房内 ATS 数量较多且相对集中，数据监控中心有必要对其进行在线监视。

7.3.4　金融设施主机房内设有较多 UPS，导致其末端配电线路中脉动直流含量较高，普通剩余电流互感器难以有效地检测直流电流分量。A 型剩余电流保护器对剩余电流互感器的磁特性进行了改进，提高了对脉动直流电流的检测灵敏度，既能响应负载电路中交流剩余电流，也能响应脉动直流剩余电流，因而对于存在较多 UPS 设备的配电系统具有更好的适应性。

8　配 电 线 路

8.2　线缆选择与敷设

8.2.1、8.2.2　在某些次要区域着火时，重要金融设施主机房可能有必要维持一段时间的工作，此时供电线路的耐火性能至关重要，故作此规定。电缆的耐火等级详见相关国家标准。

8.2.3~8.2.6　因为特级、一级金融建筑中计算机设备很多，且非常重要。含卤电线电缆燃烧时所产生的烟气呈酸性，严重危害计算机等电子设备，特别是那些未过火区域的电子设备，从而造成严重的次生灾害。同时，有毒烟气也不利于人员逃生，故作此规定。

8.2.7　特级金融设施由两路或三路独立电源供电，这些电源线路应从不同方向进入金融设施配变电所，其配出线路也应由不同路径敷设至用电设备。

9　照 明 与 控 制

9.4　应 急 照 明

9.4.1　金融设施中，营业厅的工作区、交易厅的交易柜台等场所在正常照明因故障熄灭后，仍必须在一段时间内维持正常工作，故应设置备用照明。

9.4.3　第 1 款：现金交易柜台涉及现金清点与交接，对照度要求较高。故其备用照明的照度标准也适当提高。

9.4.4　为确保营业厅、保管库、自助银行等场所的安全运转，备用照明必须具有足够短的电源恢复时间，以实现照明系统常备用电源间的"无缝"切换，确保人员及金融资产的安全。

10　节能与监测

10.1　一 般 规 定

10.1.3　主要是为了避免设计时取值过高，造成变压器容量过大、实际负载率过低的现象，这种现象会造成对电网的虚假需求，使电网的利用率降低。

10.1.4　两路或三路电源同时运行的方式有利于降低每条线路的工作电流，从而减少系统运行时的线路损耗。

10.2　负 荷 计 算

10.2.4　表 10.2.4 提供的用电负荷的数据是根据上海、北京、广州等地工程调查研究后得到的，设计时应根据金融设施的实际情况进行调整。

10.3　数据中心的能源效率（PUE）

10.3.1　由于我国幅员辽阔，气候条件相差悬殊。确定 PUE 指标时，必须兼顾各地的气候条件，故表中数据对我国北方地区显得较为宽松，而对我国南方地区则显得较为严格。

10.3.2　金融设施数据中心是建筑业的耗电大户，其变压器装机容量动辄数万千伏安，且各省市均有此类项目的建设计划，从全国层面来看能耗非常大，故节能潜力也较大。提高我国金融行业数据中心的能源利用效率，具有巨大的经济效益和社会效益，有必要严格执行本条款。

10.4　能耗计量与监测

10.4.1　大型金融建筑是指建筑面积 20000m² 及以上的金融建筑。

能耗监测系统是指通过安装分类和分项能耗计量装置，采用远程传输等手段实时采集能耗数据，具有建筑能耗在线监测与动态分析功能的软件和硬件系统的统称。系统通常由各类计量表具、数据采集器、数据传输网络和管理主机组成。

10.4.2　如果管理部门要求金融设施的能耗单独计量与上传时，可以设置专用的能耗监测系统，必要时其数据信息可以和建筑物其他区域的能耗监测系统共享。

10.4.3　分类能耗是指根据大型公共建筑消耗的主要

能源种类划分进行采集和整理的能耗数据，如：电、燃气、水等。

分类能耗监测项目通常包括：电量、水量、燃气量（天然气量、煤气量）、集中供热系统的热量、集中供冷系统的冷量以及其他能源的消耗量（如集中热水供应量、煤、油、可再生能源等）。

分项能耗是指根据大型公共建筑消耗的各类能源的主要用途划分进行采集和整理的能耗数据，如：空调用电、动力用电、照明用电以及特殊用电等。

10.4.4 建筑物所消耗的非电能源（液化石油气、人工煤气、汽油、柴油等），在无法实现自动采集情况下，可以采用人工采集、人工输入能耗监测数据的方式。

11 电磁兼容与防雷接地

11.1 一般规定

11.1.1 电磁环境技术指标见现行行业标准《民用建筑电气设计规范》JGJ 16。

电磁骚扰是指任何可能引起装置、设备或系统性能降低或者对生物或非生物产生不良影响的电磁现象。

电磁干扰是指电磁骚扰引起设备、传输通道或系统性能下降的现象。

术语"电磁骚扰"和"电磁干扰"分别表示"起因"和"后果"。过去"电磁骚扰"和"电磁干扰"常混用。

根据不同的传播途径，电磁骚扰可分为：

传导骚扰：是指电磁噪声的能量以电压或电流的形式，通过金属导线或电容、电感、变压器等耦合至敏感设备造成干扰。

共模传导骚扰：电磁噪声电压存在于被干扰各信号线与公共参考点（如接地点）之间。

差模传导骚扰：电磁噪声电压存在于被干扰信号线之间。

辐射骚扰：是指电磁噪声的能量，以电磁场的形式，通过空间辐射耦合到敏感设备输入端造成干扰。

感应骚扰（电磁感应、静电感应）：是辐射骚扰的特例，它是一种存在于骚扰源附近的感应场。不同的骚扰源如馈线附近主要为电场，变压器附近主要为磁场，带电荷物体附近为静电场。它们的强度随距离增大而减小。

电磁辐射：存在于半径为一个波长以外的空间，以电磁波形式传播。

电磁骚扰的抑制措施应根据电磁骚扰的种类与特点来针对性地选择。

11.1.2 电磁骚扰源设备是指能以传导或辐射方式对外输出电磁骚扰能量的设备。金融建筑中常见的电磁骚扰源设备包括电力变压器、开关电源装置（如UPS、EPS等）、变频调速装置、调光装置、电子镇流器、移动通信无线中继系统天线等。其中，除了开关电源装置如UPS必须进入金融设施主机房区域外，其他的电磁骚扰源设备均应避免设在金融设施的主机房区域。

11.2 电能质量与传导干扰的抑制

11.2.1 谐波电压畸变取决于电网的质量、负载在不同条件下的特性，同时也和系统阻抗有关。为满足电磁兼容性要求，有必要控制功率不大但数量众多的电气设备的谐波电流发射极限，并视需要采取适当的谐波抑制措施。

根据 IEC60439-1《低压开关柜和控制柜—型式试验和部分型式试验装置》7.9.3 节规定，13 次以下各奇次谐波电压分量最大为 5%。电磁兼容性原则要求设备的最低免疫能力（Immunitylimit）应高于设备及其环境的最高发射水平（Emission limit）以取得良好安全裕度。故在经济合理时，总谐波电压畸变率宜限制在 5% 以下（相当于《民用建筑电气设计规范》JGJ 16 中建筑物的一级骚扰电磁环境）。

12 智能化集成系统

12.1 一般规定

12.1.1 数据监控中心（ECC）监控系统通常与 BMS 或 BAS 相对独立运行。但由于金融设施的许多机电设备与建筑物中其他区域的机电设备相互关联，故有必要联网，以便协调运行。

鉴于金融设施对安全管理的特殊要求，金融业务计算机网络系统和金融专业安全防范系统不宜纳入系统集成的范围内。

12.2 系统功能

12.2.1 全局性管理功能是指管理所辖各系统的数据库，实时监测各子系统的运行状态，拥有对各子系统的、符合系统控制逻辑的操作优先权、监管权、访问权，并具备进行客户配置与组态的能力。

自主型全局性决策是指根据当前业务生成的任务请求以及各子系统的运行状态，由系统自主将任务分解到各子系统的任务集合中，并由系统自主选取指标参数和优化方案，给出最佳决策指令，并下达给各子系统予以执行。

辅助型全局性决策是指是指根据当前业务生成的任务请求以及各子系统的运行状态，由操作人员将任务分解到各子系统的任务集合中，并由操作人员选取指标参数和优化方案，给出最佳决策指令，并下达给各子系统予以执行。

12.2.2 可整合与共享的信息通常包括机电设备监控系统（BAS）、安全技术防范系统（SAS）、火灾自动报警系统（FAS）等内容。

13 信息设施系统

13.1 一般规定

13.1.1 特级、一级金融设施金融业务专用的综合布线系统的配线架应专用，其线缆不宜与其他业务合用；如果要合用电信间，也应当分开布置。

13.2 通信与网络设施

13.2.6 微区域移动通信系统，需在服务区域内设置中继天线，且宜与电话程控交换机结合使用，其中部分电话分机采用手持式电话机，可在微区域移动通信系统天线覆盖范围内实现手持式电话机之间、手持式电话机与座机之间的双向通信。

13.2.8 合路技术是指多家运营商的移动通信室内覆盖系统联合使用机房、电源及部分信号传送线路，以实现机房及管路等资源的集约化使用。

13.4 呼叫显示与信息发布系统

13.4.1 此处的呼叫显示系统是指银行、保险业营业厅等场所设置的用于顾客排队管理的营业性呼叫显示系统。呼叫显示系统通常由系统软件、自动取号机、呼叫器、显示屏、功放、扬声器以及其他通信设施等组成。

13.4.2 银行、保险、证券、商品期货等金融建筑营业厅的信息发布显示系统可包括交易信息显示装置、顾客引导服务及信息发布显示装置、公共传媒信息显示装置、时钟系统等。

其中，银行营业厅等场所使用的信息发布系统应显示银行利率信息、本外币汇率、牌价、基金、期权、个人理财、金融新闻资讯等信息；证券、商品期货营业厅则使用信息发布系统来显示股市行情、商品期货行情及相关金融资讯等信息。

信息发布系统通常由显示、驱动、信号传输、计算机控制、输入输出及记录等单元组成。其设计要点如下：

1 信息发布装置的屏幕显示设计，需根据使用要求，在衡量各类显示器件及显示方案的光电技术指标、环境条件等因素的基础上确定。

2 信息发布装置室外屏面规格，需根据显示装置的文字及画面功能确定。

3 当显示屏以小显示幅面完成大篇幅文字显示时，应采用文字单行左移或多行上移的显示方式。当显示屏采用多页翻屏显示动态信息时，应保证每页的信息有足够的停留时间且循环周期不应过长。

4 信息发布系统主机应按容错运行配置。

5 信息发布系统应具有可靠的清屏功能。

6 信息发布显示屏的屏体构造，应便于显示器件的维护及更换。

14 信息化应用系统

14.2 物业管理系统

14.2.3 物业管理系统通常具备以下管理功能：

1 设备管理：对建筑物内各子系统的档案、运行、维护、保修情况进行综合管理；

2 文档管理：物业管理过程中所产生的各类物业管理信息文档进行上传、下载、归档等；

3 任务管理：物业管理过程中的工作计划、任务下达及完成情况等进行综合管理；

4 事务管理（可纳入任务管理）：物业管理工作中对各部门的日常事务（包括对事务进行分类发布、审批及查看等）进行统一管理；

5 能耗管理：对建筑物（群）的水、电、燃气等能耗数据进行采集和管理，并对能耗数据进行综合分析并制作报表；

6 空间管理：对建筑物（群）的各类功能房、办公房的分配、使用、变更情况进行综合管理；

7 用户管理：对使用物业管理系统平台的各类用户进行综合管理（包括用户基本信息、用户使用权限等）。

15 建筑设备管理系统

15.1 一般规定

15.1.1 数据监控中心的主要功能是实现统一协调指挥、快速响应生产调度管理和业务管理的功能，实现所有系统的综合监控和管理；实时地监控供配电设备、环境设备、网络设备的运行状况、硬件软件和应用系统的利用率；实现会议电视、广播、热线咨询服务（HelpDesk）等应用系统的高效管理；使管理者完全掌握金融企业整个信息系统的动态，提高金融系统及从业人员的工作效率；降低金融设施各类设备的故障率；提高金融设施专业设备的使用效率和节能效率；同时也有助于提升金融企业的形象。

数据中心的环境设备（发电机、配电及 UPS、空调、消防、安全技术防范等系统或设备）必须时时刻刻为金融设施计算机系统的正常运行提供保障。一旦机房环境设备出现故障，就会影响到计算机系统的运行，对数据传输、存储及系统运行的可靠性构成威胁，如果精密空调等关键设备发生故障又不能及时处理，就可能损坏主机房的核心设备，造成严重后果。对于银行、证券等需要实时交换大量数据的主机房，其配套机电设备的监控与管理更为重要，一旦系统发生故障，造成的经济损失不可估量。因此数据中心的机电设备通常有数据监控中心（ECC）设置的专用智能化监控系统进行统一监控与管理。

数据监控中心（ECC）智能化监控系统通常采用如图 1 所示的系统结构。

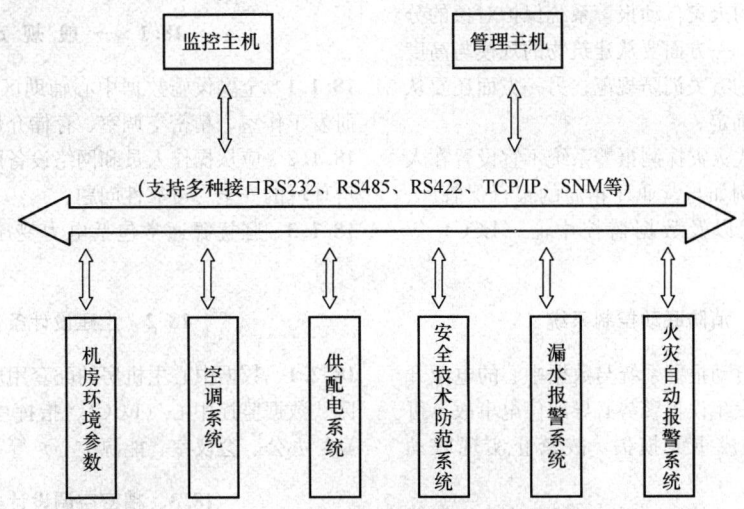

图 1　数据监控中心（ECC）智能化监控系统常用系统结构

数据监控中心专用智能化监控系统通常采集与监控下列参数：

1　环境参数：通过采集温湿度传感器所监测的温度和湿度数据，实时记录和显示机房各区域的温湿度数据，给机房提供最佳的运行环境；

2　空调系统运行数据：宜根据精密空调供应商提供的通信协议，对机房内的精密空调设备进行实时监测，并对各种报警状态进行实时的记录和报警处理，控制空调的启停、调节温度和湿度；

3　供配电系统运行数据：采集高压配电、低压配电、柴油发电机组、配电柜、UPS、直流电源系统、蓄电池、防雷等系统的数据，显示和记录运行、故障、报警等各种参数；

4　安全技术防范系统运行信息：包括视频监控系统及门禁系统，视频监控系统通过摄像机对重要通道及机房进行即时监控及录像处理；门禁系统主要对机房的出入进行控制、进出信息登录、保安防盗、报警处理；

5　漏水报警系统运行数据：采集测漏主机的报警信号，监测任何漏水探头上的漏水情况，以保证整个系统的安全；

6　火灾自动报警及消防联动控制系统运行信息：采集消防控制器或感烟探测器、温感探测器的报警信号，对机房进行实时火灾信号的监测。

15.1.4　如果现场控制箱（DDC）采用就近供电的方式，现场控制箱所在配电系统一旦失电，相关控制触点（接触器等）均释放。因此，当电源恢复后，现场控制箱控制的电气设备并不能马上恢复运行，而必须等到建筑设备监控系统或数据监控中心（ECC）监控系统扫描巡检到这些现场控制箱，且相应的现场控制箱完成重新启动以后，照明等设备才能恢复运行。这种局面对于银行金库、货币发行库、业务库、库房禁区、保管库、营业厅、交易厅及其他重要公共区域的照明系统而言，可能导致严重后果。

16　安全技术防范系统

16.1　一般规定

16.1.1　被动防御通常包括视频安防监控系统、入侵报警系统、电子巡更系统；主动防御通常包括出入口控制系统、周界报警系统、停车库（场）管理系统。金融建筑内的安全技术防范通常采用主动防御和被动防御相结合的策略，并宜突出主动防御的重要性。

16.1.3　外围防护：通常包括建筑物（群）周界入侵报警、园区及建筑物的出入口控制以及针对这些部位的视频监控等措施。

重点区域防护：通常包括建筑物（群）中所有金融业务区域的出入口控制、防盗报警设施以及针对这些部位的视频监控等措施。

重点目标防护：通常包括金融设施中核心部位（计算机网络机房、金库、保管库、银行营业厅、自动柜员机等）出入口控制、防抢防盗报警设施以及针对这些部位的视频监控等措施。

17　电气防火

17.1　一般规定

17.1.3　鉴于金融建筑的经济价值和社会影响，此类建筑不论规模大小，均应设置火灾自动报警系统。

17.2 火灾自动报警系统

17.2.1 金融建筑的火灾自动报警系统保护对象的分级应从两方面考虑，一方面要从建筑物的规模与高度考虑，可依据现有的有关消防规范；另一方面还要从金融设施的等级来确定。

17.2.2 管路吸气式火灾探测报警系统不宜设置在人员活动频繁部位，例如与营业厅相通的银行保管库、数据中心的支持区以及数据监控中心（ECC）等场所。

17.3 消防联动控制系统

17.3.2 如果火灾自动报警系统与数据中心的电源开关联动，一旦系统发生误报警势必导致停电事故，可能会给金融部门造成重大损失，故禁止实现联动控制。

17.3.3 如果实现联动控制，则一旦系统发生误报警或人为制造报警事故，则未经授权的人员将可以趁机进入敏感区域，从而危及金融设施的安全。考虑到这些场所对于金融系统安全、金融资产安全的特殊要求，同时也考虑到这些部位并非公共场所，故需对联动控制方式进行特殊处理，主要强调人工控制。

17.4 电气火灾监控系统

17.4.1 特级、一级金融建筑可能附设有金融博物馆、金融剧场、金融俱乐部等设施，这些区域在使用过程中的用电情况较复杂（例如，容易出现拉临时线路等不规范用电现象），设置电气火灾监控系统是必要的。

17.4.3 金融设施电源室可能大量使用 UPS，其蓄电池组因连接不佳出现蓄电池组局部温升过高和连接线温升过高的概率都比较大，温度探测功能有利于减少因蓄电池组故障并引起火灾的可能性。

17.5 重要场所的电气防火措施

17.5.1 这些区域为金融建筑的关键部位，而且吊顶及架空地板内线缆密集，火灾隐患较为严重，应加强火灾警戒。

17.5.2 灭火介质的选择应考虑以下几个关键因素：灭火介质是否适合扑灭电气火灾及其机房设备火灾；灭火介质喷洒以后是否能维持灭火系统自身的正常工作，直至完成整个灭火任务；灭火以后是否会导致严重的次生灾害（例如重大财产损失、重要数据丢失）等。

水介质灭火系统包括水喷淋系统、预作用水喷淋系统、水喷雾系统、预作用水喷雾系统、高压细水雾系统、预作用高压细水雾系统以及其他以水为灭火介质的系统。

18 机房工程

18.1 一般规定

18.1.1 金融设施数据中心辅助区通常包括电源室、研发工作室、精密空调室、存储介质室、库房等。

18.1.2 应从操作人员和网络设备两个方面来考量机房环境的安全、可靠性问题。

18.1.3 骚扰源通常包括电力变压器、大功率变频器等。

18.2 土建设计条件

18.2.1 数据中心主机房的配套用房通常包括：辅助区、数据监控中心（ECC）、指挥中心、支持区（后勤、办公、会议室、能源中心）等。

18.3 精密空调设计条件

18.3.2 本条文中的 N 为最大负载时实际运行的冷水机组台数，X 为冗余台数，X 可取 $1 \sim N$ 台。

18.3.3 本条文中的 N 为供回水管道数量。

18.3.4 本条文中的 N 为最大负载时实际运行的精密空调台数，X 为冗余台数，可取 $25\%N \sim N$ 的整数。

18.5 接 地

18.5.3 数据中心主机房接地网络的形式通常包括 S 型、M 型和混合型。

18.6 防静电措施

18.6.1 如果暴露金属构造就容易发生静电放电现象。

18.6.7 当采用防静电地毯时，应选择添加了导电纤维、具有体积导电功能的编织型的地毯，这类地毯的防静电性能较为稳定、持久。不可选用仅喷洒防静电液体的防静电地毯，因为此类地毯的防静电性能衰减较快，其长期防静电性能堪忧。

18.7 数据监控中心（ECC）机房

18.7.1 数据监控中心的控制操作区里还包含显示屏等设备空间。

18.7.3 数据监控中心机房对温湿度的要求并不严苛，故可采用常规空调设备，不必用精密空调设备。

19 自助银行与自动柜员机室

19.2 安全防护措施

19.2.1 自助银行及自动柜员机室的现金装填区域属

于高风险场所，必须设置完善的安全技术防范设施，以遏制恶性犯罪案件的发生，同时也便于警方快速反应和案情追查。

附录 A　供电可靠性等级
（可靠度 R）计算方法

A.0.3　一个复杂的供电系统通常是由一系列典型环节组成，因此，供电系统可等效为各种可靠性环节的组合。

第 1 款：配电系统中，前后两个独立元件的故障都会影响系统的正常运行，该系统可视为串联环节。例如一个配电回路中，上下两级的开关设备可视为串联环节。

第 3 款：配电系统中，互为冗余的两个独立元件同时工作，当这两个元件同时故障，系统才会失效，该系统可视为并联环节。例如两组 UPS 电源互为冗余，同时供电的系统可视为并联环节。

第 6 款：部分冗余系统有时也称表决系统或 n 取 r 系统。如图 A.0.3-5 所示（图中 $n=3$，$r=2$），系统由独立三个元件组成，且这三个元件中至少两个元件工作，系统才能正常工作。例如实际工程中，采用三路电源进线，两用一备的供电系统可视为部分冗余系统。

第 8 款：配电系统中，备用元件不同时持续运行，而是都保持在可正常运行的状态。即只当正常运行元件失效时，冗余元件才转换到运行模式。这种系统的特征是备用元件交替工作，而且需要从一个支路切换到另一个支路，切换开关的切换不一定成功，它切换成功的可靠度是 R_K。例如两路电源经 ATS 开关切换后，为负载供电的系统可视为备用系统。

附录 B　与 UPS 匹配的发电机组
容量选择计算

B.0.1　通常 UPS 标称的额定容量（功率）指的是输出容量（功率），在计算对应的发电机组容量时，需要将这一 UPS 输出功率根据其自身的变换效率折算成输入端功率。在电池组初始充电时，UPS 的额定输入功率需加上电池组的充电功率（可以向 UPS 系统产品制造商咨询，通常为 UPS 输出功率的 10%～30%）。

目前国内市场上常见 UPS（在满载状态下）的功率因数如表 4 所示。

B.0.4　由于 UPS 是一个非线性负载，会产生高次谐波（不同的整流方式，会产生不同的谐波分量）。UPS 的大量高次谐波电流反馈至发电机组，引起发电机组输出电压波形失真。

由式（B.0.4）可见，负载产生谐波电流越大或发电机组的内阻越大，发电机组输出的电压波形失真就越大。增加发电机的容量以降低电源内阻或提高 UPS 的整流脉冲数量均能减少电压波形失真。一般情况下，如果 UPS 的总谐波电流畸变率小于15%，则可以忽略 UPS 产生的谐波电流对发电机组输出电压波形的影响，即在计算发电机组输出功率时可不考虑 PF_{dist}。

中华人民共和国行业标准

建筑能效标识技术标准

Standard for building energy performance certification

JGJ/T 288—2012

批准部门：中华人民共和国住房和城乡建设部
施行日期：2 0 1 3 年 3 月 1 日

中华人民共和国住房和城乡建设部
公　　告

第 1512 号

住房城乡建设部关于发布行业标准
《建筑能效标识技术标准》的公告

现批准《建筑能效标识技术标准》为行业标准，编号为 JGJ/T 288 - 2012，自 2013 年 3 月 1 日起实施。

本标准由我部标准定额研究所组织中国建筑工业出版社出版发行。

中华人民共和国住房和城乡建设部
2012 年 11 月 1 日

前　　言

根据住房和城乡建设部《关于印发〈2009 年工程建设标准规范制订、修订计划〉的通知》（建标〔2009〕88 号）的要求，标准编制组经广泛调查研究，认真总结实践经验，参考有关国际标准和国外先进标准，并在广泛征求意见的基础上，编制本标准。

本标准的主要技术内容是：1. 总则；2. 术语；3. 基本规定；4. 测评与评估方法；5. 居住建筑能效测评；6. 公共建筑能效测评；7. 居住建筑能效实测评估；8. 公共建筑能效实测评估；9. 建筑能效标识报告。

本标准由住房和城乡建设部负责管理，由中国建筑科学研究院负责具体技术内容的解释。执行过程中如有意见或建议，请寄送中国建筑科学研究院（地址：北京市北三环东路 30 号；邮政编码：100013）。

本 标 准 主 编 单 位：中国建筑科学研究院
　　　　　　　　　　　住房和城乡建设部科技发展促进中心
本 标 准 参 加 单 位：河南省建筑科学研究院
　　　　　　　　　　　上海市建筑科学研究院
　　　　　　　　　　　深圳市建筑科学研究院有限公司
　　　　　　　　　　　陕西省建筑科学研究院
　　　　　　　　　　　四川省建筑科学研究院
　　　　　　　　　　　辽宁省建设科学研究院
　　　　　　　　　　　福建省建筑科学研究院
　　　　　　　　　　　山东省建筑科学研究院
　　　　　　　　　　　甘肃土木工程科学研究院
　　　　　　　　　　　特灵空调系统（中国）有限公司

本标准主要起草人员：邹　瑜　徐　伟　郝　斌
　　　　　　　　　　　吕晓辰　栾景阳　叶　倩
　　　　　　　　　　　刘俊跃　宋业辉　李　荣
　　　　　　　　　　　于　忠　王庆辉　周　辉
　　　　　　　　　　　赵士怀　孙峙峰　曹　勇
　　　　　　　　　　　程　杰　王守宪　杜　雷
　　　　　　　　　　　贾　晶　朱伟峰　刘　珊
本标准主要审查人员：冯　雅　郎四维　万水娥
　　　　　　　　　　　杨仕超　李安桂　方廷勇
　　　　　　　　　　　田　喆　田桂清　莫争春

目 次

Contents

1 总　则

1.0.1 为建设资源节约型和环境友好型社会，提高建筑能源利用效率，推行民用建筑能效标识，制定本标准。

1.0.2 本标准适用于民用建筑能效标识。

1.0.3 民用建筑能效标识除应符合本标准外，尚应符合国家现行有关标准的规定。

2 术　语

2.0.1 建筑物用能系统 building energy system

与建筑物同步设计、同步安装的用能设备及其配套设施的集合。居住建筑的用能设备是指供暖通风空调及生活热水系统的用能设备，公共建筑的用能设备是指供暖通风空调、生活热水和照明系统的用能设备；配套设施是指与设备相配套的、为满足设备运行需要而设置的服务系统。

2.0.2 建筑能效测评 building energy performance evaluation

对反映建筑物能源消耗量及建筑物用能系统效率等性能指标进行计算、核查与必要的检测，并给出其所处等级的活动。

2.0.3 建筑能效标识 building energy performance certification

依据建筑能效测评结果，对建筑能耗相关信息向社会或产权所有人明示的活动。

2.0.4 比对建筑 comparitive building

形状、大小、朝向、内部的空间划分和使用功能等与所标识建筑完全一致，围护结构热工性能指标及供暖通风、空调系统及照明节能性能满足国家现行有关节能设计标准的假想建筑。

2.0.5 相对节能率 relative energy saving rate

标识建筑全年单位建筑面积能耗与比对建筑全年单位建筑面积能耗之间的差值，与比对建筑全年单位建筑面积能耗之比。

2.0.6 建筑能效实测评估 building energy performance measurement and evaluation

对建筑物实际使用能耗进行实测，并对建筑物用能系统效率进行现场检测与判定。

3 基 本 规 定

3.0.1 建筑能效标识应包括建筑能效测评和建筑能效实测评估两个阶段。建筑能效标识应以建筑能效测评结果为依据。居住建筑和公共建筑应分别进行建筑能效标识。对于兼有居住、公共建筑双重特性的综合建筑，当居住或公共建筑面积占整个建筑面积的比例大于10%，

且面积大于1000m² 时，应分别进行标识。

3.0.2 新建建筑能效测评应在建筑节能分部工程验收合格后、建筑物竣工验收之前进行。建筑能效实测评估应在建筑物正常使用 1 年后，且入住率大于30%时进行。

3.0.3 建筑能效标识应以单栋建筑为对象。对居住小区中的同类型建筑进行建筑能效标识时，可抽取有代表性的单体建筑进行测评，作为同类型建筑能效标识依据。抽测数量不得少于10%，并不得少于1栋。同类型建筑能效标识的等级应按抽测单体建筑能效标识的最低级别确定。

3.0.4 建筑能效测评时，应将与该建筑物用能系统相连的管网和冷热源设备包括在测评范围内，并应在对相关文件资料、构配件性能检测报告审查、现场检查及性能检测的基础上，结合全年建筑能耗计算结果进行测评。建筑能耗计算应采用国务院建设主管部门认定备案的软件。

3.0.5 建筑能效测评应包括基础项、规定项与选择项，并应符合下列规定：

1 基础项应为计算得到的相对节能率。相对节能率计算时，应先将电能之外的其他能源折算为标准煤，再根据上年度国家统计部门发布的发电煤耗折算为耗电量进行计算。

2 规定项应为按国家现行有关建筑节能设计标准的规定，围护结构及供暖空调、照明系统需满足的要求。

3 选择项应为对规定项中未包括且国家鼓励的节能环保新技术进行加分的项目。对未明确节能环保新技术应用比例的选择项，该技术应用比例应达到60%以上时，才能作为加分项目。

3.0.6 建筑能效标识等级划分应符合表 3.0.6-1 和表 3.0.6-2 的规定。

表 3.0.6-1　居住建筑能效标识等级

标识等级	基础项（η）	规定项	选 择 项
☆	$0 \leqslant \eta$ $< 15\%$	均满足国家现行有关建筑节能设计标准的要求	若得分超过60 分（满分130 分）则再加一星
☆☆	$15\% \leqslant \eta$ $< 30\%$		
☆☆☆	$\eta \geqslant 30\%$		—

表 3.0.6-2　公共建筑能效标识等级

标识等级	基础项（η）	规定项	选 择 项
☆	$0 \leqslant \eta$ $< 15\%$	均满足国家现行有关建筑节能设计标准的要求	若得分超过60 分（满分150 分）则再加一星
☆☆	$15\% \leqslant \eta$ $< 30\%$		
☆☆☆	$\eta \geqslant 30\%$		—

3.0.7 建筑能效实测评估应包括基础项与规定项，并应符合下列规定：

1 基础项应为实测得到的全年单位建筑面积实际使用能耗；

2 规定项应为按国家现行建筑节能设计标准的规定，围护结构及供暖空调、照明系统需满足的要求。规定项实测结果应全部满足要求。

3.0.8 申请建筑能效测评时，应提交下列资料：

1 土地使用证、立项批复文件、规划许可证、施工许可证等项目立项、审批文件；

2 建筑施工设计文件审查报告及审查意见；

3 全套竣工图纸；

4 与建筑节能相关的设备、材料和构配件的产品合格证；

5 由国家认可的检测机构出具的围护结构热工性能及产品节能性能检测报告；对于提供建筑门窗节能性能标识证书和标签的门窗，可不提供检测报告；

6 节能工程及隐蔽工程施工质量检查记录和验收报告；

7 节能环保新技术的应用情况报告。

3.0.9 申请建筑能效实测评估时，应提交下列资料：

1 建筑能耗计量报告；

2 与建筑节能相关的设备运行记录。

4 测评与评估方法

4.0.1 建筑能效测评的基础项应采用计算评估的方法，且计算评估的方法应符合国家现行有关建筑节能设计标准的规定。采用软件进行计算评估时，标识建筑和比对建筑的建模与计算方法应一致。所采用的软件应包含下列功能：

1 建筑几何建模和能耗计算参数的输入与设置；

2 逐时的建筑使用时间表的设置与修改；

3 全年逐时冷、热负荷计算；

4 全年供暖、空调和照明能耗计算。

4.0.2 建筑能效测评的规定项宜采用文件审查、现场检查的方法；当无国家认可检测机构出具的检测报告时，宜进行性能检测。

4.0.3 建筑能效测评的选择项应采用文件审查、现场检查的方法。

4.0.4 文件审查应对文件的合法性、完整性、科学性及时效性等进行审查；现场检查应采用现场核对的方式，进行设计符合性检查。性能检测应符合国家现行有关建筑节能检测标准的规定。

4.0.5 建筑能效实测评估应符合下列规定：

1 基础项的实测评估宜采用统计分析方法。对设有用能分项计量装置的建筑，可利用能源消耗清单分析获得。统计分析方法应符合国家现行有关建筑节能检测标准的规定。

2 规定项的实测评估应采用性能检测方法。性能检测方法应符合国家现行有关建筑节能检测标准的规定。

5 居住建筑能效测评

5.1 基 础 项

5.1.1 居住建筑能效测评的基础项计算应符合下列规定：

1 严寒和寒冷地区，应以全年单位建筑面积供暖能耗为基础，计算相对节能率；

2 夏热冬冷地区，应以全年单位建筑面积供暖和空调能耗为基础，计算相对节能率；

3 夏热冬暖地区，应以全年单位建筑面积空调能耗为基础，计算相对节能率；

4 温和地区，应按与其最接近的建筑气候分区进行相对节能率的计算。

5.1.2 确定居住建筑能效测评的基础项时，应先分别计算标识建筑及比对建筑的全年单位建筑面积供暖空调能耗，再按下式计算相对节能率：

$$\eta = \left(\frac{B_0 - B_1}{B_0} \right) \times 100\% \qquad (5.1.2)$$

式中：η——相对节能率；

B_1——标识建筑全年单位建筑面积供暖空调能耗（kWh/m²）；

B_0——比对建筑全年单位建筑面积供暖空调能耗（kWh/m²）。

5.1.3 标识建筑全年能耗计算所需数据应按下列方法确定：

1 建筑物构造尺寸及围护结构构造做法应按竣工图纸确定。

2 对于透明幕墙和不具有建筑门窗节能性能标识的外窗的传热系数、气密性能及遮阳系数，应以施工进场见证取样检测报告为准；当存在异议时，应现场抽样检测，并以检测数据为准。对于具有建筑门窗节能性能标识的外窗的传热系数、气密性能及遮阳系数，可按标识证书和标签确定。

3 外墙保温材料的导热系数应以施工进场见证取样检测报告为准，其厚度应现场钻芯检验的厚度和施工验收时厚度的平均值确定。当差异较大时，应现场抽样检测，并以检测数据为准。

4 屋面及楼地面、楼梯间隔墙、地下室外墙、不供暖地下室上部顶板保温材料的导热系数应以施工进场见证取样检测报告为准，其厚度应按施工验收时的平均厚度。如有必要时，可现场抽样检测，并以检测数据为准。

5.1.4 计算标识建筑全年能耗时，计算条件应按下列规定设置：

1 建筑物构造尺寸、围护结构参数应符合本标准第5.1.3条的规定。

2 建筑的通风、室内热源应按设计文件确定。当设计文件没有要求时，可按国家现行居住建筑节能设计标准确定。

3 室内供暖温度和空调温度应均取设计值。当设计文件没有要求时，可按国家现行居住建筑节能设计标准确定。

4 供暖空调系统的年运行时间表和日运行时间表，可按国家现行居住建筑节能设计标准确定。

5.1.5 计算比对建筑全年能耗时，计算条件应按下列规定设置：

1 建筑的形状、大小、朝向、内部的空间划分和使用功能应与所标识建筑完全一致；

2 建筑体形系数、窗墙面积比及围护结构热工性能参数应按国家现行居住建筑节能设计标准的规定值进行取值；

3 建筑的通风、室内得热平均强度设定应符合国家现行居住建筑节能设计标准的规定；

4 室内热环境设计计算指标应符合国家现行居住建筑节能设计标准的规定；

5 供暖空调系统的年运行时间表和日运行时间表应符合国家现行居住建筑节能设计标准的规定；

6 供暖、空调末端形式应与标识建筑相同。水环路的划分应与所标识建筑的空气调节和供暖系统的划分一致。

5.1.6 标识建筑和比对建筑供暖空调的全年累计冷热负荷应采用同一计算方法计算，计算模型建立及参数输入符合本标准第5.1.4条、第5.1.5条规定的计算条件。采用软件计算时，室外气象计算参数应采用典型气象年数据。

5.1.7 严寒和寒冷地区居住建筑供暖能耗应为供暖热源及水泵等设备能耗之和，并应符合下列规定：

1 比对建筑供暖热源应为燃煤锅炉，锅炉额定热效率及室外管网输送效率应按现行行业标准《严寒和寒冷地区居住建筑节能设计标准》JGJ 26取值；锅炉耗煤量应折算为耗电量；

2 标识建筑应根据实际采用的热源系统形式计算；

3 循环水泵能耗应根据耗电输热比计算。

5.1.8 夏热冬冷地区居住建筑供暖空调系统能耗应为供暖热源及空调冷源、水泵等设备能耗之和，并应符合下列规定：

1 比对建筑供暖、空调冷热源应为家用空气源热泵空调器，性能参数应按现行行业标准《夏热冬冷地区居住建筑节能设计标准》JGJ 134取值。

2 标识建筑应根据实际采用的冷热源系统形式计算。热源效率应按设计工况确定。冷源采用单元式空调时，冷源效率应按设计工况确定；冷源采用冷水（热泵）机组时，冷源效率应根据不同负荷时的性能系数确定。

5.1.9 夏热冬暖地区居住建筑空调系统能耗应包括空调冷源及水泵等设备能耗之和，并应符合下列规定：

1 比对建筑冷源应为家用空气源热泵空调器，性能参数应按现行行业标准《夏热冬暖地区居住建筑节能设计标准》JGJ 75取值。

2 标识建筑应根据实际采用的冷源系统形式计算。冷源采用单元式空调时，冷源效率应按设计工况确定；冷源采用冷水（热泵）机组时，冷源效率应根据不同负荷时的性能系数确定。

5.1.10 居住建筑能效测评基础项的能耗计算方法可按本标准附录A执行。

5.2 规 定 项

Ⅰ 围 护 结 构

5.2.1 外窗应具有良好的密闭性能，外窗气密性等级应符合设计和国家现行居住建筑节能设计标准的规定。

5.2.2 严寒、寒冷地区和夏热冬冷地区外门窗洞口室外部分的侧墙面、变形缝及外墙与屋面的热桥部位均应采取保温措施，且在室内空气设计温、湿度条件下，热桥部位的内表面温度不应低于露点温度。

5.2.3 严寒、寒冷地区和夏热冬冷地区外门窗框与墙体之间的缝隙，应采用保温材料填堵，不得采用普通水泥砂浆补缝。

5.2.4 严寒地区除南向外，不应设置凸窗；寒冷地区北向的卧室、起居室不得设置凸窗。夏热冬冷和夏热冬暖地区居住建筑外窗（包括阳台门）的可开启面积应分别符合现行行业标准《夏热冬冷地区居住建筑节能设计标准》JGJ 134和《夏热冬暖地区居住建筑节能设计标准》JGJ 75的规定。

5.2.5 夏热冬暖地区的房间窗地面积比及外窗玻璃的可见光透射比应符合现行行业标准《夏热冬暖地区居住建筑节能设计标准》JGJ 75的规定。

Ⅱ 冷热源及空调系统

5.2.6 除当地电力充足和供电政策支持或者建筑所在地无法利用其他形式的能源外，严寒寒冷及夏热冬冷地区的居住建筑，不应设计直接电热供暖。

5.2.7 锅炉额定热效率应符合现行行业标准《严寒和寒冷地区居住建筑节能设计标准》JGJ 26的规定。

5.2.8 采用户式燃气炉作为热源时，其热效率应达到国家标准《家用燃气快速热水器和燃气采暖热水炉能效限定值及能效等级》GB 20665-2006中的第2级。

5.2.9 采用户式燃气炉作为热源时，应设置专用的进气及排烟通道，并应符合下列规定：

　　1　燃气炉应配置完善、可靠的自动安全保护装置；

　　2　应具有同时自动调节燃气量和燃烧空气量的功能，并应配置室温控制器；

　　3　配套供应的循环水泵的工况参数应与供暖系统的要求相匹配。

5.2.10　锅炉房和热力站的总管上，应设置计量总供热量的热量表。集中供暖系统或集中空调系统中建筑物的热力入口处，应设置楼前热量表。

5.2.11　室外管网应进行水力平衡计算。当室外管网通过阀门截流进行阻力平衡时，各并联环路之间的压力损失差值不应大于15%。当室外管网水力平衡计算达不到要求时，应在热力站和建筑物热力入口处设置静态水力平衡阀。

5.2.12　集中供暖系统循环水泵的耗电输热比应符合现行行业标准《严寒和寒冷地区居住建筑节能设计标准》JGJ 26的规定。

5.2.13　集中冷热源采用自动监测与控制的运行方式时，应符合现行行业标准《严寒和寒冷地区居住建筑节能设计标准》JGJ 26的规定。

5.2.14　对于未采用计算机自动监测与控制的锅炉房和热力站，应设置供热量控制装置。

5.2.15　集中供暖或集中空调系统，应设置住户分室（户）温度调节、控制装置及分户热（冷）量计量或分摊装置。

5.2.16　电驱动压缩机的蒸汽压缩循环冷水（热泵）机组，在额定制冷工况和规定条件下，性能系数（COP）不应低于现行国家标准《公共建筑节能设计标准》GB 50189中的规定值。

5.2.17　名义制冷量大于7100W、采用电机驱动压缩机的单元式空气调节机时，在名义制冷工况和规定条件下，其能效比（EER）不应低于现行国家标准《公共建筑节能设计标准》GB 50189中的规定值。

5.2.18　蒸汽、热水型溴化锂吸收式冷水机组及直燃型溴化锂吸收式冷（温）水机组应选用能量调节装置灵敏、可靠的机型，在名义工况下的性能参数应符合现行国家标准《公共建筑节能设计标准》GB 50189的规定。

5.2.19　当设计采用多联式空调（热泵）机组作为户式集中空调（供暖）机组时，所选用机组的制冷综合性能系数不应低于国家标准《多联式空调（热泵）机组能效限定值及能源效率等级》GB 21454－2008中规定的第3级。

5.2.20　严寒和寒冷地区设有集中新风供应的居住建筑，当新风系统的送风量大于或等于3000 m³/h时，应设置排风热回收装置。

5.2.21　当选择地源热泵系统作为居住区或户用空调（热泵）机组的冷热源时，严禁破坏、污染地下资源。

5.3　选　择　项

5.3.1　居住建筑宜根据当地气候和自然资源条件，充分利用太阳能、浅层地能等可再生能源。居住建筑可再生能源利用的加分应符合表5.3.1的规定。

表5.3.1　居住建筑可再生能源利用的加分

项　目	比　例	分　数
设计太阳能供生活热水保证率（或太阳能供暖保证率）	≥30%（或≥20%）	10（或15）
	≥50%（或≥30%）	20（或25）
可再生能源发电装机容量占建筑配电装机容量的比例	≥2%	5
地源热泵系统设计供暖供热量占建筑热源总装机容量的比例	≥50%	10
	≥75%	15
	100%	20
地源热泵系统设计生活热水供热量占建筑生活热水总装机容量的比例	≥50%	5
	100%	10

注：1　设计地源热泵供热量占建筑热源总装机容量的比例满足要求，且全年供暖供热量占全年供暖供冷量之和的比例不低于20%，才能加分；

　　2　地源热泵系统包括土壤源、地下水、地表水、海水、污水、利用电厂冷却水余热等形式的热泵系统。

5.3.2　在住宅小区规划布局、单体建筑设计时，应对自然通风进行优化设计，并实现良好的自然通风利用效果。加分应符合下列规定：

　　1　在居住小区规划布局时，进行室外风环境模拟设计，且小区内未出现滞留区，或即使出现滞留但采取了增加绿化、水体等改善措施，可得5分；

　　2　在单体建筑设计时，进行合理的自然通风模拟设计，可得10分。

5.3.3　在单体建筑设计时，对自然采光进行优化设计，并符合现行国家标准《建筑采光设计标准》GB 50033的规定时，应加5分。

5.3.4　在单体建筑设计时，采用合理的遮阳措施，严寒和寒冷地区应加5分；夏热冬冷和夏热冬暖地区应加10分。

5.3.5　建筑外窗选用具有建筑门窗节能性能标识的产品，且气密性等级比国家现行居住建筑节能设计标准要求的等级高一个级别，应加5分。

5.3.6　集中供热（冷）系统根据负荷变化采用循环泵变流量或变速等调节措施时，应加5分。

5.3.7　居住建筑选用的电动蒸汽压缩循环冷水（热

泵）机组、单元式空调机、多联机比现行国家标准的限定值高一个等级以上的产品时，应加5分。

5.3.8 当采用其他新型节能措施时，应提供相应节能技术分析报告。加分方法应符合下列规定：

　　1 每项技术加分不应高于5分，总分不应高于25分；

　　2 每项技术节能率不应小于2%。

6 公共建筑能效测评

6.1 基 础 项

6.1.1 公共建筑能效测评的基础项计算时，应综合考虑围护结构和设备系统等因素，进行建筑物单位建筑面积供暖空调、照明全年能耗计算及相对节能率的计算。

6.1.2 确定公共建筑能效测评的基础项时，应先分别计算标识建筑及比对建筑的全年单位建筑面积供暖空调、照明能耗，再按下式计算相对节能率：

$$\eta = \left(\frac{B_0 - B_1}{B_0}\right) \times 100\% \qquad (6.1.2)$$

式中：η——相对节能率；

　　　B_1——标识建筑全年单位建筑面积的供暖、空调、照明能耗（kWh/m²）；

　　　B_0——比对建筑全年单位建筑面积的供暖、空调、照明能耗（kWh/m²）。

6.1.3 计算标识建筑全年能耗时，计算条件应按下列规定设置：

　　1 建筑物构造尺寸、围护结构参数应符合本标准第5.1.3条的规定。

　　2 标识建筑运行时间、室内温度、照明功率、人员密度及电气设备功率宜按所标识建筑设计文件确定；当设计文件没有确定时，可按国家标准《公共建筑节能设计标准》GB 50189的规定设置。

　　3 标识建筑空气调节和供暖应采用两管制风机盘管系统。供暖空调系统的年运行时间表和日运行时间表可按现行国家标准《公共建筑节能设计标准》GB 50189执行。

6.1.4 计算比对建筑全年能耗时，计算条件应按下列要求设置：

　　1 比对建筑的形状、大小、朝向、内部的空间划分和使用功能应与所标识建筑完全一致；

　　2 比对建筑各部分的围护结构传热系数、遮阳系数、窗墙比、屋面开窗面积和体形系数应按现行国家标准《公共建筑节能设计标准》GB 50189的规定值进行取值；

　　3 比对建筑室内温度、照明功率、人员密度及电气设备功率应符合现行国家标准《公共建筑节能设计标准》GB 50189的规定；

　　4 比对建筑供暖空调系统的年运行时间表和日运行时间表应符合现行国家标准《公共建筑节能设计标准》GB 50189的规定；

　　5 比对建筑空气调节和供暖应采用两管制风机盘管系统。水环路的划分应与所标识建筑的空气调节和供暖系统的划分一致。

6.1.5 标识建筑和比对建筑供暖空调的年累计冷热负荷应采用同一软件计算，且计算模型与参数应符合本标准第6.1.3条、第6.1.4条的规定。计算能耗时，室外气象计算参数应采用典型气象年数据。

6.1.6 公共建筑能耗应为供暖空调系统、照明系统能耗之和。供暖空调能耗应包括冷水（热泵）机组及循环泵等设备能耗，并应符合下列规定：

　　1 比对建筑热源应为燃煤锅炉，冷源为冷水机组；冷热源效率应符合国家现行有关标准的规定；

　　2 标识建筑应根据实际采用的冷热源系统形式计算。

6.1.7 公共建筑能效测评的基础项能耗计算方法可按本标准附录B执行。

6.2 规 定 项

Ⅰ 围 护 结 构

6.2.1 外窗应具有良好的密闭性能，外窗气密性等级应符合设计和现行国家标准《公共建筑节能设计标准》GB 50189的规定。透明幕墙的气密性应符合现行国家标准《建筑幕墙》GB/T 21086的规定。

6.2.2 外墙与屋面的热桥部位应采取保温措施，且在室内空气设计温、湿度条件下，热桥部位的内表面温度不应低于露点温度。

6.2.3 严寒、寒冷地区和夏热冬冷地区外门窗框与墙体之间的缝隙，应采用保温材料填堵，不得采用普通水泥砂浆补缝。

6.2.4 除卫生间、楼梯间、设备房以外，每个房间的外窗可开启面积应符合现行国家标准《公共建筑节能设计标准》GB 50189的规定。透明幕墙应具有可开启部分或设有通风换气装置。

Ⅱ 冷热源及空调系统

6.2.5 公共建筑主要空间的空调设计新风量应符合现行国家标准《公共建筑节能设计标准》GB 50189的规定。

6.2.6 集中空调系统冷热源设备、末端设备容量的选择确定应以逐项逐时的冷负荷计算值作为基本依据。

6.2.7 除了符合下列情况之一外，不得采用电热锅炉、电热水器作为直接供暖和空气调节系统的热源：

　　1 电力充足、供电政策支持和电价优惠地区的建筑；

    2 以供冷为主，供暖负荷较小且无法利用热泵提供热源的建筑；

    3 无集中供热与燃气源，用煤、油等燃料受到环保或消防限制的建筑；

    4 利用可再生能源发电地区的建筑；

    5 内、外区合一的变风量系统中需要对局部外区进行加热的建筑；

    6 夜间可利用低谷电进行蓄热，且蓄热式电锅炉不在昼间用电高峰时段启用的建筑。

6.2.8 当选择地源热泵系统作为冷热源时，严禁破坏、污染地下资源。

6.2.9 锅炉额定热效率应符合现行国家标准《公共建筑节能设计标准》GB 50189 的规定。

6.2.10 对于电机驱动压缩机的蒸汽压缩循环冷水（热泵）机组，在额定制冷工况和规定条件下，性能系数（COP）不应低于现行国家标准《公共建筑节能设计标准》GB 50189 的规定。

6.2.11 名义制冷量大于 7100W、采用电机驱动压缩机的单元式空气调节机、风管送风式和屋顶式空气调节机组时，在名义制冷工况和规定条件下，其能效比（EER）不应低于现行国家标准《公共建筑节能设计标准》GB 50189 的规定。

6.2.12 蒸汽、热水型溴化锂吸收式冷水机组及直燃型溴化锂吸收式冷（温）水机组应选用能量调节装置灵敏、可靠的机型，且在名义工况下的性能参数应符合现行国家标准《公共建筑节能设计标准》GB 50189 的规定。

6.2.13 多联式空调（热泵）机组的空调部分负荷综合性能系数［IPLV（C）］不应低于现行国家标准《多联式空调（热泵）机组能效限定值及能源效率等级》GB 21454-2008 中规定的第 2 级。

6.2.14 集中热水供暖系统热水循环水泵的耗电输热比应符合现行国家标准《公共建筑节能设计标准》GB 50189 的规定。

6.2.15 集中空调系统风机单位风量耗功率应符合现行国家标准《公共建筑节能设计标准》GB 50189 中的规定。

6.2.16 空气调节冷热水系统的输送能效比应符合现行国家标准《公共建筑节能设计标准》GB 50189 中的规定。

6.2.17 设置集中供暖和（或）集中空调系统的建筑，应具备室温调节功能。

6.2.18 采用区域供热空调的建筑，集中冷、热源及建筑热力入口处均应设置冷、热量计量装置。采用独立冷热源的单体建筑，其冷、热源系统应设置冷、热量计量装置。对有使用分区要求的建筑，空调系统的划分和布置应考虑能实现分区冷、热量计量。

6.2.19 集中供暖空调水系统应采取有效的水力平衡

措施。

6.2.20 集中供暖与空气调节系统应设有监控系统。

Ⅲ 照 明

6.2.21 照明功率密度应满足现行国家标准《建筑照明设计标准》GB 50034 的规定。

6.2.22 照明设计应采用适当控制方式，对室内公共区域及室外功能性照明和景观照明进行控制，降低照明能耗。当公共区照明采用就地控制方式时，应设置声控或感应延时等措施。

6.3 选 择 项

6.3.1 公共建筑宜根据当地气候和自然资源条件，充分利用太阳能、浅层地能等可再生能源。公共建筑可再生能源利用的加分项目应符合表 6.3.1 的规定。

表 6.3.1 公共建筑可再生能源利用的加分

项 目	比 例	分 数
生活热水系统设计太阳能保证率	≥30%	5
	≥50%	10
供暖系统设计太阳能保证率	20%	5
可再生能源发电装机容量占建筑总配电装机容量的比例	≥1%	5
地源热泵系统设计供暖或供冷量占建筑热源或冷源总装机容量的比例	≥50%	10
	100%	15
地源热泵系统设计生活热水供热量占建筑热源总装机容量的比例	≥50%	5
	100%	10

    注：地源热泵系统包括土壤源、地下水、地表水、海水、污水、利用电厂冷却水余热等形式的热泵系统。

6.3.2 在单体建筑设计时，对自然通风进行优化设计，实现良好的自然通风利用效果的，应加 5 分。

6.3.3 在单体建筑设计时，对自然采光进行优化设计，实现良好的自然采光效果，并符合现行国家标准《建筑采光设计标准》GB 50033 的规定时，应加 5 分。

6.3.4 单体建筑设计采用合理遮阳措施时，严寒和寒冷地区应加 5 分，夏热冬冷和夏热冬暖地区应加 10 分。

6.3.5 采用分布式冷热电联供技术，并具有节能效益时，应加 5 分。

6.3.6 采用适宜的蓄冷蓄热技术达到调节昼夜电力峰谷差异的作用时，应加 5 分。

6.3.7 利用排风对新风预热（或预冷）处理，且回收比例不低于 60% 时，应加 10 分。

6.3.8 选用空调冷凝热等方式提供 60% 以上建筑所需生活热水负荷，或集中空调系统空调冷凝热全部回收用以加热生活热水时，应加5分。

6.3.9 空调系统能根据全年空调负荷变化规律，进行全新风或可变新风比等节能控制调节，满足季节及部分负荷要求时，应加10分。

6.3.10 空调系统采用水泵变流量或风机变风量节能控制方式时，应加10分。

6.3.11 空调水系统的供回水温差大于5℃，应加5分。

6.3.12 对建筑空调系统、照明等部分能耗实现分项和分区域计量与统计，并具备下列节能控制措施中的3项及以上时，应加5分：

　　1 冷热源设备采用群控方式，楼宇自控系统（BAS）根据冷热源负荷的需求自动调节冷热源机组的启停控制；

　　2 进行空调系统设备最佳启停和运行时间控制，进行空调系统末端装置的运行时间和负荷控制；

　　3 根据区域照度、人体动作或使用时间自动控制公共区域和室外照明的开启和关闭；

　　4 在人员密度相对较大且变化较大的房间，根据室内 CO_2 浓度检测值，实现新风量需求控制；

　　5 停车库的通风系统采用自然通风方式；采用机械通风方式时，采取了下列措施之一：

　　　　1）对通风机设置定时启停、变频或改变运行台数的控制；

　　　　2）设置 CO_2 气体浓度传感器，根据车库内的 CO_2 浓度，自动控制通风机的运行状态。

6.3.13 公共建筑选用的电动蒸汽压缩循环冷水（热泵）机组、单元式空调机、多联机比现行国家标准《公共建筑节能设计标准》GB 50189 的规定值高一个等级或一个等级以上，且高等级产品所占比例达到50%以上时，应加5分。

6.3.14 当采用其他新型节能措施时，应提供相应节能技术分析报告，且加分方法应符合下列规定：

　　1 每项加分不应高于5分，总分不应高于25分；

　　2 每项技术节能率不应小于2%。

7 居住建筑能效实测评估

7.1 基 础 项

7.1.1 居住建筑能效实测评估的基础项应为单位建筑面积建筑实际使用总能耗；对于采用集中供暖或空调的居住建筑，基础项还应包括单位建筑面积供暖或空调实际使用能耗。

7.1.2 居住建筑实际使用总能耗应包括全年供暖空调、照明、生活热水等所有耗能系统及设备的耗能总量。

7.2 规 定 项

7.2.1 居住建筑室内平均温度检测值应达到设计文件要求，当设计文件无要求时，应符合国家现行有关居住建筑节能设计标准的规定。室内平均温度检测应符合下列规定：

　　1 应考虑不同体形系数、不同楼层、不同朝向用户等因素，抽检有代表性的用户。抽检数量不得少于用户总数的10%，并不得少于3户，每户不得少于2个房间。

　　2 检测方法应符合现行行业标准《居住建筑节能检测标准》JGJ/T 132 的规定。

7.2.2 居住建筑供暖系统能效应按现行行业标准《居住建筑节能检测标准》JGJ/T 132 的规定进行检测。供热系统能效检测应包括下列项目：

　　1 锅炉运行效率；

　　2 室外管网热损失率；

　　3 集中供暖系统耗电输热比。

8 公共建筑能效实测评估

8.1 基 础 项

8.1.1 公共建筑能效实测评估的基础项应包括单位建筑面积实际使用总能耗、单位建筑面积供暖或空调实际使用能耗。

8.1.2 公共建筑实际使用总能耗应包括全年供暖空调系统、照明系统、办公设备、动力设备、生活热水等所有耗能系统的耗能总量。

8.1.3 公共建筑供暖空调实际使用能耗应包括供暖空调系统耗电量，燃气、蒸汽、煤、油等类型的能耗及区域集中冷热源提供的供暖、供冷量。

8.1.4 公共建筑区域集中冷热源提供的供暖、供冷量的检测方法应符合现行行业标准《公共建筑节能检测标准》JGJ/T 177 的规定。

8.2 规 定 项

8.2.1 公共建筑室内平均温度、湿度检测值应达到设计文件要求，当设计文件无要求时，应符合现行国家标准《公共建筑节能设计标准》GB 50189 的规定。公共建筑室内平均温度、湿度的检测方法应符合现行行业标准《公共建筑节能检测标准》JGJ/T 177 的规定。

8.2.2 公共建筑供暖空调水系统性能应按现行行业标准《公共建筑节能检测标准》JGJ/T 177 的方法进行检测。公共建筑供暖空调水系统性能的检测应包括下列项目：

　　1 冷水（热泵）机组实际性能系数；

　　2 冷源系统能效系数。

8.2.3 公共建筑空调风系统应按现行行业标准《公共建筑节能检测标准》JGJ/T 177 的方法对风机单位风量耗功率进行检测。

9 建筑能效标识报告

9.0.1 建筑能效测评报告应包括下列内容：

1 建筑能效测评表；
2 建筑能效测评汇总表；
3 建筑围护结构热工性能表；
4 建筑和用能系统概况；
5 基础项计算说明书；
6 测评过程中依据的文件及性能检测报告；
7 建筑能效测评联系人、电话和地址等。

9.0.2 建筑能效测评表可按本标准附录C～附录E执行。围护结构热工性能表可按本标准附录F～附录G执行。

9.0.3 建筑能效测评的基础项计算说明书应包括计算输入数据、软件的名称、版本与出品公司及计算过程等。

9.0.4 建筑能效实测评估报告应包括下列内容：

1 建筑能效实测评估表；
2 建筑能效实测评估汇总表；
3 建筑和用能系统概况；
4 基础项实测评估报告；
5 规定项实测评估报告；
6 实测评估过程中依据的文件及性能检测报告；
7 建筑能效实测评估联系人、电话和地址等。

9.0.5 建筑能效实测评估表可按本标准附录H～附录K执行。

附录A 居住建筑能效测评基础项能耗计算

A.1 严寒和寒冷地区居住建筑

A.1.1 严寒和寒冷地区居住建筑能效测评时，比对建筑单位建筑面积全年供暖能耗（B_{0h}）可按下列公式计算：

$$B_{0h} = E_{01h} + E_{02h} \qquad (A.1.1-1)$$

$$E_{01h} = \frac{Q_{0h}}{A \eta_{01} \eta_{02} q_1 q_2} \qquad (A.1.1-2)$$

$$Q_{0h} = 0.024 q_{0h} \times Z \times A \qquad (A.1.1-3)$$

$$E_{02h} = 0.024 q_{0h} \times A \times EHR_0 \times Z \qquad (A.1.1-4)$$

式中：B_{0h}——比对建筑单位建筑面积全年供暖能耗（kWh/m²）；

E_{01h}——比对建筑单位建筑面积全年锅炉耗煤量折合的耗电量（kWh/m²）；

E_{02h}——比对建筑单位建筑面积全年循环水泵能耗(kWh/m²)；

Q_{0h}——比对建筑全年累计热负荷（kWh）；

A——总建筑面积（m²）；

η_{01}——室外管网热输送效率，取0.92；

η_{02}——锅炉的设计效率限值，按现行行业标准《严寒和寒冷地区居住建筑节能设计标准》JGJ 26的规定取值；

q_1——标准煤热值（kWh/kg），取8.14；

q_2——上年度国家统计局发布的发电煤耗（kg/kWh）；

q_{0h}——比对建筑建筑物耗热量指标（W/m²）；

Z——计算供暖期天数（d）；

EHR_0——集中供暖系统热水循环水泵的耗电输热比，按现行行业标准《严寒和寒冷地区居住建筑节能设计标准》JGJ 26的规定取值。

A.1.2 严寒和寒冷地区居住建筑能效测评时，标识建筑能耗计算应符合下列规定：

1 热源为锅炉时，标识建筑单位建筑面积全年供暖能耗（B_{1h}）可按下列公式计算：

$$B_{1h} = E_{1h} + E_{2h} \qquad (A.1.2-1)$$

$$E_{1h} = \frac{Q_{1h}}{A \eta_1 \eta_2 q_1 q_2} \qquad (A.1.2-2)$$

$$E_{2h} = Q_{1h} \times EHR_1 \qquad (A.1.2-3)$$

式中：B_{1h}——标识建筑单位建筑面积全年供暖能耗（kWh/m²）；

E_{1h}——标识建筑单位建筑面积全年锅炉耗煤量折合的耗电量（kWh/m²）；

E_{2h}——标识建筑单位建筑面积全年循环水泵能耗(kWh/m²)；

Q_{1h}——标识建筑全年累计热负荷（kWh）；

η_1——室外管网热输送效率，取0.92；

η_2——标识建筑锅炉额定热效率；

EHR_1——标识建筑集中供暖系统热水循环水泵的耗电输热比，按现行行业标准《严寒和寒冷地区居住建筑节能设计标准》JGJ 26规定的方法计算。

2 热源为热泵时，标识建筑应进行全年动态负荷计算，标识建筑单位建筑面积全年供暖能耗（B_{1h}）可按下式计算：

$$B_{1h} = \left(\frac{Q_{1h,a}}{COP_{s,a}} + \frac{Q_{1h,b}}{COP_{s,b}} + \frac{Q_{1h,c}}{COP_{s,c}} + \frac{Q_{1h,d}}{COP_{s,d}} \right) \cdot \frac{1}{A} \qquad (A.1.2-4)$$

$$COP_{s,a} = \frac{Q_{jz,a}}{W_{jz,a} + W_{b,a}} \qquad (A.1.2-5)$$

$$COP_{s,b} = \frac{Q_{jz,b}}{W_{jz,b} + W_{b,b}} \qquad (A.1.2-6)$$

$$COP_{s,c} = \frac{Q_{jz,c}}{W_{jz,c} + W_{b,c}} \qquad (A.1.2-7)$$

$$COP_{s,d} = \frac{Q_{jz,d}}{W_{jz,d} + W_{b,d}} \qquad (A.1.2-8)$$

式中：$Q_{1h,a}$、$Q_{1h,b}$、$Q_{1h,c}$、$Q_{1h,d}$——负荷率分别在0～

25%、$25\%\sim50\%$、$50\%\sim75\%$、$75\%\sim100\%$区间内的累计热负荷（kWh）；

$COP_{s,a\sim d}$——负荷率分别在 $0\sim25\%$、$25\%\sim50\%$、$50\%\sim75\%$、$75\%\sim100\%$区间内的系统性能系数；

$Q_{jz,a\sim d}$——热泵机组分别在系统 25%、50%、75%、100%负荷下的制热量（kW）；

$W_{jz,a\sim d}$——热泵机组分别在系统 25%、50%、75%、100%负荷下的耗电量（kW）；

$W_{b,a\sim d}$——水泵在系统 25%、50%、75%、100%负荷下的耗电量（kW）。

3 热源为市政热力时，标识建筑单位建筑面积全年供暖能耗（B_{1h}）可按下列公式计算：

$$B_{1h} = E_{1h} + E_{2h} \qquad (A.1.2\text{-}9)$$

$$E_{1h} = \frac{Q_{1h}}{A\eta_1 q_1 q_2} \qquad (A.1.2\text{-}10)$$

式中：E_{1h}——市政热力单位建筑面积全年耗热量折算后的耗电量（kWh/m²）；

E_{2h}——标识建筑二次网循环水泵单位建筑面积全年能耗（kWh/m²），按本标准式（A.1.2-3）计算。

A.2 夏热冬冷地区居住建筑

A.2.1 夏热冬冷地区居住建筑能效测评时，比对建筑单位建筑面积全年供暖空调能耗（B_0）可按下列公式计算：

$$B_0 = B_{0h} + B_{0c} \qquad (A.2.1\text{-}1)$$

$$B_{0h} = \frac{Q_{0h}}{COP_h} \cdot \frac{1}{A} \qquad (A.2.1\text{-}2)$$

$$B_{0c} = \frac{Q_{0c}}{COP_c} \cdot \frac{1}{A} \qquad (A.2.1\text{-}3)$$

式中：B_0——比对建筑单位建筑面积全年供暖空调能耗（kWh/m²）；

B_{0h}——比对建筑单位建筑面积全年供暖能耗（kWh/m²）；

B_{0c}——比对建筑单位建筑面积全年空调能耗（kWh/m²）；

Q_{0h}——比对建筑全年累计热负荷（kWh）；

Q_{0c}——比对建筑全年累计冷负荷（kWh）；

COP_h——比对建筑供暖额定能效比，取 1.9；

COP_c——比对建筑供冷额定能效比，取 2.3。

A.2.2 夏热冬冷地区居住建筑能效测评时，标识建筑单位建筑面积全年供暖空调能耗（B_1）可按下式计算：

$$B_1 = B_{1h} + B_{1c} \qquad (A.2.2)$$

式中：B_1——标识建筑单位建筑面积全年供暖空调能耗（kWh/m²）；

B_{1h}——标识建筑单位建筑面积全年供暖能耗（kWh/m²）；

B_{1c}——标识建筑单位建筑面积全年空调能耗（kWh/m²）。

A.2.3 采用冷水（热泵）机组时，标识建筑单位建筑面积全年空调能耗（B_{1c}）或供暖能耗（B_{1h}）可按本标准第 A.1.2 条第 2 款的规定进行计算。

A.3 夏热冬暖地区居住建筑

A.3.1 夏热冬暖地区居住建筑能效测评时，比对建筑单位建筑面积全年空调能耗（B_{0c}）可按下式计算：

$$B_{0c} = \frac{Q_{0c}}{COP_c} \cdot \frac{1}{A} \qquad (A.3.1)$$

式中：B_{0c}——比对建筑单位建筑面积全年空调能耗（kWh/m²）；

Q_{0c}——比对建筑全年累计冷负荷（kWh）；

COP_c——比对建筑空调额定能效比，取 2.7。

A.3.2 夏热冬暖地区居住建筑能效测评时，标识建筑单位建筑面积全年空调能耗（B_{1c}）的计算方法可按本标准第 A.1.2 条第 2 款的规定进行计算。

附录 B 公共建筑能效测评基础项能耗计算

B.0.1 公共建筑能效测评时，比对建筑单位建筑面积全年供暖空调及照明能耗（B_0）可按下式计算：

$$B_0 = E_{01} + E_{02} + E_{03} \qquad (B.0.1)$$

式中：B_0——比对建筑单位建筑面积全年供暖空调及照明能耗（kWh/m²）；

E_{01}——单位建筑面积全年冷热源能耗（kWh/m²）；

E_{02}——单位建筑面积全年循环水泵能耗（kWh/m²）；

E_{03}——单位建筑面积全年照明能耗（kWh/m²）。

B.0.2 公共建筑能效测评时，比对建筑单位建筑面积全年冷热源能耗（E_{01}）可按下列公式计算：

$$E_{01} = E_{01h} + E_{01c} \qquad (B.0.2\text{-}1)$$

$$E_{01c} = \left(\frac{Q_{0c,a}}{COP_a} + \frac{Q_{0c,b}}{COP_b} + \frac{Q_{0c,c}}{COP_c} + \frac{Q_{0c,d}}{COP_d} \right) \cdot \frac{1}{A} \qquad (B.0.2\text{-}2)$$

式中：E_{01h}——单位建筑面积全年锅炉耗煤量折合的耗电量（kWh/m²），按本标准第 A.1.1 条规定计算；

E_{01c}——单位建筑面积全年冷水机组耗电量

(kWh/m^2);

$Q_{0c,a\sim d}$——比对建筑负荷率分别在 $0\sim25\%$、$25\%\sim50\%$、$50\%\sim75\%$、$75\%\sim100\%$ 区间内的累计冷负荷（kWh）；

$COP_{a\sim d}$——比对建筑负荷率分别在 $0\sim25\%$、$25\%\sim50\%$、$50\%\sim75\%$、$75\%\sim100\%$ 区间内的机组性能系数；可按本标准第 B.0.4 条确定。

B.0.3 公共建筑能效测评时，比对建筑单位建筑面积全年循环水泵能耗（E_{02}）可按下列公式计算：

$$E_{02} = E_{02h} + E_{02c} + E_{02e} \qquad (B.0.3-1)$$

$$E_{02h} = q_{h,max} \times EHR_0 \times \frac{n_{h1} \cdot T_a + n_{h2} \cdot T_b + n_{h3} \cdot T_c + n_{h4} \cdot T_d}{n_h} \qquad (B.0.3-2)$$

$$E_{02c} = q_{c,max} \times ER_0 \times \frac{n_{c1} \cdot T_a + n_{c2} \cdot T_b + n_{c3} \cdot T_c + n_{c4} \cdot T_d}{n_c} \qquad (B.0.3-3)$$

$$E_{02e} = q_{c,max} \times \left(1 + \frac{1}{COP_c}\right) \times ER_e \times \frac{n_{e1} \cdot T_a + n_{e2} \cdot T_b + n_{e3} \cdot T_c + n_{e4} \cdot T_d}{n_e} \qquad (B.0.3-4)$$

式中：E_{02h}——单位建筑面积全年供暖循环泵能耗 (kWh/m^2)；

E_{02c}——单位建筑面积全年空调冷冻水循环泵能耗 (kWh/m^2)；

E_{02e}——单位建筑面积全年空调冷却水循环泵能耗 (kWh/m^2)；

$q_{h,max}$——比对建筑的峰值热负荷（kW）；

EHR_0——供暖循环水泵输送能效比，取现行国家标准《公共建筑节能设计标准》GB 50189 的限定值；

n_h——供暖循环泵总台数，与标识建筑供暖循环泵台数相同；

$n_{h1\sim4}$——供暖循环泵分别在系统 $0\sim25\%$ 负荷、$25\%\sim50\%$ 负荷、$50\%\sim75\%$ 负荷、$75\%\sim100\%$ 负荷下的开启台数；

$T_{a\sim d}$——水泵分别在系统 $0\sim25\%$ 负荷、$25\%\sim50\%$ 负荷、$50\%\sim75\%$ 负荷、$75\%\sim100\%$ 负荷下的运行时间（h）；

$q_{c,max}$——比对建筑的峰值冷负荷（kW）；

ER_0——空调冷冻水水泵输送能效比，取现行国家标准《公共建筑节能设计标准》GB 50189 的限定值；

n_c——空调冷冻水循环泵总台数，与标识建筑空调冷冻水循环泵台数相同；

$n_{c1\sim4}$——空调冷冻水循环泵分别在系统 $0\sim25\%$ 负荷、$25\%\sim50\%$ 负荷、$50\%\sim75\%$ 负荷、$75\%\sim100\%$ 负荷下的开启台数；

COP_c——取现行国家标准《公共建筑节能设计标准》GB 50189 中规定的冷机 COP

的限值；

ER_e——冷却水泵输送能效比，取 0.0214；

n_e——空调冷却水循环泵总台数，与标识建筑空调冷却水循环泵台数相同；

$n_{e1\sim4}$——空调冷却水循环泵分别在系统 $0\sim25\%$ 负荷、$25\%\sim50\%$ 负荷、$50\%\sim75\%$ 负荷、$75\%\sim100\%$ 负荷下的开启台数。

B.0.4 公共建筑能效测评时，比对建筑不同负荷区间内的机组性能系数应根据标识建筑机组设置台数及比对建筑单台机组部分负荷性能系数综合确定。比对建筑单台机组部分负荷性能系数可按表 B.0.4 选取。

表 B.0.4 比对建筑单台机组部分负荷性能系数

冷机类型		额定制冷量	COP限值	100%负荷	75%负荷	50%负荷	25%负荷	$IPLV$限值
水冷	螺杆	<528	4.1	4.11	4.21	4.77	4.26	4.47
		528~1163	4.3	4.28	4.65	5.12	4.23	4.82
		>1163	4.6	4.62	5.03	5.41	4.35	5.13
	离心式	<528	4.4	4.44	4.81	4.47	3.32	4.49
		528~1163	4.7	4.73	5.12	5.41	3.51	4.88
		>1163	5.1	5.13	5.68	5.41	4.45	5.42

B.0.5 公共建筑能效测评且建筑冷热源分别为锅炉或市政热力及冷水机组时，标识建筑单位建筑面积全年供暖空调及照明能耗计算应符合下列规定：

1 标识建筑单位建筑面积全年供暖空调及照明能耗（B_1）可按下式计算：

$$B_1 = E_{1h} + E_{2h} + E_{1c} + E_{1l} \qquad (B.0.5)$$

式中：B_1——标识建筑单位建筑面积全年供暖空调及照明能耗 (kWh/m^2)；

E_{1h}——单位建筑面积全年锅炉折合耗电量或市政热力折合耗电量 (kWh/m^2)；

E_{2h}——单位建筑面积全年供暖循环水泵能耗 (kWh/m^2)；

E_{1c}——单位建筑面积全年供冷耗电量 (kWh/m^2)；

E_{1l}——单位建筑面积全年照明耗电量 (kWh/m^2)。

2 锅炉或市政热力及供暖循环泵能耗可按本标准第 B.0.2 条和第 B.0.3 条规定的方法计算，性能参数应按设计文件取值。市政热力折合耗电量计算方法可按本标准式（A.1.2-10）计算。

3 供冷耗电量（E_{1c}）可按本标准第 A.1.2 条第 2 款的规定进行计算。

B.0.6 公共建筑能效测评且标识建筑冷热源为冷水（热泵）机组时，单位建筑面积全年供暖空调及照明能耗计算应符合下列规定：

1 标识建筑单位建筑面积全年供暖空调及照明能耗（B_1）可按下式计算：

$$B_1 = E_{1h} + E_{1c} + E_{1l} \qquad (B.0.6)$$

式中：B_1——单位建筑面积全年供暖空调及照明能耗

（kWh/ m²）；

E_{1h}——单位建筑面积全年供热耗电量（kWh/ m²）；

E_{1c}——单位建筑面积全年供冷耗电量（kWh/m²）；

E_{1l}——单位建筑面积全年照明耗电量（kWh/m²）。

2 供热耗电量（E_{1h}）和供冷耗电量（E_{1c}）可按本标准第 A.1.2 条第 2 款的规定进行计算。

附录 C 居住建筑能效测评表

表 C 居住建筑能效测评表

项目名称					
项目地址					
建筑面积(m²)/层数			气候区域		
建设单位					
设计单位					
施工单位					

		测 评 内 容		测评方法	测评结果	备注
基础项		相对节能率				5.1.1
规定项	围护结构	外窗气密性				5.2.1
		热桥部位(严寒寒冷/夏热冬冷)				5.2.2
		门窗保温(严寒寒冷/夏热冬冷)				5.2.3
		外窗				5.2.4
		外窗玻璃可见光透射比				5.2.5
	冷热源及空调系统	热源				5.2.6
		锅炉类型及额定热效率				5.2.7
		户式燃气炉				5.2.8 5.2.9
		热量表				5.2.10
		水力平衡				5.2.11
		集中供暖系统循环水泵耗电输热比				5.2.12
		自动监测与控制				5.2.13
		供热量控制				5.2.14
		分户温控及计量				5.2.15
		冷水(热泵)机组				5.2.16
		单元式机组				5.2.17
		溴化锂吸收式机组				5.2.18
		多联式空调(热泵)机组				5.2.19
		排风热回收				5.2.20
		地源热泵系统				5.2.21
选择项		可再生能源				5.3.1
		自然通风				5.3.2
		自然采光				5.3.3
		遮阳措施				5.3.4
		建筑外窗				5.3.5
		变流量或变速				5.3.6
		高等级设备				5.3.7
		其他				5.3.8
民用建筑能效测评机构意见： 测评人员： 测评机构： 年 月 日						

注：测评方法填入内容为计算评估、文件审查、现场检查或性能检测；测评结果基础项为节能率，规定项为是否满足对应条目要求，选择项为所加分数；备注为各项所对应的条目。

附录 D 公共建筑能效测评表

表 D 公共建筑能效测评表

项目名称					
项目地址					
建筑面积(m²)/层数			气候区域		
建设单位					
设计单位					
施工单位					

	测评内容		测评方法	测评结果	备注
基础项	相对节能率				6.1.1
规定项	围护结构	外窗、透明幕墙气密性			6.2.1
		热桥部位			6.2.2
		门窗洞口密封			6.2.3
		外窗、透明幕墙可开启面积			6.2.4
	冷热源及空调系统	设计新风量			6.2.5
		设备选型依据			6.2.6
		热源			6.2.7
		地源热泵系统			6.2.8
		锅炉			6.2.9
		冷水(热泵)机组			6.2.10
		单元式机组			6.2.11
		溴化锂吸收式机组			6.2.12
		多联式空调(热泵)机组			6.2.13
		集中供暖系统热水循环泵耗电输热比			6.2.14
		风机单位风量耗功率			6.2.15
		空调水系统输送能效比			6.2.16
		室温调节			6.2.17
		计量方式			6.2.18
		水力平衡			6.2.19
		监控系统			6.2.20
	照明	照明功率密度			6.2.21
		照明控制			6.2.22
选择项	可再生能源				6.3.1
	自然通风				6.3.2
	自然采光				6.3.3
	遮阳措施				6.3.4
	分布式冷热电联供				6.3.5
	蓄冷蓄热技术				6.3.6
	能量回收				6.3.7
	冷凝热利用				6.3.8
	全新风/变新风比				6.3.9
	变水量/变风量				6.3.10
	供回水温差				6.3.11
	计量+节能控制				6.3.12
	高等级设备				6.3.13
	其他				6.3.14
民用建筑能效测评机构意见:					

测评人员:　　　　测评机构:　　　　　　　　　　年　月　日

附录 E 建筑能效测评汇总表

表 E 建筑能效测评汇总表

项目名称				
项目地址				
建筑面积(m²)/层数			气候区域	
建设单位				
设计单位				
施工单位				
审 查 内 容				
基础项	相对节能率(%)			
规定项	共 项,满足 项			
选择项		满 足 项		分数
	1			
	2			
	3			
	4			
	5			
	合计			
能效等级			有效期限	
节能建议	1			
	2			
	3			

测评机构	负责人	审核人	日期

说明:

本表中相对节能率等数据根据我国现行节能设计标准,基于建筑所处地理位置、标准化的假设的空调供暖系统运行时间等数据计算得出(居住建筑为供暖空调能耗,公共建筑为供暖空调及照明能耗),未考虑其他服务、维护、安检等辅助设备的能耗。建筑在实际使用过程中不可能完全按照能耗计算中假设的标准工况运行,因此本表中数据仅供不同建筑之间的节能率比较,不用作其他用途。

附录 F 居住建筑围护结构热工性能表

表 F 居住建筑围护结构热工性能表

项目名称	项目地址		建筑类型	建筑面积(m²)/层数
建筑外表面积 F_0	建筑体积 V_0		体形系数 $S=F_0/V_0$	
围护结构部位	传热系数 $K[\text{W}/(\text{m}^2 \cdot \text{K})]$、热惰性指标		做 法	
屋面				
外墙				
底面接触室外空气的架空或外挑楼板				
非供暖地下室顶板				
分隔供暖与非供暖空间的隔墙、楼板				
分户墙和楼板				
户门				
阳台门下部门芯板				
地面 周边地面				
非周边地面				
地下室外墙(与土壤接触的外墙)				

外窗(含阳台门透明部分)	方向	窗墙面积比	传热系数 $K[\text{W}/(\text{m}^2 \cdot \text{K})]$	遮阳系数 SC	外遮阳系数

窗地面积比(夏热冬暖地区)	
外窗通风开口面积(夏热冬暖地区)	
天窗	

单位面积全年能耗(kWh/m²)		计算方法(软件名称)	

计算人员		日期	审核人员	日期

附录 G 公共建筑围护结构热工性能表

表 G 公共建筑围护结构热工性能表

项目名称	项目地址		建筑类型	建筑面积（m²）/ 层数
建筑外表面积 F_0 （m²）	建筑体积 V_0 （m³）		体形系数 $S=F_0/V_0$	
围护结构部位	传热系数 K ［W/（m²·K）］/ 热阻 R （m²·K/W）		做　　法	
屋面				
外墙（含非透明幕墙）				
底面接触室外空气的架空或外挑楼板				
分隔供暖与非供暖空间的隔墙、楼板				
地面　周边地面				
地面　非周边地面				

外窗（含透明幕墙）	方向	窗墙面积比	传热系数 K［W/（m²·K）］	遮阳系数 SC	玻璃可见光透射比

屋顶透明部分				
单位面积全年能耗 （kWh/m²）		计算软件		

计算人员	日期	审核人员	日期

附录 H 居住建筑能效实测评估表

表 H 居住建筑能效实测评估表

项目名称				
项目地址				
建筑面积（m²）/层数		占地面积（m²）		
建筑类型		竣工时间		
气候区域		抽样描述		
建设单位				
设计单位				
施工单位				

	评 估 内 容		评估方法	评估结果	备注
基础项	单位建筑面积供暖能耗（kWh/m²）（严寒寒冷、夏热冬冷）				7.1.1
	单位建筑面积空调能耗（kWh/m²）（夏热冬冷、夏热冬暖）				
	单位建筑面积实际使用总能耗（kWh/m²）				
规定项	室内平均温度				7.2.1
	锅炉运行效率				7.2.2
	室外管网热损失率				
	集中供暖系统耗电输热比				

民用建筑能效测评机构意见：

测评人员：　测评机构：　　　　　　　　　　　　　　年　月　日

附录 J 公共建筑能效实测评估表

表 J 公共建筑能效实测评估表

项目名称				
项目地址				
建筑面积（m²）/层数		占地面积（m²）		
建筑类型		竣工时间		
气候区域		抽样描述		
建设单位				
设计单位				
施工单位				

评 估 内 容			评估方法	评估结果	备注
基础项	单位建筑面积供暖能耗（kWh/m²）				
	单位建筑面积空调能耗（kWh/m²）				8.1.1
	单位建筑面积实际使用总能耗（kWh/m²）				
规定项	室内平均温/湿度				8.2.1
	水系统	机组性能系数			8.2.2
		系统能效系数			
	风系统	风机单位风量耗功率			8.2.3

民用建筑能效测评机构意见：

测评人员：　　　测评机构：　　　　　　　　　　　　　年 月 日

附录 K 建筑能效实测评估汇总表

表 K 建筑能效实测评估汇总表

项目名称			
项目地址			
建筑面积（m²）/层数		占地面积（m²）	
建筑类型		竣工时间	
气候区域		抽样描述	
建设单位			
设计单位			
施工单位			
	评 估 内 容		
基础项	单位建筑面积供暖能耗（kWh/m²）		
	单位建筑面积空调能耗（kWh/m²）		
	单位建筑面积实际使用总能耗（kWh/m²）		
规定项	共 项，满足 项		
合格判定		有效期限	
节能建议	1		
	2		
	3		
测评机构		负责人	审核人	日期

本标准用词说明

1 为便于在执行本标准条文时区别对待，对要求严格程度不同的用词说明如下：

  1) 表示很严格，非这样做不可的：
    正面词采用"必须"，反面词采用"严禁"；

  2) 表示严格，在正常情况下均应这样做的：
    正面词采用"应"，反面词采用"不应"或"不得"；

  3) 表示允许稍有选择，在条件许可时首先应这样做的：
    正面词采用"宜"，反面词采用"不宜"；

  4) 表示有选择，在一定条件下可以这样做的，采用"可"。

2 条文中指明应按其他有关标准执行的写法为："应符合……的规定"或"应按……执行"。

引用标准名录

1 《建筑采光设计标准》GB 50033

2 《建筑照明设计标准》GB 50034

3 《公共建筑节能设计标准》GB 50189

4 《家用燃气快速热水器和燃气采暖热水炉能效限定值及能效等级》GB 20665

5 《建筑幕墙》GB/T 21086

6 《多联式空调（热泵）机组能效限定值及能源效率等级》GB 21454

7 《严寒和寒冷地区居住建筑节能设计标准》JGJ 26

8 《夏热冬暖地区居住建筑节能设计标准》JGJ 75

9 《夏热冬冷地区居住建筑节能设计标准》JGJ 134

10 《居住建筑节能检测标准》JGJ/T 132

11 《公共建筑节能检测标准》JGJ/T 177

中华人民共和国行业标准

建筑能效标识技术标准

JGJ/T 288—2012

条 文 说 明

制 订 说 明

《建筑能效标识技术标准》JGJ/T 288 - 2012，经住房和城乡建设部 2012 年 11 月 1 日以第 1512 号公告批准、发布。

本标准编制过程中，编制组进行了广泛深入的调查研究，总结了我国工程建设建筑能效标识领域的实践经验，同时参考了国外先进技术法规、技术标准，提出了定性与定量相结合的建筑能效测评标识的内容及方法，明确了能效标识的两个阶段，提出了相对节能率的概念、计算条件及方法，并据其进行等级划分。

为便于广大设计、施工、科研、学校等单位有关人员在使用本标准时能正确理解和执行条文规定，《建筑能效标识技术标准》编制组按章、节、条顺序编制了本标准的条文说明，对条文规定的目的、依据以及执行中需注意的有关事项进行了说明。但是，本条文说明不具备与标准正文同等的法律效力，仅供使用者作为理解和把握标准规定的参考。

目　次

2 术 语

2.0.5 对于居住建筑，全年能耗为供暖空调能耗；对于公共建筑，全年能耗为供暖空调及照明能耗。

3 基本规定

3.0.2 建筑能效标识分两步进行，第一步以竣工资料为依据进行建筑能效测评，第二步在建筑投入正常运行后，以实际运行能效为依据进行建筑能效实测评估。既有建筑节能改造项目建筑能效标识应在改造工程竣工验收之前进行。

3.0.3 裙房连通的建筑群视为单栋建筑；只有地下车库连通的建筑视为多栋建筑。同类型建筑是指同期建设的使用相同设计图纸、使用功能相同的建筑，具体划分为低层、多层、小高层、高层。

3.0.4 建筑能效测评应包括与建筑物相关的整个供暖空调系统，对设有集中供热空调系统的建筑而言，应包括室外管网及集中冷热源设备。建筑能效测评应尽可能利用已有文件资料及测试报告，避免重复检测；同时注重建筑能耗理论计算及实际效果的结合。

建筑能耗计算分析结果是标识的主要依据，所以计算评估方法和软件必须统一要求。

3.0.5 根据《综合能耗计算通则》GB/T 2589 - 2008，燃料能源应以其低位发热量为计算基础折算。各种能源折标准煤参考系数见表1。

表1 各种能源折标准煤参考系数

能源名称	平均低位发热量	折标准煤系数
原煤	20908kJ/kg(5000kcal/kg)	0.7143kgce/kg
标准煤	29307kJ/kg(7000kcal/kg)	1.0000kgce/kg
原油/燃料油	41816kJ/kg(10000kcal/kg)	1.4286kgce/kg
汽油/煤油	43070kJ/kg(10300kcal/kg)	1.4714kgce/kg
柴油	42652kJ/kg(10200kcal/kg)	1.4571kgce/kg
油田天然气	38931kJ/m³(9310kcal/m³)	1.3300kgce/m³
气田天然气	35544kJ/m³(8500kal/m³)	1.2143kgce/m³
热力(当量值)	—	0.03412kgce/MJ
蒸汽(低压)	3763MJ/t(900Mcal/t)	0.1286kgce/kg

注：引自《综合能耗计算通则》GB/T 2589 - 2008。

规定项依据的国家现行建筑节能设计标准包括《严寒和寒冷地区居住建筑节能设计标准》JGJ 26、《夏热冬冷地区居住建筑节能设计标准》JGJ 134、《夏热冬暖地区居住建筑节能设计标准》JGJ 75 及《公共建筑节能设计标准》GB 50189。

3.0.6 基础项即相对节能率 η，为标识建筑相对于满足国家现行节能设计标准的建筑的节能率，该值与国家现行节能设计标准对应的节能率无关，即不论国家现行节能设计标准对应的节能率是 50% 或 65%，只要相对节能率一样，标识级别也一样。基础项计算方法应符合本标准第 5.1.2 条和第 6.1.2 条的规定。

节能率 η' 是指标识建筑相对于 20 世纪 80 年代建筑（即基准建筑）的节能率。相对节能率与节能率的关系见表2～表4。

表2 居住建筑能效标识等级
（相对于节能 65% 标准）

标识等级	相对节能率 η（相对于满足现行节能设计标准的节能率）	节能率 η'（相对于 20 世纪 80 年代建筑的节能率）
☆	0≤η<15%	65%≤η'<70.25%
☆☆	15%≤η<30%	70.25%≤η'<75.5%
☆☆☆	η≥30%	η'≥75.5%

表3 居住建筑能效标识等级
（相对于节能 50% 标准）

标识等级	相对节能率 η（相对于满足现行节能设计标准的节能率）	节能率 η'（相对于 20 世纪 80 年代建筑的节能率）
☆	0≤η<15%	50%≤η'<57.5%
☆☆	15%≤η<30%	57.5%≤η'<65%
☆☆☆	η≥30%	η'≥65%

表4 公共建筑能效标识等级

标识等级	相对节能率 η（相对于满足现行节能设计标准的节能率）	节能率 η'（相对于 20 世纪 80 年代建筑的节能率）
☆	0≤η<15%	50%≤η'<57.5%
☆☆	15%≤η<30%	57.5%≤η'<65%
☆☆☆	η≥30%	η'≥65%

3.0.7 对居住建筑，基础项为实测得到的全年单位建筑面积实际使用总能耗、供暖或空调实际使用能耗；对公共建筑，基础项为实测得到的全年单位建筑面积实际使用总能耗，供暖、空调和照明实际使用能耗。建筑面积采用备案竣工建筑面积。建筑能效实测评估的规定项依据国家现行建筑节能检测标准《居住建筑节能检测标准》JGJ/T 132 和《公共建筑节能检测标准》JGJ/T 177 进行检测，检测结果全部满足要求时，判定建筑能效实测评估合格。

3.0.8 本条第 5 款中建筑门窗节能性能标识包括证书和标签。证书内容包括证书编号、企业名称、产品产地、产品规格、窗框生产企业、玻璃生产企业、主要配件生产企业、标准规格产品的节能性能指标（传热系数、遮阳系数、空气渗透率和可见光透射比）、批准日期与有效期、标识实验室、用户指导信息及查询网址等，并附该产品不同尺寸组合的节能性能数据表。标签包括的基本内容：（一）标识编号；（二）企业名称；（三）产品基本信息（产地）；（四）节能性能指标；（五）标识使用证书的批准日；（六）标识实验室代码、查询网址；（七）用户指导信息。建筑门窗标识实验室出具的《建筑门窗节能性能标识测评报告》包括《企业生产条件现场检查报告》和《建筑门窗节能性能模拟计算与检测报告》。

4 测评与评估方法

4.0.2 规定项性能检测包括建筑外窗（玻璃幕墙）气密、水密、抗风压性能及借助红外热像仪进行热工缺陷的检测。

4.0.4 国家现行建筑节能检测标准包括《居住建筑节能检测标准》JGJ/T 132、《公共建筑节能检测标准》JGJ/T 177。

4.0.5 按照建筑能效测评规定项要求，标识建筑在建筑热力入口处必须安装冷热计量表。实测评估基础项即全年单位建筑面积供暖空调能耗或供暖、空调和照明能耗，对于设置用能分项计量的建筑，可直接通过分项计量仪表记录的数据，统计得到该建筑物的年供暖空调能耗。对于没有设置用能分项计量的建筑，建筑物年供暖空调能耗可根据建筑物全年的运行记录、设备的实际运行功率和建筑的实际使用情况等统计分析得到。统计时应符合下列规定：

1 对于冷水机组、水泵、电锅炉等运行记录中记录了实际运行功率或运行电流的设备，运行数据经校核后，可直接统计得到设备的年运行能耗；

2 当运行记录没有有关能耗数据时，可先实测设备运行功率，并从运行记录中得到设备的实际运行时间，再分析得到该设备的年运行能耗。

5 居住建筑能效测评

5.1 基 础 项

5.1.2 测评方法：计算评估。

5.1.3 外墙、屋面、外窗（含透明幕墙）、底面接触室外空气的架空或外挑楼板、分户墙、供暖空调与非供暖空调房间隔墙、屋顶透明部分、地下室外墙、不供暖地下室上部顶板、地面、外门等围护结构构造做法均按竣工图纸确定。

外门、外窗（含透明幕墙）的保温性能在无见证取样检测报告时，可采用门窗的型式检验报告或理论计算值，但必须现场核实，确保其和设计一致，在必

要情况下，应现场取样检测。

5.2 规 定 项

I 围 护 结 构

5.2.1 测评方法：文件审查、现场检查、性能检测。

测评要点：审查设计文件、进场见证取样检测报告，查看门窗气密性等级是否符合设计或国家现行标准中相应等级要求，在无复检报告情况下，可现场检测门窗气密性，检测方法应按照现行行业标准《建筑外窗气密、水密、抗风压性能现场检测方法》JG/T 211 规定的方法进行。

为了保证建筑节能，要求外窗具有良好的气密性能，以避免夏季和冬季室外空气过多地向室内渗漏，本标准要求窗的气密性等级符合现行行业标准《严寒和寒冷地区居住建筑节能设计标准》JGJ 26、《夏热冬冷地区居住建筑节能设计标准》JGJ 134 及《夏热冬暖地区居住建筑节能设计标准》JGJ 75 的相关规定。

严寒地区外窗及敞开式阳台门的气密性等级不应低于现行国家标准《建筑外门窗气密、水密、抗风压性能分级及检测方法》GB/T 7106 - 2008 中规定的 6级。寒冷地区 1～6 层的外窗及敞开式阳台门的气密性等级不应低于现行国家标准《建筑外门窗气密、水密、抗风压性能分级及检测方法》GB/T 7106－2008 中规定的 4 级；7 层及 7 层以上不应低于 6 级。

夏热冬冷地区建筑物 1～6 层的外窗及敞开式阳台门的气密性等级不应低于现行国家标准《建筑外门窗气密、水密、抗风压性能分级及检测方法》GB/T 7106 - 2008 中规定的 4 级；7 层及 7 层以上的外窗及敞开式阳台门的气密性等级，不应低于该标准规定的 6 级。

夏热冬暖地区建筑物 1～9 层的外窗及敞开式阳台门的气密性等级不应低于现行国家标准《建筑外门窗气密、水密、抗风压性能分级及检测方法》GB/T 7106 - 2008 中规定的 4 级；10 层及 10 层以上的外窗及敞开式阳台门的气密性等级，不应低于该标准规定的 6 级。

现行国家标准《建筑外门窗气密、水密、抗风压性能分级及检测方法》GB/T 7106 - 2008 中规定的 4级对应的性能是：在 10Pa 压差下，每小时每米缝隙的空气渗透量不大于 2.5m³，且每小时每平方米的空气渗透量不大于 7.5m³；6 级对应的性能是：在 10 Pa 压差下，每小时每米缝隙的空气渗透量不大于 1.5m³，且每小时每平方米的空气渗透量不大于 4.5m³。

5.2.2 测评方法：文件审查、现场检查、性能检测。

测评要点：审查设计文件，要求应按设计要求采取隔断热桥或节能保温措施。查看外墙、屋面主体部

位及结构性冷（热）桥部位热阻或传热系数值，看是否低于本地区低限热阻或传热系数。同时应进行现场检查，查看外墙、屋面结构性冷（热）桥部位是否存在发霉、起壳等现象，必要时应借助红外热像仪进行热工缺陷的检测。

严寒寒冷地区和夏热冬冷地区室外温度相对较低，都易在冬季出现结露现象，故作此项规定。严寒寒冷地区的外墙与屋面热桥对于围护结构总体保温效果影响较大。

住宅室内表面发生结露会给室内环境带来负面影响，给居住者的生活带来不便。如果长时间的结露还会滋生霉菌，对居住者的健康造成有害影响，这是不允许的。室内表面出现结露最直接的原因是表面温度低于室内空气的露点温度。

一般说来，外围护结构的内表面大面积结露的可能性不大，结露大都出现在金属窗框、窗玻璃表面、墙角、墙面、屋面上可能出现热桥的位置附近。本条文规定在设计过程中，应注意外墙与屋面可能出现热桥的部位的特殊保温措施，核算在设计条件下可能结露部位的内表面温度是否高于露点温度，防止在室内温、湿度设计条件下产生结露现象。

另一方面，热桥是出现高密度热流的部位，加强热桥部位的保温，可以减小供暖负荷。

值得指出的是，要彻底杜绝内表面的结露现象有时也是非常困难的。本条文规定的是在"室内空气设计温、湿度条件下"不应出现结露。"室内空气设计温、湿度条件下"就是一般的正常情况，不包括室内特别潮湿的情况。

5.2.3 测评方法：文件审查、现场检查。

测评要点：审查设计文件，查看门窗洞口之间的密封方法和材料是否符合设计要求，同时还应现场检查，查看是否和设计一致。

窗框四周与抹灰层之间的缝隙，宜采用保温材料和嵌缝密封膏密封，避免不同材料界面开裂影响窗户的热工性能。

5.2.4 测评方法：文件审查、现场检查。

测评要点：《严寒和寒冷地区居住建筑节能设计标准》JGJ 26 - 2010 中规定：当设置凸窗时，凸窗凸出（从外墙面至凸窗外表面）不应大于 400mm；凸窗的传热系数限值应比普通窗降低 15%，且其不透明的顶部、底部、侧面的传热系数应小于或等于外墙的传热系数。当计算窗墙面积比时，凸窗的窗面积和凸窗所占的墙面积应按窗洞口面积计算。

5.2.5 测评方法：文件审查、现场检查。

测评要点：审查玻璃（透明材料）可见光透射比检测报告。

自然采光对于居住建筑很重要，因此不能为节能只注意低的遮阳系数，而忽略可见光透射比。

II 冷热源及空调系统

5.2.6 测评方法：文件审查、现场检查。

测评要点：文件审查该地区情况是否符合条文所指的特殊情况。

本条内容为《严寒和寒冷地区居住建筑节能设计标准》JGJ 26 - 2010、《夏热冬冷地区居住建筑节能设计标准》JGJ 134 - 2010 强制性条文。

建设节约型社会已成为全社会的责任和行动，用高品位的电能直接转换为低品位的热能进行供暖，热效率低，是不合适的。同时，必须指出，"火电"并非清洁能源。在发电过程中，不仅对大气环境造成严重污染；而且，还产生大量温室气体（CO_2），对保护地球、抑制全球气候变暖非常不利。

严寒和寒冷地区全年有 4～6 个月供暖期，时间长，供暖能耗占有较高比例。近年来由于供暖用电所占比例逐年上升，致使一些省市冬季尖峰负荷迅速增长，电网运行困难，出现冬季电力紧缺。盲目推广没有蓄热配置的电锅炉，直接电热供暖，将进一步劣化电力负荷特性，影响民众日常用电。因此，应严格限制应用直接电热进行集中供暖的方式。当然，作为居住建筑来说，并不限制居住者选择直接电热方式自行进行分散形式的供暖。考虑到国内各地区的具体情况，在只有符合本条所指的特殊情况时方可采用。

5.2.7 测评方法：文件审查、现场检查。

测评要点：文件审查所使用锅炉的检测报告，现场核查锅炉型号。

本条内容为《严寒和寒冷地区居住建筑节能设计标准》JGJ 26 - 2010 强制性条文。

锅炉的选型，应与当地长期供应的燃料种类相适应。锅炉的设计效率不应低于表 5 中规定的数值。

表 5　锅炉的最低设计效率（%）

锅炉类型、燃料种类		在下列锅炉容量（MW）下的额定热效率（%）						
		0.7	1.4	2.8	4.2	7.0	14.0	>28.0
燃煤	烟煤 II	—	—	73	74	78	79	80
	烟煤 III	—	—	74	76	78	80	82
燃油、燃气		86	87	87	88	89	90	90

锅炉运行效率是以长期监测和记录数据为基础，统计时期内全部瞬时效率的平均值。本标准中规定的锅炉运行效率是以整个供暖季作为统计时间的，它是反映各单位锅炉运行管理水平的重要指标。它既和锅炉及其辅机的状况有关，也和运行制度等因素有关。国务院于 1982 年发布节约工业锅炉用煤的四号指令，规定了运行效率的最低要求（在燃烧 II、III 类烟煤的条件下）如表 6 所示。

表6　锅炉运行效率的最低要求

锅炉容量 MW（t/h）	运行效率（%）
0.7（1）	55
1.4（2）	60
2.8～4.2（4～6）	65
≥7.0（10）	72

　　为了保证达到上述要求，所选锅炉额定热效率应高于运行效率。锅炉运行效率要达到70%的要求，首先要保证所选用锅炉的锅炉额定热效率不应低于73%。表5中数据是根据目前国内企业生产的锅炉的设计效率来确定的。

5.2.8　测评方法：文件审查、现场检查。

　　测评要点：文件审查所使用户式燃气炉的检测报告，现场核查型号。

　　现行国家标准《家用燃气快速热水器和燃气采暖热水炉能效限定值及能效等级》GB 20665 - 2006 中规定采暖炉能效等级分为 3 级，其中 1 级能效最高。能效限定值为能效等级的 3 级。节能评价值为能效等级的 2 级。第 2 级数值见表7。

表7　热水器和供暖炉能效等级

类　型		热负荷	最低热效率值（%）（能效等级2级）
热水器		额定热负荷	88
		≤60%额定热负荷	84
供暖炉（单供暖）		额定热负荷	88
		≤50%额定热负荷	84
供暖炉（两用型）	供暖	额定热负荷	88
		≤50%额定热负荷	84
	热水	额定热负荷	88
		≤50%额定热负荷	84

　　本条内容为《夏热冬冷地区居住建筑节能设计标准》JGJ 134 强制性条文。

　　采用户式燃气炉作为热源时，其热效率应达到现行国家标准《家用燃气快速热水器和燃气采暖热水炉能效限定值和能效等级》GB 20665 中的节能评价等级要求。

5.2.9　测评方法：文件审查、现场检查。

　　测评要点：审查设计文件、所使用户式燃气炉的检测报告；现场核查。

　　户式燃气供暖炉包括热风炉和热水炉，已经在一定范围内应用于多层住宅和低层住宅供暖，在建筑围护结构热工性能较好（至少达到节能标准规定）和产品选用得当的条件下，也是一种可供选择的供暖方式。

　　为保证锅炉运行安全，要求户式供暖炉设置专用的进气及排气通道。燃气炉自身必须配置有完善且可靠的自动安全保护装置。

　　燃气供暖炉大部分时间只需要部分负荷运行，如果单纯进行燃烧量调节而不相应改变燃烧空气量，会由于过剩空气系数增大使热效率下降。因此宜采用具有自动同时调节燃气量和燃烧空气量功能的产品。

　　设计提供水泵校核计算书，保证水泵满足供暖系统要求。

5.2.10　测评方法：文件审查、现场检查。

　　测评要点：审查设计文件中是否设计热计量装置、所使用热量表的见证检测报告；现场核查是否安装了热计量装置。

　　本条内容为《严寒和寒冷地区居住建筑节能设计标准》JGJ 26 - 2010 强制性条文。锅炉房安装总热计量装置，可以确定供热单位的热量输出，作为核算供热成本的基础。热力站的一次侧安装热计量装置，可以确定一次管线的热输送效率。二次侧安装热计量装置，可以确定热力站的热量输出，作为评估二次管线供热效率的基础。建筑物热力入口处安装热量表，可以作为该建筑物供暖耗热量的依据。

5.2.11　测评方法：文件审查、现场检查。

　　测评要点：审查水力计算设计文件，现场检查系统是否安装了水力平衡装置。热水供暖系统各并联环路是否压力平衡。

　　本条内容为《严寒和寒冷地区居住建筑节能设计标准》JGJ 26 - 2010 强制性条文。

5.2.12　测评方法：文件审查、现场检查。

　　测评要点：应文件审查和现场检查公式中的各项参数，详细计算后进行判定。

　　规定耗电输热比 EHR，是为了防止采用过大的水泵，以使得水泵的选择在合理范围。

　　集中供暖系统循环水泵的耗电输热比应符合下式要求：

$$EHR = \frac{N}{Q\eta} \leqslant \frac{A \times (20.4 + a\Sigma L)}{\Delta t}$$

式中：EHR——循环水泵的耗电输热比；

　　　N——水泵在设计工况点的轴功率（kW）；

　　　Q——建筑供热负荷（kW）；

　　　η——电机和传动部分的效率，应按表7选取；

　　　Δt——设计供回水温度差（℃），应按设计要求选取；

　　　A——与热负荷有关的计算系数，应按表8选取；

　　　ΣL——室外主干线（包括供回水管）总长度（m）；

　　　a——与ΣL有关的计算系数，应按如下选取或计算：

当 $\Sigma L \leqslant 400m$ 时，$a = 0.0115$；

当 $400m < \Sigma L < 1000m$ 时，$a = 0.003833 + 3.067/\Sigma L$；

当 $\Sigma L \geqslant 1000m$ 时，$a = 0.0069$。

表 8　电机和传动部分的效率及循环水泵的耗电输热比计算系数

热负荷 Q（kW）		<2000	$\geqslant 2000$
电机和传动部分的效率 η	直联方式	0.87	0.89
	联轴器连接方式	0.85	0.87
计算系数 A		0.0062	0.0054

5.2.13 测评方法：文件审查、现场检查。

测评要点：应文件审查和现场检查是否满足上述功能要求。

本条内容为《严寒和寒冷地区居住建筑节能设计标准》JGJ 26-2010 强制性条文。

集中冷热源采用自动监测与控制的运行方式时，应满足下列规定：

1 应通过计算机自动监测系统，全面、及时地了解锅炉或冷热站的运行状况；

2 应随时测量室外的温度和整个热网的需求，按照预先设定的程序，通过调节投入燃料量实现锅炉供热量调节，满足整个热网的热量需求，保证供暖质量；

3 应通过锅炉系统热特性识别和工况优化分析程序，根据前几天的运行参数、室外温度，预测该时段的最佳工况；

4 应通过对锅炉或冷热站机组运行参数的分析，作出及时判断；

5 应建立各种信息数据库，对运行过程中的各种信息数据进行分析，并能够根据需要打印各类运行记录，储存历史数据；

6 锅炉房、冷热站的动力用电、水泵用电和照明用电应分别计量。

条文中提出的 6 项要求，是确保安全，实现高效、节能与经济运行的必要条件。

5.2.14 测评方法：文件审查、现场检查。

测评要点：应文件审查和现场检查是否设置供热量控制装置。

本条内容为《严寒和寒冷地区居住建筑节能设计标准》JGJ 26-2010 强制性条文。设置供热量控制装置的主要目的是对供热系统进行总体调节，使锅炉运行参数在保持室内温度的前提下，随室外空气温度的变化随时进行调整，始终保持锅炉房的供热量与建筑物的需热量基本一致，实现按需供热；达到最佳的运行效率和最稳定的供热质量。

5.2.15 测评方法：文件审查、现场检查。

测评要点：应文件审查和现场检查是否设置温控与计量装置，并达到分室（户）调节及分户热计量要求。

本条内容为《严寒和寒冷地区居住建筑节能设计标准》JGJ 26-2010、《夏热冬冷地区居住建筑节能设计标准》JGJ 134-2010 强制性条文。

集中供暖（集中空调）系统分室（户）温控及用热（冷）计量是一项重要的建筑节能措施。设置分户计量装置不仅有利于管理与收费，用户也能及时了解和分析用能情况，提高节能意识和节能积极性，自觉采取节能措施。在采用计量的情况下，必须允许使用人员根据自身需求进行温度控制，才能保证行为节能的公平性。因此规定了分户室内温度控制的要求。在夏热冬冷地区可以根据严寒、寒冷地区热量计量的原则和适当的方法，进行用户使用热（冷）量的计量和收费。

5.2.16 测评方法：文件审查、现场检查。

测评要点：应文件审查所使用机组的检测报告，现场检查机组型号。

国家标准《公共建筑节能设计标准》GB 50189-2005 中的规定值见表 9。

表 9　冷水（热泵）机组制冷性能系数

类型		额定制冷量（kW）	性能系数（W/W）
水冷	活塞式/涡旋式	<528	3.8
		$528 \sim 1163$	4.0
		>1163	4.2
	螺杆式	<528	4.10
		$528 \sim 1163$	4.30
		>1163	4.60
	离心式	<528	4.40
		$528 \sim 1163$	4.70
		>1163	5.10
风冷或蒸发冷却	活塞式/涡旋式	$\leqslant 50$	2.40
		>50	2.60
	螺杆式	$\leqslant 50$	2.60
		>50	2.80

本条内容为《严寒和寒冷地区居住建筑节能设计标准》JGJ 26-2010 强制性条文，当采用电机驱动压缩机的蒸汽压缩循环冷水（热泵）机组或采用名义制冷量大于 7100W 的电机驱动压缩机单元式空气调节机作为住宅小区或整栋楼的冷热源机组时，所选用机组的能效比（性能系数）不应低于现行国家标准《公共建筑节能设计标准》GB 50189 中的规定值。《公共

建筑节能设计标准》GB 50189－2005 在确定能效最低值时，以国家标准《冷水机组能效限定值及能源效率等级》GB 19577－2004、《单元式空气调节机能效限定值及能源效率等级》GB 19576－2004 等强制性国家能效标准为依据。能源效率等级判定方法，目的是配合我国能效标识制度的实施。能源效率等级划分的依据：一是拉开档次，鼓励先进，二是兼顾国情，以及对市场产生的影响，三是逐步与国际接轨。根据我国能效标识管理办法（征求意见稿）和消费者调查结果，建议依据能效等级的大小，将产品分成 1、2、3、4、5 五个等级。能效等级的含义：1 等级是企业努力的目标；2 等级代表节能型产品的门槛（最小寿命周期成本）；3、4 等级代表我国的平均水平；5 等级产品是未来淘汰的产品。目的是能够为消费者提供明确的信息，帮助其购买的选择，促进高效产品的市场。表 10 摘录国家标准《冷水机组能效限定值及能源效率等级》GB 19577－2004 中"能源效率等级指标"。

表 10　冷水机组能源效率等级指标

类　型	额定制冷量 CC (kW)	能效等级（COP，W/W）				
		1	2	3	4	5
风冷式或蒸发冷却式	CC≤50	3.20	3.00	2.80	2.60	2.40
	50<CC	3.40	3.20	3.00	2.80	2.60
水冷式	CC≤528	5.00	4.70	4.40	4.10	3.80
	528<CC≤1163	5.50	5.10	4.70	4.30	4.00
	1163<CC	6.10	5.60	5.10	4.60	4.20

表 10 中制冷性能系数（COP）值考虑了以下因素：国家的节能政策；我国产品现有与发展水平；鼓励国产机组尽快提高技术水平。同时，从科学合理的角度出发，考虑到不同压缩方式的技术特点，对其制冷性能系数分别作了不同要求。活塞/涡旋式采用第 5 级，水冷离心式采用第 3 级，螺杆机则采用第 4 级。

5.2.17　测评方法：文件审查、现场检查。

测评要点：应文件审查所使用机组的检测报告，现场检查机组型号。

国家标准《公共建筑节能设计标准》GB 50189－2005 中的规定值见表 11。

表 11　单元式机组能效比

类　型		能效比（W/W）
风冷式	不接风管	2.60
	接风管	2.30
水冷式	不接风管	3.00
	接风管	2.70

表 11 中名义制冷量时能效比（EER）值，相当于国家标准《单元式空气调节机能效限定值及能源效率等级》GB 19576－2004 中"能源效率等级指标"的第 4 级（见表 12）。

表 12　单元式空气调节机能源效率等级指标

类　型		能效等级（COP，W/W）				
		1	2	3	4	5
风冷式	不接风管	3.20	3.00	2.80	2.60	2.40
	接风管	2.90	2.70	2.50	2.30	2.10
水冷式	不接风管	3.60	3.40	3.20	3.00	2.80
	接风管	3.30	3.10	2.90	2.70	2.50

5.2.18　测评方法：文件审查、现场检查。

国家标准《公共建筑节能设计标准》GB 50189－2005 中的规定见表 13。

表 13　溴化锂吸收式机组性能参数

机型	名义工况				性能参数	
	冷(温)水进/出口温度 (℃)	冷却水进/出口温度 (℃)	蒸汽压力 (MPa)	单位制冷量蒸汽耗量 [kg/(kWh)]	性能参数 (W/W)	
					制冷	供热
蒸汽双效	18/13		0.25	≤1.40	—	—
	12/7	30/35	0.4		—	—
			0.6	≤1.31	—	—
			0.8	≤1.28	—	—
直燃	空调 12/7	30/35		≥1.10	—	
	供热出口 60	—				≥0.90

注：直燃机的性能系数为：制冷量(供热量)/[加热源消耗量(以低位热值计)＋电力消耗量(折算成一次能)]。

5.2.19　测评方法：文件审查、现场检查。

测评要点：审查设计文件、机组性能检测报告；现场核查机组型号。

本条为《严寒和寒冷地区居住建筑节能设计标准》JGJ 26－2010、《夏热冬冷地区居住建筑节能设计标准》JGJ 134－2010 强制性条文。国家标准《多联式空调（热泵）机组能效限定值及能源效率等级》GB 21454－2008 将多联机产品的能效水平分成 5 个等级，其中 1 级产品的能效水平最高，2 级是达到节能认证所允许的最小值即节能评价值，3、4 等级代表了我国多联机产品的平均能效水平，5 级是标准实施后市场准入的门槛即能效限定值。同时，标准还明确将 3 级能效水平作为超前性能效指标，该指标的实施时间为 2011 年，标准中的 4、5 级能效水平的产品被淘汰。国家标准《多联式空调（热泵）机组能效限定值及能源效率等级》GB 21454-2008 中规定的第 3 级数值见表 14。

表 14　多联式空调（热泵）机组制冷综合性能系数〔IPLV（C）〕限定值

名义制冷量（CC）（W）	空调部分负荷综合性能系数〔IPLV（C）〕（W/W）
$CC \leqslant 28000$	3.20
$28000 < CC \leqslant 84000$	3.15
$CC > 84000$	3.10

5.2.20　测评方法：文件审查、现场检查。

测评要点：审查设计文件，现场核查是否具备运行条件。

对于供暖期较长的地区，比如 HDD 大于 2000 的地区，回收排风热，能效和经济效益都很明显。

5.2.21　测评方法：文件审查、现场检查。

测评要点：文件审查是否具备前期工程勘察报告，包括土壤源热泵系统岩土热响应试验报告与土壤热平衡分析报告，地下水抽回灌试验报告及抽水量、回灌量及其水质监测系统，地表水、污水水源水资源勘察报告等；现场检查抽回灌井数量及回灌情况。

本条为《严寒和寒冷地区居住建筑节能设计标准》JGJ 26-2010 强制性条文。地源热泵系统包括土壤源、地下水源、地表水源（淡水、海水、污水）热泵系统。应用时，不能破坏地下资源。《地源热泵系统工程技术规范》GB 50366-2009 的强制性条文第 3.1.1 条规定：地源热泵系统方案设计前，应进行工程场地状况调查，并对浅层地热能资源进行勘察。第 5.1.1 条规定：地下水换热系统应根据水文地质勘察资料进行设计，并必须采取可靠的回灌措施，确保置换冷量或热量后的地下水全部回灌到同一含水层，不得对地下水资源造成浪费及污染。地源热泵系统投入运行后，应对抽水量、回灌量及其水质进行监测。

水源热泵对水资源的利用还应符合《中华人民共和国水法》、《取水许可和水资源费征收管理条例》、《取水许可管理办法》、《地下水环境质量标准》GB/T 14848-1993 等法律法规、标准规范的规定。水源热泵热源井设计除应符合现行国家标准《供水管井技术规范》GB 50296 的相关规定外，还应包括以下内容，体现对水资源的保护：

1　热源井抽水量和回灌量、水温和水质；

2　热源井数量、井位分布及取水层位；

3　井管配置及管材选用，抽灌设备选择；

4　井身结构、填砾位置、滤料规格及止水材料；

5　抽水试验和回灌试验要求及措施；

6　井口装置及附属设施。

水源热泵对水资源的保护是否符合要求，主要从以下方面来评定：

1　抽灌是否在同一含水层内；

2　回灌水质是否不低于原地下水水质；

3　对抽水井和回灌井分别安装计量水表，回灌水量是否与抽水水量相当。

另外，如果地源热泵系统采用地下埋管式换热器，要注意并进行长期应用后土壤温度变化趋势的预测。由于应用地区供暖和空调使用时间不同，对于以供暖为主的地区，抽取土壤热量（冬季）会大于向地下土壤排热量（夏季），长期使用后（如 5 年、10 年、15 年），土壤温度会逐渐下降，以致冬季机组运行效率下降，甚至不能正常运行。对于以空调为主的地区，向地下土壤排热量（夏季）会大于抽取土壤热量（冬季），长期使用后，土壤温度会逐渐上升，同样，导致机组夏季运行效率下降。因此，在设计阶段，应进行长期应用后（如 25 年）土壤温度变化趋势平衡模拟计算，或者要考虑如果地下土壤温度出现下降或上升变化时的应对措施，如采用冷却塔、地下埋管式地源热泵产生热水、辅助热源、复合式系统等。

5.3　选　择　项

5.3.1　测评方法：文件审查、现场检查。

目前我国可再生能源在建筑中的应用情况，主要包括太阳能光热利用，即应用太阳能热水器供生活热水、供暖等，以及应用地源热泵系统进行供暖、供热水和空调。

测评要点：

1　文件审查设计选用的太阳能保证率，现场检查设备设置情况。户式热水器的太阳能保证率是对整栋楼的热水热量而言。对于采用太阳能供生活热水的系统，供生活热水保证率≥30％时加 10 分，供生活热水保证率≥50％时加 20 分；对于采用太阳能供暖的系统，供暖保证率≥20％时加 15 分，供暖保证率≥30％时加 25 分。例如，某系统太阳能供生活热水保证率为 30％，供暖保证率为 10％，则加 10 分。

2　文件审查设计可再生能源发电装机容量及建筑配电装机容量，现场检查设备设置情况。

3　文件审查地源热泵供暖设计文件，现场检查设备设置情况。由于夏热冬暖地区全年供热量较低，因此除了设计地源热泵供热量占建筑热源总装机容量的比例满足要求外，还需满足全年供暖供热量占全年供暖供冷量之和的比例不应低于 20％。

4　文件审查地源热泵供生活热水设计文件，现场检查设备设置情况。地源热泵系统包括土壤源、地下水、地表水、海水、污水、利用电厂冷却水余热等多种形式的热泵系统。对无常规辅助热源的系统，其比例即为 100％。

5.3.2 测评方法：文件审查、现场检查。

测评要点：文件审查自然通风模拟设计文件，进行竣工图和现场检查。

单体建筑物自然通风设计应以夏季为主，重点考虑夜间自然通风。设置本条文的目的是提倡在进行住宅小区规划布局、单体建筑设计时，采用计算机模拟软件或其他计算工具，对自然通风进行专项分析，实现良好的自然通风利用效果。

自然通风对于减少空调能耗、改善建筑室内外热环境具有重要意义，其实现需要从居住区规划开始，到单体建筑设计落脚。合理的自然通风设计可以向室内引导更多室外新鲜空气，在过渡季节还可取代（或部分取代）传统空调制冷系统，在不消耗能源的情况下达到对室内温度的调节。传统的自然通风设计主要是定性分析，随着近年来计算机技术的发展和新技术的进步，自然通风设计开始由定性分析到定量计算转变，通风效果通过具体指标被量化和评判。

小区自然通风设计可按以下步骤进行：（1）自然通风定性设计；（2）自然通风软件模拟设计；（3）建筑物布局修改设计。即根据当地夏季主导风向及风速，考虑建筑物对气流的阻挡与引导作用，以有利于小区气流流动顺畅为原则，定性地布置建筑物，然后应用自然通风模拟软件，对建筑小区内自然通风进行定量的模拟设计。模型建立时，应将小区周边沿风向距离 50 m 范围内的建筑、地形等影响通风的因素考虑在内，再根据模拟结果调整建筑物布局，使建筑小区的规划布局有利于自然通风。

单体建筑自然通风设计应在完成建筑小区自然通风模拟设计的基础上进行。可按以下步骤进行：（1）自然通风定性设计；（2）自然通风软件模拟设计；（3）单体建筑外窗修改设计。即定性地布置单体建筑开窗位置、开窗大小、户内布局，然后将建筑小区建筑物前后的风压差或风速作为单体建筑自然通风模拟设计的边界条件进行单体建筑自然通风模拟设计，再根据模拟结果调整建筑物开窗位置、开窗大小、户内布局，使建筑物户内有利于自然通风。

5.3.3 测评方法：文件审查、现场检查。

测评要点：文件审查自然采光设计文件，进行竣工图和现场检查。

自然采光即在室内引入自然光线，除了可以创造空间氛围外，还可以满足室内的照明，减少人工照明，节约能源。传统的自然采光设计主要是定性分析，随着近年来计算机技术的发展和新技术的进步，自然采光设计开始由定性分析到定量计算转变，自然采光效果通过具体指标被量化和评判。

本标准设置本条文的目的是提倡在进行单体建筑设计时，采用计算机模拟软件或其他计算工具，对自然采光进行专项分析，实现良好的自然采光利用效果。

5.3.4 测评方法：文件审查、现场检查。

测评要点：文件审查遮阳模拟报告，进行竣工图和现场检查。

本标准设置本条文的目的是提倡在进行单体建筑设计时，采用计算机模拟软件或其他计算工具，对遮阳进行专项分析，实现良好的遮阳效果。

对于温和地区，按与其最接近的建筑气候分区加分。

5.3.5 测评方法：文件检查、现场检查。

"建筑门窗节能性能标识"是指门窗的传热系数、遮阳系数、空气渗透率、可见光透射比等节能性能指标的一种信息性标识，反映该性能信息的标签粘贴在门窗显著位置，能够综合体现其节能性能，标签上同时标明有门窗产品的适宜地区，便于选择使用。"门窗节能性能标识"认证由企业自愿提出申请，住房城乡建设部认定批准的"建筑门窗节能性能标识实验室"负责申请企业的生产条件现场检查、产品抽样和样品节能性能指标的检测与模拟计算，并出具《建筑门窗节能性能标识测评报告》。门窗标识包括证书和标签，证书由住房城乡建设部印制并统一编号和发放，标签由企业按照统一的样式、规格以及标注规定自行印制。建筑外窗选用通过标识认证的产品，有利于建筑物提高节能性能，降低能耗。标识产品是有地区适宜性的，应避免盲目选用。外窗使用地区应与标识推荐的适宜地区相一致。

5.3.6 测评方法：文件审查、现场检查。

测评要点：空调的水系统设计是否有变水量设计（包括可分区域启停或分档控制），或者循环泵是否采用变频等。

5.3.7 测评方法：文件检查、现场检查。

5.3.8 测评方法：文件审查、现场检查。

每项技术节能率为采用节能措施的节能量占全年供暖空调能耗的比例。

6 公共建筑能效测评

6.1 基 础 项

6.1.1 测评方法：计算评估。

6.2 规 定 项

Ⅰ 围 护 结 构

6.2.1 测评方法：文件审查、现场检查、性能检测。

为了保证公共建筑的节能，外窗和幕墙需要具有良好的气密性能，以抵御夏季室外空气过多的向室内渗透。

测评要点：审查设计文件、进场复检报告，查看门窗气密性等级是否符合设计或国家标准《建筑外门窗气密、水密、抗风压性能分级及检测方法》GB/T 7106-2008 中相应等级要求；透明幕墙的气密性是否符合设计或现行国家标准《建筑幕墙》GB/T 21086 中的规定。在无复检报告情况下，可现场检测，检测方法应按照国家现行行业标准《公共建筑节能检测标准》JGJ/T 177 规定的方法进行。

6.2.2 测评方法：文件审查、现场检查、性能检测（围护结构热工缺陷检测）。

测评要点：审查设计文件，要求应按设计要求采取隔断热桥或节能保温措施。查看外墙、屋面主体部位及结构性冷（热）桥部位热阻或传热系数值，看是否低于本地区低限热阻或传热系数。同时应进行现场检查，查看外墙、屋面结构性冷（热）桥部位是否存在发霉、起壳等现象，宜借助红外热像仪进行热工缺陷的检测。

6.2.3 测评方法：文件审查、现场检查。

测评要点：审查设计文件，查看门窗洞口之间的密封方法和材料是否符合设计要求，同时还应现场检查，查看是否和设计一致。

窗框四周与抹灰层之间的缝隙，宜采用保温材料和嵌缝密封膏密封，避免不同材料界面开裂影响窗户的热工性能。

6.2.4 测评方法：审查竣工图、现场核查。

设置本条是为了保证室内有良好的自然通风。

Ⅱ 冷热源及空调系统

6.2.5 测评方法：文件审查、现场检查。

测评要点：审查空调竣工图纸及新风处理机组说明书，计算评估。

《公共建筑节能设计标准》GB 50189-2005 第 3.0.2 条规定的公共建筑主要空间的空调设计新风量见表15。

表15 公共建筑主要空间的空调设计新风量

建筑类型与房间名称			新风量 [m³/(h·p)]
旅游旅馆	客房	5 星级	50
		4 星级	40
		3 星级	30
	餐厅、宴会厅、多功能厅	5 星级	30
		4 星级	25
		3 星级	20
		2 星级	15
	大堂、四季厅	4~5 星级	10
旅游旅馆	商业、服务	4~5 星级	20
		2~3 星级	10
	美容、理发、康乐设施		30
旅店	客房	一~三级	30
		四级	20
文化娱乐	影剧院、音乐厅、录像厅		20
	游艺厅、舞厅（包括卡拉OK歌厅）		30
	酒吧、茶座、咖啡厅		10
体育馆			20
商场（店）、书店			20
饭馆（餐厅）			20
办公			30
学校	教室	小学	11
		初中	14
		高中	17

6.2.6 测评方法：文件审查、现场检查。

测评要点：审查空调设计计算书，现场核查空调冷热源设备选型是否相符合。

本条依据《公共建筑节能设计标准》GB 50189-2005 第5.1.1条：竣工图设计阶段必须进行热负荷和逐项逐时的冷负荷计算。电动压缩式冷水机组的总装机容量，应根据计算的空调系统冷负荷值直接选定，不另作附加；在设计条件下，当机组的规格不能符合计算冷负荷的要求时，所选择机组的总装机容量与计算冷负荷的比值不得超过1.1。

6.2.7 测评方法：文件审查、现场检查。

本条依据《公共建筑节能设计标准》GB 50189-2005 第5.4.2条。

6.2.8 测评方法：文件审查、现场检查。

6.2.9 测评方法：文件审查、现场检查。

6.2.10 测评方法：文件审查、现场检查。

《公共建筑节能设计标准》GB 50189-2005 第5.4.5条规定了。冷水（热泵）机组制冷性能系数见本标准表9。

6.2.11 测评方法：文件审查、现场检查。

《公共建筑节能设计标准》GB 50189-2005 第5.4.8条规定了。单元式机组能效比见本标准表11。

6.2.12 测评方法：文件审查、现场检查。

《公共建筑节能设计标准》GB 50189-2005 第5.4.9条规定了。溴化锂吸收式机组性能参数见本标准表13。

6.2.13 测评方法：文件审查、现场检查。

国家标准《多联式空调（热泵）机组能效限定值及能源效率等级》GB 21454 - 2008 中规定的第 2 级限定值见表 16。

表 16　多联式空调（热泵）机组部分负荷综合性能系数〔IPLV（C）〕限定值

名义制冷量 CC（W）	空调部分负荷综合性能系数 IPLV（C）（W/W）
CC≤28000	3.40
28000＜CC≤84000	3.35
CC＞84000	3.30

6.2.14 测评方法：文件审查、现场检查。

6.2.15 测评方法：文件审查、现场检查。

《公共建筑节能设计标准》GB 50189 - 2005 第 5.3.26 条规定。

集中空调系统风机单位风量耗功率（W_s）应按下式计算：

$$W_s = P/(3600\eta_t)$$

式中：W_s——单位风量耗功率〔W/（m³/h）〕，风机的单位风量耗功率限值见表 17。

P—— 风机全压值（Pa）；

η_t——包含风机、电机及传动效率在内的总效率（%）。

表 17　风机的单位风量耗功率限值〔W/（m³/h）〕

系统形式	办公建筑		商业、旅馆建筑	
	粗效过滤	粗、中效过滤	粗效过滤	粗、中效过滤
两管制定风量系统	0.42	0.48	0.46	0.52
四管制定风量系统	0.47	0.53	0.51	0.58
两管制变风量系统	0.58	0.64	0.62	0.68
四管制变风量系统	0.63	0.69	0.67	0.74
普通机械通风系统	0.32			

注：1　普通机械通风系统中不包括厨房等需要特定过滤装置的房间的通风系统；
　　2　严寒地区增设预热盘管时，单位风量耗功率可增加 0.035〔W/（m³/h）〕；
　　3　当空气调节机组内采用湿膜加湿方法时，单位风量耗功率可增加 0.053〔W/（m³/h）〕。

6.2.16 测评方法：文件审查、现场检查。

6.2.17 测评方法：文件审查、现场检查。

室温调控是建筑节能的前提及手段，《中华人民共和国节约能源法》要求"使用空调供暖、制冷的公共建筑应当实行室内温度控制制度"。公共建筑供暖空调系统应具有室温调控手段。

对于全空气空调系统可采用电动两通阀变水量和风机变速的控制方式；风机盘管系统可采用电动温控阀和三挡风速相结合的控制方式。采用散热器供暖时，在每组散热器的进水支管上，应安装散热器恒温控制阀或手动散热器调节阀。采用地板辐射供暖系统时，房间的室内温度也应有相应控制措施。

6.2.18 测评方法：文件审查、现场检查。

目前，我国出租型公共建筑中，集中空调费用多按照用户承租建筑面积大小收取，这种收费方式的效果是用与不用一个样、用多用少一个样，使使用户产生"不用白不用"的心理，使室内过热或过冷，造成能源浪费。公共建筑集中空调系统，按用冷量计量收取空调使用费是更合理的方式，也是今后的发展趋势，它不仅能够降低空调运行能耗，也能够有效地提高公共建筑的能源管理水平。

　　1）采用区域性冷源时，在每栋公共建筑的冷源入口处，应设置冷量计量装置；

　　2）公共建筑内部归属不同的使用单位时，应分别设置冷量计量装置。

6.2.19 测评方法：文件审查、现场检查。

审查是否具有水力平衡计算书，现场检查平衡装置设置情况。

6.2.20 测评方法：文件审查、现场检查。

监测与控制系统应包括参数检测、参数与设备状态显示、自动调节与控制、工况自动转换、设备连锁与自动保护、能量计量以及中央监控与管理等；系统规模大，制冷空气调节设备台数多且相关联各部分相距较远时，应采用集中监控系统。

Ⅲ　照　明

6.2.21 测评方法：审查电气竣工图、现场抽查核实，抽查面积不低于20%。

当房间或场所的照度值高于或低于现行国家标准《建筑照明设计标准》GB 50034 规定的对应照度值时，其照明功率密度值应按比例提高或折减。

6.2.22 测评方法：审查电气竣工图、现场检查。

6.3　选　择　项

6.3.1 测评方法：文件审查、现场检查。

　　1　根据各地的太阳能资源条件和经济合理性，本条规定太阳能提供的热量不低于建筑生活热水消耗热量的30%，加 5 分；太阳能提供的热量不低于建筑生活热水消耗热量的50%，加 10 分；

　　2　设计可再生能源发电装机容量不低于建筑总配电装机容量的1%，加 5 分；

　　3　当设计建筑热负荷大于冷负荷时，判断比例为地源热泵系统设计供暖容量占建筑供暖热源总装机容量的比例；反之，当设计建筑冷负荷大于热负荷时，判断比例为地源热泵系统设计供冷容量占建筑冷源总装机容量的比例。

6.3.2 测评方法：文件审查、现场检查。

测评要点：文件审查自然通风模拟设计文件，进行竣工图和现场检查。公共空间尽量采用自然通风以减少空调安装。例如在海南、湛江等气候条件适宜的地区，尽量充分利用自然通风，以最低的费用、最少的能耗获得最大的收益。

6.3.3 测评方法：文件审查、现场检查。

测评要点：对照自然采光设计文件及分析报告，进行竣工图和现场核查，达到要求可得 5 分。

本条依据现行国家标准《建筑采光设计标准》GB 50033 确定采光系数标准值。

6.3.4 测评方法：文件审查、现场检查。

测评要点：文件审查遮阳模拟报告，进行竣工图和现场检查。

本标准设置本条文的目的是提倡在进行单体建筑设计时，采用计算机模拟软件或其他计算工具，对遮阳进行专项分析，实现良好的遮阳效果。

对于温和地区，按与其最接近的建筑气候分区加分。

6.3.5 测评方法：文件审查、现场检查。

测评要点：

1 应对建筑物的热负荷、电负荷进行详细分析；

2 从系统配置、运行模式以及经济和环保效益等方面对拟采用的分布式热电联供系统进行可行性分析；

3 系统设计应满足规范要求；

4 应有对选用系统的效率分析，以实现一定规模下系统效率最高。

6.3.6 测评方法：文件审查、现场检查。

测评要点：

1 使用蓄能材料时，需针对气候、用能特点进行详细论证；

2 审查蓄冷蓄热技术设计说明及计算报告；

3 在蓄能系统设计说明中，提供用于蓄冷的电驱动蓄能设备提供空调量的比例计算过程。

合理采用蓄冷蓄热技术对于调节昼夜电力峰谷差异有积极的作用，能够满足城市能源结构调整和环境保护的要求。

常见的蓄冷蓄热技术设备有：冰蓄冷、水蓄冷、溶液除湿机组中的储液罐、太阳能热水系统的蓄水池等。采用冰蓄冷、水蓄冷的空调系统，电驱动溶液除湿机组中的储液罐，太阳能热水系统的储水池均可利用夜间电力蓄能，起到调节昼夜电力峰谷的作用；而热驱动溶液除湿机组由于不使用电力作为动力，故其储液罐无法起到调节昼夜电力峰谷的作用，不属于本条文中提出的蓄冷蓄热技术。

通过专家论证，合理采用蓄冷蓄热的定量指标为：用于蓄冷的电驱动蓄能设备提供的冷量达到

30%；参考《公共建筑节能设计标准》GB 50189－2005，电加热装置的蓄能设备能保证高峰时段不用电，则判定此项达标。

6.3.7 测评方法：文件审查、现场检查。

测评要点：审查热回收系统设计说明，包括系统形式、对应的建筑区域、经济性分析等；暖通设计图纸中应包括利用排风对新风预热（冷）的系统设计图。

近年来随着空调的普及，空调的耗能已成为人们的关注焦点，空调耗能已经占到了整个建筑耗能的30%～40%，而且在空调系统中，大部分空调回风经冷却和再热后作为送风送到空调房间，而其余的回风则排出室外，回风携带的热（冷）量就白白浪费了，同时送风进入空调房间时必须经过加热（冷却）处理，需要消耗相当多的能量，所以如何将空调系统回风热（冷）量回收，再用于空调系统，对空调系统节能将具有重要的意义。

在排风热回收系统中，通过排风和新风实现热湿传递，将排风带出的能量传递给新风，能够使能量得以最大限度地保留。在夏季，如采用高效的吸湿性转轮热回收装置，其全热回收效率可达 48%，十分可观。

6.3.8 测评方法：文件审查、现场检查。

达到以下任一要求者，可得 5 分。

1 不低于 60% 的生活热水由空调冷凝热提供；

2 集中空调系统空调冷凝热全部回收用以加热生活热水。

空调系统一般通过冷水机组和冷却塔将室内的热量排出室外，从而将室内温度降至人体感觉舒适的温度。大量的冷凝热量如果直接排入大气，除了造成较大的能源浪费，还使环境温度升高，造成环境热污染。冷凝热回收技术可以很好地利用这部分热量，对空调系统向室外排放的这部分热量进行回收再利用，从而有效降低建筑的运行费用。

宾馆、酒店、医院等公共建筑，在使用空调的同时，还利用各种燃料或电加热锅炉、热水炉、蒸汽炉等制备热水，消耗大量能源。若在空调机组上设置废热回收装置，可实现在开空调的同时，把制冷循环中制冷工质冷凝放热过程放出的热量利用起来制备热水，一是可少用或停用现有的热水制备系统，节省燃料；二是对于改造后的制冷机组，冷凝效果大大提高，降低制冷机组和冷却系统的电耗，减少对环境的污染。

6.3.9 测评方法：文件审查、现场检查。

空调系统设计时不仅要考虑到设计工况，而且应考虑全年运行模式。在过渡季，空调系统采用全新风或增大新风比运行，都可以有效改善空调区内空气的品质，大量节省空气处理所需消耗的能量，应该大力推广应用。但要实现全新风运行，设计时必须认真考

虑新风取风口和新风管所需的截面积，妥善安排好排风出路，并应确保室内合理的正压值。

测评要点：

1 审核图纸中新风取风口和新风道面积，其新风风道尺寸应能满足最大新风运行的需要，以此判断是否具有新风可调性；

2 施工图设计说明中应明确提出新风系统在过渡季节、冬夏季节的运行策略；

3 需提供空调机组调节新风比的范围；最大总新风比不应低于50%，允许时宜取更大值；

4 具备调节功能的系统占新风系统的比例应不低于50%。

6.3.10 测评方法：文件审查、现场检查。

测评要点：

1 当循环水系统变流量运行时：审核图纸中末端机组出水管段是否设电动二通阀，并与机组联动开闭。循环水泵是否选用变频水泵和恒压差控制方法。循环水系统是否采用总流量根据末端机组的运行数量改变的变流量运行方式；

2 采用变风量系统时：审核图纸中是否采用根据设定的室内温度改变末端设备的一次风风量的运行方式。是否根据室内温度控制末端装置风机的启停。风机是否采用变速控制。

大多数公共建筑的空调系统都是按照最不利情况（满负荷）进行系统设计和设备选型的，而建筑在绝大部分时间内是处于部分负荷状况的，或者同一时间仅有一部分空间处于使用状态。面对这种部分负荷、部分空间使用条件的情况，如何采取有效的措施以节约能源，就显得至关重要。系统设计应能保证在建筑物处于部分冷热负荷时和仅部分建筑使用时，能根据实际需要提供恰当的能源供给，同时不降低能源转换效率。要实现这一目的，空调系统在部分负荷下的变水量或变风量调控措施也是十分必要的。

6.3.11 测评方法：文件审查、现场检查。

测评要点：

1 应对建筑物的冷水机组、水泵的能耗及冷水系统的整体能耗进行详细分析；

2 对拟采用的大温差小流量系统进行技术经济的分析比较；

3 系统设计应满足空调末端的供冷要求。

6.3.12 测评方法：文件审查、现场检查。

公共建筑的空调、通风和照明系统能耗是建筑运行中的主要能耗。为此，空调通风系统冷热源、风机、水泵等设备应进行有效监测，对关键数据进行实时采集并记录；对上述设备系统按照设计要求进行可靠的自动化控制。对照明系统，除了在保证照明质量的前提下尽量减小照明功率密度设计外，还应根据区域照度、人体动作感应器和使用时间实现对该区域照明的自动控制，达到建筑照明节能运行的目的。

6.3.13 测评方法：文件检查、现场检查。

在民用建筑中，供暖空调设备的能效对建筑能耗影响是很大的。《公共建筑节能设计标准》GB 50189-2005确定的供暖空调设备能效等级采用值见表18。

表18 供暖空调设备能效等级采用值

冷热源类型		能效等级
冷水（热泵）机组	活塞/涡旋式	第5级
	螺杆式	第4级
	离心式	第3级
单元式机组	风冷式/水冷式	第4级

以离心式冷水机组为例，摘录了一家国外品牌机组和一家国产品牌机组的制冷效率与《公共建筑节能设计标准》GB 50189-2005规定的机组制冷效率和节电效果进行对比，见表19。

表19 制冷机制冷效率对比和节电效果

类型		《公共建筑节能设计标准》COP规定值	国外品牌机组		国产品牌机组	
			平均COP	节电效果	平均COP	节电效果
水冷离心式机组制冷量（kW）	528～1163	4.70	5.05	6.93%	4.93	4.67%
	>1163	5.10	5.55	8.11%	5.62	9.25%

从表19可看出，国内外品牌的空调制冷机组能效大部分超过3级，接近或达到2级，机组节电5%～9%。目前市场上，大部分制冷机组能效值均超过《公共建筑节能设计标准》GB 50189-2005的规定值。这表明，应考虑制冷机组实际能效对建筑节能和能效测评的影响。

6.3.14 测评方法：文件审查、现场检查。

采用新型节能措施包括采用新型节能材料、新型节能设备、新型节能施工工艺、新型节能控制系统等。

每项技术节能率为采用节能措施的节能量占全年供暖空调及照明能耗的比例。

7 居住建筑能效实测评估

7.1 基 础 项

7.1.2 评估方法：统计分析、现场性能检测。

建筑总能耗通过查阅建筑物的能源消耗清单，并辅以现场实测的方法确定。不同能耗的计量单位进行统一折算。

7.2 规 定 项

7.2.1 评估方法：现场检测。

7.2.2 评估方法：现场检测。

锅炉运行效率测评要点：检测应在供暖系统正常运行120h后进行，检测持续时间不应小于24h。

锅炉的负荷率对锅炉的运行效率影响较大，所以，检测期间，燃煤锅炉的日平均运行负荷不应低于额定负荷的60%。由于燃油和燃气锅炉的负荷特性好，当负荷率在30%以上时，锅炉效率可接近额定效率，所以，燃油和燃气锅炉的负荷率应大于30%。由于在日供热量相同的条件下，运行时数长的锅炉日平均运行效率高于运行时数短的锅炉，所以，锅炉日累计运行时数应不小于10h。

燃煤锅炉的耗煤量应按批计量，在一个供暖期内锅炉房所需的煤量往往不只一批，为了防止在检测期间，当各批煤煤质之间存在较大差异时可能导致的较大误差，所以煤样低位发热值的化验批数应与供暖锅炉房进煤批数相一致。燃油和燃气的低位发热值也应根据需要进行取样化验，以保证取得准确的数据。

对以热电厂为热源的系统，此项不作测评。

室外管网热损失率不应大于10%。小区供暖系统室外管网热输送效率的检测应在供暖系统正常运行120h后进行，检测持续时间不应少于72h。检测期间，热源供水温度的逐时值不应低于35℃。

建筑物的供暖供热量应在建筑物热力入口处采用热计量装置测量，热计量装置中温度计和流量计的安装应符合相关产品的使用规定。

按规定建筑物外墙外表面2.5m以内属于室内系统，而2.5m以外属于室外管网系统。供回水温度传感器宜位于受检建筑物外墙外侧且距外墙外表面2.5m以内的地方。供暖系统总供暖供热量应在供暖热源出口处测量，热量计量装置中供回水温度传感器宜安装在供暖锅炉房或热力站内，安装在室外时，距锅炉房或热力站或热泵机房外墙外表面的垂直距离不应超过2.5m。

对以热电厂为热源的系统，室外管网热损失率测评范围为热力站到用户。

为了监管和杜绝设备供应商和承包商偷工减料、以次充好等现象的发生，要求检测前对水泵铭牌参数进行校核，即循环水泵的水量和扬程。

供热负荷率达到50%时，即可实施对集中供暖系统耗电输热比检测。供热负荷率达到50%时，系统的流量调节量和温差调整量均偏离设计值不大。

在供暖系统循环水泵的配备上，一般有四种方式，即变频制、多台泵并联制、大小泵制和常规一用一备制系统。变频制水泵通过调节水泵电机的输入频率来跟踪系统阻力的变化，为供暖系统提供恒定的资用压头。这种系统由于采用了变频技术，使得实际耗电输热比较低。多台泵并联制系统根据室外气温的变化，增加或减少水泵的台数，例如，严寒期启动两台泵，初寒期和末寒期启动一台泵，这样可以实现阶段量调节，再结合质调节便可以适应全供暖期负荷的变化。但这种方式下，当并联的水泵台数超过三台时，并联的效率降低显著。大小泵制也是一种行之有效的方式，严寒期使用大泵，初寒和末寒期使用小泵，小泵的流量为大泵的75%左右，扬程为大泵的60%左右，轴功率为大泵的45%左右。这种方式将负荷调节和设备的安全备用合二为一考虑，不失为一种智慧之举。常规一用一备制系统节能效果最差，但仍然有不少的系统在使用之中，因为它的安全余量大。但不管对何种系统，检测均应在水泵运行在设计状态时进行，以便使系统的实际耗电输热比取最大值，才能鉴别系统的优劣，检测时间应为24h。

对以热电厂为热源的系统，集中供暖系统耗电输热比测评范围为热力站到用户二次网。

8 公共建筑能效实测评估

8.1 基 础 项

8.1.2 评估方法：统计分析、现场检测。

建筑总能耗通过查阅建筑物的能源消耗清单，并辅以现场实测的方法确定。不同能耗的计量单位进行统一折算。特殊区域（如24h空调的计算中心、网络中心、大型通信机房、有大型实验装置的实验室等）的能耗不包含在建筑总能耗中。

8.1.3 评估方法：统计分析、现场检测。

单位供暖空调能耗可采用以下方法：

1 对于已设分项计量装置的建筑，其供暖空调能耗可根据计量结果确定；

2 对于未设分项计量装置的建筑，可采用以下方法确定建筑能耗：

   1）对供暖空调系统性能进行现场测试，根据测试结果并结合以往运行记录进行分析计算；

   2）设置监测仪表，对供暖空调系统能耗进行长期监测，根据监测结果计算。

8.1.4 评估方法：现场检测。

水系统供冷（热）量应按现行国家标准《容积式和离心式冷水（热泵）机组性能试验方法》GB/T 10870规定的液体载冷剂法进行检测。

检测时应同时分别对冷水（热水）的进、出口水温和流量进行检测，根据进出口温差和流量检测值计算得到系统的供冷（热）量。检测过程中应同时对冷却侧的参数进行监测，并应保证检测工况符合检测要求。

水系统供冷（热）量测点布置应符合下列规定：

1 温度计应设在靠近机组的进出口处；

2 流量传感器应设在设备进口或出口的直管段上，并应符合产品测量要求。

水系统供冷（热）量测量仪表应符合下列规定：

1 温度测量仪表可采用玻璃水银温度计、电阻温度计或热电偶温度计；

2 流量测量仪表应采用超声波流量计。

8.2 规 定 项

8.2.1 评估方法：现场检测。

根据国家标准《公共建筑节能设计标准》GB 50189-2005，空气调节系统室内计算参数宜符合表 20 的规定。

表 20 空气调节系统室内计算参数

参 数		冬 季	夏 季
温度（℃）	一般房间	20	25
	大堂、过厅	18	室内外温差≤10
风速（v）（m/s）		0.10≤v≤0.20	0.15≤v≤0.30
相对湿度（%）		30～60	40～65

8.2.2 评估方法：现场检测。

8.2.3 评估方法：现场检测。

附录 A 居住建筑能效测评基础项能耗计算

A.1 严寒和寒冷地区居住建筑

A.1.1 基础项能耗计算是相对节能率计算的基础。计算标识建筑的全年单位面积供暖空调能耗量时，其计算条件应符合本标准第 5.1.4 条的规定；计算比对建筑的全年单位面积供暖空调系统耗能量时，其计算条件应符合本标准第 5.1.5 条的规定。能耗模拟计算应采用典型气象年数据，计算中不考虑电梯、生活热水等设备及照明的运行能耗。

行业标准《严寒和寒冷地区居住建筑节能设计标准》JGJ 26-2010 规定了锅炉的最低设计效率，如表 21 所示。

表 21 锅炉的最低设计效率

锅炉类型、燃料种类		在下列锅炉容量（MW）下的额定热效率（%）						
		0.7	1.4	2.8	4.2	7.0	14.0	>28.0
燃煤	烟煤 Ⅱ	—	—	73	74	78	79	80
	烟煤 Ⅲ	—	—	74	76	78	80	82
燃油、燃气		86	87	87	88	89	90	90

A.1.2 严寒和寒冷地区标识建筑的热源为锅炉或市

政热力时，标识建筑全年累计热负荷可采用建筑物耗热量指标进行计算，当热源为热泵时，根据国家标准《地源热泵系统工程技术规范》GB 50366-2005（2009 年版）第 4.3.2 条的规定，标识建筑应进行全年动态负荷计算。

A.2 夏热冬冷地区居住建筑

A.2.3 空调系统水泵能耗包括冷冻循环泵、冷却循环泵的能耗。

附录 B 公共建筑能效测评基础项能耗计算

B.0.1～B.0.3 采用比对建筑对比评定法，比较整幢建筑的单位面积供暖空调全年能耗相对值。计算时，应符合本标准第 6.1.4 条和第 6.1.5 条的规定。能耗模拟计算应采用典型气象年数据，计算中不考虑电梯、生活热水等设备的运行能耗。

由于公共建筑空气侧输配系统的设备能耗计算复杂，供暖空调能耗未考虑空气侧输配系统的设备能耗；若系统使用冷却塔，由于冷却塔能耗相对很小，供暖空调能耗忽略冷却塔能耗。

在计算水泵能耗时，按照选取多台相同水泵计算，若选取大小泵制或其他方式，可参照此方法根据 4 段负荷下的运行时间和对应的水泵能耗进行计算。

关于冷却水泵输送能效比 ER_c，考虑一般建筑冷却水泵的扬程小于冷冻水泵的扬程，因此，取冷却水泵扬程为 32m，效率为 70%，供回水温差为 5℃，冷却塔为闭式冷却塔，则冷却水泵输送能效比的限值为：

$$ER_c = 0.002342H/(\Delta T \cdot \eta)$$
$$= 0.002342 \times 32/(5 \times 0.7) = 0.0214$$

B.0.4 在计算比对建筑冷水机组的耗电量时，由于单纯根据 COP 或 IPLV 计算都不可取，计算供冷系统能耗时不分气候区域、不分建筑类型仅给出一个供冷系统 COP 又过于笼统。因此本标准根据《公共建筑节能设计标准》GB 50189-2005 中针对冷水（热泵）机组规定的 COP 和 IPLV 限值给出了机组分别在 100%负荷、75%负荷、50%负荷和 25%负荷下的性能系数，在冷水（热泵）机组的耗电量计算中根据建筑的不同负荷分段计算。

例如，冷水机组台数为 2 台。当建筑负荷在 0～25%负荷区间时，设定单台机组在 0～50%负荷区间运行；当建筑负荷在 25%～50%负荷区间时，设定 2 台机组均在 25%～50%负荷区间运行；当建筑负荷在 50%～75%负荷区间时，设定 2 台机组均在 50%～75%负荷区间运行；当建筑负荷在 75%～100%负荷区间时，设定 2 台机组均在 75%～100%负荷区间运行。按以上设定条件，计算比对建筑冷水机组在不

同负荷工况下的 COP。

B.0.5 采用冷水机组时，标识建筑单位建筑面积全年供冷耗电量 E_{1c} 可按下式计算:

$$E_{1c} = \left(\frac{Q_{lc,a}}{COP_{s,a}} + \frac{Q_{lc,b}}{COP_{s,b}} + \frac{Q_{lc,c}}{COP_{s,c}} + \frac{Q_{lc,d}}{COP_{s,d}} \right) \cdot \frac{1}{A}$$

$$COP_{s,a} = \frac{Q_{jz,a}}{W_{jz,a} + W_{b,a}}$$

$$COP_{s,b} = \frac{Q_{jz,b}}{W_{jz,b} + W_{b,b}}$$

$$COP_{s,c} = \frac{Q_{jz,c}}{W_{jz,c} + W_{b,c}}$$

$$COP_{s,d} = \frac{Q_{jz,d}}{W_{jz,d} + W_{b,d}}$$

式中: E_{1c}——单位建筑面积全年供冷耗电量（kWh/m²）;

$Q_{lc,a\sim d}$——负荷率分别在 0～25%、25%～50%、50%～75%、75%～100% 区间内的累计冷负荷（kWh）;

$COP_{s,a\sim d}$——负荷率分别在 0～25%、25%～50%、50%～75%、75%～100% 区间内的系统性能系数，为冷水机组制冷量之和与冷水机组、冷冻水泵、冷却水泵等功率叠加总和的比值;

A——总建筑面积（m²）;

$Q_{jz,a\sim d}$——冷水机组分别在系统 25%、50%、75%、100% 负荷下的制冷量（kW）;

$W_{jz,a\sim d}$——冷水机组分别在系统 25%、50%、75%、100% 负荷下的耗电量（kW）;

$W_{b,a\sim d}$——冷冻水泵和冷却水泵分别在系统 25%、50%、75%、100% 负荷下的耗电量（kW）。

B.0.6 采用冷水（热泵）机组时，标识建筑单位建筑面积全年供热耗电量（E_{1h}）和供冷耗电量（E_{1c}）可按下式计算:

$$E_{1h} = \left(\frac{Q_{1h,a}}{COP_{s,a}} + \frac{Q_{1h,b}}{COP_{s,b}} + \frac{Q_{1h,c}}{COP_{s,c}} + \frac{Q_{1h,d}}{COP_{s,d}} \right) \cdot \frac{1}{A}$$

$$E_{1c} = \left(\frac{Q_{lc,a}}{COP_{s,a}} + \frac{Q_{lc,b}}{COP_{s,b}} + \frac{Q_{lc,c}}{COP_{s,c}} + \frac{Q_{lc,d}}{COP_{s,d}} \right) \cdot \frac{1}{A}$$

式中: E_{1h}——单位建筑面积全年供热耗电量（kWh/m²）;

E_{1c}——单位建筑面积全年供冷耗电量（kWh/m²）;

$COP_{s,a\sim d}$——负荷率分别在 0～25%、25%～50%、50%～75%、75%～100% 区间内的系统性能系数，为冷水（热泵）机组制冷（热）量之和与冷水（热泵）机组、循环水泵等功率叠加总和的比值。计算方法与第 B.0.5 条类似。

中华人民共和国行业标准

建筑外墙外保温防火隔离带技术规程

Technical specification for fire barrier zone of external thermal insulation composite system on walls

JGJ 289—2012

批准部门：中华人民共和国住房和城乡建设部

施行日期：2 0 1 3 年 3 月 1 日

中华人民共和国住房和城乡建设部
公　告

第 1517 号

住房城乡建设部关于发布行业标准
《建筑外墙外保温防火隔离带
技术规程》的公告

现批准《建筑外墙外保温防火隔离带技术规程》为行业标准，编号为 JGJ 289 - 2012，自 2013 年 3 月 1 日起实施。其中，第 3.0.4、3.0.6、4.0.1 条为强制性条文，必须严格执行。

本规程由我部标准定额研究所组织中国建筑工业

出版社出版发行。

中华人民共和国住房和城乡建设部

2012 年 11 月 1 日

前　　言

根据住房和城乡建设部《关于印发〈2011 年工程建设标准规范制订、修订计划〉的通知》（建标 [2011] 17 号）的要求，规程编制组经广泛调查研究，认真总结实践经验，参考有关国际标准和国外先进标准，并在广泛征求意见的基础上，编制本规程。

本规程的主要技术内容是：1. 总则；2. 术语；3. 基本规定；4. 性能要求；5. 设计；6. 施工；7. 工程验收。

本规程以黑体字标志的条文为强制性条文，必须严格执行。

本规程由住房和城乡建设部负责管理和对强制性条文的解释，由中国建筑科学研究院负责具体技术内容的解释。本规程在执行过程中，如有意见或建议，请寄送中国建筑科学研究院（地址：北京市北三环东路 30 号；邮政编码：100013）。

本 规 程 主 编 单 位：中国建筑科学研究院
　　　　　　　　　　江苏省建筑科学研究院有限公司

本 规 程 参 编 单 位：北京住总集团有限责任公司
　　　　　　　　　　公安部天津消防研究所
　　　　　　　　　　富思特制漆（北京）有限公司
　　　　　　　　　　济南圣泉集团股份有限公司
　　　　　　　　　　万华节能建材股份有限公司

北京振利节能环保科技股份有限公司

南京恒翔保温材料制造有限公司

洛科威防火保温材料（广州）有限公司

绍兴市中基建筑节能科技有限公司

国家建筑节能质量监督检验中心

中国建筑标准设计研究院

哈尔滨鸿盛房屋节能体系研发中心

国家建筑材料质量监督检验中心

北京仟世达节能保温工程有限公司

一方科技发展有限公司

江苏康斯维信建筑节能技术有限公司

青岛科瑞新型环保材料有限公司

山东秦恒科技有限公司

江苏久久防水保温隔热工程有限公司

山东创智新材料科技有限公司

安徽罗宝节能科技有限公司

庞贝捷漆油贸易（上海）有限公司

拜耳（中国）有限公司上海聚合物科研开发中心

上海新型建材矿棉厂

北新集团建材股份有限公司

苏州大乘环保建材有限公司

重庆振邦防腐保温工程有限公司

河北华宇新型建材有限公司

上海永丽节能墙体材料有限公司

淄博晶能玻璃有限公司

浙江振申绝热科技有限公司

河南省建筑科学研究院有限公司

本规程主要起草人员：宋　波　许锦峰　王新民
　　　　　　　　　　　鲍宇清　田　亮　季广其
　　　　　　　　　　　冯金秋　钱选青　卓　萍
　　　　　　　　　　　朱春玲　张思思　李晓明
　　　　　　　　　　　刘东华　李枝芳　刘　钢
　　　　　　　　　　　黄振利　林国海　陈　伟
　　　　　　　　　　　郑松青　马恒忠　刘海波
　　　　　　　　　　　李月明　翟传伟　李　冰
　　　　　　　　　　　姚　勇　王家星　姜　涛
　　　　　　　　　　　刘伟华　张大为　方　铭
　　　　　　　　　　　薛彦民　张尊杰　崔利平
　　　　　　　　　　　马安龙　王玉梅　苏念胜
　　　　　　　　　　　张春华　杨泉芳　吴志敏
　　　　　　　　　　　田　野

本规程主要审查人员：张元勃　潘延平　李引擎
　　　　　　　　　　　王庆生　杨仕超　杨西伟
　　　　　　　　　　　李德荣　高汉民　阮　华

目　次

Contents

1 总 则

1.0.1 为保证民用建筑外墙外保温工程的防火安全，规范民用建筑外墙外保温工程中防火隔离带的工程技术要求，保证工程质量，做到技术先进、安全可靠、经济合理，制定本规程。

1.0.2 本规程适用于民用建筑外墙外保温工程防火隔离带的设计、施工及验收。

1.0.3 民用建筑外墙外保温工程防火隔离带的设计、施工及验收，除应符合本规程外，尚应符合国家现行有关标准的规定。

2 术 语

2.0.1 防火隔离带 fire barrier zone

设置在可燃、难燃保温材料外墙外保温工程中，按水平方向分布，采用不燃保温材料制成、以阻止火灾沿外墙面或在外墙外保温系统内蔓延的防火构造。

3 基本规定

3.0.1 采用防火隔离带构造的外墙外保温工程，其基层墙体耐火极限应符合国家现行建筑防火标准的有关规定。

3.0.2 防火隔离带设计应满足国家现行建筑节能设计标准和建筑防火设计标准的要求。选用防火隔离带时，应综合考虑其安全性、保温性能及耐久性能，并应与外墙外保温系统相适应。

3.0.3 防火隔离带组成材料应与外墙外保温系统组成材料配套使用。防火隔离带宜采用工厂预制的制品现场安装。防火隔离带抹面胶浆、玻璃纤维网布应采用与外墙外保温系统相同的材料。

3.0.4 防火隔离带应与基层墙体可靠连接，应能适应外保温系统的正常变形而不产生渗透、裂缝和空鼓；应能承受自重、风荷载和室外气候的反复作用而不产生破坏。

3.0.5 采用防火隔离带构造的外墙外保温工程施工前，应编制施工技术方案，并应采用与施工技术方案相同的材料和工艺制作样板墙。

3.0.6 建筑外墙外保温防火隔离带保温材料的燃烧性能等级应为 A 级。

3.0.7 设置在薄抹灰外墙外保温系统中的粘贴保温板防火隔离带做法宜按表 3.0.7 执行，并宜选用岩棉带防火隔离带。当防火隔离带做法与表 3.0.7 不一致时，除应按国家现行有关标准进行系统防火性能试验外，还应符合国家现行建筑防火设计标准的规定。

表 3.0.7 粘贴保温板防火隔离带做法

序号	防火隔离带保温板及宽度	外墙外保温系统保温材料及厚度	系统抹面层平均厚度
1	岩棉带，宽度≥300mm	EPS 板，厚度≤120mm	≥4.0mm
2	岩棉带，宽度≥300mm	XPS 板，厚度≤90mm	≥4.0mm
3	发泡水泥板，宽度≥300mm	EPS 板，厚度≤120mm	≥4.0mm
4	泡沫玻璃板，宽度≥300mm	EPS 板，厚度≤120mm	≥4.0mm

3.0.8 岩棉带应进行表面处理，可采用界面剂或界面砂浆进行涂覆处理，也可采用玻璃纤维网布聚合物砂浆进行包覆处理。

3.0.9 在正常使用和维护的条件下，防火隔离带应满足外墙外保温系统使用年限要求。

4 性能要求

4.0.1 防火隔离带应进行耐候性能试验，且耐候性能指标应符合表 4.0.1 的规定。

表 4.0.1 防火隔离带耐候性能指标

项 目	性 能 指 标
外观	无裂缝，无粉化、空鼓、剥落现象
抗风压性	无断裂、分层、脱开、拉出现象
防护层与保温层拉伸粘结强度（kPa）	≥80

4.0.2 除耐候性能外，防火隔离带其他性能指标应符合表 4.0.2 规定。

表 4.0.2 防火隔离带其他性能指标

项 目		性 能 指 标
抗冲击性		二层及以上部位 3.0J 级冲击合格首层部位 10.0J 级冲击合格
吸水量（g/m²）		≤500
耐冻融	外观	无可见裂缝，无粉化、空鼓、剥落现象
	拉伸粘结强度（kPa）	≥80
水蒸气透过湿流密度[g/(m²·h)]		≥0.85

4.0.3 防火隔离带保温板的主要性能指标应符合表 4.0.3 的规定。

表4.0.3　防火隔离带保温板的主要性能指标

项　目		性 能 指 标		
		岩棉带	发泡水泥板	泡沫玻璃板
密度（kg/m³）		≥100	≤250	≤160
导热系数[W/(m·K)]		≤0.048	≤0.070	≤0.052
垂直于表面的抗拉强度（kPa）		≥80	≥80	≥80
短期吸水量（kg/m²）		≤1.0	—	—
体积吸水率（%）		—	≤10	—
软化系数		—	≥0.8	—
酸度系数		≥1.6	—	—
匀温灼烧性能 （750℃，0.5h）	线收缩率（%）	≤8	≤8	≤8
	质量损失率（%）	≤10	≤25	≤5
燃烧性能等级		A	A	A

4.0.4 胶粘剂的主要性能指标应符合表4.0.4的规定。

表4.0.4　胶粘剂的主要性能指标

项　目		性能指标
拉伸粘结强度（kPa） （与水泥砂浆板）	原强度	≥600
	耐水强度（浸水2d，干燥7d）	≥600
拉伸粘结强度（kPa） （与防火隔离带保温板）	原强度	≥80
	耐水强度（浸水2d，干燥7d）	≥80
可操作时间（h）		1.5～4.0

4.0.5 抹面胶浆的主要性能指标应符合表4.0.5的规定。

表4.0.5　抹面胶浆的主要性能指标

项　目		性能指标
拉伸粘结强度 （kPa）（与 防火隔离带 保温板）	原强度	≥80
	耐水强度（浸水2d，干燥7d）	≥80
	耐冻融强度（循环30次，干燥7d）	≥80
压折比		≤3.0
可操作时间（h）		1.5～4.0
抗冲击性		3.0J级
吸水量（g/m²）		≤500
不透水性		试样抹面层内侧无水渗透

4.0.6 防火隔离带性能试验方法应符合本规程附录A的规定。

5　设　计

5.0.1 防火隔离带的基本构造应与外墙外保温系统相同，并宜包括胶粘剂、防火隔离带保温板、锚栓、抹面胶浆、玻璃纤维网布、饰面层等（图5.0.1）。

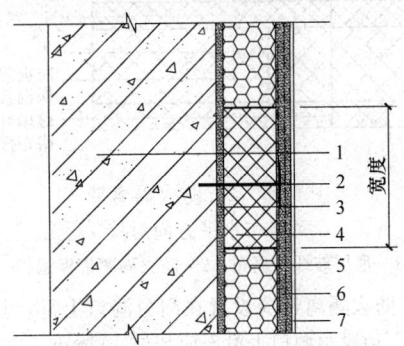

图5.0.1　防火隔离带基本构造
1—基层墙体；2—锚栓；3—胶粘剂；4—防火隔离带保温板；5—外保温系统的保温材料；6—抹面胶浆＋玻璃纤维网布；7—饰面材料

5.0.2 防火隔离带的宽度不应小于300mm。

5.0.3 防火隔离带的厚度宜与外墙外保温系统厚度相同。

5.0.4 防火隔离带保温板应与基层墙体全面积粘贴。

5.0.5 防火隔离带保温板应使用锚栓辅助连接，锚栓应压住底层玻璃纤维网布。锚栓间距不应大于600mm，锚栓距离保温板端部不应小于100mm，每块保温板上的锚栓数量不应少于1个。当采用岩棉带时，锚栓的扩压盘直径不应小于100mm。

5.0.6 防火隔离带和外墙外保温系统应使用相同的抹面胶浆，且抹面胶浆应将保温材料和锚栓完全覆盖。

5.0.7 防火隔离带部位的抹面层应加底层玻璃纤维网布，底层玻璃纤维网布垂直方向超出防火隔离带边缘不应小于100mm（图5.0.7-1），水平方向可对接，对接位置离防火隔离带保温板端部接缝位置不应小于100mm（图5.0.7-2）。当面层玻璃纤维网布上下有搭接时，搭接位置距离隔离带边缘不应小于200mm。

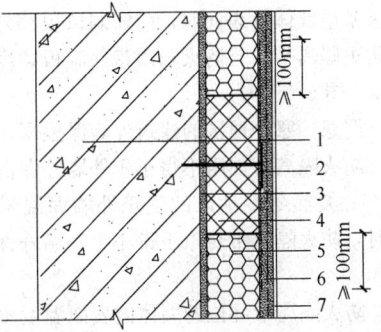

图5.0.7-1　防火隔离带网格布垂直方向搭接
1—基层墙体；2—锚栓；3—胶粘剂；4—防火隔离带保温板；5—外保温系统的保温材料；6—抹面胶浆＋玻璃纤维网布；7—饰面材料

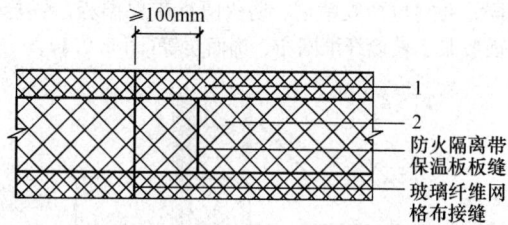

图 5.0.7-2 防火隔离带
网格布水平方向对接
1—底层玻纤网格布；2—防火隔离带保温板

5.0.8 防火隔离带应设置在门窗洞口上部，且防火隔离带下边缘距洞口上沿不应超过 500mm。

5.0.9 当防火隔离带在门窗洞口上沿时，门窗洞口上部防火隔离带在粘贴时应做玻璃纤维网布翻包处理，翻包的玻璃纤维网布应超出防火隔离带保温板上沿 100mm（图 5.0.9）。翻包、底层及面层的玻璃纤维网布不得在门窗洞口顶部搭接或对接，抹面层平均厚度不宜小于 6mm。

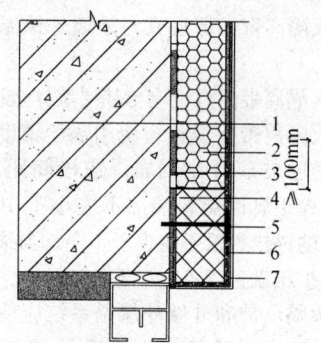

图 5.0.9 门窗洞口上部
防火隔离带做法（一）
1—基层墙体；2—外保温系统的保温
材料；3—胶粘剂；4—防火隔离带
保温板；5—锚栓；6—抹面胶浆＋玻璃
纤维网布；7—饰面材料

5.0.10 当防火隔离带在门窗洞口上沿，且门窗框外表面缩进基层墙体外表面时，门窗洞口顶部外露部分应设置防火隔离带，且防火隔离带保温板宽度不应小于 300mm（图 5.0.10）。

5.0.11 严寒、寒冷地区的建筑外墙保温采用防火隔离带时，防火隔离带热阻不得小于外墙外保温系统热阻的 50%；夏热冬冷地区的建筑外墙保温采用防火隔离带时，防火隔离带热阻不得小于外墙外保温系统热阻的 40%。

5.0.12 防火隔离带部位的墙体内表面温度不得低于室内空气设计温湿度条件下的露点温度。

5.0.13 防火隔离带部位应按现行国家标准《民用建筑热工设计规范》GB 50176 的规定进行防潮验算。

5.0.14 采用防火隔离带外墙外保温系统的墙体平均

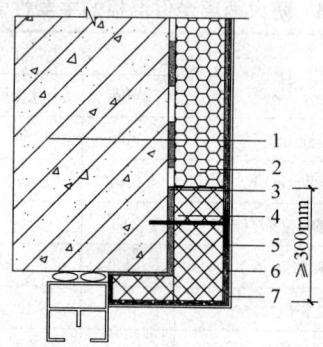

图 5.0.10 门窗洞口上部防火
隔离带做法（二）
1—基层墙体；2—外保温系统的保
温材料；3—胶粘剂；4—防火隔
离带保温板；5—锚栓；6—抹面胶浆
＋玻璃纤维网布；7—饰面材料

传热系数、热惰性指标应符合国家现行有关建筑节能设计标准的规定。

6 施 工

6.0.1 防火隔离带的施工组织设计应纳入外墙外保温工程的施工组织设计中，并应与外墙外保温工程同步施工。

6.0.2 防火隔离带的施工应按设计要求和施工方案进行，不得擅自改动。施工方案应包括防火隔离带构造、样板墙要求、组成材料及主要指标、施工准备、施工流程、施工要点、主要节点做法、质量控制措施等。

6.0.3 防火隔离带保温层施工应与外墙外保温系统保温层同步进行，不得先在外墙外保温系统保温层中预留位置，然后再粘贴防火隔离带保温板。

6.0.4 防火隔离带保温板与外墙外保温系统保温板之间应拼接严密，宽度超过 2mm 的缝隙应用外墙外保温系统用保温材料填塞。

6.0.5 在门窗洞口，应先做洞口周边的保温层，再做大面保温板和防火隔离带，最后做抹面胶浆抹面层。抹面层应连续施工，并应完全覆盖隔离带和保温层。在门窗角处应连续施工，不应留槎。

7 工程验收

7.1 一般规定

7.1.1 防火隔离带的位置和宽度应符合本规程第 3.0.7 条、第 5.0.2 条、第 5.0.8 条的规定。

7.1.2 防火隔离带的性能指标及所用材料应符合本规程的规定，并应提供防火隔离带外墙外保温系统的耐候性能检验合格报告。

7.1.3 防火隔离带主要组成材料进场后应按表7.1.3的规定进行复验，复验应为见证取样检验，同工程、同材料、同施工单位的防火隔离带主要组成材料应至少复验一次。其他相关要求按现行国家标准《建筑节能工程施工质量验收规范》GB 50411的相关规定进行。

表7.1.3 材料进场复验项目

材 料	复 验 项 目
防火隔离带保温板	密度、导热系数、垂直于表面的抗拉强度、燃烧性能
胶粘剂	与防火隔离带保温板拉伸粘结强度
抹面胶浆	与防火隔离带保温板拉伸粘结强度
玻璃纤维网布	耐碱断裂强力与保留率
锚栓	抗拉承载力

7.1.4 防火隔离带工程应作为建筑节能工程的分项工程进行验收，且主要验收工序应符合表7.1.4的规定。

表7.1.4 防火隔离带工程主要验收工序

分 项 工 程	主要验收工序
粘结保温板防火隔离带	基层处理、粘钉保温板、抹面层、饰面层

7.2 主 控 项 目

7.2.1 防火隔离带及主要组成材料性能应符合本规程的规定。

检查方法：检查产品质量证明文件、出厂检验报告和进场复验报告。

检查数量：全数检查。

7.2.2 防火隔离带保温板与基层墙体拉伸粘结强度不应小于80kPa。

检测方法：按现行行业标准《外墙外保温工程技术规程》JGJ 144的规定进行现场检验。

检查数量：同工程、同材料、同施工单位不少于3处。

7.2.3 防火隔离带保温层宽度与厚度应符合设计要求。

检查方法：测量、插针法检查。

检查数量：同工程、同材料、同施工单位不少于10处。

7.2.4 防火隔离带与基层应全面积粘结。

检查方法：破损法检查。

检查数量：同工程、同材料、同施工单位不少于3处。

7.2.5 防火隔离带抹面层厚度应符合设计要求。

检查方法：同工程、同材料、同施工单位破损法

检查。

检查数量：同工程、同材料、同施工单位不少于3处。

7.3 一 般 项 目

7.3.1 锚栓数量、位置、锚固深度应符合本规程和设计要求。

检查方法：观察、测量。

检查数量：同工程、同材料、同施工单位不少于5处。

7.3.2 防火隔离带部位底层玻璃纤维网布及搭接宽度应符合本规程和设计要求。

检查方法：观察、测量。

检查数量：同工程、同材料、同施工单位不少于5处。

附录A 性能试验方法

A.0.1 耐候性试样应由防火隔离带和薄抹灰外墙外保温系统组成，试样试验部分宽度不应小于3m，高度不应小于2m，在距离左侧0.4m处应预留一个宽0.4m、高0.6m的洞口，防火隔离带应位于洞口上方，防火隔离带上边缘距离顶部应为0.4m（图A.0.1）。耐候性试验应按下列步骤进行：

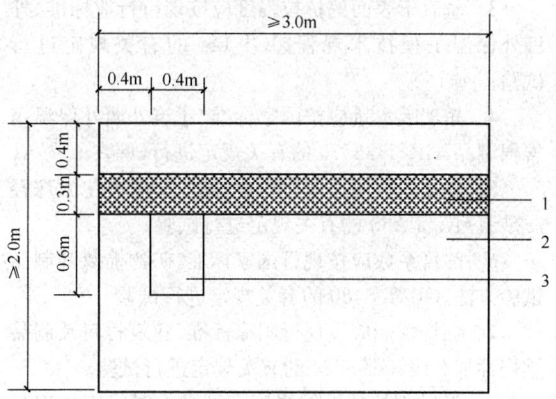

图A.0.1 防火隔离带外墙
外保温系统耐候性试样
1—防火隔离带；2—外墙外保温系统；3—洞口

1 按现行行业标准《外墙外保温工程技术规程》JGJ 144规定的方法进行高温淋水循环和加热冷冻循环。完成所有循环后应先放置7d，再检查防火隔离带部位及防火隔离带与外墙外保温系统接缝处的外观。

2 当外观符合本规程要求时，再按现行行业标准《外墙外保温工程技术规程》JGJ 144规定的方法进行抗风压试验，抗风压值应为8kPa。当工程项目风荷载设计值超过8kPa时，应按实际要求确定抗风

压值。

　　3 抗风压试验完成后，检查防火隔离带部位及防火隔离带与外墙外保温系统接缝处的外观，测定防护层与保温层拉伸粘结强度。

　　4 拉伸粘结强度试样尺寸应为 100mm×100mm。

A.0.2 防火隔离带抗冲击性、吸水量、耐冻融、水蒸气湿流密度应按现行行业标准《外墙外保温工程技术规程》JGJ 144 的试验方法进行试验，并应符合下列规定：

　　1 试样应由保温层和防护层组成；

　　2 抗冲击性试样应养护 14d 后，再浸水 7d，然后干燥养护 7d。

A.0.3 防火隔离带保温板的主要性能试验方法应符合下列规定：

　　1 密度、吸水率、匀温灼烧性能应按现行国家标准《无机硬质绝热制品试验方法》GB/T 5486 的有关规定进行试验，匀温灼烧性能试验的试样应在 750℃下恒温 0.5h；

　　2 导热系数应按现行国家标准《绝热材料稳态热阻及有关特性的测定　防护热板法》GB/T 10294、《绝热材料稳态热阻及有关特性的测定　热流计法》GB/T 10295 中的有关规定进行试验，当发生争议时应按现行国家标准《绝热材料稳态热阻及有关特性的测定　防护热板法》GB/T 10294 执行；

　　3 垂直于表面的抗拉强度应按现行行业标准《外墙外保温工程技术规程》JGJ 144 的有关规定进行试验；

　　4 短期吸水量应按国家标准《建筑外墙外保温用岩棉制品》GB/T 25975 的有关规定进行试验；

　　5 软化系数应按现行行业标准《膨胀玻化微珠轻质砂浆》JG/T 283 的有关规定进行试验；

　　6 酸度系数应按现行国家标准《矿物棉及其制品试验方法》GB/T 5480 的有关规定进行试验。

　　7 燃烧性能应按现行国家标准《建筑材料及制品燃烧性能分级》GB 8624 的有关规定进行试验。

A.0.4 胶粘剂拉伸粘结强度、可操作时间应按现行行业标准《外墙外保温工程技术规程》JGJ 144 的有关规定进行试验，耐水拉伸粘结强度试样应先浸水 2d，再干燥 7d。

A.0.5 抹面胶浆拉伸粘结强度、压折比、可操作时间、抗冲击性、不透水性应按现行行业标准《外墙外保温工程技术规程》JGJ 144 的有关规定进行试验，并应符合下列规定：

　　1 耐水拉伸粘结强度试样应先浸水 2d，再干燥 7d；

　　2 耐冻融拉伸粘结强度试样应先冻融循环 30 次，再干燥 7d；

　　3 抗冲击性、吸水量、不透水性试样应由保温层和抹面层组成；

　　4 抗冲击性试样应先养护 14d 后，再浸水 7d，然后干燥养护 7d；

　　5 吸水量应按现行行业标准《外墙外保温用膨胀聚苯乙烯板抹面胶浆》JC/T 993 的有关规定进行试验。

本规程用词说明

　　1 为便于在执行本规程条文时区别对待，对要求严格程度不同的用词说明如下：

　　　1) 表示很严格，非这样做不可的：

　　　　正面词采用"必须"，反面词采用"严禁"；

　　　2) 表示严格，在正常情况下均应这样做的：

　　　　正面词采用"应"，反面词采用"不应"或"不得"；

　　　3) 表示允许稍有选择，在条件许可时首先应这样做的：

　　　　正面词采用"宜"，反面词采用"不宜"；

　　　4) 表示有选择，在一定条件下可以这样做的，采用"可"。

　　2 条文中指明应按其他有关标准的规定执行的写法为："应符合……的规定"或"应按……执行"。

引用标准名录

　　1 《民用建筑热工设计规范》GB 50176

　　2 《建筑节能工程施工质量验收规范》GB 50411

　　3 《矿物棉及其制品试验方法》GB/T 5480

　　4 《无机硬质绝热制品试验方法》GB/T 5486

　　5 《建筑材料及制品燃烧性能分级》GB 8624

　　6 《绝热材料稳态热阻及有关特性的测定　防护热板法》GB/T 10294

　　7 《绝热材料稳态热阻及有关特性的测定　热流计法》GB/T 10295

　　8 《建筑外墙外保温用岩棉制品》GB/T 25975

　　9 《外墙外保温工程技术规程》JGJ 144

　　10 《膨胀玻化微珠轻质砂浆》JG/T 283

　　11 《外墙外保温用膨胀聚苯乙烯板抹面胶浆》JC/T 993

中华人民共和国行业标准

建筑外墙外保温防火隔离带技术规程

JGJ 289—2012

条 文 说 明

制 订 说 明

《建筑外墙外保温防火隔离带技术规程》JGJ 289-2012，经住房和城乡建设部 2012 年 11 月 1 日以第 1517 号公告批准、发布。

本规程编制过程中，编制组进行了对国家标准、政策文件、外保温行业现状的调查研究，总结了我国外墙外保温行业的工程实践经验，同时参考了国外先进技术法规、技术标准，通过岩棉防火隔离带 EPS 外保温系统、岩棉防火隔离带 XPS 外保温系统、泡沫水泥防火隔离带 EPS 系统、泡沫玻璃防火隔离带 EPS 系统等试验，提出了防火隔离带的使用材料、设置方法等技术要求。

为便于广大设计、施工、科研、学校等单位有关人员在使用本规程时能正确理解和执行条文规定，《建筑外墙外保温防火隔离带技术规程》编制组按章、节、条顺序编制了本规程的条文说明，对条文规定的目的、依据以及执行中需注意的有关事项进行了说明，还着重对强制性条文的强制性理由作了解释。但是，本条文说明不具备与规程正文同等的法律效力，仅供使用者作为理解和把握规程规定的参考。

目　　次

1 总　则

1.0.1 制定本规程的目的，是为了规范外墙外保温系统中应用防火隔离带的工程技术要求，统一各地区和各企业制定的外墙外保温防火隔离带的技术规范，缓解设计、施工单位与质量验收机构的矛盾冲突；规范全国范围内外墙外保温防火隔离带工程的施工过程；全面提高防火隔离带工程的施工质量。

1.0.2 本规程的适用范围。

1.0.3 阐述本规程与其他相关标准、法规的关系。遵守协调一致、互相补充的原则，即无论是本规程还是其他相应规范、规程，在建筑外墙外保温系统设置防火隔离带时，都应遵守，不得违反。

2 术　语

术语通常为在本规程中出现的对其含义需要加以界定、说明或解释的重要词汇。尽管在确定和解释术语时尽可能考虑了习惯和通用性，但是理论上术语只在本规程中有效，列出的目的主要是防止出现错误理解。当本规程列出的术语在本规程以外使用时，应注意其可能含有与本规程不同的含义。

3 基本规定

3.0.1 采用防火隔离带构造做法的建筑，其基层墙体耐火极限应满足现行国家标准《建筑设计防火规范》GB 50016、《高层民用建筑设计防火规范》GB 50045 相应条款的规定。同时还应满足现行国家标准《汽车库、修车库、停车场设计防火规范》GB 50067、《人民防空工程设计防火规范》GB 50098 等的相关规定。

3.0.3 外墙外保温防火隔离带系统对防火隔离带的性能和安装要求很高，防火隔离带宽度较小而制作隔离带的不燃保温材料往往强度较低，为了保证隔离带质量稳定可靠、减少破损、安装便捷、节省施工工时，推荐采用工厂预制的构件，在现场安装。

3.0.4 外保温系统的安全性能、抗渗防水等使用功能、外观等均不能因为防火隔离带的设置而降低要求。

3.0.6 建筑外墙外保温系统存在火灾危险性的根本原因在于所使用材料的可燃性，因此本规程中强调要正确处理建筑工程保温效果与防火安全的关系，强调防火隔离带应选用不燃保温材料。

3.0.7 岩棉带是将岩棉板切成一定的宽度使其纤维层垂直排列并粘贴在适宜的贴面上的制品，本规程提出的四种防火隔离带做法，均已经过系统防火性能试验。编制组在室内共进行 7 次系统防火性能试验，从

所进行的试验结果来看，岩棉带防火隔离带防火效果最好，发泡水泥板和泡沫玻璃防火隔离带虽然试验过程中垮塌区域内均出现池火现象，但整体防火效果也可达到要求，因此建议优先选用岩棉带防火隔离带。

3.0.8 本项措施可提高抹面胶浆与岩棉带的拉伸粘结强度，利于施工操作和劳动保护。

3.0.9 现行行业标准《外墙外保温工程技术规程》JGJ 144 规定，在正确使用和正常维护的条件下，外墙外保温工程的使用年限不应少于 25 年。

4 性能要求

4.0.1 防火隔离带是外保温系统保温层的重要组成部分，但是隔离带材料与大面保温材料的性能有较大差别，在它们的拼接界面部位，表面容易产生裂缝。因此，需要对包括了防火隔离带在内的外保温系统进行耐候性检验和抗风压性检验，检验的取样位置既包括主体保温材料与隔离带接缝部位，也包括隔离带部位。

4.0.2 防火隔离带抗冲击性、吸水量、耐冻融、水蒸气透过湿流密度也是反映其性能的重要技术参数，其性能指标与外墙外保温系统性能要求一致。

4.0.3 防火隔离带保温板主要性能指标在验证试验的基础上，根据外墙外保温要求和相关标准制定，如《建筑外墙外保温用岩棉制品》GB/T 25975、《泡沫玻璃绝热制品》JC/T 647、《无机硬质绝热制品试验方法》GB/T 5486 等。垂直于表面的抗拉强度比点框粘系统所要求强度值有所下降，但在全面积粘贴的条件下，实际上是提高了粘结强度。匀温灼烧性能是反映材料高温状态下是否还能保持一定稳定性的指标。

5 设　计

5.0.1 本条中规定了粘贴保温板防火隔离带的基本构造，粘贴保温板防火隔离带主要由保温板、胶粘剂、抹面胶浆、玻璃纤维网布、锚栓、饰面材料组成。

5.0.2 防火隔离带的高度方向尺寸与《民用建筑外保温系统及外墙装饰防火暂行规定》（公通字 46 号）关于防火隔离带的规定一致，防火隔离带保温板墙施工后，其宽度实际上就是防火隔离带的高度尺寸。其他尺寸的防火隔离带目前也有一定的应用。

5.0.3 为保证外墙平整美观、方便施工及安全，防火隔离带应与外墙外保温系统厚度相同。通常情况下，粘贴保温板后，防火隔离带保温板外表面应与外墙外保温系统保温材料外表面齐平。当建筑风格或立面要求外墙表面允许或需要凹凸线条时，防火隔离带与外墙外保温系统厚度可以不相同。

5.0.4 防火隔离带与墙面进行全面积粘贴是与《民

用建筑外保温系统及外墙装饰防火暂行规定》（公通字 46 号）的规定一致的。因为当发生火灾时为阻挡火势向上蔓延，需要靠防火隔离带阻隔火焰传播通道，并阻断氧气供应，隔离带与墙体基面的粘结层不允许留有空隙。防火隔离带与基层全面积粘结也有利于隔离带与墙体基面的连接安全。

5.0.5 锚栓是防火隔离带的重要组成部分，锚栓的用法与数量直接涉及防火隔离带的连接安全，特别是火灾情况下的连接安全性，在抗风荷载中起主要的作用，有利于有效阻止火势蔓延。锚栓压住底层玻璃纤维网布有利于增加其固定能力，提高系统锚固力。当采用岩棉带时，锚固件更加重要，由于岩棉带压缩强度较低，因此需用直径较大的压盘，压盘起到紧压岩棉带达到共同工作的作用，故对锚固件的压盘直径也作了要求。

5.0.6 整个设置防火隔离带的外墙外保温系统抹面时，使用同一抹面胶浆更方便施工，为防止混用，本规程对此进行了规定。由于 EPS、XPS 为受热后熔化为液体，对抹面层会造成更大的危害，容易出现破损，建议 EPS、XPS 外墙外保温系统设置防火隔离带时，抹面层厚度增加至 4.0mm。

5.0.7 防火隔离带部位加设底层玻璃纤维网布，应采用抹面胶浆铺设，砂浆不宜太厚。由于还需安装锚栓，因此铺设底层玻璃纤维网布时，应标出防火隔离带保温板的接缝位置。玻璃纤维网布的搭接方法与外保温系统的做法基本一致，只是搭接宽度有适当增加。使用玻璃纤维网布是外保温的普遍做法，也有利于提高防火隔离带位置抗冲击强度，防止表面开裂。

5.0.9 门窗洞口上部设置防火隔离带时，玻璃纤维网布翻包处理是常规做法，由于火灾情况下，该部位是直接接触到火的主要部位，因此玻璃纤维网布不能在此处搭接，本条强调预裁的翻包网要加宽。门窗洞口上部的防火隔离带通常情况下会有三层玻璃纤维网布，因此该部位抹面层厚度会比大面抹面层厚度大。

5.0.10 门窗洞口顶面外露部分也采用防火隔离带，主要是为了保障保温效果。

5.0.14 采用防火隔离带外墙外保温系统的墙体的热工性能，需要符合国家现行标准《民用建筑热工设计规范》GB 50176、《严寒和寒冷地区居住建筑节能设计标准》JGJ 26、《夏热冬冷地区居住建筑节能设计标准》JGJ 134 和《夏热冬暖地区居住建筑节能设计标准》JGJ 75 等的有关规定。

6 施 工

6.0.3 将防火隔离带加到外保温系统中应保持系统的整体性不受影响，预留位置再粘贴保温板的做法往往难以保证满粘，也会影响到系统的整体性，与两者同步施工相比施工难度更大。防火隔离带施工方法与外墙外保温系统施工方法基本相同，按本条要求施工，有助于更好地保证采用防火隔离带的外墙外保温系统整体施工质量。

6.0.4 大面保温材料与隔离带材料性能存在差异，为防止界面部位出现裂缝等质量问题，希望不同材料的拼接尽量严密。同时也会最大限度减少热桥，并防止拼缝处开裂。

6.0.5 "大面压小面"，有利于提高立面平整度和垂直度，也可防止沿可能产生的裂缝往里渗水。保护层完全覆盖保温材料有利于提高系统防火性能。统一制作砂浆保护层有利于外观整齐，防止表面开裂。

7 工 程 验 收

7.1 一 般 规 定

7.1.1 防火隔离带位置是设计师在立面设计中结合突出构件、装饰线条等综合考虑决定的，不能随意更改。隔离带宽度和数量关系到系统的防火效果，必须认真执行。

7.1.3 主要组成材料的进场复验是必不可少的。如果外保温系统提供的玻璃纤维网布、锚栓性能同时满足本规程要求，可不必重复复验。

7.1.4 因为正确安装防火隔离带工序对外保温整体性能影响重大，所以在安装后、做抹面砂浆前要加强验收。

附录 A 性能试验方法

A.0.1 为统一试样制备要求，给出了耐候性试样的具体尺寸及防火隔离带的位置。为与防火隔离带实际使用情况尽可能一致，同时兼顾耐候性试验的有效性，试样的洞口部位下移了 0.3m。一般情况下，耐候性试样面积不得小于本规程规定的试样尺寸。如耐候性试验后，试样出现不符合本规程规定的外观要求时，可终止试验，不再查验抗风压及拉伸粘结强度。由于防火隔离带外墙外保温系统使用了不同的保温材料，耐候性试验后再进行抗风压试验实际上提高了对构造做法的安全性要求，同时对高温淋水循环和加热冷冻循环后试样的开裂情况对系统的影响进行了进一步验证，有助于保证防火隔离带外墙外保温系统的可靠性。试验抗风压值 8kPa 基本上能满足我国风荷载设计标准，个别地区和项目要求较高时，可按更高要求进行，但应考虑试验仪器设备的承受能力。

A.0.2 在防火隔离带其他性能试验时，要求试样均包含饰面层，如涂料等，其主要目的是试验条件应尽可能与实际使用条件一致，不带饰面的技术性能试验也已在抹面胶浆做了规定。抗冲击性要求试样进行浸水处理后进行，是按照目前的外保温系统性能试验方法制定的，实际上是提高了要求。

A.0.3 考虑到实际火灾情况及系统防火性能试验条件，《无机硬质绝热制品试验方法》GB/T 5486 中匀温灼烧性能试验要求在高温下恒温 24h，通常情况下，系统防火性能试验可持续 30min～60min，因此试验规定在高温下恒温 0.5h，即使如此，加上升温和降温时间，试样所承受的高温时间也是比较长的，可以满足试验需要。

A.0.5 耐水、耐冻融试样干燥时间与强度值有较大关系，明确干燥时间有利于统一试验方法，便于实验室数据比对，干燥时间是按照目前的外保温系统性能试验方法制定的。

中华人民共和国行业标准

组合锤法地基处理技术规程

Technical specification for ground treatment of combination hammer

JGJ/T 290—2012

批准部门：中华人民共和国住房和城乡建设部
施行日期：2 0 1 3 年 1 月 1 日

中华人民共和国住房和城乡建设部
公 告

第 1477 号

住房城乡建设部关于发布行业标准
《组合锤法地基处理技术规程》的公告

现批准《组合锤法地基处理技术规程》为行业标准，编号为 JGJ/T 290‑2012，自 2013 年 1 月 1 日起实施。

本标准由我部标准定额研究所组织中国建筑工业出版社出版发行。

中华人民共和国住房和城乡建设部
2012 年 9 月 26 日

前 言

根据住房和城乡建设部《关于印发〈2008 工程建设标准规范制订、修订计划(第一批)〉的通知》(建标[2008]102 号)的要求，规程编制组经广泛调查研究，认真总结实践经验，参考有关国际标准和国外先进标准，并在广泛征求意见的基础上，编制本规程。

本规程的主要技术内容有：1. 总则；2. 术语和符号；3. 基本规定；4. 设计；5. 施工；6. 质量检验。

本规程由住房和城乡建设部负责管理，由江西中恒建设集团有限公司负责具体技术内容的解释。在执行过程中如有意见或建议，请寄送江西中恒建设集团有限公司(地址：南昌市小蓝经济技术开发区富山东大道 1211 号，邮政编码：330200)。

本 规 程 主 编 单 位：江西中恒建设集团有限公司
       江西中煤建设集团有限公司

本 规 程 参 编 单 位：江西省建设工程安全质量监督管理局
       南昌市建设工程质量监督站
       江西省建筑设计研究总院
       中国瑞林工程技术有限公司
       南昌市建筑设计研究院有限公司
       江西省华杰建筑设计有限公司
       同济大学
       江西省商业建筑设计院
       南昌大学设计研究院
       华东交通大学土木建筑学院
       江西环球建筑设计院
       景德镇建筑设计院
       江西省土木建筑学会混凝土结构专业委员会
       江西省建设工程勘察设计协会岩土专业委员会
       江西基业科技有限公司
       太原理工大学建筑与土木工程学院
       郑州大学综合设计研究院
       黑龙江省寒地建筑科学研究院
       同济大学建筑设计研究院南昌分院

本规程主要起草人员：刘献刚 徐升才 钱 勇
       刘小檀 周庆荣 李大浪
       戴征志 郑有明 姜国荣
       高康伶 贾益刚 陈水生
       张慧娥 熊 武 熊晓明
       吴敏捷 邵忠心 乐 平
       庄渭川 周同和 白晓红
       叶观宝 王吉良

本规程主要审查人员：高大钊 钱力航 裴 捷
       刘小敏 顾泰昌 康景文
       刘松玉 杨泽平 曾马荪
       肖利平 黎 曦

目　次

Contents

1 总　则

1.0.1　为在组合锤法处理地基的设计、施工及质量检验中做到安全适用、技术先进、经济合理、确保质量、保护环境、节约资源，制定本规程。

1.0.2　本规程适用于建设工程中采用组合锤法处理地基的设计、施工及质量检验。

1.0.3　组合锤法处理地基的设计、施工及质量检验，应综合分析地基土性、地下水埋藏条件、施工技术及环境等因素，并应结合地方经验，因地制宜。

1.0.4　组合锤法处理地基的设计、施工及质量检验除应符合本规程外，尚应符合国家现行有关标准的规定。

2　术语和符号

2.1　术　语

2.1.1　复合地基　composite foundation

部分土体被增强或被置换，形成由地基土和竖向增强体共同承担荷载的人工地基。

2.1.2　组合锤　combination hammer

三种不同直径、高度和重量的夯锤，即柱锤、中锤与扁锤的总称。

2.1.3　组合锤法复合地基　composite foundation by combination hammer

采用组合锤法对地基土进行挤密夯实或置换，形成夯实或置换墩体与墩间土共同组成的，以提高地基承载力和改善地基土工程性质的复合地基。

2.1.4　组合锤挤密法　compaction method with combination hammer

先采用柱锤对需处理的地基土冲击达到一定的深度或达到停锤标准后，用场地原地基土进行回填夯实，然后依次采用中锤、扁锤夯实土体，最终形成上大下小的挤密增强墩体。

2.1.5　组合锤置换法　replacement method with combination hammer

先采用柱锤对需处理的地基土冲击达到一定的深度或达到停锤标准后，用建筑废骨料、工业废渣骨料、砂土、砾石、碎石或块石、C10 或 C15 混凝土和水泥土等材料进行回填夯实，然后依次采用中锤、扁锤夯实土体，最终形成上大下小的置换增强墩体。

2.1.6　间歇期　interval period

组合锤法地基处理施工过程中，相邻两遍夯击之间或施工完成至验收检验的中间间隔时间。

2.1.7　置换率　replacement ratio

单墩横截面积与该置换墩体分担的地基处理面积的比值。

2.1.8　柱锤动压当量　equivalent dynamic pressure of column-hammer

柱锤的单击夯击能除以柱锤的锤底面积所得的值。

2.1.9　柱锤单击夯击能　single rammed energy of column-hammer

柱锤重量与落距的乘积。

2.1.10　柱锤　column-hammer

锤质量为 90t～150t，落距为 10m 时，锤的静压力值为 $60kN/m^2 \sim 135kN/m^2$ 的一种长圆柱形或倒圆锥台形的强夯锤。

2.1.11　中锤　mid-height column hammer

锤质量为 90t～150t，落距为 10m 时，锤的静压力值为 $25kN/m^2 \sim 50kN/m^2$ 的一种圆柱形强夯锤。

2.1.12　扁锤　flat hammer

锤质量为 90t～100t，落距为 10m 时，锤的静压力值为 $15kN/m^2 \sim 24kN/m^2$ 的一种扁圆砣形普通强夯锤。

2.2　符　号

A_i、A_j——第 i、j 层土的附加应力系数沿该土层厚度的积分值；

A_p——墩体横截面积；

d——基础埋置深度；

E_{si}——第 i 层土的压缩模量；

E_{spi}、E_{sj}——复合地基土层、下卧土层计算模量；

$\overline{E}_s$——复合地基沉降计算深度范围内压缩模量的当量值；

f_{ak}——组合锤法复合地基顶面墩间土原地基承载力特征值；

f_{cu}——墩体立方体试块在标准养护条件和龄期下的无侧限抗压强度平均值；

f_{sk}——处理后墩间土承载力特征值；

f_{spa}——经深度修正后的复合地基承载力特征值；

f_{spk}——复合地基承载力特征值；

l_{pi}——墩长范围内第 i 层土的厚度；

m——复合地基面积置换率；

n——复合地基墩土承载力比；

p_0——相应于作用的准永久组合时基础底面处的附加压力；

q_{si}——墩周第 i 层土的侧阻力特征值；

q_p——墩端阻力特征值；

R_a——组合锤法单墩竖向承载力特征值；

R_a——由墩体强度确定的单墩墩体承载力；

s——复合地基最终变形量；

u_p——墩平均周长；

z_i、z_{i-1}——基础底面至第 i 层、第 $i-1$ 层土底面的距离；

α_p——墩端阻力发挥系数；

$\overline{\alpha_i}$、$\overline{\alpha_{i-1}}$——基础底面计算点至第 i 层、第 $i-1$ 层土底面范围内的平均附加应力系数；

β——墩间土承载力发挥系数；

λ——单墩承载力发挥系数；

γ_m——基础底面以上土的加权平均重度；

ζ_i——基础底面下第 i 计算土层模量系数；

ψ_{sp}——复合地基变形计算经验系数。

3 基本规定

3.0.1 组合锤法处理地基可分为组合锤挤密法和组合锤置换法，并应符合下列规定：

1 组合锤挤密法适用于处理碎石土、砂土、粉土、湿陷性黄土、含水量低的素填土、以粗骨料为主的杂填土以及大面积山区丘陵地带填方区域的地基；

2 组合锤置换法适用于处理饱和的杂填土、淤泥或淤泥质土、软塑或流塑状态的黏性土和含水量高的粉土以及低洼填方区域的地基。

3.0.2 在组合锤法处理地基设计前，应进行下列工作：

1 搜集详细的岩土工程勘察资料、上部结构及基础设计资料等；

2 了解当地施工条件及相似场地上同类工程的地基处理经验和使用情况；

3 根据工程的要求确定地基处理的目的和要求达到的技术指标；

4 调查邻近建筑、地下工程、道路、管线等周边环境情况。

3.0.3 组合锤法处理地基设计前应通过现场试验或试验性施工和必要的测试确定其适用性和处理效果，并根据检测数据确定设计和施工参数。施工现场试验区的个数应根据建筑场地复杂程度、建筑规模、类型和有无类似工程经验确定，宜为 2 个~3 个。

3.0.4 试验完工后，应采用静载荷试验确定单墩承载力特征值或单墩复合地基承载力特征值，并应选用重型动力触探法、标准贯入法、钻芯法或瑞利波法等，检查置换墩着底情况及承载力与密度随深度的变化。单墩静载荷试验应符合本规程附录 A 的规定。

3.0.5 采用组合锤法处理的地基应进行变形验算。

3.0.6 对建造在经组合锤法处理的地基上、受较大水平荷载或位于斜坡上的建（构）筑物，应按现行国家标准《建筑地基基础设计规范》GB 50007 的相关规定进行地基稳定性验算。

3.0.7 当单幢建筑物或结构单元的基础落在岩土性质有差异的地层上时，应采取措施以减少差异沉降。

3.0.8 对于现行国家标准《建筑地基基础设计规范》GB 50007 规定需要进行地基变形计算的建（构）筑物，经地基处理后，应在施工及使用期间进行沉降观测，直至沉降达到稳定为止，并应按本规程附录 B 的

规定提供组合锤法地基处理工程的沉降观测记录。

4 设 计

4.0.1 组合锤法的有效加固深度应根据现场试夯或当地经验确定，初步设计时可按表 4.0.1 进行预估。

表 4.0.1 组合锤法复合地基的有效加固深度

柱锤动压当量（kJ/m²）	有效加固深度（m）	
	碎石、砂等粗颗粒土	粉土、黏性土、湿陷性黄土等细颗粒土
800	8~9	7~8
900	9~10	8~9
1000	10~11	9~10
1100	11~12	10~11
1200	12~13	11~12
1300	13~14	12~13
1400	14~15	13~14

注：表中有效加固深度应从初始起夯面算起。

4.0.2 组合锤法的墩位布置宜根据基底平面形状和宽度，采用等边三角形、等腰三角形或正方形布置。墩宜布置在柱下和墙下。

4.0.3 墩间距设计应根据上部荷载大小、基底平面形状和宽度、复合地基承载力要求、土体挤密条件及墩体材料等，并考虑柱锤施工挤土效应的影响，通过计算确定，初步设计时，可取柱锤直径的（1.5~3.0）倍。

4.0.4 增强墩体为散体材料的组合锤法处理范围应大于建筑物基础范围，每边超出基础外缘的宽度宜为基底下设计处理深度的 1/2~2/3，并不宜小于 3.0m。

4.0.5 墩体材料可采用砂土、黏性土或残积土。对上部荷载较大或对不均匀沉降要求较高、土体含水量较大时，宜按就近取材原则选用砂土、角砾、圆砾、碎石、块石、工业废渣骨料、建筑废骨料等粗颗粒材料；当要求单墩承载力特征值大于 1000kN 时，宜采用灰土、水泥土或混凝土。所选用的工业废渣应符合国家现行有关腐蚀性和放射性安全标准的要求。

4.0.6 当墩体采用灰土、水泥土或混凝土时，其配合比应通过试验确定。墩顶应铺设厚度大于 300mm 压实垫层。垫层材料宜采用级配较好的粗砂、砾砂或碎石，其最大粒径不宜大于 35mm。

4.0.7 置换墩的长度应根据地基土性质、动压当量和单墩或复合地基承载力确定。对于埋深较浅且厚度较薄的软土层，置换墩应穿透该土层。

4.0.8 组合锤法单墩承载力应通过现场载荷试验确定，对有粘结强度的增强体，初步设计时可采用下列方法估算：

1 墩周土和墩端土对墩的支承作用形成的竖向承载力特征值应按下式计算：

$$R_a = u_p \sum_{i=1}^{n} q_{si} l_{pi} + \alpha_p q_p A_p \qquad (4.0.8\text{-}1)$$

式中：R_a——组合锤法单墩竖向承载力特征值（kN）；

u_p——墩平均周长（m）；

q_{si}——墩周第 i 层土的侧阻力特征值（kPa），应按地区经验确定；

l_{pi}——墩长范围内第 i 层土的厚度（m），墩总长可按工程经验估算；

α_p——墩端阻力发挥系数，应按地区经验取 $0.2\sim1.0$；

q_p——墩端阻力特征值（kPa），可按现行国家标准《建筑地基基础设计规范》GB 50007 的有关规定确定；

A_p——墩体横截面积（m^2），墩体计算直径可取组合锤的平均直径。

2 由墩体强度确定的单墩墩体承载力应符合下式规定：

$$\lambda R_a \leqslant 0.25 f_{cu} A_p \qquad (4.0.8\text{-}2)$$

式中：R_a——由墩体强度确定的单墩墩体承载力（kN）；

f_{cu}——墩体立方体试块在标准养护条件和龄期下的无侧限抗压强度平均值（kPa）；

λ——单墩承载力发挥系数，宜按试验或地区经验取 $0.8\sim1.0$。

4.0.9 当需要对复合地基承载力进行深度修正时，灰土、水泥土或混凝土墩体的强度应符合下式规定：

$$f_{cu} \geqslant 4 \frac{\lambda R_a}{A_p} \left[1 + \frac{\gamma_m (d-0.5)}{f_{spa}} \right] \qquad (4.0.9)$$

式中：γ_m——基础底面以上土的加权平均重度（kN/m^3），地下水位以下取浮重度；

d——基础埋置深度（m）；

f_{spa}——经深度修正后的复合地基承载力特征值（kPa）。

4.0.10 组合锤法复合地基承载力特征值应通过复合地基载荷试验或组合锤法单墩载荷试验和墩间土地基载荷试验并结合工程实践经验综合确定。初步设计时，可按下列方法估算：

1 墩体采用散体材料时复合地基承载力特征值宜按下式计算：

$$f_{spk} = [1 + m(n-1)] f_{sk} \qquad (4.0.10\text{-}1)$$

式中：f_{spk}——复合地基承载力特征值（kPa）；

m——复合地基面积置换率，计算时墩截面积按可采用组合锤平均截面积；

n——复合地基墩土承载力比，宜按试验或地区经验取 $2.0\sim4.0$；

f_{sk}——处理后墩间土承载力特征值（kPa），应由试验确定；无试验资料时可根据经验确定或取天然地基承载力特征值。

2 墩体采用有粘结强度的材料时复合地基承载力特征值宜按下式计算：

$$f_{spk} = \lambda m \frac{R_a}{A_p} + \beta(1-m) f_{sk} \qquad (4.0.10\text{-}2)$$

式中：β——墩间土承载力发挥系数，宜根据墩间土的工程性质、墩体类型等因素及地区经验取 $0.6\sim1.0$。

4.0.11 组合锤法复合地基受力范围内存在软弱下卧层时，应验算下卧层的地基承载力。验算方法宜采用应力扩散角法，应力扩散角宜取处理前地基土内摩擦角的 $1/2\sim2/3$。

4.0.12 组合锤法复合地基的变形计算深度应大于加固土层的厚度（图 4.0.12），并应符合现行国家标准《建筑地基基础设计规范》GB 50007 有关计算深度的规定。最终变形量的计算应按下式进行：

$$s = \psi_{sp} \sum_{i=1}^{n} \frac{p_0}{\zeta_i E_{si}} (z_i \bar{\alpha}_i - z_{i-1} \bar{\alpha}_{i-1}) \qquad (4.0.12)$$

式中：s——复合地基变形量（mm）；

ψ_{sp}——复合地基变形计算经验系数，宜根据地区变形观测资料经验确定，无地区经验时可根据变形计算深度范围内压缩模量的当量值（$\bar{E}_s$）按表 4.0.12 取值。压缩模量的当量值（$\bar{E}_s$）可按本规程第 4.0.13 条确定；

p_0——相应于作用的准永久组合时基础底面处的附加压力（kPa）；

ζ_i——基础底面下第 i 计算土层模量系数，加固土层可按本规程第 4.0.14 条确定，加固土层以下取 1.0；

E_{si}——第 i 层土的压缩模量（MPa），应取处理前土的自重压力至土的自重压力与附加压力之和的压力段计算；

z_i、z_{i-1}——基础底面至第 i 层土、第 $i-1$ 层土底面的距离（m）；

$\bar{\alpha}_i$、$\bar{\alpha}_{i-1}$——基础底面计算点至第 i 层土、第 $i-1$ 层土底面范围内平均附加应力系数，可按本规程附录 C 采用。

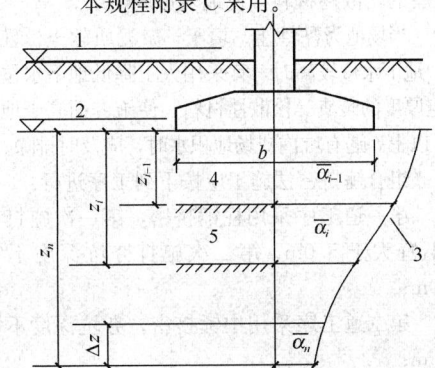

图 4.0.12 基础沉降计算的分层示意

1—地面标高；2—基底标高；3—平均附加应力系数 $\bar{\alpha}$ 曲线；

4—第 $i-1$ 层；5—第 i 层

表 4.0.12　复合地基变形计算经验系数 ψ_{sp}

$\overline{E}_s$ (MPa)	4.0	7.0	15.0	20.0	30.0
经验系数 ψ_{sp}					
ψ_{sp}	1.00	0.70	0.40	0.25	0.20

4.0.13 复合地基变形计算深度范围内压缩模量的当量值 $(\overline{E}_s)$，应按下式计算：

$$\overline{E}_s = \frac{\Sigma A_i + \Sigma A_j}{\sum_{i=1}^{n} \frac{A_i}{E_{spi}} + \sum_{j=1}^{m} \frac{A_j}{E_{sj}}} \qquad (4.0.13)$$

式中：A_i、A_j——复合土层第 i 层、下卧土层第 j 层的附加应力系数沿土层厚度的积分值；

E_{spi}、E_{sj}——复合土层第 i 层、下卧土层第 j 层的压缩模量，其中复合土层压缩模量计算应符合本规程第 4.0.14 条的规定。

4.0.14 组合锤法复合土层各分层压缩模量可按下列公式计算：

$$E_{spi} = \zeta_i E_{si} \qquad (4.0.14\text{-}1)$$
$$\zeta_i = f_{spk}/f_{ak} \qquad (4.0.14\text{-}2)$$

式中：f_{ak}——组合锤法复合地基顶面墩间土原地基承载力特征值 (kPa)。

4.0.15 经组合锤法处理后的地基，墙下条形基础应采用钢筋混凝土扩展基础，柱下独立基础应采用钢筋混凝土柱下扩展基础或柱下条形基础。墙下条形扩展基础、柱下扩展基础和柱下条形基础的配筋、构造要求及抗弯、抗剪、抗冲切验算方法，应按现行国家标准《建筑地基基础设计规范》GB 50007 的规定执行。

5　施　工

5.0.1 施工场地土的承载力应满足设备行走和施工操作要求，当其承载力特征值小于 60kPa 或不符合设备行走和施工操作要求时，可在表层铺填 0.5m～2.0m 厚的松散性材料，使地表形成硬层。

5.0.2 当场地为黏性土、填土、淤泥质软土，且强度较低，地下水位较高时，宜采用人工降低地下水位或铺填一定厚度的砖渣等松散性材料，使施夯面高于地下水位 2m 以上。遇有坑内或场地积水时，应及时排除。

5.0.3 组合锤挤密法施工应按下列工序进行：

　　1　第一道工序采用柱锤挤密，第一次施打夯坑深度不宜大于 5.0m，第二次施打夯坑深度不宜大于 3.0m；

　　2　第二道工序采用中锤挤密，夯坑深度不宜大于 1.5m；

　　3　第三道工序采用扁锤挤密夯实，夯坑深度不宜大于 0.5m；

　　4　最后进行全场地满夯，第一次采用夯击能

1000kN·m～2000kN·m 连续夯击二击；第二次采用夯击能 500kN·m～900kN·m 夯击一击，夯印搭接大于 1/3 扁锤底面直径。

5.0.4 组合锤挤密法施工夯击次数应根据地基土的性质确定，并应符合下列规定：

　　1　第一道工序柱锤点夯（1～2）次；

　　2　第二道工序中锤夯击（1～2）次；

　　3　第三道工序扁锤低能量满夯 2 次；

　　4　每次的夯击数及停夯标准，均应满足试验区试验确定的施工参数要求。

5.0.5 组合锤置换法施工时应按下列工序进行：

　　1　第一道工序采用柱锤点夯（1～2）次，形成夯坑后，采用试夯确定的置换料回填；

　　2　第二道工序采用中锤夯击（1～2）次，形成夯坑后，采用试夯确定的置换料回填；

　　3　第三道工序采用扁锤低能量满夯 2 次；

　　4　每次的夯击数、夯坑深度和停锤标准均应满足试验区试验确定的施工参数要求。

5.0.6 组合锤法施工的停锤标准应同时符合下列规定：

　　1　夯坑周围地面不应有大于 100mm 的隆起；不因夯坑过深而发生提锤困难；

　　2　应根据土质情况及承载力要求调整停锤标准，当最后两击的平均夯沉量分别为柱锤（200±40）mm、中锤、扁锤（100±20）mm 时可停锤；

　　3　累计夯沉量宜为设计墩长的（1.5～2.0）倍。

5.0.7 两遍夯击之间应有间歇期，间歇期应根据土中超静孔隙水压力消散时间的实测资料确定。当缺少实测资料时，可根据地基土的渗透性确定，对于渗透系数小于 10^{-5} cm/s 的黏性土地基，间歇期不应少于 7d。

5.0.8 施工过程中应有质检员负责下列工作：

　　1　应收集夯前各层地基土的原位检测和土工试验等数据，并检查夯锤质量、锤底面积和落距，确保夯击能和动压当量符合设计要求；

　　2　每一道工序、每一次夯击前，应复核夯点位置，夯完后检查夯坑位置，发现偏差或漏夯应及时纠正；

　　3　应按设计要求和试夯数据，检查每个夯点的夯击次数和夯坑深度，测量最后两击的夯沉量，并做好检查测量的记录，对组合锤置换尚应检查置换深度；

　　4　收锤时应检查最后两击平均夯沉量是否满足要求；

　　5　按本规程附录 D 的规定记录施工全过程的各项参数及工况。

5.0.9 组合锤法地基处理施工结束后，应进行质量检测，并验收合格后方可进行下一道工序。

5.0.10 施工完成后，墩顶标高不应低于基础垫层底标高 200mm。基坑（槽）开挖宜采取局部开挖的方式，开挖至垫层的设计底面标高后，应及时清除松散

土体并施工垫层。

5.0.11 经组合锤法处理后的地基，在基础施工完成后，应按现行国家标准《建筑地基基础工程施工质量验收规范》GB 50202 的相关规定及时分层回填夯实。

6 质 量 检 验

6.0.1 经组合锤法处理后的地基竣工验收时，承载力检验应采用单墩载荷试验或单墩复合地基载荷试验。当采用重型动力触探、标准贯入、钻芯和瑞利波等方法检查置换墩着底情况及承载力与密度随深度的变化状况时，应符合本规程附录 E 的规定。

6.0.2 质量检测应在施工结束间隔一定时间后进行；对粉土和黏性土地基间歇期不宜少于 28d，对碎石土和砂土地基间歇期宜为 14d。

6.0.3 竣工验收时，承载力检验的数量，应根据场地复杂程度和建筑物的重要性确定，每个建筑的载荷试验点数不应少于墩点数的 1%，且不应少于 3 点；当墩点数在 100 点以内时，不应少于 2 点；当墩点数在 50 点以内时，不应少于 1 点。置换墩着底情况及承载力与密度随深度变化情况的检测总数量不应少于墩点数的 1%。

6.0.4 质量检验宜按"先墩身质量检验，后静载荷试验"的顺序进行。发现测试数据不满足设计要求时，应及时补夯或采取其他有效措施处理。对采取补夯或其他措施处理后的工程，应进行补充检验和重新组织验收。

6.0.5 组合锤法复合地基处理工程竣工验收时，应提交下列资料：

1 试夯成果报告及现场夯点平面布置图；
2 施工组织设计；
3 施工记录和施工监测记录；
4 载荷试验和动力触探等检测报告；
5 其他施工资料。

附录 A 组合锤法处理地基单墩载荷试验要点

A.0.1 本试验要点适用于组合锤法处理地基的单墩载荷试验。

A.0.2 试验前应防止试验场地地基土含水量发生变化或地基土受到扰动。

A.0.3 承压板底面标高应与墩顶设计标高相一致。承压板底面下宜铺设粗砂或中砂找平垫层。试验标高处的试坑宽度和长度不应小于承压板尺寸的 3 倍。

A.0.4 试验的承压板可采用圆形或方形，应具有足够的刚度。尺寸按组合锤锤底面积的平均值确定。墩的中心（或形心）应与承压板中心重合，并与加荷的

千斤顶（两台及两台以上）合力中心重合。

A.0.5 最大加载量不应小于设计要求压力值的 2.2 倍；加载等级可分为 8 级～12 级；正式加载前应进行预压，预压值宜为分级荷载的 2 倍，预压持续 1h 后卸载开始试验。

A.0.6 试验应采用维持荷载法。每级荷载加载后，按间隔 10min、10min、10min、15min、15min 测读一次沉降量，以后每隔 30min 测读一次沉降量。当连续 2h 内每小时的沉降量小于 0.1mm 时，即可加下一级荷载。

A.0.7 当出现下列现象之一时可终止加载：

1 沉降急剧增大，土被挤出或承压板周围出现明显的隆起；
2 承压板的累计沉降量已大于其宽度或直径的 6%；
3 当达不到极限荷载，而最大加载压力已大于设计要求压力值的 2.2 倍；
4 沉降急剧增大，荷载～沉降曲线出现陡降段；
5 在某一级荷载作用下，24h 内沉降速率未达到稳定。

A.0.8 卸载级数可为加载级数的一半，等量进行，每卸一级，间隔 0.5h，读记回弹量，待卸完全部荷载后间隔 3h 读记总回弹量。

A.0.9 当荷载～沉降曲线上极限荷载能确定，而其值不小于对应比例界限的 2 倍时，单墩承载力特征值可取比例界限；当其值小于对应比例界限的 2 倍时，单墩承载力特征值可取极限荷载的一半。

A.0.10 当统计的试验数据满足其值差不大于平均值的 30% 时，可取其平均值为单墩承载力特征值。

附录 B 组合锤法处理地基工程沉降观测记录表

表 B 组合锤法处理地基工程沉降观测记录表

工程名称：_____ 标准点高程：_____

测点	第 次 年 月 日				第 次 年 月 日		
	初测高程(mm)	高程	沉降量(mm)		高程	沉降量(mm)	
			本次	累计		本次	累计

测点	第 次		年 月 日	第 次	年 月 日	
	初测高程(mm)	高程	沉降量(mm)	高程	沉降量(mm)	
			本次	累计		本次	累计
平均沉降量						
工程进度						
测点布置	示意图					

附录C 附加应力系数α、平均附加应力系数ᾱ

C.0.1 矩形面积上均布荷载下角点的附加应力系数α、平均附加应力系数ᾱ应按表C.0.1-1、表C.0.1-2确定。

C.0.2 矩形面积上三角形分布荷载下角点的附加应力系数α、平均附加应力系数ᾱ应按表C.0.2确定。

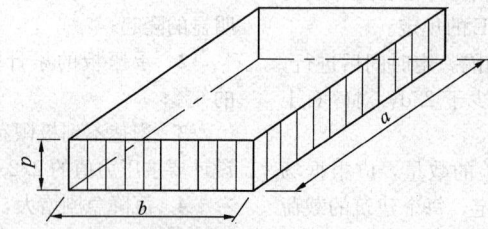

表C.0.1-1 矩形面积上均布荷载作用下角点附加应力系数α

z/b \ a/b	1.0	1.2	1.4	1.6	1.8	2.0	3.0	4.0	5.0	6.0	10.0	条形
0.0	0.250	0.250	0.250	0.250	0.250	0.250	0.250	0.250	0.250	0.250	0.250	0.250
0.2	0.249	0.249	0.249	0.249	0.249	0.249	0.249	0.249	0.249	0.249	0.249	0.249
0.4	0.240	0.242	0.243	0.243	0.244	0.244	0.244	0.244	0.244	0.244	0.244	0.244
0.6	0.223	0.228	0.230	0.232	0.232	0.233	0.234	0.234	0.234	0.234	0.234	0.234
0.8	0.200	0.207	0.212	0.215	0.216	0.218	0.220	0.220	0.220	0.220	0.220	0.220
1.0	0.175	0.185	0.191	0.195	0.198	0.200	0.203	0.204	0.204	0.204	0.205	0.205
1.2	0.152	0.163	0.171	0.176	0.179	0.182	0.187	0.188	0.189	0.189	0.189	0.189
1.4	0.131	0.142	0.151	0.157	0.161	0.164	0.171	0.173	0.174	0.174	0.174	0.174
1.6	0.112	0.124	0.133	0.140	0.145	0.148	0.157	0.159	0.160	0.160	0.160	0.160
1.8	0.097	0.108	0.117	0.124	0.129	0.133	0.143	0.146	0.147	0.148	0.148	0.148
2.0	0.084	0.095	0.103	0.110	0.116	0.120	0.131	0.135	0.136	0.137	0.137	0.137
2.2	0.073	0.083	0.092	0.098	0.104	0.108	0.121	0.125	0.126	0.127	0.128	0.128
2.4	0.064	0.073	0.081	0.088	0.093	0.098	0.111	0.116	0.118	0.118	0.119	0.119
2.6	0.057	0.065	0.072	0.079	0.084	0.089	0.102	0.107	0.110	0.111	0.112	0.112
2.8	0.050	0.058	0.065	0.071	0.076	0.080	0.094	0.100	0.102	0.104	0.105	0.105
3.0	0.045	0.052	0.058	0.064	0.069	0.073	0.087	0.093	0.096	0.097	0.099	0.099
3.2	0.040	0.047	0.053	0.058	0.063	0.067	0.081	0.087	0.090	0.092	0.093	0.094
3.4	0.036	0.042	0.048	0.053	0.057	0.061	0.075	0.081	0.085	0.086	0.088	0.089
3.6	0.033	0.038	0.043	0.048	0.052	0.056	0.069	0.076	0.080	0.082	0.084	0.084
3.8	0.030	0.035	0.040	0.044	0.048	0.052	0.065	0.072	0.075	0.077	0.080	0.080
4.0	0.027	0.032	0.036	0.040	0.044	0.048	0.060	0.067	0.071	0.073	0.076	0.076
4.2	0.025	0.029	0.033	0.037	0.041	0.044	0.056	0.063	0.067	0.070	0.072	0.073
4.4	0.023	0.027	0.031	0.034	0.038	0.041	0.053	0.060	0.064	0.066	0.069	0.070
4.6	0.021	0.025	0.028	0.032	0.035	0.038	0.049	0.056	0.061	0.063	0.066	0.067
4.8	0.019	0.023	0.026	0.029	0.032	0.035	0.046	0.053	0.058	0.060	0.064	0.064
5.0	0.018	0.021	0.024	0.027	0.030	0.033	0.043	0.050	0.055	0.057	0.061	0.062
6.0	0.013	0.015	0.017	0.020	0.022	0.024	0.033	0.039	0.043	0.046	0.051	0.052
7.0	0.009	0.011	0.013	0.015	0.016	0.018	0.025	0.031	0.035	0.038	0.043	0.045
8.0	0.007	0.009	0.010	0.011	0.013	0.014	0.020	0.025	0.028	0.031	0.037	0.039
9.0	0.006	0.007	0.008	0.009	0.010	0.011	0.016	0.020	0.024	0.026	0.032	0.035
10.0	0.005	0.006	0.007	0.007	0.008	0.009	0.013	0.017	0.020	0.022	0.028	0.032
12.0	0.003	0.004	0.005	0.005	0.006	0.006	0.009	0.012	0.014	0.017	0.022	0.026
14.0	0.002	0.003	0.003	0.004	0.004	0.005	0.007	0.009	0.011	0.013	0.018	0.023
16.0	0.002	0.002	0.003	0.003	0.003	0.004	0.005	0.007	0.009	0.010	0.014	0.020
18.0	0.001	0.002	0.002	0.002	0.003	0.003	0.004	0.006	0.007	0.008	0.012	0.018
20.0	0.001	0.001	0.002	0.002	0.002	0.002	0.004	0.005	0.006	0.007	0.010	0.016
25.0	0.001	0.001	0.001	0.001	0.001	0.002	0.002	0.003	0.004	0.004	0.007	0.013
30.0	0.001	0.001	0.001	0.001	0.001	0.001	0.002	0.002	0.003	0.003	0.005	0.011
35.0	0.000	0.000	0.001	0.001	0.001	0.001	0.001	0.002	0.002	0.002	0.004	0.009
40.0	0.000	0.000	0.000	0.000	0.001	0.001	0.001	0.001	0.001	0.002	0.003	0.008

注：a—矩形均布荷载长度（m）；b—矩形均布荷载宽度（m）；z—计算点离基础底面或桩端平面垂直距离（m）。

表 C.0.1-2　矩形面积上均布荷载作用下角点平均附加应力系数 $\bar{\alpha}$

z/b \ a/b	1.0	1.2	1.4	1.6	1.8	2.0	2.4	2.8	3.2	3.6	4.0	5.0	10.0
0.0	0.2500	0.2500	0.2500	0.2500	0.2500	0.2500	0.2500	0.2500	0.2500	0.2500	0.2500	0.2500	0.2500
0.2	0.2496	0.2497	0.2497	0.2498	0.2498	0.2498	0.2498	0.2498	0.2498	0.2498	0.2498	0.2498	0.2498
0.4	0.2474	0.2479	0.2481	0.2483	0.2483	0.2484	0.2485	0.2485	0.2485	0.2485	0.2485	0.2485	0.2485
0.6	0.2423	0.2437	0.2444	0.2448	0.2451	0.2452	0.2454	0.2455	0.2455	0.2455	0.2455	0.2455	0.2456
0.8	0.2346	0.2372	0.2387	0.2395	0.2400	0.2403	0.2407	0.2408	0.2409	0.2409	0.2410	0.2410	0.2410
1.0	0.2252	0.2291	0.2313	0.2326	0.2335	0.2340	0.2346	0.2349	0.2351	0.2352	0.2352	0.2353	0.2353
1.2	0.2149	0.2199	0.2229	0.2248	0.2260	0.2268	0.2278	0.2282	0.2285	0.2286	0.2287	0.2288	0.2289
1.4	0.2043	0.2102	0.2140	0.2146	0.2180	0.2191	0.2204	0.2211	0.2215	0.2217	0.2218	0.2220	0.2221
1.6	0.1939	0.2006	0.2049	0.2079	0.2099	0.2113	0.2130	0.2138	0.2143	0.2146	0.2148	0.2150	0.2152
1.8	0.1840	0.1912	0.1960	0.1994	0.2018	0.2034	0.2055	0.2066	0.2073	0.2077	0.2079	0.2082	0.2084
2.0	0.1746	0.1822	0.1875	0.1912	0.1980	0.1958	0.1982	0.1996	0.2004	0.2009	0.2012	0.2015	0.2018
2.2	0.1659	0.1737	0.1793	0.1833	0.1862	0.1883	0.1911	0.1927	0.1937	0.1943	0.1947	0.1952	0.1955
2.4	0.1578	0.1657	0.1715	0.1757	0.1789	0.1812	0.1843	0.1862	0.1873	0.1880	0.1885	0.1890	0.1895
2.6	0.1503	0.1583	0.1642	0.1686	0.1719	0.1745	0.1779	0.1799	0.1812	0.1820	0.1825	0.1832	0.1838
2.8	0.1433	0.1514	0.1574	0.1619	0.1654	0.1680	0.1717	0.1739	0.1753	0.1763	0.1769	0.1777	0.1784
3.0	0.1369	0.1449	0.1510	0.1556	0.1592	0.1619	0.1658	0.1682	0.1698	0.1708	0.1715	0.1725	0.1733
3.2	0.1310	0.1390	0.1450	0.1497	0.1533	0.1562	0.1602	0.1628	0.1645	0.1657	0.1664	0.1675	0.1685
3.4	0.1256	0.1334	0.1394	0.1441	0.1478	0.1508	0.1550	0.1577	0.1595	0.1607	0.1616	0.1628	0.1639
3.6	0.1205	0.1282	0.1342	0.1389	0.1427	0.1456	0.1500	0.1528	0.1548	0.1561	0.1570	0.1583	0.1595
3.8	0.1158	0.1234	0.1293	0.1340	0.1378	0.1408	0.1452	0.1482	0.1502	0.1516	0.1526	0.1541	0.1554
4.0	0.1114	0.1189	0.1248	0.1294	0.1332	0.1362	0.1408	0.1438	0.1459	0.1474	0.1485	0.1500	0.1516
4.2	0.1073	0.1147	0.1205	0.1251	0.1289	0.1319	0.1365	0.1396	0.1418	0.1434	0.1445	0.1462	0.1479
4.4	0.1035	0.1107	0.1164	0.1210	0.1248	0.1279	0.1325	0.1357	0.1379	0.1396	0.1407	0.1425	0.1444
4.6	0.1000	0.1107	0.1127	0.1172	0.1209	0.1240	0.1287	0.1319	0.1342	0.1359	0.1371	0.1390	0.1410
4.8	0.0967	0.1036	0.1091	0.1136	0.1173	0.1204	0.1250	0.1283	0.1307	0.1324	0.1337	0.1357	0.1379
5.0	0.0935	0.1003	0.1057	0.1102	0.1139	0.1169	0.1216	0.1249	0.1273	0.1291	0.1304	0.1325	0.1348
5.2	0.0906	0.0972	0.1026	0.1070	0.1106	0.1136	0.1183	0.1217	0.1241	0.1259	0.1273	0.1295	0.1320
5.4	0.0878	0.0943	0.0996	0.1039	0.1075	0.1105	0.1152	0.1186	0.1210	0.1229	0.1243	0.1265	0.1292
5.6	0.0852	0.0916	0.0968	0.1010	0.1046	0.1076	0.1122	0.1156	0.1181	0.1200	0.1215	0.1238	0.1266
5.8	0.0828	0.0890	0.0941	0.0983	0.1018	0.1047	0.1094	0.1128	0.1153	0.1172	0.1187	0.1211	0.1240
6.0	0.0805	0.0866	0.0916	0.0957	0.0991	0.1021	0.1067	0.1101	0.1126	0.1146	0.1161	0.1161	0.1216
6.2	0.0783	0.0842	0.0891	0.0932	0.0966	0.0995	0.1041	0.1075	0.1101	0.1120	0.1136	0.1137	0.1193
6.4	0.0762	0.0820	0.0869	0.0909	0.0942	0.0971	0.1016	0.1050	0.1076	0.1096	0.1111	0.1137	0.1171
6.6	0.0742	0.0799	0.0847	0.0886	0.0919	0.0948	0.0993	0.1027	0.1053	0.1073	0.1088	0.1114	0.1149
6.8	0.0723	0.0779	0.0826	0.0865	0.0898	0.0926	0.0970	0.1004	0.1030	0.1050	0.1066	0.1092	0.1129
7.0	0.0705	0.0761	0.0806	0.0844	0.0877	0.0904	0.0949	0.0982	0.1008	0.1028	0.1044	0.1071	0.1109
7.2	0.0688	0.0742	0.0787	0.0825	0.0857	0.0884	0.0928	0.0962	0.0987	0.1008	0.1023	0.1051	0.1090
7.4	0.0672	0.0725	0.0769	0.0806	0.0838	0.0865	0.0908	0.0942	0.0967	0.0988	0.1004	0.1031	0.1071
7.6	0.0656	0.0709	0.0752	0.0789	0.0820	0.0846	0.0889	0.0922	0.0948	0.0968	0.0984	0.1012	0.1054
7.8	0.0642	0.0693	0.0736	0.0771	0.0802	0.0828	0.0871	0.0904	0.0929	0.0950	0.0966	0.0994	0.1036
8.0	0.0627	0.0678	0.0720	0.0755	0.0785	0.0811	0.0853	0.0886	0.0912	0.0932	0.0948	0.0976	0.1020
8.2	0.0614	0.0663	0.0705	0.0739	0.0769	0.0795	0.0837	0.0869	0.0894	0.0914	0.0931	0.0959	0.1004
8.4	0.0601	0.0649	0.0690	0.0724	0.0754	0.0779	0.0820	0.0852	0.0878	0.0893	0.0914	0.0943	0.0938
8.6	0.0588	0.0636	0.0676	0.0710	0.0739	0.0764	0.0805	0.0836	0.0862	0.0882	0.0898	0.0927	0.0973
8.8	0.0576	0.0623	0.0663	0.0696	0.0724	0.0749	0.0790	0.0821	0.0846	0.0866	0.0882	0.0912	0.0959
9.2	0.0554	0.0599	0.0637	0.0670	0.0697	0.0721	0.0761	0.0792	0.0817	0.0837	0.0853	0.0882	0.0931
9.6	0.0533	0.0577	0.0614	0.0645	0.0672	0.0696	0.0734	0.0765	0.0789	0.0809	0.0825	0.0855	0.0905
10.0	0.0514	0.0556	0.0592	0.0622	0.0649	0.0672	0.0710	0.0739	0.0763	0.0783	0.0799	0.0829	0.0880
10.4	0.0496	0.0537	0.0572	0.0601	0.0627	0.0649	0.0686	0.0716	0.0739	0.0759	0.0775	0.0804	0.0857
10.8	0.0479	0.0519	0.0553	0.0581	0.0606	0.0628	0.0664	0.0693	0.0717	0.0736	0.0751	0.0781	0.0834
11.2	0.0463	0.0502	0.0535	0.0563	0.0587	0.0609	0.0664	0.0672	0.0695	0.0714	0.0730	0.0759	0.0813
11.6	0.0448	0.0486	0.0518	0.0545	0.0569	0.0590	0.0625	0.0652	0.0675	0.0694	0.0709	0.0738	0.0793
12.0	0.0435	0.0471	0.0502	0.0529	0.0552	0.0573	0.0606	0.0634	0.0656	0.0674	0.0690	0.0719	0.0774
12.8	0.0409	0.0444	0.0474	0.0499	0.0521	0.0541	0.0573	0.0599	0.0621	0.0639	0.0654	0.0682	0.0739
13.6	0.0387	0.0420	0.0448	0.0472	0.0493	0.0512	0.0543	0.0568	0.0589	0.0607	0.0621	0.0649	0.0707
14.4	0.0367	0.0398	0.0425	0.0488	0.0468	0.0486	0.0516	0.0540	0.0561	0.0577	0.0592	0.0619	0.0677
15.2	0.0349	0.0379	0.0404	0.0426	0.0446	0.0463	0.0492	0.0515	0.0535	0.0551	0.0565	0.0592	0.0650
16.0	0.0332	0.0361	0.0385	0.0407	0.0425	0.0442	0.0469	0.0492	0.0511	0.0527	0.0540	0.0567	0.0625
18.0	0.0297	0.0323	0.0345	0.0364	0.0381	0.0396	0.0422	0.0442	0.0460	0.0475	0.0487	0.0512	0.0570
20.0	0.0269	0.0292	0.0312	0.0330	0.0345	0.0359	0.0383	0.0402	0.0418	0.0432	0.0444	0.0468	0.0524

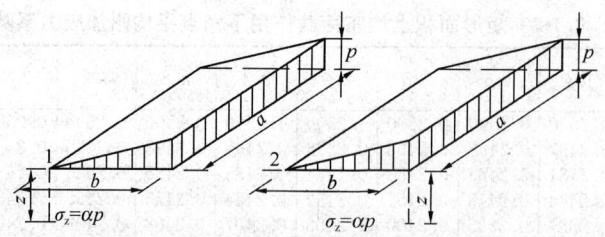

表 C.0.2　矩形面积上三角形分布荷载作用下角点的附加应力系数 α 与平均附加应力系数 $\bar{\alpha}$

z/b	a/b 0.2 点1 α	$\bar{\alpha}$	点2 α	$\bar{\alpha}$	a/b 0.4 点1 α	$\bar{\alpha}$	点2 α	$\bar{\alpha}$	a/b 0.6 点1 α	$\bar{\alpha}$	点2 α	$\bar{\alpha}$	z/b
0.0	0.0000	0.0000	0.2500	0.2500	0.0000	0.0000	0.2500	0.2500	0.0000	0.0000	0.2500	0.2500	0.0
0.2	0.0223	0.0112	0.1821	0.2161	0.0280	0.0140	0.2115	0.2308	0.0296	0.0148	0.2165	0.2333	0.2
0.4	0.0269	0.0179	0.1094	0.1810	0.0420	0.0245	0.1604	0.2084	0.0487	0.0270	0.1781	0.2153	0.4
0.6	0.0259	0.0207	0.0700	0.1505	0.0448	0.0308	0.1165	0.1851	0.0560	0.0355	0.1405	0.1966	0.6
0.8	0.0232	0.0217	0.0480	0.1277	0.0421	0.0340	0.0853	0.1640	0.0553	0.0405	0.1093	0.1787	0.8
1.0	0.0201	0.0217	0.0346	0.1104	0.0375	0.0351	0.0638	0.1461	0.0508	0.0430	0.0852	0.1624	1.0
1.2	0.0171	0.0212	0.0260	0.0970	0.0324	0.0351	0.0491	0.1312	0.0450	0.0439	0.0673	0.1480	1.2
1.4	0.0145	0.0204	0.0202	0.0865	0.0278	0.0344	0.0386	0.1187	0.0392	0.0436	0.0540	0.1356	1.4
1.6	0.0123	0.0195	0.0160	0.0779	0.0238	0.0333	0.0310	0.1082	0.0339	0.0427	0.0440	0.1247	1.6
1.8	0.0105	0.0186	0.0130	0.0709	0.0204	0.0321	0.0254	0.0993	0.0294	0.0415	0.0363	0.1153	1.8
2.0	0.0090	0.0178	0.0108	0.0650	0.0176	0.0308	0.0211	0.0917	0.0255	0.0401	0.0304	0.1071	2.0
2.5	0.0063	0.0157	0.0072	0.0538	0.0125	0.0276	0.0140	0.0769	0.0183	0.0365	0.0205	0.0908	2.5
3.0	0.0046	0.0140	0.0051	0.0458	0.0092	0.0248	0.0100	0.0661	0.0135	0.0330	0.0148	0.0786	3.0
5.0	0.0018	0.0097	0.0019	0.0289	0.0036	0.0175	0.0038	0.0424	0.0054	0.0236	0.0056	0.0476	5.0
7.0	0.0009	0.0073	0.0010	0.0211	0.0019	0.0133	0.0019	0.0311	0.0028	0.0180	0.0029	0.0352	7.0
10.0	0.0005	0.0053	0.0004	0.0150	0.0009	0.0097	0.0010	0.0222	0.0014	0.0133	0.0014	0.0253	10.0

z/b	a/b 0.8 点1 α	$\bar{\alpha}$	点2 α	$\bar{\alpha}$	a/b 1.0 点1 α	$\bar{\alpha}$	点2 α	$\bar{\alpha}$	a/b 1.2 点1 α	$\bar{\alpha}$	点2 α	$\bar{\alpha}$	z/b
0.0	0.0000	0.0000	0.2500	0.2500	0.0000	0.0000	0.2500	0.2500	0.0000	0.0000	0.2500	0.2500	0.0
0.2	0.0301	0.0151	0.2178	0.2339	0.0304	0.0152	0.2182	0.2341	0.0305	0.0153	0.2184	0.2342	0.2
0.4	0.0517	0.0280	0.1844	0.2175	0.0531	0.0285	0.1870	0.2184	0.0539	0.0288	0.1881	0.2187	0.4
0.6	0.6210	0.0376	0.1520	0.2011	0.0654	0.0388	0.1575	0.2030	0.0673	0.0394	0.1602	0.2039	0.6
0.8	0.0637	0.0440	0.1232	0.1852	0.0688	0.0459	0.1311	0.1883	0.0720	0.0470	0.1355	0.1899	0.8
1.0	0.0602	0.0476	0.0996	0.1704	0.0666	0.0502	0.1086	0.1746	0.0708	0.0518	0.1143	0.1769	1.0
1.2	0.0546	0.0492	0.0807	0.1571	0.0615	0.0525	0.0901	0.1621	0.0664	0.0546	0.0962	0.1649	1.2
1.4	0.0483	0.0495	0.0661	0.1451	0.0554	0.0534	0.0751	0.1507	0.0606	0.0559	0.0817	0.1541	1.4
1.6	0.0424	0.0490	0.0547	0.1345	0.0492	0.0533	0.0628	0.1405	0.0545	0.0561	0.0696	0.1443	1.6
1.8	0.0371	0.0480	0.0457	0.1252	0.0435	0.0525	0.0534	0.1313	0.0487	0.0556	0.0596	0.1354	1.8
2.0	0.0324	0.0467	0.0387	0.1169	0.0384	0.0513	0.0456	0.1232	0.0434	0.0547	0.0513	0.1274	2.0
2.5	0.0236	0.0429	0.0265	0.1000	0.0284	0.0478	0.0318	0.1063	0.0326	0.0513	0.0365	0.1107	2.5
3.0	0.0176	0.0392	0.0192	0.0871	0.0214	0.0439	0.0233	0.0931	0.0249	0.0476	0.0270	0.0976	3.0
5.0	0.0071	0.0285	0.0074	0.0576	0.0088	0.0324	0.0091	0.0624	0.0104	0.0356	0.0108	0.0661	5.0
7.0	0.0038	0.0219	0.0038	0.0427	0.0047	0.0251	0.0047	0.0465	0.0056	0.0277	0.0056	0.0496	7.0
10.0	0.0019	0.0162	0.0019	0.0308	0.0023	0.0186	0.0024	0.0336	0.0028	0.0207	0.0028	0.0359	10.0

a/b	1.4				1.6				1.8				a/b
点	1		2		1		2		1		2		点
系数 z/b	α	$\bar{\alpha}$	α	$\bar{\alpha}$	α	$\bar{\alpha}$	α	$\bar{\alpha}$	α	$\bar{\alpha}$	α	$\bar{\alpha}$	系数 z/b
0.0	0.0000	0.0000	0.2500	0.2500	0.0000	0.0000	0.2500	0.2500	0.0000	0.0000	0.2500	0.2500	0.0
0.2	0.0305	0.0153	0.2185	0.2343	0.0306	0.0153	0.2185	0.2343	0.0306	0.0153	0.2185	0.2343	0.2
0.4	0.0543	0.0289	0.1886	0.2189	0.0545	0.0290	0.1889	0.2190	0.0546	0.0290	0.1891	0.2190	0.4
0.6	0.0684	0.0397	0.1616	0.2043	0.0690	0.0399	0.1625	0.2046	0.0649	0.0400	0.1630	0.2047	0.6
0.8	0.0739	0.0476	0.1381	0.1907	0.0751	0.0480	0.1396	0.1912	0.0759	0.0482	0.1405	0.1915	0.8
1.0	0.0735	0.0528	0.1176	0.1781	0.0753	0.0534	0.1202	0.1789	0.0766	0.0538	0.1215	0.1794	1.0
1.2	0.0698	0.0560	0.1007	0.1666	0.0721	0.0568	0.1037	0.1678	0.0738	0.0574	0.1055	0.1684	1.2
1.4	0.0644	0.0575	0.0864	0.1562	0.0672	0.0586	0.0897	0.1576	0.0692	0.0594	0.0921	0.1585	1.4
1.6	0.0586	0.0580	0.0743	0.1467	0.0616	0.0594	0.0780	0.1484	0.0639	0.0603	0.0806	0.1494	1.6
1.8	0.0528	0.0578	0.0644	0.1381	0.0560	0.0593	0.0681	0.1400	0.0585	0.0604	0.0709	0.1413	1.8
2.0	0.0474	0.0570	0.0560	0.1303	0.0507	0.0587	0.0596	0.1324	0.0533	0.0599	0.0625	0.1338	2.0
2.5	0.0362	0.0540	0.0405	0.1139	0.0393	0.0560	0.0440	0.1163	0.0419	0.0575	0.0469	0.1180	2.5
3.0	0.0280	0.0503	0.0303	0.1008	0.0307	0.0525	0.0333	0.1033	0.0331	0.0541	0.0359	0.1052	3.0
5.0	0.0120	0.0382	0.0123	0.0690	0.0135	0.0403	0.0139	0.0714	0.0148	0.0421	0.0154	0.0734	5.0
7.0	0.0064	0.0299	0.0066	0.0520	0.0073	0.0318	0.0074	0.0541	0.0081	0.0333	0.0083	0.0558	7.0
10.0	0.0033	0.0224	0.0032	0.0379	0.0037	0.0239	0.0037	0.0395	0.0041	0.0252	0.0042	0.0409	10.0

a/b	2.0				3.0				4.0				a/b
点	1		2		1		2		1		2		点
系数 z/b	α	$\bar{\alpha}$	α	$\bar{\alpha}$	α	$\bar{\alpha}$	α	$\bar{\alpha}$	α	$\bar{\alpha}$	α	$\bar{\alpha}$	系数 z/b
0.0	0.0000	0.0000	0.2500	0.2500	0.0000	0.0000	0.2500	0.2500	0.0000	0.0000	0.2500	0.2500	0.0
0.2	0.0306	0.0153	0.2185	0.2343	0.0306	0.0153	0.2186	0.2343	0.0306	0.0153	0.2186	0.2343	0.2
0.4	0.0547	0.0290	0.1892	0.2191	0.0548	0.0290	0.1894	0.2192	0.0549	0.0291	0.1894	0.2192	0.4
0.6	0.0696	0.0401	0.1633	0.2048	0.0701	0.0402	0.1638	0.2050	0.0702	0.0402	0.1639	0.2050	0.6
0.8	0.0764	0.0483	0.1412	0.1917	0.0773	0.0486	0.1423	0.1920	0.0776	0.0487	0.1424	0.1920	0.8
1.0	0.0774	0.0540	0.1225	0.1797	0.0790	0.0545	0.1244	0.1803	0.0794	0.0546	0.1248	0.1803	1.0
1.2	0.0749	0.0577	0.1069	0.1689	0.0774	0.0584	0.1096	0.1697	0.0779	0.0586	0.1103	0.1699	1.2
1.4	0.0707	0.0599	0.0937	0.1591	0.0739	0.0609	0.0973	0.1603	0.0748	0.0612	0.0982	0.1605	1.4
1.6	0.0656	0.0609	0.0826	0.1502	0.0697	0.0623	0.0870	0.1517	0.0708	0.0626	0.0882	0.1521	1.6
1.8	0.0604	0.0611	0.0730	0.1422	0.0652	0.0628	0.0782	0.1441	0.0666	0.0633	0.0797	0.1445	1.8
2.0	0.0553	0.0608	0.0649	0.1348	0.0607	0.0629	0.0707	0.1371	0.0624	0.0634	0.0726	0.1377	2.0
2.5	0.0440	0.0586	0.0491	0.1193	0.0504	0.0614	0.0559	0.1223	0.0529	0.0623	0.0585	0.1233	2.5
3.0	0.0352	0.0554	0.0380	0.1067	0.0419	0.0589	0.0451	0.1104	0.0449	0.0600	0.0482	0.1116	3.0
5.0	0.0161	0.0435	0.0167	0.0749	0.0214	0.0480	0.0221	0.0797	0.0248	0.0500	0.0256	0.0817	5.0
7.0	0.0089	0.0347	0.0091	0.0572	0.0124	0.0391	0.0126	0.0619	0.0152	0.0414	0.0154	0.0642	7.0
10.0	0.0046	0.0263	0.0046	0.0403	0.0066	0.0302	0.0066	0.0462	0.0084	0.0325	0.0083	0.0485	10.0

z/b	6.0 点1 α	6.0 点1 ᾱ	6.0 点2 α	6.0 点2 ᾱ	8.0 点1 α	8.0 点1 ᾱ	8.0 点2 α	8.0 点2 ᾱ	10.0 点1 α	10.0 点1 ᾱ	10.0 点2 α	10.0 点2 ᾱ	z/b
0.0	0.0000	0.0000	0.2500	0.2500	0.0000	0.0000	0.2500	0.2500	0.0000	0.0000	0.2500	0.2500	0.0
0.2	0.0306	0.0153	0.2186	0.2343	0.0306	0.0153	0.2186	0.2343	0.0306	0.0153	0.2186	0.2343	0.2
0.4	0.0549	0.0291	0.1894	0.2192	0.0549	0.0291	0.1894	0.2192	0.0549	0.0291	0.1894	0.2192	0.4
0.6	0.0702	0.0402	0.1640	0.2050	0.0702	0.0402	0.1640	0.2050	0.0702	0.0402	0.1640	0.2050	0.6
0.8	0.0776	0.0487	0.1426	0.1921	0.0776	0.0487	0.1426	0.1921	0.0776	0.0487	0.1426	0.1921	0.8
1.0	0.0795	0.0546	0.1250	0.1804	0.0796	0.0546	0.1250	0.1804	0.0796	0.0546	0.1250	0.1804	1.0
1.2	0.0782	0.0587	0.1105	0.1700	0.0783	0.0587	0.1105	0.1700	0.0783	0.0587	0.1105	0.1700	1.2
1.4	0.0752	0.0613	0.0986	0.1606	0.0752	0.0613	0.0987	0.1606	0.0753	0.0613	0.0987	0.1606	1.4
1.6	0.0714	0.0628	0.0887	0.1523	0.0715	0.0628	0.0888	0.1523	0.0715	0.0628	0.0889	0.1523	1.6
1.8	0.0673	0.0635	0.0805	0.1447	0.0675	0.0635	0.0806	0.1448	0.0675	0.0635	0.0808	0.1448	1.8
2.0	0.0634	0.0637	0.0734	0.1380	0.0636	0.0638	0.0736	0.1380	0.0636	0.0638	0.0738	0.1380	2.0
2.5	0.0543	0.0627	0.0601	0.1237	0.0547	0.0628	0.0604	0.1238	0.0548	0.0628	0.0605	0.1239	2.5
3.0	0.0469	0.0607	0.0504	0.1123	0.0474	0.0609	0.0509	0.1124	0.0476	0.0609	0.0511	0.1125	3.0
5.0	0.0283	0.0515	0.0290	0.0833	0.0296	0.0519	0.0303	0.0837	0.0301	0.0521	0.0309	0.0839	5.0
7.0	0.0186	0.0435	0.0190	0.0663	0.0204	0.0442	0.0207	0.0671	0.0212	0.0445	0.0216	0.0674	7.0
10.0	0.0111	0.0349	0.0111	0.0509	0.0128	0.0359	0.0130	0.0520	0.0139	0.0364	0.0141	0.0526	10.0

C.0.3 圆形面积上均布荷载下中点的附加应力系数 α、平均附加应力系数ᾱ应按表 C.0.3 确定。

表 C.0.3 圆形面积上均布荷载作用下中点的附加应力系数 α 与平均附加应力系数ᾱ

z/r	圆形 α	圆形 ᾱ
0.0	1.000	1.000
0.1	0.999	1.000
0.2	0.992	0.998
0.3	0.976	0.993
0.4	0.949	0.986
0.5	0.911	0.974
0.6	0.864	0.960
0.7	0.811	0.942
0.8	0.756	0.923
0.9	0.701	0.901
1.0	0.647	0.878
1.1	0.595	0.855
1.2	0.547	0.831
1.3	0.502	0.808
1.4	0.461	0.784
1.5	0.424	0.762
1.6	0.390	0.739
1.7	0.360	0.718

z/r	圆形 α	圆形 ᾱ
1.8	0.332	0.697
1.9	0.307	0.677
2.0	0.285	0.658
2.1	0.264	0.640
2.2	0.245	0.623
2.3	0.229	0.606
2.4	0.210	0.590
2.5	0.200	0.574
2.6	0.187	0.560
2.7	0.175	0.546
2.8	0.165	0.532
2.9	0.155	0.519
3.0	0.146	0.507
3.1	0.138	0.495
3.2	0.130	0.484
3.3	0.124	0.473
3.4	0.117	0.463
3.5	0.111	0.453
3.6	0.106	0.443
3.7	0.101	0.434
3.8	0.096	0.425
3.9	0.091	0.417

z/r	圆形	
	α	$\bar{\alpha}$
4.0	0.087	0.409
4.1	0.083	0.401
4.2	0.079	0.393
4.3	0.076	0.386
4.4	0.073	0.379
4.5	0.070	0.372
4.6	0.067	0.365
4.7	0.064	0.359
4.8	0.062	0.353
4.9	0.059	0.347
5.0	0.057	0.341

C.0.4 圆形面积上三角形分布荷载下边点的附加应力系数 α、平均附加应力系数 $\bar{\alpha}$ 应按表 C.0.4 确定。

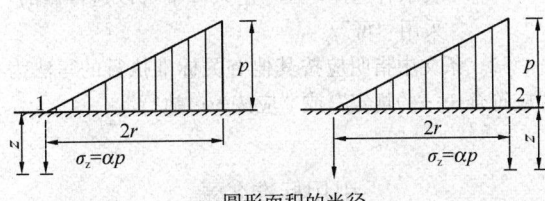

r——圆形面积的半径

表 C.0.4　圆形面积上三角形分布荷载作用下边点的附加应力系数 α 与平均附加应力系数 $\bar{\alpha}$

z/r 点\系数	1		2	
	α	$\bar{\alpha}$	α	$\bar{\alpha}$
0.0	0.000	0.000	0.500	0.500
0.1	0.016	0.008	0.465	0.483
0.2	0.031	0.016	0.433	0.466
0.3	0.044	0.023	0.403	0.450
0.4	0.054	0.030	0.376	0.435
0.5	0.063	0.035	0.349	0.420
0.6	0.071	0.041	0.324	0.406
0.7	0.078	0.045	0.300	0.393
0.8	0.083	0.050	0.279	0.380
0.9	0.088	0.054	0.258	0.368
1.0	0.091	0.057	0.238	0.356
1.1	0.092	0.061	0.221	0.344
1.2	0.093	0.063	0.205	0.333
1.3	0.092	0.065	0.190	0.323
1.4	0.091	0.067	0.177	0.313
1.5	0.089	0.069	0.165	0.303
1.6	0.087	0.070	0.154	0.294
1.7	0.085	0.071	0.144	0.286
1.8	0.083	0.072	0.134	0.278
1.9	0.080	0.072	0.126	0.270
2.0	0.078	0.073	0.117	0.263
2.1	0.075	0.073	0.110	0.255
2.2	0.072	0.073	0.104	0.249
2.3	0.070	0.073	0.097	0.242

z/r 点\系数	1		2	
	α	$\bar{\alpha}$	α	$\bar{\alpha}$
2.4	0.067	0.073	0.091	0.236
2.5	0.064	0.072	0.086	0.230
2.6	0.062	0.072	0.081	0.225
2.7	0.059	0.071	0.078	0.219
2.8	0.057	0.071	0.074	0.214
2.9	0.055	0.070	0.070	0.209
3.0	0.052	0.070	0.067	0.204
3.1	0.050	0.069	0.064	0.200
3.2	0.048	0.069	0.061	0.196
3.3	0.046	0.068	0.059	0.192
3.4	0.045	0.067	0.055	0.188
3.5	0.043	0.067	0.053	0.184
3.6	0.041	0.066	0.051	0.180
3.7	0.040	0.065	0.048	0.177
3.8	0.038	0.065	0.046	0.173
3.9	0.037	0.064	0.043	0.170
4.0	0.036	0.063	0.041	0.167
4.2	0.033	0.062	0.038	0.161
4.4	0.031	0.061	0.034	0.155
4.6	0.029	0.059	0.031	0.150
4.8	0.027	0.058	0.029	0.145
5.0	0.025	0.057	0.027	0.140

附录 D　组合锤挤密和组合锤置换施工记录

表 D　组合锤挤密和组合锤置换施工记录

起重机型号：＿＿＿　　夯锤重量(t)：＿＿＿

夯击日期：　年　月　日

技术负责人：＿＿＿工(队)长：＿＿＿

最后两击平均下沉量控制为＿＿＿mm

夯锤尺寸(m)：＿＿＿落距(m)：＿＿＿记录人：＿＿＿

工序	遍数	1		2		3		4	
		本次	累计	本次	累计	本次	累计	本次	累计
第□工序									
第□工序									
第□工序									
第□工序									

续表 D

工序	遍数	1		2		3		4	
		本次	累计	本次	累计	本次	累计	本次	累计
第□工序									
第□工序									

注：表中夯沉量按 mm 计。

附录 E 组合锤法处理地基工程的墩体质量检验方法

表 E 组合锤法处理地基工程的墩体质量检验方法

序号	检验方法	墩体材料
1	标准贯入试验	砂土、粉土及黏性土
2	静力触探试验	黏性土、粉土和砂土
3	轻型动力触探	贯入深度小于 4m 的黏性土；黏性土与粉土组成的混合土
4	重型动力触探	砂土和碎石土
5	超重型动力触探	粒径较大或密实的碎石土
6	钻芯法	胶结材料
7	瑞利波法	各类材料

本规程用词说明

1 为便于在执行本规程条文时区别对待，对要求严格程度不同的用词说明如下：

　1）表示很严格，非这样做不可的用词：

　　正面词采用"必须"，反面词采用"严禁"；

　2）表示严格，在正常情况下均应这样做的用词：

　　正面词采用"应"，反面词采用"不应"或"不得"；

　3）表示允许稍有选择，在条件许可时首先应这样做的用词：

　　正面词采用"宜"，反面词采用"不宜"；

　4）表示有选择，在一定条件下可以这样做的，采用"可"。

2 条文中指明应按其他有关标准执行的写法为"应符合……的规定"或"应按……执行"。

引用标准名录

1 《建筑地基基础设计规范》GB 50007

2 《建筑地基基础工程施工质量验收规范》GB 50202

中华人民共和国行业标准

组合锤法地基处理技术规程

JGJ/T 290—2012

条 文 说 明

制 订 说 明

《组合锤法地基处理技术规程》JGJ/T 290 - 2012，经住房和城乡建设部 2012 年 9 月 26 日以第 1477 号公告批准、发布。

本规程制订过程中，编制组开展了专题研究，调查、研究和总结了组合锤法处理地基的工程实验及工程施工经验，参考国外同类技术的标准规范，取得了重要技术参数。

为便于广大设计、施工、科研等单位有关人员在使用本规程时能正确理解和执行条文规定，《组合锤法地基处理技术规程》编制组按章、节、条顺序编制了本规程的条文说明，对条文规定的目的、依据以及执行中需注意的有关事项进行了说明。由于本条文说明不具备与规程正文同等的法律效力，仅供使用者作为理解和把握规程规定的参考。

目　次

1 总 则

1.0.1 随着地基处理施工工艺不断的改进和施工设备的更新，我国地基处理技术得以快速发展。对于大多数不良地基，经过地基处理后，一般均能满足建筑工程的要求。本规程编制的目的是保证组合锤法处理地基技术在设计、施工及质量检验中认真贯彻执行国家的技术标准和经济政策，做到安全适用、技术先进、经济合理、确保质量、保护环境和节约资源。

1.0.2 组合锤法处理地基技术（原名为超深挤密强夯法），在工业与民用建筑的地基处理、基坑与边坡支护工程中得到广泛应用，取得了明显的技术效果和显著的经济及社会效益。同时在交通公路、铁路、机场、港口、码头等软土地基处理工程和水利堤坝的加固及防渗工程中也得到了广泛的使用。大量的工程施工实践证明，本规程可适用于建设工程中采用组合锤法处理地基的设计、施工和质量检验。

1.0.3 组合锤法处理地基技术不仅采用了组合锤法地基处理技术，同时运用了砂石桩、灰土挤密桩及水泥搅拌桩等复合地基的原理。制定本条规定的依据是大量的工程实测资料，所以按本规程进行设计、施工及质量检验时，应重视地方经验，因地制宜，并应综合分析地基土的性质、地下水埋藏条件、施工技术及环境等因素，达到技术先进可靠和节约资源的目的。

2 术语和符号

2.1.3 组合锤法处理地基技术是采用柱锤、中锤和扁锤分别对地基土深层、中层和表层的不断夯击，破坏了原来土体中固相颗粒的组合结构，进行结构重组，迫使土体中固相颗粒紧密排列，挤出气相体，形成排水通道。同时迫使液相水压力产生由稳定——产生孔隙水压力——再稳定的变化过程。从而达到对地基土进行加固的最终目的。只有这样，这些被加固的增强体和周围的土体的抗压及抗剪强度才能得到迅速提高，才能共同承担基础传递的荷载，形成组合锤法复合地基。

2.1.4 组合锤法处理地基技术根据现场岩土工程条件和设计要求，分为组合锤挤密法和组合锤置换法两种。

组合锤挤密法是分别采用柱锤、中锤和扁锤不断夯击施工场地的原土，使其分层挤密压实形成上大下小的楔形墩体，实现提高地基土强度的目的。作为回填置换料的原土可以是场地自身符合要求的土，也可以是新近回填的黏性土、粉土、残积土、砂土等。这些土体作为回填置换料的前提条件是：①土体含水量不大；②处理后单墩抗压强度平均值和地基承载力一般在 200kPa 以内；③回填时地下水位不宜过高。

2.1.5 组合锤置换法是分别采用柱锤、中锤和扁锤按规定次序夯击场地原土形成夯坑，然后向夯坑回填其他硬骨料作置换料，最终由夯实置换料形成上大下小的楔形墩体，与周边被挤密后的土体共同形成强度高、压缩性低的复合土体。置换料视承载力大小或其他要求可以采用工业废骨料、建筑废骨料、砂土、碎石土及具有一定级配的大粒径块石等。只有在特殊情况下，才采用水泥土或强度等级为 C10、C15 等的混凝土作为置换料。

建筑废骨料是指拆除建（构）筑物所产生的碎砖瓦，破碎的砂浆和混凝土块体等废物料。但不含木块、纤维板、废纸屑和纸质板等有机物建筑垃圾。

工业废骨料是指工业窑炉冶炼或煅烧产生的废料，如废矿渣、粉煤灰等。用于组合锤法处理地基的置换料的工业废骨料应符合国家现行有关腐蚀性和放射性安全标准的要求。

2.1.6 两遍夯击之间应有一定的时间间隔，以利于土中超静孔隙水压力的消散。间歇时间一般取决于超静孔隙水压力的消散时间。由于土中超静孔隙水压力的消散速率与土的类别、夯点间距、夯击状况等因素有关。如果有条件在试夯时埋设孔隙水压力传感器，通过试夯确定超静孔隙水压力的消散时间，以决定两遍夯击之间和施工完成至验收检验之间的间歇期。当缺少实测资料时，也可根据地基土的渗透性相关规定结合工程施工经验采用。

2.1.8 锤的底面积、锤的静压力值和锤的动压当量对强夯的效果影响较大，当锤的重量确定后，是互成反比的：锤面积过小，静压力值和动压当量过大，导致夯锤对地基土的作用以冲切力为主。相反，锤底面积过大，静压力值和动压当量偏小（即单击面积夯击能偏小），单位面积上的冲击能则过小，对地基强夯的影响就不大。目前国内普通强夯锤的静压力值一般常采用 $20kN/m^2 \sim 40kN/m^2$。组合锤法地基处理中柱锤的静压力值采用 $60kN/m^2 \sim 135kN/m^2$，动压当量采用 $600kJ/m^2 \sim 1350kJ/m^2$。中锤的静压力值则采用 $25kN/m^2 \sim 50kN/m^2$，动压当量采用 $250kJ/m^2 \sim 500kJ/m^2$，与国内普通强夯锤的经验静压力值相接近。

3 基 本 规 定

3.0.1 组合锤挤密法特别适用于大面积山坡填方区域的地基处理工程，组合锤置换法则特别适用于大面积的江河湖海塘区域的地基处理工程。

两种处理方法选用原则应根据土体性质和状态、含水量大小、地下水位高低及承载力要求等确定。一般情况下，利用现场场地原土作为回填料进行夯实挤密形成增强体就能满足设计要求时，可选用挤密法。若遇高饱和度的杂填土、黏性土、粉土、淤泥或淤泥质土或地下水位偏高时，夯实挤密效果不明显，且施工时易产生吸锤和土体严重隆起现象时，就不能采用挤密法，而应选用置换法。

组合锤置换法置换料的选用应根据下列原则进行：

1 墩体承载力的设计：置换料能满足墩体承载力的要求；

2 透水性能：以利于形成排水通道；

3 就地取材：以利节约造价及环保节能。

当场地的填土厚度大于 15.0m、场地的淤泥或淤泥质土厚度大于 7.0m、工程复合地基承载力特征值（f_{ak}）大于 350kPa 时，必须先对置换方案进行现场试验区施工和检验，以确定该方法的适宜性和经济性。

强夯施工中，在夯锤落地的瞬间，一部分动能转换为冲击波，从夯点以波的形式向外传播，引起地表振动。当振动强度达到一定数量时，会引起地表和建（构）筑物的不同程度的损伤和破坏，产生振动和噪声等影响环境的公害。根据这一情况，本规程规定城区内和周边环境条件不允许时，不宜采用组合锤法地基处理技术。同时，根据编制组多年跟踪调查研究，对振动敏感的建筑物的最小间距可定为 10m。

3.0.2 本条规定了在组合锤法处理地基方案设计前应完成的工作，强调应进行现场调查研究，了解当地基处理经验和施工条件，调查邻近建筑、地下工程、管线和环境条件等前期工作。索取和深入了解工程地质勘察资料和工程设计的资料。

对于有特殊要求的工程，应在了解当地类似场地处理经验的基础上，深入分析研究以前处理过的相类似工程的设计、施工经验及检测结果等资料，综合确定设计参数。

3.0.3 现场试验区施工的目的：一是评价选用的地基处理方法是否可行；二是确定组合锤法处理地基技术的各项施工技术参数。现场试夯施工首先按照设计要求选定试夯方案，然后选择 2 个～3 个代表性场地进行试夯区施工。施工结束后，对现场试夯按规定进行检测，并与夯前的测试数据进行分析对比。判定组合锤法地基处理的适宜性和处理效果，确定地基处理采用的各项施工参数。一个试验区的面积不宜小于 20m×20m，但对于处理面积小且单位工程面积不大的情况下，可会同设计和建设方研究，适当减小试验区的个数和一个试验区的面积。

3.0.4 现场试夯区的处理效果，不能以观察来评价。所有的施工技术参数均必须以现场检测的数据为准。其中单墩复合地基和单墩承载力特征值应采用静荷载试验。有效加固深度宜采用动力触探试验和室内土工试验，取得处理前后的触探击数随深度变化的规律。本规程推荐采用重型动力触探法、标准贯入法、钻芯法和瑞利波法等试验方法，检查置换墩着底的情况及

承载力与密度随深度的变化情况。这些方法能直接客观反映出墩体质量和着底的深度，单墩静载荷试验应符合本规程附录 A 的规定。

3.0.6、3.0.7 对于山地丘陵地带，经挖填平整后的建（构）筑物，基础常常坐落在不同的地质单元上，或者坐落在原来的斜坡上，易产生建（构）筑物沉降差异以至建（构）筑物造成倾斜和失稳现象。在这种情况下，可对岩土性质存在差异的地层超挖 2m，然后进行整体回填夯实，或加强上部结构整体刚度等措施以减少差异沉降，并应按现行国家标准《建筑地基基础设计规范》GB 50007 的相关规定进行地基稳定性验算。

4 设　计

4.0.1 经过长期强夯理论的研究和各种强夯工程施工实践得出：地基土的有效加固深度和影响深度是两个不同的概念。前者是反映处理效果的主要参数和选择地基处理方案的重要依据，后者是研究夯击能够影响到的深度。有效加固深度越大，对处理后地基的强度和稳定性越有利。

为了确定地基土的有效加固深度，国内外学者进行了大量试验研究和工程实践。强夯法发明人梅那的估算公式得出的有效加固深度往往会得出偏大的结果。这是因为除锤重和落距外，地基土的性质、厚度、埋藏顺序、地下水位和锤底压力等都与有效加固深度有着直接的关联。因此迄今为止还不能得到有效加固深度准确的计算公式。考虑到设计人员选择使用组合锤法处理地基技术的需要，本规程未采用修正后的梅那公式计算的方法，而是采用了长期以来组合锤法地基施工经验和工程检测数据分析统计得到的有效加固深度经验值，供初步设计时选择。

柱锤是通过减小锤底接地面积、增加锤体密度和锤高并保证锤重不变，按照施工工艺要求，采用不同的浇铸材料进行设计制作，使该锤静接地压力值和动压力当量与采用大其 3 倍～4 倍能量的普通夯锤相当，即通过较小的夯击能，达到中等甚至高能级的夯击效果。通过大量的试验和工程实践可以得出如下结论：在一定的条件下，动压当量越大，则有效加固深度越深。

江西省景德镇某小区填土厚度 0.8m～22.0m，在组合锤法复合地基处理后，经过静载荷试验和重型动探检测，其复合地基承载力特征值大于 180kPa，有效加固深度最深达 16.1m；江西新建某小区场地为松散～稍密的素填黏性土、千枚岩块和少量的粉质黏土组成，在采用组合锤法地基处理后，对 1#、2#、3# 现场试验区进行了标准贯入试验、静载试验和重型动探检测，检测结果表明：组合锤法有效加固深度最大达 12.0m，等于最大的填土厚度。

4.0.2 对满堂基础，夯实置换墩点宜根据基底平面形状布置成等边三角形、等腰三角形或正方形等，布置间距按照本规程第 4.0.3 条规定执行，对独立柱基，可在基底下面作均匀相应的布置，对条形基础，可按条基线性布置。

4.0.3 组合锤法处理地基设计一般是按照上部荷载和基底平面形状等来确定墩数及墩间距，当单墩间距较大时，就必须加强上部结构和基础的刚度，以避免发生不均匀沉降或基础的局部开裂。

4.0.4 由于基础压力的扩散作用，散体材料组合锤法地基处理范围应大于建筑物基础范围，具体放大范围应根据建筑物结构类型和重要性等因素确定。对于一般建筑物，每边超出基础外缘的宽度宜为基底下设计处理深度的 $1/2 \sim 2/3$，并不宜小于 3m。

4.0.5 组合锤法地基在上部荷载不是特别大或没有其他要求时，一般按照就地取材、保护环境的原则，采用符合要求的原土为墩体材料。即现场回填的砂土、黏性土或风化残积类土等。当上部荷载要求较大或出现其他因素时，墩体材料宜采用级配良好的块石、碎石、工业废渣骨料、建筑废渣骨料等坚硬颗粒材料。当要求单墩承载力大于 1000kN 时，则宜选用灰土、水泥土或混凝土材料作墩体材料。

4.0.7 对埋置深度较浅且厚度较薄的软土层，置换墩体应穿透该软土层，达到下部相对较硬的土层上，否则在墩底较大的应力作用下，墩体会发生较大的下沉。因此，为了有效减小沉降，复合地基中增强体设置一般都穿透薄弱的土层，落在相对较好的土层上。

对于埋置深度较浅且深厚饱和的粉土、粉砂等软土层时，虽然置换墩体不能穿透该软土层，但经强力夯击，置换墩底部软土体在施工过程中密实度变大，并经软弱下卧层验算，若承载力满足要求则可不必穿透该软土层。

4.0.8 组合锤法单墩承载力设计时，其单墩承载力应通过现场载荷试验确定，所有的估算或其他方法得出的组合锤法单墩承载力均必须与现场载荷试验确定的结果相符合。否则，必须以现场载荷试验结果来最终确定该工程的组合锤法单墩承载力。

本规程采用两个组合锤法单墩承载力的估算公式。并明确规定该公式是初步设计时的估算公式，只用于有粘结强度的增强体，不能用于散体材料增强体。

公式 (4.0.8-1) 中 α_p 墩端阻力发挥系数可根据地区经验或相关资料分析统计取 $0.2 \sim 1.0$，该系数主要与墩端土的工程性质相关，墩端土为淤泥、淤泥质土的软弱土层时，取低值，墩端土为坚硬岩土层时取高值，中间性质的土层按经验取插值。

公式 (4.0.8-2) 中 f_{cu} 墩体抗压强度平均值系墩体立方体试块在标准养护条件和规定的龄期下的抗压强度的平均值。其中混凝土试块为 150mm×150mm ×150mm，水泥土试块为 70.7mm × 70.7mm × 70.7mm。龄期为混凝土 28d，水泥土 90d，依据工程试验资料的分析统计和工程经验，获得抗压强度平均值如下：对水泥土置换墩取值不低于 400kPa，对混凝土置换墩取值不低于 600kPa，灰土置换墩取值不低于 300kPa。

4.0.9 需要对复合地基承载力进行基础埋深的深度修正时，应按公式 (4.0.9) 对灰土、水泥土或混凝土墩体强度进行验算。

4.0.10 组合锤法复合地基承载力特征值，应通过复合地基载荷试验确定，同时考虑到复合地基承载力载荷试验工作量大、成本高、工期长等因素，本规程同时规定，应通过组合锤法单墩载荷试验和墩间土地基载荷试验并结合工程实践经验综合确定。本条特别强调：所有的估算或其他方法得出的组合锤法复合地基承载力特征值，均必须符合现场复合地基载荷试验或单墩载荷试验和墩间土地基载荷试验确定的结果。否则，应以现场复合地基载荷试验或组合锤单墩载荷试验和墩间土地基载荷试验确定的结果作为该工程组合锤法复合地基承载力特征值。强调现场试验对复合地基设计的重要性。

本规程规定，初步设计时，可按墩体采用散体材料时和墩体采用有粘结强度的材料时的两种估算方法。

其中公式 (4.0.10-1) 中 n 为复合地基墩土应力比（承载力），本规程规定，宜按试验或地区经验取 $2.0 \sim 4.0$。墩土承载力比，主要由墩体承载力和墩间土承载力决定的，视墩体材料、墩体类型、破坏时单墩承载力发挥度及墩间土工程性质而定。墩体为碎石、砾石，破坏时单墩承载力发挥度高，复合地基置换率高的取大值，相反取小值。

公式 (4.0.10-2) 中 β 为墩间土承载力发挥系数，宜按墩间土的工程性质、墩体类型和墩间土地基破坏时的承载力发挥度及结合地区经验取 $0.6 \sim 1.0$。墩间土工程性质好，墩体材料为混凝土刚体墩时，承载力发挥度高，取大值，相反取小值。中间状态可在 $0.6 \sim 1.0$ 按经验取插值。

4.0.11 在验算下卧层地基承载力时，验算方法宜采用应力扩散角法。由于处理后的地基土的内摩擦角不易确定。因此，本规程根据经验规定应力扩散角可取处理前内摩擦角的 $1/2 \sim 2/3$。

5 施 工

5.0.1 组合锤法复合地基施工时，一般采用的吊机为 10t～15t，夯锤为 9t～15t，对于地表土软弱的施工场地，当地表土承载力特征值小于 60kPa 时，宜在表层铺填一定厚度的松散的干硬性材料，使地表形成硬层，以保证设备行走和施工。当吊机和夯锤重量超过上述情况时，地表土承载力特征值应相应提高，并以满足设备行走和施工为准。

5.0.2 当地表水和地下水位较高时，宜采用人工降水的办法，使地下水位低于施夯面。其主要是避免在夯击过程中出现夯坑积水、翻砂现象，以致夯击的地基土无法形成排水通道，阻碍土体的排水固结进程，从而影响夯击的效果。

5.0.3 本条文是对组合锤挤密法施工工序作出的原则性规定。具体的施工参数应按现场试验性施工确定的参数执行。

5.0.4 组合锤挤密法的夯击次数应根据地基土的性质确定。并根据组合锤法地基处理的施工工艺特点，按照深层挤密、中层挤密与浅层密实的工序，选用不同的夯击次数，对于粗颗粒土夯击次数取小值，细颗粒土夯击次数取大值。

5.0.5 本条文是对组合锤置换法的施工工序作出的原则性规定。具体的施工参数应按现场试验性施工确定的参数执行。

5.0.7 两遍夯击之间的间歇期取决于土中超静孔隙水压力的消散时间。本规程按现行行业标准《建筑地基处理技术规范》JGJ 79 的规定执行。有条件时，应在试夯前、夯击过程中进行孔隙水压力测试，得出超静孔隙水压力的消散时间，以确定两遍夯击的最佳时间间隔。当回填土选用渗透性好的中粗砂、砾砂地基时，由于超静孔隙水消散快，所以只需间歇 1d～2d 就可夯击或连续夯击，对于渗透性差的黏性土地基，其间歇期一般不应少于 7d，否则对处理效果将产生较大影响。

夯击过程中及夯击后，进行孔隙水压力测试可以达到下列目的：

　　1　研究夯击的影响深度和范围；

　　2　确定夯击能，每一夯点的击数以及夯击点的间距；

　　3　测量孔隙水压力的消散速度，以便确定两遍夯击的间隔时间。

一般情况下，对于现场拟处理地基的回填土或置换料为粉质黏土或中粗砂时，在施工过程中，出于工期等因素的考虑，间歇期一般为 1d～7d，此举对于处理中粗砂、砾砂地基影响不大，但对于粉质黏性土地基，则会有较大的影响。

5.0.8 在施工中安排专人作施工记录，这是由组合锤法地基施工工艺的特殊性决定的。施工工艺的各项参数是根据现场试夯施工过程中实测获取的，其施工步骤也是根据试夯效果确认后由设计规定的。所以，施工前不但要明确规定组合锤法地基施工专人监测工作的内容，同时明确规定派专人对施工全过程做好各项参数和施工情况的详细记录。因为当施工工序进入下一工序时就无法监测记录到已完成的前一工序的相关参数和施工情况，施工结束后不能事后补做检查监测施工步骤及参数的记录，因此本规程要求在施工过程中应派人专职负责对各项参数和施工步骤进行详细完整的检查和记录。

5.0.9 根据国家工程验收的规定，工程的上道工序验收不合格，不能进入下一道工序的施工。本规程规定组合锤法地基处理施工结束后，应按规定程序对该子分部工程进行施工验收，合格后才能进行基础工程的施工。这样做可以对保证组合锤法处理地基的施工质量起到促进和保证作用。

5.0.10 基底埋置深度应在墩顶以下 0.2m～0.5m 处，这是因为采用组合锤法进行地基处理时，表层 0.2m～0.5m 地基土受到横向波的振动作用，夯锤起锤时表土会松动，同时墩体夯实过程中地表土会有一定的隆起。故在进行基础设计时，必须将基底埋置于 0.3m 以下，以确保工程的安全。

6　质　量　检　验

6.0.1 施工质量检测包括施工前现场试夯载荷试验、施工过程中的质量检测和工程竣工验收的质量检验。施工过程中的质量检测指施工全过程中对施工相关参数的检测和施工步骤的检查记录，主要目的是检查施工过程中不符合参数要求的质量问题，进而提出补夯或其他整改措施，保证达到组合锤法地基的处理效果。竣工验收的质量检验，是指施工结束后，在达到检测的间隔期后，对组合锤法地基按规定进行载荷试验和其他试验。其中本规程特别强调：经组合锤法处理后的地基竣工时，应采用单墩载荷试验或单墩复合地基载荷试验。

由于地基土的复杂性和不定性，往往会出现土性和施工工艺的偏离现象，这种偏离会导致施工过程相关参数的偏离，造成承载力等参数达不到设计的要求。本规程规定：对这种情况，施工方应认真进行现场分析研究，提出补夯整改措施。并按整改方案进行补夯，以达到各项参数的设计要求。对处理后的工程还应进行补检和验收，合格后才能进入下道工序施工。

6.0.2 组合锤法地基处理技术是在强夯和强夯置换的基础上发展而来的，它与强夯地基一样，经处理后，地基强度是随着时间增长而逐步提高的。为了客观真实地评价处理后地基土的承载力，竣工验收的质量检验应在施工结束间隔一定时间后方可进行。土的间歇期长短是根据土的性质而定的，本规程按工程实践经验，对粉土、黏性土间歇期不宜少于 28d，对于碎石土、砂土间歇期宜为 14d。

6.0.3 组合锤法地基质量检验的数量，主要是根据场地复杂程度和建筑物的重要性确定的。本规程的规定基本上和现行行业标准《建筑地基处理技术规范》JGJ 79 相关规定保持一致。

组合锤法地基承载力检验数量，是以每个单位建筑物工程的地基（即采用同一种施工方法，同期施工的单位建筑地基）为单位，按照总墩点数的1%且不少于3点进行抽检，当墩点数在100点以内时，不应少于2点，当墩点数在50点以内时，不应少于1点。

这是充分考虑了单体建筑物荷载越大时，布置的墩点数量越多，墩点检测的频率相应也就越大的原则。

6.0.5 本规程明确了组合锤法复合地基处理工程竣工必备资料的要求，施工单位应提供本规程规定的五个方面的资料。

中华人民共和国行业标准

现浇塑性混凝土防渗芯墙施工技术规程

Technical specification for construction of plastic concrete core wall

JGJ/T 291—2012

批准部门：中华人民共和国住房和城乡建设部
施行日期：2 0 1 3 年 5 月 1 日

中华人民共和国住房和城乡建设部
公 告

第 1561 号

住房城乡建设部关于发布行业标准《现浇塑性混凝土防渗芯墙施工技术规程》的公告

现批准《现浇塑性混凝土防渗芯墙施工技术规程》为行业标准，编号为 JGJ/T 291-2012，自 2013 年 5 月 1 日起实施。

本规程由我部标准定额研究所组织中国建筑工业出版社出版发行。

中华人民共和国住房和城乡建设部

2012 年 12 月 24 日

前 言

根据住房和城乡建设部《关于印发〈2010 年工程建设标准规范制订、修订计划〉的通知》（建标〔2010〕43 号）的要求，规程编制组经广泛调查研究，认真总结实践经验，参考有关国际标准和国外先进标准，并在广泛征求意见的基础上，编制本规程。

本规程的主要技术内容是：1 总则；2 术语和符号；3 基本规定；4 墙体材料；5 施工平台与导墙；6 成槽施工；7 塑性混凝土浇筑；8 墙段连接；9 施工质量检查。

本规程由住房和城乡建设部负责管理，由云南建工水利水电建设有限公司负责具体技术内容的解释。执行过程中如有意见或建议，请寄送云南建工水利水电建设有限公司（地址：云南省昆明市官渡区东郊路 89 号；邮编：650041）。

本 规 程 主 编 单 位：云南建工水利水电建设有限公司
云南建工第四建设有限公司

本 规 程 参 编 单 位：中国水利水电第十四工程局有限公司
云南建工集团有限公司
郑州大学
云南工程建设总承包公司
云南建工第五建设有限公司
云南省建筑科学研究院
云南省第三建筑工程公司
昆明理工大学
云南农业大学
云南省水利水电勘测设计研究院
云南润诺建筑工程检测有限公司

本规程主要起草人员：沈家文　陈文山　王天锋
俞志明　陈 杰　张雷顺
李平先　郭进军　张国林
王明聪　代绍海　庄军国
王自忠　唐忠鸿　赵永任
周建萍　焦伦杰　熊 英
李家祥　邓 岗　罗卓英
袁 梅　赵家声　曹庆明

本规程主要审查人员：肖树斌　顾晓鲁　杨 斌
高文生　龚 剑　钱力航
刘文连　江 嵩　杨再富
周永祥　仲晓林　陈忠平
张留俊　丛蔼森

目 次

Contents

1 总　则

1.0.1 为规范塑性混凝土防渗芯墙施工，做到安全适用、技术先进、经济合理、确保质量、保护环境，制定本规程。

1.0.2 本规程适用于建筑工程塑性混凝土防渗芯墙的施工。

1.0.3 塑性混凝土防渗芯墙的施工除应符合本规程外，尚应符合国家现行有关标准的规定。

2 术语和符号

2.1 术　语

2.1.1 塑性混凝土　plastic concrete

由水、水泥、膨润土或黏土、粗骨料、细骨料及外加剂配制而成，水泥用量较少，具有较好防渗性能、较低弹性模量、较低弹强比和较大极限变形的混凝土。

2.1.2 塑性混凝土防渗芯墙　plastic concrete core wall

以塑性混凝土为墙体材料，挖槽或立模后浇筑成型，具有较好变形性能和抗渗性能，成墙后两侧均不悬空的防渗墙体。

2.1.3 地下塑性混凝土防渗芯墙　underground plastic concrete core wall

在泥浆护壁的条件下，用各种专用机械挖槽，然后用直升导管法在槽孔内浇筑塑性混凝土形成的柔性地下防渗墙体。

2.1.4 地上塑性混凝土防渗芯墙　ground plastic concrete core wall

在地面上逐层立模、逐层分段浇筑塑性混凝土、逐层填筑两侧土体形成的地上填筑体内的防渗墙体。

2.1.5 弹强比　elastic modulus-to-strength ratio

塑性混凝土弹性模量与抗压强度的比值。

2.1.6 水胶比　water-to-binder radio

塑性混凝土中，用水量与所有胶结材料总用量的比值。

2.1.7 胶结材料　cementing material

塑性混凝土中，水泥、膨润土、黏土、粉煤灰等掺和材料的统称。

2.1.8 导墙　guide wall

在较浅深度内平行防渗墙轴线修建的，起导向、保护孔口和承重作用的临时挡土墙。

2.1.9 槽孔　trench

为浇筑地下防渗芯墙墙段而钻凿或挖掘的狭长深槽。

2.1.10 墙段　wall segments

混凝土防渗芯墙的一段，作为独立单元浇筑混凝土。

2.1.11 主孔　primary hole

防渗墙槽孔中第一次序施工的单孔；其编号为奇数。

2.1.12 副孔　secondary hole

防渗墙槽孔中第二次序施工的单孔，副孔位于主孔之间。

2.1.13 钻劈法　drill-split method

用钢丝绳冲击钻机钻凿主孔和劈打副孔形成槽孔的一种防渗芯墙造孔成槽施工方法。

2.1.14 钻抓法　drill-clamshell method

用冲击或回转钻机先钻主孔，然后用抓斗挖掘其间副孔形成槽孔的一种防渗墙造孔成槽施工方法。

2.1.15 抓取法　grab method

只用抓斗挖槽机挖掘地层，形成槽孔的一种防渗芯墙造孔成槽施工方法。

2.1.16 铣削法　grinding

用专用的铣槽机铣削地层形成槽孔的一种防渗芯墙造孔成槽施工方法。

2.2 符　号

A——试件截面积；

C_V——离差系数；

E_b——塑性混凝土变形模量；

E_{PC}——塑性混凝土弹性模量；

F_1——应力为30%轴心抗压强度时的荷载；

F_2——应力为60%轴心抗压强度时的荷载；

$f_{pcu,k}$——塑性混凝土设计龄期的强度标准值；

$f_{pcu,o}$——塑性混凝土施工配制强度；

K——渗透系数或测量标距；

L——渗水高度；

P——渗透压力；

Q——稳定流量；

t——概率度系数；

α——修正系数；

β——标准差与塑性混凝土施工配制强度的关系系数；

σ——标准差；

ε_{max}——塑性混凝土的极限应变。

3 基本规定

3.0.1 塑性混凝土防渗芯墙施工前，应具备下列文件和资料：

1 塑性混凝土防渗芯墙的设计图纸和技术要求；

2 工程地质、水文地质和气象资料；

3 环境保护要求；

4 泥浆及墙体原材料的产地、质量等。

3.0.2 在建（构）筑物及道路、管线附近建造塑性混凝土防渗墙时，应了解建（构）筑物的结构和基础情况，当影响安全时应制定相应保护措施。

3.0.3 在建（构）筑物及道路、管线附近建造塑性混凝土防渗墙时，应定期进行建（构）筑物的沉降、位移观测。

3.0.4 施工供水、供电、供浆、道路、排污、混凝土拌制等辅助设施应在开工前准备就绪，并应完成施工平台和导墙的修建。

3.0.5 开工前应根据设计要求和施工条件，完成水泥、膨润土、黏土等各种原材料的选择、检验工作。

3.0.6 开工前应完成塑性混凝土配合比的试验、设计工作；当施工准备时间较短时，可用快速试验方法或早期强度确定临时配合比；但设计龄期的试验应继续进行。

3.0.7 施工前应设置防渗芯墙中心线定位点、水准基点和导墙沉陷观测点。

3.0.8 施工过程中，应及时清除施工现场的废水、废浆、废渣，集中处理后妥善排放。

3.0.9 施工过程中，应设专人按本规程附录 A 的规定填写各项施工记录和质量检测记录。

4 墙 体 材 料

4.1 塑性混凝土原材料

4.1.1 塑性混凝土宜掺入适量膨润土。

4.1.2 塑性混凝土用水应符合现行行业标准《混凝土用水标准》JGJ 63 的规定。

4.1.3 塑性混凝土用水泥应符合现行国家标准《通用硅酸盐水泥》GB 175 的规定。拌制塑性混凝土不宜选用火山灰质硅酸盐水泥。

4.1.4 塑性混凝土所用的膨润土应符合现行国家标准《膨润土》GB/T 20973 中"未处理膨润土"的质量标准。

4.1.5 塑性混凝土中的黏性土在湿掺（泥浆）时的黏粒含量宜大于 50%，干掺时的黏粒含量宜大于 35%，含砂量均宜小于 5%。

4.1.6 塑性混凝土的细骨料宜选用中砂并应符合表 4.1.6 的规定。

表 4.1.6 细骨料的品质要求

项目	指标		备注
	天然砂	人工砂	
石粉含量（按质量计）（%）	—	<15	—
含泥量（按质量计）（%）	<5.0	—	—
泥块含量（按质量计）（%）	<2.0	<2.0	—
质量损失（%）	<8		—
单级最大压碎指标（%）		<25	—

续表 4.1.6

项目	指标		备注
	天然砂	人工砂	
硫化物及硫酸盐含量（%）	<0.5	<0.5	折算成 SO₃，按质量计
有机物（比色法）	合格	合格	—
云母含量（按质量计）（%）	<2.0	<2.0	—
轻物质含量（%）	<1.0	<1.0	—

4.1.7 塑性混凝土用粗骨料应符合下列规定：

　1　粗骨料宜采用天然卵石，也可采用人工碎石；

　2　当墙厚不大于 400mm 时，粗骨料应选用粒径为 5mm～20mm 的连续级配料；当墙厚大于 400mm 时，粗骨料的最大粒径不宜大于 40mm，其中粒径为 20mm～40mm 的用量不应大于总用量的 50%；

　3　粗骨料品质应符合表 4.1.7 的规定：

表 4.1.7 粗骨料的品质要求

项目	指标	备注
含泥量（按质量计）（%）	<1.5	—
泥块含量（按质量计）（%）	<0.7	—
坚固性（质量损失）（%）	<5	—
硫化物及硫酸盐含量（%）	<0.5	折算成 SO₃，按质量计
有机物（比色法）	合格	—
针片状颗粒（按质量计）（%）	<15	—
卵石压碎指标	<16	—
碎石压碎指标	<30	—

4.1.8 粉煤灰应符合现行国家标准《用于水泥和混凝土中的粉煤灰》GB/T 1596 的规定，并选用Ⅰ级或Ⅱ级粉煤灰。

4.2 塑性混凝土配合比

4.2.1 塑性混凝土配合比，应满足设计龄期的物理性能要求和施工和易性要求。

4.2.2 塑性混凝土配合比设计，宜采用正交试验设计法，并应对试验结果进行极差分析和方差分析。

4.2.3 影响试验的因素较多时，可采用均匀试验设计法，并应对试验结果进行回归分析。

4.2.4 当采用正交试验设计法或均匀试验设计法时，初选出几组基本符合技术指标要求的配合比后，应通过复选试验和终选试验确定采用的配合比。

4.2.5 塑性混凝土中的水泥用量不应少于 80kg/m³，膨润土的用量不应少于 40kg/m³，胶结材料的总用量不应少于 240kg/m³，砂率不应低于 45%，水胶比宜为 0.85～1.20。

4.2.6 引气剂的掺量应根据塑性混凝土的含气量要求确定。

4.2.7 塑性混凝土施工配制强度可按下式计算：

$$f_{pcu,o} = f_{pcu,k} + t\sigma \qquad (4.2.7\text{-}1)$$

$$\sigma = \beta f_{pcu,k} \qquad (4.2.7\text{-}2)$$

式中：$f_{pcu,o}$——塑性混凝土施工配制强度（MPa）；

$f_{pcu,k}$——塑性混凝土设计龄期的强度标准值（MPa）；

β——标准差与塑性混凝土施工配制强度的关系系数；

σ——标准差；

t——概率系数；t、β 与 $f_{pcu,k}$ 的关系可按本规程附录 B 确定。

4.2.8 塑性混凝土强度保证率不应小于 80%，也不宜大于 85%；实测强度最小值不应低于设计龄期强度标准值的 75%。

4.3 塑性混凝土性能指标

4.3.1 塑性混凝土拌合物应符合下列规定：

1 地下防渗芯墙塑性混凝土拌合物的密度不应小于 2100kg/m³；泌水率应小于 3%；入孔坍落度应为 180mm～220mm，扩展度应为 340mm～400mm；坍落度保持 150mm 以上的时间不应小于 1h；

2 地上立模浇筑防渗芯墙塑性混凝土拌合物的密度不应小于 2200kg/m³；泌水率应小于 2%；入孔坍落度应为 140mm～160mm；

3 塑性混凝土初凝时间不应小于 6h，终凝时间不应大于 24h。

4.3.2 塑性混凝土的力学性能应符合下列规定：

1 28d 抗压强度应为 1.0MPa～5.0MPa；

2 弹性模量宜为防渗墙周围介质弹性模量的 1～5 倍，且不应大于 2000MPa；

3 弹强比宜为 200～500。

4.3.3 塑性混凝土的渗透系数应为 10^{-6} cm/s～10^{-8} cm/s，渗透破坏坡降不宜小于 300。

5 施工平台与导墙

5.1 施工平台的布置与结构

5.1.1 塑性混凝土防渗芯墙施工平台应平整、稳固，其宽度及承载能力应满足大型施工设备和运输车辆作业的需要。

5.1.2 施工平台的高度应满足顺畅排出废水、废浆、废渣的需要。

5.1.3 施工平台孔口处的高程应高出施工期最高设计地下水位 2.0m 以上，并应考虑施工过程中地下水位上升的影响。

5.1.4 钻机和抓斗的工作平台应分别布置在槽孔两侧。应在钻机工作平台上铺设平行于防渗墙轴线的供钻机左右移动的铁轨和枕木。倒渣平台应有向外的坡度，并敷设厚度为 15cm～20cm 的浆砌石或混凝土面层。

5.2 导墙的布置与结构

5.2.1 成槽施工前应先在槽孔两侧修筑导墙，导墙内侧间距宜比防渗墙厚度大 80mm～160mm，有冲击钻机参与施工时取较大值，全抓斗施工时取较小值。

5.2.2 导墙的结构、断面形式及尺寸应根据地质条件、防渗墙厚度、深度和最大施工荷载确定，并应符合下列规定：

1 导墙的中心线应与防渗墙轴线重合，允许偏差为 ±15mm；

2 导墙宜采用矩形、直角梯形、L 形等断面形式的现浇少筋混凝土结构；也可采用石砌、钢板、或混凝土预制导墙；

3 导墙的高度宜为 1.0m～2.0m；导墙顶面应高出施工平台地面 100mm；墙顶高程允许偏差为 ±20mm。

5.3 导墙与施工平台修筑

5.3.1 导墙应建在坚实的地基上，对于松散或软弱地基土，应采取加固措施。

5.3.2 导墙外侧应采用黏性土回填并夯实；填土时在导墙间应采取支护措施，防止导墙倾覆或位移。

5.3.3 混凝土导墙一次连续浇筑的长度不应小于 20m；分段浇筑的导墙，各段之间应采用斜面搭接的方式连接。

5.3.4 在填土地基上建施工平台时，应碾压密实，压实度不应小于 97%；在填料中宜含有 20% 以上的黏性土，且不得掺入粒径大于 15cm 的块石。

5.3.5 导墙的内墙面应垂直，并与防渗墙轴线平行，各部位的允许偏差均为 ±20mm。

5.3.6 施工期内应对导墙的沉降、位移进行监测。

6 成槽施工

6.1 固壁泥浆

6.1.1 泥浆应符合下列规定：

1 拌制泥浆的土料可选用膨润土、黏土或两者的混合料；

2 膨润土的质量指标应符合表 6.1.1 的规定：

表 6.1.1 拌制泥浆的膨润土质量指标

项目	黏度计600r/min读数	塑性黏度（mPa·s）	屈服值/塑性黏度	滤失量（mL）	含水量（%）	75μm筛余量（%）
指标	≥23	≥6	≤3	≤20	≤10	≤4.0

3 拌制泥浆的膨润土质量指标的测定与计算方法应符合现行国家标准《膨润土》GB/T 20973 的规定；

4 拌制泥浆的黏土应进行物理试验和化学分析。黏土的黏粒含量宜大于 45%、塑性指数宜大于 20、含砂量应小于 5%、二氧化硅与三氧化二铝含量的比值宜为 3～4。

6.1.2 泥浆性能指标、配合比及处理剂的品种和掺加率，应根据地层特性、成槽方法、泥浆用途通过试验选定；泥浆性能指标应符合表 6.1.2 的规定。

表 6.1.2 固壁泥浆性能指标

项　目	单　位	膨润土泥浆各阶段性能指标		黏土泥浆性能指标
		新制	供重复使用	新制
密度	g/cm³	1.05～1.1	1.05～1.25	1.1～1.2
马氏漏斗黏度	s	32～50	32～60	32～40
失水量	mL/30min	≤30	≤50	≤30
泥皮厚	mm	≤3	≤6	2～4
pH 值	—	>7	>7	7～9
含砂量	%		≤5	
胶体率	%			≥96
1min 静切力	N/m²			2.0～5.0

6.1.3 泥浆制作方法应通过试验确定。应按规定的配合比配制泥浆，各种成分的加量允许误差为 ±5%。当使用泥浆处理剂时，其掺量允许误差为 ±1%。

6.1.4 膨润土泥浆应采用立式高速搅拌机拌制，每盘搅拌时间不应少于 3min；黏土泥浆应采用卧式双轴低速搅拌机拌制，每盘搅拌时间不应少于 30min。

6.1.5 新制膨润土泥浆在储浆池中的存放时间不应低于 24h；泥浆池中存放的泥浆应采用压缩空气或其他方法经常搅拌，保持均匀。

6.1.6 造孔泥浆和清孔泥浆宜回收，经处理后可重复使用。废弃的泥浆应妥善排放，避免污染环境。

6.1.7 防渗墙施工中应按下列规定对泥浆质量进行检测：

1 在选定制浆材料和泥浆配合比后，应按本规程表 6.1.2 的要求全面检测一次泥浆的性能指标；

2 对于新拌制的泥浆，每台搅拌机每班应取样检测密度、漏斗黏度、含砂量 1～2 次；

3 对于贮存中的泥浆，每班应从储浆池的上部和下部取样检测密度、漏斗黏度、含砂量一次；

4 对于槽孔内的泥浆，每个槽孔在挖槽过程中至少应从 2 个不同深度部位取样检测密度、漏斗黏度、含砂量、稳定性、胶体率、失水量、泥皮厚度、

pH 值三次；

5 清孔前应检测一次距孔底 0.5m～1.0m 处的泥浆的密度、漏斗黏度和含砂量。

6.2 造孔成槽

6.2.1 成槽方法选择应符合下列规定：

1 成槽方法应根据地层条件、设计要求和工期要求等因素进行选择；

2 当墙的厚度大于 300mm 时，可采用抓取法、钻劈法、钻抓法、铣槽法等方法成槽；

3 对于墙厚不大于 300mm 的薄型防渗墙，宜采用射水法、薄型抓斗法、锯槽法、链斗式挖槽机法等方法成槽。

6.2.2 槽孔轴线应符合设计要求，并由测量基准点控制。

6.2.3 槽孔长度应根据工程地质及水文地质条件、施工部位、成槽方法、施工机具性能、成槽时间、混凝土生产能力、浇筑导管布置及墙体平面形状等因素确定，宜为 5.0m～8.0m。

6.2.4 槽孔宜分两期间隔施工；同时施工的槽孔之间应留有安全距离。

6.2.5 成槽过程中应不断向槽内补充泥浆，泥浆面应保持在导墙顶面以下 300mm～500mm，且不应低于导墙底面。

6.2.6 对漏失地层应采取预防漏浆塌孔的措施，发现漏浆时应立即堵漏和补浆。

6.2.7 成槽施工时遇孤石或硬岩，可采用重凿冲砸或钻孔爆破的方法处理。采用爆破法时应保证槽壁安全。

6.2.8 成槽后应进行终孔质量检验，成槽质量应符合下列规定：

1 槽壁、槽底应平整，槽宽应符合设计要求；

2 孔位偏差不应大于 30mm；

3 槽孔深度（包括入岩深度）应符合设计要求；

4 孔斜率不应大于 0.6%；接头部位在任一深度处的允许偏差值，应为设计墙厚的 1/3；墙端结合面的宽度不应小于墙的厚度。

6.2.9 采用钻劈法进行成槽施工时应符合下列规定：

1 根据地质条件选择合理的副孔长度；

2 开孔钻头直径应大于终孔钻头直径；

3 应经常检查钻孔偏斜情况，发现问题及时处理；

4 相邻主孔终孔前不得劈打其间的副孔。

6.2.10 采用钻抓法进行成槽施工时应符合下列规定：

1 主孔的中心距不应大于抓斗的最大开度；

2 应先用钻机钻进主孔，主孔检验合格后再用抓斗抓取副孔；

3 正确操作抓斗，经常检查孔斜情况，发现问

题及时处理。

6.2.11 采用抓取法和铣削法进行成槽施工时，主孔长度应等于抓斗的最大开度或铣头长度，副孔长度宜为主孔长度的1/2～2/3。

6.3 清孔换浆

6.3.1 槽孔终孔后，经质量检验合格后方可进行清孔换浆。

6.3.2 清孔换浆宜采用泵吸反循环法或气举反循环法，不得用抓斗抓取代替泥浆反循环清孔。

6.3.3 清孔换浆前应采用抓斗、抽砂筒等机具进行初步的清孔。

6.3.4 清孔换浆前在制浆站的储浆池内应储备足够的新鲜泥浆，在清孔换浆过程中应置换孔内1/2～2/3的泥浆。

6.3.5 清孔换浆设备的能力应能满足清孔质量和清孔速度的需要。

6.3.6 清孔质量检验在清孔换浆完成1h后进行，检验结果应符合下列规定：

1 孔底淤积厚度不应大于100mm；

2 膨润土泥浆的密度不应大于1.1g/cm³，马氏漏斗黏度不应大于42s，含砂量不应大于4%；

3 黏土泥浆的密度不应大于1.25g/cm³，马氏漏斗黏度不应大于50s，含砂量不应大于6%；

4 泥浆取样位置应距孔底0.5m～1.0m。

6.3.7 清孔检验合格后应在4h内开始浇筑；否则在浇筑前应再次进行清孔检验；检验不合格时，应重新清孔。

6.3.8 当槽孔与已施工的墙体连接时，应对墙体表面进行刷洗，直至刷洗工具不带泥屑、孔底淤积不再增加时为止。

7 塑性混凝土浇筑

7.1 塑性混凝土的制备与运输

7.1.1 塑性混凝土制备应符合下列规定：

1 塑性混凝土应采用强制式混凝土搅拌机搅拌，应准确称取各组成材料，在投料过程中不得停止搅拌。搅拌应均匀，搅拌时间应通过试验确定。

2 黏土与膨润土宜采用湿掺法，湿掺法应符合下列规定：

1）应检测黏土、膨润土的含水量，并据此调整配合比；

2）水、黏土、膨润土应先拌制成均匀的泥浆储存备用；

3）向搅拌机内装料的顺序宜为砂、水泥、碎石、泥浆。

3 当采用干掺法时，应先将黏土晒干、粉碎、过筛，向搅拌机内装料的顺序宜为砂、土料、水泥、碎石，干拌均匀后再加入水和外加剂搅拌至均匀。

7.1.2 塑性混凝土运输应符合下列规定：

1 应采用混凝土搅拌车运输，运输能力不应小于平均计划浇筑强度的1.5倍，并应大于最大计划浇筑强度；

2 在运输过程中应不停搅拌，运到施工现场后应取样检测其和易性，不合格的塑性混凝土不得使用；

3 塑性混凝土的供应和浇筑应连续进行，因故中断的时间不宜超过40min；

4 当采用泵送方式时，应符合现行行业标准《混凝土泵送施工技术规程》JGJ/T 10的规定。

7.2 塑性混凝土地下浇筑

7.2.1 塑性混凝土的性能应符合本规程第4.3.1条的规定。

7.2.2 地下塑性混凝土防渗芯墙浇筑前应做好下列准备工作：

1 应制定浇筑方案，其主要内容有：计划浇筑方量、浇筑高程、浇筑机具、劳动组织、混凝土配合比、原材料品种及用量、浇筑方法、浇筑顺序等；

2 应绘制浇筑槽孔纵剖面图及浇筑导管布置；

3 应检测骨料含水量，按塑性混凝土配合比进行试配和调整；

4 应在地面上对浇筑导管进行检查和试配，并作标识和记录。

7.2.3 混凝土浇筑导管的结构和布置应符合下列规定：

1 导管内径宜为200mm～250mm，最小内径不得小于最大骨料粒径的6倍，最大外径根据墙厚确定；

2 一个槽孔使用两套以上导管浇筑时，导管中心距应为3.5m～4.0m；导管中心至槽孔端部或接头管壁面的距离应为1.0m～1.5m；当孔底高差大于250mm时，导管底部中心应放置在该导管控制范围内的最低处；导管出口距槽底的高度应为150mm～250mm；

3 导管的强度应能承受最大浇筑压力，导管的连接和密封应可靠，导管连接后的斜率不应大于0.5%。

7.2.4 塑性混凝土浇筑过程应符合下列规定：

1 塑性混凝土浇筑前，在导管内应放入可浮起的隔离球或隔离物；浇筑时应先注入少量水泥砂浆，再注入塑性混凝土挤出隔离球或隔离物，并埋住导管出口；

2 导管埋入塑性混凝土的深度应为1.0m～6.0m；

3 塑性混凝土浇筑应连续进行，塑性混凝土面的上升速度不应小于 2m/h，随着塑性混凝土面的上升及时提升、拆卸导管；

4 塑性混凝土的浇筑面应保持均匀上升，各处的高差不应大于 500mm。

5 每隔 30min 应测量一次槽孔内塑性混凝土面的高度，每隔 2h 应测量一次导管内塑性混凝土的高度，并做好记录。

7.2.5 发现导管漏浆、堵塞、提升困难及塑性混凝土面上升速度与实浇混凝土量严重不符时，应立即停止浇筑，并查明原因及时处理。

7.2.6 防渗墙实际浇筑高程应高于设计墙顶高程 500mm。

7.3 塑性混凝土地上浇筑

7.3.1 地上塑性混凝土防渗芯墙浇筑前应先立模；模板形式应根据设计要求选用；可采用钢模板，也可采用砌石模板。

7.3.2 钢模板安装应符合下列规定：

1 模板应具有足够的强度、刚度和稳定性；

2 模板的板面应清洁、平整接缝处应严密、不漏浆；

3 模板应便于安装和拆卸；

4 模板制作和安装的偏差应在允许范围内；

5 模板板面应涂刷隔离剂。

7.3.3 钢模板的拆卸应符合下列规定：

1 拆模时的强度应达到设计要求；

2 不应损伤塑性混凝土墙体；

3 拆模后应及时在墙体两侧填土。

7.3.4 砌石模板施工应符合下列规定：

1 所用石料应坚硬、完整，石料表面应无泥土、灰尘等污物；

2 毛石砌体的灰缝厚度宜为 20mm～30mm，砂浆应饱满；石块间较大的空隙应先填砂浆，后用石块嵌实；不得先填石块后塞砂浆；

3 砌筑第一层毛石时，应先铺砂浆再砌毛石，并使毛石的大面朝下；

4 浆砌体砌筑到预定分层高度后，应将其与塑性混凝土墙体的结合面用 M7.5 级砂浆抹平；

5 一边砌石一边应进行两侧的填筑。

7.3.5 地上塑性混凝土防渗芯墙浇筑应符合下列规定：

1 应分层浇筑，分层厚度宜为 2.0m～2.5m。当防渗芯墙的长度较大时，每一浇筑层尚应分段施工，分段长度宜为 12.0m～20.0m。

2 采用分段跳块浇筑方法时，每一块的浇筑应连续进行。

3 采用不分段通仓浇筑方法时，应根据塑性混凝土的拌合、运输、浇筑能力和模板安装速度等确定浇筑层的高度。每层浇筑应连续进行，相邻两层的浇筑间隔时间不应超出塑性混凝土的初凝时间。

4 浇筑过程应符合下列规定：

1）浇筑前应将模板内的杂物清理干净，并湿润模板或砌体；

2）塑性混凝土的浇筑面应均匀上升；

3）不符合质量要求的混凝土不应入仓；

4）在浇筑过程中应防止发生模板漏浆、松动和变形；

5）应避免出现塑性混凝土离析现象。

7.3.6 对塑性混凝土防渗芯墙的养护应符合下列规定：

1 每浇筑一层都应采用塑料薄膜覆盖养护；

2 浇筑完毕后，应采用塑料薄膜或厚度不小于 300mm 的湿土覆盖墙顶，养护时间不应少于 14d；

3 应做好测温记录，记录每天的最高温度和最低温度。

8 墙段连接

8.1 地下防渗芯墙墙段连接

8.1.1 在保证槽孔稳定的前提下，宜减少墙段接缝。

8.1.2 墙段连接可采用接头管法、钻凿法、铣削法等。

8.1.3 墙段连接采用接头管法时，应符合下列规定：

1 接头管应能承受最大的混凝土压力和起拔力，其连接应可靠，接卸应方便；

2 接头管直径不应小于设计墙厚，接头管的长度、结构和下设深度应满足设计要求和拔管需要；

3 拔管成孔所用的吊车、拔管机等设备应具有足够的起吊、拔管能力；

4 使用液压拔管机起拔接头管时，应验算地基及导墙的承载能力，防止槽口坍塌；

5 接头管吊放时要准确，允许偏斜率为 0.5%；

6 接头管的开始起拔时间和管外混凝土的脱管龄期应通过试验确定，各部位混凝土的实际脱管龄期与预定脱管龄期相差不得大于 20min；

7 应经常微动接头管，观察拔管阻力；拔管间断时间不得大于 30min；当管内泥浆面不下降时，不得继续拔管；

8 应随着接头管拔出、管内泥浆面下降及时向接头管内充填泥浆；

9 应做好混凝土浇筑记录和拔管记录，根据记录显示的情况确定每次拔管的时间和高度，及时起拔接管。

8.1.4 墙段连接采用钻凿法时应符合下列规定：

1 在已浇一期墙段混凝土终凝后方可开始钻凿接头孔；

2 一、二期墙段至少搭接一钻长度（与墙厚相同）；当一期墙段的端孔向内偏斜时，应根据偏斜情况向一期墙段方向适当移动接头孔的开孔位置；

3 墙段套接两次钻孔中心的允许偏差为墙厚的1/3，墙段连接处的墙厚应满足设计要求。

8.1.5 墙段连接采用铣削法时，应符合下列规定：

1 一期墙段的长度应根据槽孔的深度和孔斜率由设计确定，二期墙段的长度宜等于铣槽机铣头的长度；

2 二期槽孔的开孔位置应根据一期墙段端孔的实测孔斜率确定；

3 接缝的位置应准确，并应将其标记在导墙上。

8.2 地上防渗芯墙结合面处理

8.2.1 地上墙体与地基或地下墙体之间的连接应符合下列规定：

1 地上墙体与地基或地下墙体的连接应采用混凝土基座；

2 墙体与岸坡连接应采用混凝土垫座；

3 基座、垫座应采用渐变扩大断面形式，底宽应为墙宽的（2～3）倍；

4 混凝土基座、垫座表面应进行处理，结合面的质量应满足设计要求。

8.2.2 同一层塑性混凝土分段浇筑时，各段之间可采用垂直面加止水带的连接方式，也可采用斜面搭接方式。

8.2.3 墙段间采用斜面搭接时应符合下列规定：

1 宜通仓浇筑，不留施工缝。

2 在先浇塑性混凝土尚未初凝时浇筑后浇塑性混凝土，可不对结合面进行处理。

3 在先浇塑性混凝土初凝后浇筑后浇塑性混凝土时，应按下列规定对结合面进行处理：

1）应清除结合面上的浆膜、松软层和松动泥石；

2）应对结合面进行刷毛和清洗，并排除积水；刷毛后的粗糙度应均匀；

3）应对结合面充分湿润，在结合面上摊铺一层厚度为10mm～15mm的界面剂。界面剂宜采用砂浆或水灰比为1∶1的水泥浆；

4）应采用柔性刷来回刷压界面剂（2～3）次，使界面剂均匀；

5）界面剂摊铺工作完成后，应立即浇筑后期塑性混凝土。

4 结合面应设纵向键槽。

8.2.4 地上塑性混凝土防渗芯墙墙段间垂直结合面的处理应符合下列规定：

1 拆除墙端模板后，应清除浆膜等杂物，进行刷毛处理，粗糙度应均匀；

2 浇筑邻段塑性混凝土墙时，墙端结合面应保持湿润状态；

3 分期施工的墙段连接处宜采取止水措施，止水做法应符合设计要求。

9 施工质量检查

9.1 工序质量检查内容

9.1.1 施工质量检查应按施工工序逐项进行。

9.1.2 上道工序检查未合格时，不得进入下道工序。

9.1.3 工序质量应按本规程第4、5、6、7章的有关规定检查下列项目：

1 施工平台：平整度、台面尺寸、高程；

2 导墙：中心线位置、高度、强度、顶面高程、内侧间距等；

3 模板：强度、刚度、稳定性、位置、尺寸、密封性等；

4 槽孔：孔位、孔深、孔斜、槽宽、入岩深度、墙段连接等；

5 泥浆：原材料、密度、黏度、稳定性、含砂量等；

6 清孔：孔内泥浆性能、孔底淤积厚度、接头孔刷洗质量等；

7 塑性混凝土制备：原材料、配合比、性能等；

8 浇筑：导管间距、埋深、混凝土面上升速度、终浇高度、孔口取样试件的坍落度、扩展度、凝结时间、28d龄期的抗压强度、弹性模量和渗透系数等；

9 墙段连接：接头孔的直径、垂直度、成孔深度、搭接墙厚等；

10 结合面处理：刷毛、清理、界面湿润度、厚度、止水措施等；

11 养护：覆盖、浇水、湿润、养护时间等。

9.1.4 应做好施工记录和资料统计分析整理工作。

9.1.5 施工质量检查尚应依据下列文件和资料：

1 设计图纸、说明书、技术要求、设计变更及补充文件；

2 各施工工序的施工记录和质量检查记录。

9.2 塑性混凝土取样

9.2.1 塑性混凝土取样应在浇筑地点随机进行。

9.2.2 应在塑性混凝土开始浇筑前，检查塑性混凝土的坍落度和扩展度，每班取样检查不应少于2次。

9.2.3 对于塑性混凝土抗压强度试件，每个墙段取试样不应少于一组；不分缝通仓分层浇筑时，每浇筑100m³ 取试样不应少于一组。

9.2.4 对于塑性混凝土弹性模量试件，每10个墙段取试样不应少于一组；不分缝通仓分层浇筑

500m³ 取试样不应少于一组；当采用不同配合比时，每种配合比取试样不应少于一组。

9.2.5 对于塑性混凝土抗渗性能试件，每 3 个墙段取试样不应少于一组；不分缝通仓分层浇筑，每浇筑 300m³ 取试样不应少于一组；当采用不同配合比时，每种配合比取试样不应少于一组。

9.2.6 对于塑性混凝土抗压强度试验和抗渗性能试验，每组试样不应少于 3 个；对于弹性模量试验，每组试样不应少于 3 个。

9.3 塑性混凝土性能检测

9.3.1 坍落度与扩展度试验应符合现行国家标准《普通混凝土拌合物性能试验方法标准》GB/T 50080 的规定。

9.3.2 凝结时间试验应符合现行国家标准《普通混凝土拌合物性能试验方法标准》GB/T 50080 的规定。

9.3.3 抗压强度试验应符合现行国家标准《普通混凝土力学性能试验方法标准》GB/T 50081 的规定。

但试验时应选用最大加载能力为 300kN 的加载设备，且应具有加荷速度指示装置或加荷速度控制装置。加荷应连续均匀，加荷速度不应大于 0.10MPa/s。

9.3.4 弹性模量可采用本规程附录 C 的试验方法测定，也可采用其他操作可行、误差可控的方法测定。

9.3.5 渗透系数宜采用本规程附录 D 的流量法测定，也可采用其他操作可行、误差可控的方法测定。渗透系数的合格率不应低于 80%。

9.4 墙体质量检查

9.4.1 墙体质量检查应在成墙 28d 后进行。

9.4.2 墙体质量检查应包括下列内容：

1 墙体的均匀性、完整性、密实性及墙厚；

2 墙体的抗压强度、弹性模量、变形模量、渗透系数、渗透破坏坡降等物理力学性能指标；

3 墙段连接质量、墙体与周边地基、岩体的接触质量。

9.4.3 墙体质量应根据墙体形式、厚度、强度以及检测设备采用下列一种或几种方法检测：

1 钻孔取芯检查；

2 注（压）水试验检查；

3 开挖检查；

4 无损检测。

9.4.4 钻孔取芯检查应符合下列规定：

1 强度小于 3.0MPa 和墙厚小于 400mm 的墙体，不宜进行钻孔取芯和压水试验；

2 钻孔应位于墙体轴线上，孔位应随机布置，且宜在墙段接头处布置部分骑缝直孔和穿过墙段接缝的斜孔；

3 钻孔斜率应小于 0.4%；

4 每 10 个施工槽孔应有一个检查孔，每个标段的检查孔不应少于 3 个，或根据验收要求确定；

5 取芯钻孔应与注水试验孔相结合；进行注水试验的检查孔应有部分骑缝钻孔；

6 检查孔孔径不应大于墙厚的 1/3，宜为 91mm～130mm；

7 塑性混凝土检查孔应采用金刚石双管取芯钻具或金刚石薄壁钻头钻进；钻进时应采取低钻压、低转速、小水量等防止孔壁和芯样破坏的措施；

8 应对检查孔芯样进行抗压强度、弹性模量、变形模量试验；芯样试件的抗压强度试验应符合本规程第 9.3.3 条的规定；

9 芯样试件的弹性模量、变形模量试验应符合本规程第 9.3.4 条的规定；当试件的尺寸较小时，试验可在土工三轴试验仪上进行；

10 对所有检查孔的芯样均应进行岩性描述，工程竣工验收前所有芯样均应妥善保存；

11 防渗芯墙留下的检查孔应及时用 0.5∶1 的微膨胀水泥浆或水泥砂浆回填。

9.4.5 开挖检查墙体质量应符合下列规定：

1 开挖应在防渗墙两侧同时进行；

2 探坑数应根据验收要求确定，且不少于 3 个；

3 至少有一个开挖位置在墙段连接处；

4 探坑长度宜为 3.0m～5.0m，深度宜为 2.5m～5.0m，宽度不宜小于 1m；

5 探坑开挖后应检查下列项目：

1) 墙体及墙段搭接处的厚度；

2) 墙体表面的平整度和垂直度；

3) 墙段的连接处的接缝宽度、接触面形状、充填物性质等；

4) 塑性混凝土是否均匀密实，有无夹泥、混浆、孔洞、断墙等现象。

9.4.6 注水试验应符合下列规定：

1 采用操作简单、试验迅速、水头压力较小的钻孔注水试验方法；

2 墙厚大于 400mm、抗压强度大于 3.0MPa 的塑性混凝土防渗芯墙可采用钻孔压水试验。压水试验的压力不造成墙体破坏。

9.4.7 对不宜采用钻孔取芯方法检查的墙体，可采用超声波法和弹性波透射层析成像法等方法，对墙体质量进行综合评价。

附录 A 施工质量检查记录表

A.0.1 地下塑性混凝土防渗芯墙施工平台质量检查记录表应按表 A.0.1 采用。

表 A.0.1 地下塑性混凝土防渗芯墙施工平台质量检查记录表

工程名称			施工单位	
检查部位				
项次	检查项目	质量标准	检查结果	
1	填筑密实度	不小于97%		
2	平台布置	满足施工需要		
3	平台高程	孔口处高于设计地下水位2.0m以上	平台高程	
			地下水位	
4	平台平整度	偏差小于1%		
5	平台表面硬化	满足设计要求		
6	成槽机械轨道	位置及高程偏差均小于5mm		
施工单位检查评定结果		质量检查员:	年 月 日	
监理(建设)单位验收结论		监理工程师:	年 月 日	

A.0.2 地下塑性混凝土防渗芯墙施工导墙质量检查记录表应按表 A.0.2 采用。

表 A.0.2 地下塑性混凝土防渗芯墙施工导墙质量检查记录表

工程名称			施工单位	
检查部位				
项次	检查项目	质量标准	检查结果	
1	导墙结构形式	符合设计要求		
2	导墙地基	坚实且无大块石		
3	中心线位置	允许偏差±15mm		
4	导墙高度	允许偏差±20mm		
5	顶面高出地面高度	50mm~100mm		
6	导墙顶面高程	允许偏差±20mm		
7	导墙内侧间距	允许偏差±20mm		
施工单位检查评定结果				
		质量检查员:	年 月 日	
监理(建设)单位验收结论				
		监理工程师:	年 月 日	

A.0.3 地上塑性混凝土防渗芯墙模板安装质量检查记录表应按表 A.0.3 采用。

表 A.0.3 地上塑性混凝土防渗芯墙模板安装质量检查记录表

工程名称			施工单位	
分部工程名称			模板层数	
项次	检查项目	质量标准	检查结果	
1	模板类型	符合设计要求		
2	内侧宽度	符合设计要求		
3	模板高度	符合设计要求		
4	模板垂直度	符合设计要求		
5	定位和支撑	具有足够的刚度、强度和稳定性		
6	模板板面	砌石模板面浇筑前应湿润		
		钢模板面应清洁、平整、光滑、涂隔离剂		
7	模板接缝	模板接缝应严密		
施工单位检查评定结果		质量检查员:	年 月 日	
监理(建设)单位验收结论		监理工程师:	年 月 日	

A.0.4 地下塑性混凝土防渗芯墙成槽和造孔质量检查记录表应按表 A.0.4-1、表 A.0.4-2 采用。

表 A.0.4-1 地下塑性混凝土防渗芯墙成槽质量检查记录表

工程名称			施工单位	
槽孔编号			起止桩号	
成槽方法			终孔日期	年 月 日
项次	检查项目	质量标准	检查结果	
1	槽孔长度	符合设计要求		
2	槽孔宽度	符合设计要求		
3	槽孔位置	轴线方向误差≤50mm;侧面方向误差≤30mm	侧面方向误差	
			轴线方向误差	
4	槽孔深度	满足设计要求		
5	孔斜率	不大于0.6%		
6	墙端结合面宽度	不小于设计墙厚	墙厚	
			结合面宽度	
7	入岩或嵌入不透水层深度	满足设计要求		
施工单位检查评定结果	质量检查员:		年 月 日	
监理(建设)单位验收结论	监理工程师:		年 月 日	

表 A.0.4-2 地下塑性混凝土防渗芯墙造孔质量检查记录表

施工单位__施工机组__检查孔位__第__页

槽孔编号__槽孔长度__m桅杆高__m检查时间__

设计孔深： m	实测孔深： m	孔位偏差： mm	钻具规格：mm

孔斜检查						
孔深(m)	垂直墙身方向			平行墙身方向		备注
	孔口偏差(mm)	孔底偏差(mm)	孔斜率(%)	孔口偏差(mm)	孔底偏差(mm)	孔斜率(%)

机长　　　质检　　　记录　　　监理

注：上游方向偏差为正值，下游方向偏差为负值；面向下游左偏差为正，右偏差为负。

A.0.5 地下塑性混凝土防渗芯墙清孔质量检查记录表应按表 A.0.5 采用。

表 A.0.5 地下塑性混凝土防渗芯墙清孔质量检查记录表

工程名称		施工单位	
槽孔编号		起止桩号	
清孔方法		清孔检查时间	
清孔开始时间		清孔结束时间	
项次	检查项目	质量标准	检查结果
1	孔底淤积厚度	不大于100mm	
2	孔内泥浆密度	膨润土泥浆≤1.10g/cm³ 黏土泥浆≤1.25g/cm³	
3	孔内泥浆黏度	马氏漏斗黏度≤42s	
4	孔内泥浆含砂量	膨润土泥浆≤4% 黏土泥浆≤6%	
5	接头洗刷	钻头基本不带泥屑，孔底淤积不再增加	
施工单位检查评定结果		质量检查员：　　　年 月 日	
监理（建设）单位验收结论		监理工程师：　　　年 月 日	

A.0.6 塑性混凝土拌合质量检查记录表应按表 A.0.6 采用。

表 A.0.6 塑性混凝土拌合质量检查记录表

工程名称			施工单位	
槽孔编号			起止桩号	
单元工程量			天气	
项次	项目		设计指标	检验结果
1	原材料称量配合比	水泥____kg		
		砂子____kg		
		石子____kg		
		粉煤灰____kg		
		膨润土____kg		
		黏土____kg		
		外加剂____kg		
		水____kg		
2	砂子含水量			
3	黏土含水量			
4	拌合时间		符合设计要求	
5	孔口坍落度		18cm～22cm	
6	孔口扩展度		34cm～40cm	
施工单位检查评定结果			质量检查员：　　　年 月 日	
监理（建设）单位验收结论			监理工程师：　　　年 月 日	

A.0.7 地上塑性混凝土防渗芯墙浇筑质量检查记录表应按表 A.0.7 采用。

表 A.0.7 地上塑性混凝土防渗芯墙浇筑质量检查记录表

工程名称		施工单位	
浇筑层数		仓号	
浇筑方式		单元工程量	
项次	检查项目	质量标准	检查结果
1	前层混凝土浇筑结束时间	浇筑间隔时间不大于混凝土初凝时间	
2	开始浇筑时间	同上	
3	仓内清理	仓内杂物清理干净	
4	本层浇筑高度	应符合设计要求	
5	浇筑仓长	应符合设计要求	
6	模板接缝	严密不漏浆	
7	混凝土面上升速度	应符合设计要求	
8	模板稳定性	不发生松动、弯曲和不允许的位移	
施工单位检查评定结果		质量检查员：　　　年 月 日	
监理（建设）单位验收结论		监理工程师：　　　年 月 日	

注：若结合面为施工缝，应进行结合面处理；若设止水措施，应符合设计要求。

A.0.8 地下塑性混凝土防渗芯墙浇筑质量检查记录表应按表 A.0.8 采用。

表 A.0.8 地下塑性混凝土防渗芯墙浇筑质量检查记录表

工程名称		施工单位	
槽孔编号		起止桩号	
槽孔长度		计划方量	
开浇时间		终浇时间	
检查项目	质量标准	检查结果	
导管	导管直径	符合规程要求	
	导管中心间距	3.5m～4.0m	
	导管至槽端距离	1.0m～1.5m	
	管底距槽底距离	15cm～25cm	
	导管埋深	1m～6m	
混凝土浇筑	混凝土面上升速度	不小于 2m/h	
	混凝土面高差	在 0.5m 以内	
	浇筑中断时间	不超过 40min	
	终浇高程	高于设计墙顶 50cm	
	实浇方量	大于计划浇筑方量	
施工单位检查评定结果		质量检查员：　　　　年 月 日	
监理（建设）单位验收结论		监理工程师：　　　　年 月 日	

A.0.9 地上塑性混凝土防渗芯墙结合面处理质量检查记录表应按表 A.0.9 采用。

表 A.0.9 地上塑性混凝土防渗芯墙结合面处理质量检查记录表

工程名称		施工单位	
浇筑层数		结合面位置	
结合面形式		处理时间	
检查项目	质量标准	检查结果	
墙体与地基连接	与地基连接方式	符合设计要求	
	与岸坡连接方式	符合设计要求	
	结合面处理	符合设计要求	
墙段结合面	刷毛遍数	（3～5）遍	
	粗糙度均匀性	粗糙度均匀	
	结合面湿润	洒水湿润	
	止水装置	符合设计要求	
施工缝结合面	刷毛均匀性	粗糙度均匀	
	结合面清理	符合规程要求	
	界面剂	符合设计要求	
	止水措施	符合设计要求	
施工单位检查评定结果		质量检查员：　　　　年 月 日	
监理（建设）单位验收结论		监理工程师：　　　　年 月 日	

A.0.10 塑性混凝土防渗芯墙墙段连接质量检查记录表应按表 A.0.10 采用。

表 A.0.10 塑性混凝土防渗芯墙墙段连接质量检查记录表

工程名称		施工单位	
接头孔编号		接头孔桩号	
设计墙厚		接头孔深度	
检查项目		质量标准	检查结果
钻凿法墙段连接	接头孔直径	符合设计要求	
	接头孔实际深度	符合设计要求	
	第一次钻孔孔形	孔斜率≤0.3%	
	第二次钻孔孔形	孔斜率≤0.3%	
	一、二次钻孔中心偏差	小于 1/3 墙厚	
	墙段搭接厚度	符合设计要求	
接头管法墙段连接	第一次钻孔孔形	孔斜率≤0.3%	
	接头管直径	不小于设计墙厚	
	接头管下设深度	符合设计要求	
	接头管下设位置	中心偏差≤3cm	
	拔管成孔效果	孔壁完整无坍塌	
	拔管成孔率	大于 90%	
施工单位检查评定结果		质量检查员：　　　　年 月 日	
监理（建设）单位验收结论		监理工程师：　　　　年 月 日	

A.0.11 塑性混凝土防渗芯墙浇筑取样质量检查记录表应按表 A.0.11 采用。

表 A.0.11 塑性混凝土防渗芯墙浇筑取样质量检查记录表

工程名称		施工单位	
槽孔编号		起止桩号	
浇筑层数		仓号	
检查项目		质量标准	检查结果
施工性能	坍落度	18cm～22cm，每班检查 2 次，开浇前必须检查	
	扩展度	34cm～40cm，应每班检查 2 次，开浇前必须检查	
	黏聚性	无离析，应每班检查 2 次，开浇前必须检查	
力学与抗渗性能	抗压强度试件	每个墙段至少取样一组；不分缝通仓分层浇筑每 100m³ 至少取样一组	
	弹性模量试件	每 10 个墙段至少取样一组；通仓分层浇筑每 500m³ 至少取样一组；不同配合比至少取样一组	
	渗透系数试件	每 3 个墙段应取样一组；通仓分层浇筑每 300m³ 至少取样一组；不同配合比至少取样一组	
施工单位检查评定结果		质量检查员：　　　　年 月 日	
监理（建设）单位验收结论		监理工程师：　　　　年 月 日	

A.0.12 塑性混凝土防渗芯墙墙体检查孔和钻孔取芯质量检查记录表应按表 A.0.12-1 和表 A.0.12-2 采用。

表 A.0.12-1 塑性混凝土防渗墙墙体检查孔质量检查记录表

工程名称			施工单位	
槽孔编号			混凝土龄期	
钻孔位置			钻孔编号	
防渗墙厚度			设计抗压强度	
钻头形式			主轴转速	
检查项目	质量标准		检查结果	
钻孔位置	符合监理要求			
钻孔角度	符合监理要求			
钻孔数量	符合监理要求			
芯样直径	符合监理要求			
钻孔深度	符合监理要求			
岩芯采取率	符合监理要求			
孔斜率	应小于 0.4%			
施工单位检查评定结果	质量检查员： 年 月 日			
监理（建设）单位验收结论	监理工程师： 年 月 日			

表 A.0.12-2 塑性混凝土防渗芯墙墙体钻孔取芯质量检查记录表

钻孔编号					钻孔位置		
钻具类型					钻孔角度		
进给速度					取样时间	自____ 至____	
序号	钻头规格 (mm)	进尺 (m)	孔深 (m)	芯样长度 (m)	芯样块数	采取率 (%)	芯样外观质量
施工单位检查评定结果	质量检查员： 年 月 日						
监理（建设）单位验收结论	监理工程师： 年 月 日						

A.0.13 塑性混凝土防渗芯墙墙体开挖质量检查记录表应按表 A.0.13 采用。

表 A.0.13 塑性混凝土防渗芯墙墙体开挖质量检查记录表

工程名称				施工单位	
探坑编号				探坑位置	
混凝土强度				设计墙厚	
探坑尺寸				开挖时间	
开挖部位	检查项目		质量标准		检查结果
上游侧	墙体外观质量	墙体厚度	不小于设计厚度		
		搭接厚度	不小于设计墙厚		
		墙体表面	平整、垂直		
		墙段结合面	结合紧密无夹泥		
		混凝土质量	密实、均匀、无蜂窝、混浆、夹泥现象		
下游侧	墙体外观质量	墙体厚度	不小于设计厚度		
		搭接厚度	不小于设计墙厚		
		墙体表面	平整、垂直		
		墙段结合面	结合紧密无夹泥		
		塑性混凝土质量	密实、均匀、无蜂窝、混浆、夹泥现象		
施工单位检查评定结果	质量检查员： 年 月 日				
监理（建设）单位验收结论	监理工程师： 年 月 日				

附录 B 塑性混凝土配制强度计算表

B.0.1 保证率与概率度系数的关系应符合表 B.0.1 的规定。

表 B.0.1 保证率与概率度系数的关系

概率度系数 t	0.525	0.675	0.840	1.040	1.280	1.645	3.000
保证率 P（%）	70.0	75.0	80.0	85.0	90.0	95.0	99.9

B.0.2 标准差与设计标准强度和概率度系数的关系应符合表 B.0.2 的规定。

表 B.0.2 标准差与设计标准强度和概率度系数关系

$f_{pcu,k}$（MPa） β t	1~2	3~5	6~9	10~15
0.70	0.43	0.36	0.32	0.27
0.80	0.45	0.38	0.33	0.28
0.90	0.47	0.39	0.34	0.29
1.00	0.49	0.41	0.35	0.30
1.10	0.52	0.43	0.36	0.31
1.20	0.55	0.44	0.38	0.32
1.30	0.58	0.47	0.39	0.33
1.40	0.61	0.49	0.41	0.34
1.50	0.65	0.51	0.43	0.35
1.60	0.70	0.54	0.45	0.36
1.70	0.75	0.57	0.47	0.38
1.80	0.81	0.61	0.49	0.39
1.90	0.88	0.65	0.51	0.41
2.00	0.97	0.69	0.54	0.43

附录 C 塑性混凝土弹性模量试验方法

C. 0. 1 塑性混凝土弹性模量宜采用边长为 150mm×150mm×300mm 的棱柱体试件，也可采用 ϕ150mm×300mm 的圆柱体试件和边长为 100mm×100mm×300mm 的棱柱体试件。

C. 0. 2 压力试验机应符合现行国家标准《普通混凝土力学性能试验方法标准》GB/T 50081 的规定。

C. 0. 3 塑性混凝土标准养护时间为 28d，相同配合比、相同龄期、相同养护条件的 6 个试件为一组。

C. 0. 4 试验方法应符合下列规定：

1 试件应保持潮湿；试件从养护室取出后，应将其表面与上下承压板面擦净，立即进行试验；

2 试件端面应平整；

3 试件长度的允许误差为 1mm；

4 取 3 个试件测定塑性混凝土轴心抗压强度，另取 3 个试件测定塑性混凝土的弹性模量；

5 将试件放在试验机的上下压板中间，上下压板与试件之间应放置钢垫板；承压面平整度允许误差为边长的 0.03%；试件的中心应与试验机下压板中心对准；开动试验机，当垫板与压板将接触时，如有明显偏斜，应调整球座，使试件受压均匀；

6 应变的测定标距采用试件全长；变形测量可采用千分表、百分表或电子位移计等；测量时应将测表安装在磁性表架上，磁性表架安装在试验机的下承压板上，测表表头与上承压板边缘接触；测表应分别安装在试件两侧对称位置，分别测量整个试件两侧的变形值；

7 试验前先进行试件对中预压；加载至试件应力为 0.10MPa，保持 90s 后记录变形值；接着进行正式预压，连续均匀加载至试件应力为轴心抗压强度的 60%（F_2），保持 60s 后记录变形值，然后卸载至轴心抗压强度的 30%（F_1），并保持 60s；加载速度不应大于 0.10MPa/s，变形速度不应大于 10μm/s；

8 两侧变形测量仪读数差值与其平均值之比应小于 15%，否则应重新对中试件再试验；

9 预压后进行正式试验。从 F_1 连续均匀加载至 F_2，保持 60s 后记录变形值；然后加载至破坏，并记录破坏荷载和极限变形值（图 C.0.4）。

C. 0. 5 塑性混凝土的弹性模量和变形模量计算应符合下列规定：

1 塑性混凝土的弹性模量应按下式计算，计算值应精确至 10MPa：

$$E_{PC} = \frac{\alpha\,(F_2 - F_1)\,L}{A \Delta L} \qquad (C.0.5\text{-}1)$$

式中：E_{PC}——塑性混凝土弹性模量（MPa）；
　　　F_1——应力为 30%轴心抗压强度时的荷载（N）；

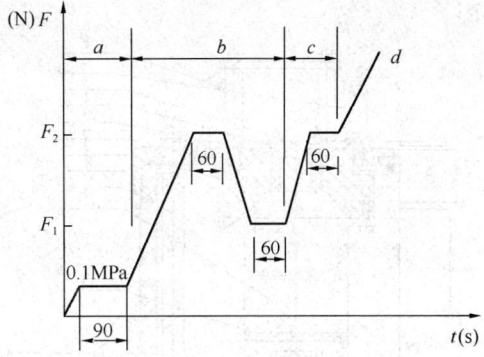

图 C.0.4 弹性模量试验加荷过程示意图

F—荷载；t—时间；a—对中预压；b—正式预压；
c—弹性模量测试；d—至试件破坏

　　　F_2——应力为 60%轴心抗压强度时的荷载（N）；
　　　A——试件承压面积（mm^2）；
　　　L——测量标距（mm）；
　　　ΔL——应力从轴心抗压强度的 30%增加到 60%试件两侧变形的平均值（mm）；
　　　α——修正系数。当试件长径比为 2 时，$\alpha=0.9$；当试件长径比为 3 时，$\alpha=0.95$。

2 塑性混凝土的变形模量应按下式计算：

$$E_b = \frac{\alpha(F_2 - F_1)L}{A \Sigma \Delta L} \qquad (C.0.5\text{-}2)$$

式中：E_b——塑性混凝土变形模量（MPa）；
　　　$\Sigma \Delta L$——应力从 0.1MPa 至轴心抗压强度 60%时试件的累计变形（mm）。

3 塑性混凝土极限应变应按下式计算：

$$\varepsilon_{max} = \frac{100 \Delta L_{max}}{L} \qquad (C.0.5\text{-}3)$$

式中：ε_{max}——塑性混凝土的极限应变（%）；
　　　L——测量标距（mm）；
　　　ΔL_{max}——从对中荷载至试件破坏前的试件总变形（mm）。

C. 0. 6 试验结果确定应符合下列规定：

1 应将三个试件测试值的算术平均值作为该组试件的弹性模量值；

2 三个试件中有一个试件的轴心抗压强度值与用于确定检验控制荷载的轴心抗压强度值相差超过 20%时，弹性模量值应按另两个试件测试值的算术平均值计算；

3 三个试件中有两个试件的轴心抗压强度值与用于确定检验控制荷载的轴心抗压强度值相差超过 20%时，此次试验结果无效。

附录 D 塑性混凝土渗透性试验方法

D. 0. 1 渗透试验装置应符合下列规定：

1 塑性混凝土渗透仪的构造应符合图 D.0.1 的

规定；

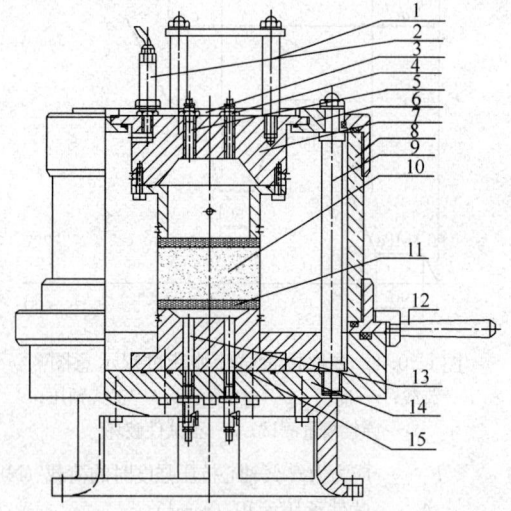

图 D.0.1　塑性混凝土渗透仪构造图
1—压力室活动上盖把手；2—接周围压力；3—压力室活动上盖；4—上排水排气管；5—接量管；6—压力室上盖；7—顶帽；8—压力室壁；9—压力室立柱；10—试样；11—透水石；12—把手；13—接渗透压力；14—压力室底座；15—下排水排气管

2　压力源采用气压，通过压力控制柜和封闭的压力水箱将气压转换成水压。试验时可根据试件混凝土的配合比和性能指标选择围压和渗透压力组合，试验压力宜为 0～6MPa。围压应大于渗透压力的 1.5 倍，可采用水压也可采用气压；

3　渗透试验仪及气、水管路各部件之间的连接应牢固，密封应良好，不得漏气、漏水。试件四周应采用密封胶、乳胶膜和大于试验压力的围压密封；

4　试件上下各垫一块透水石，由下部进水，上部出水，出水管应连接带刻度的量水管。在渗透试验装置压力室的上、下部各设一个排气孔，试验前可通过施加少许围压和渗透压力将安装试件时带入的气体全部排出。

D.0.2　试件准备应符合下列规定：

1　试件应为直径 150mm、高度 120mm 的圆柱体；

2　3 个同时制作、同样养护、同一龄期的试件为一组，分别测其渗透系数；

3　试件龄期应为 28d；应在标准养护条件下达到试验龄期的前几天将试件上下表面打毛，并在清水中浸泡饱和；试验前一天从养护室取出并擦拭干净；

4　试件表面晾干后应在其圆柱面上涂一层厚度为 0.5mm～1.0mm 的密封胶，套上乳胶膜，乳胶膜向上、向下各伸出 5cm。

D.0.3　渗透试验方法应符合下列规定：

1　试验前，将试件按三轴剪力试验方法装入压

力室，旋紧压力室上盖，并检查压力室是否有漏气、漏水现象；

2　确定压力室密封完好后，施加少许压力将乳胶膜与试件之间的空气通过排气管排出，也可采用真空抽气装置把气体抽出；

3　当试件内部排气完成后，在压力室内施加一定的围压，将试件内部多余的水排出，确定无多余水和气体后方可进行渗透试验；

4　在压力室内施加设定的围压和渗透压力，渗透压力应小于围压。应确保乳胶膜贴紧试件，防止绕渗。渗透压力宜为 0.2 MPa～0.5MPa，常用 0.24 MPa，围压应大于渗透压力的 1.5 倍；

5　应持续观测量水管读数，直至渗流稳定；然后连续记录数次渗流量读数，得到稳定的渗流量，由此通过计算确定渗透系数和渗透比降；

6　渗系数试验完成后，对同一试件继续逐步加压至可能达到的最大压力或渗透破坏压力；由此通过计算确定最大渗透比降或渗透破坏比降。

D.0.4　渗透系数应按下式计算：

$$K=\frac{QL}{100AP}\qquad(D.0.4)$$

式中：K——渗透系数（cm/s）；

　　　Q——稳定流量（cm³/s）；

　　　A——试件截面积（176.71cm²）；

　　　P——渗透压力（MPa）；

　　　L——渗水高度（cm）。

D.0.5　宜取三个试件得出的渗透系数平均值作为试验的结果数据；当有一个试件或一个数据不能用时，可取另外两个数据的平均值作为试验的结果数据。

本规程用词说明

1　为便于在执行本规程条文时区别对待，对要求严格程度不同的用词说明如下：

1）表示很严格，非这样做不可的：

正面词采用"必须"，反面词采用"严禁"；

2）表示严格，在正常情况下均应这样做的：

正面词采用"应"，反面词采用"不应"或"不得"；

3）表示允许稍有选择，在条件许可时首先应这样做的：

正面词采用"宜"，反面词采用"不宜"；

4）表示有选择，在一定条件下可以这样做的，采用"可"。

2　条文中指明应按其他有关标准执行的写法为："应符合……的规定"或"应按……执行"。

引用标准名录

1　《普通混凝土拌合物性能试验方法标准》

GB/T 50080

2 《普通混凝土力学性能试验方法标准》GB/T 50081

3 《通用硅酸盐水泥》GB 175

4 《用于水泥和混凝土中的粉煤灰》GB/

T 1596

5 《膨润土》GB/T 20973

6 《混凝土泵送施工技术规程》JGJ/T 10

7 《混凝土用水标准》JGJ 63

中华人民共和国行业标准

现浇塑性混凝土防渗芯墙施工技术规程

JGJ/T 291—2012

条 文 说 明

制 订 说 明

《现浇塑性混凝土防渗芯墙施工技术规程》JGJ/T 291-2012，经住房和城乡建设部 2012 年 12 月 24 日以第 1561 号公告批准、发布。

本规程制订过程中，编制组进行了大量的调查研究，总结了我国塑性混凝土防渗芯墙施工的实践经验，同时参考了国外先进技术法规、技术标准，通过塑性混凝土配合比试验、渗透性试验等取得了塑性混凝土防渗芯墙的重要技术参数。

为便于广大设计、施工、科研、学校等单位有关人员在使用本规程时能正确理解和执行条文的规定，《现浇塑性混凝土防渗芯墙施工技术规程》编制组按章、节、条编制了本规程的条文说明，对条文规定的目的、依据以及执行中需注意的有关事项进行了说明。但是，本条文说明不具备与规程正文同等的法律效力，仅供使用者作为理解和把握规程规定的参考。

目 次

1 总　则

1.0.2 本规程适用于建筑工程中的地下塑性混凝土防渗墙工程和地上填筑体内的塑性混凝土防渗墙工程的施工。

2 术语和符号

2.1 术　语

2.1.1 在塑性混凝土制备过程中，可单掺膨润土或单掺黏土，也可掺入膨润土又掺入黏土。

2.1.9 混凝土防渗墙分段施工，单元工程浇筑混凝土前称"槽孔"，浇筑混凝土后称"墙段"。"槽孔"由数个单孔组成，单孔分为主孔和副孔，主孔和副孔相间布置，先施工主孔，后施工副孔，主孔和副孔连通后形成槽孔。由于各墙段之间要搭接相当墙厚的长度，槽孔与墙段在轴线方向的长度不一定相同。"槽孔"是指槽形的孔，而不是圆形的孔，是多年来混凝土防渗墙施工的专用名词。

3 基本规定

3.0.1 本条文所涉及的资料是施工单位编制施工方案、组织施工必备的基本资料。为保证施工的顺利进行，开工前施工单位必须积极主动收集各种与施工有关的施工要求和施工条件资料，特别是地质资料。地质资料的主要内容如下：

　　1 防渗芯墙中心线处的勘探孔柱状图和地质剖面图，深基坑支护设计的专项勘察报告；

　　2 地基的分层情况、厚度、颗粒组成、密实程度及透水性；

　　3 地下水的水位、承压水资料；

　　4 基岩的岩性、地质构造、透水性、风化程度与深度；

　　5 可能存在的孤石、反坡、深槽、断层破碎带等情况。

　　当地质资料不足时应进行补充勘探。

3.0.2、3.0.3 在建（构）筑物附近修建混凝土防渗墙，往往会对建（构）筑物产生一定影响，引起建（构）筑物沉降、位移和裂缝等。因此，应了解建（构）筑物的结构与基础情况，在施工中对建（构）筑物进行监测十分重要，发现问题应及时采取有效措施处理。

3.0.4～3.0.7 这四条涵盖了塑性混凝土防渗芯墙施工的主要准备工作。混凝土防渗芯墙施工的辅助设施多，准备工作量大，而且往往要求在极短的时间内完成。准备工作是否按时到位关系到项目的成败，施工

管理者必须精心筹划。

3.0.8 塑性混凝土防渗芯墙施工需使用大量的水和泥浆，废水、废浆的清理和排放问题关系到施工现场的安全和对周边环境的影响，应认真考虑，妥善安排。

3.0.9 塑性混凝土防渗芯墙工程是地下隐蔽工程，施工质量难以全面检查，存在的质量问题难以及时发现，发现后难以补救；因此必须严格控制施工过程质量，以工作质量和行为质量来保证工程质量。各种专用的施工记录和检测记录是反映施工过程质量、工序质量的重要依据，必须认真填写，妥善保存。

4 墙体材料

4.1 塑性混凝土原材料

4.1.1 膨润土是一种以蒙脱石矿物为主的黏土，其主要特性是能够大量吸水膨胀，亲水性强，在浓度较小的情况下就能制成稳定的泥浆。膨润土颗粒水化后能够吸附大量的水分子，从而减少了混凝土中能够自由移动的水分子数量，提高了混凝土的抗渗性能；同时膨润土颗粒能与水泥水化后的产物形成网状结构胶体，提高了混凝土的变形性能。

　　膨润土在塑性混凝土中的作用，普通黏土不能完全取代，适量掺用膨润土是必要的；但膨润土在混凝土中能发挥作用的数量有限，掺量过多会降低混凝土的流动性，势必大幅度提高水胶比，从而降低混凝土的强度和抗渗性能。

　　综上所述，塑性混凝土中有必要掺膨润土，但不宜大量单掺膨润土，有条件时适量掺加黏土、粉煤灰等材料更有利改善塑性混凝土的性能，降低工程造价。

4.1.3 按照现行国家标准《通用硅酸盐水泥》GB 175，火山灰质硅酸盐水泥是在硅酸盐水泥熟料中掺入20%～40%的火山灰质混合材料，再加适量的石膏磨细制成的一种水硬性胶凝材料。由于这种水泥需水量较大，要比普通硅酸盐水泥增加10%～15%的用水量，易泌水，故塑性混凝土不宜选用火山灰质硅酸盐水泥。按照现行国家标准《通用硅酸盐水泥》GB 175，复合硅酸盐水泥也允许掺加20%～50%的活性混合材料或非活性混合材料，因此要谨慎使用。

4.1.4 天然膨润土有钠基膨润土和钙基膨润土两种。我国膨润土资源丰富，以钙基膨润土为主，钙基膨润土占膨润土储量的绝大部分。钠基膨润土的制浆性能优于钙基膨润土。

　　根据现行国家标准《膨润土》GB/T 20973，国产商品膨润土分为：钻井膨润土、未处理膨润土和OCMA膨润土三种。其中"钻井膨润土"是石油钻

井用的天然钠基膨润土，制浆性能好，但料源极少，价格昂贵。"OCMA 膨润土"是经过人工钠化处理的钙基膨润土，性能符合石油钻井配制泥浆要求；但产量较少，价格昂贵。"未处理膨润土"是未经人工化学处理的天然钙基膨润土，料源广，是防渗墙施工常用的膨润土；用它拌制固壁泥浆时须加分散剂，但可用于配制塑性混凝土；因为在混凝土中并不要求膨润土具有很高的分散性。

4.1.5 本条是对用于拌制塑性混凝土的普通黏土的性质要求。黏土的性质不仅与矿物成分有关，而且与天然颗粒细度有关。黏土颗粒越细，其水化能力越强，吸附的水分子越多。黏粒是指黏土中粒径小于 0.005mm 的颗粒，黏土中的黏粒含量越高，其黏性越强，塑性指数越大。用于墙体材料黏土的性能指标应略低于制浆黏土性能指标；实践证明，黏粒含量大于 40%、塑性指数大于 17 的黏土已完全能满足配制塑性混凝土的要求。

4.1.6 细骨料（砂）的品质和用量直接影响到塑性混凝土的和易性和物理力学性质。配制塑性混凝土宜采用中砂，按现行国家标准《建筑用砂》GB/T 14684 的规定，其细度模数为 3.0～2.3。

本规程采用现行国家标准《建筑用砂》GB/T 14684 中的品质标准。考虑到塑性混凝土原材料含有膨润土、黏土等，对砂的"含泥量"和"泥块含量"指标有所放宽。天然砂"含泥量"、天然砂和人工砂"泥块含量"均为现行国家标准《建筑用砂》GB/T 14684 中的Ⅲ类砂标准；"石粉含量"取小于 15%，这比现行国家标准《建筑用砂》GB/T 14684 中"石粉含量"Ⅲ类指标 7% 放宽了许多。其他品质要求都是Ⅱ类标准。

4.1.7 降低粗骨料粒径和加大砂率有利于改善塑性混凝土的变形性能，但同时也加大了工程造价，增加了料源困难。国外塑性混凝土防渗墙的最大骨料粒径一般为 32mm。我国厚度 400mm 以下的塑性混凝土防渗墙的最大骨料粒径都限制在 20mm。厚度大于 400mm，特别是墙厚 600 mm 以上的塑性混凝土防渗墙，最大骨料粒径多为 40mm。根据现实情况，只对厚度 400mm 以下的薄型塑性混凝土防渗墙明确规定最大骨料粒径为 20mm；厚度大于 400mm 的塑性混凝土防渗墙的最大骨料粒径可为 40mm，但限制粒径 20mm～40mm 粗骨料的用量。

现行国家标准《建筑用卵石、碎石》GB/T 14685 中粗骨料按卵石、碎石技术要求分为三类。塑性混凝土本身强度较低，且含有黏土、膨润土，因此没有必要选用较高的卵、碎石压碎指标和含泥量指标。本规程表 4.1.7 中的针片状颗粒指标和含泥量指标均为现行国家标准《建筑用卵石、碎石》GB/T 14685 中的Ⅲ类标准。考虑到耐久性和抗腐蚀性需要，硫化物及硫酸盐含量和质量损

失取Ⅰ类指标。

4.2 塑性混凝土配合比

塑性混凝土的性能和材料组成与普通混凝土不同，由于掺加了大量的黏土、膨润土，造成水泥用量减少、用水量增大；为降低塑性混凝土的弹性模量，加大了砂率，减小了粗骨料粒径。普通混凝土配合比设计方法不再适用于塑性混凝土配合比设计。

4.2.1 考虑到普通混凝土和目前塑性混凝土都取 28d 抗压强度、弹性模量和渗透系数为标准值，以及尽量减少施工工期、试验周期等因素，本规程规定将塑性混凝土 28d 抗压强度、弹性模量和渗透系数作为标准值。

塑性混凝土抗压强度随龄期的变化规律与普通混凝土不同，抗压强度早期增长速度较慢，中期增长较快，后期增长又放缓。试验表明，塑性混凝土 28d 抗压强度约为 90d 抗压强度的 60%。塑性混凝土防渗墙原型观测和试验资料表明，塑性混凝土的渗透系数随着龄期延长而变小，龄期 1 年至 2 年，渗透系数可减小 10～20 倍。由于塑性混凝土强度随龄期的增加有较大程度的提高，渗透性有较大程度的降低，使其后期的安全性提高。

4.2.2 正交试验设计法在试验点设计上遵循"均衡分散性"与"整齐可比性"的正交性原则。在已有塑性混凝土配合比设计中，正交试验设计法得到了较为广泛的应用。塑性混凝土配合比设计，宜采用正交试验设计法。

采用正交试验设计，应正确确定试验因素和水平，选用合适的正交表进行表头设计，列出试验方案并按试验方案进行试验。对正交试验设计试验结果，应进行极差分析和方差分析。

4.2.3 在因素多、水平多的情况下，可采用与正交试验设计法相比试验次数较少的均匀试验设计法。采用均匀试验设计法应正确确定试验因素和水平，选用合适的均匀试验设计表及使用表，根据使用表列出试验方案，按试验方案进行试验。对均匀试验设计试验结果，应采用回归分析法处理试验数据。为了减小试验误差对结果的影响，每一组配合比试验的试件数不应少于 3 个，各因素量值水平宜适度增加。

4.2.5 本条根据国内外研究成果和实际工程资料提出了塑性混凝土原材料用量的合理范围，可供塑性混凝土配合比设计参考。

对塑性混凝土中骨料掺量认识不一，已建工程掺量在 1200kg/m³～1800kg/m³。有研究者认为 900kg/m³～1300kg/m³ 为宜，也有研究者认为还可以再减少。研究表明，对于最大骨料粒径为 20mm 的塑性混凝土，骨料掺量约为 1500 kg/m³ 较为合适。如果掺量过大，将使塑性混凝土中的骨料相互接触，增大弹性模量。

根据正交试验结果，塑性混凝土中掺加水泥质量10%～40%的粉煤灰对降低弹强比有利。

4.2.7 本条提出了塑性混凝土配制强度计算方法的建议。配制强度的计算，有均方差（σ）法和离差系数（C_V）法，前者是离散性的绝对值，后者是离散性的相对值。近年来，国内多数规范采用了均方差法，其原因是，在强度等级大于20MPa时，在同等质量控制水平下，σ的变化很小，用标准差法反而更方便；所以对于普通混凝土采用均方差法是合适的。塑性混凝土的强度较低，受天然材料性质的影响，抗压强度的离散性较大，强度均方差极不稳定，现有规范不适用；而不同强度塑性混凝土的离差系数却相对稳定，离差系数随强度大小变化有一定的规律性，强度越小离差系数越大；通过离差系数可以较直观地判断混凝土强度离散性的大小，故本条推荐采用离差系数法。

有关专家对国内已建塑性混凝土防渗墙的统计资料进行分析后，提出的塑性混凝土抗压强度离差系数（C_V）可按表1采用。

表1 塑性混凝土抗压强度离差系数 C_V

设计抗压强度标准值（MPa）	9～6	5～3	2～1
计算配制抗压强度的 C_V 的参照值	0.26	0.29	0.33

考虑到现行行业标准《普通混凝土配合比设计规程》JGJ 55 中混凝土配制强度的计算是采用标准差法，本条中的塑性混凝土施工配制强度计算公式仍用标准差表示，但这里的标准差须根据离差系数统计数据求得，$\sigma=\beta f_{pcu,k}$，$\beta=C_V/(1-tC_V)$。附录B规定了标准差与塑性混凝土施工配制强度的关系系数（β）与设计强度标准值（$f_{pcu,k}$）和概率度系数（t）的关系。

4.2.8 考虑到塑性混凝土的早期强度较低，后期强度增长较快，90d的强度约为28d强度的1.5倍；用28d龄期强度作为标准强度不尽合理。此外塑性混凝土强度的离散性较大，对施工强度的保证率和最低强度均不宜要求过高。塑性混凝土防渗芯墙深埋地下，主要起防渗作用，有80%以上的强度保证率即可满足要求。

4.3 塑性混凝土性能指标

4.3.1 本条规定了防渗墙塑性混凝土拌合物的性能指标，对塑性混凝土拌合物的密度、保水性、流动性提出了具体要求。实践证明，满足这些要求才能保证施工顺利进行，才能保证成墙质量。

地下防渗墙塑性混凝土密度过小不利于混凝土充分置换孔内泥浆，应予以限制。塑性混凝土拌合物泌水率是衡量塑性混凝土保水性的指标，泌水率低混凝

土的匀质性、稳定性好。

塑性混凝土应有适宜的稠度和良好的和易性。实践证明，对于泥浆下浇筑的混凝土，入孔坍落度低于180mm浇筑很困难，因此实际坍落度应以孔口测量数据为准。为了使浇入孔内的塑性混凝土均匀扩散，达到一定的扩散半径，塑性混凝土从入孔到扩散基本结束，坍落度保持在150mm以上的时间不应小于1h。

为了保证塑性混凝土的黏聚性，本条规定扩展度应为340mm～400mm。扩展度太小，施工性能差；扩展度太大，黏聚性差，会导致混凝土离析。初凝时间过短会给混凝土浇筑施工和接头孔拔管施工造成困难，终凝时间过长会影响施工进度。

4.3.2 本条指出了塑性混凝土的力学性能指标，这是国际上业界人士公认的塑性混凝土适用范围；具体到某一个工程，抗压强度与弹性模量如何匹配，是一个还没有完全解决的问题，往往会发生矛盾。

28d弹性模量与28d抗压强度的比值称为弹强比。弹强比是评价塑性混凝土性能的主要指标。弹强比越小，墙体受力后的应力状态越好。塑性混凝土配合比设计的主要目标就是在强度满足要求的前提下，尽量降低弹强比；这个目标需要经过大量的试验工作才能达到。

4.3.3 本条指出了塑性混凝土的抗渗性能指标。渗透系数的变化范围较大（10^{-6} cm/s～10^{-8} cm/s），这是因为塑性混凝土原材料的种类较多，配合比复杂。塑性混凝土抗渗性能完全能满足一般工程的需要，但由于强度较低，干缩量较大，抗渗等级只能达到W1～W3，所以不能在常规混凝土渗透仪上进行试验，只能用流量法测其渗透系数。

5 施工平台与导墙

5.1 施工平台的布置与结构

5.1.1 施工平台的宽度应满足施工需要，指满足施工设备和运输车辆作业与行走的需要。其中施工设备的选择受地层、工期等客观条件的影响，不同的施工设备和工艺对平台宽度的要求差别很大，故在此对平台宽度不便作出统一的规定。

5.1.2 塑性混凝土施工需要使用大量的水和泥浆，能否顺畅排出废水、废浆、废渣关系到环境保护和槽孔安全，如果废水倒渗孔内就会造成塌孔事故；要解决这一问题施工平台必须与四周的地面有一定的高差。

5.1.3 在防渗墙造孔施工过程中，孔内泥浆面相对于地下水位的高差越大，浆柱压力对孔壁的支撑作用越大，因此施工平台的高度对槽孔的稳定有重要影响，在确定施工平台高程时必须首先考虑槽孔的安

全。一定要避免因为想节省工程量而造成大面积塌孔，这样会造成更大的损失。

指明是孔口处的高度是因为施工平台不是平的，防渗墙槽孔两边的钻机平台和倒砂平台为排水、排浆向外都有一定的坡度，只有导墙的顶面是平的，此处的高程最大，称孔口高程，孔内泥浆面的高度由它控制。

不同的施工期设计洪水频率，最高地下水位是不同的，这里不写清楚，设计单位和施工单位在确定施工平台高程时无所适从。

实践证明，施工平台高出地下水位 2m 是最低要求，现在普遍使用的膨润土泥浆密度很小，有条件时施工平台宜高一些。

5.2 导墙的布置与结构

5.2.1 导墙的功用不仅是在开挖槽孔时给开挖机具导向，保护泥浆液面处于波动状态槽口的稳定，还要承受土压及施工机械等荷载，并要支撑混凝土导管、钢筋笼、接头管（板）等临时荷载；因此防渗墙施工前一定要先修导墙。导墙应具有一定强度和刚度，并应建在稳定的地基上。

导墙内间距，在用抓斗、液压铣槽机成槽时，宜大于设计墙厚 80mm～100mm；在用冲击钻机成槽时，宜大于设计墙厚 100mm～160mm。

5.2.2 由于施工荷载较大，采用现浇钢筋混凝土结构导墙较为安全，其断面形式常用的有矩形、直角梯形、L 形、倒 L 形、[形等。在地质条件合适、槽孔施工周期较短的情况下，也可用钢结构导墙，其优点是可周转使用，降低成本。

导墙高度由槽口土质条件、所承受的荷载和槽孔施工周期等因素决定。由于导墙底面必须低于泥浆面，导墙的高度一般为 1.0m～2.0m。为了防止污水流入槽孔和便于成槽施工，导墙顶面应高出施工平台地面 50mm～100mm。

5.3 导墙与施工平台修筑

5.3.1 地下防渗墙成槽施工过程中，不论漏浆发生在什么部位，塌孔均发生在上部孔口处，因此导墙下面的地基必须坚固密实。

5.3.2 导墙外侧应采用黏性土回填并夯实是为了防止施工平台上的废水、废浆倒流槽孔。在导墙间加设撑顶支护是防止导墙倾覆或位移的重要措施。

5.3.3 在防渗墙成槽施工过程中，导墙相当于孔口的两根连续梁，长度越大，承载能力越大。

5.3.4 在工期紧张的情况下，填方地基一般难以做到密实，特别是底部与原地面的结合处，容易发生漏浆塌孔事故。填筑施工平台时往往采用开挖料，里面的大块石若不清除，将给防渗墙成槽施工造成极大的困难。

6 成槽施工

6.1 固壁泥浆

6.1.1 本条对泥浆原材料的品质提出了要求。泥浆原材料有膨润土和普通黏土（简称"黏土"）两种。膨润土泥浆性能优于黏土泥浆，如采用循环出渣、回收净化再重复使用的工艺，其耗量和成本将大幅度下降，对环境的污染也小，因此宜优先选用膨润土制浆。在当地无较好的黏土，而膨润土因运距等原因成本太高时，可考虑使用两种土料的混合料制浆，其配比通过试验确定。

膨润土是以蒙脱石为主要矿物成分的一种黏土。根据蒙脱石含量的高低，可把膨润土划分为钠质膨润土和钙质膨润土，钠质膨润土优于钙质膨润土。

本规程表 6.1.1 中的膨润土质量指标根据现行国家标准《钻井液材料规范》GB/T 5005 和《膨润土》GB/T 20973 制定，但根据原石油部《钻井用膨润土》SY/T 5060 和防渗墙施工实际情况作了适当调整。防渗墙施工常用的是未处理钙基膨润土；故只能参照钻井用"未处理膨润土"的质量指标，根据塑性混凝土防渗墙施工的实际需要提出膨润土的质量指标；不能过高，也不能缺项；否则在实际工作中无法操作，难以保证质量。

黏土的成分复杂、物理性质不一，本条要求应对黏土进行物理试验和化学分析，当黏土的黏粒含量难以达到 40% 的指标时，应当掺加膨润土。

6.1.2 本条依据国外的资料和近年来国内应用膨润土泥浆的实践经验，制定了膨润土泥浆和黏土泥浆的性能指标。该指标应根据地层情况如漏失地层、松软地层、高承压水位地层等因素予以修正。

以往现场测试泥浆黏度的仪器有两种，一种是苏式漏斗（500/700mL），一种是采用 API（美国石油协会）标准的马氏漏斗（946/1500mL）；黏土泥浆用苏式漏斗，膨润土泥浆用马式漏斗；国外多用马式漏斗，本规程中统一采用马式漏斗，以便与国际接轨。

泥浆密度是一项对于槽壁稳定非常重要的指标，不能只有上限没有下限，泥浆密度太小不能保证槽孔安全，故本条将新制膨润土泥浆的密度定为 1.05g/cm³～1.10g/cm³，将重复使用膨润土泥浆的密度定为 1.05g/cm³～1.25g/cm³。

6.1.3 膨润土泥浆应充分搅拌，充分溶胀后再使用，否则会影响泥浆的失水量和黏度。不同的膨润土、拌制方法、泥浆浓度，需要的搅拌时间和溶胀时间不同，应通过试验确定。

6.1.4 高速搅拌机是指搅拌转速达 1200r/min 以上的搅拌机，膨润土泥浆用低速搅拌机难以搅拌均匀，而含有大量土块的普通黏土不可能用高速搅拌机搅拌，粉碎后的黏土也可用高速搅拌机搅拌。

6.1.5 一般情况下膨润土与水均匀混合后3h就有较大的溶胀，经过一天就可达到完全溶胀。新制泥浆需要提前使用时，应适当延长搅拌时间。泥浆池中的泥浆应采用压缩空气或其他方法经常搅拌，使之保持均匀。

6.1.6 泥浆回收重复使用是泥浆管理的重要环节，对于环境保护、节省材料、降低造价均有重要意义。常用的泥浆处理设备为泥浆净化机，泥浆净化机由振动筛和旋流除砂器组成。

6.1.7 本条规定了泥浆质量检查制度，是保证泥浆质量，乃至整个工程质量的重要措施。

6.2 造孔成槽

6.2.1 地下防渗芯墙施工常用的造孔成槽方法是钻劈法和钻抓法。钻劈法是用钢丝绳冲击钻机先钻主孔（导孔），然后劈打副孔连通成槽的施工方法。钻抓法是先用击钻机钻主孔（导孔），然后用抓斗挖槽机抓取副孔连通成槽的施工方法。钻劈法是最早使用的成槽方法，特点是能适应各种地层，但工效较低；目前在含有孤石、漂石的复杂地层中造孔仍然离不开钻劈法。钻抓法充分发挥了两种成槽设备的优势，施工速度快，但抓斗对地层的适应能力较差。

随着施工技术的进步，成槽方法在不断改进。在地质条件复杂的地层中修建防渗墙，应灵活机动地选择成槽方法和成槽机具。任何先进设备均有其局限性，同一设备不可能在所有地层中都可以达到高效施工。

6.2.2 本条是关于控制防渗墙施工轴线的要求。

6.2.3 本条为确定槽孔长度的一般原则。地下防渗墙施工，通常是将整个墙体长度按墙设计平面构造要求和施工可能性划分为若干单元槽段，按一定顺序进行的。

槽段划分就是确定单元槽段的长度。单元槽段越长，墙段接头数量越少，可提高墙体整体性和防渗能力，简化施工，提高工效。但由于种种原因，单元槽段长度受到限制，必须根据设计要求和施工条件综合考虑确定。决定单元槽段长度的因素主要有：设计构造要求，墙体深度和厚度；地质、水文条件，开挖槽面的稳定性；对相邻建（构）筑物的影响；成槽机械的一次挖槽长度；泥浆生产和护壁能力；单位时间内塑性混凝土供应能力；导管的作用半径；起拔接头管的能力；施工技术的可能性；连续操作有效工作时间等。其中最重要的是槽壁的稳定性。单元槽段的长度多取5m～8m，也有取10m甚至更长的情况。

6.2.4 地下槽孔防渗墙须分段施工，分段长度一般为5m～8m。为了加快进度和保证安全，一般采用间隔施工的方法，即施工1、3、5、7、9号槽段，后施工2、4、6、8、10号槽段，先施工的称"一期槽段"，后施工的称二期"槽段"。在单个槽孔里面也是采用这种方法施工。在某些特殊情况下也可能相邻槽孔同时施工，这时就要注意防止发生两个槽孔串通事故。

6.2.5 本条规定是为了保持槽内具有足够的泥浆静压力，以维持孔壁稳定。计算和实践表明，保持泥浆面高于地下水位2m以上能保持槽内有足够的泥浆静压力。从开始成槽施工到混凝土浇筑结束之前的这段时间内都需要进行浆面控制。

6.2.6 当已知存在漏失地层时，应做好堵漏材料和处理方案准备，在成槽前或成槽过程中发现问题及时进行处理。预防漏浆主要有下列措施：

　　1 对槽孔两侧一定深度内土体进行加密处理；

　　2 在槽孔两侧地基预先进行高压喷射注浆或水泥灌浆；

　　3 使用防渗性能良好、黏度较大的固壁泥浆；

　　4 在松散、漏失地层中钻进，应随时向孔内投入适量黏土，以增加孔底泥浆的稠度；

　　5 必要时在泥浆中加入防漏失材料。

处理漏浆主要有下列措施：

　　1 发生大量漏浆时应立即起钻，中断造孔，迅速向槽孔内补充泥浆，保持浆面高度不低于导墙底部；

　　2 在泥浆中掺加膨润土、粉煤灰、锯末、棉子壳、纸屑、麻屑、人造纤维等堵漏材料；

　　3 向孔底投放黏土、水泥、砂、碎石、黏土球等堵漏材料，用钻头捣实并挤入漏浆孔洞。

6.2.8 槽孔成槽后应进行终孔质量检验，检验不合格不得进入清孔、浇筑工序，要重新修孔。槽孔终孔是指：整个槽孔中的各个单孔全部钻到了经过监理确认的终孔深度；各个单孔之间全部连通，没有障碍物，孔宽全部满足要求；各单孔和单孔之间的孔斜率全部在允许的范围内；墙段之间的搭接厚度满足设计要求。

槽孔终孔检验，可以采用重锤法，也可以采用超声波法，超声波法的检测结果比较准确，对于重要或对孔形有严格要求的工程，应采用超声波测井仪进行检测。

重锤法就是直接用造孔钻头在全槽孔内按一定的上下、左右间距逐点检查，通过测量钻头钢丝绳在孔口的偏斜距离，计算出钻头所在部位的偏斜距离，然后根据孔深计算出各测点的孔斜率。终孔检验时必须有监理人员在场监督并确认检查结果。

6.2.9 钻劈法属于传统的成槽工艺，对地层适应性强，多用于砂卵石或含漂石地层中，但工效较低，其设备是冲击钻机或冲击反循环钻机。

6.2.10 钻抓法由钻机和抓斗配合施工，适用于多数复杂地层，总体工效高于钻劈法。钻机可以是冲击钻机、冲击反循环钻机或回转钻机等，抓斗可以是液压抓斗或机械抓斗。

6.2.11 抓取法为纯抓斗施工，目前在国内属于较新的槽孔建造工艺，多适用于细颗粒地层，工效高于上述两种工艺，但成槽精度相对稍低。施工设备可以是液压抓斗或钢丝绳抓斗。钢丝绳抓斗配以重凿也可用于复杂地基处理甚至嵌岩作业。

铣削法是用液压铣槽机铣削地层形成槽孔的一种方法，是最新的槽孔建造工艺，多用于砾石以下细颗粒松散地层和软弱岩层。该法施工效率高、成槽质量好，但成本较高。

6.3 清 孔 换 浆

6.3.1 槽孔终孔质量检验合格，经监理签发合格证后方可进行清孔换浆。

6.3.2 清孔的方法主要有抽筒法、泵吸反循环法、气举反循环法、潜水泵法等。由于泵吸法和气举法相对于传统的抽筒法更能保证清孔质量，提高清孔速度，因此本条规定清孔换浆方法宜采用泵吸法或气举法。

泵吸法中的反循环泵吸法是一种常用的清孔方法。该方法是将砂石泵吸浆管下至孔底，沿墙轴线移动，将孔底携渣泥浆抽至孔外，同时自孔口注入新鲜泥浆。

在槽深小于 50m 时，泵吸法效率较高。当槽深较大时，宜采用气举法，气举法清孔深度可达 100m 以上。

6.3.3 初步清孔是指用抓斗或抽砂筒将孔底的大块钻渣先捞出孔外，以免在反循环清孔时堵塞排渣管。但不得用抓斗抓取代替泥浆反循环清孔。

6.3.4 为了保证槽孔浇筑时混凝土自上而下置换孔内泥浆的效果，必须在清孔前用新鲜泥浆置换孔内的大密度、大黏度、大含砂量泥浆。不合格泥浆主要集中在槽孔下部，故不一定要将全槽孔泥浆都换出。

6.3.5 清孔换浆设备的能力主要是指：反循环砂石泵的排量、扬程，空压机的压力、排量，排渣管的直径等。

6.3.6 本条规定了清孔换浆质量指标和检测时机。要求清孔换浆结束 1h 后再进行清孔质量检查，是因为在清孔过程中被悬浮起来的泥砂在混凝土浇筑开始之前还会沉降到孔底。

6.3.7 槽孔清孔检验合格后，要下设完浇筑导管才能开始浇筑混凝土，一般 4h 是足够的；若由于孔深过大等原因造成延误，孔底淤积厚度可能增加，这时就要重新清孔。清孔方法有潜水砂石泵法、导管法等。

6.3.8 对后期槽孔一端或两端圆弧形塑性混凝土孔壁上附着的泥皮应进行刷洗，最后一遍刷洗完毕后，掉落在端孔内的淤积物的厚度应在规定的限度以内。

7 塑性混凝土浇筑

7.1 塑性混凝土的制备与运输

7.1.1 塑性混凝土的制备与普通混凝土基本相同，只是增加了掺入黏土、膨润土等工序。由于膨润土容易成团，很难搅拌均匀，所以要求采用强制式搅拌机搅拌，并适当延长搅拌时间；最好是采用湿掺法。搅拌时间一定要通过试验确定。

黏土和膨润土的掺入有两种方法：干掺法和湿掺法。干掺法是指将水泥、膨润土、黏土等与骨料先混合搅拌，然后再加水搅拌。由于黏土中含有水分和土块，干掺前需先晒干、粉碎、过筛后装袋备用。

湿掺法是事先将黏土、膨润土拌制成泥浆备用，不是搅拌混凝土时先在混凝土搅拌机内直接拌制泥浆。搅拌泥浆须用专用设备，在混凝土搅拌机内不可能搅拌均匀；特别是黏土泥浆需要较长的搅拌时间，不可能在混凝土搅拌过程中完成。要注意的是，泵送泥浆的最大浓度只能达到 10%～14%。

7.1.2 为了保证塑性混凝土的质量，对混凝土拌合物运输的基本要求是：运输能力要够，运输中不离析、不漏浆；运输时间要短，保证运至孔口的混凝土应具有良好的施工性能。

"最大计划浇筑强度"是指最长槽孔或计划一次连续浇筑的几个槽孔，在浇筑过程中能满足混凝土面上升速度要求的浇筑强度。

浇筑中断往往是由于机械故障、突然停电等原因造成。中断时间过长导管和孔内的混凝土将失去流动性，从而导致堵管事故，甚至断墙事故。

7.2 塑性混凝土地下浇筑

7.2.1 塑性混凝土的施工性能主要是指塑性混凝土的流动性和黏聚性。流动性用坍落度和扩展度两个指标表示。黏聚性尚无现场快速检测方法，只能目测。为保证塑性混凝土的施工性能满足要求，浇筑前应测试骨料含水量；并进行混凝土试配，必要时调整配合比。开浇后第一车混凝土必须取样检测混凝土的坍落度，发现问题及时调整。

7.2.2 本条是对混凝土浇筑准备工作的要求，这些准备工作对于泥浆下混凝土浇筑是必须的，关系到槽段浇筑的成败，必须提前认真做好。除了自身的准备工作外，还要与供料方、供电方、试验室等外协单位协商好配合事项。

7.2.3 本条是对浇筑导管的要求。导管是泥浆下混凝土浇筑的关键环节，事前应对导管的直径、壁厚、管节长度、结构、强度、连接方式、管节配置等进行精心设计，精心选择，精心加工，认真检查。导管在槽段中布置应符合设计和规范要求。本规程第 6.2.8

条规定了孔斜率不应大于 0.6%，故相应规定导管不能有过大的弯曲，下到孔中部分的斜率不应大于 0.5%，否则下管时会破坏孔壁。

7.2.4 本条是对浇筑过程控制的要求。槽段泥浆下浇筑是不可直观的隐蔽工程，必须以过程质量、工艺质量、行为质量保证工程质量，因此地下防渗墙浇筑施工有严格的工艺要求和记录要求。在浇筑过程中必须按预定的间隔时间测量、记录混凝土面上升、导管埋深等情况，导管的提升、拆卸操作必须严格根据记录和规程要求进行。

7.2.5 本条是对浇筑事故处理的要求。槽段浇筑前要有预防事故的措施和处理事故的预案，要准备好各种处理事故的工具材料。发生事故后要查明原因，尽快组织力量妥善处理，尽量减少损失。

7.2.6 墙顶难免有少量混浆混凝土需要凿除，故超浇 50cm。

7.3 塑性混凝土地上浇筑

7.3.1 地上塑性混凝土防渗芯墙的成墙方式可分为两类，一类是在既有建筑物上开挖浇筑成墙，它的施工过程与地下防渗墙基本相同；另一类是从地基向上建槽浇筑成墙，这种成墙方式需要模板。模板可分为两种，一是永久性模板，即成墙后模板不拆除。另一种是非永久性模板，即需要拆除的模板。永久性模板多采用浆砌石体，即砌石模，非永久性模板多采用钢模板。

砌石模不仅可以利用芯墙两侧的砌石体作模板，节省木材与钢材，而且砌石体弹性模量与墙体弹性模量之比约为 2~11，是较理想的模量搭配。砌石模的厚度取决于槽内浇筑塑性混凝土和砌石模两侧填土压实产生的侧向压力，应通过计算确定，使其在侧向压力作用下不发生位移。当砌石与浇筑过程采用"层砌层浇"方式时，已有工程采用的砌石模厚度约为 0.6m~1.0m。当塑性混凝土芯墙采用薄层通仓浇筑时，砌石模厚度可以减小到 0.35m~0.40m。

7.3.2 塑性混凝土防渗墙浇筑采用钢模板时，为了保证模板的强度、刚度和稳定性，模板安装一般采用对拉配合外部斜撑；为了防止漏浆，模板之间的接缝通常用胶带粘贴或敷设泡沫双面胶条，为拆模方便，钢模应涂隔离剂或采取其他易脱模的措施。

7.3.3 塑性混凝土拆模时的强度不宜具体规定，应在综合考虑模板类型、施工进度、塑性混凝土强度等因素后确定，必要时进行试验。塑性混凝土强度达到其表面及棱角不因拆模而损伤时方可拆模。拆模时不应敲打，敲打会对墙体造成损伤。拆模困难时应查找模板安装、拆模时间与方法等原因。若模板安装后，两侧不填土，先浇筑塑性混凝土，拆模后，应及时填土。

7.3.4 砌石砌石模时，应在砌筑前洒水湿润，否则，在浇筑时会引起塑性混凝土失水，造成墙体侧面干缩裂缝和影响塑性混凝土与砌石之间的粘结。

7.3.5 地上塑性混凝土防渗芯墙是通过安装模板或砌石代替模板，逐层浇筑成型的防渗墙。浇筑时应有足够的拌合、运输能力，宜采用不分缝通仓浇筑方式。不分缝通仓浇筑又分为通仓薄层浇筑和通仓厚层浇筑。每层浇筑厚度，应根据后层浇筑时，前层浇筑的塑性混凝土仍未初凝的原则确定。

7.3.6 砌石模防渗墙两侧的砌石为永久性模板，防渗墙的侧面养护不存在问题；钢模等非永久性模板，每浇筑一层拆模后立即填土，墙体侧面也不需要再采取其他养护措施。塑性混凝土防渗墙养护主要指逐层浇筑时的养护，每浇筑一层都应及时采用塑料薄膜覆盖墙顶。

8 墙 段 连 接

8.1 地下防渗芯墙墙段连接

8.1.1 防渗墙墙段连接处是薄弱环节，在能保证槽段稳定的前提下，尽量加大槽段长度，减少墙段接头。

8.1.2 防渗墙墙段连接有：钻凿法、接头管法、双反弧法、铣削法等，常用的是钻凿法和接头管法。钻凿法直接用钻机钻接头孔，不需另外的设备，操作简便；但接头孔容易偏斜，且浪费工时和材料。接头管法的成孔效果较好，质量有保证，现在多采用接头管法，逐渐淘汰钻凿法。

8.1.3 拔管成孔成败的关键是正确选择并适当控制混凝土的脱管龄期。起拔早了会造成混凝土孔壁坍塌，不能成孔；起拔晚了会危及孔口的安全。防渗墙混凝土能成孔的最小脱管龄期与混凝土的特性、孔径、孔深、浇筑速度、温度等因素有关，一般为 5h~8h，甚至更长，必须通过试验确定，并在开始浇筑时取样复核。混凝土的龄期应从浇筑导管底口高于此部位后（此点的混凝土已处于静止状态后）开始计算。

为了掌握接头管外各接触部位混凝土的实际龄期，应详细掌握混凝土的浇筑情况，因此，施工前应绘制能够全面反映混凝土浇筑、导管提升、接头管起拔过程的记录表。该记录表上既有各种施工数据，又有多条过程曲线，能直观地判断各部位混凝土的龄期、应该脱管的时间和实际脱管龄期。在施工中应及时、准确地记录施工过程。浇筑施工与拔管施工应紧密配合，浇筑速度不宜过快。开浇 3h 后开始微动，此后活动接头管的间隔时间不应超过 30min，每次提升 1cm~2cm，以消除混凝土的粘结力。微动的时间不宜过早，也不宜过于频繁，否则对混凝土的凝结和孔壁稳定不利。当管底混凝土的龄期达到确定的脱管龄期后，就可以按照混凝土的浇筑速度逐步起拔接头管。

8.1.4 墙段连接钻凿法即施工二期墙段时在一期墙

段两端套打一钻的连接方法，其接缝呈半圆弧形，一般要求接头处的墙厚不小于设计墙厚。

接头孔偏斜对墙段连接处的墙厚有不利影响。由于墙体混凝土与四周地层的硬度不同，所以钻孔时极易发生偏斜；特别是深度较大的接头孔，钻孔时间越长混凝土的强度越高，越容易发生偏斜，越往下越难打。所以施工接头孔时，既要严格控制孔斜，又要抓紧时间、加快进度。

8.1.5 墙段连接采用铣削法适用于用液压双轮铣槽机成槽的防渗墙工程。采用铣削法时，一期墙段之间的距离小于铣槽机铣头的长度，铣槽机从上到下同时铣掉两个一期墙段的端部，形成的墙段接缝不是弧形，而是锯齿形。铣削法成败的关键在于控制和掌握两侧一期墙段的孔斜，正确选择铣削位置，确保从上到下都能同时铣到两侧的一期墙段。

8.2 地上防渗芯墙结合面处理

8.2.1 本条是关于地上防渗芯墙与地基连接的要求。为了防止墙体与地基的连接处出现渗漏，一方面要求地基应具有足够的强度，另一方面应采取连接技术措施。如在塑性混凝土防渗芯墙与地基或地下防渗墙的连接处设置混凝土基座，在塑性混凝土防渗芯墙与岸坡的连接处设置混凝土垫座。

8.2.2～8.2.4 地上塑性混凝土防渗芯墙立模分段分层浇筑，分层厚度为 2.0m～2.5m，每一层分段长度为 12m～20m，各段之间采用斜面或直面连接。先浇混凝土初凝结束前继续浇筑的，结合面不需处理。先浇塑性混凝土初凝结束后再浇筑的，二者的结合面称施工缝，施工缝应进行处理。无论是力学性能还是抗渗性能，施工缝都是较差的位置之一。施工缝处理的好坏，直接影响塑性混凝土防渗墙的性能。根据试验，结合面的性能与结合面粗糙度、湿润程度和界面剂有关。

到目前为止，国内外还没有相应规范或规程对结合面粗糙度评定方法做出明确规定，均匀刷毛基本能满足粗糙度要求。结合面湿润程度对结合面性能有较大影响。若结合面干燥，界面剂会因失水收缩，收缩产生的剪力会削弱结合面结合强度。湿润结合面水分不宜过多，不得留有积水。试验表明，界面处于饱和状态最好。界面剂可采用与塑性混凝土具有同样配合比（不含粗骨料）的砂浆或 1∶1 的水泥净浆，试验表明，二者的性能相近。刷界面剂非常重要，应使其均匀、细腻、密实。

9 施工质量检查

9.1 工序质量检查内容

9.1.1 对防渗墙工程的质量检查，可分为工序质量检查和墙体质量检查。工序质量检查在施工过程中进行，墙体质量检查在成墙后抽查。

9.1.2 每道工序都要有详细的施工记录和检查记录。

9.2 塑性混凝土取样

9.2.1 取样试验是为了了解施工中浇筑的塑性混凝土性能，对塑性混凝土的性能和墙体质量进行评定，因此应在浇筑地点的孔口随机取样。

9.2.2～9.2.6 抽取试件组数应以拌合批次、浇筑量、台班、墙段、层次等一个或几个作为控制因素。

槽孔塑性混凝土防渗墙和分缝跳块浇筑的模板塑性混凝土防渗墙，每个墙段不论体积多少，抗压强度试件至少取样一组。

不分缝通仓分层浇筑的模板塑性混凝土防渗墙，分层为控制因素，以该因素所得试件试验结果，有利于评价每层浇筑质量，但若一层浇筑的塑性混凝土方量较小，取样频率就会太高，因此，应与浇筑方量结合确定取样次数，本规程规定每浇筑 100m³ 取样不应少于一组。

抗渗试验、弹性模量试验较抗压强度试验复杂，故检查频次应减少，只取少量的检测数据。

上述抽取试件组数是基于同配合比、同批次拌合，当配合比或拌合批次不同时，即使是同一墙段或层，也应增加抽样组数。每组抽取试件个数，应符合第 9.3 节塑性混凝土性能检测要求。为稳妥起见，每组试件个数可适度增加。

9.3 塑性混凝土性能检测

9.3.3 本规程要求抗压强度试验方法应符合现行国家标准《普通混凝土力学性能试验方法标准》GB/T 50081 的规定。但应注意，由于塑性混凝土强度较普通混凝土强度低得多，因此对加载设备与加载速度的要求与《普通混凝土力学性能试验方法标准》GB/T 50081 有所不同。

9.3.4 塑性混凝土由于强度低、变形大，不能采用常规弹性模量试验方法。本规程采用标距取试件全长、减少预压次数并缩短预压时间的试验方法，同时要求用同一试件的总变形量计算出变形模量和极限应变，以全面反映所测试塑性混凝土的变形性能。

9.3.5 现行行业标准《混凝土抗渗仪》JG/T 249 和劈开法测试混凝土的相对渗透系数主要存在下列问题：

1 由于塑性混凝土的体积收缩量较大，采用常规试验设备和试验方法环缝密封问题不容易解决，对试验结果影响较大；

2 塑性混凝土的强度较低，劈开时破裂面不完整，难以准确测量渗透距离；而且试验时间太长，工作量太大，试验费用过高；

3 塑性混凝土的吸水率难以测定，因为塑性混凝土不能脱水，脱水后就会立即破散，将试件烘干后再吸水的办法不可行；

4 塑性混凝土中水的存在形式与普通混凝土不同，有能移动的自由水分子，也有被膨润土颗粒吸附的不能自由移动的水分子，一概清除不符合塑性混凝土吸水率的实际情况。

所以塑性混凝土的渗透性试验采用流量法，通过测定渗透压力和渗透流量直接得出渗透系数。

9.4 墙体质量检查

9.4.4 钻孔取芯是墙体质量检查的方法之一。通过对芯样的检查、试验了解墙体塑性混凝土有无夹泥和冷缝、是否密实、与基岩面接触情况、墙底沉渣厚度等。

芯样直径应考虑骨料最大粒径的影响，芯样直径一般不宜小于骨料最大粒径的 6 倍，骨料最大粒径越大，钻孔直径应越大。但墙厚较薄时，钻孔直径过大，会影响墙体整体性，损伤较为严重。

取芯钻孔孔斜率对芯样成功率有较大影响。为了保证钻孔有较高的垂直度，取芯钻孔孔斜率不宜大于 0.4%。

取芯钻孔深度宜控制在 5.0m～8.0m。当取芯深度较深时，由于孔斜率、振动、芯样应力释放等因素，芯样破碎较严重。

钻孔应选择合适的孔径。粗骨料最大粒径小、墙体厚度薄、孔径可小些；粗骨料最大粒径大、墙体厚度大，孔径可大些。本条规定孔径不应大于墙厚的 1/3，宜为 70mm～150mm。

芯样抗压强度试验宜使用直径 100mm、高径比 1：1 的塑性混凝土圆柱体试件。若采用小直径芯样试件，其直径不应小于 70mm。试验表明：同样养护、同样龄期的直径 100mm 或直径 70mm～75mm、高径比 1：1 的塑性混凝土圆柱体试件与边长 150mm 的立方体试件抗压强度基本相当。

9.4.5 本条规定当塑性混凝土防渗芯墙达到一定龄期后，沿墙轴线布设开挖检查点，检查墙体的均匀性和完整性、墙段连接和厚度。由于只能在上部进行开挖检查，故检查结果不作为墙体质量综合评价的主要依据。

9.4.6 塑性混凝土墙体中的检查孔孔壁粗糙，孔径大小不一，卡塞困难，做注水试验时不能完全照搬规程规范，要根据具体情况采用既合理又简便的试验方法。

9.4.7 对于塑性混凝土，由于其强度很低，取芯率高低不应作为评判质量的标准。可采用无损检测如超声波法和弹性波透射层析成像法（简称 CT 法）等方法进行墙体质量检测，但由于物探的局限性，其检测结果只能作为对墙体质量综合评价的依据之一。

中华人民共和国行业标准

建筑工程施工现场视频监控技术规范

Technical code for video surveillance on
construction site

JGJ/T 292—2012

批准部门：中华人民共和国住房和城乡建设部
施行日期：2 0 1 3 年 3 月 1 日

中华人民共和国住房和城乡建设部
公 告

第 1503 号

住房城乡建设部关于发布行业标准
《建筑工程施工现场视频监控技术规范》的公告

现批准《建筑工程施工现场视频监控技术规范》为行业标准，编号为 JGJ/T 292-2012，自 2013 年 3 月 1 日起实施。

本规范由我部标准定额研究所组织中国建筑工业出版社出版发行。

中华人民共和国住房和城乡建设部

2012 年 10 月 29 日

前 言

根据住房和城乡建设部《关于印发〈2010 年工程建设标准规范制订、修订计划〉的通知》（建标〔2010〕43 号）的要求，规范编制组经过广泛调查研究，认真总结实践经验，参考有关国际标准和国外先进标准，并在广泛征求意见的基础上，编制本规范。

本规范的主要技术内容是：1. 总则；2. 术语和缩略语；3. 基本规定；4. 摄影要求；5. 传输要求；6. 显示要求；7. 系统验收；8. 系统维护保养。

本规范由住房和城乡建设部负责管理，由南通建筑工程总承包有限公司负责具体技术内容的解释。执行过程中如有意见或建议，请寄送南通建筑工程总承包有限公司（地址：江苏南通海门常乐镇中南大厦，邮编：226124）。

本 规 范 主 编 单 位：南通建筑工程总承包有限公司

本 规 范 参 编 单 位：中国建筑一局（集团）有限公司

路桥集团国际建设股份有限公司

北京建科研软件技术有限公司

广联达软件股份有限公司

神州数码网络（北京）有限公司

本 规 范 参 加 单 位：中国建筑科学研究院

北京华建互联科技发展有限公司

温州建设集团有限公司

上海源和系统集成有限公司

本规范主要起草人员：陈小平　张亦华　曹仕雄　高小俊　任红武　王雪莉　王玉恒　房　华　陈国增　张志峰

本规范主要审查人员：杨富春　张春晖　蒋景瞳　李洪鹏　邓小姝　蒋学红　王文天　杨士元　毕咏力　郭晓川

目　次

Contents

1 总 则

1.0.1 为规范建筑工程施工现场视频监控系统的设计、安装、验收和维护保养，加强对建筑工程施工现场的监管，规范施工现场的作业行为，促进文明施工，提高管理水平，制定本规范。

1.0.2 本规范适用于建筑工程施工现场视频监控系统的设计、安装、验收及维护保养。

1.0.3 建筑工程施工现场视频监控系统的设计、安装、验收及维护保养，除应符合本规范外，尚应符合国家现行有关标准的规定。

2 术语和缩略语

2.1 术 语

2.1.1 视频服务器 video server

一种对视音频数据进行压缩、存储及处理的专用嵌入式设备。视频服务器采用 MPEG4 或 MPEG2 等压缩格式，在满足技术指标的前提下对视音频数据进行压缩编码，以满足存储和传输的要求。

2.1.2 带宽 band width

在固定的时间内可传输的数据量，即在传输管道中可以传输数据的能力。

2.1.3 网络延时 network latency

报文在传输介质中传输所用的时间，即从报文开始进入网络到它开始离开网络之间的时间。

2.1.4 球机 spherical video camera

一种组合了一体化摄像机、电动云台、球罩和解码器的摄像设备，可以在控制端发送控制信号实现摄像机上下左右转动和镜头缩放。

2.1.5 模拟摄像机 analog video camera

一种可以将视频信号采集元件采集的模拟视频信号转换成数字信号进行信号传输显示，并可通过编码器进行压缩编码和图像信号存储的摄像机。

2.1.6 网络摄像机 IP video camera

一种将传送来视频信号数字化后由高效压缩芯片压缩，网络用户可以使用监控软件观看远程视频图像，或根据授权控制摄像机云台镜头操作的摄像机。

2.1.7 硬盘录像机 digital video recorder

利用标准接口的数字存储介质，采用数字压缩算法，实现视音频信息的数字记录、监视与回放的视频设备。

2.1.8 网络视频录像机 network video recorder

一种对网络摄像机采集、压缩编码后传输的视频信号进行管理和存储的网络硬盘录像机。

2.1.9 路由器 router

连接因特网中各局域网、广域网的设备，它会根据信道的情况自动选择和设定路由，以最佳路径，按前后顺序发送信号。

2.1.10 防火墙 firewall

用来分割网域、过滤传送和接收资料，防止外网用户以非法手段进入内网、访问内网资源，保护内网操作环境的网络设备。

2.1.11 交换机 switch

一种基于硬件/网卡地址识别，能完成封装转发数据包功能的交换级、控制和信令以及其他功能单元的网络设备。

2.1.12 视频显示设备 video display unit

能够将视频信号展示在显示载体上的设备。

2.1.13 图像控制器 graphic controller

可以处理控制室中的所有可显示数据信号源，并将这些信号源处理成可在任意阵列的物理显示单元组成的单一逻辑显示墙上，并以任意开窗的方式移动、放大、缩小，预置显示方式及位置的专用设备。

2.1.14 视频矩阵切换器 video matrix switch

通过阵列切换的方法将 m 路视频信号任意输出至 n 路监看设备上的电子装置。

2.1.15 数字解码器 digital decoder

能够对按照特定格式压缩的数字信号进行解压缩的解码设备。

2.1.16 流明 lumen

光通量的单位。即发光强度为 1 坎德拉（cd）的点光源，在单位立体角（1 球面度）内发出的光通量为"1 流明"，英文缩写为 lm。

2.1.17 信噪比 signal to noise ratio

在规定的条件下，传输信道特定点上的有用功率与和它同时存在的噪声功率之比，通常以分贝表示。

2.2 缩 略 语

3G——第三代移动通信技术 Third Generation；

ADSL——非对称数字用户环路 Asymmetric Digital Subscriber Line；

AP——访问接入点 Access Point；

ARP——地址解析协议 Address Resolution Protocol；

BNC——刺刀螺母连接器 Bayonet Nut Conn-ector；

CIF——标准化图像格式 Common Intermediate Format；

CPU——中央处理器 Central Processing Unit；

DDR——双倍速率同步动态随机存储器 Double Data Rate；

DDoS——分布式拒绝服务 Distributed Denial of Service；

DLP——数字光处理 Digital Light Procession；

DoS——拒绝服务 Denial of Service；

DRAM——动态随机存储器 Dynamic Random Access Memory;

DVI——数字视频接口 Digital Visual Interface;

HDMI——高清晰度多媒体接口 High Definition Multimedia Interface;

HTTP——超文本传输协议 Hyper Text Transfer Protocol;

HTTPS——以安全为目标的超文本传输协议通道 Hypertext Transfer Protocol over Secure Socket Layer;

IEEE——美国电气及电子工程师协会 Institute of Electrical and Electronics Engineers;

IP——因特网互联协议 Internet Protocol;

IPSec——互联网协议安全性 Internet Protocol Security;

IR——红外线 Infrared Ray;

L2TP——第二次隧道协议 Layer 2 Tunneling Protocol;

M-JPEG——运动静止图像（或逐帧）压缩技术 Motion-Join Photographic Experts Group;

MPEG-4——动态图像专家组标准 Moving Pictures Experts Group-4 Standard;

MTBF——平均无故障时间 Mean Time Between Failure;

NAT——网络地址转换 Network Address Translation;

NTSC——国家电视标准委员会 National Television System Committee;

PAL——逐行倒相 Phase Alternating Line;

POE——基于局域网的供电 Power Over Ethernet;

QCIF——四分之一通用中间格式 Quarter Common Intermediate Format;

QOS——服务质量 Quality of Service;

RADIUS——远程用户拨号认证系统 Remote Authentication Dial In User Service;

RAID——独立磁盘冗余阵列（磁盘阵列） Redundant Array of Inexpensive Disks;

SATA——串行高级技术附件 Serial Advanced Technology Attachment;

SDH——同步数字体系 Synchronous Digital Hierarchy;

SDK——软件开发工具包 Software Development Kit;

SNMP——简单网络管理协议 Simple Network Management Protocol;

TCP——传输控制协议 Transmission Control Protocol;

TMDS——最小化差分信号传输 Transition Minimized Differential Signaling;

UDP——用户数据包协议 User Datagram Protocol;

UPS——不间断电源 Uninterruptible Power System;

VGA——视频图形阵列 Video Graphics Array;

VPN——虚拟专用网络 Virtual Private Network;

WEP——有线等效保密 Wired Equivalent Privacy;

WPA——网络安全存取 Wi-Fi Protected Access。

3 基 本 规 定

3.1 系 统 架 构

3.1.1 建筑工程施工现场视频监控系统应由捕影部分、传输部分和显示部分构成。

3.1.2 捕影部分应通过摄像机获取施工现场的视频信号。模拟摄像机采集的视频信号通过有线传输方式传输给视频服务器或硬盘录像机，由视频服务器或硬盘录像机对视频信号进行压缩与编码；网络摄像机采集的视频信号可通过有线或无线传输方式传输到网络视频录像机进行存储和管理。

3.1.3 传输部分应通过网络连接施工现场显示部分或异地的监控中心，监控中心应能访问和管理位于施工现场的视频服务器、硬盘录像机或网络视频录像机。

3.1.4 显示部分应通过视频解码软件或数字解码器将位于施工现场的视频服务器、硬盘录像机或网络视频录像机上的各种视频信号、数字信号进行处理并展示在视频显示设备上；施工指挥场所也可通过网络视频录像机或硬盘录像机的视频输出端口，将视频信号输出到监视器、电视墙等显示设备。

3.2 系 统 要 求

3.2.1 视频信号应采用分布式存储方式，当位于异地的监控中心需要调看施工现场的历史视频信号时，可通过连接到视频服务器、硬盘录像机或网络视频录像机的网络远程访问，进行视频录像回放。

3.2.2 系统应具有良好的兼容性和可扩充性。

3.2.3 系统应提供与视频会议系统、办公自动化系统以及与远程语音对讲系统的接口。

3.2.4 使用权限应统一管理，用户权限管理应在监控中心由系统管理员统一分配。权限设定应分为监控点图像和全项目图像浏览权和控制权。

3.2.5 系统应具有远程管理功能。

3.2.6 在建设捕影部分系统时，应实现设备的可移位和再利用，应合理选择捕影部分的视频信号传输方式。

3.2.7 在选择传输部分的网络时，应根据施工现场所在地已有的网络资源情况，合理选择通信运营商。

3.2.8 显示部分宜选择设备供应商提供的视频解码软件。

3.2.9 视频监控系统验收所用的仪器应有计量检测合格证书。

4 捕影要求

4.1 一般规定

4.1.1 施工现场视频监控捕影部分应由图像采集传输单元和图像压缩存储单元组成。

4.1.2 图像采集传输单元的信号传输方式可分为有线传输与无线传输方式。对易发生变化的监控点位置，宜采用无线传输方式传输视频信号；对不易发生变化的监控点位置，宜采用有线传输方式传输视频信号。

4.1.3 施工现场视频监控捕影部分可分为有线信号传输和无线信号传输，并应符合下列规定：

　　1 有线信号传输的主要设备可包括摄像机、云台、球罩、视频服务器或硬盘录像机。常用的传输介质可包括视频线、光纤和双绞线。

　　2 无线传输方式采用的设备应遵循 IEEE 802.11a/b/g/n 标准协议，可选用下列两种设备组合方式之一：

　　　1）模拟摄像机、视频服务器或硬盘录像机、无线 AP、交换机；

　　　2）网络摄像机、无线 AP、交换机。

4.2 主要设备的技术指标

4.2.1 模拟摄像机可分为枪式摄像机和一体化摄像机，并应符合下列规定：

　　1 枪式摄像机应具有下列功能：

　　　1）具有彩色黑白自动转换功能；

　　　2）镜头采用红外齐焦镜头，具有夜间焦点不偏移功能；

　　　3）全黑环境设计，具有自动感应红外线功能；

　　　4）配备防护罩的摄像机具备防水、防尘功能，达到 IP65 防护等级；

　　　5）室内枪机平均无故障时间（MTBF）不应小于 10000h，室外枪机平均无故障时间（MTBF）不应小于 20000h。

　　2 一体化摄像机应具有下列功能：

　　　1）具有彩色黑白自动转换功能；

　　　2）具有内置预置位、巡视组，可以存储多个预置点的功能；

　　　3）支持两点扫描、360°扫描、扇形扫描、看守位、90°自动翻转功能；

　　　4）具有自动光圈，自动聚焦，自动白平衡功能；

　　　5）室内一体机平均无故障时间（MTBF）不应小于 10000h，室外一体机平均无故障时间（MTBF）不应小于 20000h。

4.2.2 网络摄像机应符合本规范第 4.2.1 条的要求，同时应具备压缩编码模拟视频信号，并具备通过 RJ45 或 3G 接口进行网络传输的功能。

4.2.3 视频服务器应由视频压缩编码器、网络接口、视频接口、RS422/RS485 串行接口、RS232 串行接口构成，应具有多协议支持功能，可与计算机设备进行连接和通信。视频服务器应符合下列规定：

　　1 视频压缩编码器时延不应超过 300ms；

　　2 视频压缩标准：MPEG4/H.264；

　　3 分辨率：所有通道支持 CIF 352×288，部分通道支持 D1 720×576；

　　4 视频输入：BNC 接口，NTSC，PAL 制式自动识别；

　　5 音频输入：线性音频输入接口；

　　6 视频帧率 PAL：25 帧/秒/路图像，NTSC：30 帧/秒/路图像；

　　7 占用带宽 64k～2Mbps/路图像；

　　8 报警输入：报警输入及报警输出端口；

　　9 本地录像：SATA 接口。

4.2.4 无线 AP 应符合下列规定：

　　1 具备防水、防雷、防尘功能，达到 IP65 防护等级；

　　2 支持 IEEE802.11a/b/g/n 标准；

　　3 支持无线信号的桥接及覆盖模式；

　　4 支持 WEP、WPA、WPA2 数据加密；支持内建防火墙，可防止拒绝服务（DoS）攻击；支持病毒自动隔离；

　　5 支持服务质量（QoS）安全机制、基于局域网的供电（POE）；天线可拆接；

　　6 工作温度应在 -40℃～60℃ 之间；

　　7 工作的相对湿度应在 5%～95% 之间。

4.2.5 视频分配器应具有阻抗匹配、视频增益的功能。

4.2.6 视频放大器应具有增强视频的亮度、色度和同步信号的功能。

4.2.7 云台应选用匀速云台，并应具有密封性能好、防水、防尘的性能。

4.3 技术要求

4.3.1 摄像机应具有下列功能：

　　1 摄像机应具备在低照度环境下捕影的功能；

2 摄像机应根据环境条件，增加防雨、防水、防雷、防高温、红外灯等辅助功能；

3 摄像机应加装防护罩，保证摄像机在高温、多尘、潮湿的条件下正常工作；

4 摄像机宜配备云台，保证摄像机水平及垂直运动；

5 主出入口处的摄像机捕影的图像分辨率应达到 D1 格式标准；宜具有对车牌、人物相貌、运动物体的捕影功能；

6 摄像机的自动光圈调节应提供视频驱动或直流驱动模式；光圈自动调节后应保证画面的亮度等级不小于 10 级，灰度等级不小于 10 级；

7 摄像机的聚焦功能包括手动聚焦和自动聚焦；自动聚焦功能的摄像机的聚焦过程不应大于 2 次，聚焦后画面清晰度不应小于 480 线；

8 一体化摄像机的变倍倍率应满足 $10\times/18\times/26\times/27\times/36\times$ 等倍率等级；

9 标清图像的垂直分辨率不应小于 576 像素；高清图像的垂直分辨率不应小于 720 像素；

10 标清图像的水平分辨率不应小于 704 像素；高清图像的水平分辨率不应小于 1280 像素。

4.3.2 云台应具有下列功能：

1 云台水平方向应具有 360° 连续旋转功能，可以全范围监控无死角；

2 云台垂直方向应具有 90° 可翻转功能，可以连续追踪监控对象。

4.3.3 视频服务器或硬盘录像机应具有下列功能：

1 应采用 M-JPEG、MPEG4、H.264 编码技术以及 MPEG4 压缩格式的视频服务器；

2 视频服务器或硬盘录像机应具有 RJ45 接口，能实现 IP 组网及采用 TCP/IP 协议实现数据传输和控制管理；

3 视频服务器或硬盘录像机应具有 RS422/RS485 串形接口，方便外接云台、快球等各种摄像设备；

4 视频服务器或硬盘录像机应配备计算机控制与监视软件；

5 视频服务器或硬盘录像机应具有多通道、录像与回放等功能，录像功能应支持定时录像、报警录像、手动录像等录像模式；定时录像应该能够设置录像模板管理；报警录像应该支持视频移动报警、端口报警等报警类型；

6 视频服务器或硬盘录像机的存储空间应保证录制施工现场的视频信号时长不应少于 7d；

7 视频服务器或硬盘录像机应具有用户管理功能。

4.3.4 在模拟视频信号分配给多个接收源的情况下，应加装视频分配器。

4.3.5 在视频信号传输距离超过 300m 的情况下，应采用更高性能的传输介质或加装视频放大器，链路中串联的视频放大器不宜超过 2 台。

4.4 施工现场的部署要求

4.4.1 施工现场摄像机的部署应符合下列规定：

1 在施工现场的作业面、料场、出入口、仓库、围墙或塔吊等重点部位应安装监控点，监控部位应无监控盲区；

2 在需要监控固定场景（如出入口、仓库等）的位置，宜安装固定式枪机；

3 在需要监控大范围场景（如作业面、料场等）的位置，宜安装匀速球机；

4 施工现场的重点监控部位如需要在低照度环境下采集视频信号，应采用红外摄像机、低照度摄像机或配备人造光源，人造光源的最低照度不应低于 100lx；

5 工作温度应在 $-30^\circ\text{C}\sim65^\circ\text{C}$ 之间；

6 工作相对湿度应在 $5\%\sim95\%$ 之间。

4.4.2 施工现场视频服务器或硬盘录像机的部署应符合下列规定：

1 宜安装在建筑工程施工现场办公室内；

2 安装部位应满足责任管理的要求；

3 工作温度应在 $0^\circ\text{C}\sim40^\circ\text{C}$ 之间；

4 工作相对湿度应在 $5\%\sim95\%$ 之间；

5 视频服务器或硬盘录像机应配置一台 UPS 电源，断电后 UPS 供电时间不应少于 20min；

6 安装在室外的视频服务器或硬盘录像机，应放置于防水等级不低于 IP65 的箱体内。

4.4.3 施工现场监控点数量部署应符合下列规定：

1 建筑面积在 $5\times10^4\text{m}^2$ 以下的项目，监控点位数量不应少于 3 个；

2 建筑面积在 $5\times10^4\text{m}^2\sim10\times10^4\text{m}^2$ 的项目，监控点位数量不应少于 5 个；

3 建筑面积在 $10\times10^4\text{m}^2$ 以上的项目，监控点位数量不应少于 8 个。

4.4.4 施工现场不同监控点传输方式选择应符合下列规定：

1 在安装位置不易发生变化的监控点（如出入口、仓库等），宜采用有线线缆进行信号的传输；

2 在安装位置易发生变化的监控点（如塔吊、围墙等），宜采用以下两种设备组合的方式：网络摄像机，通过无线 AP 进行视频信号的传输；普通模拟摄像机，结合视频服务器或硬盘录像机，通过无线 AP 进行信号传输。

4.4.5 施工现场视频监控应符合下列规定：

1 需远程传输视频信号的施工现场接入的互联网，网络带宽不宜小于 2M；

2 摄像头应设置在专用线杆或施工期间永久建筑物上；

3 视频传输线宜采取地面敷设方式；

4 摄像头供电方式应采用集中供电，当与主机距离超过 300m 时，可选择就近供电，但应保证供电稳定。

5 传输要求

5.1 一般规定

5.1.1 施工现场视频监控传输部分应将捕影部分输出的数字信号通过无线信号或有线信号方式传输到显示部分。对具备有线网络接入或存在严重无线信号干扰的施工现场，宜采用有线信号传输方式；在偏远区域且有线网络不能到达或者有线传输成本过高的施工现场宜采用无线信号传输方式。

5.1.2 施工现场视频监控传输部分由有线网络设备或无线网络设备以及通信运营商提供的网络组成。

5.2 有线信号传输

5.2.1 有线信号传输方式宜采用互联网或 SDH 专线进行传输。

5.2.2 有线信号传输方式的主要设备有路由器、防火墙和交换机。

5.2.3 有线信号传输方式的网络应符合下列规定：

1 捕影现场的网络带宽不应小于允许并发接入的视频信号路数乘以单路视频信号的带宽；

2 总部监控中心的网络带宽不应小于并发显示视频信号路数乘以单路视频信号的带宽；

3 传输的视频信号和视频显示图像分辨率不应低于 CIF 显示格式的分辨率；

4 传输单路 CIF 格式的图像所需要的视频信号网络带宽不应小于 128kbps，传输单路 4CIF 分辨率的图像所需要的视频信号网络带宽不应小于 512kbps；

5 当信息经由数据网络传输时，端到端的信息延迟时间（双向）不应大于 3s，对多级监控中心的系统，每一级转达延时不应大于 100ms；包括发送端信息采集、编码、网络传输、信息接收端解码、显示等过程所经历的时间；

6 传输网络端到端丢包率：采用 TCP 传输协议的丢包率不应大于 3/100，采用 UDP 传输协议的丢包率不应大于 3/1000；

7 当采用互联网传输时，应保证数据传输的安全性。

5.2.4 有线信号传输方式采用的路由器应具有下列功能：

1 CPU 主频不应低于 150MHz；包转发率不应低于 90kbps；

2 支持拥塞管理、流量分类、拥塞避免策略；

3 支持 L2TP、IPSec VPN；

4 支持 ARP 攻击及病毒防范；

5 支持基于源地址、目的地址和时间段的过滤访问控制列表；

6 支持 NAT、端口映射、上网行为管理。

5.2.5 有线信号传输方式采用的防火墙应具有下列功能：

1 支持透明模式、L2/L3 混合模式接入；

2 支持网络层攻击防护：DoS 和 DDoS 防护、端口扫描防护；

3 支持安全管理接入、接入控制列表、接入方式控制、集中式验证、Radius 接入认证；

4 支持 Telnet、HTTP、HTTPS、SNMP 多种管理方式；

5 支持双链路或多链路接入。

5.2.6 系统线缆敷设应符合现行国家标准《综合布线系统工程设计规范》GB 50311 的有关规定。

5.3 无线信号传输

5.3.1 无线信号传输方式宜采用 3G 的无线传输方式。

5.3.2 无线信号传输方式采用的 3G 路由器应具有下列功能：

1 支持 IPSec VPN；

2 支持防 ARP 攻击及防病毒功能；

3 具有支持访问控制列表，基于源地址、目的地址和时间段的过滤功能；

4 支持 NAT 和端口映射；

5 具有上网行为管理功能。

6 显示要求

6.1 一般规定

6.1.1 施工现场视频监控显示部分可分为单路和多路两种显示方式。单路显示方式可采用单个视频显示设备显示单路或多路视频信号；多路显示方式可采用多个视频显示设备显示单路或多路视频信号。

6.1.2 单路显示方式的视频显示设备宜有监视器电脑屏幕、投影仪或移动终端等。

6.1.3 多路显示方式的视频显示设备宜有拼接大屏、电视墙或投影机组合等。

6.1.4 多路显示方式的视频显示设备应符合下列规定：

1 视频显示设备的要求：应具有高分辨率、高亮度、高对比度，色彩还原真实，图像失真小，亮度均匀，显示清晰，整屏图像均匀性不应小于 95%，对比度不应小于 1400∶1，亮度不应小于 750lm，并应具有良好的可视角度；

2 多个视频显示设备的整合要求：每一个视频窗可独立控制色调、亮度、对比度及饱和度；图像输出分辨率不应小于 1600×1200，刷新率不应小于 60Hz；视频传输的图像与视频图像显示设备数量的比例不宜低于 16：1；DLP 大屏之间的拼接缝不宜大于 1mm，等离子和液晶大屏之间的拼接缝不宜大于 10mm。

6.2 多路显示方式的组成

6.2.1 多路显示方式应由监控管理平台、图像处理、监控软件、数据存储、VGA 矩阵、数字解码器、视频矩阵切换器、AV 矩阵、图像控制器和视频显示设备组成。

6.2.2 显示部分监控中心设计应符合下列规定：

1 设备应安装在空间较为宽敞的监控中心大厅内，应装设在固定机架上，机架背面和侧面与墙面的净距不应小于 0.8m，安装在机架内的设备应采取适当的通风散热措施，设备垂直偏差不应超过 1%；

2 屏幕的安装位置应避免日光或人工光直射影响，屏幕表面背景光照度不应高于 400lx；

3 设备应做好防雷接地措施，宜采用一点接地方式，接地电阻不应大于 1Ω；

4 监控中心应有稳定的电力供应，宜采用在线式 UPS 供电；环境温度应保持在 16℃～28℃，相对湿度应控制在 50%～70%；应安装烟感和温感自动报警和气体灭火系统，消防措施应达到一级防火等级。

6.3 多路信息显示的要求

6.3.1 多路信息显示应由图像控制、监控软件和数据存储构成。

6.3.2 多路信息显示的主要设备应包括图像控制器、视频矩阵切换器、VGA 矩阵切换器、数字解码器、软件系统服务器和数据存储服务器。

6.3.3 图像处理的设备参数应符合下列规定：

1 图像控制器基本配置参数应符合表 6.3.3-1 的规定；

表 6.3.3-1　图像控制器基本配置参数

设备名称	配置参数要求
CPU	Intel Pentium 4 2.8G 以上
内存	1G DDR DRAM 及以上
专用板卡	支持 4 路以上图像输出，4 路以上复合视频输入，2 路 RGB 输入

2 视频矩阵切换器基本配置参数应符合表 6.3.3-2 的规定；

3 VGA 矩阵切换器基本配置参数应符合表

6.3.3-3 的规定；

表 6.3.3-2　视频矩阵切换器基本配置参数

参数名称	参数值要求
带宽	350M（−3dB），满载
串扰	−50dB@10MHz
输入/出信号类型	RGBHV、复合视频、S-视频、分量视频
连接器	BNC 插座
串口控制	RS-232 或 RS-422
串口连接器	9 针 D 形插座

表 6.3.3-3　VGA 矩阵切换器基本配置参数

参数名称	参数值要求
信号类型	数字 VGA，数字 TMDS
支持分辨率	高清 480i～1080p/640×480～1600×1200（60Hz）
输入输出接口	HD15PIN（VGA）
控制方式	RS-232、红外、键盘面板

4 数字解码器基本配置参数应符合表 6.3.3-4 的规定。

表 6.3.3-4　数字解码器基本配置参数

参数名称	参数值要求
视频解码	MPEG4/H.264/1080p/720p/D1/CIF
音频解码	G.711/G.726/G.729
网络协议	TCP/IP、UDP/IP、HTTP
内嵌	多媒体网关；Web Server；PPPoE
网络接口	Ethernet LAN interface；RJ45（10M/100M 自适应）
解码通道	1 路
解码输出	AV/BNC/VGA/HDM

6.3.4 监控软件系统可由软件和软件系统服务器组成，软件应具有下列功能：

1 应具备预置点的定时录像功能；

2 应具备视频图像、声音和文字相结合的提示功能；

3 宜具备远程管理功能，具备对云台、镜头等捕影设备的预置和遥控功能；

4 应具备对视频图像的切换、处理、存储、检索和回放的功能；

5 宜具备施工现场视频录像的快照、检索和回放功能；

6 宜具备数据的导入、导出功能，并开放接口；

7 宜具备对图像的亮度、对比度和清晰度的调整功能；

8 应具备设备的 IO 报警和移动侦测报警功能；

9 服务器视频转发速度不应大于 0.3s，控制信令的响应速度不应大于 0.1s；

10 宜支持手机浏览方式，将监控视频图像发给指定用户的手机，满足移动监控的需要；

11 宜支持通过 AV 矩阵或图像控制器，可将多路视频信号同时显示在多路显示设备上的多画面显示模式；画面显示模式应支持 1、4、9、16、25、36 等画面分割显示，应支持单屏画面切换，视频群组切换等功能，应可以设置切换序列、切换时间、开始、结束切换功能；

12 应具备多级权限管理，可以增加、删除、编辑用户，可以精确到某个用户对某个设备的权限设置，每个用户的权限设置不少于 5 个；用户登录系统后，应根据用户权限自动屏蔽用户不具有权限的操作，并在窗口上显示出来，避免非法用户的误操作；

13 应具备管理设备的名称、网络参数、视频参数、镜头参数、音频参数、485 参数、232 参数和存储参数的功能；

14 应具备日志查询功能，可以在指定的时间内查询用户信息、设备状态、报警信息和服务器信息等。

6.3.5 数据存储由存储软件和数据存储服务器组成，应具有下列功能：

1 应具备断电数据备份和灾备恢复机制；

2 应具备重要视频数据归档和迁移管理功能；

3 数据存储系统宜具备容量扩展功能；

4 在进行海量视频数据存储和处理时，应支持对施工现场视频数据的调取和阶段性保存；

5 系统应具有 RAID 0/1/5/6 等数据冗余保护功能，集中存储系统应采用开放的网络协议，支持多种品牌的网络摄像机接入，支持视频转发功能，支持多用户的录像文件回放功能，支持视频录像不少于 4 种倍率的播放。

7 系 统 验 收

7.0.1 施工现场设备的部署，应符合本规范第 4.4.1～4.4.5 条的规定。

7.0.2 视频监控系统的图像质量可按表 7.0.2 进行五级损伤制评级，图像质量不应低于 4 级。

表 7.0.2 五级损伤制评级

图像质量损伤的主观评价	评分分级
图像上不觉察有损伤或干扰存在	5
图像上稍有可觉察的损伤或干扰，但可令人接受	4
图像上有明显的损伤或干扰，令人较难接受	3
图像上损伤或干扰较严重，令人难以接受	2
图像上损伤或干扰极严重，不能观看	1

7.0.3 视频监控系统的图像质量的主观评价项目可按表 7.0.3 进行评定。

表 7.0.3 主观评价项目

项 目	损伤的主观评价现象
随机信噪比	噪波，即雪花干扰
同频干扰	图像中纵、斜、人字形或波浪状的条文，即网纹
电源干扰	图像中上下移动的黑白间置的水平横条，即黑白滚条
脉冲干扰	图像中不规则的闪烁、黑白麻点或跳动

7.0.4 视频监控系统捕影部分功能应符合本规范第 4.3.1～4.3.3 条的规定；传输部分功能应符合本规范第 5.2.3 条的规定；显示部分应符合本规范第 6.3.4、6.3.5 条的规定，各部分功能可按表 7.0.4 进行验收。

表 7.0.4 系统功能验收表

分类	项 目	设计要求	设备序号				
			1	2	3	4	5
捕影部分	云台水平转动						
	云台垂直转动						
	自动光圈调节						
	调焦功能						
	变倍功能						
	红外功能						
	切换功能						
	录像功能						
	垂直分辨率						
	水平分辨率						
捕影部分结论							
传输部分	网络带宽						
	网络延时						
	网络丢包率						
传输部分结论							
显示部分	权限管理						
	视频监控功能						
	系统控制功能						
	设备管理功能						
	日志查询功能						
	集中存储功能						
	接口要求						
	系统服务器响应速度						
显示部分结论							
其他							
最终结论							

8 系统维护保养

8.0.1 施工现场应对视频监控捕影部分、传输部分和显示部分所涉及的设备、网络和软件部分进行维护保养。

8.0.2 维护保养的设备应包括捕影部分的摄像头、云台球罩、视频服务器、硬盘录像机或网络视频录像机,传输部分的路由器、防火墙和无线 AP,显示部分的视频显示设备、图像控制器、视频矩阵切换器、VGA 矩阵切换器和数字解码器。

8.0.3 在维护保养过程中,摄像头、视频服务器、硬盘录像机、网络视频录像机、无线 AP、路由器、防火墙和视频显示设备等关键设备如指标不达标,处理机制应符合下列规定:

    1 当摄像机直连监视器的图像质量低于本规范表 7.0.2 中的 4 级时,应及时维修或更换;

    2 视频服务器、硬盘录像机和网络视频录像机的视频压缩编码器时延超过 300ms,应及时维修或更换;

    3 路由器、防火墙和无线 AP 任一接口故障或不能正常工作,应及时维修或更换;

    4 视频显示设备如出现不能正常开机、分辨率下降、图像显示不稳定、有持续干扰信号等故障,应及时检查、维修或更换。

8.0.4 维护保养应分常规巡检、季度检查和年度检查,并应符合下列规定:

    1 常规巡检应检查设备的运行状态及对近期维修过的设备进行复检;对网络线路进行检查与测试;

    2 季度检查除包含常规巡检内容外,还应进行各类设备内外部的清洁工作,清洁工作宜为每季度一次;

    3 年度检查除包含季巡检内容外,还应进行设备盘点、固定资产登记、设备与软件运行情况的评估及下一年度系统升级的合理化建议。

本规范用词说明

    1 为便于在执行本规范条文时区别对待,对要求严格程度不同的用词说明如下:

      1)表示很严格,非这样做不可的:

          正面词采用"必须",反面词采用"严禁";

      2)表示严格,在正常情况下均应这样做的:

          正面词采用"应",反面词采用"不应"或"不得";

      3)表示允许稍有选择,在条件许可时首先应这样做的:

          正面词采用"宜",反面词采用"不宜";

      4)表示有选择,在一定条件下可以这样做的,采用"可"。

    2 条文中指明应按其他有关标准执行的写法为:"应符合……的规定"或"应按……执行"。

引用标准名录

1 《综合布线系统工程设计规范》GB 50311

中华人民共和国行业标准

建筑工程施工现场视频监控技术规范

JGJ/T 292—2012

条 文 说 明

制 订 说 明

《建筑工程施工现场视频监控技术规范》JGJ/T
292-2012 经住房和城乡建设部 2012 年 10 月 29 日以
第 1503 号公告批准、发布。

本规范制订过程中,编制组进行了深入的调查研
究,总结了我国建筑工程施工现场视频监控的实际经
验,同时参考了现行国家标准《安全防范工程技术规
范》GB 50348,重点对系统的捕影部分、传输部分、
显示部分的系统架构、设备组成、技术参数等方面作
出了具体规定。

为便于广大设计、施工、科研、学校等单位有关
人员在使用本规范时能正确理解和执行条文规定。
《建筑工程施工现场视频监控技术规范》编制组按章、
节、条顺序编制了本规范的条文说明,对条文规定的
目的、依据以及执行中需要注意的有关事项进行了说
明。但是,本条文说明不具备与规范正文同等的法律
效力,仅供使用者作为理解和把握规范规定的参考。

目　次

1 总　　则

1.0.1 建筑工程施工现场由于存在施工地点分散、人员流动频繁、各级管理人员经常移动办公等特点，因此要求可以在任意时间和地点随时打开任意前端的实时视频图像，以便及时掌控施工现场的施工进度、安全管理和施工工艺等现场情况。对施工过程中的重要施工流程、操作工艺、各类安全保卫工作以及文明安全施工都要求监控系统必须具备本地录像、检索回放功能。利用视频服务器和IP网络架构进行视频信号传输的监控系统能够很好地满足这样的需求。

为监督各施工操作流程是否符合各项技术规范，加强施工企业对建筑工程施工现场的监管，规范施工现场的作业行为、促进文明施工，提高安全和管理水平，需要根据监控对象和监控目的的不同，选择合适的前端捕影设备。

为实现在远程监控中心实时监控项目施工现场并对视频信号进行相应的处理和存储的功能，需要选择施工现场到监控中心的网络传输方式。

本规范针对建筑行业工程项目管理的特点以及对监控信息的需求，设计了适用于建筑工程施工现场的视频监控系统，并对系统的捕影部分、传输部分、显示部分的设计、安装、验收和维护保养进行了规范。建筑工程施工现场视频监控系统以网络为基础，采用先进的视频压缩技术和网络传输技术，使监控系统实现了信息的数字化、系统的网络化、应用的多媒体化、管理的智能化，对基于IP网络的多媒体信息（视频/音频/数据）提供一个综合、完备的管理控制平台。

2　术语和缩略语

2.1　术　　语

2.1.3 影响网络延时的主要因素是路由的跳数和网络的流量。

2.1.11 交换机可以"学习"硬件/网卡地址，并把其存放在内部地址表中，通过在数据帧的始发者和目的接受者之间建立临时的交换路径，使数据帧直接由源地址到达目的地址。

3　基本规定

3.1　系统架构

3.1.3 建筑工程施工现场视频监控系统架构示意图见图1，其中传输部分采用的网络主要包括各通信运营商的光纤网络、SDH电路、3G网络。通过上述网

络，使得监控中心能够访问、配置、管理位于异地施工现场的视频服务器或硬盘录像机，进行数据的读取和视频信息的显示。

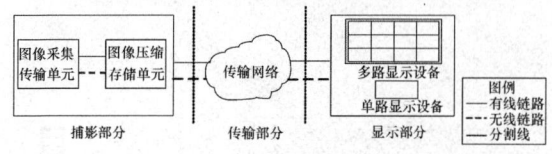

图1　系统架构示意图

3.2　系　统　要　求

3.2.1 视频信号的分布式存储方式指：把视频信号存储在位于建筑工程施工现场的视频服务器或硬盘录像机内。

3.2.2 系统良好的兼容性指：保证捕影、传输和显示设备都能够在系统中正常运行；系统良好的可扩充性指：整个系统在不影响现有的系统架构和业务应用的前提下，能够增加视频监控点的数量和系统提升的能力。

3.2.3 为更好地利用建筑工程施工现场的视频信号信息，保证今后系统进一步的提升，视频监控系统应具备与视频会议系统、办公自动化系统以及与远程语音对讲系统的接口。

3.2.4 视频图像的浏览权限指：按照分配的权限浏览监控点的视频图像；视频图像的控制权指：对云台、照明联动以及图像自动轮巡的控制，内容包括存储格式、保存时间、图像查询、图像回放、图像导出、音视频参数的设置。

3.2.5 系统的远程管理功能指：具备规定权限的账号使用人，可以远程管理位于建筑工程施工现场的摄像头、云台、视频服务器或硬盘录像机。

3.2.6 根据建筑工程施工现场的特点，在建设捕影部分时，应按照施工工况、施工进度布设监控点，做好设备的安装、调试、检查、拆除、保管和再利用，实现设备资源的最优化利用。根据施工现场的实际情况，合理选择捕影部分的有线、无线或无线有线相结合的视频信号传输方式。

3.2.8 具有SDK包的监控软件可以保证建筑工程施工现场视频监控信号能进行后续处理，是进行应用软件开发的必要条件；并能保证系统的良好的可扩充性和兼容性，具备能够与视频会议系统、办公自动化系统对接的能力。

4　捕影要求

4.1　一　般　规　定

4.1.1 施工现场视频监控捕影部分系统架构示意图见图2。

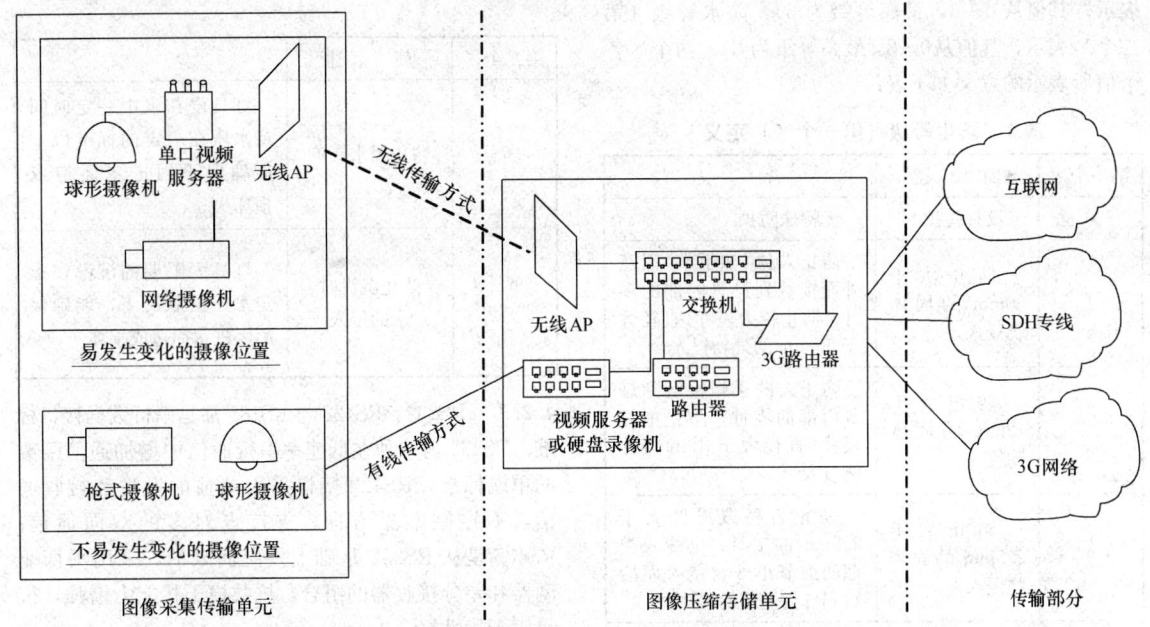

图像采集传输单元　　　　　　　图像压缩存储单元　　　　　传输部分

图 2　捕影部分系统架构示意图

图像采集传输单元，由安装在建筑工程施工现场的摄像头及传输视频信号的无线 AP 等设备组成。摄像头采集的图像信息，通过有线或无线的传输方式，将视频信号传输到图像压缩存储单元。

图像压缩存储单元，由一台或多台视频服务器或硬盘录像机组成。将上一单元采集到的模拟视频信号进行编码压缩并转换为数字信号；视频服务器或硬盘录像机根据预先设定的存储格式、存储时长等参数，将采集到的视频信号存储到自带的存储介质（硬盘或 SD 卡）中。

4.1.2　建筑工程施工现场监控点不易发生变化的情况是指：在监控点位置选定并安装结束后至施工结束，该监控点位置无需发生变化或极少发生变化，如：出入口、仓库等位置；监控点易发生变化的情况是指：在监控点位置选定并安装结束后至施工结束，监控点的安装位置需要经常随着工程的进度而发生变化，如塔吊、料场等位置。

对于监控点位置易发生变化的部位宜使用无线 AP 传输视频信号；对于监控点位置相对固定，不易发生变化的部位宜采用有线信号传输方式。在易发生变化的位置采用无线 AP 信号传输方式，可以避免由于施工工况发生变化而带来有线传输方式的高维护成本。

4.1.3　捕影部分的设备主要包括用于视频信号采集的摄像机、用于传输无线信号的无线 AP 和用于视频信号压缩编码及存储的视频服务器或硬盘录像机。摄像机分为模拟摄像机和网络摄像机，配合摄像机的设备还包括云台、防护罩、支架等。捕影部分各个设备的工作过程为：由摄像机采集视频信号，通过有线网络或无线信号发射，传输到施工现场的视频服务器或

硬盘录像机，再由视频服务器或硬盘录像机对视频信号进行压缩解码和信号存储。

IEEE 802.11a 标准是 802.11b 无线联网标准的后续标准。它工作在 5GHzU-NII 频带，物理层速率可达 54Mbps，传输层可达 25Mbps。

IEEE802.11b 标准采用 2.4GHz 直接序列扩频，最大数据传输速率为 11Mbps，无须直线传播。动态速率转换当射频情况变差时，可将数据传输速率降低为 5.5Mbps、2Mbps 和 1Mbps。

IEEE802.11g 标准是 IEEE 为了解决 802.11a 与 802.11b 的互通而出台的一个标准，它是 802.11b 的延续，两者同样使用 2.4GHz 通用频段，互通性高，速率上限已经由 11Mbps 提升至 54Mbps，它同时与 802.11a 和 802.11b 兼容，802.11g 产品可以在与 802.11b 网络兼容的情况下，最高提供与 802.11a 标准相同的 54Mbps 连接速率。

IEEE802.11n 标准是 802.11a/b/g 的后续无线传输标准，该标准可将无线局域网的传输速率由目前 802.11a 及 802.11g 提供的 54Mbps，提高至 300Mbps 甚至高达 600Mbps。

无线 AP 信号传输方式的两种组合方式的工作原理：组合方式 1 是将视频服务器前置，即：模拟摄像机采集并输出模拟视频信号至视频服务器，由视频服务器压缩编码并转换成数字信号，由发射端的无线 AP 进行信号发射，由接收端无线 AP 接收信号后传输到交换机。组合方式 2 由网络摄像机代替了组合方式 1 中的模拟摄像机和视频服务器。

4.2　主要设备的技术指标

4.2.1　IP×× 防尘防水等级，防尘等级（第一个×

表示，其值从 0～6，最高等级为 6)，防水等级 (第二个×表示，其值从 0～8，最高等级为 8)。两个×各个值所表示的意义如下表：

表 1　防尘等级（第一个×）定义

第一个×	简　述	含　义
0	没有防护	无特殊防护
1	防止大于 50mm 的固体物侵入	防止人体(如手掌)因意外而接触到灯具内部的零件。防止较大尺寸(直径大于 50mm)的外物侵入
2	防止大于 12mm 的固体物侵入	防止人的手指接触到灯具内部的零件，防止中等尺寸(直径大于 12mm)外物侵入
3	防止大于 2.5mm 的固体物侵入	防止直径或厚度大于 2.5mm 的工具、电线或类似的细节小外物侵入而接触到灯具内部的零件
4	防止大于 1.0mm 的固体物侵入	防止直径或厚度大于 1.0mm 的工具、电线或类似的细节小外物侵入而接触到灯具内部的零件
5	防尘	完全防止外物侵入，虽不能完全防止灰尘进入，但侵入的灰尘量并不会影响灯具的正常工作
6	尘密	完全防止外物侵入，且可完全防止灰尘进入

表 2　防水等级（第二个×）定义

第二个×	简　述	含　义
0	无防护	没有防护
1	防止滴水侵入	垂直滴下的水滴(如凝结水)对灯具不会造成有害影响
2	倾斜 15°时仍可防止滴水侵入	当灯具由垂直倾斜至 15°时，滴水对灯具不会造成有害影响
3	防止喷洒的水侵入	防雨或防止与垂直的夹角小于 60°的方向所喷洒的水进入灯具造成损害
4	防止飞溅的水侵入	防止各方向飞溅而来的水进入灯具造成损害
5	防止喷射的水侵入	防止来自各方向喷嘴射出的水进入灯具内造成损害
6	防止海浪	承受猛烈的海浪冲击或强烈喷水时，电器的进水量应不致到达有害的影响

续表 2

第二个×	简　述	含　义
7	防止浸水影响	灯具浸在水中一定时间或水压在一定的标准以下能确保不因进水而造成损坏
8	防止沉没时水的侵入	灯具无限期的沉没在指定水压的状况下，能确保不因进水而造成损坏

4.2.3　RS232、RS422 与 RS485 都是串行数据接口标准。RS232 为一种在低速率串行通信中增加通信距离的单端标准；RS422 接口采用单独的发送和接收通信，不控制数据方向，支持点对多的双向通信；RS485 是从 RS232 基础上发展而来的，采用平衡驱动器和差分接收器的组合，抗共模干扰能力增强，抗噪声干扰性好。

　　H.264 是一种高性能的视频编解码技术。

5　传　输　要　求

5.1　一　般　规　定

5.1.1　施工现场视频监控传输部分的主要功能，将摄影部分输出的数字信号通过无线网络或有线网络传输到显示部分。传输部分应根据建筑工程施工现场网络的实际情况，确定传输方式、合理选择电信运营商提供的传输网络，传输部分系统架构示意图见图 3。

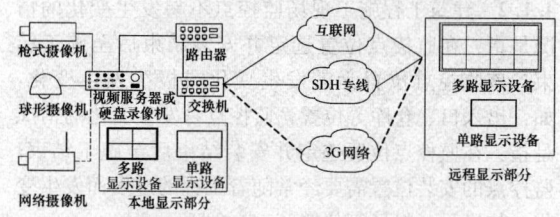

图 3　传输部分系统架构示意图

　　为保证信号传输的稳定性和较高的带宽，宜采用有线网络进行传输。当建筑工程施工现场存在大功率的干扰源，如电视发射塔、大功率的无线发射站、产生无线干扰的厂矿生产设备等，必须采用有线网络传输，以保证信号传输的稳定和保真。特殊地区，如城郊野外、戈壁沙漠等偏远地区，在施工现场无有线网络接入的情况下，必须采用无线传输方式，如 3G 网络传输或卫星信号传输。

　　在使用有线网络传输时，应考虑南北电信的互联互通。由于国内目前存在南北电信互联互通网络带宽互通瓶颈的问题，在建筑工程施工现场与监控中心之间，宜使用同一网络运营商的网络，以保证信号传输的通畅。

5.1.2 有线网络设备指：交换机、路由器、防火墙；无线网络设备指：交换机、3G 路由器；网络运营商提供的网指：互联网、SDH 专线网络、3G 网络。

5.2 有线信号传输

5.2.3 施工现场的网络带宽应按以下方式计算：施工现场有 n 个监控点，需要同时并发传输 n 路 CIF 格式的图像，施工现场和总部监控中心的网络带宽均不应小于 $n \times 128k$，如需要传输 4CIF 格式的图像，施工现场和总部监控中心的网络带宽均不应小于 $n \times 512k$。

6 显 示 要 求

6.1 一 般 规 定

6.1.3 电视墙是由多台监视器安装在同一机架拼接而成的电视墙体，可以同时显示多路视频信号，但一般不能跨屏显示同一路视频信号。相比其他几种多路显示设备造价较低。

投影仪组合是利用 2 台或 2 台以上的投影仪，通过拼接融合技术显示多路或单路视频信号的设备组合。一般用在展示厅，监控中心采用较少。

6.2 多路显示方式的组成

6.2.1 显示部分系统架构示意图见图 4。

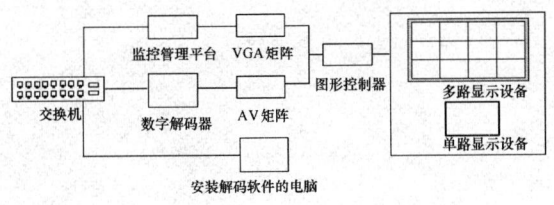

图 4 显示部分系统架构示意图

多路显示方式视频显示设备的拼接大屏有液晶显示单元拼接屏、DLP 投影单元拼接屏、LED 拼接屏以及等离子显示单元拼接屏，优缺点见表 3。

建筑工程施工单位可根据自身实际需求和以上设备的优缺点选择多路显示方式的视频显示设备。

表 3 四种拼接屏优缺点对比表

	LCD 液晶拼接屏	DLP（数码微镜）拼接屏	LED 全彩拼接屏	等离子拼接屏
图像分辨率	高清	高清	标清	高清
画面细腻度	很高	较差	较差	很高

续表 3

	LCD 液晶拼接屏	DLP（数码微镜）拼接屏	LED 全彩拼接屏	等离子拼接屏
可视角度	178°	120°~160°	160°	160°
灼屏问题	极轻微	无	无	严重
安装体积	轻薄	厚重	厚重	轻薄
整机功耗	低	高	低	高
维护成本	低	高	较高	高

6.3 多路信息显示的要求

6.3.2 图像控制器、视频矩阵切换器、VGA 矩阵切换器和数字解码器，主要是将接收到的视频信号进行解码、切换和拼接。监控软件安装在软件系统服务器上，主要对图像处理后的视频信号进行控制。数据存储通过存储服务器对图像处理后的视频信号进行存储。

6.3.3 RJ45 接口通常用于数据传输，最常见的应用为网卡接口。

6.3.4 远程管理功能是指：通过软件远程登录到视频服务器上，配置各项参数、对视频服务器进行远程升级和重启等功能。

7 系 统 验 收

7.0.1 由于建筑工程施工现场的环境一般比较复杂，变化较快（如挖基坑、回填土、道路变化等），为保证现场监控能够持续有效运行，尽量降低故障率，延长使用寿命，需要在安全保护方面做出充分准备工作。同时监控设备的安装要建立在保证施工现场的正常生产和人员安全的前提下，只有以上各方面都能兼顾到，才能达到施工现场监控安全保护方面的验收要求。

7.0.2 图像质量是指图像信息的完整性，包括图像帧内对原始信息记录的完整性和图像帧连续关联的完整性，它通常按照如下指标进行描述：像素构成、分辨率、信噪比、原始完整性等。

8 系统维护保养

8.0.1 维护保养的网络包括捕影部分的局域网络和传输部分的公用网络。维护保养的软件指显示部分的监控软件。

8.0.4 常规巡检工作内容：

　　1 检查摄像头、云台、视频服务器或硬盘录像机等捕影部分设备的工作状态；

　　2 检查网络和交换机、路由器、防火墙、无线

AP 等网络设备的工作状态；

    3 检查监控中心数字解码器、AV 矩阵、图像控制器等设备的工作状态；

    4 检查监控中心视频显示拼接墙、监视器等显示设备的工作状态；

    5 对近期维修过的设备进行复检。

    季度巡检工作内容：除包含常规巡检内容，此外还应对各类设备进行每季度一次的内外部清洁工作。

    年度巡检工作内容，除包含季度巡检内容，此外还应进行：

    1 全面检查摄像头、云台、视频服务器或硬盘录像机等摄影部分设备；网络及交换机、路由器、防火墙、无线 AP 等网络设备；监控中心视频显示拼接墙、监视器等显示设备的工作状态；

    2 盘点系统的设备清单，做好固定资产登记工作；

    3 对系统运行情况的评估报告和合理化建议；

    4 准备下一年度设备的更新升级等。

中华人民共和国行业标准

环境卫生设施设置标准

Standard for setting of environmental sanitation facilities

CJJ 27—2012

批准部门：中华人民共和国住房和城乡建设部
施行日期：2 0 1 3 年 5 月 1 日

中华人民共和国住房和城乡建设部
公　告

第 1558 号

住房城乡建设部关于发布行业标准
《环境卫生设施设置标准》的公告

现批准《环境卫生设施设置标准》为行业标准，编号为 CJJ 27 - 2012，自 2013 年 5 月 1 日起实施。其中，第 2.0.4、2.0.8、3.4.1、3.4.6、4.6.2 条为强制性条文，必须严格执行。原《城镇环境卫生设施设置标准》CJJ 27 - 2005 同时废止。

本标准由我部标准定额研究所组织中国建筑工业出版社出版发行。

中华人民共和国住房和城乡建设部
2012 年 12 月 24 日

前　　言

根据住房和城乡建设部《关于印发〈2009 年工程建设标准制订、修订计划〉的通知》（建标〔2009〕88 号）的要求，标准编制组经广泛调查研究，认真总结实践经验，参考有关国际标准和国外先进标准，并在广泛征求意见的基础上，修订了本标准。

本标准的主要技术内容是：1. 总则；2. 基本规定；3. 环境卫生公共设施；4. 环境卫生工程设施；5. 其他环境卫生设施。

本标准修订的主要技术内容是：1. 调整了原标准的适用范围；2. 修订了环境卫生车辆专用通道、储粪池、化粪池、车辆清洗站等内容；3. 增加了垃圾处理技术的选用原则、垃圾处理设施的用地指标等内容；4. 其他垃圾处理设施中增加了餐厨垃圾处理设施的内容；5. 根据新的研究成果和实践经验修订了原标准执行过程中发现的一些问题。

本标准中以黑体字标志的条文为强制性条文，必须严格执行。

本标准由住房和城乡建设部负责管理和对强制性条文的解释，由上海市环境工程设计科学研究院有限公司负责具体技术内容的解释。执行过程中如有意见和建议请寄送上海市环境工程设计科学研究院有限公司（地址：上海市徐汇区石龙路 345 弄 11 号；邮政编码：200232）。

本 标 准 主 编 单 位：上海市环境工程设计科学研究院有限公司

本 标 准 参 编 单 位：北京市环境卫生设计科学研究所　武汉市环境卫生科学设计研究院　天津市环境卫生工程设计研究所

本标准主要起草人员：张　益　吴冰思　万云峰　冯　蒂　吴文伟　韩振华　昝文安　余　毅　谭和平　邰　俊　刘　竞　张文伟　王　敏　李雄伟　严镝飞

本标准主要审查人员：郭祥信　王志国　徐海云　陈朱蕾　姚　辉　张束空　严　勃　宋欣幸　郭树波

目 次

Contents

1 总　　则

1.0.1 为合理设置环境卫生设施,使环境卫生设施的规划和建设符合日常生活需要和管理要求,改善环境卫生质量,制定本标准。

1.0.2 本标准适用于城乡环境卫生设施的设置。

1.0.3 环境卫生设施设置除应符合本标准外,尚应符合国家现行有关标准的规定。

2　基 本 规 定

2.0.1 环境卫生设施的设置应符合城乡规划,坚持布局合理、卫生适用、节能环保、便于管理的原则,应有利于环境卫生作业和对环境污染的控制。

2.0.2 环境卫生设施设置应与生活废物的分类投放、分类收集、分类运输、分类处理体系相适应。

2.0.3 环境卫生设施应统一规划和设置,其规模与形式应根据生活废物产量、收集方式和处理工艺等确定。

2.0.4 城乡新区开发与旧区改造时,环境卫生设施必须同步规划、同步建设、同期交付。

2.0.5 垃圾处理设施的设置宜考虑区域共享、城乡共享,实现设施的优化配置。

2.0.6 环境卫生设施必须具有应对突发公共卫生事件的生活废物收集、运输和处置功能。

2.0.7 环境卫生设施的建设应列入城乡建设计划。

2.0.8 替代环境卫生设施未交付前,不得停止使用或拆除原有的环境卫生设施。

3　环境卫生公共设施

3.1　一 般 规 定

3.1.1 居住区、商业文化街、城镇道路以及商场、集贸市场、影剧院、体育场(馆)、车站、客运码头、大型公共绿地等场所附近及其他公众活动频繁处,应设置垃圾收集点、废物箱、公共厕所等环境卫生公共设施。环境卫生公共设施的设置应方便居民使用,不应影响市容观瞻。

3.1.2 生活废物中的有害垃圾应使用可封闭容器,单独收集、运输和处理,其相关容器、设备应具有标志,标志的图案和色泽应符合现行国家标准《城市生活垃圾分类标志》GB/T 19095 的规定。

3.2　废 物 箱

3.2.1 道路两侧或路口以及各类交通客运设施、公共设施、广场、社会停车场等的出入口附近应设置废物箱。废物箱应卫生、耐用、美观,并应能防雨、抗老化、防腐、阻燃。

3.2.2 废物箱应有明显标识并易于识别。

3.2.3 城市道路两侧的废物箱的设置间隔宜符合下列规定:

　　1　商业、金融业街道:50m～100m;

　　2　主干路、次干路、有辅道的快速路:100m～200m;

　　3　支路、有人行道的快速路:200m～400m。

3.2.4 镇(乡)建成区的道路两侧以及各类交通客运设施、公共设施、广场、社会停车场等的出入口附近等应设置废物箱。

3.2.5 镇(乡)建成区道路两侧设置废物箱间隔宜符合本章第 3.2.3 条的规定,并应乘以 1.2～1.5 的调整系数计算。

3.2.6 广场应按每 300m²～1000m² 设置一处。

3.3　垃圾收集点

3.3.1 垃圾收集点的位置应固定,其标志应清晰、规范、便于识别。

3.3.2 城市垃圾收集点的服务半径不宜超过 70m,镇(乡)建成区垃圾收集点的服务半径不宜超过 100m,村庄垃圾收集点的服务半径不宜超过 200m。

3.3.3 垃圾容器的容量和数量应按使用人口、各类垃圾日排出量、种类和收集频率计算。垃圾存放的总容纳量应满足使用需要,垃圾不得溢出而影响环境。垃圾日排出量及垃圾容器设置数量的计算方法应符合本标准附录 A 的规定。

3.3.4 垃圾容器间设置应规范,宜设有给排水和通风设施。混合收集垃圾容器间占地面积不宜小于 5m²,分类收集垃圾容器间占地面积不宜小于 10m²。

3.4　公 共 厕 所

3.4.1 城镇中居住区内部公共活动区、城镇商业街、文化街、港口客运站、汽车客运站、机场、轨道交通车站、公交首末站、文体设施、市场、展览馆、开放式公园、旅游景点等人流聚集的公共场所,必须设置配套公共厕所,并应满足流动人群如厕需求。

3.4.2 公共厕所设置密度宜符合表 3.4.2 的规定。

表 3.4.2　公共厕所设置密度指标

城市用地类别	设置密度 (座/km²)	备　　注
居住用地(R)	3～5	旧城区宜取密度指标的高限,新区宜取中、低限

城市用地类别	设置密度（座/km²）	备　注
公共管理与公共服务用地（A）、商业服务业设施用地（B）	4～11	公共管理与公共服务用地（A）中的文化设施用地（A2）、体育用地（A4）、医疗卫生用地（A5），以及商业服务业设施用地（B）中的商业设施用地（B1）、娱乐康体用地（B3）等人流量大的区域取密度指标的高限；其他人流稀疏区域宜取低限
交通设施用地（S）、绿地（G）	5～6	交通设施用地（S）中的综合交通枢纽用地（S3）、公共交通设施用地（S41）、社会停车场用地（S42）以及绿地（G）中的公园用地（G1）、广场用地（G3）的公共厕所设置以当地公共设施的布局情况而定
工业用地（M）、仓储用地（W）、公用设施用地（U）	1～2	—

注：1　城市用地类别按照现行国家标准《城市用地分类与规划建设用地标准》GB 50137的规定。
　　2　公共厕所用地面积、建筑面积和等级根据现场用地情况、人流量和区域重要性确定。
　　3　交通设施用地指标不含城市道路用地（S1）和轨道交通线路用地（S2）。

3.4.3　公共厕所设置间距宜符合表3.4.3的规定。

表3.4.3　公共厕所设置间距指标

类别	设置位置	设置间距	备　注
城市道路	商业性路段	<400m 设1座	步行（5km/h）3min内进入厕所
	生活性路段	400m～600m 设1座	步行（5km/h）4min内进入厕所
	交通性路段	600m～1200m 设1座	宜设置在人群停留聚集处
城市休憩场所	开放式公园（公共绿地）	≥2hm² 应设置	数量应符合国家现行标准《公园设计规范》CJJ 48的相关规定
	城市广场	<200m 服务半径设1座	城市广场至少应设置1座公共厕所，厕位数应满足广场平时人流量需求；最大人流量时可设置活动式公共厕所应急
	其他休憩场所	600m～800m 服务半径设1座	主要是旅游景区等

类别	设置位置	设置间距	备　注
镇（乡）	建成区	400m～500m 设1座	可参照城市相关规定
	有公共活动区的村庄	每个村庄设1座	—

注：1　公共厕所沿城镇道路设置的，应根据道路性质选择公共厕所设置密度：
　　　①商业性路段：沿街的商业型建筑物占街道上建筑物总量的50%以上；
　　　②生活性道路：沿街的商业型建筑物占街道上建筑物总量的15%～50%；
　　　③交通性道路：沿街商业型建筑物在15%以下。
　　2　路边公共厕所宜与加油站、停车场等设施合建。

3.4.4　城镇公共厕所分为公共场所配套公共厕所、社会对外开放公共厕所、环卫公共厕所。配套公共厕所建设中有下列情况之一的，应采用改建现有公共厕所、内部厕所对外开放、另建公共厕所等措施。

　　1　各类公共场所未建设为室外人群服务的配套公共厕所；

　　2　原有公共场所配套公共厕所规模不能满足室外人群如厕需求的；

　　3　已建公共场所配套公共厕所设施设备配置不能满足国家现行标准要求的。

3.4.5　城镇新建、改建区域的公共厕所的规划、设计和建设应符合国家现行标准《城市公共厕所设计标准》CJJ 14的有关规定，并应符合下列规定：

　　1　公共厕所建筑形式应以固定式公共厕所为主、活动式公共厕所为辅；公共厕所建设形式应以附属式公共厕所为主、独立式公共厕所为辅。

　　2　大中型商场、餐饮场所、娱乐场所及其他公共建筑内的厕所，繁华道路及人流量较高地区单位内的厕所，应向路人开放。

　　3　附属式公共厕所宜设在建筑物底层或外部场地，应有单独出入口及管理室。

　　4　公共厕所均应设置公共厕所标志及相应的指引标志，并应符合国家现行标准《环境卫生图形符号标准》CJJ/T 125的相关规定。

　　5　公共厕所内部应空气流通、光线充足、沟通路平；应有防臭、防蛆、防蝇、防鼠等技术措施。

3.4.6　公共厕所的粪便严禁直接排入雨水管、河道或水沟内。

3.4.7　有污水管网的地区，公共厕所的粪便宜排入污水管网；无污水管网的地区，公共厕所粪便应排入化粪池。

4　环境卫生工程设施

4.1　一般规定

4.1.1　环境卫生工程设施应根据安全、环保、经济的原则选址，并应设置在交通运输方便、市政条件较好并对周边居民影响较小的地区；生活垃圾及其他垃圾处理、处置设施宜位于城市规划建成区夏季最小频率风向的上风侧及城市水系的下游，并应符合城市建设项目环境影响评价的要求。

4.1.2 垃圾处理设施等应按其相应的适用条件，遵循因地制宜、技术可行、设备可靠、综合利用的原则，合理选择卫生填埋、焚烧、堆肥等单一工艺或组合工艺的规划布局。垃圾处理设施技术选择应符合下列规定：

 1 对于拥有相应土地资源且具有较好的污染控制条件的地区，可采用卫生填埋方式实现生活垃圾无害化处理。

 2 当生活垃圾热值大于 5000kJ/kg 且卫生填埋场选址困难时宜设置焚烧处理设施。

 3 对于进行分类回收可降解有机垃圾的地区，且易生物降解的有机物含量大于 70%时，可采用适宜的生物处理技术；对于生活垃圾混合收集的地区，应审慎采用生物处理技术。

4.1.3 其他垃圾处理设施应按分类收集、综合处理和利用的要求合理布置。

4.1.4 垃圾处理设施绿化隔离带应符合下列规定：

 1 卫生填埋设施、焚烧处理设施、堆肥处理设施、餐厨垃圾处理设施绿化隔离带宽度不应小于 10m并沿周边布置。

 2 粪便处理厂绿化隔离带宽度不应小于 5m并沿周边布置。

4.2 垃圾收集站

4.2.1 垃圾收集站设置应符合下列规定：

 1 封闭的居住小区内，宜设置收集站。

 2 居住小区或村庄超过 5000 人时，应设置收集站。

 3 居住小区少于 5000 人时，可与相邻区域联合设置收集站。

 4 镇（乡）建成区垃圾日产量超过 4t/d 时，宜设置收集站。

4.2.2 收集站的服务半径应符合下列规定：

 1 采用人力收集，服务半径宜为 0.4km 以内，最大不宜超过 1km。

 2 采用小型机动车收集，服务半径不宜超过 2km。

4.2.3 收集站的规模应根据服务区域内规划人口数预测的垃圾产生高峰月的平均日产生量确定。

4.2.4 收集站宜设置在服务区域内市政设施较完善、方便环卫车辆安全作业的地方。

4.2.5 垃圾收集站应密闭且设置给排水设施，并应有除臭措施。现有敞开式收集站应逐步改造为密闭式收集站。

4.2.6 垃圾收集站的设备配置应根据其规模、垃圾车厢容积及日运输车次来确定。建筑面积不宜小于 80m²。

4.2.7 垃圾收集站的布置应满足作业要求并与周边环境协调，外围宜设置绿化隔离带。

4.3 垃圾转运站

4.3.1 垃圾转运站的设计日转运能力，可按规模划分为大、中、小型三大类，和Ⅰ、Ⅱ、Ⅲ、Ⅳ、Ⅴ五小类。

4.3.2 当垃圾运输距离超过经济运距且运输量较大时，宜设置垃圾转运站。垃圾转运站的设置应符合下列规定：

 1 服务范围内垃圾运输平均距离超过 10km，宜设置垃圾转运站；平均距离超过 20km 时，宜设置大、中型转运站。

 2 镇（乡）宜设置转运站。

 3 采用小型转运站转运的城镇区域宜按每 2km²～3km² 设置一座小型转运站。

 4 垃圾转运站的用地指标应根据日转运量确定，并应符合表 4.3.2 的规定。

表 4.3.2　垃圾转运站用地标准

类型		设计转运量（t/d）	用地面积（m²）	与站外相邻建筑间距（m）	转运作业功能区退界距离（m）	绿地率（%）
大型	Ⅰ类	1000～3000	≤20000	≥30	≥5	20～30
	Ⅱ类	450～1000	10000～15000	≥20	≥5	
中型	Ⅲ类	150～450	4000～10000	≥15	≥5	
小型	Ⅳ类	50～150	1000～4000	≥10	≥3	—
	Ⅴ类	≤50	800～1000	≥8		

注： 1 表内用地面积不包括垃圾分类和堆放作业用地。

  2 与站外相邻建筑间隔自转运站边界起计算。

  3 转运作业功能区指垃圾收集车回转、垃圾压缩装箱、转运车牵箱及转运车回转等功能区域。

  4 以上规模类型Ⅱ、Ⅲ、Ⅳ类含下限值不含上限值，Ⅰ类含下限值。

4.3.3 垃圾转运站外形应美观，并应与周围环境相协调，应采用先进设备，作业时应能实现封闭、减容、压缩。飘尘、噪声、臭气、排水等指标应符合国家相关环境保护标准要求。

4.3.4 大、中型垃圾转运站内应设置垃圾称重计量系统和监控系统，小型转运站可设置垃圾称重计量系统和监控系统。

4.4 垃圾、粪便码头

4.4.1 垃圾、粪便码头应设置供卸料、停泊、吊档的岸线和陆上作业区。陆上作业区包括装卸车道、计量装置、大型装卸机械、仓储、管理等用地。

4.4.2 码头泊位长度应满足船舶安全靠离、系缆和装卸作业的要求，码头泊位长度应根据不同布置形式按下列公式计算：

1 独立布置的单个泊位（图 4.4.2-1）的泊位长度应按下式计算：

$$L_b = L + 2d \qquad (4.4.2\text{-}1)$$

式中：L_b——泊位长度（m）；

L——设计船型长度（m）；

d——泊位富裕长度（m）。

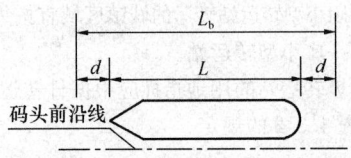

图 4.4.2-1 单个泊位长度

2 在同一码头前沿线连续布置多个泊位（图 4.4.2-2）的泊位长度应按下式计算：

$$L_{b1} = L + 1.5d \qquad (4.4.2\text{-}2)$$
$$L_{b2} = L + d \qquad (4.4.2\text{-}3)$$

式中：L_{b1}——端部泊位长度（m）；

L_{b2}——中间泊位长度（m）；

L——设计船型长度（m）；

d——泊位富裕长度（m）。

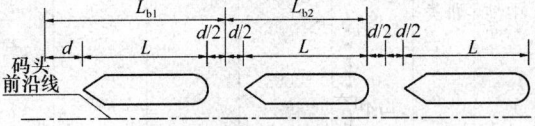

图 4.4.2-2 多个泊位长度

3 有移档作业或吊档作业的泊位长度（图 4.4.2-3）：

$$L_b = L_y + 1.5d \qquad (4.4.2\text{-}4)$$

式中：L_b——泊位长度（m）；

L_y——船舶移动所需的水域长度（m），移档作业时取 1.5 倍～1.6 倍设计船型长度（L），吊档作业时取 2 倍设计船型长度；

d——泊位富裕长度（m）。

4.4.3 垃圾粪便码头泊位富裕长度取值应符合表 4.4.3 的规定。

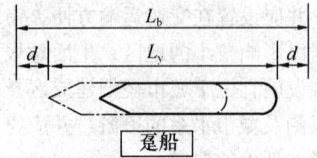

(a) 移档作业泊位长度

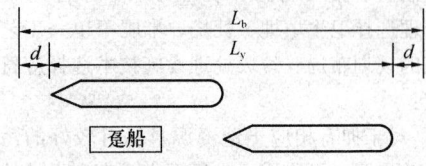

(b) 吊档作业泊位长度

图 4.4.2-3 移档吊档泊位长度

表 4.4.3 垃圾粪便码头泊位富裕长度

设计船型长度 L（m）		$L \leqslant 40$	$40 < L \leqslant 85$
富裕长度 d（m）	直立式码头	5	8～10
	斜坡码头或浮码头	8	9～15

注：相邻两泊位船型不同时，d 值应按较大船型选取。

4.4.4 垃圾、粪便码头所需陆上面积每米岸线不应少于 15m²。在有条件的码头，应预留改建为集装箱专业码头的用地。码头应有防尘、防臭、防垃圾、粪便、污水散落下河（海）设施，粪便码头应建造封闭式防渗储粪池。

4.5 水域保洁及垃圾收集设施

4.5.1 根据河道走向、水流变化规律，宜在水面垃圾易聚集处设置水面垃圾拦截设施。除拦截库区外，拦截设施应采取遮盖措施，避免垃圾暴露影响周边环境。

4.5.2 打捞的垃圾可通过设置水域保洁管理站或水域垃圾上岸点驳运。水域垃圾上岸点宜结合转运站设置，应配备垃圾收集容器及滤水设施。水域垃圾上岸点应有专人管理，负责日常保洁和维护。

4.5.3 在城市规划区内，水域保洁管理站应按河道分段设置，宜按每 12km～16km 河道长度设置一座。水域保洁管理站应有满足水域保洁打捞垃圾上岸转运、保洁及监察船舶停靠、水域保洁监管办公及保洁工人休息等功能所需的岸线和陆上用地。水域保洁管理站使用岸线每处不宜小于 50m，陆上实际用地面积不宜少于 800m²。

4.6 生活垃圾处理设施

4.6.1 卫生填埋设施的设置应符合下列规定：

1 卫生填埋设施污染源距居民居住区或人畜供

水点等区域应大于 0.5km。

2 卫生填埋设施使用年限不应小于 10 年，库容利用系数不应小于 8m³/m²。

4.6.2 卫生填埋设施应位于地质情况较为稳定、取土条件方便、具备运输条件、人口密度低、土地及地下水利用价值低的地区，不得设置在水源保护区、地下蕴矿区内。

4.6.3 焚烧处理设施的设置应符合下列规定：

1 焚烧处理设施污染源距离居民点等区域应大于 0.3km。

2 焚烧处理设施综合用地指标采用（50～200）m²/(t·d)。

4.6.4 堆肥处理设施的设置应符合下列规定：

1 堆肥处理设施污染源距离居民点等区域应大于 0.5km。

2 堆肥处理设施综合用地指标采用（85～300）m²/(t·d)。

4.7 其他垃圾处理设施

4.7.1 餐厨垃圾处理设施的设置应符合下列规定：

1 餐厨垃圾应进行源头单独分类收集、密闭运输，餐厨垃圾总产生量大于 50t/d 的地区宜建设集中餐厨垃圾处理设施。

2 餐厨垃圾处理设施宜与生活垃圾处理设施合建。

3 集中餐厨垃圾处理设施污染源距居民点等区域应大于 0.5km。

4 餐厨垃圾处理设施综合用地指标应根据不同工艺合理确定，宜采用（85～300）m²/(t·d)。

4.7.2 大件垃圾处理设施的设置应符合下列规定：

1 大、中城市宜设置区域性大件垃圾处理设施。

2 大件垃圾处理设施宜与其他环境卫生工程设施合建。

3 大件垃圾储存场所应符合现行国家标准《一般工业固体废物储存、处置场污染控制标准》GB 18599 的有关规定。

4.7.3 建筑垃圾转运调配和处理设施的设置应符合下列规定：

1 建筑垃圾处理设施污染源距居民住区或人畜供水点等区域应大于 0.5km，转运调配设施可参照执行。

2 建筑垃圾处理设施使用年限不应小于 10 年，库容利用系数不宜小于 8m³/m²。转运调配设施堆放高度不宜超过周围地坪 3m，并应保证堆体稳定和周边设施安全。

4.7.4 粪便处理设施的设置应符合下列规定：

1 粪便应逐步纳入城市污水管网，统一处理。在城市污水管网不健全地区，未纳管粪便应由粪便处理设施处理后排放或纳入污水厂。

2 粪便处理设施规模不宜小于 50t/d。

3 粪便处理设施应优先选择在污水处理厂或主干管网、生活垃圾卫生填埋场的用地范围内或附近。

4 粪便处理设施用地指标应根据处理量、处理工艺确定，并应符合表 4.7.4 的规定。

表 4.7.4 粪便处理设施用地指标

处理方式	厌氧消化（m²/t）	絮凝脱水（m²/t）	固液分离预处理（m²/t）
用地指标	20～25	12～15	6～10

5 其他环境卫生设施

5.1 基层环境卫生机构

5.1.1 基层环境卫生机构应按当地环境卫生管理体系（镇、街道）的划分进行设置，其用地面积和建筑面积应按行政区划范围和服务人口确定。

5.1.2 城镇基层环境卫生机构宜与环境卫生车辆停车场、垃圾转运站合建。基层环境卫生机构的用地指标应按表 5.1.2 确定。

表 5.1.2 基层环境卫生机构用地指标

用地规模（m²/万人）	建筑面积（m²/万人）
190～470	160～240

注：1 表中"万人指标"中的"万人"，系指居住地区的人口数量。
　　2 用地面积计算指标中，人口密度大的取下限，人口密度小的取上限。
　　3 表内用地面积不包括环境卫生停车场、垃圾转运站用地。

5.1.3 基层环境卫生机构应设有管理及就餐场所等。

5.2 环境卫生车辆停车场

5.2.1 环境卫生车辆停车场宜设置在服务区范围内，应避开人口稠密和交通繁忙区域。

5.2.2 场内设施宜包括管理用房、修理工棚、清洗设施。

5.2.3 环境卫生车辆停车场用地可按表 5.2.3 计算，环境卫生车辆数可按 2.5 辆/万人估算。

表 5.2.3 环境卫生车辆停车场用地指标

车辆类型	停车场用地面积指标（m²/辆）
微型	50
小型	100
大中型	150

5.3 环境卫生清扫、保洁工人作息场所

5.3.1 在露天、流动作业的环境卫生清扫、保洁工

人工作区域内，应设置工人作息场所。

5.3.2 工人作息场所宜与垃圾收集站、垃圾转运站、环境卫生车辆停车场、独立式公共厕所合建。工人作息场所的设置数量和面积，宜根据清扫保洁服务半径和环境卫生工人数量确定。作息场所设置指标应符合表 5.3.2 的规定。

表 5.3.2 环境卫生清扫、保洁工人作息场所设置指标

作息场所设置数（座/km）	环境卫生清扫、保洁工人平均占有建筑面积（m²/人）	每处空地面积（m²）
1/0.5～1.5	2～4	20～60

注：1 表中 km 系指环卫工人的清扫保洁服务半径。
　　2 设置数量计算指标中，人口密度大的取下限，人口密度小的取上限。

5.4 洒水（冲洗）车供水器

5.4.1 洒水车和冲洗道路专用车辆的给水，可利用市政给水管网及地表水、地下水、中水作为水源，其水质应符合现行国家标准《城市污水再生利用　城市杂用水水质》GB/T 18920 的规定。
5.4.2 供水器可利用消防栓等其他城镇供水设施资源。
5.4.3 供水器的间隔应根据道路宽度和专用车辆吨位确定。供水器宜设置在次干道和支路上，间距不宜大于 1500m。

附录 A 垃圾日排出量及垃圾容器设置数量计算方法

A.0.1 垃圾容器收集范围内的垃圾日排出重量应按下式计算：

$$Q = A_1 A_2 R C \qquad (A.0.1)$$

式中：Q——垃圾日排出重量（t/d）；
　　　A_1——垃圾日排出重量不均匀系数 $A_1=1.1\sim1.5$；
　　　A_2——居住人口变动系数 $A_2=1.02\sim1.05$；
　　　R——收集范围内规划人口数量（人）；
　　　C——预测的人均垃圾日排出重量〔t/（人·d）〕。

A.0.2 垃圾容器收集范围内的垃圾日排出体积应按下式计算：

$$V_{ave} = \frac{Q}{D_{ave} A_3} \qquad (A.0.2-1)$$

$$V_{max} = K V_{ave} \qquad (A.0.2-2)$$

式中：V_{ave}——垃圾平均日排出体积（m³/d）；
　　　A_3——垃圾密度变动系数 $A_3=0.7\sim0.9$；

D_{ave}——垃圾平均密度（t/m³）；
　　K——垃圾高峰时日排出体积的变动系数，$K=1.5\sim1.8$；
　V_{max}——垃圾高峰时日排出最大体积（m³/d）。

A.0.3 收集点所需设置的垃圾容器数量应按下式计算：

$$N_{ave} = \frac{V_{ave}}{EB} A_4 \qquad (A.0.3-1)$$

$$N_{max} = \frac{V_{max}}{EB} A_4 \qquad (A.0.3-2)$$

式中：N_{ave}——平均所需设置的垃圾容器数量；
　　　E——单只垃圾容器的容积（m³/只）；
　　　B——垃圾容器填充系数，$B=0.75\sim0.9$；
　　　A_4——垃圾清除周期（d/次）；当每日清除 2 次时，$A_4=0.5$；每日清除 1 次时，$A_4=1$；每 2 日清除 1 次时，$A_4=2$，以此类推；
　　N_{max}——垃圾高峰时所需设置的垃圾容器数量。

本标准用词说明

1 为便于在执行本标准条文时区别对待，对要求严格程度不同的用词说明如下：
　　1）表示很严格，非这样做不可的：
　　　　正面词采用"必须"；反面词采用"严禁"。
　　2）表示严格，在正常情况下均应这样做的：
　　　　正面词采用"应"；反面词采用"不应"或"不得"。
　　3）表示允许稍有选择，在条件许可时首先应这样做的：
　　　　正面词采用"宜"；反面词采用"不宜"。
　　4）表示有选择，在一定条件下可以这样做的，采用"可"。
2 条文中指明应按其他有关标准执行的写法为："应符合……的规定"或"应按……执行"。

引用标准名录

1 《城市用地分类与规划建设用地标准》GB 50137
2 《一般工业固体废物储存、处置场污染控制标准》GB 18599
3 《城市污水再生利用　城市杂用水水质》GB/T 18920
4 《城市生活垃圾分类标志》GB/T 19095
5 《城市公共厕所设计标准》CJJ 14
6 《公园设计规范》CJJ 48
7 《环境卫生图形符号标准》CJJ/T 125

中华人民共和国行业标准

环境卫生设施设置标准

CJJ 27—2012

条 文 说 明

修 订 说 明

《环境卫生设施设置标准》CJJ 27 - 2012 经住房和城乡建设部 2012 年 12 月 24 日以第 1558 号公告批准、发布。

本标准是在《城镇环境卫生设施设置标准》CJJ 27 - 2005 的基础上修订而成的。上一版的主编单位是上海市环境工程设计科学研究院，参编单位是北京市环境卫生设计科学研究所、武汉市环境卫生科学设计研究院、天津市环境卫生工程设计研究所。主要起草人是：张益、秦峰、吴冰思、冯蒂、吴文伟、冯其林、张范、张艳、罗毅、昝文安、朱炳诚。

本标准修订过程中，编制组进行了大量的调查研究，总结了我国环卫设施设置的实践经验，同时参考和借鉴了有关现行国家和行业标准，本次修订的主要内容是：1. 调整了原标准的适用范围；2. 修订了环境卫生车辆专用通道、储粪池、化粪池、车辆清洗站等内容；3. 增加了垃圾处理技术的选用原则、垃圾处理设施的用地指标等内容；4. 其他垃圾处理设施中增加了餐厨垃圾处理设施的内容；5. 根据新的研究成果和实践经验修订了原标准执行进程中发现的一些问题。

为方便广大设计、施工、科研、学校等单位的有关人员在使用本标准时能正确理解和执行条文规定，《环境卫生设施设置标准》编制组按章、节、条顺序编制了本标准的条文说明，对条文规定的目的、依据以及执行中需要注意的有关事项进行了说明，还着重对强制性条文的强制性理由进行了解释。但是，本条文说明不具备与标准正文同等的法律效力，仅供使用者作为理解和把握条文内容的参考。

目　次

1 总　则

1.0.1 本条款说明了本标准编制的指导思想，强调了环卫设施的必要性和目的性。

1.0.2 为加强农村地区环境卫生管理，将适用范围从城镇扩大至农村地区。本标准中涉及的范围概念有城乡、城市、城镇、镇（乡）、镇（乡）建成区、农村、村庄等。其中城乡包括城市和镇（乡）；镇（乡）包括镇（乡）建成区和农村；城镇包括城市和镇（乡）建成区；农村的村民聚集区为村庄。

1.0.3 设置环境卫生设施，应执行国家现行的有关标准。

2 基本规定

2.0.1 该标准适用于城乡规划，包括城镇体系规划、城市规划、镇规划、乡规划和村庄规划；城市规划、镇规划分为总体规划和详细规划；详细规划分为控制性详细规划和修建性详细规划。环境卫生设施的设置不仅要与城市、村镇总体规划相协调，尤其是要与城市详细规划以及村镇建设规划相协调，以便于落实环境卫生设施用地。

2.0.2 规定了环境卫生设施设置时应考虑垃圾分类投放、分类收集、分类运输和分类处理的系统性，是实现垃圾处理减量化、资源化、无害化的重要保证。参照国家现行标准《市容环境卫生术语标准》CJJ/T 65，生活废物指人类在生活活动过程中产生的废物，而生活垃圾是指人类在生活活动过程中产生的垃圾，是生活废物的重要组成部分。

2.0.3 规定了各种环境卫生设施应统一进行规划和设置，并要因地制宜。

2.0.4 在新区开发和旧区改造过程中，环境卫生设施设置必须与主体工程进度保持一致。

2.0.5 规定了区域性规划和垃圾处理设施资源共享的重要性。

2.0.6 规定垃圾处理设施设置中必须具备应对突发公共卫生事件的能力。

2.0.7 为确保项目实施，环境卫生设施的建设应列入城乡建设计划。

2.0.8 本条是为了限制旧区改造中，被改建、拆除的环境卫生设施还建不到位的现象，明确了在替代环境卫生设施未交付前不得停止使用或拆除原有的环境卫生设施。

3 环境卫生公共设施

3.1 一般规定

3.1.1 本条规定了设置环境卫生公共设施重点应考虑的场所。本次修订将"应设置垃圾收集容器或垃圾收集容器间、公共厕所等环境卫生公共设施"调整为"应设置废物箱、垃圾收集点、公共厕所等环境卫生公共设施"，以与本章中提到的各类环境卫生公共设施名称统一。

3.1.2 本标准中生活废物包括生活垃圾和其他垃圾，其中其他垃圾包括餐厨垃圾、大件垃圾、建筑垃圾和粪便。由于有害垃圾收集涉及 3.2、3.3 节，故将有害垃圾内容调整至本节。在原标准执行中各地管理部门反映有害垃圾相关内容作为强制性条文难以执行，故本次修订将其调整为非强制性条文。

3.2 废物箱

3.2.1 废物箱俗称果皮箱，是设置在道路两侧和公共场所等处一种特殊的垃圾收集点。其设置主要为解决流动人员的废弃物，设在路旁便于丢弃，同样由于设在路旁，其造型美观、风格与周围环境协调就很重要。

3.2.2 公共场所的废物箱，由于其接纳的垃圾的成分不同于居民生活垃圾，因而其分类方式也不同于居住区的分类方式，应根据所在场所的流动人员的活动特征，有针对性地设置分类收集废物箱，并有明显易懂的标志。

3.2.3 原标准中废物箱的设置间距考虑主要出于方便行人随时丢弃垃圾，间距较小，影响景观，随着市民行为规范的提高，除旅游景点、步行街、交通站、体育场（馆）等人流集散场所的废物箱设置间距可较小外，其余道路应放宽间距。本次修订增加了村镇的相关规定，并且对道路和广场废物箱设置分别进行了规定。

3.2.4 镇（乡）建成区道路两侧以及各类交通客运设施、公共设施、广场、社会停车场等公共场所也应该设置废物箱，且废物箱的设置间距应按道路功能来确定。

3.2.5 由于镇（乡）建成区相比城市人流量少，同样功能的道路两侧废物箱设置密度应较城市低，因此本条规定参照城市道路两侧的废物箱的设置间隔，乘以 1.2～1.5 的调整系数。

3.2.6 按照每个废物箱服务半径约为 10m～20m 设置，即相当于设置间隔约为 20m～40m，但是广场上的废物箱一般大多沿广场周边设置，若将广场按圆形来考虑，则 300m² ～1000m² 设置一处即相当于沿周边约 60m～110m 设置一处废物箱。具体取值需根据广场面积大小来确定，面积大的宜取上限，面积小的宜取下限。

3.3 垃圾收集点

3.3.1 垃圾收集点指按规定设置的收集垃圾的地点。垃圾收集点主要包括两种形式，一种是设有建构筑物的垃圾容器间的形式，另一种为不设建构筑物仅放置垃圾容器的形式。垃圾容器包括废物箱（见3.2节）、垃圾桶、垃圾箱等；垃圾容器间一般为内设垃圾容器的建构筑物。本条增加了垃圾收集点的标志要求，并明确垃圾收集点、垃圾分类标志应符合国家现行标准。其中垃圾收集点标志应符合国家现行标准《环境卫生图形符号标准》CJJ/T 125 的规定，垃圾分类图形标志应符合现行国家标准《城市生活垃圾分类标志》GB/T 19095 的规定。参照《市容环境卫生术语标准》CJJ/T 65 - 2004 的规定，垃圾收集点服务半径及收集量较小，一般为直接提供使用者投放垃圾的设施。

3.3.2 生活垃圾收集点的服务半径不宜过大，以便于垃圾的收集和投放，同时也要避免垃圾收集点面积过大，根据环境条件、经济发展水平及生活习性等采取具体的垃圾收集点形式。由于现在住宅形式较多，因此难以根据住宅形式规定收集点设置位置，故删除了原标准"在规划建造新住宅区时，未设垃圾收集站的多层住宅每4幢应设置一个垃圾收集点，并建造垃圾容器间，安置活动垃圾箱（桶）"的规定。

城市居民区住宅集中，人口密度大，为方便垃圾的收集和投放，收集点的服务半径不宜超过70m。本次修订范围扩展到农村地区，其中镇（乡）建成区居民住宅较分散，人口密度较城市小，垃圾收集点的服务半径放大至100m；村庄多为独立住宅，人口密度更小，垃圾收集点的服务半径放大至200m。为方便收集作业，收集点应该设置在收集车易于停靠的路边等地。

3.3.3 垃圾量由生活习惯、生活质量等因素确定，此外再根据人口数量、收集频率、垃圾种类等确定存放容器的容量。

3.3.4 分类收集垃圾容器间需根据分类方式放置分类收集容器，并考虑废旧物品的存放用地。

3.4 公 共 厕 所

3.4.1 城镇各类公共场所是吸引大量人流的主要设施，为其所吸引的人群提供如厕服务，是各类公共场所的义务。根据对城镇各种公共场所现行的设计标准、规范进行统计，铁路旅客车站、电影院等公共场所的厕所设置要求规定得比较具体；公园、剧场、旅馆、商场等公共场所的标准规范规定较模糊；而港口客运站、公交始末站、地铁、步行商业街等公共场所的标准规范未提及厕所的设置要求；另外汽车客运站、社会停车场、体育建筑等公共场所对建筑内部厕所作了规定，但对其外部场地的厕所未作要求。部分现行标准规范对厕所的规定摘录如下：

《铁路旅客车站建筑设计规范》GB 50226 - 2007 第4.0.12条：车站广场应设置厕所，最小使用面积可根据最高聚集人数或高峰小时发送量按每千人不宜小于25m² 或 4 个厕位确定。当车站广场面积较大时宜分散布置。

《旅馆建筑设计规范》JGJ 62 - 90 第3.3.1条：一、二、三级旅馆建筑门厅内或附近应设厕所、休息会客、外币兑换、邮电通讯、物品寄存及预订票证等服务设施；四、五、六级旅馆建筑门厅内或附近应设厕所、休息、接待等服务设施。

《剧场建筑设计规范》JGJ 57 - 2000 第4.0.6条：剧场应设观众使用的厕所，厕所应设前室。厕所门不得开向观众厅。男女厕位数比率为1∶1，卫生器具应符合下列规定：（1）男厕：应按每100座设一个大便器，每40座设一个小便器或0.60m长小便槽，每150座设一个洗手盆；（2）女厕：应按每25座设一个大便器，每150座设一个洗手盆；（3）男女厕均应设残疾人专用蹲位。

《电影院建筑设计规范》JGJ 58 - 2008 第4.3.1条：公共区域宜由门厅、休息厅、售票处、小卖部、衣物存放处、厕所等组成。第4.3.8条：电影院内应设厕所，厕所的设置应符合现行行业标准《城市公共厕所设计标准》CJJ 14 中的有关规定。

《博物馆建筑设计规范》JGJ 66 - 91 第3.1.2条：观众服务设施应包括售票处、存物处、纪念品出售处、食品小卖部、休息处、厕所等。

《镇规划标准》GB 50188 - 2007 第12.3.5条：镇区主要街道两侧、公共设施以及市场、公园和旅游景点等人群密集场所宜设置节水型公共厕所。

从目前国内各城镇公共厕所服务系统反映出的问题来看，主要是各人流集中的公共场所附近公共厕所缺乏。造成问题的原因主要是公共场所建造时对厕所重视不够，有的建设了公共厕所，但是布局和规模不合理；有的仅考虑了室内厕所，未考虑为室外流动人群提供如厕服务。

3.4.2 为方便不同层次的预测公共厕所的数量，保留了设置密度指标，并按照国家标准《城市用地分类与规划建设用地标准》GB 50137 - 2011 的规定，对用地分类类别进行了更新，对新的用地类别的公共厕所密度指标进行了修正。

3.4.3 根据近几年城镇公共厕所建设经验，公共厕所主要服务于城市公共场所的人群，公共厕所设置位置与公共场所和人有关，人流集中的公共场所必须设置相应的公共厕所，因此，公共厕所的间距和数量与公共场所的位置和数量有关，与人口和用地规模关系不大。但对于城镇范围内的一般性区域，如道路、城市休憩场所等处也有人群流动，需要设置公共厕所以满足人群如厕需求。因此，本次修编将公共厕所的设置间距调整到与人流相关的道路和公共场所范围内。

根据人行走的路线和停留的场所，公共厕所设置位置分为城市道路、城市休憩场所。根据人流量的大小，本标准将城市道路分为商业性路段、生活性路段和交通性路段。商业性路段是指沿街商业型建筑物占街道上建筑物总量的 50％以上的路段，单边步行人流量约在（3000～5000）人次/h；生活性道路是指沿街商业型建筑物占街道上建筑物总量的 15％～50％，单边步行人流量约为（1000～3000）人次/h；交通性道路是指沿街商业型建筑物在 15％以下，单边步行人流量 1000 人次/h 以下的道路。

根据对行人如厕意愿的调查研究表明，人产生如厕生理需求后，大多数希望在 2min～3min 之内找到厕所。因此，本标准以人急步行走 2min～3min 到达厕所为依据，计算公共厕所的分布间距。

3.4.4 公共厕所是为城乡公共人群服务的，根据人群所处场所的不同，公共厕所分为配套公共厕所、对外开放公共厕所、环卫公共厕所三类。

配套公共厕所是指在城镇中人流聚集的公共场所（居住区内部公共活动区、城市商业街、文化街、火车客运站、汽车客运站、机场、港口客运站、轨交站、公交始末站、文体设施、集贸市场、展览馆、公园、旅游景点等），按照公共场所的设计规定（规范、标准等）配套建造的公共厕所。城镇公共场所为所辖范围内的人群提供如厕服务，是公共场所（管理者或业主）的义务。

对外开放公共厕所是指城市中的经营性场所（酒店、宾馆、餐馆、饭店、商场、茶馆、咖啡馆、网吧等）或公共写字楼、办公楼等的内部厕所向外部人群开放的厕所。各地环卫部门应当鼓励经营性场所业主将内部厕所对外开放。

环卫公共厕所是指在城市道路、市政广场、公共绿地等人流通行区域（周边一定范围内没有公共场所配套公共厕所和对外开放公共厕所），由环卫部门主导建造的公共厕所。环卫公共厕所以固定式为主（根据需要选择附属式公共厕所或者独立式公共厕所），若建设固定式厕所比较困难时，可设置活动式公共厕所。

人群的如厕需求主要仍需由配套公共厕所及对外开放公共厕所来满足，且依据公共厕所建设难度大、落点难等实际难题，本条提出了加强城市公共场所配套公共厕所的配套服务功能的要求。要提高城市公共厕所的服务水平，首先应该规范城市各类公共场所配套公共厕所的设置，明确配套公共厕所设置要求，特别是为室外流动人群提供服务的配套公共厕所的设置要求。

3.4.5 本条对公共厕所建设提出了规范化要求。公共厕所的设计、建造应该按照国家现行标准《城市公共厕所设计标准》CJJ 14 的有关要求进行，厕位数、建设标准、配套设施等的设计应该符合公共场所的人流量、公共场所所在区域的特点，以及其他设计标准、规范的规定。村庄的公共活动区应该设置公共厕

所，建设形式可以参照城镇地区公共厕所的要求。

1 本条对公共厕所的建筑形式和建设形式提出了要求。为了减少公共厕所单独占用土地，应与主体建筑合建；同时为了提高公共厕所的服务水平，应采用固定式公共厕所。

2 本条提出了大中型商场、餐饮场所、娱乐场所及其他公共建筑内的厕所，繁华道路及人流量较高地区单位内的厕所，应由政府主管部门主导，各级单位配合，积极将内部厕所对外开放。

3～5 规定了公共厕所辅助设施的要求。

3.4.6、3.4.7 不允许公共厕所产生的粪便污水不经过处理直接排入城镇市政雨水管道和河流水沟。没有污水处理厂的地区，水冲式公共厕所应设化粪池以便粪便污水排放。

4　环境卫生工程设施

4.1　一　般　规　定

4.1.1 环境卫生工程设施指用于收集、运输、转运、处理和最终处置城市生活垃圾、粪便、建筑垃圾、餐厨垃圾等不同垃圾的工程设施，包括垃圾收集站、垃圾转运站、垃圾粪便码头、水域保洁及垃圾收集设施、生活垃圾处理设施、其他垃圾处理设施等。本条增加环境卫生工程设施的选址通用条件，删除转运站的选址条件；增加了生活垃圾处理、处置设施选址的风向及水源要求，并提出了选址的环评要求。

4.1.2 明确了卫生填埋、焚烧、堆肥等技术的选用原则和技术选用要求：

1 规定了生活垃圾卫生填埋设施的设置原则，对于拥有相应土地资源且具有较好的污染控制条件的地区，可采用卫生填埋方式。

2 规定了生活垃圾焚烧设施的设置原则，当生活垃圾热值大于 5000kJ/kg 且卫生填埋场选址困难时宜设置。

3 规定了生物处理设施的设置原则，对于进行分类回收可降解有机垃圾的地区，且易生物降解的有机物含量大于 70％时，可采用适宜的生物处理技术。对于生活垃圾混合收集的地区，应审慎采用生物处理技术。

4.1.3 规定了其他垃圾（餐厨垃圾、大件垃圾、建筑垃圾、粪便等）处理设施的设置原则。

4.1.4 规定了垃圾处理设施绿化隔离带及绿地率设置要求：

1 规定了卫生填埋设施绿化隔离带宽度不应小于 10m（《城市环境卫生设施规划规范》GB 50337—2003 规定为 20m，《生活垃圾卫生填埋技术规范》CJJ 17—2004 规定 8m，《生活垃圾卫生填埋建设标准》建标 124—2009 规定 10m）。规定了焚烧处理设

施、堆肥处理设施、餐厨垃圾处理设施绿化隔离带宽度不应小于10m（《城市环境卫生设施规划规范》GB 50337—2003 规定为10m）。

2 规定了粪便处理厂绿化隔离带宽度不应小于 5m。

4.2 垃圾收集站

4.2.1 原标准中未明确设置的条件，操作中较难实施。为此，本次修订进一步细化了垃圾收集站的设置条件。为便于管理，封闭式小区宜单独设置收集站；当垃圾产量超过 4t/d 时设置收集站较为合理，若小于 4t/d，可联合设置或设置收集点，本条中明确的 5000 人居住小区或村庄，其垃圾产量一般也在 4t/d 以上；小于 5000 人的居住小区，垃圾量一般小于 4t/d。参照《市容环境卫生术语标准》CJJ/T 65 的规定，垃圾收集站指"将分散收集的垃圾集中后由收集车清运出去的小型垃圾收集设施"，服务半径及收集量较大，一般其前端还需设置分散的垃圾收集点供使用者直接投放，然后采用人力、非机动车、电瓶车进行收集，再通过机动车将垃圾运出。

4.2.2 原标准中主要按人力收集方式确定的服务半径。近年来，随着各地小型机动车收集方式的普及，其服务范围可适当扩大，为此，本次修订中对两种不同收集方式确定了不同的服务范围。原则上居住区内收集站的设置数量按人力收集最大服务距离不超过 1km 或小型机动车（通常为电瓶车）收集最大服务距离不宜超过 2km 来确定，但也可按不跨越行政区域（街道）、不跨越交通主干道及河道等形成的自然区域并结合该区域内垃圾日排出量来确定。

4.2.3 本条提出了收集站的规模应根据服务区域高峰月的垃圾量来确定。

4.2.4 原标准中未明确收集站选址的基本要求，本次修订中增加了收集站选址的基本要求，首先要满足作业需求，方便车辆进出；其次，要求市政设施完善，包括道路、供电、上下水等基本条件。

4.2.5 原标准中只规定了设置给排水设施，未明确收集站的环保要求。随着居民环境意识的提高，对收集站的环境也提出了更高要求，为此，从发展趋势上看，收集站应向密闭式方向发展，同时，收集站还应有除臭措施，为此，本次修订中增加了相应的内容。

4.2.6 本条提出了收集站的设备数量根据收集站收集的垃圾量及收集站专用垃圾容器垃圾装载量确定，并且设备数量不同需要不同的建筑面积。按照设置一台压缩机及一只专用垃圾箱，并考虑放置分类收集容器，提出收集站建筑面积一般不小于80m²。

4.2.7 收集站是城市居民居住区的公共服务设施，其布置不仅影响收集站的运营和作业安全，而且影响居住小区交通与环境，应合理布局。另外收集站与居民住房及公共建筑物距离较近，其建筑物设计及外部装饰应与周围环境相协调，并且由于收集站作业时会产生一定的噪声及臭气，在条件允许的情况下，宜设置绿化隔离带以减小对周围环境的影响。

4.3 垃圾转运站

4.3.1 原标准中，转运站规模分为三类，根据《生活垃圾转运站技术规范》CJJ 47 - 2006，转运站规模可分为三大类或五小类，为此，本次修订对转运站规模分类进行相应调整。将转运站的选址要求作为环境卫生工程设施的选址要求一并纳入一般规定。

4.3.2 本条对转运站设置条件进行了细化，并对用地指标进行了适当调整。

研究发现，在诸多区域，垃圾直接运输和中小型转运站转运的临界点距离通常在 10km 左右；中小型转运站转运与大中型转运转转运的临界点距离通常在 20km 左右，为此，在本次调整中增加了对不同类型转运站设置的推荐运输距离。

设置条件中增加了镇（乡）宜设置转运站的内容，主要是随着处理设施的规范，镇（乡）通常无处理设施，需要运往距离较远的处理设施。目前镇（乡）的垃圾收运模式一般是村庄收集、镇（乡）转运。为便于镇（乡）垃圾的收运管理，推荐镇（乡）宜设置转运站。

对于采用小型转运站模式的区域，建议按 2km²~3km² 设置一座小型转运站，以便垃圾的收运作业。

对于垃圾转运站用地指标，基本参照《生活垃圾转运站技术规范》CJJ 47 - 2006 的用地指标，主要区别在于对Ⅱ类和Ⅲ类转运站的指标进行了调整。通过对近年来国内建成的大中型转运站（主要为Ⅱ类和Ⅲ类）的用地进行分析，结合目前采用的主要工艺形式，认为《生活垃圾转运站技术规范》CJJ 47 中Ⅱ类和Ⅲ类用地指标偏高，为此，对其用地指标进行了相应调整，适当降低，可节约土地资源。

另外，原标准中规定了绿化隔离带宽度，该条件太严格，若按此条件执行，诸多转运站将无法建设。鉴于目前建设的转运站，特别是中大型转运站，其卸料和转运作业基本在室内进行，并采取了相应的环保措施，为此，在项目审批过程中，相应管理部门也并不强求绿化隔离带宽度的要求，通常按照相应规范要求转运站建筑进行适当退界，对于站内需要设置消防通道的转运站，一般要求建筑物退界距离不小于5m；对于站内不需要设置消防通道的转运站，一般要求建筑物退界距离不小于3m。为进一步减少对周围环境影响，在本次修订中要求转运作业功能区（包括建筑物和回转场地）退界距离不小于3m～5m。对于Ⅴ类转运站，通常借用市政道路作为回转场地，甚至有些为附建式，故对该类转运站的退界距离不做要求。

关于绿化率，为节约土地资源，以及根据近年来实施的转运站的实际情况，建议绿地率控制在20%

4.3.3 本条阐明了转运站的环境保护要求。

4.3.4 建立称重计量系统有利于环卫作业走向市场，实现转运站企业化管理，掌握服务区内垃圾产出量的变化规律和增长趋势，是必不可少的管理手段。监控系统的建立对于大型转运站的自动化操作系统是必不可少的。

4.4 垃圾、粪便码头

4.4.1 本条款叙述了垃圾、粪便码头应具备的基本功能。

4.4.2 原标准中适用的船只吨位偏小，已不满足发展的需要。且根据近年来实施的垃圾、粪便码头情况来看，基本参照现行行业标准《河港工程总体设计规范》JTJ 212计算泊位长度，为此，对该部分内容按《河港工程总体设计规范》JTJ 212进行了修订。

4.4.3 本条规定了针对不同船型的垃圾、粪便码头的泊位富裕长度计算方法。

4.4.4 本条规定了垃圾、粪便码头的陆域面积、防护设施等，未作调整。

4.5 水域保洁及垃圾收集设施

4.5.2 水域保洁打捞垃圾除了可通过垃圾收集船驳运外，一般大多从陆地驳运，目前大部分城镇采用直接将打捞垃圾堆放在岸边，经滤水后用垃圾车运走的方式，没有专门的水域保洁打捞垃圾上岸及驳运设施，造成水体污染且影响市容观瞻。水域保洁打捞垃圾上岸及驳运设施目前主要有两类，一是水域保洁管理站，其具备水域保洁打捞垃圾的上岸及驳运、保洁及监察船舶停靠、水域保洁监管办公等功能；二是水域垃圾上岸点，仅作为水域保洁打捞垃圾的上岸及驳运设施，不一定有设施和机械设备，不作为工程设施，无需单独占用地，一般设置在河道等水域岸边，可根据河道等水域面积大小、宽窄及保洁方式等确定其设置位置，需配备垃圾收集容器和滤水装置。

4.5.3 水域保洁管理站是具有水域保洁打捞垃圾的上岸及转运、保洁及监察船舶停靠、水域保洁监管办公等多种功能的工程设施，需要一定的岸线及陆上用地。根据上海市河道保洁调研统计数据及船舶的保洁行驶里程确定了水域垃圾收集设施的设置指标，按中等清扫船一航班行驶距离（单程）一般不宜超过日保洁河道长度6km～8km考虑。

按中型清扫船配置，12km～16km河道长度约配置5艘（按30m～50m河道宽度），并配置监察船只1艘，按每艘停泊岸线20m，共120m，另外垃圾上岸转运一般需30m～50m岸线，可合并建设，故总使用岸线约120m。

若按人工保洁船配置，12km～16km河道长度约配置11艘（按30m～50m河道宽度），每艘停泊岸线

需5m，共55m，并配置监察船只1艘，岸线20m，另外垃圾上岸转运一般需30m～50m岸线，可合并考虑，故总使用岸线约需80m。

水域保洁管理站所需的岸线长度应根据船只长度、河道允许船只停泊档数确定，若停一档，使用岸线每处80m～120m，若停二档或以上，使用岸线可适当减少，但一般不少于50m，由于目前城市岸线紧张、控制较严，故本标准规定了每处使用岸线50m的下限。

陆上用地面积包括垃圾转运设施用地（约150m²），管理用房、工人休息用房、维修及仓库等，绿化率不低于30%。

4.6 生活垃圾处理设施

4.6.1 本条规定了卫生填埋设施的设置要求：

1 参照《生活垃圾卫生填埋技术规范》CJJ 17，规定了卫生填埋设施污染源（垃圾填埋库区、渗沥液处理区、填埋气处理及利用区、臭气处理区等）距居民居住区或人畜供水点等区域应大于0.5km。

2 参照《城市生活处理和给水与污水处理工程项目建设用地指标》（建标〔2005〕157号）以及《生活垃圾卫生填埋处理工程项目建设标准》（建标124-2009）规定了卫生填埋设施用地面积应满足使用年限不小于10年，库容利用系数不宜小于8m³/m²。

4.6.2 本条规定了卫生填埋设施场址选择应满足的基本条件，应位于地质情况较为稳定、取土条件方便、具备运输条件、人口密度低、土地及地下水利用价值低的地区，并不得设置在水源保护区、地下蕴矿区内。

4.6.3 规定了焚烧处理设施的设置要求：

1 规定了焚烧处理设施污染源（垃圾卸料与处理区、烟气处理车间及烟囱、灰渣处理区、渗沥液处理区、臭气处理区及排气筒等）选址距离居民点等区域应大于0.3km。

2 参照《城市生活垃圾处理和给水与污水处理工程项目建设用地指标》（建标〔2005〕157号）规定了焚烧处理设施综合用地指标，采用（50～200）m²/(t·d)。

4.6.4 规定了堆肥处理设施的设置要求：

1 规定了堆肥处理设施污染源（垃圾卸料与处理区、渗沥液处理区、臭气处理区及排气筒等）距离居民点等区域应大于0.5km（参照相近处理设施填埋场选取）。

2 参照《城市生活垃圾处理和给水与污水处理工程项目建设用地指标》（建标〔2005〕157号）规定了堆肥处理设施综合用地指标，采用（85～300）m²/(t·d)。

4.7 其他垃圾处理设施

4.7.1 本条规定了餐厨垃圾处理设施的设置要求：

1 规定了餐厨垃圾收运处理原则，必须进行源头单独分类收集、密闭运输，餐厨垃圾总产生量大于 50t/d 的地区宜建设集中餐厨垃圾处理设施。

2 规定了餐厨垃圾宜与生活垃圾处理设施集中设置，便于资源共享、污染集中控制。

3 规定了集中餐厨垃圾处理设施设置位置，污染源（餐厨垃圾卸料与处理区、渗沥液处理区、臭气处理区及排气筒等）距居民点等区域应大于 0.5km（参照相近设施堆肥厂选取）。

4 规定了餐厨垃圾处理设施综合用地指标，参照堆肥处理设施，宜采用 $(85\sim300)m^2/(t \cdot d)$。

4.7.2 规定了大件垃圾处理设施的设置要求：

1 规定了大、中城市宜设置区域性大件垃圾处理设施。

2 规定了大件垃圾处理设施宜与其他环境卫生工程设施集中设置。

3 规定了大件垃圾储存设施的要求，按一般工业固体废物要求执行。

4.7.3 本条规定了建筑垃圾转运调配和处理设施的设置要求：

1 规定了建筑垃圾处理设施污染源（垃圾填埋库区、渗沥液处理区、臭气处理区等）与居民居住区或人畜供水点等区域的距离，参考卫生填埋设施，应大于 0.5km，转运调配设施距离参照处理设施执行。

2 规定了建筑垃圾处理设施用地面积和库容利用系数，参照卫生填埋设施，库容应满足使用年限不小于 10 年，库容利用系数不宜小于 $8m^3/m^2$。转运调配设施堆高及边坡除了应保证本身堆体稳定外，尚应保证周边设施（建构筑物等）的安全，堆放高度不宜超过周围地坪 3m。

4.7.4 本条规定了粪便处理设施的设置要求：

1 规定了粪便应逐步纳入城市污水管网，统一处理。在城市污水管网不健全地区，未纳管粪便应由粪便处理设施处理后排放或纳入污水厂。

2 规定粪便处理设施规模不宜小于 50t/d。

3 规定的粪便处理设施厂址选择原则，应优先选择在生活垃圾卫生填埋场、污水处理厂或主干管网的用地范围内或附近。

4 规定了粪便处理设施用地面积确定方法，根据处理量、处理工艺确定。

5 其他环境卫生设施

5.1 基层环境卫生机构

5.1.1 基层环境卫生机构是指按环境卫生管理体系

如镇、街道设置的环境卫生机构。用地面积计算指标中，人口密度大的取下限，人口密度小的取上限。

5.1.2 为了土地资源的集约利用，有利于基层环境卫生机构的落实，增加基层环境卫生机构选址的相关内容，即与环卫停车场和转运站等合建。考虑到目前城市化进程的加快，很多街道的人口增幅较大，根据上海市基础设施建设用地指标，调整万人设置指标，降低基层环境卫生机构设置数量。由于环境卫生车辆停车场应含有修理工棚，因此基层环境卫生机构用地规模的下限扣除了修理工棚的面积。基层环卫机构的个数往往还与行政管理体制有关，不完全与人口成正比，因此删除基层环卫机构设置个数的指标。

5.1.3 对基层环境卫生机构的设施配套提出要求。

5.2 环境卫生车辆停车场

5.2.1 环境卫生车辆停车场的位置既要考虑作业方便，又要不影响周围环境。

5.2.2 明确了环卫停车场的功能定位。

5.2.3 环卫车辆大小差别较大，停车场用地适当考虑环卫设施绿化要求、参照停车场规划设计规则核定测算。大中型车辆是指大于 4t 的机动车辆，小型车辆是指小于 5t 大于 1t 的车辆，微型车辆是指小于 1t 的车辆。根据建设部《城市环境卫生当前产业政策实施办法》提出的要求计算，环卫车辆拥有量是 2.5 辆/万人（以 5t 车计）。

5.3 环境卫生清扫、保洁工人作息场所

5.3.1 为了供工人休息、更衣、洗浴和停放小型车辆、工具等，应设置环境卫生清扫、保洁工人作息场所。在作业服务市场化的条件下，该设施可由企业自建，但位置由规划确定。

5.3.2 本条提倡环卫作息场所与垃圾收集站、垃圾转运站、环境卫生车辆停车场、独立式公共厕所等合建。将环境卫生清扫、保洁工人作息场所设置数量的测算依据调整为清扫保洁服务半径，根据全国城镇市容环境卫生统一劳动定额，人力手推车的行走速度为 4km/h，保洁作业人员的准备结束时间为 30min～60min（机械化程度不同），再综合人力所及的行走距离、道路通行条件等因素可测算清扫保洁服务半径约 0.5km～1.5km，其中人口密度低、污染程度小、保洁次数少的工业园区适用于上限。

环卫作息场所的建筑面积主要与该作息场所的功能配置、环境卫生工人数量等有关，但环卫作息场所的建筑面积与工人的数量并不成正比，在功能配置满足需求的同等条件下，人数多的环卫作息场所面积人均指标要小于人数少的环卫作息场所面积人均指标。根据测算，将环卫作息场所人均建筑用地指标的下限

略下调。

　　鉴于目前手推型保洁设备的日益增多，原有作息场所的空地面积已不能完全满足需求，因此上调其空地面积上限，以增强其适应性。

5.4　洒水（冲洗）车供水器

5.4.1　供水器的位置既要方便取水，又不能设在交通繁忙的主干道。

5.4.2　根据各地实际供水情况，本着资源共享的原则，增加了关于消防及其他途径供水的规定。

5.4.3　给机动车辆供水，明确了供水器设置间距。

中华人民共和国行业标准

城市道路工程设计规范

Code for design of urban road engineering

CJJ 37—2012

批准部门：中华人民共和国住房和城乡建设部
施行日期：2 0 1 2 年 5 月 1 日

中华人民共和国住房和城乡建设部
公 告

第 1248 号

关于发布行业标准
《城市道路工程设计规范》的公告

现批准《城市道路工程设计规范》为行业标准，编号为 CJJ 37-2012，自 2012 年 5 月 1 日起实施。其中，第 3.4.2、3.4.3、13.3.4 条为强制性条文，必须严格执行。原行业标准《城市道路设计规范》CJJ 37-90 同时废止。

本规范由我部标准定额研究所组织中国建筑工业出版社出版发行。

中华人民共和国住房和城乡建设部

2012 年 1 月 11 日

前　言

根据原建设部《关于印发〈二〇〇二～二〇〇三年度工程建设城建、建工行业标准制订、修订计划〉的通知》（建标〔2003〕104 号）的要求，编制组在广泛调查研究，认真总结实践经验，吸取科研成果，参考国外现行标准，并在广泛征求意见的基础上，修订了本规范。

本规范的主要技术内容是：1　总则；2　术语和符号；3　基本规定；4　通行能力和服务水平；5　横断面；6　平面和纵断面；7　道路与道路交叉；8　道路与轨道交通线路交叉；9　行人和非机动车交通；10　公共交通设施；11　公共停车场和城市广场；12　路基和路面；13　桥梁和隧道；14　交通安全和管理设施；15　管线、排水和照明；16　绿化和景观。

本规范修订的主要技术内容是：

1. 本规范作为通用规范，在章节编排和内容深度组成上较《城市道路设计规范》CJJ 37-90 有较大的变化，章节的编排上主要由城市道路工程涵盖的内容组成，内容深度上主要是对城市道路设计中的一些共性要求和主要技术指标进行规定。

2. 修订了原《规范》中的通行能力、道路分类与分级、设计速度、机动车单车道宽度、路基压实标准等内容。

3. 增加了道路服务水平、设计速度 100km/h 的平纵面设计技术指标、景观设计等内容。

4. 明确了平面交叉和立体交叉的分类和适用条件。

5. 突出了"公交优先"、"以人为本"的设计理念。

6. 强化了交通安全和管理设施的设计内容。

本规范中以黑体字标志的条文为强制性条文，必须严格执行。

本规范由住房和城乡建设部负责管理和对强制性条文的解释，由北京市市政工程设计研究总院负责具体技术内容的解释。执行过程中如有意见和建议，请寄送北京市市政工程设计研究总院（地址：北京市海淀区西直门北大街 32 号 3 号楼（市政总院大厦），邮政编码：100082）。

本 规 范 主 编 单 位：北京市市政工程设计研究总院

本 规 范 参 编 单 位：上海市政工程设计研究总院（集团）有限公司

天津市市政工程设计研究院

深圳市市政设计研究院有限公司

重庆市设计院

同济大学

北京工业大学

本规范主要起草人员：和坤玲　朱兆芳　王士林　徐波　方守恩　杨斌　荣建　刘勇　张慧敏　崔新书　王晓华　赵建新　凌建明　许志鸿　欧阳全裕　蒋善宝　盛国荣　邵长桥　陈艳艳　谈至明　汪凌志

袁建兵　薛　勇　张　琦
张欣红　李际胜　冯　芳
陈少华

　　　　　　　　　　　　　程为和　杨副成　刘　敏
　　　　　　　　　　　　　吴瑞麟　郭锋钢　刘国茂
　　　　　　　　　　　　　李建民　魏立新

本规范审查人员：崔健球　张　仁　刘伟杰

目　录

目　　次

Contents

1 总 则

1.0.1 为适应我国城市道路建设和发展的需要，规范城市道路工程设计，统一城市道路工程设计主要技术指标，指导城市道路专用标准的编制，制定本规范。

1.0.2 本规范适用于城市范围内新建和改建的各级城市道路设计。

1.0.3 城市道路工程设计应根据城市总体规划、城市综合交通规划、专项规划，考虑社会效益、环境效益与经济效益的协调统一，合理采用技术标准。遵循和体现以人为本、资源节约、环境友好的设计原则。

1.0.4 城市道路工程设计除应符合本规范外，尚应符合国家现行有关标准的规定。

2 术语和符号

2.1 术 语

2.1.1 主路 main road
快速路或主干路中与辅路分隔，供机动车快速通过的道路。

2.1.2 辅路 side road
集散快速路或主干路交通，设置于主路两侧或一侧，单向或双向行驶交通，可间断或连续设置的道路。

2.1.3 设计速度 design speed
道路几何设计（包括平曲线半径、纵坡、视距等）所采用的行车速度。

2.1.4 设计年限 design life
包括确定路面宽度而采用的远期交通量的年限与为确定路面结构而采用的保证路面结构不需进行大修即可按预定目的使用的设计使用年限两种。

2.1.5 通行能力 traffic capacity
在一定的道路和交通条件下，单位时间内道路上某一路段通过某一断面的最大交通流率。

2.1.6 服务水平 level of service
衡量交通流运行条件及驾驶人和乘客所感受的服务质量的一项指标，通常根据交通量、速度、行驶时间、行驶（步行）自由度、交通中断、舒适和方便等指标确定。

2.1.7 彩色沥青混凝土路面 colorful asphalt concrete pavement
脱色沥青与各种颜色石料或树脂类胶结料、色料和添加剂等材料在特定的温度下拌合形成的具有一定强度和路用性能的新型沥青混凝土路面。

2.1.8 降噪路面 reducing noise pavement
具有减低轮胎和路面摩擦产生的噪声功能的路面。

2.1.9 透水路面 pervious pavement
能使降水通过空隙率较高、透水性能良好的道路结构层路面。

2.2 符 号

H_c——机动车车行道最小净高；
H_b——非机动车车行道最小净高；
H_p——人行道最小净高；
E——建筑限界顶角宽度；
W_r——红线宽度；
W_c——机动车道或机非混行车道的车行道宽度；
W_b——非机动车道的车行道宽度；
W_{pc}——机动车道或机非混行车道的路面宽度；
W_{pb}——非机动车道的路面宽度；
W_{mc}——机动车道路缘带宽度；
W_{mb}——非机动车道路缘带宽度；
W_l——侧向净宽；
W_{sc}——安全带宽度；
W_{dm}——中间分隔带宽度；
W_{sm}——中间分车带宽度；
W_{db}——两侧分隔带宽度；
W_{sb}——两侧分车带宽度；
W_a——路侧带宽度；
W_p——人行道宽度；
W_g——绿化带宽度；
W_f——设施带宽度；
V/C——在理想条件下，最大服务交通量与基本通行能力之比；
S_c——铁路平交道口机动车驾驶员侧向最小瞭望视距；
S_s——铁路平交道口机动车距路口停止线的距离。

3 基 本 规 定

3.1 道 路 分 级

3.1.1 城市道路应按道路在道路网中的地位、交通功能以及对沿线的服务功能等，分为快速路、主干路、次干路和支路四个等级，并应符合下列规定：

1 快速路应中央分隔、全部控制出入、控制出入口间距及形式，应实现交通连续通行，单向设置不应少于两条车道，并应设有配套的交通安全与管理设施。

快速路两侧不应设置吸引大量车流、人流的公共建筑物的出入口。

2 主干路应连接城市各主要分区，应以交通功能为主。

主干路两侧不宜设置吸引大量车流、人流的公共建筑物的出入口。

3 次干路应与主干路结合组成干路网，应以集散交通的功能为主，兼有服务功能。

4 支路宜与次干路和居住区、工业区、交通设施等内部道路相连接，应解决局部地区交通，以服务功能为主。

3.1.2 在规划阶段确定道路等级后，当遇特殊情况需变更级别时，应进行技术经济论证，并报规划审批部门批准。

3.1.3 当道路为货运、防洪、消防、旅游等专用道路使用时，除应满足相应道路等级的技术要求外，还应满足专用道路及通行车辆的特殊要求。

3.1.4 道路应做好总体设计，并应处理好与公路以及不同等级道路之间的衔接过渡。

3.2 设 计 速 度

3.2.1 各级道路的设计速度应符合表 3.2.1 的规定。

表 3.2.1 各级道路的设计速度

道路等级	快速路			主干路			次干路			支路		
设计速度 (km/h)	100	80	60	60	50	40	50	40	30	40	30	20

3.2.2 快速路和主干路的辅路设计速度宜为主路的 0.4 倍～0.6 倍。

3.2.3 在立体交叉范围内，主路设计速度应与路段一致，匝道及集散车道设计速度宜为主路的 0.4 倍～0.7 倍。

3.2.4 平面交叉口内的设计速度宜为路段的 0.5 倍～0.7 倍。

3.3 设 计 车 辆

3.3.1 机动车设计车辆及其外廓尺寸应符合表 3.3.1 的规定。

表 3.3.1 机动车设计车辆及其外廓尺寸

车辆类型	总长 (m)	总宽 (m)	总高 (m)	前悬 (m)	轴距 (m)	后悬 (m)
小客车	6	1.8	2.0	0.8	3.8	1.4
大型车	12	2.5	4.0	1.5	6.5	4.0
铰接车	18	2.5	4.0	1.7	5.8+6.7	3.8

注：1 总长：车辆前保险杠至后保险杠的距离。
　　2 总宽：车厢宽度（不包括后视镜）。
　　3 总高：车厢顶或装载顶至地面的高度。
　　4 前悬：车辆前保险杠至前轴轴中线的距离。
　　5 轴距：双轴车时，为从前轴轴中线到后轴轴中线的距离；铰接车时分别为前轴轴中线至中轴轴中线、中轴轴中线至后轴轴中线的距离。
　　6 后悬：车辆后保险杠至后轴轴中线的距离。

3.3.2 非机动车设计车辆及其外廓尺寸应符合表 3.3.2 的规定。

表 3.3.2 非机动车设计车辆及其外廓尺寸

车辆类型	总长（m）	总宽（m）	总高（m）
自行车	1.93	0.60	2.25
三轮车	3.40	1.25	2.25

注：1 总长：自行车为前轮前缘至后轮后缘的距离；三轮车为前轮前缘至车厢后缘的距离；
　　2 总宽：自行车为车把宽度；三轮车为车厢宽度；
　　3 总高：自行车为骑车人骑在车上时，头顶至地面的高度；三轮车为载物顶至地面的高度。

3.4 道路建筑限界

3.4.1 道路建筑限界应为道路上净高线和道路两侧侧向净宽边线组成的空间界线（图 3.4.1）。顶角抹角宽度（E）不应大于机动车道或非机动车道的侧向净宽（W_l）。

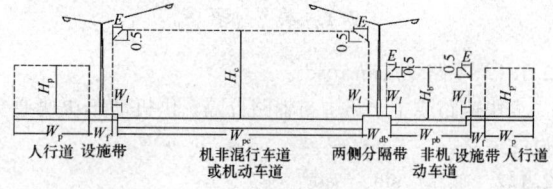

(a) 无中间分隔带

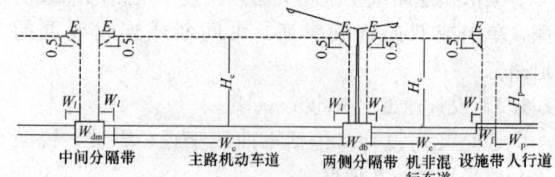

(b) 有中间分隔带

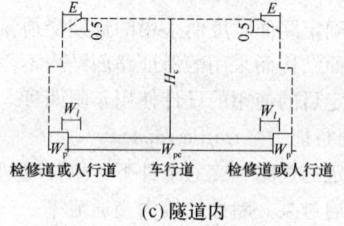

(c) 隧道内

图 3.4.1 道路建筑限界

3.4.2 道路建筑限界内不得有任何物体侵入。

3.4.3 道路最小净高应符合表 3.4.3 的规定。

表 3.4.3 道路最小净高

道路种类	行驶车辆类型	最小净高（m）
机动车道	各种机动车	4.5
	小客车	3.5
非机动车道	自行车、三轮车	2.5
人行道	行人	2.5

3.4.4 对通行无轨电车、有轨电车、双层客车等其他特种车辆的道路，最小净高应满足车辆通行的要求。

3.4.5 道路设计中应做好与公路以及不同净高要求的道路间的衔接过渡，同时应设置必要的指示、诱导标志及防撞等设施。

3.5 设计年限

3.5.1 道路交通量达到饱和状态时的道路设计年限为：快速路、主干路应为 20 年；次干路应为 15 年；支路宜为 10 年～15 年。

3.5.2 各种类型路面结构的设计使用年限应符合表 3.5.2 的规定。

表 3.5.2 路面结构的设计使用年限（年）

道路等级	路面结构类型		
	沥青路面	水泥混凝土路面	砌块路面
快速路	15	30	—
主干路	15	30	—
次干路	15	20	—
支 路	10	20	10（20）

注：砌块路面采用混凝土预制块时，设计年限为 10 年；采用石材时，为 20 年。

3.5.3 桥梁结构的设计使用年限应符合表 3.5.3 的规定。

表 3.5.3 桥梁结构的设计使用年限

类 别	设计使用年限（年）
特大桥、大桥、重要中桥	100
中桥、重要小桥	50
小桥	30

注：对有特殊要求结构的设计使用年限，可在上述规定基础上经技术经济论证后予以调整。

3.6 荷 载 标 准

3.6.1 道路路面结构设计应以双轮组单轴载 100kN 为标准轴载。对有特殊荷载使用要求的道路，应根据具体车辆确定路面结构计算荷载。

3.6.2 桥涵的设计荷载应符合现行行业标准《城市桥梁设计规范》CJJ 11 的规定。

3.7 防 灾 标 准

3.7.1 道路工程应按国家规定工程所在地区的抗震标准进行设防。

3.7.2 城市桥梁设计宜采用百年一遇的洪水频率，对特别重要的桥梁可提高到三百年一遇。

对城市防洪标准较低的地区，当按百年一遇或三百年一遇的洪水频率设计，导致桥面高程较高而引起困难时，可按相交河道或排洪沟渠的规划洪水频率设计，且应确保桥梁结构在百年一遇或三百年一遇洪水频率下的安全。

3.7.3 道路应避开泥石流、滑坡、崩塌、地面沉降、塌陷、地震断裂活动带等自然灾害易发区；当不能避开时，必须提出工程和管理措施，保证道路的安全运行。

4 通行能力和服务水平

4.1 一 般 规 定

4.1.1 道路通行能力和服务水平分析应符合下列规定：

1 快速路的路段、分合流区、交织区段及互通式立体交叉的匝道，应分别进行通行能力分析，使其全线服务水平均衡一致。

2 主干路的路段和与主干路、次干路相交的平面交叉口，应进行通行能力和服务水平分析。

3 次干路、支路的路段及其平面交叉口，宜进行通行能力和服务水平分析。

4.1.2 交通量换算应采用小客车为标准车型，各种车辆的换算系数应符合表 4.1.2 的规定。

表 4.1.2 车辆换算系数

车辆类型	小客车	大型客车	大型货车	铰接车
换算系数	1.0	2.0	2.5	3.0

4.2 快 速 路

4.2.1 快速路应根据交通流行驶特征分为基本路段、分合流区和交织区，应分别采用相应的通行能力和服务水平。

4.2.2 快速路基本路段一条车道的基本通行能力和设计通行能力应符合表 4.2.2 的规定。

表 4.2.2 快速路基本路段一条车道的通行能力

设计速度（km/h）	100	80	60
基本通行能力（pcu/h）	2200	2100	1800
设计通行能力（pcu/h）	2000	1750	1400

4.2.3 快速路基本路段服务水平分级应符合表 4.2.3 的规定，新建道路应按三级服务水平设计。

表 4.2.3 快速路基本路段服务水平分级

设计速度 (km/h)	服务水平等级		密度 [pcu/(km·ln)]	平均速度 (km/h)	负荷度 V/C	最大服务交通量 [pcu/(h·ln)]
100	一级（自由流）		≤10	≥88	0.40	880
	二级（稳定流上段）		≤20	≥76	0.69	1520
	三级（稳定流）		≤32	≥62	0.91	2000
	四级	（饱和流）	≤42	≥53	≈1.00	2200
		（强制流）	>42	<53	>1.00	—
80	一级（自由流）		≤10	≥72	0.34	720
	二级（稳定流上段）		≤20	≥64	0.61	1280
	三级（稳定流）		≤32	≥55	0.83	1750
	四级	（饱和流）	≥50	≥40	≈1.00	2100
		（强制流）	<50	<40	>1.00	—
60	一级（自由流）		≤10	≥55	0.30	590
	二级（稳定流上段）		≤20	≥50	0.55	990
	三级（稳定流）		≤32	≥44	0.77	1400
	四级	（饱和流）	≤57	≥30	≈1.00	1800
		（强制流）	>57	<30	>1.00	—

4.2.4 快速路设计时采用的最大服务交通量应符合下列规定：

1 双向四车道快速路折合成当量小客车的年平均日交通量为 40000pcu～80000pcu。

2 双向六车道快速路折合成当量小客车的年平均日交通量为 60000pcu～120000pcu。

3 双向八车道快速路折合成当量小客车的年平均日交通量为 100000pcu～160000pcu。

4.3 其他等级道路

4.3.1 其他等级道路根据交通流特性和交通管理方式，可分为路段、信号交叉口、无信号交叉口等，应分别采用相应的通行能力和服务水平。

4.3.2 其他等级道路路段一条车道的基本通行能力和设计通行能力应符合表 4.3.2 的规定。

表 4.3.2 其他等级道路路段一条车道的通行能力

设计速度(km/h)	60	50	40	30	20
基本通行能力(pcu/h)	1800	1700	1650	1600	1400
设计通行能力(pcu/h)	1400	1350	1300	1300	1100

4.3.3 信号交叉口服务水平分级应符合表 4.3.3 的规定，新建道路应按三级服务水平设计。

表 4.3.3 信号交叉口服务水平分级

服务水平 \ 指标	一级	二级	三级	四级
控制延误(s/veh)	<30	30～50	50～60	>60
负荷度 V/C	<0.6	0.6～0.8	0.8～0.9	>0.9
排队长度(m)	<30	30～80	80～100	>100

4.3.4 无信号交叉口可分为次要道路停车让行、全部道路停车让行和环形交叉口三种形式。次要道路停车让行交叉口通行能力应保证次要道路上车辆可利用的穿越空档能满足次要道路上交通需求。

4.4 自行车道

4.4.1 不受平面交叉口影响的一条自行车道的路段设计通行能力，当有机非分隔设施时，应取1600veh/h～1800veh/h；当无分隔时，应取 1400veh/h～1600veh/h。

4.4.2 受平面交叉口影响的一条自行车道的路段设计通行能力，当有机非分隔设施时，应取1000veh/h～1200veh/h；当无分隔时，应取 800veh/h～1000veh/h。

4.4.3 信号交叉口进口道一条自行车道的设计通行能力可取为800veh/h～1000veh/h。

4.4.4 路段自行车道服务水平分级应符合表4.4.4的规定，设计时宜采用三级服务水平。

表 4.4.4 路段自行车道服务水平分级

服务水平 指标	一级 （自由骑行）	二级 （稳定骑行）	三级 （骑行受限）	四级 （间断骑行）
骑行速度(km/h)	>20	20～15	15～10	10～5
占用道路面积(m²)	>7	7～5	5～3	<3
负荷度	<0.40	0.55～0.70	0.70～0.85	>0.85

4.4.5 交叉口自行车道服务水平分级应符合表4.4.5的规定，设计时宜采用三级服务水平。

表 4.4.5 交叉口自行车道服务水平分级

服务水平 指标	一级	二级	三级	四级
停车延误时间（s）	<40	40～60	60～90	>90
通过交叉口骑行速度(km/h)	>13	13～9	9～6	6～4
负荷度	<0.7	0.7～0.8	0.8～0.9	>0.9
路口停车率(%)	<30	30～40	40～50	>50
占用道路面积(m²)	8～6	6～4	4～2	<2

4.5 人行设施

4.5.1 人行设施的基本通行能力和设计通行能力应符合表4.5.1的规定。行人较多的重要区域设计通行能力宜采用低值，非重要区域宜采用高值。

表 4.5.1 人行设施基本通行能力和设计通行能力

人行设施类型	基本通行能力	设计通行能力
人行道，人/(h·m)	2400	1800～2100
人行横道，人/(hg·m)	2700	2000～2400
人行天桥，人/(h·m)	2400	1800～2000
人行地道，人/(h·m)	2400	1440～1640
车站码头的人行天桥、人行地道，人/(h·m)	1850	1400

注：hg为绿灯时间。

4.5.2 人行道服务水平分级应符合表4.5.2的规定，设计时宜采用三级服务水平。

表 4.5.2 人行道服务水平分级

服务水平 指标	一级	二级	三级	四级
人均占用面积(m²)	>2.0	1.2～2.0	0.5～1.2	<0.5
人均纵向间距(m)	>2.5	1.8～2.5	1.4～1.8	<1.4
人均横向间距(m)	>1.0	0.8～1.0	0.7～0.8	<0.7
步行速度(m/s)	>1.1	1.0～1.1	0.8～1.0	<0.8
最大服务交通量[人/(h·m)]	1580	2500	2940	3600

5 横断面

5.1 一般规定

5.1.1 横断面设计应按道路等级、服务功能、交通特性，结合各种控制条件，在规划红线宽度范围内合理布设。

5.1.2 横断面设计应满足远期交通功能需要。分期修建时应近远期结合，使近期工程成为远期工程的组成部分，并应预留管线位置，控制道路用地，给远期实施留有余地。城市建成区道路不宜分期修建。

5.1.3 改建道路应采取工程措施与道路交通管理相结合的方法布设横断面。

5.2 横断面布置

5.2.1 横断面可分为单幅路、两幅路、三幅路、四幅路及特殊形式的断面(图5.2.1)。

5.2.2 当快速路两侧设置辅路时，应采用四幅路；当两侧不设置辅路时，应采用两幅路。

5.2.3 主干路宜采用四幅路或三幅路；次干路宜采用单幅路或两幅路，支路宜采用单幅路。

5.2.4 对设置公交专用车道的道路，横断面布置应结合公交专用车道位置和类型全断面综合考虑，并应优先布置公交专用车道。

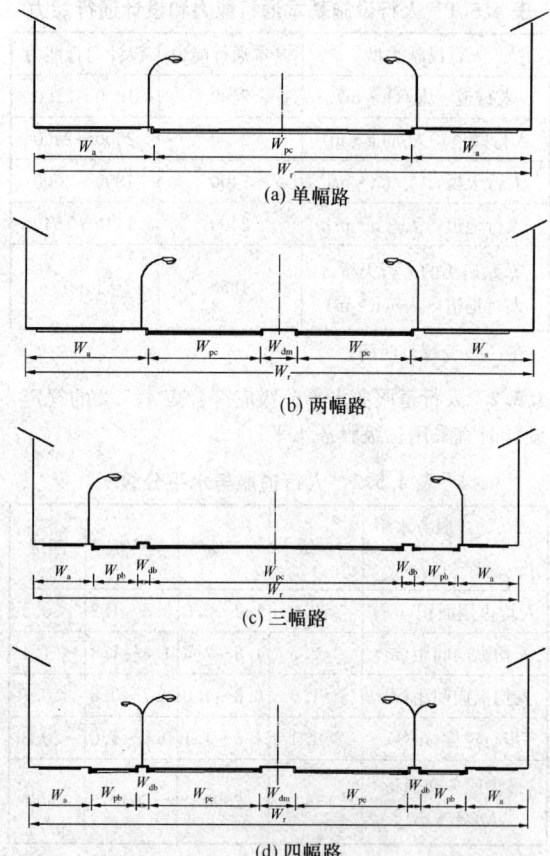

(a) 单幅路

(b) 两幅路

(c) 三幅路

(d) 四幅路

图 5.2.1 横断面形式

5.2.5 同一条道路宜采用相同形式的横断面。当道路横断面变化时，应设置过渡段。

5.2.6 桥梁与隧道横断面形式、车行道及路缘带宽度应与路段相同。

5.2.7 特大桥、大中桥分隔带宽度可适当缩窄，但应满足设置桥梁防护设施的要求。

5.3 横断面组成及宽度

5.3.1 横断面宜由机动车道、非机动车道、人行道、分车带、设施带、绿化带等组成，特殊断面还可包括应急车道、路肩和排水沟等。

5.3.2 机动车道宽度应符合下列规定：

1 一条机动车道最小宽度应符合表 5.3.2 的规定。

表 5.3.2 一条机动车道最小宽度

车型及车道类型	设计速度(km/h)	
	>60	≤60
大型车或混行车道(m)	3.75	3.50
小客车专用车道(m)	3.50	3.25

2 机动车道路面宽度应包括车行道宽度及两侧路缘带宽度，单幅路及三幅路采用中间分隔物或双黄线分隔对向交通时，机动车道路面宽度还应包括分隔物或双黄线的宽度。

5.3.3 非机动车道宽度应符合下列规定：

1 一条非机动车道宽度应符合表 5.3.3 的规定。

表 5.3.3 一条非机动车道宽度

车辆种类	自行车	三轮车
非机动车道宽度(m)	1.0	2.0

2 与机动车道合并设置的非机动车道，车道数单向不应小于 2 条，宽度不应小于 2.5m。

3 非机动车专用道路路面宽度应包括车道宽度及两侧路缘带宽度，单向不宜小于 3.5m，双向不宜小于 4.5m。

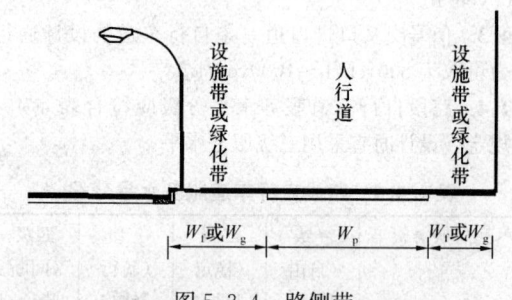

图 5.3.4 路侧带

5.3.4 路侧带可由人行道、绿化带、设施带等组成（图 5.3.4），路侧带的设计应符合下列规定：

1 人行道宽度必须满足行人安全顺畅通过的要求，并应设置无障碍设施。人行道最小宽度应符合表 5.3.4 的规定。

表 5.3.4 人行道最小宽度

项 目	人行道最小宽度(m)	
	一般值	最小值
各级道路	3.0	2.0
商业或公共场所集中路段	5.0	4.0
火车站、码头附近路段	5.0	4.0
长途汽车站	4.0	3.0

2 绿化带的宽度应符合现行行业标准《城市道路绿化规划与设计规范》CJJ 75 的相关要求。

3 设施带宽度应包括设置护栏、照明灯柱、标志牌、信号灯、城市公共服务设施等的要求，各种设施布局应综合考虑。设施带可与绿化带结合设置，但应避免各种设施与树木间的干扰。

5.3.5 分车带的设置应符合下列规定：

1 分车带按其在横断面中的不同位置及功能，可分为中间分车带（简称中间带）及两侧分车带（简称两侧带），分车带由分隔带及两侧路缘带组成（图5.3.5）。

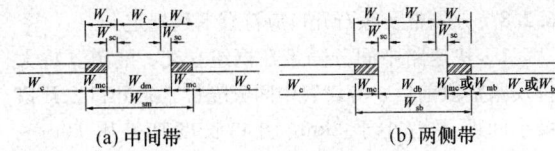

(a) 中间带　　　　　(b) 两侧带

图 5.3.5　分车带

2 分车带最小宽度应符合表 5.3.5 的规定。

表 5.3.5　分车带最小宽度

类　　别		中间带		两侧带	
设计速度(km/h)		≥60	<60	≥60	<60
路缘带宽度 (m)	机动车道	0.50	0.25	0.50	0.25
	非机动车	—	0.25	0.25	0.25
安全带宽度 W_{sc}(m)	机动车道	0.25	0.25	0.25	0.25
	非机动车	—	0.25	0.50	0.50
侧向净宽 W_l(m)	机动车道	0.75	0.50	0.75	0.50
	非机动车	—	0.50	0.50	0.50
分隔带最小宽度(m)		1.50	1.50	1.50	1.50
分车带最小宽度(m)		2.50	2.00	2.50 (2.25)	2.00

注：1　侧向净宽为路缘带宽度与安全带宽度之和；
　　2　两侧带分隔带宽度中，括号外为两侧均为机动车道时取值；括号内数值为一侧为机动车道，另一侧为非机动车道时的取值；
　　3　分隔带最小宽度值系按设施带宽度为 1m 考虑的，具体应用时，应根据设施带实际宽度确定。

3 分隔带应采用立缘石围砌，需要考虑防撞要求时，应采用相应等级的防撞护栏。

5.3.6 当快速路单向机动车道数小于 3 条时，应设不小于 3.0m 的应急车道。当连续设置有困难时，应设置应急停车港湾，间距不应大于 500m，宽度不应小于 3.0m。

5.3.7 路肩设置应符合下列规定：

1 采用边沟排水的道路应在路面外侧设置保护性路肩，中间设置排水沟的道路应设置左侧保护性路肩。

2 保护性路肩宽度自路缘带外侧算起，快速路不应小于 0.75m；其他等级道路不应小于 0.50m；当有少量行人时，不应小于 1.50m。当需设置护栏、杆柱、交通标志时，应满足其设置要求。

5.4　路拱与横坡

5.4.1 道路横坡应根据路面宽度、路面类型、纵坡及气候条件确定，宜采用 1.0%～2.0%。快速路及降雨量大的地区宜采用 1.5%～2.0%；严寒积雪地区、透水路面宜采用 1.0%～1.5%。保护性路肩横坡度可比路面横坡度加大 1.0%。

5.4.2 单幅路应根据道路宽度采用单向或双向路拱

横坡；多幅路应采用由路中线向两侧的双向路拱横坡；人行道宜采用单向横坡。

5.5　缘　石

5.5.1 缘石应设置在中间分隔带、两侧分隔带及路侧带两侧，缘石可分为立缘石和平缘石。

5.5.2 立缘石宜设置在中间分隔带、两侧分隔带及路侧带两侧。当设置在中间分隔带及两侧分隔带时，外露高度宜为 15cm～20cm；当设置在路侧带两侧时，外露高度宜为 10cm～15cm。

5.5.3 平缘石宜设置在人行道与绿化带之间，以及有无障碍要求的路口或人行横道范围内。

6　平面和纵断面

6.1　一般规定

6.1.1 平面和纵断面设计应符合城市路网规划、道路红线、道路功能，并应综合考虑土地利用、文物保护、环境景观、征地拆迁等因素。

6.1.2 平面和纵断面应与地形地物、地质水文、地域气候、地下管线、排水等要求结合，并应符合各级道路的技术指标，应与周围环境相协调，线形应连续与均衡。

6.1.3 城市快速路、主干路应做好路线的线形组合设计，各技术指标应恰当、平面顺适、断面均衡、横断面合理；各结构物的选型与布置应合理、实用、经济。

6.2　平面设计

6.2.1 道路平面线形由直线、平曲线组成，平曲线由圆曲线、缓和曲线组成，应处理好直线与平曲线的衔接，合理地设置缓和曲线、超高、加宽等。

6.2.2 道路圆曲线最小半径应符合表 6.2.2 的规定。一般情况下应采用大于或等于不设超高最小半径值；当地形条件受限制时，可采用设超高最小半径的一般值；当地形条件特别困难时，可采用设超高最小半径的极限值。

表 6.2.2　圆曲线最小半径

设计速度（km/h）		100	80	60	50	40	30	20
不设超高最小半径（m）		1600	1000	600	400	300	150	70
设超高最 小半径 （m）	一般值	650	400	300	200	150	85	40
	极限值	400	250	150	100	70	40	20

注：“一般值”为正常情况下的采用值；“极限值”为条件受限时，可采用的值。

6.2.3 平曲线与圆曲线最小长度应符合表 6.2.3 的规定。

表 6.2.3　平曲线与圆曲线最小长度

设计速度（km/h）		100	80	60	50	40	30	20
平曲线最小长度（m）	一般值	260	210	150	130	110	80	60
	极限值	170	140	100	85	70	50	40
圆曲线最小长度（m）		85	70	50	40	35	25	20

6.2.4 直线与圆曲线或大半径圆曲线与小半径圆曲线之间应设缓和曲线。缓和曲线应采用回旋线，缓和曲线最小长度应符合表 6.2.4-1 的规定。当设计速度小于 40km/h 时，缓和曲线可采用直线代替。

表 6.2.4-1　缓和曲线最小长度

设计速度（km/h）	100	80	60	50	40	30	20
缓和曲线最小长度（m）	85	70	50	45	35	25	20

当圆曲线半径大于表 6.2.4-2 不设缓和曲线的最小圆曲线半径时，直线与圆曲线可直接连接。

表 6.2.4-2　不设缓和曲线的最小圆曲线半径

设计速度（km/h）	100	80	60	50	40
不设缓和曲线的最小圆曲线半径（m）	3000	2000	1000	700	500

6.2.5 当圆曲线半径小于本规范表 6.2.2 中不设超高最小半径时，在圆曲线范围内应设超高。最大超高横坡度应符合本规范表 6.2.5 的规定。当由直线段的正常路拱断面过渡到圆曲线上的超高断面时，必须设置超高缓和段。

表 6.2.5　最大超高横坡度

设计速度（km/h）	100，80	60，50	40，30，20
最大超高横坡（%）	6	4	2

6.2.6 当圆曲线半径小于或等于 250m 时，应在圆曲线内侧加宽，并应设置加宽缓和段。

6.2.7 视距应符合下列规定：

1 停车视距应大于或等于表 6.2.7 规定值，积雪或冰冻地区的停车视距宜适当增长。

2 当车行道上对向行驶的车辆有会车可能时，应采用会车视距，其值应为表 6.2.7 中停车视距的两倍。

3 对货车比例较高的道路，应验算货车的停车视距。

4 对设置平、纵曲线可能影响行车视距路段，应进行视距验算。

表 6.2.7　停车视距

设计速度（km/h）	100	80	60	50	40	30	20
停车视距（m）	160	110	70	60	40	30	20

6.2.8 分隔带及缘石开口应符合下列规定：

1 快速路中间分隔带在枢纽立交、隧道、特大桥及路堑段前后，应设置中间分隔带紧急开口。开口最小间距不宜小于 2km，开口长度宜采用 20m～30m，开口处应设置活动护栏。两侧分隔带开口应符合进出口最小间距要求。

2 主干路的两侧分隔带断口间距宜大于或等于 300m，路侧带缘石开口距交叉口间距应大于进出口道展宽段长度。

6.3　纵断面设计

6.3.1 机动车道最大纵坡应符合表 6.3.1 的规定，并应符合下列规定：

表 6.3.1　机动车道最大纵坡

设计速度（km/h）		100	80	60	50	40	30	20
最大纵坡（%）	一般值	3	4	5	5.5	6	7	8
	极限值	4	5	6		7		8

1 新建道路应采用小于或等于最大纵坡一般值；改建道路、受地形条件或其他特殊情况限制时，可采用最大纵坡极限值。

2 除快速路外的其他等级道路，受地形条件或其他特殊情况限制时，经技术经济论证后，最大纵坡极限值可增加 1.0%。

3 积雪或冰冻地区的快速路最大纵坡不应大于 3.5%，其他等级道路最大纵坡不应大于 6.0%。

6.3.2 道路最小纵坡不应小于 0.3%；当遇特殊困难纵坡小于 0.3% 时，应设置锯齿形边沟或采取其他排水设施。

6.3.3 纵坡的最小坡长应符合表 6.3.3 规定。

表 6.3.3　最　小　坡　长

设计速度（km/h）	100	80	60	50	40	30	20
最小坡长（m）	250	200	150	130	110	85	60

6.3.4 当道路纵坡大于本规范表 6.3.1 所列的一般值时，纵坡最大坡长应符合表 6.3.4 的规定。道路连续上坡或下坡，应在不大于表 6.3.4 规定的纵坡长度之间设置纵坡缓和段。缓和段的纵坡不应大于 3%，其长度应符合本规范表 6.3.3 最小坡长的规定。

表 6.3.4　最　大　坡　长

设计速度（km/h）	100	80		60			50			40		
纵坡（%）	4	5	6	6.5	7	6	6.5	7	6.5	7	8
最大坡长（m）	700	600	400	350	300	350	300	250	300	250	200

6.3.5 非机动车道纵坡宜小于 2.5%；当大于或等于 2.5%时，纵坡最大坡长应符合表 6.3.5 的规定。

表 6.3.5 非机动车道最大坡长

纵坡（%）		3.5	3.0	2.5
最大坡长（m）	自行车	150	200	300
	三轮车	—	100	150

6.3.6 各级道路纵坡变化处应设置竖曲线，竖曲线宜采用圆曲线，竖曲线最小半径与竖曲线最小长度应符合表 6.3.6 规定。一般情况下应大于或等于一般值；特别困难时可采用极限值。

表 6.3.6 竖曲线最小半径与竖曲线最小长度

设计速度（km/h）		100	80	60	50	40	30	20
凸形竖曲线（m）	一般值	10000	4500	1800	1350	600	400	150
	极限值	6500	3000	1200	900	400	250	100
凹形竖曲线（m）	一般值	4500	2700	1500	1050	700	400	150
	极限值	3000	1800	1000	700	450	250	100
竖曲线长度（m）	一般值	210	170	120	90	70	60	50
	极限值	85	70	50	40	35	25	20

6.3.7 在设有超高的平曲线上，超高横坡度与道路纵坡度的合成坡度应小于或等于表 6.3.7 的规定。

表 6.3.7 合成坡度

设计速度（km/h）	100、80	60、50	40、30	20
合成坡度（%）	7.0	7.0	7.0	8.0

注：积雪或冰冻地区道路的合成坡度应小于或等于 6.0%。

6.4 线形组合设计

6.4.1 线形组合应满足行车安全、舒适以及与沿线环境、景观协调的要求，平面、纵断面线形应均衡，路面排水应通畅。

6.4.2 线形组合设计应符合下列规定：

1 应使线形在视觉上能自然地诱导驾驶员的视线，并应保持视觉的连续性。

2 应避免平面、纵断面、横断面极限值的相互组合设计。

3 平、纵线形应相互对应，技术指标大小均衡连续，以及与之相邻路段各技术指标的均衡、连续。

4 条件受限时选用平面、纵断面的各接近或最大、最小值及其组合时，应考虑前后地形、技术指标运用等对实际运行速度的影响。

5 横坡与纵坡应组合得当，并应利于路面排水。

和行车安全。

7 道路与道路交叉

7.1 一般规定

7.1.1 道路与道路交叉可分为平面交叉和立体交叉。交叉形式应根据道路网规划、相交道路等级及有关技术、经济和环境效益的分析合理确定。

7.1.2 道路交叉口设计应符合下列规定：

1 应保障交通安全，使交叉口车流有序、畅通、舒适，并应兼顾景观。

2 应兼顾所有交通使用者的需求，处理好与其他交通方式的衔接。

3 应合理确定建设规模，分期建设时，应近远期结合。

4 应综合考虑交通组织、几何设计、交通管理方式和交通工程设施等内容。

5 除考虑本交叉口流量、流向以外，还应分析相邻或相关交叉口的影响。

6 改建设计应同时考虑原有交叉口情况，合理确定改建规模。

7.1.3 道路交叉口设计应符合现行行业标准《城市道路交叉口设计规程》CJJ 152 的规定。

7.2 平面交叉

7.2.1 平面交叉口应按交通组织方式分类，并应符合下列规定：

1 平 A 类：信号控制交叉口

平 A₁ 类：交通信号控制，进口道展宽交叉口；

平 A₂ 类：交通信号控制，进口道不展宽交叉口。

2 平 B 类：无信号控制交叉口

平 B₁ 类：支路只准右转通行的交叉口；

平 B₂ 类：减速让行或停车让行标志管制交叉口；

平 B₃ 类：全无管制交叉口。

3 平 C 类：环形交叉口。

7.2.2 平面交叉口的选型，应符合表 7.2.2 的规定。

表 7.2.2 平面交叉口选型

平面交叉口类型	选型	
	推荐形式	可选形式
主干路-主干路	平 A₁ 类	—
主干路-次干路	平 A₁ 类	—
主干路-支路	平 B₁ 类	平 A₁ 类
次干路-次干路	平 A₁ 类	—
次干路-支路	平 B₂ 类	平 A₁ 类或平 B₁ 类
支路-支路	平 B₂ 类或平 B₃ 类	平 C 类或平 A₂ 类

7.2.3 平面交叉口设计应符合下列规定：

1 新建平面交叉口不得出现超过 4 叉的多路交叉口、错位交叉口、畸形交叉口以及交角小于 70°（特殊困难时为 45°）的斜交交叉口。已有的错位交叉口、畸形交叉口应加强交通组织与管理，并应加以改造。

2 平面交叉口的交通组织和渠化方式应根据相交道路等级、功能定位、交通量、交通管理条件等因素确定。信号交叉口平面设计应与信号控制方案协调一致，渠化设计不应压缩行人和非机动车的通行空间。

3 交叉口附近设置公交停靠站时，应根据公交线路走向、道路类型、交叉口交通状况，结合站点类别、规模、用地条件合理确定。应保证乘客安全，方便换乘、过街，有利于公交车安全停靠、顺利驶出，且不影响交叉口的通行能力。

4 地块及建筑物机动车出入口不得设在交叉口范围内，且不宜设在主干路上，宜经支路或专为集散车辆用的地块内部道路与次干路相通。

5 桥梁、隧道两端不宜设置平面交叉口。

7.2.4 平面交叉口范围内道路平面线形宜采用直线；当需采用曲线时，其曲线半径不宜小于不设超高的最小圆曲线半径。

7.2.5 平面交叉口范围内道路竖向设计应保证行车舒顺和排水通畅，交叉口进口道纵坡不宜大于 2.5%，困难情况下不应大于 3%，山区城市道路等特殊情况，在保证安全的情况下可适当增加。

7.2.6 交叉口渠化进口道车道数应大于上游路段的车道数，每条车道的宽度不宜小于 3.0m；出口道车道数应与上游各进口道同一信号相位流入的最大进口车道数相匹配，车道宽度宜与路段一致。

7.2.7 交叉口视距三角形范围内不得存在任何妨碍驾驶员视线的障碍物。

7.3 立 体 交 叉

7.3.1 立体交叉口应根据相交道路等级、直行及转向（主要是左转）车流行驶特征、非机动车对机动车干扰等分类，主要类型及交通流行驶特征宜符合表 7.3.1 的规定，分类应符合下列规定：

1 立 A 类：枢纽立交

立 A₁ 类：主要形式为全定向、喇叭形、组合式全互通立交；

立 A₂ 类：主要形式为喇叭形、苜蓿叶形、半定向、组合式全互通立交。

2 立 B 类：一般立交

主要形式为喇叭形、苜蓿叶形、环形、菱形、迂回式、组合式全互通或半互通立交。

3 立 C 类：分离式立交。

表 7.3.1　立体交叉口类型及交通流行驶特征

立体交叉口类型	主路直行车流行驶特征	转向车流行驶特征	非机动车及行人干扰情况
立 A 类（枢纽立交）	连续快速行驶	较少交织、无平面交叉	机非分行，无干扰
立 B 类（一般立交）	主要道路连续快速行驶，次要道路存在交织或平面交叉	部分转向交通存在交织或平面交叉	主要道路机非分行，无干扰；次要道路机非混行，有干扰
立 C 类（分离式立交）	连续行驶	不提供转向功能	—

7.3.2 立体交叉口选型应根据交叉口在道路网中的地位、作用、相交道路的等级，结合交通需求和控制条件确定，并应符合表 7.3.2 的规定。

表 7.3.2　立体交叉口选型

立体交叉口类型	选型	
	推荐形式	可选形式
快速路-快速路	立 A₁ 类	—
快速路-主干路	立 B 类	立 A₂ 类、立 C 类
快速路-次干路	立 C 类	立 B 类
快速路-支路	—	立 C 类
主干路-主干路	—	立 B 类

注：当城市道路与公路相交时，高速公路按快速路、一级公路按主干路、二级和三级公路按次干路、四级公路按支路，确定与公路相交的城市道路交叉口类型。

7.3.3 立交范围内快速路主路基本车道数应与路段基本车道数连续一致，匝道车道数应根据匝道交通量确定，进出口前后应保持主路车道数平衡，不能保证时应在主路车道右侧设置辅助车道。

7.3.4 立交范围内主路横断面车行道布置宜与主路段相同。当设集散车道时，集散车道应布置在主路机动车道右侧，其间宜设分车带。主路变速车道路段的横断面应根据变速车道平面设计形式确定。

7.3.5 立交范围内主路平面线形标准不应低于路段标准，在进出立交的主路路段，其行车视距宜大于或等于 1.25 倍的停车视距。

7.3.6 立交匝道出入口处，应设置变速车道。变速车道分直接式与平行式两种，减速车道宜采用直接式，加速车道宜采用平行式。

7.3.7 立交范围内出入口间距应能保证主路交通不受分合流交通的干扰，并应为分合流交通加减速及转换车道提供安全可靠的条件。立交出入口间距不足时，应设置集散车道。

7.3.8 设有辅路系统的道路相交，当交叉口设置为枢纽立交时，立交区应设置与主路分行的辅路系统；当交叉口设置为具有明显集散作用的一般立交时，其辅路系统可与匝道布置结合考虑。

7.3.9 立交范围内非机动车系统应连续，可采用机非混行或机非分行的形式。

7.3.10 立交范围内人行系统应满足人行道最小宽度要求，并应布设无障碍设施。

7.3.11 立交范围内公交车站的设置应与路段综合考虑，并应设置为港湾式。

8 道路与轨道交通线路交叉

8.1 一般规定

8.1.1 道路与轨道交通线路交叉可分为平面交叉和立体交叉。交叉形式应根据道路与轨道交通线路的性质、等级、交通量、地形条件、安全要求等因素综合确定，应优先采用立体交叉。

8.1.2 道路与轨道交通线路交叉工程需分期修建时，应考虑近远期结合。

8.1.3 道路与轨道交通线路交叉设计应合理利用地形，减少工程量，节约用地。

8.1.4 道路与轨道交通线路交叉宜采用正交，当需斜交时，交叉角应大于或等于45°。

8.2 立体交叉

8.2.1 道路与铁路交叉时，应符合下列规定：

  1 快速路和重要的主干路与铁路交叉时，必须设置立体交叉。

  2 对行驶有轨电车或无轨电车的道路与铁路交叉，必须设置立体交叉。

  3 主干路、次干路、支路与铁路交叉，当道口交通量大或铁路调车作业繁忙时，应设置立体交叉。

  4 各级道路与旅客列车设计行车速度大于或等于120km/h的铁路交叉，应设置立体交叉。

  5 当受地形等条件限制，采用平面交叉危及行车安全时，应设置立体交叉。

  6 道路与铁路交叉，机动车交通量不大，但非机动车和行人流量较大时，可设置人行立体交叉或非机动车与行人合用的立体交叉。

8.2.2 各级道路与城市轨道交通线路交叉时，必须设置立体交叉。

8.2.3 道路与轨道交通立体交叉的建筑限界应符合下列规定：

  1 道路下穿时，道路的建筑限界应符合本规范第3.4节的要求。

  2 道路上跨时，轨道交通的建筑限界应符合现行铁路和城市轨道交通建筑限界标准的要求。

8.2.4 桥梁等构筑物的设置应满足道路、轨道交通视距的要求。

8.2.5 与轨道交通立体交叉的道路应设置交通安全防护设施，同时应符合国家现行相关规范的要求。

8.3 平面交叉

8.3.1 次干路、支路与运量不大的铁路支线、地方铁路、工业企业铁路交叉时，可设置平交道口。平交道口不应设置在铁路道岔处、站场范围内、铁路曲线段以及道路与铁路通视条件不符合行车安全要求的路段上。

8.3.2 通过道口的道路平面线形应为直线。从最外侧钢轨外缘算起的道路直线段最小长度应大于或等于30m。

8.3.3 道路与铁路平交时，应优先设置自动信号控制或有人值守道口。

8.3.4 无人值守或未设置自动信号的平交道口视距三角形范围内（图8.3.4），严禁有任何妨碍机动车驾驶员视线的障碍物，机动车驾驶员要求的最小瞭望视距（S_c）应符合表8.3.4规定。

表8.3.4 平交道口最小瞭望视距

路段旅客列车设计行车速度（km/h）	机动车驾驶员侧向最小瞭望视距 S_c（m）
100	340
80	270
70	240
55	190
40	140

注：机动车驾驶员侧向视距系按停车视距50m计算的，如有特殊应另行计算确定。

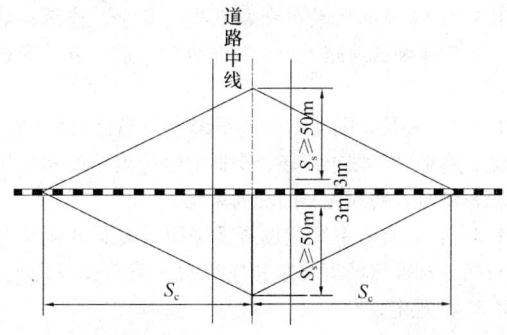

图8.3.4 道口视距三角形

8.3.5 道口两侧应设平台，并应符合下列规定：

  1 自最外侧钢轨外缘至最近竖曲线切点间的平台长度应大于或等于16m。

  2 紧接道口平台两端的道路纵坡不应大于表8.3.5的数值。

表 8.3.5　紧接道口平台两端的道路纵坡（%）

道路类型	机动车与非机动车混行车道	机动车道
一般值	2.5	3.0
极限值	3.5	5.0

8.3.6 道口铺面铺设应符合现行国家标准《铁路线路设计规范》GB 50090 的规定。

8.3.7 道口安全防护设施应符合下列规定：

1 有人看守道口应设置道口看守房，并应设置电力照明以及栏木、有线或无线通信、道口自动通知、道口自动信号、遮断信号等安全预警设备。

2 无人看守道口应设置警示标志，并应根据需要设置道口自动信号和道口监护设施。

3 道口两侧的道路上除应按规定设置护桩外，还应设置交通标志、路面标线、立面标志，电气化铁路的道口应在道路上设置限界架。

8.3.8 道路与有轨电车道交叉道口应符合下列规定：

1 交叉道口处的通视条件应符合道路与道路平面交叉的规定。

2 交叉道口处的道路线形宜为直线。

3 道口有轨电车道的轨面标高宜与道路路面标高一致。

4 应作好平交道口的交通组织设计，处理好车流、人流的关系，合理布设人行道、车行道及有轨电车车站出入通道，并应按规定设置道口信号、行车标志、标线等交通管理设施。交叉道口信号应按有轨电车优先的原则设置。

9 行人和非机动车交通

9.1 一般规定

9.1.1 行人及非机动车交通系统应安全、连续、舒适，不宜中断或缩减人行道及非机动车道的有效通行宽度。

9.1.2 行人及非机动车交通系统应与道路沿线的居住区、商业区、城市广场、交通枢纽等内部的相关设施紧密结合，构成完整的交通系统。

9.1.3 行人交通系统应设置无障碍设施，并应符合现行行业标准《城市道路和建筑物无障碍设计规范》JGJ 50 的规定。

9.2 行人交通

9.2.1 行人交通设施应包括人行道、步行街以及人行横道、人行天桥和人行地道等过街设施，设施的设置应根据行人流量和流线确定。

9.2.2 人行过街设施的布设应与公交车站的位置结合。在学校、幼儿园、医院、养老院等附近，应设置人行过街设施。

9.2.3 人行道的设计应符合本规范第 5.3 节的规定。

9.2.4 人行横道的设置应符合下列规定：

1 交叉口处应设置人行横道，路段内人行横道应布设在人流集中、通视良好的地点，并应设醒目标志。人行横道间距宜为 250m～300m。

2 当人行横道长度大于 16m 时，应在分隔带或道路中心线附近的人行横道处设置行人二次过街安全岛，安全岛宽度不应小于 2.0m，困难情况下不应小于 1.5m。

3 人行横道的宽度应根据过街行人数量及信号控制方案确定，主干路的人行横道宽度不宜小于 5m，其他等级道路的人行横道宽度不宜小于 3m。宜采用 1m 为单位增减。

4 对视距受限制的路段和急弯陡坡等危险路段以及车行道宽度渐变路段，不应设置人行横道。

9.2.5 人行天桥和人行地道的设置应符合下列规定：

1 快速路行人过街必须设置人行天桥或人行地道，其他道路应根据机动车交通量和行人过街需求设置人行天桥或人行地道。

2 在商业或车站、码头等区域人行天桥或人行地道的设置宜与两侧建筑物或地下开发相结合。有特殊需要时，可设置专用过街设施。

3 当自行车过街交通量不大时，人行天桥和人行地道可设置推行自行车过街的坡道。

4 人行天桥和人行地道的其他设置条件应符合现行行业标准《城市人行天桥与人行地道技术规范》CJJ 69 的规定。

9.2.6 步行街的设计应符合下列规定：

1 步行街的规模应适应各重要吸引点的合理步行距离，步行距离不宜超过 1000m。

2 步行街的宽度可采用 10m～15m，其间可配置小型广场。步行道路和广场的面积，可按每平方米容纳 0.8 人～1.0 人计算。

3 步行街与两侧道路的距离不宜大于 200m，步行街进出口距公共交通停靠站的距离不宜大于 100m。

4 步行街附近应有相应规模的机动车和非机动车停车场，机动车停车场距步行街进出口的距离不宜大于 100m，非机动车停车场距步行街进出口的距离不宜大于 50m。

5 步行街应满足消防车、救护车、送货车和清扫车等的通行要求。

9.3 非机动车交通

9.3.1 主干路非机动车道应与机动车道分隔设置；当次干路设计速度大于或等于 40km/h 时，非机动车道宜与机动车道分隔设置。

9.3.2 非机动车道的设计应符合本规范第 5.3 节的规定。

9.3.3 非机动车专用路的设计速度宜采用 15km/h～20km/h，并应设置相应的交通安全、排水、照明、绿化等设施。

10 公共交通设施

10.1 一般规定

10.1.1 道路设计中应包括与道路相关的公共交通专用车道和车站的设计。

10.1.2 公交专用车道的设计应与城市道路功能相匹配，合理使用道路资源。

10.1.3 公交车站应与周边行人、非机动车系统统一设计，并根据需求设置非机动车停车区域。

10.2 公共交通专用车道

10.2.1 公共交通专用车道可分为快速公交专用车道和常规公交专用车道。

10.2.2 快速公交专用车道的设计应符合下列规定：

1 快速公交专用车道可布置在道路中央或道路两侧，中央专用车道按上下行有无物体隔离又可分为分离式和整体式，应优先选用中央整体式专用车道。

2 快速公交专用车道当单独布置时，设计速度可采用 40km/h～60km/h；当与其他车道同断面布置时应与道路的设计速度协调统一。

3 快速公交专用车道单车道宽度不应小于 3.5m。

4 快速公交专用车道与其他车道应采用物体或标线分隔，分离式单车道物体隔离连续长度不应大于 300m。

5 快速公交系统应优先通过平交路口。

6 快速公交专用车道的设计应符合现行行业标准《快速公共汽车交通系统设计规范》CJJ 136 的有关规定。

10.2.3 常规公交专用车道的设计应符合下列规定：

1 主、次干路每条车道交通量大于 500pcu/h 及公交车辆大于 90 辆/h 时，宜设置常规公交专用车道。

2 常规公交专用车道宜设置在最外侧车道上。

3 常规公交专用车道单车道宽度不应小于 3.5m。

4 常规公交专用车道在平交路口宜连续设置。

10.3 公共交通车站

10.3.1 快速公交车站的设计应符合下列规定：

1 车站应结合快速公交规划设置，同时应与常规公交及城市轨道交通等其他交通系统合理衔接。

2 车站可分为单侧停靠车站和双侧停靠车站，双侧停靠的站台宽度不应小于 5m，单侧停靠的站台宽度不应小于 3m。

3 多条线路在停靠车站区间应单独布置停车道，停车道的宽度不应小于 3m。

4 站台长度应满足车辆停靠、人流集散及相关设施布设的要求。

5 车辆停靠长度应根据车辆停靠数量和车型确定，最小长度应满足两辆车同时停靠的要求，车辆长度应根据选择的车型确定。

6 乘客过街可采用平面或立体过街方式。

7 车站设计应符合现行行业标准《快速公共汽车交通系统设计规范》CJJ 136 的有关规定。

10.3.2 常规公交车站的设计应符合下列规定：

1 车站应结合常规公交规划、沿线交通需求及城市轨道交通等其他交通站点设置。城区停靠站间距宜为 400m～800m，郊区停靠站间距应根据具体情况确定。

2 车站可为直接式和港湾式，城市主、次干路和交通量较大的支路上的车站，宜采用港湾式。

3 道路交叉口附近的车站宜安排在交叉口出口道一侧，距交叉口出口缘石转弯半径终点宜大于 50m。

4 站台长度最短应按同时停靠两辆车布置，最长不应超过同时停靠 4 辆车的长度，否则应分开设置。

5 站台高度宜采用 0.15m～0.20m，站台宽度不宜小于 2m；当条件受限时，站台宽度不得小于 1.5m。

10.3.3 出租车停靠站的设计应符合下列规定：

1 交通繁忙、行人流量大、禁止随意停车的地段，应设置出租车停靠站。

2 停靠站应结合人行系统设置，方便上落，同时应减少对道路交通的干扰。

3 停靠站应根据道路交通条件宜采用直接式或港湾式。

10.3.4 公共交通车站应设置无障碍设施，并应符合现行行业标准《城市道路和建筑物无障碍设计规范》JGJ 50 的规定。

11 公共停车场和城市广场

11.1 一般规定

11.1.1 公共停车场和城市广场的位置、规模应符合城市规划布局和道路交通组织需要，合理布置。

11.1.2 公共停车场和城市广场的内部交通组织及竖向设计应与周边的交通组织和竖向条件相适应。

11.1.3 公共停车场和城市广场应设置无障碍设施，并应符合现行行业标准《城市道路和建筑物无障碍设计规范》JGJ 50 的规定。

11.2 公共停车场

11.2.1 在大型公共建筑、交通枢纽、人流车流量大的广场等处均应布置适当容量的公共停车场。

11.2.2 公共停车场的规模应按服务对象、交通特征等因素确定。

11.2.3 停车场平面设计应有效地利用场地，合理安排停车区及通道，应满足消防要求，并留出辅助设施的位置。

11.2.4 按停放车辆类型，公共停车场可分为机动车停车场与非机动车停车场。

11.2.5 机动车停车场的设计应符合下列规定：

1 机动车停车场设计应根据使用要求分区、分车型设计。如有特殊车型，应按实际车辆外廓尺寸进行设计。

2 机动车停车场内车位布置可按纵向或横向排列分组安排，每组停车不应超过 50veh。当各组之间无通道时，应留出大于或等于 6m 的防火通道。

3 机动车停车场的出入口不宜设在主干路上，可设在次干路或支路上，并应远离交叉口；不得设在人行横道、公共交通停靠站及桥隧引道处。出入口的缘石转弯曲线切点距铁路道口的最外侧钢轨外缘不应小于 30m。距人行天桥和人行地道的梯道口不应小于 50m。

4 停车场出入口位置及数量应根据停车容量及交通组织确定，且不应少于 2 个，其净距宜大于 30m；条件困难或停车容量小于 50veh 时，可设一个出入口，但其进出口应满足双向行驶的要求。

5 停车场进出口净宽，单向通行的不应小于 5m，双向通行的不应小于 7m。

6 停车场出入口应有良好的通视条件，视距三角形范围内的障碍物应清除。

7 停车场的竖向设计应与排水相结合，坡度宜为 0.3％～3.0％。

8 机动车停车场出入口及停车场内应设置指明通道和停车位的交通标志、标线。

11.2.6 非机动车停车场的设计应符合下列规定：

1 非机动车停车场出入口不宜少于 2 个。出入口宽度宜为 2.5m～3.5m。场内停车区应分组安排，每组场地长度宜为 15m～20m。

2 非机动车停车场坡度宜为 0.3％～4.0％。停车区宜有车棚、存车支架等设施。

11.3 城市广场

11.3.1 城市广场按其性质、用途可分为公共活动广场、集散广场、交通广场、纪念性广场与商业广场等。

11.3.2 广场设计应按城市总体规划确定的性质、功能和用地范围，结合交通特征、地形、自然环境等进行，应处理好与毗连道路及主要建筑物出入口的衔接，以及和四周建筑物协调，并应体现广场的艺术风貌。

11.3.3 广场设计应按高峰时间人流量、车流量确定场地面积，按人车分流的原则，合理布置人流、车流的进出通道、公共交通停靠站及停车等设施。

11.3.4 广场竖向设计应符合下列规定：

1 竖向设计应根据平面布置、地形、周围主要建筑物及道路标高、排水等要求进行，并兼顾广场整体布置的美观。

2 广场设计坡度宜为 0.3％～3.0％。地形困难时，可建成阶梯式。

3 与广场相连接的道路纵坡宜为 0.5％～2.0％。困难时纵坡不应大于 7.0％，积雪及寒冷地区不应大于 5.0％。

4 出入口处应设置纵坡小于或等于 2.0％的缓坡段。

11.3.5 广场与道路衔接的出入口设计应满足行车视距的要求。

11.3.6 广场应布置分隔、导流等设施，并应配置完善的交通标识系统。

11.3.7 广场排水应结合地形、广场面积、排水设施，采用单向或多向排水，且应满足城市防洪、排涝的要求。

12 路基和路面

12.1 一般规定

12.1.1 路基、路面设计应根据道路功能、类型和等级，结合沿线地形地质、水文气象及路用材料等条件，因地制宜、合理选材、节约资源。应使用节能降耗型路面设计和积极应用路面材料再生利用技术，并应选择技术先进、经济合理、安全可靠、方便施工的路基路面结构。

12.1.2 路基、路面应具有足够的强度和稳定性以及良好的抗变形能力和耐久性。同时，路面面层还应满足平整和抗滑的要求。

12.1.3 快速路、主干路的路基、路面不宜分期修建。对初期交通量较小的道路，以及软土地区、湿陷性黄土地区等可能产生较大沉降的路段，可按"一次设计，分期修建"的原则实施。

12.1.4 路基、路面排水设计应根据道路排水总体设计的要求，结合沿线水文、气象、地形、地质等自然条件，设置必要的地表排水和地下排水设施，并应形成合理、完整的排水系统。

12.2 路 基

12.2.1 道路路基应符合下列规定：

1 路基必须密实、均匀，应具有足够的强度、稳定性、抗变形能力和耐久性；并应结合当地气候、水文和地质条件，采取防护措施。

2 路基工程应节约用地、保护环境，减少对自然、生态环境的影响。

3 路基断面形式应与沿线自然环境和城市环境相协调，不得深挖、高填；同时应因地制宜，合理利用当地材料和工业废料修筑路基。

4 路基工程应包括排水系统、防排水设施和防护设施的设计。

5 对特殊路基，应查明情况，分析危害，结合当地成功经验，采取相应措施，增强工程可靠性。

12.2.2 路基设计回弹模量和湿度状况应符合下列规定：

1 快速路和主干路路基顶面设计回弹模量值不应小于 30MPa；次干路和支路不应小于 20MPa；当不满足上述要求时，应采取措施提高回弹模量。

2 路基设计中，应充分考虑道路运行中的各种不利因素，采取措施减小路基回弹模量的变异性，保证其持久性。

3 道路路基应处于干燥或中湿状态；对潮湿或过湿路基，必须采取措施改善其湿度状况或适当提高路基回弹模量。

12.2.3 路基设计高度应符合下列规定：

1 路基设计高度应使路肩边缘的路基相对高度不低于路基土的毛细水上升高度，并应满足冰冻的要求。

2 沿河及浸水路段的路基边缘标高，不应低于路基设计洪水频率的水位加壅水高、波浪侵袭高度和 0.5m 的安全高度。

12.2.4 土质路基压实度应符合表 12.2.4 规定。对以下情形，可通过试验路检验或综合论证，在保证路基强度和稳定性要求的前提下，适当降低路基压实度标准。

1 特殊干旱或特殊潮湿地区。

2 专用非机动车道、人行道。

表 12.2.4　土质路基压实度

填挖类型	路床顶面以下深度（cm）	路基最小压实度（%）			
		快速路	主干路	次干路	支路
填方	0～80	96	95	94	92
	80～150	94	93	92	91
	＞150	93	92	91	90
零填方或挖方	0～30	96	95	94	92
	30～80	94	93	—	—

注：表中数值均为重型击实标准。

12.2.5 路基防护应根据道路功能，结合当地气候、水文、地质等情况，采取相应防护措施，并应符合下列规定：

1 路基防护应采取工程防护与植物防护相结合的防护措施，并应与景观相协调。

2 深挖、高填、沿河等路段的路基边坡，必须根据其工程特性进行路基防护设计。对存在稳定性隐患的路基，应进行稳定性分析；当稳定性不满足要求时，必须采取加固措施。

3 路基支挡结构设计应满足各种设计荷载组合下支挡结构的稳定、坚固和耐久；结构类型选择及设置位置的确定应安全可靠、经济合理、便于施工养护；结构材料应符合耐久、耐腐蚀的要求。

12.2.6 对软土、黄土、膨胀土、红黏土、盐渍土等特殊土地区的路基设计，应查明特殊土的分布范围与地层特征、特殊土的物理、力学和水理特性，以及道路沿线的水文与地质条件；进行路基变形分析和稳定性验算；应合理确定特殊地基处理或处治的设计方案，满足路基变形和稳定性要求。

12.3　路　面

12.3.1 路面可分为面层、基层和垫层。路面结构层所选材料应满足强度、稳定性和耐久性的要求，并应符合下列规定：

1 面层应满足结构强度、高温稳定性、低温抗裂性、抗疲劳、抗水损害及耐磨、平整、抗滑、低噪声等表面特性的要求。

2 基层应满足强度、扩散荷载的能力以及水稳定性和抗冻性的要求。

3 垫层应满足强度和水稳定性的要求。

12.3.2 路面面层类型的选用应符合表 12.3.2 的规定，并应符合下列规定：

表 12.3.2　路面面层类型及适用范围

面层类型	适用范围
沥青混凝土	快速路、主干路、次干路、支路、城市广场、停车场
水泥混凝土	快速路、主干路、次干路、支路、城市广场、停车场
贯入式沥青碎石、上拌下贯式沥青碎石、沥青表面处治和稀浆封层	支路、停车场
砌块路面	支路、城市广场、停车场

1 道路经过景观要求较高的区域或突出显示道路线形的路段，面层宜采用彩色。

2 综合考虑雨水收集利用的道路，路面结构设计应满足透水性的要求。

3 道路经过噪声敏感区域时，宜采用降噪路面。

4 对环保要求较高的路段或隧道内的沥青混凝

土路面，宜采用温拌沥青混凝土。

12.3.3 沥青混凝土路面设计应符合下列规定：

1 沥青混凝土路面的设计应包括面层类型选择与结构层组合设计，各结构层材料组成设计，材料与结构层设计参数确定，结构层厚度计算，路面内部排水设计等。

2 沥青混凝土路面设计应选用多种损坏模式作为临界状态，并应选用多项设计指标进行控制。

3 城市广场、停车场、公交车站、路口或通行特种车辆的路段，沥青路面结构应根据车辆运行要求进行特殊设计。

12.3.4 水泥混凝土路面设计应符合下列规定：

1 水泥混凝土路面的设计应包括面层类型选择与结构层组合设计，接缝构造、配筋和排水设计，各结构层材料组成设计，路面厚度计算，路面表面特性设计等。

2 水泥混凝土路面结构应采用行车荷载和温度梯度综合作用产生的疲劳断裂作为设计指标。

3 水泥混凝土面层应满足强度和耐久性的要求，表面应抗滑、耐磨、平整。面层宜选用设接缝的普通水泥混凝土。面层水泥混凝土的抗弯拉强度不得低于 4.5MPa，快速路、主干路和重交通的其他道路的抗弯拉强度不得低于 5.0MPa。混凝土预制块的抗压强度非冰冻地区不宜低于 50MPa，冰冻地区不宜低于 60MPa。

4 当水泥混凝土路面总厚度小于最小防冻厚度，或路基湿度状况不佳时，需设置垫层。

5 水泥混凝土路面应设置纵、横向接缝。纵向接缝与路线中线平行，并应设置拉杆。横向接缝可分为横向缩缝、胀缝和横向施工缝，快速路、主干路的横向缩缝应加设传力杆；在邻近桥梁或其他固定构筑物处、板厚改变处、小半径平曲线等处，应设置胀缝。

6 水泥混凝土面层自由边缘，承受繁重交通的胀缝、施工缝，小于 90° 的面层角隅，下穿市政管线路段，以及雨水口和地下设施的检查井周围，面层应配筋补强。

7 其他水泥混凝土面层类型可根据适用条件按表 12.3.4 选用。

表 12.3.4 其他水泥混凝土面层类型的适用条件

面层类型	适用条件
连续配筋混凝土面层、预应力水泥混凝土路面	特重交通的快速路、主干路
沥青上面层与连续配筋混凝土或横缝设传力杆的普通水泥混凝土下面层组成的复合式路面	特重交通的快速路

续表12.3.4

面层类型	适用条件
钢纤维混凝土面层	标高受限制路段、收费站、桥面铺装
混凝土预制块面层	广场、步行街、停车场、支路

12.3.5 非机动车道路面设计应符合下列规定：

1 非机动车道的路面应根据筑路材料、施工最小厚度、路基土类型、水文地质条件及当地工程经验，确定结构层组合和厚度，满足整体强度和稳定性的要求。

2 非机动车道同时有机动车行驶时，路面结构应满足机动车行驶的要求。

3 处于潮湿地带及冰冻地区的道路，非机动车道路面应设垫层。

12.3.6 人行道和广场的铺面应满足稳定、抗滑、平整、生态环保和城市景观的要求，其设计应实用、经济、美观、耐久。

12.3.7 停车场铺面应满足稳定、耐久、平整、抗滑和排水的要求，其设计应符合下列要求：

1 设计内容和方法与相应的机动车道水泥混凝土路面、沥青混凝土路面相同。

2 根据停车场各区域性质和功能的不同，铺面结构的设计荷载应视实际情况确定。

3 采用沥青混凝土面层，宜提高沥青面层的抗车辙性能。

4 采用水泥混凝土面层，应设置胀缝，其间距及要求均与车行道相同。

12.4 旧路面补强和改建

12.4.1 当路面的结构承载能力、平整度、抗滑能力等使用性能退化、其承载能力不能满足交通需求时，应进行结构补强或改建。

12.4.2 旧路面结构补强和改建设计，应调查旧路面的结构性能、使用历史，以及路面环境条件，并应依据路面的交通需求，以及材料、施工技术、实践经验和环境保护要求等，通过技术经济分析论证确定。

12.4.3 旧路面的补强和改建设计应符合下列要求：

1 当路面平整度不佳，抗滑能力不足，但路面结构强度足够，结构损坏轻微时，沥青路面宜采用稀浆封层、薄层加铺等措施，水泥混凝土路面宜采用刻槽、板底灌浆和磨平错台等措施恢复路面表面使用性能。

2 当路面结构破损较为严重或承载能力不能满足未来交通需求时，应采用加铺结构层补强。

3 当路面结构破损严重，或纵、横坡需作较大调整时，宜采用新建路面，或将旧路面作为新路面结构层的基层或下基层。

12.4.4 旧沥青混凝土路面的加铺层宜采用沥青混合料。加铺层厚度应按补足路面结构层总承载能力要求确定，新旧路面之间必须满足粘结要求。

12.4.5 当旧水泥混凝土路面的断板率较低、接缝传荷能力良好，且路面纵、横坡基本符合要求、板的平面尺寸和接缝布置合理时，可选用直接式水泥混凝土加铺层；否则，应采用分离式水泥混凝土加铺层。

当旧水泥混凝土路面强度足够，且断板和错台病害少时，可选择直接加铺沥青面层的方案，并应根据交通荷载、环境条件和旧路面的性状等，选择经济有效的防治反射裂缝的措施。

13 桥梁和隧道

13.1 一 般 规 定

13.1.1 桥梁设计应符合城市规划的要求，根据道路功能、等级、通行能力及防洪抗灾要求，结合水文、地质、通航、环境等条件进行综合设计。当需分期实施时，应保留远期发展余地。

13.1.2 隧道设计应符合城市规划、城市地下空间利用规划、环境保护和城市景观的要求，并应综合考虑区域内人文环境、地形、地貌、地质与地质灾害、水文、气象、地震、交通量及其组成，以及运营和施工条件。

13.1.3 桥上或隧道内的管线敷设应符合下列规定：

1 不得在桥上敷设污水管、压力大于 0.4MPa 的燃气管和其他可燃、有毒或腐蚀性的液体、气体管。当条件许可时，可在桥上敷设电讯电缆、热力管、给水管、电压不高于 10kV 配电电缆、压力不大于 0.4MPa 的燃气管，但必须按国家有关现行标准的要求采取有效的安全防护措施。

2 严禁在隧道内敷设电压高于 10kV 配电电缆、燃气管及其他可燃、有毒或腐蚀性液体、气体管。

13.2 桥 梁

13.2.1 城市桥梁设计应符合下列规定：

1 特大桥、大桥桥位应选择河道顺直稳定、河床地质良好、河槽能通过大部分设计流量的河段，不宜选择在断层、岩溶、滑坡、泥石流等不良地质地带中。中小桥桥位宜按道路的走向进行布置。

2 桥梁设计应遵循安全、适用、经济、美观和有利环保的原则，并应因地制宜、就地取材、便于施工和养护。

3 桥梁建筑应符合城市规划的要求，并应与周围环境协调。

4 桥梁应根据工程规模和不同的桥型结构设置照明、交通信号标志、航运信号标志、航空障碍标志，防雷接地装置以及桥面防水、排水、检修、安全等附属设施。

13.2.2 桥梁可按其多孔跨径总长或单孔跨径的长度，分为特大桥、大桥、中桥和小桥等四类，桥梁分类应符合表 13.2.2 的规定。

表 13.2.2 桥梁分类

桥梁分类	多孔跨径总长 L (m)	单孔跨径 L_k (m)
特大桥	L＞1000	L_k＞150
大桥	1000≥L≥100	150＞L_k≥40
中桥	100＞L＞30	40＞L_k≥20
小桥	30≥L≥8	20＞L_k≥5

注：1 单孔跨径系指标准跨径，梁式桥、板式桥为两桥墩中线之间桥中心线的长度或桥墩中线与桥台台背前缘线之间桥中心线的长度，拱式桥为净跨径。

2 梁式桥、板式桥的多孔跨径总长为多孔标准跨径的总长，拱式桥为两岸桥台内起拱线间的距离，其他形式桥梁为桥面系车道长度。

13.2.3 桥梁的桥面净空限界应符合本规范第 3.4 节的规定。

13.2.4 桥下净空应符合下列规定：

1 通航河流的桥下净空应符合国家现行通航标准的要求。

2 不通航河流的桥下净空应根据设计洪水位、壅水和浪高或最高流冰面确定；当在河流中有形成流冰阻塞的危险或有流放木筏、漂浮物通过时，应按当地的具体情况确定。

3 立交、跨线桥桥下净空应符合被交叉的城市道路、公路、城市轨道交通和铁路等建筑限界的规定。

13.2.5 桥梁及其引道的平、纵、横技术指标应与路线总体布设相协调，各项技术指标应符合路线布设的要求，并应符合下列规定：

1 桥上纵坡机动车道不宜大于 4.0%，非机动车道不宜大于 2.5%；桥头引道机动车道纵坡不宜大于 5.0%。

2 高架桥桥面应设不小于 0.3% 的纵坡；当条件受到限制，桥面为平坡时，应沿主梁纵向设置排水管，排水管纵坡不应小于 0.3%。

3 当桥面纵坡大于 3.0% 时，桥上可不设排水口，但应在桥头引道上两侧设置雨水口。

13.3 隧 道

13.3.1 隧道设计应符合下列规定：

1 隧道设计应处理好与地面建筑、地下管线、地下构筑物之间的关系。

2 隧道设计应减少施工阶段和运营期间对环境

的不利影响，并应符合同期规划的近、远期城市建设对隧道及行车安全的影响。

3 隧道的埋深、平面和出入口位置应根据道路总体规划、交通疏解与周边道路服务能力、环境、地形及可能发生的变化条件确定。

4 对特长隧道应作防灾专项设计。

13.3.2 隧道可按其封闭段长度 L 分类，并应符合表13.3.2的规定。

表 13.3.2 隧 道 分 类

隧道分类	特长隧道	长隧道	中隧道	短隧道
隧道长度 L（m）	$L>3000$	$3000 \geqslant L$ >1000	$1000 \geqslant L$ >500	$L \leqslant 500$

注：封闭段长度系指隧道两端洞口之间暗埋段的长度。

13.3.3 隧道建筑限界除应符合本规范第3.4节道路建筑限界的规定，尚应符合下列规定：

1 对单向小于3车道的长及特长隧道，应设置应急车道，其宽度和距离应符合本规范第5.3.6条的规定，在施工方法受到限制的条件下，可采取其他措施。

2 单向单车道隧道必须设应急车道。

3 处于软土地层的隧道应满足长期运营后隧道变形、维修养护对建筑限界影响的要求。

4 隧道内设置的设备系统和管线等设施不得侵入道路建筑限界。

13.3.4 对长度大于1000m、行驶机动车的隧道，严禁在同一孔内设置非机动车道或人行道；对长度小于等于1000m的隧道当需要设置非机动车道或人行道时，必须设安全隔离设施。

13.3.5 隧道及其洞口两端的道路平、纵、横技术指标除应符合本规范相关条款外，尚应符合下列规定：

1 隧道洞口内外侧在不小于3s设计速度的行程长度范围内均应保持一致的平纵线形。当条件困难时，应在洞口内外设置线形诱导和光过渡等保证行车安全的措施。

2 洞口外与之相连接的路段应设置距洞口不小于3s设计速度的行程长度，且不应小于50m，宜保持横断面过渡的顺适。

3 当隧道长度大于100m时，隧道内的道路最大纵坡不宜大于3.0%；当受条件限制时，经技术经济论证后最大纵坡可适当加大，但不应大于5.0%。

4 洞口外道路应满足相应等级道路中视距的要求；当引道设中间分隔带时应采用停车视距。

5 隧道横断面不宜采用对向行车同一孔中的布置；不宜采用同一行驶方向分孔的布置。

13.3.6 隧道应根据地质条件、周边环境等，合理确定结构形式和适应于地层特性和环境要求的施工方法。

13.3.7 隧道防排水设计应保证隧道结构、设备和行车的正常运行和安全，并应防止水土流失和环境保护。

13.3.8 隧道交通工程及沿线设施的技术标准应根据道路功能、类别、交通量、隧道长度等确定，并应符合交通工程及沿线设施总体设计的要求。

13.3.9 对长度大于500m的隧道，应拟定发生交通或火灾事故的应急处理预案。

13.3.10 对长度大于1000m的隧道，应设隧道管理用房，管理用房选址应符合规划要求，并应有利于对隧道进行维护管理。

13.3.11 隧道必须进行防火设计，其防火要求应符合现行国家标准《建筑设计防火规范》GB 50016的规定。

13.3.12 隧道出入口、通风设施等设计应满足国家有关环保的要求，应与周边环境景观相协调。

14 交通安全和管理设施

14.1 一 般 规 定

14.1.1 交通安全和管理设施的设计应确保交通"有序、安全、畅通、低公害"。各项设施应统筹规划、总体设计，并结合城市路网的建设情况等逐步补充、完善。

14.1.2 道路交通安全和管理设施设计应与道路同步规划，同步设计。并应与当地城市规划和交通管理部门相协调和配合。

14.1.3 新建交通安全和管理设施应与现有设施协调和匹配，必要时应对现有设施进行调整和完善。

14.1.4 交通安全和管理设施等级分为 A、B、C、D 四级，各级道路交通安全和管理设施等级与适用范围应符合表14.1.4的规定。

表 14.1.4 交通安全和管理设施等级与适用范围

交通安全和管理设施等级	适用范围
A	快速路，中、长、特长隧道及特大型桥梁
B	主干路
C	次干路
D	支路

14.2 交通安全设施

14.2.1 当交通安全和管理设施等级为 A 级时，应配置系统完善的标志、标线、隔离和防护设施，并应符合下列规定：

1 中间带必须连续设置中央分隔护栏和必需的

防眩设施。

2 桥梁与高路堤路段必须设置路侧护栏。

3 互通式立交及其周边路网应连续设置预告、指路、禁令等标志。

4 分合流路段宜连续设置反光突起路标。

5 进出口分流三角端应有醒目的提示和防撞设施。

14.2.2 当交通安全和管理设施等级为 B 级时，应配置完善的标志、标线、隔离和防护设施，并应符合下列规定：

1 当主干路无中间带时，应连续设置中间分隔设施；当无两侧带时，两侧应连续设置机动车与非机动车分隔设施。

2 当次干路无中间带时，宜连续设置中间分隔设施；当无两侧带时，两侧宜连续设置机动车与非机动车分隔设施。

3 桥梁与高路堤路段必须设置路侧护栏。

4 互通式立交及其周边地区路网应设置指路、禁令等标志。

5 隔离设施的端头应有明显的提示。

6 平面交叉口应进行交通渠化、人车隔离和设置交通信号灯；支路接入应有限制措施。

14.2.3 当交通安全和管理设施等级为 C 级时，应配置较完善的标志、标线、隔离和防护设施，并应符合下列规定：

1 主干路宜连续设置中间分隔设施。

2 主、次干路无分隔设施的路段必须施画路面中心线。

3 桥梁与高路堤应设置路侧护栏。

4 平面交叉口应进行交通渠化，并应设置交通信号灯；宜设置行人和机动车、非机动车分隔设施。

14.2.4 当交通安全和管理设施等级为 D 级时，应配置较完善的标志、标线；宜设置分隔和防护设施；平面交叉口宜进行交通渠化，并宜设置行人和机动车、非机动车分隔设施。

14.2.5 其他情况下配置的交通安全设施，应符合下列规定：

1 在冰、雪、风、沙、坠石、有雾路段等危及运行安全处，应设置警告、禁令标志、视线诱导标柱、反光突起路标等交通安全设施。

2 对窄路、急弯、陡坡、视线不良、临崖、临水等危险路段，应设置视线诱导、警告、禁令标志和安全防护设施。

3 当学校、幼儿园、医院、养老院门前附近的道路，没有过街设施时，应施画人行横道线，设置提示标志，必要时应设置交通信号灯。

4 铁路与道路平面交叉的道口，应设置警示灯、警告和禁令标志以及安全防护设施。对无人值守的铁路道口，应在距道口一定距离设置警告和禁令标志。

5 道路上跨铁路时，应按铁路的要求设置相应防护设施。

6 快速路、主干路两侧的交通噪声超过国家现行标准《声环境质量标准》GB 3096 的规定时，应有消减噪声措施。

14.2.6 道路两侧和隔离带上的绿化、广告牌、管线等不得遮挡路灯、交通信号灯、交通标志。

14.3 交通管理设施

14.3.1 当交通安全和管理设施等级为 A 级时，应配置完善的信息采集、交通异常自动判断、交通监视、诱导、主线及匝道控制、信息处理及发布等设施。

14.3.2 当交通安全和管理设施等级为 B 级时，宜配置基本的信息采集、交通监视、简易信息处理及发布等监控设施。平面交叉口信号灯形成路网的区域，可采用线控和区域控制。

14.3.3 当交通安全和管理设施等级为 C 级时，在交通繁杂路段、交叉口应设置交通监视装置和信号控制设施。

14.3.4 当交通安全和管理设施等级为 D 级时，可视交通状况设置信号灯等设施。

14.4 配套管网

14.4.1 交通信号机、视频监视器、交通信息诱导装置以及交通信息检测器等电器设备应有可靠的防雷和接地措施。

14.4.2 交通信号及监控设施的供电线路宜就近采用公用变压器。

14.4.3 对设置交通监控和信号控制的交叉路口和人行横道路段，应预埋相应的过街管道。

14.4.4 在城市快速路、主干路上的交通监控设施管线应预留交通监控专用管孔。在次干路上宜预留交通监控专用管孔。

15 管线、排水和照明

15.1 一般规定

15.1.1 道路工程设计应满足各类管线工程的要求，管线工程与道路工程应同步规划、同步设计。

15.1.2 排水工程设计应与区域排水系统相协调，并应满足城市防洪要求。

15.1.3 道路应有安全、高效、美观的照明设施。

15.2 管线

15.2.1 新建道路应按规划位置敷设所需管线，且宜埋地敷设。

15.2.2 管线工程设计应遵循以下原则：

1 管线类别、管线走向、规模容量、预留接口和敷设方式应满足城市总体规划和管线工程专业规划的要求，并为远期发展适当留有余地。

2 应统筹安排各类管线，合理分配管道走廊，合理处理管线交叉，满足相关专业技术规范的要求。

3 地上杆线宜设置在道路设施带内。架空管线不得侵入道路建筑限界，距离地面高度应符合相关专业技术规范的规定。地下管线除支管接口外，其余部分不应超出道路红线范围。

4 地下管线宜优先考虑布置在非车行道下，不得沿快速路主路车行道下纵向敷设。当其他等级道路车行道下敷设管线时，井盖不应影响行车安全性和舒适性，且宜布置在车辆轮迹范围之外。人行道上井盖等地面设施不应影响行人通行。

15.2.3 各类管线应按规划要求预埋过街管道，过街管道规模宜适当并留有发展余地。重要交叉口宜设置过街共用管沟。在建成后的快速路、主干路下实施过街管道时，宜采用非开挖施工技术。

15.2.4 当管线不便于分别直埋敷设、且条件许可时，可建设综合管沟。综合管沟应符合各类管线的专业技术要求和消防、环保、景观、交通等方面的要求，且便于管理维护。

15.2.5 各种地下管线的埋设深度、结构强度和沟槽回填土的压实度应满足道路施工荷载与路面行车荷载的要求。

15.2.6 对道路范围内输送流体的管渠系统，应采取防止渗漏措施。对输送腐蚀性流体的管渠系统还应采取耐腐蚀措施。

15.2.7 当管线跨越桥梁或穿过隧道敷设时，必须符合国家现行有关标准的规定。

15.3 排 水

15.3.1 城市建成区内道路排水应采用管道形式，城市外围道路可采用边沟排水，设计时应根据区域排水规划、道路设计和沿线地形环境条件综合选择。

15.3.2 道路的地面水必须采取可靠的排除措施，应保证路面水迅速排除。

15.3.3 当道路的地下水可能对道路造成不良影响时，应采取适当的排除或阻隔措施。道路结构层内可根据需要采取适当的排水或隔水措施。

15.3.4 城市道路地面雨水径流量应按照设计暴雨强度进行计算。道路排水采用的暴雨强度的重现期应根据气候特征、地形条件、道路类别和重要程度等因素确定，并应符合下列规定：

1 对城市快速路、重要的主干路、立交桥区和短期积水即能引起严重后果的道路，宜采用 3 年~5 年；其他道路宜采用 0.5 年~3 年，特别重要路段和次要路段可酌情增减。

2 当道路排水工程服务于周边地块时，重现期

的取值还应符合地块的规划要求。

15.3.5 道路雨水口的形式、设置间距和泄水能力应满足道路排水要求。雨水口的布置方式应确保有效收集雨水，雨水不应流入路口范围，不应横向流过车行道，不应由路面流入桥面或隧道。一般路段应按适当间距设置雨水口，路面低洼点应设置雨水口，易积水地段的雨水口宜适当加大泄水能力。

15.3.6 边坡底部应设置边沟等排水设施，路堑边坡顶部必要时应设置截水沟。

15.3.7 隧道内当需将结构渗漏水、地面冲洗废水和消防废水等排至洞外时，应设置排水设施；当洞外水可能进入隧道内时，洞口上方应设置截水、排水设施。

15.3.8 排水设计应符合现行国家标准《室外排水设计规范》GB 50014 的规定。

15.4 照 明

15.4.1 道路照明应采用安全可靠、技术先进、经济合理、节能环保、维修方便的设施。

15.4.2 道路照明应满足平均亮度（照度）、亮度（照度）均匀度和眩光限制指标的要求。此外，道路照明设施还应有良好的诱导性。

15.4.3 曲线路段、平面交叉、立体交叉、铁路道口、广场、停车场、桥梁、坡道等特殊地点应比平直路段连续照明的亮度（照度）高、眩光限制严、诱导性好。

15.4.4 道路照明布灯方式应根据道路横断面形式、宽度、照明要求等进行布置；对有特殊要求的机场、航道、铁路、天文台等附近区域，道路照明还应满足相关专业的要求。

15.4.5 道路照明应根据所在地区的地理位置和季节变化合理确定开关灯时间，并应根据天空亮度变化进行必要修正。宜采用光控和时控相结合的智能控制方式，有条件时宜采用集中控制系统。

15.4.6 照明光源应选择高光效、长寿命、节能及环保的产品。

15.4.7 道路照明设施应满足白天的路容景观要求；灯杆灯具的色彩和造型应与道路景观相协调。

15.4.8 除居住区和少数有特殊要求的道路以外，深夜宜有降低路面亮度（照度）的节能措施。

15.4.9 道路照明设计应符合现行行业标准《城市道路照明设计标准》CJJ 45 的规定。

16 绿化和景观

16.1 一 般 规 定

16.1.1 绿化和景观设计应符合交通安全、环境保护、城市美化等要求，量力而行，并应与沿线城市风

貌协调一致。

16.1.2 绿化和景观设施不得进入道路建筑限界，不得进入交叉口视距三角形，不得干扰标志标线、遮挡信号灯以及道路照明，不得有碍于交通安全和畅通。

16.1.3 绿化和景观设计应处理好与道路照明、交通设施、地上杆线、地下管线的关系。

16.1.4 道路设计时，宜保留有价值的原有树木，对古树名木应予以保护。

16.2 绿 化

16.2.1 绿化设计应包括路侧带、中间分隔带、两侧分隔带、立体交叉、平面交叉、广场、停车场以及道路用地范围内边角空地等处的绿化。绿化应根据城市性质、道路功能、自然条件、城市环境等，合理地进行设计。

16.2.2 道路绿化设计应符合下列规定：

1 道路绿化设计应选择种植位置、种植形式、种植规模，采用适当的树种、草皮、花卉。绿化布置应将乔木、灌木与花卉相结合，层次鲜明。

2 道路绿化应选择能适应当地自然条件和城市复杂环境的地方性树种，应避免不适合植物生长的异地移植。

3 对宽度小于 1.5m 分隔带，不宜种植乔木。对快速路的中间分隔带上，不宜种植乔木。

4 主、次干路中间分车绿带和交通岛绿地不应布置成开放式绿地。

5 被人行横道或道路出入口断开的分车绿带，其端部应满足停车视距要求。

16.2.3 广场绿化应根据广场性质、规模及功能进行设计。结合交通导流设施，可采用封闭式种植。对休憩绿地，可采用开敞式种植，并可相应布置建筑小品、坐椅、水池和林荫小路等。

16.2.4 停车场绿化应有利于汽车集散、人车分隔、保证安全、不影响夜间照明，并应改善环境，为车辆遮阳。

16.2.5 绿化设计应符合现行行业标准《城市道路绿化规划与设计规范》CJJ 75 的规定。

16.3 景 观

16.3.1 景观设计应包括道路景观、桥梁景观、隧道景观、立交景观、道路配套设施以及道路红线范围内和道路风貌、环境密切相关的设施景观。

16.3.2 道路景观的设计应符合下列规定：

1 快速路及标志性道路应反映城市形象。景观设施尺度宜大气、简洁明快，绿化配置强调统一，道路范围视线开阔。应以车行者视觉感受为主。

2 立交选型应兼顾城市景观要求，立交范围的景观设计应突出识别性，体现城市特点。

3 主干路、次干路及快速路的辅路应反映区域特色。景观设施宜简化、尺度适中、道路范围视线良好，车行和步行者视觉感受兼顾。

4 次干路应反映街道特色和商业文化氛围。景观设施宜多样化，绿化配置多层次且不强调统一。尺度应以行人视觉感受为主，兼顾车行者视觉感受。

5 支路应反映社区生活场景、街道的生活氛围。景观设施小品宜生活化，绿化配置宜生动活泼，多样化，应以自然种植方式为主。

6 滨水道路应以亲水性和休闲服务为主，有条件时，在道路和水岸之间宜布置绿地，保护河岸原始的景观。

7 风景区道路应避免大量挖填，应保护天然植被，景观设计应以借景为主，宜将道路和自然风景融为整体。

8 步行街应以宜人尺度设置各种景观要素。景观设施应以休闲、舒适为主，绿化配置应多样化，铺砌宜选用地方材料。

9 道路范围内的各种设施应符合整体景观的要求，宜进行一体化设计，集约化布置。

10 公交站台应提供宜人的候车环境，宜强调识别性并与周边环境相协调。

16.3.3 桥梁景观的设计应符合下列规定：

1 跨江河的大桥应结合自然环境和城市空间进行设计，宜展示桥梁的结构之美，注重其与整体环境和谐。

2 跨线桥梁应结合道路景观和街道建筑景观进行设计，应体现轻巧、空透。注重其细部设计。涂装色彩应与环境相协调。

3 人行天桥应体现结构轻盈，造型美观。

4 桥头广场、公共雕塑、桥名牌、栏杆、灯具和铺装等桥梁附属设施，宜统一设计。

16.3.4 隧道景观的设计应符合下列规定：

1 洞门设计应突出标志性，便于记忆，并应与周边景观和谐统一。

2 洞身内部应考虑车行者视觉感受，装饰应自然简洁。

本规范用词说明

1 为便于在执行本规范条文时区别对待，对要求严格程度不同的用词说明如下：

1） 表示很严格，非这样做不可的：
    正面词采用"必须"，反面词采用"严禁"；

2） 表示严格，在正常情况下均应这样做的：
    正面词采用"应"，反面词采用"不应"或"不得"；

3） 表示允许稍有选择，在条件许可时首先应这样做的：
    正面词采用"宜"，反面词采用"不宜"；

4) 表示有选择，在一定条件下可以这样做的，采用"可"。

2 条文中指明应按其他有关标准执行的写法为"应符合……的规定"或"应按……执行"。

引用标准名录

1 《室外排水设计规范》GB 50014

2 《建筑设计防火规范》GB 50016

3 《铁路线路设计规范》GB 50090

4 《声环境质量标准》GB 3096

5 《城市桥梁设计规范》CJJ 11

6 《城市道路照明设计标准》CJJ 45

7 《城市人行天桥与人行地道技术规范》CJJ 69

8 《城市道路绿化规划与设计规范》CJJ 75

9 《快速公共汽车交通系统设计规范》CJJ 136

10 《城市道路交叉口设计规程》CJJ 152

11 《城市道路和建筑物无障碍设计规范》JGJ 50

中华人民共和国行业标准

城市道路工程设计规范

CJJ 37—2012

条 文 说 明

修 订 说 明

《城市道路工程设计规范》CJJ 37-2012 经住房和城乡建设部于 2012 年 1 月 11 日以第 1248 号公告批准、发布。

本规范是在《城市道路设计规范》CJJ 37-90 的基础上修订而成,上一版的主编单位是北京市市政设计研究院(现更名为北京市市政工程设计研究总院),参编单位有上海市政工程设计院(现更名为上海市政工程设计研究总院(集团)有限公司)、天津市市政工程勘测设计院(现更名为天津市市政工程设计研究院)、同济大学、东南大学等。主要起草人有林治远、田霈、杨鸿远、林绣贤、杨春华、赵坤耀等。

本次修订的主要技术内容是:

1. 本规范作为通用标准,在章节编排和内容深度组成上较《城市道路设计规范》CJJ 37-90 有较大的变化,章节的编排上主要由城市道路工程涵盖的内容组成,内容深度上主要是对城市道路设计中的一些共性标准和主要技术指标进行规定。

2. 修订了原《规范》中的通行能力、道路分类与分级、设计速度、道路最小净高、机动车单车道宽度、路基压实标准等内容。

3. 增加了道路服务水平、设计速度 100km/h 的平纵技术指标、景观设计等内容。

4. 明确了平面交叉口和立体交叉口的分类和适用条件。

5. 突出了"公交优先"、"以人为本"的设计理念。

6. 强化了交通安全与管理设施的设计内容。

本规范在修订过程中,对通行能力、立体交叉的进出口间距、加减速车道的长度、立交区的平纵线形指标、公交专用车道的设置等技术问题争议较大。这些都是城市道路设计的关键技术,本标准作为通用标准,由于课题经费、时间周期等原因,未能得以深入的研究。建议在专用标准的编制中,对相关问题进一步深入研究。

本规范在修订过程中,编制组进行了广泛的调查研究,总结了实践经验,吸取科研成果,对一些关键性问题进行了专题研究,编制了《城市和城镇的定义分析》、《道路分类分级和设计速度》、《设计车辆及净空标准的确定》及《道路限速、设计车速和汽车的设计速度》专题研究报告,同时参考了国外现行标准。

为便于广大设计、施工、科研、学校等单位有关人员在使用本规范时能正确理解和执行条文规定,编制组按章、节、条顺序编制了本规范的条文说明,对条文规定的目的、依据以及执行中需注意的有关事项进行了说明,还对强制性条文的强制性理由做了解释。但是,本条文说明不具备与规范正文同等的法律效力,仅供使用者理解和把握标准规定时参考。

目　次

1 总　则

1.0.1 本条为制定本规范的目的。在原建设部 2003 年颁布的《工程建设标准体系（城乡规划、城镇建设、房屋建筑部分）》中，本规范原名为《城镇道路工程技术标准》属于通用标准。在送审过程中，根据《工程建设标准体系》相关内容的调整，《城镇道路工程技术标准》更名为《城市道路工程设计规范》。从通用标准的作用来说，是针对某一类标准化对象制定的覆盖面较大的共性标准，主要为制定专用标准的依据。因此，本规范在章节编排和内容深度组成上较《城市道路设计规范》CJJ 37－90 有较大的变化，章节的编排上主要由城市道路工程涵盖的内容组成，内容深度上主要是对城市道路设计中的一些共性标准和主要技术指标进行规定，重在规定控制道路工程规模和技术标准有关的指标，其他相关的技术指标均在相应的专用标准中。考虑到各专用标准的编制进度不一致，本规范的内容既要提纲挈领地反映道路工程覆盖面较大的共性标准，又要适度考虑已编和正在编写中的几本专用规范的具体内容，因此，各章的内容深度稍有差异。

1.0.2 本条为本规范的适用范围。《城市道路设计规范》CJJ 37－90中适用范围描述为"适用于大、中、小城市以及大城市的卫星城等规划区内的道路、广场、停车场设计"。本次编制中考虑到"大、中、小城市以及大城市的卫星城等规划区"均为"城市范围"，因此在文字描述上进行了调整，适用范围没有变化。

1.0.3 本条对道路工程设计的共性要求进行了规定，强调了社会、环境与经济效益的协调统一。同时，提出了以人为本、资源节约、环境友好的设计理念，在综合考虑行人、非机动车、机动车的通行要求下，应优先为非机动车和行人以及公共交通提供舒适良好的环境。

2 术语和符号

2.1 术　语

近 20 多年来，随着城市道路工程建设的发展，出现了许多《道路工程术语标准》GBJ 124－88 中未能定义的术语，同时，随着设计理念的更新、认识的深入，原有一些术语的定义也不尽恰当，有必要进行修订。因此在本节中，给出了《道路工程术语标准》GBJ 124－88 中没有定义的术语，或者在本规范编制过程中认为需要对原有术语定义进行修订的术语。对于在现行标准中已有定义或修订过的直接引用。

2.1.1、2.1.2 主路、辅路两术语最早出现在城市快速路建设过程中，在《城市快速路设计规程》CJJ

129－2009 中对于辅路已有定义，但对于主路没有定义。当快速路设置辅路时，习惯上将专供机动车快速通过的道路，称为主路。因此，主路一词是相对于辅路来说的。结合目前的道路工程建设情况，将主路、辅路的设置范围扩展到主干路。

2.1.3 设计速度与计算行车速度、设计车速表述的都是同一定义，在《城市道路设计规范》CJJ 37－90 中采用了计算行车速度，但是从定义上来说，设计速度更符合其本意，因此本规范将"计算行车速度"修订为"设计速度"。

2.1.4 《城市道路设计规范》CJJ 37－90 在交通量预测和路面结构设计中，均采用"设计年限"表述。本次修订中，依据《工程结构可靠性设计统一标准》GB 50153 中的定义，在路面结构设计中的设计年限，采用"设计使用年限"表述。

2.1.5、2.1.6 对《道路工程术语标准》GBJ 124－88 中的定义进行修订，与现有的国内外研究成果更为吻合。

2.1.7~2.1.9 近年来，随着城市道路工程的建设，出现了许多采用新材料、新技术的路面结构类型，有必要明确各种路面类型的定义。

2.2 符　号

本规范图、表中出现的所有符号，统一在此文字表述。

3 基本规定

3.1 道路分级

3.1.1 《城市道路设计规范》CJJ 37－90 根据城市道路在道路网中的地位、交通功能以及对沿线建筑物的服务功能等，分为四类：快速路、主干路、次干路、支路。各类道路除城市快速路外，根据城市规模、设计交通量、地形等分为Ⅰ、Ⅱ、Ⅲ级。

本次规范编制通过对国内外城市道路以及公路的分类或分级对比，以及国内目前使用情况的调研，编制了专题报告《道路分类分级和设计速度》，依据专题报告的成果，认为原来的分级只是在道路分类的基础上规定了不同规模的城市可采用的设计速度。不同的设计速度对应不同的通行能力和服务水平，而设计速度是道路线形设计指标的基础，更多的受地形条件的控制，按城市规模确定道路分级，再选用相应的设计速度是没有实际意义的。因此，在编制中，将原来的分类与分级综合考虑，将原来的"分类"采用"分级"表述，取消原来的分级。这样规定与目前我国公路及国外采用分级表述的方式统一。各级道路的定义、功能仍沿用原规定。

3.1.2 道路等级是道路设计的先决条件，是确定道路功能、选择设计速度的基本条件。每条道路在路网中承担的作用应由整个路网决定。因此，道路等级一般在规划阶段确定。在设计阶段，需要对规划道路等级提高或降低时，均需经规划或相关主管部门审批后方可变更。本条规定是为了切实落实规划，保证规划的严肃性和路网的完整性而制定的。

3.1.3 城市道路的功能一般是综合性的，规范也是在此基础上编制的，带有普遍的适用性。当道路作为货运、防洪、消防、旅游等单一功能使用时，由于在道路的设计车辆、交通组成、功能要求等方面存在一些特殊性需求，因此规定有规划等级时除按相应的技术要求执行外，还需满足其特殊性的使用要求。

3.2 设计速度

3.2.1 设计速度是道路设计时确定几何线形的基本要素。它是在气候条件良好，车辆行驶只受道路本身条件影响时，具有中等驾驶技术水平的人员能够安全、舒适驾驶车辆的速度。因此，它与运行速度有密切关系。根据国内外观测研究，当设计速度高时，运行速度低于设计速度；而设计速度低时，运行速度高于设计速度。这也说明设计速度与运行安全有关。

设计速度一经选定，道路设计的所有相关要素如平曲线半径、视距、超高、纵坡、竖曲线半径等指标均与其配合以获得均衡设计。目前，道路设计中采用基于设计速度的路线设计方法。但是，经过多年来的实践，设计人员发现，这种设计方法本身存在一定的缺陷。因为设计速度对一特定路段而言是一固定值，这一值作为基础参数，用于规定路段的最低设计指标，但在实际驾驶行为中，没有一个驾驶员能自始至终的遵守这一固定车速。实际观测结果表明，设计速度的设计方法不能保证线形标准的一致性。针对设计速度方法存在的主要问题，发达国家已广泛运用了以运行速度概念为基础的路线设计方法。运行速度的引入，可以有效地解决路线设计指标与实际行驶速度所要求的线形指标脱节的问题，但由于目前我国尚未对此进行深入的研究，因此，本规范仍采用设计速度的设计方法。但提出了运行速度的概念，以便设计人员在设计中对指标的运用和选取更有针对性和灵活性。

同时，根据专题报告《道路分类分级和设计速度》的结论意见，对《城市道路设计规范》CJJ 37-90 中的相关规定，进行了以下修订：

1 为了与国内外术语取得一致性，将《城市道路设计规范》CJJ 37-90 采用的"计算行车速度"改为"设计速度"，与其定义更相匹配。

2 快速路设计速度在原规定的 80km/h、60km/h 基础上，增加了 100km/h，与《城市快速路设计规程》CJJ 129-2009 一致。

3 主干路设计速度原规定 60km/h、50km/h、40km/h、30km/h，本次编制取消了 30km/h。

4 次干路设计速度原规定 50km/h、40km/h、30km/h、20km/h，本次编制取消了 20km/h。

5 支路设计速度范围不做调整。

同等级道路设计速度的选定应根据交通功能、交通量、控制条件以及工程建设性质等因素综合确定。

3.2.2 我国城市快速路和部分以交通功能为主的主干路通常在主路一侧或两侧设置辅路系统，并通过进出口与主路交通进行转换。辅路在路段上一般与主路并行，通常情况下线形设计能满足主路的设计速度要求，但是考虑到其运行的特征，以及为建成后交通管理的限速提供依据，因此有必要规定辅路与主路设计速度的关系。

《城市快速路设计规程》CJJ 129-2009 规定"辅路设计速度宜为 30km/h～40km/h"。根据国内大量的快速路与主干路辅路设计以及交通管理部门实际管理情况调查，辅路设计可以采用支路、次干路或主路等级，实际管理中最高限速已达到 70km/h，为快速路最高设计速度 100km/h 的 0.7 倍。本次规范修编考虑到辅路的运行状况与主路较为密切，采用具体数值规定不太合理，改为以比值的方式规定，对设计速度取值范围也进行了扩大。因此，规定辅路设计速度为主路的 0.4 倍～0.6 倍，涵盖了支路、次干路、主干路的所有设计速度。

3.2.3 该条规定基本与《城市道路设计规范》CJJ 37-90 一致。

立交范围内为了保证全线运行的安全性、连续性和畅通性，强调了其主路设计速度应与路段设计速度保持一致。

匝道及集散车道的取值考虑其交通运行特点，应低于主路的设计速度，而且应与主路设计速度取值有关联性。《城市道路设计规范》CJJ 37-90 中立交匝道设计速度根据不同相交道路主路速度对应给出范围，取值在 20km/h～60km/h，基本为主路设计速度的 0.4 倍～0.75 倍。《公路工程技术标准》JTG B01-2003 根据立交类型和匝道形式确定匝道设计速度，基本为主线设计速度的 0.5 倍～0.7 倍。本次规范修编考虑采用具体数值规定不太合理，改为以比值的方式规定，结合城市道路特点，适当控制立交规模和用地，规定匝道设计速度为驶出主路速度的 0.4 倍～0.7 倍，大致范围为 20km/h～70km/h，使用中应结合立交等级和匝道形式确定。

集散车道为减少出入口对主路交通的影响，通过设置加减速车道与主路相连，其设计速度规定与匝道一致，在设计中宜取中高值。

3.2.4 本条规定与《城市道路设计规范》CJJ 37-90 中一致。

城市道路中的平面交叉口多受信号控制及人行、非机动车的干扰，为保证行车安全，考虑降速行驶。

直行机动车在绿灯信号期间除受左转车（机动

车、非机动车）干扰外，较为通畅，可取高值。

左转机动车受转弯半径及对向直行机动车与非机动车的干扰，车速降低较多，可取低值。右转机动车受交叉口缘石半径的控制，另外不论是否设右转专用车道，都受非机动车及行人过街等干扰，要降速，甚至停车，可取低值。

3.3 设 计 车 辆

控制道路几何设计的关键因素是行驶车辆的物理性能和各种车辆的组成比例。研究各种类型的车辆，建立类型分级，并选择具有代表性的车辆用于设计。这些用于控制道路几何设计，符合国家车辆标准的，具有代表性质量、外廓尺寸和运行性能的车辆，称之为设计车辆。城市道路的服务对象主要为机动车、非机动车和行人，因此本节规定了机动车、非机动车的设计车辆及其外廓尺寸。

在我国南方较多城市中，摩托车出行也占有一定的比例，虽然其交通行驶特性与一般机动车差别较大，但由于所占比例不大，交通管理上均按机动车进行管理，而且也不是鼓励发展的交通工具。因此，未作为专门的类型考虑。

近十几年来，出现了一种外形和普通自行车类似的电动自行车，其具有价格便宜、操作简单、节约能源、占用空间小、低噪声等特点，对于追求机动化出行而又买不起汽车的人们来说，成为首选目标，因此，增长趋势较快，目前电动自行车保有量已经达到1.2亿辆。从能耗角度看，电动自行车只有摩托车的八分之一、小轿车的十二分之一。从占有空间看，一辆电动自行车占有的空间只有一般私家车的二十分之一，成为非常有效的节能交通工具。但是目前电动自行车在使用和管理上存在两大问题。一是，虽然我国1997年6月20日发布了《电动自行车安全通用技术条件》GB 17761-1999，其中规定"电动自行车最高车速为20km/h"，在《道路交通安全法实施条例》（2004年5月1日实施）中尚未有相应的管理条例，参照电瓶车的要求，最高限速为15km/h，目前与非机动车共用路权。但目前在国内市场上，部分电动自行车车速已达到40km/h～50km/h，对非机动车的行驶造成了极大的威胁。二是电动自行车的电池所带来的污染问题尚没有有效的处理方法。基于目前我国对于电动自行车的发展方向尚未有明确的政策和管理手段，因此，在本次规范编制中也未作为专门的类型考虑。

3.3.1 《城市道路设计规范》CJJ 37-90中按照国家标准《汽车外廓尺寸限界》GB 1589-79拟定了小型汽车、普通汽车与铰接车三种设计车辆。该标准已在1989年和2004年进行了两次修订，目前现行标准为《道路车辆外廓尺寸、轴荷及质量限值》GB 1589-2004。本次规范编制对设计车辆的确定进行了调研

分析，编制了专题报告《设计车辆的确定》，根据专题报告的结论意见，并结合目前的实际情况，对《城市道路设计规范》CJJ 37-90中的相关规定，进行了以下修订：

1　依据中华人民共和国公共安全行业标准《机动车类型　术语和定义》GA 802-2008中对车辆类型术语的规定，《城市道路设计规范》CJJ 37-90中设计车辆类型术语中"小型汽车"应为"小型普通客车"或"轻型普通货车"，规范中为了与车辆换算系数的标准车型名称以及现行《公路工程技术标准》JTG B01-2003中的规定取得一致，简称为"小客车"；"普通汽车"应为"大型普通客车"或"重型普通货车"，简称为"大型车"；"铰接车"应为"铰接客车"，简称为"铰接车"。

2　《道路车辆外廓尺寸、轴荷及质量限值》GB 1589-2004只规定了"乘用车及客车"外廓尺寸最大限值，并且与《城市道路设计规范》CJJ 37-90采用的普通汽车与铰接车外廓尺寸规定一致，因此，本次编制中，"大型车"及"铰接车"的外廓尺寸仍与原规定一致。由于其中对于小客车没有相应的规定值，根据《城市客车等级技术要求与配置》CJ/T 162-2002中的规定，用于城市客运的小客车的车长为大于3.5m，小于7m，但未有相应的其他外廓尺寸规定。依据专题报告《设计车辆的确定》研究成果，小客车车辆外廓尺寸较原规定范围扩大，本次修订中采用《公路工程技术标准》JTG B01-2003中规定的小客车外廓尺寸，车长由5m调整为6m，车高由1.6m调整为2.0m，车宽1.8m不变。

设计车辆不包括超长、超宽、超高和超重的车辆，实际使用中应根据道路功能和服务对象选定。

3.3.2　《城市道路设计规范》CJJ 37-90中非机动车设计车辆拟定了自行车、三轮车、板车和兽力车四种。目前我国城市道路中非机动车出行主要以自行车为主，本次编制中保留了自行车和三轮车两种，取消了板车和兽力车。

3.4 道路建筑限界

道路建筑限界是为保证车辆和行人正常通行，规定在道路一定宽度和高度范围内不允许有任何设施及障碍物侵入的空间范围。本次编制中将《城市道路设计规范》CJJ 37-90中的条文分为三条规定。

3.4.1　规定了不同路幅形式的建筑限界，与《城市道路设计规范》CJJ 37-90一致。

3.4.2　该条为强制性条文，强调为了确保道路上的车辆和行人的安全，同时也为保证桥隧结构、道路附属设施等的安全，道路建筑限界内不允许有任何物体侵入。

3.4.3　该条为强制性条文，主要为保证行车及桥梁结构的安全。依据专题报告《净空高度标准的确定》

结论意见,对《城市道路设计规范》CJJ 37-90 规定的最小净高进行了以下修订。

1 《城市道路设计规范》CJJ 37-90 中规定了无轨电车、有轨电车的最小净高标准,其标准高于规定的设计车辆,主要是考虑其架空线及轨道的设置要求。从目前的调查情况来看,由于技术的提高,其最小净高可减少。本次编制中考虑到最小净高是针对设计车辆制定的,因此,取消了《城市道路设计规范》CJJ 37-90 中无轨电车、有轨电车的最小净高标准。设计中若考虑无轨电车、有轨电车的通行,应根据选定的车辆类型确定其最小净高。

2 《城市道路设计规范》CJJ 37-90 中通行机动车的道路只规定了 4.5m 的最小净高,在实际的运用中,已满足不了所有的需求。首先,随着城市规模的扩大,在交通管理上,实行了区域化管理,限定了大型车的行驶范围,若按最小净高设计,不仅浪费投资,而且不少工程受条件所限,竖向线形指标较低。其次,对现有道路的改扩建工程中,需保留既有桥梁结构的,受既有结构高度的限制,不能满足最小净高的要求。从规范拟定的设计车辆来看,车辆总高从 1.6m~4m,相差 2.4m,跨度较大。而总高在 3m 以下的车辆大约占 50%,北京、上海等城市已达到 90% 以上。因此,在这些城市中,已出现了限高 2.5m、3m、3.2m、3.5m 等工程实例。因此,在编制中,最小净高增加了只满足小客车通行的 3.5m 标准。同时为了保证桥梁结构的安全,避免设计中随便采用低于标准的规定,将其列为强制性条文。

设计车辆最小净高标准根据设计车辆总高加上 0.5m 竖向安全行驶距离确定,不包括以后加铺、积雪等因素的影响。但小客车的最小净高标准除了考虑设计车辆的车高要求外,同时还考虑了驾驶员的视觉感受,以及结合城市消防和应急车辆特殊通行的要求,因此最小净高规定高于一般原则。

3.4.4 特种车辆是指外廓尺寸、重量等方面超过设计车辆限界的及特殊用途的车辆。从目前的调查分析,常见的几种特种车辆总高均大于设计车辆总高的最大值,如双层公交车辆的车高限制值为 4.2m,消防车个别车高略超 4m,但不超过 4.2m。因此,如经常通行某种特殊超高车辆或专用道路时,在设计中净空高度应按实际通行车辆考虑。

3.4.5 我国城市道路规范与公路规范设计车辆总高均为 4m,而在最小净空高度的规定上不一致,城市道路规范采用 4.5m;公路规范中高速公路、一级和二级公路采用 5m,其他等级道路采用 4.5m。因此,出现了许多起从公路驶入城市道路撞坏桥梁设施的交通事故,许多人认为是由于城市道路低于公路净高标准所致。根据《道路交通安全法实施条例》(2004 年 5 月 1 日实施)中规定"重型、中型载货汽车,半挂车载物,高度从地面起不得超过 4 米,载运集装箱的

车辆不得超过 4.2 米",并通过实际调查分析,事故车辆均为超高装载。考虑到城市道路的建设特点,若增加 0.5m 的净高标准,不仅增加投资,而且会影响到技术指标的选取和工程的可实施性。因此,编制中,未对原规范最小净高进行修订,但是提出了城市道路与公路衔接段设计中应考虑的一些要求。

3.5 设 计 年 限

3.5.1、3.5.2 这两条规定基本与《城市道路设计规范》CJJ 37-90 一致。

设计年限包括确定路面宽度而采用的计算交通量增长年限与为确定路面结构而采用的计算累计标准当量轴次的基准年限两种。

1 在确定道路横断面车行道宽度时,远期交通量的年限作为道路设计年限的指标。道路交通量达到饱和时的设计年限按道路等级分为三种:快速路、主干路为 20 年;次干路为 15 年;支路为 10 年~15 年。道路等级高则设计年限长。在设计年限内,车行道的宽度应满足道路交通增长的要求,保证车辆能安全、舒适、通畅地行驶。

2 路面结构的设计使用年限是设计规定的一个时期,即路面结构在正常设计、正常施工、正常使用、正常维护下按预期目的的使用,完成预定功能的使用年限。不同路面类型选用不同的设计使用年限,以保证在设计使用年限内路面平整并具有足够强度。设计使用年限应与路面等级、面层类型及交通量相适应。

3.6 荷 载 标 准

3.6.1 该条规定基本与《城市道路设计规范》CJJ 37-90 一致。

路面上行驶的车辆种类很多,轴载大小不同,对路面造成的损害相差很大。因而,对路面结构设计来说,不单是总的累计作用次数,更重要的是轴载的大小和各级轴载在整个车辆组成中所占的比例。为方便计算,必须选用一种轴载作为标准轴载,一般来说应选用道路轴载中所占比例较大,对路面的影响也较大的轴载作为标准轴载。目前我国城市道路和公路标准中均采用双轮组单轴载 100kN 为标准轴载,相当于国际的中等水平。

标准轴载计算参数为:双轮组单轴载 100kN,以 BZZ-100 表示,轮胎压强为 0.7MPa,单轴轮迹当量圆半径 r 为 10.65cm,双轮中心间距为 $3r$。

近几年发展起来的快速公共交通专用道,以及一些连接工业区、码头、港口或仓储区的城市道路上,其上运行的车辆以重载、超载车为主,其接地压强可达 0.8MPa~1.1MPa,相应的接地面积也有一定的增加。设计时可根据实测汽车的轴重、轮胎压力、当量圆半径资料,经论证适当提高荷载参数。

3.7 防灾标准

3.7.2 考虑到城市桥梁安全对确保城市交通的重要性，本规范特别规定不论特大、大、中、小桥设计洪水频率一般均采用百年一遇，条文中的特别重要桥梁主要是指位于城市快速路、主干路上的特大桥。

城镇中有时会遇到建桥地区的总体防洪标准低于一百年一遇的洪水频率，若仍按此高洪水频率设计，桥面高程可能高出原地面很多，会引起布置上的困难，诸如拆迁过多，接坡太长或太陡，工程造价增加许多，甚至还会遇上两岸道路受淹，交通停顿，而桥梁高耸，此时可按当地规划防洪标准来确定梁底设计标高及桥面高程。而从桥梁结构的安全考虑，结构设计中如墩、台基础埋置深度，孔径的大小（满足泄洪要求），洪水时结构稳定等，仍须按本规范规定的洪水频率进行计算。

4 通行能力和服务水平

4.1 一般规定

4.1.1 由于道路条件、交通条件、控制条件和交通环境等都会影响道路通行能力和服务水平。因此，需要对条件不同的道路设施及其各组成部分分别进行通行能力和服务水平的分析。本条根据道路设施的重要程度，规定了需要进行通行能力和服务水平分析的道路设施类型。进行通行能力和服务水平分析的目的是确定在特定的运行状况条件下，疏导交通需求所需的道路几何构造，如车道数、车道宽度、交叉类型等，从而更好地指导设计。

1 道路条件包括车道数、车道、路缘带和中央分隔带等的宽度以及侧向净宽、设计速度、平纵线形和视距等。

交通条件包括交通流中的交通组成、交通量以及在不同车道中的交通量分布和上、下行方向的交通量分布。

控制条件是指交通控制设施的形式及特定设计和交通规则。

交通环境主要是指横向干扰程度以及交通秩序等。

2 根据道路设施和交通实体的不同，通行能力可分为机动车道通行能力、非机动车道通行能力和人行设施通行能力。从规划设计和运营的角度，通行能力可分为基本通行能力、实际通行能力和设计通行能力三种。

基本通行能力是指在一定的时段，在理想的道路、交通、控制和环境条件下，道路的一条车道或一均匀段或一交叉路口，期望能通过人或车辆的合理的最大小时流率。

实际通行能力是指在一定的时段，在具体的道路、交通、控制和环境条件下，道路的一条车道或一均匀段上或一交叉路口，期望能通过人或车辆的合理的最大小时流率。

设计通行能力是指在一定时段，在具体的道路、交通、控制及环境条件下，一条车道或一均匀段上或一交叉路口，对应设计服务水平下的最大服务交通流率。

3 服务水平是衡量交通流运行条件及驾驶员和乘客所感受的服务质量的一项指标，通常根据交通量、速度、行走时间、行驶（走）自由度、交通间断、舒适和方便等指标确定。根据服务设施的不同可对道路设施的服务水平分级。服务水平分级是为了说明道路设施在不同交通负荷条件下的运行质量，不同的道路设施，其服务水平衡量指标是不同的。

4.1.2 本次编制中将《城市道路设计规范》CJJ 37-90中车辆换算系数的规定进行以下修订。

1 将路段及路口的换算系数统一按一个标准考虑。

2 将大型车（原规范中为普通车辆，车辆换算系数为1.5）分为客、货两类型，车辆换算系数分别采用2.0和2.5。

5 铰接车的车辆换算系数由2.0（路段）或2.5（路口）修订为3.0。

4.2 快速路

4.2.1 本条规定了在快速路设计时，不仅要对路段通行能力和服务水平进行分析、评价，还必须对分合流区及交织区进行分析、评价，避免产生"瓶颈"地段，确保整条道路的通行能力和服务水平保持一致。

关于快速路分合流区以及交织区的通行能力分析、评价，由于目前国内尚未有成熟的研究成果，本规范只提出了设计要求，未给出具体的分析方法和内容，可参阅美国《道路通行能力手册》中的相关内容。

4.2.2 本规范快速路通行能力采用国家"十五"重点科技攻关计划《智能交通系统关键技术开发和示范工程》项目（2002BA404A02）—《快速路系统通行能力研究》的成果，与《城市快速路设计规程》CJJ 129-2009中的规定一致。

4.2.3 城市快速路服务水平分为四级：一级服务水平时，交通处于自由流状态；二级服务水平时，交通处于稳定流中间范围；三级服务水平时，交通处于稳定流下限；四级服务水平时，交通处于不稳定流状态。

城市道路规划、设计既要保证道路服务质量，还要兼顾道路建设的成本与效益。设计时采用的服务水平不必过高，但也不能以四级服务水平作为设计标准，否则将会有更多时段的交通流处于不稳定的强制运行状态，并因此导致更多时段内发生经常性拥堵。因此，规定新建道路采用三级服务水平，与《城市快速路设计规程》CJJ 129 - 2009 中的规定一致。

4.2.4 目前国内各大中城市均在建设或拟建城市快速路，本规范规定不同规模的快速路适应交通量供参考，以避免不合理的建设。设计适应交通量范围根据设计速度及不同服务水平下的设计交通量确定。

双向四车道、六车道的快速路适应交通量低限采用 60km/h 设计速度时二级服务水平情况下的最大服务交通量，预留一定的交通量增长空间；双向八车道的快速路考虑断面规模较大，标准太低性价比较差，适应交通量低限采用 80km/h 设计速度时二级服务水平情况下的最大服务交通量；高限均为 100km/h 设计速度时三级服务水平情况下的最大服务交通量，与设计服务水平一致。

年平均日交通量按下式计算：

$$AADT = \frac{C_D N}{K} \quad (1)$$

式中：$AADT$——预测年的平均日交通量（pcu/d）；

C_D——一条车道的设计通行能力（pcu/h）；

N——双向车道数；

K——设计小时交通量系数：设计高峰小时交通量与年平均日交通量的比值。当不能取得年平均日交通量时，可用代表性的平均日交通量代替；新建道路可参照性质相近的同类型道路的数值选用。参考范围取值 0.07~0.12。

按公式（1）计算后，快速路能适应的年平均日交通量如表 1。

表 1　快速路能适应的年平均日交通量

设计速度（km/h）	一条车道设计通行能力（pcu/h）	年平均日交通量（pcu/d）		
		四车道	六车道	八车道
100	2000（三级服务水平）	80000	120000	160000
80	1280（二级服务水平）	—	—	102000
60	990（二级服务水平）	39600	59400	—

4.3　其他等级道路

4.3.1 关于其他等级道路通行能力和服务水平的分析、评价，由于目前国内尚未有成熟的研究成果，本规范只提出了设计要求，未给出具体的分析方法和内容，可参阅美国《道路通行能力手册》中的相关内容。

4.3.2 路段一条车道的基本通行能力规定与《城市道路设计规范》CJJ 37 - 90 一致。设计通行能力受自行车、车道宽度、交叉口、车道数等的影响，《城市

道路设计规范》CJJ 37 - 90 中道路分类系数为 0.75~0.9，本次编制中道路分类系数统一采用 0.8。

4.3.3 信号交叉口服务水平是根据车辆在信号交叉口受阻情况确定的，一般情况下采用控制延误作为服务水平分级标准。控制延误包括由于信号灯引起的停车延误以及车辆停止和启动经历的减、加速延误。根据实际调查内容的不同，也可选择采用交通负荷系数和排队长度进行分级，使用时可根据情况灵活选择合理适用的指标。

4.4　自行车道

4.4.1~4.4.3 这三条规定基本与《城市道路设计规范》CJJ 37 - 90 一致。

规定了不同道路状况的路段及信号交叉口处，自行车道的设计通行能力。设计时根据道路条件灵活选用。

4.4.4、4.4.5 路段上，自行车道服务水平采用骑行速度、占用道路面积、交通负荷与车流状况等指标衡量；交叉口自行车道服务水平增加了停车延误时间、路口停车率等指标，使用时可根据情况灵活选用指标。

4.5　人行设施

4.5.1 人行设施的基本通行能力一般以 1h、1m 宽道路上通过的行人数（人/h·m）表示。人行道、人行横道、人行天桥、人行地道等单位宽度内的基本通行能力可根据行走速度、纵向间距和占用宽度计算。计算公式如下：

$$C_p = \frac{3600 v_p}{S_p b_p} \quad (2)$$

式中：C_p——人行设施的基本通行能力，人/（h·m）；

v_p——行人步行速度，可按表 2 取值；

S_p——行人行走时纵向间距，取 1.0m；

b_p——一队行人占用的横向宽度，m，可按表 2 取值。

表 2　不同人行设施通行能力计算参数推荐值

人行设施	步行速度 v_p（m/s）	一队行人的宽度 b_p（m）
人行道	1.00	0.75
人行横道	1.00~1.20	0.75
人行天桥、地道	1.00	0.75
车站、码头等处的人行天桥、通道	0.50~0.80	0.90

注：1　人行横道的基本通行能力计算结果为绿灯小时行人通行能力。

　　2　不同人行设施的可能通行能力可通过基本通行能力乘以综合折减系数后得到，推荐的综合折减系数范围为 0.5~0.7。

4.5.2 人行道采用人均占用面积作为服务水平分级标准。根据实际调查内容的不同，可参考行人纵向间距、横向间距和步行速度等指标进行分级。

5 横断面

5.1 一般规定

5.1.1 横断面设计应在了解规划意图、红线宽度、道路性质后，首先调查收集交通量（车流量与人流量）、流向、车辆组成种类、行车速度等，推算道路设计通行能力。同时根据交通性质、交通发展要求与地形条件，并考虑地上、地下管线的敷设、沿街绿化布置等要求，以及结合市内的通风、日照、城市用地条件等。综合研究分析确定横断面形式与各组成部分尺寸，在规划部门确定的道路红线宽度范围内进行，并考虑节约用地。

5.1.2 城市道路与城市用地、市政管网设施关系较为密切，改扩建工程难度都较大。因此，在横断面设计时，应尽可能按规划断面一次实施。受投资、拆迁限制，需分期实施时，应做多方案比较，按远期需求预留发展条件。近期应根据现有交通量，考虑正常增长及建成后交通发展确定路面宽度及结构，并根据市政管网规划预留管线位置或预埋过街管线，以免远期实现规划断面时伐树、挪杆或掘路。

5.1.3 在道路改建工程中，若仅靠工程措施提高道路通行能力，难度较大、投资较高，效果也不一定显著。应充分利用已形成的城市道路网，采取工程措施与交通管理措施相结合的办法来提高道路通行能力和保证交通安全。除增辟车行道、展宽道路等工程措施外，还可采取交通管理措施，如设置分隔设施、单向行驶交通组织等。在商业性街道，还可采取限制除公共交通外的机动车及非机动车通行的措施，以保障行人安全。

5.2 横断面布置

5.2.1~5.2.3 影响道路横断面形式与组成部分的因素很多，如城市规模、道路红线宽度、交通量、车辆类型与组成、设计速度、地理位置、排水方式、结构物的位置、相交道路交叉形式等等。从横向布置分类，目前使用的横断面从单幅路到八幅路均有，较为常见的是单幅路、两幅路、三幅路和四幅路。从竖向布置分类，有地面式、高架式或路堑式。本节主要针对横向分类描述。

　　1 单幅路：机动车与非机动车混合行驶，适用于机动车与非机动车交通量不大的城市道路。由于单幅路断面车道布置的灵活性，在中心城区红线受限时，车道划分可以根据机动车与非机动车高峰错时调剂使用。但应注意在公共汽车停靠站处应采取交通管

理措施，以便减少非机动车对公共汽车的干扰。

　　单幅路适用于机动车交通量不大、非机动车较少、红线较窄的次干路；交通量较少、车速低的支路；以及用地不足、拆迁困难的老城区道路；集文化、旅游、商业功能为一体的且红线宽度在40m以上，具有游行、迎宾、集合等特殊功能的主干路，推荐采用单幅路断面。

　　2 两幅路：机动车与非机动车混合行驶，适用于单向两条机动车道以上，非机动车较少的道路，对绿化、照明、管线敷设均较有利。如中心商业区、经济开发区、风景区、高科技园区或别墅区道路、郊区道路、城市出入口道路。对于横向高差大、地形特殊的道路，可利用地形优势采用上、下行分离式断面。两幅路之间需设分隔带，可采用绿化带分隔。

　　两幅路适用于机动车交通量不大、非机动车较少的主干路；红线宽度较宽的次干路。

　　3 三幅路：机动车（设置辅路时，为主路机动车）与非机动车分行，保障了交通安全，提高了机动车的行驶速度。机非分行适用于机动车及非机动车交通量大，红线宽度大于或等于40m的道路。主辅分行适用于两侧机动车进出需求量大，红线宽度大于或等于50m的主干路。主、辅路或机、非之间需设分隔带，可采用绿化带分隔。

　　三幅路适用于机动车和非机动车交通量较大的主干路；需设置辅路的主干路；红线宽度较宽的次干路。

　　4 四幅路：机动车（设置辅路时，为主路机动车）与非机动车分行，保障了交通安全，提高了机动车的行驶速度。适用于机动车车速高，单向机动车车道2条以上，非机动车多的快速路与主干路。双向机动车道中间设有中央分隔带，机动车道与非机动车道或辅路间设有两侧带分隔，能保障行车安全。当有较高景观要求时人行道、两侧带、中央分隔带的宽度可适当增加。

　　四幅路适用于需设置辅路的快速路和主干路；机动车及非机动车交通量较大的主干路。

5.2.4 公交专用车道分为常规公交专用车道和快速公交专用车道两种，常规公交专用车道又分为分时段和全天公交专用车道两种。由于其运行特点不同，对道路和车站设置的要求也相应不同，对横断面的布置影响也较大。因此，在道路上需设置公交专用车道时，应先根据公交专用车道的类型，结合车站布置、道路功能综合选定横断面形式。

5.2.6、5.2.7 道路设计中，为了打造美好的绿化景观效果，在用地允许的条件下，常设置较宽的分隔带。特大桥、大中桥跨度大、投资多，如果整个横断面宽度与道路一致，势必过多的增加投资。为保证行车安全，车行道宽度、路缘带宽度应与道路一致。分隔带宽度在满足桥梁防护设施设置要求的前提下可适

当压窄。

5.3 横断面组成及宽度

5.3.2 机动车车道的宽度主要取决于设计车辆车身的宽度、横向安全距离（车身边缘与相邻部分边缘之间横向净距）以及车辆行驶时的摆动宽度。横向安全距离取决于车辆在行驶中摆动与偏移的宽度，以及车身与相邻车道或人行道路缘石边缘必要的安全间隔。其值与车速、路面质量、驾驶技术以及交通秩序等因素有关。

根据中国道路交通安全协会经验交流会反映出的信息显示，近年来国内许多城市已就缩窄车道宽度问题做了试点，3.25m～3.5m 的车道宽度已较普遍的用在改建和条件受限的新建工程中。如上海的高架道路等等，部分地区采取了较为明显的措施，将车道宽度减至 2.7m～2.8m。并且也有不少的研究成果，如北京市市政工程设计研究总院 2008 年完成的《北京市城市道路机动车单车道宽度的研究》，针对北京市的具体情况，对车道宽度变化对运行车辆速度、安全及通过量方面的影响进行研究，提出了车道宽度的合理取值。

从目前的研究成果分析，可以得出以下结论。

1 由于城市交通状况及车辆组成的变化，尤其是车辆性能的提高，横向安全距离以及车速行驶时的摆动宽度，可以适当减小。

2 目前我国的公路和城市道路规范规定的机动车车道宽度标准高于许多国家或地区的车道宽度水平，一些主要国家或地区车道宽度规定值详见表3。

表 3　主要国家或地区车道宽度表（m）

道路等级＼国家或地区		中国	美国	日本	香港	英国	德国
高速公路		3.75	3.6～3.9	3.5	3.65	3.65～3.7	3.5～3.75
城市快速路		3.75	3.6～3.9	3.5	3.65	3.65～3.7	3.5
城市主干路	大型汽车或大、小型汽车混行（V≥40km/h）	3.75	3.3～3.6	3.5	3.65	3.65	3.5
	大型汽车或大、小型汽车混行（V<40km/h）	3.5	3.25～3.6	3.25～3.6	3.32～3.65	3.5	3.25～3.5
	小客车车道	3.5	3.3～3.6	3.25	3.32	3.35	3.25
城市次干路与支路		3.5	3.3	2.75～3	3.32	3.35	2.75～3.25

3 《城市道路设计规范》CJJ 37-90，表4中规定的机动车车道宽度标准高于《公路工程技术标准》JTG B01-2003 中表5的规定。

**表 4　《城市道路设计规范》CJJ 37-90
规定的机动车车道宽度**

车型及行驶状态	计算行车速度（km/h）	车道宽度（m）
大型汽车或大、小型汽车混行	≥40	3.75
	<40	3.50
小型汽车专用线	—	3.50
公共汽车停靠站	—	3.00

**表 5　《公路工程技术标准》JTG B01-2003
规定的机动车车道宽度**

设计速度（km/h）	120	100	80	60	40	30	20
车道宽度（m）	3.75	3.75	3.75	3.50	3.50	3.25	3.00

综合考虑目前的实际情况，结合相关研究成果和工程实例，车道宽度以设计速度 60km/h 分界，编制中对《城市道路设计规范》CJJ 37-90 的规定修订如下。

设计速度小于等于 60km/h 时，大型车或混行车道为 3.5m，小客车专用道为 3.25m。虽然这与《城市快速路设计规程》CJJ 129-2009 中规定的大型车或混行车道为 3.75m，小客车专用道为 3.5m 不一致。但考虑这么多年来对于车道宽度有了较为深入的研究成果和较为成功的工程实例，因此在本次编制中进行了修订。

设计速度大于 60km/h 时，大型车或混行车道为 3.75m，小客车专用道为 3.5m。

机动车道路面宽度除包括车行道宽度及两侧路缘带宽度外，还应根据具体的断面布置，包括应急车道、变速车道以及分隔物等设施所需的宽度。

5.3.3 该条规定基本与《城市道路设计规范》CJJ 37-90 一致。

本次编制中非机动车设计车辆取消了兽力车和板车，因此只规定了自行车和三轮车的车道宽度。

一条自行车道的宽度，按自行车车身宽度 0.6m 和根据《中华人民共和国道路交通安全法实施条例》规定的载物宽度，左右各不得超出车把 0.15m 计算，一条自行车车道宽度为 0.95m（0.6＋0.15×2），考虑行驶时的左右摆幅宽度，规定自行车车道宽度采用 1.0m。一般一个方向不少于 2 条自行车道。

一条三轮车道的宽度，按三轮车车身宽度 1.25m 和根据《中华人民共和国道路交通安全法实施条例》规定的载物宽度，左右各不得超出车身 0.2m 计算，一条三轮车车道宽度为 1.65m（1.25＋0.2×2），考虑行驶时的左右摆幅宽度，规定三轮车车道宽度采用 2.0m。

靠边行驶的非机动车，受道路的缘石、护栏、侧墙、雨水进水口、路面平整度和绿化植物的影响，要求设置 0.25m 的安全距离。路侧设置停车时还应充分考虑对其影响。

5.3.4 该条规定与《城市道路设计规范》CJJ 37-90 一致。

车行道最外侧路缘石至道路红线范围为路侧带。路侧带宽度包括人行道、绿化带和设施带。

1 人行道宽度指专供行人通行的部分，应满足行人通行的安全和顺畅。人行道宽度按下式计算。

$$W_p = N_w / N_{wl} \qquad (3)$$

式中：W_p——人行道宽度（m）；

N_w——人行道高峰小时行人流量，（P/h）；

N_{wl}——1m 宽人行道的设计通行能力，(P/h·m)。

根据调查资料，我国城市道路中人行道宽度一般为 2m~10m，商业街、火车站、长途汽车站附近路段人流密度大，携带的东西多，因此应比一般路段人行道宽。

人行道宽度除了满足通行需求外，还应结合道路景观功能，力求与横断面中各部分的宽度协调，各类道路的单侧人行道宽度宜与道路总宽度之间有适当的比例，其合适的比值可参考表 6 选用。对行人流量大的道路应采用大值。

表 6 单侧人行道宽度与道路总宽度之比值参考表

道路类别	横断面形式		
	单幅式	两幅式	三幅式
快速路		1/6~1/8	
主干路	1/5~1/7		1/5~1/8
次干路	1/4~1/6		1/4~1/7
支路	1/3~1/5		

2 绿化带是指在道路路侧为行车及行人遮阳并美化环境，保证植物正常生长的场地。当种植单排行道树时，绿化带最小宽度为 1.5m。

3 设施带是指在道路两侧为护栏、灯柱、标志牌等公共服务设施等提供的场地。不同设施独立设置时占用宽度见表 7。

表 7 不同设施独立设置时占用宽度

项 目	宽度（m）
行人护栏	0.25~0.5
灯柱	1.0~1.5
邮箱、垃圾箱	0.6~1.0
长凳、座椅	1.0~2.0
行道树	1.2~1.5

根据调查我国各城市设置杆柱的设施带宽度多数为 1.0m，有些城市为 0.5m~1.5m，考虑有些杆线需设基础，宽度较大，设计时应根据实际情况确定，并可与绿化带结合设置。

根据上面所述，绿化带及设施带是人行道的重要组成部分，而现有城市道路中，人行道的宽度规划设计仅为 3m~5m 宽，未考虑设施和绿化要求，如考虑后人行的有效宽度所剩不多。要求设计中应保证行人、绿化、设施三方面的功能，并给予一定的宽度，这样才能充分体现"以人为本"的原则。

5.3.5 分隔带为沿道路纵向设置的分隔车行道用的带状设施，其作用是分隔交通、安设交通标志、公用设施与绿化等，此外还可在路段为设置港湾停车站、在交叉口为增设车道提供场地以及保留远期路面展宽的可能。分隔带及两侧路缘带组成分车带。路缘带是位于车行道两侧与车道相衔接的用标线或不同的路面颜色划分的带状部分，其作用是保障行车安全。

本次编制中，在满足行车安全的前提下，对《城市道路设计规范》CJJ 37-90 中路缘带、安全带按设计速度 80km/h、60km/h 和 50km/h、40km/h 三档规定，修订为按设计速度 60km/h 为界分为两档，与车道宽度的分界一致，也更便于使用。取值除了设计速度 50km/h 的路缘带宽度由原规定的 0.5m 修订为 0.25m 外，其余规定均未变化。

5.3.6 该条规定与《城市快速路设计规程》CJJ 129-2009 的规定稍有不同，结合目前快速路使用中的具体情况将"连续或不连续停车带"的定义，延伸为"应急车道"的概念，其作用不仅仅是停车，交通拥堵时也可作为交管、消防、救护等特殊车辆通行的车道，因此将原规定的 2.5m 宽度调整为 3.0m。

目前我国已建成的快速路中，从单向两车道与三车道的使用效果看。两车道快速路未设应急车道的，受车辆故障影响较大易造成交通堵塞。而三车道快速路此现象不太严重，这说明其三车道道路在交通量不太大时，其最外侧车道可临时起应急停车带的作用，因此提出交通流量较大时，为保证快速路通行能力、行车安全通畅，单向车道数小于 3 条时，应设 3.0m 宽的应急车道。设置时应结合市中心区建筑红线及投资限制，也可按每 500m 左右设应急停车港湾，以便故障车临时停放而不影响正常车辆行驶。

5.3.7 路肩具有保护及支撑路面结构的功能，城市道路一般与两侧建筑或广场相接，不需要路肩。如果城市道路两侧为自然地面或排水边沟时，应设保护性路肩，以保护路基的稳定和设置护栏、栏杆、交通标志等设施，路肩的宽度应满足设置设施的要求。

5.4 路拱与横坡

5.4.1 路拱坡度的确定应以有利于路面排水和保障行车安全平稳为原则。坡度大小主要视路面种类、表面平整度、粗糙度、道路纵坡大小等而定。道路纵坡大时横坡取小值，纵坡小时取大值；严寒地区路拱设计坡度宜采用小值。路肩的坡度加大 1% 以利于排水。

5.4.2 采用单向坡时一般采用直线形路拱，双向坡时应采用抛物线加直线的路拱。

5.5 缘　石

5.5.1～5.5.3 缘石为设在路面边缘的界石。分为平缘石和立缘石。

平缘石是指顶面与路面平齐的路缘石，有标定路面范围、整齐路容、保护路面边缘的作用。适用于出入口、人行道两端及人行横道两端，便于推车、轮椅及残疾人通行。有路肩时，路面边缘也采用平缘石。

立缘石是指顶面高出路面的路缘石，有标定车行道范围和纵向引导排除路面水的作用。其外露高度是考虑满足行人上下及车门开启的要求确定的，一般高出路面 10cm～20cm。

6 平面和纵断面

6.1 一般规定

本次编制按照通用标准的深度和内容要求，依据《城市道路设计规范》CJJ 37‑90"平面与纵断面设计"章节，只规定了与控制道路技术标准和建设规模有关的主要技术指标，同时依据《城市快速路设计规程》CJJ 129‑2009 补充了设计速度 100km/h 的平纵线形指标，其他的相关技术指标详见行业标准《城市道路路线设计规范》。由于道路平面和纵断面指标主要由车辆性能决定，本次编制中设计车辆没有变化，因此，本章中的规定基本与《城市道路设计规范》CJJ 37‑90 及《城市快速路设计规程》CJJ 129‑2009 中的相关内容一致。

6.1.1 城市道路的平面定线受到城市道路网布局、地区控制性详细规划、道路规划红线宽度和沿街已有建筑物等因素的约束，平面线形只能局限在一定范围内调整，定线的自由度要比公路小得多。因此，城市道路网规划对道路定线的指导应充分考虑。

城市道路线形还受用地开发、征地拆迁、社会环境、景观、美学、文物保护、社区、公众参与等因素的影响，对于文物、名树要考虑保留，特别是改建道路，应考虑各方面的综合要求。

6.1.2 道路线形对交通安全、行驶顺适具有重要作用。不适当的线形将会造成事故，并增加养护及运行费用。因此设计时，应根据地形、地质、地物及各控制条件，按照道路等级和设计速度，采用适当的线形技术指标。处理好直线与平曲线的衔接，合理设置缓和曲线、超高、加宽、平纵线形组合，避免相邻线形

指标变化过大，正确处理好线形的连续与均衡性。

城市道路的纵断面设计受道路网规划控制标高、道路净空、沿街建筑高程、地下管线布置、沿线地面排水等因素的控制，应综合考虑各控制条件，兼顾汽车营运经济效益等因素影响，山地城市道路还需考虑土石方平衡，合理确定路面设计标高。

道路分期实施时，应满足近期使用要求，兼顾远期发展，减少废弃工程。

6.1.3 城市快速路和主干路与其他等级道路相比，不仅设计速度高，而且设置有各类型立交。不仅要求道路的平纵线形指标高，而且要求各指标间的连续、均衡。因此，要求其路线位置与各控制点、路线平纵线形与地形及各种构造物、路线交叉设置位置、间距等的衔接，协调与横断面之间的关系，从安全性、舒适性角度，强调线形组合及总体设计的要求。

6.2 平面设计

6.2.1 道路平面线形由直线和平曲线组成。直线的几何形态灵活性差，有僵硬不协调的缺点，并很难适应地形的变化。直线段太长，驾驶员会感到厌倦，注意力不易集中，成为交通肇事的起因。平曲线间的直线长度亦不宜过短，过短直线段使驾驶员操纵方向盘有困难，对行车不安全。

平曲线由圆曲线和缓和曲线组成，为使汽车能安全、顺适地由直线段进入曲线，要合理选用圆曲线半径，并根据半径大小设置超高和加宽。同时车辆从直线段驶入平曲线或平曲线驶入直线段，为了缓和行车方向和离心力的突变，确保行车的舒适和安全，在直线和圆曲线间或半径相差悬殊的圆曲线之间需设置符合车辆转向行驶轨迹和离心力渐变的缓和曲线。

因此，在平面线形设计中，不仅要合理选用各种线形指标，更重要的是还要处理好各种线形间的衔接，以保证车辆安全、舒适地行驶。设计人员应根据地形、地物、环境、安全、景观，合理运用直线、圆曲线、缓和曲线。对线形要求高的道路，应采用透视图法或三维手段检查设计路段线形，特别是避免断背曲线。

6.2.2 圆曲线最小半径

本规范规定了圆曲线最小半径有三类：不设超高最小半径、设超高最小半径一般值及极限值。在设计中应首先考虑安全因素，其次要考虑节约用地及投资，结合工程情况合理选用指标。采用小于不设超高最小半径时，曲线段应设置超高，超高过渡段内应满足路面排水要求。

圆曲线最小半径是以汽车在曲线部分能安全而又顺适地行驶所需的条件而确定的，即车辆行驶在道路曲线部分所产生的离心力等横向力不超过轮胎与路面的摩阻力所允许的界限。圆曲线半径的通用计算公

式为：

$$R = \frac{V^2}{127(\mu+i)} \qquad (4)$$

式中：R——曲线半径（m）；

V——设计速度（km/h）；

μ——横向力系数，取轮胎与路面之间的横向摩阻系数；

i——路面横坡度或超高横坡度，以小数表示，反超高时用负值。

横向力系数的大小影响着汽车的稳定程度、乘客的舒适感、燃料和轮胎的消耗以及其他方面，所以 μ 值的选用应保证汽车在圆曲线上行驶时的横向抗滑稳定性，以及乘客的舒适和经济的要求。表 8 为不同 μ 值对乘客的舒适程度反映。

表 8　汽车在弯道上行驶时对乘客的舒适感

μ 值	乘客舒适感程度
<0.10	转弯时不感到有曲线存在，很平稳
0.15	转弯时略感到有曲线存在，但尚平稳
0.20	转弯时已感到有曲线存在，并略感到不稳定
0.35	转弯时明显感到有曲线存在，并明显感到不稳定
≥0.40	转弯时感到非常不稳定，站立不住而有倾倒危险感

μ 值的选用还应考虑汽车营运的经济性。根据试验分析，汽车在弯道上行驶时与在直线上行驶相比，当 $\mu=0.10$ 时，燃料消耗增加 10%，轮胎磨耗增加 1.2 倍；当 $\mu=0.15$ 时，燃料消耗增加 20%，轮胎磨耗增加 2.9 倍。因此，在计算最小圆曲线半径时，μ 值小于 0.15 为宜。

1　不设超高最小半径

我国《公路工程技术标准》JTG B01-2003 采用的 μ 值较小，不设超高的圆曲线最小半径 μ 值按 0.035～0.040 取用，计算出的不设超高的最小半径值较大。以设计速度 60km/h 为例，横坡度 $i \leqslant 2.0\%$ 时，不设超高圆曲线最小半径为 1500m，这样小于 1500m 的半径均需设超高。在城市道路建成区由于两侧建筑已形成，如设超高，与两侧建筑物标高不好配合且影响街景美观，因此城市道路可适当降低标准。结合我国城市道路大型客货车较多、车道机非混行、交叉口多的特点，μ 值可适当加大些，城市道路不设超高的经验数据 $\mu=0.067$，虽然比公路 0.040 大些，但对乘客舒适感程度差别不大，为减少超高，该取值对城市道路是合适的。圆曲线半径计算值与规范采用值见表 9。

2　设超高最小半径一般值

设超高最小半径一般值计算中，μ 值采用 0.067，超高值为 0.02～0.06。圆曲线半径计算值与规范采用值见表 9。

3　设超高最小半径极限值

设超高最小半径极限值计算中，μ 值采用 0.14～0.16，超高值为 0.02～0.06。圆曲线半径计算值与规范采用值见表 9。

表 9　圆曲线半径计算表

	设计速度（km/h）	100	80	60	50	40	30	20
不设超高最小半径（m）	横向力系数 μ	0.067	0.067	0.067	0.067	0.067	0.067	0.067
	路面横坡度 i	−0.02	−0.02	−0.02	−0.02	−0.02	−0.02	−0.02
	$R = \dfrac{V^2}{127(\mu+i)}$	1675	1072	603	419	268	151	67
	R 采用值	1600	1000	600	400	300	150	70
设超高最小半径（m） 一般值	横向力系数 μ	0.067	0.067	0.067	0.067	0.067	0.067	0.067
	路面横坡度 i	0.06	0.06	0.04	0.04	0.02	0.02	0.02
	$R = \dfrac{V^2}{127(\mu+i)}$	620	397	265	184	145	81	36
	R 采用值	650	400	300	200	150	85	40
极限值	横向力系数 μ	0.14	0.14	0.15	0.16	0.16	0.16	0.16
	路面横坡度 i	0.06	0.06	0.04	0.04	0.04	0.02	0.02
	$R = \dfrac{V^2}{127(\mu+i)}$	394	252	149	98	70	39	17
	R 采用值	400	250	150	100	70	40	20

6.2.3 平曲线与圆曲线最小长度

规定平曲线与圆曲线最小长度的目的是避免驾驶员在平曲线上行驶时，操纵方向盘变动频繁，高速行驶危险，加上离心加速度变化率过大，使乘客感到不舒适。因此，必须确定不同设计速度条件下的平曲线及圆曲线最小长度。

1 平曲线最小长度

《日本公路技术标准的解说与运用》中规定平曲线最小长度为车辆 6s 的行驶距离，能达到缓和曲线最小长度的 2 倍。这实际上是一种极限状态，此时曲线为凸形曲线，驾驶者会感到操作突变且视觉不舒顺。因此最小平曲线长度理论上应大于 2 倍缓和曲线最小长度，即保证平曲线设置缓和曲线最小长度后，还能保留一段长度的圆曲线。在《公路路线设计规范》JTG D20 - 2006 中，规定了平曲线最小长度的"最小值"，为 2 倍缓和曲线最小长度，"一般值"为"最小值"的 3 倍。本次编制中根据城市道路设计的具体情况，将原规范中的规定作为"极限值"，将缓和曲线的 3 倍作为"一般值"。

2 圆曲线最小长度

圆曲线最小长度为车辆 3s 的行驶距离。

3 平曲线及圆曲线最小长度计算公式为：

$$L_{min} = \frac{1}{3.6} V_a t \qquad (5)$$

式中：L_{min}——行驶距离（m）；

V_a——设计速度（km/h）；

t——行驶时间（s）。

平曲线及圆曲线最小长度计算值与规范采用值见表 10。

表 10 平曲线及圆曲线最小长度计算表

设计速度（km/h）		100	80	60	50	40	30	20
平曲线最小长度	计算值（m）	166.7	133	100	83	67	50	33
	采用值（m）	170	140	100	85	70	50	40
圆曲线最小长度	计算值（m）	83.3	67	50	41.7	33.3	25	16.7
	采用值（m）		85	70	50	40	35	25	20

6.2.4 缓和曲线

车辆从直线段驶入平曲线或平曲线驶入直线段，由大半径的圆曲线驶入小半径的圆曲线或由小半径的圆曲线驶入大半径的圆曲线，为了缓和行车方向和离心力的突变，确保行车的舒适和安全，在直线和圆曲线间或半径相差悬殊的圆曲线之间需设置符合车辆转向行驶轨迹和离心力渐变的缓和曲线。行车道的超高或加宽应在缓和曲线内完成，在超高缓和段内逐渐过渡到全超高或在加宽缓和段内逐渐过渡到全加宽。

缓和曲线采用回旋线，是由于汽车行驶轨迹非常近似回旋线，它既能满足转向角和离心力逐渐变化的要求，同时又能在回旋线内完成超高和加宽的逐渐过渡，所以本规范中采用回旋线。回旋线的基本公式如下：

$$RL_s = A^2 \qquad (6)$$

式中：R——与回旋线相连接的圆曲线半径（m）；

L_s——回旋线长度（m）；

A——回旋线参数（m）。

1 缓和曲线最小长度

1）按离心加速度变化率计算

即离心加速度从直线上的零增加到进入圆曲线时的最大值，离心加速度变化率限制在一定的范围内。

离心加速度变化率为 $\alpha_p = 0.0214 \frac{V^3}{RL_s}$（m/s³）

从乘客舒适角度，离心加速度变化率 α_p 经测试知在（0.5~0.75）m/s³ 为好，我国道路设计中采用 $\alpha_p = 0.6 \text{m/s}^3$，则

$$L_s = 0.035 \frac{V^3}{R} \text{（m）} \qquad (7)$$

式中：V——设计速度（km/h）；

R——设超高最小半径（m）。

2）按驾驶员操作反应时间计算

汽车在缓和曲线上行驶时，行车时间不应过短，应使驾驶员有足够的时间适应线形的变化，也使乘客感到舒适。缓和曲线上行驶时间采用 3s，按下式计算：

$$L_s = \frac{1}{3.6} Vt = 0.833V \text{（m）} \qquad (8)$$

回旋线参数及长度应根据线形设计以及对安全、视距、超高、加宽、景观等的要求，选用较大的数值。缓和曲线最小长度系曲率变化需要的最小长度，按公式（7）及公式（8）两者计算的大者，按 5m 的整倍数作为缓和曲线最小长度采用值，见表 11。

表 11 缓和曲线最小长度

设计速度（km/h）		100	80	60	50	40	30	20
缓和曲线最小长度（m）	$L_s = 0.035 \frac{V^3}{R}$	87.5	71.7	50.4	43.8	32.0	23.6	14.0
	$L_s = \frac{3V}{3.6} = 0.833V$	83.3	66.6	50.0	41.7	33.3	25.0	16.7
	采用值	85	70	50	45	35	25	20

2 不设缓和曲线的最小圆曲线半径

在直线和圆曲线之间插入缓和曲线后，将产生一个位移量 ΔR，当此位移量 ΔR 与已包括在车道中的富裕宽度相比为很小时，则可将缓和曲线省略，直线与圆曲线可径相连接。设置缓和曲线的 ΔR 以 0.2m 的位移量为界限。当 $\Delta R < 0.2\text{m}$ 可不设缓和曲线，

当 $\Delta R \geqslant 0.2m$ 时设缓和曲线。从回旋线数学表达式可知：

$$\Delta R = \frac{1}{24} \times \frac{L_s^2}{R}，而\ L_s = \frac{V}{3.6} \times t$$

当采用 $\Delta R = 0.2m$ 及 $t = 3s$ 行驶时，即可得出不设缓和曲线的临界半径为：

$$R = 0.144V^2 \ (m) \tag{9}$$

为不影响驾驶员在视觉和行驶上的顺适，不设缓和曲线的最小半径值为式（9）计算值的 2 倍，不设缓和曲线的最小圆曲线半径计算值及采用值见表 12。

表 12　不设缓和曲线的最小圆曲线半径

设计速度 （km/h）		100	80	60	50	40	30	20
不设缓和曲 线的最小圆 曲线半径（m）	$2R$	2880	1843	1037	720	461	260	115
	采用值	3000	2000	1000	700	500	300	150

设计速度小于 40km/h 时，缓和曲线可用直线代替，用以完成超高或加宽过渡。直线缓和段一端应与圆曲线相切，另一端与直线相接，相接处予以圆顺。

6.2.5　超高和超高缓和段

1　超高值

当采用的圆曲线半径小于不设超高的最小半径时，汽车在圆曲线上行驶时受到的横向力会使汽车产生滑移或倾覆。为了抵消车辆在曲线路段上行驶时所产生的离心力，将圆曲线部分的路面做成向内侧倾斜的超高横坡度，形成一个向圆曲线内侧的横向分力，使汽车能安全、稳定、满足设计速度和经济、舒适地通过圆曲线。超高横坡度由车速确定，但过大的超高往往会引起车辆的横向滑移，尤其在潮湿多雨以及冰冻地区，当弯道车速慢或停止在圆曲线上时，车辆有可能产生向内侧滑移的现象，所以应对超高横坡度加以限制。快速路上行驶的汽车为了克服行车中较大的离心力，超高横坡度可较一般规定值略高。我国《公路路线设计规范》JTG D20 - 2006 规定，一般地区高速公路、一级公路最大超高横坡度为 8% 或 10%，其他等级公路为 8%，积雪或冰冻地区为 6% 较安全。

城市道路由于受交叉口、非机动车以及街坊两侧建筑的影响，不宜采用过大的超高横坡度。综合各方面的情况，拟定城市道路最大超高横坡度如下：设计速度 100km/h、80km/h 为 6.0%；设计速度 60km/h、50km/h 为 4.0%；设计速度小于等于 40km/h 为 2.0%。

2　超高缓和段

由直线上的正常路拱断面过渡到圆曲线上的超高断面时，必须在其间设置超高缓和段。超高缓和段长度按下式计算：

$$L_c = b \cdot \Delta i / \varepsilon \tag{10}$$

式中：L_c——超高缓和段长度（m）；

　　　b——超高旋转轴至路面边缘的宽度（m）；

　　　Δi——超高横坡度与路拱坡度的代数差（%）；

　　　ε——超高渐变率，超高旋转轴与路面边缘之间相对升降的比率，见表 13。

表 13　超高渐变率

设计速度 （km/h）	100	80	60	50	40	30	20
超高渐变率	1/175	1/150	1/125	1/115	1/100	1/75	1/50

超高缓和段应在回旋线全长范围内进行。当回旋线较长时，超高缓和段可设在回旋线的某一区段范围内，其超高过渡段的纵向渐变率不得小于 1/330，全超高断面宜设在缓圆点或圆缓点处。超高缓和段起、终点处路面边缘出现的竖向转折，应予以圆顺。

对设超高的城市道路，一般双向四车道沿中线轴旋转的超高缓和段长度基本能包含适用的一般情况。但是，对以车行道边缘线为旋转轴的或车道数较多或较宽的道路，则可能超高所需的缓和段长度大于曲率变化的缓和段长度，因此在超高缓和段长度与缓和曲线长度两者中取大值作为缓和曲线的计算长度。

对线形要求高的高等级道路，如城市快速路、高架路，回旋线长度应根据线形设计以及对安全、视距、景观等的要求，选用较大的数值。

超高的过渡方式应根据地形状况、车道数、超高横坡度值、横断面形式、便于排水、路容美观等因素决定。单幅路路面宽度及三幅路机动车道路面宜绕中线旋转；双幅路路面及四幅路机动车道路面宜绕中间分隔带边缘旋转，使两侧车行道各自成为独立的超高横断面。

6.2.6　加宽和加宽缓和段

1　加宽值

汽车在曲线上行驶时，各车轮行驶的轨迹不相同。靠曲线内侧后轮的行驶半径最小，靠曲线外侧前轮的行驶曲线半径则最大。所以，汽车在曲线上行驶时所占的车道宽度，比直线段的大。为适应汽车在平曲线上行驶后轮轨迹偏向曲线内侧的需要，通常小于 250m 半径的曲线加宽均设在弯道内侧。城市道路弯道上，常因为节省用地或拆迁房屋困难而设置小半径弯道，考虑到对称于设计中心线设置加宽较为有利，而采用弯道内外两侧同时加宽，其每侧的加宽值为全加宽值的 1/2。采用外侧加宽势必造成线形不顺，因此宜将外缘半径与渐变段边缘线相切，有利于行车。若弯道加宽值较大，应通过计算确定加宽方式和加宽值。

在规范条文中，未规定具体的加宽值。为便于设计人员使用，在该处给出加宽值的计算方法，供设人员根据具体情况选用。

根据汽车在圆曲线上的相对位置关系所需的加宽值 b_{w1} 和不同车速汽车摆动偏移所需的加宽值 b_{w2}，城市道路每车道加宽值计算公式如下：

小型及大型车的加宽值 b_w 为：

$$b_w = b_{w1} + b_{w2} = \frac{a_{gc}^2}{2R} + \frac{0.05V}{\sqrt{R}} \quad (11)$$

铰接车的加宽值 b'_w 为：

$$b'_w = b'_{w1} + b'_{w2} = \frac{a_{gc}^2 + a_{cr}^2}{2R} + \frac{0.05V}{\sqrt{R}} \quad (12)$$

式中：a_{gc}——小型及大型车轴距加前悬的距离，或铰接车前轴距加前悬的距离（m）；

a_{cr}——铰接车后轴距的距离（m）；

V——设计速度（km/h）；

R——设超高最小半径（m）。

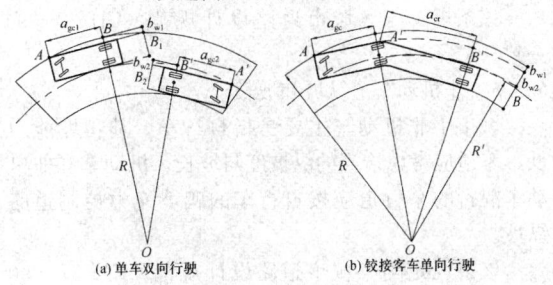

(a) 单车双向行驶　　　(b) 铰接客车单向行驶

图 1　圆曲线上路面加宽示意图

2　加宽缓和段

在圆曲线范围内加宽，为不变的全加宽值，两端设置加宽缓和段，其加宽值由直线段加宽为零逐渐按比例增加到圆曲线起点处的全加宽值。

加宽缓和段的长度可按下列两种情况确定：

1) 设置缓和曲线或超高缓和段时，加宽缓和段长度应采用与回旋线或超高缓和段长度相同的数值。

2) 不设回旋线或超高缓和段时，加宽缓和段长度应按加宽侧路面边缘宽度渐变率为 1：15～1：30，且长度不得小于 10m 的要求设置。

6.2.7　视距

为了保证行车安全，应使驾驶员能看到前方一定距离的道路路面，以便及时发现路面上有障碍物或对向来车，使汽车在一定的车速下能及时制动或避让，从而避免事故。驾驶人从发现障碍物开始到决定采取某种措施的这段时间段内汽车沿路面所行驶的最短行车距离，称为视距。

视距是道路设计的主要技术指标之一，在道路的平面上和纵断面上都应保证必要的视距。如平面上挖方路段的弯道和内侧有障碍物的弯道，以及在纵断面上的凸形竖曲线顶部、立交桥下凹形竖曲线底部处，均存在视距不足的问题，设计时应加以验算。验算时物高规定为 0.1m，眼高对凸形竖曲线规定为 1.2m，

对凹形竖曲线规定为 1.9m。货车存在空载时制动性能差、轴间荷载难以保证均匀分布、一条轴侧滑会引起汽车车轴失稳、半挂车铰接刹车不灵等现象，尤其是下坡路段。货车停车视距的眼高规定为 2.0m，物高规定为 0.1m。

视距有停车视距、会车视距、错车视距和超车视距等。在城市道路设计中，主要考虑停车视距。若车行道上对向行驶的车辆有会车可能时，应采用会车视距，会车视距为停车视距的 2 倍。

停车视距由反应距离、制动距离及安全距离组成，按式（13）、式（14）计算：

$$S_s = S_r + S_b + S_a \quad (13)$$

式中：S_r——反应距离（m）；

S_b——制动距离（m）；

S_a——安全距离，取 5m。

$$S_s = \frac{Vt}{3.6} + \frac{\beta_s V^2}{254\mu_s} + S_a \quad (14)$$

式中：V——设计速度（km/h）；

t——反应时间，取 1.2s；

β_s——安全系数，取 1.2；

μ_s——路面摩擦系数，取 0.4。

停车视距的计算值及采用值见表 14。

表 14　停车视距

设计速度 (km/h)	S_r (m)	S_b (m)	S_a (m)	S_s 计算值 (m)	S_s 采用值 (m)
100	33.34	118.00	5	156.34	160
80	26.67	75.52	5	107.26	110
60	20.00	42.48	5	67.52	70
50	16.67	29.50	5	51.17	60
40	13.33	18.88	5	37.21	40
30	10.00	10.62	5	25.62	30
20	6.67	4.72	5	16.39	20

在平曲线范围内为使停车视距规定值得到保证，应将平曲线内侧横净距范围内的障碍物予以清除，根据视距线绘出包络线图进行检验。

6.2.8 中央分隔带开口是为了使车辆在必要时可通过开口到反方向车道行驶，以供维修、养护、应急抢险时使用。中央分隔带开口间距应视需要而定，本规范只规定了最小间距。开口处应设置活动护栏，避免车辆调头。

两侧分隔带开口是为了使车辆进出道路使用，开口间距应视需要而定，但应保证不影响正常交通的行驶，本规范只规定了最小间距及距离路口的距离。

6.3　纵断面设计

6.3.1　机动车道最大纵坡

该条规定与《城市道路设计规范》CJJ 37-90一致。

为保证车辆能以适当的车速在道路上安全行驶，即上坡时顺利，下坡时不致发生危险的纵坡最大限制值为最大纵坡。道路最大纵坡的大小直接影响行车速度和安全、道路的行车使用质量、运输成本以及道路建设投资等问题，它与车辆的行驶性能有密切关系。

目前，许多国家都以单位载重量所拥有的马力数（HP/t），即比功率作为衡量汽车爬坡能力的指标，认为 HP/t 数值相同的汽车，其爬坡能力大致相同。

小汽车爬坡能力大，纵坡大小对小汽车影响较小，而载重汽车及铰接车的爬坡能力低，纵坡大小对其影响较大。如以小汽车爬坡能力为准确定最大纵坡，则载重汽车及铰接车均需降速行驶，使汽车性能不能充分发挥，是不经济的；而且还会降低道路通行能力，下坡时更危险。在汽车选型时，既要考虑现状又要考虑发展。

设计最大纵坡应考虑各种机动车辆的动力性能、道路等级、设计速度、地形条件等选用规范中最大纵坡一般值。当受条件限制纵坡大于一般值时应限制坡长，但最大纵坡不得超过最大纵坡极限值。

6.3.2 机动车道最小纵坡

城市道路通常低于两侧街坊，两侧街坊的雨水排向车行道两侧的雨水口，再由地下的连管通到雨水管道排入水体。因此，道路最小纵坡应是能保证排水和防止管道淤塞所需的最小纵坡，其值为 0.3%。若道路纵坡小于最小纵坡值，则管道的埋深必将随着管道的长度而加深。为避免其埋设过深所致的土方量增大和施工困难，所以，规定城市道路的最小纵坡不应小于 0.3%。

6.3.3 机动车道最小坡长

最小坡长的限制是从汽车行驶平顺度、乘客的舒适性、纵断视距和相邻两竖曲线的布设等方面考虑的。如果纵坡太短，转坡太多，纵向线形呈锯齿状，不仅路容不美观，影响临街建筑的布置，而且车辆行驶时驾驶员变换排档会过于频繁而影响行车安全，同时导致乘客感觉不舒适。所以，纵坡坡长应保持一定的最小长度。

《城市道路设计规范》CJJ 37-90 中规定坡长采用不小于 10s 的汽车行驶距离，另外，在一段坡长设置的两个竖曲线不得搭接，故规范采用最小竖曲线半径值与最大纵坡验算最小坡长。根据计算结果，设计速度≤60km/h 时，最小坡长由 10s 的汽车行驶距离决定；设计速度>60km/h 时，最小坡长由竖曲线半径值与最大纵坡计算值决定。由竖曲线半径值与最大纵坡计算方法，使用了两个极限值。在目前的设计理念中，应尽可能避免各种极限指标的组合使用，而且从实际情况看，原指标也偏大，对于平原区的城市道路设计有一定困难。该指标相对《公路工程技术标准》JTG B01-2003 中规定的最小坡长也偏大。因此，在编制中，统一规定最小坡长为 10s 的汽车行驶距离。该取值与现行《公路工程技术标准》JTG B01-2003 及《城市快速路设计规程》CJJ 129-2009一致。

加罩道路、老桥利用接坡段、尽端道路及坡差小的路段，最小坡长的规定可适当放宽。

6.3.4 机动车道最大坡长

最大坡长为纵坡大于最大纵坡一般值时，对纵坡坡长的限制长度。本规范采用的纵坡坡长是根据汽车加、减速行程图求得，并参考《公路路线设计规范》JTG D20-2006 与《日本公路技术标准的解说与运用》综合确定。根据不同设计速度、不同坡度做出坡长限制值。当设计速度≤30km/h 时，由于车速低，爬坡能力大，坡长可不受限制。

该条规定与《城市道路设计规范》CJJ 37-90一致。

6.3.5 非机动车道纵坡和坡长

城市中非机动车主要是指自行车，其爬坡能力低，车道应考虑恰当的纵坡度与坡长，机动车和非机动车混行的车行道应按自行车的爬坡能力控制道路纵坡。

该条规定与《城市道路设计规范》CJJ 37-90一致。

6.3.6 竖曲线半径和竖曲线长度

1 竖曲线最小半径

当汽车行驶在变坡点时，为了缓和因运动变化而产生的冲击和保证视距，必须插入竖曲线。竖曲线形式可为圆曲线或抛物线。经计算比较，圆曲线与抛物线计算值基本相同，为使用方便，本规范采用圆曲线。竖曲线最小半径计算如下：

凸形竖曲线极限最小半径 R_v（m）用下式计算：

$$R_v = \frac{S_s^2}{2(\sqrt{h_e} + \sqrt{h_o})^2} \tag{15}$$

式中：S_s——停车视距（m）；

h_e——眼高，采用 1.2m；

h_o——物高，采用 0.1m。

凸形竖曲线半径的计算值及采用值见表 15。

表 15 凸形竖曲线半径

设计速度（km/h）	停车视距（m）	极限最小半径（m）	
		计算值	采用值
100	160	6421	6500
80	110	3035	3000
60	70	1229	1200
50	60	903	900
40	40	401	400
30	30	226	250
20	20	100	100

凹形竖曲线极限最小半径 R_c（m）用下式计算：

$$R_c = \frac{V^2}{13a_0} \qquad (16)$$

式中：V——设计速度（km/h）；

a_0——离心加速度，采用 0.28m/s^2。

凹形竖曲线半径的计算值及采用值见表16。

表16　凹形竖曲线半径

设计速度（km/h）	V^2	$13a_0$	极限最小半径（m）	
			计算值	采用值
100	10000	3.64	2747	3000
80	6400	3.64	1785	1800
60	3600	3.64	989	1000
50	2500	3.64	686	700
40	1600	3.64	439	450
30	900	3.64	247	250
20	400	3.64	109	100

竖曲线一般最小半径为极限最小半径的1.5倍，国内外均使用此数值。"极限值"是汽车在纵坡变更处行驶时，为了缓和冲击和缓和视距所需的最小半径的计算值，设计时受地形等特殊情况限制方可采用。

2　竖曲线最小长度

为了使驾驶员在竖曲线上顺适地行驶，竖曲线不宜过短，应在竖曲线范围内有一定的行驶时间，日本规定行驶时间3s的行驶距离。本规范竖曲线最小长度极限值采用3s的行驶距离，按下式计算：

$$l_v = \frac{V}{3.6} \times 3 = 0.83V \qquad (17)$$

式中：l_v——竖曲线最小长度（m）；

V——设计速度（km/h）。

设计中，为了行车安全和舒适，应采用竖曲线最小长度的"一般值"。"一般值"规定为"极限值"的2.5倍。

6.3.7 合成坡度

纵坡与超高或横坡度组成的坡度称为合成坡度。将合成坡度限制在某一范围内的目的是尽可能地避免陡坡与急弯的组合对行车产生的不利影响。道路设计常以合成坡度控制，合成坡度按下式计算：

$$j_r = \sqrt{i_s^2 + j^2} \qquad (18)$$

式中：j_r——合成坡度（%）；

i_s——超高横坡度（%）；

j——纵坡度（%）。

6.4　线形组合设计

6.4.1 道路线形设计的习惯做法是先进行平面设计，后进行纵断面设计，这样只能以纵断面来迁就平面。因此，在平面设计时要考虑纵断面设计；同样在纵断面设计时也要与平面线形协调配合。平纵线形组合是

指在满足汽车运动学和力学要求的前提下，研究如何满足视觉和心理方面的连续性、舒适感，研究与周围环境的协调和良好的排水条件。所以，线形设计不仅要符合技术指标要求，还应结合地形、景观、视觉、安全、经济性等进行协调和组合，使道路线形设计更加合理。

6.4.2 线形组合设计强调的是在平面设计的同时，考虑纵断面设计的协调性，甚至横断面设计的配合问题。

平纵线形组合原则上应"相互对应"，且平曲线稍长于竖曲线，即所谓的"平包竖"。国内外研究资料表明，当平曲线半径小于2000m、竖曲线半径小于15000m时，平、竖曲线的相互对应对线形组合显得十分重要；随着平、竖曲线半径的增大，其影响逐渐减小；当平曲线半径大于6000m、竖曲线半径大于25000m时，对线形的影响显得不很敏感。因此，线形设计的"相互对应、且平包竖"的基本要求需视平、竖曲线的半径而掌握其符合的程度。

城市道路由于限制条件多，对于低等级道路不必强求平纵线形的相互对应。

7　道路与道路交叉

7.1　一般规定

7.1.1～7.1.3 道路与道路交叉设计是城市道路设计中比较重要的一部分内容，其交叉形式的选择、交叉口平纵面设计、交叉口的交通管理方式等等，对整条道路甚至周边路网的通行能力和服务水平都有较大的影响。行业标准《城市道路交叉口设计规程》CJJ 152-2010 于2011年3月实施，对于道路与道路交叉设计的相关要求，在其中已有详细的规定，本章只对交叉口形式的分类、一些共性的要求以及主要的技术指标进行规定。

7.2　平面交叉

7.2.1 平面交叉口的交通组织通过平面布局来组织分配各交通流的通行路径，通过交通管理来组织分配各交通流的通行次序。平面交叉口设计应包括平面布局方案及交通管理方式，本次编制中，结合交叉口平面布局方案及交通管理方式将平面交叉口分为三大类五小类。

7.2.2 本条按相交道路的等级规定了宜采用的平面交叉口类型。但在城市道路设计中，一般情况下在道路规划阶段已确定平面交叉口类型及用地范围。因此在具体设计中应依据规划条件，结合功能要求与控制条件，选定合适的交叉口类型。

7.2.3 平面交叉口的形式有十字形、T形、Y形、X形、环形交叉、多路交叉、错位交叉、畸形交叉等。

通常采用最多的是十字形，形式简单，交通组织方便，适用范围广。由于交叉口形状，在规划阶段已大体确定，设计阶段应在不影响总体布局的前提下予以优化调整。道路交叉角度较小时，交叉口需要的面积较大，并使视线受到限制，行驶不安全且不方便。

《城市道路交通规划设计规范》GB 50220-95 及《城市道路设计规范》CJJ 37-90 规定交叉口的最小交叉角为45°。根据实际情况，交叉角太小，不利于交通组织管理、不利于土地利用，本次编制参考美国文献将最小交叉角改为70°。

目前在城市道路平交路口的渠化设计中，常采用压缩行人和非机动车的通行空间来增加机动车道，对行人和非机动车的通行带来较大的不便。本次明确规定在路口渠化设计中，应保证行人和非机动车通行空间的连续性和完整性。

7.2.4、7.2.5 交叉口范围应包括整个交叉口功能区，即：所有相交道路的重叠部分和其上游和下游车道的延伸，包括拓宽和渐变段以及非机动车道、人行道和过街设施，见图2。

交叉口功能区的定义对交叉口本身的交通运行的机动性和安全性有着重要意义。机动车进入交叉口要进行一系列复杂的操作：反应、减速、排队等待、转向或穿越、加速等等，功能区则是实施这一系列复杂操作的面积范围，或者说是交叉口对其相交道路的影响区域范围。在交叉口功能区之外，车辆以正常速度行驶，其特征符合路段交通特征。因此，对于交叉口的功能区的设计指标要求高于路段的设计标准。

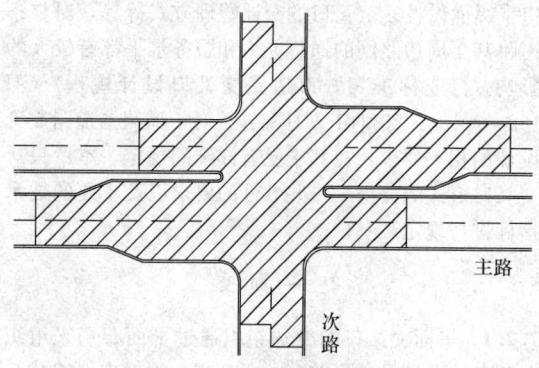

图2 交叉口范围示意图

7.2.6 交叉口范围内，受相交道路不同流向车流的影响，进口道车流的速度降低，交叉口进口道成为交通瓶颈。为使进口道通行能力与路段的通行能力相匹配，进口车道数应大于路段基本车道数。同时为防止车辆在进口道内因车道过宽而发生抢道现象，可将进口道车道宽度适当减窄。

7.2.7 汽车驶近平面交叉口时，驾驶员应能看清整个交叉道路上车辆的行驶情况，以便能顺利地驶过交叉口或及时停车，避免发生碰撞。这段距离必须大于或等于停车视距（S_s）。视距三角区应以最不利情况

绘制，在三角形范围内，不准有任何妨碍视线的各种障碍物。十字形和 X 形交叉口视距三角形范围如图3。

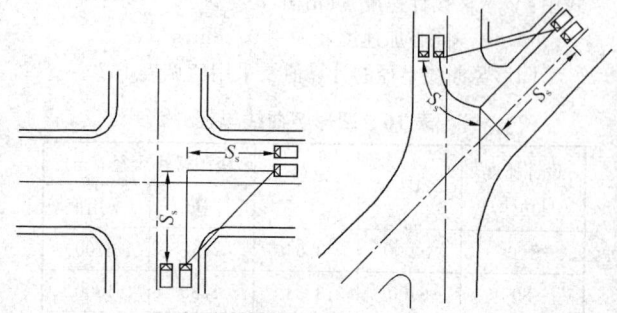

图3 交叉口视距三角形

7.3 立 体 交 叉

7.3.1 现行的规范中道路立体交叉分为互通式和分离式两大类。《城市道路设计规范》CJJ 37-90 中将互通式立体交叉按照交通流线的交叉情况和道路互通的完善程度分为完全互通式、不完全互通式和环行三种。《公路工程技术标准》JTG B01-2003 按照交通流线的交叉情况、线形的标准将互通式立交分为枢纽互通式和一般互通式，其分类参照欧美国家的方法，较为符合交通流的运行特征。

本规范通过收集大量国内已建立交资料，参照公路及国外相关规范的成果，结合城市道路的交通运行特点，认为《城市道路设计规范》CJJ 37-90 中仅按立交的互通情况分为完全互通和部分互通，不能满足立交的设计要求。由于不同的立交形式，立交的互通标准会形成较大的差异，对通行能力和服务水平都有较大的影响。因此本次编制中将立体交叉按照交通流线的交叉情况，采用直行交通、转向交通和机非干扰程度指标分为枢纽立交和一般立交，更接近于实际情况。

7.3.2 城市道路立交分类及选型直接影响立交功能、规模和工程造价，是立交规划、设计的重要依据之一。以往立交修建使用中出现少数因规模、标准欠妥而致占地、投资过大，或难以适应规划年限内交通需求增长而出现过早饱和、发生交通堵塞等问题。为此，7.3.1条规定了各类型立交宜选用的立交形式；本条依据交叉口相交道路的等级，规定了宜采用的立交类型。

7.3.3 车道数取决于道路设计通行能力和服务水平，条文不仅规定了立交桥区主路基本车道数应与路段基本车道数一致，而且在主路分合流处，还必须保持车道数的平衡。一般情况下，分合流前后的主线车道数应大于等于分合流后前的主线车道数与匝道车道数之和减1，当不满足时，应设置辅助车道。

7.3.4 设置集散车道是为了将立交区的交织运行转

移至集散车道，集散车道车速较主线低，因此需与主线分隔设置。

7.3.5 立交范围受匝道设置及进出口影响，为提高行驶安全性，线形设计应采用比路段高的技术指标。《公路路线设计规范》JTG D20 - 2006 中对互通式立交范围线形指标的规定比路段线形指标提高很多。城市道路目前对立交范围的线形指标缺少相关的研究，若采用《公路路线设计规范》JTG D20 - 2006 的指标，由于城市道路立交及进出口间距较密，交通运行状态与公路不一致，建设条件制约因素较多，很难按其规定值实施。因此，规定互通式立交范围主线线形指标不应低于路段设计的一般值，有条件时尽量取高值。分离式立交主线可不受立交范围线形指标要求的控制。

7.3.6 由于主线的设计速度高于匝道，因而交通流驶出主线需要减速，驶入主线需要加速，为了满足车辆变速行驶的要求，减少对主线正常行驶交通流的干扰，应设置变速车道。

变速车道通常设计成直接式和平行式两种。直接式是以平缓的角度为原则进行设计，变速车道与匝道连接，车辆行驶轨迹平滑。平行式是以增设一条平行主线的变速车道，采用有适当流出角度的三角段与主线连接进行设计。与直接式相比，其起终点明确，三角段部分虽然与车辆的行驶轨迹相符合，但在通过整个变速车道时必须走"S"形路线。不论哪一种形式，只要适当地对主线线型进行分析，并进行合理设计，均能满足变速的要求。

直接式变速车道能提供驾驶员合适的直接驶离主线的行车轨迹，研究表明大部分车辆都能以比较高的速度驶离直行车道，从而减少了由于在直行车道上开始减速而引起追尾事故的发生，故较为广泛地用于减速车道。对于加速车道，驾驶员同样希望由直接式流入，而不愿走"S"形，但是当主线交通量大时，车辆在找流入主线机会的同时需要使用加速车道的全长，而平行式车道除了提供车辆加速功能外，还能给汇流车辆提供更多的时间和机会去寻找空档插入，故加速车道一般采用平行式。因此规定"减速车道宜采用直接式，加速车道宜采用平行式"。

7.3.7 根据交通流流入、流出主路的交通特征，车辆通过出入口时，要经过加速、减速、交织等过程，整个过程中将产生紊流，合理的出入口间距是交通畅通的可靠保障。《快速路设计规程》CJJ 129 - 2009 及《城市道路交叉口设计规程》CJJ 152 - 2010 中对于出入口的合理间距均有明确规定。城市道路控制条件较多，设计中经常会遇到不能满足出入口间距的要求，在这种情况下，需设置集散车道，调整出入口的位置，以满足间距需要。

7.3.8 设有辅路系统的快速路与主干路或主干路与主干路相交设置的一般立交，其辅路系统可以匝道布

置结合考虑。如两层的苜蓿叶立交、菱形立交等，一般结合路段出入口设置，采用与匝道结合的方式布置辅路系统。对于枢纽型立交要求其系统的连续，桥区内的辅路系统必须单独设置。

7.3.9～7.3.11 立交范围内由于占地较大，行人和非机动车的通行要求不高，在建设条件受限的情况下，经常采用降低行人和非机动车的设计标准解决，造成系统不连续或宽度不足。而且立交区对于公交车站的设置往往考虑不周。因此，在编制中对这三部分设计要求进行了明确规定。

8 道路与轨道交通线路交叉

8.1 一般规定

8.1.1 根据铁路道口事故统计资料和《中华人民共和国铁路法》的有关规定，考虑铁路运量逐年增加，行车速度逐年提高的特点，为减少平交道口人身事故发生，确保行车安全，铁路与道路交叉时，应当优先考虑立交。

8.1.4 轨道线路与道路平面交叉应尽量设计为正交或接近正交，但由于地形条件或拆迁工程等限制需要斜交时，交叉锐角应大于 $45°$，以缩短道口的长度和宽度，并避免小型机动车和非机动车的车轮陷入轮缘槽内的不安全因素。

8.2 立体交叉

8.2.1 道路与铁路立体交叉

1 城市快速路和重要的主干路都是交通功能强，服务水平高，交通量大的骨干道路，进出口实行全控制或部分控制。这些道路和铁路交叉如果采用平面交叉，当道口处于开放状态时，汽车通过道口需限速行驶，严重影响道路的交通功能；当道口处于封闭状态时，会造成严重的交通堵塞。故规定必须采用立交。

2 有轨电车与铁路同为轨道交通，而轨道、结构各异，相交时必须是立交。无轨电车道虽无轨道，但其与铁路交叉处的供电接触网、柱与铁路限界相冲突，也必须设置立体交叉。

3 主干路、次干路、支路与铁路交叉，为避免城市道口因铁路调车作业繁忙而封闭道口累计时间较长，或道路在交通高峰时间内经常发生一次封闭时间较长，而引起道路交通堵塞，避免因延误时间而造成的城市社会经济损失，应设置立体交叉。

4 路段旅客列车设计行车速度 120km/h 的地段，列车速度高、密度大，列车追踪间隔时间仅几分钟，铁路与道路平面交叉的安全可靠性差，故规定应设置立体交叉。

8.2.2 目前城市轨道交通发展迅速，种类较多，《城市公共交通分类标准》CJJ/T 114 - 2007 中，将城市

轨道交通大类分为：地铁、轻轨、单轨、有轨电车、磁浮、自动导向轨道和市域快速轨道等七大系统。因城市轨道交通行车间隔时间短，车流密集，为了保证轨道与道路的通行安全，要求城市各级道路与除有轨电车道外的城市轨道交通线路交叉时，必须设置立体交叉。

8.2.3 道路上跨铁路时，铁路的建筑限界除应符合现行国标《标准轨距铁路建筑限界》GB 146.2 的规定外，还应考虑所跨不同类别铁路的具体要求，如有双层集装箱运输要求的铁路，应满足双层集装箱运输限界的要求；近些年来修建的较高时速客货共线铁路和高速客运专线等对基本建筑限界高度也有不同要求，详见表17。

表17 不同类别铁路基本建筑限界（mm）

铁路类别		限界高度（自轨面以上）	限界宽度（自线路中心外侧）	依据规范或文号
既有铁路	内燃（蒸汽）牵引	5500	2440	《标准轨距铁路建筑限界》GB 146.2
	电力牵引	6550（困难6200）	2440	《标准轨距铁路建筑限界》GB 146.2
新建时速200km 客货共线铁路	内燃牵引	5500	2440	《新建时速200km 客货共线铁路设计暂行规定》铁建设函〔2005〕285号
	电力牵引	7500	2440	
200km/h 客货共线双层集装箱运输	内燃牵引	6050	2440	"关于发布《铁路双层集装箱运输装载限界（暂行）》和《200km/h 客货共线铁路双层集装箱运输建筑限界（暂行）》的通知"铁科技函〔2004〕157号
	电力牵引	7960	2440	
京沪高速铁路（电力牵引）		7250	2440	《京沪高速铁路设计暂行规定》铁建设〔2004〕157号

注：表中限界宽度指单线铁路直线地段，当为双线或多线铁路和曲线地段，须计算确定限界宽度。

道路上跨城市轨道交通时，城市轨道交通建筑限界需根据采用的车辆类型及其设备限界、设备安装尺寸、安全间隙和有无人行通道、有无隔声屏障、供电制式及接触网柱结构设计尺寸等计算确定，现行国家标准《城市轨道交通技术规范》GB 50490 中有相应规定。

8.3 平面交叉

8.3.1 铁路车站是列车交汇、越行、摘挂、集结、编解的场所，道口如设在车站内，由于列车作业的需要，关闭道口的次数增多，封闭时间延长，影响道路的通行能力；另外，在车站上经常有列车阻挡，严重恶化道口瞭望条件，容易造成事故。现行《铁路技术管理规程》规定"在车站内不应设置道口"。《铁路道口管理暂行规定》规定"对现有道口必须整顿，……逐步取消站内道口"。故本条规定在站内不应设置道口。

如果道口设在道岔、桥头和隧道附近，一旦发生道口事故，被撞的机动车和脱轨的列车颠覆在道岔区内、桥下或隧道内时，救援困难，中断铁路行车时间长，造成的损失更大，因此在这些处所不应设置道口。

道口设在铁路曲线上除恶化瞭望条件外，还由于铁路曲线超高破坏道路纵断面的平顺性，超高大时还会因局部坡度过大造成机动车熄火，引发道口事故。故本条规定道口不宜设在曲线上。

8.3.4 据统计，道口事故率与道口瞭望视距相关，当道口交通量相同时，瞭望视距不足的道口事故率偏高。为了提高道口的安全度，降低道口事故率，道口宜设在瞭望条件良好的地点。本条规定的机动车驾驶员侧向最小瞭望视距是指机动车驾驶员在距道口相当于该段道路停车视距并不小于50m 处的侧向最小瞭望视距，应大于机动车自该处起以规定速度通过道口的时间内，火车驶至道口的最大距离。

瞭望视距是要求如图4所示两个由视距构成的最小视线三角形范围内要保持良好的视线条件。

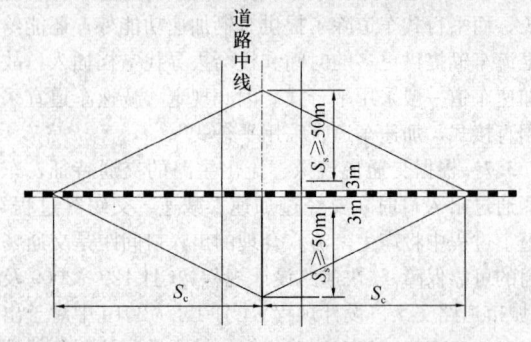

图4 机动车驾驶员在道口前的瞭望视距示意图

S_s 是当汽车在公路上行驶时，驾驶员发现有火车驶向道口，立即采取制动措施，使汽车在道口前停下来的最小距离，国家现行标准规定为50m。

S_c是在汽车通过道口所需的时间内火车行驶的最大距离，即：

$$S_c = \frac{V_1}{3.6}T \qquad (19)$$

式中：S_c——火车行驶的最大距离（m）；

V_1——火车行驶速度，km/h；

T——汽车驾驶员在道口前50m发现火车后，匀速通过道口所需的时间（s）。

如图所示，汽车在道口前50m处行驶速度取30km/h，$T=12s$。代入上式得

$$S_c = 3.3V_1 \qquad (20)$$

火车司机最小瞭望视距取火车司机反应时间内列车的走行距离与列车的制动距离之和。

8.3.7 有人看守道口除设置道口看守房、栏木和道口照明外，还应设置有线或无线通信、道口自动通知、道口自动信号等安全预警设备。道口看守人员通过这些设备预先了解列车接近道口的情况，及时关闭道口、疏导在道口内的车辆和行人，使列车安全顺利通过道口，这对于瞭望视距不足的道口尤为重要。当道口上有障碍物妨碍列车通过时，道口看守人员还须及时通过无线电话通知相邻的车站和列车，同时开通遮断信号，这样才能保证道口行车安全。

道口自动信号和道口监护设施可以向道路方向发出列车接近的声响和灯光信号，使道路上的车辆、行人及时避让，提高无人看守道口的安全度，故规定无人看守道口可根据需要设置道口自动信号和道口监护设施。

8.3.8 有轨电车道与城市次干道、支路同属城市地面交通系统，且交叉较频繁，考虑次干道、支路的车流量一般比城市快速路、主干道要小，行车速度也较低，故其相交时以设置平面交叉为宜，以避免多处立交工程，可节省大量工程投资，并减小对周边环境和城市景观的影响。道路与有轨电车道平面交叉时，对道路线形及直线段长度的要求，考虑有轨电车速度比火车速度低，同时考虑到城市道路条件的诸多实际困难，对直线段长度不做具体规定，可因地制宜确定。

对于道路与沿道路敷设的有轨电车道交叉时，因有轨道与城市次干路、支路不同，它属于客运专线性质，客流量较大，为充分发挥有轨电车的作用，节省乘客出行时间和体现社会效益，故其平面交叉道口应设置有轨电车优先通行信号。

9　行人和非机动车交通

行人和非机动车交通系统是城市交通的重要组成部分，然而目前无论从规划、建设还是管理上看，考虑较多的是机动车交通系统，主要解决的也是机动车交通问题，而对于最基本的交通方式——行人和非机

动车交通，考虑得相对较少，造成行人和非机动车交通环境逐渐恶化，"人车混行"较为普遍，行人和非机动车路权被侵害，交通事故时有发生，行人和非机动车安全没有保障等等。因此，为了将行人和非机动车交通系统设计提高到一个较高的层面，规范编制中将其作为独立章节编写。

条文强调了行人和非机动车交通系统的连续性和完整性，要求设计中应提供明确的路权，保障必需的通行空间。此外，应同时考虑无障碍设施、附属设施、景观及环境设施，为行人和非机动车创造安全、良好、舒适的环境。

具体的条文主要沿用《城市道路设计规范》CJJ 37-90中的相关规定，以及参照《城市道路交通规划设计规范》GB 50220-95及《城市人行天桥与人行地道技术规范》CJJ 69-95中的相关规定。

10　公共交通设施

伴随着区域化、城市化和机动化的快速发展，我国各大中城市交通出行需求迅速增长，道路交通面临巨大压力，为实现发展城市公共交通的战略目标，有效引导城市交通结构向公共交通转化，在城市道路规划设计中，必须考虑与道路相关的公共交通通道和场站设计。不同的公共交通系统对城市道路设计有其特殊的要求，根据《城市公共交通分类标准》CJJ/T 114-2007中规定，城市道路公共交通包括常规公交、快速公交、无轨电车、出租车四类，其中无轨电车和常规公交的道路设计标准是一致的。因此，规范按快速公交、普通公交和出租车三类规定。

具体的条文主要沿用《城市道路设计规范》CJJ 37-90中的相关规定，以及参照《城市道路公共交通站、场、厂工程设计规范》CJJ/T 15及《快速公共汽车交通系统设计规范》CJJ 136中的相关规定。

10.2　公共交通专用车道

10.2.1 目前国内外公交系统专用通道根据使用特点，主要包括以下四种形式。

公交专用路：道路上，公交车拥有全部的、排他的使用权，包括单向道路系统中公交逆行专用道，全部封闭的专用通道等。

公交专用车道：在特定的路段上，通过标志、标线画出一条或几条车道给公交车专用，但公交车同时拥有其他车道的行权权，根据公交专用车道在道路断面的位置主要可以分为中央公交专用车道和路侧专用车道。

公交专用进口道：在交叉路口进口，专门为公交车设置的进口道，包括只允许公交车转向的管理设施。

公交优先道路：在混合交通中，公交车比其他车

辆具有优先使用某条道路的权利，当其他车辆影响公交车的运行时，必须避让公交车辆。

规范只对公交专用车道的内容进行了相关规定。根据我国实际情况，结合不同的公共交通系统对道路的使用要求，将公共交通专用车道统一划分为快速公交专用车道和普通公交专用车道两类。

10.2.2 规定了快速公交专用车道的一般设计原则。

1 中央专用车道受其他车辆干扰最小，路侧专用车道根据道路路幅形式，还可分为主路路侧和辅路内、外侧形式，受其他车辆干扰程度也依次增加。因此优先选用中央专用车道。中央专用车道按上下行有无物体隔离分为整体式和分离式，整体式占用道路空间小，公交车辆运行中车辆有需求时可以借道行驶，故优选中央整体式。

2 由于快速公交专用车道和车站占用较大的城市空间资源，城市支路一般不具备设置大容量公交系统的条件。因此，规定设计速度为 40km/h～60km/h。

3 经调研，目前国内大容量快速公交车车体宽度一般为 2.55m，根据行驶及安全性要求，单车道的车道不应小于 3.5m。

4 分离式单车道当运营车辆发生故障时，会阻碍其他运营车辆。为及时排除故障，应迅速将故障车辆移出专用道。考虑牵引车进出和疏散车上乘客的方便，物体隔离连续长度不应超过 300m。

10.2.3 参照行业标准《公交专用车道设置》GA/T 507-2004 中的相关规定。

10.3 公共交通车站

10.3.1 考虑建筑结构、出入口通道、售检票亭宽度等因素，双侧停靠站台宽度不应小于 5m，单侧停靠站台宽度不应小于 3m。

10.3.3 根据目前出租车的运营情况，为了避免乘客上下对道路上正常交通的干扰，该条对出租车站的设置进行了原则规定。

11 公共停车场和城市广场

条文主要沿用《城市道路设计规范》CJJ 37-90 中的相关规定。

11.2 公共停车场

11.2.2 确定公共停车场规模的依据为服务对象的要求、车辆到达与离去的交通特征、高峰日平均吸引车次总量、停车场地日有效周转次数、平均停放时间、车辆停放不均匀性等，同时要结合城市的性质、规模、服务公共建筑物的位置、城市交通发展规划等综合考虑。

11.2.4 停车场根据停放车辆的类型分为机动车停车场和非机动车停车场；根据停放车辆的场地分为路上停车场和路外停车场；根据服务对象分为公用停车场和专用停车场。规范规定的内容为停放机动车和非机动车的公共停车场。

11.3 城市广场

11.3.1 城市广场是指与城市道路相连接的社会公共用地部分，是车辆和行人交通的枢纽场所，或是城市居民社会活动和政治活动的中心。规范按其用途和性质将其分为公共活动广场、集散广场、交通广场、纪念性广场与商业广场五类。虽然各类广场的功能特性是有差异的，但在广场分类中严格区分各类广场，明确其含义是有困难的。城市中有些广场由于其所处位置及历史形成原因，往往具有多种功能，为了充分发挥广场的作用及使用效益，节约城市用地，应注意结合实际需要，规划多功能综合性广场。

11.3.2、11.3.3 规定了各类广场设计的一般原则。

1 公共活动广场多布置在城市中心地区，作为城市政治、文化活动中心及群众集会场所。应根据群众集会、游行检阅、节日联欢的规模，容纳人数来估算需要场地，并适当考虑绿化及通道用地。

2 集散广场为布置在火车站、港口码头、飞机场、体育馆以及展览馆等大型公共建筑物前面的广场，是人流、车辆集散停留较多的广场。

3 交通广场设在交通频繁的多条道路交叉的大型交叉口或交汇地点的广场，有组织与分散车流的功能。

4 纪念性广场应以纪念性建筑物为主。

5 商业广场应以人行活动为主，合理布置商业、人流活动区。

11.3.4 广场竖向设计不仅要解决场内排水，还要与广场周围的道路标高相衔接，兼顾地形条件、土方工程量大小、地下管线的覆土要求等，并应考虑广场整体布置的美观。

广场最小纵坡控制是为了满足径流排水。最大纵坡控制是考虑停车时手闸制动不溜车。

12 路基和路面

12.1 一般规定

12.1.1、12.1.2 路基路面性能不仅取决于其结构和材料，而且与路基相对高度、压实状况、排水设施及自然因素密切相关。条文强调路基路面结构方案的设计应做好前期调查、分析工作，结合沿线地形、地质、材料等自然条件，因地制宜、合理选材，保证路基路面具有足够的强度、稳定性和耐久性。

12.1.3 快速路、主干路的路基路面不宜分期修建的原因主要是快速路、主干路的交通量大，对路面性能要求高，分期修建不仅影响交通运营及行车安全，而且易造成路面的损坏，产生不良社会影响。

12.1.4 合理、良好的排水对于保证路基路面使用性能和使用寿命具有重要作用。路基路面排水是整个道路排水系统的一个重要部分，不仅应满足道路排水总体设计的要求和标准，而且应形成合理、完整的排水系统，及时排除路表降水和路面结构层的内部积水，疏干路基和边坡，以确保路基路面的长期性能。

12.2 路 基

12.2.2 路基回弹模量是路面厚度计算中唯一的路基参数，极其重要。对照欧美等国家的相关规范，我国《城市道路设计规范》CJJ 37-90 中规定"路槽底面土基设计回弹模量值宜大于或等于 20MPa，特殊情况下不得小于 15MPa。"的标准明显偏低；而且调查表明，近年来我国城市道路的轴载不断增大，车辆荷载作用于路基的应力水平和传递深度显著提高。因此，条文将快速路和主干路的土基设计回弹模量值提高到 30MPa，以增强路基的抗变形能力，优化路基路面结构的模量组合，不仅可以改善路面结构的受力状况，提高其使用性能，而且可以适当减薄路面厚度，节约投资。

路基干湿类型的确定方法如下：

1 路基干湿类型应根据不利季节路床顶面以下 80cm 深度内路基土的湿度状况确定。

2 非冰冻地区路基的湿度状况主要受地表积水、地下水位或空气相对湿度控制。对新建道路，路基湿度状况可以根据当地的实际条件，结合路基的土组类型，由基质吸力进行预估；对既有道路，路基湿度状况应在不利季节现场测定。

3 冰冻地区路基湿度状况的确定应考虑冰冻的影响。

12.2.3 路基设计高度应考虑相应路段的地表积水和地下水位、路基土的毛细水上升高度和冰冻状况等。沿河路基应考虑洪水的影响。

12.2.4 路基压实度是影响路基性能的重要指标。在路基工作区范围内，压实度越高，回弹模量越高，在行车荷载作用下的永久变形越小；对填方路基而言，压实度越高，由于路堤自身压密变形而引起的工后沉降越小。

《城市道路设计规范》CJJ 37-90 编制时，从必要性、有效性、现实性三方面分析了采用重型压实标准的可行性，提出了采用重型压实标准具有明显的技术、经济优势。但是考虑到当时我国多数城市重型压路机的数量只占总数的 40%～60%，一律执行重型压实标准，会有较大困难，因此，原规范并列了轻型、重型两种压实度标准。经过近 20 年的发展，目前施工中已普遍采用重型压路机，因此，条文取消了轻型压实度标准，统一按重型压实度指标控制。

路基压实度一直备受关注。通过广泛调查，普遍认为原压实度标准偏低，并主张应适当提高路基实度标准。条文根据各地的建设经验，将路基压实度标准分别提高了 1%～3%，并将填方路基压实度标准控制到路床顶面以下深度 150cm。

为增强条文的适用性和经济性，对几种特殊情形作了补充规定：

1 对于处在特殊气候地区，或者存在重要管线保护等的路基，如施工确有困难，条文规定，在不影响路基基本性能的前提下，本着可靠、可行、经济的原则，适当放宽重型击实的标准。

2 专用非机动车道和人行道的路基荷载相对较低，故压实度标准可按机动车道降低一个等级执行，但必须避免不同部位压实差异可能造成的稳定性隐患或者不均匀变形。

3 对于零填方或挖方以及填方高度小于 80cm 路段，在整个路床（0～80cm）范围内按照一个标准来控制压实，可能操作难度大或者不经济。考虑到车辆荷载沿路基深度的分布特征，可以采用"过渡性压实"的方法来控制不同深度的路基压实，下路床部分的压实标准较上路床部分可略有降低。

12.2.5 路基防护工程是防止路基病害、保证路基稳定的重要措施。规定中强调了应根据道路功能，结合当地气候、水文、地质等情况，采取相应的防护措施，保证路基稳定。

深挖、高填路基边坡路段，往往存在着稳定性隐患，因此强调必须查明工程地质情况，根据地质勘察成果进行稳定性分析，针对其工程特性进行路基防护设计，保证边坡稳定。

12.2.6 软土、黄土、膨胀土、红黏土、盐渍土等特殊土路基多为特殊路基，其稳定、变形及可能产生的工程问题与特殊土的地层特征、物理、力学和水理特性，以及道路沿线工程地质、水文地质条件有关。因此，条文强调特殊土路基设计应充分重视岩土工程勘察与分析，应进行个别验算与设计。

考虑到特殊路基类型多，不同特殊路基的工程特性和问题各不相同，本条文仅作了原则规定。

12.3 路 面

12.3.2 路面面层类型的选用不仅要考虑道路的类型和等级，更需要考虑不同面层的适用范围。道路设计中应针对不同性质、功能的场所选用相应的铺面类型。

近年来，随着对城市道路环保和景观要求的日益提高，科研人员研发了一批新型沥青混合料，并得到成功应用，如温拌沥青混凝土、大孔隙沥青混凝土、彩色沥青混凝土等。为此，本规范对一些特殊区域或路段的沥青路面混合料作了原则规定。

12.3.3 沥青混凝土路面的损坏模式主要有裂缝类、

变形类和表层损坏类等三大类。不同损坏模式对应不同的临界状态，因而，采用单一指标进行沥青混凝土路面设计具有明显的局限性。本规范根据国际、国内的研究成果与发展趋势，提倡采用多指标沥青路面设计方法。

关于沥青路面设计方法，从第九版开始的美国的沥青协会设计法、英国的设计法、比利时的设计法等，多指标体系的力学设计法已成为主流；我国近十年来也在不断地研究、完善和推动这一设计方法。该方法采用双圆垂直均布荷载作用下的多层弹性连续体系理论，按设计荷载所产生的应力、应变和位移量不超过路面任一结构层所容许的临界值来选择和确定路面结构的组合和结构层厚度。设计流程如图 5 所示。

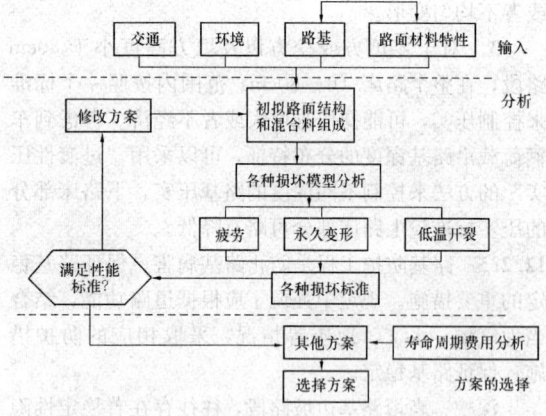

图 5 沥青路面设计流程

12.3.4 水泥混凝土路面结构设计以控制水泥混凝土板不出现结构断裂作为基本准则。引起水泥混凝土路面结构断裂的因素可归纳为行车荷载与环境温度变化。因此，将行车荷载与温度梯度综合作用产生的疲劳断裂作为路面结构设计的极限状态和设计标准。

水泥混凝土路面结构分析采用弹性地基板理论，应考虑各层之间的相互作用，按行车荷载与环境温度变化引起的路面结构层（面层、基层）临界荷位处综合疲劳应力不超过材料的弯拉强度来选择和确定结构组合和各结构层厚度。

水泥混凝土面层的耐久性主要指抗冻性。关于面层类型的选择，连续配筋混凝土面层、沥青上面层与连续配筋混凝土或横缝设传力杆的普通水泥混凝土下面层组成复合式路面两种面层类型，具有承载能力大、行车舒适及使用寿命长等优点，但其造价较高。因此，前者仅推荐用于特重交通的快速路、主干路，而后者仅推荐用于特重交通的快速路。

垫层主要设置在温度和湿度状态不良的路段上，以改善路面结构的使用性能。季节性冰冻地区，路面总厚度小于最小防冻厚度时，用垫层厚度补差，可有效地避免或减轻冻胀和翻浆病害；潮湿、过湿路基，设置排水垫层，可疏干路床土，保证基层处于干燥

状态。

我国过去出于降低造价和迁就落后的施工技术等原因，水泥混凝土路面绝大多数不设传力杆。不设传力杆的水泥混凝土路面易发生唧泥、错台，进而造成路面板裂断，为了提高水泥混凝土路面使用寿命长和行车舒适性，本条文规定了快速路、主干路的横向缩缝应加设传力杆。

水泥混凝土面层的自由边缘、雨水口和地下设施的检查井周围是薄弱区域，应采用配筋补强。

对面层的水泥混凝土强度、主要技术指标作出最低规定，以保证水泥混凝土路面的基本性能要求，减少设计缺陷的发生。

12.3.5 非机动车道路面结构设计视路面上行驶的交通工具（自行车、摩托车、三轮车及其他等）不同而有所区别。若为专用非机动车道，其设计应按使用功能要求，根据筑路材料、施工最小厚度、路基土类型、水文地质条件及当地经验，确定结构层组合与厚度，达到整体强度和稳定性。若有少量机动车行驶，其设计除应满足非机动车的使用功能要求外，还应满足机动车的使用功能要求，结构组合和厚度确定方法与沥青混凝土路面、水泥混凝土路面的设计方法相同，面层厚度可较机动车道厚度适当减薄。

12.3.6 人行道铺面结构设计主要考虑行人的荷载作用，按使用功能要求确定结构组合和各结构层厚度，达到整体强度和稳定性。

广场铺面设计应视广场的性质、功能和分区不同而有所区别，铺面一般按使用功能要求进行设计，通过铺面结构组合，达到整体强度和稳定性。可采用条石、水泥混凝土步道方砖或机砖、缸砖等作为广场铺面面层。

广场铺面设计采用水泥混凝土或沥青混凝土面层，其设计方法和内容与沥青混凝土路面、水泥混凝土路面相同。

12.3.7 停车场铺面作为停放车辆的场所，其上作用的车辆荷载与一般道路基本相同，因此，铺面设计可参照沥青混凝土路面、水泥混凝土路面的设计方法和内容进行。

根据停车场的性质与功能不同，停车场铺面结构的设计荷载应视实际情况确定。停车场驶入、驶出的车速较小，荷载冲击系数可比车行道路面结构的设计值小。停车场的出入口路面与车场内停车部位的路面重复荷载作用不同，一般应予以区别考虑和加强。停车处主要受静荷作用，受荷时间长，路面承重的工作状态与车行道不同，另外，停车场内车辆启动、制动频繁，采用沥青混凝土面层，应提高路面面层的抗车辙能力，以免夏季路面变形。采用水泥混凝土面层，无论现浇或预制铺装，均应设置胀缝，其胀缝间距及要求与车行道相同，纵、横缝则都要设。

12.4 旧路面补强和改建

12.4.1 路面在使用过程中，由于行车荷载和环境因素不断作用，路面平整度、抗滑能力、承载能力等性能逐渐退化。当不能满足交通的需求时，需采取结构补强或改建以恢复或提高。在旧路面结构补强和改建时，充分利用旧路面的剩余强度，可有效地减少投资。因此，本条文对旧路面补强和改建的条件作了原则规定。

12.4.2 本条规定了旧路面结构补强和改建方案设计中应考虑的因素，强调了技术经济分析的重要性；规定了对不同旧路面状况应采取的补强或改建方案的原则要求。

12.4.3 补强和改建适用于不同的旧路面路况条件。其中，补强适用于路面结构破损较为严重或路面承载能力不能满足未来交通需求的情况；改建适用于路面结构破损严重，或路面纵、横坡需作较大调整的情况。

12.4.5 水泥混凝土路面上加铺沥青面层的技术关键是如何预防旧路面的接缝、裂缝反射穿透加铺面层而形成贯穿性反射裂缝。因此，必须根据道路所在地区的气候特点、交通荷载的大小和繁忙程度、旧路面的性能，尤其是接缝、裂缝两侧的弯沉差等，考察各种防反射裂缝措施的适用性和效果，然后通过技术经济比较作出决策。

13 桥梁和隧道

13.1 一般规定

13.1.1 桥梁的设置，尤其是特大桥、大桥的设置应根据城市道路功能及其等级、通行能力、结合地形、河流水文、河床地质、通航要求、河堤防洪、环境影响等进行综合考虑，并设置完善的防护设施，增强桥梁的抗灾能力。

13.1.2 随着我国经济的发展，城市道路建设中采用隧道穿越水域和山岭的方案越来越多，为指导设计，本次修订对隧道的建设规模与技术标准作了原则性的规定。

隧道位置的选择，直接影响到隧道设计、施工和投资以及竣工后的运营安全和养护管理。因此，对隧道所在区域的地质勘察、地下管线和障碍物探测、水域河床自然变化、人工整治状况及航运、航道规划、城市规划、地下空间利用规划、景观和环境保护、城市道路、交通网络、道路功能定位等工作必须进行深入细致调研和掌握，力求准确、全面。

是否采用隧道方案应综合考虑社会、经济、地质、环保、工程造价等因素进行比选。一般应进行明挖与暗挖隧道施工方案的比较，穿越山岭地区或建筑物等可考虑采用矿山法或盾构法等；穿越水域可考虑围堰明挖法、盾构法、沉管法等；隧道位于路面等无建筑物的环境条件下可采用明挖法、盖挖法等。比选不仅要考虑建设成本和建设难度、城市景观和环境保护，还要考虑建成后车辆的行驶安全、运营费用，以及运营管理和养护维修的费用。

13.1.3 根据国务院颁发的《城市道路管理条例》（1996年第198号令）第四章第二十七条规定：城市道路范围内禁止"在桥梁上架设压力在4公斤/平方厘米（0.4兆帕）以上的煤气管道，10千伏以上的高压电力线和其他燃爆管线。"对于允许在桥上通过的压力小于0.4兆帕燃气管道和电压在10kV以内的高压电力线，其安全防护措施应分别符合现行国家标准《城镇燃气设计规范》GB 50028、《电力工程电缆设计规范》GB 50217的规定要求。为此本条规定主要是确保桥梁或隧道结构的运营安全，避免发生危及桥梁或隧道自身和在桥上隧道内通行的车辆、行人安全的重大燃爆事故。

13.2 桥 梁

13.2.1 本条规定了城市桥梁设计应考虑的一般原则。

1 特大桥、大桥的桥位应选择在顺直的河道段，避免设在河湾处，以防止冲刷河岸。同时要求河槽稳定，主槽不宜变迁，大部分流量能在所布置桥梁的主河槽内通过。桥位的选择要求河床地质条件良好、承载能力高、不易冲刷或冲刷深度小。桥位若处在断层地带，要分析断层的性质，如为非活动断层，宜将墩台设置在同一盘上。桥位应尽力避免选择在有溶洞、滑坡和泥石流的地段，否则应采取工程防护措施，确保岸坡稳定。

2 城市桥梁应根据所在城市道路的使用任务、性质和将来发展的需要，按照"安全、适用、经济、美观和有利环保"的原则进行设计。安全是设计的目的，适用是设计的功能需要，必须首先满足；在满足安全和适用的前提下，应根据具体情况考虑经济和美观的要求。同时应注意工程设计的环保要求。

3 城市桥梁设计应按城市规划要求、交通量预测，考虑远期交通量增长需求。城市桥梁应和城市发展环境、风貌相协调。

4 城市桥梁建设应考虑各项必需的附属设施的布置和安排，以免桥梁建成后再重新设置，损伤桥梁结构，或破坏桥梁外观。

13.2.2 与国家现行标准《公路桥涵设计通用规范》JTG D60-2004中的桥梁分类标准一致。

13.2.4 通航河流的桥下净空，应符合国家现行标准《内河通航标准》GB 50139、《通航海轮桥梁通航标准》JTJ 311的规定。

非通航河流的桥下净空高度，应根据设计水位、雍水高、浪高、最高流冰面确定，并给以一定的安全储备量。

非通航河流的桥梁跨径，除了应根据水流平面形态特征，河床演变趋势、河段地形地质条件确定外，还应考虑流冰、流木等从桥孔通过。

13.2.5 桥上最大纵坡主要从桥梁结构受力和构造方面考虑，而引道最大纵坡则主要考虑行车方面的要求。在具体应用时，应根据桥型、结构受力特点和构造要求，选用合适的桥上纵坡。通行非机动车时需满足非机动车的行车要求。

桥上最小纵坡主要从满足排水要求考虑，《城市道路设计规范》CJJ 37-90 和《城市快速路设计规程》CJJ 129-2009 中规定最小纵坡为 0.3%。编制中，考虑到目前城市道路建设中高架桥的应用越来越多，桥梁较长，如果以最小纵坡为 0.3%控制，为了满足竖向设计指标要求，造成桥梁线形起伏，影响美观。因此，规定了条件受限时，可采用平坡，但要满足排水的要求。

13.3 隧 道

13.3.1 隧道埋深的确定对控制建设规模、环境保护、施工安全、运营便捷等方面进行考虑，确定时应根据道路等级、隧道交通功能和服务对象，综合考虑路线走向、路线平纵线形、隧址处环境、洞口、匝道及接线道路、隧道内附属设施的布置等因素。同时，应对隧道出入口位置进行比选。

13.3.2 采用《公路工程技术标准》JTG B01-2003 及《公路隧道设计规范》JTG D70-2004 中的规定。

目前除国际隧道协会按长度将隧道分为特长、长、中、短隧道外，其他像瑞士仅对隧道长度分布范围作了区分，但没有长短之分。德国、澳大利亚仅按长度的不同对隧道内应设置的安全设施提出了要求。其他各国如英国、挪威、日本、法国、瑞典等都是按照隧道长度与交通量这两个指标进行分级的，其目的主要还是为隧道内安全、运营管理设施设置规模提供标准。

我国公路与铁路部门都是按隧道长度进行分类，但其分类长度不同。另外在《公路隧道交通工程设计规范》JTG/T D71-2004 中提出了公路隧道交通工程分级根据隧道长度和隧道交通量两个因素划分为 A、B、C、D 四级。

从国内外隧道分类（级）现状来看，多数国家没有隧道长短之分，隧道内安全设施根据隧道长度、交通量与通行车辆类型，即火灾可能规模及逃生救援的难易程度确定。由此采用的隧道分级有 5 个级别、4 个级别与 3 个级别等多种情况，各级隧道起点长度也不一致，这主要与各国道路等级、交通组成和交通量是相对应的。

单按隧道长度来划分，主要是给人们一个宏观的

概念，此种分类方式称为隧道分类。按隧道长度与交通量这两个指标类划分，主要是解决隧道内应设置的营运安全设施规模，体现隧道的安全与重要性，此种分类方式称为隧道分级。

13.3.3 本条参照《公路工程技术标准》JTG B01-2003 中的规定，同时考虑软土中某些隧道工法的技术经济指标以及城市用地紧张，条件受限，并考虑城市隧道交通量大，城市隧道运营维护设施较为完善，管理要求和水平也较高，因此，规定比《公路工程技术标准》要求略低。

13.3.4 长度大于1000m 行驶机动车的隧道考虑汽车尾气的污染对通风的要求比较高，目前技术条件下，慢速交通通过隧道存在较大的安全隐患，因此禁止与机动车在同一孔内设置非机动车和行人通道；长度小于等于1000m 的隧道若要求设置非机动车和行人通道时，必须有安全隔离设施。

13.3.5 隧道洞口由于光线的剧烈变化以及道路宽度和行车环境的改变，隧道进出洞口是事故多发地段。因此，洞内一定距离与洞外一定距离保持线形一致是必要的，以保持横断面过渡的顺适，满足车辆行驶轨迹的要求。

隧道入洞前一定距离内，应设置必要的安全设施和视线诱导设施，例如标志、标线、安全护栏、警示牌、信号等，使驾驶人员能预知并逐渐适应驾驶环境的变化。

由于城市中行驶车辆性能较好，车辆爬坡能力等提高，同时考虑城市环境条件较为苛刻，因此隧道纵坡可以适当放宽，在上海、广州等地区一些隧道已有实例。

参照国外相关标准以及国内的科研成果，最大纵坡可适当加大，尽管对最大纵坡值作了适当的放宽，但从行车安全角度考虑，隧道内纵坡仍应尽可能采用较小的纵坡值。当受地形、地质、环境、出入口道路衔接条件等限制，拟加大隧道纵坡时，应根据道路类别、级别、隧道长度，考虑隧道所在地区的气候、海拔、主要车辆类型和交通流组成、隧道运营管理水平、隧道内安全设施配备标准等因素，对纵坡值进行充分论证后，再慎重使用，但隧道最大纵坡不应大于 5%。

隧道平面线形应与隧道前后路线线形协调一致，并尽量均衡。影响隧道行车安全的重要因素是停车视距和车速，因此线形设计必须保证停车视距。长、中隧道以及短隧道的隧道线形应服从路线布设的需要。采用曲线隧道方案时，必须对停车视距进行验算，并尽量避免采用需设加宽的圆曲线半径。

13.3.7 为了预防或消除地表水和地下水对隧道产生的危害，要求隧道设计应进行专门的防水、排水设计，使隧道洞内、洞口与洞外构成完整的防水、排水系统，以保证隧道结构、附属设施的正常使用，以及

行车安全。

排、防、截、堵和限量排放措施应综合考虑，根据多年来隧道建设的经验，隧道内的防排水应以"排"为主。以防助排，可以使水流集中，安排地下水流按无害路径排走。截是为了减少对洞内排水防水的负担，截得越彻底，排防越有利，同时应充分考虑排水对周围环境的影响，因此提出"限量排放"的要求，如隧道周边附近地表植被、地上和地下建（构）筑物及路面沉降等。

13.3.9 城市道路公交车辆等人员交通流量较大，尤其上、下班高峰期间，因此应特别强调隧道事故报警、救援逃生设施等的布置。

13.3.10 城市道路隧道需设置管理用房，在多条隧道邻近的条件下，为考虑资源优化配置，节省土地和人力、物力，设置一处管理用房便于集中管理。

13.3.12 由于城市内建筑物布置和人员较为密集，环境和景观要求较高，道路隧道出入口建筑设计、通风设施的布置不仅必须满足污染空气的排放环保要求，而且应与景观相协调。

14 交通安全和管理设施

14.1 一般规定

14.1.1 交通安全和管理设施是维护交通秩序、预防和减少交通事故、发挥城市道路运输效率的基础设施，是"以人为本"、"方便群众"的具体体现，也是反映城市交通建设、管理水平和文明程度的一个重要方面。交通安全和管理设施的建设规模与技术标准应结合国内生产实际的需要和适度超前；同时要相互匹配，协调发展，形成统一的整体。防止追求过高的技术标准或者随意降低技术标准。交通安全和管理设施应按总体规划、分期实施的原则配置，最重要的是做好前期基础工作，即总体规划设计，依据路网的实施情况逐步补充、完善。

14.1.2 交通安全和管理设施易被人忽视，有时往往到了工程快竣工时，才想到要设置标志、标线等安全设施。特别是当经费不足时，交通安全和管理设施项目往往"首砍其冲"。因此本条强调规划设计，在规划设计指导下工程才有保障。同时交通安全和管理设施是保障道路行车安全的重要手段，同时也是体现城市交通管理的一个窗口，因此，强调在规划设计时，应与当地规划和交管部门协调配合。

14.1.3 在城市道路的设计与建设过程中，一般是随着城市的发展，分条、分段由不同的建设单位建设。一条道路或一段道路的建成通车，都会对一定区域的交通格局带来影响，因此，需对周边已有的一些交通设施进行调整，为了更好地发挥道路使用功能，在此强调应加强对现有设施的协调和匹配。

14.1.4 为了明确各级道路交通安全和管理设施的建设规模和技术标准，将交通安全和管理设施等级划分为A、B、C、D四级。规定了道路开通运营时，各级道路交通安全和管理设施必须配置的水平。本条系结合我国城市道路的现状特点和实践经验，参照我国现行的公路设计相关标准制定的。

14.2 交通安全设施

14.2.1 A级配置是针对专供汽车连续行驶、控制出入的城市快速路而作的规定。

14.2.2 B级配置是供交通性主干路、次干路而作的规定。这里强调设置机动车与非机动车分离；机动车与非机动车以及行人分离的隔离设施；平面交叉口强调路口的交通渠化以及设置交通信号控制；对沿线支路接入的限制措施是指在支路上设置减速让行或停车让行标志或设置减速路拱或设人行横道线和信号灯控制等。

14.2.3 C级配置是为集散性、服务性的主干路、次干路而作的规定，这类道路往往路口多，人车混行，机非混流，为了维护道路秩序和交通安全更宜交通渠化，信号管理，人车分离，各行其道。

14.2.4 D级配置是为次干路与支路的连接线而作的规定，重点在平交路口和危及安全行车的路段。

14.2.5 其他情况下应配置的交通安全设施作如下说明：

1 我国幅员辽阔，复杂多变的气候条件常给交通运行和安全带来困扰和影响，为了减少这种困扰和影响，各地应结合本地自然条件配置交通安全设施。

2 在危险路段为防止车辆失控或越出道路而造成严重伤害，应当设置视线诱导、警告、禁令标志和安全防护设施。

3 是对交通弱势群体的特殊保护。施画人行横道线，设置提示标志是法律上强制的，必须设置。但这种设置的前提是"没有行人过街设施"。如果有过街设施，则可以让这部分人通过过街设施。

4 是关于铁路与道路平面交叉道口设置交通安全设施的规定。

5 为了保证铁路运营的安全，铁路的设计规范中，对于上跨铁路的桥梁安全设施的设置有相关的规定，因此本条规定了上跨铁路桥梁设施的设置要求。

6 交通噪声要引起人们关注和有所应对。现在道路工程建设中，大多是道路建成后居民受到噪声困扰时才引起注意，因此要求设计者事先应有所预见，主动采取一些降噪措施，如设置绿化带、隔声墙、低噪声路面等等。

14.2.6 绿化是城市道路的一个重要组成部分；若分隔带上的绿篱高而密，会阻隔了驾车人一侧行车视线，作为城市道路还不能完全控制行人从绿篱中横出的情况下，驾车人和行人往往会猝不及防，酿成事故，这类教训是很多的。其次绿篱高而密，驾车人和坐车人的视觉也受到了压抑，因此在交叉口、人行横道和弯道内侧等道路绿化应不妨碍行车视距。

14.3 交通管理设施

交通管理设施在维护城镇交通秩序和安全中起着越来越重要的作用。管理设施的目标是依靠科技手段，使交通管理者同交通参与者之间建立一个"信息"交换系统；强化快速反应能力，充分发挥现有道路设施的作用，以向路网争空间、要速度、抢时间，为市民出行和交通运输服务。

14.3.1 A级管理设施是针对快速路配置的。快速路是城市交通网络中的骨架，交通量很大，一旦建成开通就成为离不开、断不得的交通命脉，因此齐全、完善的管理设施是完全必要的。但在开通初期，具体设施可根据服务水平等因素进行降级配置。A级配置首先要加强交通流基本参数（如流量、速度、密度）的检测，配置视频监视器等基础设备，加强信息的采集和处理；以后视交通量增长情况，配置二期设备，最终达到中等或较高规模的设施。

14.3.2 B级管理设施主要在平面交叉口上。纵观国内外城市交通矛盾都集中在平面交叉口上，人车分离、路口渠化是首要工作；交通信号灯控制是规范平交路口各个方向同时到达且相互冲突（或交织）的人车流、在时间上进行通行权分配最常见和最有效的方法；同时也是对道路交通流、快速路的匝道和路段上人行横道等通行权进行分配、控制、疏导、合理组织的有效措施。对信号灯控已形成路网的区域，应考虑协调控制。

14.3.3、14.3.4 C、D级管理设施视需要而定。

15 管线、排水和照明

15.1 一般规定

15.1.1 城市道路是综合管线的载体，应尽量为管线工程提供技术条件。管线种类往往较多，需要统一协调、同步规划、同步设计才能确保总体布局合理。

15.1.2 道路排水工程往往结合区域排水工程建设，是城市排水工程的一部分，应符合城市排水工程的一般要求。

15.1.3 道路照明能为驾驶员及行人创造良好的视看环境，从而达到减少交通事故、保障交通安全、提高运输效率和美化城市环境的效果。

15.2 管 线

本节从配合道路建设的角度对管线工程设计提出

原则性要求，以协调管线与道路之间的关系。各类管线的具体技术要求属相关专业规范范畴，不在本规范规定之列。

15.2.1 管线埋地敷设可以改善市容景观，净化城市空间，同时提高管线的安全可靠性。

15.2.2 本条对道路管线工程设计提出原则性要求。

1 符合总体规划才能协调各管线单位意见，符合专业规划才能满足管线专业技术要求。

2 指管廊路幅分配和管线交叉的处理应符合相关专业规范对管线排列顺序、覆土深度、水平和垂直净距、防干扰等方面的规定。

3 本条规定了对管线限界的总体要求。

4 为保证行车安全舒适，便于管道检修维护，管线应优先考虑布置在非车行道下。快速路主路上车速较快，井盖可能影响行车，管线管理维护难度大；其余车行道上的井盖通常由于与路面不齐平、井盖盗失、承载力不足或松动等原因，对行车的安全和舒适性有较大影响；人行道上的井盖和其他地上设施由于设置位置不合理以及上述原因，会影响盲人、残疾人轮椅的通行和正常人在光线较暗情况下的通行。

15.2.3 过街管数量不足将影响管线的服务效率，道路建成使用后再施工的难度非常大。规定过街管实施时宜采用非开挖技术，目的是避免开挖破坏路面，影响交通，造成不良社会影响。

15.2.4 综合管沟断面一般较大，一次性投资较多，管理要求较高，其建设往往需结合具体情况论证，本规范不对其设置的条件作具体规定。"条件许可"主要指的是沟道不受地下障碍物影响，不影响城市地下空间的综合开发利用，技术上可行，资金有保障。

15.2.5 管线覆土过深或过浅、交叉净距不足可能对管线安全构成隐患，可能导致管线之间相互干扰，必须采取加固和保护措施。管线及其构筑物侵入道路结构时对路基路面的强度有所削弱，应根据削弱程度采取适当的加固和补强措施。

15.2.6 专业规范从管道工程安全的角度都对此有严格规定，本条从道路和交通安全的角度提出基本要求。

15.2.7 电力、燃气管线跨越桥梁的问题近年来争议较多，相关规范标准进行了适当调整，但设计中仍应注意其限制条件。现行《建筑设计防火规范》GB 50016对城市交通隧道内高压电线电缆和可燃气体管道的穿行有严格限制。

15.3 排 水

本规范所指的"道路排水工程"是指直接服务于道路，用于排除地面水、地下水和道路结构层含水的一系列排水设施，而不是指道路范围所有的"城市排水工程"。

15.3.1 道路排水工程往往结合区域排水工程建设，是城市排水工程的一部分，应符合城市排水工程的一般要求。

15.3.2 "道路地面水"包括道路范围内的车行道、人行道、分隔带、绿地、边坡的地面水，以及其他可能进入道路范围的地面水。

15.3.3 "地下水"包括通过绿化分隔带和路面缝隙渗入地下的地表水。

15.3.4 我国各行业对雨水径流量的计算方法略有差别，本条根据道路排水工程汇流面积较小的特点，明确道路雨水量采用现行国家标准《室外排水设计规范》GB 50014 的计算方法。提出重现期选取时应考虑的因素，并提出建议值。该值与相关规范基本一致。

15.3.5 利用道路横坡和纵坡、偏沟和雨水口相结合，是城市道路地面水最重要的收集方式。《室外排水设计规范》GB 50014 对雨水口有详细规定，本条仅提出概括性要求，但此处的"雨水口"并非仅指标准图集中的"专用雨水口"，而是泛指各种有拦渣措施、能收集地面水的排水设施。

设置超高的弯道可能使外侧路面形成向内侧倾斜的横坡，有中间分隔带时应设置雨水口，避免雨水穿过分隔带横向流过内侧车道或从下游横向流过外侧车道；在横坡方向转换的地方应设置雨水口，避免中间或路侧偏沟的雨水横向流过车行道。

15.3.6 由于特殊的地形条件或者道路先行建设，城市道路沿线难免出现永久或临时边坡，需要适当设置边沟和截水沟。

15.4 照 明

15.4.2 本条规定了道路照明设计应满足的基本要求。其各项具体参数应以现行行业标准《城市道路照明设计标准》CJJ 45 为准。

15.4.6 照明光源的选择应与国家的相关政策法规结合，应符合我国能源及环境可持续发展的战略思想。

16 绿化和景观

16.1 一般规定

16.1.1 道路绿化景观工程实质是道路装修，随着城市经济发展逐步提升品质，应在国家基本建设方针政策指导下进行设计，不宜过度超前。

16.1.2 城市道路用地紧张，往往交叉口的设计不注意视距三角形的验算，植物和建筑一样不得进入视距三角形。分隔带与路侧带上的行道树的枝叶不得侵入道路限界。弯道内侧及交叉口三角形范围内，不得种

植高于最外侧机动车车道中线处路面标高 1m 的树木，弯道外侧应加密种植以诱导视线。

16.2 绿 化

16.2.1 该条规定了道路绿化设计的范围，一般指道路用地范围内的功能性用地外区域。

16.2.2 道路绿化设计应综合考虑沿街建筑性质、环境、日照、通风等因素，分段种植。在同一路段内的树种、形态、高矮与色彩不宜变化过多，并做到整齐规则和谐一致。绿化布置应注意乔木与灌木、落叶与常绿、树木与花卉草皮相结合，色彩和谐，层次鲜明，四季景色不同。

根据城市绿化养护单位较多提出中央隔离带植物养护难的问题，本条规定种植树木的中央隔离带的最小宽度不应小于 1.5m；是对窄隔离带上种植植物品种的限制，应选便于养护的品种。

16.3 景 观

16.3.1 该条规定了道路景观设计的范围。

16.3.2 该条规定了道路景观设计的一般原则。

1 根据道路的性质和功能，从城市设计和使用者的视觉感受出发，构成城市主骨架的标志性道路在大城市一般为快速路，在中小城市一般为主干路。其决定着城市空间布局，对城市景观有很强的控制作用。

2 城市立交占地面积较大，立交形式是景观设计的重点，可以配合有特色的绿化造景形成城市标志。同时应布置好人行设施，处理好结构物的细部。

3 车辆以快速通过性为主的主次干路，人流量相对较少，行人驻留时间较短，重点考虑以行车速度的视觉感受来设计街道景观。

4 车辆以中低速通过为主的次干路，平面叉口较多，过街行人较多，商业繁荣，人在街区驻留时间长，重点以行人的视觉感受来设计，突出识别性，反映街区特色。还宜把店招、商业广告统一纳入景观设计。

5 以步行为主的服务性支路，宜充分体现人文关怀，形成方便、舒适、有人情味的道路空间。

6 我国大多数城市有河流和湖泊，滨水道路应成为城市景观的风景线，而不是成为隔离江岸与城市的屏障。让市民共享自然江岸资源，要根据水位涨落布置休闲场所和亲水空间，修建临水步道或梯道与城市人行道相通。

8 步行街主要指繁华市中心的商业街。由于高楼林立，建筑尺度大，景观设计强调以树木和水景软化环境，在混凝土森林中增添点绿意。

9 道路相关设施主要布置在人行道上。由于权属部门多，实施时序不同，对街道景观影响大。要根

据街区特色统一规划设计，集约化布置，并严格按设计要求实施，才能实现道路景观的整体美化。

16.3.3 该条规定了桥梁景观设计的一般原则。

1 大桥尤其是特大桥，主要结构本身就是强烈的景观符号。应针对桥位周边的城市环境选择桥型，并贯彻安全、适用、经济、美观的八字方针，对主体结构和附属设施统一进行景观设计，不宜在主体结构上再作过度装饰。

2 城市的跨线桥数量多，可考虑涂装和细部装饰，增添构筑物的美感。

16.3.4 该条规定了隧道景观设计的一般原则。

1 洞门的识别性很重要，往往会形成城市的地标。

2 在繁华城区的短隧道，洞身可设置灯箱广告或橱窗，营造商业氛围。

中华人民共和国行业标准

市政工程勘察规范

Code for geotechnical investigation of
municipal engineering projects

CJJ 56—2012

批准部门：中华人民共和国住房和城乡建设部
施行日期：２０１３年５月１日

中华人民共和国住房和城乡建设部
公　告

第 1563 号

住房城乡建设部关于发布行业标准
《市政工程勘察规范》的公告

现批准《市政工程勘察规范》为行业标准，编号为 CJJ 56 - 2012，自 2013 年 5 月 1 日起实施。其中，第 1.0.3、4.4.1 条为强制性条文，必须严格执行。原《市政工程勘察规范》CJJ 56 - 94 同时废止。

本规范由我部标准定额研究所组织中国建筑工业出版社出版发行。

中华人民共和国住房和城乡建设部
2012 年 12 月 24 日

前　　言

根据住房和城乡建设部《关于印发〈2008 年工程建设标准规范制订、修订计划（第一批）〉的通知》（建标〔2008〕102 号）的要求，规范修订组经广泛调查研究，认真总结实践经验，参考有关国家标准和国外先进标准，并在广泛征求意见的基础上，修订了本规范。

本规范的主要技术内容是：1. 总则；2. 术语；3. 基本规定；4. 勘察阶段的划分与基本工作内容；5. 城市道路工程；6. 城市桥涵工程；7. 城市隧道工程；8. 城市室外管道工程；9. 城市给排水厂站工程；10. 城市堤岸工程；11. 报告编制基本规定。

修订的主要技术内容是：1. 确定市政工程勘察阶段划分、工作深度要求；2. 确定市政工程勘察等级划分标准；3. 确定市政工程勘察工作内容、工作量和工作精度；4. 确定市政工程勘察成果要求；5. 补充城市隧道及给排水厂站工程勘察内容。

本规范中以黑体字标志的条文为强制性条文，必须严格执行。

本规范由住房和城乡建设部负责管理和对强制性条文的解释，由北京市勘察设计研究院有限公司负责具体技术内容的解释。执行过程中如有意见或建议，请寄送北京市勘察设计研究院有限公司（地址：北京市海淀区羊坊店路 15 号；邮编：100038）。

本 规 范 主 编 单 位：北京市勘察设计研究院有限公司

本 规 范 参 编 单 位：北京市公联公路联络线有限责任公司
北京市市政工程设计研究总院
北京市水利规划设计研究院
机械工业勘察设计研究院
上海岩土工程勘察设计研究院有限公司
深圳市勘察测绘院有限公司

本规范主要起草人员：沈小克　周宏磊　王乃震　许丽萍　李　立　李根义　何　萌　辛　伟　张　捷　张文华　张先亮　张琦伟　陈　龙　郑建国　侯东利　耿一然　夏玉云

本规范主要审查人员：项　勃　武　威　闫德刚　刘　军　吴永红　陈国立　金　淮　袁炳麟　康景文　梁金国

目　次

Contents

1 总　　则

1.0.1 为在市政工程勘察中贯彻国家的技术经济政策，做到安全适用、技术先进、确保质量、保护环境，制定本规范。

1.0.2 本规范适用于城市道路、桥涵、隧道、室外管道、给排水厂站、堤岸等建设项目的岩土工程勘察。

1.0.3 市政工程必须按基本建设程序进行岩土工程勘察，并应搜集、分析、利用已有资料和建设经验，针对市政工程特点、各勘察阶段的任务要求和岩土工程条件，提出资料完整、评价正确的勘察报告。

1.0.4 市政工程勘察除应符合本规范外，尚应符合国家现行有关标准的规定。

2 术　　语

2.0.1 堤岸　waterfront embankment

自身稳定性对堤防有直接影响的岸坡及护坡结构。

2.0.2 工程周边环境　engineering surroundings

影响市政工程设计、施工及运营的周边建（构）筑物、既有市政工程、地表水体等环境对象的统称。

2.0.3 岩土条件　rock and soil condition

对市政工程设计、施工具有影响的岩土体的工程特性，包括岩土种类、岩土物理力学性质及其均匀性、围岩或地基和边坡的工程性质、特殊性岩土等。

3 基本规定

3.0.1 市政工程勘察应根据市政工程的重要性、场地复杂程度和岩土条件复杂程度进行等级划分，并应符合下列规定：

1 市政工程的重要性等级应结合项目特点，按表 3.0.1-1 划分。

表 3.0.1-1　市政工程重要性等级划分

工程类别	一级	二级	三级
道路工程	快速路和主干路	次干路	支路、公交场站和城市广场的道路与地面工程
桥涵工程	特大桥、大桥	除一级、三级之外的城市桥涵	小桥、涵洞及人行地下通道
隧道工程	均按一级	—	—

续表 3.0.1-1

工程类别		一级	二级	三级
室外管道工程	顶管或定向钻方法施工	均按一级	—	—
	明挖法施工	$z>8m$	$5m \leqslant z \leqslant 8m$	$z<5m$
给排水厂站工程		大型、中型厂站	小型厂站	—
堤岸工程		桩式堤岸和桩基加固的混合式堤岸	坞工结构或钢筋混凝土结构的天然地基堤岸	土堤

注：1　根据设计路面标高与原地面标高的相对关系，道路工程可分为一般路基、高路堤、陡坡路堤和路堑。高路堤、陡坡路堤和路堑的工程重要性等级宜在表 3.0.1-1 基础上提高一级；

2　z 为管道工程基坑开挖深度。

2 市政工程的场地复杂程度等级宜按表 3.0.1-2 划分。

表 3.0.1-2　场地复杂程度等级

等级	场地复杂程度	划分依据
一级	复杂	地形地貌复杂；抗震危险地段；不良地质作用强烈发育；地质环境已经或可能受到强烈破坏；地下水对工程的影响大；周边环境条件复杂
二级	中等复杂	地形地貌较复杂；抗震不利地段；不良地质作用一般发育；地质环境已经或可能受到一般破坏；地下水对工程的影响一般；周边环境条件中等复杂
三级	简单	地形地貌简单；抗震一般或有利地段；不良地质作用不发育；地质环境基本未受破坏；地下水对工程无影响；周边环境条件简单

注：1　等级划分只需满足划分依据中任何一个条件即可；

2　从一级开始，向二级、三级推定，以最先满足的为准。

3 市政工程的岩土条件复杂程度等级宜按表 3.0.1-3 划分。

表 3.0.1-3　岩土条件复杂程度等级

等级	岩土条件复杂程度	划分依据
一级	复杂	岩土种类多，很不均匀；围岩或地基、边坡的岩土性质变化大；存在需进行专门治理的特殊性岩土

续表3.0.1-3

等级	岩土条件复杂程度	划分依据
二级	中等复杂	岩土种类较多,不均匀;围岩或地基、边坡的岩土性质变化较大;特殊性岩土不需要专门治理
三级	简单	岩土种类单一,均匀;围岩或地基、边坡的岩土性质变化不大;无特殊性岩土

注:1 等级划分只需满足划分依据中任何一个条件即可;
　　2 从一级开始,向二级、三级推定,以最先满足的为准。

4 市政工程的勘察等级可按表3.0.1-4划分。

表3.0.1-4　市政工程的勘察等级

等级	划分条件
甲级	在工程重要性等级、场地复杂程度等级、岩土条件复杂程度等级中有一项或多项为一级的
乙级	除甲级和丙级以外的勘察项目
丙级	工程重要性等级、场地复杂程度等级、岩土条件复杂程度等级均为三级

3.0.2　市政工程的工程地质调查和测绘、岩土分类、勘探、取样、原位测试、现场检验与监测应符合现行国家标准《岩土工程勘察规范》GB 50021 的相关规定。

3.0.3　市政工程的岩土室内试验的试验方法、操作和采用的仪器设备应符合国家现行有关标准的规定。

3.0.4　市政工程的岩土试验项目可按本规范附录A的规定并结合设计施工条件、工程地质与水文地质条件和岩土条件综合确定。

3.0.5　市政工程场地地震效应评价应符合国家现行抗震设计标准的规定。

3.0.6　市政工程勘察前,应取得地形图、地下设施图件或资料,必要时应开展工程周边环境及地下设施的专项调查。

3.0.7　既有市政基础设施的改扩建工程,应针对工程特点和新的工程设计要求,在利用原勘察资料基础上进行勘察。

3.0.8　符合下列情况时,应进行专项勘察工作:

　　1　对工程周边重要建(构)筑物或对工程建设有重要影响的地下设施,应进行专项勘察,并应查明其埋藏、分布情况,分析其与拟建市政工程之间的相互影响;

　　2　对重要工程,当水文地质条件对工程评价或工程降水有重大影响或需论证工程使用期间水位变化和抗浮设计水位建议值时,应进行专门的水文地质勘察;

　　3　对既有市政基础设施的改扩建工程,当需评估既有地基基础的工程状态、分析其再利用性能时,应进行专项勘察。

3.0.9　施工勘察应在详细勘察的基础上,针对施工方法、施工措施的特殊要求或施工过程中出现的工程地质或岩土工程问题,开展施工阶段勘察工作,其勘察工作内容和工作成果应当满足施工阶段设计和施工的相关要求。

3.0.10　燃气与热力厂(场)站、垃圾处理厂(场)站等的勘察应符合现行国家标准《岩土工程勘察规范》GB 50021 及其他有关标准的规定。

4　勘察阶段的划分与基本工作内容

4.1　一般规定

4.1.1　市政工程勘察宜按可行性研究勘察、初步勘察、详细勘察三个阶段开展工作,并可根据施工阶段的需要进行施工勘察。

4.1.2　市政工程勘察应根据不同的勘察阶段、工程类别和重要性、场地及岩土条件的复杂程度、设计要求,确定勘察方案和提交勘察成果。

4.2　可行性研究勘察

4.2.1　可行性研究勘察应对拟建场地的稳定性和工程建设的适宜性做出评价,并应以搜集资料、工程地质测绘和调查为主,必要时应进行适当的勘探、测试及试验。

4.2.2　可行性研究勘察工作应包括下列内容:

　　1　搜集区域地质、构造、地震、水文、气象、地形、地貌等资料;

　　2　了解场地的工程地质条件和水文地质条件概况;

　　3　调查拟建场区及周边环境条件;

　　4　分析不良地质作用和场地稳定性,划分抗震地段类别;

　　5　评价拟建场地工程建设的适宜性;

　　6　存在两个或以上拟选场地时,进行比选分析。

4.3　初步勘察

4.3.1　初步勘察宜在可行性研究勘察的基础上,初步查明拟建场地的岩土工程条件,提出初步设计所需的建议及岩土参数。

4.3.2　初步勘察工作应包括下列内容:

　　1　初步查明拟建场地不良地质作用的分布、规模、成因、发展趋势等;

　　2　初步查明场地岩土体地质年代、成因、结构及其工程性质;

3 初步查明地下水的埋藏条件、动态变化规律以及和地表水的补排关系；

4 初步判定水和土对工程材料的腐蚀性；

5 初步查明特殊性岩土的工程性质并对其进行相应的评价；

6 初步评价场地和地基的地震效应；

7 对可能采用的地基基础方案、围岩及边坡稳定性进行初步分析评价。

4.4 详 细 勘 察

4.4.1 市政工程详细勘察应针对工程特点和场地岩土条件，进行岩土工程分析与评价，提供设计和施工所需的岩土参数及有关结论和建议。

4.4.2 市政工程详细勘察工作应包括下列内容：

1 查明拟建场地不良地质作用的分布、规模、成因，分析发展趋势，评价其对拟建场地的影响，提出防治措施的建议；

2 查明场地地层结构及其物理、力学性质；

3 查明特殊性岩土、河湖沟坑及暗浜的分布范围，调查工程周边环境条件，分析评价其对设计与施工的影响；

4 查明地下水埋藏条件及其和地表水的补排关系，提供地下水位动态变化规律，根据需要分析评价其对工程的影响；

5 判定水、土对工程材料的腐蚀性；

6 对场地和地基的地震效应进行评价，提供抗震设计所需的有关参数；

7 根据需要，对地基工程性质、围岩分级及稳定性、边坡稳定性等进行分析与评价；

8 对设计与施工中的岩土工程问题进行分析评价，提供岩土工程技术建议和相关岩土参数。

5 城市道路工程

5.1 一 般 规 定

5.1.1 本章适用于城市道路、公交场站和城市广场等工程的岩土工程勘察。

5.1.2 城市道路工程勘察前应根据不同勘察阶段工作的要求，取得下列图纸和资料：

1 道路、公交场站、城市广场的设计总平面布置图；

2 道路类别、路面设计标高、路基类型、宽度、道路纵横断面、拟采用的路面结构类型，城市广场的基底高程；

3 工程需要时，尚应取得高填方路堤的工后沉降控制标准等。

5.1.3 城市道路勘察应对沿线路基的稳定性和岩土条件作出工程评价，并为路基设计、不良地质作用的

防治、特殊性岩土的治理等提供必要的岩土参数和建议。

5.1.4 城市道路勘察工作除应符合本规范第 4 章的相关规定外，尚应符合下列规定：

1 应查明沿线各区段的土基湿度状况，并提供划分路基干湿类型所需参数；

2 应评价地表水和地下水对路基稳定性的影响；

3 应评价沿线不良地质作用及特殊性岩土对路基稳定性的影响，并提出防治措施的建议。

5.1.5 城市既有道路改扩建工程及病害治理时，对原路面结构及原路开裂、翻浆、隆陷等缺陷地段，应通过专项工作并采用综合勘察方法，分析病害原因，提出防治措施的建议。

5.2 可行性研究勘察

5.2.1 可行性研究勘察应通过搜集资料、现场踏勘，辅以必要的勘探测试工作，调查道路沿线工程地质条件、水文地质条件及不良地质作用，评价场地稳定性和适宜性。

5.2.2 可行性研究勘察应重点分析评价下列内容：

1 根据沿线工程地质和水文地质条件，分析评价拟建场地的稳定性和适宜性；

2 道路沿线位于抗震危险地段时，应分析评价地震诱发次生地质灾害的可能性以及对工程的不利影响；

3 道路沿线涉及特殊性岩土时，应了解其工程特性，分析评价可能造成的不利影响；

4 道路沿线涉及不良地质作用时，应初步了解其分布的范围，分析评价对道路工程的影响。

5.3 初 步 勘 察

5.3.1 初步勘察应初步查明道路沿线的工程地质和水文地质条件，为路基类型选择及不良地质作用的防治提供依据。

5.3.2 初步勘察勘探点的间距宜根据道路分类、场地及岩土条件的复杂程度按表 5.3.2 确定。公交场站和城市广场的道路与地面勘探点间距宜为 100m～200m。对场地及岩土条件特别复杂的区段，可加密勘探点，并应布置控制性横剖面。

表 5.3.2 初步勘察勘探点间距（m）

场地及岩土条件复杂等级	一般路基	高路堤、陡坡路堤	路堑、支挡结构
一级	150～300	100～150	100～150
二级	300～500	150～300	150～250
三级	400～600	300～500	250～400

5.3.3 初步勘察勘探孔的深度应满足路基地基稳定性分析、变形计算、地基处理方案比选的要求。

5.3.4 初步勘察应重点分析评价下列内容：

1 阐明沿线的地形地貌、地质构造，进行拟建地段稳定性评价；

2 根据路基地基土、地下水条件，提供道路初步设计所需的岩土参数；

3 根据特殊性岩土的类别、分布范围和性质，提出初步的处理建议；

4 根据不良地质作用和地质灾害的分布范围和影响程度，提出初步的防治措施建议。

5.4 详细勘察

5.4.1 详细勘察应根据确定的道路设计方案、设计对勘察的技术要求，为道路设计、路基处理、道路施工等提供详细的岩土参数，并作出分析、评价，提出相关建议。

5.4.2 详细勘察勘探点的布置应符合下列规定：

1 道路勘探点宜沿道路中线布置。当一般路基的道路宽度大于50m、其他路基形式的道路宽度大于30m时，宜在道路两侧交错布置勘探点。当路基岩土条件特别复杂时，应布置横剖面。

2 详细勘察勘探点的间距可根据道路分类、场地和岩土条件的复杂程度按表5.4.2确定。公交场站和城市广场的道路与地面可按方格网布置勘探点，勘探点间距宜为50m～100m。

表 5.4.2 详细勘察勘探点间距（m）

场地及岩土条件复杂程度	一般路基	高路堤、陡坡路堤	路堑、支挡结构
一级	50～100	30～50	30～50
二级	100～200	50～100	50～75
三级	200～300	100～200	75～150

3 每个地貌单元、不同地貌单元交界部位、相同地貌内的不同工程地质单元均应布置勘探点，在微地貌和地层变化较大的地段应予以加密。

4 路堑、陡坡路堤及支挡工程的勘察，应在代表性的区段布设工程地质横断面，每条横断面上的勘探点不应少于2个。

5 当线路通过沟、浜、湮埋的沟坑和古河道等地段时，勘探点的间距宜控制在20m～40m，控制边界线勘探点间距可适当加密。

5.4.3 详细勘察勘探孔深度应符合下列规定：

1 一般路基、公交场站和城市广场的道路与地面的勘探孔深度宜达到原地面以下5m，在挖方地段宜达到路面设计标高以下4m；当分布有填土、软土和可液化土层等特殊性岩土时，勘探孔应适当加深；在勘探深度内遇基岩时，应有勘探孔（井）钻（挖）入基岩一定深度，查明基岩风化特征。其他勘探孔（井）可钻（挖）入基岩适当深度。

2 高路堤勘探孔的深度应满足稳定性分析评价要求，控制性勘探孔应满足变形计算的要求。

3 陡坡路堤、路堑、支挡工程的勘探孔深度应满足稳定性分析评价和地基处理的要求。

5.4.4 详细勘察的取样和测试工作应符合下列规定：

1 一般路基的钻孔应采取土样；高路堤、陡坡路堤、路堑、支挡结构采取土试样和进行原位测试的勘探孔数量不应少于勘探孔总数的1/2；控制性勘探孔的比例不应少于勘探孔总数的1/3；

2 采取土样的竖向间距应按地基的均匀性和代表性确定，在原地面或路面设计标高以下1.5m和软土地区原地面或路面设计标高以下3m的深度范围内，取土间距宜为0.5m，上述深度以下的取土间距可适当放宽；

3 划分路基土类别和路基干湿类型时，应进行颗粒分析、天然含水量、液限、塑限试验；

4 软土地区高路堤宜进行标准固结试验、静三轴压缩试验（不固结不排水）、无侧限抗压强度试验、承载比（CBR）试验或十字板剪切试验；

5 对路堑、下沉广场等挖方工程，需要时应进行水文地质试验；

6 对高路堤、陡坡路堤等填方工程，需要时宜对填筑土料进行击实试验。

5.4.5 详细勘察应重点分析评价下列内容：

1 岩土分布特征、路基干湿类型，提供道路设计所需的岩土参数；

2 地下水的分布、变化规律和地表水情况，分析评价对工程的不利影响；

3 工程地质、水文地质条件变化较大时，应进行分区评价；

4 不良地质作用的分布及其对工程的影响，提出针对性处理建议；

5 分析评价高路堤的地基承载力、稳定性，提供地基沉降计算参数，提出地基处理方法的建议，工程需要时应通过专项分析预测路基沉降；

6 评价挖方路堑段岩土条件、地下水对支护结构的影响，提供边坡稳定性验算、支护结构设计与施工所需岩土参数；

7 对路堑、下沉广场等挖方工程，工程需要时，应进行专项工作，分析评价地下水在施工和使用期间的变化及其对工程的影响，提出防治措施，提供抗浮设计建议；

8 高路堤及路堑设置支挡结构时，应分析评价地基的均匀性、稳定性、承载力，提供地基处理方法的建议；

9 对路桥接驳过渡段，应分析桥台与路堤的变形差异特征，提出接驳段沉降协调控制的地基处理措施等相关建议；

10 根据公交场站、城市广场的道路与地面工程特点，分析地基的均匀性、承载力及变形特性，提供设计所需的参数，工程需要时尚应提供地基处理、挖填方或支护措施的建议。

5.4.6 当遇有特殊性岩土时，分析评价尚应符合下列规定：

　　1 对湿陷性土，应根据沿线土层的湿陷程度、地下水分布特征及变化，分析评价可能引起的道路病害，并根据土质特征和地区经验，提出路基（地基）处理方法的建议；

　　2 对冻土，应根据冻土的类型、分布范围、上限深度、冻胀性分级等，分析评价融沉（融陷）的不利影响，并提出处理建议；

　　3 对膨胀土，应根据膨胀土的岩土特征，分析评价其体积膨胀、强度降低而引起路基（地基）破坏和边坡失稳的可能性；并应根据影响岩土胀缩变形的自然条件的变化特点，评价膨胀土地基的变形特点；

　　4 对软土，应根据软土的成因、应力历史、厚度、物理力学性质与排水条件，提供路基（地基）承载力、稳定性与沉降分析所需的岩土参数，建议适宜的地基处理方法；工程需要时，应通过专项分析预测其沉降性状；

　　5 对厚层填土，应根据填土堆积年限、堆积方式、填土的分布、成分、均匀性及密实度等，评价地基承载力，提供沉降计算参数；并应根据填土性质、道路等级和设计要求，提出地基处理方法和检测的建议；

　　6 对盐渍土，应根据盐渍土的成因、分布、含盐化学成分、含盐量及盐渍土地基的溶陷性和盐胀性，评价盐渍土地基的变形特点和对路基、路面、边坡的危害程度，评价盐渍土对工程材料的腐蚀性，提出病害防治措施的建议。

6 城市桥涵工程

6.1 一般规定

6.1.1 本章适用于城市桥梁、涵洞及人行地下通道等工程的岩土工程勘察。

6.1.2 城市桥涵工程勘察前应根据不同勘察工作阶段的要求，取得下列图纸和资料：

　　1 工程设计总平面图；

　　2 工程规模、结构类型、基础形式、尺寸、荷载等设计要求；

　　3 周边环境和地下设施的相关资料。

6.1.3 城市桥涵勘察应对地基作出岩土工程评价，为地基方案选择及基础设计提供工程地质依据和必要的设计参数，并提出相应的建议。

6.1.4 城市桥涵勘察工作除应符合本规范第4章的相关规定外，尚应符合下列规定：

　　1 应提出可能采用的地基基础形式，并提供相应的设计与施工岩土参数；

　　2 对于跨河桥应搜集河流水文资料；

　　3 应评价拟建工程与既有地下设施之间的相互影响。

6.2 可行性研究勘察

6.2.1 可行性研究勘察应以搜集资料、工程地质调查和测绘为主，在特大桥、大桥的主要墩台部位宜进行适当的勘探工作。

6.2.2 可行性研究勘察应重点分析评价下列内容：

　　1 初步调查不良地质作用的分布范围，分析评价其影响；

　　2 当分布有特殊性岩土时，应分析其工程特性及可能造成的不利影响；

　　3 分析评价拟建场地的稳定性和工程建设的适宜性。

6.3 初 步 勘 察

6.3.1 初步勘察应初步查明拟建场地的工程地质及水文地质条件，评价拟建地段的稳定性。

6.3.2 初步勘察勘察线应与桥梁的轴线方向一致，勘探点宜布置在桥梁轴线两侧可能建造墩台的部位。对特大桥的主桥，每个墩台勘探点不宜少于1个；对其他桥梁，可采取隔墩或隔墩台交叉布置勘探点。

6.3.3 采取土试样和进行原位测试的勘探孔数量宜占勘探孔总数的1/3～1/2。

6.3.4 控制性勘探孔的勘探深度应满足地基基础方案比选和地基稳定性、变形计算的要求，一般性勘探孔应满足查明地基持力层和软弱下卧土层分布的要求。

6.3.5 对于岩溶、土洞、采空区，应采用物探、钻探、井探、槽探相结合的综合勘察手段。

6.3.6 初步勘察应重点分析评价下列内容：

　　1 初步分析地基稳定性、地基变形特征，对可能采用的地基方案进行比选分析；

　　2 拟采用桩基时，分析备选桩端持力层的分布变化规律，提出桩型、施工方法的初步建议，提供桩侧摩阻力和端阻力；

　　3 当存在特殊性岩土时，分析其工程特性，并评价其对桥涵工程产生的不利影响；

　　4 分析评价周边环境与拟建桥涵工程的相互影响，提出防治措施初步建议。

6.4 详 细 勘 察

6.4.1 详细勘察应查明地基的岩土工程条件，提供地基基础设计、地基处理与加固、不良地质作用防治与特殊性岩土治理的建议和相关岩土技术参数。

6.4.2 勘探点的布置应符合下列规定：

1 对特大桥的主桥，每个墩台勘探点不应少于2个；对其他桥梁，宜逐墩台布置勘探点，岩土条件复杂程度等级为三级时可隔墩台布点；

2 对人行天桥主桥可逐墩台布点，梯道可隔墩台布点，梯脚部位应布置勘探点；

3 城市涵洞和人行地下通道的勘探点间距宜为20m～35m，单个涵洞、人行地下通道的勘探点不应少于2个，当场地或岩土条件复杂程度为一级时应适当增加勘探点；

4 相邻勘探点揭示的地层变化较大、影响基础设计和施工方案的选择时，应适当增加勘探点数量。

6.4.3 勘探孔深度应符合下列规定：

1 当拟采用天然地基时，勘探孔深度应能控制地基主要受力层；一般性勘探孔应达到基底下（0.5～1.0）倍的基础宽度，且不应小于5m；控制性勘探孔的深度应超过地基变形计算深度；对覆盖层较薄的岩质地基，勘探孔深度应达到可能的持力层（或埋置深度）以下3m～5m；

2 当拟采用桩基时，控制性勘探孔应穿透桩端平面以下压缩层厚度；一般性勘探孔深度宜达到预计的桩端以下（3～5）倍桩径，且不应小于3m，对于大直径桩不应小于5m；嵌岩桩的控制性勘探孔应深入预计嵌岩面以下（3～5）倍桩径，一般性勘探孔应深入预计嵌岩面以下（1～3）倍桩径，并应穿过溶洞、破碎带，达到稳定地层；

3 当采用沉井基础时，勘探孔深度应根据沉井刃脚埋深和地质条件确定，宜达到沉井刃脚以下（0.5～1.0）倍沉井直径（宽度），并不应小于5m。

6.4.4 详细勘察阶段，控制性勘探孔数量不应少于勘探孔总数的1/3；采取土试样和进行原位测试的勘探孔数量不应少于勘探孔总数的1/2；当勘探孔总数少于3个时，每个勘探孔均应取样或进行原位测试。

6.4.5 详细勘察应重点分析评价下列内容：

1 对地基基础方案进行分析评价，提供设计所需的岩土参数，对设计与施工中的岩土工程问题提出建议；

2 当拟采用桩基时，提出桩型、施工方法的建议，分析拟选桩端持力层及下卧层的分布规律，提出桩端持力层方案的建议；

3 提供计算单桩承载力、桩基变形验算的岩土参数，评价成（沉）桩可能性，论证桩的施工条件及其对周边环境的影响；

4 当桩身周围有液化土层分布时，应评价液化土层对基桩设计的影响，提供相应参数；

5 当桩身周围存在可能产生负摩阻力的土层时，应分析其对基桩承载力的影响；

6 当拟采用沉井时，提供井壁与土体间的摩擦力、沉井设计、施工和沉井基础稳定性验算的相关岩土参数；对沉井外壁与土的摩阻力，当无测试数据

时，可按本规范附录B取值；

7 评价地下水对沉井施工可能产生的影响和沉井施工可能性，论证沉井施工条件及其对环境的影响；

8 对涵洞、人行地下通道等工程，分析评价地下水对工程的影响；工程需要时，应进行专项工作，分析评价地下水在运营期间的变化，提供抗浮设计的建议；

9 对在河床中设墩台的桥梁，应提供抗冲刷计算所需的岩土参数。

6.4.6 对遇有的不良地质作用及特殊性岩土，分析评价尚应符合下列规定：

1 岩溶发育地区，应根据岩溶发育的地质背景、溶洞、土洞、塌陷的形态、平面位置和顶底标高，分析岩溶的稳定性及其对拟建桥涵工程的影响，提出治理和监测的建议；

2 当存在采空区时，应根据采空区的埋深、范围和上覆岩层的性质等评价桥涵工程地基的稳定性，并提出处理措施的建议；

3 湿陷性土地区，应根据土层的湿陷程度、地下水条件，分析评价湿陷性土对桥涵工程的危害程度并提出地基处理措施的建议；

4 膨胀岩土地区，应评价膨胀岩土的工程特性，并应根据场地的环境条件和岩土体遇水后体积膨胀、强度衰减和失水后体积收缩、强度增大的变化特点，综合评价桥涵工程的地基强度和变形特征；

5 软土地区，应根据软土的分布范围、分布规律和物理力学性质，评价桥涵地基的稳定性和变形特征，并提出地基处理措施的建议；

6 多年冻土地区，应根据多年冻土的类型、工程地质条件及采用的设计原则，综合评价多年冻土的地基强度、变形特征，并提出地基处理措施的建议；

7 对厚层填土，应根据填土的堆积年代、物质组成、均匀性、密实度等，评价其对拟建桥涵地基基础的影响，提出加固处理措施的建议。

7 城市隧道工程

7.1 一般规定

7.1.1 本章适用于市政工程中暗挖施工的山岭隧道、地（水）下隧道等的岩土工程勘察。

7.1.2 城市隧道工程勘察前应根据不同勘察工作阶段的要求，取得下列图纸和资料：

1 附有隧道里程号及进出洞口位置的平面布置图及隧道纵断面图；

2 隧道所在位置的区域地质图；

3 地形地貌资料、工程周边环境资料；

4 水下隧道工程，应搜集地表水体情况、水下

地形等相关资料。

7.1.3 城市隧道勘察应根据设计阶段的任务、目的和要求，采用综合勘察方法，评价隧道围岩地质条件、围岩稳定性以及进出洞口、竖（斜）井、横洞、风道等特殊部位的工程地质条件，提供设计、施工相关的岩土参数。

7.1.4 对煤层、矿体、膨胀岩土、黄土、采空区、岩溶区等不良地质作用发育区和特殊性岩土分布地段，应查明其类型、性质、范围及其发生和发展情况，评价其对隧道影响程度，并提出防治建议。

7.1.5 当采用矿山法、新奥法、盾构掘进机法、全断面隧道掘进机（TBM）法施工时，陆域段的勘探点应布置在隧道边线外侧 3m～5m，水域段的勘探点应布置在隧道外侧 6m～10m，勘探点宜交错布置。

7.1.6 隧道围岩分级应采用定性和定量相结合的方法判定，并可按本规范附录 C 划分。

7.1.7 对地质条件或岩土条件特别复杂的地段，应在详勘工作基础上，针对隧道施工方法的专门要求，进行施工勘察。

7.1.8 城市隧道工程勘察时，应专项调查沿线重要建（构）筑物的基础类型、结构形式和使用状态，并分析隧道工程建设与周边重要建（构）筑物、地下设施之间的相互影响。

7.2 可行性研究勘察

7.2.1 可行性研究勘察应以搜集资料、现场调查为主，辅以必要的勘探、测试工作，了解隧址段工程地质及水文地质条件，尤其是地质构造、不良地质作用、特殊性岩土的发育情况，初步评价对隧道的影响。当存在两个或以上拟选场地时，应进行隧址的可行性比选。

7.2.2 工程地质测绘比例尺宜为 1∶2000～1∶5000。山岭隧道的测绘范围宜为线位两侧各 200m～300m，地（水）下隧道的测绘范围宜为线位两侧300m～500m。

7.2.3 勘探点间距宜为 400m～500m。在松散地层中，勘探孔深度应达到拟建隧道结构底板下 2.5 倍隧道高度，且不应小于 20m。在微风化～中等风化岩石中，勘探孔深度应达到拟建隧道结构底板下，且不应小于 8m。遇岩溶、土洞、暗河等，应穿透并根据需要加深。

7.2.4 可行性研究勘察应重点分析评价下列内容：

　1　拟建场地的稳定性及适宜性；

　2　初步分析评价隧道围岩分级、地应力分布、水文地质条件、洞口稳定条件及隧道施工对环境的影响等，提出适宜的隧道位置建议；

　3　存在不良地质作用、特殊性岩土时，初步分析其对隧道建设的影响。

7.3 初 步 勘 察

7.3.1 初步勘察应为初步设计和施工方法的选择提供岩土参数和相关建议。

7.3.2 初步勘察方法以地质调查和测绘为主，辅以代表性钻探测试工作。城市山岭隧道，应采用以地质调查和测绘及物探为主的勘探方法。

7.3.3 工程地质测绘比例尺洞身段宜为 1∶1000～1∶2000，隧洞口边坡影响范围宜为 1∶500，断面图宜为 1∶100～1∶200。

7.3.4 物探方法的选择和物探测线的布置应根据隧道的地质条件、地形、地貌及周边环境条件综合确定。分离式隧道应沿隧道轴线布置不少于 1 条测线；洞口处应布置不少于 3 条横测线；不同的地质体或构造类型，应布置（2～3）条测线。

7.3.5 勘探点的数量和位置应根据区域地质资料分析、地质调查和测绘及物探结果确定。对于地质条件复杂的隧道，勘探点数量不应少于 5 个，长、特长隧道勘探点间距宜为 200m～300m，隧道口宜布置勘探点。

7.3.6 在松散地层中，一般性勘探孔应进入隧道底板以下不小于 1.5 倍隧道高度，控制性勘探孔应进入隧道底板以下不小于 2.5 倍隧道高度；在微风化及中等风化岩石中，应进入隧道底板以下，且不宜小于 1.0 倍隧道高度。遇岩溶、土洞、暗河等，应穿透并根据需要加深。

7.3.7 初步勘察的取样及测试工作应符合下列规定：

　1　采取土试样和进行原位测试的勘探孔数量不应少于勘探孔总数的 2/3；

　2　山岭隧道钻孔均应进行波速测试；

　3　当水文地质条件复杂时，应进行水文地质试验；

　4　深埋山岭隧道应进行地应力测试。

7.3.8 初步勘察应重点分析评价下列内容：

　1　初步查明沿线区域地质、构造、地貌、地层、水文地质条件，调查地下有害气体情况；

　2　初步查明不良地质作用和地质灾害、特殊性岩土的类型、分布、性质及对隧道工程的影响，提出防治措施的建议；

　3　初步查明沿线的地表水、地下水条件，评价对隧道施工的影响；

　4　初步确定沿线岩土施工工程分级、围岩分级，提出围岩的物理力学性质参数，评价洞室围岩的稳定性；

　5　初步评价进出洞口、竖（斜）井、导坑、横洞等位置的工程地质条件以及岩土体稳定性，提出工程防护措施的建议。

7.4 详 细 勘 察

7.4.1 详细勘察应针对工程特点和场地岩土条件开

展工作，为施工图设计和施工提供所需的岩土参数及相关建议。

7.4.2 详细勘察应以钻探、坑探、槽探和井探为主，并辅以必要的物探工作。

7.4.3 详细勘察的勘探点布置应符合下列规定：

　　1 隧道洞口及纵断面最低部位应布置勘探点；

　　2 地质构造复杂地段、岩体破碎带应布置勘探点；

　　3 地下水丰富、水文地质条件复杂的地段应布置勘探点；

　　4 竖（斜）井、导坑、横洞等辅助通道应布置勘探点。

7.4.4 详细勘察的勘探点间距应符合下列规定：

　　1 对于山岭隧道，在地质条件简单、岩性单一、无构造影响的洞身段，勘探点间距宜为 100m～150m；岩土条件复杂的洞身段，勘探点间距宜为50m～100m；隧道口应根据岩土条件复杂程度布置横断面；

　　2 对于松散地层中隧道，场地及岩土条件复杂时，勘探点间距应为10m～30m；场地及岩土条件中等复杂时，勘探点间距应为30m～40m；场地及岩土条件简单时，勘探点间距应为40m～50m。

7.4.5 详细勘察的勘探孔深度应符合下列规定：

　　1 在松散地层中的一般性勘探孔宜进入隧道底板以下不小于1.5倍隧道高度，控制性勘探孔宜进入隧道底板以下不小于2.5倍隧道高度；

　　2 在微风化及中等风化岩石中勘探孔深度应进入隧道底板以下 0.5 倍隧道高度且不小于5m。遇岩溶、土洞、暗河等，应穿透并根据需要加深。

7.4.6 详细勘察的取样及测试工作应符合下列规定：

　　1 采取土试样和进行原位测试的勘探孔数量不应少于勘探孔总数的1/2；控制性勘探孔数量不应少于勘探孔总数的1/3；

　　2 山岭隧道应选取代表性钻孔进行波速测试；

　　3 当水文地质条件复杂时，应进行专门水文地质试验。

7.4.7 详细勘察应重点分析评价下列内容：

　　1 分析评价拟建场地的不良地质作用、特殊性岩土的分布情况及其对隧道的影响，提供相应处理措施的建议；

　　2 分析评价围岩的稳定性和山岭隧道洞口斜坡的稳定性；

　　3 分析评价地质构造复杂地段及不利地形对隧道工程的影响；

　　4 提供隧道影响深度范围内承压水、有害气体分布情况，并分析评价其对隧道设计和施工可能产生的影响，提出处理措施；

　　5 对可能产生的流砂、管涌等，提出防治建议；

　　6 根据沿线工程地质条件、水文地质条件、环境地质条件，评价施工工法的适用性；对工程地质、水文地质条件特别复杂地段，提出超前地质预报的建议与要求；

　　7 分析评价进出洞口、竖（斜）井、导坑、横洞等辅助通道的工程地质条件及岩土稳定性；

　　8 根据沿线地下设施及障碍物专项调查报告，分析评价其对隧道设计和施工的不利影响，以及隧道施工对环境的不利影响，并提出处理建议。

8 城市室外管道工程

8.1 一般规定

8.1.1 本章适用于采用明挖法及顶管、定向钻施工的给水、排水、热力、燃气、电力、通讯等城市地下管道工程的岩土工程勘察。

8.1.2 勘察前应根据不同勘察工作阶段的要求，取得下列图纸和资料：

　　1 管道总平面布置图；

　　2 管道类型、管底控制高程、管径（或断面尺寸）、管材和可能采取的施工工法；

　　3 周边既有地下埋设物分布情况。

8.1.3 城市室外管道勘察应为明挖法管道地基基础及顶管、定向钻施工的设计、地基处理与加固、管道基槽开挖与支护、排水设计等提供必要的岩土参数和相关建议。

8.1.4 城市室外管道勘察工作除应符合本规范第 4 章规定外，尚应符合下列规定：

　　1 管道通过基岩埋藏较浅的地段时，应查明对设计和施工方案有影响的基岩埋深及其风化、破碎程度；

　　2 应在管顶和管底部位采取土、水试样进行腐蚀性分析试验。对钢、铸铁金属管道，尚应对管道埋设深度范围内各岩土层进行电阻率测试。

8.2 可行性研究勘察

8.2.1 可行性研究勘察应以搜集资料、现场踏勘、调查为主，辅以必要的勘探测试工作。

8.2.2 可行性研究勘察应重点分析评价下列内容：

　　1 根据工程特点和工程地质条件，分析评价拟建场地的稳定性和适宜性；

　　2 初步分析评价不良地质作用及其分布范围和影响；

　　3 在特殊性岩土分布区域，初步分析评价其工程特性和可能造成的不利影响。

8.3 初 步 勘 察

8.3.1 初步勘察应以钻探、坑探、槽探和井探为主，辅以必要的工程地质测绘和调查、物探等勘察方法，初步查明工程场地的工程地质及水文地质条件，评价拟建地段的稳定性。

8.3.2 初步勘察的勘探点间距宜符合表8.3.2的规定。地质条件复杂的大中型河流地段，应进行钻探，每个穿越、跨越方案宜布置勘探点（1～3）个。

表8.3.2 初步勘察勘探点间距（m）

场地和岩土条件复杂程度	埋深小于5m，明挖施工	埋深5m～8m，明挖施工	埋深大于8m，明挖施工	顶管、定向钻施工
一级	100～200	50～100	40～75	30～60
二级	200～300	100～200	75～150	60～100
三级	300～500	200～400	150～300	100～150

注：表中埋深均指管底埋置深度。

8.3.3 明挖管道勘探深度应满足开挖、地下水控制、支护设计及施工的要求，且不应小于管底设计高程以下5m；当预定深度内有软弱夹层时，勘探孔深度应适当增加。采用顶管、定向钻施工敷设的管道勘探孔深度应进入管底设计高程以下5m～10m。

8.3.4 采取土试样和进行原位测试的勘探孔数量不应少于勘探孔总数的2/3。

8.3.5 初步勘察应重点分析评价下列内容：

1 根据沿线的地貌单元、岩土条件，分析对管道敷设的影响，分区进行各地段的稳定性评价；

2 根据沿线不良地质作用及特殊性岩土的分布范围、性质、发展趋势，初步分析其对管道的影响，提出防治措施的初步建议；

3 初步提供管线敷设施工、管道防腐设计所需的有关设计参数。

8.4 详 细 勘 察

8.4.1 详细勘察应按管道设计方案、施工工法、设计对勘察的技术要求，为施工图设计和施工提供所需的岩土参数及相关建议。

8.4.2 详细勘察的勘探点布置应符合下列规定：

1 明挖管道勘探点宜沿管道中线布置；因现场条件需移位调整时，勘探点位置不宜偏离管道外边线3m；顶管、定向钻施工管道的勘探点宜沿管道外侧交叉布置，并应满足设计、施工要求；

2 管道走向转角处、工作井（室）宜布置勘探点；

3 管道穿越河流时，河床及两岸均应布置勘探点；穿越铁路、公路时，铁路和公路两侧应布置勘探点；

4 详细勘察勘探点间距宜符合表8.4.2的规定。

表8.4.2 详细勘察勘探点间距（m）

场地或岩土条件复杂程度	埋深小于5m，明挖施工	埋深5m～8m，明挖施工	埋深大于8m，明挖施工	顶管、定向钻施工
一级	50～100	40～75	30～50	20～30
二级	100～150	75～100	50～75	30～50
三级	150～200	100～200	75～150	50～100

8.4.3 详细勘察的勘探孔深度应符合下列规定：

1 明挖管道勘探孔深度应满足开挖、地下水控制、支护设计及施工的要求，且应达到管底设计高程以下不少于3m；非开挖敷设管道，勘探孔深度应达到管底设计高程以下5m～10m；

2 当基底下存在松软土层、厚层填土和可液化土层时，勘探孔深度应适当加深。

8.4.4 详细勘察采取土试样和进行原位测试的勘探孔数量不应少于勘探孔总数的1/2。

8.4.5 详细勘察应重点分析评价下列内容：

1 分析评价拟建场地的不良地质作用、特殊性岩土的分布情况及其对管道的影响，提供相应处理措施的建议；

2 对拟采用明挖施工方案的深埋管道及工作竖井，应提供基坑边坡稳定性计算参数及基坑支护设计参数；

3 分析评价地下水对工程设计、施工的影响，提供地下水控制所需地层参数，并评价地下水控制方案对工程周边环境的影响；

4 当采用顶管、定向钻敷设管道时，应提供相应工法设计、施工所需参数；对于稳定性较差地层及可能产生流砂、管涌等地层，应提出预加固处理的建议；

5 管道穿越堤岸时，应分析破堤对堤岸稳定性的影响和堤岸变形对管道的影响，提供相关建议。

9 城市给排水厂站工程

9.1 一 般 规 定

9.1.1 本章适用于城市给排水工程厂区水处理构筑物、泵房以及取水头部（排放口）等主要构筑物的勘察。厂区建筑物工程勘察应按国家现行有关规范执行，管道工程应按本规范第8章执行。

9.1.2 勘察前应根据不同勘察工作阶段的要求，取得下列图纸和资料：

1 给排水厂站的总平面图；

2 各构筑物可能采用的基础设计方案、施工工法等；

3 设计对勘察的技术要求；

4 工程需要时，尚应搜集拟建场地及周边的地下管线及设施等资料。

9.1.3 城市给排水厂站勘察应为地基基础设计、施工提供必要的岩土参数及相关建议。

9.1.4 工程需要时，应在厂区布置一定数量的地下水位长期观测孔，对地下水位动态变化进行监测，监测周期不宜少于一个水文年。

9.2 可行性研究勘察

9.2.1 可行性研究勘察应以搜集资料、现场调查为主，辅以必要的勘察测试。当存在两个或以上拟选场址时，应进行可行性比选。

9.2.2 可行性研究勘察应重点分析评价下列内容：

1 分析评价拟建场地的稳定性和适宜性；

2 场地分布特殊性岩土时，初步分析评价其可能造成的不利影响；

3 场地发育有不良地质作用和地质灾害时，初步分析评价其对工程场地稳定性的影响。

9.3 初 步 勘 察

9.3.1 初步勘察应初步查明场地的工程地质条件和水文地质条件，评价拟建场地稳定性和可行的地基基础方案。

9.3.2 初步勘察的勘探点布置应符合下列规定：

1 厂区水处理构筑物勘探点可按方格网布置，间距宜为 100m～200m。

2 各单独构筑物及厂外的泵站、取排水构筑物等应布置勘探点。

9.3.3 初步勘察的勘探孔深度应根据拟建构筑物性质、可能采用的基础形式、施工工法及地基岩土条件等综合确定。

9.3.4 初步勘察应重点分析评价下列内容：

1 分析拟建场地的不良地质作用，提出可能的防治措施；

2 初步查明拟建场区的地下水类型、埋藏条件，初步分析评价地下水对工程建设和运行的影响；

3 初步分析评价不同地基基础方案的可行性，提出技术建议和相关岩土技术参数。

9.4 详 细 勘 察

9.4.1 详细勘察应根据设计条件及要求，提供详细的岩土工程资料，提出地基基础、基坑工程等方面的建议和与设计、施工相关的岩土参数。

9.4.2 详细勘察的勘探点布置应符合下列规定：

1 厂区水处理构筑物拟采用天然地基或地基处理方案时，场地及岩土条件复杂时勘探点间距宜为10m～15m；场地及岩土条件中等复杂时宜为 15m～30m；场地及岩土条件简单时宜为 30m～50m；

2 拟采用桩基方案时，对端承桩勘探点间距宜为 12m～24m，相邻勘探点揭露的持力层层面高差宜控制为 1m～2m；对摩擦桩勘探点间距宜为 20m～35m，当地层条件复杂、影响成桩或设计有特殊要求时，勘探点间距宜适当加密。

3 单座泵房勘探点布置不应少于 2 个，取水头部（排放口）应布置勘探点；重大设备基础应单独布置勘探点，且勘探点不宜少于 3 个。

9.4.3 详细勘察的勘探孔深度应符合下列规定：

1 控制性勘探孔深度应满足地基变形计算深度要求，厂区水处理构筑物尚应考虑变形计算、空载期的抗浮以及地基处理等要求；桩基一般性勘探孔深度不宜小于桩端下（3～5）倍桩端直径，且不应小于3m；天然地基一般性勘探孔深度宜取（0.6～1.0）倍的基础宽度，且不应小于基础底面下5m；

2 开槽式泵房勘探孔深度不宜小于开挖深度的2.5倍；岸边泵房勘探孔深度宜达岸坡稳定验算深度以下 3m～5m；采用沉井基础时，勘探孔深度应根据沉井刃脚埋深和地质条件确定，宜达到沉井刃脚以下（0.5～1.0）倍沉井直径（宽度），并不应小于 5m；勘探孔深度尚应同时满足不同基础类型及施工工法对孔深的要求；

3 在设计勘探深度内遇基岩时，勘探孔深度可适当减浅；

4 基底以下分布对工程有影响的承压水时，勘探孔应进入承压含水层，并应选择部分勘探孔量测稳定水位。

9.4.4 详细勘察阶段控制性勘探孔数量不应少于勘探孔总数的 1/3，采取土试样及进行原位测试的勘探孔数量不应少于勘探孔总数的 1/2。

9.4.5 详细勘察应重点分析评价下列内容：

1 为地基基础设计、建（构）筑物抗浮、地基处理、基坑工程等提供必要的岩土参数和相应的建议，工程需要时应提供动力基础设计所需参数；

2 分析评价拟建场地的不良地质作用及其对工程的影响，提出相应防治措施的建议；

3 根据特殊性岩土的工程特性，结合地区经验提出相应处理措施的建议；

4 分析对工程建设有影响的各含水层中地下水的埋藏条件、水位变化幅度，提供基坑施工所需地下水控制的设计参数；水文地质条件复杂且对设计及施工有重大影响时，应提出专项水文地质勘察工作的建议；

5 对可能产生的流砂、管涌、坑底突涌等进行分析评价，提出相应处理措施的建议；

6 对荷载较轻的储水构筑物，分析评价地下水对工程运营及其在空载状态时的不利影响，提出抗浮设计的相关建议；

7 对厂区水处理构筑物，需要时，应通过专项工作评价不均匀沉降，提出措施及建议；

8 取水头部（排放口）应分析评价地基的稳定性、承载力，提出防冲刷措施的建议；

9 泵房部位应针对施工工法（明挖、沉井）进行分析评价。

10 城市堤岸工程

10.1 一般规定

10.1.1 本章适用于城市江、河、湖、海堤岸等市政工程的岩土工程勘察。

10.1.2 勘察前应根据不同勘察工作阶段的要求，取得下列图纸和资料：

1 堤岸工程设计总平面布置图；

2 垂直于堤岸走向的地形横断面图；

3 堤岸顶面设计标高、各段堤岸的结构形式、断面尺寸和采取的基础类型、尺寸、预计埋藏深度、单位荷载以及说明地基基础设计施工的特殊要求等资料。

10.1.3 对原有堤岸改造或加固工程的勘察，应在充分搜集、分析利用已有资料和调查研究的基础上，根据设计要求、场地条件和需要，确定勘察工作的内容和方法。

10.1.4 城市堤岸工程勘察宜根据地质条件和场地条件综合选用物探、钻探、坑探、槽探或井探等方法。坑、槽、井施工完毕后应回填压实；钻探完成后应封孔，封孔材料和封孔工艺应当根据当地经验或实验资料确定。

10.2 可行性研究勘察

10.2.1 可行性研究勘察应以搜集资料、工程地质调查和测绘为主，以钻探为辅。

10.2.2 可行性研究勘察应重点分析评价下列内容：

1 分析评价拟建场地的稳定性和适宜性；

2 场地存在不良地质作用时，应初步了解其分布的范围；

3 场地分布特殊性岩土时，应了解其工程特性，分析评价可能造成的不利影响。

10.3 初步勘察

10.3.1 初步勘察应通过物探、钻探等手段，初步查明场地的工程地质、水文地质条件，提供满足设计要求的岩土工程依据和相关建议。

10.3.2 初步勘察勘探工作应根据工程设计方案和工程地质条件综合考虑布置，且应满足场地稳定性分析、地基变形计算要求。勘探点布置应符合下列规定：

1 勘探点间距宜为 100m～200m，场地及岩土条件简单时可适当放宽；

2 横剖面线间距宜为纵剖面上勘探点间距的（2～4）倍，横剖面的勘探点不宜少于 3 个。

10.3.3 勘探孔深度宜深入河床以下 5m～10m。控制性勘探孔的孔深应根据工程地质条件、设计方案和岩土工程分析需要综合确定，并应满足稳定性验算、变形验算、抗冲刷验算及渗流稳定性分析等要求。

10.3.4 初步勘察应重点分析评价下列内容：

1 对堤岸工程地质条件及工程地质问题进行初步评价。

2 提出各设计方案所需的地基岩土参数。

3 提出防治不良地质作用的初步建议。

4 根据河势情况、河道冲淤变化、水流侧向侵蚀和岸坡的形态、防护及失稳情况，对堤岸稳定性进行初步评价。堤岸稳定性分类应符合表 10.3.4 的规定。

表 10.3.4 堤岸稳定性分类

类 别	划 分 条 件
稳定堤岸	堤岸岩土体抗冲刷能力强，无堤岸失稳迹象
基本稳定堤岸	堤岸岩土体抗冲刷能力较强，历史上基本未发生堤岸失稳事件
稳定性较差堤岸	堤岸岩土体抗冲刷能力较差，历史上曾发生小规模堤岸失稳事件，危害性不大
稳定性差堤岸	堤岸岩土体抗冲刷能力差，历史上曾发生堤岸失稳事件，具严重危害性

5 初步分析地基土体的渗透特性及渗透稳定性，评价地下水的补排条件及与地表水体的关系。

10.4 详细勘察

10.4.1 详细勘察阶段应以钻探为主，并与物探等勘探方法相结合。

10.4.2 详细勘察的勘探点布置应根据场地复杂程度、岩土条件复杂程度及堤岸工程重要性等级确定，并应符合下列规定：

1 应沿堤岸轴线或在基础轮廓线以内、平行堤岸轴线布置勘探点，也可根据沿线地段的地形地貌、地层变化，沿堤岸轴线每隔（2～4）倍孔距布置一条垂直于堤岸轴线的横断面勘探线，在该勘探线上布置（2～3）个勘探点；

2 在每个地貌单元、不同地貌单元交界部位、微地貌和地层急剧变化处、堤岸走向转折点，以及堤岸结构形式变化部位，均应布置勘探点；

3 对堤岸的改造、加固工程勘察的勘探点，不宜布置在原有堤岸范围内；

4 详细勘察的勘探点间距宜符合表 10.4.2 的规定；

表 10.4.2　详细勘察勘探点间距（m）

场地和岩土条件复杂程度 ＼ 堤岸工程重要性等级	一级	二级	三级
一级	25～35	35～50	50～100
二级	35～50	50～100	100～150
三级	50～100	100～150	150～200

　　5　控制性勘探点不宜少于勘探点总数的 1/2。

10.4.3　详细勘察勘探孔深度应符合下列规定：

　　1　桩式堤岸应达到桩端以下 3m～5m，对桩基加固的混合式堤岸，应达到桩端以下（1.5～2.0）倍基础底面宽度；圬工结构或钢筋混凝土结构天然地基堤岸应进入拟选持力层 3m～5m；土堤应达到（1～2）倍土堤高度；

　　2　对需进行变形计算的地基，控制性勘探孔应达到地基压缩层的计算深度；

　　3　当需考虑堤岸附近大面积地面堆载的影响或有软弱下卧层时，勘探孔深度应适当加深；

　　4　当在预定勘探深度内遇基岩时，控制性勘探孔应钻（挖）入中等风化或微风化岩石适当深度，其余勘探孔应钻至基岩面。

10.4.4　采取土试样和进行原位测试的勘探孔（井）的数量、竖向间距及岩土试验项目等的特殊要求可按现行行业标准《堤防工程地质勘察规程》SL 188 的有关规定执行。

10.4.5　当需为验算抗滑稳定性提供基底摩擦系数时，宜进行模型试验，当无实测试验资料时，可按本规范附录 D 采用。

10.4.6　当工程需要时，详细勘察应为填筑堤岸和工程回填材料的选择提供压实性指标。

10.4.7　详细勘察应重点分析评价下列内容：

　　1　分析评价不良地质作用和特殊性岩土对堤岸稳定性的影响，提出防治措施建议；

　　2　分析地表水与地下水补排关系，评价地下水对堤岸稳定性的影响，进行地基渗透变形分析；

　　3　根据堤岸的类别和基础形式，提供基底稳定性验算所需参数，进行地基稳定性分析，必要时提出合理的基础方案、地基处理方法和施工方案的建议；

　　4　对已失稳的堤岸及除险加固地段，应根据搜集的堤岸失稳的范围、类型、规模和崩岸速率、发生险情过程等资料和必要的专项勘察，分析堤岸失稳的原因，提出加固处理建议。

11　报告编制基本规定

11.1　一　般　规　定

11.1.1　市政工程勘察资料整理应在工程地质测绘、勘探、室内试验和原位测试、搜集已有相关资料的基础上，根据不同勘察阶段和具体市政工程要求进行。

11.1.2　对各类岩土工程问题，应在试验与测试数据基础上，充分考虑当地工程或类似工程经验，依据具体市政工程的特点有针对性地进行评价。

11.2　成果报告基本要求

11.2.1　岩土工程勘察报告书应数据准确、内容齐全、结论有据、建议合理。

11.2.2　可行性研究勘察报告宜包括下列内容：

　　1　勘察目的、任务要求和依据的技术标准；

　　2　工程所在地区的水文气象条件；

　　3　拟建场地及其附近地区的地质与地震背景；

　　4　拟建场地的地形、地貌；

　　5　场地水文地质和工程地质条件；

　　6　可能影响场地的不良地质作用、地质灾害、特殊性岩土的描述，对其危害影响程度的分析与评价；

　　7　场地稳定性和适宜性的评价；

　　8　拟选场地的对比分析及相应的建议；

　　9　附图表：拟建场地及其附近的地质图、地震区划图、地形地貌图、水文地质图、工程地质图等。

11.2.3　初步勘察报告宜包括下列内容：

　　1　勘察目的、任务要求和依据的技术标准；

　　2　拟建工程概况；

　　3　场地地形地貌、地质构造、地震效应、地层岩性及均匀性；

　　4　岩土物理、力学性质指标，岩土的强度参数、变形计算参数；

　　5　地下水类型、埋藏条件、变化规律及其和地表水补排关系的初步分析；

　　6　土和水对建筑材料腐蚀性的初步判定结论；

　　7　可能影响场地地基稳定的不良地质作用、地质灾害、特殊性岩土的描述及对其危害影响程度的评价；

　　8　各类市政工程的重点分析评价内容；

　　9　附图表：勘探点平面布置图、工程地质柱状图、工程地质剖面图、原位测试成果图表、室内试验成果图表等。

11.2.4　详细勘察报告宜包括下列内容：

　　1　勘察目的、任务要求和依据的技术标准；

　　2　拟建工程概况；

　　3　勘察方法和勘察工作布置；

　　4　场地地形地貌、地质构造、地震效应、地层岩性及均匀性；

　　5　岩土物理、力学性质指标，岩土的强度参数、变形计算参数等的建议值；

　　6　地下水类型、埋藏条件、变化规律及其和地表水补排关系的分析；

7 土和水对建筑材料的腐蚀性评价；

8 可能影响工程稳定的不良地质作用、地质灾害、特殊性岩土的描述及其危害程度的评价；

9 地基基础方案的分析论证及设计所需的各项岩土参数；

10 对建（构）筑物施工及使用过程中的岩土工程问题的分析预测及预防、监控及治理措施的建议；

11 各类市政工程的重点分析评价内容；

12 附图表：勘探点平面布置图、工程地质柱状图、工程地质剖面图、原位测试成果图表、室内试验成果图表等。

附录 A　岩土试验项目

A.0.1 岩石试验宜包括物理、力学性质试验，如密度、吸水性试验、软化或崩解试验、抗压、抗剪、抗拉试验等，具体项目应根据不同市政工程的要求确定。

A.0.2 市政工程勘察土的试验项目可按表 A.0.2 执行。

表 A.0.2　土的试验项目

试验项目 市政工程类别	物理性质试验									力学性质试验			
	密度	含水率	土粒相对密度	界限含水率	颗粒分析	渗透试验	有机质含量	击实试验	易溶盐试验	固结试验	直接剪切试验	三轴压缩试验	无侧限抗压强度试验
城市道路	✓	✓	✓	✓	✓	○	○	○	○	✓	✓	○	○
城市桥涵	✓	✓	✓	✓	✓	○	○	○	○	✓	✓	○	○
城市隧道	✓	✓	✓	✓	✓	○	○	○	○	✓	✓	○	○
城市室外管道	✓	✓	✓	✓	✓	○	○	○	✓	✓	✓	○	○
城市给排水厂站	✓	✓	✓	✓	○	○	○	○	○	✓	✓	○	○

续表 A.0.2

试验项目 市政工程类别	物理性质试验									力学性质试验			
	密度	含水率	土粒相对密度	界限含水率	颗粒分析	渗透试验	有机质含量	击实试验	易溶盐试验	固结试验	直接剪切试验	三轴压缩试验	无侧限抗压强度试验
城市堤岸	✓	✓	✓	✓	✓	○	○	○	○	✓	✓	○	○

注：1　表中符号✓为应做项目；○为根据需要选做项目；

　　2　本表不包括特殊性岩土；

　　3　工程需要时，可进行土的动力性质试验；

　　4　土粒相对密度，可直接测定也可根据经验值确定；

　　5　对城市隧道工程，应根据具体施工方法（矿山法、盾构法等）及设计要求，进行相应的试验项目，如岩土的热物理性质试验、基床系数试验等。

附录 B　沉井外壁与土体间的单位摩阻力

表 B　沉井外壁与土体间的单位摩阻力

土质类型	沉井外壁与土体间的 单位摩阻力（kPa）
砂卵石	18～30
砂砾石	15～20
砂土	12～25
硬塑黏性土、粉土	25～50
可塑、软塑黏性土、粉土	12～25
软土	10～12

注：1　本表适用于深度不超过 30m 的沉井；

　　2　采用泥浆助沉时，单位摩阻力取 3kPa～5kPa；

　　3　当井壁外侧为阶梯形并采用灌砂助沉时，灌砂段的单位摩阻力可取 7kPa～10kPa；

　　4　沉井外壁的单位摩阻力分布，在 0m～5m 深度内，单位面积的摩阻力从零按直线增加，大于 5m 时为常数；当沉井深度内存在多种类型的土层时，单位摩阻力可按各土层厚度取加权平均值。

附录 C　隧道围岩分级

表 C　隧道围岩分级

围岩级别	围岩主要工程地质条件		围岩开挖后的稳定状态（单线）	围岩弹性纵波波速 v_p（km/s）
	主要工程地质特征	结构形态和完整状态		
I	坚硬岩（单轴饱和抗压强度 $f_{rk} > 60MPa$）；受地质构造影响轻微，节理不发育，无软弱面（或夹层）；层状岩层为巨厚层或厚层，层间结合良好，岩体完整	呈巨块状整体结构	围岩稳定，无坍塌，可能产生岩爆	>4.5

围岩级别	围岩主要工程地质条件		围岩开挖后的稳定状态（单线）	围岩弹性纵波波速 v_p（km/s）
	主要工程地质特征	结构形态和完整状态		
II	坚硬岩（$f_{rk}>60$MPa）：受地质构造影响较重，节理较发育，有少量软弱面（或夹层）和贯通微张节理，但其产状及组合关系不致产生滑动；层状岩层为中层或厚层，层间结合一般，很少有分离现象；或为硬质岩偶夹软质岩石；岩体较完整	呈大块状砌体结构	暴露时间长，可能会出现局部小坍塌，侧壁稳定，层间结合差的平缓岩层顶板易塌落	3.5～4.5
	较硬岩（$30<f_{rk}\leqslant60$）受地质构造影响轻微，节理不发育；层状岩层为厚层，层间结合良好，岩体完整	呈巨块状整体结构		
III	坚硬岩和较硬岩：受地质构造影响较重，节理较发育，有层状软弱面（或夹层），但其产状组合关系尚不致产生滑动；层状岩层为薄层或中层，层间结合差，多有分离现象；或为硬、软质岩石互层	呈块（石）碎（石）状镶嵌结构	拱部无支护时可能产生局部小坍塌，侧壁基本稳定，爆破震动过大易塌落	2.5～4.0
	较软岩（$15<f_{rk}\leqslant30$）和软岩（$5<f_{rk}\leqslant15$）：受地质构造影响严重，节理发育；层状岩层为薄层、中厚层或厚层，层间结合一般	呈大块状结构	拱部无支护时可能产生局部小坍塌，侧壁基本稳定，爆破震动过大易塌落	
IV	坚硬岩和较硬岩：受地质构造影响极严重，节理较发育；层状软弱面（或夹层）已基本破坏	呈碎石状压碎结构	拱部无支护时可产生较大坍塌，侧壁有时失去稳定	1.5～3.0
	较软岩和软岩：受地质构造影响严重，节理较发育	呈块石、碎石状镶嵌结构		
	土体： 1. 具压密或成岩作用的黏性土、粉土及碎石土 2. 黄土（Q_1、Q_2） 3. 一般钙质或铁质胶结的碎石土、卵石土、粗角砾土、粗圆砾土、大块石土	1 和 2 呈大块状压密结构，3 呈巨块状整体结构		
V	岩体：受地质构造影响严重，裂隙杂乱，呈石夹土或土夹石状	呈角砾碎石状松散结构	围岩易坍塌，处理不当会出现大坍塌，侧壁经常小坍塌；浅埋时易出现地表下沉（陷）或塌至地表	1.0～2.0
	土体：一般第四系的坚硬、硬塑的黏性土、稍密及以上、稍湿或潮湿的碎石土、卵石土、圆砾土、角砾土、粉土及黄土（Q_3、Q_4）	非黏性土呈松散结构，黏性土及黄土松软状结构		
VI	岩体：受地质构造影响严重，呈碎石、角砾及粉末、泥土状	呈松软状	围岩极易坍塌变形，有水时土砂常与水一齐涌出，浅埋时易塌至地表	<1.0（饱和状态的土<1.5）
	土体：可塑、软塑状黏性土、饱和的粉土和砂类等土	黏性土呈易蠕动的松软结构，砂性土呈潮湿松散结构		

注：1 表中"围岩级别"和"围岩主要工程地质条件"栏，不包括膨胀性围岩、多年冻土等特殊岩土；
   2 软质岩石 II、III 类围岩遇有地下水时，可根据具体情况和施工条件适当降低围岩级别。

附录 D 基底与土（岩）的摩擦系数

表 D 基底与土（岩）的摩擦系数

材 料		摩擦系数
墙底与抛石基底	墙身为预制混凝土或钢筋混凝土结构	0.60
	墙身为预制浆砌块石结构	0.65
抛石基底与地基土	地基为细砂至粗砂	0.50～0.60
	地基为粉砂	0.40
	地基为粉土	0.35～0.50
	地基为黏土、粉质黏土	0.30～0.45
挡土墙与地基土体	地基为黏性土 可 塑	0.20～0.25
	硬 塑	0.25～0.30
	坚 硬	0.30～0.40
	地基为粉土	0.25～0.35
	地基为砂土	0.40
	地基为碎石土	0.40～0.50
	地基为软质岩石	0.40～0.60
	地基为表面粗糙的硬质岩石	0.60～0.70

本规范用词说明

1 为便于在执行本规范条文时区别对待，对要求严格程度不同的用词说明如下：

1）表示很严格，非这样做不可的：

正面词采用"必须"，反面词采用"严禁"；

2）表示严格，在正常情况下均应这样做的：

正面词采用"应"，反面词采用"不应"或"不得"；

3）表示允许稍有选择，在条件许可时首先应这样做的：

正面词采用"宜"，反面词采用"不宜"；

4）表示有选择，在一定条件下可以这样做的，采用"可"。

2 条文中指定应按其他有关标准执行的写法为："应符合……的规定"或"应按……执行"。

引用标准名录

1 《岩土工程勘察规范》GB 50021

2 《堤防工程地质勘察规程》SL 188

中华人民共和国行业标准

市政工程勘察规范

CJJ 56—2012

条 文 说 明

修 订 说 明

《市政工程勘察规范》CJJ 56－2012，经住房和城乡建设部 2012 年 12 月 24 日以第 1563 号公告批准、发布。

本规范是在《市政工程勘察规范》CJJ 56－94 的基础上修订而成。上一版的主编单位是北京市勘察院，参编单位是上海市市政工程设计院、天津市市政工程勘测设计院、上海勘察院、天津市勘察院、陕西省综合勘察设计院、广州市城市规划勘测设计研究院、哈尔滨市勘测院、南京市建筑设计院勘察分院，主要起草人员是姚炳华、徐惠亮、杨世泉、黄慕坚。本次修订的主要技术内容是：1. 在 94 版规范基础上，对框架内容、章节组织、条款规定等进行了全面修订；2. 新增了城市隧道、给排水厂站、路堑与支挡工程、公交场站与城市广场等的勘察规定；3. 确定了市政工程的场地复杂程度等级、岩土条件复杂程度等级的划分标准，以及市政工程勘察等级的划分办法；4. 明确了市政工程勘察的工作程序、阶段划分与各阶段的基本工作内容；5. 确定了各类市政工程的勘察工作内容、工作量布置和分析评价的要求；6. 增加了市政工程勘察工作中，对不良地质作用、特殊性岩土的勘察与分析评价的规定；7. 增加了城市环境资料搜集和环境条件调查的规定；8. 明确了各阶段市政工程勘察成果报告编制内容的要求。

本规范修订过程中，编制组进行了广泛的调查研究，总结了我国市政工程建设领域的实践经验，同时参考了国外先进技术法规、技术标准。

为便于广大设计、施工、科研、学校等单位有关人员在使用本标准时能正确理解和执行条文规定，《市政工程勘察规范》编制组按章、节、条顺序编制了本标准的条文说明，对条文规定的目的、依据以及执行中需注意的有关事项进行了说明，并着重对强制性条文的强制性理由做了解释。但是，本条文说明不具备与标准正文同等的法律效力，仅供使用者作为理解和把握标准规定的参考。

目 次

1 总 则

1.0.1 本规范是在《市政工程勘察规范》CJJ 56－94（简称《94 规范》）基础上修订而成的。《94 规范》自 1994 年发布实施至今已十余年，期间国家的技术经济政策和市政工程特点、相关的技术标准都有了很大的变化。具体体现在：首先，国家建立完善了工程建设标准体系，不同类别、不同层次的国家、行业和地方标准项目纷纷启动，有的完成了多轮次的修订工作，与市政工程相关的设计、施工等标准都有较大发展和新的变化；其次，当前工程建设的技术经济政策与社会经济发展保持同步变化，除不断加强质量、安全要求外，对环境保护、资源节约、项目的可持续性均提出更高的要求；第三，市政工程规模扩大、种类增加，城市环境下市政工程设施建设难度加大，设计与施工条件更为复杂，通过勘察工作需要分析评价的岩土工程问题更为复杂、多样；第四，随着市政工程的发展及新技术、新工艺的使用，为满足更为复杂的设计、施工需要，对勘察工作手段方法、分析评价内容和深度也提出了更高的要求。

本次规范修订工作的指导思想是：在符合法律、法规前提下，以社会经济发展为导向，增强规范的针对性和适用性；体现以人为本、资源节约、环境保护的理念，适应并满足城镇市政公用基础设施的可持续建设发展的需求；突出不同类别市政工程勘察的特点和要求，为提高勘察技术水平、确保市政设施建设项目质量、安全与效益提供标准保障。

1.0.2 本次修订在《94 规范》基础上增加了公交场站和城市广场、路堑及支挡工程、城市隧道、给排水厂站工程（含储水构筑物）的勘察内容与要求。

1 随着我国城市建设的高速发展和不断深入，城市用地日趋紧张，城市道路建设中路堑得到了广泛应用，随之挡土墙等支挡结构的应用日益增多。路堑边坡开挖后暴露，受各种条件与自然因素的作用，容易发生变形和破坏，其断面形式和边坡坡度等问题至关重要；当支挡工程的防护不足、无防护或施工不当，开挖后诱发坡体塌滑等各类灾害。为解决城市交通日益紧张的局面，公共交通的快速发展成为大势所趋，公交枢纽站是公共交通系统的重要组成部分。城市广场按其性质、用途及在道路网中的地位分为公共活动广场、集散广场、交通广场、纪念性广场与商业广场等五类，有些广场兼有多种功能。因此本次修订将有关公交场站和城市广场、路堑、支挡工程的内容与要求纳入第 5 章"城市道路工程"中。

2 长期以来，城市交通、基础设施及城市容量的扩大主要是通过扩展城市用地来实现的，但城市用地的短缺已成为矛盾的焦点。因此合理开发与综合利用城市地下空间资源，不仅仅成为缓解当前存在的各种城市矛盾，满足某些社会和经济发展的特殊需要，而且为进一步建设现代化城市开辟了广阔的前景，城市隧道正是在这样一个总的背景下应运而生的。近年来我国城市隧道建设过程中勘察工作的特点表现为以下三点：

（1）一般城市隧道多位于市区主干道，道路周边已有建筑物多，部分路段还建有高架桥梁，场地受限制较大；地下管线错综复杂，施工条件较困难，这些都对勘察设计工作带来很高要求，需要认真、细致地加以解决。

（2）随着国民经济的发展和路网完善的需求，城市隧道逐步进入山区。城市山岭隧道由于其线形指标高，工程艰巨，投资巨大，对自然环境的破坏也非常严重。山区一般地形地质条件复杂，地质环境脆弱，地质灾害多发。山岭隧道的建设不可避免对地质环境造成严重破坏，处理不好还会诱发和加剧各种地质灾害，增加道路建设投资，影响工期，甚至给运营阶段带来严重的安全隐患。随着环境保护理念的日益深入人心，对于城市山岭隧道的勘察设计提出了更高的要求。

（3）在跨越江河施工领域，过去是桥梁建设具有传统优势，但是随着世界先进盾构技术在我国建设中的逐步成熟，从江河甚至海底下面穿越已不再是梦想。特别是沿江沿海码头城市，城市空间非常有限，地下和水下空间开发将是必然趋势。近年来，我国长江流域正在兴起地下空间开发浪潮，如在建的全长 8.95km、世界上最大直径（15.2m）的盾构隧道——上海长江隧道、被称为"万里长江第一隧"的武汉长江隧道、号称"水下施工第一难"的南京长江隧道等，此外杭州、重庆等沿江城市正在紧锣密鼓进行越江交通发展规划，以建立区域快速通道。越江（河）隧道往往面临工程地质和水文地质条件复杂、施工难度大的难点，对勘察工作提出了很高的要求。

综上所述，城市隧道勘察方案的布置，应与设计紧密协作，通过对隧道设计方案的了解，在满足规范要求的前提下，根据场地环境条件、土层分布特点进行针对性布置。合理的勘察方案，以及对拟建场地岩土层的揭示程度，将直接影响到隧道设计施工所采用的技术方案，而技术方案将关系到工程造价、环境保护、施工安全等各个方面。因此本次修订增加"城市隧道工程"作为第 7 章专述有关勘察内容与要求。

3 近年来，随着城市规模和人口增长，城市水环境污染和生态破坏日趋严重，建设城市污水处理厂已是刻不容缓的事，水处理厂建设也作为一个专项列入市政工程勘察工作内容，本次修订将其纳入第 9 章"城市给排水厂站工程"中。

4 城市轨道交通、生活垃圾处理场也是重要的市政基础设施项目。《城市轨道交通岩土工程勘察规范》、《生活垃圾处理场岩土工程勘察规程》对这两大类项目的勘察工作作出了具体的规定，因此均未纳入本规范。

1.0.3 "先勘察、后设计、再施工"是工程建设必须遵守的程序，是国家一再强调的十分重要的基本政策，各项市政工程勘察必须严格遵照执行。因此，本次修订将本条列为强制性条文，并强调市政勘察的针对性、完整性和准确性。

1.0.4 本规范为行业标准，主要针对不同类别市政工程提出勘察目的、任务、方法、手段等方面的定性要求，提供部分市政工程设计施工等所需岩土参数和提出岩土工程方面的专业建议和要求，其他具体设计参数的选取可以地方标准和其他行业标准为主。

3 基 本 规 定

3.0.1 现行国家标准《建筑结构可靠度设计统一标准》GB 50068将建筑结构分为三个安全等级，《建筑地基基础设计规范》GB 50007将地基基础设计分为三个等级，都是从设计角度考虑的。对于勘察，主要考虑工程规模大小和特点，以及由于岩土工程问题造成破坏或影响正常使用的后果。由于市政工程涉及范围较广，包括城市道路、桥涵、隧道、室外管道、给排水厂站、堤岸等，很难作出具体划分标准，故本条做了比较原则的规定。

1 各类市政工程有其自身的项目特点，其重要性等级划分方法也不相同。

　　1）根据城市道路在路网中的地位、交通功能以及对沿线建筑物的服务功能，城市道路可分为四类（表1）。

表1　城市道路分类表

道路分类	道 路 功 能
快速路	为城市中大流量、长距离、快速交通服务
主干路	连接城市各主要分区的干路，以交通功能为主
次干路	与主干路结合组成道路网，起集散交通作用，兼有服务功能
支 路	为次干路与街坊路的连接线，解决局部地区交通，以服务功能为主

注：表中道路分类系引自《城市道路设计规范》CJJ 37。

道路工程重要性等级的划分，综合考虑了城市道路的分类、由于岩土工程问题造成工程破坏或影响正常使用的后果两方面因素，其中城市道路的分类系指道路功能分类。一般而言，快速路与主干路一旦出现工程质量问题，对城市交通影响大，故重要性等级确定为一级，次干路与支路对城市交通影响相对小，重

要性等级分别为二级和三级。公交场站与城市广场因功能相对单一，定为三级。

　　2）本条所指的一般路基指填挖量不大，可采用标准横断面设计的路基；高路堤指拟建道路路面标高明显高于原地面，需要进行一定厚度填方的路段，如《上海市岩土工程勘察规范》规定填土高度大于2.5m时为高填土路基。路堑指道路路面标高低于原地面，需要进行挖方的路段。高路堤、陡坡路堤、路堑与一般路基相比，涉及的岩土工程问题相对复杂，勘探工作量的要求也不同，因此本次修订对一般路基、高路堤、陡坡路堤、路堑进行了分类，并规定高路堤、陡坡路堤与路堑的工程重要性等级可在一般路基的基础上提高一级考虑。在高路堤和路堑段，为了确保路基稳定性，常设置必要的支挡结构。对设计标高明显低于现状地面的城市下沉广场工程，其重要性等级可按二级考虑。

　　3）城市桥梁分类，可根据单孔跨径或多孔跨径总长，按条文表3.0.1-2的规定确定。本分类与现行《公路桥涵设计通用规范》JTG D60的划分一致。同《94规范》相比，将特大桥的标准提高，大桥的划分标准随特大桥指标的调整而作了相应调整，其余指标保持原规范的规定（表2）。

表2　城市桥梁分类

桥梁分类	单孔跨径 L_0 (m)	多孔跨径总长 L (m)
特大桥	$L_0 > 150$	$L > 1000$
大桥	$150 \geqslant L_0 \geqslant 40$	$1000 \geqslant L \geqslant 100$
中桥	$40 > L_0 \geqslant 20$	$100 > L \geqslant 30$
小桥	$20 > L_0 \geqslant 5$	$30 > L \geqslant 8$

注：1　单孔跨径系指标准跨径；

2　梁式桥、板式桥的多孔跨径总长为多孔标准跨径的总长；拱式桥为两岸桥台内起拱线间的距离；其他形式桥梁为桥面的行车道长度；

3　标准跨径：梁式桥、板式桥以两桥墩中线之间桥中心线长度或桥墩中线与桥台台背前缘线之间桥中心线长度为准；拱式桥以净跨径为准。

　　4）城市地下管道工程长度往往很长，管道经过的地质环境条件差异较大。本条规定按开挖方式及结构形式、管线埋深进行工程重要性等级划分。

　　5）给排水工程等级，按照《工程设计资质标准》将市政行业建筑项目设计规模划分为大型、中型、小型三类（表3）。

表3　给排水工程等级

工程等级		大型	中型	小型
给水工程	净水厂	≥10	10～5	<5
	泵站	≥20	20～5	<5
排水工程	处理厂	≥8	8～4	<4
	泵站	≥10	10～5	<5

注：单位为万立方米/日。

6）城市堤岸根据筑堤材料、结构类型划分为三类：

Ⅰ类：桩式堤岸，系指以桩作为堤岸或桩基作为堤岸基础的堤岸。Ⅱ类：圬工结构或钢筋混凝土结构的天然地基堤岸，这类堤岸以重力式、半重力式为主；Ⅲ类：土堤，包括堤岸采用浆砌石或干砌块石勾缝的护坡堤岸。上述三类堤岸具有各自的特点，对地基基础承载力、稳定性的要求也有差异，是目前我国城市堤岸的常用类型。在此基础上，本规范将Ⅰ类堤岸的工程重要性等级定为一级，Ⅱ类堤岸重要性等级定为二级，Ⅲ类堤岸重要性等级定为三级。

Ⅰ类桩式堤岸的特点是桩的本身就是堤岸或堤岸的一部分，它主要是承受水平土压力，垂直荷载一般较小。因此，在没有其他超载的情况下，沉降不是主要问题；Ⅱ类圬工结构或钢筋混凝土结构物的天然地基堤岸，以重力式或半重力式为主。因此，一般情况下，对地基土的承载力要求较高。这类堤岸的特点是以本身自重，即基底面与基底土之间的摩阻力来抵抗水平力。为了安全起见，墙前的被动土压力一般不考虑，或取被动土压力计算值的30%。这主要是由于当产生被动土压力时，挡土墙会产生较大的位移，根据试验资料，位移值约为墙高的4%。若以墙高5m计，位移值为20cm，堤岸工程不允许发生这样大的位移。根据少数实测的结果，被动土压力按库伦公式的计算值比实测值大得多，且在河床断面有可能变动的情况下，被动土压力从哪一个高程算起也是一个问题。因此，堤岸勘察工作中应注意这些问题；Ⅲ类土堤的特点是对沉降要求不敏感，允许地基土中有较大的塑性变形。当塑性展开区较大时，往往采用反压马道，使塑性展开区保持在土堤下一定范围，不使其形成连续的滑动面。土堤愈高，对地基承载力要求愈高，伴随土堤高度的增加，土堤断面亦逐步扩大，以保持土堤的整体稳定。

2　场地复杂程度主要指工程地质条件的复杂程度，包括地形地貌、不良地质作用、地震效应、地质环境、地下水以及周边环境条件等。

"不良地质作用强烈发育"，是指泥石流沟谷、崩塌、滑坡、土洞、塌陷、岸边冲刷、地下水强烈潜蚀等极不稳定的场地，这些不良地质作用直接威胁着工程安全；"不良地质作用一般发育"是指虽有上述不良地质作用，但并不十分强烈，对工程安全的影响不严重。

"地质环境"是指人为因素和自然因素引起的地下采空、地面沉降、地裂缝、化学污染、水位上升等。所谓"受到强烈破坏"是指对工程的安全已构成直接威胁，如浅层采空、地面沉降盆地的边缘地带、横跨地裂缝、因蓄水而沼泽化等；"受到一般破坏"是指已有或将有上述现象，但不强烈，对工程安全的影响不严重。

"地下水对工程的影响大"是指有影响工程的多层地下水、岩溶裂隙水或其他水文地质条件复杂、需专门研究的场地；"地下水对工程的影响一般"是指基础位于地下水位以下的场地。

此处为了突出城市的特点，增加了周边环境条件。城市环境因素对工程的影响是很大的，首先是拟建场区内的土地使用情况、农田、水利设施、地上地下建（构）筑物、地下管线设施，另外场区内是否有公园、保护林、文化遗址、纪念建筑等需要保护的重要地物，在做具体环境条件影响分析时，可重点考虑以上因素。

3　本规范提出对岩土条件复杂程度进行等级划分主要是考虑到：城市市政工程类别众多，需要解决的岩土工程问题也不尽相同，既涉及地基承载力、地基变形，也涉及围岩稳定、边坡工程、地下水控制等，因此需要针对具体的市政工程特点，综合划分岩土条件复杂程度等级。等级划分考虑的因素包括岩土的种类、均匀性，围岩或地基、边坡的工程性质以及特殊性岩土等。围岩的工程性质根据围岩分级划分，边坡的工程性质根据边坡安全等级划分，地基条件根据承载力和均匀性等进行划分。围岩分级可按本规范附录C执行；边坡安全等级可以按现行国家标准《建筑边坡工程技术规范》GB 50330的相关规定执行。

4　划分市政工程勘察等级，目的是突出重点、有的放矢。一般情况下，勘察等级可在勘察工作开始前，通过搜集已有资料确定。但随着勘察工作的开展，对自然认识的深入，勘察等级也可能发生改变。对于岩质地基，场地地质条件的复杂程度是控制因素。建造在岩质地基上的工程，如果场地和岩土条件比较简单，勘察工作的难度是不大的。故即使是一级工程，场地和岩土条件为三级时，岩土工程勘察等级也可定为乙级。

3.0.2 市政工程种类较多，不同市政工程因设计要求不同，在勘察过程中执行的规范也各不相同。如城市道路、公交场站和城市广场工程的岩土分类定名及描述按现行业标准《公路土工试验规程》JTG 051 执行；城市桥梁、涵洞及人行地下通道工程的岩土分类定名及描述按现行业标准《公路桥涵地基与基础设计规范》JTG D63 执行；隧道、室外管道、给排水厂站、堤岸等工程的岩土分类定名及描述则按现行国家标准《岩土工程勘察规范》GB 50021 中的相关内容执行。因此，本规范对岩土分类不作统一要求，实际实施过程中可根据设计要求选择相应的规范。

现行国家标准《岩土工程勘察规范》GB 50021 中对工程地质调查和测绘、勘探、取样的操作规程，对原位测试的适用方法、操作规程以及成果分析均有较详细的介绍，因此对应市政工程的工程地质调查和测绘、勘探、取样、原位测试均可按照此执行。

3.0.4 本规范附录 A 给出了不同市政工程所需试验项目的建议，具体的试验标准、操作规程可根据设计要求参照相关标准执行。

3.0.5 市政工程勘察场地土分类、场地类别、地震液化判别等应根据设计要求，执行相应的规范。目前城市道路、公交场站和城市广场工程多按照行业标准《公路工程抗震设计规范》JTG 004 的相关内容执行；城市桥梁、涵洞及人行地下通道工程按行业标准《公路桥梁抗震设计细则》JTG/T B02-01-2008 的相关内容执行；室外管道工程则多按照现行国家标准《室外给水排水和燃气热力工程抗震设计规范》GB 50032 中的相关内容执行；而给排水厂站等工程的场地地震效应一般执行现行国家标准《建筑抗震设计规范》GB 50011。因此，本次修订未对具体执行的抗震规范进行规定，在具体执行过程中，可以根据市政工程类别和设计要求选用。

3.0.6 市政工程处于复杂的城市环境中，工程建设环境中，分布有很多地下埋设物和上空架设管线，这些地下、地上设施一旦损毁，对生产、生活将产生严重的后果。因此进行现场勘察工作时，应充分考虑对工程环境的影响，防止对地下管线、地下工程和上部设施的破坏。同时，考虑到有些市政勘察常在交通要道或航道中进行，为避免影响交通和航运，事先应与交通管理、航运、港务监督部门取得联系，以便协调工作，采取必要的措施，维护交通和航道的正常运行。

3.0.7 既有市政工程的改扩建，应搜集拟建场区的地质资料并进行分析研究，若现有资料不能满足设计要求时，应进行勘察工作。

3.0.9 在某些特定条件下需要进行施工勘察，以满足施工图设计或工程施工的需要。以下列举了常见的几种情况：（1）对于场地及岩土条件特别复杂的项目，详细勘察未必能将所有的工程地质问题查清，

如层面起伏非常大的地层，岩溶、土洞发育的场地，暗埋的沟、坑、墓穴、防空洞、废井等。（2）某些工程地质因素往往是动态变化的，如地基土的含水量、地下水位等，详细勘察时的某些工程地质条件未必能代表地基基础施工时的相应条件。（3）在施工阶段因某种原因需要对施工图进行变更，而原有的勘察资料不能满足变更后的施工图设计，尤其是隧道工程，这种情况较多。（4）环境地质条件的改变，如场地附近新建了对该场地产生显著影响的工程（如人工湖、水库等）。

4 勘察阶段的划分与基本工作内容

4.1 一般规定

4.1.1 一般情况下，市政工程勘察可按三个阶段划分，即可行性研究勘察、初步勘察和详细勘察，以对应不同的设计阶段。在实际工作中，由于市政工程涵盖的工程类型较多、各项工程的工程规模大小不一、轻重缓急程度有所不同、已有地质资料亦有所差异，因此应根据工程的特定条件充分与建设方及设计方沟通，以确保勘察阶段的超过能够满足要求。对中小型市政工程，当场地及岩土条件简单或已有资料丰富时，可直接进行详细勘察。对某些市政工程，为满足工程建设进度需要，勘察工作深度可适当超前。

4.2 可行性研究勘察

4.2.1 本条明确了可行性研究勘察的主要目的，即对拟建场地的稳定性和适宜性作出评价，提供建设工程选址所需的工程地质资料。市政工程一般位于城市市区内或近郊，可供参考的资料较多，一般情况下可以搜集资料和工程地质测绘为主，当上述工作不能满足要求时，可适当进行勘探。

4.2.2 本条所列内容是可行性研究勘察应包含的内容，具体工程可根据工程特点和具体地质条件进行其他有针对性的分析评价。

4.3 初步勘察

4.3.2 本条所列内容是初步勘察应包含的内容，具体工程可根据工程特点和具体地质条件进行其他有针对性的分析评价。

4.4 详细勘察

4.4.1 详细勘察时，拟建工程的平面位置已经确定，详细勘察的目的就是针对具体工程场地进行勘察，提供施工图设计所需的岩土工程资料和参数。因此，本次修订将该条列为强制性条文。

4.4.2 本条所列内容是详细勘察应包含的基本内容和任务，勘察工作中可根据不同市政工程特点和具体

地质条件进行其他有针对性的分析评价。

5 城市道路工程

5.1 一般规定

5.1.1 本条阐述了城市道路工程勘察适用的范围。考虑《94规范》提及的停车场属于公交场站范畴，本次修订不再单列。本条所述城市广场指城市地面广场，不包括城市地下广场。

5.1.2 为使勘察方案科学合理，勘察前了解拟建道路的性质是必需的。《94规范》条文指出必须取得"附有标明坐标、道路走向、桩号和现状地形的道路工程总平面图"，本次修订考虑道路设计总平面布置图需包含的具体内容在设计文件编制深度中已有规定，故简述。对于高填土路基，特别是软土地区的高填土路基，其工后沉降控制标准与地基处理方法选择密切相关，因此规定在工程需要时，尚应取得工后沉降控制标准。

5.1.3 本条是城市道路勘察评价的总体要求。路基是道路的重要组成部分，是路面的基础。路基的强度与稳定性与沿线工程地质条件密切相关。路基设计通常综合考虑路基的整体稳定性、边坡稳定性、水稳定性。路基的整体稳定性，与道路沿线的地质构造、不良地质有关；路基边坡的稳定与岩土的性质、边坡高度与坡度等有关；岩石路堑边坡的稳定性，与岩层产状、结构特征、地质构造的软弱面等有关；软土路基，当路堤填土高度超过软土容许的临界高度时，如果不采取地基处理措施，路基易发生侧向滑动或较大的沉降；路基的水稳定性指构成路基的土、石材料在水、温度等自然条件变化过程中的强度稳定性。

5.1.4 本条重点强调了道路工程对路基湿度、地表水与地下水、不良地质及特殊性岩土的勘察要求。土基湿度是影响道路强度和稳定性的一个重要因素，是划分路基干湿类型的依据。地表水和地下水也是路基状态的主要影响因素。不良地质作用与特殊性岩土对路基稳定性影响很大，如城市道路区域的浜、塘、厚层填土、液化土层的分布范围查明及地基处理建议是道路勘察的重要内容之一。

5.1.5 对于原有道路的改建（拓宽、补强、加固），道路的现状和路面结构的调查十分重要，是确定原有路面利用和处理的依据。对原道路曾发生病害的原因分析，是为使道路的改扩建中采取的防治措施具有针对性与有效性。

5.2 可行性研究勘察

5.2.1 目前我国各个城市都已经积累的一定数量的工程地质勘察资料，因此在城市道路可行性研究勘察中，强调搜集资料、现场踏勘和调查的重要性，在此基础上根据具体情况，再布置适量必要的勘探测试工作。

5.3 初步勘察

5.3.2 《94规范》中未划分勘察阶段，仅规定了详勘阶段道路工程的勘探点间距，勘探点间距确定综合考虑了场地类别与道路功能分类（快速路、主干路、次干路、支路）两个因素，本次修订关于勘探点间距确定综合考虑下列因素：（1）道路工程在不同勘察阶段的勘探点间距差异大，本次修订对初步勘察、详细勘察阶段均采用表格形式规定了勘探点间距；可行性研究勘察，以搜集资料与现场踏勘为主，故勘探工作量布置仅有原则性规定。（2）勘探点间距与场地及岩土条件复杂程度密切相关，即相当于《94规范》的场地类别，本次修订在第3章中已将场地及岩土条件复杂程度等级分列为两个表，并规定两者复杂等级不同时，按高等级考虑。因此本条规定，勘探点间距需综合考虑场地及岩土条件的复杂程度等级。（3）考虑实际工程中勘探点间距与一般路基、高路堤、陡坡路堤、路堑关联度相对大，与道路功能分类有关联，但关联度相对要小，本次修订将初步勘察、详细勘察均调整为按一般路基、高路堤、陡坡路堤、路堑分别确定勘探点间距。高路堤、陡坡路堤与路堑涉及的岩土工程问题相对一般路基复杂，因此勘探点间距相对一般路基小；路堑因涉及挖方，边坡稳定性问题是关键，通常工程地质条件相对复杂，因此勘探点间距相对高路堤小；考虑支挡结构的重要性，其勘探点间距参考路堑。（4）考虑全国范围内岩土类型多，复杂程度差异大，用一个表格难以覆盖全部情况。故规定初勘阶段在场地及岩土条件特别复杂的区段，可视工程情况与设计要求加密勘探点，以便设计方案的比选。必要时可布置控制性横剖面的规定，主要是针对道路横断面方向岩土条件变化很大的情况。

5.3.3 考虑初步勘察阶段，路基类型与路基处理方法等未确定，勘探孔深度仅作原则性要求，主要强调勘探孔深度应留有余地，以满足道路工程不同设计方案比选的需要。

5.4 详细勘察

5.4.2

1 道路是线型工程，故大多数情况下勘探点沿道路中线布置；当道路宽度较大时，为控制道路横断面方向岩土条件的变化，采用在道路两侧"之"字形布点方法相对合理；当路基岩土条件复杂时，布置一定数量的横剖面是为了详细查明道路横断面方向路基的变化情况。

5 在含有有机质垃圾、疏松的杂填土、未经沉实的近期回填土以及软土分布地段应重视已有地质资料的搜集与现场踏勘工作，在此基础上布置勘探点更具针对性。需要说明的是，本条所指软土是路基范围内局部分布的软土，而非指软土地区大范围的软土。在上海、天津等典型的软土地区，道路勘察时规定对浜、塘底淤泥应查明分布范围，控制暗浜、塘边界的勘探点间距宜为 2m～3m，而不需要对大面积的软土区域均按 20m～40m 的间距布置勘探点。

5.4.3

1 道路在行车荷载作用下，路面以下将产生显著的应力状态，其范围称为工作区。行车荷载越大，则工作区深度越大。关于工作区深度，一般载重汽车约为 1.5m，重型汽车一般达 3m 左右，个别重型自卸汽车行车荷载大，工作区深度近 4m，故本次修订规定一般路基勘探孔深度宜达原地面以下 5m，对挖方地段考虑通常路基条件相对较好，勘探孔宜达路面设计标高以下 4m。道路工程通常对填土、软弱土需要采取地基加固措施，对可液化土层根据液化严重程度确定是否需要采取地基处理，软土路基一般需要验算地基变形，本条综合考虑上述因素，规定涉及填土、软土和可液化土层时，勘探孔应适当加深。而对《94 规范》提及遇到上述情况"或钻穿"的规定取消，其理由是部分城市填土或软土厚度很大，即使采取地基处理，其处理深度也不一定揭穿填土或软土，因此勘察资料满足地基处理或沉降计算的要求即可，规定钻穿无必要。

5.4.4

1 对高路堤、陡坡路堤、路堑、支挡工程，为满足变形计算分析的要求，应有一定比例的控制性勘探点；对一般路基，可不再单独布置控制性勘探点。

5.4.5

2 详勘报告应阐述道路沿线与工程相关的地下水类型、补给来源、排泄条件、含水层的特性、埋藏深度及与地表水体的关系；滨河道路或穿越河流、沟谷的道路，宜分析浸泡冲刷作用对路堤稳定性的影响，并提出防治措施建议。浸水路堤除承受自重和行车荷重外，还受到水浮力和渗透动水压力的作用。

3 道路工程属于线状工程，当沿线岩土性质变化大、涉及不同的工程地质单元时，笼统进行工程地质条件评价针对性不强。应根据工程需要，进行工程地质条件的合理分区与评价，包括分区提供岩土的物理力学参数、建议不同的地基处理措施等。

4 不良地质既包括路基范围内岩溶洞穴、对道路有不利影响的滑坡、崩塌、地震液化等，也包括沿线浜、塘、欠固结的填土等；详细勘察阶段需要对各类涉及的不良地质进行分析评价，提出具体的处理建议。

5 本条规定当工程需要时宜预测路基的沉降性状，主要考虑软土地区高路堤，为了严格控制工后沉降量，需要预测沉降与时间的关系等。当土性渗透系数很小时，高路堤路基固结时间会很长，通常需要采

用增加排水通道等方法加速地基排水固结，以减少路基工后沉降量。

7 在地下水位相对较高的区域，采用 U 形支撑的地下道路（路堑段），需要了解道路在施工期与营运期的地下水位。抗浮设计水位是判断是否需要采取抗浮措施的重要依据，当地下水浮力大于上覆荷重时，需要提出抗浮措施建议。

9 路桥接驳过渡段，因桥台采用桩基或基础置于密实的土层，沉降量相对小；接驳过渡段路基填土厚度较大，沉降量相对大；由于路桥接驳过渡的差异沉降过大，导致汽车行驶时发生跳车现象。因此勘察时需要根据接驳过渡段填土的高度、路基性质、差异变形控制要求（变形协调原则）等提出采取地基处理的建议。

5.4.6 特殊性岩土对路基的稳定性、路基变形特别是工后沉降控制等影响很大，如果不重视特殊性岩土的性质，或建议采取的地基处理措施不当，易引发路面沉陷、路面翻浆、路基边坡的塌方等病害。本条规定了道路涉及湿陷性土、冻土、膨胀土、软土、厚层填土、盐渍土时勘察成果报告评价的基本要求。

6 城市桥涵工程

6.3 初 步 勘 察

6.3.2 在场地及岩土条件简单的场地，按图 1 布置勘探点比按桥轴中心线布置的控制面大得多，能够合理控制勘探工作量。

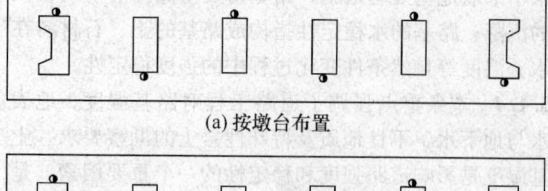

图 1 交叉布置勘探点示意图

6.4 详 细 勘 察

6.4.2

1 对特大桥的主桥，本规范仅规定每个墩台勘探孔数量的下限值（不应少于 2 个）。当岩土条件复杂时，需要根据现场工程地质环境特征的具体情况合理确定（图 2）。

6.4.4 《94 规范》要求取样和进行原位测试的勘探孔数量占总数的 2/3，随着城市桥梁工程规模的增加（很多高架桥长度达数公里），按此要求，取样、测试

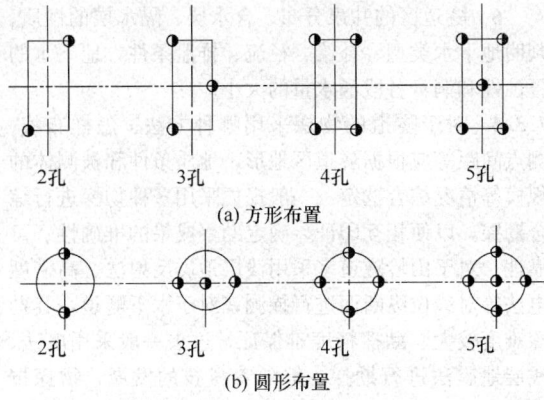

图2　每个墩台多个勘探点布置示意图

工作量将很大，因此，本次修订仅对最低要求予以规定。

7　城市隧道工程

7.1　一般规定

7.1.1　隧道工程在山区多为山岭隧道通过，而在平原或冲积阶地，过江、河除采用桥梁跨越通过外，也以地（水）下隧道穿越通过，两种地貌单元的施工工法有差异，勘察方法与重点也有一定差别。按隧道的施工工艺可分为明挖法和暗挖法，明挖法又分为放坡开挖、支护开挖、盖挖法，其相关内容可参照本规范其他章节或其他相关规范执行；暗挖法分为矿山法和盾构法。一般山岭隧道多采用矿山法施工，而地（水）下隧道多采用盾构法施工，施工工艺不同，勘察时所采取手段和方法也有差异，测试和要求提供参数也不同。本章主要针对暗挖法施工的隧道工程。

7.1.3　隧道勘察一个明显的特点是手段多样，每种手段都有其优缺点，本条强调隧道勘察应采取多种手段综合进行。

调查与测绘包含地质、工程地质、水文地质三个方面进行，对于山岭隧道、水下隧道由于所处地貌、地质、地面建筑环境等不一样，其调绘重点存在差异，对隧道线位区域地表测绘工作：（1）针对山岭隧道工程，一般地质地区的调查、测绘，主要是通过对地表露头的勘查或采用简单的揭露手段（槽探、坑探），来查明隧道区地形、地貌、岩性、构造等以及它们之间的关系和变化规律，从而推断不完显露或隐埋深部的地质情况。通过调绘主要应该查清对隧道有控制性的地质问题（如地层、岩性、构造），进而对隧道工程地质与水文地质作出定性的评价，为隧道的方案选定提供第一手资料；调查地表分水岭、隧道通过段水文地质单元、含水层和地下水富水性；不良地质地区的隧道调绘是指在有大的构造破碎带、滑坡、压矿区、采空区等地区进行地质调查、测绘。该

区的调绘，应充分利用现有的地质资料，通过大量的野外露头调查或人工简易揭露等手段来发现、揭露不良地质存在，找出它们之间的关系以及变化规律。对控制隧道方案及路线方案大的不良地质、特殊性岩土问题，应作出定性、定量评价，并从地质角度提出优选方案，为隧道方案设计和路线走向、工程造价等方案性问题提出指导性意见；（2）地（水）下隧道的调绘较陆上隧道困难。因地（水）下隧道位于地表水体以下，露头少，隐伏的地质构造和地层不易揭露，实地直接调绘难度较大，能搜集到的资料较少，所以，地（水）下隧道调绘应以调查、访问、搜集各类地质资料为主。如广泛搜集隧道区域桥址、大型水下建筑物勘察资料和河床断面资料，为隧道的选址提供有参考价值的地质资料。

地球物理勘探具有快速经济的特点，它所显示的是一条直线或一个面的综合情况。对隧道勘探，该方法能帮助探测基岩埋深起伏和隧道围岩分界面、地下洞穴和断裂构造带等，而不像钻孔那样只能反映某一点的有限的情况，所以，在隧道初勘中物探应广泛应用而且应较钻孔先行一步。通过物探大面积的勘探来查明隧道区地层、岩性、构造等地质情况，再通过少量钻孔对不良地质、隧道区的地质重点或难点进行揭露，达到经济、快速、基本准确查明隧道区地质情况之目的。物理勘探手段多种多样，每一种物探手段都有它的适应条件及使用范围。同时，物理勘探方法是高度专业化的，每一种方法都要有经验的操作者和解释者。对于隧道的勘探采用哪种方法、怎样布线、测点多密等，一般没有很明确的标准，应根据隧道区地形、地质条件和被测体的规模等来选定。

钻探仍然是隧道勘察最为重要的手段，它除具有直观的特点外，多种原位测试及现场试验的工作需在钻孔中进行。岩质隧道围岩部位钻探必须采用不小于75mm的双层岩芯管，金刚石钻头钻进，求得围岩的RQD值。岩芯直径、长度应满足各项试验要求；对于风化岩层和土质隧道，围岩部位钻探必须保证岩芯采取率，每回次钻进深度一般不得大于2m。

原位测试尤其是动、静力触探与十字板剪切试验是土质隧道勘察时不可或缺的手段，它可综合获取土层的力学性质；波速试验、钻孔内各种水文地质试验是确定围岩类别，判断其涌水量的重要依据。

7.1.4　采空区及岩溶区地下水分布极不规律，隧道掘进时易发生涌水等灾害对施工安全危害极大，特殊性岩土由于岩性的特殊性，在隧道勘察时应特别关注。

隧道如在完整岩体中通过，条件比较简单，但在断层破碎带一般岩体破碎围岩类别较低；浅埋地段由于埋深浅，多为土层，支护不当易发生塌方、冒顶等险情；傍山地段一般隧道存在偏压；而在进出洞口为三面边坡，支护不当易于塌方。这些地段在勘察时均

应特别关注。

7.1.5 隧道钻孔布置，一般要求在不影响隧道勘探精度的前提下把钻孔布置在隧道轴线两侧。同时为防止地下水对隧道施工形成隐患，隧道中线上的钻孔和水下隧道的勘探孔要求做好封孔工作。

7.1.6 隧道围岩分级标准参考现行国家标准《城市轨道交通岩土工程勘察规范》GB 50307。山岭隧道围岩分级主要根据岩石强度及岩体的完整性进行划分。岩石的强度主要根据室内单轴饱和抗压强度试验或点荷载试验确定，岩体的完整性主要由波速测试及岩石的 RQD 值综合确定。波速测试是隧道勘察主要手段，可采用声波法、地震勘探法，通过波速测试可以确定围岩岩体、岩石纵、横波速，从而对围岩进行分级，同时求得围岩动弹性模量、静弹性模量、泊松比等物理、力学指标。

7.1.7 城市隧道多位于城区已有道路或其他公共区域，地面、地下建筑物多，有时地下重要管网会直接影响隧道的线位或施工支护方案，因此需对拟建区域地下管线和地下构筑物进行详细调查。城市隧道在历史名城区修建时，应特别注意地下文物调查和保护工作。对隧道通过段可能影响到的建筑物基础类型、埋深及结构进行专项调查。对于通过段附近地表水系发育区，要对隧道修建时对地表水影响进行调查与评价。

7.2 可行性研究勘察

7.2.3 隧道线路可行性研究要综合考虑线路平面和竖向的地质条件，因此勘探孔深度应该适当加深。松散地层指土层、岩土混合层、全风化和强风化岩层。

7.3 初 步 勘 察

7.3.2 工程地质测绘仍是本阶段勘察的主要手段，测绘的内容主要包括：

    1 隧道通过地段的地形、地貌、地层、岩性、构造特征。对岩质隧道应查明岩层层理、片理、节理等软弱结构面的产状及组合关系与形式。隧道通过地段地层层序、成因、地质年代、接触关系、岩层风化破碎程度；土质隧道应查明土的类型、成因、地质年代、结构特征、物质成分、粒径太小、密实及饱和程度等；

    2 各类构造的类型、产状、几何要素，岩层破碎风化的程度、规模及影响范围；

    3 隧道的横向、平行导坑及斜井、竖井等工程的地质条件；

    4 隧道是否通过煤层、矿体、膨胀岩、黄土、采空区、岩溶区等特殊地质及不良地质地段；

    5 对隧道通过含可燃气体、有害气体、放射性物质等地区，应查明其含量、压力、性质，并判断其对隧道施工、营运的影响；

    6 隧道区的井泉分布、含水层、隔水层的性质，判明地下水类型、补给、径流、排泄条件，地下水的侵蚀性和洞身各段涌水量的大小。

7.3.4 对于隧道的物探采用哪种方法、怎样布线、测点间距等应根据隧道区地形、地质条件和被测体的规模等情况综合选定。一般提倡采用多种物探进行综合勘探，以便相互印证，确定勘察成果的准确性、可靠性；对于山岭隧道多采用浅层地震反射法、高密度电法等对线位纵断面进行探测；对于水下隧道，其勘探难度较大、勘探精度难保证，过去一般采用电法、浅层地震法进行勘探，但随着科技的发展，物探技术、手段亦在不断改进提高，提倡采用电火花法、声脉冲、旁侧声纳等高科技成果进行勘探。因为这些物探手段可在水深数十米或百米范围内探测水底地形、地物、地貌、地层、岩性，一般能达到中等分辨率，而且快速、经济；对于隧道明挖段多位于建成区，埋深较浅，一般不进行线位物探工作，如有特殊需要视情况而定。

7.3.5 初勘阶段钻孔应少而精，重点是对物探发现的构造破碎带或其他不良地质地段，洞口是整个隧道的关键，故要求在洞口必须有勘探孔控制。

7.3.6 初步勘察阶段方案仍有不确定性，隧道勘察的重点是洞身及洞顶上 3 倍以内的地层性质。勘探孔深度应能兼顾各种方案，适当的深度可以防止出现方案调整时出现钻孔深度不足，避免后期充分钻探造成工作量的浪费。

7.4 详 细 勘 察

7.4.3 隧道洞口应根据地质条件复杂程度布置纵横断面，布置方式可以按图 3 布设。

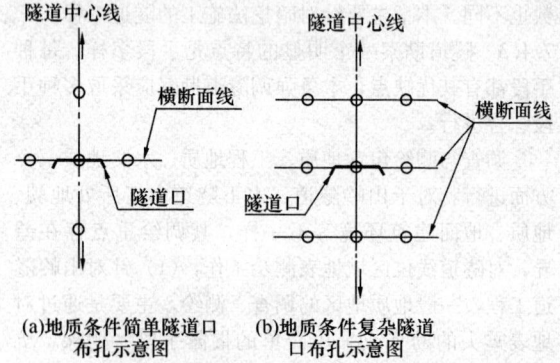

(a)地质条件简单隧道口   (b)地质条件复杂隧道
    布孔示意图   口布孔示意图

图 3　隧道口布孔平面示意图

7.4.4、7.4.5 对于水下隧道勘探孔布置及钻孔深度，参考上海地区规范"采用盾构法施工的隧道"：(1) 隧道勘探孔的平面布置：隧道陆域段，勘探点应在隧道边线外侧 3m～5m 布置，孔距（投影距）宜为 50m；隧道水域段，勘探点应在隧道外侧 6m～10m 范围内交错布置；孔距（投影距）宜≤40m。(2) 隧道勘探孔的深度要求：一般性勘探孔不宜小于隧道以下 1.5 倍隧道直径；控制性勘探孔不宜小于 2.5 倍隧道直径。(3) 采用明挖法施工的工作井，其勘探工作量要求参考基坑工程。(4) 连接通道（旁通道）勘探孔不宜少于 2 个，勘探深度宜为隧道底以下（2～3）倍隧道直径。

7.4.6 隧道工程勘察根据其特点，可选择进行如下试验项目：(1) 在隧道工程影响范围内有承压含水层分布地段应测定承压水头，在粉性土、砂土分布地段宜进行现场渗透试验；(2) 无侧限抗压强度试验、三轴不固结不排水剪切试验、十字板剪切试验，提供软黏性土的不排水抗剪强度指标；(3) 颗粒分析试验，提供颗粒分析曲线、土的不均匀系数；(4) 水质分析，判别对混凝土有无腐蚀性；(5) 渗透试验，提供土层垂直向、水平向渗透系数；(6) 必要时，宜进行旁压试验、扁铲侧胀试验，以提供土的静止侧压力系数、水平基床系数；进行孔压试验、波速试验，以提供孔隙水压力系数及地震效应分析所需的场地土动力参数；(7) 孔内涌水量压测法试验；(8) 测定有害气体的含量、压力与性质；(9) 采取岩石样求取物理指标及进行抗压、抗切、抗拉强度力学试验指标；(10) 水下隧道或水文地质条件复杂的隧道，应做钻孔抽水、注水或井中测流试验，若为海底隧道宜进行盐水注入试验。

8 城市室外管道工程

8.1 一般规定

8.1.1 城市室外管道主要或优先采用地下埋设方式，自然条件比较特殊的地区，经过技术论证，亦可采用土堤埋设、地上敷设和水下敷设等方式。本章适用于地下埋设的管道，包括明挖施工和非开挖（顶管、定向钻）施工。

8.1.2 勘察前必须取得的图纸和资料是勘察任务书的主要内容，应由设计单位在下达（委托）任务时提供。

8.1.3 城市公用设施中的各种地下管网是生命线工程的重要组成部分：给水管道一般具有内压，常用钢管、铸铁管、预应力混凝土管及预制钢筋混凝土（或现浇）管敷设，小口径管道也有采用石棉水泥管或塑料管敷设的；排水管道均为无压重力流，以采用混凝土管、钢筋混凝土管居多。大口径（或断面尺寸）的排水管道通常采用砖石砌体、钢筋混凝土矩形管道敷设；煤气、热力和长距离输油、输气管道，均具有内压，多用钢管、铸铁管材敷设。各种管道的直径大多在 1400mm 以下，干管及重要管道的综合管廊（在大城市内，有时将某些重要干线管放在综合管廊内），有的断面尺寸达到 2000mm×2000mm 以上。管基的埋置深度，除排水管道及大型管道超过 3m 者外，其他多为浅埋管道。

由于管道工程具有的上述特点，对地基基础的强度要求不高，一般地基土的承载力能够满足强度要求，常采用直埋管道敷设，或采用不厚的混凝土基础或钢筋混凝土基础。管道工程通常采用顶管法或明挖法施工。管道通过河谷地段，有时采用修建管架桥穿越岭地段（指丘陵城市和山城）常采用架空线路形式通过。

结合上述管道工程的特点，将管道工程需要通过勘察、设计解决的主要岩土工程问题归纳为 9 项说明如下：(1) 当管道穿越软弱地基与坚实地基交界部位时，需判明由于地基土差异沉降导致管道损坏的可能性。(2) 软弱地基和振动液化地层适宜的处理和加固方案的选择。(3) 当管道通过河谷地段时，河床和岸坡稳定性分析及适宜的敷设方案的选择。(4) 当采用顶管法施工时，顶管顶力计算和土壁后背安全验算问题。(5) 深埋管道，当拟采用明挖法施工时，深槽边坡稳定性分析和适宜的支护方案的选择。(6) 在地下水位高、对工程有影响的地段，当需采取施工排水措施时，适宜的排水方式（排水井、井点或深井泵排水）的选择和对可能产生流砂、潜蚀、管涌等现象防治措施的落实。(7) 强震区地震震害（抗震设防烈度大于或等于 7 度地区的场地和地基地震反应分析）。根据历次震害调查证明，管网震害与场地和地基土质、地下水条件密切相关。管道位于地基软弱、土质不均匀地段、河、湖、沟、坑（包括暗埋的）的边缘、地裂缝带、振动液化地区以及过河管道，多遭破坏，震害率高，震害严重。一般来讲，管道敷设宜避开这些地段。当无法避开时，应采取相应的防震措施，如采用柔性接口结构、改善管道与附件（弯头、三通、四通、阀门）的连接、混凝土枕基等。在可能发生振动液化的地段，必要时可采用打桩补强措施。城市各种地下管网是生命线工程的重要组成部分，一旦发生破坏，会给人民生活和生产带来很大的困难，并且还可能带来次生灾害。如 1976 年唐山大地震，给水工程遭到破坏，供水中断，只有以洒水车运水，以维持最低需要，继而进行抢修，一周后才勉强喝到水厂的水，全部管道经过两个月左右才堵漏完毕。因此，在强震区的管道勘察中，对场地和地基地震效应分析应予以足够的重视。(8) 不良地质作用的危害，一般对平原城市管道工程不是主要问题，对越岭地段和管道通过河谷地段的管道工程，应进行认真的调查和研究分析。(9) 判明环境水和土对管材的腐蚀性，采取相应的防腐措施，以加强管材的耐久性和耐震性。

城市管道工程勘察不仅要结合勘察区的工程地质环境特征和任务要求，对上述可能出现的岩土工程问题进行论证，还应为设计与施工提供工程地质依据和必要的设计参数，并提出相应的建议。

8.2 可行性研究勘察

8.2.1 可行性研究勘察（选线勘察）主要是搜集和分析已有资料，对线路主要的控制点（例如大中型河流穿、跨越点）进行踏勘调查，一般不进行勘探工作。可行性研究勘察为一个重要的勘察阶段。以往有些单位在选线工作中，由于对地质工作不重视，不进行可行性研究勘察，事后发现选定的线路方案有不少工程地质问题。例如沿线的滑坡、泥石流等不良地质作用发育，不易整治。如果整治，则耗费很大，增加工程投资；如不加以整治，则后患无穷。在这种情况下，有时不得不重新组织选线。为此，加强可行性研究勘察是十分必要的。

管道遇有河流、湖泊、冲沟等地形、地物障碍时，必须跨越或穿越通过。河流的穿、跨越点选的是否合理，是关系到设计、施工和管理的关键问题。所以，在确定穿、跨越点以前，应进行必要的勘察工作。通过认真的调查研究，比选出最佳的穿、跨越方案。既要照顾到整个线路走向的合理性，又要考虑到工程地质条件的适宜性。

8.3 初 步 勘 察

8.3.1 初勘阶段要求初步查明管道埋设深度内的地层岩性、厚度和成因。这里的初步勘察是指把岩土的基本性质查清楚，如有无流砂、软土和对工程有影响的不良地质作用。山区河流河床的第四系覆盖层厚度变化大，单纯用钻探手段难以控制，可采用电法或地震勘探，以了解基岩的埋藏深度。

8.4 详 细 勘 察

8.4.5 详细勘察重点评价内容中遇下列问题时的处理方法：

1 当管道通过可能产生流砂、潜蚀、管涌，或有强透水层分布的地段采取降低地下水位疏干基坑时，应在现场进行渗透或抽水试验；

2 非开挖施工的大型综合管廊工程可参照隧道工程的有关要求，其围岩分级按附录C执行；

3 当涉及特殊性岩土时，可参照本规范第5章道路工程的有关内容或其他规范进行评价。

9 城市给排水厂站工程

9.1 一 般 规 定

9.1.1 给排水工程主要由下列五类情况组成：

1 管道；

2 水处理构筑物（厂区的各类水处理构筑物，此类构筑物对不均匀沉降比较敏感，还有空载期的抗浮问题）；

3 泵站（主要由泵房、管道及附属建（构）筑物组成，其中泵房是主要的构筑物）；

4 建筑物（主要是指厂区、泵站中的一些建筑物）；

5 取排水构筑物（由取水头部或者排放口以及管道组成）。

本章主要针对厂区水处理构筑物、泵房以及取水头部（排放口）等构筑物的勘察。厂区、泵站的建筑物工程按相关规范执行，管道工程按第8章相关内容执行。

9.1.4 随着大规模的开发建设，许多大型水处理构筑物的基坑开挖的深度越来越深，规模也越来越大，地下水引发的问题就愈显突出。许多地区潜水水位很高以及承压水位具有呈年周期性变化的特点，勘察阶段实测的潜水、承压水稳定水位未必能代表拟建场地的高水位。工程需要时，应搜集邻近区域的长期观测资料或布置一定数量的地下水位长期观测孔，为设计和施工提供可靠的水文地质参数。

9.3 初 步 勘 察

9.3.3 在初勘阶段往往最终设计方案尚未确定，而各地区的工程地质条件差异较大，因此初步勘察勘探孔深度应考虑拟建建（构）筑物性质及场地工程地质条件、可能采用的基础形式、施工工法等综合确定，以满足设计方案比选的要求为原则。

9.4 详 细 勘 察

9.4.2

1 勘探点宜沿水处理构筑物基础范围周边布置，主要的转角处宜有勘探点控制。大面积的基础，尚应按相应的勘探点间距在基础范围内布置勘探点。当相邻勘探点揭露的地层变化较大并影响到基坑设计或施工方案选择时，应适当加密勘探点。

浅部地层情况，特别是填土和暗浜对基坑支护结构的设计和施工影响较大，必要时可沿基础范围周边布置小螺纹钻孔进行浅层勘察。坑内一般可不布置小螺纹钻孔，探查深度应进入正常土层不少于0.5m。由于有些基坑是采用放坡施工，基础边界线的外延不良地质作用也会给设计和施工带来较大的影响。因此当场地条件许可时应该适当地外延探查不良地质作用的范围。目前浅层勘察常用手段是小螺纹钻，依靠目测鉴定，常常精度不是很高，因此在实际工作中可采用手摇静探来代替，这样可以提高勘察的质量，对于一些回填土（如素填土、浜填土）也能提供强度参数。在很多勘察工程中，由于受场地条件限制如地坪很厚、下部大块碎石、道路路面等，勘察期间无法完成探查工作，因而需要施工单位的配合，进行施工勘察或施工验槽使探查工作能顺利开展，为设计和施工提供必要的资料。

3 取水头部（排放口）有可能布在岸边或者伸入江中，勘探点布置应根据其工程规模、特点以及采用的基础形式综合确定。

9.4.3

1 厂区水处理构筑物的建筑规模越来越大，有的开挖深度也越来越深，其结构形式也多种多样，有开挖埋深式，也有叠合式的结构（此类构筑物是两种功能的水处理构筑物叠合在一起，一部分埋在地下，一部分在地面以上）。在地下潜水水位较高地区，对于开挖埋深式结构的水处理构筑物，承受往复载；排空时存在抗浮问题，充满水时则要考虑抗压荷载；对于叠合式结构的水处理构筑物也应进行抗浮验算，当验算结果排空时不需要考虑抗浮问题时，则主要考虑抗压荷载的影响，否则也需要考虑承受往复荷载；另外，此类构筑物由于建筑面积大，需要考虑不均匀沉降的影响。

2 由于目前泵房的建设规模越来越大，基坑的开挖深度越来越深。根据工程经验，围护桩墙的插入深度通常为基坑开挖深度的 1 倍左右，因而确定勘探孔的测试深度为 2.5 倍的基坑开挖深度一般可以满足设计的要求。一些大型泵房基坑开挖深度达到 30m～40m，如按 2.5 倍基坑开挖深度确定勘探孔深度将达到 75m～100m，显然勘探孔深度偏深。因此对于这些超深的基坑工程，在基坑开挖影响深度范围内遇到密实的砂（粉）土或硬土层时，可根据支护的设计要求减少勘探孔深度。有许多泵房工程上部可能会与主体建筑共建或基础可能采用桩基等形式，因此勘探孔深度的确定要同时满足不同基础类型及施工工法对孔深的要求。

4 基础范围内揭露承压含水层的钻孔，为防止承压水头对施工的影响，应选择适当的钻探方法和钻探工艺，在钻探和测试工作结束后，严格按相关规定进行回填工作。一般宜用黏土球作为填料封孔，当承压水可能会对施工产生较大影响时应采用水泥注浆进行封孔。

本规范同时提出了对工程有影响的微承压水和承压水的量测要求。为了较准确地量测承压水稳定水位，现场进行观测试验时应采取措施将不同的含水层有效地隔开，并连续观测一定时间。根据大量实测资料的分析，稳定水位的量测时间一般不宜少于连续 5d，当微承压或承压含水层中夹较多黏性土时，观测时间尚应适当延长。

9.4.5

4 根据统计，很多事故都是由地下水引发。因此勘察报告应提供有关潜水、微承压水或承压水的埋藏条件、水位变化幅值以及土层的渗透性能等的详细资料，并根据勘探、测试资料，对地下水引发流砂、管涌、坑底突涌等危害的可能性进行分析评价。

由于地下水一般随季节有一定的变化，工程勘察

阶段短期观测资料未必能够测得该区域承压水高水头值并获得其变化规律，因此不能简单将勘察阶段测得的承压水作为判别深大基坑开挖是否发生水土突涌的依据，工程勘察阶段所进行的一些简单室内外渗透试验，很难模拟实际的施工工况。因此对一些大型重要工程当水文地质条件复杂且对设计及施工有重大影响时，应提出专门的水文地质勘察的建议，以满足施工降水设计的要求。

10 城市堤岸工程

10.2 可行性研究勘察

10.2.1 本阶段岩土工程勘察的主要任务是以搜集基础地质资料为主，重点了解工程区的区域地质情况及各工程方案的基本地质条件，以便为规划设计方案的确定提供工程地质依据。

10.3 初步勘察

10.3.2

1 本阶段的勘探布置原则需根据设计方案、勘察等级确定总体方案，应沿设计轴线布置，勘探剖面上的勘探点间距宜根据堤岸工程地质条件、堤岸类型合理布置。

2 横剖面上勘探点的布置应根据实际情况适当增减，有堤防功能的则堤内横剖面长度一般应大于 600m；对有滑坡的地段，进行堤岸工程勘察时需一并考虑，同时为滑坡综合治理提供工程地质勘察资料。

10.3.4

1 堤岸工程地质条件及评价应包括堤岸地质结构的划分、岩土体物理力学性质、渗透性、堤岸稳定性等，并提出基础方案建议。

4 应综合考虑水流条件、堤岸地质结构、水文地质条件等，对堤岸的稳定性进行全面的评价，确定出稳定性差或稳定性较差的分布范围。堤岸的稳定性除与堤岸的物质组成有关外，还受水流情况的影响较大，所以应了解河势的情况，分析水流对堤岸的影响。对于河道冲刷深度问题，可参考河道洪水评价技术成果资料；当堤岸由细粒土组成时，应根据堤岸土体物理力学性质和水文地质条件分析堤岸在退水期的稳定性；当堤岸存在不利于稳定的结构面时，应分析堤岸土体沿结构面滑移的可能性；而当堤岸受河水冲刷时，可根据堤岸岩土体抗冲刷能力对其分类评价。

10.4 详细勘察

10.4.2

1 由于堤岸是线形结构物，同时考虑到垂直堤岸走向的横断面工程地质资料是验算堤岸稳定性不可

缺少的重要依据，从地质角度看，垂直堤岸走向的沿岸地带，由于岸线的历史变迁，地质情况、地层土质又复杂多变，因此本规范规定除平行堤岸轴线布置勘探点外，还应布置具有代表性的横断面勘探线。

3 对原有堤岸的改造或加固工程的勘察，应根据不同类别改造与加固工程的设计要求、场地条件和需要，确定勘察工作的内容和方法。根据实践经验，在原有堤岸临江、临河地带，常有可能存在工业废渣填土（如大块钢渣填土等）及大块抛石等。要查清其空间分布情况，进行勘探是极其困难的，但不查明情况，就会给堤岸设计与施工带来较大的影响。对这类填土和大块抛石，目前尚没有较有效、适宜的勘探方法，只能采用大开挖方法清除后才能继续钻进。特别当地下水位较高时，挖掘工作就很难进行。如果孤意蛮干，则将会损耗大量机具和器材，也难以得到满意的效果。一般在这种情况下，应首先进行调查，了解填土的来源、性质、分布范围及厚度，然后根据调查了解的情况，会同设计、施工有关人员共同商讨处理方案，对这类填土尚应注意调查了解其渗透性。

对堤岸的改造、加固工程勘察的勘探点不宜布置在原有堤岸范围内的原因是：

（1）需要改造、加固的堤岸，一般情况下，原有堤岸仍作为改建后堤岸的组成部分继续使用。在原有堤岸范围内勘探，不仅有损于原有堤岸结构，还可能由于勘探严重扰动原有堤岸基底下的地基土，从而造成工程隐患。尤其是在分布有疏松地层的地段进行勘探，若勘察方法选择不当，就有可能导致钻孔内大量塌孔、涌砂等现象，使地基土遭受严重扰动或形成空洞，钻孔回填工作若不符合要求，均有可能对堤岸造成局部隐患。在防汛期间，尤应避免在老堤岸上或堤岸附近进行勘探，必要时，应取得防汛主管部门同意，采取适当措施后，方能进行勘探。

（2）原有堤岸基底下的地基土已受长期荷载压密，与原堤外未经压密的地基土性质必然有所差别，另外，沿岸地带的地层土质又往往复杂多变，当原堤侧向需要加固、加高时，在原堤范围内进行勘探所取得的资料作为设计的依据，就难以保证其可靠性。同时，根据压密后地基土的性质，提供计算参数进行地基强度和稳定性验算，其安全度也会降低。

4 勘探点间距应根据场地工程地质条件的复杂程度和各类堤岸结构对地基土的要求与适应性的不同分别确定。一般来讲，Ⅲ类土堤对地基土的不均匀沉降适应性较强，其他两类堤岸对地基土的要求较高。规范中表10.4.2勘探孔间距是根据堤岸勘察实践中一般选用的勘探孔间距，并参考了其他规范的有关规定提出的。勘察时，可根据现场实际情况和地区经验，在表中规定的勘探孔间距范围内灵活选用；垂直堤岸代表性横断面勘探孔间距，以能控制地层土质变化，满足滑动验算要求为原则。每条横断面勘探线，一般可布置（2～3）个勘探孔。当采用锚定板桩岸壁时，则应在锚定板处布置适量的浅孔，以了解锚定板处的土质情况，合理确定锚定板的位置等。

10.4.3

1 对堤岸勘察勘探孔深度的要求是根据各类堤岸的特点、堤岸勘察的实践经验，参考了相关规范的有关要求，并考虑了不同地基计算类别的需要确定的。

10.4.7

1 主要工程地质问题及评价应包括堤岸地质结构的划分、岩土体物理力学性质及堤岸工程地质分段（区）。当场地工程地质条件复杂，应综合分析场地的工程地质要素（地形、岩土性质、地下水、不良地质现象及地质灾害等）的特征及其与工程的相互关系，进行不同工程地质区段评价。

2 堤基的渗透变形评价堤岸地基稳定分析和堤基的渗透变形评价时，应考虑下列因素：

（1）应选用设计洪水位；

（2）出现较大水头差和水位骤降的可能性；

（3）施工时的临时超载；

（4）较陡的挖方边坡；

（5）堤岸（岩）土体的抗冲刷能力，波浪作用；

（6）不良地质作用的影响等。

堤基的渗透变形判别可参照现行行业标准《堤防工程地质勘察规程》SL 188 的有关规定执行。

11 报告编制基本规定

11.1 一般规定

11.1.1、11.1.2 本节对市政工程岩土工程勘察的资料整理作了一般原则性规定。

11.2 成果报告基本要求

11.2.2～11.2.4 鉴于市政工程的规模大小各不相同，各类市政工程勘察的目的要求、工程特点、自然条件等差别很大，本节只列举了一般市政工程各勘察阶段岩土工程勘察报告的基本内容，具体市政工程勘察报告可根据工程情况对本节所列举的内容进行增删。对于不同市政工程，第5章至第10章分别根据相应工程的特点对勘察成果报告应重点分析评价的内容作了有针对性的规定。

中华人民共和国行业标准

城乡规划工程地质勘察规范

Code for geo-engineering site investigation and evaluation
of urban and rural planning

CJJ 57—2012

批准部门：中华人民共和国住房和城乡建设部
施行日期：2 0 1 3 年 3 月 1 日

中华人民共和国住房和城乡建设部
公　告

第 1514 号

住房城乡建设部关于发布行业标准
《城乡规划工程地质勘察规范》的公告

现批准《城乡规划工程地质勘察规范》为行业标准，编号为 CJJ 57‐2012，自 2013 年 3 月 1 日起实施。其中，第 3.0.1、7.1.1 条为强制性条文，必须严格执行，原行业标准《城市规划工程地质勘察规范》CJJ 57‐94 同时废止。

本规范由我部标准定额研究所组织中国建筑工业出版社出版发行。

中华人民共和国住房和城乡建设部
2012 年 11 月 1 日

前　　言

根据住房和城乡建设部《关于印发〈2008 年工程建设标准规范制订、修订计划（第一批）〉的通知》（建标［2008］102 号）的要求，规范编制组经广泛调查研究，认真总结实践经验，参考有关国际标准和国外先进标准，并在广泛征求意见的基础上，修订本规范。

本规范主要技术内容是：1. 总则；2. 术语；3. 基本规定；4. 总体规划勘察；5. 详细规划勘察；6. 工程地质测绘和调查；7. 不良地质作用和地质灾害；8. 场地稳定性和工程建设适宜性评价；9. 勘察报告编制。

修订的主要技术内容是：1. 增加了术语；2. 对工程地质测绘和调查、不良地质作用和地质灾害内容进行了补充，并各自单独成为新的章节；3. 增加了场地稳定性和工程建设适宜性评价一章；4. 提出了工程建设适宜性的定量评价方法。

本规范中以黑体字标志的条文为强制性条文，必须严格执行。

本规范由住房和城乡建设部负责管理和对强制性条文的解释，由北京市勘察设计研究院有限公司负责日常管理和具体技术内容的解释。在执行过程中若有意见和建议，请寄送北京市勘察设计研究院有限公司（地址：北京市复兴门外羊坊店路 15 号，邮编：100038）。

本 规 范 主 编 单 位：北京市勘察设计研究院有限公司

本 规 范 参 编 单 位：广州市城市规划勘测设计研究院
武汉市勘测设计研究院
中国建筑西南勘察设计研究院有限公司
建设综合勘察研究设计院有限公司
天津市勘察院
北京市城市规划设计研究院

本规范主要起草人员：沈小克　周宏磊　朱志刚
杜立群　吴永红　陈爱新
陈　麟　官善友　武　威
郭明田　康景文　彭卫平
彭有宝　廉得瑞　廖建生

本规范主要审查人员：顾宝和　许丽萍　项　勃
袁炳麟　叶　超　王长科
王笃礼　郑建国　张文华
任世英

目　次

Contents

1 总　则

1.0.1 为贯彻执行国家有关法律、法规，提供城乡规划选址与管理的基础地质资料和依据，统一城乡规划工程地质勘察的技术要求，制定本规范。

1.0.2 本规范适用于城乡规划的工程地质勘察。

1.0.3 城乡规划工程地质勘察应根据规划编制任务要求，搜集利用已有资料，因地制宜地采用综合勘察手段，提供资料完整、评价正确、结论科学的勘察成果。

1.0.4 城乡规划工程地质勘察除应符合本规范外，尚应符合国家现行有关标准的规定。

2 术　语

2.0.1 城乡规划工程地质勘察 geo-engineering site investigation and evaluation for urban and rural planning

为不同阶段的城乡规划编制、城乡规划选址和规划管理进行的区域性工程地质勘察，主要针对场地稳定性和工程建设适宜性，进行工程地质、水文地质、环境地质及岩土工程分析评价，简称"规划勘察"。

2.0.2 规划区 planning area

由国家、地方有关部门审批，拟新建或改建城市、镇、乡和村庄的规划控制区域，其具体范围由有关人民政府在组织编制的城市总体规划、镇总体规划、乡和村庄规划中，根据城乡经济社会发展水平和统筹城乡发展的需要划定。

2.0.3 规划勘察工作区 working area of geo-engineering site investigation and evaluation for urban and rural planning

为满足规划勘察分析评价的需要而确定的规划勘察工作范围，包括城乡规划区以及对规划区场地稳定性、工程建设适宜性评价有影响的外围邻近区域。

2.0.4 评价单元 evaluation unit

规划区场地稳定性分析和工程建设适宜性评价的空间单位和分析评价对象。

2.0.5 场地稳定性 site stability

在场地地震效应、活动断裂与其他不良地质作用、地质灾害影响下的规划场地的稳定状态。

2.0.6 工程建设适宜性 building suitability of the planned site

基于对地形地貌、水文、工程地质和水文地质、不良地质作用和地质灾害的综合分析和评判，得出的规划区工程建设适宜程度。

3 基本规定

3.0.1 城乡规划编制前，应进行工程地质勘察，并应满足不同阶段规划的要求。

3.0.2 规划勘察的等级可根据城乡规划项目重要性等级和场地复杂程度等级，按本规范附录 A 划分为甲级和乙级。

3.0.3 规划勘察应按总体规划、详细规划两个阶段进行。专项规划或建设工程项目规划选址，可根据规划编制需求和任务要求进行专项规划勘察。

3.0.4 规划勘察前应取得下列资料：

1 规划勘察任务书；

2 各规划阶段或专项规划的设计条件，包括城乡类别说明，规划区的范围、性质、发展规模、功能布局、路网布设、重点建设区或建设项目的总体布置和项目特点等；

3 与规划阶段相匹配的规划区现状地形图、城乡规划图等。

3.0.5 规划勘察的工作内容、勘察手段及工作量，应与城乡规划编制各阶段或专项规划的编制需求相适应。

3.0.6 规划勘察应在搜集已有资料的基础上，通过必要的工程地质测绘和调查、勘探、原位测试和室内试验，经过综合整理、分析，为城乡规划编制和建设工程项目规划选址提供勘察成果。

3.0.7 规划勘察工作应符合下列规定：

1 各规划阶段勘察前期应分析已有资料，进行实地踏勘，确定工作重点，制定切实可行的勘察方案；

2 应根据规划勘察工作区及所在地区已有资料的详细程度、当地工程建设经验以及场地的复杂程度，在研究和利用相关资料的基础上，结合勘察阶段、勘察等级和规划编制要求等，确定勘察工作内容；

3 当规划勘察工作区内存在影响场地稳定性的不良地质作用和地质灾害、重大的环境工程地质问题时，应进行必要的专项工程地质勘察工作，或在规划勘察工作中开展专题研究。

3.0.8 规划勘察工作区应划分评价单元，并应按评价单元分析评价场地稳定性和工程建设适宜性。评价单元的划分应符合下列规定：

1 应依据地形地貌单元、工程地质与水文地质单元、水系界线、洪水淹没线、活动断裂带展布位置以及规划用地功能分区界线等进行综合划分；

2 对存在不良地质作用和地质灾害的规划区，应按其影响范围、程度等进行综合划分。

3.0.9 规划勘察图例宜按本规范附录 B 表 B 的规定采用，并应符合现行行业标准《城市规划制图标准》CJJ/T 97 的有关规定。

3.0.10 在规划勘察过程中，所有勘探点的位置和标高，应分别按统一的国家或地方坐标系统和高程系统测定、整理和记载。

3.0.11 规划勘察成果资料应存档，并宜进行成果资料信息数字化，建立相应的地质信息数据库管理系统。

4 总体规划勘察

4.1 一般规定

4.1.1 总体规划勘察应以工程地质测绘和调查为主，并辅以必要的地球物理勘探、钻探、原位测试和室内试验工作。

4.1.2 总体规划勘察应调查规划区的工程地质条件，对规划区的场地稳定性和工程建设适宜性进行总体评价。

4.2 勘察要求

4.2.1 总体规划勘察应包括下列工作内容：

　　1 搜集、整理和分析相关的已有资料、文献；

　　2 调查地形地貌、地质构造、地层结构及地质年代、岩土的成因类型及特征等条件，划分工程地质单元；

　　3 调查地下水的类型、埋藏条件、补给和排泄条件、动态规律、历史和近期最高水位，采取代表性的地表水和地下水试样进行水质分析；

　　4 调查不良地质作用、地质灾害及特殊性岩土的成因、类型、分布等基本特征，分析对规划建设项目的潜在影响并提出防治建议；

　　5 对地质构造复杂、抗震设防烈度 6 度及以上地区，分析地震后可能诱发的地质灾害；

　　6 调查规划区场地的建设开发历史和使用概况；

　　7 按评价单元对规划区进行场地稳定性和工程建设适宜性评价。

4.2.2 总体规划勘察前应搜集下列资料：

　　1 区域地质、第四纪地质、地震地质、工程地质、水文地质等有关的影像、图件和文件；

　　2 地形地貌、遥感影像、矿产资源、文物古迹、地球物理勘探等资料；

　　3 水文、气象资料，包括水系分布、流域范围、洪涝灾害以及风、气温、降水等；

　　4 历史地理、城址变迁、既有土地开发建设情况等资料；

　　5 已有地质勘探资料。

4.2.3 总体规划勘察的工程地质测绘和调查工作应符合本规范第 6 章的规定。

4.2.4 总体规划勘察的勘探点布置应符合下列规定：

　　1 勘探线、点间距可根据勘察任务要求及场地复杂程度等级，按表 4.2.4 确定；

　　2 每个评价单元的勘探点数量不应少于 3 个；

　　3 钻入稳定岩土层的勘探孔数量不应少于勘探

孔总数的 1/3。

表 4.2.4　勘探线、点间距（m）

场地复杂程度等级	勘探线间距	勘探点间距
一级场地（复杂场地）	400～600	＜500
二级场地（中等复杂场地）	600～1000	500～1000
三级场地（简单场地）	800～1500	800～1500

4.2.5 总体规划勘察的勘探孔深度应满足场地稳定性和工程建设适宜性分析评价的需要，并应符合下列规定：

　　1 勘探孔深度不宜小于 30m，当深层地质资料缺乏时勘探孔深度应适当增加；

　　2 在勘探孔深度内遇基岩时，勘探孔深度可适当减浅；

　　3 当勘探孔底遇软弱土层时，勘探孔深度应加深或穿透软弱土层。

4.2.6 采取岩土试样和进行原位测试的勘探孔数量不应少于勘探孔总数的 1/2，必要时勘探孔宜全部采取岩土试样和进行原位测试。

4.2.7 总体规划勘察的不良地质作用和地质灾害调查应符合本规范第 7 章的规定。

4.3 分析与评价

4.3.1 总体规划勘察的资料整理、分析与评价应包括下列内容：

　　1 已有资料的分类汇总、综合研究；

　　2 现状地质环境条件、地震可能诱发的地质灾害程度；

　　3 各评价单元的场地稳定性；

　　4 各评价单元的工程建设适宜性；

　　5 工程建设活动与地质环境之间的相互作用、不良地质作用或人类活动可能引起的环境工程地质问题。

4.3.2 总体规划勘察应根据总体规划阶段的编制要求，结合各场地稳定性、工程建设适宜性的分析与评价成果，在规划区地质环境保护、防灾减灾、规划功能分区、建设项目布置等方面提出相关建议。

5 详细规划勘察

5.1 一般规定

5.1.1 详细规划勘察应根据场地复杂程度、详细规划编制对勘察工作的要求，采用工程地质测绘和调查、地球物理勘探、钻探、原位测试和室内试验等综合勘察手段。

5.1.2 详细规划勘察应在总体规划勘察成果的基础上，初步查明规划区的工程地质与水文地质条件，对规划区的场地稳定性和工程建设适宜性作出分析与评价。

5.2　勘察要求

5.2.1 详细规划勘察应包括下列工作内容：

　　1 搜集、整理和分析相关的已有资料；

　　2 初步查明地形地貌、地质构造、地层结构及成因年代、岩土主要工程性质；

　　3 初步查明不良地质作用和地质灾害的成因、类型、分布范围、发生条件，提出防治建议；

　　4 初步查明特殊性岩土的类型、分布范围及其工程地质特性；

　　5 初步查明地下水的类型和埋藏条件，调查地表水情况和地下水位动态及其变化规律，评价地表水、地下水、土对建筑材料的腐蚀性；

　　6 在抗震设防烈度6度及以上地区，评价场地和地基的地震效应；

　　7 对各评价单元的场地稳定性和工程建设适宜性作出工程地质评价；

　　8 对规划方案和规划建设项目提出建议。

5.2.2 详细规划勘察前应搜集下列资料：

　　1 总体规划勘察成果资料；

　　2 地貌、气象、水文、地质构造、地震、工程地质、水文地质和地下矿产资源等有关资料；

　　3 既有工程建设、不良地质作用和地质灾害防治工程的经验和相关资料；

　　4 详细规划拟定的城乡规划用地性质、对拟建各类建设项目控制指标和配套基础设施布置的要求。

5.2.3 详细规划勘察的工程地质测绘和调查工作应符合本规范第6章的规定。

5.2.4 详细规划勘察的勘探线、点的布置应符合下列规定：

　　1 勘探线宜垂直地貌单元边界线、地质构造带及地层分界线；

　　2 对于简单场地（三级场地），勘探线可按方格网布置；

　　3 规划有重大建设项目的场地，应按项目的规划布局特点，沿纵、横主控方向布置勘探线；

　　4 勘探点可沿勘探线布置，在每个地貌单元和不同地貌单元交界部位应布置勘探点，在微地貌和地层变化较大的地段、活动断裂等不良地质作用发育地段可适当加密；

　　5 勘探线、点间距可按表5.2.4确定。

表 5.2.4　勘探线、点间距（m）

场地复杂程度等级	勘探线间距	勘探点间距
一级场地（复杂场地）	100～200	100～200
二级场地（中等复杂场地）	200～400	200～300
三级场地（简单场地）	400～800	300～600

5.2.5 详细规划勘察的勘探孔可分一般性勘探孔和控制性勘探孔，其深度可按表5.2.5确定，并应满足地稳定性和工程建设适宜性分析评价的要求。

表 5.2.5　勘探孔深度（m）

场地复杂程度等级	一般性勘探孔	控制性勘探孔
一级场地（复杂场地）	＞30	＞50
二级场地（中等复杂场地）	20～30	40～50
三级场地（简单场地）	15～20	30～40

注：勘探孔包括钻孔和原位测试孔。

5.2.6 控制性勘探孔不应少于勘探孔总数的1/3，且每个地貌单元或布置有重大建设项目地块均应有控制性勘探孔。

5.2.7 遇下列情况之一时，应适当调整勘探孔深度：

　　1 当场地地形起伏较大时，应根据规划整平地面高程调整孔深；

　　2 当遇有基岩时，控制性勘探孔应钻入稳定岩层一定深度，一般性勘探孔应钻至稳定岩层层面；

　　3 在勘探孔深度内遇有厚层、坚实的稳定土层时，勘探孔深度可适当减浅；

　　4 当有软弱下卧层时，控制性勘探孔的深度应适当加大，并应穿透软弱土层。

5.2.8 详细规划勘察采取岩土试样和原位测试工作应符合下列规定：

　　1 采取岩土试样和进行原位测试的勘探孔，宜在平面上均匀分布；

　　2 采取岩土试样和进行原位测试的勘探孔的数量宜占勘探孔总数的1/2，在布置有重大建设项目的地块或地段，采取岩土试样和进行原位测试的勘探孔不得少于6个；

　　3 各主要岩土层均应采取试样或取得原位测试数据；

　　4 采取岩土试样和原位测试的竖向间距，应根据地层特点和岩土层的均匀程度确定。

5.2.9 详细规划勘察的不良地质作用和地质灾害调查应符合本规范第7章的规定。

5.2.10 详细规划勘察的水文地质勘察应符合下列规定：

　　1 应调查对工程建设有较大影响的地下水埋藏条件、类型和补给、径流、排泄条件，各层地下水水位和变化幅度；

　　2 应采取代表性的水样进行腐蚀性分析，取样地点不宜少于3处；

　　3 当需绘制地下水等水位线时，应根据地下水的埋藏条件统一量测地下水位；

　　4 宜设置监测地下水变化的长期观测孔。

5.3　分析与评价

5.3.1 详细规划勘察资料的整理应采用定性与定量

相结合的综合分析方法，对场地稳定性和工程建设适宜性应进行定性或定量分析。

5.3.2 详细规划勘察的分析与评价应包括下列内容：

    1 地质环境条件对规划建设项目的影响；

    2 不良地质作用和地质灾害及人类工程活动对规划建设项目的影响，并提出防治措施建议；

    3 地下水类型和埋藏条件及对规划建设项目的影响；

    4 各类建设用地的地基条件和施工条件；

    5 各类建设用地的场地稳定性和工程建设适宜性。

5.3.3 详细规划勘察应根据详细规划编制要求，结合各场地稳定性、工程建设适宜性的分析与评价成果，提出下列建议：

    1 拟建重大工程地基基础方案；

    2 各类建设用地内适建、不适建或有条件允许建设的建筑类型和土地开发强度；

    3 城市地下空间和地下资源开发利用条件；

    4 各类拟规划建设项目的平面及竖向布置方案。

6 工程地质测绘和调查

6.1 一般规定

6.1.1 工程地质测绘和调查的范围宜根据规划阶段、场地复杂程度确定。

6.1.2 工程地质测绘和调查所用地形图的比例尺，宜比编制成果图比例尺大一级。工程地质测绘的比例尺和精度应符合下列规定：

    1 总体规划勘察可选用 1∶5000～1∶50000 比例尺；

    2 详细规划勘察可选用 1∶1000～1∶5000 比例尺；

    3 当地质环境条件复杂时，比例尺可适当放大；

    4 地质界线和地质观测点的测绘精度，在相应比例尺图上不应低于 3mm。

6.1.3 规划勘察的工程地质测绘和调查，可利用航空摄影或卫星资料进行遥感地质解译。

6.2 工作要求

6.2.1 工程地质测绘和调查方法应根据规划阶段、已有资料和场地复杂程度综合确定。

6.2.2 工程地质测绘和调查前应搜集下列资料：

    1 比例尺满足测绘精度要求的地形图；

    2 区域地质、工程地质、水文地质、地震地质等资料；

    3 有关的遥感影像图片及其解译资料；

    4 其他与勘察评价相关的水文、气象、地震、工程建设等资料。

6.2.3 工程地质测绘和调查宜包括下列内容：

    1 地形、地貌特征，地貌单元；

    2 岩土的年代、成因、性质和分布；

    3 各类岩体结构面的类型、产状、发育程度；

    4 地下水的类型、补给来源、径流与排泄条件，含水层的岩性特征、埋藏深度、水位变化、污染情况及其与地表水体的关系，井、泉位置；

    5 最高洪水位及其发生时间、淹没范围；

    6 气象、水文、植被、土的标准冻结深度；

    7 地质构造的性质、分布、特征及断裂的活动性；

    8 不良地质作用和地质灾害的形成、分布、形态、规模及发育程度；

    9 已有建（构）筑物及城市基础设施破坏性变形情况和相应的工程防护经验。

6.2.4 工程地质测绘应根据任务要求及场地特征，采用实地测绘法、遥感解译法或多方法相结合的方式。

6.2.5 采用实地测绘法时，地质观测点的布置应符合下列规定：

    1 在地质构造线、地质接触线、地貌单元分界线、不良地质作用发育地段等代表性部位，应布设观测点；

    2 当基岩露头较少时，应根据具体情况布置一定数量的探坑或探槽；

    3 观测点的间距宜控制在图上距离 2cm～6cm，并可根据场地工程地质条件的复杂程度，结合对规划选址、工程建设的影响程度，适当加密或放宽；

    4 利用遥感影像资料解译成果进行测绘时，现场检验观测点的数量宜为工程地质测绘点数的 1/3～1/2。

6.2.6 采用遥感解译法应符合下列规定：

    1 应根据规划区地质环境特点、任务要求和勘察阶段，选用适宜的遥感图像种类和比例尺；

    2 遥感解译宜在工程地质测绘前进行，解译过程应结合工程地质测绘开展工作，并应相互验证和补充；

    3 可选用多片种、多层次的遥感图像，进行综合解译，必要时可采用多时相的遥感图像进行动态解译；

    4 采用相片成图法应结合实地测绘法进行校对和验证，必要时可进行修正。

6.2.7 遥感解译成果应包括遥感图像工程地质解译图和遥感解译说明书等，底图可用影像图或地形图。必要时，应编制卫星遥感图像略图或航空遥感图像略图。

6.2.8 工程地质测绘和调查时，应按场地稳定性和工程建设适宜性相似性的原则，在附有坐标的地形图上编制工程地质分区图，制图比例尺不宜小于工程地质测绘比例尺；分区不能完全反映场地工程地质条件的复杂程度时，可再划分亚区。

7 不良地质作用和地质灾害

7.1 一般规定

7.1.1 当规划区内存在岩溶、土洞及塌陷、滑坡、危岩和崩塌、泥石流、采空区和采空塌陷、地面沉降、地裂缝、活动断裂等不良地质作用和地质灾害时，应进行不良地质作用和地质灾害调查、分析与评价。

7.1.2 不良地质作用和地质灾害调查精度、分析与评价深度应满足不同规划阶段勘察或专项规划勘察的要求。

7.1.3 不良地质作用和地质灾害调查应搜集、分析、整理已有资料，工作方法应以工程地质测绘和调查为主，辅以必要的钻探和其他勘探、测试手段。

7.1.4 不良地质作用和地质灾害应调查其成因、类型、分布、发育规律和危害特征，判断其稳定性，分析评价自然和人类工程活动等对工程建设适宜性和规划布局的影响，并提出不良地质作用和地质灾害的防治措施和对策建议。

7.2 调查、分析与评价

7.2.1 不良地质作用和地质灾害调查应搜集气象、水文、矿产资源、工程地质、水文地质、环境地质、地震、遥感影像、地质灾害防治规划、人类工程活动以及当地不良地质作用和地质灾害治理经验等资料。

7.2.2 不良地质作用和地质灾害调查、分析与评价应符合下列规定：

  1 岩溶、土洞及岩溶塌陷应调查其类型、分布、发育特征及危害特征，形成的地质环境条件、地下水动力条件，分析岩溶塌陷主要诱发因素，判断其稳定程度；

  2 滑坡应调查其形成的地质条件、范围、规模、性质，分析滑坡主要诱发因素，判断其稳定程度；

  3 危岩和崩塌应调查岩性、岩体结构类型、结构面性状、组合关系、闭合程度等产生崩塌的条件，分析危岩的形态、类型、规模、稳定性及崩塌影响范围；

  4 泥石流应调查其形成的物质条件、地形地貌、气象水文、人类活动、工程地质、水文地质条件、规模、活动特征、侵蚀方式、泥石流沟谷侵蚀历史及历次灾害情况等，划分泥石流类型，分析泥石流的成因、破坏方式及影响范围；

  5 采空区和采空塌陷应调查开采的范围、深度、厚度、时间和方法以及采空区塌落程度，采空区地表变形特征和分布规律等，分析采空塌陷形成的可能性

及危害程度；

  6 地面沉降应调查地面沉降区的范围、第四系的地层结构、厚度、岩土特征和物理力学基本性质以及第四系含水层岩性、埋深、厚度、地下水水位和历年动态变幅、地下水开采量，分析产生地面沉降的原因，初步预测地面沉降发展趋势；

  7 地裂缝应调查其分布范围、规模、性质和形成的地质环境条件，分析其成因并初步预测发展趋势；

  8 活动断裂应调查地形地貌特征、地质特征、地震特征、分布、活动性，分析其对场地稳定性的影响。

7.2.3 当规划区内分布有斜坡和岸坡时，应初步判别其稳定性。存在不稳定斜坡和岸坡时，对其调查工作应符合下列规定：

  1 应调查斜坡长度、高度及坡度，地形地貌、地质构造、斜坡物质组成和状态，结构面性状及与斜坡的坡向关系，判断其稳定性、可能的破坏方式及失稳后的影响范围；

  2 应调查岸坡地形地貌、地层岩性、地质构造、地下水与地表水水位变化等，分析岸坡稳定性、塌岸类型及影响范围。

7.2.4 不良地质作用和地质灾害应调查强震区软弱土和液化土的性质、分布范围，分析地震时发生震陷、液化，以及产生滑坡、崩塌、地面塌陷、泥石流、地表断错等地质灾害的可能性、影响范围和危害程度。

7.2.5 不良地质作用和地质灾害的分析评价应根据其类型、性质、致灾因素等，采用定性或定量方法进行，确定致灾地质体的稳定性。

7.2.6 不良地质作用和地质灾害的分析评价应综合考虑城乡用地规划、社会经济、致灾地质体稳定性等因素，提出相应地质灾害防治对策和城乡规划建设用地选择的建议。

8 场地稳定性和工程建设适宜性评价

8.1 一般规定

8.1.1 规划勘察应对规划区的场地稳定性和工程建设适宜性进行分析评价。

8.1.2 场地稳定性评价可采用定性的评判方法，工程建设适宜性评价宜采用定性和定量相结合的综合评判方法。

8.2 场地稳定性评价

8.2.1 场地稳定性可划分为不稳定、稳定性差、基本稳定和稳定等四级，其分级应符合下列规定：

  1 符合下列条件之一的，应划分为不稳定场地：

1）强烈全新活动断裂带；

2）对建筑抗震的危险地段；

3）不良地质作用强烈发育，地质灾害危险性大地段。

2 符合下列条件之一的，应划分为稳定性差场地：

1）微弱或中等全新活动断裂带；

2）对建筑抗震的不利地段；

3）不良地质作用中等—较强烈发育，地质灾害危险性中等地段。

3 符合下列条件之一的，应划分为基本稳定场地：

1）非全新活动断裂带；

2）对建筑抗震的一般地段；

3）不良地质作用弱发育，地质灾害危险性小地段。

4 符合下列条件的，应划分为稳定场地：

1）无活动断裂；

2）对建筑抗震的有利地段；

3）不良地质作用不发育。

注：从不稳定开始，向稳定性差、基本稳定、稳定推定，以最先满足的为准。

8.2.2 规划区的场地稳定性分区应在各评价单元的场地稳定性评价基础上进行，并应绘制场地稳定性分区图。

8.3 工程建设适宜性评价

8.3.1 工程建设适宜性可划分为不适宜、适宜性差、较适宜和适宜等四级。

8.3.2 工程建设适宜性的定性评价应符合本规范附录 C 表 C 的规定。按附录 C 表 C 评定划分为适宜的场地，可不进行工程建设适宜性的定量评价。

8.3.3 工程建设适宜性的定量评价应在定性评价基础上进行。定量评价宜采用评价单元多因子分级加权指数和法，按本规范第 8.3.4 条的规定进行。当有成熟经验时，可采用模糊综合评判等其他方法评判。当采用定性和定量评价方法分别确定的工程建设适宜性级别不一致时，应分析原因后综合评判。

8.3.4 当采用评价单元多因子分级加权指数和法进行工程建设适应性评价时，应符合下列规定：

1 评价单元的定量评价因子体系应由一级因子层和二级因子层组成。一级因子层应包括地形地貌、水文、工程地质、水文地质、不良地质作用和地质灾害、活动断裂和地震效应等；二级因子层应为反映各一级因子主要特征的具体指标。

2 评价因子体系定量标准可按本规范附录 D 表 D 确定。

3 应以评价单元为单位，按以下步骤进行计算：

1）按本规范附录 D 表 D 选定一级因子、二级因子；

2）按本规范附录 D 表 D 的规定，确定二级因子的具体计算分值（X_j）；

3）按下式计算评价单元的适宜性指数（I_S），并根据本规范第 8.3.6 条规定的标准判定评价单元的工程建设适宜性分级。

$$I_S = \sum_{i=1}^{n} \omega'_i \left(\sum_{j=1}^{m} \omega''_{ij} \cdot X_j \right) \quad (8.3.4)$$

式中：n——参评一级因子总数；

m—— 隶属于第 i 项一级因子的参评二级因子总数；

ω'_i——第 i 项一级因子权重，按本规范第 8.3.5 条规定取值；

ω''_{ij}——隶属于第 i 项一级因子下的第 j 项二级因子的权重，按本规范第 8.3.5 条规定取值。

8.3.5 评价单元多因子分级加权指数和法的一级、二级因子权重的确定应符合下列规定：

1 应根据各级因子对工程建设适宜性的影响程度，将其划分为主控因素、次要因素或一般因素。

2 一级因子权重（ω'_i）、二级因子权重（ω''_{ij}）应满足下列要求：

1）$\sum\limits_{i=1}^{n} \omega'_i = 1$，$n$ 为参评一级因子总数；

2）$\sum\limits_{j=1}^{m} \omega''_{ij} = 10$，$m$ 为隶属于第 i 个一级因子的参评二级因子总数。

3 一级、二级因子的权重宜根据对其划分的类别，按表 8.3.5 取值。

表 8.3.5 因子权重取值

因子类别	一级因子权重（ω'_i）	二级因子权重（ω''_{ij}）
主控因素	$\omega'_i \geq 0.50$	$\omega''_{ij} \geq 5.00$
次要因素	$0.20 \leq \omega'_i < 0.50$	$2.00 \leq \omega''_{ij} < 5.00$
一般因素	$\omega'_i < 0.20$	$\omega''_{ij} < 2.00$

注：因子权重可根据专家会议法、德尔菲法（Delphi）或地区经验综合确定。

8.3.6 各评价单元的工程建设适宜性可根据评价单元的适宜性指数，按表 8.3.6 判定。

表 8.3.6 评价单元的工程建设适宜性判定标准

评价单元的适宜性指数	工程建设适宜性分级
$I_S < 20$	不适宜
$20 \leq I_S < 45$	适宜性差
$45 \leq I_S < 70$	较适宜
$I_S \geq 70$	适宜

8.3.7 规划区的工程建设适宜性分区应在各评价单元的工程建设适宜性评价基础上进行，并应绘制工程建设适宜性分区图。

9 勘察报告编制

9.1 一般规定

9.1.1 勘察报告应资料完整、结论有据、建议合理、便于使用和存档，并应因地制宜、突出重点、有针对性。

9.1.2 岩土的物理力学性质指标应分层进行统计。当同层岩土的同一指标差别很大时，应进一步划分亚层并重新统计。

9.1.3 勘察报告的文字、术语、符号、数字、计量单位、标点等，均应符合国家现行有关标准的规定。

9.2 基本要求

9.2.1 勘察报告应根据规划阶段、任务要求、场地复杂程度及规划区工程建设特点等具体情况编写，并应包括下列内容：

 1 勘察目的、任务要求和依据的技术标准；

 2 规划区概况，包括地理位置、范围和勘察面积以及项目规划的基本情况等；

 3 勘察方法和工作量布置，包括工程地质测绘和调查、勘探、测试方法和资料整理方法及说明，各项勘察工作的数量、布置原则及其依据等；

 4 地质环境特征，包括地理简况及变迁、地形地貌特征、水文气象条件、区域地质简况、场地工程地质及水文地质条件、不良地质作用和地质灾害等；

 5 工程地质图表及其编制的原则、内容及需要说明的问题；

 6 场地稳定性和工程建设适宜性分析评价；

 7 结论及建议；

 8 报告使用应注意的事项和有关说明。

9.2.2 勘察报告图件成果应包括综合图、专题图和辅助图，并应符合下列规定：

 1 综合图可通过工程地质专题要素复合或综合进行绘制，图件应包括工程地质分区图，场地稳定性分区图，工程建设适宜性分区图。需要时，宜提供不良地质作用和地质灾害分布（分区）图，环境工程地质问题预测图，水文地质分区图等。

 2 专题图件宜包括岩土层空间分布图，岩土层工程性质分区图，地下水埋藏深度分布图，暗埋的河、湖、沟、坑分布图，江、湖、河、海岸线变迁图，地形地貌图以及地质构造图等。

 3 辅助图件宜包括钻孔柱状图，地质剖面图，原位测试成果图，实际材料图及照片等反映地质环境要素特征的图表。

附录 A 规划勘察等级划分

A.0.1 城乡规划项目重要性等级可按表 A.0.1 划分。

表 A.0.1 城乡规划项目重要性等级

规划项目重要性等级	规划编制任务特点
一级	1) 20 万人口以上的城市、镇总体规划、详细规划和各种专项规划（含修订或者调整） 2) 研究拟定国家重点工程、大型工程项目规划选址
二级	1) 20 万人口以下城市、镇总体规划、详细规划和各种专项规划（含修订或者调整） 2) 中、小型建设工程项目规划选址的可行性研究
三级	乡、村庄的规划编制

A.0.2 场地复杂程度等级可按表 A.0.2 划分。

表 A.0.2 场地复杂程度等级

场地复杂程度等级	场地工程地质特点
一级（复杂）	符合下列条件之一者为一级场地（复杂场地）： 1) 对建筑抗震的危险地段 2) 不良地质作用和地质灾害发育强烈 3) 地质环境已经或可能受到强烈破坏 4) 地形和地貌类型复杂 5) 工程地质、水文地质条件复杂
二级（中等复杂）	符合下列条件之一者为二级场地（中等复杂场地）： 1) 对建筑抗震的不利地段 2) 不良地质作用和地质灾害一般发育 3) 地质环境已经或可能受到一般破坏 4) 地形和地貌较复杂 5) 工程地质、水文地质条件较复杂
三级（简单）	符合下列条件者为三级场地（简单场地）： 1) 抗震设防烈度等于或小于 6 度或对建筑抗震的一般、有利地段 2) 不良地质作用和地质灾害不发育 3) 地质环境基本未受破坏 4) 地形地貌简单 5) 工程地质、水文地质条件简单

A.0.3 规划勘察等级可根据规划项目重要性等级和场地复杂程度等级，按下列条件划分：

 1 甲级：在规划项目重要性等级和场地复杂程度等级中，有一项或多项为一级；

 2 乙级：除勘察等级为甲级以外的勘察项目。

表 B 规划勘察图例表

名 称	单色图例	彩色图例
不适宜		（浅绿色，RGB：159，255，127）
适宜性差		（黄绿色，RGB：223，255，127）
较适宜		（橘黄色，RGB：255，191，0）
适宜		（浅红色，RGB：255，127，0）
评价单元界线		
标准洪水淹没线		
建成区界线		

附录 C 工程建设适宜性的定性分级

表 C 工程建设适宜性的定性分级标准

级别	分级要素	
	工程地质与水文地质条件	场地治理难易程度
不适宜	1) 场地不稳定 2) 地形起伏大，地面坡度大于50% 3) 岩土种类多，工程性质很差 4) 洪水或地下水对工程建设有严重威胁 5) 地下埋藏有待开采的矿藏资源	1) 场地平整很困难，应采取大规模工程防护措施 2) 地基条件和施工条件差，地基专项处理及基础工程费用很高 3) 工程建设将诱发严重次生地质灾害，应采取大规模工程防护措施，当地缺乏治理经验和技术 4) 地质灾害治理难度很大，且费用很高
适宜性差	1) 场地稳定性差 2) 地形起伏较大，地面坡度大于等于25%且小于50% 3) 岩土种类多，分布很不均匀，工程性质差 4) 地下水对工程建设影响较大，地表易形成内涝	1) 场地平整较困难，需采取工程防护措施 2) 地基条件和施工条件较差，地基处理及基础工程费用较高 3) 工程建设诱发次生地质灾害的机率较大，需采取较大规模工程防护措施 4) 地质灾害治理难度较大或费用较高
较适宜	1) 场地基本稳定 2) 地形有一定起伏，地面坡度大于10%且小于25% 3) 岩土种类较多，分布较不均匀，工程性质较差 4) 地下水对工程建设影响较小，地表排水条件尚可	1) 场地平整较简单 2) 地基条件和施工条件一般，基础工程费用较低 3) 工程建设可能诱发次生地质灾害，采取一般工程防护措施可以解决 4) 地质灾害治理简单

续表C

级别	分级要素	
	工程地质与水文地质条件	场地治理难易程度
适宜	1）场地稳定 2）地形平坦，地貌简单，地面坡度小于等于10% 3）岩土种类单一，分布均匀，工程性质良好 4）地下水对工程建设无影响，地表排水条件良好	1）场地平整简单 2）地基条件和施工条件优良，基础工程费用低廉 3）工程建设不会诱发生次生地质灾害

注：1 表中未列条件，可按其对场地工程建设的影响程度比照推定；
  2 划分每一级别场地工程建设适宜性分级，符合表中条件之一时即可；
  3 从不适宜开始，向适宜性差、较适宜、适宜推定，以最先满足的为准。

附录 D 工程建设适宜性评价因子的定量标准

表 D 评价因子的量化标准表

序号	一级因子	二级因子	量化标准			
			所属分级 ($1 \leqslant X_j < 3$ 分)	所属分级 ($3 \leqslant X_j < 6$ 分)	所属分级 ($6 \leqslant X_j < 8$ 分)	所属分级 ($8 \leqslant X_j \leqslant 10$ 分)
1	地形地貌	地形形态	地形破碎，分割严重，非常复杂	地形分割较严重，复杂	地形变化较大，较完整	地形简单，完整
2		地面坡度 i	$i \geqslant 50\%$	$25\% \leqslant i < 50\%$	$10\% < i < 25\%$	$i \leqslant 10\%$
3	水文	洪水淹没可能	洪水淹没深度或用地标高低于设防洪（潮）水位超过1.0m	洪水淹没深度或用地标高低于设防洪（潮）水位（0.5～1.0）m	洪水淹没深度或用地标高低于设防洪（潮）水位<0.5m	无洪水淹没，或用地标高高于设防（潮）标高
4		水系水域	跨区域防洪标准行洪、泄洪的水系水域	区域防洪标准蓄滞洪的水系水域；城乡防洪标准行洪、泄洪的水系水域	城乡防洪标准蓄滞洪的水系水域	防洪保护区
5	工程地质	岩土特征	岩土种类多，分布不均匀，工程性质差；分布严重湿陷、膨胀、盐渍、污染的特殊性岩土，且其他情况复杂，需作专门处理的岩土	岩土种类较多，分布较不均匀，工程性质一般；分布中等—轻微湿陷、膨胀、盐渍、污染的特殊性岩土		岩土种类单一，分布均匀，工程性质良好；无特殊性岩土分布
6	工程地质	地基承载力 f_a	$f_a < 80$kPa	80kPa$\leqslant f_a$<150kPa	150kPa$\leqslant f_a$<200kPa	$f_a \geqslant 200$kPa
7		桩端持力层埋深 d	$d > 50$m	30m$< d \leqslant 50$m	5m$\leqslant d \leqslant 30$m	$d < 5$m
8	水文地质	地下水埋深	< 1.0m	1.0m～3.0m	3.0m～6.0m	> 6.0m
9		土、水腐蚀性	强腐蚀	中等腐蚀	弱腐蚀	微腐蚀
10		土、水污染	严重，不可修复	中度，可修复	轻微，可不作处理	无污染

续表 D

序号	一级因子	二级因子	量化标准			
			所属分级 ($1 \leqslant X_j < 3$ 分)	所属分级 ($3 \leqslant X_j < 6$ 分)	所属分级 ($6 \leqslant X_j < 8$ 分)	所属分级 ($8 \leqslant X_j \leqslant 10$ 分)
11	不良地质作用和地质灾害	崩塌	不稳定	稳定性差	基本稳定	稳定
12		滑坡				
13		地面塌陷				
14		泥石流	Ⅰ₁、Ⅱ₁类泥石流沟谷	Ⅰ₂、Ⅱ₂类泥石流沟谷	Ⅰ₃、Ⅱ₃类泥石流沟谷	非泥石流沟谷
15		构造地裂缝	正在活动	近期活动过	近期无活动	无构造性地裂缝
16		采空区	采深采厚比小于30,地表水平变形大于6mm/m,且非连续变形	采深采厚比小于30,地表水平变形 2mm/m～6 mm/m	采深采厚比大于 30 且地表已稳定	非采空区
17		地面沉降 沿海	沉降速率大于 40mm/a		沉降速率(20mm～40mm)/a	沉降速小于 20mm/a
		地面沉降 内陆	沉降速率大于 50mm/a		沉降速率(30mm～50mm)/a	沉降速率小于 30mm/a
18		坍岸	不稳定库岸	欠稳定库岸	较稳定库岸	稳定库岸
19	活动断裂和地震效应	地震液化	严重液化		中等、轻微液化	不液化
20		活动断裂	强烈全新活动断裂	微弱、中等全新活动断裂	非全新活动断裂	无活动断裂
21		抗震设防烈度	＞Ⅸ度区	Ⅸ度区	Ⅶ、Ⅷ度区	≤Ⅵ度区

注：1 X_j 为评价因子的计算分值（按本规范第 8.3.4 条确定）；
2 表中数值型因子，可以内插确定其分值；
3 表中未列入而确需列入的指标，在不影响评价因子系统性的前提下可建立相应的评价因子体系，相应评价因子体系定量标准应根据有关国家和行业规范、标准及地区经验比照确定。

本规范用词说明

1 为便于在执行本规范条文时区别对待，对要求严格程度不同的用词说明如下：

1）表示很严格，非这样做不可的：
正面词采用"必须"，反面词采用"严禁"。

2）表示严格，在正常情况下均应这样做的：
正面词采用"应"，反面词采用"不应"或"不得"。

3）表示允许稍有选择，在条件许可时首先应这样做的：
正面词采用"宜"，反面词采用"不宜"。

4）表示有选择，在一定条件下可以这样做的，采用"可"。

2 条文中指明应按其他有关标准执行的写法为："应符合……的规定"或"应按……执行"。

引用标准名录

1 《城市规划制图标准》CJJ/T 97

中华人民共和国行业标准

城乡规划工程地质勘察规范

CJJ 57—2012

条 文 说 明

修 订 说 明

《城乡规划工程地质勘察规范》CJJ 57 - 2012，经住房和城乡建设部 2012 年 11 月 1 日以第 1514 号公告批准、发布。

本规范是在《城市规划工程地质勘察规范》CJJ 57 - 94 的基础上修订而成。上一版的主编单位是北京市勘察院，参编单位是南京市建筑设计院勘察分院、哈尔滨市勘测院、广州市城市规划勘测设计研究院、陕西省综合勘察设计院、上海勘察院、天津市勘察院、上海市政工程设计院、天津市市政工程勘测设计院。主要起草人员是姚炳华、缪本正、陈石、傅宗周、梁继福、冼逡、郑雪娟、陈梅惠、张兰川、范凤英、史恕甫、董津城、郭琳、张元祎。

本次修订的主要技术内容是：1. 在上一版规范基础上，对框架内容、章节组织、条款规定等进行了全面修订；2. 根据有关法规调整规范名称，将规范覆盖范围扩充至城乡规划勘察工作，并提出城乡规划勘察等级的划分办法；3. 明确了规划勘察的阶段划分以及对专项规划勘察的要求；4. 完善总体规划、详细规划勘察工作内容，增加对分析和评价内容的要求；5. 对规划勘察工作中的工程地质测绘和调查、不良地质作用和地质灾害调查、分析与评价的内容进行全面修订，并按独立章节编写；6. 增加了场地稳定性和工程建设适宜性评价一章。针对规划勘察特点，提出工程建设适宜性定量评价方法，并提供了定性和定量评价相结合的适宜性综合评判方法。

本规范修订过程中，编制组进行了深入的调查，分析了我国城乡规划政策与技术法规、相关技术标准的发展和新的要求，总结了规划工程地质勘察经验和最新研究应用成果，对规划场地勘察评价方法进行了专门研究，同时还参考了国外先进的技术标准及科技文献。

为便于广大设计、施工、科研、学校等单位有关人员在使用本标准时能正确理解和执行条文规定，《城乡规划工程地质勘察规范》编制组按章、节、条顺序编制了本标准的条文说明，对条文规定的目的、依据以及执行中需注意的有关事项进行了说明，还着重对强制性条文的强制性理由作了解释。但是，本条文说明不具备与标准正文同等的法律效力，仅供使用者作为理解和把握标准规定的参考。

目 次

1 总 则

1.0.1 本规范是在《城市规划工程地质勘察规范》CJJ 57-94（以下简称《94规范》）的基础上修订而成的。《94规范》发布以来，对我国城市规划管理、设计及建设发挥了重要作用，但该规范发布至今已有十几年的时间，期间我国城市化进程突飞猛进，相应的勘察设计行业的技术水平得到了不断发展。第一，勘察设计的国家及行业标准大都完成了新一轮修订工作，有的规范甚至酝酿第二次修订，显著特点是新修订的标准都用黑体字标出了强制性条文，成为勘察设计必须执行及施工图审查时重点审查内容；第二，在我国城镇化进程中，资源节约、环境保护、防灾减灾成为促进城乡可持续发展的重要因素，城乡规划、勘察设计的理念、标准和要求也有了较大转变，对城乡建设的质量、安全和环境保护提出了更高要求；第三，城乡建设的发展，使得城乡的地域逐步扩大化，原来不太适宜工程建设的土地也逐渐被纳入规划建设范围，相应遇到的特殊性岩土及不良地质作用也有所增加，这对勘察技术工作提出了较高要求；第四，围绕城市规划、项目选址的勘察工作中已积累了大量的工程经验和新的研究成果，需要将其汲取到城乡规划勘察设计中。

新的《中华人民共和国城乡规划法》已于2007年10月份颁布，对城乡规划管理提出了更高要求，其中第二十五条规定：编制城乡规划，应当具备国家规定的勘察、测绘、气象、地震、水文、环境等基础资料。为此按照科学发展观的要求和以人为本的原则，本次重新修订的规范，全面调整了《94规范》的总体框架，吸收国内外先进经验，对规划区场地稳定性、工程建设适宜性的评价方法进行了修改，提出了工程建设适宜性评价的多因子分级加权指数和法，以便提高规划勘察评价工作的科学性、先进性、适用性和可操作性。

通过本规范的贯彻施行，充分发挥勘察技术工作在城乡规划的先导作用，避免或减轻由于各种潜在的地质灾害和工程活动导致次生灾害所带来的损失，提高城乡用地的合理规划、科学开发利用，保护环境及构建和谐社会。

1.0.2 本条规定了本规范的适用范围。本规范一般适用于城乡规划编制的前期工程地质勘察工作，各类开发区、独立工业（矿）区等规划编制的前期勘察工作可参照此规范执行。

按照新的城乡规划法，城乡规划编制包括城镇体系规划、城市规划、镇规划、乡规划和村庄规划。城市规划、镇规划分为总体规划和详细规划。

工程地质勘察按专业可分为城乡规划、房屋建筑、轨道交通、市政工程、水利工程、港口工程、铁路工程和核电站工程以及地下工程等。虽然都是工程地质勘察，但它们的目的、要求、方法、评价等均有所不同，有它们各自的侧重点和特点。本规范是针对城乡规划工程地质勘察制定的技术标准。

1.0.3 当前，城乡规划与建设、城乡用地评价、城乡选址等对工程地质勘察提出了越来越高的要求。为此，规划勘察应当紧密结合具体的城乡规划任务要求，深入实际、调查研究、因地制宜，采用综合勘察手段，精心勘察，提供能全面确切地反映规划区的工程地质环境现状特征和动态特征、符合城乡规划编制要求的勘察成果。同时应紧密结合城乡的具体特点和存在的主要工程地质问题，开展相应的、针对性很强的专题科学研究工作。不断总结经验，不断提高勘察和工程地质图编制工作技术水平，以适应现代化建设的需要。

由于种种原因，目前我国城乡工程地质勘察尚存在一些薄弱环节，其中，主要是城乡规划勘察和工程地质图系编制工作、成果数字化和信息化的水平与程度，还落后于城乡规划与建设的发展需求。在城乡建设与改造中，场地的合理规划、利用与评价以及人类活动与地质环境相互作用与反馈的预测理论、技术与方法，也未达到令人满意的程度。因此，在规划勘察工作中，应当加强对新技术、新理论的运用。

城乡规划趋向于更重视生态环境的保护、营造和优化，改善生态环境、规避自然灾害以及确保规划用地安全、提高人居环境质量、实现可持续发展，是现代城乡规划的基本理念，应贯穿于规划勘察工作的全过程。

1.0.4 本规范主要是围绕服务于城乡规划的勘察工作标准要求来编写，突出了规划勘察的针对性和重点、特点。工程地质勘察中的诸多共性工作内容，如勘探、试验方法等等，可参照执行的标准较多。因此，规划勘察时，尚应遵守国家、行业现行其他有关标准的规定，如在进行岩土工程条件评价时，应主要依据现行国家标准《岩土工程勘察规范》GB 50021的有关规定执行；在涉及抗震设计基本条件评价时，应主要依据现行国家标准《中国地震动参数区划图》GB 18306及《建筑抗震设计规范》GB 50011的有关规定执行；室内土工试验工作应主要依据现行国家标准《土工试验方法标准》GB/T 50123的有关规定执行。

3 基 本 规 定

3.0.1 主要强调在进行城乡规划编制前，必须针对不同地质环境条件，结合城乡规划的不同阶段和不同目标来开展工程地质勘察工作。由于全国各个地区地质环境比较复杂，存在着特殊性岩土及泥石流、滑坡、崩塌等不良地质作用，还存在深厚软弱覆盖层地区地震时将出现较大的震陷等地质灾害问题，其引起的后果将直接影响到规划建设用地的稳定性和项目建设投入、长期安全性。因此，通过规划勘察工作，为规划选址决策的科学性、建设项目空间布局的合理性提供充分的依据。

3.0.2、3.0.3 规划勘察阶段和等级的划分，主要是结合现行国家标准《岩土工程勘察规范》GB 50021 等现行技术标准，并考虑城乡规划编制工作的阶段性及特点。当规划编制工作有特殊需求时，可结合总体规划勘察、详细规划勘察工作再细分阶段或针对具体规划项目进行专项勘察。

3.0.5 由于不同的地质环境对城乡规划影响巨大，而且全国各地的地质条件差异也很大，同时每个具体规划项目的内容、阶段要求等又各不相同，因此规划勘察所采取的手段及工作量很难统一，关键是要做到与城乡规划的编制需求相适应。

3.0.6、3.0.7 规划勘察的工作区域范围较大，因此各规划阶段的勘察应尽可能地掌握已有资料，使勘察工作具有针对性，以减少不必要的现场工作量。同时，通过实地踏勘，确定工作的关键点，制定出有针对性的勘察技术方案，并应及时与相关规划单位沟通，消除盲目性，使勘察过程做到有的放矢。当常规勘察不能充分查明规划区的复杂地质条件时，应根据规划项目的实际需要，进行专项勘察或专题研究。

3.0.8 本条强调分析评价规划区场地稳定性和工程建设适宜性应以评价单元为基本单位，依据每个评价单元的评判结果，进行场地稳定性和工程建设适宜性分区、绘制对应的分区图。场地稳定性和工程建设适宜性分区图将从地质角度直接引导规划区空间布局、功能区的选取，它是与规划编制、规划选址和规划管理等相互联系的桥梁和纽带。

考虑到评价单元的多少涉及规划勘察的精度和工作量，应根据场地复杂程度、规划特点与需求，分析各种不利地质条件，综合划分出适量的、合理的、全面的能反应出规划区不同地质环境状态的评价单元。

3.0.10、3.0.11 规划勘察成果资料属于重要的基础性勘察成果，对后续规划实施和项目建设具有充分的借鉴性，应当加强存档管理，为建立地质信息系统和数字化城市奠定基础。

4 总体规划勘察

4.1 一般规定

4.1.1 总体规划勘察应以搜集已有资料、工程地质测绘和调查为主，对于缺乏已有资料的新建城市、镇、乡村或新开发区，通过工程地质测绘和调查可以掌握规划区及邻近区的地质环境特征，"并辅以必要

的地球物理勘探、钻探、原位测试和室内试验工作"，以期对规划区内各评定单元的场地稳定性、工程建设适宜性提供更可靠的依据。

4.1.2 对规划区场地稳定性和工程建设适宜性分区评价是总体规划勘察的最基本要求，影响到规划区空间布局合理、建设资金投入及环境安全等问题。

场地稳定性评价是工程建设适宜性评价的重要前提条件。可以根据场地稳定性分级成果对规划区内工程建设用地的功能、开发强度、建设规模进行选择，从而为工程建设适宜性评价提供依据。场地稳定性分析主要考虑规划区内活动断裂构造的活动状况、场地抗震地段类别、不良地质作用发育程度和地质灾害的危险性大小，以定性评价为主。

工程建设适宜性分级是建设用地选择、空间布局、功能分区以及划分禁建区、限建区、适建区的关键依据。工程建设适宜性分析首先要考虑场地稳定性，在此基础上，结合规划区的工程地质和水文地质条件、地貌地形、水文以及地质灾害治理难易程度等条件，根据各具体指标的影响程度，通过定性与定量分析，进行规划区的工程建设适宜性分级。

4.2 勘察要求

4.2.1 本条规定了总体规划勘察在原则上应做的工作内容和应有的深度。汶川地震、玉树地震都表明强震对人类和经济建设所造成的破坏巨大，同时因地震引起而伴生的次生灾害，如泥石流、滑坡、崩塌等也同样带来严重后果，因此研究地震后潜在的、可能发生的地质灾害也是一项重要工作内容。

4.2.2 总体规划编制工作，既要考虑规划区现状各类地质、资源等自然条件，同时要考虑对自然环境的保护和协调，如重点保护文物、既有地下公共设施的分布等，并认识掌握既有地上、地下建（构）筑物所处的岩土工程背景条件。因此，总体规划勘察应从工程地质角度，搜集与建设空间布局、环境协调与保护等有关的、既有的各类资料，以便突出分析评价的针对性。

4.2.4 总体规划勘察所依据的规划建议书中一般建设布局尚不具体，并且全国各地的场地复杂程度、城市自然环境条件也不同，所以勘探点间距的规定不宜过于具体。最近十余年当中，我国各地在基础地质、城市环境地质区划方面均开展了较为全面、系统的调查工作，已经积累了较多的区域性工程地质、水文地质研究成果，具备前期初步划分工程地质单元的条件，因此要求在规划区的每个评价单元布置勘探点不少于3个，但对地质条件复杂地段和缺乏地质资料的城市、镇、乡、村庄等地区应适当加密勘探点，以能揭示地层变化规律为准。

4.2.5、4.2.6 总体规划勘察的勘探孔深度及所需取

得的数据应以满足分区进行场地稳定性和工程建设适宜性评价需要为基本原则。为了使条文更具可操作性，对勘探孔深度作了原则性规定，在勘察技术方案编制与实施时，可根据当地具体地质条件进行适当的调整。

4.3 分析与评价

4.3.1 总体规划勘察以通过搜集、调查取得可以利用的已有资料为主，因此应尽可能地获取各类资料，如勘察资料、地质图、遥感图像、航片等，对这些资料进行分类汇总是必要的，同时应对其认真分析，确保所引用资料的可靠性。

规划区地质环境条件、不良地质作用发育程度和地质灾害危险性大小，是评价场地稳定性的基础依据，也是合理选择规划区场地的前提条件，准确地分析评价是必要的。

场地是否稳定涉及人类生命及国家财产的安全，是规划场地选择的首要条件。场地稳定性是人们对规划场地的宏观概念，直接决定是否要选择该场地来进行规划建设。本规范采用定性方法来对规划场地的稳定性进行分析与评价，并作为评定各评价单元工程建设适宜性的主要指标。

各评价单元工程建设适宜性分析与评价，主要是为规划编制工作的空间布局、功能分区等提供工程地质环境的基础材料，是直接为规划编制设计工作服务的。本规范第8章基于为规划编制设计工作提供规划场地一个明确、清晰的观点，采用半定性与半定量相结合的方法对各评价单元工程建设适宜性进行分析与评价，以便规划设计部门、管理部门根据规划区勘察评价结果来综合分析、选择满足空间布局、使用功能的地块。

4.3.2 根据分析评价所判定的各评价单元的工程建设性适宜性分级成果，对总体规划编制提出一些建设性意见，供规划设计人员参考。

5 详细规划勘察

5.1 一般规定

5.1.1 一般而言，详细规划勘察都是对未知或前期研究相对较缺乏的地区开展工程地质研究，勘察范围大、时间相对较长，是一项复杂的、由多专业人员参与的技术工作。根据详细规划编制阶段对勘察的要求和地质条件复杂程度去选择勘察手段，编制切实可行的勘察技术方案，这是取得良好勘察成果的必要条件。切忌采用单一方法，特别是对复杂地质体，如活动断裂、隐伏岩溶、滑坡等，应合理选用多种方法勘察，积极引进新技术和新设备，确保勘察水平和质量。

5.1.2 中华人民共和国住房和城乡建设部令146号《城市规划编制办法》第四十一条、第四十三条明确规定了控制性详细规划和修建性详细规划的具体内容。在某些情况下，在详细规划编制前，需要对建设项目的工程选址综合安排、投资估算和有争议的问题作出可行性研究，提出若干方案比选决策。

详细规划编制的工作深度，一般根据规划任务的性质确定。有的属于近期开发地区，但具体建设项目尚未落实。在这种情况下，多作控制性规划，应当依据已经依法批准的总体规划或分区规划，考虑相关专项规划的要求，对具体地块的土地利用和建设提出控制指标，作为建设主管部门（城乡规划主管部门）作出建设项目规划许可的依据。但建筑布置不要求很细，待有明确任务时，再充实调整；有的属于计划已立项的规划设计项目，规划时，需进行充分的技术经济分析，论证建设项目是否可行，并作出具体的规划方案，作为今后工程设计的依据；还有的属于列入今明两年的计划建设项目，其用地、投资已落实，由于该处尚无详细规划，往往形成规划与设计同时开展工作的情况。综合上述情况，详细规划实际是一个介于总体（分区）规划与建设项目工程设计之间的规划阶段。为满足编制各类近期建设区域内详细规划任务要求而进行的详细规划工程地质勘察，其任务主要是在总体或分区规划勘察的基础上，对规划区内各建筑地段的稳定性和工程建设适宜性作出明确的工程地质评价；为确定规划区内近期即将建设的房屋建筑、市政工程、公用事业、园林绿化及其他公共设施的总平面布置方案和拟建重大工程的地基基础设计方案的选择，以及不良地质作用和地质灾害的防治作出分析论证，遵循先规划后建设的原则，改善生态环境，促进资源、能源节约和综合利用。

我国地域辽阔，地质条件复杂多变，地质灾害频发，严重影响人民群众的生命和财产安全。随着城市化进程加快，城市用地紧张与人口急剧膨胀的矛盾日益突出，土地被高强度开发利用。改革开放30多年来，在城市快速扩张建设过程中，部分地区因忽视规划前期工程地质研究，重地表轻地下。一方面，城市建设不能因地制宜，导致建设成本急剧增大、建设周期延长；另一方面，工程建设破坏地质环境、诱发次生地质灾害的现象屡见不鲜，愈演愈烈，给人民群众生命和财产安全造成巨大危害。因此，详细规划编制前，及时开展工程地质勘察工作，科学评估场地稳定性、工程建设适宜性和地质环境质量，合理改造利用自然环境条件，规避建设风险，是城乡规划和建设过程中必不可少的基础性工作。

5.2 勘察要求

5.2.1 关于详细规划勘察的工作要求说明下列四点：

1 本条"2、3、4、5"款中提到的"初步查明"

是指初步把地质、地貌、岩土性质及不良地质作用等工程地质条件基本查清楚，不至于在下一阶段建设项目的工程勘察中出现本质上不同的工程地质结论，但允许更加详细的情况留待后续勘察工作中进一步查清。

2 关于"场地和地基的地震效应"一般指下列内容：

1）强烈地面运动导致各类建筑物的破坏；

2）强烈地面运动造成场地地基本身的失稳或失效，如液化、地裂、震陷、滑移等；

3）地表断裂错动，包括地表基岩断裂及构造性地裂造成的破坏；

4）局部地形、地貌、地层结构的变异可能引起的地面异常波动。

关于判定"场地和地基的地震效应"的具体要求，应按现行国家标准《建筑抗震设计规范》GB 50011 的有关规定执行。

3 规范中要求"对各评价单元的稳定性和工程建设适宜性作出工程地质评价"，系指在总体规划勘察对本规划区的场地稳定性和工程建设适宜性作出全局性评价的基础上，综合现有勘察资料，进一步对本规划区内各建筑地段的局部稳定性和工程建设适宜性问题作出明确的判定。

4 关于"对规划方案和规划建设项目提出建议"，是指详细规划勘察应从工程地质的角度，对各类建设用地的开发强度控制指标、建筑类型、地下空间与地下资源开发利用及总平面布置等方面作综合分析和建议。该要求是结合中华人民共和国住房和城乡建设部令第146号《城市规划编制办法》中对控制性详细规划的强制性要求，在本次规范修订中新增加的内容。在规范修订过程中，咨询了大量规划编制部门（规划设计单位）和城乡规划管理部门人员的意见，建议岩土工程师应根据规划编制阶段对勘察的要求，在综合分析场地工程地质环境条件的基础上，从岩土工程设计与治理的角度出发，对上述内容作出综合分析和建议，作为城乡规划设计的依据或参考，将岩土勘察资料与规划编制设计有机联系起来，也便于规划设计师理解和使用。

5.2.2 详细规划勘察，是对前期研究相对缺乏的地区（或局部未知地区）进一步开展工程地质研究，勘察人员对规划区的地质环境特点尚了解不够充分。因此，广泛收集有关地质与工程建设经验等资料，有助于合理开展详细规划勘察工作。

5.2.3 详细规划勘察的工程地质测绘和调查是在总体规划勘察中完成了全面的工程地质测绘和调查的基础上进行的，应是有重点的、补充性的、更详细的工程地质测绘和调查。

5.2.4 详细规划勘察的勘探线、点的布置是重要的基础工作。由于工作阶段、成图比例和地质条件复杂

程度不同，要求勘探点的布置密度也不一样。在同一地段或范围内往往可能有地质复杂、地质简单并存的情况，还有可能地质简单地段、建设项目复杂，或地质复杂地段、建设项目简单。因此，勘探点的密度，应因地制宜、综合确定，并且勘探点的布置，不仅应考虑平面地质条件，而且应考虑工程地质剖面的要求。为有效指导详细规划勘察布设勘探点，本次修订时，根据我国很多城市进行大量的详细规划勘察的实践经验，经过多次讨论，保留并调整了原规范提出的详细规划勘察勘探线、点间距规定，加大了勘探线、点的间距。主要说明以下几点：

1 勘探线宜垂直地貌单元边界线、地质构造线及地层界线。由于地貌形态及其变化在很大程度上反映了地质情况的变化，因此，勘探线的布置首先要考虑地貌因素。

2 同时，本规范规定在每个评价单元和交界部位均应布置勘探点，在微地貌和地层变化较大的地段、活动断裂等不良地质作用发育的特殊地段可予加密，微地貌形态往往是地质现象在地表的反映，注意微地貌的变化，对于查明一些潜在的工程地质问题是十分重要的。

3 新中国成立数十年来，我国很多城市的勘察单位（不同行业）在完成各项任务的过程中，已积累了很多勘探资料，可充分收集利用，特别是对旧城区及相邻周边地区的城市改造。因此，当已有勘探资料能够满足表 5.2.4 中规定的勘探线、点间距及表 5.2.5 中规定的勘探孔深度时，可不布置勘探点，以节省勘探工作量，提高勘察效率。

5.2.5、5.2.6 关于详细规划勘察的勘探孔深度。考虑到规划区内近期即将建设的工程，既有重大的，也有一般的、次要的，工程的类型和荷载差异较大，且拟建工程在规划阶段大多不明确。为保证各建筑地段工程地质条件对比及便于地基持力层的比选，因此，本规范把勘探孔分为一般性勘探孔和控制性勘探孔两类。除一般了解压缩层深度范围内的地质构成、岩土的工程性质及其空间分布外，尚有一部分勘探孔（主要指控制性勘探孔）需要加深，以便了解规划区较深部地层的构成情况以及是否有软弱地层存在等其他的地质问题。同时规定，所有钻孔均应能揭示地基主要持力层，以便为场地稳定性、地基条件和施工条件的评价提供更可靠、确切的依据。

根据国内工程建设状况及规划勘察实践经验，考虑到详细规划勘察勘探线、点的间距较大，各地区第四系覆盖层厚度变化大，松软土层分布不均匀；为有效指导现场勘探，本次规范修编，保留并调整了原规范提出的勘探孔深度的规定，孔深适当加大。

5.2.7 勘探孔深度适当与否将影响勘察质量、费用和周期。一般情况下，规划区面积较大，各区段地形

地貌或地质情况可能存在较大差异，本规范第5.2.5条虽统一规定了勘探孔深度要求，但对特殊的地质条件，本规范制定了勘探孔深度的增减原则。

1 对地形起伏较大的场地，应考虑场地将来统一平整高程设计要求，调整孔深，避免孔深小于开挖高度，勘探资料对后期工程建设失去指导意义。

2 第二款要求部分控制性勘探孔应钻入稳定岩层一定深度，主要是考虑到位于山麓地带的场地，有时分布孤立块石，如花岗岩分布地区球状风化的孤石，易造成钻至此类孤石当作已钻至基岩的假象而作出错误的判断。另一方面，如果场地内基岩埋藏较浅，有可能将建筑物基础放在基岩上时，则适当了解风化层的深度，如广州地区白垩系红层埋藏较浅，但互层状现象很发育。如果风化层厚度超过压缩层下限时，则并不要求探明整个风化层厚度。

3 在预计的基础埋置深度以下，有厚度超过（3～5）m且分布均匀的坚实土层（如碎石土、密实砂土、老沉积土等）存在，其下又无软弱下卧层时，可作为一般工程的地基主要持力层而不致危及上部建筑物安全。因此，除部分控制性勘探孔达到预定深度外，其他勘探孔钻入该层适当深度即可。

4 如果在预计孔深内有软弱地层存在，且层底又在预计深度以下，为保证工程建设安全和工程建设适宜性评价的全面性，应予适当加深或穿透，以了解软弱土层的厚度及其性质，同时了解硬壳层厚度、深部相对较坚实的地层埋深及性质。

5.2.8 关于详细规划勘察的取样和原位测试。在详细规划勘察中，应采取适当数量的岩土试样或进行适当数量的原位测试工作，以了解地基岩土层的性质及其在水平和垂直方向的变化规律。根据实践经验，取样和进行原位测试的勘探孔数量，一般占勘探孔总数的1/2为宜。

为了提供可靠的工程地质依据，保证经济合理地选择规划区内拟建重大建筑物的地基基础设计方案，本规范规定："在布置有重大建筑物项目地块或地段，采取岩土试样和进行原位测试的勘探孔不得少于6个"。

5.2.9 不良地质作用和环境工程地质问题是工程建设工程中不可忽视的地质因素，且因人类的工程活动改变了岩土体原始的应力状态和相对的稳定条件，可能导致不可预见的次生灾害和地质环境恶化。因此，详细规划勘察时，对已存在的不良地质作用和地质灾害及环境工程地质问题，应采用合理手段初步查明、分析评价对建筑地段稳定性的影响，研究工程建设和使用过程中可能的发展变化趋势，并提出合理的防控措施。

5.2.10 地下水是影响工程建设特别是地下空间开发和利用不可忽视的因素，是工程地质分析评价的主要因素之一。地下水对岩土体和建筑物的作用，

按其作用机制可以划分为两类。一类是力学作用，如浮力作用、潜蚀、流砂、流土或管涌等的渗流作用；另一类是物理、化学作用，主要体现在对建筑材料的腐蚀性。由于岩土特性的复杂性，物理化学作用难以定量计算，需根据室内试验结果判定腐蚀性强弱，结合现场条件等采取相应的防腐措施。另一方面地下水又是宝贵的地下资源，是人类不可或缺的优质资源，如广州的广花岩溶盆地岩溶地下水资源、深圳龙岗地区花岗岩裂隙水，如何有效保护、避免城市快速扩张对地下水资源的破坏，是规划勘察时应注意解决的问题。因此，初步查明对工程建设有重大影响的地下水的分布特征是详细规划勘察工作的重要任务。应通过资料收集、必要的现场试验，掌握水文地质条件，包括：主要含水层、地下水类型和空间赋存状态、最高水位及变化趋势、补给径流和排泄条件及水质概况。

5.3 分析与评价

5.3.1 工程地质资料整理综合分析方法包括：

1 既有（搜集）资料与本次勘察资料的综合分析；

2 同类地质条件下，相同勘察手段及不同勘察手段取得的地质资料的综合分析；

3 各场地（地段）地质条件的分类和综合分析。

同类地质条件是进行地质资料对比的基础，由于评价对象不同，具体划分依据不一样。"同类地质条件"从宏观上包括地层的年代、成因，从微观上包括层位和岩土性质，进行岩土地基评价时只有上述四个条件相同的岩土层，才具备进行类比的基本条件；"同类地质条件"是指地貌、地层、环境条件基本相同的地段，只有同类地段，其工程地质条件才可类比。另外，详细规划勘察多应注意原有资料与现场勘察资料的衔接。

定性分析是通过对规划场地的勘察，并经过地质资料汇总分析后得出的综合性概念认识。定量分析则是将同类地质条件下的试验、测试数据进行数理统计分析得出参数结果。本规范提出的定量分析方法包括多因子分级加权指数和法、模糊综合评判法和岩土参数统计概率法。现行国家标准《岩土工程勘察规范》GB 50021要求采用概率法进行综合评价，本规范修订中也对岩土取样、岩土参数统计分析提出相应的要求。

本规范规定，对场地稳定性可仅作定性分析，主要考虑活动断裂、所处抗震地段、不良地质作用和地质灾害。工程建设适宜性应采用定性与定量相结合的综合评价方法，定性分析主要考虑场地的工程地质与水文地质条件、场地治理及基础施工难易程度；定量评价则采用多因子分级加权指数和法，或建议采用模糊综合评判等其他方法。随着数值模拟技术的发展，

采用模糊综合评判方法进行适宜性定量评价已有较多的研究范例。

5.3.2 工程地质评价是详细规划勘察的核心内容之一，是勘察服务于规划编制的桥梁和纽带，主要说明以下几点：

1 应在综合分析各类资料的基础上，对影响工程建设的主要工程地质因素进行定性或定量分析评价，包括：地形地貌、地质构造、地基岩土的分布和工程性质、地下水、不良地质作用和地质灾害等。不良地质作用和地质灾害是规划勘察时应重视的环境工程地质问题，应对致灾体的现状稳定性作出初步评价，查明诱发生次灾害的主要环境地质要素，预测在工程建设过程中和工程建成运营期可能产生的不良影响，提出合理的防控措施，必要时进行技术经济对比分析。

2 地下水对工程建设影响主要表现在两个方面：①产生上浮托力或动水压力；②对建筑材料的腐蚀性。如不采取相应措施，将影响地下工程的施工和正常运营。

3 地基条件是指不同建（构）筑物或市政基础设施拟可选择地基主要持力层的岩土层的分布、埋藏条件及其工程性质，及拟可供选择的地基基础方案，并可结合工程建设需要进行对比分析；施工条件是指基础施工和基坑开挖施工的难易程度及不良影响因素，提出合理的处理措施，必要时作相应的技术经济分析。

5.3.3 为了使详细规划勘察成果更好地服务、适用于城乡详细规划编制工作，并使设计人员容易理解和使用本勘察成果，本规范保留了《94 规范》所要求的部分建议，同时进行了补充。

1 对重大工程选址或已有规划建设意向的大型工程，应对地基基础设计和施工方案、基坑支护方案等进行综合对比分析，提出合理建议，必要时作技术经济分析。

2 关于建设用地范围内适建、不适建或者有条件允许建设的建筑类型和土地开发强度等分析和建议，是《城市规划编制办法》中对控制性详细规划的强制性要求。因此，详细规划勘察阶段，应综合规划区的工程地质条件及社会经济发展要求，对规划区内不同建筑地段的土地使用性质及适建、不适建或者有条件允许建设的建筑类型、土地开发强度等提出建议。

当然，在规划用地综合评价中，地质条件仅是主要的因素之一。如单从地质条件出发，所提用地性质建议可能有局限性，所以应在对不同地段进行工程地质条件分析对比的基础上，结合上层次规划要求和已有控规（或修详规）意向以及当地经济发展条件，综合研究提出相应建议，保证规划勘察成果与控规编制相衔接，且易于规划设计人员接受和使用。

3 城市地下空间是城市建设的重要组成部分，随着城市化进程加快，城市用地紧张的矛盾日益突出，合理开发利用地下空间是城乡规划和建设的必然要求。但地下建筑与地面建筑不同，前者直接接触的是复杂多变的地质环境，其施工和后期安全运营主要受地质条件的控制。因此，详细规划勘察应在进行工程建设适宜性对比分析的基础上，对地下空间的规划布置和开发利用提出建议。

4 "各类建设项目"包括工业与民用建筑、市政工程、园林绿化和其他公共服务设施等。从城乡规划用地评价的角度出发，充分利用自然环境条件，规避建设风险或降低因工程建设而导致次生灾害发生的概率是详细规划勘察的重要内容，因此，根据场地稳定性分析、工程建设适宜性定性与定量评价结果，对各类建设项目提出平面布局及竖向布置方案建议，是规划勘察联系城乡规划编制工作的纽带。

6 工程地质测绘和调查

6.1 一般规定

6.1.2 工程地质测绘和调查，不同规划阶段的工作内容并无不同，主要是采用不同的比例尺；测绘精度虽有差别，但相对应比例尺图上是一致的。

工程地质测绘和调查的比例尺选用应与不同规划阶段的规划图纸比例尺一致。根据《城市规划设计手册》（中国建筑工业出版社，2006 年 9 月），"城市总体规划图纸比例：大中城市为 1∶10000 或 1∶25000；小城市为 1∶5000 或 1∶10000；城市郊区规划图和城镇体系规划图比例尺可适当缩小为 1∶50000 或 1∶100000"，因此本规范规定总体规划勘察可选用 1∶5000～1∶50000 比例尺。《城市规划设计手册》（中国建筑工业出版社，2006 年 9 月）还规定，详细规划阶段，规划用地现状图比例尺为 1∶2000，道路交通规划图、公共与服务设施规划图、环境景观规划图、工程管线规划图比例尺为 1∶2000～1∶5000，控详规划图的比例尺为 1∶1000～1∶2000，因此详细规划勘察可选用 1∶1000～1∶5000 的比例尺。

6.1.3 利用航空摄影或卫星资料可以提高工作效率。随着科技进步其精度也越来越高。

6.2 工作要求

6.2.4 实地测绘法主要有路线穿越法、追索法、布点法三种基本方法见表1。

6.2.5 关于地质观测点的布置作以下说明：

1 代表性的观测点如地质构造线、地质接触线、岩性分界线、标准层位、不整合面、不同的地貌单元、微地貌单元的分界线和不良地质作用分布范围等；

表 1 实地测绘基本方法

基本方法	说　　明
路线穿越法	采用垂直穿越测绘区域内地貌单元、岩层和地质构造线走向的方法，把沿途观察到的各种地质界线、地貌界线、构造线、岩层产状及各种不良地质作用的位置标绘在地形图上。路线形式有"S"形和直线形两种。该方法一般适用于中、小比例尺
追索法	沿地层走向、某一构造线方向或其他地质单元界线布点追索，并将界线绘于图上。地表可见部分用实线表示，推测部分用虚线表示
布点法	根据地质条件复杂程度和不同比例尺，预先在图上布置一定数量的地质观测点和地质观测路线，路线应力求避免重复，要求对第四系地层覆盖地段必须要有足够的人工露头，以保证测绘精度。该方法适用于大、中比例尺

2　天然和已有的人工露头如采石场、路堑、井、泉等。

7　不良地质作用和地质灾害

7.1　一般规定

7.1.1　岩溶、土洞及塌陷、滑坡、危岩和崩塌、泥石流、采空区和采空塌陷、地面沉降、地裂缝、活动断裂等不良地质作用和地质灾害对城乡规划布局、规划用地条件将造成很大的影响，可能造成重大人员伤亡和经济损失，产生严重后果。我国"5.12"汶川特大地震、"4.14"玉树地震的灾损调查表明，地震引发的崩塌、滑坡、泥石流等次生灾害，可造成大量人员伤亡和巨大的经济损失；有的灾区因崩塌、滑坡等次生灾害导致人员伤亡的数量，甚至超过在地震中因房屋倒塌伤亡的数量。鉴于不良地质作用和地质灾害对城乡规划、建设安全有重要影响，本条规定应对其进行专门调查。

7.1.2　不同的规划阶段，其规划编制的精度和深度是不一样的。因此，与其对应的规划勘察阶段，其勘察精度、分析与评价深度也应是不一样的、渐进的，必要时应针对具体规划需求开展不良地质作用和地质灾害的专项勘察工作。

7.1.3　不良地质作用和地质灾害调查为规划勘察的重要内容。鉴于规划勘察具有前期性、涉及面广、勘察区面积大、侧重于宏观评价等特点，故本条规定应搜集、分析、整理已有资料，以工程地质测绘和调查为主。为满足对规划区不良地质作用和地质灾害的稳定性分析要求，本条规定辅以必要的钻探及其他勘探、测试手段。

7.1.4　本条对不良地质作用和地质灾害调查工作要求作出了基本规定。对于城乡规划空间布局，除了查明不良地质作用和地质灾害的成因、类型、分布、发育规律，分析评价其稳定性及对城乡规划的影响，还需提出不良地质作用和地质灾害的防治措施和对策，作为城乡规划空间布局和工程建设的限制条件。

7.2　调查、分析与评价

7.2.1　收集资料是不良地质作用和地质灾害调查的基础工作。目前国内大中城市基本完成了地质灾害调查工作，编制了地质灾害防治规划，全面收集相关资料可以提高工作效率。

7.2.2　本条按照不良地质作用和地质灾害的类型，分别规定了调查工作的主要内容，是不良地质作用和地质灾害分析评价的基础。

1　发生岩溶地面塌陷，一般需具备岩溶条件（下伏基岩为可溶性碳酸盐岩、浅层岩溶发育、连通性好）、地层组合条件（岩溶上覆厚度不大的松软第四系地层）、诱发因素（如抽取地下水、地震）三个基本条件。工程地质测绘和调查，应将岩溶分布与发育规律、上覆第四系土层的性质、地下水活动特征作为工作重点。

2　本款对滑坡调查的主要内容作出了基本规定。需要强调的是，有些滑坡调查对地表水、地下水对滑坡稳定性影响重视不够，给滑坡稳定性判断造成困难。可以认为，地表水、地下水的作用，是造成滑坡地质灾害的主要原因。三峡库区滑坡稳定性评价，要求必须考虑暴雨、库水位等因素，足以证明水的作用对滑坡稳定性的重要影响。

3　形成崩塌的基本条件有以下几个方面：

1）地形条件：一般情况下，坡度大于40°、高度大于30m的斜坡，容易产生崩塌；

2）岩性条件：坚硬岩石具有较大的抗剪强度和抗风化能力，能形成陡峻的斜坡，当岩层节理裂隙发育、岩体破碎时易产生崩塌；软硬岩石互层，由于风化差异，形成锯齿状坡面，当岩石上硬下软时，上陡下缓或上凹下凸的坡面亦易产生崩塌；

3）构造条件：岩层的层面、裂隙面、断层面等软弱结构面倾向临空面时，被切割的不稳定岩块易沿结构面发生崩塌；

4）其他条件：如温差变化、暴雨、地表水的冲刷、静水压力增加、强烈地震、爆破、不合理的开采或开挖边坡，都会促使岩体产生崩塌。

4　泥石流调查的范围包括泥石流的形成区、流通区和堆积区。能否产生泥石流，可从形成泥石流的条件分析判断；已经发生过泥石流的流域，可从下列几种现象来识别：

1）中游沟身常不对称，参差不齐，往往凹岸处发生冲刷坍塌，凸岸堆积成延伸不长的"石堤"；或凸岸被冲刷，凹岸堆积，有明显的截弯取直现象；

2）沟槽经常被大量松散固体物质堵塞，形成跌水；

3）沟道两侧地形变化处、各种地物上、基岩裂缝中，往往有泥石流残留物、擦痕、泥痕等；

4）由于多次不同规模泥石流的下切淤积，沟谷中下游常有多级阶地，在较宽阔地带有垄岗状堆积物；

5）下游堆积扇的轴部一般较凸起，稠度大的堆积物扇角小，呈丘状；

6）堆积扇上沟槽不固定，扇体上杂乱分布着垄岗状、舌状、岛状堆积物；

7）堆积的石块均具有尖锐的棱角，粒径悬殊，无方向性，无明显的分选层次。

当上游大量弃渣、地震产生的崩滑松散堆积物或进行工程建设，改变了形成区的平衡条件时，应重新判定产生新的泥石流的可能性。

泥石流的分类可参照《岩土工程勘察规范》GB 50021 有关规定执行。

5　采空区分为老采空区、现采空区和未来采空区，均可能产生采空塌陷。对老采空区主要调查采空区的分布范围、埋深、充填情况和密实程度等，判断其上覆岩层的稳定性；对现采空区和未来采空区应判断产生采空塌陷的可能性。

6　地面沉降原因的调查包括场地工程地质条件、场地地下水埋藏条件和地下水变化动态等内容。

发生地面沉降地区的共同特点是它们都位于厚度较大的松散堆积物，主要是第四纪堆积物之上。沉降的部位几乎无例外地都在较细的砂土和黏性土互层之上。当含水层上的黏性土厚度较大，性质松软时，更易造成较大沉降。因此，在调查地面沉降原因时，应首先查明场地的沉积环境和年代，调查冲积、湖积或浅海相沉积平原或盆地中第四纪松散堆积物的岩性、厚度和埋藏条件，特别是硬土层和软弱压缩层的分布。

抽吸地下水引起水位或水压下降，使上覆土层有效自重压力增加，所产生的附加荷载使土层固结，是产生地面沉降的主要原因。因此，对场地地下水埋藏条件和历年来地下水变化动态进行调查分析，对于判断地面沉降来说是至关重要的。

7　关于地裂缝的诱发因素，目前有三种观点，即地下水位下降、活动断裂作用以及地下水位下降与活动断裂共同作用。调查地裂缝形成的地质环境条件、分析其诱发因素，是地裂缝调查的要点。

8　在充分搜集已有文献资料和进行航空相片、卫片、相片解译的基础上开展工程地质测绘和调查，是目前进行断裂调查、鉴别活动断裂的最重要、最常用的手段之一。活动断裂都是在老构造基础上发生新活动的断裂，一般来说它们的走向、活动特点、破碎带特性等断裂要素与构造有明显的继承性。因此，在对一个场区的断裂进行调查时，应首先对本地区地质构造有清楚的认识和了解。野外测绘和调查可以根据断裂活动引起的地形地貌特征、地质地层特征和地震迹象等鉴别活动特征。

1）地形地貌特征：山区或高原不断上升剥蚀或有长距离的平滑分界线；非岩性影响的陡坡、峭壁，深切的直线形河谷，一系列滑坡、崩塌和山前叠置的洪积扇；定向断续线形分布的残丘、洼地、沼泽、芦苇地、盐碱地、湖泊、跌水、泉、温泉等；

2）地质特征：近期断裂活动留下的第四系错动，地下水和植被的特征；断层带的破碎和胶结特征等；

3）地震特征：与地震有关的断层、地裂缝、崩塌、滑坡、震陷和砂土液化等。

7.2.3　岩质斜坡调查可进行节理、裂隙统计，作"节理玫瑰花图"、"赤平投影图"，作为边坡稳定性初步分析的依据。

具备下列情况之一者，可初步判定为可能失稳斜坡：

1　各种类型的崩滑体；

2　斜坡岩体中有倾向坡外，且倾角小于坡角的两组结构面存在；

3　斜坡被两组或两组以上结构面切割，形成不稳定体，其底棱线倾向坡外，且倾角小于坡角；

4　斜坡后缘已产生拉裂缝；

5　顺坡向发育卸荷裂隙的高陡边坡；

6　岸边裂隙发育、表层岩体已发生蠕动或变形的斜坡；

7　坡脚或坡基存在倾向坡外的缓倾软弱层；

8　位于库岸或河岸水位变动带，渠道沿线或地下水溢出带附近，工程建成后可能经常处于浸湿状态的软质岩石或第四系沉积物组成的斜坡；

9　其他根据地貌、地质特征分析或用图解法初步判断为可能失稳的斜坡。

7.2.4　不良地质作用和地质灾害稳定性判断，除了考虑天然、暴雨等状态外，还应考虑地震的影响。我国"5.12"汶川特大地震引发大量崩塌、滑坡、地面塌陷、震陷、地表断错等次生灾害，造成了重大财产损失和人员伤亡。因此本条规定，在强震地区，应分析地震时发生震陷、液化以及滑坡、崩塌、地面塌陷、泥石流、地表断错等次生灾害的可能性、影响范围和危害程度。

7.2.5　目前地质灾害稳定性分析评价方法分为定性

评价、定量评价，鉴于规划勘察前期性、偏宏观性的特点，本条规定采用定性或定量方法分析判断不良地质作用和地质灾害的稳定性。

7.2.6 不良地质作用和地质灾害的规模、性质、发育程度、稳定性及危害程度对评价单元场地稳定性、工程建设适宜性往往可起到控制性作用，重大地质灾害可能影响城乡规划空间布局。如我国玉树"4.14"地震后，玉树县城结古镇的灾后重建空间布局，就必须避让发震断裂；将发震断裂带及其影响范围规划为绿化用地，严格限制工程建设。

8 场地稳定性和工程建设适宜性评价

8.1 一般规定

8.1.1 规划勘察侧重于对地质环境条件的分析，并应对场地稳定性和工程建设适宜性进行评价，从而得到关于场地稳定性、工程建设适宜性分级的明确结论，为规划师进行场址选择、功能分区、用地布局、建筑物及公共设施的布置提供地质方面的依据。

场地稳定性评价是通过对活动断裂、所处抗震地段、不良地质作用和地质灾害等方面分析，定性地对场地稳定性作出分级，其评价结论是工程建设适宜性评价的先决条件。场地不稳定，建设项目的场地治理代价很高、而且处理不当还会破坏地质环境并带来新的次生工程地质问题，因此一般不适宜进行大规模工程建设，但可以调整土地功能，如作为绿化生态、旅游休闲用地等。

工程建设适宜性评价是通过分析地形地貌、水文、工程地质、水文地质、不良地质作用和地质灾害、活动断裂和地震效应、地质灾害治理难易程度等影响因素，从地质的角度定性、定量评价场地内工程建设的适宜程度。规划勘察侧重分析地质环境条件对规划建设工作的限制影响，其核心是进行工程建设适宜性分析评价。合理、客观、准确的评价结论是规划师进行规划编制工作必备的地质依据。

8.1.2 规范强调工程建设适宜性评价宜采用定性和定量相结合的综合评判方法。工程建设适宜性评价由于涉及的评价因子多而复杂，单纯的定性或定量评价方法都可能有失偏颇，使评价结果与实际存在一定差别。定性评价有一定的人为因素和不确定性，随规划勘察人员的认识和经验的差别，对同一适宜性级别很可能作出不同的判断。定量评价方法是通过对涉及因子打分，经计算得到建设适宜性指数，并以该指数值进行分级。由于规划场地岩土体性质和赋存条件十分复杂，规划勘察现场钻探、原位测试和室内试验数量有限，数据的代表性和抽样的代表性均存在一定局限，仅用少数参数和某个数学公式难以全面准确地概

括所有情况。为此，实际评价时宜采用定性划分和定量评价相结合的综合评判方法，两者可以互相校核和检验，以提高分级评价的可靠性。

8.2 场地稳定性评价

8.2.1 场地稳定性评价是工程建设适宜性评价的前提。场地稳定性评价可以从活动断裂、抗震地段类别、不良地质作用和地质灾害三个方面进行定性评价。

我国 2008 年 5 月 12 日汶川 8.0 级特大地震和 2010 年 4 月 14 日玉树 7.1 级地震，都给震区人民的生命财产安全和房屋、基础设施带来了巨大损失。2008 年 5 月 12 日汶川 M_s 8.0 地震系发生在青藏高原东缘的龙门山推覆构造带上，同时使北川－映秀断裂和灌县－江油断裂两条倾向 NW 的叠瓦状逆断层发生地表破裂。其中，沿北川－映秀断裂展布的地表破裂带长约 240km，以兼有右旋走滑分量的逆断层型破裂为主，最大垂直位移约 6.2m，最大右旋走滑位移约 4.9m；沿灌县－江油断裂连续展布的地表破裂带长约 72km，最长可达 90km，为典型的纯逆断层型地表破裂，最大垂直位移约 3.5m。玉树地震的发震断裂为巴颜喀喇块体南边界的甘孜－玉树断裂，走向北西西－北西，倾角近于直立，左旋走滑性质，总长度约 500km，北西和中段走向滑动速率 8mm/a 左右，南东段 10mm/a 左右。同震地表破裂带由 3 条主破裂左阶组成，总体走向 310°，北侧主破裂长约 16km，中间主破裂长约 9km，南侧主破裂长约 7km，总长约 32km，最大走滑位移量位于北侧主破裂上，约 1.8m。甘孜－玉树断裂规模巨大，破碎带宽 50m 至数百米，主要发育在三叠纪地层中，具有长期活动的地质演化历史，晚新生代以来，该断裂构成巴彦喀喇活动地块的边界带，构造活动非常强烈，控制了一系列强烈地震的发生。因此本次修订强调活动断裂带对场地稳定性的影响。

另外，抗震地段类别也对场地稳定性影响较大。2008 年汶川地震对北川县城造成毁灭性破坏，除了强烈全新活动断裂北川－映秀断裂从县城东部穿越而造成断裂带附近强地面震动外，还主要与地震诱发的次生地质灾害有关。县城西南部地震诱发的大型滑坡将几栋楼房掩埋，县城东部北川中学被其东侧山体的大型崩塌岩块所覆盖，县城北部的地基砂土发生严重液化，上述部位（活动断裂带两侧、地震可能诱发滑坡和崩塌部位及地基砂土液化部位）都属于抗震危险或不利地段。

其他的不良地质作用和地质灾害同样是制约场地稳定性的主要因素。2010 年 8 月 7 日晚甘肃舟曲发生的特大型泥石流同样对人民和生命财产安全造成了巨大的损失。不良地质作用强烈发育、地质灾害危险性大地段属于不稳定地段。

8.3 工程建设适宜性评价

8.3.2、8.3.3 工程建设适宜性定性评价主要从工程地质与水文地质条件、场地治理难易程度等方面进行评价。工程地质与水文地质条件从场地稳定性、地形坡度、岩土均匀性及工程性质、洪水及地下水影响等方面进行评价。场地稳定性作为工程建设适宜性评价的前提，地形坡度、岩土特征、地下水影响都制约工程建设适宜性，而地表排水条件、洪水也对工程建设适宜性有重要影响，2010年夏季我国东北、西南及西北地区洪水肆虐，许多地区的日降雨量突破了新中国成立以来的最高值，原来地势低洼的建筑物及居民受到洪水及泥石流地质灾害的严重影响，对于受洪水影响的地段其灾后重建的建设适宜性需要科学地进行评价。

随着我国经济的发展，国力逐渐增强，在定性评判工程建设适宜性时应充分考虑场地治理难易程度，即补救性工程措施、经济可承载能力对工程建设适宜性的影响。场地治理难易程度主要从场地平整难易、地基及施工条件、工程建设诱发次生环境地质灾害的可能性、地质灾害治理难度等方面进行评价。当前国家对地质灾害的防治高度重视，规定对地质灾害易发区必须配套建设地质灾害治理工程，地质灾害治理工程的设计、施工和验收应当与主体工程的设计、施工、验收同时进行。因此，地质灾害治理难度应是场地治理难易程度的重要方面，并对场地的工程建设适宜性具有重要影响。

本规范提出的评价单元多因子分级加权指数和法是工程建设适宜性评价的一种量化方法，但不是唯一方法，当有成熟经验时，可采用包括模糊综合评判法在内的其他方法进行计算评判。应当以发展的眼光来看待评价单元多因子分级加权指数和定量评价方法，该定量评价方法虽已通过现有 26 个抽样算例验证，但随着本规范的使用，更多的经验和数据的积累，在权重确定、评价因子量化标准、适宜性指数分级标准等方面会得到逐步改进。

8.3.4 影响规划区工程建设适宜性的因素众多且非常复杂，因此需要对影响因素的特点进行梳理、归并，建立科学的因子评价体系。本次建立二级因子体系，力求做到层次清楚、归属明确、涵盖广泛，并紧密符合于适宜性定量评判模型。根据各因子对场地工程建设适宜性的限制影响程度，依据现行国家及行业标准、地区标准及经验，建立起相应因子评价标准，作为量化各因子影响程度的前提。考虑到全国各地地质环境条件变化复杂，其实是难以建立起涵盖所有地质环境因素的评价因子体系，因此允许各地依据特定的地质环境条件和规划工作需要，建立相应的评价因子体系，并结合有关标准、规程及地区经验进行评价因子的定性分级、定量赋分。

建设项目选址应当节约、集约利用土地，合理、集中布局。国土资源属于不可再生资源，对于不适宜工程建设的土地尤其应慎重。对于本规范附录 D 定量标准表中有关不适宜的定量评价标准说明如下：

1) 洪水淹没深度或用地标高低于防洪（潮）水位 >1.0m 的地区、跨区域防洪标准行洪、泄洪的水系水域属不适宜工程建设地区。

2) 大型危岩体（崩塌区落石方量 >5000m³），山高坡陡，岩层软硬相间，风化严重，岩体结构面发育且组合关系复杂，形成大量破碎带和分离体，山体不稳定，破坏力强，难以治理。这些危岩体及其下方，危岩崩塌时可能直接波及地段划为不适宜区。

3) 不稳定的巨型、大中型滑坡对工程和建筑物危害性很大，常常冲毁和掩埋工程和村庄，治理极为困难。不稳定的滑坡体上，巨型、大中型滑坡可能直接波及的地段划为不适宜区。

4) I_1、II_1 类的泥石流爆发规模大、活动频繁、正处于发展阶段，分布和影响范围很大，破坏后果严重，治理困难，其泥石流沟谷及影响地段为不适宜区，不应作为规划建设场地，各类线路工程应避开。

5) 对不稳定的溶洞、采空区，受降雨、地震等因素影响会逐渐产生地面塌陷，随着时间推移地面塌陷会进一步加剧，故塌陷严重区不适宜工程建设。

6) 采空区采深采厚比小于 30、地表非连续变形的地段、地表移动活跃的地段，产生台阶、地裂缝、塌陷坑的可能性非常大，一般不适宜工程建设。

7) 对于强烈全新活动断裂带，其平均活动速率较大（>1mm/a），历史地震震级一般 ≥7 级，可产生级联或分段地表破裂，地面峰值加速度很大，一般 ≥0.4g。地震发生时地面形态将显著改变，各类工程将遭到严重破坏，造成重大的不可抗拒的人员和经济损失，非工程措施可以抵御，唯一的对策就是避让，属于不适宜规划建设区。

8) 对于抗震设防烈度大于 IX 度即 X 度和 X 度以上的地区，亦即地震动峰值加速度大于等于 0.4g 的地区，地震造成的灾害非常严重，抗震设防难度大、成本特别高，大量的活动断裂引起的地表错动、滑坡、崩塌等地震地质灾害造成大坝、道路、管线破坏并易产生次生灾害，市政公用设施破坏严重，很难进行人工防御，因此划为不适宜区，规划选址必须避让。

其他需说明的问题包括：

1）蓄滞洪区和防洪保护区

根据《中华人民共和国防洪法》，蓄滞洪区是指包括分洪口在内的河堤背水面以外临时贮存洪水的低洼地区及湖泊等。防洪保护区是指在防洪标准内受防洪工程设施保护的地区。

2）防洪标准和防洪（潮）水位

按照国家标准《防洪标准》GB 50201 的有关规定，防护对象的防洪标准应以防御的洪水或潮水的重现期表示，对特别重要的防护对象，可采用可能最高洪水位表示。各类防护对象的防洪标准，应根据防洪安全的要求，并考虑经济、政治、社会、环境等因素，综合论证确定。蓄滞洪区的防洪标准，应根据批准的江河流域规划的要求分析确定。

各类防护对象的防洪标准确定后，相应的设计洪水或潮位、校核洪水或潮位，应根据防护对象所在地区实测和调查的暴雨、洪水、潮位等资料分析研究确定。

3）泥石流类型、全新活动断裂分级和土、水腐蚀性分级

该表中所涉及的 I_1、II_1、I_2、II_2、I_3、II_3 类泥石流沟谷，强烈全新活动断裂、中等全新活动断裂、轻微全新活动断裂，土、水腐蚀性分级的划分标准可参照国家标准《岩土工程勘察规范》GB 50021 的有关规定执行。

4）坍岸可分为稳定库岸、较稳定库岸、欠稳定库岸及不稳定库岸，可按下列规定划分：

①稳定库岸，地层以完整硬岩为主，物理、水理、力学性质好；工程荷载及其他人类作用影响小，库水位影响轻微；覆盖层浸水稳定，几乎没有坍岸现象（边坡重力失稳除外）；②较稳定库岸，地层以较完整岩体为主，物理、水理、力学性质较好；各种因素对库岸的稳定影响较小；覆盖层浸水基本稳定，没有或仅有少量小规模坍岸现象；③欠稳定库岸，地层以较破碎—较完整岩体为主，物理、水理、力学性质一般；覆盖层浸水欠稳定，具有一定数量规模不大的坍岸现象发生；④不稳定库岸，地层为较破碎—破碎岩体或土层，结构较松散，物理力学性质较差，水稳定性差；覆盖层浸水不稳定，库岸变形、失稳较严重，坍岸数量较多，且具有一定规模。

评价因子的量化标准表（本规范附录 D 表 D）规定了二级因子定量分值与所属分级的对应设置关系、对应于所属分级的定量分值及定量评价标准。定量分值对应于所属分级采用范围值是考虑到当地质环境条件较复杂时，即使隶属于同一分级的因子，其影响程度还是存在差别的，定量分值采用范围值可以更客观地反映因子的实际影响程度。

8.3.5 不同地区、不同地质环境条件的规划区，其评价因子对工程建设适宜性的影响程度、相对重要程度可能不同。一级权重的确定应结合规划区特定的工程地质特点，突出主控因素对场地建设适宜性的限制

影响程度而加以确定，因此不规定具体的一级权重值，仅给出建议的权重参考值范围。将指标划分出主控因素、次要因素及一般因素，其中次要因素或一般因素可不划分。

不管一级还是二级因子的权重确定一般可采用专家会议法、德尔菲法（Delphi）进行确定。

专家会议法（包括头脑风暴法、交锋式会议法、混合式会议法）即组织有关专家，通过会议形式进行预测，综合专家意见，得出预测结论。由于个人的专业、学识、经验和能力的局限，专家个人判断法往往难免有失偏颇。因此，对于权重这一影响适宜性评价结论的关键参数需要召集相关专家，利用群体智慧，集思广益，并通过讨论、交流取得共识，为合理设置权重值提供依据。

德尔菲法（Delphi）即组织有关专家，通过匿名调查，进行多轮反馈整理统计分析，得出预测结论。

德尔菲法（Delphi）一般包括 5 个步骤：

① 建立预测工作组

德尔菲法（Delphi）对于组织的要求很高，进行调查预测的第一步即成立预测工作组，负责调查预测的组织工作。

② 选择专家

选择的专家应具有较深厚的专业背景知识，经验丰富，思路开阔，不仅有熟悉岩土工程领域的学术权威，还应有来自生产一线从事具体工作的专家。专家数量应不小于 6 人。

③ 设计调查表

调查表设计直接影响预测的结果，基本要求是：所提问题应明确，回答方式应简单，便于对调查结果的汇总和整理。

④ 组织调查实施

一般调查要经过（2～3）轮，第一轮将预测主体和相应预测时间表格发给专家，给专家较大的空间自由发挥。第二轮将经过统计和修正的第一轮调查结果表发给专家，让专家对较为集中的预测事件进行评价、判断，提出进一步的意见，经预测工作组整理统计后，形成初步预测意见。

⑤ 汇总处理调查结果

将调查结果汇总，进行进一步的统计分析和数据处理。有关研究表明，专家应答意见的概率分布一般接近或符合正态分布，这是对专家意见进行数理统计处理的理论基础。一般计算专家估计值的平均值、中位数、众数以及平均主观概率等指标。

德尔菲法（Delphi）对一级因子权重的调查表可参见表 2。各个二级因子权重调查表可参照表 2 形式制定。

对权重的统计指标主要有期望值、方差、标准差、离散系数、置信区间等。当相应指标的离散系数小于 0.35 时，可不再进行第二轮调查。

表2 一级因子权重调查表

权 重		一级指标					
		地形地貌	水文	工程地质	水文地质	不良地质作用和地质灾害	活动断裂和地震效应
专家	1						
	2						
	3						
	4						
	5						
	6						
	…						
	n						

对于等概率的离散型随机变量，其期望值为：

$$\bar{x} = \frac{1}{n}\sum_{i=1}^{n} x_i$$

方差 S^2 为：

$$S^2 = \frac{1}{n-1}\sum_{i=1}^{n}(x_i - \bar{x})$$

离散系数 β 为：

$$\beta = \frac{S}{\bar{x}}$$

式中：n——参与调查的专家数；

x_i——第 i 个专家给出的权重值。

考虑到承担规划勘察任务的单位一般为甲级或综合甲级勘察单位，拥有的专家团队和技术骨干可以满足专家会议法和德尔菲法（Delphi）对专家的要求。因此，无论是专家会议法还是德尔菲法（Delphi），参评专家一般可以从本单位技术人员中甄选，必要时亦可从行业中其他单位专家中甄选。

8.3.6 定量计算评价判定标准的具体确定，首先考虑所有参评因子均属于"评价因子的量化标准表"中4个量化分级中某种特定情况时，计算结果存在下列理论上的特殊状态：

——状态①：当参评指标的"定量分级－计算分值"均为 8 分时（即该级别的下限值），I_S 值＝80 分；

——状态②：当参评指标的"定量分级－计算分值"均为 6 分时（即该级别的下限值），I_S 值＝60 分；

——状态③：当参评指标的"定量分级－计算分值"均为 3 分时（即该级别的下限值），I_S 值＝30 分；

——状态④：当参评指标的"定量分级－计算分值"均为 1 分时（即该级别的下限值），I_S 值＝10 分。

在实际案例中，评价单元参评因子的"定量分级－计算分值"状态往往存在差别，其计算结果将出现下列变化：

——状态①的 I_S 值＞80 分或 I_S 值＜80 分；

——状态②的 I_S 值＞60 分或 I_S 值＜60 分；

——状态③的 I_S 值＞30 分或 I_S 值＜30 分；

——状态④的 I_S 值＞10 分或 I_S 值＜10 分。

其次，本次主编和参编单位进行了场地工程建设适宜性定量计算，共完成 26 个实际规划建设项目的算例。具体计算结果参见表3。

表3 工程建设适宜性定量计算案例

适宜性等级	项目名称	计算分值	该等级分值范围	项目个数
适宜	四川省北川新县城	75.5	72.1～82.2	6
	北京市昌平区长陵镇沙岭村	72.1		
	北京市房山高教园区	75.3		
	广州市奥林匹克体育中心（丘间沟谷带）	75.0		
	广州市新中轴线南段（残丘垄岗地区）	82.2		
	广州白云湖周边地区（碎屑岩区）	77.9		

适宜性等级	项目名称	计算分值	该等级分值范围	项目个数
较适宜	湖北省老武黄公路（灰岩分布区）	62.5	2.3～69.4	10
	北京市通州区张家湾镇	61.3		
	北京市通州区齐善庄、三间房	53.4		
	广州市奥林匹克体育中心（低丘台地区）	57.0		
	广州市新中轴线南段（冲积平原区）	60.9		
	天津市于家堡金融区	54.7		
	天津市中新生态城	52.3		
	重庆市渝北区回兴镇果园村	69.4		
	四川省汶川县城（河谷阶地区）	56.4		
	四川省汶川县城（姜维点将台及其南侧缓坡地带）	54.8		
适宜性差	湖北省武昌青菱乡（岩溶塌陷区）	28.7	28.7～42.2	8
	北京市通州区楼梓庄	42.2		
	北京市门头沟区寨口矿（采空区）	30.8		
	广州白云湖周边地区（覆盖型岩溶区）	41.8		
	广州白云湖周边地区（采空区）	37.2		
	天津蓟县老虎顶	40.6		
	重庆市忠县干井顺溪镇	31.2		
	四川省汶川县城（周边高山斜坡地带）	40.9		
不适宜	青海省玉树藏族自治州结古镇（活动断裂带附近场地）	18.2	18.2～19.9	2
	四川省阿坝州茂县叠溪镇（小寨沟泥石流沟谷区场地）	19.9		

从上表可以看出，有 6 个项目工程建设适宜性等级为适宜，计算分值为（72.1～82.2）分；有 10 个项目属较适宜级，计算分值为（52.3～69.4）分；有 8 个项目属适宜性差级，计算分值为（28.7～42.2）分；有 2 个属不适宜级，计算分值为（18.2～19.9）分。

根据 26 个规划项目适宜性评价定量计算所涉及参评因子所属分级及分值，对于不适宜级别的参评因子，其定量分值的平均值应在 2 分，属于适宜性差级参评因子的定量分值的平均值应在 4.5 分，属于较适宜级因子的定量分值平均值应在 7.0 分。综合上述特殊状态及其变化状态、评价单元建设适宜性等级的特点，结合本次规范修订工作中 26 个实际项目的算例情况，认为 20 分为不适宜与适宜性差、45 分为适宜性差与较适宜、70 分为适宜与较适宜级别的分级界线是合适的。

8.3.7 规划区的工程建设适宜性分区应根据各评价单元的适宜性评价结果、地质环境特点，按照区内相同、区际相异的原则进行分区。各评价单元适宜性等级相同、位置相邻的各评价单元可归并为一个区；适宜性等级相同、位置不相邻的各区应视为该适宜性等

级的亚区。规划勘察成果图件宜应用 GIS 技术，其成果、图件应方便规划设计使用。

9 勘察报告编制

9.1 一般规定

9.1.1 勘察报告是城乡建设和规划的一项重要基础资料，也是今后各项工程建设勘察工作中经常要利用的重要资料，资料完整、结论有据、建议合理、便于使用和存档是勘察报告编制总的要求，同时考虑到规划勘察的区域性特点，提出了因地制宜、突出重点、有针对性的要求。

9.1.2 岩土的物理力学性质指标统计，是为了对岩土进行正确分层和土质评价。考虑到现行国家规范的有关规定及城乡规划勘察的特点，采用与现行国家规范有关规定相一致的方法，也是以往的城乡规划勘察中常用的统计方法。一般应用野外分层资料，绘制必要的剖面图，同时用试验指标来核对野外分层的准确性，进一步调整层位，然后按调整后的层位，分层统计其物理力学性质指标。当同层土的指标差别大时，

应进一步划分亚层进行统计。

9.2 基 本 要 求

9.2.1 勘察报告包括勘察报告正文及所附图件成果两个部分，它是通过搜集已有资料和运用各种勘察手段所获得的全部原始资料，经过归纳整理、综合分析，主要为全面、确切地反映规划区的自然地理条件和工程地质环境特征，对编制总体规划或近期建设开发规划，提供工程地质依据而编制成的勘察成果。不同规模、不同性质的规划区，对规划勘察的任务要求有所不同；不同地区具有不同地理地质和工程地质环境特征；不同详细规划区内的工程建设和建筑特点也有所差异。因此，本规范在规定基本内容的前提下，要求勘察报告应根据规划阶段、任务要求、规划区地质环境特征、场地复杂程度及规划区工程建设特点等具体情况编写。

9.2.2 勘察报告图件成果包括综合图、专题图、辅助图。本规范所列工程地质分区图、场地稳定性分区图、工程建设适宜性分区图等综合图是勘察报告必须提供的；其他图件应根据不同规划阶段对勘察的具体要求选定，可予以适当增减。

中华人民共和国行业标准

城市地下水动态观测规程

Specification for dynamic observation of groundwater in urban area

CJJ 76—2012

批准部门：中华人民共和国住房和城乡建设部
施行日期：2 0 1 2 年 5 月 1 日

中华人民共和国住房和城乡建设部
公　告

第 1228 号

关于发布行业标准《城市地下水
动态观测规程》的公告

现批准《城市地下水动态观测规程》为行业标准，编号为 CJJ 76‑2012，自 2012 年 5 月 1 日起实施。其中，第 1.0.3 条为强制性条文，必须严格执行。原行业标准《城市地下水动态观测规程》CJJ/T 76‑98 同时废止。

本规程由我部标准定额研究所组织中国建筑工业出版社出版发行。

中华人民共和国住房和城乡建设部
2011 年 12 月 26 日

前　言

根据住房和城乡建设部《关于印发〈2009 年工程建设标准规范制订、修订计划〉的通知》（建标〔2009〕88 号）的要求，规程编制组经广泛调查研究，认真总结实践经验，参考有关国内外标准，并在广泛征求意见的基础上，修订了本规程。

本规程的主要技术内容是：1. 总则；2. 术语；3. 基本规定；4. 观测网的布设；5. 观测孔结构设计与施工；6. 观测的内容与方法；7. 观测资料分析、整理与管理。

修订的主要技术内容是：1. 增加了服务于工程建设、环境评价、防灾减灾等方面的地下水观测内容；2. 调整了地下水动态观测点的布设密度，突出了城市地下水动态观测网的整体概念，将地下水动态观测分为日常观测和统一观测，弱化了统一观测网的概念；3. 将水质分析分为常规分析和专项分析，不仅使规程内容更清晰，逻辑更严密，而且更便于实施；4. 增加了孔隙水压力观测内容。

本规程由住房和城乡建设部负责管理和对强制性条文的解释，由建设综合勘察研究设计院有限公司负责具体技术内容的解释。执行过程中如有意见或建议，请寄送建设综合勘察研究设计院有限公司（地址：北京东直门内大街 177 号；邮编：100007）。

本 规 程 主 编 单 位：建设综合勘察研究设计院有限公司

本 规 程 参 编 单 位：北京市勘察设计研究院有限公司
西北综合勘察设计研究院
北京综建科技有限公司
上海岩土工程勘察设计研究院有限公司
中国建筑西南勘察设计研究院有限公司

本规程主要起草人员：周载阳　赵　刚　周宏磊
陈　晖　朱赫宇　赵治海
李海坤　郭小红　王亨林
王　峰　燕建龙　李晓勇

本规程主要审查人员：莫群欢　王笃礼　叶　超
熊巨华　化建新　闫德刚
金　淮　吴永红　周与诚

目 次

Contents

1 总 则

1.0.1 为规范城市地下水动态观测工作，统一基本技术要求，制定本规程。

1.0.2 本规程适用于城市的规划、建设、防灾减灾、地下水环境评价、地下水资源管理与保护等的地下水动态观测。

1.0.3 城市地下水动态观测网应纳入城市规划，并结合城市发展情况予以实施。利用地下水作为城市供水水源、有地下空间开发规划和有海水入侵、海平面上升、滑坡、岩溶塌陷、地面沉降等灾害影响的城市，均应进行地下水动态观测。

1.0.4 城市地下水动态观测除应符合本规程外，尚应符合国家现行有关标准的规定。

2 术 语

2.0.1 地下水动态观测点 groundwater dynamic observation point

用于长期或特定时间段内观测地下水水位、水质、水温、水量、孔隙水压力及其变化的观测点。

2.0.2 地下水动态观测网 groundwater dynamic observation net

地下水动态观测点组成的网络系统。

2.0.3 专门性观测网 special groundwater dynamic observation net

为满足特定需要而设置的地下水动态观测点组成的网络系统。

2.0.4 地下水动态统一观测 unite groundwater dynamic observation

每年指定时间，统一对地下水动态进行的观测，包括水位统一观测、水温统一观测和水质统一观测。

2.0.5 地下水水位日平均值 average groundwater day level

根据一天内水位观测数据，采用统计方法得到的当日水位平均值。

2.0.6 地下水水位月平均值 average groundwater month level

根据一个月内水位观测数据，采用统计方法得到的当月水位平均值。

2.0.7 地下水水位年平均值 average groundwater year level

根据一年内水位观测数据，采用统计方法得到的当年水位平均值。

3 基 本 规 定

3.0.1 地下水动态观测网的布设应根据观测目的、城市的地形地貌条件、水文地质条件、地下水动态特征、人的活动影响情况确定，并应能满足城市的规划、建设、防灾减灾、地下水环境评价、地下水资源管理与保护等需要。

3.0.2 地下水动态观测网应覆盖整个城市规划区及有密切水力联系的相邻区域。

3.0.3 地下水动态观测网的布设应符合下列规定：

1 地下水动态观测点的布设应以水文地质单元为单位；

2 观测线应沿着地下水动力条件、水化学条件、污染途径及有害环境地质作用强度变化最大的方向布置；

3 在满足观测目的和要求的条件下，应充分利用已有的勘探孔、供水井、泉、矿井、地下水排水点及其他取水构筑物等作为地下水动态观测点；

4 地下水动态观测点应进行系统编号，并可分区或分类进行编号；

5 设置地下水动态观测点时，应测量其坐标、地面标高及固定点的标高。

3.0.4 对多层含水层地区，应根据需要确定观测目标层，并应分层观测。

3.0.5 地下水动态观测项目应包括水位、水量、水温、水质和孔隙水压力等。对于与地下水有密切水力联系的地表水体，应同时进行相应的观测。

3.0.6 地下水动态观测应及时、准确提供观测点的基础资料和地下水的水位、水量、水温、水质及孔隙水压力等实测数据及相关分析资料。

3.0.7 专门性观测网可根据需要进行设置，并应将其作为地下水动态观测网的一部分。

3.0.8 地下水动态观测方式应包括日常观测和统一观测。应选取有代表性的观测点作为统一观测点，统一观测点应固定。

3.0.9 地下水动态观测应积极采用新技术、新方法。有条件的地区，宜逐步建立自动化地下水动态监测系统。观测资料应根据需要分别汇总整理。

3.0.10 地下水动态观测网应定期维护，各观测孔宜每1年~2年定期检测1次，对于保护条件好的观测孔，也可每5年检测1次，对失效的地下水动态观测点应及时维修或重新布设，观测点的孔口高程或固定点高程应及时测量修正。

3.0.11 地下水动态观测点应设置保护设施，且保护设施上应有醒目的保护标识。

4 观测网的布设

4.0.1 地下水动态观测点应具有一种或多种观测功能，地下水动态观测网可根据需要划分为不同的功能区或类别。

4.0.2 地下水动态观测点应能控制不同的水文地质

单元，同一水文地质单元内至少应有 1 条水位观测线或 3 个水位观测点。

4.0.3 地下水水质观测点应根据本地区地下水类型分区、地下水流向、污染源分布状况、地下水开采强度分区以及咸淡水边界的区域展布等条件，采用网格法或放射法布设。

4.0.4 地下水动态观测点的密度应符合表 4.0.4 的规定：

表 4.0.4 地下水动态观测点的密度

水文地质条件复杂程度	城市市区（点数/100km²）	城市郊区（点数/100km²）
复杂	≥12	≥7
中等	≥10	≥5
简单	≥7	≥3

注：表中水文地质条件复杂程度应按现行国家标准《供水水文地质勘察规范》GB 50027 执行。

4.0.5 内陆地区城市地下水动态观测网应符合下列规定：

1 观测线宜平行或垂直地下水流向，垂直地貌界线、构造线及地表水体的岸边线，并应通过地下水位下降漏斗区、地下水污染区等；

2 在平行地貌（微地貌）界线方向上、泉水（或泉群）出露地段，可布设辅助性观测点；

3 地下水位下降漏斗区、地表水与地下水水力联系密切地区及地下水污染地区，应加密观测点；

4 地质构造复杂地段、地形地貌变化大的地段、地下水越流地段及地下水的补给、排泄边界等，应加密观测点。

4.0.6 滨海地区城市地下水动态观测网，除应符合本规程第 4.0.5 条的规定外，尚应符合下列规定：

1 观测线宜垂直海岸线布设 2 条~3 条，平行海岸线布设 1 条~2 条；

2 当海岸线距离城市或地下水集中开采区小于 3km 时，应加密观测点；

3 对已发生海水入侵的地区，当海水尚未侵入到城市规划区时，应在咸淡水分界面靠近城市的一侧，特别在河道或古河道地段加密观测点，并应监测咸淡水分界面的移动状况；

4 当咸淡水分界面已运移到城市规划区范围以内时，应在地下水集中开采区、地下水位下降漏斗地区加密观测点，全部观测点均应同时作为水位、水质观测点。

4.0.7 水源地专门性观测网的布设应符合下列规定：

1 观测点应主要布设在水源地保护区，观测点密度除应符合本规程第 4.0.4 条的规定外，尚应符合现行国家标准《供水水文地质勘察规范》GB 50027 的规定；在水源地保护区的外围地区可根据需要布设

辅助性观测点；

2 能满足水源地观测目的和要求的开采井，可作为观测点；

3 水源地水位下降漏斗中心地区应设置观测点，观测线宜沿地下水位下降漏斗的长轴及短轴方向分别布设 1 条~2 条；

4 当观测点密度不能满足绘制水源地水位下降漏斗形状、分布范围及地下水污染范围的精度要求时，应根据情况增设观测点；

5 为满足建立城市地下水均衡计算模型或地下水管理模型的需要，可在边界处及计算分区内布设临时性观测点。

4.0.8 对于傍河水源地，当水源地开采井平行于河床成排布设时，应垂直河床布设 2 条~3 条及平行河床布设 1 条~2 条观测线（含连接开采井排的观测线）；当水源地开采井为其他形式布设时，应通过水源地中心并沿垂直和平行河床方向分别布设 1 条~3 条观测线。近河床地带应加密观测点。当地下水位下降漏斗影响到河对岸时，应在河对岸加设观测点。

4.0.9 对于岩溶及其他基岩裂隙水源地，可根据水源地规模大小，在平行与垂直于地下水流向上，分别布设 1 条~2 条观测线。观测线长度宜延伸到岩溶及其他基岩裂隙含水层边界。在岩溶及其他基岩裂隙含水层的边界以及对水源地地下水起控制作用的构造线上，应适当加密观测点。

4.0.10 对于冲洪积平原区水源地，宜平行与垂直于地下水流向分别布设 1 条~2 条观测线，并可在开采井群（井排）以外增设辅助观测点。当水源地开采层为多个含水层时，应分层观测。

4.0.11 城市工程建设专门性观测网的布设应符合下列规定：

1 当地下水对地基基础及地下结构的设计、施工、安全使用等有重大影响时，应布设与工程建设有关的专门性观测网；

2 当工程建设影响深度范围内涉及上层滞水、潜水及承压水等多个含水层时，应设置代表性的观测点，分别对各主要含水层的地下水动态进行分层观测；

3 当工程建设区内有与地下水水力联系密切的地表水体存在时，应根据水力联系条件、地下水流向等在地表水体影响范围内布设观测点，观测线应垂直地表水体岸边线；

4 对于水平径流较强的山区及山前建设区，可沿地下水流向布设 1 条~2 条观测线；对洪坡积的第四系松散层，可适当增设观测点；

5 对于以开采浅层地下水作为主要供水水源的城市，可直接收集已有的观测资料，为工程建设提供所需的地下水动态资料；在以深层地下水作为供水水源的城市，可利用已有的城市水源地地下水动态观测

网,并依据工程建设对地下水动态观测的特殊要求,在一些建设地段对地下水动态观测网的密度进行调整或增设新的观测点;

6 在重点工程分布地区及对地下水动态观测有特殊要求的建设地段,可根据需要加密观测点;

7 当工程建设对地下水动态产生长期影响时,应布设地下水动态观测点。

4.0.12 对于易发生环境地质问题的地区,专门性观测网的布设应符合下列规定:

1 在因过量开采地下水而形成水位下降漏斗并导致地面沉降的区域内,应穿过漏斗中心按十字形布设观测线,其长度应超过漏斗范围;

2 在已经发生岩溶塌陷或可能发生塌陷的地区,应设置观测岩溶水及其上覆松散岩层孔隙水水位动态的观测点;

3 在由于地下水位升高而产生危害的地区,应设置专门性观测点;

4 在有可能产生滑坡地质灾害的地段,应根据具体情况布设专门性观测孔,观测对斜坡稳定有影响的地下水位和孔隙水压力的变化;

5 在滨海平原地区、内陆盐湖或盐池附近,以及咸淡水交替分布地区,应垂直岸边或边界并沿地下水流向布设观测线,控制地下淡水、地下咸水及淡水-咸水过渡带等部位;在因强烈开采中深层地下水而导致上层咸水下渗的地区,应选择代表性地段,设置咸水与淡水(开采层)分层观测点,观测咸水下移速度;

6 地下水污染区观测网的布设,应根据污染源的分布和污染物在地下水中的扩散形式,采取点面结合的方法,观测污染物质及其运移规律,且观测的重点应是供水水源地及易污染的浅层地下水。

4.0.13 地下水环境评价专门性观测网的布设应符合下列规定:

1 观测点应满足取水样的要求;

2 观测点应利用地下水水位动态观测点和地下水水质动态观测点,兼顾评价区及其上下游地下水流场及污染物运移特性,适当增补专门性观测点;

3 应考虑地下水在垂向上的空间展布及其对地下水环境评价的影响,当有多层地下水时,应设置地下水分层观测点。

5 观测孔结构设计与施工

5.1 观测孔结构设计

5.1.1 观测孔可利用生产井、试验井或专门设置,观测孔的结构应满足观测目的和要求。

5.1.2 观测孔的井管内径不宜小于100mm,基岩观测孔裸孔井段的口径不应小于108mm。生产井作为观测孔时,泵管与井管之间的间隙不应小于50mm。

5.1.3 观测孔的深度应根据观测目的、含水层类型、含水层埋深和厚度确定,并应符合下列规定:

1 对承压含水层,观测孔宜深入整个含水层,当含水层厚度较大时,观测孔深入其厚度不宜少于15m;

2 对潜水含水层,观测孔宜深入整个含水层,或深入最低动水位以下7m~15m;

3 对上层滞水含水层,观测孔应深入整个含水层。

5.1.4 过滤器的安装宜符合下列规定:

1 当目标含水层厚度不超过30m时,可在动水位以下的含水层部位全部安装过滤器;

2 当目标含水层厚度超过30m,岩性较均一时,宜在动水位以下的含水层部位安装长7m~15m的过滤器;目标含水层岩性不均时,宜在动水位以下的含水层部位全部安装过滤器。

5.1.5 在裂隙、岩溶含水层中宜采用裸孔架、缠丝过滤器或填砾过滤器;在卵石、圆(角)砾及粗中砂含水层中,宜采用缠丝过滤器或填砾过滤器;在粉细砂含水层中,宜采用填砾过滤器。

5.1.6 单层填砾过滤器的砾料规格应符合下列规定:

1 对于含水层的不均匀系数(η)小于10的砂土类含水层,砾料规格应按下式确定:

$$D_{50} = (6 \sim 8) d_{50} \quad (5.1.6-1)$$

式中:D_{50}——填砾颗粒分布累积曲线上,过筛重量累积百分比为50%时的颗粒粒径;

d_{50}——含水层颗粒分布累积曲线上,过筛重量累积百分比为50%时的颗粒粒径。

当砂土含水层的η大于10时,应除去筛分样中的部分粗颗粒后重新筛分,直至η小于10为止,然后根据颗粒分布累积曲线确定d_{50},并按式(5.1.6-1)确定填砾规格。

2 对于含水层颗粒分布累积曲线上,过筛重量累积百分比为20%时的颗粒粒径(d_{20})小于2mm的碎石类含水层,砾石规格应按下式确定:

$$D_{50} = (6 \sim 8) d_{20} \quad (5.1.6-2)$$

3 对于d_{20}大于或等于2mm的碎石类含水层,可填入10mm~20mm的砾石,也可不填砾。

4 填砾宜采用均匀砾石,填砾的不均匀系数应小于2。

5 砂土含水层的不均匀系数应按下式计算:

$$\eta = d_{60}/d_{10} \quad (5.1.6-3)$$

式中:d_{60}、d_{10}——分别为含水层颗粒分布累积曲线上,过筛重量累积百分比为60%和10%时的颗粒粒径。

5.1.7 双层填砾过滤器的外层填砾规格,应按本规程第5.1.6条的规定确定,内层填砾的粒径宜为外层砾石粒径的4倍~6倍。

5.1.8 对于单层填砾过滤器的填砾厚度，粗砂以上地层不应少于75mm，中砂、细砂、粉砂地层不应少于100mm。对于双层填砾过滤器的填砾厚度，内层应为30mm～50mm，外层应为100mm。

5.1.9 双层填砾过滤器的内层砾石网笼上下端，均应设四块弹簧钢板或其他保护网笼装置。

5.1.10 填砾过滤器骨架管的缠丝间距、不缠丝穿孔管的圆孔直径或条孔宽度（t），宜按下式确定：

$$t = D_{10} \qquad (5.1.10)$$

式中：D_{10}——填砾的有效粒径（mm）。

5.1.11 填砾高度应根据过滤器的位置确定，底部宜低于过滤管下端但不应低于目标含水层底面，上部宜高出过滤器上端2m～3m，但不应高于目标含水层顶面。

5.1.12 对于兼作抽水井的观测孔，其井管底部应安装长度不小于4m的沉淀管，管底应用钢板焊接或其他方式封闭。当沉淀管中的沉积物厚度高出沉淀管而掩埋过滤管时，应及时洗井。

5.1.13 对于兼作观测孔的生产井、试验井，可在井管外的砾料层中设置水位观测管，也可在泵管与井管之间设置水位观测管，水位观测管的直径不小于30mm，水位观测管下端应低于观测孔最大动水位的埋藏深度。

5.1.14 观测孔井管的管材应根据地下水水质、管材强度、观测孔的口径与深度，以及技术经济等因素确定，并宜选用钢管、铸铁管、预制钢筋混凝土管及PVC管等。

5.1.15 在地下水具有强腐蚀性或地下水已被污染的地区，应采取下列防腐措施：

1 选用耐腐蚀性的管材；

2 缠丝宜采用不锈钢丝、铜丝或玻璃纤维增强聚乙烯等耐腐蚀性的滤水丝。

5.1.16 观测孔的孔口应符合下列规定：

1 应安装孔口保护装置，并应设置明显标识牌；

2 在孔口处地面应采取防渗措施；

3 观测孔附近不宜设置其他地下设施，地面不应堆放杂物。

5.1.17 观测孔使用的各种材料应无毒，并应具有足够的耐久性和化学稳定性，不得对环境产生不良影响。

5.1.18 对于多层含水层，应对目标层之外的地层严格止水，松散含水层宜用黏土球封闭，基岩裂隙宜用水泥浆封闭。止水段厚度不宜小于5.0m。同一观测孔分层止水时，应根据地下水的赋存条件确定透水段和止水段。

5.2 观测孔施工及孔隙水压力计埋设

5.2.1 观测孔宜采用清水钻进，当使用泥浆作冲洗介质时，泥浆的性能应根据地层的稳定情况、含水层的富水程度及水头高低、孔的深浅以及施工周期等因素，按现行行业标准《供水水文地质钻探与管井施工操作规程》CJJ 13 的相关规定执行，并应在成孔后及时进行清洗。

5.2.2 钻进过程中应及时、详细、准确记录和描述地层岩性及变层深度，并应准确测定初见水位。岩土样采取与地层编录应符合下列规定：

1 采取鉴别地层的岩土样时，在非含水层中宜每3m～5m取1件，在含水层中宜每2m～3m取1件；变层时应加取。当有测井、扫描照相、井下电视配合工作时，鉴别地层的岩土样数量，可适当减少。

2 采取颗粒分析土样，当含水层厚度小于4m时，应取1件；当含水层厚度大于4m时，宜每4m取1件；每件土样的取样重量不宜少于表5.2.2-1的规定。

表 5.2.2-1　每件土样的取样重量

土样名称	重量（kg）
砂	1
圆砾（角砾）	3
卵石（碎石）	5

3 土样和岩样的描述内容应符合表5.2.2-2的规定。

表 5.2.2-2　土样和岩样的描述内容

类　别	描　述　内　容
碎石土类	名称、岩性成分、磨圆度、分选性、颗粒级配、胶结情况和充填物（砂、黏性土的含量）
砂土类	名称、颜色、矿物成分、分选性、胶结情况和包含物（黏性土、卵砾石等含量）
黏性土类	名称、颜色、湿度、有机物含量、可塑性和包含物
岩石类	地质年代、名称、颜色、矿物成分、结构、构造、胶结物、化石、岩脉、包裹物、风化程度、裂隙性质、裂隙和岩溶发育程度及其充填情况

5.2.3 观测孔钻至规定深度后应校验孔斜，且应在孔斜满足不大于1.5°的要求后，再根据井（孔）结构设计图向井（孔）中下井管。采用填砾过滤器的观测孔井管下入后，应立即按设计要求在管外回填砾料及止水材料。

5.2.4 生产井、试验井兼做观测孔时，应在砾料层中安装水位观测管，并应按设计要求在管外回填砾料和止水材料。水位观测管的下端应安装2m～5m长的过滤管，管口应加盖封。

5.2.5 下管、填砾、止水等结束后，应选用有效的方法及时洗井。洗井质量应符合现行行业标准《供水水文地质钻探与管井施工操作规程》CJJ 13 的有关规定。

5.2.6 观测孔、观测管施工完成后，应采用抽水试验或注水试验等进行渗透性测试。

5.2.7 观测孔、观测管施工及渗透性测试工作均应有详细记录，并应附成果图。

5.2.8 饱和弱透水层的孔隙水压力可通过埋设孔隙水压力计进行观测，根据观测目的、土层渗透性质、观测时间长短和量测精度，可选用封闭式孔隙水压力计或开口式孔隙水压力计，并应符合下列规定：

　　1 电测式孔隙水压力计可用于各种渗透性质的土层，流体压力式孔隙水压力计和开口式孔隙水压力计可用于渗透系数（k）大于 1×10^{-5} cm/s 的土层；

　　2 当量测误差要求不大于 2kPa 时，应使用电测式孔隙水压力计；当量测误差允许大于 2kPa 时，可选用液压式孔隙水压力计；当量测误差允许大于等于 10kPa 时，可选用气压式孔隙水压力计；

　　3 使用期大于 1 个月、测试深度大于 10m 或在一个观测孔中多点同时量测时，宜选用电测式孔隙水压力计；流体压力式孔隙水压力计使用期不宜超过 1 个月；

　　4 液压式孔隙水压力计不宜在环境温度低于 0℃ 的情况下使用。

5.2.9 孔隙水压力计量程不宜过大，且上限值宜比静水压力值与预估超孔隙水压力值之和大 100kPa～200kPa。

5.2.10 孔隙水压力计的埋设应根据测试孔、测点布设的数量及土的性质等条件，选用钻孔埋设法、压入埋设法和填埋法；在同一孔中设置多个孔隙水压力计时，宜采用钻孔埋设法。

5.2.11 在软弱土层中埋设单个孔隙水压力计时，宜采用压入埋设法，并应根据埋设深度和压入难易程度，直接将孔隙水压力计缓慢压入预定深度或钻进成孔到埋设预定深度以上 0.5m～1.0m 处，再将孔隙水压力计压到预定深度，其上孔段应用隔水填料全部填实封严。大填方中孔隙水压力计宜采用填埋法，可在填筑过程中按要求将孔隙水压力计埋入预定位置。

5.2.12 孔隙水压力计采用钻孔埋设法埋设时，钻孔应符合下列规定：

　　1 孔径宜为 110mm～130mm；

　　2 在填土层或其他松散不稳定的土层中，应下套管护孔，护孔套管应垂直；

　　3 当使用泥浆作冲洗介质时，应在成孔后及时进行清洗；

　　4 孔深应考虑沉渣的影响；

　　5 钻探应有完整的原始记录，并应包括回次进尺、地层分层深度和土的性质描述等。

5.2.13 在钻孔中埋设孔隙水压力计应符合下列规定：

　　1 孔隙水压力计安放前，应排除孔隙水压力计内及管路中的空气；

　　2 孔隙水压力计周围应回填透水填料，且透水填料宜选用干净的中粗砂、砾砂或粒径小于 10mm 的碎石，透水填料层高度宜为 0.6m～1.0m；

　　3 同一钻孔内上下两个孔隙水压力计之间应设置高度不小于 1m 的隔水层，隔水材料宜选用直径 2cm 左右的风干黏土球；

　　4 孔口应用隔水填料填实封严，防止地表水渗入；

　　5 孔隙水压力计导线应有防潮、防水措施；

　　6 埋设工作应有详细记录，并应附埋设柱状图。图中应标明各孔隙水压力计安放位置、透水填料层和黏土球隔水层的起止深度等。

6 观测的内容与方法

6.1 水 位 观 测

6.1.1 根据现场观测点条件和测量精度与频率要求，水位观测可采用测绳、电测水位仪、自记水位仪或地下水多参数自动监测仪等。

6.1.2 地下水水位观测应符合下列规定：

　　1 水位观测应从固定点量起，并应将读数换算成从地面算起的水位埋深及标高；

　　2 每次测量水位时，应记录观测井近期是否曾抽过水，以及是否受到附近井的抽水影响；

　　3 采用测绳测量水位前，应对其伸缩性进行校核，并应消除误差；

　　4 采用电测水位仪时，应检查传感器的导线和测量用导线连接是否牢固，连接处应采用绝缘胶带仔细包扎，并应检查电源、音响及灯显装置是否正常，测量用导线应作好长度尺寸标记；

　　5 对安装自记水位仪的观测点，宜每个月用其他测量设备对水位实测 1 次，核对自记水位仪的记录结果，并应及时更换记录纸；

　　6 对安装自动监测仪的观测点，应在安装后第一个月及以后每半年，用其他测量设备实测 1 次水位，核对自动监测仪的记录结果；

　　7 当承压水水头高于地面时，可用压力表测量水位，当水头高出地面不多时，也可采用接长井管或测压管的方法测量水位。

6.1.3 水位观测频率应符合下列规定：

　　1 人工观测水位宜每 10d 观测 1 次。对于承压含水层，可每月观测 1 次。

　　2 安装有自动水位监测仪的观测孔，宜每日观测 4 次，观测时间宜为 6 时、12 时、18 时和 24 时。存于存储器内的数据可每月采集 1 次，也可根据需要随时采集。

3 当遇有中雨以上降雨时，潜水层中的观测点应从降雨开始加密观测次数至雨后 5d。

4 对傍河的观测孔，洪水期每日观测 1 次，从洪峰到来起，应每日早、中、晚各观测 1 次，并应延续至洪峰过后 48h 为止。

5 对流量较稳定的泉水水位，应每 10d 观测 1 次；当泉水水位变化异常时，应每日观测 1 次，直至水位恢复正常为止。

6 当城市规划区内出现矿山突水或工程建设基坑排水时，附近的观测孔应加密观测次数，每日应观测 1 次～2 次，直至水位变化接近突水（或排水）前时，再转入正常观测。

7 常年进行地下水人工回灌地区，宜每 10d 观测 1 次；非连续回灌地区，回灌期间宜每日观测 1 次，停灌后，可根据回灌水反向漏斗的消失速率，逐渐改为每 10d 观测 1 次。

8 确定地下水垂直补给量或消耗量的观测点，在补给期或消耗期应每天观测 1 次，其他时期宜每 10d 观测 1 次。

9 当需测定地下水与地表水之间的水力联系时，应对地下水水位与地表水水位同步进行观测，汛期及水位变化较大时，应每日观测 1 次。

6.1.4 地下水水位观测精度应符合下列规定：

1 水位观测数值应以米为单位，并应测记至小数点后三位；

2 人工观测水位时，同一测次应量测两次，间隔时间不应少于 1min，并应取两次水位的平均值为观测结果，两次测量允许偏差应小于 10mm；

3 自动监测水位仪精度误差不应大于 10mm；

4 每次测量结果应当场核查，出现异常时应及时补测。

6.1.5 地下水位统一观测应符合下列规定：

1 地下水位统一观测每年不应少于 2 次，并应在枯水期、丰水期各进行 1 次；

2 统一观测点的结构、标记应完好，其坐标、标高资料应齐全；

3 统一观测水位前，应全面掌握统一观测点的水文地质资料，潜水井与承压水井、混合开采井与分层开采井应严格区分；

4 城市地区枯水期动态水位观测时，应同时记录生产井的单位时间涌水量；

5 水位统一观测应在 2d 内完成，观测时间内遇降大雨时，应另安排时间重测。

6.1.6 地表水体水位观测应按现行行业标准《水文普通测量规范》SL 58 执行，并应按五等水准测量标准观测。

6.2 水量观测与调查

6.2.1 水量观测方法应根据观测对象、现场条件和测量精度要求等确定，可采用流量表法、流量计法、堰测法及流速仪法。

6.2.2 水量观测应符合下列规定：

1 水量观测应包括出水量及回灌量的观测，出水量应包括实测的泉水流量、各种生产井的开采量和工程施工及矿山的排水量等，回灌量应包括水井的人工回灌量、回扬量和渗水池的入渗量；

2 水量观测点应包括城市规划区内所有在用的生产井、排水井、回灌井及泉水等；

3 利用生产井进行流量观测时，每眼井均应装有流量表或自动流量监测仪，并应按规定时间观测累计开采量；

4 对不同地下水类型和含水层的生产井，应分别统计出水量；

5 对观测网内灌溉机井，应按灌溉期间记录的抽水井数、开泵时数、水泵规格或灌溉亩数等统计地下水开采量；

6 地下工程施工排水和矿山排水等的排水量，应按月进行统计；

7 地下水回灌点应安装流量计，并应记录回灌量、回扬量；渗水池的入渗量，宜根据池中水位标尺读数近似计算；

8 观测过程中流量表数据出现异常时，应及时检查，确保观测数据的准确性。

6.2.3 水量观测与调查频率应符合下列规定：

1 对城市水量观测孔，宜在每月末观测或调查一次累计出水量；

2 对专项抽水试验、施工降水及回灌井的观测，应调查相应月份的实际抽水量、排水量和回灌量；

3 对城市观测网范围内的矿山排水量及农田灌溉用水量，宜每月统计 1 次；

4 泉水流量宜每 10d 观测 1 次，遇流量变化大时，应每日观测 1 次，并应换算成月累计出水量。

6.2.4 水量观测精度应符合下列规定：

1 当使用堰测法或孔板流量计进行水量观测时，固定标尺读数应精确到 1mm，其换算单位流量值应计算至小数点后两位；

2 流量表观测精度不应低于 $0.1m^3$，对生产井月累计开采量统计值应精确至 $1m^3$。

6.3 水 温 观 测

6.3.1 根据工作要求，地下水水温可选用水银温度计、缓变温度计、热敏电阻温度计、电导温度计等进行观测；在条件允许时，可采用自动测温仪。

6.3.2 对下列地区应进行地下水温度观测：

1 地表水与地下水水力联系密切的地区；

2 进行回灌的地区；

3 有热污染及热异常的地区。

6.3.3 水温观测应符合下列规定：

1 当使用缓变温度计测量孔内水温时，温度计在水中停留时间不应少于3min；

2 当测量生产井、自流井中地下水及泉水水温时，可将水温计放在出水水流中心处，并应全部浸入水中，不得触及它物；

3 采用自动测温仪测量井内地下水温度时，探头位置应放于最低水位以下不小于3m处；

4 同一观测点宜采用同一个温度计进行测量，当更换其他温度计时，应注明仪器的型号及使用时间；

5 观察水银温度计应采用平视或正视，不得斜视；

6 观测水温的同时应记录当时环境下的气温值。

6.3.4 水温观测频率应符合下列规定：

1 每月应观测1次，当出现异常时，可每日观测1次，并应查明原因；

2 对安装自动测温仪的，可每日观测两次，观测时间可在5时和17时。存储器中的数据，可每月采集1次，并应及时输入计算机。

6.3.5 一般动态观测点水温观测精度应达到0.5℃，与水环境保护有关的观测点应达到0.1℃。

6.3.6 地下水温统一观测应每年1次，并可与枯水期水位统一观测同时进行。

6.4 水 质 监 测

6.4.1 水质常规分析可分为简分析、全分析和特殊项目分析，并应符合下列规定：

1 简分析应包括色度、气味、pH值、钾离子、钠离子、钙离子、镁离子、三价铁、二价铁、铝离子、氨离子、氯离子、硫酸根、重碳酸根、碳酸根、硝酸根、亚硝酸根、氟离子、可溶性SiO_2、耗氧量、总硬度（暂时硬度、永久硬度、负硬度）、固形物（TDS）、游离CO_2、侵蚀性CO_2等指标。

2 全分析应包括下列指标：

1）物理指标：色度、气味、浑浊度、电导率（EC）、氧化还原电位（EH）、溶解氧（DO）等；

2）化学指标：pH值、钾离子、钠离子、钙离子、镁离子、三价铁、二价铁、铝离子、氨离子、氯离子、硫酸根、重碳酸根、碳酸根、硝酸根、亚硝酸根、氟离子、可溶性SiO_2、耗氧量、总硬度（暂时硬度、永久硬度、负硬度）、总碱度、酸度、游离CO_2、侵蚀性CO_2、H_2S、灼烧减量及固形物（TDS）、化学需氧量（COD）等。

3 特殊项目分析应包括生化需氧量（BOD）、挥发酚、氰化物、汞、铅、锌、锰、铜、镉、六价铬、砷、硒、铍、钡、镍、钼、钴、硼酸、磷酸盐等指标。

6.4.2 根据监测目的和需要，可选择增加下列专项分析项目：

1 饮用水分析项目：可按现行国家标准《生活饮用水卫生标准》GB 5749规定的项目选取；

2 工业用水分析项目：工业上用作冷却、冲洗和锅炉用水的地下水，可按本规程附录A的规定执行，其他工业用水应根据需要确定；

3 细菌分析项目：细菌总数、总大肠菌群、粪链球菌、铜绿假单胞菌、产气荚膜梭菌、铁细菌、硫酸盐还原菌；

4 放射性污染分析项目：总α放射性、总β放射性、镭、铀、氡等；

5 城郊、农村地下水分析项目：考虑施用化肥和农药的影响，可增加有机磷、有机氯农药及凯氏氮等项目；

6 盐碱区和沿海受潮汐影响的地区地下水分析项目：可增加溴化物和碘化物等监测项目；

7 矿泉水分析项目：应增加硒、锶、锑、偏硅酸、溴酸盐等反映矿泉水质量和特征的特种监测项目；

8 水源性地方病流行地区分析项目：应增加地方病成因物质监测项目。

6.4.3 水样采取应符合下列规定：

1 取水样点应分布均匀；

2 在严重污染地段和咸淡水分界区域，应加密取样点；

3 对孔隙水、裂隙水、岩溶水或潜水、承压水，应分别取样；

4 对地表水，水样应在城市附近河段的上、中、下游分别采取；

5 对城市内浅层含水层分布区，应增加对建筑材料腐蚀性分析样品的取样数量。

6.4.4 水样采取频率应符合下列规定：

1 应每月在水质观测点取水样1次进行水质常规分析；

2 每年枯水期应在水质统一观测点统一取水样1次，进行水质常规分析及必要的专项分析，且水质统一观测取样应3d内完成；

3 对于城市供水水源地，除应按本条第1和2款采取水样进行分析外，每季度还应取样1次，进行饮用水水质评价项目分析。当水质出现特殊变化时，应每周取水样1次，进行个别项目分析，查明引起变化的原因，待水质正常后，可恢复到正常监测频率；

4 对回灌水源，在回灌前应作全分析、特殊项目分析和细菌分析等，回灌用水水质应每10d取水样1次，进行简分析，回灌后的地下水水质应每月取水样1次，进行全分析；当长期回灌时，对地下水应每月取水样1次作全分析，且每半年应至少取1次水样作特殊项目分析及细菌分析；

5 对海水入侵地区，应每月取水样1次进行简分析，每半年取水样1次进行全分析及特殊项目分析；

6 对安装有多功能自动监测仪监测地下水电导率的观测孔，应每日观测两次，设定观测时间应为0时和12时。存于存储器中的数据，应每10d采集1次，出现异常时，应及时采取措施，并查明变化原因或取水样进行分析验证。

6.4.5 水样采取的数量应按水质分析的类别确定，并应符合下列规定：

1 简分析，每件水样应取1.0L～1.5L；

2 全分析，每件水样应取2.5L～3.0L；

3 特殊项目分析，每件水样应取2.0L～3.0L；

4 细菌分析，每件水样应取0.5L～1.0L；

5 有机痕量指标分析，每件水样应取2.5L～3.0L。

6.4.6 水样采取应符合下列规定：

1 采取水质监测水样时，应同步测水温；

2 在生产井中采取水样时，可在泵房抽水时从出水管放水阀处采取，放水阀应是距生产井泵房最近的放水阀，取样前应把水管中存水放净；

3 当取水样点为长期不用水井时，取水前应进行洗井，抽出的水量应大于孔内存水量的2.0倍以上；

4 从自流井和泉水处取水样时，如出水口高于地面，可直接从出水口采取，如出水口低于地面，取样瓶口应距水面10cm以下采取水样；

5 盛水器应采用磨口玻璃或塑料瓶，且当水中含有油类及有机污染物时，不得采用塑料瓶；取含氟水样时，不得采用玻璃瓶；

6 除采取含石油类水样或细菌分析水样外，取水样前应先用拟取水冲洗容器（包括容器盖）至少3次；采取含石油类水样，可直接注入瓶内，并应留少量空间；

7 当采集测定溶解氧和生化需氧量的水样时，应注满水样瓶，且水样不得接触空气；

8 采取细菌分析水样，应用无菌玻璃瓶，取样前不得打开瓶盖，采样时严禁手指或异物碰到瓶口和接触水样；

9 在回灌井内采取地下水样时，应在开泵40min且待水清后再取样；

10 水样取好后，应立即封好瓶口，就地填好水样标签，标明取样时间、地点、孔号、水温、取样人签名，并应尽快送化验室；

11 水样长途运输时，应防止出现瓶口破损、水样瓶破裂及曝晒变质等不良后果；有机痕量指标样采集后及运输过程中，应一直放入冷藏箱中；

12 送样时应填好送样单，确定各种样品化验类别与要求，并应提交收样单位验收；

13 对于地下水中含不稳定成分的水样，其采取及保存方法应按本规程附录B执行。

6.4.7 统一观测时所取水样，应送水质化验室进行分析，并应抽出1/20～1/10的样品送到通过国家计量认证的城市供水水质监测站进行外检分析。

6.4.8 水样采取后，应在下列规定时间内送到化验室：

1 细菌分析水样：6h～9h，有冷藏条件时为24h；

2 建筑材料腐蚀性分析水样：24h；

3 放射性分析水样：24h；

4 特殊项目分析水样：72h，其中挥发酚、氰化物、六价铬为24h。

6.4.9 水样分析应符合现行国家标准《生活饮用水标准检验方法》GB 5750的规定。

6.5 孔隙水压力观测

6.5.1 孔隙水压力观测主要适用于饱和弱透水层中，应按照本规程第5.2.8、5.2.9条的规定选用合适的孔隙水压力计。

6.5.2 孔隙水压力观测的仪器设备应定期进行系统标定，且在使用前应经过检验。标定和检验结果应符合下列规定：

1 孔隙水压力无变化时，仪表指示的读数应稳定，标定曲线的3次重复误差应满足精度要求；

2 电测式孔隙水压力计应绝缘可靠，埋入土中的导线不宜有接头，所使用电源的电压值应在允许范围内；

3 液压式孔隙水压力计管路中不得有气泡，导管与接头不应渗漏，各部分连接应牢固。

6.5.3 孔隙水压力计应准确测定初始值，并应满足下列规定：

1 埋设结束后，应逐日定时量测，观测初始值的稳定性；

2 稳定标准：对于电测式、液压式应符合连续3d读数差小于2kPa；对于气压式应符合连续3d读数差小于10kPa；对于水位计应符合连续3d读数差小于5cm；

3 初始值应取稳定后读数的平均值或中值。

6.5.4 孔隙水压力观测应根据孔隙水压力变化规律，采用跟踪、逐日或多日等不同的观测频率，并应符合下列规定：

1 每次观测均应作好记录，完整填写日报表；

2 孔隙水压力上升期间，应逐日定时观测，当上升值接近控制值时，应进行跟踪观测并及时报警；

3 孔隙水压力消散期间的观测，可根据工作要求和消散规律确定观测频率；

4 测试过程中应随时计算、校核、分析测试数据，当出现异常值时，应及时复测，分析原因，并提出意见和建议。

7 观测资料分析、整理与管理

7.1 一般规定

7.1.1 观测资料记录、整理宜按本规程附录 C~E 的规定进行。

7.1.2 采用数据库管理系统时，采集的数据应及时入库。

7.1.3 应定期搜集城市规划区内的气象、水文资料，并应按时间顺序排列、整理。

7.1.4 每次实测的水位、水量、水质、水温、孔隙水压力等资料，应及时进行核查分析，当出现观测数据异常时，应查明原因，必要时应进行复测。经复查确认数据无误后，应及时汇总到地下水动态观测资料报表内。

7.1.5 全年的观测工作结束后，应根据需要分别计算和选定各观测项目的年平均值和极值等，并应绘制典型观测点地下水各动态要素的年变化曲线、多年变化曲线和该点的地下水动态综合曲线。

7.2 观测点基本特征资料

7.2.1 观测点宜按本规程附录 C 的表 C.0.1 的规定建立"地下水动态观测点基本特征资料登记表"。建网区内宜按本规程附录 C 的表 C.0.2 的规定建立"地下水动态观测点基本特征资料汇总表"。

7.2.2 对建网地区，应编制"××××年地下水动态观测点分布图"，实地观测点与图上标定的观测点的位置、标高等，应每年校对，当增加新观测点时，应补充在图上。

7.3 水位资料

7.3.1 水位资料统计应包括水位平均值，日、月、年水位变幅，最高、最低水位值及其发生的时间或日期。

7.3.2 当地下水位的日变幅较小时，可取当日观测水位的算术平均值作为地下水位日平均值；当地下水位的日变幅较大时，可采用时间加权平均法计算地下水位日平均值。

7.3.3 地下水位月平均值应按下列方法确定：

　　1 当月内观测不少于 3 次且观测时间间隔相同时，地下水位月平均值应采用算术平均法计算；观测时间间隔不等时，地下水位月平均值应采用时间加权平均法计算；

　　2 当月内观测少于 3 次时，地下水位月平均值可采用算术平均法计算，但该值应加括号。

7.3.4 地下水位年平均值可采用当年内地下水位月平均值的算术平均值。当年内缺少 1 个地下水位月平均值时，计算的地下水位年平均值应加括号；当年内缺少 2 个及以上的地下水位月平均值时，不宜计算地下水位年平均值。

7.3.5 地下水位观测资料汇总整理时，宜按本规程附录 E 的表 E.0.1 的规定编制水位观测点的"××××年地下水位观测资料年报"。

7.3.6 应根据地下水位动态观测数据绘制下列图件：

　　1 观测点的年与多年水位动态变化曲线，必要时绘制水位动态与影响因素综合分析曲线；

　　2 丰水期和枯水期地下水等水位线图与埋藏深度图；

　　3 地下水水位下降漏斗平面分布图、剖面图，必要时绘制历年地下水水位下降漏斗演变剖面图；

　　4 历年同期水位变化差值分布图，表示出水位上升区、下降区及其变化差值。

7.4 水量资料

7.4.1 地下水量观测资料汇总整理时，宜按本规程附录 E 的表 E.0.2 的规定编制水量观测点的"××××年地下水量观测资料年报"，应提供各观测点年总开采量、年总回灌量、月平均开采量、年内最大和最小月开采量及其发生的月份，并应根据各观测点的水量资料，统计全市的年总抽水量、总回灌量及总排水量。

7.4.2 根据开采资料，宜按本规程附录 E 的表 E.0.3 的规定编制"××××年地下水开采强度分区表"。

7.4.3 应根据水量观测与调查数据编制下列图件：

　　1 观测孔抽水量、排水量或回灌量年动态历时曲线；

　　2 泉水流量年动态变化曲线；

　　3 年总抽水量、总排水量或总回灌量年及多年动态变化曲线；

　　4 开采强度分区图。

7.5 水温资料

7.5.1 地下水温度观测资料汇总整理时，宜按本规程附录 E 的表 E.0.4 的规定编制"××××年单孔地下水温度观测资料年报"。

7.5.2 同一含水层组，宜按本规程附录 E 的表 E.0.5 的规定编制"××××年地下水温度综合年报"。年内缺少 3 个及以上月水温时，不宜计算年平均水温。

7.5.3 应根据地下水温度观测数据编制下列图件：

　　1 地下水年平均温度、年最高或最低水温等值线图及年水温变幅图；

　　2 单孔不同含水层组、不同深度的地下水温度同一时轴综合曲线图；

　　3 月或年地下水温动态变化曲线图。

7.6 水质分析资料

7.6.1 水质分析资料整理时，宜按地下水类型或不同含水层组分别进行统计分析。

7.6.2 地下水质分析资料汇总整理时，宜按本规程附录 E 的表 E.0.6 的规定编制地下水水质监测点的"××××年地下水水质监测资料年报"。

7.6.3 根据观测区地下水实际遭受污染的程度，污染监测资料统计应分别采用下列方法：

　1 单项有害物质的检出统计：应以水质观测点为单位，统计有害物质检出点数及超标的水样件数，并应计算其占观测点总数的百分数及最大超标率发生的时间，统计结果应按有害物质种类分别表示；

　2 多种有害物质的检出统计：应按每个水质观测点中已检出的有害物质的种类数统计，并应计算出各类的百分数及最大超标率发生的时间；

　3 卫生指标统计：应按饮用水卫生标准，选择典型的超标项目，统计检出的超标观测点数和超标水样件数，并应计算超标的百分数及最大超标率发生的时间。

7.6.4 水质分析资料分析整理时，应根据各观测点的水质分析资料，编制下列图件：

　1 不同含水层水化学类型分区图；

　2 矿化度、总硬度、硝酸根含量分区图；

　3 主要化学成分含量分区图；

　4 污染成分含量分区图；

　5 无机指标超标项数分布图；

　6 有机指标检出和超标项数分布图；

　7 对同一观测点多年监测数据，宜绘制不同元素两两对应的点状图；

　8 地下水水质年及多年动态变化曲线图；

　9 必要时可将对地下水化学成分变化有影响的因素的量或质，增绘在同时轴的动态曲线图上；

　10 对同一观测点的多层观测资料，宜编制地下水化学成分垂向变化图；

　11 对污染区应依据有害物质或超标物质的检出情况，编制地下水污染现状图。当有害物质点分布呈面状时，宜用污染范围和污染程度分别表示；当有害物质点呈零星分布时，宜用实际检出点或超标点分别表示。

7.6.5 地下水对建筑材料腐蚀性评价，应按现行国家标准《岩土工程勘察规范》GB 50021 的有关规定执行。

7.7 孔隙水压力资料

7.7.1 孔隙水压力现场量测后，应及时对原始资料进行核查、分析，并应根据率定曲线换算孔隙水压力值。

7.7.2 应绘制孔隙水压力的动态变化曲线。当同层或相邻含水层同步观测地下水位时，应同时绘制其地下水位动态变化曲线。

7.7.3 观测由工程施工引起的超孔隙水压力时，应同时记录对应的工程施工荷载动态变化情况，并应绘制孔隙水压力与荷载的关系曲线。

7.8 资料管理

7.8.1 资料管理宜采用数据库管理系统，硬件配置应满足数据库管理系统运行的需要。

7.8.2 数据库管理系统应具有较好的兼容性，并应具有数据的输入、修改、导入与导出、传输、建库、数据处理、图件绘制与编辑、查询、报表和图件打印输出等功能。

7.8.3 数据库管理系统应包括下列数据库：

　1 地下水动态观测点资料数据库；

　2 地下水动态观测孔地层及井孔结构数据库；

　3 地下水动态观测点基本特征数据库；

　4 地下水水位、水温动态观测数据库；

　5 孔隙水压力观测数据库；

　6 地下水水量观测数据库；

　7 地下水动态观测点水质分析数据库；

　8 水文资料数据库；

　9 气象资料数据库。

7.8.4 对生成的数据文件进行分析、处理时，应符合本规程第 7.3～7.7 节的规定。

7.8.5 下列资料应归档保存：

　1 观测网和观测点的基本资料、原始观测记录、图表及编制说明；

　2 原始观测资料的审查、校核、验收资料，审查通过后的验收意见、提交的正式报告；

　3 观测数据、各种图表和成果报告的电子文件。

7.9 资料成果提交

7.9.1 根据地下水动态观测工作的目的和要求，应向主管部门提交整编资料及年度工作报告。

7.9.2 初建网地区的年度工作报告主要内容应包括工作目的、范围、完成的工作量、区域自然地理概况、水文地质与工程地质条件、观测手段和方法、地下水动态分析评价等。

7.9.3 建网后历年工作报告应包括下列主要内容：

　1 工作概况：包括本年度观测的项目，使用的观测点数，同上年比较观测点、线及项目的调整与变动情况，完成的观测工作量的统计；

　2 资料成果评价：包括对观测手段和方法的说明，观测频率、观测时间变更的说明，当年地下水动态变化特征，地下水与地表水水力联系评价，地下水水位、水温、水量及水质变化分析，动态变化对区内建筑物的影响评价，地下水动态的综合评价；

　3 对下一年度地下水管理的建议。

7.9.4 地下水动态观测整编资料（含年报表）与工作报告，应在工作结束或年度结束后 2～3 个月内提交审查稿，经有关部门审查通过后，再提交正式报告。

7.9.5 对地下水动态观测有特殊要求的观测资料，资料的提交及管理应满足相关部门的专项要求。

7.9.6 地下水动态观测工作报告的目录可按下列顺序编排：

1 区域自然地理及水文地质条件；
2 地下水动态观测网现状；
3 地下水动态观测网的建设与维护；
4 地下水动态观测；
5 资料成果评价；
6 异常情况；
7 结论与建议；
8 附表及附图。

附录 A 工业用水常规分析项目

表 A 工业用水常规分析项目

测定项目	锅炉用水	冷却用水	工业过程用水	腐蚀性
水温	—	√	—	—
颜色	—	—	√	—
浑浊度	—	√	√	—
总残渣	√	√	√	—
可滤性残渣	√	√	√	—
非可滤性残渣	√	√	√	—
电导率	√	√	√	—
pH 值	√	√	√	√
酸度	√	√	√	—
碱度	√	√	√	—
游离 CO_2	√	—	√	√
侵蚀性 CO_2	—	—	—	√
总 CO_2	√	—	√	—
氯化物	—	√	√	√
硫化物	√	√	√	√
亚硫酸盐	√	—	√	—
硝酸盐	√	√	√	—
亚硝酸盐	√	—	—	√
硬度	—	√	√	—
碳酸盐硬度	—	√	√	—
钙	√	√	√	√
镁	√	√	√	√
钠＋钾	√	√	√	—
三价铁	√	√	√	—
二价铁	√	√	√	—
二氧化硅	√	—	—	—
锰	—	√	√	—
铜	√	√	√	—
锌	√	√	√	—
六价铬	√	√	√	—
溶解氧	—	—	√	—
生化需氧量	—	—	—	—
化学需氧量	—	—	—	—

测定项目	锅炉用水	冷却用水	工业过程用水	腐蚀性
油脂	√	√	√	—
磷酸盐	√	√	√	—
氨	√	—	√	—
氟化物	—	—	√	—
余氯	—	√	√	—

注："√"符号为应分析项目。

附录 B 测定地下水中不稳定成分的水样采取及保存方法

表 B 测定地下水中不稳定成分的水样采取及保存方法

项目名称	取样数量 (L)	保存方法	允许保存时间	容器	注意事项
侵蚀性 CO_2	0.5	加 2g～3g 大理石粉	2d	硬质玻璃瓶或聚乙烯塑料瓶	现场固定
总硫化物	0.5	加 10mL 1：3 醋酸镉溶液或加 25% 的醋酸锌溶液 2mL～3mL 和 14% 的氢氧化钠溶液 1mL	1d	硬质玻璃瓶	现场固定，标签上要注明加入溶液类别和体积
溶解氧	0.5	加 1mL～3mL 碱性碘化钾溶液，然后加 3mL 氯化锰，摇匀密封。当水样含有大量有机物及还原物质时，首先加入 0.5mL 溴水（或高锰酸钾溶液），摇匀放置 24h，然后加入 0.5mL 水杨酸溶液，再按上述工序进行	1d	硬质玻璃瓶或聚乙烯塑料瓶	现场固定，取样瓶内不得留有空气，并记录加入试剂总体积和水温
汞	0.5	每件水加入 1：1 硝酸 20mL 和 20 滴重铬酸钾溶液	7d	硬质玻璃瓶或聚乙烯塑料瓶	现场固定
铅、铜、锌、镉、镍、钴、硼、铁、锰、硒、铝、锶、钡、锂	2.0～3.0	加 5mL 1：1 盐酸溶液使 pH 值<2	10d	硬质玻璃瓶或聚乙烯塑料瓶	现场固定，所用盐酸不能含有欲测金属的离子，严格防止砂土粒混入
挥发酚及氰化物	1.0	每升水里加 2.0g 固体氢氧化钠使 pH 值>12；于 4℃保存	1d	硬质玻璃瓶	现场固定
氨	1.0		1d（尽快分析）	硬质玻璃瓶	瓶内不应留有空气

附录 C 地下水动态观测点基本特征资料

C.0.1 地下水动态观测点基本特征资料登记表宜采用表 C.0.1 的格式。

C.0.2 地下水动态观测点基本特征资料汇总表宜采用表 C.0.2 的格式。

表 C.0.1 地下水动态观测点基本特征资料登记表

统一编号		原编号		建点时间	年 月 日
坐标	X: Y:	地面高程(m)		测点高程(m)	
钻孔口径(m)		原孔深(m)		现孔深(m)	
井孔类型		井管类型		地下水类型	
钻孔用途		观测内容	□水位 □水量 □水质 □水温 □孔隙水压力		
竣工验收时 各项数据	初见水位标高(m)		稳定水位标高(m)		
	水位降深(m)		出水量(m³/h)		
	矿化度(mg/L)		总硬度(mmol/L)		
现用抽 水设备	水泵型号		水泵下入深度(m)		
	泵管外径(mm)		法兰外径(mm)		
	电机功率(kW)		额定出水量(m³/h)		

井位置示意图	地质、井管结构示意图				
	地层时代	地层名称	层底深度 (m)	地层厚度 (m)	含水层 层次	地质柱状与 井管结构

所属单位		联系人		电话	
施工单位		竣工日期		备注	

制表单位　　　制表人　　　制表日期　　　　　　　　　　　　年　月　日

表 C.0.2 地下水动态观测点基本特征资料汇总表

第 页

顺序号	统一编号	原编号	观测孔位置	坐标		井(孔)深度(m)	井管直径(mm)	地面标高(m)	孔口标高(m)	井(孔)类型	地下水类型	井(孔)所属单位	井(孔)竣工日期	建点时间	观测项目				
				X	Y										水位	水量	水质	水温	孔隙水压力

备注：每个观测点的观测项目，分别在水位、水量、水质、水温格中画"√"

统计者　　　校核者　　　统计日期　　　　　　　　　　　　年　月　日

附录 D 地下水动态观测资料记录

D.0.1 地下水动态人工观测记录宜采用表 D.0.1 的格式。

表 D.0.1 地下水动态人工观测记录

| 孔号 | 观测时间 | | | 水位埋深（m） | 水温（℃） | 气温（℃） | 取水样 | | | |
| | 日 | 时 | 分 | | | | 分析类别 | 取样数量（L） | 加稳定剂情况 | |
									名称	数量

观测者   记录者 校核者   年 月 日

D.0.2 地下水多参数自动监测仪观测记录的数据宜 采用表 D.0.2 的格式。

表 D.0.2 地下水多参数自动监测仪观测记录

孔 号			年 月 日			观测点标高		(m)	
地 址									
设定 时间 项目 日期	水位(m)				水温(℃)		电导率		pH值	
	0时	6时	12时	18时	5时	17时	0时	12时	0时	12时
1										
2										
3										
4										
5										
6										
7										
8										
9										
10										
11										
12										
13										
14										
15										
16										
17										
18										
19										
20										
21										
22										
23										
24										
25										
26										
27										
28										
29										
30										
31										
月统计 平均										
月统计 最高										
月统计 最低										
备 注										

资料采集员　　　　　　　　　　录入员　　　　录入日期　　　　　　　　　　年　月　日

附录 E 地下水动态观测资料年报表

E.0.1 地下水位观测资料年报宜采用表 E.0.1 的格式。

表 E.0.1 ××××年地下水位观测资料年报

孔号	日期 ＼ 月	1	2	3	4	5	6	7	8	9	10	11	12
	10												
	20												
	30												
	10												
	20												
	30												
	10												
	20												
	30												
	10												
	20												
	30												
月统计	最高												
	最低												
	平均埋深												

年统计	平均水位 (m)	最高水位		月 日		变化幅度	(m)	最大埋深		(m)	
		最低水位		月 日		平均埋深	(m)	最小埋深		(m)	

整理者　　　　　　　　　　　校核者　　　统计日期　　　　　　　　　年　月　日

E.0.2 地下水量观测资料年报宜采用表 E.0.2 的格式。

表 E.0.2 ××××年地下水量观测资料年报　　　　　　单位：m³

顺序号	月开采量 ＼ 月份 ＼ 观测孔号	1	2	3	4	5	6	7	8	9	10	11	12	年开采总量	月平均开采量

整理者　　　　　　　　　　　校核者　　　统计日期　　　　　　　　　年　月　日

E.0.3 地下水开采强度分区宜采用表 E.0.3 的格式。

表 E.0.3 ××××年地下水开采强度分区表

评价分区	开采强度分区界线 [m³/(km²·a)]	分布范围	分布面积 (km²)	开采量 (m³/a)	开采强度 [m³/(km²·a)]	机井总数 (眼)	机井密度 (眼/km²)	水位埋深 (m)	备注
严重超采区									
超采区									
未超采区									
说明	根据城市水源勘探资料,首先求得允许开采强度(模数),确定分区界线;相当于允许开采强度 1.5 倍以上者为严重超采区;相当于允许开采强度 1.0 倍～1.5 倍者为超采区,相当于允许开采强度的 0.5 倍～1.0 倍者为适宜开采区,低于允许开采强度 0.5 倍者为低开采区								

整理者   校核者   统计日期   年 月 日

E.0.4 单孔地下水温度观测资料年报宜采用表 E.0.4 的格式。

表 E.0.4 ××××年单孔地下水温度观测资料年报   单位:℃

孔号			观测仪器				地下水类型		
地址							观测层位		

日 \ 月	1	2	3	4	5	6	7	8	9	10	11	12
年统计	观测次数 (次)			最高水温(℃) 月 日				变化幅度(℃)				
	平均水温(℃)			最低水温(℃) 月 日								
备注												

整理者   校核者   统计日期   年 月 日

E.0.5 地下水温度综合年报宜采用表 E.0.5 的格式。

表 E.0.5 ××××年地下水温度综合年报　　　　　单位：℃

顺序号	水温 月份 观测孔号	1	2	3	4	5	6	7	8	9	10	11	12	最高水温	最低水温	年平均水温

整理者　　　　　　　　　校核者　　　统计日期　　　　　　　年　月　日

E.0.6 地下水水质资料年报宜采用表 E.0.6 的格式。

表 E.0.6 ××××年地下水水质监测资料年报

孔　号				孔　位							
地下水类型				取样层位							
月 日/时 项目	1	2	3	4	5	6	7	8	9	10	11	12
阳离子（mg/L）　K^+												
Na^+												
Ca^{2+}												
Mg^{2+}												
NH_4^+												
Fe^{3+}												
Fe^{2+}												
Al^{3+}												
Mn^{2+}												
合计												
阴离子（mg/L）　Cl^-												
SO_4^{2-}												
HCO_3^-												
CO_3^{2-}												
NO_3^-												
NO_2^-												
F^-												
PO_4^{3-}												
合计												

整理者　　　　　　　　　校核者　　　统计日期　　　　　　　年　月　日

续表 E.0.6

孔 号					孔 位							
地下水类型					取样层位							

月 / 日/时 项目		1	2	3	4	5	6	7	8	9	10	11	12
硬度 （mg/L 以 CaCO₃计）	总硬度												
	永久硬度												
	暂时硬度												
	负硬度												
pH 值													
其他项目 （mg/L）	总碱度												
	酸度												
	游离 CO₂												
	侵蚀性 CO₂												
	可溶性 CO₂												
	耗氧量												
	溶解氧												
	硫化氢												
	固形物												
	灼烧残渣												
特殊项目 （mg/L）	挥发酚												
	氰化物												
	砷 As												
	汞 Hg												
	镉 Cd												
	铬 Cr⁶⁺												
	铜 Cu												
	铅 Pb												
	锌 Zn												
	锰 Mn												
	银 Ag												
	硒 Se												
水化学分类 （舒卡列夫分类法）													

整理者	校核者	统计日期	年 月 日

本规程用词说明

1 为便于在执行本规程条文时区别对待，对要求严格程度不同的用词说明如下：

1）表示很严格，非这样做不可的：

正面词采用"必须"；反面词采用"严禁"；

2）表示严格，在正常情况下均应这样做的：

正面词采用"应"；反面词采用"不应"或"不得"；

3）表示允许稍有选择，在条件许可时首先应这样做的：

正面词采用"宜"；反面词采用"不宜"；

4）表示有选择，在一定条件下可以这样做的，采用"可"。

2 条文中指明应按其他有关标准执行的写法为"应按……执行"或"应符合……的规定"。

引用标准名录

1 《岩土工程勘察规范》GB 50021

2 《供水水文地质勘察规范》GB 50027

3 《生活饮用水卫生标准》GB 5749

4 《生活饮用水标准检验方法》GB 5750

5 《供水水文地质钻探与管井施工操作规程》CJJ 13

6 《水文普通测量规范》SL 58

中华人民共和国行业标准

城市地下水动态观测规程

CJJ 76—2012

条 文 说 明

修 订 说 明

《城市地下水动态观测规程》CJJ 76 - 2012，经住房和城乡建设部 2011 年 12 月 26 日以第 1228 号公告批准、发布。

本规程是在《城市地下水动态观测规程》CJJ/T 76 - 98 的基础上修订而成，上一版的主编单位是建设部综合勘察研究设计院，参编单位是陕西省综合勘察设计院、北京市勘察设计研究院，主要起草人员是马英林、张子文、牛晗、姚雨凤、刘蔼如、李连弟、颜明志。

本次修订的主要技术内容是：1. 根据规范编写的要求，对格式和章节进行重新调整；2. 明确了规程中的一些术语定义；3. 为满足城市建设与发展的需求，增加了服务于工程建设、环境评价、防灾减灾等方面的地下水观测内容；4. 适当调整了地下水动态观测点的布设密度，突出了城市地下水动态观测网的整体概念，将地下水动态观测分为日常观测和统一观测，弱化了统一观测网的概念；5. 将水质分析分为常规分析和专项分析，不仅使规程内容更清晰，逻辑更严密，而且更便于实施；6. 增加了孔隙水压力观测内容。

本规程修订过程中，编制组进行了地下水动态观测点布置和地下水水质监测的调查研究，总结了我国地下水动态观测的实践经验，同时参考了国外先进技术法规、技术标准。

为便于广大设计、施工、科研、学校等单位有关人员在使用本规程时能正确理解和执行条文规定，《城市地下水动态观测规程》编制组按章、节、条顺序编制了本规程的条文说明，对条文规定的目的、依据以及执行中需注意的有关事项进行了说明，还着重对强制性条文的强制性理由作了解释。但是，本条文说明不具备与规程正文同等的法律效力，仅供使用者作为理解和把握规程规定的参考。

目 次

1 总 则

1.0.1 本规程是在《城市地下水动态观测规程》CJJ/T 76-98（以下简称"98规程"）基础上修订而成的。"98规程"是我国第一本城市地下水动态观测规程，自实施以来，对规范城市地下水动态观测工作，发挥了重要作用。近年来，随着我国城市建设突飞猛进的发展，对地下水动态观测工作提出了更多更高的要求，一批相关技术标准也已陆续制定、更新。因此，有必要对本标准进行补充、修订，以适应城市发展的要求，保持与相关标准的协调。

目前，我国656个建制的城市中，有400多个城市存在不同程度的缺水问题，其中136个城市缺水情况严重。1999年以来，我国水资源紧缺形势更加严峻，50%的城市地下水不同程度地遭到污染，有些城市出现了水资源危机。据专家预测，21世纪水的危机将成为人类生存所需各种资源危机中最主要的一项。为此，如何合理地利用和管理好有限的水资源，特别是北方的地下水资源，是城市供水节水管理部门的头等重要任务。而掌握地下水动态变化又是管理好水资源的首要任务。

我国地下水动态观测工作始于1956年，初期的目的主要是为了正确评价地下水资源，为城市、工矿企业提供可靠、优质的供水水源。现在看来，对地下水动态进行观测的目的不仅限于水资源评价的问题，而是要通过地下水动态的观测掌握现状，预测未来，为城市可持续发展提供科学的依据。

目前随着我国城市化进程加快，城市人口猛增，工业用水和生活用水越来越多地依靠地下水源来解决。由于大量而集中的抽取地下水，造成了许多不良的环境水文地质和工程地质问题，如地下水位持续下降、含水层疏干、水井枯竭、泉水断流、海水入侵、地面沉降以及由此引起的一系列市政设施、建（构）筑物的破坏等，严重影响国民经济建设的发展，加上大量工业废水与生活污水未经处理直接向地面排放，使得全国有50%以上的城市地下水水质遭受不同程度的污染和恶化，严重影响人民身体健康，甚至威胁生命安全。

随着城市建设的发展，地下空间的开发利用已经相当深入，地下水对地下工程的设计施工以及运营使用都会产生影响。而在山区，随着城市工程建设的开展，产生大量的边坡工程，地下水对边坡工程的稳定起着至关重要的作用。在西北黄土地区，地下水位的升高会引起湿陷性黄土地基的湿陷，造成建筑结构的破坏。此外在城市地区应用地源热泵技术开发浅层地热能，也对城市地下水动态监测提出了新的要求。随着我国经济的发展、人民生活水平的提高和环保意识的增强，我国对环境保护的力度逐年加大，对环境评

价等咨询服务的需求也越来越多，由于地下水环境直接关系到国计民生，城市地下水环境评价对城市地下水水质的动态监测提出了新的更高的要求。

目前，我国设有长期观测网点的单位，有国土系统、水利系统、城建系统、环保系统及地震部门等有关单位，前两者多以大区域性的观测网点为主，其他部门均系专门性观测。

据国土部门资料记载，全国国土系统现有地下水动态观测孔23000余个，其中国家级观测孔为1400个；水利系统也有大批观测点，如西北六省与内蒙古部分地区即有3800余眼观测孔。目前，我国地震观测网中国家网及区域网有260余眼观测孔，地方网有700眼~800眼观测井分布在25个省、市、自治区内与地震有关的大的断裂带及构造带上。

我国20世纪60年代初，在上海、天津等重要城市开展了以控制地面沉降为目的的地下水动态观测工作；70年代中期，华北平原开展了以农业土壤改良为目的的地下水动态观测；专门为城市建设服务的地下水动态观测工作开展较早的城市有北京市、上海市等地，到80年代后期，其他部分大城市相继开展了城市地下水动态观测工作。目前，郑州等城市地下水动态监测工作进行得较系统、较完善。总之，现在国内已初步形成了多目标、多系统的地下水动态监测网络。

地下水动态观测本身是一项科学性、技术性、系统性很强的基础工作，必须要有一个统一的标准。为认真总结我国多年来地下水动态观测工作的经验，广泛吸收国际通用标准，大力推广采用新技术，满足国民经济可持续发展的需要，为城市水资源合理开发利用与管理，为城市规划、市政工程、建筑工程设计、水环境评价与保护、城市防灾减灾等提供地下水动态信息资料，特修订本规程。

1.0.2 "98规程"注重强调适用于城市供水及水资源管理服务为主导的动态观测。随着城市建设的发展，工程建设领域和水环境评价与保护等对地下水动态观测成果的需求也越来越多，要求也越来越高。

1.0.3 城市地下水无论对城市生活及工业用水、工程建设、城市公共安全都有巨大影响，因此城市地下水动态观测网纳入城市规划中是十分必要的，特别是利用地下水作为城市供水水源、有地下空间开发规划和有海水入侵、海平面上升、滑坡、岩溶塌陷、地面沉降等灾害影响的城市，建立城市地下水动态观测网就更有必要。

1.0.4 本规程是现行国家标准及行业标准《供水水文地质勘察规范》GB 50027、《岩土工程勘察规范》GB 50021、《建筑地基基础设计规范》GB 50007、《城市供水水文地质勘查规范》CJJ 16、《供水管井设计、施工及验收规范》CJJ 10及《供水水文地质钻探与管

井施工操作规程》CJJ 13 的配套文件。在上述的规范中有的单独规定了"地下水动态观测"的一些条文，在采用本规程时，尚应按上述规范中的有关原则规定执行。

2 术 语

2.0.1～2.0.4 长期以来地下水动态观测领域的术语不统一，有的称为地下水动态观测，有的称为地下水长期观测，地下水动态观测网的功能分类也是百花齐放。本次借规范修编之际，努力尝试规范和统一地下水动态观测的术语。本标准采用地下水动态观测术语，不再使用地下水长期观测术语。地下水动态观测网按功能划分可进一步细分为地下水水位动态观测网、地下水水质动态观测网、地下水水量动态观测网、地下水水温动态观测网、水源地专门性观测网、工程建设专门性观测网等。

3 基 本 规 定

3.0.1 地下水不仅是一种物质资源和能量资源，而且还是一种具有巨大潜力的信息资源。地下水动态观测则是发掘和应用地下水信息资源的重要手段。

根据系统论的观点，地下水动态可定义为地下水系统受外界输入作用而产生的一种综合响应。所谓外界输入作用，即是指影响地下水动态的因素。众所周知，影响地下水动态的因素很多，大致可归纳为自然因素和人为因素两大类。自然因素包括气象、水文、地理、地质、土壤、生物等因素；人为因素包括人工开采、排水、回灌及污水排放等。

地形不仅对水文地质条件起着控制作用，而且会对地下水动态的形成产生较大影响，如处在山前洪积平原的城市，距地下水补给区较近，地下水位变化幅度大，特别是处在岩溶裂隙类型地下水区的城市，上述特征更为明显。而在弱排泄平原区的城市，天然状态下潜水位具有埋藏浅，年变幅值小的特点；此外，地形起伏也可对地下水的分布起控制作用，往往可使城市地下水构成局部地下水子系统。

大气降水是地下水的主要补给来源，是地下水水文过程线形成的一个重要因素。蒸发作用是潜水排泄的一种方式，是引起浅埋潜水含水层水位昼夜周期变化的主要原因。大气压力增加或降低会引起井、孔中水位下降或上升。气温对地下水动态变化的影响至今还了解甚少。一些国家的地下水动态观测资料分析结果表明，在年平均为负温特征的城市，寒冬季节，土壤层冰冻，大气降水停止渗透。当融雪季节开始，正温月份到来时，即出现春季补给高峰，引起潜水水位上升及其化学成分和温度的明显变化。在整年正温或存在短期负温的地区，潜水在雨季得到补给，其他时间因地下水的蒸发量超过大气降水补给量，而使潜水得不到补给。

潮汐作用对滨海地区城市地下水动态影响很大，如我国海口市马村电厂水源地开采井地下水水文过程线，由于潮汐作用的影响而呈现出锯齿状。

土壤层及其包气带的厚度、生物对地下水特别是潜水的补给量及其化学组分的变化等对地下水起一定控制作用，因而对地下水动态有一定影响。

城市地下水动态强烈地受到人为因素，如人工开采、矿山和工程排水、地下水回灌及污水排放等因素的影响。这些因素既是造成城市环境地质灾害的主要原因，又是影响城市地下水动态形成及其特征的重要因素。由于影响地下水动态的自然及人为因素在各个城市不尽相同，故不同城市地下水动态表现为不同的变化特征及发生不同的环境地质问题。因此，查明地下水动态特征，解决环境地质问题，应是城市地下水动态观测网布设的重要目的之一。

城市的发展与建设中涉及的城市地下水资源的管理与保护、城市防灾减灾、水环境评价以及工程建设的需要等，均是城市地下水动态观测网布设应该考虑的重要因素。

3.0.2 由于水文地质单元的边界与行政区划边界不一致，地下水动态观测网在覆盖整个城市规划区的同时，还应满足控制完整水文地质单元的要求。

3.0.3 随着城市的发展，城市规划区往往跨越多个水文地质单元，水文地质的研究一般以水文地质单元为单位，对于地下水动态观测数据的分析利用也应以水文地质单元为单位进行，因此本条规定对城市地下水动态观测网的布置原则除应覆盖整个城市规划区外，还应以水文地质单元为基本单位，在每一单元内相对独立、自成体系，以能够观测不同水文地质单元、不同层位的地下水动态变化。

观测线是由连接一定方向上的观测点所构成的，其设置目的，在于查清和掌握城市（或其局部地区）一定方向上地下水动态的变化趋势及变化规律。

地下水动力条件、水化学条件、污染途径及有害环境地质作用强度变化最大的方向，是地下水动态变化最明显，也最具有代表性的方向。因此，本条规定要在这些方向上布设观测线。如在典型的动力条件变化最大的水源地、水化学条件变化大的地下水污染区，都要布设观测线或有观测线穿过。

以最少的人力、时间及资金投入，获取保证满足一定精度要求的地下水动态信息量是城市地下水动态观测网布设的一条原则。充分利用已有的勘探孔、供水井、泉、矿井、地下水排水点及取水构筑物等作为地下水动态观测点是这一原则的具体体现。

为方便统一管理，对所有观测点进行统一系统编号是必需的，观测点设置时应记录其基本资料，方便以后的观测与资料整理。

3.0.4 地下水储存于地下岩土层的空隙中，不同岩性构成的含水岩层其空隙具有不同的特点，这些空隙的空间分布，孔隙度和给水度有很大差别，同时不同含水层中地下水补给来源及补给路径也不尽相同，故它们储存、传输地下水的能力及地下水流动的水力性质、地下水中的核心组分等亦存在很大差别。所以本条规定，对多层含水层地段，应分层布设观测点。

3.0.5 目前，我国和世界各国对地下水动态观测的主要项目是水位、水量、水温和水质四项，孔隙水压力量测目前大多用于软土地基处理工程中，通过监测软土中孔隙水压力的变化来控制工程进度、评价软土处理效果等。随着城市的发展，尤其是山区的城市，其边坡数量越来越多，边坡的稳定成为城市建设和管理中面临的重要问题，边坡的监测是城市防灾减灾的重要手段之一。

对于山区土质边坡而言，其稳定性往往受控于软弱层，如淤泥、泥炭层等，这些软弱层又多是饱和弱透水地层，随着探头质量的提高，监测这些软弱层中的孔隙水压力变化成为边坡监测工作中重要且有效的手段。

此外，地下水对建筑物的浮力计算，尤其是基底位于相对隔水层中时的浮力计算已成为目前业界的热点和难点问题，有条件的地区可以通过基底下土层孔隙水压力的动态观测，总结规律、积累经验，为最终解决这一问题打下基础。

因此本规程在四项指标的基础上增加了孔隙水压力观测的内容。

3.0.6 城市地下水动态观测应以提供观测点的基础资料和实际观测数据为主，同时辅以必要的分析资料。

3.0.7 不同的目的和用途对地下水动态观测的关注点不同，对于一些特殊需要比如垃圾填埋场、大型制药厂、大型化工厂等附近需要专门布设地下水水质观测网。滨海城市为防止海水入侵，需要布设专门的地下水动态观测网，监测咸-淡水分界面的移动等。这些专门性观测网也应纳入城市地下水动态观测网统一管理，以发挥更大的效益。

3.0.8 地下水动态日常观测是按照规定的时间间隔对地下水动态观测点进行观测，以取得地下水动态变化规律。地下水统一观测是每年在特定的时间，比如丰水期、枯水期或指定的时间，对选定的观测点进行地下水动态集中统一观测，其目的是为评价和管理地下水资源提供完备的地下水动态资料。统一观测点应固定，以利于地下水动态的对比分析和变化规律的总结。

3.0.9 随着科技水平的进步，会出现许多新技术、新方法，本规程鼓励采用新技术和新方法。同时随着信息技术的发展和普及，地下水动态观测技术方法也应与时俱进。

3.0.10 重建设轻维护一直是我国工程建设中的通病，为保持地下水动态观测网的持续有效，必须加强日常维护。此外，由于多年超采地下水，许多城市都不同程度地发生地面沉降，严重地区的沉降量多达数米，地面沉降不可避免地影响到观测点的固定点高程准确，及时测量修正才能保证观测数据的准确。

4 观测网的布设

4.0.1 一点多用既可以节约投入，又有利于观测资料的统计和对比分析。同一个观测点可同时具有水位观测、水质观测、水量观测、水温观测等功能。地下水动态观测网根据需要可将其中具有相同功能的观测点划定为一个类别，如地下水位动态观测网、地下水质动态观测网等；或根据区域划分为不同的功能区，如水源地动态观测网等。由于一点多用，同一个观测点可能会同时属于不同的类别或功能区。

4.0.3 本条主要为针对地下水水质观测网布设的一些要求，从经济、合理及综合利用等角度考虑建议其尽可能与地下水水位观测网相结合。

4.0.4 本条对城市地下水动态观测网的密度作出了具体规定。这些规定是总结了国内不少城市的观测网密度布设方面成功的做法，并参照国土、水利等部门有关地下水动态观测的基本要求、规划要点等，同时结合城市地下水资源评价与管理方法的实际需要而作出的。

4.0.5 内陆地区分为平原区和山区，相对来讲山区地下水动态受地质构造和地形影响较大，观测点密度应适当加大。

4.0.6 滨海地区除应满足一般平原区的要求外，更需要关注的是海洋的影响，包括潮汐的影响和海水入侵问题。

4.0.7 水源地作为城市地下水的集中开采区，常因开采强度大，形成地下水位下降漏斗。因此，为刻画漏斗形状及圈定其范围，同时为满足水源地地下水资源评价与管理的需要，应设立地下水动态观测网，且观测点密度除应符合本规程表4.0.4的规定外，还应根据具体情况予以增加。

目前我国城市的水源地，多数建在城市规划区以内，但有些城市因地下水资源贫乏，不能满足需水要求，往往在远处找水，将水源地建在远离城市的地方，对这种水源地应单独建立观测网。

4.0.8 我国有不少城市为增加地下水的补给量，增大可供开采的地下水资源量，将水源地布设在近河地带，此种水源地称之为傍河水源地。傍河水源地主要有两种布井方式：平行河床方向开采井成排布置和开采井非成排布置。本条分别对这两种布井方式的水源地，提出布网要求。

4.0.9 由于岩溶及基岩裂隙在空间上发育程度的非均一性，决定了水源地的形状和规模。岩溶及基岩裂隙的发育，往往与构造作用密切相关。因此，此种水源地观测线长度应延伸到岩溶及基岩裂隙含水层边界，在岩溶及基岩裂隙含水层的边界以及对水源地地下水起控制作用的构造线上，宜适当加大观测点密度。

4.0.10 冲、洪积平原区含水层一般呈多层结构，且分布面积大，厚度较稳定。因此，处于这一地区的水源地，开采层亦具有多层次、分布广的特点。地下水开采量大的大、中型工业城市，多数座落在冲、洪积平原区。这些城市大量（或超量）开采地下水，致使水源地水位下降漏斗扩展到很大范围。根据需要可在开采井群（井排）以外增设辅助观测点，以圈定水源地水位下降漏斗范围。水源地开采层为多个含水层时，应分层设置观测孔。此外，目前已有单孔观测多层地下水的技术，有条件的地区可充分利用该技术，设置分层观测孔。

4.0.11 随着我国城市建设的快速发展，城市人口的加速膨胀，城市中高层及超高层建筑日渐增多，地下建筑及其基础埋置深度、基础复杂程度也日益增加。地下水对工程建设的影响作用，在更大的深度及广度上明显暴露出来。这种事实，已经使人们认识到地下水作为一种能量及信息资源，对城市规划及工程建设所产生的正负两方面的重要作用。因此在城市规划前期及工程项目的建设期、运营期对地下水动态进行全过程长期观测是非常必要的，它不仅能为工程建设的合理规划、合理投资提供科学依据，更能为构（建）筑物的安全建设、安全使用及其防护措施的制定提供宝贵的基础资料及预警信息。

4.0.12 随着我国大部分城市因地下水开采过量以及一些特殊地区因地下水位升高或降低而导致的环境地质问题日益增多，对其进行具体成因分析以及制定相应的避免或解决对策都已经被社会所关注，因此在易发生环境地质问题的地区设置专门性的观测网是非常必要的。本条即针对一些主要的环境地质问题提出布设地下水专门性观测网的要求。对于地下水污染区，最为关注的是供水水源地的污染情况，另外污染的地下水对该区建筑物基础及地下构筑物的腐蚀性也不可忽视。

4.0.13 近些年来，绿色人文、绿色生态被提出并不断强调和重视，因此对关系到国计民生的地下水环境的优劣进行合理评价及有效整治至关重要。为科学、合理、准确地对地下水环境进行分析、评价，设置专门性的地下水观测点是非常必要的，尤其是为准确判断地下水水质变化、地下水流场特性及地下水在垂向上的空间展布，进而为合理分析地下水水质动态和污染运移特点提供基础依据。

5 观测孔结构设计与施工

5.1 观测孔结构设计

5.1.1 充分利用生产井（含工程降水井及回灌井）、试验井作为观测孔是地下水动态观测点的布置原则，但为满足地下水动态观测的需要，其结构应满足观测目的和要求。观测孔结构参见图 1。

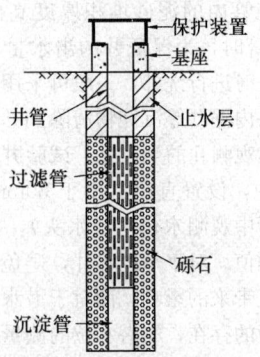

图 1 观测孔结构示意图

5.1.2 观测实践证实，在内径不小于 100mm 的井管内，动态观测工作可以顺利进行，此外考虑到目前我国市场上管材的规格多为外径 108mm、内径为 100mm 左右，为保证动态观测工作顺利实施，同时本着节约开凿经费和便于采购管材的原则，将观测孔井管的最小内径规定为内径不小于 100mm，基岩裸孔井段的最小口径规定为 108mm。

为了便于在选作观测孔的生产井中下入观测设备观测水位，防止因泵管与井管之间的间隙过小，给水位观测带来困难，故本条对这一间隙，作出不应小于 50mm 的规定。

5.1.4 观测孔过滤器的长度，应根据动态观测的目的和要求、含水层岩性与厚度、动水位埋深及技术经济等因素确定。

当含水层厚度小于 30m 时，为避免观测孔中的过滤管因长期暴露在空气中而被氧化、毁坏、降低孔的使用寿命，同时为节省建井（孔）经费，故在本条第 1 款规定，可在动水位以下的含水层部位，全部安装过滤器。

当含水层很厚（＞30m），岩性又较均一时，基于上述同样理由，并根据过滤器长度的等效作用，在本条第 2 款作了宜在动水位以下的含水层部位，安装 7m～15m 长的过滤器的规定。

5.1.6～5.1.11 观测孔的填砾规格、厚度及高度一般来讲应符合现行行业标准《供水管井设计、施工及验收规程》CJJ 10 的相关规定，专门用于水位、水温和水质监测的观测孔与兼作生产井的要求并不完全一样，从减少经济投入的角度可适当降低专门的观测孔的要求，但应满足观测数据准确性的要求。

5.1.12 为了保证井（孔）质量及延长其寿命作了本条规定。井管下端安装沉淀管，是为容纳井（孔）在抽水过程中，由含水层进入管内的泥砂而设置的。其长度按我国供水管井建造实践，一般最少为4m（一根管的长度）；沉淀管底用钢板焊接或用其他方式封死，则完全是为了防止泥砂从沉淀管底部进入管内，淤塞过滤管而必须采取的措施。但井（孔）在长时间抽水过程中，进入井管内的泥砂势必在沉淀管内越堆越厚，当沉淀管内的泥砂堆积厚度高出沉淀管掩埋（堵塞）过滤管时，为保证井的出水量不致因此而减少，则必须及时进行洗井，一般可采用空压机洗井的方法，将管井内泥砂等沉淀物清除到井（孔）以外。

5.1.13 兼作观测孔的生产井、试验井，在观测孔井管外砾料层中，设置直径不小于30mm的水位观测管，并在该管中观测水位（或水头），才能获得高精度的水位观测值。对于承压水井，避免了井壁水跃值对水位观测值带来的影响。而对于潜水井，则可消除因井壁渗出面的存在，给潜水位的测量值造成较大误差。对选作观测孔的生产井，在条件许可的情况下，本条要求在泵管与井管之间安装水位观测管，目的是为了提高水位观测精度及保护水位观测仪器的使用安全。目前我国多数城市，至今仍然沿用电测水位仪（计）观测地下水位常因无观测管导向，井下电（缆）导线不垂直，而造成水位观测误差。即使采用自动水位监测仪也会产生同样问题。此外，水位观测管还能起到保护电（缆）线不被划破，水位计探头或传感器不被卡在井内的作用。总之，安装水位观测管既可提高水位观测精度，又可保证水位观测仪器的使用安全。

5.1.16 为了防止孔口地面上的污水从管外渗漏到含水层中污染地下水，本条规定了在孔口地面应采取防渗措施。具体做法可用黏土或三合土等，将孔口周围填实并铺设水泥地面。

孔口保护装置可参照下述方法制作：

1) 砌筑水泥基座。为提高其强度和抗撞击性能，在水泥基座中安插钢筋笼，之后在基座模具内灌注混凝土至观测孔孔口，如图2和图3所示。

图2　安插钢筋笼

图3　砌筑水泥基座

2) 将孔口保护装置的脚架及底盘植入水泥基座中，要求底盘应尽量水平、周正，拭去底盘上残留的混凝土，保持底盘清洁，如图4和图5所示。

图4　安装底盘（之一）

图5　安装底盘（之二）

3) 待水泥基座凝固定型后，用螺母将孔口保护装置固定于脚架上，如图6和图7所示。

4) 在水泥基座外围喷漆，并在孔口保护装置上编号喷字，如图8和图9所示。

5.1.17 本条规定出于对环保的需要，此外，亦是确保水质观测结果的真实性和准确性。

5.1.18 做好分层止水工作，是确保分层观测资料准确性的关键。因此，必须严格做好止水工作，并及时检查止水效果。

图 6　安装保护装置（之一）

图 7　安装保护装置（之二）

图 8　基座刷漆

图 9　保护箱喷字编号

5.2　观测孔施工及孔隙水压力计埋设

5.2.1　观测孔在开凿过程中，应力求最大限度地保持含水层的天然结构及渗透性能不被破坏，以保证观测孔动态要素（特别是水位）的观测精度，故作出本条规定。

5.2.2　在观测孔钻进过程中，切实认真做好地层编录工作，是保证观测孔质量及其观测资料精度的最重要一环。因此，本条规定在钻进过程中，应及时、详细、准确地描述和记录地层岩性及变层深度，并应准确测定初见水位。

5.2.3　本条规定是在总结我国管井建造及钻孔施工的成功经验，并参考《供水管井设计、施工及验收规范》CJJ 10 中有关规定制定的。

5.2.5　目前我国在继续沿用机械（空压机等）洗井方法的同时，也在应用化学洗井的方法，如二氧化碳洗井方法、压酸洗井方法及偏磷酸盐洗井方法等。实践证明，这些洗井方法效果较好。因此本条强调，应结合实际情况选用有效的洗井方法。

5.2.8　在饱和弱透水层中，由于相邻含水层中地下水位变化，或人为因素影响等，可导致孔隙水压力变化，对软土地基或边坡产生不利影响，必要时应进行孔隙水压力的观测工作。孔隙水压力计应根据量测的目的、岩土层的特点、要求的精度等选用合适的型号、量程等。

5.2.12　钻孔埋设孔隙水压力计，当采用泥浆钻进时，主要考虑消除泥浆及孔内沉渣的影响。消除泥浆的影响主要依靠成孔后的换浆清洗，而消除孔内沉渣影响可通过适当增加钻孔深度的方法，以保证孔隙水压力计探头埋设位置不受沉渣影响。

5.2.13　孔隙水压力计埋设时，保持孔隙水压力计的真空度是关键。在施工中，保证孔隙水压力计周围透水和上下段隔水是提高数据准确性的重要因素。

6　观测的内容与方法

6.1　水位观测

6.1.1　随着科学技术的发展，先进的仪器和仪表在国际国内已逐渐普及，本规程所选用的设备有电测水位仪、半自动式自记水位仪和自动化的多参数监测仪等。后者在美国、英国、德国、荷兰和日本等许多发达国家已普遍采用，我国已有几个单位试制成功，并开始使用。建议在条件允许的地方，可安装一定比例的自动监测仪，它可以定时自动观测，自动存储数据，然后通过"黑匣子"或便携式计算机将一段时间的观测成果采集后输入室内计算机中。观测仪器设备可按表 1 选择。

表1　地下水位观测仪器设备

仪器种类		主要仪器设备	原理与使用方法	适用条件	设备特征
电测水位仪	灯显式、音响式、仪表式	1. 显示装置：有氖管、小灯泡、蜂鸣器、万用表或微安表等； 2. 井下导线； 3. 电极重锤； 4. 直流电源	1. 一般电线自制标尺的简易电测水位仪，单线或双线下入井内，见水后，电路接通，显示装置显示	适用于小口径，深度小于100m，细微读数要用尺量	应用最广泛，但井壁漏水或电极受潮易造成漏电产生误差
			2. 卷尺式直读水位仪，扁形导线上印有刻度，手柄旁有仪表或灯显装置	适用于小口径，测深小于100m，读数精度达0.5cm	国内及日本均有此产品
			3. 卷轴式直读水位仪，扁平导线上印有尺度，摇把附近有显示装置	适用于小口径观测孔，深度可达300m，读数精度为0.5cm	英国、德国、美国均有此产品
自记水位仪		由时钟、水位传动部分和井中浮标装置构成	钟表走时一个月。在井孔上安装后定时检查、换纸、校测，即可连续工作	适用于孔径大于200mm的观测点或无泵的井孔内观测	仪器长期稳定可靠，灵敏度尚可，但直流电池要经常更换
地下水多参数自动监测仪		1. 自动监测仪（内具多功能接收、监测及存储数据装置）； 2. 测线电缆； 3. 多功能探头	1. 测试传感器探头放入水中，通过导线把数据传入主机； 2. 在无人值守环境下，按每天设定时间，自动监测和数据储存； 3. 具有"查阅"和"自检"功能，可由仪器显示出测试的全部数据和有否故障及其部位； 4. 交流电在100V～250V均能正常工作，且具有过载短路保护功能	1. 全自动无人监测； 2. 自动存储数据； 3. 适用于水位年变幅≤20m； 4. 水位埋深≤100m； 5. 交直流两用AC220V、DC5V直流电池； 6. 监测项目有水位、水温、电导率和pH值	1. 分辨率1cm； 2. 精度0.5%； 3. 仪器长期稳定可靠，灵敏度高； 4. 数据保存可达10年，且停电不丢失； 5. 存储器可存入一年的观测数据（每日观测8个数据）
压力表法		压力表	压力表接于孔口，直接用压力表读数换算成水头高度，适用于压力较大的自流井	水头至少2m以上	精度较差

6.1.2 因目前测线（含电线）伸缩率可达0.1%～1%，故使用期间须经常对测线进行严格校核，使用测线时，在量测前应用钢尺校对尺寸标记；一般自动监测仪电缆的伸缩性较小，可半年校核一次；对自动水位仪的观测结果应定期进行校准。

6.1.3 水位观测频率：

1 对城市地下水水位动态观测，根据已有城市多年观测结果分析，在正常情况下每10日观测一次可以达到研究有关问题的需要。所谓正常情况，是指非雨天、非洪水期及其观测数据在常规变化之列。

2 对自动监测仪，水位测定时间，可根据各井开泵的规律和特点而定，对白天抽水、晚上停泵的井，每日设定四次，如开泵前的相对静止水位、抽水高峰期的水位等；对于长期开采井或非生产井的观测孔也可设定每日观测两次。其中一次与统测时段相符。

3 本款规定凡气象台预报有中雨（雨量规定为10mm～25mm）以上的降水，对潜水层中观测点应每日观测一次，到雨停后5d为止，对研究地下水补给、径流都有非常重要的实际意义。经过多年观测研究，当有效降水量每次达10mm～15mm时，发生降雨渗入补给。为此，规定中雨以上进行加测。另据野外实践得知，对于黄土盆地中埋深小的潜水层或平原盆地中有薄层黏性土覆盖的埋深小的潜水区，在降雨后3d～4d地下水方可达到高峰值，故确定雨后5d停止加测。

4 一般来讲河水是地下水的重要补给源之一。洪峰期地表水流量骤增，水位增高，增加河流附近观测孔的观测次数，对研究地表水对地下水的补给强度、补给途径及滞后程度等，将起着重要作用。

6、7 地下水的补排量相当时，水位处于相对平衡状态，当开采量与补给量相差悬殊时，将会出现大幅度的水位下降或急速升高，造成生产井吊泵或地下建筑物的淹没等后果。矿山的大量突水，基础施工的大量排水或人工回灌都将出现新的不平衡，故在地下水长期观测中遇此过程要加密观测次数，以便准确掌握资料及时作出决策。

8、9 测定地下水垂直补给量或消耗量以及地下水与地表水之间水力联系的观测点，在补给期或消耗期以及汛期或水位变化较大时应加密观测次数，每日观测一次，以便准确掌握变化规律。

6.1.5 一般枯水期及丰水期是反映一年内区域地下水位最低和最高的时期，而水位的高低对城市供水、水质的变化及地下水对工程建设的影响又是非常重要的因素，为此本条规定统测时间每年选定在枯水期和丰水期进行。

6.2 水量观测与调查

6.2.1 观测仪器设备可按表2选择。对于地面泉水、自流水井或沟渠等地表水可采用堰测法或流速仪法，而对于生产井一般要求安装水表，直读其各月末的累计开采量。

表 2 地下水量观测仪器设备

观测方法	主要仪器设备及结构原理	使用方法及适用条件	设备特征
堰测法	三角堰	1. 观测堰口水位，查三角堰流量表； 2. 在出水量较小时采用，一般适用于地面泉水	大流量时误差较大
	梯形堰	1. 观测堰口水位，查梯形堰流量表； 2. 在出水量较大时采用	水面波动大时误差较大
	矩形堰	1. 观测堰口水位，查矩形堰流量表； 2. 在出水量很大时采用	水面波动大时误差较大
流速仪法	旋杯式或旋桨式流速仪、水尺等	1. 在井、泉出水口流量较大具有明渠时，选择顺直地段，用流速仪测量断面上各点流速，计算流量； 2. 一般中小河流渗漏段，测量水流量可采用此法	详见有关河渠流量测量水文手册
水表测量法	叶轮式累计读数流量表	1. 为使水表正常工作，水流中不得含砂及砾石等杂物； 2. 无单位时间流量值； 3. 一般生产井常用的测试仪表	水表允许误差为±(2%～3%)
全自动流量仪	1. 涡轮流量传感器； 2. 信号放大整形器； 3. 单片机； 4. 数据保护电路； 5. 程序数据存储器； 6. 实时时钟； 7. 液晶显示器； 8. RS232串行接口	1. 流量计使用时接于管路中； 2. 观测时能记录抽水启动时间，抽水时间及停抽时间； 3. 随时视读单位时间平均流量和本次开泵后的累计流量； 4. 量程 $8m^3/h$～$120m^3/h$，$25m^3/h$～$200m^3/h$，$45m^3/h$～$300m^3/h$（由传感器决定）； 5. 测量精度2.5%； 6. 每月可记录256条数据，一个月采集一次数据，通过接口输入计算机中； 7. 不能设定时间，按要求存储流量数据	1. 仪器可采用市电及直流电，二者可自动切换，保证数据的安全可靠； 2. 安装要求与一般自来水管相同； 3. 停泵后可显示仪器内累计开采量的数据
孔板流量计法	1. 孔板用5mm～8mm厚钢制圆片或铜质圆片，中央有孔； 2. 管长500mm～700mm； 3. 根据流量大小选用不同孔眼孔板	1. 孔板流量计与出水管相接； 2. 距出水口250mm～300mm设一测压管，(可用胶皮管)其头部接10cm长的玻璃管，测压管旁立有刻度的标尺	1. 可就地加工； 2. 精度较高读误5mm仅差$12m^3/d$； 3. 标尺0点要设在水管一侧中心线上； 4. 流量计要持水平

6.2.2 水量观测与调查要求：

1 本规程中提出的水量观测的目的就是要查明全年各月从各种不同类型含水层中开采出或排泄出的总水量以及回灌到含水层中的水量，以便评价全区开采程度、开采强度、补排均衡状态，对未来城市发展规划提供基础资料。

平原区在回灌过程中为防止管井和回灌层堵塞导致的回灌量减少，需在回灌一段时间后进行回扬，以抽汲走管井滤水管处的堵塞物（如悬浮物、混浊物等）。初期回灌回扬次数为 1 次/（2d~3d）（视含水层颗粒和回灌水的混浊度与悬浮物浓度而定），以后逐步延长回扬时间，因此，回灌量包括净回灌量和回扬量。

2~4 水量观测要把每月开采的地下水量全部统计出来，因此，城市地下水动态水量观测点应包括城市范围内所有在用的生产井、排水井和回灌井。

5 地下水开采量还包括农业灌溉井的开采量，但农业井基本不装水表，故只能用水泵规格及开泵时间来计算，为此，要求这一数据统计要准确无误。

6.2.3 水量观测与调查次数：

1 对生产井开采量的统计和施工排水及矿山排水量调查，要求每月进行一次，要把城市范围内所有井各月的开采量全部统计在内。从水表中读到的累积流量值要换算成本月开采量值。

4 泉水流量，用观测的单位时间流量值换算成月总流量值。

6.2.4 水量观测精度：

1 水量观测精度用堰测法测量水量时，标尺观测读数要求达到毫米，然后从三角堰流量表中查出单位涌水量数据再换算成总水量；

2 对于开采井每月统计开采量的精度达到立方米即可。

由于水量观测的目的是统计每个时间段内，从地下开采出的总水量，故不侧重于每眼井单位出水量的大小，因此，对专门做水位、水温项目观测的观测孔，不必专门做抽水试验去确定井的出水量。

6.3 水 温 观 测

6.3.1 地下水温观测的仪器设备可以按表 3 选择。

表 3　地下水温观测仪器设备

主要仪器设备	仪器构成及使用方法	适用条件	设备特征
水银温度计	放入水面下一定深度 3min~5min 后开始读数（读数时温度计不应提出水面）	适用于泉水、自流水、抽水试验井及有出水阀门的生产井	精度差，读数易受气温影响
缓变温度计	温度表在特制的金属壳内，放入水面下一定深度，3min 后迅速取出读数	1. 观测孔口径要大于温度表壳的外径； 2. 适用于泉水、池水及地表水水温的观测	精度较差
热敏电阻温度计	1. 由感温探头、导线及平衡电桥等构成； 2. 每个感温探头都需预先进行标定，绘出特性曲线； 3. 观测时读出示值指针指出的电阻值，从特性曲线上查出温度	1. 适用于小口径孔的水温连续观测； 2. 每个测点所需时间由探头的感温性能而定，一般要 15s~30s	热敏电阻易老化，应每年标定一次，观测精度为 0.1℃
DWS型三用电导仪	电振荡器、分压器、放大器、检波器、指示器和井下电缆探头等构成	1. 可连续测井中的地下水位、水温、矿化度； 2. 使用环境的温度为 -5℃~50℃，测温范围为 0℃~50℃； 3. 仪器重（包括电缆）小于 2kg，适用于野外调查使用	测温最大误差为 -0.2℃~+0.8℃，国内已有定型产品
自动测温仪	1. 自动测温仪（内置多功能检测及数据存储装置）； 2. 电缆及测温探头； 3. 探头置于井内水下一定深度，按设定时间自动测量地下水温	1. 可连续测量地下水温度； 2. 数据自动存入存储器； 3. 每月或随时采集观测数据，最长可存储一年的资料； 4. 每日可设定多次观测数据也可设定几日观测一次	精度为 0.1℃满足一般对水温观测的要求，国内已有产品

6.3.2 本条指出在下列地区应加强地下水温观测：

1 地表水与地下水水力联系密切地区：通常地表水的温度年变幅值大，冬夏之间的温度差异显著，而地下水水温的变化很小，因此，在地表水补给地下水的地区对地下水温度动态的观测，能迅速地了解到地表水对地下水补给的范围和地段。

2 进行地下水回灌的地区：通过钻孔或渗水池进行人工补给地下水资源的地区。特别是冬灌夏用或夏灌冬用的地区，采用测温法，可以及时测定回灌水在时间和空间上的扩散速度和范围。

3 具有热污染或热异常地区：一旦发现观测孔中的水温超过背景温度时，可能出现了热污染，特别是在工业废水排放处、蒸发池、冷却池、尾矿坝周围及断裂带或地热发育地区，都具备了出现热污染或热异常的环境，应重视对水温的观测。

6.3.3 测量连续补给的水流温度，如自流井、泉水等，把测温计浸入水中，不触及它物即可，它受空气直接影响比较小；对于开采中的水井，可从泵房的排水阀处放水施测。对自动监测仪，一般测温探头应在最低水面下 3m 处，不受气温影响。

6.3.4 一般情况下，地下水温度变化很小，特别是深层地下水，为此，每月测量一次即可，如发现异常可加密观测次数。若全区有几个自动监测控制点，则每日观测两次，随时能观测到水温变化趋势。

对于全区统测水温，每年枯水期与水位统测一并进行即可。

6.3.5 水温观测，对于专门研究地震、地壳构造活动等单位，需要较高的精度（达 0.0001℃），在城市地下水动态观测中，一般达到 0.1℃～0.5℃即可。

6.4 水质监测

由于城市及工农业的迅速发展，生态环境受到严重破坏，水质污染及水质恶化问题日趋严重，已成为威胁水资源可持续开发利用的主要危机。专家认为在地下水开发利用中，水质问题将愈来愈占主导地位，因而如何采取有效措施，防止水质污染，将成为 21 世纪在供水工作中的主要任务，进行水质监测，是防止城市地下水污染的前提条件。

水质的监测主要是研究地下水水质在自然与人为因素影响下的时空变化规律。因此，取样除在空间上进行控制外，主要应注意掌握时间上的变化规律。

6.4.1 城市地下水水质监测是长期的日常工作，需要有基本的统一监测内容，由于不同城市的自然条件和人为影响因素不同，不同城市或同一城市不同区域的水质监测内容又会有所不同和侧重。既要有统一要求又要满足个性需要，因此将水质监测划分为常规分

析内容和专项分析内容，常规分析内容是日常监测工作中应作的，而专项分析内容可根据专门监测目的和对象实际需要选作。考虑到我国常用的水质分析类别，常规分析又分为三种：简分析、全分析及特殊项目分析。由于我国各行业或部门所颁布的标准对简分析、全分析的内容没有统一，为此本规程参照《生活饮用水卫生标准》GB 5749、《饮用天然矿泉水》GB 8537、《地下水环境监测技术规范》HJ/T 164、《地表水环境质量标准》GB 3838、《地下水监测规范》SL 183、《水环境监测规范》SL 219 等，并结合实际操作情况对简分析、全分析和特殊项目分析均列出具体要求。多年来的地下水质监测数据与成果表明，简分析指标既不可太多也不可太少，简分析数据至少应能反映水质的主要成分、含量和水化学类型特征及部分污染物指标的含量变化特征，同时亦应满足地下水对建筑材料腐蚀性的评价等要求。全分析应能满足《地下水质量标准》GB/T 14848 对地下水水质评价的要求。

6.4.2 根据城市自然条件的不同和可能的影响因素，提出 8 种专项分析内容，可根据具体需要进行选取。

细菌分析项目中前 5 个为饮用水标准指标，后 2 个指标主要针对地下水回灌工程，会引起管井损坏与地下水质变异。

6.4.3 取样点均匀分布主要是编制水化学图的需要，而对不同性质、不同类型的地下水要分开取样，不能混淆；河水一般对浅层地下水往往有直接补排关系，为此，对城市近郊区与地下水有联系的河水的上、中、下游分别取水样进行分析。

6.4.4 取样次数应符合下列要求：

本规程规定，全区统一取样时间每年一次，在枯水期。对自来水供水井一般每季度取样一次进行水质分析；对回灌水每 10d 取样一次；对海水入侵的观测孔则每月取样一次进行分析，目的是及时发现问题及时改正。

本条中提到安装多功能（带有电导率测定探头）自动监测仪，每天监测电导率的变化，可及时发现地下水中矿化度的变化情况，如有明显变化，马上取样化验验证，并找出原因。

6.4.5 考虑到我国现用的水样化验设备新旧并存的现状，同时为了保证化验结果的精度，需进行对比试验，对每个水样采取的水量可暂沿用以往的规定，今后随着水质化验新技术的应用，采样的数量可相应减少。

6.4.6 通常造成水质分析精度不准确的原因可归纳为下列三点：

1）采样时，违反了规定的注意事项，埋下误差根源。

2）不稳定组分在存放及运送过程中发生了

变化。

3）实验室分析中所产生的误差。

为了避免上述误差的产生，确保水样分析的质量和精度，本规程详细列出了取水样的13款注意事项，对各种分析水样的采取方法、水样容器材料，水样的保存时间和方法，水样的包装运输等都作了详细规定，同时对水样分析质量提出了明确的要求。关于水样保存时间，在国家有关部委作出新的规定后，一律按新规定执行。

水样采集是水质监测工作的重要环节，但往往被忽视。目前，由于水质分析技术的迅速提高，水质分析可达到相当高的精确度，相比之下，在水样采集过程中，由于操作不慎及过失产生的误差远远超过分析本身的误差，甚至使最终的水质监测结果失去意义。因此，水质监测工作人员必须对样品采集给予足够的重视，认真按规定的程序操作，以确保采集的水样真实可靠。

采样容器普遍使用玻璃瓶和塑料瓶，由于容器对水样会有一定影响，使用时要考虑下列情况：玻璃易吸附痕量金属，也可与氟化物发生反应，塑料易吸附有机污染物。故在本条指出：当水中含有油类及有机污染物时，不宜采用塑料瓶；测定痕量金属和氟化物时，不宜采用玻璃瓶。

取细菌分析水样的消毒玻璃瓶应由卫生机关或专门试验室提供。

6.4.7 统取水样应抽出 1/20～1/10 的样品送到通过国家计量认证的城市供水水质监测站进行分析、外检。

6.5 孔隙水压力观测

6.5.2 孔隙水压力观测工作的成功与否取决于两个因素，其一为探头、量测设备质量，通过检验和标定来保证其可靠性；其二为埋设质量，详见本规程第5章的相关规定。

6.5.3 孔隙水压力计在埋设过程中，由于对土层的扰动而影响读数的稳定，一般须经一定的时间方可达到稳定。确定初始值应在施工前进行，以避免受施工影响而得不到稳定的初始值。

6.5.4 当孔隙水压力上升，总应力不变时则岩土的有效应力减小，抗剪强度降低，不稳定性增加，因此在孔隙水压力上升期间应逐日定时监测并采取相应的措施使孔隙水压力消散。当测定值接近允许的极限值时应进行跟踪观测、捕捉峰值，并向有关部门通报及建议采取相应的措施。

7 观测资料分析、整理与管理

7.1 一般规定

7.1.1 本次修编基本上沿用了上一版规范中的相关表格，局部作了适当修改。在实际应用中，可参考这些表格的格式，根据具体情况调整，但其中的基本内容应涵盖。

7.1.2 计算机和通讯技术的高速发展与应用为地下水动态观测数据库自动化建设提供了保障。有条件的城市和地区应建立地下水动态观测信息系统，包括：信息采集系统、传输系统、处理和储存系统、数据库管理系统等。自动化观测数据和人工录入数据都应进入统一的数据库，数据库应进行备份，以免数据丢失，储存数据库的设备应具有较好的兼容性。当需绘制相应的观测数据报表、图件时可从数据库中直接提取，数据库应便于数据增补、图形修改，地下水动态数据的统计分析，为全国地下水动态观测数据库网络提供基础资料。

数据库管理系统软件应经过国家行业主管部门组织的技术鉴定后方可使用。

7.1.4 鉴于地下水各动态要素时刻都在变化，甚至变化幅度很大，因此，每次观测结束后应及时核查观测资料，当发现观测数据异常及时查明原因，必要时进行复测，以免漏测而影响数据统计。

7.1.5 地下水动态综合曲线应包括地下水位、水量、水温及水化学成分随时间的变化过程及影响地下水动态的主要因素变化过程曲线。根据这种曲线图表可以分析地下水动态与影响因素的关系。

7.2 观测点基本特征资料

7.2.1 凡地下水动态观测点都应建立详细的档案，便于资料的管理。本规程规定对每个观测点应详细填写"地下水动态观测点基本特征资料登记表"，在登记表中应附地层资料及观测点位置示意图等。

7.2.2 "××××年地下水动态观测点分布图"的主要内容有：地形、地物、城市、乡村及河渠、水库、湖泊、泉的位置、坐标系统、观测点及编号、观测点类别、观测项目以及其他试验工作的实际布置等。

7.3 水位资料

7.3.2 有每天的逐时水位观测资料时，日水位平均值应由每天的观测资料确定。本次修订在确定水位日平均值时，均按一天内的观测数据作为统计依据，水位日变幅较小时，采用当日观测水位的算术平均值；水位日变幅较大时，采用时间加权平均法计算，其公式为：

$$h_{dp} = \frac{h_1 t_1 + h_2 t_2 + \cdots + h_n t_n}{t_1 + t_2 + \cdots + t_n} \tag{1}$$

式中 h_{dp} ——水位日平均值（m）；

h_1、h_2、h_n ——分别为本日各次水位值（m）；

t_1、t_2、t_n ——分别为各次监测之间的时间间隔(h)。

7.3.3 水位月平均值依据当月内若干次水位日观测结果进行计算,通常情况下每 10d 观测一次,可采用算术平均值。观测时间间隔不等时,水位月平均值采用时间加权平均法计算,其公式为:

$$h_{op} = \frac{h_1 t_1 + h_2 t_2 + \cdots + h_n t_n}{t_1 + t_2 + \cdots + t_n} \qquad (2)$$

式中　h_{op} ——水位月平均值(m);

h_1、h_2、h_n ——分别为本月各次水位值(m);

t_1、t_2、t_n ——分别为各次监测之间的日期间隔(d)。

当月内观测次数少于 3 次时,计算的水位月平均值不具代表性,仅可作为参考。

7.3.4 水位年平均值依据水位月平均值进行计算,通常采用算术平均值。当缺少两个及以上的水位月平均值时,水位年平均值仅可作为参考。

7.3.6 按各地区地下水动态观测的目的和要求编制相应的地下水水位动态变化图件,条文中列举了常用的地下水水位动态变化图件,供选用。

与地下水水位动态变化密切相关的影响因素有大气降水、河水流量、回灌量、排水量、蒸发量等,需要时可编制地下水水位动态与影响因素综合分析曲线。

7.4　水 量 资 料

7.4.3 利用地下水水量观测资料编制的基本图件,是地下水水量历时曲线和开采强度分区图。

7.5　水 温 资 料

7.5.2 水温平均值可采用算术平均值也可采用时间加权平均值。当分层观测时,则应分层填报地下水温度年报表。

7.5.3 本条中列出的图件可根据实际需要选绘。

7.6　水质分析资料

7.6.1 考虑到不同含水层水质可能有较大差异,潜水含水层易受到污染,因此,水质监测应分层取样,统计分析亦应同层进行。

7.6.3 本条中列出的污染监测资料统计方法,是多数单位通用的统计方法,也可根据水质观测目的的需要采用其他统计方法,提供其他统计指标,如单项指标的最大值、最小值、平均值等。

7.6.4 本条中列出的图件可根据实际需要选绘。

7.7　孔隙水压力资料

7.7.2 自然条件下饱和弱透水层中的孔隙水压力主要取决于其相邻含水层中地下水的水头,同步观测相邻含水层的地下水水位可了解其相互关系,为孔隙水压力动态变化的分析研究提供基础资料。

7.7.3 以孔隙水压力为纵坐标,荷载为横坐标绘制孔隙水压力与荷载的关系曲线,根据曲线可以了解和预测施工期间土体中孔隙水压力的变化情况,以便控制施工速度。一般情况下,开始时孔隙水压力随土体上部荷载增大而增大,当荷载达到某一限值时,孔隙水压力突然增大,曲线上形成拐点,此时土体发生剪切破坏。

7.8　资 料 管 理

7.8.1 硬件配置关系到数据库管理系统运行质量,由于电子技术的更新较快,因此,各单位根据自身经济条件和实际工作需要选配硬件时,应注意设备的兼容性,保证数据能长期读取。

7.8.2 选购系统软件前应做好市场调查,了解软件所有功能和特点,购买设计合理、功能完善、符合规程要求、兼容性强、二次开发工作量少的软件。系统基本软件包括计算机操作系统、数据库系统及中文输入系统。

数据库管理系统的基本功能可为主管部门提供各种地下水动态报表及其相关图件、提供查询、分析地下水动态变化,并提供图表输出。

　1)数据传输功能:解决数据采集器或采集系统与计算机的通信联机,实现数据的单向或双向传输。

　2)建库及数据处理功能:能对所采集数据自动建库、分类、计算,并将同类数据点按照一定格式进行排列和处理,形成数据文件。对这些文件有进行查询、增删、修改和串联等功能。

　3)图件绘制、编辑功能:能应用数据文件、标准图式符号库和中文字库绘制图件;能对自动生成的图件进行修改、增删、缩放和恢复,并将编辑后的图件存入相应数据文件等功能。

　4)报表、图件打印输出功能:能把报表、图件按规定的格式要求打印输出。

7.9　资料成果提交

7.9.1 编制年度工作报告是对地下水动态观测资料进行综合分析的最有效手段,是对地下水动态观测成果的总结汇报,是相关部门管理决策的基本依据,因此年度工作报告内容一定要客观真实地反映地下水动态状况。

7.9.2、7.9.3 分别按建网时间不同(初建、建成后)提交各自的工作报告侧重点不同,对新建地下水动态观测网的城市,要求全面论述该区的地质、水文地质条件等情况,而对已建成观测网的城市,重点应放在对地下水动态观测资料的对比和综合分析上。

7.9.4 年度观测成果结束后要进行大量的数据汇总分析，一般需要（2～3）个月时间，因此，规定在本年度工作结束后（2～3）个月提交年度工作报告审查稿。地下水动态资料年报与报告书正式提交前必须经过审查，是保证观测成果质量的基本要求、国内惯用并行之有效的办法。审查稿上报前应先由编写人员、观测员、观测站负责人集体初审。

中华人民共和国行业标准

园林绿化工程施工及验收规范

Code for construction and acceptance of landscaping engineering

CJJ 82—2012

批准部门：中华人民共和国住房和城乡建设部
施行日期：2 0 1 3 年 5 月 1 日

中华人民共和国住房和城乡建设部
公 告

第 1559 号

住房城乡建设部关于发布行业标准
《园林绿化工程施工及验收规范》的公告

现批准《园林绿化工程施工及验收规范》为行业标准，编号为 CJJ 82-2012，自 2013 年 5 月 1 日起实施。其中，第 4.1.2、4.3.2、4.4.3、4.10.2、4.10.5、4.12.3、4.15.3、5.2.4 条为强制性条文，必须严格执行。原《城市绿化工程施工及验收规范》CJJ/T 82-99 同时废止。

本规范由我部标准定额研究所组织中国建筑工业出版社出版发行。

2012 年 12 月 24 日

前　　言

根据住房和城乡建设部《关于印发〈2008 年工程建设标准规范制订、修订计划（第一批）〉的通知》（建标〔2008〕102 号）的要求，规范编制组经广泛调查研究，认真总结实践经验，并在广泛征求意见的基础上，修订了本规范。

本规范的主要技术内容是：1. 总则；2. 术语；3. 施工准备；4. 绿化工程；5. 园林附属工程；6. 工程质量验收。

本次修订的主要内容包括：

1　工程施工准备阶段增加了施工现场建立健全质量保证体系，加强质量和技术管理，使工程质量事前进行控制。

2　增加了水湿生植物栽植、设施空间绿化、坡面绿化、重盐碱及重黏土土壤改良、施工期的植物养护以及园林附属工程的施工、验收要求。

3　提出了园林绿化工程项目的划分以及分项工程质量验收的主控项目和一般项目的质量要求。

4　统一了园林绿化工程施工质量、验收方法、质量标准和验收程序、检验批质量检验的抽样方案要求。

本规范中以黑体字标志的条文为强制性条文，必须严格执行。

本规范由住房和城乡建设部负责管理和对强制性条文的解释，由天津市市容和园林管理委员会负责具体技术内容的解释。执行过程中如有意见和建议，请寄送天津市市容和园林管理委员会（地址：天津市南开区宾水西道 10 号，邮政编码：300381）

本 规 范 主 编 单 位：天津市市容和园林管理委员会

本 规 范 参 编 单 位：北京市绿化园林局
上海市绿化和市容管理局
杭州市园林文物管理局
沈阳市城建局绿化管理处
天津市园林建设工程监理有限公司
天津市城市绿化服务中心

本规范主要起草人员：袁东升　陈召忠　王和祥
林广勋　陈　动　陈　林
张文生　李晓波　孙义干
张启俊　刘　林　徐建军

本规范主要审查人员：张树林　高国华　王磐岩
张乔松　贾祥云　方新阶
贾　虎　丁学军　戴　亮
胡卫军　荆晓梅

目 次

Contents

1 总　　则

1.0.1 为加强园林绿化工程施工质量管理，规范工程施工技术，统一园林绿化工程施工质量检验、验收标准，确保工程质量，制订本规范。

1.0.2 本规范适用于公园绿地、防护绿地、附属绿地及其他绿地的新建、扩建、改建的各类园林绿化工程施工及质量验收。

1.0.3 园林绿化工程的施工及验收除应符合本规范外，尚应符合国家现行有关标准的规定。

2 术　　语

2.0.1 栽植土 planting soil
理化性状良好，适宜于园林植物生长的土壤。

2.0.2 客土 improved soil imported from other places
更换适合园林植物栽植的土壤。

2.0.3 地形造型 terrain modeling
一定的园林绿地范围内植物栽植地的起伏状况。

2.0.4 栽植穴、槽 planting hole（slot）
栽植植物挖掘的坑穴。坑穴为圆形或方形的称为栽植穴，长条形的称为栽植槽。

2.0.5 裸根苗木 bare root seedlings
挖掘时根部不带土或仅带护心土的苗木。

2.0.6 容器苗 seedling in container
将苗木种入软容器（软容器为可降解的材料）中，掩入土中常规养护，移植时连同软容器一起埋入土中。

2.0.7 分枝点高度 height of trunk
乔木从地表面至树冠第一个分枝点的高度。

2.0.8 胸径 diameter at breast height
乔木主干高度在 1.3m 处的树干直径。

2.0.9 地径 ground diameter
树木的树干贴近地面处的直径。

2.0.10 茎密度 stem density
草坪单位面积内向上生长茎的数量。

2.0.11 设施空间绿化 greening space of construction in urban
建筑物、地下构筑物的顶面、壁面及围栏等处的绿化。

2.0.12 栽植基层 plants growth space
非绿地绿化方式的植物栽植基础结构，它包括耐根穿刺防水层、排蓄水层、过滤层、栽植土层等。

2.0.13 栽植工程养护 maintain of planting projects
园林植物栽植后至竣工验收移交期间的养护管理。

2.0.14 观感质量 quality of appearance
园林绿化工程通过观察和必要的量测所反映的工程外在质量。

3 施 工 准 备

3.0.1 施工单位应依据合同约定，对园林绿化工程进行施工和管理，并应符合下列规定：

　　1 施工单位及人员应具备相应的资格、资质。

　　2 施工单位应建立技术、质量、安全生产、文明施工等各项规章管理制度。

　　3 施工单位应根据工程类别、规模、技术复杂程度，配备满足施工需要的常规检测设备和工具。

3.0.2 施工单位应熟悉图纸，掌握设计意图与要求，应参加设计交底，并应符合下列规定：

　　1 施工单位对施工图中出现的差错、疑问，应提出书面建议，如需变更设计，应按照相应程序报审，经相关单位签证后实施。

　　2 施工单位应编制施工组织设计（施工方案），应在工程开工前完成并与开工申请报告一并报予建设单位和监理单位。

3.0.3 施工单位进场后，应组织施工人员熟悉工程合同及与工程项目有关的技术标准。了解现场的地上地下障碍物、管网、地形地貌、土质、控制桩点设置、红线范围、周边情况及现场水源、水质、电源、交通情况。

3.0.4 施工测量应符合下列要求：

　　1 应按照园林绿化工程总平面或根据建设单位提供的现场高程控制点及坐标控制点，建立工程测量控制网。

　　2 各个单位工程应根据建立的工程测量控制网进行测量放线。

　　3 施工测量时，施工单位应进行自检、互检双复核，监理单位应进行复测。

　　4 对原高程控制点及控制坐标应设保护措施。

4 绿 化 工 程

4.1 栽 植 基 础

4.1.1 绿化栽植或播种前应对该地区的土壤理化性质进行化验分析，采取相应的土壤改良、施肥和置换客土等措施，绿化栽植土壤有效土层厚度应符合表4.1.1规定。

表 4.1.1　绿化栽植土壤有效土层厚度

项次	项目	植被类型		土层厚度（cm）	检验方法
1	一般栽植	乔木	胸径≥20cm	≥180	挖样洞，观察或尺量检查
			胸径<20cm	≥150（深根） ≥100（浅根）	

项次	项目	植被类型		土层厚度 (cm)	检验方法
1	一般栽植	灌木	大、中灌木、大藤本	≥90	挖样洞、观察或尺量检查
			小灌木、宿根花卉、小藤本	≥40	
		棕榈类		≥90	
		竹类	大径	≥80	
			中、小径	≥50	
		草坪、花卉、草本地被		≥30	
2	设施顶面绿化	乔木		≥80	
		灌木		≥45	
		草坪、花卉、草本地被		≥15	

4.1.2 栽植基础严禁使用含有害成分的土壤,除有设施空间绿化等特殊隔离地带,绿化栽植土壤有效土层下不得有不透水层。

4.1.3 园林植物栽植土应包括客土、原土利用、栽植基质等,栽植土应符合下列规定:

1 土壤 pH 值应符合本地区栽植土标准或按 pH 值 5.6~8.0 进行选择。

2 土壤全盐含量应为 0.1%~0.3%。

3 土壤容重应为 1.0g/cm³~1.35g/cm³。

4 土壤有机质含量不应小于 1.5%。

5 土壤块径不应大于 5cm。

6 栽植土应见证取样,经有资质检测单位检测并在栽植前取得符合要求的测试结果。

7 栽植土验收批及取样方法应符合下列规定:

1)客土每 500m³ 或 2000m² 为一检验批,应于土层 20cm 及 50cm 处,随机取样 5 处,每处 100g 经混合组成一组试样;客土 500m³ 或 2000 m² 以下,随机取样不得少于 3 处;

2)原状土在同一区域每 2000mm² 为一检验批,应于土层 20cm 及 50cm 处,随机取样 5 处,每处取样 100g,混合后组成一组试样;原状土 2000m² 以下,随机取样不得少于 3 处;

3)栽植基质每 200m³ 为一检验批,应随机取 5 袋,每袋取 100g,混合后组成一组试样;栽植基质 200m³ 以下,随机取样不得少于 3 袋。

4.1.4 绿化栽植前场地清理应符合下列规定:

1 有各种管线的区域、建(构)筑物周边的整理绿化用地,应在其完工并验收合格后进行。

2 应将现场内的渣土、工程废料、宿根性杂草、树根及其有害污染物清除干净。

3 对清理的废弃构筑物、工程渣土、不符合栽

植土理化标准的原状土等应做好测量记录、签认。

4 场地标高及清理程度应符合设计和栽植要求。

5 填垫范围内不应有坑洼、积水。

6 对软泥和不透水层应进行处理。

4.1.5 栽植土回填及地形造型应符合下列规定:

1 地形造型的测量放线工作应做好记录、签认。

2 造型胎土、栽植土应符合设计要求并有检测报告。

3 回填土壤应分层适度夯实,或自然沉降达到基本稳定,严禁用机械反复碾压。

4 回填土及地形造型的范围、厚度、标高、造型及坡度均应符合设计要求。

5 地形造型应自然顺畅。

6 地形造型尺寸和高程允许偏差应符合表 4.1.5 的规定。

表 4.1.5 地形造型尺寸和高程允许偏差

项次	项目		尺寸要求	允许偏差 (cm)	检验方法
1	边界线位置		设计要求	±50	经纬仪、钢尺测量
2	等高线位置		设计要求	±10	经纬仪、钢尺测量
3	地形相对标高 (cm)	≤100	回填土方自然沉降以后	±5	水准仪、钢尺测量每 1000m² 测定一次
		101~200		±10	
		201~300		±15	
		301~500		±20	

4.1.6 栽植土施肥和表层整理应符合下列规定:

1 栽植土施肥应按下列方式进行:

1)商品肥料应有产品合格证明,或已经过试验证明符合要求;

2)有机肥应充分腐熟方可使用;

3)施用无机肥料应测定绿地土壤有效养分含量,并宜采用缓释性无机肥。

2 栽植土表层整理应按下列方式进行:

1)栽植土表层不得有明显低洼和积水处,花坛、花境栽植地 30cm 深的表土层必须疏松;

2)栽植土的表层应整洁,所含石砾中粒径大于 3cm 的不得超过 10%,粒径小于 2.5cm 不得超过 20%,杂草等杂物不应超过 10%;土块粒径应符合表 4.1.6 的规定;

表 4.1.6 栽植土表层土块粒径

项次	项目	栽植土粒径 (cm)
1	大、中乔木	≤5

续表 4.1.6

项次	项目	栽植土粒径（cm）
2	小乔木、大中灌木、大藤本	≤4
3	竹类、小灌木、宿根花卉、小藤本	≤3
4	草坪、草花、地被	≤2

3）栽植土表层与道路（挡土墙或侧石）接壤处，栽植土应低于侧石 3cm～5cm；栽植土与边口线基本平直；

4）栽植土表层整地后应平整略有坡度，当无设计要求时，其坡度宜为 0.3%～0.5%。

4.2 栽植穴、槽的挖掘

4.2.1 栽植穴、槽挖掘前，应向有关单位了解地下管线和隐蔽物埋设情况。

4.2.2 树木与地下管线外缘及树木与其他设施的最小水平距离，应符合相应的绿化规划与设计规范的规定。

4.2.3 栽植穴、槽的定点放线应符合下列规定：

1 栽植穴、槽定点放线应符合设计图纸要求，位置应准确，标记明显。

2 栽植穴定点时应标明中心点位置。栽植槽应标明边线。

3 定点标志应标明树种名称（或代号）、规格。

4 树木定点遇有障碍物时，应与设计单位取得联系，进行适当调整。

4.2.4 栽植穴、槽的直径应大于土球或裸根苗根系展幅 40cm～60cm，穴深宜为穴径的 3/4～4/5。穴、槽应垂直下挖，上口下底应相等。

4.2.5 栽植穴、槽挖出的表层土和底土应分别堆放，底部应施基肥并回填表土或改良土。

4.2.6 栽植穴、槽底部遇有不透水层及重黏土层时，应进行疏松或采取排水措施。

4.2.7 土壤干燥时应于栽植前灌水浸穴、槽。

4.2.8 当土壤密实度大于 1.35g/cm³ 或渗透系数小于 10^{-4} cm/s 时，应采取扩大树穴、疏松土壤等措施。

4.3 植 物 材 料

4.3.1 植物材料种类、品种名称及规格应符合设计要求。

4.3.2 严禁使用带有严重病虫害的植物材料，非检疫对象的病虫害危害程度或危害痕迹不得超过树体的 5%～10%。自外省市及国外引进的植物材料应有植物检疫证。

4.3.3 植物材料的外观质量要求和检验方法应符合表 4.3.3 的规定。

表 4.3.3 植物材料外观质量要求和检验方法

项次	项目		质量要求	检验方法
1	乔木灌木	姿态和长势	树干符合设计要求，树冠较完整，分枝点和分枝合理，生长势良好	检查数量：每 100 株检查 10 株，每株为 1 点，少于 20 株全数检查。检查方法：观察、量测
		病虫害	危害程度不超过树体的 5%～10%	
		土球苗	土球完整，规格符合要求，包装牢固	
		裸根苗根系	根系完整，切口平整，规格符合要求	
		容器苗木	规格符合要求，容器完整，苗木不徒长、根系发育好不外露	
2	棕榈类植物		主干挺直，树冠匀称，土球符合要求，根系完整	
3	草卷、草块、草束		草卷、草块长宽尺寸基本一致，厚度均匀，杂草不超过5%，草高适度，根系好，草芯鲜活	检查数量：按面积抽查 10%，4m² 为一点，不少于 5 个点。≤30m² 全数检查。检查方法：观察
4	花苗、地被、绿篱及模纹色块植物		株型苗壮，根系基本良好，无伤苗、茎、叶无污染，病虫害危害程度不超过植株的 5%～10%	检查数量：按数量抽查 10%，10 株为 1 点，不少于 5 个点。≤50 株应全数检查。检查方法：观察
5	整型景观树		姿态独特，曲虬苍劲，质朴古拙，株高不小于 150cm，多干式桩景的叶片托盘不少于 7 个～9 个，土球完整	检查数量：全数检查。检查方法：观察、尺量

4.3.4 植物材料规格允许偏差和检验方法有约定的应符合约定要求，无约定的应符合表 4.3.4 规定。

表 4.3.4　植物材料规格允许偏差和检验方法

项次	项目			允许偏差（cm）	检查频率		检验方法
					范围	点数	
1	乔木	胸径	≤5cm	-0.2	每100株检查10株，每株为1点，少于20株全数检查	10	量测
			6cm～9cm	-0.5			
			10cm～15cm	-0.8			
			16cm～20cm	-1.0			
		高度	—	-20			
		冠径	—	-20			
2	灌木	高度	≥100cm	-10	每100株检查10株，每株为1点，少于20株全数检查	10	量测
			<100cm	-5			
			≥100cm	-10			
			<100cm	-5			
3	球类苗木	冠径	<50cm	0			
			50cm～100cm	-5			
			110cm～200cm	-10			
			≥200cm	-20			
		高度	<50cm	0			
			50cm～100cm	-5			
			110cm～200cm	-10			
			>200cm	-20			
4	藤本	主蔓长	≥150cm	-10			
		主蔓径	≥1cm	0			
5	棕榈类植物	株高	≤100cm	0	每100株检查10株，每株为1点，少于20株全数检查	10	量测
			101cm～250cm	-10			
			251cm～400cm	-20			
			>400cm	-30			
		地径	≤10cm	-1			
			11cm～40cm	-2			
			>40cm	-3			

4.4　苗木运输和假植

4.4.1　苗木装运前应仔细核对苗木的品种、规格、数量、质量。外地苗木应事先办理苗木检疫手续。

4.4.2　苗木运输量应根据现场栽植量确定，苗木运到现场后应及时栽植，确保当天栽植完毕。

4.4.3　运输吊装苗木的机具和车辆的工作吨位，必须满足苗木吊装、运输的需要，并应制订相应的安全操作措施。

4.4.4　裸根苗木运输时，应进行覆盖，保持根部湿润。装车、运输、卸车时不得损伤苗木。

4.4.5　带土球苗木装车和运输时排列顺序应合理，捆绑稳固，卸车时应轻取轻放，不得损伤苗木及散球。

4.4.6　苗木运到现场，当天不能栽植的应及时进行假植。

4.4.7　苗木假植应符合下列规定：

　　1　裸根苗可在栽植现场附近选择适合地点，根据根幅大小，挖假植沟假植。假植时间较长时，根系应用湿土埋严，不得透风，根系不得失水。

　　2　带土球苗木的假植，可将苗木码放整齐，土球四周培土，喷水保持土球湿润。

4.5　苗木修剪

4.5.1　苗木栽植前的修剪应根据各地自然条件，推广以抗蒸腾剂为主体的免修剪栽植技术或采取以疏枝为主，适度轻剪，保持树体地上、地下部位生长平衡。

4.5.2 乔木类修剪应符合下列规定：

1 落叶乔木修剪应按下列方式进行：

1）具有中央领导干、主轴明显的落叶乔木应保持原有主尖和树形，适当疏枝，对保留的主侧枝应在健壮芽上部短截，可剪去枝条的1/5～1/3；

2）无明显中央领导干、枝条茂密的落叶乔木，可对主枝的侧枝进行短截或疏枝并保持原树形；

3）行道树乔木定干高度宜2.8m～3.5m，第一分枝点以下枝条应全部剪除，同一条道路上相邻树木分枝高度应基本统一。

2 常绿乔木修剪应按下列方式进行：

1）常绿阔叶乔木具有圆头形树冠的可适量疏枝；枝叶集生树干顶部的苗木可不修剪；具有轮生侧枝，作行道树时，可剪除基部2层～3层轮生侧枝；

2）松树类苗木宜以疏枝为主，应剪去每轮中过多主枝，剪除重叠枝、下垂枝、内膛斜生枝、枯枝及机械损伤枝；修剪枝条时基部应留1cm～2cm木橛；

3）柏类苗木不宜修剪，具有双头或竞争枝、病虫枝、枯死枝应及时剪除。

4.5.3 灌木及藤本类修剪应符合下列规定：

1 有明显主干型灌木，修剪时应保持原有树型，主枝分布均匀，主枝短截长度宜不超过1/2。

2 丛枝型灌木预留枝条宜大于30cm。多干型灌木不宜疏枝。

3 绿篱、色块、造型苗木，在种植后应按设计高度整形修剪。

4 藤本类苗木应剪除枯死枝、病虫枝、过长枝。

4.5.4 苗木修剪应符合下列规定：

1 苗木修剪整形应符合设计要求，当无要求时，修剪整形应保持原树形。

2 苗木应无损伤断枝、枯枝、严重病虫枝等。

3 落叶树木的枝条应从基部剪除，不留木橛，剪口平滑，不得劈裂。

4 枝条短截时应留外芽，剪口应距留芽位置上方0.5cm。

5 修剪直径2cm以上大枝及粗根时，截口应削平应涂防腐剂。

4.5.5 非栽植季节栽植落叶树木，应根据不同树种的特性，保持树型，宜适当增加修剪量，可剪去枝条的1/2～1/3。

4.6 树木栽植

4.6.1 树木栽植应符合下列规定：

1 树木栽植应根据树木品种的习性和当地气候条件，选择最适宜的栽植期进行栽植。

2 栽植的树木品种、规格、位置应符合设计规定。

3 带土球树木栽植前应去除土球不易降解的包装物。

4 栽植时应注意观赏面的合理朝向，树木栽植深度应与原种植线持平。

5 栽植树木回填的栽植土应分层踏实。

6 除特殊景观树外，树木栽植应保持直立，不得倾斜。

7 行道树或列栽植的树木应在一条线上，相邻植株规格应合理搭配。

8 绿篱及色块栽植时，株行距、苗木高度、冠幅大小应均匀搭配，树形丰满的一面应向外。

9 树木栽植后应及时绑扎、支撑、浇透水。

10 树木栽植成活率不应低于95%；名贵树木栽植成活率应达到100%。

4.6.2 树木浇灌水应符合下列规定：

1 树木栽植后应在栽植穴直径周围筑高10cm～20cm围堰，堰应筑实。

2 浇灌树木的水质应符合现行国家标准《农田灌溉水质标准》GB 5084 的规定。

3 浇水时应在穴中放置缓冲垫。

4 每次浇灌水量应满足植物成活及生长需要。

5 新栽树木应在浇透水后及时封堰，以后根据当地情况及时补水。

6 对浇水后出现的树木倾斜，应及时扶正，并加以固定。

4.6.3 树木支撑应符合下列规定：

1 应根据立地条件和树木规格进行三角支撑、四柱支撑、联排支撑及软牵拉。

2 支撑物的支柱应埋入土中不少于30cm，支撑物、牵拉物与地面连接点的连接应牢固。

3 连接树木的支撑点应在树木主干上，其连接处应衬软垫，并绑缚牢固。

4 支撑物、牵拉物的强度能够保证支撑有效；用软牵拉固定时，应设置警示标志。

5 针叶常绿树的支撑高度应不低于树木主干的2/3，落叶树支撑高度为树木主干高度的1/2。

6 同规格同树种的支撑物、牵拉物的长度、支撑角度、绑缚形式以及支撑材料宜统一。

4.6.4 非种植季节进行树木栽植时，应根据不同情况采取下列措施：

1 苗木可提前环状断根进行处理或在适宜季节起苗，用容器假植，带土球栽植。

2 落叶乔木、灌木类应进行适当修剪并应保持原树冠形态，剪除部分侧枝，保留的侧枝应进行短截，并适当加大土球体积。

3 可摘叶的应摘去部分叶片，但不得伤害幼芽。

4 夏季可采取遮荫、树木裹干保湿、树冠喷雾或喷施抗蒸腾剂，减少水分蒸发；冬季应采取防风防寒措施。

5 掘苗时根部可喷布促进生根激素，栽植时可加施保水剂，栽植后树体可注射营养剂。

6 苗木栽植宜在阴雨天或傍晚进行。

4.6.5 干旱地区或干旱季节，树木栽植应大力推广抗蒸腾剂、防腐促根、免修剪、营养液滴注等新技术，采用土球苗，加强水分管理等措施。

4.6.6 对人员集散较多的广场、人行道、树木种植后，种植池应铺设透气铺装，加设护栏。

4.7 大 树 移 植

4.7.1 树木的规格符合下列条件之一的均应属于大树移植。

1 落叶和阔叶常绿乔木：胸径在 20cm 以上。

2 针叶常绿乔木：株高在 6m 以上或地径在 18cm 以上。

4.7.2 大树移植的准备工作应符合下列规定：

1 移植前应对移植的大树生长、立地条件、周围环境等进行调查研究，制定技术方案和安全措施。

2 准备移植所需机械、运输设备和大型工具必须完好，确保操作安全。

3 移植的大树不得有明显的病虫害和机械损伤，应具有较好观赏面。植株健壮、生长正常的树木，并具备起重及运输机械等设备能正常工作的现场条件。

4 选定的移植大树，应在树干南侧做出明显标识，标明树木的阴、阳面及出土线。

5 移植大树可在移植前分期断根、修剪，做好移植准备。

4.7.3 大树的挖掘及包装应符合下列规定：

1 针叶常绿树、珍贵树种、生长季移植的阔叶乔木必须带土球（土台）移植。

2 树木胸径 20cm～25cm 时，可采用土球移栽，进行软包装。当树木胸径大于 25cm 时，可采用土台移栽，用箱板包装，并应符合下列要求：

　　1）挖掘高大乔木前应先立好支柱，支稳树木；

　　2）挖掘土球、土台应先去除表土，深度接近表土根；

　　3）土球规格应为树木胸径的 6 倍～10 倍，土球高度为土球直径的 2/3，土球底部直径为土球直径的 1/3；土台规格应上大下小，下部边长比上部边长少 1/10；

　　4）树根应用手锯锯断，锯口平滑无劈裂并不得露出土球表面；

　　5）土球软质包装应紧实无松动，腰绳宽度应大于 10cm；

　　6）土球直径 1m 以上的应作封底处理；

　　7）土台的箱板包装应立支柱，稳定牢固，并应符合下列要求：

　　①修平的土台尺寸应大于边板长度 5cm，土台面平滑，不得有砖石等突出土台；

　　②土台顶边应高于边板上口 1cm～2cm，土台底边应低于边板下口 1cm～2cm；边板与土台应紧密严实；

　　③边板与边板、底板与边板、顶板与边板应钉装牢固无松动；箱板上端与坑壁、底板与坑底应支牢、稳定无松动。

3 休眠期移植落叶乔木可进行裸根带护心土移植，根幅应大于树木胸径的 6 倍～10 倍，根部可喷保湿剂或蘸泥浆处理。

4 带土球的树木可适当疏枝；裸根移植的树木应进行重剪，剪去枝条的 1/2～2/3。针叶常绿树修剪时应留 1cm～2cm 木橛，不得贴根剪去。

4.7.4 大树移植的吊装运输，应符合下列规定：

1 大树吊装、运输的机具、设备应符合本规范第 4.4.3 条的规定。

2 吊装、运输时，应对大树的树干、枝条、根部的土球、土台采取保护措施。

3 大树吊装就位时，应注意选好主要观赏面的方向。

4 应及时用软垫层支撑、固定树体。

4.7.5 大树移栽时应符合下列规定：

1 大树的规格、种类、树形、树势应符合设计要求。

2 定点放线应符合施工图规定。

3 栽植穴应根据根系或土球的直径加大 60cm～80cm，深度增加 20cm～30cm。

4 种植土球树木，应将土球放稳，拆除包装物；大树修剪应符合本规范第 4.5.4 条的要求。

5 栽植深度应保持下沉后原土痕和地面等高或略高，树干或树木的重心应与地面保持垂直。

6 栽植回填土壤应用种植土，肥料应充分腐熟，加土混合均匀，回填土应分层捣实、培土高度恰当。

7 大树栽植后设立支撑应牢固，并进行裹干保湿，栽植后应及时浇水。

8 大树栽植后，应对新植树木进行细致的养护和管理，应配备专职技术人员做好修剪、剥芽、喷雾、叶面施肥、浇水、排水、搭荫棚、包裹树干、设置风障、防台风、防寒和病虫害防治等管理工作。

4.8 草坪及草本地被栽植

4.8.1 草坪和草本地被播种应符合下列规定：

1 应选择适合本地的优良种子；草坪、草本地被种子纯净度应达到 95% 以上；冷地型草坪种子发芽率应达到 85% 以上，暖地型草坪种子发芽率应达到 70% 以上。

2 播种前应做发芽试验和催芽处理，确定合理的播种量，不同草种的播种量可按照表 4.8.1 进行播种。

表 4.8.1　不同草种播种量

草坪种类	精细播种量 （g/m²）	粗放播种量 （g/m²）
剪股颖	3～5	5～8
早熟禾	8～10	10～15
多年生黑麦草	25～30	30～40
高羊茅	20～25	25～35
羊胡子草	7～10	10～15
结缕草	8～10	10～15
狗牙根	15～20	20～25

3 播种前应对种子进行消毒，杀菌。

4 整地前应进行土壤处理，防治地下害虫。

5 播种时应先浇水浸地，保持土壤湿润，并将表层土耧细耙平，坡度应达到 0.3%～0.5%。

6 用等量沙土与种子拌匀进行撒播，播种后应均匀覆细土 0.3cm～0.5cm 并轻压。

7 播种后应及时喷水，种子萌发前，干旱地区应每天喷水 1～2 次，水点宜细密均匀，浸透土层 8cm～10cm，保持土表湿润，不应有积水，出苗后可减少喷水次数，土壤宜见湿见干。

8 混播草坪应符合下列规定：

　1）混播草坪的草种及配合比应符合设计要求；

　2）混播草坪应符合互补原则，草种叶色相近，融合性强；

　3）播种时宜单个品种依次单独撒播，应保持各草种分布均匀。

4.8.2 草坪和草本地被植物分栽应符合下列规定：

1 分栽植物应选择强匍匐茎或强根茎生长习性草种。

2 各生长期均可栽植。

3 分栽的植物材料应注意保鲜，不萎蔫。

4 干旱地区或干旱季节，栽植前应先浇水浸地，浸水深度应达 10cm 以上。

5 草坪分栽植物的株行距，每丛的单株数应满足设计要求，设计无明确要求时，可按丛的组行距 15cm～20cm×15cm～20cm，成品字形；或以 1m² 植物材料可按 1∶3～1∶4 的系数进行栽植。

6 栽植后应平整地面，适度压实，立即浇水。

4.8.3 铺设草块、草卷应符合下列规定：

1 掘草块、草卷前应适量浇水，待渗透后掘取。

2 草块、草卷运输时应用垫层相隔、分层放置，运输装卸时应防止破碎。

3 当日进场的草卷、草块数量应做好测算并与铺设进度相一致。

4 草卷、草块铺设前应先浇水浸地细整找平，不得有低洼处。

5 草地排水坡度适当，不应有坑洼积水。

6 铺设草卷、草块应相互衔接不留缝，高度一致，间铺缝隙应均匀，并填以栽植土。

7 草块、草卷在铺设后应进行滚压或拍打与土壤密切接触。

8 铺设草卷、草块，应及时浇透水，浸湿土壤厚度应大于 10cm。

4.8.4 运动场草坪的栽植应符合下列规定：

1 运动场草坪的排水层、渗水层、根系层、草坪层应符合设计要求。

2 根系层的土壤应浇水沉降，进行水夯实，基质铺设细致均匀，整体紧实度适宜。

3 根系层土壤的理化性质应符合本规范第 4.1.3 条的规定。

4 铺植草块，大小厚度应均匀，缝隙严密，草块与表层基质结合紧密。

5 成坪后草坪层的覆盖度应均匀，草坪颜色无明显差异，无明显裸露斑块，无明显杂草和病虫害症状，茎密度应为 2 枚/cm²～4 枚/cm²。

6 运动场根系层相对标高、排水坡降、厚度、平整度允许偏差应符合表 4.8.4 的规定。

**表 4.8.4　运动场根系层相对标高、排水坡降、
厚度、平整度允许偏差**

项次	项目	尺寸要求 （cm）	允许偏差 （cm）	检查数量		检验方法
				范围	点数	
1	根系层相对标高	设计要求	+2,0	500m²	3	测量（水准仪）
2	排水坡降	设计要求	≤0.5%			
3	根系层土壤块径	运动型	≤1.0	500m²	3	观察
4	根系层平整度	设计要求	≤2	500m²	3	测量（水准仪）
5	根系层厚度	设计要求	±1	500m²	3	挖样洞（或环刀取样）量取
6	草坪层草高修剪控制	4.5～6.0	±1	500m²	3	观察、检查剪草记录

4.8.5 草坪和草本地被的播种、分栽，草块、草卷铺设及运动场草坪成坪后应符合下列规定：

1 成坪后覆盖度应不低于 95%。

2 单块裸露面积应不大于 25cm²。

3 杂草及病虫害的面积应不大于 5%。

4.9 花卉栽植

4.9.1 花卉栽植应按照设计图定点放线，在地面准确画出位置、轮廓线。花卉栽植面积较大时，可用方格线法，按比例放大到地面。

4.9.2 花卉栽植应符合下列规定：

1 花苗的品种、规格、栽植放样、栽植密度、栽植图案均应符合设计要求。

2 花卉栽植土及表层土整理应符合本规范第 4.1.3 条和第 4.1.6 条的规定。

3 株行距应均匀，高低搭配应恰当。

4 栽植深度应适当，根部土壤应压实，花苗不得沾泥污。

5 花苗应覆盖地面，成活率不应低于 95%。

4.9.3 花卉栽植的顺序应符合下列规定：

1 大型花坛，宜分区、分规格、分块栽植。

2 独立花坛，应由中心向外顺序栽植。

3 模纹花坛应先栽植图案的轮廓线，后栽植内部填充部分。

4 坡式花坛应由上向下栽植。

5 高矮不同品种的花苗混植时，应先高后矮的顺序栽植。

6 宿根花卉与一、二年生花卉混植时，应先栽植宿根花卉，后栽一、二年生花卉。

4.9.4 花境栽植应符合下列规定：

1 单面花境应从后部栽植高大的植株，依次向前栽植低矮植物。

2 双面花境应从中心部位开始依次栽植。

3 混合花境应先栽植大型植株，定好骨架后依次栽植宿根、球根及一、二年生的草花。

4 设计无要求时，各种花卉应成团成丛栽植，各团、丛间花色、花期搭配合理。

4.9.5 花卉栽植后，应及时浇水，并应保持植株茎叶清洁。

4.10 水湿生植物栽植

4.10.1 主要水湿生植物最适栽培水深应符合表 4.10.1 的规定。

表 4.10.1 主要水湿生植物最适栽培水深

序号	名 称	类别	栽培水深（cm）
1	千屈菜	水湿生植物	5～10
2	鸢尾（耐湿类）	水湿生植物	5～10
3	荷花	挺水植物	60～80
4	菖蒲	挺水植物	5～10
5	水葱	挺水植物	5～10

序号	名 称	类别	栽培水深（cm）
6	慈菇	挺水植物	10～20
7	香蒲	挺水植物	20～30
8	芦苇	挺水植物	20～80
9	睡莲	浮水植物	10～60
10	芡实	浮水植物	<100
11	菱角	浮水植物	60～100
12	莕菜	漂浮植物	100～200

4.10.2 水湿生植物栽植地的土壤质量不良时，应更换合格的栽植土，使用的栽植土和肥料不得污染水源。

4.10.3 水景园、水湿生植物景点、人工湿地的水湿生植物栽植槽工程应符合下列规定：

1 栽植槽的材料、结构、防渗应符合设计要求。

2 槽内不宜采用轻质土或栽培基质。

3 栽植槽土层厚度应符合设计要求，无设计要求的应大于 50cm。

4.10.4 水湿生植物栽植的品种和单位面积栽植数应符合设计要求。

4.10.5 水湿生植物的病虫害防治应采用生物和物理防治方法，严禁药物污染水源。

4.10.6 水湿生植物栽植后至长出新株期间应控制水位，严防新生苗（株）浸泡窒息死亡。

4.10.7 水湿生植物栽植成活后单位面积内拥有成活苗（芽）数应符合表 4.10.7 的规定。

表 4.10.7 水湿生植物栽植成活后单位面积内拥有成活苗（芽）数

项次	种类、名称		单位	每 m² 内成活苗（芽）数	地下部、水下部特征
1	水湿生类	千屈菜	丛	9～12	地下具粗硬根茎
		鸢尾（耐湿类）	株	9～12	地下具鳞茎
		落新妇	株	9～12	地下具根状茎
		地肤	株	6～9	地下具明显主根
		萱草	株	9～12	地下具肉质短根茎

续表 4.10.7

项次	种类、名称	单位	每 m² 内成活苗(芽)数	地下部、水下部特征
2	挺水类 荷花	株	不少于 1	地下具横生多节根状茎
	雨久花	株	6～8	地下具匍匐状短茎
	石菖蒲	株	6～8	地下具硬质根茎
	香蒲	株	4～6	地下具粗壮匍匐根茎
	菖蒲	株	4～6	地下具较偏肥根茎
	水葱	株	6～8	地下具横生粗壮根茎
	芦苇	株	不少于 1	地下具粗壮根状茎
	茭白	株	4～6	地下具匍匐茎
	慈姑、荸荠、泽泻	株	6～8	地下具根茎
3	浮水类 睡莲	盆	按设计要求	地下具横生或直立块状根茎
	菱角	株	9～12	地下根茎
	大漂	丛	控制在繁殖水域以内	根浮悬垂水中

4.11 竹类栽植

4.11.1 竹苗选择应符合下列规定:

1 散生竹应选择一、二年生、健壮无明显病虫害、分枝低、枝繁叶茂、鞭色鲜黄、鞭芽饱满、根鞭健全、无开花枝的母竹。

2 丛生竹应选择竿基芽眼肥大充实、须根发达的 1 年～2 年生竹丛;母竹应大小适中,大竿竹竿径宜为 3cm～5cm;小竿竹竿径宜为 2cm～3cm;竿基

应有健芽 4 个～5 个。

4.11.2 竹类栽植最佳时间应根据各地区自然条件确定。

4.11.3 竹苗的挖掘应符合下列规定:

1 散生竹母竹挖掘:

  1)可根据母竹最下一盘枝杈生长方向确定来鞭、去鞭走向进行挖掘;

  2)母竹必须带鞭,中小型散生竹宜留来鞭 20cm～30cm,去鞭 30cm～40cm;

  3)切断竹鞭截面应光滑,不得劈裂;

  4)应沿竹鞭两侧深挖 40cm,截断母竹底根,挖出的母竹与竹鞭结合应良好,根系完整。

2 丛生竹母竹挖掘:

  1)挖掘时应在母竹 25cm～30cm 的外围,扒开表土,由远至近逐渐挖深,应严防损伤竿基部芽眼,竿基部的须根应尽量保留;

  2)在母竹一侧应找准母竹竿柄与老竹竿基的连接点,切断母竹竿柄,连蔸一起挖起,切断操作时,不得劈裂竿柄、竿基;

  3)每蔸分株根数应根据竹种特性及竹竿大小确定母竹竿数,大竹种可单株挖蔸,小竹种可 3 株～5 株成墩挖掘。

4.11.4 竹类的包装运输应符合下列规定:

1 竹苗应采用软包装进行包扎,并应喷水保湿。

2 竹苗长途运输应篷布遮盖,中途应喷水或于根部置放保湿材料。

3 竹苗装卸时应轻装轻放,不得损伤竹竿与竹鞭之间的着生点和鞭芽。

4.11.5 竹类修剪应符合下列规定:

1 散生竹竹苗修剪时,挖出的母竹宜留枝 5 盘～7 盘,将顶梢剪去,剪口应平滑;不打尖修剪的竹苗栽后应进行喷水保湿。

2 丛生竹竹苗修剪时,竹竿应留枝 2 盘～3 盘,应靠近节间斜向将顶梢截除;切口应平滑呈马耳形。

4.11.6 竹类栽植应符合下列规定:

1 竹类材料品种、规格应符合设计要求。

2 放样定位应准确。

3 栽植地应选择土层深厚、肥沃、疏松、湿润、光照充足,排水良好的壤土(华北地区宜背风向阳)。对较黏重的土壤及盐碱土应进行换土或土壤改良并符合本规范第 4.1.3 条的要求。

4 竹类栽植地应进行翻耕,深度宜 30cm～40cm,清除杂物,增施有机肥,并做好隔根措施。

5 栽植穴的规格及间距可根据设计要求及竹蔸大小进行挖掘,丛生竹的栽植穴宜大于根蔸的 1 倍～2 倍;中小型散生竹的栽植穴规格应比鞭根长 40cm～60cm,宽 40cm～50cm,深 20cm～40cm。

6 竹类栽植,应先将表土填于穴底,深浅适宜,拆除竹苗包装物,将竹蔸入穴,根鞭应舒展,竹鞭在

土中深度宜20cm～25cm；覆土深度宜比母竹原土痕高3cm～5cm，进行踏实及时浇水，渗水后覆土。

4.11.7 竹类栽植后的养护应符合下列规定：

1 栽植后应立柱或横杆互连支撑，严防晃动。

2 栽后应及时浇水。

3 发现露鞭时应进行覆土并及时除草松土，严禁踩踏根、鞭、芽。

4.12 设施空间绿化

4.12.1 建筑物、构筑物设施的顶面、地面、立面及围栏等的绿化，均应属于设施空间绿化。

4.12.2 设施顶面绿化施工前应对顶面基层进行蓄水试验及找平层的质量进行验收。

4.12.3 设施顶面绿化栽植基层（盘）应有良好的防水排灌系统，防水层不得渗漏。

4.12.4 设施顶面栽植基层工程应符合下列规定：

1 耐根穿刺防水层按下列方式进行：

1）耐根穿刺防水层的材料品种、规格、性能应符合设计及相关标准要求；

2）耐根穿刺防水层材料应见证抽样复验；

3）耐根穿刺防水层的细部构造、密封材料嵌填应密实饱满，粘结牢固无气泡、开裂等缺陷；

4）卷材接缝应牢固、严密符合设计要求；

5）立面防水层应收头入槽，封严；

6）施工完成应进行蓄水或淋水试验，24h内不得有渗漏或积水；

7）成品应注意保护，检查施工现场不得堵塞排水口。

2 排蓄水层按下列方式进行：

1）凹凸形塑料排蓄水板厚度、顺槎搭接宽度应符合设计要求，设计无要求时，搭接宽度应大于15cm；

2）采用卵石、陶粒等材料铺设排蓄水层的其铺设厚度应符合设计要求；

3）卵石大小均匀；屋顶绿化采用卵石排水的，粒径应为3cm～5cm；地下设施覆土绿化采用卵石排水的，粒径应为8cm～10cm；

4）四周设置明沟的，排蓄水层应铺至明沟边缘；

5）挡土墙下设排水管的，排水管与天沟或落水口应合理搭接，坡度适当。

3 过滤层按下列方式进行：

1）过滤层的材料规格、品种应符合设计要求；

2）采用单层卷状聚丙烯或聚酯无纺布材料，单位面积质量必须大于150g/m²，搭接缝的有效宽度应达到10cm～20cm；

3）采用双层组合卷状材料：上层蓄水棉，单位面积质量应达到200g/m²～300g/m²；下层无纺布材料，单位面积质量应达到100g/m²～150g/m²；卷材铺设在排（蓄）水层上，向栽植地四周延伸，高度与种植层齐高，端部收头应用胶粘剂粘结，粘结宽度不得小于5cm，或用金属条固定。

4 栽植土层应符合本规范第4.1.1条和第4.1.3条的规定。

4.12.5 设施面层不适宜做栽植基层的障碍性层面栽植基盘工程应符合下列规定：

1 透水、排水、透气、渗管等构造材料和栽植土（基质）应符合栽植要求。

2 施工做法应符合设计和规范要求。

3 障碍性层面栽植基盘的透水、透气系统或结构性能良好，浇灌后无积水，雨期无沥涝。

4.12.6 设施顶面栽植工程植物材料的选择和栽培方式应符合下列规定：

1 乔灌木应首选耐旱节水、再生能力强、抗性强的种类和品种。

2 植物材料应首选容器苗、带土球苗和苗卷、生长垫、植生带等全根苗木。

3 草坪建植、地被植物栽植宜采用播种工艺。

4 苗木修剪应适应抗风要求，修剪应符合本规范第4.5.4条的规定。

5 栽植乔木的固定可采用地下牵引装置，栽植乔木的固定应与栽植同时完成。

6 植物材料的种类、品种和植物配置方式应符合设计要求。

7 自制或采用成套树木固定牵引装置、预埋件等应符合设计要求，支撑操作使栽植的树木牢固。

8 树木栽植成活率及地被覆盖度应符合本规范第4.6.1条第10款和第4.8.5条第1款的规定。

9 植物栽植定位符合设计要求。

10 植物材料栽植，应及时进行养护和管理，不得有严重枯黄死亡、植被裸露和明显病虫害。

4.12.7 设施的立面及围栏的垂直绿化应根据立地条件进行栽植，并符合下列规定：

1 低层建筑物、构筑物的外立面、围栏前为自然地面，符合栽植土标准时，可进行整地栽植。

2 建筑物、构筑物的外立面及围栏的立地条件较差，可利用栽植槽栽植，槽的高度宜为50cm～60cm，宽度宜为50cm，种植槽应有排水孔；栽植土应符合本规范第4.1.3条的规定。

3 建筑物、构筑物立面较光滑时，应加设载体后再进行栽植。

4 垂直绿化栽植的品种、规格应符合设计要求。

5 植物材料栽植后应牵引、固定、浇水。

4.13 坡面绿化

4.13.1 土壤坡面、岩石坡面、混凝土覆盖面的坡面等，进行绿化栽植时，应有防止水土流失的措施。

4.13.2 陡坡和路基的坡面绿化防护栽植层工程应符合下列规定：

1 用于坡面栽植层的栽植土（基质）理化性状应符合本规范第 4.1.3 条的规定。

2 混凝土格构、固土网垫、格栅、土工合成材料、喷射基质等施工做法应符合设计和规范要求。

3 喷射基质不应剥落；栽植土或基质表面无明显沟蚀、流失；栽植土（基质）的肥效不得少于 3 个月。

4.13.3 坡面绿化采取喷播种植时，应符合下列规定：

1 喷播宜在植物生长期进行。

2 喷播前应检查锚杆网片固定情况，清理坡面。

3 喷播的种子覆盖料、土壤稳定剂的配合比应符合设计要求。

4 播种覆盖应均匀无漏，喷播厚度均匀一致。

5 喷播应从上到下依次进行。

6 在强降雨季节喷播时应注意覆盖。

4.14 重盐碱、重黏土土壤改良

4.14.1 土壤全盐含量大于或等于 0.5% 的重盐碱地和土壤重黏地区的绿化栽植工程应实施土壤改良。

4.14.2 重盐碱、重黏土地土壤改良的原理和工程措施基本相同，也可应用于设施面层绿化。土壤改良工程应有相应资质的专业施工单位施工。

4.14.3 重盐碱、重黏土地的排盐（渗水）、隔淋（渗水）层工程应符合下列规定：

1 排盐（渗水）管沟、隔淋（渗水）层开槽按下列方式进行：

1）开槽范围、槽底高程应符合设计要求，槽底应高于地下水标高；

2）槽底不得有淤泥、软土层；

3）槽底应找平和适度压实，槽底标高和平整度允许偏差应符合表 4.14.3 的规定。

2 排盐管（渗水管）敷设按下列方式进行：

1）排盐管（渗水管）敷设走向、长度、间距及过路管的处理应符合设计要求；

2）管材规格、性能符合设计和使用功能要求，并有出厂合格证；

3）排盐（渗水）管应通顺有效，主排盐（渗水）管应与外界市政排水管网接通，终端管底标高应高于排水管管中 15cm 以上；

4）排盐（渗水）沟断面和填埋材料符合设计要求；

5）排盐（渗水）管的连接与观察井的连接末端排盐管的封堵应符合设计要求；

6）排盐（渗水）管、观察井允许偏差应符合表 4.14.3 规定。

3 隔淋（渗水）层按下列方式进行：

1）隔淋（渗水）层的材料及铺设厚度应符合设计要求；

2）铺设隔淋（渗水）层时，不得损坏排盐（渗水）管；

3）石屑淋层材料中石粉和泥土含量不得超过 10%，其他淋（渗水）层材料中也不得掺杂黏土、石灰等粘结物；

4）排盐（渗水）隔淋（渗水）层铺设厚度允许偏差应符合表 4.14.3 的要求。

表 4.14.3 排盐（渗水）隔淋（渗水）层铺设厚度允许偏差

项次	项 目		尺寸要求（cm）	允许偏差（cm）	检查数量		检验方法
					范围	点数	
1	槽底	槽底高程	设计要求	±2	1000m²	5～10	测量
		槽底平整度	设计要求	±3		5～10	
2	排盐管（渗水管）	每 100m 坡度	设计要求	≤1	200m	5	测量
		水平移位	设计要求	±3	200m	3	量测
		排盐（渗水）管底至排盐（渗水）沟底距离	12cm	±2	200m	3	量测
3	隔淋（渗水）层	厚度	16～20	±2	1000m²	5～10	量测
			11～15	±1.5			
			≤10	±1			
4	观察井	主排盐（渗水）管入井管底标高	设计要求	0 −5	每座	3	测量 量测
		观察井至排盐（渗水）管底距离		±2			
		井盖标高		±2			

4.14.4 排盐（渗水）管的观察井的管底标高、观察井至排盐（渗水）管底距离、井盖标高允许偏差应符合表4.14.3的规定。

4.14.5 排盐隔淋（渗水）层完工后，应对观察井主排盐（渗水）管进行通水检查，主排盐（渗水）管应与市政排水管网接通。

4.14.6 雨后检查积水情况。对雨后24h仍有积水地段应增设渗水井与隔淋层沟通。

4.15 施工期的植物养护

4.15.1 园林植物栽植后到工程竣工验收前，为施工期间的植物养护时期，应对各种植物精心养护管理。

4.15.2 绿化栽植工程应编制养护管理计划，并按计划认真组织实施，养护计划应包括下列内容：

1 根据植物习性和墒情及时浇水。

2 结合中耕除草，平整树台。

3 加强病虫害观测，控制突发性病虫害发生，主要病虫害防治应及时。

4 根据植物生长情况应及时追肥、施肥。

5 树木应及时剥芽、去蘖、疏枝整形。草坪应适时进行修剪。

6 花坛、花境应及时清除残花败叶，植株生长健壮。

7 绿地应保持整洁，做好维护管理工作，及时清理枯枝、落叶、杂草、垃圾。

8 对树木应加强支撑、绑扎及裹干措施，做好防强风、干热、洪涝、越冬防寒等工作。

4.15.3 园林植物病虫害防治，应采用生物防治方法和生物农药及高效低毒农药，严禁使用剧毒农药。

4.15.4 对生长不良、枯死、损坏、缺株的园林植物应及时更换或补栽，用于更换及补栽的植物材料应和原植株的种类、规格一致。

5 园林附属工程

5.1 园路、广场地面铺装工程

5.1.1 地面工程基层、面层所用材料的品种、质量、规格，各结构层纵横向坡度、厚度、标高和平整度应符合设计要求；面层与基层的结合（粘结）必须牢固，不得空鼓、松动，面层不得积水。园路的弧度应顺畅自然。

5.1.2 碎拼花岗岩面层（包括其他不规则路面面层）应符合下列要求：

1 材料边缘呈自然碎裂形状，形态基本相似，不宜出现尖锐角及规则形。

2 色泽及大小搭配协调，接缝大小、深浅一致。

3 表面洁净，地面不积水。

5.1.3 卵石面层应符合下列规定：

1 卵石面层应按排水方向调坡。

2 面层铺贴前应对基础进行清理后刷素水泥砂浆一遍。

3 水泥砂浆厚度不应低于4cm，强度等级不应低于M10。

4 卵石的颜色搭配协调、颗粒清晰、大小均匀、石粒清洁，排列方向一致（特殊拼花要求除外）。

5 露面卵石铺设应均匀，窄面向上，无明显下沉颗粒，并达到全铺设面70%以上，嵌入砂浆的厚度为卵石整体的60%。

6 砂浆强度达到设计强度的70%时，应冲洗石子表面。

7 带状卵石铺装大于6延长米时，应设伸缩缝。

5.1.4 嵌草地面面层应符合下列规定：

1 块料不应有裂纹、缺陷，铺设平稳，表面清洁。

2 块料之间应填种植土，种植土厚度不宜小于8cm，种植土填充应低于块料上表面1cm～2cm。

3 嵌草平整，不得积水。

5.1.5 水泥花砖、混凝土板块、花岗岩等面层应符合下列规定：

1 在铺贴前，应对板块的规格尺寸、外观质量、色泽等进行预选，浸水湿润晾干待用。

2 勾缝和压缝应采用同品种、同强度等级、同颜色的水泥，并做好养护和保护。

3 面层的表面应洁净，图案清晰，色泽一致，接缝平整，深浅一致，周边顺直，板块无裂缝、掉角和缺棱等缺陷。

5.1.6 冰梅面层应符合下列规定：

1 面层的色泽、质感、纹理、块体规格大小应符合设计要求。

2 石质材料要求强度均匀，抗压强度不小于30MPa；软质面层石材要求细滑、耐磨，表面应洗净。

3 板块面宜五边以上为主，块体大小不宜均匀，符合一点三线原则，不得出现正多边形及阴角（内凹角）、直角。

4 垫层应采用同品种、同强度等级的水泥，并做好养护和保护。

5 面层的表面应洁净，图案清晰，色泽一致，接缝平整，深浅一致，留缝宽度一致，周边顺直，大小适中。

5.1.7 花街铺地面层应符合下列规定：

1 纹样、图案、线条大小长短规格应统一、对称。

2 填充料宜色泽丰富，镶嵌应均匀，露面部分不应有明显的锋口和尖角。

3 完成面的表面应洁净，图案清晰，色泽统一，接缝平整，深浅一致。

5.1.8 大方砖面层应符合下列规定：

1 大方砖色泽应一致，棱角齐全，不应有隐裂及明显气孔，规格尺寸符合设计要求。

2 方砖铺设面四角应平整，合缝均匀，缝线通直，砖缝油灰饱满。

3 砖面桐油涂刷应均匀，涂刷遍数应符合设计规定，不得漏刷。

5.1.9 压模面层应符合下列规定：

1 压模面层不得开裂，基层设计有要求的，按设计处理，设计无要求的，应采用双层双向钢筋混凝土浇捣。

2 路面每隔10m，应设伸缩缝。

3 完成面应色泽均匀、平整，块体边缘清晰，无翘曲。

5.1.10 透水砖面层应符合下列规定：

1 透水砖的规格及厚度应统一。

2 铺设前必须先按铺设范围排砖，边沿部位形成小粒砖时，必须调整砖块的间距或进行两边切割。

3 面砖块间隙应均匀，色泽一致，排列形式应符合设计要求，表面平整不应松动。

5.1.11 小青砖（黄道砖）面层应符合下列规定：

1 小青砖（黄道砖）规格、色泽应统一，厚薄一致不应缺棱掉角，上面应四角通直均为直角。

2 面砖块间排列应紧密，色泽均匀，表面平整不应松动。

5.1.12 自然块石面层应符合下列规定：

1 铺设区域基底土应预先夯实、无沉陷。

2 铺设用的自然块石应选用具有较平坦大面的石块，块体间排列紧密，高度一致，踏面平整，无倾斜、翘动。

5.1.13 水洗石面层应符合下列要求：

1 水洗石铺装的细卵石（混合卵石除外）应色泽统一、颗粒大小均匀，规格符合设计要求。

2 路面的石子表面色泽应清晰洁净，不应有水泥浆残留、开裂。

3 酸洗液冲洗彻底，不得残留腐蚀痕迹。

5.1.14 园路、广场地面铺装工程的允许偏差和检验方法应符合表5.1.14的规定。

表 5.1.14 园路、广场地面铺装工程的允许偏差和检验方法

项次	项目	基层—土	基层—混凝土、炉渣	面层—砂、碎石	面层—块石	面层—碎拼花岗石	面层—卵石	面层—嵌草地面	面层—水泥花砖	面层—混凝土板块	面层—花岗岩	面层—侧石	面层—冰梅	面层—花街铺地	面层—大方砖	面层—压模	面层—透水砖	面层—小青砖(黄道砖)	面层—自然块石	面层—水洗石	检验方法
1	表面平整度	15	10	15	15	3	4	5	5	4	1	—	3	5	4	3	4	5	10	3	用2m靠尺和楔形塞尺检查
2	厚度	在个别地方不大于设计厚度的1/10		-10%	—	—	—	—	—	—	—	—	—	—	3	8	3	3	—	—	尺量检查
3	标高	+0 −50	±10	±20	±30	—	—	—	—	—	—	—	—	—	—	—	—	—	—	—	用水准仪检查
4	缝格平直	—	—	—	—	—	—	—	3	3	3	2	—	3	3	—	3	3	8	—	拉5m线和尺量检查
5	接缝高低差	—	—	—	—	—	4	3	0.5	1.5	0.5	3	—	2	1	—	1	2	—	1	尺量和楔形塞尺检查
6	板块（卵石）间隙宽度	—	—	—	—	—	5	3	—	6	1	—	—	—	2	—	2	1	2	—	尺量检查
7	尺量偏差	—	—	—	—	—	—	—	—	—	—	—	—	—	3	—	3	3	—	—	尺量检查

5.1.15 侧石安装应符合下列规定：

1 底部和外侧应坐浆，安装稳固。

2 顶面应平整、线条应顺直。

3 曲线段应圆滑无明显折角。

4 侧石安装允许偏差应符合表5.1.14的规定。

5.2 假山、叠石、置石工程

5.2.1 假山叠石或在重要位置堆砌的峰石、瀑布，宜由设计单位或委托施工单位制作1:25或1:50的模型，经建设单位及有关专家评审认可后再进行施工。

5.2.2 假山叠石选用的石材质地应一致，色泽相近，纹理统一。石料应坚实耐压，无裂缝、损伤、剥落现象；峰石应形态完美，具有观赏价值。

5.2.3 施工放样应按设计平面图，经复核无误后，方可施工。无具体设计要求时，景石堆置和散置，可由施工人员用石灰在现场放样示意，并经有关单位现场人员认可。

5.2.4 假山叠石的基础工程及主体构造应符合设计和安全规定，假山结构和主峰稳定性应符合抗风、抗震强度要求。

5.2.5 假山叠石的基础应符合下列规定：

1 假山地基基础承载力应大于山石总荷载的1.5倍。灰土基础应低于地平面20cm，其面积应大于假山底面积，外沿宽出50cm。

2 假山设在陆地上，应选用C20以上混凝土制作基础；假山设在水中，应选用C25混凝土或不低于M7.5的水泥砂浆砌石块制作基础。根据不同地势、地质有特殊要求的可做特殊处理。

5.2.6 假山石拉底施工应做到统筹向背、曲折错落、断续相间、连接互咬；拉底石材应坚实、耐压，不得用风化石块做基石。

5.2.7 假山、叠石主体工程应符合下列规定：

1 主体山石应错缝叠压，纹理统一。叠石或景石放置时，应注意主面方向，掌握重心。山体最外侧的峰石底部应灌注1:2水泥砂浆。每块叠石的刹石不应少于4个受力点，刹石不应外露。每层之间应补缝填陷，并灌1:2水泥砂浆。

2 假山、叠石和景石布置后的石块间缝隙，应先填塞、连接、嵌实，用1:2的水泥砂浆进行勾缝。勾缝应做到自然平整、无遗漏。明缝不应超过2cm宽，暗缝应凹入石面1.5cm~2cm，砂浆干燥后色泽应与石料色泽相近。

3 跌水、山洞的山石长度不应小于150cm，整块大体量山石应稳定不得倾斜。横向挑出的山石后部配重不小于悬挑重量的2倍，压脚石应确保牢固，粘结材料应满足强度要求。辅助加固构件（银锭扣、铁爬钉、铁扁担、各类吊架）承载力和数量应保证达到山体的结构安全及艺术效果要求，铁件表面应做防锈处理。

4 假山山洞的洞壁凹凸面不得影响游人安全，洞内应有采光，不得积水。

5 假山、叠石、布置临路侧、山洞洞顶和洞壁的岩面应圆润，不得带锐角。

6 登山道的走向应自然，踏步铺设应平整、牢固，高度以14cm~16cm为宜，除特殊位置外，高度不得大于25cm，宽度不应小于30cm。

7 溪流景石的自然驳岸的布置，应体现溪流的自然感，并与周边环境协调。汀步安置应稳固，面平整。设计无要求时，汀步边到边距不应大于30cm，高差不宜大于5cm。

8 壁峰不宜过厚，应采用嵌入墙体为主，与墙体脱离部分应有可靠排水措施。墙体内应预埋铁件钩托石块，保证稳固。

9 假山、叠石、外形艺术处理应石不宜杂、纹不宜乱、块不宜匀、缝不宜多，形态自然完整。

5.2.8 假山收顶工程应符合下列要求：

1 收顶的山石应选用体量较大、轮廓和体态富于特征的山石。

2 收顶施工应自后向前、由主及次、自上而下分层作业。每层高度宜为30cm~80cm，不得在凝固期间强行施工，影响胶结料强度。

3 顶部管线、水路、孔洞应预埋、预留，事后不得凿穿。

4 结构承重受力用石必须有足够强度。

5.2.9 置石的主要形式有特置、对置、散置、群置、山石器设等。置石工程应符合下列规定：

1 置石石材、石种应统一，整体协调。

2 置石的材质、色泽、造型应符合设计要求。

3 特置山石应符合下列要求：

  1） 应选择体量较大、色彩纹理奇特、造型轮廓突出、具有动势的山石；

  2） 石高与观赏距离应保持1:2~1:3之间；

  3） 单块高度大于120cm的山石与地坪、墙基贴接处应用混凝土窝脚，亦可采用整形基座或坐落在自然的山石面上。

4 对置山石应以两块山石为组合，互相呼应。宜立于建筑门前两侧或道路入口两侧。

5 散置山石应有疏有密，远近结合，彼此呼应，不可众石纷杂，凌乱无章。

6 群置山石应石之大小不等、石之间距不等、石之高低不等，应主从有别，宾主分明，搭配适宜。

5.3 园林理水工程

5.3.1 水景水池应按设计要求预埋各种预埋件，穿过池壁和池底的管道应采取防渗漏措施，池体施工完成后，应进行灌水试验。灌水试验方法应符合现行国家标准《给水排水构筑物工程施工及验收规范》GB

50141 的规定。

5.3.2 水景管道安装应符合下列规定：

1 管道安装宜先安装主管，后安装支管，管道位置和标高应符合设计要求。

2 配水管网管道水平安装时，应有 2‰～5‰ 的坡度坡向泄水点。

3 管道下料时，管道切口应平整，并与管中心垂直。

4 各种材质的管材连接应保证不渗漏。

5.3.3 水景潜水泵规格应符合设计规定，安装应符合下列规定：

1 潜水泵应采用法兰连接。

2 同组喷泉用的潜水泵应安装在同一高程。

3 潜水泵轴线应与总管轴线平行或垂直。

4 潜水泵淹没深度小于 50cm 时，在泵吸入口处应加装防护网罩。

5 潜水泵电缆应采用防水型电缆，控制开关应采用漏电保护开关。

5.3.4 水景喷泉工程应符合安全使用要求，喷头规格和射程及景观艺术效果应符合设计规定。

5.3.5 浸入水中的电缆应采用 24V 低压水下电缆，水下灯具和接线盒应满足密封防渗要求。

5.3.6 瀑布、跌水工程的出水量应符合设计要求，下水应形成瀑布状，出水应均匀分布于出水周边，水流不得渗漏其他叠石部位，不得冲击种植槽内的植物，并应符合设计的景观艺术效果。

5.3.7 水景喷泉的喷头安装应符合下列规定：

1 管网应在安装完成试压合格并进行冲洗后，方可安装喷头。

2 喷头前应有长度不小于 10 倍喷头公称尺寸的直线管段或设整流装置。

3 确定喷头距水池边缘的合理距离，溅水不得溅至水池外面的地面上或收水线以内。

4 同组喷泉用喷头的安装形式宜相同。

5 隐蔽安装的喷头，喷口出流方向水流轨迹上不应有障碍物。

5.3.8 水景水池表面颜色、纹理、质感应协调统一，吸水率、反光度等性能良好，表面不易被污染，色彩与块面布置应均匀美观。

5.3.9 园林驳岸工程应符合下列规定：

1 园林驳岸地基应相对稳定，土质应均匀一致，防止出现不均匀沉降。持力层标高应低于水体最低水位标高 50cm。基础垫层按设计要求施工，设计未提出明确要求时，基础垫层应为 10cm 厚 C15 混凝土。其宽度应大于基础底宽度 10cm。

2 园林驳岸基础的宽度应符合设计要求，设计未提出明确要求的，基础宽度应是驳岸主体高度的 3/5～4/5，压顶宽度最低不得小于 36cm，砌筑砂浆应采用 1:3 水泥砂浆。

3 园林驳岸视其砌筑材料不同，应执行不同的砌筑施工规范。采用石材为砌筑主体的石材应配重合理、砌筑牢固，防止水托浮力使石材产生移位。

4 驳岸后侧回填土不得采用黏性土，并应按要求设置排水盲沟与雨水排水系统相连。

5 较长的园林驳岸，应每隔 20m～30m 设置变形缝，变形缝宽度应为 1cm～2cm；园林驳岸顶部标高出现较大高程差时，应设置变形缝。

6 以石材为主体材料的自然式园林驳岸，其砌筑应曲折蜿蜒、错落有致、纹理统一，景观艺术效果符合设计规定。

7 规则式园林驳岸压顶标高距水体最高水位标高不宜小于 50cm。

8 园林驳岸溢水口的艺术处理，应与驳岸主体风格一致。

5.4 园林设施安装工程

5.4.1 座椅（凳）、标牌、果皮箱的安装应符合下列规定：

1 座椅（凳）、标牌、果皮箱的质量应符合相关产品标准的规定，并应通过产品检验合格。

2 座椅（凳）、标牌、果皮箱材质、规格、形状、色彩、安装位置应符合设计要求，标牌的指示方向应准确无误。

3 座椅（凳）、标牌、果皮箱的安装方法应按照产品安装说明或设计要求进行。

4 安装基础应符合设计要求。

5 座椅（凳）、果皮箱应安装牢固无松动，标牌支柱安装应直立不倾斜，支柱表面应整洁无毛刺，标牌与支柱连接、支柱与基础连接应牢固无松动。

6 金属部分及其连接件应做防锈处理。

5.4.2 园林护栏应符合下列规定：

1 竹木质护栏、金属护栏、钢筋混凝土护栏、绳索护栏等均应属于维护绿地及具有一定观赏效果的隔栏。

2 护栏高度、形式、图案、色彩应符合设计要求。

3 金属护栏和钢筋混凝土护栏应设置基础，基础强度和埋深应符合设计要求；设计无明确要求时，高度在 1.5m 以下的护栏，其混凝土基础尺寸不应小于 30cm×30cm×30cm；高度在 1.5m 以上的护栏，其混凝土基础尺寸不应小于 40cm×40cm×40cm。

4 园林护栏基础采用的混凝土强度不应低于 C20。

5 现场加工的金属护栏应做防锈处理。

6 栏杆之间、栏杆与基础之间的连接应紧实牢固。金属栏杆的焊接应符合国家现行相关标准的要求。

7 竹木质护栏的主桩下埋深度不应小于 50cm。

主桩的下埋部分应做防腐处理。主桩之间的间距不应大于 6m。

8 栏杆空隙应符合设计要求，设计未提出明确要求的，宜为 15cm 以下。

9 护栏整体应垂直、平顺。

10 用于攀援绿化的园林护栏应符合植物生长要求。

5.4.3 绿地喷灌的喷头安装和调试应符合下列规定：

1 管网应在安装完成试压合格并进行冲洗后，方可安装喷头，喷头规格和射程应符合设计要求，洒水均匀，并符合设计的景观艺术效果。

2 绿地喷灌工程应符合安全使用要求，喷洒到道路上的喷头应进行调整。

3 喷头定位应准确，埋地喷头的安装应符合设计和地形的要求。

4 喷头高低应根据苗木要求调整，各接头无渗漏，各喷头达到工作压力。

6 工程质量验收

6.1 一般规定

6.1.1 园林绿化工程的质量验收，应按检验批、分项工程、分部（子分部）工程、单位（子单位）工程的顺序进行。园林绿化工程的分项、分部、单位工程可按附录 A 进行划分。

6.1.2 园林绿化工程施工质量验收应符合下列规定：

1 参加工程施工质量验收的各方人员应具备规定的资格。

2 园林绿化工程的施工应符合工程设计文件的要求。

3 园林绿化工程施工质量应符合本规范及国家现行相关专业验收标准的规定。

4 工程质量的验收均应在施工单位自行检查评定的基础上进行。

5 隐蔽工程在隐蔽前应由施工单位通知有关单位进行验收，并应形成验收文件。

6 分项工程的质量应按主控项目和一般项目验收。

7 关系到植物成活的水、土、基质，涉及结构安全的试块、试件及有关材料，应按规定进行见证取样检测。

8 承担见证取样检测及有关结构安全检测的单位应具有相应资质。

6.1.3 园林绿化工程物资的主要原材料、成品、半成品、配件、器具和设备必须具有质量合格证明文件，规格型号及性能检测报告，应符合国家现行技术标准及设计要求。植物材料、工程物资进场时应做检查验收，并经监理工程师核查确认，形成相应的检查

记录。

6.1.4 工程竣工验收后，建设单位应将有关文件和技术资料归档。

6.2 质量验收

6.2.1 本规范的分项、分部、单位工程质量等级均应为"合格"。

6.2.2 检验批质量验收应符合下列规定：

1 主控项目和一般项目的质量经抽样检验应合格。

2 应具有完整的施工操作依据、质量检查记录。

6.2.3 分项工程质量验收应符合下列规定：

1 分项工程质量验收的项目和要求，应符合本规范附录 B 的规定。

2 分项工程所含的检验批，均应符合合格质量的规定。

3 分项工程所含的检验批的质量验收记录应完整。

6.2.4 分部（子分部）工程质量验收应符合下列规定：

1 分部（子分部）工程所含分项工程的质量均应验收合格。

2 质量控制资料应完整。

3 栽植土质量、植物病虫害检疫，有关安全及功能的检验和抽样检测结果应符合有关规定。

4 观感质量验收应符合要求。

6.2.5 单位（子单位）工程质量验收应符合下列规定：

1 单位（子单位）工程所含分部（子分部）工程的质量均应验收合格。

2 质量控制资料应完整。

3 单位（子单位）工程所含分部工程有关安全和功能的检测资料应完整。

4 观感质量验收应符合要求。

5 乔灌木成活率及草坪覆盖率应不低于 95%。

6.2.6 园林绿化工程的检验批、分项工程、分部（子分部）工程的质量验收记录应符合本规范附录 C 的规定。

6.2.7 园林绿化单位（子单位）工程质量竣工验收报告应符合本规范附录 D 的规定。

6.2.8 当园林绿化工程质量不符合要求时，应按下列规定进行处理：

1 经返工或整改处理的检验批应重新进行验收。

2 经有资质的检测单位检测鉴定能够达到设计要求的检验批，应予以验收。

3 经有资质的检测单位检测鉴定达不到设计要求，但经原设计单位和监理单位认可能够满足植物生长要求、安全和使用功能的检验批，可予以验收。

4 经返工或整改处理的分项、分部工程，虽然降低质量或改变外观尺寸但仍能满足安全使用、基本的观赏要求并能保证植物成活，可按技术处理方案和协商文件进行验收。

6.2.9 通过返修或整改处理仍不能保证植物成活、基本的观赏和安全要求的分部工程、单位（子单位）工程，严禁验收。

6.3 质量验收的程序和组织

6.3.1 检验批和分项工程的验收，应符合下列规定：

1 施工单位首先应对检验批和分项工程进行自检。自检合格后填写检验批和"分项工程质量验收记录"，施工单位项目机构专业质量检验员和项目专业技术负责人应分别在验收记录相关栏目签字后向监理单位或建设单位报验。

2 监理工程师组织施工单位专业质检员和项目专业技术负责人共同按规范规定进行验收并填写验收结果。

6.3.2 分部（子分部）工程的验收，应符合下列规定：

1 分部（子分部）工程验收应在各检验批和所有分项工程验收完成后进行验收；应在施工单位项目专业技术负责人签字后，向监理单位或建设单位进行报验。

2 总监理工程师（建设单位项目负责人）应组织施工单位项目负责人和项目技术、质量负责人及有关人员进行验收。

3 勘察、设计单位项目负责人，应参加园林建构筑的地基基础、主体结构工程分部（子分部）工程验收。

6.3.3 单位工程的验收，应在分部工程验收完成后，施工单位依据质量标准、设计文件等组织有关人员进行自检、评定，并确认下列要求：

1 已完成工程设计文件和合同约定的各项内容。

2 工程使用的主要材料、构配件和设备有进场试验报告。

3 工程施工质量符合规范规定。分项、分部工程检查评定合格符合要求后，施工单位向监理单位或建设单位提交工程质量竣工验收报告和完整质量资料，由监理单位或建设单位组织预验收。

6.3.4 单位工程竣工验收，应由建设单位负责人或项目负责人组织设计、施工单位负责人或项目负责人及施工单位的技术、质量负责人和监理单位总监理工程师均应参加验收，有质量监督要求的，应请质量监督部门参加，并形成验收文件。

6.3.5 单位工程有分包单位施工时，分包单位对所承包的工程项目，应按本规范规定的程序验收，总包单位派人参加。分包工程完成后，应将有关资料交总包单位。

6.3.6 在一个单位工程中，其中子单位工程已经完工，且满足生产要求或具备使用条件，施工单位、监理单位已经预验收合格，对该子单位工程，建设单位可组织验收；由几个施工单位负责施工的单位工程，其中的施工单位负责的子单位工程已按设计文件完成并自检及监理预验收合格，也可按规定程序组织验收。

6.3.7 当参加验收各方对工程质量验收意见不一致时，可请当地园林绿化工程建设行政主管部门或园林绿化工程质量监督机构协调处理。

6.3.8 单位工程验收合格后，建设单位应在规定时间内将工程竣工验收报告和有关文件，报园林绿化行政主管部门备案。

附录 A 园林绿化单位（子单位）工程、分部（子分部）工程、分项工程划分

表 A 园林绿化单位（子单位）工程、分部（子分部）工程、分项工程划分

单位（子单位）工程	分部（子分部）工程		分 项 工 程
绿化工程	栽植基础工程	栽植前土壤处理	栽植土、栽植前场地清理、栽植土回填及地形造型、栽植土施肥和表层整理
		重盐碱、重黏土地土壤改良工程	管沟、隔淋（渗水）层开槽、排盐（水）管敷设、隔淋（渗水）层
		设施顶面栽植基层（盘）工程	耐根穿刺防水层、排蓄水层、过滤层、栽植土、设施障碍性面层栽植基盘
		坡面绿化防护栽植基层工程	坡面绿化防护栽植层工程（坡面整理、混凝土格构、固土网垫、格栅、土工合成材料、喷射基质）
		水湿生植物栽植槽工程	水湿生植物栽植槽、栽植土

单位（子单位）工程	分部（子分部）工程		分项工程
绿化工程	栽植工程	常规栽植	植物材料、栽植穴（槽）、苗木运输和假植、苗木修剪、树木栽植、竹类栽植、草坪及草本地被播种、草坪及草本地被分栽、铺设草块及草卷、运动场草坪、花卉栽植
		大树移植	大树挖掘及包装、大树吊装运输、大树栽植
		水湿生植物栽植	湿生类植物、挺水类植物、浮水类植物、栽植
		设施绿化栽植	设施顶面栽植工程、设施顶面垂直绿化
		坡面绿化栽植	喷播、铺植、分栽
	养护	施工期养护	施工期的植物养护（支撑、浇灌水、裹干、中耕、除草、浇水、施肥、除虫、修剪抹芽等）
园林附属工程	园路与广场铺装工程		基层，面层（碎拼花岗岩、卵石、嵌草、混凝土板块、侧石、冰梅、花街铺地、大方砖、压膜、透水砖、小青砖、自然石块、水洗石、透水混凝土面层）
	假山、叠石、置石工程		地基基础、山石拉底、主体、收顶、置石
	园林理水工程		管道安装、潜水泵安装、水景喷头安装
	园林设施安装		座椅（凳）、标牌、果皮箱、栏杆、喷灌喷头等安装

附录 B 园林绿化分项工程质量验收项目和要求

表 B 园林绿化分项工程质量验收项目和要求

序号	分项工程名称	主控项目	一般项目	检验方法	检查数量
1	栽植土	4.1.3 条第 1、2、3 款	4.1.1 条、4.1.3 条第 4、5 款	经有资质检测单位测试	每 500m³ 或 2000m² 为一检验批，随机取样 5 处，每处 100g 组成一组试样。500m³ 或 2000m² 以下，取样不少于 3 处
2	栽植前场地清理	4.1.4 条第 2、4 款	4.1.4 条第 5、6 款	观察、测量	1000m² 检查 3 处，不足 1000m² 检查不少于 1 处
3	栽植土回填及地形造型	4.1.5 条第 2、4 款	4.1.5 条第 3、5、6 款	经纬仪、水准仪、钢尺测量	1000m² 检查 3 处，不足 1000m² 检查不少于 1 处
4	栽植土施肥和表层整理	4.1.6 条第 1 款	4.1.6 条第 2 款	试验、检测报告、观察、尺量	1000m² 检查 3 处，不足 1000m² 检查不少于 1 处
5	栽植穴、槽	4.2.3 条第 1 款、4.2.4 条、4.2.6 条	4.2.5 条、4.2.7 条、4.2.8 条	观察、测量	100 个穴检查 20 个，不足 20 个全数检查
6	植物材料	4.3.1 条、4.3.2 条	4.3.3 条、4.3.4 条	观察、量测	每 100 株检查 10 株，少于 20 株，全数检查。草坪、地被、花卉按面积抽查 10%，4m² 为一点，至少 5 个点，≤30m² 全数检查
7	苗木运输和假植	4.4.3 条、4.4.6 条	4.4.4 条、4.4.5 条、4.4.7 条	观察	每车按 20% 的苗株进行检查
8	苗木修剪	4.5.4 条第 1、2 款	4.5.4 条第 3、4、5 款	观察、测量	100 株检查 10 株，不足 20 株的全数检查

序号	分项工程名称	主控项目	一般项目	检验方法	检查数量
9	树木栽植	4.6.1条第2、6、7、10款	4.6.1条第3、4、5、8款、4.6.4条、4.6.5条	观察、测量	100株检查10株,少于20株的全数检查。成活率全数检查
10	浇灌水	4.6.2条第1、2、4款	4.6.2条第3、5、6款	测试及观察	100株检查10株,不足20株的全数检查
11	支撑	4.6.3条第2、3款	4.6.3条第4、5、6款	晃动支撑物	每100株检查10株,不足50株的全数检查
12	大树挖掘包装	4.7.3条第2款中的3)、4)	4.7.3条第2款中的5)、6)、7)	观察、尺量	全数检查
13	大树吊装运输	4.7.4条第1、2款	4.7.4条第3、4款	观察	全数检查
14	大树栽植	4.7.5条第1、2、5款	4.7.5条第3、4、6、7、8款	观察、尺量	全数检查
15	草坪和草本地被播种	4.8.1条第2、5、6、7款、4.8.5条	4.8.1条第1、3、4款	观察、测量及种子发芽试验报告	500m²检查3处,每点面积为4m²,不足500m²检查不少于2处
16	喷播种植	4.13.3条第2、3款	4.13.3条第4、5、6款	检查种子覆盖料及土壤稳定剂合格证明,观察	1000m²检查3处,每点面积为16m²,不足1000m²检查不少于2处
17	草坪和草本地被分栽	4.8.2条第3、4款、4.8.5条	4.8.2条第5、6款	观察、尺量	500m²检查3处,每点面积为4m²,不足500m²检查不少于2处
18	铺设草块和草卷	4.8.3条第4、7、8款、4.8.5条	4.8.3条第5、6款	观察、尺量查看施工记录	500m²检查3处,每点面积为4m²,不足500m²检查不少于2处
19	运动场草坪	4.8.4条第1、3款、4.8.5条	4.8.4条第4、5、6款	测量、环刀取样、观测	500m²检查3处,不足500m²检查不少于2处
20	花卉栽植	4.9.2条第1、2、5款	4.9.2条第3、4款	观察、尺量	500m²检查3处,每点面积为4m²,不足500m²检查不少于2处
21	水湿生植物栽植槽	4.10.3条第1、2款	4.10.3条第3款	材料检测报告、观察、尺量	100m²检查3处,不足100m²检查不少于2处
22	水湿生植物栽植	4.10.2条、4.10.4条	4.10.6条、4.10.7条	测试报告及栽植数、成活数记录报告	500m²检查3处,不足500m²检查不少于2处
23	竹类栽植	4.11.3条、4.11.6条第1、2、3款	4.11.4条、4.11.5条、4.11.6条第5、6款、4.11.7条	观察、尺量	100株检查10株,不足20株全数检查
24	耐根穿刺防水层	4.12.4条第1款1)、4)、6)	4.12.4条第1款2)、3)、5)、7)	观察、尺量	每50延米检查1处,不足50延米全数检查

序号	分项工程名称	主控项目	一般项目	检验方法	检查数量
25	排蓄水层	4.12.4 条第 2 款 1)、2)	4.12.4 条第 2 款 4)、5)	观察、尺量	每 50 延米长检查 1 处，不足 50 延米长全数检查
26	过滤层	4.12.4 条第 3 款 1)	4.12.4 条第 3 款 2)、3)	观察、尺量	每 50 延米长检查 1 处，不足 50 延米长全数检查
27	设施障碍性面层栽植基盘	4.12.5 条第 1、2 款	4.12.5 条第 3 款	观察、尺量	100m² 检查 3 处，不足 100m² 检查不少于 2 处
28	设施顶面栽植工程	4.12.6 条第 6、7、8 款	4.12.6 条第 9、10 款	观察、尺量	100m² 检查 3 处，不足 100m² 检查不少于 2 处
29	设施立面垂直绿化	4.12.7 条第 1、4 款	4.12.7 条第 2、3、5 款	观察、尺量	100 株检查 10 株，不足 20 株全数检查
30	坡面绿化防护栽植层工程	4.13.2 条第 1、2 款	4.13.2 条第 3 款	观察、照片分析、尺量	500m² 检查 3 处，不足 500m² 检查不少于 2 处
31	排盐（渗水）管沟隔淋（渗水）层开槽	4.14.3 条第 1 款 1)、2)	4.14.3 条第 1 款 3)	测量	1000m² 检查 3 个点，不足 1000m² 检查不少于 2 个点
32	排盐（渗水）管敷设	4.14.3 条第 2 款 1)、2)、3)	4.14.3 条第 2 款 4)、5)、6)	测量	200m 检查 3 个点，不足 200m，检查不少于 2 个点
33	隔淋（渗水）层	4.14.3 条第 3 款 1)、2)	4.14.3 第 3 款 3)、4)	测量	1000m² 检查 3 个点，不足 1000m² 检查不少于 2 个点
34	施工期植物养护	4.15.2 条第 1、2、3、5、8 款	4.15.2 条第 4、6、7 款、4.15.4 条	检查施工日志、观察	1000m² 检查 3 处，1000m² 以下检查不少于 2 处，每处面积不小于 50m²
35	碎拼花岗岩面层	5.1.1 条	5.1.2 条、5.1.14 条	靠尺、楔形塞尺、量测	200m² 检查 3 处，不足 200m² 检查不少于 1 处
36	卵石面层	5.1.1 条	5.1.3 条、5.1.14 条	靠尺、楔形塞尺、量测	200m² 检查 3 处，不足 200m² 检查不少于 1 处
37	嵌草地面	5.1.1 条	5.1.4 条、5.1.14 条	观察、尺量	200m² 检查 3 处，不足 200m² 检查不少于 1 处
38	水泥花砖混凝土板块面层	5.1.1 条	5.1.5 条、5.1.14 条	拉 5m 线、靠尺、楔形塞尺，量测	200m² 检查 3 处，不足 200m² 检查不少于 1 处
39	侧石安装	5.1.1 条	5.1.15 条、5.1.14 条	水准仪、尺量、观察	100 延米检查 3 处，不足 100 延米检查不少于 1 处
40	冰梅面层	5.1.1 条	5.1.6 条、5.1.14 条	靠尺、楔形塞尺、量测	200m² 检查 3 处，不足 200m² 检查不少于 1 处

序号	分项工程名称	主控项目	一般项目	检验方法	检查数量
41	花街铺地面层	5.1.1 条	5.1.7 条、5.1.14 条	观察、尺量	200m² 检查 3 处，不足 200m² 检查不少于 1 处
42	大方砖面层	5.1.1 条	5.1.8 条、5.1.14 条	拉 5m 线、靠尺、楔形塞尺、量测	200m² 检查 3 处，不足 200m² 检查不少于 1 处
43	压模面层	5.1.1 条	5.1.9 条、5.1.14 条	靠尺、楔形塞尺，量测	200m² 检查 3 处，不足 200m² 检查不少于 1 处
44	透水砖面层	5.1.1 条	5.1.10 条、5.1.14 条	5m 拉线、靠尺、楔形塞尺，量测	200m² 检查 3 处，不足 200m² 检查不少于 1 处
45	小青砖（黄道砖）面层	5.1.1 条	5.1.11 条、5.1.14 条	拉 5m 线、靠尺、观察，量测	200m² 检查 3 处，不足 200m² 检查不少于 1 处
46	自然块石面层	5.1.1 条	5.1.12 条、5.1.14 条	拉 5m 线、靠尺、观察，量测	200m² 检查 3 处，不足 200m² 检查不少于 1 处
47	水洗石面层	5.1.1 条	5.1.13 条、5.1.14 条	靠尺、楔形塞尺，量测	200m² 检查 3 处，不足 200m² 检查不少于 1 处
48	假山、叠石、置石工程	5.2.4 条、5.2.5 条、5.2.6 条、5.2.7 条第 4、5 款	5.2.7 条第 1、2、3、6、7、8、9 款 5.2.8 条、5.2.9 条	观察、尺量、锤击、查阅资料	假山叠石主体工程以一座叠石为一检验批，或以每 20 延米长为一检验批，全数检查
49	水景管道安装	5.3.2 条第 1、4 款	5.3.2 条第 2、3 款	观察、测量	50 延米检查 3 处，不足 50 延米检查不少于 2 处
50	水景潜水泵安装	5.3.3 条第 1、3 款	5.3.3 条第 2、4、5 款	观察、测量	全数检查
51	水景喷泉的喷头安装	5.3.7 条第 1、2 款	5.3.7 条第 3、4、5 款	观察、测量	全数检查
52	座椅（凳）、标牌、果皮箱安装	5.4.1 条第 1、2、5、6 款	5.4.1 条第 3、4 款	手动、观察	全数检查
53	园林护栏	5.4.2 条第 3、4、5、6、7 款	5.4.2 条第 1、8、9 款	观察、手动、尺量	100 延米检查 3 处，不足 100 延米检查不少于 2 处
54	喷灌喷头安装	5.4.3 条第 1、3 款	5.4.3 条第 2、4 款	手动、观察、尺量	全数检查

附录 C 检验批、分项工程、分部（子分部）工程质量验收记录

C.0.1 检验批质量验收记录应符合表 C.0.1 的 规定。

表 C.0.1 检验批质量验收记录

单位 工程名称			分项 工程名称		验收部位	
施工单位			专业工长		项目负责人	
施工执行 标准名称 及编号						
分包单位			分包负责人		施工班组长	
		质量验收规范的规定	施工单位检查评定结果		监理单位验收记录	

		质量验收规范的规定	施工单位检查评定结果	监理单位验收记录
主控项目	1			
	2			
	3			
	4			
	5			
	6			
	7			
	8			
一般项目	1			
	2			
	3			
	4			
施工单位检查 评定结果		项目专业质量检验：　　　　　　　　　　　年　月　日		
监理（建设） 单位验收记录		监理工程师： （建设单位项目专业技术负责人）　　　　　　　年　月　日		

C.0.2 分项工程质量验收记录应符合表 C.0.2 的 规定。

表 C.0.2 分项工程质量验收记录

单位 工程名称				检验批数	
施工单位		项目负责人		项目技术 负责人	
分包单位		分包单位 负责人		分包 项目负责人	
序号	检验批部位、 单项、区段		施工单位 检查评定结果	监理（建设）单位 验收结论	
1					
2					
3					
4					
5					
6					
7					
8					
9					
10					
11					
12					
13					
14					
15					
检查结论				验收结论	
	项目专业 技术负责人： 　　　　　　年　　月　　日			监理工程师： （建设单位项目专业技术负责人） 　　　　　　年　　月　　日	

C.0.3 分部（子分部）工程质量验收记录应符合表 C.0.3 的规定。

表 C.0.3 分部（子分部）工程质量验收记录

工程名称					
施工单位		技术部门负责人		质量部门负责人	
分包单位		分包单位负责人		分包技术负责人	
序号	分项工程名称		施工单位检查意见		验收意见
1					
2					
3					
4					
5					
6					
质量控制资料					
结构实体检验报告					
观感质量验收					
验收单位	分包单位 项目经理				年　月　日
	施工单位 项目经理				年　月　日
	设计单位 项目负责人				年　月　日
	监理 （建设） 单位 总监理工程师 （建设单位项目专业负责人）				年　月　日

附录D 园林绿化单位（子单位）工程质量竣工验收报告

D. 0. 1 园林绿化单位（子单位）工程质量竣工验收　报告应符合表D. 0. 1的规定。

表 D. 0. 1 园林绿化单位（子单位）工程质量竣工验收报告

工程名称					
施工单位		技术负责人		开工日期	
项目负责人		项目 技术负责人		竣工日期	
工程概况					
工程造价 工作量		万元	构筑物面积		m^2
			绿化面积		m^2

本次竣工验收工程概况描述：

D.0.2 单位（子单位）工程质量竣工验收记录应符　合表 D.0.2 的规定。

表 D.0.2　单位（子单位）工程质量竣工验收记录

工程名称					
施工单位		技术负责人		开工日期	
项目负责人		项目技术负责人		竣工日期	

序号	项　目	验　收　记　录	验　收　结　论
1	分部工程	共　分部，经查　分部符合标准及设计要求　分部	
2	质量控制资料核查	共　项，经审查符合要求　项经核定符合规范要求　项	
3	安全和主要使用功能及涉及植物成活要素核查及抽查结果	共核查　项，符合要求　项，共抽查　项，符合要求　项，经返工处理符合要求　项	
4	观感质量验收	共抽查　项，符合要求　项，不符合要求　项	
5	植物成活率	共抽查　项，符合要求　项，不符合要求　项	
6	综合验收结论		

参加验收单位	建设单位（公章）	监理单位（公章）	施工单位（公章）	勘察、设计单位（公章）
	单位（项目）负责人：	总监理工程师：	单位负责人：	单位（项目）负责人：
	年　月　日	年　月　日	年　月　日	年　月　日

D.0.3 单位（子单位）工程质量控制资料核查记录　　应符合表 D.0.3 的规定。

表 D.0.3　单位（子单位）工程质量控制资料核查记录

序号	项目	资料名称	份数	核查意见	核查人
1	绿化工程	图纸会审、设计变更、洽商记录、定点放线记录			
2		园林植物进场检验记录以及材料、配件出厂合格证书和进场检验记录			
3		隐蔽工程验收记录及相关材料检测试验记录			
4		施工记录			
5		分项、分部工程质量验收记录			
1	园林附属工程	图纸会审、设计变更、洽商记录			
2		工程定位测量、放线记录			
3		原材料出厂合格证书及进场检(试)验报告			
4		施工试验报告及见证检测报告			
5		隐蔽工程验收记录			
6		施工记录			
7		预制构件			
8		地基基础			
9		管道、设备强度试验、严密性实验记录			
10		系统清洗、灌水、通水实验记录			
11		分项、分部工程质量验收记录			
12		工程质量事故及事故调查处理资料			
13		新材料、新工艺施工记录			

结论：	结论：
施工单位项目负责人： 　　年　月　日	总监理工程师： （建设单位项目负责人） 　　年　月　日

D.0.4 单位（子单位）工程安全功能和植物成活要 的规定。
素检验资料核查及主要功能抽查记录应符合表 D.0.4

表 D.0.4 单位（子单位）工程安全功能和植物成活要素检验资料核查及主要功能抽查记录

工程名称				施工单位		
序　号	安全和功能检查项目	份数	核查意见	抽查结果	核（抽）查人	
1	有防水要求的淋（蓄）水试验记录					
2	山石牢固性检查记录					
3	喷泉水景效果检查记录					
4	排盐（渗水）管道通水试验记录					
5	土壤理化性质检测报告					
6	水理化性质检测报告					
7	种子发芽试验记录					

结论：

施工单位项目负责人：　　　　　　　　　　　总监理工程师：
　　　　　　　　　　　　　　　　　　　　　（建设单位项目负责人）

　　　　　　　　　　　年　月　日　　　　　　　　　　　　　　　年　月　日

注：抽查项目由验收组协商确定。

D.0.5 单位（子单位）工程观感质量检查记录应符 合表 D.0.5 的规定。

表 D.0.5 单位（子单位）工程观感质量检查记录

序号	项 目		抽查质量状况								质量评价		
											好	一般	差
1	绿化工程	绿地的平整度及造型												
2		生长势												
3		植株形态												
4		定位、朝向												
5		植物配置												
6		外观效果												
1	园林附属工程	园路：表面洁净												
2		色泽一致												
3		图案清晰												
4		平整度												
5		曲线圆滑												
6		假山、叠石：色泽相近												
7		纹理统一												
8		形态自然完整												
9		水景水池：颜色、纹理、质感协调统一												
10		设施安装：防锈处理、色泽鲜明、不起皱皮及疙瘩												
观感质量综合评价														
检查结论		施工单位项目负责人签字： 年　月　日					总监理工程师签字： （建设单位项目负责人） 年　月　日							

注：质量评价为差的项目，应进行返修。

D.0.6 单位（子单位）工程植物成活覆盖率统计记 录应符合表 D.0.6 的规定。

表 D.0.6 单位（子单位）工程植物成活覆盖率统计记录

工程名称			施工单位		
序号	植物类型	种植数量	成活覆盖率	抽查结果	核（抽）查人
1	常绿乔木				
2	常绿灌木				
3	绿篱				
4	落叶乔木				
5	落叶灌木				
6	色块（带）				
7	花卉				
8	藤本植物				
9	水湿生植物				
10	竹子				
11	草坪				
12	地被				
13					
14					
15					
16					

结论：

施工单位项目负责人签字：   总监理工程师签字：
                                              （建设单位项目负责人）

　　　　　　　　　　　年　月　日   年　月　日

注：树木花卉按株统计；草坪按覆盖率统计。抽查项目由验收组协商确定。

本规范用词说明

1 为便于在执行本规范条文时区别对待，对要求严格程度不同的用词说明如下：

1）表示很严格，非这样不可的：

正面词采用"必须"，反面词采用"严禁"；

2）表示严格，在正常情况均应这样做的：

正面词采用"应"，反面词采用"不应"和"不得"；

3）表示允许稍有选择，在条件许可时，首先应这样做的：

正面词采用"宜"，反面词采用"不宜"；

4）表示允许有选择，在一定条件下可以这样做的，采用"可"。

2 在条文中指明应按其他有关标准执行的写法为"应符合……规定"或"应按……执行"。

引用标准名录

1 《给水排水构筑物工程施工及验收规范》GB 50141

2 《农田灌溉水质标准》GB 5084

中华人民共和国行业标准

园林绿化工程施工及验收规范

CJJ 82—2012

条 文 说 明

修 订 说 明

《园林绿化工程施工及验收规范》CJJ 82 - 2012，经住房和城乡建设部 2012 年 12 月 24 日以第 1559 号公告批准、发布。

本规范是在《城市绿化工程施工及验收规范》CJJ/T 82 - 99 的基础上修订而成。上一版的主编单位是天津市园林局，主要起草人员是陈威、孙义干、王立新等人。

本次标准修订工作，针对城市园林绿化工程的实际情况进行调研，广泛收集资料，参考各省市园林绿化工程施工的经验和技术总结，吸纳当前国内外关于城市园林绿化工程施工及验收方面的成功经验和先进技术，充分发挥各参编单位的智慧，广泛征询园林行业专家意见，使修订后的技术规范更加合理、全面，形成具有先进性、科学性、实用性、可操作性的标准。

为便于广大设计、施工、科研、学校等单位有关人员在使用本规范时能正确理解和执行条文规定，《园林绿化工程施工及验收规范》编制组按章、节、条顺序编制了本规范的条文说明，对条文规定的目的、依据以及执行中需注意的有关事项进行了说明，还着重对强制性条文的强制性理由作出了解释。但是本条文说明不具备与规范正文同等的法律效力，仅供使用者作为理解和把握规范规定的参考。

目　次

1 总　　则

1.0.1 园林绿化工程是现代化城市建设的重要内容。为了适应市场经济发展的需要，规范统一园林绿化工程施工及质量验收行为，执行国家法律、法规，依法进行施工。按照园林绿化工程的客观规律，使工程施工质量的全过程都处于受控状态，使园林绿化工程施工和管理进一步标准化、规范化、程序化。

1.0.2 本规范适用于城乡公园绿地、防护绿地、附属绿地及其他绿地新建、改建、扩建的工程施工及质量验收。各类绿地的具体内容可详见《城市绿地分类标准》CJJ/T 85-2002。

1.0.3 园林绿化工程的内容较多，除本规范规定的绿化栽植及附属工程等内容以外，尚包括园林建、构筑物，给水排水，供电照明工程等，所以除了符合本规范外，尚应遵守其相关标准和相关的强制性标准的规定。

2 术　　语

本章共有 14 条术语，均系本规范有关章节所引用的。所列术语是从本规范的角度赋予其涵义的，涵义不一定是术语的定义，主要说明本术语所指的工程内容的涵义。同时，对中文术语还给出了相应的推荐性英文术语，该英文术语不一定是国际上的标准术语，仅供参考。

3 施 工 准 备

3.0.1 园林绿化工程施工程序分为施工准备阶段、施工阶段、工程竣工验收阶段、养护阶段。当施工合同签订后，施工单位首先应建立施工现场项目管理机构，施工人员应具备相应资格、资质。建立健全质量、技术、安全、文明施工管理体系及各项管理制度，并配备满足施工质量需要的检测工具，使施工管理进一步规范化、科学化。

3.0.2 施工单位在施工准备阶段组织有关施工人员熟悉、审查施工图，才能掌握设计意图，参加设计交底。了解工程的重点和难点，加强工程质量管理。发现施工图缺陷时，可即时向有关方面提出建议，加以改进，使工程质量事前得到控制。通过熟悉了解施工图，才能编制好施工组织设计，对工程项目进行质量、进度、投资控制及加强合同、信息、安全和文明施工的管理，搞好现场施工协调工作。

3.0.3 施工人员了解施工合同，才能掌握建设单位对工期、质量、投资控制的要求。了解现场，便于掌握地上、地下障碍物情况、绿化种植的土壤情况，现场道路、水通、电通及施工现场平整的状况以及安排

生产、生活设施的地点位置。

3.0.4 工程定位是园林绿化工程施工的先决条件，施工单位进场时应编制测量控制方案。根据建设单位提供的现场工程控制点及坐标控制，建立测量控制网，设置永久性的经纬坐标及水平基桩，并保护好原工程控制点及控制坐标。

4 绿 化 工 程

4.1 栽 植 基 础

4.1.1 土壤是园林植物生长的基础，在施工前进行土壤化验，根据化验结果，采取相应措施，改善土壤理化性质。土壤有效土层厚度影响园林植物的根系生长和成活，必须满足其生长成活的最低土层厚度。

4.1.2 绿化栽植的土壤含有害的成分（特别是化学成分）以及栽植层下有不透水层，影响植物根系生长或造成死亡，土壤中有害物质必须清除，不透水层影响园林植物扎根及土壤通气情况，必须进行处理，达到通透。

4.1.3 园林植物栽植土的理化性质影响园林植物的生长，根据各主要城市园林施工的实践，确定了栽植土的理化性质的主要标准。由于区域性比较复杂，理化性质差异性较大，可根据各地情况执行当地标准。

4.1.4～4.1.6 园林植物栽植前必须对栽植场地进行整理，并在栽植土回填、造型、表层土整理等施工过程中进行质量控制。

4.2 栽植穴、槽的挖掘

4.2.1～4.2.3 为防止挖掘栽植穴、槽时，损坏地下管线等设施，所以事先必须向有关部门了解地下管网情况。同时，栽植穴、槽与各种管线应保持一定距离，既不影响树木正常生长，又不造成地下管线损坏。栽植穴、槽的定点放线必须符合设计要求。

4.2.4、4.2.5 栽植穴、槽的规格主要根据苗木的土球和根幅的大小再加大 40cm～60cm，确定为穴的直径。穴深为穴径的3/4～4/5，既保证苗木生长需要，也便于施工操作。

4.2.6～4.2.8 栽植穴、槽底部的不透水层，土壤干燥的穴、槽，土壤密实度较大的栽植穴、槽的技术处理措施。

4.3 植 物 材 料

4.3.1 植物材料的质量直接影响景观效果，其品种规格必须符合设计要求，是工程质量控制的关键。

4.3.2 植物材料带有病虫害影响苗木质量，易引起扩散，为防止危险病虫害的传入，必须对国外及外省市的苗木进行检疫，有检疫证明。

4.3.3、4.3.4 苗木的外在质量主要表现为姿态和生

长势、冠形、土球、裸根苗的根幅及病虫害等方面，作为验收的依据及验收时允许的规格偏差。

4.4 苗木运输和假植

4.4.1、4.4.2 苗木运输时，应核对品种、数量做到随运随栽，才能提高栽植成活率。

4.4.3 苗木运输的起吊设备和车辆涉及安全问题，必须满足苗木起吊、运输的要求。

4.4.4、4.4.5 裸根苗及带土球苗木运输的注意事项和要求。

4.4.6 苗木晾晒时间过长，易失水，影响成活率，当天不能栽植，所以应进行假植。

4.4.7 苗木根部暴露时间过长，影响其栽植成活率，提出了苗木假植的方法及注意事项。

4.5 苗木修剪

4.5.1 免修剪栽植能使树木得到较好的景观，应积极推广，但苗木挖掘时，当根系受到损伤，栽植前对苗木的根部和树冠进行适当修剪，可促进生长，提高栽植成活率。

4.5.2、4.5.3 正确执行乔木、花灌木、藤本等各类苗木修剪的原则、方法，促进苗木生长，提高景观效果。

4.5.4、4.5.5 规定了苗木修剪的质量要求及非栽植季节栽植树木的修剪方法。

4.6 树木栽植

4.6.1 树木栽植的注意事项及质量控制的要求，是提高树木成活率的保证。

4.6.2、4.6.3 树木栽植后及时做围堰、支撑、浇水才能提高栽植成活率。树木浇水时，必须保持水质，华北地区树木栽植后，一般浇三遍水进行封穴，南方地区树木栽植浇水后，可视天气情况进行浇水。

4.6.4、4.6.5 非种植季节栽植树木时，成活率较低，必须带土球栽植，必须采取疏枝、强剪、摘叶、断根、容器假植等措施，才能提高栽植成活率。干旱地区树木栽植时，可进行浸穴、苗木根部用生根激素处理等措施。

4.6.6 广场、人行道栽植树木的树池因践踏的频率较高，土壤密实度加大，不利树木生长，必须铺设透气铺装，加设护栏。

4.7 大 树 移 植

4.7.1 胸径20cm以上乔木及株高6m以上的针叶常绿树，树冠、根幅都较大，树木的挖掘、包装、运输、栽植、养护等施工技术都不同于一般常规树木栽植，根据各地园林部门施工经验，划为大树移植范围。

4.7.2 大树移植的施工工艺较为复杂，要求移植前进行调查研究，制订移植技术方案，做好各种准备工作确保大树移植成活。

4.7.3、4.7.4 大树移植时的土球、土台的体积较大，必须进行软包装或箱板包装。运输时的吊装设备、车辆应满足其需要，严防发生安全事故。规定了大树挖掘及运输时注意事项。

4.7.5 落实移植大树的栽植、养护每个工序的质量控制，是确保大树移植成活的关键。

4.8 草坪及草本地被栽植

4.8.1 草坪、地被播种必须注意做好种子的处理、土壤处理、喷水等施工工艺及施工过程中的注意事项和质量控制的要求。

4.8.2、4.8.3 做好草坪和草本地被分栽、铺设草块、草卷的各项工序控制才能保证草坪的质量。

4.8.4 运动场草坪的排水层、渗水层、根系层、草坪层的工艺要求及检验方法和允许偏差，是运动草坪的质量保证。

4.8.5 草坪、地被播种、分栽、草块、草卷铺设各类草坪、草本地被建植的总体质量要求。

4.9 花 卉 栽 植

4.9.1 花卉栽植，必须首先进行定点放线，确定各种花卉栽植的位置，才能达到栽植后层次分明，保证花卉的栽植景观效果。

4.9.2 花卉栽植的质量主要考核其规格、品种、植株生长势、栽植地和土壤整理、栽植配置及其成活率。

4.9.3~4.9.5 各种花坛花境栽植花卉时的施工工艺及花卉栽植后及时浇水及栽植的质量要求。

4.10 水湿生植物栽植

4.10.1 水湿生植物没有合适的水深难以生存，水湿生植物栽植后，必须满足最适水深的需要。

4.10.2 栽植土和肥料易造成水质污染，应加以防止。

4.10.3 栽植池（槽）的施工工艺有别于池塘栽植，应按设计要求进行施工。

4.10.4 水湿生植物栽植应按照设计要求施工，才能保证质量和景观效果。

4.10.5 水湿生植物的病虫害药物防治易造成水质污染，应予以防止，提倡生物和物理防治。

4.10.6、4.10.7 水湿生植物栽植后，应严格控制水位，防止水位不当，造成窒息死亡，并对成活率提出具体要求。

4.11 竹 类 栽 植

4.11.1、4.11.2 选择植株健壮、根系发育良好、一、二年生的竹苗，栽植后成活率高、生长势好。由于各地自然条件差别大，栽植时间可不作统一要求。

4.11.3、4.11.4 根据散生竹、丛生竹的特性，进行竹苗挖掘，并应达到其规格要求。竹苗在运输过程中，应进行覆盖，注意根部保鲜，严防失水，影响栽植成活。

4.11.5、4.11.6 竹苗栽植前的修剪要求及栽植的品种、位置、土壤整理、栽植方法等方面的技术要求，保证竹苗栽植的质量。

4.11.7 竹苗栽植，应进行支撑、浇水，及时中耕、除草、松土，做好苗木栽后的养护工作，保证竹苗苗壮生长。

4.12 设施空间绿化

4.12.1 屋顶绿化、地下停车场绿化、立交桥绿化、建筑物外立面和围栏绿化统称设施绿化。设施绿化日益成为城市绿化的重要内容，应加强城市设施绿化的质量控制和管理。

4.12.2 设施顶面一般都有防水层，如利用原有防水层时必须作渗水试验，合格后方可利用。

4.12.3 设施顶面栽植基层包括耐根穿刺防水层、排蓄水层、过滤层、栽植土层。耐根穿刺防水层不能渗漏，确保设施使用功能。排蓄水层、过滤层使栽植土层透气保水，保证植物能正常生长。

4.12.4 明确了设施顶面栽植基层的耐根穿刺防水层、排蓄水层、过滤层的施工工艺及质量控制的要求。

4.12.5 为了保证园林植物能够正常生长及设施的保护，设施顶面、城市的交通岛、立交桥面层不适宜作栽植基层的设施障碍性面层可作栽植基盘进行绿化，并提出栽植基盘的质量控制要求。

4.12.6、4.12.7 由于设施顶面自然条件与一般绿地自然条件有很大区别，绿化的材料及施工方法也有所不同，必须明确设施顶面及立面植物材料栽植的质量控制和施工要求。

4.13 坡 面 绿 化

4.13.1 坡面一般易造成水土流失，进行坡面绿化时，防止水土流失的措施必须到位。

4.13.2 保护栽植层是坡面防止水土流失的重要措施，陡坡和路基的坡面绿化防护栽植层工程施工时按其内容进行质量控制。

4.13.3 喷播种植是坡面绿化较为先进的施工方法，按照喷播施工工艺进行操作，保证工程质量。

4.14 重盐碱、重黏土土壤改良

4.14.1 重盐碱、重黏土地不进行土壤改良，不采取排盐及渗水措施，园林植物很难成活。

4.14.2 重盐碱、重黏土地土壤改良的原理和技术措施相同，为保证工程质量，所以应有相应资质的专业

施工单位施工。

4.14.3、4.14.4 采取敷设排盐管（渗水管）、隔淋（渗水）层是重盐碱、重黏土土壤改良的有效方法，是多年实践的经验总结，并明确了重盐碱、重黏土土层排盐（渗水）施工的方法、质量控制要求。

4.14.5、4.14.6 排盐主管（渗水主管）与市政排水管网接通，使其盐水（渗水）顺市政管网排走。局部地区雨后 24h 仍有积水，通过增设渗水井进行处理。

4.15 施工期的植物养护

4.15.1 栽植后对园林植物及时进行养护和管理才能使园林植物生长良好，提高栽植成活率，保证园林绿化工程质量。

4.15.2 园林植物养护的内容较多，应事先编制养护计划，按规定的园林植物养护计划，认真组织实施。

4.15.3 使用剧毒农药易造成环境污染，也关系到人身安全，所以必须禁用。

4.15.4 生长不良或死亡的园林植物及时补栽，才能达到验收要求。

5 园林附属工程

5.1 园路、广场地面铺装工程

5.1.1 园林的园路、广场地面铺装工程既有组织园内交通又有观赏的功能，地面的基层及面层材料的品种、规格、结构层的纵横坡度、厚度、标高、平整度及施工做法必须符合设计要求，保证地面工程质量。

5.1.2～5.1.5 碎拼花岗岩面层、卵石面层、嵌草地面面层、水泥花砖面层、混凝土块面层铺设时，施工做法都有不同操作要求，必须明确各自的施工工艺及质量要求。

5.1.6～5.1.13 冰梅面层、花街铺地面层、大方砖面层、压模面层、透水砖面层、小青砖面层、自然块石面层、水洗石面层的施工工艺及质量要求。

5.1.14 地面工程的标高、平整度、厚度等是园路、广场的主要质量指标。根据各地园路、广场施工经验，提出检验允许偏差及检验方法。

5.1.15 侧石安装是园路重要组成部分，针对施工过程常易出现的一些缺陷，提出了侧石安装的质量控制要求。

5.2 假山、叠石、置石工程

5.2.1～5.2.3 假山、叠石、置石工程开工前应做好施工单位选择、材料准备、施工放样等各种准备工作，并提出了开工准备工作的基本要求和施工注意事项。

5.2.4 假山、叠石、置石的基础和主体构造是工程的承重关键部位，必须按照设计要求和相关规范规

定，精心施工，保证质量，符合抗风、抗震、安全的要求。

5.2.5、5.2.6 假山基础施工时，灰土基础操作及混凝土强度等级的选用应注意的事项，有利于假山基础的承载。拉底时，应用的石材不能风化。

5.2.7 假山、叠石主体工程是假山工程的关键部分，主体山石的砌叠、石间缝隙处理、跌水、山洞的砌筑，登山道走向，假山、叠石外形处理等的施工工艺和质量要求。

5.2.8 假山的顶峰必须和假山整体相协调，对收顶山石的选择、施工工艺、质量要求，做出相应要求。

5.2.9 置石是园林绿化工程中造景常用的一种手法，根据置石的特置、对置、散置、群置等主要形式，分别提出各种置石时施工技术和质量要求。

5.3 园林理水工程

5.3.1 水景水池的混凝土工程在浇筑前，需将给水排水管道等各种预埋件处理好并符合设计要求，防止处理不好导致工程无法返工。水景水池完工之后必须灌水试验，防止渗漏。

5.3.2～5.3.5 水景工程的管道安装、潜水泵安装、喷泉的喷头安装、水下电缆铺设是水景工程重要的部位，明确了各施工部位的质量控制要求。

5.3.6～5.3.8 瀑布、跌水要求出水均匀分布，形成瀑布状，形成良好的景观效果。喷泉的喷头安装及水池外表装饰应满足艺术效果及安装质量要求。

5.3.9 驳岸是地面与水体的连接处，是陆地与水体交界处的构筑物，是园林水景的主要组成部分。驳岸工程的基础、墙体、压顶应按其各个部位的施工工艺及其质量要求进行施工。

5.4 园林设施安装工程

5.4.1 园林设施是园林工程的主要内容之一，针对座椅（凳）、标牌、果皮箱等几种常见的园林设施安装工程提出质量控制规定。

5.4.2 护栏是园林绿地的重要维护设施，针对竹木质护栏、金属护栏、钢筋混凝土等护栏的施工工艺及质量要求的具体规定。

5.4.3 绿地喷灌的喷头安装，要求定位准确，射程符合要求，接头无渗漏。

6 工程质量验收

6.1 一般规定

6.1.1 规定了园林绿化工程质量验收的顺序。根据质量验收的顺序确定了园林绿化工程分部（子分部）工程、分项工程的划分。

6.1.2 园林绿化工程施工质量验收的主要依据为工程设计文件及相关标准、规范。工程质量验收首先由施工单位自检合格后才能向有关单位报验，参加工程质量验收的各方人员应具备相应的规定资格。对分项工程、隐蔽工程、有关材料的见证取样检测及观感质量的检查作出明确规定。

6.1.3 工程物资的质量是工程质量的主要因素，对工程物资进场必须加强检测验收。

6.1.4 工程质量验收应形成验收文件，工程竣工验收后，应将有关文件和技术资料归档。

6.2 质量验收

6.2.1 本规范主要作为质量验收的依据，不作为质量评定等级，所以分项、分部、单位工程质量等级为合格。

6.2.2、6.2.3 检验批及分项工程质量验收必须合格，才能保证分部工程及单位工程合格。

6.2.4 分部（子分部）工程不合格，单位（子单位）工程不能验收，所以分部工程质量验收必须全部合格。

6.2.5 单位（子单位）工程是施工单位最终完成的合格产品，必须符合本条有关规定，才能向建设单位申报组织验收。

6.2.6、6.2.7 质量验收记录是工程质量的重要组成部分，按照检验批、分项工程、分部（子分部）工程、单位（子单位）工程质量验收的内容作出了明确规定。

6.2.8 园林绿化工程不合格时可进行整改及整改后的验收规定。

6.2.9 园林绿化的分部及单位工程质量验收不合格时应进行整改，仍不合格不得验收。

6.3 质量验收的程序和组织

6.3.1～6.3.6 对检验批和分项工程质量验收、分部（子分部）工程质量验收、单位工程质量验收的要求程序和组织，进行了明确规定。

6.3.7、6.3.8 验收各方对工程质量验收意见不一致时，可请当地质量监管部门组织协调处理及园林绿化工程验收合格后报备的具体规定。

中华人民共和国行业标准

城市道路照明工程施工及验收规程

Specification for construction and inspection
of urban road lighting engineering

CJJ 89—2012

批准部门：中华人民共和国住房和城乡建设部
施行日期：２０１２年１１月１日

中华人民共和国住房和城乡建设部
公　　告

第 1379 号

关于发布行业标准《城市道路
照明工程施工及验收规程》的公告

　　现批准《城市道路照明工程施工及验收规程》为行业标准，编号为 CJJ 89 - 2012，自 2012 年 11 月 1 日起实施。其中，第 4.3.2、5.2.4、5.3.3、6.1.2、6.2.3、6.2.11、7.1.1、7.1.2、7.2.2、7.3.2、7.3.3、8.4.7 条为强制性条文，必须严格执行。原行业标准《城市道路照明工程施工及验收规程》CJJ

89 - 2001 同时废止。
　　本规程由我部标准定额研究所组织中国建筑工业出版社出版发行。

中华人民共和国住房和城乡建设部

2012 年 5 月 16 日

前　　言

　　根据住房和城乡建设部《关于印发〈2010 年工程建设标准制订、修订计划〉的通知》（建标〔2010〕43 号）的要求，规程编制组经广泛调查研究，认真总结实践经验，参考有关国际标准和国外先进标准，并在广泛征求意见的基础上，修订本规程。

　　本规程的主要技术内容是：1. 总则；2. 术语；3. 变压器、箱式变电站；4. 配电装置与控制；5. 架空线路；6. 电缆线路；7. 安全保护；8. 路灯安装等。

　　本规程修订的主要技术内容是：适当地提高了城市道路照明设备安装施工质量标准，增加了箱式变电站、地下式变电站、架空电缆、智能监控系统、LED 路灯、高架路及桥梁路灯的安装要求等内容。

　　本规程中以黑体字标志的条文为强制性条文，必须严格执行。

　　本规程由住房和城乡建设部负责管理和对强制性条文的解释，由北京市城市照明管理中心负责具体技术内容的解释。执行过程中如有意见或建议，请寄送

北京市城市照明管理中心（地址：北京市丰台区方庄路 2 号，邮编：100078）。

　　本规程主编单位：北京市城市照明管理中心
　　　　　　　　　　中国市政工程协会城市道路照明专业委员会

　　本规程参编单位：武汉市路灯管理局
　　　　　　　　　　沈阳市路灯管理局
　　　　　　　　　　深圳市灯光环境管理中心
　　　　　　　　　　常州市城市照明管理处

　　本规程主要起草人员：孙怡璞　佟岩冰　张　华
　　　　　　　　　　　　冀中义　毛远森　朱晓珉
　　　　　　　　　　　　李振江　吴春海　李瑞吉

　　本规程主要审查人员：李铁楠　孙卫平　陈光明
　　　　　　　　　　　　叶　峰　黄海波　丁　荣
　　　　　　　　　　　　陈其三　乔晨光　王小明
　　　　　　　　　　　　周智华　李达超

目　次

Contents

1 总 则

1.0.1 为适应城市道路照明工程建设的发展，保证城市道路照明工程的施工质量，促进技术进步，确保照明设施安全、经济地运行，制定本规程。

1.0.2 本规程适用于电压为 10kV 及以下城市道路照明工程的施工及验收。工程施工时应按批准的设计图纸进行施工。

1.0.3 城市道路照明所采用的设备和器材均应符合国家现行技术标准的规定，并应有合格证件和铭牌。到达现场后，应及时按下列要求进行验收检查：

　　1 设备、器材的包装和密封应完整良好；

　　2 技术文件应齐全，并有装箱清单；

　　3 按装箱清单检查清点，型号、规格和数量应符合设计要求；附件、配件应齐全。

1.0.4 城市道路照明工程的施工和验收，除应符合本规程外，尚应符合国家现行有关标准的规定。

2 术 语

2.0.1 电力变压器 power transformer

　　利用电磁感应的原理来改变交流电压的装置，主要构件是绕组（初、次级线圈）和铁心，有干式和油浸式电力变压器两种。简称变压器。

2.0.2 箱式变电站 box-type substation

　　将变压器和用来控制及保护变压器运行的电器部件，组装在一个箱内的设备。

2.0.3 地下式变电站 underground substation

　　将变压器和用来控制及保护变压器运行的电器部件，安装在防水密封的地坑内的设备。

2.0.4 爬电距离 creepage distance

　　两导电体间、导电体与裸露的不带电的导体之间沿绝缘材料表面的最短距离。

2.0.5 工作井 working well

　　在电缆线路的终端、接头等处，为方便电缆敷设和日后维修而设置的地下工作井，有手孔井和人孔井两种。

2.0.6 接地体（极） ground conductor

　　埋入地中并直接与大地接触的金属导体，称为接地体（极）。接地体分为水平接地体和垂直接地体。

2.0.7 接地线 ground wire

　　电气设备、杆塔的接地端子与接地体或零线连接用的在正常情况下不载流的金属导体，称为接地线。

2.0.8 接地电阻 ground resistance

　　接地体或自然接地体的对地电阻和接地线电阻的总和，称为接地装置的接地电阻。接地电阻的数值等于接地装置对地电压与通过接地体流入地中电流的比值。本规程系指工频接地电阻。

2.0.9 TN 系统 TN system

　　电源中性点直接接地时电气设备外露可导电部分通过零线接地的接零保护系统；TN 系统主要有 2 种：TN-C 系统，工作零线与保护零线合一设置的接零保护系统；TN-S 系统，工作零线与保护零线分开设置的接零保护系统。

2.0.10 TT 系统 TT system

　　电源中性点直接接地，电气设备外露可导电部分直接接地的接地保护系统，其中电气设备的接地点独立于电源中性点接地点。

2.0.11 不平衡电流 unbalanced electric current

　　在三相四线制用电系统中，当三相负荷不均等时，就会发生中性点位移，在零线上产生电流，称为不平衡电流。

2.0.12 城市道路 urban road

　　在城市范围内，供车辆和行人通行的、具备一定技术条件和设施的道路。按照道路在道路网中的地位、交通功能以及对沿线建筑物和城市居民的服务功能等，城市道路分为快速路、主干路、次干路、支路、居住区道路。

2.0.13 高杆照明 high mast lighting

　　一组灯具安装在高度大于或等于 20m 的灯杆上进行大面积照明的一种照明方式。

2.0.14 半高杆照明 semi-height mast lighting

　　一组灯具安装在高度为 15m～20m 的灯杆上进行照明的一种照明方式（也称中杆照明）。

2.0.15 杆上路灯 on-pole lamp

　　安装在电杆上的路灯。

2.0.16 引下线 downlead

　　从架空线路到路灯灯具的绝缘导线称为引下线。

2.0.17 单挑灯 single-arm lamp

　　由一只灯具在灯杆顶部向一侧横向伸长的常规照明，称为单挑灯。灯杆顶部横向伸长部分，多为弧形，所以也称为单弧灯。

2.0.18 LED 灯 light emitting diode lamp

　　具有两个电极的半导体发光器件（发光二极管）的照明器具。

2.0.19 悬挑长度 overhang

　　灯具的光源中心至邻近道路一侧缘石的水平距离，即灯具伸出或缩进缘石的水平距离。

2.0.20 防护等级 ingress protection rating

　　按标准规定的检验方法，灯具外壳防止灰尘或固体异物、液态水等进入壳体内所采取的保护程度。用 IP 表示，I：表示防尘，P：表示防水。

2.0.21 灯具效率 luminaire efficiency

　　在相同的使用条件下，灯具发出的总光通量与灯具内所有光源发出的光通量之比。

2.0.22 照度 illuminance

　　表面上某点的照度是入射在该点面元上的光通量

与该面元面积 dA 之比，即 $E=\dfrac{\mathrm{d}\Phi}{\mathrm{d}A}$ 单位为 lx（勒克斯）。

2.0.23 眩光 glare

由于视野中的亮度分布或亮度范围的不适宜，或存在极端的对比，以致引起不舒适感觉或降低观察目标或细部的能力的视觉现象。

2.0.24 高压 high pressure

电力设备的电压等级（35kV～110kV）。本规程中使用的"高压"系 10kV 电压。

3 变压器、箱式变电站

3.1 一 般 规 定

3.1.1 变压器、箱式变电站安装环境应符合现行国家标准《电力变压器 第1部分：总则》GB 1094.1 和《高压/低压箱式变电站》GB/T 17467 的有关规定。

3.1.2 道路照明专用变压器及箱式变电站的设置应符合下列规定：

1 应设置在接近电源、位处负荷中心，并应便于高低压电缆管线的进出，设备运输安装应方便；

2 应避开具有火灾、爆炸、化学腐蚀及剧烈振动等潜在危险的环境，通风应良好；

3 应设置在不易积水处。当设置在地势低洼处，应抬高基础并应采取防水、排水措施；

4 设置地点四周应留有足够的维护空间，并应避让地下设施；

5 对景观要求较高或用地紧张的地段宜采用地下式变电站。

3.1.3 设备到达现场后，应及时进行外观检查，并应符合下列规定：

1 不得有机械损伤，附件应齐全，各组合部件无松动和脱落，标识、标牌准确完整；

2 油浸式变压器应密封良好，无渗漏现象；

3 地下式变电站箱体应完全密封，防水良好，防腐保护层完整，无破损现象；高低压电缆引入、引出线无磨损、折伤痕迹，电缆终端头封头完整；

4 箱式变电站内部电器部件及连接无损坏。

3.1.4 变压器、箱式变电站安装前，技术文件未规定必须进行器身检查的，可不进行器身检查；当需进行器身检查时，环境条件应符合下列规定：

1 环境温度不应低于 0℃，器身温度不应低于环境温度，当器身温度低于环境温度时，应加热器身，使其温度高于环境温度 10℃；

2 当空气相对湿度小于 75% 时，器身暴露在空气中的时间不得超过 16h；

3 空气相对湿度或露空时间超过规定时，必须

采取相应的保护措施；

4 进行器身检查时，应保持场地四周清洁并有防尘措施；雨雪天或雾天不应在室外进行。

3.1.5 器身检查应符合下列规定：

1 所有螺栓应紧固，并应有防松措施；绝缘螺栓应无损坏，防松绑扎应完好；

2 铁芯应无变形，无多点接地；

3 绕组绝缘层应完整，无缺损、变位现象；

4 引出线绝缘包扎应牢固，无破损、拧弯现象；引出线绝缘距离应合格，引出线与套管的连接应牢固，接线正确。

3.1.6 变压器、箱式变电站在运输途中应有防雨和防潮措施。存放时，应置于干燥的室内。

3.1.7 变压器到达现场后，当超出三个月未安装时应加装吸湿器，并应进行下列检测工作：

1 检查油箱密封情况；

2 测量变压器内油的绝缘强度；

3 测量绕组的绝缘电阻。

3.1.8 变压器投入运行前应按现行国家标准《电力变压器 第1部分：总则》GB 1094.1 要求进行试验并合格，投入运行后连续运行 24h 无异常即可视为合格。

3.2 变 压 器

3.2.1 室外变压器安装方式宜采用柱上台架式安装，并应符合下列规定：

1 柱上台架所用铁件必须热镀锌，台架横担水平倾斜不应大于 5mm；

2 变压器在台架平稳就位后，应采用直径 4mm 镀锌铁线将变压器固定牢靠；

3 柱上变压器应在明显位置悬挂警告牌；

4 柱上变压器台架距地面宜为 3.0m，不得小于 2.5m；

5 变压器高压引下线、母线应采用多股绝缘线，宜采用铜线，中间不得有接头；其导线截面应按变压器额定电流选择，铜线不应小于 16mm²，铝线不应小于 25mm²；

6 变压器高压引下线、母线之间的距离不应小于 0.3m；

7 在带电情况下，应便于检查油枕和套管中的油位、油温、继电器等。

3.2.2 柱上台架的混凝土杆应符合本规程中架空线路部分的相关要求，并且双杆基坑埋设深度一致，两杆中心偏差不应超过 ±30mm。

3.2.3 跌落式熔断器安装应符合下列规定：

1 熔断器转轴光滑灵活，铸件和瓷件不应有裂纹、砂眼、锈蚀；熔丝管不应有吸潮膨胀或弯曲现象；操作灵活可靠，接触紧密并留有一定的压缩行程；

2 安装位置距离地面应为5m，熔管轴线与地面的垂线夹角宜为15°～30°。熔断器水平间距离不应小于0.7m；在有机动车行驶的道路上，跌落式熔断器应安装在非机动车道侧；

3 熔丝的规格应符合设计要求，无弯曲、压扁或损伤，熔体与尾线应压接牢固。

3.2.4 柱上变压器试运行前应进行全面的检查，确认其符合运行条件时，方可投入试运行。检查项目应符合下列规定：

1 本体及所有附件应无缺陷，油浸变压器不得渗油；

2 器身安装应牢固；

3 油漆应完整，相色标志应正确清晰；

4 变压器顶盖上应无遗留杂物；

5 变压器分接头的位置应符合道路照明运行电压额定值要求；

6 防雷保护设备应齐全，外壳接地应良好，接地引下线及其与主接地网的连接应满足设计要求；

7 变压器的相位绕组的接线组别应符合并网运行要求；

8 测温装置指示应正确，整定值应符合要求；

9 保护装置整定值应符合规定，操作及联动试验正确。

3.2.5 吊装油浸式变压器应利用油箱体吊钩，不得用变压器顶盖上盘的吊环吊装整台变压器；吊装干式变压器，可利用变压器上部钢横梁主吊环吊装。

3.2.6 变压器附件安装应符合下列规定：

1 油枕应牢固安装在油箱顶盖上，安装前应用合格的变压器油冲洗干净，除去油污，防水孔和导油孔应畅通，油标玻璃管应完好；

2 干燥器安装前应检查硅胶，如已失效，应在115℃～120℃温度烘烤8h，使其复原或更新。安装时必须将呼吸器盖子上橡皮垫去掉，并在下方隔离器中装适量变压器油。确保管路连接密封、管道畅通。

3 温度计安装前均应进行校验，确保信号接点动作正确，温度计座内或预留孔内应加注适量的变压器油，且密封良好，无渗漏现象。闲置的温度计座应密封，不得进水。

3.2.7 室内变压器就位应符合下列规定：

1 变压器基础的轨道应水平，轮距与轨距应适合；

2 当使用封闭母线连接时，应使其套管中心线与封闭母线安装中心线相符；

3 装有滚轮的变压器就位后应将滚轮能拆卸的制动装置加以固定。

3.2.8 变压器绝缘油应按现行国家标准《电气装置安装工程 电气设备交接试验标准》GB 50150的规定试验合格后，方可注入使用；不同型号的变压器油或同型号的新油与运行过的油不宜混合使用。当需混合时，必须做混油试验，其质量必须合格。

3.2.9 变压器应按设计要求进行高压侧、低压侧电器连接；当采用硬母线连接时，应按硬母线制作技术要求安装；当采用电缆连接时，应按电缆终端头制作技术要求制作安装。

3.3 箱式变电站

3.3.1 箱式变电站基础应高出地面200mm以上，尺寸应符合设计要求，结构宜采用带电缆室的现浇混凝土或砖砌结构，混凝土强度等级不应小于C20；电缆室应采取防止小动物进入的措施；应视地下水位及周边排水设施情况采取适当防水排水措施。

3.3.2 箱式变电站基础内的接地装置应随基础主体一同施工，箱体内应设置接地（PE）排和零（N）排。PE排与箱内所有元件的金属外壳连接，并有明显的接地标志，N排与变压器中性点及各输出电缆的N线连接。在TN系统中，PE排与N排的连接导体不小于16mm²铜线。接地端子所用螺栓直径不应小于12mm。

3.3.3 箱式变电站起重吊装应利用箱式变电站专用吊装装置。吊装施工应符合现行国家标准《起重机械安全规程 第1部分：总则》GB 6067.1的有关规定。

3.3.4 箱式变电站内应在明显部位张贴本变电站的一、二次回路接线图，接线图应清晰、准确。

3.3.5 引出电缆每一回路标志牌应标明电缆型号、回路编号、电缆走向等内容，并应字体清晰工整，经久耐用、不易褪色。

3.3.6 引出电缆芯线排列整齐，固定牢固，使用的螺栓、螺母宜采用不锈钢材质，每个接线端子接线不应超过两根。

3.3.7 箱体引出电缆芯线与接线端子连接处宜采用专门的电缆护套保护，引出电缆孔应采取有效的封堵措施。

3.3.8 二次回路和控制线应配线整齐、美观，无损伤，并采用标准接线端子排，每个端子应有编号，接线不应超过两根线芯。不同型号规格的导线不得接在同一端子上。

3.3.9 二次回路和控制线成束绑扎时，不同电压等级、交直流线路及监控控制线路应分别绑扎，且有标识；固定后不应影响各电器设备的拆装更换。

3.3.10 箱式变电站宜设置围栏，围栏应牢固、美观，宜采用耐腐蚀、机械强度高的材质。箱式变电站与设置的围栏周围应设专门的检修通道，宽度不应小于800mm，围栏门应向外开启。箱式变电站和围栏四周应设置警示标牌。

3.3.11 箱式变电站安装完毕送电投运前应进行检查，并应符合下列规定：

1 箱内及各元件表面应清洁、干燥、无异物；

2 操作机构、开关等可动元器件应灵活、可靠、准确。对装有温度显示、温度控制、风机、凝露控制等装置的设备，应根据电气性能要求和安装使用说明书进行检查；

3 所有主回路、接地回路及辅助回路接点应牢固，并应符合电气原理图的要求；

4 变压器、高（低）压开关柜及所有的电器元件设备安装螺栓应紧固；

5 辅助回路的电器整定值应准确，仪表与互感器的变比及接线极性应正确，所有电器元件应无异常；

6 箱内应急照明装置齐全。

3.3.12 箱式变电站运行前应按下列规定进行试验：

1 变压器应按现行国家标准《电力变压器 第 1 部分：总则》GB 1094.1 要求进行试验并合格；

2 高压开关设备运行前应进行工频耐压试验，试验电压应为高压开关设备出厂试验电压的 80%，试验时间应为 1min；

3 低压开关设备运行前应采用 500V 兆欧表测量绝缘电阻，阻值不应低于 0.5MΩ；

4 低压开关设备运行前应进行通电试验。

3.4 地下式变电站

3.4.1 地下式变电站绝缘、耐热、防护性能应符合下列规定：

1 变压器绕组绝缘材料耐热等级应达 B 级及以上；

2 绝缘介质、地坑内油面温升和绕组温升应符合国家现行标准《电力变压器 第 1 部分：总则》GB 1094.1 和《地下式变压器》JB/T 10544 要求；

3 设备应为全密封防水结构，防护等级应为 IP68；

4 当高低压电缆连接采用双层密封，可浸泡在水中运行。

3.4.2 地下式变电站应具备自动感应和手动控制排水系统，应具备自动散热系统及温度监测系统。

3.4.3 地下式变电站地坑的开挖应符合设计要求，地坑面积大于箱体占地面积的 3 倍，地坑内混凝土基础长宽分别大于箱体底边长宽的 1.5 倍；地坑承重应根据地质勘测报告确定，承重量不应小于箱式变电站自身重量的 5 倍。

3.4.4 地坑施工时应对四周已有的建（构）筑物、道路、管线的安全进行监测，开挖时产生的积水，应按要求把积水抽干，确保施工质量和安全。吊装地下式变压器，应同时使用箱沿下方的四个吊环，吊环可以承受变压器总重量，绳与垂线的夹角不应大于 30°。

3.4.5 地坑上盖宜采用热镀锌钢板或钢筋混凝土板，

并应留有检修门孔。

3.4.6 地下式变电站送电前应进行检查，并应符合下列规定：

1 顶盖上应无遗留杂物，分接头盖封闭应紧固；

2 箱体密封应良好，防腐保护层应完整无损，接地可靠，无裸露金属现象；

3 高低压电缆与所要连接电缆及电器设备连接线相位应正确，接线可靠、不受力。外层护套应完整、防水性能良好；

4 监测系统和电缆分接头接线应正确；

5 地上设施应完整，井口、井盖、通风装置等安全标识应明显。

3.5 工程交接验收

3.5.1 变压器、箱式和地下式变电站安装工程交接检查验收应符合下列规定：

1 变压器、箱式和地下式变电站等设备、器材应符合规定，无机械损伤；

2 变压器、箱式和地下式变电站应安装正确牢固，防雷接地等安全保护合格、可靠；

3 变压器、箱式和地下式变电站应在明显位置设置，并应符合规定的安全警告标志牌；

4 变电站箱体应密封，防水应良好；

5 变压器各项试验应合格，油漆完整，无渗漏油现象，分接头接头位置应符合运行要求，器身无遗留物；

6 各部接线应正确、整齐，安全距离和导线截面应符合设计规定；

7 熔断器的熔体及自动开关整定值应符合设计要求；

8 高低压一、二次回路和电气设备等应标注清晰、正确。

3.5.2 变压器、箱式变电站安装工程交接验收应提交下列资料和文件：

1 工程竣工图等资料；

2 设计变更文件；

3 制造厂提供的产品说明书、试验记录、合格证件及安装图纸等技术文件；

4 安装记录、器身检查记录等；

5 具备国家检测资质的机构出具的变压器、避雷器、高（低）压开关等设备的检验试验报告；

6 备品备件移交清单。

4 配电装置与控制

4.1 配 电 室

4.1.1 配电室的位置应接近负荷中心并靠近电源，宜设在尘少、无腐蚀、无振动、干燥、进出线方便的地方，并应符合现行国家标准《10kV及以下变电所设计规范》GB 50053的相关规定。

4.1.2 配电室的耐火等级不应低于三级，屋顶承重的构件耐火等级不应低于二级。其建筑工程质量应符合国家现行标准的有关规定。

4.1.3 配电室门应向外开启，门锁应牢固可靠。当相邻配电室之间有门时，应采用双向开启门。

4.1.4 配电室宜设不能开启的自然采光窗，应避免强烈日照，高压配电室窗台距室外地坪不宜低于1.8m。

4.1.5 当配电室内有采暖时，暖气管道上不应有阀门和中间接头，管道与散热器的连接应采用焊接。严禁通过与其无关的管道和线路。

4.1.6 配电室应设置防雨雪和小动物进入的防护设施。

4.1.7 配电室内宜适当留有发展余地。

4.1.8 配电室内电缆沟深度宜为0.6m，电缆沟盖板宜采用热镀锌花纹钢板盖板或钢筋混凝土盖板。电缆沟应有防水排水措施。

4.1.9 配电室的架空进出线应采用绝缘导线，进户支架对地距离不应小于2.5m，导线穿越墙体时应采用绝缘套管。

4.1.10 配电设备安装投入运行前，建筑工程应符合下列规定：

1 建筑物、构筑物应具备设备进场安装条件，变压器、配电柜等基础、构架、预埋件、预留孔等符合设计要求，室内所有金属构件应采用热镀锌处理；

2 门窗及通风等设施应安装完毕，房屋应无渗漏现象；

3 室内外场地应平整、干净，保护性网门、栏杆和电气消防设备等安全设施应齐全；

4 高低压配电装置前后通道应设置绝缘胶垫；

5 影响运行安全的土建工程应全部完成。

4.2 配电柜（箱、屏）安装

4.2.1 在同一配电室内单列布置高低压配电装置时，高压配电柜和低压配电柜的顶面封闭外壳防护等级符合IP2X级时，两者可靠近布置。

4.2.2 高压配电装置在室内布置时四周通道最小宽度应符合表4.2.2的规定。

表4.2.2 高压配电装置在室内布置时通道最小宽度（mm）

配电柜布置方式	柜后维护通道	柜前操作通道	
		固定式	手车式
单排布置	800	1500	单车长度+1200
双排面对面布置	800	2000	双车长度+900

续表4.2.2

配电柜布置方式	柜后维护通道	柜前操作通道	
		固定式	手车式
双排背对背布置	1000	1500	单车长度+1200

注：1 固定式开关为靠墙布置时，柜后与墙净距应大于50mm，侧面与墙净距应大于200mm；

　　2 通道宽度在建筑物的墙面遇有柱类局部凸出时，凸出部位的通道宽度可减少200mm；

　　3 各种布置方式，其屏端通道不应小于800mm。

4.2.3 低压配电装置在室内布置时四周通道的宽度，应符合表4.2.3的规定。

表4.2.3 低压配电装置在室内布置时通道最小宽度（mm）

配电柜布置方式	柜前通道	柜后通道	柜左右两侧通道
单列布置时	1500	800	800
双列布置时	2000	800	800

4.2.4 当电源从配电柜（屏）后进线，并在墙上设隔离开关及其手动操作机构时，柜（屏）后通道净宽不应小于1500mm，当柜（屏）背后的防护等级为IP2X，可减为1300mm。

4.2.5 配电柜（屏）的基础型钢安装允许偏差应符合表4.2.5的规定。基础型钢安装后，其顶部宜高出抹平地面10mm；手车式成套柜应按产品技术要求执行。基础型钢应有可靠的接地装置。

表4.2.5 配电柜（屏）的基础型钢安装的允许偏差

项目	允许偏差	
	mm/m	mm/全长
不直度	<1	<5
水平度	<1	<5
位置误差及不平行度	—	<5

4.2.6 配电柜（箱、屏）安装在振动场所，应采取防振措施。设备与各构件间连接应牢固。主控制盘、分路控制盘、自动装置盘等不宜与基础型钢焊死。

4.2.7 配电柜（箱、屏）单独或成列安装的允许偏差应符合表4.2.7的规定。

表4.2.7 配电柜（箱、屏）安装的允许偏差

项目		允许偏差（mm）
垂直度		<1.5
水平偏差	相邻两盘顶部	<2
	成列盘顶部	<5
盘面偏差	相邻两盘边	<1
	成列盘面	<5
柜间接缝		<2

4.2.8 配电柜（箱、屏）的柜门应向外开启，可开启的门应以裸铜软线与接地的金属构架可靠连接。柜体内应装有供检修用的接地连接装置。

4.2.9 配电柜（箱、屏）的安装应符合下列规定：

1 机械闭锁、电气闭锁动作应准确、可靠；

2 动、静触头的中心线应一致，触头接触紧密；

3 二次回路辅助切换接点应动作准确，接触可靠；

4 柜门和锁开启灵活，应急照明装置齐全；

5 柜体进出线孔洞做好封堵；

6 控制回路应留有适当的备用回路。

4.2.10 配电柜（箱、屏）的漆层应完整无损伤。安装在同一室内的配电柜（箱、屏）其盘面颜色宜一致。

4.2.11 室外配电箱应有足够强度，箱体薄弱位置应增设加强筋，在起吊、安装中防止变形和损坏。箱顶应有一定落水斜度，通风口应按防雨型制作。

4.2.12 落地配电箱基础应采用砖砌或混凝土预制，混凝土强度等级不得低于C20，基础尺寸应符合设计要求，基础平面应高出地面200mm。进出电缆应穿管保护，并应留有备用管道。

4.2.13 配电箱的接地装置应与基础同步施工，并应符合本规程第7.3节的相关规定。

4.2.14 配电箱体宜采用喷塑、热镀锌处理，所有箱门把手、锁、铰链等均应采用防锈材料，并应具有相应的防盗功能。

4.2.15 杆上配电箱箱底至地面高度不应低于2.5m，横担与配电箱应保持水平，进出线孔应设在箱体侧面或底部，所有金属构件应热镀锌。

4.2.16 配电箱应在明显位置悬挂安全警示标志牌。

4.3 配电柜（箱、屏）电器安装

4.3.1 电器安装应符合下列规定：

1 型号、规格应符合设计要求，外观完整，附件齐全，排列整齐，固定牢固；

2 各电器应能单独拆装更换，不影响其他电器和导线束的固定；

3 发热元件应安装在散热良好的地方；两个发热元件之间的连线应采用耐热导线或裸铜线套瓷管；

4 信号灯、电铃、故障报警等信号装置工作可靠；各种仪器仪表显示准确，应急照明设完好；

5 柜面装有电气仪表设备或其他有接地要求的电器其外壳应可靠接地；柜内应设置零（N）排、接地保护（PE）排，并应有明显标识符号；

6 熔断器的熔体规格、自动开关的整定值应符合设计要求。

4.3.2 配电柜（箱、屏）内两导体间、导电体与裸露的不带电的导体间允许最小电气间隙及爬电距离应符合表4.3.2的规定。裸露载流部分与未经绝缘的金属体之间，电气间隙不得小于12mm，爬电距离不得小于20mm。

表4.3.2 允许最小电气间隙及爬电距离（mm）

额定电压（V）	电气间隙		爬电距离	
	额定工作电流		额定工作电流	
	≤63A	>63A	≤63A	>63A
$U \leq 60$	3.0	5.0	3.0	5.0
$60 < U \leq 300$	5.0	6.0	6.0	8.0
$300 < U \leq 500$	8.0	10.0	10.0	12.0

4.3.3 引入柜（箱、屏）内的电缆及其芯线应符合下列规定：

1 引入柜（箱、屏）内的电缆应排列整齐、避免交叉、固定牢靠，电缆回路编号清晰；

2 铠装电缆在进入柜（箱、屏）后，应将钢带切断，切断处的端部应扎紧，并应将钢带接地；

3 橡胶绝缘芯线应采用外套绝缘管保护；

4 柜（箱、屏）内的电缆芯线应按横平竖直有规律地排列，不得任意歪斜交叉连接。备用芯线长度应有余量。

4.4 二次回路结线

4.4.1 端子排的安装应符合下列规定：

1 端子排应完好无损，排列整齐、固定牢固、绝缘良好；

2 端子应有序号，并应便于更换且接线方便，离地高度宜大于350mm；

3 强弱电端子宜分开布置；当有困难时，应有明显标志并设空端子隔开或加设绝缘板；

4 潮湿环境宜采用防潮端子；

5 接线端子应与导线截面匹配，严禁使用小端子配大截面导线；

6 每个接线端子的每侧接线宜为1根，不得超过2根。对插接式端子，不同截面的两根导线不得接在同一端子上；对螺栓连接端子，当接两根导线时，中间应加平垫片。

4.4.2 二次回路结线应符合下列规定：

1 应按图施工，接线正确；

2 导线与电气元件均应采用铜质制品，螺栓连接、插接、焊接或压接等均应牢固可靠，绝缘件应采用阻燃材料；

3 柜（箱、屏）内的导线不应有接头，导线绝缘良好，芯线无损伤；

4 导线的端部均应标明其回路编号，编号应正确，字迹清晰且不宜褪色；

5 配线应整齐、清晰、美观；

6 强弱电回路不应使用同一根电缆，应分别成束分开排列。二次接地应设专用螺栓。

4.4.3 配电柜（箱、屏）内的配线电流回路应采用铜芯绝缘导线，其耐压不应低于500V，其截面不应小于2.5mm²，其他回路截面不应小于1.5mm²；当电子元件回路、弱电回路采取锡焊连接时，在满足载流量和电压降及有足够机械强度的情况下，可采用不小于0.5mm²截面的绝缘导线。

4.4.4 对连接门上的电器、控制面板等可动部位的导线应符合下列规定：

1 应采取多股软导线，敷设长度应有适当裕度；

2 线束应有外套塑料管等加强绝缘层；

3 与电器连接时，端部应加终端紧固附件绞紧，不得松散、断股；

4 在可动部位两端应用卡子固定。

4.5 路灯控制系统

4.5.1 路灯控制模式宜采用具有光控和时控相结合的智能控制器和远程监控系统等。

4.5.2 路灯开灯时的天然光照度水平宜为15lx；关灯时的天然光照度水平，快速路和主干路宜为30lx；次干路和支路宜为20lx。

4.5.3 路灯控制器应符合下列规定：

1 工作电压范围宜为180V～250V；

2 照度调试范围应为0～50 lx，在调试范围内应无死区；

3 时间精度应为±1s/d；

4 应具有分时段控制开、关功能；

5 工作温度范围宜为 -35℃～65℃；

6 防水防尘性能不应低于现行国家标准《外壳防护等级（IP代码）》GB 4208中IP43级的规定；

7 性能可靠，操作简单，易于维护，具有较强的抗干扰能力，存储数据不丢失。

4.5.4 城市道路照明监控系统应具有经济性、可靠性、兼容性和可拓展性，具备系统容量大、通信质量好、数据传输速率快、精确度高、覆盖范围广等特点。宜采用无线公网通信方式。

4.5.5 监控系统终端采用无线专网通信方式，应具有智能路由中继能力，路由方案可调，可实现灵活的通信组网方案。同时，可实现数/话通信的兼容设计。

4.5.6 监控系统功能应满足设计要求，可根据不同功能需求实现群控、组控、自动或手动巡测、选测各种电参数的功能。并应能自动检测系统的各种故障，发出语音声光、防盗等相应的报警，系统误报率应小于1%。

4.5.7 智能终端应满足对电压、电流、用电量等电参数的采集需求，并应有对采集的各种数据进行分析、运算、统计、处理、显示的功能。

4.5.8 监控系统具有软硬件相结合的防雷、抗干扰多重保护措施，确保监控设备运行的可靠性。

4.5.9 监控系统具有运行稳定、安装方便、调试简单、系统操作界面直观、可维护性强等特点。

4.5.10 城市照明监控系统无线发射塔设计应符合现行国家标准《钢结构设计规范》GB 50017 的规定。

4.5.11 发射塔应符合下列规定：

1 塔的金属构件必须全部热镀锌；

2 接地装置应符合现行国家标准《电气装置安装工程 接地装置施工及验收规范》GB 50169 的要求，接地电阻不应大于10Ω；

3 避雷装置设计应符合现行国家标准《工业与民用电力装置的过电压保护设计规范》GBJ 64 的要求，避雷针的设置应确保监控系统在其保护范围之内。

4.6 工程交接验收

4.6.1 配电装置与控制工程交接检查验收应符合下列规定：

1 配电柜（箱、屏）的固定及接地应可靠，漆层完好，清洁整齐；

2 配电柜（箱、屏）内所装电器元件应齐全完好，绝缘合格，安装位置正确、牢固；

3 所有二次回路接线应准确，连接可靠，标志清晰、齐全；

4 操作及联动试验应符合设计要求；

5 路灯监控系统操作简单、运行稳定，系统操作界面直观清晰。

4.6.2 配电装置与控制工程交接验收应提交下列资料和文件：

1 工程竣工图等资料；

2 设计变更文件；

3 产品说明书、试验记录、合格证及安装图纸等技术文件；

4 备品备件清单；

5 调试试验记录。

5 架 空 线 路

5.1 电杆与横担

5.1.1 基坑施工前的定位应符合下列规定：

1 直线杆顺线路方向位移不得超过设计档距的3‰；直线杆横线路方向位移不得超过50mm；

2 转角杆、分支杆的横线路、顺线路方向的位移均不得超过50mm。

5.1.2 电杆基坑深度应符合设计规定，当设计无规定时，应符合下列规定：

1 对一般土质，电杆埋深应符合表5.1.2的规定。对特殊土质或无法保证电杆的稳固时，应采取加卡盘、围桩、打人字拉线等加固措施；

2 电杆基坑深度的允许偏差应为 +0.1m、

—0.05m;

　　3　基坑回填土应分层夯实，每回填 0.5m 应夯实一次。地面上宜设不小于 0.3m 的防沉土台。

表5.1.2　电杆埋设深度（m）

杆长	8	9	10	11	12	13	15
埋深	1.5	1.6	1.7	1.8	1.9	2.0	2.3

5.1.3　电杆安装前应检查外观质量，且应符合下列规定：

　　1　环形钢筋混凝土电杆应符合下列规定：

　　　1）表面应光洁平整，壁厚均匀，无露筋、跑浆、硬伤等缺陷；

　　　2）电杆应无纵向裂缝，横向裂缝的宽度不得超过 0.1mm，长度不得超过电杆周长的 1/3（环形预应力混凝土电杆，要求不允许有纵向裂缝和横向裂缝）；杆身弯曲度不得超过杆长的 1/1000。杆顶应封堵。

　　2　钢管电杆应符合下列规定：

　　　1）应焊缝均匀，无漏焊。杆身弯曲度不得超过杆长的 2/1000。

　　　2）应热镀锌，镀锌层应均匀无漏镀，其厚度不得小于 65μm。

5.1.4　电杆立好后应垂直，允许的倾斜偏差应符合下列规定：

　　1　直线杆的倾斜不得大于杆梢直径的 1/2；

　　2　转角杆宜向外角预偏，紧好线后不得向内角倾斜，其杆梢向外角倾斜不得大于杆梢直径；

　　3　终端杆宜向拉线侧预偏，紧好线后不得向受力侧倾斜，其杆梢向拉线侧倾斜不得大于杆梢直径。

5.1.5　线路横担应为热镀锌角钢，高压横担的角钢截面不得小于 63mm×6mm；低压横担的角钢截面不得小于 50mm×5mm。

5.1.6　线路单横担的安装应符合下列规定：

　　1　直线杆应装于受电侧；分支杆、十字形转角杆及终端杆应装于拉线侧；

　　2　横担安装应平正，端部上下、左右偏差不得大于 20mm，偏支担端部应上翘 30mm；

　　3　导线为水平排列时，最上层横担距杆顶：高压担不得小于 300mm；低压担不得小于 200mm。

5.1.7　同杆架设的多回路线路，横担之间的垂直距离不得小于表 5.1.7 的规定。

表5.1.7　横担之间的最小垂直距离（mm）

架设方式及电压等级	直线杆		分支杆或转角杆	
	裸导线	绝缘线	裸导线	绝缘线
高压与高压	800	500	450/600	200/300
高压与低压	1200	1000	1000	—
低压与低压	600	300	300	200

5.1.8　架设铝导线的直线杆，导线截面在 240mm² 及以下时，可采用单横担；终端杆、耐张杆/断连杆，导线截面在 50mm² 及以下时可采用单横担，导线截面在 70mm² 及以上时可采用抱担；采用针式绝缘子的转角杆，角度在 15°～30°时，可采用抱担，角度在 30°～45°时，可采用抱担断连型；角度在 45°时，可采用十字形双层抱担。

5.1.9　安装横担，各部位的螺母应拧紧。螺杆丝扣露出长度，单螺母不得少于两个螺距，双螺母可与螺母持平。螺母受力的螺栓应加弹簧垫或用双母，长孔必须加垫圈，每端加垫不得超过 2 个。

5.2　绝缘子与拉线

5.2.1　绝缘子及瓷横担安装前应进行质量检查，且应符合下列规定：

　　1　瓷件与铁件组合紧密无歪斜，铁件镀锌良好无锈蚀、硬伤；

　　2　瓷釉光滑，无裂痕、缺釉、斑点、烧痕、气泡等缺陷；

　　3　弹簧销、弹簧垫完好，弹力适宜；

　　4　绝缘电阻符合设计要求。

5.2.2　绝缘子安装应符合下列规定：

　　1　安装时应清除表面污垢和各种附着物；

　　2　安装应牢固，连接可靠，与电杆、横担及金具无卡压现象；

　　3　悬式绝缘子裙边与带电部位的间隙不得小于 50mm，固定用弹簧销子、螺栓应由上向穿；闭口销子和开口销子应使用专用品。开口销子的开口角度应为 30°～60°。

5.2.3　拉线安装应符合下列规定：

　　1　终端杆、丁字杆及耐张杆的承力拉线应与线路方向的中心线对正；分角拉线应与线路分角线方向对正；防风拉线应与线路方向垂直；拉线应受力适宜，不得松弛，繁华地区宜加装绝缘子或采用绝缘钢绞线；

　　2　拉线抱箍应安装在横担下方，靠近受力点。拉线与电杆的夹角宜为 45°，受环境限制时，可调整夹角，但不得小于 30°；

　　3　拉线盘的埋深应符合设计要求，拉线坑应有斜坡，使拉线棒与拉线成一直线，并与拉线盘垂直。拉线棒与拉线盘的连接应使用双螺母并加专用垫。拉线棒露出地面宜为 500mm～700mm。回填土应每回填 500mm 夯实一次，并宜设防沉土台；

　　4　同杆架设多层导线时，宜分层设置拉线，各条拉线的松紧程度应一致；

　　5　在有人员、车辆通行场所的拉线，应装设具有醒目标识的防护管；

　　6　制作拉线的材料可采用镀锌钢绞线、聚乙烯绝缘钢绞线，以及直径不小于 4mm 且不少于三股绞合在一起的镀锌铁线。

5.2.4 当拉线穿越带电线路时，距带电部位距离不得小于 200mm，且必须加装绝缘子或采取其他安全措施。当拉线绝缘子自然悬垂时，距地面不得小于 2.5m。

5.2.5 跨越道路的横向拉线与拉线杆的安装应符合下列规定：

1 拉线杆埋深不得小于杆长的 1/6；

2 拉线杆应向受力的反方向倾斜 10°～20°；

3 拉线杆与坠线的夹角不得小于 30°；

4 坠线上端固定点距拉线杆顶部宜为 250mm；

5 横向拉线距车行道路面的垂直距离不得小于 6m。

5.2.6 采用 UT 型线夹及楔型线夹固定安装拉线，应符合下列规定：

1 安装前丝扣上应涂润滑剂；

2 安装不得损伤线股，线夹凸肚应在尾线侧，线夹舌板与拉线接触应紧密，受力后无滑动现象；

3 拉线尾线露出楔型线夹宜为 200mm，并应采用直径 2mm 的镀锌铁线与拉线主线绑扎 20mm；UT 型线夹尾线露出线夹宜为 300mm～500mm，并应采用直径 2mm 的镀锌铁线与拉线主线绑扎 40mm；

4 当同一组拉线使用双线夹时，其尾线端的方向应一致；

5 拉线紧好后，UT 型线夹的螺杆丝扣露出长度不宜大于 20mm，双螺母应并紧。

5.2.7 采用绑扎固定拉线应符合下列规定：

1 拉线两端应设置心形环；

2 拉线绑扎应采用直径不小于 3.2mm 的镀锌铁线。绑扎应整齐、紧密，绑完后将绑线头拧 3～5 圈小辫压倒。拉线最小绑扎长度应符合表 5.2.7 的规定。

表 5.2.7 拉线最小绑扎长度

钢绞线截面（mm²）	上段（mm）	中段（拉线绝缘子两端）（mm）	下段（mm）		
			下端	花缠	上端
25	200	200	150	250	80
35	250	250	200	250	80
50	300	300	250	250	80

5.3 导 线 架 设

5.3.1 导线展放应符合下列规定：

1 导线在展放过程中，应进行导线外观检查，不得有磨损、断股、扭曲、金钩等现象；

2 放、紧线过程中，应将导线放在铝制或塑料滑轮的槽内，导线不得在地面、杆塔、横担、架构、瓷瓶或其他物体上拖拉；

3 展放绝缘线宜在干燥天气进行，气温不宜低于 −10℃。

5.3.2 导线损伤补修的处理应符合现行国家标准《电气装置安装工程 35kV 及以下架空电力线路施工及验收规范》GB 50173 的规定。对绝缘导线绝缘层的损伤处理应符合下列规定：

1 绝缘层损伤深度超过绝缘层厚度的 10%，应进行补修；

2 可采用自粘胶带缠绕，将自粘胶带拉紧拽窄至带宽的 2/3，以叠压半边的方法缠绕，缠绕长度宜超出损伤部位两端各 30mm；

3 补修后绝缘自粘胶带的厚度应大于绝缘层损伤深度，且不应少于两层；

4 一个档距内，每条绝缘线的绝缘损伤补修不宜超过 3 处。

5.3.3 不同金属、不同规格、不同绞向的导线严禁在档距内连接。

5.3.4 架空线路在同一档内导线的接头不得超过一个，导线接头距横担绝缘子、瓷横担等固定点不得小于 500mm。

5.3.5 导线紧线应符合下列规定：

1 导线弧垂应符合设计规定，允许误差为 ±5%。当设计无规定时，可根据档距、导线材质、导线截面和环境温度查阅弧垂表确定弧垂值；

2 架设新导线宜对导线的塑性伸长采用减小弧垂法进行补偿，弧垂减小的百分数为：铝绞线 20%；钢芯铝绞线 12%；铜绞线 7%～8%；

3 导线紧好后，同档内各相导线的弧垂应一致，水平排列的导线弧垂相差不得大于 50mm。

5.3.6 导线固定应符合下列规定：

1 导线的固定应牢固；

2 绑扎应选用与导线同材质的直径不得小于 2mm 的单股导线做绑线。绑扎应紧密、平整；

3 裸铝导线在绝缘子或线夹上固定应紧密缠绕铝包带，缠绕长度应超出接触部位 30mm。铝包带的缠绕方向应与外层线股的绞制方向一致；

5.3.7 导线在针式绝缘子上固定应符合下列规定：

1 直线杆：导线应固定在绝缘子的顶槽内。低压裸导线可固定在绝缘子靠近电杆侧的颈槽内；

2 直线转角杆：导线应固定在绝缘子转角外侧的颈槽内；

3 直线跨越杆：导线应双固定，主导线固定处不得受力出角；

4 固定低压导线可按十字形进行绑扎，固定高压导线应绑扎双十字。

5.3.8 导线在蝶式绝缘子上固定应符合下列规定：

1 导线套在绝缘子上的套长，以不解套即可摘掉绝缘子为宜；

2 绑扎长度应符合表 5.3.8 的规定。

表 5.3.8 导线在蝶式绝缘子上的绑扎长度

导线截面（mm²）	绑扎长度（mm）
LJ-50、LGJ-50 以下	≥150
LJ-70、LGJ-70	≥200
低压绝缘线 50mm² 及以下	≥150

5.3.9 引流线对相邻导线及对地（电杆、拉线、横担）的净空距离不得小于表 5.3.9 的规定。

表 5.3.9 引流线对相邻导线及对地的最小距离

线路电压等级		引流线对相邻导线（mm）	引流线对地（mm）
高压	裸导线	300	200
	绝缘线	200	200
低压	裸导线	150	100
	绝缘线	100	50

5.3.10 路灯线路与电力线路之间，在上方导线最大弧垂时的交叉距离和水平距离不得小于表 5.3.10 的规定。

表 5.3.10 路灯线路与电力线路之间的最小距离（m）

项目	线路电压（kV）	≤1		10		35～110	220	500
		裸导线	绝缘线	裸导线	绝缘线			
垂直距离	高压	2.0	1.0	2.0	1.0	3.0	4.0	6.0
	低压	1.0	0.5	2.0	1.0	3.0	4.0	6.0
水平距离	高压	2.5	—	2.5	—	5.0	7.0	—
	低压							

5.3.11 路灯线路与弱电线路交叉跨越时，必须路灯线路在上，弱电线路在下。在路灯线路最大弧垂时，路灯高压线路与弱电线路的垂直距离不得小于 2m；路灯低压线路与弱电线路的垂直距离不得小于 1m。

5.3.12 导线在最大弧垂和最大风偏时，对建筑物的净空距离不得小于表 5.3.12 的规定。

表 5.3.12 导线对建筑物的最小距离（m）

类 别	裸导线		绝缘线	
	高压	低压	高压	低压
垂直距离	3.0	2.5	2.5	2.0
水平距离	1.5	1.0	0.75	0.2

5.3.13 导线在最大弧垂和最大风偏时，对树木的净空距离不得小于表 5.3.13 的规定。当不能满足时，应采取隔离保护措施。

表 5.3.13 导线对树木的最小距离（m）

类 别		裸导线		绝缘线	
		高压	低压	高压	低压
公园、绿化区、防护林带	垂直	3.0	3.0	3.0	3.0
	水平	3.0	3.0	1.0	1.0
果林、经济林、城市灌木林		1.5	1.5	—	—
城市街道绿化树木	垂直	1.5	1.0	0.8	0.2
	水平	2.0	1.0	1.0	0.5

5.3.14 导线在最大弧垂时对地面、水面及跨越物的垂直距离不得小于表 5.3.14 的规定。

表 5.3.14 导线对地面、水面等跨越物的最小垂直距离（m）

线路经过地区		电 压 等 级	
		高压	低压
居民区		6.5	6.0
非居民区		5.5	5.0
交通困难地区		4.5	4.0
至铁路轨顶		7.5	7.5
城市道路		7.0	6.0
至电车行车线承力索或接触线		3.0	3.0
至通航河流最高水位		6.0	6.0
至不通航河流最高水位		3.0	3.0
至索道距离		2.0	1.5
人行过街桥	裸导线	宜入地	宜入地
	绝缘线	4.0	3.0
步行可以达到的山坡、峭壁、岩石		4.5	3.0

5.3.15 配电线路中的路灯专用架空线安装应符合下列规定：

1 可与其他架空线同杆架设，但必须是同一个配变区段的电源，且应与同杆架设的其他导线同材质；

2 架设的位置不应高于其他相同或更高电压等级的导线。

5.4 工程交接验收

5.4.1 架空线路工程交接检查验收应符合下列规定：

1 电杆、线材、金具、绝缘子等器材的质量应符合技术标准的规定；

2 电杆组立的埋深、位移和倾斜等应合格；

3 金具安装的位置、方式和固定等应符合规定；

4 绝缘子的规格、型号及安装方式方法应符合规定；

5 拉线的截面、角度、制作和标志应符合规定；

6 导线的规格、截面应符合设计规定；

7 导线架设的固定、连接、档距、弧垂以及导线的相间、跨越、对地、对树的距离应符合规定。

5.4.2 架空线路工程交接验收应提交下列资料和文件：

1 设计图及设计变更文件；

2 工程竣工图等资料；

3 测试记录和协议文件。

6 电 缆 线 路

6.1 一 般 规 定

6.1.1 电缆敷设的最小弯曲半径应符合表6.1.1的规定：

表6.1.1 电缆最小弯曲半径

电缆类型		多芯	单芯
塑料电缆	有铠装	12D	15D
	无铠装	15D	20D

注：表中的D为电缆外径。

6.1.2 电缆直埋或在保护管中不得有接头。

6.1.3 电缆敷设时，电缆应从盘的上端引出，不应使电缆在支架上及地面摩擦拖拉。电缆外观应无损伤，绝缘良好，不得有铠装压扁、电缆绞拧、护层折裂等机械损伤。电缆在敷设前应进行绝缘电阻测量，阻值应符合现行国家标准《电气装置安装工程 电气设备交接试验标准》GB 50150的要求。

6.1.4 电缆敷设和电缆接头预留量宜符合下列规定：

1 电缆的敷设长度宜为电缆路径长度的110%；

2 当电缆在灯杆内对接时，每基灯杆两侧的电缆预留量宜各不小于2m；当路灯引上线与电缆T接时，每基灯杆电缆的预留量宜不小于1.5m。

6.1.5 三相四线制采用四芯电力电缆，不应采用三芯电缆另加一根单芯电缆或以金属护套作中性线。三相五线制应采用五芯电力电缆线，PE线截面应符合表6.1.5的规定。

表6.1.5 PE线截面（mm²）

相线截面S	PE线截面
S≤10	S
16≤S≤35	16
S≥50	S/2

6.1.6 直埋电缆在直线段每隔50m～100m处、电缆接头处、转弯处、进入建筑物等处，应设置明显的方位标志或标桩。

6.1.7 电缆埋设深度应符合下列规定：

1 绿地、车行道下不应小于0.7m；

2 人行道下不应小于0.5m；

3 在冻土地区，应敷设在冻土层以下；

4 在不能满足上述要求的地段应按设计要求敷设。

6.1.8 电缆接头和终端头整个制作过程应保持清洁和干燥；制作前应将线芯及绝缘表面擦拭干净，塑料电缆宜采用自粘带、粘胶带、胶粘剂、收缩管等材料密封，塑料护套表面应打毛，粘接表面应用溶剂除去油污，粘接应良好。

6.1.9 电缆芯线的连接宜采用压接方式，压接面应满足电气和机械强度要求。

6.1.10 电缆标志牌的装设应符合下列规定：

1 在电缆终端、分支处，工作井内有两条及以上的电缆，应设标志牌；

2 标志牌上应注明电缆编号、型号规格、起止地点。标志牌字迹清晰，不易脱落；

3 标志牌规格宜统一，材质防腐、经久耐用，挂装应牢固。

6.1.11 电缆从地下或电缆沟引出地面时应加保护管，保护管的长度不得小于2.5m，沿墙敷设时采用抱箍固定，固定点不得少于2处；电缆上杆应加固定支架，支架间距不得大于2m。所有支架和金属部件应热镀锌处理。

6.1.12 电缆金属保护管和桥架、架空电缆钢绞线等金属管线应有良好的接地保护，系统接地电阻不得大于4Ω。

6.2 电 缆 敷 设

6.2.1 电缆直埋敷设时，沿电缆全长上下应铺厚度不小于100mm的软土或细沙层，并加盖保护，其覆盖宽度应超过电缆两侧各50mm，保护可采用混凝土盖板或砖块。电缆沟回填土应分层夯实。

6.2.2 直埋电缆应采用铠装电力电缆。

6.2.3 直埋敷设的电缆穿越铁路、道路、道口等机动车通行的地段时应敷设在能满足承压强度的保护管中，应留有备用管道。

6.2.4 在含有酸、碱强腐蚀或有振动、热影响、虫鼠等危害性地段，应采取防护措施。

6.2.5 电缆之间、电缆与管道、道路、建筑物之间平行和交叉时的最小净距应符合表6.2.5的规定，如不能满足规程要求，应采取隔离保护措施。

表6.2.5 电缆之间、电缆与管道、道路、
建筑物之间平行和交叉的最小净距

项 目		最小净距（m）	
		平行	交叉
电力电缆间及控制电缆间	10kV及以下	0.1	0.5
	10kV以上	0.25	0.5

续表 6.2.5

项 目		最小净距（m）	
		平行	交叉
控制电缆间		—	0.5
不同使用部门的电缆间		0.5	0.5
热管道（管沟）及电力设备		2.0	0.5
油管道（管沟）		1.0	0.5
可燃气体及易燃液体管道（沟）		1.0	0.5
其他管道（管沟）		0.5	0.5
铁路轨道		3.0	1.0
电气化铁路轨道	交流	3.0	1.0
	直流	10.0	1.0
公路		1.5	1.0
城市街道路面		1.0	0.7
杆基础（边线）		1.0	—
建筑物基础（边线）		0.6	—
排水沟		1.0	0.5

6.2.6 电缆保护管不应有孔洞、裂缝和明显的凹凸不平，内壁应光滑无毛刺，金属电缆管应采用热镀锌管、铸铁管或热浸塑钢管，直线段保护管内径不应小于电缆外径的 1.5 倍，有弯曲时不应小于 2 倍；混凝土管、陶土管、石棉水泥管其内径不宜小于 100mm。

6.2.7 电缆保护管的弯曲半径不应小于所穿入电缆的最小允许弯曲半径，弯制后不应有裂缝和显著的凹瘪现象，其弯扁程度不宜大于管子外径的 10%。管口应无毛刺和尖锐棱角，管口宜做成喇叭形。

6.2.8 硬质塑料管连接采用套接或插接时，其插入深度宜为管子内径的 1.1 倍～1.8 倍，在插接面上应涂以胶粘剂粘牢密封；采用套接时套接两端应采用密封措施。

6.2.9 金属电缆保护管连接应牢固，密封良好；当采用套接时，套接的短套管或带螺纹的管接头长度不应小于外径的 2.2 倍，金属电缆保护管不宜直接对焊，宜采用套管焊接的方式。

6.2.10 敷设混凝土、陶土、石棉等电缆管时，地基应坚实、平整，不应有沉降。电缆管连接时，管孔应对准，接缝应严密，不得有地下水和泥浆渗入。

6.2.11 交流单芯电缆不得单独穿入钢管内。

6.2.12 在经常受到振动的高架路、桥梁上敷设的电缆，应采取防振措施。桥墩两端和伸缩缝处的电缆，应留有松弛部分。

6.2.13 电缆保护管在桥梁上明敷时应安装牢固，支持点间距不大于 3m。当电缆保护管的直线长度超过 30m 时，宜加装伸缩节。

6.2.14 当直线段钢制的电缆桥架超过 30m、铝合金的超过 15m 或跨越桥墩伸缩缝处宜采用伸缩连接板连接。

6.2.15 电缆桥架转弯处的转弯半径，不应小于该桥架上的电缆最小允许弯曲半径。

6.2.16 采用电缆架空敷设时应符合下列规定：

1 架空电缆承力钢绞线截面不宜小于 35mm²，钢绞线两端应有良好接地和重复接地；

2 电缆在承力钢绞线上固定应自然松弛，在每一电杆处应留一定的余量，长度不应小于 0.5m；

3 承力钢绞线上电缆固定点的间距应小于 0.75m，电缆固定件应进行热镀锌处理，并应加软垫保护。

6.2.17 过街管道两端、直线段超过 50m 时应设工作井，灯杆处宜设置工作井，工作井应符合下列规定：

1 工作井不宜设置在交叉路口、建筑物门口、与其他管线交叉处；

2 工作井宜采用 M5 砂浆砖砌体，内壁粉刷应用 1：2.5 防水水泥砂浆抹面，井壁光滑、平整；

3 井盖应有防盗措施，并应满足车行道和人行道相应的承重要求；

4 井深不宜小于 1m，并应有渗水孔；

5 井内壁净宽不宜小于 0.7m；

6 电缆保护管伸出工作井壁 30mm～50mm，有多根电缆管时，管口应排列整齐，不应有上翘下坠现象。

6.2.18 路灯高压电缆的施工及验收应符合现行国家标准《电气装置安装工程 电缆线路施工及验收规范》GB 50168 及有关国家现行标准的规定。

6.3 工程交接验收

6.3.1 电缆线路工程交接检查验收应符合下列规定：

1 电缆型号应符合设计要求，排列整齐，无机械损伤，标志牌齐全、正确、清晰；

2 电缆的固定间距、弯曲半径应符合规定；

3 电缆接头、绕包绝缘应符合规定；

4 电缆沟应符合要求，沟内无杂物；

5 保护管的连接防腐应符合规定；

6 工作井设置应符合规定。

6.3.2 隐蔽工程应在施工过程中进行中间验收，并应做好记录。

6.3.3 电缆线路工程交接验收应提交下列资料和文件：

1 设计图及设计变更文件；

2 工程竣工图等资料；

3 各种试验和检查记录。

7 安全保护

7.1 一般规定

7.1.1 城市道路照明电气设备的下列金属部分均应接零或接地保护：

1 变压器、配电柜（箱、屏）等的金属底座、外壳和金属门；

2 室内外配电装置的金属构架及靠近带电部位的金属遮栏；

3 电力电缆的金属铠装、接线盒和保护管；

4 钢灯杆、金属灯座、Ⅰ类照明灯具的金属外壳；

5 其他因绝缘破坏可能使其带电的外露导体。

7.1.2 严禁采用裸铝导体作接地极或接地线。接地线严禁兼做他用。

7.1.3 在同一台变压器低压配电网中，严禁将一部分电气设备或钢灯杆采用保护接地，而将另一部分采用保护接零。

7.1.4 在市区内由公共配变供电的路灯配电系统采用的保护方式，应符合当地供电部门的统一规定。

7.2 接零和接地保护

7.2.1 在保护接零系统中，当采用熔断器作保护装置时，单相短路电流不应小于熔断器熔体额定电流的4倍；当采用自动开关作保护装置时，单相短路电流不应小于自动开关瞬时或延时动作电流的1.5倍。

7.2.2 当采用接零保护时，单相开关应安装在相线上，零线上严禁装设开关或熔断器。

7.2.3 道路照明配电系统宜选用 TN-S 接地制式，整个系统的中性线（N）应与保护线（PE）分开，在始端 PE 线与变压器中性点（N）连接，PE 线与每根路灯钢杆接地螺栓可靠连接，在线路分支、末端及中间适当位置处做重复接地形成联网。

7.2.4 TT 接地制式中工作接地和保护接地分开独立设置，保护接地宜采用联网 TT 系统，独立的 PE 接地线与每根路灯钢杆接地螺栓可靠连接，但配电系统必须安装漏电保护装置。

7.2.5 道路照明配电系统中，采用 TN 或 TT 系统接零和接地保护，PE 线与灯杆、配电箱等金属设备连接成网，在任一地点的接地电阻不应大于4Ω。

7.2.6 在配电线路的分支、末端及中间适当位置做重复接地并形成联网，其重复接地电阻不应大于10Ω，系统接地电阻不应大于4Ω。

7.2.7 采用 TT 系统接地保护，没有采用 PE 线连接成网的灯杆、配电箱等，其独立接地电阻不应大于4Ω。

7.2.8 道路照明配电系统的变压器中性点（N）的接地电阻不应大于4Ω。

7.3 接地装置

7.3.1 接地装置可利用自然接地体，如构筑物的金属结构（梁、柱、桩）埋设在地下的金属管道（易燃、易爆气体、液体管道除外）及金属构件等。

7.3.2 人工接地装置应符合下列规定：

1 垂直接地体所用的钢管，其内径不应小于40mm、壁厚3.5mm；角钢应采用 L50mm×50mm×5mm 以上，圆钢直径不应小于20mm，每根长度不小于2.5m，极间距离不宜小于其长度的2倍，接地体顶端距地面不应小于0.6m。

2 水平接地体所用的扁钢截面不小于4mm×30mm，圆钢直径不应小于10mm，埋深不小于0.6m，极间距离不宜小于5m。

7.3.3 保护接地线必须有足够的机械强度，应满足不平衡电流及谐波电流的要求，并应符合下列规定：

1 保护接地线和相线的材质应相同，当相线截面在35mm² 及以下时，保护接地线的最小截面不应小于相线的截面，当相线截面在35mm² 以上时，保护接地线的最小截面不得小于相线截面的50%；

2 采用扁钢时不应小于4mm×30mm，圆钢直径不应小于10mm；

3 箱式变电站、地下式变电站、控制柜（箱、屏）可开启的门应与接地的金属框架可靠连接，采用的裸铜软线截面不应小于4mm²。

7.3.4 明敷接地体（线）安装应符合下列规定：

1 敷设位置不应妨碍设备的拆卸和检修，接地体（线）与构筑物的距离不应小于1.5m；

2 接地体（线）应水平或垂直敷设，亦可与构筑物倾斜结构平行敷设；在直线段上不应有起伏或弯曲现象；

3 跨越桥梁及构筑物的伸缩缝、沉降缝时，应将接地线弯成弧状；

4 接地线支持件间距：水平直线部分宜为0.5m～1.5m，垂直部分宜为1.5m～3.0m，转弯部分宜为0.3m～0.5m；

5 沿配电房墙壁水平敷设时，距地面宜为0.25m～0.3m，与墙壁间的距离宜为0.01m～0.015m。

7.3.5 接地体（线）的连接应采用搭接焊，焊接必须牢固无虚焊。接至电气设备上的接地线，应采用热镀锌螺栓连接；对有色金属接地线不能采用焊接时，可用螺栓连接、压接、热剂焊等方式连接。

7.3.6 接地体搭接焊的搭接长度应符合下列规定：

1 当扁钢与扁钢焊接时，焊接长度为扁钢宽度的2倍（4个棱边焊接）；

2 当圆钢与圆钢焊接时，焊接长度为圆钢直径的6倍（圆钢两面焊接）；

3 当圆钢与扁钢连接时，焊接长度为圆钢直径的 6 倍（圆钢两面焊接）；

4 当扁钢与角钢连接时，其长度为扁钢宽度的 2 倍，并应在其接触部位两侧进行焊接。

7.3.7 接地体（线）及接地卡子、螺栓等金属件必须热镀锌，焊接处应做防腐处理，在有腐蚀性的土壤中，应适当加大接地体（线）的截面积。

7.4 工程交接验收

7.4.1 安全保护工程交接检查验收应符合下列规定：

1 接地装置规格正确，连接可靠，防腐层应完好；

2 工频接地电阻值及设计的其他测试参数符合设计规定，雨后不应立即测量接地电阻。

7.4.2 安全保护工程交接验收应提交下列文件资料：

1 设计图及设计变更文件；

2 工程竣工图等资料；

3 测试记录。

8 路灯安装

8.1 一般规定

8.1.1 灯杆位置应合理选择，与架空线路、地下设施以及影响路灯维护的建筑物的安全距离应符合本规程第 5.3.10 条、第 5.3.12 条和第 6.2.5 条的规定。

8.1.2 同一街道、广场、桥梁等的路灯，从光源中心到地面的安装高度、仰角、装灯方向宜保持一致。灯具安装纵向中心线和灯臂纵向中心线应一致，灯具横向水平线应与地面平行。

8.1.3 基础顶面标高应根据标桩确定。基础开挖后应将坑底夯实。若土质等条件无法满足上部结构承载力要求时，应采取相应的防沉降措施。

8.1.4 浇制基础前，应排除坑内积水，并应保证基础坑内无碎土、石、砖以及其他杂物。

8.1.5 钢筋混凝土基础宜采用 C20 等级及以上的商品混凝土，电缆保护管应从基础中心穿出，并应超过混凝土基础平面 30mm～50mm，保护管穿电缆之前应将管口封堵。

8.1.6 灯杆基础螺栓高于地面时，灯杆紧固校正后，应将根部法兰、螺栓现浇厚度不小于 100mm 的混凝土保护或采取其他防腐措施，表面平整光滑且不积水。

8.1.7 灯杆基础螺栓低于地面时，基础螺栓顶部宜低于地面 150mm，灯杆紧固校正后，将法兰、螺栓用混凝土包封或其他防腐措施。

8.1.8 道路照明灯具的效率不应低于 70%，泛光灯灯具效率不应低于 65%，灯具光源腔的防护等级不应低于 IP54，灯具电器腔的防护等级不应低于 IP43，

且应符合下列规定：

1 灯具配件应齐全，无机械损伤、变形、油漆剥落、灯罩破裂等现象；

2 反光器应干净整洁、表面应无明显划痕；

3 透明罩外观应无气泡、明显的划痕和裂纹；

4 封闭灯具的灯头引线应采用耐热绝缘导线，灯具外壳与尾座连接紧密；

5 灯具的温升和光学性能应符合现行国家标准《灯具 第 1 部分：一般要求与试验》GB 7000.1 的规定，并应具备省级及以上灯具检测资质的机构出具的合格报告。

8.1.9 LED 道路照明灯具除应符合本规程第 8.1.8 条的有关规定外，还应符合下列规定：

1 灯的额定功率分类应符合现行国家标准《道路照明用 LED 灯 性能要求》GB/T 24907 的规定；

2 灯在额定电压和额定频率下工作时，其实际消耗的功率与额定功率之差不应大于 10%，功率因数实测值不应低于制造商标准值的 0.05；

3 灯的安全性能应符合现行国家标准《普通照明用 LED 模块 安全要求》GB 24819 的要求，防护等级应达到 IP65；

4 灯的无线电骚扰特性、输入电流谐波和电磁兼容要求属国家强制性标准，应符合现行国家标准《电气照明和类似设备的无线电骚扰特性的限值和测量方法》GB 17743、《电磁兼容 限值 谐波电流发射限值（设备每相输入电流≤16A）》GB 17625.1、《一般照明用设备电磁兼容抗扰度要求》GB/T 18595 的规定；

5 光通维持率在燃点 3000h 时不应低于 95%，在燃点 6000h 时不应低于 90%，同一批次的光源色温应一致；

6 灯的光度分布应符合现行行业标准《城市道路照明设计标准》CJJ 45 规定的道路照明标准值的要求，供应商应完整提供灯的光学数据等计算资料；

7 宜采用分体式道路照明用 LED 灯具，对于分体式 LED 灯中可替换的 LED 部件或模块光源，应符合现行国家标准《普通照明用 LED 模块 性能要求》GB/T 24823 和《普通照明用 LED 模块 安全要求》GB 24819 的规定。

8.1.10 灯泡座应固定牢靠，可调灯泡座应调整至正确位置。绝缘外壳应无损伤、开裂；相线应接在灯泡座中心触点端子上，零线应接螺口端子。

8.1.11 灯具引至主线路的导线应使用额定电压不低于 500V 的铜芯绝缘线，最小允许线芯截面不应小于 1.5mm²，功率 400W 及以上的最小允许线芯截面不宜小于 2.5mm²。

8.1.12 在灯臂、灯杆内穿线不得有接头，穿线孔口或管口应光滑、无毛刺，并应采用绝缘套管或包带包扎（电缆、护套线除外），包扎长度不得小

于 200mm。

8.1.13 每盏灯的相线应装设熔断器，熔断器应固定牢靠，熔断器及其他电器电源进线应上进下出或左进右出。

8.1.14 气体放电灯应将熔断器安装在镇流器的进电侧，熔丝应符合下列规定：

1 150W 及以下应为 4A；

2 250W 应为 6A；

3 400W 应为 10A；

4 1000W 应为 15A。

8.1.15 气体放电灯应设无功补偿，宜采用单灯无功补偿。气体放电灯的灯泡、镇流器、触发器等应配套使用。镇流器、触发器等接线端子瓷柱不得破裂，外壳密封良好，无锈蚀现象。

8.1.16 灯具内各种接线端子不得超过两个线头，线头弯曲方向，应按顺时针方向并压在两垫圈之间。当采用多股导线接线时，多股导线不能散股。

8.1.17 各种螺栓紧固，宜加垫片和防松装置。紧固后螺丝露出螺母不得少于两个螺距，最多不宜超过 5 个螺距。

8.1.18 路灯安装使用的灯杆、灯臂、抱箍、螺栓、压板等金属构件应进行热镀锌处理，防腐质量应符合国家现行标准的相关规定。

8.1.19 灯杆、灯臂等热镀锌后，外表涂层处理时，覆盖层外观应无鼓包、针孔、粗糙、裂纹或漏喷区等缺陷，覆盖层与基体应有牢固的结合强度。

8.1.20 玻璃钢灯杆应符合下列规定：

1 灯杆外表面应平滑美观，无裂纹、气泡、缺损、纤维露出；并有抗紫外线保护层，具有良好的耐气候特性；

2 灯杆内部应无分层、阻塞及未浸渍树脂的纤维白斑；

3 检修门框尺寸允许偏差宜为 ±5mm，并应具备防水功能，内部固定用金属配件应采用热镀锌或不锈钢；

4 灯杆壁厚根据设计要求允许偏差 0～+3mm，并应满足本地区最大风速的抗风强度要求。

8.1.21 路灯单独编号时应符合下列规定：

1 半高杆灯、高杆灯、单挑灯、双挑灯、庭院灯、杆上路灯等道路照明灯都应统一编号；

2 杆号牌可采用粘贴或直接喷涂的方式，号牌高度、规格宜统一，材质防腐、牢固耐用；

3 杆号牌宜标注"路灯"二字和编号、报修电话等内容，字迹清晰，不易脱落。

8.2 半高杆灯和高杆灯

8.2.1 基础顶面标高应高于提供的地面标桩100mm。基础坑深度的允许偏差应为 +100mm、−50mm。当基础坑深与设计坑深偏差 +100mm 以上时，应符合按下列规定：

1 偏差在 +100mm～+300mm 时，采用铺石灌浆处理；

2 偏差超过规定值的 +300mm 以上时，超过部分可采用填土或石料夯实处理，分层夯实厚度不宜大于 100mm，夯实后的密实度不应低于原状土，然后再采用铺石灌浆处理。

8.2.2 地脚螺栓埋入混凝土的长度应大于其直径的20 倍，并应与主筋焊接牢固，螺纹部分应加以保护，基础法兰螺栓中心分布直径应与灯杆底座法兰孔中心分布直径一致，偏差应小于 ±1mm，螺栓紧固应加垫圈并采用双螺母，设置在振动区域应采取防振措施。

8.2.3 浇筑混凝土的模板宜采用钢模板，其表面应平整且接缝严密，支模时应符合基础设计尺寸的规定。混凝土浇筑前，模板表面应涂脱模剂。

8.2.4 基坑回填应符合下列规定：

1 对适于夯实的土质，每回填 300mm 厚度应夯实一次，夯实程度应达到原状土密实度的 80% 及以上；

2 对不宜夯实的水饱和黏性土，应分层填实，其回填土的密实度应达到原状土密实度的 80% 及以上。

8.2.5 中杆灯和高杆灯的灯杆、灯盘、配线、升降电动机构等应符合现行行业标准《高杆照明设施技术条件》CJ/T 3076 的规定。

8.2.6 半高杆灯和高杆灯宜采用三相供电，且三相负荷应均匀分配，每一回路必须装设保护装置。

8.3 单挑灯、双挑灯和庭院灯

8.3.1 钢灯杆应进行热镀锌处理，镀锌层厚度不应小于 65μm，表面涂层处理应在钢杆热镀锌后进行，因校直等因素涂层破坏部位不得超过 2 处，且修整面积不得超过杆身表面积的 5%。

8.3.2 钢灯杆长度 13m 及以下的锥形杆应无横向焊缝，纵向焊缝应匀称、无虚焊。

8.3.3 钢灯杆的允许偏差应符合下列规定：

1 长度允许偏差宜为杆长的 ±0.5%；

2 杆身直线度允许误差宜小于 3‰；

3 杆身横截面直径、对角线或对边距允许偏差宜为 ±1%；

4 检修门框尺寸允许偏差宜为 ±5mm；

5 悬挑灯臂仰角允许偏差宜为 ±1°。

8.3.4 直线路段安装单挑灯、双挑灯、庭院灯时，无特殊情况时，灯间距与设计间距的偏差应小于 2%。

8.3.5 灯杆垂直度偏差应小于半个杆梢，直线路段单、双挑灯、庭院灯排列成一直线时，灯杆横向位置偏移应小于半个杆根。

8.3.6 钢灯杆吊装时应采取防止钢缆擦伤灯杆表面

防腐装饰层的措施。

8.3.7 钢灯杆检修门朝向应一致，宜朝向人行道或慢车道侧，并应采取防盗措施。

8.3.8 灯臂应固定牢靠，灯臂纵向中心线与道路纵向成 90°角，偏差不应大于 2°。

8.3.9 庭院灯具结构应便于维护，铸件表面不得有影响结构性能与外观的裂纹、砂眼、疏松气孔和夹杂物等缺陷。镀锌外表涂层应符合本规程第 8.1.18 条和第 8.1.19 条的规定。

8.3.10 庭院灯宜采用不碎灯罩，灯罩托盘应采用压铸铝或压铸铜材质，并应有泄水孔；采用玻璃灯罩紧固时，螺栓应受力均匀，玻璃灯罩卡口应采用橡胶圈衬垫。

8.4 杆 上 路 灯

8.4.1 杆上路灯（含与电力杆等合杆安装路灯，下同）的高度、仰角、装灯方向应符合本规程第 8.1.2 条的规定。

8.4.2 杆上路灯灯臂固定抱箍应紧固可靠，灯臂纵向中心线与道路纵向偏差角度应符合本规程第 8.3.8 条的规定。

8.4.3 引下线宜使用铜芯绝缘线和引下线支架，且松紧一致。引下线截面不宜小于 2.5mm²；引下线搭接在主线路上时应在主线上背扣后缠绕 7 圈以上。当主导线为铝线时应缠上铝包带并使用铜铝过渡连接引下线。

8.4.4 受力引下线保险台宜安装在引下线离灯臂瓷瓶 100mm 处，裸露的带电部分与灯架、灯杆的距离不应少于 50mm。非受力保险台应安装在离灯架瓷瓶 60mm 处。

8.4.5 引下线应对称搭接在电杆两侧，搭接处离电杆中心宜为 300mm～400mm，引下线不应有接头。

8.4.6 穿管敷设引下线时，搭接应在保护管同一侧，与架空线的搭接宜在保护管弯头管口两侧。保护管用抱箍固定，固定点间隔宜为 2m，上端管口应弯曲朝下。

8.4.7 引下线严禁从高压线间穿过。

8.4.8 在灯臂或架空线横担上安装镇流器应有衬垫支架，固定螺栓不得少于 2 只，直径不应小于 6mm。

8.5 其 他 路 灯

8.5.1 墙灯安装高度宜为 3m～4m，灯臂悬挑长度不宜大于 0.8m。

8.5.2 安装墙灯时，从电杆上架空线引下线到墙体第一支持物间距不得大于 25m，支持物间距不得大于 6m，特殊情况应按设计要求施工。

8.5.3 墙灯架线横担应用热镀锌角钢或扁钢，角钢不应小于 L50×5；扁钢不应小于 -50×5。

8.5.4 道路横向或纵向悬索吊灯安装高度不宜小于 6m，且应符合下列规定：

　　1 悬索吊线采用 16mm²～25mm² 的镀锌钢绞线或 φ4 镀锌铁线合股使用，其抗拉强度不应小于吊灯（包括各种配件、引下线铁板、瓷瓶等）重量的 10 倍；

　　2 道路横向吊线松紧应合适，两端高度宜一致，并应安装绝缘子。当电杆的刚度不足以承受吊线拉力时，应增设拉线；

　　3 道路纵向悬索钢绞线弧垂应一致，终端、转角杆应设拉线，并应符合本规程第 5.2.3～5.2.5 条规定。全线钢绞线应做接地保护，接地电阻应小于 4Ω；

　　4 悬索吊灯的电源引下线不得受力。引下线如遇树枝等障碍物时，可沿吊线敷设支持物，支持物之间间距不宜大于 1m；

　　5 墙灯、吊灯引下线和保险台的安装应符合本规程第 8.4.3～8.4.7 条的规定。

8.5.5 高架路、桥梁等防撞护栏嵌入式路灯安装高度宜在 0.5m～0.6m，灯间距不宜大于 6m，并应满足照度（亮度）、均匀度的要求。

8.5.6 防撞护栏嵌入式路灯应限制眩光，必要时应安装挡光板或采用带格栅的灯具，光源腔的防护等级不应低于 IP65。灯具安装灯体突出防撞墙平面不宜大于 10mm。

8.5.7 高架路、桥梁等易发生强烈振动和灯杆易发生碰撞的场所，灯具应采取防振措施和防坠落装置。

8.5.8 防撞护栏嵌入式过渡接线箱应热镀锌，门锁应有防盗装置；箱内线路排列整齐，每一回路挂有标志牌，并应符合本规程第 3.3.5 条的规定。

8.6 工程交接验收

8.6.1 路灯安装工程交接检查验收时应符合下列规定：

　　1 试运行前应检查灯杆、灯具、光源、镇流器、触发器、熔断器等电器的型号、规格符合设计要求；

　　2 杆位合理、杆高、灯臂悬挑长度、仰角一致；各部位螺栓紧固牢靠，电源接线准确无误；

　　3 灯杆、灯臂、灯具、电器等安装固定牢靠。杆上安装路灯的引下线松紧一致；

　　4 灯具纵向中心线和灯臂中心线应一致，灯具横向中心线和地面应平行，投光灯具投射角度应调整适当；

　　5 灯杆、灯臂的热镀锌和涂层不应有损坏；

　　6 基础尺寸、标高与混凝土强度等级应符合设计要求，基础无视觉可辨识的沉降；

　　7 金属灯杆、灯座均应接地（接零）保护，接地线端子固定牢固。

8.6.2 路灯安装工程交接验收时应提交下列资料和文件：

　　1 设计图及设计变更文件；

2 工程竣工图等资料；

3 灯杆、灯具、光源、镇流器等生产厂家提供的产品说明书、试验记录、合格证及安装图纸等技术文件；

4 各种试验记录。

本规程用词说明

1 为便于在执行本规程条文时区别对待，对要求严格程度不同的用词说明如下：

　　1）表示很严格，非这样做不可的：
　　　　正面词采用"必须"，反面词采用"严禁"；

　　2）表示严格，在正常情况下均应这样做的：
　　　　正面词采用"应"，反面词采用"不应"或"不得"；

　　3）表示允许稍有选择，在条件许可时首先应这样做的：
　　　　正面词采用"宜"，反面词采用"不宜"；

　　4）表示有选择，在一定条件下可以这样做，采用"可"。

2 条文中指明应按其他有关标准执行的写法为，"应符合……的规定"或"应按……执行"。

引用标准名录

1 《钢结构设计规范》GB 50017

2 《10kV 及以下变电所设计规范》GB 50053

3 《工业与民用电力装置的过电压保护设计规范》GBJ 64

4 《电气装置安装工程　电气设备交接试验标准》GB 50150

5 《电气装置安装工程　电缆线路施工及验收规范》GB 50168

6 《电气装置安装工程　接地装置施工及验收规范》GB 50169

7 《电气装置安装工程　35kV 及以下架空电力线路施工及验收规范》GB 50173

8 《电力变压器　第 1 部分：总则》GB 1094.1

9 《外壳防护等级（IP 代码）》GB 4208

10 《起重机械安全规程　第 1 部分：总则》GB 6067.1

11 《灯具　第 1 部分：一般要求与试验》GB 7000.1

12 《高压/低压箱式变电站》GB/T 17467

13 《电气照明和类似设备的无线电骚扰特性的限值和测量方法》GB 17743

14 《电磁兼容　限值　谐波电流发射限值（设备每相输入电流≤16A）》GB 17625.1

15 《一般照明用设备电磁兼容抗扰度要求》GB/T 18595

16 《普通照明用 LED 模块　安全要求》GB 24819

17 《普通照明用 LED 模块　性能要求》GB/T 24823

18 《道路照明用 LED 灯　性能要求》GB/T 24907

19 《城市道路照明设计标准》CJJ 45

20 《高杆照明设施技术条件》CJ/T 3076

21 《地下式变压器》JB/T 10544

中华人民共和国行业标准

城市道路照明工程施工及验收规程

CJJ 89—2012

条 文 说 明

修 订 说 明

《城市道路照明工程施工及验收规程》CJJ 89-2012，经住房和城乡建设部 2012 年 5 月 16 日以 1379 号公告批准、发布。

本规程是在《城市道路照明工程施工及验收规程》CJJ 89-2001 的基础上修订而成，上一版的主编单位是北京市路灯管理处，参编单位是武汉市路灯管理局、沈阳市路灯管理局、深圳市灯光环境管理中心、常州市城市照明管理处。主要起草人员是孙怡璞、冀中义、曾祥礼、李炯照、鲍凯虹、张华。本次修订的主要技术内容是：1. 总则；2. 术语；3. 变压器、箱式变电站；4. 配电装置与控制；5. 架空线路；6. 电缆线路；7. 安全保护；8. 路灯安装。

本规程修订过程中，编制组进行了城市道路照明行业的调查研究，总结了我国城市道路照明工程施工及维修工作的实践经验，同时参考了国外技术法规、技术标准。

为便于广大设计、施工、科研、学校等单位有关人员在使用本规程时能正确理解和执行条文规定，《城市道路照明工程施工及验收规程》编制组按章、节、条顺序编制了本标准的条文说明，对条文规定的目的、依据以及执行中需要注意的有关事项进行了说明。但是，本条文说明不具备与标准正文同等的法律效力，仅供使用者作为理解和把握标准规定的参考。

目　次

1 总 则

1.0.1 本条文明确了本规程的制定目的。本规程的制定可以有效地规范城市道路照明建设，指导全国业内在城市道路照明工程中采用经济实用、高效节能的路灯器材和设备，同时还能采用技术先进、科学合理的安装工艺，提高工程质量和经济效益。

1.0.2 我国城市道路照明专用变压器容量以500kVA及以下较为合适，故本规程适用于电压为10kV及以下的电力变压器。

1.0.3 照明器材使用前，应做好检查工作，尤其是超过规定保管期限或保管、运输中可能造成损坏者。

1.0.4 施工现场中的安全技术规程有住房和城乡建设部颁发的《中华人民共和国安全生产法》、《建设工程安全生产管理条例》和电力行业有关的安全生产等管理规定，都是施工过程中必须遵守的现行安全技术规定。认真贯彻执行对施工人员的人身安全和设备安全是非常重要的。

3 变压器、箱式变电站

3.1 一般规定

3.1.1 我国道路照明主要由公用变压器供电。随着道路照明事业的发展，特别是经济发达地区对城市道路照明要求的提高，城市道路照明将由专用变压器供电。为配合城市景观，使用箱式变电站已成为城市道路照明供电的主流。在景观要求较高、用地紧张的地段，地下式变压器在小型化、美观化方面特点突出，也是较合适的选择。

本条符合《电力变压器 第1部分：总则》GB 1094.1和《地下式变压器》JB/T 10544的要求。地下式变压器运行环境温度一般允许比《电力变压器第1部分：总则》GB 1094.1规定的正常环境温度高10℃。

3.1.2 道路照明专用变压器、箱式变电站布设在道路红线内方便日后的维护管理。在道路的城市电力通道一侧设置，可方便10kV电缆引接，降低10kV电缆工程量。为确保供电的可靠和安全，变压器的安装场所应该选择无火灾、爆炸危险的地点，应远离加油站、石油气供应站、有化学腐蚀影响以及剧烈振动的场所。箱式变电站的箱体是由钢板或其他材料制成的户外型箱体，内部电器组合紧凑，其安装场所是不易积水和通风良好的地方，避免电器受潮、箱体锈蚀以延长使用寿命。地下式变压器免维护，防护等级高，可置于专用地坑内，减少占地。地面低压配电部分可根据要求制作成灯箱广告，适用于环境景观要求较高、用地紧张的地段。

3.1.3 设备到达现场后应及时检查，以便发现设备存在的缺陷和问题并及时处理，为安装工程顺利进行创造条件。

本条规定对外观检查有无机械损伤，以判断设备在运输过程有无受到冲击而使内部受损伤。

3.1.4 根据《电气装置安装工程 电力变压器、油浸电抗器、互感器施工及验收规范》GB 50148规定，变压器、油浸电抗器到达现场后，当满足下列条件之一时，可不进行器身检查：

1 制造厂说明可不进行器身检查者。

2 容量为1000kVA及以下，运输过程中无异常情况者。

3 就地生产仅作短途运输的变压器、电抗器，当事先参加了制造厂的器身总装，质量符合要求，且在运输过程中进行了有效的监督，无紧急制动、剧烈振动、冲撞或严重颠簸等异常情况者。

3.1.5 本条参照国家相关规范，列出对500kVA及以下小容量变压器进行器身检查的项目。

3.2 变压器

3.2.1 室外变压器安装方式常用的有两种，杆上（柱上）式和落地式。落地式安全性比较差，占地面积大，整体形象不适宜在城市环境中使用，所以在本规程中不推荐室外落地方式。

杆上台架的横梁槽钢，其型号可以根据变压器的大小、重量合理配用。为了确保安全，100kVA以上的变压器可以在槽钢横梁中部加装一根槽钢支撑柱子。在杆上横架上安装的变压器应选用没有滚轮的。

3.2.4 本条参照现行国家标准《电气装置安装工程 电气设备交接试验标准》GB 50150中1600kVA及以下油浸式电力变压器的试验项目。

3.2.6 本条提出了变压器的附件安装程序和要求。各类型变压器所配用的附件可根据本条相关的附件安装要求进行安装。

3.2.8 本条对变压器绝缘油的使用提出一些基本的要求，油质量标准参照《变压器油》GB 2536、《运行中变压器油质量标准》GB 7595。

最好使用同一牌号的油号，以保证原来运行油的质量和明确的牌号特点。我国变压器绝缘油的牌号按凝固点分为10号、25号和45号三种，一般是根据使用环境温度条件选用。同一牌号的合格油混合使用能保证其运行特性基本不变，而且维持设备技术档案中用油的统一性。

强调不同牌号的油不宜混合使用，混合使用的油其质量必须合格。标准是混合油的质量不低于其中一种油的质量。

3.2.9 本条提出变压器的高压、低压电气连接需按设计要求连接，可以采用硬母线（包括密集母线）连接，也可以采用电缆连接。各种连接方式的质量标准和制作技术规范可参照相关章节内容。

3.3 箱式变电站

3.3.1 箱式变电站是由高压、低压开关设备、变压器一体组合而成的户外式供配电设备。它不仅具备传统土建变电站配电、开关、控制、计量、补偿的功能，还具有占地面积少，安装方便、迅速，运行可靠，移动灵活，投资少等优点。因此，适用于油田、施工工地、城市公共建筑、住宅区和道路照明等场所的供电，近年在我国城市道路照明中已被广泛使用。

本条根据箱式变电站的结构和使用条件，对基础提出了要求。在满足箱式变电站的基本技术条件下，各城市可根据当地的气候条件设计适合当地使用的基础结构。工程实践中可采用的防水、排水措施包括：

1 电缆保护管管口采用管堵进行封堵；

2 电缆保护管管群在进入电缆室井壁 2m 范围内进行混凝土包封，特别是与井壁衔接处；

3 电缆室内外采用防水水泥砂浆抹面，厚度 20mm；

4 电缆室人孔采用双重井盖，内井盖与井座之间设橡胶圈止水带；

5 电缆室底部设集水坑，坑内设管道按不小于 1‰坡度排向就近市政雨水井；

6 电缆室所在位置地下水位高于电缆室内底标高 0.2m 以上，而周边无合适的市政排水设施时，电缆室应采用整体钢筋混凝土结构；

7 采用上述防排水设施后，电缆室仍有严重积水情况时，应设置机械排水。

3.3.11 箱式变电站主要组合设备有高压开关柜（通常配用环网柜），低压开关柜（包括路灯自动控制部分）、变压器（通常选用干式变压器）。本条提出了投运前应该检查的项目，这是根据电器设备安全操作规程的相关内容提出的最基本的安全技术要求。

3.4 地下式变电站

3.4.1 地下式变压器为全密封结构，防潮、防水性能达到 IP68 标准，具备一段时间内在地下和水中等恶劣环境中运行能力。

3.4.2、3.4.3 地坑进水，地下式变压器将长期在潮湿甚至水浸的条件下运行，对安全不利，所以地坑应为防水结构。为方便安装和维护，地坑应预留一定空间。

3.4.4 本条根据变压器结构而规定了变压器的安装要求，避免误吊不合理吊点而损坏变压器结构。比如油浸式变压器顶盖上的吊环是为吊芯用的，如果用作吊整体，会使顶盖上盘法兰变形，导致漏油。

3.4.6 地下式变电站由于在地下安装，要求与普通变压器有区别。本条提出了投运前应该检查的项目，这是根据电器设备安全操作规程的相关内容提出的最

基本的安全技术要求。

4 配电装置与控制

4.1 配 电 室

4.1.1 根据《10kV 及以下变电所设计规范》GB 50053，配电室靠近负荷中心是室址选择的基本要求，这样有利于提高供电电压质量、减少输电线路投资和电能损耗。

4.1.2 根据《低压配电设计规范》GB 50054 有关规定制定。

4.1.5 根据《10kV 及以下变电所设计规范》GB 50053 所列要求制定。

4.2 配电柜（箱、屏）安装

4.2.1 IP2X 防护等级要求应符合现行国家标准《低压电器外壳防护等级》GB/T 4942.2 的规定，能防止直径大于 12mm 的固体异物进入壳内。

4.2.5 目前国内配电柜（箱、屏）的安装一般采用基础型钢作底座。基础型钢与接地干线应可靠焊接，柜、盘用螺栓或焊接固定在基础型钢上。

基础型钢施工前，首先要检查型钢的不直度并予以校正。在施工时电气人员予以配合，本条提出的要求是可以做到的。对基础位置误差及不平行度进行限制，以保证柜（箱、屏）对整个控制室或配电室的相对位置。

4.2.6 强调按设计要求采取防振措施。因为设计部门掌握柜（箱、屏）的安装地点的振动情况，据此提出不同的防振措施，如常用垫橡皮垫、防振弹簧等方法。

考虑到配电盘、自动装置等需要更换检修，若将柜盘焊死，将造成更换检修困难，故提出不宜焊死。

4.2.7 表 4.2.7 系参照《自动化仪表安装工程施工质量验收规程》GB 50131 中的有关规定。

4.2.8 装有电器的可开启的柜（箱、屏）门，若无软线与柜（箱、屏）的框架连接接地，则当电器绝缘损坏漏电时，柜（箱、屏）门上带有危险的电位，将会危及运行人员的人身安全。裸铜软线要有足够的机械强度。

4.2.11 室外配电箱应封闭良好，以防水、防尘、防潮。

4.2.16 根据原水电部（84）电生监字 142 号文的要求，开关柜应具有防止带负荷拉合刀闸、防止带地线合闸、防止带电挂地线、防止走错间隔、防止误合误开关的"五防"要求，特强调提出这一条款。

4.3 配电柜（箱、屏）电器安装

4.3.1 发热元件应安装在散热良好的地方，有些发

热元件较笨重，不宜安装在顶部，否则既不安全又不便操作。装置性设备要求外壳接地，以防干扰，并保证弱电控制设备的正常运行。

4.3.2 本条是根据现行国家标准《电气装置工程盘、柜及二次回路结线施工及验收规范》GB 50171而编写的，施工时必须执行，以免造成运行事故。

4.3.3 本条第2款，根据现行国家标准《交流电器装置的接地设计规范》GB 50065及《电气装置安装工程 接地装置施工及验收规范》GB 50169，明确要求铠装电缆的金属护层应予以接地。

4.4 二次回路结线

4.4.1 第3款是因为近年来弱电保护和弱电控制大量应用，为防止强电对弱电的干扰而提出的要求。

　　第4款，主要考虑室外配电箱因受潮造成端子绝缘强度降低，故建议采用防潮端子。

　　第5款，小端子配大截面导线在工程中时有发生，造成安装困难且接触不良。

4.4.2 二次回路的连接件均应采用铜质制品，以防止锈蚀。考虑防火要求，绝缘件应采用自熄性阻燃材料。

4.4.3 本条参照国家现行标准《电力系统二次电路用控制及集电保护屏（柜、台）通用技术条件》JB 5777.2制定的。

4.4.4 本条第3款，为保证导线不松散，多股导线不仅应端部绞紧，还应加终端部件，最好采取压接式终端部件。在一定的条件下，多股导线端部搪锡易发生电解反应而锈蚀，一般不主张采取搪锡处理。

4.5 路灯控制系统

4.5.1 目前，我国城市道路照明控制方式一般可归纳为有线控制、无线控制两种控制方式。从路灯控制发展趋势看，如果有条件可逐步推广应用微机无线遥控系统。目前，应用于路灯控制的电子产品较多，但功能基本相同。应选择结构合理，时钟精度高，性能可靠，操作简单，抗干扰能力强的产品。

4.5.2 根据《城市道路照明设计标准》CJJ 45-2006第6.2.3条规定制定。

4.5.3 光控开关是根据环境光照度值作为（开关路灯的）判断条件。环境光照度的改变往往会造成光控开关误动作，因此选择一个避免受环境光干扰的位置显得尤为重要，用户可根据具体情况而定。

　　外壳的防护性能等级IP有二位特征数字。第一位特征数字表示防尘等级；第二位特征数字表示防水等级。

4.5.6 系统误报率 = $\dfrac{\text{误报次数}}{\text{报警次数}} \times 100\%$

　　式中误报次数包括有故障没有报警、错报警和无故障也报警的次数。

5 架 空 线 路

5.1 电杆与横担

5.1.1 架空线路施工时，电杆定位受地形、环境、地下管线等因素影响较大，在不影响线路质量的情况下允许有一定的误差是必要的。

5.1.2 电杆埋深非常重要，应严格控制在允许误差的范围之内。

5.1.5 本条所指的高压横担是10kV主线路上的横担，低压担是指380V和220V主线路上的横担。

5.1.6 本条规定横担统一安装在受电侧，是为了辨别线路的受电侧和电源侧。横担距杆顶的距离，以横担的上平面距杆顶为准。

5.1.7 表5.1.7中的"分支杆或转角杆"栏目中的数据，斜线上的数据为分支横担距上层干线横担的距离，斜线下的数据为分支横担距下层干线横担的距离；"绝缘线"中"低压与低压"栏目中的横担距离（200mm）不包括集束线横担。

5.1.8 抱担是指在电杆相对的两侧各安装一块相同的横担连为一体，可增加横担的承力能力；断连杆是指线路导线在这棵杆的两侧均做终端头，然后再将两个终端头做非承力连接。

5.2 绝缘子与拉线

5.2.1 绝缘子在架空线路中很重要，安装前的检查，除能保证工程质量外，也是保证安全运行的必要条件。

5.2.2 悬式绝缘子使用的开口销子，不得使用铁线等代用品。

5.2.3 拉线要安装在靠近线路的受力点上，位置和方向不得有偏差，否则会造成线路歪斜，甚至造成设备事故。

　　防沉土台是为回填土下沉设的，在有方砖等特殊路面的地方，应尽力夯实回填土，避免下沉，可不设防沉土台。

5.2.4 拉线加装绝缘子，是防止拉线碰到带电导线时，烧毁设备或发生人身触电事故；要求绝缘子自然悬垂距地面必须大于2.5m，是为了防止人身触及绝缘子以上带电的拉线。

5.2.5 关于跨越道路的水平拉线对地面垂直距离的规定，近些年来，由于道路加宽、车辆增加，尤其是大型物资运输车，已由交通部门要求在路边行驶，如仍按道路路面中心作为基点已不适宜，故本条做了新的规定。

5.2.6 本条第5款规定拉线紧好后，UT型线夹的螺杆丝扣露出长度不宜大于20mm，是为了使UT线夹有足够的调紧预留量。

5.2.7 本条表5.2.7中拉线的上段是指拉线与电杆连接部分；下段是指拉线与拉线棒连接部分；花缠是指用绑线将下端绑扎完毕后，在拉线上斜缠上去，每个节距（即缠绕一圈）约70mm～100mm。

5.3 导线架设

5.3.1 导线在展放过程中，容易出现一些损伤情况，有的还会出现严重损伤，影响导线机械强度。本条提出一些基本情况，应予以防止，以利导线架设后满足机械强度和安全运行的要求。

5.3.3 不同金属、不同规格、不同绞制方向的导线在档距内连接，因受条件限制，不易连接紧密、牢固，由于受物理和化学因素的影响接头处易腐蚀，会造成严重的线路隐患。

5.3.5 新导线架设后，经过一段时间运行会产生无弹性的伸长，称为初伸长。初伸长会加大导线弧垂，影响线路安全运行。因此，新架导线应按计算弧垂减小一定的比例。

5.3.6 本条第3款所指的"接触部位"，是指导线与绝缘子或线夹接触的部位。铝包带缠绕超出这个部位30mm，才能起到保护导线不受机械损伤的作用。

5.3.7 本条第3款在直线跨越杆上导线的双固定，是在靠近主导线针式绝缘子的另一个针式绝缘子上固定一条与主导线同材质2m长的辅线，将其两端与主导线用线夹或绑缠固定。

在针式绝缘子上固定导线，低压导线绑单十字，然后在绝缘子两侧的导线上各绑3圈。高压导线绑双十字，然后在绝缘子两侧的导线上各绑6圈。最后在绝缘子颈槽内将绑线头拧3～5圈小辫压倒。

5.3.8 导线在蝶式绝缘子上固定的套长，太长是浪费，太短不易更换绝缘子。故本条作了套长的规定。

导线在蝶式绝缘子上绑扎完后，宜将绑线头与另一个绑线头（绑扎前即折并在两股导线之间，将绑线同导线绑在一起了）拧3～5圈小辫压倒。

5.3.9、5.3.10 电力线路的线间距离，导线对拉线、电杆及架构之间的最小距离，是根据不同电压的放电距离确定的，是直接关系着设备和人身安全的重要规定。

5.3.11～5.3.14 电力线路对弱电线路、建筑物、树木、地面、水面等跨越物的跨越距离，是按导线最大弧垂、最大风偏时的安全运行距离确定的，是直接关系着设备和人身安全的重要规定。

6 电缆线路

6.1 一般规定

6.1.1 在施工时电缆的弯曲半径不应小于本条的规定，以保障不损伤电缆和投运后的安全。

6.1.2 电缆直埋或在管中均无宽松的空间，电缆接头极易受到挤压而变形，造成烧断电缆的事故。

6.1.3 电缆从盘的上端引出可以减少电缆碰地摩擦的机会，且人工敷设时便于施工人员拖拽。实际放电缆都是这样做的。

6.1.4 电缆敷设时受诸多因素影响，不可能直线敷设，另外还要考虑日后维修，所以必须设预留量。预留量参考了《电力工程电缆设计规范》GB 50217的规定。

6.1.5 在三相四线制系统中，如用三芯电缆另加一根导线，当三相系统不平衡时，相当于单芯电缆的运行状态，在金属护套和铠装中，由于电磁感应电压和感应电流而发热，造成电能损失。对于裸铠装电缆，还会加速金属护套和铠装层的腐蚀。

6.1.6 本条规定了直埋电缆方位标志的设置要求，以便于电缆检修时查找和防止外来机械损伤。

6.1.7 东北地区的冻土层厚达2m～3m，要求埋在冻土层以下有困难。施工时用混凝土或砖块在沟底砌一浅槽，电缆放在槽内，在电缆上下各铺100mm厚的软土或细沙，上面再盖以混凝土板或砖块。这样可防止电缆在运行中受到损坏。

6.1.8 运行经验表明，由于施工不当造成电缆芯线接触不良容易发热，塑料护套不清洁、密封不好，潮气和水分容易进入造成绝缘强度降低而发生故障。

6.1.9 绕接和接线端子连接往往会造成接触不良或接触面减小，从而影响电缆的正常工作。

6.2 电缆敷设

6.2.2 直埋电缆如没有采用铠装电缆，在运行中容易造成短路或接地故障。

6.2.3 路灯低压电缆直埋敷设时如果没有任何保护，在穿越铁路、道路等处，过往车辆的压力会损坏电缆，造成烧毁电缆的事故。

这些地段一般都严禁开挖，留有备用管道，以防应急和新增路灯线路之用。

6.2.8 由于对接管口不密封，往往会造成水或泥浆渗入，因此，硬质塑料管插接时应在插接面上涂以胶粘剂粘牢密封。

6.2.11 运行经验表明，交流单相电缆以单根穿入钢（铁）管时，由于电磁感应会造成金属管发热而将管内电缆烧坏。

6.2.16 根据施工和运行要求，架空电缆承力钢绞线截面积不宜小于$35mm^2$是为了保证工作人员在工作中的人身安全；架空电缆限制固定间距、加软垫保护是避免在长期运行中电缆的损坏。

6.2.17 在过街管道及灯杆处设置工作井，是为了工程施工和运行维护时容易操作。

7 安 全 保 护

7.1 一 般 规 定

7.1.1 钢灯杆、配电柜（箱、屏）等电气外露金属部分设置必要的防护可以避免施工维修人员和行人误触有电设备造成人身伤亡和设备事故。本条提到的电气设备的金属部分采取接零或接地保护后，可以有效地防止在电气装置的绝缘部分破坏时造成人身触电事故。

7.1.2 接地体（线）是保护人身和设备安全的重要装置。必须具备足够的导电截面和一定的机械强度。因此本条对接地线的使用做了具体的规定，必须严格执行。

7.2 接零和接地保护

7.2.2 单相开关如装在零线上，断开开关时，设备上仍然有电，因此，本条规定了单相开关应装在相线上。零线如装设开关或熔断器，则零线随时可能断开，容易造成人身触电事故。

7.2.3～7.2.5 对于接地方式的选择是参照国家现行标准《民用建筑电气设计规范》JGJ 16 的规定。

7.2.6 接地装置的接地电阻值要求在 10Ω 以下，系统接地电阻应小于 4Ω 是为了在开关动作前尽量降低设备对地电压。

7.3 接 地 装 置

7.3.2、7.3.3 规定了人工接地装置和保护接地线的型号规格，是为了确保有足够的机械强度，满足不平衡电流及谐波电流的要求，是城市道路照明设施安全运行的可靠保证。

7.3.6 本条是根据《电气装置安装工程 接地装置施工及验收规范》GB 50169 的规定制定的，是电气装置安全保护的重要规定，应严格执行。

8 路 灯 安 装

8.1 一 般 规 定

8.1.1 在实际施工中，如遇设计要求或现场条件约束，不能避免将路灯安装在易受车辆碰撞区域时，应在灯杆周围加设防撞装置。

8.1.2 本条规定的路灯安装高度、仰角、装灯方向宜保持一致是针对直线路段而言，特殊区域、弯道、平交路口以及立交桥都应作专门考虑。

8.1.3 本条对基础标高度不作硬性规定，考虑到城市规划对人行道板、绿化等方面的综合要求，基础标高由设计单位与建设单位协调后在设计文件中确定。

8.1.4 为保证基础混凝土浇制质量，防止基础钢筋发生露筋等现象，在浇制混凝土前对基础坑做清理工作是必要的。

8.1.5 使用混凝土方量较少时，也可以使用自拌混凝土，但应严格按照 C20 商品混凝土的配合比搅拌。

要求电缆护管从基础中心垂直穿出是为了保证装灯后电缆不至于被灯法兰压坏导致碰线等故障。

8.1.6 安装在人行道、绿化分隔带、绿地的灯柱基础螺栓高于地面，以方便施工和维护，100mm 混凝土结面是为防止螺栓、法兰裸露生锈和美观整齐考虑。

8.1.7 本条规定灯柱基础埋设在硬铺装层地面以下，一般都是建设方考虑整个道路、广场的整体美观要求而设置，但日常维护不方便。

8.1.8 本条根据《城市道路照明设计标准》CJJ 45 - 2006 中"常规道路照明灯具效率不得低于 70%"的规定制定。由于灯具效率对照明水平的提高、能源利用等方面都比较重要，因此，应力争使用高效率的灯具。

8.1.9 本条是根据《道路照明用 LED 灯 性能要求》GB/T 24907 和《城市道路照明设计标准》CJJ 45 的规定要求，从道路照明灯具的实际应用的角度考虑而制定的。

近几年来，LED 固态照明产品的发展迅速，并逐步进入道路照明领域。由于多种原因，LED 路灯产品设计和应用很不规范，各制造商生产的品种规格繁多，本条第 1 款就规定了灯的额定功率分类应符合《道路照明用 LED 灯 性能要求》GB/T 24907 的规定，即分为 20W、30W、45W、60W、75W、90W、120W、160W、180W、200W、250W 和 300W。在产品规格的替代性、光学、光效模块的兼容性等方面都比较差，不符合标准化、通用化的要求，特别是 LED 路灯将光学、机械、电气和电子部件等组合成一个整体，给日常维护带来极大不便。本条第 7 款规定了宜采用分体式道路照明 LED 灯具，就是为考虑方便检修，减少维护成本而制定的。

为促进道路照明用 LED 路灯产业的健康发展，应坚持循序渐进的规律，并通过先试点评价、后示范、再推广的原则，促进产品质量的提高和市场秩序的规范。

8.1.10 "可调灯头应按设计调整至正确位置"指目前市场上有相当部分的灯具可供两种选用，如250W/400W 通用型。因此，在灯具内部具有适用光源的灯头调整指示，使用时，应按设计采用的光源正确调整灯头位置。

8.1.13 本条中"每盏灯的相线应装设熔断器"指每个光源不论是否同杆都应设置独立的熔断器，使它们相互不受影响，独立工作。但装饰性光源（如功率小于 100W）可共用熔断器保护，但不宜超过 3 组光源。

为考虑安全起见，所有电器的电源进线都必须统一上进下出、左进右出的规定。

8.1.14 本条所示熔丝安培等级是考虑长期运行的安全电流，发生短路故障又易熔断而规定的。

8.1.15 气体放电灯的灯泡、镇流器混用，会造成烧毁灯泡或镇流器的事故，因此本条规定应配套使用。

8.1.18 本条文中采用的标准是：

《金属覆盖及其他有关覆盖层维氏和努氏显微硬度试验》GB/T 9790

《金属覆盖层 钢铁制件热浸镀锌层技术要求及试验方法》GB/T 13912

《热喷涂金属件表面预处理通则》GB/T 11373

8.1.20 玻璃钢灯杆较传统钢灯杆具有非导电性、抗腐蚀能力强、重量轻、便于运输等优势。但目前国内没有专业的检测机构可以对玻璃钢灯杆进行全面检测和出具权威的检测报告，所以在选用玻璃钢灯杆时应根据使用单位所在地区的最大风力，计算其抗风强度，以确保日常安全运行。

8.2 半高杆灯和高杆灯

8.2.1 高杆照明指一组灯具安装在高度大于或等于20m的灯杆上进行大面积照明的一种照明方式。

半高杆照明也称中杆照明，指一组灯具安装在高度为15m～20m的灯杆上进行照明的一种照明方式。

关于基础顶面标高，考虑到高杆灯属大型地上构筑物，与周围环境配合，包括基础与邻近地平的衔接较为重要，而且高杆灯基础施工时，一般邻近地平尚未施工到位，所以，基础顶面标高必须经现场实测确定。

8.3 单挑灯、双挑灯和庭院灯

8.3.1 单挑灯、双挑灯的安装高度宜大于或等于6m，小于15m；庭院灯安装高度宜小于6m。

本条文中"因校直等因素涂层破坏部位不得超过2处，且整修面积不得超过杆身表面积的5%"是指由于各种原因如校直造成灯杆表面涂层或镀锌层破坏时，对允许数量和面积作出明确规定，超过时必须重

新热镀锌。补救措施包括喷锌及喷锌后涂漆等。

8.3.3 灯杆轴线的直线度误差不得大于杆长的3‰是灯杆生产厂家的加工允许误差。以10m杆为例，其3‰为30mm，即轴线的直线度误差。

长度误差不大于±0.5%，以10m杆为例，其±0.5%为±50mm，即为长度的允许误差。

灯杆横截面尺寸误差，对圆锥形灯杆，其截面圆度误差不大于±1%，指由于失圆后形成椭圆的长短轴允许的相对差。

对多边锥棱形灯杆，对边距和对角距偏差不大于±1%，指对边或对角距离最大与最小值允许的相对差。

检修门框尺寸误差±5mm，指检修门框的长、宽尺寸。

8.3.4 本条中要求直线段杆位放样值与设计值的偏差小于2%。以设计间距 $S=50m$ 为例，要求放样值在49m～51m，但考虑到实际施工中可能遇见支路、隔离带留口等设计变更，因此在遇到上述情况时，现场放点应作相应调整。

8.3.5 本条指出了灯杆安装允许偏差。以灯杆上口径 $\phi80$，下口径 $\phi180$ 为例，灯杆轴线上端允许偏移40mm，下端允许偏移90mm。

8.3.8 本条指出了灯臂安装纵向中心线与道路纵向成90°角，偏差不应大于2°，以灯臂悬挑2.0m为例，灯臂轴线允许偏移100mm。

8.4 杆 上 路 灯

8.4.1 杆上安装路灯悬挑1m及以下的灯安装高度宜为4m～5m；悬挑1m以上的灯架，安装高度宜为6m；设路灯专杆的，悬挑长度和安装高度应根据设计要求确定。

8.4.3 设置引下线支架的目的是避免引下线直接搭接在主线路上使主线路某一点集中受力。在主线上背扣缠绕起到不易受力松脱的效果。

8.4.7 引下线穿过高压线可能会造成引下线碰触高压线烧毁路灯设备或造成其他安全隐患。因此，本条规定严禁引下线穿过高压线。

中华人民共和国行业标准

城市轨道交通直线电机牵引系统设计规范

Code for design of urban rail transit by linear motor

CJJ 167—2012

批准部门：中华人民共和国住房和城乡建设部
施行日期：２０１２年８月１日

中华人民共和国住房和城乡建设部
公　告

第 1280 号

关于发布行业标准《城市轨道
交通直线电机牵引系统设计规范》的公告

现批准《城市轨道交通直线电机牵引系统设计规范》为行业标准，编号为 CJJ 167－2012，自 2012 年 8 月 1 日起实施。其中，第 4.1.2、7.2.1、7.3.10、7.3.11、8.6.3、16.1.7 条为强制性条文，必须严格执行。

本规范由我部标准定额研究所组织中国建筑工业出版社出版发行。

中华人民共和国住房和城乡建设部

2012 年 2 月 8 日

前　言

根据原建设部《关于 2006 年工程建设标准规范制订、修订计划（第一批）的通知》（建标［2006］77 号）的要求，规范编制组经广泛调查研究，认真总结实践经验，参考有关国际标准和国外先进标准，并在广泛征求意见的基础上，编制了本规范。

本规范的主要技术内容是：1 总则；2 术语；3 车辆；4 感应板；5 限界；6 行车组织与运营管理；7 线路；8 轨道与路基；9 车站建筑；10 高架结构；11 地下结构；12 工程防水；13 通风、空调与采暖；14 给水与排水；15 供电；16 通信系统；17 信号系统；18 综合监控；19 火灾自动报警系统；20 环境与设备监控系统；21 自动售检票系统；22 门禁；23 屏蔽门；24 车站乘客输送设备；25 运营控制中心；26 车辆基地；27 防灾；28 环境保护。

本规范中以黑体字标志的条文为强制性条文，必须严格执行。

本规范由住房和城乡建设部负责管理和对强制性条文的解释，由广州地铁设计研究院有限公司负责具体技术内容的解释。在执行过程中，如有意见或建议请寄送广州地铁设计研究院有限公司（地址：广州市环市西路 204 号；邮政编码：510010）。

本 规 范 主 编 单 位：广州地铁设计研究院有限公司

本 规 范 参 编 单 位：广州市地下铁道总公司
中铁二院工程集团有限责任公司
中铁工程设计咨询集团有限公司

中铁电气化勘测设计研究院
北京市市政工程设计研究总院
西门子（西安）信号有限公司

本规范主要起草人员：史海欧　丁建隆　刘智成
徐明杰　蔡昌俊　毛宇丰
王丹平　梁东升　靳守杰
张振生　邓剑荣　罗文静
贺利工　肖　锋　熊安书
雷振宇　李鲲鹏　孙元广
吴　嘉　彭金水　黄永波
胡　竞　陈耀升　刘承东
孙增田　刘　哲　洪　澜
周　斌　唐亚琳　韩　瑶
钟晓鹰　张建根　倪　昌
张　庆　丁静波　余　乐
谢盛茂　孙才勤　王　建
郭建平

本规范主要审查人员：焦桐善　沈景炎　申大川
周新六　许斯河　阎汝良
倪照鹏　罗湘萍　王曰凡
郑晋丽　周　健　赵力军
李耀宗　牛英明　娄咏梅
文龙贤　梁广深　刘　扬
陈凤敏

目　次

Contents

1 总 则

1.0.1 为使城市轨道交通直线电机牵引系统设计做到以人为本、安全可靠、功能合理、经济适用、节能环保、便于运营，制定本规范。

1.0.2 本规范适用于采用直线电机非粘着驱动、车辆装设短定子、轨道中部设置感应板、钢轮/钢轨作为支撑和导向、列车最高速度为100km/h的新建城市轨道交通直线电机牵引系统工程的设计。

1.0.3 城市轨道交通直线电机牵引系统工程的设计年限应分为初期、近期和远期三个阶段，初期为建成通车后第3年，近期为第10年，远期为第25年。其运营服务水平，初期列车运行不应小于12对/h，并应与换乘线路的行车密度相适应；远期不应小于30对/h的要求。

1.0.4 城市轨道交通直线电机牵引系统的主体结构工程，以及因结构损坏和大修而危及行车安全或对运营产生重大影响的其他结构工程的设计使用年限应为100年。

1.0.5 修建于河流和湖泊等水域的城市轨道交通直线电机牵引系统工程，当水体有可能危及工程使用安全时，应在位于水域的地下工程两端适当位置设置防淹门或采取其他防淹措施。

1.0.6 城市轨道交通直线电机牵引系统设计除应符合本规范外，尚应符合现行国家标准《地铁设计规范》GB 50157及国家现行有关标准的规定。

2 术 语

2.0.1 直线电机 linear motor

处在平面内的电动机，电动机只有磁场系统或定子安装在车上，另一部分则固定在轨道上。它是一种将电能转换成直线运动机械能，而不需要中间转换机构的驱动装置。

直线电机可分为直线感应电动机和直线同步电动机。

2.0.2 城市轨道交通直线电机牵引系统 rail transit by linear motor

采用直线电机非粘着驱动、钢轮/钢轨为支撑和导向的车辆运送乘客的轨道交通。

2.0.3 短定子 shorter stator

定子铁心长度小于感应板长度的一种直线电机。

2.0.4 感应板 reaction plate/ reaction rail

直线电机安装在轨道上的部分，由导电体、导磁体和支座组成。

2.0.5 一卡通 one card through

用于城市公共汽（电）车、轨道交通、出租车等乘行的具有储值功能的消费卡。

2.0.6 轮椅升降机 lift for straight stairway

轨道交通车站无障碍设计的组成部分，主要为使用轮椅或行动不便者提供上、下楼梯服务的设备。

2.0.7 车辆基地 base for the vehicle

以车辆检修和日常维修为主体，集中车辆段（停车场）、综合维修中心、物资总库、培训中心及相关的生活设施等组成的综合性生产单位。

3 车 辆

3.1 一 般 规 定

3.1.1 直线电机车辆的基本要求应符合现行行业标准《城市轨道交通直线电机车辆通用技术条件》CJ/T 310的规定。

3.1.2 列车正常运行时，可选用受电弓或受电靴受流。

3.1.3 当列车上装有多套受电靴并联受流，其中一套受电靴故障切除时，应保证列车能继续运行，每套受电靴应带有熔断器。

3.1.4 应合理确定受电靴的数量和安装位置，当列车通过接触轨断开区时，辅助电路不应中断供电，整列车的受电靴宜采用电缆并联连通。

3.1.5 当同时采用接触网和接触轨两种供电方式时，车辆应同时配置受电弓和受电靴。受电弓和受电靴的转换宜在转换区域列车停车时由司机进行操作。

3.2 车辆类型和载客量计算

3.2.1 车辆类型宜按表3.2.1选用。

表 3.2.1 车辆主要技术规格

名　　　称		L_B 型车	L_C 型车
车体基本长度（mm）		16840	15500
车体基本宽度（mm）		2800	2600
车辆最大高度（mm）	受电靴车	3625	3550
	受电弓车（落弓高度）	3650	—
地板面高（mm）		930	850
轴重（t）		≤13	≤11.5
车辆定距（mm）		12000	11000
轮径（mm）		660 或 730	660
固定轴距（mm）		2000	1900
每侧车门数（对）		3	2 或 3

3.2.2 每辆车的载客量计算应符合下列规定：

1 车辆上的坐席全部被乘客坐满时的载客量（AW_1）为 N；

2 车辆上的坐席全部被乘客坐满，同时车内立席面积（S_5）的额定立席乘客为 6 人/m² 时的载客量，应按下式计算：

$$AW_2 = N + 6S_5 \quad (3.2.2-1)$$

式中：AW_2——额定立席乘客为 6 人/m² 时的载客量，取整（有轮椅的车辆载客量加 1）；

S_5——车内立席面积（m²）；

N——座位数。

3 车辆上的座位全部被乘客坐满，同时车内立席面积（S_5）的最大（超员）立席乘客为 8 人/m² 时的载客量（AW_3），应按下式计算：

$$AW_3 = N + 8S_5 \quad (3.2.2-2)$$

式中：AW_3——最大（超员）立席乘客为 8 人/m² 时的载客量，取整（有轮椅的车辆载客量加 1）；

S_5——车内立席面积（m²）；

N——座位数。

3.2.3 设司机室的车辆宜适当增加长度。

3.3 电传动系统

3.3.1 电传动系统应采用交流传动系统，一台 VVVF 逆变器可向一台或两台直线电机供电。

3.3.2 电传动系统应具有牵引和再生制动的功能。制动能量吸收装置宜设于地面，并应能保证车辆发挥其所要求的电制动力值。

3.3.3 VVVF 逆变器性能和试验应符合现行行业标准《轨道交通 机车车辆用电力变流器 第 1 部分：特性和试验方法》GB/T 25122.1 的规定。

3.3.4 直线电机应符合下列规定：

1 直线电机的基本要求应符合现行行业标准《城市轨道交通直线电机车辆通用技术条件》CJ/T 310 的规定。

2 直线电机铁心平面与感应板顶面的气隙可在 8mm～12mm 范围内选取。

3 直线电机铁心平面与轨顶面的距离应便于调整，并应可靠锁定。

4 直线电机铁心平面上应设抗撞缓冲板，抗撞缓冲板的厚度不宜小于 3mm，并易于更换。

3.3.5 感应板应符合下列规定：

1 感应板导电板应采用导电率高、电阻率小的材料；导磁板应采用磁导率高、损耗小的材料；支架宜采用耐候钢。导磁体和支架应有防腐措施。

2 感应板整体强度应在最大推力和吸引力作用下，可严格控制其变形值。

3.3.6 直线电机的初级（定子）和次级（感应板）的安装高度应可调整，其气隙调整应符合下列规定：

1 当车轮磨耗或镟轮后，应调高直线电机（定子）并可靠锁定，使直线电机铁心平面与轨顶面的距离达到设计值。

2 当轨道磨耗后，应调整感应板的高度，使感应板的顶面与轨顶面的距离达到设计值。

3.4 其 他

3.4.1 每条线路的部分列车的头车第一轮对宜设车轮润滑装置。

3.4.2 车辆和直线电机（定子）宜设感应标识，列车通过地面设置的直线电机高度自动检测装置时，可检测每辆车上直线电机（定子）的高度。

3.4.3 每条线路的部分列车宜设感应板高度检测装置。

4 感 应 板

4.1 一 般 规 定

4.1.1 感应板应标准化、系列化，且感应板及安装部件应具有良好的耐候性、抗腐蚀性，其防腐年限应大于 15 年。

4.1.2 感应板铺装设计值应严格控制与车载直线电机间的气隙，误差应控制在 2mm 范围内，并应满足车辆牵引和启制动要求。

4.1.3 感应板应沿线路中心平面展开布置，并应采用可靠的固定措施，保持与轨道竖向变形同步、一致。

4.1.4 感应板应满足车辆荷载要求，抗竖向承载能力不应小于 50kN，且抗横向承载能力不应小于 40kN。

4.1.5 应根据车辆技术要求，确定感应板的导电体接地。

4.2 感应板结构形式

4.2.1 感应板结构形式应与车载直线电机相匹配，并应符合下列规定：

1 一般地段可采用铝质导电体感应板，在大坡道、小半径及车站范围内宜采用铜质导电体感应板；

2 当导电体为整体平板式感应板时，宜采用扣压式安装固定感应板；

3 当导电体为叠片帽式感应板时，宜采用栓式安装固定感应板。

4.2.2 感应板顶面的安装高度应以轨道顶面为基准，并应与车辆协调。

4.2.3 感应板结构尺寸应符合下列规定：

1 感应板分段长度应结合车载直线电机长度、曲线半径、感应板固定支撑间距确定，宜采用 2.0m～5.0m 长度规格的感应板。当曲线半径小于或等于 200m 时，宜采用长度小于或等于 3.0m 的感应板。

2 感应板的宽度和厚度应结合车载直线电机性能进行设计。

4.2.4 正线及辅助线、车场线的感应板结构形式宜一致。

4.3 布置形式和连接方式

4.3.1 感应板应布置在线路中心位置，在曲线半径小于150m地段，感应板应向内轨方向偏移10mm布置。

4.3.2 感应板布置应避开道岔区内铁垫板及拉杆等金属部件，且间隙应大于40mm。

4.3.3 感应板在道岔区、隔断门、防淹门、结构伸缩缝及高架线梁缝处应断开，断开距离应小于10m。

4.3.4 分段长度内感应板连接处的高差应小于1.5mm，且感应板的端头应与钢轨接头错开布置。

4.3.5 分段感应板的连接螺栓或扣压件不应少于6个。

4.3.6 感应板与道床连接螺栓抗拔力应根据轨下基础支承条件确定，当轨下基础采用木枕（合成轨枕）支承时，其抗拔力不应小于40kN；当采用混凝土枕（道床板）时，抗拔力不应小于60kN。

4.3.7 根据不同的道床结构，扣压式感应板应采用下列安装方式：

　　1 长枕埋入式整体道床或板式道床应采用扣件直接扣压感应板，且螺栓扭矩不小于220N·m；

　　2 木枕（合成轨枕）道床宜采用螺旋道钉将铁垫板紧固在木枕上，用扣件将感应板安装在铁垫板上。

4.3.8 螺栓连接式感应板的连接螺栓扭力矩不应小于100N·m。

4.3.9 在严寒地区，感应板宜采取排障器等措施。

4.3.10 安全线感应板的铺装宜结合线路条件确定里程范围，至少应确保列车一个车载直线电机长度内与感应板重叠。

5 限　界

5.1 一般规定

5.1.1 隧道内车辆限界、高架线或地面线车辆限界应符合本规范附录A、B、C、D的规定。高架线或地面线车辆限界应在隧道内车辆限界基础上，加计算最大风荷载引起的横向和竖向偏移量。当地面线采用碎石道床时，还应计算碎石道床不同于整体道床的计算取值。

5.1.2 曲线地段设备限界应按本规范附录A的方法计算。

5.1.3 建筑限界的制定应符合下列规定：

　　1 在横断面方向上设备限界和轨道区设备之间应留出不小于50mm安全间隙；

　　2 采用接触轨供电的车辆，当建筑限界侧面和

顶面没有设备或管线时，建筑限界和设备限界之间的间隙不宜小于200mm，困难条件下不得小于100mm；

　　3 采用架空接触网供电的车辆，应按受电弓工作高度和架空接触线安装高度确定建筑限界高度。

5.1.4 对相邻双线，当两线间无墙柱及设备时，两设备限界之间的安全间隙不得小于100mm。

5.2 制定限界的基本参数

5.2.1 直线电机车辆基本参数应符合表5.2.1的规定。

表5.2.1　车辆基本参数（mm）

参　数　　　　　车型	L_B
计算车辆长度	17080
车辆最大宽度	2890
车辆地板面处宽度	2800
车辆高度（含空调）	3650
车辆高度（不含空调）	3255
车辆定距	11140
转向架固定轴距	2000
客室地板面距走行轨面高度	930
受电弓落弓高度	3575
受电弓最大工作高度	4800
受电靴中心线距转向架中心线横向距离	1510
受电靴工作面距走行轨顶面工作高度	200

5.2.2 线路及接触网（轨）基本参数应符合表5.2.2的规定。

表5.2.2　线路及接触网（轨）基本参数

参　数　　　　　车型	L_B
接触轨工作面距轨顶面安装高度（mm）	200
接触轨（含支架）最大突出点离线路中心线横向距离（mm）	1752
架空接触网导线距轨顶面安装高度（mm）	≥4400①
正线平面曲线最小半径（m）	150
正线竖曲线最小半径（m）	2000

① 此数值应用于地面线。

5.2.3 制定限界的其他基本参数应采用下列数值：

　　1 车站无设置屏蔽门，列车不停站通过的最高速度：40km/h；

　　2 车站设置屏蔽门，列车不停站通过最高速度：55km/h；

3 高架线或地面线风荷载：280N/m²；

4 疏散平台高度宜低于车辆地板面：150mm~250mm。

5.3 建筑限界的计算方法

5.3.1 建筑限界坐标系，应采用正交于轨道中心线的平面内的直角坐标，通过两钢轨轨顶中心连线的中点引出的水平坐标轴称水平轴，以 X 表示；通过该中点垂直于水平轴的坐标轴称垂直轴，以 Y 表示。

5.3.2 矩形隧道建筑限界计算应符合下列规定：

1 直线地段矩形隧道建筑限界，应在直线设备限界基础上，按下列公式计算确定：

1）建筑限界宽度：

$$B_S = B_R + B_L \qquad (5.3.2\text{-}1)$$

隧道右侧墙至线路中心线净空距离：

$$B_R = X_{S(max)} + b_1 + c \qquad (5.3.2\text{-}2)$$

隧道左侧墙至线路中心线净空距离：

$$B_L = X_{S(max)} + b_2 + c \qquad (5.3.2\text{-}3)$$

式中：B_S——建筑限界宽度（mm）；

B_R——隧道右侧墙至线路中心线净空距离（mm）；

B_L——隧道左侧墙至线路中心线净空距离（mm）；

$X_{S(max)}$——直线地段设备限界最大宽度值（mm）；

b_1、b_2——右侧、左侧设备或支架最大安装宽度值（mm）；

c——设备安装误差和安全间隙（mm）。

2）自结构底板至隧道顶板建筑限界高度：

$$H = h_1 + h_2 + h_3 \qquad (5.3.2\text{-}4)$$

式中：H——自结构底板至隧道顶板建筑限界高度（mm）；

h_1——设备限界高度（mm）；

h_2——设备限界至建筑限界在高度方向的安全间隙（mm）；

h_3——轨道结构高度（mm）。

2 曲线地段矩形隧道建筑限界，应在曲线地段设备限界基础上按下列公式计算确定：

1）曲线外侧建筑限界宽度：

$$B_a = X_{Ka}\cos\alpha - Y_{Ka}\sin\alpha + b_2（或 b_1）+ c \qquad (5.3.2\text{-}5)$$

2）曲线内侧建筑限界宽度：

$$B_i = X_{Ki}\cos\alpha + Y_{Ki}\sin\alpha + b_1（或 b_2）+ c \qquad (5.3.2\text{-}6)$$

3）曲线建筑限界高度：

$$B_u = X_{Kh}\sin\alpha + Y_{Kh}\cos\alpha + h_2 + h_3 \qquad (5.3.2\text{-}7)$$

$$\alpha = \sin^{-1}(h/s) \qquad (5.3.2\text{-}8)$$

式中： h——轨道超高值（mm）；

s——滚动圆间距

（mm）；

$(X_{Kh}、Y_{Kh})$，$(X_{Ki}、Y_{Ki})$，$(X_{Ka}、Y_{Ka})$——曲线地段设备限界控制点坐标值（mm）。

3 缓和曲线地段矩形隧道建筑限界应按所在曲线位置的曲率半径和超高值等因素计算确定。

5.3.3 地面过渡段 U 形槽建筑限界，宜按矩形隧道建筑限界设计。

5.3.4 圆形隧道应按全线盾构施工地段的平面曲线最小半径确定隧道建筑限界。

5.3.5 正线地段马蹄形隧道，宜按全线采用矿山法施工地段的平面曲线最小半径确定隧道建筑限界。

5.3.6 圆形或马蹄形隧道在曲线超高地段，应采用隧道中心向线路基准线内侧偏移的方法解决轨道超高造成的内外侧不均匀位移量。位移量计算应符合下列规定：

1 按半超高设置时：

$$x' = h_0 \cdot h/s \qquad (5.3.6\text{-}1)$$

$$y' = -h_0(1-\cos\alpha) \qquad (5.3.6\text{-}2)$$

式中：x'——隧道中心线对线路基准线内侧的水平位移量（mm）；

y'——隧道中心线竖向位移量（mm）；

h_0——隧道中心至轨顶面的垂向距离（mm）；

2 按全超高设置时：

$$x' = h_0 \cdot h/s \qquad (5.3.6\text{-}3)$$

$$y' = h/2 - h_0(1-\cos\alpha) \qquad (5.3.6\text{-}4)$$

式中：x'——隧道中心线对线路基准线内侧的水平位移量（mm）；

y'——隧道中心线竖向位移量（mm）；

h_0——隧道中心至轨顶面的垂向距离（mm）。

5.3.7 高架线或地面线建筑限界应符合下列规定：

1 高架区间建筑限界，应按高架区间设备限界和构筑物及设备安装尺寸计算确定。

2 地面线建筑限界，应按地面线设备限界及设备安装尺寸计算确定。地面线建筑限界还应满足路基及排水沟结构尺寸的要求；

3 当线路一侧设置接触网支柱时，接触网系统最大突出点与设备限界之间的安全间隙不应小于100mm；

4 当线路一侧设置声屏障时，声屏障（在弹性变形条件下）与设备限界之间的安全间隙不应小于100mm；

5 建筑限界高度应符合下列规定：

1）当采用受电弓受电时，应按受电弓工作高度和接触网系统安装高度确定；

2）当采用受电靴受电时，应按设备限界顶部高度另加不小于200mm的安全间隙。

5.3.8 道岔区的建筑限界，应在直线地段建筑限界的基础上，根据不同类型的道岔和车辆技术参数，分别按几何偏移量和相关公式计算合成后进行加宽。采用接触轨授电的道岔区，当电缆从隧道顶部过轨时，应检查顶部高度，必要时采取局部加高措施。接触轨末端严禁侵入警冲标。

5.3.9 当隧道内安装风机、接触网隔离开关、道岔转辙机等设备时，应符合限界要求，必要时建筑限界应采取局部加宽、加高措施。

5.3.10 车站直线地段建筑限界应符合下列规定：

1 站台面应低于车辆（新车、空车）客室地板面，其高差不应大于 50mm。

2 站台计算长度内的站台边缘距线路中心线的距离，应按车辆限界计算确定（高架站台有挡风设施时，车辆限界不另加风荷载）。站台边缘与车辆轮廓线之间的水平间隙：采用塞拉门时不应大于 100mm；采用内藏门或外挂门时不应大于 70mm。

3 站台计算长度外的站台边缘距线路中心线距离，宜按设备限界另加不小于 50mm 安全间隙确定。

4 设有屏蔽门的车站，屏蔽门最外突出点至车辆限界之间应有 25mm 的安全间隙。屏蔽门至车辆轮廓线（未开门）之间净距：当车辆采用塞拉门时为 130mm；当车辆采用滑动门时为 100mm。

5 当设有道岔的车站与盾构区间相接时，道岔岔心至盾构井端墙净空距离：当车站端部无隔断门时，9 号道岔应采用 13m，12 号道岔应采用 16m。

6 当车站端部有隔断门时，应确保隔断门与道岔转辙机不发生干扰，必要时应对道岔岔心至盾构井端墙净空距离进行调整。

7 车站范围内其余部位建筑限界，应按区间建筑限界的规定执行。

5.3.11 曲线车站站台边缘与车辆客室门踏板之间的间隙，当车辆采用塞拉门时，不应大于 180mm；当车辆采用滑动门时，不应大于 150mm。

5.3.12 当辅助线的平面曲线半径小于正线平面曲线最小半径时，其建筑限界应另行计算确定。

5.3.13 防淹门和人防隔断门建筑限界宽度，其门框内边缘至设备限界应有不小于 100mm 安全间隙；建筑限界高度和区间矩形隧道高度应相同。

5.3.14 车辆基地建筑限界应符合下列规定：

1 车场线限界应按高架区间限界规定执行。

2 受电弓车辆升弓进库时，车库大门应按受电弓限界设计。

3 车辆受电靴无电状态下，车辆基地库内外构筑物限界，应与受电靴设备限界保持不小于 50mm 的安全距离。

4 库内双层高架检修平台建筑限界，应按空车采用库内速度计算的车辆限界确定。车辆轮廓线应与高平台之间保持 80mm 安全间隙。低平台建筑限界可按车站站台标准设计。

5.3.15 警冲标应设在两线交叉处的适当位置，警冲标处的线间距，应按两设备限界之和确定。

6 行车组织与运营管理

6.1 一般规定

6.1.1 行车组织与运营管理设计应根据设计线路在轨道交通线网规划中的地位和作用，以及客流预测量级，明确线路功能定位和速度目标，确定运营规模和运营管理模式。

6.1.2 城市轨道交通直线电机牵引系统应采用全封闭线路，设计为双线，采用右侧行车制。并应采用 1435mm 标准轨距。

6.1.3 行车上行、下行方向的确定原则应全线网统一，并应符合下列规定：

1 由南向北为上行，由北向南为下行；

2 由东向西为上行，由西向东为下行；

3 环形线路外侧为上行，内侧为下行。

6.1.4 系统设计运输能力应满足初期、近期、远期预测客流量的要求。

6.1.5 运营状态应包含正常运营状态、非正常运营状态和紧急运营状态。

6.1.6 运营设备配置应满足运营管理模式要求，运营管理应以保证安全，提高效率为准则；运营管理机构的设置应符合运营功能需求。

6.2 行车组织

6.2.1 城市轨道交通直线电机牵引系统远期设计最大运能不应少于 30 对/h，并宜预留 10% 左右的储备能力。

6.2.2 列车编组车辆数应在满足预测客流量的条件下，并应根据车辆的定员、服务水平等，经综合比选确定。

6.2.3 应根据全线客流特征和断面流量，进行行车组织设计，在需要组织大小交路运行时，应选择合理的折返站，大小交路行车对数宜取 1∶1，也可取倍数比例。

6.2.4 列车站停站时间应按下列公式计算：

$$T = \mathrm{MAX}\ (t_上,\ t_下) \qquad (6.2.4\text{-}1)$$

$$t = \frac{P}{N_0 C_1 C_2} V_0 M_0 + T_0 \qquad (6.2.4\text{-}2)$$

式中：T——列车站的停站时间，取 5s 的整数倍（s）；

$t_上$，$t_下$——上行、下行方向计算停站时间（s）；

P——高峰小时车站单向上下车乘客之和（人/h）；

N_0——计算车站高峰小时的行车对数（对/h）；

C_1——列车编组数（辆）；

C_2——每列车的车门数（个/辆）；

V_0——每名乘客进出车门平均耗时（s/人），取

为 0.6s/人;

M_0——不均衡系数,取 $1.1\sim1.3$;

T_0——开、关门时间,可取为 13s。

6.2.5 道岔型号的选配应满足列车运行的速度和折返能力的要求;当采用接触轨供电时,还应满足接触轨的布设要求。

6.2.6 全线旅行速度不宜低于 35km/h。对设计最高运行速度大于 80km/h 或平均站间距大于 1km 的线路,旅行速度应相应提高,且全程旅行时间不宜大于 1h。

6.2.7 行车间隔应结合客流量、列车编组、线网服务水平等综合确定,初期高峰小时行车间隔不宜大于 5min,非高峰时段行车间隔不宜大于 10min,市郊线可适当延长。

6.2.8 初期车辆购置数量应为初期高峰小时的运用车数、备用车数和检修列车数的计算总和,其中备用车数应按运用车数的 $5\%\sim10\%$ 计算取整,且不宜小于 2 列。

6.3 配线和辅助线

6.3.1 车站配线应根据列车运行交路、折返方式和折返能力的要求,并应满足各种故障运行模式和线路、设备维修等临时行车的需要,结合工程条件和投资等进行综合分析比较确定。

6.3.2 线路的终点站应设置专用折返线或折返渡线,折返线的设置形式应满足折返能力要求。

6.3.3 区段折返线宜采用站后折返方式,有条件时宜设置站后双线;为满足折返能力要求,也可设站内折返线,采用站前折返,并应配有相应站台。

6.3.4 在线路敷设方式由地下转为高架或地面的地下车站,应根据非正常运营模式和行车组织要求设置车站配线。

6.3.5 停车线的设置形式和位置应满足故障车救援需要,停车线尾端应设置渡线与正线贯通。

6.3.6 当两个具备临时停车条件的车站相距较远时,根据运营需要,宜在沿线每隔 6km~10km 加设停车线,每隔 3km~5km 加设渡线。

6.3.7 出入线应连通上下行正线。当出入线与正线发生交叉时,应采用立体交叉方式。

6.3.8 出入线宜设置双线双向运行功能,对于停车列位在 10 列及以下的停车场,经过论证,可设单线出入线。

6.4 列车牵引计算

6.4.1 列车牵引计算的范围应包括正线、出入线及折返线。

6.4.2 列车牵引计算应依据定员条件下的列车性能参数、线路平纵断面进行计算,在满足全程旅行时间目标下,尚应满足节能运行。

6.4.3 列车牵引计算应按现行行业标准《列车牵引计算规程》TB/T 1407 的要求,曲线限速取值应根据曲线半径、缓和曲线长度、最大超高等计算确定。

6.4.4 列车牵引计算时的最高速度不应超过列车的最高运行速度。

6.4.5 列车在曲线上的限制速度应按曲线半径、超高等进行计算,其未被平衡离心加速度不宜超过 $0.4 \mathrm{m/s^2}$。

6.4.6 列车牵引计算宜分别按正常速度及最大速度运行方式计算,最大速度运行方式下的运行时间宜比正常速度运行方式下的运行时间少 $6\%\sim10\%$。

6.5 运营管理

6.5.1 正常运行时,列车必须在安全防护系统的监控下运行,在高密度行车时,列车应具有自动驾驶功能。

6.5.2 城市轨道交通直线电机牵引系统应设运营控制中心。

6.5.3 车站应设车站控制室,且应具有对列车运行和车站设备进行监视、控制的功能。

6.5.4 在设置司机驾驶或监控列车运行时,应采用轮乘制,在司机换班车站宜设置司机休息室。

6.5.5 全日行车计划应与全日分时预测断面流量相适应,市区线路全日服务时间不宜小于 16h。

6.6 组织机构与定员

6.6.1 运营管理组织机构的设置应满足运营管理的要求。

6.6.2 站务管理宜采用中心站管理模式,3 座~5 座车站应设置一座中心站。

6.6.3 运营机构和人员数量的安排应本着依靠科技进步、提高管理效率的原则,精简机构和人员。第一条线路远期的运营管理和维修人员宜按 60 人/km~80 人/km 进行控制。

7 线 路

7.1 一般规定

7.1.1 线路按其在运营中的作用,应分为正线、车站配线、辅助线和车场线。

7.1.2 线路站位布设应满足规划要求并结合工程的可实施性,还应满足站点客流效益的要求。

7.1.3 线路敷设方式应根据城市总体规划和地理环境条件因地制宜地选择,并应符合下列规定:

1 在城市中心区,宜采用地下线,但应做好对地面建筑、地下资源和文物的保护;在城市中心区外围,且道路宽阔地段,宜首选高架或地面线;

2 高架线地段,应控制规模体量,选择合适的桥梁高度、跨度、宽度，满足城市环境保护和景观要求。

7.1.4 线路平面位置及高程应根据城市现状与规划道路、站点布置、周边环境条件、地形与地貌、工程与水文地质条件、施工工法以及运营要求等因素，经技术经济综合比较后确定。

7.1.5 线路宜按独立运行进行设计，线路与线网其他线路之间应采用立体交叉，采用直线电机制式的线路与其他线路间应根据运营需要设置联络线。

7.1.6 车站间距应根据线路功能、沿线用地规划确定。市中心区的车站间距不宜小于 1km，市区外围的车站间距根据规划要求设定，但不宜超过 2km。当旅行速度以 35km/h 为目标时，平均站间距宜为 1.2km ～1.5km。

7.1.7 地面线路路肩边缘和高架线路结构外缘与民用建筑物间的最小距离，应符合现行国家标准《建筑设计防火规范》GB 50016 和《高层民用建筑设计防火规范》GB 50045 的规定。当轨道交通线路结构与其他建筑物合建时，应加强防火、减振、降噪和结构安全措施。

7.1.8 线路沿线应划定轨道交通走廊的控制保护地界，并应符合城市用地控制保护规划的规定。

7.2 线 路 平 面

7.2.1 线路平面曲线半径应根据列车设计运行速度和工程难易程度经比选确定，线路平面的最小曲线半径不得小于表 7.2.1 规定的数值。

表 7.2.1 最小曲线半径

线 路		一般情况(m)	困难情况(m)
正线	V≤80km/h	300	100
	80km/h<V≤100km/h	400	150
出入线		150	100
联络线		100	80
车场线		65	

注：除同心圆曲线外，曲线半径宜以 10m 的倍数取值。

7.2.2 线路平面圆曲线与直线之间应根据曲线半径、超高设置及设计速度等因素设置缓和曲线，其长度可按表 7.2.2 的规定采用。

表 7.2.2 线路曲线超高—缓和曲线长度

续表 7.2.2

R	V	100	95	90	85	80	75	70	65	60	55	50	45	40	35	30	25	20
3000	l	30	25	20	20													
	h	40	35	30	30	25	20	20	15	15	10	10	10	5	5	5		
2500	l	35	30	25	20													
	h	50	45	40	35	30	25	25	20	15	15	10	10	10	5	5	5	
2000	l	40	35	30	25	20	20											
	h	60	55	50	45	40	35	30	25	20	20	15	10	10	5	5	5	
1500	l	55	50	40	35	30	25	20	20									
	h	80	70	65	60	50	45	40	35	30	25	20	15	15	10	5	5	5
1200	l	70	60	50	45	35	30	25	20									
	h	100	90	80	70	65	55	50	40	35	30	25	20	15	10	10	5	
1000	l	85	70	60	50	45	35	25	20	20								
	h	120	105	95	85	75	65	60	45	35	30	25	20	15	10	5	5	
800	l	85	80	75	65	55	45	35	30	20	20							
	h	120	120	120	105	95	85	70	60	45	35	30	25	20	15	10		
700	l	85	75	65	55	45	40	30	25	20	20							
	h	120	120	120	120	110	95	85	70	60	50	35	30	25	20	10		
600	l		80	75	65	55	45	35	30	20								
	h		120	120	120	120	110	95	85	70	60	50	40	30	25	20	15	10
550	l			75	70	60	50	40	35	30	20							
	h			120	120	120	120	105	90	75	65	55	45	35	25	20	15	10
500	l			75	70	60	50	40	35	30	20							
	h			120	120	120	115	100	85	70	60	50	40	30	20	15	10	
450	l				70	65	55	45	35	30	25	20						
	h				120	120	120	110	95	80	65	55	40	30	25	15	10	
400	l					65	60	50	45	35	30	20						
	h					120	120	120	105	90	75	60	50	35	25	20	10	
350	l							60	55	55	50	35	30	20				
	h							120	120	120	100	85	70	55	40	30	20	15
300	l								60	60	55	45	40	30				
	h								120	120	120	100	80	65	50	35	25	15
250	l									60	55	50	45	35	25			
	h									120	120	120	95	75	60	45	30	20
240	l									60	55	50	45	35	25			
	h									120	120	120	100	80	60	45	30	20
230	l									60	50	45	40	30				
	h									120	120	105	80	65	45	30	20	
220	l									60	45	40	35	25				
	h									120	120	110	85	65	50	35	20	
210	l									60	45	40	30	25				
	h									120	120	115	90	70	50	35	20	
200	l									60	45	40	30	25				
	h									120	120	120	95	70	55	35	20	
190	l											45	40	35	25	20		
	h											120	120	100	75	55	40	25

R		100	95	90	85	80	75	70	65	60	55	50	45	40	35	30	25	20
180	l													45	40	35	30	20
	h											120	120	105	80	60	40	25
170	l													45	40	35	30	20
	h											120	120	110	85	60	45	30
160	l													40	40	30	25	20
	h												120	120	90	65	45	30
150	l													40	40	35	25	20
	h												120	120	95	70	50	30
140	l													40	40	35	25	20
	h												120	120	105	75	55	35
130	l														40	40	30	20
	h													120	110	80	55	35
120	l														40	35	25	20
	h													120	120	90	60	40
110	l														40	35	25	20
	h													120	120	95	65	45
100	l														40	35	25	20
	h														120	105	75	45
90	l														40	40	30	20
	h														120	120	80	50
80	l														40	40	30	20
	h														120	120	90	60

注：表中 R 为曲线半径（m）；V 为设计速度（km/h）；l 为缓和曲线长度（m）；h 为曲线超高（mm）。

7.2.3 道岔附带曲线可不设缓和曲线和超高，但其曲线半径不得小于道岔的导曲线半径。

7.2.4 线路不应采用复曲线，应设置中间缓和曲线。

7.2.5 正线、车站配线、辅助线的圆曲线和两相邻曲线间的无超高夹直线（不含超高顺坡及轨距递减段的长度）的最小长度，当最高行车速度不大于 80km/h 时不宜小于 20m，当最高行车速度大于 80km/h 时不宜小于 40m，在困难情况下不得小于一个车辆的全轴距。车场线上的夹直线长度不得小于 3m。

7.2.6 车站站台有效长度段线路宜设在直线上。在困难地段可设在曲线上，其半径不应小于 600m。

7.2.7 道岔应设在直线地段，道岔基本轨端部至曲线端部的距离（不含超高顺坡及轨距递减段）不宜小于 5m，车场线可减少到 3m。

7.2.8 道岔宜靠近车站设置，道岔基本轨端部至车站站台有效长度端部的距离不应小于 5m。

7.2.9 对设置单渡线地段，其线间距不宜小于 4.2m。

7.2.10 正线、车站配线和辅助线上采用的道岔不宜小于 9 号，车场线采用的道岔不宜小于 5 号。设置交叉渡线两平行线的线间距宜按下列规定确定：

1 12 号道岔宜采用 5.0m；

2 9 号道岔宜采用 4.6m 或 5.0m；

3 7 号道岔宜采用 4.5m 或 5.0m。

7.2.11 折返线、停车线的有效长度宜符合下列规定：

1 对尽头线，宜为远期列车长度加安全线 40m（不含车挡长度）；

2 对贯通线，宜为远期列车的长度加安全线 50m（不含车挡长度）。

7.3 线路纵断面

7.3.1 正线的最大坡度不宜大于 50‰，困难地段可采用 55‰，联络线、出入线的最大坡度不宜大于 60‰（均不计各种坡度折减值）。

7.3.2 正线线路坡度大于 50‰，连续提升高度大于 20m 的长大陡坡地段，不宜与平面小半径曲线重叠；并应对列车上、下行不利情况下的运行状态进行分析评估，同时应对道床排水沟断面进行校核。

7.3.3 隧道内和路堑地段的正线最小坡度不宜小于 3‰，困难地段在确保排水的条件下，可采用小于 3‰ 的坡度；地面和高架桥上正线最小坡度在采取了排水措施后不受限制。

7.3.4 地下车站有效站台长度段线路坡度可采用 2‰，困难条件下线路坡度可采用 3‰，在采取排水措施后，也可采用平坡；地面和高架桥上的车站有效站台长度段线路坡度宜采用平坡，困难条件下线路坡度不大于 2‰；车站有效站台长度段线路应设在一个坡段上。

7.3.5 折返线和停车线应布置在面向车挡或区间的下坡道上，隧道内的坡度宜为 2‰，地面和高架线上的坡度不宜大于 1.5‰。

7.3.6 车场内的库（棚）线和试车线宜采用平坡，库外停放车辆的线路坡度不应大于 1.5‰，咽喉区的坡度不应大于 2.0‰。

7.3.7 道岔宜设在不大于 5‰ 的坡道上，在困难地段可设在不大于 10‰ 的坡道上。

7.3.8 有条件的地下线地段，线路纵断面设计宜采用高站位、低区间的节能坡形式，并应设置合理的进、出站坡度。

7.3.9 当两相邻坡段的坡度代数差大于或等于 2‰ 时，应设圆曲线形的竖曲线连接，竖曲线的半径应符合表 7.3.9 的规定。

表 7.3.9 竖曲线半径 （m）

线	别	一般情况	困难情况
正 线	区 间	5000	3000
	车站端部	3000	2000
联络线、出入线		2000	
车场线		2000	

7.3.10 车站有效站台长度和道岔范围内不得设置竖曲线，竖曲线离开道岔端部的距离不应小于 **5m**。

7.3.11 碎石道床线路竖曲线不得与平面缓和曲线重叠；当不设平面缓和曲线时，竖曲线不得与超高顺坡段重叠；当整体道床曲线地段的其每一侧单根钢轨的超高顺坡率大于或等于 **1.5‰** 时，该缓和曲线地段不得与纵断面竖曲线重叠。

7.3.12 线路坡段长度不宜小于远期列车长度，并应满足相邻竖曲线间的夹直线长度的要求，其夹直线长度不宜小于 45m。

7.4 安 全 线

7.4.1 支线与正线接轨，应在进站方向设置为同站台两侧平行进路，在出站方向为接轨点道岔处的警冲标至站台端部距离不应小于 40m，否则应设安全线。

7.4.2 出入线接入正线的接轨点宜设置在站端，线路在接轨点前不具备一度停车条件或停车信号机至警冲标之间小于 40m 时，应设置安全线；当采用八字形布置在区间与正线接轨时，应设置安全线。

7.4.3 折返线、停车线末端与正线接通时，宜设安全线；困难条件下可设置列车防溜设备。

7.4.4 安全线的长度不宜小于 40m。在特殊情况下，可采取限速或增加阻尼措施，缩短长度。

8 轨道与路基

8.1 一 般 规 定

8.1.1 轨道结构应具有足够的强度、刚度和稳定性，并应符合少维修的原则。

8.1.2 轨道结构部件应采用先进、成熟的技术，并应满足标准化、系列化的要求。

8.1.3 轨道结构应有良好的绝缘性，并应满足杂散电流防护的要求。

8.1.4 通过对沿线地面建筑物敏感点的分析，按环境影响评价的要求，应采取相应的轨道减振降噪措施。

8.1.5 轨道结构应满足车辆要求的轮轨匹配关系，并应满足直线电机感应板安装要求。

8.1.6 路基必须具有足够的强度、稳定性和耐久性。其地基处理、路堤填筑、边坡支挡防护及排水等应满足相应规范的要求。

8.1.7 轨道结构设计和路基工程设计应重视环境保护及节能要求，路基工程应与沿线景观、邻近建筑物相协调。

8.2 曲线超高与轨距加宽

8.2.1 轨底坡应与轮缘踏面形式匹配，宜为 1/40～1/20。

8.2.2 曲线超高值应按下式计算：

$$h = 11.8 \frac{V_c^2}{R} \qquad (8.2.2)$$

式中：h——超高值（mm）；

$\quad\quad V_c$——列车通过速度（km/h）；

$\quad\quad R$——曲线半径（m）。

8.2.3 曲线最大超高值、欠超高及过超高应根据旅客列车设计行车速度 V_c 确定，并应符合表 8.2.3 的规定。

表 8.2.3 曲线最大超高值、欠超高及过超高 （mm）

项 目	曲线最大超高	欠超高	过超高
$V_c \leq 100$km/h	120	61	40

8.2.4 曲线超高值应在缓和曲线内递减，当无缓和曲线时，应在直线段递减。超高顺坡率不宜大于 2‰，困难地段不应大于 3‰。高架线及地面线超高宜采用一侧升高方式设置，地下线宜采用半升半降方式设置。

8.2.5 曲线轨距加宽应根据车辆转向架构造要求确定，当车辆无特殊要求时，曲线半径小于或等于 200m 的地段，可按表 8.2.5 规定的数值加宽。

表 8.2.5 曲线地段轨距加宽值

曲线半径（m）	加宽值（mm）	轨距（mm）
$150 < R \leq 200$	5	1440
$100 < R \leq 150$	10	1445
$60 < R \leq 100$	15	1450

8.2.6 轨距加宽值应在缓和曲线范围内递减，当无缓和曲线时，宜在直线地段递减，递减率不宜大于 2‰。

8.3 钢轨及无缝线路

8.3.1 正线及辅助线宜采用 60kg/m 钢轨，车场线（含试车线）宜采用 50kg/m 钢轨。

8.3.2 线路钢轨接头应采用对接，曲线外股应采用标准长度钢轨，内股应采用厂制缩短轨调整钢轨接头位置。两股钢轨接头相对偏差不应大于 40mm，曲线地段不应大于 40mm 加缩短量的 1/2。

8.3.3 曲线半径小于或等于 200m 的曲线地段应采用错接接头，错接距离不应小于 3m。

8.3.4 钢轨接头螺栓和螺母强度等级应为 10.9 级，车场线接头螺栓应为 8.8 级及以上，并应采用高强度平垫圈。

8.3.5 不同类型钢轨的连接应采用异型钢轨，其长度不应小于 6.25m。

8.3.6 高架线路宜采用钢轨伸缩调节器（以下简称调节器）。

8.3.7 调节器应采用曲线型，根据钢轨的伸缩要求可选用 600mm 或 1000mm 伸缩量的单向或双向调节器。

8.3.8 调节器的布置应符合下列规定：

1 调节器不应设置在半径小于 1500m 的曲线上，也不宜设置在竖曲线上；

2 当钢轨伸缩调节器布置在梁端时，尖轨不可跨越梁缝，且基本轨及尖轨根端距梁缝不小于 2m。

8.3.9 下列地段应铺设无缝线路：

1 正线及辅助线的直线和半径大于或等于 200m 曲线的整体道床地段；

2 地面线正线和出入段的直线和半径大于或等于 400m 曲线的碎石道床地段。

8.3.10 铺设无缝线路的坡度可不受限制，当轨道在连续长大下坡道、制动坡段，应采取加强措施，并应符合下列规定：

1 在整体道床的大坡道铺设无缝线路地段，应采取有效的防止钢轨爬行措施，并应进行防爬能力检算；

2 在非整体道床的大坡道、小半径地段铺设无缝线路，应采取有效的防止钢轨爬行措施，并应进行强度和稳定性检算。

8.4 扣件、轨枕及轨下基础

8.4.1 扣件结构应简单、通用，并应具有足够的强度和扣压力，且应绝缘并符合下列规定：

1 扣件结构应与轨下基础形式相匹配；

2 高架线路应根据无缝线路要求确定采用扣件的阻力；

3 扣件静刚度应弹性均匀，宜为 40kN/mm～60kN/mm；

4 扣件结构应满足钢轨顶面与感应板安装面高度要求；

5 扣件间距应与感应板支承间距匹配，并应同区间与轨枕铺设间距一致。

8.4.2 轨下基础结构应满足车辆动荷载及直线电机感应板的安装要求，且应符合下列规定：

1 轨下基础可采用道床板式、长轨枕式、短轨枕式和直联式整体道床及梯形轨枕道床，也可采用碎石道床；

2 整体道床应预留感应板安装条件，预埋件的安装精度应满足直线电机气隙的要求；

3 安装感应板的预留孔中心应与轨道中心重合，当曲线半径小于或等于 150m 时，应向内轨方向偏移，且偏移量应按 10mm 设置。

8.4.3 下列地段宜铺设木枕或合成轨枕：

1 车场线、试车线道岔及其前后两端线路各 5 根轨枕（均包括道岔后端辙岔跟端以后的轨枕）；

2 车场线、试车线道岔及其前后两端线路间长度不足 50m 的区段。

8.4.4 道床结构应安全可靠，并应设置防、排水系统。

8.4.5 道床设计动轮载不应小于 120kN。

8.4.6 正线及辅助线整体道床枕下的道床厚度，直线地段不应小于 130mm，曲线地段不应小于 110mm，轨道结构高度宜符合下列规定：

1 圆形隧道内混凝土整体道床不小于 740mm；

2 矩形隧道内混凝土整体道床不小于 560mm；

3 马蹄形隧道内混凝土整体道床不小于（560＋f）mm（f 为隧道仰拱值）；

4 高架桥上板式道床不小于 450mm。

8.4.7 碎石道床厚度不应小于表 8.4.7 的规定。

表 8.4.7 碎石道床厚度

路基类型	道床厚度（mm）		
	正线、辅助线及试车线		车场线
土质路基	双层	面碴 250	—
		底碴 200	
硬质岩石路基	单层	300	单层 250

8.4.8 车场库内线道床应满足车辆检修工艺要求，且应满足车辆感应板安装要求。

8.4.9 碎石道床宜采用 I 级道碴，应符合现行行业标准《铁路碎石道碴》TB/T 2140 和《铁路碎石道床底碴》TB/T 2897 的规定。

8.4.10 碎石道床道碴肩宽应符合下列规定：

1 对正线及辅助线、出入段线及试车线采用无缝线路地段，碎石道床道碴肩宽不应小于 400mm，有缝线路地段道碴肩宽不应小于 300mm；

2 对无缝线路半径小于 800m，有缝线路半径小于 600m 的曲线地段，曲线外侧道碴肩宽应增加 100mm，道床边坡宜为 1:1.75；

3 车场线碎石道床道碴肩宽不应小于 200mm，对半径小于 300m 的曲线地段，曲线外侧道碴肩宽应增加 100mm，道床边坡宜为 1:1.5。

8.4.11 整体道床与碎石道床间应设轨道弹性过渡段，且同一曲线地段宜采用同一种道床形式。

8.4.12 车场线平过道设计应满足公路 II 级及以上荷

载强度的要求，可采用现浇沥青混凝土、混凝土铺面板或橡胶铺面板结构。

8.5 道岔及基础

8.5.1 正线、辅助线道岔的钢轨类型宜与正线的钢轨类型一致。

8.5.2 道岔号数应根据直、侧向容许通过速度和车辆使用条件选择。

8.5.3 相邻道岔间插入短钢轨的最小长度应符合下列规定：

1 两对向单开道岔间插入钢轨的最小长度不应小于表8.5.3-1的规定；

2 两顺向单开道岔间插入钢轨的最小长度不应小于表8.5.3-2的规定。

表8.5.3-1 对向单开道岔间插入短钢轨的最小长度（m）

道岔布置	线别	有列车同时通过两侧线时 (L)		无列车同时通过两侧线时 (L)
		一般地段	困难地段	
$\llcorner L \lrcorner$	正线及辅助线	12.5	6.25	6.25
	车场线	6.25	6.25	0

表8.5.3-2 顺向单开道岔间插入短钢轨的最小长度（m）

道岔布置	线别	木岔枕道岔 (L)	混凝土岔枕道岔 (L)
$\llcorner L \lrcorner$	正线及辅助线	6.25	8.0
	车场线	4.5	8.0
$\llcorner L \lrcorner$	车场线	4.5	8.0

8.5.4 道岔应根据车辆转向架的构造要求确定辙叉形式。

8.5.5 道床应根据感应板形式确定，并应符合下列规定：

1 当感应板为扣压式时，道床应采用木枕（合成岔枕）结构；

2 当感应板为螺栓连接式时，碎石道岔道床宜采用木岔枕（合成岔枕）结构，整体道床宜采用长轨枕结构。

8.5.6 道岔的轨道结构形式宜与其两端线路的轨道结构形式一致，道岔不应设置在两种轨道结构的过渡区段上。

8.6 轨道减振结构

8.6.1 对线路中心距离敏感建筑物小于15m及穿越地段，轨道应采取减振措施。

8.6.2 轨道应根据环境评价计算确定振动超标值，应采取分级减振，且宜采用隔离式减振。

8.6.3 轨道减振结构应满足车辆气隙的要求，在列车动载条件作用下感应板相对钢轨顶面弹性变化量不应大于1.5mm。

8.6.4 高等减振道床及特殊减振道床与普通道床之间，应设置弹性过渡段。

8.7 轨道附属设备及安全设备

8.7.1 高架线路宜设置防脱护轨，并应符合下列规定：

1 半径小于500m曲线的缓圆、圆缓点附近宜设防脱护轨，其中缓和曲线部分护轨长度宜为35m，圆曲线部分护轨长度宜为15m，护轨应设置在曲线下股钢轨内侧；

2 对高架桥竖曲线与缓和曲线重叠地段，宜在曲线下股钢轨内侧设置防脱护轨。

8.7.2 正线辅助线和试车线在线路的末端宜采用缓冲滑动式车挡。库内线宜采用库内固定式车挡。车挡的挡头距轨面应与直线电机车钩中心线的高度一致。

8.8 线路标志及有关信号标志

8.8.1 百米标、坡度标、限速标、停车位置标、警冲标等，应采用反光材料，其余标志可采用搪瓷板或金属漆。

8.8.2 警冲标应设在两线设备限界相交处，其余标志应安装在行车方向右侧司机易见的位置上。

8.8.3 所有标志应保持完整、清晰、位置正确，且不得侵入设备限界。

8.9 路 基

8.9.1 路基工程的地基应满足承载力和路基工后沉降的要求。其地基处理措施必须根据轨道和列车荷载、路堤高度、填料、地质资料、建设工期等通过检算确定。

8.9.2 路基工程应做好防排水设计，确保排水通畅。

8.9.3 路肩及路堤边坡上不宜设置电缆沟槽，困难情况下需设置时，应进行结构设计；在路基上设置其他杆架、管线等设备时，应进行结构设计，并应采取确保路基完整和稳定的有效措施。

8.9.4 路基两侧应设置连续的防护栅栏，防护栅栏位置应设在路堤坡脚外或路堑顶外的用地界内，防护栅栏的高度不应小于1.8m。

8.9.5 路基高程应满足城市其他交通的衔接和相交等情况的要求，并应满足防洪、防涝要求。

8.9.6 轨道和车辆荷载应根据所采用的轨道结构及车辆的轴重、轴距等参数计算，并应采用换算土柱高度来代替。

8.9.7 路基面宽度应根据正线数目、配线情况、线间距、轨道结构尺寸、路基面形状、曲线加宽、路肩宽度等计算确定，必要时还应设置声屏障基础、疏散平台等。

8.9.8 路堤的路肩宽度不得小于 0.8m，路堑的路肩宽度不得小于 0.6m。

8.9.9 路堤基床表层填料应优先选用 A、B 组填料，基床底层填料可选用 A、B、C 组填料。填料分类应按现行行业标准《铁路路基设计规范》TB 10001执行。

8.9.10 路基在下列情况下应修筑支挡结构物：

 1 路基位于陡坡地段或风化的路堑边坡地段；

 2 为避免大量挖方及降低边坡高度的路堑地段；

 3 路基受水流冲刷地段；

 4 用地受限制的地段；

 5 为保护重要的既有建筑物及其他有特殊要求的地段。

8.9.11 路基应有完善的排水系统，并宜利用市政排水设施。排水设施应布置合理，当与桥涵、隧道、车站等排水设施衔接时，应保证排水畅通。

8.9.12 排水设施布置应符合下列规定：

 1 在路堤天然护道外，应设置单侧或双侧排水沟；

 2 路堑应于路肩两侧设置侧沟；

 3 堑顶外宜设置单侧或双侧天沟。

9 车站建筑

9.1 一般规定

9.1.1 车站的总体布局应符合城市规划、城市交通规划、环境保护、城市景观和节约土地的要求，在最大限度地吸引客流的同时，应协调处理与城市道路、地面建筑、地下管线、地下构筑物之间的关系。

9.1.2 车站设计应具有良好的通风、照明、卫生、防灾等设施，为乘客提供安全舒适的乘车环境。

9.1.3 车站公共区的设计规模应满足近、远期最大设计客流量的需要。设计客流量应为最大预测高峰小时客流量乘以超高峰系数 1.1～1.4。

9.1.4 车站的客流组织设计应方便乘客进出站及换乘，减少客流的交叉。车站的出入口通道、楼梯和自动扶梯、售检票口等各部位的通过能力应满足最大设计客流量的需求，自动售检票设备可根据近、远期客流量分期实施。

9.1.5 车站设计宜考虑地下、地上空间的综合利用，并宜与周边地下过街通道、人行天桥相结合。

9.1.6 地面及高架车站、地下车站出入口等建筑应以功能为主，并应与城市环境相协调。

9.1.7 车站设计应满足系统功能需求，合理布置设备管理用房。并宜采用标准化、模块化、集约化设计。

9.1.8 车站应设置无障碍设施和公共厕所。

9.1.9 轨道交通线路之间的换乘站应同步设计，换乘节点应满足近、远期最大换乘客流组织的需要；分期实施时应预留接口，并应满足远期公共区布局调整的需要。

9.2 车站总平面

9.2.1 车站总布局应根据线路特征、运营要求、车站及区间采用的施工方法等条件，并应根据城市道路、建筑、公交的现状，应合理地布置站位、出入口、风亭、冷却塔、制动电阻柜室的位置，并应符合规划、消防、人防及环保等要求。

9.2.2 高架车站竖向布置应根据区间线路条件、周边环境、交通状况及城市景观等因素确定。

9.2.3 换乘车站应根据轨道交通线网规划、线路敷设方式、周边环境、换乘客流量等因素，可选取同车站平行换乘、同台换乘、站台上下平行换乘、站台间的十字形、T 形、L 形、H 形等换乘及通道换乘等形式，宜采用付费区内换乘形式。

9.2.4 车站层数宜少，地下车站埋设宜浅。

9.2.5 设于城市道路两侧的车站出入口、风亭等车站附属地面建筑外墙退缩规划道路红线应满足当地规划的要求。位于广场、绿地或有特殊景观要求的地下车站出入口、风亭可设计成敞开式。

9.2.6 车站地面出入口前应设有足够的集散空间；出入口宜与道路红线平行或垂直布置。

9.2.7 出入口兼作过街通道或天桥时，其宽度及站厅相应部位应依据过街客流量确定，同时应设置夜间车站停运时的隔离措施。

9.2.8 车站内的公共厕所宜设在付费区内，管理工作人员厕所不宜与公共厕所合用。

9.3 车站平面

9.3.1 车站平面可由公共区、设备管理区及轨道区组成，平面设计应分区明确、布局合理。

9.3.2 车站站厅层公共区应分隔为付费和非付费区，非付费区应满足乘客集散要求。

9.3.3 车站设备管理用房布置应合理、紧凑，应满足工艺流程及管线布置的要求，主要设备管理用房宜集中一端布置。

9.3.4 车站有效站台长度应为最大预测超高峰小时客流量的列车编组长度，宜取整数。

9.3.5 车站站台计算长度的确定应符合下列规定：

 1 无屏蔽门的车站站台计算长度为首末两节车辆司机室门外侧之间的长度（无司机室的列车为首末两节车辆最外侧客室门外侧之间的长度）加停车误差；停车误差应采用 1m～2m；

 2 有屏蔽门的车站站台计算长度为站台屏蔽门

的长度。站台屏蔽门的长度为首末两节车辆司机室门内侧之间的长度加停车误差 0.3m；无司机室的为首末两节车辆最外侧客室门外侧之间的长度加停车误差 0.3m，再加一扇滑动门的宽度。

9.3.6 车站站台宽度应按车站近期或最大预测超高峰小时客流量及相关参数计算确定，应按下式计算，同时不应小于本规范表 9.4.2-1、表 9.4.2-2 中规定的数值。

岛式站台宽度：
$$B_d = 2b + n \cdot z + t \qquad (9.3.6\text{-}1)$$

侧式站台宽度：
$$B_c = b + z + t \qquad (9.3.6\text{-}2)$$
$$b = \frac{Q_{上}\rho}{L} + b_a \qquad (9.3.6\text{-}3)$$
$$b = \frac{Q_{上,下}\rho}{L} + M \qquad (9.3.6\text{-}4)$$

(9.3.6-3)、(9.3.6-4) 两公式计算结果应取大者。

式中：b——侧站台宽度（m）；

n——横向柱数；

z——横向柱宽（含装饰层厚度）（m）；

t——每组人行梯与自动扶梯宽度之和（含与柱间所留空隙）（m）；

$Q_{上}$——近期或最大预测超高峰小时客流量时期每列车最大高峰小时单侧上车设计客流，换乘车站含换乘客流量（换算成高峰时段发车间隔内的设计客流量）（人）；

$Q_{上,下}$——近期或最大预测超高峰小时客流量时期每列车最大高峰小时单侧上、下车设计客流量，换乘车站含换乘客流量；

ρ——站台上人流密度 0.5m²/人～0.75m²/人；

L——站台计算长度（m）；

M——站台边缘至屏蔽门的立柱内侧距离（m）；

b_a——站台安全防护宽度，取 0.4m，采用屏蔽门时用 M 替代 b_a 值。

9.3.7 设置在岛式站台层两端的设备和管理用房，可伸入站台计算长度内，但不得侵入侧站台计算宽度，且不应超过一节车厢的长度，距自动扶梯工作点和楼梯最近踏步不应小于 8m。

9.3.8 站台两端的侧站台计算宽度应满足屏蔽门、应急门打开时的宽度及人员疏散要求。

9.3.9 人行楼梯和自动扶梯的设置数量除应满足乘客上下的需要外，还应按站台层的事故疏散时间不大于 6min 进行验算。垂直电梯不应计入事故疏散用。

9.3.10 采用屏蔽门的车站，当结构立柱设在站台边缘时，必须满足限界和屏蔽门设置的要求。无屏蔽门（包括缓装）的车站，在站台计算长度范围内距站台边缘 400mm 处，应设宽度不小于 80mm 的宽警示安全线。

9.3.11 站台层轨道区两侧设备、管理用房及广告灯箱等设施的布置必须符合限界要求。站台有效长度外的人行通道宽度不应小于 1100mm，并应设栏杆，栏杆高度不应小于 1050mm。

9.3.12 地下车站的站厅层公共区、电气用房及有相关要求的设备用房靠结构外墙宜设置离壁式隔墙。

9.3.13 自动售票机与正前方的通道口和进站检票机的距离不宜小于 5m，出站检票机与正前方的楼梯口、自动扶梯工作点不宜小于 8m。

9.3.14 乘客使用的楼梯宜采用 26°34′ 的倾角；楼梯踏步宽度可取为 0.28m～0.32m，楼梯踏步高度可取为 0.14m～0.16m。每个梯段不应超过 18 级，也不应少于 3 级。踏步应采取防滑措施。

9.3.15 乘客使用的楼梯宽度单向通行时不小应于 1.8m，双向通行时不应小于 2.4m。楼梯宽度大于 3.6m 时，应在中线上设一道扶手栏杆。楼梯休息平台的最小宽度不应小于梯段宽度，并不得小于 1.2m。

9.4 车站内设计通过能力、最小宽度、最小高度

9.4.1 车站乘客通过各部位的设计通过能力，宜符合表 9.4.1 的规定。

表 9.4.1 车站各部位的设计通过能力

部 位 名 称		每小时通过人数
1m 宽楼梯	单向	2100（2580）
	双向混行	1680（2580）
	紧急疏散	3080
1m 宽通道	单向	3000（4800）
	双向混行	2400（3900）
1m 宽自动扶梯	输送速度 0.5m/s	5800（6000）
	输送速度 0.65m/s	7200（7300）
0.6m 宽自动扶梯	输送速度 0.5m/s	3500（3600）
	输送速度 0.65m/s	4300（4400）
人工售票口		1200
自动售票机		180（300）
人工检票口		2600
自动检票机	三杆式 非接触 IC 卡	1200
	门扉式 非接触 IC 卡	1800

注：括号内数据为有特殊事件时采用，非正常运营时的设计通过能力。

9.4.2 车站站台乘降区宽度应满足乘客候车和乘降的要求，车站各建筑部位的最小宽度，应符合表 9.4.2-1 和表 9.4.2-2 的规定。

表 9.4.2-1 车站站台边距障碍物的最小宽度（m）

车站类型	站台边至立柱或楼梯、自动扶梯、电梯或其他障碍物侧面		站台边至内侧墙面	
	无屏蔽门	屏蔽门内	无屏蔽门	屏蔽门内
一般车站	2.0	1.75	2.5	2.0
折返站、换乘站	2.5	2.0	3.0	2.5
站台两端用房或设施伸入站台计算长度的范围	2.5	2.0	2.5	2.0

表 9.4.2-2　车站各部位的最小宽度（m）

车 站 类 型	最小宽度
岛式站台	8.0
侧式站台（平行站台设梯）的侧站台	2.0
侧式站台（垂直于侧站台开通道口）的侧站台	3.0
通道或天桥	2.4
设备管理区内部通道	1.5
单向公共区人行楼梯	1.8
双向公共区人行楼梯	2.4
与自动扶梯并列设置的人行楼梯	1.2
消防专用楼梯	1.2
站台至轨道区的工作梯	1.2

注：1　站台计算长度内无楼梯、自动扶梯、电梯、柱、墙的岛式站台宽度可最小取为 6m；
2　地面、高架车站岛式站台（无柱）最小宽度可取 6m；
3　设屏蔽门的站台两端用房或设施伸入有效站台的范围侧站台宽度应满足屏蔽门的应急门疏散要求；
4　设备管理区内部通道为单通道时，其宽度不小于 1.8m。

9.4.3　车站各建筑部位的最小高度应符合表 9.4.3 的规定。

表 9.4.3　车站各建筑部位的最小高度（m）

名　　　称	最小高度
站厅公共区（地面装修完成面至吊顶底面）	3.0
地下车站站台公共区（地面装修完成面至吊顶底面）	3.0
地面、高架车站站台公共区（地面装修完成面至顶棚底面）	3.0
车站管理用房（地面装修完成面至吊顶底面）	2.4
人行通道或天桥（地面装修完成面至吊顶底面）	2.4
人行楼梯和自动扶梯（踏步完成面沿口至吊顶底面）	2.3

9.5　车站环境

9.5.1　地面及高架车站建筑设计应简洁、通透、美观、节能，应利用结构构件和空间形态，体现当地人文环境和现代交通建筑特点。

9.5.2　车站装修应采用防火、防潮、防腐、耐久、易清洁、安全的环保材料，并应便于施工与维修；地面材料应防滑、耐磨。

9.5.3　车站内和车站外 500m 范围，应设统一的导向标志。车站内导向标识系统应包括导向、定位、警示、咨询、应急疏散等内容。

9.5.4　车站内的各种标志，应统一规格和造型，并与车站建筑装饰融为一体。导向标识系统的设置应优先于商业广告。

9.5.5　照明应选用节能、耐久的灯具，地面、高架车站应选用防潮、防尘、抗风的灯具。

9.5.6　车站排风亭不宜对周边居民与环境造成空气污染，必要时应采用隔离措施。设在学校、医院、民居等建筑周围的风亭应采取降噪措施。

9.5.7　通风与空调设备机房不宜靠近管理用房等声环境要求较高的房间。

9.5.8　建筑设计宜将各区域使用功能、环境控制参数要求、运行时段要求和消防要求相同或相近的设备及管理用房相对集中布置。

9.5.9　高架车站宜减小体量。当车站位于道路中间时，宜将车站设备、管理用房置于路侧。

9.5.10　地面站厅及地下车站出入口平台的地面标高应高出室外地面，高度不应低于 0.30m，同时应满足当地的防洪、防涝要求。防洪标高应满足所在城市 100 年一遇防洪设防标准，出入口防淹平台的长度不宜小于 2m，向外排水坡度不宜小于 1%。

9.5.11　车站地面出入口可采用独立式或合建式，宜优先与周边建筑合建。

9.5.12　地下通道长度不宜超过 100m，超过时应满足消防疏散要求，有条件时可设自动人行道。地下出入口通道弯折不宜超过三处，弯折角度不宜小于 90°。

9.5.13　地下车站的制动电阻柜室宜布置在室外，可与风亭等地面建筑合建。

9.5.14　风亭的排风口与其他建筑物的距离应满足环保要求，且不宜小于 10m。排风口不宜位于新风口及车站出入口常年主导风向的上风侧。各口部间净距应满足表 9.5.14 的规定。

表 9.5.14　各口部间最小净距（m）

口部类型	新风口	排风口	活塞风口	出入口
新风口	—	10	10	3
排风口	10	10	5	10
活塞风口	10	5	5	10
出入口	3	10	10	—

9.5.15　当高风亭位于路边时，风口底部距地面不应小于 2m；当位于城市绿地时，新风口底部距地面不宜小于 1m。

9.5.16　敞口风井应有安全保护措施和排水设施；敞口风井新风口距离地面不宜小于 1m，其他风口距地面不应小于 0.5m，风口最低标高还应满足防淹要求。

9.6 车站竖向交通

9.6.1 自动扶梯应按远期客流量设置，每台自动扶梯的汇集客流量应尽可能均匀。车站的自动扶梯应采用30°倾角，有效净宽宜为1m，设计通过能力不应大于7300人/h。

9.6.2 当车站出入口的提升高度超过6m时，应设上行自动扶梯；当超过12m时，上下行均应设自动扶梯。站厅与站台间应设上行自动扶梯，当高度超过6m时，上下行均应设自动扶梯。分期建设的自动扶梯应预留安装位置。

9.6.3 当自动扶梯穿越楼层，且扶手带中心至开孔边缘的净距小于500mm时，应设防撞安全标志；当自动扶梯靠墙布置时，扶手带中心至墙装饰面宜大于500mm，扶手带外缘与墙装饰面之间的水平距离不得小于80mm。

9.6.4 两台相对布置的自动扶梯工作点间距不应小于16m；自动扶梯工作点至前方任何障碍物净距离不应小于8m；当与人行楼梯相对布置时，自动扶梯工作点至楼梯第一级踏步间的距离不应小于12m。

9.6.5 自动人行道踏步面至上部任何障碍物的最小高度不宜小于2.3m，倾斜式自动人行道的倾斜角不应超过12°。

9.7 无障碍设施

9.7.1 车站应至少有一个出入口设置无障碍设施。并应设电梯，宜与车站有过街功能的出入口结合。

9.7.2 车站公共区应设置无障碍电梯。

9.7.3 车站内（含出入口）设置的无障碍通道设施应与城市无障碍系统衔接。车站无障碍出入口室外地面的坡度不应大于1:50；车站出入口应设置坡道，坡度设置应符合现行行业标准《城市道路和建筑物无障碍设计规范》JGJ 50的要求。

9.7.4 车站至少设置一处无障碍检票通道，通道净宽不宜小于900mm。当地面直达站台层设置无障碍电梯时，应采用特殊收费措施。

9.7.5 车站公共厕所应设置无障碍设施，并应符合现行行业标准《城市道路和建筑物无障碍设计规范》JGJ 50的规定。

9.7.6 车站内设置的无障碍设施，应设置通用的无障碍标志牌以显示其位置和方向。

9.8 车站设备布置

9.8.1 车站自动检票机宜集中布置，并应结合出入口通道、楼梯、自动扶梯、电梯、票务处及自动售票机统一布置，每组自动检票机不应少于3个通道，通道净宽宜为500mm～600mm。

9.8.2 后开门的自动售票机背后宜预留800mm～900mm的操作通道；对前开门的自动售票机宜采用

嵌入式或靠墙安装布置方式。

9.8.3 自动检票机至车站各部位的最小宽度应满足表9.8.3的规定。

表9.8.3 自动检票机至车站各部位的最小宽度（m）

名　　　　称	最小宽度
进站自动检票机距正对步行楼梯第一级踏步	4
进站自动检票机距正对自动扶梯上工作点	8
进站自动检票机距站台边缘	5
步行楼梯第一级踏步距正对出站自动检票机	6
出站自动检票机距站台边缘	6
进站自动检票机距售票机	4
自动检票机前的通道宽度	4
相对布置的自动检票机其净距	8

9.8.4 对不同运营时段进出站客流相差较大和站厅非付费区狭小的车站，宜设置一定数量的双向自动检票机。

9.8.5 屏蔽门的设计应满足安全、可靠、易维修的要求。屏蔽门应沿站台中心线对称纵向布置，滑动门设置应与列车门对应，滑动门的净宽不应小于车辆门宽加0.6m。

9.8.6 站台两端屏蔽门应设置端门，端门应向站台公共区开启；当车厢间通道贯通时，每侧站台应在靠近站台两端设置应急门，应急门数量不应少于两处；当车厢间通道不贯通时，每节车厢对应的站台都应设置应急门。

9.8.7 屏蔽门不应作为车站防火分隔设施。

9.8.8 屏蔽门站台侧应设置不小于900mm宽的绝缘区域。

9.9 建筑节能

9.9.1 高架、地面车站应充分利用自然通风和采光。

9.9.2 高架、地面车站的出入口布置和设计，根据客流方向，宜适当利用冬季日照并避开冬季主导风向。严寒地区的地下车站出入口，通道口宜设置减少冷风渗透的措施。

9.9.3 高架和地面车站的建筑、地面控制中心、车辆基地内的办公楼、培训中心等公共建筑其围护结构的热工设计，应符合现行国家标准《公共建筑节能设计标准》GB 50189的相关规定。

9.9.4 设置透光性屋顶的高架、地面车站应采取隔热措施。其透光部分的面积不应大于屋顶总面积的20%。

9.9.5 高架、地面车站建筑的窗及透明幕墙应符合下列规定：

1 窗及透明幕墙的墙面积比均不应大于0.70。当窗及透明幕墙的墙面积比小于0.40时，玻璃的可见光透射比不应小于0.4；

2 高架、地面车站的外窗可开启面积不应小于窗面积的30%；透明幕墙应具有可开启部分或设有通风换气装置。

9.9.6 高架、地面车站的外门窗应采取保温、隔热及节能措施，并应符合现行国家标准《公共建筑节能设计标准》GB 50189 的规定。

10 高架结构

10.1 一般规定

10.1.1 区间高架结构应具有足够的强度、刚度、稳定性，并应满足耐久性要求，结构应简洁、标准化。

10.1.2 高架结构应满足城市景观和环境的要求。高架结构宜采用振动噪声小的结构形式，区间跨度不宜小于30m。

10.1.3 区间高架结构应设乘客紧急疏散平台，疏散平台布置应根据电缆及支架、通信、信号、照明等设备的影响，满足限界要求，还应满足景观和隔声降噪的要求。

10.1.4 区间高架桥上部结构应优先采用预应力混凝土结构，一般地段宜采用等跨简支梁式桥跨结构。

10.1.5 高架结构墩位布置及桥下净空除应符合城市规划和景观要求外，尚应满足下列要求：

1 道路上墩位布置应满足现行行业标准《城市道路工程设计规范》CJJ 37 的相关要求；

2 跨越铁路、道路时桥下净空应满足铁路、道路限界要求，并应预留结构沉降量及道路路面翻修高度；

3 跨越通航河流时，应满足现行国家标准《内河通航标准》GB 50139 的要求；

4 跨越河流和临近河流的地面和高架工程，应按 1/100 的洪水频率标准进行设计，对技术复杂、修复困难的大桥、特大桥应按 1/300 洪水频率标准进行检算。

10.1.6 梁缝设置应避开道岔及伸缩调节器范围。

10.1.7 钢筋混凝土及预应力混凝土梁式桥跨结构在列车静活载作用下，其竖向挠度不应大于表 10.1.7 的规定。

10.1.8 梁式桥跨结构的横向自振频率不应小于90/L（L 为桥梁跨度）。

表 10.1.7 梁式桥跨结构竖向挠度容许值

跨度（m）	挠度容许值（m）
$L \leqslant 30$	$L/2000$
$30 < L \leqslant 60$	$L/1500$
$60 < L \leqslant 80$	$L/1200$
$L > 80$	$L/1000$

10.1.9 采用无缝线路的区间简支梁高架结构桥墩墩顶纵向水平线刚度应满足表 10.1.9 的规定，单线桥梁桥墩纵向水平刚度应采用表中值的 1/2。连续梁及其他桥梁的桥墩刚度应根据钢轨附加应力计算确定。

表 10.1.9 桥墩墩顶纵向水平线刚度（双线）

跨度 L（m）	最小水平刚度（kN/cm）	附 注
$L \leqslant 20$	190	不设钢轨伸缩调节器
$20 < L \leqslant 30$	250	不设钢轨伸缩调节器
$30 < L \leqslant 40$	320	不设钢轨伸缩调节器

10.1.10 高架结构墩顶的弹性水平位移应按下式计算：

顺桥方向： $\Delta \leqslant 5\sqrt{L}$ (10.1.10-1)

横桥方向： $\Delta \leqslant 4\sqrt{L}$ (10.1.10-2)

式中：L——桥梁跨度（m）；当为不等跨时采用相邻跨中的较小跨度；当 $L < 25$m 时，L 按 25m 计；

Δ——桥墩顶面处顺桥或横桥方向水平位移（mm），包括由于墩身和基础的弹性变形及基底土弹性变形的影响。

10.1.11 高架结构墩台基础的沉降应按恒载计算。其总沉降量与施工期间沉降量之差不应大于下列容许值：

1 墩台均匀沉降量：50mm；

2 相邻墩台沉降量之差：$L \leqslant 25$m 时为 10（mm）；$L > 25$m 时为 $L/2500$（mm）；

3 对超静定结构，其相邻墩台不均匀沉降量之差的容许值还应根据沉降对结构产生的附加影响来确定。

10.2 荷 载

10.2.1 高架结构荷载分类应符合表 10.2.1 的规定。

表 10.2.1 高架结构荷载分类表

荷载分类		荷 载 名 称
主力	恒载	结构自重
		附属设备和附属建筑自重
		预加应力
		混凝土收缩及徐变影响
		基础变位的影响
		土压力
		静水压力及浮力
	活载	列车竖向静活载
		列车竖向动力作用
		列车离心力
		列车活载产生的土压力
		列车横向摇摆力
		人群荷载

续表 10.2.1

荷载分类		荷 载 名 称
主力	无缝线路纵向水平力	无缝线路伸缩力 无缝线路挠曲力
附加力		列车制动力或牵引力 风力 温度影响力 流水压力
特殊荷载		无缝线路断轨力 船只或汽车的撞击力 地震力 施工临时荷载（桥梁施工荷载、轨道施工荷载等） 运营救援荷载

注：1 如杆件的主要用途为承受某种附加力，则在计算此杆件时，该附加力应按主力计；
　　2 列车横向摇摆力不与离心力、风力组合；
　　3 无缝线路纵向力不与本线制动力或牵引力组合；
　　4 无缝线路断轨力及船只或汽车撞击力，只计算其中一种荷载与主力相组合，不与其他附加力组合；
　　5 流水压力不与制动力或牵引力组合；
　　6 地震力与其他荷载的组合应按现行国家标准《铁路工程抗震设计规范》GB 50111的规定执行；
　　7 计算中要求计算的其他荷载，可根据其性质，分别列入上述三类荷载中。运营救援荷载根据运营救援车辆模式确定。

10.2.2 高架结构设计应计算主力与一个方向（纵向或横向）的附加力组合。

10.2.3 根据不同的荷载组合，应将材料基本容许应力和地基容许承载力乘以不同的提高系数。对预应力混凝土结构中的强度和抗裂性计算，应采用不同的安全系数。

10.2.4 计算结构自重时，一般材料重度应按现行行业标准《铁路桥涵设计基本规范》TB 10002.1 的规定执行，对于附属设备和附属建筑的自重或材料重度，可按所属专业的现行标准取用。

10.2.5 列车竖向静活载确定应符合下列规定：

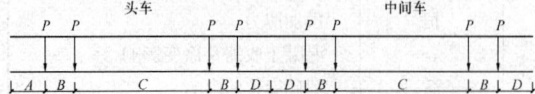

图 10.2.5　列车竖向静活载图式

1 列车竖向静活载图式（图10.2.5），应按本线路列车的最大轴重、轴距及近、远期中最长的列车编组确定。

2 单线和双线高架结构，按列车活载作用于每一条线路确定。

3 多于两线的高架结构，按下列最不利情况

确定：

　　1）按两条线路在最不利位置承受列车活载，其余线路不承受列车活载；

　　2）所有线路在最不利位置承受75%的活载。

4 影响线加载时，活载图式不可任意截取，但对影响线异符号区段，轴重按空车轴重计。

10.2.6 列车竖向静活载图式（图10.2.5）中参数应符合表10.2.6的规定。

表 10.2.6　列车竖向静活载图式参数表

车型	A (m)	B (m)	C (m)	D (m)	P (kN)	空车 P (kN)
L_B	2.92	2	9.14	2.31	130	75
L_C	1.55	1.9	10.1	1.4	≤115	54

注：车型 L_B、L_C 应符合本规范表 3.2.1 的规定。

10.2.7 当列车竖向活载包括列车动力作用时，应为列车竖向静活载乘以动力系数（$1+\mu$）。μ 应按现行行业标准《铁路桥涵设计基本规范》TB 10002.1 规定的值乘以 0.8。

10.2.8 位于曲线上的高架结构应计算列车产生的离心力，离心力应为列车静活载乘以离心率。离心率应按下式计算：

$$C = \frac{V^2}{127R} \qquad (10.2.8)$$

式中：C——离心率；

　　　V——本线设计最高列车速度（km/h）；

　　　R——曲线半径（m）。

10.2.9 列车横向摇摆力宜按相邻两节车四个轴轴重的15%计。

10.2.10 列车牵引力应按列车最大加速度计算，制动力应按列车最大减速度计算，同时列车牵引力、制动力不应小于列车竖向静活载15%，当与离心力同时计算时，可按竖向静活载10%计算。

10.2.11 区间双线桥应采用一线的制动力或牵引力；三线或三线以上的桥应采用二线的制动力或牵引力。

10.2.12 高架车站及车站相邻两侧100m范围内的区间双线桥应按双线制动力和另一线牵引力计。每线制动力或牵引力应为竖向静活载的10%。

10.2.13 制动力或牵引力在计算墩台时应移至支座中心处，计算刚架结构时应移至横梁中线处，且均不应计移动作用点所产生的力矩。

10.2.14 对于活载引起的桥台侧向土压力，宜将活载换算成当量均布土层厚度计算。

10.2.15 区间高架结构应按伸缩区、固定区分别设计。

10.2.16 当伸缩力、挠曲力、断轨力作用于墩台上的支座中心处时，单线及多线桥可只计算一根钢轨的断轨力。同一根钢轨作用于墩台顶的伸缩力、挠曲

力、断轨力可不作叠加。

10.2.17 区间简支梁单线桥墩宜根据表10.2.17计算荷载组合。

表10.2.17 区间简支梁单线桥墩荷载组合

组合工况	组 合 描 述
1 双孔无车	恒载＋二根钢轨伸缩力或二根钢轨车前挠曲力（或一根钢轨伸缩力＋一根钢轨断轨力）
2 单孔有车	恒载＋车辆活载＋二根钢轨车下挠曲力＋制动力或牵引力＋风载
3 双孔有车	恒载＋车辆活载＋制动力或牵引力＋横向风载

10.2.18 区间简支梁双线桥墩宜根据表10.2.18计算荷载组合。

表10.2.18 区间简支梁双线桥墩荷载组合

组合工况	组 合 描 述
1 双线无车	恒载＋四根钢轨伸缩力或四根钢轨车前挠曲力（或一根钢轨断轨力＋三根钢轨伸缩力）
2 单孔单线有车	恒载＋车辆活载＋二根钢轨车下挠曲力＋二根钢轨伸缩力或车前挠曲力＋制动力或牵引力＋风载
3 单孔双线有车	恒载＋车辆活载＋四根钢轨车下挠曲力＋制动力或牵引力＋风载
4 双孔单线有车	恒载＋车辆活载＋二根钢轨车下挠曲力＋二根钢轨伸缩力或车前挠曲力＋制动力或牵引力＋风载
5 双孔双线有车	恒载＋车辆活载＋制动力或牵引力＋风载

10.2.19 温度变化的作用及混凝土收缩影响，可按现行行业标准《铁路桥涵设计基本规范》TB 10002.1和《铁路桥涵钢筋混凝土和预应力混凝土结构设计规范》TB 10002.3的规定确定。

10.2.20 桥墩承受的船只撞击力，可按现行行业标准《铁路桥涵设计基本规范》TB 10002.1的规定确定。

10.2.21 墩柱有可能受汽车撞击时，应设防撞保护设施。当无法设置防撞保护设施时，应计算汽车对墩柱的撞击力。撞击力顺行车方向应采用1000kN，横行车方向应采用500kN，应作用在路面以上1.20m高度处。

10.2.22 高架结构的挡板除计算其自重及风荷载外，尚应计算列车意外脱轨撞击荷载30kN/m，作用范围为10m，可不计列车动力系数、离心力和另一线竖向荷载，该项荷载作为特殊荷载组合。当设置声屏障时，作用在靠行车侧挡板上的动压力应按$4.1/d$（kPa）计，其中d为列车边缘至声屏障内侧的距离（m），该荷载不应与风力组合。

10.2.23 曲线梁应满足竖向荷载的偏心影响。

10.2.24 地震力的作用，应按现行国家标准《铁路工程抗震设计规范》GB 50111的规定计算。

10.2.25 高架结构应按不同施工阶段的施工荷载进行检算。

10.2.26 高架结构应满足更换支座顶升产生的附加影响，更换支座顶升应按10mm计。

10.3 结 构 设 计

10.3.1 钢筋混凝土、预应力混凝土和钢结构，应按容许应力法设计。其材料、容许应力、结构安全系数、结构计算方法及构造要求应按现行行业标准《铁路桥涵钢筋混凝土和预应力混凝土结构设计规范》TB 10002.3和《铁路桥梁钢结构设计规范》TB 10002.2的规定进行设计。

10.3.2 混凝土和砌体结构应按现行行业标准《铁路桥涵混凝土和砌体结构设计规范》TB 10002.4的规定执行。

10.3.3 当无缝线路断轨力参与荷载组合时，钢筋混凝土中心受压、弯曲受压、偏心受压、局部承压容许应力及钢材的容许应力系数应提高为1.4。

10.3.4 当无缝线路断轨力参与组合时，预应力混凝土强度安全系数应采用1.7，抗裂安全系数应采用1.1。

10.3.5 轨道梁支座宜采用橡胶支座，跨度不大于20m的梁可采用板式橡胶支座，板式橡胶支座反力应按现行行业标准《铁路盆式橡胶支座》TB/T 2331的规定取值。跨度大于20m的梁宜采用盆式橡胶支座，其反力应按现行行业标准《铁路盆式橡胶支座》TB/T 2331的规定取值。支座计算应符合现行行业标准《铁路桥涵钢筋混凝土和预应力混凝土结构设计规范》TB 10002.3的规定。

10.3.6 高架结构基础设计，应满足现行行业标准《铁路桥涵地基和基础设计规范》TB 10002.5的规定；地基的物理力学指标应符合现行行业标准《铁路桥涵地基和基础设计规范》TB 10002.5的规定。当无缝线路断轨力参与荷载组合时，地基容许承载力$[\sigma_0]$和单桩轴向容许承载力可提高40%。

10.3.7 区间高架结构应验算列车脱轨荷载作用，结构强度和稳定性检算应符合下列规定：

　1 车辆集中力直接作用于线路中线两侧2.1m以内的桥面板最不利位置处，应检算桥面板强度。检算时，集中力值应采用本线列车实际轴重的1/2，不计列车动力系数，应力提高系数应为1.4。

　2 列车全脱轨但未坠落桥下，应检算结构的横向稳定性。检算时，可采用位于线路中心外侧1.4m、平行于线路的线荷载，其值为本线列车轴重，不计列车动力系数、离心力和另一线竖向荷载。倾覆稳定系数不得小于1.2。

3 列车脱轨撞上挡板并倾倒在挡板上时，倾覆稳定系数不得小于1.2。

10.4 构 造 要 求

10.4.1 桥面必须设置性能良好的排水系统，排水设施应便于检查、检修与更换。应防止桥面出现积水。双线桥桥面横向宜采用双向排水横坡、单线桥可设单向排水横坡，坡度不得小于1‰。排水管道直径与根数应根据计算确定。排水管出水口不得紧贴混凝土构件表面。应设滴水槽防止水从侧面溢入梁、板底面。

10.4.2 桥面应设防水层。梁缝处应设伸缩缝，伸缩缝应满足桥梁伸缩量、桥梁施工误差以及道床布置要求，还应有效防止桥面水渗漏。

10.4.3 采用走行轨回流的高架结构应按现行行业标准《地铁杂散电流腐蚀防护技术规程》CJJ 49采取防止杂散电流腐蚀的措施。轨道梁、站台梁支座及支座预埋钢板外露部分应有可靠防腐措施。

10.4.4 高架结构应具备检查、维修的条件。墩台顶面应预留更换支座时顶升梁的位置，并应设置排水坡。

10.4.5 高架结构的截面尺寸应能保证混凝土灌筑及振捣质量。预应力钢筋或管道表面与结构表面之间的保护厚度，在结构的顶面和侧面不应小于1倍管道直径，同时不应小于50mm，结构底面不应小于60mm。

10.4.6 预应力混凝土梁的封锚及接缝处，应在构造上采取防水措施。管道压浆应采用真空压浆工艺。

10.4.7 线路铺设后预应力混凝土梁应控制徐变拱度或挠度，徐变拱度或挠度不宜大于10mm。必要时，在轨道铺设时应采用预拱或预拱的办法。

10.4.8 高架结构桥面上电缆支架、声屏障、疏散平台、接触网立柱等附属设施应与主体结构有可靠的连接。

10.4.9 严寒、寒冷地区设于路边或路中的桥墩应采取防除冰盐溅射的措施，遭雨水导致混凝土水饱和的部位应采取防冻融和盐腐的措施。

10.5 车站高架结构

10.5.1 车站高架结构宜采用钢筋混凝土或预应力混凝土结构体系。垂直线路方向，落地柱的布设应结合地面的道路交通等要求布置。

10.5.2 高架车站站台、楼板和楼梯等部位的人群均布荷载的标准值应按使用年限内最不利工况确定，且不宜小于4.0kPa。高架车站管理用房荷载的标准值应取3.0kPa。

10.5.3 高架车站设备用房及运输通道区楼板的计算荷载应根据设备安装、检修和正常使用的实际情况（包括动力效应）确定，其标准值不应小于4.0kPa。

10.5.4 当车站范围轨道梁与车站结构完全分开布置，形成独立轨道梁桥时，其结构设计应与区间高架结构相同。

10.5.5 当轨道梁支承于车站结构形成"桥梁－建筑"组合结构体系时，轨道梁跨径应根据其对下横梁及柱产生的影响、经济指标等因素选择，可采用中小跨径组合（$20 \leqslant L \leqslant 30$m）或小跨径组合（$L < 20$m）。

10.5.6 轨道梁简支于车站结构横梁上时，应按本规范第10.3.5条要求设置支座。

10.5.7 独柱车站结构应验算横梁顶面处的横向位移值，并应满足现行行业标准《铁路桥涵设计基本规范》TB 10002.1的规定进行控制。

10.5.8 车站高架结构中悬臂结构，应验算悬臂端部竖向位移值，并应按现行有关建筑设计规范规定进行控制。

10.5.9 车站高架结构应按现行国家标准《建筑抗震设计规范》GB 50011进行抗震设计及设防。轨道梁桥与车站结构完全分开布置时，轨道梁桥应按现行国家标准《铁路工程抗震设计规范》GB 50111进行抗震设计。

10.5.10 车站钢屋架应按现行国家标准《钢结构设计规范》GB 50017执行。

11 地 下 结 构

11.1 一 般 规 定

11.1.1 地下结构设计应根据可靠完整的资料，针对地形、地质、地下构筑物和环境的特征，并根据运营要求和施工条件，通过技术、经济比较综合分析，选择合理的结构形式及施工方法。

11.1.2 地下结构的主体结构根据环境类别，应按设计使用年限为100年的要求进行耐久性设计。

11.1.3 地下结构的内轮廓应满足建筑限界和其他使用及施工工艺等要求，并应满足施工误差、结构变形和位移产生的影响。

11.1.4 地下结构应采取防止杂散电流腐蚀的措施，并应符合现行行业标准《地铁杂散电流腐蚀防护技术规程》CJJ 49的规定。

11.1.5 地下结构应进行抗震设计，并应根据设防要求、场地条件、结构类型和埋深等因素选用能反映其地震工作性状的分析方法，应采取必要的构造措施，提高结构整体抗震能力。

11.1.6 地下明挖结构应采用概率极限状态法设计，地下暗挖结构宜采用破损阶段法设计。

11.1.7 地下结构应进行横断面方向的受力计算，当遇下列情况时，尚应对其纵向强度和变形进行分析：

1 覆土荷载沿其纵向有较大变化时；

2 结构直接承受建、构筑物等较大局部荷载时；

3 地基或基础有显著差异时；

4 地基沿纵向产生不均匀沉降时；

5 当结构温度变形缝的间距较大时，应计算温度变化对结构纵向的影响。

11.1.8 对空间受力作用明显的地下结构，尚应按空间结构进行分析。

11.1.9 地下结构应进行抗浮稳定计算，并应按最不利情况进行验算。当不计算侧壁摩阻力时，其抗浮安全系数不得小于 1.05，当计及侧壁摩阻力时，其抗浮安全系数不得小于 1.15。

11.1.10 地下混凝土结构应进行抗裂验算或裂缝宽度验算，最大计算裂缝宽度允许值应根据结构类型、使用要求、所处环境和防水措施等因素确定，并应符合表 11.1.10 的规定。

表 11.1.10 最大计算裂缝宽度允许值

结构类型		允许值(mm)	附注
钢筋混凝土管片		0.2	—
其他结构	水中环境、土中缺氧环境	0.3	—
	洞内干燥环境或洞内潮湿环境	0.3	环境相对湿度为45%～80%
	干湿交替环境	0.2	

注：当设计采用的最大裂缝宽度的计算式中保护层的实际厚度超过 30mm 时，可将保护层厚度的计算值取为 30mm。

11.1.11 对处于一般环境中的结构，当按荷载效应标准组合并考虑长期作用影响时，最大计算裂缝宽度允许值可按本规范表 11.1.10 中的数值进行控制；对处于冻融环境或侵蚀环境等不利条件下的结构，其最大计算裂缝宽度允许值应根据具体情况另行确定。

11.2 荷 载

11.2.1 荷载应根据现行国家标准《建筑结构荷载规范》GB 50009 及相关规范，并考虑施工和使用年限内发生的变化等因素确定，可按表 11.2.1 进行分类。

表 11.2.1 荷载分类表

分 类	名 称
永久荷载	结构自重
	地层压力
	结构上部和破坏棱体范围的设施及建筑物压力
	水压力及浮力

续表 11.2.1

分 类		名 称
永久荷载		混凝土收缩及徐变影响
		预加应力
		设备重量
		地基下沉影响
可变荷载	基本可变荷载	地面车辆荷载及其动力作用
		地面车辆荷载引起的侧向土压力
		轨道交通车辆荷载及其动力作用
		人群荷载
	其他可变荷载	温度变化影响
		施工荷载
		冻胀力
偶然荷载		地震力
		落石冲击力，沉船、河道疏浚产生的撞击力等
		人防荷载

注：1 设计中要求计算的荷载，可根据其性质分别列入上述三类荷载中；

2 表中所列荷载本节未加说明者，可按国家有关规范或根据实际情况确定；

3 施工荷载包括：设备运输及吊装荷载，施工机具及人群荷载，施工堆载，相邻隧道施工的影响，盾构法施工的千斤顶顶力及压浆荷载。

11.2.2 地层压力应根据地下结构所处工程地质和水文地质条件、埋置深度、结构形式及施工方法、相邻隧道间距等因素，按有关公式计算或按工程类比确定。对地质复杂或特殊工法施工的结构，其标准值及分布规律，应结合已有研究资料，必要时应通过实测确定。

11.2.3 地下结构水压力应根据施工阶段及长期使用阶段地下水位的变化，按最不利工况分别进行计算。

11.2.4 对直接承受轨道交通车辆荷载的结构构件，其荷载的确定应按车辆轴重和排列进行计算，并应考虑动力作用的影响。

11.2.5 地下车站站台、楼板和楼梯等部位的人群均布荷载的标准值应采用 4.0kPa，且应考虑施工及使用阶段中重型设备运输产生的荷载。

11.2.6 地下车站设备用房及运输通道区楼板的计算荷载应根据设备安装、检修和正常使用的实际情况确定，其标准值不应小于 4.0kPa。

11.2.7 在道路下方的隧道，应按现行行业标准《公路桥涵设计通用规范》JTG D60 确定；铁路下方隧道的荷载应按现行行业标准《铁路桥涵设计基本规范》TB 10002.1 的规定执行。

11.3 工 程 材 料

11.3.1 地下结构的工程材料应符合结构强度和耐久

性要求，同时应满足其抗冻、抗渗和抗侵蚀的要求，宜采用钢筋混凝土或型钢混凝土材料。

11.3.2 普通钢筋混凝土和喷锚支护结构中的钢筋及预应力混凝土结构中的非预应力钢筋宜采用 HPB235 级、HRB335 级和 HRB400 级钢筋；预应力混凝土结构中的预应力钢筋，宜采用预应力钢绞线、钢丝，也可采用热处理钢筋。

11.3.3 混凝土的原材料和配比、最低强度等级、最大水胶比和单方混凝土的胶凝材料最小用量等应符合耐久性要求。一般环境条件下的混凝土设计强度等级不得低于表 11.3.3 的规定。

表 11.3.3　地下结构混凝土的最低设计强度等级

明挖法	整体式钢筋混凝土结构	C30
	装配式钢筋混凝土结构	C30
	作为永久结构的地下连续墙和灌注桩	C30
盾构法	装配式钢筋混凝土管片	C50
矿山法	喷射混凝土衬砌	C20
	现浇混凝土或钢筋混凝土衬砌	C30

注：1　一般环境条件指现行国家标准《混凝土结构设计规范》GB 50010 环境类别中的一类和二 a 类；
　　2　矿山法结构仰拱填充材料不宜小于 C20。

11.3.4 喷射混凝土宜采用湿喷或潮喷混凝土，喷射混凝土中骨料粒径不宜大于 15mm。

11.3.5 砂浆锚杆用的水泥砂浆强度等级不应低于 M20。

11.4　明挖法施工的结构

11.4.1 明挖法施工的结构应符合下列规定：

1　可采用整体式钢筋混凝土或装配式钢筋混凝土结构；

2　地下连续墙、灌注桩作为围护结构与内衬墙的结合方式应根据受力及防水等要求确定，并宜采用复合式构造。当围护结构作为主体结构侧墙的一部分与内衬墙共同受力时，其构件刚度应进行折减。

11.4.2 地下明挖结构设计应符合下列规定：

1　基坑工程的设计应满足下列要求：

1）根据工程特点、工程地质、水文地质条件和环境保护要求确定其安全等级及地面允许最大沉降量和围护墙的水平位移控制要求，据以选择支撑形式、地下水处理方法和基坑保护措施等；

2）基坑工程应进行抗滑移抗倾覆整体稳定性、基坑底部土体抗隆起和抗渗流稳定性以及抗坑底以下承压水的稳定性检算；各类稳定安全系数的取值应根据环境保护要求并应按地区经验确定；

3）桩、墙式围护结构的设计应根据设定的开挖工况和施工顺序按竖向弹性地基梁模型逐阶段计算其内力及变形，并宜按增量法进行计算，对软土地基，应根据挖土方式、时限、支撑架设顺序及时间考虑时效影响；

4）桩、墙式围护结构的设计，在确定计算侧压力时，应根据围护墙的平面形状、支撑方式、受力条件及基坑变形控制要求等因素进行计算；长条形基坑的锚撑式结构，可采取标准断面进行设计，当基坑形状较复杂时，应计算侧压力的时空效应。

2　明挖结构宜按底板支承在弹性地基上的结构进行计算。

3　盖挖逆筑法施工的结构设计应符合下列规定：

1）逆筑法可在交通繁忙的地段或需严格控制基坑开挖引起地面沉降时采用；

2）当采用逆筑法施工时，应减少施工作业占用道路的时间和空间，结构形式、技术措施、施工方法和施工机具的选择等应与这一要求相适应；

3）中间竖向支撑系统的设计，其形式和纵向间距应根据建筑、受力、地层条件和工期等要求，通过技术经济比较确定，宜优先采用临时支撑柱与永久柱合一的结构方案；支撑柱可采用钢管混凝土柱或 H 型钢柱；

4）中间竖向支撑系统的设计，应控制支撑柱的就位精度，允许定位偏差不应大于 20mm，同时其垂直度偏差不宜大于 1/500。在柱的设计中根据施工允许偏差计入偏心对承载能力的影响；

5）中间竖向支撑系统桩基的承载能力宜根据计算或现场静力试验结果按变形要求控制；

6）节点构造应符合结构预期的工作状态，保证不同步施工的构件之间连接简便、传力可靠，在逆筑法特定的施工条件下可操作，且不影响后续作业的进行；

7）应采取措施控制施工过程中支护结构与中间桩的相对升沉；施作结构底板前，相对升沉的累计值不得大于 $0.003L$（L 为边墙和立柱轴线间的距离），且不宜大于 20mm，并应在结构分析中计入其影响；

8）应保证下部后浇墙、柱与先期施作的混凝土之间的整体性、防水和耐久性。

4　盖挖顺筑法施工的结构设计应符合下列规定：

1）当采用盖挖顺筑法施工时，临时路面系统、围护结构形式、施工方法和施工机具的选择等，应符合本条第 3 款相关要求；

2）盖挖顺筑法应进行临时路面的设计；

3）当采用中间临时立柱与永久柱合一的方案时，中间竖向支撑系统及节点的设计应符合本条第 3 款相关要求。

    5 现浇钢筋混凝土地下连续墙的设计应满足下列要求。

        1）单元槽段的长度和深度，应根据建筑物的使用要求和结构特点、工程地质和水文地质条件、施工条件和施工环境等因素参考类似工程的实际经验确定，必要时可进行现场成槽试验；

        2）地下连续墙墙段之间可采用不传力的接头，接头构造应满足防水要求；

        3）当地下连续墙作承重基础时，应进行承载能力、变形和稳定性计算；

        4）当地下连续墙与主体结构连接时，预埋在墙内的受力钢筋、钢筋连接器或连接板锚筋等均应定位准确满足受力和防水要求，其锚固长度应符合构造规定；钢筋连接器的性能应符合现行行业标准《钢筋机械连接技术规范》JGJ 107 的规定；

        5）地下连续墙的墙面倾斜度和平整度，应根据建筑物的使用要求、工程地质和水文地质条件及挖槽机械等因素确定；墙面倾斜度不宜大于 1/300，局部突出不宜大于 100mm，且墙体不得侵入隧道净空。

11.5　盾构法施工的结构

11.5.1　盾构法施工的结构应符合下列规定：

    1　盾构法施工的隧道，应优先选用装配式钢筋混凝土单层结构；

    2　盾构法施工的隧道，其联络通道门洞区段宜优先设置在地层条件稳定的区段，避免设置在不良地质地段及江河地段；

    3　盾构法施工的隧道，其覆土厚度不宜小于隧道外轮廓直径，当在设计和施工中采取必要措施后，允许在局部地段适当减少，但应满足抗浮及城市规划的要求；

    4　盾构法施工的隧道，应选取合理的衬背注浆工艺，在盾构推进后及时进行注浆。

11.5.2　盾构法施工的结构设计应符合下列规定：

    1　盾构法装配式结构宜采用接头具有一定刚度的柔性结构，应限制荷载作用下变形和接头张开量，满足其受力和防水要求。

    2　结构的计算简图应根据地层情况、结构构造特点及施工工艺等确定，考虑结构与围岩共同作用及装配式结构接头的影响。在软土地层中，采用通缝拼装的结构可取单环按自由变形的弹性匀质圆环、弹性铰圆环进行分析计算；采用错缝拼装的结构宜计算环间剪力传递的影响。

    3　盾构工作井应根据工程实际采用盾构尺寸、重量、顶推力、施工工艺等进行系统的结构布置及结构计算。

    4　盾构法装配式的构造应符合下列规定。

        1）隧道结构宜采用块与块、环与环间用螺栓连接的管片，并宜采用错缝连接方式；

        2）管片应采用 800mm～1500mm 环宽；曲线地段应采用适量的不等宽的楔形环，其环面锥度由隧道的直径、楔形块间距及隧道曲线半径确定；楔形块间距及环面斜度的选用应满足盾构施工在曲线段缓和转向的要求，环面斜度可采用 1∶100～1∶300；

        3）管片厚度应根据隧道直径、埋深、工程地质及水文地质条件，使用阶段及施工阶段的荷载情况等确定，宜为隧道外轮廓直径的 5%～6%；

        4）管片环的分块，应根据管片制作、运输、盾构设备、施工方法和受力要求确定；单线区间隧道可采用 6 块～8 块；双线区间隧道为 8 块～12 块；

        5）盾构机进出工作井前，应对洞口一定范围内的软弱土体进行预加固，防止发生失稳坍塌、渗水或漏水事故；具体加固范围、技术方案，应根据工程地质、水文地质及盾构机型等因素综合确定。

11.6　矿山法施工的结构

11.6.1　矿山法施工的结构应符合下列规定：

    1　矿山法施工的结构，应优先采用复合式衬砌，于无水的Ⅰ级～Ⅱ级围岩中的单线区间隧道和Ⅰ级围岩中的双线区间隧道，可采用整体现浇混凝土衬砌。结构形式及尺寸，应根据围岩级别、水文地质条件、埋置深度、结构工作特点，综合施工条件，通过工程类比和结构计算确定，必要时，可经过试验论证。

    2　矿山法施工的地下结构，其覆土厚度应根据地质及水文条件，结合断面大小、衬砌类型、施工方法确定，并满足对周边建构筑物及城市道路的影响。

    3　矿山法结构宜采用曲墙式衬砌，Ⅲ级～Ⅵ级围岩中宜设置仰拱，也可采用直墙拱衬砌。

    4　当功能需要时，在设计和施工中采取可靠措施后，可采用矩形衬砌形式。

    5　复合式衬砌的外层衬砌为初期支护，可由注浆加固的地层、喷锚支护及钢拱架等支护形式组合形成，二次衬砌宜采用钢筋混凝土；内外层衬砌之间铺设防水层或隔离层。

    6　矿山法施工的结构的设计，应以喷射混凝土、钢拱架或锚杆为主要支护手段，根据围岩和环境条件、结构埋深和断面尺度等，通过选择适宜的开挖方法、辅助措施、支护形式及与之相关的物理力学参数，达到保持围岩和支护的稳定的目的。施工中，应通过对围岩和支护的动态监测，及时调整设计和施工参数。

7 矿山法施工的结构，应及时向初衬和二衬背后压注结硬性浆液，保证围岩与结构的共同作用。

11.6.2 矿山法施工的结构设计应符合下列规定：

1 矿山法施工的结构，在预设计和施工阶段，应对初期支护的稳定性进行判别。

2 喷锚衬砌和复合式衬砌的初期支护应按主要承载结构设计。其设计参数可采用工程类比法确定，施工中通过监控量测进行修正。浅埋、大跨度、围岩或环境条件复杂、形式特殊的结构，应通过理论计算进行检算。

3 复合式衬砌中的二次衬砌，应根据其施工时间、施工后荷载的变化情况、工程地质和水文地质条件、埋深和耐久性要求等因素按下列原则设计：

　1）第四纪土层中的浅埋结构及通过流变形或膨胀性围岩中的结构，初期支护应具有较大的刚度和强度，且宜提前施工作二次衬砌，由二者共同承受外部荷载；

　2）应考虑在长期使用过程中，外部荷载因初期支护材料性能退化和刚度下降向二次衬砌的转移；

　3）作用在不排水型结构上的水压力应由二次衬砌承担。

11.7 构 造 要 求

11.7.1 变形缝的设置应符合下列规定：

1 地下结构应设置温度变形缝。缝的间距可根据施工工艺、使用要求、围岩条件以及运营期间结构内部温度相对于结构施工时的变化等确定。

2 在区间隧道和车站结构中，当因结构、地基、基础或荷载发生变化，可能产生较大的差异沉降时，应通过地基处理、结构措施或设置后浇带等方法，将结构的纵向沉降曲率和沉降差控制在整体道床和地下结构的允许变形范围内。

3 在车站结构与出入口通道等附属建筑的结合部宜设置变形缝。

4 应采取可靠措施，确保变形缝两边的结构不产生影响行车安全和正常使用的差异沉降。

11.7.2 现浇钢筋混凝土结构的横向施工缝的位置及间距应根据结构形式、受力要求、施工方法、气象条件及变形缝的间距等因素确定。施工缝间各结构段的混凝土宜间隔浇筑。

11.7.3 钢筋的混凝土保护层厚度应符合下列规定：

1 钢筋的混凝土保护层厚度应根据结构类别、环境条件和耐久性要求等确定；

2 受力钢筋的混凝土保护层的厚度不得小于钢筋的公称直径，且在一般环境条件下应符合表11.7.3的规定。

表 11.7.3 受力钢筋的混凝土保护层最小厚度（mm）

结构类别	地下连续墙		灌注桩	明挖结构						钢筋混凝土管片	矿山法施工的结构		
	外侧	内侧		顶板		底板		楼板			初期支护或喷锚衬砌		二次衬砌
				外侧	内侧	外侧	内侧	外侧	内侧		外侧	内侧	
保护层厚度	70	50	70	50	40	50	40	40	30	30	40	40	35

注：1 车站内的楼梯及站台板等内部结构主筋的保护层厚度可采用25mm；

2 矿山法施工的结构当二次衬砌的厚度大于50cm时，主筋的保护层厚度应采用40mm；

3 箍筋、分布筋和构造筋的混凝土保护层厚度不得小于20mm。

11.7.4 明挖法施工的地下结构周边构件和中楼板每侧暴露面上分布钢筋的配筋率，当分布钢筋采用HPB235级时不宜低于0.3%，当为HRB335级时不宜低于0.2%，同时分布钢筋的间距也不宜大于150mm。当受拉主筋的混凝土保护层的厚度大于或等于40mm时，分布钢筋宜配置在受力筋的外侧。

12 工 程 防 水

12.1 一 般 规 定

12.1.1 工程防水应根据城市轨道交通直线电机牵引系统结构构造特点、施工方法、使用要求、环境类别等进行设计，并应满足结构的安全、耐久和使用要求。

12.1.2 防水设计应定级正确、方案可靠、经济合理、安全环保，应采取分别与高架、地面、地下车站和区间结构相适应的防水、排水措施。

12.1.3 防水设计应符合现行国家标准《地下工程防水技术规范》GB 50108、《屋面工程技术规范》GB 50345 和桥梁防水与防腐等有关规定。

12.1.4 地下车站结构和区间的防水设计应采用结构自防水为主，附加外防水为辅，加强施工缝、变形缝等缝的防水措施。

12.1.5 地下结构防水等级应符合下列规定：

1 地下车站和机电设备集中区段结构的防水等级应为一级；不得有渗水，结构表面应无湿渍；

2 地下区间隧道及联络通道等附属结构的防水等级应为二级，顶部不得滴漏，其他不得漏水，结构表面可有少量湿渍，总湿渍面积不得大于总防水面积的2/1000，任意100m²或正线隧道长度25m范围内防水面积上的湿渍不应超过4处，单个湿渍的最大面积不应大于0.2m²，渗漏量不应大于0.1L/(m²·d)。

12.1.6 高架车站的钢屋架应进行钢结构防腐蚀

设计。

12.1.7 高架桥桥面应设置连续、整体密封、耐久的附加防水层，且在结构设计中应采用有组织的排水系统。

12.2 混凝土结构自防水

12.2.1 防水混凝土的抗渗等级不应小于P8；处于侵蚀性介质中防水混凝土的耐侵蚀要求应根据介质的性质按有关标准确定。

12.2.2 处于土层及软弱围岩地层中的地下明挖结构，当工程埋置深度超过20m且小于30m时防水混凝土的设计抗渗等级应为P10，超过30m时应为P12。

12.2.3 车站与区间的防水混凝土结构应符合下列规定：

1 结构厚度不应小于250mm；

2 普通钢筋混凝土结构在永久荷载和可变荷载组合作用下最大裂缝宽度允许值应符合本规范表11.1.10的规定；

3 钢筋保护层厚度应符合本规范表11.7.3的规定，迎水面钢筋保护层厚度不应小于50mm；

4 防水混凝土结构底板的混凝土垫层强度等级不应小于C15，厚度不应小于100mm，在软弱土层中不应小于150mm；

5 根据工程所处的环境和工作条件，防水混凝土还应满足抗压、抗冻和抗侵蚀性等耐久性要求。

12.2.4 地下结构设计中应选择有利于混凝土自防水的结构形式，围护结构和内衬之间宜设置全封闭的防水隔离层。地下连续墙、钻孔桩等围护结构作为分离墙时可不要求抗渗等级，水下和泥浆下灌注的混凝土不宜作为永久性受拉、受弯结构。

12.2.5 地下车站与区间混凝土结构的顶板、底板不应设水平施工缝，一次浇筑的侧墙混凝土水平施工缝高度不宜大于4m。结构垂直施工缝的间距宜控制在6m～25m。

12.2.6 防水混凝土的水胶比不应大于0.5，胶凝材料用量不应小于300kg/m³；在侵蚀性地层时，水胶比不应大于0.45，胶凝材料用量不应小于340kg/m³。混凝土碱含量不应大于3.0kg/m³。

12.2.7 防水混凝土选用水泥品种宜采用低水化热、低含碱量的硅酸盐水泥、普通硅酸盐水泥，应避免使用早强水泥和高铝酸三钙的水泥。防水混凝土必须采用双掺技术，添加的掺合料应符合下列规定：

1 应根据现行国家标准《用于水泥和混凝土中的粉煤灰》GB/T 1596添加不低于Ⅱ级的粉煤灰；

2 应根据现行国家标准《用于水泥和混凝土中的粒化高炉矿渣粉》GB/T 18046添加矿渣微粉等活性矿物掺合料；

3 应根据现行国家标准《高强高性能混凝土用矿物外加剂》GB/T 18736添加硅灰；选用的掺合料不宜小于胶凝材料总量的20%。

12.2.8 地下车站顶板、底板、侧墙应采用高性能防水混凝土，在必要部位采用微膨胀混凝土，也可根据工程抗裂需要掺入钢纤维或合成纤维。

12.2.9 混凝土的浇筑温度、内部峰值温度和最大温差应符合下列规定：

1 混凝土的浇筑温度必须采取各种有效措施达到下列两者的较小值：

　1）小于或等于平均气温（过去24h）+5℃；

　2）小于或等于30℃。

2 混凝土内部最高温度应小于或等于70℃。

3 混凝土内部和表面的温差，施工缝两边600mm位置的最大温差小于或等于20℃。

4 新浇筑混凝土的浇筑温度与已浇筑的混凝土表面的温差，混凝土表面温度与养护水温度的温差均应小于或等于15℃。

5 应加强混凝土的保温和保湿养护。

12.3 附加防水层

12.3.1 附加防水层可采用卷材防水层、塑料板防水层、涂料防水层、金属板防水层等。

12.3.2 应根据结构构造特点、水文地质条件、施工环境条件等选择附加防水层的种类和设置方法，并应符合下列规定：

1 附加防水层应设在迎水面或复合式衬砌中间；在结构构造限制的条件下可设内涂料防水层；

2 矿山法施工的车站与区间主体结构应在初期支护和内衬模筑混凝土间设置夹层防水层，地下水丰富和抽排地下水对环境有影响的地层应设置全包附加防水层；

3 地下车站与区间隧道当处于腐蚀性介质地层中，应设全包附加柔性防水层；

4 明挖地下结构的顶板和与围护结构分离的边墙可使用涂料防水层。

12.3.3 防水卷材宜单层使用，高分子自粘式改性沥青防水卷材厚度不应小于1.5mm；塑料防水板厚度不应小于1.5mm；加强段双层使用时，总厚度不应小于2.4mm。

12.3.4 涂料防水宜选用与潮湿基面粘结力大的高弹性防水涂料；当结构处于腐蚀性介质地层中时应采用环氧树脂类防水涂料。

12.3.5 矿山法隧道复合式衬砌防水夹层宜选用塑料防水板，其设置应符合下列要求：

1 基面不平整度应控制在$D/L=1/10～1/6$的范围内，拱顶120°角范围表面的D/L值不得高于1/8（D为初期支护基层相邻两凸面凹进的深度，L为初期支护基层相邻两凸面的间距）；

2 塑料防水板背后应设置相应的分区注浆系统；

3 防水层的接头应双缝热风焊，并应进行真空检漏保证密封。

12.3.6 地下车站与矿山法、明挖法施工的区间隧道选用的防水材料应能通过搭接材料过渡，形成连续整体密封体系。

12.4 地下结构细部构造防水

12.4.1 施工缝应采取防水措施，防水措施宜符合下列规定：

1 水平施工缝止水宜采用止水带、缓膨胀类遇水膨胀止水条等材料，另可在外侧增设一道外贴式止水带；

2 垂直施工缝止水宜采用中埋式钢边橡胶止水带、橡胶止水带或遇水膨胀止水条等；现浇混凝土垂直施工缝宜加设端头模板；

3 矿山法二衬的施工缝宜在中间增加预埋可重复注浆的注浆管等措施；

4 水平施工缝在浇筑混凝土前，应清除表面杂物及浮浆，先浇净水泥浆，再铺以 30mm～50mm 的1:1～1:2 水泥砂浆；

5 垂直施工缝在浇筑混凝土前，应凿毛和清理干净或涂界面处理剂等；

6 逆筑施工的施工缝，其止水条应采用水泥钉辅以胶粘剂于缝面逆向固定，并宜涂界面处理剂及采用补注浆等密封措施。

12.4.2 变形缝应采取防水措施，防水措施宜符合下列规定：

1 变形缝处混凝土结构的厚度不应小于 300mm；

2 变形缝的宽度宜取 20mm，结构设计时变形缝内侧的两边应留槽，宜采用后装式止水带或接水槽的安装；

3 变形缝防水应首选中埋式止水带，其次选外贴式止水带、附贴式或可卸式止水带等内装式止水带；止水带宽度不宜小于 300mm；

4 顶板、底板的中埋式止水带应采用 V 形安装，止水转弯半径不应小于 250mm，止水带接头应不设或少设；

5 顶板外侧变形缝处应加设一道聚硫密封胶，分离式围护结构的侧墙外侧也应加设一道聚硫密封胶；

6 矿山法结构二衬变形缝的外侧应加设一道背贴式止水带；明挖结构底板下和密贴式围护结构的侧墙外侧宜加设一道背贴式止水带；

7 变形缝施工宜采用端头盒式模板。

12.4.3 后浇带防水应符合下列规定：

1 后浇带应设置于受力和变形较小的部位，宽度宜为 700mm～1000mm；

2 后浇带可做成平直缝、阶梯形或楔形缝，且结构主筋不应在后浇带范围内断开，其缝间防水应按垂直施工缝处理；

3 后浇带应采用补偿收缩防水混凝土浇筑，其强度等级不应低于两侧混凝土，后浇带应在两侧混凝

土龄期达到 42d 后再施工。

12.4.4 抗拔桩与底板接头防水应满足下列要求：

1 抗拔桩桩头与底板混凝土结合面，应采用高渗透环氧或混凝土界面处理剂等材料涂刷均匀，并应采用遇水膨胀止水条或密封胶密闭；

2 当桩头穿越底板防水层时，穿孔处周边应采用柔性涂层或遇水膨胀类止水条、密封胶封实。

12.4.5 穿墙管可根据变形量大小，采用固定式防水法和套管式防水法，主管和套管均应设置止水环。

12.5 高架车站及高架区间

12.5.1 高架车站除满足混凝土结构自防水、车站屋顶雨棚防水外，应按疏排水设计，并应保证地漏、落水管等疏排畅通；道路中间的高架车站屋面宜设计集中式排水。

12.5.2 高架桥桥面应设置防水层，桥面防水材料应选用与混凝土结构粘结性能好、耐腐蚀的材料。

12.5.3 桥面防水层应便于与道床、挡板等收口处理，宜选用环氧树脂基层封闭处理层和其他柔性材料相结合的防水方案。

12.5.4 高架桥基面与道床板结合处宜喷涂高渗透环氧、硅基等防水粘结材料。

12.5.5 桥面应设置相应的排水坡，排水系统应通畅、便于检查和维修；桥面排水应通过管道排至城市排水系统。

12.5.6 区间桥梁的墩柱等应有良好的排水措施，排水管宜埋藏在墩柱内。

12.5.7 高架桥梁宜采用型钢防水伸缩缝，伸缩缝与桥面间应密封防水，伸缩缝设置应便于维护更换。

12.5.8 地漏、落水管等疏排水装置与桥面的接口应加强密封防水，并应便于检修。

12.6 盾构隧道防水

12.6.1 衬砌管片防水混凝土的抗渗等级应大于 P10。当隧道处于侵蚀性介质的地层时，应采用相应的耐侵蚀混凝土或在衬砌管片外表面涂刷耐侵蚀的环氧树脂防水涂层。

12.6.2 盾构隧道衬砌结构防水措施应符合表 12.6.2 的规定。

表 12.6.2　盾构法修建的隧道防水措施

防水措施 措施选择 防水等级	高精度管片	接缝防水				外防水涂料
		弹性密封垫	嵌缝	注入密封剂	螺孔密封圈	
二级	必选	必选	部分区段宜选	可选		对混凝土有中等以上腐蚀的地层宜选

12.6.3 管片至少应设置一道密封垫沟槽。接缝密封垫宜选择耐久性好的止水条，其外形应与沟槽相匹配。

12.6.4 管片接缝密封垫沟槽的截面积应大于或等于密封垫的截面积，其关系宜符合下式规定：

$$A = A_0 \sim 1.15 A_0 \qquad (12.6.4)$$

式中：A——密封垫沟槽截面积；

A_0——密封垫截面积。

12.6.5 当环缝、纵缝张开 6mm、在 0.6MPa 外水压力下，管片接缝密封垫不得渗漏。

12.6.6 管片上应按需要配置注浆孔，并应均匀地进行壁后同步注浆，注浆量宜为计算体积的 1.5 倍～2.0 倍，必要时还需二次注浆确保不渗漏。

12.6.7 管片上的注浆孔和吊装孔宜合并设置，可采用螺纹旋入式碳素钢钢管、合成树脂或铸铁制品，施工时用作注浆的吊装孔应采用微膨胀水泥砂浆封堵。砂性富水地层中的注浆孔宜设置逆止阀。

12.6.8 螺栓孔防水宜采用遇水膨胀橡胶密封垫圈。

12.6.9 盾构出发和到达洞口时均应设置整环布橡胶圈挡水。盾构施工后还应设置密封胀圈进行止水，使管片与洞口墙形成连续整体的防水体系。

13 通风、空调与采暖

13.1 一般规定

13.1.1 城市轨道交通直线电机牵引系统建筑设施的内部空气环境应采取通风、空调或采暖方式进行控制。

13.1.2 城市轨道交通直线电机牵引系统建筑设施的内部空气环境范围应包括地下段车站站台、站厅、出入口通道、区间隧道、中间风机房、区间变电所、集中制冷机房、辅助配线隧道等和车站内的设备管理用房；地面或高架车站、车辆基地、控制中心等。

13.1.3 通风、空调或采暖系统方案应根据建筑设施的用途与功能、冷热负荷构成特点、环境条件以及能源状况等，结合国家有关安全、环保、节能、卫生等方针、政策，通过综合技术经济比较确定。

13.1.4 通风与空调系统应具有以下功能：

1 正常运营情况下，应保证建筑设施的内部空气环境在规定的标准范围内；

2 发生火灾或列车阻塞在区间隧道时，应具备防烟、排烟、事故通风功能。

13.1.5 通风与空调系统设计应符合下列规定：

1 当夏季当地最热月的平均温度超过 25℃，且最大预测高峰小时客流量内每小时的行车对数和每列车车数的乘积大于或等于 180 时，应采用空调系统；

2 在夏季当地最热月的平均温度超过 25℃，全年平均温度超过 15℃，且最大预测高峰小时客流量内每小时的行车对数和每列车车数的乘积大于或等于120 时，可采用空调系统。

13.1.6 通风、空调与采暖系统应按最大预测高峰小时客流量和最大通过能力设计，主要设备配置应按近、远期分期实施。

13.1.7 地下车站公共区和区间隧道可不设置采暖系统，严寒和寒冷地区车站设备及管理用房可根据需要局部采暖。

13.1.8 空调系统不应采用土建风道、风室作为空调系统的送风道或已经过冷、热处理后的空调新风道。当必须使用土建风道、风室时，应采取可靠的防漏风和绝热措施。

13.1.9 地下段通风与空调系统的管材及保温材料、消声材料应采用现行国家标准《建筑材料及制品燃烧性能分级》GB 8624 规定的 A1 或 A1$_L$ 级材料。地上段通风与空调系统的管材及保温材料、消声材料的选用应符合现行国家标准《建筑设计防火规范》GB 50016 的规定。管材及保温材料应具有防潮、防腐、防蛀、耐老化和无毒的性能。

13.1.10 通风与空调系统的设备、管道及配件布置应为安装、调试、操作和维修预留空间位置。

13.2 地下线的通风、空调

I 隧道通风系统

13.2.1 区间隧道通风系统应利用列车运行产生的活塞效应实现隧道正常通风换气，排除余热；当活塞效应不能满足要求时，应设置机械通风。

13.2.2 夏季隧道的最高温度应符合下列规定：

1 当列车车厢不设置空调时，不应高于 33℃；

2 当列车车厢设置空调，车站不设置屏蔽门时，不应高于 35℃；

3 当列车车厢设置空调，车站设置屏蔽门时，不应高于 40℃。

13.2.3 区间隧道内冬季的空气平均温度不应高于当地地层的自然温度，但最低温度不应低于 5℃。

13.2.4 在计算隧道通风量时，室外空气计算温度应符合下列规定：

1 夏季通风室外空气计算温度，应采用近 20 年最热月月平均温度的平均值；

2 冬季通风室外空气计算温度，应采用近 20 年最冷月月平均温度的平均值。

13.2.5 活塞风井的数量与面积应根据本线路区间隧道长度、预测客流、行车组织和气候条件等基础资料进行计算确定。

13.2.6 站台列车停车部位应设置机械排热风系统，排风口应正对列车散热部位，并宜根据近远期行车组织、列车空调冷凝器工作环境要求、室外季节温度变化等因素，对机械排热风系统采取必要的节能措施。

Ⅱ 地下车站公共区通风与空调系统

13.2.7 地下站公共区应设置通风系统，当条件符合本规范第 13.1.5 条中第 2、3 款的规定时，车站宜设空调系统。空调系统宜设置净化消毒装置。

13.2.8 地下车站的进风应直接采自大气，进风口应远离建筑物的排风口、开放式冷却塔和其他污染源，排风应直接排出地面。

13.2.9 地下车站夏季室外空气计算参数应符合下列规定：

  1 夏季通风室外空气计算温度，应采用近 20 年最热月月平均温度的平均值；

  2 夏季空调室外空气计算干球温度，应采用近 20 年夏季晚高峰负荷时平均每年不保证 30h 的干球温度；

  3 夏季空调室外空气计算湿球温度，应采用近 20 年夏季晚高峰负荷时平均每年不保证 30h 的湿球温度。

13.2.10 地下车站夏季站内空气计算参数应按下列规定取值：

  1 当车站采用通风系统时，站内夏季空气计算温度不宜高于室外空气计算温度 5℃，且不应超过 30℃；

  2 当车站采用空调系统时，站厅空气计算温度宜比空调室外计算干球温度低 2℃～3℃，且不应超过 30℃；站台空气计算温度应比站厅空气计算温度低 1℃～2℃；独立于站厅站台的换乘平台空气计算温度应与站台的空气计算温度相同；相对湿度均应控制在 40%～70%。

13.2.11 地下车站冬季站内空气计算温度应低于当地地层自然温度，但最低温度不应低于 12℃。

13.2.12 地下车站冬季站外空气计算温度应采用当地近 20 年最冷月月平均温度的平均值。

13.2.13 地下车站公共区新鲜空气量应符合下列规定：

  1 地下车站公共区采用空调系统运行时的新鲜空气量：每个乘客不应小于 12.6m³/（人·h）；

  2 地下车站公共区采用通风系统运行时的新鲜空气量：每个乘客不应小于 30m³/（人·h）；当通风系统采用闭式运行时，每个乘客不应小于 12.6m³/（人·h）。

13.2.14 车站的夏季计算得热量，应根据下列各项计算确定：

  1 通过围护结构传递的热量；

  2 人体散热量；

  3 照明、广告牌、导向牌、指示牌的散热量；

  4 电梯、扶梯、自动售检票等设备的散热量；

  5 银行、商铺等便民设施的散热量；

  6 出入口交互空气传递的热量；

  7 结构壁面散湿过程产生的潜热量；

  8 当站台设置全封闭屏蔽门时，通过屏蔽门结构传递的热量及屏蔽门开启时活塞风传递的热量；

  9 当站台设置非封闭屏蔽门时，列车及其附属设施的散热量。

13.2.15 地下车站的夏季冷负荷，应根据各项得热量的种类和性质以及车站不同埋深的蓄热特性，分别进行计算。

13.2.16 通过围护结构传递的非稳态热量、人体散热量以及非全天使用的设备、照明灯具的散热量等形成的冷负荷，应按非稳态传热方法计算确定，不应将本规范第 13.2.14 条计算得热量的逐时值直接作为各相应时刻冷负荷的即时值。

13.2.17 地下车站公共区的夏季计算散湿量，应根据围护结构的平均散湿量和人体散湿量确定。

13.2.18 站内公共区空气中 CO_2 浓度应小于 1.5‰。

13.2.19 站内公共区空气中可吸入颗粒物的日平均浓度应小于 0.25mg/m³。

13.2.20 对最冷月室外平均温度低于 −10℃ 的地区，车站的出入口宜设热风幕。

13.2.21 当地下车站的出入口通道和公共区长通道连续长度大于 60m 时，应采取通风或空调方式。

Ⅲ 地下线设备及管理用房通风、空调与采暖系统

13.2.22 设备及管理用房应根据其使用要求设置通风或空调系统，进风应直接采自大气，排风直接排出地面。

13.2.23 发热量大的设备用房宜靠近进风和排风道布置，并应设置机械通风系统。通风量应按排除余热量计算，当采用机械通风排除余热技术经济不合理时，可采取空调降温措施。制动电阻装置宜设于地面。

13.2.24 厕所、污水泵房、废水泵房应设置独立的机械排风系统，所排除的气体应直接排出地面。

13.2.25 设置自动灭火系统的房间应设置机械通风系统，所排除的气体应直接排出地面。

13.2.26 设备及管理用房内每个工作人员的新鲜空气供应量不应小于 30m³/（人·h），且不应少于总送风量的 10%。

13.2.27 设备及管理用房的夏季室外空气计算温度，应符合下列规定：

  1 夏季通风室外空气计算干球温度，应采用历年最热月 14 时的平均温度的平均值；

  2 夏季空调室外空气计算干球温度，应采用历年平均不保证 50h 的干球温度；

  3 夏季空调室外空气计算湿球温度，应采用历年平均不保证 50h 的湿球温度。

13.2.28 设备及管理用房的冬季室外空气计算温度，应采用近 20 年最冷月月平均温度的平均值。

13.2.29 车站管理用房空气中 CO_2 浓度应小于 1.0‰。

13.2.30 车站管理用房空气中可吸入颗粒物的日平均浓度宜小于 $0.15mg/m^3$。

13.2.31 地下车站内的设备及管理用房的室内空气计算温度、湿度和换气次数应按现行国家标准《地铁设计规范》GB 50157 的相关规定执行。

Ⅳ 风亭、风道和风井

13.2.32 制动电阻柜室应设置在地面，其四面应为百叶墙，困难时不应少于三面百叶墙。

13.2.33 通风道和风井的风速不宜大于 8m/s，站台排风道和列车顶排风道的风速不宜大于 10m/s；风亭格栅的迎面风速不宜大于 4m/s。

13.2.34 风亭的噪声应符合现行国家标准《声环境质量标准》GB 3096 的规定。

13.3 控制与监测

13.3.1 地下车站的通风与空调系统应设中央、车站和就地三级控制。

13.3.2 应对空调系统的下列参数进行监测：

1 室内外温、湿度；

2 混合风温度；

3 送、回风温度；

4 冷水机组蒸发器、表面冷却器进出口的冷水温度和压力；

5 加热器、散热器的进出口热媒温度和压力；

6 冷却及冷冻水泵出口温度和压力；

7 冷水机组冷凝器、冷却塔的冷却水进、出口温度；

8 空气过滤器进出口静压差的超限报警；

9 水过滤器进出口的压差；

10 集分水器温度、压力或压差；

11 CO_2 浓度。

13.3.3 空调系统的温度、湿度传感器和变送器的装设地点，应符合下列规定：

1 在室内，应装设在不受局部热源影响的、空气流通的地点；

2 在风管内，宜装设在气流稳定管段的截面中心。

13.3.4 通风与空调系统设备，应设运行工况的工作状态及故障报警显示信号。

13.3.5 通风与空调系统的控制应实现室内参数调节和系统节能运行，火灾情况下自动转换为防排烟模式运行。

13.3.6 采用区域（集中）供冷的冷冻水系统应采用二次泵系统，并应对二次泵采用变速变流量调节实现各环路的负荷调节。

13.3.7 冷水机组应与冷水泵、冷却水泵、冷却塔及相应的电动水阀连锁。当采用风冷式冷凝器时，压缩式制冷机应与冷凝器的通风机连锁。

13.4 空调冷热源及输配系统

13.4.1 空调冷热源宜结合区域冷、热、电联供等技术条件实现集中供冷、供热，宜充分利用自然冷、热源；空调人工冷热源宜采用集中设置的冷水机组、换热或供热设备。

13.4.2 在执行分时电价、峰谷电价差较大的地区，或根据工程周边环境条件，经技术经济综合比较，可采用蓄冷系统。

13.4.3 电动压缩式机组的总装机容量应按计算冷负荷选定，当采用区域（集中）供冷方式时，应附加长距离管网冷损失。

13.4.4 电动压缩式冷水机组台数及单机制冷量的选择，应满足空调负荷变化规律及部分负荷运行的调节要求，不宜少于 2 台，但不宜多于 4 台。

13.4.5 冷水机房（含区域供冷站）应靠近空调负荷中心设置。

13.4.6 当系统较小或各环路负荷特性或压力损失相差不大时，空调冷冻水系统宜采用一次泵系统；当系统较大、阻力较高、各环路负荷特性或压力损失悬殊时，应采用二次泵系统。

13.4.7 水冷式冷水机组和整体式空气调节器的冷却水应循环使用，冷却水水质应符合现行国家标准《工业循环冷却水处理设计规范》GB 50050 的规定。

13.4.8 冷水机组的冷却水进口温度不宜高于 33℃；电动压缩式冷水机组的冷却水最低进口温度不宜低于 15.5℃。

13.4.9 冷却塔的选择应符合下列规定：

1 应采用历年平均不保证 50h 的湿球温度条件选取；

2 当采用下沉式冷却塔时，应采取适当措施保证冷却塔的制冷能力。

13.4.10 冷却塔应设置于通风良好的地方，远离高温或有害气体，避免飘逸水对周边环境的影响。当设置围挡或采用下沉式布置时，应保证有足够的进风面积，开口净风速应小于 2m/s。其噪声应符合现行国家标准《声环境质量标准》GB 3096 的规定。

13.5 高架线和地面线的通风、空调与采暖

13.5.1 高架线和地面线车站的站厅和站台宜根据当地气候条件合理选择建筑形式实现自然通风，必要时可设置机械通风系统、空调或采暖系统。当车站站厅采用集中空调系统方式时，空调系统应设置净化消毒装置；站台乘客候车区必要时可设置局部机械通风或采暖装置，以及局部封闭区域的空调装置。

13.5.2 通风与空调的室外空气计算温度、相对湿度应根据当地气象资料确定。

13.5.3 当站厅采用通风系统时，站厅内的夏季计算温度不应超过室外计算温度 3℃，且最高不应超过 33℃。

13.5.4 站厅层设置空调系统时应符合下列规定：

　　1　站厅内的夏季计算温度宜为 30℃，相对湿度应小于 70%；

　　2　新风量应按每个通风空调计算人员不少于 12.6m³/（人·h）计算确定，新风宜经过预处理后直接送入室内。

13.5.5 设备及管理用房区的通风系统宜采用机械排风、自然进风的方式。

13.5.6 应将发热量大或通风量大的设备房靠近车站外墙布置，并应位于车站内当地夏季主导风的下风侧，其他设备及管理用房、走道、楼梯间应设置满足自然排烟要求的可开启外窗并应控制走道长度以实现自然通风排烟。

13.5.7 对最冷月室外平均温度低于 -10℃ 的地区，地面车站和高架车站的站厅应设置采暖系统，站台设置局部采暖装置。

13.5.8 采暖室外计算温度应符合现行国家标准《采暖通风与空气调节设计规范》GB 50019 的规定。

13.6　其他地面建筑物的通风、空调与采暖

13.6.1 需要设置采暖的控制中心、车辆基地应优先利用城市既有供热管网热源，当无可利用的城市供热管网热源情况下，可设置独立热源。

Ⅰ　控制中心通风、空调与采暖

13.6.2 控制中心的中央控制室、重要的工艺设备房及办公管理用房，均应设置空调系统。

13.6.3 多条线路合用分期实施的中央控制室通风与空调系统应按远期运营条件进行设计，但应综合分析初、近期及各期全年逐时负荷变化情况，结合工艺设备与建筑物的布置特点，选择合理的通风与空调系统方案。

13.6.4 当多条线路的重要工艺设备房分期实施时，通风空调系统应预留分期实施的接口。

13.6.5 中央控制室及设备房应相对周边环境保持微正压，其压差值宜取 5Pa~10Pa，但不得大于 50Pa。

Ⅱ　车辆基地通风、空调与采暖

13.6.6 车辆基地的重要工艺设备及办公管理用房应设置空调或采暖系统。

13.6.7 车辆基地的高大车间厂房宜采取自然通风方式，在不能满足人员工作环境要求的工作地点应设置局部机械通风、空调或采暖装置。

13.6.8 应根据车辆检修工艺特点和要求设置通风、除尘系统。

13.7　消声与减振

13.7.1 车站通风、空调系统应采取消声和减振措施。通风空调设备传至公共区噪声不得超过 70dB（A），传至各房间内的噪声不得超过 60dB（A），通风与空调机房内的噪声不得超过 90dB（A）。

13.7.2 冷水机组、组合式空调器、通风机及水泵等设备的进出口管道，应采用软管或柔性连接。当水泵出口设止回阀时，宜选用消锤式止回阀。

13.7.3 通风、空调消声与减振应符合现行国家标准《工业企业设计卫生标准》GB Z1 的规定。

14　给水与排水

14.1　一般规定

14.1.1 给水系统设计应满足生产、生活和消防用水对水量、水压和水质的要求，并应综合利用、节约用水。

14.1.2 给水水源应优先采用城市自来水，当沿线无城市自来水源时，可采取其他可靠的给水水源。

14.1.3 生活及粪便污水应单独排放，结构渗漏水、冲洗及消防废水和口部雨水等可合流排放，但应符合国家现行相关排水标准的规定。

14.1.4 给水排水设备宜采用自动化控制方式。

14.1.5 应对金属给水排水管道采取防止杂散电流腐蚀的措施。

14.2　给　水

14.2.1 给水系统用水定额及用水量应符合下列规定：

　　1　工作人员生活用水量定额应取 30L/（人·班）~60L/（人·班），小时变化系数为 2.0~2.5；

　　2　通风空调冷水机组水系统的补充水量应取冷却水或冷冻水循环水量的 1%~2%；

　　3　车站公共区及出入口通道冲洗用水量定额取 1L/m² 次~2L/m² 次，每天应冲洗 1 次，每次应按 1h 计算；

　　4　生产用水量应按工艺要求确定；

　　5　车站配套公共厕所用水量应按器具小时耗水量及每天使用小时计算确定，器具小时耗水量标准应按国家现行相关标准执行。

14.2.2 给水系统的水质应符合下列规定：

　　1　生活给水系统的水质应符合现行国家标准《生活饮用水卫生标准》GB 5749 的规定；

　　2　生活杂用水系统的水质，应符合现行国家标准《城市污水再生利用　城市杂用水水质》GB/T 18920 的规定；

　　3　生产用水的水质应满足工艺的要求。

14.2.3 给水系统的水压应符合下列规定：

1 生活用水设备和卫生器具的水压，应满足现行国家标准《建筑给水排水设计规范》GB 50015 的规定；

2 生产用水的水压应满足工艺的要求。

14.2.4 给水系统的选择应根据生产、生活和消防用水对水质、水压、水量的要求，结合市政给水管网等因素确定，并应符合下列规定：

1 车站生产、生活给水系统应利用市政水压直接供水，当水压和水量不能满足要求时，应设置加压装置或贮水池；

2 当城市自来水的供水量能满足生产、生活和消防用水的要求，而供水压力不能满足消防要求时，应与当地主管部门协商采用消防泵从市政给水管网吸水的直接加压方式，地下车站宜充分利用地面市政给水管网压力稳压而不另设稳压泵及稳压罐；

3 城市自来水的供水量和供水压力能满足生产、生活用水的要求，而不能满足消防用水量要求时，应设置消防泵、稳压装置和消防水池；

4 换乘车站生产、生活及消防给水系统宜采用一套系统；

5 车站室内生产、生活给水系统应与消防给水系统分开设置，并应根据当地自来水公司的要求设置计量设施。

14.2.5 管道布置和敷设应符合下列规定：

1 当车站生活、生产和消防系统分开设置时，车站内生活、生产用水应设为枝状管网，应从市政给水管网引入一根给水管和车站生活、生产给水管连接；

2 在车站公共区和出入口通道应设置冲洗栓；

3 地下区间给水干管的布置，当采用架空接触网供电时，可设在隧道行车方向的任一侧；当采用接触轨供电时，应设在接触轨的对侧；当与接触轨设置在同侧时，管道与接触轨的最小距离应大于 150mm；

4 给水管不应穿过变电所、通信信号设备室、控制室、配电室及电梯机房等房间；

5 严寒和寒冷地区的给水排水管道，应采取防冻保温措施；

6 当给水管道穿过结构变形缝、伸缩缝或沉降缝时，应设置伸缩补偿管道伸缩和剪切变形的装置；伸缩补偿装置应根据计算确定，并应利用管道自身的折角补偿温度变形；

7 当给水管穿过主体结构、屋面或穿越钢筋混凝土水池（箱）的壁板或底板时，应设防水套管。

14.3 排　水

14.3.1 排水系统的用水定额及排水量的计算应符合下列规定：

1 生活排水系统定额应取生活系统用水定额的

95%，小时变化系数应取 2.0～2.5；

2 生产排水量应按工艺要求确定；

3 冲洗、消防废水排水量和用水量相同；

4 地面、高架车站屋面雨水系统的排水能力，应按当地 10 年一遇的暴雨强度计算，集流时间应按 5min～10min 确定；屋面雨水工程与溢流设施的总排水能力不应小于 50 年重现期的雨水量；

5 高架区间、露天出入口、敞口风亭及隧道洞口的雨水泵站、排水沟及排水管渠的排水能力应按当地 50 年一遇的暴雨强度计算，集流时间应按计算确定。

14.3.2 地下车站的生活及粪便污水、结构渗水、冲洗及消防废水、露天出入口和隧道洞口的雨水，宜分类集中设排水泵提升就近排入城市排水系统。

14.3.3 地面或高架车站的污水、废水宜分类集中，应按重力流排水方式设计；雨水可按重力流或压力流设计。

14.3.4 车站及区间排水泵站的设置应符合下列规定：

1 区间隧道主排水泵站应设在线路实际坡度最低点；

2 地下车站排水泵站应设在车站下坡方向的一端；

3 地下车站污水泵站应设在厕所附近；

4 地下、地面及高架车站局部排水泵站应设于站厅层至地面的自动扶梯基坑附近、地下过街通道、电缆廊道、送排风道、电梯井及折返线车辆检修坑端部等有可能积水的低洼处。

14.3.5 地下区间排水泵站的室内地面高度，当区间设置疏散平台时，宜和疏散平台面平齐；当区间不设疏散平台时，采用架空接触网供电宜和走行轨顶面平齐；采用接触轨供电宜和接触轨防护罩面平齐。

14.3.6 排水泵站的布置应按现行国家标准《室外排水设计规范》GB 50014 的规定执行。

14.3.7 隧道出洞口雨水泵站宜设 2 根压力排水管。

14.3.8 车站排水泵站的排水管可通过风道或人行通道接入城市排水系统，地下区间排水管可就近从隧道顶部直接排出或通过临近车站接入城市排水系统。

14.3.9 当地下车站、区间排水泵站的压力排水管和城市排水管道连接时，应设压力检查井或消能井，检查井距车站主体结构外墙的距离不应小于 3.0m。当区间排水泵站压力排水管直接排出时，还应设防护套管及检修井。

14.3.10 排水泵站水泵的设计应符合下列规定：

1 区间主排水泵站、辅助排水泵站及车站排水泵站应设两台排水泵。位于水域下的区间排水泵站，应增设一台排水泵，排水泵平时应依次轮换工作，必要时可同时工作。排水泵的总排水能力，应按消防时的排水量和结构渗漏水量之和确定，每台排水泵的排水能力应大于最大小时排水量的1/2。

2 车站局部和临时排水泵站应设两台排水泵，排水泵平时应依次轮换工作，必要时可同时工作；每台排水泵的排水能力，应大于最大小时排水量的1/2。

3 隧道出洞口的雨水泵站应设三台排水泵，排水泵可平时两用一备，依次轮换工作，必要时可同时工作，每台泵的排水能力应大于最大小时排水量的1/2。

4 车站污水泵站应设两台污水泵，一台工作，一台备用，每台排水泵的排水能力不应小于最大小时的污水量。

5 排水泵站的排水泵应设计为自灌式，区间排水泵宜采用自动、就地和远动三种控制方式，车站排水泵可采用自动和就地两种控制方式。

14.3.11 排水泵站集水池的设计应符合下列规定：

1 洞口雨水泵站集水池的有效容积不应小于最大一台水泵5min～10min的出水量；

2 车站污水泵站集水池的有效容积应按日平均6h的污水量确定；

3 其他各类排水泵站的集水池有效容积，不应小于最大一台排水泵15min～20min的出水量；

4 厕所污水泵房的污水池应设透气管，透气管应接至排风亭格栅处。

14.3.12 地下、地面及高架车站站厅、站台、设备层及地面进入站厅的人行通道和站厅层相接部位应设排水沟或地漏排除结构渗漏水、消防废水及雨水，地漏设置间距宜取40m～50m。

14.3.13 地下车站出入口的楼梯、扶梯与通道相接处，宜设置横截沟，并宜在沟内设置排水地漏，宜接入扶梯底坑下排水泵站；敞开式出入口楼梯休息平台应增设横截沟和排水地漏。

14.3.14 当车站内设置其他盥洗间、污水池和洗脸盆时，其生活污水应通过管道排入污水泵站的集水池。

14.3.15 屋面排水天沟及其他排水明沟的纵向排水坡度不应小于3‰。

14.3.16 车站和区间重力流排水管宜采用阻燃型硬聚氯乙烯排水管、柔性接口机制排水铸铁管或不锈钢排水管及管件；压力流排水管宜采用承压塑料管、钢塑复合管或不锈钢排水管。

14.3.17 局部污水处理设施应符合下列规定：

1 当城市有污水排水系统无污水处理厂时，车站厕所的污水应经过化粪池处理达到标准后排入城市污水排水系统；

2 当城市无污水排水系统时，应对车站排出的粪便污水进行处理，满足国家现行有关污水综合排放标准的规定后，可排入城市雨水管网；

3 地面化粪池的设计应符合现行国家标准《建筑给水排水设计规范》GB 50015的规定；

4 地面化粪池及其他污水处理装置距建筑物的距离不宜小于5m。

14.4 车辆基地及停车场给水与排水

Ⅰ 给 水

14.4.1 给水系统用水定额及用水量应符合下列规定：

1 员工生活用水定额应为40L/（人·班）～60L/（人·班），小时变化系数宜为2.0；

2 职工淋浴用水定额应为40L/（人·次），每次延续时间1h；

3 消防用水应根据现行国家标准《建筑设计防火规范》GB 50016及《高层民用建筑设计防火规范》GB 50045的规定执行；

4 生产工艺用水应按工艺要求确定；

5 绿化的浇洒水定额应为1.0L/（m²·d）～3.0L/（m²·d），道路广场的浇洒水定额为2.0L/（m²·d）～3.0L/（m²·d）；

6 管网漏失水量及未预见水量之和应按车辆基地内最高日用水量的10%～15%计算。

14.4.2 给水水源应采用城市自来水，宜引入两路市政给水管与车辆基地内室外给水管网连接。

14.4.3 生产、生活和室外消防给水管宜采取共用的环状管网给水系统，生产、生活管网宜采用枝状管网的给水系统；车辆段给水及消防系统给水方案的选择应通过经济技术比较确定。

14.4.4 车辆基地及停车场室外给水系统每隔120m应设一座室外消火栓（井），每隔80m应设一个洒水栓。

14.4.5 当城市自来水的供水量和供水压力不能满足车辆基地内的用水要求时，给水系统可采用变频调速给水、无负压给水、叠压给水、屋顶水箱或水塔的给水方式。

14.4.6 根据建筑物内使用性质或计费不同的给水系统，应分别设置计量装置。

14.4.7 室外埋地给水管宜采用球墨铸铁管和胶圈接口，最高点应设排气阀，最低点应设泄水阀。

Ⅱ 排 水

14.4.8 排水量的计算应符合下列规定：

1 生活排水量定额宜为相应生活给水定额的85%～95%，小时变化系数宜为2.0～2.5；

2 生产用水排水量应按工艺要求确定；

3 冲洗、消防废水排水量应用用水量相同；

4 车辆基地及停车场库房、综合楼屋面雨水应按10年一遇暴雨强度进行计算，其他建筑屋面雨水应按2年～5年一遇暴雨强度进行计算，工程与溢流设施的总排水能力不应小于 50 年暴雨重现期的雨水量。

14.4.9 含油废水及洗车库的废水，应经过处理达到规定的排放标准后排放。

14.4.10 车辆基地及停车场的生活污水，应集中后按重力流方式排入城市污水排水系统，当不能按重力流方式排放时，应设污水泵站提升排入城市污水排水系统。

14.4.11 当车辆基地及停车场附近无城市污水排水系统时，生产废水及生活污水应经过处理，达到排放标准后可排至就近水域。

14.4.12 大型库房的屋面雨水排水宜按压力流排水设计。

14.4.13 室内重力流排水管道宜采用阻燃型硬聚氯乙烯排水管、柔性接口机制排水铸铁管，压力流排水管宜采用承压塑料管、钢塑复合管或不锈钢排水管。

14.4.14 当车辆段的停车列检库、定修库、试车线设有检修坑时，应有排水设施，其排水接入生产废水系统。

14.4.15 室外污水系统宜采用塑料管，室外雨水系统宜采用钢筋混凝土排水管或塑料管；当采用金属管道时，应有防腐措施。

15 供　电

15.1 一般规定

15.1.1 供电系统宜包括电源系统、牵引供电系统、动力照明供电系统、电力监控系统、杂散电流防护及接地系统。电源系统宜包括外部电源、主变电所或电源开闭所、中压供电网络和自备电源。牵引供电系统应包括牵引变电所与牵引网，动力照明供电系统应包括降压变电所与动力照明配电系统。

15.1.2 供电系统的外部电源及中压供电网络可采用集中式供电、分散式供电或混合式供电方式。

15.1.3 供电系统外部电源方案应根据轨道交通线网供电资源共享的要求，结合城市电网现状及规划确定。

15.1.4 集中式供电的中压供电网络电压等级宜采用 35kV 电压等级。分散式供电方式的中压供电网络的电压等级应采用与城市电网相一致的电压等级。

15.1.5 供电系统中的各种变电所均应采用两路电源，每路进线电源的容量应满足变电所全部一、二级负荷的要求；两路电源来自不同变电所或同一变电所的不同母线。主变电所进线电源应至少有一路为专线。分散供电方式应采用专线电源。

15.1.6 牵引用电应为一级负荷；动力照明应根据用电设备的重要性分为一级负荷、二级负荷、三级负荷。

15.1.7 供电系统的中压网络应按远期运行能力进行设计，正常和故障运行情况下，供电网络线路末端电压损失均不宜超过 5%。

15.1.8 直流牵引供电整流机组宜采用等效 24 脉波整流方式。

15.1.9 直流牵引供电为不接地系统，牵引变电所中的直流供电设备应绝缘安装。供电系统应采用双导线制，正极、负极均不应接地。

15.1.10 直流牵引供电系统的电压及其波动范围应符合表 15.1.10 的规定。

表 15.1.10　直流牵引供电系统电压值（V）

系　统　电　压		
标称值	最高值	最低值
750	900	500
1500	1800	1000

15.1.11 在正常运营条件下，正线回流轨与地间的电压不应超过 90V，车辆基地回流轨与地间的电压不应超过 60V；当瞬时超过时应有可靠的安全措施。

15.1.12 直流牵引系统及非线性用电设备产生的谐波引起的电网电压正弦波形畸变率，应符合现行国家标准《电能质量　公用电网谐波》GB/T 14549 的要求。宜采取谐波治理措施。

15.1.13 供电系统配置的无功补偿装置应能保证系统有功负荷高峰和负荷低谷运行方式下，分层和分区的无功平衡。可根据需要设置容性或感性无功补偿装置。

15.1.14 供电系统应设置制动再生能量吸收装置，其设计方案应通过技术经济综合比较后确定。宜采用电阻消耗、储能或逆变等吸收方式的设备。

15.1.15 动力照明配电系统带电导体应采用三相四线制，中性导体和保护导体分开的接地形式，并应符合现行国家标准《供配电系统设计规范》GB 50052 的要求。电压等级应为 220/380V。

15.1.16 在车辆基地应设置供电维护管理设施，设施的设置应与线网维修资源共享。

15.2 变电所

15.2.1 变电所宜分为主变电所、电源开闭所、牵引变电所、降压变电所。牵引变电所与降压变电所宜合建为牵引降压混合变电所。

15.2.2 主变电所进线侧的接线形式应满足电力系统的接线要求，宜选择内桥接线或线路变压器组接线形式，出线侧的接线形式应采用单母线分段形式。

15.2.3 主变电所、牵引变电所、降压变电所宜按无人值班方式设计；独立设置的主变电所宜配备具有安保功能的视频监控系统。

15.2.4 对集中供电方式的主变电所进线侧断路器的

调度，区域电网调度宜通过轨道交通控制中心的电力调度进行，在控制中心电力调度台应设区域电网调度电话。

15.2.5 主变电所应配置 2 台主变压器，正常时两台变压器可分列运行。其容量应根据近期、远期负荷计算确定，并在一台主变压器退出运行时其他变压器能负担供电范围内的一、二级负荷。主变压器高压侧中性点接地方式应满足电力系统要求，中压侧应经低电阻接地。

15.2.6 主变电所注入城市电力系统的谐波电流应符合现行国家标准《电能质量 公用电网谐波》GB/T 14549 的要求。主变电所变压器二次侧应设电能质量监测装置。

15.2.7 主变电所所主变压器宜选用三相双线圈油浸风冷有载调压变压器，调压抽头的选择宜根据电网电压波动范围确定，调压抽头应具有远程调节功能。

15.2.8 主变电所进线侧 110kV 以上开关宜选用气体绝缘全封闭组合电器（GIS），出线侧交流开关柜应与各变电所开关柜统一选择。

15.2.9 主变电所的电气测量、控制和保护应满足现行行业标准《35kV～220kV 无人值班变电站设计规程》DL/T 5103 的要求，并应纳入电力监控系统。

15.2.10 牵引负荷应根据运营高峰小时行车密度、车辆编组、车辆形式、线路资料等计算确定。

15.2.11 制动再生能量吸收装置的容量应根据车辆制动特性、列车运营要求、线路条件、牵引变电所间距等因素经计算确定。

15.2.12 牵引变电所宜设置两套牵引整流机组，其容量应根据远期计算负荷确定。当其中一座牵引变电所退出运行时，相邻的两座牵引变电所应能分担其供电分区的牵引负荷；当末端牵引变电所故障退出运行时可采用单边供电。牵引变电所内一套牵引整流机组退出运行时，另一套牵引整流机组具备运行条件时可继续运行。

15.2.13 牵引变电所和降压变电所的电气一次接线应可靠、简单。牵引变电所一次侧母线宜采用分段单母线接线，直流侧母线宜采用单母线接线；降压变电所一次侧母线及低压母线宜采用分段单母线接线。

15.2.14 降压变电所配电变压器容量选择原则：正常运行时，两台配电变压器分列运行，承担供电范围内全部用电负荷；当一台变压器退出运行时，自动切除三级负荷，另一台变压器能承担供电范围内的远期一、二级负荷。

15.2.15 牵引变电所和降压变电所的布置应符合下列规定：

　1　靠近负荷中心；

　2　便于设备运输和电缆敷设；

　3　在条件允许的情况下，地下车站牵引变电所应设在车站附近的地面；

　4　高架区间牵引变电所应设置在高架桥下，并满足当地防洪要求；

　5　当地面设置常规的变电所有困难时，应采用箱式变电所。

15.2.16 在地下采用的电气设备及材料，应选用无自爆、低烟、无卤、阻燃或耐火的定型产品。

15.2.17 电气设备应具有低损耗、低噪声等的特点，地下使用时还应满足体积小及防潮的要求。

15.2.18 变电所设备的布置应符合现行国家标准《3～110kV 高压配电装置设计规范》GB 50060 和《10kV 及以下变电所设计规范》GB 50053 的规定。直流开关设备的布置应满足高压开关设备的要求。

15.2.19 变电所控制室各屏间及通道最小距离宜按表 15.2.19 规定的数值。

表 15.2.19　控制室各屏间及通道距离（mm）

屏正面一屏背面	屏背面一墙	屏边一墙	主屏正面一墙
1500	800	800	2000

15.2.20 变电所的交、直流操作电源屏的电源，应接自变电所的两段低压母线。

15.2.21 变电所直流操作电源宜采用成套装置。正常运行时蓄电池处于浮充状态，蓄电池容量应满足 1h 需要。

15.2.22 直流牵引系统配电装置的馈线回路，应设置能分断最大短路电流和感性小电流的直流快速断路器。直流快速断路器容量的选择应根据牵引网形式、整流机组容量等条件经短路计算后确定。

15.2.23 牵引整流机组的负荷特性应符合表 15.2.23 的要求。

表 15.2.23　牵引整流机组的负荷特性

负荷	100%额定电流	150%额定电流	300%额定电流
持续时间	连续	2h	1min

注：300%额定电流 1min 是在 150%额定电流 2h 基础上的叠加。

15.2.24 变电所中压继电保护应符合现行国家标准《继电保护和安全自动装置技术规程》GB/T 14285 的规定。

15.2.25 变电所继电保护应符合下列规定：

　1　变电所设备和线路应有主保护、后备保护和异常运行保护，必要时可增设辅助保护。后备保护可选择远后备保护和近后备保护。

　2　变电所的继电保护和自动装置应满足可靠性、选择性、灵敏性和速动性的要求，并应力求简单。

15.2.26 对中压电缆线路的相间短路和单相接地故障或异常运行，应设下列保护装置：

　1　线路差动保护；

　2　过电流保护；

3 零序电流保护。

15.2.27 应对干式变压器的绕组及其引出线的相间短路和中性点直接接地（或小电阻接地）侧的单相接地故障，外部短路引起的过电流、过负荷运行，以及变压器温升超过限定值的异常运行情况，设相应的保护装置。

15.2.28 对牵引整流器的内部短路、元件故障、元件温升超过限定值的故障及异常运行，应设相应的保护装置。

15.2.29 对直流牵引馈线的短路故障及异常运行，应设置下列基本保护：

1 快速断路器大电流脱扣直接跳闸；

2 电流变化率及其增量保护；

3 双边联跳保护；

4 直流牵引设备的框架保护。

15.2.30 根据直流系统的具体情况有针对性地选择使用过电流保护、低电压保护、热过负荷保护、直流馈电电缆泄漏保护。

15.2.31 对制动电阻馈线，宜设置下列基本保护：

1 快速断路器大电流脱扣直接跳闸（快速断路器本体所带保护）；

2 低电压闭锁过电流保护。

15.2.32 变电所设计应满足综合自动化的要求和电力监控系统的需要。变电所综合自动化装置应具备下列基本功能：

1 保护、控制、信号、测量；

2 备用电源自动转接；

3 必要的安全连锁；

4 程序操作；

5 装置故障自检；

6 开放的通信接口。

15.2.33 直流牵引馈线开关应具有合闸前自动在线检测功能（含自动重合闸）。

15.3 牵引网

Ⅰ 一般规定

15.3.1 牵引网由接触网和回流网组成。接触网为正极，回流网为负极，分别通过上网电缆和回流电缆与牵引变电所连接。

15.3.2 牵引变电所直流快速断路器至正线接触网间应设置电动隔离开关，应确保负回流轨至牵引变电所负极柜之间连接的安全可靠。

15.3.3 在正常工作状态下，正线接触网应采用由两相邻牵引变电所构成的双边供电方式。当某牵引变电所退出运行时，相关正线接触网应由与该变电所相邻的两牵引变电所通过直流母线或纵向联络电动隔离开关等方式越区供电。

15.3.4 上网电缆、回流电缆的根数及截面，应根据越区供电方式下的远期负荷计算确定，但每个回路的电缆根数不得少于 2 根。

15.3.5 接触网的电分段应设在下列位置：

1 有牵引变电所车站的车辆惰行处；

2 联络线、辅助线与正线的衔接处；

3 车辆基地出入线与正线的衔接处；

4 车辆基地检修库入口处；

5 特殊情况下实现临时交路运营必需的位置。

15.3.6 回流网宜在下列位置设置单向导通装置：

1 正线与车辆基地或停车场的衔接处；

2 车辆基地或停车场的库内和库外之间；

3 需要特殊保护的区间隧道段。

15.3.7 当车辆在正线采用接触轨授流方式而在车辆基地或车场采用架空接触网授流时，在车辆基地或车场出入段线应设置供电转换区，转换区的长度应满足车辆转换受电的要求。

Ⅱ 接触网

15.3.8 对柔性悬挂接触网，车站及区间线路、车辆基地试车线与出入段线的接触网，宜采用全补偿简单链型悬挂；车辆基地中的其他线路宜采用简单悬挂。

15.3.9 刚性悬挂接触网宜采用"Ⅱ"形铝合金汇流排。

15.3.10 接触线距轨面的最低高度应与车辆尺寸相匹配，一般隧道内接触线距轨面的最低高度宜为 4000mm，其他线路接触线距轨面的最低高度宜为 4400mm。

15.3.11 当柔性接触线高度变化时，其坡度应符合表 15.3.11 的规定。

表 15.3.11 柔性接触线最大坡度值

列车速度 （km/h）	接触线最大坡度 （‰）	接触线最大坡度 变化率（‰）
10	40	20
30	20	10
60	10	5
90	6	3
100	5	2

15.3.12 柔性悬挂接触网设计的强度安全系数，不应低于现行行业标准《铁路电力牵引供电设计规范》TB 10009 的有关规定。

15.3.13 终端车站站后折返线的接触网宜单独分段，并应通过隔离开关与正线连接。

15.3.14 停车列检库、静调库、试车线的接触网，宜由牵引变电所直接馈电。每条库线的接触网宜设置带接地刀闸隔离开关。

15.3.15 对设车辆检查坑并有检修作业的正线折返线，其接触网应通过检修间附近的配电装置供电。配电装置应有主备两个电源，主电源宜来自附近牵引变电所的直流快速断路器，备用电源宜来自一条正线接触网。

15.3.16 对不设车辆检查坑的正线折返线，其接触网供电应有主备两路电源，分别接自上、下行的正线接触网。

15.3.17 车辆基地敷设的接触网，应具有来自车辆基地牵引变电所的主电源及来自正线的备用电源。

15.3.18 架空接触网设计依据的环境条件：除地下部分应根据环境控制条件确定外，其余应符合现行行业标准《铁路电力牵引供电设计规范》TB 10009 和《铁路电力牵引供电隧道内接触网设计规范》TB 10075 的规定。

15.3.19 接触网的空气绝缘间隙不应小于表15.3.19 的规定。

表 15.3.19　接触网空气绝缘最小间隙值（mm）

标称电压	静态	动态	绝对最小动态
750V	25	25	25
1500V	150	100	60

15.3.20 在隧道出地面处应设置避雷器或火花间隙；在地面段、高架桥区段的架空接触网应每隔 200m 设置避雷器或火花间隙。

15.3.21 避雷器与火花间隙的工频接地电阻不应大于 10Ω。

15.3.22 固定支持架空接触网的非带电金属体，应与架空地线相连接。架空地线引至牵引变电所接地装置。

15.3.23 柔性悬挂接触网的支柱间距，应根据悬挂类型、曲线半径、导线最大受风偏移值和运营条件确定。刚性悬挂接触网的悬挂点间距，应满足汇流排的弛度（挠度）要求。

15.3.24 在直线区段，架空接触线应按之字形布置。柔性接触线定位点处的拉出值宜为地上线±200mm、地下线±200mm/100m；刚性接触线拉出值宜为±200mm/250m。

15.3.25 在曲线区段，应根据曲线半径、超高值、接触悬挂跨距选取拉出值，拉出值方向宜向曲线外布置。

15.3.26 柔性悬挂接触网锚段长度应根据补偿的接触线和承力索的张力差、补偿器形式以及补偿导线的高度等综合因素确定。刚性悬挂接触网锚段长度，应根据环境温度、伸缩要求等因素确定。

15.3.27 在柔性悬挂接触网与刚性悬挂接触网的衔接处，应设置刚柔过渡设施。

15.3.28 对易受其他机动车辆损伤的支柱，应采取必要的防护措施。

Ⅲ　接触轨

15.3.29 接触轨按授流接触位置的不同可分为：上部授流接触轨、下部授流接触轨和侧部授流接触轨。接触轨可采用低碳钢或钢铝复合轨。

15.3.30 接触轨的支持间距应根据支架结构形式、道床形式、轨枕间距及授流方式等因素确定。

15.3.31 接触轨断轨处应设端部弯头。

15.3.32 接触轨锚段长度，应根据环境温度、伸缩要求等因素确定。

15.3.33 对 DC1500V 接触轨，应设置全线贯通的接地线，所有不带电的金属部件应与接地线连接，接地线应与牵引变电所内接地网相连，构成接触轨系统接地保护回路。

15.3.34 接触轨在道岔处断轨长度设置，应根据线路条件、限界、车辆受流器布置间距及电气连接等因素综合确定，应避免列车在道岔区无电现象。

15.3.35 在地面段、高架桥区段及地下车站有效范围内接触轨应设防护罩，其电气性能与物理性能应满足国家现行相关标准的规定。

15.4　电　　缆

15.4.1 在地下敷设的电缆应采用低烟、无卤、阻燃电缆；在地上敷设的电缆可采用低烟、阻燃电缆。在火灾时仍需供电运行的应急照明、消防设施等电缆，明敷时应采用低烟、无卤、耐火铜芯电缆或矿物绝缘耐火电缆。重要信号的控制电缆宜采用金属屏蔽，继电保护和自动装置用控制电缆均应选择屏蔽电缆。

15.4.2 电缆在区间及车站内敷设时，各相关尺寸及距离应符合表 15.4.2 的规定。电缆在车辆基地及控制中心建筑物内敷设时，应按现行国家相关标准执行。

表 15.4.2　电缆敷设的各相关尺寸及距离（mm）

名　称		电缆通道		电缆沟	
		水平	垂直	水平	垂直
两侧设支架的通道净宽		≥1000	—	≥300	—
一侧设支架的通道净宽		≥900	—	≥300	—
电缆支架层间距离	电力电缆	—	≥150 (200)	—	≥200 (250)
	控制电缆	—	≥100		120
电缆支架之间的距离	电力电缆	1000	1500	1000	
	控制电缆	800	1000	800	
车站站台板下电缆通道净高	人行部分	—	≥1900		
	电缆敷设部分	—	≥1300		
变电所内电缆通道净高		—	≥1900		
电力电缆之间的净距		≥35		≥35	

注：1　表中括号内数字为 35kV 电缆标准；
　　2　电力电缆与控制电缆混敷时，电缆支架之间的距离宜采用控制电缆标准；
　　3　地下车站站台板下电缆通道人通行部分的净高，当确有困难时，可适当降低，但不得低于 1300mm。

15.4.3 中压电缆中间接头应设置于区间隧道或其他电缆沟等场合，不宜设在车站站台板下。三相电缆电缆接头应错开设置，不应设置在同一里程位置。

15.4.4 在区间隧道或电缆廊道内，电缆在同一通道中位于同侧的多层支架上敷设时，宜按电压等级由高至低的电力电缆、强电至弱电的控制电缆的顺序排列；在电缆沟内敷设时，敷设顺序相反。当条件受限时，1kV 及以下电力电缆可与强电控制电缆敷设在同一层支架上。

15.4.5 双电源的两回电缆，宜布置在两个区间隧道内。重要回路的工作与备用电缆，应适当配置在不同层次的支架上。

15.4.6 电缆在区间隧道内布置时，宜敷设在沿行车方向的左侧。过道岔区段，宜采用刚性固定方式沿隧道顶部敷设后布置于对侧。

15.4.7 高架桥上的电缆应敷设在电缆支架上或电缆沟槽内，当采用支架明敷时，宜采取防护措施。

15.4.8 地面线路的电缆宜敷设在电缆沟槽内。车辆基地内应采用防水铠装电缆。

15.4.9 当电力电缆与通信信号电缆并行明敷时，两者间距不应小于 150mm；两者垂直交叉时，其间距不应小于 50mm。

15.4.10 干线电缆在房间内敷设时，宜沿吊顶内电缆桥架敷设。支路电缆在房间内敷设时，宜通过埋管暗敷。

15.4.11 直埋电缆进入隧道时，应在隧道外适当位置设置电缆检查井。

15.4.12 接地装置至变电所的接地电缆的截面，不应小于系统中保护地线截面的最大值。

15.4.13 金属电缆支架应有可靠的电气连接并单点接地。

15.4.14 中压交流单相电力电缆的金属护层，必须直接接地，在金属护层上任一点非接地处的正常感应电压，应符合下列规定：

　　1 未采取不能任意接触金属护层的安全措施时，不得大于 50V；

　　2 采取不能任意接触金属护层的安全措施时，不得大于 100V。

15.4.15 电缆构筑物中电缆引至电气柜、盘或控制屏的开孔部位，电缆贯穿隔墙、楼板的孔洞处，均应实施防火封堵。

15.5　动力与照明

15.5.1 用电设备的负荷等级划分应符合下列规定：

　　1 一级负荷：通信系统设备、信号系统设备、综合监控系统设备、火灾自动报警系统设备、电力监控系统设备、环境与设备监控系统设备、自动售检票系统设备、门禁系统设备、人防系统、应急照明、变电所操作电源、屏蔽门/安全门、消防系统设备、地下车站站厅站台照明、地下区间照明、排烟系统用风机及电动阀门、兼作疏散用的自动扶梯、防淹门、雨水泵、车站/区间废水泵、安全局用房电源等。

　　2 二级负荷：高架、地面车站站厅站台照明、设备管理区照明、附属房间照明、非事故风机及风阀、电梯、自动扶梯、排污泵、民用通信电源、设备系统用房的通风与空调设备、冷水机组油加热器及控制器等。

　　3 三级负荷：公共区及管理用房空调制冷及水系统设备、锅炉设备、广告照明、清洁设备、电热设备、维修电源、生活用电等。

15.5.2 动力照明负荷的供电应满足下列要求：

　　1 一级负荷应由动力照明变压器低压两段母线双电源双回线路供电，在电源末端应设置电源切换箱，当一路电源发生故障时，自动切换到另一路电源供电；

　　2 二级负荷可由动力照明变压器两段低压母线的任何一段单电源单回线路供电；

　　3 三级负荷可由两段低压母线的任何一段母线单电源单回线路供电，当系统中只有一个电源工作时允许切除该负荷。

15.5.3 车站大容量设备或负荷性质重要的用电设备宜采用放射式配电。中小容量设备，宜采用树干式配电，链接的配电箱不应超过 3 个。

15.5.4 对建筑净高小于 1.8m 的电缆通道，应设置安全照明。

15.5.5 动力照明用电设备端子处电压偏差允许值（以额定电压的百分数表示）宜符合下列要求：

　　1 车站：±5%；

　　2 区间：＋5%～－10%。

15.5.6 动力设备及照明的控制根据需要可采用就地控制、车站控制和中央控制。

15.5.7 车站通风和空调设备集中场所宜设置环控电控室。

15.5.8 车站站厅站台照明、设备区和管理区照明、附属房间照明、广告照明、地下区间照明、疏散指示照明等配电箱宜集中设置。

15.5.9 车站的站厅、站台照明应分组控制。

15.5.10 区间维修电源设施宜间隔 100m 设置，道岔附近应设维修用电源设施。

15.5.11 插座回路应具有漏电保护功能，车站站厅和站台清扫用电源插座应带保护盖。

15.5.12 当车站内设电炉、电热、地上车站分散式空调的电源时，宜单独回路供电。

15.5.13 车站和区间照明宜采用荧光灯，也可采用其他节能、环保型光源。

15.5.14 车站出入口、站厅、站台、车站控制室、公安用房、变电所、配电室、地下区间及其他重要设备和管理用房应设应急照明。站厅、站台、自动扶梯、自动人行道及楼梯口、疏散通道及安全出口应设疏散照明。

15.5.15 地下车站及隧道的照度标准，应符合现行国家标准《城市轨道交通照明》GB/T 16275 中的规定，功率密度宜按现行国家标准《建筑照明设计标准》GB 50034 执行。

15.5.16 地面车站与高架车站的照度标准和功率密度，应符合国家现行标准《建筑照明设计标准》GB 50034 和《民用建筑电气设计规范》JGJ 16 中的规定。

15.6 电力监控系统与综合自动化

15.6.1 供电系统应设电力监控（PSCADA）系统。电力监控系统的设备选型、系统容量和功能配置应能满足运营管理的需要，并应考虑发展的需要。

15.6.2 电力监控系统由中央级系统、变电所综合自动化子系统及传输网络组成。当设置综合监控系统时，中央级系统及传输网络应由综合监控系统统一设置。

15.6.3 电力监控系统应满足安全性、可靠性、可维护性和可扩展性的要求，并应具有故障诊断、在线维护和修改等功能。

15.6.4 电力监控系统应包括下列基本功能，根据工程情况在满足下列功能的基础上可选配其他功能：
   1 实现全线各变电所、接触网设备运行的实时数据采集和监控；
   2 实现供电系统故障报警、处理和记录；
   3 实现全线的时钟同步功能；
   4 实现系统自检功能；
   5 实现屏幕画面的汉化显示；
   6 实现运行和故障记录信息、电度量统计报表打印；
   7 实现主/备系统的切换功能；
   8 实现供电系统维修调度管理。

15.6.5 电力监控对象应包括遥信、遥测和遥控三部分。

15.6.6 遥信应包括下列基本内容：
   1 遥控对象的位置信号；
   2 高压、中压断路器、直流快速断路器的各种故障跳闸信号；
   3 变压器、整流器的故障信号；
   4 交直流电源系统故障信号；
   5 制动能量吸收装置故障信号；
   6 降压变电所低压进线断路器、母联断路器的故障跳闸信号；
   7 钢轨电位限制装置的动作信号；
   8 预告信号；
   9 断路器手车位置信号；
   10 无人值班和无门禁系统变电所的大门开启信号；
   11 控制方式。

15.6.7 遥测应包括下列基本内容：
   1 主变电所进线电压、电流、功率、电度、功率因数；
   2 变电所进线电压、电流、功率、电度；
   3 牵引变电所直流母线电压；
   4 牵引整流机组电流与电度、牵引馈线电流、负极柜回流电流；
   5 变电所交直流操作电源的母线电压。

15.6.8 遥控应包括下列基本内容：
   1 主变电所、牵引变电所、降压变电所内 10kV 及以上电压等级的断路器、负荷开关及系统用电动隔离开关；
   2 牵引变电所的直流快速断路器、直流电源总断路器（或隔离开关）、制动能量吸收装置馈线隔离开关；降压变电所的低压进线断路器、低压母联断路器、三级负荷低压总开关；
   3 接触网电源隔离开关；
   4 有载调压变压器的调压开关。

15.6.9 中央级设备应包括下列主要设备：
   1 冗余配置的服务器；
   2 通信处理器；
   3 操作员工作站和维护终端；
   4 模拟显示设备；
   5 打印机；
   6 不间断电源设备（UPS）。

15.6.10 变电所综合自动化系统结构模式宜采用集中管理、分层分布式系统结构、集中与分散布置相结合的模式。对设备间隔层组态模式，应根据主变电所、牵引变电所和降压变电所的不同特点选择合理的方案，主变电所高压侧设备宜采用保护和测控设备独立设置并独立与监控系统通信的方式，中压侧设备及牵引、降压变电所宜采用保护测控一体化装置方案。

15.6.11 变电所综合自动化系统应具备下列基本功能：
   1 保护功能；
   2 设备运行的实时数据采集和监控；
   3 故障报警、处理和记录；
   4 系统自检功能；
   5 屏幕画面的汉化显示；
   6 实现主/备系统的切换功能。
   7 必要的安全连锁；
   8 开放的通信接口；
   9 可脱离中央级系统独立运行。

15.6.12 变电所综合自动化系统结构应采用分层分布式系统，控制层之间可采用星形网络或总线网络实现通信连接。

15.6.13 电力监控系统的主要技术指标应符合下列

规定：

1 遥控命令传送时间不宜大于 3s；

2 遥信变位传送时间不宜大于 3s；

3 遥信分辨率（子站）不宜大于 5ms；

4 遥测综合误差不宜大于 1.0%；

5 遥控操作正确率不宜小于 99.99%，

6 遥调操作正确率不宜小于 99.9%；

7 双机自动切换时间不宜大于 10s；

8 画面调用响应时间不宜大于 1s；

9 系统可利用率不小宜于 99.95%；

10 数据传输速率不宜低于 9600bps；

11 平均无故障工作时间（MTBF）不宜低于 10000h。

15.7 杂散电流防护与接地

15.7.1 当直流牵引供电系统选择专用回流轨时，可不再采取杂散电流对金属结构的防护措施。当利用走行轨回流时，杂散电流对金属结构的电腐蚀应加以有效地限制及防护，采取多种措施减小杂散电流发生量和减小从金属结构表面流出的杂散电流量。

15.7.2 应对杂散电流及防护对象进行监测，并设置监测设施。

15.7.3 对地下隧道和高架桥梁内金属结构的防护应根据金属结构的电气连接条件和兼做接地体的不同情况采取不同的防护措施，并应符合下列规定：

1 对不具备电气连接条件或已兼做接地体的金属结构区段，应采取加强绝缘的防护措施，其走行轨对金属结构的泄漏电阻设计值应不小于 $150\Omega \cdot km$；

2 对具备电气连接条件并不与接地体连接的金属结构区段，宜采取"以堵为主、以排为辅、堵排结合、加强监测"的原则设计，其走行轨对金属结构的泄漏电阻设计值应大于 $15\Omega \cdot km$，其防护措施不应低于现行行业标准《地铁杂散电流腐蚀防护技术规程》CJJ 49 的规定。

15.7.4 当采取堵排结合的杂散电流防护方案时，应符合下列规定：

1 结构段内钢筋实行电气连接，其结构钢筋纵向电阻值不宜大于走行轨电阻的 10 倍；

2 实行电气连接的金属结构段与不具备电气连接条件或已兼作接地体的结构钢筋区段之间，需采取电气隔离措施。

15.7.5 对结构钢筋采取排流防护时，沿线结构钢筋对地电位的设计最高值不应超过 +0.3V。

15.7.6 对结构钢筋采取阴极防护时，结构钢筋的防护电位应控制在 −0.8V 左右，沿线对地电位设计的最高值不应超过 +0.3V，最低不宜低于 −1.5V，并应符合下列规定：

1 已接地的电缆支架、桥架、金属管线和电气设备基础槽钢外壳，与结构段进行电气绝缘；

2 采取排流措施防护的结构段不与接地体进行电气连接。

15.7.7 牵引供电系统宜采用较高的牵引电压和分布式的牵引供电方案，在经济合理的情况下尽量缩短直流牵引供电距离。

15.7.8 一个牵引变电所不得同时向不同的线路进行牵引供电。不同线路的走行轨应电气分隔。

15.7.9 兼作回流的走行轨应焊接成长钢轨，若钢轨有接头，在钢轨接头处除了鱼尾板连接外还应采用铜电缆连接，正线每处应采用 2 根，截面不应小于 $120mm^2$；车辆基地及停车场每处应采用 1 根，截面不应小于 $120mm^2$。

15.7.10 每股道的两根钢轨间每隔 200m 左右设均流线，复线股道间每隔 500m 左右设均流线。均流线采用铜电缆，数量不应少于 2 根，截面不应小于 $120mm^2$，均流电缆的设置应满足信号系统的要求。

15.7.11 整体道床和板式道床中宜设置排流钢筋网，并应与其他结构钢筋、金属管线、接地装置电气绝缘。排流网截面应根据结构钢筋极化电位不大于 0.5V 计算确定。

15.7.12 明挖区间隧道、矿山法施工隧道中宜设置辅助排流钢筋网，并应与其他结构钢筋、金属管线、接地装置电气绝缘。

15.7.13 盾构区间隧道和高架桥梁应根据金属结构具备的电气连接条件、防护效果、工程投资等综合分析后，确定采取不同的防护措施。对不具备电气连接条件的盾构管片和高架桥梁段，应采取加强的绝缘防护措施。

15.7.14 全线的排流网应电气连通，并应在牵引变电所附近引出排流端子。

15.7.15 应设置杂散电流防护检测设备，对道床结构钢筋的极化电位进行检测。

15.7.16 变电所提供杂散电流的检测排流条件。根据杂散电流的检测情况，确定排流系统投入使用。

15.7.17 回流走行轨在下列位置应设置绝缘轨缝和单向导通装置：

1 正线与车辆基地或停车场的衔接处；

2 车辆基地或停车场的库内和库外之间；

3 需要特殊保护的区间隧道段。

15.7.18 走行轨在下列位置应设置绝缘轨缝：

1 所有的电气化与非电气化区段之间；

2 运行线路和在建线路之间；

3 尽头线轨道车挡装置与电气化轨道之间。

15.7.19 在车站、车辆基地和停车场检修库应设置钢轨电位限制装置，该装置的动作电压应可调整，并应具有遥信功能。

15.7.20 杂散电流腐蚀防护的其他要求，应满足现行行业标准《地铁杂散电流腐蚀防护技术规程》CJJ 49 的规定。

15.7.21 杂散电流腐蚀防护的措施不应妨碍接地安全所采取的措施。

15.7.22 供电系统中电气装置与设施的外露可导电部分除有特殊规定外均应接地。

15.7.23 供电系统各种接地应采用综合接地，接地电阻不应大于接入综合接地装置的设备接地要求的最小值。

15.7.24 接地网的强、弱电以及防雷接地引出端子应分开，强、弱电以及防雷接地引出端子之间的距离不应小于 20m。

15.7.25 变电所接地装置的形式应降低接触电位差和跨步电位差，并应符合下列要求：

1 有效接地和低电阻接地系统发生单相接地或同点两相接地时，接触电位差和跨步电位差值，不应超过下式要求：

$$U_t = (174 + 0.17\rho_f) / \sqrt{t} \quad (15.7.25\text{-}1)$$
$$U_s = (174 + 0.7\rho_f) / \sqrt{t} \quad (15.7.25\text{-}2)$$

式中：U_t——接触电位差（V）；

U_s——跨步电位差（V）；

ρ_f——人脚站定处地表面的土壤电阻率（Ω·m）；

t——接地短路（故障）电流的持续时间（s）。

2 不接地或经消弧线圈接地和高电阻接地系统发生单相接地后，当不迅速解除故障时，接触电位差和跨步电位差值不应超过下式要求：

$$U_t = 50 + 0.05\rho_f \quad (15.7.25\text{-}3)$$
$$U_s = 50 + 0.2\rho_f \quad (15.7.25\text{-}4)$$

15.7.26 电气装置接地电阻的确定可按现行行业标准《交流电气装置的接地》DL/T 621 执行。

15.7.27 变电所应敷设以水平接地极为主的人工接地网，也可利用自然接地体作为接地装置。自然接地体与人工接地网的接地电阻值的测量应能分别进行。

15.7.28 当人工接地网和自然接地体同时利用时，两者间应采用不少于两根导体在不同地点相连接。

15.7.29 降压变电所的配电变压器低压侧中性点应直接接地，配电系统应采用 TN-S 系统接地形式。

16 通信系统

16.1 一般规定

16.1.1 通信系统宜由专用通信系统、民用通信系统和公安通信系统组成。

16.1.2 专用通信系统应满足直线电机牵引系统城市轨道交通工程运营、管理需求，宜由下列子系统组成：

1 传输系统；

2 公务电话系统；

3 专用电话系统；

4 无线通信系统；

5 广播系统；

6 时钟系统；

7 闭路电视监视系统；

8 乘客信息显示系统；

9 电源及接地系统；

10 集中告警系统。

16.1.3 专用通信系统各子系统均应具有网络管理功能。主要通信设备和模块应具有自检和报警功能，中心网管设备可采集和监测系统设备运行状态和故障信息。

16.1.4 专用通信系统应对有线及无线调度、中心广播等重要语音进行录音，录音设备宜集中设置。

16.1.5 民用通信系统应满足直线电机牵引系统城市轨道交通工程开展公众通信服务，宜由下列子系统组成：

1 传输系统；

2 通信引入系统；

3 集中告警系统。

16.1.6 公安通信系统应满足城市公安部门在直线电机牵引系统城市轨道交通工程范围内的通信需求，宜由下列子系统组成：

1 治安视频监控系统；

2 警用集群无线通信指挥调度系统；

3 计算机网络系统；

4 有线电话系统。

16.1.7 专用通信系统应满足正常运营方式和灾害运营方式的需求。在正常运营方式时，应能为运营、维护调度指挥提供保障；在灾害运行方式时，应能为防灾、救援和事故处理的指挥使用提供保障。

16.1.8 当条件允许时，专用通信系统、民用通信系统和公安通信系统宜共享网络资源和功能相同的设备。

16.2 专用通信传输系统

16.2.1 应建立以光纤通信为主的专用通信传输系统网络。

16.2.2 一条线路可设置一套，也可多条线路合设一套传输系统。轨道交通线网内各线路传输系统之间宜实现互通互联。

16.2.3 传输系统容量应根据运营管理和其他系统设备传输的需求确定，并留有余量。

16.2.4 传输网络设备应具有模块化结构，能通过改变单元数量、种类及调整软件对设备进行扩容、升级和重新配置。

16.2.5 光纤传输系统使用的光纤应设于不同路径中，从物理和逻辑上构成自愈保护环，并能自动切换，切换时不应影响正常使用，确保传输系统的可靠性。

16.3 专用通信公务电话系统

16.3.1 应设置满足运营管理各部门间公务通话及业务联系的公务电话系统。公务电话的交换机宜设置在负荷集中、便于管理的地点，交换机间宜通过数字中继线相连。

16.3.2 公务电话系统应统一规划，分期实施，公务电话系统应实现互通互联。

16.3.3 公务电话交换网与公用网本地电话局的连接宜采用全自动呼出、呼入中继方式。公务电话交换网应纳入公用网本地网的统一编号。宜按下列要求设置：

"0"或"9"为呼叫市内电话的号码；

"1"为特种业务、新业务首位号码；

"2~8"为用户的首位号码。

16.3.4 公务电话系统应具备综合业务数字网络（ISDN）功能。

16.3.5 公务电话系统宜设置计费管理系统。

16.3.6 公务电话系统应具备完善的监控管理接口和功能，并应设置维护终端。在控制中心应设置集中网络管理设备，对交换设备进行集中维护管理，并能与集中告警系统相连。

16.3.7 公务电话交换机容量的确定应符合下列规定：

1 近期容量应根据机构设置、新增定员、通信业务及日益增长的电话普及率或有关的基础数据及经济技术比较等因素确定；

2 远期容量应按近期容量的 180%～200% 确定；

3 交换机用户板的初装容量应按实装容量的 110% 确定。

16.3.8 公务电话交换机至所管辖范围内的地区用户线传输衰耗不宜大于 7dB。

16.4 专用通信专用电话系统

16.4.1 专用电话系统宜主要包括：调度电话、站间行车电话、车站、车辆基地（含停车场）内直通电话和区间电话。

16.4.2 调度电话系统应包括行车、电力、环控和维修等调度电话。

16.4.3 调度电话系统宜由调度电话总机、调度台和各站及车辆基地、停车场的调度分机组成；调度台应设在控制中心。

16.4.4 每条线路宜单设或几条线路合设一套调度交换机。

16.4.5 专用电话系统和公务电话系统宜采用合设方式，但应保证调度专用功能，确保系统可靠性。

16.4.6 行车调度电话分机应设置在各车站控制室、

车辆段信号楼控制室等地点。

16.4.7 电力调度电话分机应设置在各变电所的控制室和低压室等地点。

16.4.8 环控调度电话分机应设置在各车站、车辆段和停车场的消防控制室等地点。

16.4.9 维修调度电话分机应设置在维修中心值班室等地点。

16.4.10 调度电话系统应具有如下功能：

1 调度值班台能选呼、组呼和全呼分机，任何情况下均不应发生阻塞；

2 调度电话分机对调度值班台应能实现一般呼叫和紧急呼叫；

3 控制中心调度值班台之间应有台间联络功能；

4 具有召集固定成员电话会议和实时召集不同成员的临时会议的能力；

5 具有系统维护管理功能。

16.4.11 区间电话设置应符合下列要求：

1 一般区段每隔 150m～200m 设置一处；

2 道岔、接触轨（网）隔离开关、区间风机房、隔断门等附近应设置。

16.4.12 专用电话系统应具有完善的网络管理功能，并应能与集中告警系统相连。

16.5 专用通信无线通信系统

16.5.1 应设置为控制中心调度员、车辆段调度员、车站值班员等固定用户与列车司机、防灾、维修等移动用户之间提供通信的无线通信系统。

16.5.2 轨道交通线网无线通信系统应统一规划、分期实施；轨道交通线网无线通信系统宜实现互通互联。

16.5.3 无线通信系统采用的制式应符合国家有关技术标准，所采用的工作频段及频点应由当地无线电管理部门批准。无线通信系统宜采用数字集群移动通信方式。

16.5.4 无线通信系统应采用有线、无线相结合的传输方式。中心无线设备应通过光数字传输系统或光纤与车站、车辆段、停车场的无线基站连接，各基站（或光纤直放站）应通过天线空间波传播或经漏缆的辐射构成与移动台的通信。

16.5.5 无线通信系统应设置行车调度、环控防灾调度、维修调度、车辆段（或停车场）调度等子系统。

16.5.6 无线通信系统应具有选呼、组呼、全呼、紧急呼叫、呼叫优先级权限等调度通信功能，并应具有存储功能、监测功能等。

16.5.7 无线通信系统宜与信号系统接口。当列车进出车辆段、停车场时，可通过信号系统所提供的位置信息，实现调度权的自动触发转换。

16.5.8 无线通信系统应具有完善的网络管理功能，中心级网管终端应能够监测系统中心交换、基站、光纤直放站等设备，并能与集中告警系统相连。

16.5.9 无线通信系统应满足下列要求：

1 在场强覆盖区内，无线接收机音频输出端的信号噪声比不应小于 20dB；

2 在满足信噪比的要求下，场强覆盖时间、地点的可靠概率，采用漏泄同轴电缆的区段不应小于 98%；采用天线的区段不应小于 95%；

3 上下行链路的每载频信号场强，在要求的覆盖区内不应小于 −95dBm。

16.6 专用通信广播系统

16.6.1 应设置用于对乘客公告信息广播、运营维护广播的专用通信广播系统，并应包括运营和车辆基地（或停车场）两个独立广播系统。

16.6.2 运营广播系统应按控制中心和车站两级设置。

16.6.3 控制中心和车站均应设置行车和防灾广播控制台。控制中心广播控制台宜具备对全线选站、选路广播的功能。车站行车广播和防灾广播控制台宜根据实际情况合设；车站广播控制台宜具备对本站管区内选路广播的功能。

16.6.4 行车和防灾广播的区域应统一设置。防灾广播应优先于行车广播。

16.6.5 广播系统应具备列车进站自动广播功能。

16.6.6 运营广播区域宜按站台层、站厅层、与行车直接有关的办公区域等进行划分。声场强度不论室内、室外均应高于噪声级 10dB。广播区域各点的声场均匀度及混响指标应保证广播声音清晰、稳定。

16.6.7 运营广播系统功放设备总容量应按所有广播区域额定功率总和及线路的衰耗确定。功率放大器应按 N+1 的方式进行热备用，系统应有功放自动检测倒换功能。

16.6.8 列车上应设置列车广播设备。列车广播设备应兼有自动和人工两种播音方式，同时可接受控制中心调度员通过无线通信系统对运行的列车乘客的语音广播。

16.6.9 运营广播系统应具有完善的网络管理功能，并应与集中告警系统相连。

16.7 专用通信时钟系统

16.7.1 时钟系统应由中心母钟（简称一级母钟）、车站和车辆段以及停车场母钟（简称二级母钟）、时间显示单元（简称子钟）组成。

16.7.2 一级母钟应设置在控制中心，二级母钟应设置在各车站、车辆段和停车场，子钟应设置在中心调度室、车站控制室、变电所控制室、站厅、站台层等与行车直接有关的场所。当设置乘客信息显示系统时，站台可不设置子钟，统一由乘客信息显示系统显示屏显示。

16.7.3 当设有数字同步网设备时，一级母钟应能接收外部全球卫星定位系统（GPS）基准信号，也可接收中央人民广播电台时钟信号；一级母钟定时向二级母钟发送时间编码信号；二级母钟产生时间信号提供给本站的子钟。

16.7.4 一级母钟自走时精度应在 10^{-7} 以上，二级母钟自走时精度应在 10^{-6} 以上。

16.7.5 一级母钟应配置数字接口，二级母钟应配置数字式和指针式接口。

16.7.6 时钟系统应设置监控管理终端，并能与集中告警系统相连。

16.7.7 时钟系统一级母钟应预留与其他系统的接口。

16.8 专用通信闭路电视监视系统

16.8.1 应设置为控制中心调度员、各车站值班员、列车司机等提供有关列车运行、防灾、救灾及乘客疏导等方面的视觉信息的闭路电视监视系统。

16.8.2 闭路电视监视系统应由中心控制设备、车站控制设备，摄像机、显示器、录制和视频信号传输设备等组成。

16.8.3 闭路电视监视系统在集散厅、售检票区、上下行站台、楼扶梯、换乘通道、出入口等公共场所，以及票务管理室、售票亭等办公场所和独立主变电所应设摄像机。

16.8.4 应在控制中心行车调度员、环控调度员、车站行车值班员等场所设置控制、监视装置。在上下行站台列车停车位置宜设置监视装置。

16.8.5 摄像机、监视器宜采用中国电视信号标准制式（PAL/D）和隔行扫描方式。室外摄像机应设全天候防护罩，并应适应最低 0.2lx 的照度；车站室内摄像机应适应应急照度要求。

16.8.6 系统应具备监视、控制优先级、循环显示、任意定格与锁闭、图像选择、随时录像、摄像范围控制、字符叠加、远程电源控制等功能。

16.8.7 视频信号的远距离传输可采用数字传输方式。本地视频信号传输宜采用视频同轴电缆传输。

16.8.8 系统应具有完善的网络管理功能，并能与集中告警系统相连。

16.9 专用通信乘客信息显示系统

16.9.1 在车站及车厢内应设置乘客信息显示系统，为乘客提供必要的信息，提高运营服务水平。

16.9.2 乘客信息显示系统由总编播中心、各线编播中心和车站、车辆基地、车载设备组成。

16.9.3 车载设备应通过移动宽带传输网与有线部分相连。

16.9.4 总编播中心应能接收外部信息、存储和转发信息媒体文件、信息编辑处理、播出计划、控制和发布信息。

16.9.5 各线编播中心应能接收总编播中心下发的播放列表及媒体文件素材，并通过网络下发到本线路各车站、车载设备。

16.9.6 车站显示设备应能接收分线编播中心下发的信息，并在显示终端上播放和记录。站台显示设备应显示列车到达时间、实时时间等重要信息。

16.9.7 车载闭路电视应对本列车的所有车厢及司机室的监视区进行实时监视。

16.9.8 车载信息显示设备宜根据分线编播中心的命令，将所要求的车厢监视画面实时地传送到分线编播中心，并可调用车载硬盘录像机记录的监视视频。

16.10 专用通信电源及接地

16.10.1 通信系统电源应保证对通信设备不间断、无瞬变供电。

16.10.2 对要求直流供电的通信设备，应采用集中供电方式。

16.10.3 对要求交流不间断供电的通信设备，可根据负荷容量确定采用逆变器供电或交流不间断电源（UPS）供电方式。并应具有集中监控管理功能。

16.10.4 电源设备容量应符合下列要求：

1 直流配电设备的容量应按远期负荷配置；

2 整流器、直流变换器、逆变器、交流不间断电源设备的容量应按近期配置；

3 蓄电池组容量应按近期负荷配置，保证连续供电不应少于4h；

4 蓄电池组按两组并联设置，每组容量应为总容量的1/2；

5 交流不间断电源设备的蓄电池宜按一组设置。

16.10.5 通信设备的接地应确保人身、通信设备安全和通信设备的正常工作。

16.10.6 通信设备接地电阻值不应大于1Ω。

16.11 专用通信集中告警系统

16.11.1 应设置为使维修、维护人员能集中、及时、准确地了解通信各子系统设备运行状态的专用通信集中告警系统。

16.11.2 集中告警系统应具有故障管理、配置管理、性能管理、安全管理等功能。

16.11.3 系统宜由集中告警终端设备、通信各子系统的网络管理终端和打印设备等构成。集中告警终端设备宜设置在运营控制中心或车辆基地维修中心内。

16.11.4 系统与通信各子系统的网络管理系统间应采用标准、通用的硬件接口和通信协议。

16.11.5 应利用通信各子系统具有的自诊断功能，采集通信各子系统的设备故障信息，进行记录和告警。

16.12 民用通信系统

16.12.1 宜设置地面移动通信系统覆盖轨道交通地下空间的民用通信系统。

16.12.2 民用通信系统宜由传输系统、通信引入系统、集中告警等系统组成。

16.12.3 传输系统应为移动通信提供必要的传输信道。

16.12.4 民用移动通信引入系统应是射频信号的合成一分配网络，宜预留不同制式的射频信号的合路，由天馈方式和漏缆方式将信号覆盖于地下车站和隧道。

16.12.5 集中告警系统由综合信息监测终端、监测信息集中器和控制中心监测设备构成。

16.12.6 当有条件时，民用通信传输系统可与轨道交通传输系统合设。

16.13 公安通信系统

16.13.1 宜设置公安通信系统。公安系统应具有应急调度功能。

16.13.2 公安通信系统宜由传输系统、治安视频监控系统、警用集群无线通信指挥调度系统、计算机网络系统、有线电话系统组成。

16.13.3 治安视频监控系统可由警务站、派出所和地铁公安分局指挥中心监控组成。

16.13.4 治安视频监控系统宜按本规范第16.8节的规定执行。治安视频监控系统宜与运营闭路电视监视系统合设。

16.13.5 警用集群无线通信指挥调度在组网时，系统制式及设备选型应适应当地既有的公安无线通信系统，并实现与既有系统的兼容及互连互通。

16.13.6 新建线路的计算机网络应能实现与既有线路及当地公安计算机系统联网。

16.13.7 有线电话系统应与当地公安有线电话系统联网。

16.14 通信系统用房

16.14.1 应根据远期容量、设备运行和维修等要求，合理确定机房及生产辅助用房的面积。当条件允许时，运营通信、民用通信和公安通信设备房宜合建。

16.14.2 通信设备房不应与变电所相邻。

16.14.3 通信设备房应防尘、防潮，应采取防静电措施。

16.14.4 应根据通信设备及布线的要求，合理预留通信设备房的沟、槽、管、孔。

16.14.5 通信设备房室内最小净高不宜低于2.8m。

16.15 通信系统光缆、电缆

16.15.1 通信系统线路宜由区间光缆、区间电缆、车站（车辆基地）地区光电缆及漏泄同轴电缆组成。

16.15.2 区间光缆、电缆宜选用钢带铠装充油、外护层阻燃、低烟、无卤光缆、电缆，分别敷设于两个隧道电缆托架上；车站、车辆基地内的电缆和光缆宜采用管道或槽道方式敷设，管道光缆、电缆宜采用无铠光缆和无铠全塑市话电缆，直埋或架挂敷设电缆宜采用有铠光缆和有铠全塑市话电缆。

16.15.3 地下直埋电缆、光缆的埋设深度应符合表16.15.3的规定。

表 16.15.3 直埋电缆、光缆的埋设深度（m）

敷 设 地 段	埋 深
普通土、硬土	≥1.2
半石质（砂砾土、风化石等）	≥0.9
市区人行道	≥1.0

16.15.4 地下直埋电缆、光缆与其他建筑物、管线的最小净距应符合表16.15.4的规定。

表 16.15.4 直埋电缆、光缆与其他建筑物、管线的最小净距（m）

设 施 名 称		最小净距	
		平行时	交叉时
电力电缆	电压<35kV	0.5	0.5
	电压≥35kV	2.0	0.5
通信管道		0.75	0.25
给水管	管径<0.3m	0.5	0.5
	管径≥0.3m	1.0	0.5
燃气管	压力≤300kPa	1.0	0.5
	300kPa<压力≤800kPa	2.0	0.5
市外大树		2.0	—
市内大树		0.75	—
热力管、排水管		1.0	0.5
排 水 沟		0.8	0.5
房屋建筑红线（或基础）		1.0	—

16.15.5 沿墙架设电缆、光缆与其他管线的最小净距应符合表16.15.5的规定。

表 16.15.5 沿墙架设电缆、光缆与其他管线的最小净距（m）

管 线 种 类	最小净距	
	平行	垂直交叉
电力线	0.15	0.05
避雷引入线	1.00	0.30
保护地线	0.05	0.02
热力管（不包封）	0.50	0.50
热力管（包封）	0.30	0.30
给水管	0.15	0.02
燃气管	0.30	0.02

17 信 号 系 统

17.1 一 般 规 定

17.1.1 信号系统应有行车指挥和列车运行控制设备，宜根据运营需要，在技术经济比较的基础上，合理采用不同层次的技术和装备。

17.1.2 信号系统应由正线的列车自动控制（ATC）系统以及车辆基地信号系统组成。

17.1.3 信号系统应设置故障监测和报警设备。

17.1.4 信号系统应按行车最大能力要求设计。根据运营需要，信号系统应满足不同列车编组和运行交路的要求。

17.1.5 信号系统的主要行车设备应采用双机热备份结构；涉及行车安全的设备必须符合故障-安全原则，列车自动防护系统、连锁等应采用安全冗余结构。

17.1.6 双线区段宜按双方向运行设计，也可按照单方向运行设计；单线区段应按双方向运行设计。

17.1.7 在与其他线路之间的联络线上应设信号系统的结合电路。

17.1.8 信号系统应满足维修、维护管理的需要。

17.2 列车自动控制（ATC）系统

17.2.1 信号系统宜具有下列主要列车自动控制（ATC）制式：

1 固定闭塞式系统；

2 准移动闭塞式系统；

3 移动闭塞式系统。

17.2.2 列车自动控制（ATC）系统可包括下列主要子系统：

1 列车自动监控（ATS）系统；

2 列车自动防护（ATP）系统（含连锁系统）；

3 列车自动运行（ATO）系统。

17.2.3 列车自动控制（ATC）系统按所处地域划分可包括下列子系统：

1 控制中心系统；

2 车站及轨旁系统；

3 车载设备系统；

4 车辆基地及停车场系统。

17.2.4 列车自动控制（ATC）系统宜有下列水平等级：

1 最大通过能力小于20对/h的运营线路，应采用列车自动防护（ATP）系统，根据需要也可采用列车自动监控（ATS）和列车自动防护（ATP）系统；

2 最大通过能力大于20对/h，而小于30对/h的运营线路，应采用列车自动监控（ATS）和列车自动防护（ATP）系统，根据需要也可采用列车自动监控（ATS）、列车自动防护（ATP）和列车自动运行（ATO）系统；

    3 最大通过能力不小于 30 对/h 的运营线路，应采用完整的列车自动控制（ATC）系统。

17.2.5 列车自动控制（ATC）系统应按下列原则选择：

    1 应采用安全、可靠、成熟、先进的技术装备，具有较高的性能价格比；

    2 运营线路宜采用准移动闭塞式（ATC）系统或移动闭塞式（ATC）系统，也可以采用固定闭塞式（ATC）系统。

17.2.6 列车自动控制（ATC）系统应包括下列控制等级：

    1 控制中心自动控制；

    2 控制中心自动控制时的人工介入控制；

    3 车站自动控制；

    4 车站人工控制。

17.2.7 有车载列车自动防护（ATP）列车的主要驾驶模式及模式转换的基本要求应符合下列规定：

    1 有车载 ATP 列车的主要驾驶模式应包括：

      1）无人驾驶模式；

      2）列车自动运行（ATO）自动驾驶模式；

      3）列车自动防护（ATP）监督下的人工驾驶模式；

      4）列车自动防护（ATP）限速的人工驾驶模式；

      5）非限制人工驾驶模式。

    2 列车驾驶模式转换应符合下列规定：

      1）列车自动控制（ATC）系统控制区域与非列车自动控制（ATC）系统控制区域的分界处，应设驾驶模式转换区，转换区的信号设备应与正线信号设备一致；

      2）驾驶模式转换可采用人工方式或自动方式，并应予以记录。当采用人工方式时，其转换区域的长度宜大于一列车的长度。当采用自动方式时，应根据列车自动控制（ATC）系统的性能特点确定转换区域的设置方式。

17.2.8 列车自动控制（ATC）系统应能降级运用，实现故障弱化处理，满足故障复原的需要。

17.2.9 列车自动控制（ATC）系统的设计能力应符合下列规定：

    1 列车自动控制（ATC）系统监控范围应按远期设计；

    2 正线列车通过能力应按远期设计，折返能力、出入车场能力必须适应远期运营要求。

17.2.10 列车自动控制（ATC）系统应能与通信（传输系统、时钟系统和无线通信系统等）、电力监控、综合监控和环境与设备监控等其他专业系统接口。

17.3 列车自动监控（ATS）系统

17.3.1 列车自动监控（ATS）系统应具有下列主要功能：

    1 列车自动识别、跟踪、车次号显示；

    2 时刻表编制及管理；

    3 进路自动控制；

    4 列车运行和设备状态自动监视；

    5 列车运行自动调整；

    6 操作与数据记录、输出及统计处理；

    7 系统故障复原处理；

    8 提供乘客导向信息。

17.3.2 列车自动监控（ATS）系统的基本要求应符合下列规定：

    1 同一列车自动监控（ATS）系统应能监控一条或多条运营线路。监控多条运营线路时，应保证各条线路具有独立运营或混合运营的能力。

    2 列车自动监控（ATS）系统的计算机系统及网络系统应采用冗余技术。应设调度员工作站、值班主任工作站、时刻表编辑工作站以及其他必要的设备。调度员工作站的数量，根据在线列车对数、线路长度和车站数量等因素合理配置。

    3 运营线路上的车站应纳入列车自动监控（ATS）系统监控范围，车辆段、停车场可不全部列入系统监控范围。

    4 列车自动监控（ATS）系统应满足列车运行交路的需要，凡有道岔车站均应按具有折返作业处理。

    5 出入车辆段、停车场的列车不应影响正线列车的运行。

    6 系统故障或车站作业需要时，经控制中心调度员与车站值班员办理必要的手续后，可实现站控与遥控转换，车站值班员也可强行办理站控作业。站控与遥控转换过程中，不应影响列车运行。

    7 列车进路控制应以连锁表为依据，根据运行时刻表和列车识别号等条件实现控制。

    8 列车自动监控（ATS）系统应具有良好的实时控制性能。系统处理能力、模板插槽等应留有余量。信息采集周期宜小于 2.0s。

    9 列车自动监控（ATS）系统与连锁设备接口应满足下列要求：

      1）列车自动监控（ATS）系统可与计算机连锁或继电连锁设备接口；

      2）列车自动监控（ATS）系统控制命令的输出持续时间应保证继电连锁设备的可靠动作，其与安全相关的接口应有可靠的隔离措施。

    10 列车自动监控（ATS）系统宜从时钟系统获

取标准时钟信号。

11 列车自动监控（ATS）系统宜与广播系统接口，实现列车进站自动广播功能。

17.4 列车自动防护（ATP）系统

17.4.1 列车自动防护（ATP）系统应具有下列主要功能：

1 监督列车运行速度，实现列车超速防护控制及报警；

2 检测列车位置，实现列车安全间隔运行控制；

3 实现列车非正常移动（含退行）控制；

4 为列车车门、站台屏蔽门的开闭提供安全监督信息；

5 具有人工或自动轮径磨耗补偿功能；

6 车载信号设备的自检；

7 司机操作记录。

17.4.2 列车自动防护（ATP）系统的基本要求应符合下列规定：

1 列车自动防护（ATP）系统应由（ATP）轨旁设备、（ATP）车载设备和连锁设备组成。

2 列车自动防护（ATP）系统安全失效率指标应优于 $10^{-9} h^{-1}$。（ATP）系统内部设备之间，包括（ATP）轨旁设备和连锁设备之间的信息传输通道必须符合故障-安全原则。

3 闭塞分区的划分或列车运行安全间隔，应通过列车运行模拟确定。在安全防护地点运行方向的后方应设安全防护距离或防护区段，安全防护距离或防护区段应根据列车的加、减速度、打滑、空转等数据，通过计算确定。

4 列车自动防护（ATP）系统应采用连续式控制方式，宜采用速度-距离制动模式。列车位置检查可采用轨道电路等方式实现。

5 列车自动防护（ATP）定点停车精度应根据列车车门宽度、屏蔽门宽度等因素选定。定点停车精度宜采用 $\pm 0.3m$；只有列车停在车站站台区，并满足列车自动防护（ATP）停车精度要求，列车自动防护（ATP）才允许列车自动运行（ATO）向列车和站台屏蔽门发送开门命令。

6 列车在列车自动防护（ATP）监督下的人工驾驶模式时，应按车载信号的指示运行；在 ATP 限速的人工驾驶模式以及全人工驾驶模式下，应以地面信号机显示行车。

7 轨道交通宜采用计算机连锁设备。

17.4.3 连锁设备的基本要求应符合下列规定：

1 应确保进路上道岔、信号机和区段的连锁；当连锁条件不符时，严禁进路开通。敌对进路必须相互照查，不得同时开通。

2 当装设引导信号的信号机因故不能开放时，应通过引导信号实现列车的引导作业。

3 应能办理列车和调车进路，根据需要设置相应的防护进路。

4 连锁设备宜采用进路操纵方式。根据需要连锁设备可实现车站有关进路、端站折返进路的自动排列。

5 进路解锁宜采用分段解锁方式。锁闭的进路应能随列车正常运行自动解锁、人工办理取消进路并应防止错误解锁。

6 连锁道岔应能单独操纵和进路选动。

7 当隧道内设有防淹门等设备，连锁设备必须实现与防淹门的连锁关系：一旦某一防淹门失去完全开启并锁闭状态表示，防淹门两端车站严禁向相应线路防淹门保护区段内设置进路。如已设置进路，则信号机立即关闭并实施封锁，正在接近相应线路防淹门保护区段的列车则实施紧急停车。

8 车站站台及车站控制室应设站台紧急停车按钮。列车在离去区时，按下站台紧急停车按钮，如列车已全部出清站台时，可不实施紧急制动；站台紧急停车按钮电路应符合故障-安全原则。

9 车站控制室应设站台列车扣车按钮和取消扣车按钮。当按下扣车按钮后，在相应站台区驶入的列车将不再按照正常的停站时分停车，直到按压取消扣车按钮为止。

10 连锁设备的操纵可选用操作员工作站。操作员工作站的显示屏上应设有意义明确的各种表示，用以监督线路及道岔区段占用、进路锁闭及开通、信号开放和挤岔、遥控和站控等。

11 车站连锁主要功能包括：列车进路的建立/解锁和取消、信号机关闭/开放和禁止、道岔操纵/锁闭和禁止、区段临时限速建立和取消、扣车和取消、遥控和站控、站台紧急停车和取消。

12 轨道交通固定信号机、发车指示器等设置应符合下列规定：

1） 在列车自动控制（ATC）区域的线路上应设道岔防护信号机和防淹门防护信号机；

2） 信号机应设在列车运行方向的右侧，特殊情况可设于列车运行方向的左侧或其他位置；

3） 车站站台靠近运营方向端部应设发车指示器。

13 地面信号机显示距离应符合下列规定：

1） 道岔和防淹门防护信号不应小于 400m；当瞭望距离不够时，可增设复示信号机；

2） 调车信号不应小于 200m。

17.5 列车自动运行（ATO）系统

17.5.1 列车自动运行（ATO）系统应具有下列主要功能：

1 站间自动运行；

2 车站精确停车；

3 列车自动运行（ATO）或无人驾驶自动折返；

4 车门开、闭控制；

5 列车运行自动调整；

6 列车节能控制；

7 屏蔽门的开、闭控制。

17.5.2 列车自动运行（ATO）系统的基本要求应符合下列规定：

1 根据线路条件、道岔状态、前方列车位置等，实现列车速度自动控制。列车在区间停车应尽量接近前方目的地。区间停车后，在允许前进的条件下列车可自动启动。车站发车时，列车启动由司机控制。

2 列车自动运行（ATO）系统应能控制列车通过车站、区段临时限速等作业。

3 除车站发车时，列车启动须由司机控制外，ATO系统应能根据ATP提供的目标速度，实现列车速度自动控制。

4 列车自动运行（ATO）应能提供多种区间运行模式，满足不同行车间隔的运行要求，适应列车运行调整的需要。

5 列车自动运行（ATO）精确停车精度应根据列车车门宽度、屏蔽门宽度等因素确定；列车自动运行（ATO）站台精确停车精度宜采用±0.3m。

6 列车自动运行（ATO）控制过程应满足舒适度和快捷性的要求。

17.6 车辆基地及停车场信号系统

17.6.1 车辆基地和停车场的信号系统宜包括下列主要设备：

1 车辆基地和停车场列车自动监控（ATS）；

2 车辆基地和停车场连锁设备；

3 试车线信号设备；

4 培训设备；

5 日常维修和检查设备。

17.6.2 车辆基地和停车场的信号系统应满足下列要求：

1 车辆基地设进、出段信号机，根据需要设调车信号机。停车场各种信号机的设置，应根据其运营要求和控制方式等确定。

2 进车辆基地信号机应由车辆基地控制，出车辆基地信号机由车站、控制中心监控；车辆基地不宜全部纳入列车自动监控（ATS）；根据停车场的规模和作业特点，停车场可部分或全部纳入列车自动监控（ATC）控制范围。

3 试车线信号系统地面设备的布置，应满足列车自动防护（ATP）或列车自动运行（ATO）等双向试车的需要。试车线地面信号设备应与列车自动控制（ATC）系统的控制区域的信号设备相同。

4 试车线与车辆基地线路连接处道岔和防护信号应纳入车辆基地连锁。

17.7 其　　他

17.7.1 列车自动控制（ATC）系统控制区域内的道岔宜采用交流动力型转辙机，车辆段等其他线路可采用直流转辙机。

17.7.2 信号系统供电应满足下列要求：

1 供电负荷等级应为一级负荷，设两路独立电源。车载设备应由车上直流电源直接供电。

2 交流电源应设稳压设备。

3 信号设备宜由专用电源屏供电，宜选用不间断电源（UPS）设备。控制中心、包括电动转辙机和信号机在内的车站信号设备等的不间断电源（UPS）电池后备时间应该相同。

4 信号设备专用交、直流电源应对地绝缘。

17.7.3 信号系统电线路应满足下列要求：

1 电缆应采用阻燃、低毒、防腐蚀护套电缆。

2 电缆敷设应采用下列方式：

1）地面电缆应采用直埋或管道方式；

2）隧道内电缆应采用明敷方式，车站宜用隐蔽方式敷设；

3）高架线路的电缆应采用隐蔽方式敷设。

3 信号电线路应与电力线路分开敷设。交叉敷设时信号系统的电线路应采取防护措施，平行敷设时其间距不应小于0.15m。

17.7.4 信号系统设备用房应满足下列要求：

1 信号机房面积应留有适当余量，以备设备增加、更新倒换。

2 信号机房应适应设备运用环境的要求，需要时可设空调设备。

17.7.5 信号设备的接地系统应满足下列要求：

1 信号设备应设工作地线、保护地线、屏蔽地线和防雷地线等。

2 信号设备的接地宜接入综合接地系统，也可采用分设接地方式。

3 信号设备室应设主接地板，并通过主接地板接地。室外电缆屏蔽和防雷器的接地，应通过设于电缆引入口的接地板与主接地板相连。

4 车载信号设备的地线应经车辆的接地装置接地。

17.7.6 信号设备防雷装置应符合下列规定：

1 高架和地面线的室外信号设备、与外线连接的室内信号设备必须具有雷电防护措施。

2 信号设备的防雷装置应满足下列要求：

1）防雷元器件的选择应将雷电感应过电压限制在被防护设备的冲击耐压水平之下，可不对直接雷击设备实施防护；

2）防雷元器件不应影响被防护设备的正常

工作。

17.7.7 防雷元器件与被防护设备之间的连接线应最短，防护电路的配线应与其他配线分开，其他设备不应借用防雷元器件的端子。

18 综合监控

18.1 一般规定

18.1.1 综合监控系统应为实时监控与事务数据管理相结合的系统。

18.1.2 综合监控系统应集成电力监控、环境与设备监控和屏蔽门等系统；应互联广播、视频监控、乘客信息、自动售检票和门禁等系统；应互联或集成列车自动监控、火灾自动报警等系统。

18.1.3 综合监控系统应为线网运营指挥中心提供有关信息，实现线网运营管理协调功能。

18.2 系统设置原则

18.2.1 应以运营管理需求为基础构建综合监控系统。

18.2.2 综合监控系统宜设置中央级综合监控系统和车站级综合监控系统；应通过网络设备将全线各车站级综合监控系统与中央级综合监控系统连接构成完整综合监控系统；就地级由被集成或互联子系统现场设备组成。

18.2.3 中央级和车站级综合监控系统宜设置冗余局域网。

18.2.4 综合监控系统宜利用通信系统传输网络组网或组建专用传输网络。

18.2.5 综合监控系统应设置网络管理系统和综合集中告警系统。

18.2.6 综合监控系统宜设置培训管理系统和仿真测试平台。

18.2.7 控制中心建筑、车辆基地宜设综合监控系统，宜按车站级配置。

18.2.8 综合监控系统与集成或互联系统的接口应符合现行国家有关标准的规定。

18.3 系统基本功能

18.3.1 综合监控系统应具备对被集成系统的监控和管理，以及对互联系统的联动控制功能。

18.3.2 综合监控系统宜具备运营数据统计、操作员培训、决策支持等运营辅助管理功能。

18.3.3 综合监控系统应具备群组控制、模式控制和点动控制功能。

18.3.4 综合监控系统应具备下列主要基本功能：

  1 控制功能；

  2 监视功能；

  3 报警管理；

  4 趋势记录；

  5 报表生成；

  6 权限管理；

  7 系统组态；

  8 档案管理；

  9 系统维护和诊断。

18.3.5 电力监控子系统功能应按本规范第15章有关规定执行。根据运营需要，在满足上述要求的基础上可增加其他功能。

18.3.6 环境与设备监控子系统功能应按相关章节有关规定执行。根据运营需要，在满足上述要求的基础上可增加其他功能。

18.3.7 火灾自动报警子系统功能宜按相关章节有关规定执行。根据运营需要，在满足上述要求的基础上可增加其他功能。

18.3.8 列车自动监控子系统功能应按本规范第17章有关规定执行。

18.3.9 综合监控系统应具备下列主要联动功能：

  1 正常工况，开站、关站和列车进站自动广播等联动功能；

  2 火灾工况，区间火灾防排烟模式控制、车站火灾消防应急广播、车站火灾场景的视频监控和乘客信息系统的火灾信息发布等联动功能；

  3 紧急工况，启动相关系统及被控设备的联动功能；

  4 阻塞工况，启动相关车站隧道通风设备联动功能。

18.3.10 综合后备盘（IBP）宜具备：站台紧急停车、扣车或放行、通风排烟系统的紧急模式控制、专用消防设备控制、自动售检票（AFC）系统自动检票机释放、门禁控制、电扶梯停止控制和屏蔽门开门控制。

18.4 硬件基本要求

18.4.1 综合监控系统设备应选择可靠、容错、可维护、易扩展的工业级网络及控制产品。

18.4.2 中央级宜配置冗余实时服务器、历史服务器、调度员工作站、维护工作站、事件及报表打印机、前端通信处理器、网络设备、不间断电源等设备；宜配置大屏幕显示系统。

18.4.3 车站级应配置冗余实时服务器、操作员工作站、打印机、前端通信处理器、网络设备、综合后备盘（IBP）和不间断电源（UPS）等设备。

18.5 软件基本要求

18.5.1 综合监控系统软件应满足下列要求：

  1 采用分层分布式软件架构；

  2 采用模块化结构；

3 应是一个开放系统，采用标准的编程语言和编译器，支持多种硬件构成，具有对不同制造商产品的集成能力（包括接口协议、数据、工作模式等）；

4 应提供优良的实时处理能力，通过采用关键数据主动上传、订阅/发布、事件驱动等机制提供合理的数据流结构框架，提供优良的远程控制能力；

5 应能充分利用和发挥硬件系统的能力，支持多任务多用户并发访问，支持内存数据库和动态缓存技术，支持数据的存储、转发；

6 应提供有效的冗余设计；单个模块或部件故障甚至部分交叉故障不应引起数据的丢失和系统的瘫痪；

7 应具有标准化、实用化、可复用和易扩展的特征，应能支持综合监控系统多专业集成和互联，应能支持综合监控项目分专业、分包和分期实施；

8 应满足集成子系统特殊进程的要求。

18.5.2 综合监控系统软件应便于增减接口或车站数量；具备接入上层信息管理系统功能。

18.6 系统性能指标

18.6.1 系统监控应满足下列要求：

1 实时数据上行响应时间不应大于 2s；

2 实时数据下行控制时间不应大于 2s。

18.6.2 系统网络平均无故障时间（MTBF）应大于50000h，系统网络平均修复时间（MTTR）不应大于 0.5h。

18.6.3 系统平均无故障时间（MTBF）不应小于 10000h。

18.6.4 系统平均修复时间（MTTR）不应大于 1h。

18.7 其　　他

18.7.1 管线敷设应采取抗电磁干扰措施。信号线与电源线不应共用一条电缆，也不应敷设在同一根金属管内。采用屏蔽线缆时，应保持屏蔽层的连续性，屏蔽层宜一点接地。

18.7.2 控制器和计算机设备宜根据相应产品或系统的要求一点接地或浮空，现场机柜必须接地。接地电阻不应大于 1Ω。

19 火灾自动报警系统

19.1 一般规定

19.1.1 全封闭运行的车站、主变电所、区间变电所、控制中心、车辆基地、集中冷站等建筑物内应设置火灾自动报警系统。

19.1.2 火灾自动报警系统（FAS）应直接控制消防专用设备，当设置综合监控系统时应通过该系统联动相关设备，执行火灾工况指令。

19.1.3 火灾自动报警系统（FAS）保护对象的保护等级分为一级和二级，划分原则应符合下列规定：

1 地下车站（含区间）为一级；

2 设有集中空调的地面建筑为二级；

3 未设集中空调的地面及高架车站，每层封闭建筑面积 2000m² ～ 3000m² 的为二级，超过 3000m² 的为一级；

4 其他附属建筑应按现行国家标准《火灾自动报警系统设计规范》GB 50116 划分等级。

19.1.4 换乘站之间应设互通火灾信息的接口。

19.1.5 火灾自动报警系统（FAS）设备应具有抗电磁干扰能力，满足运营环境要求。

19.2 系统的组成与功能

19.2.1 火灾自动报警系统（FAS）应由中央级设备、车站级设备、网络和通信接口、维修工作站等设备组成。当设置综合监控系统时，综合监控系统应对FAS中央级、网络设备、维修工作站统一设置。

19.2.2 火灾自动报警系统（FAS）中央级设备应由操作员工作站、打印机和模拟显示屏等组成。

19.2.3 火灾自动报警系统（FAS）的车站级和现场设备应由火灾探测器、输入/输出模块、火灾报警控制器、消防联动控制盘、操作员工作站、打印机等组成。当设置综合监控系统时，宜与综合后备盘合并。

19.2.4 中央级火灾自动报警系统（FAS）应设置在控制中心；车站级应分别设置在车站控制室、车辆基地消防控制室、主变电所控制室等有人值班处。

19.2.5 火灾自动报警系统（FAS）中央级应具备下列功能：

1 与车站级进行通信联络；

2 接收全线火灾信息，对 FAS 及相关设备进行监控管理；

3 当同时存在火灾及其他报警时，优先报火警；

4 工作站自动弹出火灾报警区域的平面图，显示报警信息框，并发出声光信号；

5 实时打印报警信息，存储各项操作记录，对历史资料存档管理；

6 向相关车站发布火灾模式指令和消防设备控制命令。

19.2.6 火灾自动报警系统（FAS）车站级应具备下列功能：

1 监视车站及区间火灾自动报警系统（FAS）设备的运行状态；

2 接收控制中心发出的消防救灾指令和安全疏散命令；

3 当设置综合监控系统时向综合监控系统发出模式指令，联动消防设备运行；

4 工作站自动弹出火灾报警区域的平面图，显示报警信息框，发出声光信号，并实时打印报警信息；

    5 车站控制室应能控制消防救灾设备的启、停，显示运行状态；

    6 车辆基地除具有车站级功能外尚应具备下列功能：

        1）直接控制有关消防设备；

        2）切断相关区域的非消防电源；

        3）使电梯迫降至安全层，并接收其反馈信号。

19.2.7 火灾自动报警系统（FAS）全线传输网络宜利用轨道交通公共传输网络，现场级网络应独立配置。

19.3 火灾探测器和报警装置的设置

19.3.1 报警区域应根据防火分区和设备配置划分，并应符合下列规定：

    1 站厅、站台宜划分为两个独立的报警区域；

    2 设备管理用房同一个防火分区宜划分为一个报警区域；

    3 出入口通道宜与站厅划分为一个报警区域；

    4 区间隧道宜划分为独立的报警区域；

    5 地面建筑应根据防火分区或楼层划分。一个报警区域宜由一个或同层相邻几个防火分区组成。

19.3.2 探测区域的划分应符合下列规定：

    1 站厅、站台公共区每个防烟分区应划分为独立的探测区域。

    2 设备管理用房区宜按独立房间划分探测区域，其连通的内部通道宜划分为一个探测区域。

    3 符合下列条件之一的二级保护对象，可将几个房间划为一个探测区域：

        1）相邻房间不超过 5 间，总面积不超过 $400m^2$，并在门口设有灯光显示装置。

        2）相邻房间不超过 10 间，总面积不超过 $100m^2$，在每个房间门口均能看清其内部，并在门口设有灯光显示装置。

    4 下列场所应分别单独划分探测区域：

        1）敞开或封闭楼梯间；

        2）防烟楼梯间前室、消防电梯前室、消防电梯与防烟楼梯间合用的前室；

        3）走道、坡道、管道井、电缆隧道；

        4）建筑物闷顶、夹层。

19.3.3 地下车站的下列部位应设置火灾探测器：站厅、站台、长度超过 60m 的出入口通道、折返线、停车线、各种设备机房、管理用房、通道、配电室、电缆隧道及夹层、电缆井。

19.3.4 地面及高架车站下列部位应设置火灾探测器：封闭的站厅和站台、各种设备机房、管理用房、内部通道、电缆隧道及夹层、电缆井。

19.3.5 控制中心、车辆基地下列部位应设置火灾探测器：办公大楼、综合楼、运用库、检修库、材料总库、重要设备用房、存放和使用可燃气体用房、可燃物品仓库、变配电所及火灾危险性较大的场所。其中存放和使用可燃气体用房应设置防爆型火灾探测器和防爆型可燃气体探测器。其他附属建筑应按现行国家标准《火灾自动报警系统设计规范》GB 50116 的规定设置探测器。

19.3.6 消防控制室、车站控制室、消防水泵房和通风机房等处应设置消防壁挂电话，气体保护房间门外应设消防壁挂电话。

19.3.7 警报装置的设置应符合下列规定：

    1 车站设备管理区走廊设置警铃，乘客活动的公共区域不宜设置警报音响；

    2 车辆基地综合楼、运用库、检修库、材料总库、给水所等和控制中心大楼应设置警铃。

19.4 消防控制室

19.4.1 全线消防指挥中心应设置在控制中心。

19.4.2 车站控制室应兼作车站消防控制室。

19.4.3 车辆基地等地面建筑的消防控制室宜与值班室合建。

19.4.4 消防控制室不应设置在电磁场干扰较强的场所。

19.4.5 消防控制室内不应有无关管线穿越。

19.5 系统供电与接地

19.5.1 火灾自动报警系统（FAS）应设主电源和直流备用电源。主电源应按一级负荷供电。

19.5.2 直流备用电源宜采用专用蓄电池或集中设置的蓄电池组，其容量应满足主电源断电后供电 1h。

19.5.3 火灾自动报警系统（FAS）中的显示器宜由主电源接引的不间断电源（UPS）供电。

19.5.4 火灾自动报警系统（FAS）主电源的保护不应采用漏电保护开关。

19.5.5 火灾自动报警系统（FAS）在车站宜采用共用接地，接地电阻不应大于 1Ω；在区间宜采用共用接地，接地电阻不宜大于 4Ω。

19.6 布　　线

19.6.1 火灾自动报警系统（FAS）的信息传输、供电、控制线路应根据不同使用场所选用低烟、无卤、阻燃线缆。暗敷设时，应穿管并应敷设在不燃烧体结构内且保护层厚度不应小于 30mm；明敷设时，宜采用耐火线缆，应穿有防火保护的金属管或有防火保护的封闭式金属线槽。

19.6.2 不同系统、不同电压、不同电流类别的线路，不应穿同一根管内或线槽的同一槽孔内。但电压为 50V 及以下回路、同一台设备的电力线路和无防干扰要求的控制回路可除外。

20 环境与设备监控系统

20.1 一般规定

20.1.1 环境与设备监控系统（BAS）应针对工程的具体规模、特点和城市的气候环境、经济条件而设置不同水平的环境与设备监控系统（BAS），营造良好舒适的乘车环境，保障乘客人身安全及设备安全，节能环保，节省人力，提高运营管理水平。

20.1.2 环境与设备监控系统（BAS）应遵循分散控制、集中管理、资源共享的基本原则。

20.1.3 环境与设备监控系统（BAS）应满足城市轨道交通直线电机牵引系统运营管理和防灾救灾的需要。

20.1.4 环境与设备监控系统（BAS）和被监控系统应统一标准，协调各系统的接口。

20.1.5 环境与设备监控系统（BAS）宜采用分布式计算机控制系统，系统由中央级、车站级、现场级及相关通信网络组成。

20.2 系统的基本功能

20.2.1 环境与设备监控系统（BAS）应具有下列基本功能：

  1 对车站及区间机电设备的监控和管理；
  2 执行防灾和阻塞模式；
  3 环境监控与节能运行管理；
  4 系统维修。

20.2.2 对车站及区间机电设备的监控应包括下列功能：

  1 具有中央和车站二级监控的功能；
  2 环境与设备监控系统（BAS）控制命令应能分别从中央工作站、车站工作站和车站紧急控制盘人工发布或由程序自动判定执行，并应具有越级控制功能，以及所需的各种控制手段；
  3 具备注册和用户权限管理功能。

20.2.3 当执行防灾和阻塞模式时，应包括下列功能：

  1 能接收车站自动或手动火灾模式指令，执行车站防烟、排烟模式；
  2 能接收列车区间停车位置信号，根据列车火灾部位信息，执行隧道防排烟模式；
  3 能接收列车区间阻塞信息，执行阻塞通风模式；
  4 能监控车站乘客导向标识系统和应急照明系统；
  5 能监视各排水泵房危险水位。

20.2.4 环境监控与节能运行管理应能通过对环境参数的检测，对能耗进行统计分析，控制通风、空调设备优化运行，降低能源消耗。

20.2.5 环境和设备的管理应具有下列功能：

  1 能对车站环境等参数进行统计；
  2 能对设备的运行状况进行统计，据此优化设备的运行，实施维护管理趋势预告，提高设备管理效率。

20.2.6 系统维修应具有下列功能：

  1 能监视全线环境与设备监控系统（BAS）系统的设备运行情况，对系统设备进行集中监控和管理；
  2 对全线环境与设备监控系统（BAS）系统软件进行维护、组态、运行参数的定义、系统数据库的形成及用户操作画面的修改、增加等，同时具有操作记录；
  3 对环境与设备监控系统（BAS）硬件设备故障判断及维护管理。

20.2.7 BAS监控内容应满足运营实际需要，监控内容配置应符合现行国家标准《智能建筑设计标准》GB/T 50314等有关规定。

20.3 硬件设备配置

20.3.1 环境与设备监控系统（BAS）设备应选择具备可靠性、容错性、可维护性、兼容性、可扩展性、防尘、防腐蚀、防潮、防霉的工业级产品；对事故通风与排烟系统的监控宜采取冗余措施。

20.3.2 中央级硬件设备应按下列要求配置：

  1 应配置两台操作工作站，并列运行或采用冗余热备技术；
  2 宜配置一台维护工作站，监视全线BAS运行情况；
  3 宜配置两台冗余服务器；
  4 应至少配置一台事件信息打印机及一台报表打印机；
  5 应配置在线式不间断电源，后备时间不应小于1h；
  6 宜配置大屏幕显示系统，其设计应与行调、电调、视频监视等系统协调；
  7 应与通信系统母钟时间同步；
  8 当环境与设备监控系统（BAS）被综合监控系统集成时，中央级硬件设备应由综合监控系统设置。

20.3.3 车站级硬件设备应按下列要求配置：

  1 配置工业控制计算机作为车站级操作工作站；
  2 配置在线式不间断电源（UPS），后备时间不应小于30min；
  3 配置一台打印机兼作历史和报表打印机；
  4 配置综合后备盘（IBP），作为环境与设备监控系统（BAS）火灾工况自动控制的后备措施，其操作权限高于车站和中央操作工作站，盘面以火灾工况操作为主，操作程序应力求简便、直接；

　　5　当环境与设备监控系统（BAS）被综合监控系统集成时，车站级硬件设备及 IBP 盘应由综合监控系统设置。

20.3.4　BAS 现场设备应按下列要求配置：

　　1　宜选用可编程逻辑控制器（PLC）或分布式控制系统（DCS）作为环境与设备监控系统（BAS）控制设备；

　　2　可编程逻辑控制器（PLC）应支持多任务，至少应包括循环扫描型基本任务、事件触发任务和周期型中断任务；

　　3　可编程逻辑控制器（PLC）应支持故障自诊断及自恢复功能，应提供用于模块运行监视的状态数据，并具有远程编程功能；

　　4　可编程逻辑控制器（PLC）应采用可扩展、易维修模块化结构，通信、输入输出（I/O）等主要模块组件应具有必要的隔离措施；

　　5　冗余配置的可编程逻辑控制器（PLC），主备可编程逻辑控制器（PLC）应能实现自动切换；

　　6　传感器的输出应采用标准电信号；

　　7　系统应具有抑制变频器谐波功能和良好的电磁兼容性。

20.4　软件基本要求

20.4.1　应在成熟、可靠、开放的监控系统软件平台的基础上，按运营需求开发应用软件。

20.4.2　系统软件应提供良好、通用的开放性接口，能有效支持地铁应用功能的开发。

20.4.3　数据组织和展现方式应满足地铁系统监控的特点，采用面向对象（设备）的大容量分布式实时数据库，数据采用层次化模型结构。

20.4.4　数据流的控制应清晰，数据传输机制应可靠、稳定、高效。

20.4.5　应能有效支持工程的长期和分阶段现场调试过程，单站的调试不影响已运行的系统运行。

20.4.6　软件系统应基于模块化、组件化结构，采用层次性模型，应具有良好的开放性、扩展性和可移植性。

20.4.7　支持不同方式的硬件集成环境及软件配置形态，并应具备与其他运营系统的互连能力。

20.4.8　底层通信服务运行应高效稳定，并应支持各种标准的通用通信协议，易于扩展专用协议的开发；支持计算机、通道、设备等多层冗余。

20.4.9　系统软件应采用冗余、容错、自恢复等技术。

20.4.10　软件体系应具备完整的系统维护和诊断功能，具有良好的人机界面。

20.4.11　应用软件应按数据接口层、数据处理层及数据应用层编制。

20.5　系统网络结构、功能及要求

20.5.1　网络结构应符合下列规定：

　　1　中央级与车站级之间的传输网络可由通信传输系统提供，或独立组建工业以太网；

　　2　满足中央级和车站级监控的功能需要；

　　3　减小故障的波及面，实现"集中管理，分散控制"；

　　4　系统具有良好的可靠性、开放性和可扩展性。

20.5.2　应建立网络安全保护措施，保证经过网络传输和交换数据的可用性、完整性和保密性。

20.5.3　环境与设备监控系统（BAS）网络结构应采用分层结构，由全线传输网、中央级和车站级局域网及现场总线网组成。当环境与设备监控系统（BAS）被综合监控系统集成时，中央级和车站级局域网由综合监控系统组建。

20.5.4　中央级网络应具有下列功能：

　　1　中央级局域网连接服务器、操作工作站和通信等设备，应保证数据传输实时可靠，并应具备良好的可扩展性；

　　2　中央级局域网应采用冗余结构；

　　3　中央级监控网络通过通信传输网与车站级监控网相连，任一车站工作站和中央级工作站的退出，均不应造成网络中断；

　　4　中央级网络为环境与设备监控系统（BAS）数据传输提供的通信速率不应低于 100Mbps。

20.5.5　车站级网络应具有下列功能：

　　1　车站级局域网连接控制器、操作工作站和通信设备，应保证数据传输实时可靠，并应具备良好的开放性、扩展性并采用标准通信协议；

　　2　车站级局域网应采用冗余结构；

　　3　车站级监控网络为环境与设备监控系统（BAS）数据传输提供的通信速率不应低于 10Mbps；

　　4　应具备抗电磁干扰能力。

20.5.6　环境与设备监控系统（BAS）主控制器与远程控制器或远程 I/O 模块通过现场总线连接，现场总线应具有下列功能：

　　1　符合国家现场总线标准；

　　2　实现系统的分散控制；

　　3　可连接智能化仪表；

　　4　连接远程 I/O 和控制器；

　　5　适应城市轨道交通直线电机牵引系统现场环境并具有抗电磁干扰能力。

20.5.7　系统网络的技术指标应满足下列要求：

　　1　冗余热备设备的切换时间不应大于 2s；

　　2　实时数据上行响应时间不应大于 2s；

　　3　实时数据下行响应时间不应大于 2s；

　　4　系统平均无故障时间应大于 10000h；

　　5　系统平均修复时间不应大于 0.5h。

20.6 布线与接地

20.6.1 地下车站及区间环境与设备监控系统（BAS）的线缆应选用阻燃、低烟、无卤型。

20.6.2 环境与设备监控系统（BAS）管线布置应具有安全可靠性、开放性、灵活性及可扩展性。

20.6.3 环境与设备监控系统（BAS）的传输线路和50V以下供电的控制线路，应采用电压等级不低于交流250V的铜芯绝缘导线或铜芯电缆；220V/380V的供电和控制线路应采用电压等级不低于交流500V的铜芯绝缘导线或铜芯电缆。

20.6.4 环境与设备监控系统（BAS）传输线路的线芯截面选择，除应满足BAS设备技术条件的要求外，还应满足机械强度的要求。

20.6.5 环境与设备监控系统（BAS）布线应分析周围环境电磁干扰的影响。

20.6.6 环境与设备监控系统（BAS）的信号线与电源线不应共用一条电缆，也不应敷设在同一根金属套管内。

20.6.7 采用屏蔽布线系统时，应保持系统中屏蔽层的连续性。

20.6.8 环境与设备监控系统（BAS）的电缆屏蔽层宜采用一点接地。

20.6.9 环境与设备监控系统（BAS）现场机柜均应可靠接地。

20.6.10 环境与设备监控系统（BAS）的控制器和计算机设备宜根据相应产品或系统的要求采用一点接地或浮空地。

20.6.11 接地电阻应小于1Ω。

21 自动售检票系统

21.1 一般规定

21.1.1 城市轨道交通直线电机牵引系统应设自动售检票（AFC）系统。

21.1.2 自动售检票系统应满足线网统一的标准，并实现与城市公交一卡通储值票和系统接口的兼容。

21.1.3 自动售检票系统的设计除系统和车票设计外，还应包括清分中心、票务管理中心、维修中心、培训中心等设施工艺设计。

21.1.4 自动售检票系统宜采用线网清分中央计算机系统、线路中央计算机系统和车站计算机系统三级监控管理系统，也可采用线网清分中央计算机系统（含线路中央计算机系统）和车站计算机系统二级监控管理系统。

21.1.5 自动售检票系统的设计能力应满足车站最大预测客流量的需要；车站终端设备数量应按初期、近期超高峰客流量进行配置，按远期超高峰客流量预留

位置和安装条件。

21.1.6 自动售检票系统应遵循安全、可靠、兼容、可维护和扩展的原则，满足线网票务政策、各种运营模式和票务运作的要求；系统应为今后其他线路的接入预留条件；自动售票机（TVM）人机界面设备应能适应线网的发展和变化。

21.1.7 自动售检票系统车站售检票终端设备应方便操作、快速响应，并应有清晰的信息提示。

21.1.8 系统设计应核算自动检票机（AGM）紧急情况下的通过能力，若能力不足，应设置紧急疏散通道。

21.1.9 车站控制室综合后备控制盘（IBP）上应设紧急控制按钮，并应与火灾自动报警系统实现联动；当车站处于紧急状态时，自动检票机应处于只出不进的开放状态，自动售票机应停止售票。

21.1.10 车站计算机和售检票终端设备应能独立运行，并能存储不少于7d的数据。

21.1.11 自动售检票系统车站级以下设备应按工业级标准进行设计，满足车站环境的要求。

21.1.12 自动售检票系统设备应选用成熟先进、性能及可靠性高、标准化、便于安装和维修及节能环保型的设备。

21.2 票制、票务和管理模式

21.2.1 自动售检票系统设计应确定票制及票价结构，票制可采用一票制、区域制（分区制）、计程计时制、计程限时制等。

21.2.2 售票和充值宜采用自动和半自动方式，车站突发客流时，宜采用人工出售预制单程票的方式，检票采用自动方式。

21.2.3 应采用单程票和储值票两种基本票种，根据运营管理的需要，还可设置计次票、优惠票、纪念票、出站票、员工票、测试票等。

21.2.4 自动售检票系统应采用集中监控、统一票务管理的模式，统一线网票务政策、各种运营模式和票务运作的方式，统一线网内车票的发行。

21.2.5 车票媒介应符合现行国家标准《城市轨道交通自动售检票系统技术条件》GB/T 20907 的规定，系统应适应车票媒介的发展和变化。

21.3 系统构成和要求

21.3.1 自动售检票系统应由线网清分中央计算机系统、线路中央计算机系统、车站计算机系统、车站售检票终端设备、传输网络、电源系统及车票等组成。

21.3.2 清分中心应设线网清分中央计算机系统。线网清分中央计算机系统应由主服务器、通信服务器、密钥服务器、报表服务器、操作员工作站、编码分拣机、高速打印机、网络设备和不间断电源（UPS）等构成。

21.3.3 线网清分中央计算机系统操作员工作站的设置宜满足客运调度、维修调度、票务管理、财务管理、系统开发和维护管理等用户的功能要求。

21.3.4 票务管理中心应依据初、近期的客流量，单程票、储值票、其他票种及城市一卡通的使用比例，确定票务和制票工作规模，配置编码分拣机、相关设备设施及定员。

21.3.5 线路中央计算机系统宜设置在控制中心。系统由主服务器、通信服务器、报表服务器、操作员工作站、高速打印机、网络设备和不间断电源等组成。编码分拣机宜根据需要设置。线路控制中心中央控制室客运调度应设自动售检票系统操作员工作站，自动售检票系统维修调度应设（控制中心或车辆段）操作员工作站。

21.3.6 车站计算机系统宜设在车站控制室或设备房内。系统由通信服务器、车站计算机、操作员工作站、打印机、网络设备、紧急控制按钮和不间断电源等组成。

21.3.7 车站售检票终端设备应包括票房售票机（BOM）、自动售票机（TVM）、进出站自动检票机（AGM）、自动验票机、便携式验票机等，自动充值机宜根据需要设置。

21.3.8 自动售检票系统骨干传输网宜采用通信系统提供的传输通道，各层级局域网应由自动售检票系统独立构建。对外和涉及安全的信息传输通道应设置网络安全系统。

21.3.9 线网宜统一设置自动售检票系统维修设施和培训设施。

21.4 自动售检票系统功能

21.4.1 自动售检票系统应具有用户权限管理、登录、修改、操作、报警等信息的系统日志功能，具有数据库管理、系统工作参数管理、黑名单管理、设备监视与控制等功能。

21.4.2 线网清分中央计算机系统应具备城市一卡通对账，轨道交通线网一票通车票管理与调度，为各线路提供清算服务，制定票卡类型和使用规则及统一票卡发行，制定统一的运营规则，管理一票通密钥，制定各线路统一的票价表，线网的收益管理，系统运营监控和时钟管理，操作权限的设置和管理，系统维护和网络管理等基本功能。

21.4.3 编码分拣机应具备对系统发行的车票进行初始化、编码、分拣及赋值、校验、注销等基本功能。

21.4.4 线路中央计算机系统应具备线路收益管理、票卡库存与线路内票卡调度管理，与线网清分中央计算机系统的交易对账和线路的收益管理，系统运营监控和时钟管理，操作权限的设置和管理，系统维护和网络管理等基本功能。

21.4.5 车站计算机系统应具备数据管理、运营管理、系统维护管理等基本功能。

21.4.6 车站售检票终端设备应具备面向乘客售票和检票服务，储存和上传交易数据，应具有乘客安全保护等基本功能。

21.4.7 票房售票机应具备人工收费和操作设备，出售车票，为乘客办理退票、补票、验票和更换车票等基本功能。

21.4.8 自动售票机应具备根据乘客选择的目的车站或票价自动计费，发售车票或对储值票进行充值等基本功能。

21.4.9 进出站自动检票机应具备自动完成进站检票、出站检票并扣除与乘距相对应的车费，回收指定类型的车票等基本功能。当车站失电时，自动检票机应处于开放状态。

21.4.10 自动验票机应具有车票查询的功能。

21.4.11 便携式验票机应具有车票查询、验票和票务处理的功能；也可根据需要设置检票功能。

21.4.12 自动充值机应能根据乘客所选定的充值金额，对储值票进行充值，并可查验。

21.4.13 自动售检票系统的传输网络宜共享通信系统的传输网络。

21.4.14 车票应能记录车票的系统编号、安全信息、车票种类、个人信息、进出站信息、金额、有效期、历史交易记录等信息，与车站售检票终端设备共同实现自动售检票系统的售检票功能。

21.5 设备配置计算和参数

21.5.1 自动售检票系统的设计，应根据初、近、远期的客流和超高峰系数、行车密度和服务指标、单程票和储值票的比例，人工、半自动和自动售票的比例，各车站售检票终端设备的能力，计算车站售检票终端设备的数量，并应结合布置要求进行设备数量配置。

21.5.2 自动售检票系统和设备配置的参数容量和能力应与系统和设备使用寿命期内线网和线路发展的规模相适应，并应留有余量，且可以设置。

21.5.3 储值票使用比例宜按初期 30%～40%、近期 50%～60%、远期 70%～80% 选取，后建线路储值票的使用比例宜适当调高。

21.5.4 车站售检票终端设备和全线车票的配置数量应按满足车站最大预测客流量的需要进行计算，并应按上限取整数确定。

21.6 车站公共区售检票终端设备的布置

21.6.1 车站公共区车站售检票终端设备的布置应与车站建筑（空间）条件、出入口和楼扶梯的设置、客流量和分向客流走向、列车行车密度和服务水平等相适应，合理组织和疏导客流，减少交叉，为客流控制与运营管理提供条件。

21.6.2 票房售票机应设置在付费区和非付费区之间的票务处内，每个票务处内应设置至少一台票房售票机。对易出现突发客流的车站，宜加强人工票务服务，适当多设票房售票机和票务处，也可设置临时票务处。

21.6.3 自动售票机、自动充值机、自动验票机应设置在非付费区，应设置足够的售票活动空间，便于乘客购票，不影响乘客进出站、安全疏散和其他安全设施的操作使用；应与车站出入口、分向客流、票务处和进站自动检票机的设置相协调，应结合车站不同的分向客流相对集中布置。并应符合下列规定：

　1 自动售票机应预留远期位置。各分向客流自动售票机每组数量不应少于2台～3台。

　2 对后开门操作和维修的自动售票机宜采用离墙安装布置方式，背后宜预留800mm～900mm的净距通道，对前开门操作和维修的自动售票机宜采用靠墙安装布置方式；相邻自动售票机的间距宜大于或等于400mm。

21.6.4 进出站自动检票机应设置在付费区和非付费区之间，进出站自动检票机的布置应与车站出、入口、扶梯及自动售票机、自动售票机的设置位置相协调。进出站自动检票机宜相对集中布置，进出站自动检票机通道和标准通道双向自动检票机，通道净距宜为500mm～600mm。

21.6.5 对时段进出站客流相差较大、潮汐现象明显和站厅进出站缓冲区面积狭窄的车站，宜多设置标准通道的双向自动检票机，双向自动检票机宜靠近票务处布置。

21.6.6 每个付费区宜设置不少于一个无障碍通道，宜采用双向宽通道检票机，宽通道检票机通道净距宜为900mm。

21.7 自动售检票系统与相关专业的接口和功能要求

21.7.1 线网清分中央计算机系统与城市公交一通卡清算中央计算机系统的通信接口形式应符合相关标准。

21.7.2 自动售检票各层级系统与通信系统传输网络的接口形式应符合相关标准的规定。线网清分中央计算机系统、线路中央计算机系统应接收通信系统统一的时钟信号，实现整个系统的时钟同步控制。

21.7.3 线网清分中央计算机系统、票务管理中心、车站票务管理室、车站票务处应设监视摄像机（CCTV），并应进行录像；有条件的也可在自动售票机和自动检票机处设置；摄像机应能清晰分辨自动售检票设备显示的数据。

21.7.4 车站计算机系统和自动检票机、自动售票机应接收火灾自动报警系统的联动控制信号，控制进入紧急疏散模式。

21.7.5 票务处宜靠近出站自动检票机设置或车站中间进站缓冲区自动检票机设置。客流较小的车站每个票务处应设2个售票窗口和一个补票窗口，客流较大的车站每个票务处应设3个售票窗口和一个补票窗口，售票窗口的间距不宜小于1.6m。

21.7.6 票务处应根据功能需求和人机工程等进行工艺设计，并应进行内外装修景观设计。

21.7.7 自动售检票系统设计应向建筑专业提出预埋管线、箱、盒、出线孔洞等的安装和敷设要求；并应预留远期设备安装的位置，应预埋管、槽，预留出线孔洞；出线孔洞应制作活动地板，用金属包边，并应做密封和防水处理。

21.7.8 自动售检票系统设备应采用7×24h不间断工作。线网清分中央计算机系统的不间断电源备用时间宜为1h；线路中央计算机系统的不间断电源备用时间宜为1h；车站计算机系统的不间断电源备用时间宜为0.5h；车站售检票终端设备应确保停电后完成最后一笔交易，应根据需要集中或分散设置不间断电源。

21.7.9 双电源切换箱宜设在站厅设备管理区通道处，供配电回路及设备内的电源组件应设置漏电保护装置。

21.7.10 车站售检票终端设备、金属管、槽、接线盒、分线盒等应进行电气连接，并应可靠接地。自动售检票系统设备保护接地、工作接地和电源接地，宜采用联合接地方式，接地电阻不应大于1Ω；地面和高架车站应设防雷接地。

21.7.11 弱电电缆应与电源电缆分管或分槽敷设，预埋管、槽应避开护栏立柱设置的位置。

22 门　禁

22.1 一般规定

22.1.1 城市轨道交通直线电机牵引系统的控制中心、车站和车辆基地涉及与行车安全相关的重要设施的通道门、系统和设备用房及管理用房应设门禁。

22.1.2 门禁系统应分为中央与车站两级管理。宜设置集中授权。

22.1.3 门禁系统应具有较好的扩展能力。

22.1.4 门禁系统设备应按国家相关标准进行设计，满足轨道交通环境和电磁兼容性的要求。

22.2 组成及功能

22.2.1 门禁系统可由中心级计算机系统、车站级计算机系统、现场级终端设备通过通信传输网络构成。

22.2.2 中央级计算机系统可由服务器、中央计算机授权工作站、打印机、网络设备及不间断电源等组成，并应具有下列主要功能：

　1 具有门禁授权管理、数据库管理、设备监测与控制功能；

2 向车站级计算机下达系统参数；

3 接收车站级计算机上传的现场数据信息，并实现数据的统计报表、分类存储和打印；

4 具有系统信息查询功能；

5 具有统一管理合法持卡人的访问权限的功能；

6 具有巡更功能。

22.2.3 车站级计算机系统由车站计算机工作站、打印机、网络设备及不间断电源组成，并应具有下列主要功能：

1 接收中央计算机系统下载的系统参数，将相关参数下传至门禁主控制器；

2 监控主控制器的运行状态、数据，并上传到中央计算机系统；

3 对需要更高安全等级的区域，通过实时显示及打印的方式进行监控；

4 运营授权人员可临时设置本车站内区域进出权限；

5 中央计算机系统发生故障或传输网络中断时，车站计算机系统和门禁设备应能独立运行。

22.2.4 现场级终端设备可由主控制器、就地控制器、读卡器、电子锁、紧急开门按钮、出门按钮、门禁卡组成，并应具有下列主要功能：

1 具备在线、离线及灾害三种运行模式。

2 主控制器接收车站计算机系统下载的系统参数，将相关参数下传至就地控制器。

3 主控制器监控就地控制器、读卡器的运行状态及动作，有关数据上传到车站计算机系统。

4 就地控制器在线模式下能接收主控制器的指令，读取门禁卡内的授权信息，并将信息上传到主控制器。离线模式下则根据所保存的安全参数进行分析，同时具有本地存储功能，在与主控制器的通信中断情况下，自动转为离线模式。当发生灾害时，自动转为灾害模式，门禁应处于开放状态。

5 就地控制器根据指令或权限规则向电子锁发出动作信号，由电子锁执行门的开启和锁闭操作。

6 就地控制器向主控制器上传有关的卡识别、控制动作、设备运行及门开闭状态等数据，检测电子锁和门的开启状态。

7 在高度安全区域，读卡器具有密码输入及识别功能。

8 开门采用出门按钮及紧急开门按钮，在出门按钮失效时，采用紧急开门按钮。

9 具有24h不间断工作的能力。

22.3 与相关系统、专业的接口

22.3.1 门禁系统应能实现与通信系统、建筑专业、低压配电专业、综合监控系统、自动售检票系统的接口。

22.3.2 应按一级负荷给门禁设备供电，并应给门禁设备提供综合接地装置，接地电阻不应大于1Ω。

22.3.3 车站门禁系统的紧急按钮应由综合监控系统集成到车站车控室综合监控系统综合后备盘上。

22.3.4 轨道交通员工卡可作为门禁系统的门禁卡，门禁系统应向自动售检票系统提出有关编码要求。

23 屏 蔽 门

23.1 一 般 规 定

23.1.1 城市轨道交通直线电机牵引系统车站应设置站台屏蔽门。

23.1.2 屏蔽门应由门体、门机、电源及控制部分组成。

23.1.3 屏蔽门的形式应根据环境条件、车站建筑形式、服务水平、环控方案等因素综合选定。

23.1.4 屏蔽门的布置，在设计荷载条件下应满足限界要求。

23.1.5 屏蔽门主要构件应能在站台侧进行维护、维修。

23.1.6 屏蔽门的设计应遵循安全性、可靠性、可维护性、可扩展性的原则。

23.1.7 屏蔽门门体不应作为防火隔离措施。

23.1.8 屏蔽门系统应满足电磁兼容性要求。

23.1.9 屏蔽门系统滑动门的障碍物探测功能应能探测到10mm（厚）×40mm（长）的刚性物体。

23.2 布 置 与 结 构

23.2.1 屏蔽门应包括固定门、滑动门、应急门，每侧站台屏蔽门的两端宜各设一樘端门。

23.2.2 直线和曲线车站的屏蔽门的滑动门与列车客室门在位置、数量上均应对应。

23.2.3 滑动门、应急门的净开度应根据列车的停车精度确定，且不应小于列车门的净开度，端门的最小开度不应小于900mm。

23.2.4 滑动门、应急门净高度不应小于列车门的净高度，半高屏蔽门（安全门）的高度不应小于1.2m。

23.2.5 单侧站台应急门设置不应少于两处，每两节车厢应设置一道应急门。

23.2.6 滑动门、应急门、端门应能可靠锁闭，在站台侧可采用专用钥匙开启，在轨道侧应能方便手动开启。

23.2.7 屏蔽门门体外观宜与车站建筑风格相适应。门体由框架、玻璃等组成，框架宜采用铝合金或不锈钢等金属材料制成；玻璃应选用通透性好、强度高的安全钢化玻璃，并应进行消除内应力处理。

23.2.8 屏蔽门门体与车站结构的连接部分宜具有三维调节功能，强度、刚度满足设计要求。

23.2.9 驱动电机宜选用直流永磁电机,其功率应保证最不利条件下屏蔽门可开启。

23.2.10 屏蔽门机械及动力学应满足如下要求:

1 完成开、关门过程时间不应大于列车门的开关过程时间,且在一定范围内可调,可调精度应为±0.1s;

2 门体的加、减速度值应能达到 $1m/s^2$;

3 阻止滑动门关闭的力应小于或等于 150N（匀速运动区间）;

4 每扇滑动门最大动能应小于或等于 10J;

5 每扇滑动门关门的最后 100mm 行程最大动能应小于或等于 1J。

23.3 运行与控制

23.3.1 屏蔽门控制系统可由中央接口盘、就地控制盘、门控单元、控制局域网和接口模块组成。

23.3.2 在运营过程中,屏蔽门系统应能承受站台人群挤压力的作用,人群挤压力可按 1000N/m 垂直作用于门体结构,作用高度 1.1m～1.2m 高度处;同时,系统结构还应能在工程设计的其他荷载作用下正常运行。

23.3.3 屏蔽门的控制优先权从低到高排列分为下列三级:

1 由信号系统对屏蔽门进行开关控制;

2 由就地控制盘对屏蔽门进行开关控制;

3 通过紧急控制盘对屏蔽门进行开关控制。

23.3.4 屏蔽门的控制模式应与列车运营编组数相对应。

23.3.5 屏蔽门监控系统应以车站为单位独立设置,满足电磁兼容性要求。

23.3.6 屏蔽门重要的状态及故障信息应上传至车站控制室和控制中心。

23.3.7 屏蔽门控制系统接口协议宜采用国际标准开放的通信协议。

23.3.8 中央接口盘和接口模块应布置在屏蔽门设备室,就地控制盘宜布置在每侧站台出站端。

23.4 供电与接地

23.4.1 屏蔽门应按一级负荷供电,驱动电源和控制电源供电回路相互独立,并应分别设置后备电源。

23.4.2 驱动电源的后备电源容量应至少满足完成开/关滑动门三次循环的需要,控制电源的后备电源容量应至少满足负载持续工作 30min 的需要。

23.4.3 驱动电源、控制电源与外电源的隔离阻抗不应小于 $5M\Omega$。

23.4.4 屏蔽门配电电缆、控制电缆应采用不同线槽敷设。

23.4.5 屏蔽门与列车车厢宜等电位连接,等电位连接时应符合下列规定:

1 正常情况下人体可触及的屏蔽门金属构件应与土建绝缘,门体与车站结构之间的绝缘电阻不应小于 $0.5M\Omega$;

2 屏蔽门站台侧应敷设不小于 900mm 宽的绝缘地板;

3 门体与钢轨连接导线电阻值不应大于 0.4Ω;

4 电缆耐压等级不应低于 5kV。

23.4.6 当屏蔽门与列车车厢无等电位要求时,屏蔽门可通过接地端子接地。

23.5 其 他

23.5.1 屏蔽门门机及就地控制盘的防护等级应与环境条件适应。

23.5.2 屏蔽门系统采用的材料应满足防火要求。屏蔽门系统的绝缘材料、密封材料和所有的电线电缆均应阻燃、低烟、无卤,且不含有放射性成分。

23.5.3 屏蔽门噪声峰值不得超过 70dB（A）。

23.5.4 屏蔽门系统无故障运行周期不应小于 60×10^4 次,整体结构使用寿命不应小于 30 年。

23.5.5 屏蔽门的整体钢结构使用寿命不应小于 30 年。

24 车站乘客输送设备

24.1 一般规定

24.1.1 城市轨道交通直线电机牵引系统应设置车站乘客输送设备。

24.1.2 车站乘客输送设备应按用途分为自动扶梯、自动人行道、电梯及轮椅升降机。

24.1.3 车站乘客输送设备应采用不燃或难燃材料制造。

24.1.4 电梯、自动扶梯和自动人行道应纳入火灾自动报警系统（FAS）或环境与设备监控系统（BAS）实行监控。

24.1.5 轮椅升降机应具有乘客自行操作条件,并设置与车控室的对讲装置。

24.2 自动扶梯及自动人行道

24.2.1 车站应采用重载型公共交通型自动扶梯及自动人行道。露天车站出入口应采用室外型自动扶梯及自动人行道。

24.2.2 当车站出入口或换乘通道的水平距离超过 100m 时,宜设置自动人行道。

24.2.3 自动扶梯的设置数量,应按最大预测高峰小时客流量、提升高度以及客流量不均衡系数等通过计算确定。分期实施时应预留设备安装位置和吊装条件。

24.2.4 自动扶梯和自动人行道的主要技术参数应符

合表 24.2.4 的规定。当自动扶梯运行速度为 0.5m/s 时，上下两端水平运行梯级数不应小于 3 块平梯级；当自动扶梯速度为 0.65m/s 时，上下两端水平运行梯级数不应小于 4 块平梯级。

表 24.2.4　自动扶梯及自动人行道技术参数

项目名称	自动扶梯	自动人行道
梯级名义宽度	1000mm	1000mm
额定速度（二档）	0.5m/s，0.65m/s	0.5m/s，0.65m/s
倾斜角度	30°	0°～12°

24.2.5　自动扶梯上下导轨转弯半径应符合表 24.2.5 的规定，当扶梯提升高度大于 15m 时，自动扶梯上导轨转弯半径不宜小于 4500mm。

表 24.2.5　导轨转弯半径

提升高度	≤10m	>10m
上导轨转弯半径	≥2600mm	≥3600mm
下导轨转弯半径	≥2000mm	≥2000mm

24.2.6　自动扶梯或自动人行道适应全年连续日运行不应少于 20h，且在每 3h 内，以 100% 的制动载荷持续重载时间 1h，其余 2h 荷载应达到 60% 的制动载荷。

24.2.7　自动扶梯及自动人行道桁架内不得装设与其无关的设备、管线等。

24.2.8　除乘客可踏上的梯级、踏板或胶带以及可接触的扶手带部分外，自动扶梯及自动人行道的所有机械运动部分均应全封闭在无孔的围板或墙内。

24.2.9　自动扶梯及自动人行道工程设计除满足上述规定外，尚应符合现行国家标准《自动扶梯和自动人行道的制造与安装安全规范》GB 16899 的相关规定。

24.3　电　梯

24.3.1　电梯宜采用无机房电梯，额定速度宜为 1.0m/s，额定载重量宜为 1000kg。

24.3.2　电梯底坑悬空时电梯底坑下的空间应进行围闭。当无法围闭时，则井道底坑的地面至少应按 5000N/m² 载荷设计，且必须将电梯对重缓冲器安装至一直延伸到坚固地面的实心桩墩，或电梯对重（或平衡重）上装设安全钳。

24.3.3　电梯井道应通风，井道顶部的通风口面积不宜小于井道截面积的 1%，井道不应兼作通风道。

24.3.4　站厅至站台电梯宜设置在付费区；当电梯相邻两层门地坎间的距离大于 11m 时，其间应设置井道安全门。井道安全门的高度不得小于 1.8m，宽度不得小于 0.35m。

24.3.5　垂直电梯井道不应装设与电梯无关的设备、管线等。

24.3.6　电梯的工程设计除满足上述规定外，尚应符合现行国家标准《电梯制造与安装安全规范》GB 7588 的相关规定。

24.4　轮椅升降机

24.4.1　轮椅升降机在运行过程中的额定速度不应大于 0.15m/s，轮椅平台的额定负载不应小于 225kg。

24.4.2　轮椅升降机安装楼梯净宽不应小于 2.1m。

24.4.3　轮椅升降机应设置在没有拐角的楼梯上；如设置在拐角楼梯，则应设置在楼梯内转角侧，折返平台宽度不应小于 2.4m。

24.4.4　轮椅升降机的运动部件应有安全防护措施，且轮椅升降机上下停机处的地板不应设有孔洞，地板水平坡度不应大于 1%。

24.4.5　轮椅升降机底盘至地面高差不应大于 70mm，底盘斜面板工作坡度不应大于 1∶6。

24.4.6　安装轮椅升降机的楼梯级踏步面至顶部障碍物的垂直净高度不应小于 2.5m。

25　运营控制中心

25.1　一般规定

25.1.1　城市轨道交通直线电机牵引系统应建立运营控制中心（OCC）。

25.1.2　控制中心可监控管理单条或多条城市轨道交通直线电机牵引系统线路，建设模式和规模应依据城市轨道交通直线电机牵引系统线网的总体规划和线路的具体情况进行设置。

25.1.3　控制中心的位置宜靠近城市轨道交通直线电机牵引系统线路和车站、接近监控管理对象的中心地带，方便运营管理的场所。

25.1.4　控制中心应避开高温、潮湿、烟气、多尘、有毒、腐蚀等气源和污染源；避开易燃、易爆、噪声和振动源；避开强电磁干扰源等，并应位于污染源的上风向，利用有利的地形和环境，或应采取相应的隔离措施。

25.1.5　控制中心应具备行车调度、电力调度、环境与设备监控调度、防灾指挥、乘客管理、设备维修及信息管理等运营调度和指挥功能。对城市轨道交通直线电机牵引系统运营的全过程应进行集中监控和管理。

25.1.6　控制中心应兼作防灾指挥中心，并应具备紧急事件指挥的功能。

25.1.7　控制中心应具有高度的安全性，宜设置为独立建筑；与城市轨道交通直线电机牵引系统其他建筑合建时，应设独立的进出口通道，并应确保控制中心用房的独立性和安全性。

25.2　工　艺　设　计

25.2.1　运营控制中心的工艺设计应明确功能定位、建设规模、运营管理模式、组织架构及定员。

25.2.2 运营控制中心的整体工艺设计应满足安全、可靠、操作、使用、维修、管理方便以及运营成本低廉等要求。

25.2.3 运营控制中心按功能宜划分为运营监控（操作）区、运营管理区、设备区、维修区及辅助设备区。各功能区的划分应结合运作模式和管理模式设置。

25.2.4 运营监控区与管理区应相邻设置；设备区应集中设置，在楼层布置上应靠近运营监控区，且不应与运营管理区混合布置；维修区在楼层布置上宜靠近设备区。

25.2.5 运营监控区应设中央控制室和紧急事件指挥室等；运营监控区应作为独立的安全分隔区，进入中央控制室前应设缓冲区，并宜配置安防设施；在运营监控区内宜配置交接班室、打印室及必要的值班和管理用房，以及生活和卫生设施等辅助用房。

25.2.6 中央控制室各系统设备的布置及设计应满足下列要求：

1 中央控制室内设备和调度台的布置应整齐、紧凑，便于观察、操作和维修，并便于调度人员活动和疏散；

2 中央控制室内总体布置应以行车指挥为核心进行模拟显示屏和各调度台的布置，并应便于行车调度、电力调度、环控调度（兼防灾调度）、维修调度和总调度之间的信息沟通；

3 模拟显示屏和调度台宜呈弧形布置，模拟显示屏显示专业信息的位置应与各专业系统调度台的设置位置相对应；

4 各系统模拟显示屏宜统一设置，模拟显示屏的屏前应留有足够的视觉空间，屏后应留有必要的维修空间；

5 调度台距模拟显示屏的通道宽度宜大于2.0m，调度台的台前和台后应留有足够的操作空间及维修空间，调度台前后之间的距离宜大于1.6m；

6 当调度台按扇形方式分层展开布置时，在扇形的中间位置观察模拟显示屏，竖向视线仰角宜小于15°，水平展开角度宜小于120°；

7 当中央控制室的规模按多线路设计时，宜按调度岗位划分功能区，也可按线路划分功能区；

8 调度台的设计应满足人机工程学要求，满足调度台面和台下设备布置及散热要求；

9 中央控制室应具备紧急事件指挥中心的功能；

10 中央控制室内应设置与运营有关的监控系统和操作终端设备，与运营、管理和安全无关的系统和设备不宜进入，且不得安装大功率的电气设备及其他动力设备。

25.2.7 紧急事件指挥室、交接班室和打印室等应与中央控制室同层相邻设置；紧急事件指挥室与中央控制室应采用玻璃隔断。

25.2.8 运营管理区应根据运营管理的需要，按组织架构设置运营监控管理、技术管理、生产作业管理等必要的办公管理和生活设施。

25.2.9 设备区各系统设备的布置及设计应满足下列要求：

1 设备区设备房的室内布置应整齐、紧凑，便于观察、操作和维修；

2 设备布置应使设备之间的连线短，外部管线进出方便；

3 大功率的强电设备不应与弱电设备混合安装和布置。各电气系统设备用房不应有水管穿过，风管穿过时应安装防火阀；

4 设备房的布置，可按系统划分或按线路划分；

5 设备区各系统设备房的楼层布置和平面布置应以方便运营管理，便于工程实施，互相关联的管线短为原则；

6 多条线路合建控制中心的中央级核心系统设备应异地分散设置，或采取其他安全措施。

25.2.10 维修区宜设置维护管理室和网络管理室，各系统宜合设。

25.2.11 运营监控区宜设置参观演示室、参观接待室及培训演示室。参观演示室应与中央控制室相邻设置，也可与紧急事件指挥室合设。

25.2.12 辅助设备区设备的配置和布置应满足下列要求：

1 辅助设备区可包括供电与低压配电、通风与空调、给水与排水、水消防与自动灭火等系统设备和用房；

2 供电与低压配电、空调、给水与排水及水消防系统等设备宜设置在地面一层或地下层。低压配电、通风空调和自动灭火系统等宜设置在各层距用户较近的位置。

25.3 建筑与装修

25.3.1 运营控制中心应根据监控管理的线路数量、运营管理架构和管理模式、各系统中央级设备的数量及控制中心其他辅助设施等因素，经济合理地确定控制中心的规模及装修标准，并应适当预留发展的余地。

25.3.2 中央控制室和设备区宜设在高层建筑裙房内，不宜设在高层建筑的上部和地下。

25.3.3 中央控制室应满足下列要求：

1 中央控制室应满足工艺的设计要求。

2 中央控制室的室内净空高度应根据房间面积大小及视线的要求进行设计，不宜小于4m。

3 中央控制室内各调度台之间应设有通道。中央控制室应设不少于两个出入口与外部相连，且至少有一个门的宽度为1.2m、高度为2.3m，并应符合现行消防规范的要求。

4 中央控制室应设固定式双层密封、隔声和隔热窗；如有防火、防爆等特殊要求，应按特殊要求进行设计；阳光不应直射设备，否则应采取遮光措施。

5 室内地面应装设架空活动地板，并应设置各调度台的系统管线接口及电源插座。设备不应直接安装在活动地板上。

6 室内宜设吊顶，并应满足敷设通风管道和管线的要求。吊顶宜采用轻质、耐火材料。

7 室内装修与照明综合效果不应在模拟屏上产生眩光。

25.3.4 设备区系统设备房净空不宜小于 3.0m；当采用下部进线时，应架空活动地板，并应根据设备安装要求增加起吊设施。

25.3.5 建筑设计除应满足各系统设备的工艺要求外，还应符合建筑、结构、防火等国家现行相关规范的规定。

25.4 布 线

25.4.1 运营控制中心宜采用综合布线和综合管线敷设方式。

25.4.2 电缆的选择和管线的敷设过程应符合消防和电气等相关标准的规定。

25.4.3 竖向布线宜采用电缆井敷线方式，并应符合消防和电气等相关标准的规定。

25.4.4 水平布线宜采用电缆夹层敷线方式，并应根据夹层的具体情况，分层分区设置电缆桥架或汇线槽。动力电缆和弱电电缆应分开敷设。

25.4.5 中央控制室内的电线、电缆和管线宜隐蔽敷设。

25.5 供电、防雷与接地

25.5.1 运营控制中心宜单独设置降压变电所，降压所内应设两台动力变压器，分别引入两路相对独立的电源供电，满足控制中心一、二、三级负荷的需要。当一台变压器退出运行时，另一台变压器至少可满足全部一、二级负荷的需要。

25.5.2 运营控制中心防雷接地应符合相关标准的规定，其防护类别不应低于第二类防雷建筑物。

25.5.3 运营控制中心应设统一的强、弱电系统综合接地极，接地电阻不应大于 1Ω，并应满足各系统总的散流要求。

25.6 通风、空调与采暖

25.6.1 中央控制室内环境温度宜控制在 16℃～27℃，中央控制室和各系统设备房每小时内的温度变化不宜超过 3℃，各系统设备房应按现行国家标准《电子信息系统机房设计规范》GB 50174 的规定设置，应按不低于 B 级要求设计。

25.6.2 模拟显示屏前后的温差不宜超过 3℃。

25.6.3 中央控制室及设备房应维持微正压。

25.6.4 中央控制室、设备区、运营管理区的空调系统应分开设置。

25.7 照明与应急照明

25.7.1 运营控制中心应设置一般照明与应急照明。照明灯具应选择节能型、散射效果良好、使用寿命长及维修更换方便的灯具；灯具的布置宜与建筑装修和设备布置相协调。

25.7.2 中央控制室照明设计应满足下列要求：

1 中央控制室的照明应柔和均匀、无眩光，并应根据模拟屏和操作台面照度的要求，在操作台面不应有阴影；室内照明均匀度不宜低于 0.7，并应采用分区调光；

2 当中央控制室采用马赛克式模拟屏时，模拟屏前区和操作台面距地面 0.8m 处的照度宜为 150lx～200lx；

3 当中央控制室采用投影式模拟屏时，模拟屏前区宜尽量暗，操作台面距地面 0.8m 处的照度宜为 100lx～150lx，并宜增加局部照明。

25.7.3 设备房、维修用房、办公管理用房及其他各部位的照明应符合现行国家标准《城市轨道交通照明》GB/T 16275 的规定。

25.7.4 应急照明可包括安全疏散照明和事故照明及指示照明。应急照明的照度不应小于正常照明照度的 10%，中央控制室的应急工作照明不应低于正常照明的 30%。应急照明的应急电源容量应包括整个控制中心不低于 1h 的使用容量。

25.8 消防与安全

25.8.1 运营控制中心应设置火灾自动报警、环境与设备监控、火灾事故广播、自动灭火、水消防、防排烟等消防系统。多线路中央控制室应设自动灭火系统。火灾自动报警系统应与全线系统互通信息。

25.8.2 运营控制中心应设置消防控制室。

25.8.3 运营控制中心宜根据需要设置闭路电视监视系统和门禁系统等设施，可对各分区出入口、主要通道和重要房间进行监视和自动录像。

25.8.4 运营控制中心应设置保安值班室，保安值班室应与消防控制室合并设置。

26 车辆基地

26.1 一般规定

26.1.1 车辆基地应包括车辆段（停车场）、综合维修中心、物资总库、培训中心和必要的运营管理及生活等设施。

26.1.2 车辆基地的选址应符合下列规定：

1 符合城市总体规划；

2 与正线有良好的接轨条件，同时满足各种管线的引入，并便于与外部道路连通；

3 满足车辆基地内线路和各种功能库房布置的要求。

26.1.3 车辆应按初期运营需要配置，并应根据需要逐步添置。

26.1.4 车辆基地的设计应初、近、远期相结合，统一规划、分期实施。站场股道、房屋建筑和检修设施等应按近期规模设计，用地范围应按远期规模预留发展条件。对不易改、扩建的建筑物如厂（架）修库、转向架检修间等主要检修厂房及车辆基地总平面布置，应按远期规模统一规划。

26.1.5 车辆基地的设计应采用先进合理的检修制度和检修工艺。

26.1.6 车辆基地的设计应贯彻节约资源和合理利用能源的方针。

26.1.7 车辆基地的环保设施应与主体工程同步设计、施工、投运。

26.2 车辆段的功能与规模

26.2.1 车辆基地按功能可分为车辆段和停车场，按检修作业范围可分为厂修段、架修段和定修段。

26.2.2 车辆宜采用日常维修和定期检修相结合的检修制度，并逐步向状态修方向发展。

26.2.3 车辆检修宜采用以换件修为主，部分零部件现车修为辅的检修作业方式。

26.2.4 车辆段应按下列工作范围设计：

1 配属列车的乘务和管理；

2 列车存放、编组、清扫洗刷、定期消毒等日常整备；

3 车辆的日常检查及一般故障处理；

4 车辆的定修、架修和厂修等定期修理；

5 车辆的临时性故障检修；

6 段内设备、机具的中小修；

7 调车机车、工程车等的整备和维修。

26.2.5 停车场宜按下列工作范围设计：

1 配属列车的乘务和管理；

2 列车存放、编组、清扫洗刷、定期消毒等日常整备；

3 车辆的日常检查及一般故障处理。

26.2.6 车辆检修修程和检修周期应根据车辆技术条件和质量，并应总结既有车辆基地的检修经验确定。车辆检修修程和检修周期宜符合表26.2.6的规定。

表 26.2.6　直线电机车辆检修修程和检修周期

修　程	检修周期	停修时间（工作日）	库停时间（工作日）
厂　修	运行 160×10^4 km	30	24
架　修	运行 80×10^4 km	24	18

续表 26.2.6

修　程	检修周期	停修时间（工作日）	库停时间（工作日）
定　修	运行 20×10^4 km	8	6
三月检	3个月	2	2
周　检	7d	0.5	0.5

26.2.7 部分专业性强、故障率低、维修设备投资高的车辆部件维修，以及段内设备的大修，宜就近委托专业工厂承担。

26.2.8 车辆段、停车场的规模应满足功能和能力要求，并应根据列车对数、列车编组、管辖范围内配属列车数、车辆技术参数、检修周期和检修时间计算确定。

26.2.9 车辆各修程的检修工作量应按下式计算：

$$Q = 1.1P/r - (1.1P/r') \quad (26.2.9\text{-}1)$$

$$P = 365Q_L \cdot 2L \cdot n \quad (26.2.9\text{-}2)$$

式中：Q——检修任务量（辆/年）；

　　　P——年走行公里数（km/年）；

　　　r——检修周期；

　　　r'——上一级修程检修周期；

　　　Q_L——全日列车开行对数（对/d）；

　　　L——线路长度（km）；

　　　n——列车编组辆数（辆）；

26.2.10 车辆段的检修列位数应按下式计算：

$$M = Q \cdot t \cdot b/(250n) \quad (26.2.10)$$

式中：M——检修列位数；

　　　Q——检修任务量（辆/年）；

　　　t——库内停修时间（d）；

　　　n——列车编组辆数（辆）；

　　　b——检修不平衡系数，周检、三月检、定修取 1.2，架修、厂修取 1.1。

26.3 总平面布置

26.3.1 车辆基地的总平面布置，应根据出入段线的接轨形式、车辆的检修和运用作业的要求，并应根据维修中心、物资总库和培训中心等其他设施的布局及消防、环保、道路、管线等要求，经技术经济比较后择优确定。

26.3.2 车辆段的线路宜按表26.3.2进行配置。

表 26.3.2　车辆段线路配置表

厂（架）修段	定修段	停车场
厂（架）修线	定修线	三月检线
定修线	三月检线	周检线
三月检线	周检线	停车线

续表 26.3.2

周检线	临修线	牵出线
临修线	停车线	洗车线
停车线	不落轮镟线	工程车停放线
不落轮镟线	静调线	—
静调线	洗车线	—
洗车线	清扫线	—
清扫线	试车线	—
油漆线	调机、工程车停放线	—
试车线	材料装卸线	—
调机、工程车停放线	牵出线	—
材料装卸线	—	—
牵出线	—	—

26.3.3 当车辆基地为贯通式布置时，应设连接两端咽喉区的走行线。

26.3.4 当线网共用车辆厂（架）修基地时，基地内应设置待修车和修竣车存放线。

26.3.5 车辆基地的生产用房应以运用和检修设施为核心布置。修车库、转向架间、轮轴间等宜采用联合厂房，各检修辅助生产用房应以修车库和转向架间为中心布置。性质相同或相近的房屋宜合并设置。

26.3.6 与运用作业密切相关的辅助生产用房，宜布置在运用库的侧跨内或邻近地点。

26.3.7 车辆基地内锅炉房、压缩空气站、变电所等动力设施应邻近相关的负荷中心布置。

26.3.8 材料库、材料棚和易燃品存放间等应靠近材料装卸线和道路布置，便于材料、配件卸货和发放，仓库附近应有足够的材料堆放场地。

26.3.9 产生粉尘及有毒、有害气体的车间应布置在常年主导风向的下风侧，压缩空气站应布置在散发灰尘和有害气体车间的上风侧。

26.3.10 车辆基地内生产、办公房屋的室内地面标高不宜低于相邻线路的轨顶标高。

26.3.11 车辆基地内建筑物的间距应符合消防、安全及卫生规定，并应满足修建道路、敷设各种地下管线和架空管线等要求，主要通道两侧建筑物的间距不宜小于 18.0m，一般通道两侧建筑物的间距不宜小于 12.0m。

26.3.12 车辆基地与外部连接的出入口数量不应少于 2 个。

26.3.13 车辆基地应设置围蔽设施，当采用实体围墙时，其高度不宜低于 2.2m；当采用通透式围蔽时，其高度不宜低于 1.8m。围蔽设施至建（构）筑物的最小间距应符合表 26.3.13 的规定。

表 26.3.13 围蔽设施至建（构）筑物的最小间距 (m)

项　　目	最　小　间　距
建筑物	5.0
道路路面边缘	1.0
排水明沟边缘	1.5

26.3.14 预留用地范围内的路基土石方工程，当远期工程施工与生产有较大干扰时，宜与近期工程同时施工。

26.3.15 车辆基地出入段线的设计应符合下列要求：

1 出入段线宜在车站接轨，接轨站可选在线路的终点站或折返站。当在正线区间接轨时，接轨形式应减少对正常运营的影响；

2 出入段线应避免切割正线，减少与列车到发进路的干扰；

3 车辆基地出入段线应按双线双向行车设计，停车场出入线可根据需要设计为双线或单线；

4 出入段线最大纵坡不应大于 60‰。

26.3.16 车辆基地出入段线的设计，应根据行车和信号的要求，留有必要的信号转换作业长度，信号转换作业长度应按远期列车长度加 25m。

26.3.17 当车辆基地内与正线采用不同的受流方式时，出入段线应设置网轨转换段，网轨转换段宜设在平直线路上，并宜与信号转换作业段相一致。

26.3.18 综合管线的设计应满足现行国家规范《工业企业总平面设计规范》GB 50187 及相关规范的规定。

26.4 车辆运用整备设施

26.4.1 车辆基地的运用整备设施应包括停车棚（库）、周检库（棚）、三月检库和列车清洁洗刷设备及相应线路等。

26.4.2 车辆基地宜将停车棚（库）、周检库（棚）、三月检库合建组成运用库，三月检库也可单独设置或与定修库等其他厂房合建。

26.4.3 运用库的规模应按近期需要确定，并应留有远期发展余地。近、远期规模变化不大或库房扩建困难时，其库房可按远期规模一次建成。

26.4.4 停车库设计总列位数应按配属列车数扣除每天在修车所需的列位数（含周检和三月检列位）计算确定，并应合理分配在全线各车辆基地和停车场。

26.4.5 停车棚（库）应根据当地气候条件和运营的要求设计。一般地区宜设棚，寒冷地区或风沙地区应设库，当露天停车对运营作业无影响时可按露天设计。

26.4.6 运用库各库线的列位设置应根据车库形式确定，并应符合下列规定：

1 当库形为尽端式时，每条库线宜按远期编组辆数一列位布置；停车线最多不应大于两列位，周检、三月检线宜按一列位设计；

2 当库形为贯通式时，每条库线宜按远期编组辆数两列位布置；停车线最多不应大于四列位，周检、三月检线宜按两列位布置。

26.4.7 停车库内各线均应根据车辆的受电方式设置架空接触网或接触轨。接触轨应分段设置并加装安全防护罩，周检库、三月检库设置架空接触网，架空接触网列位之间和库前均应设置隔离开关和分段器，并均应设有送电时的信号显示或音响。

26.4.8 周检库、三月检库的线路宜采用架空形式，并应设中间作业平台和车顶作业平台。车顶作业两侧应设安全防护设施，兼作两线作业的车顶作业平台中间应设围蔽隔离栅栏。

26.4.9 各车库的长度应结合厂房组合情况和建筑、结构设计要求确定，并应符合下列要求：

1 停车棚（库）计算长度应按下式计算：

$$L_{tk} \geqslant N_t \cdot (L+1) + 8(N_t - 1) + 9$$

(26.4.9-1)

式中：L_{tk}——停车棚（库）计算长度（m）；

L——列车长度（m）；

N_t——每条线停车列位数；

8——停车列位之间通道宽度 8m；

9——停车库两端横向通道宽度 9m。

2 周检库、三月检库计算长度应按下式计算：

$$L_{yk} \geqslant (L+1) \cdot N_y + 8(N_y - 1) + 25$$

(26.4.9-2)

式中：L_{yk}——周检库、三月检库计算长度（m）；

L——列车长度（m）；

N_y——每条线停车列位数；

8——周检库、三月检库列位之间通道宽度 8m；

25——周检库、三月检库两端横向通道及附加宽度 25m。

26.4.10 车辆基地应设机械洗车设施，配属车超过12列的独立停车场可设置机械洗车设施。机械洗车设施应包括洗车机、洗车线和生产房屋，其设计应符合下列要求：

1 洗车机宜采用通过式，其功能应满足车辆两侧和端部（驾驶室）清洗及化学洗涤剂的洗刷要求。

2 洗车线宜布置在入段线端运用库库前咽喉区前部，并与入段线并联设计。当地形受限制时，洗车线可按尽端式布置。

3 严寒地区及风沙地区应设洗车库，其他地区洗车机宜设棚。洗车库的长度、宽度和高度应根据洗车设备的要求确定；洗车线在洗车机前后一辆车长度范围应为直线。寒冷地区的洗车库应有采暖设施。

4 洗车线有效长度应按下式计算：

1）尽端式洗车线有效长度应按下式计算：

$$L_{sj} = 2L + L_s + 10 \quad (26.4.10-1)$$

式中：L_{sj}——尽端式洗车线有效长度（m）；

2L——洗车机设备前后各一列车长度（m）；

L_s——洗车机长度（包括连锁设备）（m）；

10——线路终端安全距离 10m。

2）贯通式洗车线有效长度应按下式计算：

$$L_{st} = 2L + L_s + 11 \quad (26.4.10-2)$$

式中：L_{st}——贯通式洗车线有效长度（m）；

2L——洗车机设备前后各一列车长度（m）；

11——信号设备设置附加长度 11m。

5 洗车线应根据洗车设备的要求配备辅助生产房屋。

26.4.11 车辆基地停车棚内的股道应铺设感应板；周检、三月检库内的股道应局部铺设感应板，局部感应板的铺设长度应满足列车启动的需要，局部感应板的宽度可小于正线和站场铺设的感应板的宽度。

26.4.12 运用库内、外的平交道不宜铺设感应板，平交道钢轨内侧的路面标高宜低于钢轨面 5mm。

26.4.13 车辆基地应根据其布置和作业需要设牵出线，其数量应根据作业量确定。牵出线的有效长度应按下式计算：

$$L_q \geqslant L_{qc} + L_n + 10 \quad (26.4.13)$$

式中：L_q——牵出线有效长度（m）；

L_{qc}——通过牵出线的列车长度（m）；

L_n——调车机车长度（m）；

10——牵出线终端安全距离 10m。

26.4.14 车辆基地各种车库内的通道宽度和车库大门等部位的最小尺寸宜符合表 26.4.14 的规定。

表 26.4.14 车辆基地各车库有关部位最小尺寸（m）

车库种类 项目名称	停车棚（库）	周检库	三月检库	定、临修库	架（厂）修库	油漆库	调机、工程车车库
车体之间通道宽度（无柱）	1.6	2.0	3.0	4.0	4.5	2.5	2.0
车体与侧墙之间的通道宽度	1.5	2.0	3.0	3.5	4.0	2.5	1.7
车体与柱边通道宽度	1.3	1.8	2.2	3.0	3.2	2.2	1.5
库内前、后通道净宽	4.0	4.0	4.0	5.0	5.0	3.0	3.0
车库大门净宽	B+0.6						
车库大门净高	H+0.4						

注：1 B 为车辆或调机、工程车的宽度；

2 车库大门净高未计受电弓升弓进库状态下的高度，H 为车辆高度（受电弓车辆按受电弓落弓高度计算）或调机、工程车的高度；

3 调机、工程车车库如为单线库，车体与侧墙（或柱）表面之间的距离应有一侧不小于2m；

4 静调库各部分尺寸可按定修库设计。

26.4.15 车辆基地内应设车场控制中心（DCC），其功能宜包括列车运转调度、检修调度、防灾调度和信号值班，车场控制中心（DCC）宜临近运用库设置。

26.4.16 在运用库检查坑内两侧应设动力及安全照明插座。检查坑内固定照明灯具的布置不应影响检修作业。周检库、三月检库宜设调试用外接电源设备。

26.4.17 运用库内应设置气隙检测装置。

26.4.18 车辆基地内宜设乘务员公寓，其规模根据早晚运行列车乘务员人数确定。

26.4.19 正线沿线存车线应符合下列要求：

1 尽端式存车线的有效长度应按下式计算：

$$L_c \geqslant L + L_d + 23 \qquad (26.4.19)$$

式中：L_c——存车线长度（m）；

L——列车长度（m）；

L_d——车挡长度（m）；

23——存车线附加长度23m。

2 存车线宜设检查坑，检查坑长度应按列车长度加4m计算。检查坑内应设排水设施和交流220V插座和固定照明。

3 地上存车线两侧应设安全防护栏或围蔽结构，线路距相邻两侧构筑物的距离可按本规范表26.4.14周检库的相关尺寸设计。

26.5 车辆检修设施

26.5.1 车辆基地检修设施根据其功能和检修工艺要求，应设置下列主要的生产库房：

1 定修段应设定修、临修库和静调库及相应的辅助生产房屋；

2 厂、架修段除设置上述定修段各种生产房屋外，尚应增设厂、架修库、转向架间等部件检修间以及车体整修等厂房或车间，并根据需要设置油漆库；

3 根据线网规划，多条线路的车辆段宜共设一个不落轮镟库。

26.5.2 定修库规模应根据定修工作量和检修时间计算确定，并应符合下列规定：

1 车辆定修应采用整列入库、定位检修的作业方式，列位的长度可按单元车解钩的作业设计；

2 定修列位应设通长宽型检查坑，股道外侧坑深宜为1.3m，坑宽不应小于车辆宽度加1.0m，股道内侧坑深应为1.5m～1.7m，坑内应有排水设施；

3 定修库宜设中间作业平台和车顶作业平台；

4 定修库宽度应符合本规范表26.4.14的有关规定；

5 定修库长度应按下式计算：

$$L_{dk} \geqslant L + N_d + 16 \qquad (26.5.2)$$

式中：L_{dk}——定修库计算长度；

L——列车长度（m）；

N_d——列车单元数（m）；

16——定修库设计附加长度16m。

26.5.3 临修库设计应符合下列规定：

1 临修库宽度应符合本规范表26.4.14的有关规定。

2 临修库长度应按下式计算：

$$L_{lk} \geqslant L + L_Z + 20 \qquad (26.5.3)$$

式中：L_{lk}——临修库计算长度（m）；

L——列车长度（m）；

L_Z——转向架长度（m）；

20——临修库设计附加长度20m。

3 临修列位设检查坑，坑深宜为1.5m～1.7m，并应有排水设施。

4 库内股道两侧应根据架车作业的需要设置块状或条状架车基础。

26.5.4 静调库设计应符合下列规定：

1 静调库应满足列车整列入库作业的要求。

2 静调库的长度应按下式计算：

$$L_{jt} \geqslant L + 14 \qquad (26.5.4)$$

式中：L_{jt}——静调库计算长度（m）；

L——列车长度（m）；

14——静调库设计附加长度14m。

3 静调库的宽度应符合本规范表26.4.14定修库的有关规定。

4 库内检修列位上应设宽型检查坑，坑的深度和宽度应符合本规范第26.5.2条定修库检查坑的有关规定。

5 静调库的线路应采用架空形式，并应设中间作业平台和车顶作业平台，股道上应局部铺设感应板。

6 静调作业线应设架空接触网或地面接触轨，库前应设隔离开关，库内应设外接调试电源设备。

7 根据检修需要，可在静调线上的适当位置设车辆轮廓检测装置。

8 静调库应设置车顶作业安全防护设施。

26.5.5 厂、架修库的长度应根据直线电机车辆的计算长度、转向架计算长度、拆装钩缓装置所需的长度以及横向运输通道等因素确定。

26.5.6 临修库、架修库和厂修库均应设电动桥式或梁式起重机和必要的搬运设备；起重机的起重量应满足工艺和检修作业的要求。

26.5.7 起重机走行轨的高度应根据车辆高度、架车方式、架车高度、车顶作业要求和起重机的结构尺寸计算确定。

26.5.8 临修库、厂（架）修库均应根据作业要求设架车设备。临修库宜选用移动式架车机；厂（架）修库可根据作业方式选用地下式固定架车机组或移动式架车机。

26.5.9 各种车库的库前股道宜设有一段平直线路，其长度应满足车辆进出库时车辆外侧各部距大门内框净距不应小于150mm的要求，且不宜小于12m。

26.5.10 不落轮镟库及其线路设计应符合下列规定：

1 不落轮线的有效长度应满足列车所有车辆的轮对镟修工作的要求，设备前后应有一辆车长度的直线段。

2 不落轮镟库应结合工艺流程和厂房组合情况合理布置，可单独布置，也可与运用库合并布置。当不落轮镟库与运用库合并布置时，宜以实体隔墙隔开。

3 不落轮线应根据作业的需要配置列车牵引小车或其他牵引设备。

4 不落轮镟库的股道上应局部设置检查坑，检查坑内应设置直线电机升降装置。

26.5.11 车辆段应配备调车机车和车库。调车机车的台数应能满足段内调车作业的需要，并应有一台备用机车。调车机车的牵引能力宜满足牵引远期一列车在空载状态下通过全线最大坡度地段的需要。

26.5.12 调车机车库长度应按下式计算：

$$L_{nk} = (L_n + 2) \cdot N_n + 4(N_n - 1) + 7$$
$$(26.5.12)$$

式中：L_{nk}——调车机车车库计算长度（m），当有检修作业时，库长宜增加7m；

L_n——机车长度（m）；

N_n——每条线停放机车台数；

2——机车停车误差2m；

4——两机车检修台位之间通道宽度4m；

7——机车台位距车库前后横向通道宽，距前后墙轴线各3.5m，共7m。

26.5.13 车辆基地应设试车线。试车线设计应符合下列规定：

1 试车线应为平直线，困难条件下允许在线路端部设部分曲线，其线路应满足列车试验速度的要求；试车线的其他技术标准宜与正线标准一致。

2 试车线有效长度应根据车辆所要求的牵引性能和试验速度计算确定。试车线两端宜设缓冲滑动式车挡。

3 在靠近试车线的适当位置设置试车设备房屋。

26.5.14 车辆段应设一条列车清扫线，清扫线长度应根据列车长度、清扫作业方式及设备布置的要求确定，清扫线根据作业需要可设库。

26.5.15 厂（架）修车辆段的油漆库应按台位设置，库内应设通风、给水排水设施和压缩空气管路，并应有环保措施。库内电气设备均应采取防爆措施。油漆库的尺寸应根据工艺要求确定。

26.5.16 转向架检修间应毗邻厂（架）修库设置，其规模和检修台位应根据转向架检修任务量、作业方式和检修时间计算确定。

26.5.17 转向架检修间宜按转向架定位作业检修工艺设计。定位作业的转向架检修台位数，可按下式计算：

$$T_z = 2N_j \cdot n + 2 \qquad (26.5.17)$$

式中：T_z——转向架（构架）检修台位数；

N_j——车辆厂（架）修列位数；

n——列车编组辆数。

26.5.18 转向架检修间内应设10t电动桥式起重机，其数量应根据任务量确定。

26.5.19 转向架检修间应设直线电机的拆装设备。

26.5.20 转向架检修间应设有转向架和轮对等零部件的检修、清洗、试验和探伤设备。

26.5.21 厂（架）修段转向架车间内或附近应设轮对存放间。轮对存放间内应设不小于2t的电动起重机。轮对存放间存放备用轮对的数量不应小于同时进行厂（架）修车辆所需轮对的2倍。

26.5.22 厂（架）修段内应设轮重称重装置，安装轮重称重装置的库内钢轨应按零轨要求设计，零轨长度不宜小于一辆车的长度。

26.5.23 轮对拆卸和压装设施应在线网规划的基础上集中设置。

26.5.24 定修段应配置备用转向架存放场地，其存放数量应根据定修、临修任务量确定。

26.5.25 电机检修间应邻近转向架车间设置，车间内应根据作业需要配备电机清洗、检测和必要的起重运输设备。电机试验宜在电气试验室进行。

26.5.26 蓄电池间宜独立设置，并宜布置在常年主导风向的下风侧。蓄电池间的规模应满足直线电机车辆蓄电池检修和充电需要，并应满足段内调车机车、工程车、蓄电池搬运车和汽车蓄电池的检修和充电。

26.5.27 车辆段的设计应满足新车直线电机的安装要求，宜与不落轮镟库共用直线电机升降装置。

26.5.28 直线电机线路应设置感应板气隙自动检测系统，并应设置在正线两端返线上。当正线无条件时，可设置在车辆基地内。

26.5.29 车辆基地内应根据需要设置直线电机高度检测轨，检测轨应单独设置。当无条件时，可与静调线合设置。检测轨上至少应设置同一辆车上两个转向架范围内的直线电机检测区，并应符合下列规定：

1 检测轨设置区域应减少车辆通过、停放等其他用途。

2 检测轨及其支撑应具有较高的刚度，当车辆通过检测区时，检测轨的变形应小于或等于0.2mm。

3 在进行局部静调前，整个检测轨应先采用硬质垫片按水平度为1mm进行调整。

4 检测轨应与正线钢轨型号相一致。

5 检测轨应为平直轨道，且轨距应为1435±0.5mm，轨距变化率不得大于1‰。

6 至少应保证检测区的4个车轮位置在570mm范围内，轨顶平面度不应大于0.2mm。

7 检测区域不应设置感应板。

8 检测轨的长度应按下式计算：

$$L_j = 2(L - L_q) + L_q + 2 \quad (26.5.29)$$

式中：L_j——检测轨长度（m）；

L——列车长度（m）；

L_q——检测区域长度，为单节车长度的整数倍（m）。

26.6 设备维修与动力设施

26.6.1 车辆基地内检修车间、设备维修车间和综合维修中心机电车间的机加工设备应统一设置。

26.6.2 车辆基地设备维修车间的工作范围应包括下列内容：

1 承担维修机电设备的管理、日常维护和中、小修程的检修工作；

2 承担车辆基地内各种生产工具的维修和管理工作；

3 开展并实施段内技术更新改造和小型非标准设备的制作及检修。

26.6.3 设备维修车间应设 2t 电动单梁桥式起重机，起重机走行轨顶面至地面的高度不得小于 5.1m。

26.6.4 厂（架）修车辆段空压机房间的空气压缩机的容量应根据计算的压缩空气总消耗量及备用容量确定，压力按使用风设备的要求确定，空压机数量不应少于两台。定修车辆段宜采用移动式空压机。

26.6.5 车辆基地应采用瓶装乙炔气和氧气供气。

26.7 综合维修中心

26.7.1 综合维修中心的功能应满足全线路基、轨道、感应板、桥涵、隧道、房屋建筑和道路等设施的维修、保养工作的需要，以及供电、通信、信号等各种机电设备的维护和检修工作的需要。

26.7.2 轨道、感应板、桥涵、道路、房屋建筑等设施和机电设备的大修宜委托专业队伍或工厂承担。

26.7.3 综合维修中心宜根据各专业的性质设置工务建筑、供电、通信信号、机电等维修管理部门。

26.7.4 综合维修中心的生产房屋宜与车辆段的检修、办公房屋合建，各机电系统的设备用房应集中设置。

26.7.5 综合维修中心应根据各专业的作业内容和工作量配备必要的设备。轨道探伤检测车、接触网（接触轨）检修车、磨轨车和轨道车等工程车辆和设备的配备应根据轨道交通线网情况确定。

26.7.6 配备的各种工程车辆应能适应大坡度、小半径曲线的线路条件。

26.7.7 综合维修中心应配备感应板的高度检测仪器和设备。

26.7.8 轨道检测车、接触网（接触轨）检修车、磨轨车和轨道车等工程车辆均应设停车库，并设置必要的检修场地和设备。

26.7.9 各种工程车辆宜集中放置，统一管理。工程

车库宜与调机库合建，每股道均宜设置检查坑。

26.8 物资总库

26.8.1 城市轨道交通直线电机牵引系统应设物资总库。

26.8.2 物资总库应设有各种仓库、材料棚和必要的办公、生活房屋，以及材料堆放场地。

26.8.3 物资总库宜靠近检修库布置，并宜采用自动化立体仓储设施。

26.8.4 各种仓库的规模应根据所需存放材料、配件和设备的种类和数量确定。材料堆放场地应采用硬化地面。

26.8.5 危险品库应全线网统筹设置。

26.8.6 物资总库应设材料装卸线和装卸站台，并配备材料、配件和设备的装卸起重设备以及汽车、电瓶车、叉车等运输车辆。

26.9 救援设施

26.9.1 车辆基地内应设救援办公室，受控制中心指挥。

26.9.2 救援办公室应设置值班室。值班室应设电钟、自动电话和无线通信设备以及直通控制中心的防灾调度电话。

26.9.3 救援用的轨道车辆应利用车辆段和综合维修中心的车辆，并应根据救援需要设置专业地面工程车和指挥车。

26.10 站场、路基与排水

26.10.1 车辆基地内调机、工程车出入段所经线路的最小曲线半径不得小于150m，出入段线应至少有1条线路的最小曲线半径不小于150m。

26.10.2 车辆基地内调机、工程车出入段所经线路的连接应采用不小于7号的道岔，试车线和出入段线采用的道岔号数应与正线一致。

26.10.3 沿海或江河附近地区车辆基地的线路路肩设计高程不应小于100年一遇的潮水位、波浪爬高值和安全高之和。

26.10.4 段内应设计环行运输道路并与段外公路相通，路面宽度应为：主干道（双向车道）7.0m，次干道及支道（单行车道）4.0m～4.5m，人行道不小于2.0m。

26.10.5 道路交叉路口的转弯半径（从路面内边缘算起）不应小于9.0m。

26.10.6 车辆基地最外侧线路的中心线至路基边缘的宽度不应小于3.0m；有检查作业的不应小于4m，在困难情况下采用挡墙时可不小于3.0m。

26.10.7 站场排水系统设计应进行总体规划，并应与当地的排灌系统密切配合。

26.10.8 车辆基地的路基面应设有倾向排水系统的

横向坡度。根据路基宽度、排水要求及路基填挖情况，路基横断面可设计为一面坡、两面坡或锯齿形坡。

26.10.9 路基面横向坡度及一个坡面的最大线路数量可按现行国家标准《铁路车站及枢纽设计规范》GB 50091 确定。

26.10.10 纵向排水设备的坡度不应小于 2‰，在困难条件下不应小于 1‰。穿越线路的横向排水设备的坡度不应小于 5‰。

26.10.11 站场内排水设备的横断面尺寸，应按 25 年一遇的洪水频率的流量设计。当有充分依据时，可按当地采用的洪水频率进行设计。纵、横向排水槽的底部宽度不应小于 0.4m，深度不宜大于 1.2m；当深度大于 1.2m 时，其底部宽度应适当增加。

26.10.12 当排水设备位于检修作业区、调车作业区、装卸作业区和工作人员通行的地段时，排水沟或排水槽应加设盖板。

26.10.13 纵、横向排水槽、管的交汇点，排水管的转弯处和高程变化处，应设检查井或集水井。

26.11 消防与安全

26.11.1 车辆基地的通信设备室、信号设备室、综合监控设备室、信号连锁设备室等宜设置自动灭火系统，自动灭火系统保护的设备用房应集中布置。

26.11.2 车辆基地应根据本规范第 19 章火灾自动报警系统的规定，配套设置有关防灾报警设备和设施。

26.11.3 油漆库、清扫库、锅炉房、蓄电池间等产生烟尘及有毒、有害气体的车间，应设有除尘或净化设施。

26.11.4 平交道口宜设置声光报警装置或警示标志。

26.11.5 运用库、检修库的线路两侧和设备基坑周边应设置警示线、警示带等警示标志。

26.11.6 库内检修作业平台不得侵入车辆限界。

26.12 其他

26.12.1 培训中心负责组织和管理职工的技术教育和培训工作，线网应统一设置培训中心，宜设于车辆基地内。

26.12.2 培训中心应设教室、实验室、图书室、阅览室和教职员工办公和生活用房，以及必要的教学设备和配套设施。

26.12.3 车辆基地应根据轨道交通供电系统的要求、车辆基地的规模和布置，以及生产工艺需要等设置牵引变电所和降压变电所及动力、照明设施。

26.12.4 车辆基地牵引供电系统应根据作业和安全要求实行分区供电。当牵引供电采用接触轨方式时，线路外侧应设安全防护栅栏。

26.12.5 车辆基地库内及检查坑内、检修作业平台下方等部位应符合现行国家标准《城市轨道交通照明》GB/T 16275 的规定。

26.12.6 车辆基地站场区的平均照度不宜小于 10lx；试车线的平均照度不宜小于 5lx，并在登车区、检修区、车挡等处增加局部照明，且照度不宜小于 10lx；段内道路的平均照度不宜小于 20lx。

27 防 灾

27.1 一般规定

27.1.1 城市轨道交通直线电机牵引系统应具有防火、防淹、防风、防雷、防冰雪、抗震等防灾设施，并以防火灾为主。

27.1.2 防火灾应贯彻"预防为主，防消结合"的方针。同一条线路、两条及两条以上线路的换乘站均按同一时间内发生一次火灾考虑。

27.1.3 车站站台、站厅的乘客疏散区域及疏散通道不得设置商业场所，也不得布设妨碍乘客疏散的设备、设施及其他物件。

27.1.4 与车站公共区相连开发的商业等公共场所，应与车站作防火分隔，其防火设计应符合现行国家标准《建筑设计防火规范》GB 50016 的相关规定。

27.1.5 车站及区间应配备防灾救护设施，车辆基地应配备防灾救援设施。

27.1.6 控制中心应具有所管辖线路的防灾调度指挥及救援功能，以及与上一级防灾指挥中心联网通信的功能。

27.2 建筑防火

27.2.1 城市轨道交通直线电机牵引系统各建（构）筑的耐火等级应符合下列规定：

1 地下车站、区间、出入口通道、通风井、控制中心建筑的耐火等级应为一级；

2 地面车站、高架车站及高架区间结构、出入口、通风井地面部分的耐火等级不应低于二级；

3 车辆基地内各建筑物的耐火等级应按现行国家标准《建筑设计防火规范》GB 50016 及《高层民用建筑设计防火规范》GB 50045 的规定确定。

27.2.2 车站周边道路应满足消防车的通行，否则应设置消防车道。

27.2.3 防火分区的划分应符合下列规定：

1 车站站台和站厅公共区应划为一个防火分区。换乘车站共用一个站厅时，站厅公共面积不得超过 5000m²。

2 车站设备管理区的每个防火分区的最大允许使用面积：地下车站不应大于 1500m²，地上车站防火分区的最大允许使用面积应符合现行国家标准《城市轨道交通技术规范》GB 50490、《建筑设计防火规范》GB 50016 及《高层民用建筑设计防火规范》GB

50045 的规定。消防泵房、废水泵房、污水泵房、水池、厕所、盥洗间等无可燃物的房间，其面积可不计入防火分区的面积之内。

3 车辆基地、控制中心防火分区的划分应符合现行国家标准《建筑设计防火规范》GB 50016 及《高层民用建筑设计防火规范》GB 50045 的规定。

27.2.4 十字及平行同站台换乘车站的站台层和站厅层公共区应为一个防火分区。通道换乘站的通道或换乘楼梯应采用特级防火卷帘防火分隔。三线及以上换乘车站共用站厅公共区时，防火分区的划分应通过消防性能化设计确定。

27.2.5 两个相邻防火分区之间应采用耐火极限不低于 3h 的防火墙和 A 类隔热防火门分隔，防火分区的楼板耐火极限不应低于 1.5h 的楼板，管道穿防火墙应作防火封堵。在防火墙设有观察窗时，应采用 C 类 I 级防火玻璃。

27.2.6 地下车站的车站控制室、变电所、通信及信号机房、综合监控室、自动售检票系统（AFC）设备室、配电室、蓄电池室、屏蔽门的设备控制室、通风及空调机房、消防泵房、灭火剂钢瓶室等重要设备管理用房，应采用耐火极限不低于 3h 的隔墙和耐火极限不低于 1.5h 的楼板与其他部位隔开，防火墙上的门应采用 A 类隔热防火门。

27.2.7 车站内楼梯、自动扶梯和疏散通道的通过能力，应保证在最大预测超高峰小时客流量时发生火灾的情况下，6min 内将一列车乘客和站台上候车的乘客全部撤离站台至安全区，疏散用楼扶梯通过能力按正常 90% 计算。通行能力应符合本规范第 9 章车站建筑的有关规定。

27.2.8 站台层的事故疏散时间应按下列公式计算：

$$T = 1 + \left[\frac{Q_1 + Q_2}{0.9 \left[A_1 N_y + A_2 N_t + A_3 B \right]} \right] \leqslant 6\text{min}$$

$$(27.2.8)$$

式中：Q_1——最大预测超高峰小时 1 列进站列车客流断面流量（人）；

Q_2——最大预测超高峰小时站台上候车乘客（人）；

A_1——自动扶梯通过能力 [人/(min·m)]；

A_2——自动扶梯停运作步行楼梯的通过能力 [人/(min·m)]；

A_3——楼梯通过能力 [人/(min·m)]；

N_y——运行自动扶梯台数；

N_t——停运自动扶梯台数；

B——楼梯总宽度（m）（指每组楼梯每股人流宽度整倍数计的总和）。

27.2.9 地下车站公共区和设备管理用房的墙、地及顶面的装修应采用不燃材料。广告灯箱、座椅、电话亭、售票亭装修材料及设备房架空地板可采用不低于 B 级的材料，但不应采用石棉、玻璃纤维等有害人体健康的制品。

27.2.10 地下车站防火分区安全出口的设置应符合下列规定：

1 车站站台和站厅（公共区）防火分区，其安全出口的数量不应少于 2 个，并应直通车站外部空间；

2 竖井爬梯出入口和垂直电梯不应作为安全出口；

3 设备及管理用房防火分区的有人区域应设置一个安全出口直通外部空间，另外可利用一个相邻分区的防火门作为第二个安全出口；

4 地下一层侧式车站，每侧站台不应少于两个直通地面外部空间的安全出口，两侧站台间的过轨通道，不应作为安全出口；

5 换乘车站内的换乘通道和楼梯不应作为安全出口；

6 与地下车站相连开发的地下商业等公共场所，通向地面的安全出口应符合现行国家标准《建筑设计防火规范》GB 50016 的规定。

27.2.11 地下车站管理用房宜集中一端布置，其区域内连通各层的疏散楼梯应采用封闭楼梯间。

27.2.12 付费区与非付费区的分隔围栏应设疏散门，并应配置灾害时可遥控释放开启装置。疏散门的开启方向应朝向非付费区。

27.2.13 站台公共区任一点距疏散楼梯口、自动扶梯或通道口的距离不应大于 50m。在站台每端均应设置区间疏散至站台的步行梯，当区间疏散平台与站台未直接连通时步行梯的净宽度不应小于 1.2m。

27.2.14 地下车站出入口通道宜少设弯道，疏散通道内不应设置门槛和有碍疏散的构筑物。长度大于 100m 的通道中应设置消防疏散措施。

27.2.15 楼梯和疏散通道的设置应符合下列规定：

1 公共区供人员疏散的出口楼梯和疏散通道宽度，应按本规范第 9 章车站建筑的有关规定确定。

2 车站设备及管理用房区域的安全出口、楼梯、疏散通道装修后的最小净宽和疏散通道长度设计应符合下列规定：

1）安全出口及楼梯不应小于 1.2m；

2）单面布置房间的疏散通道宽度不应小于 1.2m；

3）双面布置房间的疏散通道宽度不应小于 1.5m；

4）疏散通道的长度应满足车站设备、管理房间的门至最近安全出口的距离不应大于 35m，位于尽端封闭通道两侧房间，其最大距离不应大于上述距离的 1/2。当车站设备管理用房区内设有两个独立的通道时，通道长度大于 20m 时，应在两个通道间设一个联络横通道。

27.2.16 车站内房间均应设置1个通向疏散走道的疏散门。在下列情况下应设置2个疏散门：

1 除通风空调机房外，地下车站建筑面积大于50㎡的房间；

2 地面及高架车站房间位于走道尽端，且由房间内任一点到疏散门的直线距离大于15m时。

27.2.17 当地下车站公共区均采用自动扶梯时，至少应设置一处人行楼梯。

27.2.18 消防专用通道及楼梯间应设置设在有车站控制室等主要管理用房的防火分区内，并应能够方便到达地下设备层。当消防专用通道楼梯间的室内地面与室外出入口地面高差小于10m时，应设封闭楼梯间，大于10m时应设防烟楼梯间。

27.3 区间紧急疏散

27.3.1 城市轨道交通必须设计有效的区间紧急疏散方案。

27.3.2 地下及高架区间应设置纵向疏散平台，疏散平台的宽度不应小于600mm，疏散平台的设置高度根据车辆地板面的高度确定。

27.3.3 地下区间隧道联络通道应符合下列规定：

1 两条盾构或矿山法施工的单线区间隧道，当隧道连贯长度大于600m时应设横向联络通道。联络通道内应并列设置两扇反向开启的A类隔热防火门，每扇门的宽度不应小于600mm。

2 采用双圆盾构或明挖施工的两条单线隧道，应每隔300m设左右线连通疏散口，在连通疏散口处并列设置反向开启的A类隔热防火门，门扇的开启不得侵入限界和阻挡人员疏散。

27.3.4 长大区间的中间风井内应设置直通地面的疏散楼梯。

27.3.5 列车自动控制系统应包括针对发生紧急事故和灾害情况下的列车自动调度系统。自动调度系统应及时制定出新的列车运行方案，防止灾害的扩大化。

27.4 消防给水与灭火设施

27.4.1 消防给水系统的水源应采用城市自来水；当沿线无城市自来水时，可采用其他可靠的水源。

27.4.2 消防给水管道的设置应符合下列规定：

1 消火栓给水系统在地下车站及区间应设置为环状管网；

2 车站及沿线附属建筑物应由城市自来水管引入两路消防给水管和车站（或附属建筑物）环状管网相接，当地下车站城市自来水管只有一路时，相邻地下车站的引入管可作为备用；

3 地下车站及区间应按水力计算确定消防给水系统供水区段，供水区段两端均应设置电动、手动阀门。

27.4.3 消火栓给水系统用水量应符合下列规定：

1 地下车站应为20L/s；地下区间、通道应为10L/s。

2 地面或高架车站，消防给水系统的设置按现行国家标准《建筑设计防火规范》GB 50016 的规定执行，并应满足表 27.4.3-1、表 27.4.3-2 的要求。体积小于 5000m³ 的车站，可不设置室内消火栓系统。

3 地面或高架车站外市政只有一路水源，且站内外消防用水量之和超过25L/s时，应设消防泵和消防水池。消防水池的容积应满足火灾延续时间2h内的室内外消防用水量之和。

4 地面或高架站内消火栓超过10个，且站外消防用水量大于15L/s时，消防给水管道应连成环状，且有两条引入管和站外城市自来水管网或消防水泵连接，每一条进水管都能保证全部消防用水量。

表 27.4.3-1 车站外消防用水量

车站建筑体积 V（m³）	V≤1500	1500<V≤3000	3000<V≤5000	5000<V≤20000	20000<V≤50000	V>50000
用水量（L/s）	10	15	15	20	25	30

表 27.4.3-2 车站内消防用水量

体积 V（m³）	消火栓用水量（L/s）	同时使用水枪数量（支）	每根竖管最小流量（L/s）
5000<V≤25000	10	2	10
25000<V≤50000	15	3	10
V>50000	20	4	15

27.4.4 消火栓给水系统设计应符合下列规定：

1 应在站厅和站台公共区、设备及管理用房区域、地下区间隧道、超过20m的人行通道等处设置消火栓。

2 消火栓的布置应保证每个防火分区同层有两支水枪的两股水流同时到达室内任何部位，水枪充实水柱不应小于10m，消火栓间距应按计算确定。单口单阀消火栓间距不应大于30m，双口双阀消火栓间距不应大于50m。

3 消火栓箱应设自救消防卷盘，消火栓口径应为 DN65，水枪喷嘴应为 φ19，栓口距地面应为1.1m，出水方向宜向下或垂直于墙面。

4 车站应设单口消火栓，确有困难时可设双口双阀消火栓。

5 地下区间的消火栓间距应为50m，可不设消火栓箱，水龙带及水枪设置在车站站台端部及区间联络通道内。

6 消火栓管网的静水压不应超过 1.0MPa，当消火栓口出水压力大于 0.5MPa 时应采取减压措施。

7 消防泵系统未设置稳压系统时，消火栓给水系统的消火栓箱内或区间消火栓口处应设水泵启动按钮。

8 当水源的供水量或水压不能满足消防要求时，应设消防泵增压。

9 车站消防给水系统应设消防水泵接合器，并应在15m～40m范围内有对应的室外消火栓。寒冷地区的室外消火栓、水泵接合器及消防水池应有防冻措施。

10 当消防给水系统补水有保证时可减去火灾延续时间内连续补充的水量。

27.4.5 自动灭火设施和灭火器应符合下列规定：

1 地下车站的变电所、通信信号设备房及电源室、综合监控室、环控电控室应设置自动灭火系统。控制中心、车辆段及综合基地、地面及高架车站、地面主变电所的自动灭火装置的设置，应按现行国家标准《建筑设计防火规范》GB 50016、《高层民用建筑设计防火规范》GB 50045和《火力发电厂与变电站设计防火规范》GB 50229的规定执行。

2 地面及高架车站设置在地下的重要电气设备室，应按地下车站的规定执行。

3 自动灭火系统的防护区，应设置喷射报警、警示标志、疏散指示标志。

4 灭火器配置应按现行国家标准《建筑灭火器配置设计规范》GB 50140的规定执行。

27.4.6 消防设备监控应符合下列规定：

1 消防泵、消防管道上的电动阀门等专用消防设备的工作状态应在控制中心和车站控制室监视和操作。

2 消防泵的控制分远程和就地两种方式。远程控制应包括自动和手动控制。

3 气体灭火系统应具有自动、手动和机械应急手动三种控制方式。

27.5 防烟、排烟与事故通风

27.5.1 地下车站和区间隧道必须设置防烟、排烟与事故通风系统。

27.5.2 地面和高架车站宜采用自然排烟方式。

27.5.3 地下线路防烟、排烟系统和事故通风系统应具有下列功能：

1 当区间隧道发生火灾时，应能逆乘客疏散方向排烟，迎乘客疏散方向送风；

2 当地下车站的站厅、站台发生火灾时，应具备防烟、排烟、通风功能；

3 设备及管理用房发生火灾时，应具备防烟、排烟、通风功能。

27.5.4 下列场所应设置机械排烟系统：

1 地下车站的站厅、站台和地下区间隧道；

2 地下车站同一个防火分区内总面积超过200m² 的设备及管理用房，或面积超过50m² 且经常有人停留的单个房间；

3 地下车站公共区连续长度超过60m的长通道和出入口通道，设备管理用房区最远点至公共区长度超过20m的内走道；地面及高架站设备管理用房区长度大于40m且不具备自然排烟条件的疏散走道。

27.5.5 地下站设备管理区中层数为三层及以上的楼梯间应设置机械加压送风系统，防烟系统的余压值应为40Pa～50Pa。

27.5.6 地下车站公共区应划分防烟分区，每个防烟分区的建筑面积不应超过2000m²，设备管理用房区的防烟分区建筑面积不应超过750m²，且防烟分区不应跨越防火分区。

27.5.7 当防烟、排烟系统和事故通风与正常通风空调系统合用时，通风空调系统应符合防烟、排烟系统的要求，并应在发生火灾事故时能快速转换至防烟、排烟模式。

27.5.8 各区域排烟量应符合下列规定：

1 地下车站站台、站厅火灾时的排烟量，应根据一个防烟分区的建筑面积按 $1m^3/(m^2 \cdot min)$ 计算。当排烟设备负担两个或以上防烟分区时，其设备能力应按同时排除其中两个最大防烟分区的烟量配置。当车站站台发生火灾时，站厅到站台的楼梯和扶梯口开口处应保证具有不小于1.5m/s的向下气流，对建筑形式为中庭式或楼扶梯开口面积较大的车站，应进行防排烟模拟安全分析计算确定防排烟气流组织方式。

2 地下车站设备及管理用房、内走道、地下长通道和出入口通道需设置机械排烟时，其排烟量应根据一个防烟分区的建筑面积按 $1m^3/(m^2 \cdot min)$ 计算，排烟房间的补风量不应小于排烟量的50％。排烟设备负担两个或以上防烟分区时，其设备能力应根据最大防烟分区的建筑面积按 $2m^3/(m^2 \cdot min)$ 计算的排烟量配置。

3 地下区间隧道火灾的排烟量，按单洞区间隧道断面的排烟气流速度高于计算的临界风速确定，但应控制在2m/s～11m/s范围内。

27.5.9 排烟风机及管路系统耐温要求应符合下列规定：

1 区间隧道事故、排烟风机应保证在250℃时能连续有效工作1h，烟气流经的辅助设备应与风机耐温等级相同；

2 地下车站站厅、站台和车站设备及管理用房排烟风机及车站隧道排热风机应保证在250℃时能连续有效工作1h，烟气流经的辅助设备应与风机耐温等级相同；

3 地面及高架车站站厅、站台和车站设备及管理用房排烟风机应保证在280℃时能连续有效工作0.5h，烟气流经的辅助设备应与风机耐温等级相同。

27.5.10 当排烟干管采用金属管道时，管道内的风速不应大于 20m/s；采用非金属管道时不应大于 15m/s。排烟口的风速宜在 4m/s～10m/s 之间。

27.5.11 机械排烟系统中的排烟口的设置应符合下列规定：

　　1 排烟口应设置在排烟空间的顶部，且与附近安全出口沿走道方向相邻边缘之间的最小水平距离不应小于 1.5m；

　　2 防烟分区内的排烟口距最远点的水平距离不应超过 30m；

　　3 地下车站设备区应设置机械排烟系统，排烟口可设置在疏散走道。

27.5.12 通风与空调系统下列部位应设置防火阀：

　　1 穿越防火分区的防火墙及楼板处；

　　2 每层水平干管与垂直总管的交接处；

　　3 穿越变形缝且有隔墙处；

　　4 穿越通风空调机房处；

　　5 穿越疏散走道及封闭楼梯间处；

　　6 自动灭火保护房间的进排风管应根据保护分区设置能熔断关闭及电动关闭的防火阀。

27.6 防灾通信

27.6.1 通信系统的设计，应具备灾害时能迅速转换为防灾通信的功能。防灾通信应基本保障无线通信、有线防灾调度通信、防灾广播及闭路电视监视功能。

27.6.2 公务电话系统的分机应具有能自动拨号到市网"119"的功能；当城市设置有应急中心或线网应急中心时，应具有通信互通功能。同时，应配备在发生灾害时供救援人员进行地上、地下联络的无线通信设施。

27.6.3 运营控制中心应设置防灾无线控制台，列车司机室应设置无线通话台。

27.6.4 运营控制中心应设置防灾广播控制台，车站控制室、车辆基地值班室设置广播控制台。

27.6.5 运营控制中心和车站控制室应设置监视器和控制键盘，供环控调度员监视。被监视区域的事故照明照度应能满足监视要求。

27.6.6 城市轨道交通应设消防专用调度电话，防灾调度电话系统应在控制中心设调度台，在车站控制室及车辆基地通过火灾报警系统设调度分机。

27.7 防灾用电、电气防火与疏散指示标志

27.7.1 消防用电设备应按一级负荷供电，并应在末级配电箱处设置自动切换装置。

27.7.2 防灾用电设备的配电设备应有明显标志。

27.7.3 应急照明的连续供电时间不应少于 1h。

27.7.4 下列部位应设置疏散应急照明：

　　1 站厅、站台、自动扶梯、自动人行道及楼梯口；

　　2 疏散通道及安全出口；

　　3 区间隧道；

　　4 车站控制室、公安用房、变电所、配电室其他重要设备和管理用房。

27.7.5 应急照明和疏散指示灯用的电缆应采用低烟、无卤、耐火电缆。

27.7.6 应急照明以及疏散指示标志的应急供电电源宜采用集中型。

27.7.7 下列部位应设置醒目的疏散指示标志：

　　1 站厅、站台、自动扶梯、自动人行道及楼梯口；

　　2 人行疏散通道拐弯处、交叉口及安全出口；沿通道长向每隔不大于 20m 处；对袋形走道，不应大于 10m 处；在走道转角区，不应大于 1.0m 处；

　　3 疏散通道和疏散门均应设置灯光疏散指示标志，并应设有玻璃或其他不燃烧材料制作的保护罩；

　　4 区间疏散指示标志灯的间距不应大于 100m；

　　5 站厅、站台、疏散通道等人员密集部位的地面，应设置保持视觉连续的发光疏散指示标志。

27.7.8 指示标志距离地面不应小于 1m。指示标志应能在断电且无自然光照明时，指引疏散位置和疏散方向。其指示标志应符合现行国家标准《消防安全标志》GB 13495 的有关规定。

27.7.9 疏散通道照明的地面最低照度值不应低于 1.0lx。

27.8 其他灾害预防

27.8.1 兼作人防门的防淹门，其密闭性、抗力等级应符合人防要求。

27.8.2 隧道出入洞口的防淹措施应满足当地防洪要求，并应按本规范第 14.3.1 条和第 14.3.10 条的相关规定执行。

27.8.3 车站出入口、敞口低风井的防淹措施，应按本规范第 9.5.10 条和第 9.5.14 条的规定执行。

27.8.4 车站新风亭、活塞风亭不宜设置在医院及其附近，否则应进行相应的卫生防疫评估。

27.8.5 地面及高架有关建筑工程的防雷措施及其他电气要求，应按第 15 章供电有关规定执行。

27.8.6 严寒、寒冷地区的地面及高架线路应采取防冰雪措施。

27.8.7 结构的抗震设计除应遵守本规范的规定外，尚应符合地面建筑现行国家抗震设计规范的有关规定。

27.9 救援保障

27.9.1 城市轨道交通直线电机牵引系统应配备列车发生故障或遭遇灾害时救援所需的设备和设施。

27.9.2 运营控制中心应能对所有紧急状态下的应急预案和操作程序进行监控管理，发布相关消防设施的控制命令。

27.9.3 当列车发生事故停车时，应由运营控制中心进行调度。

27.9.4 车站及沿线的各排水泵站应设危险水位报警装置。正线及出入段线各排水泵站应能在相应的车站控制室、车辆段控制室及控制中心监视及控制。

27.9.5 运营控制中心在灾害情况下应负责全线防灾、救灾的指挥和协调，以及对外联络、协调工作。应能通过电话或网络通信快速地同本地区的消防、公安、医疗救护部门建立联系。

27.9.6 运营控制中心应具备接收本地区气象预报部门、地震预报部门的电话报警或网络通信报警的功能。

28 环境保护

28.1 一般规定

28.1.1 城市轨道交通直线电机牵引系统设计应采取必要的环境保护措施。

28.1.2 环境保护设计应结合城市规划及环境保护规划，遵循统一规划、合理布局、以防为主、防治结合、综合治理的原则。

28.1.3 环境保护措施应根据行业主管部门和环境保护行政主管部门批复核准的环境影响报告书确认的环境保护目标及其污染防治措施的要求确定。

28.1.4 环境保护设施的功能、设置位置、结构形式、景观效果应与主体工程相互协调、相互适应，并应与主体工程同时设计、同时施工、同时投入使用。

28.1.5 环境保护措施应包括工程和设备的减振、降噪、大气污染防治、废水处理、室内空气质量控制以及电磁辐射防护等。

28.1.6 环境保护设施应根据最大预测高峰小时客流量、列车最大通过能力和环境保护措施的设计标准设计，可按近期和远期分期实施。环保设施的主体部位或不易改、扩建的土建工程应按远期需要实施。

28.1.7 环境保护措施应首先采用清洁生产工艺和技术、采用高效节能型设备。

28.2 噪 声

28.2.1 噪声防护措施的降噪效果应符合现行国家标准《声环境质量标准》GB 3096 的规定。

28.2.2 城市轨道交通直线电机牵引系统规划设计应当根据轨道交通建设规划环境影响报告书的结论及其审查意见，其线路、车站、车辆基地及停车场的选线选址应避开自然保护区、饮用水水源保护区、生态功能保护区、风景名胜区、基本农田保护区以及文物保护建筑等需要特殊保护的地区；结构主体宜避绕特别敏感的居住、文教、医院等社会关注区域。

28.2.3 列车运行噪声应从线路规划、车辆选型、轨道和桥梁结构的振动以及声屏障设置和敏感建筑的保护等各方面采取综合措施。

28.2.4 车辆司机室、客室噪声应符合现行国家标准《城市轨道交通列车噪声限值和测量方法》GB 14892 的规定。

28.2.5 通风与空调系统应选用符合现行国家标准的低噪声设备，并应根据现行国家标准《声环境质量标准》GB 3096 中规定的相应区域噪声限值的规定。

28.2.6 风机、水泵等动力设备应根据其噪声特点，在设备机座或基础下设置橡胶隔振垫或减振器等，并应在与设备直接连接的进出管道上设置柔性接头，弹性支吊架。

28.2.7 地下车站站台列车进、出站平均等效声级应符合现行国家标准《城市轨道交通车站站台声学要求和测量方法》GB 14227 的规定，在没有列车的条件下，车站站台、站厅环境噪声等效声级不得超过70dB（A），管理用房环境噪声等效声级不得超过60dB（A）。

28.2.8 对不采用屏蔽门的车站，站台层车行区墙面及站台下部应进行吸声处理。

28.2.9 产生噪声污染的动力设备，应设于专用机房内，并应与车站站厅、站台层公共区有效分隔。

28.2.10 在沿线两侧噪声敏感建筑外 1m 处，列车运行噪声级应符合现行国家标准《声环境质量标准》GB 3096 中相应区域噪声限值的规定。

28.2.11 风亭、冷却塔位置应避让噪声敏感建筑，风井风口应背向噪声敏感建筑，风亭格栅的迎面风速不宜大于 4m/s；风井、冷却塔噪声应符合现行国家标准《声环境质量标准》GB 3096中相应区域声限值要求。

28.2.12 地面、高架线路临近噪声敏感区域侧应设置声屏障，声屏障的设置应使被保护噪声敏感建筑处于其声影区内，声屏障的高度根据需要确定，但不宜低于 2.5m。

28.2.13 车辆段和停车场的厂界噪声应符合现行国家标准《工业企业厂界环境噪声排放标准》GB 12348 中相应区域噪声限值的规定。

28.2.14 车辆段和停车场内各维修车间应根据各自不同的作业情况采用相应的噪声防治措施。

28.3 振 动

28.3.1 振动防护措施的减振效果应符合现行国家标准《城市区域环境振动标准》GB 10070 的规定。

28.3.2 对振动和噪声敏感的地段，可根据减振和降噪要求分别采用减振型钢扣件、高弹性轨下垫板或减振型轨下基础。

28.3.3 车站通风与空调系统、局部通风与空调系统和区间隧道通风系统的风机等设备，应采取减振措施。

28.3.4 车辆段的风机、电机、空压机、水泵等设备，必要时应进行减振处理。

28.4 空 气 质 量

28.4.1 车站内部建筑装修材料的有害物质的释放量应符合现行国家有关标准的规定。

28.4.2 车辆基地的热源应遵循清洁能源生产的原则，采用太阳能、电能、人工煤气或天然气等热源，也可选用燃轻柴油锅炉。

28.4.3 车辆段食堂操作间应安装油烟净化设施。油烟排放浓度应符合现行国家标准《饮食业油烟排放标准》GB 18483 的规定。

28.5 废 水

28.5.1 废水排放应符合现行国家标准《污水综合排放标准》GB 8978 的规定。工程运营的污水应排入市政污水管网或截污用的合流管网，确有困难需排入雨水管网或自然水体时，应对生活污水进行处理，达到现行国家标准《污水综合排放标准》GB 8978，并取得市政、水务、环保等相关部门同意后排放。

28.5.2 车辆基地的含油、含铅等生产废水排放前，必须进行处理，达标后方可排放。

28.5.3 车辆基地的洗车废水应重复利用。生产及生活污水在处理达标后，在技术、经济指标合理的条件下，可分质回用。

28.6 其 他

28.6.1 临近敏感建筑区域的 110kV 主变电所宜设于地下。

28.6.2 城市轨道交通直线电机牵引系统工程电磁防护应根据环境影响报告书及其环境保护主管部门的批复意见，采取电磁防护措施。

28.6.3 地面及高架线沿线、车站、车辆基地及停车场以及变电所周围应采取植树绿化等生态保护措施。

28.6.4 高架区间、车站的设置及材料的选择，应减少对线路两侧建筑物光照环境的影响。

附录 A 曲线地段设备限界计算方法

A.0.1 曲线地段设备限界应在直线地段设备限界基础上加宽。

A.0.2 曲线地段设备限界应按平面曲线几何偏移量、过超高或欠超高引起的设备限界加宽量、曲线轨道参数及车辆参数变化引起的设备限界加宽量计算确定。

A.0.3 平面曲线（或竖曲线）上车体几何偏移量应按表 A.0.3 确定。

表 A.0.3 平面曲线（或竖曲线）上车体几何偏移量

符号	定义	R100	R150	R200	R250	R300	R350	R400	R500
Ta	曲线外侧（mm）	205	136	102	82	68	58	51	41
Ti	曲线内侧（mm）	160	107	80	64	53	46	40	32

符号	定义	R600	R700	R800	R1000	R1200	R1500	R2000	R3000
Ta	曲线外侧（mm）	34	29	26	20	17	14	10	7
Ti	曲线内侧（mm）	27	23	20	16	13	11	8	5

A.0.4 过超高或欠超高引起的限界加宽量应按表 A.0.4 确定。

表 A.0.4 过超高或欠超高引起的限界加宽量

过超高或欠超高值（mm）	横向加宽量（mm）ΔX_{Qa} 或 ΔX_{Qi}
0～8	0～1
9～13	0～2
14～18	0～3
19～24	0～4
25～29	0～5
30～34	0～6
35～40	0～7
41～45	0～8
46～51	0～9
52～56	0～10
57～61	0～11
62～67	0～12
68～72	0～13
73～78	0～14
79～83	0～15
84～88	0～16
89～94	0～17
95～99	0～18
100～104	0～19
105～110	0～20
111～115	0～21
116～120	0～22

注：横向加宽量计算值：车底架边梁下端点加宽量为 0，车顶处加宽量为最大值，车辆轮廓线其余各坐标点加宽量按纵坐标值采用插入法计算。

A.0.5 曲线轨道参数及车辆参数变化引起车体及转

向架设备限界加宽量应符合下列规定：

1 曲线外侧：

整体道床 $\Delta X_{ca} = \Delta S_a + \Delta d_e + \Delta w + \Delta q$

(A.0.5-1)

碎石道床 $\Delta X_{ca} = 1000000/R + \Delta S_a + \Delta d_e + \Delta w + \Delta q$

(A.0.5-2)

式中：ΔS_a——曲线轨距加宽外轨分量及外轨磨耗量（mm）；

$R \geqslant 800m$，$\Delta S_a = 3mm$；

$800m > R > 110m$，$\Delta S_a = 3 + 300/R$（mm）；

Δd_e——钢轨横向弹性变形量，曲线与直线差值（mm）取 1.4mm；

Δw——车辆二系弹簧的横向位移，在曲线与直线的差值取 15mm；

Δq——车辆一系弹簧的横向位移，在曲线与直线的差值取 4mm。

2 曲线内侧：

整体道床 $\Delta X_{ci} = \Delta S_i + \Delta d_e + \Delta w + \Delta q$

(A.0.5-3)

碎石道床 $\Delta X_{ci} = \Delta S_i + 1000000/R$ (A.0.5-4)

式中：ΔS_i——曲线轨距加宽内轨分量及内轨磨耗量（mm）；

$R \geqslant 800m$，$\Delta S_i = 0$；

$800m > R > 110m$，$\Delta S_i = 300/R$（mm）；

Δd_e——钢轨横向弹性变形量，曲线与直线差值（mm）取 1.4mm；

Δw——车辆二系弹簧的横向位移，在曲线与直线的差值取 15mm；

Δq——车辆一系弹簧的横向位移，在曲线与直线的差值取 4mm。

A.0.6 设备限界加宽量总和应符合下列规定：

1 车体横向加宽和过超高（或欠超高）偏移方向相同时：

1）曲线外侧 $\Delta X_a = T_a + \Delta X_{Qa} + \Delta X_{ca}$

(A.0.6-1)

2）曲线内侧 $\Delta X_i = T_i + \Delta X_{Qi} + \Delta X_{ci}$

(A.0.6-2)

式中：T_a——曲线外侧上车体几何偏移量；

ΔX_{Qa}——过超高横向加宽量；

ΔX_{ca}——曲线外侧车体及转向架设备限界加宽量；

T_i——曲线内侧上车体几何偏移量；

ΔX_{Qi}——欠超高横向加宽量；

ΔX_{ci}——曲线内侧车体及转向架设备限界加宽量。

2 车体横向加宽和过超高（或欠超高）偏移方向相反时应符合下列规定：

1）曲线外侧 $\Delta X_a = T_a - \Delta X_{Qa} + \Delta X_{ca}$

(A.0.6-3)

2）曲线内侧 $\Delta X_i = T_i - \Delta X_{Qi} + \Delta X_{ci}$

(A.0.6-4)

式中：T_a——曲线外侧上车体几何偏移量；

ΔX_{Qa}——过超高横向加宽量；

ΔX_{ca}——曲线外侧车体及转向架设备限界加宽量；

T_i——曲线内侧上车体几何偏移量；

ΔX_{Qi}——欠超高横向加宽量；

ΔX_{ci}——曲线内侧车体及转向架设备限界加宽量。

A.0.7 直线地段设备限界各点坐标值应加上 ΔX_a（ΔX_i）值后，形成曲线地段设备限界。

附录 B L_B 型车限界图

B.0.1 隧道内直线地段车辆轮廓线、车辆限界、设备限界与坐标值（图 B.0.1）应符合表 B.0.1-1～表 B.0.1-3 的规定。

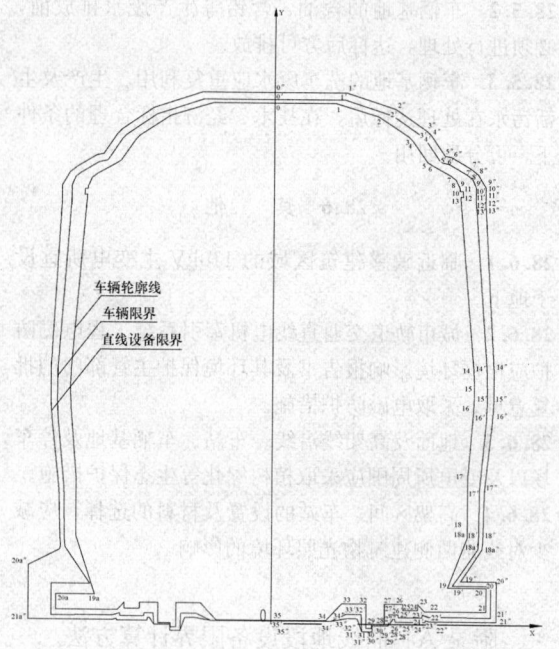

图 B.0.1 隧道内直线地段车辆轮廓线、车辆限界、设备限界

表 B.0.1-1 车辆轮廓线坐标值（mm）

点号	0	1	2	3	4	5	6	7	8	9
X	0	437	738	958	985	1095	1130	1260	1300	1327
Y	3650	3650	3536	3397	3371	3221	3200	3130	3100	3042
点号	10	11	12	13	14	15	16	17	18	19
X	1329	1349	1353	1333	1440	1445	1440	1400	1400	1264
Y	3020	3020	2980	2980	1760	1630	1500	1007	680	260

续表 B.0.1-1

点号	20	21	22	23	24	25	26	27	28	29
X	1540	1540	1100	1050	1050	940	940	806.5	806.5	717.5
Y	260	90	90	140	100	100	140	140	0	0

点号	30	31	32	33	34	35	18a	19a	20a	—
X	717.5	676.5	676.5	500	390	0	1400	−1264	−1540	—
Y	−28	−28	140	140	24	24	605	200	200	—

注: 表中第0～5点为空调机组控制点；第6～18点为车体控制点；第19～22点为受流器自由状态控制点；第23、26、27、32、33点为构架控制点；第24、25、28、29、30、31点为簧下控制点；第34、35点为直线电机控制点；第18a点为脚蹬控制点；第19a、20a点为受流靴工作状态控制点。

表 B.0.1-2　车辆限界坐标值（隧道内直线）（mm）

点号	0'	1'	2'	3'	4'	5'	6'	7'	8'	9'
X	0	501	839	1056	1083	1190	1249	1377	1417	1443
Y	3675	3675	3543	3400	3374	3222	3210	3137	3107	3048

点号	10'	11'	12'	13'	14'	15'	16'	17'	18'	19'
X	1444	1443	1446	1448	1535	1538	1532	1486	1483	1298
Y	3026	3018	2910	2902	1764	1551	1421	929	602	273

点号	20'	21'	22'	23'	24'	25'	26'	27'	28'	29'
X	1574	1574	1134	1084	1080	910	906	840	836	721
Y	274	50	52	67	47	47	67	68	−10	−10

点号	30'	31'	32'	33'	34'	35'	18a'	—	—	—
X	721	647	642.5	534	424	0	1478	—	—	—
Y	−51	−51	68	69	18.5	18.5	528	—	—	—

表 B.0.1-3　设备限界坐标值（隧道内直线）（mm）

点号	0"	1"	2"	3"	4"	5"	6"	7"	8"	9"
X	0	509	861	1087	1121	1219	1267	1404	1457	1513
Y	3725	3725	3589	3439	3407	3267	3257	3179	3139	3048

点号	10"	11"	12"	13"	14"	15"	16"	17"	18"	19"
X	1514	1513	1514	1516	1585	1584	1576	1522	1514	1356
Y	3026	3018	2910	2902	1764	1551	1421	929	602	303

点号	20"	21"	22"	23"	24"	25"	26"	27"	28"	29"
X	1614	1614	1130	1107	1105	885	881	869	836	721
Y	304	20	22	29	17	17	37	38	−10	−10

点号	30"	31"	32"	33"	34"	35"	18a"	20a"	21a"	—
X	721	647	614	540	424	0	1508	−1740	−1740	—
Y	−51	−51	38	39	18.5	18.5	528	400	20	—

注: 表中第20a"、21a"点为第三轨支架控制点。

B.0.2 高架或地面直线地段车辆轮廓线、车辆限界、设备限界与坐标值（图 B.0.2）应符合表 B.0.2-1～表 B.0.2-3 的规定。

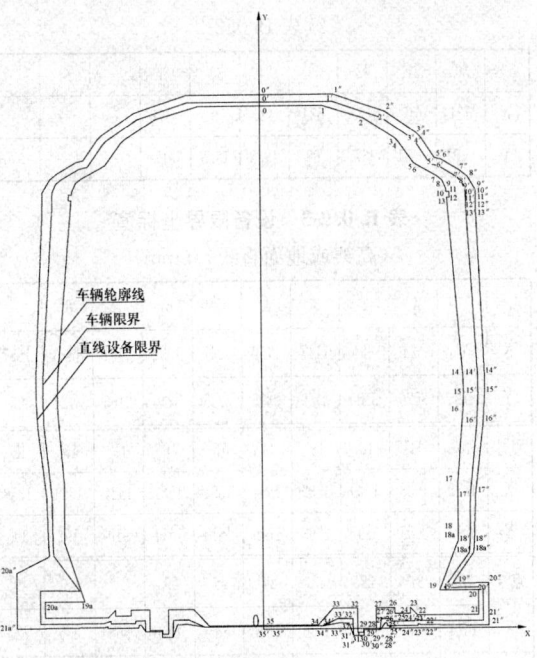

图 B.0.2　高架或地面直线地段车辆
轮廓线、车辆限界、设备限界

表 B.0.2-1　车辆轮廓线坐标值（mm）

点号	0	1	2	3	4	5	6	7	8	9
X	0	437	738	958	985	1095	1130	1260	1300	1327
Y	3650	3650	3536	3397	3371	3221	3200	3130	3100	3042

点号	10	11	12	13	14	15	16	17	18	19
X	1329	1349	1353	1333	1440	1445	1440	1400	1400	1264
Y	3020	3020	2980	2980	1760	1630	1500	1007	680	260

点号	20	21	22	23	24	25	26	27	28	29
X	1540	1540	1100	1050	1050	940	940	806.5	806.5	717.5
Y	260	90	90	140	100	100	140	140	0	0

点号	30	31	32	33	34	35	18a	19a	20a	—
X	717.5	676.5	676.5	500	390	0	1400	−1264	−1540	—
Y	−28	−28	140	140	24	24	605	200	200	—

注: 表中第0～5点为空调机组控制点；第6～18点为车体控制点；第19～22点为受流器自由状态控制点；第23、26、27、32、33点为构架控制点；第24、25、28、29、30、31点为簧下控制点；第34、35点为直线电机控制点；第18a点为脚蹬控制点；第19a、20a点为受流靴工作状态控制点。

表 B.0.2-2　车辆限界坐标值
（高架或地面直线）（mm）

点号	0'	1'	2'	3'	4'	5'	6'	7'	8'	9'
X	0	516	869	1085	1111	1217	1274	1402	1442	1467
Y	3676	3676	3535	3390	3363	3210	3398	3124	3093	3034

点号	10'	11'	12'	13'	14'	15'	16'	17'	18'	19'
X	1468	1468	1471	1471	1545	1546	1538	1487	1483	1298
Y	3012	3005	2897	2893	1749	1619	1411	919	592	275

点号	20'	21'	22'	23'	24'	25'	26'	27'	28'	29'
X	1574	1574	1134	1084	1080	910	906	840	836	721
Y	278	46	50	64	47	47	65	66	−10	−10

点号	30′	31′	32′	33′	34′	35′	18a′	—	—	—
X	721	647	642.5	534	424	0	1478	—	—	—
Y	−51	−51	67	68	18.5	18.5	517	—	—	—

表 B.0.2-3 设备限界坐标值
（高架或地面直线）（mm）

点号	0″	1″	2″	3″	4″	5″	6″	7″	8″	9″
X	0	524	891	1117	1150	1247	1292	1431	1483	1537
Y	3726	3726	3580	3429	3395	3255	3245	3165	3124	3034

点号	10″	11″	12″	13″	14″	15″	16″	17″	18″	19″
X	1538	1538	1539	1539	1594	1594	1582	1524	1514	1358
Y	3012	3005	2897	2893	1749	1619	1411	919	592	306

点号	20″	21″	22″	23″	24″	25″	26″	27″	28″	29″
X	1614	1614	1130	1106	1104	886	882	868	836	721
Y	308	16	20	27	17	17	35	36	−10	−10

点号	30″	31″	32″	33″	34″	35″	18a″	20a″	21a″	
X	721	647	614	540	424	0	1508	−1740	−1740	
Y	−51	−51	37	38	18.5	18.5	517	400	20	

注：表中第20a″、21a″点为第三轨支架控制点。

附录 C L$_B$ 型车隧道内建筑限界图

C.0.1 车站直线地段矩形隧道建筑限界见图 C.0.1。

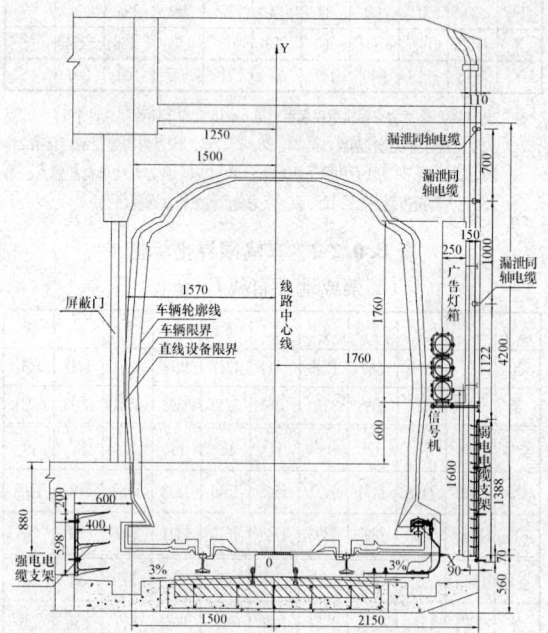

图 C.0.1 车站直线地段矩形隧道建筑限界

C.0.2 区间直线地段矩形隧道建筑限界见图 C.0.2。

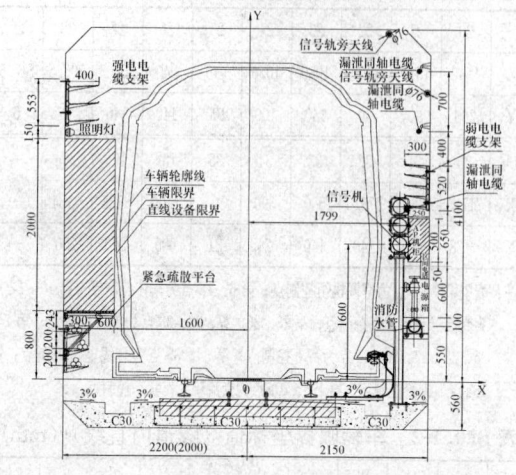

图 C.0.2 区间直线地段矩形隧道建筑限界

C.0.3 区间直线地段马蹄形隧道建筑限界见图 C.0.3。

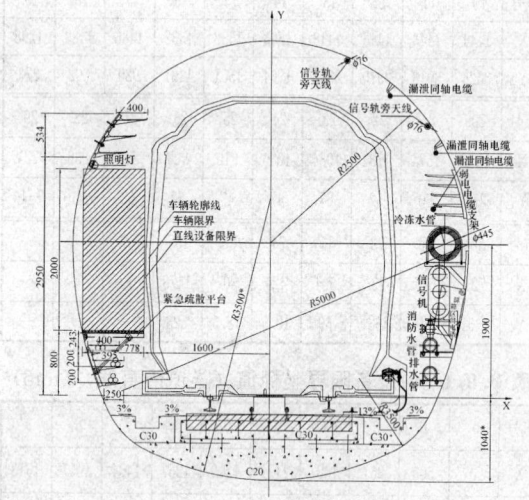

图 C.0.3 区间直线地段马蹄形隧道建筑限界
注：带"＊"的尺寸仅供参考。

C.0.4 区间直线地段圆形隧道建筑限界见图 C.0.4。

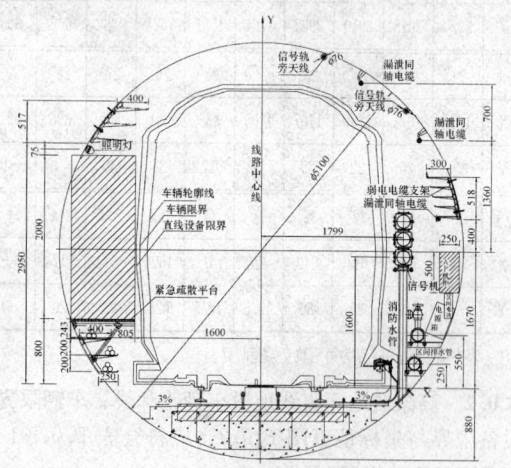

图 C.0.4 区间直线地段圆形隧道建筑限界

附录D L_B型车高架区间建筑限界图

D.0.1 区间直线地段高架双线建筑限界见图D.0.1。

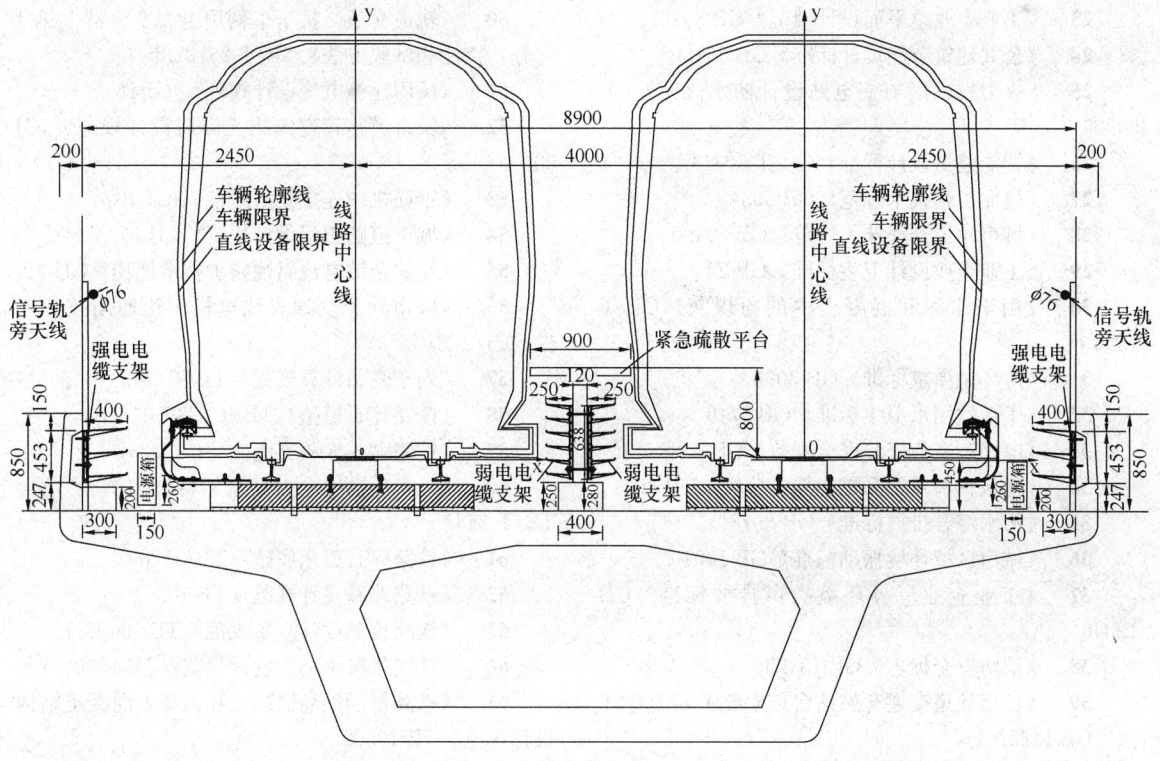

图 D.0.1 区间直线地段高架双线建筑限界

本规范用词说明

1 为便于在执行本规范条文时区别对待,对于要求严格程度不同的用词说明如下:

　　1)表示很严格,非这样做不可的:
　　正面词采用"必须",反面词采用"严禁";

　　2)表示严格,在正常情况下均应这样做的:
　　正面词采用"应",反面词采用"不应"或"不得";

　　3)表示允许稍有选择,在条件许可时首先应这样做的:
　　正面词采用"宜",反面词采用"不宜";

　　4)表示有选择,在一定条件下可以这样做的,采用"可"。

2 条文中指明应按其他标准、规范执行的写法为:"按……执行"或"应符合……的规定"。

引用标准名录

1 《建筑结构荷载规范》GB 50009
2 《混凝土结构设计规范》GB 50010
3 《建筑抗震设计规范》GB 50011
4 《室外排水设计规范》GB 50014
5 《建筑给水排水设计规范》GB 50015
6 《建筑设计防火规范》GB 50016
7 《钢结构设计规范》GB 50017
8 《采暖通风与空气调节设计规范》GB 50019
9 《建筑照明设计标准》GB 50034
10 《高层民用建筑设计防火规范》GB 50045
11 《工业循环冷却水处理设计规范》GB 50050
12 《供配电系统设计规范》GB 50052
13 《10kV 及以下变电所设计规范》GB 50053
14 《3～110kV 高压配电装置设计规范》GB 50060
15 《铁路车站及枢纽设计规范》GB 50091
16 《地下工程防水技术规范》GB 50108
17 《铁路工程抗震设计规范》GB 50111

18　《火灾自动报警系统设计规范》GB 50116

19　《内河通航标准》GB 50139

20　《建筑灭火器配置设计规范》GB 50140

21　《地铁设计规范》GB 50157

22　《电子信息系统机房设计规范》GB 50174

23　《工业企业总平面设计规范》GB 50187

24　《公共建筑节能设计标准》GB 50189

25　《火力发电厂与变电站设计防火规范》GB 50229

26　《智能建筑设计标准》GB/T 50314

27　《屋面工程技术规范》GB 50345

28　《城市轨道交通技术规范》GB 50490

29　《工业企业设计卫生标准》GB Z1

30　《用于水泥和混凝土中的粉煤灰》GB/T 1596

31　《声环境质量标准》GB 3096

32　《生活饮用水卫生标准》GB 5749

33　《电梯制造与安装安全规范》GB 7588

34　《建筑材料及制品燃烧性能分级》GB 8624

35　《污水综合排放标准》GB 8978

36　《城市区域环境振动标准》GB 10070

37　《工业企业厂界环境噪声排放标准》GB 12348

38　《消防安全标志》GB 13495

39　《城市轨道交通车站站台声学要求和测量方法》GB 14227

40　《继电保护和安全自动装置技术规程》GB/T 14285

41　《电能质量　公用电网谐波》GB/T 14549

42　《城市轨道交通列车噪声限值和测量方法》GB 14892

43　《城市轨道交通照明》GB/T 16275

44　《自动扶梯和自动人行道的制造与安装安全规范》GB 16899

45　《用于水泥和混凝土中的粒化高炉矿渣粉》GB/T 18046

46　《饮食业油烟排放标准》GB 18483

47　《高强高性能混凝土用矿物外加剂》GB/T 18736

48　《城市污水再生利用　城市杂用水水质》GB/T 18920

49　《城市轨道交通自动售检票系统技术条件》GB/T 20907

50　《轨道交通　机车车辆用电力变流器　第1部分：特性和试验方法》GB/T 25122.1

51　《民用建筑电气设计规范》JGJ 16

52　《城市道路和建筑物无障碍设计规范》JGJ 50

53　《钢筋机械连接技术规程》JGJ 107

54　《城市道路工程设计规范》CJJ 37

55　《地铁杂散电流腐蚀防护技术规程》CJJ 49

56　《城市轨道交通直线电机车辆通用技术条件》CJ/T 310

57　《列车牵引计算规程》TB/T 1407

58　《铁路碎石道碴》TB/T 2140

59　《铁路盆式橡胶支座》TB/T 2331

60　《机车车辆用电力变流器特性和试验方法》TB/T 2437

61　《铁路碎石道床底碴》TB/T 2897

62　《铁路路基设计规范》TB 10001

63　《铁路桥涵设计基本规范》TB 10002.1

64　《铁路桥梁钢结构设计规范》TB 10002.2

65　《铁路桥涵钢筋混凝土和预应力混凝土结构设计规范》TB 10002.3

66　《铁路桥涵混凝土和砌体结构设计规范》TB 10002.4

67　《铁路桥涵地基和基础设计规范》TB 10002.5

68　《铁路电力牵引供电设计规范》TB 10009

69　《铁路电力牵引供电隧道内接触网设计规范》TB 10075

70　《交流电气装置的接地》DL/T 621

71　《35kV～220kV无人值班变电站设计规程》DL/T 5103

72　《公路桥涵设计通用规范》JTG D60

中华人民共和国行业标准

城市轨道交通直线电机牵引系统设计规范

CJJ 167—2012

条 文 说 明

制 订 说 明

《城市轨道交通直线电机牵引系统设计规范》CJJ 167-2012，经住房和城乡建设部 2012 年 2 月 8 日以第 1280 号公告批准、发布。

本规范制订过程中，编制组进行了直线电机牵引系统技术的调查研究，总结了我国城市轨道交通直线电机牵引系统工程的实践经验，同时参考了国外（日本、加拿大）的先进技术标准，通过试验研究取得了限界、感应板设计参数、空气间隙等重要参数。

为便于广大设计、施工、科研、学校等单位有关人员在使用本规范时能正确理解和执行条文规定，《城市轨道交通直线电机牵引系统设计规范》编制组按章、节、条顺序编制了本规范的条文说明，对条文规定的目的、依据以及执行中需注意的有关事项进行了说明，还着重对强制性条文的强制性理由做了解释。但是，本条文说明不具备与规范正文同等的法律效力，仅供使用者作为理解和把握规范规定的参考。

目　次

1 总　则

1.0.2 我国目前已建成两条城市轨道交通直线电机牵引系统线路并投入营运（广州地铁四号线、北京机场线），正在建设的新线有广州地铁五号线等。根据城市轨道交通直线电机牵引系统的特点，总结工程建设和运营经验的基础上，制定了本规范技术条文，其适用范围确定为中等运量城市轨道交通，采用直线电机非粘着驱动、车辆装设感应电机（短定子）、轨道中部设置感应板、钢轮/钢轨作为支撑和导向的城市轨道交通直线电机牵引系统系统新建工程。

对于改建和扩建的城市轨道交通直线电机牵引系统工程，以及设计列车最高速度超过 100km/h 的城市轨道交通直线电机牵引系统工程，因一些技术要求与本规范制定的基础有异，只可根据具体情况参照执行。

1.0.3 轨道交通的客流量具有随城市发展及城市轨道交通线网建设逐步增长的规律，为保证城市轨道交通建成后不至于长期欠负荷运营或短期内扩容改造，参照现行国家标准《地铁设计规范》GB 50157，将城市轨道交通直线电机牵引系统的设计年限划分为初、近、远期三个阶段，经济合理的分阶段进行投资建设。

根据轨道交通的客流量逐步增加的特点，列车编组方式应根据初、近、远期客流量的相适应，列车编组车辆数应根据预测高峰小时单向断面最大客流和车辆的定员数、行车密度确定。

初期行车密度的确定应符合现行国家建标《城市轨道交通工程项目建设标准》（建标 104）的要求，并与轨道交通换乘线的行车密度相适应。不致因不同行车密度和不同列车编组方式的线路在换乘站造成客流滞留现象。参照现行国家标准《地铁设计规范》GB 50157，确定城市轨道交通直线电机牵引系统的线路及信号等系统设计满足远期列车最大通过能力不应小于 30 对/h。

1.0.4 设计使用年限是指在正常维护条件下，能保证主体结构、因结构损坏和大修危及行车安全或对运营产生重大影响的其他结构工程正常使用的最低时段。具体保证措施应符合相关标准的规定。

1.0.5 本条规定当水体有可能危及工程使用安全时，在位于水域的区间隧道、车站两端适当位置设置防淹门或其他的防淹措施，保证乘客和管理人员的安全疏散以及城市轨道交通直线电机牵引系统机电系统设备的安全。

1.0.6 本规范与其他规范和标准的关系：凡本规范有规定的应按本规范执行，本规范未作规定的，应符合国家现行《地铁设计规范》GB 50157 及有关强制

性标准的规定，或参照其他有关的国家现行规范和标准的规定执行。

3 车　辆

3.1 一般规定

3.1.1 本规范推荐 L_B 和 L_C 两种直线电机车辆类型，L_B 的技术参数是按广州地铁四、五号直线电机车辆编写的；L_C 的技术参数是按加拿大温哥华市的直线电机车辆编写的，与现行行业标准《城市轨道交通直线电机车辆通用技术条件》CJ/T 310 的内容一致。

3.2 车辆类型和载客量计算

3.2.2 本条规定了车辆载客量计算方法，其目的是：

1　统一车辆载客量计算方法，能客观地反映车辆真实的载客量，避免在比较各种车辆的载客量时出现矛盾。

2　能比较精确地计算和比较各种车辆的人公里的能耗。

3　车辆载客量计算方法：

1）确定车辆内部乘客可使用的有效地板面积（S）。相邻车辆连接处通道范围内的渡板面积不应计入有效面积。

2）确定每个乘客的座位面积（ΔS_1）。座位宽度取 0.45m，座位深度（座椅在地板上的投影）取 0.50m，乘客双腿占用深度取 0.20m；座位距地板面高度取 0.43m。

3）每辆车坐席面积 S_1 按下式计算：

$$S_1 = N \cdot \Delta S_1 (m^2) \tag{1}$$

式中：N——座位数，应大于每辆车总载客量的 15%。当座椅上设扶手或端板时，扶手或端板的厚度取 0.05m，并追加计入座位面积中。

4）每列车首尾车辆各设一个轮椅位，每个轮椅位的面积（S_2）为 0.912m²（长 1.2m×宽 0.76m）。

5）电气屏柜占用面积（S_3）按实际面积确定。

6）扶手和立柱占用面积（S_4）按实际面积确定。

7）每辆车乘客站立面积（S_5）按下式计算：

$$S_5 = (S - S_1 - S_2 - S_3 - S_4) \tag{2}$$

不设轮椅位的车辆 S_2 取 0。

3.3 电传动系统

3.3.4 直线电机铁心表面与感应板顶面的气隙是一个非常重要的参数。表1是目前世界上钢轮钢轨直线电机车辆上所采用的气隙值。

表 1　气　隙　值

序号	直线电机车辆	气隙值(mm)
1	日本大阪 7、8 号线车辆	12
2	日本东京 12 号线车辆	12
3	日本神户海岸线车辆	12
4	日本福冈 3 号线车辆	12
5	广州四、五号线车辆	10
6	MK Ⅱ 型车辆	11.3

气隙值受工程上多种因素的影响,表2、表3分别是日本各线和广州地铁四、五号线所考虑的影响气隙的因素及限制值。

表 2　日本各线所考虑的影响气隙的因素及限制值

序号	影响气隙的因素	限制值(mm)
1	直线电机安装误差	1.0
2	直线电机支持系统的挠度	0.5
3	维修周期之前的车轮磨耗	1.0
4	气隙的余裕	3.5
5	反应板安装误差	2.0
6	反应板的挠度	1.5
7	钢轨的沉降	0.5
8	维修周期之前的钢轨磨耗	2.0
	总计(空车时)	12.0

表 3　广州地铁四、五号线所考虑的影响气隙的因素及限制值

序号	影响气隙的因素	限制值(mm)
1	直线电机安装误差	1.0
2	直线电机支持系统的挠度和列车载荷造成的	1.0
3	维修周期之前的车轮磨耗	1.0
4	气隙的余裕	2.0
5	反应板安装误差	1.5
6	反应板的挠度	1.0
7	钢轨的沉降	1.5
8	维修周期之前的钢轨磨耗	1.0
	总计(空车时)	10.0

根据对目前各直线电机车辆这一参数的调查,在第 3.3.4 条第 2 款提出在 8mm～12mm 范围内选取。

3.4　其　他

3.4.1　每一列车有两个头车,其中部分列车头车的第一轮对安装车轮润滑装置。每条线路使用的列车总数是不同的,安装车轮润滑装置的头车数量根据用户需求确定。

4　感　应　板

4.1　一　般　规　定

4.1.1　感应板是一条沿线路方向铺设在轨道道床中间的金属板。直线电机车辆依靠感应板与电机相互作用,推动列车启动、制动及正常运营。感应板与电机间气隙和感应板的材料和尺寸均会直接影响直线电机车辆的性能。感应板越宽,电机效率相应提高,但功率因数降低,通过感应板制造及铺装标准化、系列化,才能使得车辆性能达到最优。

4.1.2　悬挂在车辆上的电机与感应板的间隙,是根据车辆性能、间隙管理、运营养护等确定的。根据日本直线电机的运营实践,气隙标准从 12mm 到 10mm,电能消耗降低约 4%,气隙标准从 12mm 提高到 16mm,电能消耗提高约 6%。因此应严格控制气隙值,才能保证列车有效平稳地运行。

4.1.3　直线电机的感应板是车辆的一部分,沿线路中心平面展开布置,安装在道床上,要采用可靠的固定方式,保证感应板的安装精度,并保持与轨道竖向变形同步、一致,才能保证安装在车辆上的电机与感应板间的空气间隙值在 8mm～12mm 的标准控制范围内。

直线电机的速度-加速度变化曲线除随车载负荷和路面坡度而变外,直线电机输出功率会由于"空气间隙"的距离波动而变得复杂,线路上的"空气间隙"会因感应板施工安装或其他因素而变化。只有严格控制气隙值,才能保证列车有效平稳地运行。

4.1.4　感应板最大垂直承载能力及横向承载能力均在一个定子范围内定义值。感应板属于车辆的一部分,车辆在运行过程中,由于电机与感应板磁场作用而产生力的作用,主要有竖向、横向和纵向力组成。

4.1.5　感应板属于车辆的一部分,它属于精密的部件,但安装在道床上,长期暴露,因此规定感应板各种防腐蚀材料均应符合国家有关技术指标的规定,且应具有产品出厂合格证明,其品种、规格及颜色的选用均应符合设计要求。防腐年限要求在 15 年以上,按现行标准《钢结构防腐蚀涂料系统保护》ISO/EN 12944 的设计原则,选择涂料保护体系。

4.2　感应板结构形式

4.2.1　直线电机此项技术在很多国家有应用,如加拿大、日本、美国、马来西亚等,根据目前国内外直线电机技术应用情况,与直线电机配套的感应板外形主要有帽式和平板式。平板式在日本及广州地铁四、五号线直线电机中应用,感应板与道床采用扣压式连接;帽式感应板在加拿大、马来西亚、北京地铁机场线等直线电机技术中应用,感应板与道床的连接采用螺栓连接式连接。

4.2.2 悬挂车体上的电机与安装在道床上的感应板都属于车辆的组成部分,车辆通过轨道来支承引导,两者间相互联系,感应板顶面的安装高度应以轨道顶面为基准,其安装高度又由车辆来确定。

4.2.3 感应板长度应根据感应板支承及扣件间距确定,参照轨道扣件间距一般为 1520 对/km～1680 对/km,确定感应板长度宜为 2m～5m 长度规格的感应板,与国内常用的扣件间距有很好的匹配性。

感应板的材料和尺寸同样会直接影响电机的性能。日本通过对典型的直线电机地铁车辆的分析表明,感应板越宽,电机效率相应提高,但功率因数降低;电机的效率在感应板宽度为 360mm 的地方上升趋势减慢,感应板宽度即使扩展到 380mm,效率的上升率很低,呈现饱和的状态。此外,对感应板宽度 360mm,铜材料厚度分别为 4mm、5mm、7mm 时的效率也作了比较,厚度从 4mm 到 5mm,效率上升明显,而从 5mm 变化到 7mm 时,电机效率已无明显改善。正是基于这个研究结果,日本的感应板宽度为 360mm,而铜、铝材料的厚度多为 5mm。由此可见感应板的宽度和厚度应符合车辆的性能要求。

4.2.4 感应板一般是由复合板、支架基板及加强板组成的。其中复合板是一种铁铝(或铜)复合板,通过与电机的相互作用,产生电磁吸引力,推动车辆运行。为满足感应板运营管理养护,要求感应板结构形式统一,与道床连接与结构形式匹配。

4.3 布置形式和连接方式

4.3.1 感应板通过与悬挂在车体中心位置的电机相互作用,牵引列车感应板布置在轨道中心位置处,并且在 $R<150m$ 的小半径地段,感应板应往内轨方向偏移 10mm 布置。

4.3.2 感应板与电机间的磁场作用,道岔区感应板的布置应避开道岔铁垫板及拉杆等金属部件,且间隙应大于 40mm。

4.3.3 感应板在道岔区、人防门、防淹门及高架线梁缝等处应断开布置,且通过最小牵引力和控制电流的计算分析,感应板连续断开布置距离应小于 10m。

4.3.4 根据直线电机车辆的启动、运行和制动要求,进行感应板布置。通过感应板连续、平顺的布置,确保端头安装误差控制小于 1.5mm,以提高列车能量的有效利用,且对安全行车也有利。

4.3.5 分段长度为每段感应板的长度,其长度根据轨枕的间距等因素确定,每段感应板长度范围能安装 6 个连接螺栓或扣压件。

4.3.7 直接型是在轨枕或道床板上预埋感应板套管,用扣件直接扣压感应板的一种形式。间接型适用于道岔及调节器等采用木枕(合成枕木)区段,它是用道钉将铁垫板紧固在木枕(合成枕木)上,再用扣件将

感应板安装在铁垫板上的一种形式。扣压式或者螺栓连接式,由于车辆的直线电机与感应板作用产生电机荷载,因此确保感应板牢固安装在道床基础内。

5 限　界

5.1 一　般　规　定

5.1.1 本规范只定义直线地段车辆限界。

直线地段车辆限界分为隧道内和高架或地面线两种,高架或地面线车辆限界受当地风荷载影响,因而比隧道内车辆限界的偏移量要大;碎石道床轨道铺轨误差值较整体道床要大,这都会影响车辆限界计算值。

5.1.2 设备限界是车辆在运行途中一系悬挂或二系悬挂发生故障状态时产生偏移量轨迹的集合,轨道区安装的设备不得侵入这条控制线。

1 直线地段设备限界,应考虑以下三种故障工况:

　　1) 当一侧一系弹簧全部损坏或一侧二系弹簧全部破损时,车体的侧滚所产生的横向偏移量;

　　2) 当一个转向架的二系弹簧过充时,车体所产生的最大抬高量(含竖曲线增量);

　　3) 当一个转向架的二系弹簧破损时,车下悬挂物所产生的最大下降量(含竖曲线增量)。

2 曲线地段设备限界的计算方法详见附录 A。

5.1.3 在设备和设备限界之间,在宽度方向上应留出 50mm 安全间隙,其原因有二:一为设备安装误差;一为限界检测车检测误差。香港地铁也留有 50mm 安全间隙。

根据地铁的主体结构工程设计使用年限为 100 年的规定,建筑限界和设备限界之间的间隙,当无设备和管线时,不宜小于 200mm,以弥补隧道变形、内衬喷锚所缩减的空间。当隧道壁上装有设备和管线时,若设备和管线占用空间加 50mm 安全间隙小于 200mm 时,按 200mm 间隙设置。

困难条件下不小于 100mm 是指盾构区间内采用减振道床时,受电弓设备限界至隧道壁的最小间隙。

我国的城市轨道交通直线电机牵引系统,正线区间尚未采用架空接触网供电,所以,其建筑限界暂不规定。进行方案研究时,可参考现行国家标准《地铁设计规范》GB 50157。

5.1.4 单洞双线无中隔墙柱及设备时,两线路中心线间距按隧道内设备限界加不小于 100mm 间隙计算;高架线两相邻线路中心线间距按高架线设备限界加不小于 100mm 间隙计算。两线间设置疏散平台时,另加疏散平台宽度。

5.2 制定限界的基本参数

5.2.1 L_B 型车参数取自广州地铁四号线。

由于目前国内尚未有 L_C 型车的工程实例，在本规范的附录中只有 L_B 型车的限界图，但限界的计算方法已明确，待将来国内有 L_C 型车的工程实践经验后，在本规范修订时增加该部分内容。

5.2.2 接触网（轨）、线路各项参数取自本规范相关章节。

5.2.3 1 区间直线地段车辆限界按最高行车速度100km/h 进行计算。站台区列车过站速度 55km/h 系按现行标准《城市轨道交通工程项目建设标准》（建标 104）执行。考虑速度控制误差因素，站台区车辆限界计算速度采用 60km/h。

2 风荷载按 8 级风缓行、9 级风停运的原则定值。

3 疏散平台高度在任何情况下应不高于车辆客室地板面。由于环网电缆宜安装在疏散平台下方，广州地铁 4 号线疏散平台高度采用 800mm。

5.3 建筑限界的计算方法

5.3.1 建筑限界坐标系与限界标准中的基准坐标系是两种不同的坐标系。

5.3.2 矩形隧道直线地段建筑限界以直线地段设备限界为计算依据，曲线地段建筑限界是在曲线设备限界基础上再引入轨道超高角进行计算，缓和曲线地段的建筑限界计算可参照现行行业标准《铁路隧道设计规范》TB 10003 规定的方法并用地铁车辆的有关参数修正其延伸长度。

5.3.3 U 形槽是不封顶的矩形隧道，故 U 形槽建筑限界参照矩形隧道建筑限界设计。

5.3.4 用盾构机进行机械化施工的圆形隧道，全线是统一孔径的，所以，必须按规定运行速度用最小曲线半径和最大超高计算的车辆设备限界设计隧道建筑限界。

5.3.5 正线地段单线马蹄形隧道，由于直线地段建筑限界和曲线地段建筑限界的断面尺寸差别不大，为了简化设计，采用一种模板台车进行施工，全线宜按规定运行速度用最小曲线半径和最大超高值计算的曲线设备限界以及设备安装尺寸、误差等因素来设计隧道建筑限界。

5.3.6 轨道超高造成设备限界和建筑限界之间的空间不均匀，为此，隧道中心线应作横向和竖向位移，横向位移见公式（5.3.6-1）、公式（5.3.6-3）；竖向位移见公式（5.3.6-2）、公式（5.3.6-4），由于竖向位移量只在毫米级变化，为了简化施工，竖向位移可忽略不计。

5.3.7 高架线或地面线区间建筑限界按高架线设备限界及设备安装尺寸（含电缆沟、路基及排水沟）计算确定。接触网支柱和声屏障的设置，本条只作最小安全间隙的规定，应由接触网专业和声屏障专业具体设计。

5.3.8 电缆过道岔区、地下区间通常都由隧道顶部通过。若设备限界顶部至电缆桥架净空不足 200mm 时，应采取局部加高措施。

接触轨严禁进入警冲标，进一步防止列车越过警冲标停车。

5.3.9 接触网隔离开关应布置在车站端部的加宽段中；单渡线中道岔转辙机应布置在两线之间，交叉渡线有一组道岔转辙机应布置在线路外侧；隧道风机应安装在设备限界和建筑限界的富余空间，当上述措施无效时，采取局部加宽、加高措施。

5.3.10 车站直线地段建筑限界

1 站台高度应根据空车状态下的车厢地板面高度计算确定，车厢地板面在任何情况下（轮轨磨耗、车体下垂、弹簧变形等）均不得低于站台高度。执行规范时，不得简单地套用条文内数字。

车门结构形式对站台建筑限界有一定影响，内藏门、外挂门应按列车越行过站时的车辆限界确定计算长度内站台边缘至线路中心线水平距离；塞拉门既须按关门状态时列车越行过站的车辆限界，又应满足停车后塞拉门开门所需的安全间隙。

2 计算长度内站台边缘距线路中心线距离，按车辆限界计算理论及对广州地铁的实地调查证明塞拉门采用 100mm、滑动门采用 70mm 是适当的。

3 站台计算长度外的建筑限界均按设备限界加安全间隙计算确定。

4 屏蔽门设于站台计算长度之内，因此，屏蔽门安装尺寸按车辆限界加一定安全间隙确定。屏蔽门安装尺寸应分别按停站开门时的车辆限界和列车越行过站的车辆限界计算确定，前一种工况可不考虑屏蔽门的弹性变形，后一种工况须考虑弹性变形。例如，车辆采用塞拉门时 130mm 的规定，无论在车辆过站或进站时，屏蔽门弹性变形量不大于 15mm，而塞拉门此时未开门，屏蔽门产生的弹性变形量远小于塞拉门推出量（塞拉门推出量为 52mm），所以，不必另加弹性变形量。

5 本规定已充分考虑了岔心前 13m（9 号道岔）和 16m（12 号道岔）的道岔区加宽量能满足圆形隧道限界的要求，此时，道岔转辙机设于盾构工作井内。人防隔断门开关门（人防门在维保时）可能与道岔转辙机机箱顶盒擦剐，要求人防门的活动横梁的提升量有足够高度（如 50mm），即可避免干扰的发生。

5.3.11 曲线站台边缘与车辆地板面处车体的间隙 180mm 的规定，适用于塞拉门车辆，用以限制站台计算长度内的线路半径不得小于 800m，轨道超高不大于 15mm。若采用内藏门或外挂门车辆，则此间隙为 150mm。

5.3.12 辅助线如联络线、车辆段出入段线等，由于其曲线半径小，运行速度低，应制定专用限界。

5.3.13 防淹门和人防隔断门建筑限界内除接触导线外的一切管线都不准在门框内通过。门框高度应与区间矩形隧道高度相同；门框宽度，宜按全线布置在曲线段的加宽量统筹考虑，或全线统一为一种门宽，或全线做成两种门宽以简化人防门规格。

5.3.14 车辆基地建筑限界

　　1 车场线限界，受风速和碎石道床影响会加大车辆限界值，但空车和25km/h低速运行又会减少车辆限界值。为了简化设计，可采用高架区间车辆限界和设备限界设计车场线建筑限界。

　　2 列车入库速度5km/h计算车辆限界，使库内双层检修平台的高平台边缘与车顶之间的间隙保持适度距离，以确保工人车顶作业的安全。

5.3.15 根据道岔号数及本条规定计算确定警冲标距岔心距离。

6 行车组织与运营管理

6.1 一般规定

6.1.1 行车组织设计应根据该线路在线网的地位和作用，定性地确定功能定位，及确定关键点间的旅行时间目标要求，并根据预测客流量，对客流特性进行分析，定量地确定运能需求，从宏观上提出为满足功能目标要求应采用的运营模式、列车特性，并确定运营规模和管理模式。

6.1.2 城市轨道交通直线电机牵引系统一般是在大城市交通需求十分紧张时才修建，因此行车速度和密度都很高，为保证高通过能力及安全行车，线路应采用上下分行的双线。此外，我国城市道路交通均规定右侧行车，地铁类属城市公共交通，因此，采用右侧行车制式。

　　城市轨道交通直线电机牵引系统采用与地铁、铁路一致的1435mm标准轨距，主要便于车辆、器材过轨运输和采用标准化产品，实现便于城市轨道交通线网资源共享。

6.1.3 在目前的各个城市的实施中，上下行的定义、上下行同左右线的相互关系没有统一的原则，导致各线的上下行及左右线的定义产生混乱，不利于今后运营的协调一致，因而需全线网各线按照统一的原则设定。

6.1.4 系统设计运输能力，是指列车在定员情况下地铁的高峰小时最大单向断面输送能力，单位为"人次/h"。设计运输能力应能够满足高峰小时、各站间断面客流预测值。

　　客流预测结果由于受诸多因素影响，应根据客流预测敏感性分析结果，对客流预测结果进行分析，合理选定设计采用数值，并配置相应的运输能力。

6.2 行车组织

6.2.1 通过能力30对/h是目前设备均能达到的能力，储备能力是列车行车对数的储备能力，线路的折返线、接轨点和各站的通过能力均应留有10%左右的储备能力，以满足运营调整及今后客流增长的需求。

6.2.2 在列车选型时，经常会出现多个编组方案均可以满足预测客流的情况，因此应从服务水平、满载率、工程造价、资源共享、能力富裕度等方面进行综合比选确定，建议采用单一编组，不宜采用混合编组。

6.2.3 每条线路沿线的客流量分布通常是不均匀的，一般中间较大，两端较小。为了提高运营效益和减少列车空驶距离，应根据客流在线路上的分布情况，在适当的位置设置折返站，采用大小交路，组织分区段采用不同密度的列车运行方式，在确定各交路的行车对数时，除了应满足客流断面要求外，还应保证各站的发车间隔均匀有规律，各交路行车对数宜采用1∶1的比例。

6.2.5 折返线道岔的选择应满足折返能力的要求，道岔的直向不宜限制列车通过速度，对于列车最高速度超过100km的线路，可根据需要采用12号道岔。对于三轨供电方式，应根据集电靴的设置、车辆长度等综合考虑线间距的数值，应保证主、辅电路均有电。

6.2.6 对于目前列车的最高速度一般为80km/h，平均站间距在1km左右，旅行速度一般在35km/h以上，体现了城市轨道交通的快速性；对于列车最高速度超过80km/h或平均站间距大于1km的线路其旅行速度应相应提高，以节约乘客出行时间，加快车辆周转，减少车辆配置数量。全程（最长交路）旅行时间不大于1小时是考虑经济行车，线路不宜过长，同时避免司机驾驶疲劳。

6.2.7 在城市轨道交通成网运营的条件下，行车间隔不仅要考虑满足本线的预测客流断面，而且应考虑线网的服务水平的协调一致性，适当满足换乘客流的要求。考虑到高峰常规公交的服务水平一般在5min之内，因此为发挥轨道的骨干作用，同时考虑到乘客的候车时间感觉，初期高峰行车间隔不宜大于5min，在非高峰时段行车间隔不宜大于10min。对于市郊线等长运距线路，可适当降低时间要求，并公布列车发车时刻表。

6.2.8 车辆购置数量应按照初期高峰需求购置，检修车数应按照车公里数及检修规程进行计算，备用车主要考虑列车临时故障的运营支援、节假日等大客流时的运营支援等，因此至少要2列。

6.3 配线和辅助线

6.3.1 车站配线设置的功能要求，除了满足正常运营及故障、线路维护等非正常运营需求外，也要考虑工程条件和投资大小，在功能需求同投资规模上得到兼顾和平衡。

6.3.2 线路的终点站配线在正常运营时主要用于折返列车，一般情况下终点站所采用的折返形式比较灵活，以站前或站后两种形式的折返配线为主。

6.3.3 区段折返站不但存在列车折返，也存在通过列车，从乘客舒适性和工程造价考虑推荐采用设置站后双折返线；考虑到列车停站时间较长、折返列车清客等因素的影响，也可采用站前折返，采用一岛一侧（折返列车停靠站台同乘客上车站台相同）或双岛形式。

6.3.4 在线路敷设方式发生变化的地段，考虑到暴风、雪灾等相关因素的影响，在地下车站应根据非正常运营模式的要求，根据实施条件设置车站配线，以实施临时运营交路，减少影响地段的长度。

6.3.5 停车线的设置形式应考虑故障列车推送救援的要求，应能将故障列车停放于停车线内，同时救援列车完成救援后能迅速投入正式运营，因此停车线在头尾应至少设置三条渡线与正线相连，且连接上下行正线的头尾两渡线宜呈"顺向"，以减少对另一方向的运营干扰。

6.3.6 停车线的主要功能是故障列车的停放，按故障列车的救援时间控制在 30min 内，其中走行时间不大于 20min 为控制目标，故障列车运行速度（含推送速度）按照 20km/h～30km/h 计算，为 6km～10km，其中站间距较小路段，车站数量多，因此宜取下限值，站间距较大段其间距可取大值。3km～5km 加设的渡线基本上在两个停车线中间位置，增加了运行的灵活性。

6.3.7 为了保证列车从车辆段出入线方便地到达两条正线，或从正线方便地进入车辆段或停车场出入线，车辆段或停车场出入线应该能连通上下行两条正线。由于平面交叉会对正常运行的列车进路产生影响，使区间或车站的通过能力降低，因此当出入线与正线产生交叉时，车辆段或停车场出入线最好采取与正线立交的方式。

6.3.8 出入线两条线均应具备出段、入段功能，需满足双向运行的功能，对于停车列车在 10 列及以下的，由于停车数量较少，条件困难时，经过论证可设置单线出入线。

6.4 列车牵引计算

6.4.1 本条对牵引计算的范围进行了明确规定。

6.4.2 在牵引计算时，应在满足旅行时间目标的前提下，考虑节能运行，并对线路纵断面的优化提出

建议。

6.4.3 目前没有城市轨道交通的牵引规程，因此计算的公式可依据铁路牵引规程的相关规定，曲线限速取值可根据现行国家标准《地铁设计规范》GB 50157 的相关规定。

6.4.4 车辆的构造速度一般比车辆设计的最高运行速度高 10% 或 10km/h。列车牵引计算时不应超过列车的最高运行速度，但也不能过低，有条件的区段列车区间运行速度应接近甚至达到最高运行速度。

6.4.5 列车在曲线上的运行速度直接影响到线路的运行效率和服务水平，而线路曲线又成为运行速度的限制因素，主要表现在乘客舒适度、运行安全、钢轨磨耗和养护维修以及噪声、振动等方面。因此在确定列车运行速度时，曲线对速度的限制应首先考虑满足运营的需要，同时列车运行速度的大小应按曲线半径大小进行计算，正常运行时其未被平衡离心加速度不宜超过 0.4m/s^2。

6.4.6 根据运营实际，为了列车运行调整，保证准点率，应分别按照最大速度和正常速度两种运行方式进行牵引计算，最大速度是按照可能条件的最快运行方式，正常速度是考虑满足旅行时间目标前提下的节能运行方式，应有 6%～10% 的余量，以 2min 运行时间的区间计算，约有 7s～12s 的余量，基本能满足运营日常调整的需要。其中轨道、限界应能满足最大速度运行方式的要求，运用车计算应以正常速度运行方式为依据。

6.5 运营管理

6.5.1 为保证列车运行安全和运行秩序，列车需在ATP 监控下运行，在行车对数超过 20 对及以上时应具备 ATO 功能。

6.5.2 控制中心除对列车运行、供电系统具有集中监控的能力外，还对环境与设备、防灾与报警、自动售检票系统实行集中监控；同时为满足快速维修救援的需要应设置维修调度。

7 线 路

7.1 一般规定

7.1.1 线路的类别主要根据其在运营中的地位和作用来划分，正线为载客运营的线路，行车速度高、密度大，且要保证行车安全和舒适，因此线路标准较高。车站配线是为保证正线运营而配置的线路，一般设置于车站端部，不行驶载客车辆，速度要求较低，故线路标准也较低；辅助线是联系不同线路之间、线路与车场之间的线路，不行驶载客车辆，线路标准较低；车站配线包括折返线、停车线、存车线、渡线等，辅助线包括联络线和出入段线。车场线是场区作

业的线路，行车速度低，故线路标准只要能满足场区作业即可。规范按不同类别线路制定相应的技术标准，以达到既能保证运营要求又能降低工程造价的目的。

7.1.2 本条主要是为避免增加工程投资，同时保证线路的运营效益。

7.1.3 在城市中心区，通常建筑密集、道路狭窄、交通拥挤，为减少建设中的困难和噪声、振动等对城市的有害影响，轨道交通宜设在地下。轨道交通线路进入地面建筑稀少、路面宽阔的地区及郊区，可考虑设在高架桥或地面上以降低工程造价，但要充分考虑城市环境保护和景观要求。

7.1.4 确定线路的平面位置和纵断面设置，应充分考虑现状和规划的道路、地面建筑、地下管线和其他构筑物，以及被保护的文物古迹，使其相互影响减至最低程度，并争取得到良好的结合。环境与景观、地形与地貌对高架线和地面线的要求较高，影响较大；工程地质与水文地质条件及结构类型对施工方法的确定有重要的影响，而施工方法又会影响线路的平面设置和地下线路埋置深度；此外，尚应考虑运营管理需要。因此，进行线路平面和纵断面设计时，应综合考虑本条提出的诸方面因素的影响，使确定的方案既经济合理又有利于使用和运营管理。

7.1.5 通过论证，在不影响主线运输能力并确保安全的情况下，可以考虑共线运行。与直线电机制式的其他线路间设置联络线，是解决车辆调配和处理其他事项须转线运行的需要。因为有时一个车辆段要承担两条或两条以上线路的车辆检修业务；有的线路没有条件与地面铁路接轨，无法直接运送车辆与大型设备；有的线路采取分段修建和运营时，车辆段一时未建，车辆检修业务需临时由其他车辆段承担等情况，都需要借助联络线转运。此外，联络线还可保证在特殊情况下，列车可由一条线转入其他线路运行，增加处理事态的灵活性。每条线路按独立运行设计，线路之间以及与其他交通线路之间的交叉处采用立体交叉，是保证高效、安全运输的重要措施。

7.1.6 车站之间的距离选定应根据具体情况确定，站间距离太短虽能方便步行到站的乘客，但会降低运营速度，增加乘客旅行时耗，并增大能耗及配车数量，同时，多设车站也增加了工程投资和运营成本。站间距离太大，会使乘客感到不便，特别对步行到站的乘客尤其如此，而且也会增大车站负荷。一般说来，市区范围内和居民稠密的地区，由于人口密集、大集散点多，车站布置应该密一些；郊区建筑稀疏、人口较少，车站间距可以大一些。参照国内外已投入运营的轨道交通的使用经验，本条对站距离在市区和居民稠密区推荐不宜小于1km，市区外围的车站间距，可根据现状和规划情况因地制宜地确定站位，一般站间距都较大，但一般不宜超过2km。

7.1.7 地面线和高架线对乘客来讲比地下线安全感好，噪声小、豁亮通畅，可饱览市容，乘车比较舒服，而对沿线居民产生的影响就不同了。所以，在定线时一定要充分考虑行车、维修产生的振动、噪声，以及乘客视线对居民生活的影响；同时要防止建筑物内废弃物投掷到线路上影响行车安全；在建筑、结构、供电设计中更要处理好景观对城市的影响。由于根据相关规范要求所采取的防范措施不同，线路离建筑物的距离也不相同，但最小距离不得小于防火规范的要求。同轨道交通结合的建筑物除满足防火规范的要求外，还要从结构、轨道等方面加强减振、降噪措施，并要防止因建筑结构设计不当而影响行车安全。

7.1.8 本条主要是为线路建成后的轨道交通保护提供依据。

7.2 线 路 平 面

7.2.1 最小曲线半径是修建轨道交通的主要技术标准之一，它与线路的性质、车辆性能、行车速度、地形地物条件等有关。最小曲线半径的选定是否合理，对轨道交通线路的工程造价、运行速度和养护维修等都将产生很大影响。

1 最小曲线半径的分析计算。

1）理论计算。

①计算公式：

$$R_{min} = \frac{11.8V^2}{h_{max} + h_{qy}} \qquad (3)$$

式中：R_{min} ——满足欠超高要求的最小曲线半径（m）；

V ——设计速度（km/h）；

h_{max} ——最大超高（120mm 或 150mm）；

h_{qy} ——允许欠超高（$h_{qy} = 153 \cdot a$）。

②允许欠超高值的分析。列车在曲线上运行产生离心力影响乘客的舒适度，因此，通常以设置超离（$h = 11.8V^2/R$）来产生向心力，以达到平衡离心力的目的。当曲线半径一定时，速度越高，要求设置的超高就越大。本规范第 7.2.2 条规定：最大超高 h_{max} =120mm 或 150mm，因此当速度要求超过设置最大超高值时，就会产生未被平衡离心加速度 a。按同条规定，取 $a = 0.4 \text{m/s}^2$，则允许欠超高值为：$h_{qy} = 150 \times 0.4 = 61.2 \text{mm}$。

③最小曲线半径的计算结果。按目前国际上直线电机列车的运行速度在 80km/h 以下时，一般情况取 R_{min} =150m，困难情况取 R_{min} =100m；列车的运行速度在 80km/h～100km/h 时，一般情况取 R_{min} =200m，困难情况取 R_{min} =150m；并考虑未被平衡离心加速度 a 值的影响，经计算列车的速度能达到表 4 中所列数值，从多年的运营情况看，此值是适宜的。

表4 轨道交通列车运行速度数值表

V(km/h) $\diagdown$ a(m/s²) $\diagup$ R(m)	0	0.4
550	74.79≈75	91.60≈90
500	71.31≈70	87.33≈85
450	67.65≈65	82.85≈80
400	63.78≈60	78.11≈75
350	59.87≈60	72.96≈70
300	55.43≈55	67.55≈65
250	50.60≈50	61.66≈60
200	45.10≈45	55.42≈55
150	39.06≈40	47.99≈45
100	31.89≈30	39.19≈40

2）从影响最小曲线半径的其他因素分析。

①列车运行安全。列车在小半径曲线地段下坡道上运行时，摇晃加剧，会降低乘客的舒适度。另外，小半径曲线上视距短，司机瞭望线路条件差，对行车安全不利。

②钢轨磨耗。钢轨磨耗主要是轮轨间发生摩擦造成的，轮轨间的摩擦包括滚动摩擦和滑动摩擦，据有关资料介绍，单纯的滚动摩擦使钢轨磨耗甚微，而车轮只要有 0.2% 的滑动，磨耗就会显著增加。列车在曲线上运行时，附加动压力及轮轨间的相对滑动与曲线半径成反比，半径越小滑动磨耗越大。

③养护维修。小半径曲线地段，因横向力大，曲线的几何形状不易固定，养护维修工作量大。

2 国外有些城市直线电机最小曲线半径标准。目前国内外部分城市轨道交通线路最小曲线半径标准见表5。

表5 国内外部分城市直线电机线路最小曲线半径（m）

线路名称	开通年份	最小曲线半径（m）	最高运行速度（km/h）
温哥华 Skytrain 线	1986	70	80
大阪市营地铁 7 号线	1990	102	70
东京都营地铁 12 号线	1991	100	70
温哥华新千年线	2001	70	80
广州四号线	2005	150（未开通段）	90
北京机场线	2008	160	100

从表5可见，直线电机线路正线最小曲线半径为70m～160m。考虑到在城市修建轨道交通时，线路定

线受控制的因素较多，如果最小曲线半径标准定得太高，会给设计施工带来很大困难，或大幅度地增加工程投资。但线路标准太低，会影响运行速度。故本规范规定最小曲线半径一般取 300m～400m，困难取100m～150m。

3 结论意见。

1） 根据以上分析，无论是从运行安全、乘客舒适、钢轨磨耗和运营管理等方面看，本规范按照我国目前的经济实力和现行的车辆情况，规定最小曲线半径在一般情况下为150m，困难情况下为100m 是适宜的。对行车速度为 80km/h 以上的线路，规定在一般情况下为200m，困难情况下为150m。但最小曲线半径的确定除考虑上述因素外，还要充分考虑线路通过能力不受影响。

2） 出入线、联络线一般为不载客运行的线路，而且通过的列车对数较少，行车速度较低，故最小曲线半径标准较低。

3） 车场线的最小曲线半径，是根据道岔的导曲线半径及车辆构造允许的最小曲线半径等因素确定的。

7.2.2 设置缓和曲线主要为满足曲率过渡、轨距加宽和超高过渡的需要，以保证乘客舒适和安全。

1 缓和曲线的线型。为便于测设、养护维修和缩短曲线长度，本规范采用三次抛物线型的缓和曲线。

2 缓和曲线长度的分析。

1） 从超高顺坡率要求看。本规范第 8.2.4 条规定，超高顺坡率不宜大于 2‰，困难地段不应大于 3‰，按此要求，则缓和曲线的最小长度为：

$$l_1 = \frac{H}{2} \sim \frac{H}{3} \tag{4}$$

式中：l_1——缓和曲线长度（m）；

H——圆曲线实设超高（mm）。

2） 从限制超高时变率，保证乘客舒适度分析：

$$l_2 \geqslant \frac{HV}{3.6f} \tag{5}$$

式中：l_2——缓和曲线长度（m）；

V——设计速度（km/h）；

f——允许的超高时变率（mm/s）。

允许超高时变率 f 值，是乘客舒适度的一个标准，主要应依据实测来决定，但目前轨道交通尚缺乏这方面的资料。本规范采用的 f 值为 40mm/s。

当 $f = 40$mm/s 时：

$$l_2 \geqslant \frac{HV}{3.6f} = 0.007VH \tag{6}$$

以最大超高 $h_{max} = 120$mm 代入得：

$$l_2 \geqslant 0.84V \tag{7}$$

3） 从限制未被平衡离心加速度时变率，保证

乘客舒适度分析：

$$\beta = \frac{aV}{3.6l_3} \qquad (8)$$

圆曲线上的未被平衡离心加速度 a 值应按一定的增长率 β 值逐步实现，不能突然产生或消失，否则乘客会感到不舒适。

英国的实测资料认为，当 $\beta = 0.4\text{mm/s}^3$ 时，乘客舒适度指标接近于感觉到的边缘，日本轨道交通取 $\beta = 0.249\text{m/s}^3 \sim 0.373\text{m/s}^3$。

地面铁路 β 值的取值：

中国 $\beta = 0.29\text{m/s}^3 \sim 0.34\text{m/s}^3$；

美国 $\beta = 0.29\text{m/s}^3$；

英国 $\beta = 0.24\text{m/s}^3 \sim 0.36\text{m/s}^3$；

参照以上资料，并考虑到实际的 β 值要大于计算值，因此，从保证乘客舒适出发，本规范取离心加速度时变率 $\beta = 0.3\text{m/s}^3$，则：

$$l_3 \geqslant \frac{0.4V}{3.6 \times 0.3} = 0.37V < 0.84V \qquad (9)$$

这说明 β 值对缓和曲线长度并不起控制作用。

4）综合分析。从上述分析可见，对缓和曲线长度起控制作用的是应满足超高顺坡和超高时变率的要求，即：

$$l_1 = \frac{H}{2} \sim \frac{H}{3} \qquad (10)$$

$$l_2 \geqslant 0.007VH \qquad (11)$$

3 缓和曲线长度表

1）综上所述并考虑超高顺坡的要求可归纳如下：

①当 $V \leqslant 50\text{km/h}$ 时：

超高为： $H = 11.8\dfrac{V^2}{R} \qquad (12)$

缓和曲线长度为： $l = \dfrac{H}{3} \geqslant 20\text{m} \qquad (13)$

②当 $50\text{km/h} < V \leqslant 70\text{km/h}$ 时：

超高为： $H = 11.8\dfrac{V^2}{R} \qquad (14)$

缓和曲线长度： $l = \dfrac{H}{2} \geqslant 20\text{m} \qquad (15)$

③当 $70\text{km/h} < V \leqslant \sqrt{h_{\max} \cdot R/11.8}\ \text{km/h}$ 时：

超高为： $H = 11.8\dfrac{V^2}{R} \qquad (16)$

缓和曲线长度为： $l = 0.007VH \geqslant 20\text{m} \qquad (17)$

④当 $\sqrt{h_{\max} \cdot R/11.8}\,\text{km/h} < V \leqslant \sqrt{(h_{\max} + h_{qy}) \cdot R/11.8}\,\text{km/h}$ 时：

缓和曲线长度为： $l = 0.007Vh_{\max} \geqslant 20\text{m} \qquad (18)$

超高为： 120mm

缓和曲线长度为： $l = 0.007Vh_{\max} \geqslant 20\text{m} \qquad (19)$

2）缓和曲线长度，按上述有关公式计算求得，当 $l = H/3$ 时，计算值不舍只进，其他按 2 舍 3 进，取 5 的整倍数。

3）缓和曲线的最小长度为 20m，主要是从不短于一节车辆的全轴距而确定的。全轴距是指一节车辆第一位轴至最后位轴之间的距离（下同），目前直线电机车辆的全轴距最大不超过 20m。

4 不设缓和曲线的曲线半径的确定。如不设缓和曲线，列车通过直圆点（zy）或圆直点（yz）时，未被平衡离心加速度会突然发生变化，为满足乘客舒适度的要求，其时变率应符合不大于 0.3m/s³ 的规定，否则就要设置缓和曲线。即不设缓和曲线的曲线半径标准应按允许的未被平衡离心加速度时变率计算确定：

$$R \geqslant \frac{11.8V^3 g}{3.6l(1500\beta + 0.5fg)} \qquad (20)$$

式中：l——车辆长度（m）；

β——允许未被平衡离心加速度时变率（0.3m/s³）；

f——允许超高时变率（40m/s）；

g——重力加速度（9.81m/s²）；

V——设计速度（km/h）。

本规范表 7.2.2 中最高速度级为 100km/h，将 L_B 型车 $l = 16.84\text{m}$，可得 $R \geqslant 2955\text{m}$；L_B 型车 $l = 15.50\text{m}$，可得 $R \geqslant 3211\text{m}$。取两者较大者并取整，可得出不设缓和曲线的最小曲线半径为 4000m。直线电机车辆相比于传统地铁车辆，车辆长度较短（传统地铁车辆 A 型车 $l = 22.1\text{m}$，B 型车 $l = 19\text{m}$），从上式可知，计算得到的不设缓和曲线的最小曲线半径要大。同理，将有关参数代入上式，可计算出各速度级不设缓和曲线的圆曲线半径大小，再按设缓和曲线与不设缓和曲线的情况比较后，确定本规范各速度级不设缓和曲线的圆曲线半径，见规范表 7.2.1。

7.2.3 列车侧向通过道岔时要限速，而道岔附带曲线距道岔很近，列车速度不可能很快提高，故道岔附带曲线可不设缓和曲线和超高，并要求其半径不小于道岔导曲线半径，主要是考虑保证列车通过附带曲线时其速度不要低于过岔速度。

7.2.4 设置复曲线会增加勘测设计、施工和养护维修的困难。同时在复曲线上行驶的列车，其受力情况和产生的横向加速度将在短时间内发生较大变化，会降低列车的平稳性和乘客的舒适度，故本规范规定不应采用复曲线。

7.2.5 线路圆曲线长度短，对改善瞭望条件、减少行车阻力和养护维修有利。但最短不能小于车辆的全轴距，否则车辆将跨越在三种不同线型上，会危及行车安全、降低列车的平稳性和乘客的舒适度。考虑行车平稳要求，夹直线长度应保证一定的长度。最高行车速度不大于 80km/h 时，圆曲线和夹直线长度不宜短于 1 节客车长度；当最高行车速度大于 80km/h 时，圆曲线和夹直线长度不宜短于 2 节客车长度。为了保证车辆不同时跨越在三种不同的线型上，圆曲线和夹直线长度最短不能小于车辆的全轴距。车场线规定不小于3m是从不小于车辆转向架的轴距考虑的。

7.2.6 车站站台段线路设在曲线上时，司机和车站管理人员瞭望条件差，增加管理上的难度，对行车安全不利，另外曲线半径太小，列车停靠曲线站台时车辆与站台间的间隙过大，对乘客安全不利。根据我国目前直线电机使用车辆情况，计算得出站台曲线半径为600m时，站台边缘与车辆之间的空隙最大值为173mm，满足曲线站台边缘与车辆之间的空隙要求。但同时建议，非困难地段尽量采用大半径曲线。

7.2.7 道岔轨道构造比较复杂，如果设在曲线上，会增加设计、施工和养护维修的困难，因此规定道岔应设在直线上。

要求距曲线头（尾）的距离为5m，以保证曲线或曲线超高顺坡及轨距递减不侵入道岔范围并便于施工和养护。另外从铺设道岔整体道床考虑，其铺设范围为超出道岔前部1.5m左右，超出道岔后部4.5m左右，因此要求道岔基本轨端距曲线头（尾）的距离不小于5m是需要的。车场线为场区作业线，行车速度较低，且为碎石道床，故规定其最小距离可减至3m。

7.2.8 规定道岔距站台端部的距离，是从列车折返能力和道岔整体道床铺设范围及道岔信号设备的设置考虑的。要求道岔尽量靠近车站设置，主要为便于运营管理，有利于发挥线路的效能，一般应在5m～10m内选定，但道岔距站台也不能太近，否则会影响其他设备的铺设和安装，因此规定不应小于5m。在车辆偏移范围内的站台宽度，应按其偏移量进行缩减。无折返要求的停车线道岔，其位置要求可适当放宽。

7.2.9 线间距太小，将出现断电区；线间距较大时会引起高架桥加宽、增加工程投资。本规范规定不宜小于4.2m。

7.2.10 目前新加坡直线电机系统辅助线上采用的道岔最小为7号，车场线采用的道岔最小为4号，因此，本条规定均为"不宜小于"。两平行线间设置交叉渡线的线间距是从有利于选用定型产品出发而考虑的。

7.2.11 折返线的有效长度主要从以下因素考虑：

1 停车线端距道岔基本轨端留有必要的距离，如该距离太短，将影响列车加速，从而影响列车折返能力；

2 列车进入折返线通过最后一组道岔时，不希望降低速度以便尽快给其他线路开通路，为此折返线的长度不能太短。

根据以上情况分析，折返线留有足够的长度对保证列车折返安全和折返能力是必要的。

7.3 线路纵断面

7.3.1 正线最大坡度是线路的主要技术标准之一，对线路的埋深、工程造价及运营都有较大的影响，因此，合理地确定线路最大坡度具有很重要的意义。

国内外直线电机轮轨交通线路最大坡度均在50‰及以上，温哥华Skytrain线甚至达到了62.5‰，见表6。因此，直线电机轮轨交通线路正线最大纵坡可为50‰；联络线、出入线由于不载客，可以适当放宽，宜取60‰。

表6 国内外直线电机轮轨交通线路最大坡度

线路名称	开通年份	最大坡度（‰）	最高运行速度（km/h）
温哥华Skytrain线	1986	62.5	80
东京都营地铁12号线	1991	50	70
吉隆坡PUTRAII号线	1998	50	80
温哥华新千年线	2001	60	80
纽约肯尼迪机场线	2002	54	100
广州四号线	2005	50	90

在实际设计纵断面时，城市轨道交通线路坡度在满足标高控制要求的前提下应尽可能平缓，一般宜在25‰。正线允许的最大坡度值，主要受行车安全（与制动设备性能有关）、旅客舒适度、运营速度三方面的影响，一般不大于50‰。

7.3.2 "线路长大陡坡地段"是指列车运行在连续上坡时，可能导致列车不能正常牵引运行而造成运行速度下降过低，或在故障条件下，发生列车停车再启动的困难。在该道下坡运行时，可能需要控制速度运行，以免制动力不足而失控，为此应检查列车下坡时应有充分的制动力，此外还要考虑电机温升的安全。上述问题随车辆性能和环境条件的差异而不同，尤其应注意在高架线路或受气候条件影响。虽然对于"线路长大陡坡地段"在城市轨道交通的有关规范和标准中没有明确定义和规定，对于选线设计人员难以定性判断，为此根据近年来的各城市有关人士的研究，初步提出一般条件下长大坡道的控制值，当线路设计参数大于该控制值时，需作评估。

"线路长大陡坡"应避免与平面小半径曲线重叠，主要是考虑尽量避免两种不利条件叠合而恶化线路运行条件。当列车进入圆曲线后，曲线外轨较内轨长，使车辆转向架外侧的车轮踏面发生横向滑动和纵向滑动，甚至会出现动轮空转而降低列车运行速度。

7.3.3 隧道和路堑地段线路坡度一般不小于3‰，主要是为了满足隧道和路堑排水需要，因为在一般情况下线路的坡度是与排水沟的坡度一致的。

考虑到轨道交通线路有些地段会处于地下水位线以下，为保证排水，规定其线路最小坡度为3‰，困难地段在确保排水的条件下，可采用小于3‰的坡度。

7.3.4 地下车站坡度应尽量平缓，以防止车辆溜动，但又要考虑隧道的最小排水坡度问题，故宜将车站站台计算长度线路设在2‰的坡道上，在困难条件下设在3‰的坡道上。

与地面建筑结合建设的车站，考虑到设坡与建筑物接口困难，故线路坡度不受条文限制，但因其不是独立的单体建筑，区间的水不得排入车站，需在站端截流，车站的轨道结构要设带坡水沟。

地面、高架桥地段的车站排水较易处理，为使车站停车平稳，车站站台段线路应尽量设在平道上，只有在困难地段为便于停车和启动，才可设在不大于3‰的坡道上。

将车站站台段线路布置在一个坡道上，对设计、施工均较简单，而且有利于排水的处理。

7.3.5 隧道内的折返线和停车线，为保障车辆停放和检修作业的安全，线路坡度要求尽量平缓，但为保证隧道内的排水，线路又必须保持最小的排水坡度。在广州的城市轨道交通直线电机牵引系统工程中，采用2‰的坡度，经运营使用未发现其他问题，故本规范规定其坡度值宜为2‰。

折返线和停车线布置在面向车挡的下坡道上，目的是防止向车站溜车，确保停车安全。

7.3.6 车场线设在不大于1.5‰的坡道上，主要是根据溜车条件决定的。

关于车辆溜动问题，从理论上分析，车辆单位坡道阻力 i（相当于下坡方向的单位分力）小于车辆开始溜动时的单位启动阻力 ω，车辆才不致溜走。ω 随很多因素而变化，与车辆重量、气候条件等都有很大关系，由于目前我国对轨道交通车辆启动阻力尚无试验资料，参照前苏联有关资料：

$$\omega = 2 + 0.3\left(\frac{630}{R} + i\right)(‰) \qquad (21)$$

假设列车停在直线上，又设坡度值为零，则：

$$\omega = 2(‰)$$

当停车线坡度 $i \leqslant \omega$ 时，车辆就不会溜动。但车辆停留在车场内受很多外力影响（如风力和振动等），需考虑一定的安全系数，根据广州城市轨道交通直线电机牵引系统经验，当停车线坡度 $i \leqslant 1.5‰$ 时，尚未发现溜车现象。故本规范规定，车场线可设在不大于1.5‰的坡道上。

7.3.7 为便于道岔的养护和维修，道岔应铺设在较缓的坡道上，因道岔设在大于10‰的坡道上容易爬行、养护困难，所以规定设在不大于5‰的坡道上，在困难条件下可设在不大于10‰的坡道上。

7.3.8 关于设置车站的线路宜尽量接近地面设置，

其好处是：

1 工程量小。轨道交通车站的造价与其埋深有关，尤其浅埋明挖车站体现得更为突出。

2 方便乘客进、出车站。因轨道交通车站是乘客大量进出的地方，埋深大时，乘客会感到不方便。

车站在有条件时要尽量布置在纵断面的凸形部位上，即进站上坡、出站下坡，有利于节省列车启动和制动时的能耗。

7.3.9 列车运行至坡度代数差较大的变坡点处，容易造成车轮脱轨、车钩脱钩等问题。为避免出现这类情况，当坡度代数差大于或等于2‰时，应在变坡点处设置竖曲线，把折线断面平顺地连接起来，以保证列车的安全和平稳。竖曲线的形式可采用抛物线或圆曲线，抛物线形竖曲线的曲率是渐变的，更适宜行车运行，但由于铺设和养护工作较复杂，当要求速度不高时，基本上不采用。而圆曲线形竖曲线，具有便于铺设和养护的优点，当竖曲线半径较大时，近似于抛物线形。因此我国城市轨道交通线路采用圆曲线形竖曲线。

车辆行驶在竖曲线上时，产生径向离心力。这个力在凹形竖曲线上是增重，在凸形竖曲线上是减重。这种增重与减重达到某种程度时，旅客就有不舒适的感觉，同时对车辆的悬挂系统也有不利影响，所以确定竖曲线半径时，对离心加速度要加以控制。列车通过变坡点时产生的附加加速度即竖向加速度 a_v，竖曲线半径 R_v（m）与行车速度 V（km/h）及 a_v（m/s²）的关系为：

$$R_\mathrm{v} = \frac{V^2}{3.6^2 a_\mathrm{v}} \qquad (22)$$

根据国外资料，a_v 值采用的范围为 $0.07\mathrm{m/s^2} \sim 0.31\mathrm{m/s^2}$，但多数国家采用 $R_\mathrm{v} = V^2$，即 a_v 值为 $0.08\mathrm{m/s^2}$；困难条件下采用 $R_\mathrm{v} = V^2/2$，即 a_v 值为 $0.15\mathrm{m/s^2}$。

参照上述数据并结合轨道交通情况，本规范在正线上取值一般为 $a_\mathrm{v} = 0.1\mathrm{m/s^2} \sim 0.154\mathrm{m/s^2}$，困难条件下为 $a_\mathrm{v} = 0.17\mathrm{m/s^2} \sim 0.26\mathrm{m/s^2}$。考虑到区间正线与站端的运行速度不同，按上式验算取整数，区间线路竖曲线半径采用5000m，困难地段为3000m，在车站端部由于速度较低，采用3000m，困难地段为2000m；辅助线和车场线采用值为2000m。

关于相邻地段的坡度代数差小于2‰不设竖曲线问题，主要是该坡度代数差按上述半径设置竖曲线时其变坡点调正值甚小，故可忽略不计。

7.3.10 竖曲线不得侵入车站站台范围，是为了保证站台平整和乘客安全，并有利于车站的设计和施工。

道岔是轨道的薄弱部位，其尖轨和辙岔应保持平顺、严密状态，因此竖曲线不应侵入道岔范围，并保持一定距离，以保证行车安全和便于线路养护维修。

7.3.11 竖曲线若与缓和曲线重叠，由于缓和曲线范围内超高顺坡改变了轨顶坡度，从而改变了两者立面上的形状。施工中要做成设计形状已很难做到，碎石道床在轨道养护中更难保持轨道的良好状态，所以，两者不能重叠。广州运营线路表明，当整体道床曲线地段的其每一侧单根钢轨的超高顺坡率大于或等于1.5‰且其缓和曲线与纵断面竖曲线重叠时，钢轨磨耗严重。

7.3.12 列车通过变坡点时要产生附加力和附加加速度，从行车平稳考虑，宜设计较长的坡段，但为了适应线路高程的变化，坡段也不能太长，否则将发生较大的工程量，给施工带来困难。因此应综合考虑两者的影响来确定最短坡段长度。

坡段长度的限制主要是从车辆行驶平顺性的要求考虑的。如果坡长过短，使变坡点增多，车辆行驶在连续起伏地段产生的增重与减重的变化频繁，导致乘客感觉不舒适，车速越高越感突出。从路容美观、相邻两竖曲线的设置和纵断面视距也要求坡长应有一定最短长度。

1 一般情况下线路纵向最小坡段长不小于列车长度，可以使一列车范围内只有一个变坡点，避免变坡点附加力的叠加影响和附加力的频繁变化，以保证行车的平稳；

2 坡段长度还应满足竖曲线既不互相重叠，又能相隔一定距离，有利于列车运行和线路维修养护。从保证行车平顺性考虑，希望在两竖曲线间能放下二、三节车辆，因此确定该距离不宜小于45m。

7.4 安　全　线

安全线是列车运行隔开设备之一，其他还有脱轨器、脱轨道岔和车辆防溜等隔开设备。设置安全线的目的是为了防止在车辆段（场）出入线、折返线和岔线（支线）上行驶的列车未经允许进入正线与正线列车发生冲突，从而保证列车安全、正常的运行。安全线的有效长度一般不小于40m。在困难条件下，也可采取限速或增加阻尼措施，缩短长度。

为了防止滥设安全线，增加不必要的工程投资，本规范对需要设置安全线的地方作了具体规定。

1 支线与正线接轨，在进站方向设置为同站台两侧平行进路，可使接轨车站对正线与支线具备同时进站的接车能力，由于支线进站有独立进路，避免列车发生站外停车而引起乘客的恐惧心理和安全隐患。岔线（支线）在站内接轨，当与正线间为岛式站台，且站台端至警冲标间的距离大于或等于40m时，可不设列车运行隔开设备，若为侧式站台，宜设道岔隔开设备；

2 当车辆段（场）出入线上的列车在进入正线前需要一度停车，且其停车信号机至警冲标之间小于40m时，宜设安全线；

3 当折返线末端与正线接通时，宜设置道岔隔开设备（图1）。

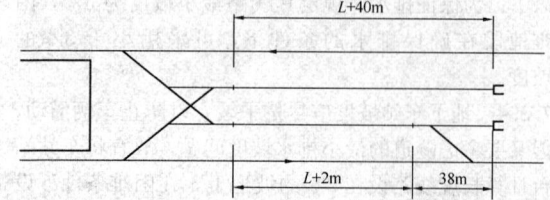

图1　折返线末端接正线形式

8　轨道与路基

8.1　一　般　规　定

8.1.1 轨道结构是由钢轨、轨枕、道床、连接零件等部件组成。它的作用就是引导直线电机车辆运行，提供直线电机感应板安装条件，承受由车辆传来的荷载。轨道结构关系到乘客和车辆设备的安全，因此轨道应具有足够的强度、刚度、稳定性，以保证列车安全平稳运行。由于地铁白天一般不能维修，且作业空间狭窄，维修不便，因此轨道结构应满足少维修的要求。

8.1.2 轨道直接服务于车辆运营，必须采用先进、成熟并经过试验和鉴定的部件，且能保证正常不间断运营。由于设计的每个轨道部件的强度、刚度、使用的耐久性不相同，使用周期也不同；并且轨道部件的占用长度、宽度与土建及相关系统关系密切、复杂，零件多，容易造成零部件杂乱。为方便设计和维修管理，采用的轨道部件标准化、系列化、通用化尤为重要。

8.1.3 钢轨作为列车牵引用回流电路，其结构应满足绝缘要求，以减少迷流对结构及设备的腐蚀，且应根据杂散电流防护的要求进行相应的设计。

8.1.4 振动和噪声是城市污染之一，受到政府部门的高度重视，必须加以治理。直线电机车辆轴重较其他地铁轻，感应板与轨道的配合影响电机与感应板的间隙，关系到车辆的安全和能量消耗，轨道应结合直线电机的特点对沿线地面建筑物敏感点进行分析，提出合理的减振、降噪设计、环境保护及节约能源方案。

8.1.5 轨道是车辆运行的基础，车辆走行部分与轨道的几何形位之间应密切配合。其轨道几何形位正确与否，对车辆的安全运行、乘客的旅行舒适度、设备使用寿命和养护费用起着决定性的作用。

8.2　曲线超高与轨距加宽

8.2.1 轨底坡设置应根据车辆踏面形状确定，并与车辆踏面相匹配。通过设置轨底坡可使轮接触集中于轨顶中部，提高钢轨的横向稳定能力，减轻轨头不均匀磨耗。而轨底坡设置的大小和车辆的车轮有关，设置不当，可能导致钢轨磨耗加剧或轨头压溃。因此，它是轮轨关系中轨道受力计算和轨道部件设计的一项重要参数。世界各国铁路轨道对钢轨的轨底坡大致分两种：一种是1/40，如我国和日本；另一种1/20，如法国、德国等一些欧洲国家铁路。

8.2.2～8.2.4 曲线超高是根据列车通过曲线时的平衡离心力并考虑两股钢轨垂直受力均匀等条件计算确定。国内的试验资料表明，当 $a=0.4\text{m/s}^2$，欠超高约61mm，乘客稍有感觉，不影响舒适度。

轮轨驱动现行国家标准《地铁设计规范》GB 50157最高速度100km/h时，曲线最大超高120mm，经过多年的实践，设置比较合理、适宜。在广州地铁3号线，设计时速120km/h时，曲线最大超高140mm。国外日本直线电机系统最大曲线超高值为150mm，加拿大直线电机系统的最大曲线超超高值为140mm。

根据直线电机适应大坡道、小半径地段的特点，行车速度120km/h时，按曲线最大超高120mm（欠超高60mm）计算，曲线半径小于1000m时，应限速。最大超高值由120mm提高到150mm，会对半径在500m以下的曲线限速，影响值在 5km/h～7km/h 之内。由此可见，适当提高最大曲线超高值，可提高行车速度，符合城市轨道交通快捷、有效的特点，但相应引起行车、限界、线路变化。

8.2.5、8.2.6 轨距加宽是将曲线轨道内轨向曲线中心方向移动，曲线外轨的位置则保持与轨道中心半个轨距的距离不动。在传统轮轨驱动地铁内，一般在小半径曲线地段，为了使列车顺利通过，并减小轮轨间的横向水平力，减少轮轨磨耗和轨道变形，小半径曲线地段必须有适量的轨距加宽。

直线电机牵引系统轨距加宽应根据车辆转向架计算确定，国外直线电机车辆技术参数，加拿大、马来西亚直线电机采用迫导型径向转向架时，曲线半径轨距可不加宽。日本采用自导型径向转向架时，轨距可按自由内接情况进行加宽。

如车辆无特殊要求，曲线半径小于或等于200m地段，按现行行业标准《铁路轨道设计规范》TB 10082、现行国家标准《地铁设计规范》GB 50157规定，轨距加宽以5倍数加宽，综合考虑广州、北京直线电机车辆的轮对尺寸及资料，计算确定所需加宽值。

8.3 钢轨及无缝线路

8.3.1 钢轨是轨道结构的主要部件，城市轨道交通选定钢轨类型及材质的主要依据是年通过总质量（运量）、行车速度、轴重、维修工作量和减振降噪要求。

8.3.2、8.3.3 有缝线路钢轨接头采用对接，可减少列车对钢轨的冲击次数，改善运营条件。根据施工和维修实践，半径小于或等于200m的曲线地段钢轨接头采用对接，曲线易产生支嘴，所以应采用错接，错开距离大于车辆的固定轴距，因此确定错接不应小于3m。

8.3.4 为使轨道具有足够的强度和稳定性，确保行车安全，规定接头螺栓、螺母和平垫圈均采用国家铁路规定的标准。

8.3.5 一般正线采用60kg/m，车场线采用50kg/m钢轨，为减少养护维修量，应采用异型钢轨连接。

8.3.6 高架桥无缝线路采用调节器，不仅可以减少钢轨接头对道床的冲击振动，减少噪声，又可以放散无缝线路纵向力，从而保证列车安全、舒适，减少运营养护维修量。温度跨度是指相邻两连梁固定支座之间的距离。对于大跨度简支梁或连续梁桥上铺设钢轨伸缩调节器，应根据桥跨度、支座布置、桥上扣件布置情况，通过计算确定是否设置调节器及调节器位置，并选择最优设计方案。

8.3.7、8.3.8 目前城市轨道交通常用调节器为曲线型结构调节器，其基本轨材质应与正线钢轨相同，尖轨可以用特殊断面AT轨制造。为保证调节器的轨距等几何状态，避免弹性不均匀，从而影响调节器的使用寿命，增加养护维修工作量。

8.3.9 无缝线路可以减少线路中钢轨接头，有利于减轻列车运行时的冲击振动和噪声，提高旅客的旅行舒适度，因此对于城市轨道交通铺设无缝线路尤为重要。

无缝线路设计应根据所在地区轨温差环境、直线电机车辆情况以及线路的曲线半径、行车速度、线路阻力等条件，对铺设无缝线路地段钢轨强度及稳定检算，确定可铺设无缝线路范围。

参照国家铁路地面线大量铺设无缝线路的经验，规定地面线半径大于或等于400m情况的曲线混凝土枕碎石道床地段应铺设无缝线路。

由于整体道床轨道结构稳定，横向阻力可达到30kN/m以上，故直线和半径大于或等于200m的曲线整体道床地段应铺设无缝线路。曲线半径大于400m且坡度小于20‰时，无缝线路无需特殊设计。曲线半径小于或等于400m且坡度大于或等于20‰时，应加强道床阻力，并应进行特殊设计。

高架桥无缝线路，轨道设计应根据桥梁跨度、形式、支座布置情况，进行轨道轨条设计，提供铺设无缝线路产生轨道附加力（伸缩力、挠曲力、断轨力），供桥梁专业设计参考。

8.3.10 我国对于允许铺设无缝线路的坡度原则上不作限制，但为了防止线路爬行，规定在大于或等于12‰的连续长大坡道、制动地段及行车重载列车的坡段采用加强措施，如增加轨枕根数，采用耐磨轨等。

8.4 扣件、轨枕及轨下基础

8.4.1 扣件是轨道结构的重要部件，因此应力求扣件构造简单、实用，具有足够的强度、扣压力和绝缘性。扣件设计应根据所在地区直线电机的特点进行设计，有针对性选用扣件形式，体现经济、适用，安全可靠原则。在高架桥，由于铺设无缝线路，考虑梁轨间相互作用，不宜采用阻力较大的扣件。无砟轨道结构弹性主要由扣件提供，确保线路平顺性，减小养护维修量，要求扣件特别对于无砟轨道结构扣件，保持较好的弹性。扣件的铺设数量影响感应板支承间距，为减少感应板模数，满足感应板安装要求的同时，也便于感应板运营管理。

8.4.2 感应板作为车辆的一部分，安装在轨下基础内，对结构有要求。根据已建运营的直线电机运载系统的应用实践来分析，长轨枕和道床板是最符合直线电机要求的一种轨道结构，可预留感应板的安装条件，并满足感应板安装的精度，也可确保车辆运营管理感应板要求。

8.4.3 长轨枕可在预制生产中预留感应板安装条件，且能保证安装的精度，因此地下线及地面线轨下基础应优先选用长枕式道床结构。高架线采用板式道床结构，其结构比较轻巧，且为预制构件，能满足直线电机的要求，且可减轻高架桥结构二期恒载，使得设计更加美观。国外的马来西亚、美国 KFC 等直线电机运载系统，包括广州地铁 4 号线，高架线均采用板式道床。

8.4.4 道床结构应牢固、稳定、维修工作量少，符合经济适用的原则且有良好的防、排水设置，可以防止水侵入混凝土内侵蚀钢筋，同时避免因混凝土内存水引起冻胀，从而延长使用寿命。

8.4.5 城市轨道交通速度不大于 120km/h，直线电机车辆轴重较轻，不大于 13t，按现行行业标准《铁路轨道强度检算法》TB 2034，检算道床设计动荷载系数不大于 1.8，计算动轮载 $P = 65 \times 1.8 = 117kN \approx 120kN$。

除应满足车辆动荷载作用外，还应考虑由于直线电机车辆电机与感应板间的磁场产生荷载。广州 4 号线直线电机运载系统，其设计时速为 100km/h，属于中等运量的直线电机运载系统，车辆轴重不大于 13t，感应板竖向吸力 5t。北京机场线设计时速 120km/h，车辆轴重不大于 10t，直线电机感应板最大吸力为 8t。

8.4.6 各种轨道结构的建筑高度是根据隧道结构、轨道结构和路基的实际情况，在保证道床厚度后，按三轨供电条件而确定的高度。各种轨道结构高度是一般规定，矩形、马蹄形隧道内混凝土整体轨道结构高度应是在轨道区范围的高度。

8.4.7 碎石道床厚度是指直线、曲线地段内股钢轨部位的轨枕底面与路基基面之间的最小道砟层和底砟层的总厚度，并结合国铁速度不大于 120km/h、次重型或中型轨道结构进行确定。设计应根据设计实际线路的实际运量及速度进行选用。

8.4.8 车场线除应满足直线电机车辆的检修、存放等功能外，还应考虑列车制动、启动的要求，因此在道床设计中，应采用符合车辆要求的结构形式。

8.4.9 根据运营实践，采用Ⅰ级道砟，能增强道床的稳定，有效防止道砟粉化、道床板结，减少维修工作量，延长轨道大修周期。

地面线均采用碎石轨道。碎石道砟的粒径级配、材质指标、试验检算及道砟的生产管理和交付验收，在现行的铁路相关规程、规范中都有详细规定。

8.4.10 道床断面包括道床厚度、顶面宽度及边坡坡度三个主要特征。道床厚度是指直线上钢轨或曲线上内轨中轴线下轨枕底面至路基顶面的距离。碎石道床应确保道床有足够的横向及纵向阻力，保证轨道结构的强度及稳定性能，确保直线电机车辆安全平稳运行。

8.4.11 为改善行车条件，保持碎石道床的稳定，减少维修工作量，不同道床衔接处应设置弹性过渡段。过渡段长度宜为 8m～20m。

8.4.12 车场线库外平过道应首先考虑坚固耐久且易于轨道养护维修，其次考虑感应板安装，可采用现浇沥青混凝土、混凝土铺面板或橡胶铺面板等不同形式的平过道。

8.5 道岔及基础

8.5.1 道岔是轨道的薄弱环节，其钢轨强度不应低于轨道的标准。正线上的道岔行车密度大，通过速度较高，为减少车轮对道岔的冲击，保证行车平稳及延长道岔使用年限，因此正线道岔的钢轨类型应与正线的钢轨类型一致。

8.5.2 由于受地下或高架线空间限制，尽可能采用较小号码的道岔。号数选择应主要根据要求的道岔直、侧向容许通过速度和使用条件来选择。直线电机系统一般最高运行速度为 100km/h，侧向速度为 30km/h～35km/h，正线及辅助线应采用不小于 9 号的道岔。直线电机列车由于采用径向转向架，转弯半径小，可选用小号道岔，以节省车辆段的用地，国外车辆段有采用 4 号或 5 号单开道岔。

8.5.3 两道岔间插入短钢轨使得两相邻道岔间轨距变化平缓，减少列车对道岔的冲击，使列车运行平稳。根据直线电机特点及运营实践，规定了相邻两道岔间插入短钢轨的最小长度。

8.5.4 直线电机运载系统的辙叉类型选择，应首先满足列车的运行要求，根据车辆的类型构造及使用条件，明确道岔的辙叉类型。固定型辙叉可节省投资，且满足地铁运能的要求。

可动心轨辙叉由于消除了有害空间，直向不设置护轨，可以减轻列车的冲击振动和噪声，提高列车的直向容许通过速度，但需增加土建及设备采购投资。

8.5.5 感应板与道床的连接分扣压式和螺栓连接式

两种，本规定适用于岔区及采用调节器等采用木枕（合成枕木）的区段。

8.5.6 避免弹性不均匀及结构的伸缩变形，从而影响道岔的使用寿命，增加现场的养护维修工作量。

8.6 轨道减振结构

8.6.1 对于线路直接穿越建筑的路段，考虑建筑对振动的响应和建筑的敏感性，应采取相应的工程减振措施。在通常情况下，隧道与建筑基础间的距离应大于10m，与敏感建筑基础间的距离最好大于15m。在隧道的垂直上方和两侧各10m范围内，不要新建供居住的II类建筑物及其他振动敏感建筑。对在线路附近规划新建的振动敏感建筑，必要时可进行基础隔振处理。

8.6.2 地铁振动主要因列车运行时，轮轨相互撞击所产生的振动，经钢轨通过扣件和道床传到隧道结构，再由隧道结构传向大地，引发隧道结构附近地面建筑物的振动。

地铁沿线居住区、文教区、混合区、商业中心区等振动加速度超标敏感建筑物，分中等、高等、特殊三种级别进行减振（表7）。

表 7　振动超标分级减振

序号	环境振动铅垂向 Z 振级超标量	减振级别
1	$VL_z \leqslant 6$	中等减振
2	$6 < VL_z \leqslant 15$	高等减振
3	$15 < VL_z$	特殊减振

地铁沿线医院、音乐厅、精密仪器厂、文物保护和高级宾馆等振动速度超标建筑物，应采用特殊级别减振。对于直线电机轨道结构而言，宜用隔离式减振如橡胶浮置板道床等。

8.6.3 直线电机运载系统减振降噪的方式与传统地铁系统的轨道结构有一定的差异，须综合考虑轨道结构的减振效果以及该系统牵引方式改变造成的气隙控制的要求，确定轨道在列车动载条件下，钢轨下沉量不大于1.5mm。

8.6.4 避免弹性不均匀，增加线路平顺，从而提高直线电机列车的牵引特性，满足直线电机车辆安全运行的减振结构形式，减少养护维修工作量。

8.7 轨道附属设备及安全设备

8.7.1 为了保证行车安全，规定高架线上本条所列位置宜设置防脱护轨。

8.7.2 缓冲滑动式车挡具有结构简单、安全可靠的优点。缓冲滑动式车挡可撞击速度及滑动距离，应根据车挡具体水平阻力确定，与车挡实际设置位置及线路情况相匹配。

9　车站建筑

9.1　一般规定

9.1.8 公共厕所的设置应根据各城市规划管理部门、环卫管理部门的统一要求及具体的工程实施条件。

9.2　车站总平面

9.2.5 风亭的风口不宜正对学校、民居等建筑的门窗，如确需正对设置，建议风口至建筑门窗的净距不小于10m。

9.3　车站平面

9.3.1 本条规定平面设计应分区明确、布局合理的目的是为了减少空间浪费、节省工程投资。车站管理用房面积可参照表8采用。

表 8　车站管理用房面积

房间名称		面积（m²）
车站控制室	一般站	36
	中心站或换乘站	60
站长室	中心站或换乘站	15～20
	一般站	12
警务室	一般站	35
	中心站或换乘站	45
安全办公室		15
会议室	中心站或换乘站	30
	一般站	25
车站备品库		20
更衣室		10
工作人员卫生间		10
保洁工具间		9
保洁间	一般站	10
	中心站或换乘站	15
广告备品室		8～10
银行		25
票务处		7.5
票务管理室		25
AFC 设备室		15
AFC 维修室		8
照明配电室		8～10
环控电控室（含监控室）		42
应急照明电源室		22～25
通信设备及电源室		40
PIDS 设备室		20
乘务员休息室		10

9.3.7 侧站台计算宽度为满足乘客通行及疏散基本要求,自动扶梯工作点及楼梯最近踏步距正前方墙体不小于8m为自动扶梯和楼梯无论在任何地方布置考虑乘客基本缓冲空间的要求。伸入长度不应超过一节车厢的长度,主要是考虑便于乘客乘降和疏散,但其伸入后的端面墙面距梯口的距离不应小于8m。

9.3.9 自动扶梯与楼梯计入事故疏散用,能否将下行扶梯改为上行扶梯(高架站为上行扶梯改为下行扶梯)疏散用可根据当地消防审批部门的要求,建议至少将下行楼梯(高架站为上行扶梯)停运后作为步行楼梯疏散用。6min内其中1min为反应时间。

9.4 车站内设计通过能力、最小宽度、最小高度

9.4.1 本条文规定的车站乘客通过各部位的设计通过能力,主要参考了美国纽约、英国伦敦、中国香港地铁的设计标准。现行行业标准《城市人天桥与人行地道技术规范》CJJ 69-95中规定的设计通行能力为2400人次/h·m。伦敦地铁规定1m宽通道的通行能力正常运营时单向3000人/h、双向2400人/h,有指引的3d以上的特殊事件单向3900人/h、双向3000人/h,有指引的3d以内的特殊事件单向4800人/h、双向3900人/h。

伦敦地铁规定1m宽在楼梯的通行能力正常运营时单向2100人/h、双向1680人/h,有指引的3d以内的特殊事件单向和双向均取2580人/h,有指引的3d以上的特殊事件单向2580人/h、双向2100人/h。纽约地铁车站双向楼梯正常运营平均流量取每英尺7~10人/min,折算为1m宽楼梯是1378~1969人/h。美国NFPA130规定:车站内乘客常用的楼梯宽一般是1829mm(72英寸)和2438mm(96英寸),紧急疏散能力计算取94人/min和125人/min,折算为每米3080人/h。

现行国家标准《自动扶梯和自动人行道的制造与安装安全规范》GB 16899-2011中规定1m宽输送速度0.65m/s自动扶梯的最大通过能力为7300人/h。伦敦地铁规定正常运营自动扶梯能力6000人/h,有指引的3d以上的特殊事件6600人/h,有指引的3d以内的特殊事件7200人/h。中国香港地铁自动扶梯每小时通过人数也是按7200人/h设计。美国纽约地铁输送速度0.5m/s、宽1219mm(48英寸)的自动扶梯通过能力按接近4800人/h计。同时总结已运营地铁线路的经验数据,如广州地铁体育西路站现场实测:1m宽自动扶梯每小时通过乘客数量上行扶梯通过6543人/h,下行扶梯7115人/h(梯前均有护栏围闭,人流已持续排队、无干扰)。

本条结合城市轨道交通直线电机牵引系统的运输能力等综合确定的。

9.5 车 站 环 境

9.5.3 乘客导向标识与应急逃生辅助系统所包括的内容应根据当地消防部门的要求、运营管理模式、车站装修形式等综合考虑。

9.5.10 "地面站厅及地下车站出入口平台的地面标高应高出室外地面,高度不应低于0.30m,同时应满足当地的防洪、防涝要求",一般情况下,室外地面设计标高应至少满足城市一百年一遇防洪设防标准,或遵照当地政府有关部门制定的设防标准。城市轨道交通经过的某些地块如已有防洪大堤等措施,车站出入口标高的确定除了需要高出室外地面外,只需考虑防涝的要求。地下车站出入口的地面标高一般应高出该处室外地面300mm~450mm,当此高程未满足当地防淹或防洪高度时,应加设防淹闸槽,槽高可根据当地有关政府部门制定的最高积水水位或防洪设防水位确定。

9.6 车站竖向交通

9.6.2 本条文的自动扶梯设置标准是最低标准,随着经济的发展,各城市可根据自身财力相应提高自动扶梯提升高度的标准。

9.7 无障碍设施

9.7.2 车站应至少有一个出入口设置无障碍设施为满足残障人员使用的最低要求,兼顾过街功能的车站应在道路两侧各设置一个无障碍出入口。

9.7.5 为保证残障人员无障碍通道的畅通,应在通道所经区域均保持畅通。

9.8 车站设备布置

9.8.1 票务处也可称为票亭或客服中心。

9.8.8 当列车采用架空接触网受电时,屏蔽门本体与站台土建结构应绝缘。同时站台缘口往内延伸900mm范围内在站台装饰层下需铺设绝缘层(非屏蔽门系统同样处理),设计耐压以均不小于150V为宜。

10 高 架 结 构

10.1 一 般 规 定

10.1.5 轨道交通高架结构跨越城市道路、公路、铁路、航道时应满足相关行业标准、规范的要求。

为保证城市轨道交通直线电机牵引系统的安全运行,本条规定了在跨越河流和临近的地面和高架工程的设计至少按满足城市100年一遇的防洪设防标准,或遵照当地政府有关部门制定的设防标准。对于技术复杂、修复困难的大桥、特大桥按300年一遇的设防标准进行检算。

10.1.6 道岔或伸缩调节器属于轨道薄弱部位,若道岔或伸缩调节器跨梁缝布置,轨道结构受桥梁伸缩影

响变形，从而威胁行车安全；尤其是尖轨和心轨范围应避开梁缝的位置，伸缩调节器由于构造原因，其尖轨与桥面是固定的，基本轨伸缩，因此伸缩调节器尖轨范围应布置在桥梁固定支座段，不得跨缝布置在梁伸缩端。

10.1.7 城市轨道交通直线电机牵引系统对高架结构竖向挠度容许值无特殊要求，本条与现行国家标准《地铁设计规范》GB 50157 高架结构相同。

10.1.11 城市轨道交通直线电机牵引系统轨面调整需考虑轨面与感应板高差，轨道调整困难、可调量小，一般 25m 跨相邻墩台沉降量之差控制在 10mm 可以接受。

10.2 荷 载

10.2.5、10.2.6 根据现有广州市轨道交通四号线直线电机车辆明确有关荷载参数。

10.2.10 直线电机车辆为非粘着驱动，列车牵引力、制动力与车辆动力性能有关，当车辆采用磁轨紧急制动时，制动力一般会超过列车竖向静活载 15%。

10.3 结 构 设 计

10.3.5 城市轨道交通桥梁对桥墩纵向线刚度要求严格，由于板式橡胶支座剪切刚度小，与桥墩刚度串联后综合刚度不满足纵向线刚度要求，若采用限位装置，构造上难以处理，不如采用成熟的定型产品。

10.3.7 根据 U 形梁设计荷载经验取值，挡板横向撞击荷载也取 30kN/m，作用范围 10m。

10.4 构 造 要 求

10.4.2 为避免梁缝处漏水，梁缝应设防水伸缩缝，但伸缩缝布置应考虑道床布置、桥梁施工误差等因素。

10.5 车站高架结构

10.5.9 车站高架结构抗震设计根据结构不同适用相应设计规范。

11 地 下 结 构

11.1 一 般 规 定

11.1.1 结构形式和施工方法的选择，一方面受沿线工程地质水文条件、环境条件等因素制约，另一方面，对车站建筑的布局、区间线路平、纵断面的设置等与运营服务水平直接相关的因素产生直接影响，同时还需考虑工程实施难易度、工期、造价等因素，故地下结构的结构形式和施工方法必须贯彻因地制宜的原则，通过综合比较，选择运营服务水平高，同时社会、经济、环境效益较好的方案。

11.1.2 为满足轨道交通工程主体 100 年的设计使用年限，要求地下结构应设计为具有规定的强度、稳定性和耐久性的永久结构，耐久性一般是指建筑材料应具有相应的抗渗性（密实性）、抗冻性和抗侵蚀性，同时，应根据环境类别，从材料、构造、施工质量和使用阶段的维护与检测等方面加强宏观控制，使结构达到 100 年的使用年限。具体规定应根据现行国家标准《混凝土结构耐久性设计规范》GB/T 50476 执行。

11.1.3 地下结构的净空尺寸，在满足地铁限界或其他使用及施工工艺要求的前提下，应考虑施工误差、结构变形和后期沉降等影响而留出必要的余量。

1 施工误差一般包括：

1）由于施工立模、浇筑混凝土时模板变形、地下连续墙成槽时的墙面倾斜和局部突出等造成结构净空尺寸的变化；

2）矿山法隧道施工时与设计理论轮廓的误差；

3）装配式构件的制作和拼装误差等；

4）盾构法隧道施工在掘进过程中对中线的偏离，尽管盾构法隧道掘进均采用精确的掘进导向系统，但由于地层不均匀、盾构机设备的差异、施工操作人员的技术水平差异，隧道中线误差是普遍存在的情况，根据对国内外工程的统计，误差大部分在 ±50mm～±100mm 之间；

5）地下连续墙的墙面倾斜和平整度，与地质条件、挖槽机的类型和挖槽方法、混凝土浇筑的速度和质量有关。根据目前的施工设备的技术水平，墙面的平均倾斜一般能控制在基坑开挖深度的 1/200～1/300。

2 结构变形主要指结构受力后产生的变形，例如基坑开挖时围护结构受力变形，各类型主体结构受荷后产生的挠度变形等。地下结构由于受开挖时水土压力作用，一般荷载均较大，且在施工结束后由于土体固结、运营振动仍会产生。

3 隧道后期沉降量与地层条件和施工方法等因素有关。在软黏土地层中要注意地面超载、地下水位变动、土体卸载之后再加载以及在反复荷载（包括列车荷载和地震荷载）作用下引起的地层位移。

综合以上因素：在确定隧道净空尺寸时，必须根据工程的具体情况，综合考虑地质条件、隧道埋深、荷载状况、施工方法、结构类型及跨度等各种因素，参照类似工程的实践设定。鉴于目前对影响净空余量的各种因素尚难以分项确定，设计中一般的做法是，考虑诸多影响因素后按综合偏差预留。此外，视施工方法的不同，有的净空余量可在开挖轮廓中预留，如矿山法隧道的围岩变形量、明挖结构围护墙的倾斜、不平度和位移等。

我国地铁隧道的取值见表 9。

表 9　我国地铁随着采用的净空余量

施工方法 线别	明挖法	盾构法	矿山法（注2）
北京地铁	敞口施工时，水平方向从线路中心算起，净宽侧加宽50mm，垂直方向从底板算起，净高高50mm	净空从中心向上下、左右各增加100mm	建筑限界控制点至隧道内轮廓的距离不小于100mm
上海地铁	采用地下连续墙法施工，考虑墙体倾斜、不平度和位移影响，有内衬时沿基坑宽度方向每侧按基深度的1/150加宽，无内衬时按1/100加宽（注1）	净空从中心向上下、左右各增加150mm	
南京地铁	—	净空从中心向上下、左右各增加150mm	
广州地铁	—	净空从中心向上下、左右各增加150mm	

注：1　未包括线路中心线的定位偏差及内部结构的施工误差；
　　2　未包括在断面开挖轮廓中预留的围岩变形量，其数值可根据围岩性状、隧道宽度、埋深、施工方法和支护情况依工程类比确定。

11.1.6 结构设计理论经历了以弹性极限理论为基础的容许应力设计法，以塑性极限理论为基础的破损阶段设计方法，直至多系数极限状态设计方法。

目前地下结构按概率极限状态法设计的基本规定，是根据现行国家标准《工程结构可靠性设计统一标准》GB 50153确定，同时，参照了现行国家标准《铁路工程结构可靠度设计统一标准》GB 50216及铁道部主持的"铁路隧道可靠性"研究成果。

结构可靠度是指结构在规定的时间内，在规定的条件下，完成其预定功能的概率。"规定的时间"一般是指设计中根据结构的有效使用期所规定的时间，称为设计基准期；"规定的条件"是指在正常施工运营维护环境下承担外力和变形应满足的条件，"预定功能"包括结构安全性、结构耐久性和结构适用性的要求。

对于地下明挖结构，可靠度设计法已经较为成熟及全面，故要求采用概率极限状态进行设计。

对于地下暗挖结构，参照铁路隧道长期系统的研究，概率极限状态设计法只在单线铁路隧道整体式衬砌及洞门，单线铁路隧道偏压衬砌及洞门，单线铁路拱形明洞衬砌及洞门结构中得到较好的验证，对于其他类型的暗挖结构，为慎重起见，仍应采用破损阶段法进行设计。

11.2　荷　　载

11.2.4 当轨道铺设在结构底板上时，一般来说，车辆荷载对结构应力影响不大，地铁车辆荷载及其动力作用的影响可略去不计。但随着近年来车站类型的日益多样化，当轨道铺设在非结构底板上时，如上下重叠型车站、换乘车站节点区中板等，车辆荷载工况组合往往是控制工况，应注意计算。

11.2.5 国内外各种规范采用的有关人群荷载的标准值（或设计值）见表10，本规范采用了中间值。

表 10　车站楼板、楼梯及站台人群
荷载标准值（或设计值）

部位	规范名称或采用地点	数值（kPa）
车站大厅、候车室	《建筑结构荷载规范》GB 50009	3.5
公共建筑楼梯	《建筑结构荷载规范》GB 50009	3.5
地铁车站的站台、楼梯、楼板	《苏联地下铁道设计规范》	4.0
	《匈牙利地下铁道设计规范》	4.0
	《大阪市交通局地下结构物设计基准》（1983）	5.0
	新加坡地下铁道	5.0

此次提出需考虑施工及使用阶段中重型设备运输产生的荷载，主要考虑以下两点，第一，部分机电设备重量较大，施工安装及更换时需考虑其对结构的影响。第二，部分土建施工设备重量较大，如盾构机，当其过站需通过重叠站台的中板或换乘车站的中板时，应注意对结构进行检算。

11.3　工　程　材　料

11.3.3 表11.3.3中混凝土的最低强度等级是从满足工程的耐久性要求考虑的，相关具体要求可参照现行国家标准《混凝土结构耐久性设计规范》GB/T 50476执行。

11.6　矿山法施工的结构

11.6.1 矿山法施工的结构，应及时向初衬和二衬背后压注结硬性浆液，保证围岩与结构的共同作用，主要考虑到目前城市轨道交通建设中，浅埋暗挖的结构形式采用较多，及时向初衬和二衬背后注浆，不仅是确保结构受力安全、符合计算边界条件的需要，同时也是控制地面后续沉降的关键，故此着重提出。

11.7　构　造　要　求

11.7.3 表11.7.3中受力钢筋的混凝土保护层的最小厚度是根据各类地下结构的实际工作条件，综合考虑了混凝土的设计强度、环境条件、施工精度和耐久性要求等，并借鉴国内外同类工程的实践而提出的，适用于普通钢筋混凝土结构。其中矿山法部分系采用现行行业标准《铁路隧道设计规范》TB 10003规定的数值。

12 工程防水

12.1 一般规定

12.1.4 地下车站结构和区间的防水设计遵循"以防为主、刚柔结合、多道设防、因地制宜、综合治理的原则"。

12.1.5 从近10年地下车站建设和使用的情况看，对地下车站结构的防水要求越来越严格，因此从实际使用需求来看地下车站结构的防水等级应为一级。从定级中可知，一级只有定性要求；二级既有定性要求，又有定量指标，定量指标不仅规定了整个工程的渗水量值，也规定了工程任一局部的渗水量值。

防水等级规定主要是根据现行国家标准《地下工程防水技术规范》GB 50108、《地铁设计规范》GB 50157中地下工程的防水等级标准的规定确定的。

12.5 高架车站及高架区间

12.5.2 通桥面被道床分割，排水不畅、易积水，因此桥面防水要求较高，防水材料应与桥面结构可靠粘结，避免积水侵入到防水材料下层导致防水失效。

13 通风、空调与采暖

13.1 一般规定

13.1.1 城市轨道交通直线电机牵引系统线路通常在城市地下敷设，内部空间无法与外界直接进行充分的通风换气，同时城市轨道交通直线电机牵引系统的列车在运行中将产生大量的余热、余湿，车站及其他设备房内的机电系统运行也将产生大量的热量，如果不进行控制将无法保证乘客、工作人员正常的生理和心理需要，带来严重的社会公共卫生安全事故，也不能满足各机电系统正常运行所需要的温、湿度要求，因此必须按照提供人员适宜的舒适环境和满足设备正常运转需要的工作环境对内部空气环境进行控制。

13.1.3 本条规定了选择设计方案和设备、材料的原则。

城市轨道交通直线电机牵引系统的通风、空调与采暖工程，不仅在整个工程的全部投资中占有重要的份额，其运行过程中的能耗也是非常可观的，因此设计中必须贯彻适用、经济、节能、安全等原则，会同有关专业通过多方案的技术经济比较，确定出整体上技术先进、经济合理的设计方案。

13.1.4 此条对城市轨道交通直线电机牵引系统通风

和空调系统的功能进行了明确的规定，其与我国现行国家标准《地铁设计规范》GB 50157 - 2003第12.1.4条是对应的，是该系统必须满足的基本功能。

13.1.6 根据我国将长期处于城市化进程不断发展的阶段，城市轨道交通直线电机牵引系统的建设特点通常是土建一次建成，并满足远期客流量和最大通过能力要求的情况，通风、空调系统的风量、冷量规模、占用的土建面积及相关系统必须与之匹配，否则将来无法扩建，但近期应按照实际所需配置设备以控制投资，并实现节能运行。

13.1.8 制定此条是针对目前已建成地铁车站中普遍采用土建风道、风室情况，虽然便于布置，但存在严重的漏风、传热损失等问题，在防火封堵方面也难以保证效果，存在火灾排烟时诸如串烟等消防隐患。根据现行国家标准《公共建筑节能设计标准》GB 50189，也对公共建筑空调通风系统采用土建风道作出了不应采用的禁止规定。

13.2 地下线的通风、空调

Ⅰ 隧道通风系统

13.2.1 此条对隧道通风系统的功能进行了明确的规定，是对第13.1.4条规定的细化，尤其明确了在正常运行不利条件下应满足的新风量功能，系统设计时应进行相应的计算或核算。

因为利用活塞效应能有效排除列车在区间隧道内运行时产生的余热余湿、保证隧道内的新鲜空气量和换气次数要求，实现节能运行，必须采用以符合国家节能减排要求，同时也规定在不能满足要求时，应设置机械通风系统来保证隧道内的环境条件和各种运行模式的要求。

13.2.5 制定此条是说明城市轨道交通存在多种环控制式，隧道通风系统应充分应用各种现代科技手段进行设计、计算模拟等以控制投资、实现经济运行。城市轨道交通工程的环控方式通常有三种基本模式：闭式、开式和屏蔽门系统，主要是指当地铁正常运行时，地铁公共区和区间隧道空间内空气与室外地面的关系，所谓"闭式"系统，即正常运行时隧道通风系统的活塞风井完全关闭，与外界隔绝，车站两端设置迂回风道，仅通过车站新风井和出入口与外界空气连通，广州市轨道交通一号线、上海市轨道交通二号线即采用此种方式，由于车站公共区与区间隧道空气完全连通，夏季车站空调"冷气"随列车进出车站产生的活塞效应而一部分进入区间、另一部分通过出入口散失，因此车站的空调冷负荷比采用屏蔽门系统大近2倍，且由于活塞效应使得车站公共区的温湿度分布不稳定，空气品质得不到保证。所谓"开式"系统，即正常运行时隧道通风系统的活塞风井全部打开，通过列车运行产生的活塞效应将地铁内的热湿空气排出室外、将室外新鲜空气吸入地铁以满足地铁内环境温湿度控制要求，该种方式通常在日温差较大的区域，一般此种地铁车站不设置空调系统。另一方面，闭式系统在过渡季节或冬季也可采用"开式"运行。所谓"屏蔽门"系统，即是在地铁车站沿站台边缘安装一套玻璃门系统，平时处于关闭状态，列车进站停稳后，受信号控制与列车门同时打开和关闭，供乘客上下车，这样，可在大多数时间内将车站气流与隧道隔开，以避免车站冷气流入隧道，同时减少隧道内热空气进入车站，广州市轨道交通从二号线开始均采用屏蔽门系统，目前已完成一号线加装屏蔽门的安装。

我国南北方气候条件相差很大，对于夏季较长的南方和冬季较长的北方，其隧道通风系统的选择应充分考虑到这种气候的特点，使之具备不同季节采取不同运行模式的能力，并在满足各项应有功能的前提下进行优化、简化，以减少土建投资和运行费。

13.2.6 根据国内外有关列车在隧道内散热情况的试验研究分析，列车运行产生的热量是隧道内热量的主要来源，而其中绝大部分来自制动和加速过程，由于该过程总是在车站区间进行，因此列车散发在车站的热量远大于散发在区间隧道的热量，而对于设置有空调系统的列车，其空调冷凝器在列车停靠站点时依靠活塞通风的排热效果处于最不利状况，因此本条规定需在对应于列车散热部位处设置排风口进行有效排热通风。考虑到在运行的初、近、远期，列车发车密度、乘客数量均有较大差异，在冬、夏两季室外气温有较大变化等条件，提出应根据上述条件采取相应节能措施的要求，从对广州地铁二号线实际运行数据进行测试分析情况来看，可以采用包括部分运营时段开启一半风机运行等手段实现节能运行，同时可保证隧道内的温、湿度，新风量和换气次数满足国家规范要求。

Ⅱ 地下车站公共区通风与空调系统

13.2.7 本条为确保站内人员的卫生安全和夏季气候炎热地区人员必要的舒适度要求所制定，与国家卫生部门关于公共场所集中空调卫生规范相一致，夏季气候炎热地区设置空调系统符合社会经济发展水平要求，因此是合理的、必要的。

13.2.8 为保证地下车站内的空气品质，因此其进气必须直接采自室外，而其进气的途径只能通过风井，为保证进气的空气质量，在选取进风井位置时就必须避免设置在其他建筑物的排风口、开放式冷却塔和其他污染源附近，同时站内排气也应直接排出地面，保证室内空气的换气效率。

13.2.10 此条与现行国家标准《地铁设计规范》GB 50157-2003 第 12.2.11 条对应，并根据多个国内已运行地铁线路的实际情况，将车站的相对湿度标准由 45%～65% 改为 45%～70% 更为合理，相应可减少

空调设备的再热负荷和总送风量，有利于节能减排。

13.2.13 本条规定是城市轨道交通直线电机牵引系统车站空调的最少新风量。

地下空间人员新风量的标准不是根据人体的耗氧量，而是根据二氧化碳允许浓度、工程用途、人员在工程内停留的时间、劳动强度和吸烟程度等因素综合考虑确定。表 11 反映了不同劳动强度、不同二氧化碳允许浓度所需要的新风量。

表 11　新风量的标准

劳动强度	新陈代谢率 (W/m³)	CO₂发生量 [L/(人·h)]	必要的新风量[m³/(人·h)]		
			CO₂允许浓度 0.10%	CO₂允许浓度 0.15%	CO₂允许浓度 0.20%
静坐	58	14.7	19.9	11.6	8.2
极轻劳动	70	16.6	24.4	14.2	10.1
轻劳动	93～116	22～27.6	32.8	19.2	14.5
中等劳动	165	39.2	60.5	35.3	24.9
重劳动	300	109	161	63.5	44.8

根据现行国家标准《室内空气中二氧化碳卫生标准》GB/T 17094 规定，室内空气中二氧化碳卫生标准值≤0.10%（2000mg/m³），根据现行国家标准《室内空气质量标准》GB/T18883 中新风量的标准值为：≥30m³/（人·h），现行国家标准《公共交通等候室卫生标准》GB 9672 中新风量的标准值为：≥20m³/（人·h），考虑到地下车站站厅和站台作为地下建筑密闭性强，缺乏自然通风，工作人员及乘客在车站公共区的活动强度大致可按轻劳动计算，结合本章第13.2.18 条"站内空气中 CO₂ 浓度应小于 1.5‰"的规定，即控制 CO₂ 浓度≤2950mg/m³ 作为过渡性舒适条件，空调系统的新风量可取大于或等于 12.6m³/（人·h）～20m³/（人·h）计。

通风空调计算人员数量，参照美国《有轨交通环境控制设计标准》，有以下计算方法：

1 非换乘车站

乘客在车站平均停留时间如下：上车客流车站平均停留时间为按行车间隔加 2min，其中站厅停留 2min，站台停留一个行车间隔；下车客流平均车站停留时间为 3min，站厅、站台各停留 1.5min，客流按车站远期客流计算。

$$G_c = \frac{A_1}{60}a_1 + \frac{A_2}{60}b_1 \qquad (23)$$

$$G_p = \frac{A_1}{60}a_2 + \frac{A_2}{60}b_2 \qquad (24)$$

式中：G_c——站厅计算人员数量；

G_p——站台计算人员数量；

A_1——车站小时上车客流（个/h），按远期高峰预测客流乘超高峰小时系数确定；

A_2——车站小时下车客流（个/h），按远期高峰预测客流乘超高峰小时系数确定；

a_1——上车乘客站厅停留时间（min）；

a_2——上车乘客站台停留时间（min）；

b_1——下车乘客站厅停留时间（min）；

b_2——下车乘客站台停留时间（min）。

2 换乘站

站台乘客：上车客流站台停留一个行车间隔、换乘上车客流站台停留一个行车间隔；下车客流站台停留时间 1.5min。

站厅乘客：上车客流站厅停留 2min、下车客流站厅停留 1.5min。

换乘厅乘客：换乘乘客流停留 1.5min。

计算人员数量分别按下式计算：

$$G_c = \frac{A_1 + B_1 - A_2 i_a - B_2 i_b}{60} a_1$$
$$+ \frac{A_2(1 - i_a) + B_2(1 - i_b)}{60} b_1 \quad (25)$$

$$G_{ci} = \frac{A_2 i_a + B_2 i_b}{60} C \quad (26)$$

$$G_{pA} = \frac{A_1}{60} a_2 + \frac{A_2}{60} b_2 \quad (27)$$

$$G_{pB} = \frac{B_1}{60} a_2 + \frac{B_2}{60} b_2 \quad (28)$$

式中：G_c——站厅计算人员数量；

G_{ci}——换乘厅计算人员数量（有些换乘车站无换乘厅，应根据建筑布置情况将此部分人员计算至站厅内）；

G_{pA}——车站 A 线站台计算人员数量；

G_{pB}——车站 B 线站台计算人员数量；

A_1——车站 A 线小时上车客流（个/h），按远期高峰预测客流乘超高峰小时系数确定；

A_2——车站 A 线小时下车客流（个/h），按远期高峰预测客流乘超高峰小时系数确定；

B_1——车站 B 线小时上车客流（个/h），按远期高峰预测客流乘超高峰小时系数确定；

B_2——车站 B 线小时下车客流（个/h），按远期高峰预测客流乘超高峰小时系数确定；

a_1——进站乘客站厅停留时间（min）；

a_2——上车（进站＋换乘）乘客站台停留时间（min）；

b_1——出站乘客站厅停留时间（min）；

b_2——下车乘客站台停留时间（min）；

C——换乘客流站厅停留时间（换乘不经站厅时 $C=0$）；

i_a——a 线的换乘系数；

i_b——b 线的换乘系数。

13.2.14 按照本条进行车站夏季得热量计算时，第 8、9 款不同时计入。

13.2.18、13.2.29 关于站内空气中二氧化碳浓度，我国现行国家标准《人防工程平时使用环境卫生标准》GB/T 17216 中，提出人员长期停留时，二氧化碳允许浓度取不大于 1.0‰；短期停留时，可控制在 1.5‰～2‰。国内外学者普遍认为：二氧化碳允许浓度取 1‰是考虑了人体产生气味的指标，而不是单纯考虑二氧化碳的生理危害，它是处理体臭和生理反应双重意义的分界线。对于地下车站公共区目前设计均按平战结合考虑，因而可以参照乘客停留时间短，故提出保证≤1.5‰，这与公共区采用的新风量是对应的；而对于设备管理用房区，由于工作人员长期停留，对二氧化碳的允许浓度提出了更高的标准，取不宜大于 1.0‰，从新风量的标准来看，两者是互为一致的。

13.2.19 考虑城市轨道交通乘客在站内停留时间较短，这里参照现行国家标准《公共交通等候室卫生标准》GB 9672，对候车室可吸入颗粒物日平均最高容许浓度值进行规定。

Ⅲ 地下线设备及管理用房通风、空调与采暖系统

13.2.22 由于地下线设备及管理用房无法实现与外界的自然通风，因此必须设置机械通风装置，在夏季炎热地区为了满足人员及设备正常工作的环境要求，还须设置空调系统，通过将室内废气排出室外地面方式来保证室内空气品质。

13.2.26 此条规定是引用现行国家标准《地铁设计规范》GB50157 中的规定，以保证地下车站设备及管理用房内每个工作人员所需的新鲜空气量。

13.2.30 这里直接引用了现行国家标准《室内空气中可吸入颗粒物卫生标准》GB/T 17095 中的规定，其确定的日平均最高容许浓度值是以对人体健康危害为根据，规定较严，但通过努力是可以达到并可逐步实施，由于城市轨道交通工作人员长期在室内停留，且不属于生产性场所，从保护工作人员身体健康的角度出发，提出此规定。

Ⅳ 风亭、风道和风井

13.2.33 本条要求"站台下和列车顶部风道的风速"不宜大于 10m/s，主要是考虑站台下空间主要受轨顶面至站台高度控制，根据国内外的建设经验，此部分的风速均宜控制在 8m/s 以下；对于轨道顶部空间，主要受站台公共区管线高度和装修吊顶高度控制，该顶部风道由于在运营时间均需进行机械通风或空调，为控制土建规模同时保证该部分通风或空调系统实现节能运行，参照现行国家标准《采暖通风与空气调节设计规范》GB 50019 - 2003 第 9.1.5 条将风速 8m/s～10m/s 定义为经济风速的做法，此处规定风速不宜大于 10m/s。

13.4 空调冷热源及输配系统

13.4.4 此条文参照了现行国家标准《采暖通风与空气调节设计规范》GB 50019-2003 第 7.1.6 条规定，目的是避免冷水机组选型过大，控制相关设备投资并实现节能运行。

13.4.10 空调冷却塔选址设计的重要性也不容忽视，根据国内外文献报道，空调冷却塔冷却水中检出军团菌的情况并不罕见。如果冷却塔坐落在车站风亭取风口的常年主导风向的上风侧，对车站而言，就存在潜在卫生危害。此外，空调冷却塔的热效应和可能存在的军团菌污染，极有可能对周边环境造成污染。根据卫生防疫部门对国内已运营地铁及其他空调冷却水的检验，均不同程度地发现了军团菌，因此制定本条以防止军团菌通过冷却塔的飘水等由风口吸入地下空间内来保证室内的空气品质。

13.5 高架线和地面线的通风、空调与采暖

13.5.1 设置本条的目的是强调高架和地面线站厅、站台过渡性舒适条件的实现与建筑形式及其采取的建筑节能措施密切相关，要求在设计时应充分利用建筑条件满足乘客对环境的要求，同时也指出必要时可在乘客主要活动区域设置机械通风系统或空调系统，并规定设置空调系统时，应能对空调区域实现封闭以真正发挥空调作用。

13.5.3 根据多年考察测定，当辐射温度 27.8℃～29.7℃、相对湿度 84％～90％、气流速度 0.05m/s～0.2m/s、人体皮肤温度 29.7℃～32.0℃时，而室内温度 27℃～29℃是感到舒适的。因而认为：28℃～29℃是舒适温度，30℃～32℃是人体可忍受的温度，33℃以上是人体感到过热的温度。因此本条规定最高不应超过 33℃，是根据多数人可忍受的温度及轨道交通为乘客提供过渡性舒适条件两方面因素来确定的。

14 给水与排水

14.1 一 般 规 定

14.1.1 当轨道交通系统给水系统采用的给水水源水质不能满足生产、生活或消防用水的要求时，应对源水进行深度处理达标后才能使用。对轨道交通内部产生的生产废水和雨水等尽量重复利用，满足节能环保的要求。

14.1.2 轨道交通各站点应尽量采用城市自来水作为给水水源，若确实有困难，可打井采用地下水或利用其他江河水作为给水水源，其水量、水质均应满足生产、生活或消防用水的要求。

14.1.3 为降低工程造价，充分利用市政排水管网的资源，轨道交通系统的各类排水应以就近排入市政排水系统为原则。生活污水在接入市政排水管网前是否需要设置化粪池应根据当地污水处理厂的设置情况及当地市政部门的具体要求确定。

14.2 给 水

14.2.1 为满足节能环保的要求，轨道交通的生产用水或卫生间冲洗用水可以采用中水或者其他杂用水作为给水水源，当采用中水或杂用水时，其水质必须满足现行国家规范对水质的要求。

14.2.4 第 2 款、第 3 款 一般情况下，城市自来水的供水管网水量、压力能满足消防要求，当供水压力不能满足消防压力要求时，可设消防泵增压，不设消防水池，这样也是符合国家现行防火设计规范的规定，但应与当地消防部门及自来水公司协调。我国北京、上海、广州、南京等地的新建轨道交通工程的当地消防部门及自来水公司都同意这种做法。当城市自来水的水量不能满足消防水量要求或自来水管网为枝状管网时，应设置消防泵、稳压装置和消防水池，但不宜设高位水箱，影响城市景观。

第 4 款 因地铁车站生活给水用水量较消防用水量相比较小，且消防用水长期处于不流动状态，为避免消防用水对生活用水水质的污染，消防用水系统应尽量与生活给水系统分开设置。为节省投资，室外生产、生活给水系统可与消防给水系统合用，但管网的设计应保证生产、生活用水量达到最大用水量时，仍应满足全部消防用水量的要求，否则，火灾时必须设置阀门切断生产用水和生活用水。

14.3 排 水

14.3.1 第 4 款、第 5 款 地面、高架车站屋面雨水系统的排水能力；高架区间、露天出入口、风亭及隧道洞口的排水泵站、排水沟及排水管渠的排水能力，必须根据当地的暴雨强度计算公式系统认真计算排水量，合理确定排水泵站规模和排水设备性能及排水管的管径。根据我国多年轨道交通的建设经验，地面、高架车站屋面排雨量按当地 10 年一遇的暴雨强度计算；高架区间、露天出入口、风亭及隧道洞口的排雨量按当地 50 年一遇的暴雨强度计算是比较合理的，集流时间直按 5min～10min 计算。泵站的横截沟的尺寸、导流排水管的管径等，必须根据排水量计算确定。

14.3.17 根据现行国家标准《建筑给水排水设计规范》GB 50015 的规定，当城市既有污水排水系统，又有污水处理厂时，用户排出的粪便污水，可以不经化粪池处理；当有污水排水系统而无污水处理厂时，则需设化粪池处理，但应和当地排水及环保部门协商确定。

14.4 车辆基地及停车场给水与排水

14.4.9 车辆基地的检修车间或架修库内，因车辆或

其他机械设备检修的冲洗作业，产生含油量较多的废水，对超过排放标准的含油废水，必须经过处理达到国家或地方排放标准后才能排放。为节约用水，对处理后的含油废水、洗车废水尽量重复利用，不宜直接排放。

15 供 电

15.1 一般规定

15.1.4 我国城市电网中压系统电压等级标准为10kV，故分散式供电方式电源电压应取与城市电网一致的 10kV 电压等级。集中式供电方式目前各城市一般均采用 35kV 一个中压电压等级，有些城市已建成线路也有采用 35kV 和 10kV 两个电压等级，将牵引网与动力照明网在中压系统分开。本规范是考虑新建线路，建议中压系统采用牵引和动力照明合并，统一为 35kV。由于广州地铁的中压网从一号线开始全部采用了 33kV 电压等级，故可继续沿用。集中式供电的地铁供电系统网络是独立的，与城市电网仅仅通过主变电所联系，地铁供电系统内部选用其他类似电压等级也是允许的。

关于中压网络应在保证安全运行的前提下简单可靠的要求主要是考虑到目前有些城市地铁供电系统环网接线片面强调供电的可靠性，从主变电所向车站供电划分了太多的供电分区，使得某些区间隧道断面处需要敷设多回高压电缆，在目前区间设置了疏散平台后，电缆布置空间非常紧张，且电缆多了也增加了今后的运营维护工作量，故建议在满足安全可靠的条件下尽量简化接线，减少电缆。

15.1.5 城市轨道交通一、二级负荷是重要负荷，必须有两回互为热备用的电源。为保证供电可靠性，变电所的两回进线电源必须从不同母线或不同变电所引入。主变电所是地铁供电的核心，至少必须有一回专线供电。

15.1.6 对牵引用电负荷的供电，除了牵引网系统本身为无备用的供电设施外，正线直流牵引系统应全线贯通，其电源的可用性应为 100%。可用性为 100% 的说法是基于设计时需要考虑任何情况下，牵引网总是带电的，也说明了对直流牵引网的供电实际上比一级负荷等级更高。

15.1.11 《地铁设计规范》GB 50157 仅规定了直流牵引供电系统的牵引网电压及其波动范围，但对钢轨电位没有明确规定，而在杂散电流防护规程中的规定钢轨电位限制值最高为 90V。但由于目前轨道交通不仅仅在市中心建设，当延伸到郊区后牵引变电所间距加长，使得钢轨电位较高，若要继续按 90V 控制将需增加变电所数量。另从安全的角度考虑，由于现在已经安装了钢轨电位限制装置，适当放宽对钢轨电位

限制值的控制不会造成不安全，国外也已调整这一控制值（欧洲标准《Railway Applications-Fixed Installations——Part1：Protective Provisions Relating to Electrical Safety and Earthing》EN50122-1：1998），故钢轨电位水平调整为按 120V 进行控制也是可行的。

15.1.13 无功补偿装置宜设置于主变电所或电源进线处。容量较大、负荷平稳且经常使用的用电设备的无功功率宜单独就地补偿。

15.1.14 再生制动能量的消耗其实不是直线电机车辆的固有特性，只要将车辆上的制动电阻设置于地面，就需考虑列车制动能量的消耗问题。目前世界上成熟的做法是仍将制动能量消耗在设置于地面的制动电阻上，只能将此部分能量浪费掉。为了节约能源，目前世界上很多公司在开发研究再生能量转换或吸收装置，包括直接转换、电容储能、飞轮储能等方式，但普遍技术还不成熟，也没有成熟的产品问世，其效率、使用寿命、造价、维护成本等还有很多问题值得研究。故本规范仅仅提出了需要考虑再生制动能量的吸收问题。

15.2 变 电 所

15.2.3 目前轨道交通供电设备的可靠性越来越高，变电所的自动化水平也已很高，供电设备的运行状态都可在控制中心电力调度终端全面掌握。故提出了城市轨道交通直线电机牵引系统的主变电所、牵引变电所、降压变电所宜按无人值班方式设计的要求，若需要可安排人员对变电所进行定期巡视。但对于主变电所由于远离车站可考虑有人值守，建议在系统设计时考虑视频监控设施，将有关环境及主要运行情况画面传送到电力调度端。

15.2.10 牵引负荷的计算应按高峰运营条件计算是为了保证系统的能力，需要考虑到供电系统故障运行方式下也能满足要求。但再生能量吸收装置的容量不应按高峰运营条件计算，因高峰运营时大部分再生制动能量可以被其他运行的列车所吸收，所以再生制动能量吸收装置的容量需要供电系统设计单位根据车辆制动特性、列车运营计划、线路条件、牵引变电所间距等因素综合计算，选择经济合理的容量。牵引变电所的数量及分布应经技术经济方案比较后确定，特别需要注意车站的布置条件及线路两端远期延伸。确定牵引变电所的因素主要有牵引网电压、钢轨电位。

15.2.12 牵引变电所中一套牵引整流机组退出运行时，另一套牵引整流机组具备运行条件时可不退出运行。原地铁设计规范规定为不应退出运行，但在初近期退出运行也不会有问题，故建议此运行方式由设计和业主协商后决定，但应满足安全可靠性要求。限制此种运行方式的因素有牵引整流机组的容量和系统谐波限制标准。对于分期建设的轨道交通线路，牵引变电所的布置应考虑全线的合理性。当考虑全线合理但

对当前建设范围内可能存在着短时间的不合理时，如存在牵引变电所故障状态下末端电压水平可能偏低时，可考虑采取末端增加上下行并联等局部措施，也可考虑设置第三台备用机组的方法。

15.2.14 配电变压器的容量选择应满足一台配电变压器退出运行时另一台配电变压器能负担供电范围内远期的一、二级负荷，但首先必须考虑变压器有合理的负载率。因目前各城市轨道交通都遇到了动力变压器容量选择过大、负荷率较低的问题，这一点大家已有共识。很多城市开展了运营负荷调查工作，摸清了动力照明设备的实际负荷情况，结论是可以降低动力变压器容量1个~2个容量等级，设计单位对动力变压器负荷率的计算必须给予高度重视。

15.2.16 本条主要从安全的角度来选择设备，保证地铁运营的安全性能。

15.2.22 直流快速断路器容量的选择应根据牵引网形式、整流机组容量等条件经短路计算后确定。因直线电机系统车辆受电采用1500V三轨后，供电回路电阻更小，短路电流更大。为了保证安全可靠，需要在设计过程中的设备选型阶段对直流系统短路电流水平进行计算。

15.2.23 牵引整流机组的负荷特性曲线如图2所示。

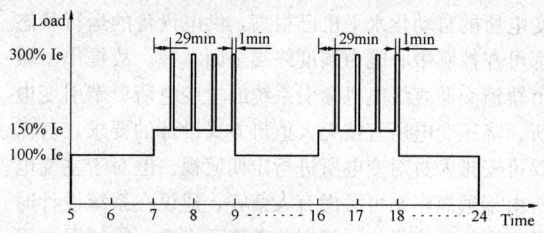

图2　牵引整流机组的负荷特性曲线

15.2.24 保护配置应考虑各种故障方式下均能安全动作，并且应考虑主保护故障后的后备保护方式，并应满足保护的基本要求，即满足"四性要求"。

15.2.29 直流馈线的保护除了需满足保护的基本要求以外，应从各种保护的功能、保护范围等进行具体分析后决定，避免不必要的保护设置。快速断路器大电流脱扣直接跳闸（快速断路器本体所带保护）和电流变化率及其增量（$di/dt+\Delta I$）保护解决了近远端短路故障的保护问题，双边联跳保护保证了远端加速跳闸并增加了保护的可靠性，直流牵引设备的框架保护是为了防止直流设备泄漏对人身安全的危害。以上保护是必需的，按以上保护来配置也是基本满足要求的。故本规范将过电流保护和低电压保护作为可选项，并增加了可选的保护种类热过负荷保护和直流馈电电缆泄漏保护，设计单位可根据直流系统的具体情况有针对性地选择使用。

15.2.33 原地铁设计规范中仅仅要求直流牵引馈线开关应具有在线检测的自动重合闸功能不是很全面，因在控制合闸操作时，也需要先对直流馈线进行检测，若检测到线路有故障则不合闸。故规定直流馈线开关应具有合闸前自动在线检测的功能（含自动重合闸）。

15.3　牵　引　网

Ⅰ　一般规定

15.3.3 采用大双边供电时，供电距离更长，对远端短路电流水平将降低，为了保证快速跳闸，双边联跳保护显得尤其重要。此时直流系统的双边联跳保护不应退出运行。在保护回路设计时应考虑联跳保护能随着运行方式的调整自动切换。

15.3.4 电缆选择应按远期运营方式计算确定，并保证在1根电缆断离后系统能正常供电。

15.3.7 本条规定适合于正线和车辆基地采用不同的受流方式的情况。主要是对于正线采用1500V三轨系统供电和车场采用1500V架空接触网系统供电。这样必须在车辆段或车场出入段线某个位置设置供电转换区，转换区的长度主要与列车编组及受电靴布置有关，必须满足车辆转换受电的要求，并应与信号、车辆、轨道、线路等专业做好接口协调，确实保证安全可靠。

Ⅱ　接　触　网

15.3.20 在地面区段、高架桥区段架空接触网的架空地线，是很好的避雷保护设施，应将其作为包括接触网和高架桥及其他设备综合防雷保护的首选。若另考虑防雷保护设施不但增加工程投资，还会影响景观，故架空地线应兼作避雷线。但根据相关研究结论，当接触网架空地线兼作避雷线后，使得架空地线遭受雷击的概率增大，对接触网系统本身的防雷不利，所以现在的做法是架空地线不兼避雷线，并将接触网系统原避雷器的间距由500m调整为200m，这样进一步保证了接触网系统的安全。但这么做后对于高架桥本身的防雷问题应如何考虑，这确实是一个值得研究的问题。

Ⅲ　接　触　轨

15.3.31 端部弯头的设置，应能够保证行驶车辆的受流器平滑地导入导出接触轨的接触面，有利于车辆授流，减少受流器对接触轨的冲击。

15.4　电　缆

15.4.1 电缆在地铁中大量存在，发生故障的可能性较大，因此为保证设备和人身安全，地下电缆必须考虑为低烟、无卤、阻燃，地面或高架段由于散发快，为降低造价可以不考虑燃烧时是否释放毒性气体，但必须是低烟、阻燃性电缆。屏蔽电缆主要是考虑减少干扰因素。

15.4.7 电缆在高架桥上或地面线路采用支架明敷时，原地铁设计规范要求宜有罩、盖等遮阳措施。建议地面敷设电缆采用电缆沟，确实需在地面采用支架明敷时应考虑防盗设施。只要电缆的工作条件满足了产品本身的使用条件，在高架桥上支架上敷设时也未必要遮阳，对于防盗设施可视情况考虑。

15.4.14 感应电压应不超过安全电压 50V，在采取措施后可以将感应电压限制值提高到 100V。本条参照现行国家标准《电力工程电缆设计规范》GB 50217 制定。

15.5 动力与照明

15.5.2 根据一级负荷的重要性制定，确保供电的可靠性。

15.6 电力监控系统与综合自动化

　　关于电力监控系统，在目前轨道交通系统普遍采用综合监控系统的情况下，必须将电力监控系统中央级的设计纳入综合监控系统，对原电力监控系统的功能要求、技术指标等，必须向综合监控专业提出，主动做好接口配合工作，在综合监控系统设计及设备招标时督促落实。在变电所内的变电所自动化系统，在保持技术先进性的同时做好与综合监控系统及车站的接口协调。

15.7 杂散电流防护与接地

15.7.20 牵引变电所中的直流供电设备绝缘安装（除钢轨电位限制装置、排流柜、再生制动能量消耗或吸收装置外）是实现直流设备框架泄漏保护的基础，使得直流设备外壳仅通过单点与变电所接地装置相连接。当正极对柜体外壳发生绝缘损坏时，可以非常灵敏地监测出泄漏电流，快速切除故障，保障系统安全运行。同时可以有效防止杂散电流对装备的腐蚀。

16 通 信 系 统

16.1 一 般 规 定

16.1.1 通信系统是与轨道交通运营效率直接有关的系统，通信系统设计应适应轨道交通分段开通的要求，并且整条线路通信资源应该充分共享和利用。
　　一个城市轨道交通线网一般都是由几条甚至几十条线路构成的，为便于运营组织、维护和维修等管理工作，每条线路通信系统设计必须考虑线路之间信息的互连和互通等问题。

16.1.2 通常轨道交通中专用通信系统是必须设计的系统；根据轨道交通线路的设计情况，当地下线路时应设计民用通信系统，当地面或高架线路时可不设民用通信系统；轨道交通中公安通信系统也是必须设计

的系统。

16.1.7 如果在常规通信系统之外再设置一套防灾指挥通信系统，势必增加很多投资，而且长期不用的设备难以保持良好的状态。因此，通信系统应设计为一套系统，该系统在正常运营方式时可为运营、维护调度指挥提供保障，在灾害运行方式时可为防灾、救援和事故处理的指挥使用提供保障。

16.1.8 节能和资源共享是设计的永恒主题。在投资、维修和责任等问题分得清楚的前提下，建议专用通信系统、民用通信系统和公安通信系统尽可能共享网络资源和功能相同的设备。

16.2 专用通信传输系统

16.2.1 传输系统主要用于运营控制中心与各车站、车辆基地、停车场之间传送各种信息。其主要传输的信息内容有：
　　1 各种调度电话的语音信息；
　　2 无线调度总台和基台的语音和控制信息；
　　3 运营控制中心至各车站（车辆段）广播语音和控制信息；
　　4 运营控制中心与各车站视频监控、时钟、电源的控制信息；
　　5 运营控制中心与各车站视频监控图像和控制信息；
　　6 各种数据通道，包括信号系统、电力监控系统、火灾自动报警系统、设备监控系统、自动售检票系统、门禁系统以及办公自动化系统所需各种低速和高速数据信息；
　　7 各种工务电话所需的语音系统。
　　从目前通信系统传输技术发展水平来看，光纤通信以其大容量、低成本、标准化及高可靠性等明显优势，成为通信传输的主要手段。因此，为满足地铁各种信息传输的要求，应建立以光纤通信为主的传输网络。

16.3 专用通信公务电话系统

16.3.1 随着通信技术的发展，数字程控交换机的单机容量越来越大，可靠性也进一步提高，数字程控交换机至全线各处用户通过数字传输网络传输，传输距离几乎不受限制，为使网络简化且便于维护，采用单局制是合适的。

16.5 专用通信无线通信系统

16.5.4 无线通信系统对于地面线路、高架线路和地下线路，电波传输宜采用泄露同轴电缆；车辆段和停车场电波传输宜采用高架定向天线的空间波方式。

16.8 专用通信闭路电视监视系统

16.8.4 在上下行站台列车停车位置设置监视装置，当车站站台较长时，司机通过该监视装置有可能看不

清楚乘客的上下车，可以不设，但需增设其他辅助观察设备，如镜子等设备。

16.9 专用通信乘客信息显示系统

16.9.2 有些城市的轨道交通在设计时，并未考虑线网的总编播中心，各条线各自设立各线的编播中心，该方案也是可行的，但是建议还是在适当的时候，建设一个线网的总编播中心。

16.9.6 当设置乘客信息显示系统时，各车站站厅层、站台层等公共区的时钟系统的子钟可以不设，而由乘客信息显示系统的显示屏代替。

16.12 民用通信系统

16.12.6 在投资、维修和责任等问题分得清楚的前提下，建议民用通信系统传输系统尽可能与轨道交通传输系统合设。

16.13 公安通信系统

16.13.7 在实际的工程中，公安通信系统的传输系统可以同公安通信系统的计算机网络系统设计成一套系统，以简化公安通信系统的构成。

17 信 号 系 统

17.1 一 般 规 定

17.1.1 信号系统是与轨道交通运营效率直接相关的系统，因此，有必要根据运营的需要以及当地经济发展水平，合理采用恰当的信号系统，特别应满足轨道交通分段开通，满足高密度行车的要求。

17.1.5 ATP 系统和连锁系统涉及行车安全，其设备及电路必须符合故障—安全的原则。

17.2 列车自动控制（ATC）系统

17.2.4 考虑到人工驾驶的安全性和可靠性，当线路的通过能力小于 20 对/h 时，信号系统可以只设置 ATP 系统，而不设置其他系统，以节约投资；当线路最大通过能力大于 20 对/h，而小于 30 对/h 时，如果有条件建议选用 ATO 系统；当线路最大通过能力大于 30 对/h 时，应采用完整的 ATC 系统，实现行车指挥和列车运行自动化。

17.2.6 列车自动控制（ATC）系统控制等级遵循车站人工控制优先于控制中心人工控制，控制中心人工控制优先于控制中心的自动控制或车站自动控制。

17.2.9 信号系统的寿命周期为 15 年～20 年，列车通过能力按远期设计有利于列车运行调整；车载信号系统设备宜按实际配备数量，按初期或近期配备列车数量计。

17.3 列车自动监控（ATS）系统

17.3.2 第 1 款 考虑到轨道交通线路有同时建设、

改建或扩建等可能性，以及随着计算机技术、通信技术和控制技术的不断发展，ATS 系统可考虑多条线路共同运营，实现相关线路的统一指挥，有利于实现资源共享。

第 8 款 考虑到信号系统的运营可靠性以及信号系统的扩容等因素，ATS 系统处理能力、模板插槽等都需要留有余量。

17.4 列车自动防护（ATP）系统

17.4.2 第 1 款 连锁设备属于安全系统并纳入（ATP）系统为典型的系统分类方式。但是在系统阐述时，也可将连锁设备列为子系统独立论述。

第 5 款 当列车停在站台上而列车门最大开度 $L_{列}$ 不受影响的列车最差停车精度为 $\pm[(L_{屏}-L_{列})/2]$，再考虑列车车门最大开度有接近 $n\%$ 的不可用（即再考虑停车误差 $\pm n\%L_{列}$），这里的 n 通常考虑取 $14\sim15$ 之间的一个数，在最终的计算结果中应尽可能保证个位和十位数为 0，列车最差的停车精度按 $\pm[n\%L_{列}+(L_{屏}-L_{列})/2]$ 考虑，当列车停车精度超过上述精度时，为保证旅客的安全，ATP 应不允许 ATO 向列车和站台屏蔽门发送开门命令。

目前，国内大多数轨道交通线路车辆车门最大开度是 2000mm，而屏蔽门的最大开度通常是 1400mm，当列车停在站台上而列车门最大开度 1400mm 不受影响的列车最差停车精度为 $\pm[(L_{屏}-L_{列})/2]=\pm300mm$，再考虑列车车门最大开度有接近 15% 的不可用（即停车误差 $\pm15\%L_{列}$）即 $\pm15\%L_{列}=\pm15\%\times1400mm=\pm210mm$，取 $\pm200mm$；即当列车停车精度超过 $\pm500mm$ 时，为保证旅客的安全，ATP 应不允许 ATO 向列车和站台屏蔽门发送开门命令。

17.5 列车自动运行（ATO）系统

17.5.2 第 5 款 当列车停在站台上而列车门最大开度 $L_{列}$ 不受影响的列车最差停车精度为 $\pm[(L_{屏}-L_{列})/2]$，因此 ATO 站台精确停车精度宜在 $\pm[(L_{屏}-L_{列})/2]$ 范围内选择；而当站台未设置屏蔽门时，考虑到列车不冲出站台为安全，ATO 站台精确停车精度可适当放宽，可在 $\pm L_{列}/4$ 范围内选择。

17.7 其 他

17.7.2 作为保证运营安全和效率的重要设备，需确保信号系统供电的高可靠性，因此，信号系统的供电等级应为一级负荷。

18 综 合 监 控

18.1 一 般 规 定

18.1.1 1 综合监控系统是轨道交通建设、运营管理发展的必然应用结果。

为在正常运营和灾害发生时调度人员能及时有效地收集各种信息与综合协调处理这些信息，提高行车与救灾调度工作的效率，轨道交通工程应设置综合监控系统。

综合监控系统能够实现轨道交通各自动化系统的资源共享，信息互通，从而提升轨道交通自动化水平，提高运营效率。

综合监控系统能够使轨道交通各个自动化系统操作平台与管理软件统一，达到降低运行与维护成本的目的。

早期的监控系统由于技术的局限，供电、通信、信号、环控等专业的监控管理主要依靠人工进行，操作者与管理者之间的通信联系，多以电话方式进行。自动控制系统技术多以半导体电路、分立元件为主的设备来实现。监控管理水平较低。

随着计算机技术和自动控制技术的进步，轨道交通各专业按照自身的技术特点，不同程度地应用计算机技术、网络技术。供电自动化采用计算机监控出现了 RTU（远程终端单元）加低速（数据传输率）数据通道的方法，中央监控中心采用前置通信机将车站内变电所、车辆基地内变电所以及主变电所内的有关供电信息综合在一起；车站机电监控系统（BAS）采用 PLC 系统和 PLC 网络，通过骨干网将各车站 PLC 控制系统的信息传至中央监控中心；防灾报警系统有自己独立的网络；AFC 也有自己独立的网；而信号系统更是发展了自己强大的 ATC 系统。因此，轨道交通自动化监控系统便发展成为一种分立监控系统模式。这些分立的系统在运营控制中心（OCC）都有本专业的服务器、操作站及外设等，都有自己的不同结构的通信网络，采用的是各不相同的监控软件；在车站也有本专业的监控网络及监控站。例如，广州地铁一号线、二号线即是这种分立监控系统的方式。分立监控系统的各子系统之间也并不是完全没有联系，一些重要的信息还是需要进行交换。例如：防灾报警信息会传到各系统，触发各系统的灾害模式；列车位置阻塞信息，也会触发各系统的阻塞模式。但是分立系统的硬件平台与软件平台是分立的，它们之间的联络既困难、成本又高，有些系统之间甚至难于沟通。这种分立的系统难于实现信息互通、资源共享。往往要实现轨道交通运营的协调统一管理，不得不加入人工干预，不得不用电话沟通，不得不手工进行某些工作。这样就降低了可靠性、快速响应性和运营效率。一般来说，轨道交通工程都采用成熟的成套技术，由于工程实施的时间较长，导致成熟技术的滞后应用，所以，我国大多数的轨道交通还是处于这种分立监控的技术水平上。

分立系统在自动化系统方面存在的主要问题如下：

1）在围绕正常运营的行车调度和灾害情况下的救灾调度所进行的综合规划方面缺少一个综合管理系统来收集信息与综合处理信息，影响行车与救灾调度工作的效率；

2）系统之间的信息关联不够，处理突发事件的综合应变能力较差，因此各系统之间的自动化程度还有待提高；

3）各个自动化系统操作平台与管理软件彼此独立且数量多，全面掌握难度较大，造成各自动化系统之间互相不了解，运行与维护成本较高。

因此，建立完整的综合监控系统是必要的，综合监控系统取代分立监控系统是必然的。

2 综合监控系统是国际轨道交通发展的主流，是国内外轨道交通发展的趋势。

国外轨道交通系统中已有许多线路采用了综合监控系统，如新加坡地铁的东北线、韩国的仁川地铁、首尔地铁 7 号线和 8 号线、法国巴黎地铁 14 号线等。香港地铁的新机场快线和将军澳线也采用了综合监控系统（主控制系统）。如前所述，运营的要求、技术的进步推动了轨道交通工程的进步。今天综合监控系统　已成为国外诸多轨道交通系统中的主流系统。

国内轨道交通近年来发展迅猛，在新建的轨道交通中到底采用分立监控还是综合监控系统将成为方案设计选择中的重大课题。

北京城市铁路西直门—东直门线进行了"供电、环控和防灾报警综合自动化监控系统"的招标。供电、环控（地上站没有大空调和通风要求，但有一个地下站有大空调和通风系统，还有一个区间有隧道通风的要求）与防灾报警系统要求采用统一的综合自动化监控系统的硬件平台和软件平台。

深圳地铁一号线，确定了将 BAS、SCADA、FAS 三个系统集成在一起，同时在 OCC 建立一个 24m×3m 的大屏幕，将地铁各专业信息接入，并要求在此综合自动化监控系统中接入乘客信息导引系统，安全保卫系统以及车站信息服务系统。

广州地铁三、四、五号线设置了综合监控。该系统是一个高度集成的综合自动化监控系统，其目的主要是通过集成轨道交通多个主要弱电系统，形成统一的监控层硬件平台和软件平台，从而实现对轨道交通主要弱电设备的集中监控和管理功能，实现对列车运行情况和客流统计数据的关联监视功能，最终实现相关各系统之间的信息共享和协调互动功能。通过综合监控系统的统一用户界面，运营管理人员能够更加方便、更加有效地监控管理整条线路的运作情况。

广州地铁三号线综合监控系统集成系统包括变电所自动化系统（PSCADA）、火灾报警系统（FAS）、机电设备监控系统（BAS）、屏蔽门系统（PSD）、防淹门（FG）。互联系统包括广播系统（PA）、闭路电视系统（CCTV）、车载信息系统（TIS）、旅客信息向导系统（PIDS）、自动售检票系统（AFC）、信号系统（SIG）、时钟系统（CLK）等。

还有一些新建地铁项目也在探索这方面的可能性，例如：天津地铁、南京地铁等。综合监控系统正成为国内轨道交通的发展趋势。

3　综合监控系统的特点：

1）实现资源共享，信息互通，提升自动化水平，提高运营效率；

2）综合监控系统将提高自动化系统的安全性、可靠性及快速响应能力；

3）系统的可扩展性强；

4）系统可实现高性能价格比、减少重复投资；

5）系统为轨道交通工程提供集成平台；

6）实现资源共享，信息互通，提升自动化水平，提高运营管理水平和运营效率。

上述特点使我们选择综合监控系统成为必然。因此在轨道交通工程中，选择综合监控是运营管理的需要，同时也是技术进步的必然。

各地可根据实际情况选择是否设置综合监控系统。

18.1.2　所谓对子系统集成是指将接入子系统的全部信息都由综合监控系统传输，子系统车站级和中央级功能由综合监控系统实现。子系统没有自己单独的信息传输网络。

所谓对子系统互联则是被联子系统具有自己单独的信息传输网络，是独立系统。但综合监控系统与它在不同的网络级别接口，接入综合监控系统所需的信息，实现对这些子系统的监控功能。

目前，各地的综合监控系统集成范围主要包括：变电所自动化系统（PSCADA）、火灾报警系统（FAS）和机电设备监控系统（BAS）等；而互联系统主要包括广播（PA）、闭路电视（CCTV）、自动售检票（AFC）、信号（SIG）等系统。在具体实施时，可根据各地的运营管理需求作相应调整。

18.3　系统基本功能

18.3.9　联动功能的实现，一方面需要各个相关系统的基本功能的实现，另一方面也需要综合监控系统在设计之初作一个统筹考虑，向相关系统提出相应的要求，否则有些联动功能将很难实现。

19　火灾自动报警系统

19.1　一般规定

19.1.1　地铁所辖区域的火灾均会影响地铁的运营和人身安全，因此设置火灾报警系统以实现火灾早期发现、及时救援。设计时可根据工程建设的要求、投资条件、管理体制、联动控制功能的要求，设计成符合工程需要的形式。

19.1.2　火灾自动报警系统确认火灾后应直接联动消防设备，由于地铁部分通风、空调系统与防烟、排烟系统设备合用，为了避免同一设备由多个系统控制，从而减少投资、方便管理，本条规定地铁防烟、排烟系统设备合用时，可由综合监控系统与火灾报警系统共同执行联动控制功能。

19.1.4　当一条线与另一条线或多条线设有换乘站时，如只设有一个车控室，该换乘站的FAS设备宜按一套系统考虑，并设有与其他线的接口，将该站的火灾信息分别传给各条线的控制中心；如该站的换乘形式或建设工期设置为两个车控室，该换乘站的FAS设备宜按两套系统考虑，在该站两套系统均设置火灾互通信息的接口，同时将该站的火灾信息同时送给各线的控制中心。接口可以是硬线接口或通信接口。

19.2　系统的组成与功能

19.2.2　FAS的中央级设备应设置能实时打印火灾信息的打印机，其余的设备可与综合监控系统合用。

19.2.3　FAS的车站级设备应设置能实时打印火灾信息的打印机，综合后备盘可兼做消防联动控制盘，其余的设备可与综合监控系统合用。

19.2.6　第3款　当设置综合监控系统时，FAS发出火灾模式指令给综合监控系统，由FAS和综合监控系统同时联动消防救灾设备；当不设置综合监控系统时，FAS发出火灾模式指令给BAS，由FAS和BAS同时联动消防救灾设备。

第5款　在车站消防控制室的IBP（紧急后备）盘上应设置各种消防救灾设备的控制按钮，如事故风机、自动扶梯、消防水泵、AFC闸机释放按钮、门禁开门按钮和设备的运行状态，使值班人员在火灾状态下除了在操作员工作站上可以操作外，还可以人工手动直接操作按钮启动消防设备，平时设备的状态也可以通过指示灯直接观察到。

19.2.7　地铁一般设有全线公共通信网络，宜将全线所有信息的传输均纳入通信网，本条规定地铁全线火灾报警与联动控制的信息传输网络不宜独立配置，可利用地铁公共通信网络，实现资源共享，但FAS现场级网络应独立配置。

19.3　火灾探测器和报警装置的设置

19.3.1　报警区域的划分应以能迅速确定报警及火灾发生部位为原则，在报警区域的划分中既可将一个防火分区划分为一个报警区域，也可以划分为多个区域，或将同层的几个防火分区划分为一个报警区域。本条规定站厅与站台为同一个防火分区，但为了更快地探测出火灾部位，宜将站厅与站台各划分为两个独立的报警区域。设备管理用房是按建筑面积划分防火分区的，一般以1500m²为一个区域，报警区域宜与防火分区同原则划分。出入口通道与站厅的火灾模式一般为同一个模式，宜合为一体划分为一个报警区域。地面建筑的报警区域相对较大，可以包含几个防火分区。区间隧道一般以设置感温电缆或感温光纤为主，不宜与站台公共区合为一个探测区域，而是独立设置为宜。

19.3.2 条文中给出的场所都是比较特殊或重要的公共部位。为了保证发生火灾时能使人员安全疏散，就必须确保这些部位所发生的火灾能被及早而准确地发现，并尽快扑灭。所以这些部位应分别单独划分其探测区域，而不能与同楼层的房间或其他部位混合。多年来的实际应用也证明了这一规定是必要的、可行的。

20 环境与设备监控系统

20.1 一般规定

20.1.1 城市轨道交通直线电机牵引系统环境与设备监控系统（BAS）可以根据不同城市轨道交通的建设规模、气候环境条件、运营功能需求按不同水平、不同标准进行设计，以达到营造良好舒适乘车环境、保障乘客人身安全及设备安全、降低能源消耗、节省人力、提高运营管理水平的目的。具体是指BAS监控对象的包括范围及类别、系统的配置要求、自动化的程度、与上层管理系统的接口及功能划分。

20.1.2 环境与设备监控系统（BAS）按照我国行业标准《民用建筑电气设计规范》JGJ 16的规定应采用集散型系统。与过去传统的计算机控制方式相比，它的控制功能尽可能地分散，而管理功能相对集中，从而提高了控制系统的可靠性，其结构灵活，布局合理，组态方便，降低了系统成本。

20.1.3 BAS设计应满足城市轨道交通直线电机牵引系统防灾救灾的需要是指在火灾情况下，BAS应实现对相关救灾设备的自动联动控制，使其由正常运营状态转入灾害运营状态，最大限度地减低灾害造成的损失。

20.1.4 被监控专业和BAS的设计应统一设计标准是为了提高双方的接口可靠性，并降低工程实施的难度。

20.2 系统的基本功能

20.2.1 城市轨道交通直线电机牵引系统BAS应具有但不限于该四款基本功能，其中，第1款是指正常情况下对车站及区间相关机电设备的状态监视、控制和运行时间统计管理；第2款是指灾害或紧急情况下，自动控制相关设备及时转入灾害或紧急模式运行，实现相关防灾救灾功能；第3款是指对城市轨道交通直线电机牵引系统内环境参数进行自动监视，并根据设计参数对其进行必要的调节控制，在满足相关环境参数达到设计水平的前提下，实现相关设备的节能优化运行。第4款是指BAS必须具备较为完善的针对系统自身的在线或离线维修维护功能。

20.2.2 从系统功能分析，BAS具有中央和车站两级监控功能；从系统结构分析，BAS由中央管理级、车站监控级、就地（现场）控制级三级结构组成。

20.2.6 系统维修应根据运营的实际需求及当前设备主流技术水平的情况进行功能设计，以方便运营的维修维护、提高维修维护效率、提高城市轨道交通直线电机牵引系统系统自动化管理水平为宗旨。

20.2.7 BAS监控内容可以参照以下说明进行配置：

1 BAS监控内容应包括下列基本功能：
  1）正常运营模式的判定及转换；
  2）消防排烟模式和列车区间阻塞模式的联动；
  3）设备顺序启停；
  4）风路和水路的连锁保护；
  5）大功率设备启停的延时配合；
  6）主、备设备运行时间平衡；
  7）车站公共区和重要设备房的温度调节；
  8）节能控制；
  9）运行时间、故障停机、启停、故障次数等统计；
  10）配置数据接口以获取冷水机组和水系统相关信息。

2 如果冷水机组带有联动控制功能，则空调水系统冷冻水泵、冷却水泵、冷却塔、风机、电动蝶阀的程序控制应由冷水机组承担，BAS可仅控制冷水机组的投切、监测空调系统的参数和状态、冷量实时运算、记录及累计。

3 通风与空调风、水系统设备监控点的基本配置宜按表12执行。

表12　通风与空调风、水系统设备监控点表

设备及项目	控制		监测							
	DO	AO	DI			AI				
	注1	调节	注2	故障	环控/遥控	就地/远方	开度	温度	湿度	压力 流量
隧道风机（正、反转）	2	—	2	1	1	1				
推力风机	1	—	1	1	1	1				
送风机	1	—	1	1	1	1				
回/排风机	1	—	1	1	1	1				
排烟风机	1	—	1	1	1	1				

续表 12

设备及项目	控制 DO 注1	AO 调节	监测 DI 注2	故障	环控/遥控	就地/远方	开度	AI 温度	湿度	压力	流量
组合柜机	1	—	1	1	1	1	—	—	—	—	—
空调机	1	—	1	1	1	1	—	—	—	—	—
过滤网压差报警器	—	—	—	1	—	—	—	—	—	—	—
冷水机组	1	—	1	1	1	1	—	—	—	—	—
冷冻水泵	1	—	1	1	1	1	—	—	—	—	—
冷却水泵	1	—	1	1	1	1	—	—	—	—	—
冷却塔风机	1	—	1	1	1	1	—	—	—	—	—
电动风量调节阀	2	—	2	1	1	1	—	—	—	—	—
电动阀	2	—	2	1	1	1	—	—	—	—	—
防火阀	—		1								
二通流量调节阀	—	1	—	—	—	1	—	—	—	—	—
压差旁通阀	—	1	—	—	—	1	—	—	—	—	—
水流开关	—		1								
集水器										1	
分水器									1		
冷冻水（回水管）									1		1
新风								1	1		
送风（空调机出口）								1	1		
混风（混合风室）								1	1		
回/排风								1	1		
车站控制室								1	1		
通信、信号设备室								1	1		
环控电控室								1			
整流变电室								1			
低压设备室								1			
公共区								N	N		
通风空调设备供电母线失压继电器	—		1								

注：1 设备的控制点：启停、开关、正/反转各算一个 DO 点；
　　2 设备的状态点：启停状态、开关状态、正转状态、反转状态、阀门开状态、阀门关状态、各算一个 DI 点；
　　3 表中组合柜机过程调节为冷冻水随冷负荷变化的流量过程调节控制；
　　4 如采用变频技术，应有相应设备的变流量过程调节；
　　5 特殊的环境条件要求时，可考虑检测站内 CO_2 浓度；
　　6 公共区温湿度点的设置数量应根据车站的建筑情况确定。

4 给排水系统设备监控点的基本配置宜按表 13 执行。

表 13 给排水系统设备监控点表

设备	控制 DO 开关	监测 DI 运行状态	低水位	高水位	故障	AI 或 PI 水量
一般水泵	—	1	1	1	1	—
重要水泵	1	1	1	1	1	—
车站进水表	—	—	—	—	—	1

注：1 污水泵、废水泵、一般的出入口集水泵等排水设备宜各自设置水位自动控制装置，BAS 只监视状态和故障及接收水池危险高水位报警信号；
　　2 重要水泵是指区间集水泵等；
　　3 高水位可设两个 DI（DA）报警点。

5 车站事故照明电源系统监控点的基本配置宜按表 14 执行。

表 14 事故照明电源系统监控点表

监测（DI、DA）					
市电	逆变	旁路	交流失压信号	直流接地信号	故障
1	1	1	1	1	1

6 照明系统监控点的基本配置宜按表 15 执行。

表 15 照明系统监控点表

设备	控制 DO 开关	监测 DI 状态	就地/远方
照明单元	1	1	1

注：1 BAS 可不监视就地/远方状态；
　　2 如果照明系统在车站控制室手动控制，BAS 可不控制照明单元。

7 车站导向指示系统监控点的基本配置宜按表 16 执行。

表 16 导向指示系统监控点表

设备	控制 DO 开关	监测 DI 状态	就地/远方
指示牌单元	1	1	1

注：1 BAS 可不监视就地/远方状态；
　　2 如果导向指示系统在车站控制室手动控制，BAS 可不控制指示牌单元。

8 自动扶梯监控点的基本配置宜按表 17 执行。

表 17 自动扶梯监控点表

设备	监 测（DI、DA）			
	上行运行状态	下行运行状态	速度偏差报警	故障总信号
扶梯	1	1	1	1

注：1 速度偏差报警也可以分为欠速报警，左、右扶手带速偏差报警；
　　2 对于有变频调速功能的自动扶梯，可由 BAS 对其进行运行速度的调节控制；
　　3 对于出入口扶梯，可增加"扶梯盖板防盗信号"的监测。

9 电梯监控点的基本配置宜按表 18 执行。

表 18 电梯监控点表

设备	控 制	监 测
	DO	DI
	火灾情况下紧急运行至安全层	电梯已运行至安全层并开门信号
电梯	1	1

注：纳入 BAS 监控的电梯仅限于非消防电梯，对于消防电梯应由 FAS 进行监控。

10 屏蔽门系统监控点的基本配置宜按表 19 执行。

表 19 屏蔽门系统监控点表

设备	控制	监 测			
	DO	DI			
	启停	开启状态	关闭状态	锁定状态	故障	就地/远方
门机单元	1	1	1	1	1	—
门控单元	—	—	—	—	1	1
电源	—	—	—	—	1	—

注：1 屏蔽门应独立设置门控单元，完成屏蔽门的开门、关门操作和各种连锁保护，该控制器由屏蔽门系统提供；
　　2 详细的监控点配置宜根据屏蔽门系统与 BAS 的集成和接口要求进一步细化。

11 防淹门系统监控点的基本配置宜按表 20 执行。

表 20 防淹门系统监控点表

监 测（DI、DA）				
开启状态	关闭状态	锁定状态	故障	报警水位
1	1	1	1	N

注：防淹门宜独立设置控制装置，完成防淹门开门、关门操作和各种连锁保护，该控制器或控制系统由防淹门系统提供。

20.3 硬件设备配置

20.3.1 为提高系统运行的可用性和可靠性，降低系统硬件配置和维护的成本，方便系统今后的升级改造及扩容，BAS 的硬件设备应选用具备良好的可靠性、容错性、可维护性、兼容性、可扩展性及相关防护功能的工业级产品。对防排烟和事故通风等消防救灾设备进行监控的控制器应采用冗余配置，避免因 BAS 单台设备故障导致的控制失灵。

20.3.4 第 1 款 现代 PLC 具有逻辑判断、定时、计数、记忆和算术运算、数据处理、联网通信及 PID 回路调节等功能，更加适合工业现场的要求，具有高可靠性、强抗干扰能力、编程安装简便、输入和输出端更接近现场设备的特点，因此，宜优先选用 PLC 作为 BAS 的主要控制设备。

20.4 软件基本要求

20.4.1 BAS 应用软件主要包括：

　　1 DCS 或 PLC 应用软件；

　　2 通信接口软件；

　　3 数据库生成与管理软件；

　　4 人机接口软件；

　　5 系统组态软件；

　　6 系统维护及诊断软件；

　　7 通信管理和网管软件。

20.4.2 BAS 系统软件应提供良好、通用的开放性接口，以方便相关接口设备的无缝接入及系统的升级扩容，降低工程实施的难度。

20.5 系统网络结构、功能及要求

20.5.7 第 2 款 实时数据上行响应时间是指底层设备状态变化到底层设备接口接收到信号的时间。

　　第 3 款 实时数据下行响应时间是指从操作员在综合监控操作员工作站发出控制命令开始到底层设备执行控制命令为止的时间。

20.6 布线与接地

20.6.1 为提高信号传输通道的可靠性并尽可能降低火灾情况下由于线缆燃烧造成的二次灾害，地下车站及区间 BAS 线缆应选用阻燃、低烟、无卤型。

20.6.5 由于城市轨道交通内电磁干扰程度较高，为提高信号传输的可靠性和准确率，BAS 布线应考虑必要的防护和隔离措施，以尽量避免周围环境电磁干扰对系统运行的影响。

20.6.6 由于 BAS 的信号电缆属于弱电电缆，而电源线属于强电电缆，为提高信号传输的可靠性和准确率，弱电电缆必须与强电电缆保持一定的敷设间距，以尽量避免强电电缆周围电场环境对弱电信号的传输造成影响。

21 自动售检票系统

21.1 一般规定

21.1.1 为减轻城市轨道交通直线电机牵引系统员工的工作强度，提高售票、检票、统计及结算的效率，实现城市轨道交通直线电机牵引系统收费、计费、自动和半自动售票、自动检票、各种统计和结算等过程的自动化管理，城市轨道交通直线电机牵引系统宜设自动售检票（AFC）系统。

21.1.2 为满足乘客在轨道交通线网内无障碍换乘的要求，AFC 系统应遵循线网统一的标准，为实现系统兼容和扩展创造条件，并与城市公交一卡通实现储值票和系统接口的兼容。

21.1.3 清分中心也可以称为清算中心；票务管理中心包括制票（中心）和票务管理两个部分；维修中心、培训中心可以整个线网合设，也可以按线路分别设置，具体应根据运营管理的需要确定。

21.1.4 线网清分中央计算机系统与线路中央计算机系统合设适用于同一个运营商的情况。

21.1.5 有时初期客流量和设备配置的数量会高于近期的数量，如初期的储值票使用比率较低，售票机的数量较多。因此，设备应按初期、近期计算高的数量进行配置。

21.1.6 AFC 系统设计和设备配置与线网票务政策、各种运营模式和票务运作的方式密切相关，因此，设计时必须明确线网票务政策、运营模式和票务运作的方式。

21.1.7 "并有清晰的信息提示"是指文字、灯光和音响提示，比如自动检票机具有三种同时提示的功能。

21.1.8 即使自动检票机在紧急情况下的通过能力能够满足要求，紧急疏散通道也必须设置，只是设置的宽度要进行核算，以弥补自动检票机通过能力的不足。

21.1.9 车站控制室综合后备控制盘（IBP）上应设紧急控制按钮，通过硬线直接控制自动检票机处于开放状态，控制自动售票机停止售票，并与火灾自动报警系统实现联动，实现手动和自动控制。

21.1.11 车站环境是指室内或室外的温度、湿度及电磁环境。

21.2 票制、票务和管理模式

21.2.2 半自动方式即为采用票房售票机（BOM）售票方式。人工出售的预制单程票，可以在车站、线路制票中心或线网制票中心制作，设计时应明确制作地点和制作方式，以便进行设备和设施的配置。

21.3 系统构成和要求

21.3.2 当线网客流总量超过 80 万时宜设异地冗灾备份系统。

21.3.3 当控制中心需要实现客运调度功能时（客运调度一般可由总调、或值班主任、或信息调度兼任），可配置客运调度操作员工作站。当自动售检票系统为了提高服务水平和快速响应能力，需要独立设置维修调度时，可配置维修调度操作员工作站。

21.3.4 票务管理中心也可称为制票中心，线网内宜集中统一设置，以便统一线网内的车票发行。

21.3.5 线路可根据票务管理模式的需要设置编码分拣机，对车票进行分拣、赋值，制作预制票。

21.3.7 自动充值机可以根据需要单独设置、与自动售票机合并设置、或不设。

21.3.8 自动售检票系统骨干传输网宜采用通信系统提供的传输通道；线网清分中央计算机系统与一卡通的信息传输通道宜采用租用方式；线网清分中央计算机系统与各线路中央计算机系统的信息传输宜采用通信系统提供的线网通信系统的传输通道；线路中央计算机系统与车站计算机系统的信息传输宜采用通信系统提供的线路通信系统的传输通道；线网清分中央计算机系统、线路中央计算机系统、车站计算机系统各层级局域网应由自动售检票系统独立构建。对外和涉及安全的信息传输通道应设置网络安全系统。

21.3.9 线网宜统一设置自动售检票系统维修设施和培训设施，配置维修测试系统和设备及培训系统和设备。

21.4 自动售检票系统功能

21.4.1 自动售检票系统应具有用户权限管理、登录、修改、操作、报警等信息的系统日志功能，具有数据库管理、系统工作参数管理、黑名单管理、设备监视与控制等功能。设置和下发运行参数、票价表、黑名单及车票调配信息等。

21.4.13 自动售检票系统的传输网络宜共享通信系统的传输网络，通过通信系统传输网络提供的传输通道传输信息。通信系统传输网络应遵循标准开放的通信协议。

21.5 设备配置计算和参数

21.5.1 自动售检票系统的设计，应根据初、近、远期的客流和超高峰系数、行车密度和服务指标、单程票和储值票的比例，人工、半自动和自动售票的比例，各车站售检票终端设备的能力，计算车站售检票终端设备的数量，并结合布置要求进行设备配置。初期、近期宜按高值进行配置，按远期预留安装条件、系统容量、电源容量和接口；有车站分向预测客流的宜按分向客流计算分组配置数量。初期、近期宜按高值进行配置，按远期预留安装条件、系统容量、电源容量和接口；有车站分向预测客流的宜按分向客流计算分组设备配置的数量，并核算疏散逃生能力。车站售检票终端设备的能力宜按如下参数取值：

半自动售票机为 4 张/min～6 张/min；

自动售票机为 4 张/min～6 张/min；

自动检票机（含双向）为 20 人/min～25 人/min；紧急情况下的通过能力，固定三杆式为 30 人/min，掉杆三杆式、扇门式、拍打门式为 35 人/min，宽通道式为 40 人/min。

21.5.2 自动售检票系统和设备硬件配置的参数容量和能力，应与系统和设备使用寿命期内线路和线网发展的规模相适应，并适当留有余量；软件参数容量和能力应与线路和线网未来发展的规模相适应，并留有余量，且可以设置。

线网清分中央计算机系统应结合线网规划、建设时序确定系统建设的规模和分期实施方案。

21.5.3 当城市一卡通储值票先期发行，且发行量较大（及票务政策优惠较大）时，可根据当地的实际情况，适当调高初、近、远期储值票的使用比例。

21.5.4 车站售检票终端设备和全线车票的配置数量应按下列公式计算，并按上限取整确定。

1 票房售票机（BOM）的数量应按下式计算，并按上限取整确定。外地客流明显的车站（如火车站、长途客运站和机场），应加强人工票务服务，应根据需要配置票房售票机的数量。

BOM 数量＝[（车站高峰小时进站总人数×超高峰系数×单程票使用率×BOM 单程票售票比例×分向客流比例）÷（BOM 每分钟售票能力×60min）＋（车站高峰小时进站总人数×超高峰系数×储值票使用率×BOM 储值票售票率×分向客流比例）÷（BOM 每分钟售票能力×储值票平均充值周转次数×60min）]

$$BOM_S = [N_J \cdot K_C \cdot K_F \cdot K_S(K_D \cdot K_{BD} + K_{CS} \cdot K_{BC}/K_{CZ})/(V_B \cdot 60)] \tag{29}$$

式中：BOM_S——票房售票机（或称半自动售票机）数量；

N_J——车站高峰小时进站总人数；

K_C——超高峰小时系数；

K_F——分向客流比例；

K_D——单程票使用率；

K_{BD}——票房售票机处理单程票的比例；

K_{CS}——储值票使用率；

K_{BC}——票房售票机处理储值票的比例；

K_{CZ}——储值票平均充值周转次数＝K_{CC}/K_{CP}；

K_S——设备裕量；

V_B——票房售票机售票能力；

K_{CC}——储值票平均充值；

K_{CP}——储值票平均票价。

2 自动售票机（TVM）数量应按下式计算，并按上限取整确定。如果自动售票机不处理储值票，则下面的公式可以取消储值票计算的部分。

TVM 数量＝{[（车站高峰小时进站总人数×超高峰系数×单程票使用率×TVM 售票比例×分向客流比例）÷（TVM 每分钟售票能力×60min）＋（车站高峰小时进站总人数×超高峰系数×储值票使用率×TVM 处理储值票的比例×分向客流比例）÷（TVM 每分钟售票能力×储值票平均充值周转次数×60min）]×设备裕量}

$$TVM_S = [N_J \cdot K_C \cdot K_F \cdot (K_D \cdot K_{SD} + K_{CS} \cdot K_{SC}/K_{CZ}) \cdot K_S / (V_T \cdot 60)] \tag{30}$$

式中：TVM_S——自动售票机数量；

N_J——车站高峰小时进站总人数；

K_C——超高峰小时系数；

K_F——分向客流比例；

K_D——单程票使用率；

K_{SD}——自动售票机处理单程票的比例；

K_{CS}——储值票使用率；

K_{SC}——自动售票机处理储值票的比例；

K_{CZ}——储值票平均充值周转次数＝K_{CC}/K_{CP}；

K_S——设备裕量；

V_T——自动售票机售票能力；

K_{CC}——储值票平均充值；

K_{CP}——储值票平均票价。

3 进站自动检票机通道（AGM）数量应按下式计算，并按上限取整确定。

进站 AGM 通道数量＝[（车站高峰小时进站总人数×超高峰系数×分向客流比例）÷（进站每分钟通过能力×60min）×（设备裕量）]

$$AGM_{JS} = [N_J \cdot K_C \cdot K_F \cdot K_S/(V_J \cdot 60)] \tag{31}$$

式中：AGM_{JS}——进站自动检票机通道数量；

N_J——车站高峰小时进站总人数；

K_C——超高峰小时系数；

K_F——分向客流比例；

K_S——设备裕量；

V_J——进站自动检票机通过能力。

4 出站自动检票机通道（AGM）数量应按下式计算，并按上限取整确定；初、近期宜按 1.5min～2min 出站服务指标计算，远期宜按 1min～1.5min 出站服务指标计算。

出站 AGM 通道数量＝[（车站高峰小时出站总人数×超高峰系数×分向客流）÷（列车小时行车对数×乘客出站服务指标分钟×出站 AGM 每分钟通过能力）]

$$AGM_{OS} = [(N_C \cdot K_C \cdot K_F)/(T_C \cdot T_D \cdot V_O)] \tag{32}$$

式中：AGM_{OS}——出站自动检票机通道数量；

N_C——车站高峰小时出站总人数；

K_C——超高峰小时系数；

K_F——分向客流比例；

T_C——行车对数；

T_D——乘客出站服务指标（或称出清时间）；

V_O——出站自动检票机通过能力。

5 单程票数量宜按下式计算，并按上限取整确定。

单程票一年的使用数量＝{线路日均客流总人数×单程票使用率×[（车站车票周转率＋车票储备率×突发客流率）＋（车票流失率＋车票报废率）×365 天]＋测试票}

单程票：

$$T_{DS}＝\{N_{XJ}\cdot K_D\cdot[(T_{ZZ}＋T_{CB}\cdot T_{TF})＋(T_{LS}＋T_{BF})×365]＋T_{CS}\} \tag{33}$$

式中：T_{CS}——测试车票；

T_{DS}——单程票一年的使用量；

N_{XJ}——线路日均进站客流总人数；

K_D——单程票使用率；

T_{ZZ}——车站车票周转率；

T_{CB}——车票储备率；

T_{TF}——突发客流系数；

T_{LS}——车票流失率；

T_{BF}——车票报废率。

6 储值票数量宜按下式计算，并按上限取整确定。

储值票一年的使用数量＝车票储备率[线路日均进站客流总人数×储值票使用率×发行使用系数＋测试票＋员工票]

储值票：

$$T_{CZ}＝T_{CB}[N_{XJ}\cdot K_{CS}\cdot T_{FS}＋T_{CS}＋T_{CY}] \tag{34}$$

式中：T_{CZ}——储值票一年的使用量；

T_{CB}——车票储备率；

N_{XJ}——线路日均进站客流总人数；

K_{CS}——储值票使用率；

T_{FS}——储值票发行使用系数；

T_{CS}——测试车票；

T_{CY}——员工车票。

21.6 车站公共区售检票终端设备的布置

21.6.3 自动充值机宜根据需要进行设置；自动验票机、自动查询机宜按每站 1 台～2 台进行设置，或按每个售票区 1 台进行设置；便携式验检票机宜按每站 2 台进行设置。

1 当各分向客流每组自动售票机设置的计算数量少于 2 台时，应按不少于 2 台～3 台进行配置和布置，并预留扩展的安装位置和接入条件。

2 对后开门操作和维修的自动售票机宜采用离墙安装布置方式，背后预留不少于 800mm 的净距通

道，对前开门操作和维修的自动售票机宜采用嵌入式或靠墙安装布置方式；相邻自动售票机的间距宜大于或等于 400mm，以免自动售票机之间设置分隔栏，阻碍消防疏散。

21.6.4 当各分向客流每组自动检票机设置的计算数量少于 3 台时，应按不少于 3 台进行配置和布置，并预留扩展的位置。每台扶梯宜对应 4 台～5 台自动检票机，超出对应数量时没有实际作用。

21.6.5 标准通道的双向自动检票机，宜根据需要宜靠近票务处布置或在每个出站自动检票机处设置一台。潮汐现象明显是指周期性的客流高峰和低谷现象，如个别车站出现早上进站多、出站少，晚上出现进站少、出站多，在同一时间段内出现较大的进出站客流不对称的现象。

21.6.6 每个付费区宜设置不少于一个无障碍通道，也可按照分向客流设置无障碍通道。

21.7 自动售检票系统与相关专业的接口和功能要求

21.7.3 CCTV 的监视要求，应由自动售检票专业提出，由通信专业负责设计，也可单独设计，由票务负责使用和管理。

21.7.4 票务处内操作台宜"L"形布置，补票窗口宜设在票务处的侧面，困难情况下也可前后对面布置。

22 门　禁

22.1 一　般　规　定

22.1.1 在城市轨道交通工程的设计中，门禁系统的设置能够提升轨道交通工程智能化管理程度，对进出轨道交通车站设备管理区、控制中心、车辆段进行权限管理，对持卡人的安全级别，授权进入区域进行监视，也是轨道交通安全管理的组成部分。因此，门禁系统的设置应根据当地城市轨道交通工程的建设规模、工程投资、管理水平等方面综合考虑确定。

23 屏　蔽　门

23.1 一　般　规　定

23.1.1 为保证城市轨道交通安全、节能、高效地运营，城市轨道交通直线电机牵引系统车站应设置站台屏蔽门。

23.1.7 由于屏蔽门包括有滑动门、端门、应急门等很多活动部件且存在一定的泄漏量，不可能完全实现防火隔离功能，同时，如果对门体的诸多材料提防火要求，将会大大增加工程造价。

23.1.9 由于屏蔽门是乘客进出的必经通道，人或物偶尔会被夹到滑动门中间，为保证乘客及其物品的安

全性，当滑动门探测到有障碍物存在时，能自动泄去夹紧力，以方便去除障碍物。

23.2 布置与结构

23.2.2 为方便乘客在正常情况下上、下车，本条要求是屏蔽门设置的基本要求。

23.2.5 设置应急门的主要作用是列车进入站台时，列车发生故障车门无法与滑动门对应时，为乘客提供一个疏散通道。目前应急门的固定可靠性较差，在风压的反复作用下，容易出现问题。因而规定两节车厢设一道应急门。

23.3 运行与控制

23.3.3 三级控制从功能上解决了对屏蔽门的控制可用性。考虑了试运营时期、正常运营时故障情况、火灾时排烟功能等功能需求。其中门头控制盒及就地手动开门不算控制级别。

23.3.4 屏蔽门工程设计必须与每个工程的差异性相匹配。

23.4 供电与接地

23.4.2 门体开关三次是指能保证列车停在车站时，至少能保证一列车的乘客疏散完成后，后备电源仍然能够使屏蔽门处于关门状态。

23.4.4 为避免强电的供电对弱电信号传输产生的干扰，保证系统的电磁兼容性及工作的可靠性，按照国家相关规范，强、弱电电缆应分线槽敷设。

23.4.5 门体与车站间的绝缘电阻值 $0.5M\Omega$，人体的绝缘电阻值在 $800\Omega \sim 1000\Omega$ 间，人体感知电流平均值为 $1mA$；人触电能自行摆脱的电流值是 $10mA \cdot s$；致命电流值是 $30mA \cdot s$；当屏蔽门与车站结构间绝缘安装时，应能避免通过乘客的电流小于 $1mA$，根据欧姆定律知此绝缘值不小于 $0.22M\Omega$。

23.4.6 此处指采用四轨供电，专门设有回流轨的情况。

23.5 其 他

23.5.2 本条参考了现行国家标准《地铁设计规范》GB 50157 中对电缆的相关技术要求，以减轻火灾状况下材料燃烧对乘客的危害。

24 车站乘客输送设备

24.2 自动扶梯及自动人行道

24.2.1 公共交通重载型自动扶梯或人行道必须满足扶梯制造规范上对公交型扶梯的要求，并且根据当地的使用环境，在桁架挠度、整机寿命、电机容量、安全制动四方面的要求应相对提高。

24.2.3 自动扶梯设计运输能力可按理论输送能力的 $75\% \sim 85\%$ 计。"远期预留设备安装位置和吊装条件"包括扶梯吊钩位置、吊钩受力及扶梯的运输通道。

24.2.6 城市轨道交通早晚高峰时段行车间隔密、客流大，因此在通常情况下，这两个时段间会出现上一辆列车的乘客刚从扶梯上疏散完毕，下一辆列车乘客已经开始搭乘扶梯出站的情况，设备一直处于连续重载的状态。对自动扶梯、自动人行道的持续重载提出基本要求，避免设备电机过热并在满载的高峰时段发生停机故障。

24.4 轮椅升降机

轮椅升降机是一种为轮椅乘客或者行动不方便人士服务的无障碍升降设备，是地铁车站无障碍设计的组成部分。该设备可通过固定在地面或者墙面的导轨，使机架及平台沿楼梯的方向运载乘客。

25 运营控制中心

25.1 一 般 规 定

25.1.1 随着城市轨道交通直线电机牵引系统现代化和自动化技术的发展，以及运营管理水平的不断提高，城市轨道交通直线电机牵引系统运营过程中被监控对象之间的关系越来越复杂，运营过程中的监视、控制、操作和管理渐趋集中，运营的安全性、可靠性越来越受到重视，为了确保城市轨道交通直线电机牵引系统安全、可靠和高效地运行，方便操作人员对城市轨道交通直线电机牵引系统运营过程实施全面的集中监控和管理，需要建立一个具有适当环境、条件及规模的城市轨道交通直线电机牵引系统运营调度、指挥和控制的运营控制中心（OCC），简称控制中心。

25.1.2 控制中心可监控管理单条或多条城市轨道交通直线电机牵引系统线路，可单线路建设，也可多条线路合建，或与其他城市轨道交通线路合建。城市轨道交通直线电机牵引系统线网各线路相互间关联较紧密时，宜合设控制中心。

25.1.3 控制中心的位置宜选择在交通方便、靠近城市轨道交通直线电机牵引系统线路和车站、接近监控管理对象的中心地带，方便全线运营管理，方便与其他线路连接，降低工程和管线投资及运营管理成本，便于在紧急情况下组织事故抢修及事件的处理。也可设在车辆段或管理人员集中的场所。

25.1.5 实现上述功能的各系统中央级设备可以设在控制中心，也可以异地分设；控制中心应为上述系统和设备、调度及运营管理人员提供良好的运行环境和工作环境。

控制中心宜根据要求配备其他与城市轨道交通直

线电机牵引系统线路运营、管理和安全有关的系统和设备。宜综合考虑线网系统和设施的功能需求，包括：安防中心、自动售检票清分中心和制票中心、信息中心、管理中心（地铁大厦）、乘客（多媒体）信息编辑和发布中心的功能需求，也可根据需要异地设置。

25.1.6 控制中心应兼作全线路（或多线路）防灾指挥中心，并应具备紧急事件指挥的功能。

25.1.7 控制中心是城市轨道交通直线电机牵引系统运营管理最为重要的建筑之一，必须具有高度的安全性。考虑到控制中心的整体安全，宜将其设置为独立专有建筑，不宜与其他功能的建筑合用，以保证其安全；当确实需要合建时，控制中心应设独立的进出口通道（包括电梯和消防安全通道等），中央控制室和各系统设备房不宜与不明使用功能的建筑用房直接相邻，中间要有隔离缓冲房或隔离带，必须设置可靠的防火防爆隔离设施。

其他部门及设施不得影响控制中心日常的运营管理工作；与控制中心运营、管理和安全无关的系统、设备不宜纳入控制中心。

控制中心使用寿命应与主体结构一致，宜按100年使用年限设计。建筑重要性类别宜按乙类建筑，防火等级为一级，建筑结构安全等级宜按一级；墙面防水为二级。

25.2 工 艺 设 计

25.2.3 运营监控（操作）区即为负责运营监控、操作、调度和指挥的区域，是围绕着中央控制室设置的配套功能区；运营管理区是负责调度管理、运营生产和作业管理的区域；设备区是指各系统中央级设备安置的区域；维修区是指负责各系统中央级设备维护和维修的工作人员区；辅助设备区是指为控制中心设置的各种保障设备区，包括：供电和低压配电及照明、通风和空调、给水排水和消防及自动灭火等。

25.2.4 运营监控区和运营管理区应同楼层相邻设置，以方便运营管理；设备区应集中设置，在楼层布置上应靠近运营监控区，不应与运营管理区混合布置，便于运营安全管理，便于减少管线敷设的距离，方便结构集中下沉设置防静电架空地板，方便自动灭火系统和通风空调系统按区域集中设置，减少管线交叉和长距离输送；维修区在楼层布置上宜靠近设备区，也可相邻设置。各功能区的划分应结合运作模式和管理模式设置。

25.2.5 运营监控区应具有城市轨道交通直线电机牵引系统全线（或多线路）运营监视、操作、控制、协调、指挥、调度、管理及值班等功能；运营监控区设中央控制室、紧急事件指挥室（或称应急协商会议室）等，并应作为独立的安全分隔区；进入中央控制室前应设缓冲区，并宜配置安防设施（设置可视对讲门禁，总调度台上设开门控制按钮，控制授权人员进入）；

在运营监控区内宜配置交接班室、打印室及必要的值班休息和管理用房等，以及生活和独立的卫生设施等辅助用房，以减少调度人员中间离岗时间。

25.2.6 设备布置应按下列要求布设：

1 室内设备布置和造型应力求整齐、紧凑、美观、大方，便于观察、操作和维修，有利于通风，为操作人员和运行设备创造一个良好的工作环境，并便于调度人员行动和疏散。调度台的设计应符合人机工程和人体工程，便于操作人员观察，降低操作人员的工作强度，提高反应速度，减少误操作，顶部不能遮挡住正常观察模拟屏的视线。

2 室内总体布置应以行车指挥为核心进行各调度台的布置，应便于行车调度、电力调度、环境与设备调度（兼防灾调度）、维修调度（兼信息调度和客运调度时也可称为值班主任助理，也可根据需要分别设置）和总调度（或称值班主任）之间的信息沟通。

4 各系统模拟屏宜统一设置，模拟屏的屏前和屏后、调度台的台前和台后必须留有足够的操作空间及维修空间，并预留近期和远期发展位置。模拟屏后的通道宽度，当通道长度小于10m时，通道宽度宜大于1.5m；当通道长度大于10m小于20m时，通道宽度宜大于1.8m；当通道长度大于20m时，通道宽度宜大于2.0m；模拟屏两侧进入模拟屏后的通道宽度宜大于1.5m，确保人员和设备的进出方便；模拟屏后面也可以作为独立分区进行设置。通道宽度应满足人员进出、联络、维修设备进出的需要。

5 调度台距模拟屏的通道宽度宜大于2.0m，调度台与调度台前后的距离宜大于1.6m；

6 当调度台按扇形方式分层展开布置时，在扇形的中间位置，向上展开的角度按15°考虑（有条件的也可以按上下各展开15°角考虑），向左右水平展开的角度按120°考虑，以便适应人的观察视角及人体工程。

7 当中央控制室的规模按多条线路设计，且各线路之间的相互关联及影响较大时，在功能区的划分上，宜按调度岗位（专业和系统）划分功能区；既每条线的行车调度台、电力调度台和环控调度台按岗位（专业和系统）分别集中布置，以实现调度资源和信息资源的共享；也可按线路划分区域，将每条线的行车调度、电力调度和环控调度台等按线路集中布置。

8 调度台的设计应符合人机工程学要求，满足调度岗位台面和台下设备摆放数量、安装尺寸、维修及散热的要求；为便于操作人员观察调度台台面显示设备和操作台面上设备，便于标准化设计和制造，调度台宜设计成弧线形，以满足操作人员观察和操作等人机工程要求，宜满足最多不超过8个监视器和设备展开布置的要求。调度台的顶部不能遮挡住正常观察模拟屏的视线。各相邻调度台布置宜形成整体连接。

10 设备布置应使设备之间的连线短，外部管线进出方便；室内的设备布置方式，不应形成卫生清洁的死角。

25.2.7 紧急事件指挥室、交接班室和打印室应与中央控制室同层相邻设置；紧急事件指挥室不宜直通中央控制室，宜间接进入；打印室应直通中央控制室。紧急事件指挥室与中央控制室应用玻璃幕墙隔断，并注意玻璃幕墙反光的方向不要朝向模拟屏，玻璃幕墙宜向中央控制室方向略有倾斜，或用深色窗帘作吸光处理。

25.2.8 运营管理区应根据运营管理的需要，按照组织架构设置运营监控管理、技术管理、生产作业管理等必要的办公管理和生活设施。应具有城市轨道交通直线电机牵引系统线路中央级运营技术管理和生产管理等功能，宜设置主任室、运营管理技术室、运行图编辑室、运营生产管理室等管理功能房间；宜设置会议室、男女更衣室、男女卫生间等辅助功能房间，应依据定员确定规模和面积；上述用房可根据实际需要进行设置或合并设置。

25.2.9 设备区各系统设备的布置还应考虑以下要求：

　　1 设备区应方便各系统中央级设备安装、运行及维修，并满足设备荷重要求，设备房的室内布置应力求整齐、紧凑、美观、大方，便于观察、操作和维修，有利于通风，为设备创造一个良好的运行环境。

　　2 设备布置应使设备之间的连线短，外部管线进出方便；室内不宜外露电线、电缆和管线，以确保安全；与设备区设备房无关的管线不得穿过。

　　3 大功率的强电设备不宜与弱电设备混合安装和布置。各电气系统设备用房不应有水管穿过，但自动灭火系统除外（包括气体、水喷淋和细水雾等自动灭火系统），风管穿过时应安装防火阀，并注意管道和风口凝露，送风口应避开设备上方。

　　4 设备区设备房有多种布置方式，按系统划分或按线路划分，封闭式布置或开放式布置（通透式布置），集中式布置或分散式布置，也可以是上述各种方式的混合式布置；具体方式需要根据各自的情况确定。

　　　1） 当控制中心的规模是按一条线路设计，设备区按分散式布置时，应分散设置各系统布置的设备室、各分散系统布置的UPS电源室；

　　　2） 当控制中心的规模是按一条线路设计，设备区各系统设备宜按集中方式布置，集中布置各系统的设备室、各系统集中布置的UPS电源室等，辅助系统设备应根据实际情况进行布置；

　　　3） 当控制中心的规模是按多条线路设计，各系统中央监控级按相互独立的方式设计，设备区按分散方式布置时，不同线路的同

一系统设备房应布置在同一层内，以方便专业运营维护和管理；

　　　4） 当控制中心的规模是按多条线路设计，中央级设置综合集成自动化系统时，设备区应按集中方式布置，同一线路的不同系统应布置在同一层的同一个设备房内，以方便运营维护和管理；设备与通道之间宜采用玻璃幕墙相隔，便于观察和管理；

　　　5） 按系统划分方便专业管理，但不便于分期实施和节能运做；按线路划分便于分期实施和节能运作，但不便于专业管理；封闭式布置设备房间单元划分相对较小，防火隔离安全性高，但不便于管理；开放式布置设备房间单元划分相对较大，设备与通道之间用玻璃幕墙相隔，便于观察和管理，灾害处理较为迅速，但防火隔离安全性较差；集中布置设备房间单元划分相对较大，便于观察和管理，灾害处理较为迅速，但防火隔离安全性较差；分散布置设备房间单元划分相对较小，防火隔离安全性高，但不便于管理。

　　5 设备区各系统设备房的布置楼层和平面布置宜以方便运营管理、便于工程实施，互相关联的管线短为原则；即信号系统设备房（特别是ATS设备房、运行图编辑和打印室）应靠近中央控制室，其次为通信系统设备房、综合监控〔或电力监控系统设备房、火（防）灾自动报警系统及环境与设备监控〕系统房；最后是通信电缆引入室和其他系统设备用房。

25.2.10 维修区宜设置维护管理室和网络管理室，应具有系统调试、维修测试、备品备件保管存放、工器具保管存放等功能，宜设置系统调试室、维修测试室、备品备件室及工器具室；系统调试室和维修测试室应满足更换式维修或小修以下修程的维修要求，可以是各系统合用或分设用房，不需要每个系统都设；备品备件室和工器具室可以各系统合用，也可以根据实际情况分设。

25.2.11 参观演示室应与中央控制室相邻设置，宜设在中央控制室后上方夹层或楼层上方（当中央控制室的层高较高时），并用玻璃隔断，应注意玻璃反光的方向不要朝向模拟屏，玻璃宜向中央控制室方向略有倾斜，或用深色窗帘作吸光处理。参观演示室宜配置一些教学讲解设施。

25.2.12 辅助设备区各系统设备的设计及布置还应考虑以下要求：

　　1 辅助设备区应具有供电、通风、空调、消防、自动灭火、给水排水等辅助设施及功能，宜设置管理、办公、操作、工器具、维修及值班用房等管理和办公用房，这些用房可以根据需要分开设置或合并设置，也可与维修区统一考虑设置。

2 辅助设备区宜设置供电系统和低压配电系统、通风系统和空调水系统、水消防系统和自动灭火系统、给水排水等辅助设施用房；供电系统和低压配电系统、空调系统、水消防系统及给水排水等辅助设施宜设置在地面一层或地下层；通风系统和自动灭火系统等宜设置在各层距用户较近的场所。各系统应根据实际需要设置用房。水系统应设置独立的管道井。

25.3 建筑与装修

25.3.1 控制中心的设计应与监控管理的线路数量和规模、工程条件和运营管理体制、组织架构和岗位设置及功能需求相适应，总体布置应考虑安全、可靠、操作方便、维修方便、管理方便及运营成本低廉等。由于城市轨道交通直线电机牵引系统线路工程所处的地理位置、气候条件、具体线路规划、监控管理的范围、系统设备装备的数量及水平的不同，以及运营总体功能需求的不同，控制中心设置的内容差异较大；实际实施应从具体工程的实际情况出发，根据具体设备的数量，经济合理地确定控制中心的规模、水平、运作管理模式及装修标准。考虑到新技术、新设备、新工艺的推广而增加的系统设备，控制中心宜适当预留将来发展的余地。

25.3.2 考虑到防止雷电干扰等，中央控制室和设备房不宜设在建筑的最顶层，宜放在高层建筑的裙房内，为防止水淹也不宜设置在地下；考虑到高层建筑火灾风险和工作人员紧急情况下的安全疏散，中央控制室不宜设在太高的楼层。

25.3.3 本条各款规定的原因如下：

1 中央控制室应满足工艺设计的要求，室内的总体布置应考虑操作、维修和管理方便，房间面积大小应根据具体线路规划的规模、监控管理的范围、系统设备装备的数量及装备水平的不同，从具体工程的实际出发，经济合理地确定建设规模和工艺要求。室内装修色调直接关系到操作人员的情绪、工作环境和采光效果，室内地坪、墙壁和吊顶的颜色应与室内设备的颜色相协调，室内整个色调应以柔和、明快、舒适为宜。

3 室内各调度台之间设有通道，中央控制室应设不少于两个出入口与外部相连。门的大小应考虑操作人员和室内设备及维修设备的进出搬运方便，一般至少有一个门的宽度为1.2m，高度为2.3m，门扇应向外开，不应设门槛，要严密防尘和防鼠，并符合现行消防规范、规定的要求。

5 室内地面应装设架空活动地板，活动地板固定要牢靠、便于拆卸，地面应严密、平整、洁净、不起灰、易于清扫和避免眩光，地板与楼板地面之间应留有0.3m～0.5m的空间，在这个空间可以用来敷设电缆，此空间四壁应选用不起灰的材料装修；并应考虑各调度台的系统管线接口、系统电源插座及非系统

的电源插座；设备安装位置要在地面上做设备基础或预埋件，不应将设备直接安装在活动地板上，防止设备不稳定，引起事故和故障。

6 室内宜设吊顶，吊顶上面的夹层应可以敷设通风管道和管线，应方便照明设备的安装及维修人员的进入；吊顶宜采用轻质、防火、防潮、吸声、不起灰、不吸尘的材料；吊顶应严密，防止虫、鼠进入。吊顶的设计应考虑通风口、照明灯具、自动灭火系统、火灾自动报警系统烟感探头等统一协调布置；模拟显示屏的上部可以封顶，与吊顶统一协调处理，保持室内整齐美观。

25.3.4 设备区系统设备房净空不宜低于3.0m；地面宜根据各系统具体的工艺要求，装设架空活动地板。对于需要吊装的设备，应根据设备安装要求，适当考虑设备起吊设施。在结构计算时还应考虑设备吊点所设置的位置和吊点的荷载要求，必要时可设置设备的吊装装置。

25.4 布 线

25.4.2 建筑物常用的布线方式和敷线方式有明管布线、汇线槽布线、墙体和地坪埋线、电缆井布线、电缆走廊或电缆通道布线、架空布线、夹层布线、电缆沟布线、电缆隧道布线等敷线方式，实际采用何种敷线方式，应视具体情况而定。电缆的选择和管线的敷设过程应符合消防规范和防火要求。管线敷设应尽量做到线路短、交叉少、敷设整齐美观，便于调试、查线和补线，方便维护管理；管线敷设应把不同用途种类的电缆和管线分别敷设在不同层次的支架上，强电电缆和弱电电缆应分开敷设，防止强电对弱电的干扰或互相干扰；关系到今后发展的管线空间及孔洞应做好预留和临时封堵。

25.4.3 控制中心不同楼层之间使用竖向布线，竖向布线宜采用电缆井敷线方式，强电和弱电电缆宜分别使用不同的电缆井分开敷设；各层电缆井均应该满足人员进入、工程实施、维修检查、防火隔离及火灾自动报警系统探头安装、维护工作的要求。

25.4.4 控制中心同层之间使用水平布线，水平布线宜采用电缆夹层敷线方式（电缆楼层夹层、吊顶夹层、活动地板夹层），应根据夹层的具体情况，分层分区设置电缆桥架或汇线槽，有序敷设电缆，以利维护和使用；应将强电动力电缆和弱电电缆分开敷设，并拉开一定的距离。当采用电缆（楼层）夹层布线时，宜将通风系统、自动灭火系统等辅助系统设备设置在电缆夹层内。控制中与城市轨道交通直线电机牵引系统线路之间的敷线宜采用电缆隧道，便于维修、维护和扩展。

25.4.5 室内不宜外露电线、电缆和管线，以便确保安全；与中央控制室无关的管线不得穿过。

25.5 供电、防雷与接地

25.5.1 控制中心宜单独设置降压变电所，以提供可靠的动力用电。降压所内应设置两台动力变压器，分别引入两路相对独立的电源供电，满足控制中心一、二、三级负荷的需要，当一台变压器退出运行时，另一台变压器至少可满足全部一、二级负荷的需要。控制中心内通信、信号、综合监控［或电力监控、火（防）灾自动报警、环境与设备监控］、自动售检票、自动灭火等系统设备用电以及中央控制室和重要设备房照明、应急照明、防排烟设备用电应纳入一类负荷；空调水系统为二类负荷；其他为三类负荷。

25.5.3 控制中心应设强、弱电系统统一的综合接地保护系统，总的接地电阻不应大于 1Ω，并应满足各（强、弱电）系统总的散流要求。弱电系统接地极以往是与强电系统接地极分开设置，根据最新的防雷保护理论和方法，强、弱电系统应设置等电位综合防雷接地保护系统。

25.6 通风、空调与采暖

25.6.1 本条规定的原因如下：

1 在条件允许的情况下，为了降低各系统设备的故障率，各系统设备房宜长年控制在 24℃ 左右；也可根据各自的情况，控制温、湿度，但总体应控制在温度 15℃～32℃ 和相对湿度 45％～85％ 范围之内；各系统设备房每小时内的温度变化不宜超过 3℃，并避免结露。当中央控制室室内温度控制在 18℃～28℃ 时，操作人员劳动效率高，差错率低，因此推荐使用。

2 通风与空调系统应按远期运营条件进行设计，并按照上述不同的功能分区要求进行系统设计，满足不同的环境品质和工作时段的要求。

3 系统设计时必须综合考虑初、近期及各种不同工况，并宜采取相应的节能措施，节约能源，降低运营成本。考虑到多条线路分期投入使用及控制中心分期建设的情况，系统设计及设备布置应考虑近期和远期分期实施的可能性，并预留接口和安装场地。

4 运营操作区、设备区、维修维护操作区、维修区、综合办公管理区的资料档案房、辅助设备区、外部设备区及全天有人的场所等，应实行 24h 全天候空调控制；在条件允许的情况下，中央控制室宜设独立的通风系统，管理用房通风系统宜与设备用房分开设置。

25.7 照明与应急照明

25.7.1 控制中心应设置一般照明和应急照明，并宜采用集中控制方式进行控制；中央控制室、设备房及管理用房应多设电源插座，以解决检修、检修局部照明、卫生清洁等临时用电；照明灯具宜选择节能型、散射效果良好、使用寿命长与维修更换方便的灯具；

灯具的布置宜与建筑装修和设备布置相协调。

25.7.2 第 3 款 当中央控制室采用投影式或其他图像显示的模拟屏时，模拟屏前区宜尽量暗，操作台面距地面 0.8m 处的照度宜为 100lx～150lx，并考虑局部照明；但整个中央控制室的明暗反差不能太大。室内照明除应满足照度要求外，光线不应照射到模拟屏，不应在模拟屏上产生眩光。

25.7.3 设备房、维修用房、办公管理用房及其他各部位的照明应符合国家现行标准的规定。设备房设备内等个别需要增加照度的地方，可采用局部或临时照明。

25.7.4 中央控制室应急照明应为正常照明的 30％，可为中央控制室预留一定的调光范围。

25.8 消防与安全

25.8.1 控制中心为一级保护对象，应设置火灾自动报警、环境与设备监控、火灾事故广播、自动灭火、水消防、防排烟等消防系统；宜根据需要设置自动喷水灭火系统；重要的电气设备房宜使用自动灭火系统；与通风空调系统合用的防排烟自动联动宜由环境与设备监控系统实现。当控制中心按多线路规模进行设计，其规模较大时，中央控制室宜考虑设置水喷淋、细水雾或其他适宜的自动灭火系统。具体设置与否应参照相关消防规范，并与当地消防部门协商确定。火灾自动报警系统应与全线系统互通信息。中央控制室和中央级设备房可根据需要设早期火灾自动报警系统。

25.8.2 控制中心应设置消防控制室，将火灾自动报警系统、环境与设备监控系统及火灾事故广播系统等的操作台或工作站设置在消防控制室，24h 值班，对大楼消防安全进行监控管理。消防控制室宜设在控制中心首层主要出入口，并与中央控制室设专用的消防电话。

25.8.3 控制中心作为城市轨道交通直线电机牵引系统线路的重要场所，宜根据需要设置闭路电视监视系统和门禁系统及周界监视等安防系统；对各分区出入口、主要通道和重要房间进行监视和自动录像；宜设置不同形式的自动门，通过身份钥匙或密码开启；重要房间宜设置报警检测装置，以防非法闯入。

25.8.4 控制中心应设置保安值班室，将闭路电视监视系统和门禁系统及周界监视等安防系统的操作台或工作站设置在保安值班室，24h 值班对控制中心安全进行监控管理。保安值班室应与消防控制室合并设置，以便降低运营成本；应同时满足消防和安防的要求。

26 车辆基地

26.1 一般规定

26.1.3 由于车辆的价格较高，为减少初期工程投资,车辆按初期设计年限的数量配置。

26.1.4 车辆基地的工程规模大,投资大,且远期年限长,为避免造成工程投资的闲置和浪费,本条文强调统一规划,分期实施。

由于车辆基地近期、远期的工艺联系比较密切,因此要求确定远期用地范围时应将远期的股道和主要房屋进行规划和布置;而站场股道、房屋建筑和机电设备等由于远期设计年限长达 25 年,在今后扩建或增建不影响正常生产时,为避免长期不用造成浪费,该部分设施应按近期设计。

26.1.6 为了节约用地,降低工程造价,对于采用直线电机车辆的线路,应从线网规划层面实现资源共享:一是考虑各条线路能否共用车辆基地;二是厂、架修设施应集中设置,考虑多条线路共用;三是对于部分部件的维修应考虑集中设置维修基地。

26.1.7 按照国家有关环境保护法规的规定,环保设施应与主体工程同时设计、同时施工、同时投产。

26.2 车辆段的功能与规模

26.2.6 表 26.2.6 中的直线电机车辆修程和检修周期是参照日本直线电机车辆供应商提供的修程和检修周期确定,如采用庞巴迪公司的直线电机车辆,修程和检修周期要相应修改。

直线电机车辆各检修修程的主要作业内容如下:

1 厂修:对车辆各部件和系统包括车体在内进行全面的分解、检查及整修,结合技术改造对部分系统进行全面的更新,对车辆各系统进行全面检测、调试及试验。

2 架修:对车辆的重要部件,特别是转向架及轮对、电机、电器、空调机组、车钩缓冲器装置、制动系统等进行分解、清洗、检查、探伤、修理,更换报废零部件。对电子部件进行清洗及测试。对蓄电池进行清洗及充放电作业。对车辆各系统进行全面检测、调试及试验。

3 定修:对车辆的各子系统状态进行检查、检测、调整、清洁、润滑;对易损件进行更换。

4 三月检:主要对集电装置、制动、车门等进行功能试验;对车辆重要部分进行状态检查,部件清洁、润滑及更换磨耗件等;对直线电机的高度进行检测及确认。

5 周检:从车辆外部检查制动系统及走行部分等,进行车门的关闭试验,以及列车内部清洁等。

26.3 总平面布置

26.3.12 为满足消防要求,车辆段与综合基地应有不少于 2 个与外部道路相连通的出口,以保证车辆段与综合基地内发生火灾时消防车队能从不同方向进入现场。

26.3.16 信号转换作业长度按远期列车长度加 25m,

主要是考虑列车在段内运行速度不超过 25km/h,其制动距离为 25m,转换作业长度按远期列车长度加制动距离考虑。

26.3.17 为减少车辆基地的占地面积,网轨转换段宜与信号转换段合并设置,转换段的长度加 25m,其考虑同第 26.4.7 条。

26.4 车辆运用整备设施

26.4.7 本条文规定接触轨应分段设置并加装安全防护罩,周检库、三月检库的架空接触网网位之间和库前均应设置隔离开关或分段器,并均应设有送电时的信号显示或音响,主要是保障检修作业人员的安全,防止发生人身伤害事故。

26.4.11 周检、三月检库内的股道应局部铺设感应板,局部感应板的宽度可小于正线和站场铺设的感应板的宽度,主要是考虑便于检修作业人员在检查坑内通行。

26.4.12 运用库内、外的平交道不宜铺设感应板,主要是考虑感应板顶面比钢轨面高出 15mm 左右,影响运输车辆的通过,同时感应板也容易损坏;平交道钢轨内侧的路面标高宜低于钢轨面 5mm,主要是考虑避免损坏直线电机。

26.9 救援设施

26.9.1 车辆基地内设救援办公室,并应受控制中心指挥,是为了便于全线集中管理,确保及时、准确、有效地处理各种事故。

26.10 站场、路基与排水

26.10.3 本条文中重现期 100 年一遇的标准为参照现行行业标准《铁路路基设计规范》TB 10001 中Ⅰ、Ⅱ级铁路的设计标准;波浪爬高值为壅水高(包括河道卡口或建筑物造成的壅水、河湾水面超高)加上波浪侵袭高或斜水流局部冲高,再加河床淤积影响高度;安全高通常采用 0.5m。

27 防 灾

27.1 一 般 规 定

27.1.1 根据国内外发生的灾害事故统计,城市轨道交通直线电机牵引系统可能发生的灾害事故有火灾、水淹、风灾、雷击、冰雪、地震等主要类型灾害,其中发生火灾或其他灾害导致火灾的相对概率大,火灾时造成人员伤亡和经济损失最为严重。应把防止火灾事故放在主要地位,采用完善、先进和可靠的防火设施。对于线路必须穿越地质断层或城市煤气管道线路时,建设前应进行安全评估,采取防范可燃气体泄漏及相关有效措施,保证线路建设和运营安全。

27.1.2 "消防工作贯彻预防为主、防消结合的方针，坚持专门机关与群众相结合的原则，实行防火安全责任制"是国家消防法规定的总则之一。合理的设计与建立科学的防火管理体制，从积极的方面预防火灾的发生及其蔓延扩大，对于城市轨道交通直线电机牵引系统具有极其重要的作用。

城市轨道交通直线电机牵引系统线路为中等运量系统，"同一条线路按同一时间内发生一次火灾考虑的原则"与现行国家标准《地铁设计规范》GB 50157原则一致。目前换乘站换乘形式多样，多趋向于便捷的付费区换乘，站点同期建设或换乘节点同期建设的情况越来越多，把换乘站按一体防灾体系考虑和设计是经济合理及安全的。

27.1.3 可燃物较多的商业场所设置带来了一定的火灾危险性，对于乘客疏散区域和疏散通道内严禁设置商业场所，其他区域的便民商业网点面积、间隔及经营项目应符合安全评估的要求。

27.1.4 与车站相通的商业场所应与车站分属不同的防火分区，采取的防火措施应符合相关建筑设计防火规范的规定，并得到当地消防部门的认可。

27.1.5 对防灾救护、救援设施设置位置提出要求。防灾设施应根据应急预案，综合考虑灾害的性质，救援的方式，配备不同种类的设备设施。

27.1.6 控制中心应根据灾害的性质和情况，由总调度或防灾调度中心发布防灾指令，由有关车站及部门进行救灾活动和救援行动。

27.2 建筑防火

27.2.1 地下车站是人流密集的封闭空间，本条参照了现行国家标准《建筑设计防火规范》GB 50016和《人民防空工程设计防火规范》GB 50098规定。补充地面及高架站的耐火等级要求，考虑轨道交通系统人流密集，灾害影响范围广，属于重要公共建筑，耐火等级按二级确定。

人流密集和空间封闭的地下车站、区间、出入口通道是人员聚集和疏散的主要区域，对此类位置耐火等级按最高等级配置。控制中心建筑和地下站通风井分别是灾害时集中调度及组织救灾和防排烟重要场所，标准同样规定为一级。

27.2.2 对站外消防车道的设置要求，有利于尽快组织救灾。

27.2.3 参照现行国家标准《地铁设计规范》GB 50157确定。车站公共区站台及站厅连通为一体，按一个防火分区设置。对地面及高架车站设备管理用房区的防火分区最大允许使用面积应根据车站的建筑高度，按现行国家标准《建筑设计防火规范》GB 50016及《高层民用建筑设计防火规范》GB 50045确定。防火分隔是指利用防火墙、防火卷帘加水幕、复合防火卷帘、防火门等有效分隔。消防泵房、废水泵房、

污水泵房、水池、厕所、盥洗间等区域无可燃物，可不计入防火分区面积之内。

27.2.4 本条规定明确了换乘车站的分区原则，换乘通道是不能计算为灾害时的疏散通道，设置防火分隔和特级防火卷帘可减少灾害影响范围。提出了对大型换乘站要进行消防性能化设计的要求

27.2.5 强调了防火分区防火墙的耐火极限和防火封堵要求。车站控制室的玻璃观察窗也要起到防火分隔的作用。

27.2.6 本条规定的房间属于重要房间或防灾救灾关键部位，设置耐火隔墙及耐火楼板的目的是增加耐火时间，减小及拖延灾害对系统的影响，有效地进行救灾，而不是划分防火分区目的。

27.2.8 本条明确了疏散人数的计算按远期高峰小时断面客流通过量与站台上候车乘客之和计算。根据现行国家标准《自动扶梯和自动人行道的制造与安装安全规范》GB 16899规定，自动扶梯的反转必须当自动扶梯处于停车状态，并符合相关规定时，才能进行转换运行方向的操作，所以本公式中的自动扶梯台数应与疏散方向运行一致的扶梯数量相对应，其他运行方向的自动扶梯可按人行楼梯宽度及疏散能力计算。由于自动扶梯的踏步高度高于步行楼梯，停梯做步行疏散的能力可按 50 人/(min·m)计算。另外，若车站埋深超过三层（含三层），考虑到乘客从站台到达站厅安全区的楼扶梯距离较长，在计算疏散时间时，还要考虑最后一位乘客从站台扶梯下端到达安全区所需的时间。

27.2.9 本条对地下车站的装修材料进行了规定。地下空间狭小，人员密度大，一旦出现火灾人员伤亡惨重，对地下车站内大量的装修材料进行控制，选用不燃烧材质本身就是防灾的最好保证。对于部分如广告灯箱的背板、座椅等材料，完全选择不燃烧材料无法实现，考虑到此部分用量非常小，可采用 B 级材料。需要说明的是现行国家标准《建筑材料及制品燃烧性能分级》GB 8624 中，对燃烧性能分级有新的规定，满足旧分级体系 B1 级（难燃）的材料，按新的分级可能落在 B、C、D 三个级别中，将旧体系中 B1 级材料性能细分，针对此情况，在执行本条时可按照不低于 B 级的要求确定材料性能。

27.2.10 地下车站的疏散，尤其是公共区乘客的疏散至关重要，特别是一些交通枢纽车站、综合开发车站等大型车站，车站一旦发生灾害事故，为乘客逃离灾害点提供两条及以上的路径，设置两个直通车站外部空间的出口是基本要求。本条同时对设备及管理用房区域作了特殊规定，有人区域可按防火分区面积内管理人员数量进行分类，一般超过 3 个人可定义为有人区，有人区域设置的安全出口直通外部空间，也可以作为救灾人员进入车站内部的第二通道。

通过合理的建筑布置，集中设置的管理用房区域

可减少有人区域设置安全出口直通外部空间的数量，节省工程投资。

27.2.11 为降低烟气弥漫、传播的风险及保证工作人员疏散，设置封闭楼梯间是有效的，当地下站层数大于3层（含3层）应考虑设置防烟楼梯间。

27.2.12 付费区与非付费区之间设置的宽通道闸机数量往往较少，火灾时闸机扇门或转杆断电释放可为人员疏散，但由于宽度窄，往往成为疏散的瓶颈，设置付费区与非付费区之间的疏散门是一个较好的方式，此疏散门的通过能力应与站内自动扶梯、人行楼梯总通过能力相匹配。

27.2.13～27.2.16 这几条对最长站台疏散距离、长度大于100m通道、安全出口宽度、楼梯宽度、设备管理区疏散走道宽度及疏散距离等提出具体要求。

27.2.17 人行楼梯疏散往往是最安全、最快速的，对客流具有很好的调节作用。采用自动扶梯及人行楼梯结合的疏散方式，要根据客流及疏散时间、能力综合分析及计算，确定人行楼梯的宽度。

27.3 区间紧急疏散

27.3.1 轨道交通系统由于进行了设备的安全技术改进和改造，已大大提高了安全保障能力。在城市快速轨道交通系统新线的建设中，从设计、施工、运营的每一环节都有安全技术的专题论证并采用了大量先进的技术，使新线路的运营安全更加有保障。但是其火灾事故的危险性除系统本身的建筑、设备和车辆的安全技术性能外，乘客的防火意识和行为也直接影响到列车运行安全。一是乘客自身携带易爆危险品（如鞭炮、汽油等）进入车站和列车；二是乘客在车站和车厢内吸烟，随地乱扔烟头，引燃由乘客随意丢弃的垃圾。统计资料表明由此类原因引发的事故在地铁火灾事故中占有相当的比例。例如伦敦国王十字勋章地铁车站的四号自动扶梯火灾事故，经调查就是由乘客在自动扶梯上丢弃的烟头引燃了扶梯夹缝中的垃圾引起的。

城市轨道交通直线电机牵引系统必须设置有效的区间紧急疏散方案。在区间隧道发生灾害的特点是救援困难，救援时间长，必须对乘客进行广泛的宣传，提高公众防火意识，使乘客学会在危险情况时及时报警及安全避险。救援的主要原则就是有组织，有序及有效地制定各种灾害的方案是保障乘客安全的重要方式之一。

27.3.2 目前国内外轨道交通系统，乘客在区间内由列车疏散至隧道，再疏散至安全区域的方式主要有两种：第一种是通过列车车头或车尾降落至隧道道床的疏散门；第二种是隧道内列车乘客向侧向疏散平台疏散，乘客通过平台降落至道床及前方车站或通过联络通道疏散至邻侧非事故隧道。平台的设置高度应考虑线路曲线及超高情况下与车厢地板面的关系。城市轨道交通直线电机牵引系统，转子铺设在轨道轨枕上，高出轨面标高，为乘客在轨道道床上疏散增加了难度，采用侧向平台疏散的方式提供了较好的解决方案。香港西铁2007年02月14日，一列列车由锦上路站向荃湾西站行驶时，9时15分驶至大榄隧道内冒烟停驶，车长要求乘客保持冷静并打开车门，让乘客从侧向疏散平台紧急疏散，事件造成9人吸入浓烟不适，被送往医院。香港西铁大榄隧道约6km长，其疏散方式采用侧向疏散平台加联络通道方式，美国旧金山市的BART系统过海隧道（约6km长）同样采用此方式，也发生过一次火灾，乘客全部安全疏散。

27.3.3 对大于600m的单洞单线隧道提出设置联络通道的要求，可实现两条单洞相互提供相对安全的保证，同时联络通道内应设置甲级防火门供双方向疏散。对明挖及双圆盾构区段提出了疏散口的设置要求。

27.3.4 长大区间设置的中间风井有直通地面的条件，从防灾的角度要求结合设置疏散楼梯，楼梯的宽度应根据疏散策略和疏散人数计算。

27.3.5 当事故发生时，及时通知车辆驾驶人员是乘客避险的首要工作。在紧急情况下，乘客可以在车厢两端找到红色报警按钮或对讲，将车厢内的危险通知乘务人员。有组织疏散对于防灾避险也是十分重要的。当事故发生时，如有可能司机会尽量将列车开到邻近车站并将乘客安全疏散。应告知乘客应保持镇静，在车厢内听从车辆指挥广播，决不可自行脱离车厢。如果列车乘务人员不得不放弃列车时，必须告知乘客注意以下问题：一是脱离列车的方向应与危险方向相反；二是在乘务人员的帮助下，按照列车广播指示的方法有序地脱离现场；三是在隧道内疏散时应避开可能触电的危险，防止发生二次伤害。

27.4 消防给水与灭火设施

27.4.1 城市轨道交通直线电机牵引系统的消防给水水源非常重要，应保证有可靠的消防用水。延伸到城市郊区或规划引导型线路，有的没有城市自来水源，要选择打井或设置蓄水池、增设消防增压泵房的供水方式等。

27.4.2 由两路城市自来水管分别引入地下车站，与车站环状消防给水管网相接，这种方式可使该站及车站前后相应区间为消防的供水区段，优点是供水区段短，可利用城市自来水的压力，可不设置消防泵房，节省工程投资。

27.4.3、27.4.4 根据城市轨道交通直线电机牵引系统车站及区间规模、火灾规模，对消火栓给水系统用水量、消防水池的设置要求、消火栓给水系统设计要求提出具体规定，与现行国家标准《地铁设计规范》GB 50157及《建筑设计防火规范》GB 50016相关条文一致。

27.4.5 城市轨道交通直线电机牵引系统的机房设备房间多，但设备容量及占用面积较小，但考虑到系统性强，重要性高，又处于地下，灭火难度高，所以明确地下站通信及信号设备房、地下变电所应设置自动灭火系统。控制中心、车辆段及综合基地、主变电所一般为地面建筑，还有地面及高架车站的自动灭火装置的设置应按现行相关防火规范执行。

27.5 防烟、排烟与事故通风

27.5.1 为保持地下空气有足够的含氧量和满足散热的要求，在系统中都设有通风口，并在地面建有风亭，配有风机。当地下发生火灾时，通风机及时启动，并按所要求的方向尽快排除烟气，为人员疏散创造良好条件就成为救灾的重要手段。

27.5.2 良好的通透性设计为地面及高架车站采用自然排烟方式创造了条件。地面及高架车站建筑高度通常不高，火灾发生时烟气可通过热压作用直接在车站顶部、窗户或车站列车进出站敞开口部排除，加之人员的疏散方向是由上往下，采用自然排烟是安全、经济的，应首先选用。

27.5.3 根据国内外轨道交通火灾资料统计，发生灾害时造成的人员伤亡，绝大多数是被烟气熏倒、中毒、窒息，有效地防排烟是救援的重要组成部分。对于区间隧道，国内外多采用纵向通风及排烟的方式，要求人、烟气分向流动，用机械排烟设备使烟气在隧道内顺着一个方向流动并排出地面，人员从另一个方向撤离，这样易于脱险。对于特殊的区段，也可采用横向或半横向的排烟方式，应进行技术经济比较后确定。

27.5.4 对设置机械排烟系统的区域进行了规定。乘客经过的区域是火灾发生危险性较大的区域，采用足够的排烟设施是必需的，可以最大限度地减少火灾烟气造成的人员伤亡。设备及管理用房的排烟主要为保证工作人员、消防人员救灾及疏散，提出具体的规定。

27.5.6 轨道交通车站公共区防烟分区的划分与其他民用建筑不同，防烟分区面积决定了高温烟气波及面积，但车站的疏散路径是站台—扶梯、步梯—站厅—出入口通道—地面的过程，发生火灾时烟气弥漫的区域都是公共区，性质及危险性相同，采用较大的防烟分区不但没有降低排烟量的要求，而且加大了总排烟量，同时简化了排烟模式，提高应急反应速度。

27.5.7 地下空间狭小，多数系统都采用事故通风与正常通风系统合用的形式，对系统转换提出原则性要求。

27.5.8 对公共区、设备及管理用房区的防烟分区排烟量、补风提出具体要求。公共区站台发生火灾时，人员疏散至地面的时间最长，控制站厅至站台楼梯口

及扶梯口处向下 1.5m/s 的风速对烟气弥漫至站厅的控制有利，可保障站厅为相对安全区域，这对站台排烟能力提出了较高的要求，根据目前国内车站的通风系统设计，利用隧道风机及站台排烟系统联合站台排烟，对于标准车站是可以满足站厅至站台楼梯口及扶梯口处向下 1.5m/s 的风速要求。但随着部分中庭式建筑形式车站的出现，站厅到站台的楼梯和扶梯口开口面积较大，对这种形式的车站应加大中庭顶部的排烟能力，同时根据安全疏散时间的规定，进行防排烟模拟安全分析计算，确定防排烟气流组织方式及排烟量。

27.5.9 本条重点分情况规定了耐温要求，对地下系统的风机设计要求较高，高的标准其额定耐火极限可达到 400℃/h。直线电机系统排烟风机的耐温与现行国家标准《地铁设计规范》GB 50157 要求一致。

27.5.12 车站内防火阀的设置比较复杂，管线多空间狭小，风管相互穿越的几率很大，根据国内的轨道交通建设情况采用本条规定的设置方法较好地保证了防火性能，又能适当地简化系统。对重点的区域，例如防火分区隔墙、疏散走道、通风机房、重要的房间应落实好防火阀的设置。本条的原则也是与现行国家标准《建筑设计防火规范》GB 50016 基本一致。

27.6 防灾通信

27.6.1～27.6.6 防灾通信的可靠性是进行有效救援和灭火的重要技术保障。重要部位、机房内设有防灾电话插口或分机，直接与控制中心相连；高架运营线每隔 120m～150m 设有电话插孔；地下隧道区间每隔 100m 设有电话插座。使防灾指挥中心和抢险救援基地等指挥救援部门，与任何可能发生火灾的区域具备可靠的无线电话通信能力，其主要目的是及时发现并控制早期隐患，掌握火情的第一手资料。设置防火救援广播，发生危险时及时稳定乘客和救援人员的情绪，引导乘客和救援人员有序地脱离危险区域。在现代化的地铁系统中，公共广播系统平时大部分时间用于播放音乐，为旅客营造一个愉快的环境。当遇到紧急情况时，公共广播系统将及时切换，播放预先录好的录音，引导人们有秩序地疏散。闭路电视监视系统主要安装在车站、站厅、站台，用来监视客流疏散和指挥中心对现场情况的指挥和调度。

随着通信技术的发展，无线视频传输技术将日臻完善，国内的少数几条线路已经开始进行车厢内视频图像传输系统应用，届时防灾监视的手段将更加丰富。城市轨道交通直线电机牵引系统的防灾通信应跟踪先进技术，因地制宜地通过技术经济比较，合理选用。

27.7 防灾用电、电气防火与疏散指示标志

27.7.1～27.7.6 对消防设备应采用一级负荷供电。

提出了电气设备、电缆的绝缘防护材料选择的原则，地下与地上线路的选择原则应不同，对于高架及地面车站电缆的选择可适当地降低标准。地下线路的电气设备不允许采用油变压器和断路器。

27.7.7～27.7.9 在现代快速轨道交通系统中，车站的出入口、通道、疏散平台及阶梯等场所，都应设有明显的指示灯和引导人们疏散的指示标志，保证灾害情况下引导乘客疏散。车站与区间设置的事故照明、应急照明设备，在时间、照度上要按人员疏散和扑救火灾的要求进行设计。在地下线路的隧道区间和高架运营线路的适宜位置，也应设计事故照明和应急照明，通常与报警系统联动运行。

疏散指示标志的作用可在火灾初期能见度低的情况下，使疏散人员沿着灯光、发光疏散指示标志顺利疏散。本条的设计原则是与现行国家标准《建筑设计防火规范》GB 50016 一致的。

27.8 其他灾害预防

27.8.4 车站新风亭与活塞风亭直接与乘客、运营管理人员呼吸的新风质量相关，不宜设置在医院内。当线路站位选择无法避免时，应进行卫生防疫评估。

27.9 救援保障

27.9.1 在紧急情况下，基地和消防大队的抢险人员可以按照应急方案，协同抢险救援。充足而有效的救援灭火设备为防灾减灾提供了必要的物质保障。地铁系统常用的灭火专用设备有：

1 移动式排烟设备：其作用是迅速排除地下局部浓烟；

2 液压起重机：使故障车辆调整复位，使故障车能够及时脱离事故现场；

3 由专业人员驾驶的救生车（实用、轻型、耐久、灵活的轨道小车）：这是为使消防人员更快地到达火场而研制的一种专用运输工具；

4 应急照明设备；

5 通信指挥车；

6 热图像摄像机：这种设备对于确定火源位置和探测黑暗处的伤员非常有效，已经在伦敦等许多城市的地铁系统中使用；

7 可供使用 2h 的长效呼吸器；

8 甚高频、便携式综合通信设备等。

27.9.2、27.9.3 控制中心时刻掌握各线路上的列车位置和运行状况。行车调度员通过无线电通信设施与列车员保持联系，一旦发生紧急情况，行车指挥员可以控制整个局面，调度中心将成为通信联络、控制运行电路和隧道应急照明的指挥中心，协调各项救援行动。在现代化的快速轨道交通系统中，指挥中心和车辆段的消防、救援、抢险基地、邻近的消防大队及车站消防控制中心始终保持不间断的通信联系。

27.9.4 直线电机转子设置在轨道上，对区间隧道水位的监测至关重要，应加强全线泵站监视及控制功能。

27.9.5 城市轨道交通直线电机牵引系统在加强自救的同时，应快速与消防、公安、医疗救护部门建立联系，形成应急机制，降低灾害时人员伤亡数量。有条件时应定期进行联动演练。

27.9.6 提出控制中心应具有接收气象预报、地震预报的报警功能，为及时进行决策和防灾作准备。

28 环境保护

28.1 一般规定

28.1.3 建设项目环境影响报告书应由具有专项资质的评价单位针对建设项目在建设过程中以及建成投入使用后，对周围环境乃至区域总体环境有可能产生的影响，依据国家及地方政府现行的相关标准，进行全面的预测、评价，其评价意见和结论，污染防治的对策措施以及相关管理部门的审批意见，同样是设计依据和必须执行的内容。

28.1.6 由于土地资源是非常宝贵的自然资源，轨道交通工程环境保护设施的建筑和结构的用地受到一定的限制，布置一般比较紧凑，给日后的改、扩建带来一定困难。同时，这些建、构筑物的改、扩建工程量大，施工周期长，施工期将造成已建环保设施较长时间的停运，必将给环境带来不良的影响。因此，环保设施的主体结构，不易改、扩建的土建工程以及附设于轨道交通的主体设施上的预埋件必须按远期需要设置并与初期工程同步实施。

28.1.7 清洁生产指生产过程中，不采用任何有污染物产生的原材料和生产工艺，使生产过程不产生任何污染物。如采用太阳能和电能提供热源，采用免维护蓄电池等。

28.2 噪 声

28.2.1 《城市区域环境噪声适用区划分技术规范》GB/T 15190 将铁路包括轨道交通用地范围外一定距离以内的区域划分为 4 类标准适用区，距离的确定见表 21。

表 21 4 类标准适用区划分范围表

相邻区域类别	距离（m）
1	45±5
2	30±5
3	20±5

该距离的确定主要为城市规划控制提供依据，以免规划新建的噪声敏感区域与轨道交通线距离太近，给列车运行噪声防治带来困难。在上述距离以外的新

建项目，仍应采取有效的噪声防治措施，以保证列车运行噪声对新建项目的影响控制在现行国家标准《声环境质量标准》GB 3096 中相应区域噪声限值以内。

28.2.12 声屏障的声学原理：当噪声源发出的声波遇到声屏障时，它将沿三条路径传播，一部分越过声屏障顶端绕射到受声点；一部分穿透声屏障到达受声点；一部分在声屏障壁面上产生反射。声屏障的插入损失主要取决于声波沿这三条路径传播的声能分配。

声屏障的高度与其降噪效果直接有关，应通过计算确定。实践证明，设于线路两侧且高度低于 2.5m 的声屏障，对沿线噪声敏感目标的保护作用甚微。

28.3 振　　动

28.3.2 减振型轨下基础主要有浮置板轨道结构或 LVT 无砟轨道结构。浮置板有橡胶支座浮置板和金属弹簧支撑浮置板。金属弹簧浮置板较橡胶浮置板减振效果好，并具有易于安装和养护维修、使用寿命长等特点。橡胶支座浮置板，隔振效果可达 10dB～15dB。LVT 无砟轨道结构即弹性支承块轨道结构，减振效果理想，经测试较一般整体道床振动加速度可降低 30% 左右。

28.4 空 气 质 量

28.4.3 饮食业油烟排放标准，见表 22。

表 22　饮食业单位的油烟最高允许排放浓度和油烟净化设施最低去除效率（%）

规　　模	小　型	中　型	大　型
最高允许排放浓度（mg/m³）	2.0		
净化设施最低去除效率（%）	60	75	85

28.5 废　　水

28.5.1 地方人民政府可以制定严于国家污染物排放标准的地方污染物排放标准。凡是向水体排放污染物的，地方污染物排放标准应优先执行。

28.5.2 车辆基地的含铅废水主要来自蓄电池间，含铅废水应单独收集，并经过除铅处理后纳入段内排水系统；可通过使用无铅电池来减少污水排放。

28.5.3 在缺水或其他有需要地区，处理达标后的尾水建议考虑回用。根据回用的水质要求，合理选择处理工艺。

28.6 其　　他

28.6.2 轨道交通交流供电系统为工频 50Hz，牵引采用直流供电，而现行国家标准《电磁辐射防护规定》GB 8702 中防护限值适用频率范围为 100GHz～300GHz。但考虑到变电所或供电系统中开关动作时及车辆运行时接触网与受电弓出现电弧，瞬时可能产生高频辐射，故要求其电磁辐射污染应符合现行国家标准《电磁辐射防护规定》GB 8702 的防护限值。

中华人民共和国行业标准

城镇道路路面设计规范

Code for pavement design of urban road

CJJ 169—2012

批准部门：中华人民共和国住房和城乡建设部
施行日期：2012年7月1日

中华人民共和国住房和城乡建设部
公 告

第 1223 号

关于发布行业标准《城镇道路
路面设计规范》的公告

现批准《城镇道路路面设计规范》为行业标准，编号为 CJJ 169-2012，自 2012 年 7 月 1 日起实施。其中，第 6.2.5 条为强制性条文，必须严格执行。

本规范由我部标准定额研究所组织中国建筑工业

出版社出版发行。

中华人民共和国住房和城乡建设部

2011 年 12 月 19 日

前 言

根据原建设部《关于印发〈2007 年工程建设标准规范制订、修订计划（第一批）〉的通知》（建标〔2007〕125 号）的要求，规范编制组经深入调查研究，认真总结国内外科研成果和大量实践经验，并在广泛征求意见的基础上，编制了本规范。

本规范的主要技术内容是：总则；术语、符号和代号；基本规定；路基、垫层与基层；沥青路面；水泥混凝土路面；砌块路面；其他路面；路面排水。

本规范中以黑体字标志的条文为强制性条文，必须严格执行。

本规范由住房和城乡建设部负责管理和对强制性条文的解释，由上海市政工程设计研究总院（集团）有限公司负责具体技术内容的解释，执行过程中如有意见和建议，请寄送上海市政工程设计研究总院（集团）有限公司（地址：上海市中山北二路 901 号，邮政编码：200092）。

本 规 范 主 编 单 位：	上海市政工程设计研究总院（集团）有限公司
本 规 范 参 编 单 位：	同济大学
	北京市市政工程设计研究总院
	天津市市政工程设计研究院
本规范主要起草人员：	徐 健　温学钧　郑晓光
	许志鸿　李立寒　聂大华
	王晓华　朱兆芳　何昌轩
	乔英娟　杨 群　张慧敏
	臧金萍　谷李忠　王维刚
本规范主要审查人员：	杨孟余　陈炳生　郭忠印
	张 汎　丁建平　马国纲
	黎 军　刘清泉

目　次

Contents

1 总 则

1.0.1 为适应我国城镇道路建设发展的需要，提高路面设计质量和技术水平，保证路面工程安全、可靠、耐久，做到技术先进，经济合理，制定本规范。

1.0.2 本规范适用于新建和改建的城镇道路的路面设计。

1.0.3 路面设计应符合国家环境和生态保护的规定，鼓励设计节能降耗型路面，积极应用路面材料再生技术。

1.0.4 路面设计除应符合本规范外，尚应符合国家现行有关标准的规定。

2 术语、符号和代号

2.1 术 语

2.1.1 沥青路面 asphalt pavement
铺筑沥青面层的路面。

2.1.2 水泥混凝土路面 cement concrete pavement
铺筑水泥混凝土面层的路面。

2.1.3 砌块路面 block stone pavement
用一定形状的石料或人工预制砌块铺筑面层的路面。

2.1.4 当量轴次 equivalent single axle loads
按变形、应力或疲劳断裂损坏等效原则，将不同车型、不同轴载作用次数换算成与标准轴载相当的轴载作用次数。

2.1.5 累计当量轴次 cumulative equivalent axle loads
在设计基准期内，设计车道上或临界荷位处的当量轴次总和。

2.1.6 设计基准期 design reference period
在进行路面结构可靠度设计时，考虑持久设计状况下各项基本变量与时间关系所取用的基准时间参数。

2.1.7 可靠度 reliability
结构在规定的时间内，规定的条件下，完成预定功能的概率。

2.1.8 目标可靠度 objective reliability
综合考虑工程安全度和工程经济性等方面的因素而确定的最佳可靠度。

2.1.9 半刚性基层 semi-rigid base
用无机结合料稳定粒料或土类材料铺筑的基层。

2.1.10 刚性基层 rigid base
用普通混凝土、碾压混凝土、贫混凝土、钢筋混凝土与连续配筋混凝土等材料铺筑的基层。

2.1.11 柔性基层 flexible base
用热拌或冷拌沥青混合料、沥青贯入式碎石与粒料类等材料铺筑的基层。

2.1.12 透层 prime coat
在非沥青材料基层上喷洒乳化沥青、液体沥青而形成透入基层表面一定深度的薄层。

2.1.13 粘层 tack coat
在沥青层与沥青层、沥青层与水泥混凝土路面之间洒布的沥青材料薄层。

2.1.14 封层 seal coat
在沥青面层或基层上铺筑的有一定厚度的沥青混合料薄层。

2.1.15 设计弯沉值 design deflection
根据设计基准期内一个车道上预计通过的累计当量轴次、道路等级、面层和基层类型而确定的路表弯沉值。

2.1.16 容许拉应变 allowable tensile strain
根据累计标准轴载作用次数，利用修正后沥青混合料疲劳方程计算确定的沥青层层底临界位置的拉应变。

2.1.17 容许拉应力 allowable tensile stress
半刚性材料的抗拉强度与抗拉强度结构系数之比。

2.1.18 容许剪应力 allowable shear stress
沥青混合料的抗剪强度与抗剪强度结构系数之比。

2.1.19 抗拉强度结构系数 tensile strength structural coefficient
考虑半刚性材料疲劳破坏特性的安全系数。

2.1.20 抗剪强度结构系数 shear strength structural coefficient
考虑沥青混合料剪切疲劳破坏特性的安全系数。

2.1.21 最不利季节 worst season
路基路面结构处于最不利工作状态的季节。

2.1.22 可靠度系数 reliability coefficient
为保证所设计的结构具有规定的可靠度，而在极限状态设计表达式中采用的单一综合系数。

2.2 符 号

2.2.1 作用和作用效应：

l_s——轮隙中心处路表计算的弯沉值；

N_a——以设计弯沉值、沥青层剪应力和沥青层层底拉应变为指标时的当量轴次；

N_c——水泥混凝土路面标准轴载的作用次数；

N_e——设计基准期内沥青路面一个车道上的累计当量轴次；

N'_e——设计基准期内水泥混凝土面层临界荷位所承受的累计当量轴次；

N_i——各类轴型 i 级轴载的作用次数；

n_i——被换算车型的各级轴载作用次数；

N_p——设计基准期内公交车停车站或交叉口进口道同一位置停车的累计当量轴次；

N_s——以半刚性基层层底拉应力为设计指标时的当量轴次；

N_1——沥青路面营运第一年单向日平均当量轴次；

N'_1——水泥混凝土路面设计车道使用初期的标准轴载日作用次数；

P——标准轴载；

p——标准轴载的轮胎接地压强；

P_i——被换算车型的各级轴载；

P'_i——单轴-单轮、单轴-双轮组或三轴-双轮组轴型 i 级轴载的总重；

ε_t——柔性基层沥青层层底计算的最大拉应变；

σ_m——半刚性材料基层层底计算的最大拉应力；

σ_{pr}——行车荷载疲劳应力；

σ_{ps}——标准轴载在四边自由板的临界荷位处产生的荷载应力；

σ_s——钢筋应力；

σ_{tm}——最大温度梯度时混凝土板的温度翘曲应力；

σ_{tm1}——分离式双层混凝土板上层的最大温度翘曲应力；

σ_{tm2}——结合式双层混凝土板下层的最大温度翘曲应力；

σ_{tr}——温度梯度疲劳应力；

τ_m——沥青面层计算的最大剪应力。

2.2.2 设计参数和计算系数：

B_x——综合温度翘曲应力和内应力作用的温度应力系数；

F——弯沉综合修正系数；

f_h——水平力系数；

k_c——考虑偏载和动载等因素对路面疲劳损坏影响的综合系数；

k_f——考虑设计基准期内荷载应力累计疲劳作用的疲劳应力系数；

K_r——抗剪强度结构系数；

k_r——考虑接缝传荷能力的应力折减系数；

k_s——粘结刚度系数；

K_{sr}——无机结合料稳定集料类的抗拉强度结构系数；

K_{st}——无机结合料稳定细粒土类的抗拉强度结构系数；

k_t——考虑温度应力累计疲劳作用的疲劳应力系数；

M——面层与基层之间的磨阻系数；

n——轴型和轴载级位数；

t——设计基准期；

T_g——水泥混凝土面层的最大温度梯度标准值；

α_c——混凝土的线膨胀系数；

α_s——钢筋线膨胀系数；

γ——设计基准期内交通量的平均年增长率；

γ_a——沥青路面可靠度系数；

γ_c——水泥混凝土路面可靠度系数；

δ_i——轴-轮型系数；

η——设计车道分布系数；

η_s——临界荷位处的车辆轮迹横向分布系数；

λ_c——混凝土温缩应力系数；

ρ——配筋率；

ρ_f——钢纤维的体积率；

φ——钢筋刚度贡献率。

2.2.3 几何参数：

d_s——钢筋直径；

L_d——横向裂缝平均间距；

r——单层混凝土板的相对刚度半径；

r_g——双层混凝土板的相对刚度半径；

δ——当量圆半径。

2.2.4 材料性能和路面抗力：

E_0——路基抗压回弹模量值；

E_c——水泥混凝土的弯拉弹性模量；

E'_c——旧混凝土的弯拉弹性模量标准值；

E_i——各层材料抗压回弹模量值；

E_t——基层顶面当量回弹模量；

E'_t——基层顶面的当量回弹模量标准值；

f'_r——旧混凝土弯拉强度标准值；

f_{sp}——旧混凝土劈裂强度标准值；

$\overline{f}_{sp}$——旧混凝土劈裂强度测定值的均值；

l_a——路表面弯沉检测标准值；

l_d——路表设计弯沉值；

l_0——路段内实测路表弯沉代表值；

$\overline{l}_0$——路段内实测路表弯沉平均值；

l'_0——旧路面的计算弯沉代表值；

S_m——沥青表面层材料的 $60℃$ 抗压回弹模量；

$[\varepsilon_R]$——沥青层材料的容许拉应变；

$[\sigma_R]$——半刚性材料的容许拉拉强度；

σ_s——半刚性材料劈裂强度；

w_l——受荷板接缝边缘处的弯沉值；

$\overline{w}$——平均弯沉值。

2.3 代　号

2.3.1 材料类型：

AC——密级配沥青混合料；

AM——半开级配沥青碎石；

ATB——密级配沥青稳定碎石；

ATPB——开级配沥青稳定碎石；

OGFC——开级配沥青磨耗层；

SMA——沥青玛琋脂碎石混合料。

2.3.2 路表特性：

SFC_{60}——横向力系数；

TD——构造深度。

3 基本规定

3.1 一般规定

3.1.1 道路路面的面层、基层与垫层等各结构层应符合下列规定：

1 面层应具有足够的结构强度、稳定性和平整、抗滑、耐磨与低噪声等表面特性。

2 基层应具有足够的强度和扩散应力的能力。

3 垫层应具有一定的强度和良好的水稳定性。

3.1.2 道路路面设计应符合下列规定：

1 根据道路的地理地质条件、路基土特性、路基水文及气候环境状况，考虑强度、刚度、稳定性和耐久性因素，进行路基路面整体结构综合设计。

2 因地制宜、合理选材、降低能耗，充分利用再生材料。

3 应便于施工，利于养护并减少对周边环境及生态的影响。

4 交叉口进口道和公交车停靠站路段应进行特殊设计。

5 应具有行车安全、舒适和与环境、生态及社会协调的综合效益。

3.1.3 道路路面可分为沥青路面、水泥混凝土路面和砌块路面三大类，各面层类型及适用范围宜符合下列规定：

1 沥青路面面层类型包括沥青混合料、沥青贯入式和沥青表面处治。沥青混合料适用于各交通等级道路；沥青贯入式与沥青表面处治路面适用于中、轻交通道路。

2 水泥混凝土路面面层类型包括普通混凝土、钢筋混凝土、连续配筋混凝土与钢纤维混凝土，适用于各交通等级道路。

3 砌块路面适用于支路、广场、停车场、人行道与步行街。

3.2 设计要素

3.2.1 路面设计基准期应符合表 3.2.1 规定。

表 3.2.1　路面设计基准期

道路等级	路 面 类 型		
	沥青路面	水泥混凝土路面	砌块路面
快速路	15 年	30 年	—
主干路	15 年	30 年	—
次干路	15 年	20 年	10 年（20 年）
支　路	10 年	20 年	

注：砌块路面采用混凝土预制块时，设计基准期为 10 年；
　　采用石材时，设计基准期为 20 年。

3.2.2 标准轴载应符合下列规定：

1 路面设计应以双轮组单轴载 100kN 为标准轴载，以 BZZ-100 表示。标准轴载的计算参数应符合表 3.2.2 的规定。

表 3.2.2　标准轴载计算参数

标准轴载	BZZ-100
标准轴载 P（kN）	100
轮胎接地压强 p（MPa）	0.70
单轮传压面当量圆直径 d（cm）	21.30
两轮中心距（cm）	1.5d

2 设计交通量的计算应将不同轴载的各种车辆换算成 BZZ-100 标准轴载的当量轴次。大型公交车比例较高的道路或公交专用道的设计，可根据实际情况，经论证选用适当的轴载和计算参数。

3.2.3 沥青路面轴载换算和设计交通量应符合下列规定：

1 沥青路面以设计弯沉值、沥青层剪应力和沥青层层底拉应变为设计指标时，各种轴载换算成标准轴载 P 的当量轴次 N_a 应按下式计算：

$$N_a = \sum_{i=1}^{K} C_1 \cdot C_2 n_i \left(\frac{P_i}{P}\right)^{4.35} \quad (3.2.3\text{-}1)$$

式中：N_a——以设计弯沉值、沥青层剪应力和沥青层层底拉应变为设计指标时的当量轴次（次/d）；

n_i——被换算车型的各级轴载作用次数（次/d）；

P——标准轴载（kN）；

P_i——被换算车型的各级轴载（kN）；

C_1——被换算车型的轴数系数；

C_2——被换算车型的轮组系数，单轮组为 6.4，双轮组为 1.0，四轮组为 0.38；

K——被换算车型的轴载级别。

当轴间距大于或等于 3m 时，应按一个单独的轴载计算；当轴间距小于 3m 时，双轴或多轴的轴数系数应按下式计算：

$$C_1 = 1 + 1.2(m-1) \quad (3.2.3\text{-}2)$$

式中：m——轴数。

2 当沥青路面以半刚性基层层底拉应力为设计指标时，各种轴载换算成标准轴载 P 的当量轴次 N_s 应按下式计算：

$$N_s = \sum_{i=1}^{K} C_1' C_2' n_i \left(\frac{P_i}{P}\right)^{8} \quad (3.2.3\text{-}3)$$

式中：N_s——以半刚性基层层底拉应力为设计指标时的当量轴次（次/d）；

C_1'——被换算车型的轴数系数；

C_2'——被换算车型的轮组系数，单轮组为 18.5，双轮组为 1.0，四轮组为 0.09。

以拉应力为设计指标时，双轴或多轴的轴数系数应按下式计算：

$$C_1' = 1 + 2(m-1) \quad (3.2.3-4)$$

3 应根据预测交通量，考虑各种车型的交通组成（或比例），将不同车型的轴载换算成标准轴载的当量轴次，求得营运第一年单向日平均当量轴次。

4 设计基准期内交通量的年平均增长率应在项目可行性研究报告等资料基础上，经研究分析确定。

5 沥青路面设计车道分布系数宜依据道路交通组成、交通管理情况，通过实地调查确定，也可按表3.2.3选定。当上下行交通量或重车比例有明显差异时，可区别对待，可按上下行交通特点分别进行厚度设计。

表3.2.3 设计车道分布系数

车道特征	车道分布系数
单向单车道	1.00
单向两车道	0.65～0.95
单向三车道	0.50～0.80
单向四车道	0.40～0.70

6 沥青路面设计基准期内一个车道上的累计当量轴次应按下式计算：

$$N_e = \frac{[(1+\gamma)^t - 1] \times 365}{\gamma} \cdot N_1 \cdot \eta$$

$$(3.2.3-5)$$

式中：N_e——设计基准期内一个车道上的累计当量轴次（次/车道）；

t——设计基准期（年）；

N_1——路面营运第一年单向日平均当量轴次（次/d）；

γ——设计基准期内交通量的年平均年增长率（%）；

η——设计车道分布系数。

3.2.4 水泥混凝土路面轴载换算和设计交通量应符合下列规定：

1 不同轴-轮型和轴载的作用次数换算为标准轴载的当量轴次应按下列公式计算：

$$N_c = \sum_{i=1}^{n} \delta_i N_i \left(\frac{P_i'}{100}\right)^{16} \quad (3.2.4-1)$$

$$\delta_i = 2.22 \times 10^3 P_i^{-0.43} \quad (3.2.4-2)$$

或

$$\delta_i = 1.07 \times 10^{-5} P_i^{-0.22} \quad (3.2.4-3)$$

或

$$\delta_i = 2.24 \times 10^{-8} P_i^{-0.22} \quad (3.2.4-4)$$

式中：N_c——标准轴载的当量轴次；

P_i'——单轴-单轮、单轴-双轮组或三轴-双轮组轴型 i 级轴载的总重（kN）；

n——轴型和轴载级位数；

N_i——各类轴型 i 级轴载的作用次数；

δ_i——轴-轮型系数，单轴-双轮组时，$\delta_i = 1$；单轴-单轮时，按式（3.2.4-2）计算；双轴-双轮组时，按式（3.2.4-3）计

算；三轴-双轮组时，按式（3.2.4-4）计算。

2 设计基准期内水泥混凝土面层临界荷位所承受的累计当量轴次应按下式计算：

$$N_e' = \frac{N_1' \times [(1+\gamma)^t - 1] \times 365}{\gamma} \eta_s$$

$$(3.2.4-5)$$

式中：N_e'——水泥混凝土路面设计基准期内临界荷位所承受的累计当量轴次（次）；

N_1'——水泥混凝土路面设计车道使用初期的当量轴载日作用次数（次/d）；

η_s——水泥混凝土路面临界荷位处的车辆轮迹横向分布系数，可按表3.2.4选用。

表3.2.4 车辆轮迹横向分布系数（η_s）

道路等级		纵缝边缘处
快速路、主干路		0.17～0.22
次干路及以下道路	行车道宽>7m	0.34～0.39
	行车道宽≤7m	0.54～0.62

注：行车道较宽或者交通量较大时，取高值；反之，取低值。

3.2.5 交通等级可根据累计轴次按表3.2.5的规定划分为4个等级。

表3.2.5 交通等级

交通等级	沥青路面	水泥混凝土路面
	累计当量轴次 N_e（万次/车道）	累计当量轴次 N_e'（万次）
轻	<400	<3
中	400～1200	3～100
重	1200～2500	100～2000
特重	>2500	>2000

注：非机动车道、人行道及步行街路面结构应按轻型交通确定。

3.2.6 路面设计环境要素应符合下列规定：

1 沥青路面面层的使用性能气候分区应按本规范附录A确定。

2 水泥混凝土面层的最大温度梯度标准值（T_g），根据道路所在地的道路自然区划，可按表3.2.6-1选用。

表3.2.6-1 最大温度梯度标准值（T_g）

道路自然区划	II、V	III	IV、VI	VII
最大温度梯度（℃/m）	83～88	90～95	86～92	93～98

注：海拔高时，取高值；湿度大时，取低值。

3 在冰冻地区，沥青路面总厚度不应小于表

3.2.6-2 规定的最小防冻厚度；水泥混凝土路面总厚度不应小于表 3.2.6-3 规定的最小防冻厚度。

表 3.2.6-2　沥青路面最小防冻厚度（cm）

路基类型	道路冻深	黏性土、细亚砂土路床			粉性土路床		
		砂石类	稳定土类	工业废料类	砂石类	稳定土类	工业废料类
中湿	50~100	40~45	35~40	30~35	45~50	40~45	30~40
	100~150	45~50	40~45	35~40	45~50	40~45	35~45
	150~200	50~60	45~55	40~50	50~60	45~55	40~50
	>200	60~70	55~65	50~55	70~75	60~70	50~65
潮湿	60~100	45~55	40~50	35~45	45~55	40~50	35~45
	100~150	55~65	50~60	45~55	55~65	50~65	50~60
	150~200	60~70	55~65	50~60	65~75	60~70	60~70
	>200	70~80	65~70	55~65	80~90	70~90	65~80

注：1　对潮湿系数小于 0.5 的地区，Ⅱ、Ⅲ、Ⅳ等干旱地区防冻厚度应比表中值减少 15%~20%；

　　2　对Ⅱ区砂性土路基防冻厚度应相应减少 5%~10%。

表 3.2.6-3　水泥混凝土路面最小防冻厚度

路基类型	路基土质	当地最大冰冻深度（m）			
		0.50~1.00	1.01~1.50	1.51~2.00	>2.00
中湿	低、中、高液限黏土	0.30~0.50	0.40~0.60	0.50~0.70	0.60~0.95
	粉土，粉质低、中液限黏土	0.40~0.60	0.50~0.70	0.60~0.85	0.70~1.10
潮湿	低、中、高液限黏土	0.40~0.60	0.50~0.70	0.60~0.90	0.75~1.20
	粉土，粉质低、中液限黏土	0.45~0.70	0.55~0.80	0.70~1.00	0.80~1.30

注：1　冻深小或填方路段，或者基层、垫层为隔湿性能良好的材料，可采用低值；冻深大或挖方及地下水位高的路段，或者基层、垫层为隔湿性能较差的材料，应采用高值；

　　2　冻深小于 0.5m 的地区，可不考虑结构层防冻厚度。

3.2.7　路面可靠度设计标准应符合表 3.2.7 的规定。

表 3.2.7　路面可靠度设计标准

道路等级	快速路	主干路	次干路、支路
目标可靠度	95%	90%	85%
变异水平等级	低	低~中	中~高

3.2.8　路面抗滑性能应符合下列规定：

　　1　快速路、主干路沥青路面在质量验收时抗滑性能指标应符合表 3.2.8-1 的规定，次干路、支路、非机动车道、人行道及步行街按表 3.2.8-1 执行。

表 3.2.8-1　沥青路面抗滑性能指标

年平均降雨量（mm）	质量验收值	
	横向力系数 SFC_{60}	构造深度 TD（mm）
>1000	≥54	≥0.55
500~1000	≥50	≥0.50
250~500	≥45	≥0.45

注：1　应采用测定速度为 60km/h±1km/h 时的横向力系数（SFC_{60}）作为控制指标；

　　2　路面宏观构造深度可用铺砂法或激光构造深度仪测定。

　　2　水泥混凝土路面抗滑性能在质量验收时，应符合表 3.2.8-2 的规定。

表 3.2.8-2　水泥混凝土面层的表面构造深度要求（mm）

道路等级	快速路、主干路	次干路、支路
一般路段	0.70~1.10	0.50~0.90
特殊路段	0.80~1.20	0.60~1.00

注：1　对快速路和主干路特殊路段系指立交、平交或变速车道等处，对于次干路、支路特殊路段系指急弯、陡坡、交叉口或集镇附近；

　　2　年降雨量 600mm 以下的地区，表列数值可适当降低；

　　3　非机动车道、人行道及步行街可按本表执行。

4　路基、垫层与基层

4.1　路　基

4.1.1　路基应稳定、密实、均质，具有足够的强度、稳定性、抗变形能力和耐久性。

4.1.2　路基设计应符合下列规定：

　　1　在不利季节，路基顶面设计回弹模量值，对快速路和主干路不应小于 30MPa；对次干路和支路不应小于 20MPa。当不能满足上述要求时，应采取措施提高路基的回弹模量。

　　2　路床应处于干燥或中湿状态。

4.1.3　岩石或填石路基顶面应铺设整平层，整平层可采用未筛分碎石和石屑或低剂量水泥稳定粒料，其厚度应根据路基顶面的不平整情况确定，宜为 100mm~200mm。

4.2　垫　层

4.2.1　在下述情况下，应在基层下设置垫层：

　　1　季节性冰冻地区的中湿或潮湿路段。

　　2　地下水位高、排水不良，路基处于潮湿或过湿状态。

　　3　水文地质条件不良的土质路堑，路床土处于潮湿或过湿状态。

4.2.2 垫层宜采用砂、砂砾等颗粒材料，小于 0.075mm 的颗粒含量不宜大于 5%。

4.2.3 排水垫层应与边缘排水系统相连接，厚度宜大于 150mm，宽度不宜小于基层底面的宽度。

4.3 基 层

4.3.1 基层可采用刚性、半刚性或柔性材料。

4.3.2 基层类型宜根据交通等级按表 4.3.2-1 选用，各类基层最小厚度应符合表 4.3.2-2 的规定。

表 4.3.2-1 适宜各交通等级的基层类型

交通等级	基 层 类 型
特重	贫混凝土、碾压混凝土、水泥稳定粒料、石灰粉煤灰稳定粒料、水泥粉煤灰稳定粒料
重	水泥稳定粒料、沥青稳定碎石基层、石灰粉煤灰稳定粒料、水泥粉煤灰稳定粒料
中或轻	沥青稳定碎石基层、水泥稳定类、石灰稳定类、水泥粉煤灰稳定类、石灰粉煤灰稳定类或级配粒料基层

表 4.3.2-2 各类基层最小厚度

基层类型		最小厚度 (mm)
刚性基层	贫混凝土或碾压混凝土基层	150
	多孔混凝土排水基层	150
半刚性基层	水泥稳定类基层	150
	石灰稳定类基层	150
	水泥粉煤灰稳定类基层	150
	石灰粉煤灰稳定类基层	150
柔性基层	沥青稳定碎石基层 (ATB) ATB-25	80
	ATB-30	90
	ATB-40	120
	半开级配沥青碎石基层 (AM) AM-25	80
	AM-40	120
	沥青稳定碎石排水基层 (ATPB) ATPB-25	80
	ATPB-30	90
	ATPB-40	120
	级配碎石	80
	级配砾石	80

4.3.3 半刚性基层应符合下列规定：

　　1 半刚性基层应具有足够的强度和稳定性、较小的温缩和干缩变形及较强的抗冲刷能力，在冰冻地区应具有一定的抗冻性。

　　2 在冰冻、多雨潮湿地区，石灰粉煤灰稳定类材料宜用于特重、重交通的下基层。石灰稳定类材料宜用于各类交通等级的下基层以及中、轻交通的基层。

　　3 用作上基层的半刚性材料宜选用骨架密实型级配，应具有一定的强度、抗疲劳开裂性能与抗冲刷能力。

　　4 各类半刚性材料的压实度和 7d 龄期无侧限抗压强度代表值应符合表 4.3.3-1～表 4.3.3-4 的规定。

表 4.3.3-1 水泥稳定类材料的压实度与 7d 龄期抗压强度

层位	稳定类型	特重交通		重、中交通		轻交通	
		压实度 (%)	抗压强度 (MPa)	压实度 (%)	抗压强度 (MPa)	压实度 (%)	抗压强度 (MPa)
上基层	集料	≥98	3.5～4.5	≥98	3～4	≥97	2.5～3.5
	细粒土	—	—	—	—	≥96	
下基层	集料	≥97	≥2.5	≥97	≥2.0	≥96	≥1.5
	细料土	≥96		≥96		≥95	

表 4.3.3-2 水泥粉煤灰稳定类材料的压实度与 7d 龄期抗压强度

层位	类别	特重、重、中交通		轻交通	
		压实度 (%)	抗压强度 (MPa)	压实度 (%)	抗压强度 (MPa)
上基层	集料	≥98	1.5～3.5	≥97	1.2～1.5
下基层	集料	≥97	≥1.0	≥96	≥0.6

表 4.3.3-3 石灰粉煤灰稳定类材料的压实度与 7d 龄期抗压强度

层位	稳定类型	特重、重、中交通		轻交通	
		压实度 (%)	抗压强度 (MPa)	压实度 (%)	抗压强度 (MPa)
上基层	集料	≥98	≥0.8	≥97	≥0.6
	细粒土	—		≥96	
下基层	集料	≥97	≥0.6	≥96	≥0.5
	细料土	≥96		≥95	

表 4.3.3-4 石灰稳定类材料的压实度与 7d 龄期抗压强度

层位	类别	重、中交通		轻交通	
		压实度 (%)	抗压强度 (MPa)	压实度 (%)	抗压强度 (MPa)
上基层	集料	—		≥97	≥0.8
	细粒土	—		≥95	
下基层	集料	≥97	≥0.8	≥96	≥0.7
	细料土	≥95		≥95	

注：1 对于轻交通道路，在低塑性土（塑性指数小于 10）地区，石灰稳定砂砾土和碎石土的 7d 龄期抗压强度应大于 0.5MPa；

　　2 轻交通支路，压实有困难时，石灰稳定细粒土压实度可降低 1%。

4.3.4 刚性基层应符合下列规定：

1 刚性基层适用于重交通、特重交通及港区等的道路工程。

2 贫混凝土基层材料的强度要求应符合表4.3.4-1的规定。

表 4.3.4-1 贫混凝土基层材料的强度要求（MPa）

试验项目	特重、重交通	中交通
7d 龄期抗压强度	9.0～15.0	7.0～12.0
28d 龄期抗压强度	12.0～20.0	9.0～16.0
28d 龄期抗弯拉强度	2.5～3.5	2.0～3.0

3 多孔混凝土基层材料的强度要求应符合表4.3.4-2的规定。

表 4.3.4-2 多孔混凝土基层材料的强度要求（MPa）

试验项目	特重	重
7d 龄期抗压强度	5.0～8.0	3.0～5.0
28d 龄期抗弯拉强度	1.5～2.5	1.0～2.0

4 刚性基层应设置横缝和纵缝，并应灌入填缝料，其上应设置粘结层。

4.3.5 柔性基层应符合下列规定：

1 热拌沥青碎石宜用于重交通及以下道路的基层；级配碎石可用于中、轻交通道路的下基层及轻交通道路的基层；级配砾石可用于轻交通道路的下基层。

2 密级配沥青稳定碎石（ATB）、半开级配沥青碎石（AM）和开级配沥青稳定碎石（ATPB），混合料配合比设计技术要求应符合表4.3.5的规定。

表 4.3.5 沥青稳定碎石马歇尔试验配合比设计技术要求

试验项目	单位	密级配沥青稳定碎石（ATB）	半开级配沥青碎石（AM）	开级配沥青稳定碎石（ATPB）
公称最大粒径	mm	26.5	≥31.5	≥26.5	≥26.5
马歇尔试件尺寸	mm	φ101.6×63.5	φ152.4×95.3	φ152.4×95.3	φ152.4×95.3
击实次数（双面）	次	75	112	112	75
空隙率①	%	3～6		12～18	≥18
稳定度	kN	≥7.5	≥15	—	—
流值	mm	1.5～4	实测		
沥青饱和度	%	55～70		—	—
沥青膜厚度	μm	—	—		>12
谢伦堡沥青析漏试验的结合料损失	%	—	—		≤0.2
肯塔堡飞散试验的混合料损失或浸水飞散试验	%	—	—		≤20

续表 4.3.5

试验项目	单位	密级配沥青稳定碎石（ATB）	半开级配沥青碎石（AM）	开级配沥青稳定碎石（ATPB）
密级配基层ATB的矿料间隙率不小于（%）	设计空隙率（%）	ATB-40	ATB-30	ATB-25
	4	11	11.5	12
	5	12	12.5	13
	6	13	13.5	14

注：① 在干旱地区，可将密级配沥青稳定碎石基层的空隙率适当放宽到8%。

4.3.6 旧路面再生混合料应符合下列规定：

1 应在对旧路面材料充分调查分析的基础上，根据工程要求、道路等级、气候条件、交通情况，充分借鉴成功经验，进行再生混合料设计。

2 热再生沥青混合料的技术要求应符合热拌沥青混合料技术要求的规定。

3 用作道路基层时，使用乳化沥青、泡沫沥青的冷再生沥青混合料技术要求应符合表4.3.6-1的规定；使用无机结合料稳定旧路面沥青混合料技术要求应符合表4.3.6-2的规定。

表 4.3.6-1 乳化沥青、泡沫沥青冷再生沥青混合料的技术要求

试验项目		乳化沥青	泡沫沥青
空隙率（%）		9～14	—
15℃劈裂试验	劈裂强度（MPa）	≥0.4	≥0.4
	干湿劈裂强度比（%）	≥75	≥75
40℃马歇尔试验	马歇尔稳定度（kN）	≥5.0	≥5.0
	浸水马歇尔残留稳定度（%）	≥75	≥75
冻融劈裂强度比（%）		≥70	≥70

注：宜使用劈裂试验作为设计要求。

表 4.3.6-2 无机结合料稳定旧沥青混合料技术要求

试验项目		水泥		石灰	
		特重、重	中、轻	重	中、轻
7d 龄期抗压强度（MPa）	上基层	3.0～5.0	2.5～3.0	—	≥0.8
	下基层	1.5～2.5	1.5～2.0	≥0.8	0.5～0.7

5 沥 青 路 面

5.1 一 般 规 定

5.1.1 沥青路面设计应包括交通量预测与分析，材料选择，混合料配合比设计，设计参数的测试和确定，路面结构组合设计与厚度计算，路面排水系统设计。

5.1.2 沥青路面在设计基准期内应具有足够的抗车辙、抗裂、抗疲劳的品质和良好的平整、抗滑、耐磨与低噪声性能等使用功能要求。

5.2 面层类型与材料

5.2.1 应根据使用要求、气候特点、交通荷载与结构层功能要求等因素，结合沥青层厚度和当地经验，合理地选择各结构层的沥青混合料类型，宜符合下列规定：

　　1 表面层宜选用 SMA、AC-C 和 OGFC 沥青混合料。

　　2 在各个沥青层中至少有一层应为密级配沥青混合料。

5.2.2 热拌沥青混合料应符合下列规定：

　　1 主要类型应符合表 5.2.2-1 的规定。根据集料在关键性筛孔上的通过百分率，将密级配 AC 混合料可分为粗型和细型两类。关键性筛孔尺寸以及在该筛孔上通过百分率应符合表 5.2.2-2 的规定。

表 5.2.2-1　热拌沥青混合料类型

沥青混合料类型		混合料代号	最大粒径（mm）	公称最大粒径（mm）
密级配沥青混凝土（AC）	AC-5	砂粒式	9.5	4.75
	AC-10	细粒式	13.2	9.5
	AC-13		16	13.2
	AC-16	中粒式	19	16
	AC-20		26.5	19
	AC-25	粗粒式	31.5	26.5
沥青玛琋脂碎石混合料（SMA）	SMA-10	细粒式	13.2	9.5
	SMA-13		16	13.2
	SMA-16	中粒式	19	16
	SMA-20		26.5	19
开级配沥青磨层（OGFC）	OGFC-10	细粒式	13.2	9.5
	OGFC-13		16	13.2
半开级配沥青碎石（AM）	AM-13	细粒式	16	13.2
	AM-16	中粒式	19	16
	AM-20		26.5	19

表 5.2.2-2　粗型和细型密级配沥青混凝土的关键性筛孔通过率

混合料类型	用以分类的关键性筛孔（mm）	粗型密级配		细型密级配	
		名称	关键性筛孔通过率（%）	名称	关键性筛孔通过率（%）
AC-10	2.36	AC-10C	<45	AC-10F	>45
AC-13	2.36	AC-13C	<40	AC-13F	>40
AC-16	2.36	AC-16C	<38	AC-16F	>38
AC-20	4.75	AC-20C	<45	AC-20F	>45
AC-25	4.75	AC-25C	<40	AC-25F	>40

　　2 宜根据本规范附录 B 表 B.1 级配范围或实践经验采用马歇尔试验法进行配合比设计，应选用实体工程的原材料。

　　3 性能技术要求应符合下列规定：

　　　1）高温稳定性应采用车辙试验的动稳定度来评价。按交通等级、结构层位和温度分区的不同，应分别符合表 5.2.2-3 的要求。对交叉口进口道和公交车停靠站路段及长大陡纵坡路段的沥青混合料，应提高一个交通等级进行设计。

表 5.2.2-3　热拌沥青混合料动稳定度技术要求（次/mm）

交通等级	结构层位	温度分区			
		1-1、1-2、1-3、1-4	2-1	2-2、2-3、2-4	3-2
轻、中	上	≥1500	≥800	≥1000	≥800
	中、下	≥1000	≥800	≥800	≥800
重	上、中	≥3000	≥2000	≥2500	≥1500
	下	≥1200	≥800	≥800	≥800
特重	上、中	≥5000	≥4000	≥4000	≥2000
	下	≥1500	≥1000	≥1500	≥800

　　　2）水稳定性技术要求应符合表 5.2.2-4 的规定。

表 5.2.2-4　热拌沥青混合料水稳定性技术要求

年降水量（mm）	≥500	<500
冻融劈裂强度比（%）	≥75	≥70
浸水马歇尔残留稳定度（%）	≥80	≥75

注：对多雨潮湿地区的重交通、特重交通等道路，其冻融劈裂强度比的指标值可增加至 80%。

　　　3）应根据气候条件检验密级配沥青混合料的低温抗裂性能，热拌沥青混合料低温性能技术要求宜符合表 5.2.2-5 的规定。

表 5.2.2-5　热拌沥青混合料低温性能技术要求

气候条件及技术指标	年极端最低气温（℃）			
	<−37.0	−21.5~−37.0	−9.0~−21.5	>−9.0
普通沥青混合料极限破坏应变（10^{-6}）	≥2600	≥2300	≥2000	
改性沥青混合料极限破坏应变（10^{-6}）	≥3000	≥2800	≥2500	

5.2.3 沥青表面处治设计应符合下列规定：

　　1 沥青表面处治分为单层、双层、三层，单层厚度宜为 10mm～15mm，双层厚度宜为 15mm～25mm，三层厚度宜为 25mm～30mm。

2 沥青表面处治采用道路石油沥青或乳化沥青作为结合料，集料的规格与用量应符合本规范附录 B 表 B.2 的规定。

5.2.4 稀浆罩面设计应符合下列规定：

1 稀浆罩面分为微表处和稀浆封层，所用集料的级配组成应符合本规范附录 B 表 B.3 的规定。

2 微表处混合料类型、稀浆封层混合料类型、单层厚度要求及其适用性应符合表 5.2.4-1 的规定。

表 5.2.4-1 微表处与稀浆封层类型及其适用性

封层类型	材料规格	单层厚度 (mm)	适 用 性
微表处	MS-2 型	4～7	中交通等级快速路和主干路的罩面
	MS-3 型	8～10	重交通快速路、主干路的罩面
稀浆封层	ES-1 型	2.5～3	支路、停车场的罩面
	ES-2 型	4～7	轻交通次干路的罩面，以及新建道路的下封层
	ES-3 型	8～10	中交通次干路的罩面，以及新建道路的下封层

3 微表处混合料与稀浆封层混合料的技术要求应符合表 5.2.4-2 的规定。

表 5.2.4-2 微表处混合料和稀浆封层混合料技术要求

试验项目		微表处	稀浆封层	
			快开放交通型	慢开放交通型
可拌合时间（s）	25℃	≥120	≥120	≥180
黏聚力试验 (N·m)	30min	≥1.2	≥1.2	—
	60min	≥2.0	≥2.0	—
负荷车轮粘附砂量（g/m²）		≤450	≤450①	
湿轮磨耗损失 (g/m²)	浸水 1h	≤540	≤800	
	浸水 6d	≤800		
轮辙变形试验的宽度变化率（%）②		≤5	—	

注：① 用于轻交通量道路的罩面和下封层时，可不要求粘附砂量指标。
　　② 微表处混合料用于修复车辙时，应进行轮辙试验。

5.2.5 沥青面层用材料包括沥青材料、集料、填料、纤维和各类外加剂，应符合下列规定：

1 沥青材料品种与标号的选择应根据道路等级、气候条件、交通量及其组成、面层结构与层次、施工工艺等因素，结合当地使用经验确定，并应符合表 5.2.5-1 的规定。

表 5.2.5-1 沥青材料的适用范围

沥青材料类型	适 用 范 围
道路石油沥青	中交通的表面层、重交通的中下面层以及特重交通的下面层
改性沥青	特重交通、重交通、交叉口进口道、公交车专用道与停靠站、长大纵坡、气候严酷地区的沥青路面
乳化沥青	透层、粘层、稀浆封层、冷拌沥青混合料与表面处治
改性乳化沥青	交通量较大或重要道路的粘层、稀浆封层、桥面铺装的粘层、表面处治、冷拌沥青混合料、微表处等
液体石油沥青	透层、表面处治或冷拌沥青混合料
泡沫沥青	厂拌冷再生混合料、就地冷再生混合料

2 粗集料可选用碎石或轧制的碎砾石，支路可选用经筛选的砾石，并应符合下列规定：

1）粗集料规格应符合本规范附录 B 表 B.4 的规定。

2）沥青表面层所用粗集料的磨光值技术要求应符合表 5.2.5-2 的规定。

表 5.2.5-2 粗集料磨光值（PSV）的技术要求

年降雨量（mm）	快速路与主干路	次干路	支 路
>1000	≥42	≥40	≥38
500～1000	≥40	≥38	≥36
250～500	≥38	≥36	—
<250	≥36	—	—

3）对年平均降雨量在 1000mm 以上地区的快速路和主干路，表面层所用粗集料与沥青的粘附性应达到 5 级；其他情况粘附性不宜低于 4 级。

3 细集料可选用机制砂、天然砂、石屑，并应符合下列规定：

1）细集料应洁净、无杂质、干燥、无风化，并应具有一定棱角性，应符合本规范附录 B 表 B.5 的规定。

2）天然砂宜选用中砂、粗砂，天然河砂不宜超过细集料总质量的 20%。

3）在 SMA 混合料和 OGFC 混合料中不宜使

用天然砂。

　　4 矿粉应采用石灰石等碱性石料磨细的石粉。

　　5 纤维稳定剂应根据混合料类型与使用要求合理选用。

5.3 路面结构组合设计

5.3.1 沥青面层结构应符合下列规定：

　　1 双层式沥青面层结构分为表面层、下面层。

　　2 三层式沥青面层结构分为表面层、中面层、下面层。

　　3 单层式面层应加铺封层，或者铺筑微表处作为抗滑磨耗层。

5.3.2 面层各层的混合料类型应与交通荷载等级以及使用要求相适应，并应符合下列规定：

　　1 表面层应选用优质混合料铺设，并根据道路交通等级选择。

　　　1）轻交通道路，宜选用密级配细型 AC-F 混合料。

　　　2）中交通道路，宜选用密级配粗型 AC-C 混合料。

　　　3）特重交通和重交通道路，应选用 SMA 混合料或密级配粗型 AC-C 混合料，结合料应使用改性沥青。

　　　4）支路可选用沥青表面处治、沥青封层或沥青贯入式。

　　　5）交通量小的支路可选用冷拌沥青混合料。

　　2 中面层和下面层应采用密级配 AC 混合料。在特重交通和重交通道路上，宜使用 SMA 混合料或改性沥青密级配 AC 混合料。

　　3 在年平均降雨量大于 800mm 的地区，快速路宜选用开级配沥青混合料 OGFC 作为沥青表面磨耗层或者排水路面的表面层。

5.3.3 各类沥青面层的厚度应与混合料最大公称粒径相匹配，沥青混合料一层的最小压实厚度宜符合下列规定：

　　1 AC 混合料路面厚度不宜小于混合料公称最大粒径的 3 倍。

　　2 SMA 混合料和 OGFC 混合料路面厚度不宜小于混合料公称最大粒径的 2.5 倍。

　　3 沥青混合料的最小压实厚度与适宜厚度宜符合表 5.3.3-1 的规定，沥青贯入式、沥青表面处治的压实厚度与适宜厚度宜符合表 5.3.3-2 的规定。

表 5.3.3-1 沥青混合料的最小压实厚度及适宜厚度

沥青混合料类型		最大粒径 (mm)	公称最大粒径 (mm)	符号	最小压实厚度 (mm)	适宜厚度 (mm)
密级配沥青混合料 (AC)	砂粒式	9.5	4.75	AC-5	15	15～30
	细粒式	13.2	9.5	AC-10	20	25～40
		16	13.2	AC-13	35	40～60

续表 5.3.3-1

沥青混合料类型		最大粒径 (mm)	公称最大粒径 (mm)	符号	最小压实厚度 (mm)	适宜厚度 (mm)
密级配沥青混合料 (AC)	中粒式	19	16	AC-16	40	50～80
		26.5	19	AC-20	50	60～100
	粗粒式	31.5	26.5	AC-25	70	80～120
沥青玛琋脂碎石混合料 (SMA)	细粒式	13.2	9.5	SMA-10	25	25～50
		16	13.2	SMA-13	30	35～60
	中粒式	19	16	SMA-16	40	40～70
		26.5	19	SMA-20	50	50～80
开级配沥青磨耗层 (OGFC)	细粒式	13.2	9.5	OGFC-10	20	20～30
		16	13.2	OGFC-13	30	30～40
半开级配沥青碎石 (AM)	细粒式	16	13.2	AM-13	35	40～60
	中粒式	19	16	AM-16	40	40～70
		26.5	19	AM-20	50	60～80

表 5.3.3-2 沥青贯入式、沥青表面处治压实最小厚度与适宜厚度

结构层类型	最小压实厚度（mm）	适宜厚度（mm）
沥青贯入式	40	40～80
沥青表面处治	10	10～30

5.3.4 特重交通道路应适当加厚面层或采取措施提高沥青混合料的抗剪强度。

5.3.5 应减少半刚性基层沥青路面收缩开裂和反射裂缝，可选择采取下列措施：

　　1 适当增加沥青层的厚度。

　　2 在半刚性材料层上设置沥青稳定碎石或级配碎石等柔性基层。

　　3 在半刚性基层上设置应力吸收层或铺设经实践证明有效的土工合成材料等。

5.3.6 沥青路面各结构层之间应保持紧密结合，并应符合下列规定：

　　1 各个沥青层之间应设粘层。

　　2 各类基层上宜设透层。

　　3 快速路、主干路的半刚性基层上应设下封层。

5.3.7 非机动车道、人行道与步行街采用沥青路面铺装时，沥青混合料面层厚度不应小于 30mm，沥青石屑、沥青砂面层厚度不应小于 20mm。

5.4 路面结构设计指标与要求

5.4.1 沥青路面结构设计应满足结构整体刚度、沥青层或半刚性基层抗疲劳开裂和沥青层抗变形的要求。应根据道路等级与类型选择路表弯沉值、柔性基层沥青层层底拉应变、半刚性材料基层层底拉应力和沥青层剪应力作为沥青路面结构设计指标，并应符合下列规定：

1 快速路、主干路和次干路应采用路表弯沉值、半刚性材料基层层底拉应力、沥青层剪应力或柔性基层沥青层层底拉应变作为设计指标。

2 支路可仅采用路表弯沉值为设计指标。

3 可靠度系数可根据当地相关研究成果选择；当无资料时可按表 5.4.1 取用。

表 5.4.1 可靠度系数

变异水平等级	目标可靠度（%）		
	95	90	85
低	1.05～1.10	1.03～1.06	1.00～1.03
中	—	1.06～1.10	1.03～1.06
高	—	—	1.06～1.10

5.4.2 沥青路面结构设计的各项设计指标应符合下列规定：

1 轮隙中心处路表计算的弯沉值应小于或等于路表的设计弯沉值，应满足下式要求：

$$\gamma_a l_s \leqslant l_d \qquad (5.4.2-1)$$

式中：γ_a——沥青路面可靠度系数，可按本规范第 5.4.1 条规定的方法确定；

l_s——轮隙中心处路表计算的弯沉值（0.01mm），可按本规范第 5.5.2 条的规定进行计算；

l_d——路表的设计弯沉值（0.01mm），可按本规范第 5.4.3 条规定的方法确定。

2 柔性基层沥青层层底计算的最大拉应变应小于或等于材料的容许拉应变，应满足下式要求：

$$\gamma_a \varepsilon_t \leqslant [\varepsilon_R] \qquad (5.4.2-2)$$

式中：ε_t——柔性基层沥青层层底计算的最大拉应变，可按本规范第 5.5.3 条的规定进行计算；

$[\varepsilon_R]$——沥青层材料的容许拉应变，可按本规范第 5.4.4 条规定的方法确定。

3 半刚性材料基层层底计算的最大拉应力应小于或等于材料的容许抗拉强度，应满足下式要求：

$$\gamma_a \sigma_m \leqslant [\sigma_R] \qquad (5.4.2-3)$$

式中：σ_m——半刚性材料基层层底计算的最大拉应力（MPa），可按本规范第 5.5.4 条规定的方法计算；

$[\sigma_R]$——半刚性材料的容许抗拉强度（MPa），可按本规范第 5.4.5 条规定的方法确定。

4 沥青面层计算的最大剪应力应小于或等于材料的容许抗剪强度，应满足下式要求：

$$\gamma_a \tau_m \leqslant [\tau_R] \qquad (5.4.2-4)$$

式中：τ_m——沥青面层计算的最大剪应力（MPa），可按本规范第 5.5.5 条的规定进行计算；

$[\tau_R]$——沥青面层的容许抗剪强度（MPa），可按本规范第 5.4.6 条规定的方法确定。

5.4.3 沥青路面路表设计弯沉值应根据道路等级、设计基准期内累计当量轴次、面层和基层类型按下式计算确定：

$$l_d = 600 N_e^{-0.2} A_c A_s A_b \qquad (5.4.3)$$

式中：A_c——道路等级系数，快速路、主干路为 1.0，次干路为 1.1，支路为 1.2；

A_s——面层类型系数，沥青混合料为 1.0，热拌、温拌或冷拌沥青碎石、沥青贯入式和沥青表面处治为 1.1；

A_b——基层类型系数，无机结合料类（半刚性）基层为 1.0，沥青类基层和粒料基层为 1.6。

5.4.4 沥青路面材料的容许拉应变 $[\varepsilon_R]$ 应按下列公式计算确定：

$$[\varepsilon_R] = 0.15 E_m^{-1/3} 10^{M/4} N_e^{-1/4} \qquad (5.4.4-1)$$

$$M = 4.84 \left(\frac{V_b}{V_b + V_a} - 0.69 \right) \qquad (5.4.4-2)$$

式中：M——沥青混合料空隙率与有效沥青含量的函数；

E_m——沥青混合料 20℃动态回弹模量（MPa）；

V_b——有效沥青含量，以体积比计，（%）；

V_a——空隙率（%）。

5.4.5 半刚性材料的容许抗拉强度应按下式计算：

$$[\sigma_R] = \frac{\sigma_s}{K_s} \qquad (5.4.5-1)$$

式中：σ_s——对水泥稳定类材料，为 90d 龄期的劈裂强度；对二灰稳定类和石灰稳定类材料，为 180d 龄期的劈裂强度；对水泥粉煤灰稳定材料，为龄期 120d 龄期的劈裂强度（MPa）；

K_s——抗拉强度结构系数，应依据结构层的混合料类型按下列要求进行计算：

1） 无机结合料稳定集料类的抗拉强度结构系数应按下式计算：

$$K_{sr} = 0.35 N_e^{0.11} / A_c \qquad (5.4.5-2)$$

2） 无机结合料稳定细粒土类的抗拉强度结构系数应按下式计算：

$$K_{st} = 0.45 N_e^{0.11} / A_c \qquad (5.4.5-3)$$

5.4.6 沥青混面层材料的容许抗剪强度应按下式计算：

$$[\tau_R] = \frac{\tau_s}{K_r} \qquad (5.4.6)$$

式中：τ_s——沥青面层材料的 60℃抗剪强度（MPa），可按附录 C 表 C.1 或附录 D 试验确定；

K_r——抗剪强度结构系数，对一般行驶路段 $K_r = 1.2/A_c$；对交叉口和公交车停车站缓慢制动路段 $K_r = 0.39 N_p^{0.15}/A_c$。

N_p——公交车停车站或交叉口设计基准期内同一位置停车的累计当量轴次。

5.4.7 路面质量验收时，应对沥青路面弯沉进行检测和验收，并应符合下列规定：

1 应在不利季节采用 BZZ-100 标准轴载实测轮隙中心处路表弯沉值，实测弯沉代表值应按下式计算：

$$l_0 = (\overline{l_0} + Z_a S) K_1 K_3 \qquad (5.4.7\text{-}1)$$

式中：l_0——路段内实测路表弯沉代表值（0.01mm）；

$\overline{l_0}$——路段内实测路表弯沉平均值（0.01mm）；

S——路段内实测路表弯沉标准差（0.01mm）；

Z_a——与保证率有关的系数，快速路、主干路 $Z_a=1.645$，其他等级道路沥青路面 $Z_a=1.5$；

K_1——季节影响系数，可根据当地经验确定；

K_3——温度修正系数，可根据当地经验确定。

2 应按最后确定的路面结构厚度与材料模量，计算道路表面弯沉检测标准值 l_a，实测弯沉代表值应满足下式要求：

$$l_0 \leqslant l_a \qquad (5.4.7\text{-}2)$$

式中：l_a——路表面弯沉检测标准值（0.01mm），按最后确定的路面结构厚度与材料模量计算的路表面弯沉值。

3 检测代表弯沉值应用标准轴载 BZZ-100 的汽车实测路表弯沉值，若为非标准轴载应进行换算。对半刚性基层结构宜采用 5.4m 的弯沉仪；对柔性结构可采用 3.6m 的弯沉仪测定。检测时，当沥青厚度小于或等于 50mm 时，可不进行温度修正；其他情况下均应进行温度修正。若在非不利季节测定，应考虑季节修正。

4 测定弯沉时应以 1km～3km 为一评定路段。检测频率视道路等级每车道每 10m～50m 测一点，快速路、主干路每公里检测不少于 80 个点，次干路及次干路以下等级道路每公里检测不少于 40 个点。

5.5 路面结构层的计算

5.5.1 新建沥青路面结构设计应采用双圆垂直均布荷载作用下的弹性层状连续体系理论进行计算。路面荷载与计算点如图 5.5.1 所示。

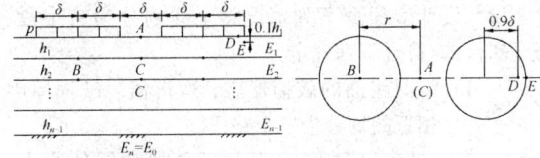

图 5.5.1 路面荷载与计算点

5.5.2 路表弯沉值计算点位置应为双轮轮隙中心点 A，计算弯沉值应按下列公式计算：

$$l_s = 1000 \frac{2p\delta}{E_1} \alpha_w \cdot F \qquad (5.5.2\text{-}1)$$

$$\alpha_w = f\left(\frac{h_1}{\delta}, \frac{h_2}{\delta}, \cdots \frac{h_{n-1}}{\delta}, \frac{E_2}{E_1}, \frac{E_3}{E_2}, \cdots \frac{E_0}{E_{n-1}}\right) \qquad (5.5.2\text{-}2)$$

$$F = 1.63 \left(\frac{l_s}{2000\delta}\right)^{0.38} \left(\frac{E_0}{p}\right)^{0.36} \qquad (5.5.2\text{-}3)$$

式中：p——标准轴载下的轮胎接地压强（MPa）；

δ——当量圆半径（cm）；

α_w——理论弯沉系数；

E_0——路基抗压回弹模量值（MPa）；

E_1、E_2……E_{n-1}——各层材料抗压回弹模量值（MPa）；

h_1、h_2……h_{n-1}——各结构层设计厚度（cm）；

F——弯沉综合修正系数。

5.5.3 柔性基层沥青层层底拉应变的计算点位置应为沥青层底面单圆中心点 B 或双圆轮隙中心点 C，并应取较大值作为层底拉应变。柔性基层沥青层层底的最大拉应变应按下列公式计算：

$$\varepsilon_t = \frac{p}{E_m} \overline{\varepsilon_t} \qquad (5.5.3\text{-}1)$$

$$\overline{\varepsilon_t} = \left(\frac{h_1}{\delta}, \frac{h_2}{\delta}, \cdots \frac{h_{n-1}}{\delta}, \frac{E_{m2}}{E_{m1}}, \frac{E_{m3}}{E_{m2}}, \cdots \frac{E_{m0}}{E_{mn-1}}\right) \qquad (5.5.3\text{-}2)$$

式中：$\overline{\varepsilon_t}$——理论最大拉应变系数；

E_{m1}、E_{m2}……E_{mn-1}——各层材料动态抗压回弹模量值（MPa）；

E_{m0}——路基动态抗压回弹模量值（MPa）。

5.5.4 半刚性材料基层层底拉应力的计算点应为半刚性基层层底单圆荷载中心处 B 或双圆轮隙中心 C，并取较大值作为层底拉应力。层底最大拉应力应按下列公式计算：

$$\sigma_m = p \overline{\sigma_m} \qquad (5.5.4\text{-}1)$$

$$\overline{\sigma_m} = f\left(\frac{h_1}{\delta}, \frac{h_2}{\delta}, \cdots \frac{h_{n-1}}{\delta}, \frac{E_2}{E_1}, \frac{E_3}{E_2}, \cdots \frac{E_0}{E_{n-1}}\right) \qquad (5.5.4\text{-}2)$$

式中：$\overline{\sigma_m}$——理论最大拉应力系数；

E_1、E_2……E_{n-1}——各层材料抗压回弹模量值（MPa）。

5.5.5 沥青面层剪应力最大值计算点位置应取荷载外侧边缘路表距单圆荷载中心点 0.9δ 的点 D 或离路表 $0.1h_1$ 距单圆荷载中心点 δ 的点 E，并取较大值作为面层剪应力，应按下列公式计算：

$$\tau_m = p \overline{\tau_m} \qquad (5.5.5\text{-}1)$$

$$\overline{\tau_m} = f\left(f_h, \frac{h_1}{\delta}, \frac{h_2}{\delta}, \cdots \frac{h_{n-1}}{\delta}, \frac{E_2}{S_m}, \frac{E_3}{E_2}, \cdots \frac{E_0}{E_{n-1}}\right) \qquad (5.5.5\text{-}2)$$

式中： $\bar{\tau}_m$——理论最大剪应力系数；

S_m——沥青表面层材料60℃抗压回弹模量值（MPa）；

E_2、E_3……E_{n-1}——各层材料抗压回弹模量值（MPa）；

f_h——水平力系数，对于一般行驶路段为0.5；对于公交车停车站、交叉口等缓慢制动路段为0.2。

5.5.6 路面设计抗压回弹模量、劈裂强度和抗剪强度等设计参数应根据道路等级和设计阶段的要求确定，并应符合下列规定：

1 可行性研究阶段可按本规范附录C确定设计参数。

2 快速路、主干路初步设计或次干路（含）以下道路施工图设计时，可借鉴本地区已有的试验资料或工程经验确定。

3 快速路、主干路施工图设计时，设计参数应通过试验确定。当采用新材料时，必须实测设计参数。

5.5.7 材料设计参数的确定应符合下列规定：

1 计算路表弯沉时，设计参数应采用抗压回弹模量，沥青层模量取20℃时的抗压回弹模量。计算路表弯沉值时，抗压回弹模量设计值 E 应按下式计算：

$$E = \bar{E} - Z_a S \qquad (5.5.7\text{-}1)$$

式中：$\bar{E}$——各试件模量的平均值（MPa）；

S——各试件模量的标准差；

Z_a——保证率系数，取2.0。

2 计算柔性基层沥青层层底拉应变时，沥青层模量采用20℃回弹模量，可按本规范附录C表C.3或附录E试验确定；半刚性基层的模量设计值，可按本规范附录C表C.3取值，松散粒料与土基模量可采用下式计算确定：

$$E_{m0} = 17.63(CBR)^{0.64} \qquad (5.5.7\text{-}2)$$

式中：E_{m0}——松散粒料与土基回弹模量（MPa）；

CBR——加州承载比（%）。

3 计算半刚性基层层底拉应力时，设计参数应采用抗压回弹模量，沥青层模量取15℃时的抗压回弹模量。

半刚性材料应在规定的龄期下测试抗压回弹模量，水泥稳定类材料的龄期为90d、二灰稳定类和石灰稳定类材料的龄期为180d、水泥粉煤灰稳定材料的龄期为120d。

计算层底拉应力时应考虑模量的最不利组合。在计算层底拉应力时，计算层以下各层的模量应采用式（5.5.7-1）计算其模量设计值；计算层及以上各层模量应采用式（5.5.7-3）计算其模量设计值。

$$E = \bar{E} + Z_a S \qquad (5.5.7\text{-}3)$$

4 计算沥青层剪应力时，设计参数采用抗压回弹模量，沥青上面层取60℃的抗压回弹模量，可按本规范附录C表C.1取用，模量设计值采用式（5.5.7-1）计算，中下沥青面层取20℃的抗压回弹模量，模量设计值采用式（5.5.7-3）计算。

5 路基回弹模量应在不利季节用标准承载板实测确定；当受条件限制时，可在土质与水文条件相近的临近路段测定，亦可现场取土样在室内测定。

5.5.8 沥青路面结构设计宜按下列主要步骤进行：

1 根据道路等级、使用要求、交通条件、投资水平、材料供应、施工技术等确定路面等级、面层类型，初拟路面结构整体结构类型；

2 根据土质、水文状况、工程地质条件、施工条件等，将路基分段，确定土基回弹模量；

3 收集调查交通量，计算设计基准期内一个方向上设计车道的累计当量轴次；

4 进行路面结构组合设计，确定各层材料设计参数；

5 根据道路等级和基层类型确定设计指标（设计弯沉、容许抗拉强度、容许抗剪强度、容许拉应变），根据面层类型、道路等级和变异水平等级确定可靠度系数；

6 进行路面结构厚度设计，路面结构设计应满足各设计指标要求；

7 对于季节性冰冻地区应验算防冻厚度；

8 按全寿命周期费用分析的理念进行技术经济对比，确定路面结构方案。

5.6 加铺层结构设计

5.6.1 沥青路面加铺层设计应符合下列规定：

1 应调查旧路面现状，分析路面损坏原因，对路面破损程度进行分段评价。旧路面的主要调查分析宜包括下列主要内容：

1）调查破损情况包括裂缝率、车辙深度、修补面积等。

2）评价旧路面结构承载能力。

3）进行分层钻孔取样和试验，采集沥青混合料和基层、路基的样品，分析破坏原因，判断其破坏层位和利用的可能性。

4）钻孔取样调查路床范围内路基土的分层含水量与土质类型及承载力等，分析路基的稳定性、强度以及路基路面范围内排水状况等。

2 设计应根据下列情况将全线划分为若干段。分段时，应符合下列规定：

1）将旧路面的破损形态、弯沉值、破损原因相近的划分为一个路段。

2）在同一路段内，若局部路段弯沉值很大，可先修补处理再进行补强，此时，该段计算代表弯沉时可不考虑个别弯沉值大的点。

3）宜按 1km 为单位对路况进行评价。在水文、土质条件复杂或需要特殊处理的路段，其分段最小长度可视实际情况确定。

3 各路段的计算弯沉代表值 l'_0 应按下式计算：

$$l'_0 = (\overline{l'_0} + Z_a S)K_1 K_2 K_3 \quad (5.6.1\text{-}1)$$

式中：l'_0——旧路面的计算弯沉代表值（0.01mm）；

$\overline{l'_0}$——旧路面的计算弯沉平均值（0.01mm）；

K_2——湿度影响系数，根据当地经验确定。

4 旧沥青路面处理应符合下列规定：

1）沥青路面整体强度基本符合要求，车辙深度小于 10mm，轻度裂缝而平整度及抗滑性能差时，可直接加铺罩面，恢复表面使用功能。

2）对中度、重度裂缝段宜视具体情况铣刨路面，否则，应进行灌缝、修补坑槽等处理，必要时采取防裂措施后再加铺沥青层。对沥青层网裂、龟裂或沥青老化的路段应进行铣刨并清除干净，并设粘层沥青后，再加铺沥青层。

3）对整体强度不足或破损严重的路段，视路面破损程度确定挖除深度、范围以及加铺层的结构和厚度。

5 可用沥青混合料罩面、表面处治或其他预防性养护措施改善提高沥青表面层的服务功能。一般单层沥青混合料罩面厚度可为 30mm～50mm；超薄磨耗层厚度宜为 20mm～25mm。也可选用稀浆封层、微表处或养护剂等处治措施。

6 旧路面当量回弹模量的计算应符合下列规定：

1）各路段的当量回弹模量应根据各路段的计算弯沉值，按下式计算：

$$E_t = 1000 \frac{2p\delta}{l'_0} m_1 m_2 \quad (5.6.1\text{-}2)$$

式中：E_t——旧路面的当量回弹模量（MPa）；

m_1——用标准轴载的汽车在旧路面上测得的弯沉值与用承载板在相同压强条件下所测得的回弹变形值之比，即轮板对比值，应根据各地的对比试验结果论证确定，在没有对比试验资料的情况下，可取 $m_1 = 1.1$ 进行计算；

m_2——旧路面当量回弹模量扩大系数。计算与旧路面接触的补强层层底拉应力时，m_2 按下式计算；计算其他补强层层底拉应力、拉应变及弯沉值时，$m_2 = 1.0$。

$$m_2 = e^{0.037\frac{h'}{\delta}\left(\frac{E_{n-1}}{p}\right)^{0.25}} \quad (5.6.1\text{-}3)$$

式中：E_{n-1}——与旧路面接触层材料的抗压模量（MPa）；

h'——各补强层换算为与旧路面接触层 E_{n-1} 相当的等效总厚度（cm）。

2）等效总厚度按下式计算：

$$h' = \sum_{i=1}^{n-1} h_i (E_i/E_{n-1})^{0.25} \quad (5.6.1\text{-}4)$$

式中：E_i——第 i 层补强层材料的抗压回弹模量（MPa）；

h_i——第 i 层补强层的厚度（cm）；

$n-1$——补强层层数。

7 加铺层结构设计应符合下列规定：

1）当强度不足时应进行补强设计，设计方法与新建路面相同。

2）加铺层的结构设计，应根据旧路面综合评价、道路等级、交通量，考虑与周围环境相协调，结合纵、横断面调坡设计等因素，选用直接加铺或开挖旧路至某一结构层位，采取加铺一层或多层沥青补强层，或加铺半刚性基层、贫混凝土基层等结构层设计方案。

8 加铺层设计宜符合下列步骤：

1）计算旧路面的当量回弹模量。

2）拟定几种可行的结构组合及设计层，并确定各补强层的材料参数。

3）根据加铺层的类型确定设计指标，当以路表回弹弯沉为设计指标时，弯沉综合修正系数宜按下式计算：

$$F = 1.45 \left(\frac{l_s}{2000\delta}\right)^{0.61} \left(\frac{E_t}{p}\right)^{0.61} \quad (5.6.1\text{-}5)$$

4）采用弹性层状体系理论设计程序计算设计层的厚度或进行结构验算。对季节性冰冻地区的中、潮湿路段还应验算防冻厚度。

5）根据各方案的计算结果，进行技术经济比较，确定补强设计方案。

5.6.2 水泥混凝土路面加铺沥青路面应符合下列规定：

1 旧水泥混凝土路面调查内容如下：

1）调查破碎板块、开裂板块、板边角的破损状况，计算每公里断板率。调查纵、横向接缝拉开宽度、错台位置与高度，计算错台段的平均错台高度；调查板底脱空位置等。

2）用落锤式弯沉仪或贝克曼弯沉仪进行测定旧水泥混凝土路面承载能力、接缝传荷能力与板底脱空状况。

3）选择典型路面状况，分层钻芯取样，测定旧混凝土强度、模量等，分析破坏原因。

2 旧路面接缝传荷能力的评价应符合下列规定：

1）横向接缝两侧板边的弯沉差宜按下式计算：

$$\Delta_w = w_l - w_u \quad (5.6.2\text{-}1)$$

式中：Δ_w——弯沉差（0.01mm）；

w_u——未受荷板接缝边缘处的弯沉值（mm）；

w_l——受荷板接缝边缘处的弯沉值（mm）。

2）测定横向接缝两侧板边的弯沉时，宜用平均弯沉值评价混凝土板的承载能力，并区分不同情形对旧板进行处治。平均弯沉值应按下式计算：

$$\overline{w} = \frac{w_u + w_l}{2} \qquad (5.6.2\text{-}2)$$

式中：$\overline{w}$——平均弯沉值（0.01mm）。

3 根据破损调查和承载能力测试资料，旧水泥混凝土路面加铺层设计宜符合表5.6.2的规定。若路面结构承载能力不满足现有交通要求，应采取补强层措施。

4 沥青加铺层可设单层、双层或三层沥青面层，应根据具体情况增加调平层或补强层等。在稳定的旧水泥混凝土板上加铺沥青层时，对快速路、主干路厚度不宜小于100mm，其他道路不宜小于70mm。

表5.6.2 不同路面破损条件下旧水泥混凝土路面处理方法

旧路面状况	评价等级	平均弯沉值（0.01mm）	修补方法
路面破损状况	优和良	20～45	局部处理：更换破碎板、修补开裂板块、脱空板灌浆，使处治后的路段代表弯沉值低于20（0.01mm），然后加铺沥青层。
	中及中以下	>45	采取打裂或各种碎石化技术将混凝土板打碎，压实，然后加铺
接（裂）缝传荷能力不足	—	$\Delta_w \geqslant 6$	压浆填封，或增加传力杆，或采取打裂工艺消除垂直、水平方向变形，然后加铺沥青层。
板底脱空	—	—	灌浆或打裂工艺压实，消除垂直、水平方向变形，使路面稳定，然后加铺沥青层

5 在旧水泥混凝土路面上加铺沥青层时宜采用热沥青、改性乳化沥青或改性沥青做粘层。宜设置20mm～25mm厚的聚合物改性沥青应力吸收层、橡胶沥青应力吸收层，或铺设长纤维无纺聚酯类土工织物等。

6 路面状况评价等级为中等及以下的旧水泥混凝土沥青加铺设计宜符合下列规定：

1）当旧路面板接缝或裂缝处平均弯沉大于45

（0.01mm），小于或等于70（0.01mm）时，宜采取打裂措施，消除旧混凝土板脱空，与基层紧密结合稳定后，再加铺结构层。

2）当旧路面板接缝或裂缝处平均弯沉大于70（0.01mm）或旧混凝土板破碎严重时，可采用碎石化技术将旧路面板破碎成小块或碎石，作为下基层或垫层用。

6 水泥混凝土路面

6.1 一般规定

6.1.1 水泥混凝土路面设计方案，应根据交通等级，结合当地气候、水文、土质、材料、施工技术、环境保护等，通过技术经济分析确定。水泥混凝土路面设计应包括结构组合与厚度、材料组成、接缝构造和钢筋配置等。

6.1.2 水泥混凝土路面结构应按规定的安全等级和目标可靠度，承受预期的交通荷载作用，并与所处的自然环境相适应，满足预定的使用性能要求。

6.2 设计指标与要求

6.2.1 材料性能和面层厚度的变异水平可分为低、中和高三级。各变异水平等级主要设计参数的变异系数变化范围应符合表6.2.1的规定。

表6.2.1 变异系数（c_v）的变化范围

变异水平等级	低级	中级	高级
水泥混凝土弯拉强度、弯拉弹性模量	$c_v \leqslant 0.10$	$0.10 < c_v \leqslant 0.15$	$0.15 < c_v \leqslant 0.20$
基层顶面当量回弹模量	$c_v \leqslant 0.25$	$0.25 < c_v \leqslant 0.35$	$0.35 < c_v \leqslant 0.55$
水泥混凝土面层厚度	$c_v \leqslant 0.04$	$0.04 < c_v \leqslant 0.06$	$0.06 < c_v \leqslant 0.08$

6.2.2 水泥混凝土路面结构设计应以行车荷载和温度梯度综合作用产生的疲劳断裂作为设计的极限状态，应满足下式要求：

$$\gamma_c(\sigma_{pr} + \sigma_{tr}) \leqslant f_r \qquad (6.2.2)$$

式中：γ_c——水泥混凝土路面可靠度系数，根据所选目标可靠度及变异水平等级按表6.2.2确定；

σ_{pr}——行车荷载疲劳应力（MPa）；

σ_{tr}——温度梯度疲劳应力（MPa）；

f_r——28d龄期水泥混凝土弯拉强度标准值（MPa）。

表 6.2.2　可靠度系数

变异水平等级	目标可靠度（%）		
	95	90	85
低	1.20～1.33	1.09～1.16	1.04～1.08
中	1.33～1.50	1.16～1.23	1.08～1.13
高	—	1.23～1.33	1.13～1.18

注：变异系数在本规范表 6.2.1 所示的变化范围的下限时，可靠度系数取低值；上限时，取高值。

6.2.3　不同轴-轮型和轴载的作用次数，应按本规范第 3.2.4 条换算为当量轴次。

6.2.4　水泥混凝土路面所承受的轴载作用，应按设计基准期内设计车道所承受的标准轴载累计作用次数分为 4 级，分级范围应符合本规范表 3.2.5 的规定。

6.2.5　水泥混凝土的强度应以 28d 龄期的弯拉强度控制。水泥混凝土弯拉强度标准值不得低于表 6.2.5 的规定。

表 6.2.5　水泥混凝土弯拉强度标准值

交通等级	特重、重	中	轻
水泥混凝土的弯拉强度标准值（MPa）	5.0	4.5	4.5
钢纤维混凝土的弯拉强度标准值（MPa）	6.0	5.5	5.0

6.2.6　在季节性冰冻地区的中湿、潮湿路段的路面结构总厚度不应小于本规范表 3.2.6-3 规定的最小防冻厚度，当不满足时，其差值应设垫层补足。过湿路段在对路基处理后也应按潮湿路段的要求设置垫层。

6.2.7　设计基准期内水泥混凝土面层的最大温度梯度标准值 T_g 宜采用各地实测值。当无实测资料时，可根据按本规范表 3.2.6-1 选用。

6.3　结构组合设计

6.3.1　路基、垫层和基层的设计应符合本规范第 4 章的规定。

6.3.2　面层宜采用设置接缝的普通混凝土。当面层板的平面尺寸较大或形状不规则、路面结构下埋有地下设施、高填方、软土地基、填挖交界段的路基等有可能产生不均匀沉降时，应采用设置接缝的钢筋混凝土面层。面层类型应按表 6.3.2 选择。

表 6.3.2　面层类型选择

面层类型	适用条件
连续配筋混凝土面层	特重交通的快速路、主干路
碾压混凝土面层	次干路以下道路、停车场、广场
钢纤维混凝土面层	标高受限制路段、收费站、混凝土加铺层和桥面铺装
普通水泥混凝土路面	各级道路、停车场、广场

6.3.3　普通混凝土、钢筋混凝土、碾压混凝土或钢纤维混凝土面层板宜采用矩形。其纵向和横向接缝应垂直相交，纵缝两侧的横缝不得相互错位。

6.3.4　纵向接缝的间距应按路面宽度在 3.0m～4.5m 范围内确定，不宜设置在轮迹带上。碾压混凝土、钢纤维混凝土面层在全幅摊铺时，可不设纵向缩缝。

6.3.5　横向接缝的间距宜符合表 6.3.5 规定。

表 6.3.5　横向接缝间距表

面层类型	横向接缝间距（m）
钢筋混凝土面层	6～15
碾压混凝土面层	6～10
钢纤维混凝土面层	6～10
普通水泥混凝土路面	宜为 4～6，面层板的长宽比不宜超过 1.30，平面尺寸不宜大于 25m²

6.3.6　普通混凝土、钢筋混凝土、碾压混凝土与连续配筋混凝土面层所需的厚度，可按表 6.3.6 所列范围并满足计算要求。

表 6.3.6　水泥混凝土面层厚度的参考范围

交通等级	特重			重		
道路等级	快速	主干	次干	快速	主干	次干
变异水平等级	低	中	低	中	低	中
面层厚度（mm）	≥260	≥250	≥240	≥240	≥230	≥220

交通等级	中		轻		
道路等级	次干		支路	支路	支路
变异水平等级	高	中	高	中	高	中
面层厚度（mm）	≥210	≥200	≥200	≥180	≥180

6.3.7　钢纤维混凝土面层的厚度应按钢纤维掺量确定，当钢纤维体积率为 0.6%～1.0% 时，其厚度宜为普通混凝土面层厚度的 0.65 倍～0.75 倍。特重或重交通时，其最小厚度宜为 180mm；中或轻交通时，其最小厚度宜为 160mm。

6.3.8　水泥混凝土面层的计算应力应满足本规范式（6.2.2）的要求。荷载疲劳应力应按本规范第 6.5.1 条计算，温度疲劳应力应按本规范第 6.5.2 条计算。面层设计厚度应依计算厚度按 10mm 向上取整。

　　当采用碾压混凝土或贫混凝土做基层时，宜将基层与混凝土面层视作分离式双层板进行应力分析。上、下层板在临界荷位处的荷载疲劳应力和温度疲劳应力应按本规范第 6.5.3 条与第 6.5.4 条计算。上、下层板的计算应力应分别满足本规范式（6.2.2）的要求。

6.3.9　路面表面构造应采用刻槽、压槽、拉槽或拉毛等方法制作。构造深度在使用初期应满足本规范表 3.2.8-2 的要求。

6.3.10 非机动车道、人行道、步行街采用水泥混凝土铺装时，面层厚度不应小于 120mm，水泥混凝土 28d 龄期的弯拉强度不应低于 3.5MPa。

6.3.11 停车场水泥混凝土面层 28d 龄期的弯拉强度不应低于 5.0MPa，人行广场面层 28d 龄期的弯拉强度不应低于 3.5MPa，并且在有纵横向交通的广场上，宜采用正方形混凝土板块，接缝宜布置成两个方向均能传递荷载的形式。接缝设传力杆时，一个方向的接缝宜采用普通传力杆，另一个方向的接缝宜采用滑动传力杆。

6.4 面 层 材 料

6.4.1 面层材料组成应符合下列规定：

1 水泥混凝土所用集料公称最大粒径不应大于 31.5mm。砂的细度模数不宜小于 2.5。

2 对重交通及以上交通等级道路、城市快速路、主干路应采用强度等级 42.5 级以上的道路硅酸盐水泥或普通硅酸盐水泥；中、轻交通等级的道路可采用矿渣水泥，其强度等级不宜低于 32.5 级。最小单位水泥用量应满足表 6.4.1-1 的规定。对冰冻地区，混凝土中必须掺加引气剂，抗冻等级应达到 F200。

表 6.4.1-1 路面混凝土最小单位水泥用量

道路等级		快速、主干路	次干路	支路
非冰冻地区最小单位水泥用量（kg/m³）	42.5 级水泥	300	300	290
	32.5 级水泥	310	310	305
冰冻地区最小单位水泥用量（kg/m³）	42.5 级水泥	320	320	315
	32.5 级水泥	330	330	325

3 厚度大于 280mm 的普通混凝土面层，当分上下两层连续铺筑时，上层宜为总厚度的 1/3，可采用高强、耐磨的混凝土材料，集料公称最大粒径宜为 19mm。

4 钢纤维混凝土集料公称最大粒径宜为钢纤维长度的 1/2～2/3，对于铣削型钢纤维不宜大于 26.5mm，对于剪切型或熔抽型钢纤维不宜大于 19mm。钢纤维的抗拉强度标准值不宜小于 600 级（600MPa～1000MPa），以体积率计的钢纤维掺量宜为 0.6%～1.0%。最小单位水泥用量应满足表 6.4.1-2 的规定。

表 6.4.1-2 路面钢纤维混凝土最小单位水泥用量

非冰冻地区最小单位水泥用量（kg/m³）	42.5 级水泥	360
	32.5 级水泥	370
冰冻地区最小单位水泥用量（kg/m³）	42.5 级水泥	380
	32.5 级水泥	390

5 碾压混凝土面层混凝土的集料公称最大粒径不宜大于 19.0mm，非冰冻地区水泥用量不得少于 280kg/m³，冰冻地区水泥用量不得少于 310kg/m³。

6.4.2 材料性质参数确定应符合下列规定：

1 路床土和路面各结构层混合料的各项性质参数，应按国家相关现行标准确定，其标准值应按概率分布的 0.85 分位值确定。

2 当受条件限制而无试验数据时，混凝土弯拉弹性模量以及路床土和垫层、基层混合料的回弹模量标准值，可按本规范附录 F 结合工程经验分析确定。

3 混凝土配合比设计时的混凝土试配 28d 龄期弯拉强度的均值应按下式确定：

$$f_{rm} = \frac{f_r}{1 - 1.04c_v} + t_c s \qquad (6.4.2)$$

式中：f_{rm}——混凝土试配 28d 龄期弯拉强度的均值（MPa）；

c_v——混凝土 28d 龄期弯拉强度的变异系数；

s——混凝土 28d 龄期弯拉强度试验样本的标准差；

t_c——保证率系数，按表 6.4.2 确定。

表 6.4.2 保证率系数

道路等级	判别概率 p	样本数 n（组）				
		3	6	9	15	20
快速路	0.05	1.36	0.79	0.61	0.45	0.39
主干路	0.10	0.95	0.59	0.46	0.35	0.30
次干路	0.15	0.72	0.46	0.37	0.28	0.24
支路	0.20	0.56	0.37	0.29	0.22	0.19

6.5 路面结构计算

6.5.1 单层混凝土板荷载应力分析应按下列步骤进行：

1 选取混凝土板的纵向边缘中部作为产生最大荷载和温度梯度综合疲劳损坏的临界荷位。

2 标准轴载在临界荷位处产生的荷载疲劳应力应按下式确定：

$$\sigma_{pr} = k_r k_f k_c \sigma_{ps} \qquad (6.5.1-1)$$

式中：σ_{pr}——标准轴载在临界荷位处产生的荷载疲劳应力（MPa）；

σ_{ps}——标准轴载在四边自由板的临界荷位处产生的荷载应力（MPa）；

k_r——考虑接缝传荷能力的应力折减系数，纵缝为设拉杆的平缝时，$k_r = 0.87 \sim 0.92$（刚性和半刚性基层取低值，柔性基层取高值）；纵缝为不设拉杆的平缝或自由边时，$k_r = 1.0$；纵缝为设拉杆的企口缝时，$k_r = 0.76 \sim 0.84$；

k_f——考虑设计基准期内荷载应力累计疲劳作用的疲劳应力系数，按式（6.5.1-4）计算；

k_c——考虑偏载和动载等因素对路面疲劳损坏影响的综合系数，按表6.5.1确定。

表6.5.1　综合系数k_c

道路等级	快速路	主干路	次干路	支路
k_c	1.30	1.25	1.20	1.10

3 标准轴载在四边自由板临界荷位处产生的荷载应力应按下列公式确定：

$$\sigma_{ps} = 0.077 \times r^{0.60} \times h^{-2} \quad (6.5.1-2)$$

$$r = 0.537h \left(\frac{E_c}{E_t}\right)^{1/3} \quad (6.5.1-3)$$

式中：r——单层混凝土板的相对刚度半径（m）；

　　　h——混凝土板的厚度（m）；

　　　E_c——水泥混凝土的弯拉弹性模量（MPa）；

　　　E_t——基层顶面的当量回弹模量（MPa）。

4 设计基准期内的荷载疲劳应力系数应按下列公式计算确定：

$$k_f = N_e^{\prime v} \quad (6.5.1-4)$$

$$\nu = 0.053 - 0.017\rho_f \frac{l_f}{d_f} \quad (6.5.1-5)$$

式中：ν——与混合料性质有关的指数，普通混凝土、钢筋混凝土、连续配筋混凝土，$\nu = 0.057$；碾压混凝土和贫混凝土，$\nu = 0.065$；钢纤维混凝土，ν 按式（6.5.1-5）计算确定；

　　　ρ_f——钢纤维的体积率（%）；

　　　l_f——钢纤维的长度（mm）；

　　　d_f——钢纤维的直径（mm）。

5 新建道路的基层顶面当量回弹模量可按下列公式计算确定：

$$E_t = ah_x^b E_0 \left(\frac{E_x}{E_0}\right)^{1/3} \quad (6.5.1-6)$$

$$E_x = \frac{h_1^2 E_1 + h_2^2 E_2}{h_1^2 + h_2^2} \quad (6.5.1-7)$$

$$h_x = \left(\frac{12D_x}{E_x}\right)^{1/3} \quad (6.5.1-8)$$

$$D_x = \frac{E_1 h_1^3 + E_2 h_2^3}{12} + \frac{(h_1+h_2)^2}{4}\left(\frac{1}{E_1 h_1} + \frac{1}{E_2 h_2}\right)^{-1}$$
$$(6.5.1-9)$$

$$a = 6.22\left[1 - 1.51\left(\frac{E_x}{E_0}\right)^{-0.45}\right]$$
$$(6.5.1-10)$$

$$b = 1 - 1.44\left(\frac{E_x}{E_0}\right)^{-0.55} \quad (6.5.1-11)$$

式中：E_t——基层顶面的当量回弹模量（MPa）；

　　　E_0——路床顶面的回弹模量（MPa）；

　　　E_x——基层或垫层的当量回弹模量（MPa）；

　　　E_1、E_2——基层或垫层的回弹模量（MPa）；

　　　h_x——基层或垫层的当量厚度（m）；

　　　D_x——基层或垫层的当量弯曲刚度（MN·m）；

h_1、h_2——基层或垫层的厚度（m）；

　　　a、b——与E_x/E_0有关的回归系数。

6 在旧柔性路面上铺筑水泥混凝土面层时，旧柔性路面顶面的当量回弹模量可按下式计算确定：

$$E_t = 13739w_0^{-1.04} \quad (6.5.1-12)$$

式中：w_0——以后轴载100kN的车辆进行弯沉测定，经统计整理后得到的旧路面计算回弹弯沉值（0.01mm）。

6.5.2 单层混凝土板温度应力分析应按下列步骤进行：

1 在临界荷位处的温度疲劳应力应按下式确定：

$$\sigma_{tr} = k_t\sigma_{tm} \quad (6.5.2-1)$$

式中：σ_{tr}——临界荷位处的温度疲劳应力（MPa）；

　　　σ_{tm}——最大温度梯度时混凝土板的温度翘曲应力（MPa）；

　　　k_t——考虑温度应力累计疲劳作用的疲劳应力系数。

2 最大温度梯度时混凝土板的温度翘曲应力按式（6.5.2-2）计算。

$$\sigma_{tm} = \frac{\alpha_c E_c h T_g}{2}B_x \quad (6.5.2-2)$$

$$B_x = 1.77e^{-4.48h}C_x - 0.131(1-C_x)$$
$$(6.5.2-3)$$

$$C_x = 1 - \frac{\sinh t\cos t + \cosh t\sin t}{\cos t\sin t + \sinh t\cosh t} \quad (6.5.2-4)$$

$$t = l/3r \quad (6.5.2-5)$$

式中：α_c——混凝土的线膨胀系数（1/℃），可取为1×10^{-5}/℃；

　　　T_g——最大温度梯度，查本规范表3.2.6-1取用；

　　　h——面层板的厚度（m）；

　　　B_x——综合温度翘曲应力和内应力作用的温度应力系数，按式（6.5.2-3）计算确定；

　　　C_x——混凝土面层板的温度翘曲应力系数，按式（6.5.2-4）计算确定；

　　　t——与面层板尺寸有关的参数；

　　　r——面层板的相对刚度半径（m）；

　　　l——板长，即横缝间距（m）。

3 温度疲劳应力系数可按下式计算：

$$k_t = \frac{f_r}{\sigma_{tm}}\left[a\left(\frac{\sigma_{tm}}{f_r}\right)^c - b\right] \quad (6.5.2-6)$$

式中：a、b、c——回归系数，按所在地区的道路自然区划查表6.5.2确定。

表6.5.2　回归系数 a、b 和 c

系数	道路自然区划					
	Ⅱ	Ⅲ	Ⅳ	Ⅴ	Ⅵ	Ⅶ
a	0.828	0.855	0.841	0.871	0.837	0.834
b	0.041	0.041	0.058	0.071	0.038	0.052
c	1.323	1.355	1.323	1.287	1.382	1.270

6.5.3 双层混凝土板荷载应力分析应按下列步骤进行：

1 双层混凝土板的临界荷位为板的纵向边缘中部。标准轴载在临界荷位处产生的上层和下层混凝土板的荷载疲劳应力 σ_{pr1} 和 σ_{pr2}，分别按式（6.5.1-1）计算确定；但结合式双层板仅需计算下层板的荷载疲劳应力 σ_{pr2}。其中，应力折减系数、荷载疲劳应力系数和综合系数的确定方法，与单层混凝土板完全相同。

2 标准轴载在临界荷位处产生的分离式双层板上层和下层的荷载应力或者结合式双层板下层的荷载应力，应按下列公式计算：

$$\sigma_{pr1} = 0.077 r_g^{0.60} \frac{E_{c1} h_{01}}{12 D_g} \quad (6.5.3\text{-}1)$$

$$\sigma_{pr2} = 0.077 r_g^{0.60} \frac{E_{c2}(0.5 h_{02} + h_x k_u)}{6 D_g}$$

$$(6.5.3\text{-}2)$$

式中：σ_{pr1}、σ_{pr2}——双层混凝土板上层和下层的荷载应力（MPa）；

E_{c1}、E_{c2}——双层混凝土板上层和下层的弯拉弹性模量（MPa）；

h_{01}、h_{02}——双层混凝土板上层和下层的厚度（m）；

h_x——下层板中面至结合式双层板中性面的距离（m）；

k_u——层间结合系数，分离式时，$k_u = 0$；结合式时，$k_u = 1$；

D_g——双层混凝土板的截面总刚度（MN·m）；

r_g——双层混凝土板的相对刚度半径（m）。

3 下层板中面至结合式双层板中性面的距离可按下式计算：

$$h_x = \frac{E_{c1} h_{01} (h_{01} + h_{02})}{2 (E_{c1} h_{01} + E_{c2} h_{02})} \quad (6.5.3\text{-}3)$$

4 双层混凝土板的截面总刚度为上层板和下层板对各自中面的弯曲刚度以及由截面轴向力所构成的弯曲刚度三者之和，应按下式计算：

$$D_g = \frac{E_{c1} h_{01}^3}{12} + \frac{E_{c2} h_{02}^3}{12} + \frac{E_{c1} h_{01} E_{c2} h_{02}(h_{01} + h_{02})^2}{4(E_{c1} h_{01} + E_{c2} h_{02})} k_u$$

$$(6.5.3\text{-}4)$$

5 双层混凝土板的相对刚度半径应按下式计算：

$$r_g = 1.23 \left(\frac{D_g}{E_t}\right)^{1/3} \quad (6.5.3\text{-}5)$$

6.5.4 双层混凝土板温度应力分析应按下列步骤进行：

1 双层混凝土板上层和下层的温度疲劳应力 σ_{tr1} 和 σ_{tr2} 分别按本规范式（6.5.2-1）计算确定，但分离式双层板仅需计算上层板的温度疲劳应力 σ_{tr1}，结合式双层板仅需计算下层板的温度疲劳应力 σ_{tr2}。其中，温度疲劳应力系数的确定方法与单层混凝土板相同。

2 分离式双层混凝土板上层的最大温度翘曲应力应按下列公式计算：

$$\sigma_{tm1} = \frac{\alpha_c E_{c1} h_{01} T_g}{2} B_x \quad (6.5.4\text{-}1)$$

$$B_x = 1.77 e^{-4.48 h_{01}} C_x - 0.131(1 - C_x)$$

$$(6.5.4\text{-}2)$$

$$C_x = 1 - \left(\frac{1}{1 + \xi}\right) \frac{\sinh t \cos t + \cosh t \sin t}{\cos t \sin t + \sinh t \cosh t}$$

$$(6.5.4\text{-}3)$$

$$t = l/3 r_g \quad (6.5.4\text{-}4)$$

$$\xi = -\frac{(k_n r_g^4 - D_{01}) r_\beta^3}{(k_n r_\beta^4 - D_{01}) r_g^3} \quad (6.5.4\text{-}5)$$

$$r_\beta = \left[\frac{D_{01} D_{02}}{(D_{01} + D_{02}) k_n}\right]^{\frac{1}{4}} \quad (6.5.4\text{-}6)$$

$$k_n = \frac{1}{2} \left(\frac{h_{01}}{E_{c1}} + \frac{h_{02}}{E_{c2}}\right)^{-1} \quad (6.5.4\text{-}7)$$

$$D_{01} = \frac{E_{c1} h_{01}^3}{12(1 - \nu_{c1}^2)} \quad (6.5.4\text{-}8)$$

$$D_{02} = \frac{E_{c2} h_{02}^3}{12(1 - \nu_{c2}^2)} \quad (6.5.4\text{-}9)$$

式中：σ_{tm1}——分离式双层混凝土板上层的最大温度翘曲应力（MPa）；

B_x——上层混凝土板的温度应力系数，按式（6.5.4-2）计算确定；

C_x——混凝土板的温度翘曲应力系数，按式（6.5.4-3）计算确定；

t——与面层板尺寸有关的参数，按式（6.5.4-4）计算确定；

ξ——与双层板结构有关的参数，按式（6.5.4-5）计算确定；

r_β——层间接触状况参数，按式（6.5.4-6）计算确定；

k_n——面层与基层之间竖向接触刚度，上下层之间不设沥青混凝土夹层或隔离层时按式（6.5.4-7）计算确定，设沥青混凝土夹层或隔离层时，k_n 取 3000MPa/m；

D_{01}——上层板的截面弯曲刚度（MN·m），按式（6.5.4-8）计算确定；

D_{02}——下层板的截面弯曲刚度（MN·m），按式（6.5.4-9）计算确定；

ν_{c1}——上层板的泊松比；

ν_{c2}——下层板的泊松比。

3 结合式双层混凝土板下层的最大温度翘曲应力应按下列公式计算确定：

$$\sigma_{tm2} = \frac{\alpha_c E_{c2} (h_{01} + h_{02}) T_g}{2} \xi_2 B_x$$

$$(6.5.4\text{-}10)$$

$$\xi_2 = 1.77 - 0.27 \ln\left(\frac{h_{01} E_{c1}}{h_{02} E_{c2}} + 18 \frac{E_{c1}}{E_{c2}} - 2 \frac{h_{01}}{h_{02}}\right)$$

$$(6.5.4\text{-}11)$$

$$B_x = 1.77e^{-4.48(h_{01}+h_{02})}C_x - 0.131(1 - C_x)$$
$$(6.5.4-12)$$

式中：σ_{tm2}——结合式双层混凝土板下层的最大温度翘曲应力（MPa）；

ξ_2——结合式双层混凝土板的最大温度应力修正系数，按式（6.5.4-11）计算确定；

B_x——混凝土板的温度应力系数，按式（6.5.4-12）计算确定；

C_x——混凝土板的温度翘曲应力系数，按式（6.5.4-3）计算确定；

6.5.5 混凝土板厚度计算宜符合下列规定：

1 应依据所设计的道路技术等级，确定路面结构的设计安全等级以及相应的设计基准期、目标可靠度和变异水平等级。

2 调查采集交通资料，应包括初始年日交通量、日货车交通量、方向和车道分配系数、各类货车的轴载谱、设计基准期内交通量年平均增长率等。

3 应将各级轴载作用次数换算为标准轴载的作用次数，并计算设计车道的初始年日标准轴载作用次数；应依据道路等级和车道宽度，选定车辆轮迹横向分布系数；应根据设计基准期内设计车道上的标准轴载累计作用次数，确定设计车道的交通等级。

4 应依据施工技术、管理和质量控制的预期水平，选定路面材料性能和结构尺寸的变异水平等级，并依据所要求的目标可靠度，确定可靠度系数。

5 应根据道路等级和交通等级，并按设计道路所在地的路基土质、温度和湿度状况、路面材料供应条件和材料性质以及当地已有路面使用经验，进行结构层组合设计，初选各结构层的材料类型和厚度。

6 应根据交通等级，选取水泥混凝土的最低抗弯拉强度标准值，确定混合料试配弯拉强度的均值，进行混凝土混合料组成设计；并应通过试验或经验数值确定相应的混凝土弹性模量。

7 应对所选基层和垫层材料类型，进行混合料配合比设计，通过试验或经验数值确定各类混合料的回弹模量标准值。

8 对新建道路，应依据土组类型和道路所在地的自然区划按经验值确定路床顶面的回弹模量标准值。将路床顶面以上和基层顶面以下的各结构层转化成单层后，计算确定基层顶面的当量回弹模量值。对改建道路，应通过弯沉测定确定旧路面的计算回弹弯沉值后，计算确定旧路面顶面的当量回弹模量值。

9 应按道路等级选定综合系数，按纵缝类型和基层情况选取应力折减系数，应按设计基准期内标准轴载累计所用次数计算荷载疲劳应力系数，计算标准轴载产生的荷载应力。

10 应按道路所在地的自然区划确定最大温度梯度，确定温度应力系数，计算最大温度应力，计算温度疲劳应力系数，确定温度疲劳应力值。

11 当荷载疲劳应力同温度疲劳应力之和与可靠度系数乘积小于且接近混凝土弯拉强度标准值，则初选厚度可作为混凝土面层的计算厚度。否则，应改选面层厚度，重新计算，直到满足要求为止。面层设计厚度应为计算厚度按 10mm 向上取整。

6.6 面层配筋设计

6.6.1 特殊部位配筋布置应符合下列规定：

1 混凝土面层自由边缘下基础薄弱或接缝为未设传力杆的平缝时，可在面层边缘的下部配置钢筋。宜选用 2 根直径为 12mm～16mm 的螺纹钢筋，置于面层底面之上 1/4 厚度处，并不应大于 50mm，间距宜为 100mm，钢筋两端向上弯起。

2 承受特重交通的胀缝、施工缝和自由边的面层角隅及锐角面层角隅，宜配置角隅钢筋。宜选用 2 根直径为 12mm～16mm 的螺纹钢筋，置于面层上部，距顶面不应小于 50mm，距边缘宜为 100mm。

3 当混凝土面层下有箱形构造物横向穿越，其顶面至面层底面的距离 H 小于 400mm 或嵌入基层时，在构造物顶宽及两侧各（$H+1$）m 且不小于 4m 的范围内，混凝土面层内应布设双层钢筋网，上下层钢筋网各距面层顶面和底面 1/4～1/3 厚度处。当构造物顶面至面层底面的距离在 400mm～1200mm 时，则在上述长度范围内的混凝土面层中应布设单层钢筋网。钢筋网设在距顶面 1/4～1/3 厚度处。钢筋直径宜为 12mm，纵向钢筋间距宜为 100mm，横向钢筋间距宜为 200mm。配筋混凝土面层与相邻混凝土面层之间应设置传力杆缩缝。

4 当混凝土面层下有圆形管状构造物横向穿越，其顶面至面层底面的距离小于 1200mm 时，在构造物两侧各（$H+1$）m 且不小于 4m 的范围内，混凝土面层内应设单层钢筋网，钢筋网设在距面层顶面 1/4～1/3 厚度处。钢筋尺寸和间距及传力杆接缝设置与本规范第 6.6.1 条第 3 款相同。

5 雨水口和检查井周围应设置工作缝与混凝土板完全分开，并应在 1.0m 范围内，距混凝土板顶面和底面 50mm 处布设双层防裂钢筋网，钢筋直径 12mm，间距 100mm。

6.6.2 钢筋混凝土面层配筋应符合下列规定：

1 钢筋混凝土面层的配筋量应按下式确定：

$$A_s = \frac{16L_s h\mu}{f_{sy}} \tag{6.6.2}$$

式中：A_s——每延米混凝土面层宽（或长）所需的钢筋面积（mm^2）；

L_s——纵向钢筋时，为横缝间距（m）；横向钢筋时，为无拉杆的纵缝或自由边之间的距离（m）；

h——面层厚度（mm）；

μ——面层与基层之间的磨阻系数，基层为水泥、石灰或沥青稳定粒料时，可取1.8；基层为无结合料的粒料时，可取1.5；

f_{sy}——钢筋的屈服强度（MPa），宜按表6.6.2-1选用。

表 6.6.2-1 钢筋强度和弹性模量参考值

钢筋种类	钢筋直径 d （mm）	屈服强度 f_{sy} （MPa）	弹性模量 E_s （MPa）
HPB235	8～20	235	2.1×10^5
HRB335	6～50	335	2.0×10^5
HRB400	6～50	400	2.0×10^5
KL400	8～40	400	2.0×10^5

2 纵向和横向钢筋宜采用相同或相近的直径，其直径差不应大于 4mm。钢筋的最小直径和最大间距，应符合表 6.6.2-2 的规定。钢筋的最小间距应为集料最大粒径的 2 倍。

表 6.6.2-2 钢筋最小直径和最大间距（mm）

钢筋类型	最小直径	纵向最大间距	横向最大间距
光面钢筋	8	150	300
螺纹钢筋	12	350	750

3 钢筋布置应符合下列规定：

1）纵向钢筋应设在面层顶面下 1/3～1/2 厚度范围内，横向钢筋应位于纵向钢筋之下；

2）纵向钢筋的搭接长度不宜小于 35 倍钢筋直径，搭接位置应错开，各搭接端连线与纵向钢筋的夹角应小于 60°；

3）边缘钢筋至纵缝或自由边的距离宜为 100mm～150mm。

6.6.3 连续配筋混凝土面层配筋应遵循以下原则：

1 连续配筋混凝土面层的纵向和横向钢筋应采用螺纹钢筋，其直径宜为 12mm～20mm。

2 钢筋布置应符合下列规定：

1）纵向钢筋设应在面层表面下 1/3～1/2 厚度范围内，横向钢筋应位于纵向钢筋之下；

2）纵向钢筋的间距不应大于 250mm，不应小于 100mm 或集料最大粒径的 2.5 倍；

3）横向钢筋的间距不应大于 800mm；

4）纵向钢筋的焊接长度宜不小于 10 倍（单面焊）或 5 倍（双面焊）钢筋直径，焊接位置应错开，各焊接端连线与纵向钢筋的夹角应小于 60°；

5）边缘钢筋至纵缝或自由边的距离宜为 100mm～150mm。

3 连续配筋混凝土面层的纵向配筋率应按允许

的裂缝间距（1.0m～2.5m）、缝隙宽度（小于 1mm）和钢筋屈服强度确定，宜为 0.6%～0.8%。最小纵向配筋率，冰冻地区为宜 0.7%，一般地区宜为0.6%。横向钢筋的用量，应按本规范第 6.6.2 条第 1 款计算确定。

4 连续配筋混凝土面层的纵向配筋设计应符合下列规定：

1）混凝土面层横向裂缝的平均间距宜为 1.0m～2.5m；

2）裂缝缝隙的最大宽度宜为 1.0mm；

3）钢筋拉应力不应超过钢筋屈服强度。

5 横向裂缝平均间距应按下列公式计算确定：

$$L_d = \frac{2b}{\sqrt{\dfrac{4k_s}{d_s E_s}(1+\varphi)}} \tag{6.6.3-1}$$

$$\varphi = \rho\frac{E_s}{E_c} \tag{6.6.3-2}$$

$$\lambda_c = \frac{f_t}{E_c(\alpha_c \Delta T + \varepsilon_{sh})} \tag{6.6.3-3}$$

式中：L_d——横向裂缝平均间距（m）；

φ——钢筋刚度贡献率（%）；

ρ——配筋率（%）；

E_s——钢筋弹性模量（MPa），可按本规范表 6.6.2-1 取用；

d_s——钢筋直径（mm）；

k_s——粘结刚度系数（MPa/mm），可按表 6.6.3-1 取用；

b——随系数 φ 和 λ_c 而变的系数，可按表 6.6.3-2 取用；

λ_c——混凝土温缩应力系数，由式（6.6.3-3）计算确定；

f_t——混凝土抗拉强度标准值（MPa），可按表 6.6.3-1 取用；

α_c——混凝土线膨胀系数，通常取为 1×10^{-5}/℃；

ΔT——设计温差，为混凝土的平均养护温度与设计最低温度之差，可近似取为所在地区的日平均最高气温与最低气温之差；

ε_{sh}——连续配筋混凝土干缩应变，可按表 6.6.3-1 取用。

**表 6.6.3-1 连续配筋混凝土纵向配筋
计算参数经验参考值**

混凝土强度等级	C30	C35	C40
混凝土抗拉强度 标准值 f_t（MPa）	3.0	3.2	3.5
粘结刚度系数 k_s （MPa/mm）	30	32	34
连续配筋混凝土干缩 应变 ε_{sh}	0.00045	0.0003	0.0002

表 6.6.3-2 系数 b 的取值

φ值	λc值									
	0.03	0.05	0.10	0.15	0.20	0.25	0.30	0.35	0.40	0.45
0.02	2.0	3.0	5.6	8.5	12.0	—	—	—	—	—
0.03	—	2.2	3.9	6.0	8.0	11.0	12.5	—	—	—
0.04	—	2.0	3.2	4.7	6.2	8.2	10.6	13.0	—	—
0.05	—	2.0	2.6	3.8	5.1	6.6	8.5	10.7	13.0	—
0.06	—	1.7	2.3	3.3	4.3	5.7	7.2	9.1	11.2	13.0
0.07	—	—	2.0	2.9	3.8	4.9	6.2	7.7	9.4	11.5

6 裂缝缝隙宽度可按下式计算确定：

$$b_j = (\alpha_c \Delta T + \varepsilon_{sh})\lambda_b L_d \quad (6.6.3\text{-}4)$$

式中：b_j——裂缝缝隙宽度（mm）；

λ_b——裂缝宽度系数，由钢筋刚度贡献率 φ 值和 b 值按表 6.6.3-3 取用。

表 6.6.3-3 裂缝宽度系数 λb 的取值

φ值	b值										
	2	3	4	5	6	7	8	9	10	11	12
0.02	0.98	0.96	0.94	0.92	0.91	0.89	0.88	0.86	0.85	0.84	0.83
0.03	0.97	0.94	0.92	0.89	0.87	0.85	0.83	0.81	0.79	0.77	0.76
0.04	0.95	0.92	0.89	0.87	0.84	0.81	0.79	0.76	0.74	0.72	0.70
0.05	0.94	0.91	0.87	0.84	0.81	0.77	0.75	0.72	0.70	0.68	0.65
0.06	0.93	0.89	0.86	0.82	0.78	0.74	0.72	0.69	0.66	0.64	0.61
0.07	0.92	0.87	0.84	0.79	0.75	0.71	0.68	0.66	0.63	0.60	0.58

7 钢筋应力可按下式计算：

$$\sigma_s = E_s(\alpha_c \Delta T \lambda_{st} + \alpha_s \Delta T) \quad (6.6.3\text{-}5)$$

式中：σ_s——钢筋应力（MPa）；

λ_{st}——钢筋温度应力系数，由钢筋刚度贡献率 φ 值和 b 值按表 6.6.3-4 取用；

α_s——钢筋线膨胀系数，宜取为 $9\times10^{-6}/℃$。

表 6.6.3-4 钢筋温度应力系数 λst 的取值

φ值	b值										
	2.00	3.00	4.00	5.00	6.00	7.00	8.00	9.00	10.00	11.00	12.00
0.02	1.20	2.00	3.00	3.80	4.70	5.40	6.20	6.90	7.50	8.20	9.00
0.03	1.20	1.95	2.80	3.50	4.30	5.10	5.70	6.40	7.00	7.50	8.00
0.04	1.20	1.90	2.60	3.30	4.00	4.70	5.30	5.90	6.40	6.80	7.20
0.05	1.20	1.85	2.50	3.10	3.70	4.40	5.00	5.50	5.90	6.40	6.80
0.06	1.20	1.80	2.40	3.00	3.50	4.10	4.70	5.00	5.60	5.90	6.20
0.07	1.20	1.70	2.30	2.90	3.40	4.00	4.50	5.00	5.40	5.70	5.70

8 纵向配筋率的计算宜按下列步骤进行：

1）初拟配筋率 ρ，按式（6.6.3-2）计算钢筋刚度贡献率 φ。

2）按式（6.6.3-3）计算混凝土温缩应力系数 λ_c。

3）根据 φ 和 λ_c 查表 6.6.3-2 得系数 b，按式（6.6.3-1）计算裂缝间距 L_d。当 $L_d > 2.5$m 或 $L_d < 1.0$m 时，应增大或减小配筋率，

重复上述计算至符合要求。

4）由钢筋刚度贡献率 φ 值和 b 值，查表 6.6.3-3 得到裂缝宽度系数 λ_b，按式（6.6.3-4）计算裂缝缝隙宽度 b_j。当 $b_j \leqslant$ 1mm 时，满足要求；否则应增大配筋率，重复上述计算至符合要求。

5）由钢筋刚度贡献率 φ 值和 b 值，查表 6.6.3-4 得到钢筋温度应力系数 λ_{st}，按式（6.6.3-5）计算钢筋应力 σ_s。当 $\sigma_s \leqslant f_{sy}$ 时，满足要求；如不满足要求应增大配筋率，重复上述计算至符合要求。

6）综合上述 5 项计算结果，确定配筋率，并进一步确定钢筋根数。在满足纵向钢筋间距要求的条件下，宜选用直径较小的钢筋。

6.7 接缝设计

6.7.1 纵向接缝设计应符合下列规定：

1 纵向接缝的布设应符合下列规定：

1）当一次铺筑宽度小于路面宽度时，应设置纵向施工缝。纵向施工缝宜采用平缝形式，上部应锯切槽口，深度宜为 30mm～40mm，宽度宜为 3mm～8mm，槽内应灌塞填缝料（图 6.7.1-1）；

2）当一次铺筑宽度大于 4.5m 时，应设置纵向缩缝。纵向缩缝宜采用假缝形式，锯切的槽口深度应大于施工缝的槽口深度。当采用粒料基层时，槽口深度应为板厚的 1/3；当采用半刚性基层时，槽口深度应为板厚的 2/5（图 6.7.1-2）。

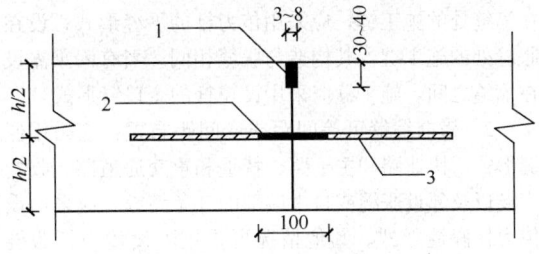

图 6.7.1-1 纵向施工缝构造（尺寸单位：mm）

1—填缝料；2—防锈涂料；3—拉杆

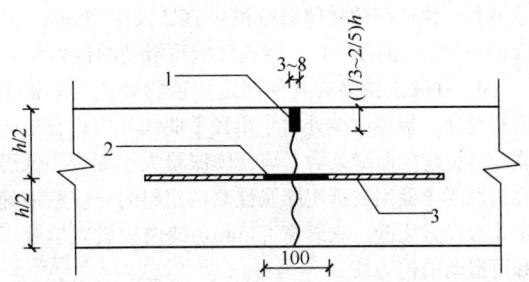

图 6.7.1-2 纵向缩缝构造（尺寸单位：mm）

1—填缝料；2—防锈涂料；3—拉杆

2 纵缝应与路线中线平行。在路面等宽的路段内或路面变宽路段的等宽部分，纵缝的间距和形式应保持一致。路面变宽段的加宽部分与等宽部分之间，应以纵向施工缝隔开。加宽板在变宽段起终点处的宽度不应小于1m。

3 拉杆应采用螺纹钢筋，宜设在板厚中央，应对拉杆中部100mm范围内进行防锈处理。拉杆的直径、长度和间距，可按表6.7.1选用。当施工布设时，拉杆间距应按横向接缝的实际位置予以调整，最外侧的拉杆距横向接缝的距离不得小于100mm。

表6.7.1 拉杆直径、长度和间距

面层厚度（mm）	拉杆	到自由边或未设拉杆纵缝的距离（m）					
		3.00	3.50	3.75	4.50	6.00	7.50
180～250	直径（mm）	14	14	14	14	14	14
	长度（mm）	700	700	700	700	700	700
	间距（mm）	900	800	700	600	500	400
260～300	直径（mm）	16	16	16	16	16	16
	长度（mm）	800	800	800	800	800	800
	间距（mm）	900	800	700	600	500	400

4 连续配筋混凝土面层的纵缝拉杆可由板内横向钢筋延伸穿过接缝代替。

6.7.2 横向接缝布置应符合下列规定：

1 每日施工结束或因临时原因中断施工时，必须设置横向施工缝，其位置应选在缩缝或胀缝处。设在缩缝处的施工缝，应采用传力杆的平缝形式；设在胀缝处的施工缝，其构造与胀缝相同。当有困难需设在缩缝之间，施工缝应采用设拉杆的企口缝形式。

2 横向缩缝可等间距或变间距布置，应采用假缝形式。快速路和主干路、特重和重交通道路、收费广场以及邻近胀缝或自由端部的3条缩缝，应采用设传力杆假缝形式。其他情况可采用不设传力杆假缝形式。

3 横向缩缝顶部应锯切槽口，深度宜为面层厚度的1/5～1/4，宽度宜为3mm～8mm，槽内应填塞填缝料。快速路的横向缩缝槽口宜增设深20mm、宽6mm～10mm的浅槽口，缝内设置可滑动的传力杆。

4 在邻近桥梁或其他固定构造物处或与其他道路相交处、板厚改变处、小半径平曲线处应设置横向胀缝。设置的胀缝条数，应视膨胀量大小而定。低温浇筑混凝土面层或选用膨胀性高的集料时，应酌情确定是否设置胀缝。胀缝宽20mm，缝内应设置填缝板和可滑动的传力杆。

5 传力杆采用光面钢筋。其尺寸和间距可按表6.7.2选用。最外侧传力杆距纵向接缝或自由边的

距离宜为150mm～250mm。

表6.7.2 传力杆尺寸和间距（mm）

面层厚度	传力杆直径	传力杆最小长度	传力杆最大间距
180～220	28	400	300
230～240	30	400	300
250～260	32	450	300
270～280	35	450	300
290～300	38	500	300

6.7.3 交叉口接缝布设应符合下列规定：

1 当两条道路正交时，各条道路应保持本身纵缝的连贯。相交路段内各条道路的横缝位置应按相对道路的纵缝间距作相应变动，两条道路的纵横缝应垂直相交。当两条道路斜交时，主要道路的直道部分应保持纵缝的连贯，相交路段内的横缝位置应按次要道路的纵缝间距作相应变动，保证与次要道路的纵缝相连接。相交道路弯道加宽部分的接缝布置，应不出现或少出现错缝和锐角板。当出现错缝和锐角板时，应按本规范第6.6.1条第2款加设防裂钢筋或角隅钢筋。

2 混凝土板分块不宜过小，最小边长不应小于1.5m；与主要行车方向垂直的边长不应大于4.0m。

3 在次要道路弯道加宽段起终点断面处的横向接缝，应采用胀缝形式。膨胀量大时，应在直线段连续布置2条～3条胀缝。

6.7.4 端部处理应符合下列规定：

1 当混凝土路面与固定构造物相衔接的胀缝无法设置传力杆时，可在毗邻构造物的板端部内配置双层钢筋网；或在长度约为6倍～10倍板厚的范围内逐渐将板厚增加20%。

2 当混凝土路面与桥梁相接，桥头设有搭板时，应在搭板与混凝土面层板之间设置长6m～10m的钢筋混凝土面层过渡板。后者与搭板间的横缝采用设拉杆平缝形式，与混凝土面层间的横缝采用设传力杆胀缝形式。膨胀量大时，应连续设置2条～3条设传力杆胀缝。当桥梁为斜交时，钢筋混凝土板的锐角部分应采用钢筋网补强。

桥头未设搭板时，宜在混凝土面层与桥台之间设置长10m～15m的钢筋混凝土面层板；或设置由混凝土预制块面层或沥青面层铺筑的过渡段，其长度不小于8m。

3 水泥混凝土路面与沥青混凝土路面相接时，其间应设置不少于3m长的过渡段。过渡段的路面采用两种路面呈阶梯状叠合布置，其下面铺设的变厚度混凝土过渡板的厚度不得小于200mm。过渡板与混凝土面层相接处的接缝内设置直径25mm、长700mm、间距400mm的拉杆。混凝土面层毗邻该接缝的1条～2条横向接缝应设置胀缝。

4 连续配筋混凝土面层与其他类型路面或构造物相连接的端部，应设置锚固结构。端部锚固结构可采用钢筋混凝土地梁或宽翼缘工字钢梁接缝等形式：

    1）钢筋混凝土地梁宜采用 3 个～5 个，梁宽宜为 400mm～600mm，梁高宜为 1200mm～1500mm，间距宜为 5m～6m；地梁与连续配筋混凝土面层宜连成整体；

    2）宽翼缘工字钢梁的底部应锚入钢筋混凝土枕梁内，枕梁长宜为 3m、厚宜为 200mm；钢梁腹板与连续配筋混凝土面层端部间应填入胀缝材料。

6.7.5 接缝填料应选用与混凝土接缝槽壁粘结力强、回弹性好、适应混凝土板收缩、不溶于水、不渗水、高温时不流淌、低温时不脆裂、耐老化的材料；胀缝接缝板应选用能适应混凝土板膨胀收缩、施工时不变形、水稳定性好、复原率高和耐久性好的材料，并应经防腐处理。

6.8 加铺层结构设计

6.8.1 加铺层结构设计应符合下列规定：

  1 在进行旧混凝土路面加铺层设计之前，应调查下列内容：

    1）道路修建和养护技术资料：路面结构和材料组成、接缝构造及养护历史等；

    2）路面损坏状况：损坏类型、轻重程度、范围及修补措施等；

    3）路面结构强度：路表弯沉、接缝传荷能力、板底脱空状况、面层厚度和混凝土强度等；

    4）已承受的交通载荷及预计的交通需求：交通量、轴载组成及增长率等；

    5）环境条件：沿线气候条件、地下水位以及路基和路面的排水状况等。

  2 加铺层应根据使用要求及旧混凝土路面的状况，选用分离式或结合式水泥混凝土加铺结构，或沥青混凝土加铺结构，经技术经济比较后选定。

  3 地表或地下排水不良路段，应采取措施改善或增设地表或地下排水设施；旧混凝土路面结构排水不良路段，应增设路面边缘排水系统。

  4 加铺层设计应包括施工期间维持通车的设计方案。

  5 旧混凝土面层损坏状况等级为差时，宜将混凝土板破碎成小于 400mm 的小块，用作新建路面的下基层或垫层，并应按新建混凝土路面或沥青路面类型进行设计。

6.8.2 路面损坏状况调查评定应符合下列规定：

  1 旧混凝土路面的损坏状况应采用断板率和平均错台量两项指标评定。

  2 路面损坏状况分为 4 个等级，各个等级的断板率和平均错台量的标准应按表 6.8.2 分级。

表 6.8.2　路面损坏状况分级标准

等　级	优　良	中	次	差
断板率（%）	≤5	6～10	11～20	>20
平均错台量（mm）	≤5	6～10	11～15	>15

6.8.3 接缝传荷能力与板底脱空状况调查评定应符合下列规定：

  1 旧混凝土面层板的接缝传荷能力和板底脱空状况应采用弯沉测试法调查评定。弯沉测试宜采用落锤式弯沉仪，也可采用梁式弯沉仪，其支点不得落在弯沉盆内。

  2 测定接缝传荷能力的试验荷载应接近于标准轴载的一侧轮载（50kN）。荷载应施加在邻近接缝的路面表面。接缝的传荷系数应按下式计算：

$$k_j = \frac{w_u}{w_l} \times 100(\%) \qquad (6.8.3)$$

式中：k_j ——接缝传荷系数；

    w_u ——未受荷板接缝边缘处的弯沉值；

    w_l ——受荷板接缝边缘处的弯沉值。

  3 旧混凝土面层的接缝传荷能力应按表 6.8.3 分为 4 个等级。

表 6.8.3　接缝传荷能力分级标准

等级	优良	中	次	差
接缝传荷系数 k_j（%）	>80	56～80	31～55	<31

  4 板底脱空可根据面层板角隅处的多级荷载弯沉测试结果，并综合考虑唧泥和错台发展程度以及接缝传荷能力进行判别。

6.8.4 旧混凝土路面结构参数调查应符合下列规定：

  1 旧混凝土面层厚度的标准值可根据钻孔芯样的量测高度按下式计算确定：

$$h_e = \bar{h}_e - 1.04 s_h \qquad (6.8.4-1)$$

式中：h_e ——旧混凝土面层量测厚度的标准值（mm）；

    $\bar{h}_e$ ——旧混凝土面层量测厚度的平均值（mm）；

    s_h ——旧混凝土面层厚度量测值标准差（mm）。

  2 旧混凝土面层弯拉强度的标准值可采用钻孔芯样的劈裂试验测定结果按下列公式计算确定：

$$f'_r = 0.621 f_{sp} + 2.64 \qquad (6.8.4-2)$$

$$f_{sp} = \bar{f}_{sp} - 1.04 s_{sp} \qquad (6.8.4-3)$$

式中：f'_r ——旧混凝土弯拉强度标准值（MPa）；

    f_{sp} ——旧混凝土劈裂强度标准值（MPa）；

    $\bar{f}_{sp}$ ——旧混凝土劈裂强度测定值的均值（MPa）；

    s_{sp} ——旧混凝土劈裂强度测定值的标准差（MPa）。

3 旧混凝土的弯拉弹性模量标准值可按下式计算：

$$E'_c = \frac{10^4}{0.0915 + \frac{0.9634}{f_r}}$$ (6.8.4-4)

式中：E'_c——旧混凝土的弯拉弹性模量标准值（MPa）。

4 旧混凝土路面基层顶面的当量回弹模量标准值，宜采用标准荷载 100kN 和承载板半径 150mm 的落锤式弯沉仪量测板中荷载作用下的弯沉曲线，按下列公式确定：

$$E'_t = 100e^{(3.60 + 24.03w_0^{-0.057} - 15.63SI^{0.222})}$$
(6.8.4-5)

$$SI = \frac{w_0 + w_{300} + w_{600} + w_{900}}{w_0}$$ (6.8.4-6)

式中：

E'_t——基层顶面的当量回弹模量标准值（MPa）；

SI——路面结构的荷载扩散系数；

w_0——荷载中心处弯沉值（μm）；

w_{300}、w_{600}、w_{900}——距离荷载中心 300mm、600mm 和 900mm 处的弯沉值（μm）。

当采用落锤式弯沉仪的条件受到限制时，可选择在清除断裂混凝土板后的基层顶面进行梁式弯沉测量后按下式反算，或根据基层钻芯的材料组成及性能情况依经验确定。

$$E_t = 13739w_0^{-1.04}$$ (6.8.4-7)

式中：w_0——以后轴载 100kN 的车辆进行弯沉测定，经统计整理后得到的旧混凝土路面基层顶面的计算回弹弯沉值（0.01mm）。

6.8.5 分离式混凝土加铺层结构设计应符合下列规定：

1 当旧混凝土路面的损坏状况和接缝传荷能力评定等级为中或次，或者新旧混凝土板的平面尺寸不同、接缝形式或位置不对应或路拱横坡不一致时，应采用分离式混凝土加铺层。加铺层铺筑前应更换破碎板，修补裂缝，磨平错台，压浆封板底脱空，清除夹缝中失效的填缝料和杂物，并重新封缝。

2 在旧混凝土面层与加铺层之间应设置隔离层。隔离层材料可选用沥青混合料、沥青砂或油毡等，不宜选用砂砾或碎石等松散粒料。沥青混合料隔离层的厚度不宜小于 25mm。

3 分离式混凝土加铺层的接缝形式和位置，应按新建混凝土面层的要求布置。

4 加铺层可采用普通混凝土、钢纤维混凝土、钢筋混凝土和连续配筋混凝土。普通混凝土、钢筋混凝土和连续配筋混凝土加铺层的厚度不宜小于 180mm；钢纤维混凝土加铺层的厚度不宜小于 140mm。

5 加铺层和旧混凝土面层应力分析，应按分离式双层板进行，计算方法应符合本规范第 6.5.3、6.5.4 条的规定。旧混凝土板的厚度、混凝土的弯拉强度和弹性模量标准值以及基层顶面当量回弹模量标准值，应采用旧混凝土路面的实测值，并应按本规范第 6.8.4 条的规定确定。加铺层混凝土的弯拉强度标准值应符合本规范表 6.2.5 的规定。加铺层的设计厚度，应按加铺层和旧混凝土板的应力分别满足本规范式（6.2.2）的要求确定。

6.8.6 结合式混凝土加铺层结构设计应符合下列规定：

1 当旧混凝土路面的损坏状况和接缝传荷能力评定等级为优良，面层板的平面尺寸及接缝布置合理，路拱横坡符合要求时，可采用结合式混凝土加铺层。加铺层铺筑前应更换破碎板，修补裂缝，磨平错台，压浆填封板底托空，清除接缝中失效的填缝料和杂物，并重新封缝。

2 应采用铣刨、喷射高压水或钢珠、酸蚀等方法，打毛清理旧混凝土面层表面，应在清理后的表面涂敷胶粘剂。

3 加铺层的接缝形式和位置应与旧混凝土面层的接缝完全对齐，加铺层内可不设拉杆或传力杆。加铺层的最小厚度宜为 25mm。

4 加铺层和旧混凝土板的应力分析，应按结合式双层板进行，计算方法应符合本规范第 6.5.3、6.5.4 条的规定。旧混凝土板的厚度、混凝土的弯拉强度和弹性模量标准值以及基层顶面当量回弹模量标准值，应采用旧混凝土路面的实测值，按本规范第 6.8.4 条规定的方法确定。加铺层的设计厚度，应按旧混凝土板的应力满足式（6.2.2）的要求确定。

7 砌块路面

7.1 一般规定

7.1.1 砌块路面设计应包括交通量预测与分析，材料选择，设计参数的测试和确定，路面结构组合设计与厚度计算，路面排水系统设计。

7.1.2 砌块路面表面应平整、防滑、稳固、无翘动，缝线直顺、灌缝饱满，无反坡积水现象。

7.1.3 砌块路面应按车行道和人行道的不同使用要求进行设计，并应符合下列规定：

1 人行道荷载应按人群荷载 5kPa 或 1.5kN 的竖向集中力作用在一块砌块上，分别计算，取其不利者。

2 车行道荷载应以标准轴载 BZZ-100 控制。

3 机动车停车场可分别按停车泊位区和行车道进行设计，泊位区宜采用绿植与透水设计。

4 自行车停车场应按人群荷载进行设计，宜采用绿植与透水设计。

7.2 砌块材料技术要求

7.2.1 砌块路面根据材料类型可分为混凝土预制砌块路面和天然石材路面，混凝土预制砌块可分为普通型与连锁型。砌块材料的尺寸与外观应符合下列规定：

1 天然石材的尺寸允许偏差应符合表 7.2.1-1 的规定。

2 天然石材的外观质量应符合表 7.2.1-2 的规定。

3 混凝土预制砌块尺寸与外观质量允许偏差应符合表 7.2.1-3 的规定。

表 7.2.1-1　天然石材尺寸允许偏差

项　目	允许偏差（mm）	
	粗面材	细面材
长、宽	0 −2	0 −1.5
厚（高）	+1 −3	±1
对角线	±2	±2
平面度	±1	±0.7

表 7.2.1-2　天然石材外观质量

项目	单位	允许值	备　注
缺棱	个		面积不超过 5mm×10mm，每块板材
缺角	个	1	面积不超过 2mm×2mm，每块板材
色斑	个		面积不超过 15mm×15mm，每块板材
裂纹	个	1	长度不超过两端顺延至板边总长度的 1/10（长度小于 20mm 不计），每块板材
坑窝	—	不明显	粗面板材的正面出现坑窝

表 7.2.1-3　混凝土预制砌块尺寸与外观质量允许偏差

项目		单位	允许偏差
长度、宽度		mm	±2
厚度			±3
厚度差			≤3
平整度			≤2
垂直度			≤2
正面粘皮及缺损的最大投影尺寸			≤5
缺棱掉角的最大投影尺寸			≤10
裂纹	非贯穿裂纹最大投影尺寸		≤10
	贯穿裂纹		不允许
分层			不允许
色差、杂色			不明显

7.2.2 砌块材料的力学性能应符合下列规定：

1 石材砌块的饱和极限抗压强度不应小于 120MPa，饱和抗折强度不应小于 9MPa。

2 普通型混凝土砌块的强度应符合表 7.2.2-1 的规定。当砌块边长与厚度比小于 5 时应以抗压强度控制，边长与厚度比不小于 5 时应以抗折强度控制。

表 7.2.2-1　普通型混凝土砌块的强度

道路类型	抗压强度（MPa）		抗折强度（MPa）	
	平均最小值	单块最小值	平均最小值	单块最小值
支路、广场、停车场	40	35	4.5	3.7
人行道、步行街	30	25	4.0	3.2

3 连锁型混凝土砌块的强度应符合表 7.2.2-2 的规定。

表 7.2.2-2　连锁型混凝土砌块的强度

道路类型	抗压强度（MPa）	
	平均最小值	单块最小值
支路、广场、停车场	50	42
人行道、步行街	40	35

7.2.3 砌块材料的物理性能应符合下列规定：

1 石材砌块材料的物理性能应符合表 7.2.3-1 的规定。

表 7.2.3-1　石材砌块材料的物理性能要求

项　目	单位	物理性能要求
体积密度	g/cm³	≥2.5
吸水率	%	<1
抗冻性	—	冻融循环 50 次，无明显损伤（裂纹、脱皮）
磨耗率（狄法尔法）	%	<4
坚固性（硫酸钠侵蚀）	%	质量损失≤15
硬度（莫氏）	—	≥7.0
孔隙率	%	<3

2 混凝土砌块材料物理性能应符合表 7.2.3-2 的规定。

表 7.2.3-2　混凝土砌块材料物理性能

项目	单位	物理性能要求
吸水率	%	≤8
磨坑长度	mm	≤35
抗冻性	—	经 25 次冻融试验的外观质量应符合本规范表 7.2.1-3 的规定；经 5 次冻融试验的质量损失率不应大于 3%；强度损失不得大于 20%

7.3 结构层与结构组合

7.3.1 砌块路面结构应包括面层、基层和垫层。

7.3.2 基层和垫层材料、厚度和设计应满足本规范第4章的相关规定。

7.3.3 砌块路面面层包括砌块、填缝材料和整平层材料。

7.3.4 采用砌块铺装车行道、广场、停车场时宜采用连锁型混凝土砌块,连锁型混凝土砌块可包括四面嵌锁和两面嵌锁的长条形状,最小宽度不应小于80mm,最大宽度不应大于120mm,长宽比宜为1.5～2.3。连锁型混凝土砌块最小厚度宜符合表7.3.4的规定。

表 7.3.4 连锁型混凝土砌块最小厚度

道路类型	最小厚度（mm）
大型停车场	100
支路、广场、停车场	80
人行道、步行街	60

7.3.5 人行道和步行街宜采用普通型混凝土砌块,普通型混凝土砌块的最小厚度宜符合表7.3.5的规定。

表 7.3.5 普通型混凝土砌块最小厚度（mm）

道路类型	常用尺寸			
	250×250	300×300	100×200	200×300
支路、广场、停车场	100	120	80	100
人行道、步行街	50	60	50	60

7.3.6 石材砌块的适用性及其最小厚度宜符合表7.3.6的规定。

表 7.3.6 石材砌块适用性及最小厚度（mm）

道路类型	常用尺寸					
	100×100	300×300	400×400 300×500	500×500 400×600	600×600 400×800	500×1000 600×800
支路、广场、停车场	80	100	100	140	140	140
人行道、步行街	50	60	60	80	—	—

7.3.7 砌块面层与基层之间应设置整平层,整平层可采用粗砂,厚度宜为30mm～50mm。

7.3.8 砌块路面面层接缝符合下列规定:

　　1 普通型混凝土砌块接缝缝宽不应大于5mm,应采用水泥砂灌实。

　　2 连锁型混凝土砌块接缝缝宽不应大于5mm,

应用粗砂灌实。

　　3 石材砌块路面接缝缝宽不应大于5mm,应采用水泥砂灌实。有特殊防水要求时,缝下部应用水泥砂灌实,上部应用防水材料灌缝。当缝宽小于2mm时,可不进行灌缝。

　　4 砌块路面面层勾缝时,应设置胀缝,胀缝间距宜为20m～50m,接缝填料可采用沥青、橡胶类材料。

7.4 结构层计算

7.4.1 砌块路面的结构计算可采用等效厚度法,应根据基层材料的不同按沥青路面或水泥路面设计方法进行修正后计算。

7.4.2 对半刚性基层和柔性基层的砌块路面,应采用沥青路面设计方法,以设计弯沉值为路面整体强度的设计指标,并应核算基层底的弯拉应力。对反复荷载应考虑疲劳应力,对静止荷载应考虑容许应力。在确定沥青混凝土层厚度后,应按下式计算确定:

$$h_s = h_1 \cdot a \qquad (7.4.2)$$

式中:h_s——砌块路面块体厚度（mm）;

　　　　h_1——沥青混凝土层厚度（mm）;

　　　　a——换算系数,可取0.7～0.9,道路等级较高、交通量较大、砌块面积尺寸较大时取高值,砌块抗压强度较高、砌块面积尺寸较小时取低值。

7.4.3 对水泥混凝土基层的砌块路面,应按水泥混凝土路面设计方法,在确定水泥混凝土板厚度后,应按下式计算:

$$h_s = h_h \cdot b \qquad (7.4.3)$$

式中:h_s——砌块路面块体厚度（mm）;

　　　　h_h——水泥混凝土板厚度（mm）;

　　　　b——换算系数,可取0.50～0.65,采用的砌块面积尺寸较小时取低值,采用的砌块面积尺寸较大时取高值。

8 其他路面

8.1 透水人行道

8.1.1 透水人行道下的土基应具有一定的渗透性能,土的渗透系数不应小于1.0×10^{-3}mm/s,且渗透面距离地下水位应大于1.0m;在渗透系数小于1.0×10^{-5}mm/s或膨胀土等不良土基、水源保护区,不宜修建透水人行道。

8.1.2 面层结构有效孔隙率不应小于15%,渗透系数不应小于0.1mm/s。

8.1.3 整平层可采用干铺或透水干硬性水泥稳定中、粗砂,厚度宜为30mm～50mm。

8.1.4 基层应选用具有足够的强度、透水性能良好、水稳定性好的材料，宜采用级配碎石、透水水泥混凝土、透水水泥稳定碎石等材料，基层厚度宜为150mm～300mm。

8.2 桥面铺装

8.2.1 桥面铺装的结构形式宜与所在位置的道路路面相协调，特大桥、大桥的桥面铺装宜采用沥青混凝土桥面铺装，桥面铺装应有完善的桥面防水、排水系统。

8.2.2 桥面铺装应符合下列规定：

1 桥面沥青混凝土铺装结构，应由防水粘结层和沥青面层组成。

2 城市快速路、主干路上桥梁的沥青混合料桥面铺装厚度宜为80mm～100mm，次干路、支路上桥梁的沥青混合料桥面铺装厚度宜为50mm～90mm，且沥青表面层厚度不应小于30mm。当桥面铺装为单层时，厚度不宜小于50mm。

3 桥面水泥混凝土铺装（不含整平层和垫层）的厚度不宜小于80mm，混凝土强度等级不应低于C40，铺装面层内应配置钢筋网，钢筋直径不应小于8mm，间距不宜大于100mm。

4 当水泥混凝土桥面采用沥青面层时，桥面板应符合下列规定：

1）混凝土桥面板应平整、粗糙、干燥整洁，不得有浮浆、尘土、水迹、杂物或油污等。对城市快速路、城市主干路的桥面宜进行精铣刨或者喷砂打毛处理，特大桥、重要大桥桥面宜进行精细刨处理。

2）当混凝土桥面板需设置调平层时，混凝土调平层厚度不宜小于80mm，且应按要求设置钢筋网；纤维混凝土调平层厚度不宜小于60mm；调平层混凝土强度等级应与梁体一致，并应与桥面板结合紧密。当调平层厚度较薄时，可用沥青混合料或通过加厚下面层进行调平。

5 对于特大桥、大桥、正交异性板钢桥面沥青混凝土铺装结构应根据桥梁的纵面线形、桥梁结构受力状态、桥面系的实际情况、当地气象与环境条件、铺装材料的性能综合研究选用。

8.3 隧道路面铺装

8.3.1 隧道路面铺装可采用水泥混凝土路面或沥青路面。

8.3.2 当隧道采用水泥混凝土路面时，厚度不宜低于200mm，结构变形缝处路面应设置横向缩缝或胀缝，在隧道口处应设置胀缝。

8.3.3 当隧道路面采用沥青路面时，沥青面层应具有与水泥混凝土面板粘结牢固、防水渗入、抗滑耐磨、抗剥离的良好性能；沥青混凝土面层厚度宜为80mm～100mm，宜采用阻燃温拌型沥青混合料。沥青混凝土面层下应设置粘结层。

9 路面排水

9.1 一般规定

9.1.1 路面排水应接入城镇排水系统。在城镇排水系统未建立时，应按临时排水设计。

9.1.2 应根据道路所在区域和道路等级，结合路基、桥涵结构物进行排水设计，合理选择排水方案，布置排水设施，形成完整、畅通的排水体系。

9.1.3 路面雨水管渠暴雨强度设计重现期应符合表9.1.3的规定。

表9.1.3 城市道路排水设计重现期

城市级别	道路等级					
	快速路	主干路	次干路	支路	广场、停车场	立体交叉
大城市设计重现期（年）		1～3	0.5～2	0.5～1	1～3	3～5
中、小城市设计重现期（年）	2～5	0.5～2	0.5～1	0.33～0.5	1～3	

9.2 路面排水设计

9.2.1 路面排水设计应符合下列规定：

1 路面排水设计包括路表、分隔带及路面结构内部排水。路面排水设施有：雨水口、排水管渠、检查井、边沟、蓄水池、涵洞、出水口等。

2 路面应设置双向或单向横坡，坡度宜为1.0%～2.0%。

9.2.2 路面排水采用管道或边沟形式。路面排水应综合两侧建筑物散水或街坊排水，并应处理好与城市防洪的关系。

9.2.3 道路排水管道的设置应符合下列规定：

1 排水干管不应埋设在快速路范围内。

2 对地基松软和不均匀沉降地段，管道基础应采取加固措施。

3 隧道口应有防止路面雨水流入隧道的工程措施。隧道内宜设置渗漏水的排出设施。

9.2.4 雨水口的设置应符合下列规定：

1 道路汇水点、人行横道上游、沿街单位出入口上游、街坊或庭院的出入口等处均应设置雨水口。道路低洼和易积水地段应根据需要适当增加雨水口。人行道与车道之间设有连续绿化带时，人行道内侧宜增设雨水口。

2 雨水口形式分为平箅式、立箅式等，平箅式雨水口分为有缘石平箅式和地面平箅式。缘石平箅式雨水口用于有缘石的道路。地面平箅式可用于无缘石的路面、广场、地面低洼聚水处等。立箅式雨水口可用于有缘石的道路。

3　平箅式雨水口的箅面应低于附近路面 10mm～20mm；立箅式雨水口进水孔底面应低于附近面 10mm。

4　雨水口的间距宜为 25m～50m。

5　雨水口的泄水能力应经计算确定。

9.2.5　锯齿形偏沟设计应符合下列规定：

1　当道路边缘线纵坡度小于 0.3% 时，可在道路两侧车行道边缘 0.3m 宽度范围内设锯齿形偏沟。锯齿形偏沟的缘石外露高度，在雨水口处宜为 180mm～200mm，在分水点处宜为 100mm～120mm，雨水口处与分水点处的缘石高差宜控制在 60mm～100mm 范围内。

2　缘石顶面纵坡宜与道路中心线纵坡平行。锯齿形偏沟的沟底纵坡可通过边沟范围内的道路横坡变化调整。条件困难时，可调整缘石顶面纵坡度。

3　锯齿形偏沟的分水点和雨水口应按下式计算：

$$S = (h_c - h_w)/(j_c - j) \qquad (9.2.5\text{-}1)$$

$$S_c - S = (h_c - h_w)/(j + j_c') \qquad (9.2.5\text{-}2)$$

式中：S_c——相邻雨水口的间距（mm）；

S、$S_c - S$——分水点至雨水口的距离（mm）；

j——道路中心线纵坡度；

j_c——S 段偏沟底的纵坡度；

j_c'——$S_c - S$ 偏沟底的纵坡度；

h_c——雨水口处缘石外露高度（mm）；

h_w——分水点处缘石外露高度（mm）。

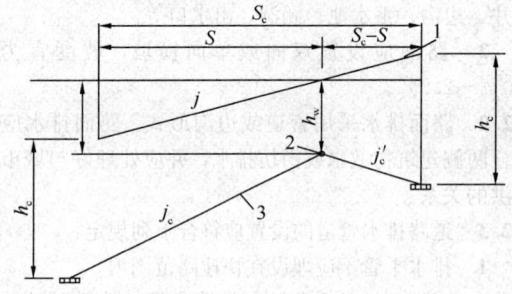

图 9.2.5　锯齿形偏沟计算
1—缘石顶线；2—分水点；3—路面边缘线

9.3　路面内部排水

9.3.1　对年降水量为 600mm 以上，路基土渗透系数小于 10^{-4}mm/s 的地区的快速路、主干路，宜设置路面内部排水系统。

9.3.2　当车行道路面结构设置排水基层或垫层时，应在排水基层或垫层外侧边缘人行道下设置纵向集水沟、带孔集水管以及横向出水管等，并沿纵向间隔一

定距离将水引入市政排水总管、渠。

9.3.3　路面内部排水系统由透水性填料集水沟、纵向排水管、横向出水管和过滤织物组成。各个组成部分应符合下列规定：

1　纵向排水管管径应按设计流量由水力计算确定，宜在 70mm～150mm 范围内选用。排水管的埋设深度，应保证不被车辆或施工机械压裂，并应超过当地的冰冻深度。在非冰冻地区，新建路面时，排水管管底宜与基层底面齐平；改建路面时，管中心应低于基层顶面。排水管的纵向坡度宜与路线纵坡相同，并不得小于 0.25%。

2　横向出水管径间距和安设位置应由水力计算并考虑邻近地面高程和道路纵横断面情况确定。出水管的横向坡度不宜小于 5%。

3　集水沟底面的最小宽度，对新建路面，不应小于 300mm；对改建路面，应保证排水管两侧各有至少 50mm 宽的透水填料。

9.3.4　集水沟的宽度宜为 300mm。集水沟的深度应能保证集水管管顶低于排水层底面，并应有足够厚度的回填料使集水管不被施工机械压裂。沟内回填料宜采用与排水基层或垫层相同的透水性材料，或不含细料的碎石或砾石粒料。回填料与沟壁间应铺设无纺反滤织物。

9.3.5　集水沟的纵坡宜与路线纵坡相同，并不得小于 0.25%。

9.3.6　排水基层应符合下列规定：

1　所用集料应选用洁净、坚硬而耐久的碎石，快速路、主干路压碎值不应大于 26%，其他等级道路压碎值不应大于 30%。最大粒径可为 19mm 或 26.5mm，并不得超过层厚的 1/3。4.75mm 粒径以下细料的含量不应大于 10%。集料级配应满足渗透系数不得小于 300m/d 的透水性要求。

2　骨架空隙型水泥处治碎石的 7d 浸水抗压强度不得低于 3MPa～4MPa；开级配沥青碎石的沥青用量宜为集料质量的 2.5%～4.5%。

3　排水基层的厚度应按所需排放的水量和基层材料的渗透系数通过水力计算确定，宜为 100mm～150mm，其最小厚度对于沥青稳定碎石不得小于 60mm，对于水泥稳定碎石不得小于 100mm。其宽度应超出面层宽度 300mm～900mm。

9.3.7　纵向集水沟可设在面层边缘外侧，集水沟中的填料应与排水基层相同。集水沟的下部应设置带槽口或圆孔的纵向排水管，并应间隔适当距离设置不带槽孔的横向出水管。

9.3.8　排水基层的下卧层应选用不透水的密级配混合料。

9.3.9　排水垫层可直接设置在路基顶面，并应配置纵向集水沟、排水管和出水管。排水垫层应选用砂或砂砾石等集料组成开级配混合料，其级配应符合下列规定：

1 当垫层用集料在通过率为15%时，粒径不应小于路基土在通过率为15%时的粒径的5倍；

2 当垫层用集料在通过率为15%时，粒径不应大于路基土在通过率为85%时的粒径的5倍；

3 当垫层用集料在通过率为50%时，粒径不应大于路基土在通过率为50%时的粒径的25倍；

4 垫层集料的不均匀系数不应大于20。

9.4 分隔带排水

9.4.1 当分隔带内设置纵向排水渗沟时，应间隔40m～80m设置横向排水管，渗沟周围应包裹土工布等反滤织物。渗沟上的回填料与路面结构的交界处应铺设防水土工布。

9.4.2 当分隔带封闭后，可不设内部排水系统。

9.5 交叉口范围路面排水

9.5.1 平面交叉口应按竖向设计布设雨水口，并应采取措施防止路段的雨水流入交叉口。

9.5.2 立体交叉范围的路面排水应符合下列规定：

1 当纵坡大于2%时，应在最低点集中收水，雨水口数量应按立体交叉范围内的设计流量计算确定。

2 下穿式立体交叉引路两端纵坡的起点处，应设倒坡，并在道路两侧采取截水措施。

9.6 桥面排水

9.6.1 桥面水应通过横坡和纵坡排入泄水口，并应汇集到竖向排水管排出。

9.6.2 桥面宜在铺装边缘设置渗沟，渗沟与泄水口相接。

附录A 沥青路面使用性能气候分区

A.0.1 按照设计高温分区指标，一级区划分为3个区，应符合表A.0.1的划分。

表A.0.1 按照设计高温分区

高温气候区	1	2	3
气候区名称	夏炎热区	夏热区	夏凉区
最热月平均最高气温（℃）	>30	20～30	<20

A.0.2 按照设计低温分区指标，二级区划分为4个区，应符合表A.0.2的划分。

表A.0.2 按照设计低温分区

低温气候区	1	2	3	4
气候区名称	冬严寒区	冬寒区	冬冷区	冬温区
极端最低气温（℃）	<-37.0	-37.0～-21.5	-21.5～-9.0	>-9.0

A.0.3 按照设计雨量分区指标，三级区划分为4个区，应符合表A.0.3的划分。

表A.0.3 按照设计雨量分区

雨量气候区	1	2	3	4
气候区名称	潮湿区	湿润区	半干区	干旱区
年降雨量（mm）	>1000	1000～500	500～250	<250

A.0.4 沥青路面温度分区由高温和低温组合而成，应符合表A.0.4的划分。第一个数字代表高温分区，第二个数字代表低温分区，数字越小表示气候因素越严重。

表A.0.4 沥青路面温度分区

气候区名		最热月平均最高气温（℃）	年极端最低气温（℃）	备 注
1-1	夏炎热冬严寒	>30	<-37.0	
1-2	夏炎热冬寒		-37.0～-21.5	
1-3	夏炎热冬冷		-21.5～-9.0	
1-4	夏炎热冬温		>-9.0	
2-1	夏热冬严寒	20～30	<-37.0	
2-2	夏热冬寒		-37.0～-21.5	
2-3	夏热冬冷		-21.5～-9.0	
2-4	夏热冬温		>-9.0	
3-1	夏凉冬严寒	<20	<-37.0	
3-2	夏凉冬寒		-37.0～-21.5	
3-3	夏凉冬冷		-21.5～-9.0	
3-4	夏凉冬温		>-9.0	

A.0.5 由温度和雨量组成的气候分区应符合表A.0.5的划分。

表A.0.5 沥青及沥青混合料气候分区指标

气候区名		温度（℃）		雨量（mm）
		最热月平均最高气温	年极端最低气温	年降雨量
1-1-4	夏炎热冬严寒干旱	>30	<-37.0	<250
1-2-2	夏炎热冬寒湿润	>30	-37.0～-21.5	500～1000
1-2-3	夏炎热冬寒半干	>30	-37.0～-21.5	250～500
1-2-4	夏炎热冬寒干旱	>30	-37.0～-21.5	<250
1-3-1	夏炎热冬冷潮湿	>30	-21.5～-9.0	>1000
1-3-2	夏炎热冬冷湿润	>30	-21.5～-9.0	500～1000
1-3-3	夏炎热冬冷半干	>30	-21.5～-9.0	250～500
1-3-4	夏炎热冬冷干旱	>30	-21.5～-9.0	<250
1-4-1	夏炎热冬温潮湿	>30	>-9.0	>1000
1-4-2	夏炎热冬温湿润	>30	>-9.0	500～1000

气候区名		温度（℃）		雨量（mm）
		最热月平均最高气温	年极端最低气温	年降雨量
2-1-2	夏热冬严寒湿润	20～30	＜－37.0	500～1000
2-1-3	夏热冬严寒半干	20～30	＜－37.0	250～500
2-1-4	夏热冬严寒干旱	20～30	＜－37.0	＜250
2-2-1	夏热冬寒潮湿	20～30	－37.0～－21.5	＞1000
2-2-2	夏热冬寒湿润	20～30	－37.0～－21.5	500～1000
2-2-3	夏热冬寒半干	20～30	－37.0～－21.5	250～500
2-2-4	夏热冬寒干旱	20～30	－37.0～－21.5	＜250
2-3-1	夏热冬冷潮湿	20～30	－21.5～－9.0	＞1000

气候区名		温度（℃）		雨量（mm）
		最热月平均最高气温	年极端最低气温	年降雨量
2-3-2	夏热冬冷湿润	20～30	－21.5～－9.0	500～1000
2-3-3	夏热冬冷半干	20～30	－21.5～－9.0	250～500
2-3-4	夏热冬冷干旱	20～30	－21.5～－9.0	＜250
2-4-1	夏热冬温潮湿	20～30	＞－9.0	＞1000
2-4-2	夏热冬温湿润	20～30	＞－9.0	500～1000
2-4-3	夏热冬温半干	20～30	＞－9.0	250～500
3-2-1	夏凉冬寒潮湿	＜20	－37.0～－21.5	＞1000
3-2-2	夏凉冬寒湿润	＜20	－37.0～－21.5	500～1000

附录 B   沥青混合料级配组成、沥青表面处治材料规格和用量

表 B.1   各种沥青混合料的矿料级配范围

级配类型		通过下列筛孔（mm）的质量百分率（%）												
		31.5	26.5	19	16	13.2	9.5	4.75	2.36	1.18	0.6	0.3	0.15	0.075
密级配沥青混凝土	AC-25	100	90～100	75～90	65～83	57～76	45～65	24～52	16～42	12～33	8～24	5～17	4～13	3～7
	AC-20		100	90～100	78～92	62～80	50～72	26～56	16～44	12～33	8～24	5～17	4～13	3～7
	AC-16			100	90～100	76～92	60～80	34～62	20～48	13～36	9～26	7～18	5～14	4～8
	AC-13				100	90～100	68～85	38～68	24～50	15～38	10～28	7～20	5～15	4～8
	AC-10					100	90～100	45～75	30～58	20～44	13～32	9～23	6～16	4～8
	AC-5						100	90～100	55～75	35～55	20～40	12～28	7～18	5～10
沥青玛琋脂碎石	SMA-20		100	90～100	72～92	62～82	40～55	18～30	13～22	12～22	10～16	9～14	8～13	8～12
	SMA-16			100	90～100	65～85	45～65	20～32	15～24	14～22	12～18	10～15	9～14	8～12
	SMA-13				100	90～100	50～75	20～34	15～26	14～24	12～20	10～16	9～14	8～12
	SMA-10					100	90～100	28～60	20～32	14～26	12～22	10～18	9～16	8～13
开级配磨耗层	OGFC-16			100	90～100	70～90	45～70	12～30	6～18	4～15	3～12	3～8	2～6	
	OGFC-13				100	90～100	60～90	12～30	6～18	4～15	3～12	3～8	2～6	
	OGFC-10					100	90～100	50～70	10～22	6～18	4～15	3～12	3～8	2～6

表 B.2   沥青表面处治材料规格和用量

沥青种类	类型	厚度（mm）	集料（m³/1000m²）						沥青或乳液用量（kg/m²）			
			第一层		第二层		第三层		第一次	第二次	第三次	合计用量
			规格	用量	规格	用量	规格	用量				
石油沥青	单层	10	S12	7～9	—		—		1.0～1.2	—		1.0～1.2
		15	S10	12～14	—		—		1.4～1.6	—		1.4～1.6
	双层	15	S10	12～14	S12	7～8	—		1.4～1.6	1.0～1.2		2.4～2.8
		20	S9	16～18	S12	7～8	—		1.6～1.8	1.0～1.2		2.6～3.0
		25	S8	18～20	S12	7～8	—		1.8～2.0	1.0～1.2		2.8～3.2
	三层	25	S8	18～20	S12	12～14	S12	7～8	1.6～1.8	1.2～1.4	1.0～1.2	3.8～4.4
		30	S6	20～22	S12	12～14	S12	7～8	1.8～2.0	1.2～1.4	1.0～1.2	4.0～4.6
乳化沥青	单层	5	S14	7～9	—		—		0.9～1.0	—		0.9～1.0
	双层	10	S12	9～11	S14	4～6	—		1.8～2.0	1.0～1.2		2.8～3.2
	三层	30	S6	20～22	S10	9～11	S12 / S14	4～6 / 3.5～5.5	2.0～2.2	1.8～2.0	1.0～1.2	4.8～5.4

注：1 表中的乳液用量按乳化沥青的蒸发残留物含量60%计算，如沥青含量不同应予折算；
    2 在高寒地区及干旱风沙大的地区，沥青用量可超出高限5%～10%。

表 B.3 微表处混合料与稀浆封层混合料的矿料级配范围

筛孔尺寸（mm）	不同类型通过各筛孔的百分率（%）				
	微表处		稀浆封层		
	MS-2 型	MS-3 型	ES-1 型	ES-2 型	ES-3 型
9.5	100	100	—	100	100
4.75	95~100	70~90	100	95~100	70~90
2.36	65~90	45~70	90~100	65~90	45~70
1.18	45~70	28~50	60~90	45~70	28~50
0.6	30~50	19~34	40~65	30~50	19~34
0.3	18~30	12~25	25~42	18~30	12~25
0.15	10~21	7~18	15~30	10~21	7~18
0.075	5~15	5~15	10~20	5~15	5~15

表 B.4 沥青混合料用粗集料规格

规格名称	公称粒径（mm）	通过下列筛孔（mm）的质量百分率（%）												
		106	75	63	53	37.5	31.5	26.5	19.0	13.2	9.5	4.75	2.36	0.6
S1	40~75	100	90~100	—	—	0~15	—	0~5						
S2	40~60		100	90~100	—	0~15	—	0~5						
S3	30~60		100	90~100	—	—	0~15	—	0~5					
S4	25~50			100	90~100	—	—	0~15	—	0~5				
S5	20~40				100	90~100	—	—	0~15	—	0~5			
S6	15~30					100	90~100	—	—	0~15	—	0~5		
S7	10~30						100	90~100	—	—	0~15	0~5		
S8	10~25							100	90~100	—	0~15	—	0~5	
S9	10~20								100	90~100	—	0~15	0~5	
S10	10~15									100	90~100	0~15	0~5	
S11	5~15									100	90~100	40~70	0~15	0~5
S12	5~10										100	90~100	0~15	0~5
S13	3~10									100	90~100	40~70	0~20	0~5
S14	3~5										100	90~100	0~15	0~3

表 B.5　沥青混合料用细集料规格

规格	公称粒径（mm）	水洗法通过各筛孔的质量百分率（%）							
		9.5	4.75	2.36	1.18	0.6	0.3	0.15	0.075
S15	0～5	100	90～100	60～90	40～75	20～55	7～40	2～20	0～10
S16	0～3	—	100	80～100	50～80	25～60	8～45	0～25	0～15

附录 C　沥青路面设计参数参考值

表 C.1　沥青混合料设计参数

材料名称		抗压模量（MPa）			15℃劈裂强度（MPa）	60℃剪切强度（MPa）	备注
		20℃	15℃	60℃			
细粒式沥青混凝土	密级配	1200～1600	1800～2200	240～320	1.2～1.6	0.4～0.8①	AC-10，AC-13
	开级配	700～1000	1000～1400	140～200	0.6～1.0	0.3～0.5	OGFC
沥青玛璃脂碎石		1200～1600	1600～2000	240～320	1.4～1.9	0.8～1.1	SMA
中粒式沥青混凝土		1000～1400	1600～2000		0.8～1.2	—	AC-16，AC-20
密级配粗粒式沥青混凝土		800～1200	1000～1400		0.6～1.0	—	AC-25
沥青碎石基层	密级配	1000～1400	1200～1600		0.6～1.0	—	ATB-25，ATB-35
	半开级配	600～800	—		—	—	AM-25，AM-40
沥青贯入式		400～800	—		—	—	

注：①对于密级配细粒式沥青混凝土，采用普通沥青时其60℃抗剪强度在0.4MPa～0.6MPa之间；采用改性沥青时其60℃抗剪强度在0.6MPa～0.8MPa之间。

表 C.2　基层和垫层材料设计参数

材料名称	配合比或规格要求	抗压回弹模量 E（MPa）（弯沉计算用）	抗压模量 E（MPa）（拉应力、剪应力计算用）	劈裂强度（MPa）
水泥砂砾	4%～6%	1100～1500	3000～4200	0.4～0.6
水泥碎石	4%～6%	1300～1700	3000～4200	0.4～0.6
二灰砂砾	7:13:80	1100～1500	3000～4200	0.6～0.8
二灰碎石	8:17:75	1300～1700	3000～4200	0.5～0.8
石灰水泥粉煤灰砂砾	6:3:16:75	1200～1600	2700～3700	0.4～0.55
水泥粉煤灰碎石	4:16:80	1300～1700	2400～3000	0.4～0.55
石灰土碎石	粒料＞60%	700～1100	1600～2400	0.3～0.4
碎石灰土	粒料＞40%～50%	600～900	1200～1800	0.25～0.35
水泥石灰砂砾土	4:3:25:68	800～1200	1500～2200	0.3～0.4
二灰土	10:30:60	600～900	2000～2800	0.2～0.3

续表 C.2

材料名称	配合比或规格要求	抗压回弹模量 E（MPa）（弯沉计算用）	抗压模量 E(MPa)（拉应力、剪应力计算用）	劈裂强度（MPa）
石灰土	8%～12%	400～700	1200～1800	0.2～0.25
石灰土处理路基	4%～7%	200～350	—	—
级配碎石	基层连续级配型	300～350	—	—
	基层骨架密实型	300～500	—	—
	下基层、垫层	200～250	—	—
填隙碎石	下基层	200～280	—	—
未筛分碎石	下基层	180～220	—	—
级配砂砾、天然砂砾	基层	150～200	—	—
中粗砂	垫层	80～100	—	—

表 C.3　柔性基层沥青路面材料设计参数

材料名称	20℃动态回弹模量（MPa）（柔性基层沥青层层底拉应变计算用）	备注
密级配细粒式沥青混凝土	4500～6000	AC-10，AC-13
中粒式沥青混凝土	4000～5500	AC-16，AC-20
密级配粗粒式沥青混凝土	3500～5000	AC-25
沥青玛琋脂碎石	4000～6000	SMA
密级配沥青碎石基层	3200～4500	ATB-25
贫混凝土	10000～17000	—
水泥稳定碎石	5000～10000	—
水泥稳定土	1000～3000	—
石灰、水泥与粉煤灰综合稳定类	3500～14000	—
石灰稳定土	600～2000	—

表 C.4　碎砾石土设计参数

碎石含量（%）	路基干湿类型	回弹模量（MPa）	密度（t/m³）	含水量（%）
＞70	干燥	90～100	2.05～2.25	7
	中湿	70～80	2.00～2.20	8
	潮湿	55～65	1.95～2.15	11
50～70	干燥	75～85	2.00～2.20	7
	中湿	55～65	1.95～2.15	8
	潮湿	45～55	1.90～2.10	11
30～50	干燥	47～57	1.90～2.10	＜10
	中湿	30～40	1.85～1.95	10～15
	潮湿	20～30	1.75～1.85	＞15
＜30	干燥	30～40	1.80～1.90	＜10
	中湿	15～25	1.70～1.80	10～15
	潮湿	15	1.60～1.70	＞15

附录 D 沥青混合料单轴贯入抗剪强度试验方法

D.0.1 本试验方法适用于利用单轴贯入试验仪在规定的温度和加载条件下测定沥青混合料的抗剪强度。非经注明，单轴贯入抗剪强度的试验温度为60℃。试验采用直径100mm±2mm、高100mm±2mm的沥青混合料圆柱体试件，集料的公称最大粒径不大于16mm。

D.0.2 仪器设备应符合下列规定：

1 万能材料试验机，其他可施加荷载并测试变形的路面材料试验设备也可使用，应满足下列条件：

1) 最大荷载应满足不超过其量程的80%，且不小于量程的20%要求，宜采用5kN。

2) 具有环境保温箱，温控准确度0.5℃。

3) 能符合加载速率1mm/min的要求。试验机宜有伺服系统，在加载过程中，速度基本保持不变。

4) 试验进行过程中可记录加载力和位移。

2 贯入杆，端面直径28.5mm、长50mm的金属柱。

3 烘箱。

D.0.3 试验方法应符合下列规定：

1 用旋转压实或静压法成型混合料试件，试件尺寸应符合直径100mm±2mm，高100mm±2mm的要求，并在报告中注明试件成型方法，试件的密度应符合马歇尔标准密度的100%±1%。

2 试件成型后，不等完全冷却后即可脱模，用卡尺量取试件的高度，若最高部位与最低部位的高度差超过2mm时，试件应作废。用于单轴贯入抗剪切强度试验的试件不少于3个。

3 按相关试验方法测定试件的密度、空隙率等各项相关物理指标。

4 将试件在60℃的烘箱中保温6h。

5 使试验机环境保温箱温度达到试验温度。

D.0.4 将试件从烘箱中取出，立即置于压力机试验台座上，以1mm/min的加载速率均匀加载直至破坏，读取荷载峰值，准确至0.1kN。

D.0.5 沥青混凝土的单轴贯入剪切试验强度应按下式计算：

$$\tau_s = 0.327 \times 0.8 \times \frac{P}{A} \qquad (D.0.5)$$

式中：τ_s——试件单轴贯入剪切试验强度（MPa）；

P——试件破坏时的最大荷载（N）；

A——贯入杆的截面积（mm²）。

D.0.6 当一组测定值中某个测定值和平均值之差大于标准差的k倍时，该测定值应予舍弃，并以其余测定值的平均值作为试验结果。当试验试件数目分别为3、4、5、6时，k值可分别为1.15、1.46、1.67、1.82。

附录 E 沥青混合料单轴压缩动态回弹模量试验方法

E.0.1 本方法适用于测定沥青混合料在线弹性范围内的单轴压缩动态回弹模量。在无侧限条件下，按一定的温度和加载频率对测试试件施加偏移正弦波（波形与正弦波相同，仅数值全在压力轴一侧）或半正矢波轴向压应力，量测试件可恢复的轴向应变。测试要求为：试验温度为20℃，加载频率为10Hz，试验采用直径为100mm±2mm，高为200mm±2.5mm的沥青混合料圆柱体试件，集料的公称最大粒径不大于37.5mm。

E.0.2 试验装置与材料应符合下列规定：

1 材料试验机：能施加偏移正弦波或半正矢波形式荷载的加载设备，施加荷载的频率在0.1Hz～25Hz范围，且施加的最大应力水平能达到2800kPa。加载分辨率应达到5N。

2 环境箱，控温准确度为±0.5℃。

3 数据测量及采集系统：采用微机控制，能测量并记录试件在每个加载循环中所承受的轴向荷载和产生的轴向变形。荷载传感器所需最小量程为0～25kN，分辨率不大于5N，误差不大于1%；位移传感器可采用LVDT或其他合适的设备，具有良好的动态响应特性，其量程应大于1mm，分辨率不大于0.2μm，误差不大于2.5μm。

E.0.3 试验准备工作应符合下列规定：

1 采用旋转压实法成型沥青混合料试件，试件尺寸应符合直径100mm±2mm，高150mm±2mm的要求，试件的密度应符合马歇尔标准密度的100%±1%。

2 试件最高部位与最低部位的高度差不应超过2mm，一组试件不应少于4个。

3 按相关试验方法测定试件的密度、空隙率等各项相关物理指标。

E.0.4 试验步骤应符合下列规定：

1 将位移传感器安置于试件侧面中部，使其与试件端面垂直，沿圆周等间距安放3个（即每2个相距120°）。调节位移传感器，使其测量范围可以测量试件中部的压缩变形。

2 将试件放置在试验加载架的加载板中心位置，为减少试件表面与上下加载板间的摩阻力，减小端部效应，可在试件与上下加载板间各放一块聚四氟乙烯薄膜或涂抹硫黄砂浆，应使试件中心与加载架的中心对齐。

3 将试件放入试验机的环境箱中，在环境箱温度达到设定的试验温度后，继续恒温 5h。

4 当试件内外的温度达到测试温度以后，就可以开始进行加载试验。将试件与上加载板轻微接触，调节位移传感器，当试件内外的温度达到测试温度以后，就可以开始进行加载试验。将试件与上加载板轻微接触，调节位移传感器并清零，施加一个大小为试验荷载（试验荷载的大小是通过调节使试件的轴向响应应变能控制在 $50 \times 10^{-6} \sim 150 \times 10^{-6}$ 微应变之间得到，在 350kPa～700kPa 范围内选择）5%的接触荷载对试件进行预压，持续 10s，使试件与上下加载板接触良好。

5 对试件施加偏移正弦波或半正矢波轴向压应力试验荷载，在设定温度下以 10Hz 的频率重复加载 200 次。试验采集最后 5 个波形的荷载及变形曲线，记录并计算试验施加荷载、试件轴向可恢复变形、动态回弹模量。

E.0.5 试验结果计算应符合下列规定：

1 量测最后 5 次加载循环中荷载的平均幅值 P_i 和可恢复轴向变形平均幅值 Δ_i 及同一加载循环下变形峰值与荷载峰值的平均滞后时间沥青混合料的动态回弹模量及相位角。

1） 应力幅值计算：

$$\sigma_0 = \frac{P_i}{A} \qquad (E.0.5\text{-}1)$$

式中：σ_0——轴向应力幅值（MPa）；

P_i——最后 5 次加载循环中轴向试验荷载平均幅值（N）；

A——试件径向横截面面积（可取试件上下端面面积均值）（mm^2）。

2） 应变幅值计算：

$$\varepsilon_0 = \frac{\Delta_i}{l_0} \qquad (E.0.5\text{-}2)$$

式中：ε_0——可恢复轴向应变幅值（mm/mm）；

Δ_i——最后 5 次加载循环中可恢复轴向变形平均幅值（mm）；

l_0——试件上位移传感器的量测间距（mm）。

3） 动态回弹模量计算：

$$|E^*| = \frac{\sigma_0}{\varepsilon_0} \qquad (E.0.5\text{-}3)$$

式中：$|E^*|$——沥青混合料动态回弹模量（MPa）。

2 同一种沥青混合料，在相同试验条件下应至少进行四次平行试验。平行试验结果应按试验数据的离散程度进行剔差处理，剔差标准为：当一组试件的测定值中某个测定值与平均值之差大于标准差的 k 倍时，该次试验数据应予以舍弃。有效试件数目为 3、4、5、6、7、8、9、10 个时，k 值可分别为 1.15、1.46、1.67、1.82、1.94、2.03、2.11、2.18。

附录 F 水泥混凝土路面设计参数参考值

表 F.1 中湿路基顶面回弹模量经验参考值范围（MPa）

土 组	道路自然区划				
	Ⅱ	Ⅲ	Ⅳ	Ⅴ	Ⅵ
土质砂	26～42	40～50	39～50	35～60	50～60
黏质土	25～45	30～40	25～45	30～45	30～45
粉质土	22～46	32～54	30～50	27～43	30～45

表 F.2 垫层和基层材料回弹模量经验参考值范围

材料类型	回弹模量（MPa）	材料类型	回弹模量（MPa）
中、粗砂	80～100	石灰粉煤灰稳定粒料	1300～1700
天然砂砾	150～200	水泥稳定粒料	1300～1700
未筛分碎石	180～220	沥青碎石（粗粒式，20℃）	600～800
级配碎砾石（垫层）	200～250	沥青混凝土（粗粒式20℃）	800～1200
级配碎砾石（基层）	250～350	沥青混凝土（中粒式，20℃）	1000～1400
石灰土	200～700	多孔隙水泥碎石（水泥剂量9.5%～11%）	1300～1700
石灰粉煤灰土	600～900	多孔隙沥青碎石（20℃，沥青含量2.5%～3.5%）	600～800

表 F.3 水泥混凝土弯拉弹性模量经验参考值

弯拉强度（MPa）	1.0	1.5	2.0	2.5	3.0
抗压强度（MPa）	5.0	7.7	11.0	14.9	19.3
弯拉弹性模量（GPa）	10	15	18	21	23
弯拉强度（MPa）	3.5	4.0	4.5	5.0	5.5
抗压强度（MPa）	24.2	29.7	35.8	41.8	48.4
弯拉弹性模量（GPa）	25	27	29	31	33

本规范用词说明

1 为了便于在执行本规范条文时区别对待，对要求严格程度不同的用词说明如下：

1） 表示很严格，非这样做不可的：

正面词采用"必须"，反面词采用"严禁"；

2） 表示严格，在正常情况下均应这样做的：

正面词采用"应"，反面词采用"不应"或"不得"；

3） 表示允许稍有选择，在条件许可时首先应这样做的：

正面词采用"宜"，反面词采用"不宜"；

4） 表示有选择，在一定条件下可以这样做的，采用"可"。

2 条文中指明应按其他有关标准执行的写法为"应符合……的规定"或"应按……执行"。

中华人民共和国行业标准

城镇道路路面设计规范

CJJ 169—2012

条 文 说 明

制 订 说 明

《城镇道路路面设计规范》CJJ 169 - 2012，经住房和城乡建设部 2011 年 12 月 19 日以第 1223 号公告批准、发布。

本规范制订过程中，编制组进行了道路路面设计方法的调查研究，总结了我国道路工程建设的实践经验，同时参考了美国 AASHTO 2002 设计规范，通过试验取得了路面结构设计的重要技术参数。

为便于广大设计、施工、科研、学校等单位有关人员在使用本规范时能正确理解和执行条文规定，《城镇道路路面设计规范》编制组按章、节、条顺序编制了本规范的条文说明，对条文规定的目的、依据以及执行中需注意的有关事项进行了说明，还着重对强制性条文的强制性理由作了解释。但是，本条文说明不具备与规范正文同等的法律效力，仅供使用者作为理解和把握规范规定的参考。

目　次

1 总 则

1.0.1 《城市道路设计规范》CJJ 37（以下简称原规范）自发布实施以来，我国的城市面貌发生了令世人瞩目的变化，体现了城市建设技术的巨大进步，其中在道路工程方面，国内外既积累了快速路、主干路路面和大型桥面铺装的实践经验，又涌现了一批新材料、新工艺、新产品和新的研究成果，使道路工程技术水平提高到了一个新的层次，因此在原规范路基设计、柔性路面设计、水泥混凝土路面设计、广场与停车场、道路排水等五章的基础上，总结工程实践经验，吸收新技术、新成果，以提高路面工程质量，适应我国城镇道路路面建设不断发展的需要，制定本规范。

1.0.2 本规范的主要内容包括路基、垫层与基层、沥青路面、水泥混凝土路面、砌块路面、其他路面和路面排水等，与原规范比，内容更为丰富，主要增加了路面结构可靠度设计和旧路面上加铺层设计及砌块路面设计，细化了路面结构组合和材料组成及性能参数要求等，使本规范更切合各等级城镇道路路面新建和改建工程的实际需要。

1.0.3 《中华人民共和国节约能源法》第四条规定："节约资源是我国的基本国策。国家实施节约与开发并举、把节约放在首位的能源发展战略"。路面设计应贯彻"节约资源，降低消耗"的基本国策。鼓励使用节能降耗型路面技术，如温拌沥青混合料、冷拌泡沫沥青混合料、冷拌乳化沥青混合料技术，旧路面材料再生利用技术。

2 术语、符号和代号

2.1 术 语

2.1.9 路面基层分为三类：半刚性基层、柔性基层与刚性基层。

2.1.11 粒料类材料，包括级配碎石、级配砾石、符合级配的天然砂砾、部分砾石经轧制掺配而成的级配碎砾石，以及泥结碎石、泥灰结碎石、填隙碎石等基层材料。

2.1.16 在沥青路面设计中，引入了沥青层底拉应变的指标控制沥青层疲劳开裂，提出了沥青层底容许拉应变。

2.1.19 根据一次荷载作用下的破坏强度与不同轴次作用下的疲劳破坏强度之比，并考虑道路等级、设计基准期内累计当量轴次、室内与现场差异等因素而确定。

2.1.20 根据一次荷载作用下的剪切破坏强度与不同轴次作用下的疲劳破坏强度之比，并考虑道路等级、

水平力系数的大小、室内与现场差异等因素而确定。

3 基 本 规 定

3.1 一 般 规 定

3.1.1 道路路面的基本结构层一般为面层、基层、垫层三个主要层次。当路面各层的厚度较大时，又再细分为若干层次，如面层分为表层（上面层）、中面层和下面层，基层分为上基层和下基层等。

面层直接承受汽车车轮的作用并直接受阳光、雨雪、冰冻等温度和湿度及其变化的作用，应具有足够的结构强度、高温稳定性、低温抗裂性、抗疲劳、抗水损害；为保证交通安全和舒适性，面层应有足够的抗滑能力及良好的平整度。

基层主要起承重作用，应具有足够的强度和扩散荷载的能力并具有足够的水稳定性。

垫层的主要作用为改善土基的湿度和温度状况，保证面层和基层的强度稳定性和抗冻胀能力，扩散由基层传来的荷载应力，以减小土基所产生的变形。垫层应具有一定的强度和良好的水稳定性。

3.1.2 路面承受汽车车轮的作用并受阳光、雨雪、冰冻等温度和湿度及其变化的作用，路面结构层的组合与地质条件、路基土特性、路基水文及气候环境状况、交通量与交通组成密切相关，进行路基路面整体结构强度、刚度、稳定性、耐久性综合设计合理的结构组合，才能获得运行安全舒适并与环境、生态、社会协调的综合效益。

路面材料直接影响路面质量与耐久性，要求对使用的材料（如沥青、集料、矿粉）进行认真选择，有充分的耐久性，包括水稳定性、温度稳定性、抗老化性及抗疲劳性能保证。路面材料的选择应结合各地的实际，因地制宜，认真做好路用各种材料的调查，并取样试验，根据试验结果选定路面各结构层所需的材料。提倡使用城市建筑废料、工业废料及旧路面铣刨翻挖材料。积极使用节约能耗、减少排放的材料及结构，如温拌沥青混合料、乳化沥青混合料、泡沫沥青混合料等。

城市道路交叉口是城市交通的枢纽位置，由于受交通信号灯的管制，交叉口进口道上车辆刹车、启动频繁集中；一些大城市主干道交通车辆状况也在发生着很大的变化，出现了"多轴数、重轴载、高轮压的非均布性"的特点。城市道路交叉口区域沥青路面早期产生壅包、推挤和车辙等病害非常严重和普遍。应针对城市道路交叉口路段的行车状况特殊性，及其路面破坏的发生形式、发展规律，进行特殊设计。

3.1.3 道路路面分沥青路面、水泥混凝土路面和砌块路面三大类。沥青路面包括沥青混合料路面、沥青贯入式路面和沥青表面处治等。水泥混凝土路面包括

普通混凝土、钢筋混凝土、连续配筋混凝土、钢纤维混凝土路面。

沥青混凝土路面表面平整无接缝、柔性好、噪声小，具有明显的行车舒适性、耐磨性等优点，但受到沥青材料感温性的限制，沥青面层结构的强度受温度变化影响较大；水泥混凝土路面刚度大，扩散荷载能力强、稳定性好、抗压、抗折性能好，耐久、使用寿命长，但是它也有着不可忽视的缺点：接缝较多，噪声大、影响行车舒适性；同时，抗滑、表面耐磨性能的构造和保持技术难度大。

由于沥青加铺层能有效地改善旧水泥混凝土路面的使用性能，同时可以充分利用旧水泥路面，造价低，施工方便，并且对交通、环境影响小，因此，在国内外旧水泥混凝土路面改造工程中广泛应用。

3.2 设计要素

3.2.2 近年来，城市载货汽车与大客车以双轮组单轴 80kN～115kN 轴载的车型为主，路面设计以双轮组单轴载 100kN 为标准轴载符合我国城市汽车交通实际。

3.2.3 有关研究显示，沥青路面弯沉、弯拉应力曲线随轴重的增加呈非线性增加，轴重 50kN～130kN 为线性，轴重大于 130kN 呈非线性。考虑非线性特点，当轴重大于 130kN 时按弯沉设计的轴载换算公式 n 值可达 5.0～5.8，推荐 n 值为 5.0，弯拉应力的轴载换算公式 n 值为 9.0。

用拉应力等效模式的轴载换算公式，对贫混凝土基层疲劳方程做的工作不多，长安大学的研究结果为 12.79 次方，法国和澳大利亚为 12 次方，本规范建议贫混凝土基层用 12 次方计算。

规范编制组对上海市、成都市、大同市的代表性道路的车道分布系数进行了调查。对于两车道城市道路，单向单车道，车道分布系数为 100%，对于多车道城市道路，载货汽车与大客车一般较多地行驶在外侧车道上，所以，以外侧车道作为设计车道。车道分布系数的大小与交通量有关，交通量小，车道分布系数大。调查结果与 Dater 等在 1982 年～1985 年对美国 6 个州所做的 129 次统计所得到的多车道公路的车辆分布情况较为接近。

3.2.5 一般在进行路面材料与混合料的设计、路面结构设计等工作时，均会考虑道路等级性质。因为累计当量标准轴次不能代表对路面表面性能的要求。路面设计应该在考虑路面交通等级、累计当量标准轴次同时，也考虑道路等级性质，有必要增加以货车及大客车为主的划分交通强度等级的划分。将城市道路交通等级划分为四级，分为轻、中、重、特重交通等级。

3.2.6 环境因素的变化严重影响路面的性能，温度对沥青路面的承载能力和使用性能都有显著影响。沥青路面的车辙、裂缝等损坏，也直接或间接地与路面温度的分布状况有关。水对沥青混合料的性能也有重要的影响，雨水渗入路面使沥青与集料的粘附性下降、土基强度变小，在荷载作用下产生剥离、坑槽、网裂等损坏。由于温度、降水具有显著的季节性变化的特点，所以沥青路面材料及土路基的力学特性也具有明显的季节性变化的特点。

"八五"国家科技攻关项目"道路沥青及沥青混合料使用性能气候区划的研究"，根据我国不同地区与不同气候的条件对沥青质量及沥青混合料性质提出不同的要求，提出沥青混合料使用性能气候区划标准。按不同的气候要求，使路面具有较强的高温抗车辙能力、低温抗裂性能和水稳定性，并延长路面的使用寿命，是路面设计的重要问题。路面设计应选择与温度变化相适应的材料并按照最高或最低温度进行沥青混合料高温稳定性和低温稳定性设计。

3.2.7 目标可靠度和可靠指标的确定需要综合考虑工程安全度与工程经济性等方面的因素。目标可靠度值高，结构的安全度相应提高，但结构造价相应增大；反之，目标可靠度低，结构破坏的危险性增大，工程费用则低。路面结构的目标可靠度是在满足各等级道路路面不同安全度要求（限制路面的破坏概率）的前提下，主要考虑路面初建费用、结合考虑养护费用与用户费用对目标可靠度的影响确定的。

目前确定路面结构目标可靠度的方法有三种，即校准法、经济分析法和表面使用性能法。校准法的实质是一种反算法，也就是通过计算现有结构的隐含理论可靠度，再针对结构使用情况、现状服务水平、现状耐久性和安全性作出定性和定量评价。综合考虑这两方面的结果，归纳出合理的可靠度作为路面设计的目标可靠度。这种方法实际上是校准现行设计方法的隐含可靠度，继承按现行设计规范设计的道路结构的可靠度水平，这种方法体现了多年工程设计的经验。目前国内外大多数规范采用校准法来确定结构的目标可靠度，本规范目标可靠度是结合国内外的分析数据、水泥混凝土和沥青路面的隐含可靠度后制定的。

4 路基、垫层与基层

4.2 垫 层

4.2.1 垫层主要设置在温度和湿度状况不良的路段上，以改善路面结构的使用性能。前者出现在季节性冰冻地区路面结构厚度小于最小防冻厚度要求时，设置防冻垫层可以使路面结构免除或减轻冻胀和翻浆病害。

4.3 基 层

4.3.3 国内一些道路研究机构先后分别采用静压法

和振动成型法进行了骨架密实型级配和悬浮密实型级配的半刚性基层材料的研究，其结论一致认为振动成型法设计的骨架密实结构的性能是最优的，并且得到了多省市工程实体的验证。因此上基层的半刚性材料宜选用振动成型法设计的具有较好的强度、抗疲劳开裂性能与抗冲刷能力骨架密实型级配。

5 沥青路面

5.1 一般规定

5.1.1 沥青路面设计应根据道路等级与使用要求遵循因地制宜、合理选材、环境保护、资源节约和利于养护的原则。各结构层的组合设计与当地的气候环境条件、交通量和交通组成等密切相关，合理的结构组合设计应使得路面获得经济、耐久的效果。厚度计算与材料设计参数取值直接相关，没有实测的材料参数，厚度计算缺乏依据。因此，设计人员应重视材料调查，选用符合技术要求、经济合理的路用材料，避免简单地套用路面结构，将路面结构设计变成单纯的结构厚度计算。

设计工作包括以下具体内容：

1 调查与收集交通量及其组成资料，积极开展轴载谱分布的调查、测试，分析预测设计交通量；

2 收集当地气候、水文资料，了解沿线地质、路基填挖及干湿状况，通过试验确定路基回弹模量；

3 认真作好各种路用材料的调查，并取样试验，根据试验结果选定路面各结构层所需的材料；

4 施工图设计阶段应进行混合料的目标配合比设计，并测试、确定材料的设计参数。当条件不允许时，可以委托科研单位进行该项工作；

5 拟定路面结构组合，采用专用程序计算厚度；

6 认真作好路面排水、路面结构内部排水和中央分隔带排水系统设计，使路面排水通畅，路面结构内部无积水滞留。

5.2 面层类型与材料

5.2.1 近年来各地都进行了沥青混合料的研究与工程实践，出现了很多新的混合料设计方法，并根据工程实践总结了一些适合不同条件的级配类型，虽然有的级配名称不同，但基本原理相似。因此，为了区分各种沥青混合料的特点，首先按空隙率大小将沥青混合料分为密级配、半开级配、开级配三大类。密级配，又可分粗型（AC-C）和细型（AC-F）。不同级配类型适用于不同条件。

AC 型混合料以及骨架型混合料 SMA 均属于密级配混合料，设计空隙率在 3%～5%。在 AC 型混合料中，F 型是细集料含量多于粗集料的一种连续级配；C 型混合料以粗集料为主，具有构造深度较大、抗车辙变形的性能好等特点，适用于多雨炎热、交通量较大地区的表面层。中、下面层也可用 C 型沥青混合料，以增强抗车辙能力，但施工时应注意加强压实。F 型混合料因细集料较多，施工和易性较好，水稳定性、低温抗裂性及抗疲劳开裂性能较好。但是其表面致密，构造深度较小，可用于抗疲劳结构层或干旱少雨、交通量较少、气候严寒地区的道路。

热拌沥青碎石（AM）是一种半开级配混合料，设计空隙率在 8%～15%，由于它的空隙率大，渗水严重，应设密级配上封层。当采用单层式沥青路面时，应适当增加细集料，控制空隙率不大于 10%。若拌合设备条件允许，应尽量选用密级配沥青混合料。

开级配磨耗层（OGFC）是开级配沥青混合料，在欧美多称开级配抗滑磨耗层 OGFC，在日本称为排水路面。混合料的设计空隙率宜为 18%～24%，用作沥青路面表层具有排水、减少水膜厚度、防止水漂及抗滑功能，又可降低噪声作为减噪表面层。

5.2.2 沥青混合料类型选择与配合比设计是保证沥青路面质量和使用功能的关键。

2 在我国，热拌沥青混合料配合比设计主要采用马歇尔试验方法，AC 混合料、SMA 混合料以及 OGFC 混合料均可参照《公路沥青路面施工技术规范》JTG F40 进行配合比设计。目前我国在一些重大工程引进美国 Superpave 方法和 GTM 法等方法进行密级配沥青混合料的配合比设计，使用效果较好，因此在有条件的地方也可以使用这些方法，同时需要马歇尔试验进行验证。

根据工程实践经验推出各种沥青混合料级配表（见附录 B 表 B.1），其中 AC 混合料的级配范围较宽，应结合当地具体情况和使用经验选择级配曲线和范围。最好选择 2 条～3 条级配曲线，通过混合料配合比试验，结合各地经验确定油石比，并对混合料进行路用性能检验；根据各项技术指标，综合当地实际情况，择优选定沥青混合料级配。更重要的是通过试拌试铺，检验配合比设计的合理性，经业主、设计、监理、施工共同确认质量合格才能正式摊铺。

3 在进行沥青混合料配合比设计后，应根据气候条件和交通荷载特征对混合料的高温稳定性、水稳定性和低温抗裂性进行检测。

1）沥青混合料高温稳定性的评价方法，目前在国际上尚无统一的、公认的评价方法和指标体系，试验设备也不同。我国在"七五"科技攻关时引进了日本轮迹试验设备和动稳定度评价指标。本次编写中仍用车辙试验所获得的动稳定度反映沥青混合料的高温稳定性。

在《公路沥青路面施工技术规范》JTG F40 中，采用车辙试验的动稳定度指标评价沥青混合料的抗永久变形性能，并根据沥青混合料类型、沥青类型和沥青路面气候分区，给出沥青混合料车辙试验评价指标的技术要求，见表1。

该体系对相同气候分区下的普通沥青混合料、改性沥青混合料以及SMA混合料提出不同的技术要求。这与特定的使用条件对路面材料性能的唯一性要求不一致，例如，对于位于1-1分区中特定交通条件下的路段，如果普通沥青混合料动稳定度 $DS=800$ 次/mm能够满足要求，没有理由要求改性沥青混合料或SMA混合料的动稳定度必须达到2400次/mm或3000次/mm。

表1　沥青混合料车辙试验动稳定度技术要求

气候条件及技术指标	动稳定度要求（次/mm）								
七月平均最高气温及气候分区	>30℃				20℃~30℃				<20℃
	夏炎热区				夏热区				夏凉区
	1-1	1-2	1-3	1-4	2-1	2-2	2-3	2-4	3-2
普通沥青混合料	800	1000	600		800		600		
改性沥青混合料	2400	2800	2000		2400		1800		
SMA混合料 非改性	1500								
SMA混合料 改性	3000								
OGFC混合料	1500（一般交通路段）、3000（重交通路段）								

该评价体系中的另一个关键问题在于强调了对不同材料的性能要求，忽略了不同交通荷载对性能的不同需求。在高温性能方面，当前相关规范并没有告知材料设计究竟应该选择普通材料、改性材料还是SMA混合料，也缺少不同交通量对材料高温性能的不同需求。道路交通量不仅是路面结构设计的关键参数，也是材料设计的重要依据。在相同的气候条件下，能够满足轻交通量道路使用的材料未必能够满足重交通量道路的要求。如果在车辙试验评价标准中不引入交通量参数，无法较好地指导材料设计，势必造成结构设计与材料设计相互脱节，可能导致材料性能设计标准的选择具有一定随意性。日本道路公团的技术标准就体现了交通量对材料高温性能的差别性要求，见表2。

表2　日本道路公团对沥青混合料动稳定度的要求

交通量等级	一方向大型车交通量（辆/d）	动稳定度（次/mm）	
		一般地区	低磨耗地区
轻交通量	1500以下	800	500
中交通量	1500~3000	1000	800
重交通量	3000~15000	1200	1000
超重交通量	15000以上	3000~5000	

在2005年~2008年交通部科技项目"沥青路面设计指标和参数研究"中，对沥青混合料和沥青面层

抗永久变形进行了研究，基于车辙试验提出了与道路交通等级、沥青路面气候分区、结构层次等相关联的沥青混合料车辙试验评价体系。在这个体系中对于高速公路和一级公路，取路表容许车辙深度为15mm。在年等效温度下对路面结构进行力学分析后，得出表5.2.2-3中的技术指标要求。在分析过程中所考虑的主要因素如下：

①交通等级：《公路沥青路面设计规范》JTG D50根据设计基准期内的累计当量轴次将交通划分为4个等级：轻交通小于 3×10^6 ESAL（累计标准轴次），中交通小于 1.2×10^7 ESAL，重交通小于 2.5×10^7 ESAL，特重交通不小于 2.5×10^7 ESAL。随着我国基年交通量的剧增以及年增长率的提高，设计基准期15年的重交通及其以上交通等级的高等级公路大、中修一般发生在8年~10年。工程实践表明：中、上沥青面层的实际寿命一般无法达到路面结构的设计基准期，因此材料性能设计的交通分级不完全等同于结构设计的交通分级，其分级上限主要受主抗车辙区既定温度条件下材料的承载极限制约。在某些苛刻条件下，材料性能设计的适用交通等级上限将低于结构设计上限。对于此种情形，当路面结构未达到设计寿命时，允许对面层的主抗车辙区进行铣刨重铺，保持下面层尤其是基层与地基的继续使用。

②气候分区：在《公路沥青路面施工技术规范》JTG F40中，采用30年间的年最热月平均日最高气温的平均值作为气候分区的高温指标，以高温指标作为一级区划指标，将全国划分为三个区；以低温指标作为二级区划指标，将全国分为4个区。选择不同气候分区中的代表地区，见表5.2.2-3，其中：1-1、1-2区选择吐鲁番，1-3区选择武汉，1-4区选择海口和福州，2-1区选择富蕴，2-2区选择沈阳，2-3区选择大连，2-4区选择武都，3-2区选择西宁。在选择不同气候分区的代表地区时，需要比较各个代表地区的月平均气温以及车辙等效温度，通过对车辙等效温度计算以及月平均温度比较，将西宁和拉萨由2-2区和2-3区移至3-2区。代表地区的温度分区见表3。与海口环境相近地区主要有吐鲁番、广州与南宁等少数特殊地域。

表3　不同气候分区的典型地区与代表地区

气候分区	典型地区								代表地区
1-1、1-2									吐鲁番
1-3	成都	西安	长沙	合肥	郑州	南京	济南	南昌	武汉
	杭州	上海							
1-4	广州	桂林	南宁	温州	福州	沙坪坝	澜沧		海口/福州
2-1	呼玛	锡林浩特	海拉尔						富蕴
2-2	大同	乌鲁木齐	兰州	酒泉	银川	哈尔滨	太原	北京	沈阳
	榆林	呼和浩特	长春	承德	天津	石家庄			

气候分区	典型地区			代表地区
2-3	威海			大连
2-4	贵阳	昆明		武都
3-2	拉萨	理塘	德钦	西宁

③沥青混合料类型：沥青路面材料设计，究竟该选取普通沥青混合料、改性沥青混合料、SMA混合料或新开发的沥青类材料，取决于哪类材料能够满足沥青层抗车辙性能要求。由于特定的交通和气候条件对沥青混合料的抗力需求是一致的，因此，性能合格的材料都是备选方案，而不分改性沥青混合料与普通沥青混合料，此时性价比优越的材料才是设计方案。

④面层结构层：沥青面层一般是由不同材料组成的2层或者3层的复合体系。根据外力在结构内的扩散效应，不同层位将贡献不同的变形。2002年夏天，全国普遍出现持续高温，无论在南方或在北方部分省份，在爬坡路段、重车、超载车多的路段，沿车行道轮迹带上，出现了不同程度的车辙，有的路段出现较严重推移流动和变形。据现场调查，沥青混合料的推移、变形主要是产生在中面层，少数下面层也产生流动。

⑤车速：在长大纵坡上车速较慢，可以简化为提高一个交通等级进行设计。

沥青混合料高温性能需求计算方法：通过大量室内车辙试验以及现场ALF加速加载试验的标定建立了包含高温性能经验评价参数的沥青层永久变形；同时由该永久变形公式和容许车辙深度以及分层容许永久变形分配方法可以推出沥青混合料高温性能需求计算方法，见式（1）。

$$PRD_i = \frac{100[H_i]}{\left(\frac{T_{ei}}{T_0}\right)^t \left(\frac{P_i}{P_0}\right)^p \left(\frac{k_N \cdot N}{N_0}\right)^n d_i} \% \quad (1)$$

式中：　PRD_i——第i沥青亚层的相对变形参数，即材料性能参数（%）；

$[H_i]$——第i沥青亚层的容许永久变形（mm）；

T_{ei}——第i沥青层等效温度（℃）；

P_i——第i沥青层顶压应力；

N——累计当量标准轴次；

k_N——试验室加载与现场加载次数的修正系数；

d_i——沥青亚层厚度；

T_0、P_0、N_0——试验室标准车辙试验条件。其中试验温度$T_0 = 60℃$，接触压力$P_0 = 0.7MPa$，试验加载次数$N_0 = 2520$次。

根据沥青混合料动稳定度和相对变形的回归关系式（2），由永久变形抗力参数PRD值可以推导出动

稳定度评价指标的计算值，并参照《公路沥青路面施工技术规范》JTG F40中沥青混合料车辙试验动稳定度技术要求进行适当调整，给出动稳定度评价指标的建议值。

$$DS = 29633 \times PRD^{-1.48} \quad (R^2 = 0.94, 样本数117)$$
$$(2)$$

由于实际应用主要针对城市快速干道，因此参照高速公路标准，即按180mm沥青层厚度进行考虑。对于两层式城市道路沥青面层结构，主要适用于0~100mm内标准。

2) 评价沥青路面水稳定性除采用沥青与集料间的粘附性指标外，还采用了浸水马歇尔残留稳定度及冻融劈裂强度比指标。根据"八五"攻关成果的建议，冻融劈裂试验仅限于在年最低气温低于－21.5℃的寒冷地区使用。但是，通过近年来的工程实践，该方法是以严酷试验条件评价沥青混凝土的水稳定性，南方多雨地区都采用该指标评价沥青混凝土的水稳定性，取得良好效果。因此，将冻融劈裂试验作为评价混合料水稳定性的必要指标，以保证沥青混合料具备良好的水稳定性，防止路面出现早期水损害现象。

若沥青混合料的水稳定性指标不能满足表5.2.2-4的要求，应采取措施改善沥青混合料的水稳定性，如掺入消石灰或水泥，或其他抗剥落材料。一般可在沥青混合料中掺入占总质量1.5%~2%的消石灰或2%~2.5%的水泥代替矿粉，但由于各地所用集料的材质不同，具体掺入剂量应由试验确定，不宜照搬。

3) 沥青混凝土路面的低温抗裂性能，受到广泛的重视。根据国内科研成果和近年来的试验研究成果，提出了沥青混合料低温弯曲试验破坏应变作为评价指标。该指标仅用于评价沥青混凝土路面的低温抗裂性能，对夏凉区、寒冷地区是一个参考性指标。

5.2.4 稀浆罩面分为微表处和稀浆封层，可用于新建道路的磨耗层或保护层，也可作下封层，这在我国已有了成功的经验，尤其是对于缺乏优质石料作抗滑层的地区，可以节省造价。稀浆罩面的混合料中乳化沥青及改性乳化沥青的用量应通过配合比设计确定。混合料的质量应符合有关规范的技术要求。

稀浆罩面应选择坚硬、粗糙、耐磨、洁净的集料，不得含有泥土、杂物。粗集料应满足热拌沥青混合料所使用的粗集料质量技术要求，表观相对密度、压碎值、磨耗值等指标可使用较粗的集料或原石料进行试验。当采用与结合料黏附性达不到4级以上的酸性石料时必须掺加消石灰或抗剥离剂。细集料宜采用

洁净的优质碱性石料生产的机制砂、石屑，小于 4.75mm 部分细集料的砂当量应符合有关规范的要求，且不得使用天然砂。如发现集料中有超规格的大粒径颗粒时，必须在运往摊铺机前将集料过筛，混合料各筛孔的通过率必须在设计标准级配的允许波动范围内波动，所得级配曲线应尽量避免出现锯齿形。有实际工程证明，使用的级配能够满足稀浆罩面使用要求，并具有足够的耐久性时，经过专家论证，得到主管部门认可，也可使用。

MS-3 型微表处采用彩色结合料时，可用于城市广场、停车场、人行道、商业街、文化街。

5.2.5 路用材料质量是保证沥青混合料质量的关键，应根据工程所在地的料源、气候条件、工程性质、交通量情况等进行综合论证后确认。

1 沥青标号和沥青技术指标的选择与工程所在地的气候、道路交通量、结构类型与层位密切相关。

沥青标号可按气候分区并结合工程实践经验选择，气候分区划为夏炎热区，对夏季持续高温较长、重载车较多的道路，纵坡大、长坡路段可选用稠度高、$60℃$ 黏度大的沥青、改性沥青等。交通量大、重载车较多的路段应选择较硬的沥青。改性沥青的基质沥青、表面处治和贯入式碎石宜选稠度较低的沥青。

由于沥青的气候分区是以最热月份每天最高气温的平均值表示，但该值往往低于最热月份连续 7d 的最高气温平均值，而车辙则是最容易发生在这最热的几天，因此有的地区在选择沥青标号和沥青技术指标时，参考了美国 Superpave 沥青胶结料规范中沥青 PG 分级方法，用历年最高月气温中连续 7d 高温的平均值和 98% 保证率，并考虑气温与路面温度的相关关系，计算路面最高温度，以此选择沥青高温等级，以历年极限最低气温选择沥青低温等级。这个方法已经在部分省份的工程实践中得以应用。

以下情况可采用改性沥青，以改善沥青混合料的路用性能：

1) 当拌制的沥青混合料的高温稳定性、水稳定性、低温抗裂性能达不到技术指标要求时，可采用改性沥青；
2) 对特重交通、重交通或重要道路，大桥、特大桥桥面铺装等的沥青表面层应选用改性沥青，并视具体情况，中面层也可选用改性沥青或稠度更高的沥青；
3) 温差变化较大、高温或低温持续时间较长的严酷气候条件的道路可采用改性沥青；
4) 铺筑 SMA 混合料、超薄罩面层、开级配抗滑面层、彩色路面等特殊结构时可采用改性沥青；
5) 路线线形处于连续长纵坡、陡坡及半径较小匝道、制动、启动频繁，停车场等路段以及有特殊要求的道路可采用改性沥青。

目前，国内各种改性剂或改性沥青品种较多，同一改性剂因剂量不同或添加剂不同，获得的改性沥青的质量也有差异，应通过掺配试验和混合料性能试验进行技术经济论证和比选，选择施工方便、质量稳定、改性效果好的改性剂。加强质量检测工作，严格控制改性沥青的生产质量。

2 常用的石料有玄武岩、安山岩、片麻岩、辉绿岩、砂岩、花岗岩、闪长岩、硅质石灰岩以及经轧制破碎的砾石等。

1) 路面的行驶安全性取决于路表的横向力系数，而横向力系数与沥青混合料的石料品质、构造深度及集料的级配密切相关。因此，应认真调查沥青路面表面层所用粗集料，选择强度较高、磨光值大、耐磨耗、符合石料磨光值 PSV 要求的碎石。次干路及以下道路所用的粗集料，可掺入一定量的石灰岩碎石或其他磨光值较小的碎石。

2) 为提高沥青与集料的粘附性，可在沥青中采取掺入耐高温、耐水性持久的抗剥离剂或采用改性沥青等措施；同时为提高沥青混合料的水稳定性，应掺入一定的消石灰或水泥代替矿粉。并检验沥青混合料的水稳定性，使其达到本规范第 5.2.2 条中有关水稳定性指标的要求。沥青与集料的粘附性试验及分级标准参照《公路工程沥青及沥青混合料试验规程》JTG E20 中的相关规定。

5 在 SMA 混合料中掺入木质素纤维、聚酯纤维、矿物纤维等稳定剂，已广泛地应用于工程实践。近年来有些特大桥梁或交通量繁重的公路的中面层，采用 SBS 改性沥青混凝土中掺入合成纤维如聚丙烯腈纤维、聚酯纤维或矿物纤维等，取得较好的路用效果，明显提高了动稳定度。选择纤维稳定剂应考虑使用要求和技术经济比较，宜选性价比高的材料。纤维质量宜符合交通部发布《路桥用材料标准九项》(JT/T 531~538、589) 中有关木质素纤维、沥青路面用聚合物纤维的技术要求，掺配剂量应通过试验确定，一般为 0.25%~0.40%。

5.3 路面结构组合设计

5.3.1 国外一般将沥青面层分为表面层（亦称磨耗层）、联结层或整平层，当联结层较厚时，再分为两层。我国习惯上将半刚性基层沥青路面中的三层都称为面层，分别称为上面层（表面层）、中面层和下面层。

作单层式面层时，加铺沥青封层或者铺筑微表处作为抗滑磨耗层的目的是防止水分下渗，提高路表的平整度。

表面层应具有平整密实、抗滑耐磨、稳定耐久的服务功能，同时应具有高温抗车辙、低温抗开裂、抗老化等品质。旧路面可加设磨耗层以改善表面服务功能。中、下面层应密实、基本不透水，并具有高温抗车辙、抗剪切、抗疲劳的力学性能。

5.3.2 沥青路面各层组合应与路面使用要求相适应，在各沥青层中至少有1层～2层的沥青混合料应为密级配型。面层混合料类型应与道路等级、使用要求以及交通荷载等级相适应。

1 沥青路面的表面层应具有密实均匀、抗滑耐磨的功能，对气候炎热、多雨潮湿地区，路线平纵线形不良路段，宜选用表面粗糙的抗滑面层（AC-C、SMA）。沥青混合料的级配与沥青层的厚度相匹配。当表面层厚度为40mm时，可选用AC-13C、SMA-13等级配类型。长大纵坡段、弯道或重车多的路段，气候严寒地区的表面层厚度宜为45mm～50mm，可选用AC-16C、SMA-16等级配类型。

2 根据对车辙路段的调查，车辙变形主要产生在中面层，这与我国沥青路面的中面层设计主要考虑防止渗水而采用细集料较多的密级配有关。2002年，在我国的一些长、陡纵坡段、重车多的路段上出现较为严重的车辙现象后，中、下面层开始选用粗级配，使混合料向骨架密实型级配发展，以提高其高温稳定性和水稳性，如选用AC-20C、Sup-19或SMA-20等级配类型。

下面层可选择沥青混凝土AC-25或密级配沥青碎石ATB-25、LSM-25做柔性基层。

5.3.3 沥青混合料一层压实的最小厚度主要是考虑沥青层的厚度与沥青混合料的公称最大粒径相适应，并结合实践经验提出，以便于辗压密实、提高其耐久性、水稳性。最小厚度是从施工角度考虑可以施工的最小厚度限制，但并不是适宜的厚度。因此，根据工程实践经验提出沥青混合料一层压实的常用厚度。

5.3.5 对本条说明如下：

1 为了防止半刚性基层沥青路面的反射裂缝，各地应根据工程实践，提出相应的技术措施。

2 快速路、主干路上采用级配碎石作为过渡层或基层时，应先修筑试验路，注意抓好材料规格、施工工艺管理、工程质量过程控制，总结经验，不宜盲目推广。尤其在交通量大、重车多的道路上应慎重使用。

3 沥青应力吸收层、聚酯土工布粘层等具有防止反射裂缝和加强层间结合的作用。

沥青应力吸收层是采用粘结力大、弹性恢复能力很强的改性沥青做成砂粒式或细粒式沥青混凝土的薄层结构，一般为20mm～25mm。该薄层结构具有空隙率小、不渗水、变形能力大、抗疲劳能力强的特征，具有较好地防止反射裂缝的效果。

聚酯土工布粘层是在洒热沥青或改性沥青、改性乳化沥青后，布设长丝无纺聚酯土工布，经轮胎压路机辗压使沥青向上浸渍而形成具有减裂、防水、加强层间结合的作用的粘结层。沥青的洒布量宜通过试验确定，一般用量为0.8kg/m²～1.4kg/m²。

5.3.6 沥青层间结合状态对结构层的受力状态和沥青路面的耐久性均有显著影响，必须重视。

1 各沥青层之间应洒布粘层沥青。一般新建沥青面层之间可洒布乳化沥青，在旧沥青路面或水泥混凝土路面及桥面板上洒布粘层沥青时，宜洒布热沥青或改性沥青，也可洒布改性乳化沥青。

3 下封层设在半刚性基层表面上，为了保护基层不被施工车辆破坏，利于半刚性材料养护，同时也为了防止雨水下渗到基层以下结构层内，以及加强面层与基层之间结合而设置的结构层。

目前工程中经常用到封层结构为洒布改性沥青或橡胶沥青，然后洒布单一粒径的预拌碎石或碎石。碎石洒布量以洒布沥青面积达60%～70%、不满洒、不重叠为宜。这种封层也可用于桥面铺装、沥青表层与中面层之间。

5.4 路面结构设计指标与要求

5.4.1 沥青路面设计方法可分为理论法或经验法。经验法主要是通过试验路或使用性能调查、分析而得，如CBR法、AASHTO法、英国道路29号指示第1版～第3版，以及德国、法国的典型结构方法。理论法实际上是理论与经验相结合的半经验半理论法，多数是以弹性层状体系理论为基础并通过实践验证而提出的，如比利时、壳牌石油公司、英国运输部、澳大利亚、南非、美国沥青协会。也有用理论分析法与经验相结合方法，如法国、日本、美国联邦公路局等。本规范借鉴公路沥青路面设计方法采用理论法。

目前国外及我国公路水泥路面设计都采用了可靠度设计，本规范吸收了交通部"沥青路面结构的可靠性研究"课题的科研成果在沥青路面设计中引入了可靠度设计的理念。沥青路面结构的可靠度设计是以现行的双圆均布荷载作用下的多层弹性层状体系理论的力学计算和各个设计参数的变异性为基础，利用概率统计的有关理论和沥青路面的实际情况建立的一种概率型设计方法。

《工程结构可靠性设计统一标准》GB 50153对结构可靠度的定义为：在规定的条件和规定的时间内完成预定功能的概率。沥青路面结构可靠度的定义为对于正常设计、正常施工和正常使用的路面结构，在路面达到规定的设计累计标准轴载作用次数的时间内，表面最大弯沉、半刚性基层层底最大拉应力、面层最大剪应力和面层底面最大拉应变分别不超过其容许值的概率。

可靠度系数定义为抗力均值与应力均值的比值，是目标可靠度及设计参数变异水平等级和相应的变异系数的函数。在可靠度设计中，各项参数通常都选用均值作为标准值。考虑到目前路面结构设计参数取值是考虑了一定保证率的数值，已有一定的工程实践基础，在可靠度系数的推演中考虑了这些因素的影响。

5.4.2 在公路沥青路面设计规范中，结构设计指标为路表弯沉值、沥青层、半刚性材料基层的抗弯拉应力，考虑到城镇道路行车条件以及路面受力特征（交叉口、公共汽车停靠站等），本规范增加沥青层最大剪应力和沥青层层底拉应变指标。

在国外设计方法中，大多采用沥青层的弯拉疲劳应变，路基顶面压应变，主要是国外路面以柔性结构为主。对有半刚性基层的国家，稳定类材料结构层多采用拉应力。另外，对柔性路面结构还考虑永久变形指标，以此控制路面车辙。

1 路表弯沉是路面结构层和路基在标准轴载作用下产生的总位移，它代表着路基路面结构的整体刚度，反映了路面和路基的承载能力大小，是车辆荷载作用下弹性层状体系理论计算的一个指标，它与路基顶面压应变有密切关系。路表回弹弯沉是路面各结构层的变形与土基回弹变形之和，且土基回弹变形占路表总回弹变形的比例一般在 90% 以上，因此路表回弹变形能够反映土基的工作状态，弯沉值的大小表征了路面整体刚度的弱强，即路面结构扩散荷载应力的能力。路表弯沉值可以简单地用贝克曼梁量测，操作简便，真实可靠，廉价，易于推广。而压应变指标测试很困难，且无法用于工程质量检验与旧路面承载力评价，暂不建议采用土基压应变指标。

2 关于弯拉应变和弯拉应力指标

沥青层层底在车辆荷载作用下产生拉应变或拉应力，在轮荷载反复作用下导致路面疲劳开裂。我国现行《公路沥青路面设计规范》JTG D50 采用弯拉应力指标来控制沥青层底的疲劳破坏，而在国外的相关技术规范中，多以弯拉应变指标来控制沥青层底的疲劳破坏。目前相关理论分析结果表明，对于半刚性基层或贫混凝土基层沥青路面，基层上的沥青层无论层间连续还是滑动，可能处于压应力和拉应变状态，在重载作用下拉应变会放大，可能会出现沥青层疲劳开裂状况，另外沥青层底拉应变对柔性基层沥青路面起控制作用。因此，以沥青层底的拉应变指标来控制其疲劳破坏更为合理。鉴于此，本规范借鉴了美国沥青协会（AI）的沥青混合料疲劳方程，并根据 AASHTO 的研究和修正，利用最新的 AASHTO 沥青路面力学—经验设计方法中提出的沥青面层混合料的疲劳方程来计算沥青面层底部的容许拉应变，以控制沥青层的疲劳开裂。

3 关于剪应力指标

随着社会经济的发展，重车不断增多，超载越来越严重。城市道路在夏季持续高温季节交叉口进口道、公交车停靠站、弯道、匝道等路段上易出现车辙。剪切指标与沥青混合料的热稳定性密切相关，高温时沥青混合料的粘结力和内摩阻力有明显变化。根据我国气候环境考虑最不利温度情况，选择路面 60℃的剪应力指标进行路表剪应力计算。

在《城市道路设计规范》CJJ 37 - 1990 中，是采用闭式三轴试验测定 c 和 ϕ 值，通过 $\tau = c + \sigma_a \tan\varphi$ 求得抗剪强度 τ，式中 σ_a 为破坏面上的法向应力。

$$\sigma_a = \sigma_1 - \tau_{max}(1 + \sin\phi) \qquad (3)$$

式中：σ_1、τ_{max}——分别为最大主应力和最大剪应力。

然后与路面可能产生的剪应力 $\tau_a = \tau_{max}\cos\phi$ 相平衡。《城市道路设计规范》CJJ 37 - 1990 设计方法中沥青路面剪应力验算力学概念清晰，但是使用起来太过复杂，不便于普及应用。

国家 863 科技项目（2006AA11Z107）研究采用贯入试验，通过抗剪强度参数求得 τ_{max}、σ_1 和 σ_3 再辅以单轴试验，从摩尔圆求得 c 和 ϕ 值，以取代三轴试验。研究认为由于过去三轴试验只能求得 c 和 ϕ 值，而不能直接得到抗剪强度 τ_m，只好按以上方法转化。贯入试验可以直接求得抗剪强度 τ_R，那就可以与路面上产生的最大剪应力 τ_m 直接取得平衡，而无需再通过 c 和 ϕ 值转化了。

规范编制组吸取了这些研究成果，进行了本次面层剪应力验算的修订编制工作。

5.4.3 沥青路面表面设计弯沉值是路表弯沉值的设计标准，它是以路面在车辆荷载反复作用下出现纵向裂缝为临界状态，以纵向网裂为破坏状态，它主要反映在车辆荷载作用下路面结构整体，包括结构层部分应力与抗力对比失衡状态时的表观特征。

设计弯沉值与材料、路面结构类型及厚度有直接关系。在控制路基容许压应变相同的条件下，可以选择不同结构组合的路面形式，而在不同结构组合下路表弯沉值有所不同。因此以路表弯沉值为设计指标时，其设计弯沉标准必须考虑不同路面结构的影响，这个影响是通过路面结构类型系数加以考虑的。对于半刚性基层沥青路面结构与柔性基层沥青路面结构，路面结构系数取值参照公路沥青路面的设计方法；对于采用柔性结构层和半刚性基层组合而成混合式基层的路面，是从柔性向半刚性过渡的结构，设计弯沉值应介于二者之间，路面结构系数 A_b 可采用内插的方法处理。即半刚性基层或底基层上柔性结构层总厚度小于 180mm 时为半刚性基层结构，路面结构系数 A_b 为 1.0；柔性结构层大于 300mm，路面结构系数 A_b 为 1.6；柔性结构层为 180mm～300mm 之间，路面结构系数 A_b 可线性内插。对于交通量较大的柔性基层沥青路面结构，目前尚处于研究阶段，缺乏工程实践经验，因此采用柔性基层沥青路面结构时，应结合国外经验和国内实际，慎重为之。

5.4.4 疲劳开裂是沥青混凝土路面破坏的主要形式。

已有研究认为，重复荷载引起拉应力和剪应力，开裂首先出现在临界拉应变和拉应力发生处。临界拉应变的大小和位置取决于路面的刚度以及荷载的构成。沥青层疲劳破坏通常是以拉应变和混合料刚度（模量）为函数的模型。疲劳模型的常用数学关系为：

$$N_f = C k_1 \left(\frac{1}{\varepsilon_t}\right)^{k_2} \left(\frac{1}{E}\right)^{k_3} \tag{4}$$

式中：N_f——疲劳开裂重复作用次数；

ε_t——临界位置拉应变；

E——材料刚度（动态回弹模量）；

k_1、k_2、k_3——试验回归系数。

AASHTO 2002 采用了美国沥青协会（AI）的疲劳开裂预测模型：

$$N_f = 0.00432 \cdot K_1' \cdot \left(\frac{1}{\varepsilon_t}\right)^{3.291} \cdot 10^M \cdot \left(\frac{1}{E}\right)^{0.854} \tag{5}$$

$$M = 4.84 \left(\frac{V_b}{V_b + V_a} - 0.69\right) \tag{6}$$

式中：K_1'——沥青层厚度的函数；

M——沥青混合料空隙率与有效沥青含量的函数；

E——20℃沥青混合料的回弹模量（psi）；

V_b——有效沥青含量（%）；

V_a——空隙率（%）。

对于从下向上的开裂：

$$K_1' = \frac{1}{0.000398 + 0.003602[1 + e^{(11.02 - 1.374h)}]^{-1}} \tag{7}$$

式中：h——沥青层总厚度（cm）。当 $h \geq 15$cm 时，$K_1' = 0.004$。

为保证柔性基层沥青路面在设计基准期内不发生沥青层疲劳开裂，以沥青层层底拉应变为设计指标，规范组借鉴了美国 AASHTO2002 沥青路面设计方法和 AI 沥青协会的疲劳开裂预测模型（5），建立了沥青层容许拉应变与设计基准期内累计当量轴次的关系，并根据国内外的研究成果，对公式中各回归系数进行了分析修正，得到沥青层容许拉应变预估公式。

其中，美国规范中沥青混合料动态回弹模量的试验温度为华氏 70 ℉，换算摄氏度为 21.1℃，本规范采用了试验温度 20℃。对于加载频率，考虑到 10Hz 的加载频率相当于路面车辆行驶速度为 60km/h～65km/h，与我国现行城市道路的设计行车速度一般为 40km/h～100km/h 相当，故一般采用 10Hz 加载速率。沥青混合料动态回弹模量测定方法详见附录 E。

5.4.6 单轴贯入抗剪强度试验方法的理论基础是基于圆面均布荷载作用下弹性半无限体的最大剪应力。通过力学分析得到了本试验方法的剪应力参数，并用大量的室内试验证明了本试验得到的剪切强度与三轴

试验的数值和规律是一致的。

此外，国内一些研究机构采用同轴剪切进行了沥青混合料的剪切强度测定，理论分析表明中空圆柱体沥青混合料试件的内侧面受力模式与沥青路面表面层在垂直荷载和水平荷载综合作用下的受力模式比较相近。其试验结果也与单轴贯入剪切试验和三轴剪切试验的数值和规律一致。基于试验误差的考虑，本规范以单轴贯入抗剪强度为基准，有条件的单位也可以进行同轴剪切试验，建立与单轴贯入试验的关联。

同轴剪切试验方法如下：

1 用旋转压实或静压法成型混合料试件，试件尺寸应符合直径 150mm±2mm 的要求，并在报告中注明试件成型方法，试件的密度应符合马歇尔标准密度的 100%±1%。

2 采用钻芯机对 ϕ150mm×100mm 的圆柱体试件钻芯取样，最后可得内径 ϕ55mm 外径 ϕ150mm，高 100mm 的中空圆柱体试件。

3 采用切割机对中空式圆柱体的两端进行切割，去掉多余部分，可得内径 55mm±2mm，外径 150mm ±2mm，高 50mm±2mm 的中空圆柱体试件。用于同轴剪切抗剪强度试验的试件不少于 3 个。

图 1　试验用中空圆柱体试件

4 按相关试验方法测定试件的密度、空隙率等各项相关物理指标。

5 制备同轴剪切试验试件采用环氧树脂把中空圆柱体试件粘贴在内径 ϕ160mm，高 80mm，壁厚 5mm 的钢筒内；然后把 ϕ50mm×80mm 的钢柱体用环氧树脂固定在中空圆柱体试件的腔体内。为了把试件粘牢，钢筒内壁是螺纹且钢柱体的外壁也是螺纹。在用环氧树脂固定时，必须确保在同一界面上试件的圆心、钢柱体的圆心和钢筒的圆心重合在一点上。

图 2　同轴剪切试验试件

6 将试件在 60℃的烘箱中保温 6h。

7 使试验机环境保温箱温度达到要的试验温度。

8 将试件从烘箱中取出，立即置于压力机试验台座上，以 1mm/min 的加载速率均匀加载直至破坏，读取荷载峰值，准确值 100N。

9 同轴剪切得到的沥青混合料抗剪强度见式（8）。

$$\tau_s = 0.121 \times F \qquad (8)$$

式中：F——试件破坏时的最大荷载（N）。

路面的剪切破坏往往是在多次承受车辆启动、制动的状况下产生的，所以要计入轴载重复作用的影响。K_r 即为考虑轴载重复作用影响的抗剪强度结构系数，它与行车荷载状况有关。经调查整理，在停车站、交叉口车辆都是有准备的缓慢制动停车，K_r 与该处停车站或交叉口在设计基准期内停车的当量轴载累计数及道路等级有关；而对于一般路段的偶然紧急制动时，虽然水平系数较大，但却不会出现在同一个点，故 K_r 计算时不考虑累计轴载的作用。

停车站在设计基准期内的累计当量轴次 N_P 可按该公交站点经过的公交车班次，每班公交车每天的发车次数、该站点每年增加的班次来综合考虑。一般情况下，同一停车站处每年不会增加太多班次，可按该公交站点最多可容纳的班车次来考虑即可。统计分析设计站点所经过的公交车班次 i 以及每班车的每日发车班次 n_i，按照公式（3.2.3-1）换算为当量轴次 N_a，则设计基准期内该停车站累计当量轴次 $N_P = N_a \times 365 \times$ 设计基准期（次）。

交叉口范围内在设计基准期内的累计当量轴次 N_P 可根据交叉口的红绿灯间隔时间，以停车次数最多车道的日平均当量轴次来考虑。如某城市道路交叉口信号周期时长为 t_s（s），某一行车道在交叉口同一位置处平均每分钟停车一次，每天按 18h（6：00～24：00）考虑，统计分析不同车型日均作用次数，并根据公式（3.2.3-1）计算得到同一位置停车的单日平均当量轴次 N_{PD}。则设计基准期内的累计当量轴次为：

$$N_P = N_{PD} \cdot T \cdot 365 \qquad (9)$$

式中：N_P——交叉口设计基准期内同一位置停车的累计当量轴次（次）；

T——设计基准期（年）；

N_{PD}——交叉口同一位置停车的单日平均当量轴次（次/d）。

该预估公式是对交叉口设计基准期内同一位置停车处的累计当量轴次的统计和预估，推荐使用实际调查数据，则更为准确、可靠。

5.4.7 路面质量验收时，需要在路表面检测路表弯沉值。因半刚性基层的强度、刚度与龄期有关，设计厚度时采用了标准龄期的材料模量值。若在施工工程中，检测各结构层的弯沉值时，应根据检测时半刚性基层、底基层的实际龄期对应的材料模量值、施工厚度来计算各结构层的表面弯沉，以此作为计算各结构层的标准弯沉值。

当没有 BZZ-100 标准车测定时，可采用其他轴载的车辆测定。若用其他非标准轴载（轴载 80kN～130kN）的车辆测定时，应按照公式（10）将非标准轴载测得到弯沉值换算为标准轴载下的弯沉值。

$$\frac{l_{100}}{l_i} = \left(\frac{P_{100}}{P_i}\right)^{0.87} \qquad (10)$$

式中：P_{100}、l_{100}——100kN 标准轴载及与其相对应的弯沉值；

P_i、l_i——非标准轴载及与其相对应的弯沉值。

当弯沉在非不利季节测定时，应根据当地经验考虑季节影响系数 K_1。

对于季节影响系数和湿度系数，近年来未统一进行新的调研工作，各地区可根据本地区调查成果积累数据。

路表弯沉值以 20℃ 为测定的标准状态，当沥青面层厚度小于或等于 50mm 时，不需要进行温度修正；当路面温度在 20℃±2℃ 范围内时，也不进行温度修正；其他情况下测定弯沉值均应进行温度修正。温度修正可参考以下方法进行：

1 测定时沥青路面的平均温度按照公式（11）计算：

$$T = a + bT_0 \qquad (11)$$

式中：T——测定时沥青面层的平均温度（℃）；

a——系数，$a = -2.65 + 0.52h$；

b——系数，$b = 0.62 - 0.008h$；

T_0——测定时路表温度与前 5d 日平均温度的平均值之和（℃）；

h——沥青面层厚度（cm）。

2 沥青路面弯沉的温度修正系数 K_3 按照公式（12）计算：

$$K_3 = \frac{l_{20}}{l_T} \qquad (12)$$

式中：l_{20}——换算为 20℃ 时沥青路面的弯沉值（0.01mm）；

l_T——测定沥青面层内平均温度为 T 时的弯沉值（0.01mm）。

当 $T \geqslant 20℃$ 时，$K_3 = e^{\left(\frac{1}{T} - \frac{1}{20}\right)h}$；

当 $T \leqslant 20℃$ 时，$K_3 = e^{0.002(20-T)h}$。

温度修正系数也可以采用《公路路基路面现场测试规程》JTG E60 相应的温度修正系数方法进行确定。

5.5 路面结构层的计算

5.5.2 弹性层状理论是在一定假设条件下（半无限空间体、材料各向同性、均质体且不计自重）经过复杂的力学、数学推演的理论体系，假设条件与路面实际条件不完全相符，这是导致理论与实际不一致的原因之一。规范中通过试验路的铺筑测试，资料分析仍然引入公路沥青路面规范中给出的弯沉综合修正系数F，将理论弯沉值进行修正，使计算弯沉值与实测弯沉值趋于接近实际。

1997年公路规范修订时，又扩大了试验，通过七条试验路铺筑的49种结构，路面总厚度在490mm～930mm。在实测表面弯沉值为3～88（0.01mm）、多数弯沉值为10～50（0.01mm）、土基模量大多为30MPa的条件下，对测试资料进行分析，提出弯沉综合修正系数F，使计算弯沉值与实测弯沉值趋于接近实际。

5.5.5 为防止路面面层出现车辙、波浪、推移和自上而下开裂等破坏，应控制沥青层的最大剪应力小于面层材料的容许剪应力。

温度是影响沥青混合料抗剪性能的重要因素，考虑我国的气候条件，抗剪性能适合研究的区间是30℃～60℃。考虑最不利环境温度，选取60℃作为沥青表面层混合料抗剪试验温度和力学分析时的模量取值温度。在第三届沥青路面结构设计国际会议"The modulus of asphalt layers at high temperature: comparison of laboratory measurements under simulated traffic conditions with theory"一文中采用室内环道试验，实测了路面结构在表面层加热到60℃温度下轮载作用的变形及力学响应，并以黏弹性层状体系理论和弹性层状体系理论分别进行计算，结果表明在60℃高温情况下沥青层采用相应温度的抗压回弹模量，则弹性层状体系理论计算仍然是适用的。

对于最不利条件下的剪应力计算时模量取值，表面层温度为60℃，应选择60℃抗压回弹模量，而中下面面层温度在40℃～50℃之间，因此计算时中下面层模量应采用40℃～50℃时的模量，但是不同温度下的模量应用给设计带来了很大麻烦，因此编制组对比了中下面层取不同温度、模量下的剪应力计算结果，结果表明，中下面层模量变化对剪应力结果影响很小，采用20℃与50℃模量计算剪应力结果相差在5%以内，因此为了方便设计应用，中下面层采用20℃时的抗压回弹模量。

秉承《城市道路设计规范》CJJ 37-1990，规范编制组采用双圆均布荷载，针对不同路面结构形式、不同厚度、不同水平力系数等对沥青层最大剪应力及其位置进行计算分析。结果表明，路面结构形式、厚度对沥青层最大剪应力的数值影响相对较小，水平力系数f_h对最大剪应力的影响最大；当有水平力存在时，其最大剪应力基本位于路表轮迹外边缘处。结合《城市道路设计规范》CJJ 37-1990和规范编制组在对不同路面结构、不同厚度以及不同水平力系数的情况下路面结构内最大剪应力计算的基础上，提出计算点水平位置选取了路表距单圆荷载中心0.9δ靠近荷

载外边缘处与距路表$0.1h_1$（h_1为表面层厚度）荷载外侧边缘处两点。通过计算并选取两个点处的较大剪应力值，得到沥青层的理论计算最大剪应力。

关于水平力的大小，在正常行驶和思想有准备的制动、启动时，水平力系数一般小于0.17，故设计公交车停车站、交叉口等路段时f_h以0.2计算。但在紧急制动时水平力系数可高达0.5左右，最大值接近于路面的摩擦系数，鉴于高温时路面摩擦系数较标准状态略低，故设计时f_h以0.5计算。而紧急制动有可能发生在车行道的任何一个部位，所以一般路段按水平力系数为0.5取值。

5.5.6 材料设计参数是进行混合料设计、路面结构设计中的重要内容。长期以来，沥青路面设计人员忽视材料设计参数测定，造成路面设计仅仅是抄录规范参数进行厚度计算的局面，因此，我国路面设计参数的资料积累非常少。为了加强这一工作，根据不同的道路等级、设计阶段提出了路面设计参数测试与取值要求。

5.5.7 材料设计参数的测定方法对试验结果有较大影响，如成型方法、仪具、温度控制、加载方式等。设计参数应根据路面的损坏类型、受力模式采用不同方法测定相应的参数。对于弯拉应力计算，考虑到弯拉模量测试试验繁琐、数据离散性大的问题，曾在《公路沥青路面设计规范》JTJ 014-1997修订时简化了材料参数的试验方法，提出了用抗压模量代替弯拉模量、劈裂强度代替弯拉强度的方法，并专题研究了以抗压模量代替弯拉模量、劈裂强度代替弯拉强度的可行性，同时对弯拉疲劳与劈裂疲劳结果进行了对比分析。从对比分析结果来看，采用抗压模量代替弯拉模量、劈裂强度代替弯拉强度在取值上是偏于保守的，对于半刚性基层，弯拉模量与抗压模量比值一般在2～3左右，弯拉强度与劈裂强度的比值一般在1.1～1.7左右。这个结果表明，所推荐的抗压模量远远低于弯拉模量，劈裂强度小于弯拉强度，且两者显然不是同比例变化的。因此，从统一设计指标与计算参数的角度出发，采用弯拉模量与弯拉强度更合理。然而，目前实测弯拉模量与弯拉强度数据较少，希望各省份根据当地材料制件测试计算参数。在没有充足的试验资料前，仍采用抗压回弹模量与劈裂强度作为弯拉应力计算的参数。

计算沥青层层底拉应变时，需采用各层材料的动态回弹模量值，目前我国测定动态回弹模量的单位较少，实测材料动态回弹模量将较为繁琐，半刚性基层的模量设计值，按照附录C.3中材料参数取值，粒料与土基模量可采用公式5.5.7-2计算确定。对于沥青层模量，沥青混凝土动态回弹模量可按3个水平确定。

第1水平：按照标准的试验方法，在一定荷载频率和温度下，实际测定沥青混合料的动态回弹模量。

沥青混合料抗压动态回弹模量的标准试验方法主要有以下几个：美国材料与试验协会（ASTM）的沥青混合料动态回弹模量标准试验方法（ASTM D3497-79）、美国各州公路和运输官员协会（AASHTO）的热拌沥青混合料动态回弹模量标准试验方法（AASHTO TP62-03）以及美国国家公路合作研究项目（NCHRP）的两个研究项目（NCHRP 9-19／9-29）。这几个标准试验方法的试验原理基本一致，但在试件制备、试验温度和频率、位移传感器的安装、加载时间、试件破坏判定以及模量计算等方面存在差异。ASTM D3497-79 中规定试验试件的高径比为 2：1，且试件的最小直径为 4in.（101.6mm），试验温度为 5℃、25℃、40℃，试验频率为 1Hz、4Hz、16Hz，试验过程中沿试件圆周等间距安放 2 个位移传感器，试验加载时间为 30s～45s，混合料的模量计算是采用最后 3 个加载循环的应力幅值和应变幅值，并且该标准没有给出试件破坏的判定标准；AASHTO TP62-03 中规定试件的尺寸是直径为 100mm，高度为 150mm，试验温度为 -10℃、4.4℃、21.1℃、37.8℃、54.4℃，测试频率为 0.1Hz、0.5Hz、1Hz、5Hz、10Hz、25Hz，沿试件圆周等间距安放 3 个位移传感器，加载时间的规定是根据试验频率的不同给出相应的加载循环次数，混合料的模量计算是采用最后 5 个加载循环的应力幅值和应变幅值，试件破坏的判定是以累计塑性变形是否超过 1500 微应变为标准；NCHRP 9-19／9-29 除了要求的试验温度和模量的计算方法（采用最后 10 个加载循环来计算）与 AASHTO TP62-03 有所不同外，其余的规定基本一致。

在考虑国外各种沥青混合料抗压动态回弹模量标准试验方法的差异性和优缺点的基础上，结合我国室内沥青混合料试验的现状，给出了沥青混合料单轴压缩动态回弹模量测试方法，详见附录 E——沥青混合料单轴压缩动态回弹模量试验方法。

第 2 水平：无需进行动态回弹模量室内试验，而是使用动态回弹模量预估方程获得。目前由于预估方程种类较多，样本数据存在差异性和局限性，因此暂时没有推荐使用。

第 3 水平：不需要试验和预估方程确定沥青混合料的动态回弹模量，而是采用推荐的材料参数值，见附录 C。

建议和提倡在路面设计过程中，采用标准试验方法实测沥青混合料的动态回弹模量。

5.5.8 沥青路面厚度可以采用基于多层弹性体系理论的设计程序计算，如 PDS-CJJ 169 等设计程序。沥青路面结构设计流程见图 3。

新建沥青路面结构层厚度计算示例：

1 基本资料

1）自然地理条件

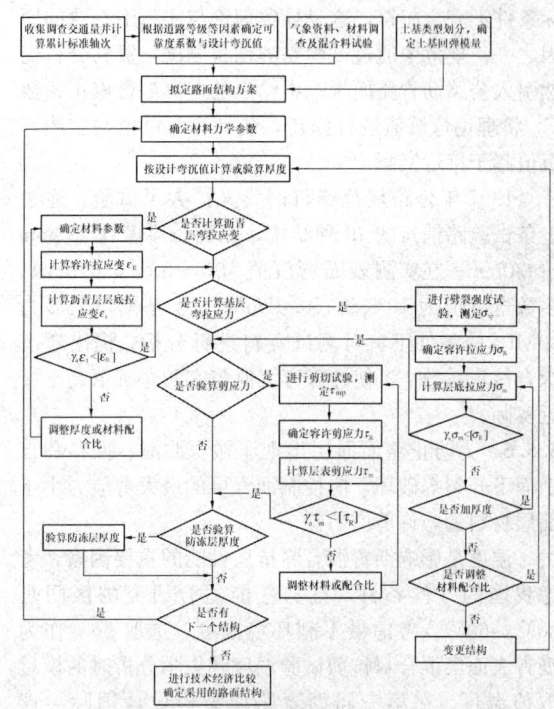

图 3 沥青路面结构设计流程图

新建快速路和支路所在城市地处 1-4-1 区，属于夏炎热冬温湿润地区，道路所处沿线地质为中液限黏性土，填方路基，属于中湿状态；年降雨量在 1100mm 左右，年平均气温在 20℃ 左右。主干路为双向六车道，拟采用沥青路面结构；支路为双向两车道，拟采用沥青路面结构。

2）土基回弹模量的确定

设计路段路基处于中湿状态，主干路路基土回弹模量设计值为 40MPa，支路路基土回弹模量设计值为 25MPa。

3）设计轴载

主干路沥青路面设计基准期 15 年，以设计弯沉值为设计指标时等效换算的累计当量轴次为 1800 万次，半刚性基层层底拉应力为设计指标时等效换算的累计当量轴次为 2200 万次。根据工程可行性研究报告，预测该主干路交通量年增长率为 5%。

支路沥青路面设计基准期 10 年，以设计弯沉值为设计指标时等效换算的累计当量轴次为 250 万次，半刚性基层层底拉应力为设计指标时等效换算的累计当量轴次为 300 万次。根据工程可行性研究报告，预测该支路年交通量年增长率为 3%。

2 初拟路面结构

根据本地区的路用材料，结合已有的工程经验与典型结构，初拟路面结构组合方案。根据结构层的最小施工厚度、材料、水文、交通量等因素，初拟路面结构组合和各层厚度如表 4 所示。

表 4　主干路和支路结构方案

主干路路面结构	支路路面结构
4cm SMA-13 （SBS 改性沥青）	4cm 细粒式沥青 混凝土（AC-13）
5cm 中粒式沥青 混凝土（AC-20）	5cm 中粒式沥青 混凝土（AC-20）
7cm 粗粒式沥青 混凝土（AC-25）	16cm 水泥稳定碎石
18cm 水泥稳定碎石	水泥稳定碎石（计算层）
水泥稳定碎石（计算层）	15cm 砾石砂
15cm 砾石砂	土基
土基	

3　材料参数确定

各种材料的设计参数见表 5～表 8。

表 5　主干路沥青层材料设计参数

材料名称	20℃抗压模量 （MPa）		15℃抗压模量 （MPa）		15℃劈裂强度 （MPa）	60℃抗压模量 （MPa）	
	均值 E_p	标准差 σ	均值 E_p	标准差 σ		均值 E_p	标准差 σ
SMA-13	1600	100	1800	100	1.7	320	20
AC-20	1400	100	1600	100	1.0	—	—
AC-25	1100	50	1200	50	0.8	—	—

表 6　主干路半刚性材料及其他材料设计参数

材料名称	抗压回弹模量（MPa）				劈裂强度 （MPa）
	均值 E_p	标准差 σ	$E_p - 2\sigma$	$E_p + 2\sigma$	
水泥稳定碎石	2850	675	1500	4200	0.5
水泥稳定碎石	2450	575	1300	3600	0.4
砾石砂	200	0	200	200	—
土基	40	0	40	40	

表 7　支路沥青层材料设计参数

材料名称	20℃抗压模量（MPa）		15℃抗压模量（MPa）		60℃抗压模量（MPa）	
	均值 E_p	标准差 σ	均值 E_p	标准差 σ	均值 E_p	标准差 σ
AC-13	1600	100	1800	100	320	20
AC-20	1400	100	1600	100	—	—

表 8　支路半刚性材料及其他材料设计参数

材料名称	抗压回弹模量（MPa）			
	均值 E_p	标准差 σ	$E_p - 2\sigma$	$E_p + 2\sigma$
水泥稳定碎石	2550	525	1500	3600
水泥稳定碎石	1900	300	1300	2500
砾石砂	200	0	200	200
土基	25	0	25	25

4　路面结构层厚度计算

1）主干路结构层厚度计算

根据表 3.2.7 和表 5.4.1，确定该主干路路面结构设计满足目标可靠度 90% 的可靠度系数 γ_a 按 1.10 考虑。

①以弯沉为设计指标

该主干路结构为半刚性基层，采用公式（5.4.3）计算设计弯沉，主干路 A_c 取 1.0，沥青混凝土面层 A_s 取 1.0，半刚性基层沥青路面 A_b 取 1.0，因此，

$$l_d = 600 N_e^{-0.2} A_c A_s A_b$$
$$= 600 \times (1.8 \times 10^7)^{-0.2}$$
$$\times 1.0 \times 1.0 \times 1.0$$
$$= 21.24 (0.01\text{mm})$$

$$F = 1.63 \left(\frac{l_s}{2000\delta} \right)^{0.38} \left(\frac{E_0}{0.7} \right)^{0.36} = 0.506$$

利用 PDS-CJJ169 设计程序计算出满足设计弯沉指标要求的水泥稳定碎石下基层厚度为 29.0cm，路表计算弯沉为 37.91（0.01mm），$1.10 l_s = 1.10 \times 37.91 \times 0.506 = 21.10$（0.01mm）。

$1.10 l_s < l_d$，满足设计要求。

②以半刚性基层层底拉应力为设计指标

半刚性材料容许拉应力采用公式（5.4.5-1）计算，满足容许拉应力的水泥稳定碎石下基层厚度计算结果见表 9。

水稳碎石上基层层底容许拉应力：$\sigma_R = \sigma_s / K_{sr} = 0.5/(0.35 N_e^{0.11}/A_c) = 0.222$（MPa）

水稳碎石下基层层底容许拉应力：$\sigma_R = \sigma_s / K_{sr} = 0.4/(0.35 N_e^{0.11}/A_c) = 0.178$（MPa）

表 9　计　算　结　果

材料	劈裂强度 （MPa）	容许拉应力 σ_R （MPa）	层底最大拉 应力 σ_m （MPa）	$\gamma_a \sigma_m$ （MPa）	水稳碎石下 基层厚度 （cm）
水稳碎石 上基层	0.5	0.222	0.200	0.220	19.0
水稳碎石 下基层	0.4	0.178	0.159	0.175	29.0

利用 PDS-CJJ 169 设计程序计算出满足半刚性基层层底拉应力要求的水泥稳定碎石下基层厚度为 29.0cm。满足设计弯沉指标的水稳碎石下基层厚度为 29.0cm。考虑施工要求，设计厚度取水稳碎石下基层 30.0cm。路表计算弯沉为 37.48（0.01mm）；水稳碎石上基层层底最大拉应力为 0.021MPa，水稳碎石下基层层底最大拉应力为 0.154MPa，此时 $1.10 \sigma_m < \sigma_R$，满足设计要求。

③以沥青层剪应力为设计指标

采用公式（5.4.6）计算沥青混合料结构层容许抗剪强度。K_r 为抗剪强度结构系数。

根据现场统计分析，设计基准期内该路某大型交

叉口同一位置停车的累计当量轴次为 3.78×10^6，某大型公交停靠站累计当量轴次为 1.92×10^6。则：

交叉口：$K_r = 0.39 N_p^{0.15}/A_c = 0.39 \times (3.78 \times 10^6)^{0.15}/1.0 = 3.78$

停靠站：$K_r = 0.39 N_p^{0.15}/A_c = 0.39 \times (1.92 \times 10^6)^{0.15}/1.0 = 3.42$

对于突然紧急制动点，$K_r = 1.2/1.0 = 1.2$。

设计水泥稳定碎石下基层厚度确定为 30.0cm 时，利用 PDS-CJJ 169 设计程序计算出不同水平力系数下沥青层最大剪应力计算结果（表 10）。

表 10　不同水平力系数时沥青层最大剪应力（一）

路　段	缓慢制动		一般行驶
	交叉口	停靠站	
沥青层最大剪应力 τ_m（MPa）	0.2492	0.2492	0.4181
$\tau_m \cdot K_r$	0.94	0.85	0.50
$\gamma_\alpha \cdot (\tau_m \cdot K_r)$	1.034	0.935	0.55

考虑最不利情况，交叉口、停靠站容易发生剪切疲劳破坏，因此沥青混合料抗剪强度在 1.04MPa 以上才能满足抗剪强度要求；对于一般行驶路段，沥青表面层混合料的抗剪强度也应在 0.55MPa 以上才能满足设计要求。本主干路采用的改性沥青 SMA-13 抗剪强度在 0.8MPa 以上，可满足一般路段的抗剪性能要求。

根据计算结果，并考虑施工要求，设计厚度取水稳碎石下基层 30.0cm。一般路段沥青上面层采用 SMA-13（SBS 改性沥青）可行。建议大型交叉口、公交停靠站作为特殊路段进行特殊设计，确保沥青路面满足抗剪性能要求。

2）支路结构层厚度计算

根据表 3.2.7 和表 5.4.1，确定该支路路面结构设计满足目标可靠度 85% 的可靠度系数按 1.06 考虑。

①以弯沉为设计指标

该支路结构为半刚性基层，采用公式（5.4.3）计算设计弯沉，支路 A_c 取 1.2，沥青混凝土面层 A_s 取 1.0，半刚性基层沥青路面 A_b 取 1.0，因此，

$$l_d = 600 N_e^{-0.2} A_c A_s A_b$$
$$= 600 \times (2.5 \times 10^6)^{-0.2} \times 1.2 \times 1.0 \times 1.0$$
$$= 37.82 (0.01mm)$$

$$F = 1.63 \left(\frac{l_s}{2000\delta} \right)^{0.38} \left(\frac{E_0}{0.7} \right)^{0.36} = 0.532$$

利用 PDS-CJJ 169 设计程序计算出满足设计弯沉指标要求的水泥粉煤灰碎石下基层厚度为 19.0cm，路表计算弯沉为 66.11（0.01mm），$1.06 l_s = 1.06 \times 66.11 \times 0.532 = 37.28$（0.01mm）。

$1.06 l_s < l_d$，满足设计要求。

设计厚度取水泥粉煤灰碎石层为 19.0cm。

②以沥青层剪应力为设计指标

采用公式（5.4.6）计算沥青混合料容许抗剪强度。K_r 为抗剪强度结构系数。

根据现场调查统计，设计基准期内该路某交叉口同一位置停车的累计当量轴次为 1.34×10^6，某公交停靠站累计当量轴次为 5.11×10^5。则：

对于交叉口，$K_r = 0.39 N_a^{0.15}/A_c = 0.39 \times (1.34 \times 10^6)^{0.15}/1.2 = 2.69$

停靠站，$K_r = 0.39 N_a^{0.15}/A_c = 0.39 \times (5.11 \times 10^5)^{0.15}/1.2 = 2.33$

对于突然紧急制动点，$K_r = 1.2/1.2 = 1.0$。

设计水泥粉煤灰碎石下基层厚度确定为 19.0cm 时，利用 PDS-CJJ 169 设计程序计算出不同水平力系数下沥青层最大剪应力计算结果（表 11）。

表 11　不同水平力系数时沥青层最大剪应力（二）

路　段	缓慢制动		一般行驶
	交叉口	停靠站	
沥青层最大剪应力 τ_m（MPa）	0.245	0.245	0.415
$\tau_m \cdot K_r$	0.66	0.57	0.415
$\gamma_\alpha \cdot (\tau_m \cdot K_r)$	0.70	0.60	0.44

根据分析，交叉口、停靠站容易发生剪切疲劳破坏，因此沥青混合料抗剪强度在 0.7MPa 以上才能满足抗剪强度要求，建议交叉口、停靠站路段可采用 SBS 改性沥青混合料；一般行驶路段，沥青表面层混合料的抗剪强度应要求达到 0.44MPa，本支路采用的 AC-13 混合料采用普通沥青时抗剪强度最高可达 0.6MPa，可满足一般路段设计要求。

综合分析，设计厚度取水泥粉煤灰碎石下基层 19.0cm。一般路段沥青上面层采用普通沥青 AC-13 混合料可行；建议交叉口、停靠站路段上面层采用改性沥青 AC-13 混合料，并确保满足沥青路面抗剪性能要求。

5.6　加铺层结构设计

5.6.1　根据原路面检测资料，按《城市道路养护技术规范》CJJ 36 的规定，对路面破损状况、行驶质量、强度及抗滑性能进行质量评价，并根据使用要求参考养护对策进行罩面或加铺层设计。

薄层罩面是提高旧沥青面层服务功能的措施。用于旧沥青路面时，旧路面应较平整、车辙深度小于 10mm，且路面无结构性破坏（如纵、横向裂缝、网裂）时才宜使用。对于快速路、主干道，路面抗滑标准在良以下（不包括良）；次干路及次干路以下道路，路面抗滑标准在中以下（不包括中）时，应采取加铺罩面层等措施来提高路表面的抗滑能力。选用薄层罩

面时，应保证其厚度不得小于最小施工层厚度。施工时应严格控制摊铺碾压温度，保证罩面层压实度及与下层的层间结合。磨耗层是一种构造深度较大、抗滑性能较好的薄层结构，超薄磨耗层一般厚度为20mm～25mm。

旧路补强设计不同于新建路面设计，其设计目的是为满足一定时间内的交通需要，因此旧路补强设计应根据道路等级、交通量、改扩建规划和已有经验确定适当的设计基准期。

当旧路面有较多裂缝时，为减缓反射裂缝，可以在调平层上或补强层之间铺设土工合成材料，起到加筋、减裂、隔离软弱夹层等作用。土工合成材料之上，应有等于或大于70mm的沥青层，常用土工合成材料有玻璃纤维格栅、耐高温的聚酯土工织物。玻璃纤维格栅网孔尺寸宜为其上铺筑的沥青层材料最大粒径的0.5倍～1.0倍。玻璃纤维格栅有自粘式和定钉式，聚酯无纺土工织物有针刺、烧毛土工布和普通土工布。设计人员应考虑使用施工质量可靠、施工工艺简便、有较好实绩的产品，以保证工程质量。

5.6.2 旧水泥混凝土路面加铺沥青层厚度设计，应考虑沥青加铺层破坏，包括加铺层反射裂缝、层间剪切破坏。

加铺层反射裂缝主要由交通荷载和温度荷载引起。为防止温度荷载引起沥青加铺层反射裂缝，目前主要限制接（裂）缝处板边位移。鉴于对沥青混合料温度疲劳开裂的研究尚不成熟，并且在工程实践中不易检测板边水平位移，因此暂不考虑温度荷载对加铺层反射裂缝的影响。实际上，在对旧板进行破碎情形下，较小尺寸的板所产生的水平位移一般不足以引起沥青加铺层开裂。

根据交通荷载下旧水泥混凝土板上沥青加铺层的疲劳损伤断裂力学分析，在旧水泥混凝土板接（裂）缝处平均弯沉、弯沉差满足相关规定条件下，预测沥青加铺层疲劳开裂寿命。通过大量计算，获得了不同基础支承条件、接（裂）缝传荷能力、不同沥青加铺层厚度等条件下引起沥青加铺层疲劳损伤断裂的标准轴载累计当量次数。由于理论分析方法以及相关结果还有待实践进一步验证，因此对理论分析结果考虑足够的安全系数，结合工程实际，特别是旧水泥混凝土路面板上沥青加铺层厚度的变异性，本规范中只提出的沥青加铺层厚度仅是最低要求。沥青加铺层间剪切破坏的验算，由于缺乏足够的层间剪切疲劳实验数据，目前主要从材料设计角度提高沥青混合料抗剪强度和高温稳定性。

6 水泥混凝土路面

6.2 设计指标与要求

6.2.1 材料性能和结构尺寸参数的变异水平等级，按施工技术、施工质量控制和管理水平分为低、中、高三级。由滑模或轨道式施工机械施工，并进行认真、严格的施工质量控制和管理的工程，可选用低变异水平等级。由滑模或轨道式施工机械施工，但施工质量控制和管理水平较弱的工程，或者采用小型机具施工，而施工质量控制和管理得到认真、严格执行的工程，可选用中、低变异水平等级。采用小型机具施工，施工质量控制和管理水平较弱的工程，可选用高变异水平等级。

选定了变异等级，施工时就应采取相应的技术和管理措施，以保证主要设计参数的变异系数控制在表6.2.1中相应等级的规定范围内。

6.2.5 水泥混凝土弯拉强度是衡量水泥混凝土强度的重要指标，也是设计中必须满足的技术指标。

6.3 结构组合设计

6.3.2 面层设计

1 由于表面平整度难以做好和接缝处难以设置传力杆，碾压混凝土不宜用做快速路或主干路或者承受特重或重交通的次干路的面层。

选用连续配筋混凝土面层可提高路面的平整度和行车舒适性，适用于快速路。

复合式面层的水泥混凝土下面层，如选用不设传力杆的普通混凝土或碾压混凝土，则为了减缓反射裂缝的出现，须采用较厚的沥青混凝土上面层（如100mm以上）。选用这种方案，还不如选用连续配筋混凝土或设传力杆的普通混凝土经济。因为，后种方案既降低了反射裂缝出现的可能性，又可采用较薄的沥青混凝土上面层（如25mm～80mm），因上面层厚度减薄而减少的费用，足以抵消因配筋而增加的费用。

2 在横缝不设传力杆的中和轻交通路面上，横缝也可设置成与纵缝斜交，使车轴两侧的车轮不同时作用在横缝的一侧，从而减少轴载对横缝的影响，但横缝的斜率不应使板的锐角小于75°。

为了避免混凝土板产生不规则裂缝，在路段范围内要求横缝必须对齐，不得错缝。在交叉口等特殊地段也应避免错缝，当不得已出现错缝时，应采取防裂措施。

3 在普通混凝土面层的建议范围内，所选横缝间距可随面层厚度增加而增大。

4 在所建议的各级面层厚度参考范围内，标准轴载作用次数多、变异系数大、最大温度梯度大或者基、垫层厚度或模量值低时，取高值。

5 连续配筋混凝土面层由于裂缝间距的随意性，在应力分析时难以确定板块的尺寸，厚度计算可近似地按普通水泥混凝土面层的各项设计参数和规定进行。碾压混凝土和贫混凝土基层的刚度接近于混凝土面层，而与下卧的底基层或垫层和路床的刚度差别较大。将这两种基层与下卧结构层组合在一起，按它们的综合模量计算面层厚度，一方面会得到偏保守的计算结果，另一方面会忽视基层底因因弯拉应力超过其强度而出现开裂的可能性。按分离式双层板进行计算，可以凸现这两种基层的特性，并通过调节上、下层的厚度，使上、下层板的板底应力和强度处于协调或平衡状态。

6.4 面 层 材 料

6.4.1 尽管目前路面工程上提高抗冰冻和抗盐冻的主要手段是掺用引气剂，但是除了引气剂外，混凝土本身应有足够的抗冰冻和盐冻破坏能力以及足够高的弯拉强度，这就要求低水灰比和较大水泥用量。同时，混凝土应具有足够的抗渗性和防水性，而防水、抗渗性混凝土表面必须有足够厚度的水泥砂浆，同样要求较大的水泥用量及低水灰比。

钢纤维混凝土配合比的最大特点是水泥用量和砂率较大，若没有充足的水泥用量和用砂量，钢纤维难以被砂浆包裹，表面会暴露出钢纤维和粗集料，因此钢纤维混凝土比普通水泥混凝土规定的最小水泥用量要高。

6.4.2 混凝土性质参数的变异性，一部分来自实验室的试验误差，另一部分来自混合料组成的变异和施工（拌合、摊铺、振捣和养护）以及质量控制和管理的变异。后一部分变异性的影响，已反映在结构设计内（表6.2.2）。而前一部分变异性的影响，须在混凝土配合比设计时考虑，计入混凝土试配弯拉强度的要求值。

6.5 路面结构计算

6.5.5 水泥混凝土板厚度计算流程图见图4。

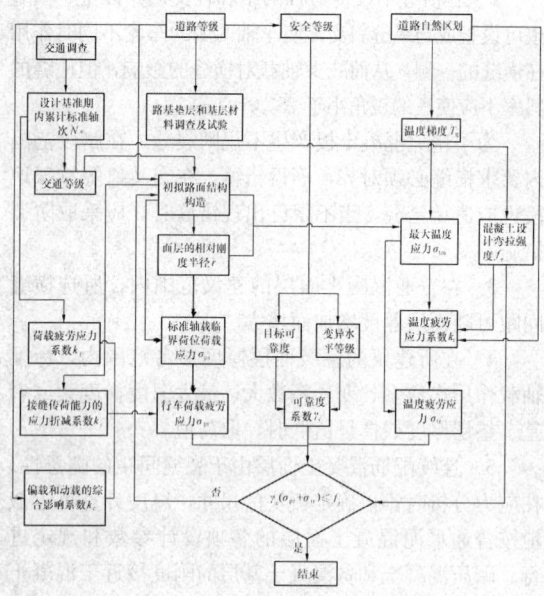

图 4 混凝土板厚度计算流程

6.6 面层配筋设计

6.6.1 特殊部位配筋

3、4 关于构造物横穿公路时混凝土面层配筋，借鉴《公路水泥混凝土路面设计规范》JTG D40 近年的研究成果，较《城市道路设计规范》CJJ 37 做了较大的修订，以满足更高的使用要求。将原规范全部设置单层钢筋修改为依据构造物顶面与面层地面的高度分别采取单层或双层钢筋网加强。关于混凝土面层的布筋范围，主要决定于桥涵台背后回填路基的范围，故每侧考虑取填筑高度加 1m 且不小于 4m 的宽度。对于构造物顶部及两侧的回填材料，由于填土压实困难及防止不均匀沉降，根据经验，采用砂砾、稳定土等底基层用材料，易取得良好效果，条文据此修改。对于这一问题，各地积累了一些经验，除此之外，有的采用填土分层加土工格栅，有的采用旋喷桩等。设计时应论证地选用，或经过试验工程证明合理有效时再采用。

5 混凝土板中的检查井、雨水口等结构物附近多发生裂缝，致使混凝土板破碎。为防止此种现象发生，在这些结构物周围应加设防裂钢筋。本次参照建设部定型图集《城市道路——水泥混凝土路面》05MR202 成果的做法，在检查井、雨水口周围设置了矩形防裂钢筋网。

6.7 接 缝 设 计

6.7.1 纵向接缝

1 纵向接缝，无论是施工缝或缩缝，均应在缝内设置拉杆，以保证接缝缝隙不张开。纵向缩缝的槽口深度应大于纵向施工缝，以保证混凝土在干缩或温缩时能在槽口下位置处开裂。否则，会由于缩缝处截面的强度大于缩缝区外无拉杆的混凝土强度，导致缩缝区外的混凝土板出现纵向断裂。

2 在路面宽度变化的路段内，不可使纵缝的横向位置随路面宽度一起变化。其等宽部分必须保持与路面等宽路段相同的纵缝设置位置和形式，而把加宽部分作为向外接出的路面进行纵缝布置。此外，变宽段起点处的加宽板的宽度应由 0 增加到 1m 以上，以避免出现锐角板。

3 表 6.7.1 中的拉杆间距并不是所采用的缩缝间距的公倍数。为避免出现拉杆与缩缝的重合，在施工布设时，应依据具体情况调整缩缝附近的拉杆间距。

6.7.2 横向接缝

1 设在缩缝之间的横向施工缝采用设拉杆企口缝形式，可提高接缝的传荷能力，使之接近于无接缝的整体板。

2 我国绝大部分混凝土路面的横向缩缝均未设传力杆。不设的主要原因是施工不便。但接缝是混凝土路面的最薄弱处，唧泥和错台病害，除了基层不耐冲刷外，接缝传荷能力差也是一个重要原因。同时，在出现唧泥后，无传力杆的接缝由于板边挠度大而容易迅速产生板块断裂。此外，接缝无传力杆的旧混凝土面层在考虑设置沥青加铺层时，往往会因接缝传荷能力差易产生反射裂缝而不得不加大加铺层的厚度。为了改善混凝土路面的行驶质量，保证混凝土路面的使用寿命，便于在使用后期铺设加铺层，本条规定了在承受特重和重交通的普通混凝土面层的横向缩缝内必须设置传力杆。

3 一次锯切的槽口断面呈窄长形，设在槽口内的填缝料在混凝土板膨胀时易被挤出路表面；而在混凝土板收缩时易因拉力较大而与槽壁脱开。为此，对快速路的缩缝，建议采用两次锯切槽口，以保证接缝填封效果和行驶质量。

4 膨胀量大小取决于温度差（施工时温度与使用期最高温度之差）、集料的膨胀性（线膨胀系数）、面层出现膨胀位移的活动区长度。胀缝的缝隙宽度为20mm，可供膨胀位移的有效间隙不到10mm。因而，须依据对膨胀量的实际估计来决定需要设置几条胀缝。传力杆一半以上长度的表面涂敷沥青膜，外面再套 0.4mm 厚的聚乙烯膜。杆的一端加一金属套，内留 30mm 空隙，填以泡沫塑料或纱头；带套的杆端在相邻板交错布置。传力杆应在基层预定位置上设置钢筋支架予以固定。

6.7.3 交叉口接缝布设

1 布设交叉口的接缝时，不能将交叉口孤立出来进行。应先分清相交道路的主次，保持主要道路的接缝位置和形式全线贯通。而后，考虑次要道路的接缝布设如何与主要道路相协调，并适当调整交叉口范围内主要道路的横缝位置。

2 交叉口范围内转向车辆比较多，如果边长过小，将会造成应力集中，板体容易损坏。

3 将胀缝设置在次要道路上。

6.7.4 端部处理

2 本款对搭板的设计未作具体规定，设计时，须与桥涵设计人员联系配合。在混凝土面层与桥台之间铺筑混凝土预制块面层或沥青面层过渡段，是一项过渡措施，待路基沉降稳定后，再铺筑水泥混凝土面层。

3 在混凝土面层与沥青面层相接处，由于沥青面层难以抵御混凝土面层的膨胀推力，易于出现沥青面层的推移拥起，形成接头处的不平整，引起跳车。本款依据国内外的经验，并参照英国标准图制定。

4 设置端部锚固结构是为了约束连续配筋混凝土面层的膨胀位移。端部锚固结构设计，须首先估算板端在温差作用下可能发生的位移量，根据位移控制要求（全部或部分）计算所需的约束力，由此可验算锚固结构的强度、地基稳定性和纵向位移量是否满足

控制要求。本款所列出的端部锚固结构形式系参照英国的标准图。

6.8 加铺层结构设计

6.8.1 一般规定

1 路面在使用过程中，由于行车荷载和环境因素的不断作用，其使用性能会逐渐衰变。当路面的结构状况或表面功能不能满足使用要求时，需采取修复措施以恢复或提高其使用性能。

在旧混凝土路面上铺设加铺层，是一项充分利用旧路面剩余强度，可在较长时期内恢复或提高路面使用性能的有效技术措施。加铺层结构设计，必须建立在对旧路面的结构性能进行全面调查和确切评价的基础上，它要比新建路面的设计更为复杂。为此，本款规定了加铺层设计之前应对旧混凝土路面进行技术调查的主要内容。

3 沿接缝、裂缝渗入路面结构内的自由水，是造成混凝土路面唧泥、错台和板底脱空等病害的主要原因。对于旧路面结构内部排水不良的路段，增设边缘纵向排水系统，以便将旧混凝土面层—基层—路肩界面处积滞的自由水排离出路面结构，是保证加铺层使用寿命的有效措施之一。

4 加铺层的铺筑通常是在边通车、边施工的条件下进行的，设计方案应综合考虑施工期间的交通组织管理、通行车辆对施工质量和施工工期的影响等。

5 当调查评定的旧混凝土路面的断板率、平均错台量和接缝传荷能力均处于差级水平，尤其是当旧面层板下出现严重唧泥、脱空或地基沉降时，对旧混凝土路面进行大面积修复后再铺筑加铺层已不是一种经济有效的技术措施。这时，应对旧面层混凝土进行破碎和压实稳定处理，并用作新建路面的底基层或垫层。破碎稳定处理既减少了大面积挖补所产生的废旧混凝土碎块对环境的不利影响，又保留了旧路面一定程度的结构完整性。

6.8.2 路面损坏状况调查评定

1 路面损坏状况是路面结构的物理状况和承载能力的表观反映。水泥混凝土路面的病害有面层断裂、变形、接缝损坏、表层损坏和修补损坏 5 大类，共 17 种损坏类型。其中，对混凝土路面结构性能和行车舒适性影响最大的是断裂类损坏和接缝错台两种，它们是决策加铺层结构形式及其厚度设计的主要因素。因此，加铺层设计中以断板率和平均错台量两项指标来表征旧混凝土路面的损坏状况。断板率的调查和计算可按《公路水泥混凝土路面养护技术规范》JTJ 073.1 的规定进行；错台调查可采用错台仪或其他方法量测接缝两侧板边的高程差，量测点的位置应在错台严重车道右侧边缘内 300mm 处。

错台量调查宜采用错台仪测试。设备条件不具备时，亦可采用角尺进行量测，但精度难以保证。对于

断板率较低的快速路和主干路，应采用断板率和平均错台量两项评定指标。对于断板率较高的其他等级道路，当错台病害对行车安全和行驶质量的影响并非主要因素时，可仅采用断板率作为评定指标。

2 为了有针对性地选择加铺层的结构形式，依据断板率和平均错台量两项指标将路面损坏状况划分为优良、中、次、差四个等级。

6.8.3 接缝传荷能力与板底脱空状况调查评定

1 路面表面在荷载作用下的弯沉量和弯沉曲线，反映了路面结构的承载能力。弯沉测试是一项无破损试验，具有测点数量多、对交通干扰少的优点，在旧混凝土路面的接缝传荷能力、板底脱空状况以及基层顶面当量回弹模量等的调查评定中得到了广泛的应用。

水泥混凝土路面的整体刚度大，弯沉量小，弯沉盆大（弯沉曲线曲率半径大）。落锤式弯沉仪（FWD）产生的脉冲力可较好地模拟行车荷载对路面的作用，可方便地测定弯沉曲线，并进行多级加载测试，具有测试速度快、精度高的优点，是进行混凝土路面弯沉量测的较为理想的设备，在国外得到了广泛的应用，因而，适宜在国内推广应用于混凝土路面的弯沉测定。传统的贝克曼梁式弯沉仪，由于支点往往落在弯沉盆内而使其测试精度难以得到保证，同时，一架仪器仅能进行一个测点的测定，无法获得弯沉曲线数据。因而，应用梁式弯沉仪时，须采用加长杆以增大支点与测点间的距离，并将弯沉仪的支点放在测定板外。

为了避免温度和温度梯度对量测结果的影响，接缝传荷能力的测定应选择在接缝缝隙张开而板角未出现向上翘曲变形的时刻，板角弯沉测定应选择在白天正温度梯度的时段，而板中弯沉的测定则应选择在出现负温度梯度或正温度梯度很小的夜间至清晨时段进行。

2 接缝是混凝土路面结构的最薄弱部位，混凝土路面的绝大多数损坏都发生在接缝附近。对于加铺层设计而言，旧面层接缝（或裂缝）处的弯沉量和弯沉差值是引起加铺层出现反射裂缝的主要原因。如美国沥青协会（AI）就以接缝或裂缝处的板边平均弯沉量和弯沉差作为沥青混凝土加铺层设计的控制指标。接缝传荷系数是反映接缝边缘处相邻板传荷能力的指标。将接缝的传荷能力按传荷系数大小划分为优良、中、次、差四个等级，可作为选择加铺层结构形式和采取反射裂缝防治措施的参考依据。

4 由唧泥引起的板底脱空，使板角隅和边缘失去部分支承，在行车荷载作用下将产生较大的弯沉和应力，最终导致加铺层损坏。板底脱空状况的评定是很复杂的，目前国内外还没有一个公认的方法。本条建议在板角隅处应用FWD仪进行多级荷载作用下的弯沉测试，利用测定结果，可点绘出荷载—弯沉关系

曲线。当关系曲线的后延线与坐标线的相截点偏离坐标原点时，板底便可能存在脱空。这种评定板底脱空状况的方法，虽已在部分实体工程中得到了良好的作用，但也仅是近似的估计。实际评定时还应结合雨后观察唧泥现象、边缘和角隅处锤击听声等经验方法加以综合判断。

6.8.4 旧混凝土路面结构参数调查

1 采用超声波和雷达设备量测混凝土强度和厚度的非破损测试方法，虽已在水工和建筑结构行业得到了广泛的应用，但由于混凝土面层板与基层（尤其是贫混凝土和无机结合料稳定类基层）材料具有类似的介质特性，这一非破损测试方法的实际量测精度在混凝土路面工程中还难以得到保证。所以，本规范仍建议采用传统的钻孔取芯测试法量取路面板的厚度，并在室内进行劈裂强度试验。标准芯样的直径为100mm。芯样的数量及其分布应以能够代表评定路段的板厚和混凝土强度状况并满足统计分析的要求为准。

2 式（6.8.4-2）是20世纪80年代初，在使用20年以上的机场旧混凝土道面上分别锯切标准小梁试件和钻取圆柱体试件进行弯拉强度和劈裂强度试验，对76组碎石混凝土和38组卵石试件的试验结果进行回归分析后得到的经验关系。虽然该公式的相关性较好，但在实际应用中发现按该式预估的混凝土弯拉强度值略为偏高，所以本次修订中增加了式（6.8.4-3），即将实测的劈裂强度平均值减去一倍的标准差后，再按式（6.8.4-2）计算混凝土的弯拉强度。这样，既达到了对原公式进行适当修正的目的，又使得强度和板厚两项重要的评价指标在统计上的一致性。当然，旧混凝土弯拉强度和劈裂强度的经验关系还有待进一步的试验验证与完善。

4 旧混凝土面层下的基层顶面当量回弹模量是加铺层设计的重要参数之一。面层下的基层顶面模量难以直接测到，但混凝土路表弯沉是路面结构刚度特性的综合反映，因此，应用FWD仪实测路表弯沉，并按弹性地基板理论反算基层顶面模量的方法是可行的。该条借鉴了《公路水泥混凝土路面设计规范》JTG D40中的回归公式。

为评定基层顶面当量回弹模量而进行的弯沉测试，应以板中为标准荷载位置，弯沉测点沿重载车道板的纵向中线布置，测点间距为20m～50m，评定路段内的总测点数不应小于30点。按上述方法逐测点反算模量，再统计评定路段内基层顶面回弹模量的标准值。

6.8.5 分离式混凝土加铺层结构设计

所谓分离式混凝土加铺层结构即为在清除旧路面表面的松散碎屑和由接缝内挤出的填缝料后，铺设一层由沥青混合料组成的隔离层，再铺筑水泥混凝土加铺层。

分离式加铺层与旧混凝土面层之间设置了隔离

层，可隔断加铺层与旧面层的粘结，使加铺层成为独立的结构受力层。隔离层既可以防止或延缓反射裂缝，需要时也可以起到调平层的作用。因此，分离式加铺层适用于损坏状况及接缝传荷能力评定为中级和次级的旧混凝土路面。同时，加铺层的接缝形式和位置也不必考虑与旧混凝土面层接缝相对应。相反，加铺层的接缝位置如能与旧面层接缝相互错开 1m 以上，使作用在加铺层板边的荷载能下传到旧面层板的中部，反而可改善加铺层的受荷条件。

加铺层与旧混凝土面层之间必须保证完全隔离，因此，沥青混合料隔离层必须具有足够的厚度；同时，也不能采用松散粒料做隔离层。

5 分离式加铺层与旧混凝土面层之间设有隔离层，上下层板围绕各自的中和面弯曲，分别承担一部分弯矩。因此，加铺层和旧混凝土面层的应力和混凝土弯拉强度在设计中均起控制作用。在设计时，须协调上下层的厚度（影响应力值）和弯拉强度的比例关系，以获得优化的设计。

6.8.6 结合式混凝土加铺层结构设计

所谓结合式混凝土加铺层结构即采用冷磨、喷射高压气、高压水、钢珠或者酸蚀等方法刨松和清理旧面层表面，并在清理后的表面涂水泥浆、乳胶或者环氧等胶粘剂后，铺筑混凝土加铺层。

1 设置结合式混凝土加铺层的主要目的是改善旧混凝土面层的表面功能，或者提高其承载能力或延长其使用寿命。结合式混凝土加铺层的厚度较薄，旧面层的接缝和发展性裂缝都会反射到加铺层上。所以，只有当旧混凝土路面结构性能良好，其损坏状况和接缝传荷能力均评定为优良时，才能采用结合式混凝土加铺层。

2 结合式混凝土加铺层的厚度小，加铺层与旧混凝土面层的结合便成为这种加铺形式成功的关键。因此，一方面需采取措施彻底清理旧混凝土面层表面的污垢和水泥砂浆体，并使表面粗糙，另一方面需在清理后的表面涂以乳胶和环氧树脂等高强的胶粘剂，使加铺层与旧混凝土面层粘结为一个整体。

3 由于加铺层薄，层内不设拉杆和传力杆，加铺层的接缝形式和位置必须与旧混凝土面层完全对应，以防加铺层产生反射裂缝或与旧混凝土面层之间出现层间分离。

4 结合式混凝土加铺层与旧混凝土板粘结在一起，围绕一个共享的中和面弯曲。加铺层处于受压状态，旧混凝土板处于受拉状态。因此，旧混凝土板的应力和混凝土弯拉强度在设计中起控制作用。

7 砌块路面

7.2 砌块材料技术要求

7.2.1 用于砌块路面铺装的材料种类较多，根据材料类型大致包括：天然石材、水泥混凝土预制砌块、地面砖、装饰用建筑砖和其他砌块材料，如沥青砌块、木砌块、橡胶砌块以及其他特殊用途的砌块等。用于城市道路路面铺装的砌块路面多为天然石材路面和混凝土预制块路面。

天然石材包括规则板材和碎拼板材，规则板材如：块石、条石、拳石或小方石等。混凝土预制砌块包括普通型混凝土和连锁型混凝土砌块。

砌块材料的部分性能要求参照现行行业标准《城镇道路工程施工与质量验收规范》CJJ 1、《混凝土路面砖》JC/T 446 中的相关规定。

7.2.2 普通型混凝土砌块用于支路、广场、停车场时，其力学性能参照 C40 水泥混凝土的抗压强度和 C45 水泥混凝土的抗折强度确定；用于人行道、步行街时，其力学性能参照 C30 水泥混凝土的抗压强度和 C40 水泥混凝土的抗折强度确定；连锁型混凝土砌块由于其平面尺寸通常较小，其力学性能用抗压强度确定，用于车行系统和人行系统时，参照 C50 和 C40 水泥混凝土的抗压强度确定。

根据石料材质可分为花岗岩、大理石、安山岩、砂岩等，花岗岩石材材质具有结构细密、性质坚硬、耐腐蚀、吸水性小、抗压强度高等特点，是城市道路铺装中最常用的石材。条文中给出了城市道路中常用的花岗岩石材的饱和抗压强度和饱和抗折强度，如采用其他石材，应根据石材性能另行确定。

7.3 结构层与结构组合

7.3.2 砌块路面采用水泥混凝土基层时，其力学性能指标可参照表 12 的要求，并按水泥混凝土路面规定设置缩缝、纵缝和胀缝。采用其他基层时，满足本规范规定。

表 12 水泥混凝土基层力学性能指标要求

道路类型	混凝土强度等级	抗折强度 （28d，MPa）
车行道、停车场	C30	≥4.5
人行道、步行街	C20	≥3.5

7.3.3 由于目前砌块路面尚无公认的设计理论和方法，本规范考虑参照沥青路面或水泥混凝土路面的结构设计理论进行计算，将砌块、接缝砂和砂垫层共同定义为面层。

7.3.4~7.3.6 条文中所列砌块尺寸为参照国内城市道路及人行道铺装常用尺寸确定。

普通型混凝土砌块平面尺寸结合人行道宽度有增大趋势，如：400mm×400mm、500mm×500mm 的方形或 250mm×500mm、300mm×600mm，随着平面尺寸的增加，其厚度也应随之增加。普通型混凝土砌块用于有车辆通行的道路、停车场、广场时，为加强连锁效应，应采用嵌锁型较好的铺筑形式。

由于连锁型砌块尺寸一般较小，由于嵌锁作用，厚度可比普通型砌块略有减小。

石材受加工成型条件限制，一般采用正方形或长方形。根据加工方式，分为机刨、剁斧、锤击、火烧等。其尺寸使用范围较广，从80mm～100mm的正方形拳石、100m～200mm的小块石，至大尺寸的块石、板材，具有特殊铺装需求的石材尺寸长度可至1.5m。条文中结合常用花岗岩石材铺装列出常用尺寸，如采用特大尺寸，应通过计算确定厚度。

7.3.7、7.3.8 接缝宽度对砌块路面性能有很大的影响，接缝太宽，缝中的填缝料太多，不利于块体的相互作用，影响整体强度。

砂垫层有两个作用，一是调平基层的顶面，为面层的铺筑提供理想的表面；二是提供适量的变形，促进块体间的初期嵌挤。如太薄，不足以整平基层，太厚将使变形过大，容易产生破坏。

结合我国工程实践，接缝宽度的控制值应不大于5mm，砂垫层的厚度控制值最好为5cm左右。

7.4 结构层计算

7.4.1 目前砌块路面结构的分析方法有弹性层状理论、有限元方法和板的破裂理论。弹性层状理论是将砌块层和砂垫层等效为一个各向同性的均匀体材料，虽然对砌块层间的荷载扩散能力有所扩大，但仍是设计中通常采用的设计方法。

砌块路面的设计方法一般通过修正沥青路面设计方法而得。修正方式有三种：一是采用等效层的方法，以 2.1 倍～2.9 倍块体厚度的碎砾石代替砌块层，或以 1.1 倍～1.5 倍砌块厚度的密级配沥青混凝土层作为砌块层的等效层；二是认为砌块层的相对强度系数为 1.02～1.08；三是采用 16cm 厚度的沥青混凝土代替砌块层和砂垫层，沿用以弹性层状体系为基础的沥青路面设计方法。综合国内外对砌块路面的研究成果和使用经验，砌块路面的设计方法力求简化，因而采用等效厚度设计法及经过实际工程检验的典型结构法较为切合实际。

人行道砌块路面典型结构可参考表13确定，可采用混凝土基层或半刚性基层，表中各基层厚度为最小厚度。

表 13　人行道砌块路面典型结构（mm）

项　目	普通型混凝土砌块		连锁型混凝土砌块		石材砌块		
砌块厚度	50	60	60		50	60	80
整平层厚度	20		20	30	30	30	30
混凝土基层	100	—	100		100	100	100
半刚性基层	—	150		150		150	
粒料类底基层	150	不设	150	不设	150	不设	150	150	150
总厚度	320	220	330	240	340	230	330	340	360

车行道普通型混凝土砌块路面典型结构可按表 14 确定，可采用混凝土基层或半刚性基层，表中各基层厚度为最小厚度。

表 14　车行道普通型混凝土砌块路面典型结构（mm）

项　目	类　型					
	支路、广场、停车场					
砌块厚度	80		100		120	
整平层厚度	30		30		30	
混凝土基层	150	—	150	—	150	—
半刚性基层	—	200	—	200	—	200
粒料类底基层	150	150	150	150	150	150
总厚度	410	460	430	480	450	500

注：土基回弹模量 E_0 不小于 30MPa。

车行道连锁型混凝土砌块路面典型结构可按表 15 确定，可采用混凝土基层或半刚性基层，表中各基层厚度为最小厚度。

表 15　车行道连锁型混凝土砌块路面典型结构（mm）

项　目	类　型			
	大型停车场		支路、广场、小型停车场	
砌块厚度	100		80	
整平层厚度	30		30	
混凝土基层	150	—	150	—
半刚性基层	150	300	—	200
粒料类底基层	150	150	150	150
总厚度	580	580	410	460

注：土基回弹模量 E_0 不小于 30MPa。

车行道石材砌块路面典型结构可按表 16 确定，应至少设置一层混凝土基层，表中各基层厚度为最小厚度。

表 16　车行道石材砌块路面典型结构（mm）

项　目	类　型		
	支路、广场、停车场		
砌块厚度	80	100	140
整平层厚度（不小于）	30	30	30
混凝土基层（不小于）	150	150	200
半刚性基层	150	150	150
粒料类底基层	150	150	150
总厚度	560	580	650

注：土基回弹模量 E_0 不小于 30MPa。

砌块路面的表面铺装应满足平整性和抗滑性的要求，其要求可按水泥混凝土路面与其他路面相关规定。

7.4.2 对于半刚性基层和柔性基层，利用弹性层状理论，采用等效厚度法进行计算，当荷载很小时，计算结果偏于保守；当荷载较大时，计算结果偏于不安全。所以对于换算系数的选取，在道路等级较高、交通量较大、砌块面积尺寸较大时取高值；砌块抗压强度较高、砌块面积尺寸较小时取低值。

7.4.3 对于刚性基层，按水泥混凝土路面设计确定板厚度后，按砌块对荷载扩散能力相等的原则进行厚度换算。砌块面积较小，嵌锁条件好时，荷载扩散能力较强，换算系数可取低值；相反时，换算系数可取高值。

8 其他路面

8.1 透水人行道

8.1.1~8.1.4 现在城市道路设计越来越重视环保、生态设计，透水人行道结构正是在这样的大背景下逐渐发展。全国各地进行了很多尝试，北京市 2007 年 8 月出台了《北京市透水人行道设计施工技术指南》，沈阳市 2005 年 9 月发布了《沈阳市透水路面应用技术规定》等。2005 年 2 月，国家发展和改革委员会发布了建材行业标准《透水砖》JC/T 945，规范了路面透水砖的标准。本条主要从整个透水人行道结构组合以及各层的材料上提出了相关要求。

透水人行道的设计应保证各结构层透水性能的连续，避免某些层次成为透水能力的瓶颈。根据渗透理论，天然沉积而成的土壤，其土层渗透系数随水流方向的不同而有所改变。

渗入道路内的雨水主要有三个去向：入渗、横流和蒸发。影响降水的入渗量最主要是土基的渗透系数。美国透水路面使用经验表明：地基的透水系数量级不低于 10^{-3} mm/s，存储在基层内的水能在 72h 内完全入渗时，透水道路的耐久性和稳定性表现良好。英国有资料推荐：地基的透水系数大于 0.5in/h（即 3.5×10^{-3} cm/s）且基层内的水能在 72h 内渗完。

软土（淤泥与淤泥质土）、未经处理的人工杂填土、湿陷性土、膨胀土等特殊土质上不适合铺设透水路面。

设置垫层的主要目的是防止土基中细粒土的反渗，试验中采用中砂或粗砂垫层 40mm~50mm 厚就能达到找平、反渗的效果。

基层主要功能是透水、储水。因此采用级配碎石做基层时应注意其级配。

9 路面排水

9.1 一般规定

9.1.3 表 9.1.3 道路排水重现期参考以下资料确定：

1 《室外排水设计规范》GB 50014 重现期一般采用 0.5 年~3 年，重要干道、重要地区或短期积水即能引起较严重后果的地区，一般采用 3 年~5 年，并应与道路设计协调。特别重要地区和次要地区可酌情增减。

2 《室外排水设计规范》GB 50014 规定立交设计重现期不小于 3 年，重要区域标准可适当提高，同一立交工程不同部位可采用不同的重现期。

3 设计降雨重现期是根据地形特点和地区建设性质（居住区、中心区、工厂区、干道、广场等）两项主要因素确定，一般按表 17 选用。

表 17　设计降雨量的重现期

地形分级		重现期（P）的选用范围（a）	说　明
Ⅰ	平缓地形	0.5、1、2	选用的原则主要是地区建设性质的重要性，其分级见注2
Ⅱ	豁谷线地形	1、2、3	
Ⅲ	重要地区、封闭洼地	2、3、5 个别 10、20	

注：1　平缓地形一般指其地面坡度小于 0.003。
　　2　地区重要性分级大致如下：
　　　　1）特殊重要地区。
　　　　2）重要地区，指干道、广场、中心区、仓库区、使馆区等。
　　　　3）一般居住区及一般道路。
　　3　道路立交一半可按封闭洼地考虑，但当雨水能自流排放，不需建立泵站时，可选用略低的 P 值。
　　4　当地气象特点也可用作选 P 的参考因素。
　　5　本表用于平原城市的一般情况，至于特殊情况及山区城市，须另作考虑。

9.2 路面排水设计

9.2.3 管材、接口、基础及附属构造物可按《给水排水设计手册（第二版）》第 5 册（中国建筑工业出版社）选用。

设计时应考虑就地取材，根据水质、断面尺寸、土壤性质、地下水位、地下水侵蚀性、内外所受压力以及现场条件、施工方法等因素进行选择。

9.2.4 雨水口的间距取决于径流量和雨水算泄水能力，可根据实际计算确定。

9.5 交叉口范围路面排水

9.5.2 立交排水与一般道路排水不同，具有以下特点：

1 高程上的不利条件：位于下边的道路，其最低点往往比周围干道低 2m~3m，形成盆地，且纵坡很大，雨水很快就汇集到立交最低点，极易造成严重积水。

2 交通上的特殊性：立交多设在交通频繁的主要干道上，防止积水，确保车辆通行，自然成为排水设计应考虑的主要原则，因此排水设计标准要高于一般道路。

3 养护管理上的要求：由于立交道路一般车辆多、速度快，对排水管道的养护管、雨水口的清淤，带来一定困难，设计上应适当考虑养护管理的便利。

4 地下水排除的问题：当地下水位高于设计路基时，为避免地下水造成路基翻浆和冻胀，需要同时考虑地下水的排除问题。

立交的类型和形式较多，每座立交的组成部分也不完全相同，但对于划分汇水面积，应当提出一个共同的要求：尽量缩小其汇水面积，以减小流量，在条件许可的情况下，应争取将属于立交范围的一部分面积，划归附近其他系统，或采取分散排放的原则，即高水高排，低水低排。以免使雨水都汇集到最低点，一时排泄不及，造成积水。

附录 C　沥青路面设计参数参考值

国外经过大量的试验研究认为沥青混合料 40℃ 的模量约为 20℃ 的模量的 1/2；54℃ 的模量约为 20℃ 的模量的 1/4。国内研究机构对沥青混合料在 60℃、50℃、40℃、20℃ 温度条件下进行回弹模量试验验证国外的研究结论，试验结果表明沥青混合料 60℃ 的模量约为 20℃ 的模量的 1/5。

附录 D　沥青混合料单轴贯入抗剪强度试验方法

本试验方法主要借鉴国家 863 科技项目 (2006AA11Z107) 成果并进行整理得到的。

公式 (D.0.5) 中 0.327 为圆形均布荷载作用下弹性半无限体根据布辛氏理论得到的泊松比为 0.35 的最大剪应力值，以此作为基本的抗剪参数，乘以贯入强度值，也就求出了试件中最大剪应力值。

贯入试验的典型应力应变曲线图（图 5）显示整个试验过程可以分为压密阶段、弹性工作阶段、破坏阶段以及彻底破坏阶段。从图中可以看出，混合料试件破坏的判断点有两个：一个为破坏拐点，此时为混合料内部开始产生裂纹的阶段，即开始出现剪切损伤的拐点；另一个为极值点，在此时，混合料开始彻底破坏，即表示试件所能承受的最大剪应力点。

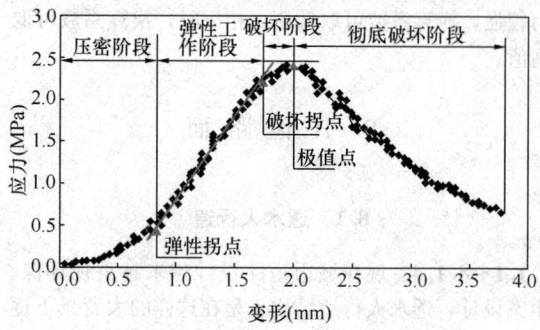

图 5　单轴贯入剪切强度试验
应力应变曲线图

选取破坏拐点作为混合料的剪切破坏判断点，这个点能反映混合料发生剪切破坏的起始点，从物理意义来说，可以从剪切的角度控制早期损坏的发生。但是由于试件和试验具体情况的差异，比如均匀程度、空隙率以及表面形状和压头的位置等，容易导致裂纹产生位置、大小和时间的差异，很容易导致剪切破坏起始点的不同；同时取点的人为因素有很大的影响。

经过了大量的试验对比后，发现混合料极值点的剪应力值乘以 80% 可以得到损伤拐点的剪应力值，具有良好的线性关系。通过极值点来反映混合料的剪切强度是可取的，且又十分方便，只是在计算结果时，需要乘以 0.8 的系数。

中华人民共和国行业标准

风景园林标志标准

Standard for marks of landscape architecture

CJJ/T 171—2012

批准部门：中华人民共和国住房和城乡建设部
施行日期：２０１２年８月１日

中华人民共和国住房和城乡建设部
公　告

第 1281 号

关于发布行业标准
《风景园林标志标准》的公告

现批准《风景园林标志标准》为行业标准，编号为 CJJ/T 171-2012，自 2012 年 8 月 1 日起实施。

本标准由我部标准定额研究所组织中国建筑工业出版社出版发行。

中华人民共和国住房和城乡建设部
2012 年 2 月 8 日

前　言

根据原建设部《关于印发〈2007 年工程建设标准规范制订、修订计划（第一批）〉的通知》（建标函〔2007〕125 号）的要求，标准编制组经广泛调查研究，认真总结实践经验，参考有关的国家标准和国外先进标准，并在广泛征求意见的基础上，编制了本标准。

本标准的主要技术内容是：1. 总则；2. 风景园林标志；3. 风景园林专业标志；4. 风景园林服务标志；5. 风景园林安全标志。

本标准由住房和城乡建设部负责管理，由天津师范大学负责具体技术内容的解释。执行过程中如有意见或建议，请寄送天津师范大学（地址：天津市西青区宾水西道 393 号；邮政编码：300387）。

本 标 准 主 编 单 位：天津师范大学

本 标 准 参 编 单 位：天津市市容和园林管理委员会

山东省光合园林科技有限公司

天津境易环境景观设计有限公司

天津市源天工程咨询有限公司

天津大学

本标准主要起草人员：牟　跃　王明荣　于绍波
陈　涛　王和祥　郭丽君
张新杰　崔桂安　杨　青
杨　楠　郑　艳　黄　健
王　鹤　门　斌　许稚菲
陈　曦　金毓宇　门薇薇
张海林　王　昊　苑　军
任云妹　孙　婷

本标准主要审查人员：高国华　李炜民　王磐岩
徐　佳　张夫也　贾建中
马　玉　郭津生　李　淳
金建成　张金荣

目　次

Contents

1 总　则

1.0.1 为适应风景园林设施的建设与管理，统一风景园林标志，制定本标准。

1.0.2 本标准适用于风景园林标志设施规划、设计和制作、设置及管理。

1.0.3 风景园林标志除应符合本标准的规定外，尚应符合国家现行有关标准的规定。

2　风景园林标志

2.1　一般规定

2.1.1 风景园林标志用于识别或指示风景园林公共场所、公共设施，并可用于规划图、平面设计图和公共信息导向系统的位置标志、平面示意图、导向标识标牌设施，也可用于图形标志尺寸大于 10mm×10mm 的出版物及其他信息载体。

2.1.2 风景园林标志可分为专业标志、服务标志和安全标志三大类。

2.2　标志的组合

2.2.1 图形标志与文字标志组合时应符合下列规定：

　　1 图形标志应是主体，文字标志可作为辅助标志，可根据需要标识文字说明，但不得在图形符号的边框内标识。

　　2 文字标志应采用中文和英文。少数民族地区可加入相应的少数民族文字。

　　3 文字标志应横向排列，可位于图形标志的左侧、右侧或下方，不应位于图形标志的上方。

2.2.2 图形标志排列组合时应符合下列规定：

　　1 一个以上图形标志排列组合时，其中前面的一个图形标志应是主标志，其余图形标志应按照主、次顺序排列。

　　2 如两个图形标志上的图形符号在外观上相近或经简单组合后会有歧义时，则应添加竖线进行分隔，起分隔作用的竖线不应与标志边框相接。

2.2.3 图形标志与箭头符号组合时应符合现行国家标准《公共信息导向系统要素的设计原则与要求》GB/T 20501 的规定。

2.3　标志的文字和颜色

2.3.1 风景园林标志的中文字体及少数民族文字应为大黑简体，英文字体应为 Impact 体。文字颜色应与图形标志统一。

2.3.2 风景园林标志图形与衬底的色阶对比度应明显、醒目。专业标志和服务标志应首选黑色（K100）和白色（K0）为基本色，衬底色宜为白色；也可使用与环境相适应的颜色，但不得使用红色和黄色。

2.3.3 风景园林安全标志的颜色应符合现行国家标准《安全色》GB 2893 的规定。

2.3.4 当标志牌采用材料本色作为衬底色时，应防止外部环境对标志颜色效果的影响。

2.4　标志的设置

2.4.1 标志牌的设置应符合现行国家标准《公共信息导向系统设置原则与要求》GB/T 15566 的规定。

2.4.2 专业标志和服务标志基本图形的长宽比例应为 1∶1。安全标志的基本形式应符合现行国家标准《安全标志及其使用导则》GB 2894 的规定。应根据识读距离和设施大小确定相应尺寸，必须保持图形标志构成要素之间的比例。

2.4.3 风景园林图形符号标志的含义应为该图形符号的广义概念。设置应用时，可根据所要表达的具体对象给出相应名称。

2.4.4 表示方向的图形符号，可根据实际需要转换成镜像图形符号使用。

2.4.5 标志应设置在醒目、不被其他物体遮挡的位置。

2.4.6 标志不应与广告等其他图形、文字混设。

2.4.7 标志可采用悬挂、落地、附着、摆放等方式设置。

2.4.8 标志可采用牌、板、带、灯箱、电子显示器（屏）等载体设置。

2.4.9 标志的设置应稳固、安全，不应有对人体伤害的潜在危险。

2.4.10 标志在露天设置时，应采取措施防止日晒、风、雨等自然因素对标志的损坏和影响。

2.5　标志的维护和管理

2.5.1 所有使用的标志应进行分类、编号并登记归档。

2.5.2 标志必须保持清晰、完整，并应定期检查，对丢失、破损、变形、褪色、图形符号脱落的标志应及时补充、修整或更换。

2.5.3 当环境发生变化时，应及时增减或变更标志，并更新管理数据。

3　风景园林专业标志

3.0.1 专业标志应明确表达风景园林特有的信息，应能反映风景园林行业的自然景观和人文景观。

　　风景园林专业标志应符合表 3.0.1 的规定。

表 3.0.1　风景园林专业标志

序号	名　称	图形符号	设　置
1	风景名胜区 Famous scenery	风景名胜区 **Famous scenery**	图形：山峰和长城。 作用：表示具有自然和人文景观、环境优美的区域。 设置：单独或组合设于风景名胜区
2	自然保护区 Nature reserve	自然保护区 **Nature reserve**	图形：树木和鹿。 作用：表示需要保护野生动物和植物等的自然保护区域。 设置：单独或组合设于自然保护区。 GB/T 10001.2-2006（38）
3	度假村 Holiday village	度假村 **Holiday village**	图形：树木和房屋。 作用：表示供度假和休闲的度假场所。 设置：单独或组合设于度假村。 GB/T 10001.2-2006（37）
4	公园 Park	公园 **Park**	图形：座椅和树木。 作用：表示向公众开放的，具有城市游憩功能的场所。 设置：单独设于公园入口处。 GB/T 10001.1-2006（53）
5	儿童公园 Children's park	儿童公园 **Children's park**	图形：滑梯和树木。 作用：表示专供少年儿童游玩的儿童公园。 设置：单独或组合设于公园入口处
6	水上乐园 Aquatic park	水上乐园 **Aquatic park**	图形：人、滑梯和水面。 作用：表示提供水上娱乐的公园。 设置：单独或组合设于水上乐园入口处。 GB/T 10001.2-2006（33）

序号	名　称	图形符号	设　置
7	海洋公园 Ocean park	海洋公园 Ocean park	图形：海豚和水面。 作用：表示以供观览各种海洋生物为主的公园。 设置：单独或组合设于海洋公园入口处。 GB/T 10001.2－2006（36）
8	动物园 Zoo	动物园 Zoo	图形：猴和鹿。 作用：表示供观览和搜集饲养各种动物；供公众进行科学普及的动物园。 设置：单独或组合设于动物园入口处。 GB/T 10001.1－2006（54）
9	植物园 Botanical garden	植物园 Botanical garden	图形：树叶和花朵。 作用：表示供观览各种植物的场所，也是供游客游憩和调查、采集、鉴定、引种和推广利用植物，普及植物科学知识的园地。 设置：单独或组合设于植物园入口处。 GB/T 10001.1－2006（55）
10	城市湿地公园 Urban wetland park	城市湿地公园 Urban wetland park	图形：草和水纹。 作用：表示纳入城市绿地规划的，通过合理的保护利用，形成科普、休闲等功能于一体的天然湿地类公园。 设置：单独或组合设于城市湿地公园入口处。 GB/T 10001.2－2006（55）　（原名称"湿地"）
11	郊野公园 Country park	郊野公园 Country park	图形：河流、树木和座椅。 作用：表示建设在郊外供公众游览休息的公园。 设置：单独或组合设于郊野公园入口处
12	山峰 Mountain	山峰 Mountain	图形：山和云朵。 作用：表示有一定高度的独立或多座自然形成的山峰。 设置：单独或组合设于风景园林中。 GB/T 10001.2－2006（50）

序号	名　称	图形符号	设　置
13	峡谷 Valley	峡谷 **Valley**	图形：山峰和河流。 作用：表示深度大于宽度，谷坡陡峻的谷地。 设置：单独或组合设于风景园林中。 GB/T 10001.2－2006（51）
14	山洞（溶洞） Cave	山洞（溶洞） **Cave**	图形：溶洞。 作用：表示天然形成的洞穴。 设置：单独或组合设于风景园林中。 GB/T 10001.2－2006（47）
15	河（溪） River	河（溪） **River**	图形：河流和远山。 作用：表示天然或人工形成的河流或溪水。 设置：单独或组合设于风景园林中。 GB/T 10001.2－2006（53）
16	湖泊 Lake	湖泊 **Lake**	图形：远山、水面和树木。 作用：表示天然或人工形成的湖泊。 设置：单独或组合设于风景园林中
17	沙滩 Beach	沙滩 **Beach**	图形：海面、热带树木、海鸥和海岸线。 作用：表示海滩或湖滩。 设置：单独或组合设于风景园林中。 GB/T 10001.2－2006（56）
18	瀑布 Waterfall	瀑布 **Waterfall**	图形：瀑布和水面。 作用：表示流动的河水突然而下，近似垂直跌落的景观。 设置：单独或组合设于风景园林中。 GB/T 10001.2－2006（52）

序号	名 称	图形符号	设 置
19	林地 Woodland	林地 Woodland	图形：三棵树。 作用：表示成片的天然林、次生林和人工防风林等。 设置：单独或组合设于风景园林中。 GB/T 10001.2-2006（57） （原名称"森林"）
20	候鸟留憩地 Migratory bird sanctuary	候鸟留憩地 Migratory bird sanctuary	图形：飞鸟和草地。 作用：表示候鸟留憩的场所或候鸟迁徙途中的集散地。 设置：单独或组合设于候鸟留憩地周围
21	古迹 Historic site	古迹 Historic site	图形：古城楼。 作用：表示著名的历史遗迹的场所。 设置：单独或组合设于古迹入口处。 GB/T 10001.2-2006（26） （原名称"名胜古迹"）
22	塔 Pagoda	塔 Pagoda	图形：塔。 作用：表示年代久远，有特定形式和风格的塔。 设置：单独或组合设于风景园林中。 GB/T 10001.2-2006（27）
23	古树名木 Ancient and famous trees	古树名木 Ancient and famous trees	图形：大树和护栏。 作用：表示树龄一百年以上、名人栽种或稀有珍贵的树木。 设置：单独设于古树名木前

4 风景园林服务标志

4.0.1 服务标志应能明确表达为游客在参观游览活动中提供的各种服务设施和项目。

风景园林服务标志应符合表 4.0.1 的规定。

表 4.0.1 风景园林服务标志

序号	名 称	图形符号	设 置
1	方向 Direction	 方向 **Direction**	图形：箭头。 作用：表示方向。设置时可视情况改变符号的方向，可在箭头的后上方注有距离。 设置：单独或组合设于需要指向处。 GB/T 10001.1-2006(01)
2	停车场 Parking	 停车场 **Parking**	图形：英文大写字母 P。 作用：表示供机动车停放的场所。 设置：单独或组合设于停车场入口处。 GB/T 10001.1-2006(72)
3	自行车租赁 Bicycle rental	 自行车租赁 **Bicycle rental**	图形：钥匙和自行车。 作用：表示提供自行车租赁服务的场所。 设置：单独或组合设于自行车租赁处。 GB/T 10001.3-2006(20)
4	入口 Way in	 入口 **Way in**	图形：箭头和长方框。 作用：表示入口位置或指明进入的通道。设置时可视情况改变符号的方向。 设置：单独或组合设于入口处。 GB/T 10001.1-2006(02)
5	出口 Way out	 出口 **Way out**	图形：箭头和长方框。 作用：表示出口位置或指明出去的通道。设置时可视情况改变符号的方向。 设置：单独或组合设于出口处。 GB/T 10001.1-2006(03)

序号	名 称	图形符号	设 置
6	票务服务 Tickets	票务服务 **Tickets**	图形：票据和手。 作用：表示景区或景点出售各种票据的场所。 设置：单独或组合设于票务服务处。 GB/T 10001.1－2006(27)
7	无障碍设施 Accessible facility	无障碍设施 **Accessible facility**	图形：残疾人和轮椅侧面剪影。 作用：表示供残障人士使用的设施，保证其通行安全和使用便利。 设置：单独或组合设于无障碍设施处。 GB/T 10001.1－2006(19)
8	服务中心 Service center	服务中心 **Service center**	图形：柜台和人全身和半身剪影。 作用：表示风景名胜区中提供信息、咨询、游程安排、讲解、教育、休息等设施和服务功能的综合场所。 设置：单独或组合设于服务中心
9	人行步道 Pavement	人行步道 **Pavement**	图形：人和小路。 作用：表示仅供游人徒步行走的道路。 设置：单独或组合设于人行步道入口处。 GB/T 10001.2－2006(43)
10	营火区 Campfire	营火区 **Campfire**	图形：火苗和木柴。 作用：表示供野餐和使用营火的场所。 设置：单独或组合设于营火区。 GB/T 10001.2－2006(45)

序号	名　称	图形符号	设　置
11	野炊区 Barbecue	野炊区 **Barbecue**	图形：火苗和木柴、木架和锅。 作用：表示供野炊的场所。 设置：单独或组合设于野炊区
12	露营地 Camping site	露营地 **Camping site**	图形：帐篷。 作用：表示供搭建帐篷野外露营的场所。 设置：单独或组合设于露营地。 GB/T 10001.2-2006(46)
13	游乐场 Pleasure ground	游乐场 **Pleasure ground**	图形：过山车和观览车。 作用：表示设置有综合娱乐器械，供游客娱乐的场所。 设置：单独或组合设于游乐场入口处。 GB/T 10001.2-2006(31)
14	露天浴场 Bathing beach	露天浴场 **Bathing beach**	图形：遮阳伞、人和水面。 作用：表示供露天游泳和休闲的场所。 设置：单独或组合设于露天浴场。 GB/T 10001.2-2006(34)
15	儿童活动区 Children's activity space	儿童活动区 **Children's activity space**	图形：儿童和滑梯。 作用：表示专供儿童游玩、嬉戏的场所。 设置：单独或组合设于儿童活动区入口处。 GB/T 10001.2-2006(32) （原名"儿童乐园"）

序号	名　称	图形符号	设　置
16	观赏温室 Ornamental greenhouse	观赏温室 **Ornamental greenhouse**	图形：温室和花朵。 作用：表示供观赏各种温室植物的场所。 设置：单独或组合设于观赏温室入口处
17	景点 Sight spot	景点 **Sight spot**	图形：中式古典亭。 作用：表示天然或人工形成的景观地点。可按照本地具体特征设计图形，如黄山特点的迎客松，西湖特点的断桥等。 设置：单独或组合设于风景园林中
18	垂钓区 Angling area	垂钓区 **Angling area**	图形：人、钓竿、水面和坐凳。 作用：表示可供垂钓的场所。 设置：单独或组合设于垂钓区入口处。 GB/T 10001.2－2006(40) (原名"垂钓")
19	划船区 Rowing	划船区 **Rowing**	图形：人、船和水面。 作用：表示可供划船的场所。 设置：单独或组合设于划船区入口处。 GB/T 10001.2－2002(28) (原名"划船")
20	游艇（船）码头 Yacht pier	游艇（船）码头 **Yacht pier**	图形：游艇和水面。 作用：表示供游艇(船)靠岸的场所。 设置：单独或组合设于游艇码头

序号	名　称	图形符号	设　置
21	宾馆（住宿） Accommodation	宾馆（住宿） **Accommodation**	图形：人和床。 作用：表示提供食宿的场所，如旅馆、宾馆、饭店等。 设置：单独或组合设于风景园林出口处。 GB/T 10001.1－2006(58) （原名"旅馆、宾馆"）
22	观景点 Lookout	观景点 **Lookout**	图形：人、望远镜和护栏。 作用：表示供游客远眺观景的地点。 设置：单独或组合设于观景点
23	售货亭 Vendor	售货亭 **Vendor**	图形：礼品和饮料。 作用：表示出售特色商品的场所。 设置：单独或组合设于售货亭附近
24	休息区 Rest area	休息区 **Rest area**	图形：两个背对背坐着人的侧影。 作用：表示供人们休息的区域或场所。 设置：单独或组合设于休息区。 GB/T 10001.1－2006(23)
25	卫生间 Toilet	卫生间 **Toilet**	图形：男、女正面剪影和竖线。 作用：表示供使用的公共厕所。 设置：单独设于卫生间门口。 GB/T 10001.1－2006(18)

续表 4.0.1

序号	名　称	图形符号	设　置
26	餐饮 Restaurant	餐饮 **Restaurant**	图形：刀和叉。 作用：表示提供餐饮服务的场所。 设置：单独或组合设于餐饮处。 GB/T 10001.1－2006(38)
27	茶饮 Tea inn	茶饮 **Tea inn**	图形：茶杯和热气。 作用：表示提供茶及其他饮料的场所。 设置：单独或组合设于提供饮料场所。 GB/T 10001.1－2006(43)
28	饮用水 Drinking water	饮用水 **Drinking water**	图形：水龙头和水杯。 作用：表示可以直接饮用的水。 设置：单独或组合设于直饮水处。 GB/T 10001.1－2006(77)
29	废物箱 Rubbish receptacle	废物箱 **Rubbish receptacle**	图形：人正面剪影和废物箱。 作用：表示供人们扔弃废物的设施。 设置：单独设于废物箱处。 GB/T 10001.1－2006(79)
30	失物招领 Lost and found	失物招领 **Lost and found**	图形：问号、伞和手提箱。 作用：表示丢失物品的登记或认领的场所。 设置：单独设于失物招领处。 GB/T 10001.1－2006(71)

序号	名　称	图形符号	设　置
31	观览车 Cable car	观览车 **Cable car**	图形：缆车和缆绳。 作用：表示提供空中缆车服务的场所。 设置：单独或组合设于观览车服务处。 GB/T 10001.2－2006(58) （原名"大型封闭式缆车"）
32	交通游览车 Tour bus	交通游览车 **Tour bus**	图形：游览车侧面剪影。 作用：表示专供游览时使用的交通工具。 设置：单独或组合设于交通游览车服务处
33	通行隧道 Tunnel	通行隧道 **Tunnel**	图形：隧道截面剪影。 作用：表示风景园林区内供车辆和行人通行的涵洞。 设置：单独或组合设于通行隧道入口处
34	成人带领 Children should be accompanied by the adult	成人带领 **Children should be accompanied by the adult**	图形：女性和儿童正面全身剪影。 作用：表示儿童应由成人带领游览的区域。 设置：单独或组合设于需由成人带领场所

5　风景园林安全标志

为劝导类、警告类、禁止类标志。风景园林安全标志应符合表 5.0.1 的规定。

5.0.1　安全标志应能明确表达特定的安全信息，分

表 5.0.1　风景园林安全标志

序号	名　称	图形符号	设　置
1	紧急出口 Emergency exit	 紧急出口 **Emergency exit**	图形：人侧影和门。 作用：表示紧急情况下安全疏散的出口或通道。 设置：单独设置于紧急出口处。 GB 2894－2008(4-1)
2	应急避难场所 Emergency shelter	 应急避难场所 **Emergency shelter**	图形：人侧影和绿色背景。 作用：表示在突发公共事件时，供应急避难、临时生活的安全场所。 设置：单独或组合设于应急避难场所。 DB12/ 330－2007(1-1)
3	请勿携带宠物 No pets allowed	 请勿携带宠物 **No pets allowed**	图形：犬和红色斜杠。 作用：表示不允许携带宠物的场所。 设置：单独或组合设于不能携带宠物的场所入口处。 GB/T 10001.1－2006(86)
4	非饮用水 Not drinking water	 非饮用水 **Not drinking water**	图形：水龙头、水杯和红叉。 作用：表示该处的水不可以直接饮用。 设置：单独或组合设于非饮用水处。 GB/T 10001.1－2006(92)
5	当心毒性植物 Caution, poisonous plants	 当心毒性植物 **Caution, poisonous plants**	图形：花和黑色三角框和黄色背景。 作用：警告游客注意有毒的植物。 设置：单独或组合设于毒性植物种植区

序号	名　称	图形符号	设　置
6	当心毒性鱼 Caution, poisonous fishes	 当心毒性鱼 **Caution, poisonous fishes**	图形：鱼侧影、水纹、黑色三角框和黄色背景。 作用：警告游客注意有毒的鱼。 设置：单独或组合设于有毒性鱼处
7	当心蜂毒 Caution, bee venom	 当心蜂毒 **Caution, bee venom**	图形：蜂剪影、黑色三角框和黄色背景。 作用：警告游客注意毒蜂。 设置：单独或组合设于毒蜂出没处
8	注意安全 Caution	 注意安全 **Caution**	图形：惊叹号、黑色三角框和黄色背景。 作用：警告游客注意人身安全。 设置：单独或组合设于危险地带。 GB 2894 - 2008(2-1)
9	雷电区 Lightning area	 雷电区 **Lightning area**	图形：折线、椭圆剪影、黑色三角框和黄色背景。 作用：警告游客此处为雷电多发区。 设置：单独或组合设于雷电多发区
10	当心动物伤人 Beware of animals attack	 当心动物伤人 **Beware of animals attack**	图形：狮子侧面剪影、黑色三角框和黄色背景。 作用：警告游客在观赏时，注意动物伤人，不要近距离接触或喂食。 设置：单独或组合设于有危险动物处。 CJ 115 - 2000(2-2)

序号	名　称	图形符号	设　置
11	当心跌落 Caution, drop down	 **当心跌落** **Caution, drop down**	图形：人倒置剪影、黑色三角框和黄色背景。 作用：警告游客前方有跌落的危险。 设置：单独或组合设于容易跌落处。 GB 2894－2008(2-13)
12	当心礁石 Caution，reef	 **当心礁石** **Caution, reef**	图形：人、船、礁石剪影、水纹、黑色三角框和黄色背景。 作用：警告游客行船或游泳时注意水中礁石。 设置：单独或组合设于有礁石处
13	当心落水 Caution, risk of falling into water	 **当心落水** **Caution, risk of falling into water**	图形：人剪影、水纹、梯形、方形剪影、黑色三角框和黄色背景。 作用：警告游客当心落水。 设置：单独或组合设于容易落水处
14	禁止骑自行车 No bicycle riding	 **禁止骑自行车** **No bicycle riding**	图形：自行车剪影、红色"禁止"标志。 作用：表示禁止自行车通行的区域。 设置：单独或组合设于禁止自行车通行区域入口处。 GB 5768－2008(6.4.12)
15	禁止游泳 No swimming	 **禁止游泳** **No swimming**	图形：人侧影、水纹、红色"禁止"标志。 作用：表示禁止游泳的区域。 设置：单独或组合设于禁止游泳区域

序号	名　称	图形符号	设　置
16	禁止冲浪 No surfing	禁止冲浪 **No surfing**	图形：人侧影、水纹、红色"禁止"标志。 作用：表示禁止在此处冲浪的水域。 设置：单独或组合设于禁止冲浪区域
17	禁止垂钓 No fishing	禁止垂钓 **No fishing**	图形：鱼剪影、鱼钩、红色"禁止"标志。 作用：表示禁止垂钓的水域。 设置：单独或组合设于禁止垂钓处
18	禁止滑冰 No skating	禁止滑冰 **No skating**	图形：人侧影、红色"禁止"标志。 作用：表示禁止滑冰。 设置：单独或组合设于禁止滑冰场所
19	禁止烟火 No burning	禁止烟火 **No burning**	图形：燃烧火柴剪影、红色"禁止"标志。 作用：表示此处禁止使用烟火。 设置：单独或组合设于禁止烟火区域。 GB 2894－2008（1-2）
20	禁止狩猎 No hunting	禁止狩猎 **No hunting**	图形：人、狗侧影、枪、红色"禁止"标志。 作用：表示禁止狩猎的区域。 设置：单独或组合设于禁止狩猎区域

序号	名　称	图形符号	设　置
21	禁止攀登 No climbing	禁止攀登 **No climbing**	图形：人剪影、横线、红色"禁止"标志。 作用：表示禁止攀登的场所。 设置：单独或组合设于禁止攀登处
22	禁止采摘 No picking	禁止采摘 **No picking**	图形：手、花剪影、红色"禁止"标志。 作用：表示禁止采摘花朵或果实。 设置：单独或组合设于禁止采摘区域
23	禁止宿营 No camping	禁止宿营 **No camping**	图形：帐篷剪影、红色"禁止"标志。 作用：表示禁止宿营的场所。 设置：单独或组合设于禁止宿营处
24	禁止营火 No campfire	禁止营火 **No campfire**	图形：火苗、木柴剪影、红色"禁止"标志。 作用：表示禁止营火的场所。 设置：单独或组合设于禁止营火区域

序号	名　称	图形符号	设　置
25	禁止踩踏 No trampling	禁止踩踏 **No trampling**	图形：脚、草剪影、红色"禁止"标志。 作用：表示禁止在此处踩踏。 设置：单独或组合设于禁止踩踏区域
26	禁烟区 No smoking	禁烟区 **No smoking**	图形：燃烧香烟剪影、红色"禁止"标志。 作用：表示禁止吸烟的场所。 设置：单独或组合设于禁烟区域。 GB 2894－2008（1-1）

本标准用词说明

1 为便于在执行本规程条文时区别对待，对于要求严格程度不同的用词说明如下：

　　1）表示很严格，非这样做不可的：
　　　　正面词采用"必须"，反面词采用"严禁"；
　　2）表示严格，在正常情况下均应这样做的：
　　　　正面词采用"应"，反面词采用"不应"或"不得"；
　　3）表示允许稍有选择，在条件允许时首先应这样做的：
　　　　正面词采用"宜"或"可"，反面词采用"不宜"；
　　4）表示有选择，在一定条件下可以这样做的用词，采用"可"。

2 条文中指明应按其他有关标准执行的写法为"应按……执行"或"应符合……的规定"。

引用标准名录

1　《安全色》GB 2893
2　《安全标志及其使用导则》GB 2894
3　《道路交通标志和标线》GB 5768
4　《城市公共交通标志》GB/T 5845.2
5　《标志用公共信息图形符号》GB/T 10001
6　《公共信息导向系统设置原则与要求》GB/T 15566
7　《公共信息导向系统要素的设计原则与要求》GB/T 20501
8　《动物园安全标志》CJ 115
9　《旅游饭店用公共信息图形符号》LB/T 001

中华人民共和国行业标准

风景园林标志标准

CJJ/T 171—2012

条 文 说 明

制 订 说 明

《风景园林标志标准》CJJ/T 171 - 2012，经住房和城乡建设部 2012 年 2 月 8 日以第 1281 号公告批准、发布。

本标准制定了用于风景园林的专业标志、服务标志和安全标志，便于风景园林区管理和游人观览使用。

在本规程编制过程中，编制组调查研究了国内外风景园林标志，对以往风景园林标志设置的成功经验进行了总结，并在标准编制中加以采用。

为便于广大设计、施工、科研、管理等单位有关人员在使用本标准中能正确理解和执行条文规定，《风景园林标志标准》编制组按章、节、条顺序编制了本标准的条文说明，对条文规定的目的、依据以及执行中需注意的有关事项进行了说明。但是本条文说明不具备与标准正文同等的法律效力，仅供使用者作为理解和把握标准规定的参考。

目　次

1 总 则

1.0.1 本条阐明了制定本标准的目的和意义。随着风景园林事业的发展，全国的风景区和园林绿地越来越多，有必要制定统一的风景园林标志标准，以便于城镇风景园林标志的管理和使用，规范风景园林设施的建设和管理。

1.0.2 本条阐明了本标准的适用范围。

1.0.3 本条规定了风景园林标志除应符合本标准外，还应符合国家现行有关标准的规定和要求。

2 风景园林标志

2.1 一般规定

2.1.1 本条规定了风景园林标志应用的范围和使用的信息载体。

2.1.2 本条根据使用功能和服务对象将风景园林标志分成专业标志、服务标志和安全标志三个类别，方便了使用单位的配套选用和管理。专业标志表达了风景园林行业特有的自然景观和人文景观信息。服务标志表达了为游客在参观游览活动中提供的各种服务设施和项目。安全标志明确表达特定的安全信息，分为劝导类、警告类、禁止类标志。

2.2 标志的组合

2.2.1、2.2.2 规定了风景园林标志组合时，图形与文字、图形与图形应遵行的规定。

2.2.3 本条规定了图形标志与箭头符号组合时应符合《公共信息导向系统要素的设计原则与要求》GB/T 20501 的规定，该规定内容如表1所示。

表1 图形标志与箭头符号组合要求

箭头符号	含义	箭头符号	含义
←	向左	↖	左上；左前
→	向右	↙	左下
↑	向前；向上	↗	右上；右前
↓	向下；向前（仅在可能与"向上"混淆时使用）	↘	右下

2.3 标志的文字和颜色

2.3.1 本条规定了风景园林标志的中英文文字的字体和颜色。

2.3.2、2.3.3 规定了风景园林标志的图形与衬底色的对比度、首选基本色和安全色。

2.3.4 当制作标牌的材料本身颜色作为标牌的底色时，应防止外部环境色对标志颜色的影响。例如不锈钢等易反光材料在光线照射下会形成眩光，影响游人对标牌的识别。

2.4 标志的设置

2.4.1 本条规定了风景园林标志的设置要求。

2.4.2 本条规定了风景园林标志设置的长宽比例要求。

2.4.3 本条规定了风景园林标志设置时，可根据要表达的具体对象给出相应名称，例如：风景园林专业标志中第17号"景点"标志，可按照本地具体特征设计图形，如黄山特点的迎客松，西湖特点的断桥等。

2.4.4 本条规定，设置风景园林标志时，可根据实际需要把本图标志转换成镜像图形符号，例如男女卫生间标志和楼梯标志。

2.4.5 本条规定了标志应设置在醒目、不被其他物体遮挡的位置。例如，标牌设置的前面不应有树木、旗帜、广告牌遮挡，影响游人识别。

2.4.6 本条规定标志不应与广告等其他图形、文字混设。例如，标志不得和广告制作在同一牌匾上。

2.4.7 本条规定了标志可采用悬挂、落地、附着、摆放等方式设置。标志设置与安装应以实际情况为准，摆放的位置应醒目、得体并考虑长期使用。可采用：

　1 悬挂（吸顶）：通过拉杆、吊杠等将标志上方与建筑物或其他结构物连接的设置方式；

　2 落地：将标志固定在地面或建筑物上面的设置方式；

　3 附着：采用钉挂、焊接、镶嵌、粘贴、喷涂等方法直接将标志的一面或几面固定在侧墙、物体、地面的设置方式；

　4 摆放：将标志直接放置在使用处的设置方式。

2.4.8 标志可采用牌、板、带、灯箱、电子显示器（屏）等载体设置。标志的载体可随着科技的发展、新材料的出现，不断采用新的媒介，但以安全、环保、耐用为宜。标志载体应采用安全、环保、耐用、不褪色、防眩光的材料制作，不宜使用遇水变形、变质或易燃的材料。有触电危险的场所应使用绝缘材料。标志的载体形式：

　1 灯箱：在箱体内部安装照明灯具，通过内部光线的透射显示箱体表面的信息；宜用于疏散标志、重要的引导标志和确认标志；

2 牌、板、带：将信息镶嵌、粘贴在平面上，可安置在侧墙、柱子或地面等地方；宜用于综合信息标志、安全标志和辅助引导标志等；

3 电子显示器（屏）：利用电子设备，发布实时运营信息；宜用于综合信息标志和检票口处的闸机出/入状态标志。

2.4.9 本条明确了风景园林标志标牌设置的安全要求，不应有对人体伤害的潜在危险。例如标牌的底缘不能低于 2m，标牌应设置牢固，防止强风对标牌稳固性的影响，标牌和支柱无尖锐棱角，不得用易碎材料制作标牌。

2.4.10 本条明确了风景园林标志在露天设置时的要求。风景园林标志在露天设置应符合《道路交通标志和标线》GB 5768 的设置、施工的要求和规定。该标准适用于公路、城市道路、林区等道路上设置的标志。

2.5 标志的维护和管理

2.5.1 本条规定了风景园林标志的管理方法。

2.5.2 本条规定了风景园林标志的检查和维护的要求。

2.5.3 本条规定了风景园林标志的管理措施。例如服务设施地点变迁，应及时更换原标牌内容。

3 风景园林专业标志

本章为突出风景园林行业标志的特点，参照了现行国家标准和《风景名胜区分类标准》CJJ/T 121、《城市绿地分类标准》CJJ/T 85 和《园林基本术语标准》CJJ/T 91 等行业标准，遵循了通用、重点、准确、少量和不断完善的编制原则。

为了科学管理和方便游人，使到陌生风景区和城市园林的游人容易寻找各种公共设施、景点、场所，为游客无障碍、快速、安全到达目的地提供方便，采用了从大环境、中环境到小环境的排序方式，依次列出风景名胜区、自然保护区、度假村、公园、儿童乐园、水上乐园、海洋公园、动物园、植物园、城市湿地公园、郊野公园各类公园和山峰、峡谷、山洞、河、湖泊、沙滩、瀑布、林地、候鸟栖息地、古迹、塔、古树名木等 23 个风景园林专业标志，并对各个

标志的含义进行了说明。其中新设计的标志 6 个，修改的引用标志 3 个，占专业标志的 40%。其余 14 个是引用国家标准的标志。

4 风景园林服务标志

本章根据我国风景园林行业的服务特点，为提高风景园林公共设施服务与管理，方便广大游客的需求，按照游人进入风景园林场所至离去的过程，编制了常用服务设施的标志。

本章遵循先通用后具体的排列顺序依次列出方向、停车场、自行车租赁、入口、出口、票务服务、无障碍设施、服务中心、人行步道、营火区、野炊区、露营地、游乐场、露天浴场、儿童活动区、观赏温室、景点、垂钓区、划船区、游艇（船）码头、宾馆（住宿）、观景点、售货亭、休息区、卫生间、餐饮、茶饮、饮用水、废物箱、失物招领、观览车、交通游览车、通行隧道、成人带领等 34 个风景园林服务标志，并对各个标志的含义进行了说明。其中新设计的标志 10 个，修改引用的标志 5 个，占服务标志的 45%。其余 19 个是引用国家标准的标志。此类标志包含了整个游览过程广泛使用的基本服务设施。

5 风景园林安全标志

本章按照保障风景园林区内游人安全的原则，归纳和提炼了易造成游人伤害的情况，选择了适合风景园林区的安全标志，同时为使这些安全标志具有高识别度，依据国家安全标志体例结构的规定，以劝导类、警告类、禁止类的顺序进行了编制。

本章依次列出劝导标志顺序为：紧急出口、应急避难场所、请勿携带宠物、非饮用水；警告标志顺序为：当心毒性植物、当心毒性鱼、当心蜂毒、注意安全、雷电区、当心动物伤人、当心跌落、当心礁石、当心落水；禁止标志顺序为：禁止骑自行车、禁止游泳、禁止冲浪、禁止垂钓、禁止滑冰、禁止烟火、禁止狩猎、禁止攀登、禁止采摘、禁止宿营、禁止营火、禁止踩踏、禁烟区等 26 个安全标志，并对各个标志的含义进行了说明。其中新设计的标志 16 个，修改引用标志 1 个，占安全标志的 65%。其余 9 个是引用国家标准标志。

中华人民共和国行业标准

风景名胜区游览解说系统标准

Standard for interpretation system in
scenic and historic areas

CJJ/T 173—2012

批准部门：中华人民共和国住房和城乡建设部
施行日期：2 0 1 2 年 6 月 1 日

中华人民共和国住房和城乡建设部
公 告

第 1244 号

关于发布行业标准《风景名胜区游览解说系统标准》的公告

现批准《风景名胜区游览解说系统标准》为行业标准，编号为 CJJ/T 173－2012，自 2012 年 6 月 1 日起实施。

本标准由我部标准定额研究所组织中国建筑工业出版社出版发行。

中华人民共和国住房和城乡建设部

2012 年 1 月 11 日

前 言

根据住房和城乡建设部《关于印发〈2008 年工程建设标准规范制订、修订计划（第一批）〉的通知》（建标〔2008〕102 号）的要求，标准编制组经广泛调查研究，认真总结实践经验，参考有关国际标准和国外先进标准，并在广泛征求意见的基础上，编制本标准。

本标准的主要技术内容是：1 总则；2 术语；3 游览解说系统及要素；4 解说信息；5 讲解员；6 解说设施；7 解说中心；8 游览解说系统规划编制；9 游览解说系统质量及其评价。

本标准由住房和城乡建设部负责管理，由城市建设研究院负责具体技术内容的解释。执行过程中如有意见或建议，请寄送城市建设研究院（地址：北京市西城区德胜门外大街 36 号楼 11 层科研标准部，邮编：100120）。

本 标 准 主 编 单 位：城市建设研究院

本 标 准 参 编 单 位：住房和城乡建设部风景名胜区管理办公室

中国风景名胜区协会

北京师范大学

建设综合勘察研究设计院

有限责任公司

北京来拓旅游文化传播有限公司

北京建设数字科技有限责任公司

贵州省风景园林学会

住房和城乡建设部信息中心

峨眉山—乐山大佛风景名胜区管理委员会

本标准主要起草人员： 王磐岩 王玉洁 韩 笑
王 民 高蕴华 周 雄
耿 丹 徐建荣 王 丹
周 洋 蔚东英 杜 静
张 剑 刘春燕 赵旭伟
李振鹏 张 文 厉 色
冯庆川 张光明

本标准主要审查人员： 谢凝高 张国强 张树林
马 玉 唐进群 丘 荣
赵 锋 李晓肃 蔡 君

目　次

Contents

1 总　则

1.0.1 为促进风景名胜区（以下简称"风景区"）保护、利用和发展，提高风景区游览解说系统规划、设计和建设水平，加强风景区规范化管理，制定本标准。

1.0.2 本标准适用于风景区游览解说系统的规划、设计、建设和管理。

1.0.3 风景区游览解说系统规划应符合风景区总体规划，并应与风景区其他相关规划相互协调。

1.0.4 风景区游览解说系统的规划、设计、建设和管理除执行本标准外，尚应符合国家现行相关标准的规定。

2 术　语

2.0.1 游览解说　interpretation

通过一定媒介，使游客知晓、了解风景区中相关游览、服务、管理等内容的信息传播行为。

2.0.2 解说信息　information of interpretation

利用媒介传达给游客的风景名胜区有关事物状态、特征和变化等内容。

2.0.3 游览解说系统　interpretation system

在风景区内建立的由解说信息及信息传播方式通过合理配置、有机组合形成的游览解说体系。

2.0.4 风景区出版物　publication of scenic and historic area

承载着风景区相关信息知识，能够进行复制并以向公众传播信息为目的的平面媒介。

2.0.5 解说中心　interpretation centre

风景区内集中安排解说设施和（或）讲解员，向游客提供综合解说信息和系统导览服务的场所。

3 游览解说系统及要素

3.0.1 游览解说系统应由解说信息、讲解员、解说设施等基本要素和解说中心组成。

3.0.2 解说信息应包括风景区概况，景区、景点、游线的资源特点，服务设施设置，游览管理和旅游商品特色等内容。

3.0.3 解说设施应包括标牌和电子设备。标牌可分为解说牌、导向牌和安全标志牌；电子设备可分为显示屏、触摸屏和便携式电子导游机等。

3.0.4 游览解说系统要素之间应相互匹配，匹配关系应符合表3.0.4的规定。

3.0.5 讲解员的安排、解说设施的布局及解说中心的设置，应符合表3.0.5的规定。

表 3.0.4　游览解说系统要素匹配表

解说信息	讲解员	解说设施					
		标牌			电子设备		
		解说牌	导向牌	安全标志牌	显示屏	触摸屏	便携式电子导游机
风景区概况	√	√	○	—	√	√	√
景区景点	√	√	√	○	○	√	√
服务设施	√	○	√	—	○	√	√
游览管理	√	√	√	√	○	√	○
旅游商品	√	√	○	—	○	√	○

注："√"为应有的内容；"○"为可选的内容；"—"为不选的内容。

表 3.0.5　讲解员、解说设施和解说中心设置表

设置位置	讲解员	解说设施						解说中心
		标牌			电子设备			
		解说牌	导向牌	安全标志牌	显示屏	触摸屏	便携式电子导游机	
风景区重要入口	√	√	√	○	○	○	○	√
景点、景物、观赏点	○	√	√	○	○	○	○	—
风景区游览道路	○	○	√	○	○	○	○	—
风景区游览服务设施点	○	○	√	○	○	○	○	—

注："√"为应当设置；"○"为可以设置；"—"为不必设置。

4 解说信息

4.1 一般规定

4.1.1 解说信息应真实、健康，融入科学性、知识性、通俗性、艺术性、互动性、趣味性，突出风景区自然、文化与地方特色，应具有导览服务和教育功能。

4.1.2 解说信息设计应考虑不同游客的年龄、职业和文化等特点，应具有可选择性。

4.2 分类信息

4.2.1 风景区概况介绍应包括风景区的名称、级别、性质、面积、地理位置、发展历史及设立年代，所在地域的自然、文化和经济环境，风景名胜资源的价值及特点，主要景区、游线及景点的分布情况。

4.2.2 景区、游线、景点的解说信息应符合下列要求：

1 景区、游线、景点介绍应包括名称内涵、历史演变过程、资源价值特点，并应清晰表达景点、游线的位置关系；

2 应根据风景区的资源价值特点，确定景区、景点的自然、文化信息解说强度，并应结合对景点、景物的内涵介绍，给予游客启迪与联想。

4.2.3 服务信息应包括风景区内部及周边的旅游咨询，交通、食宿、购物、医疗、邮政、报警等设施的分布和到达的交通线路。

4.2.4 游览管理信息可包括对游客的游览建议、安全警示和环保要求，并应依据管理信息的提示可分为提醒、劝解和警告。

4.2.5 旅游商品信息可包括对当地特色食品的风味及制作方法的介绍，传统手工艺品的工艺特点与艺术价值的介绍。

5 讲 解 员

5.0.1 讲解员可由风景区提供或旅行团配备。

5.0.2 讲解员讲解强度（内容）应根据游览接待计划或游客选择的景点进行安排，并应详略得当。

5.0.3 讲解员应根据不同的游客需求，有针对性地解说，对讲解的内容可适度增减，不应呆板背念。

5.0.4 讲解员应发音标准，语言生动，富有表达力。

5.0.5 讲解员的基本语言必须为普通话，宜兼顾其他国际通用语种。

5.0.6 普通话讲解应达到国家普通话等级考试二级甲等以上水平，外语讲解应达到国家相关机构认证的中级或相当于中级以上水平。

5.0.7 普通话讲解的语速宜控制在 180 字/min～250 字/min 之间。其他语言的讲解语速可参照普通话相似语速要求。

5.0.8 风景区宜为残疾人提供特殊的讲解服务。

6 解 说 设 施

6.1 标 牌

6.1.1 标牌设计和设置应规范、系统、醒目、清晰、协调、安全、环保、艺术，并应符合下列规定：

1 标牌的要素设计应符合现行国家标准《公共信息导向系统 要素的设计原则与要求 第 1 部分：图形标志及相关要素》GB/T 20501.1 和《图形符号 安全色和安全标志 第 1 部分：工作场所和公共区域中安全标志的设计原则》GB/T 2893.1 的要求；

2 应保证标牌系统内部信息的连续性、设置位置的规律性和内容的一致性；

3 标牌在所设置的环境中应醒目，应设置在易于发现的位置，并应避免被其他固定物体遮挡；标牌

应保证有足够的照明或使用内置光源；

4 标牌中文字、平面示意图与其背景应有足够的对比度；应保证文字、平面示意图在细节之间的区分，并应清晰表现文字及平面示意图之间的相互关系；

5 在标牌设计和设置的整个系统中，表示相同含义的文字、平面示意图或说明应相同；标牌的设计应与所处环境相协调；

6 标牌设置后，不得造成安全隐患；

7 标牌制作宜选用环保材料，并宜以当地材料为主；

8 标牌的形式应具有审美价值。

6.1.2 标牌的解说信息应准确、科学、完整、简明，内容表达层次分明、重点突出。各类标牌的解说信息宜选择下述内容和表达方式：

1 解说牌的解说信息宜包括风景区概况，景区景点的价值、特色和成因，游览管理的注意事项等内容；宜使用文字表达为主；

2 导向牌的解说信息宜包括景区、景点和服务设施等布局、交通方向、路径和距离等内容；宜使用标志或平面示意图表达为主；

3 安全标志牌应使用安全色和安全标志传递安全信息。

6.1.3 标牌的文字使用应符合下列规定：

1 应首选中文。当文字语言种类为一种以上时可使用中文和英文，在少数民族自治地区内应同时使用相应的少数民族文字。

2 编号或序号宜使用阿拉伯数字、大写拉丁字母或阿拉伯数字与大写拉丁字母组合的形式表示。

6.1.4 标牌的基本标志除应符合现行行业标准《风景园林标志标准》CJJ/T 171 的规定，还应符合附录A 中的规定。

6.1.5 标牌的平面示意图应包括图名、底图、位置信息和（或）导向信息、指北针、比例尺、游客观察位置、图例等。

6.1.6 标牌的设置方式可采用附着式、悬挂式、柱式、台式和框架式等。绘有平面图的台式标牌设置的方向应与实际方位一致。

6.1.7 标牌设置高度应符合现行国家标准《公共信息导向系统 设置原则与要求 第 1 部分：总则》GB/T 15566.1 中的有关规定。

6.1.8 标牌的设置位置应符合下列规定：

1 风景区（景区）概况解说牌应设置在风景区（景区）入口处，景点、游线解说牌应设置在景点、游线旁或者观赏点，管理措施解说牌应设置在重要游览道路两侧、重要服务设施周边或者需要提醒游客注意的区域内。

2 导向牌应设置在风景区、景区入口或者游客集中分布的区域。在道路上所有需要做出方向选择的

节点、分岔口等均应设置导向牌。当路线很长时，应在适当的间隔设置导向牌。车辆与行人的导向牌宜分别设置。在服务设施周边及附近主要路口处应设置服务设施导向牌。

3　安全标志牌应独立、醒目地设置在所需场所。

6.1.9　风景区内的交通标志牌应符合现行国家标准《道路交通标志和标线　第1部分：总则》GB 5768.1和《道路交通标志和标线　第2部分：道路交通标志》GB 5768.2 的规定。

6.1.10　风景区宜为盲人提供盲文标牌。

6.2　电子设备

6.2.1　电子设备表达解说信息可分为如下三种：

1　显示屏应主要用来介绍风景区概况、景区景点特色，发布实时信息（天气预报、游人量等）；

2　触摸屏应供游客自助查询风景区概况、景区景点、服务设施、风景区规划与管理、旅游商品等信息，参与虚拟漫游；

3　便携式电子导游机可分为手动按键式和自动触发式，应提供交通导引、景区和景点信息解说等。

6.2.2　电子设备设置应符合下列规定：

1　显示屏和触摸屏宜设置在风景区重要入口，解说中心，重要服务设施附近或内部；

2　显示屏和触摸屏的设置应保持解说信息显示清晰，避免阳光直射和出现视觉盲区；

3　显示屏和触摸屏在室外设置，必须位于避雷有效区域内，应有完善的避雷设施或在安置时做好接雷地网；

4　触摸屏宜按1200mm～1300mm和700mm～800mm两种高度设置，分别适合成年人，儿童和乘坐轮椅的人使用；

5　手动按键式电子导游机宜用于小范围内景点集中的景区；自动触发式电子导游机宜用于面积大、景点分散、游览线路多的景区。

7　解　说　中　心

7.0.1　解说中心应设置在风景区（或景区）的入口，或景点集中、游客便于到达的区域，可与游客中心合并设置。

7.0.2　风景区可根据需要设置一个或多个解说中心，可分为综合或专题解说中心。

7.0.3　解说中心的规模、内容、配套设施应与风景区的游客量及导览服务需求相匹配。解说中心应设置无障碍设施。

7.0.4　解说中心宜包括信息咨询、展陈、视听、讲解服务等功能，各功能的主要服务内容宜符合下列规定：

1　信息咨询的内容应包括风景区概况、景区景点、

游览线路、服务设施和救助设施等，咨询形式可分为讲解员解答和自助查询。

2　展陈内容应包括风景区的发展演变、资源特点及保护意义等，展陈对象可以模型、图片、标本和实物为主；

3　视听是风景区信息展示的一种补充形式，可包括电影、数字多功能光盘（DVD）、幻灯片、投影等；

4　讲解服务分为讲解员解说和便携式电子导游机解说。

7.0.5　解说中心可向游客提供风景区出版物。风景区出版物应符合下列规定：

1　风景区出版物可包括书籍、刊物、旅游宣传材料等；

2　风景区出版物应图文并茂，适合不同年龄阶段的游客使用，方便游客随身携带；

3　风景区出版物的内容应突出风景区的资源价值和特色，应包括风景区概况、景区景点特色、风景区服务设施的设置情况以及游览管理的要求等；风景区出版物也可以介绍风景区旅游商品的特色。

7.0.6　解说中心宜通过统筹安排讲解员及解说设施实现解说功能。

8　游览解说系统规划编制

8.0.1　风景区游览解说系统规划应主要包括解说信息组织，标牌设计，解说设施和解说中心系统布设、讲解员的规模确定与组织安排等内容。

8.0.2　解说信息的组织除应符合本标准第4章的规定外，还应结合风景区的资源特点，在专项游览系列或游览线上对有关景点、景物进行关联性介绍。

8.0.3　讲解员组织除应符合本标准第5章的规定外，还应明确讲解线路，避免讲解互相干扰。

8.0.4　解说设施布设除应符合本标准第6章的规定外，还应根据游客密集程度，确定不同地点的解说设施类型和设置方式，避免游客过度集中。

8.0.5　游览解说系统规划成果包括规划图纸和规划说明书两部分。

8.0.6　规划图纸主要包括游览解说系统布局图和风景区标牌设计图两类。规划图纸表达应准确清晰、图文相符，并具有系统性。风景区游览解说系统规划图纸应符合表8.0.6的规定。

表8.0.6　风景区游览解说系统规划图纸

序号	图纸名称	主　要　内　容
1	游览解说系统现状布局图	各类解说设施和解说中心的现状分布（位置、数量）、游人分布、讲解员候客区位置

续表 8.0.6

序号	图纸名称	主 要 内 容
2	游览解说系统规划图	各类解说设施、解说中心的规划位置、数量、讲解员候客区位置与数量
3	分期建设规划图	分期确定各类解说设施和解说中心的建设时序，并标明其空间位置和数量
4	风景区标牌设计图	游览解说系统中标牌的设计示意图
5	其他图纸	能够说明规划设计意图的其他图纸

8.0.7 规划说明书应包括对游览解说系统现状的分析评价、对规划范围和期限的确定、对规划原则与目标的论证、对规划主要内容的解释和说明，对分期建设项目的投资估算、对讲解员的培训计划，对实施计规划的政策建议等。

9 游览解说系统质量及其评价

9.1 评价内容

9.1.1 解说信息评价应包括信息量可以满足游客的基本需求，内容全面、科学、准确、重点突出等。

9.1.2 讲解员评价应包括风景区配备合适数量的讲解员，讲解符合本标准要求。

9.1.3 解说设施评价应包括风景区配备足够数量的解说设施，设施建设符合本标准要求。

9.1.4 解说中心评价应包括风景区设置数量和功能适宜的解说中心，解说中心建设符合本标准要求。

9.1.5 游览解说系统规划评价应包括风景区已编制游览解说系统专项规划，并按照规划建设实施。

9.1.6 游览解说的综合效果评价应包括在风景区游客高峰时段，游览解说系统满足基本要求。

9.2 评价方式

9.2.1 游览解说质量评价应包括对于风景区游览解说系统的设置和效果给予的综合评价。宜采用专家评价和游客评价相结合的评价方法。

9.2.2 专家评价可通过专家调查统计完成。专家评价表的设计应符合本标准附录 B 的规定，评价过程应邀请本行业和相关领域的专家评分，并应按下式计算平均值得到专家评价得分结果。每次调查专家人数不应少于 5 人。

$$专家评价得分 = \frac{\sum 专家个人评分}{调查专家人数} \quad (9.2.2)$$

9.2.3 游客评价可通过游客调查统计完成。游客评价表的设计应符合本标准附录 C 的规定，游客评价过程应随机选择游客填写调查问卷，并应根据调查统计结果按下式加权平均计算得到游客评价得分结果。每次调查人数不应少于 300 人。

$$游客评价得分 = \frac{\sum 游客个人评分}{调查游客人数} \quad (9.2.3)$$

9.2.4 应将专家评价得分与游客评价得分相加，得到综合评分，并确定风景区的解说系统等级。

风景区解说系统评价得分＝专家评价得分＋游客评价得分
$$(9.2.4)$$

9.2.5 风景区解说系统评价可分为五个等级。各等级得分值域应为：

　　1 五星级解说系统，得分值域为 90 分～100 分；

　　2 四星级解说系统，得分值域为 80 分～89 分；

　　3 三星级解说系统，得分值域为 70 分～79 分；

　　4 二星级解说系统，得分值域为 60 分～69 分；

　　5 一星级解说系统，得分值域为 50 分～59 分。

附录 A 标 志

表 A 标 志

序号	名称	标 志	说 明
1	票务服务 Tickets		表示出售各种票据的场所
2	检票 Check-in		表示提供检票服务的场所
3	问询处 Enquiry		表示提供咨询服务的场所
4	停车场 Parking		表示机动车停放的场所
5	服务中心 Service Center		表示服务与管理的综合设施
6	游艇码头 Yacht Pier		表示供游艇靠岸营业的场所

续表A

序号	名称	标志	说明
7	观赏点 Lookout		表示供游客远眺观景的地点
8	卫生间 Toilet		表示供男性、女性使用的公共厕所
9	餐饮 Restaurant		表示餐饮或提供餐饮服务的场所
10	售货亭 Vendor		表示出售各种商品的场所
11	交通游览车 Tour Bus		表示供游客游览时使用的交通工具
12	医疗点 Clinic		表示提供简单医疗服务的场所，如医务室、医疗站、急救站等

续表B

分类	评价项目	评分（满分10分）	平均分值	权重	得分
解说中心	是否设置			5	
	设置符合本标准要求				
解说系统规划	已编制解说系统规划			5	
	按照规划建设实施				
综合效果	综合解说效果			10	
合计				60	

注：评价详细内容遵照本标准相关要求。

附录C 风景区解说系统游客评价表

表C 风景区解说系统游客评价表

分类	评价项目	评分（10分为非常满意，1分为非常不满意）	平均分值	权重分值	得分
解说信息	信息表达清晰准确、切合主题	10 9 8 7 6 5 4 3 2 1		10	
	表达语言（文字）生动有趣	10 9 8 7 6 5 4 3 2 1			
	具有教育功能	10 9 8 7 6 5 4 3 2 1			
解说设施	类型丰富，与环境相协调	10 9 8 7 6 5 4 3 2 1		10	
	数量适宜，方便游客使用	10 9 8 7 6 5 4 3 2 1			
	设置位置恰当	10 9 8 7 6 5 4 3 2 1			
	功能完善，无破损	10 9 8 7 6 5 4 3 2 1			
	设施形式与所承载信息内容吻合	10 9 8 7 6 5 4 3 2 1			
解说中心	设置位置恰当，与环境协调	10 9 8 7 6 5 4 3 2 1		5	
	功能完善，方便游客使用	10 9 8 7 6 5 4 3 2 1			
讲解员	所提供的信息能够满足游客需求	10 9 8 7 6 5 4 3 2 1		5	
	为游客提供周到热情的服务	10 9 8 7 6 5 4 3 2 1			
综合效果	综合解说效果	10 9 8 7 6 5 4 3 2 1		10	
合计				40	

注：如未聘请讲解员，"讲解员"一项给一半分值。

附录B 风景区解说系统专家评价表

表B 风景区解说系统专家评价表

分类			评价项目	评分（满分10分）	平均分值	权重	得分
解说信息			数量适宜			20	
			信息质量符合本标准要求				
讲解员			配备数量适宜			5	
			讲解质量符合本标准要求				
解说设施	标牌	解说牌	数量适宜			15	
			设置符合本标准要求（其中名牌未设置扣5分）				
		导向牌	数量适宜				
			设置符合本标准要求				
		安全标志牌	数量适宜				
			设置符合本标准要求				
	电子设备		设置符合本标准要求				

本标准用词说明

1　为便于在执行本标准条文时区别对待，对于
要求严格程度不同的用词说明如下：

　　1）表示很严格，非这样做不可的：
　　　　正面词采用"必须"，反面词采用"严禁"；
　　2）表示严格，在正常情况下均应这样做的：
　　　　正面词采用"应"，反面词采用"不应"或
　　　　"不得"；
　　3）表示允许稍有选择，在条件允许时首先应
　　　　这样做的：
　　　　正面词采用"宜"，反面词采用"不宜"；
　　4）表示有选择，在一定条件下可以这样做，
　　　　采用"可"。

2　条文中指明应按其他有关标准执行的写法为
"应按……执行"或"应符合……的规定"。

引用标准名录

1　《图形符号　安全色和安全标志　第1部分：
工作场所和公共区域中安全标志的设计原则》GB/
T 2893.1

2　《道路交通标志和标线　第1部分：总则》
GB 5768.1

3　《道路交通标志和标线　第2部分：道路交
通标志》GB 5768.2

4　《公共信息导向系统　设置原则与要求　第
1部分：总则》GB/T 15566.1

5　《公共信息导向系统　要素的设计原则与要
求　第1部分：图形标志及相关要素》GB/
T 20501.1

6　《风景园林标志标准》CJJ/T 171

中华人民共和国行业标准

风景名胜区游览解说系统标准

CJJ/T 173—2012

条 文 说 明

制 定 说 明

《风景名胜区游览解说系统标准》CJJ/T 173 - 2012 经住房和城乡建设部 2012 年 1 月 11 日以第 1244 号公告批准、发布。

为便于广大设计、施工、科研、学校等单位有关人员在使用本标准时能正确理解和执行条文规定，

《风景名胜区游览解说系统标准》编制组按章、节、条顺序编制了本标准的条文说明，对条文规定的目的、依据以及执行中需注意的有关事项进行了说明。但是本条文说明不具备与标准正文同等的法律效力，仅供使用者作为理解和把握标准规定的参考。

目　次

1 总　则

1.0.1 风景名胜区（以下简称"风景区"）有着各种自然、历史、文化景观，由于跨时间、跨空间、跨领域、跨学科的原因，如果离开了解说服务，就会降低其传播和接受效率，不能更好地实现其社会经济和环境效益。解说是对事物本身所做的客观性说明，能帮助人们认识和理解某种事物或现象，引导人们全面、准确地获取事实真相，满足人们全方位获取信息的需要。目前，国外很多国家公园的解说系统已经发展到非常健全与成熟的阶段，而在中国，风景区解说尚未得到应有的重视。随着我国风景区游览的迅猛发展，建立风景区游览解说系统已刻不容缓。《风景名胜区条例》等相关政策法规涉及一部分解说、展示的指标或要求，但尚不系统，迫切需要制订全国统一的解说系统标准，以指导风景区游览解说工作。

1.0.2 风景区游览解说系统是一个完整体系，需要科学规划和管理，要根据解说信息选择不同的解说设施，其实施与运行涉及规划、设计、建设与管理各层面。

1.0.3 风景名胜区游览解说系统规划属于专项规划，应符合风景名胜区总体规划的要求。游览解说系统作为风景区规划建设的重要组成内容，依托于风景名胜资源价值的分析，依托于风景区游览系统的组织，因此，在规划建设和管理中，与风景区其他规划有紧密的关系，也必须相互协调。

2 术　语

2.0.1～2.0.5 风景区游览解说系统涉及多行业的工作内容，而现行的《园林基本术语标准》CJJ/T 91尚未包含这部分内容，因而，在日常工作中，存在多种称谓和用词交叉等问题。本章内容是对本标准所涉及的基本词汇统一用词、明确含义，或将约定俗成的词汇纳入、使用，以保障对本标准的正确理解和使用。

3 游览解说系统及要素

3.0.1 解说通常分为两种方式，即"向导式解说"和"自导式解说"。"向导式解说"是对游客进行主动的、动态的信息传播，主要包括讲解员解说。"自导式解说"是对游客进行被动的、静态的信息传播，主要包括标牌、电子设备等解说设施，以及风景区出版物的解说。一般风景区解说需要通过两种途径共同完成。解说的受益对象是广大的游客，游客通过解说信息来认知、了解风景区。解说信息、讲解员和解说设施是游览解说系统的三个基本要素，解说中心是集中安排有解说信息、讲解员和解说设施的场所，具有综合解说服务功能，解说信息、讲解员、解说设施和解说中心共同构成风景区游览解说系统。

由受过良好的专业训练和系统培训的讲解人员向游客进行信息传导的向导式解说，其优点在于解说信息量大、针对性强，能适时地双向沟通、回答游览过程中游客提出的各种问题，提供互动式服务。由解说设施向游客提供信息服务的自导式解说方式，其信息量有限，也不能进行现场互动与交流，内容相对固定。

3.0.2 风景区概况、景区景点特色和游线是游客游览观赏希望了解的内容，服务设施、旅游商品情况是游客旅游需要的服务内容，而游览管理则是保障游客在风景区游览安全、舒适的重要内容。因此，风景区游览解说信息应包括风景区概况、景区景点和游线、服务设施、游览管理和旅游商品五方面内容。

3.0.3 根据特点对解说设施进行分类，包括：标牌，是在风景区一定地点设置的牌示；电子设备，是采用电子技术的解说设施。

3.0.4 讲解员、解说设施作为传递信息的媒介，由于特点不同，适合表达的信息内容有所差异。因此，应根据讲解员和各类解说设施的特点确定其表达和承载的解说信息内容。

3.0.5 讲解员、解说设施和解说中心只有安排在适当的位置才能够充分、有效地发挥讲解作用。因此，在风景区游览解说系统中，要注意合理安排讲解员、解说设施和解说中心，以充分发挥风景区解说系统的作用。

4 解 说 信 息

4.1 一 般 规 定

4.1.1 《风景名胜区条例》规定：风景名胜区是指具有观赏、文化或者科学价值，自然景观、人文景观比较集中，环境优美，可供人们游览或者进行科学、文化活动的区域。风景区游览解说信息必须立足于科学，包括对风景资源的历史文化、艺术欣赏和科学研究价值的评价；信息内容应明确，语言文字简洁明了，通过深入浅出的规范化描述，为游客提供科普知识和旅游服务，而不应故弄玄虚，掺杂庸俗夸大和毫无根据的演绎。

4.1.2 对解说信息的内容要求、理解和接受能力与游客的年龄、性别、文化程度、兴趣爱好等都密切相关，一些特殊人群，如残障人、儿童、老人、国际游客等，还有特殊的需要。因此，风景区解说信息应针对不同的游客进行不同程度的信息处理，以便使所有游客通过解说获得更加准确、全面的风景区信息。

4.2 分类信息

4.2.1 风景区概况介绍能够使游客了解身在何处，了解风景区的设立、空间范围、景观布局等概要情况，更好地融入所处的环境，对高质量完成游览活动起着积极作用。

4.2.2 对景点与游线位置关系的解说能够使游客对风景区形成较为清晰的空间概念，更为自主地安排自己的行程。

以自然资源为重要吸引物的风景区主要以动物、植物、地质、气象、水文等自然环境吸引游客，其解说内容应以突出自然景观的价值为重点。因此，应重点说明自然资源形成的原因、科学价值以及保护的重要意义等。

主要以历史、文化等人文遗产吸引游客的风景区，其解说内容的重点是风景区所在区域的历史沿革、民俗文化的形成与发展、建筑与文物遗址等，以帮助游客理解风景区文化遗产的形成、传承、保留和发展等内容。

4.2.3 服务设施的解说内容不仅仅是对设施本身的说明，也包括依托该设施能为游客提供哪些服务的说明。解说的内容应具体而细致入微，考虑游客的实际需要，有较强的指导性和操作性，帮助游客便捷地找到和更好地使用服务设施，体现人文关怀。对于特殊人群，如残障人使用的通道、轮椅等特殊设施应予以特别说明。

4.2.4 保护好风景区不仅是为游客提供游憩空间和场所的前提，也是促进区域经济和社会发展的基础。游览建议和环保要求能够指导游客游览风景区时保持适宜的行为，使游客的活动对环境产生的负面影响最小，引导游客对风景区管理形成积极的接纳态度。安全提示主要是对游客行为的规范，告知哪些行为可能造成不良后果，如何规避风险，内容包括游客行为守则、安全警示等。

5 讲 解 员

5.0.2 风景区游览解说是伴随游客的游览而进行的，游览线路组织对游览解说效果有较大的影响，因此讲解员解说要根据游客的游览路线和时间，对解说信息进行选择。

5.0.3 讲解员解说具有动态性，是最生动的解说形式。因此，要突出这一特点，需要对解说信息进行设计，既要内容丰富，也需要详略得当。讲解员应具有广博的知识面，这样才能使各种游客得到游览解说的满足，为游客提供丰富的解说信息。

5.0.6 根据行业标准，公共服务行业的特定岗位人员（如广播员、讲解员、话务员等），普通话水平不低于二级甲等。具体标准如下：

国家语言文字工作委员会颁布的《普通话水平测试等级标准》是划分普通话水平等级的全国统一标准。普通话水平等级分为三级六等，即一、二、三级，每个级别再分出甲乙两个等次；一级甲等为最高，三级乙等为最低。应试人的普通话水平根据在测试中所获得的分值确定。

普通话水平测试等级标准如下：

一级

甲等　朗读和自由交谈时，语音标准，语汇、语法正确无误，语调自然，表达流畅。测试总失分率在3%以内。

乙等　朗读和自由交谈时，语音标准，语汇、语法正确无误，语调自然，表达流畅。偶有字音、字调失误。测试总失分率在8%以内。

二级

甲等　朗读和自由交谈时，声韵调发音基本标准，语调自然，表达流畅。少数难点音（平翘舌音、前后鼻尾音、边鼻音等）有时出现失误。语汇、语法极少有误。测试总失分率在13%以内。

乙等　朗读和自由交谈时，个别调值不准，声韵母发音有不到位现象。难点音较多（平翘舌音、前后鼻尾音、边鼻音、fu-hu、z-zh-j、送气不送气、i-ü不分、保留浊声音、浊塞擦音、丢介音、复韵母单音化等），失误较多。方言语调不明显，有使用方言词、方言语法的情况。测试总失分率在20%以内。

三级

甲等　朗读和自由交谈时，声韵母发音失误较多，难点音超出常见范围，声调调值多不准。方言语调明显。语汇、语法有失误。测试总失分率在30%以内。

乙等　朗读和自由交谈时，声韵调发音失误多，方言特征突出。方言语调明显。语汇、语法失误较多。外地人听其谈话有听不懂的情况。测试总失分率在40%以内。

5.0.7 通常人讲话一分钟240个音节，但是根据个人不同情况，在每分钟（150～300）个音节之间都为正常语速。汉语中一个汉字是一个音节。

6 解 说 设 施

6.1 标 牌

6.1.1 本条规定了以下四点内容：

　　1 《公共信息导向系统　设置原则与要求　第1部分：总则》GB/T 15566.1中规定了设计和设置公共信息导向系统的通用原则与要求，适用于公园、风景区等公共场所。本标准在规定风景区导向系统中的一部分——标牌的设计、设置原则时，参考了上述标准的要求。

2 《公共信息导向系统 要素的设计原则与要求》GB/T 20501 包括图形标志及相关要素、文字标识及相关要素、平面示意图和信息板、街区导向图和便携印刷品等5部分。本标准在规定风景区标牌的设计、设置原则时，参考上述标准，并结合风景区特点，规定了图形标志及相关要素、文字标识及相关要素、平面示意图三部分内容。

3 《图形符号 安全色和安全标志 第1部分：工作场所和公共区域中安全标志的设计原则》GB/T 2893.1指导标牌中安全色和安全标志的设计、使用，以实现准确、规范地传递安全信息的目的。本标准在规定风景区安全标志牌的设计与设置原则时参考了上述标准。

4 标牌制作宜选用的"环保材料"是指在原料获取、产品制造、应用过程和使用之后的再生循环利用等环节中对地球环境负荷最小和对人类身体健康无害的材料。

6.1.3 标牌的文字使用不宜过多，每块标牌上的文字不宜超过200字。

6.1.6 《公共信息导向系统 设置原则与要求 第1部分：总则》GB/T 15566.1中规定了标牌的主要设置方式：

1 附着式：标志背面直接固定在物体上的设置方式；

2 悬挂式：与建筑物顶部或墙壁连接固定的悬空设置方式；

3 柱式：固定在一根或者多根支撑杆顶部的设置方式；

4 台式：附着在一定高度的倾斜台面上的设置方式；

5 框架式：固定在框架内或支撑杆之间的设置方式。

6.1.7 标牌的设置高度参照《公共信息导向系统 设置原则与要求 第1部分：总则》GB/T 15566.1中的规定。标牌的设置、安装既要考虑游客的观看，同时必须保障安全。

1 悬挂式安装应考虑游客从其下方通行的可能。为保障安全，规定悬挂式标牌的下边缘与地面之间的垂直距离留有足够的空间。按我国成年男子普遍身高低于1.8m，故悬挂式标牌的下边缘与地面之间的垂直距不应小于2.20m。

2 以标志为主体的标牌直接、简单、醒目，应当可以在远距离识别，故此类标牌设置高度可以略高，且高于普通人的水平视线；并根据主要观看距离确定设置高度。

3 以平面示意图和文字为主体的标牌内容丰富，适宜近距离观看，故应设置在普通人水平视线的高度；标牌的中线高度宜为1.5m～1.65m。

4 现实中常存在多种类型标牌组合设置的情况，

使要展示的解说信息表达更充分。组合设置时，应考虑各类信息内容观看距离的相近性。

标牌的设置高度还应满足对视线偏移的有关要求。在最大观察距离上，标牌设置位置与视线正方方向间的偏移角宜在5°以内，最大偏移角不应大于15°，见图1。当标牌安装位置受条件限制无法满足偏移角的要求，应增大标牌的尺寸。当抬头、低头及转头时，视线正方向在各个方向旋转的角度最大可达45°，见图2。

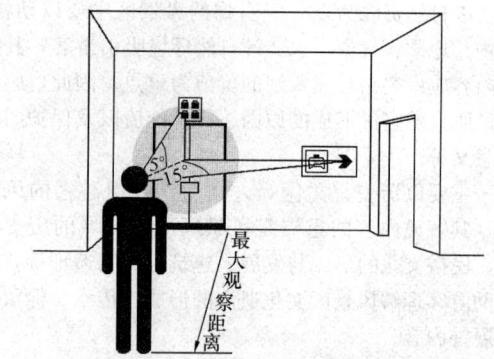

注：----为视线正方向

图1 标牌设置位置与视线
正方向间的偏移角示例

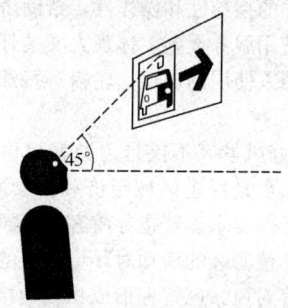

注：----为视线正方向

图2 视线正方向旋
转角度示意

6.1.8 风景区名牌作为一类比较特殊的标牌，其设计与设置原则参照《国家重点风景名胜区标志、标牌设立标准（试行）》中的规定，并设置在风景区入口处。

国家级风景区名牌由国务院颁布的风景区名称、批准时间和国家风景区业务主管部门颁布的国家级风景区徽志以及国家监制部门等内容组成，风景区名牌的文字字体宜为黑体、魏碑或者隶书，字体颜色宜为靛蓝色或者深绿色，字体格式宜为凹字或者凸字，不宜用平字。

以此类推，省级风景区的名牌应由各省级人民政府颁布的风景区名称、批准时间以及省级风景区徽志、省级监制部门等内容组成。

6.1.9 《道路交通标志和标线 第1部分：总则》GB 5768.1,《道路交通标志和标线 第2部分：道路交通标志》GB 5768.2 规定了道路交通标志的分类、颜色、形状、字符、尺寸、图形等一般要求，以及设计、制造、设置、施工的要求，适用于风景区周边、内部的公路、道路，以及广场、公共停车场等用于公众通行的场所上交通标志的制作、检测和设置。因此，本标准在规定交通标志牌的设计、设置位置时参考了上述标准。

交通标志牌一般情况下应设置在道路行进方向右侧或车行道上方，也可根据具体情况设置在左侧，或左右两侧同时设置。为保证视认性，同一地点需要设置两个以上交通标志牌时，可安装在一个支撑结构（支撑）上，但最多不应超过四个。

表达警告含义的交通标志牌应前置设置，前置距离一般根据道路的设计速度选取，可考虑设置路段的运行速度或者限制速度进行调整。表达禁令、指示含义的交通标志牌应设置在禁止、限制或遵循路段开始的位置。

交通标志牌的尺寸、文字、标志的高度基本上按设计速度选取，可考虑根据运行速度或者限制速度进行调整。

6.2 电子设备

6.2.2 电子设备的电子特性决定了其设置必须考虑稳定的能源供应和防止雷击，以保障设施的正常和安全使用。电子设备产品应符合相关行业标准。

显示屏的安装应当根据场地空间选择像素密度。如果安装位置前方比较空旷，如大型广场，可选择面积大、像素密度较低的显示屏；反之可安装面积较小、像素密度较高的显示屏。

7 解 说 中 心

7.0.3 解说中心的基本无障碍设施应包括：无障碍通道、无障碍出入口、无障碍窗口、无障碍卫生间、无障碍电话以及无障碍标牌；可以配备轮椅、拐杖、童车等。

7.0.5 风景区出版物是便于游客携带和随时查阅的风景区解说资料。它以文字、图形和颜色等表达方式向游客提供风景区概况信息，景区景点价值、特色及分布信息，服务设施分布信息，风景区游览管理信息和旅游商品介绍等，集成了介绍、定位和导向的功能，是游客了解风景区的有效途径。

8 游览解说系统规划编制

8.0.2 解说信息组织应在充分了解风景区资源的基础上，明确规定解说信息的主要内容和重点，突出风景名胜资源的特征与价值。可对风景区内的同类资源进行组织，形成各类专题游览线路；对风景区内外的

同类资源进行比较分析，突出本风景区的价值和特色。

8.0.4 解说设施布置应当充分考虑资源、游览线路的分布特点，结合现状与风景区规划，合理安排解说设施的类型和位置。

9 游览解说系统质量及其评价

9.1 评 价 内 容

9.1.1 解说信息是游客在游览风景区时通过多种途径所获得的详细的知识内容，是游客得到的解说价值的核心。因此，解说信息的内容应当切合主题，并且表达准确、清晰、重点突出。

9.1.2 讲解员直接面对游客群体，其最大的特点就是与游客双向沟通，能够回答游客提出的各种各样的问题，可以因人而异地提供个性化服务。因此，一般讲解员解说的信息量较丰富，也更容易给游客留下深刻的直观印象。但是由于每个讲解员所掌握的专业知识和职业素养不同，其传达的解说信息的可靠性和准确性也不确定。因此，对专职讲解员进行评价非常有必要。

解说旨在沟通而非说教，旨在体验而非介绍，贵在分享而非灌输。一个具备优秀素质的讲解员在讲解的过程中要有主题和主旨，解说需要围绕主题阐明主要观点，帮助游客深入地了解与认知主题；同时，态度要平易近人，采用深入浅出的方式讲解，便于游客理解。讲解员在带领游客游览的过程中不仅要完成知识的讲解，还要结合景点、景观的内容，宣传环境和文化保护等理念，另外也要细心周到，随时提醒游客注意安全，并照顾游客，以免发生意外伤害等。

9.1.3 解说设施必须方便游客使用，其设置位置和数量应根据风景区游览解说需求而定。电子设备应根据需要与可能建设。而解说中心作为风景区游览解说综合场所，每个风景区至少应建设一个。

9.1.5 游览解说系统的建设必须建立在科学规划的基础上，风景区须制定解说系统专项规划，并且按照规划进行建设。

9.2 评 价 方 式

9.2.1 解说质量评价是风景区质量管理、能力考核的重要组成部分，是改进解说工作、提高解说质量的重要措施。解说服务的绩效在于提高游客的游憩体验，如果能够通过评估将游客对解说服务的需求以及满意的程度具体化，就可以明确解说效果，进而使风景区管理者了解解说系统需要改进之处。因此风景区应该定期进行解说系统评价，增加其服务的针对性和有效性。

游览解说的受众是游客，游客评价是指游客对于

风景区解说系统及其效果给予价值上的判断，它是对解说质量评价最为直接、明显的反应。专家评议是指风景区聘请专家对解说人员或设施的解说活动及其效果，给予价值上的判断。因此在风景区解说系统评价中，采取游客评价和专家评价相结合的评价方法。

9.2.2 评价专家的选择应该兼顾风景区行业内外，应包括相关行业专家，如城市规划、旅游、文化等，使调查结果更加具有权威性。

9.2.3 游客通过问卷调查填写《风景区解说系统游客评价表》来完成对于风景区解说系统的评价。风景区管理机构通过对问卷的回收、整理、分析，获取相关信息。由于调查对象的性别、年龄、文化程度、职业等因素都会对调查结果产生影响，因此在随机选取调查对象的时候，应充分考虑以上因素，使相关游客能够被等概率地选取，从而满足样本的丰富性，也便于解说系统日后更具有针对性地改进。

所选取调查的样本量采用如下方式计算：

$$n = \frac{z^2 \left[p(1-p) \right]}{d^2} \tag{1}$$

式中：n——所需样本量；

z——置信水平的 z 统计量（90%，$z=1.64$；95%，$z=1.96$；99%，$z=2.68$）；

p——目标总体的比例期望值（一般情况下，推荐选择50%）；

d——置信区间的半宽（一般要求上下误差不超过 5%，则 5% 就是半宽）。

根据这个公式可以确定标准，一般在置信程度 90% 的水平上，上下误差不超过 5%，所需的样本量为 269。根据置信水平和所要求误差的不同，样本量的选取也相应变动。置信水平越高、误差越小，所需要的样本数量就越高。因此，游客样本量的选择至少为 300，风景区可酌情增加游客样本量的选取以获得更高精度、更小误差的结果。

9.2.4、9.2.5 评价的结果是专家评价和游客评价的分值的总和。最终作为评定风景区解说系统等级的参考标准。

中华人民共和国行业标准

生活垃圾卫生填埋气体收集处理及利用工程运行维护技术规程

Technical specification for operation and maintenance of landfill gas collection treatment and utilization projects

CJJ 175—2012

批准部门：中华人民共和国住房和城乡建设部
施行日期：2 0 1 2 年 5 月 1 日

中华人民共和国住房和城乡建设部
公 告

第 1239 号

关于发布行业标准《生活垃圾卫生填埋气体收集处理及
利用工程运行维护技术规程》的公告

现批准《生活垃圾卫生填埋气体收集处理及利用工程运行维护技术规程》为行业标准，编号为 CJJ 175 - 2012，自 2012 年 5 月 1 日起实施。其中，第 3.3.2、3.3.3、3.3.5、3.3.7、4.3.1、4.3.3、4.3.4、4.3.6、5.1.2、6.1.5、6.2.8、8.3.1、8.3.3 条为强制性条文，必须严格执行。

本规程由我部标准定额研究所组织中国建筑工业出版社出版发行。

中华人民共和国住房和城乡建设部
2012 年 1 月 6 日

前 言

根据住房和城乡建设部《关于印发 2009 年工程建设标准规范制订、修订计划的通知》（建标［2009］88 号）的要求，规程编制组在广泛调查研究，认真总结实践经验，参考有关国际标准和国外先进标准，并在广泛征求意见的基础上，编制了本规程。

本规程的主要技术内容是：1. 总则；2. 术语；3. 一般规定；4. 填埋气体收集系统；5. 填埋气体预处理系统；6. 填埋气体利用系统；7. 自动化控制系统；8. 辅助设施。

本规程中以黑体字标志的条文为强制性条文，必须严格执行。

本规程由住房和城乡建设部负责管理和对强制性条文的解释，由中国科学院武汉岩土力学研究所负责技术内容的解释。执行过程中如有意见或建议，请寄送武汉市中国科学院武汉岩土力学研究所固体废弃物安全处置与生态高值化工程技术研究中心（地址：湖北武昌小洪山 2 号；邮编：430071）。

本 规 程 主 编 单 位：中国科学院武汉岩土力学研究所
杭州市环境集团有限公司

本 规 程 参 编 单 位：华中科技大学
深圳市下坪固体废弃物填埋场
上海百川畅银实业有限公司
广州市固体废弃物管理中心
武汉环境投资开发集团有限公司
北京高能时代环境技术股份有限公司
北京时代桃源环境科技有限公司

本规程主要起草人员：薛 强 陈朱蕾 陆海军
刘 磊 戴瑞钢 熊 辉
郑学娟 黄中林 董 毅
杨 桦 张 雄 刘 勇
杨军华 李智勤 冯向明
黄文雄

本规程主要审查人员：郭祥信 马人熊 冯其林
施 阳 张榕林 陶 华
邓志光 齐长青 张进峰
李先旺 潘四红

目　次

Contents

1 总 则

1.0.1 为保证生活垃圾填埋气体收集、处理及利用工程的安全运行，实现运行管理科学化、规范化，提高填埋气体收集、处理及利用效率，降低运营维护成本，保护环境，制定本规程。

1.0.2 本规程适用于生活垃圾填埋气体收集、处理及利用工程的运行、维护及安全管理。

1.0.3 生活垃圾填埋气体收集、处理及利用工程的运行、维护及安全管理除应符合本规程的要求外，尚应符合国家现行有关标准的要求。

2 术 语

2.0.1 填埋气体收集系统 landfill gas collection system

用于收集生活垃圾填埋场填埋气体的系统，主要包括导气井（导气盲沟）、输气管网和抽气设备。

2.0.2 填埋气体预处理系统 landfill gas pre-treatment system

填埋气体利用前对填埋气体进行处理的设施和设备的组合系统，一般包括脱水、稳压、过滤、脱硫化氢等。

2.0.3 填埋气体发电系统 landfill gas-to-energy system

利用填埋气体作为一次能源进行发电的系统。

2.0.4 填埋气体火炬 landfill flare

对填埋气体实施燃烧处理，使其中的可燃气体完全燃烧、恶臭气体有效去除的装置。

2.0.5 清洁发展机制(CDM) clean development mechanism

发达国家通过提供资金和技术的方式，与发展中国家开展项目级的合作，通过项目所实现的"经核证的减排量"，用于发达国家缔约方完成减少本国二氧化碳等温室气体排放的承诺。英文缩写为CDM。

3 一般规定

3.1 运行管理

3.1.1 场区内甲烷气体浓度允许值应符合现行行业标准《生活垃圾卫生填埋场运行维护技术规程》CJJ 93中的相关规定。

3.1.2 生活垃圾填埋气体收集、预处理及利用系统出现填埋气体泄漏，应停用检查，及时排除。

3.1.3 场区内应设置人员疏散标识和指示路线图，并在重要通道处设置应急照明设施。

3.1.4 车间内明显部位应贴有工作图表、工艺系统流程图及相关运行维护的操作规程等。

3.1.5 应定期检查填埋气体收集、处理及利用工程的相关设施、设备、仪器、仪表的运行状况，填写运行记录表；出现异常，应采取相应处理措施并及时上报主管部门。

3.1.6 应掌握填埋气体收集、处理及利用工程的基本工艺流程及相关设施设备的主要技术指标和运行维护管理要求。

3.1.7 应按设备、仪器的使用说明、操作规程及岗位责任制等规定的要求进行操作，应保持机械设备完好、整洁。

3.1.8 填埋气体收集、处理及利用工程运行过程中，应对大气、噪声进行监测。噪声标准应符合现行国家标准《工业企业厂界环境噪声排放标准》GB 12348的规定；大气污染物、臭气浓度外排应符合现行国家标准《煤炭工业污染物排放标准》GB 20426和《恶臭污染物排放标准》GB 14554的相关规定。

3.2 维护保养

3.2.1 设备、仪表应有备品备件，备品备件应按计划进行检查备存。

3.2.2 设备、仪表应进行必要的日常维护保养。日常维护保养及部分小修应由相关操作人员负责；中修及大修应由厂家或专职人员负责。

3.2.3 电气安全、监测报警、防爆、环境监测等设备及仪表的维护、检修周期应分别符合电业、消防和环保等部门的相关要求。

3.2.4 应建立设施设备、仪器仪表的日常维护技术档案。

3.2.5 应制定预防性维护计划和大修计划，并应按计划进行维护和停机大修；维修方案内容应包括设备损坏情况、维修方法评估、人员及工期要求、预期达到的效果、应急处理办法。

3.3 安全操作

3.3.1 启闭电气开关、检修电气控制柜及机电设备时，应严格按操作说明进行。

3.3.2 在使用仪器仪表时，必须采取静电防护措施，严禁徒手接触仪器仪表。

3.3.3 清理机电设备及其周围环境时，严禁擦拭设备运转部位，冲洗水不得溅到电缆头和电机带电与润滑部位。

3.3.4 设备维修时，开关处应悬挂检修标牌。

3.3.5 维修设备时，不得随意搭接临时动力线。

3.3.6 设备设施的维修与维护过程中，应设有固定或临时的通行措施，维护人员应佩戴防护耳罩等劳保用品。

3.3.7 维修设备时，维修人员严禁穿戴化纤类工作服，在密闭室内严禁携带通信设备。

3.3.8 擦洗设备时，应防止烫伤。

3.3.9 应制定防火、防爆、防洪、防风、防震等的应急预案和措施。

3.3.10 应在指定的、有明显标志的位置配备必要的防护用品及药品，并应定期检查、更换、补充。

3.3.11 应根据设备使用要求制定相应的安全操作管理制度、定期维护制度，组织相关人员认真学习，并将其挂于设备周围醒目处。

3.3.12 应加强运行管理与职工培训，并采取有效措施保护环境健康及职工劳动安全。

3.3.13 应具有完整的组织结构，设置完善的岗位，运行维护人员应接受培训，持证上岗。

3.3.14 职工教育和培训的形式与内容应符合下列要求：

1 作业人员应接受公司、项目、班组的三级安全教育，教育内容包括安全生产方针、政策、法规、标准及安全技术知识、设备性能、操作规程、安全制度、严禁事项及本工种的安全操作规程；

2 特种作业人员还应按国家、地方和企业要求进行本工种的专业培训、资格考核，取得《特种作业人员操作证》后方可上岗；

3 采用新工艺、新技术、新设备维修施工和调换工作岗位时，应对作业人员进行新技术、新岗位的安全培训。

3.3.15 填埋气体收集、处理及利用工程的劳动卫生应符合现行国家标准《生产过程安全卫生要求总则》GB/T 12801、《工业企业设计卫生标准》GBZ 1 的有关规定，并应结合作业特点采取有利于职业病防治和保护作业人员健康的措施。作业人员应每年体检一次，并建立职工健康登记卡。

4 填埋气体收集系统

4.1 运行管理

4.1.1 应根据垃圾填埋场填埋作业进度，及时设置填埋气体收集与输送系统。

4.1.2 应根据填埋气体产气速率调节导气井阀门开度，使导气井的抽气量与导气井作用范围内垃圾的产气量基本相等。

4.1.3 宜采用多参数一体化气体分析仪同时监测导气井中主要气体成分（甲烷、氧气、二氧化碳）浓度，导气井内甲烷浓度明显下降，且氧气浓度明显升高，应减少该导气井的抽气量。

4.1.4 应定期测量导气井内的水位，并记录。导气井中积水过多影响抽气时，应及时排水。

4.1.5 应根据垃圾填埋进度和需要在垃圾填埋区设置水平导气盲沟。

4.1.6 垃圾堆体上铺设的临时输气管道出现下弯造成水堵，应调整管道坡度，消除水堵。

4.1.7 应实时监测填埋气体抽气系统的压力，出现异常，应查明原因并及时处理。

4.1.8 输气管网和导气井正常运行时，出现抽气压力过高，应检查预处理管道滤网是否堵塞。

4.1.9 甲烷浓度及氧气浓度异常时，应及时调整抽气流量，查明原因并及时处理。

4.1.10 垃圾堆体内滞留水过多而影响气体收集时，应采用压缩空气泵对导气井实施抽水；若导气井不具备抽水条件，应打井抽水，抽出的水（渗沥液）应输送至场内渗沥液处理站。

4.1.11 应每天检查导气井和导气盲沟的运行状态，并作好记录。

4.1.12 抽气系统的检测项目应符合现行行业标准《生活垃圾填埋场填埋气体收集处理及利用工程技术规范》CJJ 133 中的相关规定。

4.1.13 应每天检查或检测输气总管中的气体成分浓度（主要是甲烷和氧气）、填埋气体流量及抽气压力，并与前一日的数据作对比，分析有无异常。

4.1.14 每周至少应检测一次导气井和导气盲沟的气体成分浓度（主要是甲烷和氧气）、填埋气体流量及压力，并对检测数据进行分析，对有问题的导气井或导气盲沟应及时处理。

4.1.15 抽气风机启动前，应进行盘车，并对风机前后管路进行气密性检查，确认管道无泄漏后才能启动抽气风机。

4.1.16 抽气风机启动初期，在保持气体总管中氧气浓度不超过 2% 的情况下，应由低到高调整风机转速，直至最大。

4.2 维护保养

4.2.1 应做好导气井和导气盲沟的维护保养，其维护保养应符合下列规定：

1 应在导气井和导气盲沟处树立警示标志；

2 应定期检查导气井（导气盲沟）与输气管道之间的连接处，发现损坏及时修复；

3 对失去导气作用的导气井和导气盲沟，应及时关闭其连接支管上的阀门。

4.2.2 应定期对导气井附近覆土层进行检查，出现沉降或裂缝，应及时修补。

4.2.3 应做好填埋气体输气管网的维护和保养，保证输气管网的畅通，其维护和保养应符合下列要求：

1 定期检查地面敷设的管道，发现弯曲变形、折断或悬空情况，应及时修复；

2 定期检查管道焊接、法兰连接及丝扣连接处，发现漏气，应及时堵漏；

3 定期检查管网中设置的排水井，发现排水不畅，应及时疏通。

4.2.4 应定期对凝结水排水装置和控制垃圾堆体水位的排水装置进行维护，维护工作主要包括清除淤积污物、控制元器件检查检测、密封性检查、导线检查等。

4.2.5 风机的维护保养应符合下列要求：

1 风机使用三个月后，应更换齿轮油，调整皮带张力，检查安全阀，清洗皮带；风机使用超过一年，应更换皮带；风机使用超过三年，应更换油封和轴承；

2 风机长期不用，每两天应盘车一次；

3 每天应检查风机的油量、电流值及出口压力；

4 每三个月应至少更换一次风机的润滑油，润滑油应加注至油镜中央线以上，不应过满；

5 变频调速风机应按变频器随机手册的要求做好日常维护和定期维护。

4.3 安全操作

4.3.1 导气井井口氧气浓度超过 2% 时，应减少阀门开度。当查明存在进氧点时，应视情况关闭导气井阀门直至进氧故障排除。

4.3.2 导气井运行过程中应避免出现过抽现象。

4.3.3 风机启动前，风机正压管段所有管道和设备必须进行氮气冲扫。

4.3.4 风机和变频器检修必须在切断电源的情况下进行。

4.3.5 风机启动前，应检查进出管段上各阀门是否打开。

4.3.6 风机运行时，严禁全部关闭出口阀，操作人员不得贴近风机旋转部件；满载时，禁止突然停机。

5 填埋气体预处理系统

5.1 运行管理

5.1.1 对于填埋气体发电项目，其预处理系统出口处填埋气体应符合表 5.1.1 的要求。

表 5.1.1 预处理系统出口处填埋气体要求

序号	符号	名 称	数 据
1	P	压力	8kPa～35kPa
2	T	温度	10℃～60℃
3	O_2	氧气	≤2%
4	H_2S	硫化物总量	≤300ppm
5	Cl^-	氯化物	≤48ppm
6	NH_3	氨水	<33ppm
7	Tar	残机油和焦油	<5ng/Nm^3
8	Dust	固体粉尘	<5μm
			<3mg/Nm^3
9	φ	相对湿度	<60%

5.1.2 预处理系统启动前必须进行氮气冲扫。

5.1.3 预处理系统启动前应检查各设备、仪表是否正常，是否具备启动运行条件。

5.1.4 预处理系统运行中应至少每天检查一次各设备的运行状况。

5.1.5 填埋气体应缓慢进入过滤器，并逐步增大过滤量至正常额定状态。

5.1.6 冷却器启动后，冷凝水放水阀门应间断打开；冷却器临时停机时，冷凝水放水阀门应全开。

5.1.7 冷水机组首次运行应检查电源电压及相数、相序是否符合选型号规格；冷冻水喉及冷却循环水喉是否接通管路；阀门是否打开；冷冻水箱是否已加满水或其他冷冻介质；冷却水泵运行方向及水塔风机是否逆转。

5.1.8 冷凝器散热不良，应检查冷却塔循环水是否正常、冷却水温是否过高、冷却塔风扇是否运转、冷却水阀门是否完全打开。

5.1.9 冷媒不足，应检查是否存在冷媒泄漏，并及时补漏；冷媒泄漏处浸于水中，应立即停止运行冷冻机，并排除水箱内积水。

5.1.10 压缩机运行期间出现压差减小，应立即停止运转。

5.1.11 压缩机不能正常启动，应检查开关、过载保护器、电磁继电器线圈是否损坏，水箱内液位是否过低。

5.2 维护保养

5.2.1 冬季温度较低时，填埋气体预处理系统停机检修，应将冷水机组整个水路、冷却器与汽水分离器等设备及预处理系统和发电机组之间的积水排空，伴热装置应持续运行。

5.2.2 应定期清洗冷却器、冷凝器、蒸发器、过滤器、散热器及冷却塔，保持表面洁净。

5.2.3 过滤器的维护保养应符合下列要求：

1 应定期检查过滤系统，确认气体压力在过滤器设计工作压力范围内；

2 过滤器前后压差过大时，应停止运行过滤器，并进行排污、清洗或更换滤芯；

3 过滤器不用时，应打开排污口，排尽残液；长期不用时，应清洗过滤器，取出滤芯，存于阴凉干燥处；

4 每三个月应拆下过滤器滤芯检修一次，过滤器密封圈、垫片损坏时，应及时更换；

5 过滤器排水口出现堵塞，应及时冲洗疏通。

5.2.4 冷却器的维护保养应符合下列要求：

1 冷却器长期停用，应排净冷凝水，封闭各进出口，并保持干燥；

2 应定期清洗冷却器换热面；

3 冷却器出现填埋气体泄漏现象，应立即停止使用，并采取防漏措施。

5.2.5 阻火器的维护保养应符合下列要求：

1 定期清除阻火器内的积水；

2 每六个月应检查和清洗阻火器一次，不得采用坚硬的刷子清洗阻火器芯件，应及时更换变形或腐蚀的阻火层；

3 重新安装阻火器时，应更换新垫片并确认密封面清洁无损伤，保证阻火器的密封性；

4 阻火器停用时，应存放在干燥、通风处。

5.3 安 全 操 作

5.3.1 预处理系统停机后，应及时排除冷凝水，关闭进气阀门及设备电源。

5.3.2 拆卸清洗或更换过滤器滤芯时，应注意安全。

5.3.3 操作冷水机组时应符合下列要求：

1 冷冻水泵不得在水箱内无水的情况下运转；

2 操作开关应避免连续切换；

3 冷冻水温度应设定在 5℃以上。

6 填埋气体利用系统

6.1 运 行 管 理

6.1.1 填埋气体发动机的润滑油应具有热稳定性、氧化稳定性、抗酸性及抗腐蚀性。

6.1.2 应定期检查发电设备及仪器仪表的运行状况。

6.1.3 填埋气体发电机工作电源、电压及频率偏差允许值应符合国家现行标准《燃气轮发电机通用技术条件》JB/T 7074、《气体燃料发电机组通用技术条件》JB/T 9583.1 中的相关规定。

6.1.4 填埋气体发电机处于额定功率运行时，各部分的温度和温升限值应符合国家现行标准《燃气轮发电机通用技术条件》JB/T 7074 中的相关规定。

6.1.5 机油液面超过允许位置时，严禁启动发动机。

6.1.6 填埋气体发动机应停机至少 5min 后，方可检查机油油位。

6.1.7 填埋气体发动机正常运行时，应检查散热风扇是否运行正常、运转声音是否正常。

6.1.8 填埋气体发动机长时间停机再次启动时，应对散热风扇盘车，并检查轴承是否卡滞。

6.1.9 通过加水装置调整冷却水系统压力时，应避免空气进入冷却水系统。

6.1.10 在寒冷地区的冬季，填埋气体发动机的冷却液中应加入不低于30%的防冻剂。

6.1.11 启动点火系统前，应关闭发动机并防止违规启动；发动机处于停机状况下方可设置点火系统参数。

6.1.12 填埋气体发电机组启动前应检查下列内容：

1 空气滤清器、蓄电池、冷却液液位、驱动皮带及排烟系统等的状况；

2 确定所有机件是否上紧，支架、管夹是否定位；

3 传动皮带、风扇等转动件的护盖是否盖好；

4 电压自动调节器和辅助接线柱的连接是否可靠；

5 整流二极管是否被腐蚀；

6 主输出接线柱是否松动。

6.1.13 填埋气体发电机组运行时应检查确认以下情况：

1 运行参数正常；

2 电压、电流、频率处于允许范围内；

3 发电机本体各部分无异常声、无异常振动、无异味；

4 发电机进、出风口滤网保持清洁，无异物堵塞；

5 发电机外壳接地铜刷辫与接地铜排接触良好，无过热、颤振及放电现象。

6.1.14 出现轴承室温度、发电机振动及轴承噪声异常，应检查发电机轴承是否正常运转。

6.1.15 发电机长时间不用、发电机进水、发电机绕组受灰尘污染或受潮时，应检查绕组绝缘是否正常。

6.1.16 填埋气体成分浓度变化或流量不足导致发电机组临时停机，应立即检查抽气系统，确定发生问题的原因及区段，并采取应急措施。

6.1.17 干式变压器的运行管理应符合国家现行标准《干式电力变压器技术参数和要求》GB/T 10228、《电力变压器运行规程》DL/T 572 的相关规定。

6.1.18 填埋气体用作锅炉与汽车燃料及城镇燃气，应保证填埋气体供给的持续性及甲烷的浓度的稳定性。

6.2 维 护 保 养

6.2.1 应定期检查填埋气体正压管段的气密性，重点排查法兰连接、密封圈、伸缩接头、焊接等关键部位。

6.2.2 应及时更换填埋气体发动机受损或老化的管路、密封圈、软管等配件。

6.2.3 填埋气体发电机组的日常维护保养应符合下列要求：

1 调节填埋气体供气压力，使其保持在正常范围；

2 应检查油底壳内机油液面及油质状况，及时补充机油至规定值；

3 检查散热器水位，及时补充冷却水；

4 定时放净油水分离器内的残留物，冬季应防止出现冻结现象；

5 检查并排除发电机组的漏油、漏水、漏气现象，保持机组外观及工作环境清洁；

6 检查发电机本体各部分有无异常声、异常振动、异味及机组排烟有无异常，有异常现象应及时查找原因并排除；

7 检查仪表读数是否正确；

8 检查发电机组各个附件的安装及各处机械连接情况。

6.2.4 填埋气体发电机组每隔一个月应做小保养一次，保养应符合下列要求：

1 检查发电机内接线是否可靠；

2 对蓄电池进行保养，并添加补充液，充电；

3 清洗发电机进、出风口滤网、空气滤清器及冷却水散热器；

4 更换油底壳中的机油，向发电机组各油嘴加润滑油。

6.2.5 填埋气体发电机组每隔六个月应做中保养一次，保养应符合下列要求：

1 检查进、排气门及缸套封水圈的密封情况；

2 检查机油冷却器和冷却水散热器是否存在漏油、漏水情况；

3 检查电器设备是否存在烧损现象，各电线接头是否牢固；

4 检查火花塞，清理积炭；

5 检查气门间隙和点火时间，必要时应作出调整；

6 清洗机油管路及冷却系统水道。

6.2.6 填埋气体发电机组每隔一年应进行全面保养一次，保养应符合下列要求：

1 检查气缸盖组件、活塞连杆组件中各零部件的磨损情况；

2 检查曲轴组件、传动机构和配气相位、机油泵和淡水泵、启动电机、防护罩与安全装置；

3 校验报警系统；

4 检查发动机与发电机的连接。

6.2.7 每年应至少更换一次轴承润滑油，并清洗轴承。

6.2.8 严禁采用密封添加剂阻止冷却系统泄漏。

6.2.9 绕组被灰尘、腐蚀性化学物质及发动机排放物严重污染或受潮时，应清洗绕组；不得采用含有腐蚀性物质的洗涤剂清洗铜线绕组。

6.2.10 填埋气体发动机排烟余热利用系统的日常维护保养应符合下列要求：

1 检查系统有无漏风、漏烟；

2 检查各主要阀门开关是否灵活，有无泄漏；

3 检查有无积尘。

6.2.11 可燃气体报警器校验时，探头周围环境应无可燃气体。有可燃气体时，应充入一定量的洁净空气后，再连续通入样气。

6.2.12 每两个月应检查标定一次报警器的零点和量程。

6.3 安 全 操 作

6.3.1 皮带传动、链传动、联轴器等传动部件防护罩应保持完好。

6.3.2 填埋气体发电机组、高低压配电设备应按其操作规程使用。

6.3.3 检查发动机尾气排放系统时，应带隔热手套、穿防护服。

6.3.4 填埋气体发电机的排气输送部件应避免接触可燃性材料，且应保持设备整洁。

6.3.5 处理掺入防腐剂或防冻剂的冷却液时，应穿戴个人防护装备。

6.3.6 不应向热的发动机中添加冷的冷却液；发动机温度低于50℃时方可拆下散热器盖，加注冷却液。

6.3.7 不应穿戴宽松的衣服或金属饰物靠近转动的机件及电气设备。

6.3.8 填埋气体发电机组运转期间需调整机器时，应远离发烫机件或正在转动的部件。

6.3.9 处理电气故障时，应防止电击。

6.3.10 填埋气体发电机组及机房保持清洁，不应放置杂物，保持地板清洁干燥。

7 自动化控制系统

7.1 运 行 管 理

7.1.1 应检查设备或系统的控制信号是否正常。

7.1.2 填埋气体预处理控制系统的运行管理应符合下列要求：

1 应根据冷水机组出入水压力、温度信号，自动启停冷水机组，控制气体出口温度稳定；

2 根据气体出口压力、出口流量、气体成分浓度信号，自动控制风机转速，开机供气压力不应有较大波动，运行中供气压力波动不应超过5%，甲烷浓度不应低于45%，氧气浓度不应高于2%；

3 检查阻火器温度信号是否正常，回火现象发生时应自动关闭主气阀；

4 检查阀门工作压力信号、风机轴承温度信号是否正常，出现异常应报警和停机保护。

7.1.3 填埋气体发电控制系统的运行管理应符合下列要求：

1 检查预处理系统气体出口压力、温度、甲烷浓度、氧气浓度信号是否正常，出现异常应报警和停机保护；

2 检查尾气温度信号是否正常，监测分析空燃比，调整预处理系统甲烷浓度和抽取流量。

7.1.4 火炬控制系统应采集预处理系统气体出口压力、温度、气体成分浓度、湿度信号，气体品质达到设备运行要求后方可点火。

7.1.5 综合自动化控制系统的运行管理应符合下列要求：

1 分析各子系统间相连接的气体压力、温度、甲烷浓度、氧气浓度对总系统的影响，确定停机保护的范围和优先级；

2 根据甲烷泄漏及现场火灾检测结果启动总停机保护。

7.2 维护保养

7.2.1 应保持中央控制室整洁及微机系统工作正常。

7.2.2 控制屏的维护保养应符合下列要求：

1 保持控制屏清洁，并及时清扫灰尘；

2 定期检查继电器的接触点，有损坏应及时更换；

3 定期检查电缆终端的夹钳；

4 保持电缆排列整齐，分类清晰。

7.2.3 仪器仪表的维护保养应符合下列要求：

1 保持各部件完整、清洁、无锈蚀；

2 定期清洗仪器仪表，仪表表盘标尺刻度应清晰可见；

3 铭牌、标记、铅封应完好；

4 定期检查更换防潮剂，仪表电气线路元件应完好无腐蚀；

5 仪表井应清洁，无积水。

7.2.4 应定期检查、清理控制仪器与显示仪表中的元器件、探头、变送器、转换器、传感器和二次仪表等，发现损坏应及时更换。

7.3 安 全 操 作

7.3.1 仪表出现故障时，不得随意变动检测点及拆卸变送器和转换器。

7.3.2 检修仪器仪表时，应采取防护措施。

7.3.3 在阴雨天气检查现场仪表时，应注意防触电。

8 辅 助 设 施

8.1 运 行 管 理

8.1.1 应每天对泵房、报警阀、排风机房等设施进行检查，发现异常情况，应及时处理并上报。

8.1.2 消火栓箱不应被遮挡、圈占、埋压，应有明显标识；消火栓箱不应上锁，箱内器材应配置齐全无生锈，衔接口应正常。

8.1.3 水带应卷紧放齐，衔接口应正常，水带箱玻璃应保持清洁。

8.1.4 自动灭火系统、消防排烟设备、防火门和消火栓应定期测试，损坏时，应及时维修或更换。

8.1.5 防雷设施应定期由有资质的专业防雷检测机构进行检测并评估。

8.1.6 每年雷雨季节前应检查接地系统连接处是否紧固、接触是否良好、接地引下线有无锈蚀、接地体附近地面有无异常。

8.1.7 接地网的接地电阻每年应进行一次测量。

8.1.8 应设立防雷电灾害责任人，建立各项防雷减灾管理规章。

8.1.9 应定期检测填埋气体利用工程周围的噪声，每年不应少于一次，并将检测结果归档，噪声发生变化时，应及时检查防噪设施的有效性。

8.1.10 购进新设备时，应根据设备噪声的大小重新调整防噪设施等级。

8.1.11 防噪设施维修后不能达到防噪要求时，应及时更换。

8.1.12 火炬的火焰稳定性、烟气排放和噪声应符合现行国家标准《声环境质量标准》GB 3096 及《煤炭工业污染物排放标准》GB 20426 等的相关规定，不达标应立即熄火整顿，直至符合要求。

8.1.13 填埋气体利用项目正常运行时，火炬燃烧气量不得超过总收集气量的 30%；填埋气体利用项目停运时，填埋气体应全部烧掉。

8.1.14 每月应对升压设备进行一次高压预试、仪表校验、绝缘油气监督；用电高峰期间，应增加检查频率。

8.1.15 外绝缘爬电比距应符合现行国家标准《污秽条件下使用的高压绝缘子的选择和尺寸确定》GB/T 26218 的相关规定。

8.2 维 护 保 养

8.2.1 消防设施的维护保养应符合下列要求：

1 移动式灭火器应由专人维护，每周应清洁一次；

2 手动报警按钮、末端放水每月应抽检 10%，一年应全检一次；

3 喷淋泵、水幕泵、消火栓泵及稳压泵每月应启动调试一次；

4 每月应对正压送风、排烟系统测试一次；

5 每三年应对烟（温）感进行一次全面清洗；

6 每半年应对消防水泵等消防设施进行一次全面维护保养。

8.2.2 火灾报警探测器等消防电子设备应根据产品的技术性能委托具有清洗资质的单位清洗保养；火灾报警探测器在投入运行两年后应首次清洗，以后每三年应清洗一次。

8.2.3 应保持灭火器铭牌完整清晰，保险销和铅封应完好且避免日光曝晒、强辐射热等环境影响。

8.2.4 应保持消防水管外表层油漆、消防提示语和警示语的有效和清晰。

8.2.5 应加强对防雷设施的检查维护，防雷设施损坏，应及时告知所在市（区）的防雷检测所。

8.2.6 应由专人对防噪设备定期进行维护，并应作好记录。

8.2.7 应每年对火炬塔体内外金属表面、塔外管道及火炬进行一次涂漆处理。

8.2.8 火炬零部件的维护保养应符合下列要求：

1 下雨时不宜点火，雨后点火应断电并擦干点火间隙和高压瓷瓶上的水珠；

2 电动阀门的工作温度应控制在产品正常使用范围内，超出正常工作范围时，应及时与厂家联系；

3 每隔一周应检查紫外线探测器连线管，出现破损时，应及时更换；

4 看火玻璃出现破裂时，应及时更换性能更优的新玻璃；

5 应实时检查穿线管有无破损，若破损，应及时更换；

6 每月应检查一次液化气罐、软管是否老化、漏气；出现漏气，应及时熄火并更换；每六个月应更换一次软管。

8.2.9 升压系统设备应逢停必扫，大雾天气时，应巡查设备；表面放电或电晕的瓷瓶和套管，应详细记录；瓷瓶应清扫、涂长效防污涂料、加装（更换）硅橡胶伞裙或更换防污闪瓷瓶。

8.2.10 照明设施的维护保养应符合下列要求：

1 应急照明设备应设置特殊标志，应定期检查灯泡是否损坏，禁止取用应急照明系统的灯泡；

2 每周应全面检查一次照明设施的灯头接线盒、控制电路和绝缘情况；

3 每周应检查室外灯具水密封性、锈蚀情况及其接线盒水密封性，若损坏，应立即更换；

4 每周应检查照明灯功能、开关、线路是否正常，应急灯是否安全；

5 每周应对应急照明设施进行一次效能试验，对电源及控制电路应进行一次全面检查，发现故障应立即排除。

8.3 安 全 操 作

8.3.1 火炬维护检修时，人员不得在火炬内壁温度高于50℃的情况下进入，且现场应有专人监护。

8.3.2 机动车辆不应随意进入升压系统区域，必须进入时，车辆的进出、行驶、操作应有专人监护。

8.3.3 升压系统内严禁使用铝合金等金属梯子。

8.3.4 应避免非专业人员在升压系统内工作；必需进行工作时，应向其交代安全注意事项，落实有关安全措施。

8.3.5 安装灯具时，应注意灯具规格、电压等级；灯泡功率不得超过灯具所允许容量，不应带电更换灯泡及附件。

本规程用词说明

1 为便于在执行本规程条文时区别对待，对于要求严格程度不同的用词说明如下：

1）表示很严格，非这样做不可的：

正面词采用"必须"，反面词采用"严禁"；

2）表示严格，在正常情况下均应这样做的：

正面词采用"应"，反面词采用"不应"或"不得"；

3）表示允许稍有选择，在条件许可时，首先应这样做的：

正面词采用"宜"，反面词采用"不宜"；

4）表示有选择，在一定条件下可以这样做的，采用"可"。

2 条文中指明应按其他有关标准执行的写法为："应符合……的规定（或要求）"或"应按……执行"。

引用标准名录

1 《声环境质量标准》GB 3096

2 《污秽条件下使用的高压绝缘子的选择和尺寸确定》GB/T 26218

3 《干式电力变压器技术参数和要求》GB/T 10228

4 《工业企业厂界环境噪声排放标准》GB 12348

5 《生产过程安全卫生要求总则》GB/T 12801

6 《恶臭污染物排放标准》GB 14554

7 《煤炭工业污染物排放标准》GB 20426

8 《工业企业设计卫生标准》GBZ 1

9 《生活垃圾卫生填埋场运行维护技术规程》CJJ 93

10 《生活垃圾填埋场填埋气体收集处理及利用工程技术规范》CJJ 133

11 《电力变压器运行规程》DL/T 572

12 《燃气轮发电机通用技术条件》JB/T 7074

13 《气体燃料发电机组通用技术条件》JB/T 9583.1

中华人民共和国行业标准

生活垃圾卫生填埋气体收集处理及利用工程运行维护技术规程

JGJ 175—2012

条 文 说 明

制 订 说 明

《生活垃圾卫生填埋气体收集处理及利用工程运行维护技术规程》CJJ 175-2012 经住房和城乡建设部2012年1月6日以第1239号公告批准、发布。

为便于广大设计、施工、科研、学校等单位有关人员在使用本规程时能正确理解和执行条文规定,《生活垃圾卫生填埋气体收集处理及利用工程运行维护技术规程》编制组按章、节、条顺序编制了本规程的条文说明,对条文的目的、依据以及执行中需注意的有关事项进行了说明,还着重对强制性条文的强制性理由作了解释。但是,本条文说明不具备与规程正文同等的法律效力,仅供使用者作为理解和把握规程规定的参考。

目　次

1 总 则

1.0.1 本条规定了本规程制定的目的及必要性。

1.0.2 本条规定了本规程的适用范围。

1.0.3 本条规定了生活垃圾填埋气体收集、处理及利用工程的运行与维护管理除应符合本规程外，尚应符合国家现行有关标准的规定。相关的主要标准包括：

1 《工业企业设计卫生标准》GBZ 1

2 《干式电力变压器技术参数和要求》GB/T 10228

3 《工业企业厂界环境噪声排放标准》GB 12348

4 《生产过程安全卫生要求总则》GB/T 12801

5 《恶臭污染物排放标准》GB 14554

6 《煤炭工业污染物排放标准》GB 20426

7 《声环境质量标准》GB 3096

8 《污秽条件下使用的高压绝缘子的选择和尺寸确定》GB/T 26218

9 《生活垃圾填埋场填埋气体收集处理及利用工程技术规范》CJJ 133

10 《生活垃圾卫生填埋场运行维护技术规程》CJJ 93

11 《电力变压器运行规程》DL/T 572

12 《燃气轮发电机通用技术条件》JB/T 7074

13 《气体燃料发电机组通用技术条件》JB/T 9583.1

2 术 语

2.0.1~2.0.5 列举了本标准中出现的部分涉及填埋气体收集、处理及利用工程运行维护的术语，其他相关专业术语可查阅国家现行标准《市容环境卫生术语标准》CJJ/T 65 - 2004、《生活垃圾填埋场填埋气体收集处理及利用工程技术规范》CJJ 133 -2009。

3 一般规定

3.1 运 行 管 理

3.1.1 本条对场区内甲烷气体浓度的允许值进行了规定。《生活垃圾卫生填埋场运行维护技术规程》CJJ 93 - 2003 中第 5.3.3 条规定"场区内甲烷气体浓度大于 1.25% 时，应立即采取相应的安全措施"。

3.1.2 填埋气体收集、处理及利用系统中一旦出现气体泄漏事故，必然无法保证气体供给的稳定性与持续性，造成气体利用工程无法正常运行；同时，气体泄漏将会引起大气环境的污染，对场区内的安全造成威胁，因此本条规定一旦出现填埋气体泄漏，立刻停

用，检查泄漏处，并采取有效措施予以排除。

3.1.3 为预防火灾等紧急情况，厂区内设紧急疏散通道，并配指示路线图或挂安全通道指示灯，重要通道设有应急照明设施，且该设施具有防火和防振动等功能。

3.1.4~3.1.7 对填埋气体收集、处理及利用工程运行管理提出了相关要求，主要包括管理人员、工作人员、车间规程等。工作人员应是熟练工，需持证上岗，新上岗的员工在熟练工的指导下进行操作；管理人员应熟知相关规定，对各规定特别是强制性条文应有较深刻的理解；按规定对员工和设备进行检查，不得徇私舞弊，且承担相应责任；车间内的图表、流程图和操作规程等不能随意拆除、移位，并定期进行打扫和改换。

3.1.8 本条针对填埋气体收集、处理及利用工程运行过程中的噪声、大气污染物及臭气浓度作了相关要求。

3.2 维 护 保 养

3.2.1 本条要求的目的是保证备品备件供应，减少非计划的故障停机。

3.2.2 本条对设备、仪器仪表的检查、维护保养提出了具体要求，明确了日常维护保养、小修、中修、大修的具体负责人。

3.2.3 本条要求电气安全、监测报警、防爆、环境监测等仪器设备、仪表的维护及检修周期需符合电业、消防和环保等部门的规定。设备、仪表维修中应注意消防安全，且对于存在消防安全隐患的设施需及时维修。维修中产生的废水、废物以及有毒物等需妥善处理，以免污染环境。

3.2.4 设施设备、仪器仪表的日常维护管理要作好记录并归档，档案需有专门人员管理。

3.2.5 本条对填埋气体收集、处理及利用工程的设备维修方案提出了具体要求。

3.3 安 全 操 作

3.3.1 启闭电气开关、检修电气控制柜及机电设备时，若操作不当，易发生事故，工作人员需按电工安全规定操作。

3.3.2 本条为强制性条文，主要是为了防止静电对仪器仪表等设备造成损坏。

3.3.3 本条为强制性条文，擦拭设备运转部位会造成设备参数的偏差；水溅到电缆头或电机带电部位会导致漏电，造成工作人员安全隐患；水溅到电机润滑部位会稀释润滑剂而降低润滑效果。

3.3.4 为确保维修人员安全，维修设备时，需悬挂维修标牌。

3.3.5 本条为强制性条文，维修发电设备时，若确实需要临时动力线，必须在保证安全的前提下搭接，

使用过程中需有专职电工在现场管理，使用完毕需立即拆除。

3.3.6 设备出现故障时，为保证工作人员的安全，需将原来正常通道关闭，并挂维修警示牌。维修及维护工作人员经专门的通道进入，且需穿戴劳保用品，该通道可固定也可临时。

3.3.7 本条为强制性条文，主要是为保护工作人员人身安全。化纤类工作服易燃，且燃烧后会融化，粘附在身体表面不易脱掉，会对身体造成严重的烧烫伤。填埋气体泄漏后，密闭空间中的甲烷浓度较大，使用手机等通信设施引起爆炸的可能性较大。

3.3.8 填埋气体收集、处理及利用工程的相关设备在运行过程中会散发大量的热，导致设备表面温度较高，工作人员在擦洗设备时，需小心谨慎，待设备表面温度降低之后，再进行维护保养，以免烫伤。

3.3.9 为了应对火灾、爆炸、洪水、飓风、地震等突发性灾害，减少损失，本条要求需制定相应的应急预警方案和具体防护措施及补救措施。

3.3.10 为保证工作人员在紧急情况下能受到及时的保护和治疗，规定了本条内容。

3.3.11 本条是针对设备的安全操作与维护、操作人员培训而提出的。

3.3.12 环境健康和劳动安全是保证职工生命安全和填埋气体收集、处理及利用工程安全运行的关键因素，职工需定期接受专门培训，填埋气体收集、处理及利用工程需加强管理，责任落实到人。

3.3.13 本条对填埋气体收集、处理及利用工程的组织结构、岗位设置及维护人员提出了要求。

3.3.14 本条对职工培训提出了相关要求。作业人员必须接受三级安全教育；特种作业人员危险性大，需取得《特种作业人员操作证》后方能上岗；工作环境改变时，工作人员需接受相应培训以适应新的工作要求，保证作业安全。

3.3.15 本条对保证填埋气体收集、处理及利用工程的劳动卫生和职工身体健康作了相关要求。

4 填埋气体收集系统

4.1 运 行 管 理

4.1.1 本条要求目的是提高垃圾填埋过程中填埋气体收集率，减少填埋气体扩散对环境的污染。

4.1.2 本条的要求对于保持抽气量稳定、提高气体收集率、防止过量抽气是必要的。由于填埋气体产气速率随时间变化较大，每个导气井应设置阀门，并通过调节阀门开度达到产气量和抽气量平衡。若抽气量大于产气量，易造成空气的吸入，发生危险。因此，本条规定实时监测导气井的产气流量和压力，一旦发现产气量和抽气量失去平衡，需立即调节井口阀门开

度，重新达到产气量与抽气量平衡。调节阀门开度时，注意分阶段加大开关开度，不能一次打开过大，否则会出现导气井过抽现象。

4.1.3 采用多参数一体化气体分析仪监测导气井中气体成分浓度，实现填埋气体多组分（甲烷、氧气、二氧化碳等）同步检测，一旦发现井内甲烷浓度明显下降，而氧气浓度明显升高，则说明抽气量超过了产气量，造成了空气的渗入，需要通过减少该导气井的抽气量来减少空气的渗入。

4.1.4 本条提出了工作人员对导气井水位检测的具体要求。导气井内积水过多，说明垃圾堆体中水位过高，会影响填埋气体的收集。因此，一旦发现井中水位过高，要及时采取有效措施排除积水，降低垃圾堆体水位。为了安全，排水时需采用压缩空气自动排水系统。

4.1.5 为了提高填埋气体收集率，根据设计文件与现场实际情况设置导气盲沟。

4.1.6 由于垃圾堆体的沉降极易引起填埋气体输气管道弯曲，冷凝水极易在管道局部聚集，造成输气管道阻塞，影响填埋气体的正常输送，因此，为保证管道排水顺畅及输气正常，需要及时调整管道坡度。

4.1.7 抽气系统的压力直接影响填埋气体的收集，为保证填埋气体收集的稳定性，在监测过程中，一旦发现压力出现异常，需及时查明原因，并采取有效措施进行处理，尽快恢复原有压力。

4.1.8 若在抽气系统运行过程中出现抽气压力过高，但经检测发现输气管网和导气井处于正常运行状态，很可能是由于预处理管道滤网发生堵塞引起的，为维护抽气系统的正常运行，工作人员需采取有效措施排除滤网堵塞或更换滤网。

4.1.9 工作人员在监测填埋气体浓度及流量时，若发现甲烷及氧气浓度出现异常，为保证填埋气体利用工程的正常运行，需及时调整抽气系统的抽气流量，维护填埋气体收集的连续性及稳定性。

4.1.10 经长期运行，垃圾填埋场渗沥液导排系统易被细小颗粒堵塞，造成垃圾堆体内的水下渗困难，使其长期保持高水位，影响气体的收集。本条要求采用压缩空气泵抽水是出于安全的考虑，避免电泵可能产生火花而引起甲烷爆炸。抽出的渗沥液需要排放到填埋场内的渗沥液处理站进行处理，以防止渗沥液污染环境。

4.1.11 本条对导气井和导气盲沟的日常检查工作提出了具体要求，工作人员需在收集日志中记录导气井的气体成分浓度、阀门开度、导气井排水情况、天气情况、环境温度等数据，以便以后分析。

4.1.12 本条对填埋气体收集系统的检测项目提出了要求。《生活垃圾填埋场填埋气体收集处理及利用工程技术规范》CJJ 133－2009 中 7.2.7 条规定"抽气系统应设置填埋气体氧（O_2）含量和甲烷（CH_4）含

量在线监测装置，并应根据氧（O_2）含量控制抽气设备的转速和启停。"

4.1.13 本条对工作人员每天的检查项目提出了具体要求。检查填埋气体各成分浓度、气体流量和抽气压力状况，判断是否出现氧气浓度过高、甲烷浓度过低等异常情况，一旦出现异常情况，需巡视填埋气体收集系统，检查导气井和输气管网有无损坏或异常。损坏轻微应立即修复；损坏较严重时，如管道破裂漏气等，先关闭相关的控制阀门停止抽气，并采取临时性维修措施，再安排作永久性修复。

4.1.14 导气井和导气盲沟是直接从垃圾堆体中收集气体的设施，检测导气井和导气盲沟的气体流量、压力和气体成分浓度是判断其集气效果的重要手段。

4.1.15 负压段管道漏气，则会吸入空气，影响填埋气体收集量并可能发生危险；正压段管道漏气也可能发生危险，因此本条要求在抽气之前要检查风机前后管路的气密性。

4.1.16 抽气风机启动前需将风机转速调至设计额定流量对应转速的50%，风机启动后，若氧气浓度始终保持在2%以下，则继续调高风机转速，若氧气浓度逐步上升，超过2%时，则将风机转速调低，检查管路密封性，将漏气点封堵后继续提高风机转速并监测氧气浓度变化。依此方法，在氧气浓度保持在2%以下的情况下，逐步调高风机转速，直至转速达到最大为止，此转速下的填埋气体流量即为填埋气体最大抽气量。

4.2 维护保养

4.2.1 导气井和导气盲沟的维护是填埋气体收集工程运行维护的重要内容。由于垃圾堆体沉降持续时间比较长，导气井和导气盲沟随垃圾堆体的沉降而不断变化，其与管道的连接处容易松动甚至断裂，因此需要经常检查维护。

4.2.2 本条要求主要是防止氧气从裂缝中吸入。

4.2.3 输气管网是气体收集系统的重要设施，本条要求的维护内容是保证管网畅通、有效输送填埋气体应做的基本工作。

4.2.4 凝结水排水装置一般安装在输气主干管的凝结水排水井中，控制垃圾堆体水位的排水装置一般安装在导气井或渗沥液导排井中。井中工作环境差，排水装置易淤积污泥或被腐蚀，因此需要定期维护。

4.2.5 本条对风机的维护保养作出规定：

　1～4 为风机及其辅助设备维护的基本要求。

　5 变频器的日常维护主要包括：检查进线电压是否正常、变频器所处的环境温度和湿度是否正常、散热器温度是否正常、冷却风机的声音是否正常、控制板上大功率电阻是否变色。变频器定期维护主要包括：清除电路板及散热器上的灰尘、检查引出线及电动机的绝缘电阻、更换连续运行时间超过设计值的冷

却风机。

4.3 安全操作

4.3.1 本条为强制性条文，导气井中氧气浓度明显增加，超过2%，说明导气井有空气吸入，需及时采取措施降低填埋气体中氧气浓度，保证导气井抽气正常，避免发生事故。

4.3.2 导气井过抽会造成甲烷浓度下降，氧气浓度升高，易发生危险。

4.3.3 本条为强制性条文，风机启动前正压侧的管道和设备内充满了空气，风机启动初期，负压段的填埋气体与正压段的空气形成具有爆炸性的混合气体，出于安全考虑本条要求必须进行氮气冲扫，将内部空气置换。

4.3.4 本条为强制性条文，是风机和变频器安全检修的基本要求。

4.3.5 如在进出口管段阀门关闭的情况下启动风机，易造成风机的损坏。

4.3.6 本条为强制性条文，是风机运行期间安全操作的基本要求。

5 填埋气体预处理系统

5.1 运行管理

5.1.1 本条对填埋气体发电项目中填埋气体经预处理系统处理后应达到的指标提出了具体要求。

5.1.2 本条为强制性条文，采用氮气对预处理系统进行冲扫，主要是为了置换预处理系统管道内的空气，防止空气与填埋气体混合，形成爆炸气体。

5.1.3 本条对填埋气体预处理系统启动前的检查工作提出了具体的要求。预处理系统启动前的检查可参考以下内容：（1）确定阀门状态，内容包括从气源进入预处理管路上的阀门打开；通往气体利用设备的管路阀门全开；冷干机冷却器进口阀门和出口阀门全开，旁路全关；备用初级过滤器前后端阀门全关，冷却器前端初级过滤器前后端阀门全开；精密过滤器进口阀门和出口阀门全开；风机入口前阀门全开；预处理主管路流量计前后阀门全开，旁路流量计阀门全关；初级过滤器、冷却器下端排水阀全开，精密过滤器下端排水阀全关；（2）确定排水口的积水全部排空，内容包括冷干机冷却器的排污阀排水；填埋气体预处理系统入口前过滤器排水；精密过滤器排水；（3）检查其他主要设备，内容包括罗茨风机油位正常；顺工作方向拉动风机皮带，检查转子转动灵活，无摩擦和碰撞；罗茨风机皮带松紧度适合；冷水机组的液位处于正常位置；系统供电正常；控制柜内部相应开关均已闭合；仪表指示正常；各按钮处于"远控"档位；（4）检查操作系统的参数设置，内容包括

预处理系统出口压力设定值;系统报警参数设定值;系统停机参数设定值;电动调节阀流量上限值;排空阀压力值;制冷器启动温度。

5.1.4 本条对填埋气体预处理系统运行中的检查工作提出了具体要求。若发现填埋气体预处理系统运行出现异常,应立即停机,并及时采取有效措施排除故障,以保证填埋气体预处理系统的正常运行。预处理系统运行中的检查可参考以下内容:手动、电动阀门全部开、关到位;风机运转声音及轴承处温度正常;机构动作符合程序要求;现场仪表指示正常;系统排水正常,自动排水泵运转正常;系统管道、静设备排水阀关闭,无漏气;过滤器前后压差正常。

5.1.5 本条对预处理系统中填埋气体进入过滤器的状态提出了要求。

5.1.6 因填埋气体湿度较大,气侧将有大量冷凝水产生,因此,本条规定出气风筒下方的冷凝水放水阀门需间断打开,以便冷凝水顺利排出。冷却器临时停机时,要求打开出气风筒下方的冷凝水放水阀门,其目的是将残存的冷凝水完全排出。

5.1.7 本条是为了保护冷水机组,对首次启动冷水机组时工作人员需检查的相关事项提出了具体的要求。

5.1.8 当冷凝器散热不良时,压缩机效率会降低,运转电流将提高,当风冷式高压压力升至 2.4MPa,水冷式高压压力升至 2.0MPa,压缩机受高压开关保护跳脱,压缩机停止运转。因此一旦出现冷凝器散热不良,需及时检查冷却塔循环水是否正常、冷却水温是否过高、冷却塔风扇是否运转、冷却水阀门是否完全打开,并及时处理,保证散热良好。

5.1.9 当水温在 5℃ 以上时,低压表压力显示低于 0.2MPa 时,即表示冷媒不足,此时需先对漏冷媒的地方进行补漏处理,再更换干燥过滤器重新抽真空,并充入适当冷媒。如发现漏冷媒部分浸于水中,需立即停止冷冻机运行,速将水箱内积水排除掉,尽快通知设备生产商派人员处理维修,以免压缩机将水吸入系统中造成更严重损坏。

5.1.10 当压缩机运行时高压和低压两者压差减小时,即表示压缩机本身阀片破损或断裂,需立即停止运转并通知维修人员进行处理。

5.1.11 本条对压缩机无法正常启动时工作人员应检查的事项提出了具体的要求。压缩机不能正常启动,需检查的事项可参考下列内容:温度开关是否调得过高或损坏;切换开关是否损坏;防冻开关是否损坏;压力开关是否跳脱或损坏;压缩机过载保护器是否损坏或跳脱;电磁继电器线圈和过载保护器是否损坏;水箱内液位是否过低;冷冻水流量开关是否损坏。

5.2 维护保养

5.2.1 在冬季气温较低的情况下,填埋气体预处理

系统一旦停机检修,在冷水机组、冷却器、过滤器、汽水分离器等设备以及预处理系统与发电机组之间必然存在积水,若积水不被排除,积水将会在预处理系统中结冰,会对预处理系统造成损坏,因此,为了保证预处理系统的安全运行,本条要求在预处理系统停机检修时需将积水排空。

5.2.3 本条对填埋气体预处理系统中过滤器的维护保养提出了具体要求,旨在维护过滤器的正常使用,保证填埋气体的过滤效果。

5.2.4 本条对冷却器的维护保养作出规定:

    1 本款是为了延长冷却器的使用寿命;

    2 如果发现冷却器的冷却效果下降,同时进出水压力损失明显增大,说明填埋气体冷却器的水侧出现阻塞,此时需清洗冷却器的水侧,恢复冷却效果;如果冷却器的气侧压力损失明显增大,说明气侧出现阻塞,此时需清洗冷却器的气侧,恢复气压;

    3 本款是为了维护填埋气体利用工程的安全运行,且防止填埋气体大量泄漏污染环境。

5.2.5 本条对填埋气体预处理系统的阻火器维护保养提出了具体要求。

5.3 安全操作

5.3.1 本条对填埋气体预处理系统停机后的安全操作提出了具体要求。填埋气体预处理系统停机后,需关闭预处理入口端的手动阀,避免填埋气体在系统停机后继续进入预处理系统中,此外,系统停机后,需及时排除管路与设备中的冷凝水,并关闭设备电源,以保证填埋气体预处理系统的安全。

5.3.2 过滤器易伤人,为了保护工作人员的人身安全,本条要求工作人员在清洗或更换过滤器滤芯时,需小心谨慎,防止受伤。

5.3.3 本条对工作人员操作冷水机组时应注意的事项提出了具体的要求,旨在维护冷水机组的安全运行。

6 填埋气体利用系统

6.1 运行管理

6.1.1 本条对填埋气体发动机的润滑油提出了要求。

6.1.3 本条对填埋气体发电机电源、电压及频率的允许偏差值提出了要求。

6.1.4 本条对填埋气体发电机在额定功率运行时,各部分的温度及温升限值提出了要求。

6.1.5 本条为强制性条文,机油液面超过允许位置时,强行启动发动机会对发动机造成损害。

6.1.6 发动机停机后至少 5min 才能检查机油油位,这段时间内机油会流回油底壳。检查机油油位时,发动机必须水平以确保测量准确。

6.1.7 本条对填埋气体发动机正常运行时的检查工作提出了要求。

6.1.8 本条对填埋气体发动机长时间停机再次启动前的准备工作提出了要求。

6.1.9 通过加水装置调整冷却水系统压力时，需注意在排除加水软管中的空气后，再将其连接到加水装置上，以避免将空气带入冷却水系统中降低冷却效果。加水过程中，排气旋塞阀保持打开状态，直至只有水从排气装置中流出为止，其后关闭加水装置，将软管与加水装置断开。每次加注或补充冷却水之后，需反复执行加水操作，直至将冷却水系统中的空气完全排出。

6.1.10 寒冷地区的冬季，由于气温过低，发动机的冷却液中需加入适当比例的防冻剂，一般不应低于30%，主要为了防止冷却液冻结。

6.1.11 启动点火系统前，如果没有断电关闭发动机，电流脉冲会给工作人员带来生命危险，因此，启动前应检查是否已无电压。此外，发动机运行中禁用点火系统参数设置，只能在下次停机时，才能设置参数。

6.1.12 本条对填埋气体发电机组启动前应进行的检查项目提出了具体要求。在高湿度地区、空气中含有腐蚀性化学物质或机组振动较大时，发电机组的接头和导线可能会腐蚀、损坏或松动，因此，在发电机组启动前，需检查电压自动调节器和辅助接线柱的连接、整流二极管、主输出接线柱是否完好。

6.1.13 对运行中的发电机组进行正常的巡视检查是保证发电机组长期安全运行的必要条件。本条对发电机组正常运行中需检查确认的内容提出了具体要求。

6.1.14 出现轴承室温度高于正常温度或温度突然上升、发电机振动增加、轴承产生的噪声异常时，很有可能是轴承出现了问题，此时需对轴承进行检查。

6.1.15 在防冷凝加热器没开情况下，发电机长时间不用、发电机进水、发电机绕组被空气中的灰尘污染或受潮时，绕组绝缘可能受到损坏，此时需检查绕组绝缘。

6.1.16 本条要求对填埋气体浓度、流量进行不定期的检测，若发现由于填埋气体浓度变化、流量不足导致发电机临时停机，此时需立即检查抽气系统，采取有效措施及时恢复气体成分浓度、流量，继续发电。

6.1.17 本条对变压器的运行提出了具体要求。

6.1.18 本条对填埋气体用作锅炉燃料、城镇燃气、汽车燃料提出了基本要求。

6.2 维护保养

6.2.1 填埋气体正压管段如存在漏气，易造成甲烷在室内聚集而发生危险，因此本条对工作人员检查填埋气体正压管段密封性提出了具体要求。

6.2.2 当达到运行温度时，发动机冷却水的温度很高，并且存在压力。受损或老化的管路、密封圈、软管和软管卡箍以及其他配件需立即更换，这些部件如果破裂，高温冷却水可能会对人员造成伤害，并且可能引起火灾。

6.2.3 本条对填埋气体发电机组的日常维护保养提出了要求。

6.2.4 本条对填埋气体发电机组每隔一个月的维护保养提出了要求。

6.2.5 本条对填埋气体发电机组每隔六个月的维护保养提出了要求。

6.2.6 本条对填埋气体发电机组每隔一年的维护保养提出了要求。

6.2.7 本条旨在维护轴承的安全运行，对轴承润滑油的更换提出了要求。

6.2.8 本条是强制性条文，如采用密封添加剂来阻止冷却系统泄漏，会导致冷却系统阻塞或冷却液流动不畅，从而导致发动机过热，对发动机造成损坏。

6.2.9 绕组被灰尘、腐蚀性化学物质及发动机排放物严重污染或受潮时，造成绝缘电阻暂时降低，此时需立即清洗绕组。清洗绕组时，可以采用喷雾水清洗，并可加入无腐蚀性的洗涤剂；含有腐蚀性物质的洗涤剂不能用于清洗铜线绕组，以防止绕组被腐蚀破坏。

6.2.10 本条对填埋气体发动机排烟余热利用系统的日常维护保养提出了要求。

6.2.11 本条对可燃气体报警器的校验提出了要求，以保证报警器校验的准确性。

6.2.12 本条对报警器的零点和量程的检查标定提出了要求，以保证报警器的灵敏性。

6.3 安全操作

6.3.1 本条要求的目的是防止皮带传动、链传动、联轴器等造成工伤事故。机罩安装需牢固、可靠，以防振脱、碰落。

6.3.3 填埋气体发动机排气温度高达650℃，没有隔离的废气输送部件具有极高的温度，人员不慎触碰，会受到严重烫伤。因此，运行人员工作时需带隔热手套，穿防护服。

6.3.4 由于填埋气体发电机的排气输送部件具有极高的温度，要求避免其接触可燃性材料，谨防起火。

6.3.5 防腐剂或防冻剂对健康有害，在处理防腐剂、防冻剂和冷却液时，工作人员需穿戴个人防护装备，避免身体受到危害。

6.3.6 向热的发动机中添加冷的冷却液，会损坏发动机铸件，需等到发动机冷却到50℃以下时再加注冷却液。不能从热的发动机上拆下散热器盖，要等到发动机温度低于50℃才能拆下散热器盖，否则喷出的冷却液或蒸汽会造成人身伤害。

6.3.7 工作人员穿着宽松衣服在转动机件上工作会

被卷入，金属饰物会使电气接点短路，从而使人员休克或灼伤。

6.3.8 本条旨在保障工作人员的安全，防止烫伤等事故的发生。

6.3.9 处理电气故障时，首先应关闭电力电源，在电气设备周围的金属或钢筋结构的地板上放置干燥的木板，再垫上橡胶绝缘垫之后，才可处理故障。处理时，不可以在穿湿的衣服或鞋子、非绝缘鞋及皮肤潮湿时去处理电气故障，以防止触电。

7 自动化控制系统

7.1 运 行 管 理

7.1.1 中央控制室可以控制大部分设备的运行。若发现设备或系统的控制信号出现异常，可根据控制显示屏的警告信号，判断故障设备或参数问题，通知检修人员予以处理。

7.1.2 本条对填埋气体预处理控制系统的信号检查、气体处理要求、防火安全和报警功能提出了具体要求。

7.1.3 本条要求根据填埋气体发电项目的特点对发电控制系统的运行管理提出了具体要求，目的是实现燃气发电机利用填埋气高效稳定地运行发电。

7.1.4 火炬控制系统主要负责残余气体燃烧系统的点火/灭火、安全保护等流程控制，实现对各流程运行状态的实时监测和自动控制。本条要求火炬控制系统应能采集预处理系统气体出口压力、温度、气体成分浓度、湿度信号，实现气体品质监测，并对点火提出了具体要求。

7.1.5 综合自动化控制系统由预处理、发电、火炬等子控制系统构成，各子系统以通信形式与主系统连接，实现主系统对各子系统的监测与控制。综合自动化控制系统信号由预处理、发电、火炬控制系统采集的所有模拟量、开关量信号构成。本条对综合自动化控制系统的运行提出了具体要求。

7.2 维 护 保 养

7.2.1 本条对中央控制室的维护提出了要求。

7.2.2 本条对控制屏的维护保养提出了要求。

7.2.3 本条对仪器仪表的维护保养提出了要求。

7.2.4 检查并清理仪器仪表的元器件、探头、变送器、转换器、传感器及二次仪表等，主要目的是消除污垢造成的干扰，保证信号的灵敏度、准确度。在清理时，应根据各类仪表的自身特点与要求进行。

7.3 安 全 操 作

7.3.1 仪表出现故障时，若随意变动已布设的检测点会对工艺的正常运行造成影响；若随意拆卸变送器

和转换器可能带来一系列的问题，应首先检查可能出现且易于维修的问题。

7.3.2、7.3.3 检修仪器仪表时，工作人员应小心，并采取保护措施，以防止触电等危及人身安全的事故发生。

8 辅 助 设 施

8.1 运 行 管 理

8.1.1 本条对消防值班人员的日常检查工作及异常情况的处理办法提出要求。

8.1.2、8.1.3 针对室内外消火栓及水带管理提出的要求，以便应急时消火栓及水带可立即投入使用。

8.1.4 本条要求定期检查和测试自动灭火系统、消防排烟设备、防火门和消火栓，以保证其安全运行。

8.1.6 本条对雷雨季节前接地系统的检查提出了要求，以防止接地系统出现漏电等危及人身安全的事故发生。

8.1.7 本条对接地网的接地电阻的测量提出了要求，接地电阻的测量有助于雷雨季节做好防雷措施，维护填埋气体发电厂安全。

8.1.8 本条要求设立防雷责任人，建立管理制度，明确工作人员职责及日常工作要求，保证填埋气体利用工程有效防雷。

8.1.9 定期检测噪声，是为了防治噪声扰民，保护填埋气体利用工程的周边环境。

8.1.10 新设备引进易引起初始设计的防噪设施效果欠佳，为维护填埋气体利用工程内外环境，确保工作人员及周边居民免受噪声伤害，必须及时增添新的防噪设施，调整设备的防噪等级。

8.1.11 由于防噪设施易老化及磨损，其防噪效果衰减，因此，应对防噪欠佳及失效的防噪设备进行评估及维修，对不能满足防噪要求的设施需更换。

8.1.12 本条对火炬的噪声、烟气排放提出了要求。

8.1.13 本条鼓励收集气体尽量用于发电和其他利用形式。

8.1.14 升压设备检测是保证填埋气体发电厂正常工作的必备工作，检测工作中包括电压表、电流表的校验、绝缘油气监督，观察是否出现异常及损坏。用电高峰时，升压设备等处于高负荷工作状态，此期间必须提高检查频率，出现异常时，需采取适宜措施防止危险发生。

8.1.15 绝缘部分表面附着污秽，使绝缘部分绝缘强度下降，空气潮湿时会发生爬电。为保障升压系统的安全运行，本条对外绝缘爬电比距提出了要求。

8.2 维 护 保 养

8.2.1 本条要求是针对消防设施的维护保养，目的

是保证消防设施的正常使用，若填埋气体利用工程出现火灾，消防设施能及时投入使用，避免较大的财产损失及人员伤亡。

8.2.2 本条是针对火灾报警器等消防电子设备的维护要求提出的，包括设备清洗、保养及清洗单位资质要求。针对易损设备及有特殊清洗要求的设备，必须由有资质的专业人员清洗维护。易损、易锈蚀、易污设备应适当增加清洗次数。

8.2.3 本条是针对灭火器维护提出的。灭火器铭牌需保持完整清晰，以便于检查。为了确保操作人员安全使用灭火器，要求保险销和铅封完整、喷嘴通畅、压力值达到正常。此外，本条规定还提出了灭火器的储存要求，从而保证储存安全。

8.2.5 填埋气体利用工程属于易遭雷击的地区，必须做好防雷保护措施，确保填埋气体利用工程免遭雷击。

8.2.7 管道内外表面锈蚀，易造成设备强度的折损。铁锈易吸收水分，表面粗糙易集聚灰尘从而导致堵塞，引发事故。

8.2.8 本条对火炬零部件的维护保养作出规定：

1 火炬燃烧系统属于高危险操作区域，操作失误或防范意识低，易引发重大事故；高电压下，易导致水分电解成氢气和氧气，发生爆炸，造成火炬燃烧设备及设施损坏、工作人员伤亡，因此，本款规定对点火提出了要求，确保火炬燃烧系统的安全；

2 本款是针对电动阀门工作温度提出的具体要求，异常时要停止相关设备运营，并联系厂家及早

解决；

3 紫外线探测器连线管属于火炬预警系统重要部件，需定期维护，出现破损时，立即更换，从而确保预警系统的正常工作；

6 橡胶管老化及破损极易引起液化气泄漏，如遇明火则会发生火灾等事故。为此，应防微杜渐，定期更换软管；如发现软管老化、漏气，更换前，必须熄灭火源，防止火灾发生。

8.2.9 升压设备涉及高电压、高电流，具有极高的危险性，必须保持升压设备清洁，而且对于潮湿气候，还应防止导电而伤及工作人员，因此，必须对危险部位增设安全防护设施。

8.2.10 本条对照明设施的维护保养提出了要求。

8.3 安 全 操 作

8.3.1 本条为强制性条文，火炬运行期间表面温度极高，为避免工作人员被烫伤，待停机至火炬表面温度恢复到大气温度后，人员方能进入，现场需有专门人员进行温度检测和安全监督。

8.3.3 本条为强制性条文，升压系统区域内易形成高压电弧，使用金属攀爬工具，易发生电击事故，必须严令禁止。

8.3.5 灯具安装务必根据电压等级、电流限制选用，超负荷选用易造成安全隐患，低效率选用则不利于照明。而且，为防止线路烧毁，需设立支路熔断器。灯泡的选用及更换，务必力求安全，场区内更换应由专业人员操作。

中华人民共和国行业标准

生活垃圾卫生填埋场岩土工程技术规范

Technical code for geotechnical engineering of municipal solid
waste sanitary landfill

CJJ 176—2012

批准部门：中华人民共和国住房和城乡建设部
施行日期：2 0 1 2 年 6 月 1 日

中华人民共和国住房和城乡建设部
公 告

第 1243 号

关于发布行业标准《生活垃圾卫生
填埋场岩土工程技术规范》的公告

现批准《生活垃圾卫生填埋场岩土工程技术规范》为行业标准，编号为 CJJ 176 - 2012，自 2012 年 6 月 1 日起实施。其中，第 6.4.1、6.5.5 条为强制性条文，必须严格执行。

本规范由我部标准定额研究所组织中国建筑工业出版社出版发行。

中华人民共和国住房和城乡建设部

2012 年 1 月 11 日

前 言

根据住房和城乡建设部《2009 年工程建设标准规范制订、修订计划》（建标［2009］88 号）的要求，规范编制组经广泛调查研究，认真总结实践经验，参考有关国内标准和国外先进标准，并在广泛征求意见的基础上，编制了本规范。

本规范的主要技术内容是：1 总则；2 术语和符号；3 基本规定；4 填埋场渗流及渗沥液水位控制；5 填埋场沉降及容量；6 填埋场稳定；7 填埋场治理及扩建；8 压实黏土防渗层及垂直防渗帷幕；9 填埋场岩土工程安全监测。

本规范中以黑体字标志的条文为强制性条文，必须严格执行。

本规范由住房和城乡建设部负责管理和对强制性条文的解释，由浙江大学负责日常管理，由浙江大学软弱土与环境土工教育部重点实验室负责具体技术内容解释。执行过程中如有意见或建议，请寄送浙江大学软弱土与环境土工教育部重点实验室（地址：浙江省杭州市余杭塘路 866 号浙江大学紫金港校区安中大楼 A425 室；邮政编码：310058）。

本规范主编单位：浙江大学

本规范参编单位：上海环境卫生工程设计院
上海市政工程设计研究总院（集团）有限公司
中国瑞林工程技术有限公司

中国市政工程华北设计研究总院
城市建设研究院
苏州市环境卫生管理处
深圳市下坪固体废弃物填埋场
浙江大学建筑设计研究院

本规范参加单位：北京环境卫生工程集团有限公司
杭州固体废弃物处理有限公司
成都市固体废弃物卫生处置场
宁波市鄞州区绿州能源利用有限公司

本规范主要起草人员：陈云敏 詹良通 杨新海
王艳明 袁永强 刘淑玲
屈志云 林伟岸 柯瀚
李育超 朱斌 兰吉武
朱水元 李智勤

本规范主要审查人员：张益 顾国荣 包承纲
钱学德 陈朱蕾 何品晶
朱伟 郭明田 齐长青
王志国 韩煊

目　次

Contents

1 总 则

1.0.1 为了防止和减少填埋场发生失稳滑坡、填埋气爆炸和火灾、渗沥液渗漏污染周边环境等危害,增加填埋场单位土地面积垃圾填埋量,节约填埋用地,减少渗沥液产量,提高填埋气收集及资源化利用水平,制定本规范。

1.0.2 本规范适用于填埋场库区工程的岩土工程设计、施工与运行安全监测。

1.0.3 填埋场库区工程设计、施工与运行应充分考虑我国各地区城市生活垃圾特性差异、填埋场工程特点、建设及运行水平,借鉴相关工程经验,做到因地制宜、安全可靠、技术先进、经济合理。

1.0.4 填埋场岩土工程设计、施工与运行安全监测,除应符合本规范规定外,尚应符合国家现行有关标准的规定。

2 术语和符号

2.1 术 语

2.1.1 垃圾含水率 water content of wastes

生活垃圾在 90℃±5℃ 条件下烘到恒量时所失去水分质量与原生垃圾总质量的比值。

2.1.2 田间持水量 field capacity

饱和生活垃圾经长时间重力排水后所保持水的重量与总重量的比值。

2.1.3 水力渗透系数 hydraulic conductivity

单位水力梯度下垃圾中的渗流速度。

2.1.4 渗沥液导排层 leachate drainage layer

设置于填埋场底部、边坡或堆体中间,由天然材料或土工合成材料组成,用于导排渗沥液的层状设施。

2.1.5 最佳击实峰值曲线 peak line of optimum compaction

对同一种土料分别进行不同击实能量的击实试验,连接不同击实试验曲线顶点绘制形成的曲线。

2.1.6 排水单元 liquid drainage cell

填埋场内利用基底构建形成的,与周边区域相对分隔,内部地下水或渗沥液独立进行导排的区域。

2.1.7 渗沥液导排层水头 leachate head in leachate drainage layer

以导排层底面为基准面,导排层内渗沥液最大压力对应的水头。

2.1.8 垃圾堆体主水位 main leachate level

在填埋场深部低渗透性垃圾层以上渗沥液长期累积、壅高所形成的浸润面。

2.1.9 垃圾堆体滞水位 perched leachate level

垃圾堆体内局部低渗透材料以上独立且连续的饱和垃圾的浸润面。

2.1.10 中间水平导排盲沟 intermediate horizontal drainage trench

在填埋至一定高度的堆体表面挖槽建设,由颗粒导排材料、反滤材料、导排管等组成,利用重力流导排后续堆体产生渗沥液的设施,也可兼用于填埋气体收集。

2.1.11 淤堵 clogging

生物膜、化学沉积物、小颗粒材料（如粉粒或黏粒）沉积于渗沥液导排系统管道、颗粒材料或土工织物的过程,该过程降低渗沥液导排系统的导排能力。

2.1.12 主压缩 primary compression

生活垃圾在附加应力作用下短时间内产生的压缩变形。

2.1.13 次压缩 secondary compression

主压缩完成后,垃圾由于降解和蠕变所产生的缓慢而持久的压缩变形。

2.1.14 前期固结应力 preconsolidation stress

垃圾在填埋阶段受到的初始压缩应力,一般由初始压实引起。

2.1.15 土工合成材料允许应变特征值 allowable strain for geosynthetics

材料拉伸试验测得的最大拉力所对应的应变值,除以安全系数后所得的应变值。

2.1.16 土工材料界面 interfaces between geosynthetics

复合衬垫系统中相邻层材料之间的界面,一般包括:碎石/土工织物界面、土工织物/土工膜界面、土工膜/黏土界面、土工膜/土工复合膨润土垫界面、土工膜/土工复合排水网界面、土工复合膨润土垫/黏土界面等。

2.1.17 界面峰值抗剪强度 peak shear strength of interfaces

具有应变软化特性的土工材料界面所具有的最大抗剪强度值。

2.1.18 界面残余抗剪强度 residual shear strength of interfaces

土工材料界面的抗剪强度随变形量增大达峰值后,逐渐软化后的最低值。

2.1.19 警戒水位 warning leachate level

填埋场渗沥液水位上涨到该水位时,填埋场可能发生滑坡。

2.1.20 气体收集率 landfill gas collection ratio

单位时间填埋气收集量与单位时间理论产气量的比值。

2.1.21 中间衬垫系统 intermediate liner system

填埋场扩建工程中以老垃圾堆体为基层的衬垫系统。

2.1.22 垂直防渗帷幕 vertical barriers

利用防渗材料在填埋场周边设置，用于阻止污染物向填埋场外渗漏与扩散的竖向防渗结构。

2.2 符　号

2.2.1 渗沥液产量及水头

F_c——完全降解垃圾田间持水量；

k——导排层渗透系数；

L——允许最大水平排水距离；

M_d——日均填埋规模；

Q——渗沥液日均总量；

q_h——导排层的渗沥液入渗量；

W_c——垃圾初始含水率。

2.2.2 填埋气收集

C——填埋气收集设施单位时间填埋气收集量；

χ_i——对应于填埋场运行情况的填埋气收集率折减系数；

ξ——对应于填埋场渗沥液水位高度的填埋气收集率折减系数；

η——填埋气收集率；

β——填埋气收集设施影响范围面积占已填埋垃圾面积的比例。

2.2.3 填埋场沉降及容量

c——降解压缩速率；

C_c——垃圾主压缩指数；

C_α——垃圾次压缩指数；

$C_{c\infty}$——完全降解垃圾的主压缩指数；

S——垃圾堆体压缩量；

ΔS——垃圾堆体沉降；

V——填埋场容量；

γ_0——填埋垃圾初始容重；

e_0——初始孔隙比；

σ_0——前期固结应力。

ε_a——土工合成材料允许应变特征值；

ε_r——土工合成材料最大拉力所对应的应变。

2.2.4 填埋场稳定

c'——垃圾的有效黏聚力；

c'_p——土工材料界面的峰值抗剪强度对应的有效黏聚力；

c'_r——土工材料界面的残余抗剪强度对应的有效黏聚力；

u——孔隙水压力；

ϕ'_p——土工材料界面的峰值抗剪强度对应的有效摩擦角；

τ_r——土工材料界面的残余抗剪强度；

σ——法向总应力；

τ_f——垃圾的抗剪强度；

ϕ'——垃圾的有效内摩擦角；

τ_p——土工材料界面的峰值抗剪强度；

ϕ'_r——土工材料界面的残余抗剪强度对应的有效摩擦角。

2.2.5 其他

D_h——水动力弥散系数；

R_d——阻滞因子。

3　基　本　规　定

3.0.1 生活垃圾卫生填埋场库区工程应包括：垃圾堆体、场底地基、水平与垂直防渗系统、场底渗沥液导排系统、中间渗沥液导排系统、填埋气收集系统、封场覆盖系统、扩建及治理工程。

3.0.2 填埋场库区工程应进行岩土工程设计和渗流、沉降、稳定验算，并应符合下列规定：

　1　垃圾堆体设计应进行沉降及稳定验算；

　2　水平防渗系统和封场覆盖系统设计应进行沉降及稳定验算；

　3　场底渗沥液导排系统和垃圾堆体中间渗沥液导排系统设计应进行渗流及沉降验算。

3.0.3 填埋场库区治理和扩建工程中的基层处理、中间防渗系统、垂直防渗帷幕、中间渗沥液导排系统、扩建堆体等的岩土工程设计及验算应符合本规范第7章的相关规定。

3.0.4 填埋场库区工程设计前应进行岩土工程勘察，并应符合下列规定：

　1　新建工程应符合现行国家标准《岩土工程勘察规范》GB 50021的规定；

　2　扩建和治理工程应符合本规范第7章的相关规定。

3.0.5 填埋场运行期间及封场后必须进行稳定安全控制，并应符合下列规定：

　1　应按本规范第9章进行岩土工程安全监测；

　2　填埋场稳定控制措施应符合本规范第6章的相关规定。

4　填埋场渗流及渗沥液水位控制

4.1　一　般　规　定

4.1.1 填埋场设计和运行应采取措施控制渗沥液导排层水头，降低污染扩散风险；应控制垃圾堆体主水位和垃圾堆体滞水位，提高垃圾堆体边坡稳定性和填埋气收集率。

4.1.2 对于新建填埋场，应根据水位控制要求设计场底渗沥液导排系统、堆体中间渗沥液导排系统等设施；对于存在高水位问题的现有填埋场，应根据稳定控制要求建设抽排竖井、水平导排盲沟等应急和长期水位控制设施。

4.1.3 填埋场应设置有效的填埋气导排设施，控制垃圾堆体内气压，避免气压过大产生垃圾堆体失稳和爆炸。

4.1.4 建设填埋气收集利用工程时，应根据填埋场施工、运行和渗沥液水位评估填埋气收集量，并应采取有效措施提高填埋气收集率。

4.2 垃圾水气传导特性

4.2.1 填埋场渗沥液总量计算和渗沥液导排设计，应选用合理的初始含水率、田间持水量和渗透系数等水力特性参数。

4.2.2 垃圾水力特性参数宜根据当地或类似填埋场的测试数据选取。无测试数据时，垃圾初始含水率和田间持水量可根据表4.2.2选取。

4.2.3 Ⅰ类、Ⅱ类填埋场运行期间，宜定期测试垃圾初始含水率，Ⅰ类填埋场测试频率宜为2次/年，Ⅱ类填埋场测试频率宜为1次/年。

4.2.4 垃圾含水率测试方法应符合现行行业标准《生活垃圾采样和分析方法》CJ/T 313的规定，烘干温度宜为90℃±5℃。

表4.2.2 垃圾初始含水率和田间持水量

（无机物含量<30%时取值）						
所在地年降雨量（mm）	初始含水率（%）					田间持水量（%）
	春	夏	秋	冬	全年	
年降雨量≥800	45~60	55~65	45~60	40~55	50~60	30~45
400≤年降雨量<800	35~50	50~60	30~45	30~45	40~50	30~45
年降雨量<400	20~35	35~50	20~35	15~30	20~40	30~45

（无机物含量≥30%时取值）						
所在地年降雨量（mm）	初始含水率（%）					田间持水量（%）
	春	夏	秋	冬	全年	
年降雨量≥800	35~50	45~60	35~50	30~45	40~55	30~45
400≤年降雨量<800	20~35	30~45	15~30	15~30	20~35	30~45
年降雨量<400	15~25	25~40	15~25	15~25	15~30	30~45

注：1 垃圾无机物含量高或经中转脱水时，初始含水率取低值；
　　2 垃圾降解程度高或埋深大时，田间持水量取低值。

4.2.5 垃圾田间持水量宜采用压力板法测试，应以基质吸力10kPa对应的含水率作为田间持水量。

4.2.6 垃圾饱和水力渗透系数宜采用现场抽水试验测定，试验方法应符合现行行业标准《水利水电工程钻孔抽水试验规程》SL 320的规定；宜分层测试和计算不同埋深垃圾的渗透系数；抽水井成井直径不宜小于800mm，井管直径不宜小于200mm，井管壁外包反滤材料，井孔与井管之间宜充填洗净的粗砂或砾石。

4.2.7 垃圾饱和水力渗透系数可采用室内渗透试验测定，试样直径不宜小于10cm。当采用现场钻孔试样测试时，宜在现场实际应力水平下测试；当采用人

工配制试样测试时，宜在不同的应力水平下测试。

4.2.8 垃圾的气体固有渗透系数取值范围宜为$1×10^{-13}m^2 \sim 1×10^{-9}m^2$，饱和度较大时宜取小值。

4.3 填埋场渗沥液总量计算

4.3.1 填埋场渗沥液日均总量应按下式计算：

$$Q = \frac{I}{1000} \times (C_{L1}A_1 + C_{L2}A_2 + C_{L3}A_3) + \frac{M_d \times (W_c - F_c)}{\rho_w} \quad (4.3.1)$$

式中：Q——渗沥液日均总量（m³/d）；

I——降雨量（mm/d），应采用最近不少于20年的日均降雨量数据；

A_1——填埋作业单元汇水面积（m²）；

C_{L1}——填埋作业单元渗出系数，一般取0.5~0.8；

A_2——中间覆盖单元汇水面积（m²）；

C_{L2}——中间覆盖单元渗出系数，宜取（0.4~0.6）C_{L1}；

A_3——封场覆盖单元汇水面积（m²）；

C_{L3}——封场覆盖单元渗出系数，一般取0.1~0.2；

W_c——垃圾初始含水率（%）；

M_d——日均填埋规模（t/d）；

F_c——完全降解垃圾田间持水量（%），应符合本规范表4.2.2的规定；

ρ_w——水的密度（t/m³）。

4.4 场底渗沥液导排设计与水头控制

4.4.1 填埋场库底和边坡应建设有效的渗沥液导排系统，其结构形式应符合现行行业标准《生活垃圾卫生填埋技术规范》CJJ 17的规定，填埋场渗沥液导排层水头不应大于30cm。

4.4.2 填埋场场底应设置适宜的排水单元；排水单元中的渗沥液导排盲沟可设置为"直线形"或"树叉形"，有条件时宜采用"直线形"；排水单元内最大水平排水距离应小于允许最大水平排水距离L。

4.4.3 允许最大水平排水距离L应按下列公式计算：

$$L = \frac{D_{max}}{j\frac{\sqrt{\tan^2\alpha + 4q_h/k} - \tan\alpha}{2\cos\alpha}} \quad (4.4.3-1)$$

$$j = 1 - 0.12\exp\left\{-\left[0.625\log\left(\frac{1.6q_h}{k\tan^2\alpha}\right)\right]^2\right\} \quad (4.4.3-2)$$

$$q_h = \frac{Q}{A \times 86400} \quad (4.4.3-3)$$

式中：L——允许最大水平排水距离（m）；

D_{max}——渗沥液导排层允许的最大水头高度（m），取0.3m；

k——导排层渗透系数（m/s），宜取$1×10^{-3}$

$m/s \sim 1 \times 10^{-4} m/s$;

　　α——坡角（°），$\alpha = \arctan s$，s 为底部衬垫系统的坡度（%）；

　　j——无量纲修正系数；

　　q_h——导排层的渗沥液入渗量（m/s）；

　　A——场底渗沥液导排层面积（m²）。

4.4.4 填埋场所在地区年平均降雨量大于 800mm 时，填埋场场底渗沥液导排层厚度不应小于 500mm，其他情况下不应小于 300mm；渗沥液导排层与垃圾之间宜设置反滤层。

4.4.5 渗沥液导排层颗粒材料应符合下列要求：

　　1 应采用粒径 20mm ～ 60mm 的卵石、砾石、碴石或碎石等硬质材料；

　　2 初始渗透系数不应小于 $1 \times 10^{-3} m/s$；

　　3 岩石抗压强度应符合现行国家标准《建筑用卵石、碎石》GB/T 14685 的规定，压碎指标宜达到 Ⅰ 类指标要求；

　　4 碳酸钙含量不应大于 5%；

　　5 铺设前应洗净。

4.4.6 渗沥液导排系统采用土工复合排水网等材料时，宜验算其长期导排性能；库底边坡设置渗沥液导排层的上覆保护层不宜采用低渗透性材料。

4.4.7 渗沥液导排主管出口宜设置端头井等反冲洗维护通道。

4.5 垃圾堆体水位及控制

4.5.1 填埋场设计时，宜根据垃圾田间持水量、水力渗透系数和渗沥液导排层渗透系数等水力特性参数，采用水量平衡法或渗流分析法估算堆体水位；当垃圾堆体主水位的计算结果超过警戒水位时，应设置长期水位控制设施，包括中间渗沥液导排盲沟、抽排竖井等，警戒水位的确定应符合本规范第 6.4.1 条的规定。

4.5.2 现有高水位填埋场应设置长期水位控制设施，确保垃圾堆体主水位处于警戒水位以下。

4.5.3 垃圾堆体主水位接近警戒水位或存在堆体失稳隐患时，应及时采取应急降水措施，宜采用小口径抽排竖井。

4.5.4 中间渗沥液导排盲沟应符合下列要求：

　　1 宜随填埋堆高分层建设，竖向间距宜为 10m ～ 15m，横向间距宜为 50m ～ 60m；靠近堆体边坡 50m 范围内宜适当减小导排盲沟间距以加强渗沥液导排；

　　2 断面面积不宜小于 1m × 1m，沟周边宜设置反滤层，内宜铺洗净颗粒材料，沟中宜设导排管，管径不宜小于 250mm；

　　3 应验算中间渗沥液导排盲沟沉降后排水坡度，避免产生倒坡；

　　4 宜设置端头井等反冲洗维护通道。

4.5.5 渗沥液抽排竖井宜符合下列要求：

　　1 井间距不宜大于 2 倍单井影响半径，需强化降水效果时可适当加密布置；

　　2 成井直径宜为 800mm ～ 1000mm，井管直径宜为 200mm，管外应包反滤材料，井管与井壁间宜充填洗净碎石；

　　3 宜在井壁内设置钢筋笼并宜采用高强度刚性井管，以减少堆体侧向位移和沉降的影响；

　　4 宜采用压缩空气排水。

4.5.6 建设中间渗沥液导排盲沟及抽排竖井等设施时，在垃圾堆体开槽和钻孔应避免塌方、火灾、爆炸、中毒等安全事故。

4.6 填埋气收集及控制措施

4.6.1 填埋气收集量宜根据填埋场运行情况与渗沥液水位高度按下式计算：

$$C = Q_t \eta \beta \qquad (4.6.1-1)$$

$$\eta = 85\% - \sum_{i=1}^{6} \chi_i - \xi \qquad (4.6.1-2)$$

式中：C——填埋气收集设施单位时间填埋气收集量（m³/a）；

　　Q_t——填埋场单位时间理论产气量（m³/a），计算方法应符合现行行业标准《生活垃圾填埋场填埋气体收集处理及利用工程技术规范》CJJ 133 的规定；

　　η——填埋气收集率（%）；

　　β——填埋气收集设施影响范围面积占已填埋垃圾面积的比例（%）；

　　χ_i——对应于填埋场运行情况的填埋气收集率折减系数（%），按表 4.6.1 取值；

　　ξ——对应于填埋场渗沥液水位高度的填埋气收集率折减系数（%），按表 4.6.1 取值。

表 4.6.1　填埋气收集率折减系数

折减系数	填埋场运行情况和渗沥液水位高度	取值（%）
χ_1	填埋垃圾未定期压实	2～4
χ_2	填埋场无集中垃圾倾倒区域	4～8
χ_3	垃圾平均填埋厚度 10m 以下	6～10
χ_4	新填埋垃圾未临时覆盖	6～10
χ_5	已填埋至中期或设计标高的区域未实施中期或封场覆盖	4～6
χ_6	填埋场底部未铺设土工膜或黏土防渗层	3～5
ξ	渗沥液水位高度与垃圾填埋厚度比值 <30%	0
	30%≤渗沥液水位高度与垃圾填埋厚度比值≤70%	0～25
	渗沥液水位高度与垃圾填埋厚度比值 >70%	25～40

注：有配套渗沥液水位降低措施时，ξ 取小值。

4.6.2 填埋气收集利用工程设计时，宜进行现场抽气试验，测定当前填埋气收集量，预测未来填埋气收集量。填埋场渗沥液水位较高时，宜进行不同渗沥液水位降幅条件下的现场抽气试验，提出渗沥液水位降低要求。

4.6.3 渗沥液水位过高的填埋场，宜采取水位降低措施，增强垃圾堆体导气性能，提高填埋气收集率。渗沥液水位降低措施应符合本规范第 4.5 节的规定。

4.6.4 填埋气抽排竖井宜符合下列要求：

   1 深度不宜小于垃圾填埋厚度的 2/3，井底距场底的距离不宜小于 5m；

   2 平面布置应根据抽排竖井影响半径等因素确定，井间距宜为井深的（1.5～2.5）倍，且不应大于 50m；

   3 渗沥液水位较高时，宜采用兼具抽水和集气功能的竖井。

4.6.5 应加强填埋作业管理与覆盖，提高填埋气收集率。

5 填埋场沉降及容量

5.1 一 般 规 定

5.1.1 填埋场库区工程设计时，应验算堆体和场底地基沉降对封场覆盖系统、衬垫系统、渗沥液导排系统、地下水导排设施及导气系统服役性能的影响。堆体和场底地基沉降完成后，渗沥液导排系统和地下水导排设施应满足排水坡度要求，衬垫系统、封场覆盖系统及排水、排气管道应满足抗拉要求。

5.1.2 填埋场库区填埋量和运行年限计算时，应考虑垃圾堆体压缩的影响。

5.1.3 当填埋场位于可压缩地基上或现有填埋场竖向扩建时，应验算基层的沉降。

5.1.4 填埋场地基沉降计算方法应符合现行国家标准《建筑地基基础设计规范》GB 50007 的规定。

5.2 垃圾堆体沉降计算

5.2.1 垃圾堆体压缩量应按下式计算，计算过程应符合本规范附录 A 的规定：

$$S = \sum_{i=1}^{n} (S_{pi} + S_{si}) \qquad (5.2.1)$$

式中：S——垃圾堆体压缩量（m）；

n——垃圾分层总数，分层厚度宜为 2m～5m，堆体内浸润面应作为分层界面；

S_{pi}——第 i 层垃圾的主压缩量（m）；

S_{si}——第 i 层垃圾的次压缩量（m）。

5.2.2 垃圾主压缩量应按下列公式计算：

$$S_{pi} = H_i \frac{C_c}{1+e_0} \log \left(\frac{\sigma_i}{\sigma_0} \right) \qquad (5.2.2-1)$$

$$C_c = \frac{e_0 - e_1}{\log (1000/\sigma_0)} \qquad (5.2.2-2)$$

式中：H_i——第 i 层垃圾填埋时的初始厚度（m）；

σ_0——垃圾前期固结应力（kPa），无试验数据时取 30kPa；

σ_i——第 i 层垃圾所受上覆有效应力（kPa），即第 i 层及以上垃圾有效自重应力，计算应符合本规范附录 A 的规定；

C_c——垃圾主压缩指数，宜采用室内大尺寸新鲜垃圾压缩试验测定，无试验数据时，主压缩指数可采用式（5.2.2-2）计算；

e_1——在 1000kPa 压力下垃圾孔隙比，宜为 0.8～1.2，有机质含量高的垃圾取高值；

e_0——初始孔隙比，应符合本规范附录 A 的规定。

5.2.3 垃圾次压缩量应采用应力-降解压缩模型或 Sowers 次压缩模型计算。填埋场库区设施的不均匀沉降验算时，宜采用应力-降解压缩模型。

   1 采用应力-降解压缩模型时，垃圾次压缩量应按下列公式计算：

$$S_{si} = H_i \varepsilon_{dc}(\sigma_i)(1 - e^{-ct_i}) \qquad (5.2.3-1)$$

$$\varepsilon_{dc}(\sigma_i) = \begin{cases} \varepsilon_{dc}(\sigma_0) & \text{当 } \sigma_i \leqslant \sigma_0 \\ \varepsilon_{dc}(\sigma_0) - \dfrac{C_c - C_\infty}{1+e_0} \log \left(\dfrac{\sigma_i}{\sigma_0} \right) & \text{当 } \sigma_i > \sigma_0 \end{cases}$$

$$(5.2.3-2)$$

式中：$\varepsilon_{dc}(\sigma_i)$——上覆应力 σ_i 长期作用下垃圾降解压缩应变与蠕变应变之和；

$\varepsilon_{dc}(\sigma_0)$——前期固结应力 σ_0 长期作用下垃圾降解压缩应变与蠕变应变之和，宜采用室内压缩试验测定，无试验数据时宜取 20%～30%，有机质含量高的垃圾取高值；

C_∞——完全降解垃圾的主压缩指数，宜采用室内压缩试验确定，无试验数据时 $C_\infty/(1+e_0)$ 宜取 0.15；

c——降解压缩速率（1/月），宜取 0.005/月～0.015/月，有机物含量高的垃圾及适宜降解环境取高值；

t_i——第 i 层垃圾的填埋龄期（月）。

   2 采用 Sowers 次压缩模型时，垃圾次压缩量应按下式计算：

$$S_{si} = H_i \frac{C_\alpha}{1+e_0} \log (t_i/t_0) \qquad (5.2.3-3)$$

式中：C_α——垃圾次压缩指数，无试验数据时修正次压缩指数 $C_\alpha/(1+e_0)$ 可取：新鲜垃圾 0.04～0.08，已填埋垃圾 0.02～0.05，有机质含量高的垃圾取高值；

t_0——垃圾主压缩完成时间（月），宜为 1

个月。

5.2.4 垃圾堆体沉降应按下式计算：

$$\Delta S = S_2 - S_1 \qquad (5.2.4)$$

式中：ΔS——垃圾堆体沉降（m）；

    S_2——计算时刻下卧垃圾总压缩量（m），应
        按式（5.2.1）计算；

    S_1——填埋至该点时下卧垃圾总压缩量（m），
        应按式（5.2.1）计算。

5.3 填埋量计算

5.3.1 填埋场的填埋量确定应考虑垃圾堆体的压缩量，并应按下列公式计算：

$$W = \sum_{i=1}^{n} \left(A_i \sum_{j=1}^{m} \gamma_{0ij} H_{ij} \right) \qquad (5.3.1-1)$$

$$\sum_{j=1}^{m} (H_{ij} - S_{ij}) = D_i \qquad (5.3.1-2)$$

式中：W——填埋场填埋量（t）；

    n——填埋场被划分的区域总数；

    A_i——区域 i 的平面面积（m²）；

    m——区域 i 分层填埋的总层数；

    γ_{0ij}——区域 i 第 j 层填埋垃圾初始容重（kN/m³），应符合本规范附录 A 的规定；

    H_{ij}——不考虑压缩时区域 i 第 j 层垃圾的初始填埋厚度（m）；

    D_i——区域 i 堆体的平均设计有效填埋高度（m），$D_i = V'_i / A_i$，其中 V'_i 为区域 i 的有效库容；

    S_{ij}——区域 i 填埋至 D_i 高度时第 j 层垃圾的压缩量（m），计算应符合本规范附录 A 的规定。

5.3.2 填埋场平均单位库容填埋量宜按下式计算：

$$Q_w = \frac{W}{V'} \qquad (5.3.2)$$

式中：Q_w——填埋场平均单位库容填埋量（t/m³）；

    V'——填埋场有效库容（m³）。

5.4 填埋场库区设施不均匀沉降验算

5.4.1 下列填埋场库区设施应进行不均匀沉降验算：

    1 可压缩地基上填埋场底部渗沥液导排系统和防渗系统；

    2 垃圾堆体内部的水平集气井、渗沥液导排系统和中间衬垫系统；

    3 封场覆盖系统。

5.4.2 不均匀沉降计算应沿若干条选定的沉降线进行，沉降线应沿填埋场库区设施布置，并应考虑下列位置：

    1 填埋场底部高程及表面高程剧烈变化的位置；

    2 填埋场基层存在回填土、污泥库等特殊区域；

    3 两个相邻填埋分区交界线附近。

5.4.3 沉降线上沉降点应符合下列布置要求：

    1 宜均匀布置；

    2 沉降点间距不宜大于 20m，总数不宜少于 5 个；

    3 复杂地形处应增加沉降点。

5.4.4 沉降后两个相邻沉降点之间的最终坡度宜按下式计算：

$$\tan\alpha_{Fnl} = \frac{X \cdot \tan\alpha_{Int} - \Delta S'}{X} \qquad (5.4.4-1)$$

式中：α_{Fnl}——沉降后两个相邻沉降点之间的最终坡度（°）；

    α_{Int}——两个相邻沉降点之间的初始坡度（°）；

    X——两个相邻沉降点之间的水平距离（m）；

    $\Delta S'$——两个相邻沉降点之间的沉降差（m）。

沉降后两个相邻沉降点之间的拉伸应变宜按下列公式计算：

$$\varepsilon = \frac{L_{Fnl} - L_{Int}}{L_{Int}} \cdot 100\% \qquad (5.4.4-2)$$

$$L_{Int} = (X^2 + X^2 \cdot \tan^2\alpha_{Int})^{1/2} \qquad (5.4.4-3)$$

$$L_{Fnl} = [X^2 + (X \cdot \tan\alpha_{Int} - \Delta S')^2]^{1/2}$$
$$\qquad (5.4.4-4)$$

式中：ε——沉降后两个相邻沉降点之间的拉伸应变（%）；

    L_{Int}——两个相邻沉降点之间的初始距离（m）；

    L_{Fnl}——沉降后两个相邻沉降点之间的最终距离（m）。

5.4.5 土工膜由不均匀沉降引起的拉伸应变应小于其允许应变特征值，允许应变特征值应按本规范附录 B 中的式（B.0.1）确定。土工膜还应进行由下卧堆体局部沉陷引起的拉伸应变验算，并应符合本规范附录 B 的规定。

5.4.6 填埋场库区设施初始坡度和沉降完成后的最终坡度宜符合下列规定：

    1 底部渗沥液导排管的初始坡度不宜小于 2%，沉降完成后的最终坡度不宜小于 1%；

    2 地下水导排设施的最终坡度不宜小于 1%；

    3 垃圾堆体内渗沥液导排管的最终坡度不宜小于 1%；

    4 封场覆盖系统的最终坡度不宜小于 2%。

5.5 填埋场不均匀沉降控制和增容措施

5.5.1 当填埋场地基沉降导致底部渗沥液导排系统和防渗系统的坡度和拉伸应变不符合本规范第 5.4.5 条及第 5.4.6 条规定时，应对其地基进行处理以满足要求。

5.5.2 垃圾填埋应经过充分压实，压实后的容重不宜小于 9kN/m³。

5.5.3 填埋场运行期间应尽量降低填埋场内渗沥液

水位，其控制措施应符合本规范第 4.5 节的规定。

5.5.4 填埋场运行期间宜采取措施加速垃圾堆体的降解，以增加填埋量和减小封场后沉降。

5.5.5 垃圾堆体应控制填埋分区界面处的不均匀沉降，宜合理分区填埋。

5.5.6 堆体内部和表面的管线宜选取高密度聚乙烯管材。

6 填埋场稳定

6.1 一般规定

6.1.1 应对填埋场施工、运行期间及封场后的下列边坡类型进行稳定验算：

   1 地基及库区边坡；

   2 垃圾坝；

   3 垃圾堆体；

   4 封场覆盖系统；

   5 其他可能出现失稳隐患的边坡。

6.1.2 垃圾堆体边坡工程应根据坡高及失稳后可能造成后果的严重性等因素，按照表 6.1.2 的规定确定安全等级。

表 6.1.2　垃圾堆体边坡工程安全等级

安全等级	堆体边坡坡高（m）
一级	$H \geqslant 60$
二级	$30 \leqslant H < 60$
三级	$H < 30$

注：1　山谷形填埋场的垃圾堆体边坡坡高是以垃圾坝底部为基准的边坡高度，平原形填埋场的垃圾堆体边坡坡高是指以原始地面为基准的边坡高度；

   2　针对下列情况安全等级应提高一级：垃圾堆体失稳将使下游重要城镇、企业或交通干线遭受严重灾害；填埋场地基为软弱土或其他特殊土；山谷形填埋场库区顺坡向边坡坡度大于 10°。

6.1.3 垃圾堆体边坡的运用条件应根据其工作状况、作用力出现的概率和持续时间的长短，分为正常运用条件、非常运用条件 Ⅰ 和非常运用条件 Ⅱ 三种：

   1 正常运用条件为填埋场工程投入运行后，经常发生或长时间持续的情况，包括：（1）填埋场填埋过程；（2）填埋场封场后；（3）填埋场渗沥液水位处于正常水位；

   2 非常运用条件 Ⅰ 为遭遇强降雨等引起的渗沥液水位显著上升；

   3 非常运用条件 Ⅱ 为正常运用条件下遭遇地震。

6.1.4 填埋场边坡抗滑稳定最小安全系数应符合表 6.1.4 的规定。

表 6.1.4　垃圾堆体边坡抗滑稳定最小安全系数

运用条件	安全等级		
	一级	二级	三级
正常运用条件	1.35	1.30	1.25
非常运用条件 Ⅰ	1.30	1.25	1.20
非常运用条件 Ⅱ	1.15	1.10	1.05

注：1　运用条件应符合本规范第 6.1.3 条的规定；

   2　除垃圾堆体边坡外其他类型边坡的安全系数控制标准应符合现行国家标准《建筑边坡工程技术规范》GB 50330 的相关规定；

   3　当垃圾堆体边坡等级为一级且又符合表 6.1.2 中提级条件时，安全系数应根据表 6.1.4 相应的安全系数提高 10%。

6.1.5 垃圾堆体边坡应防止由于垃圾堆体气压过高引起的失稳。

6.2 垃圾抗剪强度指标

6.2.1 垃圾的抗剪强度指标应采用现场试验、室内直剪试验、室内三轴试验、工程类比或反演分析等方法确定。无试验条件时，一级垃圾堆体边坡的垃圾抗剪强度指标可同时采用工程类比、反演分析等方法综合确定，二级和三级垃圾堆体边坡的垃圾抗剪强度指标可按工程类比等方法确定。

6.2.2 垃圾抗剪强度试验时，试样宜现场钻孔取样或人工配制；直剪试验的试样平面尺寸不宜小于 30cm×30cm，三轴试验的试样直径不宜小于 8cm；试验所施加的应力范围应根据边坡的实际受力确定。

6.2.3 垃圾抗剪强度宜采用有效黏聚力和有效内摩擦角表示，宜按下式计算：

$$\tau_f = c' + (\sigma - u)\tan\phi' \qquad (6.2.3)$$

式中：τ_f——垃圾的抗剪强度（kPa）；

   σ——法向总应力（kPa）；

   u——孔隙水压力（kPa）；

   c'——垃圾的有效黏聚力（kPa）；

   ϕ'——垃圾的有效内摩擦角（°）。

6.3 土工材料界面强度指标

6.3.1 土工材料界面的抗剪强度指标应采用大尺寸界面直剪试验或斜坡试验及工程类比等方法确定。一级垃圾堆体边坡的土工材料界面抗剪强度指标宜采用试验方法确定，二级和三级垃圾堆体边坡的土工材料界面抗剪强度指标可按工程类比确定。

6.3.2 试样应采用在填埋场工程中实际使用的土工材料，试样平面尺寸不宜小于 30cm×30cm，试验所施加的应力范围应根据土工材料界面的实际受力确定。

6.3.3 土工材料界面的抗剪强度指标应包括峰值抗

剪强度指标及残余抗剪强度指标。

1 峰值抗剪强度可按下式计算：

$$\tau_p = c'_p + (\sigma - u)\tan\phi'_p \qquad (6.3.3\text{-}1)$$

式中：τ_p——土工材料界面的峰值抗剪强度（kPa）；

c'_p——土工材料界面的峰值抗剪强度对应的有
效黏聚力（kPa）；

ϕ'_p——土工材料界面的峰值抗剪强度对应的有
效摩擦角（°）。

2 残余抗剪强度可按下式计算：

$$\tau_r = c'_r + (\sigma - u)\tan\phi'_r \qquad (6.3.3\text{-}2)$$

式中：τ_r——土工材料界面的残余抗剪强度（kPa）；

c'_r——土工材料界面的残余抗剪强度对应的有
效黏聚力（kPa）；

ϕ'_r——土工材料界面的残余抗剪强度对应的有
效摩擦角（°）。

6.3.4 稳定分析时，复合衬垫系统中土工材料界面
强度指标取值宜符合下列要求：宜取最小峰值强度界
面对应的强度指标，库区基底坡度大于 10°区域宜采
用其残余强度指标，库区基底坡度小于 10°区域宜采
用其峰值强度指标。

6.4 填埋场边坡稳定验算

6.4.1 填埋场库区垃圾堆体必须进行边坡稳定验算，
并应符合下列规定：

1 应验算每填高 20m 后垃圾堆体边坡和封场后
垃圾堆体边坡的稳定性；

2 应验算的破坏模式包括通过垃圾堆体内部的
滑动破坏、通过垃圾堆体内部与下卧地基的滑动破
坏、部分或全部沿土工材料界面的滑动破坏；

3 应采用摩根斯坦-普赖斯法验算，稳定最小安
全系数应符合本规范第 6.1.4 条的规定；

4 应确定每填高 20m 后垃圾堆体边坡和封场后
垃圾堆体边坡的警戒水位，其所对应的边坡稳定最小
安全系数应取表 6.1.4 中非正常运用条件Ⅰ相应
的值。

6.4.2 稳定计算方法应根据边坡类型确定，并应符
合下列要求：

1 填埋场地基边坡稳定的计算方法应符合现行
行业标准《水利水电工程边坡设计规范》SL 386 的
相关规定；

2 垃圾坝的稳定计算方法应针对坝型采用相应
的规范，坝后水压力和土压力取值应根据填埋场的实
际运行情况和可能出现的最不利情况确定；

3 垃圾堆体边坡稳定计算方法应符合本规范第
6.4.1 条的规定；

4 封场覆盖系统的稳定分析宜采用无限边坡稳
定分析法或双楔体法，验算无渗透水流和完全饱和时
的安全系数；

5 当边坡破坏机制复杂时，宜采用有限元法或

上述合适的方法分析。

6.4.3 当填埋场存在垃圾堆体滞水位时，应验算滞
水位引起的局部失稳。

6.4.4 当填埋场存在污泥库时，应对污泥库及其周
边和上覆垃圾堆体边坡进行稳定分析。

6.4.5 处于设计地震水平加速度 0.1g 及其以上地
区的一级、二级垃圾堆体边坡和处于 0.2g 及其以
上地区的三级垃圾堆体边坡，应进行抗震稳定计
算，宜采用拟静力法，并应符合现行行业标准
《水利水电工程边坡设计规范》SL 386 的有关
规定。

6.5 填埋场稳定控制措施

6.5.1 填埋场地基的稳定控制措施应符合现行行业
标准《水利水电工程边坡设计规范》SL 386 的规定；
存在软基、泉眼和岩溶等不良地质条件时，应采用有
效措施进行地基处理。

6.5.2 垃圾堆体最大边坡坡度不应大于 1∶3，中
间平台设置应符合现行行业标准《生活垃圾卫生
填埋技术规范》CJJ 17 的规定，当不满足稳定安全
要求时可调整中间平台的间隔及宽度。

6.5.3 当沿土工材料界面滑移的垃圾堆体边坡稳定
验算不满足要求时，应优化基底形状、垃圾堆体体型
及衬垫系统材料和结构。

6.5.4 填埋场运行过程中应选择合理的填埋次序，
宜先填埋库区底部再填埋斜坡区，避免出现易失稳的
边坡形式。

6.5.5 填埋场运行期间和封场后，必须监测垃圾堆
体主水位并控制其在警戒水位之下。

6.5.6 当填埋场垃圾堆体主水位接近或超过警戒水
位时，应采取下列降低渗沥液水位、提高边坡稳定性
的措施：

1 应应急降水，实施方法应符合本规范第 4.5
节的规定；

2 滑移坡体表面应铺膜防渗及导排地表水；

3 应坡顶减载与坡脚反压。

6.5.7 应采取有效措施降低垃圾堆体内的气体压力
以减少垃圾堆体边坡失稳风险。

7 填埋场治理及扩建

7.1 一般规定

7.1.1 当填埋场存在安全隐患或未达到现行行业标
准《生活垃圾卫生填埋技术规范》CJJ 17 规定的污染
控制要求时，应进行治理。

7.1.2 现有填埋场可进行水平向、竖向或两者兼有
的扩建，扩建时应对现有填埋场进行治理和改造，扩
建后的填埋场应符合现行行业标准《生活垃圾卫生填

埋技术规范》CJJ 17 的规定。

7.1.3 填埋场治理及扩建工程设计前,应对现有垃圾堆体进行岩土工程勘察。

7.2 填埋场治理及扩建岩土工程勘察

7.2.1 填埋场治理及扩建岩土工程勘察除应符合本规范的规定外,尚应符合现行国家标准《岩土工程勘察规范》GB 50021 的规定。

7.2.2 填埋场治理及扩建岩土工程勘察等级应根据本规范表 6.1.2 的堆体边坡工程安全等级划分为三个等级:一级垃圾堆体边坡工程对应甲级,二级垃圾堆体边坡工程对应乙级,三级垃圾堆体边坡工程对应丙级。

7.2.3 填埋场治理及扩建岩土工程勘察的范围应包括垃圾堆体、垃圾坝、防渗系统、渗沥液导排系统、相关的管线、竖井等填埋场库区设施。当填埋场的原勘察报告不能满足治理及扩建工程设计要求时,应开展必要的补充勘察。

7.2.4 工程勘察前,应搜集下列技术资料:

    1 现有填埋场原勘察、设计、施工相关资料,包括场底地基、垃圾坝、防渗系统、渗沥液导排系统、雨污分流系统、填埋气收集系统等勘察、设计与施工资料;

    2 现有填埋场运行相关资料,包括填埋总量、填埋分区、填埋作业方式、堆体填埋过程及后期发展规划;

    3 填埋场运行期间城市生活垃圾组分和填埋量及其变化,填埋的其他废弃物种类及填埋量;

    4 填埋场垃圾降解环境和条件,填埋场各系统工作状况,填埋场环境监测结果和其他填埋场监测资料;

    5 当地气候、气象条件,包括多年平均降雨量、年最大降雨量、月最大降雨量;

    6 山谷形填埋场的汇水面积、地表径流和地下补给量、多年一遇洪峰流量;

    7 活动断层和抗震设防烈度;

    8 邻近的水源地保护区、水源开采情况和环境保护要求。

7.2.5 垃圾堆体的岩土工程勘察,应着重查明下列内容:

    1 堆体地形、地貌特征、厚度、体积、下卧地基或基岩的埋藏条件;

    2 堆体垃圾的组分、密实程度、堆积规律和成层条件;

    3 填埋垃圾的工程特性和生化降解特性;

    4 堆体内渗沥液水位分布形式及其变化规律;

    5 当场内填埋了污泥、垃圾焚烧灰等废弃物时,应查明其体量、埋深及工程特性;

    6 现状堆体的稳定性,继续扩建至设计高度的

适宜性和稳定性;

    7 堆体在地震作用下的稳定性;

    8 堆体沉降及侧向变形,导致中间衬垫系统、封场覆盖系统及其他设施失效的可能性;

    9 垃圾渗沥液产量、填埋气产量及压力;

    10 填埋场扩建工程可能产生的环境影响。

7.2.6 垃圾堆体岩土工程勘察应配合工程建设分阶段进行,可分为初步勘察和详细勘察:

    1 初步勘察应以工程地质测绘为主,并应进行必要的勘探工作,对拟扩建和治理工程的总平面布置、场地的稳定性、变形、废弃物对环境的影响等进行初步评价,并应提出建议;

    2 详细勘察应采用勘探、原位测试和室内试验等手段进行,地质条件复杂地段应进行工程地质测绘,获取工程设计所需的参数,提出设计、施工和监测工作的建议,应评价不稳定地段和环境影响,应提出治理建议。

7.2.7 垃圾堆体工程地质测绘的比例尺,初步勘察宜为 1:2000~1:5000,详细勘察不应小于 1:1000。

7.2.8 初步勘察的勘探线、勘探点间距可按表 7.2.8 确定,局部异常地段应加密。

表 7.2.8 初步勘察的勘探线、勘探点间距

垃圾堆体复杂程度等级	勘探线间距	勘探点间距
复杂	100m	50m~100m
中等复杂	200m	100m~200m
简单	不少于5个勘探点	

注:1 简单垃圾堆体:填埋物为比较单一的城市生活垃圾且其组分变化不显著;

    2 复杂垃圾堆体:填埋物种类较多,除城市生活垃圾以外还有城市污水污泥等废弃物,或垃圾填埋过程大量采用低渗透性的中间覆土;

    3 中等复杂垃圾堆体:除1和2以外的情况。

7.2.9 垃圾堆体详细勘察应符合下列规定:

    1 勘探线宜平行于现有堆体边坡走向、扩建堆体及其他关键填埋场库区设施的轴线布置,详细勘察勘探点间距可按表 7.2.9 确定,局部地形、地质条件异常地段应加密;

表 7.2.9 详细勘察勘探点间距

垃圾堆体复杂程度等级	勘探点间距
复杂	30m~50m
中等复杂	50m~100m
简单	不少于5个

注:垃圾堆体复杂程度等级应符合本规范第 7.2.8 条的规定。

    2 勘探孔的深度应满足稳定、变形和渗漏分析的要求。对于场底无衬垫系统的填埋场,勘探孔的深度应穿透堆体;对于场底有衬垫系统的填埋场,勘探

孔的最深处距离衬垫系统不应小于 5m；

3 与稳定、渗漏有关的关键地段，应加密加深勘探孔或专门布置勘探工作；

4 垃圾堆体的查明内容应符合本规范第 7.2.5 条的规定，垃圾堆体的水文地质勘察应符合本规范第 7.2.10 条的规定。

7.2.10 详细勘察应对垃圾堆体进行专门的水文地质勘察，并应包括下列内容：

1 查明堆体中含水层和隔水层的埋藏条件，包括渗沥液水位、承压情况、流向及这些条件的变化幅度，当堆体含多层滞水位时，必要时分层测量滞水位，并查明互相之间的补给关系；

2 查明垃圾填埋、覆土及渗沥液导排系统淤堵等对渗沥液赋存和气流状态的影响；必要时应设置观测孔，或在不同深度处埋设孔隙水压力计，量测水头随深度的变化；

3 查明堆体可能存在碎石盲沟、粗粒料堆积体等形成的优势透水通道，以及渗沥液导排设施淤堵程度；

4 通过现场试验，测定不同埋深垃圾的水力渗透系数等水文地质参数。

7.2.11 勘探方法应根据填埋垃圾及覆盖层土的性质确定。对于含有建筑垃圾和杂填土的垃圾堆体，宜采用钻探取样和重型动力触探相结合的方法。勘探时应采取措施避免填埋气发生爆炸或火灾事故。

7.2.12 填埋场治理及扩建岩土工程勘察的工程评价应包括下列内容：

1 现有堆体及扩建堆体整体稳定性和局部稳定性；

2 现有堆体沉降及侧向变形，及其导致中间衬垫系统、封场覆盖系统及其他设施失效的可能性；

3 堆体渗沥液水位升高、填埋气产量及气压、渗沥液与场底岩土体相互作用、斜坡上衬垫系统土工材料界面抗剪强度软化、污泥库等不良地质作用及其影响；

4 渗沥液污染物的渗漏与扩散及其对水源、农业、岩土和生态环境的影响；

5 治理工程及扩建工程的适宜性。

7.2.13 填埋场治理及扩建岩土工程勘察报告，除应符合现行国家标准《岩土工程勘察规范》GB 50021 的规定外，尚应符合下列规定：

1 应按本规范第 7.2.12 条的要求进行岩土工程评价；

2 应提出保证堆体稳定安全控制措施的建议；

3 应提出减少堆体沉降和侧向变形的工程措施的建议；

4 应提出防渗系统改造及其他防止渗沥液渗漏和保护环境措施的建议；

5 应提出渗沥液导排系统改造及淤堵疏通措施的建议；

6 应提出避免填埋气爆炸、污泥涌出措施的建议；

7 应提出有关稳定、变形、水位、渗漏等监测工作的建议。

7.3 扩建垃圾堆体的基层处理

7.3.1 填埋场扩建时，应对扩建场地进行基层处理，主要包括扩建场底基层和四周边坡。

7.3.2 基层面地形构建及标高设计应基于垃圾堆体的沉降验算结果，堆体沉降验算应符合本规范第 5 章的规定。

7.3.3 应采取有效措施防止现有垃圾堆体中的竖向刚性设施破坏中间衬垫系统。

7.3.4 应对现有垃圾堆体中的污泥库进行处理。

7.3.5 现有垃圾堆体宜设置填埋气导排及收集设施，包括竖井、横管、盲沟等。

7.3.6 基层整形和处理还应符合现行行业标准《生活垃圾卫生填埋场封场技术规程》CJJ 112 的规定。

7.4 中间衬垫系统

7.4.1 现有填埋场防渗系统未达到现行行业标准《生活垃圾卫生填埋技术规范》CJJ 17 的规定时，应在现有填埋场和扩建填埋场交界面处增设中间衬垫系统。

7.4.2 中间衬垫系统从上至下宜包括渗沥液导排层、防渗层及其保护层、加筋层和导气层，并可在防渗层下设置压实土缓冲层。

7.4.3 渗沥液导排层应符合本规范第 4.4 节的规定。

7.4.4 中间衬垫系统防渗层及其保护层的结构形式应符合现行行业标准《生活垃圾卫生填埋技术规范》CJJ 17 的规定，其中高密度聚乙烯土工膜宜替换为线性低密度聚乙烯或极低密度聚乙烯等柔性土工膜。

7.4.5 中间衬垫系统加筋层宜采用双向土工格栅抵抗下卧堆体局部沉陷，并宜按本规范附录 B 计算和设计。

7.4.6 中间衬垫系统锚固沟设计应符合现行行业标准《生活垃圾卫生填埋场防渗系统工程技术规范》CJJ 113 的规定；基层坡度或堆体厚度变化较大处及中间衬垫系统与天然边坡交界处的锚固沟宜采用柔性锚固方式；加筋层应锚固在锚固沟内。

7.5 填埋场治理及污染控制措施

7.5.1 现有未达标填埋场治理内容应包括：垃圾堆体、渗沥液收集系统、防渗系统、填埋气收集系统、封场覆盖系统、地表水导排系统等，治理后应符合下列技术要求：

1 填埋场边坡稳定性应达到本规范第 6.1.4 条规定的稳定安全控制标准；

2 渗沥液收集与导排系统应具有长期服役性能，堆体内渗沥液水位应低于本规范第 6.4.1 条规定的警戒水位；

3 防渗系统应达到与现行行业标准《生活垃圾卫生填埋技术规范》CJJ 17规定的水平防渗系统同等的防污效果；

4 填埋气收集系统应能有效收集填埋气，避免发生火灾、爆炸等安全事故，并应符合本规范第4.6节的相关规定；

5 封场覆盖与地表水导排系统应能有效控制降雨入渗，减少渗沥液产量及温室气体排放。

7.5.2 填埋场边坡稳定控制措施应符合本规范第6.5节的规定。

7.5.3 防渗系统未达标填埋场宜采用导排盲沟、抽排竖井等方式排出堆体中渗沥液，降低防渗系统上渗沥液水头，渗沥液导排方法应符合本规范第4.5节的规定；宜采用垂直防渗帷幕控制渗沥液污染物的渗漏与扩散，垂直防渗帷幕设计与施工应符合本规范第8.5～第8.7节的规定。

7.5.4 封场覆盖系统结构选型与设计应符合现行行业标准《生活垃圾卫生填埋技术规范》CJJ 17的有关规定，对于干旱和半干旱地区且封场坡度大于10%的斜坡区可选用毛细阻滞型覆盖层。

7.5.5 毛细阻滞型覆盖层宜采用图7.5.5规定的结构形式，并应满足下列要求：

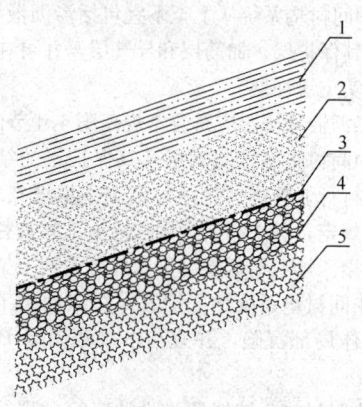

图7.5.5　毛细阻滞型覆盖层结构形式
1—植被层；2—细粒土层；3—无纺土工布；
4—粗粒土层；5—垃圾

1 植被层土质宜适合植物生长，厚度不应小于15cm；

2 细粒土层应采用储水性能良好的粉土、粉质黏土、细砂等，厚度宜为50cm～150cm；

3 粗粒土层应采用导气性能良好的粗砂、碎石等，厚度宜为20cm～30cm。

8 压实黏土防渗层及垂直防渗帷幕

8.1 一般规定

8.1.1 当压实黏土防渗层用于填埋场的底部防渗系

统时，其饱和渗透系数不应大于1.0×10^{-7}cm/s。

8.1.2 垂直防渗帷幕可用于生活垃圾填埋场治理及扩建工程。

8.2 压实黏土防渗层的土料选择

8.2.1 压实黏土防渗层施工所用的土料应符合下列要求：

1 粒径小于0.075mm的土粒干重应大于土粒总干重的25%；

2 粒径大于5mm的土粒干重不宜超过土粒总干重的20%；

3 塑性指数范围宜为15～30。

8.2.2 宜先在填埋场当地查勘满足本规范第8.2.1条的土料场，料场查勘应符合下列规定：

1 应采用试坑和钻孔确定黏土料场的垂直和水平分布范围，宜选择厚度不小于1.5m的黏土料场；

2 拟采用的黏土料场中宜每100m²设置1个取样点，取样点总数不应少于5个。每个取样点的土样应进行颗粒分析和界限含水率试验，试验方法应符合现行国家标准《土工试验方法标准》GB/T 50123的规定。

8.3 压实黏土的含水率及干密度控制

8.3.1 压实黏土防渗层施工时应严格控制含水率和干密度，以达到防渗和抗剪强度的要求。

8.3.2 应对选用的土料分别进行修正普氏击实试验、标准普氏击实试验和折减普氏击实试验，在含水率和干密度图中应分别绘出以上三种试验的击实曲线，并应按照图8.3.2中三条击实曲线的顶点确定最佳击实峰值曲线。

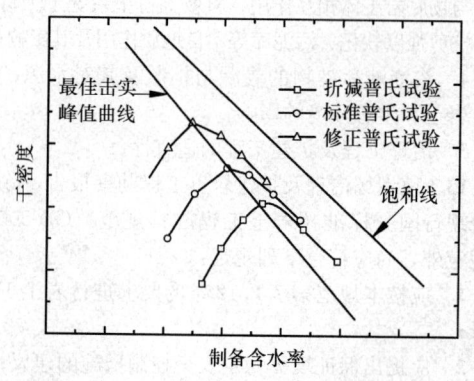

图8.3.2　土样的最佳击实峰值曲线

8.3.3 应采用位于最佳击实峰值曲线湿边的每个击实试样进行渗透试验，试验方法应符合现行国家标准《土工试验方法标准》GB/T 50123的规定。应按图8.3.3的要求绘制含水率和干密度图，确定所有满足饱和渗透系数要求的区域。

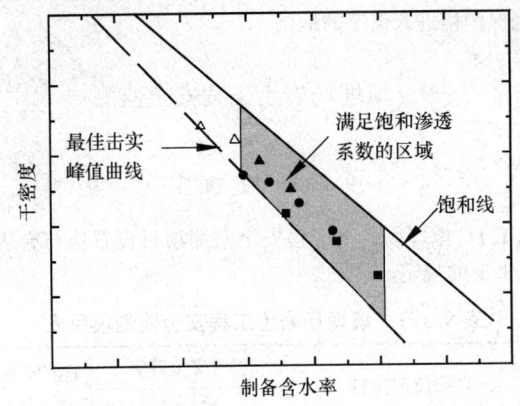

图 8.3.3 满足渗透系数设计标准的区域

注：1 实心符号表示满足饱和渗透系数的试样；
    2 空心符号表示不满足饱和渗透系数的试样；
    3 浅色阴影表示满足饱和渗透系数的区域。

8.3.4 对满足饱和渗透系数区域中的试样应进行无侧限抗压强度试验，无侧限抗压强度不应小于150kPa，试验方法应符合现行国家标准《土工试验方法标准》GB/T 50123 的规定。应按图 8.3.4 的要求绘制含水率和干密度图，确定满足饱和渗透系数和抗剪强度的含水率和干密度控制指标。

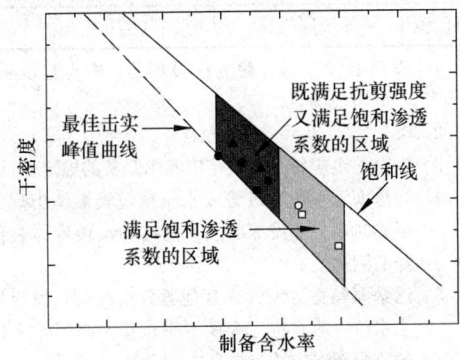

图 8.3.4 同时满足渗透系数和抗剪强度设计
标准的控制区域

注：1 实心符号表示满足抗剪强度的试样；
    2 空心符号表示不满足抗剪强度的试样；
    3 浅色阴影表示满足饱和渗透系数的区域；
    4 深色阴影表示既满足抗剪强度又满足饱和渗透系数的区域。

8.3.5 经改性土料满足本规范第 8.3.4 条的规定时，可用作压实黏土防渗层材料。

8.4 压实黏土防渗层的施工质量控制

8.4.1 压实黏土防渗层的含水率与干密度施工控制指标应符合本规范第 8.3.4 条的规定。

8.4.2 填筑施工前应通过碾压试验确定达到施工控制指标的压实方法和碾压参数，包括含水率、压实机械类型和型号、压实遍数、速度及松土厚度等。

8.4.3 当压实黏土防渗层位于自然地基上时，基础层应符合现行行业标准《生活垃圾卫生填埋场防渗系统工程技术规范》CJJ 113 的规定。

8.4.4 当压实黏土防渗层铺于土工合成材料之上时，下卧土工合成材料应平展，并应避免碾压时被压实机械破坏。

8.4.5 压实黏土防渗层施工应符合下列要求：

1 应主要采用无振动的羊足碾分层压实，表层应采用滚筒式碾压机压实；

2 松土厚度宜为 200mm～300mm，压实后的填土层厚度不应超过 150mm；

3 各层应每 500m² 取（3～5）个样进行含水率和干密度测试，应满足本规范第 8.4.1 条的规定；

4 在后续层施工前，应将前一压实层表面拉毛，拉毛深度宜为 25mm，可计入下一层松土厚度。

8.5 垂直防渗帷幕及选型

8.5.1 用于生活垃圾填埋场渗沥液污染控制的垂直防渗帷幕的渗透系数宜在 10^{-7} cm/s 量级，其类型可选用水泥-膨润土墙、土-膨润土墙、塑性混凝土墙、HDPE 土工膜-膨润土复合墙等。

8.5.2 垂直防渗帷幕选型应综合考虑下列因素：

1 场地隔水层条件、地形及稳定情况；

2 渗沥液水质；帷幕需达到的渗透系数、深度及刚度；

3 材料供应、施工技术与设备等。

8.5.3 当垂直帷幕顶部需承受上覆荷载时，宜采用水泥-膨润土墙或塑性混凝土墙；在特殊地质和环境要求非常高的场地，宜采用 HDPE 土工膜-膨润土复合墙。

8.5.4 当垂直防渗帷幕底部岩石裂隙发育，或存在断层、破碎带等强透水性的地质条件，宜采取帷幕灌浆等措施处理。

8.6 垂直防渗帷幕插入深度及厚度

8.6.1 垂直防渗帷幕的厚度不宜小于 60cm，不宜大于 150cm。当帷幕渗透系数不大于 1.0×10^{-7} cm/s 时，厚度可按下式计算：

$$\Delta L = F_r \times A \times H^B \qquad (8.6.1)$$

式中：F_r——安全系数，考虑渗透破坏、机械侵蚀、化学溶蚀、施工因素等，宜取 1.5；

H——垂直防渗帷幕上下游水头差（m），上游水头取与帷幕上游面接触的渗沥液水位，下游水头取与帷幕下游面接触的多年平均地下水位；

A——与帷幕材料阻滞因子有关的系数，可按图 8.6.1-1 取值；

B——与帷幕材料扩散系数有关的系数，可按图 8.6.1-2 取值。

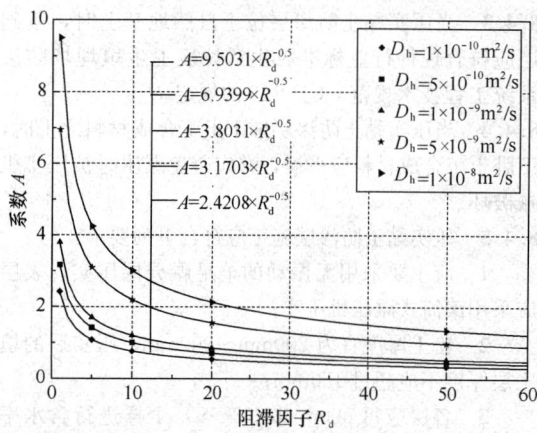

图 8.6.1-1　系数 A 取值

注：阻滞因子 R_d，重金属污染物可取 3～40；如无经验
　　数据，宜通过试验测定。

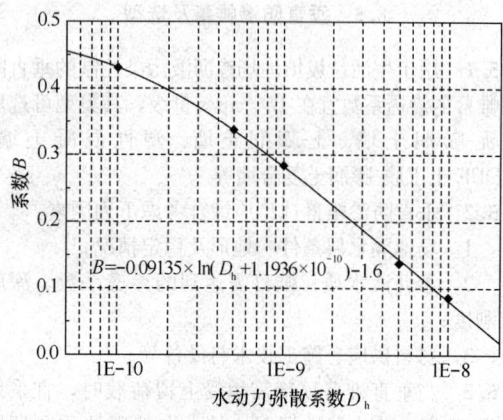

图 8.6.1-2　系数 B 的取值

注：水动力弥散系数 D_h，取值范围宜为 $1×10^{-8}\,m^2/s$～
　　$1×10^{-10}\,m^2/s$，如防渗帷幕两侧水头差较大时取大值；
　　无经验数据时，宜通过试验测定。

8.6.2　垂直防渗帷幕宜嵌入渗透系数不大于 $1×$
$10^{-7}\,cm/s$ 的隔水层中，嵌入深度不宜小于 1m；当隔
水层埋深很大而无法嵌入时，可采用悬挂式帷幕，其
深度不应小于临界插入深度。

8.7　垂直防渗帷幕的施工质量控制

8.7.1　垂直防渗帷幕的施工包括沟槽开挖、泥浆护
壁、回填防渗材料、盖帽等环节，施工过程中应采取
有效的质量保证及控制措施。塑性混凝土防渗帷幕施
工应符合现行行业标准《水利水电工程混凝土防渗墙
施工技术规范》SL 174 的规定，帷幕底部注浆施工
应符合现行行业标准《水工建筑物水泥灌浆施工技术
规范》DL/T 5148 的规定。

8.7.2　沟槽开挖应避免塌孔，开挖过程中护壁泥浆
的比重宜保持在 1.10～1.25 之间，浆液顶面应至少
高出地下水面 1m，施工过程中应避免浆液顶面发生
明显下降，应避免泥浆静置24h。

8.7.3　开挖过程中应检测沟槽宽度、垂直度和深度，

确保沟槽进入设定的地层。

9　填埋场岩土工程安全监测

9.1　一　般　规　定

9.1.1　填埋场岩土工程安全监测项目设置应符合表
9.1.1 的规定。

表 9.1.1　填埋场岩土工程安全监测项目表

监测项目		安全等级			监测频率
		一级	二级	三级	（次/月）
渗沥液水位监测	渗沥液导排层水头	●	◐	◐	1
	垃圾堆体主水位	★	★	★	1
	垃圾堆体滞水位	●	◐	◐	1
变形监测	表面水平位移	●	●	◐	1
	深层水平位移	●	◐	○	1
	垃圾堆体表面沉降	◐	◐	◐	1
	软弱地基沉降	◐	◐	○	0.5
	中间衬垫系统沉降	◐	◐	○	0.5
	竖井等刚性设施沉降	○	○	○	0.5
气压监测	导气层气压	○	○	○	0.5

注：1　★为必设项目，●为应设项目，◐为宜设项目，
　　　　○为可设项目；
　　2　0.5次/月表示2月一次；
　　3　安全等级应符合本规范第 6.1.2 条的规定；
　　4　当渗沥液水位超过警戒水位或垃圾堆体出现失稳
　　　　征兆时，宜增设深层水平位移和垃圾堆体表面沉
　　　　降监测；
　　5　遇暴雨等恶劣天气或其他紧急情况时，垃圾堆体
　　　　主水位、滞水位、表面水平位移及深层水平位移
　　　　的监测频次应适当提高。

9.1.2　填埋场位于软弱地基上时，地基土体中孔隙
水压力和变形等监测应符合现行国家标准《建筑地基
基础设计规范》GB 50007 的规定。

9.1.3　填埋场安全稳定状态应根据渗沥液水位、地
表水平位移速率及现场踏勘等因素综合确定，必要时
根据深层水平位移、沉降速率进一步判别安全稳定
状态。

9.2　渗沥液水位监测

9.2.1　渗沥液水位监测方法应符合下列要求：

　　1　渗沥液导排层水头监测宜在导排层埋设水平
水位管，采用剖面沉降仪与水位计联合测定的测试
方法；

　　2　当堆体内无滞水位时，宜埋设竖向水位管采
用水位计测量垃圾堆体主水位；当垃圾堆体内存在滞
水位时，宜埋设分层竖向水位管，应采用水位计测量

主水位和滞水位。

9.2.2 监测点布设应符合下列要求：

　　1 渗沥液导排层水头监测点在每个排水单元宜至少布置两个，宜布置在每个排水单元最大坡度方向的中间位置；

　　2 渗沥液主水位和滞水位应沿垃圾堆体边坡走向布置监测点，平面间距 30m～60m，应保证管底离衬垫系统不应小于 5m，总数不宜少于 3 个；分层竖向水位管底部宜埋至隔水层上方，各支管之间应密闭隔绝。

9.2.3 当垃圾堆体水位接近或达到按照本规范第 6.4.1 条所确定的警戒水位时应提高监测频次，并应立即采取应急措施。

9.3 表面水平位移监测

9.3.1 表面水平位移应设置标志点，采用测量平面坐标的方法监测。

9.3.2 监测点宜结合作业分区呈网格状布置，随垃圾堆体填埋高度发展逐步设置，平面间距宜为 30m～60m，在不稳定区域应适当加密。

9.3.3 表面水平位移监测的警戒值宜为连续两天的位移速率超过 10mm/d。

9.4 深层水平位移监测

9.4.1 当渗沥液水位超过警戒水位或垃圾堆体出现失稳征兆时，应监测深层水平位移。

9.4.2 垃圾堆体深层水平位移可通过在堆体中埋设测斜管，采用测斜仪测量。

9.4.3 监测点宜沿垃圾堆体边坡倾向布置，间距宜为 30m～60m，总监测点数量不宜少于 2 个；当垃圾堆体出现失稳征兆时，应在失稳区域设置监测点，监测点数量可根据边坡的具体情况确定；测斜管的埋设深度应足够深，且应保证管底离衬垫系统不应小于 5 米。

9.5 垃圾堆体沉降监测

9.5.1 当渗沥液水位超过警戒水位或垃圾堆体出现失稳征兆时，应监测垃圾堆体表面沉降；软弱地基沉降、中间衬垫系统沉降和竖井等刚性设施沉降宜根据具体情况进行监测。监测方法宜符合下列要求：

　　1 垃圾堆体表面沉降应设置标志点，并应通过测量标志点的高程监测；

　　2 软弱地基和中间衬垫系统沉降应埋设沉降管或沉降板，通过测量沉降管沿线或沉降板的高程监测；

　　3 竖井等刚性设施沉降应埋设沉降板，通过测量沉降板的高程监测。

9.5.2 监测点布设应符合下列要求：

　　1 地表沉降监测点宜布置成网格状，平面间距宜为 30m～60m，不均匀沉降大的区域宜适当加密。

　　2 软弱地基和中间衬垫系统监测的沉降管宜沿垃圾堆体主剖面方向布置，长度不宜小于 100m；若采用沉降板，间距宜为 50m～80m。

9.6 填埋气压监测

9.6.1 当覆盖系统发生土工膜鼓出或有失稳迹象时，宜进行气压监测。

9.6.2 气压预警值应符合现行行业标准《生活垃圾卫生填埋场封场技术规程》CJJ 112 的规定。

附录 A　填埋场堆体压缩量
计算过程及参数确定

A.0.1 填埋场堆体压缩量应采用土柱法计算，应按图 A.0.1-1 将土柱分为 n 层，在 t 时刻第 i 层垃圾的压缩量应按图 A.0.1-2 的流程计算。

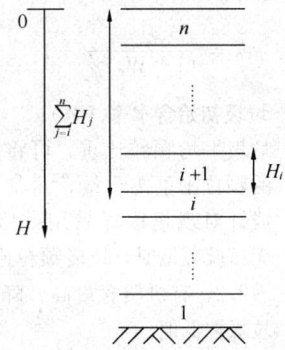

图 A.0.1-1　垃圾土柱
分层示意图

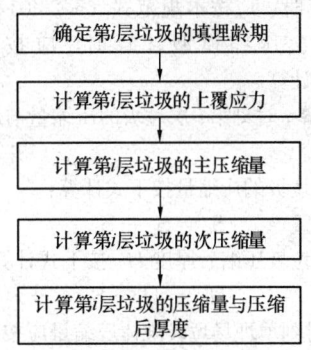

图 A.0.1-2　t 时刻第 i 层垃圾压
缩量的计算流程

　　1 确定第 i 层垃圾的填埋龄期

　　根据填埋规划确定在 t 时刻第 i 层垃圾的龄期 t_i，第 n 层垃圾的龄期 t_n。

　　2 计算第 i 层垃圾的上覆应力

　　第 i 层垃圾的上覆应力应按下式计算：

$$\sigma_i = \sum_{j=i}^{n} \gamma_j H_j \qquad \text{(A. 0. 1-1)}$$

$$\gamma = \begin{cases} \gamma_0 + \dfrac{13.5 - \gamma_0}{30} H & (H \leqslant 30\text{m}) \\[2mm] 13.5 + 0.1(H - 30) & (H > 30\text{m}) \end{cases}$$

$$\text{(A. 0. 1-2)}$$

式中：H_j——第 j 层垃圾厚度（m）；

γ_j——第 j 层垃圾容重（kN/m³），宜现场钻取大直径试样测定，无试验数据时，可按式（A. 0. 1-2）计算；

γ_0——填埋垃圾初始容重（kN/m³），压实程度不良宜为 5kN/m³～7kN/m³；压实程度中等宜为 7kN/m³～9kN/m³；压实程度良好宜为 9kN/m³～12kN/m³；

H——填埋垃圾埋深（m）。

3 计算第 i 层垃圾的主压缩量

第 i 层垃圾的主压缩量应按本规范式（5.2.2-1）计算，初始孔隙比应按下式计算：

$$e_0 = \frac{d_s \gamma_w}{(1 - W_c)\gamma_0} - 1 \qquad \text{(A. 0. 1-3)}$$

式中：W_c——垃圾初始含水率（%）；

d_s——垃圾平均颗粒比重，可将垃圾各组分的颗粒比重按重量含量加权平均计算或针对现场取样采用虹吸筒法测定。无试验数据时，垃圾颗粒比重可为 1.3～2.2，有机质含量高、降解程度低的垃圾取低值；

γ_w——水容重（kN/m³）。

4 计算第 i 层垃圾的次压缩量

t 时刻第 i 层垃圾的次压缩量，采用应力-降解压缩模型计算时，应按本规范式（5.2.3-1）计算；采用 Sowers 次压缩模型计算时，应按本规范式（5.2.3-3）计算。

5 计算 t 时刻第 i 层垃圾的压缩量与压缩后的厚度

第 i 层垃圾的压缩量按下式计算：

$$S_i = S_{pi} + S_{si} \qquad \text{(A. 0. 1-4)}$$

第 i 层垃圾压缩后厚度 H_i' 按下式计算：

$$H_i' = H_i - S_i \qquad \text{(A. 0. 1-5)}$$

A. 0. 2 t 时刻填埋场垃圾堆体压缩量应按下式计算：

$$S = \sum_{i=1}^{n} S_i \qquad \text{(A. 0. 2)}$$

附录 B 局部沉陷条件下土工膜应变计算及加筋层设计

B. 0. 1 土工合成材料的允许应变特征值应根据现行

行业标准《土工合成材料测试规程》SL/T 235 的规定进行拉伸试验，试验曲线如图 B. 0. 1 所示，并应按下式计算：

$$\varepsilon_a = \frac{\varepsilon_r}{F_R} \qquad \text{(B. 0. 1)}$$

式中：ε_a——土工合成材料允许应变特征值（%）；

ε_r——土工合成材料最大拉力所对应的应变（%）；

F_R——安全系数，取值不宜小于 1.5。

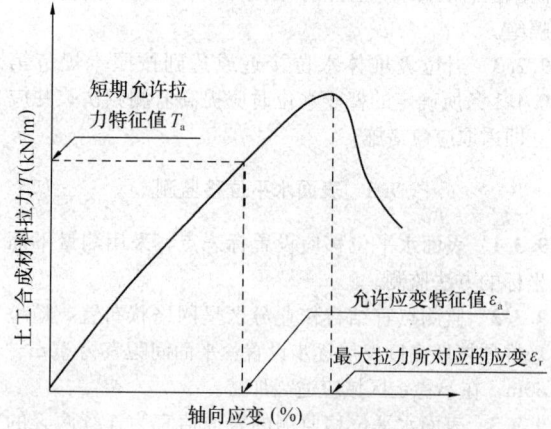

图 B. 0. 1 土工合成材料拉应力-应变关系示意图

B. 0. 2 土工合成材料短期允许拉力特征值应为土工合成材料允许应变特征值对应的拉力，土工合成材料长期允许拉力特征值应按下式计算：

$$T_l = T_a / (RF_{CR} \times RF_{ID} \times RF_{CBD}) \qquad \text{(B. 0. 2)}$$

式中：T_l——土工合成材料长期允许拉力特征值（kN/m）；

T_a——土工合成材料短期允许拉力特征值（kN/m）；

RF_{CR}——蠕变折减系数，应按表 B. 0. 2-1 取值；

RF_{ID}——施工损伤折减系数，应按表 B. 0. 2-2 取值；

RF_{CBD}——生物或化学降解折减系数，可为 1.1～1.2。

表 B. 0. 2-1 蠕变折减系数 RF_{CR}

材料类型	HDPE	PVC	VLDPE	LLDPE
取值	2.5	2.0	2.0	2.0

表 B. 0. 2-2 施工损伤折减系数 RF_{ID}

衬垫系统下卧和上覆土层类型	施工机械类型（回填和压实）		
	轻型	中等重量	重型
光滑（无石子）	1.1	1.2	1.3
中等光滑	1.2	1.3	1.4
粗糙（含石子）	1.3	1.4	1.5

B. 0. 3 下卧堆体局部沉陷条件（图 B. 0. 3）作用下土工合成材料设计拉力 T 与拉伸应变之间的关系可按 Giroud（1990）公式和浙大简化公式计算：

1 Giroud（1990）公式：

$$T = 2\gamma_s r^2 (1 - e^{-0.5H/r})\Omega \qquad (B.0.3)$$

式中：T——土工合成材料设计拉力（kN/m）；

H——上覆土体的厚度（m）；

γ_s——上覆土体的平均容重（kN/m³）；

r——圆形沉陷区域半径（m），宜为 0.9m；

Ω——与土工合成材料拉伸应变 ε 对应的无量纲参数，按表 B. 0. 3-1 线性插值计算。

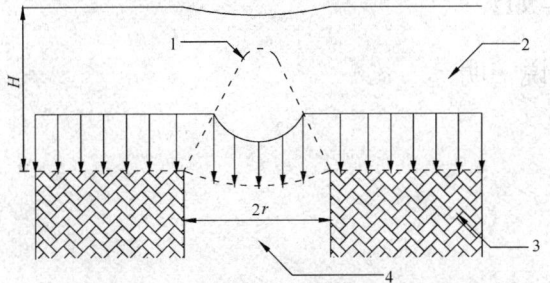

图 B. 0. 3 下卧垃圾堆体局部沉陷条件下土工膜和加筋层受力及变形示意图

1—土拱；2—上覆土；3—下卧土体；4—局部沉陷区域

表 B. 0. 3-1　无量纲参数 Ω 与拉伸应变关系表

拉伸应变 ε（%）	Ω	拉伸应变 ε（%）	Ω
6.00	0.90	8.43	0.78
6.69	0.86	9.00	0.76
7.00	0.84	9.36	0.75
7.54	0.82	10.00	0.73
8.00	0.80	10.35	0.72

2 浙大简化公式如表 B. 0. 3-2 所示，通过线性插值计算。

表 B. 0. 3-2　设计拉力与拉伸应变关系表

拉伸应变 ε（%）	设计拉力 T
7	$T = (-2.376 + 0.146H)\gamma_s$
8	$T = (-3.716 + 0.140H)\gamma_s$
9	$T = (-2.743 + 0.095H)\gamma_s$
10	$T = (-2.771 + 0.080H)\gamma_s$

B. 0. 4 下卧垃圾堆体局部沉陷引起土工膜拉伸应变的验算过程为：假定土工膜设计拉力 $T = T_l$，然后按 Giroud（1990）公式计算土工膜的拉伸应变 ε，应小于其允许应变特征值 ε_a。

B. 0. 5 对于用于抵抗下卧堆体局部沉陷的土工格栅加筋层，其设计层数的计算过程为：按式（B. 0. 1）确定中间衬垫系统中各种土工合成材料的最小允许应变特征值 ε_a，根据土工格栅拉伸试验曲线确定与 ε_a 相对应的短期允许拉力特征值 T_a，按式（B. 0. 2）计算单层土工格栅的长期允许拉力特征值 T_l；假定土工格栅拉伸应变 $\varepsilon = \varepsilon_a$，然后分别按 Giroud（1990）公式和浙大简化公式计算土工格栅的设计拉力 T，并取较大值；土工格栅加筋层的设计层数 n，应按下式计算：

$$n \geqslant T/T_l \qquad (B.0.5)$$

本规范用词说明

1 为便于在执行本规范条文时区别对待，对要求严格程度不同的用词说明如下：

1） 表示很严格，非这样做不可的：
正面词采用"必须"，反面词采用"严禁"；

2） 表示严格，在正常情况下均应这样做的：
正面词采用"应"，反面词采用"不应"或"不得"；

3） 表示允许稍有选择，在条件许可时首先应这样做的：
正面词采用"宜"，反面词采用"不宜"；

4） 表示有选择，在一定条件下可以这样做的，采用"可"。

2 条文中指明应按其他有关标准执行的写法为"应符合……的规定"或"应按……执行"。

引用标准名录

1 《建筑地基基础设计规范》GB 50007

2 《岩土工程勘察规范》GB 50021

3 《土工试验方法标准》GB/T 50123

4 《建筑边坡工程技术规范》GB 50330

5 《建筑用卵石、碎石》GB/T 14685

6 《生活垃圾卫生填埋技术规范》CJJ 17

7 《生活垃圾卫生填埋场封场技术规程》CJJ 112

8 《生活垃圾卫生填埋场防渗系统工程技术规范》CJJ 113

9 《生活垃圾填埋场填埋气体收集处理及利用工程技术规范》CJJ 133

10 《水工建筑物水泥灌浆施工技术规范》DL/T 5148

11 《水利水电工程混凝土防渗墙施工技术规范》SL 174

12 《土工合成材料测试规程》SL/T 235

13 《水利水电工程钻孔抽水试验规程》SL 320

14 《水利水电工程边坡设计规范》SL 386

15 《生活垃圾采样和分析方法》CJ/T 313

中华人民共和国行业标准

生活垃圾卫生填埋场岩土工程技术规范

CJJ 176—2012

条　文　说　明

制 定 说 明

《生活垃圾卫生填埋场岩土工程技术规范》CJJ 176 - 2012，经住房和城乡建设部 2012 年 1 月 11 日以第 1243 号公告批准、发布。

本规范制定过程中，编制组进行了广泛深入的调查研究，总结了我国生活垃圾卫生填埋场岩土工程建设的实践经验，同时参考了国外先进技术法规、技术标准，通过编制组系统的室内试验、现场测试和理论分析，在垃圾基本特性、渗沥液产量及填埋场沉降和稳定等方面取得了一批重要的技术参数。

为便于广大设计、施工、科研、学校等单位有关人员在使用本标准时能正确理解和执行条文规定，《生活垃圾卫生填埋场岩土工程技术规范》编制组按章、节、条顺序编制了本标准的条文说明，对条文规定的目的、依据以及执行中需注意的有关事项进行了说明。还着重对强制性条文的强制性理由作了解释。但是，本条文说明不具备与标准正文同等的法律效力，仅供使用者作为理解和把握标准规定的参考。

目　次

1 总 则

1.0.1 我国垃圾填埋场目前仍存在较为严重的环境岩土工程问题，包括垃圾堆体的失稳滑坡、填埋气体的爆炸与火灾、气体收集井等填埋场库区设施在垃圾堆体不均匀沉降作用下的失效和破坏、渗沥液渗漏造成的周边环境污染、填埋气收集率低等。本标准将有助于提高我国垃圾填埋场的设计、施工及运行水平。

1.0.3 我国城市生活垃圾的组分以厨余垃圾为主，有机质含量和含水率明显高于欧美发达国家。因此我国填埋场的设计、施工和运行不宜直接套用欧美国家的经验。我国幅员辽阔，各地气候、生活水平、地质条件差异较大，填埋场工程设计和建设应做到因地制宜。

4 填埋场渗流及渗沥液水位控制

4.1 一 般 规 定

4.1.1 垃圾填埋场中渗沥液存在形式复杂，与填埋场的覆盖材料、渗沥液导排层性能、垃圾组分及运行阶段等有关。

图1为填埋场中一种可能的渗沥液存在形式：场底渗沥液导排层内存在一定高度的渗沥液饱和区域，其最大水头压力即为渗沥液导排层水头；渗沥液导排层与深部垃圾之间为非饱和区，之上存在一个显著、连续的饱和区，主要原因是深部垃圾渗透系数显著低于导排层，渗沥液难以向下渗流，导致水位在渗透系数较小的深部垃圾之上逐渐壅高，其浸润线即为垃圾堆体主水位；垃圾堆体内因填埋作业的要求常存在低渗透层，如由黏土组成的中间覆盖层、日覆盖层等，极易导致水位在该层之上壅高而形成局部而连续的饱和区，其浸润线即为垃圾堆体滞水位，广泛分布于堆体中，如图1所示。此时，底部防渗层上渗沥液水头

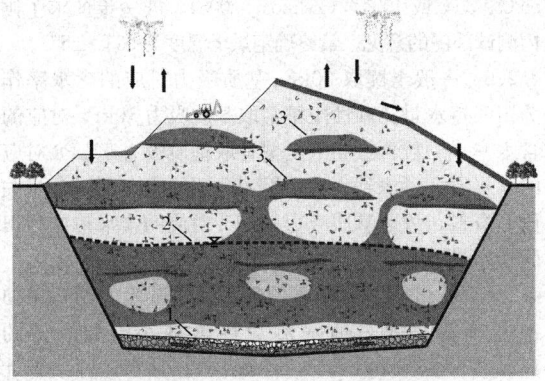

图1 垃圾填埋场渗沥液存在形式一
1—渗沥液导排层水头；2—垃圾堆体主水位；
3—垃圾堆体滞水位

不高，填埋场污染扩散风险相对较低；较高的垃圾堆体主水位和滞水位显著影响垃圾堆体稳定和填埋气收集率。

图2为填埋场中另一种可能的渗沥液存在形式：当渗沥液导排层淤堵时，导排层中渗沥液水位壅高，与堆体中主水位连通，从场底渗沥液导排层至一定高度堆体完全饱和，防渗层上渗沥液水头很高，填埋场渗沥液污染扩散及堆体失稳风险高，填埋气收集难度大。

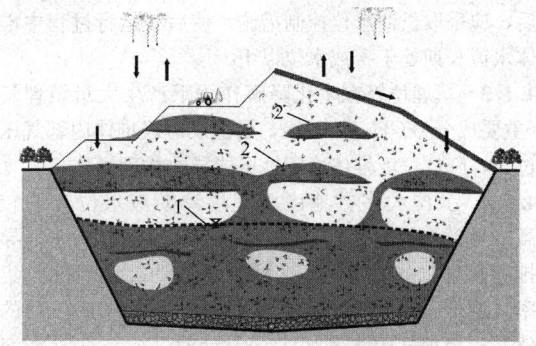

图2 垃圾填埋场渗沥液存在形式二
1—垃圾堆体主水位；2—垃圾堆体滞水位

编制组研究了垃圾堆体主水位对堆体稳定影响规律，如图3所示。在堆体坡度一定时，主水位越高，堆体稳定安全系数越小。编制组研究表明，渗沥液导排层水头增加会显著提高污染物渗漏率。如表1所示，渗沥液导排层水头 h_w 由 0.3m 提高至 10m，污染渗漏率提高了（5~30）倍。

表1 不同渗沥液导排层水头下计算得到的渗漏率

衬垫系统结构	分配系数 θ (m²/s)	渗漏率 (m/年)			
		h_w=0.3m	h_w=1.0m	h_w=3.0m	h_w=10.0m
1.5mmGM+750mmCCL	1.6×10⁻⁸	3.8×10⁻⁴	1.2×10⁻³	3.2×10⁻³	1.0×10⁻²
1.5mmGM+750mmAL	1.6×10⁻⁸	6.5×10⁻⁴	1.9×10⁻³	5.0×10⁻³	1.6×10⁻²
1.5mmGM+13.8mmGCL	6.0×10⁻¹²	3.5×10⁻⁷	1.1×10⁻⁶	3.4×10⁻⁶	1.1×10⁻⁵
2mCCL	/	3.6×10⁻²	4.7×10⁻²	7.9×10⁻²	1.9×10⁻¹

注：GM—土工膜；CCL—压实黏土防渗层；AL—压实土替代层；GCL—土工复合膨润土垫。

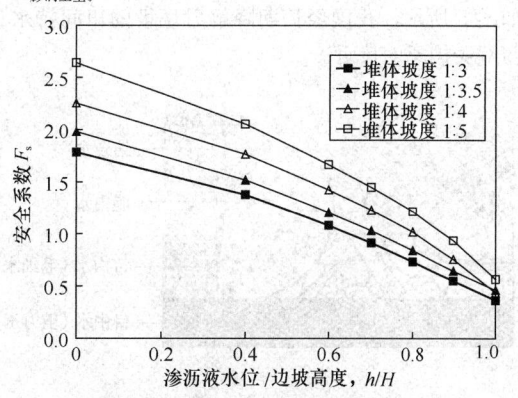

图3 堆体坡度、堆体主水位相对
高度与安全系数的关系

4.1.2 我国大多数渗沥液产量大、堆填高的填埋场运行实践表明，因深部垃圾渗透能力差、场底渗沥液导排系统淤堵等原因，易造成渗沥液导排不畅和堆体中渗沥液水位壅高（图2）。此时除设置场底渗沥液导排系统外，还应考虑设置中间渗沥液导排设施。中间渗沥液导排设施在垃圾堆体内分层设置，可有效降低垃圾堆体主水位和滞水位。当垃圾堆体主水位较高，可能导致垃圾堆体发生失稳时，应采取应急措施进行水位迫降；采取应急降水措施缓解堆体滑坡险情后，应采取长期水位控制措施，使后续运行过程中堆体水位长期处于警戒水位以下。

4.1.3 填埋垃圾在生化降解作用下产生大量填埋气（主要成分为 CH_4 和 CO_2），易造成垃圾堆体内部气压过大，降低垃圾堆体稳定性可能导致物理爆炸。

4.1.4 我国大多数地区填埋场渗沥液水位普遍较高，导致垃圾堆体的导气性能低下，阻碍填埋气导排和收集。多个填埋场实测数据表明：填埋气收集率普遍低于40%，严重影响填埋气收集利用工程的效益。填埋气收集利用工程设计时，应评估渗沥液水位高度对填埋气收集潜力的影响，采取合理作业方式和有效工程措施控制渗沥液水位高度，提高填埋气收集率。

4.2 垃圾水气传导特性

4.2.1 填埋场渗沥液总量计算及渗沥液导排系统设计与垃圾初始含水率、田间持水量及水力渗透系数等水力特性参数密切相关，应选取合适的参数。

4.2.2 如图4所示，生活垃圾中水分的存在形式与土体有所区别，除部分以结合水、自由水的形式存在外，还有大部分存于有机质的细胞内部，以胞内水的形式存在。垃圾的有机质含量越高，胞内水的含量越大，初始含水率也越高。表2为编制组现场调研获得的我国垃圾初始含水率数据，我国城市生活垃圾有机质含量和初始含水率显著高于美国垃圾，如表3所示。垃圾填埋后胞内水由于生物降解逐渐析出形成渗沥液，垃圾的持水能力逐渐降低。如图5所示，我国经长期降解后垃圾的田间持水量与欧美国家的接近。

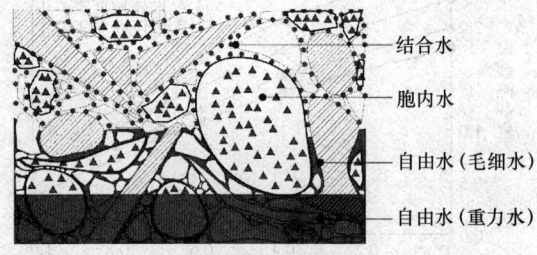

图4 垃圾中水分存在形式

表2 现场调研中国垃圾初始含水率数据

所在地年降雨量（mm）	初始含水率（%）					样本数（个）
	春	夏	秋	冬	全年	
年降雨量≥800	55.1	57.2	53.9	53.9	51.1	49
400≤年降雨量<800	50.1	60.6	48.3	43.8	44.3	22
年降雨量<400	—	—	—	—	25.5	2

表3 中美垃圾典型组分及初始含水率对比（%）

地区	厨余垃圾	无机渣土	纸类	塑料	其他	初始含水率
中国	45~50	10~25	5~12	5~15	35	50
美国	22	5	47	5	21	27

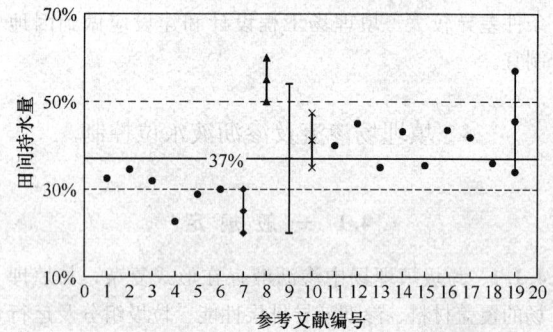

图5 降解后垃圾的田间持水量

根据以上文献资料和现场调研资料，本规范推荐了表4.2.2中初始含水率和田间持水量取值。

4.2.3 填埋场的类别按《生活垃圾卫生填埋处理工程项目建设标准》建标124-2009划分，填埋场运行阶段，宜定期测试垃圾水力特性指标，积累数据，指导填埋场运行，并为以后新建填埋场设计提供基础数据。

4.2.4 现行行业标准《生活垃圾采样和分析方法》CJ/T 313中规定的烘干温度为105℃±5℃；现行国家标准《土工试验方法标准》GB/T 50123 规定烘干温度为105℃~110℃，但只适用于有机含量不大于10%的土，不适用于生活垃圾；国外资料中推荐的烘干温度包括55℃、85℃或105℃（Zekkos，2005）。进一步征求了国内测试部门的意见，最终确定烘干温度为90℃±5℃。

4.2.5 一般土壤取 30kPa 基质吸力对应的含水率作为田间持水量；砂性土壤常取基质吸力 10kPa 对应的含水率；黏粒含量高的土壤宜取基质吸力 50kPa 对应的含水率。考虑到生活垃圾大孔隙的特点，结合相关研究资料，故取基质吸力 10kPa 对应的含水率作为田间持水量取值。

4.2.6 苏州七子山填埋场现场抽水试验表明，随抽水井降深增加，抽水流量逐渐减小，由最初的 1.9m³/h 逐渐减小至 1.0m³/h。根据抽水试验结果计算的垃圾饱和水力渗透系数，如图6所示，可见，垃圾饱和渗透系数随埋深增加明显减小。对于填埋厚度大的垃圾堆体，宜分层测试垃圾的渗透系数。

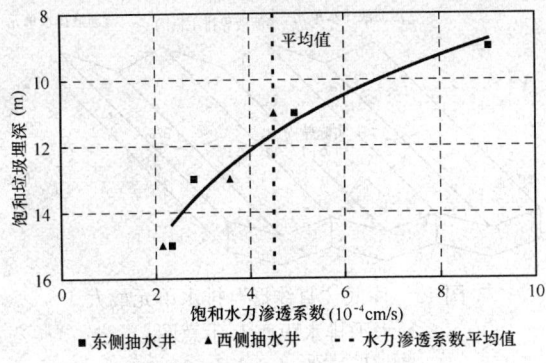

图 6 不同埋深垃圾饱和水力
渗透系数现场测试结果

4.2.7 垃圾是非均质、大孔隙介质材料，室内渗透试验时应尽可能选用较大直径的渗透室。垃圾饱和水力渗透系数与孔隙比或应力状态相关，为保障实验数据的合理性，测试时应施加与现场应力水平相当的应力；如需更为全面的结果，也可在不同应力条件下进行测试。以苏州七子山填埋场为例，采用四种不同填埋深度的试样，分别为 2.5m、7.5m、12.5m、17.5m，饱和水力渗透系数随有效应力的变化规律如图 7 所示。根据上述数据及国内外文献报道的实测数据，浙江大学推荐了垃圾饱和水力渗透系数随深度的变化关系，如图 8 所示。

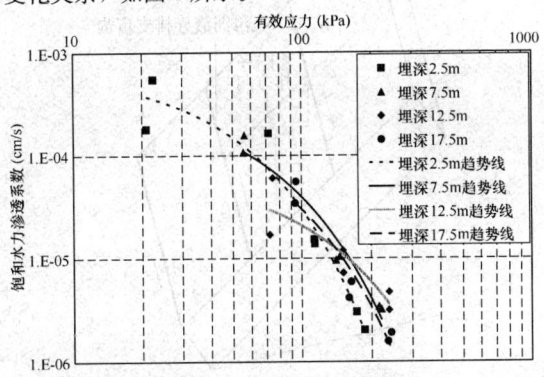

图 7 苏州七子山填埋场现场取样
垃圾室内渗透试验结果

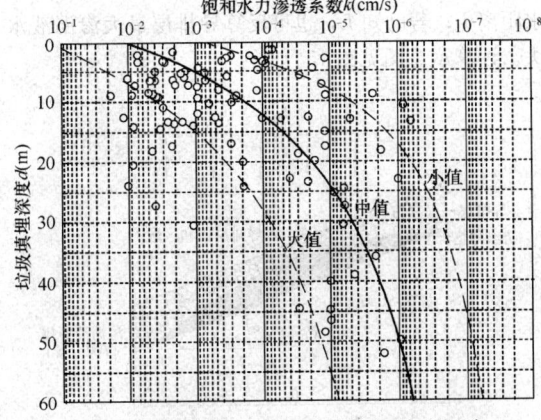

图 8 垃圾饱和水力渗透系数与填埋深度

4.2.8 浙江大学的室内试验结果表明：垃圾中填埋气渗透系数随饱和度或含水率增加而减少（图 9）。垃圾含水率对填埋气渗透系数影响较大，当含水率大于一定数值（约为田间持水量）填埋气渗透系数随含水率增大而急剧减小。渗沥液水位以下垃圾处于接近饱和或饱和状态，填埋气渗透系数小，阻碍了填埋气导排和收集，这也是高渗沥液水位填埋场填埋气收集率低下的重要原因。根据浙江大学的室内试验结果和国内外相关文献资料，本条推荐了填埋垃圾气体固有渗透系数取值范围。

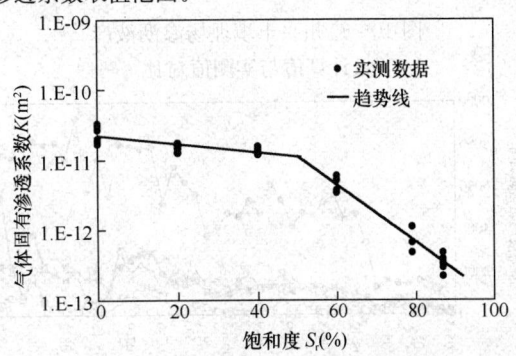

图 9 垃圾气体固有渗透系数与
饱和度的关系曲线

4.3 填埋场渗沥液总量计算

4.3.1 填埋场渗沥液日均总量主要由降雨入渗量和垃圾自身降解或压缩产生渗沥液量两部分组成。降雨入渗量通常采用现行行业标准《生活垃圾填埋场渗滤液处理工程技术规范》HJ 564 中的浸出系数法计算。垃圾自身降解或压缩产生的渗沥液量取决于垃圾初始含水率与在填埋场降解及压缩后田间持水量之间的差值。当填埋垃圾初始含水率不大于降解后田间持水量时，垃圾自身渗沥液产量较低，可忽略，渗沥液产量可采用浸出系数法计算；而当填埋垃圾初始含水率较高时，垃圾自身降解或压缩产生渗沥液产量大，甚至超过降雨入渗量，不能忽略。

填埋场渗沥液总量的一部分留在填埋场内形成填埋场的水位，其他的通过导排系统进入渗沥液调节池形成渗沥液产量（实测渗沥液产量）。后者的量一般情况下远大于前者。

编制组"垃圾渗沥液产量和调节池容积计算"专题研究对广州兴丰和上海老港四期填埋场渗沥液的各种计算量及实测量进行了比较，如图10、图11所示。可见，对于垃圾初始含水率较高的填埋场，浸出系数法得到的渗沥液产量明显偏小；采用本规范公式，使用实际逐月降雨量资料，在考虑了垃圾自身降解或压缩产生渗沥液产量后，可获得与实测数据比较接近的结果。

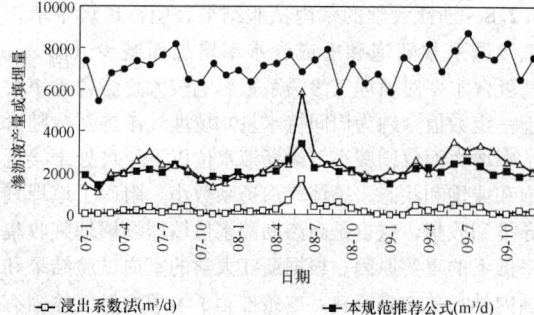

图 10　广州兴丰填埋场渗沥液产
量计算值与实测值对比

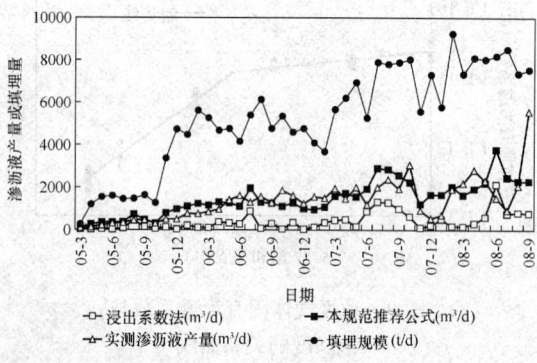

图 11　上海老港四期填埋场渗沥液
产量计算值与实测值对比

4.4　场底渗沥液导排设计与水头控制

4.4.1　根据住房和城乡建设部《关于印发〈2008 年
工程建设标准规范制订、修订计划（第一批）〉的通
知》（建标［2008］102 号）的要求，现行行业标准
《生活垃圾卫生填埋技术规范》CJJ 17-2004 通过修
定升级为国家标准，其送审稿已通过审查会专家组的
审查。由于本规范在该国家标准前颁布，因此本规范
目前条文中仍引用其 CJJ 17-2004 版本，一旦该标准
作为国家标准发布，则按最新发布的标准执行。

4.4.2　根据实践，排水单元中的渗沥液导排盲沟可
设置为"直线形"或"树叉形"。为使渗沥液导排层
内最大水头小于 30cm，不论采取何种设置形式，应
保证最大水平排水距离 L' 不大于按本规范第 4.4.3 条
中所示方法计算出的允许最大水平排水距离 L。

　　最大水平排水距离 L' 是导排单元内最大坡度
方向上排水起点（最高点）至排水终点（导排管或其他
泄水点）水平投影的最大值。库底"直线形"和"树
叉形"排水单元设置形式及其对应的最大水平排水距
离 L' 分别如图 12、图 13 所示。边坡排水单元的设置
形式及其对应的 L' 如图 14 所示。

4.4.3　本公式为通用的 Giroud 公式，即根据导排层
的渗沥液入渗量 q_h、导排层渗透系数 k、库底坡度、
导排层最大允许渗沥液水头，可计算允许最大水平排

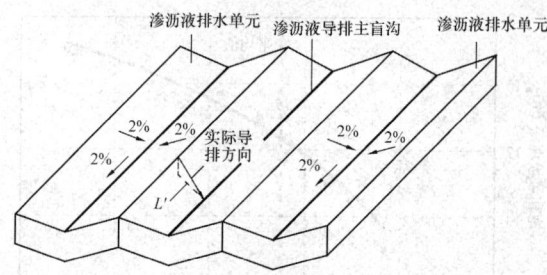

图 12　库底"直线形"排水单元最大
水平排水距离 L' 示意图

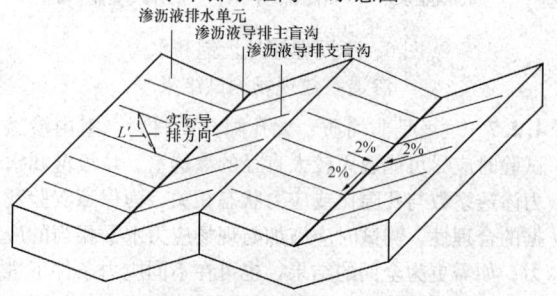

图 13　库底"树叉形"排水单元最大
水平排水距离 L' 示意图

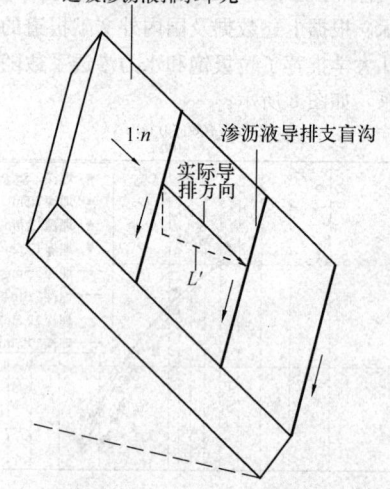

图 14　边坡排水单元最大水平
排水距离 L' 示意图

水距离 L；若已知 L，也可反算导排层最大渗沥液水
头。计算示意图见图 15。

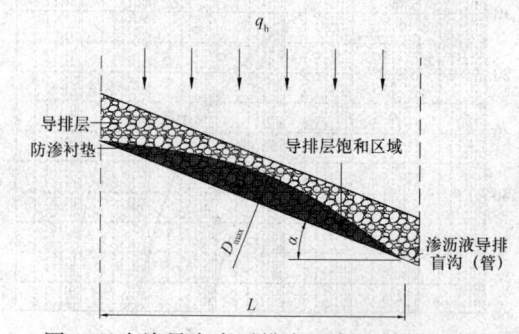

图 15　允许最大水平排水距离 L 计算示意图

L 计算的关键是合理确定 q_h 和导排层渗透系数 k 两个参数的取值。

德国规范推荐 q_h 取 10mm/d，美国规范推荐采用 HELP 模型计算结果或日均降雨量，取值一般不超过 5mm/d。根据类似填埋场的比较，我国渗沥液产量高于美国及德国，q_h 取值应更大。如果 q_h 取值参照德国取 10mm/d 或更大，计算出的 L 一般小于 15m，导排管设置间距将远小于目前国内常采用的间距。根据排水单元渗沥液产生和导排机理，提出了 q_h 的计算公式（4.4.3-3）。验算表明，该公式计算结果一般比 HELP 模型计算结果大，比德国规范小。

渗沥液导排层初始渗透不小于 $1×10^{-3}$ m/s，但导排层在使用中会发生淤堵，渗透系数降低。Koerner（1995）研究表明，填埋场使用 1 年后，砾石孔隙减少很多，渗透系数从 $2.5×10^{-1}$ m/s 降至 $1.2×10^{-4}$ m/s。Fleming（1999）研究表明，填埋场使用 4 年后，导排层渗透系数从 $1×10^{-1}$ m/s 降低到 $1×10^{-4}$ m/s；土工布、导排管开口等局部位置等淤堵更严重。Craven（1999）研究表明，填埋场使用 6 年后，排水砂层渗透系数从 $1.85×10^{-4}$ m/s 降低到 $1.23×10^{-4}$ m/s。因此，建议计算 L 时，渗透系数 k 取 $1×10^{-4}$ m/s，当有很好的防淤堵措施时，可适当提高。

以我国填埋容量较大的上海某填埋场和广州某填埋场为例，验算导排层的渗沥液入渗量 q_h 及允许最大水平排水距离 L。

一　上海某填埋场

上海某填埋场场底排水面积 800000m²，日填埋作业规模 8000t/d，填埋作业单元面积 50000m²；中间覆盖面积 650000m²，封场覆盖面积 100000m²；20 年日均降雨量 1116mm/年，初始填埋作业时垃圾含水率为 55%，完全降解后垃圾田间持水量为 38%。计算 q_h 及 L。

1　导排层的渗沥液入渗量 q_h

1）渗沥液日均总量 Q 计算

按式（4.3.1），$I=1116$mm/年 $=3.06$mm/d，$A_1=50000$m²，$A_2=650000$m²，$A_3=100000$m²，$C_{L1}=0.8$，$C_{L2}=0.48$，$C_{L3}=0.1$，$M_d=8000$t/d，$W_c=55\%$，$F_c=38\%$，计算得 $Q=2467$m³/d。

2）导排层的渗沥液入渗量 q_h 计算

按式（4.4.3-3），$Q=2467$m³/d，$A=800000$m²，计算得 $q_h=3.57×10^{-8}$ m/s，即 3.1mm/d。

2　允许最大水平排水距离 L

按式（4.4.3-1），$q_h=3.57×10^{-8}$ m/s，导排层渗透系数 k 取 $1×10^{-4}$ m/s，计算得 $j=0.881$，$L=35.6$m。

二　广州某填埋场

广州某填埋场场底排水面积 470000m²，日填埋作业规模 10000t/d，填埋作业单元面积 50000m²；中间覆盖面积 320000m²，封场覆盖面积 100000m²；20 年日均降雨量 1735mm/年，初始填埋作业时垃圾含水率为 58%，完全降解后垃圾田间持水量为 38%。计算 q_h 及 L。

1　导排层的渗沥液入渗量 q_h

1）渗沥液日均总量 Q 计算

按式（4.3.1），$I=1735$mm/年 $=4.75$mm/d，$A_1=50000$m²，$A_2=320000$m²，$A_3=100000$m²，$C_{L1}=0.8$，$C_{L2}=0.48$，$C_{L3}=0.1$，$M_d=10000$t/d，$W_c=58\%$，$F_c=38\%$，计算得 $Q=2968$m³/d。

2）导排层的渗沥液入渗量 q_h 计算

按式（4.4.3-3），$Q=2968$m³/d，$A=470000$m²，计算得 $q_h=7.31×10^{-8}$ m/s，即 6.3mm/d。

2　允许最大水平排水距离 L

按式（4.4.3-1），$q_h=7.31×10^{-8}$ m/s，导排层渗透系数 k 取 $1×10^{-4}$ m/s，计算得 $j=0.881$，$L=20.6$m。

4.4.4　美国规范要求颗粒导排层顶部宜铺设反滤材料；德国规范建议颗粒导排层顶部可不铺设反滤材料，但要加大颗粒导排层的厚度，一部分颗粒层在使用过程中充当反滤作用；结合我国垃圾渗沥液特性（细颗粒物质高）和渗沥液导排建设实践（颗粒导排层厚度较发达国家小），建议颗粒导排层顶部铺设反滤层，以减缓细颗粒物质进入导排层造成的淤堵，并应进行反滤计算。

4.4.6　土工复合排水网厚度较薄，长期使用过程中，在机械、化学、生物作用下，其导排性能显著降低，因此采用土工复合排水网排水时，应进行长期导排性能验算。库区边坡目前常用透水性较差的袋装黏土作为保护层，导致边坡区域渗沥液导排能力很低，应避免使用。

4.4.7　渗沥液导排系统使用过程中易发生淤堵，淤堵易发生于渗流能力较小或渗沥液流量负荷较大的位置，如导排反滤层及渗沥液导排管位置等。导排管内的淤堵物逐步由软变硬，若在结块变硬前进行反冲洗，可较大程度上减缓淤堵的发展。德国和国内导排管反冲洗实践均取得了良好效果。根据经验，若要进行反冲洗，需要在导排管末端设置端头井作为维护通道，运行过程中宜定期进行冲洗。

4.5　垃圾堆体水位及控制

4.5.3　小口径抽排竖井施工速度快，降水效率高，可作为填埋场应急降水措施。国内某填埋场因连降暴雨，渗沥液水位急剧上升，堆体滑动开裂，急需降水；在堆体边坡打设了 14 口小口径井，采用压缩空气降水，单井出水量 20m³/d～30m³/d，日均总出水量 300m³～400m³，经过一段时间的降水，堆体水位显著下降，滑坡险情排除。小口径抽排竖井直径 130mm，井管井径 110mm，具体做法如图

16 所示。

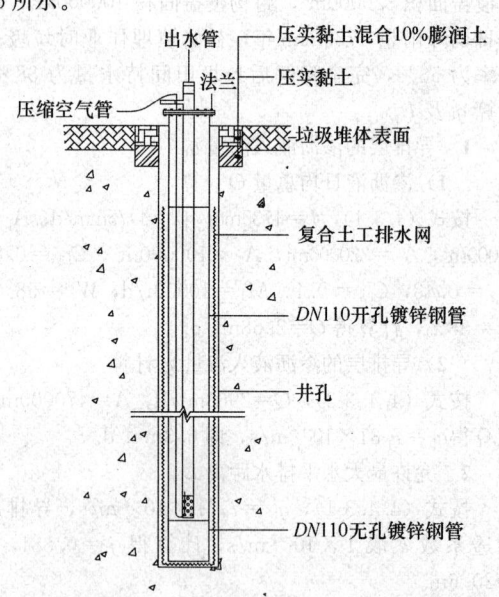

图 16　小口径抽排竖井结构详图

4.5.4　靠近堆体边坡 50m 范围内的渗沥液水位对边坡稳定安全影响大，有效控制该区域内水位，可显著提高堆体边坡稳定安全系数。该区域内加强排水的方法有：加密中间渗沥液导排盲沟和深层抽排竖井等。

4.5.5　抽排竖井内填埋气含量较高，使用电泵可能存在安全隐患；单井渗沥液产量低，电泵易干转损坏；填埋场侧向变形较大，抽排竖井井管易弯曲，电泵难以取出检修、维护，因此，建议采用压缩空气排水。

4.6　填埋气收集及控制措施

4.6.1　填埋气收集量评估是填埋气收集利用工程设计的重要依据。填埋气收集量与填埋场单位时间理论产气量、填埋场施工、运行情况及渗沥液水位、填埋气收集设施影响范围面积等因素有关。

填埋场建设、运行情况及渗沥液水位对填埋气收集量的影响采用填埋气收集率 η 表征。参考美国环境保护局针对我国垃圾填埋场产气资料，认为无论填埋场设计多么合理和填埋气收集系统覆盖多么完整全面，至少 15％填埋气无法收集（即填埋气收集率最高取 85％），在此基础上根据填埋场施工、运行与渗沥液水位高度情况做进一步折减。针对各种影响因素说明如下：

①彻底和及时压实、集中倾倒区域和及时覆盖，可减少空气（氧气）和地表水进入垃圾体，加快厌氧降解并产生可利用的填埋气，还可减少不均匀沉降，减少收集管线出现问题的可能性；②填埋厚度较小的填埋场，垃圾趋于好氧分解，甲烷比例下降；③覆盖可使填埋气收集系统更易达到所需的负压状态，扩大填埋气收集范围；④填埋场底部防渗层可减少填埋气

从填埋场底部逃逸，并减小场外气体从填埋场底部进入填埋场；⑤因渗沥液水位以下垃圾气体渗透系数很小，填埋气难迁移至收集系统。因此，结合我国填埋场现场调研及特点，建议可表 4.6.1 填埋场建设和运行情况的填埋气收集率折减系数。

4.6.2、4.6.3　填埋场渗沥液水位对填埋气收集率影响较大，因此规定高水位填埋场宜进行不同水位降低条件的现场抽气试验，根据现场抽气试验所得的渗沥液水位降幅与填埋气收集量关系，为填埋气收集利用工程设计和渗沥液水位降低措施提供基础，达到提高填埋气收集率的目的。现场抽气试验可按如下要点进行：

1）抽气试验应进行 3 口以上单井试验与多井同步试验。已建竖井区域，宜选取既有竖井进行试验；尚未建设竖井区域，应选择代表性位置进行试验；

2）抽气试验的导气竖井结构形式和施工应符合现行行业标准《生活垃圾填埋场填埋气体收集处理及利用工程技术规范》CJJ 133 规定。竖井影响范围内垃圾表层应进行覆盖，井头留检测孔，用于检测填埋气成分、温度和压力；

3）抽气试验分为被动（静态）试验和主动（动态）试验；被动试验和主动试验均宜先进行单井试验，后进行多井同步试验，各参数取连续运行三天试验的平均值；

4）被动试验是指在风机不运行（即未抽气条件）情况下的试验，测试无抽气条件下填埋气收集量、井内压力、填埋气成分和温度等，作为主动抽气试验评价的补充；

5）主动试验是指在风机连续运转（即抽气条件）情况下的试验；测试时，竖井周边应设置 3 口气压监测井，离竖井距离宜取 0.5 倍、1.0 倍、1.5 倍井深，且宜呈直线布置；抽气量大小控制依据为在保证风机出口处填埋气中氧浓度低于 1％条件下的最大抽气量；主动试验测试抽气条件下填埋气收集量、井内压力、填埋气成分和温度等；

6）导气竖井影响半径宜通过主动抽气试验时气压监测井的气压结果确定；导气竖井与监测井的压力差 ΔP 与两者间距 R 存在以下关系：$\Delta P = a \ln \Delta P + b$，式中系数 a 和 b 可采用最小二乘法确定；一般认为导气竖井影响半径处气压为 -0.25 kPa，利用 $R = \exp\left[(\Delta P - b) / a \right]$ 确定导气竖井影响半径；

7）主动试验可获得导气竖井影响半径内垃圾当前填埋气收集量 C，根据本规范第 4.6.1

条确定抽气时相应的填埋气收集率 η，可采用式（4.6.1-1）计算影响半径内垃圾当前单位时间理论产气量 Q_t（$\beta=1$），结合该填埋场所填埋垃圾的单位重量产气潜力，根据现行行业标准《生活垃圾填埋场填埋气体收集处理及利用工程技术规范》CJJ 133 单位时间理论产气量计算公式确定填埋垃圾产气速率常数；

    8）采用抽气试验确定的垃圾产气速率常数，并结合该填埋场所填埋垃圾的单位重量产气潜力，可分别采用现行行业标准《生活垃圾填埋场填埋气体收集处理及利用工程技术规范》CJJ 133 单位时间理论产气量计算公式和本规范式（4.6.1-1）预测未来填埋气产量和收集量，据此合理制定填埋气收集利用工程分期建设规划。

4.6.4 采用兼有降水和集气功能竖井能有效提高高水位填埋场的填埋气收集率，其抽排管内径不宜小于200mm。渗沥液水位较低的填埋场，井深可尽量取大，但为防止钻孔破坏场底防渗系统，井底距场底间距不宜小于5m。导气竖井间距过小，会造成导气竖井间影响范围重叠而降低效率；导气竖井间距过大，难以有效收集导气竖井影响范围外垃圾所产填埋气。编制组研究表明（图17）以气压为5%和10%抽气压力作为竖井抽气影响范围标准，影响深度达垃圾堆体底部的竖井影响半径范围分别为（1.35~1.53）倍和（0.76~1.0）倍井深，故建议井间距取井深的（1.5~2.5）倍。

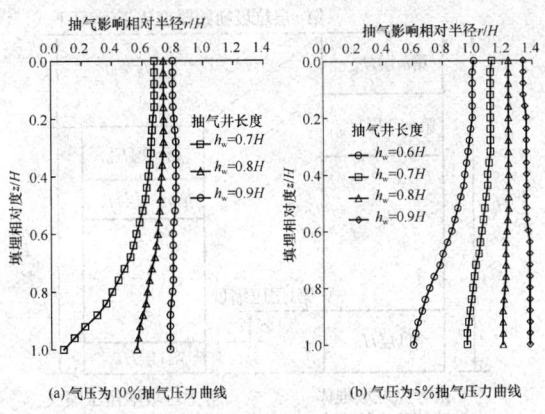

(a) 气压为10%抽气压力曲线   (b) 气压为5%抽气压力曲线

图 17 导气竖井影响半径

H＝填埋垃圾厚度；h_w＝导气竖井深度；
r＝导气竖井轴向坐标；z＝深度坐标

4.6.5 填埋作业应设立垃圾集中倾倒区域，减小填埋作业面。对于新填埋垃圾区域，应及时进行临时覆盖；对非填埋作业或已达设计标高的区域，应及时做好中间或封场覆盖。

5 填埋场沉降及容量

5.1 一 般 规 定

5.1.1 填埋垃圾在生化降解和上覆垃圾自重荷载作用下会产生压缩，大量资料表明垃圾堆体沉降量可达初始填埋厚度的30%~50%。而且，填埋场封场后因生化降解作用会产生较大的工后沉降。不均匀沉降可能影响填埋场构筑物服役性能，如渗沥液导排系统发生"倒坡"而影响导排效果，衬垫系统和封场覆盖系统防渗层因张拉而开裂，故作本条规定。

5.1.2 填埋场运行时间一般短则数年，长则几十年，大部分垃圾堆体压缩在填埋场封场前发生，不考虑垃圾堆体压缩将使得填埋场容量和运行年限计算值偏小。

5.1.3 十多米甚至几十米堆高的垃圾堆体荷载可造成地基产生数米的沉降和较大的不均匀沉降。若不进行验算并采取有效措施，底部导排系统或衬垫系统易失效。对于原场底防渗未达防污标准的填埋场进行竖向扩容时，通常需设置中间衬垫系统，若下卧堆体厚度和竖向扩建高度较大，中间衬垫系统沉降可达数米。

5.2 垃圾堆体沉降计算

5.2.2 垃圾堆体沉降计算时上覆垃圾自重应力小于前期固结应力时垃圾主压缩量较小，可忽略不计。钱学德（2001）建议垃圾前期固结应力取 48kPa。根据我国填埋场的压实现状及测试结果，本条建议无试验数据时前期固结应力取 30kPa。

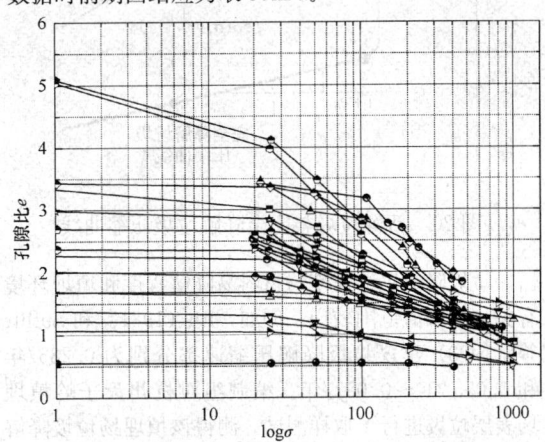

图 18 城市生活垃圾 e-$\log\sigma$ 曲线

    垃圾主压缩指数可选取新鲜垃圾或填埋垃圾的试验结果，国内外垃圾的室内压缩试验结果总结如图18所示，可见高应力条件（如1000kPa）下垃圾孔隙比趋于稳定值（0.8~1.2）。

5.2.3 填埋场实际沉降-时间对数曲线通常呈现初始

平缓、后续较陡的特点。Sowers 次压缩模型易高估初期沉降、低估后期沉降 [图 19（a）]；应力-降解压缩模型能较好预测填埋场整个沉降发展历程 [图 19（b）]。因此，对后期沉降计算精度要求较高的设施（如中间渗沥液导排系统与土工膜），其次压缩沉降验算建议采用应力-降解压缩模型。

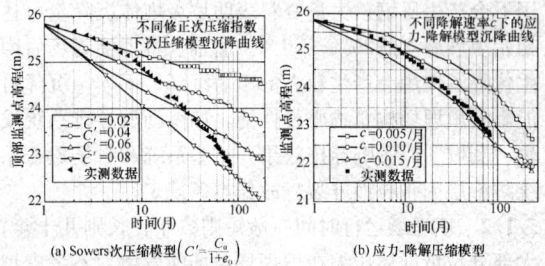

(a) Sowers 次压缩模型 $\left(C' = \dfrac{C_c}{1+e_0}\right)$ (b) 应力-降解压缩模型

图 19　某填埋场垃圾堆体沉降
实测与模型分析结果比较

式（5.2.3-2）中 $\varepsilon_{dc}(\sigma_0)$ 和 $\varepsilon_{dc}(\sigma_i)$ 分别是 σ_0 和 σ_i 作用下新鲜垃圾和完全降解垃圾压缩应变的差，如图 20 所示。编制组所开展的室内降解压缩试验表明：初始孔隙比为 3.93 的垃圾试样，在 150kPa 压力作用下应力引起的应变为 33.8%，降解引起的应变为 24%。

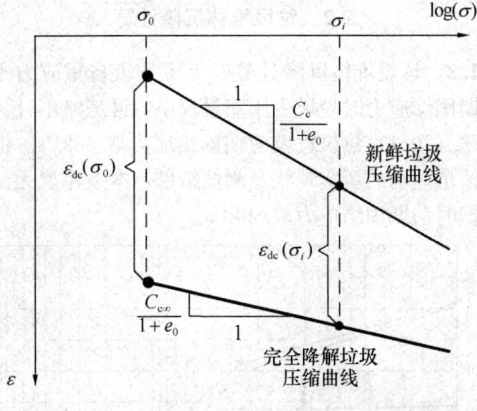

图 20　新鲜垃圾与完全降解垃圾压缩曲线

垃圾降解压缩速率与材料易降解程度和填埋环境有关，其取值范围较广。例如，Lu（1981）和 Suflite 等（1993）建议垃圾降解压缩速率分别为 0.235/年和 0.055/年～0.087/年。编制组对杭州天子岭填埋场表层垃圾进行了取样测试，测得该填埋场垃圾降解压缩速率为 0.095/年。

修正次压缩指数 $C_\alpha / (1+e_0)$ 建议取值范围主要基于大量的国内外试验成果（Sharma 等，2007）。

5.2.4　式（5.2.1）是垃圾堆体内任意点在某一时刻其下卧垃圾的总压缩量，该点沉降应不包括填埋该点时其下卧垃圾的压缩总量 S_1，故采用式（5.2.4）计算。

5.3　填埋量计算

5.3.1、5.3.2　国内通常采用填埋库容和"单位库容填埋量"的乘积来估算填埋量，但"单位库容填埋量"取值往往依据经验，易出现与实际差异较大的情况。本规范计算方法考虑了填埋场运行期间的堆体压缩，经上海老港、苏州七子山、广州新丰、成都和长安等 10 余个填埋场验证，该方法可有效提高填埋场填埋量的计算精度。

填埋场填埋量可按照下列步骤进行分析：

1　将整个填埋场库区按照场底地形和封场形状分为 n 个较规则的区域，计算每个区域的平面面积，某区域 i 堆体的平均设计有效填埋高度 D_i 为该区域的有效库容 V'_i 除以该区域的平面面积 A_i；

2　根据预期的填埋场单位时间垃圾进场量预估填埋速率，并确定各区域垃圾的分层厚度，一般取 2m～5m；填埋速率和分层厚度均不考虑垃圾压缩的影响；

3　如图 21 所示，对任一填埋区域 i，垃圾体通过逐层添加的方式模拟堆埋过程，每堆填一层垃圾，根据本规范沉降分析方法计算其下每一层垃圾的压缩量 S_{ij} 以及压缩后的填埋厚度 $H_{ij} - S_{ij}$，如果 m 层垃圾压缩后的总填埋厚度 $\sum\limits_{j=1}^{m}(H_{ij} - S_{ij})$ 小于平均设计有效填埋高度 D_i 时，则该区域继续填埋；当 $\sum\limits_{j=1}^{m}(H_{ij} - S_{ij})$ 与 D_i 的差值接近分层厚度时，最后一层堆填垃圾的初始填埋厚度则取 D_i 与 $\sum\limits_{j=1}^{m}(H_{ij} - S_{ij})$ 的差值；

第 m 层垃圾初始厚度 H_{im} 应满足下式：

$$H_{im} = D_i - \sum_{j=1}^{m-1}(H_{ij} - S_{ij})$$

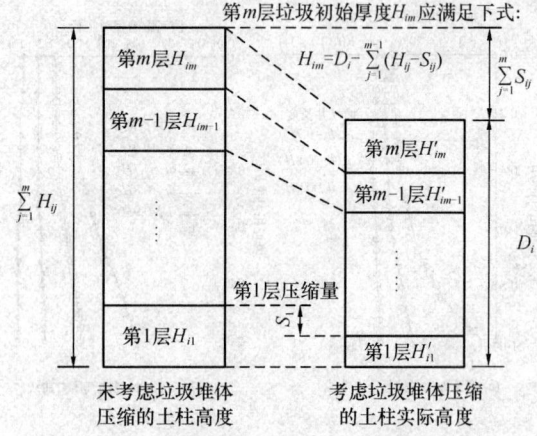

图 21　填埋场某一填埋区域填埋量计算示意图

4　该区域的填埋量即为各层垃圾填埋量之和，按式（5.3.1-1）计算填埋量。

5.4　填埋场库区设施不均匀沉降验算

5.4.5　土工膜在不均匀沉降和下卧堆体局部沉陷条件下可能产生过大的拉伸应变，因此本条规定土工膜在上述两种条件下的拉伸应变都应小于其允许应变特征值，以确保填埋场底部防渗系统、中间衬垫系统和封场覆盖系统的有效运行。防渗系统可能由一种以上的土工材料组成，其允许应变特征值应取这些土工材料的允许应变特征值的最小值。HDPE 土工膜的允许应变特征值在 8% 左右，GCL 的允许应变特征值一般为 1%～10%，压实黏土防渗层的允许拉伸应变值一般仅为 0.1%～1.0%，建议通过试验确定。

5.5 填埋场不均匀沉降控制和增容措施

5.5.2～5.5.5 充分压实可降低垃圾初始孔隙比，提高垃圾容重，增加填埋垃圾上覆应力；垃圾容重较小，在水位以下其有效容重仅为 $1kN/m^3$～$4.5kN/m^3$，降低渗沥液水位，可大幅提高垃圾堆体的有效自重应力。渗沥液回灌等措施可加快降解压缩。以上方法在国外已被广泛采用，我国对这方面重视不够。还可采取强夯、堆载预压、深层动力压实与加速固结措施减小沉降，但值得注意的是对于场底有衬垫层的填埋场，应慎用强夯、堆载预压、深层动力压实，防止破坏衬垫层；细化填埋区作业计划及规划，可有效降低堆体不均匀沉降和变形。根据编制组对若干填埋场的专题分析，各增容措施增加填埋量幅度如下：提高填埋作业压实度为 10%～15%；降低渗沥液水位为 2%～5%；加速堆体降解稳定为 2%～5%；合理分区填埋和填埋坡度控制为 1%～3%。

5.5.6 HDPE 柔性材质管材一方面可承受较大的拉伸应变，另一方面也可承受较大的竖向压力，能较好地适应填埋场的不均匀沉降。

6 填埋场稳定

6.1 一般规定

6.1.1 在填埋场施工期间，挖方、填方、垃圾坝和底部衬垫系统等构筑物建设均涉及边坡的稳定性；在填埋场运行期间，随垃圾堆体高度增加，逐步形成永久边坡和临时边坡，其中临时边坡的稳定性常被忽视；填埋场封场后，垃圾堆体边坡高度达到最大，存在较大失稳风险。

国内外垃圾堆体失稳事故调查发现，垃圾堆体一般有以下三种失稳模式（钱学德，2000）：通过垃圾堆体内部的滑动破坏；因下卧地基破坏引起的通过堆体内部与下卧地基的滑动破坏；因土工材料界面强度不足引起的部分或全部沿土工材料界面的滑动破坏。其中，后者破坏后果严重但常被忽视。复合衬垫系统已作为基本防渗系统被现行行业标准《生活垃圾卫生填埋场防渗系统工程技术规范》CJJ 113 推荐使用，复合衬垫系统中土工材料界面的抗剪强度特别是残余抗剪强度较低（如其残余摩擦角

仅为 7°～18°），易导致堆体部分或全部沿土工材料界面失稳。根据 Koerner 和 Soong（2000）以及钱学德和 Koerner（2007，2009）对世界上 15 个填埋场失稳事故的调查，发现 8 个设置复合衬垫系统的填埋场失稳模式均是部分或全部沿土工材料界面的平移破坏，如表 4 所示，造成垃圾与渗沥液大量外泄。我国从 20 世纪 90 年代后期开始陆续建设了含有复合衬垫系统的卫生填埋场，近几年来这批填埋场随着高度逐步增加，也发生了沿土工材料界面的失稳事故，应引起设计者和运行单位的高度重视。

表 4 15 个大型垃圾填埋场失稳模式总结
（Qian and Koerner，2007；2009）

案例	年份	地点	失稳模式	失稳垃圾的体积（m^3）
U-1	1984	北美洲	单圆弧滑动破坏	110000
U-2	1989	北美洲	多圆弧滑动破坏	500000
U-3	1993	欧洲	平移破坏	470000
U-4	1997	北美洲	平移破坏	1100000
U-5	1997	北美洲	单圆弧滑动破坏	100000
U-6	1998	北美洲	平移破坏	13000
U-7	2000	亚洲	单圆弧滑动破坏	16000
L-1	1988	北美洲	平移破坏	490000
L-2	1994	欧洲	平移破坏	100000
L-3	1997	北美洲	平移破坏	300000
L-4	1997	非洲	平移破坏	300000
L-5	1997	南美洲	平移破坏	1200000
L-6	1998	非洲	平移破坏	50000
L-7	2000	北美洲	平移破坏	100000
L-8	2002	欧洲	平移破坏	200000

注：U 表示无衬垫的工程。
L 表示含土工膜或复合衬垫系统（GM/GCL/CCL）的工程。

6.1.2 垃圾堆体边坡工程安全等级是设计、施工中根据不同的场地条件及工程特点加以区别对待的重要标准，从高到低分三级，一级最高，三级最低。填埋场位于城市周边，是城市功能的重要组成部分，其失稳造成的危害较大；且从垃圾堆体边坡工程事故原因分析看，高度较大填埋场发生失稳事故的概率较高，造成的损失较大，因此本条主要以垃圾堆体边坡高度作为安全等级的划分标准。在规范编制过程中，对国内省会城市现有大型填埋场形式和设计高度进行了总结，平原形填埋场垃圾堆体高度在 45m～80m 之间，山谷形填埋场在 60m～130m 之间。因此将边坡高度 ≥60m 的垃圾堆体边坡工程划入一级。

以下对安全等级应提高一级的情况进行说明：填

埋场下游有重要城镇、企业或交通干线时，失稳会造成人民生命财产的大量损失，灾害严重；修建在软弱地基上的填埋场，沿软弱地基失稳的概率较高，且失稳往往造成场底衬垫系统破坏，或当填埋场修建在现有填埋场及污泥坑等特殊土之上时，其失稳概率也将增加；山谷形填埋场底部库区顺坡向边坡坡度大于10°时，易发生部分或者全部沿底部土工材料界面的失稳，该失稳模式将造成大量垃圾堆体和渗沥液的外泄。

6.1.3 三种运用条件主要按可能出现的频度高低划分。一种运用条件往往包含多种工况，但由于垃圾堆体边坡工程的复杂性，条文中难以将不同运用条件下的所有工况全部列出，条文中指明的仅是部分典型的工况，而非所有工况。

1 正常运用条件

在划分正常运用条件时，考虑垃圾堆体边坡工程的特点，明确了正常运用条件包括填埋场填埋过程以及封场后。编制组"渗沥液水位对填埋场稳定影响"专题研究结果发现：由于我国垃圾含水率高、垃圾渗透系数随填埋深度降低及导排层易淤堵等原因，现有填埋场的垃圾堆体主水位和滞水位随堆体边坡高度增加而增加，有些埋深在垃圾堆体表面以下4m～10m。对于这些现有填埋场，上述逐步壅高的渗沥液水位应属于正常运用条件。

2 非常运用条件Ⅰ

根据钱学德和Koerner（2007，2009）的15个填埋场事故原因调查，有10个垃圾堆体边坡失稳与渗沥液水位相关。在我国南方，在正常运用条件下渗沥液水位经常处于较高水平，一旦发生强降雨及其他原因易引起渗沥液水位显著上升，但该工况持续时间较短，发生频度较低，故将此工况划为非常运用条件Ⅰ。

3 非常运用条件Ⅱ

非常运用条件Ⅱ主要根据现行行业标准《碾压式土石坝设计规范》SL 274和《水利水电工程边坡设计规范》SL 386的规定，确定正常运用条件遭遇地震作为非常运用条件Ⅱ，与非常运用条件Ⅰ相区别。

6.2 垃圾抗剪强度指标

6.2.1 在工程实践中，垃圾抗剪强度指标的确定方法很多，主要有现场试验（现场直剪试验、SPT、CPT等现场试验方法均可建立与垃圾抗剪强度指标的相关关系）、室内直剪试验、室内三轴试验、工程类比或反演分析等。一般来说，现场试验方法取得的垃圾抗剪强度指标较为可靠，但是有的现场试验（如现场直剪试验）费用高、周期长、难度较大；室内试验相对简单易行，费用较低，室内试验应选取有代表性的垃圾试样。

垃圾强度与龄期及破坏应变标准有关，如图22

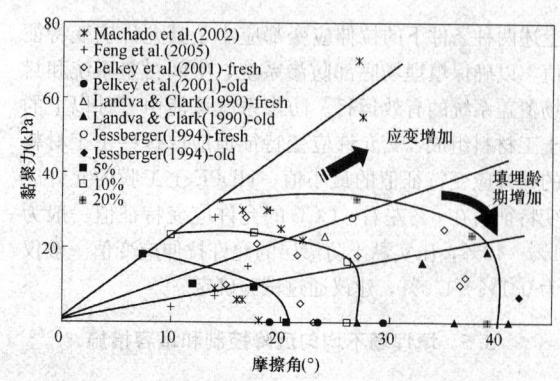

图 22 垃圾抗剪强度参数

所示。由图22可知，随填埋龄期增加，垃圾内摩擦角增大，黏聚力降低；随破坏应变取值增加，垃圾内摩擦角和黏聚力均增加。鉴于垃圾强度的复杂性，及新建填埋场与一般岩土工程勘察工程不同，无法从现场取得垃圾试样进行试验，因此条文要求一级垃圾堆体边坡同时采用工程类比和反演分析进行综合分析，确定垃圾抗剪强度指标。对于二级和三级垃圾堆体边坡，也可采用工程类比方法确定抗剪强度指标。Kavazanjian 等（1995）推荐美国垃圾抗剪强度参数按下列原则取值：在深度 3m 以内，黏聚力 $c' = 24$kPa，内摩擦角 $\phi' = 0°$；在深度 3m 以下，黏聚力 $c' = 0$kPa，内摩擦角 $\phi' = 33°$；Dixon 和 Jones（2005）推荐英国垃圾抗剪强度参数取值为：黏聚力 $c' = 5$kPa，内摩擦角 $\phi' = 25°$；编制组对垃圾抗剪强度进行了大量研究，总结了垃圾抗剪强度指标参考值，如表5所示（10%应变），供设计人员参考使用，其中：①无经验时取表中的低值；②当加筋含量较多时，内摩擦角取低值，黏聚力取高值；③当土粒含量较多时，内摩擦角取高值，黏聚力取低值；④浅层垃圾抗剪强度参数与压实程度有关，压实程度不良时取小值，压实程度良好时取大值。

表 5 垃圾抗剪强度指标参考值

垃圾类型	内摩擦角 ϕ'（°）	黏聚力 c'（kPa）
浅层垃圾（埋深小于10m）	12～25	15～30
深层垃圾（埋深大于10m）	25～33	0～10

6.2.3 垃圾表现出应变硬化的特征，在利用莫尔库伦理论确定强度参数时应选择合适的应变作为破坏标准。根据浙江大学的研究成果，采用10%应变作为破坏标准得到的强度参数，可满足边坡变形及稳定控制的双要求，在苏州七子山填埋场及深圳下坪填埋场工程的稳定分析中得到了验证，因此推荐垃圾破坏标准的应变建议为10%。

6.3 土工材料界面强度指标

6.3.1 与填埋垃圾相比，土工材料界面抗剪强度较低，是垃圾堆体稳定的薄弱环节。根据美国规范、欧洲规范以及现有研究成果，确定土工材料界面抗剪强度指标的方法主要有两种，对于正应力较大的土工材料界面，为获得残余强度，应采用具有剪切位移达到100mm的大尺寸界面直剪仪；对于正应力较小的封场覆盖系统可采用斜坡试验。土工合成材料因生产厂家、生产工艺、种类及在现场应用条件不同，其强度指标差距较大，因此条文要求一级、二级垃圾堆体边坡采用试验方法确定土工材料界面抗剪强度指标，三级垃圾堆体边坡可采用工程类比确定抗剪强度指标。表6列出了土工材料界面参数的取值范围，供设计人员参考采用，其中：①无经验时取表中的低值；②封场覆盖系统，摩擦角宜取高值；③当GCL水化时，土工膜/GCL界面摩擦角和黏聚力均应取低值。如果土工材料种类和材质已经确定，还可参考Koerner和Narejo（2005）的总结成果，如表7所示。该表是统计和分析了3260个各种土工材料界面直剪试验数据。

表6 各种典型土工材料界面的抗剪强度指标取值范围

界面类型	峰值强度指标		残余强度指标	
	有效摩擦角 ϕ'_p (°)	有效黏聚力 c'_p (kPa)	有效摩擦角 ϕ'_r (°)	有效黏聚力 c'_r (kPa)
光滑土工膜/土工织物	9~11	0	7~8	0
粗糙土工膜/土工织物	20~30	0~5	12~15	0~2
光滑土工膜/黏土	9~12	2	7~9	1
粗糙土工膜/黏土	22~32	0~20	12~18	0~10
光滑土工膜/GCL	9~10	0	8~9	0
粗糙土工膜/GCL	22~32	0~5	9~16	0
土工织物/土工网	12~27		10~14	0
土工织物/土工织物	15~20	0~2	9~12	0~1

表7 土工材料界面剪切强度汇总表

（Koerner and Narejo, 2005）

界面材料1	界面材料2	峰值强度指标				残余强度指标			
		ϕ'_p (°)	c'_p (kPa)	试验数	R^2	ϕ'_r (°)	c'_r (kPa)	试验数	R^2
光面HDPE	砂性土	21	0.0	162	0.93	17	0.0	128	0.92
光面HDPE	非饱和黏性土	11	7.0	79	0.94	11	0.0	59	0.95
光面HDPE	无纺针刺土工布	11	0.0	149	0.96	9	0.0	82	0.96
光面HDPE	土工网	11	0.0	196	0.90	10	0.0	118	0.93
光面HDPE	土工复合排水网	15	0.0	36	0.97	9	0.0	30	0.93
糙面HDPE	砂性土	34	0.0	251	0.98	31	0.0	239	0.96
糙面HDPE	非饱和黏性土	19	23.0	62	0.91	22	0.0	35	0.93
糙面HDPE	无纺针刺土工布	25	8.0	254	0.96	17	0.0	217	0.95

续表7

界面材料1	界面材料2	峰值强度指标				残余强度指标			
		ϕ'_p (°)	c'_p (kPa)	试验数	R^2	ϕ'_r (°)	c'_r (kPa)	试验数	R^2
糙面HDPE	土工网	13	0.0	31	0.99	10	0.0	27	0.99
糙面HDPE	土工复合排水网	26	0.0	168	0.95	15	0.0	164	0.94
糙面HDPE	无纺土工布GCL	23	8.0	180	0.91	13	0.0	157	0.90
糙面HDPE	编织土工布GCL	18	11.0	196	0.96	12	0.0	153	0.92
光面LLDPE	砂性土	27	0.0	6	1.00	24	0.0	9	0.99
光面LLDPE	黏性土	11	12.4	12	0.94	12	3.7	9	0.93
光面LLDPE	无纺针刺土工布	10	0.0	23	0.63	9	0.0	23	0.49
光面LLDPE	土工网	11	0.0	9	0.99	6	0.0	9	0.99
糙面LLDPE	砂性土	26	7.7	12	0.95	25	6.2	12	0.95
糙面LLDPE	黏性土	21	6.8	12	0.98	9	0.0	12	0.98
糙面LLDPE	无纺针刺土工布	26	8.1	9	1.00	9.5		9	0.96
糙面LLDPE	土工网	15	0.0	6	0.97	10	0.0	6	0.99
光面PVC	砂性土	26	0.4	6	0.99	19	0.0	6	0.99
光面PVC	黏性土	9	0.0	11	0.88	15	0.0	9	0.95
光面PVC	无纺针刺土工布	20	0.0	89	0.91	16	0.0	83	0.74
光面PVC	无纺热胶土工布	18	0.0	3	1.11	12	0.1	3	1.00
光面PVC	编织型土工布	17	0.0	6	0.54	7	0.0	6	0.93
光面PVC	土工网	18	0.1	3	1.00	10	0.6	3	1.00
毛面PVC	无纺针刺土工布	30	0.0	26	0.95	20	0.0	26	0.95
毛面PVC	无纺热胶土工布	30	0.0	6	0.97	20	0.0	6	0.90
毛面PVC	编织型土工布	15	0.0	6	0.78	7	0.0	6	0.76
毛面PVC	土工网	25	0.0	11	0.94	20	0.0	11	0.99
毛面PVC	土工复合排水网	27	1.1	5	1.00	22	5.7	6	1.00
加筋型GCL	GCL内部强度	16	38.0	406	0.85	6	12.0	182	0.91
土工网	无纺针刺土工布	23	0.0	52	0.97	16	0.0	32	0.97
砂性土	无纺针刺土工布	33	0.0	290	0.97	33	0.0	117	0.96
砂性土	无纺热胶土工布	28	0.0	6	0.94	26	0.0	6	0.91
砂性土	编织型土工布	32	0.0	81	0.99	29	0.0	28	0.98
砂性土	土工复合排水网	27	14.0	14	0.86	21	8.0	10	0.92
黏性土	无纺针刺土工布	30	0.0	79	0.96	21	0.0	28	0.94
黏性土	无纺热胶土工布	29	0.9	15	0.71	10	0.0	15	0.83
黏性土	编织型土工布	29	0.0	34	0.94	19	0.0	16	0.86

6.3.3 土工材料界面的抗剪强度一般具有应变软化特征，因此根据现场剪切位移可能发生的大小，分别规定了峰值抗剪强度指标及残余抗剪强度指标，可参照表7取值。

6.3.4 复合衬垫系统一般包含多个土工材料界面，每个土工材料界面均具有不同的峰值抗剪强度指标及残余抗剪强度指标，选择峰值抗剪强度指标还是残余抗剪强度指标将显著影响填埋场沿土工材料界面的稳定计算结果。Filz 等（2001）和林伟岸（2009）通过数值分析研究填埋场库底和边坡上土工材料界面随填埋高度不断增加而发生应变软化的可能性，分析结果表明即使在填埋高度不大的情况下，位于库区边坡（坡度大于 10°）上的土工材料界面应力易越过峰值强度，处于大变形或残余强度的状态，而库底近水平段（坡度小于 10°）土工材料界面大部分还未超过峰值强度。因此，在应用极限平衡理论进行填埋场稳定分析时，可以假定库底土工材料界面处于峰值强度状态而边坡上土工材料界面处于大变形或残余强度的状态来选择界面强度参数。另外，因为垃圾体在自重作用下的沉降可达初始填埋高度的30%～50%，在堆体如此大的沉降作用下，易引起封场覆盖系统中土工材料的相对位移，从而降低界面上的剪切强度，因此封场覆盖系统中的土工材料界面均宜采用残余强度指标值。

当利用残余强度来进行填埋场稳定分析时，通常容易犯的错误把所有界面中具有最低残余强度的界面作为复合衬垫系统的最危险界面（Gilbert，2001）。由于一个界面残余强度只有在达到了峰值强度之后才能够发生，所以具有最低峰值强度的界面才是多层复合衬垫系统的最危险界面。以糙面土工膜/加筋 GCL/土工复合排水网组成的复合衬垫系统为例，说明如何确定复合衬垫系统残余抗剪强度的选取。对以上三个界面分别进行直剪试验，其结果如图23所示，GCL 内部的残余强度是该复合衬垫系统中最小的残余强度，而 GCL/土工复合排水网界面的峰值强度是该复合衬垫系统中的最小峰值强度，较小于 GCL 内部的峰值强度。该复合衬垫系统的最危险界面是 GCL 与土工复合排水网之间的界面，应取该界面的残余强度作为该复合衬垫系统的残余强度，而不是取 GCL 内部的残余强度。可见，要确定复合衬垫系统的残余强度，应进行不同应力状态下所有界面的直剪试验，再根据得到的应力应变曲线确定峰值强度最低的界面，即是该系统的最危险界面，然后，取该界面的残余强度来进行填埋场稳定计算。

6.4 填埋场边坡稳定验算

6.4.1 本条为强制性条文，是关于稳定验算和警戒水位确定的规定。垃圾堆体失稳滑坡不仅造成严重的地表环境污染，处理难度大、费用高，而且影响填埋场正常消纳垃圾的功能，易造成城市中垃圾没有出路而引发严重的社会危机，因此要求所有等级的垃圾堆体必须进行边坡稳定验算，以下对各条说明如下：

1 考虑到填埋是一个长期的过程，应取每填高20m 的各填埋阶段进行验算；

2 垃圾堆体最常见的三种失稳模式详见本规范第 6.1.1 条的条文说明，该三种模式均可能产生失稳，因此要求都要验算；

3 摩根斯坦-普赖斯法可计算沿垃圾内部的圆弧形滑动或非圆弧滑动以及部分或全部沿土工材料界面的折线滑动，因此规定采用该方法进行验算；

4 编制组根据大量工程事故分析及"渗沥液水位对填埋场稳定影响"专题研究，垃圾堆体主水位上升将显著降低填埋场稳定性。某填埋场稳定性分析模型如图 24 所示，其中 h 表示垃圾堆体主水位与垃圾坝顶面的高差，H 表示垃圾堆体边坡最高处与垃圾坝顶面的高差，h/H 表示主水位的相对位置。H 为 60m，是一级垃圾堆体边坡，垃圾强度参数按照表 6 选取，黏聚力为 5kPa，内摩擦角为 28°，边坡坡度为 1：3.5。垃圾堆体主水位上升对填埋场稳定安全系数的影响如图 25 所示。可见，随主水位的升高，稳定安全系数降低显著，并在达到 0.6 时，其安全系数降低到非正常条件Ⅰ对应的稳定安全系数 1.3，此时即为警戒水位。值得注意的是，根据"渗沥液水位对填埋场稳定影响"专题研究的结果，对于不同的垃圾强度、边坡高度及边坡坡度，计算获得的警戒水位并不相同。因此，以第 6.1.4 条规定的非正常条件Ⅰ对应的稳定安全系数为标准可确定各填埋阶段的警戒水位，要求设计时必须给出各填埋阶段的警戒水位，并作为填埋场运行时垃圾堆体主水位监测稳定安全的预警值。

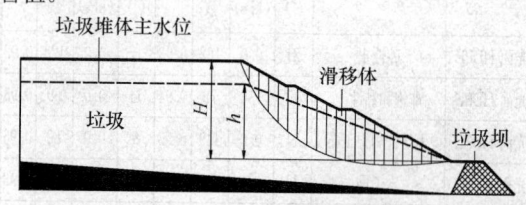

图 24　垃圾堆体主水位的分析模型图

6.4.2 垃圾坝根据坝体用材不同，常见有土石坝、浆砌石坝及混凝土坝三种坝型，其稳定分析应分别采用现行行业标准《碾压式土石坝设计规范》SL 274、

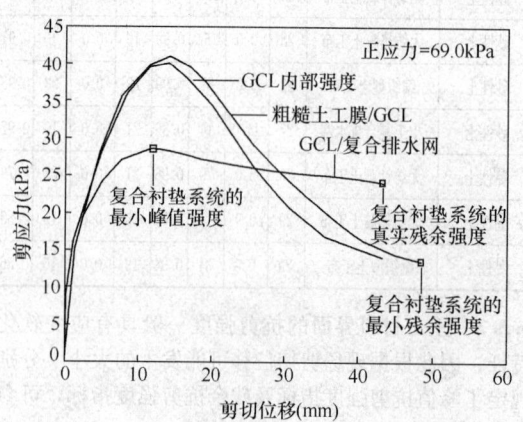

图 23　复合衬垫系统各界面应力-位移曲线

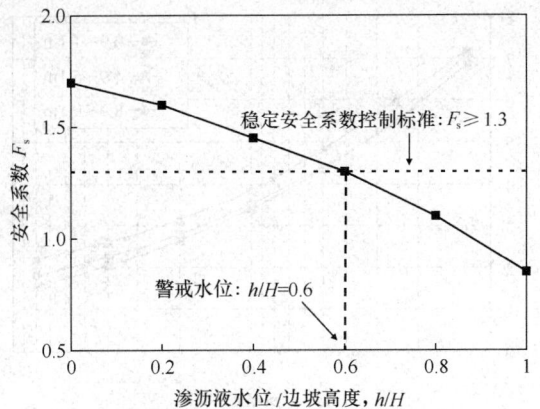

图25 垃圾堆体主水位上升对
填埋场安全系数的影响

《砌石坝设计规范》SL 25 或《碾压混凝土坝设计规范》SL 314 等规范的稳定计算方法。垃圾坝体承担的荷载与水利水电工程坝体只承担水压力不同，还需承担垃圾的侧向土压力。另外由于垃圾坝上游面常铺设有防渗层，以致垃圾坝中浸润线的形状与水利工程中土石坝不同。因此，本条除了规定垃圾坝稳定的计算方法，还规定了水压力和土压力取值应根据填埋场的实际运行情况和可能出现的最不利情况确定。

封场覆盖系统可采用 Koerner 等（1988，1990）提出的双楔体法，并应考虑水头对稳定的影响。

6.4.3 垃圾堆体滞水位的形成详见本规范第 4.1.1 条的条文说明，特别是采用黏土作为中间覆盖层的填埋场极易形成滞水位，如苏州七子山、深圳下坪、成都长安、上海老港等填埋场均存在滞水位。近年来由滞水位引起的浅层局部失稳事故时有发生，因此要求进行滞水位引起的局部稳定性验算，其稳定验算模型可参考图26。

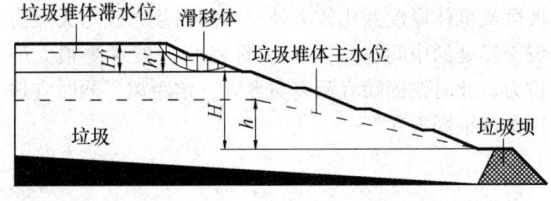

图26 垃圾堆体主水位与滞水位并存的分析模型图

6.4.4 我国一部分填埋场在库区直接填埋污泥，形成了污泥库，严重影响填埋场边坡稳定及后续填埋作业。因污泥的抗剪强度极低，约为 0.5kPa～4kPa，渗透系数分布范围为（10^{-7}～10^{-9}）cm/s，固结系数在 10^{-5} cm²/s 量级。在污泥库上填埋垃圾时，污泥如不经处理而直接在上方填埋，易导致垃圾堆体沿污泥库失稳或污泥产生管涌，将引发严重的污染事故。污泥可采用原位固化或软基加固等工程措施进行处理，提高其抗剪强度及减少其压缩性。采用软基加固措施时，应充分考虑其固结系数较小的特点。

6.5 填埋场稳定控制措施

6.5.2 本条规定了垃圾堆体最大边坡坡度，根据工程经验垃圾堆体坡度小于 1：3 较为稳定。但在一些特殊情况下，如渗沥液水位很高或下卧软弱地基时，坡度小于 1：3 边坡仍可能存在失稳风险，此时应根据实际情况进行稳定验算，稳定性不足时可设置中间平台减少边坡整体坡度提高边坡整体稳定性。

6.5.3 本条是关于避免沿土工材料界面滑移稳定控制措施的规定。自填埋场开始采用复合衬垫系统以来，沿土工材料界面的失稳事故较多，产生失稳的原因主要是对土工材料界面强度特性以及对易产生沿土工材料界面失稳的位置了解不足。根据工程经验和沿土工材料界面稳定的研究结果，提出了三条措施，各条规定说明如下：①优化基底形状是指根据填埋场场地情况对库底边坡削坡降低坡度，减少滑动力，或延长库区水平段长度，增加其抗滑力，根据林伟岸（2009）的研究结果，以上优化是提高沿土工材料界面稳定最有效的措施；②堆体体型优化是指根据实际情况在不影响库容的前提下，增加库区底部上方的垃圾填埋量，适当减少库区边坡上垃圾的填埋量；③当库区边坡坡度大于 10°时（大于光滑土工膜/土工织物界面摩擦角），易导致垃圾堆体失稳，建议采用双糙面土工膜提高界面抗剪强度；而在库区底部，因其坡度较缓（约 2% 的排水坡度），常使用光滑土工膜，易导致该处产生如图 27 所示的部分沿土工材料界面的失稳事故，故也建议采用双糙面土工膜；土工复合膨润土垫的水化作用易导致土工膜/土工复合膨润土垫界面的峰值剪切强度特别是残余剪切强度显著降低（Chen Yunmin，2010），施工过程中应采用及时覆盖土工膜等措施减少土工复合膨润土垫的水化和采用加筋土工复合膨润土垫。总之，填埋场设计应以稳定验算为基础。

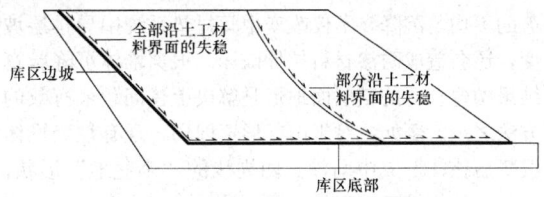

图27 沿土工材料界面的失稳模式

6.5.5 本条为强制性条文，是关于填埋场运行后垃圾堆体主水位控制的规定。基于填埋场已有的失稳教训和理论分析成果，控制好填埋场渗沥液水位能有效防止填埋场的失稳事故。一旦垃圾堆体主水位超过警戒水位，垃圾堆体失稳概率显著增大，因此规定各填埋阶段的垃圾堆体主水位必须进行监测，并控制在警戒水位之下，警戒水位具体确定方法可参照本规范第 6.4.1 条的条文说明。

6.5.6 当水位接近或超过警戒水位时，应进行应急抢险，建议采用小口径抽排竖井快速迫降渗沥液水位，参考本规范第 4.5.3 条的条文说明。

7 填埋场治理及扩建

7.1 一般规定

7.1.1 我国早期建设的填埋场大多为简易填埋场。根据现行行业标准《生活垃圾卫生填埋技术规范》CJJ 17 的规定，目前有大量简易填埋场未能达标，应根据实际情况进行治理。

7.1.2 在经济发达、人口密集的城市，新建填埋场选址困难，在老填埋场址进行水平向、竖向或两者兼有的扩建，是缓解城市垃圾处置问题最有效方式之一。

7.1.3 竖向扩建工程及治理工程的部分或全部对象为尚未稳定的垃圾堆体，压缩性大，还产生渗沥液及填埋气，对竖向扩建工程及治理工程建设影响较大，应进行岩土工程勘察。

7.2 填埋场治理及扩建岩土工程勘察

7.2.11 由于堆体中常含有建筑垃圾、铺设进场道路所用碎石土及其他坚硬填埋物，钻探宜采用带有合金钻头岩芯管或大直径旋挖钻。另外，根据以往勘探经验，静力触探易遇到坚硬障碍物，成功概率比较低，设备易损坏。结合钻孔实施重型动力触探成功率较高，触探结果可为垃圾土分层、软弱夹层鉴别等提供依据。

7.3 扩建垃圾堆体的基层处理

7.3.2 对于未建设水平防渗系统的现有填埋场，竖向扩建工程通常要在新老堆体之间设置中间衬垫系统。扩建堆体产生的荷载将导致现有垃圾堆体产生显著的不均匀沉降，不仅改变中间衬垫系统中导排层坡度，还会造成防渗材料拉伸破坏。根据堆体沉降验算结果构建合适的基层面地形是解决上述问题最有效的方法之一。例如，对于山谷形填埋场，现有垃圾堆体沉降后往往形成中间深、四周浅的"小盆地"形状，可相应地将扩建工程的基层面设计成"穹隆"状，该"穹隆"状基层面有利于解决导排层倒坡、防渗层被拉坏等问题。

7.3.3 现有垃圾堆体中的竖向刚性设施和中间衬垫系统竖向间距过小时，可破坏衬垫系统防渗层，竖向刚性设施（如竖井）顶部与中间衬垫系统应留有一定缓冲距离，一般 3m 以上。

7.3.4 如图 28 所示，污泥的压缩性高，压缩系数 a_{1-2} 高达 8MPa^{-1}，存在污泥库的填埋区域会使填埋场产生较大的不均匀沉降，故作本条规定。

7.3.5 填埋气收集导排设施能有效避免气压蓄积顶

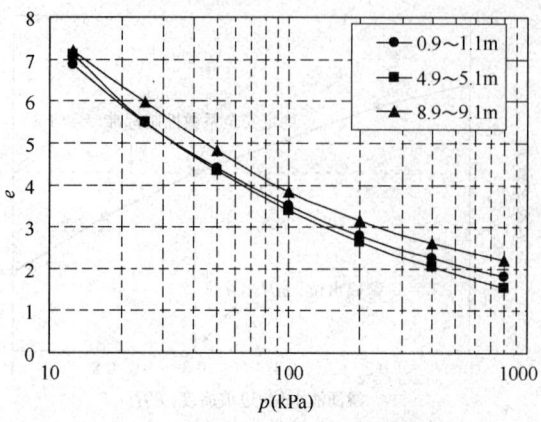

图 28 成都长安污泥库不同深度污泥的 e-log p 曲线

托防渗层甚至爆炸的现象。

7.4 中间衬垫系统

7.4.2 防渗层下设置压实土缓冲层能增加中间衬垫系统的刚度，有利于抵抗下卧堆体不均匀沉降对防渗层的影响。加筋层能有效降低中间衬垫系统防渗层的挠曲变形和应变，其层数可根据本规范附录 B 计算确定。

7.4.5 与封顶覆盖系统的防渗层相比，中间衬垫系统防渗层所承受的上覆应力更大，下卧堆体局部沉陷更易引起中间衬垫系统防渗材料被拉裂，因而宜设置双向土工格栅加筋层抵抗下卧堆体局部沉陷。无试验数据时，土工格栅的允许应变特征值可取 7%。

7.4.6 中间衬垫系统锚固沟设计一般应满足：$T_{req} < T < T_{allow}$，即锚固沟所能提供的锚固力 T 大于中间衬垫系统实际承受的拉力 T_{req}，但小于中间衬垫系统的允许拉力 T_{allow}。如果中间衬垫系统承受的拉力过大，则应允许土工膜在被撕裂前从锚固沟拔出。位于基层坡度或堆体厚度变化较大处及中间衬垫系统与天然边坡交界处的中间衬垫系统（图 29）一般承受很大的拉力，此时锚固端宜距交界处一定距离，同时宜选用柔性锚固方式。

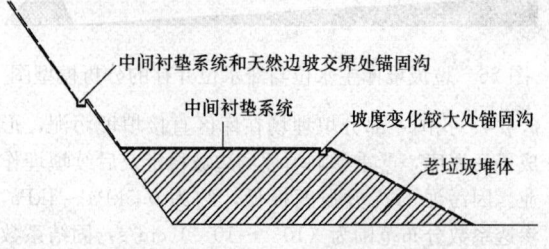

图 29 需设置柔性锚固沟的位置

7.5 填埋场治理及污染控制措施

7.5.1 我国早期建设的一些填埋场由于技术、经济等因素，没有达到现行行业标准《生活垃圾卫生填埋技术规范》CJJ 17 的污染控制和安全稳定标准。编制组调查了全国 20 多个填埋场，发现现有填埋场存在以下主要问题，以下对相应的解决措施说明如下：

1 垃圾堆体渗沥液水位普遍偏高，垃圾堆体稳定安全隐患严重。对于渗沥液水位高于警戒水位的填埋场，应在现有垃圾堆体上采取有效导排措施降低渗沥液水位，一方面提高垃圾堆体的稳定性，另一方面有利于增加垃圾导气性能、提高填埋气收集率。

2 渗沥液渗漏对周边地下环境造成极大威胁。可采用垂直防渗帷幕对现有填埋场进行围封，其防污效果应达到与现行行业标准《生活垃圾卫生填埋技术规范》CJJ 17 规定的水平防渗系统同等效果。

3 填埋气收集及资源化利用水平低，常发生火灾、爆炸等事故。应根据现场条件建设有效的填埋气导排和收集系统。

4 缺乏有效的封场覆盖系统和地表水导排系统，造成渗沥液产量高、臭气大，影响周边居民等。应采用有效的雨污分流措施。

7.5.4、7.5.5 毛细阻滞型覆盖层与现行行业标准《生活垃圾卫生填埋技术规范》CJJ 17 中的标准结构相比，可采用当地土体，具有取材方便、耐久性好、工程造价较低、施工难度小等优点，且不存在沿土工合成材料防渗层（土工膜、GCL 等）失稳。毛细阻滞型覆盖层在美国、德国等国家广泛应用于干旱半干旱地区，具有良好的防渗效果，如表 8 所示。

毛细阻滞型覆盖层防渗基于水分存储与释放原理，即降雨时通过覆盖层土体存储入渗水分，不降雨时通过植被蒸腾作用与地表水分蒸发作用释放存储水分。细粒土层与粗粒土层之间存在毛细阻滞作用：粗粒土层非饱和渗透系数随含水率降低而衰减的速率较细粒土层快，因此当含水率较小时粗粒土层渗透性显著小于细粒土，从而产生毛细阻滞效应，阻滞水分进入粗粒土层，并显著增加细粒土层存水能力。

毛细阻滞型覆盖层土层厚度应根据当地降水特点、极端气象条件（如暴雨等）来综合确定。美国 EPA 建议细粒土层厚度为 45cm～150cm，粗粒土层厚为 15cm～30cm。根据浙江大学的研究成果，结合我国干旱半干旱地区的气象特点，本条文建议细粒土层厚度介于 50cm～150cm，粗粒土层厚度应介于 20cm～30cm。工程应用时应保证粗粒土层粒径明显大于细粒土层。覆盖层结构中细粒土层具有一定闭气效果，粗粒土层还同时兼作排气层。

植被层提供植被生长场所，并保护覆盖层不受风蚀、雨蚀与动物生活的影响。植被层材料宜采用当地适宜植物生长的土壤，土层厚度应根据植被类型、当地降水特点综合确定，但不得小于 15cm。植被宜选用蒸腾能力强的植物，如草皮、灌木等，植被根宜深入细粒土层内。

表 8 干旱半干旱地区毛细阻滞型覆盖层应用情况

地 区	年降雨量	覆盖层结构层厚度			年渗漏量占总降雨量比例
		植被层	细粒土层	粗粒土层	
Altamoat CA	358	—	0.6m 粉土		0.4%
Apple Valley CA	119	—	1.1m 细砂		0%
Boardman OR	225	—	1.8m 粉土		0%
			1.15m 粉土		0%
Polson	380	0.15m	0.5m 粉土	0.6m 粉砂	0%
Helena	289	0.15m	1.2m 粉质砂土	0.3m 碎石	0%
Monticello	385	0.20m	0.6m 粉质黏土	0.3m 碎石	0%
Frankfurt A. M.	650	—	0.6m 粉土	0.2m 砂土	0%
Texas	311	—	2.0m 粉质黏土	0.2m 碎石	0%
New Mexico	226	0.20m	1.0m 砂土	—	0%

8 压实黏土防渗层及垂直防渗帷幕

8.1 一 般 规 定

8.1.1 根据编制组对我国现有四种典型衬垫系统被污染物击穿时间研究发现，衬垫系统中的压实黏土具有非常重要的防污作用，当渗透系数大于 1×10^{-7} cm/s 时，防污效果显著降低。

8.1.2 垂直防渗帷幕可用来控制渗沥液污染地下环境。对于地下水位很高的填埋场，垂直防渗帷幕也可用于防止场外地下水进入填埋场库区。

8.2 压实黏土防渗层的土料选择

8.2.1 压实黏土防渗层需满足渗透系数小于 1.0×10^{-7} cm/s 的要求，可初步通过下列特征来鉴别黏土料场的土料能否达到低渗透性，以下对各条要求说明如下：

1 细粒土含量过低，低渗透性很难达到要求；

2 砾石含量不宜过高，砾石会影响细粒土的压实，过高会导致砾石之间孔隙难以被黏土填满，形成连续通道，造成渗透系数急剧增大；

3 一般来说，塑性指数小于 15 的土料，其黏粒含量较低，通常不易压实到 1.0×10^{-7} cm/s 的渗透系数；当土料的塑性指数大于 30～40 时，干燥时会形成硬块，潮湿时又易形成黏团，造成现场施工困难，还具有潜在的高收缩性、高膨胀性及较差的体积稳定性。因此，土料的塑性指数宜在 15 到 30 之间。

8.2.2 试坑或钻孔的位置应均匀分布于同一网格图上。地质图上应标明地质成因、试验结果、土的分类以及每一主要土层的描述。为保障土料充分及质量稳定，应尽可能选择厚度大于 1.5 m 的黏土料场。

8.3 压实黏土的含水率及干密度控制

8.3.1～8.3.4 在进行压实黏土防渗层施工时，最重要的就是对土进行含水率和干密度的合理控制。因此，设计合格的压实黏土防渗层关键是建立所选土料的干密度、含水率和饱和水力渗透系数的关系。确定上述关系主要采用击实试验和渗透试验。其中击实试验采用修正普氏击实试验、标准普氏击实试验和折减普氏击实试验三种击实试验，标准普氏击实试验即为现行国家标准《土工试验方法标准》GB/T 50123 的轻型击实试验，折减普氏击实试验与轻型击实试验基本相同，不同在于以每层 15 击代替了每层 25 击，修正普氏击实试验采用与标准普氏击实试验同样的击实筒，不同在于锤重为 4.5kg，落距为 45.7cm，层数为 5 层，以上三种试验的技术指标比较如表 9 所示。采用修正普氏击实试验、标准普氏击实试验和折减普氏击实试验三条击实曲线顶点连接而成的曲线就是最佳击实峰值曲线。

表 9　三种击实试验的比较

试验类型	锤重 （kg）	落高 （cm）	击实 分层数	每层 锤击数
修正普氏试验	4.5	45.7	5	25
标准普氏试验	2.5	30.5	3	25
折减普氏试验	2.5	30.5	3	15

通过 40 多年大量试验研究发现，击实曲线上由偏干到偏湿得到的压实黏土，其水力渗透系数可相差几个数量级。因此，压实含水率对水力渗透系数具有很大的影响。为了确保压实黏土防渗层具有很低的渗透系数，现有国外施工技术规范要求含水率必须落在一个指定范围内（通常为湿于最优含水率的 0%～4%），压实黏土的干容重应大于或等于击实试验求出的最大干密度的某一百分数，称为压实度（图 30）。若采用以标准普氏击实试验求得的最大干密度，压实黏土应至少达到 95% 的压实度；若采用以修正普氏

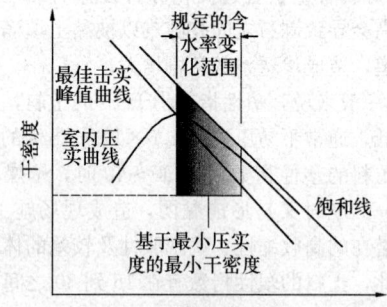

图 30　常规压实度和最优含水率的质量
控制示意图（Benson 等，1999）

击实试验求得的最大干密度，压实黏土则应至少达到 90% 的压实度。而现有很多试验数据都证明该压实度的规定会导致工程压实的数据点处于最佳击实峰值曲线以下的干燥区而造成渗透系数不满足要求，但目前该标准仍被广泛使用。因此，为了避免这种情况，应保障压实后的含水率和干密度始终位于最佳击实峰值曲线之上。

采用位于最优含水率湿边（即大于最优含水率）的击实试样做渗透试验，确定其饱和渗透系数，根据渗透试验结果重绘正文图 8.3.2 中的含水率-干密度试验点，用不同符号代表不同饱和渗透系数的击实试验点，空心符号表示饱和渗透系数大于 1.0×10^{-7} cm/s 的试样，实心符号表示饱和渗透系数小于等于 1.0×10^{-7} cm/s 的试样，如正文图 8.3.3 所示，所绘的阴影区域应包括所有达到或超过设计标准（$k \leqslant 1.0 \times 10^{-7}$ cm/s）的试验点。

黏土防渗层除了要达到规定的低饱和渗透系数外，还应确保压实后黏土具有足够的抗剪强度。为了增加单位土地面积填埋量，节约土地，大部分现代卫生填埋场的高度都相当高，普遍超过 60m。有许多大型填埋场的破坏由黏土防渗层或压实黏土防渗层/土工膜界面的抗剪强度不足引起。高于最优含水率的黏土其抗剪强度较低，但这一点往往还没有引起人们的足够关注。为了保证压实后的黏土防渗层具有足够的抗剪强度，在确定了满足规定的饱和渗透系数的区域后，还需再确定所选土料的抗剪强度满足堆体稳定要求。

无侧限抗压强度选取 150kPa 为控制值，该强度可满足在短时间内一次性堆填 20m～30m 垃圾的要求。对于填埋高度较高的填埋场，应采取分区分期填埋的作业步骤，保证压实黏土防渗层有足够的时间消散孔压和增加强度，避免在同一填埋区域因加载速度过快和一次性堆填过高造成压实黏土防渗层破坏。

8.3.5 当土料的干密度和含水率不能满足本规范 8.3.4 条的规定时，可通过添加膨润土等添加剂达到要求。

8.4 压实黏土防渗层的施工质量控制

8.4.2 碾压试验的目的是检验拟采取的施工方法和标准，确定压实方法和碾压参数，保证压实黏土防渗层达到设计要求。以下对施工中几个重要参数说明如下：

1）含水率。在施工现场，要使符合第 8.3.3 条规定范围内的含水率与压实功能配合好是十分困难的（钱学德，1999）：①含水率较高时，产生的湿软土块在一般的压实能量下易被重塑成没大孔隙的土体，但应注意不能影响施工；②含水率较低时，需超重碾压机才能压碎土块，消除土块之间

的大孔隙。

2）压实功能是控制黏土防渗层质量的另一个重要因素。压实功能增加，干密度增加，渗透性减小。压实功能是通过碾压机重量、碾压遍数、速度及松土厚度实现的。Benson（1999）推荐碾压机重量为19t，并认为32t的超重型碾压机并未有更突出的优势。松土厚度应根据填土层压实完成后达到150mm进行控制，一般为200mm～300mm。碾压机在一定的面积上应碾压足够的遍数才能保证达到所需的干密度，最小的碾压遍数不是固定的，但一般认为（USEPA，1991）应至少碾压5～10遍，才能施加足够的压实能量并保证施工质量。

以上参数均需通过碾压试验进行最终的确定。

8.5 垂直防渗帷幕及选型

8.5.1 HDPE 土工膜-膨润土复合墙是在土-膨润土槽中插入 HDPE 膜，并通过特殊的接缝及嵌固工艺形成的复合墙。各种类型垂直防渗帷幕特点及比较见表10。

表10 不同类型垂直防渗帷幕特点

类　型	特　点
水泥-膨润土墙	强度高，压缩性低，可用于斜坡场地，渗透性低，约为10^{-6}cm/s
土-膨润土墙	与水泥-膨润土垂直帷幕相比，渗透性更低，通常为10^{-7}cm/s，有时可低至5.0×10^{-9}cm/s
土-水泥-膨润土墙	强度与水泥-膨润土相当，渗透性与土-膨润土相当
塑性混凝土墙	比水泥-膨润土刚度大、强度高，渗透系数一般不大于1×10^{-6}cm/s，适合作为深垂直帷幕
HDPE 土工膜-膨润土复合墙	防渗性和耐久性较高，渗透性低，可达10^{-8}cm/s
注浆帷幕	可密封孔洞或不透水层裂隙

8.5.2 垂直防渗帷幕较适合于隔水层埋深较浅的场地，帷幕插入隔水层，形成封闭的防渗系统。在垂直防渗帷幕设计前，应对场地隔水层条件进行勘察，埋深浅、厚度大、连续性好、透水性差、不存在裂隙等优势流通道的土层是比较理想的隔水层，另外隔水层岩体不宜太硬，以便帷幕嵌入。垂直防渗帷幕材料应具有抗渗沥液侵蚀性能和耐久性，欧美发达国家规定在帷幕材料选择时应针对渗沥液水质开展化学相容性

试验加以检验。

8.5.3 水泥-膨润土墙和塑性混凝土墙的强度较高，水泥-膨润土墙的抗压强度可达 140kPa～350kPa，因此当帷幕顶部需承受上覆荷载时，宜采用水泥-膨润土墙或塑性混凝土墙。然而，当地基发生明显侧向变形时，水泥-膨润土墙和塑性混凝土墙易开裂，此时宜采用柔性的土-膨润土墙。在特殊地质和环境要求高的场地，如填埋场库区和污水处理厂的边界距居民居住区、人畜供水点、河流、湖泊较近，填埋场下存在浅埋高渗透性岩土层等情况时，采用具有较可靠低渗透性的 HDPE 土工膜-膨润土复合墙，有利于防止填埋场污染物扩散影响周边地下环境。

8.6 垂直防渗帷幕插入深度及厚度

8.6.1 专题研究分析表明，防渗帷幕渗透系数为1×10^{-7}cm/s，且底端密封到不透水层或渗透系数不大于1×10^{-7}cm/s土层中时，可在土体中形成近似一维水平向渗流和扩散。根据半无限空间一维对流－弥散解析解（Ogata，1961），垂直防渗帷幕厚度设计可简化为公式（8.6.2），该简化公式的适用条件：①帷幕渗透系数为1×10^{-7}cm/s，底端密封到不透水层或渗透系数不大于1×10^{-7}cm/s土层中；②帷幕击穿标准为下游边界污染物浓度达到上游边界的10%；③防渗帷幕的服役时间（即填埋场治理后运行时间与垃圾稳定化所需时间之和）按50年考虑。如填埋场所要求的服役时间短于50年，帷幕厚度可适当折减。当帷幕渗透系数大于1×10^{-7}cm/s时，可采用等效性分析确定帷幕厚度。

水动力弥散系数D_h和阻滞因子R_d的取值与帷幕材料类型、污染物种类有关。防渗帷幕厚度设计，应根据初步拟定选用的帷幕材料类型，参考相关工程的经验数据，选择最危险、污染风险最大、最不利的污染物类型对应的参数和数据。

8.6.2 与水利工程的防渗墙相比，填埋场垂直防渗帷幕不仅需减小地下水渗流量，还应控制通过垂直防渗帷幕扩散的污染物浓度，因此填埋场垂直防渗帷幕标准更高。根据国外工程经验，垂直防渗帷幕用于污染控制时，通常要求渗透系数小于1×10^{-7}cm/s。当隔水层埋深过大而采用悬挂式帷幕时，应通过污染物渗流-扩散分析确定临界插入深度，垂直防渗帷幕临界插入深度为污染物从帷幕顶部竖向运移到达帷幕底部所需时间等于污染物水平扩散击穿浅部帷幕时间所对应的深度。

9 填埋场岩土工程安全监测

9.1 一般规定

9.1.1 渗沥液水位监测主要是监测渗沥液导排层水

头、垃圾堆体主水位以及垃圾堆体滞水位,以上三种水位的存在形式对堆体边坡的稳定性影响互不相同,其影响规律见本规范第4.1.1条的条文说明。垃圾堆体主水位是影响垃圾堆体整体稳定的关键因素,故将其设为所有等级垃圾堆体的必测项目;渗沥液导排层水头是监控渗沥液污染地下水土环境的重要因素,故一级垃圾堆体边坡设为应测项目;考虑到垃圾堆体滞水位监测较为复杂,均设为宜测项目,可根据情况进行监测。

表面水平位移反映填埋场地表位移状况,深层水平位移监测可以体现堆体沿深度方向上不同点的水平位移状况,可确定堆体沿深度方向最大水平位移值点及其位置;两者结合可掌握填埋场平面和空间的位移及边坡稳定状况,鉴别潜在失稳模式及滑动面位置。鉴于深层水平位移监测的工作量较大,需埋设测斜管,表面水平位移监测相对简便易行,因此,将表面水平位移监测设为一级和二级垃圾堆体边坡的应测项目,深层水平位移可在水位超过警戒水位、填埋场存在滑移失稳风险时采用。

垃圾堆体沉降监测包括垃圾堆体表面沉降监测、软弱地基沉降监测、中间衬垫系统和竖井等刚性设施沉降监测。垃圾堆体表面沉降既可能是垃圾降解压缩产生,也可能是堆体失稳滑移的征兆。当渗沥液水位超过警戒水位、堆体失稳风险较高时,应进行沉降监测。软弱地基沉降反映填埋场底部地基的变形,可根据监测结果判断软弱地基的固结、强度增长及地基稳定状况,建设于软弱土地基上的一级垃圾堆体边坡填埋规模大,加载速率快,其软弱地基沉降设为宜测项目。中间衬垫系统位于老填埋场上,其沉降较大,为预测其拉伸破坏,设为一级垃圾堆体边坡的宜测项目。竖井等刚性设施沉降关系到衬垫系统的安全,可根据情况设置。

导排层气压影响封场覆盖系统稳定及防渗层的安全,可根据情况进行监测。

监测项目的监测频次是建议值,监测频次不是一成不变的,应该根据降雨和填埋场的安全稳定状况适当地进行调整。当监测数据达到预警值、变化量较大、变化速率加快或遇到特殊情况,如暴雨、台风等恶劣天气及其他紧急事件,应适当加密观测,必要时跟踪监测;当监测值相对稳定时,可按正常监测频次进行监测。

9.1.3 根据渗沥液水位、表面水平位移速率及沉降速率等测试数据可进行堆体稳定的定性分析,以目测为主的现场踏勘及时直观反映现场状况,可起到补充判断的作用。例如,地表裂纹的发展规律,对于判断地表裂纹是由于失稳还是沉降引起,有着非常重要的作用。另外,深层水平位移为判断堆体沿土工材料界面失稳或是沿堆体内部失稳提供直接的依据。因此,以上监测手段是判断填埋场安全稳定状态的重要依据,可在不同的情况下选用。

9.2 渗沥液水位监测

9.2.1~9.2.3 渗沥液导排层水头监测一般采用孔隙水压力计测试,孔隙水压力计在渗沥液浸泡中的长期耐久性难以保障,水头变化范围大,正常应在30cm以下,而一旦导排层发生淤堵造成水头壅高,可达几十米,导致难以选择合适量程的孔隙水压力计。

编制组通过某填埋场的现场实践,提出了一种新测试方法:即采用剖面沉降仪与水位计联合测定法,其测试原理如下:测量导管在导排层施工完成之后、垃圾填埋之前埋设,在监测点处导管开孔,并采用复合土工排水网包裹,其余段焊接密封。测试时,通过测量导管将剖面沉降仪送入监测点,测试监测点的高程,如图31所示,拔出剖面沉降仪后再将水位计送入导管,测出管内水面的高程,如图32所示,将水位面高程与监测点高程相减即可得到监测点的渗沥液导排层水头,如图33所示。导管材质宜选用PPR或HDPE管,管径宜为50mm~75mm。

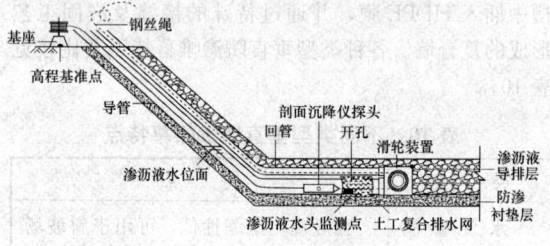

图31 剖面沉降仪测试示意图

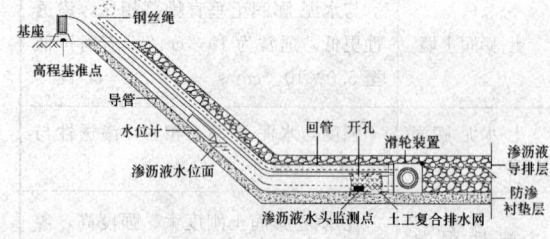

图32 水位计测试示意图

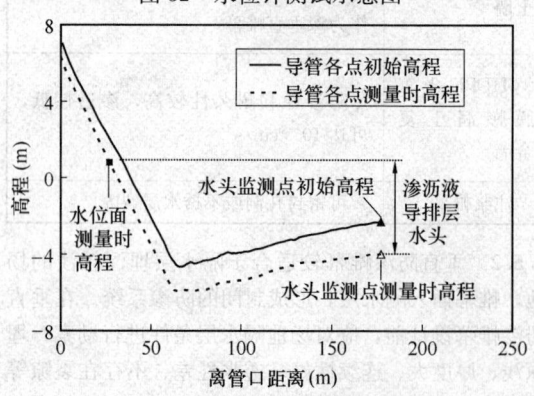

图33 渗沥液导排层水头计算图

垃圾堆体内部渗沥液水位分布复杂,存在主水位及多个滞水位,常规的水位管测试无法测试多层水位。浙江大学提出了多重水位管测试渗沥液水位的方法，并在苏州七子山、深圳下坪等填埋场成功应用。多重水位管宜钻孔敷设，钻孔时应记录隔水层的埋深。水位管宜选用 PVC 或 PPR 管，管径宜为 40mm ～75mm，管底部开孔段长度宜为 1m～3m，开孔段外包土工织物，并在埋设多重水位管时在隔水层位置加入膨润土进行密封，防止上下渗沥液水位贯通而影响测试结果，如图 34 所示。井筒四周填卵石或粗砂，井口四周用黏土或掺适量膨润土的黏土封闭，管口应盖管帽。

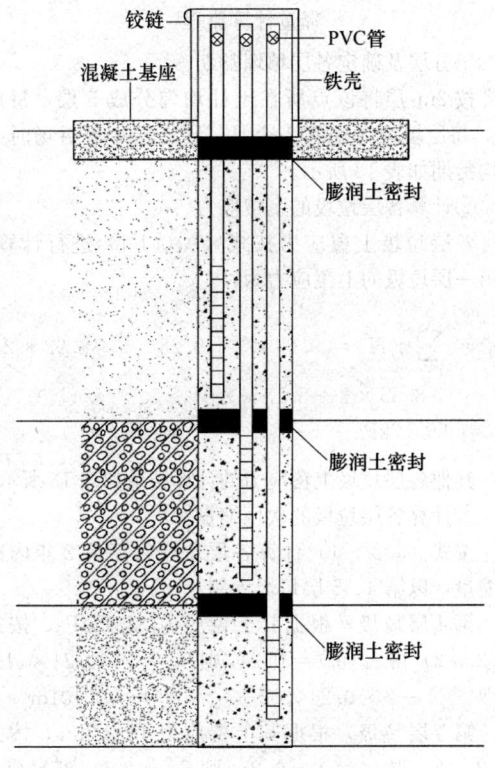

图 34 用于主水位和滞水位
监测的多重水位管结构图

9.3 表面水平位移监测

9.3.1 表面水平位移监测方法及监测点可参照现行行业标准《水利水电工程边坡设计规范》SL 386，表面位移工作基点宜布设在边坡附近、边坡变形影响的范围之外，且不受外界干扰、交通方便的部位。监测点布设成网格状可根据测试方法进行优化，比如可按照准直线法或前方交会法的监测要求布设，也可按照边角网法或收敛法布设，还可按照 GPS 法布设。

9.3.3 由于垃圾含塑料、布条等加筋材料，具有应变硬化特性，垃圾堆体失稳前能承受的位移量较一般的土质边坡大。根据浙江大学对某填埋场两次堆体滑移事件前后的水平位移监测及统计分析结果（表11），当垃圾堆体边坡的位移速率大于 10mm/d 时，堆体处于不稳定的状态，因此提出了垃圾堆体边坡表

面水平位移监测的警戒值为连续两天位移超过10mm/d。

表 11 活跃区监测点位移速率平均值统计结果（mm/d）

2008 年	过渡期（3～5 月）	非稳定期（6～8 月）	稳定期（9～10 月）
	7.5	19.8	1.8
2009 年	非稳定期（2 月）	过渡期（3 月）	稳定期（4 月）
	10.0	4.4	2.8

9.4 深层水平位移监测

9.4.1、9.4.2 深层水平位移监测建议采用活动式测斜仪。先埋设测斜管，导槽方向应和边坡滑移方向一致；每隔一定的时间将探头放入管内沿导槽滑动，通过量测测斜管斜度变化推算水平位移。监测点沿边坡倾向布置，特别是当出现滑坡征兆时应根据现场踏勘的结果设置在滑坡体位置。

9.5 垃圾堆体沉降监测

9.5.2 垃圾堆体表面沉降既可用水准法测量也可用水位连通管法测量，标志点可与表面水平位移监测的标志点共用。软弱地基沉降一般通过在渗沥液导排层中埋设沉降管，采用剖面沉降仪进行测量，该方法可测试整个断面的沉降。当剖面沉降仪难以贯通整个断面时，可在远离边界的位置增设沉降板。

附录 A 填埋场堆体压缩量计算过程及参数确定

A.0.1 垃圾的初始容重和比重是沉降计算中的重要参数。国外很多研究者提出了垃圾初始容重取值建议。例如，Sowers（1958）提出根据压实程度垃圾初始容重可在 5.7kN/m³～9.4kN/m³ 范围取值；Zekkos（2006）针对美国垃圾提出，根据压实程度从低到高垃圾初始容重可分别取为 5kN/m³、10kN/m³、15.5kN/m³。钱学德（2001）建议填埋垃圾容重可取7.7kN/m³～13.8kN/m³。编制组总结了大量国内工程实测数据，垃圾容重随埋深变化可采用双折线表示。结合我国填埋场压实情况，本条建议了无试验数据时垃圾初始容重的取值方法。新鲜垃圾颗粒比重宜采用现场取样测定，亦可将垃圾各组分颗粒比重按含量加权平均进行估算，表12 为我国某城市生活垃圾主要组分的颗粒比重。新鲜垃圾颗粒比重一般在 1.6～2.4 范围内，有机质含量高于 25% 时建议取 1.6～2.2；低于 25% 时建议取1.8～2.4。

表 12　我国某城市生活垃圾主要组分颗粒比重

组分	菜叶	肉骨	纸类	塑料	橡胶	纤维	煤渣石土	玻璃	金属	陶瓷	果核	草木
颗粒比重	0.9	2.0	1.2	1.4	0.9	1.2	2.4	2.5	5.0	2.3	1.0	1.1

下面通过实例介绍填埋场封场后沉降和容量的计算过程。

某填埋场位于中等湿润气候地区，根据运行单位的压实机械以及填埋作业规划，确定场地压实程度为中等压实。拟计算：

1　封场覆盖系统上某点封场 2 年后的沉降量，该点封场时的有效填埋高度为 10m，在 5 个月内堆填完成；

2　填埋场某区域的填埋量，该区域平面面积为 5m×5m，填埋高度为 10m，填埋速率为 2m/月。

计算时不考虑堆体内部水位的影响，不考虑场底防渗系统、中间覆盖系统、封场覆盖系统以及填埋区域地基的压缩沉降，堆体次压缩沉降采用应力-降解压缩模型进行计算。计算该点封场后沉降时，其沉降量为该点土柱各层垃圾的次压缩量之和；计算该区域的填埋量时，通过逐层添加的方式模拟堆填过程，计算每新填一层垃圾后在堆填时间内各层垃圾的总压缩量，直至达到填埋高度 10m，该区域的填埋量即为各层垃圾填埋量之和。具体计算过程如下：

根据 A.0.1 的要求，中等压实程度下初始容重 γ_0 取为 8kN/m³，垃圾平均颗粒比重 d_s 取为 1.7。根据规范第 4.2 节的建议，对中等湿润气候地区垃圾初始含水率取 50%。

垃圾初始孔隙比
$$e_0 = \frac{d_s \gamma_w}{(1-W_c)\gamma_0} - 1$$
$$= \frac{1.7 \times 10}{(1-50\%) \times 8} - 1$$
$$= 3.3$$

按式（5.2.2-2），1000kPa 压力下垃圾孔隙比取 1.0，新鲜垃圾主压缩指数：

$$C_c = \frac{e_0 - e_1}{\log(1000/\sigma_0)} = \frac{3.3 - 1.0}{\log(1000/30)}$$
$$= 1.51，\frac{C_c}{1+e_0} = 0.35$$

完全降解垃圾修正主压缩指数 $C_\infty/(1+e_0)$ 取 0.15，主压缩指数 C_∞ 为 0.645。

考虑中等湿润的气候条件，在应力-降解模型中，前期固结应力 σ_0 取 30kPa，σ_0 长期作用下垃圾降解压缩应变与蠕变应变之和 $\varepsilon_{dc}(\sigma_0) = 25\%$，降解速率 c 取 0.01/月。

一、封场后沉降量计算

封场后沉降计算流程见图 35。

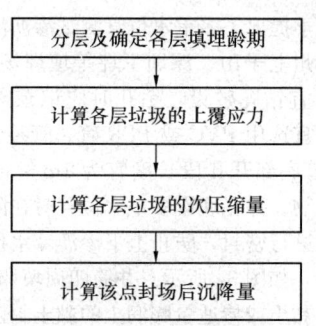

图 35　封场后沉降量计算流程

①分层及确定各层填埋龄期

按 2m/层将该点所在土柱均匀分成 5 层，每层 2m，每层填埋时间为 1 个月，则各层垃圾封场时的平均龄期如表 13 所示。

②计算各层垃圾的上覆应力

各层垃圾上覆应力按式（A.0.1-1）进行计算，如第一层垃圾的上覆应力为：

$$\sigma_1 = \sum_{j=1}^{5} \gamma_j H_j = 9.65 \times 2 + 9.28 \times 2 + 8.92 \times 2 + 8.55 \times 2 + 8.18 \times 2$$
$$= 89.17 \text{kPa}$$

其他各层垃圾上覆应力的计算结果如表 13 所示。

③计算各层垃圾的次压缩量

按式（5.2.3-1）计算各层垃圾封场后 2 年内次压缩量，以第 4、5 层垃圾为例：

第 4 层垃圾，根据其上覆应力 33.47kPa，按式（5.2.3-2）得 $\varepsilon_{dc}(\sigma_i) = 0.24$，则 $S_{s4} = 2 \times 0.24 \times (1 - e^{-0.01 \times 25.5}) - 2 \times 0.24 \times (1 - e^{-0.01 \times 1.5}) = 0.101$m

第 5 层垃圾，根据其上覆应力 16.37kPa，按式（5.2.3-2）得 $\varepsilon_{dc}(\sigma_i) = 0.25$，则 $S_{s5} = 2 \times 0.25 \times (1 - e^{-0.01 \times 24.5}) - 2 \times 0.25 \times (1 - e^{-0.01 \times 0.5}) = 0.106$m

④计算该点封场后沉降量

按式（A.0.2）累积第 1 层到第 5 层垃圾的次压缩量，得该点封场后 2 年的沉降量为 0.428m。

表 13　各层垃圾上覆应力、平均龄期及压缩量

计算内容 ＼ 层号	1	2	3	4	5
上覆应力(kPa)	89.17	69.87	51.30	33.47	16.37
封场时平均龄期(月)	4.5	3.5	2.5	1.5	0.5
封场 2 年后平均龄期(月)	28.5	27.5	26.5	25.5	24.5
封场 2 年后压缩量(m)	0.063	0.073	0.085	0.101	0.106

二、填埋量计算

取该区域的土柱进行分析，土柱的平面面积为 5m×5m，平均高度为 10m。其填埋量计算流程见

图36。

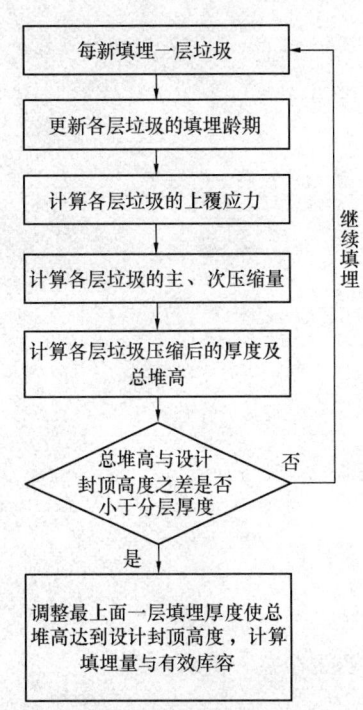

图 36　填埋量计算流程

1　确定分层厚度及填埋作业间隔

根据填埋速率 2m/月，取土柱每层垃圾的初始厚度为 2m，填埋作业间隔为 1 个月，假定填埋作业连续无间断直至封场。

2　计算第 2 层垃圾填埋后各层垃圾的上覆应力

根据填埋场封场后沉降计算过程，第 2 层垃圾填埋前第 1 层垃圾压缩后的厚度应为 1.998m。第 2 层垃圾填埋后，各层垃圾上覆应力计算如下：

第 1 层垃圾：

$$\sigma_1 = \sum_{j=1}^{2} \gamma_j H_j = 8.55 \times 1.998 + 8.18 \times 2 = 33.44 \text{kPa}$$

第 2 层垃圾：

$$\sigma_2 = \sum_{j=2}^{2} \gamma_j H_j = 8.18 \times 2 = 16.36 \text{kPa}$$

3　计算第 2 层垃圾填埋后各层垃圾的压缩量

①各层垃圾主压缩量按式（5.2.2-1）计算：

第 1 层垃圾：$S_{p1} = H_1 \dfrac{C_c}{1+e_0} \log\left(\dfrac{\sigma_1}{\sigma_0}\right) = 2 \times 0.35$

$\times \log\left(\dfrac{33.44}{30}\right) = 0.033 \text{m}$

第 2 层垃圾：上覆应力小于 30kPa，主压缩量为 0

②各层垃圾次压缩量按式（5.2.3-1）计算：

第 1 层垃圾：$S_{s1} = H_1 \varepsilon_{dc}(\sigma_1)(1-e^{-ct}) = 2 \times 0.24$
$\times (1-e^{-0.01 \times 1.5}) = 0.007 \text{m}$

第 2 层垃圾：$S_{s2} = H_2 \varepsilon_{dc}(\sigma_2)(1-e^{-ct}) = 2 \times 0.25$
$\times (1-e^{-0.01 \times 0.5}) = 0.002 \text{m}$

按式（5.2.1）计算得：该两层垃圾的总压缩量为 0.042m

4　判别是否继续填埋

考虑压缩后的垃圾堆体厚度为 $\sum_{j=1}^{2}(H_{ij}-S_{ij})=$ 3.958m，与填埋高度 10m 相差 $10-3.958=6.042$m $>$2m，应进行下一层填埋计算。

5　调整最后一层垃圾填埋厚度

其他层计算可按照第 2 层计算过程，封场时各层垃圾沉降计算结果如表 14 所示。土柱各层垃圾厚度（m）随填埋过程变化如表 15 所示。当填埋到第 5 层垃圾时堆体厚度为 9.198m，$10m-9.198m=0.802m$ $<$2m，这时应调整第 5 层填埋厚度为 2.802m 达到设计封场标高。

表 14　封场时各层垃圾压缩量计算结果

层号	上覆应力（kPa）	主压缩（m）	次压缩（m）	各层垃圾压缩量（m）	压缩后各层垃圾厚度（m）
5	16.37	0.000	0.002	0.002	2.802
4	33.44	0.033	0.007	0.040	1.960
3	50.91	0.161	0.010	0.171	1.829
2	67.84	0.248	0.013	0.261	1.739
1	84.51	0.315	0.015	0.330	1.670
		ΣS_p =0.757	ΣS_s =0.047	ΣS =0.804	ΣH =10.000

表 15　各层垃圾厚度随填埋过程的变化（m）

层号 \ 时间	1 月	2 月	3 月	4 月	5 月
5					2.802
4				1.998	1.960
3			1.998	1.960	1.829
2		1.998	1.960	1.829	1.739
1	1.998	1.960	1.829	1.739	1.670
总高度	1.998	3.958	5.787	7.526	10.000

6　计算填埋量及平均单位库容填埋量

填埋量按式（5.3.1-1）计算得：

$$W = A_1 \sum_{j=1}^{5} \gamma_{0ij} H_{ij} = 25 \times 0.8 \times (2 \times 4 + 2.802)$$
$$= 216.04 \text{t}$$

土柱有效库容 $V' = 25 \times 10 = 250 \text{m}^3$

按式（5.3.2）得平均单位库容填埋量：$Q_w = \dfrac{W}{V'}$

$=216.04/250 = 0.864 \text{t/m}^3$

中华人民共和国行业标准

气泡混合轻质土填筑工程技术规程

Technical specification for foamed mixture lightweight soil filling engineering

CJJ/T 177—2012

批准部门：中华人民共和国住房和城乡建设部
施行日期：2 0 1 2 年 5 月 1 日

中华人民共和国住房和城乡建设部
公　告

第 1247 号

关于发布行业标准《气泡混合
轻质土填筑工程技术规程》的公告

现批准《气泡混合轻质土填筑工程技术规程》为行业标准，编号为 CJJ/T 177－2012，自 2012 年 5 月 1 日起实施。

本规程由我部标准定额研究所组织中国建筑工业出版社出版发行。

中华人民共和国住房和城乡建设部

2012 年 1 月 11 日

前　言

根据住房和城乡建设部《关于印发〈2010 年工程建设标准规范制订、修订计划〉的通知》（建标［2010］43 号）的要求，编制组经广泛调查研究，认真总结实践经验，吸取科研成果，参考国外先进标准，并在广泛征求意见的基础上，编制了本规程。

本规程的主要技术内容是：1. 总则；2. 术语和符号；3. 材料及性能；4. 设计；5. 配合比；6. 工程施工；7. 质量检验与验收。

本规程由住房和城乡建设部负责管理，由广东冠生土木工程技术有限公司负责具体技术内容的解释。执行过程中如有意见或建议，请寄送广东冠生土木工程技术有限公司（地址：广州市番禺区天安节能科技园产业大厦 2 座 1101 单元，邮编：511415）。

本 规 程 主 编 单 位：广东冠生土木工程技术有限公司
深圳市市政工程总公司

本 规 程 参 编 单 位：广东冠粤路桥有限公司
北京市市政工程设计研究总院
广东省公路勘察规划设计院股份有限公司
交通运输部公路科学研究院
广东省建筑科学研究院
中国建筑材料科学研究总院
广东省建筑工程集团有限公司

本规程主要起草人员：肖礼经　谢学钦　刘声向
刘事莲　王树林　罗火生
高俊合　罗旭东　刘联伟
杨仕超　刘龙伟　李　东
苏　军　杨亚兵　王武祥
孙宏涛　吴立坚　罗　枫
陈　刚　王　勇　周志敏

本规程主要审查人员：蔡国宏　张　汎　郑启瑞
杨少华　邓利明　黄政宇
孙　杰　俞宪明　汪全信

目　　次

Contents

1 总　则

1.0.1 为规范气泡混合轻质土的设计、施工，统一质量检验标准，保证气泡混合轻质土填筑工程安全适用、技术先进、经济合理，制定本规程。

1.0.2 本规程适用于道路工程、建筑工程等领域的气泡混合轻质土设计、施工及检验。

1.0.3 气泡混合轻质土设计、施工及验收除应符合本规程外，尚应符合国家现行有关标准的规定。

2　术语和符号

2.1　术　语

2.1.1 气泡混合轻质土　foamed mixture lightweight soil
将制备的气泡群按一定比例加入到由水泥、水及可选添加材料制成的浆料中，经混合搅拌、现浇成型的一种微孔类轻质材料。

2.1.2 气泡群　foamed group
发泡液产生的气泡群体。

2.1.3 发泡液　foaming liquid
发泡剂稀释后的液体。

2.1.4 发泡剂　foaming agent
能产生气泡群的表面活性材料。

2.1.5 稀释倍率　dilution multiple
发泡液与发泡剂的质量比。

2.1.6 发泡倍率　foaming multiple
气泡群与发泡液的体积比。

2.1.7 气泡群密度　foamed group density
气泡群的单位体积质量。

2.1.8 标准气泡柱　standard foamed group
高度直径比为1∶1、体积为1L的标准气泡群。

2.1.9 流动度　flow value
新拌气泡混合轻质土的流动性指标。

2.1.10 湿容重　wet density
新拌气泡混合轻质土的单位体积重量。

2.1.11 表干容重　air-dry density
标准试件的单位体积重量。

2.1.12 饱水容重　saturated density
标准试件浸水72h的单位体积重量。

2.1.13 抗压强度　compressive strength
标准试件的无侧限抗压强度。

2.1.14 饱水抗压强度　saturated compressive strength
标准试件浸水72h的无侧限抗压强度。

2.2　符　号

E_c——气泡混合轻质土的弹性模量；

q_u——气泡混合轻质土的抗压强度；

q_s——饱水抗压强度；

ρ_f——气泡群密度；

γ——湿容重；

γ_a——表干容重；

γ_s——饱水容重；

λ——流动度。

3　材料及性能

3.1　原　材　料

3.1.1 水泥宜采用42.5级及以上的通用硅酸盐水泥或硫铝酸盐水泥。通用硅酸盐水泥应符合现行国家标准《通用硅酸盐水泥》GB 175 的规定，硫铝酸盐水泥应符合现行国家标准《硫铝酸盐水泥》GB 20472 的规定。

3.1.2 水应符合现行行业标准《混凝土用水标准》JGJ 63 的规定。

3.1.3 发泡剂应对环境无影响。发泡剂性能试验应符合本规程附录 A 的规定，试验测定的气泡群质量应符合下列规定：

　　1 气泡群密度应为 $48kg/m^3 \sim 52kg/m^3$。

　　2 标准气泡柱静置 1h 的沉降距不应大于 5mm。

　　3 标准气泡柱静置 1h 的泌水量不应大于 25mL。

3.1.4 添加材料宜包括细集料、掺合料、外加剂等，其粒径不宜大于 4.75mm。

3.1.5 原材料的适应性试验应符合本规程附录 B 的规定，试验测定的新拌气泡混合轻质土静置 1h 的湿容重增加值不应大于 $0.5kN/m^3$。试验结果应填写试验记录，并应符合本规程附录 A 表 A.0.6 的要求。

3.2　性　能

3.2.1 容重等级应按湿容重划分，湿容重的允许偏差范围应符合表 3.2.1 的规定。

表 3.2.1　容重等级

容重等级	湿容重 γ（kN/m³）	
	标准值	允许偏差范围
W3	3.0	$2.5 < \gamma \leqslant 3.5$
W4	4.0	$3.5 < \gamma \leqslant 4.5$
W5	5.0	$4.5 < \gamma \leqslant 5.5$
W6	6.0	$5.5 < \gamma \leqslant 6.5$
W7	7.0	$6.5 < \gamma \leqslant 7.5$
W8	8.0	$7.5 < \gamma \leqslant 8.5$
W9	9.0	$8.5 < \gamma \leqslant 9.5$
W10	10.0	$9.5 < \gamma \leqslant 10.5$
W11	11.0	$10.5 < \gamma \leqslant 11.5$
W12	12.0	$11.5 < \gamma \leqslant 12.5$
W13	13.0	$12.5 < \gamma \leqslant 13.5$
W14	14.0	$13.5 < \gamma \leqslant 14.5$
W15	15.0	$14.5 < \gamma \leqslant 15.5$

3.2.2 强度等级应按抗压强度划分，抗压强度的每组平均值和每块最小值不应小于表3.2.2的规定。

表3.2.2 强度等级

强度等级	抗压强度 q_u（MPa）	
	每组平均值	每块最小值
CF0.3	0.30	0.26
CF0.4	0.40	0.34
CF0.5	0.50	0.42
CF0.6	0.60	0.51
CF0.7	0.70	0.59
CF0.8	0.80	0.68
CF0.9	0.90	0.76
CF1.0	1.00	0.85
CF1.2	1.20	1.02
CF1.5	1.50	1.27
CF2.5	2.50	2.12
CF5.0	5.00	4.25
CF7.5	7.50	6.37
CF10	10.00	8.50
CF15	15.00	12.75
CF20	20.00	17.00

4 设 计

4.1 一 般 规 定

4.1.1 设计应遵循安全性、适用性和经济性原则。

4.1.2 设计项目应包括性能设计、结构设计和附属工程设计，主要设计内容与设计指标应符合表4.1.2的规定。

表4.1.2 主要设计内容与设计指标

设计目标	设计项目	主要设计内容	主要设计指标
减少荷重或土压力	性能设计	确定物理力学指标	湿容重、抗压强度、弹性模量
	结构设计	断面设计和衔接设计	强度验算，抗滑动、抗倾覆稳定性验算，抗浮稳定性验算
	附属工程设计	面板、抗滑锚固、补强	—
空洞填充或管线回填	性能设计	确定物理力学指标	湿容重、抗压强度

4.2 性 能 设 计

4.2.1 当路基填筑时，强度等级、容重等级应根据填筑部位按表4.2.1确定。

表4.2.1 用于路基填筑的性能指标

路面底面以下深度（m）	最小强度等级		最小容重等级
	城市快速路、高速公路、一级公路、主干路	其他等级公路	
0～0.8	CF0.8	CF0.6	W5
0.8～1.5	CF0.5	CF0.4	W3
>1.5	CF0.4		

4.2.2 当计算水位以下部位填筑时，容重等级、强度等级应按表4.2.2确定。

表4.2.2 用于计算水位以下部位填筑的性能指标

计算水位以下（m）	最小容重等级	最小强度等级
≤3	W6	CF0.8
>3	W8	CF1.0

4.2.3 空洞填充、管线回填时，应按饱满性、施工性和经济性综合确定强度等级、容重等级。

4.2.4 当冻融环境中填筑时，抗冻性指标可按现行国家标准《蒸压加气混凝土性能试验方法》GB/T 11969试验确定。

4.2.5 弹性模量可按现行国家标准《蒸压加气混凝土性能试验方法》GB/T 11969试验确定。当无试验资料时，可按下式计算取值：

$$E_c = 250q_u \qquad (4.2.5)$$

式中：E_c——气泡混合轻质土的弹性模量（MPa）；
　　　q_u——气泡混合轻质土的抗压强度（MPa）。

4.3 结 构 设 计

4.3.1 结构设计应包括断面设计和衔接设计。断面设计宜包括填筑高度、填筑宽度，衔接设计宜包括衔接形式和细部尺寸，一般断面设计（图4.3.1）尺寸宜按表4.3.1确定。

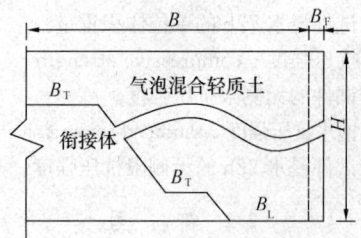

图4.3.1 一般断面设计图
注：表中 B 为填筑体顶面宽度。

表 4.3.1 断面尺寸要求

设计内容	范　围	备　注
填筑高度 H	0.5m～15.0m	空洞填充、管线回填工程除外
底面宽度 B_L	≥2.0m	
台阶宽度 B_T	≥0.5m	填筑高度超过2m设置
预留宽度 B_F	0.3m～0.8m	填筑高度超过5m或背面为陡坡体时设置

4.3.2 填筑体与路基或斜坡体间的衔接宜采用台阶形式。

4.3.3 当填筑体顶面有坡度要求时，宜在填筑体顶层分级设置台阶。

4.4 附属工程设计

4.4.1 当面板采用挡板砌筑时，面板宜由基础、挡板、拉筋及立柱组成，并应符合下列规定：

　　1 基础和挡板应按 10m～15m 间距设置沉降缝，其位置宜与填筑体沉降缝对应。

　　2 基础应采用水泥混凝土现浇，强度等级不应低于 C15。

　　3 挡板应满足安全、耐久和美观要求，宜采用水泥混凝土预制，强度等级不应低于 C20。

　　4 挡板可通过拉筋与立柱焊接固定。拉筋可采用 HPB235 钢筋，直径不宜小于 6.0mm；立柱可采用等边角钢，边宽不宜小于 50mm。

4.4.2 填筑体沉降缝设置应符合下列规定：

　　1 当填筑体长度超过 15m 时，应按 10m～15m 间距设置沉降缝，缝宽不宜小于 10mm。

　　2 当填筑体底面有突变时，应在突变位置增设沉降缝。

　　3 沉降缝填缝材料宜采用 20mm～30mm 厚的聚苯乙烯板或 10mm～20mm 厚的夹板。

4.4.3 当填筑体高宽比（$H:B_L$）大于 2、衔接面坡率大于 1:0.75 时，宜在衔接面设置锚固设施。锚固设施应符合下列规定：

　　1 锚固设施应包括锚固件和坡面台阶。

　　2 锚固设计宜按 1 根/$2m^2$ ～ 1 根/$4m^2$ 的密度布置，布置形式应为梅花形或矩形。

　　3 锚固件可采用 HRB335 钢筋，钢筋直径宜为 ϕ25mm～ϕ32mm。

4.4.4 钢丝网设置应符合下列规定：

　　1 钢丝网可采用钢丝焊接而成，钢丝直径不宜小于 3.2mm，孔径不宜大于 100mm。

　　2 当填筑高度小于 5m 时，应分别在填筑体底部、顶部 50cm 以内位置设置一层钢丝网。

　　3 当填筑高度为 5m～12m 时，应分别在填筑体底部、顶部 100cm 以内位置设置两层钢丝网。

　　4 填筑高度大于 12m 时，除应按本条第 3 款的规定设置外，还应每隔 5m 设置两层钢丝网。

　　5 相邻两层钢丝网间距宜为 30cm～50cm，搭接部位应错开 50cm 以上。相邻两块钢丝网的搭接宽度不宜小于 20cm，宜采用钢丝绑扎。

4.4.5 填筑体与相邻结构物间宜设置缓冲层，缓冲层可采用 20mm～30mm 厚的聚苯乙烯板。

4.4.6 宜在填筑体底层设置碎石垫层，厚度不宜小于 15cm。

4.4.7 当填筑体位于计算水位以下部位时，其接触面宜采取防水措施。

4.5 设计计算

4.5.1 荷载分类应按表 4.5.1 确定。

表 4.5.1 荷载分类

荷载类型		荷载名称
永久荷载		填筑体的自重
		填筑体上方的有效永久荷载
		填土侧压力
		计算水位的浮力及静水压力
可变荷载	基本可变荷载	车辆荷载、车辆荷载引起的土侧压力
		人群荷载、人群荷载引起的土侧压力
	其他可变荷载	水位退落时的动水压力
		流水压力
		波浪压力
		冻胀压力和冰压力
	施工荷载	与施工有关的临时荷载
偶然荷载		地震作用力、作用于填筑体顶部护栏的车辆碰撞力

注：1 洪水与地震力不同时考虑；

　　2 冻胀力、冰压力与流水压力或波浪压力不同时考虑；

　　3 车辆荷载与地震力不同时考虑。

4.5.2 荷载组合应按表 4.5.2-1 确定。当一般地区填筑时，填筑体顶部的荷载可只计算永久荷载和基本可变荷载。当浸水地区、冻胀地区、地震动峰值加速度值为 0.2g 及以上的地区填筑时，还应计算其他可变荷载和偶然荷载。当填筑体按承载能力极限状态设计时，常用荷载分项系数可按表 4.5.2-2 选用。

表 4.5.2-1 荷载组合

组合	荷 载
I	填筑体自重、填筑体顶部的有效永久荷载、填土侧压力及其他永久荷载组合
II	组合 I 与基本可变荷载相组合
III	组合 II 与其他可变荷载、偶然荷载相组合

表 4.5.2-2 承载能力极限状态的荷载分项系数

情 况	荷载增大对填筑体起有利作用时		荷载增大对填筑体起不利作用时	
组合	I、II	III	I、II	III
气泡混合轻质土顶部垂直恒载 γ_G	0.9		1.2	
主动土压力分项系数 γ_{Q1}	1	0.95	1.4	1.3
被动土压力分项系数 γ_{Q2}	0.30		0.5	
水浮力分项系数 γ_{Q3}	0.95		1.1	
静水压力分项系数 γ_{Q4}	0.95		1.05	
动水压力分项系数 γ_{Q5}	0.95		1.2	

4.5.3 当软土地基路段填筑时，应按国家现行相关标准的规定进行沉降计算。

4.5.4 除空洞填充、管线回填工程外，应对填筑体进行强度验算和稳定性验算。

4.5.5 强度验算应符合下列规定：

1 路基填筑的填筑体抗压强度应按下式计算：

$$q_{u1} = \frac{F_s(100 \times CBR)}{3.5} \quad (4.5.5-1)$$

式中：q_{u1}——路基填筑的填筑体抗压强度（kPa）；

F_s——安全系数，取 3；

CBR——加州承载比，按现行行业标准《公路路基设计规范》JTG D 30 取值。

2 填筑体自立稳定的抗压强度应按下式计算：

$$q_{u2} = F_s(0.5\gamma H + W) \quad (4.5.5-2)$$

式中：q_{u2}——填筑体自立稳定的抗压强度（kPa）；

γ——湿容重（kN/m³）；

H——填筑体高度（m）；

W——填筑体顶部的荷载（kPa）。

3 填筑体的设计抗压强度不应小于 q_{u1} 和 q_{u2} 值。

4.5.6 稳定性验算应包括填筑体的抗滑动稳定性验算、抗倾覆稳定性验算及包括地基在内的整体抗滑动

稳定性验算，并应符合下列规定：

1 当填筑体的抗滑动稳定性、抗倾覆稳定性验算时，安全系数不应小于表 4.5.6 的规定。

表 4.5.6 抗滑动、抗倾覆安全系数

荷载情况	验算项目	安全系数
荷载组合 I、II	抗滑动	1.3
	抗倾覆	1.5
荷载组合 III	抗滑动	1.3
	抗倾覆	1.3
施工阶段	抗滑动	1.2
	抗倾覆	1.2

2 包括地基在内的整体抗滑动稳定性验算的安全系数不应小于 1.25。

3 土质地基的基底合力的偏心距不应大于 $B_L/6$（B_L 为填筑体底宽），岩石地基的基底合力的偏心距不应大于 $B_L/4$。基底压应力不应大于基底的容许承载力。

4.5.7 当计算水位以下部位填筑时，应按下式进行抗浮稳定性验算：

$$F_s = \frac{0.95\gamma V_1 + P}{\rho_w g V_2} \geq 1.2 \quad (4.5.7)$$

式中：γ——湿容重（kN/m³）；

V_1——填筑体体积（m³）；

V_2——计算水位以下的填筑体体积（m³）；

P——填筑体顶部的压力（kN）；

ρ_w——水的密度，取 1000kg/m³；

g——重力常数，取 10N/kg。

5 配 合 比

5.1 一 般 规 定

5.1.1 配合比设计应包括配合比计算、试配及调整。

5.1.2 配合比设计应采用工程实际使用的原材料。试配前，应按本规程第 3.1.5 条的规定对原材料进行检验。

5.1.3 配合比设计指标应包括湿容重、流动度及抗压强度，并应符合下列规定：

1 湿容重应符合本规程表 3.2.1 的规定。

2 流动度应为 160mm～200mm。

3 试配抗压强度应大于设计抗压强度的 1.05 倍。

5.2 配合比计算

5.2.1 配合比中各种材料的用量计算应符合下列公式的规定：

$$\frac{m_c}{\rho_c}+\frac{m_w}{\rho_w}+\frac{m_f}{\rho_f}+\frac{m_s}{\rho_s}+\frac{m_m}{\rho_m}=1 \quad (5.2.1\text{-}1)$$

$$m_c+m_w+m_f+m_s+m_m=100\gamma$$
$$(5.2.1\text{-}2)$$

式中：m_c——每立方气泡混合轻质土的水泥用量（kg）；

ρ_c——水泥密度（kg/m³），取3100kg/m³；

m_w——每立方气泡混合轻质土的用水量（kg）；

ρ_w——水的密度（kg/m³），取1000kg/m³；

m_f——每立方气泡混合轻质土的气泡群用量（kg）；

ρ_f——气泡群密度（kg/m³），取50kg/m³；

m_s——每立方气泡混合轻质土的细集料用量（kg）；

ρ_s——细集料密度（kg/m³），只采用细砂时，取2600kg/m³；

m_m——每立方气泡混合轻质土的掺合料用量（kg）；

ρ_m——掺合料密度（kg/m³）。

5.2.2 当掺有细集料、掺合料和外加剂等添加材料时，每立方气泡混合轻质土的细集料、掺合料及外加剂等掺量应按设计指标和水胶比要求，通过试验确定。

5.2.3 每立方气泡混合轻质土的水泥用量应按设计指标和添加材料用量综合确定。

5.2.4 气泡混合轻质土的水胶比$\left(\frac{W}{B}\right)$取值应符合下列规定：

1 未掺外加剂时，水胶比应按0.55～0.65选取。

2 掺入外加剂时，水胶比应通过试验确定，宜按0.20～0.55选取。

5.2.5 每立方气泡混合轻质土的用水量应按下式计算：

$$m_w=\frac{W}{B}(m_c+m_m) \qquad (5.2.5)$$

式中：$\frac{W}{B}$——每立方气泡混合轻质土的水胶比。

5.2.6 每立方气泡混合轻质土的气泡群体积量应按下式计算：

$$V_f=1000\left(1-\frac{m_c}{\rho_c}+\frac{m_w}{\rho_w}+\frac{m_s}{\rho_s}+\frac{m_m}{\rho_m}\right)$$
$$(5.2.6)$$

式中：V_f——每立方气泡混合轻质土的气泡群体积量（L）。

5.3 配合比试配

5.3.1 配合比试配应在计算配合比的基础上进行，宜通过调整计算配合比中的各种材料用量，直到新拌气泡混合轻质土的性能满足设计和施工要求。

5.3.2 新拌气泡混合轻质土试样宜采用搅拌机拌制。搅拌机应符合现行行业标准《混凝土试验用搅拌机》JG 244的规定，每盘试配的最小搅拌量不宜小于搅拌机额定搅拌量的1/4。

5.3.3 拌好新拌气泡混合轻质土试样后，应立即制作试件，并应符合下列规定：

1 每种配合比至少应制作一组试件。

2 新拌气泡混合轻质土试样应装满试模并略高于试模顶面，并应采用保鲜膜覆盖。

3 拆模前，应先沿试模顶面刮平试件；拆模后，应将试件在20℃±2℃条件下密封养生至28d。

5.3.4 试拌配合比的强度试验应符合下列规定：

1 应至少采用3个不同的配合比。当采用3个不同的配合比时，其中1个配合比应为本规程确定的试拌配合比，另外2个配合比的水泥用量宜在试拌配合比基础上分别增加和减少10 kg。

2 应分别按本规程附录C、附录D的规定检验湿容重、流动度，作为相应配合比的新拌气泡混合轻质土性能指标。试验结果应填写配合比设计报告，并应符合本规程附录C表C.0.5的要求。

3 应分别按本规程附录E、附录F的规定检验容重、强度指标，试验结果应填写配合比设计报告，并应符合本规程附录F表F.0.4的要求。

5.4 配合比调整

5.4.1 应根据本规程第5.3.4条的强度试验结果，在试拌配合比的基础上作相应调整，确定设计配合比。

5.4.2 施工单位可根据常用材料设计出常用的配合比备用，并应在使用过程中予以验证或调整。

6 工程施工

6.1 施工准备

6.1.1 施工前，应确定施工方案，编制施工组织设计。

6.1.2 应按施工组织设计，组织施工设备进场，并应做好安装、调试及标定工作。

6.1.3 应按原材料使用计划，组织原材料进场、检验。

6.1.4 发泡剂性能试验应符合下列规定：

1 检验频率应为1次/5000L，每批次产品或每个施工项目应至少检验1次。

2 检验方法应按本规程附录A的规定执行。

3 检验结果应符合本规程第3.1.3条的规定。

6.1.5 基坑开挖应符合下列规定：

1 开挖前，应事先做好防护措施。

2 开挖后，应按要求控制压实度、平整度，完成防排水施工，并应进行交接检验。

3 当基坑底部位于计算水位以下时，应采取降水措施。

6.2 浇 筑

6.2.1 浇筑设备应包括发泡设备、搅拌设备和泵送设备，并应符合下列规定：

1 浇筑设备的生产能力和设备性能应满足连续作业要求。

2 搅拌设备应具备水泥、水及添加材料的配料和计量功能。

3 搅拌设备的计量偏差应符合表6.2.1的规定。

表6.2.1 搅拌设备的计量偏差

原材料	计量偏差（%）
水泥、掺合料	±2
细集料	±3
水、外加剂	±2

6.2.2 气泡群应采用发泡设备预先制取，不宜采用搅拌方式制取气泡群。

6.2.3 新拌气泡混合轻质土宜采用配管泵送。

6.2.4 气泡群应及时与水泥基浆料混合均匀，新拌气泡混合轻质土在泵送设备、泵送管道中的停置时间不宜超过1h。

6.2.5 单级配管泵送范围应根据配合比、泵送距离及泵送高度确定。水平泵送距离及垂直泵送高度宜按表6.2.5的规定执行。当泵送范围超过表6.2.5的规定时，可增加中继泵。

表6.2.5 水平泵送距离与垂直泵送高度

s/c	水平泵送距离（m）	垂直泵送高度（m）
0	400～500	20～30
1		
2	300～400	10～20
3		
4	100～200	0～10
5		

注：s/c表示细集料与水泥质量之比。如同时存在泵送距离和泵送高度时，泵送范围由泵送距离与泵送高度综合确定。

6.2.6 应采用分层分块方式进行浇筑作业。

6.2.7 除空洞充填、管线回填工程外，单层浇筑厚度宜按0.3m～0.8m控制。上一层浇筑作业应在下一层浇筑终凝后进行。

6.2.8 浇筑过程中，泵送管出口应与浇筑面保持水平，不宜采用喷射方式浇筑。

6.2.9 浇筑时，如遇大雨或持续小雨天气时，应对未硬化的填筑体表层进行覆盖。

6.2.10 夏季施工时，应避开高温时段浇筑。

6.2.11 冬期施工时，应对浇筑设备、泵送管道、发泡剂及浇筑区域等采取保温防冻措施，每班完工后应清空浇筑设备、泵送管道中的残留物。

6.3 附属工程施工

6.3.1 当挡板采用水泥混凝土预制时，挡板预制应符合下列规定：

1 混凝土的集料粒径和强度等级应满足设计要求。

2 浇筑混凝土前，应按设计要求定位挡板拉扣。

3 浇筑完混凝土后，应重新测量定位挡板拉扣，并应对挡板表面进行光面处理。

6.3.2 面板施工应符合下列规定：

1 面板基础的断面尺寸和混凝土强度等级应满足设计要求。

2 挡板砌筑前，应标出挡板外缘线并进行水平测量，曲线部分应加密控制点。

3 挡板应随浇随砌，砌筑砂浆强度等级应满足设计要求，砌缝宜采用勾缝。

4 当挡板搬运和砌筑时，应轻拿轻放，避免挡板损坏和拉扣变形。

5 挡板水平及倾斜误差应逐层调整，曲线部位应砌筑平顺。

6.3.3 钢丝网、沉降缝、抗滑锚固、防水等工程施工应满足设计要求。

6.4 养 护

6.4.1 在填筑体达到设计抗压强度后，方可在填筑体顶面进行机械或车辆作业。作业前，应先铺一层覆盖层，厚度不宜小于20cm。

6.4.2 除空洞充填、管线回填工程外，在完成填筑体顶层施工后，应立即对填筑体表面覆盖塑料薄膜或土工布保湿养生，养生时间不宜少于7d。

7 质量检验与验收

7.1 一般规定

7.1.1 质量检验与验收应符合现行行业标准《城镇道路工程施工与质量验收规范》CJJ 1的规定。

7.1.2 质量检验与验收应以填筑体为构造单元，并应按单个或若干个构造单元划分为检验批。

7.2 质量检验

7.2.1 挡板的质量检验应符合表7.2.1的规定，检验结果应填写面板质量检验记录，并应符合本规程附录G表G.0.1的要求。

表 7.2.1　挡板的质量检验

项次	检验项目	允许偏差	检验方法	检验频率
1	混凝土强度（MPa）	不小于设计值	《普通混凝土力学性能试验方法标准》GB/T 50081	每 10m³ 取一组，每项目至少取一组
2	边长（mm）	±0.5%	尺量	长宽各测 1 次，每 200 块抽查 1 块，每项目至少 5 块
3	两对角线差（mm）	±0.7%	尺量	每 200 块检查 1 块，每项目至少 5 块
4	厚度（mm）	+5，−3	尺量	检查 2 处，每 200 块检查 1 块，每项目至少 5 块
5	表面平整度（mm）	±0.3%	直尺	长宽各测 1 次，每 200 块检查 1 块，每项目至少 5 块
6	预埋件位置（mm）	10	尺量	每 200 块抽查 1 块，每项目至少 5 块

7.2.2 面板的质量检验应符合表 7.2.2 的规定，检验结果应填写面板质量检验记录，并应符合本规程附录 G 表 G.0.1 的要求。

表 7.2.2　面板的质量检验

项次	检验项目	允许偏差	检验方法	检验频率
1	基础混凝土强度（MPa）	不小于设计值	《普通混凝土力学性能试验方法标准》GB/T 50081	每 10m³ 取一组，每项目至少取一组
2	基础断面尺寸（mm）	不小于设计值	尺量	每 20m 量测 1 处
3	面板顶高程（mm）	±50	3m 直尺	每 20m 量测 1 处
4	轴线偏位（mm）	50	经纬仪或拉尺、尺量	每 20m 量测 1 处
5	面板垂直度或坡度（%）	−0.5%	挂垂线	每 20m 量测 1 处

7.2.3 新拌气泡混合轻质土试样宜在浇筑管管口制取，试件制取组数应符合下列规定：

1 每个构造单元应至少制取二组试件。

2 当同一配合比连续浇筑少于 400m³ 时，应按每 200m³ 制取一组试件。

3 当同一配合比连续浇筑大于 400m³ 时，应按每 400m³ 制取一组试件。

7.2.4 试件脱模后，应分别按本规程附录 E、附录 F 的规定检验容重、强度，检验结果应填写强度检验报告，并应符合本规程附录 F 表 F.0.4 的要求。

7.2.5 浇筑的质量检验应符合表 7.2.5 的规定，检验结果应填写浇筑质量检验记录，并应符合本规程附录 G 表 G.0.2 的要求。

表 7.2.5　浇筑的质量检验

项次	检验项目	允许偏差	检验方法	检验频率
1	气泡群密度（kg/m³）	48～52	本规程附录 A	每班开工前自检 1 次
2	湿容重（kN/m³）	符合本规程表 3.2.1 的规定	本规程附录 C	连续浇筑每 100m³ 自检 1 次
3	流动度（mm）	160～200	本规程附录 D	连续浇筑每 100m³ 自检 1 次

7.2.6 填筑体的主控项目检验应包括表干容重和抗压强度，并应符合表 7.2.6 的规定。检验结果应填写检验批质量评定表，并应符合本规程附录 G 表 G.0.3 的要求。

表 7.2.6　填筑体的主控项目检验

项次	检验项目	允许偏差		检验方法	检验频率
1	表干容重（kN/m³）	每组平均值不大于湿容重标准值	每块最大值不大于湿容重允许偏差上限值	本规程附录 E	本规程第 7.2.3 条
2	抗压强度（MPa）	符合本规程表 3.2.2 的规定		本规程附录 F	本规程第 7.2.3 条

7.2.7 填筑体的一般项目检验应包括外观质量检验和实测项目，并应符合表 7.2.7 的规定。检验结果应填写检验批质量评定表，并应符合本规程附录 G 表 G.0.3 的要求。

1 填筑体的外观质量检验应符合下列规定：

1) 面板应光洁平顺，板缝均匀，线形顺适，沉降缝上下贯通顺直。

2) 表面出现的非受力贯穿裂缝宽度应小于 5mm。

3) 表面蜂窝面积应小于总表面积的 1%。

2 填筑体实测项目的允许偏差应符合表 7.2.7 的规定。

表 7.2.7 填筑体实测项目的允许偏差

项次	检查项目	允许偏差 道路工程	允许偏差 建筑工程	检验方法	检验频率
1	顶面高程(mm)	$+50,$ -30	±50	水准仪	每个构造单元测 2 点或每 20m 测 1 点
2	厚度(mm)	—	±100	卷尺	每个构造单元测 2 点或每 20m 测 1 点
3	轴线偏位(mm)	50		经纬仪或拉尺尺量	每个构造单元测 2 点或每 20m 测 1 点
4	宽度(mm)	不小于设计		卷尺	每个构造单元测 2 点或每 20m 测 1 点
5	基底高程(mm) 土质	±50		水准仪	每个构造单元测 2 点或每 20m 测 1 点
	基底高程(mm) 石质	$+50, -200$			

注:在空洞充填、管线回填工程中,一般项目内容可不检查。

7.3 质量验收

7.3.1 填筑体的质量验收应符合下列规定:

1 原材料、半成品、成品、器具和设备应按本规程第 6.1 节、第 7.2 节的规定进行检验,检验结果应经监理工程师检查认可。

2 浇筑应按本规程第 6.2 节的规定进行质量控制,各工序之间应进行自检、交接检验,并应形成文件。

7.3.2 质量保证资料应包括下列内容:

1 所用原材料、半成品和成品的质量检验结果;

2 施工配合比、基坑交接检查、面板施工检查和浇筑检查记录;

3 各项质量控制指标的试验数据和质量检验资料;

4 施工过程中遇到的非正常情况记录及其对工程质量影响分析;

5 施工过程中如发生质量事故,经处理补救后,达到设计要求的认可证明文件。

7.3.3 检验批合格质量应符合下列规定:

1 主控项目的质量应全部检验合格。

2 一般项目的合格率应达到 80% 及以上,且不合格点的最大偏差值不得大于规定允许偏差值的 1.5 倍。

3 具有完整的施工质量检查记录。

7.3.4 对工程质量验收不合格的,监理单位应责令施工单位进行缺陷修补或返工,并应重新进行质量检

验与验收。

附录 A 发泡剂性能试验

A.0.1 仪器设备应包括下列内容:

1 发泡装置 1 套;

2 塑料桶 1 个,容积 15L;

3 电子秤 1 台,最大量程 2000g,精度 1g;

4 带刻度的不锈钢量杯 1 个,内径 108mm,高 108mm,壁厚 2mm,容积 1L;

5 带刻度的量筒 1 个,量程 50mL;

6 平口刀 1 把,刀长 150mm;

7 钢直尺 1 把,尺长 150mm,分度值 0.5mm;

8 深度游标卡尺 1 把,精度 0.02mm;

9 方纸片 1 张,边长 50mm;

10 秒表 1 块。

A.0.2 试验用料应包括下列材料:

1 稀释水 20.0L;

2 发泡剂 0.5L。

A.0.3 气泡群制取应按下列步骤进行:

1 应按稀释倍率计算好稀释水和发泡剂,并应将发泡液倒入发泡装置的容器;

2 启动发泡装置,调节阀门,并应观察出口气泡群质量,直到气泡群密度满足 $48kg/m^3 \sim 52kg/m^3$ 时为止;

3 用量杯在管口接取气泡群,并应使气泡群充满整个量杯;

4 应采用平口刀沿量杯杯口平面刮平气泡群。

A.0.4 气泡群密度试验应按下列步骤进行:

1 应将电子秤放置于水平桌面上。

2 应将量杯平放于电子秤上,并称取其量杯质量 m_0。

3 应按本规程第 A.0.3 条的试验步骤制取气泡群,并称取量杯加气泡群质量 m_1。

4 气泡群密度应按下式计算:

$$\rho_f = \frac{m_1 - m_0}{V_0} \qquad (A.0.4)$$

式中:ρ_f ——气泡群密度(kg/m³),精确至 1kg/m³;

m_1 ——量杯加气泡群质量(g),精确至 1g;

m_0 ——量杯质量(g),精确至 1g;

V_0 ——量杯体积(cm³),精确至 1cm³。

5 应清洗并擦干仪器设备,并应重复 2~4 试验步骤 2 次。

6 应取 3 次试验结果的算术平均值作为气泡群密度。

7 气泡群密度试验应在每次取样后 5min 内完成。

A.0.5 沉降距和泌水量试验应包括下列步骤:

1 按本规程第 A.0.3 条的试验步骤制取气泡群，并应将装满气泡群的量杯平放于水平桌面上；

2 将方纸片平放于标准气泡柱表面中央，并应静置时间 1h；

3 应将钢直尺平放于量杯的杯口中间；

4 应采用深度游标卡尺量测钢直尺下沿至方纸片的垂直距离，即为标准气泡柱静置 1h 的沉降距（mm）；

5 应将量杯中分泌的水倒入量筒中，测得其水的体积，即为标准气泡柱静置 1h 的泌水量（mL）；

6 清洗并擦干仪器设备，并应重复 1～5 试验步骤 2 次；

7 取 3 次沉降距试验的算术平均值作为标准气泡柱静置 1h 的沉降距；

8 取 3 次泌水量试验的算术平均值作为标准气泡柱静置 1h 的泌水量；

9 标准气泡柱的沉降距及泌水量试验应在每次取样后 70min 内完成。

A.0.6 试验结果应填写试验记录，并应符合表 A.0.6 的要求。

表 A.0.6 原材料性能试验记录表

编号：

工程名称			分项工程名称			试验日期		
施工单位			项目技术负责人			项目经理		
项目试验人员			项目试验主管			见证人员		
执行标准名称及编号								

原材料及试验条件

水泥		细集料		掺合料		外加剂		其他	
强度等级	厂家	用量	名称	用量	名称	掺量(%)	名称	掺量(%)	名称	用量

发泡剂						水			试验条件	
类别	型号	稀释倍率	发泡倍率	用量		发泡水	搅拌水		气温(℃)	发泡方式

试验成果

标准气泡柱						气泡群密度(kg/m³)	
静置 1h 的沉降距（mm）		静置 1h 的泌水量（mL）					
编号	实测值	平均值	编号	实测值	平均值	编号	实测值	平均值
1			1			1		
2			2			2		
3			3			3		

成型体积（L）			静置 1h 的湿容重增加值（kN/m³）		

流动度（mm）		初始湿容重（kN/m³）		静置 1h 的湿容重（kN/m³）	
编号	实测值	平均值	编号	实测值	平均值	编号	实测值	平均值
1			1			1		
2			2			2		
3			3			3		

施工单位检查结果	
监理（建设）单位检查意见	

附录 B 适应性试验

B.0.1 仪器设备应包括下列内容：

1 发泡装置 1 套；

2 试验用搅拌机 1 台；

3 电子秤 1 台，最大量程 2000g，精度 1g；

4 塑料桶 1 个，容积 15L；

5 带刻度的不锈钢量杯 2 个，内径 108mm，净高 108mm，壁厚 2mm，容积 1L；

6 平口刀 1 把，刀长 150mm；

7 秒表 1 块。

B.0.2 试验用料应采用新拌气泡混合轻质土，50L。

B.0.3 试样可在搅拌好的拌合物中制取。

B.0.4 适应性试验应按下列步骤进行：

1 用塑料桶接取试样，试样数量应为 10L；

2 应按本规程附录 C 测得新拌气泡混合轻质土的初始湿容重 γ_0；

3 将塑料桶平放于水平地面上，并应静置时间 1h；

4 将静置后的试样完全倒入试验用搅拌机中，并应连续搅拌 60s；

5 应按本规程附录 C 测得新拌气泡混合轻质土静置 1h 的湿容重 γ_1；

6 新拌气泡混合轻质土静置 1h 的湿容重增加值应按下式计算：

$$\Delta \gamma = \gamma_1 - \gamma_0 \qquad (B.0.4)$$

式中：$\Delta \gamma$——新拌气泡混合轻质土静置 1h 的湿容重增加值（kN/m³），精确至 0.1kN/m³；

γ_1——新拌气泡混合轻质土静置 1h 的湿容重（kN/m³），精确至 0.1kN/m³；

γ_0——新拌气泡混合轻质土的初始湿容重（kN/m³），精确至 0.1kN/m³。

B.0.5 试验结果应填写试验记录，并应符合本规程附录 A 表 A.0.6 的要求。

附录 C 湿容重试验

C.0.1 仪器设备应包括下列内容：

1 发泡装置 1 套；

2 试验用搅拌机 1 台；

3 电子秤 1 台，最大量程 2000g，精度 1g；

4 塑料桶 1 个，容积 15L；

5 带刻度的不锈钢量杯 2 个，内径 108mm，净高 108mm，壁厚 2mm，容积 1L；

6 平口刀 1 把，刀长 150mm。

C.0.2 试验用料应采用新拌气泡混合轻质土，10L。

C.0.3 试样可采用下列方法制取：

1 现场取样：在泵送管出口处制取；

2 室内取样：在搅拌好的拌合物中制取。

C.0.4 湿容重试验应按下列步骤进行：

1 用水彩笔分别在量杯杯身外侧标明量杯1、量杯2；

2 应准备好电子秤，并将其水平放置；

3 将量杯1平放于电子秤上，并应称取其量杯1质量 m_0；

4 用量杯2接取试样，并应将试样慢慢地倒入量杯1中；

5 当试样装满量杯1时，应用平口刀轻敲量杯1外壁，并应使试样充满整个量杯1中；

6 用平口刀慢慢地沿量杯1端口平面刮平试样；

7 将装满试样的量杯1平放于电子秤上，并应测得试样加量杯1的质量 m_1；

8 湿容重应按下式计算：

$$\gamma = \frac{10 \times (m_1 - m_0)}{v_0} \qquad (C.0.4)$$

式中：γ——湿容重（kN/m³），精确至 0.1kN/m³；

m_1——试样加量杯1的质量（g），精确至 0.1g；

m_0——量杯1质量（g），精确至 0.1g；

v_0——量杯1体积（cm³），精确至 0.1cm³。

9 应重复3～8试验步骤，并应取3次试验结果的算术平均值为新拌气泡混合轻质土的湿容重；

10 湿容重试验应在每次取样后5min内完成。

C.0.5 试验结果应填写配合比设计报告，并应符合表C.0.5的要求。

表 C.0.5 配合比设计报告表

编号：

工程名称		分项工程名称		试验日期	
施工单位		项目技术负责人		项目经理	
项目试验人员		项目试验主管		见证人员	
执行标准名称及编号					
浇筑部位		设计湿容重		设计流动度		设计强度	

原材料	发泡剂			水泥			细集料	掺合料		外加剂	
	型号	厂家	稀释倍数	发泡倍率	种类	标号	厂家		种类名称	掺量（%）	种类名称	掺量（%）

试配配合比	编号	每立方原材料用量							理论值	
		水泥（kg）	细集料（kg）	水（kg）	气泡群（L）	掺合料（kg）	外加剂（kg）	其他（kg）	湿容重（kN/m³）	流动度（mm）

续表 C.0.5

试配结果	流动度（mm）				湿容重（kN/m³）			
	编号	实测值	平均值	编号	实测值	平均值	编号	实测值	平均值	编号	实测值	平均值
	1			4			1			4		
	2			5			2			5		
	3			6			3			6		

设计配合比	水泥（kg/m³）	细集料（kg/m³）	水（kg/m³）	气泡群（L/m³）	掺合料（kg/m³）	外加剂（kg/m³）	其他（kg）

施工单位检查结果	
	签名：　　年　月　日

监理（建设）单位检查意见	
	签名：　　年　月　日

附录 D　流动度试验

D.0.1 仪器设备应包括下列内容：

1 发泡装置1套；

2 试验用搅拌机1台；

3 黄铜或其他硬质材料空心圆筒1个，内径80mm，净高80mm，内壁光滑；

4 光滑硬塑料板1块，边长400mm×400mm；

5 带刻度的不锈钢量杯2个，内径108mm，净高108mm，壁厚2mm，容积1L；

6 平口刀1把，刀长150mm；

7 深度游标卡尺1把，精度0.02mm；

8 秒表1块。

D.0.2 试验用料应采用新拌气泡混合轻质土，10L。

D.0.3 试样可采用下列方法制取：

1 现场取样：在泵送管出口处制取；

2 室内取样：在搅拌好的拌合物中制取。

D.0.4 流动性试验应按下列步骤（图D.0.4）进行：

1 用水彩笔分别在量杯杯身外侧标明量杯1、量杯2；

2 应清洗并擦干仪器设备；

3 应将空心圆筒垂直竖于光滑硬质塑料板中间；

4 用量杯1接取试样，并应将试样倒入量杯

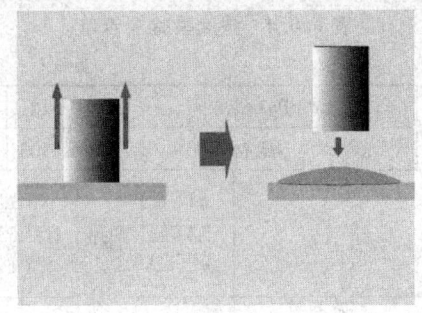

图 D.0.4 流动度测定示意图

2 中；

5 应慢慢地将量杯 2 中的试样倒入空心圆筒，并用平口刀轻敲空心圆筒外侧，使试样充满整个空心圆筒；

6 用平口刀慢慢地沿空心圆筒的端口平面刮平试样；

7 应慢慢地将空心圆筒垂直向上提起，并应使试样自然坍落；

8 静置 1min 时，应采用深度游标卡尺测得坍落体最大水平直径，即为试样的流动度；

9 应重复 2～8 试验步骤，并应取 3 次试验结果的算术平均值为新拌气泡混合轻质土的流动度。

D.0.5 试验结果应填写配合比设计报告，并应符合本规程附录 C 表 C.0.5 的要求。

附录 E 表干容重、饱水容重试验

E.0.1 仪器设备应包括下列内容：

1 钢模二组，规格 100mm×100mm×100mm；

2 电子秤 1 台，最大量程 2000g，精度 1g；

3 钢直尺 1 把，尺长 300mm，分度值 0.5mm；

4 饱水容重试验装置 1 套（图 E.0.1），压力容器容积 0.3m³；

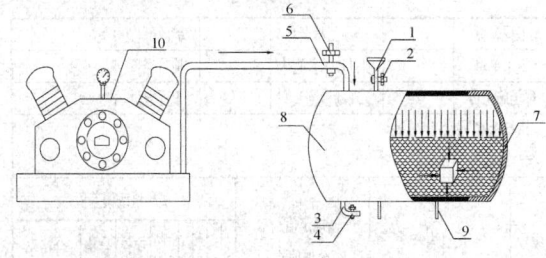

图 E.0.1 测定饱水容重试验装置

1—进水和排气口；2—进水和排气阀门；3—排水口；4—排水阀门；5—进气口；6—进气阀门；7—可开闭密封盖；8—静水压力容器；9—支座；10—空气压缩机

5 空气压缩机 1 台，含压力调节阀 1 个，排气量 0.36m³/min。

E.0.2 标准试件制作应包括下列内容：

1 试件成型：在钢模内浇筑成型；

2 规格数量：100mm×100mm×100mm 的立方体试件，共二组，每组 3 块；

3 试件养护：试件由试模中拆出后，应按组放入塑料袋内密封养生 28d，养生温度应为 20℃±2℃。

E.0.3 表干容重试验应按下列步骤进行：

1 取标准试件一组，应分别量取试件的长度、宽度、高度；

2 应分别计算出 3 块标准试件的体积；

3 应分别称取 3 块标准试件的质量；

4 应分别按下式计算标准试件的表干容重；

$$\gamma_a = \frac{10m_a}{V_a} \qquad (E.0.3)$$

式中：γ_a——表干容重（kN/m³），精确至 0.1kN/m³；

m_a——标准试件的质量（g），并应精确至 0.1g；

V_a——标准试件的体积（cm³），并应精确至 0.1cm³。

5 应取 3 块试件表干容重的算术平均值作为气泡混合轻质土的表干容重。

E.0.4 饱水容重试验应按下列步骤进行：

1 接通电源，并应启动空气压缩机；

2 取标准试件一组，并应放入静水压力容器内；

3 往压力容器加水，应使其水位高出试件高度 100mm，合上密封盖，并应用螺钉拧紧；

4 应按试验规定的水头压力，调节好空气出口压力，并应打开进气阀门；

5 浸水 72h 后，应先关闭进气阀门、打开排气阀门，再打开排水阀门；

6 拧松螺钉并打开密封盖后，应从压力容器内取出试件，并应用湿布擦拭表面水分；

7 应分别量取标准试件长度、宽度、高度；

8 应分别计算出 3 块试件的体积；

9 应立即称取 3 块试件的质量；

10 应分别按下式计算出 3 块试件的饱水容重；

$$\gamma_s = \frac{10m_s}{V_s} \qquad (E.0.4)$$

式中：γ_s——饱水容重（kN/m³），精确至 0.1kN/m³；

m_s——标准试件的饱水质量（g），并应精确至 0.1g；

V_s——标准试件的饱水体积（cm³），并应精确至 0.1cm³。

11 应取 3 块试件饱水容重的算术平均值作为气泡混合轻质土的饱水容重。

E.0.5 试验结果应填写强度检验报告，并应符合本规程附录 F 表 F.0.4 的要求。

附录 F 强 度 试 验

F.0.1 仪器设备应包括下列内容：

1 材料试验机：除应符合现行国家标准《试验机通用技术要求》GB/T 2611 中技术要求的规定外，精度不应低于±2%，量程的选择应能使试件的预期最大破坏荷载处在全量程的 20%~80% 范围内；

2 电子秤：最大量程 2000g，精度 1g；

3 钢直尺：尺长 300mm，分度值为 0.5mm。

F.0.2 标准试件制作应包括下列内容：

1 试件成型：在钢模内浇筑成型；

2 规格数量：100mm×100mm×100mm 的立方体试件，共一组，每组 3 块；

3 试件养护：试件由试模中拆出后，应按组放入塑料袋内密封养生至 28d，养生温度应为 20℃±2℃。

F.0.3 强度试验应按下列步骤进行：

1 应检查每块试件外观，试件表面必须平整，不得有裂缝或明显缺陷；

2 应测量每块试件尺寸，并应计算试件的承压面积；

3 取 1 块试件放在材料试验机下压板的中心位置，试件承压面应与成型的顶面垂直；

4 开动材料试验机，当上压板与试件接近时，应确保试件接触均衡；

5 应以 2kN/s 速度连续均匀地加荷，直至试件破坏，并应记录破坏荷载；

6 应重复 1~5 的试验步骤，并应测定记录试件的承压面积、破坏荷载；

7 试件的抗压强度、饱水抗压强度应分别按下式计算：

$$q_u = \frac{P}{A} \qquad (F.0.3-1)$$

$$q_s = \frac{P}{A} \qquad (F.0.3-2)$$

式中：q_u ——试件的抗压强度（MPa），精确至 0.01MPa；

q_s ——试件的饱水抗压强度（MPa），精确至 0.01MPa；

P ——试件的破坏荷载（N）；

A ——试件的承压面积（mm²）。

8 应取 3 块试件抗压强度、饱水抗压强度的算术平均值分别作为气泡混合轻质土的抗压强度、饱水抗压强度。

F.0.4 试验结果应填写强度检验报告，并应符合表 F.0.4 的要求。

表 F.0.4 强度检验报告单

编号：

工程名称					分项工程名称			桩号及部位		
委托单位					检验单位			送样日期		
试件					表干容重□ 饱水容重□ (kN/m³)		破坏荷载 (N)	抗压强度□ 饱水抗压强度□ (MPa)		
编号	成型日期	养护条件	龄期 (d)	尺寸 (mm)	测定值	平均值		测定值	平均值
				长					
				宽					
				高					
				长					
				宽					
				高					
				长					
				宽					
				高					
施工配合比									
检验依据									
备注									
检验：		记录：		审核：		批准：		日期：	

注：在对应检验内容□中打√。

附录 G 质量检验验收记录

G.0.1 面板质量检验记录表见表 G.0.1。

表 G.0.1 面板质量检验记录表

编号：

工程名称		分项工程名称		验收部位	
施工单位		项目技术负责人		项目经理	
现场施工员		现场检测员		工程数量	
执行标准名称及编号					

序号		项目内容	规定值/允许偏差	实测值或偏差值						应检数量	合格数量	合格率(%)
				1	2	3	4	5	6			
挡板预制件	1	混凝土强度（MPa）	不小于设计值									
	2	边长（mm）	±0.5%									
	3	两对角线线差（mm）	±0.7%									
	4	厚度（mm）	+5，−3									
	5	表面平整度（mm）	±0.3%									
	6	预制件位置（mm）	10									

续表 G.0.4

序号		项目内容	规定值/允许偏差	实测值或偏差值							应检数量	合格数量	合格率（%）
				1	2	3	4	5	6				
面板施工	1	基础混凝土强度(MPa)	不小于设计值										
	2	基础断面尺寸(mm)	不小于设计值										
	3	面板顶高程(mm)	±50										
	4	轴线偏位(mm)	50										
	5	挡板垂直度或坡度	−0.5%										

施工单位检查结果	签名：　　年　月　日
监理(建设)单位检查意见	签名：　　年　月　日

G.0.2 浇筑质量检验记录表见表 G.0.2。

表 G.0.2　浇筑质量检验记录表

编号：

工程名称			分项工程名称		验收部位	
施工单位			项目技术负责人		项目经理	
现场施工员			现场检测员		工程数量	
执行标准名称及编号						

施工配合比		气泡群密度(kg/m³)	设计湿容重(kN/m³)	天气	施工日期
				气温	

序号	浇筑桩号	浇筑层序	浇筑时间	浇筑层底标高(m)	平均浇筑厚度(m)	浇筑方量(m³)	检查记录	
							湿容重(kN/m³)	流动度(mm)
1								
2								
3								
4								
5								
6								
7								
8								

试样制取	组数		湿容重(kN/m³)	流动度(mm)
	编号			
	制取部位			

施工单位检查结果	签名：　　年　月　日
监理(建设)单位检查意见	签名：　　年　月　日

G.0.3 检验批质量评定表见表 G.0.3。

表 G.0.3　检验批质量评定表

编号：

工程名称		分项工程名称		验收部位	
施工单位		项目技术负责人		项目经理	
现场施工员		现场检测员		工程数量	
执行标准名称及编号					

	序号	项目内容	规定值/允许偏差		实测值或偏差值						应检数量	合格数量	合格率(%)
					1	2	3	4	5	6			
主控项目	1	表干容重(kN/m³)	底层	符合表7.2.6的规定									
			顶层										
		饱水容重(kN/m³)											
	2	抗压强度(MPa)	底层	符合表3.2.2的规定									
			顶层										
		饱水抗压强度(MPa)											
一般项目实测项目	1	外观质量检验	符合第7.2.7条第1款的规定										
	2	质量保证资料	符合第7.3.2条的规定										
	3	顶面高程(mm)	道路工程	建筑工程									
			+50，−30	±50									
	4	厚度(mm)	—	±100									
	5	轴线偏位(mm)	50										
	6	宽度(mm)	不小于设计										
	7	底面高程(mm)	石质	土质									
			+50，−200	±50									

施工单位检查结果	签名：　　年　月　日
监理(建设)单位验收意见	签名：　　年　月　日

注：对单个构造单元内存在不同表干容重和抗压强度时，可在表中按填筑部位从底层到顶层分行填写。

本规程用词说明

1 为了便于在执行本规程条文时区别对待，对要求严格程度不同的用词说明如下：

1) 表示很严格，非这样做不可的用词：

正面词采用"必须"，反面词采用"严禁"；

2) 表示严格，在正常情况下均应这样做的用词：

正面词采用"应"，反面词采用"不应"或"不得"；

3) 表示允许稍有选择，在条件许可时首先这样做的用词：

正面词采用"宜",反面词采用"不宜";

    4)表示有选择,在一定条件下可以这样做的用词,采用"可"。

2 规程中指定应按其他有关标准执行时的写法为:"应符合……的规定"或"应按……执行"。

引用标准名录

1 《普通混凝土力学性能试验方法标准》GB/T 50081

2 《通用硅酸盐水泥》GB 175

3 《试验机通用技术要求》GB/T 2611

4 《蒸压加气混凝土性能试验方法》GB/T 11969

5 《硫铝酸盐水泥》GB 20472

6 《混凝土用水标准》JGJ 63

7 《城镇道路工程施工与质量验收规范》CJJ 1

8 《公路路基设计规范》JTG D 30

9 《混凝土试验用搅拌机》JG 244

中华人民共和国行业标准

气泡混合轻质土填筑工程技术规程

CJJ/T 177—2012

条 文 说 明

制 定 说 明

《气泡混合轻质土填筑工程技术规程》CJJ/T 177-2012，经住房和城乡建设部 2012 年 1 月 11 日以第 1247 号公告批准、发布。

本规程制订过程中，编制组进行了广泛的调查研究，总结了气泡混合轻质土在我国工程建设中的道路工程、建筑工程等领域填筑工程的实践经验，同时参考了日本道路公团《FCB 工法设计施工指南》有关资料，通过多项室内外试验，取得了有关气泡混合轻质土用于填筑道路、建筑等领域工程的重要技术参数。

为便于广大设计、施工、科研院校等单位有关人员在使用本标准时能正确理解和执行条文规定，《气泡混合轻质土填筑工程技术规程》编制组按章、节、条顺序编制了本规程的条文说明，对条文规定的目的、依据以及执行中需注意的有关事项进行了说明。但是，本条文说明不具备与规程正文同等的法律效力，仅供使用者作为理解和把握规程规定的参考。

目　次

1 总　　则

1.0.1 气泡混合轻质土是一种新型微孔类轻质环保材料，具有轻质性、自立性、自密性、容重和强度可调节性、施工便捷性、保温隔热性等特点，可广泛用于软基路堤、加宽路堤、陡坡路堤、寒区冻胀路堤、结构顶减荷、桥台台背回填、预埋管线回填、空洞充填、塌方快速抢险及各类管线保温隔热等领域填筑工程。

为使设计、施工、监理和建设等人员使用该技术有章可循，保证填筑工程质量，特制定《气泡混合轻质土填筑工程技术规程》（以下简称"规程"）。本规程以编写单位现有的科研成果、试验总结和工程实例为基础进行编制，同时参考了日本道路公团《FCB工法设计施工指南》等有关资料。

2　术语和符号

2.1　术　　语

2.1.1 本条文阐述了气泡混合轻质土的概念。处于流体状态下的拌合物称为新拌气泡混合轻质土，由新拌气泡混合轻质土现浇硬化成型的块状体简称填筑体。

条文中的可选添加材料包括细集料、掺合料及外加剂，添加材料可根据目标性能和经济指标进行选用。如在粉煤灰、尾矿粉、石粉、粉砂丰富且价格便宜地区，可将其作为添加材料掺入使用；当需要高强度时，可掺入细砂及其他掺合料；用于计算水位以下部位填筑时，可掺入防水剂等材料。

2.1.4 本条文中的发泡剂是一种经加水稀释后，通过引入空气后产生独立、稳定、微细、均匀气泡群的表面活性材料，产生的气泡群与水泥基浆料混合后，具有良好的流动性、轻质性和稳定性，并形成一定的强度。不同厂家生产的发泡剂，其稀释倍率、发泡倍率均会有所不同，使用时应按厂商规定的倍率进行稀释、发泡。

2.1.8 条文中的标准气泡群是指配制气泡混合轻质土的最佳气泡群，其密度应满足 $50kg/m^3 \pm 2kg/m^3$ 要求。标准气泡柱是指将标准气泡群灌入内径为108mm、高度为108mm、容积为1L的容器，所形成的圆柱体标准气泡群。在配制气泡混合轻质土前，应先称量气泡群密度，使其在允许的偏差范围内，试验方法见本规程附录A。

2.1.9 流动度是指新拌气泡混合轻质土在自重作用下坍落形成的最大水平直径，流动度一般采用圆筒法测得，其试验方法见本规程附录D。

2.1.10 本规程所提到的湿容重即湿容重标准值或设

计容重，其试验方法见附录C。

2.1.11～2.1.14 条文中的标准试件是指边长为100mm的立方体试件，在 $20℃ \pm 2℃$ 条件下，采用塑料薄膜密封养生28d龄期。

条文中的干容重、饱水容重、抗压强度及饱水抗压强度均是按本规程附录的相关试验方法测得。饱水容重、饱水抗压强度是标准试件经吸水72h测得的容重、抗压强度，其试验方法分别见本规程附录E、附录F。

2.2　符　　号

本规程的符号编写符合《标准编写规则　第2部分：符号》GB/T 20001.2的规定。一般情况下，q_u 为28d龄期的抗压强度，γ_s、q_s 分别是在零水头压力条件下，测得气泡混合轻质土的饱水容重、饱水抗压强度，如有规定水头压力条件下测得的饱水容重、饱水抗压强度，则在符号后面加水头压力数值，如5m水头压力测得的饱水容重和饱水抗压强度分别写成 γ_{s05}、q_{s05}。

3　材料及性能

3.1　原　材　料

3.1.1 水泥是制作气泡混合轻质土的主要原材料。在工程应用中，一般采用通用硅酸盐水泥。当有快硬要求和其他用途时，可选用快硬水泥或特殊水泥。一般情况下，建议选用42.5级及以上的水泥，当采用32.5级的水泥时，使用前应进行配合比试验。

3.1.2 条文中的水包括拌合用水、稀释用水。水的选用一般以不影响气泡混合轻质土强度和耐久性为原则，可采用饮用水、自来水、河水、湖泊水和鱼塘水，不宜采用油污水、海水、含泥量大的水。

3.1.3 发泡剂是制作气泡混合轻质土的关键材料，发泡剂的种类和质量好坏直接影响到气泡混合轻质土的品质。目前，市场上的发泡剂主要有表面活性系列、蛋白质系列及树脂肥皂系列三种，前面两种应用较多。其中，表面活性剂类发泡剂效果较好。但是，每个厂家生产的发泡剂质量相差非常大，稀释倍率、发泡倍率也差别很远，这也就是微孔类轻质材料品质差异的关键所在。

质量好的发泡剂经稀释发泡产生的气泡群具有液膜坚韧、细微均匀、互不连通等特性，不易在浆体挤压下破灭或过度变形，保证了气泡混合轻质土不离析分层。

沉降距是测定标准气泡群在大气中静置1h的沉陷距离，泌水量是测定标准气泡群在大气中静置1h所分泌出的水量，其试验方法见本规程附录A。条文中规定的数值是在满足配制气泡混合轻质土品质要求前提下，综合国内常用发泡剂种类，经过多次试验后总结得出的，具有一定代表性。

3.1.4 条文中规定添加材料的粒径不宜大于4.75mm是指方孔筛直径，含泥量不宜大于15％，如超过时应通过试验确定。

3.1.5 条文中原材料检验主要是原材料自身质量检验和原材料之间的适应性检验。为保证填筑工程质量，条文中规定了气泡群静置1h消泡后的湿容重增加值，该值为编写单位采用国内常用发泡剂，经过多次试验总结得出，具有一定代表性，其试验方法见本规程附录B。如超出该规定值时，则可认为发泡剂质量不合格或原材料中的某种材料与发泡剂不适应。

3.2 性　能

3.2.1 施工过程中，湿容重因环境变化产生细微变化。湿容重越轻，气泡含有量越多，在同等体积条件下，湿容重变化率越大，反之，湿容重变化率则越小。根据以往施工经验和试验数据，湿容重允许偏差宜统一按±0.5kN/m³控制，每等级湿容重的允许偏差范围见条文中表3.2.1。同时，气泡群用量越多，其容重等级越小，抗压强度越低。为保证设计同时满足容重等级和强度等级要求，设计时容重等级和强度等级可参考表1选取。

表1　容重等级与强度等级参考对应表

容重等级	湿容重 γ（kN/m³）	参考对应强度等级
W3	3.0	CF0.3～CF0.5
W4	4.0	CF0.4～CF0.7
W5	5.0	CF0.6～CF0.8
W6	6.0	CF0.8～CF1.5
W7	7.0	CF1.2～CF4.0
W8	8.0	CF1.5～CF6.0
W9	9.0	CF1.5～CF8.0
W10	10.0	CF1.5～CF9.0
W11	11.0	CF1.5～CF12.0
W12	12.0	CF1.5～CF14.0
W13	13.0	CF1.5～CF16.0
W14	14.0	CF1.5～CF20.0
W15	15.0	CF1.5～CF25.0

3.2.2 气泡混合轻质土试件尺寸是参照国外相关标准和现行国家标准《蒸压加气混凝土性能试验方法》GB/T 11969的规定执行，其抗压强度标准值为标准试件100mm×100mm×100mm的立方体，在20℃±2℃条件下，采用塑料薄膜密封养生至28d龄期，按标准试验方法测得的无侧限抗压强度值。

为区别普通混凝土强度等级符号，条文中规定的强度等级采用符号CF与抗压强度标准值来表示，抗压强度标准值即为此强度等级的规定值。抗压强度的

每块最小值是按抗压强度标准值的85％取值，每组平均值按抗压强度标准值取值。其中，按3块试件为一组试件，条文提到的每组平均值即为3块试件抗压强度的算术平均值。

4 设　计

4.1 一般规定

4.1.1 本条文明确了设计原则。因气泡混合轻质土含有大量气泡群，其性能与普通水泥砂浆、水泥混凝土差异较大。同时，其填筑体具有类似挡土墙结构的特点，与一般填料形成的构筑物有较大的差异。因此，本条规定"安全性、适用性和经济性"三大设计原则。

1）安全性除体现在强度、填筑体的抗滑抗倾覆稳定性和包括地基在内的整体稳定性等要求外，还体现了耐久性的要求，耐久性是指使用期间在循环加载、干湿循环、冻融循环、长期暴露等条件下气泡混合轻质土的性能指标不会明显衰减。

由气泡混合轻质土耐久性试验的图1（交通运输部公路科学研究所检测）可以看出：当离路面顶面的厚度大于25cm时，汽车等外部荷载所引起的附加应力不超过总应力的1/5（0.14MPa），气泡混合轻质土强度取疲劳试验强度均值0.88MPa，则应力比$Y=0.16$。按95％保证率下的疲劳方程，此应力比下的疲劳寿命$N≈10^{29}$次。显然，对于公路工程的使用年限来说，是完全够的。

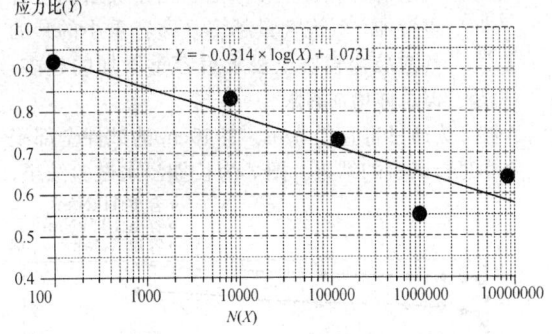

图1　气泡混合轻质土耐久性试验

2）适用性体现在气泡混合轻质土的用途上。气泡混合轻质土的主要优势在于轻质性、自密性、自立性和良好施工性，适合于需要减少荷重或土压力的软基路堤、直立加宽路堤、高陡路堤、桥梁减跨、结构物背面及地下管线、狭小空间、采空区、岩溶区等填筑工程。

3）经济性体现在气泡混合轻质土的容重、强度和良好施工性。设计时，应选择经济合

理的容重等级和强度等级。

4.1.2 条文中给出了气泡混合轻质土最主要的两项设计目标。除条文给出的两项设计目标外，还具有保温隔热、减少占地的作用。

4.2 性能设计

4.2.1 用于路基填筑时，《公路路基设计规范》JTG D 30 对不同部位规定了相应的最小强度要求。本条文是根据日本道路公团《FCB 工法设计施工指南》和主编单位的试验成果，CBR 与抗压强度 q_u 存在一定的比例关系 $\left(q_u = \dfrac{100CBR}{3.5}\right)$，并考虑安全系数 F_s，提出了用于填筑时不同填筑部位路基的最小抗压强度要求。

一般情况下，用于路基填筑是为了减少荷重或土压力，本条规定了用于路基填筑的最小强度等级和最小容重等级。

大部分工况是要求气泡混合轻质土从下至上填筑至路面底部，用于路基填筑的一般断面设计如本规程表 4.3.1 所示。填筑体顶部与路面间有其他填筑材料时，建议最小强度等级不应低于 CF0.6。

4.2.2 用于计算水位以上部位的填筑时，气泡混合轻质土的容重等级、强度等级按工程要求确定。但对于临河、鱼塘、地下水位高的浸水地区，气泡混合轻质土常用于计算水位以下部位的填筑。本条文提出的用于计算水位以下部位填筑的最小容重等级和最小强度等级是考虑到填筑体的抗浮要求，表中计算水位指设计水位（计入壅水、浪高）加安全高度。

主编单位针对长期吸水对容重和抗压强度的影响进行了详细研究，其研究结果表明：

1）气泡混合轻质土浸水后，由于吸水而使容重增加，气泡含量越多（即容重小的）的气泡混合轻质土浸水后容重增加的越多，但总体增加有限。

图 2 为通过将直径 5cm、高 10cm 的试件全部浸入水中进行试验的结果。图 3 为长期浸水试验结果，

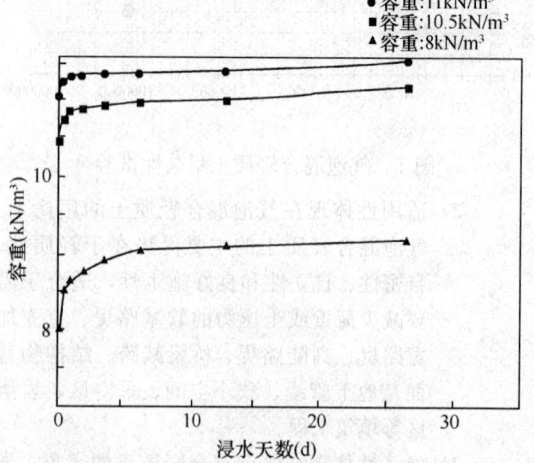

图 2 不同容重下浸水天数与容重的变化关系

浸水深度分为 0m 和 2m（从试件顶面算起）两种情况，显然浸水 2m 的试件，其容重增加的比例大于浸水 0m 的。

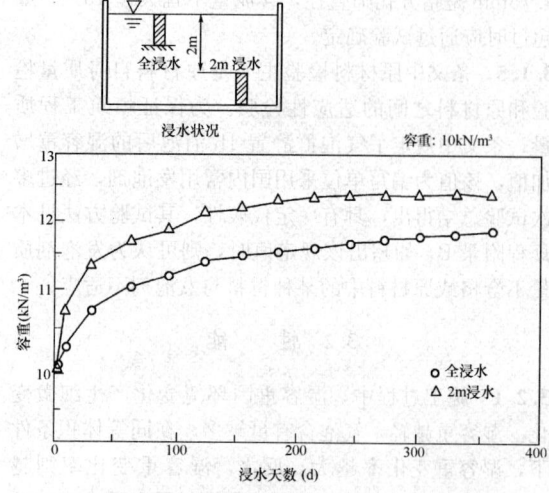

图 3 同一容重下长期浸水天数与容重的关系

2）气泡混合轻质土的使用条件，一般都存在吸水干燥反复出现的情况。图 4 表明试体浸水期间，抗压强度不但没有显著下降的趋势，反而随龄期的增长而增长。图 5 为气泡混合轻质土干湿循环试验结果，从试验结果可以看出：第 1 个周期时强度下降比较明显，但以后还有上升趋势，这种现象是由于试件的强度随着龄期的增长而增大，且增加的强度大于因干湿循环而损失的强度所产生的。

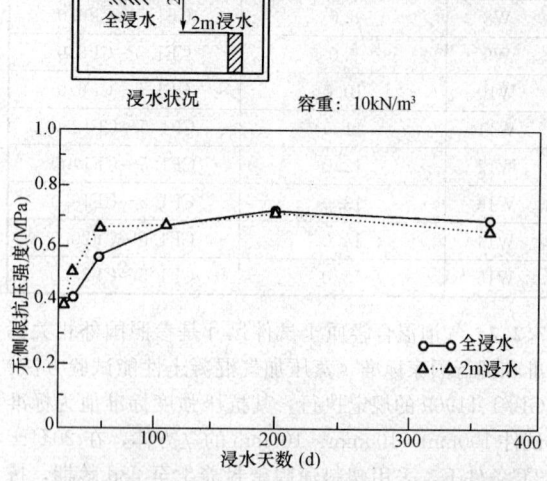

图 4 浸水天数与无侧限抗压强度的关系

因此，设计时应考虑浸水对容重的影响，在计算水位以下部位填筑时，容重等级应适当提高。但也需强调一点，气泡混合轻质土中虽然含有大量的气泡

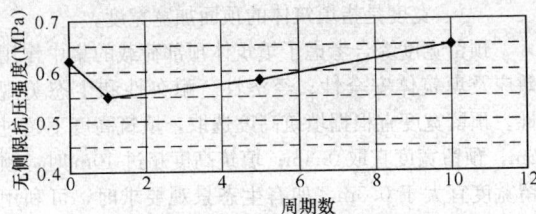

图 5 干湿循环试验无侧限抗压强度变化曲线

群，但气泡群是分散独立的，且气泡膜具有强韧性、不通水性。因此，气泡混合轻质土吸水量是有限的。抗压强度受浸水影响很小，但从长期使用上看，强度仍会有一定的损失，本条文提出了用于计算水位以下部位填筑时的最小强度等级。

4.2.3 如无减少荷重或土压力和强度要求时，空洞填充、管线回填等领域工程的性能指标按填充饱满、经济性、施工性原则进行设计。一般情况下，最小强度等级可取 CF0.3，最小容重等级可取 W3。同时，为便于施工和充填饱满，流动度可按 180mm～200mm 控制。

另外，当用于结构物背面、隧道空洞等注浆工程时，则需采用塑化型气泡混合轻质土，相关技术可咨询主编单位。

4.2.4 因工程要求需明确抗冻性指标时，可根据现行国家标准《蒸压加气混凝土性能试验方法》GB/T 11969，通过试验确定相关指标。目前，主编单位进行了多次冻融循环试验，试验结果如下：

1 试验 1

对设计容重为 6kN/m³ 的气泡混合轻质土进行了冻融循环试验。

试验条件：将达到 28d 龄期的试件，在 -24℃ 放置 24h，然后在 20℃ 放置 24h，为 1 周期。分别在 1、5、10 周期对试件的无侧限抗压强度进行检测，试验结果见图 6。

从试验结果可以看出，冻融循环后强度有所下降，但下降量不大。

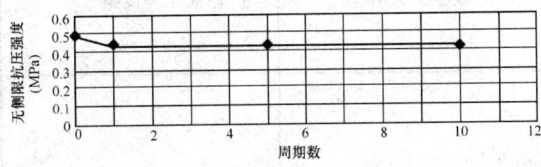

图 6 冻融循环试验结果

2 试验 2

本试验为快速冻融试验：试验温度 -18℃～+5℃；配合比，水泥：砂 = 1：1，湿容重 10kN/m³；混合剂氯化钙 3%。试验时，试件在水中浸渍 48h 成饱和状态，然后进行冻融试验。

试件尺寸：76.2mm×76.2mm×406.4mm，试件成型后在 20℃、湿度 95% 的室内养生 4h 后，接着在

20℃、湿度 55% 的室内空气中进行养生到试验开始为止。

试验结果见表 2。从动弹性模量比和容重损失两项指标来看，气泡混合轻质土有较好的抗冻融性能。

表 2 冻融试验结果表

试件编号	周期数 项目	0	23	55	94	146	191	219	245
1	动弹性模量(10³)	481	442	442	417	418	416	403	396
	动弹性模量比(%)	100	92	92	87	87	87	84	82
	试件质量(g)	2335	2385	2387	2395	2400	2390	2365	2325
	试件重量比(%)	100	102	102	102	103	102	101	100
2	动弹性模量(10³)	528	500	513	481	478	486	486	480
	动弹性模量比(%)	100	95	97	91	91	92	92	91
	试件质量(g)	2565	2620	2635	2635	2620	2590	2545	2505
	试件重量比(%)	100	102	103	103	102	101	99	98
3	动弹性模量(10³)	450	414	414	414	390	403	390	378
	动弹性模量比(%)	100	92	92	92	87	89	87	84
	试件质量(g)	2465	2525	2545	2545	2525	2435	2380	2300
	试件重量比(%)	100	102	103	103	102	99	96	93

由上可以看出，在冻融条件下，其容重和强度基本没有变化。但考虑填筑体的长期耐久性，抗冻性指标可按本条文的规定设计。如无试验资料时，可按容重损失率不大于 10%、抗压强度损失率不小于 15% 的要求进行设计。

4.2.5 本条文提出的弹性模量与抗压强度关系式是基于主编单位经试验统计回归分析获得的，回归分析曲线见图 7。

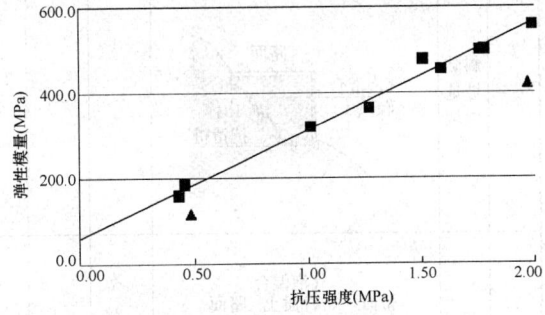

图 7 弹性模量与抗压强度的关系

（注：图中直线为 $E_c = 251q_u + 61$）

根据试验结果，气泡混合轻质土的抗压强度与弹性模量具有较好的线性关系。

4.3 结构设计

4.3.1 本条文对气泡混合轻质土的断面设计和衔接设计基本原则作了阐述。

1）规定填筑体的底面宽度不小于 2m，是基于

填筑体的整体稳定要求考虑的。

2）规定填筑体的最小填筑厚度、最大填筑高度。

最小填筑厚度不小于0.5m是基于以下两点考虑的：① 填筑体厚度小于0.5m时容易引起断裂，应用效果不明显；② 气泡混合轻质土的经济性。

最大填筑高度不超过15m是基于经济性、安全性考虑，如填筑高度超过此范围时，应与其他工程方案进行经济与技术比较后采用。

3）条文中的符号 B 是指填筑体顶面宽度，在桥台台背填筑时，填筑体顶面宽度是指沿路基纵向的长度；在道路加宽时，填筑体宽度是指填筑体的顶面加宽宽度。

预留宽度综合考虑了填筑体顶部荷载的集中作用效应及填筑体安全性、经济性、耐久性和生态美观性。预留宽度宜根据填筑高度选取，填筑高度不超过6m，预留宽度宜取0.3m；填筑高度超过10m时，预留宽度宜大于0.5m。如有生态景观要求时，可利用预留宽度进行绿化设计。

4）本条文给出了一般断面设计，如表3所示。针对不同的工程要求，气泡混合轻质土的结构设计有所不同，设计可根据地形、地质情况和工程要求等综合考虑。

表3　一般断面设计图

用途	设计类型	一般断面图	应用特性			应用目的及效果	主要设计内容
			轻质	流动	自立		
减少荷重	软土地基或道路加宽		◎	○	◎	1 可垂直填筑，减少拆迁、节省土地； 2 可减少荷重，减少差异沉降； 3 减少软土地基处理费用； 4 缩短施工工期	1 容重等级； 2 强度等级； 3 滑动、倾覆、抗浮等验算； 4 附属工程设施
	滑坡地段填筑		◎	○	◎	1 减少填筑体的下滑力，提高抗滑稳定性； 2 简化抗滑处理； 3 保持原有地貌； 4 缩短施工工期	1 容重等级； 2 强度等级； 3 滑动、倾覆、抗浮等验算； 4 附属工程设施； 5 滑坡加固处理
	斜陡坡地段填筑		○	○	◎	1 减少填筑体的下滑力，提高抗滑稳定性； 2 简化挡土结构； 3 保持原有地貌； 4 缩短施工工期	1 容重等级； 2 强度等级； 3 滑动、倾覆、抗浮等验算； 4 附属工程设施
减轻土压力	减轻构造物土压		○	○	◎	1 减轻构造物背面土压力； 2 减轻构造物侧面土压力； 3 减少差异沉降； 4 缩短施工工期	1 容重等级； 2 强度等级； 3 滑动、倾覆、抗浮等验算； 4 附属工程设施
			◎	○	○		

用途	设计类型	一般断面图	应用特性			应用目的及效果	主要设计内容
			轻质	流动	自立		
人工山体	隧道坑口	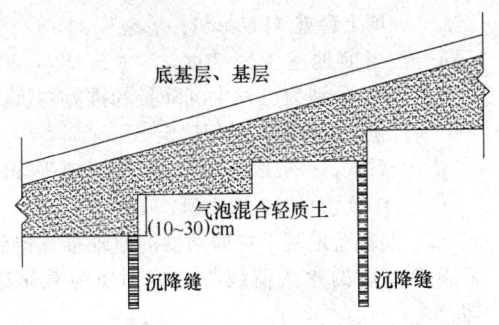	○	◎	○	1 减轻隧道坑口的土压力; 2 保持原有地貌; 3 防止坑口坍塌; 4 施工简单、安全	1 容重等级; 2 强度等级; 3 内部稳定性; 4 隧道土压力计算
狭小空间充填	空洞充填			◎		1 减少地震作用; 2 减少差异沉降; 3 施工方便、快捷	1 容重等级; 2 强度等级; 3 流动性等

注：表中○、◎分别表示好、很好。

4.3.2 当填筑高度不超过 2m 时，衔接面可不设置台阶；当填筑高度超过 2m 时，衔接面宜设置台阶过渡，台阶宽度不宜小于 0.5m，以便对台阶或基底进行压实作业，并使填筑体与填土或自然坡体结合更紧密、牢靠。衔接面的坡度视工程需要和地形等确定，一般情况不宜陡于 1:1；用于加宽路堤填筑时，不宜陡于 1:0.5，并严禁反坡。

4.3.3 由于气泡混合轻质土填筑是采用自流平施工，其成型面是水平的，因此当填筑体顶面有坡度要求时，则需要在填筑体顶层通过设置台阶来实现。其台阶按下图设置，台阶部位一般采用路面基层或底基层材料调平，如图 8 所示。

图 8 坡度调平设计参考图

4.4 附属工程设计

4.4.1 面板作为气泡混合轻质土的主要附属工程，设置在气泡混合轻质土外侧面。一般工程中，面板主要由水泥混凝土预制挡板、轻质砖、空心砖或装饰类砌块等砌筑而成，当面板采用水泥混凝土预制挡板砌筑时，面板可由基础、挡板、拉筋及立柱等设施组成，起施工外模、外侧面装饰及使用阶段保护的作用。

面板应选择合适的构造材料和断面尺寸，确保填筑安全、可靠耐久。本条文说明根据以往施工经验给出了目前常采用的水泥混凝土预制挡板砌筑的面板设计参考图，如图 9 所示，其他轻质砖、空心砖或装饰类砌块砌筑的面板可根据验算后进行设计。

1 基础的断面尺寸，以固定立柱和挡板为原则。一般采用 90cm×30cm（宽度×高度）。为避免不均匀沉降导致基础开裂，面板的基础及挡板可按 10m～

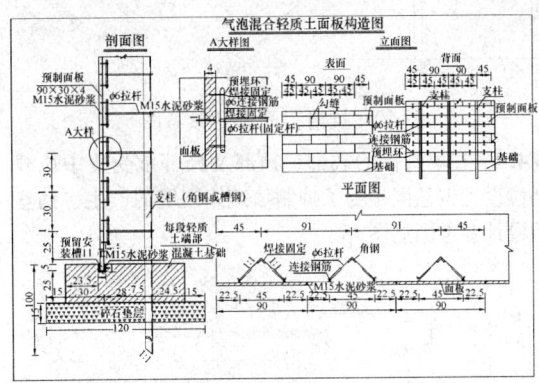

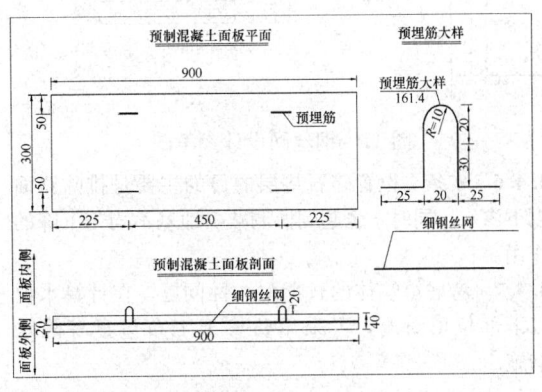

图 9 面板设计参考图（图中尺寸：cm）

15m间距设置沉降缝。施工时，为保持与填筑体的协调性，其间距可与填筑体沉降缝一致。

2 在实际工程设计中，挡板采用水泥混凝土预制时，需配细钢丝网现浇，钢丝直径不宜小于1.0mm。挡板的断面尺寸以便于施工为原则，一般可选用900mm×300mm×40mm（长度×宽度×厚度）。在一些景观要求较高的市政、城镇道路，可采用其他装饰类砌块。

3 立柱除采用条文规定的等边角钢外，还可采用钢管。立柱尺寸可根据填筑高度进行选用。当填筑高度小于5m时，角钢边宽宜为50mm；填筑高度大于5m时，角钢边宽宜为70mm。

4.4.2 条文中的填筑体长度是指沿路基纵向的长度大小。

4.4.3 抗滑锚固设施的作用是增强填筑体与衔接体的联结，以提高其抗滑动性能。根据相关规范和以往施工经验，锚固件长度一般为1.5m～2.0m，其垂直打入既有坡面或陡坡体的深度不宜小于1m，具体长度由工程综合确定，抗滑锚固设计参考图见图10。

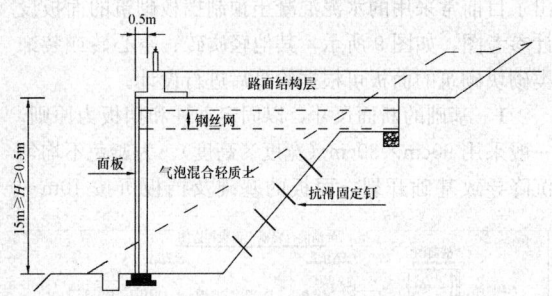

图10 抗滑锚固设计参考图

4.4.4 在填筑体的底部、顶部及局部承受集中荷载部位设置钢丝网是为了抑制填筑体裂缝的产生，钢丝网设计参考图见图11。

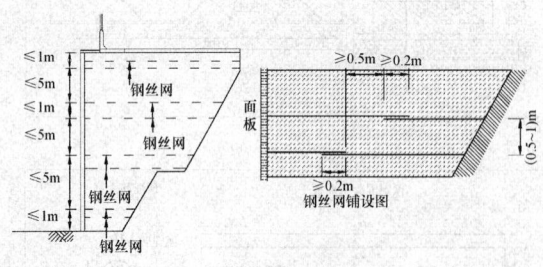

图11 钢丝网设计参考图

4.4.6 本条文设置碎石垫层的目的主要是排除路面以下渗水。同时，也起到协调减少地基不均匀沉降的作用。

4.4.7 考虑填筑体的长期耐久性问题，在计算水位以下部位填筑时，可采用防渗土工布包裹等隔水措施。

4.5 设计计算

4.5.1、4.5.2 条文中的荷载分类、荷载组合参考了现行行业标准《公路路基设计规范》JTG D 30中第5.4.2条的相关规定。

4.5.3 除软土地基路段填筑外，当地基较差或在荷载作用下可能产生沉降时，也应进行沉降计算。本条文对沉降验算方法不另行规定，只对气泡混合轻质土用于软土地基填筑时的几种主要工况进行说明。

1）用于软基路段桥台台背的填筑，以减少路桥过渡段的工后沉降，避免桥头跳车。该工况应验算工后沉降，并按紧邻桥台位置工后沉降不超过10cm（桥头设置有搭板情况时）或3cm（桥头设置无搭板情况时）的要求进行填筑厚度的设计。填筑体顶部的长度宜按15m～30m设计。

2）当新建软土地基路段的沉降在规定时间内不能满足设计要求时，可采用气泡混合轻质土减荷换填以控制工后沉降，换填厚度按下式计算确定。

$$h \geqslant \frac{\beta \gamma_f (h_d - U_t h_e)}{(\gamma_f - \gamma)} \tag{1}$$

式中：h_d——常规填土总厚度（m），包括沉降部分、原地面至路面结构底厚度、路面结构层换算填土厚度；

h_e——当前预压填土厚度（m），包括沉降部分、原地面至现有填土顶面的厚度；

h——气泡混合轻质土的换填厚度（m）；

γ_f——填土容重（kN/m³）；

U_t——当前地基土固结度，$U = S_t / S_\infty$，S_t、S_∞分别为已发生沉降量和推算总沉降量，必要时可钻探确定S_t；

β——系数；一般取1.2～1.3，当地基平均固结度较小时，取大值。

式（2）是基于地基平均固结度的原理推算得到的，采用换填后的永久荷载与当前预压荷载来表征，即：

$$\frac{h\gamma + (h_d - h)\gamma_f}{h_e \gamma_f} \tag{2}$$

从理论上讲，当由换填后确定的地基固结度与当前地基平均固结度相等时，工后沉降应为0，故：

$$U_t = \frac{h\gamma + (h_d - h)\gamma_f}{h_e \gamma_f} \tag{3}$$

由上式推算并考虑安全系数，即获得式（1）。当计算的气泡混合轻质土换填厚度超过常规填土总厚度过多时，说明预压时间严重不足，如采用换填，代价较高，建议结合其他处理措施综合控制。从珠江三角洲多条高速公路的工程经验看，换填厚度基本上在4m～6m。

  3）当直接用于低填软土路基的填筑时，气泡混合轻质土填筑厚度 h 采用下式计算，当地下水位较高时，需分别按地下水位以上和地下水位以下计算。

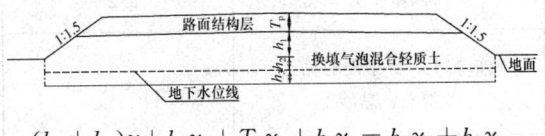

$$(h_1+h_2)\gamma+h_3\gamma_a+T_p\gamma_p+h_f\gamma_f=h_2\gamma_0+h_3\gamma_{0a}$$
$$(4)$$

式中：h_1——气泡混合轻质土地面以上填筑厚度(m)；

   h_2——气泡混合轻质土地面以下水位以上填筑厚度(m)；

   h_3——气泡混合轻质土地下水位以下填筑厚度(m)；

   T_p——路面结构厚度(m)；

   γ_p——路面结构容重(kN/m³)；

   γ_f——路基填土容重(kN/m³)，一般取18～19；

   h_f——车辆荷载换算成填土荷载的等代厚度(m)，一般取0.8；

   γ_0、γ_{0a}——地基土天然容重、饱和容重(kN/m³)。

  上式中，h_1、h_2可以根据填土高度、地面高程、地下水位高程确定，只需要计算出 h_3 即可得到气泡

混合轻质土填筑总厚度。当地下水位埋深大或无地下水时，式中 h_3 则取0。此时，则需计算出 h_2 值即可确定气泡混合轻质土填筑总厚度 h。

  4）当用于旧路改造控制工后沉降时，气泡混合轻质土换填厚度可按下式计算：

$$h\geqslant\frac{\gamma_f\big[(1+\beta)h_2-h_1\big]}{(1+\beta)(\gamma_f-\gamma)}\qquad(5)$$

式中：h_2、h_1——分别为旧路改造前、后常规填土路基路面永久荷载厚度，包括沉降部分、原地面至路面结构底的厚度、路面结构层换算填土厚度；

   h——气泡混合轻质土换填厚度(m)；

   γ_f——填土容重(kN/m³)；

   β——系数，取0.75。

4.5.5 本条文提出了气泡混合轻质土的强度验算方法。

  1 气泡混合轻质土用于路基填筑时，要满足《公路路基设计规范》JTG D 30中不同部位填料的CBR值。根据国外有关资料和主编单位的试验成果（图12、图13），CBR与抗压强度 q_u 存在一定的比例关系，即 $q_u\approx\dfrac{100CBR}{3.5}$。本条文根据此关系式并考虑安全系数 F_s，提出了用于填筑时不同填筑部位路基的最小抗压强度要求。式（4.5.5-1）、式（4.5.5-2）中 F_s 取值是根据长期荷载组合作用安全性、施工经验总结和日本有关资料的规定等综合考虑。

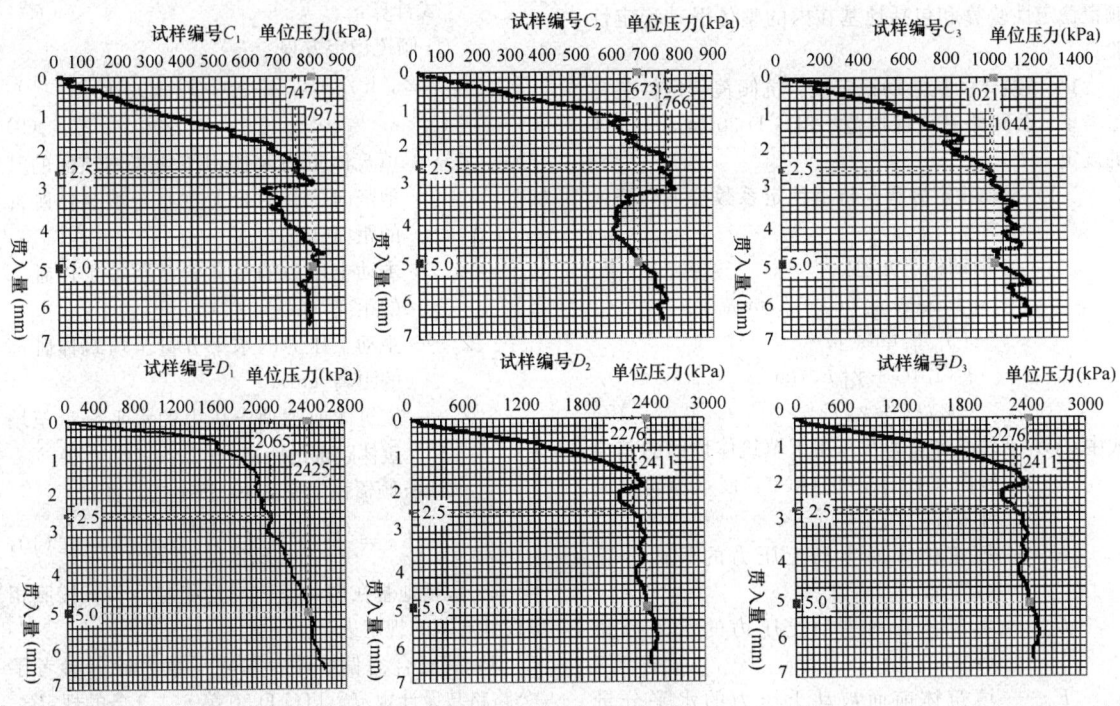

图12　承载化试验结果

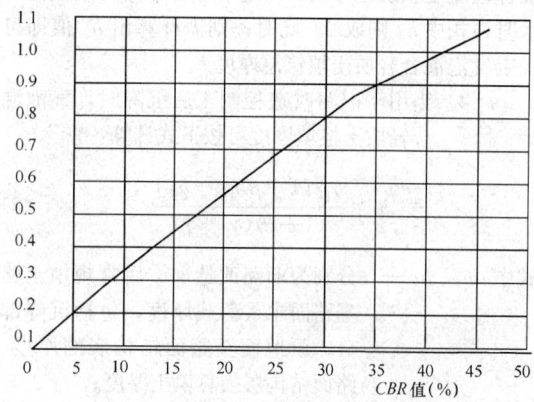

抗压强度(MPa)

图 13 抗压强度与 CBR 值关系曲线图

2 本条文公式是由下式填筑体自立稳定的高度推导得出：

$$H = 2\left\{\left(\frac{2c}{\gamma}\right) \times \tan\left(45 - \frac{\varphi}{2}\right) - \frac{W}{\gamma}\right\} \quad (6)$$

式中：H——填筑体自立稳定的高度（m）；

c——气泡混合轻质土的黏聚力（kPa），$c = 0.5q_{u2}$；

φ——内摩擦角（°）（偏安全考虑，取 $\varphi = 0$）；

W——填筑体顶部的荷载（kPa）。

3 一般情况下，q_{u1} 的计算值比 q_{u2} 大。

4.5.6 除空洞填充或管线回填工程外，其填筑体特性类似于挡土墙结构，因此需要验算施工期和营运期的强度是否满足要求。当用于软土地基、高路堤边坡及斜坡体等部位填筑时，还需进行填筑体的抗滑、抗倾覆稳定性验算和包括地基在内的整体滑动稳定性验算。

1 填筑体的抗滑动稳定性、抗倾覆稳定性验算参考了《公路路基设计规范》JTG D 30 第 5.4.3 条的规定。

1） 滑动稳定方程与抗滑稳定系数按下列公式计算：

① 滑动稳定方程：

$$\begin{aligned} &[1.1G + \gamma_{Q1}(E_y + E_x \tan\alpha_0) \\ &- \gamma_{Q2}E_p \tan\alpha_0]\mu \\ &+ (1.1G + \gamma_{Q1}E_y)\tan\alpha_0 \\ &- \gamma_{Q1}E_x + \gamma_{Q2}E_p > 0 \end{aligned} \quad (7)$$

式中：G——填筑体重力及作用于填筑体顶面的其他竖向荷载的总和（kN），浸水填筑体应计入浮力；

E_y——填筑体背面主动土压力的竖向分量（kN）；

E_x——填筑体背面主动土压力的水平分量（kN）；

E_p——填筑体前面被动土压力的水平分量（kN），为偏安全起见，建议取 0；

α_0——基底倾斜角（°），基底水平时 $\alpha = 0$；

μ——填筑体与衔接面间的摩擦系数，当无试验资料时，可按表 4 取值；

表 4 填筑体与衔接面间的摩擦系数 μ

地基土的分类	摩擦系数
软塑黏土	0.25
硬塑黏土、半干硬的黏土、砂类土、黏砂土	0.30～0.40
碎石类土	0.50
软质岩石	0.40～0.60
硬质岩石	0.60～0.70

γ_{Q1}、γ_{Q2}——主动土压力分项系数、被动土压力分项系数，按照本规程表 4.5.2-2 的规定执行。

② 抗滑动稳定系数 K_c 按下式计算：

$$K_c = \frac{[N + (E_x - E'_p)\tan\alpha_0]\mu + E'_p}{E_x - N\tan\alpha_0} \quad (8)$$

式中：N——基底作用力的合力的竖向分量（kN），浸水填筑体的浸水部分应计入浮力；

E'_p——填筑体前面被动土压力的水平分量 0.3 倍（kN），为偏安全起见，建议取 0。

2） 倾覆稳定方程与抗倾覆稳定系数按下列公式计算：

① 倾覆稳定方程

$$0.8GZ_G + \gamma_{Q1}(E_y Z_x - E_x Z_y) + \gamma_{Q2}E_p Z_p > 0 \quad (9)$$

式中：Z_G——填筑体重力及作用于填筑体顶面的其他竖向荷载的合力重心至填筑体趾部的距离（m）；

Z_x——主动土压力的竖向分量至填筑体趾部的距离（m）；

Z_y——主动土压力的水平分量至填筑体趾部的距离（m）；

Z_p——填筑体前被动土压力的水平分量至填筑体趾部的距离（m）。

② 抗倾覆稳定系数 K_0 按下式计算：

$$K_0 = \frac{GZ_G + E_y Z_x + E'_p Z_p}{E_x Z_y} \quad (10)$$

2 包括地基在内的整体滑动稳定性验算按照相应设计规范的规定进行。

3 基底合力偏心距、基底承载力验算参考了《公路路基设计规范》JTG D 30 第 5.4.3 条的规定。

1） 基底合力的偏心距 e_0 可按下式计算：

$$e_0 = \frac{M_d}{N_d} \qquad (11)$$

式中：M_d——作用于基底形心的弯矩组合设计值
（MPa）；

　　　N_d——作用于基底上的垂直力组合设计值
（kN/m）。

2）各类荷载组合下，作用效应组合设计值计算
式中的分项系数，除被动土压力分项系数
$\gamma_{Q2} = 0.3$ 外，其余荷载的分项系数规定
为 1。

3）基底压应力 σ 应按下列公式计算：

$|e| \leqslant \dfrac{B}{6}$ 时，$\sigma_{1,2} = \dfrac{N_d}{A}\left(1 \pm \dfrac{6e}{B}\right) \qquad (12)$

位于岩石地基上的填筑体

$e > \dfrac{B}{6}$ 时，$\sigma_1 = \dfrac{2N_d}{3\alpha_1}$，$\sigma_2 = 0 \qquad (13)$

$$\alpha_1 = \frac{B}{6} - e_0 \qquad (14)$$

式中：σ_1——填筑体趾部的压应力（kPa）；

　　　σ_2——填筑体踵部的压应力（kPa）；

　　　B——基底宽度（m），基底不宜为倾斜面；

　　　A——基础底面每延米的面积（m²）。

本条文未规定填筑体的埋深要求。填筑体宜采用
明挖基础，在大于 5‰纵向斜坡上填筑时，基底应设
计成台阶形；在横向斜坡地面上填筑时，面板基础底
部埋入地面深度不应小于 1m，距地表的水平距离不
应小于 1m～2.5m。填筑体受水流冲刷时，应按设计
洪水频率计算冲刷深度，基底应置于局部冲刷线以下
不小于 1m。

4.5.7 本条文公式采用湿容重的 95%进行验算是基
于偏安全的考虑。计算时，取湿容重的 95%，公式
（4.5.7）中的体积 V_1、V_2 为平均值。

5 配 合 比

5.1 一 般 规 定

5.1.1 气泡混合轻质土的独特工艺要求有严格的配
合比设计和科学合理的试验程序，其配合比设计应以
工程要求和水泥等原材料性能为基础，通过配合比试
配及调整，使新拌气泡混合轻质土在泵送、浇筑阶
段，具有规定的流动度和湿容重，以保证泵送施工的
最佳工作性及稳定性，并在规定龄期内，抗压强度达
到设计值。

5.1.2 在配合比试配前，应对原材料自身质量和适
应性进行检验，使选定的原材料具有较好的适应性。
适应性检验主要是发泡剂与水泥、水及其他添加材料
的配合性试验，检验其湿容重增加值是否满足要求，
水一般不宜采用海水、污泥水、含泥量大的水源。

5.1.3 在有减少荷重或土压力要求时，目标配合比

主要检验湿容重、流动度、抗压强度是否满足要求。
流动度是衡量气泡混合轻质土流动性的指标，空洞填
充工程对此指标要求较高。

1 湿容重

本规程所定义的湿容重即标准湿容重或设计容
重。在固化前后不发生变化情况下，通过现场试验测
得的湿容重应控制在其允许的偏差范围内，以保证其
轻质性。

2 流动度

流动度可采用圆筒法测得的流动度来表示。一般
情况下，流动度应控制在 180mm±20mm 范围。在配
合比试配时，应充分考虑泵送距离、气温等条件选择
适当的流动度。一般情况下，在泵送距离较短或施工
温度较低时，流动度可取偏差范围的小值，一般可取
160mm～180mm，反之可取 180mm～200mm。空洞
注浆与空洞充填属不同工艺，用于隧道等空洞注浆
时，流动度可按 80mm～100mm 控制。

3 抗压强度

由于现场配制的抗压强度值具有一定的波动性，
为保证施工时的抗压强度满足设计要求，施工配合比
的实测抗压强度值应在抗压强度设计值的基础上，予
以适当提高。一般情况下，室内实测抗压强度应大于
设计抗压强度的 1.05 倍。

5.2 配合比计算

5.2.1 本条文规定了计算配合比中各种材料用量的
计算原则和方法。计算时，各种材料用量应同时满足
条文公式（5.2.1-1）、公式（5.2.1-2）的要求，常用参
考配合比见表 5。

表 5　常用参考配合比

强度等级	设计强度（MPa）	每立方单位用量				湿容重（kN/m³）	流动度（mm）
		水泥（kg）	添加材料（kg）	水（kg）	气泡群（L）		
CF0.5	0.50	275	0	190	721.3	5.01	180
CF0.6	0.60	300	0	200	703.2	5.35	180
CF0.8	0.80	350	0	215	672.1	5.99	180
CF1.0	1.00	400	0	230	641.0	6.62	180
		325	325	200	568.2	8.78	180
CF1.2	1.20	350	350	210	540.4	9.37	180
CF1.5	1.50	375	375	215	517.5	9.91	180
CF1.0	1.00	275	412.5	200	550.2	9.15	180
CF1.2	1.20	300	450	210	522.8	9.81	180
CF1.5	1.50	330	495	210	490.2	10.60	180
CF1.0	1.00	275	550	205	491.4	10.55	180
CF1.2	1.20	300	600	210	458.9	11.33	180
CF1.5	1.50	330	660	215	420.7	12.26	180

注：水泥为 PO42.5R。

5.2.2 可通过掺入细集料、掺合料及外加剂等添加材料，以达到高强、低水胶比及经济性等要求。外加剂掺量是根据其减水率和预期达到的水胶比确定，其他添加材料则根据强度等级和经济性指标等要求，在满足湿容重、流动度等条件下，通过试验确定。

5.2.3 条文规定了水泥用量的选取方法，水泥用量可根据表5确定。表5只是常用参考配合比，其强度等级 CF0.5～CF1.0 的添加材料用量为0，并不代表不能掺添加材料。此等级的配合比计算时，可通过掺入粉煤灰、细砂等添加材料，减少水泥用量，达到同样强度等级要求。当表中无对应的强度等级时，水泥用量计算可根据经验结果和表中上下强度等级相应增减。

5.2.4 一般情况下，水胶比按 0.55～0.65 选用。当需要低水胶比时，可掺入外加剂解决，其水胶比可根据强度要求，通过试验确定。

5.2.5 当未掺掺合料时，条文中的水胶比即为水灰比。

5.2.6 条文规定了每立方气泡混合轻质土的气泡群体积计算方法。当计算出气泡群体积时，其所需的发泡剂和稀释水用量可按下面公式计算：

发泡液＝气泡群体积/发泡倍率；
发泡剂＝发泡液/稀释倍率；
稀释水＝发泡液－发泡剂。

5.3 配合比试配

5.3.2 条文规定了配合比试配的常用拌制方法，当搅拌量太少或条件不允许时，可采用手工拌制进行试拌。

5.3.4 进行强度试验时，每个配合比可同时多制作几组试件，按现行行业标准《早期推定混凝土强度试验方法标准》JGJ/T 15 早期推定试配强度，用于配合比调整，但最终应满足标准养护 28d 或设计规定龄期的强度要求。

6 工程施工

6.1 施工准备

6.1.4 在没有颁布发泡剂性能检测标准前，发泡剂性能检测均按本规程附录 A 规定的试验方法进行。为保证检验的可靠性，检验时，可派人见证取样和检验。

6.1.5 除条文规定外，在加宽路段开挖基坑时，开挖前，应事先做好行车导向、减速提示等安全措施。

6.2 浇 筑

6.2.1 本条文对气泡混合轻质土的发泡设备、搅拌设备及泵送设备的要求进行了规定。第1款内容中应满足连续作业要求是指发泡设备应具备能提供连续稳定的气泡群，并能根据现场湿容重情况随时调整空气、发泡液和气泡群流量，达到满足施工质量要求。搅拌设备应具有计量和自动生产功能，并能给泵送设备提供连续稳定的水泥浆料；泵送设备则应有搅拌气泡群和水泥基浆料功能，并能连续泵送作业。

6.2.3 泵送作业是气泡混合轻质土填筑工程施工的关键工序，也是容易出现故障的工序。泵送前，应做好管接头的紧固和检查工作，确保接头牢固。泵送过程中，经常检查泵送管接头的牢固情况。

6.2.7、6.2.8 为减少水化热对填筑体质量的影响，浇筑时采用分层分块方式。泵送管出口与浇筑面宜保持水平，以减少对新拌气泡混合轻质土扰动。图14列出了施工中可能出现的三种浇筑方式。其中，方式 A 为正确方式，方式 B 和方式 C 为不正确方式，施工时应避免。

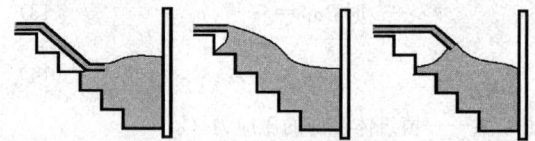

方式 A（正确） 方式 B（不正确） 方式 C（不正确）

图 14 浇筑方式

6.2.11 当施工现场环境日平均气温连续 5d 稳定低于 5℃，或最低环境气温低于－3℃时，应视为进入冬期施工，施工要求按条文规定执行。当施工现场环境日平均气温连续 5 昼夜平均气温低于－5℃，或最低气温低于－15℃时，建议停止气泡混合轻质土浇筑。

7 质量检验与验收

7.1 一般规定

7.1.1 本条文是依据《城镇道路工程施工与质量验收规范》CJJ 1 和气泡混合轻质土填筑工艺等要求进行编写。

7.1.2 每个连续浇筑区即为一个填筑体，即一个构造单元。质量检验与验收时，如果项目中单个构造单位方量少于 400m³ 时，可把三个以内构造单元划分为一个检验批。

7.2 质量检验

7.2.4 在实际工程中，龄期 28d 抗压强度可采用龄期 7d 抗压强度进行初步判断，当龄期 7d 抗压强度达到设计抗压强度 1/2 以上时，可初步认为合格，但这不能作为质量检验依据。

7.2.6 填筑体的主控项目表干容重、抗压强度的质量检验验收，除浇筑时按本规程第 7.2.3 条的检验方法和检验频率留样检验外，还可采用抽芯法、弯沉法检验表干容重和抗压强度，以便更直观地检验其填筑体的工程质量。

中华人民共和国行业标准

公共汽电车行车监控及集中
调度系统技术规程

Technical specification for driving surveillance and
centralized dispatch system of bus and trolleybus

CJJ/T 178—2012

批准部门：中华人民共和国住房和城乡建设部
施行日期：2012年11月1日

中华人民共和国住房和城乡建设部
公　　告

第 1365 号

关于发布行业标准《公共汽电车行车监控
及集中调度系统技术规程》的公告

现批准《公共汽电车行车监控及集中调度系统技术规程》为行业标准，编号为 CJJ/T 178 - 2012，自 2012 年 11 月 1 日起实施。

本规程由我部标准定额研究所组织中国建筑工业出版社出版发行。

中华人民共和国住房和城乡建设部
2012 年 5 月 3 日

前　　言

根据原建设部《关于印发〈2007 年工程建设标准规范制订、修订计划（第一批）〉的通知》（建标〔2007〕125 号）的要求，规程编制组经广泛调查研究，认真总结实践经验，参考有关国际标准和国外的先进标准，并在广泛征求意见的基础上，制定本规程。

本规程主要技术内容是：1 总则；2 术语；3 基本规定；4 系统功能设计；5 硬件支撑平台设计；6 工程施工；7 系统试运行；8 工程验收。

本规程由住房和城乡建设部负责管理，由中国城市公共交通协会负责具体技术内容的解释。在执行过程中如有意见和建议，请寄交中国城市公共交通协会（地址：北京市海淀区车公庄西路 38 号；邮编：100048）。

本规程主编单位：中国城市公共交通协会

本规程参编单位：北京市公共交通集团公司
武汉市公共交通集团公司
天津市公共交通集团公司
北京八方达客运有限公司
贵阳市公共交通总公司
柳州市公共交通总公司
巴士在线传媒有限公司
北京天路纵横交通科技有限公司
大连智达科技有限公司
黑龙江新洋网络科技有限公司
郑州天迈科技有限公司
航天智通科技有限公司
上海凯伦电子技术有限公司
上海鸿隆电子技术有限公司
南京普天通信有限公司
南京聚合数码科技有限公司
珠海亿达科技有限公司

本规程主要起草人员：朱　滢　于秉华　杨青山
张世强　刘立新　翟志强
郭建国　田　锦　曾　维
王志强　文　沛　陈美查
蒲　庆　庄国舜　周启杰
刘之行　张大军　冯珍玉
葛　新　杨大忠

本规程主要审查人员：史其信　林　正　李成玉
俞忠东　耒浩灿　石绍滕
杨　健　马同生　叶东强
李　港　卢　峰

目　次

Contents

1 总　　则

1.0.1 为使公共汽电车行车监控及集中调度系统（以下简称监控及调度系统）工程做到技术先进、经济合理、安全可靠、保证工程质量和保护环境，制定本规程。

1.0.2 本规程适用于公共汽电车行车监控及集中调度系统的设计、施工及验收。

1.0.3 公共汽电车行车监控及集中调度系统的设计、施工及验收，除应符合本规程外，尚应符合国家现行有关标准的规定。

2 术　　语

2.0.1 公共汽电车行车监控及集中调度系统 driving surveillance and centralized dispatch system of bus/trolleybus

在系统的有效覆盖区域内，调度中心通过计算机辅助调度系统能对多条线路车辆的运营数据进行实时采集、传输、处理和显示。简称监控及调度系统。

2.0.2 车辆动态位置 vehicle dynamic position

运营车辆在受监控的时间内，任意时刻所在的位置。

2.0.3 数据中心 data center

在监控及集中调度系统中，统一存储、处理和交换数据的中心设备及软件的总称。

2.0.4 调度终端 dispatch terminal

利用监控及集中调度系统对运营车辆进行监视和调度的设备。

2.0.5 车载终端系统 in-car terminal system

用于采集、传输本车运营数据，接收调度指令等的车载设备及软件的总称。

2.0.6 定位数据采集周期 positioning data collection cycle

在同一运营车辆的相邻两次定位数据发送中，完全对应的时刻重复出现的间隔时间。

2.0.7 行车监控 driving surveillance

对车辆运营数据进行实时采集、传输、处理和显示的行动。

2.0.8 调度预案 dispatch prediction

针对不同的运行情况，预先制定的调度方案。

2.0.9 自动报站 automatic name-broadcasting

在运营车辆进入和离开车站的一定范围时，报站设备自行向乘客报告车辆到、离车站信息的行动。

2.0.10 系统设计容量 system design capacity

按一定的技术条件，监控及集中调度系统所能监控车辆数的最大值。其值由车辆运营数据长度、定位数据采集周期、数据处理要求和服务器性能等因素确定。

3 基本规定

3.1 系统设计

3.1.1 监控及调度系统在设计、建设和使用中应与公共交通的其他部分协调、统筹，资源共享，避免重复建设。

3.1.2 监控及调度系统的设计应体现实用性、先进性、经济性、可靠性和可维护性。

3.1.3 监控及调度系统的功能应与公交企业的调度体制相协调，监控及调度的集中程度应符合实际的需求。

3.1.4 监控及调度系统的设计服务能力应按近期3年、远期5年确定，并应进行整体设计、分期实施，适时进行优化升级。

3.1.5 监控及调度系统应采用技术先进、经济适用的设备，且应符合国家现行相关标准的要求。

3.1.6 监控及调度系统应设有系统故障和其他突发事故时的应急调度措施。

3.1.7 监控及调度系统应采用 GPS 时间为系统的统一时钟。

3.2 系统结构

3.2.1 监控及调度系统应由应用接口、业务应用平台、硬件支撑平台和系统支持层组成。

3.2.2 应用接口应是按用户权限管理的系统对外的统一接口。

3.2.3 业务应用平台应包括下列内容：

　　1　行车监控及调度管理系统；

　　2　乘客信息服务系统；

　　3　数据通信服务系统；

　　4　车载终端系统。

3.2.4 硬件支撑平台应包括下列设备：

　　1　总调度中心设备；

　　2　数据中心设备；

　　3　分调度中心设备；

　　4　线路（区域）调度设备；

　　5　车载终端设备；

　　6　电子站牌。

3.2.5 系统支持层应包括有线宽带网、移动通信网、卫星定位系统、其他基础设施、软件支持系统。

3.3 系统分级

3.3.1 监控及调度系统可根据设计容量按表3.3.1进行分级。

表 3.3.1　监控及调度系统分级

系统设计容量 R（车台）	监控及调度系统级别
R>5000	A
2000≤R≤5000	B
R<2000	C

3.3.2　A 级监控及调度系统应符合下列要求：

1　系统设施应按容错系统配置，不应因操作失误、设备故障、外电源中断、维护和检修而导致系统运行中断；

2　系统平均无故障工作时间不应少于 6000h；

3　系统的可靠寿命不应少于 6 年。

3.3.3　B 级监控及调度系统应符合下列要求：

1　系统设施应按冗余系统要求配置，在冗余能力范围内，不应因设备故障而导致系统运行中断；

2　系统平均无故障工作时间不应少于 5000h；

3　系统的可靠寿命不应少于 6 年。

3.3.4　C 级监控及调度系统应符合下列要求：

1　系统设施可按基本要求配置，在正常情况下系统运行不应中断；

2　系统平均无故障工作时间不应少于 4000h；

3　系统的可靠寿命不应少于 5 年。

3.4　系统基本功能

3.4.1　监控及调度系统应能实现各级调度实时监视所辖线路全部运营车辆的运行状态。

3.4.2　监控及调度系统应能实现运营车辆的远程调度、实时调度和应急调度。

3.4.3　监控及调度系统应实现多条线路的集中统一调度，并应能提高相关线路的衔接配合能力。

3.4.4　监控及调度系统应能为乘客提供动态乘车信息服务。

3.4.5　监控及调度系统应能自动生成行车记录，并按统计期自动生成运营统计数据。

3.4.6　监控及调度系统应能根据动态运营数据，实时提出调整行车计划和运营排班计划的建议方案。

4　系统功能设计

4.1　行车监控及调度管理系统

4.1.1　行车监控及调度管理系统应有编制行车计划的功能，并应符合下列要求：

1　行车计划应按季节、平日、假日、节日分别编制，并应有特殊天气等意外情况的运行预案；

2　行车计划的编制参数应包括线路长度、配车数、站数、进出场里程、首末班时间、高峰时间、班型配置、间歇时间、单程时间、行车间隔等；

3　行车监控及调度管理系统应能支持多站区发车、多预案管理及相关线路的协调优化。

4.1.2　行车监控及调度管理系统应有运营排班服务功能，并应符合下列要求：

1　根据行车计划和排班规则应能自动生成第二天的驾驶员排班表；

2　运营排班服务应能支持跨线路调车排班。

4.1.3　行车监控及调度管理系统应有地理信息服务功能，并应符合下列要求：

1　地理信息服务应能在电子地图上显示受控车辆的运营数据，并应符合下列要求：

　　1）车辆运营数据应包括线路编号、车号、司机号、时间、动态位置、到（离）站编号、违规行驶、车辆技术状态、事故及报警等信息；

　　2）车辆运营数据采集周期应为 5s～120s 可调，系统默认值可为 15s；

　　3）车辆运营数据应能按时间、地点、线路、车辆等条件进行查询、显示。

2　地理信息服务的电子地图宜采用 1：10000 的国家规范的矢量图，内容应包括社会通用地理信息图层和公交组织、调度、线路、场站等公共交通专用地理信息图层，并可根据需要编制模拟线路图。

3　电子地图应能实现地图缩放、分层显示、漫游、测距、创建点和线、地图编辑、模糊查找定位、地图导航、地图放大镜、地名查询、路径查询、图层管理、地图打印、地图经纬度标尺、地图比例尺、鹰眼窗口、环境设置保存等功能。

4　行车监控及调度系统建立初期或小型系统，可仅采用自制模拟线路图，并可简化上述功能。

4.1.4　行车监控及调度管理系统的调度业务服务应符合下列要求：

1　调度业务服务应能选择显示所辖线路车辆的运营数据等；

2　调度业务服务应能在始发站向驾乘人员和乘客发布发车时间及车辆编号的调度信息，并应能按时给出发车信号；

3　对行车间隔、车辆和人员等临时出现的非正常运营情况，应能按调度预案自动调整行车计划；

4　调度业务服务应能调度营运车辆跨线路营运；

5　调度业务服务应能分时段、路段向受控车辆作出限速指示；

6　通过无线数据通信网络，调度业务服务应能实现信息的单车发送和多车或全部车辆群发，数据通信延迟不应超过 3s；

7　调度业务服务应能预设多种调度预案。

4.1.5　行车监控及调度管理系统应有数据管理功能，并应符合下列要求：

1 数据管理应能根据调度指令和车辆的运行状况，自动记录车辆起点发车时间、终点到站时间、中途站到离站时间等数据，并应能进行正点考核；

2 数据管理应能记录车辆加油、维修等数据；

3 数据管理应能实时显示当日运营计划趟次、实际趟次、计划公里、实际公里、抛锚时间、抛锚趟次、行驶公里、空驶公里、违规等数据；

4 数据管理应能按要求对各类数据分别进行统计汇总；

5 数据管理应能按统计周期自动生成单车、单班、线路、分公司、总公司等各种运营统计报表。

4.1.6 行车监控及调度管理系统应有进行信息管理的功能，并应符合下列要求：

1 信息管理应能维护和更新线路长度、车型配置、在册车数、计划配车数、在线营运车数、站点名称及位置、线路行车计划等信息；

2 信息管理应能维护和更新人员的姓名、工号、IC 卡号、性别、出生时间、工种或岗位等信息，并应与人力资源管理系统衔接；

3 信息管理应能维护和更新车辆的自编号、型号、车型分类、牌照号、燃料类型、购置时间、座位数等信息，并应与车辆技术管理系统衔接；

4 信息管理应能维护和更新车载设备的自编号、SIM 卡号、车辆牌照号等信息；

5 信息管理应能编辑维护电子地图信息，并应能对电子地图的道路和线路站点、走向等进行增加、修改、删除。

4.2 乘客信息服务系统

4.2.1 网络电子地图综合发布应能提供基于 GPS 的图形、相关规划资料、公交线路信息、票制票价、停车保养场信息、公交专用道信息等查询。

4.2.2 乘车信息查询应能在电子地图上指定两点（点的半径小于 1/2 站距）或输入起点和终点站名（或地名），自动生成乘车线路和乘降车站等信息。

4.2.3 电子站牌信息发布应能将相关车辆动态位置、北京时间等信息发送到各电子站牌。

4.2.4 自动报站服务应能将车辆到、离车站信息送入报站设备。

4.3 数据通信服务系统

4.3.1 数据通信服务系统应能支持下列数据通信：

1 数据中心与不同型号的车载终端的通信；

2 大规模、多用户并发处理；

3 分布式的多级通信；

4 多种应用协议；

5 各监控客户端的各种查询等。

4.3.2 数据通信服务系统应能支持下列对外数据交换服务：

1 IC 卡收费系统数据的实时传输；

2 与相关部门进行数据交换的扩展能力；

3 接受乘客出行查询等。

4.3.3 数据通信服务系统应有通信网络故障时的应急措施。

4.4 车载终端系统

4.4.1 车载终端系统应能判定本车辆的动态位置、速度、方向等数据，并应具有信号盲区补偿功能。

4.4.2 车载终端系统应能经无线通信网向数据中心发送车辆运营数据，并接收调度中心发来的调度指令和通知等信息。定位数据发送周期应与地理信息系统的数据采集周期一致。

4.4.3 车载终端系统应能通过人机交互实现下列功能：

1 应能播放、显示乘客服务信息及对驾驶员的语音提示；

2 应能存储 5 条以上线路信息，当运营线路更改时，应能变更路牌和报站信息；

3 应能上传路堵、事故、故障、纠纷、报警等信息；

4 应能阅读调度指令及其他信息；

5 应能实现调度员与驾驶员通话；

6 应能实现远程签到或 IC 卡刷卡签到等。

4.4.4 车载终端系统应能采集车门开关、转向灯等信息。

4.4.5 车载终端系统应具有与读卡机、报站机、显示屏、车载电视、客流检测仪等设备的数据接口。

4.4.6 车载终端系统可实现视频录像。

5 硬件支撑平台设计

5.1 数据中心

5.1.1 数据中心应由服务器系统、数据储存系统、网络通信设备、对外数据交换接口及机房设备等组成。

5.1.2 数据中心应能对系统所有车载终端、电子站牌、调度终端的数据进行汇集、处理、交换和集中存储。

5.1.3 数据存储容量应根据车辆运营数据长度、数据采集周期、全天运营时间、系统容纳的车辆数以及正常动态数据保留 3 个月，事故等非正常动态数据和考核、统计数据保留 3 年的要求确定。

5.1.4 数据处理能力应根据数据处理速度高于数据采集速度，调度计划、指令、统计数据能及时处理的要求确定。

5.1.5 数据中心设备可按表 5.1.5 进行分级配置。

表 5.1.5　数据中心设备分级配置

项目	系统分级配置		
	A 级	B 级	C 级
数据库服务器	小型机；2颗或以上64位CPU（频率：3.5/4.2GHz），最大支持4颗以上CPU；内存容量：≥16GB，最大内存容量：≥32GB；2块15K 146G SAS热插拔硬盘	4颗或以上Intel®Xeon四核CPU（频率2.4GHz以上）；16GB内存；2块15K 146G SAS热插拔硬盘	2颗或以上Intel®Xeon四核CPU（频率2.4GHz以上）；16GB内存；4块或6块15K 300G SAS热插拔硬盘
通信服务器	2颗或以上Intel®Xeon四核CPU（频率2.4GHz以上）；16GB内存；2块15K 146G SAS热插拔硬盘	1颗或以上Intel®Xeon四核CPU（频率2.4GHz以上）；8GB内存；2块15K 146G SAS热插拔硬盘	1颗或以上Intel®Xeon四核CPU（频率2.4GHz以上）；8GB内存；2块15K 146G SAS热插拔硬盘
业务服务器	2颗或以上Intel®Xeon四核CPU（频率2.4GHz以上）；16GB内存；2块15K 146G SAS热插拔硬盘	1颗或以上Intel®Xeon四核CPU（频率2.4GHz以上）；8GB内存；2块15K 146G SAS热插拔硬盘	1颗或以上Intel®Xeon四核CPU（频率2.4GHz以上）；8GB内存；2块15K 146G SAS热插拔硬盘
负载均衡	应设	宜设	可设
双机热备	应设	宜设	可设
冷备服务器	应设	宜设	可设
数据存储系统	4Gb全光纤企业级体系架构的光纤磁盘存储系统，冗余双控制器；2GB高速缓存；带宽1600M；3U机架；每盘柜可支持12~16块硬盘，最大可扩至70盘位以上		不限
防火墙	并发连接数：≥280000网络吞吐量：≥450Mbps过滤带宽：≥225Mbps；支持VPN接入	并发连接数：≥130000网络吞吐量：≥300Mbps过滤带宽：≥170Mbps；支持VPN接入	并发连接数：≥25000网络吞吐量：≥150Mbps过滤带宽：≥100Mbps；支持VPN接入
核心路由器	两个或以上千兆端口；最大包转发率1Mpps以上；两个以上扩展插槽	两个或以上千兆端口；最大包转发率0.4Mpps以上；两个以上扩展插槽	使用防火墙作路由转发
核心交换机	三层千兆以太网交换机；端口数：24，背板带宽：≥32Gbps，包转发率≥10Mpps；支持双机冗余热备	三层千兆以太网交换机；端口数：24，背板带宽：≥16Gbps，包转发率≥6.5Mpps；支持双机冗余热备	二层智能千兆交换机；端口数：16或24
不间断电源系统	UPS容量≥20kVA（三进三出），蓄电池备用时长≥2h	UPS容量≥16kVA（三进单出），蓄电池备用时长≥2h	UPS容量≥10kVA（三进单出或单进单出），蓄电池备用时长≥2h

5.1.6 数据中心应具有固定 IP 接入网络，允许用户进行 IPSec VPN 或者 L2TP VPN 方式的访问，并宜建设数据中心到总调度中心和分调度中心的通信专线。

5.1.7 数据中心的网络安全必须符合国家有关的信息安全规定，网络安全设备必须符合国家的相关入网要求。

5.1.8 数据中心的机房设备应符合现行国家标准《电子信息系统机房设计规范》GB 50174 的规定。

5.2 总调度中心

5.2.1 总调度中心应为总公司系统的指挥中心，应由若干调度终端、视频显示系统及机房设备等组成。

5.2.2 总调度中心应能监视监控及调度系统的所有运营车辆和指挥各分调度中心、线路调度室，并应具有临时取代分调度中心或线路调度室的调度职能的功能。

5.2.3 调度终端应由 PC 机和网络电话组成，并应具有下列功能：

　　1 调度终端应能查询、显示所辖线路运营车的运营数据；

　　2 调度终端应能针对非正常运营情况，查询、显示实时调度方案；

　　3 调度终端应能对分调度中心、线路调度室和车辆发布调度指令和通话。

5.2.4 视频显示系统应能满足集体研讨和应急指挥的需要。其要求应符合现行国家标准《视频显示系统工程技术规范》GB 50464 的规定。当监控及调度系统为 C 级时，显示设备也可采用投影仪。

5.2.5 机房设备可独立设置，也可与数据中心共用。

5.3 分调度中心

5.3.1 分调度中心应为分公司系统的指挥中心。分调度中心应由若干调度终端、视频显示系统及机房设备等组成。

5.3.2 分调度中心应接受并执行总调度中心的命令和指挥各线路调度室。

5.3.3 分调度中心应能监视所辖区域、线路的运营车辆，并应具有临时取代线路调度室的职能的功能。

5.4 线路调度室

5.4.1 线路调度室应为车队所辖线路的指挥中心。线路调度室应由若干调度终端、机房设备及发车显示屏等组成。

5.4.2 线路调度室应能监视和指挥所辖线路的运营车辆，并应能接受所属分调度中心或总调度中心的命令。

5.4.3 发车信息显示屏宜为室外型 LED 显示系统，应在始发车站向驾驶员和乘客显示本次及下一次车的发车时间、车号和当前时间。

5.4.4 可在始发站设置调度信息显示屏向驾乘人员显示各车组次日上班时间、待驾车号、车辆送保时间、接车时间等调度指令及当月已完成车次数、里程、收入、油（电）耗、出勤率、准点率、违章次数、事故次数等生产指标。

5.5 车载终端设备

5.5.1 车载终端设备应包括 GPS 定位模块、数据传输模块、数据接口、语音服务模块、语音调度模块、显示模块、视频录像模块、控制模块、电源模块。

5.5.2 GPS 定位模块应符合下列要求：

　　1 绝对定位误差不应大于半径 20m，相对定位误差不应大于 5m；

　　2 启动时间不应大于 60s；

　　3 重新捕捉时间不应大于 2s；

　　4 自动搜索时间不应大于 120s。

5.5.3 数据传输模块在通信网络正常时，2min 无响应率不应大于 1 次/月。

5.5.4 数据接口应设有 RS232、RS485、USB 和 CAN 总线接口。

5.5.5 语音服务模块应具有向乘客广播及对驾驶员提示的两套独立发声系统，并应能进行音量调整。

5.5.6 语音调度模块应具有免提语音通信和群呼功

能，并应能设置多个通话号码。

5.5.7 显示模块宜为 LED 显示系统，显示报站信息时，应与语音报站同步。

5.5.8 视频录像模块应能提供视频录像接口。

5.5.9 控制模块应能控制车载系统各模块间的信息交互及数据处理。

5.5.10 电源模块应能适应 8V～36V 的输入电压，电气性能试验参数应符合表 5.5.10 的规定，且按表 5.5.10 要求试验后应能正常工作。

表 5.5.10　电气性能试验参数

标称电压 （V）	电源电压范围 （V）	过电压 （V）	极性反接 试验电压 （V）	试验时间 （min）
12	8～18	24	14	各 1
24	18～32	36	28	各 1

5.5.11 车载终端设备的电磁兼容性应符合下列要求：

　　1 对外骚扰限值应符合现行国家标准《信息技术设备的无线电骚扰限值和测量方法》GB 9254 对车载设备的要求。

　　2 电磁抗扰度应符合现行国家标准《电磁兼容试验和测量技术》GB 17626 中对静电放电抗扰度、射频电磁场辐射抗扰度和电快速变脉冲群抗扰度的规定。

5.5.12 环境适应性应符合国家标准《电工电子产品基本环境试验规程》GB/T 2423 对车载使用的电子产品的规定。

5.5.13 车载终端设备的平均无故障工作时间不应少于 1000h。

5.6 电子站牌

5.6.1 电子站牌应包括数据通信模块、控制模块、显示模块、电源模块。

5.6.2 数据通信模块应能接收通过本站的多条线路运营车辆的动态位置数据。

5.6.3 控制模块应具有下列功能：

　　1 应提供车辆位置信息，该信息应与车内自动报站同步，位置精度不应大于半个站距；

　　2 可提供车辆预计到达本站时间，时间单位为分钟。

5.6.4 显示模块应为室外型 LED 显示系统，应能显示来车动态位置和预计到达本站时间。

5.6.5 环境适应性应符合现行国家标准《电工电子产品基本环境试验规程》GB/T 2423 对室外使用的电子产品的规定。

5.6.6 电子站牌的电磁兼容性应符合本规程第

5.5.11 条的要求。

6 工 程 施 工

6.1 一 般 规 定

6.1.1 工程施工前应具备齐全的施工设计文件，并应组织设计交底和技术交底。施工单位应在施工前编制施工组织设计，并根据设计文件和施工现场条件制定施工组织措施。

6.1.2 工程使用的设备和材料应有出厂检验合格证书，并应核对产品的规格、型号、性能配置等是否符合设计文件和合同的规定。

6.1.3 设备安装前应通电测查其功能和性能，检测应按相应的国家现行产品标准进行。国家无标准的，应按合同规定或设计要求进行。对不具备现场检测条件的设备，可在工厂检测或委托有检测资质的机构检测，并应出具检测报告。

6.1.4 软件操作系统、数据库管理系统、应用系统软件、信息安全软件和网管软件等商业化的软件，应有使用许可证和使用范围要求。

6.1.5 由系统承包商编制的应用软件，除应进行功能测试和系统测试之外，还应根据需要进行容量、可靠性、安全性、可恢复性、兼容性、自诊断等多项功能测试。

6.1.6 系统程序结构说明、安装调试说明、使用和维护说明书等软件资料应齐全。

6.2 施 工

6.2.1 施工必须按设计文件进行，当需局部调整和变更时，应填写工程变更审核单，经建设单位和设计单位批准后方可实施。

6.2.2 设备安装的结构施工与验收应符合现行国家标准《建筑工程施工质量验收统一标准》GB 50300的有关规定。

6.2.3 传输管、线、槽的敷设和电缆桥架安装应符合现行国家标准《建筑电气工程施工质量验收规范》GB 50303 和《综合布线系统工程验收规范》GB 50312 的有关规定。

6.2.4 对隐蔽工程施工，建设单位、监理单位应会同设计、施工单位进行随工验收，并应填写隐蔽工程随工验收单。

6.2.5 控制室的施工应符合设计要求，并应符合现行国家标准《电子信息系统机房施工及验收规范》GB 50462 的有关规定。

6.2.6 系统的防雷和接地应满足设计要求，并应符合现行国家标准《建筑物电子信息系统防雷技术规范》GB 50343 和《电气装置安装工程 接地装置施工及验收规范》GB 50169 的有关规定。

6.2.7 车载设备和电子站牌的施工应符合设计要求。

6.3 系 统 调 试

6.3.1 监控及调度系统调试前应符合下列要求：

1 系统调试应在设备安装与线缆敷设完毕，且施工质量符合要求后进行；

2 应对通信连接线路和供电线路的连接进行检查，且应牢固可靠，不得有虚接、错接现象；

3 系统通电前应检查供电设备的电压、相位、设备工作接地等正确无误；

4 应编制完成设备平面布置图、系统连接图、接线表及调试大纲，并应经建设方或监理方的批准。

6.3.2 监控及调度系统的控制软件的安装应符合下列要求：

1 软件安装应按安装手册的要求进行；

2 应用软件基本配置应符合平面布置图、系统连线图、接线表等使用要求。

6.3.3 监控及调度系统的通电调试应符合下列要求：

1 系统调试应分区接通电源，不得同时通电；

2 系统联调应在分区调试合格后进行；

3 通电调试中，当设备运行不正常时，应立即断电、检查和修复，然后重新调试，直至设备运行正常，并应作文字记录；

4 系统各部功能应逐一测量，且应符合设计要求，并作文字记录；

5 系统应能正常协调工作，各类接口特性应达到设计要求。

6.3.4 监控及调度系统的调试结束后，应根据调试记录填写系统调试报告。

7 系 统 试 运 行

7.0.1 监控及调度系统应在调试合格，且调试报告经建设单位认可后进行试运行。试运行期间应作好试运行记录。

7.0.2 监控及调度系统试运行时间宜为 3 个月～6 个月，每日工作时间应与公交运营时间相同。

7.0.3 监控及调度系统试运行期间，设计、施工单位应配合建设单位建立系统值勤、操作和维护管理制度。

7.0.4 监控及调度系统试运行应达到设计要求。

7.0.5 监控及调度系统试运行结束，建设单位应根据试运行记录写出系统试运行报告。系统试运行报告内容应包括试运行起止日期，试运行过程故障记录，故障产生的日期、次数、原因和排除状况，系统功能要求及综合评述。

8 工 程 验 收

8.1 一 般 规 定

8.1.1 监控及调度系统工程项目按设计任务书的规定内容全部完工，经试运行达到设计要求，并为建设单位认可，可视为竣工。

8.1.2 工程竣工后，施工单位应出具工程竣工报告。工程竣工报告内容应包括工程概况、对照设计文件安装的主要设备、依据设计任务书或工程合同所完成的工程质量自我表现评估、维修服务条款及竣工核算报告等。

8.1.3 监控及调度系统工程验收应符合现行国家标准《建筑工程施工质量验收统一标准》GB 50300的规定。

8.2 工 程 竣 工 验 收

8.2.1 监控及调度系统的工程竣工验收应在系统试运行达到设计要求，并经建设单位认可后进行。

8.2.2 工程正式验收前，建设、设计、施工单位应提交下列资料：

1 设计任务书；

2 工程合同；

3 工程初步设计论证意见及设计、施工单位与建设单位共同签署的深化设计意见；

4 正式设计文件、相关图纸资料和设计变更通知书；

5 系统试运行报告；

6 工程竣工报告；

7 系统使用说明书（含操作和日常维护）；

8 工程竣工核算报告；

9 工程检验报告（含隐蔽工程随工验收单）。

8.2.3 工程竣工验收应根据合同技术文件、设计任务书和国家现行有关标准与管理规定等相关要求进行验收检测。

8.2.4 工程竣工验收应根据正式设计文件、图纸进行，施工有局部调整或变更的，应由施工方提供工程变更审核单。

8.2.5 工程设备安装验收应符合下列规定：

1 应按竣工报告检查系统配置，包括设备数量、规格、型号、原产地及安装部位；

2 应按相关项目与要求，采用现场观察、核对施工图、抽查等方法，对工程设备的安装质量进行检查验收，并应做好记录。

8.2.6 隐蔽工程验收应按复核隐蔽工程验收单的检查结果进行验收。

8.2.7 监控及调度系统性能技术指标的检测应按设计任务书、合同相关技术条款的要求，进行逐项客观测试，同时做好记录。

8.2.8 监控及调度系统功能的检测应按设计任务书、合同相关技术条款的要求，进行逐项功能演示。

8.2.9 应审查验收资料的完整性、准确性及正确性。

8.2.10 验收工作完毕应出具工程竣工验收报告。

8.2.11 工程竣工验收完毕后应建立工程设计、施工及验收的技术资料档案。

本规程用词说明

1 为便于在执行本规程条文时区别对待，对要求严格程度不同的用词说明如下：

1）表示很严格，非这样做不可的：
正面词采用"必须"，反面词采用"严禁"；

2）表示严格，在正常情况下均应这样做的：
正面词采用"应"，反面词采用"不应"或"不得"；

3）表示允许稍有选择，在条件许可时首先应这样做的：
正面词采用"宜"，反面词采用"不宜"；

4）表示有选择，在一定条件下可以这样做的，采用"可"。

2 条文中指明应按其他有关标准执行的写法为："应符合……的规定"或"应按……执行"。

引用标准名录

1 《电气装置安装工程 接地装置施工及验收规范》GB 50169

2 《电子信息系统机房设计规范》GB 50174

3 《建筑工程施工质量验收统一标准》GB 50300

4 《建筑电气工程施工质量验收规范》GB 50303

5 《综合布线系统工程验收规范》GB 50312

6 《建筑物电子信息系统防雷技术规范》GB 50343

7 《电子信息系统机房施工及验收规范》GB 50462

8 《视频显示系统工程技术规范》GB 50464

9 《电工电子产品基本环境试验规程》GB/T 2423

10 《信息技术设备的无线电骚扰限值和测量方法》GB 9254

11 《电磁兼容 试验和测量技术》GB 17626

中华人民共和国行业标准

公共汽电车行车监控及集中
调度系统技术规程

CJJ/T 178—2012

条 文 说 明

制 订 说 明

《公共汽电车行车监控及集中调度系统技术规程》CJJ/T 178-2012 经住房和城乡建设部 2012 年 5 月 3 日以第 1365 号公告批准、发布。

在规程编制过程中，编制组对我国公共交通的运营、监控、调度管理进行了总结，对公共汽电车行车监控及集中调度系统的结构、功能、设备的要求等作出了规定。

为便于广大设计、施工、科研、院校等单位有关人员在使用本规程时能正确理解和执行条文规定，《公共汽电车行车监控及集中调度系统技术规程》编制组按章、节、条顺序编制了本规程的条文说明，对条文规定的目的、依据以及执行中需注意的有关事项进行了说明。但是，本条文说明不具备与规程正文同等的法律效力，仅供使用者作为理解和把握规程规定的参考。

目 次

1 总 则

1.0.1 建立城市公共汽电车行车监控及集中调度系统可以大大提高对运营车辆的智能化调度管理水平和对乘客服务的水平。全国各地正在不同规模、不同层次、不同水平上建设和试用该系统，并取得了一定的社会效益和经济效益。由于该系统技术复杂，投资较大，具有一定的建设风险，因此，集中各地公交企业和技术开发单位的科技人员，在总结国内外已有的经验并经过充分的研究和论证的基础上制定本规程，以规范系统的设计、施工、验收和运营管理，保证工程质量，提高系统的实用性、先进性、经济性、可靠性和可维护性，已是刻不容缓的工作。本条目阐述了制定本规程的目的、意义。

1.0.4 与本规程有关的现行国家和行业规程是执行本标准时必须遵守的技术依据。所被引用的应该是该文件的最新版本。

为了便于理解本规程的技术内容，本章定义了 9 条术语。还有一些在本规程中使用的术语，因在现行行业标准《城市公共交通工程术语标准》CJJ/T 119 中已有定义，故未列入本规程第 2 章，它们是：车辆定位、车辆动态位置、运行时刻偏离量、车辆运营数据、调度中心、线路调度、集中调度、实时调度、远程调度、计算机辅助调度、调度指令、电子站牌等。

3 基 本 规 定

3.1 系 统 设 计

3.1.3 目前我国公交企业的运营调度体制有如下三种：总公司、分公司和车队（线路）三级调度；公司和车队（线路）二级调度；公司即车队（线路）一级调度。在系统建立初期，宜维持现有调度体制，待系统已完全取代传统人工调度，并充分发挥其功能以后，可减少层次，提高调度集中程度，以进一步提高社会效益和经济效益。

3.1.4 根据当前电子产品的使用寿命和更新换代周期考虑，系统的服务能力按近期 3 年、远期 5 年设计是适当的。

3.1.6 系统故障或其他突发事件使系统不能正常工作是难免的，必须预设简单、易行、适当介入少量人工干预的应急措施，以保证正常运营。

3.1.7 由于本系统的数据量大，终端众多，信息处理的实时性强，因此应有统一的时钟。

又因本系统的原始动态数据均源于 GPS 定位系统，而 GPS 时钟又是全球化的高精度的时钟，因此采用 GPS 时间为本系统的统一时间是十分必要的。

3.3 系 统 分 级

关于系统的分级：本系统的建设、发展和完善是从试验系统、小型系统到中型、大型系统逐步进行的。每一个较大的系统都是在较小系统修改、完善的基础上扩充、升级而成。当系统建成并完善以后，将逐步取代传统落后的人工运营调度方法，为乘客提供优质和周到的出行服务。系统的规模越大，功能越完善，服务水平越高，社会对该系统的依赖性就越强，当系统设施故障造成信息中断或数据丢失时，对公共交通和社会的损失和影响也越大，因此，对系统的可靠性和保障维护能力的要求也越高。所以，按系统的设计容量和可靠性要求分级是合理的。至于其他功能和指标则与系统的规模并无直接关系，各地的设计要求差别都不大，因此不列入分级要求。

3.4 系统基本功能

系统的基本功能是公共汽电车智能化调度区别于传统调度的根本特征，是公共汽电车信息化建设的重要标志，是运营管理和服务水平大幅度提高的充分体现。本节所列 6 条基本功能是否全面、高质量地实现，是衡量系统是否成功、是否完善的主要依据。

鉴于当前的技术水平，在基本功能中尚未提出"实时采集运营车辆的客流数据"和"根据客流统计数据，提出线路、线网优化设计方案"的要求，待今后条件成熟时，应补充此两项内容。

3.4.1 车辆的运行状态指该车的所属线路编号、车号、司机号、当前时间、动态位置、车速、所在车站（或站间）、准点情况、有无串车或大间隔、有无超速或越线等违规行驶、车辆油量、气压、水温、有无故障等技术情况以及路堵、纠纷、报警等情况。

实时监视指调度人员任何时候都能通过调度终端查询显示车辆的运行状态，以便进行实时调度。

3.4.2 远程调度指调度人员借助于调度终端，对远离调度室的车辆进行实时调度。无论受控车辆在停车场、运营线上或保养途中，如同在调度员的面前，进行面对面的调度。

实时调度指调度人员借助于调度终端随时掌握车辆的运营数据，即时指挥运营车辆，即时解决运营中出现的问题，基本消除调度滞后的现象。

应急调度指当运营线路或车辆出现非正常运营状况时，计算机及时给予提示，并提出处理预案，供调度人员快速处理运营中的问题。

3.4.3 传统的调度方法，每条线路的车辆、车组人员及运行时刻表是固定不变的，线路之间缺乏动态调剂配合。当一条线路已无车可发时，不能从其他线路调车，以致发车间隔过大；当枢纽站来客较多时，相关线路不能加车疏散乘客，以致大量乘客滞留等。建立车辆监控及集中调度系统后，可方便地实现对多条线路的集中统一调度，提高相关线路的衔接配合能力，适时、高效地保持正常的运营秩序，实现客流畅通。

3.4.4 在车站为乘客提供动态候车信息服务包含下列两种情况：一是在始发站根据行车时刻表和当前的客流和车辆到站情况，确定发车间隔，显示待发车车号和发车时间；二是在中途站根据车辆定位数据向候车乘客显示本线路的来车动态位置。

在车内为乘客提供自动报站服务是指车载终端根据本车的动态定位数据，判定进入和离开车站的一定范围时，控制报站设备向乘客报告到、离车站的信息。

3.4.5 自动生成行车记录即根据运营管理的需要，将车辆运营数据实时生成电子路单等行车记录。按统计期自动生成运营统计数据指按技术、经济、安全指标进行处理和统计，统计期分为班、日、周、月、季、年等，统计单位分为车组、线路、车队、分公司、总公司等。

3.4.6 实时调整行车计划包括下列情况：

由于行车秩序已经破坏，原定行车计划已难以继续执行，应根据调度终端显示的在线车辆运行情况和始发站现有车辆情况，调整当前的发车间隔或增发大站车、区间车等，待运行秩序恢复正常后，继续执行原定行车计划。

4 系统功能设计

4.1 行车监控及调度管理系统

4.1.1、4.1.2 公交线路运行计划的编制和运营排班情况，在各地的具体做法不尽相同，本规程提出的是一般情况，在项目实施时须结合当地实际情况设计。

1 运行计划编制规则示例：

——驾驶员提前30min到停车场报到准备发车；

——高峰期发车时间间隔为1min～3min平滑过渡；

——平峰期发车时间间隔为5min～10min平滑过渡。

2 运营排班编制规则示例：

——正常班次驾驶员正向循环、每两天午饭去一个班次、每天进行早晚交换；

——单班次驾驶员正向循环、每一天移动一个班次、每天进行早晚交换。

4.1.3 地理信息系统是实现对车辆实时监控的主要手段。运营数据的显示方式不作要求，但数据必须完整，更新应当及时。

关于运营数据采集周期：其默认值为15s时，信息的最大延时也是15s，若运营车在快速路上以每小时60km的速度行驶，则因信息滞后带来的误差上限

值为250m，约为半个站距，能够满足实时调度和电子站牌的需要。若以平均运行速度每小时20km计算，该误差的上限值则约为80m，对调度和乘客的需求来说，已相当精确了。因此，将数据采集周期的默认值定为15s是较为合理的。

电子地图的精度选定为1∶10000是与第5.5.2条中车辆定位误差不大于半径20m相适应的，也就是说对于20m的距离，在1∶10000的地图上才有足够的分辨率。

模拟线路图简单明了，制作方便，是一种简化了的地图，对于较小范围（较少线路）的显示，是比较适用的。

4.1.4 调度业务服务是本系统最重要、最核心的功能，实行集中调度、远程调度、实时调度和计算机辅助调度，是保证公交车辆、线路均衡高效运行，为乘客提供优质服务的关键措施。

数据通信延时不应超过3s的要求，以车速60km/h为例，3s能行驶50m，与车辆定位误差20m同数量级，两者之和在地理信息系统中引入的误差上限不足100m，能满足调度人员监控车辆的需要。对于GPRS和CDMA通信网络而言也是完全能够做到的。

4.1.5 自动生成的单车在一天中的运营数据称为电子路单。电子路单不仅有全天的总数，而且有当天任意时刻的累计数，是对车辆运营情况真实、详细、准确的记录，是加强运营管理的可靠依据，这是传统人工调度方法无法做到的。

自动生成各种运营统计报表，使非常庞杂而容易出错的统计工作变得十分简单、迅速、准确，不仅大大提高了统计的质量和效率，还精减了大量的统计人员。

4.2 乘客信息服务系统

乘客信息服务系统是直接面向乘客的服务设施，能为乘客提供极大的方便，既要求信息准确，又要更新及时，否则将失去使用价值，产生误导，给乘客造成时间和经济损失，甚至招致投诉。因此，必须有更加严格的技术要求。

4.3 数据通信服务系统

4.3.1 由于本系统技术复杂，投资很大，一个较大的系统只能从试验系统开始，从小到大分期分批地发展。在不断的改进中往往形成不同型号、不同厂家的产品同时在系统中使用的现象。因此要求能实现数据中心与不同型号的车载终端的通信，并能使用多种应用协议。

由于公交车的数量很多，定位数据采集周期短，极易出现多用户并发现象，所以要求数据通信能实现大规模、多用户并发处理。

4.4 车载终端系统

4.4.1 车辆定位的信号盲区处补偿办法例如：在盲区设置定位信标；增设车载陀螺仪；增设电子里程表等。

4.4.3 运营车改换运营线路时，更换路牌和报站信息应能实现无线更新，既能在车内操作，又能在调度终端无线操作。

远程签到指驾乘人员在车载终端签到，而不必走到调度室去。

4.4.5 车载终端的外部设备数据接口使全车电子设备连接组成智能化的有机整体。

5 硬件支撑平台设计

5.1 数据中心

数据中心是本系统的核心，其设备配置在一定程度上决定了本系统的质量和水平。

5.1.4 数据处理速度高于数据采集速度，才能保证每一数据采集周期内采集的数据在一个周期内处理完毕。

调度计划、指令、统计数据及时处理是指不耽误调度计划、指令、统计数据的使用要求即可。

5.2 总调度中心

5.2.2 总调度中心的职能是监视全系统的运营车辆，指挥各分调度中心和线路调度室，一般不直接指挥运营车辆，只有当分调度中心和线路调度室不能正常工作时，作为备份机构，才临时取代它们的调度职能。

5.2.3 调度终端是调度人员利用行车监控及集中调度系统对所管辖线路的运营车辆进行监视和调度的系统界面设备。从显示屏上可以观察受控车辆的动态位置，行车间隔是否均匀，有无串车和大间隔出现，有无超速、离线、甩站等违规行为等。对于非正常运营情况能自动提示，并提出处理方案，调度人员可通过按键（短信）或网络电话对车辆进行远程、实时指挥。由于观察和指挥十分方便，一个调度人员可监控多条线路的运营，统一调度不同线路的车辆，实现线路和车辆的优化运营，既提高了服务质量，又降低了

运营成本。

5.2.4 视频显示系统即大屏幕显示设备，公交企业的领导和业务部门集体研究运营工作时，上级机关领导集体视察公交运营情况时以及相关单位集体访问时，大屏幕显示设备是十分必要的。对于重大的社会活动和突发事件，需要企业领导和业务人员共同监视保驾运营时，更是不可缺少的。

5.3 分调度中心

5.3.2 无论总调度中心、分调度中心和线路调度室，其调度终端设备的性能、质量和规格要求都是一样的，其视频显示系统和机房设备除显示面积或额定功率外，其他要求也基本相同。

5.5 车载终端设备

5.5.1 所列对定位模块要求的数据属商用 GPS 接收和处理部件的一般水平，具有可操作性。

5.5.2 通信网络正常时，车载终端的数传模块长时间（2min）无响应率不大于每月 1 次，通过努力是能做到的。

5.5.10 电源模块适应 8V～36V 的输入电压就能适应标称电压 12V 和 24V 的两种汽车电源。

5.5.13 车载终端的使用条件较恶劣，振动频繁，环境温差大，尘土多，日晒强，湿度变化大等，平均无故障工作时间为 1000h 为当前所能达到的一般水平。为了保证全系统平均无故障工作时间 4000h～6000h 的要求，应对车载终端进行严格的日常和定期保养维修。

5.6 电子站牌

5.6.3 由于我国公共汽电车的运营计划、调度均以站距和分钟为计量单位，因此电子站牌显示的来车位置精度以半个站距为计量单位，预计到站时间以分钟为计量单位，这也符合一般乘客的习惯要求。但是，由于路况复杂，延误难免，预报的时间准确度难以保证，所以，预计到站时间宜作可选项目。

由于电子站牌显示的车辆位置信息与车内自动报站同步，因此，车辆在站的位置误差不大于到、离车站时启动报站的预设报站半径；而车辆在站间的位置误差，则不大于两站之间的距离。

中华人民共和国行业标准

生活垃圾收集站技术规程

Technical specification for municipal solid
waste collecting station

CJJ 179—2012

批准部门：中华人民共和国住房和城乡建设部
施行日期：2 0 1 2 年 1 1 月 1 日

中华人民共和国住房和城乡建设部
公 告

第 1380 号

关于发布行业标准《生活垃圾
收集站技术规程》的公告

现批准《生活垃圾收集站技术规程》为行业标准，编号为 CJJ 179-2012，自 2012 年 11 月 1 日起实施。其中，第 7.1.2、7.1.5、7.2.2、7.2.3、9.0.5 条为强制性条文，必须严格执行。

本规程由我部标准定额研究所组织中国建筑工业出版社出版发行。

中华人民共和国住房和城乡建设部
2012 年 5 月 16 日

前 言

根据原建设部《关于印发〈2007 年工程建设标准制订、修订计划（第一批）〉的通知》 （建标 [2007] 125 号）的要求，规程编制组经广泛调查研究，认真总结实践经验，参考有关标准，并在广泛征求意见的基础上，编制本规程。

本规程的主要技术内容是：1. 总则；2. 基本规定；3. 规划选址与设置；4. 规模与类型；5. 工艺、设备及技术要求；6. 建筑、结构与配套设施；7. 环境保护、安全与劳动卫生；8. 工程验收；9. 运行与维护。

本规程中以黑体字标志的条文为强制性条文，必须严格执行。

本规程由住房和城乡建设部负责管理和对强制性条文的解释，由青岛市环境卫生科研所负责具体技术内容的解释。执行过程中如有意见或建议，请寄送青岛市环境卫生科研所（青岛市市南区岳阳路 11 号 11 号楼，邮政编码：266071）。

本 规 程 主 编 单 位：青岛市环境卫生科研所
本 规 程 参 编 单 位：城市建设研究院
　　　　　　　　　　　北京市环境卫生设计科学研究所
　　　　　　　　　　　海沃机械（扬州）有限公司
　　　　　　　　　　　重庆耐德新明和工业有限公司

本规程主要起草人：林　泉　于　铭　宫渤海
　　　　　　　　　　宋　霁　刘晶昊　庄　颖
　　　　　　　　　　刘　竞　庞立习　张文勇
　　　　　　　　　　邓　成　葛亚军　张后亮
　　　　　　　　　　杨　冰

本规程主要审查人员：徐文龙　陈海滨　陶　华
　　　　　　　　　　赵爱华　吴文伟　张　范
　　　　　　　　　　冯其林　朱青山　邓　俊
　　　　　　　　　　陈　军　李湛江

目　次

Contents

1 总　则

1.0.1 为规范生活垃圾收集站（以下简称"收集站"）的规划、建设，提高收集站的运行与维护水平，减少生活垃圾收集过程对环境的影响，制定本规程。

1.0.2 本规程适用于新建、扩建和改建收集站（点）的规划、设计、建设、验收、运行及维护。

1.0.3 收集站的规划、设计、建设、验收、运行及维护除应执行本规程外，尚应符合国家现行有关标准的规定。

2 基本规定

2.0.1 新建、扩建或旧城区域的改建收集站应与其他建筑统一规划、同步建设和同时投入使用，生活垃圾收集点（以下简称"收集点"）也应一并规划设置。

2.0.2 原有收集站需改建或迁建时，应制定并落实改建或迁建计划后再实施。

2.0.3 收集站的设置、验收应征得当地环境卫生行政主管部门的同意。

2.0.4 收集站的设计应符合高效、节能、环保、安全、卫生等要求，设备选型应标准化、系列化。

3 规划选址与设置

3.1 规划选址

3.1.1 收集站选址应符合环境卫生专业规划。

3.1.2 环境卫生专业规划应提出收集站的具体要求。

3.1.3 收集站宜设置在交通便利的地方，并应具备供水、供电、污水排放等条件。

3.1.4 有条件的居住区，可设置专门的垃圾运输通道。

3.2 设　置

3.2.1 大于5000人的居住区宜单独设置收集站；小于5000人的居住区，可与相邻区域提前规划，联合设置收集站。

3.2.2 大于1000人的学校、企事业等社会单位宜单独设置收集站；小于1000人的学校、企事业等社会单位，可与相邻区域提前规划，联合设置收集站。

3.2.3 成片区域采用收集站模式时，收集站设置数量不应少于1座/km²。

3.2.4 收集点的设置应符合下列规定：

　　1 收集点位置应固定，应方便居民投放垃圾，并应便于垃圾清运。人行道内侧或外侧可设置港湾式收集点。

　　2 垃圾收集点的服务半径不宜超过70m。

　　3 收集点应根据垃圾量设置收集箱或垃圾桶。每个收集点宜设2~10个垃圾桶。塑料垃圾桶应符合现行国家标准《塑料垃圾桶通用技术条件》CJ/T 280的要求。

　　4 分类垃圾收集点应根据分类收集要求设置垃圾桶，垃圾桶的色彩标志及分类标识应符合现行国家标准《生活垃圾分类标志》GB/T 19095的要求。

3.2.5 收集站服务半径应符合下列规定：

　　1 采用人力收集，服务半径宜为0.4km以内，最大不超过1km。

　　2 采用小型机动车收集，服务半径不应超过2km。

4 规模与类型

4.1 规　模

4.1.1 收集站的设计规模应考虑远期发展的需要，设计收集能力不宜大于30t/d。

4.1.2 设计规模和作业能力应满足其服务区域内生活垃圾"日产日清"的要求。采用分类收集的收集站，应满足其分类收运和简单分拣、储存的要求。

4.1.3 收集站的用地指标应符合表4.1.3的规定。

表4.1.3 收集站用地指标

规模 (t/d)	占地面积 (m²)	与相邻建筑 间隔（m）	绿化隔离带 宽度（m）
20~30	300~400	≥10	≥3
10~20	200~300	≥8	≥2
10以下	120~200	≥8	≥2

注：1　带有分类收集功能或环卫工人休息功能的收集站，应适当增加占地面积；

　　2　占地面积含站内设置绿化隔离带用地；

　　3　表中的绿化隔离带宽度包括收集站外道路的绿化隔离带宽度；

　　4　与相邻建筑间隔自收集站外墙起计算。

4.1.4 收集站的设计规模可按下式计算：

$$Q = A \cdot n \cdot q/1000 \qquad (4.1.4)$$

式中：Q——收集站日收集能力（t/d）；

　　　A——生活垃圾产量变化系数，该系数要充分考虑到区域和季节等因素的变化影响。取值时应按当地实际资料采用，无实测值时，一般可采用1~1.4；

　　　n——服务区内实际服务人数；

　　　q——服务区内人均垃圾排放量（kg/d），应按当地实测值选用；无实测值时，居住区可取0.5~1，企事业等社会单位可取0.3~0.5。

4.2 类 型

4.2.1 收集站按建筑形式可分为独立式收集站、合建式收集站。

4.2.2 收集站按收集设备可分为压缩式收集站、非压缩式收集站。

5 工艺、设备及技术要求

5.1 工 艺

5.1.1 站前垃圾收集系统应密闭,并应与收集站的工艺相匹配。

5.1.2 垃圾进入收集站,应直接倾倒在垃圾收集箱或卸料斗内。

5.1.3 宜采用压缩工艺,以提高收集和运输效率。

5.1.4 分类垃圾收集站,应设置分类收集的收集箱(桶),可回收物可在站内进行简单分拣。

5.2 设 备

5.2.1 收集站设备应包括受料装置、收集箱、压缩机、提升装置等,有条件的收集站宜配备垃圾称重系统。

5.2.2 设备焊接应均匀、平直,美观、无缺陷。

5.2.3 所有外露黑色金属表面应作防锈处理。

5.2.4 压缩机、提升装置等应有自动安全保护措施。

5.2.5 受料装置应具备良好的防止垃圾扬尘、遗洒、臭味扩散等性能。

5.2.6 收集箱应符合下列要求:

　　1 后门应配备锁紧装置,保证后门锁紧严密;

　　2 应防止污水洒漏,可外置或利用自身结构存储污水;

　　3 采用高强度钢板,耐磨、耐腐蚀性好,不易变形,表面应采用防腐处理;

　　4 收集箱的焊接应无漏焊、裂纹、夹渣、气孔、咬边、飞溅等焊接缺陷。

5.2.7 压缩机应符合下列要求:

　　1 关键部件应采取耐磨、防腐等处理工艺;

　　2 应有垃圾满载提示装置;

　　3 液压、控制部件应运行可靠;

　　4 运动部件应设有安全防护罩和明显标志;

　　5 电气系统应为防水设计,并应配备紧急停机控制器。

5.2.8 提升装置应符合下列要求:

　　1 应具备限速、减速功能,保证运行平稳。

　　2 应有安全保护装置。

　　3 提升能力应满足收集箱满载后的荷载要求。

5.3 技术要求

5.3.1 受料装置的主要技术参数应符合下列要求:

　　1 卸料斗容积不应小于 $1.2m^3$;

　　2 料斗提升力不应小于 500kg。

5.3.2 压缩机的主要技术参数应符合下列要求:

　　1 压实密度不应小于 $0.65t/m^3$;

　　2 压填循环时间不应大于 50s;

　　3 宜选用低噪声设备。

5.3.3 收集箱的主要技术参数应:

　　1 箱体容积不应小于 $5m^3$;

　　2 密封性能:密封部位做水密试验,30min内不得有渗漏,且密封条正常使用寿命不应小于 6 个月;

　　3 收集箱上下车最大高度不应大于 5.5m。

5.3.4 提升装置的主要技术参数应符合下列要求:

　　1 提升高度距地面不应大于 5.5m;

　　2 升降循环时间不应大于 60s。

6 建筑、结构与配套设施

6.1 建筑与结构

6.1.1 建筑物、构筑物的建筑设计和外部装修应与周边环境相协调。

6.1.2 应满足垃圾收集工艺及配套设备的安装、维护要求。

6.1.3 建筑结构应保证良好的整体密闭性,有利于污染控制。

6.1.4 建筑物室外装修宜采用美观、耐用、易清洁的材料。

6.1.5 室内地面和墙面应便于保洁。地面宜采用防渗性好,易于清洁的材料。墙面宜采用满铺瓷砖或防水涂料。顶棚表面应防水、平整、光滑。

6.1.6 污水收集系统应满足耐腐蚀、防渗等要求。

6.1.7 防雷、抗震、消防、采光等应符合现行国家标准《民用建筑设计通则》GB 50352 及相关标准的规定。

6.2 配 套 设 施

6.2.1 应按生产、生活要求确定供水方式与供水量。

6.2.2 应根据设备要求配置电源,有条件的收集站可配置备用电源。

6.2.3 收集作业过程产生的污水,应直接排入市政污水管网。

6.2.4 收集站内主要通道应符合进站车辆最大宽度及荷载要求。

6.2.5 应配置消防、防雷等设施。

6.2.6 有条件的收集站宜配置垃圾桶清洗装置。

6.2.7 宜设管理间及工人更衣、洗手、存放工具的场所,有条件的可设沐浴间。

7 环境保护、安全与劳动卫生

7.1 环 境 保 护

7.1.1 收集站的环境保护配套设施应与收集站主体设施同步实施。

7.1.2 收集站应设置通风、除尘、除臭、隔声等环境保护设施，并应设置消毒、杀虫、灭鼠等装置。

7.1.3 除尘除臭效果应符合现行国家标准《环境空气质量标准》GB 3095、《恶臭污染排放标准》GB 14554 等有关标准规定。收集站除尘除臭标准宜符合表 7.1.3 规定的数值。

表 7.1.3 收集站除尘除臭标准

污染物项目	限 值	
	室 外	室 内
硫化氢（mg/m³）	0.030	10
氨（mg/m³）	1.0	20
臭气浓度（无量纲）	20	—
总悬浮颗粒物 TSP（mg/m³）	0.30	—
可吸入颗粒物 PM10（mg/m³）	0.15	—

7.1.4 收集站作业时站内噪声不应大于 85dB，站外噪声昼间不应大于 60dB，夜间不应大于 50dB。

7.1.5 收集箱应密封可靠，收集、运输过程中应无污水滴漏。

7.1.6 收集站周边应注意环境绿化，并应与周围环境相协调。

7.2 安全与劳动卫生

7.2.1 收集站安全与劳动卫生应符合现行国家标准《生产过程安全卫生要求总则》GB/T 12801 和《工业企业设计卫生标准》GBZ 1 的规定。

7.2.2 在收集站的相应位置应设置交通指示、烟火管制指示等安全标志。

7.2.3 机械设备的旋转件、启闭装置等处应设置防护罩或警示标志。

7.2.4 填装、起吊、倒车等工序的相关设施、设备上应设置警示标志、警报装置。

7.2.5 收集站现场作业人员应穿戴必要的劳保用品。

8 工 程 验 收

8.0.1 收集站的各项建筑、安装工程施工应符合国家现行有关标准和设计文件的要求。

8.0.2 从国外引进的设备及零部件或材料，还应符合下列要求：

  1 应按商务、商检等部门的规定履行必要的程序与手续；

  2 应符合我国现行政策、法规和技术标准的有关规定。

8.0.3 应按设计文件和相应国家现行标准的规定进行工程竣工验收。

8.0.4 工程竣工验收除应符合国家现行有关标准的规定外，还应符合下列要求：

  1 机械设备验收应符合本规程第 5 章的相关要求。

  2 建筑工程及配套设施验收应符合本规程第 6 章的相关要求。

  3 环境保护、安全与劳动卫生工程验收应符合本规程第 7 章的相关要求。

8.0.5 收集站工程竣工验收前应做好必要的文件、资料的收集和准备工作，应包括下列文件、资料：

  1 项目批复文件；

  2 工程施工图等技术文件；

  3 工程施工记录和工程变更记录；

  4 设备安装、调试与试运行记录；

  5 收集站环保检测数据；

  6 其他必要的文件、资料。

9 运 行 与 维 护

9.0.1 收集站应制定运行、维护、安全操作规程。

9.0.2 应保持整洁的站容、站貌。

9.0.3 运行管理人员和操作人员应进行上岗前的培训。

9.0.4 收集站应按照规定时间作业。

9.0.5 操作人员应随机检查进站垃圾成分，严禁危险废物、易燃易爆等违禁物进站。

9.0.6 垃圾收集容器应无残缺、破损，封闭性好，并应及时清洗。

9.0.7 分类收集容器，应具有明显分类标识，并应保持标识的完整清洁。

9.0.8 设备保护装置失灵或工作状态不正常时，应及时停机检查维修。

9.0.9 收集站内各种设施、设备应进行定期检查维护。

本规程用词说明

  1 为便于在执行本规程条文时区别对待，对于要求严格程度不同的用词说明如下：

  1）表示很严格，非这样做不可的：

    正面词采用"必须"，反面词采用"严禁"；

  2）表示严格，在正常情况下均应这样做的：

    正面词采用"应"，反面词采用"不应"或

"不得";

　　3）表示允许稍有选择，在条件许可时，首先
　　　应这样做的：
　　　正面词采用"宜"，反面词采用"不宜"；

　　4）表示有选择，在一定条件下可以这样做的，
　　　采用"可"。

　　2 条文中指明应按其他有关标准执行的写法为：
"应符合……的规定（要求）"或"应按……执行"。

引用标准名录

1　《民用建筑设计通则》GB 50352

2　《环境空气质量标准》GB 3095

3　《生产过程安全卫生要求总则》GB/T 12801

4　《恶臭污染排放标准》GB 14554

5　《生活垃圾分类标志》GB/T 19095

6　《工业企业设计卫生标准》GBZ 1

7　《塑料垃圾桶通用技术条件》CJ/T 280

中华人民共和国行业标准

生活垃圾收集站技术规程

CJJ 179—2012

条 文 说 明

制 订 说 明

《生活垃圾收集站技术规程》CJJ 179 - 2012，经住房和城乡建设部 2012 年 5 月 16 日以 1380 号公告批准、发布。

本规程编制过程中，编制组进行了广泛深入的调查研究，总结了我国生活垃圾收集站规划、建设和运行的实践经验，取得了生活垃圾收集站设置、管理的技术参数和要求。

为便于广大设计、施工、管理等单位有关人员在使用本规程时能正确理解和执行条文规定，《生活垃圾收集站技术规程》编制组按章、节、条顺序编制了本规程的条文说明，对条文规定的目的、依据以及执行中需注意的有关事项进行了说明。但是，本条文说明不具备与标准正文同等的法律效力，仅供使用者作为理解和把握标准规定的参考。

目　次

1 总　则

1.0.1 本条说明了制定本规程的目的。

生活垃圾收集站（以下简称"收集站"）是指将分散收集的垃圾集中后由运输车清运出去的小型垃圾收集设施，主要起到垃圾集中和暂存的功能。它数量大，分布广，收集站的建设管理水平直接影响到居民的生活环境。本规程借鉴其他国家的先进经验，结合我国实际和相关标准规范的内容而制定。

1.0.2 本条规定了本规程的适用范围。

本规程的适用范围包含城市、镇和村庄的所有新建、改建和扩建生活垃圾收集站。

1.0.3 本规程的"引用标准名录"列举了本规程正文已引用的相关标准，与收集站规划、设计、建设、验收、运行及维护相关的其他标准主要有：

1 《建筑设计防火规范》GB 50016
2 《厂矿道路设计规范》GBJ 22
3 《安全色》GB 2893
4 《安全标准》GB 2894
5 《声环境质量标准》GB 3096
6 《建筑抗震设计规范》GB 50011
7 《建筑采光设计标准》GB 50033
8 《建筑物防雷设计规范》GB 50057
9 《建筑灭火器配置设计规范》GB 50140
10 《城市环境卫生设施规划规范》GB 50337
11 《村庄整治技术规范》GB 50445
12 《城镇环境卫生设施设置标准》CJJ 27
13 《生活垃圾转运站技术规范》CJJ 47

2 基 本 规 定

2.0.1 为了解决收集站普遍存在的选址难、建设难问题，本条强调了收集站与其他建筑的"三同时"原则，即"同步规划、同步建设和同时投入使用"。按照现行国家标准《环境卫生术语标准》CJJ 65 的定义，生活垃圾收集点是按规定设置的收集垃圾的地点。生活垃圾收集点（以下简称"收集点"）是垃圾集中投放的地点，是垃圾收集系统最前端的环节，也是收集系统的重要组成部分，所以对收集点也一并作了要求。

2.0.2 本条是为了避免旧城改造中，被拆除的收集站还建不到位的现象而专门设立的。目的是要求城市的旧城改造中不仅要落实新收集站的建设，更要保证原有收集站的设置地点和数量。

2.0.3 收集站的建设方如房地产开发商等，经常在收集站的选址、设计、建设时未与环卫部门沟通，造成建成的收集站出现不能与环卫部门收集系统相匹配等问题，因此要求环卫主管部门参与收集站的审批与

验收，征得环卫部门的同意后方可实施。

2.0.4 本条明确了收集站的设计要求。标准化、系列化的设备有利于收集站的更新、维护，因此应鼓励选用。

3 规划选址与设置

3.1 规 划 选 址

3.1.1 收集站的建设要求列入城市的环境卫生专业规划并严格遵守，包括有条件的城市在编制专业性的控制性详规时。

3.1.2 本条要求各城市的环境卫生专业规划内容要包括收集站的具体要求，如位置、占地、工艺及数量等。

3.1.3、3.1.4 主要提出了收集站选址应满足作业方便，具备相应市政条件。居住区内由于道路停放车辆等原因，可能影响垃圾运输车辆收运作业，因此具备条件的居住区可以设置专门的通道方便生活垃圾收集作业。

3.2 设　　置

3.2.1 5000 人的封闭式小区垃圾产生量一般在每日 4t 左右，按照日产日清要求，从车辆配置以及运输距离等因素考虑，建设收集站比较适宜。小于 5000 人的居住区，建议与相邻的区域联合设置收集站。

3.2.2 学校、企事业单位由于其独立封闭性，占地面积较大，垃圾成分比较特殊，适宜于单独收集，如果学校、企事业单位的规模较小，可与相邻的区域联合设置收集站。

3.2.3 成片区域是指人口较为密集的区域，参考《城市居住区规划设计规范》GB 50180 对居住区垃圾转运站的设置规定（$0.7km^2 \sim 1km^2$ 设置一座），同时考虑人工和简易机械收集半径，本规程规定收集站设置数量应不少于 1 座/$1km^2$；垃圾产生量大的区域，则需根据垃圾产生量确定收集站设置数量。

3.2.4 对收集点的设置提出四点要求。港湾式收集点既能减少环境影响，也不影响车辆及行人行走，是一种比较好的形式。人行道内侧港湾式收集点要设置坡道，便于垃圾桶的来回移动；服务半径的规定参考了现行国家标准《城镇环境卫生设施设置标准》CJJ 27；垃圾产生量大的地点，尽量使用大容量塑料垃圾桶，每个收集点垃圾桶数量上限为 10，下限考虑到分类收集的需要，至少设置可回收、不可回收两类，因此数量为 2；分类垃圾桶采用不同的桶身颜色及容易识别的分类标志，便于市民识别和分类投放。

3.2.5 本条明确了收集站的服务半径。

4 规模与类型

4.1 规 模

4.1.1 综合考虑收集站的服务人口及收集范围，结合生活垃圾转运站的分级规定，收集站的设计收集能力应小于V类生活垃圾转运站，即50t/d的规模，确定收集站设计收集能力不宜大于30t/d。

4.1.2 本条明确了收集站的设计规模和作业能力。分类收集的收集站要求根据分类收集的种类，设置相应的分类容器，满足分类收运的要求。部分类别的垃圾，如玻璃、塑料、纸张等可回收物有可能几天才需要外运一次，这种情况下，收集站应为可回收物设置存储空间。

4.1.3 本条结合城镇地区具体条件并参照转运站相关标准，对生活垃圾收集站用地指标提出了基本规定和要求。

4.1.4 本条列出了收集站设计规模的计算公式。主要参考了《城市环境卫生设施规划规范》GB 50337-2003和《生活垃圾转运站技术规范》CJJ 47-2006中的有关计算方法，并对生活垃圾产生量变化系数及服务区内人均垃圾排放量做了相应调整。影响垃圾产生量的主要因素有季节变化、人口波动及节庆活动等。影响最明显的是季节变化和节庆活动，波动最大的是节庆活动，其最大产生量为日常生活垃圾产生量的1倍以上，但持续时间很短。季节性变化持续时间较长，是生活垃圾产生量变化的主要考虑因素，通常季节变化的波动在0.8~1.4，考虑到收集站的设计实际，生活垃圾产生量变化系数为1~1.4。居住区的人均垃圾排放量为0.5~1，企事业单位的人均垃圾排放量为0.3~0.5，以上数据都是根据近几年的实测值确定。

4.2 类 型

4.2.1 本条明确了收集站的建筑形式。合建式收集站是指与公厕等公共服务设施建在一起，也可以是与其他建筑合建。

4.2.2 根据是否采用压缩设备，将收集站分为压缩式收集站和非压缩式收集站。压缩式收集站收集效率较高，节约运输成本，是主要发展方向。

5 工艺、设备及技术要求

5.1 工 艺

5.1.1、5.1.2 根据调研，站前垃圾收集存在露天收集、散装收运等问题，造成了垃圾落地、污水洒漏及臭气污染等现象；有些站前收集系统与收集站装、卸料方式不匹配，造成垃圾多次倒出转运。为减少收运过程中的环境影响，这两条强调垃圾从投放至运输到收集站的全过程应密闭；同时站前运输车辆、容器等均要根据不同的垃圾收集站装、卸料方式进行选配，如采用挂桶装置装卸垃圾的收集站，采用机动车（或电瓶车）将收集桶运至收集站，直接倾倒在收集箱内，以减少中间环节。

5.1.3 根据一些城市的调研数据，我国目前垃圾容重大多在(250~400)kg/m³之间，通常压缩式收集站的垃圾压缩后容重可达600kg/m³以上，可以使垃圾达到脱水、减容、减重的效果，提高运输效率，节约运输成本。全过程密闭的压缩工艺，可以减少环境影响。

部分城市生活垃圾特性表

城 市	容重（kg/m³）	含水率（%）
北京	—	62.80
重庆	351.0	64.10
乌鲁木齐	324.9	47.02
武汉	257.0	47.72
大连	256.4	68.28
青岛	280.9	55.96
威海	329.0	51.42

5.1.4 要求根据分类收集的类别要求设置收集箱（或桶），收集箱（桶）的数量应根据分类的垃圾量确定。目前，我国大多采用"大类粗分"的垃圾分类方式，可回收物如塑料、纸张、玻璃、金属等都作为一类进入收集站，在收集站内进行简单分拣后进入废旧物资回收系统。

5.2 设 备

5.2.1 本条明确了收集站主要设备的组成。有些设备如移动式压缩收集站受料装置、收集箱、压缩机为一体，提升装置安装在运输车上。地坑式收集箱一般在站内设置提升装置。本条提出垃圾称重系统设置的建议，便于数据的采集，提高管理水平。

5.2.2 针对部分地区收集站配套设备简陋、损耗大、外观质量差的问题，本条对设备的制造提出了要求。

5.2.3 与上一条呼应，本条提出设备表面防锈处理的要求，包括设备的内、外，暴露在空气的所有表面。黑色金属主要指铁、锰、铬及其合金，如钢、生铁、铁合金、铸铁等。

5.2.4 压缩机、提升装置等可能涉及安全的地方，要求设置一些自动感应和紧急制动按钮，在有危险时能及时、自动停止操作。

5.2.5 减少垃圾倾倒时的受料面积，设置防止垃圾尘土和气味扩散的挡板，配合自动喷淋等装置，可以较好防止垃圾扬尘、遗洒、臭味扩散。

5.2.6～5.2.8 这三条针对盛装垃圾的容器——收集箱和重要的功能设备提出主要的制造质量要求。

5.3 技术要求

根据调研的基础资料及设备厂商所提供的设备参数，本节提出了设备的功能技术要求。

6 建筑、结构与配套设施

6.1 建筑与结构

6.1.1 本条对收集站的建（构）筑物外观设计与装饰进行了规定。

6.1.2 根据所选收集工艺及设备的尺寸和安装要求，进行建筑及结构设计，以满足设备的安装、拆换、维护及日常作业等要求。

6.1.3 为减少收集站臭味扩散和作业时噪声扰民的问题，要求保证收集站建筑结构的整体密闭性，必要时可采用隔声减噪等工程措施，以降低和减少污染。

6.1.4 为了保持建筑物的良好外观，对室外装修材料提出要求。

6.1.5 收集站内的地面和墙壁频繁接受垃圾和渗沥液污染，需要及时冲洗。本条对地面和墙面的材料提出要求。通过调查了解，目前收集站普遍采用防渗性好，易于清洁的材料，主要有无溶剂型环氧树脂自流坪或聚脲涂层，本条文鼓励收集站采用新材料。

6.1.6 收集站产生的污水为高浓度有机废水，腐蚀性强，因此污水明渠、暗渠、管道、存储池等收集、排放系统要求耐腐蚀、防渗，防止污水渗漏对周围环境造成污染。

6.1.7 除《民用建筑设计通则》GB 50352 外，防雷设计应符合《建筑物防雷设计规范》GB 50057 的要求，抗震设计应符合《建筑抗震设计规范》GB 50011 的有关规定，消防设计应符合《建筑设计防火规范》GB 50016 和《建筑灭火器配置设计规范》GB 50140 的有关规定，采光设计应符合《建筑采光设计标准》GB 50033 的有关规定。

6.2 配套设施

6.2.1 生产用水主要包括收集箱、垃圾桶、地面和墙壁等清洗用水，除尘除臭喷淋系统用水以及绿化等用水；生活用水主要包括洗浴、冲厕等用水。

6.2.2 本条明确了收集站电源的要求。有条件的地区，可按照每3～5个收集站配置一个移动式备用电源的形式，供应急使用。

6.2.3 收集站点多面广，收集作业过程产生的污水一般为当日垃圾中的污水，不具备集中处理的条件，属生活污水，要求直接纳入市政污水管网系统。

6.2.4 本条对收集站内通道提出了原则要求。具体要求在国家现行标准《厂矿道路设计规范》GBJ 22 中进行了规定。

6.2.5 收集站的配套设施中要求包括防雷、消防等安全设施。

6.2.6 要求有条件的收集站设置垃圾桶清洗间，配备垃圾桶自动清洗或人工清洗设备，对垃圾桶内侧、外侧进行清洗。所谓有条件是指建筑面积较大，有设置的空间和水电供应条件。

6.2.7 通过调查了解，部分收集站也是环卫工人休息或存放工具的场所，普遍具备环卫工人休息间的功能，应尽可能设置各种人性化附属设施，改善环卫工人工作条件。

7 环境保护、安全与劳动卫生

7.1 环境保护

7.1.1 环境保护配套设施是收集站运行的重要保障，按照环境保护"三同时"的原则，要求与收集站主体同步设计，同步建设，同步运行。

7.1.2 本条为强制性条文。收集站对周边环境影响最大的是作业时产生的粉尘、臭气、噪声等，因此强化收集站内的通风、降尘、除臭、隔声措施更显重要。垃圾中易滋生蚊、蝇、老鼠等病媒生物，应设置必要的消杀装置。

7.1.3 本条明确了收集站需达到的除尘除臭效果。

其中硫化氢室外限值采用《恶臭污染排放标准》GB 14554 厂界标准值一级标准，室内限值采用《工作场所有害因素职业接触限值》GBZ 2 最高容许浓度；氨室外限值采用《恶臭污染排放标准》GB 14554 厂界标准值一级标准，室内限值采用《工作场所有害因素职业接触限值》GBZ 2 时间加权平均容许浓度；考虑到已建成的收集站采取除臭措施的难度，臭气浓度采用《恶臭污染排放标准》GB 14554 厂界标准值二级新改扩建标准；总悬浮颗粒物及可吸入颗粒物的室外限值采取《环境空气质量标准》GB 3095 三级日平均值。

7.1.4 收集站的站内噪声标准值采用了《工作场所有害因素职业接触限值》GBZ 2 中的噪声限值；收集站的站外噪声标准采用《声环境质量标准》GB 3096 中的2类声环境功能区的噪声限值，该区域是以商业金融、集市贸易为主要功能，或者居住、商业、工业混杂，需要维护住宅安静的区域。

7.1.5 本条为强制性条文。在调研过程中发现，部分地区使用的收集箱由于密封性能差，造成在收集、运输过程中的污水滴漏，对周边环境和道路造成恶臭污染等影响。因此，本规程强调应采用密封性能较高的收集箱，避免在收集、运输环节中造成滴漏。

7.1.6 收集站周围，合理搭配、设置花木，并与周围环境协调的环保隔离与绿化带，可降低收集站对外界的影响，美化环境。

7.2 安全与劳动卫生

7.2.1 收集站安全与劳动卫生要求符合国家现行的有关技术标准的规定。

7.2.2 本条为强制性条文。要求按照现行国家标准《安全标准》GB 2894、《安全色》GB 2893 等的规定，在收集站的地面、墙壁等相应位置设置醒目的安全标志，如交通管制指示、烟火管制提示等。

7.2.3 本条为强制性条文。机械设备的旋转件、启闭装置等位置容易发生人身伤害事故，采取必要的防护措施可以避免事故的发生。

7.2.4 在容易引起安全事故的位置要求采取安全防护措施。

7.2.5 要求作业人员按规定配备和使用必要的劳保防护用品。

8 工程验收

8.0.1 本条明确了收集站工程竣工验收的依据。

8.0.2 本条规定了从国外引进的设备除应符合国内设备的相关要求外还应符合的要求。

8.0.3、8.0.4 收集站工程竣工验收应满足《建筑项目（工程）竣工验收办法》、《建筑工程质量管理条例》、《机械设备安装施工验收通用规范》、设计文件和其他相应的国家现行标准的规定和要求，此外，还应符合本规程相关的内容要求。

8.0.5 本条提出收集站工程施工完成，竣工验收时应当出示的主要文件、资料。

9 运行与维护

9.0.1 为了保证收集站的正常运行，确保安全操作，根据收集站所采用的设备类型、技术性能等制定收集站运行、维护、安全操作规程，使收集站的运行管理做到有章可循。

9.0.2 各种设备、物品定位摆放，地面、墙面、垃圾容器等及时冲洗，花木定期养护，保持整洁的站容站貌。

9.0.3 要求根据收集站的工艺及设备要求，制定培训教材，并组织各岗位操作人员和运行管理人员进行岗前培训，掌握收集站的工艺流程、技术要求和有关设施、设备的主要技术指标和运行管理要求，减少不必要的人身、财产事故，切实提高工作效率，保障安全生产。

9.0.4 在调研中，我们了解到很多收集站周边居民对夜间作业扰民投诉以及不定时开放等问题。收集站的作业时间应综合考虑垃圾收集量、交通高峰、居民作息时间、居民投放垃圾习惯等因素，并与垃圾外运的时间相衔接，使收集站的作业时间固定，并在站外明显位置对外公示。

9.0.5 本条为强制性条文。现场管理及操作人员随机检查进站垃圾的成分，一旦发现违禁物，应进行妥善处理或请原运输单位负责外运、处置，避免进入生活垃圾收集系统。

9.0.6 垃圾收集容器长期暴露在室外，加之垃圾投放和翻到作业频繁，容易残缺、破损、造成垃圾暴露、蚊蝇滋生。因此要求经常检查、及时更换，保持其结构完好，具备封闭性能。每天垃圾和污物粘附在垃圾容器表面，如不及时清洗会散发臭味，因此要求及时对其进行清洗。

9.0.7 垃圾分类标识是指导居民进行垃圾分类投放的依据和宣传工具之一，本条要求在分类收集的容器上按照垃圾分类的要求进行标识，并保持其完整和清洁，便于投放垃圾者识别。

9.0.8 收集站装卸、压缩、提升等设备在运行时存在潜在危险，应设置保护装置，进行作业前应检查各种保护装置，当保护装置失灵或工作状态不正常时，及时进行检查维修，以防出现安全事故。

9.0.9 本条是关于站内生产及辅助设施、设备维护保养的要求，收集站生产设备、供电设施、电气照明设备、机械排风、给水排水设施、通信管线等设备的正常工作直接关系到收集站的正常运行，定期检查和维护保养，并按照有关规定进行大、中、小修可保证收集站的正常运行。设施设备的维护保养除了国家关于机械设备维护保养的标准、规范外，还包括提供设备厂家针对收集设备维护保养的特殊规定。除以上设施设备外，对除尘除臭、消防设施、避雷装置、交通警示标志等也应根据相应标准定期检查维护，发现问题，及时检修。

中华人民共和国行业标准

城市轨道交通工程档案整理标准

Standard for archives arrangement of
urban railtransit project

CJJ/T 180—2012

批准部门：中华人民共和国住房和城乡建设部
施行日期：2 0 1 3 年 1 月 1 日

中华人民共和国住房和城乡建设部
公　告

第 1478 号

<hr>

住房城乡建设部关于发布行业标准
《城市轨道交通工程档案整理标准》的公告

现批准《城市轨道交通工程档案整理标准》为行业标准，编号为 CJJ/T 180 - 2012，自 2013 年 1 月 1 日起实施。

本标准由我部标准定额研究所组织中国建筑工业

出版社出版发行。

2012 年 9 月 26 日

前　言

根据住房和城乡建设部《关于印发〈2008 年工程建设标准规范制订、修订计划（第一批）〉的通知》（建标〔2008〕102 号）的要求，编制组经过广泛调查研究，认真总结全国有代表性的省市轨道交通工程档案管理经验，并在广泛征求意见的基础上，编制本标准。

本标准的主要技术内容是：总则、术语、基本规定、工程文件的归档范围及内容、工程文件的归档质量及组卷、工程文件的归档、工程档案的著录、工程档案验收与报送。

本标准由住房和城乡建设部负责管理，由天津市地下铁道集团有限公司负责具体技术内容的解释。执行过程中如有意见和建议，请寄送天津市地下铁道集团有限公司（地址：天津市和平区汉口西道 3 号，邮政编码：300051）。

本 标 准 主 编 单 位：天津市地下铁道集团有限公司
天津市城市建设档案馆

本 标 准 参 编 单 位：北京市轨道交通建设管理有限公司
上海市城市建设档案馆
西安市城市建设档案馆
天津市市政公路质量监督站

本标准主要起草人员：朱敢平　刘福利　宋宝贵
罗富荣　王建新　何红丽
秦屹梅　楼建春　施丽媛
张　炜　韩圣章　魏海燕
杨　辉　赵　斌　孟昭辉
徐　凌　訾建峰　谢海平
战克强　宋　妍

本标准主要审查人员：钱寅泉　姜中桥　韩振勇
张　斌　朱昌伟　冯兆平
曹有民　郑树成　廖小琼
颜　燕

目 次

Contents

1 总 则

1.0.1 为适应城市轨道交通建设发展的需要，统一城市轨道交通工程文件归档的技术要求，建立完整、准确、系统的工程档案，做到档案的安全保管，制定本标准。

1.0.2 本标准适用于新建、扩建、改建城市轨道交通工程档案的整理、验收和报送。

1.0.3 城市轨道交通工程档案整理、验收、报送，除应符合本标准外，尚应符合国家现行有关标准的规定。

2 术 语

2.0.1 工程文件 project document

在城市轨道交通工程建设过程中形成的各种形式的信息记录，包括工程准备阶段文件、监理文件、施工文件、竣工图和竣工验收文件等。

2.0.2 电子文件 electronic files

指在数字设备及环境中生成，以数码形式存储于磁带、磁盘、光盘等载体，依赖计算机等数字设备阅读、处理，并可在通信网络上传送的文件。

2.0.3 归档 filing of project records

文件形成单位完成其工作任务后，将形成的文件整理立卷，按规定移交档案管理机构。

2.0.4 工程声像资料 project audio-visual information

用照片、影片、录音带、录像带、光盘等记录反映工程建设现场原地物、地貌和施工主要过程及建成新貌的声音或影像资料。

2.0.5 档号 archival code

以字符形式赋予档案实体的用以固定和反映档案排列顺序的一组代码。

2.0.6 索引目录 index directory

查找档案使用的检索工具，包含编制说明、案卷目录和卷内目录。

2.0.7 组卷 filing

按照一定的原则和方法，将具有保存价值的文件分门类整理成案卷的过程。

2.0.8 案卷 file

由互有联系的若干文件组成的档案保管单位。

2.0.9 工程档案著录 description of project archives

对工程档案内容和形式特征进行分析、选择、提取数据信息的过程。通过文字、符号揭示每个工程项目、每个案卷、每份文件的物质形态、主题内容、科学价值等。

2.0.10 著录项目 item of description

揭示工程档案内容和形式特征的记录事项。通用

的著录项目有题名与责任说明项、密级与保管期限项、时间项、载体与数量项、专业记载项、附注项、排检与编号项。

2.0.11 著录格式 format of description

著录项目在条目中的组织排列顺序及其表达方式。

2.0.12 工程档案验收 acceptance of project archives

依据现行国家法律法规、技术规范、标准对记录工程建设活动全过程的档案及其整理质量进行审查的过程。

2.0.13 工程准备阶段文件 preparatory stage documents of project

工程开工以前，在立项、审批、征地、勘察、设计、招投标等工程准备阶段形成的文件。

2.0.14 监理文件 documents of supervision

监理单位在工程设计、施工等监理过程中形成的文件。

2.0.15 施工文件 implementing documents of project

施工单位在工程施工过程中形成的文件。

2.0.16 竣工验收文件 documents of test on completion

建设工程项目竣工验收活动中形成的文件。

3 基 本 规 定

3.0.1 城市轨道交通工程文件的形成与管理应与工程建设进度同步进行，应真实反映工程建设的全过程。

3.0.2 工程的建设、勘测、设计、监理、施工等参建单位应将工程文件的形成和积累纳入工程建设管理的各个环节，由经过专业培训或具有相应资质的资料管理人员收集和保管。

3.0.3 工程文件应采用计算机管理。电子文件、声像资料应与纸质文件同步归档。

3.0.4 工程竣工图应由施工单位绘制，也可委托具有相关资质的设计单位绘制。

3.0.5 勘测、设计、监理、施工等参建单位应在工程建设过程中，随时收集、整理与工程相关的具有保存价值的声像资料，并应编制成声像档案向建设单位移交。

3.0.6 工程文件的收集、整理应遵守下列规定：

    1 在进行工程招标及工程各方主体签订协议或合同时，应对工程文件的收集、整理提出明确的要求。

    2 工程前期准备、勘测、设计、监理、施工过程和竣工验收形成的文件材料，均应进行收集和整理。

3 应对工程档案进行著录，著录应符合本标准规定。

3.0.7 工程档案的检查、移交应符合下列程序：

1 勘测、设计单位应对工程勘测、设计文件进行整理和组卷，检查合格后向建设单位移交。

2 工程监理单位应监督、检查监理范围内参建单位的工程文件的形成、收集和整理，并对工程监理文件进行整理和组卷，检查合格后向建设单位移交。

3 施工单位应对施工文件和竣工图进行整理和组卷，检查合格后向建设单位移交。

4 建设项目实行总承包的，各分包单位应对分包范围内的施工文件和竣工图进行整理和组卷，由总承包单位检查汇总后向建设单位移交。

5 建设单位应对工程前期准备文件和竣工验收文件进行整理和组卷，同时收集、汇总各参建（勘测、设计、监理、施工等）单位整理的工程档案，并按本标准进行严格的检查、验收。

6 在工程竣工验收合格后，建设单位应向工程属地城建档案馆报送一套符合本标准的工程档案，并按照国家及地方城建档案管理的相关规定，办理工程档案的验收备案。

3.0.8 城建档案管理机构应对工程文件的收集、整理、归档工作进行监督、检查和指导，对工程档案进行预验收和验收，验收合格后，按规定办理相关的认可文件。

4 工程文件的归档范围及内容

4.0.1 在新建、扩建、改建的城市轨道交通工程建设过程中形成的具有保存价值、以各种载体储存的文件，包括工程准备阶段文件、监理文件、施工文件、竣工验收和备案文件、设备文件等均应归档。

4.0.2 归档文件载体类型应包括纸质材料、照片、底片、录像带及电子存储介质等。

4.0.3 工程文件的归档内容应符合本标准附录 A、附录 B 的要求。

4.0.4 工程电子文件的归档内容除符合本标准附录 A 的要求外，还应包括相关的支持软件和数据。

5 工程文件的归档质量及组卷

5.1 工程纸质文件归档质量要求

5.1.1 工程文件的内容及其深度应符合国家现行有关工程勘测、设计、监理、施工等方面技术标准的规定。

5.1.2 工程文件的内容应真实、准确、完整，与工程实际相符合。

5.1.3 工程文件应字迹清楚，图样清晰，图表整洁，签字盖章手续完备。

5.1.4 工程文件中文字书写应符合国家用字规范，采用国家颁布实施的简化汉字，图表的绘制应符合国家制图标准的规定。

5.1.5 工程文件中文字材料幅面尺寸宜为 A4 幅面（297mm×210mm）。图纸宜采用国家标准图幅。

5.1.6 工程文件应采用能长期保存的韧力大、耐久性强的纸张。用蓝晒图归档的竣工图应是新蓝图。打印图应符合国家档案字迹和纸张耐久性要求。

5.1.7 对破损的文件、图纸应进行托裱，不得使用胶纸带粘贴。

5.1.8 工程文件为外文版的，应采用中、外两种文字准确表达。有关文件的中文翻译件应由翻译责任者签证，并与原件一并归档。如无翻译件的材料，案卷目录中的案卷题名和卷内目录中的文件（图纸）名称应用中外文两种文字准确表达。

5.2 工程变更依据性文件归档质量要求

5.2.1 工程建设过程中发生的所有设计变更文件应经勘测（设计）单位、监理单位和建设单位签字认可。

5.2.2 设计变更通知单、技术核定单、工程会议纪要等设计变更的依据性文件应注记其原始编号或日期。

5.2.3 在设计变更的依据性文件中，应包含被修改图的图号等内容。

5.2.4 应对工程设计变更依据性文件进行汇总，汇总表样式宜符合本标准附录 C 的要求。工程设计变更依据性文件汇总表应有施工单位盖章和技术负责人签字、监理单位盖章和总监理工程师签字确认。

5.3 竣工图归档质量要求

5.3.1 竣工图绘制应符合专业制图标准，图面整洁、图形清晰、字迹工整、标示准确，便于查阅。

5.3.2 竣工图的绘制形式应符合下列规定：

1 施工图没有变更的，应由施工单位在原施工图上加盖竣工图章后作为竣工图。

2 施工图有变更的，宜按下述两种形式之一绘制竣工图：

1）设计单位重新绘制施工图纸，由施工单位在重新绘制的图纸上加盖竣工图章后作为竣工图。

2）由施工单位依据经确认的变更文件及实际施工情况，在原施工图上进行修改补充，并在修改部分附近注明变更依据，加盖竣工图章后作为竣工图。

3 在原施工图上进行修改补充后作为竣工图的，注记说明和绘制图形等应统一使用黑色耐久性书写材料。

4 对结构形式、平面、工艺布置等有重大改变，或不宜在原施工图上修改、补充的，应重新绘制改变后的图纸，加盖竣工图章后作为竣工图。

5.3.3 竣工图图纸目录应与竣工图一致。

5.3.4 竣工图应加盖竣工图章。竣工图章的主要内容应包括："竣工图"字样和施工单位、编制人、审核人、技术负责人、监理单位、现场监理、总监理工程师、编制日期。

5.4 工程声像资料归档质量要求

5.4.1 工程照片应图像清晰，同一拍摄对象应能提供不同角度、景别、阶段的照片。

5.4.2 以传统感光材料为载体的工程照片应采用 127mm×89mm（5 英寸）或 178mm×127mm（7 英寸）光面照片与底片和文字说明一并归档。照片扫描时，分辨率不应小于每英寸 600 打印点数（600dpi），不得压缩保存。

5.4.3 使用数码相机拍摄的资料，其影像不得进行后期加工，应采用专业照相纸打印出 127mm×89mm（5 英寸）或 178mm×127mm（7 英寸）光面照片，与刻录光盘一并归档。光盘中的照片标题说明应与归档照片一致。数字照片图像分辨率不应小于 3000×2000 像素，宜使用未经加工（RAW）格式拍摄。

5.4.4 工程照片应整理入册，编制卷内目录及文字说明，工程照片文字说明内容应包括拍摄照片的事由、时间、地点、人物、背景、摄影者。

5.4.5 归档的工程录像资料应图像清晰，解说词和字幕应与画面相符。

5.4.6 归档的工程录像带应为帕尔制（PAL），格式应符合专业格式标准。专题片片长宜为 15min～30min，应使用专业摄像机拍摄。

5.4.7 工程录像档案外包装上应标有简要说明，内容宜包括工程名称、建设单位、拍摄内容、摄制人。

5.5 工程电子文件归档质量要求

5.5.1 工程电子文件的内容应真实、准确、完整、与相关纸质文件内容保持一致。

5.5.2 文本文件、表格文件、图像文件、图形文件、影像文件、声音文件等各类电子文件的存储应采用通用格式。

5.5.3 非通用文件格式的工程电子文件，收集时应将其转换成通用格式，如无法转换，则应将其纸质文件扫描。

5.5.4 在无法获取纸质文件对应的电子文件时，应扫描该纸质文件，收集扫描后的图像文件。

5.5.5 与电子文件的真实性、完整性、有效性相关的具有法律效力的数字签名应一同收集，并应能够以标记显示于打开后的文件之中。

5.5.6 工程电子文件应包含有效的、可读的数字签名，若不存在，应收集签名后的文件或者纸质文件的扫描件。

5.5.7 工程电子档案的组织和排序可按纸质档案文件整理要求进行并与纸质档案建立准确、可靠的标识关系。

5.5.8 工程电子档案应制作目录文件以便于区分和检索。

5.6 组卷的要求和方法

5.6.1 组卷应遵循工程文件的自然形成规律，保持卷内文件材料的有机联系，并应符合专业的特点，便于保管和利用。

5.6.2 组卷应符合下列规定：

1 一个建设工程内所产生的文件和图纸应按工程准备阶段、施工阶段、竣工验收阶段的建设程序组卷。

2 工程准备阶段文件和竣工验收阶段的文件应按建设程序、专业、时间的顺序组卷。

3 设计文件应按设计程序、单位工程、专业等组卷。

4 施工文件应按单位工程、专业组卷，其中有共性的文件材料按项目或合同标段集中组卷。

5 监理文件应按单位工程、专业等组卷。

6 竣工图应按单位工程组卷，单位工程内按专业分别组卷。

7 不同载体的文件应分别组卷。

8 卷内不应有重份的文件。

5.6.3 卷内文件和案卷的排列顺序应符合下列规定：

1 文字材料应按事项排列，同一事项应按时间排列，每一事项应按先批复后请示，先正文后附件，先文件材料后附图的顺序排列。

2 图纸应按专业排列，同专业图纸应按图号顺序排列。

3 监理、施工文件应按本标准附录 A 顺序排列。

4 案卷应按工程准备阶段文件卷、监理文件卷、施工文件卷、竣工图卷、竣工验收文件卷的顺序排列。

5.6.4 卷内文件页号的编制应符合下列规定：

1 以案卷为单位，在有书写内容的页面上应采用阿拉伯数字从"1"开始连续编写页号，无文字页面不编页号。

2 成套图纸或印刷成册且连续编有页号的文件材料，且自成一卷时，可不重新编写页号。

3 页号应采用打号机使用黑色印油打号或用碳素墨水书写。

4 案卷封面、卷内目录、卷内备考表、案卷封底不编写页号。

5.6.5 案卷的编目宜符合下列规定：

1 案卷应由案卷封面、卷内目录、工程文件、备考表组成。

2 案卷封面构成要素应有档号、档案馆（室）号、档案类别、案卷题名、编制单位、编制日期、保管期限、密级，样式宜符合本标准附录 D 的格式规定。

3 卷内目录构成要素应有案卷号、顺序号、文件（图纸）名称、文件（图纸）编号、页数、图幅、页号、照片/底片号、题名、拍摄时间。样式宜符合本标准附录 E 的格式规定。

4 卷内备考表构成要素应有文字数量、图样数量、说明、立卷人、审核人，样式宜符合本标准附录 F 的格式规定。

5 案卷目录构成要素应有顺序号、案卷号、案卷题名、卷内页数，样式宜符合本标准附录 G 的格式规定。

5.6.6 工程档案应编制索引目录卷，应由编制说明、案卷目录及各卷卷内目录组成，不列入总卷数内。编制说明的内容应包括工程概况、档案编制依据、档案整编情况、工程信息数据基本要素表及其他需要说明的问题等相关内容，并应加盖公章。工程信息数据基本要素宜符合本标准附录 H 的要求。

5.7 案卷的装帧要求

5.7.1 工程文件的用纸规格小于 A4 幅面的宜进行托裱。托裱纸应为白纸，托裱时文件材料的右边和底边应与托裱纸的右边和底边贴齐。

5.7.2 文字材料组卷厚度不宜超过 20mm，图纸组卷厚度不宜超过 40mm。

5.7.3 文字材料卷或图文混装卷应装订，图纸卷可不装订。图纸应按 A4 幅面的规格折叠，图标外露，折叠方法应符合本标准附录 J 的规定。

5.7.4 文件装订应左侧线装，横排文件装订字头朝左，装订时应剔除金属物。

5.8 案卷装具要求

5.8.1 档案盒应采用无酸纸制作，形式应易于存放。

5.8.2 档案盒封面的填写内容要素宜与案卷封面相同。

5.8.3 档案盒脊背的填写内容和构成要素宜符合本标准附录 K 的规定。

6 工程文件的归档

6.0.1 归档文件应完整、准确、系统，能反映工程建设活动的全过程，质量应符合本标准第 5.1～第 5.5 节的要求，内容应符合本标准附录 A、附录 B 的规定。

6.0.2 归档的文件应为原件。复印件代替原件归档时，复印件的内容和规格应与原件保持一致，并由责任单位（或责任人）盖章，同时还应在卷内备考表中注明原件的存放地点。

6.0.3 各参建单位项目技术负责人应对其归档文件的内容、质量负责，监理单位对监理范围的归档文件应履行审核签字手续。

6.0.4 归档文件应经过分类整理和著录，组成的案卷应符合本标准要求。

6.0.5 工程文件电子版的归档应符合现行行业标准《建设电子文件与电子档案管理规范》CJJ/T 117 的规定。

6.0.6 以传统感光材料为载体的照片与底片应同时归档，数码照片应未经修改、保有原始拍摄信息并以只读光盘的形式归档。照片的文字说明应准确。

6.0.7 归档的录音带、录像带、数字照片、光盘应材质良好，不得有变形、断裂、发霉及磁粉脱落、磨损、划伤等。

6.0.8 录音、录像、数字照片、光盘等载体档案应在相应设备上进行检测，检测合格后方可归档。

6.0.9 工程档案归档不应少于 3 套，并应分别由当地城建档案馆、建设单位和运营管理单位保管。原件宜在城建档案馆保存。

6.0.10 重大的扩建、改建工程，涉及原有工程项目变更时，应将相关项目的竣工资料重新整理归档，并应增补说明。

7 工程档案的著录

7.1 著录级别

7.1.1 城市轨道交通工程档案著录应按档案载体类型分为纸质档案著录、照片档案著录、录像档案著录、电子档案著录。

7.1.2 纸质档案、照片档案、电子档案著录级别宜划分为工程级、单位工程级、案卷级、文件级。

7.1.3 录像档案著录级别宜划分为工程级、单位工程级、分部工程级、文件级。

7.2 著录项目细则

7.2.1 题名与责任说明项应符合下列著录要求：

1 题名应著录文件、案卷、单位工程及工程的名称。

2 工程文件编号应著录文件、图纸的发文字号和图幅号。

3 工程地址应著录建设工程的建设地点。

4 责任者应著录文件材料的形成单位或人。

7.2.2 密级与保管期限项应著录工程档案保密程度的等级和保存的时间。工程档案密级与保管期限由建设单位按照国家相关规定划分。

7.2.3 时间项应著录工程开工日期、竣工日期、拍摄日期。

7.2.4 载体类型与数量项应著录档案实际载体的物质形态特征及数量和单位。载体类型为底图、缩微片、照片、底片、数字照片、录音带、录像带、光盘、计算机磁盘、计算机磁带等。数量应用阿拉伯数字表示，单位应用"页"、"张"、"卷"、"盘"、"盒"等表示。

7.2.5 专业记载项应著录工程各专业特征，根据著录对象不同可分为土建专业记载项、机电设备安装专业记载项。

7.2.6 附注项应著录各个项目中需要解释和补充的事项，依各项目的顺序著录，项目以外需要解释和补充的应列在最后。

7.2.7 排检与编号项应符合下列著录要求：

1 档号应由分类号、项目号、案卷号等构成。档号中各号之间应用"—"号相隔。

2 缩微号应著录档案馆（室）赋予档案缩微品的编号。

3 存放地址号应著录档案存放处的编号，包括库号、列（排）号、节（柜）号、层号等。

4 照片盒号应著录照片案卷在工程档案案卷中的顺序编号。

5 录像带盘号应著录录像带顺序号。

6 磁带喷码应著录每盘磁带出厂时的生产代码。

7.3 著 录 格 式

7.3.1 城市轨道交通工程工程级著录格式宜符合表7.3.1的规定。

表 7.3.1 纸质档案、照片档案、录像档案、电子档案工程级著录表

工程名称							
建设地点			立项批准文号				
责任者	建设单位						
	立项批准单位						
	勘测单位						
	设计单位						
	监理单位						
专 业 记 载 项							
工程起止点							
线路经由			线路总长度(km)				
地下线长(km)		高架线长(km)	地面线长(km)		过渡线长(km)		
车站(座)		地下站(座)	高架站(座)		地面站(座)		
停车场(处)		车辆段(处)	工程概算				
开工日期		竣工日期	试运行时间				
档 案 状 况							
总卷数(卷)	文字(卷)	图纸(张)		底图(张)		照片(张)	底片(张)
录音带(盒)	录像带(盘)	光盘(盒)	计算机	磁带(盘)	缩微片	盘 张	其他
				磁盘(盘)			
保管期限			密级				
排检与编号							
首卷档号			缩微号				
存放地址号							
附 注							

7.3.2 城市轨道交通工程单位工程级土建专业著录格式宜符合表7.3.2的规定。

表 7.3.2 纸质档案、照片档案、电子档案单位工程级土建专业著录表

单位工程名称			
建设地点			
	东至　　西至　　南至　　北至		
	里程范围		
责任者	勘测单位		
	设计单位		
	监理单位		
	施工单位		
文号	建设工程规划许可证号		图幅号
	建设工程用地规划许可证号		房屋拆迁许可证号
	施工许可证号		
专 业 记 载 项			
建筑面积(m²)	占地面积(m²)	建筑限高(m)	层数
结构类型	站台形式	车站形式	质量等级
防水等级	抗震等级	耐火等级	轨道结构
轨型(kg/m)	标准轨距(mm)	轨底坡(‰)	铺轨(km)
最大纵坡(‰)	最高运行速度(km/h)	最小曲线半径(m)	
道岔型号	铺道岔(组)	铺伸缩器(组)	车辆轴重(t)
(桥涵隧道)长度(m)	(桥涵隧道)宽度(m)	(桥涵隧道)高度(m)	净空高度(m)
荷载等级	跨度(m)	设计使用年限	
排 检 与 编 号			
首卷档号			
存放地址号			
附注			

7.3.3 城市轨道交通工程单位工程级机电设备安装专业著录格式宜符合表7.3.3的规定。

表 7.3.3　纸质档案、照片档案、电子档案单位工程级机电设备安装专业著录表

单位工程名称			
里程范围			
责任者	勘测单位		
	设计单位		
	监理单位		
	施工单位		
专业记载项			
自动售检票设备（台套）	屏蔽门（套）		维修工艺设备（台）
通风空调设备（台）	风管制作安装（m²）		变配电设备（台套）
照明灯具（套）	信号、通信设备（台套）		综合监控（点）
电梯、扶梯（台套）	扶梯运行速度（m/s）		扶梯提升高度（m/s）
消防栓箱（台）	消防喷头（个）		火灾报警控制点（点）
供电方式	牵引接触轨（m）		电压等级
质量等级	工程造价		设计使用年限
开工时间		竣工时间	

管线类别	敷设类型	敷设长度（km）	埋设深度（m）	规格	材质	对地距离（m）	其他
信号、通信设备控制光电缆							
动力电缆							
照明线缆							
给水管道							
排水管道							
特种管道							

排检与编号	
首卷档号	
存放地址号	
附注	

7.3.4　城市轨道交通工程纸质档案、电子档案案卷级著录格式宜符合表 7.3.4 的规定。

表 7.3.4　纸质档案、电子档案案卷级著录表

档号		
案卷题名		
文件（页）	图纸（张）	其他
盒号	存放地址号	

7.3.5　城市轨道交通工程纸质档案、电子档案文件级著录格式宜符合表 7.3.5 的规定。

表 7.3.5　纸质档案、电子档案文件级著录表

文件编号（图号）		
文件题名		
页数	页号	扫描序号

7.3.6　城市轨道交通工程照片档案案卷级著录格式宜符合表 7.3.6 的规定。

表 7.3.6　照片档案案卷级著录表

档号		照片盒号	
案卷题名			
照片（张）			底片（张）
载体类型			存放地址号
附注			

7.3.7　城市轨道交通工程照片档案文件级著录格式宜符合表 7.3.7 的规定。

表 7.3.7　照片档案文件级著录表

照片题名		
拍摄地点		
拍摄日期	拍摄人员	
底片号	页号	
文字说明		

7.3.8　城市轨道交通工程录像档案单位工程级著录格式宜符合表 7.3.8 的规定。

表 7.3.8　录像档案单位工程级著录表

录像带盘号	磁带喷码	磁带类型
单位工程名称		
建设地点		
总带长（分）	总带长（秒）	总带长（祯）
存放地址号		

7.3.9　城市轨道交通工程录像档案分部工程级著录格式宜符合表 7.3.9 的规定。

表 7.3.9 录像档案分部工程级著录表

档号			
分部工程项目名称			
建设地点			
带长 （分）		带长 （秒）	带长 （祯）
位置 （分）		位置 （秒）	位置 （祯）
拍摄日期			拍摄 人员
文字说明			

7.3.10 城市轨道交通工程录像档案文件级著录格式宜符合表 7.3.10 的规定。

表 7.3.10 录像档案文件级著录表

段落号			
内容			
带长（分）		带长 （秒）	带长 （祯）

8 工程档案验收与报送

8.0.1 城市轨道交通工程具备验收条件后，应对工程档案分别进行预验收、验收，形成验收意见书。验收意见书的样式宜符合本标准附录 L 的要求。

8.0.2 工程档案预验收应具备下列条件：

　　1 主体工程及附属设施等已按设计要求基本建成，能够达到工程初步验收条件；

　　2 工程建设全过程文件材料已基本收集齐全并进行了初步分类、整理和编目；

　　3 建设、监理、施工单位完成了工程档案预验收前的自查工作，并形成了预验收自评意见和预验收报告。

8.0.3 工程档案验收应具备下列条件：

　　1 主体工程及附属设施等已按设计要求建成，能满足运行使用要求。

　　2 完成了工程建设全过程文件材料的收集、分类、整理和编目。

　　3 完成了工程档案质量评价报告。

　　4 完成了工程档案验收自评报告。验收自评报告应包括下列内容：

　　　　1）工程建设及工程档案管理概况；

　　　　2）保证工程档案完整、准确、系统所采取的控制措施；

　　　　3）工程文件材料的形成、收集、整理与竣工图的编制质量状况；

　　　　4）对工程档案预验收中提出问题的整改情况；

　　　　5）其他需要说明的问题。

8.0.4 工程档案验收内容应符合下列要求：

　　1 工程档案内容真实、准确地反映工程实际情况和建设全过程。

　　2 工程档案的整理、立卷和著录符合本标准的规定。

　　3 竣工图绘制方法、图式及规格等符合专业技术要求，准确地标有变更依据，图面整洁、竣工图章及签字手续完整。

　　4 文件的形成、来源符合工程实际，单位或个人盖章的文件签章手续完备。

　　5 文件材质、幅面、书写、绘图等应符合本标准第 5.1 的要求。

　　6 工程声像档案拍摄内容真实、准确、清晰和完整，符合声像档案归档质量要求，并应有归档检测合格证明文件。

　　7 工程电子文件应与相应的纸质或者其他载体形式的文件在内容、相关说明及描述上保持一致，符合电子文件归档质量要求。

8.0.5 工程档案报送应符合下列要求：

　　1 工程档案已通过验收并取得城建档案管理机构的认可文件。

　　2 工程档案在工程竣工验收后 6 个月内，由建设单位向城建档案馆报送。

　　3 建设单位报送工程档案时，应按规定办理交接手续，填写报送清册一式三份，交接双方须签字、盖章。

　　4 报送清册由封面、编制说明和案卷目录组成。报送清册封面的构成要素和样式宜符合本标准附录 M 的规定，编制说明、案卷目录应符合本标准第 5.6.5、5.6.6 条的规定。报送清册封面内容应按下列要求填写：

　　　　1）工程名称应填写工程项目的全称。

　　　　2）案卷数量应使用阿拉伯数字填写报送档案的总卷数。

　　　　3）报送人盖章或签字应由报送单位项目经办人签章。

　　　　4）接收人盖章或签字应由城建档案管理部门经办人签章。

　　　　5）负责人盖章或签字应由交接双方负责人分别签章。

　　　　6）报送单位盖章应由报送单位加盖公章。

　　　　7）接收单位盖章应加盖城建档案管理部门档案接收专用章。

　　　　8）清册页数应使用阿拉伯数字填写整编说明和案卷目录的总页数。

　　　　9）报送时间应使用阿拉伯数字填写交接工程档案的日期，年代应填写四位数。

8.0.6 停建、缓建工程档案应由建设单位保管。

附录 A 城市轨道交通
工程文件归档内容

表 A 城市轨道交通工程文件归档内容

序号	归档文件	保管单位				
		建设单位	设计单位	监理单位	施工单位	城建档案馆
一	工程准备阶段文件					
(一)	立项文件					
1	项目建议书和批复文件	●				●
2	可行性研究报告和批复文件	●				●
3	关于立项的会议纪要及领导批示	●				●
4	专家建议文件	●				●
5	项目评估研究资料	●				●
6	调查资料(环境影响报告书、劳工安全评价报告、建设用地地质灾害危险性评估报告、环境噪声监测报告、客流预测报告、地震安全性评价报告等)	●	○			●
(二)	建设用地、征地、拆迁文件					
1	选址申请及选址规划意见通知书	●				●
2	用地申请报告及建设用地批准书	●				●
3	拆迁安置意见、协议、方案等	●				●
4	建设用地规划许可证、许可证附件	●				●
5	征用土地数量一览表	●				●
6	国有土地使用证	●				●
(三)	勘测、设计文件					
1	工程地质勘测报告	●	●			●
2	水文地质勘测报告	●	●			●

续表 A

序号	归档文件	保管单位				
		建设单位	设计单位	监理单位	施工单位	城建档案馆
3	建筑用地钉桩通知单	●			●	●
4	地形测量和拨地测量成果报告	●			●	●
5	定、验线报告单	●				●
6	申报的规划设计条件和规划设计条件通知书	●	●		●	●
7	初步设计图纸及说明	●	●			
8	审定设计方案通知书及审查意见	●	●			●
9	有关行政主管部门(人防、环保、消防、交通、园林、市政、文物、通信、保密、河湖、卫生、教育等部门)的审查意见和要求取得的有关协议	●	●			●
10	施工图设计及说明	●	●			
11	设计计算书	●	●			
12	政府有关部门对施工图设计文件的审批意见	●	●			●
(四)	工程招投标文件、合同					
1	测量、物探、勘测、设计招投标文件	●	●			
2	测量、物探、勘测、设计中标通知书及合同	●	●			●
3	施工招投标文件	●		●	●	
4	施工中标通知书及施工合同	●		●	●	●
5	监理招投标文件	●		●		
6	监理中标通知书及监理合同	●		●		●
7	材料、设备采购招投标文件	●				

续表A

序号	归档文件	保管单位				
		建设单位	设计单位	监理单位	施工单位	城建档案馆
8	材料、设备采购中标通知书及采购合同	●				●
9	其他招投标文件	●				
10	其他中标通知书及合同	●				●
(五)	建设项目开工审批文件					
1	建设项目列入年度计划的申报文件	●				●
2	建设项目列入年度计划的批复文件或年度计划项目表	●				●
3	规划审批申报表及报送的文件和图纸	●				
4	建设工程规划许可证及其附件	●		●		●
5	建设工程开工审查表	●				
6	建设工程施工许可证	●				●
7	投资许可证、审计证明、缴纳绿化建设费等证明	●				●
8	工程质量、安全监督手续文件	●		●		
(六)	设备采购文件					
1	设备购置(进口)相关文件	●				
2	购置(进口)设备申请、评估报告、项目计划等及批复文件	●				
3	与外商签订的合同、外商谈判情况汇报记录等	●				
4	进口设备免税文件、设备订购清单等	●				
5	进口单据、装箱单、商检证明文件	●				

续表A

序号	归档文件	保管单位				
		建设单位	设计单位	监理单位	施工单位	城建档案馆
(七)	财务文件					
1	工程投资估算材料	●				
2	工程设计概算材料	●				
3	施工图预算材料	●				
4	施工预算	●				
(八)	建设施工监理机构及负责人					
1	项目管理组织机构(项目经理部)及负责人名单	●				●
2	工程项目监理组织机构(项目监理部)及负责人名单	●		●		
3	工程项目施工组织机构(施工项目经理部)及负责人名单	●			●	●
二	监理文件					
(一)	施工管理					
1	总监理工程师授权通知书,合同总监办人员配置(调整)通知书	●		●		●
2	监理规划、监理实施细则	●		●		
3	涉及施工安全、质量或重要事项的会议纪要	●		●	●	●
4	监理工程师通知单及回复	●		●	●	
5	监理工作联系单	●		●	●	
6	监理月报	●		●		
7	监理日志			●		
(二)	施工安全控制					
1	专项安全实施方案报批表	○		●	●	
2	安全事故报告及处理资料	●		●	●	●
(三)	施工质量控制					

序号	归档文件	建设单位	设计单位	监理单位	施工单位	城建档案馆
1	监理抽查原材料及各种分项工程试验报告	●		●		
2	监理抽查各分项工程检查记录	○		●		
3	施工放样测量复核	●			●	●
4	监理旁站记录	○		●		
5	中间交工证书、缺陷责任终止证书	●		●	●	●
6	质量事故报告及处理资料	●		●	●	●
(四)	施工进度控制					
1	施工进度计划报审表	○		●		
2	工程开工报审表、停工令、复工令、工程延期申请表	●		●	●	●
(五)	造价控制					
1	设计变更、洽商报审与签认资料	●		●	●	
2	工程变更通知单及变更令	●		●	●	
3	中间计量表、中间计量支付汇总表	●		●	●	
4	工程竣工决算审核资料	●		●	●	●
(六)	合同管理文件					
1	工程量清单	●		●	●	
2	工程分包一览表	●		●	●	
3	费用索赔申请表及审批表、索赔评估报告	●		●	●	
(七)	验收资料					
1	单位工程竣工预验收报验单	○		●	●	
2	竣工移交证书	○		●	●	●
3	监理竣工总结	●		●	●	

序号	归档文件	建设单位	设计单位	监理单位	施工单位	城建档案馆
4	工程质量评估报告	●		●	●	●
三	土建及附属工程施工文件					
(一)	工程管理与工程质量检查验收资料					
1	建设工程质量事故调（勘）查笔录	●		●	●	
2	建设工程质量事故报告	●		●	●	
3	室内（车站内）环境检测报告	●		●	●	
4	单位（子单位）工程质量竣工验收记录	●		●	●	●
5	单位（子单位）工程质量控制资料核查记录	●		●	●	
6	单位（子单位）工程安全和功能检查资料核查及主要功能抽查记录	●		●	●	
7	单位（子单位）工程观感质量检查记录	●		●	●	
8	施工总结	●		●	●	
9	设计、勘察工作质量报告	●		●	●	
(二)	施工管理资料					
1	施工现场质量管理检查记录			●	●	
2	企业资质证书及相关专业人员岗位证书				●	
3	见证记录			●	●	
4	施工日志				●	
5	施工大事记	●			●	
(三)	施工技术资料					
1	施工组织设计及施工方案	●			●	
2	设计交底记录	●	●	●	●	●
3	技术交底记录				●	
4	图纸会审记录	●	●	●	●	●

序号	归 档 文 件	保 管 单 位				
		建设单位	设计单位	监理单位	施工单位	城建档案馆
5	设计变更通知单	●	●	●	●	●
6	工程洽商记录	●	●	●	●	●
(四)	施工测量及监控量测记录					
1	施工测量记录					
(1)	工程测量交接桩记录	●		●	●	●
(2)	工程定位测量记录	●		●	●	●
(3)	基槽验线记录	●		●	●	●
(4)	平面放线记录	●		●	●	
(5)	标高抄测记录	●		●	●	
(6)	建(构)筑物垂直度、标高测量记录	●		●	●	
(7)	初期支护净空测量记录	○		●	●	
(8)	车站/隧道净空测量记录	○		●	●	●
(9)	二衬厚度测量记录	●		●	●	●
(10)	测量复核记录	●		●	●	●
(11)	竣工测量资料及记录	●		●	●	●
2	监控量测记录					
(1)	基坑支护变形监测记录	●		●	●	
(2)	地面沉降观测记录	●		●	●	
(3)	掌子面地质及支护状况观察记录	●		●	●	
(4)	结构净空收敛观测记录	●		●	●	●
(5)	拱顶下沉观测记录	●		●	●	●
(6)	地中位移观测记录	●		●	●	●
(7)	建(构)筑物/地下管线变形和破坏监测记录	●		●	●	
(8)	车站、区间结构沉降监测记录	●		●	●	●
(9)	车站、区间渗漏点监测	●		●	●	

序号	归 档 文 件	保 管 单 位				
		建设单位	设计单位	监理单位	施工单位	城建档案馆
(五)	施工材料资料					
1	建筑与结构工程					
(1)	材料、构配件进场检验记录	●			●	
(2)	材料、构配件出厂质量证明文件(钢筋、预制混凝土、管片、桥梁支座等)	●			●	
(3)	检测报告					
1)	钢材性能检测报告	●			●	
2)	水泥性能检测报告	●			●	
3)	外加剂性能检测报告	●			●	●
4)	防水材料性能检测报告	●			●	●
5)	砖(砌块)性能检测报告	●			●	●
6)	门、窗性能检测报告(建筑外窗应有三性检测报告)	●			●	
7)	饰面材料性能检测报告	●			●	
8)	涂料性能检测报告	●			●	
9)	玻璃性能检测报告(安全玻璃应有安全检测报告)	●			●	
10)	壁纸、墙布防火、阻燃性能检测报告	●			●	
11)	装修用胶粘剂性能检测报告	●			●	
12)	防火涂料性能检测报告	●			●	
13)	隔声/隔热/阻燃/防潮材料特殊性能检测报告	●			●	
14)	钢结构用焊接材料检测报告	●			●	

续表 A

序号	归档文件	保管单位				
		建设单位	设计单位	监理单位	施工单位	城建档案馆
15)	高强度大六角头螺栓连接副扭矩系数检测报告	●			●	
16)	扭剪型高强度螺栓连接副预拉力检测报告	●			●	
17)	木结构材料检测报告(含水率、木构件、钢件)	●			●	
18)	幕墙性能检测报告(三性试验)	●			●	
19)	幕墙用材料检测报告	●			●	
20)	材料污染物含量检测报告(执行 GB 50325)	●			●	
(4)	复试报告					
1)	钢材试验报告	●			●	
2)	水泥试验报告	●			●	
3)	砂试验报告	●			●	
4)	碎(卵)石试验报告	●			●	
5)	外加剂试验报告	●			●	
6)	掺合料试验报告	●			●	
7)	防水材料试验报告	●			●	
8)	砖(砌块)试验报告	●			●	
9)	轻集料试验报告	●			●	
10)	盾构管片密封垫试验报告	●			●	
11)	预应力筋复试报告	●			●	
12)	预应力锚具、夹具和连接器复试报告	●			●	
13)	装饰装修用材料复试报告	●			●	
14)	钢结构金相试验报告	●			●	

续表 A

序号	归档文件	保管单位				
		建设单位	设计单位	监理单位	施工单位	城建档案馆
15)	钢结构用材料复试报告	●			●	
16)	木结构材料复试报告	●			●	
17)	幕墙用材料复试报告	●			●	
(5)	设备开箱检验记录	●			●	●
2	建筑电气工程					
(1)	材料、构配件进场检验记录	●			●	
(2)	主要设备、材料、构配件出厂质量证明文件[低压成套配电柜、动力、照明配电箱、电力变压器、柴油发电机组、高压成套配电柜、蓄电池柜、不间断电源柜、控制柜(屏、台)照明灯具、开关、插座、风扇及附件、电线、电缆等]	●			●	
(3)	主要设备安装技术文件	●			●	
(4)	设备开箱检验记录	●			●	
3	智能建筑系统工程(执行国家现行标准、规范)					
4	轨道工程					
(1)	原材料出厂质量证明文件、检验报告(原材料包括螺母罩、螺母、螺栓、垫圈、扣板、道钉、绝缘垫、垫板、胶板、胶垫、轨距垫、橡胶套靴、鱼尾板、尼龙套管、挡板、挡板座、塑料垫片、车挡、钢轨、尖轨、异型轨、护轨装置、钢轨伸缩调节器、道岔、道岔塑料件、短轨枕、枕木、道砟等)	●			●	

序号	归档文件	保管单位				
		建设单位	设计单位	监理单位	施工单位	城建档案馆
(2)	钢轨焊接型式检验报告	●			●	
(3)	钢轨焊接周期性检验报告	●			●	
5	声屏障					
(1)	材料、构配件进场检验记录	●			●	
(2)	主要设备、原材料、构配件质量证明文件	●			●	
(3)	检测报告					
1)	钢材试验报告	●			●	
2)	隔声板检验报告	●			●	
3)	吸声板检测报告				●	
6	其他附属工程（执行国家相关标准、规范）					
(六)	施工记录					
1	地面及高架车站工程					
(1)	桩（地）基施工记录	●			●	●
(2)	地基验槽检查记录	●			●	●
(3)	地基处理记录	●			●	●
(4)	地基钎探记录（应附图）	●			●	●
(5)	构件吊装记录				●	
(6)	地下工程防水效果检查记录	●			●	●
(7)	防水工程试水检查记录	●			●	●
(8)	预应力筋张拉记录	●			●	●
(9)	有粘结预应力结构灌浆记录	●			●	●
(10)	混凝土养护（包括测温）记录				●	
(11)	混凝土浇筑记录	●			●	●
(12)	钢结构施工记录	●			●	●
(13)	网架（索膜）施工记录	●			●	●
(14)	木结构施工记录	●			●	
(15)	幕墙注胶检查记录	●			●	
(16)	隐蔽工程检查验收记录	●			●	●
2	地下车站工程					
(1)	施工降水记录	●			●	
(2)	钻孔桩钻进记录（冲击钻）	●			●	●
(3)	钻孔桩钻进记录（旋转钻）	●			●	●
(4)	钻孔桩混凝土灌注前检查记录	●			●	●
(5)	钻孔桩水下混凝土浇筑记录	●			●	●
(6)	旋喷桩施工记录	●			●	●
(7)	SMW桩施工记录	●			●	●
(8)	桩顶冠梁施工检查记录	○			●	
(9)	地下连续墙挖槽施工记录	○			●	
(10)	地下连续墙护壁泥浆质量检查记录	○			●	
(11)	地下连续墙接头施工检查记录	○			●	
(12)	地下连续墙混凝土浇筑记录	●			●	
(13)	土方开挖施工记录				●	
(14)	土钉墙施工记录				●	
(15)	锚杆（索）成孔记录				●	
(16)	锚杆（索）安装记录	●			●	
(17)	锚杆（索）注浆记录				●	
(18)	锚杆（索）张拉锁定记录	●			●	
(19)	桩间喷射混凝土施工记录				●	

序号	归档文件	保管单位				
		建设单位	设计单位	监理单位	施工单位	城建档案馆
(20)	钢管柱加工验收记录	●			●	
(21)	钢管柱定位器安装检查记录				●	
(22)	钢管柱与桩基连接施工记录	●			●	●
(23)	钢管柱施工检查记录	●			●	
(24)	梁板柱节点施工检查记录	●			●	
(25)	铺盖安装检查记录	●			●	
(26)	盖挖逆筑法土模施工记录				●	
(27)	大管棚施工记录				●	
(28)	夯管帷幕施工检查记录				●	
(29)	小导管注浆检查记录	●			●	
(30)	波形钢瓦超前支护施工记录	●			●	
(31)	冻结测温记录				●	
(32)	暗挖开挖施工记录	●			●	●
(33)	钢格栅验收记录	●			●	●
(34)	初期支护检查记录	●			●	
(35)	锁脚锚管（杆）施工检查记录				●	
(36)	喷射混凝土配合比通知单				●	
(37)	二衬背后注浆施工记录	●			●	●
(38)	钢支撑、钢围檩进场检查记录				●	
(39)	钢围檩安装检查记录				●	
(40)	钢支撑架设施工记录	○			●	
(41)	钢支撑预加力施加与锁定记录	○			●	

序号	归档文件	保管单位				
		建设单位	设计单位	监理单位	施工单位	城建档案馆
(42)	防水基面处理检查记录				●	
(43)	防水层施工检查记录	●			●	●
(44)	细部构造（施工缝、变形缝、后浇带）防水施工检查记录	●			●	●
(45)	暗挖隧道模板台车施工检查记录				●	
(46)	混凝土养护（包括测温）记录				●	
(47)	构件吊装记录				●	
(48)	混凝土浇筑记录	●			●	●
(49)	隐蔽工程检查验收记录	●			●	●
3	明挖法区间隧道工程（包括区间 U 形槽工程）					
(1)	施工降水记录	●			●	
(2)	钻孔桩钻进记录（冲击钻）				●	●
(3)	钻孔桩钻进记录（旋转钻）	●			●	●
(4)	人工挖孔桩挖孔记录				●	
(5)	钻孔桩混凝土灌注前检查记录	●			●	
(6)	钻孔桩水下混凝土浇筑记录	●			●	
(7)	旋喷桩施工记录	●			●	●
(8)	SMW 桩施工记录	●			●	●
(9)	桩顶冠梁施工检查记录	○			●	
(10)	地下连续墙挖槽施工记录	○			●	
(11)	地下连续墙护壁泥浆质量检查记录	○			●	
(12)	地下连续墙接头施工检查记录	○			●	

序号	归档文件	保管单位				
		建设单位	设计单位	监理单位	施工单位	城建档案馆
(13)	地下连续墙混凝土浇筑记录	●			●	
(14)	土方开挖施工记录				●	
(15)	土钉墙施工记录				●	
(16)	锚杆（索）成孔记录				●	
(17)	锚杆（索）安装记录	●			●	
(18)	锚杆（索）注浆记录				●	
(19)	锚杆（索）张拉锁定记录				●	
(20)	桩间喷射混凝土施工记录				●	
(21)	钢支撑、钢围檩进场检查记录				●	
(22)	钢围檩安装检查记录				●	
(23)	钢支撑架设施工记录	○			●	
(24)	钢支撑预加力施加与锁定记录	○			●	
(25)	钢支撑拆除施工记录				●	
(26)	防水基面处理检查记录	●			●	●
(27)	防水层施工检查记录	●			●	●
(28)	细部构造（施工缝、变形缝、后浇带）防水施工检查记录	●			●	●
(29)	混凝土养护（包括测温）记录				●	
(30)	混凝土浇筑记录	●			●	●
(31)	隐蔽工程检查验收记录	●			●	●

序号	归档文件	保管单位				
		建设单位	设计单位	监理单位	施工单位	城建档案馆
4	暗挖法区间隧道工程					
(1)	施工降水记录	●			●	
(2)	大管棚施工记录				●	
(3)	小导管注浆检查记录				●	
(4)	冻结测温记录				●	
(5)	旋喷桩施工记录	●			●	●
(6)	暗挖开挖施工记录	●			●	
(7)	钢格栅验收记录				●	
(8)	初期支护检查记录				●	
(9)	锁脚锚管（杆）施工检查记录				●	
(10)	喷射混凝土配合比通知单				●	
(11)	初支背后注浆施工记录				●	
(12)	防水基面处理检查记录	●			●	●
(13)	防水层施工检查记录	●			●	●
(14)	细部构造（施工缝、变形缝）防水施工检查记录	●			●	●
(15)	暗挖隧道模板台车施工检查记录				●	
(16)	混凝土养护（包括测温）记录				●	
(17)	混凝土浇筑记录	●			●	
(18)	隐蔽工程检查验收记录	●			●	●
5	盾构法隧道工程					
(1)	盾构隧道掘进施工记录				●	
(2)	盾构隧道管片拼装记录	●			●	
(3)	盾构隧道注浆检查记录	●			●	●
(4)	隐蔽工程检查验收记录	●			●	●

序号	归档文件	保管单位				
		建设单位	设计单位	监理单位	施工单位	城建档案馆
6	路基及小桥涵工程					
(1)	桩（地）基施工记录	●			●	●
(2)	地基验槽检查记录	●			●	●
(3)	地基处理记录	●			●	●
(4)	地基钎探记录（应附图）	●			●	●
(5)	钻孔桩钻进记录（冲击钻）	●			●	●
(6)	钻孔桩钻进记录（旋转钻）	●			●	●
(7)	人工挖孔桩挖孔记录	●			●	●
(8)	钻孔桩混凝土灌注前检查记录	●			●	●
(9)	钻孔桩水下混凝土浇筑记录				●	
(10)	旋喷桩施工记录	●			●	●
(11)	土方开挖施工记录				●	
(12)	土钉墙施工记录				●	
(13)	锚杆（索）成孔记录				●	
(14)	锚杆（索）安装记录				●	
(15)	锚杆（索）注浆记录				●	
(16)	锚杆（索）张拉锁定记录				●	
(17)	沉入桩施工检查记录	●			●	●
(18)	箱涵顶进施工记录	●			●	●
(19)	路基护坡喷射混凝土施工记录				●	
(20)	挡墙砌筑施工记录				●	
(21)	预制挡墙安装施工记录				●	
(22)	路基压实施工检查记录				●	

序号	归档文件	保管单位				
		建设单位	设计单位	监理单位	施工单位	城建档案馆
(23)	混凝土养护（包括测温）记录				●	
(24)	混凝土浇筑记录	●			●	●
(25)	构件吊装施工记录	●			●	
(26)	预应力筋张拉记录	●			●	
(27)	有粘结预应力结构灌浆记录	●			●	●
(28)	隐蔽工程检查验收记录	●			●	●
7	高架桥区间工程					
(1)	桩（地）基施工记录	●			●	●
(2)	地基验槽检查记录	●			●	●
(3)	地基处理记录	●			●	●
(4)	地基钎探记录（应附图）	●			●	●
(5)	钻孔桩钻进记录（冲击钻）	●			●	●
(6)	钻孔桩钻进记录（旋转钻）	●			●	●
(7)	人工挖孔桩挖孔记录	●			●	●
(8)	钻孔桩混凝土灌注前检查记录				●	●
(9)	钻孔桩水下混凝土浇筑记录				●	
(10)	混凝土养护（包括测温）记录				●	
(11)	混凝土浇筑记录	●			●	●
(12)	构件吊装施工记录				●	
(13)	焊接材料烘焙记录				●	
(14)	预应力筋张拉记录	●			●	●
(15)	预应力张拉孔道压浆记录	●			●	●
(16)	桥面防水施工记录	●			●	
(17)	桥梁支座安装记录	●			●	●
(18)	钢箱梁安装检查记录	●			●	●

续表 A

序号	归档文件	建设单位	设计单位	监理单位	施工单位	城建档案馆
		保管单位				
(19)	高强螺栓连接检查记录	●			●	●
(20)	焊缝综合质量记录	●			●	●
(21)	斜拉索安装张拉记录	●			●	
(22)	人行道板安装记录				●	
(23)	架桥机架桥施工记录				●	
(24)	隐蔽工程检查验收记录	●			●	●
8	车辆段与综合基地工程					
(1)	基坑支护变形监测记录				●	
(2)	桩（地）基施工记录	●			●	●
(3)	地基验槽检查记录	●			●	●
(4)	地基处理记录	●			●	●
(5)	地基钎探记录（应附图）	●			●	●
(6)	构件吊装安装记录				●	
(7)	焊接材料烘焙记录				●	
(8)	地下工程防水效果检查记录	●			●	●
(9)	防水工程试水检查记录	●			●	●
(10)	预应力筋张拉记录	●			●	●
(11)	有粘结预应力结构灌浆记录	●			●	●
(12)	混凝土养护（包括测温）记录				●	
(13)	混凝土浇筑记录	●			●	
(14)	车辆段检查坑施工记录				●	
(15)	钢结构施工记录	●			●	●
(16)	网架（索膜）施工记录				●	
(17)	木结构施工记录	●			●	

续表 A

序号	归档文件	建设单位	设计单位	监理单位	施工单位	城建档案馆
		保管单位				
(18)	幕墙注胶检查记录	●			●	
(19)	隐蔽工程检查验收记录	●			●	●
9	轨道工程					
(1)	橡胶套靴安装检查记录	●			●	
(2)	承轨台混凝土浇筑记录	●			●	●
(3)	短轨枕式整体道床施工记录	●			●	
(4)	碎石道床轨道底层道砟摊铺上渣记录	●			●	
(5)	碎石道床有渣轨道铺轨、上渣整道、道岔铺设记录	●			●	
(6)	支撑块整体道床工程检查记录	●			●	●
(7)	铺轨、轨道整理、钢轨打磨工程检查记录	●			●	
(8)	道床线路锁定、伸缩调节器、道岔铺设整理工程检查记录	●			●	
(9)	无缝线路锁定轨温、锁定日期记录	●			●	
(10)	单元轨节应力放散及锁定记录	●			●	
(11)	移动气压焊钢轨焊接工程检查记录	●			●	
(12)	移动闪光接触焊钢轨焊接工程检查记录				●	
(13)	钢轨基地接触焊钢轨焊接检查记录	●			●	
(14)	接触焊正火参数记录	●			●	
(15)	铝热焊焊接记录	●			●	

序号	归档文件	建设单位	设计单位	监理单位	施工单位	城建档案馆
(16)	加道岔、交叉度线安装检查记录	●			●	
10	声屏障					
(1)	钢结构焊接记录	●			●	
(2)	立柱安装记录	●			●	
(3)	钢结构组装、紧固件连接记录	●			●	
(4)	吸、隔声板安装记录	●			●	
(5)	人行步道板安装记录	●			●	
(6)	护栏安装记录	●			●	
11	其他附属工程（执行国家相关标准、规范）					
(七)	施工试验记录					
1	建筑与结构工程					
(1)	锚杆、土钉锁定力（抗拔力）试验报告	●			●	
(2)	地基承载力检验报告	●			●	●
(3)	桩检测报告	●			●	●
(4)	锚索张拉力检验报告	●			●	
(5)	土壤压实度试验记录（环刀法）	●			●	
(6)	压实度试验记录（灌砂法）	●			●	●
(7)	钢筋机械连接型式检验报告	●			●	
(8)	钢筋连接工艺检验（评定）报告	●			●	
(9)	钢筋连接试验报告	●			●	●
(10)	砂浆配合比通知单				●	
(11)	砂浆抗压强度试验报告	●			●	●
(12)	砌筑砂浆试块强度统计、评定记录	●			●	
(13)	混凝土配合比通知单				●	

序号	归档文件	建设单位	设计单位	监理单位	施工单位	城建档案馆
(14)	混凝土抗压强度试验报告	●			●	●
(15)	混凝土试块强度统计、评定记录	●			●	●
(16)	混凝土抗渗试验报告	●			●	●
(17)	混凝土碱总量计算书	●			●	
(18)	饰面砖粘结强度试验报告	●			●	
(19)	后置埋件拉拔试验报告	●			●	
(20)	超声波探伤报告	●			●	
(21)	超声波探伤记录	●			●	
(22)	钢构件射线探伤报告	●			●	
(23)	磁粉探伤报告	●			●	
(24)	高强螺栓抗滑移系数检测报告	●			●	●
(25)	钢结构焊接工艺评定	●			●	●
(26)	网架节点承载力试验报告	●			●	
(27)	钢结构涂料厚度检测报告	●			●	
(28)	木结构胶缝试验报告	●			●	
(29)	木结构构件力学性能试验报告	●			●	
(30)	木结构防护剂试验报告	●			●	
(31)	幕墙双组分硅酮结构胶混匀性及拉断试验报告	●			●	
(32)	接地网检测报告、防雷检测	●			●	
2	建筑电气工程					

续表 A

序号	归档文件	保管单位				
		建设单位	设计单位	监理单位	施工单位	城建档案馆
(1)	电气接地电阻测试记录	●			●	●
(2)	电气防雷接地装置隐检与平面示意图	●			●	●
(3)	电气绝缘电阻测试记录	●			●	●
(4)	电气器具通电安全检查记录	●			●	●
(5)	电气设备空载试运行记录	●			●	●
(6)	建筑物照明通电试运行记录	●			●	●
(7)	大型照明灯具承载试验记录	●			●	
(8)	高压部分试验记录	●			●	
(9)	漏电开关模拟试验记录	●			●	
(10)	电度表检定记录	●			●	
(11)	大容量电气线路结点测温记录	●			●	
(12)	避雷带支架拉力测试记录	●			●	
3	智能建筑工程(执行国家现行标准、规范)					
4	轨道工程					
(1)	钢轨焊接检验报告(超声波探测)	●			●	●
(2)	线路要素汇总(水准点表、控制桩表、平交道表、曲线表、坡度表、断链表)	●			●	
(3)	测量复核记录	●			●	●
(4)	线路中桩复测表	●			●	●
(5)	基桩高程表	●			●	●
(6)	控制基标竣工测量成果	●			●	●
(7)	标高测量表	●			●	●
(8)	长轨防爬桩设置、观测记录	●			●	

续表 A

序号	归档文件	保管单位				
		建设单位	设计单位	监理单位	施工单位	城建档案馆
5	声屏障					
	声屏障降噪效果测试	●			●	
(八)	施工质量验收记录					
1	结构实体混凝土强度验收记录	●		●	●	
2	结构实体钢筋保护层厚度验收记录	●		●	●	●
3	检验批质量验收记录	○		●	●	
4	分项工程质量验收记录表	○		●	●	
5	分部(子分部)工程验收记录表	●		●	●	●
四	机电设备施工文件					
(一)	综合管理文件					
1	开工、竣工报告	●		●	●	●
2	施工组织设计及审批	●			●	
3	图纸会审、设计交底记录	●		●	●	
4	技术交底记录	●			●	
5	设计变更通知单	●		●	●	
6	工程洽商记录	●		●	●	●
7	施工现场质量管理检查记录	●			●	
8	现场管理制度、质量责任制				●	
9	企业资质及主要专业操作上岗证书				●	
10	工程质量事故处理记录	●			●	●
11	施工安全、环保措施				●	
12	单位(子单位)工程质量竣工验收记录	●		●	●	●
13	施工日记				●	

序号	归档文件	保管单位				
		建设单位	设计单位	监理单位	施工单位	城建档案馆
14	施工大事记	●				
15	施工总结	●			●	●
(二)	施工文件					
1	通信系统					
(1)	设备开箱检查记录、装箱单、工具单、备品备件单	●				
(2)	设备及材料出厂合格证、检验报告、测试报告等	●			●	
(3)	用户手册(产品说明书、操作手册、维护手册等)	●				
(4)	设备出厂工艺图、流程图、线路图等技术图纸、设备图纸	●				
(5)	材料和设备进场检验记录	●				
(6)	与土建、装修交接记录	●			●	
(7)	子系统设备、材料安装记录	●			●	
(8)	子系统设备、材料测试记录	●			●	
(9)	隐蔽工程检查验收记录	●			●	●
(10)	功能性试验及检测报告	●			●	
(11)	设备、网络调试记录	●			●	
(12)	系统调试、试运行记录	●			●	
(13)	通信系统安装完成测试报告、验收报告	●			●	●
(14)	分部工程质量验收记录					
	通信管线安装	●			●	●

序号	归档文件	保管单位				
		建设单位	设计单位	监理单位	施工单位	城建档案馆
	通信光、电缆线路及终端	●			●	●
	光电传输系统	●			●	●
	公务电话系统	●			●	●
	专用电话系统	●			●	●
	无线通信系统	●			●	●
	电视监控系统	●			●	●
	广播系统	●			●	●
	时钟系统	●			●	●
	电源及接地系统	●			●	●
(15)	分项工程质量验收记录、检验批质量验收记录	○			●	
(16)	其他应归档的文件	●			●	
2	信号系统					
(1)	设备开箱检查记录、装箱单、工具单、备品备件单	●				
(2)	设备及材料出厂合格证、检验报告、测试报告等	●			●	
(3)	用户手册(产品说明书、操作手册、维护手册等)	●				
(4)	设备出厂工艺图、流程图、线路图等技术图纸、设备图纸	●				
(5)	材料和设备进场检验记录	●				
(6)	与土建、装修交接记录	●			●	
(7)	设备、材料安装记录	●			●	
(8)	设备、材料测试记录	●			●	
(9)	隐蔽工程检查验收记录	●			●	●

续表 A

序号	归档文件	保管单位				
		建设单位	设计单位	监理单位	施工单位	城建档案馆
(10)	功能性试验及检测报告	●			●	
(11)	设备、网络调试记录	●			●	
(12)	系统调试、试运行记录	●			●	
(13)	信号系统安装完成测试报告、验收报告	●			●	●
(14)	分部工程质量验收记录					
	列车自动控制（ATS）	●			●	●
	列车自动防护（ATP）	●			●	●
	计算机联锁（CI）	●			●	●
	列车自动驾驶（ATO）	●			●	●
	数据传输系统	●			●	●
	电缆线路	●			●	●
	电源（UPS）设备	●			●	●
	单项测试及系统调试	●			●	●
(15)	分项工程质量验收记录、检验批质量验收记录	○			●	
(16)	其他应归档的文件	●			●	
3	供电系统					
(1)	设备开箱检查记录、装箱单、工具单、备品备件单	●				
(2)	设备及材料出厂合格证、检验报告、测试报告等	●			●	
(3)	用户手册（产品说明书、操作手册、维护手册等）	●				
(4)	设备出厂工艺图、流程图、线路图等技术图纸、设备图纸	●				

续表 A

序号	归档文件	保管单位				
		建设单位	设计单位	监理单位	施工单位	城建档案馆
(5)	材料和设备进场检验记录	●				
(6)	与土建、装修交接记录	●			●	
(7)	设备、材料安装检查记录	●			●	
(8)	设备、材料试验记录	●			●	
(9)	隐蔽工程检查验收记录	●			●	●
(10)	功能性试验及检测报告	●			●	
(11)	设备、网络调试记录	●			●	
(12)	供电系统安装完成测试报告、验收报告	●			●	●
(13)	分部工程质量验收记录					
	电气动力系统	●			●	●
	变电所	●			●	●
	接触轨	●			●	●
	接触网	●			●	●
	电缆线路与接地装置	●			●	●
	电力监控	●			●	●
	杂散电流防护	●			●	●
(14)	分项工程质量验收记录、检验批质量验收记录	○			●	
(15)	其他应归档的文件	●			●	
4	防灾与报警系统					
(1)	设备开箱检查记录、装箱单、工具单、备品备件单	●				
(2)	设备及材料出厂合格证、检验报告、测试报告等	●			●	

序号	归档文件	保管单位				
		建设单位	设计单位	监理单位	施工单位	城建档案馆
(3)	用户手册（产品说明书、操作手册、维护手册等）	●				
(4)	设备出厂工艺图、流程图、线路图等技术图纸、设备图纸	●				
(5)	材料和设备进场检验记录	●				
(6)	与土建、装修交接记录	●			●	
(7)	设备、材料安装记录	●			●	
(8)	隐蔽工程检查验收记录	●			●	●
(9)	功能性试验及检测记录	●			●	
(10)	设备、网络调试记录	●			●	
(11)	各系统调试记录	●			●	
(12)	消防联动系统调试记录、验收报告	●			●	
(13)	防灾报警系统安装完成测试报告、验收报告	●			●	●
(14)	分部工程质量验收记录					
	消防水系统	●			●	●
	气体灭火	●			●	●
	防火封堵	●			●	●
(15)	分项工程质量验收记录、检验批质量验收记录	○			●	
(16)	其他应归档的文件	●			●	
5	自动售检票系统					
(1)	设备开箱检查记录、装箱单、工具单、备品备件单	●				

序号	归档文件	保管单位				
		建设单位	设计单位	监理单位	施工单位	城建档案馆
(2)	设备及材料出厂合格证、检验报告、测试报告等	●			●	
(3)	用户手册（产品说明书、操作手册、维护手册等）	●				
(4)	设备出厂工艺图、流程图、线路图等技术图纸、设备图纸	●				
(5)	材料和设备进场检验记录	●				
(6)	与土建、装修交接记录	●			●	
(7)	设备、材料安装记录	●			●	
(8)	设备、材料测试记录	●			●	
(9)	隐蔽工程检查验收记录	●			●	●
(10)	终端设备、计算机系统、票务清分系统功能检测	●			●	
(11)	自动售检票系统调试记录、验收报告	●			●	●
(12)	分部工程质量验收记录					
	管槽预埋及安装	●			●	●
	线缆敷设	●			●	●
	车站终端设备	●			●	●
	车站计算机系统	●			●	●
	线路中央计算机系统	●			●	●
	票务清分中心系统	●			●	●
	电源与接地	●			●	●
(13)	分项工程质量验收记录、检验批质量验收记录	○			●	

序号	归档文件	保管单位				
		建设单位	设计单位	监理单位	施工单位	城建档案馆
(14)	其他应归档的文件	●			●	
6	环境与设备监控系统					
(1)	设备开箱检查记录、装箱单、工具单、备品备件单	●				
(2)	设备及材料出厂合格证、检验报告、测试报告等	●			●	
(3)	用户手册（产品说明书、操作手册、维护手册等）	●				
(4)	设备出厂工艺图、流程图、线路图等技术图纸、设备图纸	●				
(5)	材料和设备进场检验记录	●				
(6)	土建交接预验记录	●			●	
(7)	设备、材料安装记录	●			●	
(8)	设备、材料测试记录	●			●	
(9)	隐蔽工程检查验收记录	●			●	●
(10)	功能性测试报告	●			●	
(11)	系统、网络调试记录	●			●	
(12)	环境与设备监控系统安装完成测试报告、验收报告	●			●	●
(13)	分部工程质量验收记录					
	车站监控系统	●			●	●
	中心监控系统	●			●	●
	电源与接地	●			●	●
(14)	分项工程质量验收记录、检验批质量验收记录	○			●	
(15)	其他应归档的文件	●			●	

序号	归档文件	保管单位				
		建设单位	设计单位	监理单位	施工单位	城建档案馆
7	给排水及采暖系统					
(1)	设备开箱检查记录、装箱单、工具单、备品备件单	●				
(2)	设备及材料出厂合格证、检验报告、测试报告等	●			●	
(3)	用户手册（产品说明书、操作手册、维护手册等）	●				
(4)	设备出厂工艺图、流程图、线路图等技术图纸、设备图纸	●				
(5)	材料和设备进场检验记录	●				
(6)	与土建、装修交接记录	●			●	
(7)	设备、材料安装记录	●			●	
(8)	设备、材料试验记录	●			●	
(9)	隐蔽工程检查验收记录	●			●	●
(10)	功能性试验及检测报告	●			●	
(11)	系统调试、试运行记录	●			●	
(12)	给排水及采暖系统安装完成测试报告、验收报告	●			●	●
(13)	分部工程质量验收记录					
	给水系统	●			●	●
	排水系统	●			●	●
	供热系统	●			●	●
	卫生器具安装系统	●			●	●
	采暖系统	●			●	●

序号	归档文件	建设单位	设计单位	监理单位	施工单位	城建档案馆
(14)	分项工程质量验收记录、检验批质量验收记录	○			●	
(15)	其他应归档的文件	●			●	
8	通风与空调系统					
(1)	设备开箱检查记录、装箱单、工具单、备品备件单	●				
(2)	设备及材料出厂合格证、检验报告、测试报告等	●			●	
(3)	用户手册（产品说明书、操作手册、维护手册等）	●				
(4)	设备出厂工艺图、流程图、线路图等技术图纸、设备图纸	●				
(5)	材料和设备进场检验记录	●				
(6)	与土建、装修交接记录	●			●	
(7)	设备、材料安装记录	●			●	
(8)	设备性能测试记录	●			●	
(9)	各系统调试及试运行记录	●			●	
(10)	隐蔽工程检查验收记录	●			●	●
(11)	通风与空调系统安装完成测试报告、验收报告	●			●	●
(12)	分部工程质量验收记录					
	送、排风系统	●			●	●
	防、排烟系统	●			●	●
	除尘系统	●			●	●
	空调系统	●			●	●

序号	归档文件	建设单位	设计单位	监理单位	施工单位	城建档案馆
	净化空调系统	●			●	●
	制冷系统	●			●	●
	空调水系统	●			●	●
(13)	分项工程质量验收记录、检验批质量验收记录	○			●	
(14)	其他应归档的文件	●			●	
9	电梯与自动扶梯系统					
(1)	设备开箱检查记录、装箱单、工具单、备品备件单	●				
(2)	设备及材料出厂合格证、检验报告、测试报告等	●			●	
(3)	用户手册（产品说明书、操作手册、维护手册等）	●				
(4)	设备出厂工艺图、流程图、线路图等技术图纸、设备图纸	●				
(5)	材料和设备进场检验记录	●				
(6)	与土建、装修交接记录	●			●	
(7)	设备安装、检查记录	●			●	
(8)	设备、材料测试记录	●			●	
(9)	主要功能检验记录	●			●	
(10)	安全装置检测报告				●	
(11)	隐蔽工程检查验收记录	●			●	●
(12)	电梯、扶梯整机性能检验记录	●			●	
(13)	电梯、电扶梯空、满载试运行记录	●			●	●
(14)	分部工程质量验收记录					

续表 A

序号	归档文件	建设单位	设计单位	监理单位	施工单位	城建档案馆
		保管单位				
	自动扶梯	●			●	●
	电梯	●			●	●
(15)	分项工程质量验收记录、检验批质量验收记录	○			●	
(16)	其他应归档的文件	●			●	
10	屏蔽门系统					
(1)	设备开箱检查记录、装箱单、工具单、备品备件单	●				
(2)	设备及材料出厂合格证、检验报告、测试报告等	●			●	
(3)	产品说明书、安装技术文件	●				
(4)	材料和设备进场检验记录	●				
(5)	与土建交接记录	●			●	
(6)	设备、材料安装记录	●			●	
(7)	设备、材料测试记录	●			●	
(8)	隐蔽工程检查验收记录	●			●	●
(9)	系统功能性测试记录	●			●	
(10)	屏蔽门系统安装完成测试报告、验收报告	●			●	●
(11)	分部工程质量验收记录					
	门体	●			●	●
	门机	●			●	●
	电源系统	●			●	●
	控制系统	●			●	●
(12)	分项工程质量验收记录、检验批质量验收记录	○			●	

续表 A

序号	归档文件	建设单位	设计单位	监理单位	施工单位	城建档案馆
		保管单位				
(13)	其他应归档的文件	●			●	
11	车辆及检修工艺设备					
(1)	设备开箱检查记录、装箱单、工具单、备品备件单	●				
(2)	设备及材料出厂合格证、检验报告、测试报告等	●			●	
(3)	用户手册（产品说明书、操作手册、维护手册等）	●				
(4)	设备出厂工艺图、流程图、线路图等技术图纸、设备图纸	●				
(5)	材料和设备进场检验记录	●				
(6)	车辆调试、测定数据、性能鉴定记录	●			●	
(7)	车辆试运行记录	●			●	
(8)	检修工艺设备、材料安装记录	●			●	
(9)	隐蔽工程检查验收记录	●			●	●
(10)	设备试运转和试验记录	●			●	●
(11)	分部工程质量验收记录	●			●	●
(12)	分项工程质量验收记录、检验批质量验收记录	○			●	
(13)	其他应归档的文件	●			●	
五	全线测量、竣工测量文件					
1	全线控制测量文件、成果	●			●	●
2	竣工测量委托书及测量成果	●			●	●

续表 A

序号	归档文件	建设单位	设计单位	监理单位	施工单位	城建档案馆
		保管单位				
六	竣工图					
1	建筑竣工图	●			●	●
2	结构竣工图	●			●	●
3	附属建筑、结构竣工图	●			●	●
4	人防建筑、结构竣工图	●			●	●
5	杂散电流防护竣工图	●			●	●
6	接地装置竣工图	●			●	●
7	站场室外工程竣工图	●			●	●
8	车站装修竣工图	●			●	●
9	给排水工程竣工图	●			●	●
10	电气安装竣工图	●			●	●
11	各设备系统安装竣工图	●			●	●
12	综合管线图	●			●	●
13	其他应归档的竣工图	●			●	●
七	竣工验收文件					
1	建设工程竣工验收备案资料	●			●	●
2	建设工程竣工验收报告	●			●	●
3	工程质量保证书	●			●	
4	工程质量保修书	●			●	
5	建设工程规划验收合格证书	●			●	●
6	规划、质量安全监督、消防、环保、人防、卫生防疫、劳动安全、档案等专项验收认可文件	●				●
7	建设工程项目验收文件	●			●	●
8	工程结算书	●			●	
9	工程决算文件	●				●
10	交付使用固定资产清单	●			●	●

说明：划"●"为应归档，划"○"为可选择归档。

附录 B 城市轨道交通工程声像资料归档内容

表 B 城市轨道交通工程声像资料归档内容

序号	归档内容和范围	建设单位	设计单位	监理单位	施工单位	城建档案馆
		保管单位				
一	工程准备阶段					
1	立项、可行性研究相关会议	●	●			●
2	重要的勘测设计、方案评审会	●	●			●
3	线路定位、车站选址	●	●			●
4	工程原址、原貌和周边状况	●			●	●
5	原重要建筑（构）物、古建古迹	●			●	●
6	拆迁、移民情况	●				●
二	施工阶段					
1	工程奠基典礼	●			●	●
2	主体结构、布局、隐蔽工程施工情况	●			●	●
3	施工中重点部位、重要施工工艺、四新技术应用	●			●	●
4	施工中主要的质量检查、验收	●		●	●	●
5	重要试验、测试	●			●	●
6	工程事故和处理情况	●			●	●
7	施工中文物保护	●			●	●
8	车站及附属工程装修、绿化景观	●			●	●
9	设备开箱检验、随机声像资料	●			●	●
10	各设备系统的安装与调试	●			●	●
三	竣工验收阶段					
1	省、市、国家级工程竣工验收会议	●		●		●
2	隧道贯通、通车仪式、竣工典礼	●		●		●

续表 B

序号	归档内容和范围	保管单位				
		建设单位	设计单位	监理单位	施工单位	城建档案馆
3	工程竣工全貌	●				●
4	重点单项工程外形及内部功能	●				●
5	工程获国优、部优、市优奖项	●				●
四	工程全过程					
1	省市级以上领导视察、讲话	●				●
2	科研试验、鉴定会议及成果奖状	●				●
3	反映工程建设情况的电视专题片	●				●

附录 C　工程设计变更依据性文件汇总表

表 C　工程设计变更依据性文件汇总表

序号	变更依据性文件名称	编号	条款	被修改相关图号	备注

施工单位：(盖章)　　　　　　　　监理单位：(盖章)

技术负责人：

编制人：　　　　　　　　　　　总监理工程师：

　　　　　　年 月 日　　　　　　　　　　年 月 日

共（　）页 第（　）页

附录 D　案卷封面的样式

表 D　案　卷　封　面

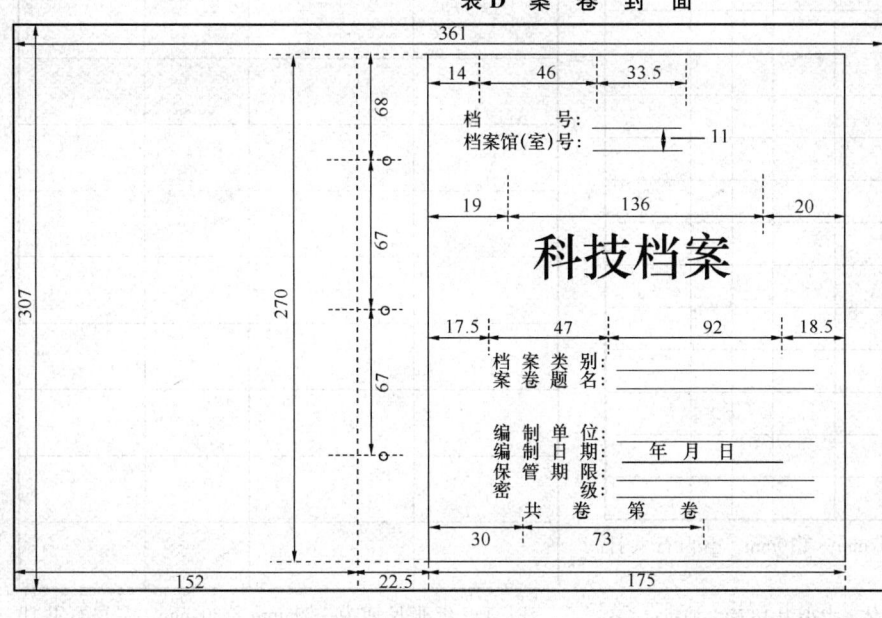

注：
1 尺寸单位统一为：mm。
2 "科技档案"四个字：字体为大宋，大小为111磅，加粗。
3 其余文字：字体为中宋，大小为31磅，加粗。

附录 E 卷内目录的样式

表 E-1 工程竣工档案卷内目录

案卷号：

顺序号	文件（图纸）名称	文件（图纸）编号	页数	图幅	页号		备注
					起	止	

注：1 纸张尺寸为：297mm×210mm。空白行共计29行。

2 标题文字字体为宋体，大小为 18 磅，加粗；"案卷号"字体为宋体，大小为 11 磅；栏目标题文字字体为宋体，大小为 14 磅；空格内文字字体为宋体，大小为 12 磅。

表 E-2 照片档案卷内目录

照片/底片号	题　名	拍摄时间	备　注

注：1 纸张尺寸为：296mm×204mm。空白行共计23行。

2 "照片档案卷内目录"八个字为宋体，22 磅，其他文字为宋体，16 磅。

附录 F 卷内备考表的样式

表 F 卷内备考表

本保管单位已编号的材料数量	文字		页
	图样		页
	其他		

说明：

立卷人＿＿＿＿＿＿　审核人＿＿＿＿＿＿

注：1　标题文字：字体为宋体，大小为 15 磅。
　　2　表格内文字：字体为宋体，大小为 15 磅。

附录 G 案卷目录的样式

表 G 案 卷 目 录

工程名称：

顺序号	案卷号	案卷题名	卷内页数			备注
			文件	图纸	其他	

注：1　纸张尺寸为：297mm×210mm。空白行共计
　　　25 行。
　　2　标题文字字体为宋体，大小为 18 磅，加粗；栏目
　　　标题文字字体为宋体，大小为 14 磅；空格内文字
　　　字体为宋体，大小为 12 磅。

附录 H 工程信息数据基本要素表的样式

表 H-1 工程信息数据基本要素表（建筑工程）

建设单位				
工程名称				
建设地址				
车站数			线路总长度	
总建筑面积	工程总投资	开工日期	竣工日期	
建设用地规划许可证				
建设工程规划许可证				
单位工程名称（幢数）				
设计单位				
施工单位				
监理单位				
结构类型				
面积（ ）				
高度（ ）				
基础情况	形式			
	深度（m）			
	幢数（根）			
层次	地上			
	地下			
站台形式				
车站出入口数				

表 H-2 工程信息数据基本要素表（区间、管线工程）

建设单位							
工程名称							
工程地址							
建设用地规划许可证							
建设工程规划许可证							
设计单位							
施工单位							
监理单位							
专业记载							

		地面	地下		桥 梁		
路段（起）	路段（讫）	宽度（m）	管径或长、宽（m）	管（壁）厚（mm）	宽度（m）	梁底标高（m）	荷载标准	桩深（m）

管线类别	架空管线（地下管线）	长度（m）	规格口径（m）	对地距离（m）	埋设深度（m）	管材	其 他
电力							
邮通							
供水							
煤气							
雨污							
特种							

备注：电力、电信需要说明电压、对数及导管孔数等。

附录 J 图纸的折叠方法

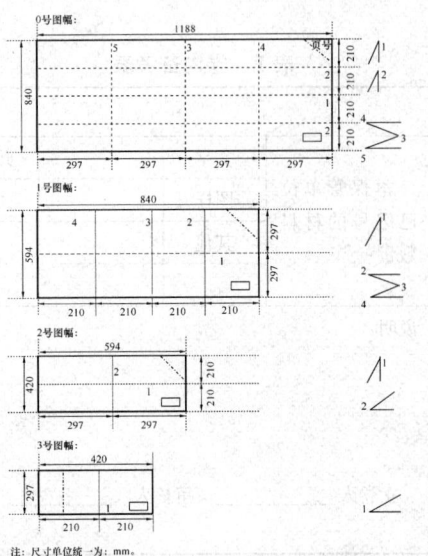

注：尺寸单位统一为：mm。

附录 K 案卷脊背的样式

表 K 案 卷 脊 背

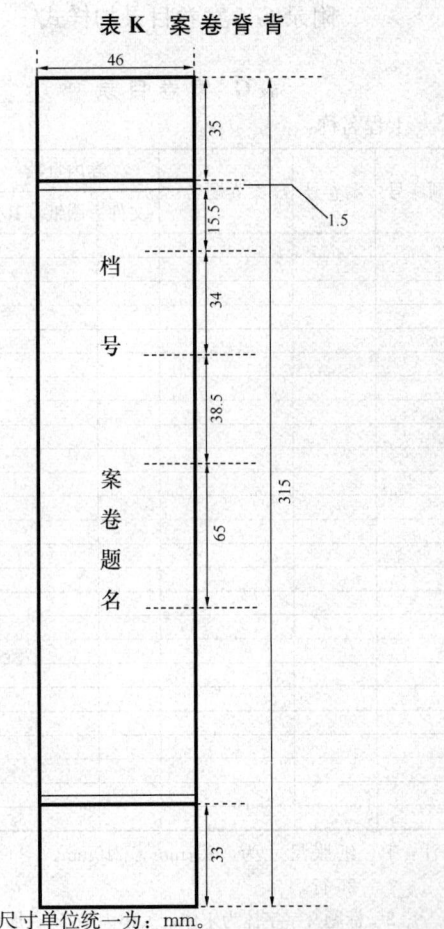

注：1 尺寸单位统一为：mm。
    2 文字字体为大宋，大小为 26 磅，左右居中。粗线粗为 2.5 磅，细线粗为 1 磅。

附录 L　档案验收意见书样式

表 L　城市轨道交通工程档案验收意见书

项目名称		项目概(预)算		(万元)	开工日期	年　月　日	竣工日期	年　月　日
档案验收意见								
参加验收单位								
建设单位	验收人(签字) 单位盖章		设计单位	验收人(签字) 单位盖章	勘测单位	验收人(签字) 单位盖章	施工单位	验收人(签字) 单位盖章
运营单位	验收人(签字) 单位盖章		监理单位	验收人(签字) 单位盖章	城建档案馆	验收人(签字) 单位盖章		验收人(签字) 单位盖章

附录 M　档案报送清册样式

表 M　城市轨道交通工程档案报送清册

工　程　名　称:＿＿＿＿＿＿＿＿　　案　卷　数　量:＿＿＿＿＿＿＿＿

报送人(盖章或签字):＿＿＿＿＿＿　接收人(盖章或签字):＿＿＿＿＿＿

负责人(盖章或签字):＿＿＿＿＿＿　负责人(盖章或签字):＿＿＿＿＿＿

报　送　单　位　盖　章:＿＿＿＿＿　接　收　单　位　盖　章:＿＿＿＿＿

本清册一式三份,城建档案馆一份,报送单位二份,本清册共　　页。

报送时间　　年　月　日

本标准用词说明

1　为便于在执行本标准条文时区别对待,对要求严格程度不同的用词说明如下:

1) 表示很严格非这样做不可的用词:
正面词采用"必须";反面词采用"严禁";

2) 表示严格,正常情况下均应这样做的用词:
正面词采用"应";反面词采用"不应"

或"不得";

3）表示允许稍有选择，在条件许可时首先
应这样做的用词：
正面词采用"宜"或"可"；反面词采用
"不宜"或"不可"；

4）表示有选择，在一定条件下可以这样做
的用词，采用"可"。

2 条文中指明应按其他有关标准执行的写法为
"应符合……的规定"或"应按……执行"。

引用标准名录

1 《民用建筑工程室内环境污染控制规范》
GB 50325

2 《建设电子文件与电子档案管理规范》CJJ/
T 117

中华人民共和国行业标准

城市轨道交通工程档案整理标准

CJJ/T 180—2012

条 文 说 明

制 订 说 明

《城市轨道交通工程档案整理标准》CJJ/T 180-2012，经住房和城乡建设部 2012 年 9 月 26 日以第 1478 号公告批准、发布。

本标准编制过程中，编制组经过广泛的调查研究，总结了我国城市轨道交通工程档案管理的实践经验，同时参考了国内先进技术法规、技术标准。

为便于广大城市轨道交通工程建设各方在使用本标准时能正确理解和执行条文规定，《城市轨道交通工程档案整理标准》编制组按章、节、条顺序编制了本标准的条文说明，对条文规定的目的、理由、依据以及执行中需注意的有关事项进行了说明。本条文说明不具备与标准正文同等的法律效力，仅供使用者作为理解和把握标准规定的参考。

目　次

1 总　则

1.0.1 轨道交通是我国近年来大力发展的城市主要公共交通形式，有着快捷、准时、便利的特点，其迅速发展对城市建设、经济发展有着深远的影响。

轨道交通工程具有项目投资大、建设周期长、关联环节多、内外协作关系复杂的特点，是一个庞大的系统工程，所形成的档案载体多样、数量繁多。这些工程档案是工程建设的真实记录，是全面鉴定工程质量、查明事故原因的重要依据，为日后工程维护、管理、改扩建提供文件参考，为正常运营提供信息支持。

编制此标准的目的，是为了统一城市轨道交通工程文件归档标准，更大程度上确保城市轨道交通工程档案的准确、系统、完整，对于今后档案的保管和有效开发利用有重要意义。

1.0.3 由于城市轨道交通工程种类（专业）较多，文件及图纸形成应按国家《地下铁道工程施工及验收规范》GB 50299、《建筑工程施工质量验收统一标准》GB 50300 等有关国家规范执行。

本条阐明了本标准在实际应用中与其他标准、规范的衔接关系。

2 术　语

为了方便使用者能正确理解和使用本标准，本章编写了 16 个术语，并从本标准的角度赋予其涵义。在编写术语时，参考和引用了《建设工程文件归档整理规范》GB/T 50328、《城市建设档案著录规范》GB/T 50323 等国家标准中的相关术语，本章术语不仅适用于本标准，在其他城建档案整理标准中也可参照使用。

3 基本规定

3.0.1 由于城市轨道交通工程的施工周期较长，参与工程建设的单位多，工程建设中经常出现管理人员和施工单位的相关技术人员的调换，随着工程的进度对工程文件进行管理将会出现责任不清，互相扯皮的现象，造成工程文件的失真或丢失，所以对工程文件的形成与管理要随着工程的进度同步进行，以保证工程文件的真实性和完整性。

3.0.4 竣工图的编制工作应该由施工单位完成，由组织施工的技术人员负责编制。因为，施工单位是建设产品的直接"生产"者，负责组织施工技术人员的主要任务是按照施工图指导工人施工，解决和处理施工中的技术和质量问题，他们对建设工程施工变化情

况最清楚，尤其是隐蔽部位的变化。所以，编制竣工图是施工单位义不容辞的任务，设计部门负责绘制的竣工图也要由施工单位签认。

3.0.7 明确了监理单位对工程文件资料管理方面应起的作用。强调对监理范围内工程文件资料的形成、收集、整理进行严格审查把关，保证工程文件资料的真实、完整、准确。

施工单位在施工过程中对文件、图纸的形成应实行相关人员岗位责任制，避免施工文件事后补报现象。

规定了总承包单位对分包单位进行施工文件及竣工图收集、整理应履行的责任和义务，保证工程档案如期按规定向建设单位移交。

4 工程文件的归档范围及内容

4.0.1 为了全面反映工程建设的情况，便于日后的提供利用，在城市轨道交通工程建设各个阶段中产生的具有保存价值的各种载体的文件均应纳入归档范围。包括建筑与结构、轨道、机电设备安装工程及相关附属工程等。附属工程包含声屏障安装、地面道路改建、场站绿化、标志标线等。

4.0.3 对于本标准附录 A 说明以下几点：

1 中国幅员辽阔，地质构造、气候条件因地域的不同而有很大差异。在城市轨道交通工程建设中，地质构造等特点决定了所采用的施工方法、施工工艺。本标准附录所列的土建施工文件是基于广泛采用的施工方法而产生的，比如：在地下车站的施工记录中，主要有明挖法、盖挖法、暗挖法施工所产生的工程文件。

2 机电设备系统各专业分部工程的划分，依据《地铁设计规范》GB 50157 及部分专业国家施工质量验收规范，同时综合了部分省市机电设备系统现行划分方法，列出了分部工程名称，便于各专业的施工文件的形成。

3 随着科学技术的不断发展以及"四新"技术在工程建设中广泛应用，或将相应产生超出本标准附录 A 范围的工程文件，应根据工程实际进行收集、整理和归档。

4.0.4 电子文件原则上应与纸质文件同步产生、一一对应，归档范围也应与纸质文件一致。

在提供利用时，电子文件的读取需要借助电子设备和相应软件来实现。对于通用软件产生的电子文件，要同时收集其软件型号、名称、版本号和相关参数手册、说明资料等；对于专用软件产生的电子文件原则上应转换生成通用型电子文件，如不能转换，收集时则应连同专用软件一并收集，以保证归档文件的读取。

5 工程文件的归档质量及组卷

5.1 工程纸质文件归档质量要求

5.1.6 工程打印图字迹耐久性应符合国家现行标准《档案字迹材料耐久性测试法》DA/T 16 中墨水耐久性的指标要求。工程打印图用纸应符合国家现行标准《文件用纸耐久性测试法》DA/T 11 中一般耐久纸的技术要求。

5.3 竣工图归档质量要求

5.3.1 竣工图是施工单位按照工程设计图纸和施工技术标准及相关设计变更进行施工的真实记录，所使用的施工图应符合国家规定的设计深度要求和审查要求。

5.3.3 竣工图的数量、图名、图号，应与竣工图图纸目录完全一致，使竣工图具有合法性，同时也是为了归档准确，确保工程竣工图作为"凭证"的有效性。

5.3.4 竣工图章中编制人是指施工单位负责编制竣工图的人员；审核人是指施工单位负责审核竣工图的人员；技术负责人是指施工单位项目技术负责人；总监理工程师，是由监理单位法定代表人书面授权，全面负责委托监理合同的履行、主持项目监理机构工作的监理工程师。

5.4 工程声像资料归档质量要求

5.4.3 RAW 格式为数码相机拍摄的影像直接从相机影像传感器保存到记忆卡的纯数据，可视为数码底片。

5.5 工程电子文件归档质量要求

5.5.2 工程电子文件的通用格式如下表所示：

文件类别	通用格式
文本（表格）文件（Text）	XML、DOC、TXT、RTF、XLS、ET、WPS
图像文件（Image）	JPEG、TIFF、PDF
图形文件（Graphics）	DWG
影像文件（Video）	MPEG、AVI
声音文件（Audio）	WAV、MP3

5.6 组卷的要求和方法

5.6.5 案卷的编目

    1 案卷封面、卷内目录、备考表及案卷目录的内容达到构成要素的要求，形式符合档案保管及检索的要求。

    2 案卷封面的内容宜按下列要求填写：

    1）档号：由分类号、项目号和案卷号等构成。

    2）档案馆（室）号：填写国家给定的档案馆的编号。

    3）档案类别：建设单位保存的填写"基建档案"，报送城建档案管理机构的应填写"公用设施"。

    4）案卷题名：应简明、准确地揭示卷内文件的内容。包括工程名称、单位工程名称、专业名称和卷内文件内容概要。

    5）编制单位：填写对整套工程档案进行收集、整理、组卷的单位。

    6）编制日期：填写整套工程档案编制完成的日期。

    7）保管期限：为永久。

    8）密级：为机密。

    9）共××卷 第××卷：分别填写整套工程档案的总卷数及某一案卷在总卷数中的排列顺序。

    3 卷内目录位于卷内文件之前，按实反映文件的名称等，确定每份文件在卷内的位置，内容按下列要求填写：

    1）案卷号：由项目代号、案卷流水号等组成。

    2）顺序号：应按卷内文件或图纸排列的先后顺序，以一份文件或一张图纸为单位，从"1"开始依次填写。

    3）文件（图纸）名称：填写文件标题或图纸名称的全称。

    4）文件（图纸）编号：文件填写原有的文号即文件的发文号或文件的编号，图纸填写图纸的竣工图号。

    5）页数：填写一份文件所有页数的数量。

    6）图幅：填写文件或图纸的尺寸，用国家标准图幅标示，如 297mm×210mm 的图幅填写为 A4。

    7）页号：填写每份文件在卷内排定的起止页号，只有一页，起、止为同一号。

    8）备注：需说明时填写需要说明的内容。

    9）照片/底片号：填写照片/底片在卷内排列位置的流水顺序号。

    10）题名：填写拍摄建筑物、构筑物、会议的具体名称。一般由单位工程名称＋详细部位名称或会议名称＋拍摄的具体内容构成。如建筑物、构筑物有原名称，应加以注明。

    11）拍摄时间：该张照片具体拍摄时间。

    4 卷内备考表的内容应按下列要求填写：

    1）文字：填写已编号的文件材料的具体数量。

    2）图样：填写已编号的图纸材料的具体数量。

3）其他：填写已编号的照片、光盘等的具体数量。

4）合计：填写以上所有材料的总数。

5）说明：填写需要说明的内容。

6）立卷人：填写案卷立卷责任人。

7）审核人：填写案卷质量审核人。

5　案卷目录应揭示各卷的主要内容，明确各卷之间的排列顺序，内容按下列要求填写：

1）项目名称：填写工程项目的全称。

2）顺序号：按案卷排列的先后顺序从"1"开始依次填写。

3）案卷号：与卷内目录中对应的案卷号保持一致。

4）案卷题名：与案卷封面中的案卷题名相一致。

5）卷内页数（文件、图纸、其他）：分别填写案卷中文字材料、图纸和照片等其他材料的总数。

6）保管期限：与案卷封面填写内容一致。

7）密级：与案卷封面填写内容一致。

8）备注：填写需要说明的内容。

5.6.6　每套工程档案应编制索引目录卷，由档案编制单位完成，"工程信息数据基本要素表"由建设单位填写。

5.8　案卷装具要求

5.8.3　档案盒脊背的内容应按下列要求填写：

1　档号：档号应由档案保管单位填写。

2　案卷题名：应与案卷封面名一致。

6　工程文件的归档

6.0.1　本章中归档的含义是指勘测、设计、监理、施工等单位将本单位在工程建设过程中形成并整理合格的工程档案向建设单位移交的过程。

6.0.6　数码照片应以只读光盘的形式归档，能保证归档照片的不可修改性；归档的数码照片要求是未经修改过的原始照片，是因为原始照片保有拍摄相机、拍摄时间、拍摄数据等原始信息。

6.0.9　明确了工程档案的归档套数及保管单位。这里规定的套数是基本需要，建设单位和其他参与施工的有关各方可根据实际需要增加归档的套数。

7　工程档案的著录

7.1　著录级别

7.1.2　工程级著录是对一个工程的所有档案的内容及形式特征进行分析、记录。

单位工程级著录是对一个单项工程的档案内容及形式特征进行分析、记录。

案卷级著录是对一个案卷的档案内容和形式特征进行分析、记录。

文件级著录是对一份文件的内容和形式特征进行分析、记录。

7.2　著录项目细则

7.2.1　题名与责任说明项包括题名、工程文件编号、工程地址和责任者等小项。

1　文件题名是单份文件文首的题目名称，案卷题名是案卷封面上的题目名称，工程级和单位工程级的题名是工程和单位工程名称。

2　工程文件编号包含以下内容，应符合下列著录要求：

1）建设工程项目立项批准文号应著录计划部门或主管部门批准该建设工程项目正式立项的文件编号；

2）建设工程规划许可证号应著录城市规划主管部门对该建设工程项目核发的建设工程规划许可证的编号；

3）建设工程用地规划许可证号应著录城市规划主管部门对该建设工程项目核发的建设工程用地规划许可证的编号；

4）国有土地使用证号应著录城市土地主管部门对该建设工程项目核发的国有土地使用证编号；

5）建设工程施工许可证号应著录建设行政主管部门对该建设工程项目核发的施工许可证编号；

6）建设工程竣工验收备案登记号应著录建设工程竣工验收后，建设单位向建设行政主管部门报送备案材料时，建设行政主管部门赋予该工程的备案登记编号；

7）图幅号应著录工程所在地形图的分幅号；

8）准拆证号应著录房屋主管部门核发的房屋拆迁许可证的编号。

3　责任者应著录文件材料的形成单位或人。一般包括：

建设单位、立项批准单位、勘测单位、设计单位、监理单位、施工单位和拍摄人员（单位）。

7.2.7　排检与编号项是目录排检和档案馆（室）业务注记项。一般包括档号、缩微号、存放地址号、照片盒号、录像带盘号和磁带喷码。

8　工程档案验收与报送

8.0.2　为规范工程档案预验收的行为，保证预验收和后续项目档案验收的质量，本条提出了单位工程预验收的基本条件。

8.0.3、8.0.4 综合考虑了国家发展与改革委员会、国家档案局颁发的《重大建设项目档案验收办法》、国家标准《建设工程文件归档整理规范》GB/T 50328、《建筑工程施工质量验收统一标准》GB 50300、铁道部颁发的《铁路建设项目竣工验收交接办法》（铁建设〔2008〕23号）等相关验收规范、标准的基本要求。实际操作过程中除应满足本标准的基本要求外还应符合国家现行有关验收办法、标准的具体要求。

8.0.5 **2** 关于工程档案的移交时间，《建设工程文件归档整理规范》GB/T 50328 表述为竣工验收后 3个月内移交，鉴于城市轨道交通的属性更趋于铁路建设项目，并根据轨道交通工程实际，对移交的时间进行适当调整，确定了工程竣工验收后 6个月这样一个移交时间。

中华人民共和国行业标准

城镇排水管道检测与评估技术规程

Technical specification for inspection and
evaluation of urban sewer

CJJ 181—2012

批准部门：中华人民共和国住房和城乡建设部
施行日期：2 0 1 2 年 1 2 月 1 日

中华人民共和国住房和城乡建设部
公　　告

第 1439 号

住房城乡建设部关于发布行业标准
《城镇排水管道检测与评估技术规程》的公告

现批准《城镇排水管道检测与评估技术规程》为行业标准，编号为 CJJ 181-2012，自 2012 年 12 月 1 日起实施。其中，第 3.0.19、7.1.7、7.2.4、7.2.6 条为强制性条文，必须严格执行。

本规程由我部标准定额研究所组织中国建筑工业出版社出版发行。

中华人民共和国住房和城乡建设部
2012 年 7 月 19 日

前　　言

根据住房和城乡建设部《关于印发 2011 年工程建设标准规范制订、修订计划的通知》(建标［2011］17 号)的要求，规程编制组经广泛调查研究，认真总结实践经验，参考有关国际标准和国外先进标准，并在广泛征求意见的基础上，编制本规程。

本规程的主要技术内容是：1 总则；2 术语和符号；3 基本规定；4 电视检测；5 声纳检测；6 管道潜望镜检测；7 传统方法检查；8 管道评估；9 检查井和雨水口检查；10 成果资料。

本规程中以黑体字标志的条文为强制性条文，必须严格执行。

本规程由住房和城乡建设部负责管理和对强制性条文的解释，由广州市市政集团有限公司负责具体技术内容的解释。执行过程中如有意见或建议，请寄送广州市市政集团有限公司(地址：广州市环市东路 338 号银政大厦，邮编：510060)。

本 规 程 主 编 单 位：广州市市政集团有限公司

本 规 程 参 编 单 位：广东工业大学
香港管线学院
广州易探地下管道检测技术服务有限公司
上海乐通管道工程有限公司
上海市水务局
天津市排水管理处
哈尔滨排水有限责任公司
西安市市政设施管理局
管丽环境技术(上海)有限公司
重庆水务集团股份有限公司
广州市市政工程试验检测有限公司
中国城市规划协会地下管线专业委员会
中国地质大学
广东省标准化研究院
广州市污水治理有限责任公司

本规程主要起草人员：安关峰　王和平　黄　敬
谢广勇　朱　军　唐建国
宋亚维　王　虹　邓晓青
孙跃平　陆　磊　谢楚龙
丘广新　刘添俊　马保松
陈海鹏　李碧清　董海国

本规程主要审查人员：张　勤　朱保罗　吴学伟
邓小鹤　项久华　唐　东
王春顺　周克钊　余　健
丛天荣　樊建军

目 次

Contents

1 总 则

1.0.1 为加强城镇排水管道检测管理,规范检测技术,统一评估标准,制定本规程。

1.0.2 本规程适用于对既有城镇排水管道及其附属构筑物进行的检测与评估。

1.0.3 城镇排水管道检测采用新技术、新方法时,管道评估应符合本规程的要求。

1.0.4 城镇排水管道的检测与评估,除应符合本规程的要求外,尚应符合国家现行有关标准的规定。

2 术语和符号

2.1 术 语

2.1.1 电视检测 closed circuit television inspection (CCTV)

采用闭路电视系统进行管道检测的方法,简称CCTV检测。

2.1.2 声纳检测 sonar inspection

采用声波探测技术对管道内水面以下的状况进行检测的方法。

2.1.3 管道潜望镜检测 pipe quick view inspection (QV)

采用管道潜望镜在检查井内对管道进行检测的方法,简称QV检测。

2.1.4 时钟表示法 clock description

采用时钟的指针位置描述缺陷出现在管道内环向位置的表示方法。

2.1.5 直向摄影 forward-view inspection

电视摄像机取景方向与管道轴向一致,在摄像头随爬行器行进过程中通过控制器显示和记录管道内影像的拍摄方式。

2.1.6 侧向摄影 lateral inspection

电视摄像机取景方向偏离管道轴向,通过电视摄像机镜头和灯光的旋转/仰俯以及变焦,重点显示和记录管道一侧内壁状况的拍摄方式。

2.1.7 结构性缺陷 structural defect

管道结构本体遭受损伤,影响强度、刚度和使用寿命的缺陷。

2.1.8 功能性缺陷 functional defect

导致管道过水断面发生变化,影响畅通性能的缺陷。

2.1.9 结构性缺陷密度 structural defect density

根据管段结构性缺陷的类型、严重程度和数量,基于平均分值计算得到的管段结构性缺陷长度的相对值。

2.1.10 功能性缺陷密度 functional defect density

根据管段功能性缺陷的类型、严重程度和数量,基于平均分值计算得到的管段功能性缺陷长度的相对值。

2.1.11 修复指数 rehabilitation index

依据管道结构性缺陷的类型、严重程度、数量以及影响因素计算得到的数值。数值越大表明管道修复的紧迫性越大。

2.1.12 养护指数 maintenance index

依据管道功能性缺陷的类型、严重程度、数量以及影响因素计算得到的数值。数值越大表明管道养护的紧迫性越大。

2.1.13 管段 pipe section

两座相邻检查井之间的管道。

2.1.14 检查井 manhole

排水管道系统中连接管道以及供维护工人检查、清通和出入管道的附属设施的统称,包括跌水井、水封井、冲洗井、溢流井、闸门井、潮门井、沉泥井等。

2.1.15 传统方法检查 traditional method inspection

人员在地面巡视检查、进入管内检查、反光镜检查、量泥斗检查、量泥杆检查、潜水检查等检查方法的统称。

2.2 符 号

E——管道重要性参数;

F——管段结构性缺陷参数;

G——管段功能性缺陷参数;

K——地区重要性参数;

L——管段长度;

L_i——第 i 处结构性缺陷的长度;

L_j——第 j 处功能性缺陷的长度;

MI——管道养护指数;

m——管段的功能性缺陷数量;

n——管段的结构性缺陷数量;

P_i——第 i 处结构性缺陷分值;

P_j——第 j 处功能性缺陷分值;

RI——管道修复指数;

S——管段损坏状况参数,按缺陷点数计算的平均分值;

S_M——管段结构性缺陷密度;

S_{max}——管段损坏状况参数,管段结构性缺陷中损坏最严重处的分值;

T——土质影响参数;

Y——管段运行状况参数,按缺陷点数计算的功能性缺陷平均分值;

Y_{max}——管段运行状况参数,管段功能性缺陷中最严重处的分值;

Y_M——管段功能性缺陷密度;

α——结构性缺陷影响系数;

β——功能性缺陷影响系数。

3 基本规定

3.0.1 从事城镇排水管道检测和评估的单位应具备相应的资质，检测人员应具备相应的资格。

3.0.2 城镇排水管道检测所用的仪器和设备应有产品合格证、检定机构的有效检定（校准）证书。新购置的、经过大修或长期停用后重新启用的设备，投入检测前应进行检定和校准。

3.0.3 管道检测方法应根据现场的具体情况和检测设备的适应性进行选择。当一种检测方法不能全面反映管道状况时，可采用多种方法联合检测。

3.0.4 以结构性状况为目的的普查周期宜为5a～10a，以功能性状况为目的的普查周期宜为1a～2a。当遇到下列情况之一时，普查周期可相应缩短：

　　1 流砂易发、湿陷性土等特殊地区的管道；

　　2 管龄30a以上的管道；

　　3 施工质量差的管道；

　　4 重要管道；

　　5 有特殊要求管道。

3.0.5 管道检测评估应按下列基本程序进行：

　　1 接受委托；

　　2 现场踏勘；

　　3 检测前的准备；

　　4 现场检测；

　　5 内业资料整理、缺陷判读、管道评估；

　　6 编写检测报告。

3.0.6 检测单位应按照要求，收集待检测管道区域内的相关资料，组织技术人员进行现场踏勘，掌握现场情况，制定检测方案，做好检测准备工作。

3.0.7 管道检测前应搜集下列资料：

　　1 已有的排水管线图等技术资料；

　　2 管道检测的历史资料；

　　3 待检测管道区域内相关的管线资料；

　　4 待检测管道区域内的工程地质、水文地质资料；

　　5 评估所需的其他相关资料。

3.0.8 现场踏勘应包括下列内容：

　　1 查看待检测管道区域内的地物、地貌、交通状况等周边环境条件；

　　2 检查管道口的水位、淤积和检查井内构造等情况；

　　3 核对检查井位置、管道埋深、管径、管材等资料。

3.0.9 检测方案应包括下列内容：

　　1 检测的任务、目的、范围和工期；

　　2 待检测管道的概况（包括现场交通条件及对历史资料的分析）；

　　3 检测方法的选择及实施过程的控制；

　　4 作业质量、健康、安全、交通组织、环保等保证体系与具体措施；

　　5 可能存在的问题和对策；

　　6 工作量估算及工作进度计划；

　　7 人员组织、设备、材料计划；

　　8 拟提交的成果资料。

3.0.10 现场检测程序应符合下列规定：

　　1 检测前应根据检测方法的要求对管道进行预处理；

　　2 应检查仪器设备；

　　3 应进行管道检测与初步判读；

　　4 检测完成后应及时清理现场、保养设备。

3.0.11 管道缺陷的环向位置应采用时钟表示法。缺陷描述应按照顺时针方向的钟点数采用4位阿拉伯数字表示起止位置，前两位数字应表示缺陷起点位置，后两位数字应表示缺陷终止位置。如当缺陷位于某一点上时，前两位数字应采用00表示，后两位数字表示缺陷点位。

3.0.12 管道缺陷位置的纵向起算点应为起始井管道口，缺陷位置纵向定位误差应小于0.5m。

3.0.13 检测系统设置的长度计量单位应为米，电缆长度计数的计量单位不应小于0.1m。

3.0.14 每段管道检测前，应按本规程附录A的规定编写并录制版头。

3.0.15 管道检测影像记录应连续、完整，录像画面上方应含有"任务名称、起始井及终止井编号、管径、管道材质、检测时间"等内容，并宜采用中文显示。

3.0.16 现场检测时，应避免对管体结构造成损伤。

3.0.17 现场检测过程中宜采取监督机制，监督人员应全程监督检测过程，并签名确认检测记录。

3.0.18 管道检测工作宜与卫星定位系统配合进行。

3.0.19 排水管道检测时的现场作业应符合现行行业标准《城镇排水管道维护安全技术规程》CJJ 6的有关规定。现场使用的检测设备，其安全性能应符合现行国家标准《爆炸性气体环境用电气设备》GB 3836的有关规定。现场检测人员的数量不得少于2人。

3.0.20 排水管道检测时的现场作业应符合现行行业标准《城镇排水管渠与泵站维护技术规程》CJJ 68的有关规定。

3.0.21 检测设备应做到定期检验和校准，并应经常维护保养。

3.0.22 当检测单位采用自行开发或引进的检测仪器及检测方法时，应符合下列规定：

　　1 该仪器或方法应通过技术鉴定，并具有一定的工程检测实践经验；

　　2 该方法应与已有成熟方法进行过对比试验；

　　3 检测单位应制定相应的检测细则；

4 在检测方案中应予以说明,必要时应向委托方提供检测细则。

3.0.23 现场检测完毕后,应由相关人员对检测资料进行复核并签名确认。

3.0.24 检测成果资料归档应按国家现行的档案管理的相关标准执行。

4 电 视 检 测

4.1 一 般 规 定

4.1.1 电视检测不应带水作业。当现场条件无法满足时,应采取降低水位措施,确保管道内水位不大于管道直径的20%。

4.1.2 当管道内水位不符合本规程第4.1.1条的要求时,检测前应对管道实施封堵、导流,使管内水位满足检测要求。

4.1.3 在进行结构性检测前应对被检测管道做疏通、清洗。

4.1.4 当有下列情形之一时应中止检测:

1 爬行器在管道内无法行走或推杆在管道内无法推进时;

2 镜头沾有污物时;

3 镜头浸入水中时;

4 管道内充满雾气,影响图像质量时;

5 其他原因无法正常检测时。

4.2 检 测 设 备

4.2.1 检测设备的基本性能应符合下列规定:

1 摄像镜头应具有平扫与旋转、仰俯与旋转、变焦功能,摄像镜头高度应可以自由调整;

2 爬行器应具有前进、后退、空挡、变速、防侧翻等功能,轮径大小、轮间距应可以根据被检测管道的大小进行更换或调整;

3 主控制器应具有在监视器上同步显示日期、时间、管径、在管道内行进距离等信息的功能,并应可以进行数据处理;

4 灯光强度应能调节。

4.2.2 电视检测设备的主要技术指标应符合表4.2.2的规定。

表4.2.2 电视检测设备主要技术指标

项　目	技术指标
图像传感器	≥1/4″ CCD,彩色
灵敏度(最低感光度)	≤3 勒克斯(lx)
视角	≥45°
分辨率	≥640×480
照度	≥10×LED

续表4.2.2

项　目	技术指标
图像变形	≤±5%
爬行器	电缆长度为120m时,爬坡能力应大于5°
电缆抗拉力	≥2kN
存储	录像编码格式:MPEG4、AVI;照片格式:JPEG

4.2.3 检测设备应结构坚固、密封良好,能在0℃~+50℃的气温条件下和潮湿的环境中正常工作。

4.2.4 检测设备应具备测距功能,电缆计数器的计量单位不应大于0.1m。

4.3 检 测 方 法

4.3.1 爬行器的行进方向宜与水流方向一致。

4.3.2 管径不大于200mm时,直向摄影的行进速度不宜超过0.1m/s;管径大于200mm时,直向摄影的行进速度不宜超过0.15m/s。

4.3.3 检测时摄像镜头移动轨迹应在管道中轴线上,偏离度不应大于管径的10%。当对特殊形状的管道进行检测时,应适当调整摄像头位置并获得最佳图像。

4.3.4 将载有摄像镜头的爬行器安放在检测起始位置后,在开始检测前,应将计数器归零。当检测起点与管段起点位置不一致时,应做补偿设置。

4.3.5 每一管段检测完成后,应根据电缆上的标记长度对计数器显示数值进行修正。

4.3.6 直向摄影过程中,图像应保持正向水平,中途不应改变拍摄角度和焦距。

4.3.7 在爬行器行进过程中,不应使用摄像镜头的变焦功能;当使用变焦功能时,爬行器应保持在静止状态。当需要爬行器继续行进时,应先将镜头的焦距恢复到最短焦距位置。

4.3.8 侧向摄影时,爬行器宜停止行进,变动拍摄角度和焦距以获得最佳图像。

4.3.9 管道检测过程中,录像资料不应产生画面暂停、间断记录、画面剪接的现象。

4.3.10 在检测过程中发现缺陷时,应将爬行器在完全能够解析缺陷的位置至少停止10s,确保所拍摄的图像清晰完整。

4.3.11 对各种缺陷、特殊结构和检测状况应作详细判读和量测,并填写现场记录表,记录表的内容和格式应符合本规程附录B的规定。

4.4 影 像 判 读

4.4.1 缺陷的类型、等级应在现场初步判读并记录。现场检测完毕后,应由复核人员对检测资料进行复核。

4.4.2 缺陷尺寸可依据管径或相关物体的尺寸判定。

4.4.3 无法确定的缺陷类型或等级应在评估报告中加以说明。

4.4.4 缺陷图片宜采用现场抓取最佳角度和最清晰图片的方式，特殊情况下也可采用观看录像截图的方式。

4.4.5 对直向摄影和侧向摄影，每一处结构性缺陷抓取的图片数量不应少于 1 张。

5 声纳检测

5.1 一般规定

5.1.1 声纳检测时，管道内水深应大于 300mm。

5.1.2 当有下列情形之一时应中止检测：

 1 探头受阻无法正常前行工作时；

 2 探头被水中异物缠绕或遮盖，无法显示完整的检测断面时；

 3 探头埋入泥沙致使图像变异时；

 4 其他原因无法正常检测时。

5.2 检测设备

5.2.1 检测设备应与管径相适应，探头的承载设备负重后不易滚动或倾斜。

5.2.2 声纳系统的主要技术参数应符合下列规定：

 1 扫描范围应大于所需检测的管道规格；

 2 125mm 范围的分辨率应小于 0.5mm；

 3 每密位均匀采样点数量不应小于 250 个。

5.2.3 设备的倾斜传感器、滚动传感器应具备在 ±45°内的自动补偿功能。

5.2.4 设备结构应坚固、密封良好，应能在 0℃～+40℃的温度条件下正常工作。

5.3 检测方法

5.3.1 检测前应从被检管道中取水样通过实测声波速度对系统进行校准。

5.3.2 声纳探头的推进方向宜与水流方向一致，并宜与管道轴线一致，滚动传感器标志应朝正上方。

5.3.3 声纳探头安放在检测起始位置后，在开始检测前，应将计数器归零，并应调整电缆处于自然绷紧状态。

5.3.4 声纳检测时，在距管段起始、终止检查井处应进行 2m～3m 长度的重复检测。

5.3.5 承载工具宜采用在声纳探头位置镂空的漂浮器。

5.3.6 在声纳探头前进或后退时，电缆应保持自然绷紧状态。

5.3.7 根据管径的不同，应按表 5.3.7 选择不同的脉冲宽度。

表 5.3.7 脉冲宽度选择标准

管径范围(mm)	脉冲宽度(μs)
300～500	4
500～1000	8
1000～1500	12
1500～2000	16
2000～3000	20

5.3.8 探头行进速度不宜超过 0.1m/s。在检测过程中应根据被检测管道的规格，在规定采样间隔和管道变异处探头应停止行进，定点采集数据，停顿时间应大于一个扫描周期。

5.3.9 以普查为目的的采样点间距宜为 5m，其他检查采样点间距宜为 2m，存在异常的管段应加密采样。检测结果应按本规程附录 B 的格式填写排水管道检测现场记录表，并应按本规程附录 C 的格式绘制沉积状况纵断面图。

5.4 轮廓判读

5.4.1 规定采样间隔和图形变异处的轮廓图应现场捕捉并进行数据保存。

5.4.2 经校准后的检测断面线状测量误差应小于 3%。

5.4.3 声纳检测截取的轮廓图应标明管道轮廓线、管径、管道积泥深度线等信息。

5.4.4 管道沉积状况纵断面图中应包括：路名（或路段名）、井号、管径、长度、流向、图像截取点纵距及对应的积泥深度、积泥百分比等文字说明。纵断面线应包括：管底线、管顶线、积泥高度线和管径的 1/5 高度线（虚线）。

5.4.5 声纳轮廓图不应作为结构性缺陷的最终评判依据，应采用电视检测方式予以核实或以其他方式检测评估。

6 管道潜望镜检测

6.1 一般规定

6.1.1 管道潜望镜检测宜用于对管道内部状况进行初步判定。

6.1.2 管道潜望镜检测时，管内水位不宜大于管径的 1/2，管段长度不宜大于 50m。

6.1.3 有下列情形之一时应中止检测：

 1 管道潜望镜检测仪器的光源不能够保证影像清晰度时；

 2 镜头沾有泥浆、水沫或其他杂物等影响图像质量时；

3 镜头浸入水中，无法看清管道状况时；

4 管道充满雾气影响图像质量时；

5 其他原因无法正常检测时。

6.1.4 管道潜望镜检测的结果仅可作为管道初步评估的依据。

6.2 检 测 设 备

6.2.1 管道潜望镜检测设备应坚固、抗碰撞、防水密封良好，应可以快速、牢固地安装与拆卸，应能够在0℃～+50℃的气温条件下和潮湿、恶劣的排水管道环境中正常工作。

6.2.2 管道潜望镜检测设备的主要技术指标应符合表6.2.2的规定。

表6.2.2　管道潜望镜检测设备主要技术指标

项　目	技术指标
图像传感器	≥1/4″CCD，彩色
灵敏度（最低感光度）	≤3勒克斯(lx)
视角	≥45°
分辨率	≥640×480
项　目	技术指标
照度	≥10×LED
图像变形	≤±5%
变焦范围	光学变焦≥10倍，数字变焦≥10倍
存储	录像编码格式：MPEG4、AVI；照片格式：JPEG

6.2.3 录制的影像资料应能够在计算机上进行存储、回放和截图等操作。

6.3 检 测 方 法

6.3.1 镜头中心应保持在管道竖向中心线的水面以上。

6.3.2 拍摄管道时，变动焦距不宜过快。拍摄缺陷时，应保持摄像头静止，调节镜头的焦距，并连续、清晰地拍摄10s以上。

6.3.3 拍摄检查井内壁时，应保持摄像头无盲点地均匀慢速移动。拍摄缺陷时，应保持摄像头静止，并连续拍摄10s以上。

6.3.4 对各种缺陷、特殊结构和检测状况应作详细判读和记录，并应按本规程附录B的格式填写现场记录表。

6.3.5 现场检测完毕后，应由相关人员对检测资料进行复核并签名确认。

7 传统方法检查

7.1 一 般 规 定

7.1.1 传统方法检查宜用于管道养护时的日常性检查，以大修为目的的结构性检查宜采用电视检测方法。

7.1.2 人员进入排水管道内部检查时，应同时符合下列各项规定：

1 管径不得小于0.8m；

2 管内流速不得大于0.5m/s；

3 水深不得大于0.5m；

4 充满度不得大于50%。

7.1.3 当具备直接量测条件时，应根据需要对缺陷进行测量并予以记录。

7.1.4 当采用传统方法检查不能判别或不能准确判别管道各类缺陷时，应采用仪器设备辅助检查确认。

7.1.5 检查过河倒虹管前，当需要抽空管道时，应先进行抗浮验算。

7.1.6 在检查过程中宜采集沉积物的泥样，并判断管道的异常运行状况。

7.1.7 检查人员进入管内检查时，必须拴有带距离刻度的安全绳，地面人员应及时记录缺陷的位置。

7.2 目 视 检 查

7.2.1 地面巡视应符合下列规定：

1 地面巡视主要内容应包括：

　1）管道上方路面沉降、裂缝和积水情况；

　2）检查井冒溢和雨水口积水情况；

　3）井盖、盖框完好程度；

　4）检查井和雨水口周围的异味；

　5）其他异常情况。

2 地面巡视检查应按本规程附录B的规定填写检查井检查记录表和雨水口检查记录表。

7.2.2 人员进入管内检查时，应采用摄像或摄影的记录方式，并应符合下列规定：

1 应制作检查管段的标示牌，标示牌的尺寸不宜小于210mm×147mm。标示牌应注明检查地点、起始井编号、结束井编号、检查日期。

2 当发现缺陷时，应在标示牌上注明距离，将标示牌靠近缺陷拍摄照片，记录人应按本规程附录B的要求填写现场记录表。

3 照片分辨率不应低于300万像素，录像的分辨率不应低于30万像素。

4 检测后应整理照片，每一处结构性缺陷应配正向和侧向照片各不少于1张，并对应附注文字说明。

7.2.3 进入管道的检查人员应使用隔离式防毒面具，

携带防爆照明灯具和通信设备。在管道检查过程中，管内人员应随时与地面人员保持通信联系。

7.2.4 检查人员自进入检查井开始，在管道内连续工作时间不得超过 1h。当进入管道的人员遇到难以穿越的障碍时，不得强行通过，应立即停止检测。

7.2.5 进入管内检查宜 2 人同时进行，地面辅助、监护人员不应少于 3 人。

7.2.6 当待检管道邻近基坑或水体时，应根据现场情况对管道进行安全性鉴定后，检查人员方可进入管道。

7.3 简易工具检查

7.3.1 应根据检查的目的和管道运行状况选择合适的简易工具。各种简易工具的适用范围宜符合表 7.3.1 的要求。

表 7.3.1 简易工具适用范围

适用范围\简易工具	中小型管道	大型以上管道	倒虹管	检查井
竹片或钢带	适用	不适用	适用	不适用
反光镜	适用	适用	不适用	不适用
Z 字形量泥斗	适用	适用	不适用	不适用
直杆形量泥斗	不适用	不适用	不适用	适用
通沟球（环）	适用	不适用	适用	不适用
激光笔	适用	适用	不适用	不适用

7.3.2 当检查小型管道阻塞情况或连接状况时，可采用竹片或钢带由井口送入管道内的方式进行，人员不宜下井送递竹片或钢带。

7.3.3 在管内无水或水位很低的情况下，可采用反光镜检查。

7.3.4 量泥斗可用于检测管口或检查井内的淤泥和积沙厚度。当采用量泥斗检测时，应符合下列规定：

1 量泥斗用于检查井底或离管口 500mm 以内的管道内软性积泥厚度量测；

2 当使用 Z 字形量泥斗检查管道时，应将全部泥斗伸入管口取样；

3 量泥斗的取泥斗间隔宜为 25mm，量测积泥深度的误差应小于 50mm。

7.3.5 当采用激光笔检测时，管内水位不宜超过管径的三分之一。

7.4 潜水检查

7.4.1 采用潜水方式检查的管道，其管径不得小于 1200mm，流速不得大于 0.5m/s。

7.4.2 潜水检查仅可作为初步判断重度淤积、异物、树根侵入、塌陷、错口、脱节、胶圈脱落等缺陷的依据。当需确认时，应排空管道并采用电视检测。

7.4.3 潜水检查应按下列步骤进行：

1 获取管径、水深、流速数据，当流速超过本规程第 7.4.1 条的规定时，应做减速处理；

2 穿戴潜水服和负重压铅，拴安全信号绳并通气作呼吸检查；

3 调试通信装置使之畅通；

4 缓慢下井；

5 管道接口处逐一触摸；

6 地面人员及时记录缺陷的位置。

7.4.4 当遇下列情形之一时，应中止潜水检查并立即出水回到地面。

1 遭遇障碍或管道变形难以通过；

2 流速突然加快或水位突然升高；

3 潜水检查员身体突然感觉不适；

4 潜水检查员接地面指挥员或信绳员停止作业的警报信号。

7.4.5 潜水检查员在水下进行检查工作时，应保持头部高于脚部。

8 管道评估

8.1 一般规定

8.1.1 管道评估应依据检测资料进行。

8.1.2 管道评估工作宜采用计算机软件进行。

8.1.3 当缺陷沿管道纵向的尺寸不大于 1m 时，长度应按 1m 计算。

8.1.4 当管道纵向 1m 范围内两个以上缺陷同时出现时，分值应叠加计算；当叠加计算的结果超过 10分时，应按 10 分计。

8.1.5 管道评估应以管段为最小评估单位。当对多个管段或区域管道进行检测时，应列出各评估等级管段数量占全部管段数量的比例。当连续检测长度超过 5km 时，应作总体评估。

8.2 检测项目名称、代码及等级

8.2.1 本规程已规定的代码应采用两个汉字拼音首个字母组合表示，未规定的代码应采用与此相同的确定原则，但不得与已规定的代码重名。

8.2.2 管道缺陷等级应按表 8.2.2 规定分类。

表 8.2.2 缺陷等级分类表

缺陷性质\等级	1	2	3	4
结构性缺陷程度	轻微缺陷	中等缺陷	严重缺陷	重大缺陷
功能性缺陷程度	轻微缺陷	中等缺陷	严重缺陷	重大缺陷

8.2.3 结构性缺陷的名称、代码、等级划分及分值　应符合表8.2.3的规定。

表8.2.3　结构性缺陷名称、代码、等级划分及分值

缺陷名称	缺陷代码	定　义	缺陷等级	缺陷描述	分值
破裂	PL	管道的外部压力超过自身的承受力致使管子发生破裂。其形式有纵向、环向和复合3种	1	裂痕——当下列一个或多个情况存在时： 1）在管壁上可见细裂痕； 2）在管壁上由细裂缝处冒出少量沉积物； 3）轻度剥落	0.5
			2	裂口——破裂处已形成明显间隙，但管道的形状未受影响且破裂无脱落	2
			3	破碎——管壁破裂或脱落处所剩碎片的环向覆盖范围不大于弧长60°	5
			4	坍塌——当下列一个或多个情况存在时： 1）管道材料裂痕、裂口或破碎处边缘环向覆盖范围大于弧长60°； 2）管壁材料发生脱落的环向范围大于弧长60°	10
变形	BX	管道受外力挤压造成形状变异	1	变形不大于管道直径的5%	1
			2	变形为管道直径的5%～15%	2
			3	变形为管道直径的15%～25%	5
			4	变形大于管道直径的25%	10
腐蚀	FS	管道内壁受侵蚀而流失或剥落，出现麻面或露出钢筋	1	轻度腐蚀——表面轻微剥落，管壁出现凹凸面	0.5
			2	中度腐蚀——表面剥落显露粗骨料或钢筋	2
			3	重度腐蚀——粗骨料或钢筋完全显露	5
错口	CK	同一接口的两个管口产生横向偏差，未处于管道的正确位置	1	轻度错口——相接的两个管口偏差不大于管壁厚度的1/2	0.5
			2	中度错口——相接的两个管口偏差为管壁厚度的1/2～1之间	2
			3	重度错口——相接的两个管口偏差为管壁厚度的1～2倍之间	5
			4	严重错口——相接的两个管口偏差为管壁厚度的2倍以上	10
起伏	QF	接口位置偏移，管道竖向位置发生变化，在低处形成洼水	1	起伏高/管径≤20%	0.5
			2	20%＜起伏高/管径≤35%	2
			3	35%＜起伏高/管径≤50%	5
			4	起伏高/管径＞50%	10
脱节	TJ	两根管道的端部未充分接合或接口脱离	1	轻度脱节——管道端部有少量泥土挤入	1
			2	中度脱节——脱节距离不大于20mm	3
			3	重度脱节——脱节距离为20mm～50mm	5
			4	严重脱节——脱节距离为50mm以上	10
接口材料脱落	TL	橡胶圈、沥青、水泥等类似的接口材料进入管道	1	接口材料在管道内水平方向中心线上部可见	1
			2	接口材料在管道内水平方向中心线下部可见	3
支管暗接	AJ	支管未通过检查井直接侧向接入主管	1	支管进入主管内的长度不大于主管直径10%	0.5
			2	支管进入主管内的长度在主管直径10%～20%之间	2
			3	支管进入主管内的长度大于主管直径20%	5

续表 8.2.3

缺陷 名称	缺陷 代码	定 义	缺陷 等级	缺陷描述	分值
异物 穿入	CR	非管道系统附属设施的物体穿透管壁进入管内	1	异物在管道内且占用过水断面面积不大于10%	0.5
			2	异物在管道内且占用过水断面面积为10%~30%	2
			3	异物在管道内且占用过水断面面积大于30%	5
渗漏	SL	管外的水流入管道	1	滴漏——水持续从缺陷点滴出，沿管壁流动	0.5
			2	线漏——水持续从缺陷点流出，并脱离管壁流动	2
			3	涌漏——水从缺陷点涌出，涌漏水面的面积不大于管道断面的1/3	5
			4	喷漏——水从缺陷点大量涌出或喷出，涌漏水面的面积大于管道断面的1/3	10

注：表中缺陷等级定义区域 X 的范围为 $x \sim y$ 时，其界限的意义是 $x < X \leqslant y$。

8.2.4 功能性缺陷名称、代码、等级划分及分值应 符合表8.2.4的规定。

表8.2.4 功能性缺陷名称、代码、等级划分及分值

缺陷 名称	缺陷 代码	定 义	缺陷 等级	缺陷描述	分值
沉积	CJ	杂质在管道底部沉淀淤积	1	沉积物厚度为管径的20%~30%	0.5
			2	沉积物厚度为管径的30%~40%	2
			3	沉积物厚度为管径的40%~50%	5
			4	沉积物厚度大于管径的50%	10
结垢	JG	管道内壁上的附着物	1	硬质结垢造成的过水断面损失不大于15%；软质结垢造成的过水断面损失在15%~25%之间	0.5
			2	硬质结垢造成的过水断面损失在15%~25%之间；软质结垢造成的过水断面损失在25%~50%之间	2
			3	硬质结垢造成的过水断面损失在25%~50%之间；软质结垢造成的过水断面损失在50%~80%之间	5
			4	硬质结垢造成的过水断面损失大于50%；软质结垢造成的过水断面损失大于80%	10
障碍物	ZW	管道内影响过流的阻挡物	1	过水断面损失不大于15%	0.1
			2	过水断面损失在15%~25%之间	2
			3	过水断面损失在25%~50%之间	5
			4	过水断面损失大于50%	10
残墙、坝根	CQ	管道闭水试验时砌筑的临时砖墙封堵，试验后未拆除或拆除不彻底的遗留物	1	过水断面损失不大于15%	1
			2	过水断面损失在15%~25%之间	3
			3	过水断面损失在25%~50%之间	5
			4	过水断面损失大于50%	10
树根	SG	单根树根或是树根群自然生长进入管道	1	过水断面损失不大于15%	0.5
			2	过水断面损失在15%~25%之间	2
			3	过水断面损失在25%~50%之间	5
			4	过水断面损失大于50%	10

缺陷名称	缺陷代码	定　义	缺陷等级	缺陷描述	分值
浮渣	FZ	管道内水面上的漂浮物（该缺陷需记入检测记录表，不参与计算）	1	零星的漂浮物，漂浮物占水面面积不大于30%	—
			2	较多的漂浮物，漂浮物占水面面积为30%～60%	—
			3	大量的漂浮物，漂浮物占水面面积大于60%	—

注：表中缺陷等级定义的区域 X 的范围为 $x \sim y$ 时，其界限的意义是 $x < X \leqslant y$。

8.2.5 特殊结构及附属设施的名称、代码和定义应符合表 8.2.5 的规定。

表 8.2.5　特殊结构及附属设施名称、代码和定义

名　称	代码	定　义
修复	XF	检测前已修复的位置
变径	BJ	两检查井之间不同直径管道相接处
倒虹管	DH	管道遇到河道、铁路等障碍物，不能按原有高程埋设，而从障碍物下面绕过时采用的一种倒虹型管段
检查井（窨井）	YJ	管道上连接其他管道以及供维护工人检查、清通和出入管道的附属设施
暗井	MJ	用于管道连接，有井室而无井筒的暗埋构筑物
井盖埋没	JM	检查井盖被埋没
雨水口	YK	用于收集地面雨水的设施

8.2.6 操作状态名称和代码应符合表 8.2.6 的规定。

表 8.2.6　操作状态名称和代码

名　称	代码编号	定　义
缺陷开始及编号	KS××	纵向缺陷长度大于1m时的缺陷开始位置，其编号应与结束编号对应
缺陷结束及编号	JS××	纵向缺陷长度大于1m时的缺陷结束位置，其编号应与开始编号对应
入水	RS	摄像镜头部分或全部被水淹
中止	ZZ	在两附属设施之间进行检测时，由于各种原因造成检测中止

8.3　结构性状况评估

8.3.1 管段结构性缺陷参数应按下列公式计算：

当 $S_{max} \geqslant S$ 时，　$F = S_{max}$ 　　(8.3.1-1)

当 $S_{max} < S$ 时，　　$F = S$ 　　(8.3.1-2)

式中：F——管段结构性缺陷参数；

S_{max}——管段损坏状况参数，管段结构性缺陷中损坏最严重处的分值；

S——管段损坏状况参数，按缺陷点数计算的平均分值。

8.3.2 管段损坏状况参数 S 的确定应符合下列规定：

1 管段损坏状况参数应按下列公式计算：

$$S = \frac{1}{n} \left(\sum_{i_1=1}^{n_1} P_{i_1} + \alpha \sum_{i_2=1}^{n_2} P_{i_2} \right) \quad (8.3.2\text{-}1)$$

$$S_{max} = \max\{P_i\} \quad (8.3.2\text{-}2)$$

$$n = n_1 + n_2 \quad (8.3.2\text{-}3)$$

式中：n——管段的结构性缺陷数量；

n_1——纵向净距大于 1.5m 的缺陷数量；

n_2——纵向净距大于 1.0m 且不大于 1.5m 的缺陷数量；

P_{i_1}——纵向净距大于 1.5m 的缺陷分值，按表8.2.3 取值；

P_{i_2}——纵向净距大于 1.0m 且不大于 1.5m 的缺陷分值，按表 8.2.3 取值；

α——结构性缺陷影响系数，与缺陷间距有关。当缺陷的纵向净距大于 1.0m 且不大于1.5m 时，$\alpha = 1.1$。

2 当管段存在结构性缺陷时，结构性缺陷密度应按下式计算：

$$S_M = \frac{1}{SL} \left(\sum_{i_1=1}^{n_1} P_{i_1} L_{i_1} + \alpha \sum_{i_2=1}^{n_2} P_{i_2} L_{i_2} \right)$$

$$(8.3.2\text{-}4)$$

式中：S_M——管段结构性缺陷密度；

L——管段长度（m）；

L_{i_1}——纵向净距大于 1.5m 的结构性缺陷长度（m）；

L_{i_2}——纵向净距大于 1.0m 且不大于 1.5m 的结构性缺陷长度（m）。

8.3.3 管段结构性缺陷等级的确定应符合表 8.3.3-1 的规定。管段结构性缺陷类型评估可按表 8.3.3-2 确定。

表 8.3.3-1　管段结构性缺陷等级评定对照表

等级	缺陷参数 F	损坏状况描述
I	$F \leqslant 1$	无或有轻微缺陷，结构状况基本不受影响，但具有潜在变坏的可能
II	$1 < F \leqslant 3$	管段缺陷明显超过一级，具有变坏的趋势
III	$3 < F \leqslant 6$	管段缺陷严重，结构状况受到影响
IV	$F > 6$	管段存在重大缺陷，损坏严重或即将导致破坏

表 8.3.3-2　管段结构性缺陷类型评估参考表

缺陷密度 S_M	<0.1	0.1~0.5	>0.5
管段结构性缺陷类型	局部缺陷	部分或整体缺陷	整体缺陷

8.3.4　管段修复指数应按下式计算：

$$RI = 0.7 \times F + 0.1 \times K + 0.05 \times E + 0.15 \times T$$
$$(8.3.4)$$

式中：RI——管段修复指数；

K——地区重要性参数，可按表 8.3.4-1 的规定确定；

E——管道重要性参数，可按表 8.3.4-2 的规定确定；

T——土质影响参数，可按表 8.3.4-3 的规定确定。

表 8.3.4-1　地区重要性参数 K

地　区　类　别	K　值
中心商业、附近具有甲类民用建筑工程的区域	10
交通干道、附近具有乙类民用建筑工程的区域	6
其他行车道路、附近具有丙类民用建筑工程的区域	3
所有其他区域或 F<4 时	0

表 8.3.4-2　管道重要性参数 E

管　径　D	E　值
$D > 1500mm$	10
$1000mm < D \leqslant 1500mm$	6
$600mm \leqslant D \leqslant 1000mm$	3
$D < 600mm$ 或 $F < 4$	0

表 8.3.4-3　土质影响参数 T

土质	一般土层或 F=0	粉砂层	湿陷性黄土			膨胀土			淤泥类土		红黏土
			IV级	III级	I,II级	强	中	弱	淤泥	淤泥质土	
T值	0	10	10	8	6	10	8	6	10	8	8

8.3.5　管段的修复等级应符合表 8.3.5 的规定。

表 8.3.5　管段修复等级划分

等级	修复指数 RI	修复建议及说明
I	$RI \leqslant 1$	结构条件基本完好，不修复
II	$1 < RI \leqslant 4$	结构在短期内不会发生破坏现象，但应做修复计划
III	$4 < RI \leqslant 7$	结构在短期内可能会发生破坏，应尽快修复
IV	$RI > 7$	结构已经发生或即将发生破坏，应立即修复

8.4　功能性状况评估

8.4.1　管段功能性缺陷参数应按下列公式计算：

当 $Y_{max} \geqslant Y$ 时，　　$G = Y_{max}$ 　　(8.4.1-1)

当 $Y_{max} < Y$ 时，　　$G = Y$ 　　(8.4.1-2)

式中：G——管段功能性缺陷参数；

Y_{max}——管段运行状况参数，功能性缺陷中最严重处的分值；

Y——管段运行状况参数，按缺陷点数计算的功能性缺陷平均分值。

8.4.2　运行状况参数的确定应符合下列规定：

1　管段运行状况参数应按下列公式计算：

$$Y = \frac{1}{m}\left(\sum_{j_1=1}^{m_1} P_{j_1} + \beta\sum_{j_2=1}^{m_2} P_{j_2}\right) \quad (8.4.2-1)$$

$$Y_{max} = \max\{P_j\} \quad (8.4.2-2)$$

$$m = m_1 + m_2 \quad (8.4.2-3)$$

式中：m——管段的功能性缺陷数量；

m_1——纵向净距大于 1.5m 的缺陷数量；

m_2——纵向净距大于 1.0m 且不大于 1.5m 的缺陷数量；

P_{j_1}——纵向净距大于 1.5m 的缺陷分值，按表 8.2.4 取值；

P_{j_2}——纵向净距大于 1.0m 且不大于 1.5m 的缺陷分值，按表 8.2.4 取值；

β——功能性缺陷影响系数，与缺陷间距有关；当缺陷的纵向净距大于 1.0m 且不大于 1.5m 时，$\beta = 1.1$。

2　当管段存在功能性缺陷时，功能性缺陷密度应按下式计算：

$$Y_M = \frac{1}{YL}\left(\sum_{j_1=1}^{m_1} P_{j_1} L_{j_1} + \beta\sum_{j_2=1}^{m_2} P_{j_2} L_{j_2}\right)$$
$$(8.4.2-4)$$

式中：Y_M——管段功能性缺陷密度；

L——管段长度；

L_{j_1}——纵向净距大于 1.5m 的功能性缺陷长度；

L_{j_2}——纵向净距大于 1.0m 且不大于 1.5m 的功能性缺陷长度。

8.4.3 管段功能性缺陷等级评定应符合表 8.4.3-1 的规定。管段功能性缺陷类型评估可按表 8.4.3-2 确定。

表 8.4.3-1　功能性缺陷等级评定

等级	缺陷参数	运行状况说明
Ⅰ	$G \leqslant 1$	无或有轻微影响,管道运行基本不受影响
Ⅱ	$1 < G \leqslant 3$	管道过流有一定的受阻,运行受影响不大
Ⅲ	$3 < G \leqslant 6$	管道过流受阻比较严重,运行受到明显影响
Ⅳ	$G > 6$	管道过流受阻很严重,即将或已经导致运行瘫痪

表 8.4.3-2　管段功能性缺陷类型评估

缺陷密度 Y_M	<0.1	0.1~0.5	>0.5
管段功能性缺陷类型	局部缺陷	部分或整体缺陷	整体缺陷

8.4.4 管段养护指数应按下式计算:

$$MI = 0.8 \times G + 0.15 \times K + 0.05 \times E$$

(8.4.4)

式中:MI——管段养护指数;

　　　K——地区重要性参数,可按表 8.3.4-1 的规定确定;

　　　E——管道重要性参数,可按表 8.3.4-2 的规定确定。

8.4.5 管段的养护等级应符合表 8.4.5 的规定。

表 8.4.5　管段养护等级划分

养护等级	养护指数 MI	养护建议及说明
Ⅰ	$MI \leqslant 1$	没有明显需要处理的缺陷
Ⅱ	$1 < MI \leqslant 4$	没有立即进行处理的必要,但宜安排处理计划
Ⅲ	$4 < MI \leqslant 7$	根据基础数据进行全面的考虑,应尽快处理
Ⅳ	$MI > 7$	输水功能受到严重影响,应立即进行处理

9　检查井和雨水口检查

9.0.1 检查井检查应在管道检测之前进行。

9.0.2 检查井检查的基本内容应符合表 9.0.2-1 的规定,雨水口检查的基本内容应符合表 9.0.2-2 的规定。检查井和雨水口检查时应现场填写记录表格,并应符合本规程附录 B 的规定。

表 9.0.2-1　检查井检查的基本项目

	外部检查	内部检查
检查项目	井盖埋没	链条或锁具
	井盖丢失	爬梯松动、锈蚀或缺损
	井盖破损	井壁泥垢
	井框破损	井壁裂缝
	盖框间隙	井壁渗漏
	盖框高差	抹面脱落
	盖框突出或凹陷	管口孔洞
	跳动和声响	流槽破损
	周边路面破损、沉降	井底泥砂、杂物
	井盖标示错误	水流不畅
	道路上的井室盖是否为重型井盖	浮渣
	其他	其他

表 9.0.2-2　雨水口检查的基本项目

	外部检查	内部检查
检查项目	雨水算丢失	铰或链条损坏
	雨水算破损	裂缝或渗漏
	雨水口框破损	抹面剥落
	盖框间隙	积泥或杂物
	盖框高差	水流受阻
	孔眼堵塞	私接连管
	雨水口框突出	井体倾斜
	异臭	连管异常
	路面沉降或积水	防坠网
	其他	其他

9.0.3 塑料检查井检查的内容除应符合本规程第 9.0.2 条的规定以外,还应检查井筒变形、接口密封状况。

9.0.4 当对检查井内两条及以上的进水管道或出水管道进行排序时,应符合下列规定:

　　1 检查井内出水管道应采用罗马数字Ⅰ、Ⅱ……按逆时针顺序分别表示;

　　2 检查井内进水管道应以出水管道Ⅰ为起点,按顺时针方向采用大写英文字母 A、B、C……顺序分别表示;

　　3 当在垂直方向有重叠管道时,应按其投影到井底平面的先后顺序进行排序;

　　4 各流向的管道编号应采用与之相连的下游井或上游井的编号标注。

10　成果资料

10.0.1 检测工作结束后应编写检测与评估报告。

10.0.2 检测与评估报告的基本内容应符合下列

规定：

　　1 应描述任务及管道概况，包括任务来源、检测与评估的目的和要求、被检管段的平面位置图、被检管段的地理位置、地质条件、检测时的天气和环境、检测日期、主要参与人员的基本情况、实际完成的工作量等；

　　2 应记录现场踏勘成果，应按本规程附录 C 的要求绘制排水管道沉积状况纵断面图，应按本规程附录 D 的要求填写排水管道缺陷统计表、管段状况评估表、检查井检查情况汇总表；

　　3 应按本规程附录 D 的要求填写排水管道检测成果表；

　　4 应说明现场作业和管道评估的标准依据、采用的仪器和技术方法，以及其他应说明的问题及处理措施；

　　5 应提出检测与评估的结论与建议。

10.0.3 提交的检测与评估资料应包括下列内容：

　　1 任务书、技术设计书。

　　2 所利用的已有成果资料。

　　3 现场工作记录资料，包括：

　　　1）检测单位、监督单位等代表签字的证明资料；

　　　2）排水管道现场踏勘记录、检测现场记录表、检查井检查记录表、雨水口检查记录表、工作地点示意图、现场照片。

　　4 检测与评估报告。

　　5 影像资料。

附录 A　检测影像资料版头格式和基本内容

A.0.1 当对每一管段摄影前，检测录像资料开始时，应编写并录制检测影像资料版头对被检测管段进行文字标注，检测影像资料版头格式和基本内容应按图 A 编制。当软件为中文显示时，可不录入代码。

```
任务名称/编号 (RWMC/XX)：

检测地点 (JCDD)：

检测日期 (JCRQ)：　年 月 日

起始井编号-结束井编号：(X 号井-Y 号井)

检测方向 (JCFX)：顺流 (SL)，逆流 (NL)

管道类型 (GDLX)：雨水 (Y)，污水 (W)，雨污合流 (H)

管材 (GC)：

管径 (GJ/mm)：

检测单位：

检测员：
```

图 A　检测影像资料版头格式和基本内容

附录 B　现场记录表

B.0.1 排水管道检测现场记录应按表 B.0.1 填写。

表 B.0.1　排水管道检测现场记录表

任务名称：　　　　　　　　　　　　　　　　　　　　　　　　　　第 页 共 页

录像文件		管段编号		→	检测方法	
敷设年代		起点埋深			终点埋深	
管段类型		管段材质			管段直径	
检测方向		管段长度			检测长度	
检测地点					检测日期	

距离 (m)	缺陷名称或代码	等级	位置	照片序号	备注
其他					

检测员：　　　　　　监督人员：　　　　　　校核员：　　　　　　　　　　年 月 日

B.0.2 检查井检查记录应按表 B.0.2 填写。

表 B.0.2　检查井检查记录表

任务名称：　　　　　　　　　　　　　　　　　　　　　　　　　　　　　第　页　共　页

检测单位名称							检查井编号	
埋设年代		性质		井材质		井盖形状		井盖材质
检查内容								
	外部检查			内部检查				
1	井盖埋没			链条或锁具				
2	井盖丢失			爬梯松动、锈蚀或缺损				
3	井盖破损			井壁泥垢				
4	井框破损			井壁裂缝				
5	盖框间隙			井壁渗漏				
6	盖框高差			抹面脱落				
7	盖框突出或凹陷			管口孔洞				
8	跳动和声响			流槽破损				
9	周边路面破损、沉降			井底积泥、杂物				
10	井盖标示错误			水流不畅				
11	是否为重型井盖（道路上）			浮渣				
12	其他			其他				
备注								

检测员：　　记录员：　　校核员：　　检查日期：　　　　　　　　　　　　年　月　日

B.0.3 雨水口检查记录应按表 B.0.3 填写。

表 B.0.3　雨水口检查记录表

任务名称：　　　　　　　　　　　　　　　　　　　　　　　　　　　　　第　页　共　页

检测单位名称					雨水口编号			
埋设年代		材质		雨水箅形式		雨水箅材质		下游井编号
检查内容								
	外部检查			内部检查				
1	雨水箅丢失			铰或链条损坏				
2	雨水箅破损			裂缝或渗漏				
3	雨水口框破损			抹面剥落				
4	盖框间隙			积泥或杂物				
5	盖框高差			水流受阻				
6	孔眼堵塞			私接连管				
7	雨水口框突出			井体倾斜				
8	异臭			连管异常				
9	路面沉降或积水			防坠网				
10	其他			其他				

检测员：　　记录员：　　校核员：　　检查日期：　　　　　　　　　　　　年　月　日

附录 C 排水管道沉积状况纵断面图格式

管段编号		管段直径		检测地点	

检测方向： ➤ 管径：

起始井 (编号)	(绘图区)	起始井 (编号)
积深 (mm)		平均积深 (mm)
占管径 百分比 (%)		平均百分比 (%)
间距(m)		
总长(m)		

检测单位： 检测员： 绘图员： 日期： 年 月 日

图 C 排水管道沉积状况纵断面图格式

附录 D 检测成果表

D.0.1 排水管道缺陷统计应按表 D.0.1 填写。

表 D.0.1 排水管道缺陷统计表
（结构性缺陷/功能性缺陷）

序号	管段编号	管径	材质	检测长度 (m)	缺陷距离（m）	缺陷名称及位置	缺陷等级

D.0.2 管段状况评估应按表 D.0.2 填写。

表 D.0.2 管段状况评估表

任务名称： 第 页 共 页

管段	管径(mm)	长度(m)	材质	埋深（m）		结构性缺陷					功能性缺陷					
				起点	终点	平均值 S	最大值 S_{max}	缺陷等级	缺陷密度	修复指数 RI	综合状况评价	平均值 Y	最大值 Y_{max}	缺陷等级	缺陷密度	养护指数 MI	综合状况评价

检测单位：

D.0.3 检查井检查情况汇总应按表 D.0.3 填写。

表 D.0.3 检查井检查情况汇总表

任务名称： 第 页 共 页

序号	检查井类型	材质	单位	数量	其中非道路下数量	完好数量	井盖井座缺失数量	井内有杂物数量	井内有缺损数量	盖框突出或凹陷数量	井室周围填土有沉降数量	备注
1	雨水口											
2	检查井											
3	连接暗井											
4	溢流井											
5	跌水井											
6	水封井											
7	冲洗井											
8	沉泥井											
9	闸门井											
10	潮门井											
11	倒虹管											
12	其他											

检测单位：

D.0.4 排水管道检测成果应按表 D.0.4 填写。

检测单位：

表 D.0.4　排水管道检测成果表

序号：　　　　　　　检测方法：

录像文件		起始井号		终止井号	
敷设年代		起点埋深		终点埋深	
管段类型		管段材质		管段直径	
检测方向		管段长度		检测长度	
修复指数		养护指数			
检测地点				检测日期	

距离(m)	缺陷名称代码	分值	等级	管道内部状况描述	照片序号或说明

备注	

照片1：	照片2：

本规程用词说明

1　为便于在执行本规程条文时区别对待，对于要求严格程度不同的用词说明如下：

　　1）表示很严格，非这样做不可的用词：

　　　　正面词采用"必须"，反面词采用"严禁"；

　　2）表示严格，在正常情况下均应这样做的用词：

　　　　正面词采用"应"，反面词采用"不应"或"不得"；

　　3）表示允许稍有选择，在条件许可时首先应这样做的用词：

　　　　正面词采用"宜"，反面词采用"不宜"；

　　4）表示有选择，在一定条件下可以这样做的用词，采用"可"。

2　条文中指明应按其他有关标准执行的写法为"应按……执行"或"应符合……的规定"。

引用标准名录

1　《爆炸性气体环境用电气设备》GB 3836

2　《城镇排水管道维护安全技术规程》CJJ 6

3　《城镇排水管渠与泵站维护技术规程》CJJ 68

中华人民共和国行业标准

城镇排水管道检测与评估技术规程

CJJ 181—2012

条 文 说 明

制 订 说 明

《城镇排水管道检测与评估技术规程》CJJ 181 - 2012 经住房和城乡建设部 2012 年 7 月 19 日第 1439 号公告批准、发布。

本规程制订过程中，编制组进行了认真细致的调查研究，总结了我国城镇排水管道检测与评估的实践经验，同时参考了国外先进技术法规、技术标准。

为便于广大设计、施工、科研、学校等单位有关人员在使用本规程时能正确理解和执行条文规定，《城镇排水管道检测与评估技术规程》编制组按章、节、条顺序编制了本规程的条文说明，对条文规定的目的、依据以及执行中需注意的有关事项进行了说明，还着重对强制性条文的强制性理由作了解释。但是，本条文说明不具备与规程正文同等的法律效力，仅供使用者作为理解和把握规程规定的参考。

目　次

1 总 则

1.0.1 排水管道在施工和运营过程中，管道破坏和变形的情况时有发生。不均匀沉降和环境因素引起的管道结构性缺陷和功能性缺陷，致使排水管道不能发挥应有的作用，污水跑、冒、漏，阻断交通，给城市建设和人民生活带来不便。当暴雨来袭，雨水不能及时排除，大城市屡成泽国，很多特大城市几乎逢雨便淹，突显了管道排水不畅的问题。

为了能够最大限度地发挥现有管道的排水能力，延长管道的使用寿命，对现有的排水管道进行定期和专门性的检测，是及时发现排水管道安全隐患的有效措施，是制定管网养护计划和修复计划的依据。

传统的排水管道结构状况和功能状况的检查方法所受制约因素多，检查效果差，成本高。闭路电视（CCTV）等仪器检测技术，无需人员下井，能准确地检测出管道结构状况和功能状况。目前，CCTV等内窥检测技术已不仅在旧管道状况普查中广泛使用，在新建排水管道移交验收检查中也得到了应用。

随着排水管道检测业务的增加，越来越多的企业进入了排水管道检测行业。不同企业的仪器设备和操作人员专业技能、管理制度差别较大。由于没有统一的检测规程和评估标准，对于同样的管道，检测结果和评估结论存在差别，这种状况不利于排水管道的修复和养护计划的制定。

为了发展和规范管道的内窥检测技术，规范行业的检测行为，保证检测质量，统一评估方法，保证检测成果的有效性，适应社会的发展需要，为管道修复和养护提供依据，保证城市排水管网安全运行，制定本规程。

1.0.2 本规程适用于公共排水管道的检测和评估，企事业单位、居住小区内部的排水管道可参照执行。

1.0.4 排水管道检测和评估是排水管道管理与维护的重要组成部分。检测和评估工作在实施的过程中，涉及施工、管理、检测、修复和养护，另外还涉及道路、交通、航运等相关行业。因此，排水管道的检测和评估除遵守本规程外，还应遵守国家及地方的相关标准。

2 术语和符号

2.1 术 语

2.1.1 闭路电视系统是指通过闭路电视录像的形式，将摄像设备置于排水管道内，拍摄影像数据传输至计算机后，在终端电视屏幕上进行直观影像显示和影像记录存储的图像通信检测系统。检测系统一般包括摄像系统、灯光系统、爬行器、线缆卷盘、控制器、计

算机及相关软件。

2.1.2 声纳检测是通过声纳设备以水为介质对管道内壁进行扫描，扫描结果经计算机处理得出管道内部的过水断面状况。声纳检测系统包括水下扫描单元（安装在漂浮、爬行器上）、声学处理单元、高分辨率彩色监视器和计算机。

2.1.3 管道潜望镜也叫电子潜望镜，它通过操纵杆将高放大倍数的摄像头放入检查井或隐蔽空间，能够清晰地显示管道裂纹、堵塞等内部状况。设备由探照灯、摄像头、控制器、伸缩杆、视频成像和存储单元组成。

2.1.4 排水管道检测主要是针对管道内部的检查，管道的缺陷位置定位描述是检测工作的成果体现，缺陷的环向位置定位描述是检测评估工作的重要内容之一，是管道修复和养护设计方案的重要依据。本条规定缺陷的环向位置采用时钟表示法。

2.1.6 当检测过程中发现疑点，此时摄像机的取景方向需偏离轴向观察管壁，即爬行器停止行进，定点拍摄的方式。

2.1.7 管道的结构性缺陷是指管体结构本身出现损伤，如变形、破裂、错口等。结构性缺陷需要通过修复才能消除。

2.1.8 管道的功能性缺陷是指影响排水管道过流能力的缺陷，如沉积、障碍物、树根等。功能性缺陷可以通过管道养护得到改善。

2.1.14 检查井又称窨井，是排水管道附属构筑物。为了与习惯称呼一致，本规程所指的检查井是排水管道上井类的附属构筑物，不仅指最常见的排水管道检查井，还包括排水管道上其他各种类型和用途的井。

3 基 本 规 定

3.0.1 鉴于检测与评估的技术含量较高，具有一定的风险性，本规程依据相关的法律法规，对从事检测的单位资质和人员资格进行规定，这既是规范行业秩序需要，也是保证检测成果质量的需要。

3.0.3 排水管道检查有多种方式，每种方式有一定的适用性。

电视检测主要适用于管道内水位较低状态下的检测，能够全面检查排水管道结构性和功能性状况。

声纳检测只能用于水下物体的检测，可以检测积泥、管内异物，对结构性缺陷检测有局限性，不宜作为缺陷准确判定和修复的依据。

管道潜望镜检测主要适用于设备安放在管道口位置进行的快速检测，对于较短的排水管可以得到较为清晰的影像资料，其优点是速度快、成本低、影像既可以现场观看、分析，也便于计算机储存。

传统方法检查中，人员进入管道内检测主要适用于管径大于800mm以上的管道。存在作业环境恶劣、

劳动强度大、安全性差的缺点。

当需要时采用两种以上的方法可以互相取长补短。例如采用声纳检测和电视检测互相配合可以同时测得水面以上和水面以下的管道状况。

3.0.4 管道功能性状况检查的方法相对简单，加上管道积泥情况变化较快，所以功能性状况的普查周期较短；管道结构状况变化相对较慢，检查技术复杂、费用较高，故检查周期较长。本条规定参考了《城镇排水管渠与泵站维护技术规程》CJJ 68－2007 第3.3.4 条。

3.0.8 本条所规定的现场踏勘内容是管道检测前现场调查的基本内容，是制定检测技术方案的基础资料。第3款所规定的内容，是管道内窥检测工作进行时对管网信息的核实和补充，是城市数字化管理必备的基础资料。

3.0.9 检测方案是检测任务实施的指导性文件，其中包括人员组成方案（负责人、检测人员、资料分析人员等）、技术方案（检测方法、封堵导流的措施、管道清洗方法、进度安排等）、安全方案（安全总体要求、现场危险因素分析、安全措施预案等）等。此外，根据任务量大小还有现场保护方案、后勤保障方案等。对有些任务简单、时间短的管道检测可不制订复杂的方案。

3.0.10 在检测前根据检测方案对管道进行预处理是必需的一个程序，如封堵、吸污、清洗、抽水等。预处理的好坏对检测结果影响很大，甚至决定检测结果的准确性。

检测仪器和工具保持良好状态是确保检测工作顺利进行的必备条件。除了日常对检测仪器、工具的养护和定期检校以外，在现场检测前还要对仪器设备进行自检，确保其完好率达100%，以免影响检测作业的正常进行，从而保证检测成果的质量。

检测时，应在现场创造条件，使显示的图像清晰可见，为现场的初步判读提供条件。

检测结束后应清理和保养设备，施工后的现场应和施工前一样，不得在操作地点留下抛弃物。每天外出前和返回时，应核查物品，做到外出不遗忘回归不遗留。

3.0.11 管道缺陷所在环向位置用时钟表示的方法。前两位数字表示从几点（正点小时）位置开始，后两位表示到几点（正点小时）位置结束。如果缺陷处在某一点上就用00代替前两位，后两位数字表示缺陷点位，示例参见图1。

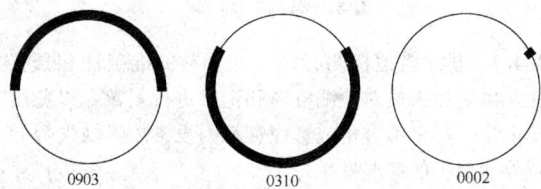

图1 缺陷环向位置时钟表示法示例

3.0.12 为了管道修复时在地面上对缺陷进行准确定位，误差不超过±0.5m，能够保证在1m的修复范围内找到缺陷。

3.0.13 检测时，缺陷纵向距离定位所用的计量单位应为米。对于进口仪器，原仪器的长度单位可能是英尺、码等，本条规定统一采用米为纵向距离的计量单位。电缆长度计数最低计量单位为0.1m的规定是保证缺陷定位精度的要求。

3.0.14 影像资料版头是指在每一管段采用电视检测或管道潜望镜检测等摄影之前，检测录像资料开始时，对被检测管段的文字标注。如果软件是中文显示，则无需录入代码。版头应录制在被检测管道影像资料的最前端，并与被检测管道的影像资料连续，保证被检测管道原始资料的真实性和可追溯性。

3.0.15 管道检测的影像记录应该连续、完整，不应有连接、剪辑的处理过程。在全部的影像记录画面上应始终含有本条所规定的同步镶嵌的文字内容，这是保证资料真实性的有效措施之一。如果不是中文操作系统，则应显示状态代码，例如检测结束时，应在画面上明显位置输入简写代码"JCJS"，检测中止时应在画面上明显位置输入简写代码"JCZZ"，并注明无法完成检测的原因。

3.0.17 为了保证管道检测成果的真实性和有效性，有条件的地方应该实行监督机制。监督方可以是业主，也可以是委托的第三方。

3.0.19 管道检测时，除了检测工作以外，现场还有大量准备性和辅助性的作业，例如堵截、吸污、清洗、抽水等。由于排水管道内部环境恶劣，气体成分复杂，常常存在有毒和易燃、易爆气体，稍有不慎或检测设备防爆性差，容易造成人员中毒或爆炸伤人事故；现场检测工作人员的数量不得少于2人，一是为了保证安全，二是为了工作方便，互相校核，保证资料的正确性和完整性。此条规定涉及人身安全和设施安全，是必须执行的强制性条款。

3.0.24 检测成果资料属于技术档案，是国家技术档案的重要组成部分。《建设工程文件归档整理规范》GB/T 50328、《城镇排水管渠与泵站维护技术规程》CJJ 68－2007 和《城市地下管线探测技术规程》CJJ 61－2003 等国家相关标准中对档案管理的技术要求都是排水管道检测资料归档管理的依据。

4 电视检测

4.1 一般规定

4.1.1 管道内水位是指管内底以上水面的高度。电视检测应具备的条件是管道内无水或者管道内水位很低。所以电视检测时，管道内的水位越低越好。但是水位降得越低，难度越大。经过大量的案例实践，将水位高规定为管道直径20%，能够解决90%以上的管道缺陷检查问题，相关费用也可以接受。

4.1.2 管道内水位太高，水面下部检测不到，检测效果大打折扣，检测前应对管道实施封堵和导流，使管内水位达到第4.1.1条规定的要求，主要是为了最大限度露出管道结构。管道检测前，封堵、吸污、清洗、导流等准备性和辅助性的作业都应该遵守《城镇排水管道维护安全技术规程》CJJ 6和《城镇排水管渠与泵站维护技术规程》CJJ 68的有关规定。

4.1.3 结构性检测是在管道内壁无污物遮盖的情况下拍摄管道内水面以上的内壁状况，疏通的目的是保证"爬行器"在管段全程内正常行走，无障碍物阻挡；清洗的目的是露出管道内壁结构，以便观察到结构缺陷。

4.1.4 管道在检测过程中可能遇到各种各样的问题，致使检测工作难以进行，如果强行进行则不能保证检测质量。因此，当碰到本条列举的现象（不局限于这几种现象）时，应中止检测，待排除故障后再继续进行。

4.2 检测设备

4.2.2 根据目前检测市场的状况，存在检测设备不能满足检测质量的基本要求，并且设备存在一定的操作危险性。所以本条对CCTV检测设备规定了基本要求。

电缆的抗拉力要求是为防止CCTV检测设备进入管道内部后不能自动退回，要求电缆线具备最小的收缩拉力，根据实际的作业情况，规定最小的抗拉力为2kN，以保证CCTV检测设备在必要时手动收回。

4.2.4 缺陷距管口的距离是描述管道缺陷的基本参数，也是制定管道修复和养护计划的依据。因此管道检测设备的距离测量功能和精度是基本的要求。

4.3 检测方法

4.3.1 爬行器的行进方向与水流方向一致，可以减少行进阻力，也可以消除爬行器前方的壅水现象，有利于检测进行，提高检测效果。

4.3.2 检测大管径时，镜头的可视范围大，行进速度可以大一些；但是速度过快可能导致检测人员无法及时发现管道缺陷，故规定管径不大于200mm时行进速度不宜超过0.1m/s，管径大于200mm时行进速度不宜超过0.15m/s。

4.3.3 我国的排水管道断面形状主要为圆形和矩形，蛋形管道国内少有，本条没有特别强调管道断面形状；圆形管道为"偏离应不大于管径的10%"，矩形管渠为"偏离应不大于短边的10%"。

4.3.4 由于视角误差，爬行器在管口存在位置差，补偿设置应按管径不同而异，视角不同时差别不同。如果某段管道检测因故中途停止，排除故障后接着检

测，则距离应该与中止前检测距离一致，不应重新将计数器归零。

将载有镜头的爬行器摆放在检测起始位置后，在开始检测前，将计数器归零。对于大口径管道检测，应对镜头视角造成的检测起点与管道起点的位置差做补偿设置。

摄像头从起始检查井进入管道，摄像头的中线与管道的轴线重合。计数器的距离设置为从管道在检查井的入口点到摄像头聚焦点的长度，这个距离随镜头的类型和排水管道的直径不同而异。

计数器归零的补偿设置方法示意参见图2。

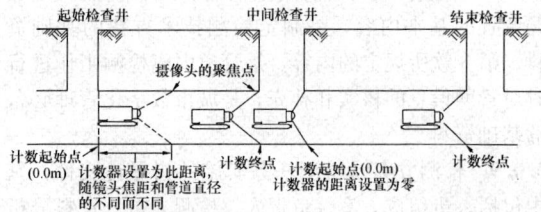

图2　计数器归零的补偿设置方法示意图

4.3.5 一段管道检测完毕后，计数器显示的距离数值可能与电缆上的标记长度有差异，为此应该进行修正，以减少距离误差。

4.3.6 在检测过程中，由于设备调整不当，会发生摄影的图像位置反向或变位，致使判读困难，故本条予以规定。

4.3.7 摄像镜头变焦时，图像则变得模糊不清。如果在爬行器行进过程中，使用镜头的变焦功能，则由于图像模糊，看不清缺陷情况，很可能将存在的缺陷遗漏而不能记录下来。所以当需要使用变焦功能协助操作员看清管道缺陷时，爬行器应保持在静止状态。镜头的焦距恢复到最短焦距位置是指需要爬行器继续行进时，应先将焦距恢复到正常状态。

4.3.9 本条规定检测的录像资料应连续完整，不能有画面暂停、间断记录、画面剪接的现象，防止发生资料置换、代用行为。

4.3.10 检测过程中发现缺陷时，爬行器应停止行进，停留10s以上拍摄图像，以确保图像的清晰和完整，为以后的判读和研究提供可靠资料。

4.3.11 现场检测工作应该填写记录表，这既是检测工作的需要，也是检测过程可追溯的依据之一。本规程规定了现场记录表的基本内容，以免由于记录的检测信息不完整或不合格而导致外业返工的情况发生。

4.4 影像判读

4.4.1 排水管道检测必须保证资料的准确性和真实性，由复核人员对检测资料和记录进行复核，以免由于记录、标记不合格或影像资料因设备故障缺失等导致外业返工的情况发生。

4.4.2 管道缺陷根据图像进行观察确定，缺陷尺寸

无法直接测量。因此对于管道缺陷尺寸的判定，主要是根据参照物的尺寸采用比照的方法确定。

4.4.3 无法确定的缺陷类型主要是指本规程第 8 章所列缺陷没有包括或在同一处有 2 种以上管道缺陷特征且又难以定论时，应在评估报告中加以说明。

4.4.4 由于在评估报告中需附缺陷图片，采用现场抓取时可以即时进行调节，直至获得最佳的图片，保证检测结果的质量。

5 声 纳 检 测

5.1 一 般 规 定

5.1.1 水吸收声纳波的能力很差，利用水和其他物质对声波的吸收能力不同，主动声纳装置向水中发射声波，通过接收水下物体的反射回波发现目标。目标距离可通过发射脉冲和回波到达的时间差进行测算，经计算机处理后，形成管道的横断面图，可直观了解管道内壁及沉积的概况。声纳检测的必要条件是管道内应有足够的水深，300mm 的水深是设备淹没在水下的最低要求。《城镇排水管渠与泵站维护技术规程》CJJ 68－2007 第 3.3.11 条也规定，"采用声纳检测时，管内水深不宜小于 300mm"。

5.2 检 测 设 备

5.2.1 为了保证声纳设备的检测效果，检测时设备应保持正确的方位。"不易滚动或倾斜"是指探头的承载设备应具有足够的稳定性。

5.2.2 声纳系统包括水下探头、连接电缆和带显示器声纳处理器。探头可安装在爬行器、牵引车或漂浮筏上，使其在管道内移动，连续采集信号。每一个发射/接收周期采样 250 点，每一个 360°旋转执行 400 个周期。探头的行进速度不宜超过 0.1m/s。

用于管道检测的声纳解析能力强，检测系统的角解析度为 0.9°（1 密位），即该系统将一次检测的一个循环（圆周）分为 400 密位；而每密位又可分解成 250 个单位；因此，在 125mm 的管径上，解析度为 0.5mm，而在直径达 3m 的上限也可测得 12mm 的解析度。

5.2.3 倾斜和滚动传感器校准在±45°范围内，如果超过这个范围所得读数将不可靠。在安装声纳设备时应严格按照要求，否则会造成被检测的管道图像颠倒。

5.3 检 测 方 法

5.3.1 声纳检测是以水为介质，声波在不同的水质中传播速度不同，反射回来所显示的距离也不同。故在检测前，应从被检管道中取水样，根据测得的实际声波速度对系统进行校准。

5.3.2 探头的推进方向除了行进阻力有差别外，顺流行进与逆流行进相比，更易于使探头处于中间位置，故规定"宜与水流方向一致"。

5.3.3 探头扫描的起始位置应设置在管口，将计数器归零。如果管道检测中途停止后需继续检测，则距离应该与中止前检测距离一致，不应重新将计数器归零。

5.3.4 在距管段起始、终止检查井处应进行 2m～3m 长度的重复检测，其目的是消除扫描盲区。

5.3.5 声纳探头的位置处采用镂空的漂浮器避免声波受阻的做法目前在国内外被普遍采用并取得良好效果。

5.3.7 脉冲宽度是扫描感应头发射的信号宽度，可在百万分之一秒内完成测量，它从 4μs 到 20μs 范围内被分为五个等级。本条列出的是典型的脉冲宽度和测量范围。

5.3.9 普查是为了某种特定的目的而专门组织的一次性全面调查，工作量大，费用高。根据实践，声纳用于管道沉积状况的检查时，普查的采样点间隔距离定为 5m，其他检查采样点的间距为 2m，一般情况下可以完整地反映管段的沉积状况。当遇到污泥堵塞等异常情况时，则应加密采样。排水管道沉积状况纵断面图示例参见图 3。

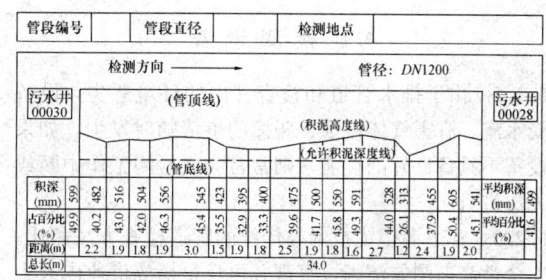

管段编号		管段直径		检测地点	

检测方向 →　　　　　　管径：DN1200

污水井 00030 （管顶线）（积泥高度线）（允许积泥深度线）（管底线） 污水井 00028

积深(mm)	590	482	516	504	556	545	423	395	400	475	500	550	591	528	313	455	605	541	平均积深 499
占百分比(%)	49.1	40.2	43.0	42.0	46.3	45.4	35.5	32.9	33.3	39.6	41.7	45.8	49.3	44.0	26.0	37.9	50.4	45.1	平均占百分比 41.6
距离(m)	1.9	1.9	1.9	1.9	3.0	1.9	1.9	1.9	1.9	1.9	1.9	1.8	1.6	2.2	2.4	1.9	2.9		
总长(m)	34.0																		

图 3 排水管道沉积状况纵断面图示例

5.4 轮 廓 判 读

5.4.1 声纳检测图形应现场捕捉，并进行数据保存，其目的是为了后续的内业进一步解读。规定的采样间隔应按本规程第 5.3.9 条设置，它是保证沉积纵断面图绘制质量的基本要求。

5.4.2 本条规定当绘制检测成果图时，图形表示的线性长度与实际物体线性长度的误差应小于 3%。

5.4.4 用虚线表示的管径 1/5 高度线即管内淤积的允许深度线，又称及格线。

5.4.5 声纳检测除了能够提供专业的扫描图像对管道断面进行量化外，还能结合计算确定管道淤积程度、淤泥体积、淤积位置，计算清淤工程量。这种方法用于检测管道内部过水断面，从而了解管道功能性缺陷。声纳检测的优势在于可不断流进行检测，不足之处在于其仅能检测水面以下的管道状况，不能检测管道的裂缝等细节的结构性问题，故声纳轮廓图不应作为结构性缺陷的最终评判依据。

6 管道潜望镜检测

6.1 一般规定

6.1.2 管道潜望镜只能检测管内水面以上的情况，管内水位越深，可视的空间越小，能发现的问题也就越少。光照的距离一般能达到30m～40m，一侧有效的观察距离大约仅为20m～30m，通过两侧的检测便能对管道内部情况进行了解，所以规定管道长度不宜大于50m。

6.1.4 管道潜望镜检测是利用电子摄像高倍变焦的技术，加上高质量的聚光、散光灯配合进行管道内窥检测，其优点是携带方便，操作简单。由于设备的局限，这种检测主要用来观察管道是否存在严重的堵塞、错口、渗漏等问题。对细微的结构性问题，不能提供很好的成果。如果对管道封堵后采用这种检测方法，能迅速得知管道的主要结构问题。对于管道里面有疑点的、看不清楚的缺陷需要采用闭路电视在管道内部进行检测，管道潜望镜不能代替闭路电视解决管道检测的全部问题。

6.2 检测设备

6.2.1 由于排水管道和检查井内的环境恶劣，设备受水淹、有害气体侵蚀、碰撞的事情随时发生，如果设备不具备良好的性能，则常常会使检测工作中断或无法进行。

6.2.3 管道潜望镜技术与传统的管道检查方法相比，安全性高，图像清晰，直观并可反复播放供业内人士研究，及时了解管道内部状况。因此，对于管道潜望镜检测依然要求录制影像资料，并且能够在计算机上对该资料进行操作。

6.3 检测方法

6.3.1 镜头保持在竖向中心线是为了在变焦过程中能比较清晰地看清楚管道内的整个情况，镜头保持在水面以上是观察的必要条件。

6.3.2 管道潜望镜检测的方法：将镜头摆放在管口并对准被检测管道的延伸方向，镜头中心应保持在被检测管道圆周中心（水位低于管道直径1/3位置或无水时）或位于管道圆周中心的上部（水位不超过管道直径1/2位置时），调节镜头清晰度，根据管道的实际情况，对灯光亮度进行必要的调节，对管道内部的状况进行拍摄。

拍摄管道内部状况时通过拉伸镜头的焦距，连续、清晰地记录镜头能够捕捉的最大长度，如果变焦过快看不清楚管道状况，容易晃过缺陷，造成缺陷遗

漏；当发现缺陷后，镜头对准缺陷调节焦距直至清晰显示时保持静止10s以上，给准确判读留有充分的资料。

6.3.3 拍摄检查井内壁时，由于镜头距井壁的距离短，镜头移动速度对观察的效果影响很大，故应保持缓慢、连续、均匀地移动镜头，才能得到井内的清晰图像。

7 传统方法检查

7.1 一般规定

7.1.1 排水管道检测已有很长的历史，传统的管道检查方法有很多，这些方法适用范围窄，局限性大，很难适应管道内水位很高的情况，几种传统检查方法的特点见表1。

表1 排水管道传统检查方法及特点

检查方法	适用范围和局限性
人员进入管道检查	管径较大、管内无水、通风良好，优点是直观，且能精确测量；但检测条件较苛刻，安全性差
潜水员进入管道检查	管径较大，管内有水，且要求低流速，优点是直观；但无影像资料、准确性差
量泥杆（斗）法	检测井和管道口处淤积情况，优点是直观速度快；但无法测量管道内部情况，无法检测管道结构损坏情况
反光镜法	管内无水，仅能检查管道顺直和垃圾堆集情况，优点是直观、快速、安全；但无法检测管道结构损坏情况，有垃圾堆集或障碍物时，则视线受阻

传统的排水管道养护检查的主要方法为打开井盖，用量泥杆（或量泥斗）等简易工具检查排水管道检查口处的积泥深度，以此判定整个管道的积泥情况。该方法不能检测管道内部的结构和功能性状况，如管道内部结垢、障碍物、破裂等。显然，传统方法已不能满足排水管道内部状况的检查。

新的管道检测技术与传统的管道检查技术相比，主要有安全性高、图像清晰、直观并可反复播放供业内人士研究的特点，为管道修复方案的科学决策提供了有力的帮助。但电视检测技术对环境要求很高，特别是在作管道结构完好性检查时，必须是在低水位条件下，且要求在检测前需对管道进行清洗，这需要相应的配合工作。

本条规定结构性检查"宜"采用电视检测方法，主要是考虑人员进入管内检查的安全性差和工作条件恶劣等情况，有条件时尽量不采用人员进入管内检

查。当采用人员进入管道内检查时，则检查所测的数据和拍摄的照片同样是结构性检查的可靠成果。

7.1.2 由于维护作业人员躬身高度一般在 1m 左右，直径 800mm 是人员能够在管道内躬身行走的最小尺寸，且作业人员长时间在小于 800mm 的管道中躬身，行动不便、呼吸不畅、操作困难；流速大于 0.5m/s 时，作业人员无法站稳，行走困难，作业难度和危险性随之增加，作业人员的人身安全没有保障。本条引用《城镇排水管渠与泵站维护技术规程》CJJ 68—2007 第 3.3.8 条。

7.1.3 人工进入管内检查时，主要是凭眼睛观察并对管道缺陷进行描述，但是对裂缝宽度等缺陷尺寸的确定，应直接量测，定量化描述。

7.1.4 有些传统检查方法仅能得到粗略的结果，例如观察同一管段两端检查井内的水位，可以确定管道是否堵塞；观察检查井内的水质成分变化，如上游检查井中为正常的雨污水，下游检查井如流出的是黄泥浆水，说明管道中间有断裂或塌陷，但是断裂和塌陷的具体状况仅通过这种观察法不能确定，需另外采用仪器设备（如闭路电视、管道潜望镜等）进行确认检查。

7.1.5 过河管道在水面以下，受到水的浮力作用。由于过河管道上部的覆盖层厚度经过河水的冲刷可能变化较大，覆盖层厚度不足，一旦管道被抽空后，管顶覆土的下压力不足以抵抗浮力时，管道将会上浮，造成事故。因此，水下管道需要抽空进行检测时，首先应对现场的管道埋设情况进行调查，抗浮验算满足要求后才能进行抽空作业。

7.1.7 检查人员进入管内检查，应该拴有距离刻度的安全绳，一方面是在发生意外的情况下，帮助检查人员撤离管道，保障检查人员的安全；另一方面是检查人员发现管道缺陷向地面记录人员报告情况时，地面人员确定缺陷的距离。此条规定涉及人身安全，是必须执行的强制性条款。

7.2 目 视 检 查

7.2.1 地面巡视可以观察沿线路面是否有凹陷或裂缝及检查井地面以上的外观情况。第 1 款中"检查井和雨水口周围的异味"是指是否存在有毒和可燃性气体。

7.2.2 人员进入管道内观察检查时，要求采用摄影或摄像的方式记录缺陷状况。距离标示（包括垂直标线、距离数字）与标示牌相结合，所拍摄的影像资料才具有可追溯性的价值，才能对缺陷反复研究、判读，为制定修复方案提供真实可靠的依据。文字说明应按照现场检测记录表的内容详细记录缺陷位置、属性、代码、等级和数量。

7.2.3 隔离式防毒面具是一种使呼吸器官可以完全与外界空气隔绝，面具内的储氧瓶或产氧装置产生的氧气供人呼吸的个人防护器材。这种供氧面具可以提供充足的氧气，通过面罩保持了人体呼吸器官及眼面部与环境危险空气之间较好的隔绝效果，具备较高的防护系数，多用于环境空气中污染物毒性强、浓度高、性质不明或氧含量不足等高危险性场所和受作业环境限制而不易达到充分通风换气的场所以及特殊危险场所作业或救援作业。当使用供压缩空气的隔离式防护装具时，应由专人负责检查压力表，并做好记录。

氧气呼吸器也称储氧式防毒面具，以压缩气体钢瓶为气源，钢瓶中盛装压缩氧气。根据呼出气体是否排放到外界，可分为开路式和闭路式氧气呼吸器两大类。前者呼出气体直接经呼气活门排放到外界，由于使用氧气呼吸装具时呼出的气体中氧气含量较高，造成排水管道内的氧含量增加，当管道内存在易燃易爆气体时，氧气量的增加导致发生燃烧和爆炸的可能性加大。基于以上因素，《城镇排水管道维护安全技术规程》CJJ 6-2009 第 6.0.1 条规定"井下作业时，应使用隔离式防护面具，不应使用过滤式防毒面具和半隔离式防护面具以及氧气呼吸设备"。

在管道检查过程中，地面人员应密切注意井下情况，不得擅自离开，随时使用有线或无线通信设备进行联系。当管道内人员发生不测时，及时救助，确保管内人员的安全。

7.2.4 下井作业工作环境恶劣，工作面狭窄，通气性差，作业难度大，工作时间长，危险性高，有的存有一定浓度的有毒有害气体，作业稍有不慎或疏忽大意，极易造成操作人员中毒的死亡事故。因此，井下作业如需时间较长，应轮流下井，如井下作业人员有头晕、腿软、憋气、恶心等不适感，必须立即上井休息。本条规定管内检查人员的连续工作时间不超过 1h，既是保障检查人员身心健康和安全的需要，也是保障检测工作质量的需要。如果遇到难以穿越的障碍时强行通过，发生险情时则难以及时撤出和施救，对检查人员没有安全保障。此条规定涉及人身安全，是必须执行的强制性条款。

7.2.5 管内检查要求 2 人一组同时进行，主要是控制灯光、测量距离、画标示线、举标示牌和拍照需要互相配合，另外对于不安全因素能够及时发现，互相提醒；地面配备的人员应由联系观察人员、记录人员和安全监护人员组成。

7.2.6 基坑工程特别是深基坑工程，坑壁变形、坑壁裂缝、坑壁坍塌的事情时有发生，如果管道敷设在该影响区域内或毗邻水体，存在安全隐患，在未进行管道安全性鉴定的情况下，检查人员不得进入管内作业。此条是强制性条款。

7.3 简易工具检查

7.3.2 用人力将竹片、钢条等工具推入管道内，顶推淤积阻塞部位或扰动沉积淤泥，既可以检查管道阻塞情况，又可达到疏通的目的。竹片至今还是我国疏通小型管道的主要工具。竹片（玻璃钢竹片）检查或疏通适用于管径为200mm～800mm且管顶距地面不超过2m的管道。

7.3.3 通过反光镜把日光折射到管道内，观察管道的堵塞、错口等情况。采用反光镜检查时，打开两端井盖，保持管内足够的自然光照度，宜在晴朗的天气时进行。反光镜检查适用于直管，较长管段则不适合使用。镜检用于判断管道是否需要清洗和清洗后的评价，能发现管道的错口、径流受阻和塌陷等情况。

7.3.4 量泥斗在上海应用大约始于20世纪50年代，适用于检查稀薄的污泥。量泥斗主要由操作手柄、小漏斗组成；漏斗滤水小口的孔径大约3mm，过小来不及漏水，过大会使污泥流失；漏斗上口离管底的高度依次为5、7.5、10、12.5、15、17.5、20、22.5、25cm，参见图4。量泥斗按使用部位可分为直杆形和Z字形两种，前者用于检查井积泥检测，后者用于管内积泥检测；Z字形量泥斗的圆钢被弯折成Z字形，其水平段伸入管内的长度约为50cm；使用时漏斗上口应保持水平，参见图5。

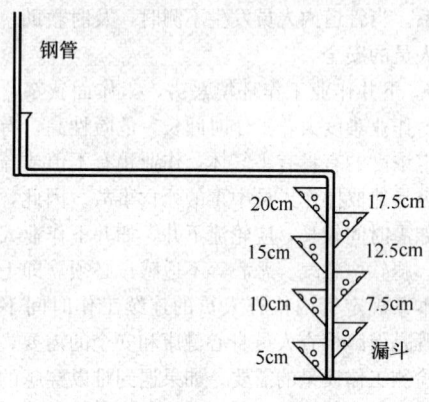

图4 Z字形量泥斗构造图

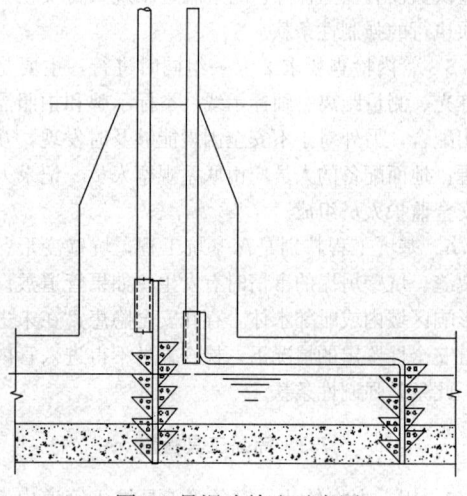

图5 量泥斗检查示意图

7.3.5 激光笔是利用激光穿透性强的特点，在一端检查井内沿管道射出光线，另一端检查井内能否接收到激光点，可以检查管道内部的通透性情况。该工具可定性检查管道严重沉积、塌陷、错口等堵塞性的缺陷。

7.4 潜 水 检 查

7.4.1 引自《城镇排水管渠与泵站维护技术规程》CJJ 68-2007第3.3.12条。

7.4.2 大管径排水管道由于封堵、导流困难，检测前的预处理工作难度大，特别是满水时为了急于了解管道是否出现问题，有时采用潜水员触摸的方式进行检测。潜水检查一般是潜水员沿着管壁逐步向管道深处摸去，检查管道是否出现裂缝、脱节、异物等状况，待返回地面后凭借回忆报告自己检查的结果，主观判断占有很大的因素，具有一定的盲目性，不但费用高，而且无法对管道内的状况进行正确、系统的评估。故本条规定，当发现缺陷后应采用电视检测方法进行确认。

7.4.3 每次潜水作业前，潜水员必须明确了解自己的潜水深度、工作内容及作业部位。在潜水作业前，须对潜水员进行体格检查，并仔细询问饮食、睡眠、情绪、体力等情况。

潜水员在潜水前必须扣好安全信号绳，并向信绳员讲清操作方法和注意事项。潜水员发现情况时，应及时通过安全信号绳或用对讲机向地面人员报告，并由地面记录员当场记录。

当采用空气饱和模式潜水时，潜水员宜穿着轻装式潜水服，潜水员呼吸应由地面储气装置通过脐带管供给，气压表在潜水员下井前应进行调校。在潜水员下潜作业中，应由专人观察气压表。

当采用自携式呼吸器进行空气饱和潜水时，潜水员本人在下水前应佩带后仔细检查呼吸设备。

潜水员发现问题及时向地面报告并当场记录，目的是避免回到地面凭记忆讲述时会忘记许多细节，也便于地面指挥人员及时向潜水员询问情况。

7.4.4 本条所列的几种情况将影响到潜水员的生命安全，故规定出现这些情况时应中止检测，回到地面。

8 管 道 评 估

8.1 一 般 规 定

8.1.1 管道评估应根据检测资料进行。本条所述的检测资料包括现场记录表、影像资料等。

8.1.2 由于管道评估是根据检测资料对缺陷进行判读打分，填写相应的表格，计算相关的参数，工作繁琐。为了提高效率，提倡采用计算机软件进行管道的评估工作。

8.1.4 当缺陷是连续性缺陷（纵向破裂、变形、纵向腐蚀、起伏、纵向渗漏、沉积、结垢）且长度大于1m时，按实际长度计算；当缺陷是局部性缺陷（环向破裂、环向腐蚀、错口、脱节、接口材料脱落、支管暗接、异物穿入、环向渗漏、障碍物、残墙、坝根、树根）且纵向长度不大于1m时，长度按1m计算。当在1m长度内存在两个及以上的缺陷时，该1m长度内各缺陷分值叠加，如果叠加值大于10分，按10分计算，叠加后该1m长度的缺陷按一个缺陷计算（相当于一个综合性缺陷）。

8.2 检测项目名称、代码及等级

8.2.1 本规程的代码根据缺陷、结构或附属设施名称的两个关键字的汉语拼音字头组合表示，已规定的代码在本规程中列出。由于我国地域辽阔，情况复杂，当出现本规程未包括的项目时，代码的确定原则应符合本条的规定。代码主要用于国外进口仪器的操作软件不是中文显示时使用，如软件是中文显示时则可不采用代码。

8.2.2 本规程规定的缺陷等级主要分为4级，根据缺陷的危害程度给予不同的分值和相应的等级。分值和等级的确定原则是：具有相同严重程度的缺陷具有相同的等级。

8.2.3 结构性缺陷中，管道腐蚀的缺陷等级数量定为3个等级，接口材料脱落的缺陷等级数量定为2个等级。当腐蚀已经形成了空洞，钢筋变形，这种程度已经达到4级破裂，即将坍塌，此时该缺陷在判读上和4级破裂难以区分，故将第4级腐蚀缺陷纳入第4级破裂，不再设第4级腐蚀缺陷。接口材料脱落的缺陷，细微差别在实际工作中不易区别，胶圈接口材料的脱落在管内占的面积比例不高，为了方便判读，仅区分水面以上和水面以下胶圈脱落两种情况，分为两个等级，结构性缺陷说明见表2。

表2 结构性缺陷说明

缺陷名称	代码	缺陷说明	等级数量
破裂	PL	管道的外部压力超过自身的承受力致使管材发生破裂。其形式有纵向、环向和复合三种	4
变形	BX	管道受外力挤压造成形状变异，管道的原样被改变（只适用于柔性管）。 变形率＝（管内径－变形后最小内径）÷管内径×100%	4

缺陷名称	代码	缺陷说明	等级数量
变形	BX	《给水排水管道工程施工及验收规范》GB 50268—2008第4.5.12条第2款"钢管或球墨铸铁管道的变形率超过3%时，化学建材管道的变形率超过5%时，应挖出管道，并会同设计单位研究处理"。这是新建管道变形控制的规定。对于已经运行的管道，如按照这个规定则很难实施，且费用也难以保证。为此，本规程规定的变形率不适用于新建管道的接管验收，只适用于运行管道的检测评估	4
腐蚀	FS	管道内壁受侵蚀而流失或剥落，出现麻面或露出钢筋。管道内壁受到有害物质的腐蚀或管道内壁受到磨损。管道水面上部的腐蚀主要来自于排水管道中的硫化氢气体所造成的腐蚀。管道底部的腐蚀主要是由于腐蚀性液体和冲刷的复合性的影响造成	3
错口	CK	同一接口的两个管口产生横向偏离，未处于管道的正确位置。两根管道的套口接头偏离，邻近的管道看似"半月形"	4
起伏	QF	接口位下沉，使管道坡度发生明显的变化，形成洼水。造成弯曲起伏的原因既包括管道不均匀沉降引起，也包含施工不当造成的。管道因沉降等因素形成洼水（积水）现象，按实际水深占管道内径的百分比记入检测记录表	3
脱节	TJ	两根管道的端部未充分接合或接口脱离。由于沉降，两根管道的套口接头未充分推进或接口脱离。邻近的管道看似"全月形"	4
接口材料脱落	TL	橡胶圈、沥青、水泥等类似的接口材料进入管道。进入管道底部的橡胶圈会影响管道的过流能力	2
支管暗接	AJ	支管未通过检查井而直接侧向接入主管	3

续表 2

缺陷名称	代码	缺 陷 说 明	等级数量
异物穿入	CR	非管道附属设施的物体穿透管壁进入管内。侵入的异物包括回填土中的块石等压破管道、其他结构物穿过管道、其他管线穿越管道等现象。与支管暗接不同，支管暗接是指排水支管未经检查井接入排水主管	3
渗漏	SL	管道外的水流入管道或管道内的水漏出管道。由于管内水漏出管道的现象在管道内窥检测中不易发现，故渗漏主要指来源于地下的（按照不同的季节）或来自于邻近漏水管的水从管壁、接口及检查井壁流入	4

8.2.4 功能性缺陷的有关说明见表 3。管道结构性缺陷等级划分及样图见表 4，管道功能性缺陷等级划分及样图见表 5。

表 3　功能性缺陷说明

缺陷名称	代码	缺 陷 说 明	等级数量
沉积	CJ	杂质在管道底部沉淀淤积。水中的有机或无机物，在管道底部沉积，形成了减少管道横截面面积的沉积物。沉积物包括泥沙、碎砖石、固结的水泥砂浆等	4
结垢	JG	管道内壁上的附着物。水中的污物，附着在管道内壁上，形成了减少管道横截面面积的附着堆积物	4
障碍物	ZW	管道内影响过流的阻挡物，包括管道内坚硬的杂物，如石头、柴板、树枝、遗弃的工具、破损管道的碎片等。障碍物是外部物体进入管道内，单体具有明显的、占据一定空间尺寸的特点。结构性缺陷中的异物穿入，是指外部物体穿透管壁进入管内，管道结构遭受破坏，异物位于结构破坏处。支管暗接指另一根排水管道没有按照规范要求从检查井接入排水管道，而是将排水管道打洞接入。沉积是指细颗粒物质在管道中逐渐沉淀累积而成，具有一定的面积。结垢也是细颗粒污物附着在管壁上，在侧壁和底部均可存在	4

续表 3

缺陷名称	代码	缺 陷 说 明	等级数量
残墙、坝根	CQ	管道闭水试验时砌筑的临时砖墙封堵，试验后未拆除或拆除不彻底的遗留物	4
树根	SG	单个树根或树根群自然生长进入管道。树根进入管道必然伴随着管道结构的破坏，进入管道后又影响管道的过流能力。对过流能力的影响按照功能性缺陷计算，对管道结构的破坏按照结构性缺陷计算	4
浮渣	FZ	管道内水面上的漂浮物。该缺陷须记入检测记录表，不参与计算	3

表 4　管道结构性缺陷等级划分及样图

缺陷名称：破裂		缺陷代码：PL		缺陷类型：结构性
定义：管道的外部压力超过自身的承受力致使管子发生破裂，其形式有纵向、环向和复合三种				
等级	缺陷描述	分值	样图	
1	裂痕：当下列一个或多个情况存在时：1）在管壁上可见细裂痕；2）在管壁上由细裂缝处冒出少量沉积物；3）轻度剥落	0.5		
2	裂口：破裂处已形成明显间隙，但管道的形状未受影响且破裂无脱落	2		
3	破碎：管壁破裂或脱落处所剩碎片的环向覆盖范围不大于弧长 60°	5		
4	坍塌：当下列一个或多个情况存在时：1）管道材料裂痕、裂口或破碎处边缘环向覆盖范围大于弧长 60°；2）管壁材料发生脱落的环向范围大于弧长 60°	10		

缺陷名称：变形	缺陷代码：BX		缺陷类型：结构性
定义：管道受外力挤压造成形状变异			

等级	缺陷描述	分值	样图
1	变形不大于管道直径的5%	1	
2	变形为管道直径的5%～15%	2	
3	变形为管道直径的15%～25%	5	
4	变形大于管道直径的25%	10	
备注	1. 此类型的缺陷只适用于柔性管； 2. 变形的百分率确认需以实际测量为基础； 3. 变形率＝（管内径－变形后最小内径）÷管内径×100%		

缺陷名称：腐蚀	缺陷代码：FS		缺陷类型：结构性
定义：管道内壁受侵蚀而流失或剥落，出现麻面或露出钢筋			

等级	缺陷描述	分值	样图
1	轻度腐蚀：表面轻微剥落，管壁出现凹凸面	0.5	
2	中度腐蚀：表面剥落显露粗骨料或钢筋	2	
3	重度腐蚀：粗骨料或钢筋完全显露	5	

缺陷名称：错口	缺陷代码：CK		缺陷类型：结构性
定义：同一接口的两个管口产生横向偏差，未处于管道的正确位置			

等级	缺陷描述	分值	样图
1	轻度错口：相接的两个管口偏差不大于管壁厚度的1/2	0.5	
2	中度错口：相接的两个管口偏差为管壁厚度的1/2～1之间	2	
3	重度错口：相接的两个管口偏差为管壁厚度的1～2倍之间	5	
4	严重错口：相接的两个管口偏差为管壁厚度的2倍以上	10	

缺陷名称: 起伏	缺陷代码: QF	缺陷类型: 结构性

定义: 接口位置偏移, 管道竖向位置发生变化, 在低处形成洼水

等级	缺陷描述	分值	样图
1	起伏高/管径 $\leq$20%	0.5	
2	20%<起伏高/管径$\leq$35%	2	
3	35%<起伏高/管径$\leq$50%	5	
4	起伏高/管径>50%	10	
备注	H 为起伏高, 即管道偏离设计高度位置的大小		

缺陷名称: 脱节	缺陷代码: TJ	缺陷类型: 结构性

定义: 两根管道的端部未充分接合或接口脱离

等级	缺陷描述	分值	样图
1	轻度脱节: 管道端部有少量泥土挤入	1	
2	中度脱节: 脱节距离不大于20mm	3	
3	重度脱节: 脱节距离为20mm~50mm	5	
4	严重脱节: 脱节距离为50mm以上	10	
备注	管道脱节示意图		

缺陷名称: 接口材料脱落	缺陷代码: TL	缺陷类型: 结构性

定义: 橡胶圈、沥青、水泥等类似的接口材料进入管道

等级	缺陷描述	分值	样图
1	接口材料在管道内水平方向中心线上部可见	1	
2	接口材料在管道内水平方向中心线下部可见	3	

缺陷名称:支管暗接	缺陷代码:AJ	缺陷类型:结构性

定义:支管未通过检查井直接侧向接入主管

等级	缺陷描述	分值	样图
1	支管进入主管内的长度不大于主管直径10%	0.5	
2	支管进入主管内的长度在主管直径10%~20%之间	2	
3	支管进入主管内的长度大于主管直径20%	5	

缺陷名称:异物穿入	缺陷代码:CR	缺陷类型:结构性

定义:非管道系统附属设施的物体穿透管壁进入管内

等级	缺陷描述	分值	样图
1	异物在管道内且占用过水断面面积不大于10%	0.5	
2	异物在管道内且占用过水断面面积为10%~30%	2	
3	异物在管道内且占用过水断面面积大于30%	5	

续表 4

缺陷名称:渗漏	缺陷代码:SL	缺陷类型:结构性

定义:管道外的水流入管道

等级	缺陷描述	分值	样图
1	滴漏:水持续从缺陷点滴出,沿管壁流动	0.5	
2	线漏:水持续从缺陷点流出,并脱离管壁流动	2	
3	涌漏:水从缺陷点涌出,涌漏水面的面积不大于管道断面的1/3	5	
4	喷漏:水从缺陷点大量涌出或喷出,涌漏水面的面积大于管道断面的1/3	10	

表5　管道功能性缺陷等级划分及样图　　　　　　　　　　　续表5

缺陷名称：沉积		缺陷代码：CJ	缺陷类型：功能性
定义：杂质在管道底部沉淀淤积			
等级	缺陷描述	分值	样图
1	沉积物厚度为管径的20%~30%	0.5	
2	沉积物厚度为管径的30%~40%	2	
3	沉积物厚度为管径的40%~50%	5	
4	沉积物厚度大于管径的50%	10	
备注	1. 用时钟表示法指明沉积的范围； 2. 应注明软质或硬质； 3. 声纳图像应取沉积最大值		

缺陷名称：结垢		缺陷代码：JG	缺陷类型：功能性
定义：管道内壁上的附着物			
等级	缺陷描述	分值	样图
1	硬质结垢造成的过水断面损失不大于15%；软质结垢造成的过水断面损失在15%~25%之间	0.5	
2	硬质结垢造成的过水断面损失在15%~25%之间；软质结垢造成的过水断面损失在25%~50%之间	2	
3	硬质结垢造成的过水断面损失在25%~50%之间；软质结垢造成的过水断面损失在50%~80%之间	5	
4	硬质结垢造成的过水断面损失大于50%；软质结垢造成的过水断面损失大于80%	10	
备注	1. 用时钟表示法指明结垢的范围； 2. 应计算并注明过水断面损失的百分比； 3. 应注明软质或硬质		

缺陷名称：障碍物	缺陷代码：ZW	缺陷类型：功能性

| 定义：管道内影响过流的阻挡物 |||

等级	缺陷描述	分值	样图
1	过水断面损失不大于15%	0.1	
2	过水断面损失在15%～25%之间	2	
3	过水断面损失在25%～50%之间	5	
4	过水断面损失大于50%	10	
备注	应记录障碍物的类型及过水断面的损失率		

缺陷名称：残墙、坝根	缺陷代码：CQ	缺陷类型：功能性

| 定义：管道闭水试验时砌筑的临时砖墙封堵，试验后未拆除或拆除不彻底的遗留物 |||

等级	缺陷描述	分值	样图
1	过水断面损失不大于15%	1	
2	过水断面损失在15%～25%之间	3	
3	过水断面损失在25%～50%之间	5	
4	过水断面损失大于50%	10	

缺陷名称：树根		缺陷代码：SG	缺陷类型：功能性
定义：单根树根或是树根群自然生长进入管道			
等级	缺陷描述	分值	样图
1	过水断面损失不大于15%	0.5	
2	过水断面损失在15%~25%之间	2	
3	过水断面损失在25%~50%之间	5	
4	过水断面损失大于50%	10	

缺陷名称：浮渣		缺陷代码：FZ	缺陷类型：功能性
定义：管道内水面上的漂浮物			
等级	缺陷描述	分值	样图
1	零星的漂浮物，漂浮物占水面面积不大于30%	—	
2	较多的漂浮物，漂浮物占水面面积为30%~60%	—	
3	大量的漂浮物，漂浮物占水面面积大于60%	—	
备注	该缺陷需记入检测记录表，不参与计算		

缺陷名称：沉积		缺陷代码：CJ	缺陷类型：功能性
定义：杂质在管道底部沉淀淤积			
等级	缺陷描述	分值	声纳检测样图
1	沉积物厚度为管径的20%~30%	0.5	
2	沉积物厚度为管径的30%~40%	2	
3	沉积物厚度为管径的40%~50%	5	
4	沉积物厚度大于管径的50%	10	

8.2.5 特殊结构及附属设施的代码主要用于检测记录表和影像资料录制时录像画面嵌入的内容表达。

8.2.6 操作状态名称和代码用于影像资料录制时设备工作的状态等关键点的位置记录。

8.3 结构性状况评估

8.3.1 管段结构性缺陷参数 F 的确定，是对管段损坏状况参数经比较取大值而得。本规程的管段结构性参数的确定是依据排水管道缺陷的开关效应原理，即一处受阻，全线不通。因此，管段的损坏状况等级取决于该管段中最严重的缺陷。

8.3.2 管段损坏状况参数是缺陷分值的计算结果，S 是管段各缺陷分值的算术平均值，S_{max} 是管段各缺陷分值中的最高分值。

管段结构性缺陷密度是基于管段缺陷平均值 S 时，对应 S 的缺陷总长度占管段长度的比值。该缺陷总长度是计算值，并不是管段的实际缺陷长度。缺陷密度值越大，表示该管段的缺陷数量越多。

管段的缺陷密度与管段损坏状况参数的平均值 S 配套使用。平均值 S 表示缺陷的严重程度，缺陷密度表示缺陷量的程度。

8.3.3 在进行管段的结构性缺陷评估时应确定缺陷等级，结构性缺陷参数 F 是比较了管段缺陷最高分和平均分后的缺陷分值，该参数的等级与缺陷分值对应的等级一致。管段的结构性缺陷等级仅是管体结构本身的病害状况，没有结合外界环境的影响因素。管段结构性缺陷类型指的是对管段评估给予局部缺陷还是整体缺陷进行综合性定义的参考值。

8.3.4 管段的修复指数是在确定管段本体结构缺陷等级后，再综合管道重要性与环境因素，表示管段修复紧迫性的指标。管道只要有缺陷，就需要修复。但是如果需要修复的管道多，在修复力量有限、修复队伍任务繁重的情况下，制定管道的修复计划就应该根据缺陷的严重程度和缺陷对周围的影响程度，根据缺陷的轻重缓急制定修复计划。修复指数是制定修复计划的依据。

地区重要性参数考虑了管道敷设区域附近建筑物重要性，如果管道堵塞或者管道破坏，建筑物的重要性不同，影响也不同。建筑类别参考了《建筑工程抗震设防分类标准》GB 50223 - 2008。该标准中第3.0.1条，建筑抗震设防类别划分考虑的因素："1 建筑破坏造成的人员伤亡、直接和间接经济损失及社会影响的大小；2 城镇的大小、行业的特点、工矿企业的规模；3 建筑使用功能失效后，对全局的影响范围大小"。由于建筑抗震设防分类标准划分和本规程地区重要性参数中的建筑重要性具有部分相同的因素，所以本规程关于地区重要性参数的确定，考虑了管道附近建筑物的重要性因素。

管径大小基本可以反映管道的重要性，目前各国

没有统一的大、中、小排水管道划分标准，本规程采用《城镇排水管渠与泵站维护技术规程》CJJ 68 - 2007 第3.1.8 条关于排水管道按管径划分为小型管、中型管、大型管和特大型管的标准。

埋设于粉砂层、湿陷性黄土、膨胀土、淤泥类土、红黏土的管道，由于土层对水敏感，一旦管道出现缺陷，将会产生更大的危害。

处于粉砂层的管道，如果管道存在漏水，则在水流的作用下，产生流砂现象，掏空管道基础，加速管道破坏。

湿陷性黄土是在一定压力作用下受水浸湿，土体结构迅速破坏而发生显著附加下沉，导致建筑物破坏。我国黄土分布面积达60万平方公里，其中有湿陷性的约为43万平方公里，主要分布在黄河中游的甘肃、陕西、山西、宁夏、河南、青海等省区，地理位置属于干旱与半干旱气候地带，其物质主要来源于沙漠与戈壁，抗水性弱，遇水强烈崩解，膨胀量较小，但失水收缩较明显。管道存在漏水现象时，地基迅速下沉，造成管道因不均匀沉降导致破坏。

在工程建设中，经常会遇到一种具有特殊变形性质的黏性土，其土中含有较多的黏粒及亲水性较强的蒙脱石或伊利石等黏土矿物成分，它具有遇水膨胀、失水收缩，并且这种作用循环可逆，具有这种膨胀和收缩性的土，称为膨胀土。管道存在漏水现象时，将会引起此种地基土变形，造成管道破坏。

淤泥类土是在静水或缓慢的流水（海滨、湖泊、沼泽、河滩）环境中沉积，经生物化学作用形成的含有较多有机物、未固结的饱和软弱粉质黏性土。我国淤泥类土按成因基本上可以分为两大类：一类是沿海沉积淤泥类土，一类是内陆和山区湖盆地及山前谷地沉积地淤泥类土。其特点是透水性弱、强度低、压缩性高，状态为软塑状态，一经扰动，结构破坏，处于流动状态。当管道存在破裂、错口、脱节时，淤泥被挤入管道，造成地基沉降，地面塌陷，破坏管道。

红黏土是指碳酸盐类岩石（石灰岩、白云岩、泥质泥岩等），在亚热带温湿气候条件下，经风化而成的残积、坡积或残—坡积的褐红色、棕红色或黄褐色的高塑性黏土。主要分布在云南、贵州、广西、安徽、四川东部等。有些地区的红黏土受水浸湿后体积膨胀，干燥失水后体积收缩，具有胀缩性。当管道存在漏水现象时，将会引起地基变形，造成管道破坏。

8.3.5 本条是根据修复指数确定修复等级，等级越高，修复的紧迫性越大。表8.3.5与本规程第8.3.3条配合使用。

8.4 功能性状况评估

8.4.2 管段运行状况系数是缺陷分值的计算结果，Y 是管段各缺陷分值的算术平均值，Y_{max} 是管段各缺陷分值中的最高分。

管段功能性缺陷密度是基于管段平均缺陷值 Y 时的缺陷总长度占管段长度的比值，该缺陷密度是计算值，并不是管段缺陷的实际密度，缺陷密度值越大，表示该管段的缺陷数量越多。

管段的缺陷密度与管段损坏状况参数的平均值 Y 配套使用。平均值 Y 表示缺陷的严重程度，缺陷密度表示缺陷量的程度。

8.4.4 在进行管段的功能性缺陷评估时应确定缺陷等级，功能性缺陷参数 G 是比较了管段缺陷最高分和平均分后的缺陷分值，该参数的等级与缺陷分值对应的等级一致。管段的功能性缺陷等级仅是管段内部运行状况的受影响程度，没有结合外界环境的影响因素。

管段的养护指数是在确定管段功能性缺陷等级后，再综合考虑管道重要性与环境因素，表示管段养护紧迫性的指标。由于管道功能性缺陷仅涉及管道内部运行状况的受影响程度，与管道埋设的土质条件无关，故养护指数的计算没有将土质影响参数考虑在内。如果管道存在缺陷，且需要养护的管道多，在养护力量有限、养护队伍任务繁重的情况下，制定管道的养护计划就应该根据缺陷的严重程度和缺陷发生后对服务区域内的影响程度，根据缺陷的轻重缓急制定养护计划。养护指数是制定养护计划的依据。

9 检查井和雨水口检查

9.0.1 检查井主要作为管线运行情况检查和疏通的操作空间，管线改变高程、改变坡度、改变管径、改变方向的衔接位置。同时，排水支管汇入主干管道也通过检查井完成连接。检查井是管道检测的出入口，在进行管道检测前，首先应对检查井进行检查，这不仅是因为检查井是管道系统检查的内容之一，还因为先对检查井进行检查是管道检测准备工作、安全工作和有效工作的基础条件。

9.0.3 塑料检查井采用工业化生产，产品尺寸精确，施工安装较砖砌检查井简便，从基础施工到井体安装、连管安装的施工周期较砖砌检查井大为缩短，解决了塑料排水管道施工中普遍存在的"管道施工快，检查井施工慢"的问题，只有当检查井的施工速度也相应提高，才能充分体现塑料排水管道施工方便快速的优越性。随着塑料检查井的推广应用，塑料检查井的产品质量和施工安装工艺已基本成熟。建设部 2007 年第 659 号公告《建设事业"十一五"推广应用和限制禁止使用技术（第一批）》第 124 项规定，要优先采用塑料检查井。随着塑料检查井的大量使用，应该将其纳入检查的范围。根据塑料检查井的特点，井周围的回填材料和密实度对塑料检查井安全使用有重要影响，具体表现为井筒变形、井筒与管道连接处破裂或密封胶圈脱落。

9.0.4 一个检查井连接的进水管道或出水管道如果超过两条，当需要对管道排序时，排序方法见图 6。

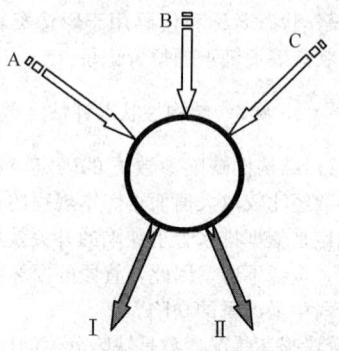

图 6 检查井内管道排序方法

10 成果资料

10.0.1 检测与评估报告是管道检测工作的成果体现。检测报告应根据检测的实际情况，文字应尽量做到简洁清晰、重点突出、文理通顺、结论明确。

10.0.2 检测与评估报告内容中包括 4 个主要内容：

1 管道概况包括检测任务的基本情况，检测实施的基本情况，检测环境的基本情况；

2 检测成果汇总情况。管段状况评估表是管道检测后基本状况汇总表，既包括管段的基本信息，这些信息有些是检测前已有的信息，有些可能是检测过程中补充的信息，也包括对结构性状况和功能性状况的综合评价，其信息内容包括最大缺陷值、平均缺陷值、缺陷等级、缺陷密度、修复（养护）指数；

3 排水管道检测成果表是经过对管段影像资料的判读结合现场记录对缺陷的诊断结果，并配有缺陷图片，是管段修复或养护的最基本依据；

4 技术措施是管道检测和评估所依据的标准、检测方法、采用仪器设备和技术方法。检测方法包括采用哪种检测方法，技术方法包括管道的封堵方法、临时排水方案、清洗方法，如采用仪器检测，还应包括设备在管道内移动的方法（例如声纳探头可安装在爬行器、牵引车或漂浮筏上）等。采用的仪器设备是对影像资料和工作质量的间接佐证，所以应在报告中体现。技术措施应该在检测前的技术方案中确定，但是现场的实际情况不同时可能有所调整，故报告中的技术措施应为实施的技术措施。

管道评估所采用的标准依据不同，则结论也不同。所以管道评估依据的标准是检测报告的内容之一。

10.0.3 检测资料是在管道检测过程中直接形成的具有归档保存价值的文字、图表、声像等各种形式的资料。管道检测过程的真实记录是管道检测后运行、管理、维修、改扩建、技改、恢复等工作的重要资料，只有真实准确、齐全完整、标准规范的资料才能为管道的维修、保养等提供不可替代的技术支持。

资料主要包括依据性文件、凭证资料、检测资料、成果资料等。任务书是接收委托、进行检测的依据性文件；技术设计书是检测设计方案，检测单位编制的检测方案经过委托单位审核认可后，即成为检测工作操作的依据性文件；凭证资料即检测的基础性资料，是指收集到的管线图、工程地质等现场自然状况资料。

影像资料（保存于录像光盘或其他外存储器）是检测结果的重要资料之一，根据拍摄的实际情况制作。在光盘（或其他外存储器）封面上应写明任务名称、管段编号及检测单位等相关信息。

检测与评估报告、检测记录表和影像资料是反映管道检测的主要资料，是管道检测任务验收和日常养护的重要依据。因此，检测工作结束后，检测资料应与检测与评估报告一并提交。

中华人民共和国行业标准

城市轨道交通站台屏蔽门系统技术规范

Technical code for platform screen door system of
urban railway transit

CJJ 183—2012

批准部门：中华人民共和国住房和城乡建设部
施行日期：2012年12月1日

中华人民共和国住房和城乡建设部
公　告

第 1449 号

住房城乡建设部关于发布行业标准《城市轨道交通站台屏蔽门系统技术规范》的公告

现批准《城市轨道交通站台屏蔽门系统技术规范》为行业标准，编号为 CJJ 183-2012，自 2012 年 12 月 1 日起实施。其中，第 4.1.6、4.4.1 条为强制性条文，必须严格执行。

本规范由我部标准定额研究所组织中国建筑工业出版社出版发行。

中华人民共和国住房和城乡建设部

2012 年 8 月 23 日

前　　言

根据原建设部《关于印发〈2007 年工程建设标准规范制定、修订计划〉的通知》（建标〔2007〕125 号）的要求，标准编写组经广泛调查研究，认真总结实践经验，参考有关国际标准和国外先进标准，并在广泛征求意见的基础上，编制了本规范。

本规范的主要技术内容是：总则、术语、屏蔽门系统设计、屏蔽门系统基本构成、工程样机检测、安装与验收、运营、保养与维护等内容。

本规范中以黑体字标志的条文为强制性条文，必须严格执行。

本规范由住房和城乡建设部负责管理和对强制性条文的解释，由广州市地下铁道总公司负责具体技术内容的解释。执行过程中如有意见或建议，请寄送至广州市地下铁道总公司（地址：广州市中山五路 219 号中旅商业城 16 楼，邮编 510030，传真 020-83106611）。

本规范主编单位：广州市地下铁道总公司

本规范参编单位：广州地铁设计研究院有限公司

北京城建设计研究总院有限责任公司

上海市隧道工程轨道交通设计研究院

西屋月台屏蔽门（广州）有限公司

深圳市方大自动化系统有限公司

法中轨道交通运输设备（上海）有限公司

本规范主要起草人员：陈韶章　谭晓梅　赵　军　胡振亚　严志权　李文球　范贵慈　方江辉　伍嘉乐　黎卓虹　徐凯君　孙增田　饶美婉　高莉萍　李声谦　宋振华　张国芳　胡小波　曾伟民　刘升华　王　迪　尼古拉斯·弗兰西斯科

本规范主要审查人员：钟文文　秦永胜　周剑波　张　奇　高汉臣　武　江　谢　颖　张大华　王路平　卢炯平　李　勇　蔡　娟

目　次

Contents

1 总　则

1.0.1 为改善城市轨道交通站台环境，提高行车安全性，规范城市轨道交通站台屏蔽门系统的技术要求，达到经济适用、技术先进的目的，制定本规范。

1.0.2 本规范适用于城市轨道交通工程新建、既有线加装及更新改造屏蔽门系统的设计、安装、验收、保养与维护。

1.0.3 在既有线加装及更新改造屏蔽门系统前，应对加装及更新改造的车站土建结构和相关机电系统接口条件进行确认。

1.0.4 在屏蔽门系统安装前，宜生产制造工程样机，工程样机应通过检测。

1.0.5 城市轨道交通站台屏蔽门系统除应符合本规范外，尚应符合国家现行有关标准的规定。

2 术　语

2.0.1 站台屏蔽门 platform screen door
设置在站台边缘，将乘客候车区与列车运行区相互隔离，并与列车门相对应、可多级控制开启与关闭滑动门的连续屏障，有全高、半高、密闭和非密闭之分。简称屏蔽门。

2.0.2 应急门 emergency escape door
当列车门与滑动门不能对齐时，供疏散的门。

2.0.3 端头门 platform end door
设置于屏蔽门两端进出轨行区的门。

2.0.4 门机 door mechanism
开启与关闭滑动门的机构。

2.0.5 门控器 door control unit
就地对门机进行控制的控制装置。

2.0.6 就地控制盘 platform screen doors local control panel
用于控制单侧屏蔽门的控制装置。

2.0.7 中央控制盘 platform screen doors central control panel
一个车站的屏蔽门控制中心，包括监视设备、单元控制器。

2.0.8 就地控制盒 local control box
就地控制单樘滑动门的控制装置。

2.0.9 紧急控制盘 platform screen doors emergency control panel
紧急情况下控制单侧屏蔽门的装置。

2.0.10 推杆锁 push bar lock
在轨道侧直接手动打开应急门，在设备区直接手动打开端门的装置。

3 屏蔽门系统设计

3.1 一般规定

3.1.1 在设计载荷的作用下，门体结构应符合限界的规定。

3.1.2 屏蔽门系统的设计应遵循可靠性、可用性、可维护性和安全性的原则。

3.1.3 屏蔽门系统应符合电磁兼容性要求。

3.1.4 屏蔽门系统的设置方式、控制模式宜与土建、信号和通风空调等系统相结合。

3.1.5 屏蔽门门体不应作为防火隔离设施。

3.1.6 车站站台屏蔽门区域不宜设置土建结构变形缝。

3.1.7 屏蔽门结构在跨越变形缝时应做特殊设计。

3.1.8 在正确使用和正常维护的条件下，门体结构设计寿命不应小于 30 年。

3.1.9 在正常运营条件下，屏蔽门的故障不应造成滑动门自动打开。

3.1.10 屏蔽门系统的运行强度应按每天运行 20h，每 90s 开关 1 次进行设计，应能常年连续运行。

3.1.11 屏蔽门应设置在车站有效站台长度范围内，以有效站台中心线为基准向两端布置。屏蔽门门体部件在任何运动状态下不应超出单侧站台屏蔽门纵向设计范围。

3.1.12 屏蔽门系统应符合列车编组及运营模式的需要。

3.2 设计要求

3.2.1 滑动门的开关门时间应与列车客室门的开关门时间相匹配，且应为可调参数。

3.2.2 阻止滑动门关闭的力不应大于 150N（1/3 行程后测量）。

3.2.3 每扇滑动门最大动能不应大于 10J。

3.2.4 屏蔽门运行噪声的峰值不应大于 70dB（A）。

3.2.5 滑动门、应急门和端门的手动解锁力不应大于 67N。

3.2.6 解锁后手动开启单扇滑动门的动作力不应大于 133N。

3.2.7 屏蔽门系统的平均无故障次数不应小于 60 万个周期。

3.2.8 安装在非封闭式的地面车站或高架车站的屏蔽门，其设计风压可按当地气候条件取值。屏蔽门门体结构在风载荷、人群载荷、撞击载荷等最不利载荷效应组合的情况下，门体弹性变形应符合工程限界要求，门体结构不应出现永久变形。

3.2.9 屏蔽门可在 10Hz～1000Hz 的振动频率范围内正常工作。

3.2.10 中央控制盘在接收到开关门命令至滑动门动作的时间不应大于 0.3s。

4 屏蔽门系统基本构成

4.1 门 体 结 构

4.1.1 门体结构宜主要包括滑动门、应急门、端门、固定门、顶箱、门槛、上部支撑结构(全高屏蔽门)和固定侧盒(半高屏蔽门)。

4.1.2 滑动门与列车客室门在位置和数量上均应对应。

4.1.3 滑动门的净开度应根据列车的停车精度,不应小于列车客室门的净开度。端门的活动门的最小净开度不应小于 900mm。

4.1.4 全高屏蔽门的滑动门、应急门、端门和活动门的净高度不应小于 2.0m,半高屏蔽门的所有门体高度不应小于 1.2m。

4.1.5 单侧站台的应急门设置数量不应少于两处,站台每端至少应设置一处。

4.1.6 滑动门、应急门和端门必须能可靠关闭且锁紧,在站台侧必须能使用专用钥匙开启,在非站台侧必须能手动开启。

4.1.7 门体可由框架和玻璃面板等部件组成。框架外包材料宜采用不锈钢或铝合金等金属材料制成;玻璃面板应选用通透性好、强度高的安全玻璃,并应符合现行国家标准《建筑用安全玻璃 第 2 部分:钢化玻璃》GB 15763.2 的要求。玻璃应进行均质处理。

4.1.8 屏蔽门与车站土建结构的连接部分应具有三维调节功能,使屏蔽门安装后能适应车站土建结构出现的不均匀沉降。

4.1.9 屏蔽门系统在站台侧应能方便更换及维修。

4.1.10 端门的开启在小于 90°时自动关闭,在不小于 90°时应在 90°保持定位。

4.2 门 机

4.2.1 滑动门驱动电机的功率应保证滑动门在设计载荷作用下可正常开关。驱动电机的绝缘等级应为 F,防护等级不应小于 IP54。

4.2.2 传动机构宜采用皮带传动、螺旋副传动或齿轮副传动。

4.2.3 当环境温度在 25℃时,传动机构的运行最高温升不得超过 60K。

4.2.4 门机内零部件的安装应有防松和减振措施,且应能在站台侧方便更换、调整及维修。

4.2.5 屏蔽门系统内各电气部件的防护等级应满足现场环境的使用要求。

4.2.6 门机的设计寿命不应小于 10 年。

4.3 监 控 系 统

4.3.1 监控系统应由中央控制盘、就地控制盘、门控器、局域网和接口模块组成。

4.3.2 屏蔽门系统的控制优先权从低到高排列,宜分为下列 5 级:

 1 信号系统对屏蔽门进行开关控制;

 2 就地控制盘对屏蔽门进行开关控制;

 3 紧急控制盘对屏蔽门进行开关控制;

 4 就地控制盒对屏蔽门进行开关控制;

 5 站台侧用钥匙或轨道侧用手动解锁装置就地对屏蔽门进行开关控制。

4.3.3 监控系统应以车站为单位进行独立设置,换乘车站的监控系统应以线路为单位进行独立设置。

4.3.4 中央控制盘和接口模块宜布置在屏蔽门设备室内,就地控制盘宜布置在每侧站台列车出站端。

4.3.5 屏蔽门系统的控制功能及监视功能宜分开设置,关键命令或信号宜通过继电回路传输,状态及故障信息宜采用总线传输。

4.3.6 滑动门应有障碍物探测功能,宜探测到大于 5mm(厚度)×40mm(宽度)的钢板障碍物。

4.3.7 中央控制盘及门控器在安装后可在线或离线下载软件,进行参数调整。

4.3.8 监控系统的硬件配置应符合下列规定:

 1 中央控制盘应包括每侧站台的逻辑控制单元及车站监视终端。

 2 中央控制盘应对屏蔽门系统的重要状态及报警进行显示。

 3 每侧站台应设不少于一个就地控制盘,其防护等级应达到 IP54 及以上的要求。

 4 就地控制盒应设置自动、手动和隔离三个档位。

 5 每个门单元应设置门控器,应急门的状态宜通过相邻门单元的门控器进行监视。

 6 中央控制盘应能存储本车站屏蔽门不少于 7 天的信息数据。

4.3.9 屏蔽门系统宜与信号系统和主控系统设置接口,并应符合下列规定:

 1 屏蔽门系统应能完全响应信号系统发出的开门、关门信息。

 2 屏蔽门系统应能将门关闭且锁紧信号、滑动门/应急门互锁解除信号发送到信号系统。

 3 屏蔽门系统应能将重要的状态及故障信息上传至综合监控系统。

4.3.10 屏蔽门系统网络拓扑结构宜为总线型。

4.3.11 屏蔽门系统应用软件的关键参数应可调,应包括电机速度曲线、门体夹紧力阈值、重复开关门延迟时间和重复开关门次数等参数。

4.3.12 屏蔽门系统监控软件应对故障和状态信息进

行实时监视，应具有故障自动诊断和自动报警的功能。

4.3.13 屏蔽门系统应采用通用的、开放的和标准的通信协议。

4.4 电源系统及接地

4.4.1 屏蔽门系统必须按一级负荷供电，必须设置备用电源。

4.4.2 驱动电源和控制电源的供电回路宜相互独立设置。

4.4.3 驱动电源的后备电源容量应符合完成 30min 内本站全部滑动门开关 3 次的需要，控制电源的后备电源容量应符合系统满负载持续工作 30min 的需要。

4.4.4 驱动电源、控制电源与外电源的隔离阻抗不应小于 5MΩ。

4.4.5 配电电缆、控制电缆应采用不同线槽或同槽分室敷设。

4.4.6 电缆应采用低烟、无卤、阻燃的电缆，并应符合现行国家标准《低压配电设计规范》GB 50054 的规定。

4.4.7 屏蔽门设备室内的设备接地应符合现行国家标准《系统接地的型式及安全技术要求》GB 14050 的规定。

4.4.8 当采用钢轨作回流轨时，屏蔽门应与钢轨进行等电位连接，等电位连接应符合下列规定：

　　1 正常情况下人体可触及的屏蔽门金属构件应与土建结构绝缘，单侧站台门体与车站土建结构之间的绝缘电阻在 500VDC 下不应小于 0.5MΩ。

　　2 在屏蔽门站台侧、端门内外的地面应设置距离门体不小于 900mm 的绝缘区域；在端门内外两侧墙面高 2m 范围内应设置距离门体不小于 900mm 的绝缘区域。

4.4.9 当钢轨不作回流轨时，屏蔽门应通过接地端子连接车站的接地网。

4.4.10 屏蔽门系统在站台区域的不带电外露金属部分应进行等电位连接，单侧站台屏蔽门整体电阻值不应大于 0.4Ω。

5 工程样机检测

5.1 工程样机组成

5.1.1 全高屏蔽门样机应包含滑动门、固定门、应急门、端门、顶箱等门体结构、门机、监控系统、电源系统、网络通信系统及相关测试工器具。

5.1.2 半高屏蔽门样机应包含滑动门、固定门、应急门、端门、固定侧盒等门体结构、门机、监控系统、电源系统、网络通信系统及相关测试工器具。

5.2 工程样机测试试验

5.2.1 工程样机的结构测试、密封测试、速度曲线测试、加速寿命测试、电磁兼容性测试、动能测试、噪声测试、防夹力测试、接口测试和软件测试应符合现行行业标准《城市轨道交通站台屏蔽门》CJ/T 236 的规定。

5.2.2 在应急门和端门的动作可靠性测试中，门状态指示灯、闭门器、行程开关和锁应联合动作可靠，试验动作次数不应小于 10000 次。每次开关门动作必须完整可靠，并应采用计数器进行开关门次数统计。

5.2.3 工程样机的功能测试应符合下列规定：

　　1 应测试滑动门手动解锁后关门延迟时间。

　　2 滑动门、应急门和端门的解锁力测试应采用测力计直接测量解锁把手，解锁力应小于 67N。当测量旋转机构解锁力时，力臂长度应小于 15cm。

　　3 滑动门、应急门和端门处于不同状态时的门状态指示灯测试应符合设计要求。

　　4 就地控制盒测试应符合下列规定：

　　　　1）在自动位时，门单元应能接收来自紧急控制盘、就地控制盘和信号模拟器发送的开关门信号；

　　　　2）在手动位时，滑动门单元应脱离安全回路，应不能接收来自就地控制盘、紧急控制盘和信号模拟器发送的开关门信号，应只能通过开/关装置进行滑动门的开关；

　　　　3）在隔离位时，滑动门单元不应脱离安全回路，应不能接收来自就地控制盘、紧急控制盘和信号模拟器发送的开关门信号。

　　5 紧急控制盘应设置禁止位和允许位两档转换开关，并应符合下列规定：

　　　　1）在禁止位时，门单元应能接收来自就地控制盘及信号模拟器发送的开关门信号命令；

　　　　2）在允许位时，紧急控制盘应能发送开门命令，门单元应不能接收来自就地控制盘及信号模拟器发送的开关门信号命令。

　　6 就地控制盘设置禁止位和允许位两档功能，并应符合下列规定：

　　　　1）在禁止位时，门单元应能接收来自信号模拟器发送的开关门信号命令；

　　　　2）在允许位时，就地控制盘应能发送开门、关门及互锁解除命令，门单元应不能接收来自信号模拟器发送的开关门信号命令。

　　7 与信号系统接口功能测试，并应符合下列规定：

　　　　1）当通过信号模拟器发送开门命令时，滑动门应能打开；

　　　　2）当通过信号模拟器发送关门命令时，滑动门应能关闭且锁紧。

8 电气测试、障碍物探测、关门力检测、滑动门开关测试和等电位测试应符合现行行业标准《城市轨道交通站台屏蔽门》CJ/T 236 的规定。

5.2.4 冲击试验应符合现行国家标准《建筑用安全玻璃 第 2 部分：钢化玻璃》GB 15763.2 的规定。

5.3 工程样机测试见证及试验签署

5.3.1 工程样机测试见证及试验签署应符合现行行业标准《城市轨道交通站台屏蔽门》CJ/T 236 的规定。

6 安装与验收

6.1 设备进场检查

6.1.1 随机文件应包括下列资料：
1 产品出厂合格证或质量证明书；
2 装箱单。

6.1.2 设备零部件应与装箱单内容相符。

6.1.3 设备包装应完好，外观不应存在明显的破损。

6.1.4 设备进场检查应填写设备进场验收记录表，并宜符合本规范附录 A 的规定。

6.2 控制基标交接检验

6.2.1 安装前应进行轨道控制基标点的现场确认，交接应有完整的签字记录。

6.2.2 每侧站台屏蔽门安装应设置轨道中心线、有效站台中心线及不少于 3 个轨道控制基标点。

6.2.3 控制基标交接检验应填写控制基标交接记录表，并宜符合本规范附录 B 的规定。

6.3 测量及交接检验

6.3.1 主控项目应符合下列规定：
1 主电源开关应符合下列规定：
 1）应符合屏蔽门系统的过载保护能力；
 2）应能从屏蔽门设备房入口处方便地接近。
2 接地端子装置应完整。
3 屏蔽门安装区域应符合下列规定：
 1）土建结构应符合施工图限界尺寸；
 2）土建结构应符合施工图净空尺寸；
 3）屏蔽门安装的土建预埋件或预留孔洞定位尺寸应符合设计施工图要求。

6.3.2 一般项目应符合下列规定：
1 屏蔽门设备房应符合下列规定：
 1）屏蔽门供电电源应按一级负荷供电；
 2）屏蔽门设备房内应设有电气照明，地板表面上的照度不应小于 200lx，并应在靠近入口的适当位置设置照明开关装置；
 3）屏蔽门设备房内应设置电源插座；

 4）屏蔽门设备房内应通风良好；
 5）人员应能方便地进入屏蔽门设备房；
 6）电源零线和接地线应分开。屏蔽门设备房内接地装置的接地电阻值不应大于 4Ω；
 7）设备房常年温度不应超过 30℃；
 8）空调送风口不应设置在屏蔽门设备正上方。
2 屏蔽门设备房应有良好的防渗、防漏水保护及防啮齿类动物措施。

6.3.3 测量及交接检验应填写土建交接检验记录表，并宜符合本规范附录 C 的规定。

6.4 工程质量验收

6.4.1 城市轨道交通站台屏蔽门在安装完成后宜分别进行检验批验收、分项工程验收、分部工程验收和子单位工程验收。分项工程分成一个或若干个检验批进行验收，分部工程以一个站的屏蔽门项目为单位进行验收，子单位工程以整个工程屏蔽门项目为单位进行验收。分项工程、分部工程和子单位工程的验收应分别填写分项工程质量验收记录表、分部工程质量验收记录表和子单位工程质量验收记录表，并宜符合本规范附录 D、附录 E 和附录 F 的规定。

6.4.2 门槛安装工程检验批应符合下列规定：
1 主控项目：
 1）滑动门门槛、应急门门槛、端门门槛应有防滑措施；
 2）门槛上表面应与纵向轨顶面平行，平行度应小于 0.5mm/m，全长范围内误差应控制在 0～5mm；
 3）绝缘装置安装应正确，并应符合设计要求。
2 一般项目：
 1）相邻门槛间隙应均匀，接缝处高差应小于 1mm；
 2）门槛下部支撑连接螺栓的扭力应符合设计要求；
 3）门槛外观应良好；
 4）门槛面距离轨道面的标高尺寸应符合设计要求；
 5）门槛轨道侧边缘距离轨道中心线应符合设计要求。

6.4.3 上部结构安装工程检验批应符合下列规定：
1 主控项目：
 1）预埋件与土建结构之间的接触表面应平整；
 2）绝缘装置安装正确应符合设计要求；
 3）安装完成后应能适应车站土建结构垂直方向 10mm 沉降量。
2 一般项目：
 1）连接螺栓的扭力应符合设计要求；
 2）紧固螺栓应有防松措施；
 3）上部结构导轨侧到轨道中心线的水平距离

応符合设计要求；

4）上部结构下表面到导轨面的垂直距离应符合设计要求。

6.4.4 门体结构安装工程检验批应符合下列规定：

1 主控项目：

　1）门体结构应有等电位连接电缆；

　2）门机梁、门楣及立柱之间的连接应牢固、可靠；

　3）屏蔽门门楣或固定侧盒的安装应使门机导轨中心线与门槛平行，门机导轨中心线与门槛面的平行度应小于 1mm/m。

2 一般项目：

　1）立柱应垂直于轨道面；

　2）装在立柱上的不锈钢或铝合金装饰板应平滑牢固且外观良好；

　3）各门体立柱间距应符合设计要求；

　4）门机梁到轨道中心线距离应符合设计要求。

6.4.5 滑动门、应急门、端门和固定门安装工程检验批应符合下列规定：

1 主控项目：

　1）在轨道侧，应能通过滑动门上的手动把手开启滑动门，应能通过应急门、端门上的推杆锁开启应急门、端门；

　2）滑动门、应急门开度应符合设计要求；

　3）应急门可开启并定位 90°；端门开启后可向站台侧旋转并定位 90°，且在小于 90°开启后应能自动关闭；

　4）滑动门、应急门、端门的每一扇门体应能在站台侧用同一规格专用钥匙正常开启；

　5）门体安装应牢固可靠，并应符合限界要求。

2 一般项目：

　1）滑动门导靴、应急门上铰链定位销、端门闭门器、固定门调节支架、电气安全开关、各密封胶条的安装应正确，并应符合设计要求；

　2）外观应良好；

　3）滑动门、应急门、端门开关门状况应良好；

　4）每侧站台固定门和应急门应在同一个平面上安装；固定门扇与门楣、门槛面之间间隙应均匀；

　5）全高屏蔽门滑动门门扇、应急门门扇与门楣、门槛面之间的间隙不应大于 10mm，全高封闭式屏蔽门间隙处应有密封毛刷或其他形式的密封装置；

　6）全高屏蔽门滑动门与滑动门立柱之间的间隙不应大于 6mm，半高屏蔽门滑动门与固定侧盒立柱之间的间隙不应大于 8mm，并应在间隙设置毛刷或橡胶条等；

　7）全高封闭式屏蔽门间隙内应有密封措施。

6.4.6 紧固件安装工程检验应符合下列规定：

　1 上下支架紧固件应防锈；

　2 立柱及其装饰包板紧固件应防锈；

　3 门槛紧固件应防锈；

　4 门机梁及其门机梁上的设备紧固件应防锈；

　5 门楣紧固件应防锈；

　6 盖板及其密封条紧固件应防锈；

　7 滑动门、固定门、应急门、端门等门体紧固件应防锈；

　8 线槽紧固件应防锈。

6.4.7 盖板安装工程检验批应符合下列规定：

1 主控项目：

　1）各盖板、各支架之间爬电距离间隙应符合设计要求，绝缘性能应良好；

　2）屏蔽门顶箱后封板安装应牢固，前盖板安装应平整，其开启角度不应小于 70°，并应能在最大开启角度定位。

2 一般项目：

　1）相邻盖板的间距应均匀；

　2）相邻盖板的平面应平整；

　3）前下盖板的支撑构件安装应良好，并应符合设计要求；

　4）盖板密封胶安装应良好，并应符合设计要求；

　5）盖板外观应良好；

　6）后盖板的毛刷安装应牢固，并应符合设计要求。

6.4.8 设备柜安装工程检验批应符合下列规定：

1 主控项目：

　1）设备柜的接地应符合设计要求；

　2）电气绝缘应符合设计要求。

2 一般项目：

　1）设备柜安装应牢固可靠，并应符合设计要求；

　2）设备柜应标有中文名称；

　3）设备柜内的设备，其接线应正确、牢固、整齐，标志应清晰齐全；

　4）设备柜的垂直度和平整度应符合设计要求。

6.4.9 线槽和线缆安装工程检验批应符合下列规定：

1 主控项目：

　1）动力线和通信线的表面应无划伤或破损；

　2）动力线和通信线终端头和接头的制作应符合设计要求；

　3）线槽的安装路径、安装方式应符合设计要求；

　4）动力线和通信线应分开放置在不同的线槽内；

　5）线缆防护管的规格应符合设计要求；

　6）通信线的屏蔽层、线槽和线缆保护管的接地应符合设计要求；

7）线槽及其支架、托架安装应牢固可靠；

8）轨道侧线槽安装应能承受设计要求的风压。

2 一般项目：

1）线缆保护管安装应牢固、排列整齐，管口应光滑，并应符合设计要求；

2）线缆布置应符合设计要求；

3）控制电缆的最小允许弯曲半径应大于10D。

6.4.10 电源及监控系统检验批应符合下列规定：

1 主控项目：

1）应具有过流、过压保护，当电压在±10%范围内波动时，屏蔽门系统应能正常工作；当电压超过10%时，屏蔽门系统应自动保护；

2）驱动电源、控制电源与外电源的隔离阻抗不应小于5MΩ；

3）动力电缆、控制电缆应采用不同线槽敷设或同槽分室；

4）门体金属机械结构之间应采用电线（缆）相连，保持等电位连接；

5）端门、应急门应安装关闭且锁紧装置，应能检测门体状态，在门体超过规定时间未关闭时，应有声光报警；

6）滑动门单元应安装关闭且锁紧装置，应能检测门体状态。

2 一般项目：

1）驱动电源和控制电源供电回路宜相互独立设置；

2）应按本规范第4.4.8～第4.4.10条的要求进行检验；其中0.5MΩ绝缘电阻值要求应在屏蔽门门体与其他接口进行绝缘封闭前进行测量；

3）屏蔽门设备房、顶箱或固定侧盒内应按设计要求配线；软线和无防护套电缆应在导管、线槽或能确保起到等效防护作用的装置中使用；

4）导管、线槽的敷设应整齐牢固；线槽内导线总截面积不应大于线槽净截面积60%；导管内导线总截面积不应大于导管内净截面积40%；软管固定间距不应大于1m，端头固定间距不应大于0.1m；

5）接地线应采用黄绿相间的绝缘导线。

6.4.11 系统调试检验批应符合下列规定：

1 主控项目：

1）屏蔽门系统与综合监控系统的接口符合双方接口文件技术条款的要求；

2）屏蔽门系统与信号系统的接口符合双方接口文件技术条款的要求；

3）主监视系统对各单元及系统的状态及故障信息的监视功能符合合同要求；

4）屏蔽门系统5级控制功能要求；

5）具有断相、错相保护装置或功能；

6）具有短路保护装置、过载保护装置；

7）滑动门、应急门、端门安全开关应动作可靠。

2 一般项目：

1）屏蔽门安装后每个单元应进行运行试验和功能测试；一侧完整的屏蔽门应连续进行5000次运行检测，检测期间屏蔽门应运行平稳、无运行故障；

2）在列车正常运行状况下，屏蔽门不宜产生因风压差引起的风哨声；当屏蔽门顶箱或固定侧盒关闭时，在站台侧距离屏蔽门1m离地1.5m处测量屏蔽门运行时噪声不应大于70dB（A）；

3）屏蔽门的外观表面应保持平整，无破损，无刮花；轨道侧手动把手和推杆应有清晰的操作标识，透明部件上应有清晰的防撞标识；

4）当屏蔽门开关运行时，门扇与立柱、门扇上端与门楣、门扇下端与门槛、门扇下端与地面应无刮碰现象；

5）门扇与立柱、门扇上端与门楣、门扇下端与门槛、门扇下端与地面之间各自的间隙在整个长度上应基本一致；

6）设备房、顶箱、门体和门槛等部位应保持清洁。

7 运营、保养与维护

7.1 屏蔽门系统日常运行使用

7.1.1 屏蔽门日常运行使用宜包括日常操作、巡视、紧急情况下操作和故障应急处理。

7.1.2 应根据各种运营模式下的工况合理选用屏蔽门的控制方式。

7.1.3 当屏蔽门发生故障时，应按先通车后修复故障原则处理。

7.1.4 运营部门应建立屏蔽门系统日常巡视机制，并应符合下列规定：

1 日常使用巡视：应对屏蔽门系统的日常直观状态进行实时监视、状态确认及故障报修，每日运营前对屏蔽门进入正常运行状态进行确认。

2 设备运行巡视：应通过观察设备运行特征，发现异常状态、故障信息，及时恢复正常，避免故障后维修。

7.2 屏蔽门设备计划检修

7.2.1 宜对屏蔽门各组成部分进行有计划检修，包括巡视、半月检、月检、季检、半年检、年检、五年检等周期检修内容。

7.2.2 日常巡视应包含下列主要内容：

    1 门体结构：

        1）检查门体玻璃、门槛、盖板、装饰板、胶条和毛刷的外观；

        2）清洁滑动门门槛导靴；

        3）检查顶箱或固定侧盒指示灯状态；

        4）检查滑动门、应急门、端门开关状态；

        5）检查灯带照明状态。

    2 电源系统：

        1）检查电源柜的电压与电流状态；

        2）检查驱动电源的外观、进线电压、输出电压、运行状态、电池组串联电压、电池温升、散热风扇工作状况；

        3）检查控制电源的外观、进线电压、输出电压、运行状态、指示灯测试、环境温度、电源/电池/主机负载状态，电池组串联电压、电池温升、散热风扇工作情况。

    3 监控系统：

        1）检查中央控制盘工作指示灯状态、机柜内温度；

        2）查看监控系统报警信息。

    4 检查屏蔽门设备房的温度、湿度等环境因素。

7.2.3 半月检应包含下列主要内容：

    1 清洁门机导轨，检查并紧固顶箱或固定侧盒内接线端子。

    2 检查电源系统电源柜供电单元电源参数，并检查各组件外观、温升、连接及固定情况。清洁电源柜。

    3 监控系统：

        1）检查中央控制盘内元器件外观及工作状态；

        2）清洁控制柜；

        3）检查就地控制盘指示灯及开关工作状态；

        4）检查监控软件及其时钟信息。

7.2.4 月检应包含下列主要内容：

    1 门体：

        1）检查滑动门、应急门、端门的手动解锁装置是否灵活、操作可靠；

        2）检查端门闭门器及应急门定位器；

        3）检查门体玻璃外观、胶条和毛刷安装紧固状况。

    2 门机：

        1）检查电机及齿轮箱、传动装置、门锁机构安装紧固状况；

        2）检查滑动门锁紧装置及其检测开关安装紧固状况；

        3）检查门机电源模块、顶箱或固定侧盒控制变压器等供电部件安装紧固、输入输出值；

        4）检查顶箱或固定侧盒指示灯安装紧固状况；

        5）检查障碍物检测功能；

        6）清洁顶箱或固定侧盒所有辅助器件。

    3 监控系统：

        1）测试中央控制盘指示灯；

        2）检查中央控制盘内安全继电器、时间继电器、固态继电器、控制变压器安装可靠状况；

        3）检查中央控制盘内布线、器件安装状况；

        4）备份监控软件的故障记录、事件记录存档备查。

    4 就地控制盘：

        1）对盘内外进行清洁；

        2）检查各部件安装紧固、老化、异味等状态；

        3）检查各电线、电缆、半导体元件的连接状态；

        4）检查各钥匙开关、按钮的状态。

    5 紧急控制盘开关：

        1）对盘内外进行清洁；

        2）检查各部件安装紧固、老化等状态；

        3）检查各电线、电缆、器件的连接状态；

        4）检查各钥匙开关、按钮的状态；

        5）测试综合备份盘功能。

    6 清洁屏蔽门设备房，检查通风空调设备。

7.2.5 季检应包含下列主要内容：

    1 门机：

        1）检查皮带张力及连接状况或螺杆螺母（或齿轮齿条）啮合传动及润滑状态；

        2）检查门滚轮磨损及转动状况；

        3）检查惰轮、皮带轮转动状况；

        4）检查电线、电缆、接地线、网线的完好及固定情况。

    2 监控系统：

        1）就地控制盘、综合备份盘功能与逻辑操作检测；

        2）检查屏蔽门设备房到门机线缆、线槽，并对其清洁、紧固、防锈；

        3）中央控制盘与信号系统接口记录、功能确认检查；

        4）中央控制盘与其他系统通信功能检查；

        5）检查并紧固就地控制盘、中央控制盘内部接线。

    3 电源系统：

        1）对控制电源、驱动电源的蓄电池进行充放电；并记录放电前后蓄电池的电压；

        2）检查电源控制柜接线端口连接状态；

        3）清洁蓄电池外表面；

        4）检查不间断电源蓄电池的温度、声音、变形、漏液、鼓胀、安全阀开启、接线端及气孔异常；

    5）检查蓄电池充电器状态；

    6）检查蓄电池与外部接口电缆电线安装状况；

    7）检查电源配电箱。

7.2.6 半年检应包含下列主要内容：

  1 门体：

    1）滑动门运行指标的抽查；

    2）检查接轨导线有无松动、接地线缆有无老化；

    3）检查滑动门导靴、门槛间隙；

    4）检查顶箱或固定侧盒前、后盖板安装紧固及密封；

    5）检查限位挡块、螺杆、螺母、轴承、联轴器状态；

    6）检查滑动门与吊挂件的连接状态，必要时调整滑动门的对中、垂直及水平位置。

  2 门机及监控系统：

    1）检查碳刷磨损及变形程度；

    2）检测滑动门（含门控器）的各控制功能；

    3）中央控制盘功能与逻辑操作检测；

    4）检查应急门、端门功能，包括状态指示、检测、诊断。

7.2.7 年检应包含下列主要内容：

  1 门体：

    1）检查门扇玻璃、支架和胶条的状态；

    2）检查及清洁下支架；

    3）检查门槛等电位电缆有无松动；

    4）检查门槛支撑件上下绝缘件状态，必要时更换；

    5）屏蔽门进行绝缘、等电位测试。

  2 检查蓄电源系统电池容量。

  3 检查轨顶、轨侧线槽安装、固定、锈蚀状态。

7.2.8 五年检应包含下列主要内容：

  1 检测中央控制盘逻辑控制单元功能及其器件；

  2 所有紧固件固定及锈蚀检查；

  3 变形缝结构检查。

附录 A 设备进场验收记录表

表 A 设备进场验收记录表

工程名称				
安装地点				
产品合同号/安装合同号			屏蔽门单元数	
屏蔽门供应商			代表	
安装单位			项目负责人	
监理（建设）单位			监理工程师/项目负责人	
执行标准名称及编号				

检 验 项 目		检验结果	
		合格	不合格
主控项目			
一般项目			

验 收 结 论			
参加验收单位	屏蔽门供应商	安装单位	监理（建设）单位
	代表： 年 月 日	项目负责人： 年 月 日	监理工程师： （项目负责人） 年 月 日

附录 B 控制基标交接记录表

表 B 控制基标交接记录表

工程名称				
主持单位		施工单位		
交桩区域或范围		交桩时间		
交桩号或里程		可以通过附表进行补充表述		
所交桩是否齐全有无遗失意见				
主持单位现场代表： （签字） 年 月 日	监理单位： （签字） 年 月 日		交桩单位： （签字） 年 月 日	接桩单位： （签字） 年 月 日

附录 C 土建交接检验记录表

表 C 土建交接检验记录表

工程名称			
安装地点			
产品合同号/安装合同号		屏蔽门单元数	
土建施工单位		项目负责人	
屏蔽门安装单位		项目负责人	
监理（建设）单位		监理工程师/项目负责人	
执行标准名称及编号			

检 验 项 目		检验结果	
		合格	不合格
主控项目			
一般项目			

验 收 结 论			
	土建施工单位	屏蔽门安装单位	监理（建设）单位
参加验收单位	项目负责人： 年 月 日	项目负责人： 年 月 日	监理工程师： （项目负责人） 年 月 日

附录 D 分项工程质量验收记录表

表 D 分项工程质量验收记录表

工程名称				
安装地点				
产品合同号/安装合同号		屏蔽门单元数		
安装单位		项目负责人		
监理（建设）单位		监理工程师/项目负责人		
执行标准名称及编号				

	检 验 项 目	检验结果	
		合格	不合格
主控项目			
一般项目			

验 收 结 论		
	安装单位	监理（建设）单位
参加验收单位	项目负责人： 年 月 日	监理工程师： （项目负责人） 年 月 日

附录 E 分部工程质量验收记录表

表 E 分部工程质量验收记录表

工程名称				
安装地点				
产品合同号/安装合同号		屏蔽门编号		
安装单位		项目负责人		
监理（建设）单位		监理工程师/项目负责人		
执行标准名称及编号				

序号	分项工程名称	检验结果	
		合格	不合格

验 收 结 论		
	安装单位	监理（建设）单位
参加验收单位	项目负责人： 年 月 日	监理工程师： （项目负责人） 年 月 日

附录 F 子单位工程质量验收记录表

表 F 子单位工程质量验收记录表

工程名称						
安装地点						
监理（建设）单位			监理工程师/项目负责人			
子单位工程名称				检验结果		
				合格	不合格	
合同号	屏蔽门编号	安装单位				
验 收 结 论						
验收单位	分包单位		项目经理		年　月　日	
	施工单位		项目经理		年　月　日	
	设计单位		项目负责人		年　月　日	
	监理（建设）单位		总监理工程师		年　月　日	
			（建设单位项目专业负责人）		年　月　日	

本规范用词说明

1 为便于在执行本规范条文时区别对待，对要求严格程度不同的用词说明如下：

　1）表示很严格，非这样做不可的：正面词采用"必须"，反面词采用"严禁"；

　2）表示严格，在正常情况下均应这样做的：正面词采用"应"，反面词采用"不应"或"不得"；

　3）表示允许稍有选择，在条件许可时首先应这样做的：正面词采用"宜"，反面词采用"不宜"；

　4）表示有选择，在一定条件下可以这样做的，采用"可"。

2 条文中指明应按其他有关标准执行的写法为："应符合……的规定"或"应按……执行"。

引用标准名录

1 《低压配电设计规范》GB 50054

2 《系统接地的型式及安全技术要求》GB 14050

3 《建筑用安全玻璃　第 2 部分：钢化玻璃》GB 15763.2

4 《城市轨道交通站台屏蔽门》CJ/T 236

中华人民共和国行业标准

城市轨道交通站台屏蔽门系统技术规范

CJJ 183—2012

条 文 说 明

制 订 说 明

《城市轨道交通站台屏蔽门系统技术规范》CJJ 183-2012，经住房和城乡建设部 2012 年 8 月 23 日以第 1449 号公告批准、发布。

本规范制订过程中，编制组进行了广泛的调查研究，总结了我国城市轨道交通站台屏蔽门建设的实践经验，同时参考了国外先进技术法规、技术标准。

为便于广大设计、施工、科研、学校等单位有关人员在使用本规范时能正确理解和执行条文规定，《城市轨道交通站台屏蔽门系统技术规范》编制组按章、节、条顺序编制了本规范的条文说明，对条文规定的目的、依据以及执行中需注意的有关事项进行了说明，还着重对强制性条文的强制性理由做了解释。但是，本条文说明不具备与规范正文同等的法律效力，仅供使用者作为理解和把握规范规定的参考。

目　　次

1 总 则

1.0.1 说明制定本规范的目的。

城市轨道交通站台屏蔽门系统作为地铁、轻轨等系统重要的机电设备,其总装配是在施工现场完成,屏蔽门安装工程质量对于提高工程的整体质量水平至关重要。

目前,国家或行业尚没有关于城市轨道交通站台屏蔽门系统的工程设计和验收规范,不利于今后站台屏蔽门系统安装工程技术的规范和发展。因此,本规范的制定,在提高工程的整体质量、减少质量纠纷、保证站台屏蔽门系统产品正常使用、延长站台屏蔽门系统使用寿命等方面均具有重要意义。

1.0.2 本规范的适用范围。

1.0.3 对于在既有建筑上加装屏蔽门系统,一般原车站结构没有考虑屏蔽门系统安装后的负荷情况,因此应对原有建筑结构,如站台板、中板的强度进行复核。

1.0.4 本条文是保证站台屏蔽门系统安装工程顺利进行,确保车站结构安全以及屏蔽门系统安装工程质量的重要环节。

3 屏蔽门系统设计

3.1 一 般 规 定

3.1.1 屏蔽门安装在站台边缘,为确保地铁、轻轨列车行车安全,其安装位置有严格的限界要求,其结构变形有严格的规定。屏蔽门在设计载荷的作用下,在车辆以设计范围内的速度运营时,最不利条件下,屏蔽门不侵入车辆限界。在地铁、轻轨任何一种运营模式下,列车行驶时不应碰到屏蔽门,以确保设备安全。设计荷载由系统设计单位确定。

3.1.6 变形缝是针对车站结构设计提出的要求。

3.1.9 由于站台屏蔽门系统与地铁、轻轨乘客密切相关,是乘客进出列车的必经通道和站台公共区与轨行区的分隔屏障,因此屏蔽门的设计应考虑保护乘客安全的措施,以保证乘客在上下车全过程中能处于安全状态。

3.2 设 计 要 求

3.2.1~3.2.6,3.2.8~3.2.10 涉及屏蔽门系统重要的技术参数和安装质量要求,对于屏蔽门的正常可靠运行和保证乘客安全至关重要。

3.2.7 平均无故障次数指标综合了广州、上海、北京、深圳等地投入运营后的屏蔽门系统的故障率、运营人员的维修强度、产品性能指标进行确定的。60万个平均无故障周期是从系统角度进行的定义,故障

指"退出运营的情况"。通过下式计算平均无故障次数。

$$MCBF = \frac{C}{F} \qquad (1)$$

式中:$MCBF$——平均无故障次数;
$\quad C$——所有门单元总的运行周期(单位时间内);
$\quad F$——所有门单元总的故障次数(单位时间内)。

4 屏蔽门系统基本构成

4.1 门 体 结 构

4.1.1 此为站台屏蔽门系统最基本的结构要求,否则无法保证屏蔽门系统的正常运行。

4.1.4 全高屏蔽门可采用全封闭或半封闭形式,全封闭全高屏蔽门上、下部均与车站结构有连接,半封闭全高屏蔽门仅下部与车站结构有连接。为保证地铁的方便运营,全高屏蔽门开门高度及宽度必须大于车辆门的高度及宽度。半高屏蔽门仅下部与车站结构固定。为保证乘客安全,综合考虑乘客身高情况,其最低高度不得低于1.2m。

4.1.5 应急门的设置数量依据目前国内地铁线路屏蔽门系统的设置情况考虑确定。从安全性考虑,每侧站台应急门数量宜与列车远期编组数相适应,以便乘客在需要通过应急门进出列车车厢的时候可以更加便捷,可以减少在车内行走的距离从而快速离开车厢。

4.1.6 滑动门、应急门和端门应能可靠关闭且锁紧是为确保屏蔽门系统在站台边缘形成的隔离屏障安全可靠,保证行车和乘客的安全;专用钥匙的开启是为防止非工作人员开启屏蔽门;手动开启是指滑动门采用手动解锁装置或应急门和端门采用推杆锁方式开启屏蔽门,保证人员的疏散和通行。

4.3 监 控 系 统

4.3.2 此条指对应整侧屏蔽门的控制优先级,而不是对应每道滑动门的控制优先级。

4.3.3 由于每条地铁线路的运营模式存在差异,屏蔽门必须适应该工程的运营模式,比如短车编组和长车编组混跑、无人驾驶模式、有人值守的全自动驾驶模式、与信号系统的不同接口方案以及其他个性要求等。

4.4 电源系统及接地

4.4.1 屏蔽门系统属于重要设备,与行车及乘客疏散有直接关系,其电源系统须设置为一级负荷,电源配电箱双进线,同时为确保供电中断情况下乘客的紧急疏散,还须设置后备电源。为保证屏蔽门的状态在

失电情况下能够监控，保证控制系统后备电源的独立性，控制系统及驱动系统后备电源应分开设置。

4.4.3 门体开关 3 次是指能保证列车停车在站台上时，至少能保证一列车的乘客疏散完成后，后备电源仍然能够使屏蔽门处于关门状态。

4.4.8 屏蔽门系统设备分别安装在站台边缘和屏蔽门设备房内，如屏蔽门门体与轨道进行等电位连接，两者应有不同的接地系统。屏蔽门设备房内的所有设备应可靠接地，站台边缘的设备还应视列车供电及回流方式设计保护乘客的措施，避免发生不安全的情况。

4.4.9 此处指采用四轨供电的情况。

5 工程样机检测

5.1 工程样机组成

5.1.1 样机是屏蔽门系统的最小功能单元，需包含所有可被测试部分。在样机测试过程中，端门不参与结构测试。

6 安装与验收

6.2 控制基标交接检验

6.2.1 原则上要求轨道完成铺设后，以轨面及轨道中心线为基准进行屏蔽门安装。轨道的控制基标和站台中心线是屏蔽门安装时高程、里程及垂直轨道方向的重要依据。一般情况下，屏蔽门以站台中心线进行对称安装，在三维方向均有严格的尺寸和限界要求。因此，屏蔽门的安装必须以轨道控制基标点和站台中心线作为放线、安装和验收的基准，而提供 3 个控制基标点是为了在施工过程中可以互相验证基标点的准

确性。

6.3 测量及交接检验

6.3.1 主控项目：是指关键项目，影响工程质量和安全，硬性规定的项目。

6.3.2 一般项目：是指次关键项目，影响表面质量，观感的项目。

6.4 工程质量验收

6.4.11 5000 次运行检测是为了加快屏蔽门门机等运动结构的磨合，及检测一侧屏蔽门系统同时运行的可靠性。屏蔽门的 5000 次运行检测需要连续运行，频率宜按照每分钟 3～6 次循环(开门、关门各一次为一个循环)。当出现运行故障，5000 次运行检测应重新开始测试。

7 运营、保养与维护

7.1 屏蔽门系统日常运行使用

巡视是指城市轨道交通车站的车务工作人员和设备维修人员定期对设备运行的外观表征信息(例如操作状态指示灯、人机界面显示信息等)、每日投入运营使用前的设备状态、设备各组成部件运行内在信息(例如设备散热及温升状态、电源负载率、监视系统信息记录)和设备运行环境是否正常进行确认。一般分为日常使用巡视和设备运行巡视。

7.2 屏蔽门设备计划检修

计划检修是屏蔽门维修管理部门根据设备的构成部件，编制检查计划，以一定的检修间隔期，组织维修人员对设备各种构成部件进行预防性修理。

中华人民共和国行业标准

餐厨垃圾处理技术规范

Technical code for food waste treatment

CJJ 184—2012

批准部门：中华人民共和国住房和城乡建设部
施行日期：2 0 1 3 年 5 月 1 日

中华人民共和国住房和城乡建设部
公　告

第 1560 号

住房城乡建设部关于发布行业标准
《餐厨垃圾处理技术规范》的公告

　　现批准《餐厨垃圾处理技术规范》为行业标准，编号为 CJJ 184－2012，自 2013 年 5 月 1 日起实施。其中，第 3.0.1、3.0.2、7.5.5、7.5.6、9.0.5 条为强制性条文，必须严格执行。

　　本规范由我部标准定额研究所组织中国建筑工业出版社出版发行。

中华人民共和国住房和城乡建设部
2012 年 12 月 24 日

前　　言

　　根据原建设部《关于印发〈2006 年工程建设标准规范制订、修订计划（第一批）〉的通知》（建标〔2006〕77 号）的要求，规范编制组经广泛调查研究，认真总结实践经验，参考有关国内外标准，并在广泛征求意见的基础上，编制了本规范。

　　本规范的主要内容是：1. 总则；2. 术语；3. 餐厨垃圾的收集与运输；4. 厂址选择；5. 总体设计；6. 餐厨垃圾计量、接受与输送；7. 餐厨垃圾处理工艺；8. 辅助工程；9. 工程施工及验收。

　　本规范中以黑体字标志的条文为强制性条文，必须严格执行。

　　本规范由住房和城乡建设部负责管理和对强制性条文的解释，由城市建设研究院负责具体技术内容的解释。执行过程中如有意见和建议，请寄送城市建设研究院（地址：北京市西城区德胜门外大街 36 号；邮政编码：100120）。

　　本 规 范 主 编 单 位：城市建设研究院
　　本 规 范 参 编 单 位：清华大学
　　　　　　　　　　　　北京嘉博文生物科技有限公司
　　　　　　　　　　　　青岛天人环境工程有限公司
　　　　　　　　　　　　重庆市环卫控股（集团）有限公司
　　　　　　　　　　　　上海市环境工程设计科学研究院有限公司
　　　　　　　　　　　　青海洁神环境能源产业有限公司
　　　　　　　　　　　　宁波开诚生态技术有限公司
　　　　　　　　　　　　北京弗瑞格林环境资源投资有限公司
　　　　　　　　　　　　北京时代桃源环境科技有限公司
　　本 规 范 参 加 单 位：中联重科股份有限公司
　　　　　　　　　　　　北京高能时代环境技术股份有限公司

　　本规范主要起草人员：郭祥信　徐文龙　黄文雄
　　　　　　　　　　　　王敬民　金宜英　于家伊
　　　　　　　　　　　　曹　曼　张　益　张兴庆
　　　　　　　　　　　　周德刚　朱华伦　吴长亮
　　　　　　　　　　　　杨军华　王丽莉　屈志云
　　　　　　　　　　　　刘晶昊　张　波　何永全
　　　　　　　　　　　　梁立宽　蔡　辉　吕德斌
　　　　　　　　　　　　徐长勇　冯幼平　刘　林
　　　　　　　　　　　　杨　韬　罗　博　沈炳国
　　　　　　　　　　　　王云飞　魏小凤　舒春亮
　　　　　　　　　　　　段建国　刘　勇　余昆朋
　　本规范主要审查人员：聂永丰　陶　华　陈朱蕾
　　　　　　　　　　　　冯其林　林　泉　李国学
　　　　　　　　　　　　汪群慧　黄亚军

目　次

Contents

1 总　　则

1.0.1 为贯彻国家有关餐厨垃圾处理的法规和技术政策，保证餐厨垃圾得到资源化、无害化和减量化处理，使餐厨垃圾处理工程建设规范化，制定本规范。

1.0.2 本规范适用于新建、扩建、改建餐厨垃圾收集和处理工程项目的设计、施工及验收。

1.0.3 餐厨垃圾处理工程建设，应采用先进、成熟、可靠的技术和设备，做到工艺技术先进、运行可靠、消除风险、控制污染、安全卫生、节约资源、经济合理。

1.0.4 餐厨垃圾收集和处理工程的设计、施工及验收除应符合本规范外，尚应符合国家现行有关标准的规定。

2 术　　语

2.0.1 餐饮垃圾　restaurant food waste

餐馆、饭店、单位食堂等的饮食剩余物以及后厨的果蔬、肉食、油脂、面点等的加工过程废弃物。

2.0.2 厨余垃圾　food waste from household

家庭日常生活中丢弃的果蔬及食物下脚料、剩菜剩饭、瓜果皮等易腐有机垃圾。

2.0.3 餐厨垃圾　food waste

餐饮垃圾和厨余垃圾的总称。

2.0.4 泔水油　oil in food waste

从餐厨垃圾中分离、提炼出的油脂。

2.0.5 煎炸废油　waste fried oil

餐馆、饭店、单位食堂等做煎炸食品后废弃的煎炸用油。

2.0.6 地沟油　oil made from restaurant drainage sewage

从餐饮单位厨房排水除油设施分离出的油脂和排水管道或检查井清掏污物中提炼出的油脂。

2.0.7 干热处理　dry thermal treatment

将餐厨垃圾预脱水后，利用热能进行干燥处理，同时杀灭细菌的处理过程。

2.0.8 湿热处理　hydrothermal treatment

基于热水解反应，在适当的含水环境中，利用热能对餐厨垃圾进行处理，并改变垃圾后续加工性能的餐厨垃圾处理过程。

2.0.9 含固率　ratio of dry solid to total material (TS)

物料中含有的干物质的重量比率。

2.0.10 反刍动物饲料　ruminant animal feed

用来喂养具有反刍消化方式动物的饲料。反刍动物一般包括牛、羊、骆驼、鹿、长颈鹿、羊驼、羚羊等。

3 餐厨垃圾的收集与运输

3.0.1 餐饮垃圾的产生者应对产生的餐饮垃圾进行单独存放和收集，餐饮垃圾的收运者应对餐饮垃圾实施单独收运，收运中不得混入有害垃圾和其他垃圾。

3.0.2 餐饮垃圾不得随意倾倒、堆放，不得排入雨水管道、污水排水管道、河道、公共厕所和生活垃圾收集设施中。

3.0.3 对餐饮单位的餐饮垃圾应实行产量和成分登记制度，并宜采取定时、定点的收集方式收集。

3.0.4 煎炸废油应单独收集和运输，不宜与餐饮垃圾混合收集。

3.0.5 厨余垃圾宜实施分类收集和分类运输。

3.0.6 餐厨垃圾应采用密闭、防腐专用容器盛装，采用密闭式专用收集车进行收集，专用收集车的装载机构应与餐厨垃圾盛装容器相匹配。

3.0.7 餐厨垃圾应做到日产日清。采用餐厨垃圾饲料化和制生化腐植酸的处理工艺时，其餐厨垃圾在存放、运输过程中应采取防止发生霉变的措施。

3.0.8 餐厨垃圾运输车辆在任何路面条件下不得泄漏和遗洒。

3.0.9 餐厨垃圾宜直接从收集点运输至处理厂。产生量大、集中处理且运距较远时，可设餐厨垃圾转运站，转运站应采用非暴露式转运工艺。

3.0.10 运输路线应避开交通拥挤路段，运输时间应避开交通高峰时段。

3.0.11 在寒冷地区使用的餐厨垃圾运输车，应采取防止餐厨垃圾产生冰冻的措施。

3.0.12 餐厨垃圾运输车装、卸料宜为机械操作。

4 厂 址 选 择

4.0.1 餐厨垃圾处理厂的选址应符合当地城市总体规划，区域环境规划，城市环境卫生专业规划及相关规划的要求。

4.0.2 厂址选择应综合考虑餐厨垃圾处理厂的服务区域、服务单位、垃圾收集运输能力、运输距离、预留发展等因素。

4.0.3 餐厨垃圾处理设施宜与其他固体废物处理设施或污水处理设施同址建设。

4.0.4 厂址选择应符合下列条件：

　　1 工程地质与水文地质条件应满足处理设施建设和运行的要求。

　　2 应有良好的交通、电力、给水和排水条件。

　　3 应避开环境敏感区、洪泛区、重点文物保护区等。

5 总 体 设 计

5.1 一 般 规 定

5.1.1 餐厨垃圾总产生量较大的城市可优先采用集中处理方式处理餐厨垃圾。

5.1.2 餐厨垃圾处理厂的建设宜根据餐厨垃圾收集率预测或收集效果确定是否分期建设以及各期的建设规模。

5.1.3 餐厨垃圾处理生产线的数量及规模应根据所选工艺特点、设备成熟度，经技术经济比较后确定，并应考虑设备和生产线的备用性。

5.2 规 模 与 分 类

5.2.1 餐厨垃圾处理厂建设规模应根据该工程服务区域和用户的餐厨垃圾现状产生量及预测产生量确定。

5.2.2 餐饮垃圾产生量应根据实际统计数据确定，也可按人均日产生量进行估算，估算宜按下式计算：

$$M_c = Rmk \tag{5.2.2}$$

式中：M_c——某城市或区域餐饮垃圾日产生量，kg/d；

R——城市或区域常住人口；

m——人均餐饮垃圾产生量基数，kg/（人·d）；人均餐饮垃圾日产生量基数 m 宜取 0.1kg/（人·d）；

k——餐饮垃圾产生量修正系数。经济发达城市、旅游业发达城市或高校多的城区可取 1.05～1.15；经济发达旅游城市、经济发达沿海城市可取 1.15～1.30；普通城市可取 1.00。

5.2.3 餐厨垃圾处理厂分类宜符合下列规定：

    1　Ⅰ类餐厨垃圾处理厂：全厂总处理能力应为 300 t/d 以上（含 300 t/d）；

    2　Ⅱ类餐厨垃圾处理厂：全厂总处理能力应为 150 t/d～300 t/d（含 150 t/d）；

    3　Ⅲ类餐厨垃圾处理厂：全厂总处理能力应为 50 t/d～150 t/d（含 50 t/d）；

    4　Ⅳ类餐厨垃圾处理厂：全厂总处理能力应为 50 t/d 以下。

5.3 总 体 工 艺 设 计

5.3.1 餐厨垃圾处理主体工艺的选择应符合下列规定：

    1　应技术成熟、设备可靠；

    2　应做到资源化程度高、二次污染及能耗小；

    3　应符合无害化处理要求。

5.3.2 生产线工艺流程的设计应满足餐厨垃圾资源化、无害化处理的需要，做到工艺完善、流程合理、环保达标，各中间环节和单体设备应可靠。

5.3.3 餐厨垃圾处理车间设备布置应符合下列规定：

    1　物质流顺畅，各工段不应相互干扰；

    2　应留有足够的设备检修空间；

    3　进料和预处理工段应与主处理工段分开；

    4　应有利于车间全面通风的气流组织优化和环境维护。

5.4 总 图 设 计

5.4.1 餐厨垃圾处理厂总图布置应满足餐厨垃圾处理工艺流程的要求，各工序衔接应顺畅，平面和竖向布置合理，建构筑物间距应符合安全要求。

5.4.2 Ⅱ类以上餐厨垃圾处理厂宜分别设置人流和物流出入口，两出入口不得相互影响，且应做到进出车辆畅通。

5.4.3 餐厨垃圾处理厂各项用地指标应符合国家有关规定及当地土地、规划等行政主管部门的要求。

5.4.4 厂区道路的设置，应满足交通运输和消防的需求，并应与厂区竖向设计、绿化及管线敷设相协调。

5.4.5 当处理工艺中有沼气产生时，沼气产生、储存、输送等环节及相关区域的设备、设施应符合国家现行相应防爆标准要求。

6 餐厨垃圾计量、接受与输送

6.0.1 餐厨垃圾处理厂应设置计量设施，计量设施应具有称重、记录、打印与数据处理、传输功能。

6.0.2 餐厨垃圾卸料间应封闭，垃圾车卸料平台尺寸应满足最大餐厨垃圾收集车的卸料作业。

6.0.3 餐厨垃圾处理厂卸料口设置数量应根据总处理规模和餐厨垃圾收集高峰期车流量确定，Ⅰ类餐厨垃圾处理厂卸料口不得少于 3 个。

6.0.4 卸料间受料槽应设置局部排风罩，排风罩设计风量应满足卸料时控制臭味外逸的需要，卸料间的通风换气次数不应小于 3 次/h。

6.0.5 宜设置餐厨垃圾暂存、缓冲容器，缓冲容器的容积应与餐厨垃圾处理工艺和处理规模相协调，且应有防臭气散发的设施。

6.0.6 餐厨垃圾卸料间应设置地面和设备冲洗设施及冲洗水排放系统。

6.0.7 餐厨垃圾输送和卸料倒料过程中应避免飞溅和逸洒。

6.0.8 采用带式输送机输送餐厨垃圾时，应符合下列要求：

    1　应有导水措施，防止污水横流。

    2　带式输送机上方应设密封罩，并对密封罩实施机械排风。

3 设有人工分拣工位的带式输送机的移动速度宜为 0.1m/s～0.3m/s。

6.0.9 采用螺旋输送机输送餐厨垃圾时，应符合下列要求：

1 螺旋输送机的转速应能调节；

2 螺旋输送机应具有防硬物卡死的功能；

3 应具有自清洗功能。

7 餐厨垃圾处理工艺

7.1 一般规定

7.1.1 单位或居民区设置的小型厨余垃圾处理设备应做到技术可靠、排放达标，处理后的残余物应得到妥善处理。

7.1.2 餐厨垃圾处理残渣做有机肥时，其有机肥产品质量应符合国家现行标准《有机肥料》NY 525 的要求。

7.1.3 餐厨垃圾制肥中重金属、蛔虫卵死亡率和大肠杆菌值指标应符合现行国家标准《城镇垃圾农用控制标准》GB 8172 的要求。

7.2 预 处 理

7.2.1 餐厨垃圾处理厂应配置餐厨垃圾预处理工序，预处理工艺应根据餐厨垃圾成分和主体工艺要求确定。

7.2.2 餐厨垃圾预处理设施和设备应具有耐腐蚀、耐负荷冲击等性能和良好的预处理效果。

7.2.3 餐厨垃圾的分选应符合下列规定：

1 餐厨垃圾预处理系统应配备分选设备将餐厨垃圾中混杂的不可降解物有效去除。

2 餐厨垃圾分选系统可根据需要选配破袋、大件垃圾分选、风力分选、重力分选、磁选等设施与设备。

3 分选出的不可降解物应进行回收利用或无害化处理。

4 分选后的餐厨垃圾中不可降解杂物含量应小于 5%。

7.2.4 餐厨垃圾的破碎应符合下列规定：

1 餐厨垃圾破碎工艺应根据餐厨垃圾输送工艺和处理工艺的要求确定。

2 破碎设备应具有防卡功能，防止坚硬粗大物破坏设备。

3 破碎设备应便于清洗，停止运转后应及时清洗。

7.2.5 泔水油的分离应符合下列规定：

1 应根据餐厨垃圾处理主体工艺的要求确定油脂分离及油脂分离工艺。

2 餐厨垃圾液相油脂分离收集率应大于 90%。

3 应对分离出的油脂进行妥善处理和利用。

7.2.6 餐饮单位厨房下水道清掏物可用于提炼地沟油，地沟油的提炼应符合下列规定：

1 地沟油提炼过程中产生的废气应得到妥善处理，并应达标排放。

2 提炼出的地沟油和残渣均不得用于制作饲料或饲料添加剂。

3 提炼后的残渣和废液应进行无害化处理。

7.2.7 严禁将煎炸废油、泔水油和地沟油用于生产食用油或食品加工。

7.2.8 利用湿热处理方法对餐厨垃圾进行预处理时，湿热处理温度宜为 120℃～160℃，处理时间不应小于 20min。

7.2.9 利用干热处理方法对餐厨垃圾进行预处理时，物料温度宜为 95℃～120℃，此温度下物料的停留时间不应小于 25min。

7.2.10 应根据处理后产品质量的要求确定控制盐分措施。

7.3 厌氧消化工艺

7.3.1 厌氧消化前餐厨垃圾破碎粒度应小于 10mm，并应混合均匀。

7.3.2 餐厨垃圾厌氧消化的工艺应根据餐厨垃圾的特性、当地的条件经过技术经济比较后确定。

7.3.3 湿式工艺的消化物含固率宜为 8%～18%，物料消化停留时间不宜低于 15d。

7.3.4 干式工艺的消化物含固率宜为 18%～30%，物料消化停留时间不宜低于 20d。

7.3.5 消化物料碳氮比(C/N)宜控制在(25～30):1，pH 值宜控制在 6.5～7.8。

7.3.6 可采用中温厌氧消化或高温厌氧消化，中温温度以 35℃～38℃为宜，高温温度以 50℃～55℃为宜。厌氧消化系统应能对物料温度进行控制，物料温度上下波动不宜大于 2℃。

7.3.7 餐厨垃圾中钠离子含量高对厌氧发酵影响较大时，宜采取降低钠离子的措施。

7.3.8 餐厨垃圾厌氧消化器应符合下列规定：

1 应有良好的防渗、防腐、保温和密闭性，在室外布置的，应具有耐老化、抗强风、雪等恶劣天气的性能。

2 容量应根据处理规模、发酵周期、容器强度等因素确定。

3 厌氧消化器的结构应有利于物料的流动，避免产生滞流死角。

4 厌氧消化器应具有良好的物料搅拌、匀化功能，防止物料在消化器中形成沉淀。

5 应有检修孔和观察窗。

6 应配置安全减压装置，安全减压装置应根据安全部门的规定定期检验。

7.3.9 对厌氧产生的沼气应进行有效利用或处理，不得直接排入大气。

7.3.10 工艺中产生的沼液和残渣应得到妥善处理，不得对环境造成污染。

7.3.11 沼液做液体肥料时，其液体肥产品质量应符合国家现行标准《含腐植酸水溶肥料》NY 1106 的要求。

7.4 好氧生物处理

7.4.1 好氧堆肥应符合下列规定：

1 餐厨垃圾采用好氧堆肥方式处理时，应对餐厨垃圾进行水分调节、盐分调节、脱油、碳氮比调节等处理，物料粒径应控制在 50 mm 以内，含水率宜为 45%～65%，碳氮比宜为(20～30)：1。

2 餐厨垃圾宜与园林废弃物、秸秆、粪便等有机废弃物混合堆肥。

3 餐厨垃圾好氧堆肥应符合国家现行标准《城市生活垃圾好氧静态堆肥处理技术规程》CJJ/T 52 的有关规定。

4 餐厨垃圾好氧堆肥成品质量应符合现行国家标准《城镇垃圾农用控制标准》GB 8172 的要求。当堆肥成品加工制造有机肥时，制成的有机肥质量应符合国家现行标准《有机肥料》NY 525 和《生物有机肥》NY 884 的要求。

5 餐厨垃圾堆肥过程中产生的残余物应进行回收利用，不可回收利用部分应进行无害化处理。

7.4.2 制备生化腐殖酸应符合下列规定：

1 餐厨垃圾制生化腐殖酸时，应加入腐殖酸转化剂和碳源调整材，C/N 比宜控制在(25～30)：1，物料含水率宜控制在 60%±3%，并应经历复合微生物好氧发酵过程，发酵过程中物料温度宜控制在 75℃±3℃，并持续 8h～10h。

2 工艺过程使用的微生物菌剂应是国家相关部门允许使用的菌种，且应具有遗传稳定性和环境安全性。

3 发酵完成后，应将物料中大于 5mm 的杂物筛除。

4 餐厨垃圾制生化腐殖酸所使用的生化处理设备应符合国家现行标准《垃圾生化处理机》CJ/T 227 的有关规定。

5 生化腐殖酸成品质量应符合表 7.4.2 的要求

表 7.4.2 生化腐殖酸成品质量要求

项 目	指 标
有机质含量，%	≥80.0
总腐植酸 HA_t，d%	≥45.0
游离腐植酸 HA_f，d%	≥40.0

续表 7.4.2

项 目	指 标
pH	5.0～7.5
Na^+ 的质量分数，%	≤0.6
灰分，%	≤7.5
水分（H_2O）的质量分数，%	≤12.0
粪大肠菌群数，个/g（mL）	≤100
蛔虫卵死亡率，%	≥95
沙门氏菌	不得检出
黄曲霉毒素（ug/kg）	≤50

7.5 饲料化处理

7.5.1 饲料化处理的餐厨垃圾在处理前应严格控制存放时间，应确保存放和处理过程中不发生霉变。

7.5.2 应对饲料化处理的餐厨垃圾进行有效地预处理，将混杂其中的塑料、木头、金属、玻璃、陶瓷等非食物垃圾进行去除，去除后的杂物含量应小于 5%。

7.5.3 选择饲料化作为主处理工艺的餐厨垃圾处理，应考虑对霉变餐厨垃圾的无害化处理措施。

7.5.4 餐厨垃圾在进入饲料化处理系统前，应对其进行检测，发生霉变的餐厨垃圾及过期变质食品不得进入饲料化处理系统。

7.5.5 餐厨垃圾饲料化处理必须设置病原菌杀灭工艺。

7.5.6 对于含有动物蛋白成分的餐厨垃圾，其饲料化处理工艺应设置生物转化环节，不得生产反刍动物饲料。

7.5.7 用于处理餐厨垃圾的微生物菌应是国家相关部门列表允许使用的菌种，确保菌种的有效性和安全性。

7.5.8 采用加热工艺去除餐厨垃圾水分时，加热温度应得到有效控制，避免产生焦化和生成有毒物质。

7.5.9 生产工艺中任何接触物料的设备，在停运后应及时对残留的物料进行清理，防止残留物料霉变影响产品质量。

7.5.10 饲料成品质量应符合现行国家标准《饲料卫生标准》GB 13078 以及国家现行有关饲料产品标准的规定。

7.5.11 饲料化产品包装及标签应符合现行国家标准《饲料标签》GB 10648 的规定。

8 辅 助 工 程

8.1 电气与自控

8.1.1 餐厨垃圾处理厂的生产用电应从附近电力网

引接，并根据处理工艺需要考虑保安电源，其接入电压等级应根据餐厨垃圾处理厂的总用电负荷及附近电力网的具体情况，经技术经济比较后确定。

8.1.2 餐厨垃圾处理工程的高压配电装置应符合现行国家标准《3～110kV高压配电装置设计规范》GB 50060 的有关规定；继电保护和安全自动装置应符合现行国家标准《电力装置的继电保护和自动装置设计规范》GB/T 50062 的有关规定；过电压保护、防雷和接地应符合现行国家标准《建筑物防雷设计规范》GB 50057 和《交流电气装置的接地》DL/T 621 的有关规定；爆炸火灾危险环境的电气装置应符合《爆炸和火灾危险环境电力装置设计规范》GB 50058 中的有关规定。

8.1.3 对于餐厨垃圾厌氧发酵沼气发电工程，电气主接线应符合下列规定：

　　1 发电上网时，应至少有一条与电网连接的双向受、送电线路。

　　2 发电自用时，应至少有一条与电网连接的受电线路，当该线路发生故障时，应有能够保证安全停机和启动的内部电源或其他外部电源。

8.1.4 厂用电电压应采用 380/220V。厂用变压器接线组别的选择，应使厂用工作电源与备用电源之间相位一致，车间内安装的低压厂用变压器宜采用干式变压器。

8.1.5 电测量仪表装置设置应符合国家现行标准《电力装置的继电保护和自动装置设计规范》GB/T 50062、《电力装置的电气测量仪表装置设计规范》GB/T 50063 和《电测量及电能计量装置设计技术规程》DL/T 5137 有关规定。

8.1.6 照明设计应符合现行国家标准《建筑照明设计标准》GB 50034 中的有关规定。正常照明和事故照明应采用分开的供电系统。

8.1.7 电缆选择与敷设，应符合现行国家标准《电力工程电缆设计规范》GB 50217 的有关规定。

8.1.8 餐厨垃圾处理厂应设置中央控制室对全厂各工艺环节进行集中控制。

8.1.9 餐厨垃圾处理厂的自动化控制系统，宜包括进料系统、预处理系统、处理工艺系统、副产品加工系统、通风除臭系统和其他必要的控制系统。

8.1.10 自动化控制系统应采用成熟的控制技术和可靠性高、性能好的设备和元件。

8.2　给排水工程

8.2.1 厂内给水工程设计应符合现行国家标准《室外给水设计规范》GB 50013 和《建筑给排水设计规范》GB 50015 的规定。

8.2.2 厂内排水工程设计应符合现行国家标准《室外排水设计规范》GB 50014 和《建筑给排水设计规范》GB 50015 的规定。

8.3　消　　防

8.3.1 餐厨垃圾处理厂应设置室内、室外消防系统，并应符合现行国家标准《建筑设计防火规范》GB 50016 和《建筑灭火器配置设计规范》GB 50140 的有关规定。

8.3.2 油脂储存间、燃料间和中央控制室等火灾易发设施应设消防报警设施。

8.3.3 设有可燃气体管道和储存设施的车间应设置可燃气体和消防报警设施。

8.3.4 餐厨垃圾处理厂的电气消防设计应符合现行国家标准《建筑设计防火规范》GB 50016 和《火灾自动报警系统设计规范》GB 50116 中的有关规定。

8.4　环境保护与监测

8.4.1 餐厨垃圾的输送、处理各环节应做到密闭，并应设置臭气收集、处理设施，不能密闭的部位应设置局部排风除臭装置。

8.4.2 车间内粉尘及有害气体浓度应符合国家现行有关标准的规定，集中排放气体和厂界大气的恶臭气体浓度应符合现行国家标准《恶臭污染物排放标准》GB 14554 的有关规定。

8.4.3 餐厨垃圾处理过程中产生的污水应得到有效收集和妥善处理，不得污染环境。

8.4.4 餐厨垃圾处理过程中产生的废渣应得到无害化处理。

8.4.5 对噪声大的设备应采取隔声、吸声、降噪等措施。作业区的噪声应符合国家有关标准的规定，厂界噪声应符合现行国家标准《工业企业厂界环境噪声排放标准》GB 12348 的规定。

8.4.6 餐厨垃圾处理厂应具备常规的监测设施和设备，并应定期对工作场所和厂界进行环境监测。

8.4.7 餐厨垃圾处理厂工作场所环境监测内容应包括：噪声、粉尘、有害气体（H_2S，NH_3 等）、空气中细菌总数、苍蝇密度等。排气口监测内容应包括：粉尘、有害气体（H_2S，SO_2，NH_3 等）。厂界环境监测内容应包括：噪声、总悬浮颗粒物（TSP）、有害气体（H_2S，SO_2，NH_3）等、苍蝇密度、排放污水水质指标（BOD_5、COD_{cr}、氨氮等）。

8.5　安全与劳动保护

8.5.1 餐厨垃圾处理厂的安全生产应符合现行国家标准《生产过程安全卫生要求总则》GB/T 12801 的规定。

8.5.2 餐厨垃圾处理厂的劳动卫生应符合国家现行有关标准的规定。

8.5.3 餐厨垃圾处理厂建设与运行应采取职业病防治、卫生防疫和劳动保护的措施。

8.6 采暖、通风与空调

8.6.1 各建筑物的采暖、空调及通风设计应符合现行国家标准《采暖通风与空气调节设计规范》GB 50019 中的有关规定。

8.6.2 易产生挥发气体和臭味的部位应设置通风除臭设施。散发少量挥发性气体和臭味的部位或房间，可采用全面通风工艺，全面通风换气次数不宜小于3/h。散发较多挥发性气体和臭味的部位或房间，应采用局部机械排风除臭的通风工艺。

9 工程施工及验收

9.0.1 建筑、安装工程应符合施工图设计文件、设备技术文件的要求。

9.0.2 对工程的变更、修改应取得设计单位的设计变更文件后再进行施工。

9.0.3 餐厨垃圾处理厂涉及的建（构）筑物、道路、设备、管道、电缆等工程的施工及验收均应符合相应的国家现行施工和验收规范或规程的要求。

9.0.4 餐厨垃圾处理专用设备应由设备生产商负责安装或现场指导安装和设备调试，调试不满足设计要求的不得通过设备验收。

9.0.5 餐厨垃圾处理厂竣工验收前，严禁处理生产线投入使用。

9.0.6 餐厨垃圾处理厂工程验收依据应包括（但不限于）下列内容：

　　1　主管部门的批准文件；

　　2　批准的设计文件及设计变更文件；

　　3　设备供货合同及合同附件，设备技术说明书和技术文件；

　　4　专项设备施工、安装验收规范；

　　5　施工、安装纪录资料；

　　6　设备调试及试运行纪录资料。

9.0.7 餐厨垃圾处理生产线的验收应具备下列条件：

　　1　进料、储料、输送、预处理、主体处理、后处理、配套环保设施等均安装完毕，并带负荷试运行合格；

　　2　处理量和各项技术参数均达到设计要求；

　　3　电气系统和仪表控制系统均安装调试合格。

9.0.8 重要结构部位、隐蔽工程、地下管线，应按工程设计要求及验收标准，及时进行中间验收。未经中间验收，不得作覆盖工程和后续工程。

本规范用词说明

　　1　为便于在执行本规范条文时区别对待，对于要求严格程度不同的用词说明如下：

　　　1）表示很严格，非这样做不可的：

　　　　正面词采用"必须"，反面词采用"严禁"；

　　　2）表示严格，在正常情况下均应这样做的：

　　　　正面词采用"应"，反面词采用"不应"或"不得"；

　　　3）表示允许稍有选择，在条件许可时首先应这样做的：

　　　　正面词采用"宜"，反面词采用"不宜"；

　　　4）表示有选择，在一定条件下可以这样做的，采用"可"。

　　2　条文中指明应按其他有关标准执行的写法为"应符合……的规定"或"应按……执行"。

引用标准名录

　　1　《室外给水设计规范》GB 50013

　　2　《室外排水设计规范》GB 50014

　　3　《建筑给排水设计规范》GB 50015

　　4　《建筑设计防火规范》GB 50016

　　5　《采暖通风与空气调节设计规范》GB 50019

　　6　《建筑照明设计标准》GB 50034

　　7　《建筑物防雷设计规范》GB 50057

　　8　《爆炸和火灾危险环境电力装置设计规范》GB 50058

　　9　《3～110kV 高压配电装置设计规范》GB 50060

　　10　《电力装置的继电保护和自动装置设计规范》GB/T 50062

　　11　《电力装置的电气测量仪表装置设计规范》GB/T 50063

　　12　《火灾自动报警系统设计规范》GB 50116

　　13　《建筑灭火器配置设计规范》GB 50140

　　14　《电力工程电缆设计规范》GB 50217

　　15　《城镇垃圾农用控制标准》GB 8172

　　16　《饲料标签》GB 10648

　　17　《工业企业厂界环境噪声排放标准》GB 12348

　　18　《生产过程安全卫生要求总则》GB/T 12801

　　19　《饲料卫生标准》GB 13078

　　20　《恶臭污染物排放标准》GB 14554

　　21　《城市生活垃圾好氧静态堆肥处理技术规程》CJJ/T 52

　　22　《垃圾生化处理机》CJ/T 227

　　23　《有机肥料》NY 525

　　24　《交流电气装置的接地》DL/T 621

　　25　《生物有机肥》NY 884

　　26　《含腐植酸水溶肥料》NY 1106

　　27　《电测量及电能计量装置设计技术规程》DL/T 5137

中华人民共和国行业标准

餐厨垃圾处理技术规范

CJJ 184—2012

条 文 说 明

制 订 说 明

《餐厨垃圾处理技术规范》CJJ 184 - 2012，经住房和城乡建设部 2012 年 12 月 24 日以第 1560 号公告批准、发布。

本规范在编制过程中，编制组进行了广泛深入的调查研究，了解和总结了我国餐厨垃圾处理厂设计、施工和验收的实际经验，对餐厨垃圾好氧和厌氧处理确定了合理的技术参数。

为便于广大设计、施工、科研、学校等单位的有关人员在使用本规范时能正确理解和执行条文规定，《餐厨垃圾处理技术规范》编制组按章、节、条顺序编制了本规范的条文说明，对条文规定的目的、依据以及执行中需注意的有关事项进行了说明。对强制性条文的强制理由作了解释。但是，本条文说明不具备与标准正文同等的法律效力，仅供使用者作为理解和把握规范规定的参考。

目　次

1 总　则

1.0.1 餐厨垃圾是我国城市的一种主要固体废弃物，由于我国居民生活习惯的原因，餐厨垃圾的产生量较大，餐厨垃圾含水率高、易腐烂发臭，不及时有效处理会给环境造成很大危害。由于利益的驱使，很多餐馆、饭店的餐厨垃圾出售给小商贩加工食用油和禽畜饲料，有的甚至直接喂猪，严重影响了居民的饮食安全。本技术规范的制定旨在规范餐厨垃圾的处理，使餐厨垃圾的处理真正达到无害化，避免饮食风险和环境污染。

1.0.2 新建、改建、扩建的餐厨垃圾处理项目在技术要求上应该一致，因此本技术规范对新建、改建、扩建的餐厨垃圾处理项目具有同等的约束作用。

1.0.3 餐厨垃圾处理有多种工艺，本条提出了在处理工艺选择时需要遵循的原则。

1.0.4 餐厨垃圾处理厂的建设除应遵守本规范及其引用的标准外，还应遵守垃圾堆肥、沼气工程、建筑结构（包括钢筋混凝土结构、钢结构、砖混结构等）、道路、污水处理、垃圾渗滤液处理、电气工程、自动控制、燃气工程、内燃机发电工程等方面的国家和行业标准。

3 餐厨垃圾的收集与运输

3.0.1 由于餐饮垃圾含水、含油量较大，如与其他垃圾混合收集，将为后续处理带来很大麻烦，因此本条要求餐饮垃圾单独收集，不得与其他垃圾混合。本条为强制性条文。

3.0.2 由于餐饮垃圾含有大量的有机物，随意倾倒、堆放和直接排入管道会造成环境的严重污染和管道的堵塞，因此本条为强制性条文。

3.0.3 大部分餐饮垃圾来自餐馆、饭店，其产生集中的时间是中午和晚上，为了减少餐厨垃圾存放时间、及时清运餐厨垃圾，在下午和晚间收集比较好。为便于政府监管，建立固定的餐厨垃圾收集点，并对各餐饮单位的餐厨垃圾产生量和成分进行长期跟踪登记是非常必要的，这可有效防止餐饮单位偷售或偷排餐厨垃圾。

3.0.4 煎炸废油一般不含其他杂质，处理时可节省预处理费用，如果与餐饮垃圾混合，处理时比较麻烦。另外煎炸废油的回收价值较高，单独收集有利于资源回收和降低回收成本。

3.0.5 厨余垃圾是易腐烂发臭的有机物，含水率高，如混在其他生活垃圾中会给后续处理带来很大难度。国内很多城市均在试点厨余垃圾的分类收集，本条旨在引导公众和垃圾收运机构逐步培养厨余垃圾分类收集的习惯。

3.0.6 由于餐厨垃圾含水量大、有异味，因此其收集容器应密闭，并应与餐厨垃圾收集车相匹配，以防装车时洒漏和异味散发。

3.0.7 餐厨垃圾腐烂速度快，为了避免腐烂变质，需要对每天产生的餐厨垃圾及时收集运输至处理厂进行处理。对于采用餐厨垃圾饲料化和制生化腐植酸的处理工艺，在不易保质的季节可采用加入微生物预处理菌的方法防止餐厨垃圾变质而产生有害菌、毒素等。

3.0.8 本条是对餐厨垃圾运输车辆的基本要求。

3.0.9 由于餐厨垃圾含水率高、有异味，如进行中间倒运，易对环境造成污染，因此尽量一次性运输。对于一些餐厨垃圾产生量很大且只有一个集中处理厂的城市，为了减少运输费用也可建设中间转运设施，但转运站尽量不使垃圾暴露。本条文中的非暴露式转运工艺包括垃圾容器直接换装（即直接将垃圾容器由小车换装至大车）和车与车直接对接换装（即小车的卸料口与大车卸料口直接对接将垃圾由小车卸入大车）两种。

3.0.10 本条是对餐厨垃圾运输的基本要求。

3.0.11 寒冷地区冬季含水多的餐厨垃圾在运输过程中易冻结，影响卸料，因此作本条要求。一般是通过保温来防止冻结。

3.0.12 由于餐厨垃圾异味较大，不宜人工装卸。

4 厂址选择

4.0.1 本条为餐厨垃圾处理厂选址的基本要求。

4.0.2 服务区域、服务单位、垃圾收集运输能力、运输距离、预留发展等因素是厂址选择时重点考虑的因素。

4.0.3 餐厨垃圾处理过程中会产生一些污水和残渣，如与其他固体废物处理设施或污水处理设施同址建设，则其污水和残渣处理可以节省投资和运输费用。同址建设也有利于污染物的集中处理，减少环境影响。

4.0.4 本条从工程地质、水文地质、交通、电力、给水排水及环境敏感性等方面提出了选址要求，这些因素直接影响工程的可行性。

5 总体设计

5.1 一般规定

5.1.1 对于餐厨垃圾总产生量较大的城市来说，建设集中餐厨垃圾处理设施在经济上是比较合理的，并有利于环境保护和资源利用。对于产生量较小的城市，可以采用分散的有机垃圾处理设备对餐厨垃圾进行处理。

5.1.2 餐厨垃圾收集难度较大。餐饮垃圾的收集需要政府部门有效的监管，居民厨余垃圾的分类收集需要居民的配合，如果两种垃圾收集率不高，易造成处理设施低负荷运行。因此本条要求根据餐厨垃圾分类收集实施效果确定餐厨垃圾处理厂规模。如果餐厨垃圾收集不能全面展开，则可分期建设处理设施，以免出现设备低负荷运行现象。

5.1.3 生产线数量及单条生产线规模是技术经济比较的重要内容。生产线数量越多，设备备用性越好，实际处理能力越强，但生产线数量多投资就大，工程经济性差。生产线数量越少，设备投资越小，工程经济性好，但设备备用性差，实际处理能力易受设备检修的影响。

5.2 规模与分类

5.2.1 本条是为餐厨垃圾处理厂规模确定提出的要求。餐厨垃圾的产生具有不确定性和地区差别，因此在确定餐厨垃圾处理规模前要对本厂服务区域内的餐厨垃圾产生特点和产生量进行细致调查，最好调查四季的数据。

5.2.2 餐饮垃圾产生量的最大相关因素就是人，人口越多，餐饮垃圾产生量越大，因此本条给出的餐饮垃圾产生量估算公式中的变量为城市人口，该公式是在大量餐饮垃圾产生量调查的基础上总结得出的。

本条给出了人均餐饮垃圾日产生量基数的取值，此值是在大量调查数据的基础上得出的。

本条还给出了不同城市餐饮垃圾产生量修正系数 k 的取值。根据调查统计，经济发达和旅游业发达的城市，餐饮垃圾产生量比普通城市大 5%～15%；经济发达旅游城市和经济发达沿海城市的餐饮垃圾产生量比普通城市大 15%～30%。另外，高等教育发达的城区，餐饮垃圾的产生量明显偏大，在城市餐饮垃圾产生量估算中也应考虑此情况。

5.2.3 本条根据处理能力将餐厨垃圾处理厂分为五类。

5.3 总体工艺设计

5.3.1 由于餐厨垃圾中可利用物质比较多，因此其处理工艺应充分考虑资源化利用的问题，同时要达到无害化处理。

5.3.2 生产线工艺流程需使各设备、各环节连接成有机的整体，如果有任何一个中间环节或设备发生故障，则整个生产线就要受到影响。

5.3.3 车间布置是餐厨垃圾处理工程设计的重要内容，本条从几个重点方面对餐厨垃圾车间布置进行了要求。

　　1 由于餐厨垃圾含水率大、含油量大、异味大、污染性强，因此物质流的组织应做到尽量减少交叉，以防各工段相互干扰，物质流组织应作为餐厨垃圾处理车间布置的重点；

　　2 设备检修对于餐厨垃圾处理是经常的，因此设备间距应满足检修的需要；

　　3 进料和预处理段环境比较差，如不与主处理工段分开则易影响主处理设备的正常运行和主处理工段的清洁卫生，影响产品质量；

　　4 车间内清洁程度由高到低为成品加工工段—主处理工段—预处理工段—卸料工段。车间内全面通风的气流组织应避免由清洁程度低的工段流向清洁程度高的工段，或由清洁程度低的区域流向清洁程度高的区域。

5.4 总图设计

5.4.1 本条是对餐厨垃圾处理厂总平面布置的基本要求。

5.4.2 规模大的餐厨垃圾处理厂进厂餐厨垃圾量较大，特别是餐厨垃圾收集高峰时段，垃圾车辆可能会在厂门口集聚，影响人的通行，因此本条提出Ⅱ类以上规模较大的餐厨垃圾处理厂可以分别设置人流和物流出入口。

5.4.3 本条是对餐厨垃圾处理厂用地指标的基本要求。

5.4.5 沼气是可燃气体，其中的主要成分甲烷在空气中的爆炸浓度是 5%～25%，如果沼气泄漏到某个空间中极易引起爆炸。因此在可能有沼气泄漏的地方均要考虑防爆设计。防爆设计包括危险场所的划分、防爆等级的划分、防爆设备的选择等。

6 餐厨垃圾计量、接受与输送

6.0.1 本条是对计量设施的一般规定。

6.0.2 餐厨垃圾卸料时会散发一些臭味，垃圾卸料间是臭味主要产生源，因此本条规定卸料间应封闭，以防臭味散发至室外。另外垃圾车卸料需要一定的空间，在卸料间设计时需要考虑卸料间的大小，应满足最大车的卸料需要。

6.0.3 在餐厨垃圾收集高峰期进厂垃圾车数量较多，如卸料门过少，容易造成车辆排队等候时间过长。因此本条要求根据餐厨垃圾量和收集高峰期车流量确定卸料门数量，以避免高峰期车辆排队等候时间过长为原则。

6.0.4 受料槽在卸料时臭味散发强度最大，这时应将排风罩的风量调至最大，使散发的臭气能被有效控制。卸料时垃圾车也散发一些臭味，这些臭味要通过卸料间的全面排风系统进行控制。

6.0.5 餐厨垃圾产生量变化较大，为了使处理生产线负荷均匀，需要考虑设置暂存容器。对于餐厨垃圾饲料化工艺，由于餐厨垃圾存放时间不能过长，暂存容器不宜过大。

6.0.6 餐厨垃圾卸料时，不可避免会发生一些撒漏，如不及时冲洗，就容易使污物粘沾在地面上，因此需要有冲洗设施对卸料间地面进行及时冲洗，接受设备作业完毕也同样要及时清洗。

6.0.7 餐厨垃圾含水率高、含油量大，易污染环境，因此在输送和卸料过程中需重点防止飞溅和逸洒。

6.0.8 采用带式输送机输送餐厨垃圾时，应符合下列要求：

  1 餐厨垃圾含水率高，带式输送时水易于外流，需要有导水措施，防止污水横流。

  2 餐厨垃圾易发臭，设置密封罩并实施机械排风是控制臭气散发的有效措施。

  3 人工分拣工位的带式输送机移动速度不能过快，否则分拣效率降低，且分拣人员会因长时间注视皮带而感到眩晕。

6.0.9 采用螺旋输送机输送餐厨垃圾时，应符合下列要求：

  1 螺旋输送机转速不同，其输送能力不同，为适应餐厨垃圾收集量的波动，本条要求螺旋输送机转速可调。

  2 当餐厨垃圾中有硬物时，螺旋输送机易被卡住，为使设备运行可靠，需要考虑螺旋输送机的防卡功能。

  3 输送设备一般为间歇运行，停运后残留物易于粘结在设备表面，因此在设备停运后需及时用水清洗，本条要求具有自清洗功能即是保证螺旋输送机停运后的及时清洗。

7 餐厨垃圾处理工艺

7.1 一般规定

7.1.1 本条是对分散设置的小型垃圾处理设施的要求。由于分散处理设施一般设在人口较密的地方，因此要确保处理设施的排放不影响人的身体健康，处理后的残渣也要妥善处理。

7.1.2 本条是对餐厨垃圾制有机肥的基本要求。

7.1.3 重金属含量、蛔虫卵死亡率和大肠杆菌值指标是衡量肥料安全性的重要指标，餐厨垃圾制成的肥料必须符合标准才能使用。

7.2 预处理

7.2.1 餐厨垃圾杂质较多，需要预处理将杂质去除。另外根据不同的处理工艺，也需要将其中的水、油、盐分等物质去除。

7.2.2 本条是对预处理设施和设备的基本要求。

7.2.3 本条对分选提出了较具体的要求。分选的主要目的就是将餐厨垃圾中的杂质去除，因此分选设备应将不可降解物有效去除。本条要求分选后的餐厨垃

圾中不可降解物的含量小于 5%，主要考虑保证餐厨垃圾处理工艺的可靠性和资源化产品的质量。如杂质过多，一方面影响物料的输送性能，另一方面也影响资源化产品的质量。

7.2.4 餐厨垃圾破碎的粒度可根据后续处理工艺的不同有所不同，如采用湿式厌氧工艺，则需将餐厨垃圾破碎至较小粒度，以利于提高物料的流动性。如采用干式厌氧工艺，则不需将餐厨垃圾破碎至太小粒度，以节省运行费用。餐厨垃圾黏性较大，易于在表面粘连、结垢，因此本条要求破碎设备要便于清洗、及时清洗，防止长期结垢造成清洗困难。

7.2.5 餐厨垃圾含有较多的食用油脂，不同的餐厨垃圾处理工艺对油脂的要求不同。如油脂加工产品的市场较好，价格较高，且总量较大，则应尽可能将餐厨垃圾中的油脂分离出来单独加工。如油脂总量较小，单独加工不划算，就可以不做油脂分离。油脂的综合利用方式有多种，生产生物柴油、工业用油或用于化工原料，但不能生产食用油或食品加工油。

7.2.6 餐馆和单位食堂厨房污水中含油较多，油脂易于在排水管道和沉淀池（检查井）中凝固结块而造成管道堵塞，因此需要定期清掏。由于清掏的污物中含有较多凝固油脂，可以将其中的油脂通过加热提炼出来加以利用。由于清掏污物中同时含有赃物和霉变毒素等，提炼出的油脂不可避免要受到一定程度的污染，因此本条提出提炼出的地沟油不得用于制作饲料或饲料添加剂。

7.2.7 煎炸废油、泔水油和地沟油均含有一些有害物，不能再用于食品加工和食用油，以保证饮食安全。

7.2.8 湿热处理即利用高温蒸汽对餐厨垃圾进行加热蒸煮处理，湿热处理可将其中的大分子难降解的有机物水解为易于被动植物吸收的小分子易溶性物质，也可杀灭病原菌，同时也有利于餐厨垃圾脱油和脱水性能的提高。但湿热处理的温度不宜过高，否则会产生有害物。本条提出的处理温度 120℃～160℃，时间不少于 20min 是在国内试验中得出的数据，主要目的是杀灭各种病原菌。

7.2.9 干热处理主要是对餐厨垃圾进行干燥脱水、加热灭菌，由于干热处理为间接加热，物料温度的上升需要一定时间，干热设备在设计和运行中应满足物料的温度和停留时间，以满足灭菌的要求。为防止有机物焦糊，干热温度不宜超过 120℃。

7.2.10 餐厨垃圾含盐量较高，制作饲料和肥料时需考虑对盐分进行控制。

7.3 厌氧消化工艺

7.3.1 厌氧消化要求物料流动性好，如果消化物料中颗粒粗大，则易发生沉淀而影响物料的流动性。另外颗粒粗大也影响厌氧消化速度和效果。

7.3.2～7.3.4 餐厨垃圾厌氧消化工艺按照消化物料含固率不同可分为湿式和干式，按照物料温度分为高温和中温。湿式工艺的物料含固率一般控制在8%～18%，干式工艺物料含固率控制在18%～30%。控制含固率是厌氧发酵工艺的关键技术之一，物料含固率控制的效果好坏直接影响厌氧发酵工艺的稳定性和可靠性。物料停留时间湿式工艺控制在15d以上，干式工艺20d以上可保证有机物降解率。

湿式和干式厌氧发酵工艺各有优缺点：

湿式的优点有：①物料流动性好，易于输送；②易于搅拌，设备耗电量较小；③物料在反应器的停留时间较短。缺点有：①处理负荷较小；②对于含水率低的垃圾需要额外加水，增加污水处理负担；③物料在反应器中重物质易沉淀，轻物质易漂浮，使得物料匀化较困难；④耗水耗热量较大；⑤物料在反应器中易发生短流；⑥对物料预处理要求高。

干式的优点有：①有机物负荷高，抗负荷冲击能力较强；②系统稳定性较好；③对物料预处理要求较低，物料不易发生短流。缺点有：①物料流动性较差，输送耗电较大；②物料均匀性控制较难，需停留时间较长；③易堵塞而造成停产。

7.3.5 餐厨垃圾中的碳氮比（C/N）对消化过程影响很大。大部分产甲烷菌可以利用二氧化碳作为碳源，形成甲烷；氮源方面只能利用氨态氮，而不能利用复杂的有机氮化合物。据有关研究，当氮的含量很高时，高浓度的氨态氮抑制了厌氧发酵产甲烷，在消化过程中，当氨增加到2000mg/L以上时，甲烷产量降低。而当氮的含量适当时，这些氮经分解产生的氨可以调节酸碱度，防止酸积累，利于产甲烷菌发挥其活性。一般情况下，随着C/N比的增加，产气量增加，但C/N比达到30左右后产气量增加趋于平稳。本条提出了物料碳氮比（C/N）和碱度的要求是为了使厌氧发酵达到最佳状态，保证厌氧发酵的效果。

7.3.6 厌氧消化是一个微生物的作用过程，温度作为影响微生物生命活动过程的重要因素，主要通过影响酶活性来影响微生物的生长速率和对基质的代谢速率。在厌氧消化应用的三个温度范围［常温（20～25）℃，中温（30～40）℃，高温（50～60）℃］中，中温和高温消化是生化速率最高和产气率最大的区间。对于干式发酵工艺，含固率大于20%时，在25℃温度下基本不产气，发酵停止，中温发酵速度也较慢，随着含固率（TS）的增加，中温发酵也慢慢停止，只有高温发酵还可以继续进行。表1反映了不同含固率与不同物料温度组合下的厌氧发酵情况。

表1　不同温度和含固率的发酵情况

TS（%）	25℃	35℃	45℃	55℃
15	产气	产气	产气	产气
20	基本不产气	产气稍慢	产气	产气

续表1

TS（%）	25℃	35℃	45℃	55℃
25	不产气	产气慢	产气	产气
30	不产气	基本不产气	产气	产气
35	不产气	停止	产气慢	产气

7.3.7 钠离子对甲烷菌有抑制作用，一般餐厨垃圾中含盐量较高，致使钠离子含量较高，甲烷菌受到抑制而降低厌氧发酵的效率。可以向餐厨垃圾中加入膨润土、白云石粉、粉煤灰、轻烧MgO等矿物材料来降低钠离子含量。

7.3.8 本条是对厌氧消化器的基本规定。物料的搅拌是厌氧消化器的技术关键，搅拌可以使消化物质均一化，提高物料与细菌的接触，加速消化器底物的分解。与污水的厌氧消化相比，餐厨垃圾的含固率高，一部分沼气产生后滞留在消化物料中，通过搅拌可及时释放滞留的沼气。餐厨垃圾的干式消化虽然处理量大，高峰期产气速度也快，但是消化时间较长，良好的搅拌也是解决这一问题的有效措施之一。在干式厌氧消化处理系统中，搅拌是一个技术上的难点，这是因为高的含固率给搅拌装置的选择和动力的配置带来了困难。目前，在厌氧消化中主要的搅拌方式有机械搅拌、发酵液回流搅拌和沼气回流搅拌。

厌氧消化器的检修和安全减压装置是保证厌氧消化器稳定、安全运行的重要因素，因此本条对厌氧消化器的检修和安全减压装置提出了要求。

7.3.9 沼气是含有大量甲烷的可燃气体，甲烷既是温室气体，又是一种能源，如果沼气不进行利用而排向大气，既浪费了能源，又污染了环境。因此本条要求厌氧产生的沼气要加以利用。如量小不值得利用，也要将其燃烧后排放。

7.3.10 本条是对沼液和残渣处理的基本规定。

7.3.11 本条是对沼液作叶面肥的基本规定。

7.4　好氧生物处理

7.4.1 好氧堆肥应符合下列规定：

1 由于含水、盐、油等物质较多，因此餐厨垃圾直接好氧堆肥可行性较差。但在对餐厨垃圾中的水分、盐分等影响堆肥工艺和堆肥质量的物质进行适当调节后可以进行好氧堆肥。餐厨垃圾也可以混入其他有机废物堆肥物料中进行堆肥处理。

2 由于餐厨垃圾含水率高、含氮较高，与园林废弃物、秸秆等物质混合堆肥可节省水分调节和碳氮比调节的费用，且可实现其他有机废弃物的集中共处理，有利于资源节约和二次污染控制。

3 生活垃圾好氧堆肥执行《城市生活垃圾好氧静态堆肥处理技术规程》CJJ/T 52，此规范可适用于餐厨垃圾的好氧堆肥。

4 本款是对堆肥成品和精加工有机肥品质的基本要求。

5 本款是对餐厨垃圾堆肥残余物处理的基本要求。

7.4.2 制备生化制腐殖酸应符合下列规定：

1 本款是对餐厨垃圾制腐殖酸工艺的基本要求。微生物好氧发酵过程是餐厨垃圾无害化处理的需要，发酵过程中物料达到较高的温度并保持一定的时间，是杀灭病原菌的需要。本条要求发酵过程中物料温度达到 75℃，并保持（8~10）h，是在工程实践中总结出的数据。

2 菌种的遗传稳定性是保证微生物菌有效繁殖和发酵效果的重要因素，环境安全性是保证微生物菌使用安全的重要因素，本款要求所使用的微生物菌要同时具有遗传稳定性和环境安全性。

3 本款是保证产品质量的基本规定。

4 本款是对制生化腐殖酸所用生化处理设备的基本要求。

5 本款提出了生化腐殖酸成品质量的要求。

7.5 饲料化处理

7.5.1 餐厨垃圾易于腐烂变质，如果用餐厨垃圾制作饲料，餐厨垃圾应尽量减少存放时间，并及时处理，以防其发生霉变，产生黄曲霉毒素等有害物，影响饲料产品质量。

7.5.2 本条是对饲料化的餐厨垃圾预处理的基本要求。

7.5.3 由于食品的霉变易产生黄曲霉素等有毒物质，对于一个城市，产生过期食品和霉变餐厨垃圾等不适于进行饲料化的有机物是不可避免的，因此本条要求选择饲料化作为主处理工艺的餐厨垃圾厂同时要考虑不适于进行饲料化处理的餐厨垃圾和过期食品的无害化处理措施。

7.5.4 发生霉变的餐厨垃圾易产生黄曲霉，黄曲霉是一种常见霉菌，广泛存在于自然界，潮湿易发霉的植物和食品中都会存在。同时，一些发酵食品因为发酵过程本身就易产生黄曲霉毒素。但在一般状态下，黄曲霉本身毒性并不大，高温即可杀灭。但在黄曲霉达到一定浓度后，其产生的代谢物就会产生毒素，该毒素会破坏人体免疫系统，引起肝脏病变甚至致癌。黄曲霉毒素是霉菌的二级代谢产物，1993 年就被世界卫生组织的癌症研究机构划定为 1 类致癌物。其中黄曲霉毒素 B1 毒性和致癌性最强，而黄曲霉毒素 M1 是黄曲霉毒素 B1 的代谢物。为防止黄曲霉毒素对饲料的污染，本条要求餐厨垃圾在进入饲料化处理系统前对其进行检测，对发生霉变的部分餐厨垃圾和过期食品采取其他处理措施，而不能用于制作饲料。

7.5.5 病原菌是餐厨垃圾中的主要有害物，必须将病原菌杀灭以防饲料中的病原菌感染所饲喂的动物。此条关系到饲料的安全性，因此作为强制性条文。

7.5.6 生物转化环节可使动物肉蛋白转化为菌体蛋白，降低动物同源性风险。反刍动物食用动物蛋白制成的饲料的风险比非反刍动物高，为安全起见，本条要求餐厨垃圾不能生产反刍动物饲料。

7.5.7 本条是对生物菌种使用的基本要求。

7.5.8 餐厨垃圾中的有机物属于碳水化合物并伴有少量碳氢化合物，这些物质过热焦化后会产生有毒物质，将影响饲料的质量和安全性。

7.5.9 设备中残留的物料在设备停运后极易产生霉变，如不及时清理，等设备恢复生产时霉变的残留物就会混入新的物料中，造成对新物料的污染。

7.5.10、7.5.11 此两条是对餐厨垃圾制作饲料产品质量和包装的基本要求。

8 辅助工程

8.1 电气与自控

8.1.1 本条是对餐厨垃圾处理厂生产用电接入的基本规定。

8.1.2 本条是对餐厨垃圾处理工程的高压配电装置、继电保护和安全自动装置、过电压保护、防雷和接地、爆炸火灾危险环境的电气装置的基本规定。

8.1.3 餐厨垃圾厌氧发酵产生的沼气一般是用于内燃机发电，发出的电可自用，可输入电网。两种情况受、送电线路的连接要求有所不同。

8.1.4 厂用变压器接线组别一致，以利于满足工作电源与备用电源并联切换的要求。

8.1.5 本条是电测量仪表装置设置的基本要求。

8.1.6 本条是对照明设计的基本要求。

8.1.7 本条是对电缆选择与敷设的基本要求。

8.1.8 中央控制室可对全厂工艺环节进行集中控制和监视，有利于全厂的安全运行。

8.1.9 为了保证运行安全、可靠，餐厨垃圾处理厂各主要工艺系统的运行由自动化控制系统集中控制是必要的。

8.1.10 本条是对自动化控制系统的基本要求。

8.2 给排水工程

8.2.1 本条是对厂内给水工程设计的基本规定。

8.2.2 本条是对厂内排水工程设计的基本规定。

8.3 消 防

8.3.1 本条是对餐厨垃圾处理厂消防设计的基本规定。

8.3.2 油脂储存间、燃料间和中央控制室均为火灾易发场所，要求设消防报警设施是为了及时发现和消除险情。

8.3.3 本条是对有可燃气体泄漏可能场所消防的基本要求。

8.3.4 本条是对餐厨垃圾处理厂电气消防设计的基本规定。

8.4 环境保护与监测

8.4.1 由于餐厨垃圾有机物含量和水分较大，易于腐烂发臭，因此处理各环节应重视密闭和排风除臭。餐厨垃圾处理车间臭味（异味）散发源较多，因此应根据臭味散发点的情况和车间总体布置情况设置局部通风和全面通风设施，并配置除臭设施。

8.4.2 本条是对车间内污染物浓度、有组织排放口排放浓度及厂界污染物浓度的要求。

8.4.3 餐厨垃圾含水量大，处理过程中污水产生量也大，餐厨垃圾处理过程的二次污染控制应以污水处理为重点，防止污水的不达标排放。

8.4.4 餐厨垃圾处理过程不可避免要产生一些废渣，废渣的无害化处理也是餐厨垃圾无害化处理的一部分。

8.4.5 本条是对噪声控制的基本要求。

8.4.6 常规的监测设施和设备包括化验室及用于日常化验和监测的设备，这些设施和设备是对厂内环境指标进行日常监测所需要的。

8.4.7 本条对厂内环境监测内容提出了要求，这些内容是反映餐厨垃圾环境状况的重要指标。

8.5 安全与劳动保护

8.5.1 本条是对餐厨垃圾处理厂安全生产的基本规定。

8.5.2 本条是对餐厨垃圾处理厂劳动卫生的基本规定。

8.5.3 职业病防治、卫生防疫和劳动保护是保护厂内管理人员和操作人员需要考虑的问题。

8.6 采暖、通风与空调

8.6.1 本条是对采暖、空调及通风设计的基本规定。

8.6.2 局部机械排风可根据臭味散发的强度调整排风量，从而有效地控制臭味向外散发，因此，本条要求散发较多挥发性气体和臭味的部位或房间采用局部机械排风除臭的通风工艺。本条所述的全面通风包括自然通风和机械全面通风。对于散发轻微臭味的车间，可采用自然通风，将轻微臭味排出室外。对于臭味较重而散发点散乱的车间，宜采用机械全面通风的方式，将车间内臭味排出，当排放气体臭味较大时，要配置集中除臭设施。

9 工程施工及验收

9.0.1 本条是对建筑、安装工程施工的基本要求。

9.0.2 本条是施工过程中对工程变更、修改的基本要求。

9.0.3 我国具有较为完善的工程施工及验收规范，餐厨垃圾处理厂涉及土建、电气、设备、管道等多种专业工程，在施工过程中不同专业的施工应遵守不同专业的规范或规程。

9.0.4 餐厨垃圾处理设备一般为非标设备，该种设备无标准化的安装图集和程序，安装施工应根据设备制造商的有关资料，在厂家技术人员的指导下进行或直接由设备制造商负责安装。

9.0.5 未进行竣工验收的餐厨垃圾处理厂，无法确认所有设备和设施能否正常运转，如投入使用容易引起安全和污染事故，因此本条作为强制性条文。

9.0.6 本条提出了餐厨垃圾处理厂工程验收应依据的主要资料，这些资料是直接反映工程内容、装备水平、建设水平、施工质量的文件，是验收时需要查阅的材料。

9.0.7 餐厨垃圾处理生产线是餐厨垃圾处理厂的核心，生产线的验收是工程验收的前提，本条提出了餐厨垃圾处理生产线验收前须具备的条件。

9.0.8 本条是对地下隐蔽工程验收的基本规定。

中华人民共和国行业标准

城镇供热系统节能技术规范

Technical code for energy efficiency of city heating system

CJJ/T 185—2012

批准部门：中华人民共和国住房和城乡建设部
施行日期：2 0 1 3 年 3 月 1 日

中华人民共和国住房和城乡建设部
公　告

第 1532 号

住房城乡建设部关于发布行业标准
《城镇供热系统节能技术规范》的公告

现批准《城镇供热系统节能技术规范》为行业标准，编号为 CJJ/T 185 - 2012，自 2013 年 3 月 1 日起实施。

本规范由我部标准定额研究所组织中国建筑工业出版社出版发行。

中华人民共和国住房和城乡建设部
2012 年 11 月 2 日

前　　言

根据原建设部《关于印发〈2007 年工程建设标准规范制订、修订计划（第一批）〉的通知》（建标 [2007] 125 号）的要求，规范编制组经广泛调查研究，认真总结实践经验，参考有关国际标准和国外先进标准，并在广泛征求意见的基础上，编制了本规范。

本规范的主要技术内容：1. 总则；2. 术语；3. 设计；4. 施工、调试与验收；5. 运行与管理；6. 节能评价。

本规范由住房和城乡建设部负责管理，由北京市煤气热力工程设计院有限公司负责具体技术内容的解释。执行过程中如有意见或建议，请寄送北京市煤气热力工程设计院有限公司（地址：北京市西单北大街小酱坊胡同甲 40 号；邮编：100032）。

本规范主编单位：北京市煤气热力工程设计院有限公司

本规范参编单位：北京市住宅建筑设计研究院有限公司
乌鲁木齐市热力总公司
天津市热电公司
唐山市热力总公司

本规范主要起草人员：段洁仪　冯继蓓　王建国　杨宏斌　刘　苂　贾　震　胡颐蘅　李庆平　路爱武　裴连军　郭　华

本规范主要审查人员：廖荣平　姚约翰　万水娥　黄晓飞　李先瑞　马景涛　陈鸿恩　栾晓伟　田雨辰　张　敏　杨　明

目　　次

Contents

1 总　　则

1.0.1 为贯彻国家节约能源和保护环境的法规和政策，落实建筑节能目标，减少供热系统能耗，制定本规范。

1.0.2 本规范适用于供应民用建筑采暖的新建、扩建、改建的集中供热系统，包括供热热源、热力网、热力站、街区供热管网及室内采暖系统的规划、设计、施工、调试、验收、运行管理中与能耗有关的部分。

1.0.3 在供热系统的设计、施工、改造和运行过程中，应采取合理的技术措施，提高系统的运行效率。

1.0.4 供热项目设计文件应标明与能耗有关的设计指标及参数。工程建设完成后应进行系统调试，调试后应对能耗指标进行检测及验证，其各项指标应达到设计的要求。

1.0.5 供热系统的设计、施工、验收、调试、运行节能除应符合本规范外，尚应符合国家现行有关标准的规定。

2 术　　语

2.0.1 热力网　district heating network

以热电厂或区域锅炉房为热源，自热源经市政道路至热力站的供热管网。

2.0.2 街区供热管网　block heating network

自热力站或用户锅炉房、热泵机房等小型热源至建筑物热力入口的室外供热管网。

2.0.3 分布式循环泵　distributed pump

设置在热力站热力网侧的循环水泵。

2.0.4 水力平衡度　hydraulic balance level

供热系统运行时供给各热力站（或热用户）的规定流量与实际流量之比。

2.0.5 负荷率　heating load ratio

锅炉运行热负荷与额定出力的比值。

3 设　　计

3.1 一　般　规　定

3.1.1 供热系统各设计阶段均应对能耗进行计算，并应与前一设计阶段的设计能耗进行比较。当存在偏差时，应找出偏差原因。

3.1.2 确定供热系统设计热负荷时，应调查核实供热范围内的建筑热负荷与热指标。

3.1.3 供热系统所有设备应采用高效率低能耗产品，选用设备的能效指标不应低于现行国家标准规定的节能评价值。

3.1.4 保温材料的主要技术性能应符合现行国家标准《设备及管道绝热技术通则》GB/T 4272 的规定。

3.1.5 供热系统的附属建筑设计应符合现行国家标准《公共建筑节能设计标准》GB 50189 的规定。

3.2 供　热　系　统

3.2.1 以采暖热负荷为主的供热系统应采用热水作为供热介质。主要热负荷为采暖热负荷的既有蒸汽供热系统，应改为热水供热系统。

3.2.2 热水热力网的供热半径不宜大于 20km，蒸汽热力网的供热半径不宜大于 6km。

3.2.3 热水供热管网供、回水温度应符合下列规定：

　　1 以热电厂或大型区域锅炉房为热源时，热力网设计回水温度不应高于 70℃，供回水温差不宜小于 50℃；

　　2 街区供热管网设计供回水温差不宜小于 25℃；

　　3 利用余热或可再生能源时，供水温度应根据热源条件确定。

3.2.4 供热系统中供热热源的设置应符合下列规定：

　　1 在有热电厂的地区应以热电厂为基本热源，且应在供热区域内设置调峰热源，并应按多热源联网运行进行设计；

　　2 当热源为燃煤锅炉房时，宜在热负荷集中的地区设置区域锅炉房；

　　3 当热源为燃气锅炉房并独立供热时，锅炉房宜设置在热用户街区内，供热范围不宜超出本街区；

　　4 在天然气供应充足的地区，对全年有冷热负荷需求的建筑，可采用燃气冷热电联供系统。冷热电联供能源站应设在用户附近，其供能半径不宜大于 2km；

　　5 在有工业余热可利用的地区应优先利用余热供热；

　　6 在资源条件适宜的地区应优先利用可再生能源供热。

3.2.5 当热水热力网设有中继泵站时，中继泵站宜设置在维持系统水力循环所需总功率最小的位置。

3.2.6 当热水供热系统经能耗比较，适合采用分布式循环泵系统，且符合下列条件时，可在热力站设置分布式循环泵：

　　1 既有供热系统的增容改造；

　　2 一次建成或建设周期短的新建供热系统；

　　3 热力网干线阻力较高；

　　4 热力站分布较分散，热力网各环路阻力相差悬殊。

3.3 热　　源

3.3.1 可行性研究文件应标明下列内容：

　　1 设计热负荷、供热面积；

2 锅炉额定热效率；

3 供热介质设计温度、压力、流量；

4 供热参数调节控制方式；

5 年供热量、燃料耗量、总耗电量、热网循环泵耗电量。

6 节能措施。

3.3.2 初步设计文件除应标明第 3.3.1 条的内容外，还应标明设备、管道及管路附件的保温方式。

3.3.3 施工图设计文件应逐项落实可行性研究和初步设计文件提出的节能措施和要求，并应标明下列内容：

1 设计热负荷、供热面积；

2 锅炉额定热效率；

3 供热介质设计温度、压力、流量；

4 供热参数调节控制方式；

5 主要用能设备的运行调节方式。

3.3.4 锅炉房设计时应根据热负荷曲线优化锅炉的配置方案，使锅炉房的综合运行效率达到最高。

3.3.5 燃油、燃气锅炉应采用自动调节。当单台锅炉容量大于或等于 1.4MW 时，燃烧器应采用自动比例调节方式。

3.3.6 燃煤锅炉房运煤系统应符合下列规定：

1 运煤系统的布置应利用地形，使提升高差小、运输距离短；

2 运煤系统应设均匀给煤装置或均匀布煤装置；

3 炉排给煤系统宜设调速装置。

3.3.7 燃煤锅炉房除灰渣系统应符合下列规定：

1 除灰渣系统动力驱动系统宜设调速装置；

2 炉前的漏煤应进行回收利用；

3 含碳量高的灰渣应进行回收利用。

3.3.8 燃煤锅炉房烟风系统应符合下列规定：

1 烟、风道布置宜简短；

2 通风阻力应进行计算，每台锅炉所受到的引力应均衡；

3 锅炉鼓风机、引风机宜单炉配置；

4 锅炉鼓风机、引风机应设调速装置。

3.3.9 热水供热管网循环泵应符合下列规定：

1 循环泵性能参数应根据水力计算结果确定。当热用户分期建设，建设周期长且负荷差别较大时，应分期进行水力计算，并应根据计算结果确定循环泵性能参数；既有系统改造时，应按实测水力工况校核循环泵性能参数；

2 循环泵的配置应根据热网运行调节曲线和水泵特性曲线确定，循环泵在整个供热期内应处于高效运行区；

3 循环泵应设调速装置，并联运行的循环泵组的每台泵均应设置调速装置。

3.3.10 有蒸汽汽源时，大型鼓风机、引风机、热网循环泵宜采用工业汽轮机驱动。

3.3.11 锅炉产生的各种余热应进行利用，锅炉房应设下列余热利用设施：

1 燃油、燃气锅炉宜设烟气冷凝装置；

2 燃煤锅炉应配置省煤器，宜配置空气预热器；

3 锅炉间、凝结水箱间、水泵间等房间应采用有组织的通风；

4 蒸汽锅炉的排污水余热应综合利用。

3.3.12 锅炉房的锅炉台数大于或等于 3 台时，应采用集中控制系统。

3.3.13 热源应设置调节供热参数的装置，供热参数应根据供热系统的运行负荷确定。

3.3.14 热源应监测下列参数：

1 供热管道总管的供热介质温度、压力、流量；

2 总热负荷、总供热量；

3 每台锅炉或热网加热器的供热介质温度、压力；

4 每台锅炉的供热介质流量、排烟温度。

3.3.15 热源应计量下列参数：

1 每台锅炉的燃料量、供热量；

2 燃煤锅炉房的进厂燃料量和输煤皮带处的燃料量；

3 供热管网总出口处的供热量；

4 热水供热系统的补水量；

5 蒸汽供热系统的凝结水回收量及热量；

6 供电系统应装设电流表、有功和无功电度表，且额定功率大于等于 100kW 的动力设备宜分别计量。

3.3.16 电气系统应对无功功率进行补偿，最大电负荷时的功率因数应大于 0.9。

3.3.17 当电动机容量大于或等于 250kW 时，宜采用高压电动机。

3.3.18 设计温度大于或等于 50℃ 的管道、管路附件、设备应保温，保温外表面计算温度不应大于 40℃。

3.4 热 力 网

3.4.1 可行性研究和初步设计文件应标明下列内容：

1 供热范围、供热面积、设计热负荷、年耗热量；

2 多热源供热系统各热源设计热负荷、设计流量、年供热量；

3 供热介质设计温度、压力、流量；

4 热水热力网供热调节曲线；

5 热力网循环泵（包括热源循环泵、中继泵、分布式循环泵）年总耗电量；

6 设备、管道及管路附件的保温方式。

3.4.2 施工图设计文件应标明下列内容：

1 供热介质设计温度、压力；

2 设备、管道及管路附件的保温结构、保温材料及其导热系数、保温层厚度。

3.4.3 热力网主干线宜布置在热负荷集中区域。管线应按减少管线阻力的原则布置走向及设置管路附件。

3.4.4 热力网应设分段阀门，并应符合现行行业标准《城镇供热管网设计规范》CJJ 34 的规定。

3.4.5 高温热水和蒸汽管道阀门的密封等级应符合现行国家标准《工业阀门 压力试验》GB/T 13927-2008 规定的 A 级的要求。

3.4.6 管道、管路附件应采用焊接连接。

3.4.7 供热管道宜采用直埋敷设。热水直埋管道及管件应采用整体保温结构，并应采用无补偿敷设方式。

3.4.8 供热管道、管路附件均应保温，保温结构应具有防水性能。保温厚度计算应符合现行国家标准《设备及管道绝热技术通则》GB/T 4272 的规定。

3.4.9 蒸汽管道支座应采取隔热措施。

3.4.10 蒸汽管道的疏水宜回用。

3.5 热 力 站

3.5.1 可行性研究和初步设计文件应标明下列内容：

1 供热面积、设计热负荷；

2 供热介质设计温度、压力、流量；

3 供热参数调节控制方式；

4 年总耗电量；

5 节能措施。

3.5.2 施工图设计文件应标明下列内容：

1 各系统供热面积、设计热负荷；

2 热力网侧供热介质设计温度、压力、流量；

3 用户侧供热介质设计温度、压力、流量；

4 供热参数调节控制方式；

5 凝结水回收方式；

6 设备、管道及管路附件的保温结构、保温材料及其导热系数。

3.5.3 热力站的供热面积不宜大于 $5 \times 10^4 m^2$，并宜设置楼栋热力站。当热力站用户侧设计供回水温差小于或等于 10℃时，应采用楼栋热力站。

3.5.4 公共建筑和住宅应分别设置系统，非连续使用的场所宜单独设置环路。

3.5.5 用户采暖系统循环泵的设置应符合下列规定：

1 循环泵应采用调速泵，并联运行的循环泵组的每台水泵均应设置调速装置；

2 循环泵选型时应进行水力工况分析，水泵特性曲线应与运行调节工况相匹配，循环泵在整个供热期内应处于高效运行区。既有系统改造时，应按实测水力工况进行分析；

3 空调系统冷、热水循环泵应分别选型；

4 当 1 个系统只设 1 台循环泵时，循环泵出口不宜设止回阀。

3.5.6 在热力站设分布式循环泵时，分布式循环泵的设置应符合下列规定：

1 每个系统宜单独设置分布式循环泵；

2 分布式循环泵应采用调速泵；

3 水泵特性曲线应满足热力网流量调节需要，在各种调节工况下水泵均应处于高效运行区。

3.5.7 热力站采暖系统循环泵宜按设定的管网末端压头自动控制循环泵转速。

3.5.8 热力站应自动控制用户侧供热参数，并应根据室外温度变化设定采暖供水温度。

3.5.9 热力网侧的调控装置应符合下列规定：

1 每个采暖系统应设电动调节阀，并应按设定的采暖供水温度自动调节热力网流量；

2 规模较大的热力网，在热力站的热力网总管上宜设自力式压差控制阀；

3 设置分布式循环泵的热力站可不设自力式压差控制阀和电动调节阀，但应按设定的采暖供水温度自动调节分布式循环泵转速；

4 热力站控制系统宜设热力网回水温度限制程序。

3.5.10 热力网侧应设置热量表。

3.5.11 蒸汽热力站应设闭式凝结水回收系统，凝结水泵应自动启停。

3.5.12 输送供热介质的管道、管路附件、设备应进行保温，保温外表面计算温度不应大于 40℃。

3.6 街区供热管网

3.6.1 可行性研究和初步设计文件应标明下列内容：

1 供热面积、设计热负荷；

2 供热介质设计温度、压力、流量；

3 调节控制方式、热计量方式；

4 管道及管路附件的保温方式。

3.6.2 施工图设计文件应标注下列内容：

1 每个热力入口的设计热负荷、采暖面积；

2 每个热力入口供热介质设计温度、流量；

3 每个热力入口室内侧资用压头；

4 管道保温结构、保温材料及其导热系数、保温层厚度；

5 热量表的量程范围和精度等级。

3.6.3 在建筑物热力入口处应设置热量表。

3.6.4 新建管网和既有管网改造时应进行水力计算，当各并联环路的计算压力损失差值大于 15% 时，应在热力入口处自力式压差控制阀。

3.6.5 当热力入口处设有混水泵时，应采用调速泵。

3.6.6 热水管道宜采用直埋敷设。直埋敷设管道应采用整体结构的预制保温管及管件，并应采用无补偿敷设方式。

3.6.7 管道、管路附件均应进行保温，保温结构应具有良好的防水性能。保温厚度应符合现行行业标准《严寒和寒冷地区居住建筑节能设计标准》JGJ 26 的规定。

3.7 室内采暖系统

3.7.1 施工图设计文件应标明下列内容：

　　1 建筑设计热负荷及设计热指标；

　　2 设计供回水温度；

　　3 室内温度调节控制方法、调节控制装置的技术要求；

　　4 热力入口及每个热计量（或分摊）环路的设计热负荷、循环流量；

　　5 热力入口供回水压差。

3.7.2 采暖系统应分室（或分户）设置室内温度调节控制装置，并应满足分户热计量（或分摊）的要求。

3.7.3 当利用低品位热能和可再生能源供热时，宜采用地面辐射采暖、风机盘管等采暖系统。

3.7.4 对位于采暖房间以外的管道及管路附件应进行保温。

3.8 监控系统

3.8.1 供热系统应建立集中监控系统。监控系统应具备以下功能：

　　1 监控中心应能完成热源、热力网关键点、热力站或热力入口运行参数的集中监测、显示及储存，并应具备能耗分析功能，实现优化调度；

　　2 监控中心应根据供热管网运行参数，建立管网运行实时水压图；

　　3 监控中心应根据室外温度等气象条件和供热调节曲线确定供热参数，并应能向热源、热力站下达调度指令；

　　4 热源供热参数及供热量的调节，应根据监控中心指令由本地监控系统完成；

　　5 热力站供热参数及供热量的调节，可由本地监控系统完成，也可由监控中心通过远程控制完成。

3.8.2 热源、热力站应设自动监测装置，热力入口可设自动监测装置，并应能向监控中心传送数据。

3.8.3 热源应监测下列参数：

　　1 热电厂首站蒸汽耗量，锅炉房燃料耗量；

　　2 供热介质温度、压力、流量；

　　3 补水量、凝结水回收量；

　　4 热源瞬时和累计供热量；

　　5 热网循环泵耗电量；

　　6 锅炉排烟温度。

3.8.4 热力站应监测下列参数：

　　1 热力网侧供热介质温度、压力、流量、热负荷和累计热量；

　　2 用户侧供热介质温度、压力、补水量；

　　3 热力站耗电量。

3.8.5 热力入口可监测供热介质温度、压力、热负荷和累计热量。

4 施工、调试与验收

4.1 一般规定

4.1.1 供热系统施工组织设计中应有节能措施。施工应加强现场管理，不得浪费材料和能源，且应减少二次搬运。

4.1.2 保温材料的品种、规格、性能等应符合国家现行产品标准和设计要求，产品应有质量合格证明文件，并应对保温材料的导热系数、密度、吸水率进行复验。保温材料进入现场后应按产品说明书进行保管，不得受潮，受潮的材料不得使用。

4.1.3 热水、蒸汽、凝结水系统的设备、管道及管路附件均应进行保温，保温层应粘贴、捆扎紧密、牢固，保护层应进行密封。保温施工完成后应检查保温结构及保温厚度，保温层的实测厚度不应小于设计保温厚度。

4.2 热源与热力站

4.2.1 锅炉安装应符合下列规定：

　　1 锅炉锅筒（火管锅炉的锅壳、炉胆和封头）、集箱及受热面管道内的污垢应清除干净；

　　2 锅炉炉墙（包括隔火墙、折烟墙）、炉拱应严密；

　　3 锅炉炉门、灰门、风门、看火门等应能关闭严实；

　　4 锅炉风道、烟道内的调节门、闸板应严实，且应开关灵活、指示准确；

　　5 锅炉挡风门、炉排风管及其法兰结合处、各段风室、落灰门等应平整，密封应严实，挡板开启应灵活；

　　6 加煤斗与炉墙结合处应严实，煤闸门下缘与炉排表面的距离偏差不应大于5mm；

　　7 侧密封块与炉排的间隙应符合设计要求，且应防止炉排卡涩、漏煤和漏风。

4.2.2 锅炉安装完成后应进行漏风试验、严密性试验、烘炉、煮炉和试运行。现场组装锅炉应带负荷正常连续试运行48h，整体出厂锅炉应带负荷正常连续试运行24h。

4.2.3 现场组装锅炉验收应进行热效率测定，测试值不应低于设计热效率。

4.2.4 锅炉房和热力站系统安装完成后应检查动力设备调速装置、供热参数检测装置、调节控制装置、计量装置、余热利用装置等节能设施，节能设施应按设计文件要求安装到位。

4.2.5 锅炉房和热力站节能设施应进行调试，各项参数应达到规定的性能指标。

4.3 供热管网

4.3.1 地下管沟、检查室结构的防水和排水措施应符合设计要求，防水等级不应低于2级。位于地下水位以下的管沟、检查室宜采用防水混凝土结构，绿地中的检查室井口应高于地面，且不应小于150mm。

4.3.2 直埋敷设供热管道应采用预制直埋保温管及管件。预制直埋保温管在运输、现场存放、安装过程中，应对端口进行封闭，保温层不得被水浸泡，外护层不得损坏。

4.3.3 直埋保温管接头的保温和密封应符合下列规定：

1 接头施工采取的工艺应有合格的型式检验报告；

2 外护层的防水性能和机械强度应与直管相同；

3 临时发泡孔应及时进行密封；

4 当直埋保温管进入检查室或管沟与其他形式保温结构连接时，直埋保温管保温端口应安装防水端帽。

4.3.4 街区供热管网安装完成后应检查调节控制装置、计量及检测装置等节能设施，节能设施应按设计文件要求安装到位。

4.3.5 供热系统新建完成后或扩建、改造后，街区供热管网应与室内采暖系统联合进行水力平衡调试和检测，各项指标应符合本规范第6章的规定。

4.4 室内采暖系统

4.4.1 散热器应明装。当散热器暗装时，装饰罩应设置合理的气流通道。

4.4.2 室内温度调节控制装置的温度传感器应安装在能正确反映房间温度的位置。

4.4.3 设有水力平衡装置的系统安装完成后，应按规定的参数进行调试或设定。

4.5 监控装置

4.5.1 热工仪表及控制装置安装前应进行检查和校验，精度等级应符合规定，并应有完整的校验记录。

4.5.2 测温元件应安装在能代表测试温度的位置。室外温度传感器应安装在通风、遮阳、不受干扰的位置。

4.5.3 监测与计量装置的输出模式和精度应符合设计文件的要求。

4.5.4 热量和流量仪表安装应符合下列规定：

1 流量传感器前后直管段长度应符合产品要求；

2 热量表应采用配套的温度传感器。

4.5.5 涉及节能控制的传感器应预留检测孔或检测位置，并应在保温结构外做明显标记。

4.5.6 系统安装完成后应对调节阀、控制阀进行调试，系统供回水压差、流量应与规定值一致。

4.5.7 监控系统安装完成后应进行调试和检测，热源、热力网、热力站等关键点的运行数据采集和传送应准确，监控中心的通信、数据计算、监测、显示及储存应符合预定要求。

4.6 工程验收

4.6.1 热源、热网、热力站、室内采暖系统的联合调试和试运行应在采暖期内进行，并应带负荷连续试运行48h，各项能耗指标应达到规定值。

4.6.2 工程验收时应具备下列技术资料：

1 系统严密性试验记录；

2 水力平衡调试记录；

3 系统节能性能检测报告。

4.6.3 供热系统节能性能检测报告应包括下列内容：

1 锅炉的平均运行热效率；

2 热源单位供热量的平均燃料耗量（折算标准煤量）、辅机和辅助设备耗电量；

3 热网循环泵的年耗电量；

4 热力站单位供热面积的年耗热量、耗电量；

5 热源、热力站的补水率；

6 热源、热力站、热力入口的水力平衡度；

7 室内温度实测值与设计值的偏差；

8 各种节能设施的有效性；

9 各种实测数据与节能评价标准的比较。

5 运行与管理

5.1 一般规定

5.1.1 供热单位应定期检测供热系统实际能耗。

5.1.2 供热单位应根据供热系统实际能耗和供热负荷实际发展情况，合理确定该供热系统的节能运行方式。

5.1.3 供热单位应根据实际供热负荷对供热调节方式进行优化，并应绘制供热系统供热调节曲线。

5.1.4 供热单位应建立节能运行与管理制度和操作规程，并应对运行与管理人员进行节能教育和培训。运行与管理人员应执行有关节能的规章制度。

5.1.5 供热单位应对供热系统的运行状况进行记录，并应建立技术档案。技术档案应包括能效测试报告、能耗状况记录、节能改造技术资料。

5.1.6 供热系统的动力设备调速装置、供热参数检测装置、调节控制装置、计量装置等节能设施应定期进行维护保养，并应有效使用。

5.1.7 能量计量仪器仪表应定期进行校验、检修。

5.1.8 当既有供热系统中有国家公布的非节能产品时，应及时进行更换。

5.1.9 对能耗高的既有建筑和供热系统，应对建筑和供热系统进行节能改造。

5.2 热　源

5.2.1 热源运行单位应在运行期间检测下列内容：

　　1 供热负荷、供热量；

　　2 供热介质温度、压力、流量；

　　3 补水量；

　　4 燃料消耗量及低位发热值；

　　5 锅炉辅机和辅助设备耗电量、热网循环泵耗电量；

　　6 锅炉排烟温度；

　　7 额定功率大于等于14MW锅炉应检测排烟含氧量，额定功率大于4MW小于14MW锅炉宜检测排烟含氧量。

5.2.2 热源运行单位应每日计算下列能效指标，并应逐日进行对比分析：

　　1 单位供热面积的供热负荷、热网循环水量；

　　2 单位供热量的燃料消耗量、折算标准煤量；

　　3 单位供热量的锅炉辅机和辅助设备耗电量；

　　4 单位供热量的热网循环泵耗电量；

　　5 热网补水率。

5.2.3 运行人员应定时、准确地记录供热参数。主要监控数据及设备运行状态应实时上传至监控中心。

5.2.4 热源的供热参数应符合供热系统调节曲线。锅炉运行台数应根据热负荷和锅炉的负荷效率特性确定。

5.2.5 燃煤锅炉应燃用与设计煤种相近的燃料，并应按批次进行煤质分析和化验，并应根据煤的特性进行预处理。

5.2.6 燃煤链条炉排锅炉的煤质应符合现行国家标准《链条炉排锅炉用煤技术条件》GB/T 18342 的规定。

5.2.7 锅炉燃烧过程应采用自动控制。

5.2.8 锅炉运行时应控制送风量和二次风比例。排烟处过量空气系数不应大于表5.2.8的规定。

表5.2.8　锅炉运行排烟处过量空气系数

锅炉类型		过量空气系数
层燃锅炉	无尾部受热面	1.65
	有尾部受热面	1.75
流化床锅炉		1.50
燃油、燃气锅炉		1.20

5.2.9 采用负压燃烧的锅炉炉膛与外界的负压差不应大于30Pa，运行时炉门及观察孔应关闭。

5.2.10 锅炉运行时排烟温度不应大于表5.2.10的规定。

表5.2.10　锅炉运行排烟温度

锅炉容量（MW）	排烟温度（℃）	
	燃油、燃气锅炉	燃煤锅炉
≤1.4	200	180
>1.4	160	

5.2.11 层燃锅炉炉渣或流化床锅炉飞灰中，可燃物含量重量百分比在额定负荷下运行时不应大于表5.2.11的值。

表5.2.11　可燃物含量重量百分比

锅炉容量（MW）	可燃物含量（%）		
	烟煤Ⅰ	烟煤Ⅱ	烟煤Ⅲ
≤5.6	15	16	14
>5.6	12	13	11

注：当锅炉在非额定负荷下运行时，可燃物含量最大值可取锅炉负荷率与表中数值的乘积。

5.2.12 锅炉应定期检查，并应清除受热面结渣、积灰、水垢及腐蚀物。

5.2.13 蒸汽锅炉房运行应符合下列规定：

　　1 供应采暖热负荷的蒸汽总凝结水回收率应大于90%；

　　2 锅炉排污率宜小于10%；

　　3 排污水应综合利用；

　　4 疏水器排出的凝结水应设置回收系统进行余热利用。

5.2.14 锅炉在新安装、大修及技术改造后应进行热效率测试。运行热效率测试时间间隔不应超过3年。当锅炉运行热效率不符合本规范第6章规定时，应维修或技术改造。

5.2.15 循环泵应根据实测运行参数调整水泵转速。当供热负荷长期未达到设计热负荷或长期偏离设计热负荷时，应更换水泵。

5.3 供热管网

5.3.1 热力网运行单位应在运行期间检测下列内容：

　　1 各热源及中继泵站供热介质温度、压力、流量；

　　2 各热源供热量、补水量；

　　3 中继泵站耗电量；

　　4 各热力站热力网侧供热介质温度、压力、流量；

　　5 各热力站供热量。

5.3.2 街区供热管网运行单位应在运行期间检测下列内容：

　　1 热力站或热源供热介质温度、压力、流量；

　　2 热力站或热源供热量、补水量；

　　3 各热力入口供热介质温度、压力、流量；

　　4 各热力入口供热量。

5.3.3 运行单位在运行期间应定期计算、分析下列能效指标，并应及时对系统进行优化调整：

　　1 各热力站或建筑入口单位供热面积的供热负荷；

　　2 各热力站或建筑入口的水力平衡度；

3 热力网或街区供热管网的补水率；

4 管网单位长度的平均温度降。

5.3.4 新并入集中供热管网的新建、改建和既有系统，在并入前应按本规范第 5.3.1 条～第 5.3.3 条规定的内容进行检测和分析，当能效指标低于集中供热系统时应进行调试或改造。

5.3.5 新建及既有街区供热管网，在室外管网或室内系统进行改造后，应在采暖前进行水力平衡检测和调试，各热力入口的流量和压头应符合水力平衡要求。采暖开始后应根据实际检测数据再次调整热力入口控制装置的设定值。

5.3.6 热网设备、附件、保温应定期检查和维护。保温结构不应有破损脱落。管道、设备及附件不得有可见的漏水、漏汽现象。

5.3.7 地下管沟、检查室中的积水应及时排除。

5.4 热 力 站

5.4.1 热力站运行单位应在运行期间检测下列内容：

1 热力网侧供热介质温度、压力、流量；

2 热力网侧热负荷、供热量；

3 用户侧各系统供热介质温度、压力、流量；

4 用户侧各系统热负荷、补水量；

5 耗电量。

5.4.2 运行单位在运行期间应定期计算、分析下列能效指标，并及时对系统进行优化调整：

1 单位供热面积的热负荷、耗热量、耗电量；

2 热力网侧单位供热面积的循环流量；

3 用户侧各系统单位供热面积的循环流量；

4 用户侧各系统的补水率。

5.4.3 每年采暖期前应核实供热面积和热负荷。当热负荷或供热参数有变化时，应按预测数据计算并调整循环流量。

5.4.4 系统初调节应在采暖初期进行，供水温度应符合当年的供热调节曲线。

5.4.5 运行人员应定时、准确地记录热力站能耗情况，并应定期对比分析。无人值守的热力站应定时巡视，主要监控数据应实时上传至监控中心。

5.4.6 用户侧供水温度可根据室外气象条件和统一的调度指令设定，并应通过调节热力网流量控制采暖供水温度符合设定值。

5.4.7 循环泵应根据实测运行参数调整水泵转速。当供热负荷长期未达到设计热负荷或水泵运行长期偏离高效区时，应更换水泵。

5.4.8 蒸汽热力站采暖系统的凝结水应全部回收。

5.5 室内采暖系统

5.5.1 当采暖系统的布置形式、散热设备、调控装置、运行方式等改变时，应重新进行水力平衡检测和调节。

5.5.2 供热单位应定期检测、维护或更换热量计量装置或分摊装置。

5.5.3 供热单位应定时巡视记录建筑物热力入口处每个系统的供热参数。当供热参数与规定值偏差较大时，应调节控制阀门。

5.6 监 控 系 统

5.6.1 热源、热网、热力站的运行参数应由热网监控中心进行统一调度，供热参数应根据室外气象条件及热网供热调节曲线确定。

5.6.2 供热调节曲线应根据热用户的用热规律绘制，且应根据实际供热效果进行修正。

5.6.3 每年采暖期前应依据供热面积的增减情况，重新核实新采暖期的热负荷、编制当年的供热系统运行方案、绘制新采暖期的水压图，并应针对每个热用户进行初调节、建立新的水力平衡。

5.6.4 多热源供热系统应根据各热源的能耗指标确定热源的投入顺序。能耗较低的热源应作为基本热源，能耗较高的热源应作为调峰热源。

5.6.5 监控系统采集的热源、热网、热力站、热力入口等处的运行参数应定期进行人工核实，并应及时修正测量误差。

6 节 能 评 价

6.0.1 供热系统所有设备的能效指标不应低于国家现行标准规定的节能评价值。

6.0.2 锅炉运行应符合现行国家标准《工业锅炉经济运行》GB/T 17954 的规定，热效率应达到二等热效率指标，综合技术指标宜达到二级运行标准。

6.0.3 热水锅炉房（不包括热网循环泵）总电功率与总热负荷的比值不宜大于表 6.0.3 规定的数值。

表 6.0.3 锅炉房电功率与热负荷比值（kW/MW）

锅炉类型	电功率与热负荷比值
层燃锅炉	14
流化床锅炉	29
燃油、燃气锅炉	4.5

6.0.4 热网循环泵单位输热量的耗电量不应高于规定值的 1.1 倍。

6.0.5 热水供热系统平均补水率应符合下列规定：

1 间接连接热力网的热源补水率不应大于 0.5%；

2 直接连接热力网的热源补水率不应大于 2%；

3 当街区供热管网设计供回水温差大于 15℃时，热力站（或热源）补水率不应大于 1%；

4 当街区供热管网设计供回水温差小于或等于 15℃时，热力站（或热源）补水率不应大于 0.3%。

6.0.6 蒸汽热源的采暖系统凝结水总回收率宜大于90%。

6.0.7 供热管网水力工况应符合下列规定：

　　1 热源、热力站的循环流量不应大于规定流量的1.1倍；

　　2 街区热水管网水力平衡度应在0.9～1.1范围内；

　　3 热源、热力站出口供回水温差不宜小于调节曲线规定供回水温差的0.8倍。

6.0.8 室内温度不应低于设计温度2℃，且不宜高于设计温度5℃。

6.0.9 供热管道保温应符合下列规定：

　　1 地下敷设的热水管道，在设计工况下沿程温度降不应大于0.1℃/km；

　　2 地上敷设的热水管道，在设计工况下沿程温度降不应大于0.2℃/km；

　　3 蒸汽管道在设计工况下沿程温度降不应大于10℃/km。

本规范用词说明

　　1 为便于在执行本规范条文时区别对待，对要求严格程度不同的用词说明如下：

　　　　1）表示很严格，非这样做不可的用词：
　　　　　　正面词采用"必须"，反面词采用"严禁"；

　　　　2）表示严格，在正常情况下均应这样做的用词：
　　　　　　正面词采用"应"，反面词采用"不应"或"不得"；

　　　　3）表示允许稍有选择，在条件许可时首先应这样做的用词：
　　　　　　正面词采用"宜"，反面词采用"不宜"；

　　　　4）表示有选择，在一定条件下可以这样做的用词，采用"可"。

　　2 本规范中指定应按其他有关标准、规范执行的写法为"应符合……的规定"或"应按……执行"。

引用标准名录

　　1 《公共建筑节能设计标准》GB 50189

　　2 《设备及管道绝热技术通则》GB/T 4272

　　3 《工业阀门　压力试验》GB/T 13927-2008

　　4 《工业锅炉经济运行》GB/T 17954

　　5 《链条炉排锅炉用煤技术条件》GB/T 18342

　　6 《城镇供热管网设计规范》CJJ 34

　　7 《严寒和寒冷地区居住建筑节能设计标准》JGJ 26

中华人民共和国行业标准

城镇供热系统节能技术规范

CJJ/T 185—2012

条 文 说 明

制 订 说 明

《城镇供热系统节能技术规范》CJJ/T 185 - 2012 经住房和城乡建设部 2012 年 11 月 2 日以第 1532 号公告批准、发布。

为便于广大设计、施工、科研、院校等单位有关人员在使用本规范时能正确理解和执行条文规定，《城镇供热系统节能技术规范》编制组按章、节、条顺序编制了本规范的条文说明，对条文规定的目的、依据以及执行中需注意的有关事项进行了说明。但是，本条文说明不具备与标准正文同等的法律效力，仅供使用者作为理解和把握标准规定的参考。

目 次

1 总　则

1.0.1　《中华人民共和国节约能源法》规定，节约资源是我国的基本国策，国家实施节约与开发并举、把节约放在首位的能源发展战略，鼓励、支持开发和利用新能源、可再生能源，对实行集中供热的建筑分步骤实行供热分户计量、按照用热量收费的制度，新建建筑或者对既有建筑进行节能改造，应当按照规定安装用热计量装置、室内温度调控装置和供热系统调控装置。同时要求有关部门依法组织制定并适时修订有关节能的国家标准、行业标准，建立健全节能标准体系。

　　在我国北方地区建筑能耗中采暖能耗占较大比重，减少采暖能耗的途径包括围护结构节能和供热系统节能两个方面，其中供热系统节能的潜力很大，是实现建筑节能目标的关键。编制本规范的目的是制订一部针对整个供热系统的关于节能的专门规范，对民用建筑集中供热工程从建设到运行的全过程提出节能要求，为落实国家有关政策提供技术支撑。

1.0.2　本规范适用对象为供应民用建筑（住宅及公共建筑）采暖的供热系统，内容包括热源、管网、热力站、热用户等供热系统的各个环节，从设计、施工、验收、运行及改造的全过程提出节能要求。其中热源包括热电厂首站、区域锅炉房、用户锅炉房、热泵机房等，不包括户用空调、燃气壁挂炉等分户采暖热源。本规范的规定只涉及供热系统中与能耗有关的部分，供热系统其他方面的规定由相应标准规定。

1.0.3　节能的目的是通过合理用能、提高效率，减少能源浪费。

1.0.4　在项目可行性研究、初步设计、施工图等各阶段设计文件中，应明示各项能耗指标，作为项目立项、评估、设计、审查、验收、运行的依据。

3 设　计

3.1 一般规定

3.1.1　本条规定的目的是要在整个设计过程对供热系统能耗进行控制，随着工程设计的深化，切实落实节能措施。

3.1.2　进行供热系统设计时，首先需要确定设计热负荷，根据热负荷进行水力分析，选择管网及设备的规格容量，制定系统运行方案。因此准确确定设计热负荷是供热系统节能设计的基础。设计时要对供热范围内的热用户的具体情况进行分析，对既有建筑需调查历年实际运行热负荷及耗热量，对新建建筑可参考条件相近建筑的实际热指标，根据供热建筑围护结构及供热系统条件核实该项目的设计热负荷。对不符合

节能标准的既有建筑，在供热系统进行设计时，需考虑围护结构和采暖系统节能改造后耗热量的变化情况。

3.1.3　集中供热系统涉及多种设备，设计时应选用符合国家节能标准的产品。我国已有多项工业产品的能效等级标准，规定了能效限定值和节能评价值，本条要求设备的能效等级达到相应标准规定的节能评价值。相关的标准有《工业锅炉能效限定值及能效等级》GB 24500、《通风机能效限定值及能效等级》GB 19761、《清水离心泵能效限定值及节能评价值》GB 19762、《冷水机组能效限定值及能源效率等级》GB 19577、《中小型三相异步电动机能效限定值及能效等级》GB 18613、《三相配电变压器能效限定值及节能评价值》GB 20052 等。

3.1.4　保温材料性能采用《设备及管道绝热技术通则》GB/T 4272 的规定。

3.1.5　供热系统附属建筑主要指独立建造的监控中心、客服中心及办公楼等，要符合公共建筑节能标准。

3.2 供热系统

3.2.1　热水作为供热介质具有热能利用率高、运行工况稳定、输送距离长、供热运行调节方便、热损失小、热网建设投资少等优点，采暖热负荷一般均采用热水作供热介质。当热网以蒸汽热负荷为主时，应在采暖热负荷集中的区域设置区域汽水换热站或在用户热力站设汽水换热器供应采暖热负荷。我国有些城市的既有蒸汽管网因工业布局调整，蒸汽热用户逐步减少变为以采暖热负荷为主，因蒸汽管网凝结水回收难，排放热损失大，造成系统能源浪费。因此对以采暖为主的蒸汽供热管网需逐步改造为热水供热管网。

3.2.2　考虑到目前我国热电联产项目建设的实际情况，新建燃煤热电厂规模较大且远离城市中心区，供热半径较大，本条规定主要针对燃煤热电联产系统。热水管网如果供热半径大于10km，一般需要设置中继泵站，管网循环泵能耗高且对安全运行不利，因此规定供热半径不宜大于20km。蒸汽管网散热损失和凝结水损失较大，不适合长距离输送，根据对城市蒸汽热力网的技术经济分析，供热半径6km以内是比较可行的。

3.2.3　供回水温度的确定需兼顾系统电耗和能源的品位。设计时应根据项目具体条件选择供回水温度。

　　1　大型供热系统一般采用高温热水供热，在热力站换热或混水，再将低温热水供至用户。提高热源供水温度和降低回水温度，可减少循环水流量节约循环泵电耗，并增加管网供热能力。目前国内大型供热系统热电厂和区域锅炉房常规设计供回水温度为130℃/70℃，经热力站换热后采暖系统设计供回水温度为85℃/60℃。热力网温度130℃以下可以使用直

埋预制保温管，用户采暖系统温度 85℃ 也满足常用塑料管材的耐温要求。如室内采暖系统采用低温热水采暖方式，或热力站采用热泵等供热方式，热力网回水温度还可以降低，进一步提高热力网输送效率。

2 用户小型热源和热力站与用户距离较近，直接与室内系统连接，供水温度、供回水温差的确定与室内系统形式及采用的管材有关。现行行业标准《严寒和寒冷地区居住建筑节能设计标准》JGJ 26－2010 的规定，散热器采暖系统采用金属管道供水温度≤95℃，采用热塑性塑料管供水温度≤85℃，采用铝塑复合管供水温度≤90℃，供回水温差均要求≥25℃。本条与其规定一致，目的是避免小温差大流量运行，减少循环泵电耗。

3 利用余热或可再生能源供热时，降低供热温度可以节约高品位热能，充分利用低品位热源，并可增加余热和可再生能源利用量。此时根据具体情况优化调整系统形式，热源温度可以低于常规采暖系统设计温度。

3.2.4 热源形式及布局的选择会受到资源、环境等多种因素影响和制约，热源远离用户对改善城市环境有利，但输送距离加大将会增加供热系统能耗，为此必须客观全面地进行分析比较，从节能、环保、经济等角度综合考虑。

1 热电联产能源利用率高，是大型集中供热的主要形式。大型供热系统采用多热源供热，不仅提高了供热可靠性，热源间还可进行经济调度，降低整个系统的总能耗，最大限度地发挥热电联产的节能、环保效益。为减少热网投资和运行能耗，要求调峰热源建设在热用户附近，并按多热源联网运行方式制定合理的运行方案。

2 燃煤锅炉房锅炉容量较大时热效率较高，且污染物排放控制较好，供热范围较大时总能耗较低。

3 燃气锅炉房使用清洁燃料，且锅炉容量对热效率影响较小，供热范围较小时管网输送能耗较低。

4 燃气冷热电联供系统设在用户附近，以燃气为一次能源用于发电，利用发电余热制冷、供暖、供生活热水，燃气梯级利用与单纯供热相比提高了能源综合利用率，适用于有全年冷热负荷的公共建筑。由于冷水输送距离不长，冷热电联供系统供能范围较小。

5 利用企业生产过程产生的余热（包括电厂冷却水余热）为周边的建筑供热，不仅利用了余热热能，而且减少了处理余热的能耗。当余热温度较低时，可利用热泵提高温度。

6 国家鼓励、支持开发和利用新能源、可再生能源，充分利用地区资源优势，开发利用可再生能源供热符合国家节能环保政策。

3.2.5 确定中继泵站的位置首先要满足水力工况要求，在进行站址方案比选时，要计算热源循环泵和所有中继泵运行功率，使热网循环泵和中继泵总能耗最小。

3.2.6 在热力站设置分布式变频循环泵代替热源循环泵或中继泵的方式，分布式循环泵可以在所有热力站均设置，也可在部分热力站设置，在一定条件下比集中循环泵或中继泵节能。但一般大型水泵效率高于小型水泵效率，且随着运行期间供热参数的调节，热力站入口处压力、压差及分布式加压泵运行工作点也会变化，循环泵总效率在实际运行工况可能低于设计工况。因此只有比较全年总耗电量，才能明确分布式加压泵系统是否节能。

采用分布式循环泵时要注意适用条件，才能达到节能效果。

1 既有供热系统改造时在热力网末端设分布式加压泵，可以减少管网改造和中继泵站建设，因既有管网的水力工况已有实测数据，各热力站的加压泵扬程选择可以比较准确，水泵可在高效区运行。

2 新建供热系统如果建设周期长，逐期发展过程中热力网水力工况会有较大差异，不适合采用分布式加压泵系统；建设周期较短的系统，热力网压差较稳定，加压泵工作点可长期在高效区。

3 热力网干线阻力较高，分布式加压泵节能效果较明显。

4 热力网各环路阻力相差悬殊时，集中式循环泵需按最不利环路阻力确定扬程，水泵功率较高。采用分布式加压泵可根据各环路阻力分别确定扬程，循环泵总功率较小。

3.3 热　源

3.3.1～3.3.3 在供热项目可行性研究、初步设计、施工图各阶段设计文件中，应制定实现节能目标的技术措施，并明示有关能耗指标，以便在下一阶段工程实施中落实和检验。本规范所指热源包括热电厂首站、区域锅炉房、用户锅炉房、热泵机房等，本条列出的内容是为了满足系统能耗分析的需要，热源运行需要的其他内容不在本规范中重复。热源设计时，热力网及热力站系统也在同时设计，热源设计单位可以根据热网设计方案确定热网循环泵耗电量和供热参数调节控制方式，作为项目节能评估和运行评价的参考依据。

3.3.4 根据民用建筑采暖热负荷的特点，采暖锅炉运行负荷经常低于设计负荷，锅炉负荷率降低时热效率降低，因此不宜使锅炉长时间低负荷运行。锅炉房设计时根据热负荷变化规律和锅炉效率变化规律，通过锅炉容量与运行台数的组合，提高单台锅炉负荷率，在供热系统低负荷运行工况下锅炉机组能高效率运行。

3.3.5 燃油、燃气锅炉自动化程度较高，能够根据设定的出水温度自动调节燃烧方式，较大容量的锅炉采用比例调节方式比分段调节方式更节能。

3.3.6 燃煤锅炉房运煤系统的节能措施应考虑运输系统布置、设备选择、调节控制、燃料计量等环节。从受煤斗向带式输送机、斗式提升机等设备给料应装设均匀给料设备，链条锅炉宜采用分层给煤燃烧装置，流化床锅炉的给料设备应能控制给料量。

3.3.7 锅炉除灰渣系统设计时应考虑运行调节和节煤措施。

3.3.8 锅炉烟风系统应优化配置，减小阻力，均匀送风，并具备调节手段，提高锅炉运行效率，减少电能消耗。

3.3.9 热网循环泵是供热系统主要耗能设备之一，合理选型是供热系统节能的基本条件。

1 新建系统设计和既有系统改造设计时均应进行水力计算，循环泵流量和扬程应与系统设计流量和计算阻力接近，避免水泵选型过大。分期建设和既有系统循环泵偏大时，要考虑调整水泵运行参数的可行性，运行能耗大的系统需更换水泵。

2 循环泵选型时应分析热源与热网调节方式，热网流量与阻力变化规律，水泵流量、扬程、转速与效率的关系，保证水泵在整个供热期内高效运行。

3 水泵调速的特性要满足热网调节的功能要求，并联运行的水泵同时调速可以保证水泵在调速时高效运行。

3.3.10 热电厂首站、大型工业锅炉房等使用蒸汽的热源，在蒸汽参数适合时，可利用较高压力的蒸汽驱动鼓风机、引风机、热网循环泵等耗能较高的设备，再用较低压力的蒸汽加热热网循环水，蒸汽能量得到梯级利用，可明显节约设备电耗。

3.3.11 充分利用余热是提高锅炉房能效的途径。

1 燃油燃气锅炉排烟中水蒸气含量较大，采暖系统回水温度一般低于烟气露点温度，有效利用烟气中水的潜热可以提高锅炉运行热效率。设置烟气冷凝装置的方法可以选用冷凝式锅炉，也可以采用烟道冷凝器。

2 选用设有省煤器和空气预热器的燃煤锅炉可以有效利用烟气余热。如锅炉排烟温度过高也可以设外置式省煤器或空气预热器。

3 有组织通风可减少设备间排风量，同时利用设备散热量。锅炉鼓风机从房间上部吸取热空气，可以减少加热室外冷空气的耗热量。但在冬季锅炉鼓风机的室内吸风量要根据热平衡计算确定。

4 蒸汽系统要防止泄漏损失，并充分利用凝结水、连续排污水和二次蒸汽的热量。蒸汽锅炉的排污水还可作热水热网的补充水。

3.3.12 自动控制是提高运行效率的重要措施。

3.3.13 热源出口的供热参数应按热负荷需要进行调节。

3.3.14 应根据系统调节控制要求设置参数监测仪表，为节能运行提供实时运行数据。

3.3.15 单独计量设备的耗燃料量、耗电量有利于进行运行能耗分析，选择和采取适当的节能措施。国家标准《用能单位能源计量器具配备和管理通则》GB 17167-2006 规定，单台设备耗电量大于或等于 100kW 的为主要用电设备，要求主要用电设备的计量器具配备率为 95%。供热热源的主要用电设备包括热网循环泵、锅炉辅机和辅助设备，上述标准要求在每个用能单元配备计量器具。

3.3.16 无功补偿可按现行国家标准《供配电系统设计规范》GB 50052 计算。

3.3.17 容量较大的用电设备采用高压供电可减少配变电系统的电能损耗。本条规定采用《民用建筑电气设计规范》JGJ 16 规定，当用电设备容量在 250kW 及以上时，宜以 10kV 或 6kV 供电。

3.3.18 保温是供热系统节能的重要措施之一。现行国家标准《设备及管道绝热技术通则》GB/T 4272 规定，表面温度高于 50℃的设备、管道及其附件必须保温。热源内除输送供热介质的管道及附件需要保温外，换热器、锅炉、烟道、水箱等有可利用热能的设备也需要保温。

3.4 热 力 网

3.4.1 热力网指以热电厂或区域锅炉房为热源，自热源经市政道路至热力站的供热管网，热力网供热介质一般为高温热水或过热蒸汽。在热力网项目可行性研究、初步设计阶段的设计文件中，应明示有关能耗指标，以便在下一阶段工程实施中落实和检验。大型城市供热系统常采用多热源供热系统，需要热力网设计单位确定供热调节方式，并绘制供热调节曲线。热源、热力站、中继泵站的优化运行需要根据热网调节曲线进行，在非设计工况下初调节和检测时需要根据热网调节曲线确定运行参数及能耗指标。根据供热调节曲线，可以计算各热源运行时间、年供热量、循环泵流量及扬程等数据，提供给各热源设计单位计算热源能耗量。

3.4.2 在热网施工图设计阶段，保温是与能耗直接相关的主要内容，应按管道敷设条件确定管道保温材料，并标明保温结构的各种数据。

3.4.3 管线走向及管路附件设置均影响管网循环泵能耗，管网选线要考虑节能因素，并选择阻力小的管路附件。

3.4.4 城镇热力网管线长、管径大，检修时要排掉大量软化水或除氧水，设分段阀门可以减少检修时的放水量，节约水处理的能耗。《城镇供热管网设计规范》CJJ 34-2010 规定，热水热力网输送干线分段阀门的间距宜为 2000m～3000m；输配干线分段阀门的间距宜为 1000m～1500m。

3.4.5 高温热水和蒸汽管道运行温度高，泄漏的能量损失大。现行国家标准《工业阀门　压力试验》GB/T 13927规定A级的允许泄漏为在试验压力持续时间内无可见泄漏。

3.4.6 热力网管道运行温度高、受力大，法兰连接处容易泄漏，从节能、节水和安全方面考虑，阀门应采用焊接连接。

3.4.7 供热管道直埋敷设没有管沟，节省材料、占地和施工能耗，防水保温效果较好。热水直埋保温管的保温层采用聚氨酯硬质泡沫塑料，工作管、保温层、外护层之间牢固结合为连续整体保温结构，可以利用土壤与保温管间的摩擦力约束管道的热伸长，从而实现无补偿敷设，减少补偿器散热和泄漏损失，与管沟敷设相比可大量节约能源。蒸汽直埋保温管的工作管与外护管能相对移动，管道和管路附件均在工厂预制。直埋敷设供热管道的设计可执行行业标准《城镇直埋供热管道工程技术规程》CJJ/T 81和《城镇供热直埋蒸汽管道技术规程》CJJ 104。

3.4.8 热力网管道和阀门、补偿器等管路附件均要求保温。《设备及管道绝热技术通则》GB/T 4272规定了保温材料要求及管道允许最大散热损失值。直埋保温管保温层厚度计算还需要考虑土壤热阻使外护层温度升高的影响。

3.4.9 蒸汽管道温度高，保温结构设计应避免热桥的产生，对支座采取隔热措施。

3.4.10 蒸汽系统回收凝结水可以减少热源水处理能耗，并利用凝结水热能。蒸汽管网沿线产生的凝结水尽量回收至凝结水管道。

3.5 热 力 站

3.5.1、3.5.2 热力站是用来转换供热介质种类、改变供热介质参数、分配、控制及计量供给热用户热量的综合体。根据热力网与用户的连接方式，热力站系统分为直接连接和间接连接形式。间接连接系统设置换热器，热力网的供热介质不直接进入用户，用户侧需设循环泵及补水装置。直接连接系统不设换热器，热力网的供热介质直接进入用户，热力网供水温度高于用户供水温度的系统设有混水装置，温度一致时只通过阀门连接，直接连接系统用户侧可设循环泵也可直接利用热力网压差进行循环。

热力站耗热量的大小直接影响整个供热系统的能耗水平，控制耗热量最有效的途径是随室外温度变化及时调整供热参数及供热量，减少因超温超流量带来的热能浪费。因此采用适当的调节控制方式，按照设定的供热调节曲线控制运行参数，是热力站节能的关键。本规范要求在供热项目可行性研究、初步设计、施工图各阶段设计文件中，制定热力站实现节能目标的技术措施，并明示与能耗相关的参数调节控制方式，以便在下一阶段工程中落实和检验。

3.5.3 热力站的位置尽量靠近用户，有利于用户侧

管网水力平衡，并减少循环泵电耗。热力站规模的研究考虑了工程投资、运行费用、运行能耗、水力平衡、调节控制等因素，研究条件为大型城市建筑密度较高的地区，对建筑密度较低的地区热力站合理规模更小。楼栋热力站采用无人值守全自动供热机组，针对用户使用规律确定控制方式，随时监测用户需求自动调节供热量，节能效果更好。供回水温差小的系统流量大，循环泵能耗高，采用楼栋热力站可以缩短室外管网，减少循环泵耗电量。

低温地面辐射采暖及风机盘管等系统供回水温差只有10℃左右，循环水量较大，室外管网较长时循环泵耗电量很大，因此推荐采用楼栋热力站，缩小室外管网长度。或热力站按常规温度设计，室外管网采用大温差、小流量运行，在热力入口或住户入口设混水泵，满足室内系统循环水量要求。

3.5.4 供热系统或环路的划分要考虑建筑物的用途、使用特点、热负荷变化规律、室内采暖系统形式、管道与设备材质、供热介质温度及压力、调节控制方式等。公共建筑和住宅的供热时间及使用规律不同，分别设置采暖系统有利于供热参数调节和热计量。学校的教室、商场的营业厅、剧场的观众厅、体育馆的比赛厅等非连续使用的场所，分别设置环路可以实现分时供热，如热力站单独设置环路不具备条件，也可以在室内系统进行控制。

3.5.5 热力站采暖系统循环泵耗能较高，合理选型是热力站节能的基本条件。

1 本条要求循环泵均采用调速泵，适应系统调节控制需要，节省水泵电耗。

2 新建系统设计和既有系统改造设计时均应进行水力分析，循环泵流量和扬程应与系统设计流量和计算阻力接近，避免水泵选型过大。分期建设和既有系统循环泵偏大时，要考虑调整水泵运行参数的可行性，运行能耗大的系统可更换水泵。

3 两管制风机盘管空调系统冬季供暖与夏季供冷使用同一条管道，因冬、夏季供回水流量及阻力不同，需要分别进行水力计算，确定冷、热水循环泵能否共用。

4 水泵出口设置止回阀的作用是防止水倒流损坏水泵。并联水泵部分运行时需关闭停运水泵的出口阀门，设止回阀可以减少倒泵时的操作。而只有一台循环泵的系统，水泵停运时进出口压力一致，止回阀不起作用，循环泵出口不设止回阀可以减少系统阻力损失。

3.5.6 当热力网的条件符合第3.2.6条时，设置分布式循环泵可以节能。由于分布式循环泵代替了调节阀，系统设计要满足热力站调节控制的要求。

1 每个系统单独设置分布式循环泵，可以根据各系统的运行特点单独调节，代替电动调节阀的作用。

2 分布式循环泵调速除节电外，主要是为了满足功能需要。通过调节水泵转速改变热力网供水流量，满足用户热负荷需求。

3 水泵扬程与热力网水力工况吻合才能达到更好的节能效果。对运行期间压力变化较大的热力网（如多热源或变流量系统），水泵运行时压力与流量变化不同步会偏离高效点，选择水泵特性曲线时应考虑热力网压力变化特性。

3.5.7 循环泵转速按管网末端压头控制的节能效果好于按站内供回水压差控制，但受条件限制远程控制有一定难度。本条程度用词采用"宜"，建议压差控制点尽量接近末端用户。

3.5.8 热力站设置自动控制系统，能够保证节能效果。监控系统可由监控中心根据室外温度、日照、风速等气象条件和供热调节曲线确定供水温度，通过通信网络设定用户侧供热参数，由热力站自动控制供热量。如果不能实现集中设置供热参数，则在每座热力站设室外温度监测装置，根据设定的供热调节曲线设定用户侧供热参数，自动控制供热量。

3.5.9 热力站自动控制用户侧供热参数和供热量的方法，要依靠热力网侧的调控装置实现。

1 热力站各系统设电动调节阀，通过调节热力网流量，维持用户侧供水温度符合设定值，达到根据气象条件自动控制供热量的目的。

2 在热力网总管设压差控制阀，可以保证电动调节阀的调节性能。

3 分布式循环泵通过调速达到与电动调节阀同样的功能。如果循环泵的调节范围不能适应热力网压力变化范围，仍需设压差控制阀。

4 热力站控制总回水温度，可以避免回水温度过高，保证热力网水力平衡。

3.5.10 热力站在热力网侧设热计量装置，有利于分析热力网水力平衡状况，为系统调节提供依据。用户侧是否再设热计量装置需要根据具体情况确定。

3.5.11 本规范的适用范围为民用采暖供热系统，热力站汽水换热器排出的凝结水全部可以回收。采用闭式凝结水回收系统的目的在于避免凝结水接触空气，减少凝结水溶氧，减少凝结水管道腐蚀，提高送回热源的凝结水质量，从而减少热源进行再处理的能耗。

3.5.12 热力站所有输送供热介质的管道、管路附件及换热器等设备，不论介质温度高低均需要保温。

3.6 街区供热管网

3.6.1 街区供热管网是指热力站或用户锅炉房、热泵机房等小型热源至建筑物热力入口的室外供热管网。在可行性研究和初步设计阶段要确定供热参数、水力平衡方式和热计量方式。

3.6.2 街区供热管网施工图文件要标注每个热力入口的供回水温度、流量和资用压头，作为水力平衡检

测、调试和运行调节的依据。

3.6.3 热力入口处设置调控装置及检测仪表，以便调节室外管网的水力平衡。

3.6.4 街区管网水力不平衡是造成供热系统热能和电能浪费的主要原因之一，水力平衡是节能的重点工作。此处规定各并联环路的计算压力损失差值不大于15％，与暖通设计相关标准取得一致。当管网供热范围较小时，通过调整管径可以做到各环路阻力基本平衡；当供热范围较大时，仅通过调整管径很难满足平衡要求，因此需要设置调控装置。调控装置可以在所有热力入口安装，或在部分资用压头大的热力入口安装，必要时也可装在管网支线上。调控装置采用压差控制阀能更好地适应用户自主调节的变流量系统。

3.6.5 室内采用低温地面辐射或风机盘管等采暖方式时设计供水温度较低，要求水流量较大。当管网供热半径较大时，在用户室内或热力入口处设混水装置，混水装置将室外管网供水与部分室内回水混合，保证室内系统供水温度和流量符合要求。管网采用较高的供水温度，室外管网水流量较小，可以减少热力站循环泵能耗。

3.6.6 供热管道直埋敷设取消了管沟，节省材料、占地和施工能耗，防水保温效果较好。热水直埋保温管为预制整体保温结构，可以实现无补偿敷设，减少补偿器热损失和故障率，与管沟敷设相比可大量节约能源。供热管道无补偿直埋敷设的设计方法见行业标准《城镇直埋供热管道工程技术规程》CJJ/T 81。

3.6.7 行业标准《严寒和寒冷地区居住建筑节能设计标准》JGJ 26 中规定了常用管径的保温最小厚度，低温热水管道可以比较方便地选用。

3.7 室内采暖系统

3.7.1 室内采暖系统是供热系统的终端，由室内散热设备和管道等组成，使室内获得热量并保持一定温度。本规范所指室内采暖系统形式包括散热器采暖、辐射采暖、风机盘管采暖等。由于室内采暖系统的能耗是整个供热项目能耗的基础，合理调节对供热系统整体节能目标的实现起到至关重要的作用，因此要求在施工图设计阶段，除了标明与室内采暖系统相关的能耗参数外，还应标明室内温度调节控制方法、调节控制装置的技术要求、室外管网入口处的参数要求等，以便在下一阶段工程实施中落实和检验。

室内温度控制是建筑节能的必要条件，在散热设备管路上安装恒温控制阀，将室温控制在适宜的水平，避免住户因室温过高开窗通风等浪费热能的行为。设计要根据系统特点规定室内温度调节控制方法，并提出调节控制装置的特性参数、安装、调试、检验、验收、使用、维护等技术要求，以保证采暖房间室温调节效果。

3.7.2 室内采暖系统环路的布置应考虑调控与计量

的要求，既有采暖系统改造要结合原采暖系统形式选择适用的调控与计量形式。在每个采暖房间均设置室内温度调控装置，可以满足用户对室内温度的不同需求，室内舒适度和节能效果更好。如既有采暖系统改造难以实现分室控制，也可采用分户控制的方式。

3.7.3 采用地面辐射采暖、风机盘管采暖等低温热水采暖方式适合较低的供水温度，可以充分利用低品位热能和可再生能源，提高供热系统的节能效益。

3.7.4 为减少热损失，敷设在管沟、管井、楼梯间、设备层、吊顶内的管道及附件应保温。分户热计量系统在供回水干管和共用立管至户内系统接点前，位于室内的管道也应保温。

3.8 监控系统

3.8.1 监控系统包括供热监控中心 SCC、本地监控站 LCM 及通信系统。监控中心具有能耗分析软件和水力分析软件，根据供热管网实际运行数据，建立管网运行实时水压图，能够及时调整循环泵运行参数，对各热源、中继泵站、热力站的供热量及供热参数进行优化调度。

3.8.2 供热系统的监测数据是监控中心进行各种能耗分析及调度的依据。

3.8.3 为了进行能耗分析并实现优化调度，监控中心需了解热源的能耗量、供热量、供热参数等信息。

3.8.4 热力站热力网侧的运行参数能反映热力网的水力工况，将各热力站的监测数据传至监控中心，则可了解全网的运行工况，及时进行调节，实现节能运行。用户侧的运行参数反映热力站调节水平和能耗水平。本条规定热力网侧要监测热量，用户侧是否监测热量要根据热力站实际情况决定。

3.8.5 如果有条件也可以在热力入口设自动监测装置，及时发现街区管网水力失调等问题。

4 施工、调试与验收

4.1 一般规定

4.1.1 强化供热系统施工现场管理，在施工过程中加强节能节约活动，杜绝施工浪费现象，是城镇供热系统节能的重要环节。

4.1.2 导热系数、密度、吸水率是保温材料的关键性能指标，对设备及管道散热损失影响较大，除应具有出厂证明文件外还要求材料到达现场后进行抽检。

4.1.3 设备、管道及管路附件保温结构施工需符合设计要求，以达到供热系统能耗指标。

4.2 热源与热力站

4.2.1 锅炉受热面存在污垢影响传热效率，锅炉安装完成后要将污垢清除干净。锅炉各部位应严密，防止漏风、漏煤，保证锅炉良好的燃烧状态，减少热损失。

4.2.2 锅炉漏风试验发现的漏风缺陷要采取措施进行处理。现场组装锅炉带负荷连续试运行 48h 的要求与现行国家标准《锅炉安装工程施工及验收规范》GB 50273-2009 规定一致，目的是检验锅炉的设计、制造、安装、燃料及操作情况。

4.2.3 现场组装锅炉验收要求进行热效率测定。

4.2.4 系统安装完成后检查各项节能设施是否安装到位。

4.2.5 节能设施安装完成后，需要进行调试并达到规定的性能指标，才能保证运行时的节能效果。

4.3 供热管网

4.3.1 管沟、检查室进水保温层受潮会明显增加散热损失，直埋管道保温端头吸水也可造成整个保温结构失效。检查室内环境湿度过高，其中安装的设备、阀门、仪表等容易腐蚀或损坏。管沟、检查室结构及管道穿墙处要严格做好防水，并且应有集水、排水设施，必要时可加通风措施，以便及时排除管沟、检查室内水汽。

4.3.2 工厂预制直埋保温管的质量更可靠，目前直埋敷设热水和蒸汽管道均采用预制直埋保温管。在整个施工安装过程中要保护好保温接口和外护层，保温管接头处进水和外护层损坏会影响保温结构密封质量，使直埋保温管散热损失增大，还可能腐蚀管道。

4.3.3 直埋保温管接头是直埋管道的薄弱环节，接头施工质量是管网保温效果和安全运行的关键环节。

1 施工环境、材料成分配比等条件均影响保温接头质量，应事先进行工艺型式检验。

2 外护层或外护管及其粘接材料、防腐材料与预制保温管材料粘结牢固，抗拉和抗剪切强度应与直管相同，才能保证直埋管道结构稳定。

3 直埋热水管道聚氨酯保温层发泡时在外护层或外护管上留有临时发泡孔，不及时进行密封，水汽进入会破坏接头保温结构。

4 直埋热水管道聚氨酯保温层端口应安装收缩端帽，直埋蒸汽管道保温端口应安装防水封端，防止积水或水汽进入保温层。

4.3.4 系统安装要保证各项节能设施安装到位。

4.3.5 街区供热管网在热力入口或管网支线装有调节阀门，为满足所有用户供热质量要求，需要进行水力平衡调试。当室外管网或室内采暖系统进行扩建或改造后，原有水力工况发生改变，会造成水力失调，需要重新进行水力平衡调试。

4.4 室内采暖系统

4.4.1 散热器罩设置不当会严重影响散热效果。

4.4.2 恒温阀的温度传感器正确反映房间温度，才能有效控制室内温度。温度传感器要装在通风、无遮挡、无日晒的位置，不要装在散热器罩内、采暖管道上方、外墙上等位置。

4.4.3 在经过计算不能达到水力平衡要求时，系统需要安装水力平衡装置。室内系统水力平衡装置包括可以预设定的恒温阀、静态平衡阀、自力式控制阀等，安装后要按规定参数进行调试或设置，保证所有恒温阀正常工作。

4.5 监 控 装 置

4.5.1 监控系统的仪表及装置安装前需校验，满足监测、控制、计量、能耗分析的需要。进行贸易结算的计量仪表要符合贸易结算精度要求。

4.5.2 测温元件应能反映所测介质的温度，水温测点不应设在水流死角，空气温度测点不应设在高温管道或烟道上方，且不应直接日晒。

4.5.3 监测、计量装置的性能要统筹考虑，便于供热系统各部位监测数据的集中管理和分析。

4.5.4 为计量准确提出的要求。

　　1 应根据计量表产品形式确定前后直管段长度。

　　2 热量表由流量传感器、温度传感器和计算器组成，要求采用配套的温度传感器以保证热量计量精度。

4.5.5 管道施工时要按仪表要求预留传感器安装条件，保温管道在保温施工时也要注意预留检测孔，并在管道外及保温结构外做标记，以免安装仪表时再次开孔。

4.5.6 调控装置安装完成后需进行调试，以达到要求的运行状态。

4.5.7 监控系统要满足预定的功能，需进行调试和检测。将供热系统各关键点的运行数据采集和传送到监控中心，进行数据计算及分析，并下达调度指令。

4.6 工 程 验 收

4.6.1 带负荷试运行时间的规定与现行国家标准《锅炉安装工程施工及验收规范》GB 50273－2009 规定一致。试运行期间不一定达到满负荷，所检测的参数根据当时的供热范围及室外温度等条件折算后，判断是否满足要求。

4.6.2 供热工程验收应具备与节能有关的证明文件、试验记录及报告。

4.6.3 要求供热工程总验收前进行系统节能性能检测，了解系统能耗水平。

5 运行与管理

5.1 一 般 规 定

5.1.1 供热系统节能的关键环节是运行管理，供热系统实际能耗的测定和分析，是制定节能运行方案和进行节能改造的依据。

5.1.2 很多供热系统是逐年发展的，每年的实际供热负荷会发生变化，供热单位需要分析实际热负荷情况，合理确定该供热系统的节能运行方式。

5.1.3 供热系统热负荷及热源的发展对供热调节方式有不同的要求，供热单位要根据系统的节能运行方式优化供热参数调节方案，按优化的供热调节曲线设定每日的供热参数。

5.1.4 实现供热系统节能，需要运行管理人员掌握节能技术，并严格执行节能措施。

5.1.5 详细的运行能耗记录是进行供热系统能耗分析的基础资料，对节能运行和节能改造非常重要。

5.1.6 供热单位有责任保证节能设施的有效使用。

5.1.7 供热单位要保证能量计量的准确性，仪器仪表需要定期校验和检修。

5.1.8 供热系统要逐步淘汰既有系统中正在使用的非节能产品。

5.1.9 近些年我国正在逐步实施既有建筑围护结构和既有供热系统的节能改造。

5.2 热 源

5.2.1 本规范适用对象为供应民用建筑采暖的供热系统，供热单位检测并分析采暖期能耗指标，作为优化运行控制的依据。额定功率大于等于 14MW 锅炉应检测排烟含氧量，额定功率大于 4MW 小于 14MW 锅炉宜检测排烟含氧量，检测范围与《锅炉房设计规范》GB 50041－2008 规定一致。

5.2.2 《工业锅炉能效测试与评价规则》TSG G0003－2010 规定，工业锅炉系统的主要能效评价指标为系统单位输出热量的燃料消耗量、辅机和辅助设备消耗电量、介质补充量。本条针对供热热源的行业特点做了以下调整：

　　1 增加了热指标，用于评价供热建筑围护结构节能水平；

　　2 增加了循环水量指标，用于评价系统水力平衡状况；

　　3 增加了单位供热量的热网循环泵耗电量，用于评价循环泵运行效率；

　　4 补水量指标采用补水率，符合供热行业习惯。补水率为供热系统平均单位时间补水量与总循环流量的百分比。

5.2.3 详细的运行记录是进行供热系统能耗分析的基础资料，对节能运行和节能改造非常重要。

5.2.4 锅炉运行调节的目的是最大限度地保证锅炉在高效率下运行，当初、末寒期热负荷需求较低时，可以调整锅炉运行台数，提高单台锅炉的负荷率。

5.2.5 为了保证燃煤锅炉高效运行，要求按批次进行煤质分析和化验。

5.2.7 自动控制是提高运行效率的重要措施。

5.2.8 锅炉运行送风量应在满足燃烧工况的同时减少过量空气热损失，并以合理比例使用二次风减少排烟固体不完全燃烧热损失。本条过量空气系数控制值摘自现行国家标准《工业锅炉经济运行》GB/T 17954-2007。

5.2.9 负压燃烧锅炉应防止冷空气吸入炉膛，减少热损失。

5.2.10 减少排烟热损失可以提高锅炉热效率。本条数值摘自现行国家标准《工业锅炉经济运行》GB/T 17954-2007，采用有尾部受热面的数据。

5.2.11 燃煤锅炉灰渣或飞灰可燃物含量高会降低锅炉热效率。本条数值摘自现行国家标准《工业锅炉经济运行》GB/T 17954-2007，表中数值为层燃锅炉对炉渣可燃物含量及流化床燃烧锅炉飞灰可燃物含量的要求。

5.2.12 锅炉受热面应清洁，保证传热效率。

5.2.13 蒸汽热源减少热损失的节能要求。

5.2.14 现行国家标准《工业锅炉经济运行》GB/T 17954-2007规定，运行考核的时间间隔不超过3年。发现锅炉热效率明显降低时应及时检修维护。

5.2.15 供热系统实际运行的水力工况会与设计参数有差异，需要在运行时实测系统流量、压力等数据，调整水泵运行特性，才能达到节能目的。如果供热负荷发展缓慢长期不能达到设计热负荷，或长期偏离设计热负荷，循环泵长期在低效区运行能耗较大，要考虑过渡措施。

5.3 供热管网

5.3.1 热力网运行单位需要监测各关键点的供热参数及供热量，及时了解管网水力工况和各项能耗以优化调整运行状态，热力网运行关键点主要是起点、末端及中间参数变化点。热源出口参数代表管网起点运行参数，多热源供热系统要检测各热源出口管网参数；典型热力站入口参数可以代表管网末端及支线运行参数；中继泵站是管网主要参数变化点。热力网中主要耗电设备为中继泵，与热源循环泵共同克服热力网循环阻力。

5.3.2 街区管网主要监测起点和末端运行参数。

5.3.3 供热管网能效指标针对供热行业特点做了以下规定：

1 热指标用于评价建筑围护结构节能水平；

2 水力平衡度通过各热力站或建筑入口实测流量计算，用于评价系统水力平衡状况；

3 补水率用于检查管网失水状况；

4 管道热损失是供热管网的主要节能指标，检测管网温度降可以比较方便地评价管道保温的有效性。

5.3.4 供热系统施工完成后对管网进行调节，以

保证水力平衡减少能耗损失。当集中供热系统有新用户并入时，需重新对管网进行调节，并评估其对热网能耗水平的影响，避免对既有热网中其他部分造成不利影响。

5.3.5 街区供热管网对水力平衡要求较高，热负荷变化较大时应及时调整。

5.3.6 保温损坏和管路附件密封不严造成管网热损失和失水，管网巡检时应特别注意。

5.3.7 管沟、检查室可能有地表或地下水渗入，潮热环境容易损坏保温结构，应及时排除积水保持管沟、检查室干燥。

5.4 热力站

5.4.1 热力站与节能运行有关的内容主要包括供热参数、热负荷、流量、耗电量等。

5.4.2 针对热力站特点规定能效指标：

1 热指标用于评价建筑围护结构节能水平；

2 耗热量及耗电量是指一段时间内或一个采暖期总耗热量及耗电量，用于评价总能耗水平；

3 热力网侧循环水量指标用于评价系统热力站控制系统的运行状况；

4 用户网侧循环水量指标用于评价管网水力平衡状况；

5 补水率用于检查管网失水状况。

5.4.3 热力站应按当年的热负荷和调节曲线设定循环流量，避免大流量运行。

5.4.4 集中供热系统每年会有新用户接入，热力网水力工况可能发生变化，热力站应在采暖初期按当年的热负荷和调节曲线校核供热参数，不符合时应调节控制阀门。

5.4.5 详细的运行能耗记录是进行供热系统能耗分析的基础资料，对节能运行和节能改造非常重要。无人值守的热力站定时巡视检查监控系统上传数据的准确性。

5.4.6 热力站的调节方式为按调节曲线设定用户侧温度，由用户侧温度信号控制热力网侧调节阀开度。

5.4.7 供热系统实际运行的水力工况会与设计参数有差异，需要在运行时实测系统流量、压力等数据，调整水泵运行特性，才能达到节能目的。如果供热负荷发展缓慢长期不能达到设计热负荷，或长期偏离设计热负荷，循环泵长期在低效区运行能耗较大，需考虑过渡措施。

5.4.8 本规范适用对象为供应民用建筑采暖的供热系统，蒸汽热力站采暖系统采用间接换热方式，凝结水热量应回收利用。

5.5 室内采暖系统

5.5.1 室内采暖系统不能随意改动，进行较大改动后要重新进行水力平衡调试。

5.5.2 热量计量及分摊装置有多种形式，用户不能私自拆卸和更换。

5.5.3 供热单位应定时记录运行数据，并及时修正初调节的偏差。

5.6 监 控 系 统

5.6.1 热网监控中心同时监测热源和热用户运行数据，根据实测室外温度、气象预报、热源状况等因素，确定各热源运行方式、供水温度和循环泵运行参数，有利于整个供热系统节能运行。

5.6.2 热水供热系统根据确定的调节方式绘制供热调节曲线，供热调节曲线是以室外温度为横坐标，以热网供回水温度、总循环流量为纵坐标的温度、流量曲线图，根据调节曲线可实现热源、热力站、中继泵站的优化运行。已经投入运行的供热系统根据实测数据修正理论误差，并总结优化调节方式。

5.6.3 大型供热系统每年会有新的热用户或新的热源接入，在采暖期运行前应对运行方案进行节能优化。

5.6.4 多热源供热系统通过各热源运行时间的调度可以最大限度地节能。

5.6.5 监控系统测量误差要及时修正。

6 节 能 评 价

6.0.1 要求供热系统设备的能效指标达到国家相应产品标准规定的节能评价值。

6.0.2 《工业锅炉经济运行》GB/T 17954－2007 中所列综合评判技术指标包括运行热效率、排烟温度、过量空气系数和燃煤锅炉灰渣可燃物含量，其中运行热效率为总控制指标。达到一等热效率指标值且其他各项指标均达标为一级运行标准，本条规定取二级运行指标作为节能评价标准。

6.0.3 本条数据参照了《城镇供热厂项目工程建设标准》（建标 112－2008）中规定的数值，并根据理论测算分析和供热厂实际运行数据确定。对于燃煤锅炉房是考虑了除尘和脱硫设施的电耗，但由于其除尘、脱硫设施不同，有的增设了脱硝设施，可能会超过该数值，但应尽量降低这些设备的烟气阻力，减少电耗。

6.0.4 热网循环泵耗电量指标根据城镇供热管网规模及设计参数计算。

6.0.5 间接连接热水供热系统的热力网因管材质量、施工及运行管理水平较高，失水率较低；街区供热管网直接连接用户室内系统，管理难度较大，失水率较高。根据实际调查，目前供热企业实际运行的大型热力网补水率为 0.7%～1%，街区热网补水率一般大于 1%。为了进一步降低补水耗热损失，本规范规定间接连接热力网的补水率不大于 0.5%，街区供热管网的补水率不大于 1%，低温采暖系统供热温差小，单位供热量循环水量较大，同样规模供热系统失水率数值较低，且本规范第 3 章推荐低温采暖系统采用楼栋热力站，室外管网较少，规定补水率不大于 0.3%。

6.0.6 蒸汽热力网凝结水热损失较大，将换热后的凝结水回收至热源，能够利用凝结水的热能，并能减少蒸汽锅炉给水处理的能耗。

6.0.7 水力平衡是供热系统节能的重要指标。

6.0.8 采暖房间室内温度基本一致是供热系统运行调节的目标，不应存在室温过高的浪费现象。

6.0.9 管道保温在满足经济厚度和技术厚度的同时，应控制管道散热损失，检测沿程温度降比计算管网输送热效率更容易操作。根据现行国家标准《设备及管道绝热技术通则》GB/T 4272 给出的季节运行工况允许最大散热损失值，分别计算 $DN200～DN1200$ 直埋管道在介质温度为 130℃，流速为 2m/s 时的最大沿程温降 0.07℃/km～0.1℃/km。综合考虑各种管径直埋管道的保温层厚度，将地下敷设热水管道的温降定为 0.1℃/km。

中华人民共和国行业标准

城市地理编码技术规范

Technical code for city geocoding

CJJ/T 186—2012

批准部门：中华人民共和国住房和城乡建设部
施行日期：2 0 1 3 年 3 月 1 日

中华人民共和国住房和城乡建设部
公 告

第 1531 号

住房城乡建设部关于发布行业标准
《城市地理编码技术规范》的公告

现批准《城市地理编码技术规范》为行业标准，编号为 CJJ/T 186 - 2012，自 2013 年 3 月 1 日起实施。

本规范由我部标准定额研究所组织中国建筑工业出版社出版发行。

中华人民共和国住房和城乡建设部
2012 年 11 月 2 日

前 言

根据住房和城乡建设部《关于印发〈2008 年工程建设标准规范制订、修订计划（第一批）〉的通知》（建标［2008］102 号）的要求，规范编制组经广泛调查研究，认真总结实践经验，参考有关国家标准和国外先进标准，并在广泛征求意见的基础上，编制本规范。

本规范的主要技术内容是：1. 总则；2. 术语；3. 基本规定；4. 位置描述信息；5. 地理编码参照数据库；6. 匹配应用。

本规范由住房和城乡建设部负责管理，由建设综合勘察研究设计院有限公司负责具体技术内容的解释。执行过程中如有意见或建议，请寄送建设综合勘察研究设计院有限公司（地址：北京市东城区东直门内大街 177 号；邮政编码：100007）。

本规范主编单位：建设综合勘察研究设计院有限公司

本规范参编单位：中国测绘科学研究院
国家测绘地理信息局测绘标准化研究所
国家基础地理信息中心
北京市测绘设计研究院
上海市测绘院
北京市信息资源管理中心
武汉市国土资源和规划信息中心
中国地质大学（武汉）
合肥工业大学建筑设计院

本规范主要起草人员：王 丹 李 军 李成名
黄 坚 田 飞 苏 莹
陈 倬 肖学年 郭建坤
郭容寰 高 飞 李海明
彭明军 吴 亮

本规范主要审查人员：蒋景瞳 郝 力 方 裕
王英杰 高 萍 陈燕申
李小林 陈向东 王晏民

目　次

Contents

1 总　则

1.0.1 为利于城市地理编码数据库建设和应用服务，实现城市信息的空间定位，推动城市信息资源的整合利用，促进城市信息化建设，制定本规范。

1.0.2 本规范适用于城市地名、地址、兴趣点等要素地理编码数据的采集、处理、建库、更新、维护和应用服务。

1.0.3 城市地理编码数据的采集、处理、建库、更新、维护和应用服务，除应符合本规范外，尚应符合国家现行有关标准的规定。

2 术　语

2.0.1 地理编码　geocoding
建立位置描述信息与其坐标数据之间对应关系的过程。

2.0.2 位置描述信息　location descriptive information
用文字描述的地名、地址、兴趣点等要素的位置信息。

2.0.3 地理编码参照数据　geocoding reference data
用于地理编码服务的位置描述信息及其对应的坐标数据。

2.0.4 地理编码参照数据库　geocoding reference database
利用地理编码参照数据建立的地理空间数据库。

2.0.5 匹配　matching
基于地理编码参照数据库，由位置描述信息获得其对应的坐标数据，或由坐标数据获得其对应的位置描述信息的操作。

2.0.6 匹配度　matching precision
通过匹配所获得的匹配结果的符合性量度。

2.0.7 数据元素　data element
位置描述信息的最小语义单元。

2.0.8 细致程度　level of detail
位置描述信息所描述的位置的粗细程度。

2.0.9 地理空间数据　geospatial data
与地球上位置直接或间接相关的数据。

2.0.10 地理空间框架数据　geospatial framework data
基本的、公共的地理空间数据，包括行政区域、道路、建（构）筑物、水体、绿地、地籍、高程、测量控制点、地质、交通、地名和地址数据以及数字正射影像数据等。

2.0.11 元数据　metadata
关于数据的数据，即数据的标识、覆盖范围、质量、空间和时间模式、空间参照系和分发等信息。

3 基本规定

3.0.1 地理编码数据采用的坐标系统应与所在城市基础地理信息数据使用的坐标系统相一致。

3.0.2 地理编码数据建设和应用服务过程中，日期应采用公历纪元，时间应采用北京时间。

3.0.3 城市地理编码应包括地理编码参照数据库建设和地理编码匹配两项工作。

3.0.4 地理编码参照数据库建设应符合下列规定：
　　1 应根据应用需要，确定地理编码参照数据的细致程度和类型；
　　2 应采集作为地理编码参照数据的位置描述信息；
　　3 对采集的地理编码数据，应进行数据处理和检查验收；
　　4 当地理编码参照数据发生变化或不能满足应用需要时，应及时更新维护地理编码参照数据库。

3.0.5 地理编码匹配应符合下列规定：
　　1 对需进行匹配的位置描述信息，应进行相应的规范化处理；
　　2 应利用地理编码参照数据库，实施匹配操作；
　　3 对匹配结果应进行分析评价。当匹配结果不能满足需要时，应通过交互式处理或重新匹配等方式改善匹配结果。

3.0.6 地理编码数据应具有相应的元数据。地理编码数据的元数据应符合现行行业标准《城市地理空间信息共享与服务元数据标准》CJJ/T 144 的规定。

3.0.7 地理编码数据的质量应符合现行国家标准《地理信息　质量原则》GB/T 21337 和《数字测绘成果质量要求》GB/T 17941 的规定。

4 位置描述信息

4.1 细　致　程　度

4.1.1 位置描述信息可根据细致程度由粗到细分为Ⅰ、Ⅱ、Ⅲ、Ⅳ级，其描述的对象及细致程度应符合表 4.1.1 的规定：

表 4.1.1　位置描述信息的细致程度

细致程度级别	位置描述的对象
Ⅰ级	区（县）、街道（乡、镇）、社区（村）、其他管理和服务单元、景区等
Ⅱ级	街巷、居民小区、院落等
Ⅲ级	建（构）筑物、景点、标志物、兴趣点等
Ⅳ级	楼层、房间及特殊要求等

4.1.2 对同一城市的不同区域，根据应用需要，可使用不同细致程度的位置描述信息。

4.2 类　　型

4.2.1 位置描述信息应包括地名、地址和兴趣点名称三种基本类型。当应用需要时，可使用相对位置关系来描述更细致的位置。

4.2.2 地名包括自然地理实体和人文地理实体的专有名称，其分类应符合现行国家标准《地名分类与类别代码编制规则》GB/T 18521 的规定。

4.2.3 地址应包括门牌地址或楼牌地址，其描述信息应包含相应的行政区域名称、街巷名或居住小区名，并应符合下列规定：

    1　行政区域名称应包含城市、区（县）、街道（镇、乡）以及社区（村）等行政区域的名称，也可包含其所在省或自治区的名称；

    2　街巷名应使用街牌、巷牌标示的名称；

    3　居住小区名使用居住小区的标准名称。

4.2.4 兴趣点名称宜包括具有重要地理标识作用的对象名称，或在较小范围内具有标识作用的地理要素名称。

4.2.5 相对位置关系应以地名、地址、兴趣点名称作为基本参照，并应符合下列规定：

    1　相对位置关系应由方位和距离的组合来描述；

    2　方位可包括东、南、西、北、东南、东北、西南、西北、前、后、左、右、上、下、内、外、旁、对面、相邻等；

    3　距离应由距离值和长度计量单位组成。

4.3 数 据 元 素

4.3.1 位置描述信息应根据其内容及语义特征拆分成具有层级和逻辑关系的一组数据元素。

4.3.2 位置描述信息的拆分宜符合下列规定：

    1　地名、地址中的行政区域名称，可按省（自治区、直辖市）、市、区（县）、街道（乡、镇）、社区（村）名称分别拆分成若干个具有层级关系的数据元素；

    2　街巷名或居住小区名可不拆分，将其整体作为一个数据元素；

    3　门（楼）址可拆分为街巷名（居住小区名）、门（楼）牌地址；

    4　兴趣点名称中包含的地名、地址可按上述规定进行拆分，其他内容可不拆分而将其整体作为一个数据元素；

    5　相对位置关系可按方位和距离等信息分别进行拆分，形成不同的数据元素。

4.3.3 拆分位置描述信息时，应对数据元素进行下列规范化处理：

    1　缩写、简写处理；

    2　别名、别称处理；

    3　少词（字）、多词（字）处理；

    4　特殊字符处理。

4.3.4 处理后的位置描述信息中的中文字符应符合现行国家标准《信息技术　中文编码字符集》GB 18030 的规定，各种名称应使用符合国家现行相关标准规定或主管部门认可的全称。对生僻字和特殊字符，应建立经所在城市主管部门认可的专门字符库。

5 地理编码参照数据库

5.1 数据采集处理

5.1.1 地理编码参照数据库应包括地名、地址、兴趣点名称等要素的坐标信息、位置描述信息以及相应的元数据。

5.1.2 地理编码参照数据的采集应符合下列规定：

    1　采集范围应与提供地理编码应用服务的范围一致；

    2　当位置描述信息的细致程度为 Ⅰ、Ⅱ 级时，可对每一要素采集一组对应的数据；

    3　当位置描述信息的细致程度为 Ⅲ、Ⅳ 级时，宜每隔 5m～10m 采集一组数据。

5.1.3 地理编码参照数据的坐标信息应采用点、线或多边形坐标的形式表达，并应符合下列规定：

    1　对各级行政区域名称，应使用相应等级政府驻地点的坐标和对应区域边界线（多边形）上若干点的坐标；

    2　对其他面状要素，应使用对应面状区域几何中心点的坐标和对应面状区域边界线（多边形）上若干点的坐标；

    3　对街巷、道路等线状要素，应使用中心线或两条边线的起止点及若干具有位置描述意义的特征点的坐标；

    4　对兴趣点等点状要素，应使用中心点或特征点的坐标。

5.1.4 地理编码参照数据的坐标信息采集应符合下列规定：

    1　宜采用城市 1∶500、1∶1 000、1∶2 000 比例尺地形图作为数据采集的基础，坐标数据采集的精度应与相应比例尺地形图的精度相当；

    2　当位置描述信息的细致程度为 Ⅰ 级时，可从已有地形图或相应基础地理信息数据库获取坐标信息，也可根据其描述的区域地理位置来获取需要的坐标信息；

    3　当位置描述信息的细致程度为 Ⅱ、Ⅲ、Ⅳ 级时，应基于数字正射影像图、数字线划图，结合外业调查和测量，采集坐标信息。

5.1.5 地理编码参照数据的位置描述信息采集应符合下列规定：

1 当位置描述信息的细致程度为Ⅰ级时，可从已有地形图获取位置描述信息，也可按国家或地方颁布的区域名称来获取相应的位置描述信息；

2 当位置描述信息的细致程度为Ⅱ、Ⅲ、Ⅳ级时，可结合外业调查，根据主管部门建立的正式地址标牌，收集地址原始文字描述信息来获取位置描述信息。

5.1.6 对获得的地理参照编码数据的位置描述信息，应依据本规范第4.3节的规定进行数据元素拆分，并应根据对应地理实体的名称和类别，确定其各个数据元素的类型建立相应的层级关系。

5.1.7 地理编码参照数据的元数据采集应符合下列规定：

1 对一个地理编码参照数据库，可建立一个元数据文件；

2 元数据的内容应符合现行行业标准《城市地理空间信息共享与服务元数据标准》CJJ/T 144中核心元数据的规定；

3 应使用相应的元数据实体或元素记录地理编码参照数据的时间信息。时间信息宜包括现今地名、地址命名或标牌确立的时间、历史地名及地址标牌的废弃或撤销时间等，必要时可通过外业实地调查或走访询问等形式采集。

5.2 数据检查验收

5.2.1 应根据设计要求，对地理编码参照数据的完整性、逻辑一致性和准确性进行检查验收。

5.2.2 数据的完整性符合下列规定：

1 应完整覆盖采集区域；

2 位置描述信息的内容应齐全；

3 数据采集处理过程中的原始资料及相关资料应齐备。

5.2.3 数据的逻辑一致性应符合下列规定：

1 位置描述信息经处理和拆分后，低一级数据元素与高一级数据元素的层级关系应正确；

2 不同层级、不同类型的数据元素的逻辑关系应正确；

3 时间信息的先后逻辑关系应正确。

5.2.4 数据的准确性应符合下列规定：

1 坐标数据的准确性应与相应比例尺地形图的精度要求相当；

2 位置描述信息内容宜采用正式批准和发布的标准名称。

5.3 地理编码参照数据库建立

5.3.1 地理编码参照数据库建立应包括数据库设计、数据入库、数据集成等阶段。

5.3.2 数据库设计应包括需求调研和分析、功能设计、逻辑模型设计、物理结构设计和数据库安全设计等。数据库设计除应符合国家现行标准《基础地理信息城市数据库建设规范》GB/T 21740和《城市基础地理信息系统技术规范》CJJ 100的规定外，还应符合下列规定：

1 应结合地理编码参照数据的特征和用户需求做需求调查。

2 地理编码参照数据库的功能应满足数据管理、查询分析、应用服务、更新维护和安全管理的需要。

3 逻辑模型设计应符合下列规定：

1）应确定地理编码坐标数据和位置描述信息的组织形式；

2）不同细致程度的地理编码数据应建立逻辑关联，并应采用优化的数据结构和组织方式，减少数据冗余；

3）应设计独立的存储模式和访问策略。

4 物理结构设计应符合下列规定：

1）物理结构设计对象应包括数据文件、日志文件设计；

2）设计的内容应包括各类文件的数量、存储位置、容量和限制指标；

3）应根据数据库管理系统和文件系统两种管理模式，及逻辑数据库划分、存储器容量限制、数据安全、数据访问速度和索引机制等因素进行设计。

5 数据库安全设计应包括用户管理与数据访问安全设计、数据库备份与恢复设计等，应符合下列规定：

1）宜对操作员层级进行划分，设置对数据库的不同操作权限；

2）应对用户层级进行划分，设置不同的访问权限；

3）应对数据库中的保密数据进行加密处理。

5.3.3 数据入库应符合下列规定：

1 应将位置描述信息的数据元素、类型等输入数据库；

2 应将位置描述信息对应的坐标数据输入数据库；

3 对入库数据应进行检查验收；

4 对验收合格的数据，应进行备份并导入地理编码参照数据库中；

5 应在数据入库的同时，建立元数据库。

5.3.4 数据集成应符合下列规定：

1 地理编码参照数据在经过入库检查加载到数据库后，应进行数据集成；

2 可根据地理编码匹配策略，建立地理编码参照数据库索引，提高查询和匹配效率；

3 应在数据入库同时完成元数据文件的建立；

4 应在数据入库时建立数据库日志。

5.4 数据更新维护

5.4.1 当地理编码参照数据出现下列情况之一时，应及时进行数据更新：

1 位置描述信息的内容发生变化；

2 已有位置描述信息的细致程度不能满足应用需要；

3 已有位置描述信息的分布密度不能满足应用需要；

4 已有位置描述信息的覆盖范围发生变化；

5 已获得最新数据。

5.4.2 宜定期对地理编码参照数据进行全面更新维护，更新维护周期可根据实际需求确定。

5.4.3 地理编码参照数据更新的采集处理和检查验收应符合本规范第5.1节、第5.2节的规定。

5.4.4 更新后的地理编码参照数据应与地理编码参照数据库中已有数据在空间关系、结构等方面一致。

5.4.5 当地理编码参照数据更新时，应保留历史数据，并应做好数据库的版本管理。

5.4.6 当地理编码参照数据更新时，应进行对应元数据的更新，并应使用相应的元数据元素记录更新和维护的有关信息。

6 匹 配 应 用

6.1 匹 配 过 程

6.1.1 应基于建立的地理编码参照数据库进行匹配应用。

6.1.2 当需利用位置描述信息通过匹配获得对应的坐标数据时，应按本规范第5.1.6条的规定，对位置描述信息进行处理。

6.1.3 由位置描述信息获得对应坐标数据的匹配应包括下列过程：

1 输入需进行匹配的位置描述信息；

2 使用地理编码匹配软件进行匹配操作；

3 对匹配结果进行分析评价，必要时通过交互式处理或重新匹配来改善结果；

4 输出匹配结果。

6.1.4 由坐标数据获得对应位置描述信息的匹配应包括下列过程：

1 输入需获得位置描述信息的坐标数据；

2 使用地理编码匹配软件进行匹配操作；

3 对匹配结果进行分析评价，必要时通过交互式处理或重新匹配来改善结果；

4 输出匹配结果。

6.1.5 地理编码匹配输出的结果应可视化，并应能与地理编码参照数据库中的邻近参照数据及相关的地理空间框架数据同时表达。

6.1.6 地理编码服务中的城市地理空间框架数据应符合现行行业标准《城市地理空间框架数据标准》CJJ 103的规定。

6.1.7 用于进行地理编码匹配的软件应符合本规范第6.3节的规定。

6.2 匹配结果的分析评价

6.2.1 通过地理编码匹配获得的每一个结果，应利用地理编码匹配软件给出的匹配度分析评价其匹配的符合性。

6.2.2 匹配度可分为4个等级，其对应的匹配度及图示符号应符合表6.2.2的规定。

表 6.2.2 匹配度等级及图示符号

等级	匹配度（A）	图示符号	匹配结果
1	$A=100\%$	绿色圆点	完全匹配
2	$80\%{\leqslant}A{<}100\%$	蓝色圆点	良好匹配。匹配结果可接受
3	$60\%{\leqslant}A{<}80\%$	橙色圆点	一般匹配。匹配结果需通过校验和进一步处理来改善
4	$A{<}60\%$	红色圆点	较差匹配。匹配结果需采取措施进一步处理

6.2.3 匹配度应根据匹配软件采用的数据元素拆分规则、匹配策略和匹配算法等具体定义，应能体现位置描述信息中不同层次数据元素在匹配中的相应作用，并应能直观合理地反映地理编码匹配结果的符合性。

6.3 匹 配 软 件

6.3.1 地理编码匹配软件应具有下列基本功能：

1 地理编码参照数据及地理空间框架数据的检索、提取、表达。

2 位置描述信息的输入、处理和编辑。

3 位置描述信息中各数据元素的拆分、输入、处理和编辑。

4 模糊或特殊位置描述信息的处理。

5 匹配计算，包括：

1）比对；

2）内插；

3）外推；

4）相对位置关系处理等。

6 单条匹配、批量匹配和多次匹配。

7 动态匹配。

8 计算匹配度，对不同匹配度的结果进行分类、统计和定位。

9 交互式校验和处理。

10 匹配结果的输出与可视化表达。

11 元数据输入、管理。

12 系统管理和用户管理。

6.3.2 地理编码匹配软件还应符合下列规定：

1 可在网络环境下运行，并应具有稳健性、安全性和可维护性；

2 可作为独立的软件系统单独运行，也可作为城市公共信息平台的一个插件运行；

3 应具有开放的数据接口，应可读入和输出符合现行国家标准《地理空间数据交换格式》GB/T 17798 规定的数据格式或商用地理信息系统（GIS）常用的数据格式；

4 宜具有地理编码参照数据库的建库、更新、维护和管理等功能。

本规范用词说明

1 为便于在执行本规范条文时区别对待，对要求严格程度不同的用词说明如下：

　1）表示很严格，非这样做不可的：

　　　正面用词采用"必须"，反面词采用"严禁"；

　2）表示严格，在正常情况下均应这样做的：

　3）表示允许稍有选择，在条件许可时首先应这样做的：

　　　正面用词采用"宜"，反面词采用"不宜"；

　4）表示有选择，在一定条件下可以这样做的，采用"可"。

2 条文中指明应按其他有关标准执行的写法为"应符合……的规定"或"应按……执行"。

引用标准名录

1 《地理空间数据交换格式》GB/T 17798

2 《数字测绘成果质量要求》GB/T 17941

3 《信息技术　中文编码字符集》GB 18030

4 《地名分类与类别代码编制规则》GB/T 18521

5 《地理信息　质量原则》GB/T 21337

6 《基础地理信息城市数据库建设规范》GB/T 21740

7 《城市基础地理信息系统技术规范》CJJ 100

8 《城市地理空间框架数据标准》CJJ 103

9 《城市地理空间信息共享与服务元数据标准》CJJ/T 144

正面用词采用"应"，反面词采用"不应"或"不得"；

中华人民共和国行业标准

城市地理编码技术规范

CJJ/T 186—2012

条 文 说 明

制 订 说 明

《城市地理编码技术规范》CJJ/T 186－2012 经住房和城乡建设部 2012 年 11 月 2 日以第 1531 号公告批准、发布。

本规范制订过程中，编制组进行了广泛的调查研究，总结了我国城市地理空间信息领域有关科研和技术发展成果。为便于广大城市管理和服务、城市信息化建设部门以及有关数据生产、科研、教学等单位人员在使用本规范时能正确理解和执行条文规定，《城市地理编码技术规范》编制组按章、节、条顺序编制了本规范的条文说明，对条文规定的目的、依据以及执行中需注意的有关事项进行了说明。但是，本条文说明不具备与规范正文同等的法律效力，仅供使用者作为理解和把握规范规定的参考。

目 次

1 总　则

1.0.1　随着城市信息化建设向深度和广度推进，城市社会经济信息与地理空间信息的整合利用及基于位置的空间分析显得越来越迫切，这对于促进数字城市和城市信息化的发展，提升城市规划、建设、管理、运行和服务的能力具有十分重要的意义。地理编码服务是实现社会经济信息空间化以及社会经济信息与地理空间信息整合、分析的基础。地理编码是建立位置描述信息与其坐标数据之间对应关系的过程，它包括两个方面：一是将给定的位置描述信息与参照数据库中的信息进行匹配分析，为所描述的位置赋予坐标数据，这通常称为地理编码匹配，是主要的方面；二是由坐标数据获得相近的位置描述信息，这也称为地理编码逆匹配，在查找确定目标位置时有用。目前，国内一些城市已经或正在开始建立地理编码数据库，开展地理编码应用服务。为了规范城市地理编码数据库的建设和应用服务，有必要制订专门的技术标准。本规范的编制得到了"十一五"国家科技支撑计划课题"城市地理空间信息基础设施共享关键技术研究与示范"（2006BAJ15B02）的研究支持。

1.0.2　本规范适用于地名、地址、兴趣点等要素城市地理编码数据的采集、处理、建库、更新、维护和应用服务。地名是人们对各个地理实体赋予的专有名称，包括自然地理实体名称和人文地理实体名称。地址是对地理实体位置信息的定位和指称，主要是对人们生活、学习、工作及通信地点的具体描述，是描述空间位置最常用的一种方式。兴趣点（point of interest，简称 POI）指的是人们关注或感兴趣的位置点，它在导航定位以及各种基于位置的服务（LBS）中起着重要作用。地理编码数据的采集、处理、建库、更新、维护主要是针对地理编码参照数据，它们是开展地理编码应用服务的基础；应用服务则是指基于地理编码参照数据库而进行的地理编码匹配应用。

1.0.3　地理编码数据是一种地理空间数据。在进行城市地理编码数据的采集、处理、建库、更新、维护和应用服务时，除执行本规范的规定外，数据的组织、管理和应用等还应符合与地理空间数据有关的现行国家标准和行业标准的规定。

2 术　语

　　本节对本规范中使用的一些主要术语做了解释，其中地理编码、位置描述信息、地理编码参照数据、地理编码参照数据库、匹配、匹配度等是城市地理编码应用中的最基本术语。其他一些术语则是与之紧密相关的地理空间信息术语。部分术语的定义引自现行有关地理空间信息标准，如：《城市地理空间框架数

据标准》CJJ 103-2005 和《城市地理空间信息共享与服务元数据标准》CJJ/T 144-2010 等。

3 基本规定

3.0.1　坐标系统是一切地理空间数据的参照基础。地理编码数据作为一种地理空间数据，其坐标系统应符合国家法律法规的相关规定。在一个城市，应该使用与该城市基础地理信息数据相一致的坐标系统，这不仅符合国家相关要求，也有利于城市地理编码的应用服务。

3.0.2　在地理编码应用中可能涉及历史地名、地址等，因此需要对与时间有关的信息作出明确规定。

3.0.3　城市地理编码主要包括两项工作。建立并维护城市地理编码参照数据库，是进行地理编码匹配应用必不可少的前提，也是本规范规定的主要内容。基于城市地理编码数据库实施具体的匹配操作即是开展地理编码应用服务，它是地理编码应用的结果。

3.0.4、3.0.5　这里对地理编码参照数据库建设、地理编码匹配的基本过程作了规定，其中的地理编码匹配包括由位置描述信息获得对应坐标数据和由坐标数据获得相近的位置描述信息两方面。其具体技术要求在本规范第 4 章～第 6 章中有进一步的规定。

3.0.6　建立地理编码数据的元数据，有助于地理编码数据的生产、管理、维护、更新和应用。在现行行业标准《城市地理空间信息共享与服务元数据标准》CJJ/T 144 中，对元数据的内容和要求等作了规定。本规范第 5.1.7 条对地理编码数据的元数据作了较明确的规定。

3.0.7　地理编码数据作为一种地理空间数据，其质量原则和质量要求应符合现行有关国家标准的规定。这里列出的两项国家标准是进行地理编码数据质量检查验收的基本依据。具体地理编码数据质量的检查验收要求在本规范第 5.2 节有进一步规定。

4 位置描述信息

4.1 细致程度

4.1.1　对于不同的应用需求，地理定位和地理编码匹配应用的粗细程度不同。本规范将位置描述信息按细致程度分为Ⅰ、Ⅱ、Ⅲ、Ⅳ四个级别，主要是为了满足不同应用的需要。不同细致程度位置描述信息的部分用途参见表 1。在实际应用中，可根据需要进行选择。

　　划分不同细致程度的目的是适应地理编码匹配应用的需求。实际上，地理编码匹配应用的细致程度和准确性取决于地理编码参照数据库中数据的细致程度。因此，本规范第 3.0.4 条也明确规定，应根据实

际应用需要，确定地理编码参照数据的细致程度。

表 1 不同细致程度位置描述信息的部分用途

细致程度级别	位置描述的对象	用　途
Ⅰ级	区（县）、街道（乡、镇）、社区（村）、其他管理和服务单元、景区等	粗略的定位应用，如某些社会经济信息普查与分析等
Ⅱ级	街巷、居民小区、院落等	一般的定位应用，如商业服务网点、某些社会经济信息普查与分析等
Ⅲ级	建（构）筑物、标志物、兴趣点等	精细的定位应用，如办公地点、基础设施、某些城市部件和事件管理等
Ⅳ级	楼层、房间及特殊要求等	极精细的定位应用，如房屋单元、人员位置、某些城市部件和事件管理等

4.1.2 需要说明的是，在同一城市的不同区域，可采用不同细致程度的位置描述信息。如在城市核心区域，一般可选择Ⅲ级细致程度；在边缘地区，则可选择Ⅱ级甚至Ⅰ级细致程度。此外，在同一区域，也可根据应用目的的不同使用不同细致程度的位置描述信息。

4.2　类　　型

4.2.1　位置描述信息是用文本方式对位置进行的具体描述，实际应用中主要包括地名、地址、兴趣点名称三种类型。有时为了进一步描述更细的位置，需要使用相对位置关系。

4.2.2　现行国家标准《地名分类与类别代码编制规则》GB/T 18521 中将地名分为自然实体名称、人文地理实体名称两个门类。其中，自然实体名称又分为海域、水系、陆地地形 3 大类地理实体名称；人文实体名称则分行政区域及其他区域，居民点，具有地名意义的交通运输设施，具有地名意义的水利、电力、电信设施，具有地名意义的纪念地、旅游胜地和名胜古迹，具有地名意义的单位，具有地名意义的建筑物、构筑物等 7 大类地理实体名称。在大类基础上还可进一步分为中类、小类。

4.2.3　在城市地理编码应用中，地址是非常重要的地理要素信息。对于实际应用而言，地址描述信息中一般都含有行政区域名称以及街巷名或居住小区名，如北京市东城区东直门内大街 177 号、北京市昌平区天通苑小区 12A 号楼 5 单元等。行政区域名称、街

巷名、居住小区名的主要形式举例如下：

　　1　行政区域名称：如苏州市、东城区、东直门街道、后永康社区、河北省张家口市等；

　　2　街巷名：如南京西路、东直门内大街、后永康胡同等；

　　3　居住小区名：如新源里小区、天通苑小区等。

4.2.4　兴趣点名称如：北京市天安门广场中国公路零公里点、北京市天坛公园东门、北京站地铁 C 出口等。

4.2.5　相对位置关系及其与地名、地址、兴趣点名称等位置描述信息的组合如：北京市东直门立交桥南 30m、北京市东城区东直门大街 177 号对面 20m、北京站地铁 C 出口东 5m 等。

4.3　数　据　元　素

4.3.1、4.3.2　位置描述信息由一系列数据元素组成，为了建立地理编码参照数据库和提高匹配操作的准确性与效率，需要将位置描述信息进行必要的拆分。拆分的依据是位置描述信息的内容和语义特征，需要注意的是拆分时应顾及其层次和逻辑关系。这里对数据元素的拆分规则作了相应规定。以下是部分示例：

　　1　北京市东城区东直门街道，可拆分为 3 个数据元素：北京市、东城区、东直门街道；

　　2　天通苑小区，可作为 1 个数据元素：天通苑小区；

　　3　北京市东城区东直门大街 177 号，可拆分为 4 个数据元素：北京市、东城区、东直门内大街、177 号；

　　4　北京市天坛公园东门，可拆分为 3 个数据元素：北京市、天坛公园、东门；

　　5　北京市东直门立交桥南 30m，可拆分为 4 个数据元素：北京市、东直门立交桥、南、30m。

4.3.3　数据元素的规范化处理示例如下：

　　1　缩写、简写：如"北大"处理成"北京大学"；

　　2　别名、别称：如"北京银街"处理成"北京市东单北大街"等；

　　3　少词（字）、多词（字）：如"北京东直门大街"处理成"北京市东城区东直门内大街"等；

　　4　特殊字符包括：繁体简体转换、半角全角转换、汉字和数字转化、罗马数字处理、英文字符处理等。

5　地理编码参照数据库

5.1　数据采集处理

5.1.1　从地理空间数据库组织的角度看，城市地理编码参照数据包括坐标信息、位置描述信息和元数

据。其中坐标信息是几何信息，用来描述地理实体的空间位置；位置描述信息一般作为属性信息，是位置的文字描述。

5.1.2 细致程度为Ⅰ、Ⅱ级的地理编码参照数据相对较为粗略，一般对每一要素可分别采集其对应的一组数据，如："北京市东城区"可采集该区的行政界线（用一系列坐标点表示）和区政府所在地点的坐标。而对细致程度为Ⅲ、Ⅳ级的地理编码参照数据，根据经验，为提高地理编码服务的效果，一般应每隔（5～10）m采集一组数据。

5.1.3 本条对地理编码参照数据的坐标信息的表达方式作了规定，主要是采用点、线、多边形来分别描述不同的地理编码要素几何信息。

5.1.4、5.1.5 本规范将城市地理编码参照数据位置描述信息按用途的不同区分为不同的细致程度。不同细致程度的信息采集的方式有所不同。采集地理编码数据时，应以1∶500、1∶1000、1∶2000比例尺地形图及其他有关资料作为数据采集的基础，其中坐标数据采集的精度应与相应比例尺地形图的精度相当。

5.1.7 本条对城市地理编码参照数据的元数据采集作了明确的规定。

5.2　数据检查验收

5.2.1～5.2.4 本节对地理编码参照数据质量检查验收的内容作了规定。对地理编码数据而言，完整性、逻辑一致性和准确性是其主要的质量要素，也是数据检查验收时需要重点关注的方面。进行数据质量检查验收的目的是为了保证地理编码参照数据库的质量，从而提高地理编码匹配应用的准确性和效率。

5.3　地理编码参照数据库建立

5.3.1～5.3.4 本节对地理编码参照数据库建立的内容及关键步骤等作了说明。实际应用中，应执行国家现行标准《基础地理信息城市数据库建设规范》GB/T 21740和《城市基础地理信息系统技术规范》CJJ 100的基本规定。

5.4　数据更新维护

5.4.1 地理编码参照数据的更新是保证数据的现势性和有效性，从而提高地理编码匹配应用的准确性。数据的更新包括及时更新和定期更新两种形式，本条规定了应该进行及时更新的几种情形。

5.4.2 尽管第5.4.1条要求当发生变化时应对地理编码参照数据进行及时更新。但为了保证数据质量的一致性，应该在及时更新的基础上，进行定期全面更新维护。全面更新维护周期全国难以采用统一的标准，目前一些经济较为发达的城市一般每年进行一次。

5.4.3～5.4.6 对于更新的地理编码参照数据，应该做好数据质量的检查验收、数据库中数据的更新、元数据的更新维护以及历史数据的管理等。

6　匹　配　应　用

6.1　匹　配　过　程

6.1.2 为城市地理编码匹配应用，需要对匹配的位置描述信息按本规范的相关规定进行规范化处理。具体处理方法与地理编码参照数据库建立中的位置描述信息的处理过程类似。

6.1.3、6.1.4 这两条对实施地理编码匹配应用的基本过程和要求等作了明确规定。需要说明的是，对于匹配的结果应做细致的分析，当结果不理想时，可通过交互方式进行相应的编辑处理，必要时可重新进行匹配。

6.1.5、6.1.6 尽管地理编码匹配的目的主要是建立位置描述信息与坐标数据的对应关系。但对实际应用而言，这些数据应该以城市地理空间框架数据为背景。有关城市地理空间框架数据的内容和要求等，现行行业标准《城市地理空间框架数据标准》CJJ 103有明确规定。

6.2　匹配结果的分析评价

6.2.1～6.2.3 本节对地理编码匹配的准确性等级及其可视化表达作了规定。其中在确定有关数值时，分析研究了国内外现有有关地理编码匹配应用的一些文献和案例。

6.3　匹　配　软　件

6.3.1、6.3.2 城市地理编码匹配需要专门的软件支持。本节对软件的主要功能和性能要求等作了具体规定。这将有助于软件的开发以及地理编码匹配应用的实施。

中华人民共和国行业标准

建设电子档案元数据标准

Standard for electronic construction recordkeeping metadata

CJJ/T 187—2012

批准部门：中华人民共和国住房和城乡建设部
施行日期：2 0 1 3 年 3 月 1 日

中华人民共和国住房和城乡建设部
公　告

第 1516 号

住房城乡建设部关于发布行业标准
《建设电子档案元数据标准》的公告

现批准《建设电子档案元数据标准》为行业标准，编号为 CJJ/T 187 - 2012，自 2013 年 3 月 1 日起实施。

本标准由我部标准定额研究所组织中国建筑工业出版社出版发行。

中华人民共和国住房和城乡建设部
2012 年 11 月 1 日

前　言

根据住房和城乡建设部《关于印发〈2008 年工程建设标准规范制订、修订计划（第一批）〉的通知》（建标 [2008] 102 号）的要求，标准编制组经过深入的调查研究，认真分析总结国内外科研成果，结合实践经验，并在广泛征求意见的基础上，编制本标准。

本标准的主要技术内容是：1. 总则；2. 术语；3. 基本规定；4. 元数据内容；5. 元数据扩展；6. 元数据管理。

本标准由住房和城乡建设部负责管理，由住房和城乡建设部城建档案工作办公室负责具体技术内容的解释。执行过程中如有意见或建议，请寄送住房和城乡建设部城建档案工作办公室（地址：北京市海淀区三里河路 9 号，邮政编码：100835）。

本 标 准 主 编 单 位：住房和城乡建设部城建档案工作办公室

珠海市城市建设档案馆

本 标 准 参 编 单 位：深圳市世纪伟图科技开发有限公司
珠海市建设工程质量监督检测站
南京市城市建设档案馆
大连市城市建设档案馆
上海市城市建设档案馆

本标准主要起草人员：蒋仕鹊　姜中桥　李　琦
张志敏　周健民　黄春晓
陈灏沅　崔丽梅　王　策
高　雅　刘　静

本标准主要审查人员：王　毅　刘越男　刘家真
潘世萍　冯丽伟　蔡学美
张　斌　秦屹梅　权进立
李宗波　赵淑芳

目 次

Contents

1 总　　则

1.0.1 为加强建设电子档案的全过程管理，建立真实、完整、有效的建设电子档案，保障建设电子档案的安全保管与有效开发利用，制定本标准。

1.0.2 本标准适用于建设电子档案的形成、归档与管理过程中元数据的捕获和管理，也适用于其他不同载体的建设档案。

1.0.3 建设电子档案元数据的捕获与管理，除应符合本标准外，尚应符合国家现行有关标准的规定。

2 术　　语

2.0.1 建设电子文件　electronic construction records

建设电子文件（以下简称电子文件）是指在城乡规划、建设及其管理活动中通过数字设备及环境生成，以数码形式存储于磁带、磁盘或光盘等载体，依赖计算机等数字设备阅读、处理，并可在通信网络上传送的文件。主要包括建设系统业务管理电子文件和建设工程电子文件两大类。

2.0.2 建设电子档案　electronic construction archives

具有参考和利用价值并作为档案保存的建设电子文件及其元数据。主要包括建设系统业务管理电子档案和建设工程电子档案。

2.0.3 元数据　metadata

元数据是描述建设电子文件背景、内容、结构及其整个管理过程的结构化或半结构化的数据。

2.0.4 元素　element

元数据中结构化或半结构化的数据项。每个元素应具有英文名称、定义、使用目的、使用方法、取值类型及取值方案等属性。

2.0.5 子元素　subelement

对元数据元素进行进一步描述或限定的元素。

2.0.6 元素集　element set

元数据中元素的集合。

2.0.7 实体　entity

用元数据元素集描述的概念、客观事物、发生的事件和处理的事务等。

2.0.8 文件管理单元　record management unit

文件管理单元是被元数据描述的文件或文件的集合。文件管理单元依次可分为文件集、文件系列、文件组合、单一文件四个层级。

3 基 本 规 定

3.0.1 建设电子档案形成单位按规定向建设档案管理机构移交建设电子文件时，应同时移交相应文件的元数据，移交的建设电子文件应真实、完整、有效。

3.0.2 建设档案管理机构建立的建设电子文件归档与管理系统所采用的元数据应符合本标准的规定。建设电子档案的验收与移交、管理与利用应按现行行业标准《建设电子文件与电子档案管理规范》CJJ/T 117 的规定执行。

3.0.3 建设电子档案的形成与管理单位所采用的文件管理系统应按本标准的规定，建立元数据的动态维护机制。

3.0.4 建设电子档案元数据元素的描述应从语义和属性两方面进行规定。语义描述应准确、完整、清晰；属性应进行结构化描述，其描述项应包括编号、英文名称、目的、使用、取值等。

3.0.5 元素属性项及其描述应符合下列规定：

1 编号：元素的编号应由元素集代码和其在元素集中的排列顺序号构成；子元素的编号应由两部分构成，前面部分应为其限定的元素的编号，后面部分应为该元素下子元素的相对顺序号，中间应用符号"."连接。

2 英文名称：宜采用元素或子元素的英文表达，多个英文字中间不应留空格，每个英文字的首个字母应大写。

3 目的：应规定元素的用途。

4 使用：应规定元素的使用方法，并应符合下列规定：

　1）适用性：应规定元素所在的元素集的类型；

　2）使用条件：对条件性元素，应规定具体条件，包括依赖其他元素或子元素的规定值；

　3）可选性：应规定元素使用的强制性程度。强制性程度应从"必选、条件必选、可选"中选择；

　4）可重复性：应规定元素最大的出现次数；

　5）子元素：当元素需作明确限定时，应使用子元素作为元素的限定，并应对子元素的名称、英文名称、可选性、取值类型及取值范围进行描述。

5 取值：应对元素及其子元素的取值类型与范围作出规定，并应符合下列规定：

　1）取值类型：应规定元素取值的数据类型；

　2）取值范围：应规定元素取值的允许范围，也可从编码方案中获取。

3.0.6 元数据元素的取值应符合现行国家标准《城市建设档案著录规范》GB/T 50323 的规定。

4 元数据内容

4.1 元数据元素集

4.1.1 建设电子档案元数据应由文件实体、业务实体、责任者实体、关系实体等四个元素集组成，实体间的关系如图 4.1.1 所示。元数据各实体的元素应符合本标准附录 A 的规定。

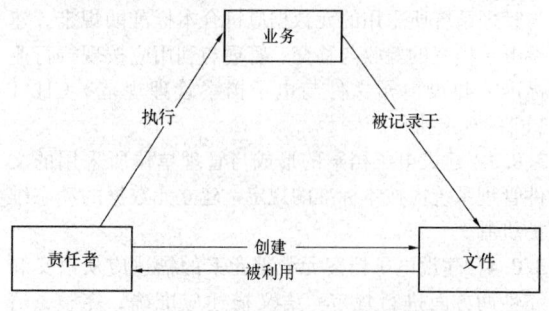

图 4.1.1　元数据实体关系图

4.1.2　建设电子档案元数据可采用多实体元素集或单一实体元素集的方式来描述。当采用单一实体元素集时，可将业务实体、责任者实体、关系实体中的元素纳入文件实体元素集中描述。

4.2　文 件 实 体

4.2.1　文件实体应包括文件层级、文件标识、文件名称、文件分类、主题词或关键词、提要、附注、语种、稿本、存储、文件日期、权限、安全控制、处置、真实性等元素。

4.2.2　文件层级应记录文件实体所处的文件管理单元的层级。其属性应符合表 4.2.2-1 的规定。文件层级类型应按表 4.2.2-2 的规定进行记录。

表 4.2.2-1　文件层级属性

编号	M1	英文名称	RecordCategory		
目的	1　便于组织与管理文件管理系统中各类活动过程中形成的电子文件。 2　用于关联文件与形成文件的背景信息				
使用	适用性	使用条件	可选性	可重复性	包含子元素
	文件实体	应与形成文件实体的业务层级、责任者层级相关联	必选	否	否
取值	取值类型	取值范围			
	字符串	按表 4.2.2-2 的规定取值			

表 4.2.2-2　文件层级类型

层级名称	语　义
单一文件 Single Record	将单份文件作为一个独立的管理单元。不同格式的复合文件（Compound Document）也可作为单一文件，即单份文件

续表 4.2.2-2

层级名称	语　义
文件组合 Records Aggregation	由共同反映某个主题的多份单一文件作为一个独立的文件管理单元
文件系列 Records Series	由逻辑上联系、物理上分离的若干文件组合聚合而成的文件管理单元
文件集 Records Set	由一个或若干个具有内在联系的职能活动所形成的全部文件的集合组成的文件管理单元

4.2.3　文件标识应为同一文件管理系统中文件实体的唯一标识，其属性应符合表 4.2.3 的规定。当子元素文件标识码采用多种方案标识时，应与文件标识方案同时使用。

表 4.2.3　文件标识属性

编号	M2	英文名称	RecordIdentification		
目的	1　用于对文件实体定位。 2　访问更多文件实体信息的一个入口。 3　提供标识文件实体的方法或指定的背景信息				
使用	适用性	使用条件	可选性	可重复性	包含子元素
	文件实体	应根据文件标识方案或文件实体所处的层级为文件标识赋值	必选	是	是
子元素					
编号	名称	英文名称	可选性	取值类型	取值范围
M2.1	文件标识码	RecordIdentifier	必选	字符串	1　在文件形成环境下，应通过文件系统生成。 2　可根据"M2.2 文件标识方案"的规定取值
M2.2	文件标识方案	RecordIdentificationScheme	条件必选	字符串	根据文件层级确定具体的文件标识方案

4.2.4　文件名称应与文件实体所处层级相适应，并应准确反映所记录的业务活动，其属性应符合表 4.2.4 的规定。

表 4.2.4　文件名称属性

编号	M3	英文名称	RecordName			
目的	1　辅助识别文件实体。 2　作为信息及文件的访问入口。 3　描述文件的职能或主题					
使用	适用性	使用条件		可选性	可重复性	包含子元素
	文件实体	与文件实体所处层级相适应		必选	是	是
子元素						
编号	名称	英文名称	可选性	取值类型	取值范围	
M3.1	名称	NameWords	必选	字符串	自然描述语言；行业、专业规范、术语规定	
M3.2	名称方案	NameScheme	条件必选	字符串	根据文件实体所在的层级确定	

4.2.5　文件分类应按文件实体所在的层级进行。建设系统业务管理、业务技术电子文件可按职能、问题、年度、专业等分类；建设工程电子文件可按建设工程、专业、程序等分类。归档时宜保留文件在归档前所作的文件分类。文件分类的属性应符合表 4.2.5 的规定。

表 4.2.5　文件分类属性

编号	M4	英文名称	RecordClassification			
目的	1　便于搜索、定位文件。 2　便于组织文件信息。 3　便于检索文件					
使用	适用性	使用条件		可选性	可重复性	包含子元素
	文件实体	与文件实体所在层级相适应		必选	是	是
子元素						
编号	名称	英文名称	可选性	取值类型	取值范围	
M4.1	文件分类方案	RecordClassificationScheme	条件必选	字符串	1　建设工程分类。 2　专业分类法、程序分类法。 3　职能分类、问题分类、年度分类。 4　城建档案分类	
M4.2	文件分类名	RecordClassName	必选	字符串	—	

4.2.6　主题词应为揭示文件内容的规范化词或词组；关键词应为取自文件题名或正文，用以表达文件主题并具有检索意义的词或词组。其属性应符合表 4.2.6 的规定。

表 4.2.6　主题词或关键词属性

编号	M5	英文名称	SubjectOrKeyword		
目的	揭示文件主题，为用户提供以主题词为条件的检索途径				
使用	适用性	使用条件	可选性	可重复性	包含子元素
	文件实体	文件实体的各层级；有相关规定时为必选	条件必选	否	否
取值	取值类型	取值范围			
	字符串	1　从《城市建设档案主题词表》(建设部城建档案工作办公室 1995 年 10 月编印)、《国务院公文主题词表》(国务院办公厅秘书局，1997 年 12 月修订)、《汉语主题词表》(中国科学技术情报研究所，北京图书馆主编，科学技术文献出版社，1980)；《中国档案主题词表》(中国档案出版社，1995)等中取值。 2　关键词需用规范性词			

4.2.7　提要应为文件内容的简介或评述，应反映文件的主题内容、重要数据（包括技术参数），其属性应符合表 4.2.7 的规定。

表 4.2.7　提　要　属　性

编号	M6	英文名称	Summary		
目的	提供比标题更多的信息，便于了解、检索和利用文件				
使用	适用性	使用条件	可选性	可重复性	包含子元素
	文件实体	文件实体的各层级	可选	否	否
取值	取值类型	取值范围			
	字符串	—			

4.2.8　附注应为文件本身及其形成、处理和管理过程需要解释和补充说明的事项，其属性应符合表 4.2.8 的规定。

表 4.2.8　附　注　属　性

编号	M7	英文名称	Annotation		
目的	提供文件有关补充信息，为用户提供以附注为条件的检索途径				
使用	适用性	使用条件	可选性	可重复性	包含子元素
	文件实体	文件实体的各层级	可选	否	否
取值	取值类型	取值范围			
	字符串				

4.2.9 语种应描述表达文件内容的语言种类，其属性应符合表 4.2.9 的规定。

表 4.2.9　语种属性

编号	M8		英文名称		LanguageCode	
目的	1　便于查询和检索。 2　缩小检索范围					
使用	适用性	使用条件		可选性	可重复性	包含子元素
	文件实体	仅用于单一文件（文件级）		可选	是	否
取值	取值类型	取值范围				
	字符串	语种的汉语名称				

4.2.10 稿本应描述文件的文稿、文本和版本，其属性应符合表 4.2.10 的规定。

表 4.2.10　稿本属性

编号	M9		英文名称		Manuscript	
目的	提供文件原始性、合法性依据，同时提供利用者对文件稿本的检索					
使用	适用性	使用条件		可选性	可重复性	包含子元素
	文件实体	仅用于单一文件（文件级）		可选	是	否
取值	取值类型	取值范围				
	字符串	依实际情况著录为正本、副本、草稿、定稿、手稿、草图、原图、底图、蓝图、试行本、修订本、复印件、版本号等				

4.2.11 存储应记录文件的载体形态、数量大小、存放位置及存储格式等，其属性应符合表 4.2.11 的规定。

表 4.2.11　存储属性

编号	M10		英文名称		Storage	
目的	1　实现各种载体文件的统一管理。 2　促进文件长久存储及保存。 3　搜索特定数据格式的文件，实现对资源管理的目的。 4　便于保存和存储管理。 5　当需要检索时，便于识别文件的当前位置					
使用	适用性	使用条件		可选性	可重复性	包含子元素
	文件实体	—		必选	是	是
子元素						
编号	名称	英文名称		可选性	取值类型	取值范围
M10.1	载体	Medium		必选	字符串	纸质、底图、缩微片、照片、底片、录音带、录像带、光盘、计算机磁盘、计算机磁带、电影胶片、唱片等

续表 4.2.11

编号	名称	英文名称	可选性	取值类型	取值范围
M10.2	规格	Specification	可选	字符串	载体尺寸或通用代码
M10.3	载体编号	MediumNumber	条件必选	字符串	—
M10.4	单位	Units	必选	字符串	1　页、张、卷、袋、册、盒。 2　kb、Mb、Gb、Tb
M10.5	数量或大小	QuantityOrLogicalSize	必选	数字型	
M10.6	位置	Location	必选	字符串	1　库号、列（排）号、节（柜）号、层号。 2　电子文件的路径
M10.7	格式名称	Format	条件必选	字符串	—
M10.8	格式版本	FormatVersion	可选	字符串	版本号
M10.9	应用程序名称	CreatingApplicationName	可选	字符串	

4.2.12 文件日期应为与文件实体关联的开始与结束日期，其属性应符合表 4.2.12 的规定。

表 4.2.12　文件日期属性

编号	M11		英文名称		RecordDate	
目的	提供文件实体存在或有效性的日期信息					
使用	适用性	使用条件		可选性	可重复性	包含子元素
	文件实体	文件实体的各层级		必选	否	是
子元素						
编号	名称	英文名称		可选性	取值类型	取值范围
M11.1	文件开始日期	RecordStartDate		必选	日期型	文件开始的日期
M11.2	文件结束日期	RecordEndDate		条件必选	日期型	文件结束的日期

4.2.13 利用权限应规定文件使用的范围，其属性应符合表 4.2.13-1 的规定。利用权限类型应按表 4.2.13-2 划分。

表 4.2.13-1 利用权限属性

编号	M12	英文名称			Rights
目的	便于对具有特殊存取与利用限制的文件实施管理，允许或限制特定人或人群对文件、档案的利用				
使用	适用性	使用条件		可选性	可重复性	包含子元素
	文件实体	如果管理和使用文件的规定已存在，则应使用该属性	条件必选	否	是

子元素					
编号	名称	英文名称	可选性	取值类型	取值范围
M12.1	权限描述	RightsStatement	必选	字符串	对相应权限类型的描述
M12.2	权限类型	RightsType	必选	字符串	按表 4.2.13-2 规定的利用权限类型名称取值
M12.3	权限状态	RightsStatus	可选	字符串	公开、限制利用、不公开

表 4.2.13-2 利用权限类型表

状态	类型名称	语义
公开	公开	可对公众开放利用的文件、档案
限制利用	划控	根据档案划分控制使用规定限制利用的文件、档案
	知识产权	具有知识产权的文件档案
不公开	国家秘密	按《中华人民共和国保守国家秘密法》的规定需要保密的文件、档案
	商业秘密、个人隐私	涉及商业秘密、个人隐私的文件、档案
	公共安全	涉及国家安全、公共安全、经济安全和社会稳定的文件、档案
	过程性文件	内部管理文件以及处于讨论、研究和审查中的过程性文件

4.2.14 安全控制应描述对档案信息安全的控制指标，其属性应符合表 4.2.14 的规定。

表 4.2.14 安全控制属性

编号	M13	英文名称			SecurityAndControl
目的	1 规范档案信息安全等级，提高档案信息安全保障能力和水平。 2 对档案信息安全的实施进行监督、管理				
使用	适用性	使用条件		可选性	可重复性	包含子元素
	文件实体	如果管理和使用文件的安全规定已存在，则应使用该属性	必选	否	是

子元素					
编号	名称	英文名称	可选性	取值类型	取值范围
M13.1	密级	RecordSecretClassification	必选	字符串	公开、国内、内部、秘密、机密、绝密
M13.2	保密期限	SecrecyExpiryDate	条件必选		按国家关于保密期限的规定取值
M13.3	保管期限	PreservationPeriod	必选	字符串	永久、长期、短期

4.2.15 处置应实时记录对文件的处置授权及实施处置行为的信息，其属性应符合表 4.2.15 的规定。

表 4.2.15 处置属性

编号	M14	英文名称			Disposal
目的	1 提供文件处置的法律、法规依据以及对文件存留处置的权限。 2 当文件处置行动到期时，提醒文件保管人员				
使用	适用性	使用条件		可选性	可重复性	包含子元素
	文件实体	—	可选	是	是

子元素					
编号	名称	英文名称	可选性	取值类型	取值范围
M14.1	处置授权	DisposalAuthority	必选	字符串	缺省值为"无处置授权"
M14.2	处置分类	DisposalClassID	必选	字符串	—
M14.3	处置行为	DisposalAction	必选	字符串	—
M14.4	处置实施日期	DisposalActionDate	必选	日期型	处置实施的日期

4.2.16 真实性应记录文件在传输或存储过程中发生改变的算法，其属性应符合表 4.2.16 的规定。

表 4.2.16 真实性属性

编号	M15	英文名称			IntegrityCheck
目的	1 验证一个实体是否已经被无证或未经授权的方式更改。 2 有利于电子文件的保护				
使用	适用性	使用条件		可选性	可重复性	包含子元素
	文件实体	仅用于单一文件	可选	否	是

子元素					
编号	名称	英文名称	可选性	取值类型	取值范围
M15.1	算法名称	FunctionName	必选	字符串	—
M15.2	算法值	MessageDigest	必选	字符串	—

4.3 业 务 实 体

4.3.1 业务实体应包括业务层级、业务标识、业务名称、业务分类、业务依据、业务特征分类、业务特征和业务日期等元素。

4.3.2 业务层级应记录业务实体所处层次，其属性应符合表 4.3.2-1 的规定。其中建设系统业务管理和业务技术电子文件应按职能、专业划分业务层级，建设工程电子文件业务层级应按建设工程层次结构划分业务层级。业务层级的划分应符合表 4.3.2-2 的规定。业务层级及层级的数量应根据文件管理的实际需要进行设置，并应与相应的文件层级及数量相对应。

表 4.3.2-1　业务层级属性

编号	M16	英文名称		BusinessCategory	
目的	1　将业务实体层级化。 2　用于实现基于业务层级的搜索				
使用	适用性	使用条件	可选性	可重复性	包含子元素
	业务实体	—	必选	否	否
取值	取值类型	取值范围			
	字符串	按表4.3.2-2的规定取值			

表 4.3.2-2　业务层级表

业务层级		语　义	相应的文件层级
建设系统业务管理和业务技术电子文件	职能	机构为实现其目标而履行的主要职责	根据业务活动中文件形成的规律，确定相应的文件层级
	活动	机构为实现其职能而执行的主要任务	
	事务	业务活动的最小单位	
建设工程电子文件	建设项目	具有计划任务书和总体设计，经济上实行独立核算，行政上具有独立组织形式的基本建设项目。一个建设项目可以有多个单项工程，也可以只有一个单项工程	根据业务活动中文件形成的规律，确定相应的文件层级
	单项工程	在一个建设项目中，具有独立的设计文件，建成后可以独立发挥生产能力和使用效益的项目	
	单位工程	具有独立的设计文件，可以独立组织施工和单项核算，但不能独立发挥其生产能力和使用效益的工程项目。单位工程不具有独立存在的意义，它是单项工程的组成部分	
	分部/分项	分部工程是单位工程中按工程的部位、结构形式的不同等划分的工程；分项工程是分部工程中再按工种、构件类别、设备类别、使用材料不同而划分的工程项目。分部工程是单位工程的组成部分，分项工程是分部工程的组成部分	
	事务（作业）	工程项目业务活动的最小单位	

4.3.3　业务标识应为文件管理系统中业务实体的唯一识别符。电子文件归档后应在电子档案管理系统中赋予新的业务标识并作为业务实体在该系统下的唯一标识，同时应保留原系统生成的业务标识。电子档案管理系统中子元素业务标识码应采用多种方案标识，且应与业务标识方案同时使用，其属性应符合表4.3.3的规定。

表 4.3.3　业务标识属性

编号	M17	英文名称		BusinessIdentification	
目的	1　建设文件管理业务的唯一标识。 2　访问更多业务信息的一个入口。 3　提供标识业务的方法或指定的背景信息				
使用	适用性	使用条件	可选性	可重复性	包含子元素
	业务实体	—	必选	是	是
子元素					
编号	名称	英文名称	可选性	取值类型	取值范围
M17.1	业务标识码	BusinessIdentifier	必选	字符串	—
M17.2	业务标识方案	BusinessIdentifierScheme	条件必选	字符串	—

4.3.4　业务名称应为业务实体的名称，并应与业务实体所处层级相适应，其属性应符合表4.3.4的规定。

表 4.3.4　业务名称属性

编号	M18	英文名称		BusinessName	
目的	1　描述业务职能。 2　辅助识别文件形成的业务背景信息。 3　文件检索的业务过程入口。 4　实现业务过程的整体搜索				
使用	适用性	使用条件	可选性	可重复性	包含子元素
	业务实体	—	必选	否	否
取值	取值类型	取值范围			
	字符串	建设工程分类及命名的规定；责任者的业务职能、专业类型			

4.3.5　业务分类应根据业务层级的不同，按专业与行业的类别、责任者的业务职能及业务过程、流程以及构成业务过程的具体事务进行分类。业务分类的属性应符合表4.3.5的规定。当子元素业务分类号采用多种业务分类方案进行标识时，应与业务分类方案同时使用。

表 4.3.5　业务分类属性

编号	M19	英文名称	BusinessClassification
目的		1　确定并记录业务活动过程中的节点、阶段以及构成业务过程的具体事务。 2　确定每项业务职能、活动和事务对证据和信息的要求	

使用	适用性	使用条件	可选性	可重复性	包含子元素
	业务实体	—	必选	是	是

子元素					
编号	名称	英文名称	可选性	取值类型	取值范围
M19.1	业务分类号	BusinessClassificationID	必选	字符串	—
M19.2	业务分类方案	BusinessClassificationScheme	条件必选	字符串	—

4.3.6　业务依据应记录开展业务职能、活动、事务及文件管理行为的依据，业务依据应与业务层级相适应，其属性应符合表4.3.6的规定。

表 4.3.6　业务依据属性

编号	M20	英文名称	Mandate
目的		为各项业务的实施提供法律、法规依据或其他直接导致活动结果的依据	

使用	适用性	使用条件	可选性	可重复性	包含子元素
	业务实体	—	可选	是	否

取值	取值类型	取值范围
	字符串	

4.3.7　业务专业特征应根据城乡规划、建设和管理活动的专业、行业类别设置相应的特征项、特征项值及特征项值单位，其属性应符合表4.3.7的规定。

表 4.3.7　业务专业特征属性

编号	M21	英文名称	BusinessCharacter
目的		1　为城乡规划、建设及其管理活动的专业特征记载项。 2　便于对建设工程、项目信息的检索	

使用	适用性	使用条件	可选性	可重复性	包含子元素
	业务实体	适用于建设工程（项目）、单位工程两个层级，当用于建设工程规划、建设和管理项目时必选	条件必选	是	是

子元素					
编号	名称	英文名称	可选性	取值类型	取值范围
M21.1	特征项	CharacterItem	必选	字符串	—
M21.2	特征项值	CharacterItemValue	必选	字符串	—
M21.3	特征项值单位	CharacterItemValueUnit	必选	字符串	—

4.3.8　业务日期应记录与业务实体相关的开始和结束日期，其属性应符合表4.3.8的规定。

表 4.3.8　业务日期属性

编号	M22	英文名称	BusinessDate
目的		1　提供业务实体存在或有效性的日期信息。 2　记录关系的日期信息	

使用	适用性	使用条件	可选性	可重复性	包含子元素
	业务实体	—	必选	否	是

子元素					
编号	名称	英文名称	可选性	取值类型	取值范围
M22.1	业务开始日期	BusinessStartDate	必选	日期型	业务开始的日期
M22.2	业务结束日期	BusinessEndDate	条件必选	日期型	业务结束的日期

4.4　责任者实体

4.4.1　责任者实体应包含责任者层级、责任者标识、责任者名称、责任者职能、责任者许可和责任者联系方式等元素。

4.4.2　责任者层级应描述责任者实体所处的层级，其属性应符合表4.4.2-1的规定。责任者实体层级的划分应符合表4.4.2-2的规定。

表 4.4.2-1　责任者层级属性

编号	M23	英文名称	AgentCategory
目的		1　将责任者子层级化。 2　搜索指定的责任者实体层级。 3　用于实现基于责任者层级的搜索	

使用	适用性	使用条件	可选性	可重复性	包含子元素
	责任者实体	—	必选	否	否

取值	取值类型	取值范围
	字符串	按表4.4.2-2规定的责任者实体层级划分

表 4.4.2-2　责任者实体层级

层级名称	语　义
机构	组织、实施城乡规划、建设及其管理工作，且有明确的职责、权限的机构。包括项目团队中负责独立完成项目组织中规定的、项目分目标的机构或企业
部门	机构中承担一定职能或项目分目标中某一组成部分的职能机构。 部门还可按业务分工分若干层级
岗位	执行业务处理过程的岗位（人或系统）

4.4.3 责任者标识应为责任者实体的唯一识别，其属性应符合表 4.4.3 的规定。

表 4.4.3 责任者标识属性

编号	M24	英文名称			AgentIdentification	
目的	1 建设文件管理中责任者实体的唯一标识。 2 用于责任者定位。 3 访问更多责任者信息的一个入口。 4 提供标识责任者的方法或指定的背景信息					
使用	适用性	使用条件		可选性	可重复性	包含子元素
	责任者实体	—		必选	是	是
子元素						
编号	名称	英文名称	可选性	取值类型	取值范围	
M24.1	责任者标识码	AgentIdentifier	必选	字符串	—	
M24.2	责任者标识方案	AgentIdentifierScheme	条件必选	字符串	—	
M24.3	责任者数字签名	AgentDigitalSignature	可选	字符串	—	

4.4.4 责任者名称应为责任者实体的名称，其属性应符合表 4.4.4 的规定。

表 4.4.4 责任者名称属性

编号	M25	英文名称		AgentName	
目的	1 辅助识别责任者。 2 作为责任者实体的访问入口。 3 实现责任者名称整体的搜索				
使用	适用性	使用条件	可选性	可重复性	包含子元素
	责任者实体	—	必选	是	否
取值	取值类型	取值范围			
	字符串	—			

4.4.5 责任者职能应为责任者职能的描述，其属性应符合表 4.4.5 的规定。

表 4.4.5 责任者职能属性

编号	M26	英文名称		AgentFunction	
目的	1 用于责任者的定位与发现。 2 便于用户选择相应的责任者处理过程。 3 为业务过程提供附加背景信息				
使用	适用性	使用条件	可选性	可重复性	包含子元素
	责任者实体	—	必选	否	否
取值	取值类型	取值范围			
	字符串	—			

4.4.6 责任者许可应为对责任者进行文件管理活动的授权，其属性应符合表 4.4.6-1 的规定。责任者许可内容应按表 4.4.6-2 规定的事件类型授权。

表 4.4.6-1 责任者许可属性

编号	M27	英文名称			AgentPermissions	
目的	1 确定责任者的业务权限，执行文件管理活动。 2 使文件受到合适的保护					
使用	适用性	使用条件		可选性	可重复性	包含子元素
	责任者实体	—		可选	是	是
子元素						
编号	名称	英文名称	可选性	取值类型	取值范围	
M27.1	责任者许可内容	AgentPermissionText	必选	字符串	表 4.4.6-2 规定的事件名称	
M27.2	责任者许可类型	AgentPermissionType	必选	字符串	—	

表 4.4.6-2 文件管理事件表

事件名称	语 义
验收 Acceptance	在文件转移、交接时进行的核查验收
接收 Accession	档案管理部门按国家规定收存档案的过程
鉴定 Appraisal	判定档案、文件真伪和价值的过程
审批 Approve	为了保证文件质量，使文件达到预期的目标，文件经过一个或多个机构审核的过程
批准 Approved	使文件正式生效的过程
归档 Archiving	将具有保存价值的文件经系统整理后交档案部门保存的过程
整理 Arrange	按一定原则对文件进行系统分类、组合、排列、编号和基本编目，使之有序化的过程
授权 Authorises	提供执行业务或进行序列操作的权限
备份 Backs Up	复制一个文件实体到某种存储载体，以防文件实体的损失或损坏
捕获 Capture	对电子文件进行实时收集和存储的方法与过程，一般通过嵌入各个业务信息系统中的电子文件登记功能实现文件的实时收集
编目 Cataloguing	按一定的规则进行文件著录并将条目组织成目录的过程
分类标引 Classified Indexing	对档案、文件内容进行主题分析，赋予分类号标识的过程
修改 Changes	更改元数据元素的值或状态，或更改一个文件（包括附件）的内容

事件名称	语义
收集 Collecting	档案馆、档案室接收及征集档案和其他有关文献的活动
压缩 Compress	减小数字资源空间的过程
转换 Converts	将数字文件由一种格式变为另外一种格式
创建 Creates	负责制作文件的内容
删除 Deletes	删除文件、元数据元素值的操作
解密 Declassificating	解除已失去保密价值档案、文件的保密限制
数字解密 Decrypts	将已加密的资料转换为原来的内容以便理解的过程
著录 Description	对元数据元素项进行分析、选择和记录的过程
销毁 Destroys	文件实体的物理销毁过程
销毁清册 Destruction list	登录被销毁档案题名、数量等内容并由责任人签署的文件
分发 Distribution	把文件批量发送到多个指定计算机或机构
数字化 Digitises	将一个文件转换成数字形式的过程
降密 Downgrade	降低档案文件的原有保密等级
下载 Downloaded	将数据从存储位置复制到本地磁盘
封装 Encapsulation	将电子文件及其元数据按指定结构打包
数字加密 Encrypts	应用加密协议对文件的处理过程,加密后的数据只有解密转换后才能读出
立卷 Filing	将若干文件按形成规律和有机联系组成案卷的过程
固化 Fixity	为保证电子文件的真实、完整、可信,对电子文件及其元数据进行真实性规则、规范或标准的控制机制
标引 Indexing	对档案、文件内容进行主题分析,赋予检索标识的过程
缩微 Microfilms	将纸质的或数字文件转换成存储在缩微胶卷上的文件的过程
迁移 Migrates	将文件从一个系统转移到另一个系统,同时保持其真实性
打印 Prints	将文件输出到纸上的过程
登记 Registers	捕获文件或其他实体的初始元数据进入系统,并确保它有唯一标识符的过程
发布 Released	文件已达到预期的目标,可通过发布使文件具有法律效用和技术效用
更新 Refreshes	将载体的内容复制到一个新的载体的过程
参照 References	建立实体内部或实体之间的引用关联
移动 Removes	文件物理位置的变更
替换 Replaces	在文件被某个特定责任者重新使用或修改后,取代原来文件的过程
复制 Reprography	利用复印、缩微、磁盘拷贝、复写、印刷等手段生成内容与档案原件相同的复制品的技术和方法
修复 Restoration	使受损或退变档案恢复或接近原有特征或对其进行加固的过程
检查 Reviews	在规定的标准下对内容进行检验的过程
发送 Sends	将文件的副本分发给一个或多个收件人的过程

事件名称	语义
统计 Statistics	对反映和说明档案及档案工作现象的数量特征进行搜集、整理和分析的活动
主题标引 Subject Indexing	对档案、文件内容进行主题分析,赋予主题词标识的过程
存储 Storage	存储就是根据不同的应用环境,通过采取合理、安全、有效的方式将数据保存到某些介质上并能保证有效的访问
汇总 Together	把各种文件材料汇集到一起
移交 Transfer	保管过程中文件的保管权、所有权和(或)责任权的变化
传输 Transfers	将文件从一个存储位置移动到另一个存储位置的过程,包括离线状态的转移
利用 Use	利用者以阅览、复制、摘录等方式使用档案、文件的活动

4.4.7 责任者联系方式应为有关责任者的联系方式与信息,其属性应符合表 4.4.7 的规定。

表 4.4.7 责任者联系方式属性

编号	M28		英文名称		AgentContact	
目的	为机构提供联系方式					
使用	适用性	使用条件		可选性	可重复性	包含子元素
	责任者实体	—		必选	是	是
子元素						
编号	名称	英文名称	可选性	取值类型	取值范围	
M28.1	联系详细内容	ContactDetails	必选	字符串	—	
M28.2	联系方式类型	ContactType	可选	字符串	—	

4.5 关 系 实 体

4.5.1 关系实体应包含关系标识、关系名称、关系日期、相关实体等元素。

4.5.2 关系标识应为关系实体的唯一标识,其属性应符合表 4.5.2 的规定。

表 4.5.2 关系标识属性

编号	M29		英文名称		RelationshipIdentification	
目的	1 建设文件管理中实体关系的唯一标识。 2 用于关系定位。 3 访问更多关系信息的一个入口。 4 提供标识关系的方法或指定的背景信息					
使用	适用性	使用条件		可选性	可重复性	包含子元素
	关系实体	—		必选	是	是
子元素						
编号	名称	英文名称	可选性	取值类型	取值范围	
M29.1	关系识别码	RelationshipIdentifier	必选	字符串	—	
M29.2	关系标识方案	RelationshipIdentifierScheme	条件必选	字符串	—	

4.5.3 关系名称应为关系实体的名称，其属性应符合表 4.5.3-1 的规定。关系类型的划分应符合表 4.5.3-2 的规定。

表 4.5.3-1 关系名称属性

编号	M30	英文名称		RelationshipName		
目的	1 辅助识别关系。 2 发现关系的访问入口。 3 实现关系名称整体的搜索					
使用	适用性	使用条件		可选性	可重复性	包含子元素
	关系实体	—		必选	否	否
取值	取值类型	取值范围				
	字符串	按表 4.5.3-2 关系类型表的规定取值				

表 4.5.3-2 关系类型表

关系名称	语义	关系类型
联合	指实体之间和实体之内的联合关系	—
包含	是指实体之内不是实体之间的包含关系	文件与文件
		责任者与责任者
		业务与业务
控制	控制关系定义了影响其他实体的规则	文件与文件
		业务与文件
		责任者与文件
		责任者与责任者
		责任者与业务
		业务与业务
建立	设立和定义业务的目标	业务与文件
拥有	限于责任者占有、保存	责任者与文件
前/后	前后的顺序关系	文件与文件
		责任者与责任者
		业务与业务

4.5.4 关系日期应记录关系建立的开始及结束日期，其属性应符合表 4.5.4 的规定。

表 4.5.4 关系日期属性

编号	M31	英文名称		RelationshipDate		
目的	提供关系存在或有效性的日期信息					
使用	适用性	使用条件		可选性	可重复性	包含子元素
	关系实体	—		必选	否	是
子元素						
编号	名称	英文名称	可选性	取值类型	取值范围	
M31.1	关系开始日期	RelationshipStartDate	必选	日期型	关系开始的日期	
M31.2	关系结束日期	RelationshipEndDate	条件必选	日期型	关系结束的日期	

4.5.5 相关实体应记录关系实体中两个已关联的实体及其间发生的事件。主实体应为关系的出发点（起点），相关实体应为关系的指向点（终点），其属性应符合表 4.5.5 的规定。

表 4.5.5 相关实体属性

编号	M32	英文名称		RelatedObject		
目的	1 建立实体间关系背景。 2 通过连接相关实体来创建证据链。 3 连接相关实体并提供责任者活动的完整描述。 4 方便理解和使用文件					
使用	适用性	使用条件		可选性	可重复性	包含子元素
	关系实体	—		必选	是	是
子元素						
编号	名称	英文名称	可选性	取值类型	取值范围	
M32.1	主实体标识	MainObjectID	必选	字符串	已存在的文件标识、业务标识及责任者标识	
M32.2	相关实体标识	AssignedObjectID	必选	字符串	已存在的文件标识、业务标识及责任者标识	
M32.3	关系事件	RelationshipEvent	必选	字符串	表 4.4.6-2 文件管理事件表	

5 元数据扩展

5.0.1 当建设电子档案元数据中的元素或子元素不能满足需要时，可按下列方式对元数据进行扩展：

1 在本标准规定的元素集中增加新的元素及子元素；

2 对现有元素集中的层级进行细化和限定；

3 扩展元素的取值范围或施加更多的限制；

4 建立新的取值方案，代替现有取值范围为自由文本的元素取值；

5 对现有元数据元素实施更加严格的约束条件，将可选元素改为必选；

6 对现有元数据元素的值域施加更多的限制。

5.0.2 对现有建设电子档案元数据元素扩展时，不得进行下列内容的改变：

1 将现有元数据元素的名称更名；

2 将现有元数据元素的定义作出修改；

3 将必选项变更为条件必选或可选项；

4 将条件必选项变更为可选项；

5 将已作规定的取值范围变更为自由文本；

6 改变已作规定的取值范围中列出的已有值。

5.0.3 扩展元素与子元素不能与已有元素和子元素有语义上的重叠。

5.0.4 建设电子档案元数据元素扩展前，应按本标准规定的元数据内容，确认不能满足应用的内容或需扩展的内容，再按本章的规定进行扩展。

6 元数据管理

6.0.1 建设电子档案元数据在管理、交换和提供利用时，应采用 XML Schema 格式。

6.0.2 建设电子档案元数据文件的命名，应与所描述的数据文件或原文件建立联系。

6.0.3 建设电子档案元数据宜通过建立元数据管理系统来进行管理和维护。

附录 A 元数据元素表

元素集	元 素				子元素	
	编号	元素名称	可选性	可重复性	编号	子元素名称	可选性
文件实体 Record Entity	M1	文件层级	必选	否		—	
	M2	文件标识	必选	是	M2.1	文件标识码	必选
					M2.2	文件标识方案	条件必选
	M3	文件名称	必选	是	M3.1	名称	必选
					M3.2	名称方案	条件必选
	M4	文件分类	必选	是	M4.1	文件分类方案	条件必选
					M4.2	文件分类名	必选
	M5	主题词或关键词	条件必选	否		—	
	M6	提要	可选	否			
	M7	附注	可选	否		—	
	M8	语种	可选	是			
	M9	稿本	可选	是			
	M10	存储	必选	是	M10.1	载体	必选
					M10.2	规格	可选
					M10.3	载体编号	条件必选
					M10.4	单位	必选
					M10.5	数量或大小	必选
					M10.6	位置	必选
					M10.7	格式名称	条件必选
					M10.8	格式版本	可选
					M10.9	应用程序名称	可选

续表 A

元素集	元 素				子元素	
	编号	元素名称	可选性	可重复性	编号	子元素名称	可选性
文件实体 Record Entity	M11	文件日期	必选	否	M11.1	文件开始日期	必选
					M11.2	文件结束日期	条件必选
	M12	利用权限	条件必选	否	M12.1	权限描述	必选
					M12.2	权限类型	必选
					M12.3	权限状态	可选
	M13	安全控制	必选	否	M13.1	密级	必选
					M13.2	保密期限	条件必选
					M13.3	保管期限	必选
	M14	处置	可选	是	M14.1	处置授权	必选
					M14.2	处置分类	必选
					M14.3	处置行为	必选
					M14.4	处置实施日期	必选
	M15	真实性	可选	是	M15.1	算法名称	必选
					M15.2	算法值	必选
业务实体 Business Entity	M16	业务层级	必选	否		—	
	M17	业务标识	必选	是	M17.1	业务标识码	必选
					M17.2	业务标识方案	条件必选
	M18	业务名称	必选	否		—	
	M19	业务分类	必选	是	M19.1	业务分类号	必选
					M19.2	业务分类方案	条件必选
	M20	业务依据	可选	是		—	
	M21	业务专业特征	条件必选	是	M21.1	特征项	必选
					M21.2	特征项值	必选
					M21.3	特征项值单位	可选
	M22	业务日期	必选	否	M22.1	业务开始日期	必选
					M22.2	业务结束日期	条件必选
责任者实体 Agent Entity	编号	元素名称	可选性	可重复性	编号	子元素名称	可选性
	M23	责任者层级	必选	否		—	
	M24	责任者标识	必选	是	M24.1	责任者标识码	必选
					M24.2	责任者标识方案	条件必选
					M24.3	责任者数字签名	可选
	M25	责任者名称	必选	是			
	M26	责任者职能	必选	否			
	M27	责任者许可	可选	是	M27.1	责任者许可内容	必选
					M27.2	责任者许可类型	必选
	M28	责任者联系方式	必选	是	M28.1	联系详细内容	必选
					M28.2	联系方式类型	可选

续表 A

元素集	元素			子元素		
关系实体 Relationship Entity	M29	关系标识	必选	是	M29.1	关系标识码	必选
					M29.2	关系标识方案	条件必选
	M30	关系名称	必选	否	—	
	M31	关系日期	必选	否	M31.1	关系开始日期	必选
					M31.2	关系结束日期	条件必选
	M32	相关实体	必选	是	M32.1	主实体标识	必选
					M32.2	相关实体标识	必选
					M32.3	关系事件	必选

本标准用词说明

1 为便于在执行本标准条文时区别对待,对于要求严格程度不同的用词说明如下:

　　1)表示很严格,非这样做不可的:
　　　正面词采用"必须",反面词采用"严禁";

　　2)表示严格,在正常情况下均应这样做的:
　　　正面词采用"应",反面词采用"不应"或"不得";

　　3)表示允许稍有选择,在条件许可时首先应这样做的:
　　　正面词采用"宜",反面词采用"不宜";

　　4)表示有选择,在一定条件下可以这样做的,采用"可"。

2 条文中指明必须按其他标准、规范执行的写法为:"按……执行"或"应符合……的规定"。

引用标准名录

1　《城市建设档案著录规范》GB/T 50323

2　《建设电子文件与电子档案管理规范》CJJ/T 117

中华人民共和国行业标准

建设电子档案元数据标准

CJJ/T 187—2012

条 文 说 明

制 订 说 明

《建设电子档案元数据标准》CJJ/T 187-2012 经住房和城乡建设部 2012 年 11 月 1 日以第 1516 号公告批准、发布。

本标准制订过程中，编制组对我国近十年来建设档案信息化与数字化工作进行了深入的调查研究，总结了近几年我国开展建设电子文件与电子档案管理取得的成功经验，并针对建设电子文件全过程管理中确保电子文件真实性、准确性、完整性、有效性与安全性的实际需要，参考了国际文件管理的系列标准规范，并以多种方式广泛征求了全国有关单位的意见，对主要问题进行了反复修改，最后经有关专家审查定稿。

为便于广大设计、施工、科研、学校等单位有关人员在使用本标准时能正确理解和执行条文规定，《建设电子档案元数据标准》编制组按章、节、条顺序编制了本标准的条文说明，对条文规定的目的、依据以及执行中需注意的有关事项进行了说明。但是，本条文说明不具备与标准正文同等的法律效力，仅供使用者作为理解和把握标准规定的参考。

目　次

1 总　　则

1.0.1　本条规定了编制本标准的目的。

元数据管理是档案管理中必不可少的一部分，元数据有着多种功能和用途。在档案管理背景下，元数据被定义为描述档案背景、内容、结构及其整个管理过程的数据。这些元数据是结构化或半结构化的信息，用于确保文件始终在同领域内或跨领域间形成、登记、分类、利用、保管和处置，用于反映特定群体的特定思想和特定活动。档案管理元数据还可以用于对档案本身以及档案的形成、管理、维护和使用档案的人、过程、系统及其管理方针等要素进行识别、确认和证实以说明其背景关系。

无论是物理的、模拟的，还是数字形态的档案，元数据可以始终确保档案的真实性、可靠性、可用性和完整性，有助于对信息对象的管理和理解，当然，元数据本身也需要管理。

档案管理总是涉及元数据管理。然而，数字环境下的管理需求与传统环境下的管理需求表现形式不同，需要不同的机制识别、捕获、表征和利用元数据。在数字环境下，只有采用元数据定义其关键特征，才是权威性的档案。同时这些特征应明确表达并记录下来，而不是像纸质环境下是隐含的。在数字环境下，保证在形成、捕获和管理档案的系统中自动实现对档案管理元数据的创建和捕获是必要的。数字环境为我们定义、创建元数据并完整、及时地捕获文件提供了机遇。

档案是事务的证据或者本身就是档案管理活动的对象，档案管理元数据具有重要的意义和作用，元数据以如下的方式为业务和档案管理提供支持：

1　保护档案的证据特性并确保档案的长期可获取性和可用性；

2　便于对档案的理解；

3　支持并保证档案的证据价值；

4　便于确保档案的真实性、可靠性和完整性；

5　对访问管理、隐私管理和权限管理提供支持和管理；

6　支持高效率的检索；

7　通过确保在各种技术环境和业务环境下可靠地捕获文件从而支持互操作策略，并使档案持续地得到长久保存；

8　在档案与其形成的背景信息之间进行逻辑链接，并以一种结构化的、可靠的和有效的方式维护这种链接；

9　为识别形成和捕获数字档案的技术环境提供支持，同时对维护档案的技术环境的管理提供支持，以便在需要真实性档案时可以随时复制档案；

10　为实现档案在不同环境、计算机平台或保管策略之间的有效迁移提供支持。

"建立真实、准确、完整、有效的建设电子档案，保障建设电子文件和电子档案的安全保管与有效开发利用"的基本原则就是要实施对建设电子档案的前端控制与全程管理，这就要求必须在建设电子文件归档前后对其实施统一的规范化管理。

制定本标准的目的就是规范城市建设各种元数据内容和技术质量要求。本标准的制定和实施，对于统一我国城市规划、建设及管理相关领域元数据的采集、建库与应用，进而推动建设档案信息的共享和广泛应用，具有重要的实用价值。

1.0.2　本条规定了本标准的适用范围。本标准作为城乡规划、建设及其管理电子档案专用元数据标准，适用于建设电子档案的形成、收集、积累、整理、鉴定、归档、移交、存储与保管、处置、利用与安全等过程，可供城乡规划、建设及其管理业务系统和城建档案信息管理系统捕获、管理、更新和应用元数据时使用。本标准涵盖了对不同载体建设档案的描述。

1.0.3　本标准所规定的建设电子档案元数据的建立、管理和发布涉及建设行业的各专业（行业）、信息技术、档案业务等方面，内容广泛。因此，除应符合本标准的规定外，还应符合有关国家标准的基本规定，包括：《建设电子文件与电子档案管理规范》CJJ/T 117、《城市建设档案著录规范》GB/T 50323、《建设工程文件归档整理规范》GB/T 50328、《建筑和设施管理部门元数据的应用》ISO 82045－5、《信息与文献 文件管理 第 1 部分 通用原则》ISO 15489－1：2001、《信息与文献 文件管理流程 文件元数据 第 1部分 原则》ISO 23081－1：2006、《信息与文献 文件管理流程 文件元数据 第 2 部分 概念与实施》ISO/TS 23081－2：2007、《空间数据和传输系统—开放档案信息系统—参考模型》ISO 14721、《信息技术—元数据元素的规范与标准化》ISO 11179、《城建档案业务管理规范》CJJ/T 158 等。

2 术　　语

本章定义了本标准中所涉及的主要概念。

3 基 本 规 定

3.0.1　建设电子档案形成单位应将本标准规定的有关建设电子文件形成的业务背景、责任者背景、文件描述信息以及关系实体等元数据的捕获、管理嵌入到形成、处理、管理、利用与归档的业务系统或文件系统中，以确保向建设档案管理机构所移交的建设电子文件及元数据真实、完整、可用和安全。

3.0.2　建设档案管理机构在接收建设电子档案时应采用满足本标准的建设电子文件归档与管理系统，检验所移交建设电子文件中元数据集的真实、完整、有效、可靠。

3.0.3 建设电子档案管理的目标是确保其真实性、完整性、有效性，并要求确保其存储与利用的安全性，这也是建设档案管理机构管理建设电子文件的重要职能，各地建设档案管理机构可按实际工作的需要，有计划、有步骤地开展建设电子文件管理系统的建设。

3.0.6 元素属性中可选性使用时应注意：

1 当元素在"可选性"的取值为"必选"时，表明该元素必须采用；当该元素采用时，其"可选性"的取值为"必选"的子元素也必须采用。

2 当元素在"可选性"的取值为"可选"时，表明该元素可根据用户需要选用或不选用。当用户决定采用该元素时，其"可选性"的取值为"必选"的子元素也必须采用。

3 当元素在"可选性"的取值为"条件必选"时，表明在特定使用环境条件下，该元素必须采用；当环境条件满足，且用户决定采用该元素时，其"可选性"的取值为"必选"的子元素也必须采用。

4 元数据内容

4.1 元数据元素集

4.1.1 为保证建设电子文件的真实性、完整性与可用性，应记录这些文件的形成、维护及归档管理等全过程的背景信息。本标准采用文件实体、业务实体、责任者实体及关系实体四个元数据集对文件的背景信息进行记录。其中，关系实体用于描述实体间及实体内部的关系。建设电子档案元数据实体关系图描述了文件、业务、责任者及这些实体间及实体内部的关系：责任者"执行"业务，执行过程与结果"被记录"在文件中，文件是由执行业务的责任者创建或使用的。将实体层级引入元数据关系实体图，就形成元数据实体层级模型图，以建设工程为例，建设工程元数据实体层级模型示例见图1。

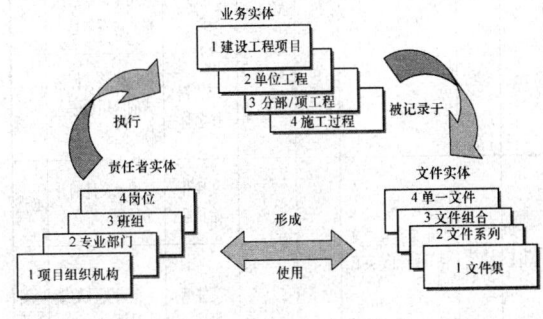

图 1 建设工程元数据实体层级模型示例

4.1.2 本标准采用多对象与单一对象并存的执行方式。多对象的情况包括：两对象（如：文件、关系）、三对象（如：文件、责任者、关系，或文件、业务、关系）、全部对象（文件、责任者、业务、关系）。执行中选用的对象越多，对使用的环境要求就越高，文件真实性、完整性与有效性的保障性相对就越强，本标准的适应性就越好。如，传统纸质文件的管理就是采用单一对象（文件对象）来进行文件的管理。

4.2 文件实体

4.2.1 文件实体对文件层级、文件标识、文件名称、文件分类、主题词或关键词、提要、附注、语种、稿本、存储、文件日期、权限、安全控制、处置和真实性等元素进行描述。

4.2.2 文件层级是对文件管理单元的描述，可以是单一文件，也可以是文件组合或文件集。文件层级的选用，取决于组织机构的需求。同时，文件层级应与形成该文件实体的业务实体层级相对应，以保证文件实体与其形成环境一致。如：当建设工程项目文件实体的层级为"文件集"时，与其对应的业务实体的层级是"建设工程项目"、责任者层级是"机构"。

城建档案管理机构可以根据建设电子档案整理与管理的要求，设置三个、二个甚至一个层级。一般情况下城建档案管理机构部门的城建档案信息管理系统、数字城建档案馆系统以及建设电子档案归档整理系统将文件层级分为工程（项目）级（文件集）、案卷级（文件组合）、文件级（单一文件）三个层级。城建档案工程（项目）级文件元素集示例见表1，案卷级文件元素集示例见表2，文件级文件元素集示例见表3。

表 1 工程（项目）级文件实体元素集示例

元素				子元素			
编号	元素名称	取值及实例化含义	可选性	编号	子元素名称	取值及实例化含义	可选性
M1	文件层级	工程（项目）级	必选	—	—	—	—
M2	文件标识	工程（项目）的唯一标识	必选	M2.1	文件标识码	工程（项目）的标识码	必选
				M2.2	文件标识方案	工程（项目）的标识方案	条件必选
M3	文件名称	描述工程（项目）的名称的元素	必选	M3.1	名称	工程（项目）的名称	必选
				M3.2	名称方案	工程（项目）的命名依据	条件必选
M4	文件分类	描述对工程（项目）分类方法及分类的元素	必选	M4.1	文件分类方案	对工程（项目）分类采用的方法或依据	条件必选
				M4.2	文件类别名称	在某一工程（项目）分类方案下的分类名称	必选

元素				子元素			
编号	元素名称	取值及实例化含义	可选性	编号	子元素名称	取值及实例化含义	可选性
M5	主题词或关键词	用规范化并具有检索意思的词或词组表达工程(项目)的主题、性质、特征等	条件必选	—	—	—	—
M6	提要	工程(项目)内容的简介和评述	可选	—	—	—	—
M7	附注	立卷、管理过程需要解释和补充说明的事项	可选	—	—	—	—
M10	存储	描述工程(项目)文件的载体类型及相应的存储(存放)位置的元素	必选	M10.1	载体	该工程(项目)文件所采用的各类载体的类型	必选
				M10.6	位置	该工程(项目)文件的首卷存放位置	必选
M11	文件日期	记录工程(项目)的开始和结束日期	必选	M11.1	文件开始日期	该工程(项目)开工或申请日期	必选
				M11.2	文件结束日期	该工程(项目)竣工或批准日期	条件必选
M12	利用权限	用于管理或限制对本工程(项目)档案的安全存取和使用	条件必选	—	—	—	—
M13	安全控制	安全控制指确保档案信息安全的控制指标,是制定档案安全体系的主要依据	必选	M13.1	密级	—	必选
				M13.2	保密期限	—	条件必选
				M13.3	保管期限	—	必选

表2　案卷级文件实体元素集示例

元素				子元素			
编号	名称	取值及实例化含义	可选性	编号	名称	取值及实例化含义	可选性
M1	文件层级	案卷级	必选	—	—	—	—
M2	文件标识	案卷的唯一识别	必选	M2.1	文件标识码	城建档案管理机构定义的案卷的唯一标识码	必选
				M2.2	文件标识方案	城建档案管理机构定义的唯一标识案卷的方案	条件必选
M3	文件名称	案卷的命名方案及名称	必选	M3.1	名称	案卷的名称或题名	必选
				M3.2	名称方案	用于命名案卷的(词汇)方案	条件必选

元素				子元素			
编号	名称	取值及实例化含义	可选性	编号	名称	取值及实例化含义	可选性
M4	文件分类	描述对案卷分类方法及分类的元素	必选	M4.1	文件分类方案	对案卷分类采用的方法或依据	条件必选
				M4.2	文件类别名称	在采用的案卷分类方案下的分类名称	必选
M5	主题词或关键词	用规范化并具有检索意思的词或词组表达案卷的主题、性质、特征等	条件必选	—	—	—	—
M6	提要	对本案卷内容的简介和评述	可选	—	—	—	—
M7	附注	立卷、管理过程需要解释和补充说明的事项	可选	—	—	—	—
M10	存储	用于记录案卷载体文件的形态及存放或存储的位置	必选	M10.1	载体	档案载体的物质形态特征	必选
				M10.2	规格	档案载体的尺寸及型号	可选
				M10.3	载体编号	各类载体的统一编号	条件必选
				M10.4	单位	档案物质形态的统计单位或者数字文件的逻辑大小的计量单位	必选
				M10.5	数量或大小	档案的数量或逻辑大小。电子文件用逻辑大小	必选
				M10.6	位置	档案当前的存放地址或存储位置	必选
				M10.7	格式名称	关于电子档案的逻辑形式信息	条件必选
				M10.8	格式版本	用来记录已知格式版本信息	可选
				M10.9	应用程序名称	创建该文件格式的应用程序名称	可选
M11	文件日期	记录案卷中文件开始和结束日期	必选	M11.1	文件开始日期	记录文件的开始日期	必选
				M11.2	文件结束日期	记录文件的结束日期	条件必选

续表2

元素				子元素			
编号	名称	取值及实例化含义	可选性	编号	名称	取值及实例化含义	可选性
M12	利用权限	用于管理或限制对案卷的安全存取和使用	条件必选	M12.1	权限描述	管理或限制文件存取和使用方法的描述	必选
				M12.2	权限类型	管理或限制文件存取和使用的类型	必选
				M12.3	权限状态	文件是否能公开、是全部还是部分公开的信息	可选
M13	安全控制	安全控制指确保档案信息安全的控制指标,是制定档案安全体系的主要依据	必选	M13.1	密级	文件保密程度的等级	必选
				M13.2	保密期限	按当前密级持续的时间长度	条件必选
				M13.3	保管期限	根据文件价值确定的文件应该保存的时间长度	必选
M14	处置	对当前文件授权和对有关文件处置行为的信息	可选	M14.1	处置授权	文件处置授权的名称	必选
				M14.2	处置分类	处置行为分类	必选
				M14.3	处置行为	处置文件的行为	必选
				M14.4	处置实施日期	执行处置行为的日期	必选

表3　文件级文件实体元素集示例

元素				子元素			
编号	名称	取值及实例化含义	可选性	编号	名称	取值及实例化含义	可选性
M1	文件层级	文件级	必选	—	—	—	—
M2	文件标识	文件的唯一识别	必选	M2.1	文件标识码	文件在指定文件标识方案中的唯一标识符	必选
				M2.2	文件标识方案	用于限定文件标识码的方案	条件必选
M3	文件名称	文件的命名方案及名称	必选	M3.1	名称	文件的名称或题名	必选
				M3.2	名称方案	用于命名文件的(词汇)方案	条件必选
M4	文件分类	按建设电子文件的特征,对文件实体进行的分类	必选	M4.1	文件分类方案	按建设电子文件的特征而确定的某种分类方案的名称	条件必选
				M4.2	文件分类号	在"M4.1"指定的分类方案中文件的分类号	条件必选

续表3

元素				子元素			
编号	名称	取值及实例化含义	可选性	编号	名称	取值及实例化含义	可选性
M5	主题词或关键词	用规范化并具有检索意思的词或词组表达文件的内容	条件必选	—	—	—	—
M6	提要	文件内容的简介和评述,应力求反映其主题内容、重要数据(包括技术参数)	可选	—	—	—	—
M7	附注	文件本身以及形成、处理和管理过程需要解释和补充说明的事项	可选	—	—	—	—
M8	语种	表达文件内容的语言种类	可选	—	—	—	—
M9	稿本	档案文件的文稿、文本和版本	可选	—	—	—	—
M10	存储	用于记录各种载体文件的形态及存放或存储的位置	必选	M10.1	载体	档案载体的物质形态特征	必选
				M10.2	规格	档案载体的尺寸及型号	可选
				M10.3	载体编号	各类载体的统一编号	条件必选
				M10.4	单位	档案物质形态的统计单位或者数字文件的逻辑大小的计量单位	必选
				M10.5	数量或大小	档案的数量或逻辑大小 电子文件用逻辑大小	必选
				M10.6	位置	档案当前的存放地址或存储位置	必选
				M10.7	格式名称	关于电子档案的逻辑形式信息	条件必选
				M10.8	格式版本	用来记录已知格式版本信息	可选
				M10.9	应用程序名称	创建该文件格式的应用程序名称	可选
M11	文件日期	与文件关联的开始、结束日期和时间	可选	M11.1	文件开始日期	记录文件实体的开始日期	必选
				M11.2	文件结束日期	记录文件实体的结束日期	条件必选

元素				子元素			
编号	名称	取值及实例化含义	可选性	编号	名称	取值及实例化含义	可选性
M12	利用权限	用于管理或限制对文件的不安全的存取和使用	条件必选	M12.1	权限描述	管理或限制文件存取和使用方法的描述	可选
				M12.2	权限类型	管理或限制文件存取和使用的类型	必选
				M12.3	权限状态	关于文件是否能公开或发布、或全部还是部分发布的信息	可选
M13	安全控制	安全控制指确保档案信息安全的控制指标，是制定档案安全体系的主要依据	必选	M13.1	密级	文件保密程度的等级	必选
				M13.2	保密期限	按当前密级持续的时间长度	条件必选
				M13.3	保管期限	根据文件价值确定的文件应该保存的时间长度	必选
M14	处置	对当前文件授权和对有关文件处置行为的信息	可选	M14.1	处置授权	文件处置授权的名称	必选
				M14.2	处置分类	处置行为分类	必选
				M14.3	处置行为	处置文件的行为	必选
				M14.4	处置实施日期	执行处置行为的日期	必选
M15	真实性	用于检查构成数字文件的比特在传输或存储过程中是否发生改变的方法	可选	M15.1	算法名称	真实性校验采用的算法名称	必选
				M15.2	算法值	真实性校验采用的算法的实际值	必选

4.2.3 文件标识是文件实体在文件管理系统中的唯一标识，文件从捕获到归档分别由不同的文件系统管理，一般情况下不同文件系统下的文件实体的文件标识不同。通常电子文件归档后的文件标识由电子档案管理系统重新生成并使用。而归档前的文件标识应保留，但不应作为归档后的文件管理系统的唯一标识使用。

4.2.4 文件名称的命名方案与文件实体的层级相关。如当该文件实体的层级为"文件集"时，其对应的业务实体的层级就是"职能"或"建设工程"，如是建设工程，则子元素"M3.2命名方案"的取值应符合国家有关建设工程分类及命名的规定，子元素"M3.2名称"的值就是工程项目或单项工程的名称；又如，当文件层级为文件组合时，子元素"M3.2名称"就是案卷的名称。

4.2.5 文件分类应按文件实体所对应的业务活动次序进行。建设系统的业务管理、业务技术文件分类可以按业务职能或业务程序分类；建设工程文件的分类可以按实体分类，也可根据文件材料的内容，选择和运用适当的分类方法。应保留归档前的文件分类，但应在子元素"M4.1文件分类方案"中注明。子元素"M4.2文件分类名"应用文字表示，避免因数据环境的变化导致的语义混淆。当具有相关规定时，子元素"M4.1文件分类方案"为必选。

4.2.6 主题词可以从《城建档案主题词表》、《公文主题词表》、《汉语主题词表》、《中国档案主题词表》等中取值；关键词需用规范性词。

4.2.11 存储用于记录各种载体文件的形态、存放或存储的位置。该元素的子元素要根据子元素"M10.1载体"的取值情况来判断载体类型，主要区分传统载体与电子载体两类。当出现同一文件的异质载体时，宜采用多个元素"M10存储"来记录。

子元素"M10.6位置"与文件实体所在层级有关：当文件实体层级为文件集（工程项目或单位工程）时，其电子载体的取值为文件集的存储路径，其传统载体的取值为首卷存放位置。

存储元素中各子元素使用中应注意：

1 载体应描述文件载体的物质形态特征，根据档案实际载体类型进行著录；

2 载体规格是指档案载体的尺寸及型号；

3 载体编号是对各类载体的统一编号，便于文件与载体的对应；

4 单位用于描述文件物质形态的统计单位或者数字文件的逻辑大小的计量单位；

5 数量或大小是指文件的数量或逻辑大小；电子文件用逻辑大小；

6 位置用于描述文件当前的存放地址或存储位置；

7 格式名称是描述电子文件的逻辑形式信息。提供决策文件存储、保存和表现的具体信息；适用于电子文件；

8 格式版本用于描述文件已知的格式版本信息；

9 应用程序名称记录创建该文件格式的应用程序名称。

4.2.12 当对包含多份文件的对象时，文件开始日期、文件结束日期两个子元素应同时使用。如在工程（项目）级，子元素"M11.1文件开始日期"取值为"工程（项目）的开工（申请）时间"，"M11.2文件结束日期"取值为"工程（项目）的竣工（批准）时间"；在案卷级，子元素"M11.1文件开始日期"取值为"卷内文件起始时间"，"M11.2文件结束日期"取值为"卷内文件终止时间"；在文件级，子元素"M11.1文件开始日期"取值为"文件形成日期"，"M11.2文件结束日期"取值宜为"签发日期"。

文件日期也可记录文件的有效期。

4.2.13 权限是对文件利用限制的描述或对权限类型

的说明。权限类型是限制文件利用的类型。

4.2.14 密级是指文件保密程度的等级，一般按文件形成时所定密级著录。保密期限是指按当前密级持续的时间长度，对已升、降、解密的应著录新密级。保管期限是指根据档案价值确定的档案应该保存的时间长度。档案存留鉴定后，应著录新的保管期限。

4.2.15 处置是指对文件的降密、解密、存留以及更改保管期限等行为。对文件的处置活动首先应得到相应文件管理机构的处置授权。处置授权是处置行动的依据。在文件生命期中，对文件处置的依据可能不止一个，这时就需用子元素"M14.2 处置分类号"来区分。接下来文件的处置过程应在子元素"M14.3处置行动"中详细记录，同时用子元素"M14.4 处置发生日期"记录处置发生的时间。

4.2.16 真实性元素中各子元素使用中应注意：

1　算法名称应记录真实性校验采用的算法名称；

2　算法值应记录真实性校验采用的算法的实际值，此值通常称为"校验码"。

4.3　业务实体

4.3.1 业务实体通过业务层级、业务标识、业务名称、业务分类、业务依据、业务特征、业务日期等元素描述相应文件实体的业务背景。业务实体应通过业务层级与文件层级相对应。

城建档案管理机构的城建档案信息管理系统、数字城建档案馆系统以及建设电子档案归档整理系统的业务实体元素集的设置示例见表4。

表4　业务实体元素集示例

元素				子元素			
编号	名称	取值及实例化含义	可选性	编号	名称	取值及实例化含义	可选性
M16	业务层级	表示业务实体所在的层级	必选	—	—	—	—
M17	业务标识	根据业务层级所确定的业务实体的唯一识别	必选	M17.1	业务标识码	业务实体在指定标识方案下的唯一识别符	必选
				M17.2	业务标识方案	用于限定业务标识码的方案	条件必选
M18	业务名称	业务实体的名称	必选				
M19	业务分类	在业务层级下对业务活动按类别、责任者的业务职能及业务过程、流程等对业务实体进行分类	必选	M19.1	业务分类号	在"M19.2业务分类方案"的限定下某项业务活动的唯一标识	必选
				M19.2	业务分类方案	按机构职能或建设工程的属性对业务活动的划分，是"M19.1业务分类号"的依据	条件必选

续表4

元素				子元素			
编号	名称	取值及实例化含义	可选性	编号	名称	取值及实例化含义	可选性
M20	业务依据	用于记录执行业务职能、活动、事务及文件管理活动的依据	可选	—	—	—	—
M21	业务专业特征	仅用于对工程（项目）的专业特征属性进行分项描述	条件必选	M21.1	特征项	分项描述的字段名称	必选
				M21.2	特征项内容	分项描述的字段取值	必选
				M21.3	特征项类型	分项描述的字段类型	必选
M22	业务日期	与业务实体相关的开始和结束日期	必选	M22.1	业务开始日期	记录业务实体的开始日期	必选
				M22.2	业务结束日期	记录业务实体的结束日期	条件必选

4.3.2 业务层级的级次数量应与文件层级的相同。文件层级是以相互关联的文件集合方式来规定的，它可以适应对业务层级级次的多种设定方式，执行过程中可根据文件管理的实际需要，确定业务层级的数量，但业务层级及层级的数量应与相应的文件层级及数量对应。建设电子档案的形成环境的业务层级与归档后的管理环境不同，业务内容不同，应根据机构的职能来分析业务过程，确定业务活动的层级关系。

4.3.3 业务标识是业务实体在文件管理系统中的唯一识别符。应保留归档前的业务标识符，保留方法是采用多个元素"M17 业务标识"，并在相应的子元素"M17 业务标识方案"中赋值以说明不同业务标识的来源。

4.3.4 对于建筑工程其业务名称可以依据《建筑工程资料管理规程》JGJ/T 185 中的名称的规定著录。

4.3.5 业务分类元素中业务分类方案用于记载对业务进行分类的编码方案；业务分类号用于记载根据"业务分类方案"所确定的分类标识，使用该子元素来标识文件分类时，可由业务管理系统自动赋值。

业务分类应根据业务层级的不同，按专业或行业的业务特点进行。如业务层级在职能或建设项目层级时，业务分类按城乡规划、建设及其管理的专业分为：城乡规划、勘察设计、建设用地规划管理、建设工程规划管理、房产管理、市政公用管理、园林绿化管理、建设工程管理、房屋建筑工程、市政基础设施工程、管线工程等类别。而其下一个业务层级的业务分类为在该专业类别下的业务环节、流程和活动内容的进一步分类。

4.3.6 业务依据是记录业务职能、活动、事务及文件管理行为的依据，如：计划、批准文件编号，标准、规范的编号等，是进行文件管理行为的依据。

4.3.7 业务专业特征应根据业务特征的不同，设置相应的特征项、特征项值及特征项值单位，对工程、项目级是必著项目。可以根据业务特征类型（房屋建筑工程专业记载项、市政基础设施工程专业记载项、城市管线工程专业记载项、建设工程用地规划管理专业记载项、房屋（市政）建设工程规划管理专业记载项）不同，按《城市建设档案著录规范》GB/T 50323规定的专业记载项著录。著录专业记载项时要注意，一个元素只能记录一个记载项，需要多个元素才能完成规定的著录。如房屋建筑工程设置：建筑面积、高度、层数、结构类型、幢数、工程结算、工程地址、地形图号（地理编码）等特征描述项，要由这些元素共同完成对业务专业特征的记载。

4.3.8 业务日期元素中业务开始日期子元素记录业务对象的开始日期，如在工程（项目）层级应著录工程（项目）的开工日期、在单位工程层级应著录单位工程的开工日期等；业务结束日期子元素记录业务对象的结束日期，如在工程（项目）层级应著录项目的竣工日期、在单位工程层级应著录单位工程的竣工日期等。

4.4 责任者实体

4.4.2 责任者实体层级的设置可以根据城乡规划、建设和管理活动的具体情况进行扩展或删减。责任者层级分得越细，文件管理的业务活动的记录就越清晰。

城建档案管理机构的城建档案信息管理系统、数字城建档案馆系统以及建设电子档案归档整理系统的责任者一般分为工程（项目）级、案卷级、文件级三个层级。工程（项目）级的责任者为建设（申请）单位、批准单位、勘察单位、设计单位、测绘单位、监理单位、施工单位、质量监督单位等；案卷级的责任者为建设（申请）单位或档案移交单位；文件级的责任者为文件形成单位。

4.4.4 责任者名称应著录责任者实体的全名。

4.4.5 责任者职能是责任者负责或承担的职责或职能。

4.4.6 责任者许可内容是文件管理活动中，对责任者授权或许可的活动内容；责任者许可类型是指责任者在业务职能活动中，进行文件管理的许可类型。

4.4.7 责任者联系方式用于记录责任者的详细联系内容及方式，需填写具体的联系方式，如电话、传真、手机、EMAIL、办公地点等。

4.5 关 系 实 体

4.5.2 关系标识符方案是用于标识关系的编码方案。标识符可由系统赋值。

4.5.5 关系是元数据标准的核心，关系中涉及的全

部对象都应描述。因此相关实体、相关实体元素成为元数据描述的主要成分，并被用来描述该关系中的对象及相关的对象。

5 元数据扩展

5.0.1～5.0.3 由于建设电子档案的内容和用途的多样性，为了满足建立可信、可用的建设电子档案，保障建设电子文件和电子档案的安全保管与有效开发利用，当建设电子档案元数据的内容不能满足需求时，本标准给出了定义和应用扩展元数据的原则，规定了建设电子元数据扩展的若干规则，旨在满足应用需求的同时保证元数据的质量和一致性。元数据扩展时，不得对本标准已有元数据元素做名称上的变更和约束条件上的放宽。

6 元数据管理

6.0.1 本条对建设电子档案元数据的存储格式进行了规定。元数据文件应采用 XML 格式存储。建设工程电子档案元数据存储结构示例如下：

建设电子档案元数据存储结构示例

```
<? xml version="1.0" encoding="GB2312"? >
<! —— edited with XMLSpy v2010 (http://www.altova.com) by MESMERiZE (MiZE) ——>
<! —— 编辑使用 XMLSpy v2006 U（http://www.altova.com）由 any（any）——>
<xs:schema xmlns:xs="http://www.w3.org/2001/XMLSchema" elementFormDefault="qualified" attributeFormDefault="unqualified">

    <xs:element name="文件实体">
      <xs:annotation>
        <xs:documentation>Comment describing your root element</xs:documentation>
      </xs:annotation>
      <xs:complexType>
        <xs:sequence>
          <xs:element ref="文件层级"/>
          <xs:element ref="文件标识" maxOccurs="unbounded"/>
          <xs:element ref="文件名称" maxOccurs="unbounded"/>
          <xs:element ref="文件分类" maxOccurs="unbounded"/>
          <xs:element ref="主题词或关键词" minOccurs="0"/>
          <xs:element ref="提要" minOccurs="0"/>
          <xs:element ref="附注" minOccurs="0"/>
          <xs:element ref="语种" minOccurs="0" maxOccurs="unbounded"/>
          <xs:element ref="稿本" minOccurs="0" maxOccurs="unbounded"/>
          <xs:element ref="存储" maxOccurs="unbounded"/>
          <xs:element ref="文件日期"/>
          <xs:element ref="权限" minOccurs="0"/>
          <xs:element ref="安全控制"/>
          <xs:element ref="处置" minOccurs="0" maxOccurs="un-
```

```xml
bounded"/>
            <xs:element ref="真实性" minOccurs="0"/>
        </xs:sequence>
    </xs:complexType>
</xs:element>
<xs:element name="文件层级">
    <xs:simpleType>
        <xs:restriction base="xs:string">
            <xs:enumeration value="文件集"/>
            <xs:enumeration value="文件系列"/>
            <xs:enumeration value="文件组合"/>
            <xs:enumeration value="复合文件"/>
            <xs:enumeration value="单一文件"/>
            <xs:enumeration value="项目工程"/>
            <xs:enumeration value="单位工程"/>
            <xs:enumeration value="分部分项"/>
            <xs:enumeration value="案卷"/>
            <xs:enumeration value="文件"/>
        </xs:restriction>
    </xs:simpleType>
</xs:element>
<xs:element name="文件标识">
    <xs:complexType>
        <xs:sequence>
            <xs:element ref="文件标识码"/>
            <xs:element ref="文件标识方案" minOccurs="0"/>
        </xs:sequence>
    </xs:complexType>
</xs:element>
<xs:element name="文件标识码" type="xs:string"/>
<xs:element name="文件标识方案" type="xs:string"/>
<xs:element name="文件名称">
    <xs:complexType>
        <xs:sequence>
            <xs:element ref="名称"/>
            <xs:element ref="名称方案" minOccurs="0"/>
        </xs:sequence>
    </xs:complexType>
</xs:element>
<xs:element name="名称" type="xs:string"/>
<xs:element name="名称方案" type="xs:string"/>
<xs:element name="文件分类">
    <xs:complexType>
        <xs:sequence>
            <xs:element ref="文件分类方案" minOccurs="0"/>
            <xs:element ref="文件分类名"/>
        </xs:sequence>
    </xs:complexType>
</xs:element>
<xs:element name="文件分类方案">
    <xs:simpleType>
        <xs:restriction base="xs:string">
            <xs:enumeration value="城建档案分类大纲"/>
            <xs:enumeration value="工程(项目)分类法"/>
            <xs:enumeration value="专业分类法"/>
            <xs:enumeration value="程序分类法"/>
            <xs:enumeration value="职能分类法"/>
            <xs:enumeration value="问题分类法"/>
            <xs:enumeration value="年度分类法"/>
        </xs:restriction>
    </xs:simpleType>
</xs:element>
<xs:element name="文件分类名" type="xs:string"/>
<xs:element name="主题词或关键词" type="xs:string"/>
<xs:element name="提要" type="xs:string"/>
<xs:element name="附注" type="xs:string"/>
<xs:element name="语种">
    <xs:simpleType>
        <xs:restriction base="xs:string">
            <xs:enumeration value="中文"/>
            <xs:enumeration value="英文"/>
        </xs:restriction>
    </xs:simpleType>
</xs:element>
<xs:element name="稿本">
    <xs:simpleType>
        <xs:restriction base="xs:string">
            <xs:enumeration value="正本"/>
            <xs:enumeration value="副本"/>
            <xs:enumeration value="草稿"/>
            <xs:enumeration value="定稿"/>
            <xs:enumeration value="手稿"/>
            <xs:enumeration value="草图"/>
            <xs:enumeration value="原图"/>
            <xs:enumeration value="底图"/>
            <xs:enumeration value="蓝图"/>
            <xs:enumeration value="试行本"/>
            <xs:enumeration value="修订本"/>
            <xs:enumeration value="复印件"/>
            <xs:enumeration value="版本号"/>
        </xs:restriction>
    </xs:simpleType>
</xs:element>
<xs:element name="存储">
    <xs:complexType>
        <xs:sequence>
            <xs:element ref="载体"/>
            <xs:element ref="规格" minOccurs="0"/>
            <xs:element ref="载体编号" minOccurs="0"/>
            <xs:element ref="单位"/>
            <xs:element ref="数量或大小"/>
            <xs:element ref="位置"/>
            <xs:element ref="格式名称" minOccurs="0"/>
            <xs:element ref="格式版本" minOccurs="0"/>
            <xs:element ref="应用程序名称" minOccurs="0"/>
        </xs:sequence>
    </xs:complexType>
</xs:element>
<xs:element name="载体">
    <xs:simpleType>
        <xs:restriction base="xs:string">
            <xs:enumeration value="纸质"/>
            <xs:enumeration value="底图"/>
            <xs:enumeration value="缩微片"/>
            <xs:enumeration value="照片"/>
            <xs:enumeration value="底片"/>
```

```xml
      <xs:enumeration value="录音带"/>
      <xs:enumeration value="录像带"/>
      <xs:enumeration value="光盘"/>
      <xs:enumeration value="计算机磁盘"/>
      <xs:enumeration value="计算机磁带"/>
      <xs:enumeration value="电影胶片"/>
      <xs:enumeration value="唱片"/>
    </xs:restriction>
  </xs:simpleType>
</xs:element>
<xs:element name="规格" type="xs:string"/>
<xs:element name="载体编号" type="xs:string"/>
<xs:element name="单位">
  <xs:simpleType>
    <xs:restriction base="xs:string">
      <xs:enumeration value="页"/>
      <xs:enumeration value="张"/>
      <xs:enumeration value="卷"/>
      <xs:enumeration value="袋"/>
      <xs:enumeration value="册"/>
      <xs:enumeration value="盒"/>
      <xs:enumeration value="KB"/>
      <xs:enumeration value="MB"/>
      <xs:enumeration value="GB"/>
    </xs:restriction>
  </xs:simpleType>
</xs:element>
<xs:element name="数量或大小" type="xs:decimal"/>
<xs:element name="位置" type="xs:string"/>
<xs:element name="格式名称" type="xs:string"/>
<xs:element name="格式版本" type="xs:string"/>
<xs:element name="应用程序名称" type="xs:string"/>
<xs:element name="文件日期">
  <xs:complexType>
    <xs:sequence>
      <xs:element ref="文件开始日期"/>
      <xs:element ref="文件结束日期" minOccurs="0"/>
    </xs:sequence>
  </xs:complexType>
</xs:element>
<xs:element name="文件开始日期" type="xs:dateTime"/>
<xs:element name="文件结束日期" type="xs:dateTime"/>
<xs:element name="权限">
  <xs:complexType>
    <xs:sequence>
      <xs:element ref="权限描述"/>
      <xs:element ref="权限类型"/>
      <xs:element ref="权限状态" minOccurs="0"/>
    </xs:sequence>
  </xs:complexType>
</xs:element>
<xs:element name="权限描述" type="xs:string"/>
<xs:element name="权限类型" type="xs:string"/>
<xs:element name="权限状态" type="xs:string"/>
<xs:element name="安全控制">
  <xs:complexType>
    <xs:sequence>
      <xs:element ref="密级"/>
      <xs:element ref="保密期限" minOccurs="0"/>
      <xs:element ref="保管期限"/>
    </xs:sequence>
  </xs:complexType>
</xs:element>
<xs:element name="密级">
  <xs:simpleType>
    <xs:restriction base="xs:string">
      <xs:enumeration value="公开"/>
      <xs:enumeration value="国内"/>
      <xs:enumeration value="内部"/>
      <xs:enumeration value="秘密"/>
      <xs:enumeration value="机密"/>
      <xs:enumeration value="绝密"/>
    </xs:restriction>
  </xs:simpleType>
</xs:element>
<xs:element name="保密期限">
  <xs:simpleType>
    <xs:restriction base="xs:string">
      <xs:enumeration value="天"/>
      <xs:enumeration value="月"/>
      <xs:enumeration value="年"/>
    </xs:restriction>
  </xs:simpleType>
</xs:element>
<xs:element name="保管期限">
  <xs:simpleType>
    <xs:restriction base="xs:string">
      <xs:enumeration value="永久"/>
      <xs:enumeration value="长期"/>
      <xs:enumeration value="短期"/>
    </xs:restriction>
  </xs:simpleType>
</xs:element>
<xs:element name="处置">
  <xs:complexType>
    <xs:sequence>
      <xs:element ref="处置授权"/>
      <xs:element ref="处置分类"/>
      <xs:element ref="处置行为"/>
      <xs:element ref="处置实施日期"/>
    </xs:sequence>
  </xs:complexType>
</xs:element>
<xs:element name="处置授权">
  <xs:simpleType>
    <xs:restriction base="xs:string">
      <xs:enumeration value="GB/T 50328"/>
    </xs:restriction>
  </xs:simpleType>
</xs:element>
<xs:element name="处置分类">
  <xs:simpleType>
    <xs:restriction base="xs:string">
      <xs:enumeration value="国家"/>
      <xs:enumeration value="行业"/>
      <xs:enumeration value="省"/>
```

```xml
          <xs:enumeration value="市"/>
          <xs:enumeration value="本单位"/>
        </xs:restriction>
      </xs:simpleType>
    </xs:element>
    <xs:element name="处置行为" type="xs:string"/>
    <xs:element name="处置实施日期" type="xs:date"/>
    <xs:element name="真实性">
      <xs:complexType>
        <xs:sequence>
          <xs:element ref="算法名称"/>
          <xs:element ref="算法值"/>
        </xs:sequence>
      </xs:complexType>
    </xs:element>
    <xs:element name="算法名称" type="xs:string"/>
    <xs:element name="算法值" type="xs:string"/>

    <xs:element name="业务实体">
      <xs:complexType>
        <xs:sequence>
          <xs:element ref="业务层级"/>
          <xs:element ref="业务标识" maxOccurs="unbounded"/>
          <xs:element ref="业务名称"/>
          <xs:element ref="业务分类" minOccurs="0" maxOccurs="unbounded"/>
          <xs:element ref="业务依据" minOccurs="0" maxOccurs="unbounded"/>
          <xs:element ref="业务特征" minOccurs="0" maxOccurs="unbounded"/>
          <xs:element ref="业务日期"/>
        </xs:sequence>
      </xs:complexType>
    </xs:element>
    <xs:element name="业务层级" type="xs:string"/>
    <xs:element name="业务标识">
      <xs:complexType>
        <xs:sequence>
          <xs:element ref="业务标识码"/>
          <xs:element ref="文件标识方案" minOccurs="0"/>
        </xs:sequence>
      </xs:complexType>
    </xs:element>
    <xs:element name="业务标识码" type="xs:string"/>
    <xs:element name="业务标识方案" type="xs:string"/>
    <xs:element name="业务名称" type="xs:string"/>
    <xs:element name="业务分类">
      <xs:complexType>
        <xs:sequence>
          <xs:element ref="业务分类号"/>
          <xs:element ref="业务分类方案"/>
        </xs:sequence>
      </xs:complexType>
    </xs:element>
    <xs:element name="业务分类号" type="xs:string"/>
    <xs:element name="业务分类方案" type="xs:string"/>
    <xs:element name="业务依据" type="xs:string"/>
    <xs:element name="业务特征类型">

      <xs:simpleType>
        <xs:restriction base="xs:string">
          <xs:enumeration value="房屋建筑工程"/>
          <xs:enumeration value="市政基础设施工程"/>
          <xs:enumeration value="城市管线工程"/>
          <xs:enumeration value="建设工程规划管理档案"/>
          <xs:enumeration value="建设工程用地规划管理档案"/>
        </xs:restriction>
      </xs:simpleType>
    </xs:element>
    <xs:element name="业务特征">
      <xs:complexType>
        <xs:sequence>
          <xs:element ref="特征项"/>
          <xs:element ref="特征项值"/>
          <xs:element ref="特征项值单位"/>
        </xs:sequence>
      </xs:complexType>
    </xs:element>
    <xs:element name="特征项">
      <xs:simpleType>
        <xs:restriction base="xs:string">
          <xs:enumeration value="总建筑面积"/>
          <xs:enumeration value="结构类型"/>
          <xs:enumeration value="地上层数"/>
          <xs:enumeration value="地下层数"/>
          <xs:enumeration value="长度"/>
          <xs:enumeration value="宽度"/>
          <xs:enumeration value="高度"/>
          <xs:enumeration value="用地面积"/>
          <xs:enumeration value="工程造价"/>
          <xs:enumeration value="工程结算"/>
          <xs:enumeration value="级别"/>
          <xs:enumeration value="荷载"/>
          <xs:enumeration value="跨径"/>
          <xs:enumeration value="净空"/>
          <xs:enumeration value="孔数"/>
          <xs:enumeration value="规格"/>
          <xs:enumeration value="材质"/>
          <xs:enumeration value="用地分类"/>
          <xs:enumeration value="征拨分类"/>
          <xs:enumeration value="原土地分类"/>
        </xs:restriction>
      </xs:simpleType>
    </xs:element>
    <xs:element name="特征项值">
      <xs:simpleType>
        <xs:restriction base="xs:string"/>
      </xs:simpleType>
    </xs:element>
    <xs:element name="特征项值单位" type="xs:string"/>
    <xs:element name="业务日期">
      <xs:complexType>
        <xs:sequence>
          <xs:element ref="业务开始日期"/>
          <xs:element ref="业务结束日期" minOccurs="0"/>
        </xs:sequence>
      </xs:complexType>
```

```xml
    </xs:element>
    <xs:element name="业务开始日期" type="xs:dateTime"/>
    <xs:element name="业务结束日期" type="xs:dateTime"/>
    <xs:element name="业务位置" type="xs:string"/>

    <xs:element name="责任者实体">
      <xs:complexType>
      <xs:sequence>
        <xs:element ref="责任者层级"/>
        <xs:element ref="责任者标识" maxOccurs="unbounded"/>
        <xs:element ref="责任者名称" maxOccurs="unbounded"/>
        <xs:element ref="责任者职能"/>
        <xs:element ref="责任者许可" minOccurs="0" maxOccurs="unbounded"/>
        <xs:element ref="责任者联系方式" minOccurs="0" maxOccurs="unbounded"/>
      </xs:sequence>
      </xs:complexType>
    </xs:element>
    <xs:element name="责任者层级" type="xs:string"/>
    <xs:element name="责任者标识">
      <xs:complexType>
      <xs:sequence>
        <xs:element ref="责任者标识码"/>
        <xs:element ref="责任者标识方案" minOccurs="0"/>
        <xs:element ref="责任者数字签名" minOccurs="0"/>
      </xs:sequence>
      </xs:complexType>
    </xs:element>
    <xs:element name="责任者标识码" type="xs:string"/>
    <xs:element name="责任者标识方案" type="xs:string"/>
    <xs:element name="责任者数字签名" type="xs:string"/>
    <xs:element name="责任者名称" type="xs:string"/>
    <xs:element name="责任者职能" type="xs:string"/>
    <xs:element name="责任者许可">
      <xs:complexType>
      <xs:sequence>
        <xs:element ref="责任者许可内容"/>
        <xs:element ref="责任者许可类型"/>
      </xs:sequence>
      </xs:complexType>
    </xs:element>
    <xs:element name="责任者许可内容">
      <xs:simpleType>
      <xs:restriction base="xs:string"/>
      </xs:simpleType>
    </xs:element>
    <xs:element name="责任者许可类型" type="xs:string"/>
    <xs:element name="责任者联系方式">
      <xs:complexType>
      <xs:sequence>
        <xs:element ref="联系详细内容"/>
        <xs:element ref="联系方式类型" minOccurs="0"/>
      </xs:sequence>
      </xs:complexType>
    </xs:element>
    <xs:element name="联系详细内容" type="xs:string"/>
    <xs:element name="联系方式类型">
      <xs:simpleType>
      <xs:restriction base="xs:string">
        <xs:enumeration value="电话"/>
        <xs:enumeration value="传真"/>
        <xs:enumeration value="手机"/>
        <xs:enumeration value="EMAIL"/>
        <xs:enumeration value="办公地点"/>
      </xs:restriction>
      </xs:simpleType>
    </xs:element>

    <xs:element name="关系实体">
      <xs:complexType>
      <xs:sequence>
        <xs:element ref="关系标识" maxOccurs="unbounded"/>
        <xs:element ref="关系名称"/>
        <xs:element ref="关系日期"/>
        <xs:element ref="相关对象"/>
      </xs:sequence>
      </xs:complexType>
    </xs:element>
    <xs:element name="关系标识">
      <xs:complexType>
      <xs:sequence>
        <xs:element ref="关系标识码"/>
        <xs:element ref="关系标识方案" minOccurs="0"/>
      </xs:sequence>
      </xs:complexType>
    </xs:element>
    <xs:element name="关系标识码" type="xs:string"/>
    <xs:element name="关系标识方案" type="xs:string"/>
    <xs:element name="关系名称">
      <xs:simpleType>
      <xs:restriction base="xs:string">
        <xs:enumeration value="联合"/>
        <xs:enumeration value="包含"/>
        <xs:enumeration value="控制"/>
        <xs:enumeration value="建立"/>
        <xs:enumeration value="拥有"/>
        <xs:enumeration value="前/后"/>
      </xs:restriction>
      </xs:simpleType>
    </xs:element>
    <xs:element name="关系日期">
      <xs:complexType>
      <xs:sequence>
        <xs:element ref="关系开始日期"/>
        <xs:element ref="关系结束日期" minOccurs="0"/>
      </xs:sequence>
      </xs:complexType>
    </xs:element>
    <xs:element name="关系开始日期" type="xs:dateTime"/>
    <xs:element name="关系结束日期" type="xs:dateTime"/>
    <xs:element name="相关对象">
      <xs:complexType>
```

```
<xs:sequence>
  <xs:element ref="主对象标识"/>
  <xs:element ref="相关对象标识"/>
  <xs:element ref="关系事件"/>
</xs:sequence>
</xs:complexType>
</xs:element>
<xs:element name="主对象标识" type="xs:string"/>
<xs:element name="相关对象标识" type="xs:string"/>
<xs:element name="关系事件">
```

```
<xs:simpleType>
  <xs:restriction base="xs:string"/>
</xs:simpleType>
</xs:element>
</xs:schema>
```

6.0.2 本条对建设电子档案元数据的文件命名作了规定。就元数据文件的名称而言,应与所描述的电子文件或数据库名称建立较为明确的联系,以便于辨识,方便实际应用。

中华人民共和国行业标准

透水砖路面技术规程

Technical specification for pavement of water permeable brick

CJJ/T 188—2012

批准部门：中华人民共和国住房和城乡建设部
施行日期：2 0 1 3 年 3 月 1 日

中华人民共和国住房和城乡建设部
公 告

第 1530 号

住房城乡建设部关于发布行业标准
《透水砖路面技术规程》的公告

现批准《透水砖路面技术规程》为行业标准，编号为 CJJ/T 188 - 2012，自 2013 年 3 月 1 日起实施。

本规程由我部标准定额研究所组织中国建筑工业出版社出版发行。

中华人民共和国住房和城乡建设部
2012 年 11 月 2 日

前 言

根据住房和城乡建设部《关于印发〈2009 年工程建设标准规范制订、修订计划〉的通知》（建标〔2009〕88 号）的要求，编制组经广泛调查研究，认真总结实践经验，参考相关标准，吸收了相关科研成果，并在广泛征求意见的基础上，编制本规程。

本规程的主要技术内容是：1. 总则；2. 术语和符号；3. 基本规定；4. 材料；5. 设计；6. 施工；7. 验收；8. 维护。

本规程由住房和城乡建设部负责管理，由大连九洲建设集团有限公司负责具体技术内容的解释。执行过程中如有意见或建议，请寄送至大连九洲建设集团有限公司（地址：辽宁省大连市中山区同兴街 67 号邮电万科大厦 20 层 2004 室，邮政编码：116001）。

本 规 程 主 编 单 位：大连九洲建设集团有限公司
北京城乡建设集团有限责任公司

本 规 程 参 编 单 位：住房和城乡建设部住宅产业化促进中心
中国建筑设计研究院
北京盛泰伟业科技发展有限公司
北京市市政工程科学技术研究所
大连市住宅产业化促进中心

本规程主要起草人员：刘敬疆　孔繁英　王丽华
张锡恒　魏秀洁　曾 雁
李圣勇　李 东　李长斌
姜玉砚　李庆新

本规程主要审查人员：张 汛　温学钧　丁建平
曹永康　王先华　李建民
王巨松　商国平　裴建中
胡伦坚　蔺承彬

目　次

Contents

1 总　则

1.0.1 为规范透水砖路面的设计、施工与验收标准，保证透水砖路面的承载、渗透和储水功能，制定本规程。

1.0.2 本规程适用于采用透水砖铺装的轻型荷载道路、停车场和广场及人行道、步行街的设计、施工、验收和维护。

1.0.3 透水砖路面的设计、施工、验收和维护，除应执行本规程外，尚应符合国家现行有关标准的规定。

2 术语和符号

2.1 术　语

2.1.1 透水砖路面　Pavement of Water Permeable Brick

具有一定厚度、空隙率及分层结构的以透水砖为面层的路面。主要包括：透水砖面层、找平层、基层和垫层。

2.1.2 透水混凝土基层　permeable concrete bedding

由粗骨料及其表面均匀包裹的水泥基胶结料形成的具有连续空隙结构的混凝土结构层。

2.1.3 透水系数　permeability coefficient

表示透水砖路面透水性能的指标。

2.1.4 连续孔隙率　continuous void

透水砖路面内部存在的连续空隙的体积与透水砖路面体积之百分比值。

2.1.5 轻型荷载道路　light load road

仅允许轴载 40kN 以下车辆行驶的城镇道路和停车场、小区等道路。

2.2 符　号

2.2.1 等效厚度换算

h_t——透水砖路面块体厚度；

h_l——沥青混凝土面层厚度；

h_s——水泥混凝土面层厚度；

α/β——换算系数。

2.2.2 透水、储水能力计算

H_a——透水路面结构厚度（不包括垫层的厚度）；

i——地区设计降雨强度；

t——降雨持续时间；

v——透水路面结构层的平均有效孔隙率。

2.2.3 道路冻结深度

a——道路结构层材料热物性系数；

b——道路填、挖方横断面系数；

c——路基潮湿类型道路湿度环境系数；

E——路面结构冻融模量；

F——当地最近 10 年冻结指数平均值；

H——按强度计算确定的路面厚度；

h_{kd}——路面防冻最小厚度；

h_{rx}——土基容许冻深；

h_d——从路表面算起的道路冻结深度；

K——地基土的冻胀率；

L——路面宽度；

ε_{jx}——道路面层极限相对延伸度；

δ——路面结构平均重度。

3 基本规定

3.0.1 透水砖路面的设计、施工，应根据当地的水文、地质、气候环境等条件，并结合雨水排放规划和雨洪利用要求，协调相关附属设施。

3.0.2 透水砖路面应满足荷载、透水、防滑等使用功能及抗冻胀等耐久性要求。

3.0.3 透水砖路面的设计应满足当地 2 年一遇的暴雨强度下，持续降雨 60min，表面不应产生径流的透（排）水要求。合理使用年限宜为 8 年～10 年。

3.0.4 透水砖路面结构层应由透水砖面层、找平层、基层、垫层组成。

3.0.5 透水砖路面下的土基应具有一定的透水性能，土壤透水系数不应小于 1.0×10^{-3} mm/s，且土基顶面距离地下水位宜大于 1.0m。当土基、土壤透水系数及地下水位高程等条件不满足本要求时，宜增加路面排水设计内容。

3.0.6 寒冷地区透水砖路面结构层宜设置单一级配碎石垫层或砂垫层，并应验算防冻厚度。路面最小防冻厚度应根据地区所在自然区划、路基潮湿类型、道路填挖情况、道路宽度、路面材料及基层混合料的物理性能计算确定。

3.0.7 透水砖路面无障碍设计应满足现行国家标准《无障碍设计规范》GB 50763 的规定。

4 材　料

4.1 透　水　砖

4.1.1 透水砖的透水系数不应小于等于 1.0×10^{-2} cm/s，外观质量、尺寸偏差、力学性能、物理性能等其他要求应符合现行行业标准《透水砖》JC/T 945 的规定。

4.1.2 用于铺筑人行道的透水砖其防滑性能（BPN）不应小于 60。耐磨性不应大于 35mm。使用除冰盐或融雪剂的透水砖路面，应增加抗盐冻性试验：经 25 次冻融循环，质量损失不应大于 0.50kg/m^2，抗压强度损失不应大于 20%。

4.2 结构层中的原材料

4.2.1 水泥应符合现行国家标准《通用硅酸盐水泥》GB 175 的规定。

4.2.2 粗集料应使用质地坚硬、耐久、洁净的碎石、碎砾石、砾石。各级粗集料技术指标应符合现行行业标准《城镇道路工程施工与质量验收规范》CJJ 1 的规定。有抗盐冻要求的结构层使用粗集料不应低于Ⅱ级。Ⅰ级集料吸水率不应大于 1.0%，Ⅱ级集料吸水率不应大于 2.0%。

4.2.3 细集料宜采用机制砂。各级细集料技术指标应符合现行行业标准《城镇道路工程施工与质量验收规范》CJJ 1 的规定。有抗盐冻要求的结构层使用细集料不应低于Ⅱ级。

4.2.4 当垫层采用砂垫层时，应符合现行国家标准《建筑用砂》GB/T 14684 的规定。

4.2.5 施工用水应符合现行行业标准《混凝土用水标准》JGJ 63 的规定。

4.2.6 外加剂应符合现行国家标准《混凝土外加剂》GB 8076 的规定。

5 设　计

5.1 一　般　规　定

5.1.1 透水砖路面结构层的组合设计，应根据路面荷载、地基承载力、土基的均质性、地下水的分布以及季节冻胀等情况进行，并应满足结构层强度、透水、储水能力及抗冻性等要求。

5.1.2 设计轻型荷载的透水砖路面可采用汽车标准轴载 Bzz40、机动车交通量不大于 200veh/d 的标准；普通人行道（无停车）可采用 5kN/m² 的荷载标准。

5.1.3 当按荷载强度确定透水砖路面结构时，可采用等效厚度法计算；根据材料不同，应按沥青路面或水泥混凝土路面设计方法做修正计算，基层厚度宜按现行行业标准《城镇道路路面设计规范》CJJ 169 进行计算。

5.1.4 对半刚性基层和柔性基层的透水砖路面，应采用沥青路面设计方法，应以设计弯沉值为路面整体强度的设计指标，并应核算基层的弯拉应力。对反复荷载应计及疲劳应力，对静止荷载应计及容许应力，透水砖路面块体厚度应按下式计算：

$$h_t = h_l \times \alpha \qquad (5.1.4)$$

式中：h_t——透水砖路面块体厚度（mm）；

h_l——沥青混凝土面层厚度（mm）；

α——换算系数可取 0.7～0.9，道路等级较高、交通量较大、透水砖规格尺寸较大时取较高值，透水砖抗压强度较高、规格尺寸较小时取较低值。

5.1.5 对刚性基层的透水砖路面，应采用水泥混凝土路面设计方法，透水砖路面块体厚度应按下式计算：

$$h_t = h_s \times \beta \qquad (5.1.5)$$

式中：h_t——透水砖路面块体厚度（mm）；

h_s——水泥混凝土面层厚度（mm）；

β——换算系数可取 0.50～0.65，透水砖规格尺寸较小时取低值，透水砖规格尺寸较大时取高值。

5.1.6 结构层的厚度应按下式要求进行透水、储水能力验算。

$$H_a = (i - 36 \times 10^4) t/v \qquad (5.1.6)$$

式中：H_a——透水路面结构厚度（不包括垫层的厚度）（mm）；

i——地区设计降雨强度（mm/h）；

t——降雨持续时间（s）；

v——透水路面结构层的平均有效孔隙率（%）。

5.1.7 透水砖路面防冻厚度可按相关规范进行计算，亦可按下列公式进行估算：

1 道路冻结深度应按下式估算：

$$h_d = abc\sqrt{F} \qquad (5.1.7-1)$$

式中：h_d——从路表面算起的道路冻结深度（mm）；

a——道路结构层材料热物性系数，宜按表 5.1.7-1 取值；

b——道路填、挖方横断面系数，宜按表 5.1.7-2 取值；

c——路基潮湿类型道路湿度环境系数，宜按表 5.1.7-3 取值；

F——当地最近 10 年冻结指数平均值（冬季日平均负气温值的累积值）（℃·d）。

表 5.1.7-1　道路结构层材料热物性系数（a）

隔温层(m) 地区	0～0.1	0.1～0.2	0.2～0.3	0.3～0.4	>0.4
东北	2.20	2.10～2.20	2.00～2.10	1.90～2.00	1.80～1.90
西北	2.10	2.00～2.10	1.90～2.00	1.80～1.90	1.70～1.80
华北	2.15	2.05～2.15	1.95～2.05	1.85～1.95	1.75～1.85

注：隔温材料性能好时取小值。

表 5.1.7-2　道路填、挖方横断面系数（b）

深度(m) 地区	填方			挖方		
	0～0.5	0.5～2.0	>2.0	0～0.5	0.5～2.0	>2.0
东北	1.80～2.00	2.00～2.20	2.25	1.70～1.80	1.55～1.70	1.50
西北	1.90～2.10	2.10～2.30	2.35	1.80～1.90	1.65～1.80	1.60
华北	1.85～2.05	2.05～2.25	2.30	1.75～1.85	1.60～1.75	1.55

注：挖方深者取小值，填方高者取大值。

表 5.1.7-3　路基潮湿类型道路湿度环境系数（c）

地区\潮湿类型	过湿	潮湿	中湿
东北	1.00～1.05	1.05～1.07	1.07～1.10
西北	1.02～1.07	1.07～1.09	1.09～1.11
华北	1.01～1.06	1.06～1.08	1.08～1.10

注：路基湿度偏低时取大值。

2　道路冻结深度可按当地推荐的容许冻深计算，或按下式估算：

$$h_{rx} = 84 \times 10^{-2} \sqrt[4]{\frac{\delta H}{EK}L} + 95 \times 10^{-2} \sqrt[4]{\frac{\varepsilon_{jx}}{K}L}$$

(5.1.7-2)

式中：h_{rx}——土基容许冻深（m）；

ε_{jx}——道路面层极限相对延伸；

δ——路面结构平均重度（kN/m³）；

H——按强度计算确定的路面厚度（m）；

E——路面结构冻融模量（MPa）；

K——地基土的冻胀率（%）；

L——路面宽度（对四车道以上的道路，L可取实际宽度的50%）（m）；

3　路面防冻最小厚度应按下式估算：

$$h_{kd} = h_d - h_{rx}$$

(5.1.7-3)

式中：h_{kd}——路面防冻最小厚度（m）；

h_d——道路冻深（m）。

5.1.8　透水砖路面应根据实际情况并结合其他排水设施设置纵横坡度。

5.2　面　　层

5.2.1　透水砖的强度等级应通过设计确定，可根据不同的道路类型按表 5.2.1 选用。

表 5.2.1　透水砖强度等级

道路类型	抗压强度（MPa）		抗折强度（MPa）	
	平均值	单块最小值	平均值	单块最小值
小区道路（支路）广场、停车场	≥50.0	≥42.0	≥6.0	≥5.0
人行道、步行街	≥40.0	≥35.0	≥5.0	≥4.2

5.2.2　透水砖面层应与周围环境相协调，其砖型选择、铺装形式应由设计人员根据铺装场所及功能要求确定。

5.2.3　透水砖的接缝宽度不宜大于 3mm。接缝用砂级配应符合表 5.2.3 的规定。

表 5.2.3　透水砖接缝用砂级配

筛孔尺寸（mm）	10.0	5.0	2.5	1.25	0.63	0.315	0.16
通过质量百分率（%）	0	0	0～5	0～20	15～75	60～90	90～100

5.3　找平层

5.3.1　透水砖面层与基层之间应设置找平层，其透水性能不宜低于面层所采用的透水砖。

5.3.2　找平层可采用中砂、粗砂或干硬性水泥砂浆，厚度宜为 20mm～30mm。

5.4　基　　层

5.4.1　基层类型可包括刚性基层、半刚性基层和柔性基层，可根据地区资源差异选择透水粒料基层、透水水泥混凝土基层、水泥稳定碎石基层等类型，并应具有足够的强度、透水性和水稳定性。连续孔隙率不应小于 10%。

5.4.2　级配碎石基层应符合下列规定：

1　级配碎石可用于土质均匀，承载能力较好的土基。

2　基层顶面压实度按重型击实标准，应达到 95% 以上。

3　级配碎石集料基层压碎值不应大于 26%；公称最大粒径不宜大于 26.5mm；集料中小于或等于 0.075mm 颗粒含量不应超过 3%。碎石级配可按表 5.4.2 采用。

表 5.4.2　级配碎石基层集料级配

筛孔尺寸（mm）	26.5	19.0	13.2	9.5	4.75	2.36	0.075
通过质量百分率（%）	100	85～95	65～80	55～70	55～70	0～2.5	0～2

5.4.3　透水水泥混凝土基层应符合下列规定：

1　透水水泥混凝土的性能要求应符合现行行业标准《透水水泥混凝土路面技术规程》CJJ/T 135 的规定。

2　基层集料压碎值不应大于 26%；公称最大粒径不宜大于 31.5mm；集料中小于或等于 2.36mm 颗粒含量不应超过 7%。透水水泥混凝土基层集料级配可按表 5.4.3 采用。

3　透水水泥混凝土基层的配比应通过试验确定，满足强度和透水性要求。

表 5.4.3　透水水泥混凝土基层集料级配

筛孔尺寸（mm）	31.5	26.5	19.0	9.5	4.75	2.36
通过质量百分率（%）	100	90～100	72～89	17～71	8～16	0～7

5.4.4　透水性水泥稳定碎石基层应符合下列规定：

1　透水水泥稳定碎石基层的设计抗压强度指标为：保湿养生 6d、浸水 1d 后无侧限抗压强度应在 2.5MPa～3.5MPa 之间，冻融循环 25 次后不应小于

2.5MPa。养护期间应封闭交通。

2 透水或水泥稳定碎石基层集料压碎值不应大于30%；公称最大粒径不宜大于31.5mm；集料中小于或等于0.075mm颗粒含量不应超过2%。透水性水泥稳定碎石基层集料级配可按表5.4.4采用。

3 透水水泥稳定碎石基层的配比应通过试验确定，并应达到强度和透水性要求。

表5.4.4 透水性水泥稳定碎石基层集料级配

筛孔尺寸(mm)	31.5	26.5	19.0	16.0	9.5	4.75	2.36
通过质量百分率(%)	100	70~100	50~85	35~60	20~35	0~10	0~2.5

5.5 垫 层

5.5.1 当透水砖路面土基为黏性土时，宜设置垫层。当土基为砂性土或底基层为级配碎、砾石时，可不设置垫层。

5.5.2 垫层材料宜采用透水性能较好的砂或砂砾等颗粒材料，宜采用无公害工业废渣。其0.075mm以下颗粒含量不应大于5%。

5.6 土 基

5.6.1 土基应稳定、密实、均质，应具有足够的强度、稳定性、抗变形能力和耐久性。

5.6.2 路槽底面土基设计回弹模量值不宜小于20MPa。特殊情况不得小于15MPa。土质路基压实应采用重型击实标准控制，土质路基压实度不应低于表5.6.2要求。

表5.6.2 土质路基压实度

填挖类型	深度范围(mm)	压实度（%）	
		次干路	支路、小区道路
填方	0~800	93	90
	>800	90	87
挖方	0~300	93	90

5.7 排 水 设 计

5.7.1 当土基、土壤透水系数及地下水位等条件不满足本规程第3.0.5条的规定及降雨强度超过渗透量及单位储存量时，应增加透水砖路面的排水设计内容。

5.7.2 透水砖路面的排水可分表面排水和内部排水。应结合市政管网、绿化景观、生态建设及雨水综合利用系统进行综合设计，并应符合现行行业标准《城市道路工程设计规范》CJJ 37的规定。

5.7.3 透水砖路面内部雨水收集可采用多孔管道及排水盲沟等形式。广场路面应根据规模设置纵横雨水收集系统。管径应根据汇水区域雨水量进行水力计算。

5.7.4 应防止多孔管材及盲沟周围被雨水携带的颗粒堵塞。

6 施 工

6.1 一 般 规 定

6.1.1 路基、垫层、基层及找平层的施工可按现行行业标准《城镇道路工程施工与质量验收规范》CJJ 1执行，其透水性及有效孔隙率应满足设计要求。

6.1.2 面层施工前应按规定对道路各结构层、排水系统及附属设施进行检查验收，符合要求后方可进行面层施工。

6.1.3 开工前，建设单位应组织设计、勘测单位向监理及施工单位移交现场测量地形、高程控制桩并形成文件。施工单位应结合实际情况，制定施工测量方案，建立测量控制网、线、点。

6.1.4 施工前应根据工程特点编制详细的施工专项方案，并应按现行行业标准《城镇道路工程施工与质量验收规范》CJJ 1的有关规定做准备工作。

6.1.5 透水路面施工前各类地下管线应先行施工完毕，施工中应对既有及新建地上杆线、地下管线等建（构）筑物采取保护措施。

6.1.6 施工地段应设置行人及车辆的通行与绕行路线的标志。

6.1.7 施工中采用的量具、器具应进行校对、标定，并应对进场原材料进行检验。

6.1.8 当在冬期或雨期进行透水砖路面施工时，应结合工程实际情况制定专项施工方案，经批准后实施。

6.2 透水砖面层施工

6.2.1 透水砖铺筑时，基准点和基准面应根据平面设计图、工程规模及透水砖规格、块形和尺寸设置。

6.2.2 透水砖的铺筑应从透水砖基准点开始，并以透水砖基准线为基准，按设计图铺筑。铺筑透水砖路面应纵横拉通线铺筑，每3m~5m设置基准点。

6.2.3 透水砖铺筑过程中，不得直接站在找平层上作业，不得在新铺设的砖面上拌合砂浆或堆放材料。

6.2.4 透水砖铺筑中，应随时检查牢固性与平整度，应及时进行修整，不得采用向砖底部填塞砂浆或支垫等方法进行砖面找平；应采用切割机械切割透水砖。

6.2.5 透水砖的接缝宽度应符合本规程第5.2.3条的要求，宜采用中砂灌缝。曲线外侧透水砖的接缝宽度不应大于5mm、内侧不应小于2mm；竖曲线透水砖接缝宽度宜为2mm~5mm。

6.2.6 人行道、广场等透水砖面的边缘部位应有路缘石。

6.2.7 透水砖铺筑完成后，表面敲实，应及时清除砖面上的杂物、碎屑，面砖上不得有残留水泥砂浆。面层铺筑完成后基层未达到规定强度前，严禁车辆进入。

7 验 收

7.1 一 般 规 定

7.1.1 土基、基层等工序应分部、分项工程验收，质量检验和验收标准应符合本规程及现行行业标准《城镇道路工程施工与质量验收规范》CJJ 1 的规定。

7.1.2 透水砖路面分部验收时应提供下列资料：

1 工程采用的主要材料、半成品、成品的质量证明文件，透水砖性能检测报告及结构层的配合比报告；

2 施工或试验记录；

3 各检验批的主控项目、一般项目的验收记录；

4 施工质量控制资料；

5 修改设计的技术文件；

6 其他资料。

7.2 质量检验标准

7.2.1 透水砖路面质量检验主控项目应符合下列规定：

1 透水砖的透水性能、抗滑性、耐磨性、块形、颜色、厚度、强度等应符合设计要求。

检查数量：透水砖以同一块形，同一颜色，同一强度且以 20000m² 为一验收批；不足 20000m² 按一批计。每一批中应随机抽取 50 块试件。每验收批试件的主检项目应符合现行行业标准《透水砖》JC/T 945 的规定。

检查方法：检查合格证、出厂检验报告、进场复试报告。

2 结构层的透水性应逐层验收，其性能应符合设计要求。

检查数量：每 500m² 抽测 1 点。

检验方法：应按本规程附录 A 进行检验。

3 透水砖的铺筑形式应符合设计要求。

检查数量：全数检查。

检验方法：观察。

4 水泥、外加剂、集料及砂的品种、级别、质量、包装、储存等应符合国家现行有关标准的规定。

7.2.2 一般项目应符合下列规定：

1 透水砖铺砌应平整、稳固，不应有污染、空鼓、掉角及断裂等外观缺陷，不得有翘动现象，灌缝应饱满，缝隙一致。

检查数量：全数检查。

检验方法：观察、尺量。

2 透水砖面层与路缘石及其他构筑物应接顺，不得有反坡积水现象。

检查数量：全数检查。

检验方法：观察、尺量。

3 透水砖铺装允许偏差应符合表 7.2.2 的规定。

表 7.2.2 透水砖铺装允许偏差

序号	项　目	允许偏差 (mm)	检验频率 范围 (m)	检验频率 点数	检 验 方 法
1	表面平整度(mm)	≤5	20	1	用3m直尺和塞尺连续量取两次取最大值
2	宽度	不小于设计规定	40	1	用钢尺量
3	相邻块高差(mm)	≤2	20	1	用塞尺量取最大值
4	横坡(%)	±0.3	20	1	用水准仪测量
5	道路中线偏位	≤20	100	1	用经纬仪测量
6	纵缝直顺度(mm)	≤10	40	1	拉20m小线量3点取最大值
7	横缝直顺度(mm)	≤10			沿路宽拉小线量3点取最大值
8	缝宽(mm)	±2	20	1	用钢尺量3点取最大值
9	井框与路面高差(mm)	≤3	每座		用塞尺量最大值
10	高层	±20	20m		用水准仪测量
11	各结构层厚度(mm)	±10	20m		用钢尺量3点取最大值

8 维 护

8.0.1 透水砖路面交付使用后应定期进行养护，保证其正常的透水功能。

8.0.2 当透水砖路面的透水功能减弱后，可利用高压水流冲洗透水砖表面或用利真空吸附法清洁透水砖表面进行恢复。

附录 A 透水系数检验方法

A.0.1 方法适用于用路面渗水仪测定碾压成型的沥青混合料试件的渗水系数，以检验沥青混合料的配合比设计。

A.0.2 应包括下列主要仪具与材料：

1 路面渗水仪（图 A.0.2）上部盛水量筒由透明有机玻璃制成，容积 600mL，上有刻度，在 100mL 及 500mL 处有粗标线，下方通过 φ10mm 的细

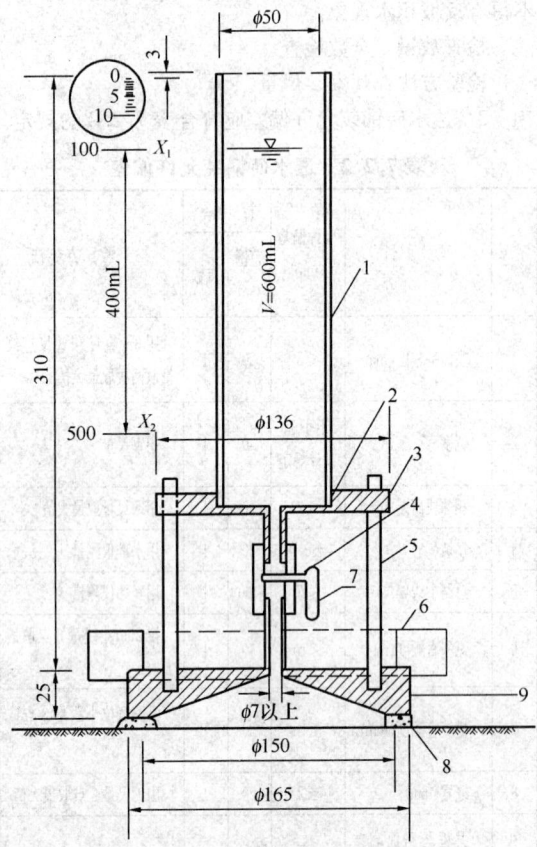

图 A.0.2 渗水仪（单位：mm）

1—透明有机玻璃筒；2—螺纹连接；3—顶板；4—阀；
5—立柱支架；6—压重钢圈；7—把手；
8—密封材料；9—底座

管与底座相接，中间有一开关。量筒通过支架联结，底座下方开口内径 $\phi150$mm，外径 $\phi165$mm，仪器附压重钢圈两个，每个质量约 5kg，内径 $\phi160$mm。

2 水筒及大漏斗。

3 秒表。

4 密封材料：黄油、玻璃腻子、油灰或橡皮泥等，也可采用其他任何能起到密封作用的材料。

5 接水容器。

6 其他：水、红墨水、粉笔、扫帚等。

A.0.3 检验方法应按下列步骤进行：

1 准备工作：

   1） 在洁净的水桶内滴入几点红墨水，使水成淡红色。

   2） 组合装路面渗水仪。

   3） 按现行行业标准《公路工程沥青及沥青混合料试验规程》JTJ E20 中 T0703—93 沥青混合料试件成型方法制作沥青混合料试件，试件尺寸为 30cm×30cm×5cm，脱模，揭去成型试件时垫在表面的纸。

2 试验步骤：

   1） 将试件放置于坚实的平面上，在试件表面

上沿渗水仪底座圆圈位置抹一薄层密封材料，边涂边用手压紧，使密封材料嵌满试件表面混合料的缝隙，且牢固地粘结在试件上，密封料圈的内径与底座内径相同，约 150mm。将渗水试验仪底座用力压在试件密封材料圈上，再加上压重钢圈压住仪器底座。

2） 用适当的垫块如混凝土试件或木块在左右两侧架起试件，试件下方放置一个接水容器。关闭渗水仪细管下方的开关，向仪器的上方量筒中注入淡红色的水至满，总量为 600mL。

3） 迅速将开关全部打开，水开始从细管下部流出，待水面下降 100mL 时，立即开动秒表，每间隔 60s，读记仪器管的刻度一次，至水面下降 500mL 时为止。测试过程中，应观察渗水的情况。

4） 按以上步骤对同一种材料制作 3 块试件测定渗水系数，取其平均值，作为检测结果。

A.0.4 沥青混合料试件的渗水系数应按下式计算，计算时以水面从 100mL 下降至 500mL 所需的时间为标准，若渗水时间过长，亦可采用 3min 通过的水量计算：

$$C_w = \frac{V_2 - V_1}{t_2 - t_1} \times 60 \qquad (A.0.4)$$

式中：C_w——沥青混合料试件的渗水系数，（mL/min）；

V_1——第一次读数时的水量（通常为 100mL）（mL）；

V_2——第二次读数时的水量（通常为 500mL）（mL）；

t_1——第一次读数时的时间，（s）；

t_2——第二次读数时的时间，（s）。

A.0.5 应报告每个试件的渗水系数及 3 个试件的平均值。若路面不透水，应在报告中注明。

本规程用词说明

1 为便于执行本规程条文时区别对待，对要求严格程度不同的用词说明如下：

   1） 表示很严格，非这样做不可的：

   正面词采用"必须"，反面词采用"严禁"；

   2） 表示严格，在正常情况下均应这样做的：

   正面词采用"应"，反面词采用"不应"或"不得"；

   3） 表示允许稍有选择，在条件许可时首先应这样做的：

   正面词采用"宜"，反面词采用"不宜"；

4) 表示有选择，在一定条件下可以这样做的
采用"可"。

2 条文中指定应按其他有关标准执行的写法为：
"应符合……的规定"或"应按……执行"。

引用标准名录

1 《无障碍设计规范》GB 50763

2 《通用硅酸盐水泥》GB 175

3 《混凝土外加剂》GB 8076

4 《建筑用砂》GB/T 14684

5 《混凝土用水标准》JGJ 63

6 《城镇道路工程施工与质量验收规范》CJJ 1

7 《城市道路工程设计规范》CJJ 37

8 《透水水泥混凝土路面技术规程》CJJ/T 135

9 《城镇道路路面设计规范》CJJ 169

10 《公路工程沥青及沥青混合料试验规程》
JTJ E20

11 《透水砖》JC/T 945

中华人民共和国行业标准

透水砖路面技术规程

CJJ/T 188—2012

条 文 说 明

制 订 说 明

《透水砖路面技术规程》CJJ/T 188-2012，经住房和城乡建设部 2012 年 11 月 2 日以第 1530 号公告批准、发布。

本规程制订过程中，编制组进行了广泛的调查研究，认真总结实践经验，同时参考了国外先进技术法规、技术标准，通过大量的试验，取得了相应的重要技术参数。

为便于广大设计、施工等单位有关人员在使用本规程时能正确理解和执行条文规定，《透水砖路面技术规程》编制组按章、节、条顺序编制了本规程的条文说明，对条文规定的目的、依据以及执行中需注意的有关事项进行了说明。但是，本条文说明不具备与标准正文同等的法律效力，仅供使用者作为理解和把握规程规定的参考。

目　次

1 总　则

1.0.1 随着城镇建设步伐的加快，城市地面逐渐被各类建筑物和各种天然石材、混凝土所覆盖。便捷的交通、平坦的道路给人们的出行带来了极大的方便，但这些不透水的路面也给城市的生态环境带来了诸多的负面影响。由于铺筑的路面缺乏透水性和透气性，雨水不能渗入地下，导致地表植物由于严重缺水而难以正常生长；不透气的路面很难与空气进行热量和水分的交换，缺乏对城市地表温度、湿度的调节能力，产生城市"热岛效应"。此外，不透水的道路表面容易积水，降低了道路的舒适性和安全性。当短时间内集中降雨时，雨水只能通过排水设施排入河流，大大加重了排水设施的负担。

早在 20 世纪 80 年代，在发达国家就推行了透水砖铺装和屋顶绿化及公路的透水铺装，大大减轻了"热岛效应"，城市雨水得到了充分的利用，如美国、法国等国家在这方面发展迅速。透水砖铺装与雨洪利用等组成了地表回灌系统并制定了相应的法律法规，对雨水利用给予了大力支持，有效地改善了生态环境。

我国于 2001 年开始启动利用透水砖回灌雨水试验工程，透水砖已有成熟产品问世，但由于缺乏相应的应用技术标准，现行的相关标准中没有针对透水铺装的技术要求作出相应的规定，其检测方法和手段也不符合雨水在铺装面上无水头的作用机理，使得通过透水砖回灌雨水的设想没有达到预期目的，因此，为了保护城镇水环境与水生态，减轻其排水设施负担，通过编制一套透水砖的应用技术规程，规范城镇透水铺装的施工过程，提高检测的科学性和实用性，同时为城市雨水利用工程设计提供依据，使得城市透水铺装达到承载和渗透双重功能。

1.0.2 本规程主要适用于透水路面的新建和改建工程，其他有条件建设透水性路面和场地可参照本规程执行。本规程对使用范围及荷载进行了限制，原则上不适用于市政道路的机动车道路面。

1.0.3 透水砖路面的原材料，各结构层的部分施工工艺以及质量验收和其他路面有一定的相似性，因此可参照现行国家、行业标准执行，本规程仅针对透水砖应用的特殊要求作了补充规定。

2 术语和符号

本章给出的术语和符号，是本规程有关章节中所应有的。

在编制本章术语时，参考了《道路工程术语标准》GBJ 124、《透水水泥混凝土路面技术规程》GJJ/T 135 等国家和行业标准的相关术语。

本规程的术语是从本规程的角度赋予其涵义的，但涵义不一定是术语的定义。同时还分别给出了相应的推荐性英文。

3 基本规定

3.0.1 世界上许多国家对城市雨水资源利用非常重视，已将其作为第二水源。国外发达国家制定了一系列有关雨水利用的法律法规，建立了完善的雨水集蓄与透水地面组成的雨水利用和回灌系统。在我国，如北京、上海、大连、西安等大城市已经相继开展水资源利用方面的研究。政府明确提出要建设市区雨水利用工程，并制定了相关规划。因此，透水砖的应用应当和当地雨水排放规划和雨洪利用要求相结合，与小区等建筑规划相结合，使得透水砖的应用在雨水利用系统中占有重要地位。

另外，透水砖铺装路面设计与其他相关的道路设计、给水排水设计、管线设计等专业应密切配合、相互协调，由于降水在透水性路面的结构层及土基中渗透或储存，对原本按不透水路面设计的管线及附属设施会造成一定影响，因此，透水性路面下应尽量减少埋设各种管线，以保证土基压实均匀，不致形成薄弱点，造成路基水损；同时又由于路基的不均匀沉降而给埋设的各种管道造成威胁。同时，雨水利用系统不应对土壤环境、植物生长、地下含水层水质等造成危害。

3.0.2 透水砖路面面层不仅直接承受行人、车轮的作用而且直接受阳光、雨雪、冰冻等温度和湿度及其变化的作用，因此，应具有足够的结构强度；其次，为保证行人或车辆行驶的安全和舒适性，面层还应有足够的抗滑能力及良好的平整度。同时，基层主要起承重作用，应具有足够的强度和扩散荷载的能力并具有足够的水稳定性，作为透水基层当然还要具有透水和储水的功能。

3.0.3

1 透水砖路面的渗透性能实质上是解决雨水排放的问题，只是排水方式与传统的管道排水不同，故对于降雨强度的考虑，应与现行国家标准《室外排水设计规范》GB 50014 相一致，不同室外汇水区域降雨强度设计重现期的规定见表1。

表1　室外汇水区域设计重现期

建筑物性质	设计重现期 P（a）
一般居住小区、训练场地、一般道路	1～3
广场、中心区、使馆区、车站、码头、机场、比赛场地等重要地区或积水造成严重损失区	2～5
大型运动会场地	5～10
国际比赛场地	10
明渠	0.5～1

本规程选取设计重现期为 2 年，符合规范要求。

2 暴雨强度的持续时间，则根据日本的相关资料及《北京市透水人行道设计施工技术指南》的研究成果，采用 60min；按以下公式（1）计算暴雨强度。

$$q = 2001(1 + 0.811\,lgP)/(t + 8)0.711 \qquad (1)$$

式中：q——暴雨强度，L/(s·ha)；

P——重现期，a；

t——降雨历时，min。

3 本条还采纳了现行行业标准《城镇道路路面设计规范》CJJ 169—2012 中的规定，采用其下限值，将透水路面的使用年限规定为 10 年。

3.0.4 与普通路面相同，透水性路面也需要考虑强度要求和施工可行性，因此其基本组成应包括：面层、找平层、基层、甚至底基层和垫层。根据美国、日本等相关资料，由于面层材料不同而设置不同结构，但其基本组成相差不大。国外相关资料及实际工程中都设置垫层，主要目的是改善土基在饱和含水量时的承载力，并能有效阻止黏土粒料上浮或毛细现象发生，影响基层的使用功能。若土基的水稳定性较好（如砂土、砂性土等），则可不设置，故基本结构组成应根据实际情况选定。

3.0.5 本条对透水砖路面下的土基给出了基本要求。渗入道路内的雨水主要有三个去向：入渗、横流和蒸发。透水路面的设计应保证各结构层透水性能的连续，避免某些层次成为透水能力的瓶颈。影响降水的入渗量最主要是土基的透水系数。美国透水路面使用经验表明，地基的透水系数量级不低于 10^{-4} cm/s，存储在基层内的水能在 72h 内完全入渗时，透水道路的耐久性和稳定性表现良好。英国有资料推荐：地基的透水系数大于 0.5in/h（即 3.5×10^{-4} cm/s）且基层内的水能在 72h 内渗完。软土（淤泥与淤泥质土）、未经处理的人工杂填土、湿陷性土、膨胀土等特殊土质上不适合铺设透水路面。在设计施工中，通常对于不满足路基用土规定的土类予以置换，置换用土采用一般黏性土或砂性土。当各方面条件不满足时，可结合雨水收集利用系统做路面内部的排水设计。

3.0.6 本条要求寒冷地区还应进行抗冻最小厚度验算。

3.0.7 透水砖人行道应满足现行国家标准《无障碍设计规范》GB 50763 的规定。路口处盲道应铺设为无障碍形式，行进盲道砌块与提示盲道砌块不得混用，盲道必须避开树池、检查井、杆线等障碍物。

4 材 料

4.1 透 水 砖

4.1.1 本条主要明确了透水砖最基本的性能，其他指标参照产品标准，透水系数是指在环境温度 15℃

下测得。

4.1.2 为了景观效果，国内某些地方的人行步道采用了表面很光滑的材料，在雨季或北方冬季积雪后路面非常光滑，行人较易滑倒，从"以人为本"的角度，增加了防滑的具体要求，北京市地方标准《城市道路混凝土路面砖》DB11/T 152—2003 中规定，混凝土路面砖分为四级，防滑性能 BPN 最小不得小于 60，最大不得小于 80，同时日本对透水铺装人行路面 BPN 也作了相应规定，即 BPN 不小于 60。各地方可根据实际情况采用执行。另本章节是采用磨坑长度指标来规定透水砖的耐磨性，以及在使用除冰盐和融雪剂时的抗盐冻性要求，包括质量和强度两项指标。

4.2 结构层中的原材料

4.2.1 本条所指的水泥主要是指生产透水混凝土基层及级配碎石基层所用的水泥。通常用普通硅酸盐水泥、矿渣硅酸盐水泥，若用其他品种水泥，则需在确保早期脱模强度及设计强度等级的前提下，通过试验确定。快硬水泥、早强水泥及受潮变质的水泥不得使用。每批水泥应进行水泥胶砂试验，确定初、终凝时间。

4.2.2、4.2.3 透水砖基层施工中使用的粗细集料，要符合现行行业标准的规定。材料质量中对碎石含泥量、粒径、针片状的含量有一定要求，否则对透水混凝土强度和质量将产生很大的影响。碎石的粒径影响透水率，选择适当粒径的碎石视透水要求而定的，粒径大透水率大，反之亦相反。

4.2.4～4.2.6 主要是对相关材料质量标准的规定，质量的优劣都将影响到透水路面的质量。

5 设 计

5.1 一 般 规 定

5.1.1 本条主要是明确了透水砖路面和其他路面一样，在设计时应该考虑的各项指标以及应满足的要求，特别是透水性的要求。

5.1.2 确定轻型荷载路面的承载能力、交通流量以及普通人行道的最低荷载要求。

5.1.3～5.1.5 结构层强度是保证透水砖路面承载能力的主要指标，包括面层（即透水砖）的抗压和抗折强度、基层的抗压强度及压实度等指标，确定三种基层形式下厚度的技术方法。

5.1.6 与普通路面相同，透水性路面除考虑强度要求和施工可行性外，理想的透水路面还应具有足够的厚度，以便使设计降水量能在路面本身内贮存，并向路基土不断下渗。因此在具有合适的强度指标的同时，还应对储水透水能力进行验算。早在 20 世纪 70

年代，日本道路建设业协会针对轻型交通车道和人行道透水性路面的铺装，进行了长期大量的试用性研究及跟踪调查，编著了《透水性沥青路面》技术规定，书中推出了透水性路面结构厚度计算的公式，如式（5.1.6）所示。从以上可知，透水性人行道透水性能设计需要考虑以下条件：①地区降雨强度；②路面结构的透水能力及贮水能力；③路基土的渗透能力。

5.1.7 本条要求对寒冷地区透水路面的最小抗冻厚度进行验算。

5.2 面 层

5.2.1 本条对于有特殊要求的使用部位和特殊块型透水砖其最小厚度可由设计确定。并给出了不同道路类型（适用范围）使用的透水砖的最小抗压强度和抗折强度供参考。

5.2.2 透水砖铺装面层应表面平整、抗滑、耐磨、美观，并与周围环境相协调，对于透水砖的铺筑形式可由设计人员根据周围环境及设计效果确定，一般来讲人行步道和步行街采用正方形或长方形普通型混凝土砌块，铺筑形式不限；车行道、广场、停车场宜采用联锁型混凝土砌块，采用普通型混凝土砌块时，可采用"人字"形铺筑形式。

5.4 基 层

5.4.1 本条指出了基层的类型，虽然近年来透水砖发展较快，其基层类型多种多样。但常用的还是本条列出的三种形式。半刚性基层是指用无机结合料稳定粒料的材料铺筑一定厚度的基层。刚性基层是指用混凝土、贫混凝土、钢筋混凝土材料做的基层。柔性基层是指用热拌或冷拌沥青混合料、沥青贯入碎石以及不加任何结合料的粒料类等材料铺筑的基层，包括级配碎石、级配砾石、天然级配砂砾、部分砾石经轧制掺配而成的级配碎、砾石、填隙碎石等材料结构层。

本条同时指出材料的选用原则，首先是根据地区的差异性就地取材的原则，其次规定了几种常用基层材料的选择标准，要具有足够的强度、透水性能和良好的水稳定性。目前在工程建设中，无砂大孔隙混凝土作为透水基层得到了一定的应用。与其他材料基层相比，无论从强度、透水性能、材料来源以及使用情况来看，较适合做透水性基层。除此之外相关标准规定，底基层材料多选择未经处治的级配碎石。由于面层材料多采用孔隙率为15%左右的水泥混凝土透水砖，与之对应基层的孔隙率也不宜太大，否则对基层的强度会有较大的影响。根据已建工程经验，这类透水底基层有效孔隙率大于10%为宜。

5.4.2~5.4.4 本条规定了三种常用基层的设计要求。基层主要功能是透水、储水。因此采用级配碎石做基层时，应注意其级配。表5.4.2、表5.4.3、表5.4.4为经实践证明能满足要求的推荐级配。

5.5 垫 层

5.5.1、5.5.2 为改善土基在含水量饱和时的承载能力，并有效阻止黏土粒料上浮或毛细现象发生，致使对结构层产生不利影响，宜设置中砂垫层。垫层的主要作用为改善土基的湿度和温度状况，保证面层和基层的强度稳定性和抗冻胀能力，扩散由基层传来的荷载应力，以减小土基所产生的变形。垫层应具有一定的强度和良好的水稳定性。但当土基为砂性土或底基层为级配碎石时可不设置垫层。垫层主要用于地下水位高、排水不良、路基经常处于潮湿、过湿状态的路段，应具有一定的强度和良好的水稳定性。工程试验中采用中砂或粗砂垫层厚度40mm~50mm就能达到找平、反渗的效果。

5.6 土 基

5.6.1、5.6.2 路基必须密实、均匀、稳定。土质路基压实度应采用重型击实标准。压实度不应低于90%。参照现行行业标准《城市道路工程设计规范》CJJ 37的规定，土基的最小回弹模量应达到15MPa的规定。因此，透水性人行道的土基在雨水下渗浸泡一段时间后，其回弹模量应不小于15MPa的规定。

5.7 排 水 设 计

5.7.1~5.7.4 由于透水性路面结构的透水性和空隙率较为均匀，所以，当路基渗水性较差，透水性路面在长时间储水状态时，结构内部储水由于重力的作用，会沿着道路纵坡的方向以一定的速度向道路低点运动。因此，本节表述在雨水不能有效地渗入土基，起不到回灌的作用，透水砖铺装路面，可以通过收集系统将雨水回收利用。

6 施 工

6.1 一 般 规 定

6.1.1 由于在路基及基层以及其他管道、检查井、路缘石等附属设施方面的施工工艺及验收方法都比较齐全规范。因此本规程在这些结构的施工方面不再赘述，只是提出了相关透水性的指标方面要符合本规程的规定。

6.1.2 为了防止在面层施工完毕后才发现路面不透水或造成其他的不必要的返工浪费，本条规定了在面层施工前，面层以下的部位要按照本规程及其他相关规范对主控项目和一般项目进行验收，合格后方可进行下道工序施工。

6.1.3 施工前应由建设单位组织设计单位会同勘察、测量单位向监理及施工单位交桩，办理交接桩手续，并由监理工程师验桩。根据设计图纸的要求，复测各主要控制点，包括临时水准点、侧石的顶高、转弯半径、平面位置等。根据设计标高和设计宽度精确地放出样桩，用模线放出边线。样桩间距不宜过密，以5m～10m一根为宜。

6.1.4 工程开工前，施工单位应根据合同文件、相关单位提供的施工界域内地下管线等建（构）筑物资料，工程水文地质资料等踏勘施工现场，依据工程特点编制专项施工方案，并按其管理程序进行审批。

6.1.5 与透水路面同期施工，敷设于路面下的新管线等构筑物，应按先深后浅的原则与道路配合施工。施工中应保护好既有及新建地上杆线、地下管线等建（构）筑物。施工范围内的各类管线、绿化设施及构筑物等，必须在面层施工前全部完成，外露的井盖高程必须调整至设计高程，井座四周需作特殊处理以保证面层正常铺筑。

6.1.6 施工前应与交通管理部门确定行人及车辆的运行与绕行路线。应制定必要的安全措施如禁止车辆通行的标志，行人通道、防护栏等，这主要有两方面原因，一方面是防止行人和车辆误入施工区造成危险；另一方面是避免对已完工程造成损坏。

6.1.7 施工中应按合同文件规定的施工技术标准与质量标准的要求，依照国家现行有关规范的规定，进行施工过程与成品质量控制。其中，量具、器具的检测工作与有关原材料的检验是质量控制的重要工作。

6.1.8 冬、雨期施工的工程应制定冬、雨期施工技术措施。

6.2 透水砖面层施工

6.2.2 透水砖的铺筑应从透水砖基准点开始，并以透水砖基准线为基准铺筑透水砖。透水砖基准线可视为透水砖接缝边线；也可视为透水砖中相互垂直的三个最远的顶角的连线（图1），这样两条垂直的透水砖基准线适合于任何一种块形的透水砖的铺筑。

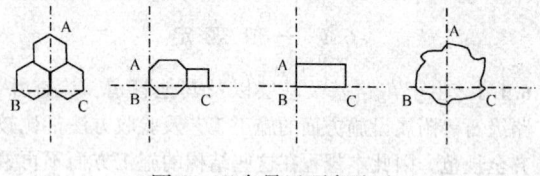

图1 三个最远顶角取法

6.2.3 本条规定了在铺筑透水砖时，施工人员一般是退着铺，不得站在已摊铺好的砂垫层上或站在刚铺筑的透水砖上作业，如在砂垫层上作业，会影响路面的质量。

6.2.4 透水砖铺设过程中一定要注意不得在铺设完成的路面上拌合砂浆、堆放水泥等材料，因为水泥在水化过程中形成胶凝材料，会造成透水砖透水结构的永久性损伤。

6.2.5 透水砖铺筑到路边、当墙边、踏步边、门口等异形和特殊部位产生不大于20mm的缝隙时，如用水泥砂浆填补，水泥砂浆会因受透水砖的挤压而破坏，路面边缘失去约束作用，导致路面破坏。

7 验 收

7.1 一般规定

7.1.1 透水砖路面的验收应按照施工工序进行分项、分部验收。现行规范除了透水性等指标外，对土基、基层在施工方法、施工工艺等方面通常都有成熟的验收标准可参照执行。

7.2 质量检验标准

7.2.1 本条将透水砖本身的性能检验、各结构层的透水性能、铺砌的形式以及组成结构层原材料的物理和化学性能等作为对透水砖路面主控项目来检查，并给出了相关规定和检查方法。

8 维 护

8.0.1 选取透水砖（使用5年）作为研究对象，取样本砖进行高压冲洗，采用行标规定水头试验进行高压冲洗前后透水系数对比，以此来评判冲洗效果，其结果详见表2：

表2 高压水冲洗结果

名 称		直径 D(cm)	面积 A(cm²)	厚度 L(cm)	时间 (s)	渗水量 Q(mL)	水位差 H(cm)	透水系数 (cm/s)	恢复率
试件1	冲洗前	7	38.4845	5.5	300	300	15	0.00953	1.88333
	冲洗后	7	38.4845	5.5	300	565	15	0.01794	
试件2	冲洗前	7	38.4845	5.5	300	32	15	0.00102	4.21875
	冲洗后	7	38.4845	5.5	300	135	15	0.00429	
试件3	冲洗前	7	38.4845	5.5	300	22	15	0.0007	25
	冲洗后	7	38.4845	5.5	300	550	15	0.01747	

由上表可以看出，经高压水冲洗后，透水砖透水性能恢复较好，试验前各组试件透水系数已小于（15℃）$1.0×10^{-2}$ cm/s，达不到透水砖标准，经高压水冲洗后除试件2未达到透水砖标准，试件1、3均达到透水砖标准，且两组试件透水性能恢复后，透水系数 0.01794cm/s 和 0.01747cm/s 数值非常接近。

如果是砂浆阻塞孔隙，则透水面层透水系数很难恢复，虽然实验表明透水砖的透水系数在使用一段时间后是可以恢复的，但恢复工作毕竟较费时费力。

　　因此为增加透水人行步道的使用寿命，从施工开始就应加以保护。避免人为因素引起的破坏发生。

8.0.2 真空吸附法，利用真空原理将阻塞孔隙的颗粒吸出。由于费用较高效率相对较低未能大范围使用。

　　高压水流冲洗法，利用高压水流冲洗透水砖表面，将阻塞其孔隙的颗粒冲走。

中华人民共和国行业标准

透水沥青路面技术规程

Technical specification for permeable asphalt pavement

CJJ/T 190—2012

批准部门：中华人民共和国住房和城乡建设部
施行日期：2012 年 12 月 1 日

中华人民共和国住房和城乡建设部
公 告

第 1447 号

住房城乡建设部关于发布行业标准
《透水沥青路面技术规程》的公告

现批准《透水沥青路面技术规程》为行业标准，编号为 CJJ/T 190 - 2012，自 2012 年 12 月 1 日起实施。

本规程由我部标准定额研究所组织中国建筑工业出版社出版发行。

中华人民共和国住房和城乡建设部

2012 年 8 月 23 日

前　　言

根据住房和城乡建设部《关于印发〈2008 年工程建设标准规范制订、修订计划〉的通知》（建标[2008] 102 号）的要求，编制组经广泛调查研究，认真总结实践经验，参考有关国际标准和国外先进标准，并在广泛征求意见的基础上，编制本规程。

本规程的主要技术内容是：1. 总则；2. 术语；3. 材料；4. 设计；5. 施工；6. 施工质量验收；7. 养护。

本规程由住房和城乡建设部负责管理，由长安大学负责具体技术内容的解释。执行过程中如有意见和建议，请寄送长安大学（地址：陕西省西安市南二环路中段；邮政编码：710064）。

本 规 程 主 编 单 位：长安大学

本 规 程 参 编 单 位：北京市市政工程设计研究
　　　　　　　　　　　总院
　　　　　　　　　　　山东省交通运输厅公路局
河南省第一建筑工程集团
有限责任公司
西安市政设计研究院有限
公司
中国建筑材料科学研究
总院
南京标美彩石建材有限
公司

本规程主要起草人员：沙爱民　裴建中　胡力群
　　　　　　　　　　　蒋　玮　李　东　叶远春
　　　　　　　　　　　杨永顺　李英勇　胡伦坚
　　　　　　　　　　　刘丽芬　高中俊　张忠伦
　　　　　　　　　　　张　力　刘忠宁

本规程主要审查人员：徐　波　张金喜　柳　浩
　　　　　　　　　　　王先华　李建民　童申家
　　　　　　　　　　　陈为成　唐国荣　周亦新

目　次

Contents

1 总 则

1.0.1 为适应城市道路建设需要，改善城市生态环境，提高道路行车安全性、舒适性，规范透水沥青路面设计、施工、验收和养护，制定本规程。

1.0.2 本规程适用于新建、扩建和改建城镇道路工程透水沥青路面的设计、施工、验收和养护。

1.0.3 透水沥青路面的类型应根据地质、荷载、气候、施工等因素综合选用。

1.0.4 透水沥青路面的设计、施工、验收和养护除应符合本规程外，尚应符合国家现行有关标准的规定。

2 术 语

2.0.1 透水沥青路面 permeable asphalt pavement

由透水沥青混合料修筑、路表水可进入路面横向排出，或渗入至路基内部的沥青路面总称。

2.0.2 透水沥青混合料 permeable asphalt concrete (PAC)

空隙率为18％～25％的沥青混合料。

2.0.3 高黏度改性沥青 high viscosity asphalt

60℃动力黏度值不小于20000Pa·s的改性沥青。

2.0.4 析漏试验 binder drainage test

用以检测高温状态下沥青从沥青混合料中析出的一种试验方法。

2.0.5 飞散试验 cantabro test

用以评价沥青混合料抗矿料飞散性的一种试验方法。

2.0.6 渗透系数 permeability coefficient

表征沥青混合料透水性能的指标。

2.0.7 连通空隙率 connected air voids

透水沥青混合料中相互连通，并与外部空气相连通的空隙，其体积占全部混合料体积的百分率。

3 材 料

3.0.1 透水沥青路面材料应就地取材，并应有利于自然环境和生态景观的保护。

3.0.2 透水沥青路面的透水面层应采用高黏度改性沥青作为结合料，基层可采用高黏度改性沥青、改性沥青或普通道路石油沥青。

3.0.3 高黏度改性沥青宜采用成品高黏度改性沥青，技术要求应符合表3.0.3的规定。试验方法应符合现行行业标准《公路工程沥青及沥青混合料试验规程》JTG E20的相关规定。

表 3.0.3　高黏度改性沥青技术要求

试验项目	单位	技术要求
针入度25℃	0.1mm	≥40
软化点	℃	≥80
延度15℃	cm	≥80
延度5℃	cm	≥30
闪点	℃	≥260
60℃动力黏度	Pa·s	≥20000
黏韧性	N·m	≥20
韧性	N·m	≥15
薄膜加热质量损失	%	≤0.6
薄膜加热针入度比	%	≥65

3.0.4 改性沥青和普通道路石油沥青的技术指标应符合现行行业标准《城镇道路路面设计规范》CJJ 169的规定。

3.0.5 透水沥青混合料中粗集料宜采用轧制碎石，技术要求应符合表3.0.5的规定。试验方法应符合现行行业标准《公路工程沥青及沥青混合料试验规程》JTG E20的相关规定。

表 3.0.5　粗集料技术要求

试验项目	单位	层次位置	
		表面层	其他层次
石料压碎值	%	≤26	≤28
洛杉矶磨耗损失	%	≤28	≤30
表观相对密度	—	≥2.6	≥2.5
吸水率	%	≤2	
坚固性	%	≤8	≤10
针片状颗粒含量	%	≤10	≤15
水洗法<0.075mm颗粒含量	%	≤1	
软石含量	%	≤3	≤5

3.0.6 粗集料的粒径规格应符合现行行业标准《公路沥青路面施工技术规范》JTG F40的规定。

3.0.7 透水沥青路面表面层粗集料磨光值及与沥青的黏附性应符合表3.0.7的规定。试验方法应符合现行行业标准《公路工程集料试验规程》JTG E42和《公路工程沥青及沥青混合料试验规程》JTG E20的相关规定。

表 3.0.7　粗集料磨光值及与沥青的黏附性

雨量气候区		1(潮湿区)	2(湿润区)	3(半干区)	4(干旱区)
年降雨量（mm）		>1000	1000～500	500～250	<250
表面层粗集料的磨光值PSV		≥42	≥40	≥38	≥36
粗集料与沥青的黏附性	表面层	≥5	≥5	≥5	≥4
	其他层次	≥5	≥5	≥4	≥4

3.0.8 透水沥青路面透水面层的细集料应采用机制砂，技术要求应符合表3.0.8的规定。试验方法应符合现行行业标准《公路工程集料试验规程》JTG E42 的相关规定。

表3.0.8 细集料技术要求

试验项目	单位	技术要求
表观相对密度	—	≥2.50
坚固性（>0.3mm 部分）	%	≥10
含泥量（小于 0.075mm 的含量）	%	≤1
砂当量	%	≥60
棱角性（流动时间）	s	≥30

3.0.9 透水沥青路面的透水基层细集料可采用天然砂和石屑，技术要求应符合现行行业标准《公路沥青路面施工技术规范》JTG F40 的规定。

3.0.10 透水沥青混合料的矿粉宜采用石灰岩矿粉，技术要求应符合现行行业标准《公路沥青路面施工技术规范》JTG F40 的规定。

3.0.11 透水沥青混合料中掺加的纤维可采用木质素纤维、矿物纤维等，技术要求应符合现行行业标准《公路沥青路面施工技术规范》JTG F40 的规定。

4 设 计

4.1 一 般 规 定

4.1.1 透水沥青混合料应满足道路路面使用功能，并应满足透水、抗滑、降噪要求。

4.1.2 透水基层可选用排水式沥青稳定碎石、级配碎石、大粒径透水性沥青混合料、骨架空隙型水泥稳定碎石和透水水泥混凝土。

4.1.3 透水基层的空隙率应满足透水功能的要求。

4.2 结构组合设计

4.2.1 透水沥青路面结构组合设计除应满足抗车辙、抗裂、抗疲劳、稳定性要求外，还应具有良好的透水功能。

4.2.2 透水沥青路面结构类型可采用下列分类方式：

1 透水沥青路面Ⅰ型（图4.2.2-1）：路表水进入表面层后排入邻近排水设施；

2 透水沥青路面Ⅱ型（图4.2.2-2）：路表水由面层进入基层（或垫层）后排入邻近排水设施；

3 透水沥青路面Ⅲ型（图4.2.2-3）：路表水进入路面后渗入路基。

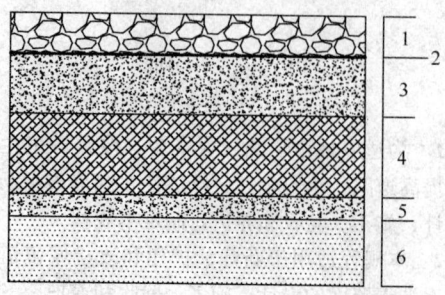

图 4.2.2-1 透水沥青路面Ⅰ型结构示意图
1—透水沥青上面层；2—封层；3—中下面层；
4—基层；5—垫层；6—路基

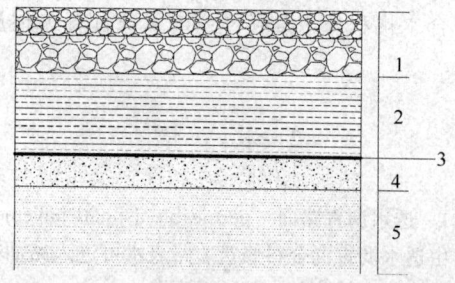

图 4.2.2-2 透水沥青路面Ⅱ型结构示意图
1—透水沥青面层；2—透水基层；
3—封层；4—垫层；5—路基

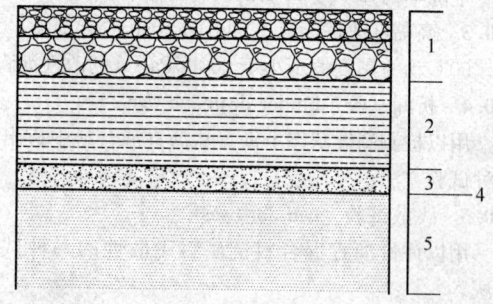

图 4.2.2-3 透水沥青路面Ⅲ型结构示意图
1—透水沥青面层；2—透水基层；3—透水垫层；
4—反滤隔离层；5—路基

4.2.3 透水沥青路面结构形式可根据道路所处地域的年降雨量和道路使用环境选择。

对需要减小降雨时的路表径流量和降低道路两侧噪声的各类新建、改建道路，宜选用Ⅰ型；对需要缓解暴雨时城市排水系统负担的各类新建、改建道路，宜选用Ⅱ型；路基土渗透系数大于或等于 7×10^{-5} cm/s 的公园、小区道路，停车场，广场和中、轻型荷载道路，可选用Ⅲ型。

4.2.4 透水沥青路面的结构层材料可按表 4.2.4 选取。

表 4.2.4 不同结构透水路面的材料

路面结构类型	面 层	基 层
透水沥青路面Ⅰ型	透水沥青混合料面层	各类基层

续表 4.2.4

路面结构类型	面 层	基 层
透水沥青路面Ⅱ型	透水沥青混合料面层	透水基层
透水沥青路面Ⅲ型	透水沥青混合料面层	透水基层

4.2.5 透水沥青路面结构设计指标应符合现行行业标准《城镇道路路面设计规范》CJJ 169 的规定。

4.2.6 Ⅰ、Ⅱ型透水结构层下部应设置封层，封层材料的渗透系数不应大于80mL/min，且应与上下结构层粘结良好。相关技术要求应符合现行行业标准《城镇道路路面设计规范》CJJ 169 和《城镇道路工程施工与质量验收规范》CJJ 1 的规定。

4.2.7 Ⅲ型透水路面的路基土渗透系数宜大于 7×10^{-5} cm/s，并应具有良好的水稳定性。

4.2.8 Ⅲ型透水路面的路基顶面应设置反滤隔离层，可选用粒料类材料或土工织物。

4.3 透水沥青混合料配合比设计

4.3.1 透水沥青混合料宜根据道路等级、气候及交通条件按表 4.3.1 确定工程设计级配范围。

表 4.3.1 透水沥青混合料矿料级配范围

级配类型		通过下列筛孔（mm）的质量百分率（%）										
		26.5	19.0	16.0	13.2	9.5	4.75	2.36	1.18	0.6	0.3	0.15	0.075
中粒式	PAC-20	100	95~100		64~84		10~31	10~27					3~7
	PAC-16	—	100	90~100	70~90	45~70	12~30	10~22	6~18	4~15	3~8	3~6	2~6
细粒式	PAC-13			100	90~100	50~80	12~30	10~22	6~18	4~15	3~12	3~8	2~6
	PAC-10	—	—		100	90~100	50~70	10~22	6~18	4~15	3~12	3~8	2~6

4.3.2 透水路面混合料设计可采用现行行业标准《公路沥青路面施工技术规范》JTG F40 中开级配抗滑磨耗层配合比设计方法，技术要求应符合表 4.3.2 的规定。连通空隙率测试方法应按本规程附录 A 进行。

表 4.3.2 透水沥青混合料技术要求

试验项目	单 位	技术要求
马歇尔试件击实次数	次	两面击实50次
空隙率	%	18~25
连通空隙率	%	≥14
马歇尔稳定度	kN	≥5
流值	mm	2~4
析漏损失	%	<0.3
飞散损失	%	<15
渗透系数	mL/15s	800
动稳定度	次/mm	≥3500
冻融劈裂强度比	%	≥85

4.4 透水基层混合料配合比设计

4.4.1 排水式沥青稳定碎石的配合比设计和混合料技术指标应符合现行行业标准《公路沥青路面施工技术规范》JTG F40 的规定。

4.4.2 用于透水基层的级配碎石集料压碎值不应大于26%。级配应符合表 4.4.2 的规定，且塑性指数应小于6。级配碎石的空隙率宜大于10%。

表 4.4.2 级配碎石的级配范围

筛孔尺寸	通过下列筛孔（mm）的质量百分率（%）							
	31.5	26.5	19.0	9.5	4.75	2.36	0.6	0.075
通过率	100	80~95	65~85	30~60	20~40	10~22	3~12	1~6

4.4.3 大粒径透水性沥青混合料（LSPM）的公称最大粒径不宜小于 26.5mm，可按表 4.4.3-1 选用级配范围。LSPM 宜采用大马歇尔成型方法，混合料的技术要求应符合表 4.4.3-2 的规定。

表 4.4.3-1 大粒径透水性沥青混合料推荐级配范围

级配类型	通过下列筛孔（mm）的质量百分率（%）													
	37.5	31.5	26.5	19	13.2	9.5	4.75	2.36	1.18	0.6	0.3	0.15	0.075
LSPM-25		100	100	70~98	50~85	32~62	20~45	6~29	3~18	3~15	2~7	1~6	1~4
LSPM-30	100		90~100	70~95	40~58	28~39	19~24	6~18	3~15	3~15	2~6	1~6	1~4

表 4.4.3-2 大粒径透水性沥青混合料技术要求

技术指标	单 位	技术要求
击实次数（双面）	次	112
空隙率	%	13~18
析漏损失	%	<0.2
飞散损失	%	<20
参考沥青用量	%	3~3.5
动稳定度	次/mm	≥2600

注：用于动稳定度指标测试的车辙试件厚度为8cm。

4.4.4 透水水泥混凝土的配合比设计、强度与空隙率应符合现行行业标准《透水水泥混凝土路面技术规程》CJJ/T 135 的规定。

4.4.5 骨架空隙型水泥稳定碎石可采用强度等级为32.5级或42.5级的普通硅酸盐水泥、矿渣硅酸盐水泥。水泥用量宜为8%~12%，水灰比宜为0.39~0.43。配合比设计应符合现行行业标准《公路水泥混凝土路面设计规范》JTG D40 的规定，技术指标应符合表 4.4.5 的规定。

表 4.4.5 骨架空隙型水泥稳定碎石
基层材料的技术指标要求

试验项目	单位	技术要求
空隙率	%	15～23
7d 抗压强度	MPa	3.5～6.5

4.5 垫　　层

4.5.1 Ⅲ型透水路面的垫层可采用粗砂、砂砾、碎石等透水性好的粒料类材料，且应符合现行行业标准《城镇道路路面设计规范》CJJ 169 的规定。

4.5.2 垫层厚度不宜小于 15cm，重冰冻地区潮湿、过湿路段可适当增厚。

4.6 路　　基

4.6.1 透水沥青路面路基应符合现行行业标准《城镇道路路面设计规范》CJJ 169 的规定。

4.6.2 透水路基在浸水后应满足承载力的要求。对软土、膨胀土、湿陷性黄土、盐渍土、粉性土等地质条件特殊的路段，不宜直接铺筑Ⅲ型透水沥青路面。

4.7 排水设施

4.7.1 透水沥青路面边缘应设置纵向排水设施（图4.7.1-1～图 4.7.1-3），排水能力应满足路面排水要求。

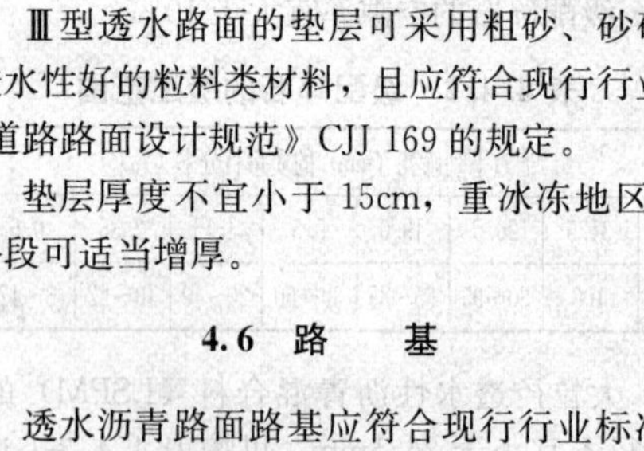

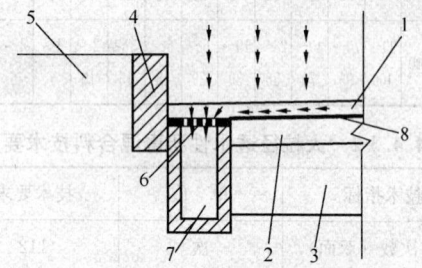

图 4.7.1-1　透水沥青路面Ⅰ型
排水设施示意图（横断面）
1—透水沥青面层；2—中、下面层；3—基层；
4—路缘石；5—人行道；6—透水盖板；
7—排水沟；8—封层

注：透水盖板应满足路面结构荷载要求，透水孔尺寸适当，不使混合料落入排水沟。

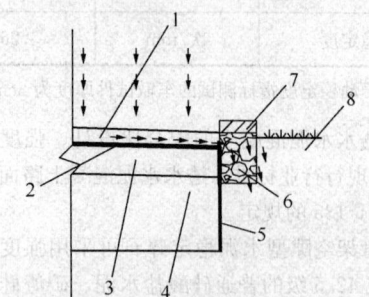

图 4.7.1-2　透水沥青路面Ⅰ型排水
设施示意图（横断面）
1—透水沥青面层；2—封层；3—中、下面层；
4—基层；5—防水材料；6—透水水泥混凝土；
7—普通水泥混凝土；8—绿地

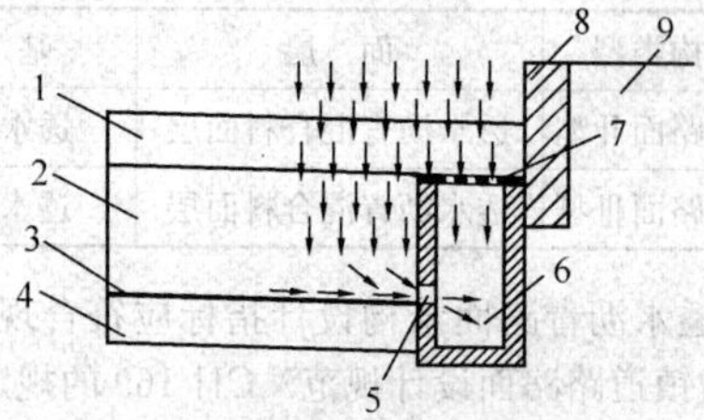

图 4.7.1-3　透水沥青路面Ⅱ型排水
设施示意图（横断面）
1—透水面层；2—透水基层；3—封层；
4—不透水基层（底基层）或土基；5—排水管；
6—排水沟；7—透水盖板；8—路缘石；
9—人行道

4.7.2 透水路面结构的排水设施应与市政排水系统相连。

4.7.3 排水系统应结合当地降雨量和周边排水系统的特点进行设计。

5 施　　工

5.1 一般规定

5.1.1 施工前进场的材料应符合现行行业标准《城镇道路工程施工与质量验收规范》CJJ 1 和本规程第 3 章的规定。

5.1.2 透水沥青路面工程开工前，宜铺筑单幅长度为 100m～200m 的试验路段，进行混合料的试拌、试铺和试压试验，并应据此确定合理的施工工艺。

5.1.3 当遇雨天或气温低于 15℃时，不得进行透水沥青路面施工。

5.1.4 高黏度改性沥青存放时应避免离析。

5.1.5 铺筑透水沥青混合料前，应检查下层结构的质量，对透水沥青路面Ⅰ型和Ⅱ型应检查封层质量，同时应对下层结构进行现场渗水试验。

5.2 透水路基、基层施工

5.2.1 路基施工应做好施工期临时排水方案，临时排水设施应与永久排水设施综合设置，并应与工程影响范围内的排水系统相协调。

5.2.2 路基和基层施工应符合现行行业标准《城镇道路工程施工与质量验收规范》CJJ 1 的规定，且渗透系应符合设计要求。

5.3 透水面层施工

5.3.1 透水沥青混合料生产温度控制应符合表5.3.1 的规定。烘干集料的残余含水量不得大于 1%。

表 5.3.1　透水沥青混合料生产温度控制

混合料生产温度	规定值（℃）	允许偏差（℃）
沥青加热温度	165	±5
集料加热温度	195	±5
混合料出厂温度	180	±5

5.3.2　采用普通沥青或改性沥青的透水沥青混合料，拌和、运输、摊铺过程应按现行行业标准《城镇道路工程施工与质量验收规范》CJJ 1 的要求进行。

5.3.3　透水沥青混合料运输过程中，应采取保温措施。运送到摊铺现场的混合料温度不应低于175℃。

5.3.4　透水沥青混合料的摊铺应符合下列规定：

1　应采用沥青摊铺机摊铺。摊铺机受料前，应在料斗内涂刷防粘剂并在施工中经常将两侧板收拢。

2　铺筑透水沥青混合料时，一台摊铺机的铺筑宽度不宜超过 6.0m（双车道）～7.5m（3 车道以上），宜采用两台或多台摊铺机前后错开 10m～20m 成梯队方式同步摊铺。

3　施工前，应提前0.5h～1.0h预热摊铺机熨平板，使其温度不宜低于100℃。铺筑过程中，熨平板的振捣或夯锤压实装置应具有适宜的振动频率和振幅。

4　摊铺机应缓慢、均匀、连续不间断地摊铺，不得随意变换速度或中途停顿。摊铺速度宜控制在1.5m/min～3.0m/min。

5　透水沥青混合料的摊铺温度不应低于170℃。

6　透水沥青混合料的松铺系数应通过试验段确定。摊铺过程中应随时检查摊铺层厚度及路拱、横坡。

5.3.5　透水沥青路面压实及成型应符合下列规定：

1　压实过程中，初压温度不应低于160℃。复压应紧接初压进行，复压温度不应低于130℃。终压温度不宜低于90℃。

2　压实机械组合方式和压实遍数应根据试验路段确定。

3　压路机吨位、速度及工艺应符合现行行业标准《公路沥青路面施工技术规范》JTG F40 中对开级配抗滑磨耗层配合比的规定。

5.3.6　透水沥青混合料的接缝及渐变过渡段施工应符合现行行业标准《公路沥青路面施工技术规范》JTG F40 的有关规定。

5.3.7　透水沥青路面与不透水沥青路面衔接处，应做好封水、防水处理。

5.3.8　施工后，当透水沥青路面表面温度降低到50℃以下后，方可开放交通。

6　施工质量验收

6.0.1　透水沥青混合料质量应符合下列规定：

1　道路用沥青的品种、标号应符合国家现行有关标准和本规程第 3 章的有关规定。

检查数量：按同一生产厂家、同一品种、同一标号、同一批号连续进场的沥青（石油沥青每100t为1批，改性沥青每50t为1批）每批次抽检1次。

检验方法：查出厂合格证，检验报告并进场复验。

2　透水沥青混合料所用粗集料、细集料、矿粉、纤维等材料的质量及规格应符合本规程第 3 章的有关规定。

检查数量：按不同品种产品进场批次和产品抽样检验方案确定。

检验方法：观察、检查进场检验报告。

3　透水沥青混合料生产温度应符合本规程第5.3.1条的有关规定。

检查数量：全数检查。

检验方法：查测温记录，现场检测温度。

4　透水沥青混合料品质应符合本规程第 4.3.2条的技术要求。

检查数量：每日、每品种检查 1 次。

检验方法：现场取样试验。

6.0.2　透水沥青混合料面层质量检验应符合下列规定：

1　透水沥青混合料面层压实度，对城市快速路、主干路不应小于 96%；对次干路及以下道路不应小于95%。

检查数量：每1000m² 测 1 点。

检验方法：查试验记录（马歇尔击实试件密度，试验室标准密度）。

2　透水沥青面层厚度应符合设计规定，允许偏差为＋10mm～−5mm。

检查数量：每1000m² 测 1 点。

检验方法：钻孔或刨挖，用钢尺量。

3　弯沉值，应满足设计规定。

检查数量：每车道、每20m，测 1 点。

检验方法：弯沉仪检测。

4　透水沥青面层渗透系数应达到设计要求。

检查数量：每1000m² 抽测 1 点。

检验方法：查试验报告、复测。

5　透水沥青路面表面应平整、坚实，接缝紧密，无枯焦；不应有明显轮迹、推挤裂缝、脱落、烂边、油斑、掉渣等现象，不得污染其他构筑物。面层与路缘石、平石及其他构筑物应接顺，不得有积水现象。

检查数量：全数检查。

检验方法：观察。

6 透水沥青混合料面层允许偏差应符合表 6.0.2 的规定。

表 6.0.2　透水沥青混合料面层允许偏差

项　目		允许偏差	检验频率			检验方法
			范围	点　数		
纵断高程(mm)		±15	20m		1	用水准仪测量
中线偏位(mm)		≤20	100m		1	用经纬仪测量
平整度(mm)	标准差σ值	≤1.5	100m	路宽(m)	<9　　1	用测平仪检测
					9～15　2	
					>15　　3	
	最大间隙	≤5	20m	路宽(m)	<9　　1	用3m直尺和塞尺连续量取两尺,取最大值
					9～15　2	
					>15　　3	
宽度(mm)		不小于设计值	40m		1	用钢尺量
横坡		±0.3%且不反坡	20m	路宽(m)	<9　　2	用水准仪测量
					9～15　4	
					>15　　6	
井框与路面高差(mm)		≤5	每座		1	十字法,用直尺、塞尺取最大值
抗滑	摩擦系数	符合设计要求	200m		1	摆式仪
				全线连续		横向力系数车
	构造深度	符合设计要求	200m			砂铺法
						激光构造深度仪

注：1　测平仪为全线每车道连续检测每100m计算标准差σ；无测平仪时可采用3m直尺检测；表中检验频率点数为测线数；

　　2　平整度、抗滑性能也可采用自动检测设备进行检测；

　　3　底基层表面、下面层应按设计规定用量洒泼透层油、粘层油；

　　4　中面层、下面层仅进行中线偏位、平整度、宽度、横坡的检测；

　　5　十字法检查井框与路面高差，每座检查井均应检查。十字法检查中，以平行于道路中线，过检查井盖中心的直线做基线，另一条线与基线垂直，构成检查用十字线。

7　养　护

7.0.1　透水沥青路面的养护，应符合现行行业标准《城镇道路养护技术规范》CJJ 36 的规定。

7.0.2　养护时应及时清除表面存在的黏土类抛洒物。宜采用专用透水功能恢复车定期对路面的堵塞物质进行清除。

7.0.3　在冬季，透水沥青路面应及时清除积雪，并应采取防止路面结冰的措施。不宜采用机械除冰，不得撒灰或灰渣。

附录A　透水沥青混合料连通空隙率测试方法

A.0.1　测定透水沥青混合料的连通空隙率的主要试验器具宜包括：

　　1　天平：量程5kg以上，精度小于0.5g；

　　2　金属网篮：网孔5mm，笼径与高度各20cm；

　　3　溢流装置容器：能保持一定的水位，可将金属网篮完全浸入所盛水中；

　　4　挂件：用于测取水中重量的金属网篮悬挂于称量盘中心位置的装置；

　　5　游标卡尺。

A.0.2　测试方法应按下列步骤进行：

　　1　一组试验应至少3个试件。试件宜为直径10cm的圆柱状物，可采用马歇尔标准击实试验在试验室内成型，或从透水沥青路面中钻取芯样进行试验。

　　2　用卡尺测取试件的直径与厚度（精确至0.1mm），测直径时选取2个位置，测厚度时取4个（交互90°），用各自的平均值计算试件的体积（V）。

　　3　将试件在室温下空气中静置至少1h后，测定常温、干燥状态下的试件质量（A）。当试件在制作或切取时与水接触，则应在通风良好的场所使之干燥，至质量不再发生变化后方可进行重量测定。

　　4　将试件置于常温下的水中约1min后，测定其水中重量（C）。测定时，用木槌轻轻敲打试件，将空隙中残存的空气排出。

A.0.3　连通空隙率应按下列公式进行计算：

$$VV'(\%) = \frac{V-V'}{V} \times 100\% \quad (A.0.3-1)$$

$$V' = (A-C)/\rho_w \quad (A.0.3-2)$$

式中：VV'——连通空隙率（％）；

　　　V'——混合料和封闭空隙的体积（mm³）；

　　　V——试件的体积（mm³）；

　　　A——试件常温、干燥状态下的质量（g）；

　　　C——试件在水中的质量（g）；

　　　ρ_w——常温水的密度（1.0g/cm³）。

A.0.4　试验结果应以3个以上试件的连通空隙率平均值表示。

本规程用词说明

1　为便于在执行本规程条文时区别对待，对于要求严格程度不同的用词说明如下：

　　1)　表示很严格，非这样做不可的：

　　　　正面词采用"必须"；反面词采用"严禁"。

2）表示严格，在正常情况下均应这样做的：
　　正面词采用"应"；反面词采用"不应"或"不得"。
3）表示允许稍有选择，在条件许可时首先应这样做的：
　　正面词采用"宜"；反面词采用"不宜"。
4）表示有选择，在一定条件下可以这样做的，采用"可"。
　　2 条文中指明应按其他有关标准执行的写法为"应符合……的规定"或"应按……执行"。

引用标准名录

1 《城镇道路工程施工与质量验收规范》CJJ 1

2 《城镇道路养护技术规范》CJJ 36

3 《透水水泥混凝土路面技术规程》CJJ/T 135

4 《城镇道路路面设计规范》CJJ 169

5 《公路工程沥青及沥青混合料试验规程》JTG E20

6 《公路水泥混凝土路面设计规范》JTG D40

7 《公路沥青路面施工技术规范》JTG F40

8 《公路工程集料试验规程》JTG E42

中华人民共和国行业标准

透水沥青路面技术规程

CJJ/T 190—2012

条 文 说 明

制 订 说 明

《透水沥青路面技术规程》CJJ/T 190-2012，经住房和城乡建设部2012年8月23日以第1447号公告批准、发布。

本规程制订过程中，编制组进行了透水沥青路面的调查研究，总结了我国透水沥青路面工程建设的实践经验，同时参考了日本道路协会的规范《透水性舗装ガイドブック2007》，通过试验取得了透水沥青路面设计、施工的重要技术参数。

为便于广大设计、施工、科研、学校等单位有关人员在使用本标准时能正确理解和执行条文规定，《透水沥青路面技术规程》编制组按章、节、条顺序编制了本标准的条文说明，对条文规定的目的、依据以及执行中需注意的有关事项进行了说明。但是，本条文说明不具备与标准正文同等的法律效力，仅供使用者作为理解和把握标准规定的参考。

目　次

1 总 则

1.0.1 透水沥青路面对改善城市生态环境和水平衡具有重要的意义。目前国内在透水沥青路面设计和施工方面还没有相应的国家和行业标准，为贯彻国家节能减排、环境保护的政策，使透水沥青路面在设计、施工、监理和检验中统一管理，做到技术先进、经济合理、安全适用、统一规范，确保道路工程、室外工程、园林工程中路面施工质量，特制定本规程。

1.0.2 透水沥青路面在国内还处于发展阶段，目前一般应用于新建、扩建、改建的轻交通道路、室外工程、园林工程中的人行道、步行街、居住小区道路、非机动车道和一般荷载的停车场等路面工程。随着透水路面材料研发的进一步深入，它的应用前景会更加宽广。

1.0.3 透水沥青路面在设计时，应对适用性进行综合考虑和评价，包括铺筑透水沥青路面的目的，道路交通量，土基的类型，排水设施的布设以及施工技术等因素。

2 术 语

本章给出的术语是本规程有关章节中所应用的。

在编写本章术语时，参考了《道路工程术语标准》GBJ 124、《城镇道路工程施工与质量验收规范》CJJ 1 等国家标准和行业标准的相关术语。

本规程的术语是从本规程的角度赋予其涵义的，但涵义不一定是术语的定义。同时还分别给出了相应的推荐性英文。

3 材 料

3.0.2 较之于密实型沥青混合料，透水沥青混合料更容易受到紫外线、水和空气等外界不利因素的影响。降雨时，车辆在高速行驶的过程中，轮胎和路面相互作用产生的动水压力，对裹覆混合料的沥青薄膜有剥离作用，如果沥青与集料的黏附性能差，则混合料容易发生松散。因此透水沥青混合料中，应选用高黏度的改性沥青。

3.0.3 目前国内使用的高黏度改性沥青主要有两大类：一类是成品高黏度改性沥青，另一类是将改性剂直接投放到沥青混合料内达到高黏度改性的目的。当采用高黏度沥青改性剂时，通过试验室制备高黏度改性沥青评价其技术指标，并应符合表 3.0.3 的规定。高黏度改性沥青试验方法应符合现行行业标准《公路工程沥青及沥青混合料试验规程》JTG E20 的相关规定，见表 1。

表 1 高黏度改性沥青对应的试验方法

试验项目	单位	技术要求	试验方法
针入度 25℃	0.1mm	≥40	T0604
软化点	℃	≥80	T0606
延度 15℃	cm	≥80	T0605
延度 5℃	cm	≥30	T0605
闪点	℃	≥260	T0611
60℃动力黏度	Pa·s	≥20000	T0620
黏韧性	N·m	≥20	T0624
韧性	N·m	≥15	T0624
薄膜加热质量损失	%	≤0.6	T0609 或 T0610
薄膜加热针入度比	%	≥65	T0609 或 T0610

3.0.5 透水沥青混合料形成的是骨架—空隙结构。与普通密级配沥青混凝土相比，粗集料用量明显增大，约占集料总质量的 85%，集料之间的接触面积大幅减少，接触点的应力提高，因此，对粗集料的压碎值提出了较高的要求。粗集料的针片状颗粒含量也是透水沥青混合料重要的控制指标之一。若集料中细长扁平状颗粒过多，在施工过程中容易被压路机压碎、折断，从而在沥青混合料内部留下没有被沥青覆盖的断面，降低混合料之间的粘结力，并且还会影响级配，导致空隙率堵塞变小，影响透水效果。这些断裂面还有可能成为混合料内部的微裂缝，在荷载作用下产生应力集中而导致路面加速开裂。粗集料试验方法应符合现行行业标准《公路工程沥青及沥青混合料试验规程》JTG E20 的相关规定，见表 2。

表 2 粗集料对应的试验方法

试验项目	单位	层次位置		试验方法
		表面层	其他层次	
石料压碎值	%	≤26	≤28	T0316
洛杉矶磨耗损失	%	≤28	≤30	T0317
表观相对密度	—	≥2.6	≥2.5	T0304
吸水率	%	≤2		T0304
坚固性	%	≤8	≤10	T0314
针片状颗粒含量	%	≤10	≤15	T0312
水洗法＜0.075mm 颗粒含量	%	≤1		T0310
软石含量	%	≤3	≤5	T0320

3.0.7 当粗集料黏附性不符合规定时，宜掺加消石灰、水泥或用饱和石灰水处理后使用，必要时可同时在沥青中掺加耐热、耐水、长期性能好的抗剥落剂。

粗集料磨光值及与沥青的黏附性试验方法应符合现行行业标准《公路工程集料试验规程》JTG E42 和

《公路工程沥青及沥青混合料试验规程》JTG E20 的相关规定，见表3。

表3 粗集料磨光值及与沥青的黏附性对应的试验方法

雨量气候区	1(潮湿区)	2(湿润区)	3(半干区)	4(干旱区)	试验方法
年降雨量（mm）	>1000	1000～500	500～250	<250	—
表面层粗集料的磨光值 PSV	≥42	≥40	≥38	≥36	T0321
粗集料与沥青的黏附性 表面层	≥5	≥5	≥5	≥4	T0616
粗集料与沥青的黏附性 其他层次	≥5	≥5	≥4	≥4	T0663

3.0.8 天然砂表面圆滑，与沥青的黏附性较差，使用太多对高温稳定性不利。石屑是石料破碎过程中表面剥落或撞击下的棱角、细粉，棱角性较好，但石屑中粉尘含量很多，强度很低，扁片含量比例较大，且施工性能较差，不易压实。因此，本规程中要求透水面层的细集料采用机制砂。细集料试验方法应符合现行行业标准《公路工程集料试验规程》JTG E42 的相关规定，见表4。

表4 细集料对应的试验方法

试验项目	单位	技术要求	试验方法
表观相对密度	—	≥2.50	T0328
坚固性（>0.3mm 部分）	%	≥10	T0340
含泥量（小于0.075mm 的含量）	%	≤1	T0333
砂当量	%	≥60	T0334
棱角性（流动时间）	s	≥30	T0345

3.0.11 纤维的掺加比例以沥青混合料总量的质量百分率计算，通常情况下木质素纤维不低于0.3%，矿物纤维不低于0.4%，必要时可适当增加纤维用量。纤维掺加量的允许误差为±5%。

4 设 计

4.1 一 般 规 定

4.1.1 与传统的密级配面相比较，透水沥青路面在结构设计时需要更多的考虑透水、储水和排水功能对路面结构的影响。

4.1.2 透水沥青路面的基层主要考虑透水性能、承载力状况以及水稳定性，特别是水稳定性，要保证在设计的储水时间内强度改变不大，或者降低的幅度处于可接受范围之内，否则需重新设计基层材料。

透水基层设计时一般需要满足四个方面的要求：第一，具有足够的渗透能力，在规定的时间内能够排出进入路面结构内的雨水；第二，具有一定的稳定性支撑路面的施工操作；第三，具有足够的储水能力暂时储存未排出的雨水；第四，具有足够的强度以满足路面结构的总体性能。

4.2 结构组合设计

4.2.2 透水沥青路面适用于新建、扩建、改建的道路工程、市政工程、广场、停车场、人行道等。其中透水沥青路面Ⅰ型仅路面表面沥青层作为透水功能层，沥青表面层下设封层，雨水通过沥青表面层内部水平横向排出。其主要功能是排除路面积水、降低噪声、提高路面抗滑性能和行车安全性能。透水沥青路面Ⅰ型也包含路表水进入沥青表面层或进入沥青中下面层排到邻近排水设施的这种类型。透水沥青路面Ⅱ型是沥青面层和基层均具有透水能力，雨水降落到路面后，渗入路面直至基层，在基层底部横向排出，透水沥青路面Ⅱ型除了具备Ⅰ型所具备的功能外，还具有路面储水功能，减少地面径流量，减轻暴雨时城市排水系统的负担等功能。透水沥青路面Ⅲ型是整个路面结构即面层、基层和垫层都具有良好的透水性能，雨水在降雨结束后的一定时间内，通过路面结构渗入土基，透水沥青路面Ⅲ型除了具备透水沥青路面Ⅰ型和Ⅱ型的功能外，另一个重要的特点是补充城市地下水资源，改善道路周边的水平衡和生态条件，提供良好的人居环境。

透水沥青路面Ⅱ型可采用柔性基层和半刚性基层两种形式的结构，如图1所示。

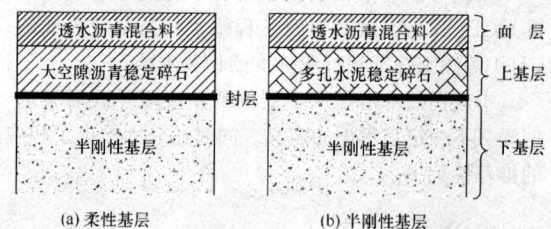

(a) 柔性基层 (b) 半刚性基层

图1 透水沥青路面Ⅱ型两种结构形式

4.2.3 透水沥青路面从结构上主要分为面层、基层和垫层，面层一般采用透水沥青混合料；透水基层在面层下，一方面参与路面结构的承载，具有力学强度，另一方面可以作为暂时的储水层；垫层不同于传统路面的垫层，在土基渗透性良好的路面结构如砂土路基中可以不设置该层，可通过在垫层与土基之间设置土工织物，起到隔离土基细粒料堵塞透水层的过滤作用；当路基土渗透性一般如黏性土，为了改善土基的水温状况，提高路面结构的水稳性和抗冻胀能力，则应当设置砂垫层。

4.2.4 透水沥青路面Ⅱ型和Ⅲ型结构厚度的确定宜根据道路的等级，按照工程项目所在地重现期，降雨历时等气象条件，计算暴雨强度，以满足路面结构储水、透水功能要求。不同暴雨强度下所需满足的最小透水结构层厚度要求如表5所示。

表5 不同暴雨强度下透水结构层推荐厚度

暴雨强度（mm/min）	透水结构层推荐最小厚度（cm）
$q \leqslant 0.3$	15
$0.3 < q \leqslant 0.6$	30
$0.6 < q \leqslant 0.9$	45
$0.9 < q$	60

注：1 暴雨强度计算参数按重现期1年，降雨历时60min，参考当地相关经验公式进行计算；

2 对于Ⅱ型路面结构，透水结构层厚度为透水面层加透水基层；对于Ⅲ型路面结构，透水结构层厚度为面层、基层和垫层的总厚度。

4.3 透水沥青混合料配合比设计

4.3.2 在面层透水沥青混合料的配合比设计中，一般借鉴日本较为成熟的设计方法，以2.36mm筛孔的通过率在中值级配附近以±3%左右相差暂定3个级配，并按矿料表面黏附的沥青膜厚14μm，用经验公式计算暂定沥青用量。然后按照三个级配成型马歇尔试件（双面击实50次），测定试件的空隙率，确定试件的空隙率是否与目标空隙率一致或者目标空隙率在这三组级配得到的空隙率范围中，必要时根据2.36mm筛孔通过率同空隙率的关系对集料级配进行调整。根据混合料的析漏试验和马歇尔试件的飞散试验，确定最佳沥青用量，最后进行混合料性能验证。透水沥青混合料的试验方法应符合现行行业标准《公路沥青路面施工技术规范》JTG F40的相关规定，见表6。

表6 透水沥青混合料对应的试验方法

试验项目	单位	技术要求	试验方法
马歇尔试件击实次数	次	两面击实50次	T0702
空隙率	%	18~25	T0708
连通空隙率	%	$\geqslant 14$	附录A
马歇尔稳定度	kN	$\geqslant 5$	T0709
流值	mm	2~4	T0709
析漏损失	%	<0.3	T0732
飞散损失	%	<15	T0733
渗透系数	mL/15s	800	T0730
动稳定度	次/mm	$\geqslant 3500$	T0719
冻融劈裂强度比	%	$\geqslant 85$	T0729

4.4 透水基层混合料配合比设计

4.4.2 级配碎石透水基层是由各种大小不同粒径碎石按照一定级配组成的开级配混合料。在这种结构中，粗集料之间的内摩阻力和嵌挤力对混合料强度起

决定作用。级配碎石透水基层虽然具有较好的高低温性和良好的透水性，但其强度低，模量小，永久变形大。因此如何提高级配碎石透水基层的强度成为能否成功应用的关键。为了提高级配碎石透水基层的强度，需要严格选材，控制碎石原材料强度、压碎值以及细料的塑性指数、针片状含量。

级配碎石的最大粒径为37.5mm时CBR值较高，但粒径越大在运输、施工过程中离析现象越严重。最大粒径为31.5mm特别是26.5mm的级配碎石相对不易离析，质量均匀，同时可以满足较高的CBR值和干密度，所以在设计中可推荐选用最大粒径为31.5mm或者26.5mm的碎石。

4.4.3 大粒径透水性沥青混合料的试验方法应符合现行行业标准《公路沥青路面施工技术规范》JTG F40的相关规定，见表7。

表7 大粒径透水性沥青混合料对应的试验方法

技术指标	单位	技术要求	试验方法
击实次数（双面）	次	112	T0702
空隙率	%	13~18	T0708
析漏损失	%	<0.2	T0732
飞散损失	%	<20	T0733
参考沥青用量	%	3~3.5	—
动稳定度	次/mm	$\geqslant 2600$	T0719

4.5 垫 层

4.5.1 透水垫层介于透水基层与土基之间。可改善土基水温状况，提高路面结构的水稳性和抗冻胀能力，并扩散荷载，减小土基变形，扩大入渗透面积，提高透水能力，还可以作为反滤层，防止土基材料进入透水基层。目前，透水垫层可采用粗砂、砂砾、碎石等透水性好的粒料类材料，通过0.075mm筛孔颗粒含量不宜大于5%。当土基受冻胀影响较小、且为渗透性较好的砂性土或者底基层为级配碎石时可不设垫层。

4.6 路 基

4.6.2 Ⅲ型透水沥青路面为全透水结构，雨水直接通过路面各结构层向路基渗透，湿陷性黄土、盐渍土、膨胀土等路基土因雨水直接渗入而不稳定，路面结构会因路基的不稳而受损，在此类路基土上不宜直接铺筑Ⅲ型透水沥青路面。

4.7 排 水 设 施

4.7.1 Ⅰ、Ⅱ及Ⅲ型的路面结构排水系统图示如图2~图4所示：

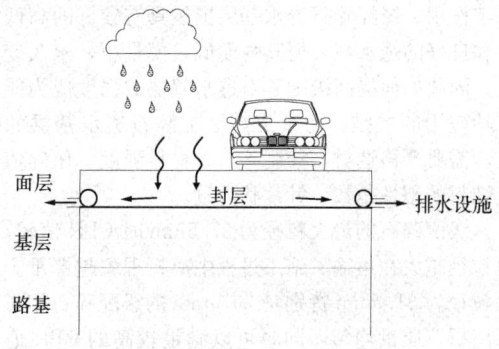

图 2 透水沥青路面 I 型排水系统图示

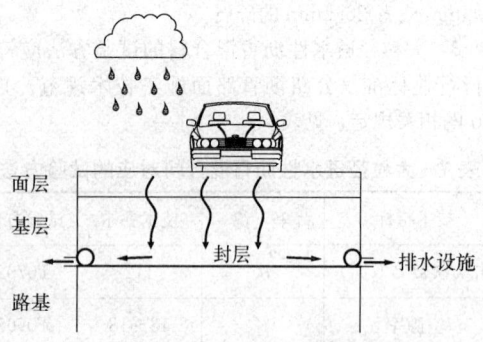

图 3 透水沥青路面 II 型排水系统图示

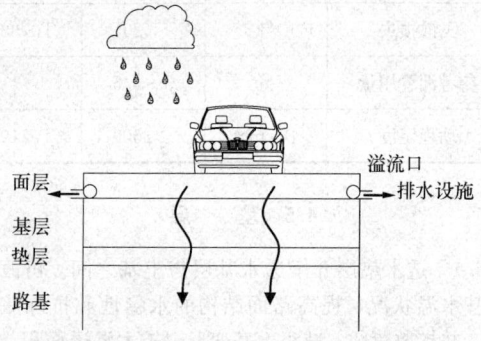

图 4 透水沥青路面 III 型排水系统图示

4.7.2 透水沥青路面排水应接入城市排水系统。在城市排水系统未建立时，应按临时排水设计。

5 施 工

5.1 一般规定

5.1.2 试验路段应开展如下工作：

1 确定拌和温度、拌和时间，验证矿料级配和沥青用量；

2 确定摊铺温度、摊铺速度、摊铺厚度与松铺系数；

3 确定压实温度、压路机类型、压实工艺及压实遍数；

4 检测试验路施工质量，不符合要求时应找出原因，采取纠正措施，重新铺筑试验路，直到满足要求为止。

5.1.5 面层与基层之间的结合状况，对透水沥青路面的质量有影响，在面层施工前，应对基层做清洁处理，保证基层清洁，无积水，有时候进行必要的界面清洁处理是保证二者的有效结合的保证。

5.2 透水路基、基层施工

5.2.1 路基开工前，应在全面理解设计要求和设计交底的基础上，对施工地段进行详细的现场调查研究与核对。

5.3 透水面层施工

5.3.1 当透水沥青混合料中采用高黏度改性沥青时，在进行配合比设计与施工时，不宜采取沥青的黏温关系确定混合料拌和与压实温度，而应修筑试验路采用实际试拌试铺的试验方法，确定各种施工温度。

5.3.3 透水沥青混合料温度过高，易产生沥青的流淌；温度过低则施工作业极为困难。因此施工中温度控制尤为重要，考虑由拌和厂至施工现场的运距及运输时间等因素，施工单位应采取严格的温度管理措施。

6 施工质量验收

6.0.1 透水沥青路面施工应根据全面质量管理的要求，建立健全有效的质量保证体系，对施工各工序的质量进行检查评定，达到规定的质量标准，确保施工质量的稳定性。

6.0.2 透水沥青路面应加强施工过程质量控制，实行动态质量管理。

7 养 护

7.0.2 采用高压水冲吸清洗透水路面改善路面空隙堵塞效果良好，一般通过路面清洗车实现，该车型作业方式为后置高压水幕冲刷沥青路面，冲刷后的污水泥沙由专用装置收集，通过污水泵泵入垃圾箱内，疏通堵塞的路面空隙，目前国内也有自主研发的透水路面清洗车。

7.0.3 透水沥青路面达到功能寿命后，路面可能被淤泥或者其他沉积物堵塞，需对表面层或者基层修补，路面坑槽和裂缝可使用常规的不透水沥青混合料修补，只要累计修补面积不超过整个透水面积的10%。在维护时，禁止在其表面铺筑密封物或者砂。与该路面邻近的其他工程也不能把泥浆等物接近透水表面。如果还是不能恢复透水功能，可能需要铣刨表面以及基层，甚至需重建。

中华人民共和国行业标准

浮置板轨道技术规范

Technical code for floating slab track

CJJ/T 191—2012

批准部门：中华人民共和国住房和城乡建设部
施行日期：2 0 1 3 年 3 月 1 日

中华人民共和国住房和城乡建设部
公 告

第 1518 号

住房城乡建设部关于发布行业标准
《浮置板轨道技术规范》的公告

现批准《浮置板轨道技术规范》为行业标准,编号为 CJJ/T 191-2012,自 2013 年 3 月 1 日起实施。

本规范由我部标准定额研究所组织中国建筑工业出版社出版发行。

中华人民共和国住房和城乡建设部
2012 年 11 月 1 日

前 言

根据住房和城乡建设部《关于印发〈2008 年工程建设标准规范制订、修订计划(第一批)〉的通知》(建标[2008]102 号)的要求,规范编制组经广泛调查研究,认真总结实践经验,参考有关国际标准和国外先进标准,并在广泛征求意见的基础上,编制本规范。

本规范主要技术内容是:1 总则;2 术语和符号;3 设计;4 隔振元件技术要求;5 施工与验收;6 运营养护维修。

本规范由住房和城乡建设部负责管理,由深圳市地铁集团有限公司负责具体技术内容的解释。执行过程中如有意见或建议请函寄深圳市地铁集团有限公司(地址:深圳市福田区福中一路 1016 号;邮政编码:518042)。

本规范主编单位:深圳市地铁集团有限公司

本规范参编单位:中铁二院工程集团有限责任公司
上海市隧道工程轨道交通设计研究院
铁道第三勘察设计院集团有限公司

中铁一局集团有限公司
中铁上海工程局有限公司
北京市轨道交通建设管理有限公司
隔而固(青岛)振动控制有限公司
浙江天铁实业有限公司
北京易科路通科技有限公司

本规范主要起草人:吴永芳 颜 华 纪学伟
曹德志 刘锦辉 陈馨超
周国甫 杨宝峰 尹学军
许吉锭 周华龙 左书艺
张宝才 王 博 姚松柏
尚文军 杨其振 和振兴
姜坚白 孙京健 周建军
刘道通

本规范主要审查人:王 平 杨宜谦 刘加华
黄红东 彭长生 曾向荣
李秋义 管吉波 王国庆
史万成 赵秀丽

目　次

Contents

1 总 则

1.0.1 为规范浮置板轨道系统设计、结构设计、施工与验收以及隔振元件的性能指标，保证浮置板轨道工程质量，达到轨道减振降噪目的，制定本规范。

1.0.2 本规范适用于新建或改建标准轨距城市轨道交通浮置板轨道的设计、施工与验收以及运营养护维修。

1.0.3 浮置板轨道竣工验收的减振效果应满足轨道减振设计的要求；在运营期间应符合该地段采取特殊减振措施的环评要求。

1.0.4 浮置板轨道设计、施工与验收以及运营养护维修，除应执行本规范外，尚应符合国家现行有关标准的规定。

2 术语和符号

2.1 术 语

2.1.1 浮置板 floating slab
采用预制或现浇的钢筋混凝土结构构成板式或梁式整体道床，通过隔振元件与轨道基础弹性隔离，构成质量、弹簧与阻尼系统的道床质量单元。

2.1.2 浮置板轨道 floating slab track
在板式或梁式整体道床与轨道基础之间设置隔振元件，构成质量、弹簧与阻尼系统，以隔离或减少轨道向周围传递振动的特殊轨道结构。

2.1.3 轨道基础 track foundation
支承浮置板轨道的基底结构。

2.1.4 标准段 standard section
达到轨道减振设计要求，且设计参数基本一致的浮置板地段。

2.1.5 过渡段 transition section
按标准段设计的浮置板轨道与相邻轨道之间的垂向刚度差异较大，在两者之间设置垂向刚度平稳过渡的浮置板地段。

2.1.6 隔振元件 elastic elements for vibration reduction
隔振元件是钢弹簧隔振器、橡胶隔振器、隔振支座或隔振垫的统称，构成质量、弹簧与阻尼系统的弹性单元并起阻尼作用。

2.1.7 隔振器 isolator, elastic bearing
隔离浮置板振动的弹性阻尼单元，物理计算时简化为点式，按材料构成分为钢弹簧隔振器（含阻尼）、橡胶隔振器或隔振支座。

2.1.8 隔振垫 elastomeric mat
隔离浮置板振动的弹性阻尼层，以条状或满铺的方式布置在浮置板板下。

2.1.9 剪力铰 shear hinge
浮置板的相邻板之间设置约束板端垂向和横向差动的装置。

2.1.10 限位装置 restrainer
约束浮置板横向或纵向位移的结构或设备。

2.1.11 浮置板轨道固有频率 natural frequency of floating slab track
简化为质量、弹簧与阻尼系统的浮置板轨道在垂直方向的自然频率。

2.1.12 浮置板轨道阻尼比 damped ratio of floating slab track
浮置板轨道系统的阻尼作用使道床振动能量耗散，按黏滞阻尼理论假定线性阻尼力与振动速度成正比，为实际阻尼系数与临界阻尼系数的比值。

2.1.13 减振效果 vibration damping effect, reduction in the vibration level
在相同或类似的线路、列车运营（或外力激励）和测试条件下，比较评价轨道减振降噪措施之一的浮置板轨道在轨旁振动减小或沿线结构物二次辐射噪声降低的效果。

2.1.14 耐候性 weathering resistance
橡胶、聚氨酯等高分子材料制成弹性体应用于轨道交通的隔振元件，受光照、气温、风雨甚至地下水侵蚀等外界条件影响的耐受能力。

2.1.15 钢筋笼轨排预制拼装法 construction technique of reinforcement cage and track framework assembly integration
在铺轨基地将浮置板结构钢筋绑扎成型，与轨排和隔振器外套筒拼装一体，整体吊装至轨道基础就位后，现浇道床混凝土构筑浮置板轨道的铺设工艺。

2.1.16 厂制浮置板现场铺设法 construction technique of prefabricated floating slab
在工厂预制的浮置板直接吊运至轨道基础就位后，调整轨道几何状态的浮置板轨道铺设工艺。

2.2 符 号

f_0——浮置板轨道固有频率；

VL_i——1/3 倍频程第 i 个中心频率的振动加速度级经 Z 计权因子加权后得出第 i 个中心频率的分频振级；

ΔL_a——浮置板轨道减振效果的平均有效值；

ΔL_{max}——浮置板轨道减振效果测量数据处理时，在1/3 倍频程某个中心频率处减振效果的最大值；

ΔL_{min}——比较评价浮置板轨道的减振效果时，在1/3 倍频程某个中心频率处减振效果的最小值。

ξ——浮置板轨道阻尼比。

3 设 计

3.1 一般规定

3.1.1 在下列情况下宜采用浮置板轨道技术：

1 根据环境影响评价报告，城市轨道交通引起沿线环境振动最大 Z 振级超标 10dB 及以上的地段；

2 城市轨道交通引起沿线建筑物室内二次辐射噪声超标或室内出现 50Hz 以下低频振动超标的地段；

3 其他有特殊要求的减振降噪地段。

3.1.2 浮置板轨道设计的使用寿命应与普通整体道床相同。浮置板轨道的减振效果应达到 10dB 及以上或按低频振动超标的频率进行设计。

3.1.3 浮置板轨道宜采用与设计线路同类型的扣件，轨道结构应具有良好的绝缘性能，并应满足信号传输及防杂散电流等接口要求。

3.1.4 浮置板轨道设计应确保轨道结构的横向、纵向稳定性。

3.1.5 浮置板轨道在列车额定荷载作用下钢轨的最大垂向位移不应大于 4mm。

3.1.6 浮置板轨道地段应保证排水通畅，排水设施应便于检查。

3.1.7 浮置板轨道设计应便于轨道养护维修和部件更换。

3.2 系 统 设 计

3.2.1 采用的浮置板轨道系统，在不考虑列车质量时，标准段浮置板轨道固有频率（f_0）宜为 6Hz～16Hz。当浮置板轨道固有频率超出范围时应进行特殊设计，并应计算钢轨、道床和隔振元件的强度和位移。浮置板轨道固有频率（f_0）宜按下式计算：

$$f_0 = \frac{1}{2\pi}\sqrt{\frac{k_f}{m_f}} \qquad (3.2.1)$$

式中：k_f——每延米浮置板的支承刚度（N/m）；

m_f——每延米浮置板的质量（kg）。

3.2.2 浮置板轨道设计宜进行列车、轨道与路基（隧道或桥梁）系统耦合动力学检算；浮置板轨道应与该线路运营的车辆匹配，不应发生共振，不宜与沿线建筑物振动敏感的频率重合。

3.2.3 浮置板轨道中部应为标准段，两端应为过渡段。在采用浮置板轨道的区段向两端再延伸的长度，应按其水文地质条件和振动敏感保护要求确定作为浮置板的标准段，标准段浮置板长度不宜小于列车长度；过渡段应使浮置板轨道标准段的垂向刚度平缓过渡到与之衔接的轨道刚度，过渡段的长度应按轨道刚

度平稳过渡的原则计算确定。

3.2.4 在列车额定荷载作用下浮置板的最大垂向位移不应大于 3mm。

3.2.5 浮置板轨道阻尼比不应小于 5%，同时浮置板轨道构成的质量（道床）-弹簧-阻尼系统不应发生过阻尼现象。

3.3 结 构 设 计

3.3.1 浮置板轨道的设计荷载应结合车辆轴重、轴距、定距和相邻转向架间距等参数以及运营条件确定，浮置板的结构设计应符合现行国家标准《混凝土结构设计规范》GB 50010 和《混凝土结构耐久性设计规范》GB 50476 的规定。

3.3.2 浮置板轨道的钢轨扣件间距宜与相邻线路的扣件间距一致。

3.3.3 浮置板轨道结构高度应满足限界要求，并宜符合表 3.3.3 的规定。

表 3.3.3 浮置板轨道结构高度（mm）

线路类型或隧道断面	高架线	地面线及矩形或马蹄形隧道	圆形隧道
一般地段	650	750	800～840
困难条件	500	560	740

3.3.4 浮置板道床的强度等级及钢筋设置应满足设计使用年限要求，并应符合下列规定：

1 采用预应力预制浮置板的混凝土强度等级不宜低于 C60；

2 普通预制浮置板的混凝土强度等级不宜低于 C50；

3 采用普通钢筋混凝土轨枕的现浇筑浮置板，其混凝土强度等级不应低于 C40。

3.3.5 在相邻浮置板之间宜设置剪力铰或在浮置板侧面增设横向和纵向限位装置。

3.3.6 当曲线地段采用隔振器的浮置板轨道时，宜在轨道基础设置曲线超高。

3.3.7 道岔区段浮置板的道床宜将整组道岔包括信号设备设置在同一块浮置板上。在困难地段，两块浮置板的板缝应避开道岔转辙器和辙叉部分。

3.3.8 当浮置板轨道采用无枕式道床时，轨底与道床面之间的距离应满足现行行业标准《地铁杂散电流腐蚀防护技术规程》CJJ 49 中杂散电流防护要求及轨道养护维修与应急抢修的要求；钢弹簧浮置板的轨底与钢套筒之间最小净距不应小于 25mm；现浇混凝土埋设的尼龙套管应按线路条件和运营条件确定抗拔力试验。

3.3.9 预制浮置板轨道应结合隧道、路基或桥梁的结构形式、限界要求及施工条件进行浮置板的几何尺寸和力学性能优化设计，预留浮置板吊装和运输要求、轨旁设备安装、钢轨探伤、打磨、隔振器更换等

维修作业所需的空间。

3.3.10 预制浮置板设计应将扣件的尼龙套管、隔振器外套筒、板端连接件、浮置板吊装和精调装置等需在板内安装预埋件的位置进行三维空间布置，并应设定安装精度和预埋件的固定方式。对采用预应力设计的预制浮置板应限制板垂向上拱的最大值。当在小半径曲线地段上采用预制浮置板时，扣件的尼龙套管预埋位置应按实际线形设置。

3.3.11 当浮置板下设有排水沟时，在相邻整体道床排水沟接入浮置板下排水沟之前应设置集水井和水箅子。

4 隔振元件技术要求

4.1 一般规定

4.1.1 浮置板轨道宜选用的隔振元件有钢弹簧隔振器、橡胶隔振器、隔振支座或隔振垫等。

4.1.2 浮置板轨道的隔振元件应保证轨道各向作用力传递的安全以及浮置板轨道状态的持久稳定。

4.1.3 隔振元件宜根据其预期的使用寿命和最不利的实际受力条件确定疲劳试验的载荷循环次数，不应少于 300 万次。浮置板轨道采用新产品的隔振元件时应按 1:1 实物检验，应符合设计和新产品测试的要求，并经第三方鉴定合格后方可上线试用。

4.1.4 对金属与橡胶或其他高分子弹性材料硫化、粘接或嵌套为一体的隔振元件，在疲劳试验之后金属与其一体的材料不得脱离。

4.1.5 隔振元件的使用寿命应符合下列规定：

 1 可更换的隔振器、隔振支座或隔振垫，使用寿命应在 25 年以上；

 2 不可更换的隔振元件及其配件，使用寿命应在 50 年以上，应与浮置板道床的使用寿命相同；

 3 当有特殊要求时，应满足设计的使用寿命。

4.1.6 隔振元件应进行垂向动、静刚度、阻尼及横向或纵向的水平刚度等参数的测量；同型号隔振元件刚度的允许偏差宜为设计值±10%的范围。

4.1.7 隔振元件经疲劳试验以及刚度和阻尼检测合格的产品上线试用 1 年以上，试用期间测试结果应符合车辆运行安全和平稳性指标；在满足轨道减振和可维修性要求的前提下，方可在轨道减振要求接近的其他线路上推广应用。

4.1.8 钢弹簧隔振器或橡胶隔振器的外套筒应满足防锈防腐要求，与浮置板钢筋混凝土浇筑一体，强度应满足外套筒传递载荷的要求，应与浮置板道床具有相同的使用寿命。

4.2 钢弹簧隔振器

4.2.1 由螺旋钢弹簧和阻尼构成的钢弹簧隔振器，其螺旋钢弹簧、阻尼介质以及筒体结构等材料应满足设计要求，并应符合螺旋弹簧和结构钢等材质标准的规定。

4.2.2 疲劳试验应符合现行国家标准《螺旋弹簧疲劳试验规范》GB/T 16947 的规定，螺旋钢弹簧不得出现目视裂纹，刚度变化不应大于 10%，垂向永久变形应小于 2mm。

4.2.3 钢弹簧隔振器结构的密封设计应满足液态阻尼介质不外溢的要求，疲劳试验后钢弹簧隔振器阻尼变化不应大于 10%。

4.3 橡胶隔振器或隔振支座

4.3.1 橡胶隔振器或隔振支座，含添加剂的橡胶、金属与橡胶的硫化及使用环境等应满足橡胶产品的耐久性和刚度、阻尼等力学性能指标的要求。

4.3.2 疲劳试验后橡胶隔振器或隔振支座的垂向永久变形应小于 1mm。

4.3.3 疲劳试验后橡胶隔振器或隔振支座的刚度变化不应大于 15%。

4.3.4 橡胶隔振器或隔振支座的动静刚度比应小于 1.3。

4.3.5 橡胶隔振器的其他技术要求应符合现行行业标准《城市轨道交通浮置板橡胶隔振器》CJ/T 285 的规定。

4.4 隔 振 垫

4.4.1 以条状或满铺方式布置在浮置板下的隔振垫，其材料和产品性能应满足橡胶或聚氨酯产品的耐久性和刚度、阻尼等力学性能指标的要求。

4.4.2 疲劳试验后隔振垫的厚度变化应小于试件厚度的 3%。

4.4.3 疲劳试验后隔振垫的刚度变化不应大于 15%。

4.4.4 隔振垫的动静刚度比应小于 1.3。

4.5 进 场 检 验

4.5.1 隔振元件应有产品合格证及出厂日期。

4.5.2 图纸、产品标志、检验报告等文件资料应齐全。

5 施工与验收

5.1 施 工

5.1.1 在浮置板轨道施工之前，对应地段的隧道结构、高架桥或地面线路基等应经验收合格，隧道底板应干燥、无渗漏。

5.1.2 基标设置除应符合现行国家标准《城市轨道交通工程测量规范》GB 50308 及《地下铁道工程施

工及验收规范》GB 50299 的规定外，还应符合下列规定：

1 基标设置前应完成主体结构底板高程的检测复核主体结构限界，并应进行导线点及水准点复测，复测合格后，方可进行控制基标和加密基标的测设；

2 浮置板轨道基标设置应牢固，控制基标的纵向间距在直线地段不宜大于 120m，在曲线地段不宜大于 60m，并且在各个曲线要素点设置。加密基标应根据施工需要设置。

5.1.3 轨道基础施工时，主体结构底板应无积水、无浮渣；凿毛地段的凿毛深度和间距应符合设计要求；凿毛后应清理干净，并应确保轨道基础与主体结构底板结合密贴。

5.1.4 轨道基础应符合下列规定：

1 轨道基础的高程允许偏差范围为 0～−5mm，基础表面严禁局部凸出或凹陷；

2 隔振器或隔振支座安装位置的基础表面平整度的允许偏差为 ±2mm/m²，对不满足要求的部位应进行整修，整修范围应包含安装位置的基础表面及距安装位置外轮廓线 100mm 的区域；

3 隔振器或隔振支座安装的平面位置允许偏差为 ±3mm。

5.1.5 铺设隔离膜的浮置板轨道施工，其隔离膜宜选用厚度不小于 1mm 的透明薄膜，不得出现破损，隔离膜的两侧边缘应固定，并应铺贴平整，与隔振器应粘合无缝。

5.1.6 钢轨的支撑架应具有足够的刚度和稳定性，其横梁不应侵入浮置板道床表面；支撑架的位置应避开轨枕、道床伸缩缝及隔振器等。

5.1.7 当绑扎隔振器周围的钢筋时，不得扰动隔振器外套筒。外套筒的吊耳和上部非排流钢筋应绑扎在一起。钢筋绑扎与焊接应符合杂散电流的要求，焊接时应采取避免损坏隔离膜的防护措施。

5.1.8 对采用隔振垫的浮置板轨道，隔振垫应与浮置板密贴，不应有空隙，隔振垫安置的基础应整洁；当满铺隔振垫时，浮置板与基础槽或隧道壁之间应密封，防止浮置板与基础刚性接触，并应符合设计要求；在轨道基础设置的排水设施应通畅，不得积水。

5.1.9 采用钢筋笼轨排预制拼装法的浮置板施工应防止钢筋笼轨排发生变形，钢筋笼轨排应采取特殊的加固措施，吊装钢筋笼轨排的吊点应经检算，受力分布应均匀。

5.1.10 浮置板及水沟模板应支立牢固，其纵向位置允许偏差宜为 ±10mm，横向位置允许偏差宜为 ±5mm；垂直度允许偏差宜为 5mm。

5.1.11 浮置板轨道精调后，轨道精度应符合现行国家标准《地下铁道工程施工及验收规范》GB 50299 的相关规定；对需顶升作业的浮置板轨道，其轨面标高和道床面高程应按设计要求预留顶升量。

5.1.12 浮置板道床混凝土施工除应符合现行国家标准《混凝土结构工程施工质量验收规范》GB 50204 的相关规定外，还应符合下列规定：

1 浇筑前应检查模板、隔离膜、钢筋、轨道几何尺寸、隔振器中心或隔振垫铺设位置与接缝、剪力铰的位置等，并应符合设计和规范要求；

2 在无枕浮置板的道床混凝土浇筑前应对铁垫板、锚固螺栓和尼龙套管的松紧程度和垂直度进行检查，并应符合设计要求；

3 道床混凝土应采用粗骨料粒径不大于 25mm 的混凝土，同一块浮置板的混凝土应连续浇筑，采用轨枕和隔振器的浮置板应加强枕下及隔振器周围混凝土的振捣；采用隔振垫的浮置板轨道，在浇筑和振捣混凝土时不得损伤隔振垫。

5.1.13 浮置板顶升应符合下列规定：

1 顶升应在浮置板道床混凝土达到设计强度后进行；

2 顶升作业前应将浮置板道床及模板清理干净，道床面周边的缝隙及预留孔洞应进行密封，杂物不得进入浮置板板底的空隙；

3 每块（单元）浮置板应按设计布设测点，测点设置应牢固并应有标识；可利用控制基标量测浮置板顶升过程中各测点的数值，并应做好记录；

4 应使用专用设备进行顶升作业；

5 浮置板顶升后轨面高程应满足设计及规范要求。

5.1.14 采用厂制浮置板现场铺设法的浮置板轨道施工应符合下列规定：

1 轨道基础验收合格后，应在线路中心位置设置浮置板铺设控制点，直线段间距宜为 6m，曲线段间距宜为 3m～5m，并应包含曲线要素点，再按浮置板铺设控制点用墨线弹出浮置板铺设边线；

2 浮置板铺设前，应复测基础的高程及平整度，并应将基础面清理干净，不得有残渣或积水等，符合要求后方可进行铺设；

3 根据铺设控制点及铺设边线粗铺浮置板，利用铺轨门吊调整浮置板的纵向和横向位置，曲线地段应考虑曲线外移量；浮置板粗铺精度宜控制在 ±5mm 以内；

4 浮置板精调应采用专用三向精调装置；通过精调装置进行高程、中线及纵向位置的调整，精调精度宜控制在 ±3mm 以内。

5.1.15 铝热焊接接头、冻结接头和胶接绝缘接头等钢轨接头不得与浮置板板端的位置重合。

5.1.16 浮置板轨道铺设完成后，应对轨道几何尺寸进行全面检测，并应做好与两端线路的顺接测量，超标地段应通过扣件进行精细调整。

5.2 验 收

5.2.1 预制浮置板、隔振元件、剪力铰等相关部件进场后，应检验其规格及外观尺寸，并应查验产品质量证明文件和使用说明等。

5.2.2 浮置板轨道工程验收除应符合现行国家标准《地下铁道工程施工及验收规范》GB 50299 的规定外，还应符合下列规定：

1 隔振元件数量应符合设计要求，轨道基础高程误差及隔振器或隔振支座安装的平面位置应符合本规范第 5.1.4 条的要求；

2 剪力铰数量及其安装位置应符合设计要求，剪力铰安装位置的偏差宜小于 5mm；

3 浮置板长度的允许偏差为±12mm；

4 浮置板宽度的允许偏差为±6mm；

5 浮置板轨道排水及两侧密封条安装应符合设计要求；

6 浮置板轨道施工质量验收记录应满足建设单位及城市档案馆竣工文件编制的有关规定。

5.2.3 浮置板轨道施工验收完成后，在轨道交通项目开通试运营之前应由建设单位组织有资质的检测单位进行浮置板轨道减振效果的测量评价，其测评报告应包含下列主要内容：

1 工程概况；

2 浮置板轨道设计标准；

3 测量的时间、地点、使用仪器的铭牌及仪器校准或检定证明、测量条件或现场情况说明；

4 振动测量数据分析，包括浮置板轨道固有频率、阻尼比及减振效果等；

5 结论。

5.2.4 浮置板轨道属于下列情况之一的，应按本规范附录 A 的方法进行减振效果的测量评价，并宜结合车辆动力学试验进行车辆运行安全性和平稳性的测量评价，应满足车辆运行安全和平稳性指标，出具测试报告。

1 首次设计使用的浮置板轨道结构，包括浮置板和隔振元件等；

2 A、B 或 C 型车辆首次在这类浮置板轨道运行或出具同类测试报告时间已超过 5 年；

3 当列车通过浮置板轨道地段时，车内发生振动或噪声异常的特殊要求。

6 运营养护维修

6.1 养护维修管理及检查项目

6.1.1 线路运营或养护维修单位应配备专业人员对浮置板轨道进行有效检测和维修，确保浮置板轨道处于安全可靠的运行状态。

6.1.2 线路运营或养护维修单位应为浮置板养护维修配备满足基本检测及维修需求的专用工具和测试仪器。

6.1.3 线路运营或养护维修单位应按年度、季度、月度制定维修计划。

6.1.4 浮置板轨道除应按普通轨道养护维修要求外，检修维护形式可分为日常巡视检查、定期检查和特殊检查，检查的项目应符合下列规定：

1 日常巡视内容应包括检查钢轨的几何形位、扣件、道床结构的外观、浮置板地段的积水情况、密封条状况、水箅子工作状况和辅助观测装置的显示状态；

2 定期检查内容应包括可更换隔振元件的外观抽查、附件锈蚀检查、浮置板高程检查、下部结构高程检查、板底积水和杂物检查等；

3 特殊检查内容应包括异常地段隔振元件工作状况检查、浮置板板底缝隙检查、浮置板工作状况检查。

6.1.5 浮置板轨道定期或特殊检查时，应制定安全保证措施，确保作业安全。

6.1.6 浮置板轨道在正式投入运营后应进行不少于一次长效减振效果测试，并应与运营初期的测量结果比较，条件许可时应现场取样检测隔振元件长期的性能变化。当在运营过程发现轨道或环境振动异常时应进行整修维护。

6.2 养护维修技术要求

6.2.1 浮置板轨道日常巡视应重点检查或记录第 1～3 款的情况，定期或特殊检查时应增加检测第 4～6 款的要求：

1 浮置板轨道几何尺寸状态；

2 浮置板轨道区段排水情况；

3 浮置板轨道密封条状况；

4 浮置板轨道地段沉降观测；

5 隔振元件外观检查或性能检测；

6 隔振元件支承状态检测。

6.2.2 特殊检查宜按本规范第 6.1.6 条引入减振效果测试，并应按测量结果提出浮置板轨道养护维修的要求。

6.2.3 对采用可更换隔振元件的浮置板轨道，在线路投入运营后每 10 年宜抽取一定数量的隔振元件进行性能检测，其外观应无损坏、无裂纹或锈蚀等，性能指标应符合产品保养与维修的相关规定。

6.2.4 浮置板轨道宜在轨道两侧的隔振器内成对安装辅助检测系统，并应检测浮置板板底缝隙间距。

6.2.5 浮置板轨道应无开裂，浮置板两边、接头混凝土应无损坏，橡胶密封条无脱落和损坏，轨道几何尺寸应符合铁路线路修理规则的有关规定。

6.2.6 浮置板轨道地段排水应畅通，无积水、无淤泥，应定期冲洗。

6.2.7 对设置剪力铰的浮置板轨道，其剪力铰应无锈蚀，工作状态正常。

6.2.8 当浮置板高度与原设计高度相差达 2mm 以上时，应调查荷载变化、隧道沉降、隔振元件失效等情况，并应针对具体原因采取相应的维修措施。

6.2.9 对隔振元件可更换的浮置板轨道，在隔振元件达到使用寿命时应及时更换。

6.2.10 当浮置板轨道不能正常发挥功效，且不能满足环境振动要求时，该地段的浮置板轨道应及时修复或更换。

6.2.11 在检查、更换隔振元件时，严禁对连续三个及以上单点支撑的隔振元件（隔振器或隔振支座）同时操作。

6.2.12 浮置板轨道维护、检查和检修应有记录，并应存档备案。

附录 A 减振效果测量与评价方法

A.1 测量规定

A.1.1 选取线路条件（包括地质条件、线路曲线半径、钢轨类型、轨道不平顺、轨面状态、隧道断面、隧道埋深、路基或桥梁结构等）、钢轨和扣件类型应与浮置板轨道相同或相似的普通地段作为参照系，应借助参照系相同测点的测量结果，通过比较得出浮置板轨道的减振效果。

A.1.2 检验浮置板减振效果的测点应设在轨旁，不同线路的测点布设应符合下列规定：

1 地下线路：测点设在隧道壁，测量铅垂向振动的传感器安装高度应在轨面 $1.25m\pm0.25m$ 的范围内；

2 地面线路：测点应布置在距离浮置板轨道中心线 $1.50m$ 的路基上；

3 高架线路：测点布置应在紧临浮置板轨道一侧的桥面，距离轨道中心线 $1.50m\pm0.25m$。

A.1.3 浮置板轨道固有频率和阻尼比可以通过外力冲击激励的振动自由衰减曲线确定，或利用轨枕间距产生的激振频率等于浮置板轨道固有频率 f_0 进行速度对比和验证试验，其列车速度应为：

$$v_1 = 3.6 f_0 l_s \qquad (A.1.3)$$

式中：v_1——列车速度（km/h）；

f_0——浮置板轨道固有频率（Hz）；

l_s——相邻扣件（轨枕）间距（m）。

A.1.4 减振效果测量的频率范围宜为 $1Hz\sim200Hz$，测量的量宜为铅垂向振动加速度，评价计算的量应为浮置板轨道与普通整体道床比较时分频振级均方根的差值 ΔL_a、分频振级的最大差值 ΔL_{max} 和最小差值 ΔL_{min}，并宜按下列公式计算：

$$\Delta L_a = 10\lg\left(\sum_{i=1}^{n}10^{\frac{VL_q(i)}{10}}\right) - 10\lg\left(\sum_{i=1}^{n}10^{\frac{VL_h(i)}{10}}\right)$$

$$(A.1.4-1)$$

$$\Delta L_{max} = \max_{i=1\rightarrow n}\left[VL_q(i) - VL_h(i)\right]$$

$$(A.1.4-2)$$

$$\Delta L_{min} = \min_{i=1\rightarrow n}\left[VL_q(i) - VL_h(i)\right]$$

$$(A.1.4-3)$$

式中：$VL_q(i)$——选择没有采取浮置板轨道的地段为参照系，其轨旁测点铅垂向振动加速度在 $1/3$ 倍频程第 i 个中心频率的分频振级（dB）；

$VL_h(i)$——采取浮置板轨道的地段，其轨旁测点铅垂向振动加速度在 $1/3$ 倍频程第 i 个中心频率的分频振级（dB）。

A.1.5 减振效果的评价指标应为 ΔL_a；分频振级的最大差值 ΔL_{max} 应为参考量；当在浮置板轨道固有频率附近的某个频程出现 ΔL_{min}，并为正值时，ΔL_a 和 ΔL_{max} 应减去该数值或分析原因后重新测量。

A.1.6 轨道沿线建筑物振动或室内二次辐射噪声的测量应符合现行行业标准《城市轨道交通引起建筑物振动与二次辐射噪声限值及其测量方法标准》JGJ/T 170 和现行国家标准《城市区域环境振动测量方法》GB 10071 有关条款的规定。

A.2 评价标准

A.2.1 浮置板轨道减振效果评价采用铅垂向振动加速度，其测点应符合本规范第 A.1.2 条规定的地点布设。

A.2.2 振动测量结果的数据处理方法应符合现行行业标准《城市轨道交通引起建筑物振动与二次辐射噪声限值及其测量方法标准》JGJ/T 170 的相关规定。

A.2.3 浮置板轨道减振效果的量化评价宜以 $1Hz\sim200Hz$ 频率范围内 $1/3$ 倍频程中心频率的分频振级为基础，对比浮置板轨道与参照系轨旁测点铅垂向振动加速度的测量结果，宜按本规范公式（A.1.4-1）计算平均有效值（ΔL_a）作为该地段浮置板轨道的减振效果，并应与轨道设计预期的减振目标比较得出评价结论；在既有线路进行浮置板轨道的长效减振测试时，宜选取浮置板轨道竣工验收时相同的测量断面，采用同样的评价手段，通过相同测点的测量结果可以评价线路多年运营后，其轮轨激振源的变化及车辆、钢轨磨耗等因素对减振效果的影响。

本规范用词说明

1 为便于在执行本规范条文时区别对待，对要求严格程度不同的用词说明如下：

1) 表示很严格，非这样做不可的：

正面词采用"必须"，反面词采用"严禁"；

2) 表示严格，在正常情况下均应这样做的：

正面词采用"应"，反面词采用"不应"或"不得"；

3）表示允许稍有选择，在条件许可时首先应这样做的：

正面词采用"宜"，反面词采用"不宜"；

4）表示有选择，在一定条件下可以这样做的，采用"可"。

2 条文中指明应按其他有关标准执行的写法为："应符合……的规定"或"应按……执行"。

引用标准名录

1 《混凝土结构设计规范》GB 50010

2 《混凝土结构工程施工质量验收规范》GB 50204

3 《地下铁道工程施工及验收规范》GB 50299

4 《城市轨道交通工程测量规范》GB 50308

5 《混凝土结构耐久性设计规范》GB 50476

6 《城市区域环境振动测量方法》GB 10071

7 《螺旋弹簧疲劳试验规范》GB/T 16947

8 《地铁杂散电流腐蚀防护技术规程》CJJ 49

9 《城市轨道交通引起建筑物振动与二次辐射噪声限值及其测量方法标准》JGJ/T 170

10 《城市轨道交通浮置板橡胶隔振器》CJ/T 285

中华人民共和国行业标准

浮置板轨道技术规范

CJJ/T 191—2012

条 文 说 明

制 订 说 明

《浮置板轨道技术规范》CJJ/T 191-2012，经住房和城乡建设部 2012 年 11 月 1 日以第 1518 号公告批准、发布。

本规范制订过程中，编制组进行了各类浮置板轨道及隔振单元的调查研究，总结我国轨道减振降噪设计和工程应用的实践经验，同时参考了国外先进技术法规、技术标准，通过收集试验室数据和大量实际工况的在线测试与比较，取得隔振单元特性参数以及浮置板轨道固有频率、阻尼比和减振效果等重要技术参数。

为便于广大设计、施工、科研、学校等单位的有关人员在使用本规范时能正确理解和执行条文规定，《浮置板轨道技术规范》编制组按章、节、条顺序编制了本规范的条文说明，对条文规定的目的、依据以及执行中需注意的有关事项进行了说明。但是，本条文说明不具备与规范正文同等的法律效力，仅供使用者作为理解和把握规范规定的参考。

目　次

1 总 则

1.0.1 浮置板轨道是一种利用道床与路基（隧道或桥梁）弹性隔离的轨道减振降噪措施。在环境振动和噪声问题越来越受到人们重视的今天，浮置板轨道在城市轨道交通领域得到广泛应用。本规范通过浮置板轨道设计、施工与验收以及运营养护维修的规定，明确浮置板轨道的技术和质量要求，确保行车安全和车辆运行的平稳性，并针对轨道设计预期的减振降噪效果按统一标准进行检验或评价。

1.0.2 标准轨距城市轨道交通的范围包括市域铁路、地铁和轻轨等城市快轨线，其列车的运行速度一般在160km/h以下。准高速或高速线路的浮置板轨道设计须在本规范基础上计入速度的影响。

1.0.3 因环境评价振动超标严重或振动敏感地段的特殊要求而采取特殊的减振措施，设置浮置板轨道的目的是减振降噪，降低轨道沿线的振动以及由此引起的建筑物室内二次辐射噪声。因此，浮置板轨道竣工验收应检验其设计预期的减振目标是否已经实现；环评要求设置减振措施的目标值是最低的减振要求，在正常运营的养护维修条件下浮置板轨道应始终满足最低的减振要求，保证轨道交通引起轨道沿线建筑物室内振级或二次辐射噪声始终小于标准限值。

2 术语和符号

2.1 术 语

2.1.1 浮置板是一种特殊的道床形式，通过隔振元件与轨道基础连接。

2.1.2 板式浮置板轨道是轨道减振降噪最高等级的措施，目前常用的浮置板轨道根据隔振元件的不同可分为钢弹簧浮置板、橡胶浮置板和满铺或条状铺设隔振垫的整体道床等。梁式轨枕的轨道结构是一种轻型浮置板轨道，必须进行车辆与轨道系统分析和轨道结构的特殊设计。

2.1.7 隔振器是浮置板隔振元件的一类，有弹簧隔振器、橡胶隔振器或隔振支座等。

2.1.8 隔振垫是浮置板隔振元件的另一类，由高分子材料构成，以条状或满铺方式在轨道基础上。

2.1.13 减振效果与浮置板轨道应用地段的地质条件、隧道形状和埋深或桥梁结构、车辆种类、轮轨状况及列车经过该地段的速度等密切相关，一种浮置板轨道体现减振效果的数值不是一成不变的，因此设计预期的减振效果应结合地段和运用条件。

2.1.14 针对不同的材料和使用条件有多种耐候性试验方案，如耐老化试验、高温/低温的耐久性和刚度试验等。

2.2 符 号

VL_i 简称为 1/3 倍频程中心频率的分频振级。

ΔL_a 是轨道减振措施取得减振效果的评价量，在振动评价的频率范围以振动加速度 Z 振级为基础计算分频振级的均方根。

ΔL_{max} 为减振效果评价的参考量值，表示在 1/3 倍频程某个中心频率的分频振级出现的最大值，对应的频程是该地段浮置板轨道取得减振效果最有效的频率范围。

ΔL_{min} 表示在 1/3 倍频程某个中心频率的分频振级出现的最小值（一般为负值），据此可以检验参照系与浮置板轨道测试的条件是否可比。如果出现最小值为正或其中心频率与浮置板轨道固有频率的偏差较大，则说明测试条件不一致，应检查不一致的原因并重新测量。

3 设 计

3.1 一般规定

3.1.1 根据《地铁设计规范》GB 50157—2003 强制性条文第 6.1.3 条"根据环境保护对沿线不同地段的减振、降噪要求，轨道应采取相应的减振轨道结构"的要求，而且在该规范减振轨道结构设计第 6.5.3 条中规定："线路中心距离医院、学校、音乐厅、精密仪器厂、文物保护和高级宾馆等建筑物小于 20m 及穿越地段，宜采用特殊减振轨道结构，即在一般减振轨道结构的基础上，采用浮置板整体道床或其他减振轨道结构形式。"按线路平面位置决定某地段轨道采取特殊减振措施，其采取措施的核心依据是环境振动或噪声评估值超标。

本规范规定：当环境评估预测轨道沿线振动最大 Z 振级超标 10dB 及以上情况时，轨道采取减振降噪措施应采用浮置板轨道结构，一方面是其他轨道减振措施（减振扣件、弹性短轨枕等）在必要频率范围内的减振效果只能达到 10dB 以下，另一方面冗余设计宜提高 3dB～5dB 减振储备量的要求；而且鉴于减振系统的固有频率和减振效果，当出现 50Hz 以下的低频振动超标或轨道交通沿线建筑物室内二次辐射噪声超标时，同样应采取特别的浮置板轨道结构。

3.1.2 设计年限是指在一般维护条件下，能保证道床结构正常使用的最低时段。考虑到浮置板轨道的道床维修较为困难，且可能影响正常运营，浮置板的工作年限按普通混凝土整体道床相同的年限标准进行设计；隔振元件的主要部件使用寿命不应小于 25 年。

3.1.3 钢轨通常作为列车牵引回流电路，轨道结构应满足绝缘要求，以减少迷流对结构及设备的腐蚀。

3.1.4、3.1.5 受钢轨底部拉伸强度及钢轨允许位移的限制，浮置板轨道的钢轨垂向位移不能过大，确保钢轨安全工作状况和列车运行平稳；适当增加垂向位移是为了使浮置板轨道获得应有的减振效果，理论上，浮置板不允许产生横向位移，实际设计应设置横向约束装置。

3.1.6 浮置板轨道地段应保证排水通畅，严禁出现坡度反向的排水沟，运营养护维修时能够进行排水通路检查及疏通，而且两端与其他类型的道床衔接应做好排水设计。浮置板表面及轨道基础表面应设置排水横坡，其中心排水沟或两侧排水沟应与相邻整体道床的排水沟衔接良好。浮置板下设有排水沟时应增设排水沟检查孔及其盖板，且与相邻整体道床排水沟衔接段宜加设水沟盖板。

3.2 系统设计

3.2.1 固有频率按浮置板轨道系统无阻尼计算，应避开桥梁等类似基础结构的固有频率。

3.2.2 在浮置板轨道新线设计、新产品首次应用、特殊工况（如小半径曲线、列车最高速度大于100km/h等）的情况下，有必要进行列车、轨道与路基（隧道或桥梁）系统耦合动力学验算，把握多质量多刚度系统的振动特征，确保浮置板轨道的稳定性和安全性。

设计的浮置板轨道固有频率（f_0），包括浮置板结构模态的前几阶频率，不应与该线路上运行车辆的车体、转向架及轮对的固有频率重合，同时还应避开沿线建筑物结构振动敏感的频率。

3.2.3 浮置板轨道的过渡段宜采用浮置板轨道结构，但在保证车辆运行平稳的前提下依据过渡段刚度变化的幅值可利用扣件刚度的变化设置非浮置板轨道的过渡段。除浮置板过渡段之外，设计为标准浮置板的地段应比实际敏感点保护长度适当外延，外延长度应根据振动源强及传递途径中的各种影响因素合理确定，不宜小于5m。

为确保列车运行平稳，浮置板轨道至相邻轨道的刚度不能突变，应设置过渡段；过渡段的长度应根据与相邻轨道的综合刚度差计算取值，不宜小于20m。

3.2.4 浮置板支承刚度受隔振元件的布置和刚度影响，浮置板的支承刚度越大，在列车荷载作用下浮置板的垂向位移越小。

3.2.5 如果将浮置板轨道简化为质量、弹簧与阻尼系统。根据振动理论，当阻尼比为零时，在浮置板轨道固有频率处将出现振幅无限大的共振现象。单自由度系统荷载的传递系数 V_f 为：$V_f = \left| \dfrac{F_k}{F} \right| = \left| \dfrac{1}{1 - \eta^2} \right|$，式中 F_k 为单自由度系统动态荷载，F 为单自由度系统静态荷载，η 为调谐比。

由图1可见，当系统的调谐比 η（$\eta = \Omega / \omega$）大于

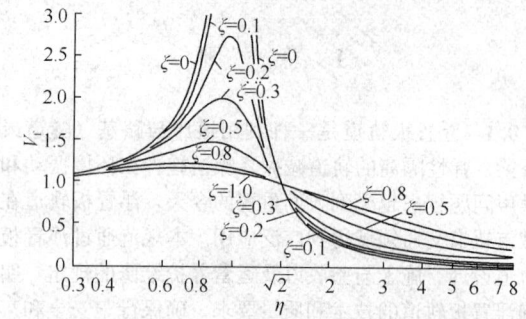

图1 荷载的传递系数与调谐比的关系

$\sqrt{2}$ 后系统进入减振区，V_f 开始小于1，系统发挥减振作用，其中 Ω 为系统激励圆频率，ω 为浮置板系统固有圆频率（$\omega = 2\pi f_0$）。在减振区域系统的阻尼越大，减振效果越差，因此系统的阻尼不宜过大。

3.3 结构设计

3.3.1 浮置板的寿命与"强度"和"刚度"关系密切。因浮置板自身参与振动，在设计中应根据浮置板的具体几何尺寸考虑刚度对寿命的影响。

3.3.3 由于浮置板轨道是质量（道床）、弹簧与阻尼系统，浮置板越厚，轨道参振质量越高，设计参数的选择范围越广，相应的减振效果较好，但参振质量受地铁限界控制或桥梁结构承载能力限制。综合考虑，为保证浮置板轨道参振质量和系统固有频率，浮置板的平均厚度不宜小于300mm。

浮置板轨道结构高度应考虑钢轨、扣件、轨枕（如有）、浮置板、板底缝隙间距（板与基底的空隙）、基底（轨道基础）等各组成部分的高度，同时需考虑曲线地段超高设置要求。其中：60kg/m 钢轨加扣件高度一般为216mm；如设置轨枕，道床面应低于承轨面30mm，以保证道床面的排水顺畅；浮置板厚度不小于300mm；板底缝隙间距 30mm～80mm，以保证板垂向自由移动的空间或隔振垫层的位置空间；基底是支浮置板轨道最为重要的基础，在其集中受力处的混凝土厚度，直线地段不宜小于130mm，曲线不宜小于110mm。基底除受力要求外，还需考虑排水要求，通常的排水沟深度不宜小于100mm，且沟底的混凝土厚度不应小于100mm。

综合考虑以上因素，并结合国内已实施地铁经验，浮置板轨道结构高度在满足限界要求的前提下，轨道结构高度在高架桥上不宜小于500mm；在圆形隧道不宜小于740mm；在矩形和马蹄形隧道地段因能提供较大的轨道结构高度以提高浮置板的减振性能，同时为提高铺设速度及精度，采用"板上承轨台"铺设方式，其高度不宜小于560mm。圆形隧道的轨道结构高度见图3的钢弹簧浮置板轨道断面（附录A条文说明中），其轨道结构高度为890mm。

这是各种浮置板轨道结构高度的一般性规定，具

体的结构高度应根据采用的浮置板轨道类型、基础形式、限界要求、施工方式及浮置板特殊设计等实际情况，在满足减振要求的前提下确定。

3.3.5 为保证浮置板轨道的横向和纵向稳定性，在相邻浮置板之间或在浮置板侧面增设横向和纵向限位装置。

3.3.6 在传统设计中，曲线地段轨道的超高设计是通过调整浮置板道床厚度实现的，轨道基础（基底）面始终保持水平；这使得在曲线及缓和曲线地段浮置板横断面的变化较大，相应的隔振器规格增多，加大生产成本，延长供货周期。另外，设计的计算分析和出图工作量加大，影响设计的工作效率。本规范优化设计，以盾构圆形隧道为例，经过对比分析优化设计后，将曲线地段的超高通过轨道基础实现，而放置在轨道基础上的浮置板厚度均匀、不变，从而大大地减少板的类型，简化和统一了浮置板结构的横断面形式及隔振器规格。

3.3.7 因土建结构缝、变形沉降缝或浮置板尺寸等条件限制不能将整组道岔设计在同一块浮置板上时，应保证信号设备在同一块浮置板上，并使道岔转辙器和辙叉部分避开浮置板的板缝。

3.3.8 现浇浮置板宜采用有枕式道床，预制浮置板采用无枕式道床；无枕式道床扣件部位宜设承轨凸台、短枕承轨面的凸台顶面与道床面的高差不宜小于 30mm。

3.3.9 通过上海某地铁预制浮置板试验研究，浮置板轨道减振性能主要由其固有频率决定，与浮置板长度基本无关。预制浮置板在设计时应充分考虑现其运输、吊装及铺板工装能力，按现有装备的条件，单块浮置板设计总质量不宜超过 9t。

4 隔振元件技术要求

4.1 一 般 规 定

4.1.3 新产品的隔振元件是指首次研发或在国内没有工程应用业绩的产品，产品涉及浮置板隔振元件的材料、结构及弹性或阻尼功能等以及在浮置板轨道应用时的特征参数。第三方是指与产品研发和应用单位无隶属关系或经济利益关联的机构，该机构具有产品质量鉴定资质或振动噪声测量资质，按相关标准规范或设计要求进行产品检测。

　　疲劳试验的载荷及其幅值应按隔振元件的使用条件确定，载荷循环的频率宜选用 4Hz～5Hz。

4.1.5 浮置板隔振元件的设计按维修更换要求分为可更换和不可更换两种。可更换隔振元件的使用寿命不少于 25 年，即维修更换周期在 25 年以上；不可更换隔振元件的使用寿命不少于 50 年，直至轨道拆除重修。在轨道日常养护维修保证行车安全的基本要求

之外，如果浮置板轨道特殊检测结果证明是必要的，则无论浮置板隔振元件设计为可更换或不可更换，维修的设计方案应同样能够更换隔振元件。为了检验浮置板隔振元件的使用寿命，尤其是包含橡胶之类材料的隔振元件必须进行下列试验，并提供试验合格报告：

　　1 化学试验；

　　2 冷热交换/耐水试验；

　　3 老化试验；

　　4 疲劳试验，按隔振元件应用安装的条件进行组装，并按隔振元件设计的使用寿命确定疲劳试验的循环次数，可更换隔振元件进行疲劳试验的循环次数不宜少于 500 万次；不可更换隔振元件进行疲劳试验的循环次数不宜少于 1000 万次。

　　一般而言，300 万次的疲劳试验之后，隔振元件性能进入稳定期。若通过疲劳试验的循环次数验证隔振元件的使用寿命，则可以按本条第 4 款疲劳试验的循环次数进行。例如，浮置板轨道使用的隔振元件按每列车经过为一个载荷循环，假定运营线路每天的行车密度为 450 列，则隔振元件 25 年时间历程的载荷循环次数约 410 万次，其荷载和幅值按列车经过浮置板地段时隔振元件承受的静载力和动态力确定。

4.1.8 隔振器外套筒的耐久性要求因其不可更换的特点应高于隔振器可更换部件。金属外套筒的防腐标准不应低于热浸镀锌，镀锌层厚度不应小于 $70\mu m$。

4.2 钢弹簧隔振器

4.2.1 采用钢弹簧隔振器的浮置板轨道主要采用内置式和侧置式两种基本形式。内置式钢弹簧隔振器主要由外套筒、隔振内筒和调平钢板组成。隔振内筒里设有螺旋压缩弹簧和阻尼介质。侧置式钢弹簧隔振器主要由弹簧、阻尼介质和调平钢板组成。内置式钢弹簧隔振器的应用广泛，在隧道、车站、高架桥和地面等线路上，可以直接在浮置板面进行隔振器安装、调整等操作，无需额外操作空间。侧置式主要应用在车站或高架线路等能够提供比较充足限界条件的地段，浮置板两侧需要有一定的操作空间。

　　钢弹簧隔振器应满足浮置板轨道设计要求的承载力、刚度、最大允许变形量和阻尼比等技术指标。借助离散分布的钢弹簧隔振器来实现浮置板轨道设计的固有频率和预期的减振效果。

4.2.3 钢弹簧隔振器的阻尼功能应保持稳定，且不能产生过阻尼，疲劳试验时液态阻尼介质不能外溢，而且在线路应用过程中，即使被水浸泡，液态阻尼介质也不会从隔振器内筒漏出；利用橡胶类材料或表面摩擦产生阻尼作用的钢弹簧隔振器，在疲劳试验之后阻尼比不应明显下降。

4.3 橡胶隔振器或隔振支座

4.3.1 橡胶隔振器或隔振支座性能的稳定是满足浮置板轨道设计要求的基础。采用橡胶隔振器或隔振支座的浮置板轨道有内置式和板下安置式两种形式。橡胶隔振器内置式的浮置板施工工序与钢弹簧浮置板类似；板下安置式是将隔振支座布置在浮置板的板下，有两种安装方式：一种是将隔振支座事先粘接在预制浮置板板底，吊装就位或隔振支座布置在轨道基础（承台）后现浇浮置板；另一种是钢筋混凝土现浇的浮置板达到强度顶升后，从板中间的预留孔或板的两侧将隔振支座推入板下安装就位。

4.3.2～4.3.4 测试橡胶隔振器或隔振支座动刚度的频率范围为 4Hz～40Hz，试验载荷及其幅值由隔振元件受力并计入安全系数确定。动刚度测试采取载荷循环频率 10Hz 的动静刚度比以及按 4Hz～5Hz 进行 500 万次疲劳试验后的静刚度变化和永久变形值应满足本规定要求，并在批量投产前由具备测量资质的单位提供合格的试验报告。

4.4 隔 振 垫

4.4.1 隔振垫生产制造时应结合具体工程实际，提前确定长度和宽度，以减少现场切割及接口。隔振垫表面应平整光滑，并在制造时完成标签，间隔 1m 重复的标签应注明制造商、类型和生产日期等内容。

4.4.2～4.4.4 测试隔振垫动刚度的频率范围为 4Hz～40Hz，试验载荷及其幅值由隔振垫受力并计入安全系数确定。隔振垫的动静刚度比及疲劳试验后刚度变化虽然与橡胶隔振器或隔振支座的要求相同，但由于隔振垫按不需更换的设计要求，其疲劳试验的循环次数加倍。满铺的隔振垫进行刚度测量时试件的尺寸为 300mm×300mm×安装厚度；条状铺设的隔振垫，其试件尺寸为 300mm×安装宽度×安装厚度，测量过程的加载速度为 1kN/s。隔振垫其他的机械物理性能参数按相关规格和要求，由生产厂家按自己的材料、配方及生产工艺确定。动刚度测试采取载荷循环频率 10Hz 的动静刚度比以及按 4Hz～5Hz 进行 1000 万次疲劳试验后的静刚度变化和永久变形值应满足本规定要求，并在批量投产前由具备测量资质的单位提供合格的试验报告。

4.5 进 场 检 验

4.5.2 产品标志必须在图纸规定部位标注清晰的、油水冲洗不掉的内容，包括：

　1 产品名称；

　2 规格、型号；

　3 制造厂名称和商标。

首次供货或设计要求的批次应提供的检验报告包括：

　1 原材料试验报告；

　2 物理性能试验报告，包含疲劳试验之后的性能参数。

5 施工与验收

5.1 施　　工

5.1.2 浮置板基标应按设计要求设置成永久基标，便于施工时轨道精调及后期运营后养护维修。基标一般设置在线路两侧结构上，距线路中心距离为 1.5m，困难情况下可设置在轨道中心线上，当设置在轨道线路中心线上时，可采用钢管包混凝土桩，桩顶内部埋设基标，将整个基标设置成穿孔基标形式，穿孔控制基标基础固定在浮置板回填层顶面并与板体分离，从而确保浮置板顶升作业时基标不受扰动，且满足工务检查、维修线路使用时的需要。

5.1.3 轨道基础设计要求进行主体结构底板凿毛时，凿毛的深度及间距应符合相关的设计规定，凿毛后应立即将凿毛产生的混凝土浮渣及废块装袋清理干净。

5.1.4 在轨道基础施工后要求铺设隔离膜的浮置板轨道施工，在隔离膜铺设之前，应对隔振器或隔振支座安装位置进行精确测量，并画出安装轮廓线，测量安装轮廓线范围内的基础高程和平整度，对不符合要求的必须在隔离膜铺设前处理完毕，否则会影响隔振器或隔振支座的安装质量，造成隔振器或隔振支座受力不均，影响使用寿命，并对后期行车产生不利影响。

5.1.5 隔离膜是指在基础和相应的隧道边墙位置铺设一层厚度不小于 1mm 的透明塑料薄膜，具有一定的韧性和强度。在边墙两侧铺设的隔离膜应高于浮置板高度，隔离膜不得出现破损现象，有破损的应在道床混凝土浇筑前完成修补。

5.1.6 浮置板道床地段的钢轨支撑架应采用特殊设计的支撑架，对于新设计的钢轨支撑架，使用前应进行强度检算和架轨试验，检测其稳定性和刚度，并确定合理的支撑间距。

　　根据施工实践经验，通常情况下钢轨支撑架架设间距：直线段宜 3m、曲线段宜 2.5m 设置一个；直线段支撑架应垂直于线路方向，曲线段支撑架应垂直于线路的切线方向。

　　针对隔振垫的浮置板轨道，钢轨支撑架应避免置于隔振垫上。困难条件下置于隔振垫上的钢轨支撑架应加设钢板等措施，防止损伤隔振垫；另外，铺轨龙门吊走行轨及其基础应设置在浮置板隔离膜或隔振垫的铺设范围之外。

5.1.7 焊接时在隔离膜上应采取防护措施，具体是在隔离膜上通过洒水或在其表面铺设湿润石棉板等措施，避免焊渣灼伤隔离膜，而导致道床浇筑时混凝土浆液从破损处渗漏到轨道基础，致使隔离膜与轨道基础粘连，在浮置板与轨道基础之间的缝隙产生混凝土杂物等，影响预期的减振效果。

5.1.8 采用隔振垫的浮置板轨道有现浇混凝土道床和预制结构两种。以既是道床又是轨枕的轨道结构，即梁式轨枕的预制结构为例，这种特殊设计（尤其是轮轨耦合的系统动力学分析）的轻型浮置板轨道。通常在梁式轨枕下布置条状隔振垫（或点式隔振支座）、侧面布置缓冲部件，外贴施工辅助材料可采用塑料泡沫板或其他类似性能的材料。缓冲部件及外贴辅助材料可根据供需双方的协商结果，由供货商在梁式轨枕进场后，搬运就位前按设计要求粘贴，并由监理单位组织逐一检查有无缺失，粘贴是否牢固。如设计或施工要求出厂前在预制结构的施工接触面粘贴施工辅助材料（如塑料泡沫板）时，应检查外贴施工辅助材料是否完整稳定。

采用隔振垫现浇混凝土的浮置板轨道，在清洁、平整、排水通畅的轨道基础上满铺或条状铺设隔振垫时不允许基础有积水或杂物，浇筑道床混凝土时不允许出现漏浆使道床与基础"硬接"或损伤隔振垫的不文明施工现象。

5.1.9 钢筋笼轨排预制拼装法施工是在传统散铺法的基础上，利用铺轨基地场地将浮置板钢筋笼和隔振器外套筒以及钢轨、钢轨扣件和轨枕组成的轨排进行整体拼装，采用专用机具进行钢筋笼轨排加固及吊装，轨道车运输轨排至作业面，利用作业面的铺轨门吊将钢筋笼轨排吊运至已浇筑完成的轨道基础上就位、轨道几何尺寸粗调和细调、混凝土浇筑等作业。这种施工方法对浮置板施工工序进行优化、改进，实现了浮置板钢筋笼轨排拼装、轨道基础施工、轨排就位调整后混凝土浇筑等三个关键的工序平行流水作业。这种平行作业的方式大大加快了浮置板轨道的施工进度，提高工效和质量，改善作业环境，节约工程成本，具有广泛的应用前景，当较长线路采用浮置板轨道施工时，钢筋笼轨排预制拼装法可以消除浮置板轨道施工的工期瓶颈。

5.1.10 安装浮置板道床排水沟模板时要注意与两端普通整体道床排水系统的顺接。

5.1.11 浮置板轨道精调后，其轨道允许偏差与普通整体道床地段的要求是相同的，按现行国家标准《地下铁道工程施工及验收规范》GB 50299 相关规定，唯一不同的是轨面标高和道床面高程应预留设计的浮置板顶升量。在道床混凝土浇筑前，精调的轨面标高低于设计高程一定数值（等于浮置板顶升量），当道床混凝土浇筑完成并达到28d混凝土强度之后顶升浮置板，使轨面标高和道床面高程达到设计值。

5.1.12 道床浇筑前，隐蔽工程检查发现超标的情况必须整改合格后方可进行混凝土浇筑作业。为确保浮置板质量及整体性，规定道床混凝土浇筑时应连续，

不得中断，因此应合理组织商品混凝土的供应。

5.1.13 每块浮置板应均匀布设不少于8个测点，每个单元按设计要求布设测点。测点设置采用预埋或后锚工艺，按顶升顺序编号标识，并对全部测点的绝对高程进行精确测量。该测点在浮置板投入运营使用后，仍可以观测浮置板板面水平状态的变化情况。

浮置板顶升应使用专用工具，按设计要求分步进行，顶升完成后，按照测点编号对全部测点的绝对高程进行再次精确测量，将数据与顶升前比较，以设计值为基准，在超出或顶升高度不足部位的隔振器内增减不同厚度的调平钢板，按设计高程精确调整浮置板高度。经过数次反复调整，直至轨面标高达到允许误差±1mm的要求。

5.1.14 厂制浮置板施工技术是采用"工厂标准化预制、现场机械化装配"相结合的施工工艺，浮置板在工厂预制，运输至铺轨基地以及在作业面现场进行机械化装配施工，采用具有三向调整功能的精调装置，使浮置板精确就位和顶升作业同步进行，浮置板精调宜采用全站仪和精密水准仪配合进行。上海某地铁区间进行的试验段施工经验，能够实现浮置板轨道工厂化生产，现场机械化装配，提高浮置板轨道的施工质量。

5.1.15 采用闪光接触焊的焊接接头位置可不受此条件的限制。

5.1.16 浮置板轨道铺设或顶升至设计位置之后，应对轨道几何尺寸进行全面检测，尤其是做好两端过渡段与线路搭接地段衔接的测量，针对轨道状态不达标的地方，可通过调整钢轨扣件进行轨道精调。

5.2 验 收

5.2.1 浮置板轨道为无砟轨道结构，施工一次成型，在施工中使用合格的材料是保证工程质量、浮置板使用寿命和预期减振效果的前提。浮置板隔振元件、剪力铰、钢筋等轨道材料应满足设计文件要求，各类材料供货方应按照标准规范或设计规定的批量，出具产品质量证明文件，建设、监理和施工单位应按有关规定进场检验或抽检。

5.2.2 浮置板轨道施工验收时，轨道几何尺寸应按现行国家标准《地下铁道工程施工及验收规范》GB 50299 的规定；隔振器或隔振支座、隔振垫、剪力铰等要求以及浮置板的外形尺寸等应符合本规范的规定；当设计有特殊要求时，应符合设计文件的相关要求。浮置板轨道施工质量验收记录表的格式宜与普通整体道床相同，执行相应的国家和地方标准。

5.2.3 在附录A减振测量与评价方法的条文说明中列举了钢弹簧浮置板轨道减振效果的检测结果，满足浮置板轨道减振效果10dB以上的设计要求。图2为深圳地铁某区间钢弹簧浮置板轨道固有频率测试的结果，其固有频率为10.3Hz，阻尼比7.48%。

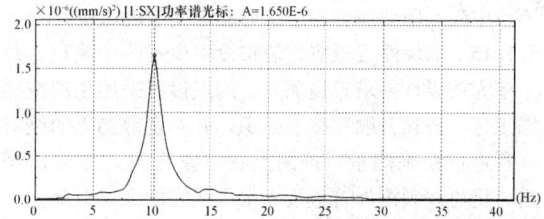

图 2　深圳地铁某区间浮置板轨道固有频率测试结果

需要特别说明：测试振动三要素之一的振动系统阻尼比较重要，但也是比较困难的，目前国内外尚无标准测试方法。常规的时域衰减法及半功率带宽法本身具有一定的局限性，阻尼比测试的结果受阻尼大小、采样点数、采样频率、频率分辨率、分析数据长度等诸多因素影响，经多次采集数据的对比分析，建议设置合适的采样频率，并尽量增加采样点数和提高频率分辨率。

5.2.4　车辆运行安全性和平稳性的测量评价应按现行行业标准《轮轨水平力、垂直力地面测试方法》TB/T 2489 和现行国家标准《铁道车辆动力学性能评定和试验鉴定》GB/T 5599 测量得出不同工况下车辆通过浮置板地段时轮轴横向力、轮轨垂向力、脱轨系数、轮重减载率以及车体横向、垂向加速度和横向、垂向平稳性指标等，所有测量值应满足设计和规范的要求。针对超出限值的情况，验收报告应提出整改意见或风险评估的结论。

6　运营养护维修

6.1　养护维修管理及检查项目

6.1.4　浮置板轨道养护维修的检查：

1　浮置板轨道结构的日常巡视检查为每日例行检查。

2　定期对隔振元件进行外观抽查，以判断产品的工作状况。确认浮置板板底缝隙是否有杂物或积水，应清除板底缝隙内的杂物或积水。浮置板结构的定期检查周期为一年。

3　当浮置板轨道的保护对象突然感到了明显的振动干扰、噪声异常、或列车运行时感到摇晃明显增大的情况须立即对隔振系统进行特殊检查，查明原因并立即解决。浮置板轨道特殊检查内容应包括：隔振元件是否有失效，轨道基础是否有沉降，浮置板和剪力铰的工作状况是否正常，浮置板板底缝隙是否有硬杂物，轨道几何尺寸是否正常等。对失效的隔振元件或剪力铰应进行更换；当浮置板结构出现损伤或异常裂缝时应进行原因排查，必要时进行结构加固处理；对沉降基础进行处理并对隔振器进行重新调平。

浮置板轨道各项技术指标的相关要求依据国家、行业内有关标准执行，养护维修内容主要包括：轨道

中线、轨距、轨向、水平及高程等轨道状态指标。

6.1.6　在浮置板轨道投入运营后宜每 5 年进行一次长效减振效果测试，若减振效果衰减的累计幅度大于30%，测试报告应分析原因并建议更换隔振元件。举例如下：初始测量的减振效果为 15dB，在 10 年之后测量的减振效果变为 10dB，建议采取的措施应考虑更换隔振元件。

6.2　养护维修技术要求

6.2.1　定期定点对浮置板地段隧道壁或桥墩进行沉降观测，以便更好地分析沉降变形情况，掌握浮置板隔振元件的支承情况。

定期检查以隔振器的浮置板为例，在检查隔振器时打开隔振器上盖板，解除锁紧系统，使用专用工具取出隔振器内套筒。目测检查各金属部件的防腐情况，检查阻尼材料和弹簧的状态。存在问题的应立即用同型号的隔振器内筒更换。更换弹簧隔振器内筒时，应使用专用安装工具。更换隔振器内筒及调整隔振器工作高度，按照以下步骤进行：

1　打开隔振器外套筒上盖板，解除锁紧装置；

2　使用专用工具将原内套筒取出；

3　更换新内套筒；

4　放置调平钢板；

5　用千斤顶将调平钢板压入；

6　释放千斤顶使此隔振器进入正常承载工作状态；

7　安装锁紧装置，安装隔振器外套筒上盖板。

例如，隔振元件性能检测可参照下列指标（任何一项指标超限都应更换与指标对应的单元或部件）：钢弹簧隔振器，其螺旋钢弹簧的高度变化应小于2mm，隔振器刚度变化不应大于 10%，阻尼变化不应大于 10%；橡胶隔振器或隔振支座，其垂向永久变形应小于 1mm，刚度变化不应大于 15%。

6.2.2　当浮置板地段轨道结构异常或轨道基础的主体结构不均匀沉降等要求列车限速时，应立即安排轨道振动测试，并应根据测量结果提出养护维修的需求。

6.2.4　辅助检测系统反映浮置板板底缝隙间距的变化是否在正常范围内，不能取代对土建结构的沉降检测。

6.2.6　浮置板轨道地段排水情况应进行定期检查，尤其是地下水较丰富的地段；发现排水堵塞地段，应及时疏通，对有淤泥沉积的地段应及时清理。

6.2.7　剪力铰的抗剪棒外露部分应在每次定期检查完成后涂一道黄油。

6.2.10　浮置板轨道不能正常发挥功效是指轨道振动或环境振动异常，而且轨道在线测量的减振效果不能满足设计要求或减振需求。

6.2.12　浮置板轨道的日常检查宜填写工作记录表。

附录A 减振效果测量与评价方法

A.1 测量规定

A.1.1 轨道振动传播引起沿线建筑物振动和室内二次辐射噪声,其振动强度与噪声水平之间密切相关。浮置板轨道减振降噪措施的主要作用在于减少振动从轨道结构向沿线环境扩散。在轨道交通沿线环境影响评估时通常以轨旁某测点的振动加速度级为振源振级,同时,为了减少轨道沿线复杂的环境因素对减振降噪效果评价的影响,在轨旁选择测点,并与邻近减振降噪措施的普通整体道床地段进行振动测量对比,直观地评价浮置板轨道减振降噪的效果。例如,在圆形的盾构隧道内,其埋深、周围地质条件和线路情况相似,列车匀速经过两个在隧道壁上高度相同而里程不同的测点,其中一个测点对应的地段采用普通轨道结构,另一个测点的轨道采用减振降噪措施(浮置板轨道)。两个测点铅垂向振动加速度级的差值就是轨道减振降噪在该地段取得的效果。

针对图3所示盾构隧道的钢弹簧浮置板轨道进行减振效果测量,图4为普通整体道床测量断面与浮置板轨道测量断面的位置。

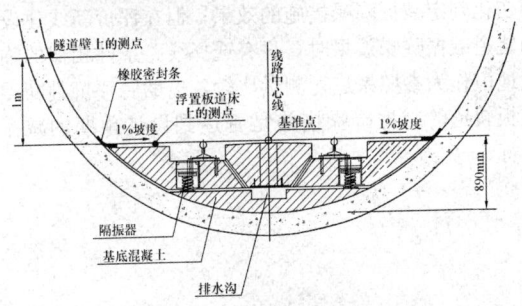

图3 钢弹簧浮置板轨道断面及测点布置

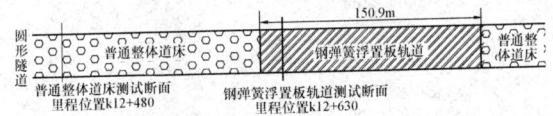

图4 深圳地铁某区间钢弹簧浮置板轨道减振效果测量断面分布

图示以深圳地铁某区间钢弹簧浮置板轨道减振效果测试结果为例,钢弹簧浮置板轨道长150.9m,该地段的地质条件为砾砂、砾质黏土及全、强、中等及微风化岩,隧道埋深约为18m。钢弹簧浮置板轨道测点的里程为K12+630,距浮置板轨道与普通整体道床之间的分界线约22m,位于隧道壁的测点距轨面高约1m;选择K12+480的普通整体道床为参照系,其隧道的地质条件、隧道断面及埋深与浮置板轨道一致,通过与参照系铅垂向振动加速度测量结果的比较得出浮置板轨道的减振效果。

A.1.2 轨道交通环境影响评估计算的振源选择在轨旁,因此进行轨道减振效果评价时将测点设在轨旁,同时为减少环境因素对振动评估的影响规定将测点选在隧道壁(地下线)、桥梁(高架线)或路基(地面线)。根据环评要求也可以将测点设在地面、建筑物或被保护对象的附近测量振动加速度。另一方面,针对特殊的保护对象,例如古建筑保护,也可以将测量的振动加速度转换为振动速度,并按振动速度的限值进行评价或比较。

A.1.3 以浮置板轨道固有频率10Hz为例,按相邻轨枕间距0.6m计算钢轨二次挠度产生激励的列车速度为 $v_1 = 3.6 \times 10 \times 0.6 = 21.6$ km/h。

A.1.4 由于轨下结构及地基土质对振动的衰减作用,高频振动分量不能传递到线路附近的建筑物,城市轨道交通引起沿线环境的振动主要由200Hz以下的振动组成。采用1/3倍频程振动加速度Z振级作为评价量不仅可以体现轨道的减振效果,而且可以详细分析振动的频域特征。为了与振动频率范围1Hz~80Hz的振动评价结果比较,本规范规定的振动频率范围是1Hz~200Hz。实际上,根据轨道交通环境振动测量的研究成果,能够测量低频4Hz以上的振动测量仪器就可以满足轨道交通沿线振动测量的要求。在频率范围1Hz~200Hz与4Hz~200Hz,轨道减振效果测量评价结果的差异可以忽略不计。

考虑到城市区域环境振动标准与我国城市轨道交通环境振动相关评价标准的一致性及测试条件等因素,亦采用 $VL_{z,10}$ 或 $VL_{z,max}$ 作为评价量。VL_z 是按GB/T 13441规定的Z向计权因子修正后的振级,$VL_{z,10}$ 表示在规定时间内,有10%时间的Z振级超过某一 VL_z 值;$VL_{z,max}$ 值是在规定时间内Z振级的最大值。$VL_{z,max}$ 具有简便易行的优点,虽与环境振动标准限值不一致,但可作为浮置板轨道减振效果评价的参考量,由此可以与本规范的减振效果评价进行比较,并发现振动特征和评价的差异。

本规范涉及的建筑物室内二次辐射噪声不是由建筑物内的振源或噪声源直接产生,而是从建筑物的外部通过建筑基础传入振动激励的结果。由于振动在岩土介质传递的衰减和建筑物基础的作用,较高频率的振动成分被过滤,因此,二次辐射噪声是一种低频噪声。根据轮轨系统的特点,轮轨间移动荷载由静轴重和动载荷组成,车轮移动荷载对轨道的作用大小与车辆、轨道和运营条件(车况、路况和运行速度等)有关,从轨道路基(碎石道床)或整体道床向周围扩散的振动,除了振幅较大的低频之外,在50Hz~100Hz的频率范围还会出现重要的峰值,同时考虑轨道沿线岩土介质的振动传递特性。下图为振动频率4Hz~200Hz范围振动加速度Z振级的频谱图。

图5为深圳地铁某区间普通整体道床与钢弹簧浮置板轨道相邻地段隧道壁铅垂向Z振级的频谱图,其

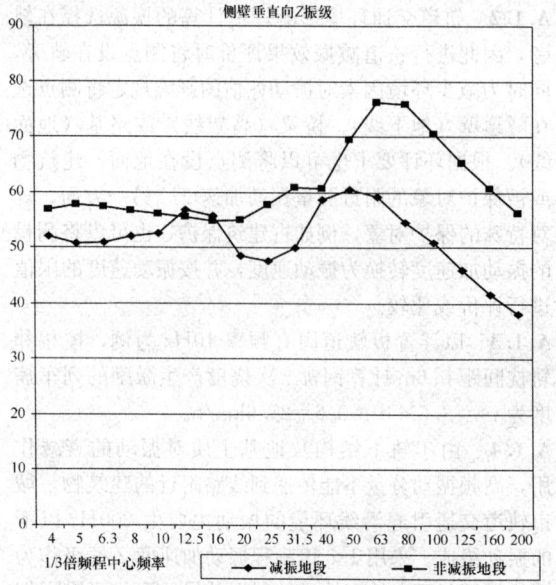

侧壁垂直向Z振级

1/3倍频程中心频率

◆ 减振地段　■ 非减振地段

图 5　浮置板地段与普通整体
道床地段隧道壁铅垂向 Z 振级

减振效果是两者的差值，按照本规范减振效果评价方法（公式 A.1.4）得出钢弹簧浮置板轨道的减振效果为 13.5dB；并在中心频率 80Hz 处出现最大值 21.1dB。

A.1.5　根据力学理论，与系统固有频率重叠的外界激励将导致系统放大振动。当测试的可比条件相同时，在浮置板轨固有频率附近 ΔL_{min} 一定会出现负值（振动不是衰减而是放大），如果 ΔL_{min} 出现正值，其原因肯定是参照系测试条件的偏差造成，因此规定 ΔL_a 和 ΔL_{max} 应减去该数值或分析测试条件偏差的原因后重新测量。

A.1.6　由于轨旁环境噪声与轨道沿线建筑物室内二次辐射噪声的频率组成不同，前者直接由车轮在钢轨上滚动时金属构件的高频振动辐射和轮轨摩擦等产生；后者是振动经固体介质衰减或放大后由建筑构件表面向空中辐射产生的低频噪声。采取浮置板轨道的减振降噪措施，其主要的降噪作用是降低沿线环境的低频噪声。虽然进行沿线环境噪声测试的影响因素较多，分辨比较困难，但由于浮置板轨道的减振作用，在列车通过时引起沿线建筑物室内二次辐射噪声（低频噪声）的降噪效果应该是比较明显的。

A.2　评价标准

A.2.1　为减少振动传递过程的影响因素对轨道减振效果评价的干扰，浮置板轨道减振效果验收的测点应在轨旁。针对浮置板轨道地段，沿线建筑物振动或室内二次辐射噪声的测量结果也可以体现浮置板的隔振效果，由此评价城市轨道交通对沿线振动噪声环境的影响。

A.2.3　关于轨道减振效果的测量评价，采用试验的比较手法，分为两种情况：

1　既有线改造；

2　新线建设（采取轨道减振降噪的措施）。

既有线改造的测量评价比较简单，通过改造前后的变化判定减振降噪措施的效果；但在评价新线建设的轨道减振降噪效果时，只有选择线路条件相似的临近地段作为参照系进行测量比较，借助后评价判断浮置板轨道的减振降噪措施是否达到设计预期的减振目标。

中华人民共和国行业标准

盾构可切削混凝土配筋技术规程

Technical specification for shield-cuttable concrete reinforcement

CJJ/T 192—2012

批准部门：中华人民共和国住房和城乡建设部
施行日期：２０１３年３月１日

中华人民共和国住房和城乡建设部
公 告

第 1505 号

住房城乡建设部关于发布行业标准
《盾构可切削混凝土配筋技术规程》的公告

现批准《盾构可切削混凝土配筋技术规程》为行业标准，编号为 CJJ/T 192-2012，自 2013 年 3 月 1 日起实施。

本规程由我部标准定额研究所组织中国建筑工业出版社出版发行。

中华人民共和国住房和城乡建设部

2012 年 10 月 29 日

前　言

根据住房和城乡建设部《关于印发〈2008 年工程建设标准、规范制订、修订计划〉的通知》（建标〔2008〕102 号）的要求，标准编制组在广泛调查研究以及大量试验结果统计分析的基础上，结合现场应用效果，认真总结实践经验，参考有关国外先进标准，并在广泛征求意见的基础上，编制本规程。

本规程的主要技术内容是：1. 总则；2. 术语和符号；3. 材料；4. 设计；5. 施工；6. 验收。

本规程由住房和城乡建设部负责管理，由深圳市海川实业股份有限公司负责具体技术内容解释。在执行过程中，如有意见和建议请寄送深圳市海川实业股份有限公司（地址：深圳市福田区车公庙天安数码城 F3.8 栋 CD 座八楼，邮编：518040）。

本 规 程 主 编 单 位：深圳市海川实业股份有限公司
中铁二院工程集团有限责任公司

本 规 程 参 编 单 位：西南交通大学
成都地铁有限责任公司

深圳市地铁集团有限公司
上海市隧道工程轨道交通设计研究院
广州地铁设计研究院有限公司
上海启鹏工程材料科技有限公司

本规程主要起草人员：何唯平　牟　锐　李志业
马文义　陈湘生　申伟强
罗世培　林　刚　郭　俊
张志强　李　明　贺　晶
杨志豪　史海欧　刘树亚
王　建　黄永衡　张　杰
李志南　贺春宁　白国东
师晓权　李化云　周佳媚

本规程主要审查人员：张易谦　赵　军　杜文库
张起森　韩一波　黄钟晖
任庆铨　金　明　任国青
秦建设　裴利华

目　次

Contents

1 总　则

1.0.1 为统一盾构可切削玻璃纤维筋混凝土配筋的技术和质量验收标准，确保工程质量，制定本规程。

1.0.2 本规程适用于盾构可切削玻璃纤维筋混凝土临时结构配筋工程的设计、施工和质量验收。

1.0.3 盾构可切削玻璃纤维筋混凝土配筋工程的设计、施工和质量验收除应符合本规程外，尚应符合国家现行有关标准的规定。

2 术语和符号

2.1 术　语

2.1.1 盾构 shield

盾构掘进机的简称，是在钢壳体保护下完成隧道掘进、拼装作业、由主机和后配套组成的机电一体化设备。

2.1.2 工作井 working shaft

盾构组装、拆卸、调头、吊运管片和出渣土等使用的工作竖井，包括盾构始发工作井、盾构接收工作井等。

2.1.3 盾构始发 shield launching

盾构开始掘进的施工过程。

2.1.4 盾构接收 shield arrival

盾构到达接收位置的施工过程。

2.1.5 玻璃纤维筋 glass fibre reinforced plastics (GFRP) rebar

由含碱量小于1%的无碱玻璃纤维（E-Glass）无捻粗纱或者高强玻璃纤维（S）无捻粗纱和树脂基体（环氧树脂、乙烯基树脂）、固化剂等材料，通过成型固化工艺复合而成的筋材。简称GFRP筋。

2.1.6 玻璃纤维筋混凝土结构 GFRP reinforced concrete structure

配置受力玻璃纤维筋的增强混凝土结构。

2.2 符　号

2.2.1 材料性能：

C_E——工作环境影响系数；

E_c——混凝土弹性模量；

E_f——玻璃纤维筋的弹性模量；

E_S——钢筋的弹性模量；

f_b——玻璃纤维筋弯曲部位抗拉强度设计值；

f_c——混凝土轴心抗压强度设计值；

f_{cr}——混凝土开裂模量；

f_{fb}——玻璃纤维箍筋弯曲段抗拉强度设计值；

f_{fu}——玻璃纤维筋的抗拉强度设计值；

f_k——玻璃纤维筋的抗拉强度标准值；

f_t——混凝土轴心抗拉强度设计值；

f_u——玻璃纤维筋的抗拉强度；

f_v——玻璃纤维筋的剪切强度；

ε——玻璃纤维筋极限拉应变；

ε_{cu}——混凝土极限压应变；

ε_{fu}——玻璃纤维筋极限拉应变设计值；

τ——玻璃纤维筋与混凝土、水泥砂浆的平均粘结强度。

2.2.2 作用和作用效应：

C——结构构件达到正常使用要求所规定的玻璃纤维筋结构构件应力、变形等的限值；

F_u——玻璃纤维筋的抗拉承载力；

M——弯矩设计值；

M_a——梁变形计算最大弯矩；

M_{cr}——开裂弯矩；

N——轴向压力设计值；

R——结构构件的抗力设计值；

$R_f(\cdot)$——玻璃纤维筋混凝土结构构件的抗力函数；

S——承载能力极限状态下作用组合的效应设计值；

V——玻璃纤维筋混凝土构件斜截面最大剪力设计值；

V_{fc}——玻璃纤维筋混凝土构件中混凝土的受剪承载力设计值；

V_{fv}——玻璃纤维混凝土构件中玻璃纤维筋的受剪承载力设计值；

Y——正常使用极限状态荷载组合的效应设计值；

σ_{fi}——第 i 层纵向玻璃纤维筋的应力。

2.2.3 几何参数：

A——圆形截面面积；

A_0——构件换算有效截面面积；

A_f——纵向受拉玻璃纤维筋的截面面积；

A_{fv}——配置在同一截面内玻璃纤维箍筋各肢的全部截面面积；

a——纵向受拉玻璃纤维筋合力点至界面近边缘的距离；

b——截面宽度；

d——玻璃纤维筋的名义直径；

d_b——玻璃纤维筋的等效直径；

e——轴向压力作用点至纵向受拉纤维筋合力的距离；

e_0——轴向压力对截面重心的偏心距；

e_a——附加偏心距；

h_0——梁截面有效高度，纵向受拉玻璃纤维筋合力点至截面受压边缘的距离；

I_{cr}——开裂截面换算惯性矩；

I_e——梁截面有效惯性矩；

I_g——梁截面惯性矩；

h_{0i} ——第 i 层纵向玻璃纤维筋截面重心至受压边缘的距离;

r ——圆形截面的半径;

r_b ——玻璃纤维箍筋的弯曲半径;

r_s ——纵向玻璃纤维筋重心所在圆周的半径;

s ——沿构件长度方向的箍筋间距;

x ——等效受压区高度;

x_b ——界限受压区高度;

y_t ——梁截面中和轴到玻璃纤维筋的距离;

ξ ——相对受压区高度;

ξ_b ——相对界限受压区高度。

2.2.4 计算系数及其他:

K ——设计弯矩调整系数;

α ——对应于受压区混凝土截面面积的圆心角(rad)与 2π 的比值;

α_b ——界限受压圆心角;

α_c ——玻璃纤维筋对混凝土抗剪能力的影响系数;

α_d ——粘结强度系数;

α_t ——纵向受拉玻璃纤维筋与全部纵向玻璃纤维筋截面面积的比值;

α_1、β_1 ——变异系数;

β_b ——与玻璃纤维筋弹性模量及混凝土的粘结性能有关的系数;

β_h ——截面高度影响系数;

γ_0 ——结构重要性系数;

η ——偏心受压构件轴向压力偏心距增大系数;

μ ——修正系数;

ρ_f ——梁截面配筋率;

ρ_{fb} ——纵向受拉玻璃纤维筋的平衡配筋率;

φ ——构件稳定系数。

3 材 料

3.0.1 玻璃纤维筋的螺纹杆体表面质地应均匀,无气泡和裂纹,其螺纹牙形、牙距应整齐,不应有损伤。

3.0.2 玻璃纤维筋中树脂基体应使用乙烯基和环氧树脂体系或乙烯基树脂和环氧树脂混合树脂,产品物理和耐久性应满足使用要求,树脂基体的原料聚合物不应含有任何聚酯成分。

3.0.3 玻璃纤维筋规格应符合表 3.0.3 的要求。

表 3.0.3 玻璃纤维筋规格

公称直径(mm)	平均外径(mm)	允许偏差(mm)	杆体弯曲度(mm/m)
10	10.0		
12	12.0		
14	14.0	± 0.2	≤ 3
16	16.0		
18	18.0		

续表 3.0.3

公称直径(mm)	平均外径(mm)	允许偏差(mm)	杆体弯曲度(mm/m)
20	20.0		
22	22.0	± 0.3	≤ 4
25	25.0		
28	28.0		
30	30.0		
32	32.0	± 0.4	≤ 5
34	34.0		
36	36.0		

3.0.4 玻璃纤维筋的密度应在 $1.9\text{g/cm}^3 \sim 2.2\text{g/cm}^3$。

3.0.5 玻璃纤维筋力学性能指标应符合表 3.0.5 的要求。

表 3.0.5 玻璃纤维筋力学性能指标

公称直径 d(mm)	抗拉强度标准值 f_k(MPa)	剪切强度 f_V(MPa)	极限应变 ε(%)	弹性模量 E_f(GPa)
$D<16\text{mm}$	≥600			
$16\text{mm}\leqslant d<25\text{mm}$	≥550	≥ 110	≥1.2	≥40
$25\text{mm}\leqslant d<34\text{mm}$	≥500			
$D\geqslant34\text{mm}$	≥450			

注:玻璃纤维筋抗拉强度标准值保证率在95%以上。

3.0.6 玻璃纤维筋抗拉强度设计值应按下列公式计算:

$$f_{fu} = C_E f_k \quad (3.0.6\text{-}1)$$
$$\varepsilon_{fu} = C_E \varepsilon \quad (3.0.6\text{-}2)$$

式中:f_{fu} ——玻璃纤维筋的抗拉强度设计值(MPa);

f_k ——玻璃纤维筋的抗拉强度标准值(MPa);

C_E ——工作环境影响系数,工作环境在室内取值 0.8,工作环境在室外取值 0.7;

ε ——玻璃纤维筋极限拉应变;

ε_{fu} ——玻璃纤维筋极限拉应变设计值。

4 设 计

4.1 一般规定

4.1.1 玻璃纤维筋混凝土结构设计方法应采用概率理论为基础的极限状态设计法,采用分项系数的设计表达式进行设计。

4.1.2 玻璃纤维筋混凝土结构构件承载能力极限状态设计应按下列公式计算:

$$\gamma_0 S \leqslant R \quad (4.1.2\text{-}1)$$

$$R = R_f(f_{fu}, f_c, \cdots) \qquad (4.1.2\text{-}2)$$

式中：γ_0——结构重要性系数：对安全等级为一级的结构构件，不小于1.1；对安全等级为二级的结构构件，不小于1.0；对安全等级为三级的结构构件，不小于0.9；结构安全等级根据相关设计文件确定；

S——承载能力极限状态下作用组合的效应设计值（MPa）；

R——结构构件的抗力设计值（MPa）；

$R_f(\cdot)$——玻璃纤维筋混凝土结构构件的抗力函数；

f_{fu}——玻璃纤维筋抗拉强度设计值（MPa），根据本规程第3.0.5条和式（3.0.6-1）条取值；

f_c——混凝土轴心抗压强度设计值（MPa），按现行国家标准《混凝土结构设计规范》GB 50010取值。

4.1.3 对正常使用极限状态，玻璃纤维筋混凝土结构构件的结构应力、变形等验算应符合下式要求：

$$Y \leqslant C \qquad (4.1.3)$$

式中：Y——正常使用极限状态荷载组合的效应设计值；

C——结构构件达到正常使用要求所规定的玻璃纤维筋混凝土结构构件应力、变形等的限值。

4.2 承载能力极限状态计算

4.2.1 正截面承载力的计算应符合下列规定：

1 正截面承载力应按下列基本假定进行计算：

1）截面应变保持平面；

2）不考虑混凝土的抗拉强度；

3）不考虑玻璃纤维筋的抗压强度；

4）混凝土和玻璃纤维筋粘结良好。

2 正截面纵向受拉玻璃纤维筋配筋率应按下式计算：

$$\rho_f = \frac{A_f}{A_0} \qquad (4.2.1\text{-}1)$$

式中：ρ_f——玻璃纤维筋配筋率（%）；

A_f——纵向受拉玻璃纤维筋截面面积（mm²）；

A_0——构件换算有效截面面积（mm²）。

3 纵向受拉玻璃纤维筋的平衡配筋率（简称平衡配筋率）应按下式计算：

$$\rho_{fb} = \alpha_1 \cdot \beta_1 \cdot \frac{f_c}{f_{fu}} \cdot \frac{\varepsilon_{cu}}{\varepsilon_{cu} + \varepsilon_{fu}} \qquad (4.2.1\text{-}2)$$

式中：ρ_{fb}——纵向受拉玻璃纤维筋的平衡配筋率（%）；

α_1、β_1——系数，分别取0.92和0.85；

f_c——混凝土轴心抗压强度设计值（MPa），应按现行国家标准《混凝土结构设计

规范》GB 50010取值；

f_{fu}——玻璃纤维筋抗拉强度设计值（MPa），应根据本规程式（3.0.6-1）计算；

ε_{cu}——混凝土极限压应变，应按现行国家标准《混凝土结构设计规范》GB 50010取值；

ε_{fu}——玻璃纤维筋极限拉应变设计值，应根据本规程式（3.0.6-2）计算。

4 相对界限受压区高度应按下式计算：

$$\xi_b = \frac{\beta_1}{1 + \dfrac{0.002}{\varepsilon_{cu}} + \dfrac{f_{fu}}{E_f \varepsilon_{cu}}} \qquad (4.2.1\text{-}3)$$

$$\xi_b = x_b/h_0 \qquad (4.2.1\text{-}4)$$

式中：ξ_b——相对界限受压区高度（mm）；

E_f——玻璃纤维筋的弹性模量（MPa）；

x_b——界限受压区高度（mm）；

h_0——截面有效高度（mm）；纵向受拉玻璃纤维筋合力点至截面受压边缘的距离。

5 受弯构件、偏心受压构件正截面受压区混凝土的应力图形宜简化为等效矩形应力图。矩形应力图的受压区高度（x）等于按截面应变保持平面假定所确定的中和轴高度（x_c）乘以系数β_1，β_1取0.85；矩形应力图的应力值取为混凝土轴心抗压强度设计值（f_c）乘以系数α_1，α_1取0.92。

4.2.2 正截面受弯承载力计算应符合下列规定。

1 矩形截面玻璃纤维筋混凝土受弯构件正截面承载力（图4.2.2-1）应按下式计算：

弯矩设计值：$M \leqslant A_f f_{fu} \left(h_0 - \dfrac{x}{2} \right) \qquad (4.2.2\text{-}1)$

等效受压区高度：$x = \dfrac{A_f f_{fu}}{\alpha_1 f_c b} \qquad (4.2.2\text{-}2)$

混凝土受压区高度应符合下列条件：

$$x \geqslant \xi_b h_0 \qquad (4.2.2\text{-}3)$$

式中：M——弯矩设计值（kN·m）；

A_f——纵向受拉玻璃纤维筋的截面面积（mm²）；

f_{fu}——玻璃纤维筋抗拉强度设计值（MPa）；

h_0——截面有效高度；纵向受拉玻璃纤维筋合力点至截面受压边缘的距离（mm）；

x——等效受压区高度（mm）；

b——截面宽度（mm）；

f_c——混凝土轴心抗压强度设计值（MPa）；

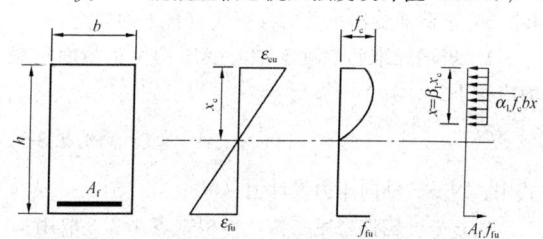

图 4.2.2-1 矩形截面受弯构件正截面承载力计算图示

α_1、β_1——系数，分别取0.92和0.85。

2 沿周边均匀配置纵向玻璃纤维筋的圆形截面玻璃纤维筋混凝土受弯构件正截面承载力（图4.2.2-2）应按下式计算：

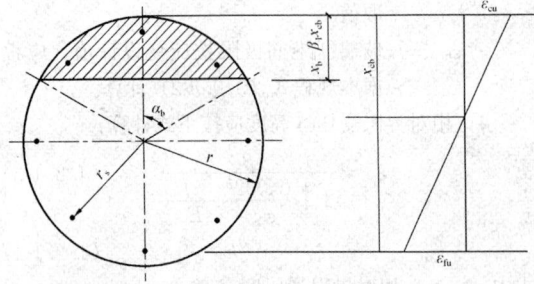

图4.2.2-2 沿圆周均匀配置的圆形截面受弯构件正截面承载力计算图示

$$\alpha \alpha_1 f_c A \left(1 - \frac{\sin 2\pi\alpha}{2\pi\alpha}\right) = \alpha_t f_{fu} A_f \quad (4.2.2\text{-}4)$$

$$KM \leqslant \frac{2}{3}\alpha_1 f_c A r \frac{\sin^3 \pi\alpha}{\pi} + f_{fu} A_f r_s \frac{\sin \pi\alpha_t}{\pi}$$
$$(4.2.2\text{-}5)$$

$$\alpha_t = 1.25 - 2\alpha \quad (4.2.2\text{-}6)$$

$$\alpha_b = \arccos\left[r - \beta_1 \frac{r + r_s}{1 + \frac{f_{fu}}{\varepsilon_{cu} E_f}}\right] \quad (4.2.2\text{-}7)$$

式中：A——圆形截面面积（mm²）；

A_f——纵向受拉玻璃纤维筋的截面面积（mm²）；

E_f——玻璃纤维筋的弹性模量（MPa）；

r——圆形截面的半径（mm）；

r_s——纵向玻璃纤维筋重心所在圆周的半径（mm）；

α——对应于受压区混凝土截面面积的圆心角（rad）与2π的比值（%）；

α_t——纵向受拉玻璃纤维筋与全部纵向玻璃纤维筋截面面积的比值，当$\alpha > 0.625$时，取$\alpha_t = 0$；

K——设计弯矩调整系数，取1.4；

α_b——界限受压圆心角。

4.2.3 正截面受压承载力计算应符合下列规定。

1 玻璃纤维筋混凝土轴心受压构件正截面承载力应按下式计算：

$$N \leqslant 0.9\varphi \cdot f_c A \quad (4.2.3\text{-}1)$$

式中：N——轴向压力设计值（N）；

φ——构件稳定系数，可根据表4.2.3取用；

A——构件截面面积（mm²）。

表4.2.3 纤维筋混凝土构件的稳定系数（φ）

l_0/b	<2	2	4	6	8	10	12	14	16	18	20	22	24	26	28	30
l_0/i	<7	7	14	21	28	35	42	49	56	63	70	76	83	90	97	104
φ	1.0	0.81	0.79	0.77	0.74	0.69	0.66	0.62	0.58	0.55	0.51	0.48	0.44	0.41	0.38	0.36

注：1 表中l_0为构件的计算长度，根据现行国家标准《混凝土结构设计规范》GB 50010-2010中的第6.2.20条计算；

2 在计算l_0/b时，b的取值分别是对偏心受压构件，取弯矩作用平面的截面高度；对轴心受压构件，取截面短边尺寸；i为截面的最小回转半径。

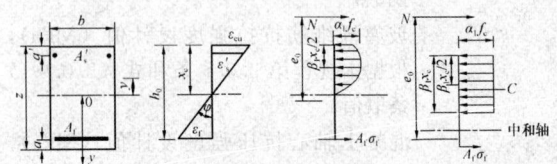

图4.2.3 矩形截面偏心受压构件正截面受压承载力计算图示

2 矩形截面玻璃纤维筋混凝土偏心受压构件正截面承载力应按下式计算：

$$N \leqslant \alpha_1 f_c bx - A_f \sigma_f \quad (4.2.3\text{-}2)$$

$$Ne \leqslant \alpha_1 f_c bx \left(h_0 - \frac{x}{2}\right) \quad (4.2.3\text{-}3)$$

$$e = \eta e_i + \frac{h}{2} - a \quad (4.2.3\text{-}4)$$

$$e_i = e_0 + e_a \quad (4.2.3\text{-}5)$$

3 正截面受压承载力计算还应符合下列规定：

1）构件的相对受压区高度应按下列公式计算：

$$\xi = x/h_0 > \xi_b \quad (4.2.3\text{-}6)$$

2）纵向受拉玻璃纤维筋应力应按下列公式计算：

$$\sigma_{fi} = E_f \varepsilon_{cu} \left(\frac{\beta_1 h_{0i}}{x} - 1\right) \quad (4.2.3\text{-}7)$$

或

$$\sigma_{fi} = \frac{f_{fu}}{\xi_b - \beta_1}\left(\frac{x}{h_{0i}} - \beta_1\right) \quad (4.2.3\text{-}8)$$

式中：σ_{fi}——第i层纵向玻璃纤维筋的应力（MPa）；

N——轴向压力设计值（N）；

f_c——混凝土强度设计值（MPa）；

b——截面宽度（mm）；

x——等效受压区高度（mm）；

f_{fu}——玻璃纤维筋抗拉强度设计值（MPa）；

A_f——纵向受拉玻璃纤维筋的截面面积（mm²）；

e——轴向压力作用点至纵向受拉纤维筋合力的距离（mm）；

h_0——截面有效高度；纵向受拉玻璃纤维筋合力点至截面受压边缘的距离（mm）；

ξ——相对受压区高度（mm）；

ξ_b——相对界限受压区高度（mm）；

a——纵向受拉玻璃纤维筋合力点至界面近边

缘的距离（mm）；

E_f——玻璃纤维筋的弹性模量（MPa）；

ε_{cu}——混凝土极限压应变（MPa）；

η——偏心受压构件轴向压力偏心距增大系数，应根据现行国家标准《混凝土结构设计规范》GB 50010 取值；

e_0——轴向压力对截面重心的偏心距（mm）；$e_0 = M/N$，其中 M 为弯矩设计值（kN·m）；

e_a——附加偏心距，取 45mm 和偏心方向截面大尺寸的 1/13.6 两者中的较大值；

α_1、β_1——系数，分别取 0.92 和 0.85；

h_{0i}——第 i 层纵向玻璃纤维筋截面重心至受压边缘的距离（mm）。

4 圆形截面玻璃纤维筋混凝土偏心受压构件正截面承载力应按下列公式计算：

$$N \leqslant \alpha \alpha_1 f_c A \left(1 - \frac{\sin 2\pi\alpha}{2\pi\alpha}\right) - \alpha_t f_{fu} A_f$$
(4.2.3-9)

$$KM \leqslant \frac{2}{3}\alpha_1 f_c A r \frac{\sin^3 \pi\alpha}{\pi} + f_{fu} A_f r_s \frac{\sin \pi\alpha_t}{\pi}$$
(4.2.3-10)

$$\alpha_t = 1.25 - 2\alpha$$
(4.2.3-11)

$$\alpha_b = \arccos\left\{ r - \beta_1 \frac{r + r_s}{1 + \dfrac{f_{fu}}{\varepsilon_{cu} E_f}} \right\}$$
(4.2.3-12)

式中：N——轴向压力设计值（N）；

M——弯矩设计值（kN·m）；

A——圆形截面面积（mm²）；

A_f——纵向受拉玻璃纤维筋的截面面积（mm²）；

r——圆形截面的半径（mm）；

r_s——纵向玻璃纤维筋重心所在圆周的半径（mm）；

E_f——玻璃纤维筋的弹性模量（MPa）；

α——对应于受压区混凝土截面面积的圆心角（rad）与 2π 的比值（%）；

α_t——纵向受拉玻璃纤维筋与全部纵向玻璃纤维筋截面面积的比值，当 $\alpha > 0.625$ 时，取 $\alpha_t = 0$；

α_b——界限受压圆心角；

K——设计弯矩调整系数，取 1.4。

注：本条适用于截面内纵向玻璃纤维筋数量不少于 8 根的情况，且 $\alpha > \alpha_b$。

4.2.4 斜截面承载力计算应符合下列规定：

1 玻璃纤维筋混凝土斜截面受剪承载力应按下式计算：

$$V \leqslant V_{fc} + V_{fv}$$
(4.2.4-1)

2 当构件为矩形截面时应按下列公式计算：

$$V_{fc} = 0.7\alpha_c f_t b h_0$$
(4.2.4-2)

$$V_{fv} = 1.25 f_{fb} \frac{A_{fv}}{s} h_0$$
(4.2.4-3)

3 当构件为圆形截面时应按下列公式计算：

$$V_{fc} = 1.98\alpha_c f_t r^2$$
(4.2.4-4)

$$V_{fv} = 1.25 f_{fb} \frac{A_{fv}}{s} h_0$$
(4.2.4-5)

$$f_{fb} = \left(0.05 \frac{r_b}{d} + 0.3\right) f_{fu} \leqslant f_{fu}$$
(4.2.4-6)

式中：V——玻璃纤维筋混凝土构件斜截面最大剪力设计值（N）；

α_c——玻璃纤维筋对混凝土抗剪能力的影响系数：

当剪跨比 $\geqslant 0.7$，且受剪截面满足 $V_{fc} \leqslant 0.169 f_c b h_0$ 时，$\alpha_c = 0.67$；当剪跨比 $\leqslant 0.5$，且受剪截面满足 $V_{fc} \leqslant 0.25 f_c b h_0$ 时，$\alpha_c = 1.0$；剪跨比为中间值时，α_c 采用内插值；

f_t——混凝土轴心抗拉强度设计值（MPa）；

V_{fc}——玻璃纤维筋混凝土构件中混凝土的受剪承载力设计值（N）；

V_{fv}——玻璃纤维混凝土构件中玻璃纤维筋的受剪承载力设计值（N）；

A_{fv}——配置在同一截面内玻璃纤维箍筋各肢的全部截面面积（mm²）；

s——沿构件长度方向的箍筋间距（mm）；

f_{fb}——玻璃纤维箍筋弯曲段抗拉强度设计值（MPa）；

f_{fu}——玻璃纤维筋抗拉强度设计值（MPa）；

r_b——玻璃纤维箍筋的弯曲半径（mm）；

d——玻璃纤维筋的名义直径（mm）。

4.3 变 形 计 算

4.3.1 正常使用极限状态的挠度，宜根据构件的实际刚度和荷载情况，按结构力学方法进行计算。

4.4 构 造 规 定

4.4.1 玻璃纤维筋在混凝土中应用时，玻璃纤维筋混凝土保护层厚度不应小于筋材直径，一般主筋的保护层厚度不应小于 50mm。

4.4.2 玻璃纤维筋的锚固长度和搭接长度不宜小于现行国家标准《混凝土结构设计规范》GB 50010 中规定的同直径热轧带肋钢筋锚固长度和搭接长度的 1.25 倍，且不应小于 40 倍的筋材直径。

4.4.3 矩形截面玻璃纤维筋混凝土受弯构件破坏模式应设计为混凝土受压破坏模式，受力筋配筋率应不小于平衡配筋率的 1.4 倍。

5 施　工

5.1　一般规定

5.1.1　施工前应编制施工组织设计。

5.1.2　施工现场的玻璃纤维筋应水平放置，在室外存放时应避免暴晒，杆体端部不应沾染油污。

5.1.3　玻璃纤维筋装卸和运输过程中不应抛掷和撞击。

5.1.4　施工前应核对产品质量保证书、检验报告，并应验收品种、规格和数量。

5.1.5　玻璃纤维筋搬运、制作、安装以及施工过程中，宜避免其与皮肤的直接接触。

5.2　玻璃纤维筋笼的制作和吊装

5.2.1　在筋笼的制作过程中，筋材搭接应布置在盾构机刀盘外 1m 以上的范围，且搭接过程中同一断面搭接应错开 50%，其中纵向受拉玻璃纤维筋与钢筋或玻璃纤维筋与玻璃纤维筋之间的搭接应采用钢制 U 形卡固定。U 形卡应与筋材直径相适应，每根筋材连接端的 U 形卡数量不应少于 2 个。U 形卡应符合现行国家标准《钢丝绳夹》GB/T 5976 的要求。

5.2.2　其他部位间的玻璃纤维筋与钢筋、玻璃纤维筋与玻璃纤维筋之间的搭接应采用绑丝或尼龙绳进行绑扎，绑扎应牢靠。

5.2.3　筋笼制作过程中应采取增加玻璃纤维筋筋笼刚度的保护措施。筋笼两侧宜采用工字钢包边。筋笼内部宜采用玻璃纤维筋桁架或后期可去除的钢筋桁架。

5.2.4　当筋笼存在两个以上的搭接部位，且需吊装才能将筋笼放置到位时，吊装的方式宜采用从上向下（沿高度方向）的三吊点方式起吊，吊点应布置在钢筋之上，严禁将吊点固定在玻璃纤维筋上。

5.2.5　临时钢架应在筋笼进入槽（孔）前方便地拆除，拆除过程中不应损坏玻璃纤维筋。

5.2.6　筋笼应经试吊后方可正式起吊。

5.3　筋笼的就位和浇筑混凝土

5.3.1　筋笼放入槽（孔）前应核对玻璃纤维筋的布置位置，钢筋等硬质金属构件不得伸入盾构切削范围。

5.3.2　应在玻璃纤维筋笼底部安装配重，下放时应缓慢轻放，遇到障碍时应及时处理，不得强行下放筋笼。

5.3.3　筋笼上应安装牢固的保护层垫块。

5.3.4　混凝土浇筑的溜筒应轻缓匀速提拉，不得冲撞筋笼。

5.4　盾构切削玻璃纤维筋混凝土的要求

5.4.1　盾构始发和接收前，应根据工程地质、水文地质、周边环境等条件提前进行降水和洞门加固等辅助措施。

5.4.2　当盾构切削玻璃纤维筋混凝土时，应根据现场实际情况控制合适的转速和推力等掘进参数。

5.4.3　当采用泥水盾构时，应及时、定期反循环冲洗泥浆泵。

6 验　收

6.0.1　玻璃纤维筋混凝土围护结构的制作要求应符合国家现行标准《混凝土结构设计规范》GB 50010 和《建筑基坑支护技术规程》JGJ 120 等相关要求。

6.0.2　玻璃纤维筋笼的整体构造应符合设计要求。

6.0.3　玻璃纤维筋笼等构造验收应按国家现行标准《建筑地基基础工程施工质量验收规范》GB 50202 和《建筑桩基技术规范》JGJ 94 的规定执行。

本规程用词说明

1　为便于在执行本规程条文时区别对待，对要求严格程度不同的用词用语说明如下：

　　1）表示很严格，非这样做不可的：
　　　　正面词采用"必须"，反面词采用"严禁"。
　　2）表示严格，在正常情况下均应这样做的：
　　　　正面词采用"应"，反面词采用"不应"或"不得"。
　　3）表示允许稍有选择，在条件许可时，首先应这样做的：
　　　　正面词采用"宜"，反面词采用"不宜"。
　　4）表示有选择，在一定条件下可以这样做的，采用"可"。

2　条文中指明应按其他有关标准执行的写法为："应按……执行"或"应符合……要求或规定"。

引用标准名录

1　《混凝土结构设计规范》GB 50010

2　《建筑地基基础工程施工质量验收规范》GB 50202

3　《钢丝绳夹》GB/T 5976

4　《建筑桩基技术规范》JGJ 94

5　《建筑基坑支护技术规程》JGJ 120

中华人民共和国行业标准

盾构可切削混凝土配筋技术规程

CJJ/T 192—2012

条 文 说 明

制　订　说　明

《盾构可切削混凝土配筋技术规程》CJJ/T 192－2012 经住房和城乡建设部 2012 年 10 月 29 日以第 1505 号公告批准、发布。

本规程制订过程中，在大量调查分析基础上，开展了玻璃纤维筋基本力学性能、玻璃纤维筋构件力学性能的系统试验研究以及实体工程技术应用研究，参考国内外相关技术标准，结合我国实际应用情况，确定了盾构可切削玻璃纤维筋混凝土构件合理破坏模式及恰当的设计参数，建立了可切削玻璃纤维筋混凝土构件配筋的设计方法，并对其在工程中的应用作了具体要求和规定。

为便于广大设计、施工、科研、学校等单位有关人员在使用本规程时能正确理解和执行条文规定，《盾构可切削混凝土配筋技术规程》编制组按章、节、条顺序编制了本规程的条文说明，对条文规定的目的、依据以及执行中需注意的有关事项进行了说明，但是本规程条文说明不具备与规程正文同等的法律效力，仅供使用者作为理解和把握规程规定的参考。

目　次

1 总　则

1.0.1 编制本规程的目的是加强盾构可切削混凝土配筋技术有关应用的安全可靠性，统一此新技术在盾构直接穿越围护结构工程中的设计、施工以及质量验收标准。

1.0.2 考虑到施工的实际情况，盾构机宜满足可切削混凝土的强度在30MPa以上的工况条件。

1.0.3 由于盾构可切削混凝土配筋技术在国内应用还属于新技术，并且主要涉及盾构穿越围护结构使用，本规程主要对不同于钢筋混凝土结构的部分作出规定，未涉及的部分应与国家现行标准《建筑结构荷载规范》GB 50009、《混凝土结构设计规范》GB 50010、《盾构法隧道施工与验收规范》GB 50446、《建筑基坑支护技术规程》JGJ 120等相关规范、规程一致。

3 材　料

3.0.1 材料中如果含有气泡等物质，会造成筋材局部应力集中，影响筋材强度以及使用耐久性，而规则的螺纹间距可以保证与混凝土产生较好的粘结。筋材的表面形状对于其与混凝土等粘结材料的粘结强度有很大的影响，筋材表面的形式目前有螺纹形式、表面包裹石英砂等等。研究表明：一般GFRP螺纹与混凝土等粘结材料的粘结强度约为钢筋与混凝土粘结强度的80%左右，同时全螺纹形式结构与混凝土的粘结效果最好，其次为表面喷涂石英砂的形式结构，表面光滑的GFRP形式结构粘结效果最差。

3.0.2 根据使用经验以及国内外有关资料进行规定。

考虑产品物理和耐久性使用的要求，本规程对于树脂基体进行了规定。结合ACI 440.6M Specification for Carbon and Glass Fiber-Reinforced Polymer Bar Materials for Concrete Reinforcement（水泥混凝土用碳或玻璃纤维增强复合材料筋规程）以及国内外使用玻璃纤维筋的情况，研究表明由聚酯树脂作为基体制作的玻璃纤维筋难以满足混凝土的使用需要。

当使用不饱和树脂（邻苯树脂、间苯树脂）生产玻璃纤维筋时，由于碱性环境的侵蚀，研究表明玻璃纤维筋的力学性能会出现明显的劣化，比如放置在碱性液体中一个月左右，抗拉强度可能下降幅度达到30%以上，施工使用中宜注意这一问题的出现。

3.0.3 说明材料的外形尺寸，保证材料具有与传统钢筋材料一样的规格，可以正常使用。

3.0.4 表明材料的重量，体现轻质高强的作用。一般讲纤维增强复合材料的筋材中的纤维体积含量在60%～70%之间，据此可以推算大致的材料密度。

3.0.5 玻璃纤维筋材料的基本性能规定了玻璃纤维筋的抗拉强度设计值、剪切强度、弹性模量和极限应变等几项指标，其中所有力学指标均根据大量的试验结果予以确认。玻璃纤维筋的抗拉强度离散性较大，因此玻璃纤维筋抗拉强度标准值主要是生产厂家在高样本条件（不低于25组样本）下自行控制的质量标准，施工检测时只要求材料抗拉强度不低于抗拉强度标准值即可。

玻璃纤维材料会在不同的化学环境中（包括酸、碱）发生性能的劣化，当需要进行玻璃纤维筋抵抗化学介质试验时，研究人员可参考《玻璃纤维增强热固性塑料耐化学介质性能试验方法》GB/T 3857 - 2005的要求执行。这种劣化随着温度的升高而加剧，暴露于环境中的构件，采用玻璃纤维筋进行混凝土构件增强时，强度标准值应乘以相应的工作环境影响系数，作为设计强度。

4 设　计

4.1 一般规定

4.1.3 盾构可切削玻璃纤维筋混凝土结构作为一种临时结构，可不进行裂缝验算和耐久性设计；但结构的应力、变形验算等应满足现行国家标准《混凝土结构设计规范》GB 50010、《建筑基坑支护技术规程》JGJ 120等相关规范、规程的要求。

4.2 承载能力极限状态计算

4.2.1

1 弯曲试验表明：在构件破坏之前，玻璃纤维筋混凝土结构截面的平均应变基本符合平截面假定；拉伸试验表明：虽然玻璃纤维筋为脆性材料，但在破坏之前仍表现出良好的线性关系；粘结锚固试验表明：玻璃纤维筋与混凝土之间可形成良好的粘结；轴心受压试验表明：玻璃纤维筋混凝土结构破坏前，玻璃纤维筋能承担部分压力，但比例较小，偏于安全考虑，本规程暂不考虑玻璃纤维筋的受压承载能力。试验表明：玻璃纤维筋混凝土结构混凝土受压应力-应变关系可按现行《混凝土结构设计规范》GB 50010取用，玻璃纤维筋受拉应力等于应变与其弹性模量的乘积，但绝对值不大于强度设计值，极限拉应变值按本技术规程第3.0.5条取用。

2 将混凝土受压区应力图形简化成等效的矩形应力图为国内外钢筋混凝土设计规范的通用做法，国内外试验表明，该法也适用于玻璃纤维筋混凝土结构构件。

3 参考美国规范ACI 440.1R-03：

$$\rho_{\text{fb}} = 0.85\beta_1 \frac{f_c}{f_{\text{fu}}} \cdot \frac{E_f \varepsilon_{\text{cu}}}{E_f \varepsilon_{\text{cu}} + f_{\text{fu}}} \qquad (1)$$

式中：β_1——混凝土强度折减系数（$f_c \leqslant$

27.6MPa 时取 0.85；$f_c > 27.6$MPa 时，此系数每 6.9MPa 折减 0.05，但最小取值 0.65）。

4 公式（4.2.1-3）是根据《混凝土结构设计规范》GB 50010—2010 中，无屈服点钢筋的计算公式（6.2.7-2）采用的。

4.2.2 正截面受弯承载力计算应符合以下规定。

1 由于不考虑玻璃纤维筋的抗压强度，因此公式（4.2.2-1）中只有混凝土受压和玻璃纤维筋受拉两种荷载效应。

2 设计弯矩调整系数的确定是根据试验结果及其对比分析后，由统计数据得到在同等安全度的条件下，钢筋与玻璃纤维筋圆梁承载力比值为 1.35 到 1.40 之间，因此，本规程确定设计弯矩调整系数为 1.4。

4.2.3

1 表 4.2.3 中的构件稳定系数 φ 是由正截面轴心受压试验结果得出的，相当于相同强度等级素混凝土柱的稳定系数乘以 0.81。

2 经试验验证，同等条件下钢筋构件与玻璃纤维筋构件承载力比值为 1.3～1.4，因此本规程确定设计弯矩修正系数为 1.4。

4.2.4 α_c 根据试验结果统计分析得出。另外公式（4.2.4-3）中的系数 1.98，是根据《混凝土结构设计规范》GB 50010 第 6.3.15 条文中的描述计算得到的，即构件的截面宽度和截面有效高度应分别以 $1.76r$ 和 $1.6r$ 代替，此处 r 为圆形截面的半径，经过计算所得到的箍筋截面面积应作为圆形箍筋的截面面积。

4.3 变 形 计 算

4.3.1 玻璃纤维筋混凝土结构挠度的计算由于目前的研究成果有限，对于连续墙结构，可以参考下列公式进行估算。

玻璃纤维筋混凝土受弯构件截面刚度按下列公式计算：

$$M_{cr} = \frac{f_{cr} I_g}{y_t} \quad (2)$$

$$f_{cr} = 0.62 \sqrt{f_c} \quad (3)$$

当 $\dfrac{M_{cr}}{M_a} \geqslant 1.0$ 时，梁受弯截面刚度取截面惯性矩 I_g；

当 $\dfrac{M_{cr}}{M_a} < 1.0$ 时，梁受弯截面刚度取开裂惯性矩 I_{cr}；

$$I_{cr} = \frac{bh_0^3}{3} \cdot k^3 + n_f A_f h_0^2 (1-k)^2 \quad (4)$$

$$k = \sqrt{2\rho_f n_f + (\rho_f n_f)^2} - \rho_f n_f \quad (5)$$

$$n_f = \frac{E_f}{E_c} \quad (6)$$

式中：M_{cr}——梁开裂弯矩（N·m）；

M_a——梁变形计算最大弯矩（N·m）；

I_g——梁截面惯性矩（mm^4）；

f_{cr}——混凝土开裂模量（GPa）；

f_c——混凝土立方抗压强度（MPa）；

y_t——截面形心轴到受拉面距离（mm）；

I_{cr}——梁开裂截面惯性矩（mm^4）；

b——梁截面宽度（mm）；

h_0——梁截面有效高度（m）；

A_f——玻璃纤维筋的截面面积（mm^2）；

ρ_f——梁截面配筋率；

E_f——玻璃纤维筋的弹性模量（GPa）；

E_c——混凝土弹性模量（GPa）。

对于围护桩结构，需要构件的截面宽度和截面有效高度应分别以 $1.76r$ 和 $1.6r$ 代替，此处 r 为圆形截面的半径。

4.4 构 造 规 定

4.4.1 本条根据国内实际应用情况，同时参考 ACI 4406M-08 Specification for Carbon and Glass Fiber-Reinforced Polymer Bar Materials for Concrete Reinforcement 中相应条款规定。

4.4.3 国内外试验表明：当 $\rho_f > 1.4\rho_{fb}$ 时，玻璃纤维筋结构构件破坏形态为混凝土压碎；当 $\rho_f < \rho_{fb}$ 时，玻璃纤维筋结构构件破坏形态为玻璃纤维筋拉断；当 $\rho_{fb} < \rho_f < 1.4\rho_{fb}$ 时，玻璃纤维筋结构构件破坏可能为混凝土受压，也可能为玻璃纤维筋拉断。由于玻璃纤维筋离散性较大，且脆性也较混凝土大，因此玻璃纤维筋混凝土结构应设计为混凝土压碎的破坏形态。

5 施 工

5.1 一 般 规 定

5.1.1 为了保证安全，施工前进行必要的施工组织设计是必要的。

5.1.2 玻璃纤维筋是纤维增强复合材料，虽然有资料证明玻璃纤维筋的抗紫外线的能力比较优秀，强光照射 1000 小时强度保持在 81% 左右，但是在正常的工程使用过程中还是建议避光保存。

5.2 玻璃纤维筋笼的制作和吊装

5.2.1 由于玻璃纤维筋不能焊接，所以筋材之间的搭接稳固性对于结构以及吊装施工十分重要。根据国内各城市的使用经验，纵向受力主筋之间的搭接采用两个以上合适的钢制 U 形卡是安全可靠的。此外盾构刀盘直径加一米的范围内不得有钢筋等金属结构件，用以保证盾构机的顺利穿越。

5.2.3 根据国内各城市的使用经验：由于玻璃纤维筋的弹性模量仅为钢筋弹性模量的 21% 左右，筋笼制成后刚度较普通钢筋笼会有较大的差异，如果不在筋笼制作过程中采用一些增强筋笼刚度的措施，会造成筋笼吊装过程中变形过大的问题，存在一定的安全隐患，因此本条就此问题进行了规定，希望引起施工单位的重视。

5.2.4 玻璃纤维筋笼的吊装根据已有的工程经验表明，一般的连续墙、围护桩高度超过 20m，由于盾构需要直接穿越筋笼的"薄弱"区域，在很多情况下筋笼制作可能存在两处以上的搭接，起吊过程也表明仅仅采用两个吊点较难控制筋笼在起吊过程中的变形，本规程结合实际工程经验给出这样的要求，当然不排除施工单位在安全措施到位的情况下，结合自身的实际情况采用合适的吊装技术。此外玻璃纤维筋属于"脆性材料"，而且具有正交各向异性的特点，剪切强度、弯曲韧性不如钢筋，因此要求吊点不能直接布置在玻璃纤维筋上。

5.3 筋笼的就位和浇筑混凝土

5.3.1 盾构切削区域如有钢筋等硬质金属构件，可能导致盾构在直接穿越的过程中发生较大的刀具磨损、甚至刀盘损坏的情况，本规程要求盾构不得直接穿越此种混凝土结构。

5.3.2 由于玻璃纤维筋的密度仅为钢筋的 25%，玻璃纤维筋笼在安装时容易产生上浮现象，为了更安全的使其就位，通常在玻璃纤维筋笼底部增加配重以抵抗上浮。

5.4 盾构切削玻璃纤维筋混凝土的要求

5.4.1 盾构机切削玻璃纤维筋混凝土的刀具配置与切削素混凝土的刀具配置相同即可。

5.4.2 参考《盾构法隧道施工与验收规范》GB 50446-2008 编写。此外盾构始发和接收时，应根据工程地质、水文地质、周边环境等条件和各施工单位以往经验综合考虑进行掘进参数的设定。

6 验 收

6.0.1 由于盾构可切削混凝土配筋技术仅仅是盾构工作井围护结构工程的一个分项工作，因此有关的混凝土结构要求与现行规范是一致的。

6.0.2 筋笼制作过程中，玻璃纤维筋与钢筋之间、玻璃纤维筋与玻璃纤维筋之间的搭接是保证结构安全、成功起吊定位的关键因素，根据编制组的实践经验搭接长度控制在 40d 以上是必要的。

中华人民共和国行业标准

城市道路路线设计规范

Code for design of urban road alignment

CJJ 193—2012

批准部门：中华人民共和国住房和城乡建设部
施行日期：２０１３年３月１日

中华人民共和国住房和城乡建设部
公　告

第 1506 号

住房城乡建设部关于发布行业标准
《城市道路路线设计规范》的公告

现批准《城市道路路线设计规范》为行业标准，编号为 CJJ 193‑2012，自 2013 年 3 月 1 日起实施。其中，第 6.6.1、10.2.1 条为强制性条文，必须严格执行。

本规范由我部标准定额研究所组织中国建筑工业出版社出版发行。

中华人民共和国住房和城乡建设部

2012 年 10 月 29 日

前　言

根据住房和城乡建设部《关于印发〈2008 年工程建设标准规范制订、修订计划（第一批）〉的通知》（建标〔2008〕102 号）的要求，规范编制组经广泛调查研究，认真总结实践经验，吸取有关科研成果，参考国外现行标准，并在广泛征求意见的基础上，编制了本规范。

本规范主要技术内容是：1. 总则；2. 术语和符号；3. 基本规定；4. 总体设计；5. 横断面设计；6. 平面设计；7. 纵断面设计；8. 线形组合设计；9. 道路与道路交叉；10. 道路与轨道交通线路交叉。

本规范中以黑体字标志的条文为强制性条文，必须严格执行。

本规范由住房和城乡建设部负责管理和对强制性条文的解释，由上海市政工程设计研究总院（集团）有限公司负责具体技术内容的解释。执行过程中如有意见或建议，请寄送上海市政工程设计研究总院（集团）有限公司（地址：上海市中山北二路 901 号，邮政编码：200092）。

本 规 范 主 编 单 位：上海市政工程设计研究总院（集团）有限公司

本 规 范 参 编 单 位：北京市市政工程设计研究总院

天津市市政工程设计研究院

同济大学

本规范主要起草人员：王士林　赵建新　和坤玲

王晓华　方守恩　孔庆伟

赵广福　张慧敏　朱兆芳

秦　健　张兰芳　崔新书

邢　锦　陈雨人　欧阳全裕

汪凌志　张　琦　张欣红

本规范主要审查人员：崔健球　徐　波　张　汎

杨　斌　袁　韬　吴瑞麟

魏立新　马国纲　徐一峰

裴玉龙

目　次

Contents

1 总 则

1.0.1 为规范城市道路工程设计，合理确定路线设计技术指标，做到技术先进，安全可靠，经济合理，与城市环境相协调，制定本规范。

1.0.2 本规范适用于新建和改建城市道路的路线设计。

1.0.3 城市道路路线设计应根据城市总体规划、城市综合交通规划、市政专项规划，合理确定道路等级、平纵线形、横断面布置、交叉口形式等。

1.0.4 城市道路路线设计除应符合本规范外，尚应符合国家现行有关标准的规定。

2 术语和符号

2.1 术 语

2.1.1 快速路 expressway

采用中间分隔、全部控制出入、控制出入口间距及形式，实现连续交通流，具有单向双车道或以上的多车道，并设有配套的交通安全与管理设施的城市道路。

2.1.2 主干路 arterial road

在城市道路网中起骨架作用，连接城市各主要分区的交通性干路。

2.1.3 次干路 secondary trunk road

在城市道路网中起集散交通功能，与主干路结合组成干路网的区域性干路。

2.1.4 支路 branch road

连接次干路与居住区、工业区、交通设施等内部道路，解决局部地区交通，以服务功能为主的道路。

2.1.5 道路建筑限界 boundary line of road construction

为保证车辆和行人正常通行，规定在道路的一定宽度和高度范围内不允许有任何设施及障碍物侵入的空间范围。

2.1.6 设计交通量 design traffic volume

为确定道路车道数而预测的交通量，即预期到设计年限末时道路的交通量，分为日交通量和高峰小时交通量。

2.1.7 总体设计 general design

为系统、全面地协调道路工程项目外部和内部各专业间的关系，确定本项目及其各分项的技术标准、建设规模、主要技术指标和设计方案，完成道路工程建设项目各阶段的总体目标而进行的设计。

2.1.8 集散车道 collection-distributed lane

为减少互通式立体交叉主线上进出口的数量和交通流的交织，在主线一侧或两侧设置的与主线平行且横向分离、并在两端与主线相连、供进出主线车辆通行的附加车道。

2.1.9 辅助车道 auxiliary lane

在互通式立体交叉分流段上游、合流段下游，为使匝道与主线车道数平衡且保持主线的基本车道数而在主线外侧增设的附加车道。

2.1.10 停车视距 stopping sight distance

汽车行驶时，驾驶人员自看到前方障碍物时起，至达到障碍物前安全停车止，所需的最短行车距离。

2.1.11 平面交叉 at-grade intersection

道路与道路，或道路与轨道交通线路在同一平面内的交叉。

2.1.12 立体交叉 grade-separated junction

道路与道路，或道路与轨道交通线路在不同高程上的交叉。

2.2 符 号

A ——缓和曲线参数；

b ——超高旋转轴至路面边缘的宽度；

E ——建筑限界顶角宽度；

h ——缘石外露高度；

H_b ——非机动车道最小净高；

H_c ——机动车道最小净高；

H_p ——人行道最小净高；

i ——路拱设计坡度；

L_e ——超高缓和段长度；

R ——圆曲线半径；

S_c ——铁路平交道口机动车驾驶员侧向最小瞭望视距；

S_s ——铁路平交道口机动车距道口停车线的距离；

W_a ——路侧带宽度；

W_b ——非机动车道宽度；

W_c ——机动车道或机非混行车道宽度；

W_{db} ——两侧分隔带宽度；

W_{dm} ——中间分隔带宽度；

W_f ——设施带宽度；

W_g ——绿化带宽度；

W_{gb} ——分离式高架路机动车道的路面宽度；

W_{gc} ——整体式高架路机动车道的路面宽度；

W_j ——检修道宽度；

W_l ——侧向净宽度；

W_{mb} ——非机动车道路缘带宽度；

W_{mc} ——机动车道路缘带宽度；

W_p ——人行道宽度；

W_{pb} ——非机动车道的路面宽度；

W_{pc} ——机动车道或机非混行车道的路面宽度；

W_r ——红线宽度；

W_{sb} ——两侧分车带宽度；

W_{sc}——安全带宽度；

W_{sm}——中间分车带宽度；

ε——超高渐变率，超高旋转轴与路面边缘之间相对升降的比率；

Δi——超高横坡度与路拱坡度的代数差。

3 基 本 规 定

3.0.1 城市道路根据道路在路网中的地位、交通功能和服务功能等，可分为快速路、主干路、次干路、支路四个等级，各级道路的设计速度应符合表3.0.1的规定。

表 3.0.1 各级道路的设计速度

道路等级	快速路			主干路			次干路			支路		
设计速度 (km/h)	100	80	60	60	50	40	50	40	30	40	30	20

3.0.2 路线设计应符合城市规划，并应结合地形、地物，对工程地质、水文地质、气象气候、生态环境、自然景观等进行调查，合理确定道路线线位和平纵线形技术指标，平面应顺适、纵断面应均衡、横断面应合理。

3.0.3 路线设计应贯彻环境保护和土地资源利用的基本国策，降低道路工程对沿线生态环境以及资源的影响，并应符合以人为本、资源节约、环境友好的设计原则。

3.0.4 当道路采用分期修建时，应在综合分析、论证的基础上进行总体设计和制定分期实施方案，并应协调近期工程与远期工程的关系，控制道路用地，为远期工程实施留有余地。

3.0.5 改建道路应遵循利用与改造相结合的原则，既应满足相应道路等级的技术指标，又应能最大程度利用原有工程。

3.0.6 机动车设计车辆及其外廓尺寸应符合表3.0.6的规定。

表 3.0.6 机动车设计车辆及其外廓尺寸

车辆类型	总长 (m)	总宽 (m)	总高 (m)	前悬 (m)	轴距 (m)	后悬 (m)
小客车	6.0	1.8	2.0	0.8	3.8	1.4
大型车	12.0	2.5	4.0	1.5	6.5	4.0
铰接车	18.0	2.5	4.0	1.7	5.8+6.7	3.8

注：1 总长：车辆前保险杠至后保险杠的距离。
2 总宽：车厢宽度（不包括后视镜）。
3 总高：车厢顶或装载顶至地面的高度。
4 前悬：车辆前保险杠至前轴中线的距离。
5 轴距：双轴车时，为从前轴轴中线到后轴轴中线的距离；铰接车时分别为前轴轴中线至中轴轴中线、中轴轴中线至后轴轴中线的距离。
6 后悬：车辆后保险杠至后轴中线的距离。

3.0.7 非机动车设计车辆及其外廓尺寸应符合表3.0.7的规定。

表 3.0.7 非机动车设计车辆及其外廓尺寸

车辆类型	总长（m）	总宽（m）	总高（m）
自行车	1.93	0.60	2.25
三轮车	3.40	1.25	2.25

注：1 总长：自行车为前轮前缘至后轮后缘的距离；三轮车为前轮前缘至车厢后缘的距离。
2 总宽：自行车为车把宽度；三轮车为车厢宽度。
3 总高：自行车为骑车人骑在车上时，头顶至地面的高度；三轮车为载物顶至地面的高度。

3.0.8 道路建筑限界几何形状应为上净高线和两侧侧向净宽边缘组成的空间界线（图3.0.8），顶角宽度（E）不应大于机动车道或非机动车道的侧向净宽度（W_l）。道路建筑限界内不得有任何物体侵入。

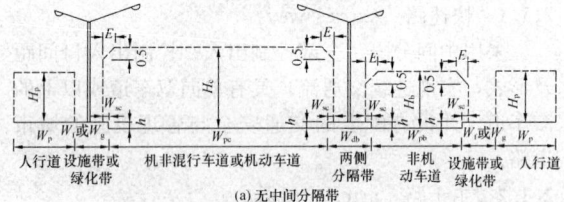

(a) 无中间分隔带

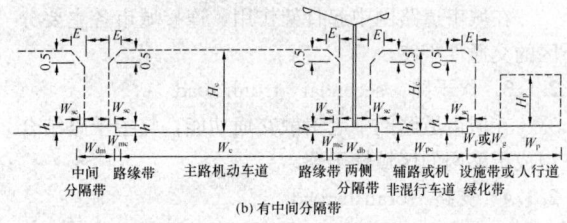

(b) 有中间分隔带

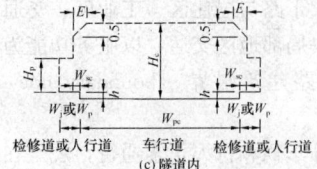

(c) 隧道内

图 3.0.8 道路建筑限界（单位：m）

3.0.9 道路净高应符合下列规定：

1 道路的最小净高应符合表3.0.9的规定。

表 3.0.9 道路的最小净高

部 位	行驶车辆类型	最小净高（m）
机动车道	各种机动车	4.5
	小客车	3.5
非机动车道	自行车、三轮车	2.5
人行道	行人	2.5

2 同一等级道路应采用相同的净高。

3 城市道路与公路以及不同净高要求的道路之间应衔接过渡，并应设置必要的指示、诱导标志及防撞等设施。

    4 对加铺罩面、冬季积雪的道路,净高宜适当预留。

    5 对通行无轨电车、有轨电车、双层客车等其他特种车辆的道路,最小净高应满足车辆通行的要求。

3.0.10 各级道路设计交通量的预测年限应符合下列规定:

    1 各级道路设计交通量的预测年限:快速路、主干路应为 20 年;次干路应为 15 年;支路宜为 10 年~15 年。

    2 设计交通量预测年限的起算年应为该项目可行性研究报告中的计划通车年。

3.0.11 道路路线应避开泥石流、滑坡、崩塌、地面沉降、塌陷、地震断裂活动等自然灾害易发区;当不能避开时,必须采取保证道路安全运行的有效措施。

4 总 体 设 计

4.1 一 般 规 定

4.1.1 快速路、主干路、大桥和特大桥、隧道、交通枢纽应进行总体设计,其他道路可根据相关因素、重要程度进行总体设计。

4.1.2 总体设计应贯穿于道路设计的各个阶段,应系统、全面地协调道路工程项目外部与内部各专业间的关系,确定本项目及其各分项的技术标准、建设规模、主要技术指标和设计方案,并应符合安全、环保、可持续发展的总体目标。

4.1.3 总体设计应包括下列主要内容:

    1 制定设计原则;

    2 明确道路性质、功能定位、服务对象;

    3 确定技术标准、建设规模、主要技术指标;

    4 确定工程范围、总体方案和道路用地,并协调与相邻工程的衔接;

    5 提出交通组织设计方案;

    6 落实节能环保、风险控制措施。

4.2 总 体 设 计 要 点

4.2.1 路线走向应符合城市路网总体规划。确定工程起终点位置时,应有利于相邻工程及后续项目的衔接,或拟定具体实施设计方案。

4.2.2 设计速度应根据道路等级、功能定位和交通特性,结合沿线地形、地质与自然条件等因素,经论证确定。当不同设计速度衔接时,路段前后的线形技术指标应协调与配合。

4.2.3 快速路、主干路应根据预测交通量进行通行能力和服务水平评价,并结合定性分析,确定机动车车道数规模。非机动车车道数、人行道宽度也可根据

预测交通量和使用要求,按通行能力论证确定。

4.2.4 横断面布置应根据道路等级、红线宽度、交通组织和建设条件等,划分机动车道、非机动车道、人行道、分车带、设施带、绿化带等宽度,并应满足地下管线综合布置要求;特殊断面还应包括停车带、港湾式公交停靠站、路肩和排水沟的宽度。

4.2.5 高架路或隧道的设置应根据道路等级、相交道路或铁路的间距、交通组织以及道路用地、地形地质、沿线环境等实施条件,经多方案比选和技术经济论证,确定总体设计方案以及布设长度、横断面布置、匝道和出入口布置、结构形式、衔接段设计等。

4.2.6 交叉口节点设置应根据相交道路等级、使用要求、交通流量流向、车流运行特征、控制条件以及社会经济效益、环境等因素,合理确定交叉口的位置、间距、分类、选型、交通组织和交叉口用地范围等;并应在交叉口范围内提出行人、非机动车系统和公交站点的布置方案。

4.2.7 跨江、跨河桥梁应结合航道或水利部门提出的通航、排洪等控制要求,进行总体布置以及环境景观、附属设施的配套设计。

4.2.8 人行过街设施应根据道路等级、横断面形式、车流量、行人过街流量和流线确定,可分别采用人行横道、人行天桥或人行地道的形式,并应提出设置行人过街设施的规模及配套要求。

4.2.9 公共交通设施应结合公交线网规划设计,提出公交专用道、公交站点的布置形式。

4.2.10 道路设计应分别对路段、交叉口、出入口提出机动车、非机动车、行人以及客车、公交车、货车的交通组织设计方案。

4.2.11 交通安全和管理设施应按主体工程的技术标准、建设规模及项目交通特性,确定其相应的技术标准、设施等级、设置内容和设计方案,并应协调各设施间的衔接与配合。

4.2.12 分期修建的道路工程,应按远期规划的技术标准进行总体设计,并应制定分期修建的设计方案,应近远期工程相结合。

5 横 断 面 设 计

5.1 一 般 规 定

5.1.1 横断面设计应在城市道路规划红线宽度范围内进行,并应根据道路等级、控制要素和总体设计要点等合理布设。

5.1.2 横断面形式应根据设计速度、交通量、交通组成、交通组织方式等条件选择,并应满足设计年限内的交通需求。

5.1.3 横断面设计应与轨道交通线路、环保设施、地上杆线及地下管线布设等协调。

5.1.4 横断面设计应结合沿线地形、两侧建筑物及用地性质进行布置，并应分别满足机动车道、非机动车道、人行道、分车带等宽度的规定。

5.2 横断面布置

5.2.1 道路横断面可分为单幅路、双幅路、三幅路、四幅路四种布置形式（图5.2.1），并应符合下列规定：

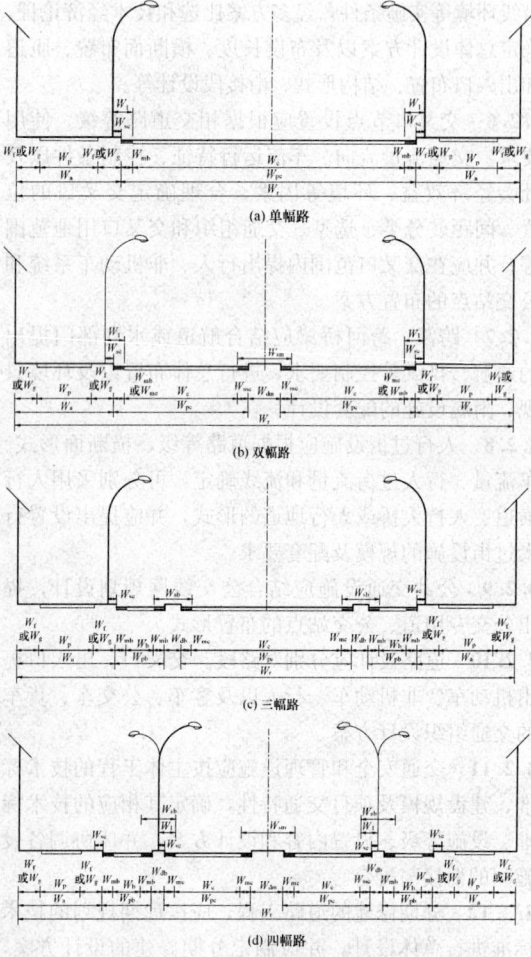

图 5.2.1 道路横断面布置形式

1 单幅路适用于交通量不大的次干路、支路以及用地不足、拆迁困难的旧城区道路。

2 双幅路适用于专供机动车行驶的快速路、非机动车较少的主干路或次干路；对横向高差较大的特殊地形路段，宜采用上下分行的双幅路。双幅路单向机动车车道数不应少于2条。

3 三幅路适用于机动车流量较大、车速较高、非机动车较多的主干路或次干路。

4 四幅路适用于机动车流量大、车速高、非机动车多的快速路或主干路。四幅路主路单向机动车车道数不应少于2条。

5 当路侧有路边停车时，应增加设置停车带的宽度。

5.2.2 高架路横断面可分为整体式和分离式两种布置形式（图5.2.2），并应符合下列规定：

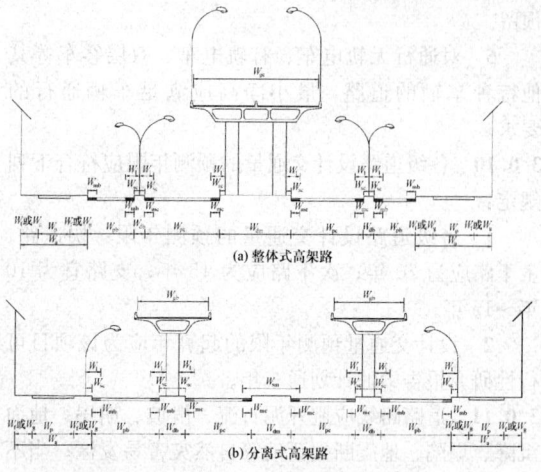

图 5.2.2 高架路横断面

1 整体式高架路中，主路上下行车道间应设置中间防撞设施；辅路宜布置在高架路下的桥墩两侧。

2 分离式高架路中，地面辅路的布置宜与高架路或周围地形相适应，上下行两幅桥梁桥墩分开，辅路宜设在桥下两幅桥中间。

5.2.3 路堑式和隧道式横断面布置形式应符合下列规定：

1 路堑式横断面（图5.2.3-1）中的地面以下路堑部分应为主路，地面两侧或一侧宜设置辅路。

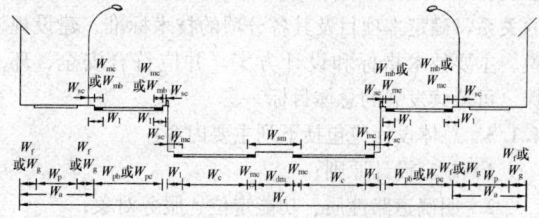

图 5.2.3-1 路堑式横断面

2 隧道式横断面（图5.2.3-2）中的地面以下隧道部分应为主路，地面道路宜设置辅路。

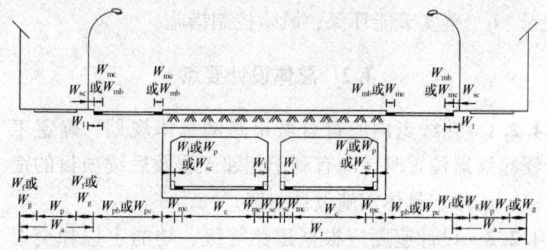

图 5.2.3-2 隧道式横断面

5.2.4 设置主、辅路的道路横断面中，主路上下行车道间应设置中间带；主路与辅路之间应设置两侧带。

5.2.5 同一条道路宜采用相同形式的横断面布置。当道路横断面局部有变化时，应设置宽度过渡段；宜以交叉口或结构物为起终点。

5.2.6 道路横断面布置中，当单向机动车道为3车道及以上时，宜单辟1条公交专用车道或限时公交专用车道。当不设公交专用道时，主干路横断面布置应设置港湾式停靠站；当次干路单向少于2条车道时，宜设置港湾式停靠站；停靠站设置应符合本规范第5.3.1条第5款的规定。

5.2.7 桥梁横断面布置中车行道及路缘带宽度应与道路路段相同，特大桥、大桥、中桥的分隔带宽度可适当缩窄，其最小宽度应满足侧向净宽度及设置桥梁防护设施的要求。

5.2.8 隧道横断面布置应符合下列规定：

1 隧道的车行道及路缘带宽度应与道路路段相同。

2 当隧道两侧设置检修道或人行道时，可不设安全带宽度；当不设置检修道或人行道时，应设置不小于0.25m的安全带宽度。

3 中、长及特长隧道应设检修道，其最小宽度不应小于0.75m。

4 当长、特长隧道单向车道数少于3条时，应在行车方向的右侧设置连续应急车道。当条件限制时，可采用港湾式应急停车道。每侧港湾式应急停车道间距不宜大于500m，其宽度及长度宜按图5.2.8布设。

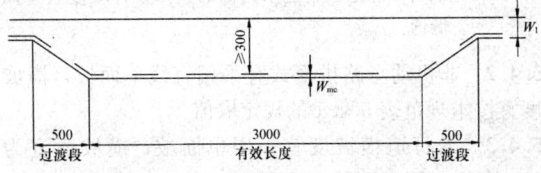

图 5.2.8 港湾式应急停车道的宽度及长度（单位：cm）

W_1—侧向净宽度；W_{mc}—机动车道路缘带宽度

5 不设检修道、人行道的隧道，应按500m间距交错设置人行横通道。

5.3 横断面组成宽度

5.3.1 机动车道宽度应符合下列规定：

1 一条机动车道最小宽度应符合表5.3.1的规定。

表 5.3.1　一条机动车道最小宽度

车型及车道类型	设计速度（km/h）	
	>60	≤60
大型车或混行车道（m）	3.75	3.50
小客车专用车道（m）	3.50	3.25

2 机动车道路面宽度应为机动车道宽度及两侧路缘带宽度之和。

3 单幅路及三幅路采用中间分隔物或交通标线分隔对向交通时，机动车道路面宽度还应包括分隔物或交通标线的宽度。

4 快速公交专用道、常规公交专用道的单车道宽度均不应小于3.50m。

5 公交港湾式停靠站可分为直接式和分离式两种。直接式公交停靠站的车道宽度不应小于3.00m；分离式公交停靠站的车道总宽度应包括路缘带宽度，不应小于3.50m。

5.3.2 非机动车道宽度应符合下列规定：

1 一条非机动车道最小宽度应符合表5.3.2的规定。

表 5.3.2　一条非机动车道最小宽度

车辆种类	自行车	三轮车
非机动车道宽度（m）	1.0	2.0

2 非机动车道数宜根据自行车设计交通量与每条自行车道设计通行能力计算确定，车道数单向不宜小于2条。

3 非机动车道路面宽度应为非机动车道宽度及两侧各0.25m路缘带宽度之和。

4 非机动车专用道路，单向车道宽不宜小于3.5m，双向车道宽不宜小于4.5m。沿道路两侧设置的单向非机动车道宽度不宜小于2.5m。

5.3.3 路侧带可由人行道、绿化带、设施带等组成，路侧带设置应符合下列规定：

1 人行道最小宽度应符合表5.3.3的规定。

表 5.3.3　人行道最小宽度

项目	人行道最小宽度（m）	
	一般值	最小值
各级道路	3.0	2.0
商业或公共场所集中路段	5.0	4.0
火车站、码头附近路段	5.0	4.0
长途汽车站	4.0	3.0

2 绿化带宽度应符合现行行业标准《城市道路绿化规划与设计规范》CJJ 75 的相关要求。车行道两侧的绿化应满足侧向净宽度的要求，并不得侵入道路建筑限界和影响视距。

3 设施带宽度应满足设置护栏、照明灯柱、标志牌、信号灯、城市公共服务设施等的要求。设施带内各种设施应综合布置，可与绿化带结合，但不应相互干扰。

5.3.4 分车带设置应符合下列规定：

1 分车带按其在横断面中的不同位置与功能，可分为中间分车带（简称中间带）及两侧分车带（简称两侧带）；分车带应由分隔带及两侧路缘带组成（图5.3.4）。

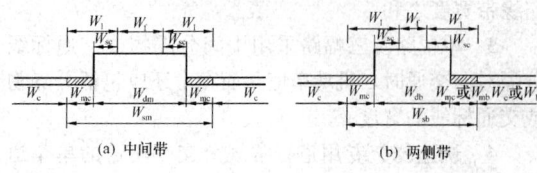

(a) 中间带   (b) 两侧带

图 5.3.4   分车带

2 分车带最小宽度应符合表 5.3.4 的规定。

表 5.3.4   分车带最小宽度

类　别		中间带		两侧带	
设计速度（km/h）		≥60	<60	≥60	<60
路缘带宽度 W_{mc} 或 W_{mb}（m）	机动车道	0.50	0.25	0.50	0.25
	非机动车道	—	—	0.25	0.25
安全带宽度 W_{sc}（m）	机动车道	0.25	0.25	0.25	0.25
	非机动车道	—	—	0.25	0.25
侧向净宽度 W_l（m）	机动车道	0.75	0.50	0.75	0.50
	非机动车道	—	—	0.50	0.50
分隔带最小宽度（m）		1.50	1.50	1.50	1.50
分车带最小宽度（m）		2.50	2.00	2.50 (2.25)	2.00

注：1　侧向净宽度为路缘带宽度与安全带宽度之和。

　　2　括号内为一侧是机动车道，另一侧是非机动车道时的取值。

　　3　分隔带最小宽度值系按设施带宽度 1m 计的，具体设计应根据设施带实际宽度确定。

3 分隔带宜采用立缘石围砌，立缘石高度和形式应满足本规范第 5.5.2 条的规定。

5.3.5 变速车道应符合下列规定：

1 车辆驶出或驶入主路、立交匝道及集散车道出入口处均应设置变速车道。

2 变速车道的宽度应与主路车道宽度相同。

5.3.6 集散车道可为单车道和双车道，每条集散车道的宽度宜为 3.5m。与主路间设有分隔设施的集散车道，其车道数不应少于 2 条。

5.3.7 辅助车道的宽度应与主路车道宽度相同。

5.3.8 路肩应符合下列规定：

1 采用边沟排水的道路应在路面外侧设路肩。

2 路肩最小宽度应符合表 5.3.8 的规定。

表 5.3.8   路肩最小宽度

设计速度（km/h）	100	80	60	50	40
保护性路肩最小宽度（m）	0.75	0.75	0.75 (0.50)	0.50	0.50
有少量行人时的路肩最小宽度（m）	—			1.50	

注：括号内为主干路保护性路肩最小宽度的取值。

3 路肩宽度应满足设置护栏、地上杆柱、交通标志基础的要求。

4 路肩可采用土质或简易铺装。

5.3.9 非机动车与行人共板的道路横断面形式可用于行人和非机动车较少、道路红线受限的路段，非机动车道与人行道之间宜采用分隔措施。

5.4   路拱与横坡

5.4.1 路拱设计坡度应根据路面宽度、路面类型、设计速度、纵坡及气候条件等确定，并应符合表 5.4.1 的规定。机动车道宜选用直线形路拱。

表 5.4.1   路拱设计坡度

路面类型		路拱设计坡度 i（%）
水泥混凝土		1.0～2.0
沥青混凝土		
沥青碎石		
沥青贯入式碎（砾）石		1.5～2.0
沥青表面处治		
砌块路面	混凝土预制块	2.0
	天然石材	

注：1　快速路、降雨量大的地区路拱设计坡度宜取高值，可选 1.5%～2.0%。

　　2　纵坡度大时取低值，纵坡度小时宜取高值。

　　3　积雪冰冻地区、透水路面的路拱设计坡度宜采用低值。

5.4.2 非机动车路拱形式宜采用直线单面坡，横坡度宜按本规范表 5.4.1 的规定取值。

5.4.3 人行道横坡度宜采用单面坡，横坡度宜为 1.0%～2.0%。

5.4.4 保护性路肩应向道路外侧倾斜，横坡度可比路面横坡度加大 1.0%，宜为 3.0%。

5.5   缘　石

5.5.1 缘石可采用立缘石和平缘石。

5.5.2 立缘石宜设置在中间分隔带、两侧分隔带及路侧带两侧。当设置在中间分隔带及两侧分隔带时，外露高度宜为 15cm～20cm；当设置在路侧带两侧时，外露高度宜为 10cm～15cm。

5.5.3 桥梁、隧道等构筑物的立缘石应符合现行行业标准《城市桥梁设计规范》CJJ 11 及相关隧道设计规范的规定。

5.5.4 在分隔带端头或交叉口小半径处，宜采用曲线立缘石。

5.5.5 设置缘石坡道范围内的立缘石应满足现行国家标准《无障碍设计规范》GB 50763 的相关规定。

5.5.6 人行道外侧设置的边缘石宜采用小型平缘石，缘石顶面高度宜与人行道高度相同。

6 平面设计

6.1 一般规定

6.1.1 平面设计应符合城市道路网规划、道路红线、道路功能，并应综合技术经济、土地利用、征地拆迁、文物保护、环境景观以及航道、水利、轨道等因素。

6.1.2 平面设计应与地形地物、水文地质、地域气候、地下管线、排水等结合，与周围环境协调，并应符合各级道路的技术指标，满足线形连续、均衡的要求。

6.1.3 平面设计应协调直线与平曲线的衔接，合理设置圆曲线、缓和曲线、超高、加宽等。

6.1.4 平面设计应结合交通组织设计，合理布置交叉口、出入口、分隔带开口、公交停靠站、人行设施等。

6.2 直 线

6.2.1 两相邻平曲线间的直线段最小长度应大于或等于缓和曲线最小长度。

6.2.2 两圆曲线间以直线径向连接时，直线的长度宜符合下列规定：

1 当设计速度大于或等于 60km/h 时，同向圆曲线间最小直线长度（以 m 计）不宜小于设计速度（以 km/h 计）数值的 6 倍；反向圆曲线间最小直线长度（以 m 计）不宜小于设计速度（以 km/h 计）数值的 2 倍。

2 当设计速度小于 60km/h 时，可不受上述限制。

6.3 平 曲 线

6.3.1 路线转角处应设置平曲线。当受现状道路红线或建筑物控制，设计速度小于或等于 40km/h 的路线转角位于交叉口范围内时，可不设置平曲线，但应保证交叉口范围直行车道的连续、顺直。

6.3.2 圆曲线设置应符合下列规定：

1 圆曲线最小半径应符合表 6.3.2 的规定。当地形条件受限制时，可采用设超高圆曲线最小半径的一般值；当地形条件特别困难时，可采用设超高圆曲线最小半径的极限值。

表 6.3.2 圆曲线最小半径

设计速度（km/h）		100	80	60	50	40	30	20
不设超高圆曲线最小半径（m）		1600	1000	600	400	300	150	70
设超高圆曲线最小半径（m）	一般值	650	400	300	200	150	85	40
	极限值	400	250	150	100	70	40	20

2 当设计速度大于或等于 40km/h 时，采用本规范表 7.2.1 机动车最大纵坡的下坡段尽头，其圆曲线半径应大于或等于不设超高的最小半径。当受条件限制而采用设超高最小半径时，应采取防护措施。

6.3.3 缓和曲线设置应符合下列规定：

1 缓和曲线应采用回旋线。

2 直线与圆曲线或大半径圆曲线与小半径圆曲线之间应设置缓和曲线。当圆曲线半径大于表 6.3.3-1 不设缓和曲线的最小圆曲线半径时，直线与圆曲线可直接连接。

表 6.3.3-1 不设缓和曲线的最小圆曲线半径

设计速度（km/h）	100	80	60	50	40
不设缓和曲线的最小圆曲线半径（m）	3000	2000	1000	700	500

3 当设计速度大于或等于 40km/h 时，半径不同的同向圆曲线连接处应设置缓和曲线。当受地形限制并符合下列条件之一时，可采用复曲线：

1）小圆半径大于或等于不设缓和曲线的最小圆曲线半径；

2）小圆半径小于不设缓和曲线的最小圆曲线半径，但大圆与小圆的内移值之差小于或等于 0.1m；

3）大圆半径与小圆半径之比值小于或等于 1.5。

4 当设计速度小于 40km/h 时，缓和曲线可采用直线代替，直线长度应满足缓和曲线最小长度的要求。

5 缓和曲线最小长度应符合表 6.3.3-2 的规定。当圆曲线按规定需设置超高时，缓和曲线长度还应大于超高缓和段长度。

表 6.3.3-2 缓和曲线最小长度

设计速度（km/h）	100	80	60	50	40	30	20
缓和曲线最小长度（m）	85	70	50	45	35	25	20

6 缓和曲线参数 A 宜根据线形要求和地形条件确定，并应与圆曲线半径相协调，宜满足 $R/3 \leqslant A \leqslant R$ 的要求。当圆曲线半径小于 100m 时，A 宜接近 R；当圆曲线半径大于 3000m 时，A 宜接近 $R/3$。

6.3.4 平曲线由圆曲线和两端缓和曲线组成，平曲线设置应符合下列规定：

1 平曲线与圆曲线最小长度应符合表 6.3.4-1 的规定。

表 6.3.4-1 平曲线与圆曲线最小长度

设计速度（km/h）		100	80	60	50	40	30	20
平曲线最小长度（m）	一般值	260	210	150	130	110	80	60
	极限值	170	140	100	85	70	50	40
圆曲线最小长度（m）		85	70	50	40	35	25	20

注：“一般值”为正常情况下采用值；“极限值”为条件受限时采用值。

2 道路中心线转角 α 小于或等于 7°时，设计速度大于或等于 60km/h 的平曲线最小长度还应符合表 6.3.4-2 的规定。

表 6.3.4-2　小转角平曲线最小长度

设计速度（km/h）	100	80	60
平曲线最小长度（m）	1200/α	1000/α	700/α

注：表中的 α 为路线转角值（°），当 α 小于 2°时，按 2°计。

6.4　圆曲线超高

6.4.1　当圆曲线半径小于本规范表 6.3.2 中不设超高最小半径时，在圆曲线范围内应设超高，最大超高横坡度应符合表 6.4.1 的规定。当由直线段的正常路拱断面过渡到圆曲线上的超高断面时，必须设置超高缓和段。

表 6.4.1　最大超高横坡度

设计速度（km/h）	100，80	60，50	40，30，20
最大超高横坡度（%）	6	4	2

注：积雪或冰冻地区的道路应根据实际情况适当折减。

6.4.2　超高的过渡方式应根据横断面形式、结合地形条件等因素决定，并应利于路面排水。单幅路及三幅路横断面形式超高旋转轴宜采用中线，双幅路及四幅路宜采用中间分隔带边缘线，使两侧车行道成为独立的超高横断面（图 6.4.2）。

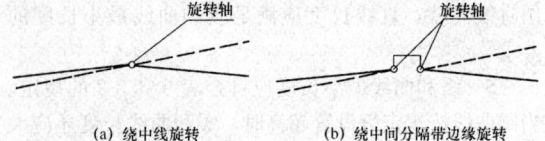

(a) 绕中线旋转　　　(b) 绕中间分隔带边缘旋转

图 6.4.2　超高过渡方式

6.4.3　当由直线上的正常路拱断面过渡到圆曲线上的超高断面时，必须在其间设置超高缓和段。超高缓和段长度应按下式计算：

$$L_e = b \cdot \Delta i / \varepsilon \qquad (6.4.3)$$

式中：L_e——超高缓和段长度（m）；

b——超高旋转轴至路面边缘的宽度（m）；

Δi——超高横坡度与路拱坡度的代数差（%）；

ε——超高渐变率，超高旋转轴与路面边缘之间相对升降的比率，应符合表 6.4.3 的规定。

表 6.4.3　最大超高渐变率

设计速度（km/h）		100	80	60	50	40	30	20
超高渐变率 ε	绕中线旋转	1/225	1/200	1/175	1/160	1/150	1/125	1/100
	绕边线旋转	1/175	1/150	1/125	1/115	1/100	1/75	1/50

6.4.4　超高缓和段应满足路面排水要求，超高缓和段的纵向渐变率不得小于 1/330。

6.4.5　超高缓和段应在缓和曲线全长范围内进行。当缓和曲线较长时，超高缓和段可设在缓和曲线的某一区段范围内进行。当设计速度小于 40km/h 时，超高缓和段可在直线段内进行。

6.4.6　超高缓和段长度与缓和曲线长度两者中应取大值作为缓和曲线的计算长度。

6.4.7　超高缓和段起终点处路面边缘应圆顺，不得出现竖向转折。

6.5　圆曲线加宽

6.5.1　当圆曲线半径小于或等于 250m 时，应在圆曲线范围内设置加宽，每条车道加宽值应符合表 6.5.1 的规定。

表 6.5.1　圆曲线每条车道的加宽值（m）

加宽类型	汽车前悬加轴距（m）	车型	圆曲线半径（m）								
			200<R≤250	150<R≤200	100<R≤150	80<R≤100	70<R≤80	50<R≤70	40<R≤50	30<R≤40	20≤R≤30
1	0.8+3.8	小客车	0.30	0.30	0.35	0.40	0.40	0.45	0.50	0.60	0.75
2	1.5+6.5	大型车	0.40	0.45	0.60	0.65	0.70	0.90	1.05	1.30	1.80
3	1.7+5.8+6.7	铰接车	0.45	0.60	0.75	0.90	0.95	1.25	1.50	1.90	2.75

6.5.2　圆曲线上的路面加宽应设置在圆曲线的内侧。当受条件限制时，次干路、支路可在圆曲线的两侧加宽。

6.5.3　圆曲线范围内的加宽应为不变的全加宽值，两端应设置加宽缓和段。

6.5.4　加宽缓和段的长度宜符合下列规定：

1　当设置缓和曲线或超高缓和段时，加宽缓和段长度应采用与缓和曲线或超高缓和段长度相同的数值。

2　当不设缓和曲线或超高缓和段时，加宽缓和段长度应按加宽侧路面边缘宽度渐变率为 1：15～1：30 计算，且长度不应小于 10m。

6.6　视　　距

6.6.1　各级道路的停车视距不应小于表 6.6.1 的规定值。

表 6.6.1　停车视距

设计速度（km/h）	100	80	60	50	40	30	20
停车视距（m）	160	110	70	60	40	30	20

6.6.2　积雪或冰冻地区的停车视距应适当增长，并应根据设计速度和路面状况计算取用。

6.6.3　当对向行驶的车辆有会车可能时，应采用会车视距，其值应为本规范表 6.6.1 中停车视距的 2 倍。

6.6.4　平曲线内侧的路堑边坡、挡墙、绿化、声屏障、防眩设施等构筑物或建筑物均不得妨碍视线。

6.6.5 对设置平纵曲线可能影响行车视距路段，应进行视距验算。

6.6.6 对以货运交通为主的道路，应验算下坡段货车的停车视距。下坡段货车的停车视距不应小于表6.6.6的规定值。

表6.6.6 下坡段货车停车视距（m）

设计速度（km/h）		100	80	60	50	40	30	20
纵坡度（%）	0	180	125	85	65	50	35	20
	3	190	130	89	66	50	35	20
	4	195	132	91	67	50	35	20
	5	—	136	93	68	50	35	20
	6			95		50	35	20
	7					50	35	20
	8						35	20

6.7 分隔带及缘石开口

6.7.1 快速路宜在互通式立体交叉出口上游与入口下游、特大桥、隧道、道路路堑段两端、分离式路基的分离（汇合）处设置中间分隔带紧急开口。中间分隔带开口间距应视需要而定，最小间距不宜小于2km；开口长度应视道路宽度及可通行车辆确定，宜采用20m~30m；开口处应设置活动护栏。

6.7.2 主干路的两侧分隔带开口间距不宜小于300m，开口长度应满足车辆出入安全的要求。路侧带缘石开口距交叉口间距应大于进出口道展宽段长度，道路两侧建筑物出入口宜设在横向支路或街坊内部道路。

7 纵断面设计

7.1 一般规定

7.1.1 纵断面的设计高程宜采用道路设计中线处的路面设计高程；当有中间分隔带时可采用中间分隔带外侧边缘线处的路面设计高程。

7.1.2 纵断面设计应参照城市竖向规划控制高程，并适应临街建筑立面布置，确保沿线范围地面水的排除。

7.1.3 纵断面设计应根据道路等级，综合交通安全、建设期间的工程费用与运营期间的经济效益、节能减排、环保效益等因素，合理确定路面设计纵坡和设计高程。

7.1.4 纵坡应平顺、视觉连续，并应与周围环境协调。

7.1.5 机动车与非机动车混合行驶的车行道，宜按非机动车骑行的设计纵坡度控制。

7.1.6 纵断面设计应满足路基稳定、管线覆土、防洪排涝等要求。

7.2 纵 坡

7.2.1 道路最大纵坡应符合下列规定：

1 机动车道最大纵坡应符合表7.2.1的规定。

表7.2.1 机动车道最大纵坡

设计速度（km/h）		100	80	60	50	40	30	20
最大纵坡	一般值（%）	3	4	5	5.5	6	7	8
	极限值（%）	4	5	6	6	7	8	8

2 新建道路应采用小于或等于最大纵坡一般值；对改建道路、受地形条件或其他特殊情况限制时，可采用最大纵坡极限值。

3 除快速路外的其他等级道路，受地形条件或其他特殊情况限制时，经技术经济论证后，最大纵坡极限值可增加1.0%。

4 积雪或冰冻地区的快速路最大纵坡不应大于3.5%，其他等级道路最大纵坡不应大于6.0%。

5 海拔3000m以上高原地区城市道路的最大纵坡一般值可减小1.0%，当最大纵坡折减后小于4.0%时，仍可采用4.0%。

7.2.2 道路最小纵坡应符合下列规定：

1 道路最小纵坡不应小于0.3%；当特殊困难纵坡小于0.3%时，应设置锯齿形偏沟或采取其他排水措施。

2 特大桥、大桥、中桥的桥面最小纵坡不宜小于0.3%，且竖向高程最低点不应位于主桥范围内。

3 高架路的桥面最小纵坡不应小于0.5%；困难时不应小于0.3%，并应采取保证高架路纵横向及时排水的措施。

7.2.3 非机动车道最大纵坡不宜大于2.5%；困难时不应大于3.5%，并应按本规范表7.3.3规定限制坡长。

7.2.4 特大桥、大桥、中桥的桥面纵坡不宜大于4.0%，桥头引道纵坡不宜大于5.0%。

7.2.5 隧道内的道路最大纵坡不宜大于3.0%，困难时不应大于5.0%。隧道出入口外的接线道路纵坡宜坡向洞外。

7.3 坡 长

7.3.1 道路纵坡长度应符合下列规定：

1 机动车道纵坡的最小坡长应符合表7.3.1的规定，且应大于相邻两个竖曲线切线长度之和。

表7.3.1 机动车道最小坡长

设计速度（km/h）	100	80	60	50	40	30	20
坡段最小长度（m）	250	200	150	130	110	85	60

2 路线尽端道路起（讫）点一端可不受最小坡长限制。

3 当主干路与支路相交时，支路纵断面在相交范围内可视为分段处理，不受最小坡长限制。

4 对沉降量较大的加铺罩面道路，可按降低一级的设计速度控制最小坡长，且应满足相邻纵坡坡差小于或等于 5‰ 的要求。

7.3.2 当纵坡大于本规范表 7.2.1 的一般值时，其最大坡长应符合表 7.3.2 的规定。道路连续上坡或下坡，应在不大于表 7.3.2 规定的纵坡长度之间设置纵坡缓和段。缓和段的坡度不应大于 3.0%，其长度应符合本规范表 7.3.1 最小坡长的规定。

表 7.3.2 机动车道最大坡长

设计速度 (km/h)	100	80	60			50			40		
纵坡 (%)	4	5	6	6.5	7	6	6.5	7	6.5	7	8
最大坡长 (m)	700	600	400	350	300	350	300	250	300	250	200

7.3.3 当非机动车道的纵坡大于或等于 2.5% 时，其最大坡长应符合表 7.3.3 的规定。

表 7.3.3 非机动车道最大坡长

纵 坡 (%)		3.5	3.0	2.5
最大坡长 (m)	自行车	150	200	300
	三轮车	—	100	150

7.4 合 成 坡 度

7.4.1 在设有超高的平曲线上，超高横坡度与道路纵坡度的最大合成坡度应符合表 7.4.1 的规定。

表 7.4.1 最大合成坡度

设计速度 (km/h)	100,80	60,50	40,30	20
最大合成坡度 (%)	7.0	7.0	7.0	8.0

注：积雪或冰冻地区道路的合成坡度应小于或等于 6.0%。

7.4.2 在超高缓和段的变化处，当合成坡度小于 0.5% 时，应采取综合排水措施。

7.5 竖 曲 线

7.5.1 各级道路纵坡变更处应设置竖曲线，竖曲线宜采用圆曲线；机动车道竖曲线最小半径与竖曲线最小长度应符合表 7.5.1 的规定。当地形条件特别困难时，可采用极限值。

表 7.5.1 机动车道竖曲线最小半径与竖曲线最小长度

设计速度 (km/h)		100	80	60	50	40	30	20
凸形竖曲线最小半径 (m)	一般值	10000	4500	1800	1350	600	400	150
	极限值	6500	3000	1200	900	400	250	100

续表 7.5.1

设计速度 (km/h)		100	80	60	50	40	30	20
凹形竖曲线最小半径 (m)	一般值	4500	2700	1500	1050	700	400	150
	极限值	3000	1800	1000	700	450	250	100
竖曲线最小长度 (m)	一般值	210	170	120	100	90	60	50
	极限值	85	70	50	40	35	25	20

7.5.2 非机动车道变坡点处应设竖曲线，其竖曲线最小半径不应小于 100m。非机动车与行人共板道路的竖曲线最小半径不应小于 60m。

8 线形组合设计

8.1 一 般 规 定

8.1.1 道路线形设计应协调平面、纵断面、横断面三者间的组合，合理运用技术指标；并应适应地形地物和周边环境，满足行车安全、排水通畅等要求。

8.1.2 线形组合设计应符合下列规定：

1 设计速度大于或等于 60km/h 的道路应强调线形组合设计，保证线形连续、指标均衡、视觉良好、安全舒适、景观协调。

2 设计速度小于 60km/h 的道路在保证行驶安全的前提下，宜合理运用线形要素的规定值。

3 不同等级道路和不同设计速度的路段之间应衔接过渡。

8.1.3 具体路段平纵技术指标的选用及其组合设计，应分析对车辆实际运行速度的影响，同一车辆相邻路段的运行速度与设计速度之差不应大于 20km/h。

8.2 平、纵、横的线形组合

8.2.1 线形组合设计应满足下列基本要求：

1 平、纵、横设计应分别满足各自规定值的要求，不应将最不利值进行组合。

2 平、纵、横组合设计应保持线形的视觉连续性，自然诱导驾驶员视线。

3 平曲线与竖曲线宜相互对应，且平曲线长度宜大于竖曲线长度（图 8.2.1）。

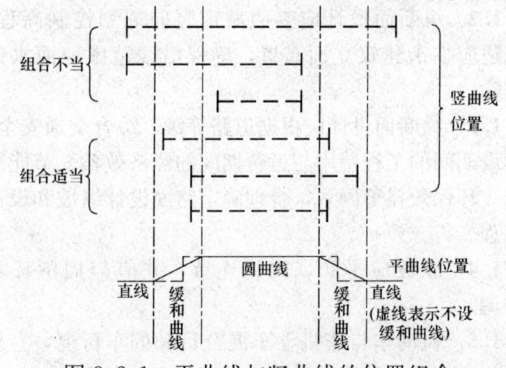

图 8.2.1 平曲线与竖曲线的位置组合

4 竖曲线半径宜为平曲线半径的 10 倍~20 倍。

8.2.2 平纵线形组合应符合下列规定：

1 在凸形竖曲线的顶部或凹形竖曲线的底部，不应插入急转的平曲线或反向平曲线。

2 长直线不宜与陡坡或半径小且长度短的竖曲线组合；长的竖曲线不宜与半径小的平曲线组合。

3 长的平曲线内不宜包含多个短的竖曲线；短的平曲线不宜与短的竖曲线组合。

4 纵断面设计不应出现使驾驶员视觉中断的线形。

8.3 线形与桥、隧的配合

8.3.1 桥梁及其引道的线形应满足下列基本要求：

1 桥梁及其引道的位置、线形应与路线线形相协调，各项技术指标应符合路线布设与总体设计的相关规定。

2 桥梁引道坡脚与平面交叉口停车线之间的距离宜满足交叉口信号周期内的车辆排队和交织长度。

3 桥面车行道宽度应与两端道路的车行道宽度相一致。当桥面宽度与路段的道路横断面总宽度不一致时，应在道路范围内设置宽度渐变段；路面边缘斜率可采用 1:15~1:30，折点处应圆顺。

8.3.2 隧道及洞口两端的线形应满足下列基本要求：

1 隧道的位置与隧道洞口连接段应与路线线形相协调，各项技术指标应符合路线布设与总体设计的相关规定。

2 隧道洞口内侧和外侧在不小于 3s 设计速度的行程长度范围内，均应保持一致的平纵线形。

3 当隧道洞门内外路面宽度不一致时，隧道洞口外与之相连接的路段应设置距洞口不小于 3s 设计速度的行程长度，且不应小于 50m 长度的、同隧道等宽的过渡段。

4 长、特长的双洞隧道，宜在洞口外的合适位置设置联络通道。

5 隧道洞内外应满足相应道路等级对视距的要求。当隧道洞口连接段设中间分隔带时，应采用停车视距；当无中间分隔带时，应采用会车视距。

8.4 线形与沿线设施的配合

8.4.1 道路线形和交叉口设计应与停车场、枢纽、公交停靠站等交通设施布置配合，并应满足交通组织设计和道路使用者的安全。

8.4.2 道路线形和交叉口设计应与标志标线等交通安全设施设计相互配合，应能准确反映路线设计意图；对路侧设计受限的路段，应合理设置防护设施。

8.4.3 互通立交处的照明设施应与道路线形相互配合、布设合理。

8.4.4 道路与沿线设施、街景应一体化设计，功能应相互补充。

8.5 线形与环境的协调

8.5.1 道路线形应利用地形、自然风景，宜保留原有的地貌、地形、树林、湖泊、建筑物等景观资源，使道路与自然融为一体，与沿线环境相协调。

8.5.2 路基防护应采用工程防护与植物防护相结合的措施，与景观相协调，恢复自然生态环境，防止水土流失。

8.5.3 道路两侧的绿化应满足道路视距及建筑限界的要求。

8.5.4 不同性质和景观要求的城市道路，宜运用道路空间尺度比例关系，调节并形成道路合适的空间氛围。

9 道路与道路交叉

9.1 一般规定

9.1.1 道路交叉口位置应按城市道路网规划设置。

9.1.2 道路与道路交叉可分为平面交叉和立体交叉，交叉形式应根据相交道路的等级和功能、交通流量和流向、地形和地质等要求，进行技术、经济及环境效益的综合分析，合理确定。

9.1.3 道路交叉口设计应符合下列规定：

1 交叉口设计应安全、有序、畅通，满足道路使用者的需求。

2 交叉口通行能力应与路段、出入口及相邻交叉口的通行能力相匹配。

3 交叉口几何设计应与交通组织设计、交通管理方式和交通工程设施相协调，并应与其他交通方式相衔接。

4 交叉口设计应与周围环境相协调，合理确定用地规模。

5 当交叉口分期建设时，应近远期结合，前期工程为后期工程预留条件。

6 改扩建交叉口设计应结合原有交叉口情况，合理确定改建规模。

9.1.4 道路与道路交叉设计应符合现行行业标准《城市道路交叉口设计规程》CJJ 152 的规定。

9.2 平面交叉

9.2.1 平面交叉口按交通组织方式可分为信号控制交叉口、无信号控制交叉口和环形交叉口；按几何形状可分为十字形、T 形、Y 形、X 形、多叉形、错位及环形交叉。

9.2.2 平面交叉口应根据城市道路的布置、相交道路等级、交通组织等选择合适的类型，并应符合下列规定：

1 主干路与主干路、主干路与次干路、次干路与次干路相交，应采用信号控制交叉口。

    2 主干路与支路，支路可采用右进右出的交通组织方式。

9.2.3 平面交叉口的间距应根据城市规模、路网规划、道路等级、设计速度、设计交通量及高峰期间最大阻车长度等确定，满足进出口道总长度要求，且不宜小于150m。

9.2.4 平面交叉口设计范围应包括各条道路的相交部分、进出口道（展宽段和渐变段）以及非机动车道、人行道和过街设施所围成的区域。

9.2.5 平面交叉口设计内容应包括交叉口范围内的平面与竖向设计、进出口道展宽设计、交通组织、公交、行人与非机动车过街设施、附属设施等。

9.2.6 平面交叉口范围内的设计速度宜为路段的0.5倍~0.7倍，直行车可取大值，转弯车可取小值。当验算视距三角形时，进口道直行车设计速度应与路段设计速度一致。

9.2.7 平面交叉口范围内的道路平面线形宜采用直线；当采用圆曲线时，其圆曲线半径宜大于不设超高的最小圆曲线半径。

9.2.8 平面交叉口范围内的道路纵坡不宜大于2.5%，困难情况下不应大于3.0%。山区城市道路等特殊情况，在保证行车安全的条件下可适当增加。

9.2.9 平面交叉口竖向设计应保持主要道路的纵坡度不变，次要道路纵坡度宜服从主要道路。

9.2.10 平面交叉口渠化设计应根据设计流量、流向及相交道路等级、功能分析、交通组织方式等因素，确定进出口车道数布置、展宽段和渐变段长度，划分车道功能，进行信号配时。

9.2.11 公交停靠站应设置在交叉口的出口道，并应保证候车乘客的安全，方便乘客换乘、过街，减少对横向道路右转车辆的影响。

9.2.12 平面交叉口均应设置行人和非机动车过街设施，并应与交叉口的几何特征、人流车流、交通组织方式等相协调，宜优先选用平面过街方式。当人行横道穿越机动车道部分的长度大于16m时，应设置行人二次过街安全岛。地面快速路上的过街设施必须采用人行天桥或人行地道；主干路上的重要交叉口宜修建人行天桥或人行地道。

9.3 立 体 交 叉

9.3.1 立体交叉的设置应符合下列规定：

    1 快速路与所有道路相交时，必须采用立体交叉。

    2 主干路与主干路相交，当交通量较大，对平面交叉采取改善措施、调整交通组织仍不能满足通行能力要求时，宜设置立体交叉，并应妥善解决设置立体交叉后对邻近平面交叉口的影响。

9.3.2 立体交叉根据相交道路等级、交通流行驶特征、非机动车对机动车干扰等，可分为枢纽立交、一般立交和分离式立交。立交选型应符合下列规定：

    1 快速路与快速路相交，应采用枢纽立交。

    2 快速路与主干路相交，应采用一般立交。

    3 快速路与次干路相交，应采用分离式立交。

    4 主干路与主干路相交设置立体交叉时，宜采用一般立交。

9.3.3 相邻互通式立体交叉的最小间距应满足上游立交加速车道渐变段终点至下游立交减速车道渐变段起点之间的距离不得小于500m，且应满足设置交通标志的距离要求；市区范围立交最小间距不宜小于1.5km。

9.3.4 立体交叉设计范围应包括相交道路中线交点至各进出口变速车道渐变段的起终点间道路所围成的空间。

9.3.5 立体交叉设计内容应包括立交范围内主路、匝道和进出口、变速车道、集散车道、辅助车道以及立交范围内的辅路、公交、非机动车、人行系统及其附属设施。

9.3.6 立交范围的设计速度应根据主路设计速度、立交等级和匝道形式确定。主路应采用相应道路等级的设计速度，匝道及集散车道设计速度宜为主路的0.4倍~0.7倍，辅路设计速度宜为主路的0.4倍~0.6倍，平面交叉部分宜采用平面交叉口的设计速度。

9.3.7 互通式立体交叉范围内主路的平纵线形不应低于路段标准，并应具有良好的通视条件。主路分流鼻端之前的识别视距不应小于1.25倍的主路停车视距；匝道汇流鼻端前应满足通视三角区和匝道停车视距的要求。

9.3.8 立交匝道出入口处应设置变速车道。

9.3.9 立交范围内出入口间距应保证主路交通不受分合流交通的干扰，并应为分合流交通加减速及转换车道提供安全可靠的条件。当出入口间距不足时，应设置集散车道。

9.3.10 立交匝道分、合流处应保持车道数的平衡，相邻两段同一方向上的基本车道数每次增减不得多于一条；当不平衡时，应增设辅助车道。

9.3.11 设有辅路系统的道路相交，当交叉口设置为枢纽立交时，立交区域应设置与主路分行的辅路系统；当交叉口设置为具有集散作用的一般立交时，其辅路系统可与匝道布置结合。

9.3.12 立交区域的公共汽车交通系统应结合公交线网规划和车站设置，与路段一体进行综合设计。当公交停靠站设置在快速路主路时，停靠区出入口应满足出入口最小间距的规定，并应设置变速车道。

9.3.13 立交区域的非机动车及人行系统应保证连续性和有效宽度，应与周围相关非机动车和人行系统连通，并应减少绕行距离、多次上下及与机动车系统的交叉。

9.3.14 立交区域的行人系统设计应符合现行国家标准《无障碍设计规范》GB 50763 的规定。

10 道路与轨道交通线路交叉

10.1 一般规定

10.1.1 道路与轨道交通线路交叉的位置及形式应符合城市总体规划。

10.1.2 道路与轨道交通线路交叉可分为平面交叉和立体交叉两种。交叉形式应根据道路和轨道交通线路的性质、等级、交通量、地形条件、安全要求以及经济、社会效益等因素确定，应优先采用立体交叉。

10.1.3 分期修建的道路与轨道交通线路交叉工程，应近远期结合。

10.1.4 道路与轨道交通线路交叉设计应符合国家关于安全、环保、卫生和抗震等有关标准的要求。

10.2 立体交叉

10.2.1 道路与轨道交通线路交叉，符合下列条件之一者必须设置立体交叉：

　　1 快速路与轨道交通线路交叉；

　　2 主干路、次干路、支路与高速铁路、客运专线、铁路车站、铁路编组场的交叉；

　　3 行驶有轨电车或无轨电车的道路与铁路交叉；

　　4 主干路、次干路、支路与除有轨电车道外的城市轨道交通交叉。

10.2.2 道路与铁路交叉，符合下列条件之一者应设置立体交叉：

　　1 主干路、次干路、支路与路段旅客列车设计行车速度大于或等于 120km/h 的铁路交叉；

　　2 主干路、次干路、支路与道口交通量大或铁路调车作业繁忙的铁路相交；

　　3 当受地形等条件限制，采用平面交叉将危及行车安全的道口。

10.2.3 符合下列条件之一者宜设置立体交叉：

　　1 当道口的机动车流量不大，但非机动车和行人流量较大时，宜设置人行立体交叉或人非合用的立体交叉。

　　2 主干路与设置有轨电车的道路交叉，宜采用立体交叉。

10.2.4 立体交叉形式可采用道路上跨或下穿两种。按具体情况也可采用机动车道上跨、非机动车道下穿轨道交通的组合形式。

10.2.5 道路与轨道交通高架线路交叉时，宜利用桥跨净空采取道路下穿的形式。

10.2.6 道路与轨道交通立体交叉的建筑限界应符合下列规定：

　　1 轨道交通上跨道路时，轨道交通的桥下净高、道路侧向净宽应符合本规范第 3.0.8 条、第 3.0.9 条的规定。

　　2 道路上跨轨道交通时，道路桥跨的长度、净高应符合现行国家标准《标准轨距铁路建筑限界》GB 146.2 要求及其城市轨道交通的有关规定；有双层集装箱运输要求的铁路，应满足双层集装箱运输限界的规定。

　　3 道路下穿时，轨道交通线路桥跨布置应满足道路对停车视距的要求。

　　4 轻轨及地铁地面线、高架线路的建筑限界，应根据采用的车辆类型及其设备限界、设备安装尺寸及安全间隙和有无人行通道、隔声屏障，以及供电制式、接触网柱结构设计尺寸等具体计算确定。

10.3 平面交叉

10.3.1 当次干路、支路与铁路支线、地方铁路、工业企业铁路交叉时，可设置平交道口。但车站内、桥梁、隧道两端及进站信号机外 100m 范围内不应设置平交道口，铁路曲线地段以及通视不良路段不宜设置平交道口。

10.3.2 无人值守或未设置自动信号的平交道口，机动车驾驶员的侧向最小瞭望视距应符合表 10.3.2 的规定（图 10.3.2）。

表 10.3.2 平交道口瞭望视距

铁路类别	铁路设计最高行车速度（km/h）	侧向最小瞭望视距 S_c（m）
国有铁路	140	470
	120	400
	100	340
	80	270
	70	240
工业企业铁路	55	190
	40	140

注：1 表中道口侧向视距系按道路停车视距 50m 计算的，道路停车视距大于 50m 时，应另行计算确定。

2 线间距小于或等于 5m 的双线铁路道口，机动车驾驶员侧向最小瞭望视距还应增加 50m，多线铁路道口按计算确定。

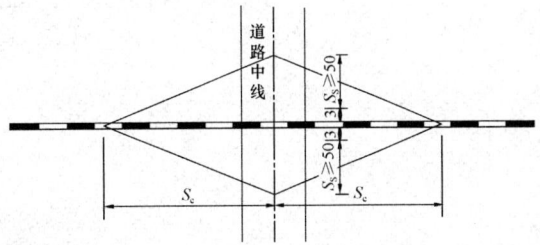

图 10.3.2 道口视距三角形（单位：m）

10.3.3 道路与铁路平面交叉宜设计为正交，斜交时其交叉角应大于45°。

10.3.4 通过道口的道路平面线形应为直线。从最外侧钢轨外缘算起的道路直线段最小长度不应小于50m，困难条件下不得小于30m。

10.3.5 道口两侧应设平台，并应符合下列规定：

1 自最外侧钢轨外至最近竖曲线切点间的平台长度，通行铰接车和拖挂车的道口不应小于20m，通行普通汽车的道口不应小于16m。

2 平台纵坡度不应大于0.5%。

3 紧接道口平台两端的道路纵坡度不应大于表10.3.5的规定值。

表10.3.5 紧接道口平台两端的道路纵坡度（%）

道路种类	机动车与非机动车混合车道	机动车道
一般值	2.5	3.0
极限值	3.5	5.0

10.3.6 次干路、支路与有轨电车道平面交叉道口应符合下列规定：

1 道路与有轨电车道交叉宜设计为正交，斜交时其交叉角应大于45°。

2 交叉道口处的通视条件应满足道路与道路平面交叉的规定。

3 交叉道口处的道路线形宜为直线，从外侧钢轨算起的直线最小长度不应小于30m。

4 道口有轨电车的轨面标高宜与道路路面标高一致，有轨电车道的纵断面宜保持不变。

5 平交道口的交通组织设计应与车流、人流相协调，合理布设人行道、车行道及有轨电车车站出入通道；并应按规定设置道口信号、行车标志、标线等交通管理设施。

6 交叉道口信号应按有轨电车优先的原则设置。

本规范用词说明

1 为便于在执行本规范条文时区别对待，对要求严格程度不同的用词说明如下：

1）表示很严格，非这样做不可的：
正面词采用"必须"，反面词采用"严禁"；

2）表示严格，在正常情况下均应这样做的：
正面词采用"应"，反面词采用"不应"或"不得"；

3）表示允许稍有选择，在条件许可时首先应这样做的：
正面词采用"宜"，反面词采用"不宜"；

4）表示有选择，在一定条件下可以这样做的，采用"可"。

2 条文中指明应按其他有关标准执行的写法为："应符合……的规定"或"应按……执行"。

引用标准名录

1 《无障碍设计规范》GB 50763

2 《标准轨距铁路建筑限界》GB 146.2

3 《城市桥梁设计规范》CJJ 11

4 《城市道路绿化规划与设计规范》CJJ 75

5 《城市道路交叉口设计规程》CJJ 152

中华人民共和国行业标准

城市道路路线设计规范

CJJ 193—2012

条 文 说 明

制 订 说 明

《城市道路路线设计规范》CJJ 193－2012，经住房和城乡建设部于 2012 年 10 月 29 日以第 1506 号公告批准、发布。

本规范制订过程中，编制组进行了广泛的调查研究，总结了我国道路工程建设的实践经验，同时以修订的《城市道路工程设计规范》CJJ 37－2012 为依据，针对城市道路的交通特点和控制要素，与原《城市道路设计规范》CJJ 37－90 相比，对直线长度、平曲线设置、小转角平曲线长度、圆曲线加宽、最大纵坡、最小坡长等取值进行了修订。在保证交通安全的前提下，更注重城市道路线形设计的合理性、协调性、灵活性，强调了城市道路交通组织设计和各类设施总体布置的要求。

为便于广大设计、施工、科研、学校等单位有关人员在使用本规范时能正确理解和执行条文规定，《城市道路路线设计规范》编制组按章、节、条顺序编制了本规范的条文说明，对条文规定的目的、依据以及执行中需注意的有关事项进行了说明，还着重对强制性条文的强制性理由作了解释。但是，本条文说明不具备与规范正文同等的法律效力，仅供使用者作为理解和把握规范规定的参考。

目 次

1 总　则

1.0.1　制定规范的目的

本规范是根据修订的《城市道路工程设计规范》CJJ 37 所规定的道路等级、设计速度、设计车辆、道路建筑限界、车道宽度、路线交叉分类等基本要求及其主要技术指标编制，以达到规范城市道路工程设计为目的。

1.0.2　规范的适用范围

本规范适用于城市范围内新建和改建道路的路线设计。街坊内部道路、厂矿等专用道路不属于本规范适用范围，但可参考。

新建道路必须按照本规范进行设计。改建道路受特殊条件限制，达不到本规范规定标准时，经技术经济论证，近期工程可作合理调整，但远期工程应满足本规范的要求。

1.0.3　规范的共性要求

城市道路是为城市发展服务的，它的功能是综合性的，不仅提供交通服务功能，而且提供各类市政公用管线布置空间。城市的发展目标是明确的，为实现发展目标，城市一般都有总体规划、综合交通规划，以及道路、排水、防洪等市政专项规划，设计应在规划基础上，综合考虑与道路有关的城市轨道交通、铁路、航道、河道、航空、管线、交通设施、无障碍设施以及环境保护、绿化景观等技术规定，合理确定道路路线设计方案。

1.0.4　执行相关标准的顺序

本规范作为城市道路工程技术标准体系中的专用标准，具体应用时除执行本规范的规定外，尚应执行城市道路工程相关标准的规定，如城市道路设计通用标准、专用标准以及相关的桥梁、隧道、排水、给水、电力、燃气、电信、防洪、铁路、轨道交通等规范。

2　术语和符号

2.1　术　　语

近二十多年来，随着城市道路工程建设的发展，出现了许多《道路工程术语标准》GBJ 124 - 88 中未能定义的术语。同时，随着设计理念的更新、认识的深入，原有一些术语的定义也不尽恰当，有必要进行修订。因此，在本节中给出了认为需要对原有术语定义进行修订的术语，以及新增的术语定义。

2.2　符　　号

本规范图、表中出现的所有符号，统一在此文字表述。

3　基本规定

3.0.1　城市道路应以功能为主进行道路分级。本规范以城市道路在路网中的地位、交通功能为基础，同时考虑对沿线区域的服务功能，将城市道路分为快速路、主干路、次干路和支路四个等级。

在城市路网中具有大交通量、过境及中长距离交通功能，为机动车快速交通服务的道路应选用快速路。快速路应采用中间分隔、全部控制出入、控制出入口间距及形式，实现连续交通流，具有单向双车道或以上的多车道，并应设有配套的交通安全与管理设施；快速路两侧不应设置吸引大量车流、人流的公共建筑物的出入口。

在城市道路网中连接城市各主要分区，以交通功能为主的道路应选用主干路。主干路应采用机动车与非机动车分隔的形式，并控制交叉口间距；主干路两侧不宜设置吸引大量车流、人流的公共建筑物的出入口。

在城市道路网中与主干路结合组成干路网，以集散交通功能为主，兼有服务功能的区域性道路应选用次干路。次干路两侧可设置公共建筑物的出入口，但应设置在交叉口功能区之外，且相邻出入口的间距不宜小于 80m。

与次干路和居住区、工业区、交通设施等内部道路相连接，解决局部地区交通，以服务功能为主的道路应选用支路。支路两侧可设置公共建筑物的出入口，但宜设置在交叉口功能区之外。

道路等级一般在规划阶段确定。当遇特殊情况需变更道路等级时，应进行技术经济论证，并报规划审批部门批准。

当道路作为货运、防洪、消防、旅游等专用道路使用时，由于在道路的设计车辆、交通组成、功能要求等方面存在一些特殊性需求，除应满足相应道路等级的技术要求外，还应满足专用道路及通行车辆的特殊要求。

设计速度是城市道路设计时确定几何线形的最基本条件。它是具有中等驾驶技术水平的驾驶员，在气候良好、交通密度低、只受道路本身条件影响时驾驶车辆，能够安全、舒适行驶的最高速度，因此它与运行速度、运行安全有密切关系。

同一等级道路中，设计速度应根据功能定位、交通量，并结合地形和地质条件、城市发展和沿线土地利用状况、工程投资等因素，经论证确定。

城市规模大、地形条件好、交通功能强的道路可取设计速度的高值；中心城区道路、商业街、文化街以及改建道路，由于沿线区域开发较为成熟，控制条件较多，受条件限制可取设计速度的低值。

3.0.2　路线设计是设计方案的核心，应遵照统筹规划、合理布局、近远结合、综合利用的原则进行总体设计；并应综合协调各种关联工程的关系，按照兼顾发展与适度超前的原则，妥善处理已建工程和新建工程的布局，合理确定路线方案。

城市道路的路线走向首先应符合城市规划，包括沿线土地利用规划；在地形条件起伏、工程地质复杂的地区，应对自然条件和建设条件进行调查，对可行的路线走向进行必要的比选，合理确定路线线位和主要平纵线形技术指标。

当采用不同的设计速度、技术指标或设计方案对工程造价、征地拆迁、自然环境、文物保护、社会效益和经济效益等有明显差异时，应作同等深度的技术经济论证，对社会稳定风险和环境影响进行评价，提出技术可行、经济合理、安全适用、施工方便的设计方案。

道路线形设计的各单项技术指标是满足相应道路等级的设计速度规定的最小值。线形设计应根据地形、地质、地物、技术难度及其工程量大小等因素综合考虑，合理选择线形技术指标，进行组合设计和优化设计。

道路透视图是一种最有效、最丰富的表达语言。运用计算机进行的三维模型透视图及其图像处理技术，不仅可以对路线线形设计进行工程评价与检验，而且可以向公众展示项目建成后的效果，便于公众直观理解意图和意见反馈。因此，必要时可以运用道路透视图或三维设计对设计方案进行分析与评价。

3.0.3 加强环境保护和合理利用土地资源是重要的国策，应减少道路建设对周围环境的影响，妥善处理人、车、路、环境之间的关系，使社会、环境与经济效益协调统一。

3.0.4 城市道路从交通量发展、沿线土地开发程度、资金等综合因素考虑，采用分期修建是有可能的。但采用分期修建方案时，必须在综合论证的基础上，进行总体设计，制定分期修建方案和相应设计。

3.0.5 城市道路的改建往往是在交通流量大、路面状况不好等情况下进行的，应合理选择、灵活运用技术指标，因地制宜地提出道路工程改建方案。

3.0.6 设计车辆的外廓尺寸和交通组成是城市道路几何设计中的重要控制因素。设计车辆是道路设计所采用的有代表性的车型，其外廓尺寸、质量、运转特性等特征作为道路设计的依据。实际使用中设计车辆应根据道路功能和服务对象选定。

本规范机动车设计车辆及其外廓尺寸与《城市道路工程设计规范》CJJ 37-2012的规定一致。

设计车辆中不包括超长、超宽、超高的车辆，通行上述车辆的道路应特殊考虑，以满足交通功能和运营安全。

3.0.7 本规范非机动车设计车辆及其外廓尺寸与《城市道路工程设计规范》CJJ 37-2012的规定一致。

3.0.8 本条道路建筑限界规定是在《城市道路工程设计规范》CJJ 37-2012基础上，图示中增加了缘石外露高度（h）和安全带宽度（W_{sc}）的表示，使道路建筑限界形成一个封闭的空间界线。侧向净宽度为路缘带宽度与安全带宽度之和；当缘石高度不能保证车辆行驶的侧向净宽度时，应考虑适当加宽侧向宽度。

3.0.9 本规范道路最小净高与《城市道路工程设计规范》CJJ 37-2012的规定一致。最小净高是针对设计车辆制定的，对通行无轨电车、有轨电车、双层客车、或其他超长、超宽、超高特种车辆的道路，应根据实际通行的车辆类型确定道路净高，并应结合路网条件设置完善的交通管理和行车安全措施。

1 同一等级道路应采用相同的净高，目的是交通管理措施的一致性，如高架路系统、主干路系统应采用相同的净高标准。若道路系统内的部分节点有近、远期实施方案，可另行考虑。

2 虽然我国城市道路和公路规范设计车辆总高均为4m，但在最小净高的规定上有差异。城市道路规范采用机动车为对象的最小净高为4.5m；公路规范采用道路等级为对象的净高标准，高速公路、一级公路和二级公路的最小净高为5.0m，三级公路、四级公路的最小净高为4.5m。因此，与公路衔接的城市道路，当净高要求不一致时应衔接过渡，制定交通管理措施，保证行车安全。净高要求不同的城市道路之间，也应设置必要的限高标志和防撞设施等。

3 道路下穿宽度较宽或斜交角度较大的构筑物时，其路面距离构造物下缘任一点的高度均应满足道路净高要求。

3.0.10 设计交通量是确定道路规模、评价道路运行状态和服务水平的重要参数，预测时应考虑远期社会经济发展、城市规划、人口与岗位分布、出行总量、机动车增长、路网条件、出行方式的影响，为道路车道数的定量分析提供依据。在确定道路横断面车行道宽度时，远期设计交通量的预测年限作为道路设计年限的指标，与《城市道路工程设计规范》CJJ 37-2012的规定一致。道路等级高的设计年限长，在设计年限内车行道的宽度应满足道路交通量增长的需求，保证车辆能够安全、舒适、通畅的行驶。

道路通行能力和服务水平的相关内容参见《城市道路工程设计规范》CJJ 37-2012的规定。

3.0.11 该条为防灾要求，应对道路沿线的工程地质和水文地质进行深入调查、勘察，查清其对道路工程的影响程度。遇有不良工程地质路段应慎重对待，视其对路线的影响程度，对绕、避、穿等方案进行论证比选。当受到规划、用地等因素限制难以避开时，应采取有效的工程和管理措施。

4 总体设计

4.1 一般规定

4.1.1 快速路（如采用高架、隧道、路堑、地面等道路形式）、主干路（如采用主辅路断面布置、快捷路等）、大桥和特大桥、隧道、交通枢纽等项目，系统性强、涉及面广、协调量大、工程较复杂，项目各专业之间、与旁邻工程的关联性较强，该类工程应进行总体设计，做好总体布置方案，并要求在设计文件中以一定形式表达出来。其他道路若涉及与轨道交通、地下空间、大型地下管线、综合管沟、城市景观等的协调，以及需要分段、分期设计的道路，可按相关因素进行总体设计。

4.1.2　总体设计应贯穿于道路设计的全过程，完成各个阶段的主要任务。可行性研究阶段，应在充分调查研究、评价预测和必要的勘察工作基础上，对项目建设的必要性、经济合理性、技术可行性、实施可能性，进行综合性的研究和论证；确定道路等级、主要技术标准和建设规模；对不同建设方案进行比较，提出推荐建设方案。初步设计阶段，应明确设计原则和技术标准，在收集勘察资料和环评、风险等评估的基础上深化设计方案，确定拆迁、征地范围和数量，提出设计存在的问题、注意事项及有关建议，其深度应控制工程投资，满足编制施工图设计、主要设备订货、招标及施工准备的要求。施工图设计阶段，应能满足施工图预算、施工招标、施工安装与加工、材料设备订货的要求，并据以工程验收。

总体设计强调项目的系统性、全面性，设计人员应按各阶段设计方案的要求，协调本项目与外部项目、社会、环境之间的内外关系，处理道路与桥梁、隧道、管线、交通设施、照明、绿化景观等各专业之间的关系，合理确定本项目的工程范围、技术标准、建设规模、主要技术指标、道路形式、横断面布置和总体设计方案，提出外部关联工程的衔接条件、设置要求、设计界面、配套接口、会签认可、有关部门确认等内容，以便形成适合、可行的设计方案，满足城市道路"枢纽型、功能性、网络化"的发展要求。

在实现安全、环保、可持续发展的总体目标中应包括三个方面的内容，一是交通功能方面应达到舒适性、安全性、高效性和可达性等；二是环境保护方面要求道路建设应尽量减少对空气、声环境、生态及人类生活环境要素的负面影响（如采取降低噪声、减少废气排放、防止水土流失或采取地下道的结构形式等）；三是资源节约方面要求道路建设应能有效利用土地、能源、人力等资源（如节约用地、减少拆迁、少占耕土、降低能耗、原有道路或旧料利用等）。

4.1.3　规定了总体设计应完成的主要内容。

1　设计原则作为完成工程建设项目的指导思想以及对总体设计方案的评判标准，应从以下几方面加以阐述：

　　1）对工程项目功能性品质追求的理念，如交通功能完善，满足应有的（或各种）交通方式的需求；坚持功能性技术标准，使工

　　　程项目具有高效合理的使用性能；

　　2）满足规划思想，符合规划要求，使工程项目具有充分的规划依据；

　　3）坚持工程设计"以人为本"的理念，最大程度满足各层次使用者的需求；

　　4）注重环境保护，体现资源节约、环境友好的工程项目设计；

　　5）坚持科学态度，积极采用新技术、新材料、新工艺、新设备，达到技术先进、经济合理、资源省、安全可靠；

　　6）根据需求逐渐增长的特点，采用近远期分步实施的方法，达到既满足使用要求，又减少近期投资，使项目具有最大的性价比；

　　7）注重道路景观协调，符合生态文明建设要求；

　　8）工程设计方案在征地拆迁、维持交通、施工方案等方面具有可实施性。

2　道路的功能定位、服务对象与道路等级、道路在路网中的地位和作用有关，可根据其所处的区位、交通特性、区域环境来确定。服务功能可分为交通性道路、生活性道路、商业性道路和景观性道路，服务对象可分为客运交通、货运交通、客货运交通等。

3　技术标准包括设计道路及相交道路的等级、设计速度、道路净高、铁路限界、航道等级与限界、设计荷载、结构设计使用年限、抗震设防标准、安全等级等，主要排水技术标准包括雨水设计重现期、径流系数、污水量等，并列出采用的规范及标准。建设规模应根据预测交通量和建设条件综合确定，满足交通发展需求。在确定工程技术指标时，应注意地区特性与差异，精心做好路线设计；必要时宜进行安全性评价，以保障行人和行车安全。因条件受限而采用规范的极限值或对快速路线形组合设计有难度的路段，可采用运行速度进行检验，并采取相应技术对策。

4　总体设计应进行多方案比选，经技术经济综合论证，提出推荐方案，设计方案内容包括路线走向、道路形式、横断面布置、路段和重要节点的设计方案等。路线设计应根据沿线地形地貌、主要建筑物、环境敏感点的处理，沿线相关的铁路、城市轨道交通、隧道、水系、河道、航空、管道、高压线的布局，自然资源状况等，确定路线走向、主要控制点和竖向控制要素；并根据相邻工程衔接，确定项目的起终点、工程范围和道路用地。并应协调项目外部与内部各专业之间的关系，划定设计界面与接口，相关配套内容、设计界面、接口、距离等应符合有关法规、标准、规范的规定，并征求社会公众和部门意见，落实相关控制措施。

5　交通组织设计是总体设计中的一个重要环节，有利于道路设计满足交通功能的要求。新建道路或改建道路应根据服务对象、交通需求和路网条件进行交

通组织设计，满足各种交通方式安全、通畅、高效的使用要求。

6 应在查明工程沿线设施、自然环境、地形、地质等建设条件的基础上，认真研究路线方案或工程建设同生态环境、资源利用的关系，采取环境保护和节能降耗等技术措施，减少对生态环境的影响程度，加强恢复力度，最大限度地保护环境。对涉及社会稳定风险、工程质量安全的项目应开展科学、系统的预测、分析和评估，制定风险预控措施和应急预案，优化设计方案，使工程设计方案在线位、用地、征地拆迁、结构形式、维持交通、施工方案等方面具有可实施性，使项目能上马。

4.2 总体设计要点

快速路、主干路、大桥和特大桥、隧道设施与其他等级道路相比，不但主体的平纵线形指标高，而且相应增加了立体交叉、复杂平面交叉口、出入口、交通工程及沿线设施、管线设施、城市道路与公路衔接、道路与相邻工程衔接等诸多工程项目。这些工程项目无论设计或施工都较一般道路的工程项目复杂得多，所以从技术上必须加强对这些工程的总体设计，以确保诸多工程作用连贯、相互协调、布局合理。总体设计应在统筹布局的指导下系统地做好各项设计工作，合理衔接路线位置与各控制点、路线平纵线形与地形及各种构造物、路线交叉位置、各项沿线设施的设置位置及间距等方面，协调线形与横断面之间的关系，以及道路工程对周边环境的保护和协调，对分期修建工程进行总体布局及实施方案等内容。

4.2.1 城市道路路线走向一般以规划为依据，当规划滞后或规划未确定而存在不同路线走向的可能时，应进行不同路线走向方案的比选，并将推荐方案报规划部门审批。

4.2.2 根据规划的道路等级，论证道路功能定位，并结合服务对象和建设条件，合理选用设计速度和主要技术标准。

4.2.3 论证并确定机动车车道数规模和非机动车道、人行道宽度；定性分析主要根据道路性质及其在路网中的地位和使用要求确定；对于投资额巨大、交通条件复杂的工程项目，应对机动车道的通行能力进行深入论证，提出采用车道数的推荐意见。

4.2.4 横断面布置应进行多方案比选，论证并确定道路横断面布置形式，如采用单幅路、双幅路、三幅路、四幅路或其他特殊横断面设计，并应结合道路红线确定道路实施宽度。

4.2.5 应结合交通组织设计进行多方案比选，论证并确定道路敷设方式，如采用高架路、隧道、地面、路堑、路堤或老桥拓宽等总体布置方案，并确定桥梁、隧道等结构设计方案，以达到减少工程投资、缓解社会矛盾、改善环境的目的。

4.2.6 论证并确定各交叉点的布置位置、间距、交叉类别、交叉形式、各部分的基本尺寸和主要设计参数，确定交叉口用地范围；对于道路与铁路、城市轨道交通线路的交叉，应根据道路等级、轨道交通性质、交通量、地形条件、安全要求以及社会经济效益等因素，确定是否设置立交。

4.2.7 确定沿线河道桥梁的布置方案，满足航道及水利部门有关蓝线、桥下建筑限界的要求。

4.2.8 确定沿线人行过街设施设置方式，如人行横道、人行天桥或人行地道形式，并提出信号灯配置等要求。

4.2.9 确定沿线公交专用道布置形式，可采用路中专用道或路侧专用道；确定沿线公交站点位置、布置方式，可采用港湾式或路抛式的布置形式等。当有公交站点规划时，应按公交站点规划设置公交站点；当没有公交站点规划时，应根据道路沿线用地性质、公交换乘需要、站点距离适当的要求，以及道路条件，经征求公交部门意见后，提出公交站点设置方案及站点形式。

4.2.10 将交通组织设计纳入总体设计范畴，对路段、交叉口、出入口应分别进行交通组织设计方案。

1 路段上需说明各种交通方式在横断面上的安排，如不同车种在道路上单向行驶或双向行驶，道路中间是否隔离行驶，机、非隔离行驶或画线分行，公交车与其他机动车混行或采用公交专用道，非机动车与行人分板或共板，非机动车在公交站点处与公交车交织或不交织，路段上横向车辆出口封闭与否、开口间距，或允许进入非机动车道而不允许直接进入机动车道，调头车道间距，行人及非机动车横过道路的方式、间距、地点设置等。

2 交叉口处需说明各种交通方式通过交叉口的组织方式，如交叉口所有方向均允许通行或某些方向禁行，交叉口设信号灯组织交通或按通行优先权的不同组织交通；设信号灯组织交通时，信号灯组和信号相位如何安排，非机动车随机动车过交叉口还是随行人过交叉口，公交车有无优先通行权，公交车站与交叉口展宽是否一体化设计等。

4.2.11 应确定交通工程及沿线设施的建设规模、技术标准、设置内容和设计范围，并按交通设施布置要求进一步优化工程设计方案，满足功能、安全、服务的要求。

4.2.12 对拟分期修建的道路工程，应近远期结合，在远期总体设计的基础上制订分期修建方案，并应进行相应设计，满足交通功能需求。

5 横断面设计

5.1 一般规定

5.1.1 城市道路红线宽度由规划部门制定，道路设计应服从总体规划。城市道路的设计一般在规划道路红线内进行，并应符合规划控制要求；但对不能满足规划确定的道路技术标准而需要调整时，应与规划部门协商，并得到批准。

5.1.3 环保设施是指道路范围内的声屏障、防噪墙、隔声板等设施。

5.1.4 城市道路是路网构架，互相沟通，使城市交通四通八达，横断面布设特别是旧路改建，应考虑已有的地形地物条件，尽可能地利用已有构筑物和设施，而不是简单地套用路幅形式。横断面中的车行道宽度应依据设计速度、预测交通量、服务水平分析确定。

5.2 横断面布置

5.2.1 影响城市道路横断面形式与组成部分宽度的因素很多，如交通量、车辆类型与组成、设计速度、城市地理位置、地形条件、排除地面水的方法、地面结构物的位置等，应综合各类因素后确定。

1 单幅路灵活性较强，城市支路和旧城区道路使用较多，对商业区道路和具有游行、集会、大型活动场所等特殊使用要求的道路均可采用单幅路断面。

2 双幅路可减少对向机动车相互之间干扰，对绿化、照明、管线敷设也较有利。

经济开发区、风景区、高科技园区等区域性道路，具有非机动车较少的特点，非机动车可置于人行步道一侧，采用双幅路断面形式布置较为适宜。

双幅路断面形式也适用于分期修建的横断面布置。对于地势条件特殊的滨河路或丘陵路、横向高差大的道路，可利用地形优势采用分离式的双幅路断面形式。

3 三幅路实行机动车与非机动车分隔，可避免混行交通的干扰，保障行车安全，提高机动车的行车速度。单幅路和三幅路中，禁止跨越对向车行道分界线设置类型及宽度应满足现行国家标准《道路交通标志和标线 第3部分：道路交通标线》GB 5768.3中关于"禁止跨越对向车行道分界线"的规定。

4 四幅路较适用于快速路、交通性主干路，四幅路的特点是车辆分向和分流行驶，不受沿线车辆的干扰，沿线车辆可先通过辅路再进出主路车道。快速路单向机动车道一般不应少于3条，主干路车道数单向机动车道不应少于2条。

5 原则上路边停车宜布置在支路或辅路上，不建议在主干路或次干路上布置路边停车，会影响道路通行能力。

5.2.2 高架路是城市快速或主干路布置的一种形式。横断面设计时，根据不同地形条件和交通组织设计，可采用整体式、分离式、双层式或组合形式，应因地制宜选用，灵活掌握。

1 整体式高架路一般适用于城市建筑密集区、用地拆迁受限制、红线宽度较窄、交通流量大、路口间距较小的快速路或主干路，应按城市总体规划交通发展、用地范围、地形条件、立交设置、出入口设置，以及环境等因素，经技术经济综合比较后选用。

2 分离式高架路主路交通功能较好，上下行交通不在同一断面上，行车安全，可减少夜间眩光的干扰，有利于车辆快速疏解；两幅独立的桥位于地面道路两侧，两桥间留出采光空间，便于桥下辅路布设；但地面道路交通组织较复杂，需增加相应的交通设施引导交通。

5.2.3 当遇到无法动迁的障碍物，或敏感性地区以及特殊环景观要求时，道路只能从地下以隧道形式穿越，且采用隧道式横断面；但其造价较高，采用时需进行经济技术比较。

5.2.5 同一条路宜采用相同形式的横断面布置，以保证行车安全及景观要求；当横断面有变化时，变化点宜设置在大型构筑物前或路口处，并留有足够的渐变段以保障司机的反应时间。

5.2.6 为落实"公交优先"政策，当达到设置公交专用道客流量时，对快速路、主干路单向机动车道大于等于3车道的道路，宜单独设一条公交专用车道或限时公交专用车道，同时在横断面布置时应设公交停靠站；当快速公交专用道设在快速路主线两侧时，应与快速路出、入口的加减速车道综合考虑；当次干路单向车道数少于2条车道时，宜另设港湾式公交停靠站，不影响其他车辆行驶。

限时公交专用车道可用于路面资源有限且交通拥挤的路段，在保证高峰时段公交车正常通行的情况下，允许社会车辆分时段使用，可有效利用道路资源，提高整条路段的通行能力，减轻主干路路面的交通压力。

公交专用车道的设置尚应满足《城市道路工程设计规范》CJJ 37和《公交专用车道设置》GA/T 507中的有关规定。

5.2.7 当桥梁跨径较小时，可与道路同宽，这样既保证行车安全，又不过多的增加工程投资。特大桥、大桥、中桥，如果整个横断面宽度与道路一致，势必过多的增加了投资；为保证行车安全，车行道宽度、路缘带宽度应与道路一致。但其分车带等宽度可适当缩窄，以节省桥梁结构及投资。设计速度小于等于40km/h的道路两侧带可采用交通标线分隔。

5.2.8 隧道内轮廓设计，除应符合隧道建筑限界的规定外，还应满足洞内路面、排水设施、装饰的需要，并为通风、照明、消防、监控、营运管理等设施提供安装空间。

1 道路等级和设计速度相同的一条道路上的隧道横断面组成宽度宜相同。

2 城市道路隧道内应设置检修道。检修道的路缘石可以阻止车辆冲上检修道，是检修步行者的安全限界，同时可保证隧道设备的安全限界；检修道的高度可按20cm～80cm取值，并综合考虑以下因素：

　　1）检修人员步行时的安全；
　　2）紧急情况时，方便驾乘人员拿取消防设备；
　　3）满足其下放置电缆、给水管等的空间尺寸要求。

　　当设置检修道时，可不考虑安全带宽度；当不设置检修道时，应设不小于0.25m的安全带宽度。

　　3　隧道可按其封闭段长度L分类，分类见表1。

表1　隧道分类

隧道分类	特长隧道	长隧道	中隧道	短隧道
封闭段长度L(m)	L>3000	3000≥L>1000	1000≥L>500	L≤500

注：封闭段长度系指隧道两端洞口之间暗埋段的长度。

　　4　采用盾构施工工艺，可设置连续应急车道；采用明挖施工工艺，可采用连续或港湾式应急停车道。条件受限时，应通过技术论证、经综合比较后，确定是否设置应急车道。

　　5　人行横通道的主要功能是在紧急情况下疏散行人，用以进行紧急救援活动等。

5.3　横断面组成宽度

5.3.1　机动车道的宽度

　　1　机动车道的宽度较原《城市道路设计规范》CJJ 37 - 90的规定值进行了调整，与修订的《城市道路工程设计规范》CJJ 37 -2012一致。

　　2　快速公交专用车道宽度一般为3.50m，设物理分隔时若两侧路缘带最小宽度按0.25m计算，其总宽度最小为4.00m。普通公交专用车道宽度应满足大型车车道宽度的要求，且不小于3.50m。

5.3.2　非机动车道宽度

　　非机动车道主要供自行车、三轮车等行驶，非机动车宽度系根据非机动车外形尺寸及车辆横向净距（三轮车为0.659m）计算而得。三轮车车道为1.25m＋0.66m=1.91m，三轮车载物宽度，左右不得超出车身10cm，左右摆动按20cm计，计算得车道宽度三轮车为1.85m（1.25m＋0.2m＋0.4m），因此三轮车车道宽度采用2.0m。根据《中华人民共和国道路交通规则》规定，一条自行车的宽度为自行车车身宽度0.6m和行驶时左右各0.2m的摆幅宽度及两侧0.25m的路缘带宽度之和；载物宽度不准超出车把0.15m，考虑左右摆动，故一条自行车道宽度为1.5m；以后每增加一条自行车道就增加1.0m的车道宽度。一般沿道路两侧设置的单向非机动车道不宜少于2条自行车道，宽度不宜小于2.5m。

5.3.3　路侧带

　　1　人行道宽度取决于道路功能、沿街建筑物性质、人流密度，还应考虑在人行道下埋设地下管线等的要求。

表2　单侧人行道宽度与道路总宽度之比值参考表

道路等级	横断面形式			道路等级	横断面形式		
	单幅路	双幅路	三幅路		单幅路	双幅路	三幅路
快速路	—	1/6～1/8	—	次干路	1/4～1/6	—	1/4～1/7
主干路	1/5～1/7	—	1/5～1/8	支路	1/3～1/5	—	—

　　2　道路路侧一般种有树木或设置绿化带，为保证植物的正常生长，需要保证其合理的宽度。当种植单排行道树时，植树带最小宽度为1.5m。为保证行道树生长，绿化带和人行道总宽度不宜小于4.5m。

　　3　经调查我国各城市设置杆柱的设施带宽度多数为1.0m，有些城市为0.5m～1.5m，考虑有些杆线需做基座，则需宽度大些，但最小宽度不小于1.0m，最大不超过1.5m，设计时可根据实际情况选用。

　　地下管线应尽可能布置在路侧带下面，并要布置得紧凑和经济。当管线埋设在路侧带下面时，如管线种类较多，且管线间还应有安全距离，则路侧带的宽度需要较宽。

　　不同设施独立设置时占用宽度见表3。

表3　设施带宽度

项　　目	宽　　度(m)
行人护栏	0.25～0.50
灯柱	1.00～1.50
邮箱、垃圾箱	0.60～1.00
长凳、座椅	1.00～2.00
行道树	1.20～1.50

注：同时设置护栏与灯柱时，宜采用表中的大值。

　　现有城市道路中，人行道的宽度按规划设计为3.0m～5.0m宽，设施和绿化所占用的宽度不计入在内，设计时要明确行人、绿化、设施带各自合适的宽度。

5.3.4　分车带

　　1　分车带可分为中间带及两侧带。分隔带的作用是分隔主路上对向车辆、主路与辅路上同向车辆及辅路上机非车辆，其上可设置交通标志、公用设施与绿化等。此外，还可在路段上设置港湾式停靠站台。

　　中间带应由中间分隔带与两侧路缘带组成。分隔带以路缘石等设施分界，在构造上起到分隔双向交通的作用。

　　2　快速路上分车带的设置应按《城市快速路设计规程》CJJ 129的规定执行。

　　中间带宽度仅规定了特殊情况下采用的最小值，在正常情况下应考虑绿化带、防撞护栏、安全带宽度等因素确定。中间带宽度一般情况下应保持等宽度；当中间带宽度因地形条件或其他特殊情况限制而减窄或增宽时，应设置宽度过渡段。

5.3.5 加速车道是为保证驶入主路的车辆，在进入主路车流之前，能安全加速以保证汇流所需要的距离而设置的变速车道。减速车道是为保证车辆驶出主路时安全减速而设置的变速车道。由于加、减速车道在不同地点使用，其特点和要求各不相同。使用中可根据具体情况，按不同要求进行设计。

5.3.6 集散车道

1 集散车道与主线车道间应采用分隔设施或标线分隔。集散车道的设计速度应与相接匝道相同，集散车道路面宽度为车行道宽度加两侧路缘带宽度。

当主线设计速度小于或等于 60km/h 时，主线车道与集散车道之间可不设分隔设施。

2 当快速路出入口间距不能满足《城市快速路设计规程》CJJ 129 最小间距规定时，应增设集散车道，其宽度不少于 2 条车道的宽度。

5.3.7 辅助车道应根据《城市道路交叉口设计规程》CJJ 152 的相关规定进行设置。

5.3.8 路肩宽度自路缘带外侧算起。当设计速度小于 60km/h 时，汽车摆动较小，可设 0.50m 宽的路肩；快速路的路肩宽度不应小于 0.75m，与设置波形护栏采用相应防撞等级的最小宽度是一致的。有少量行人时，路肩宽度为 1.50m。

5.3.9 非机动车道和人行道的分隔措施可以采用树穴、绿化带、分隔柱等物理分隔，也可采用不同铺装类型、平缘石及画标线等。

5.4 路拱与横坡

5.4.1 路拱坡度的确定应以有利于路面排水和保障行车安全平稳为原则，横坡度大小主要视路面种类、表面平整度、抗滑性能、纵坡大小等因素而定。沥青路面采用直线形路拱的方式较为普遍，也可根据当地经验采用其他形式的路拱。

表 5.4.1 中注 1，快速路路拱设计坡度宜采用高限值更有利于排水，防止因车速较高使雨水形成雾状，影响驾驶员视线，并避免路面雨水形成薄膜而使汽车滑移。

5.4.3 考虑行人安全、排水以及道路与两侧地坪标高相配合，城市道路中人行道横坡度宜采用 1.0%～2.0% 的单面坡。

5.4.4 路肩横坡可加大，一般为采用 2.0%～3.0%，以利排水。

5.5 缘 石

5.5.2 中间分隔带、两侧分隔带及路侧带（含绿带、树池），按各地的习惯一般可采用缘石围砌。随着道路各部位的不同，缘石的功能要求也是不同的。

立缘石一般高出路面边缘 10cm～20cm，锯齿形偏沟处可采用 8cm～20cm。

立缘石的设置还应符合现行国家标准《无障碍设计规范》GB 50763 的有关规定。

5.5.3 为保证隧道内线形弯曲段或陡峻路段的安全，立缘石可加高至 25cm～40cm。其埋置深度应能抵抗路侧带荷载的侧压力，保证结构稳定。

6 平 面 设 计

6.1 一般规定

6.1.1～6.1.4 道路平面线形由直线、圆曲线、缓和曲线组成。平面线形几何设计应符合城市总体规划及路网规划，服从道路红线，综合技术经济、道路功能、土地利用、征地拆迁、航道、水利、轨道、景观、环保的要求，结合沿线地形、地物、地质、管线分布情况，注重线形的连续性与均衡性，处理直线、圆曲线、缓和曲线、超高、加宽的关系，营造安全、舒适、通畅的行车条件。

道路的服务对象为机动车、非机动车与行人。道路位于城市区域，路网密、流量高，因此城市道路平面设计应根据道路的功能、等级，运用交通工程的理念与手段，重点进行交通组织设计，并合理布置交叉口、出入口、分隔带开口、公交停靠站、人行设施，合理分配路权与布置交通空间，创造机动车、非机动车与行人的和谐交通环境，发挥更大的社会与经济效益。

6.2 直 线

6.2.1 道路的短直线不能保证平面线形的连续性，使驾驶者操纵方向盘有困难，不利于行车安全。因此，对两相邻同向或反向平曲线（设置缓和曲线情况）之间的直线单元的最小直线长度做了规定。对于满足不设缓和曲线的圆曲线间的最小直线长度也应符合本规定要求。

6.2.2 城市道路的路线走向基本在路网规划阶段已经确定，设计阶段调整的余地不大。并且，不同路段的城市道路街景和设施处于变化中，长直线并不容易使驾驶员产生疲劳感。因此，城市道路对直线的最大长度不做规定。关键在于直线长度的选择应与地形相适应，与沿线建筑、绿化等相协调，加强与道路纵断面线形、横断面布置的组合设计，改善路容与行车环境，并考虑驾驶员的视觉、心理状态等合理布设。同时，长直线的线路走向还应考虑与太阳入射角的关系，避免驾驶员行车时阳光直射产生眩目。

6.3 平 曲 线

6.3.2 圆曲线

1 本规范规定了不设超高最小半径、设超高最小半径一般值、设超高最小半径极限值三类圆曲线最小半径，在工程设计中应结合具体情况合理选用。

圆曲线最小半径是以车辆在曲线上能安全又顺适地行驶为条件确定的，即车辆行驶在曲线部分时，所产生的离心力等横向力不超过轮胎与路面的摩擦力所允许的界限。圆曲线最小半径按下式计算。

$$R = \frac{V^2}{127(\mu+i)} \quad (1)$$

式中：R —— 圆曲线半径（m）；

V —— 设计速度（km/h）；

μ —— 横向力系数，取轮胎与路面之间的横向摩擦系数；

i —— 路面横坡或超高横坡。

在设计速度 V 确定的情况下，圆曲线最小半径 R 取决于横向力系数 μ 和横坡 i 的选值。横向力系数 μ 的选用不仅考虑汽车在弯道上行驶时的稳定性，还要考虑乘客的舒适性以及对燃料、轮胎消耗的影响。汽车在弯道上行驶时，不同的 μ 值对乘客的舒适感和对燃料、轮胎消耗的影响见表4和表5。

表4　汽车在弯道上行驶时对乘客的舒适感

μ	乘客舒适感
≤0.10	转弯时不感到有曲线存在，很平稳
0.15	转弯时略感到有曲线存在，尚平稳
0.20	转弯时已感到有曲线存在，略感到不平稳
0.35	转弯时明显感到有曲线存在，已感到不稳定
≥0.40	转弯时非常不稳定，站立不住而有倾倒危险

表5　μ 值对燃料和轮胎消耗的影响

μ	燃料消耗（％）	轮胎消耗（％）
0	100	100
0.05	105	160
0.10	110	220
0.15	115	300
0.20	120	390

《公路工程技术标准》JTG B01-2003 中的 μ 值按 0.035～0.040 取用，计算得出公路不设超高圆曲线最小半径值。结合我国城市道路大型客、货车较多的特点，城市道路不设超高圆曲线最小半径按 $\mu=0.067$ 和 $i=-2\%$ 计算得出。设超高圆曲线最小半径一般值按 $\mu=0.067$ 和 $i=2\%～6\%$ 计算得出。城市道路由于非机动车的干扰，交叉口较多，一般车速偏低，因此 μ 值可加大些。本规范中，设超高圆曲线最小半径极限值按不同的设计速度，$\mu=0.14～0.16$，$i=2\%～6\%$ 计算得出。圆曲线半径理论计算值与规范

采用值见表6。

表6　圆曲线半径计算表

设计速度（km/h）		100	80	60	50	40	30	20
不设超高最小半径（m）	横向力系数 μ	0.067	0.067	0.067	0.067	0.067	0.067	0.067
	路面横坡度 i	−0.02	−0.02	−0.02	−0.02	−0.02	−0.02	−0.02
	$R = \frac{V^2}{127(\mu+i)}$	1675	1072	603	419	268	151	67
	R 采用值	1600	1000	600	400	300	150	70
设超高最小半径一般值（m）	横向力系数 μ	0.067	0.067	0.067	0.067	0.067	0.067	0.067
	路面横坡度 i	0.06	0.06	0.04	0.04	0.02	0.02	0.02
	$R = \frac{V^2}{127(\mu+i)}$	620	397	265	184	145	81	36
	R 采用值	650	400	300	150	150	85	40
设超高最小半径极限值（m）	横向力系数 μ	0.14	0.14	0.15	0.15	0.16	0.16	0.16
	路面横坡度 i	0.06	0.06	0.04	0.04	0.02	0.02	0.02
	$R = \frac{V^2}{127(\mu+i)}$	394	252	149	104	70	39	17
	R 采用值	400	250	150	100	70	40	20

2　长直线下坡尽头接平曲线半径的线形组合在城市道路中较多，且较易产生交通事故，尤其在雨雪天等不利的气候条件下。对受条件限制时，可从提高路面抗滑性能、交通安全、交通管理等方面考虑采取防护措施。

6.3.3　缓和曲线

1　不设缓和曲线的最小圆曲线半径

直线和圆曲线之间插入缓和曲线后，与直线和圆曲线直接相连比较，产生位移量 e。设置或不设置缓和曲线，以 20cm 的位移量为界限。位移量 $e<20$cm 可不设缓和曲线，位移量 $e \geq 20$cm 时设缓和曲线。

则

$$e = \frac{1}{24} \cdot \frac{L_s^2}{R} = 0.2 \quad (2)$$

而

$$L_s = \frac{V}{3.6} \cdot t \quad (3)$$

当 $e=0.2$m 及 $t=3$s 时，得出不设缓和曲线的最小圆曲线半径为：

$$R = 0.144V^2 \quad (4)$$

为不影响驾驶员在视觉和行驶上的顺适，不设缓和曲线的最小半径值为式（4）计算值的 2 倍，不设缓和曲线的最小圆曲线半径计算值见表7。

表7　不设缓和曲线的最小圆曲线半径

设计速度（km/h）	100	80	60	50	40
计算值（$R=2\times0.144V^2$）(m)	2880	1843	1037	720	461
不设缓和曲线的最小圆曲线半径（m）	3000	2000	1000	700	500

对设计速度小于 40km/h 的支路，作为次干路与街坊路的连接线，以服务沿线地块、交通设施等为主，对其设置缓和曲线不做要求。

随着计算机辅助设计在道路几何设计中的应用，设计人员对于直线与圆曲线间或圆曲线与圆曲线间的连接都基本采用了缓和曲线的连接方式。因此，在低速状态下的直线与圆曲线或圆曲线与圆曲线的连接标准也可使用缓和曲线。

2 缓和曲线长度

车辆从直线段驶入圆曲线或从圆曲线驶入直线段，由大半径圆曲线驶入小半径圆曲线或由小半径圆曲线驶入大半径圆曲线，为了缓和行车方向和离心力的突变，确保行车的舒适和安全，在直线和圆曲线间或半径相差悬殊的圆曲线之间需设置符合车辆转向行驶轨迹和离心力渐变的缓和曲线。由离心力作为控制产生的缓和曲线最小长度应满足以下要求：

1）驾驶员易操作，乘客感觉舒适。汽车行驶在圆曲线上引起的离心力与缓和系数 α_p 有关，见式（5）。

$$\alpha_p = \frac{v^2}{Rt} = 0.0215 \frac{V^3}{RL_s} \qquad (5)$$

式中：α_p——检验缓和曲线的缓和性指标，α_p 一般采用 0.3 m/s³～1.0m/s³，我国在道路设计中 α_p 采用 0.6 m/s³；

v——设计速度（m/s）；

V——设计速度（km/h）；

R——圆曲线半径（m）；

t——在缓和曲线 L_s 上行驶所需时间（s）。

则

$$L_s = 0.035 \frac{V^3}{R} \qquad (6)$$

2）行驶时间不宜过短，汽车在缓和曲线上行驶时，使驾驶员有足够的时间转动方向盘，以适应前方线形的改变，也使乘客感到舒适。缓和曲线上行驶时间采用 3s，按式（7）计算。

$$L_s = vt = \frac{V}{3.6}t \qquad (7)$$

缓和曲线最小长度按式（6）及式（7）两者计算取大值，缓和曲线最小长度计算值与采用值见表 8。

表 8 缓和曲线最小长度

设计速度（km/h）		100	80	60	50	40	30	20
缓和曲线最小长度（m）	$L_s = 0.035\frac{V^3}{R}$	87.5	71.7	50.4	43.8	32.0	23.6	14.0
	$L_s = \frac{3V}{3.6}$ $= 0.833V$	83.3	66.6	50.0	41.7	33.3	25.0	16.7
	采用值	85	70	50	45	35	25	20

注：表中 R 采用设超高最小半径。

3 缓和曲线参数

调查表明，由于使用了长的缓和曲线，在视觉上线形变得自然平顺，行驶更加安全舒适，缓和曲线参数 A 值的灵活运用增加了线形设计的自由度，使得线形与地形更容易相适应。《公路路线设计规范》JTG D20-2006 规定了"缓和曲线参数宜依据地形条件及线形要求确定，并与圆曲线半径相协调。"即：

1）当 R 小于 100m 时，A 宜大于或等于 R。

2）当 R 接近于 100m 时，A 宜等于 R。

3）当 R 较大或接近于 3000m 时，A 宜等于 R/3。

4）当 R 大于 3000m 时，A 宜小于 R/3。

根据视觉要求，试验所得缓和曲线起点至终点切线角的变化宜控制在 3°～29° 之间，即 $\beta = \frac{L_s}{2R} = \frac{A^2}{2R^2}$（代入 $\beta = 3°$ 及 $\beta = 29°$，β 以弧度计），则有 $R/3 \leqslant A \leqslant R$。

6.3.4 平曲线长度

1 平曲线指道路线形上的曲线部分，完整的平曲线包括一个圆曲线和两个缓和曲线。汽车在平曲线上行驶时，如曲线过短，驾驶员操纵方向盘时变动频繁，在高速行驶时感到危险，加上离心加速度变化率过大，使乘客感到不舒适。因此，必须确定不同半径与设计速度条件下的平曲线最小长度。《日本公路技术标准的解说与运用》中认为，汽车通过平曲线的时间 6s 较为合适；汽车通过平曲线中间一段圆曲线的时间 3s 较为合适。平曲线和圆曲线的最小长度按下式计算。

$$L_{min} = \frac{1}{3.6} \cdot V \cdot t \qquad (8)$$

式中：L_{min}——平曲线长度（m）；

V——设计速度（km/h）；

t——汽车通过平曲线的时间（s），以 6s 计。

平曲线长度除应满足设置缓和曲线或超高、加宽过渡的需要外，还应保留一段圆曲线，以保证汽车行驶状态的平稳过渡。平曲线最小长度是按缓和曲线最小长度的 2 倍控制，实际上是一种极限状态，此时曲线为凸形缓和曲线，驾驶者会感到操作突变且视觉亦不舒顺。因此，建议最小平曲线长度取值按理论上至少应该不小于 3 倍缓和曲线最小长度，即保证设置最小长度的缓和曲线后，仍保留一段相同长度的圆曲线。

平曲线及圆曲线最小长度计算值与规范采用值计算见表 9。

2 在地形条件许可的情况下路线转角争取尽可能小，才能达到路线顺直。但转角太小，容易引起驾驶员的错觉，把曲线长度误认为比实际的短，或认为道路急转弯，造成驾驶员感觉道路在顺适地转弯，这种现象转角越小越显著。所以转角越小越要插入长的曲线，必须使其产生道路在顺适转弯的感觉。在转角小的曲线部分为使驾驶员识别出是曲线，应适当加大外距；特别是连续流交通的道路，更应注重小转角的影响。

表 9　平曲线及圆曲线最小长度计算表

设计速度（km/h）		100	80	60	50	40	30	20
平曲线最小长度（m）	计算值	167	133	100	83	67	50	33
	采用值	170	140	100	85	70	50	40
圆曲线最小长度（m）	计算值	83	67	50	42	33	25	17
	采用值	85	70	50	40	35	25	20

引起驾驶员错觉的道路转角临界值采用 7°，以 7° 作为引起驾驶者错觉的临界角度也只是一种经验值，因为通过选择合适的圆曲线半径，或设置足够的长度的曲线可以改善视觉效果，这才提出小转角的最小曲线长度的限制问题。

而一般城市道路受规划红线、用地条件的限制，存在小转角的情况是比较普遍的。要取消小转角，往往需要增加较大的工程量和巨大的动拆迁。另外，城市道路车辆密度较大，变换车道也较频繁，同时由于沿线交叉口的存在，驾驶员的注意力一般较为集中，因小转角的存在而发生交通安全事故的概率较小。因此，本次对设计速度小于 60km/h 的地面道路，不再做小转角的规定，只要满足平曲线规定的最小长度即可。

6.4　圆曲线超高

在道路曲线部分汽车行驶时所承受的离心力被路面超高使汽车产生的横向力及路面与轮胎之间的摩擦力抵消，因而能保持横向稳定，顺利行驶。超高设计及超高率计算应考虑把横向摩擦力减至最低程度。对于确定的设计速度，最大超高值的确定主要取决于曲线半径、路面粗糙率以及当地气候条件。在潮湿多雨以及季节性冰冻地区，过大的超高易引起车辆向内侧滑移，尤其是当拥堵造成弯道车速低甚至停止的情况下，所以应对超高横坡度加以限制。

快速路上行驶的汽车为了克服行车中较大的离心力，超高横坡度可较一般规定值略高。处于市区的城市道路因受交叉口、非机动车以及街道两侧建筑的影响，不宜采用过大的超高横坡度。综合各方面的情况后，拟定最大超高横坡度如下：设计速度 100km/h、80km/h 为 6%，设计速度 60km/h、50km/h 为 4%，设计速度小于或等于 40km/h 为 2%。

对于通行大型货车比例较高的路段，如在高路堤、高架桥、跨线桥等曲线处，由于车辆超速行驶、集装箱车辆转锁装置未上锁，极易导致箱体滑脱、侧翻等甩箱情况的出现，对构筑物的曲线外侧或下方辅道或地面道路构成安全隐患。针对此类情况，可考虑提高一级设计速度进行超高值的验算，必要时应对道路平纵线形、横断面布置进行调整。

设超高时，应考虑超高渐变率，以确定超高缓和段长度。超高渐变率为旋转轴与路面边缘之间相对升降的比率。由于超高旋转轴、回转角速度以及车道数等因素不同，不可能做统一规定。

立交匝道无论圆曲线半径大小，均应设置超高。

非机动车道、人行道不宜设置超高，但应满足设置正常路拱横坡的要求。

6.5　圆曲线加宽

汽车在平曲线上行驶时，各车轮行驶的轨迹不同。靠曲线内侧后轮的行驶曲线半径最小，靠曲线外侧前轮的行驶曲线半径最大。因此，汽车在曲线上行驶时所占的车道宽度比直线段大。为保证汽车在转弯过程中不侵占相邻车道，圆曲线半径小于或等于 250m 时，应在圆曲线内侧加宽。

根据汽车在圆曲线上行驶时的相对位置关系所需的加宽值 b_{w1} 和不同车速情况下的汽车摆动偏移所需的加宽值 b_{w2}，每车道加宽值计算如下：

小客车、大型车的加宽值 b_w 为：

$$b_w = b_{w1} + b_{w2} = \frac{a_{gc}^2}{2R} + \frac{0.05V}{\sqrt{R}} \qquad (9)$$

铰接车的加宽值 b'_w 为：

$$b'_w = b'_{w1} + b'_{w2} = \frac{a_{gc}^2 + a_{cr}^2}{2R} + \frac{0.05V}{\sqrt{R}} \qquad (10)$$

式中：a_{gc} ——小客车、大型车轴距加前悬的距离，或铰接车前轴距加前悬的距离（m）；

a_{cr} ——铰接车后轴距的距离（m）；

V ——设计速度（km/h）；

R ——设超高最小半径（m）。

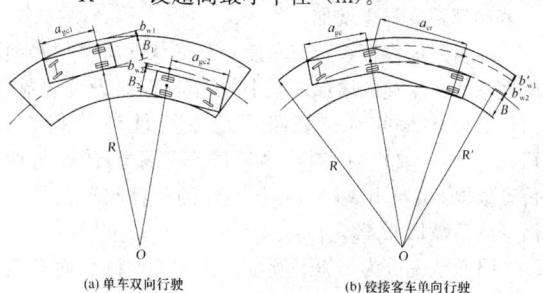

(a) 单车双向行驶　　　(b) 铰接客车单向行驶

图 1　圆曲线上路面加宽示意

本规范每车道加宽值是根据《城市道路工程设计规范》CJJ 37-2012 中规定的车辆类型和上述公式计算得出的。加宽缓和段可采用线性加宽、抛物线加宽等方式。加宽缓和段的加宽值由直缓点（缓直点）加宽为零，按比例增加到缓圆点（圆缓点）全加宽值。

6.6 视　　距

6.6.1　该条为强制性条文，主要是为了确保行车安全。当车辆行驶时，驾驶员一旦发现前方有障碍物，或迎面开来的车辆，应及时采取措施，防止车辆与障碍物或车辆与车辆相撞。完成此过程所需的最短行车距离称为停车视距。

停车视距由反应距离、制动距离及安全距离组成，按式（11）和式（12）计算：

$$S_s = S_r + S_b + S_a \qquad (11)$$

式中：S_r ——反应距离（m）；

　　　S_b ——制动距离（m）；

　　　S_a ——安全距离，取5m。

$$S_s = \frac{Vt}{3.6} + \frac{\beta_s V^2}{254(\mu_s \pm i)} + S_a \qquad (12)$$

式中：V ——设计速度（km/h）；

　　　t ——反应时间，取1.2s；

　　　β_s ——安全系数，取1.2；

　　　μ_s ——路面摩擦系数，取0.4；

　　　i ——纵坡度（%），上坡为"+"，下坡为"—"。

表10　停车视距

设计速度 （km/h）	S_r （m）	S_b （m）	S_a （m）	S_s 计算值 （m）	S_s 采用值 （m）
100	33.34	118.00	5	156.34	160
80	26.67	75.52	5	107.26	110
60	20.00	42.48	5	67.52	70
50	16.67	29.50	5	51.17	60
40	13.33	18.88	5	37.21	40
30	10.00	10.62	5	25.62	30
20	6.67	4.72	5	16.39	20

6.6.2　我国幅员辽阔，在东北、内蒙古、新疆以及西北、西南高原等大面积国土上，冬季都存在着不同程度的降雪和冰冻，冰雪路面的附着系数明显下降，车辆制动距离显著增加。

冰雪路面摩擦系数与车速及路面状况有关。路面摩擦系数随车速的增加而减小，《公路路线设计规范》JTG D20-2006 和《公路项目安全性评价指南》JTG/T B05-2004 对小客车停车视距的计算与评价，根据20km/h～100km/h不同的设计车速，其路面摩擦系数取0.44～0.30。

路面状况分为干燥、潮湿、冰雪等情况，而自然条件下的冰雪路面根据冰雪表态可以分为松软雪路面、压实雪路面和结冰路面等。冰雪路面的摩擦系数较干燥路面大大降低，根据有关研究，其摩擦系数一般为0.15～0.30。《公路项目安全性评价指南》JTG/T B05-2004 对货车停车视距评价，货车轮胎与路面的纵向摩擦系数，不论运行速度大小，一律取值为0.17。考虑到积雪或冰冻地区路段行驶的车速会有较

大幅度的降低，停车视距应根据实际运行速度和路面状况，选取合适的摩擦系数，按式（12）进行计算。

6.6.3　视距有停车视距、会车视距、错车视距和超车视距等。在城市道路设计中，主要考虑停车视距。如车行道上对向行驶的车辆有会车可能时，应采用会车视距，会车视距为停车视距的2倍。

6.6.4、6.6.5　视距是道路设计的主要技术指标之一，在道路的平面上和纵断面上都应保证必要的视距。如平面上挖方路段的弯道和内侧有障碍物的弯道，以及纵断面上的凸形变坡处、立交桥下凹形变坡处，均存在视距不足的问题，设计时应加以验算。验算时物高为0.1m，凸形竖曲线时目高为1.2m，凹形竖曲线时目高为1.9m。

在平曲线范围内为使停车视距规定值得到保证，应将平曲线内侧横净距范围内的障碍物予以清除，根据视距线绘出包络线图进行检验。

6.6.6　货车存在空载时制动性能差、轴间荷载难以保证均匀分布、一条轴侧滑会引发其他车轴失稳、半挂车铰接刹车不灵等现象。尽管货车驾驶者因眼睛位置高，比小客车驾驶者看得更远，但仍需要比小客车更长的停车视距，尤其是在下坡路段，应按下坡路段货车停车视距进行验算。

《公路路线设计规范》JTG D20-2006 停车视距计算参数采用运行车速，即按设计速度的85%～90%，纵向摩擦系数采用路面处于潮湿状态下计算得出小客车的停车视距。在此基础上对货车在不同纵坡下的停车视距进行修正。以货运交通为主的城市道路，也应考虑货车交通特征，对货车通行可能存在视距和减速距离潜在危险的区段，尤其是下坡路段进行视距检验。本规范参照《公路路线设计规范》JTG D20-2006，对货车停车视距做了规定。

货车停车视距的物高为0.1m，目高为2.0m。下列路段可按货车停车视距进行检查：

1）减速车道及出口端部；

2）主线下坡路段且纵断面竖曲线半径小于一般值的路段；

3）主线分、汇流处，车道数减少，且该处纵断面竖曲线半径小于一般值的路段；

4）要求保证视距的圆曲线内侧，当圆曲线半径小于2倍一般值或路堑边坡陡于1：1.5的路段；

5）道路与道路、道路与铁路平面交叉口附近。

7　纵断面设计

7.1　一般规定

1　城市道路的纵断面设计受道路网规划控制高程、道路净空、沿街建筑高程、地下管线布置、沿线

地面排水等因素的控制，应综合考虑各控制条件，兼顾汽车营运经济效益等因素影响，山地城市道路还需考虑土石方平衡、合理确定路面设计高程。

2 路线经过水文地质条件不良地段时，应提高路基标高以保证路基稳定。当受规划标高限制不能提高时，应采取稳定路基措施。

3 旧路改建应做到宁填勿挖，在旧路面上加铺结构层时，不得影响沿路范围的排水。

4 沿河改建道路应根据路线位置确定路基高程。位于河堤顶的路基边缘应高于河道防洪水位 0.5m；但岸边设置拦水设施时，不受此限。位于河岸外侧道路的高程应按一般道路考虑，符合城市竖向规划高程要求，并应根据情况解决地面水及河堤渗水对路基稳定的影响。

5 道路纵断面设计应满足地下管线覆土要求。

6 高架道路在满足道路最小净高时，还应考虑桥梁的通透性，可适当抬高设计标高。

7 道路分期实施时，应满足近期使用要求，兼顾远期发展，减少废弃工程。

7.2 纵 坡

7.2.1 最大纵坡

为保证车辆能以适当的车速在道路上安全行驶，即上坡时顺利、下坡时不致发生危险的纵坡最大限制值为最大纵坡度。道路最大纵坡度的大小直接影响行车速度和安全、道路的行车使用质量、运输成本以及道路建设投资等问题，它与车辆的行驶性能有密切关系。

目前，许多国家都以单位载重量所拥有的马力数（HP/t），即比功率作为衡量汽车爬坡能力的指标，认为 HP/t 数值相同的汽车，其爬坡能力大致相同。

小汽车爬坡能力大，纵坡大小对小汽车影响较小，而载重汽车及铰接车的爬坡能力低，纵坡大小对其影响较大。如以小汽车爬坡能力为准确定最大纵坡，则载重汽车及铰接车均需降速行驶，使汽车性能不能充分发挥，是不经济的，而且还会降低道路通行能力。在汽车选型时，既要考虑现状又要考虑发展。根据我国的实际情况规范确定以东风 EQ140 载重汽车及 SK661 铰接车为代表车型，其发动机型号均为 EQ140，最大功率为 135HP。

本规范的最大纵坡一般值是根据汽车动力特征计算，并参照《公路路线设计规范》JTG D20 - 2006 及《日本公路技术标准的解说与运用》标准确定。设计最大纵坡应考虑各种机动车辆的动力性能、道路等级、设计速度、地形条件等选用规范中最大纵坡度一般值。当受条件限制纵坡度大于一般值时应限制坡长，但最大纵坡不得超过最大纵坡限制值。

7.2.2 最小纵坡

城市道路最小纵坡应能保证排水和防止管道淤塞所需要的最小纵坡，其值为 0.3%。若道路纵坡度小于最小纵坡值，则管道埋深势必随着管道长度的增加而加深，增加管道埋设的土石填挖量和施工难度。因此，城市道路的最小纵坡应控制在大于或等于 0.3%。如遇特殊困难，纵坡必须小于 0.3% 时，则应设置锯齿形偏沟或其他综合排水设施，保证路面排水畅通。

对高架道路适当提高最小纵坡度，主要因为施工误差、容易形成凹面，即使雨停后也会积水；车速较快时，会将积水溅向高架桥下的地面道路，淋湿行人或车辆；仅靠横坡排水，难以及时将桥面水排除。同时，高架桥路侧在结构上也难以做成锯齿形偏沟。

7.2.3 非机动车道纵坡

在城市中非机动车主要是指自行车，在我国城市交通中占很大比例，是重要交通工具之一。自行车爬坡能力低，在与机动车混行的道路上，需按自行车爬坡能力控制纵坡。根据国内外资料综合分析，非机动车车道纵坡度大于或等于 2.5% 时，应按规定限制坡长。

7.3 坡 长

7.3.1 最小坡长

最小坡长的限制是从汽车行驶的平顺度、乘客乘坐的舒适性、视距与相邻两竖曲线布设等方面考虑的，坡长过短、起伏频繁将影响行车顺适与线形美观。通过一段坡长应有一定的时间，规范规定为 10s，即最小坡长 $l_1 = \dfrac{10V}{3.6}$。另外，在一段坡长两端设置的两个竖曲线不得搭接（叠加）。

对于沉降量较大的改建道路，为降低工程投资、加快改建速度与减少施工期间的交通影响，可以适当降低标准。

沪杭高速公路在拓宽改建中，对于相邻桥梁结构较近，且路堤沉降较大的路段及特别困难地区采用了降低一级设计速度的纵坡坡长进行纵断面设计。

沪宁高速公路的拓宽改建，根据拟合纵断面线形的实际情况，对原纵断面设计变坡点间增设变坡点，在增加变坡点的转坡角（相邻纵坡坡差的绝对值）较小的前提下，适当突破最小纵坡的控制。具体标准见表 11。

表 11 最小坡长

设计速度（km/h）		120
最小坡长（m）	转坡角≤4‰	180
	4‰<转坡角≤6‰	200
	转坡角>6‰	300

深圳市对于改建道路纵断面设计，则在桥头引道处采用必要的调坡措施外，路段上基本为等厚加罩。

7.3.2 最大坡长

纵坡大于最大纵坡一般值时，应对纵坡坡长加以限制。纵坡坡长是根据汽车加、减速行程图求得，并参考《公路路线设计规范》JTG D20-2006 与《日本公路技术标准的解说与运用》综合确定。根据不同设计速度、不同坡度规定坡长限制值。当设计速度小于 40km/h 时，由于车速低，爬坡能力大，坡长可不受限制。

7.4 合成坡度

纵坡与超高或横坡度组成的坡度称为合成坡度。将合成坡度限制在某一范围内的目的是尽可能地避免陡坡与急弯的组合对行车产生的不利影响。道路设计常以合成坡度控制，合成坡度按下式计算：

$$i_H = \sqrt{i_N^2 + i_Z^2} \qquad (13)$$

式中：i_H——合成坡度（%）；

i_N——超高横坡（%）；

i_Z——纵坡（%）。

7.5 竖曲线

当汽车行驶在变坡点时，为了缓和因运动变化而产生的冲击和保证视距，必须插入竖曲线。竖曲线形式为抛物线或圆曲线。经计算比较，圆曲线与抛物线计算值基本相同，为使用方便，规范采用圆曲线。竖曲线最小半径计算如下：

1 凸形竖曲线极限最小半径 R_v（m）用下式计算：

$$R_v = \frac{S_s^2}{2\left(\sqrt{h_e} + \sqrt{h_o}\right)^2} \qquad (14)$$

式中：S_s——停车视距（m）；

h_e——眼高，采用 1.2m；

h_o——物高，采用 0.1m。

2 凹形竖曲线极限最小半径 R_c（m）用下式计算：

$$R_c = \frac{V^2}{13a_o} \qquad (15)$$

式中：V——设计速度（km/h）；

a_o——离心加速度，采用 0.28m/s²。

竖曲线一般最小半径为极限最小半径的 1.5 倍，国内外均使用此数值。设计时根据不同道路等级、不同设计速度选用适当的竖曲线半径。

为了使驾驶员在竖曲线上顺适地行驶，竖曲线不宜过短，应在竖曲线范围内有一定的行驶时间，日本规定最小行驶时间为设计速度 3s 的行驶距离，规范"极限值"采用 3s，竖曲线最小长度按下式计算：

$$l_v = \frac{Vt}{3.6} \qquad (16)$$

式中：l_v——竖曲线最小长度（m）；

V——设计速度（km/h）；

t——在竖曲线上的行驶时间（s）。

竖曲线最小长度"一般值"主要考虑行车安全与舒适；平原地区由于纵坡缓，若采用较长的竖曲线而引起纵向排水纵坡过小时，可以采用竖曲线最小长度的"极限值"。

8 线形组合设计

8.1 一般规定

8.1.1 道路是由平面、纵断面、横断面组成的工程实体，三者之间有着密切的内在联系，任何一项都不应是单独的设计，而应是相互影响、相互补充，应根据设计速度、交通组成，结合地形条件，合理运用技术指标，对路线的平纵横三个方面进行综合设计。

线形设计不仅要符合技术指标要求，还应结合地形、环境、视觉、安全、经济性等因素进行协调和组合，使道路线形设计更加合理。

8.1.2 道路应在保证路线的整体协调下，做到平面顺适、纵坡均衡、横面合理，包括不同横断面布置过渡段的衔接配合。设计速度越高，线形组合设计所考虑的因素应越周全，以提供高的服务质量；尤其对快速路、隧道、地下道路等连续流交通更应注重线形综合设计。

一条城市骨干道路可能由于所处的区位、地形地貌和道路结构形式的不同，分段选用不同的道路等级、设计速度，但应处理好不同区段的路段长度和衔接段技术指标。同一设计速度的设计路段长度不宜过短，过短的设计路段使得运行速度变化太快；没有一个较为稳定的、能保持一定时段的运行速度，驾驶操作较为紧张，不利于安全行驶。相邻道路或路段的衔接处，其前后的平、纵、横技术指标应随设计速度的变化而逐渐变化，使行驶速度自然过渡；相衔接处附近不宜采用该路段设计速度相应的平、纵技术指标极限值。

8.1.3 研究表明，行驶速度是一个随机变量。不同的车辆在行驶过程中采用的行驶速度是不相同的，一般呈正态分布。通常用各类小汽车的车速分布累计曲线上第 85 位百分点的车辆行驶速度作为运行速度（或称 V_{85}）。以运行速度来控制设计是考虑了绝大部分小汽车的实际运行速度，保证绝大部分小汽车的安全。道路平、纵线形技术指标变化大的路段，运行速度的变化也大。研究表明，当运行速度（V_{85}）与设计速度（V）之差大于 20km/h 时，就容易发生交通事故。所以，对受条件限制而采用平纵线形技术指标最大值（或最小值）的路段、平纵线形组合有异议的路段，均应采用运行速度进行检验，保证其运行速度与设计速度之差不应大于 20km/h。

8.2 平、纵、横的线形组合

1 平、纵线形组合原则上应"相互对应",且平曲线稍长于竖曲线,即所谓的"平包竖"。国内外研究资料表明,当平曲线半径小于2000m、竖曲线半径小于15000m时,平、竖曲线的相互对应对线形组合显得十分重要;随着平、竖曲线半径的增大,其影响逐渐减小;当平曲线半径大于6000m、竖曲线半径大于25000m时,对线形的影响显得不很敏感。因此,线形设计的"相互对应、且平包竖"的基本要求需视平、竖曲线的半径而掌握其符合的程度。

2 城市道路由于限制条件多,对于低等级道路不必强求平纵线形的相互对应。

3 纵断面设计若出现驼峰、暗凹、跳跃、断背、长直线或折曲等线形,容易使驾驶员视觉中断,或在驾驶员视线内出现两个或两个以上的平曲线或竖曲线,应加以避免。

8.3 线形与桥、隧的配合

8.3.1 桥梁及其引道与道路路线的衔接应保证行车安全与舒适,各项技术指标应符合路线总体布设的要求,使桥梁、桥头引道与路线的线形连续、均衡、视线诱导良好;而特大桥、大桥桥位应尽量顺直,满足通航和行洪要求,并方便桥梁结构设计。

纵坡大于3.0%的桥梁引道,其坡脚与平面交叉口停车线之间的最小安全距离宜满足50m长度,以保证车辆转弯对行人和辅道车辆的通行安全。

地面快速路主路上的桥梁设置防撞护栏的路段,由于道路与桥梁的护栏设置位置的差异,会导致平面上出现外凸或内凹的现象,不仅影响美观,也影响安全。故要求桥梁与道路的行车道、路缘带或中间分隔带等对应的宽度应保持一致,使设置的护栏其平面宜为同一条基准线。

8.3.2 隧道及其洞口两端的连接线应符合路线总体布设的要求,与路线线形相协调,保证行车安全与舒适。调查资料显示,隧道洞口内外是事故多发路段,为此对隧道洞口外连接线与隧道洞口内的平、纵线形应保持一致的长度作了相应规定。

8.4 线形与沿线设施的配合

8.4.2 城市道路交通设施设计应与道路主体工程的技术标准、建设规模及项目交通特性、交通组织设计相配合,应简明、准确地向道路使用者提供交通路权、行驶规则以及路径指示等信息,确定交通标志类型、版面大小、版面内容、支撑方式和交通标线颜色、类型和尺寸等,构建科学合理、舒适安全、和谐统一的道路环境。

8.4.3 互通立交处灯光夜间照明往往会误导行车视线,原则上立交处应采用高杆灯照明布置。

8.4.4 通常路面宽度、道路横断面布置是独立的,不会随两侧街景进行变化,难免倾向于单调化。现代设计强调城市的空间设计,要求道路功能与街景功能相互补充,进行一体化设计,利用空间使景观整齐美观。如道路人行道与两侧建筑前的广场铺装进行整体设计,人行道与两侧建筑进行整体规划等。

8.5 线形与环境的协调

1 同样的线形在不同的环境中给人的感觉不同。调查发现,由于线形与环境景观的不良配合,会给驾驶员造成精神压力或因错觉引发交通事故,所以线形与环境的协调首先应考虑交通安全。

2 道路空间尺度是指道路空间宽度 D(两侧建筑之间水平距离)与两侧建筑高度 H 的比值 D/H。

1) 当 $0.7 < D/H \leqslant 1$ 时,道路空间有亲切感,空间围合感较强,容易形成繁华热闹氛围,沿街建筑立面对人的景观感受影响较大,适用于一般生活性道路;当 $D/H \leqslant 0.7$ 时,则会产生压抑感。

2) 当 $D/H = 1 \sim 2$ 时,仍能保持亲切感和围合感,绿化对空间的影响作用开始明显加强,可增加绿化带宽度和树木高度以弥补空间的扩散感,适用于城区一般干路。

3) 当 $D/H = 2 \sim 3$ 时,视觉开始扩散,空间更为开阔,围合感较弱,热闹氛围被冲淡,适用于城郊结合部的城市干路和城区交通性干路;当 $D/H = 3$ 时,一般为开阔空间,人们视线主要停留在建筑的群体关系以及建筑与环境的关系上。

9 道路与道路交叉

9.1 一般规定

9.1.1~9.1.4 道路与道路交叉是城市道路设计中的重要内容。科学合理地设计交叉口,以达到行人、车辆出行安全、畅通,时空资源得以充分利用的目的,也是城市道路交通系统安全与畅通的决定因素之一。

交叉口形式的选择、交叉口平纵面设计、交叉口的交通管理方式等,对整条道路甚至周边路网的通行能力和服务水平都有较大的影响。《城市道路交叉口设计规程》CJJ 152-2010 于2011年3月实施,对于道路交叉口设计的相关要求,在其中已有详细的规定。本章只对交叉口设计中控制道路路线设计的原则和设计要点进行了规定。

9.2 平面交叉

9.2.1、9.2.2 城市道路设计中,一般在规划阶段已经确定平面交叉口的类型和用地范围。因此具体设计时应根据道路网规划，结合道路布置、道路等级、交叉口功能要求、交通流量流向、地形和周边建筑等控制条件，选择合适的交叉口类型。平面交叉口的分类和选型在《城市道路工程设计规范》CJJ 37 中已有规定。

9.2.3 平面交叉口的间距是由规划部门制定城市道路网确定的，例如方格形的道路网，每隔 800m～1000m 设置接近平行的主干路。主干路之间再布置次干路、支路，并将用地分为大小适当的街坊。

平面交叉口间距不宜太短。当遇到旧城区道路间距较短，如小于 200m 时，可采取单向交通组织，以提高交叉口的通行能力。

同一条道路上的平面交叉口，应注意交通组织方式尽量一致。相邻交叉口的功能区不宜相互重叠。主次干路相交，其间距大致相等时，最有利于交通控制与管理。

以交通功能为主的新建道路，进出口需要采取部分控制时，则可适当封闭一些支路的交叉口，以加大交叉口的间距，提高道路的行驶速度，增加通行能力。

9.2.4 平面交叉口设计范围指构成交叉口各条道路的相交部分及其进口道、出口道，包括进出口道展宽段和展宽渐变段，以及非机动车道、人行道和过街设施所围成的区域（图 2）。

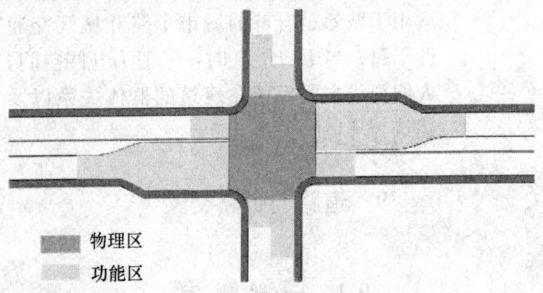

物理区
功能区

图 2 平面交叉口设计范围示意

9.2.5 平面交叉口附属设施包括交通信号灯、交通岛、标志、标线、隔离设施、排水、照明、绿化、景观及环保设施等。

9.2.6 平面交叉口的设计速度，主要用于控制车速和车头时距，并可用于路缘石转弯半径的选择。交叉口范围内平纵线形设计和视距三角形验算，仍应采用路段的设计速度作为控制要素。

9.2.9 两条道路相交，主要道路的纵坡度应保持不变，次要道路纵坡度宜服从主要道路。主干路与主干路、主干路与次干路、次干路与支路相交，路脊线在两条道路中心线相交；主干路与支路相交，支路路脊线宜相交至主干路机非分隔带边线或车行道边线，此时支路纵断面可作为分段设计。

9.2.11 公交停靠站设置在交叉口出口道时，出口道右侧展宽增加车道情况下，宜设在展宽段向前不小于 20m 处；在出口道右侧不展宽时，停车站在干路上距离对向停车线不宜小于 50m，在支路上不宜小于 30m。

9.2.12 行人过街设施主要包括立体过街设施（即人行天桥和地下通道）、人行过街横道、行人过街安全岛及行人过街信号等，具体形式视建设条件、安全（治安）、行人方便、环境因素确定，要求连续性。

9.3 立 体 交 叉

9.3.1、9.3.2 城市道路立交等级直接影响立交功能、立交规模和工程造价，是立交规划、设计选型的重要依据之一。《城市道路工程设计规范》CJJ 37 和《城市道路交叉口设计规程》CJJ 152 中对立交分类和选型进行了明确规定。条文在两本规范的基础上，按相交道路等级对路线设计中设置立体交叉的条件以及采用的立交类型进行了规定。

同一条道路上采用的立体交叉形式在交通组织方式上应协调统一，尽量避免左侧入口和出口，方便驾驶员识别，同时简化了交通标志设置，可充分保障行车安全。

9.3.1 条明确了与快速路相交的所有等级道路（含各等级公路）必须设置立体交叉。主干路与主干路及以下等级道路相交不建议设置立体交叉。在《城市道路交叉口规划规范》GB 50647 中，对主干路与主干路相交预测总交通量不超过 12000pcu/h 时，不宜设置立交。本规范要求根据交叉口实际运行情况，在对平面交叉口采取改善措施、调整交通组织均难以收效时，宜设置立交，并要求妥善解决设置立交后对邻近平面交叉口的影响。另外，主干路与主干路及以下等级道路相交，当地形适宜修建立体交叉，经技术经济比较确为合理时，可设置立交。道路跨河或跨铁路的端部可利用桥梁边孔，修建道路与道路的立体交叉。

9.3.2 条根据《城市道路工程设计规范》CJJ 37，立体交叉口选型中的推荐形式明确了不同等级道路相交应优先选择的立交等级。

9.3.3 两个相邻互通式立交的最小间距是立交系统设计中应该考虑的因素。

美国《公路与城市道路几何设计（1984）》中规定，互通式立交最小间距的一般经验值是市区 1 英里（1.6km），在市区如果间距小于 1 英里（1.6km），可利用分离式立交或增设集散道路来改进。

《道路通行能力手册》（2000 年版）：在一段长度为 8km～10km 的高速公路路段上，互通式立交理想的平均间距是不小于 3.0km。

《日本公路技术标准的解说与运用》中是根据两个互通式立体交叉之间交织处理上的需要长度和设置交通标志长度，以 1.5km～4.0km 间距控制。

本规范规定相邻互通式立交的最小间距，是考虑当受路网结构或其他条件限制的情况下，应不小于加速车道和渐变段长度、减速车道和渐变段长度，以及《道路交通标志和标线第 2 部分：道路交通标志》GB 57682 规定的出口预告标志距出口最小距离 500m，满足三者长度之和的最小距离要求；并应设置完善的标志、标线等交通安全设施。当立交间距仍小于上述规定的最小值，且经论证必须设置时，应将两者合并为组合式互通式立体交叉，并设置集散车道。

一般情况下，从改善道路行驶条件、节约投资分析，相邻互通式立交的间距宜满足表 12 的规定。

表 12   互通式立体交叉间最小间距

相邻互通式立交的类型	最小间距（km）	
	市区	郊区
一般立交与一般立交相邻	1.8 (1.5)	3.3
一般立交与枢纽立交相邻	2.4	3.9
枢纽立交与枢纽立交相邻	3.0	4.5

注：括号内数值为最小控制值。

9.3.4   该条规定了立体交叉口的设计范围。

9.3.5   该条规定了立体交叉口的设计内容。立体交叉附属设施包括交通标志和标线、防撞护栏、防眩设施、隔声设施、排水、照明、绿化、景观等。

9.3.6   立交分类和选型确定后，控制立交设计的主要因素为设计速度、车道数和立交间距。

快速路主路为保证全线运行的安全性、连续性和畅通性，其设计速度应不低于路段的设计速度。其他等级道路，在与两端道路运行特征和通行能力相匹配的条件下，经论证可适当降低立交范围主线的设计速度。

匝道的设计速度是影响立交规模标准、占地和工程投资的主要因素之一。《城市道路工程设计规范》CJJ 37-2012 将《城市道路设计规范》CJJ 37-1990 采用 20km/h～60km/h 的取值规定，改为 0.4 倍～0.7 倍的比值规定，大致范围为 20km/h～70km/h，较适合于城市道路特点。《公路工程技术标准》JTG B01-2003 根据立交类型和匝道形式确定匝道设计速度，基本为主线设计速度的 0.5 倍～0.7 倍。实际使用时，匝道设计速度应结合立交等级、匝道形式和匝道交通量等条件确定。

集散车道是减少出入口对主路交通的影响，通过设置加减速车道与主路相连，其设计速度宜取匝道设计速度中的高值。

立交范围内的辅路系统通常设置为平面交叉，其设计速度可参照平面交叉适当降低。其直行和转向车流的设计速度宜根据平面交叉口进行设计速度的折减。环形立交中的环道设计速度同平面环形交叉口。

9.3.7   互通式立交范围受匝道设置及进出口影响，

为提高行驶安全性，提出在进出立交匝道的主路路段，其线形设计应采用比路段高的技术指标。公路在互通式立交范围内主线形指标的规定比路段线形指标提高很多。由于城市道路立交及进出口间距较密，交通运行状态与公路不一致，建设条件制约因素较多，很难按公路规定值实施，有条件时尽量取高值。

《城市道路工程设计规范》CJJ 37 中规定：在进出立交的主路路段，其行车视距不宜小于 1.25 倍的停车视距。

互通式立交区域应具有良好的通视条件。识别视距为驾驶员发现前方互通式立体交叉的出口，按规定行车轨迹驶离主线，从而防止误行，避免撞及分流鼻端，而应保证对出口位置的判断视距（其物高为 0）。判断出口时，驾驶员应看到分流鼻端的标线，故物高为 0。对此，在确定凸曲线半径时应注意，出口处应满足最小 1.25 倍的主路停车视距。

为保证汇流鼻前的通视三角区（图 3），设计中应注意：当主线为下坡、匝道为上坡的情况下，通视区范围内的匝道纵坡不得与主线纵坡有较大的差别；尤其是当主线为桥梁并采用实体护栏时，护栏便会完全遮挡匝道方的视线。应采取有效措施保证充分的视距，如通视三角区范围设置通透式桥梁护栏，或抬高匝道路面标高等。

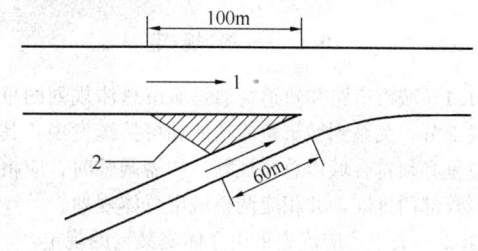

图 3   汇流鼻前通视三角区
1—主线；2—通视三角区

9.3.8   由于主线的设计速度高于匝道，因而交通流驶出主线需要减速，驶入主线需要加速。为了满足车辆变速行驶的要求，减少对主线正常行驶交通流的干扰，必须设置变速车道。

9.3.9   根据交通流流入、流出主路的交通特征，车辆通过出入口时，要经过加速、减速、交织等过程，整个过程中将产生紊流，合理的出入口间距是交通畅通的可靠保障。《城市快速路设计规程》CJJ 129 及《城市道路交叉口设计规程》CJJ 152 中对于出入口的合理间距均有明确规定。城市道路控制条件较多，设计中经常会遇到不能满足出入口间距的要求，在这种情况下，需设置集散车道，调整出入口的位置，以满足间距需要。

9.3.10   快速路在全长或较长路段内应保持一定的基本车道数，在分、合流处还应保持车道数的平衡。一般情况下，分流前（或合流后）的主路车道数应大于等于分流后（合流前）的主路车道数与匝道车道数之和减1；不平衡时，应设置辅助车道。

9.3.11 设有辅路系统的快速路与主干路或主干路与主干路相交设置的一般立交，其辅路系统可与匝道布置结合考虑。如两层的苜蓿叶立交、菱形立交等，一般结合路段出入口设置，采用与匝道结合的方式布置辅路系统。对于枢纽型立交要求其系统的连续，桥梁范围内的辅路系统应单独设置。

9.3.12 立交范围主路设置公交车站交通组织复杂，可能对交通影响较大。当设置公交停靠站时，停靠区出入口应满足出入口最小间距的规定，并应设置变速车道，以减小对主路交通的影响。

9.3.13 立交范围内由于占地较大，在建设条件受限的情况下，经常采用降低行人和非机动车的设计标准解决，造成系统不连续或宽度不足，给行人使用带来不便。因此，在编制中对这部分设计要求进行了规定。

9.3.14 原行业标准《城市道路和建筑物无障碍设计规范》JGJ 50-2001已经作废，改为现行国家标准《无障碍设计规范》GB 50763-2012。

10 道路与轨道交通线路交叉

10.1 一般规定

10.1.1 城市道路和轨道交通是城市总体规划的重要组成部分，关系到城市整体功能和可持续发展，其交叉位置必须符合城市总体规划。如需调整时，应报规划主管部门批准，并相应调整城市总体规划。

10.1.2 关于"应优先采用立体交叉"的规定：

根据铁路统计资料，我国铁路既有平交道口年均事故率（年均一处道口的事故次数）在0.13以上，直接经济损失上亿元，给人民生命财产造成严重损失。设置铁路与道路立体交叉是消除这种损失的重要途径，根据《中华人民共和国铁路法》的有关规定，结合铁路运量逐年增加，行车速度逐年提高的特点，为减少意外人身事故发生，确保行车安全，规定铁路与道路交叉应当优先考虑立交，减少平交道口。

10.2 立体交叉

10.2.1 该条为强制性条文，主要是明确城市道路与轨道交通线路相交，必须设置立体交叉的条件，目的是保证道路、轨道交通的行车和行人安全。

轨道交通线路包括铁路、城市轨道交通，城市轨道交通又分为地铁、轻轨、单轨、有轨电车、磁浮、自动导向轨道和市域快速轨道等七大系统。道路与轨道交通线路必须设置立体交叉的依据如下：

1 快速路交通功能强，服务水平高，交通量大，具有连续交通流、全部控制出入口的特点。如果采用平面交叉，当道口处于开放状态时，汽车通过道口需限速行驶，严重影响道路交通功能；当道口处于封闭状态时，会造成严重的交通堵塞。故规定必须采用立交。重要的主干路与铁路交叉，若交通流量大，部分控制出入口，也必须采用立交。

2 高速铁路（时速高达250km/h～350km/h）、客运专线，行车密度大（最小间隔时分可达2min～1.5min）均为全封闭运行；铁路市内车站旅客流量大，编组场作业繁忙，主干路、次干线、支路与它们交叉时，为保证道路畅通和各自的行车安全，均必须设置立体交叉。

3 有轨电车与铁路同为轨道交通，而轨道、结构各异，相交时必须是立交。无轨电车道虽无轨道，但其供电接触网、柱与铁路相冲突，也必须设置立体交叉。

4 除有轨电车外的城市轨道交通，如地铁、轻轨等，行车密度大、全封闭运行，故规定主干路、次干路、支路与除有轨电车外的城市轨道交通交叉必须设置立体交叉。

10.2.2 该条为城市道路与铁路相交，应设置立体交叉的条件，目的也是保持道路、轨道交通的行车和行人安全。

1 路段旅客列车设计行车速度大于或等于120km/h的地段，列车速度高、密度大，列车追踪间隔时间仅几分钟，铁路与道路平面交叉的安全可靠性差，故规定应设置立体交叉。

2 为避免城市道口因铁路调车作业繁忙而封闭道口累计时间较长；或道路在交通高峰时间内经常发生因一次封闭时间较长，而引起道路交通堵塞，故为避免因延误时间而造成的城市社会经济损失，应设置立体交叉。

3 受地形等条件限制造成道路与铁路通视不良，不符合行车和行人安全的道口，也应设置立体交叉。

10.2.3 该条为宜设置立体交叉的条件：

1 目的是确保行人的安全。

2 主干路交通流量较大，有轨电车需要考虑交叉口信号优先，若交叉口的信控延误较大，影响交叉口的通行能力，宜设置立体交叉。

10.2.5 高速铁路和城市快速轨道交通与城市道路交叉，当其为高架线时，应充分合理利用其桥跨净空采取道路下穿的形式，这主要是为了避免道路跨线桥高及引桥长，造成工程量大，以减小对周边环境和城市景观的影响。

10.2.6 道路上跨铁路时，铁路的建筑限界除应满足现行国家标准《标准轨距铁路建筑限界》GB 146.2的规定外，还应考虑所跨不同类别铁路的具体要求，如有双层集装箱运输要求的铁路，应满足双层集装箱运输限界的要求；近些年来修建的较高时速客货共线铁路和高速客运专线等对基本建筑限界高度也有不同要求，详见表 13 的规定。

表 13 不同类别铁路基本建筑限界

铁路类别		限界高度（自轨面以上）(mm)	限界宽度（自线路中心外侧）(mm)	依据规范或文号
既有铁路	内燃（蒸汽）牵引	5500	2440	《标准轨距铁路建筑限界》GB 146.2
	电力牵引	6550（困难 6200）	2440	《标准轨距铁路建筑限界》GB 146.2
新建时速 200km 客货共线铁路	内燃牵引	5500	2440	《新建时速 200 公里客货共线铁路设计暂行规定》铁建函〔2005〕285 号
	电力牵引	7500	2440	
200km/h 客货共线双层集装箱运输	内燃牵引	6050	2440	"关于发布《铁路双层集装箱运输装载限界（暂行）》和《200km/h 客货共线铁路双层集装箱运输建筑限界（暂行）》的通知" 铁科技函〔2004〕157 号
	电力牵引	7960	2440	
京沪高速铁路（电力牵引）		7250	2440	《京沪高速铁路设计暂行规定》铁建设〔2004〕157 号

注：表中限界宽度指单线铁路直线地段，当为双线或多线铁路和曲线地段，需计算确定限界宽度。

《地铁设计规范》GB 50157 对建筑限界未直接列出具体数据，设计中需根据采用的车辆类型及其设备限界、设备安装尺寸、安全间隙和有无人行通道、有无隔声屏障、供电制式及接触网柱结构设计尺寸等因素计算确定。

道路与铁路立体交叉的建筑限界应符合《城市道路交叉口设计规程》CJJ 152 的相关规定。

10.3 平面交叉

10.3.1 铁路车站是列车交会、越行、摘挂、集结、编解的场所，道口如设在车站内，由于列车作业的需要，关闭道口的次数增多，封闭时间延长，影响道路的通行能力；另外，在车站上经常有列车阻挡，严重恶化道口瞭望条件，容易造成事故。现行《铁路技术管理规程》规定"在车站内不应设置道口"，故本条规定在站内不应设置道口。

如果道口设在桥头和隧道两端，道岔区进站信号机外方 100m 的范围内，一旦发生道口事故，被撞的机动车和脱轨的列车颠覆在道岔区内、桥下或隧道内时，易造成道岔、桥梁、隧道的破坏，且修复困难，增加救援难度，中断铁路行车时间长，造成的损失更大，因此应尽量避免在这些处所设置道口。

道口设在铁路曲线上除恶化瞭望条件外，还由于铁路曲线外轨超高破坏道路纵断面的平顺性，超高大时还会因局部坡度过大造成机动车熄火，引发道口事故。因此本条规定道口不宜设在曲线上。

10.3.2 据统计，道口事故率与道口瞭望视距相关，当道口交通量相同时，瞭望视距不足的道口事故率偏高。为了提高道口的安全度，降低道口事故率，道口宜设在瞭望条件良好的地点。

本条规定的机动车驾驶员侧向最小瞭望视距是指机动车驾驶员在距道口相当于该段道路停车视距并不小于 50m 处的侧向最小瞭望视距，应大于机动车自该处起以规定速度通过道口的时间内，火车驶至道口的最大距离。

瞭望视距要求如图 4 所示，两个由视距构成的最小视线三角形范围内要求保持良好的视线条件。

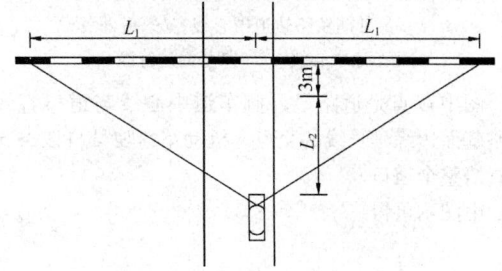

图 4 机动车驾驶员在道口前的瞭望视距示意

L_2 是当汽车在道路上行驶时，驾驶员发现有火车驶向道口，立即采取制动措施，使汽车在道口前停下来的最小距离，国家现行标准规定为 50m。

L_1 是在汽车通过道口所需的时间内火车行驶的最大距离，即：

$$L_1 = \frac{V_1}{3.6}T \qquad (17)$$

式中：L_1——火车行驶的最大距离（m）；

V_1——火车行驶速度（km/h）；

T——汽车驾驶员在道口前 50m 发现火车后，将汽车减速至 20km/h，然后匀速通过道口所需的时间（s）。

如图 5 所示，汽车在道口前 50m 处行驶速度取道路的经济速度 35km/h，则 $T = 11.9s$。代入式（17）得：

$$L_1 = 3.3V_1 \qquad (18)$$

火车司机最小瞭望视距取火车司机反应时间内列车的走行距离与列车的制动距离之和。

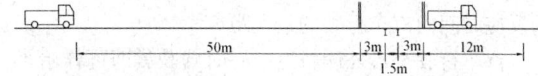

图 5 汽车通过道口所需时间计算

10.3.3 铁路与道路平面交叉应尽量设计为正交或接近正交，但由于地形条件或拆迁工程等限制需要斜交时，交叉锐角应大于 45°，以缩短道口的长度和宽度，并避免小型机动车和非机动车的车轮陷入轮缘槽内的不安全因素。

10.3.4 本条文规定的道口每侧道路的最小直线长度是按下列条件计算确定的。

1 汽车进入道口端，驾驶员在道口栏木外相当于该路段的停车视距处应能看清道口，其最小直线长度计算如图 6 所示：

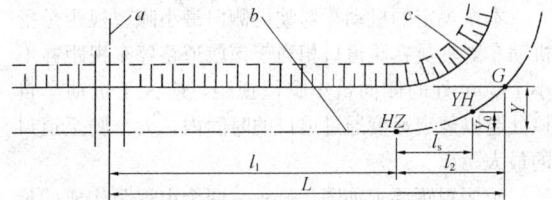

图 6 道口每侧道路的最小直线长度计算图
a—最外侧铁路轨道中心线；b—最外
侧车道中心线；c—路基面边缘线

图中 G 点是道路最外侧车道中心线与道口直线段路基面边缘延长线的交点。机动车驾驶员自该点起能看清整个道口。

由图示可得：

$$l_1 = L - l_2 \qquad (19)$$
$$L = l_停 + 5 \qquad (20)$$

当 $Y \geqslant Y_0$ 时，

$$l_2 = \sqrt{2R(Y - Y_0)} + l_s \qquad (21)$$

当 $Y < Y_0$ 时，

$$l_2 = \sqrt{6Rl_s Y} \qquad (22)$$

式中：l_1——最外侧铁路轨道中心至道路缓和曲线起点 HZ 的距离（m）；

L——道口栏木至最外侧铁路轨道中心的距离（取 5m）与该路段机动车停车视距之和；

l_2——HZ 点至 G 点的距离（m）；

$l_停$——该路段机动车停车视距（m）；

Y——道路直线段最外侧车道中心延长线至 G 点的横向距离（m）；

Y_0——缓和曲线终点的切线纵距（m）；

R——圆曲线半径（m）；

l_s——缓和曲线长度（m）。

2 汽车驶出铁路道口端的最小长度。汽车驶出铁路道口端的最小长度应为驾驶员确认前方道路线形的反应时间内汽车行驶的最大距离。

汽车行驶至最外侧轨道中心时驾驶员即可开始辨认前方道路的线形，从反应开始至生效的时间取 3s，汽车整体驶出道口后开始加速。以小客车为计算标准，车长取 6m，汽车通过道口的速度取 20km/h，加速度取 1.0m/s²，则在驾驶员反应时间 3s 内汽车行

驶的最大距离为 18m。

3 平面线形连接要求的最小直线长度。

汽车通过道口的速度为 20km/h，在道口前后 30m 范围内的平均速度为 30km/h。

铁路道口一般是设在道路的反向曲线之间。根据国家现行标准规定，反向曲线间的最小直线长度（以 m 计）不宜小于设计速度（以 km/h 计）数值的 2 倍，故道口两端直线长度之和不应小于 60m、每侧最小直线长度不应小于 30m。

10.3.5 为有利于道路上的车辆在道口前停车和启动，从最外侧钢轨外 5m 算起的平台长度不应小于停留一台车辆的长度。

本条文中的数值均引用自国家现行有关标准。经检算，铰接汽车要求的道口平台长度为 20m；半挂车和载重汽车要求的道口平台长度平均为 16m，如果停留半挂车，后轮在竖曲线上的当量坡度不大于 1.0%，不影响车辆启动。

紧接道口平台的道路最大纵坡值按停留在坡段上各类车辆能顺利启动考虑，本条文中的数值与国家现行标准的规定一致，也与原规范的规定相一致，但取消了"特殊困难条件下可酌量加大 1.0%～2.0%"的规定，以改善道口前后的行车条件。

10.3.6 有轨电车道与次干路、支路同属城市地面交通系统，且交叉较频繁，考虑次干路、支路的车流量一般比快速路、主干路要小，行车速度也较低，故其相交时宜设置平面交叉，以避免多处立交工程，可节省大量工程投资，并减小对周边环境和城市景观的影响。

1 有轨电车轨道与道路平面交叉宜尽量设计为正交，以缩短交叉道口地段的长度和宽度，有利于有轨电车、汽车和行人都能通畅地尽快通过道口。当由于交叉处的地形、重要建（构）筑物控制只能斜交时，为避免小型机动车和非机动车的车轮陷入轮缘槽内的不安全因素，要求交叉锐角应大于 45°。

2 道口处的通视条件应符合《城市道路工程设计规范》CJJ 37 的规定，在平面交叉口视距三角形范围内妨碍驾驶员视线的障碍物应清除，满足停车视距要求。

3 道路与有轨电车道平面交叉，对道路线形及直线段长度的要求考虑有轨电车速度较低，直线段长度取最小值 30m，也与《城市道路工程设计规范》CJJ 37 的规定相符。

4 平面交叉道口的设计标高，应综合考虑行车舒适、工程量大小、排水通畅、周边环境和景观要求等因素合理确定。为使道路行车平顺，减小轮轨冲击受损，有轨电车的轨面标高宜与道路路面标高一致。当沿道路敷设有轨电车道与道路交叉时，要以交通量大的主要道路为主，有轨电车道纵坡度宜保持不变，次要道路纵坡度服从主要道路。

5 道路交叉口处车流较集中，上、下车和过往行人也多，应做好交通组织设计，处理车流、人流的关系，合理布设车行道、人行道和邻近交叉口的有轨电车站位置，避免或尽量减少车辆、行人的交叉混行，确保车流通畅和有轨电车乘客、过往行人的安全。

在平面交叉口范围内，按交通管理有关规定设置道口信号、行车标志、标线等设施，是规范道口交通管理、保证道口交通有序进行的必要措施，以确保有轨电车和道路安全通畅。

6 当道路与沿道路敷设的有轨电车交叉时，还应符合道路平面交叉设计的有关规定。有轨电车道与城市次干路、支路不同，它属于客运专线性质，客流量较大，为充分发挥有轨电车的作用，节省乘客出行时间和体现社会效益，故其平面交叉道口应按有轨电车优先通行设置信号。

中华人民共和国行业标准

住房保障信息系统技术规范

Technical code for housing security information system

CJJ/T 196—2012

批准部门：中华人民共和国住房和城乡建设部
施行日期：2 0 1 3 年 3 月 1 日

中华人民共和国住房和城乡建设部
公 告

第 1529 号

住房城乡建设部关于发布行业标准
《住房保障信息系统技术规范》的公告

现批准《住房保障信息系统技术规范》为行业标准，编号为 CJJ/T 196 - 2012，自 2013 年 3 月 1 日起实施。

本规范由我部标准定额研究所组织中国建筑工业出版社出版发行。

中华人民共和国住房和城乡建设部

2012 年 11 月 2 日

前 言

根据住房和城乡建设部《2009 年工程建设标准规范制订、修订计划》（建标［2009］88 号）的要求，规范编制组在深入调查研究，认真总结我国住房保障信息系统建设实践经验，并在广泛征求意见的基础上，编制本规范。

本规范的主要内容包括：1. 总则；2. 术语；3. 结构框架与功能；4. 保障规则子系统；5. 对象调查子系统；6. 准入登记子系统；7. 保障资金子系统；8. 建设项目子系统；9. 资源配置子系统；10. 配给管理子系统；11. 配后管理子系统；12. 规划计划子系统；13. 监督管理子系统；14. 统计分析子系统；15. 系统建设与验收；16. 系统运行模式和运行环境；17. 系统维护。

本规范由住房和城乡建设部负责管理，由哈尔滨工业大学负责具体技术内容的解释。本规范在执行过程中如发现需要修改和补充之处，请将意见和有关资料寄送哈尔滨工业大学（地址：哈尔滨市法院街 1243 信箱，邮政编码：150001），以供今后修订时参考。

本规范主编单位：哈尔滨工业大学
住房和城乡建设部信息中心

本规范参编单位：东软集团股份有限公司
山东嘉友软件有限公司
北京中科汇联信息技术有限公司

北京华政天成科技有限公司
必特思维软件有限公司
江苏省住房和城乡建设厅住宅与房地产业促进中心
河北省建设厅信息中心
黑龙江省住房和城乡建设厅住房保障与公积金管理处
上海市房屋土地资源信息中心
北京因维索孚科技有限公司
华信永道（北京）科技有限公司
青岛仁科信息技术有限公司

本规范主要起草人：王要武　孙成双　满庆鹏
宋秀明　刘　奎　何长庚
李　鹏　胡绍武　冯志宏
吴贵春　王贵清　张一川
李妙丽　吉同路　郭建军
蒋学红　刘　艳　徐丽佳
蒋　峰　卢临江　铁鲁益
李德锋

本规范主要审查人：张智慧　李桂君　张跃松
周　玮　雷　娟　王　伟
付晓东

目　次

Contents

1 总则

1.0.1 为规范住房保障管理信息化建设,提高住房保障服务水平,实现资源的整合与共享,制定本规范。

1.0.2 本规范适用于住房保障信息系统的建设、运行、维护和管理。

1.0.3 住房保障信息系统的建设、运行、维护和管理,除应符合本规范的规定外,尚应符合国家现行有关标准的规定。

2 术语

2.0.1 住房保障信息系统 housing security information system

基于计算机软硬件和网络环境,对基础数据、操作数据和统计数据进行采集、管理、统计和分析,实现住房保障全过程管理的一种集成化信息系统。

2.0.2 保障规则 housing security rule

能够被住房保障信息系统所识别的住房保障政策体系。主要包括按照一定条件和标准通过住房配给和货币补贴方式向不同的保障对象提供住房保障的规则,以及按照一定条件和标准通过土地配给和货币补贴方式向不同的保障性住房供应者提供政策支持的规则。

2.0.3 准入登记 admittance and registration

将住房保障申请对象识别为保障对象和支持对象的处理过程。准入登记主要包括申请、审核、公示、登记等环节。

2.0.4 资源配置 resource deployment

依据住房保障规则将各类可配给的保障性住房、住房保障资金等作为住房保障资源,动态监测资源的供求关系,制定资源配置计划和方案,收集资源配给信息,记录资源存量和流量,及时提供决策服务的过程。

2.0.5 基础数据 foundational data

为住房保障业务管理、统计分析提供数据支撑的数据。包括住房保障规则数据、住房保障资源数据、住房保障对象数据三大类。

2.0.6 操作数据 operation data

随着住房保障业务状态变化所产生的数据。包括业务流程、状态变化、资源使用情况、监督信息等。

2.0.7 统计数据 statistical data

住房保障信息系统对基础数据和住房保障操作数据进行计算、统计和分析而形成的数据。这些数据用于统计和分析,为管理和决策提供支持。

2.0.8 保障对象 housing security object

符合住房保障规则各类保障项目中所规定保障方

式的申请条件的申请人。

2.0.9 保障项目 housing security project

针对某类特定人群所建立的住房保障计划,其中包含可以为此类人群提供的保障方式的集合。

2.0.10 支持对象 housing subsidize object

符合住房保障规则各类支持项目中所规定支持方式的申请条件的保障性住房供应单位和个人。

2.0.11 支持项目 housing subsidize project

针对某类为保障项目提供支持的单位和个人所建立的支持性计划,其中包含可以为此类单位和个人提供的支持方式的集合。

2.0.12 保障资源 housing security resource

可以向保障对象、支持对象配给的一系列资源,主要包括土地、住房、保障资金等。

3 结构框架与功能

3.1 结构框架

3.1.1 住房保障信息系统应利用网络与信息技术,按照分层设计、模块构建的原则,进行规划设计和系统建设。系统和信息安全体系应具有良好的功能扩展性和数据扩展性。住房保障信息系统宜采用适当的基本结构框架(图3.1.1)。

图 3.1.1 基本结构框架

3.1.2 网络平台应为住房保障信息系统提供信息通信服务。

3.1.3 基础设施层应为住房保障信息系统提供所需的运行环境、网络连接和信息安全等功能。

3.1.4 数据层应包括基础数据、操作数据和统计数据，为支撑服务层和应用层提供数据支持。

3.1.5 支撑服务层应具有组织和整合各类数据、组件和服务的功能，为应用层的建立和运行提供支撑服务。

3.1.6 应用层应包括下列 11 个子系统。各地可根据实际业务需求，适当扩展。

 1 保障规则子系统；

 2 对象调查子系统；

 3 准入登记子系统；

 4 保障资金子系统；

 5 建设项目子系统；

 6 资源配置子系统；

 7 配给管理子系统；

 8 配后管理子系统；

 9 规划计划子系统；

 10 监督管理子系统；

 11 统计分析子系统。

3.1.7 公共服务层应面向公众、政府和企事业单位提供住房保障服务。

3.2 应用系统功能要求

3.2.1 保障规则子系统应实现保障规则的定制和修改、保障规则版本的启用和停止功能。

3.2.2 对象调查子系统应实现居民收入、住房、资产等状况的统计调查功能。

3.2.3 准入登记子系统应实现住房保障申请的登记、审核、公示和审批功能，并支持对象管理和工作流管理。

3.2.4 保障资金子系统应实现保障资金的预算、拨付和决算管理的功能。

3.2.5 建设项目子系统应实现项目申报审批管理和项目建设管理的功能。

3.2.6 资源配置子系统应实现保障性住房资源管理、保障性资金资源管理和保障性土地资源管理的功能。

3.2.7 配给管理子系统应实现实物住房配给管理、保障性住房配售管理、保障性住房配租管理、住房补贴管理、支持对象的配给管理功能。

3.2.8 配后管理子系统应实现配售房屋的再上市管理和配租房屋的后期管理功能。

3.2.9 规划计划管理子系统应实现住房保障规划和计划的录入申报、查询和统计功能。

3.2.10 监督管理子系统应实现对保障对象、保障工作过程、行政工作人员的监督管理功能。

3.2.11 统计分析子系统应实现统计分析、数据发布和数据挖掘的功能。

3.3 数据构成

3.3.1 住房保障信息系统的数据应包括基础数据、操作数据和统计数据 3 类。

3.3.2 基础数据应包括保障规则、对象调查、准入登记、保障资金、建设项目等方面的数据。

3.3.3 操作数据应包括资源配置、配给管理、配后管理、规划计划、监督管理等方面的数据，并应在基础数据的基础上产生。

3.3.4 统计数据应在基础数据和操作数据的基础上产生。

3.3.5 住房保障信息系统各子系统与数据之间应符合下列原则：

 1 基础数据支撑保障规则子系统、对象调查子系统、准入登记子系统、保障资金子系统和建设项目子系统的功能；

 2 操作数据支撑资源配置子系统、配给管理子系统、配后管理子系统、规划计划子系统和监督管理子系统的功能；

 3 统计数据支撑统计分析子系统的功能。

3.4 其他要求

3.4.1 住房保障信息系统应逐步实现与房产、金融、工商、税务、民政、公安、土地、规划等关联业务系统的数据交换。

3.4.2 住房保障信息系统应根据各子系统定义的数据交换表，建立数据交换区，实现各级住房保障管理部门逐级上报汇总的功能。

3.4.3 住房保障信息系统应用和部署应符合国家相关信息安全的有关规定。

3.4.4 住房保障信息系统宜将保障对象、保障资源、资源配置等数据采用 GIS 技术进行分层定位和形象展示。

4 保障规则子系统

4.1 一般规定

4.1.1 保障规则子系统应遵循各地住房保障政策体系的规定、保障政策支持方式及其组合，分别定义相应的保障标准，确定住房保障的基本规则。

4.1.2 保障规则子系统应对住房保障规则实现灵活定制，满足各地不断完善住房保障体制机制的要求。

4.2 功能要求

4.2.1 保障规则子系统应包括下列功能：

 1 保障规则的定制：实现保障对象的保障规则定制、不同的支持对象的政策支持规则定制、已登记家庭的轮候排队规则定制。

 2 保障规则的修改：能够根据实际工作需要进行动态修改，并生成规则模版。

 3 保障规则模版的启用和停止：按照住房保障

的实际需要,启用和停止保障规则模版。

4.2.2 保障对象的保障规则定制宜包括以下内容:

1 保障项目定制:按保障对象定制保障项目,根据各地住房保障政策规定,将不同收入层次的家庭或个人、特殊困难群体或个人,按照一定的方法和标准划分为不同的保障对象。对每一保障对象界定一个或多个保障项目。

2 保障方式组合定制:按保障项目定制保障方式组合,保障方式组合主要包括住房配给和补贴等。

3 保障方式准入条件定制:对不同的保障方式定制准入条件,以便审核保障对象资格。

4 保障方式保障标准定制:对不同的保障方式定制保障标准,以便明确对符合资格的保障对象的保障标准。

4.2.3 支持对象的政策支持规则定制宜包括以下内容:

1 支持项目定制:支持对象定制支持项目是根据各地保障政策规定将不同类型的保障性住房供应单位和个人,按照一定的方法和标准划分为不同的支持对象。对每一支持对象界定一个或多个支持项目。

2 支持方式组合定制:按支持项目定制支持方式组合,支持方式组合主要包括土地配给和货币补贴等。

3 支持方式准入条件定制:对不同的支持方式定制准入条件,以便审核支持对象资格。

4 支持方式保障标准定制:对不同的支持方式定制保障标准,以便明确对符合资格的支持对象的保障标准。

4.3 数据要求和数据结构

4.3.1 保障规则子系统的数据应包括保障项目、保障对象保障方式、保障对象申请条件分类、保障对象申请条件定量判断、保障对象申请条件定性判断、保障对象申请条件组合判断、保障对象保障标准、支持项目、支持对象支持方式、支持对象申请条件、支持对象支持标准、保障规则交换信息等。

4.3.2 保障规则子系统应为规划计划、配给管理、准入登记、资源配置等子系统提供数据,并与其保持功能衔接。

4.3.3 保障规则子系统的数据要求应符合本规范附录 A 中第 A.1 节的规定。

5 对象调查子系统

5.1 一 般 规 定

5.1.1 对象调查子系统应根据保障对象调查业务流程建立,满足各地普查、抽样调查等不同调查方式的需要。

5.2 功 能 要 求

5.2.1 对象调查子系统应实现对居民收入、住房、资产等状况的统计调查。

5.2.2 对象调查子系统应包括下列功能:

1 调查指标管理:根据具体调查需要建立调查指标库,并依据指标库实现指标增加、删除、修改、查询功能。

2 调查表生成:基于调查指标库灵活筛选指标,生成调查表,实现在线填报。

3 信息处理:实现调查信息的增加、删除、修改、查询功能。

4 数据汇总:实现调查信息的逐级审核汇总、逐级上传报送功能。

5 统计分析:根据不同指标实现自定义查询统计。

5.3 数据要求和数据结构

5.3.1 对象调查子系统的数据应包括调查方案信息、调查指标库信息、调查表和调查指标信息、对象调查交换信息等。

5.3.2 对象调查子系统应为规划计划、准入登记、统计分析等子系统提供数据。

5.3.3 对象调查指标宜满足准入登记子系统申请信息需求。

5.3.4 对象调查子系统的数据要求应符合本规范附录 A 中第 A.2 节的规定。

6 准入登记子系统

6.1 一 般 规 定

6.1.1 准入登记子系统应依据保障规则子系统定义的准入条件,满足保障对象和支持对象准入管理的需要。

6.1.2 准入登记子系统宜使用工作流方式进行业务处理。

6.1.3 准入登记子系统应对准入登记管理过程中形成的具有保存价值的各种文字、图表、声像等材料,形成电子文件一同进行存储。

6.2 功 能 要 求

6.2.1 准入登记子系统应包含下列功能:

1 申请:实现保障对象和支持对象申请信息的增加、删除、修改、查询,并对身份证、户口簿、申请表、单位和个人出具的证明材料等进行电子文件存档。

2 审核:核查指派、核查结果信息维护和核查结论认定。

3 公示：公示申请、审核等信息，记录公示无异议信息或异议不成立信息。

4 登记：实现准予登记和不予登记，并实现通知书的生成、修改及打印功能。

6.2.2 采用工作流方式进行业务处理宜包括下列功能：

1 业务流程定义：根据实际业务办理流程，定义业务流程模板、业务节点模板、业务节点参与者模板、传输线模板。

2 业务流程监控：实现业务办理具体实例办理过程监控，对每个具体业务办理过程、当前环节、办理人员、流程状态进行监控。

3 业务流程统计：对实际业务办理信息按照业务流程、业务节点、办理人员等指标实现自定义统计分析。

6.2.3 其他子系统需要使用工作流方式处理业务的，宜将工作流作为模块独立实现。

6.3 数据要求和数据结构

6.3.1 准入登记子系统的数据应包括申请家庭基本信息、申请家庭住房信息、申请家庭成员信息、申请家庭资产信息、公示信息、公示期间举报信息、拟保障实施方案信息、电子档案信息、保障对象准入登记簿交换信息、保障住房供给单位登记审批信息、保障住房供给个人登记审批信息等。

6.3.2 准入登记子系统应接收保障规则、对象调查子系统的数据，为资源配置、统计分析等子系统提供资源需求数据，并与这些子系统保持功能衔接。

6.3.3 准入登记子系统的数据要求应符合本规范附录 A 中第 A.3 节的规定。

7 保障资金子系统

7.1 一般规定

7.1.1 保障资金子系统应根据保障资金管理业务流程建立，满足各级政府对保障资金进行专项管理、分账核算的要求。

7.2 功能要求

7.2.1 资金预算管理应包括下列功能：

1 支出预算管理：根据不同资金来源实现筹资预算管理以及不同的保障方式实现不同支出项目预算管理。

2 资金预算审批：记录资金主管等部门对资金支出预算的审批信息。

7.2.2 资金决算管理应包括下列功能：

1 支出项目决算：住房保障主管部门向同级财政部门报送支出项目决算。

2 资金滚存：保障支出项目出现资金结余时，滚存下年安排使用。

7.3 数据要求和数据结构

7.3.1 保障资金子系统的数据应包括保障资金支出预算信息、保障资金支出信息、保障资金决算信息等。

7.3.2 保障资金子系统应接收规划计划子系统的数据，为资源配置和统计分析等子系统提供数据，并与这些子系统保持功能衔接。

7.3.3 保障资金子系统的数据要求应符合本规范附录 A 中第 A.4 节的规定。

8 建设项目子系统

8.1 一般规定

8.1.1 建设项目子系统应根据建设项目业务流程建立，满足对项目建设进度、建设资金等的监督管理的需要。

8.2 功能要求

8.2.1 建设项目子系统应包括下列功能：

1 土地储备：系统应根据年度计划记录住房建设用地储备信息。土地储备信息应根据住房配给种类，按种类分别记录地块基本信息等信息。

2 项目储备库管理：系统应依据保障规则中的住房配给种类和房源筹集方式分别建立项目储备库。项目储备库应记录项目建设投资、开发建设规划、拆迁安置、前期手续办理、进度等信息。项目储备库应随项目建设开发建设周期动态维护。

3 建设进度管理：系统应记录项目的开工、竣工、复工等进度信息。

4 拆迁安置进度管理：系统应记录房屋拆迁进度、居民安置进度等信息。

5 项目投资进度管理：系统应记录项目投资计划、项目投资进度等信息。

6 竣工移交：系统应建立住房供应交换数据库，为资源配置子系统提供数据。系统应建立楼盘表来直观展现房屋的交付状态。

8.3 数据要求和数据结构

8.3.1 建设项目子系统的数据应包括项目交换信息、单体工程信息、住房信息、项目参与单位信息、项目参与人员信息、项目进度日志信息、项目建设审批电子档案、项目建设审批重要证件信息、建设工程施工合同备案信息、项目拆迁安置合同备案、土地储备交换信息等。

8.3.2 建设项目子系统应接收规划计划子系统的数

据,为资源配置、统计分析等子系统提供数据,并与这些子系统保持功能衔接。

8.3.3 建设项目子系统的数据要求应符合本规范附录 A 中第 A.5 节的规定。

9 资源配置子系统

9.1 一 般 规 定

9.1.1 资源配置子系统应满足动态监测保障资金、可配给住房等资源的供求状态,制定住房保障计划和资源分配方案,及时记录住房保障资源配置流向等需要。

9.2 功 能 要 求

9.2.1 住房保障资源供求监测应包括下列功能:

1 保障资源需求检测:系统应依据准入登记子系统交换的保障对象、支持对象的数据以及启用的保障规则,测算住房保障资源需求量。系统宜采用自动方式和自定义方式进行检测。

2 保障资源供给检测:系统应依据资金管理子系统和建设项目子系统交换的资金和房屋数据,以及启用的保障规则,测算住房保障资源供给量。系统宜采用自动方式和自定义方式进行检测。

9.2.2 住房保障资源配置方案应包括下列功能:

1 配置方案制定:根据保障资源的供求检测结果,依据保障规则制定配置方案,按保障方式明确保障对象数量、保障资源数量、分配起止时间等。

2 配置方案发布:启用选定的配置方案,按配置方案向配给管理子系统提供数据,交由配给管理子系统执行配置方案。

9.2.3 住房保障资源配置台账应包括下列功能:

住房保障资源台账分类宜分为保障项目、支持项目台账。

9.3 数据要求和数据结构

9.3.1 资源配置子系统的数据应包括保障项目台账、保障项目收支明细交换数据、支持项目台账、支持项目台账收支明细交换数据、保障项目资源配置方案、保障项目配置方案保障对象明细、支持项目配置方案、支持项目配置方案支持对象明细、资源配置方案明细等。

9.3.2 资源配置子系统应接收保障规则、准入登记、保障资金、建设项目、配给管理等子系统的数据,为配给管理、统计分析等子系统提供数据,并与这些子系统保持功能衔接。

9.3.3 资源配置子系统的数据要求应符合本规范附录 A 中第 A.6 节的规定。

10 配给管理子系统

10.1 一 般 规 定

10.1.1 配给管理子系统应根据各地住房保障政策体系确定的保障规则,满足对保障对象和支持对象进行资源配给的需求。

10.2 功 能 要 求

10.2.1 对保障对象的配给管理应包括以下功能:

1 配售管理:系统应能按照规定的排序方式,确定保障对象的选房顺序,并按照排序确定的选房顺序对保障对象的选房结果进行记录,以及记录保障对象购房签约登记的合同信息。

2 配租管理:系统应能按照规定的排序方式,确定保障对象的选房顺序,并按照排序确定的选房顺序对保障对象的选房结果进行记录以及记录保障对象配租合同信息,包括合同签署、续签、合同终止。

3 住房补贴管理:应能记录补贴合同的签署、续签、终止及补贴资金应发、实发的信息。

10.2.2 对支持对象的管理宜包括下列功能:

1 资金补贴管理:记录给支持对象的补贴资金的发放和领取信息。

2 土地配给管理:记录宗地与地块关系和宗地配给的结果。

10.3 数据要求和数据结构

10.3.1 配给管理子系统的数据应包括保障对象配给顺序、保障对象选房、保障对象合同签约、配给合同电子档案、补贴应发、补贴实发、支持对象资金拨付配置计划、土地供应记录信息等。

10.3.2 配给管理子系统应接收保障规则、资源配置、配后管理等系统的数据,为配后管理、资源配置和统计分析等子系统提供数据,并与这些子系统保持功能衔接。

10.3.3 配给管理子系统的数据要求应符合本规范附录 A 中第 A.7 节的规定。

11 配后管理子系统

11.1 一 般 规 定

11.1.1 配后管理子系统应根据配后管理业务流程建立,满足在保障资源配给保障对象后的后期管理需要。

11.2 功 能 要 求

11.2.1 配售住房的后期管理应包括下列功能:

1 房源退回：将由于各种原因需要退回的房源由已经分配状态退回到可分配房源中。

2 再上市交易管理：对已配售且需要再上市交易的政策性住房进行登记，并可以标记政府是否优先回购。

11.2.2 配租住房的后期管理应包括下列功能：

1 入住管理：系统应记录保障对象入住信息。

2 腾退管理：系统应对不符合或自愿申请退出配租保障方式的保障对象，记录住房腾退信息。

3 租金收缴：系统应对实行配租保障方式的保障对象，记录房屋租金的收缴信息。

4 固定支出款项管理：系统应对廉租房或公租房等配租房屋的每月固定支出款项进行记录。

5 年审管理：系统应能对保障对象资格和条件进行年度审核管理。

11.3 数据要求和数据结构

11.3.1 配后管理子系统的数据应包括已配售房源退回、已配售房源再上市、已配租房源入住管理、已配租房源腾退管理、已配租房源租金应收、已配租房源租金实收、每月固定发生款项、保障对象年审等。

11.3.2 配后管理子系统应接收配给管理子系统的数据，为配给管理和统计分析等子系统提供数据。

11.3.3 配后管理子系统的数据要求应符合本规范附录 A 中第 A.8 节的规定。

12 规划计划子系统

12.1 一般规定

12.1.1 规划计划子系统应依托住房保障规划和住房保障计划业务流程建立，满足住房保障规划管理和计划管理的需要。

12.2 功能要求

12.2.1 规划管理应包括以下功能：

1 规划制定：系统应能分类记录总体规划、专项规划、子规划信息。

2 规划编制期限设定：系统应根据规划编制期限的要求，灵活设定住房保障总体规划、专项规划、子规划的编制期限。

3 规划编制指标：系统应建立规划编制指标库，并根据指标库抽取指标，定义约束型指标，设定规划文本附表。

12.2.2 计划管理应包括以下功能：

1 年度建设项目储备库：系统应灵活设置项目筛选条件，根据建设项目库选出符合条件的项目，纳入年度建设项目储备库。

2 年度计划申报和下达：系统应满足年度计划逐级申报和逐级审批下达的工作需要。需要带年度建设项目下达计划的，系统应从年度计划项目储备库中抽取项目，将年度计划中的建设指标落实到具体建设项目。

12.3 数据要求和数据结构

12.3.1 规划计划管理子系统的数据应包括住房建设规划、保障户数规划指标、住房保障规划宏观指标、年度计划建设项目储备、补贴标准、以奖代补因素值、中央省级补助资金分配交换信息等。

12.3.2 规划计划子系统应接收保障规则、对象调查等子系统的数据，为建设项目、保障资金等子系统提供数据，并与这些子系统保持功能衔接。

12.3.3 规划计划管理子系统的数据要求应符合本规范附录 A 中第 A.9 节的规定。

13 监督管理子系统

13.1 一般规定

13.1.1 监督管理子系统应根据监督管理业务流程建立，满足保障部门对保障业务和保障对象等的监督审查需求。

13.2 功能要求

13.2.1 监督管理子系统应包括下列功能：

1 专项检查：记录保障对象、支持对象以及各项保障业务定期检查或抽查的相关信息。

2 投诉处理：记录投诉和投诉处理的信息。

3 信用管理：针对保障对象的信用状况进行管理。

4 考核评价：政府保障管理部门对下级部门工作情况以及工作人员进行考核，并记录相关的奖罚信息。

13.3 数据要求和数据结构

13.3.1 监督管理子系统的数据应包括专项检查、投诉处理、保障对象信用管理、支持对象行政处罚、住房保障工作规范化考核、住房保障工作规范化考核结果通报和备案、行政机关工作人员考核、行政机关工作人员行政奖罚及通报等。

13.3.2 监督管理子系统应实现与保障规则、对象调查、准入登记、保障资金、建设项目、资源配置、配给管理、配后管理、规划计划等子系统进行数据交换。

13.3.3 监督管理子系统的数据要求应符合本规范附录 A 中第 A.10 节的规定。

14 统计分析子系统

14.1 一般规定

14.1.1 统计分析子系统应满足上级住房保障部门批准执行的统计报表制度的要求，宜根据本级住房保障部门统计工作需要适当扩展。

14.1.2 统计分析子系统宜支持大数据量及复杂统计分析，实现快速统计分析的目标。

14.1.3 统计分析结果宜采用图、表的方式展示。

14.2 功能要求

14.2.1 报表制度定义和维护管理应包括以下功能：

1 统计指标库建立：系统应根据统计报表制度要求建立统计指标库。

2 基层填报表和汇总表设计：系统应根据统计报表制度要求，利用统计指标库设计基层填报表和汇总表。

14.2.2 报表制度发布实施管理应包括以下功能：

1 报期设定：系统应根据报表制度要求定义报告期别和上报时间。

2 基层报表和汇总报表填报单位、填报人设定：系统应根据报表制度要求设定基层填报表和汇总表的填报单位，以及填报人、审核人和统计负责人。

3 基层表填报范围设定：系统应根据报表制度要求设定基层填报表的填报范围，明确统计指标的地理范围。

14.2.3 数据填报和汇总：系统应能根据报表制度实现逐级上报和汇总。

14.2.4 统计分析：系统应能根据报表制度满足基本的统计分析需要。

14.2.5 数据发布共享：系统应能满足对外发布或向其他部门提供统计数据或报表的需要。

14.3 数据要求和数据结构

14.3.1 统计分析子系统的数据应包括统计报表制度信息、报表定义、统计指标集合（组）、统计报表横向维度指标、统计报表纵向维度指标、报表与横纵向纬度关系、报表填报表等。

14.3.2 统计分析子系统应接收对象调查、准入登记、保障资金、建设项目、资源配置、配给管理、配后管理等子系统的数据。

14.3.3 统计分析子系统的数据要求应符合本规范附录 A 中第 A.11 节的规定。

15 系统建设与验收

15.1 系 统 建 设

15.1.1 系统建设应满足下列要求：

1 具有明确的系统功能要求，并已制定可行的业务流程规范。

2 成立系统建设领导小组，负责住房保障信息系统建设中重大问题的组织协调工作。

3 建立项目例会制度，在系统建设过程中及时通报系统建设进展，研究决定项目建设过程中出现的问题。

15.1.2 文件编制应符合现行国家标准《计算机软件文档编制规范》GB/T 8567 的相关规定。

15.1.3 系统建设宜引入专业的监理公司，对住房保障信息系统建设进行进度、质量、项目款等方面实行全过程监理。监理单位履行职责时，应符合现行国家标准《信息化工程监理规范》GB/T 19668 的规定。

15.2 系 统 验 收

15.2.1 住房保障信息系统验收应按初步验收和竣工验收两个阶段实施。

1 初步验收由系统建设单位按照系统验收依据和验收条件自行组织，在系统试运行 3 个月合格后进行，并给出初步验收结论。

2 初步验收通过后，系统建设单位向项目审批部门递交竣工验收申请，项目审批部门审核批准后组织或委托进行竣工验收。

15.2.2 住房保障信息系统申请竣工验收应满足下列条件：

1 系统建设的审批手续齐全。应包括项目建议书及批复文件、项目可行性研究报告及批复文件、项目初步设计和投资估算报告及批复文件。

2 完成系统软件和硬件的设计、安装和调试，满足系统正式运行的要求。

3 完成第三方软件测试。软件测试结果符合《建设领域应用软件测评通用规范》CJJ/T 116 的规定。

4 完成原始数据移植及数据移植后的系统测试，测试结果合格。

5 完成系统上线，且试运行合格。

6 与系统运行相关的消防、安全等设施已建成，并经测试和试运行合格。

15.2.3 竣工验收应由项目审批部门组织各方专家成立竣工验收评审组进行，竣工验收评审组应给出明确的竣工验收意见。

16 系统运行模式和运行环境

16.1 系 统 运 行 模 式

16.1.1 系统运行模式应符合下列要求：

1 包含业务系统和公众服务（网站）两部分。

2 公众服务（网站）部分可在各地现有网站进

行扩展。

3 业务系统和公众服务（网站）两部分之间必要时建立双向的数据更新机制。

4 业务系统支持集中式部署和分布式部署两种运行模式，建设时根据实际情况选择。

16.1.2 集中式部署应符合下列要求：

1 数据库服务器、应用服务器、Web 服务器等在上级单位进行统一部署和维护。系统支持 B/S 浏览器访问方式。

2 支持多种接入方式。

3 提供完善的逻辑隔离措施。

16.1.3 分布式部署应符合下列要求：

1 系统的各个节点保持分立运行，数据库服务器、应用服务器、Web 服务器独立配置和运行。各节点均支持 B/S 访问方式。

2 支持多种接入方式。

3 提供完整的数据交换接口和服务。

16.1.4 业务流程监控与管理应符合下列要求：

1 提供任务机制，以任务的形式展现业务流程。

2 记录业务流程流转信息，并提供图形化的业务流程监控功能。

3 提供对业务流程处理情况的统计、分析功能。

16.2 系统运行环境

16.2.1 应制定系统运行与维护制度，配备系统管理人员，定期对系统运行状况进行检查。

16.2.2 应建立数据库备份系统，制定数据备份策略，满足《信息安全技术 信息系统灾难恢复规范》GB/T 20988 的要求。

16.2.3 应建立有效的运行监管制度，系统运行监管应采用由上到下逐层监管和设立监管部门专项监管相结合的办法。

16.2.4 系统运行监管应包含下列内容：

1 日常业务情况；

2 系统的软件和硬件；

3 网络；

4 系统运行的环境。

16.2.5 系统运行监管可采用下列方法：

1 利用系统提供的工具进行日志跟踪记录、数据记录；

2 聘请专业人员定期进行巡检审计。

16.2.6 住房保障信息系统应遵循《计算机信息系统 安全保护等级划分准则》GB 17859 的规定，确定信息系统安全等级，建立信息系统安全技术框架，通过系统的技术防护措施和非技术防护措施来实现信息安全。

16.2.7 系统所在环境的安全保护应遵守《计算机场地通用规范》GB/T 2887、《计算机场地安全要求》GB/T 9361、《信息安全技术 信息系统物理安全技术要求》GB/T 21052、《电子信息系统机房设计规范》GB 50174 的规定。

17 系 统 维 护

17.0.1 应制定系统运行维护管理制度，配备系统管理员，定期分析应用系统日志、数据库日志和业务操作日志等系统运行日志，及时发现系统异常情况。

17.0.2 宜配备数据库管理员，专门负责数据库的监控、优化、备份、灾难恢复等维护工作。

17.0.3 系统维护应包括下列内容：

1 系统正确性维护：识别和纠正在使用过程中发现的软件错误、改正软件性能上的缺陷。

2 系统适应性维护：通过适当调整使软件适应系统环境的变化。

3 系统完善性维护：对软件使用过程中用户提出的新功能与性能进行修改或二次开发。

17.0.4 应制定有效的系统运行应急预案，并应由系统管理员定期组织演练。应急预案应能保证系统出现异常后 8h 内恢复运行。

附录 A 数 据 要 求

A.1 保障规则数据

A.1.1 保障项目数据应包含保障项目编号、保障项目、行政区划代码、收入分类、特殊人群分类、是否启用和启用时间字段。

A.1.2 保障对象保障方式数据应包含保障方式编号、保障项目编号、保障方式、是否启用和启用时间字段。

A.1.3 保障对象申请条件分类数据应包含保障对象申请条件分类编号、父级保障对象申请条件分类编号和保障对象申请条件分类名称字段。

A.1.4 保障对象申请条件定量判断数据应包含保障方式申请条件编号、保障方式申请条件、保障方式申请条件组合定性判断编号、保障方式编号、保障对象申请条件分类编号、保障条件和保障标准计量方式、条件起始值、与起始值逻辑关系、条件终止值、与终止值逻辑关系、是否启用和启用时间字段。

A.1.5 保障对象申请条件定性判断数据应包含保障方式申请条件编号、保障方式申请条件组合定性判断编号、保障方式申请条件、保障对象申请条件分类编号、保障方式编号、申请条件逻辑因素值、是否启用和启用时间字段。

A.1.6 保障对象申请条件组合判断数据应包含保障方式申请条件组合定性判断编号、保障对象申请条件组合定性判断父级条件编号、保障方式编号、逻辑关系、是否启用和启用时间字段。

A.1.7　保障对象保障标准数据应包含保障标准编号、保障方式编号、保障标准取用因素、保障标准计量方式、人户数、因素值现有标准、取用因素实际值、是否启用和启用时间字段。

A.1.8　支持项目数据应包含支持项目编号、支持项目、行政区划代码、支持对象类型、是否启用和启用时间字段。

A.1.9　支持对象支持方式数据应包含支持方式编号、支持项目编号、支持方式、是否启用和启用时间字段。

A.1.10　支持对象申请条件数据应包含支持方式申请条件编号、支持方式编号、支持条件、具体条件、是否启用和启用时间字段。

A.1.11　支持对象支持标准数据应包含支持方式支持标准编号、支持方式编号、现有标准、执行标准、是否启用和启用时间字段。

A.1.12　保障规则交换信息数据应包含保障规则年度、行政区划代码、保障项目、收入分类、特殊人群分类、支持项目、支持对象类型、保障（支持）方式、保障条件因素、支持条件因素、保障标准因素、支持标准因素、保障（支持）条件因素值和保障（支持）标准因素值字段。

A.2　对象调查数据

A.2.1　调查方案数据应包含调查方案编号、调查方案名称、调查类别、调查方式、调查范围、调查周期类别、调查开始日期和调查截止日期字段。

A.2.2　调查指标库数据应包含指标编号、指标类别、指标代码、指标名称、指标数据类型、指标数据长度、指标小数位数和指标可否为空字段。

A.2.3　调查表和调查指标信息数据应包含调查方案编号、调查表编号、调查表名称、指标类别和指标编号字段。

A.2.4　对象调查交换信息数据应包含调查方案编号、行政区划代码、收入层次分类、住房保障项目、住房保障方式、符合条件户数、符合条件人数和调查日期字段。

A.3　准入登记数据

A.3.1　业务流程管理数据宜包括业务流程模板、业务节点模板、节点参与者模板、节点关联模板、业务流程实例、业务节点实例数据等。

A.3.2　业务流程模板数据应包含流程模板编号、流程名称、流程描述、开始节点、业务分类、定义时间、扩展属性、前置条件、后置条件、流程模板版本和是否激活字段。

A.3.3　业务节点模板数据应包含节点模板编号、流程模板编号、节点名称、节点描述、节点类型、扩展属性、前置条件、后置条件、业务分类和流程版本号

字段。

A.3.4　节点参与者模板数据应包含节点模板编号、参与者角色编号和参与者角色类型字段。

A.3.5　节点关联模板数据应包含节点关联编号、流程模板编号、前导节点编号、后继节点编号、优先级、条件、节点关联名称和节点关联描述字段。

A.3.6　业务流程实例数据应包含流程实例编号、流程模板编号、流程模板名称、流程实例名称、优先级、描述、业务分类、当前状态、启动时间、完成时间、流程类型、前置条件、后置条件、扩展属性和流程版本号字段。

A.3.7　业务节点实例数据应包含流程实例编号、节点实例编号、前一节点实例编号、节点模板编号、实例名称、实例类型、扩展属性、当前状态、创建时间、完成时间、前置条件、后置条件、优先级和描述字段。

A.3.8　申请家庭基本信息数据应包含申请编号、准入登记年度、申请人姓名、证件类别、证件号码、联系电话、代理人姓名、代理人证件类别、代理人证件号码、代理人联系电话、户籍所在地-县（市）-区、户籍所在地-街道、户籍所在地-社区、户籍所在地-路（街、里、巷、小区）、户籍所在地-号、户籍所在地-座（栋）、户籍所在地-室、家庭人口数、家庭人均年收入、家庭年总收入、家庭人均建筑面积、家庭总建筑面积、是否居住在棚户区、棚户区名称、棚户区类型、国有棚户区隶属关系、是否低收入家庭、是否为最低生活保障家庭、最低生活保障证号、是否享受过住房保障待遇、享受住房保障待遇方式、办理阶段、审核人、审核时间和审核状态字段。

A.3.9　申请家庭住房信息数据应包含房屋编号、申请编号、准入登记年度、房屋地址-县（市）-区、房屋地址-街道、房屋地址-社区、房屋地址-路（街、里、巷、小区）、房屋地址-号、房屋地址-座（栋）、房屋地址-室、房屋住用状况、产权证编号、产权人姓名、产权人身份证、产权人是否家庭成员、产权单位、产权单位组织机构代码、房屋性质、房屋类型、成套情况、房屋完好程度、房屋结构、房屋户型、房屋配套设施、小区物业管理模式、建筑面积、建成年份、租金、住房产权比例分类、产权性质、产权比例、房屋价值、物业单位、家庭成员房屋地址类别、房屋配给后原住房处置意向、办理阶段、审核人、审核时间和审核状态字段。

A.3.10　申请家庭成员信息数据应包含家庭成员编号、申请编号、准入登记年度、与户主关系、家庭成员姓名、身份证件类别、身份证件号码、户口性质、户口年限、是否常住、性别、出生日期、民族、联系电话、就业情况、工作单位、单位性质、职业性质、文化程度、婚姻状况、年收入、特殊人员代码、残疾类别、残疾等级、荣誉称号级别、荣誉称号类别、荣

誉奖章类别、是否引进人才、是否外来务工人员、是否享受住房公积金、是否享受过福利房、是否享受住房补贴、是否共同居住、收入来源、是否有犯罪记录、养老保险号、医疗保险号、失业保险号、生育保险号、工伤保险号、五保合一号、公积金账号、五保证编号、职工特困证号码、办理阶段、审核人、审核时间和审核状态字段。

A.3.11 申请家庭资产信息数据应包含资产编号、申请编号、准入登记年度、所有人姓名、资产类别、数量、总价值、办理阶段、审核人、审核时间和审核状态字段。

A.3.12 公示信息数据应包含公示编号、申请编号、办理阶段、公示开始时间、公示截止时间、公示方式、公示地点和公示是否通过字段。

A.3.13 公示期间举报信息数据应包含举报编号、公示编号、申请编号、举报时间、举报内容、举报方式、查证人、查证方式和查证结果字段。

A.3.14 拟保障实施方案信息数据应包含方案编号、申请编号、办理阶段、拟保障项目类别、拟住房保障方式、保障准入条件编号、标准额度、拟补贴额度、拟配给房屋面积、拟配给房屋户型、审核状态、审核时间和审核人字段。

A.3.15 电子档案信息数据应包含档案编号、申请编号、档案类型、办理阶段、档案名称、档案内容和登记时间字段。

A.3.16 保障对象准入登记簿交换信息数据应包含申请编号、调查编号、申请人姓名、证件类别、证件号码、联系电话、户籍所在地-县（市）-区、户籍所在地-街道、户籍所在地-社区、户籍所在地-路（街、里、巷、小区）、户籍所在地-号、户籍所在地-座（栋）、户籍所在地-室、家庭人口数、家庭人均年收入、家庭年总收入、家庭人均资产、家庭总资产、家庭人均建筑面积、家庭总建筑面积、是否居住在棚户区、是否为最低生活保障家庭、最低生活保障证号、申请时间、申请家庭收入层次类别、特定群体类别、申请保障项目类别、申请保障方式、登记时间、实施保障时间、实施住房保障方式、保障退出时间、保障状态和最后年审年度字段。

A.3.17 保障住房供给单位登记审批信息数据应包含审批编号、单位编号、单位名称、项目编号、项目名称、申请支持对象类别、申请支持项目类别、申请支持方式、申请支持条件编号、标准额度、应补贴额度、应缴纳额度、核减额度、申请额度、申请时间、核定额度、审核时间和审核单位字段。

A.3.18 保障住房供给个人登记审批信息数据应包含审批编号、申请人姓名、申请人证件类别、申请人证件证号、申请支持对象类别、申请支持项目类别、申请支持方式、申请支持条件编号、标准额度、应补贴额度、应缴纳额度、核减额度、申请额度、申请

时间、核定额度、审核时间和审核单位字段。

A.4 保障资金数据

A.4.1 保障资金支出预算信息数据应包含预算编号、预算年度、资金筹集渠道、行政区划代码、上报预算额度、上报日期、上报单位、批准预算额度、资金支出渠道、审批意见、审批人和审批日期字段。

A.4.2 保障资金支出信息数据应包含支出批次编号、行政区划代码、资金支出金额、资金支出渠道、资金支出日期、支出人、接收人和接收日期字段。

A.4.3 保障资金决算信息数据应包含资金决算编号、决算年度、上年度资金结余、行政区划代码、资金筹集渠道、收入金额、资金支出渠道、支出金额、保障户数和报送决算时间字段。

A.5 建设项目数据

A.5.1 项目交换信息数据应包含项目编号、项目提出名称、项目立项名称、行政区划代码、项目类别、建设方式、规划区位、棚户区区片原归属单位类别、棚户区区片原归属单位名称、开发建设单位、项目地址、四至范围、占地面积、单体个数、计划开工时间、计划竣工时间、实际开工时间、实际竣工时间、移交批次编号、是否已移交、移交时间、移交人、年度、规划起始时间、规划终止时间、规划计划年度类别、规划编号、规划建设房屋建筑面积、规划建设住宅建筑面积、规划建设住宅套数、房屋已开工面积、房屋已竣工面积、房屋已停工面积、房屋在建面积、房屋年度新开工面积、房屋年度竣工面积、住宅已开工面积、住宅已竣工面积、住宅已停工面积、住宅在建面积、住宅年度新开工面积、住宅年度竣工面积、配套公建已开工面积、配套公建已竣工面积、配套公建已停工面积、配套公建在建面积、配套公建年度新开工面积、配套公建年度竣工面积、住宅已开工套数、住宅已竣工套数、住宅已停工套数、住宅在建套数、住宅年度新开工套数、住宅年度竣工套数、配套公建已开工套数、配套公建已竣工套数、配套公建已停工套数、配套公建在建套数、配套公建年度新开工套数、配套公建年度竣工套数、规划建设房屋类型、已开工面积、已竣工面积、已停工面积、在建面积、年度新开工面积、年度竣工面积、已开工套数、已竣工套数、已停工套数、在建套数、年度新开工套数、年度竣工套数、计划开工日期、计划竣工日期、实际开工日期、实际竣工日期、建设总投资、住宅总投资、资金来源渠道类别、投资构成类别、年度投资量、拆迁居民总户数、收入层次类别、保障方式类别、拆迁居民户数、拆迁房屋总面积、拆迁住宅总面积、拆迁住宅总套数、拆迁房屋面积、拆迁住宅面积、拆迁住宅套数、安置居民总户数、安置补偿方式类别、货币补偿金额、安置居民户数、安置房屋总面

积、安置住宅总面积、安置住宅总套数、安置房屋面积、安置住宅面积、安置住宅套数、供地总面积、土地取得方式和供地面积字段。

A.5.2 单体工程信息数据应包含单体工程编号、所属项目编号、单体工程类别、单体工程名称、路街巷、小区/院门牌号、楼号、幢号、建筑面积、建筑结构、总层数、地上层数、地下层数、地上面积、地下面积、共有土地使用权面积、住宅套数、住宅面积、建设状态、移交批次编号、是否已移交、移交时间和移交人字段。

A.5.3 住房信息数据应包含房屋编号、所属单体工程编号、房屋来源、初始房屋性质、规划建设房屋分类、所在起始层、所在终止层、名义楼层、单元、房号、建筑面积、套内建筑面积、共用分摊面积、阳台面积、朝向、间数、户型、共有或共用设施及部位、层高、建成时装修程度、是否已登记、移交批次编号、是否已移交、移交时间和移交人字段。

A.5.4 项目参与单位信息数据应包含单位编号、单位名称、参与单位分类、行政区划代码、主管单位、证件类型、证件号码、所属行业、注册地、电话、传真、地址、邮编、邮箱、网址、资质名称、资质证书号、资质等级、资质起始日期、资质终止日期、参与单位类型、经营范围、注册资本（万）、从业人数、法人代表、成立时间、开户银行、银行账号、有职称专业人员数、高级职称人数、在册人员总数、中级职称人数、初级职称人数、营业执照经营开始时间、营业执照经营结束时间、净资产和总资产字段。

A.5.5 项目参与人员信息数据应包含人员编号、人员名称、人员分类、单位编号、证件类型、证件号码、户籍所在地、职业、性别、国籍、民族、出生日期、学历、所学专业、职务、职称、电话、传真、地址、邮编、邮箱、网址、资格名称、资格证书号、发证单位、资格等级、资格起始日期、资格终止日期、其他执业资格、专（兼）职和从事专业工作累计年限字段。

A.5.6 项目进度日志信息数据应包含项目编号、单体工程编号、记录日期、单体建设进度状态、资金来源渠道类别、投资构成类别、拨付额度、已完成投资、收入层次类别、保障方式类别、已签订拆迁安置补偿协议户数、拆迁居民户数、拆迁房屋面积、拆迁住宅面积、拆迁住宅套数、安置补偿方式类别、货币补偿金额、安置居民户数、安置房屋面积、安置住宅面积、安置住宅套数、供地总面积、土地取得方式、供地面积、土地使用批准文号和国有土地使用权证号字段。

A.5.7 项目建设审批电子档案数据应包含证件电子档案编号、证书编号、所属卷序号、所属卷编码、所属卷名称、宗序号、宗编码、宗名称、所属卷总页数、宗总页数、图像名称、图像起始页码和证书扫描件字段。

A.5.8 项目建设审批重要证件信息数据应包含证书编号、项目编号、证书名称、发证日期、发证机关/登记机关、证书有效起始时间、证书有效终止时间、土地使用权人、坐落、地号、图号、地类（用途）、土地等级、取得价格、使用权类型、使用权面积、独用面积、分摊面积、用地单位、工程项目名称、用地位置、用地面积、用地性质、建设规模、容积率（％）、建筑密度（％）、绿地率（％）、规划项目名称、建设地址、规划许可建筑面积、规划住宅面积、规划商业面积、规划办公面积、建设单位、建设项目名称、建设位置、建设地址、合同价格、设计单位、施工单位、监理单位、合同开工日期、合同竣工日期、售房单位、销售项目名称、房屋坐落地点、房屋用途性质、预销售对象、批准售建筑面积、批准售建筑套数、外销建筑面积、外销建筑套数、批准销售住宅面积、批准销售商业面积、批准销售办公面积、批准销售其他面积、拆迁公司、拆迁项目名称、拆迁许可证号、拆迁许可开始时间、拆迁许可结束时间、拆迁范围和计划拆迁面积字段。

A.5.9 项目建设工程施工合同备案信息数据应包含记录编号、项目唯一编号、单项工程唯一编号、合同甲方唯一编号、合同乙方唯一编号、合同类别、合同编号、合同名称、合同内容简述、合同金额、合同工程量、签订时间、合同约定开工时间、合同约定竣工时间、合同有效开始时间、合同有效结束时间和合同是否有效字段。

A.5.10 项目拆迁安置合同备案数据应包含记录编号、项目编号、拆迁安置合同编号、合同签订日期、合同生效日期、收入层次类别、保障方式类别、安置补偿方式类别、被拆迁人、拆迁房屋面积、拆迁住宅面积、货币补偿额度、实物安置住宅面积和实物安置房屋面积字段。

A.5.11 土地储备交换信息数据应包含地块编号、宗地名称、宗地位置、土地面积、建设用地面积、代征地面积、规划建筑面积、规划用途、开发程度和储备时间字段。

A.6 资源配置数据

A.6.1 保障项目台账数据应包含台账编号、台账分类、期初资金余额、本期资金增加额、本期资金减少额、期末资金余额、期初住房套数余额、本期住房增加套数、本期住房减少套数、期末住房套数余额、期初住房面积余额、本期住房增加面积、本期住房减少面积、期末住房面积余额、期初保障户数余额、本期新增保障户数、本期减少保障户数、期末保障户数余额、期初保障人数余额、本期新增保障人数、本期减少保障人数、期末保障人数余额、周期类型、统计周期、行政区划代码和统计日期字段。

A.6.2 保障项目台账收支明细交换数据应包含明细账编号、交接批次编号、资源类别、台账分类、行政区划代码、收支类型、保障户数、保障人数、金额、套数、建筑面积、接收日期、移交人和接收人字段。

A.6.3 支持项目台账数据应包含台账编号、台账分类、期初资金余额、本期资金增加额、本期资金减少额、期末资金余额、期初土地面积余额、本期土地增加面积、本期土地减少面积、期末土地面积余额、周期类型、上报周期、行政区划代码、收支类型和统计日期字段。

A.6.4 支持项目台账收支明细交换数据应包含明细账编号、交接批次编号、资源类别、台账分类、行政区划代码、收支类型、金额、土地面积、接收日期、移交人和接收人字段。

A.6.5 保障项目资源配置方案数据应包含方案编号、保障方式、保障项目编号、方案名称、期别类型、方案周期、保障对象类型、本期保障总户数、本期住房分配总套数、本期住房分配总面积和本期补贴总金额字段。

A.6.6 保障项目配置方案保障对象明细数据应包含家庭编号、保障项目编号、保障方式、方案编号、配置状态和分配时间字段。

A.6.7 支持项目资源配置方案数据应包含方案编号、方案名称、支持项目编号、期别类型、方案周期、支持方式、支持对象类型、本期支持对象数量、本期土地分配总面积和本期补贴总金额字段。

A.6.8 支持项目配置方案支持对象明细数据应包含支持对象编号、支持项目编号、支持方式、方案编号、配置状态和分配时间字段。

A.6.9 资源配置方案明细数据应包含资源编号、资源类别、方案编号、配置状态和分配日期字段。

A.7 资源配置数据

A.7.1 保障对象配给顺序数据应包含申请人编号、配给顺序、配给分组、增加时间、增加人、最后更新时间和最后更新人字段。

A.7.2 保障对象选房数据应包含申请人编号、房屋编号、是否已审核、审核时间、审核人、增加时间、增加人、最后更新时间和最后更新人字段。

A.7.3 保障对象合同签约数据应包含申请人编号、合同类型、合同编号、房屋编号、补贴金额、补贴发放方式、发放起始时间、签约人、签约人身份证号、代理人、代理人身份证号、合同签署时间、合同生效时间、合同有效期、合同失效时间、是否自动续签、增加时间、增加人、最后更新时间和最后更新人字段。

A.7.4 配给合同电子档案数据应包含档案编号、合同编号、申请编号、档案名称、档案内容说明、增加时间、增加人、最后更新时间和最后更新人字段。

A.7.5 补贴应发数据应包含应发编号、对象编号、对象类型、补贴项目编号、补贴类型、原标准金额、补贴金额、补贴年度、补贴月份、应发时间、增加时间、增加人、最后更新时间、最后更新人和是否已打印单据字段。

A.7.6 补贴实发数据应包含实发编号、应发编号、发放状态、不足金额、不足额原因、实发时间、实发方式、增加时间、增加人、最后更新时间和最后更新人字段。

A.7.7 支持对象资金拨付配置计划数据应包含支持对象拨付计划编号、支持对象编号、拨付总金额、期别类型、计划发放周期、开始发放时间、增加时间、增加人、最后更新时间和最后更新人字段。

A.7.8 土地供应记录信息数据应包含记录编号、宗地编号、项目编号、宗地名称、用地批准文件名称、用地批准文号、用地批准日期、取得方式、土地面积、土地估值和土地使用年限字段。

A.8 配后管理数据

A.8.1 已配售房源退回数据应包含申请人编号、房源编号、回退原因、应回退时间、实回退时间、是否打印单据、增加时间、增加人、最后更新时间和最后更新人字段。

A.8.2 已配售房源再上市数据应包含申请人编号、房源编号、产权证号、预售价格、指导价格、签约金额、房屋所有权证日期、契税完税凭证日期、再上市申请时间、是否优先回购、是否打印单据、增加时间、增加人、最后更新时间和最后更新人字段。

A.8.3 已配租房源入住管理数据应包含申请人编号、房源编号、入住时间、租金、租金是否减免、租金减免金额、是否打印单据、增加时间、增加人、最后更新时间和最后更新人字段。

A.8.4 已配租房源腾退管理数据应包含申请人编号、房源编号、腾退时间、是否打印单据、增加时间、增加人、最后更新时间和最后更新人字段。

A.8.5 已配租房源租金应收数据应包含应收编号、申请人编号、房源编号、租金金额、租金年度、租金月份、应收时间、增加时间、增加人、最后更新时间和最后更新人字段。

A.8.6 已配租房源租金实收数据应包含实收编号、应收编号、申请人编号、房源编号、实收金额、租金年度、租金月份、是否足额收取、未足额收取原因、实收时间、实收方式、增加时间、增加人、最后更新时间和最后更新人字段。

A.8.7 每月固定发生款项数据应包含款项编号、发生款项说明、发生年度、发生月份、款项金额、增加时间、增加人、最后更新时间和最后更新人字段。

A.8.8 保障对象年审数据应包含年审编号、年审年度、年审范围时间节点和行政区划代码字段。

A.9 规划计划数据

A.9.1 住房建设规划数据应包含规划编号、规划名称、规划期限类别、规划级别分类、规划组成分类、行政区划代码、父级规划编号、起始时间、终止时间、规划年度和是否启用字段。

A.9.2 保障户数规划指标数据应包含记录编号、规划编号、保障项目、保障方式、收入层次和保障户数字段。

A.9.3 住房保障规划宏观指标数据应包含记录编号、规划编号、城镇人均可支配收入、市场平均租金、城镇人口、城镇户均家庭人数、城镇户籍人口数、城镇施工住宅房屋建筑面积、城镇施工住宅套数、城镇新开工住宅房屋建筑面积、城镇新开工住宅套数、城镇竣工住宅建筑面积、城镇竣工住宅套数、城镇住宅建设完成投资、城镇住宅建设土地供应面积、房地产开发施工住宅建筑面积、房地产开发施工住宅套数、房地产开发新开工住宅建筑面积、房地产开发新开工住宅套数、房地产开发竣工住宅建筑面积、房地产开发竣工住宅套数、房地产开发住宅建设完成投资、房地产开发住宅建设土地供应面积、全社会固定资产投资、财政收入、财政一般预算收入、财政支出和财政一般预算支出字段。

A.9.4 年度计划建设项目储备数据应包含记录编号、规划编号、计划编号、项目类别、项目建设方式、项目编号、建设项目名称、施工房屋建筑面积、施工住宅建筑面积、施工住宅套数、新开工房屋建筑面积、新开工住宅建筑面积、新开工住宅套数、竣工房屋建筑面积、竣工住宅建筑面积、竣工住宅套数、土地供应面积和完成投资字段。

A.9.5 补助标准数据应包含补助标准编号、补助方式、标准值和行政区划代码字段。

A.9.6 以奖代补因素值数据应包含因素编号、因素统计量、公式和行政区划代码字段。

A.9.7 中央省级补助资金分配交换信息数据应包含资金分配编号、建设项目名称、资金用途、补助标准、补助套数、补助面积、补助金额、补助户数、补助年度、补助层级、到位时间和行政区划代码字段。

A.10 监督管理数据

A.10.1 专项检查数据应包含检查编号、行政区划代码、检查日期、检查负责部门、检查负责人、检查内容、检查对象、检查结果、问题处理结果、问题处理日期、问题处理人和是否列入信用档案字段。

A.10.2 投诉处理信息数据应包含投诉事件编号行政区划代码、被投诉对象编号、投诉内容、投诉日期、投诉人、投诉人联系电话、投诉人联系地址、投诉人电子邮箱、投诉方式、投诉处理部门、投诉查证方式、投诉查证结果、投诉处理意见、投诉处理日期、投诉处理负责人和是否列入信用档案字段。

A.10.3 保障对象信用管理数据应包含保障对象编号、行政区划代码、列入日期、列入原因、信用状态、撤销日期、撤销人和撤销原因字段。

A.10.4 支持对象行政奖罚数据应包含奖罚编号、奖罚日期、行政区划代码、支持对象编号、支持对象名称、奖罚原因和奖罚结果字段。

A.10.5 住房保障工作规范化考核数据应包含考核编号、考核日期、行政区划代码、被考核单位编号、被考核单位名称、考核部门、考核内容、考核得分、考核结果和考核人字段。

A.10.6 住房保障工作规范化考核结果通报和备案数据应包含通报备案编号、行政区划代码、被考核单位编号、被考核单位名称、考核总分、考核结果、考核意见、通报日期和备案日期字段。

A.10.7 行政机关工作人员考核评价信息数据应包含考核编号、考核日期、考核部门、考核负责人、被考核对象编号、被考核对象名称、行政区划代码、考核内容、考核分值和考核人字段。

A.10.8 行政机关工作人员行政奖罚及通报数据应包含奖罚通报编号、行政区划代码、工作人员编号、工作人员姓名、考核总分、考核结果、奖罚原因、奖罚结果、奖罚日期和通报日期字段。

A.11 统计分析数据

A.11.1 统计报表制度信息数据应包含报表制度编号、报表制度名称和制度发布日期字段。

A.11.2 报表定义数据应包含报表编号、报表名称和报表制度编号字段。

A.11.3 统计指标集合（组）数据应包含指标集合编号、指标集合名称和创建日期字段。

A.11.4 统计报表横向维度指标数据应包含维度指标编号、指标集合编号、指标名称、父级维度编号、指标属性和计量单位字段。

A.11.5 统计报表纵向维度指标数据应包含维度指标编号、指标集合编号、指标名称、父级维度编号、指标属性和计量单位字段。

A.11.6 报表与横纵向维度关系数据应包含报表编号、横向维度编号、纵向维度编号和计量单位字段。

A.11.7 报表填报表数据应包含填报指标编号、报表制度编号、报表制度名称、报表编号、报表名称、横向维度编号、横向维度名称、纵向维度编号、纵向维度名称、指标填表值、上报期别、期别类型、行政区划代码、填报单位、填表人、单位负责人、统计负责人、审核负责人和填表日期字段。

本规范用词说明

1 为便于在执行本规范条文时区别对待，对要求严格程度不同的用词说明如下：

　　1）表示很严格，非这样做不可的：

　　　　正面词采用"必须"，反面词采用"严禁"；

　　2）表示严格，在正常情况下均应这样做的：

　　　　正面词采用"应"，反面词采用"不应"或"不得"；

　　3）表示允许稍有选择，在条件许可时首先应这样做的：

　　　　正面词采用"宜"，反面词采用"不宜"；

　　4）表示有选择，在一定条件下可以这样做的，采用"可"。

　　2　条文中指明应按其他有关标准执行的写法为"应符合……的规定"或"应按……执行"。

引用标准名录

　　1　《计算机软件文档编制规范》GB/T 8567

　　2　《计算机场地安全要求》GB/T 9361

　　3　《计算机场地通用规范》GB/T 2887

　　4　《计算机信息系统　安全保护等级划分准则》GB 17859

　　5　《电子信息系统机房设计规范》GB 50174

　　6　《信息安全技术　信息系统灾难恢复规范》GB/T 20988

　　7　《信息安全技术　信息系统物理安全技术要求》GB/T 21052

　　8　《信息化工程监理规范》GB/T 19668

　　9　《建设领域应用软件测评通用规范》CJJ/T 116

中华人民共和国行业标准

住房保障信息系统技术规范

CJJ/T 196—2012

条 文 说 明

制 订 说 明

《住房保障信息系统技术规范》CJJ/T 196－2012 经住房和城乡建设部 2012 年 11 月 2 日以第 1529 号公告批准、发布。

本规范制订过程中，编制组进行了广泛的调查研究，总结了我国住房保障信息系统建设的实践经验，同时参考了国外先进技术法规、技术标准，针对主要技术问题开展了科学研究与论证工作，并广泛征求了全国有关单位的意见，多次修改，最后经审查定稿。

为便于广大设计、施工、科研、学校等单位有关人员在使用本规范时能正确理解和执行条文规定，《住房保障信息系统技术规范》编制组按章、节、条顺序编制了本规范的条文说明，对条文规定的目的、依据以及执行中需注意的有关事项进行了说明。但是，本条文说明不具备与规范正文同等的法律效力，仅供使用者作为理解和把握规范规定的参考。

目　次

3 结构框架与功能

3.1 结构框架

3.1.1 对住房保障信息系统基本结构框架进行规划，将系统结构分为 6 层，分别为网络平台、基础设施层、数据层、支撑服务层、应用层和公共服务层。

3.2 应用系统功能要求

3.2.1～3.2.11 对住房保障信息系统的 11 个子系统的功能进行了说明。住房保障信息系统各子系统之间的关系非常复杂，参见图 1。

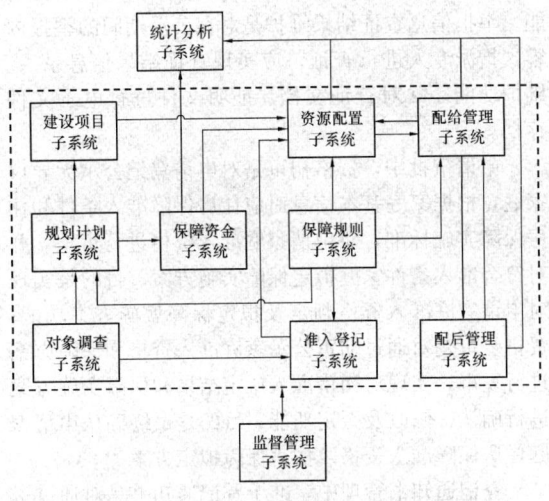

图 1　子系统关系

3.3 数据构成

3.3.1 说明住房保障信息系统包括的数据内容。

3.3.2～3.3.4 说明住房保障信息系统各类数据产生的基础和包含的子数据类型。

3.3.5 说明住房保障信息系统各子系统与数据之间的关系，参见图 2。

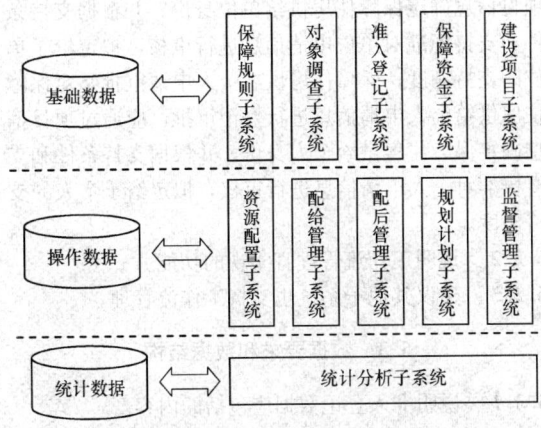

图 2　各子系统与数据之间的关系

3.4 其他要求

3.4.1 说明住房保障信息系统对外接口要求。住房保障业务涉及众多的政府部门，与这些部门进行正确的数据交互交换是保证本系统正常运行的基础，因此，在本系统开发过程中，必须考虑与其他相关部门业务系统间的数据交换问题，要留有数据交换接口。

3.4.2 说明住房保障信息系统开发过程中应考虑数据向上级主管部门报送的要求。

3.4.3 说明住房保障信息系统应用和部署应符合国家信息安全相关规定。

4 保障规则子系统

4.1 一般规定

4.1.1、4.1.2 说明保障规则子系统中保障规则制定的要求。

4.2 功能要求

4.2.1 说明保障规则子系统各项功能的具体功能，包括保障对象的保障规则和支持对象的支持规则两个方面。

4.2.2 保障对象的保障规则定制的内容。

　　1 对不同的保障对象定制不同的保障项目，推进保障项目的实施。保障对象有不同收入家庭和特殊困难家庭与之对应。

　　2 对不同的保障项目定制不同的保障方式组合，主要包括住房配给和补贴。住房配给主要包括住房配租和住房配售，分别有不同的保障性住房类型与之对应。补贴主要包括直接性补贴和间接性补贴。直接性补贴和间接性补贴又可分为购房补贴和租房补贴。间接性补贴主要包括行政事业性收费减免、税收优惠和金融支持等。

　　3 对不同的保障方式定制不同的准入条件和保障标准，以便对保障对象进行筛选，对保障资源配给进行计划。

4.2.3 支持对象的政策支持规则定制的内容。

　　1 对不同支持对象定制不同的支持项目，推进保障项目的实施。支持对象有不同保障性住房供应单位和个人与之对应。

　　2 对不同的支持项目定制不同的支持方式组合，主要包括土地配给和补贴。土地配给主要包括土地划拨、土地出租和土地作价入股等，分别有不同的保障性住房品种与之对应。补贴主要包括直接性补贴和间接性补贴。直接性补贴主要包括中央政府、省级政府和市县政府对保障性住房建设的补助和投入，间接性补贴主要包括行政事业性收费减免、政府性基金缴纳优惠、税收优惠和金融支持等。

3 对不同的支持方式定制不同的准入条件和支持标准,以便对保障性住房供应单位和个人配置资源。

4.3 数据要求和数据结构

4.3.1 说明保障规则子系统应包括的数据表。

4.3.2 说明保障规则子系统与其他子系统之间的数据传递关系。

5 对象调查子系统

5.1 一般规定

5.1.1 说明对象调查子系统建立的依据以及系统应满足的调查方式。

5.2 功能要求

5.2.1 说明对象调查子系统应实现的功能。

对象调查的主体是城镇最低收入家庭,在调查的基础上建立住房保障对象档案。该档案为住房保障信息系统中其他子系统提供保障对象的最基本数据。

5.2.2 说明对象调查子系统各项功能应包括的具体内容。

由于对象调查的内容比较多、比较零散,因此对象调查子系统应采用指标库的方式来开发。

5.3 数据要求和数据结构

5.3.1 说明对象调查数据应包括的内容。

5.3.2 说明对象调查子系统与其他子系统之间的数据传递关系。

5.3.3 准入登记子系统所需的数据来源于对象调查子系统调查的内容,因此对象调查子系统中的调查指标需要结合准入登记子系统的需求来设定。

6 准入登记子系统

6.1 一般规定

6.1.1 说明准入登记子系统建立时需要满足的内容。

6.1.2 为了满足各地不同的管理流程,系统应支持工作流管理功能。

6.1.3 说明准入登记子系统管理过程中产生数据的存储要求。

6.2 功能要求

6.2.1 说明准入登记子系统应实现的功能。

信息核查中,核查指派是指派工作人员对申请家庭基本信息、家庭资产、家庭收入、住房状况进行核查;核查结果信息维护是实现对核查过程中的核查结果信息增加、删除、修改、查询功能,并对核查文档及证明文件进行电子文件存档;核查结论认定是根据核查结果对申请家庭是否符合住房保障家庭准入条件进行初步认定,并生成核查报告。

申请公示中,申请登记信息公示是根据申请家庭申请信息生成公示记录,并能够根据公告、报纸、电视、网络等公示方式生成公示文件,实现公示文件打印、导出功能;初审结果公示是根据初审结果信息生成公示记录,并能够根据公告、报纸、电视、网络等公示方式生成公示文件,实现公示文件打印、导出功能;举报信息维护是记录在不同公示期间的举报内容、举报方式等信息,并对举报材料进行电子文件存档,并实现举报信息的增加、删除、修改、查询功能。举报信息查证结果维护是对在公示期间的举报内容,指派专人进行查证,应实现查证结果信息录入、维护功能,并对查证文档、证明文件进行电子文件存档。

申请审批中,资格初审是对申请登记公示无异议家庭,根据家庭基本信息对应住房保障准入条件和住房保障实施标准,对申请家庭准入资格进行审核,并对符合准入条件家庭拟定保障实施方案,目的是实现对申请家庭准入资格判定及拟定保障实施方案功能;资格复审是对通过初审公示家庭准入资格和保障方案进行复审,实现对初审准入认定结果和保障实施方案进行确认、修改及否定功能,目的是最终确认申请家庭住房保障准入资格及住房保障拟定方案。

登记通知书管理中,准予登记通知书是对通过资格复审的家庭,根据复审确定的住房保障拟定方案生成准予登记通知书,应实现准予登记通知书的生成、修改及打印功能;不予登记通知书是对未通过住房保障准入资格审核的家庭,根据审核意见生成不予登记通知书,应实现不予登记通知书的生成、修改及打印功能。

支持对象管理中,保障住房供给单位申请审批是对保障住房供给单位申请信息进行登记审批,应通过项目信息确定保障住房供给单位身份,并根据支持条件和支持标准对单位申请信息进行审核,拟定给予单位的支持额度;保障住房供给个人申请审批是对保障住房供给个人申请信息进行登记审批,应通过项目信息确定保障住房供给个人身份,并根据支持条件和支持标准对个人申请信息进行审核,拟定给予个人的支持额度。

6.2.2 说明工作流管理宜实现的功能。

6.2.3 建议其他子系统也支持工作流管理。

6.3 数据要求和数据结构

6.3.1 说明准入登记数据应包括的内容。

6.3.2 说明准入登记子系统与其他子系统之间的数

据传递关系。

7 保障资金子系统

7.1 一般规定

7.1.1 说明保障资金子系统建立的依据，以及应满足各级政府关于保障资金的各项要求。

7.2 功能要求

7.2.1 说明资金预算管理子系统应实现的功能。系统应根据经济适用住房、廉租房、公共租赁房、限价商品房、城市和国有工矿棚户区改造等不同保障类型的资金管理规定实现相应保障方式的资金预算、拨付和决算功能。

根据国发〔2007〕24 号文《国务院关于解决城市低收入家庭住房困难的若干意见》规定，廉租住房保障资金的来源有四种渠道：一是地方财政要将廉租住房保障资金纳入年度预算安排；二是住房公积金增值收益在提取贷款风险准备金和管理费用之后全部用于廉租住房建设；三是土地出让净收益用于廉租住房保障资金的比例不得低于 10%，各地还可根据实际情况进一步适当提高比例；四是廉租住房租金收入实行收支两条线管理，专项用于廉租住房的维护和管理。对中西部财政困难地区，通过中央预算内投资补助和中央财政廉租住房保障专项补助资金等方式给予支持。

住房保障资金实行项目预算管理。市、县住房行政主管部门应当会同有关部门于每年第三季度根据下年度住房保障计划，编制下年度住房保障支出项目预算，经同级财政部门审核，并报经同级人民政府提请同级人大批准后实施。

7.2.2 每年年度终了，市、县住房行政主管部门应当按照同级财政部门规定，报送年度住房保障支出项目决算。年度住房保障支出项目出现资金结余，经同级财政部门批准后，可以继续滚存下年安排使用。

7.3 数据要求和数据结构

7.3.1 说明保障资金子系统应包括的数据内容。
7.3.2 说明保障资金子系统与其他子系统之间的数据传递关系。

8 建设项目子系统

8.1 一般规定

8.1.1 说明建设项目子系统建立的依据，以及需要满足的内容。

8.2 功能要求

8.2.1 说明建设项目子系统各功能应实现的具体内容。

楼盘表宜按照图 3 方式建立，直观展现房屋的交付状态。

房屋楼盘表				
实际层	房号			
4	401	402	403	404
3	301	302	303	304
2	201	202	203	204
1	101	102	103	104
……				
图例	房屋交付状态：	已入住	已配给	
		已交付	未交付	

图 3 楼盘表

8.3 数据要求和数据结构

8.3.1 说明建设项目子系统应包括的数据内容。
8.3.2 说明建设项目子系统与其他子系统之间的数据传递关系。

9 资源配置子系统

9.1 一般规定

9.1.1 说明资源配置子系统建立的依据。

9.2 功能要求

9.2.1~9.2.3 说明资源配置子系统各项功能应实现的内容。

资源配置子系统配置的资源包括资金和房屋，分配时以保障项目或支持项目的方式分配给保障对象和支持对象。

9.3 数据要求和数据结构

9.3.1 说明资源配置子系统应包括的数据内容。
9.3.2 说明资源配置子系统与其他子系统之间的数据传递关系。

10 配给管理子系统

10.1 一般规定

10.1.1 说明配给管理子系统建立的依据，以及需要满足的内容。

10.2 功能要求

10.2.1 说明配给管理子系统中保障对象管理应包

括的功能，包括配售、配租和住房补贴管理。具体配给时按照资源配置子系统给出的配置方案执行。

10.2.2 说明配给管理子系统中支持对象管理应包括的功能。

10.3 数据要求和数据结构

10.3.1 说明配给管理子系统的数据内容。

10.3.2 说明配给管理子系统与其他子系统之间的数据传递关系。

11 配后管理子系统

11.1 一般规定

11.1.1 说明配后管理子系统建立的依据，以及需要满足的内容。

11.2 功能要求

11.2.1、11.2.2 说明配后管理子系统各项功能的具体内容。

购买经济适用住房不满5年，不得直接上市交易，购房人因特殊原因确需转让经济适用住房的，由政府按照原价格并考虑折旧和物价水平等因素进行回购。

购买经济适用住房满5年，购房人上市转让经济适用住房的，应按照届时同地段普通商品住房与经济适用住房价差的一定比例向政府交纳土地收益等相关价款，具体交纳比例由市、县人民政府确定，政府可优先回购；购房人也可以按照政府所定的标准向政府交纳土地收益等相关价款后，取得完全产权。

11.3 数据要求和数据结构

11.3.1 说明配后管理子系统应包括的数据内容。

11.3.2 说明配后管理子系统与其他子系统之间的数据传递关系。

12 规划计划子系统

12.1 一般规定

12.1.1 说明规划计划管理子系统建立的依据，以及应满足的内容。

12.2 功能要求

12.2.1 说明规划管理应包含的功能。

编制期限设定应根据规划编制期限的要求，灵活定制住房保障总体规划、专项规划、子规划的编制期限。

建立规划文本和指标数据库时，对逐级汇总编制的规划，应根据统一的指标要求，收集和录入规划成果，建立规划文本库和规划指标数据库，并向社会公布。

12.2.2 说明计划管理应包含的功能。

建立年度建设项目储备库时，系统应灵活设置项目筛选条件，根据建设项目库选出符合条件的项目，纳入年度建设项目储备库。

建立年度计划指标库时，应根据国家和当地年度计划管理的要求，灵活抽取指标。

年度计划申报和下达管理应满足年度计划逐级申报和逐级审批下达的工作需要。需要带年度建设项目下达计划的，系统应从年度计划项目储备库中抽取项目，将年度计划中的建设指标落实到具体建设项目。

年度计划数据库和年度建设项目库的建立应在各级年度计划下达后建立。

规划和计划编制的要求和主要内容应参考《解决城市低收入家庭住房困难发展规划和年度计划编制指导意见》（建住房〔2007〕218号）的规定。

12.3 数据要求和数据结构

12.3.1 说明规划计划管理子系统应包括的数据内容。

12.3.2 说明规划计划管理子系统与其他子系统之间的数据传递关系。

13 监督管理子系统

13.1 一般规定

13.1.1 说明监督管理子系统建立的依据，以及应满足的内容。

13.2 功能要求

13.2.1 说明监督管理子系统各项功能的具体内容。

监督管理子系统监管住房保障工作的方方面面，包括保障对象、保障项目、支持对象、支持项目、保障资金、房源、行政机关的保障部门工作及其行政人员的工作等。对于有问题的给予信用记录或者相关的行政处罚。

对于行政机关住房保障部门的工作考核可参考建住房〔2006〕204号文件《建设部关于印发〈城镇廉租住房工作规范化管理实施办法〉的通知》中给出的考核表相关内容。

13.3 数据要求和数据结构

13.3.1 说明监督管理子系统的数据内容。

13.3.2 说明监督管理子系统与其他子系统之间的数据传递关系。

14 统计分析子系统

14.1 一般规定

14.1.1 说明统计分析子系统应满足各级住房保障部门对统计报表的各种需要。

14.1.2 说明统计分析子系统对数据分析的要求。

14.1.3 说明统计分析子系统对数据结果展示的要求。

14.2 功能要求

14.2.1～14.2.5 说明统计分析子系统各功能的具体内容。

城市住房保障统计，是建立住房保障体系的基础性工作，对于科学制定住房保障发展规划和年度计划，合理安排住房保障资金和建设用地等具有重要作用。

统计报表的内容应参照建保〔2008〕79 号文件《关于印发〈城市低收入家庭住房保障统计报表制度〉的通知》中给出的报表。

14.3 数据要求和数据结构

14.3.1 说明统计分析子系统应包括的数据内容。

14.3.2 说明统计分析子系统与其他子系统之间的数据传递关系。

15 系统建设与验收

15.1 系统建设

15.1.1 说明系统建设需要满足的各种要求。

1 系统建设必须要有明确的系统功能要求和规范的业务流程，否则系统的建设就会出现各种问题，如返工、进度拖延、成本超支，甚至是系统建设的失败。

2 系统开发前必须要成立建设领导小组，负责系统建设过程中的各项事务，同时也要明确小组成员的责任。

3 项目例会制度主要是为保证系统建设过程中出现问题可得到及时解决。

15.1.2 说明系统建设过程中对文档编制的要求。

15.1.3 说明系统开发过程中对监理模式的基本要求，以及监理单位在系统建设中的基本职责要求。

15.2 系统验收

15.2.1 住房保障信息系统的验收一般分为初步验收和竣工验收两个阶段。在每个验收阶段，评审组要首先制定出相应的系统初步验收工作大纲和竣工验收工作大纲。初步验收由系统建设单位按照系统初步验收工作大纲的要求自行组织，竣工验收由项目审批部门或其委托的验收机构按照竣工验收工作大纲组织实施。

1 在进行系统初步验收前，住房保障信息系统至少要试运行 3 个月，在试运行期间，系统不能发生客户方不能接受的重大事故和隐患。除此之外，系统建设单位还要对在试运行期间出现的问题进行及时的修改和完善，以确保在初步验收前系统正常稳定的运行。试运行合格后，系统建设单位还要编写系统试运行报告，并提交客户方进行审核和批准。除此之外，系统建设单位还要对系统的安全风险进行评估，提交系统安全风险评估报告。只有在系统试运行合格，试运行报告获得批准，并提交系统安全风险评估报告后，系统建设单位才能组织进行初步验收。

城市住房保障信息系统通过系统测试和上线试运行后，系统建设单位可向客户方提出系统初步验收申请。初步验收过程中，系统建设单位要向验收评审组提供初步验收的相关资料（具体提供的资料由系统初步验收评审组确定），除此之外，客户方也要组织人员对系统初步验收进行监督和检查。在完成初步验收后，评审组要对初步验收给出结论和意见，提交系统初步验收报告，每位评审组成员都要在初步验收结论和报告上签字确认。

2 只有通过初步验收后，住房保障信息系统才能进行竣工验收。项目建设单位首先要向项目审批部门提出竣工验收申请，然后由项目审批部门组织或委托进行竣工验收，客户方代表也将参与系统的竣工验收。竣工验收完成后，评审组要对竣工验收给出验收结论和意见，提交系统竣工验收报告，并且每位评审组成员都要在竣工验收结论和报告上签字确认。

15.2.2 说明进行住房保障信息系统竣工验收应满足的各项条件。

15.2.3 如果项目审批部门对系统进行自主验收，验收评审组成员应包括项目审批部门代表、系统建设单位代表、客户方代表或其他技术专家。如果项目审批部门委托其他机构或部门进行验收，评审组成员包括项目审批部门代表、验收机构或部门代表、系统建设单位代表、客户方代表，或其他技术专家。竣工验收评审组成员至少有 5 名～7 名专业工程技术人员，还可纳入其他相关的管理专家。

16 系统运行模式和运行环境

16.1 系统运行模式

16.1.1 说明住房保障信息系统运行模式的要求。

16.1.2、16.1.3 集中部署和分布部署是两个常用的模式，分别适应不同的客户需求。考虑到全国不同地域的建设模式、具体业务要求可能差异较大，不作出硬性限制。两者的差别主要在于数据和业务的隔离程度要求不同。

16.1.4 说明住房保障信息系统对业务流程监控与管理的要求。

16.2 系统运行环境

16.2.1 针对住房保障信息系统安全、高效运行，制定的一般制度。通过制度建设使系统维护工作实现标准化。

16.2.2 对住房保障信息系统的数据库备份要求进行说明。

16.2.3～16.2.5 说明住房保障信息系统在运行中应建立运行监管制度，对系统运行监管包含的内容和方法进行了说明。一般来说，有两种实现方式：一是系统自身完成、二是外包方式。

16.2.6、16.2.7 对住房保障信息系统安全保护的等级划分和应遵守的规范进行说明。

17 系 统 维 护

17.0.1 通过执行系统运行维护管理制度，可明确系统管理员的工作内容和职责，通过分析系统日志、数据库日志和操作日志可及时发现系统问题。

17.0.2 有条件的省（自治区、直辖市）、市、县最好配备数据库管理员，专门负责数据库服务器的各项维护工作。

17.0.3 对系统维护进行分类，并对正确性维护、适应性维护和完善性维护的内容进行说明。

17.0.4 在住房保障信息系统使用过程中，不可避免会遇到各种意外事件，影响系统的正常运行。为此，必须制定有效的系统运行应急预案，使得系统出现问题时能在规定的时间内恢复运行。

中华人民共和国行业标准

住房保障基础信息数据标准

Standard for data of housing security's basic information

CJJ/T 197—2012

批准部门：中华人民共和国住房和城乡建设部
施行日期：2 0 1 3 年 3 月 1 日

中华人民共和国住房和城乡建设部
公 告

第 1534 号

住房城乡建设部关于发布行业标准
《住房保障基础信息数据标准》的公告

现批准《住房保障基础信息数据标准》为行业标准，编号为 CJJ/T 197-2012，自 2013 年 3 月 1 日起实施。

本标准由我部标准定额研究所组织中国建筑工业

出版社出版发行。

中华人民共和国住房和城乡建设部

2012 年 11 月 2 日

前 言

根据住房和城乡建设部《关于印发〈2009 年工程建设标准规范制定、修订计划〉的通知》（建标[2009] 88 号）的要求，标准编制组在深入调查研究、认真总结国内外科研成果和大量实践经验，并在广泛征求意见的基础上，编制了本标准。

本标准的主要内容包括：1. 总则；2. 术语；3. 数据分类及编码；4. 数据结构；附录。

本标准由住房和城乡建设部负责管理，由江苏省住房和城乡建设厅住宅与房地产业促进中心负责具体技术内容的解释。执行过程中如有意见或建议，请寄送江苏省住房和城乡建设厅住宅与房地产业促进中心（地址：江苏省南京市中山北路 26 号，新晨国际大厦 11 楼 A 座，邮政编码：210008）。

本标准主编单位：江苏省住房和城乡建设厅
住宅与房地产业促进中心
住房和城乡建设部信息中心

本标准参编单位：哈尔滨工业大学
江苏省住房和城乡建设厅
上海市房屋土地资源信息中心
南京深拓计算机系统集成有限责任公司
山东嘉友软件有限公司
武汉弘智科技有限公司
北京和利时信息技术有限公司

合肥唐思信息科技有限公司
河北省住房和城乡建设厅信息中心
黑龙江省住房和城乡建设厅
北京中科汇联信息技术有限公司
北京华信永道科技有限公司
北京理正人信息技术有限公司
北京因维索孚科技有限公司
北京华政天成科技有限公司
东软集团股份有限公司
必特思维软件有限公司
青岛仁科信息技术有限公司

本标准主要起草人员：

吉同路	宋秀明	王要武
王如三	訾民增	周健民
孙成双	满庆鹏	高 翔
杨 玲	冯志宏	吴贵春
徐建国	游宏飚	许 湧
王立松	劳文胜	刘 珉
汪 洵	彭 波	文金泉

王　浩　高小文　王　霞
杨涛海　郭建军　蒋学红
刘　艳　许丽佳　刘　达
铁鲁益　乔泽源　于小兵
刘　洁　周　东　蒋　峰

卢临江　刘　奎　何长庚
王贵清　李德锋
本标准主要审查人员：张智慧　李桂君　张跃松
周　玮　雷　娟　王　伟
付晓东

目　次

目　次

Contents

1 总　则

1.0.1 为规范住房保障基础信息数据采集、处理、分析和发布工作，制定本标准。

1.0.2 本标准适用于住房保障信息系统数据库的建立和数据交换。

1.0.3 本标准应与《住房保障信息系统技术规范》CJJ/T 196 配套使用。

1.0.4 住房保障基础信息数据除应符合本标准的规定外，尚应符合国家现行有关标准的要求。

2 术　语

2.0.1 基础数据　fundamental data

为住房保障业务管理、统计分析提供数据支撑的数据。包括住房保障规则数据、住房保障资源数据、住房保障对象数据三大类。

2.0.2 操作数据　operation data

随着住房保障业务状态变化所产生的数据。包括业务流程、状态变化、资源使用情况、监督信息等。

2.0.3 统计数据　statistical data

住房保障信息系统对基础数据和住房保障操作数据进行计算、统计和分析而形成的数据。这些数据用于统计和分析，为管理和决策提供支持。

2.0.4 原子数据元素　atomic data element

具有最小定义约束并有公共特性的语义单元，可通过追加约束性定义成为住房保障信息系统中使用的特定数据元素。

3 数据分类及编码

3.1 数据分类方法

3.1.1 住房保障基础信息数据应采用多级分类形式，并应符合现行行业标准《住房保障信息系统技术规范》CJJ/T 196 的规定。

3.1.2 住房保障基础信息数据按照功能分为 11 类：保障规则数据、对象调查数据、准入登记数据、保障资金数据、建设项目数据、资源配置数据、配给管理数据、配后管理数据、规划计划数据、监督管理数据和统计分析数据。

3.2 数据分类编码

3.2.1 住房保障基础信息数据应依次按一级分类、二级分类和三级分类划分，各级代码应采用两位数字层次码组成，其结构应按表 3.2.1 划分。

一级分类 2 位数字，划分为基础数据、操作数据和统计数据三大类；二级分类 2 位数字，与本标准第

3.1.2 条所述功能分类相对应；三级分类 2 位数字，为业务具体结构分类。

表 3.2.1　数据要素分类编码方法

××	××	××
一级分类	二级分类	三级分类

3.2.2 分类编码宜符合表 3.2.2 的要求，长度应满足 6 位，其中不足位数的应在末尾补 0。

表 3.2.2　分 类 编 码

分类编码	一级分类	二级分类	三级分类
100000	基础数据		
100100		保障规则数据	
100101			保障项目数据结构
100102			保障对象保障方式数据结构
100103			保障对象申请条件数据结构
100104			保障对象申请条件关系数据结构
100105			保障对象保障标准数据结构
100106			支持项目数据结构
100107			支持对象支持方式数据结构
100108			支持对象申请条件数据结构
100109			支持对象支持标准数据结构
100110			保障规则信息数据结构——交换#
100200		对象调查数据	
100201			调查方案数据结构
100202			调查指标库数据结构
100203			调查表和调查指标信息数据结构
100204			对象调查信息数据结构——交换#
100300		准入登记数据	

分类编码	一级分类	二级分类	三 级 分 类
100301			申请家庭基本信息数据结构
100302			申请家庭住房信息数据结构
100303			申请家庭成员信息数据结构
100304			申请家庭资产信息数据结构
100305			公示信息数据结构
100306			公示期间举报信息数据结构
100307			拟保障实施方案信息数据结构
100308			电子档案信息数据结构
100309			保障对象准入登记簿信息数据结构——交换#
100310			保障住房供给单位登记审批信息数据结构
100311			保障住房供给个人登记审批信息数据结构
100400		保障资金数据	
100401			保障资金支出预算信息数据结构
100402			保障资金支出信息数据结构
100403			保障资金决算信息数据结构
100500		建设项目数据	
100501			项目信息数据结构——交换#
100502			项目规划信息数据结构
100503			项目规划拆迁安置信息数据结构
100504			项目年度计划信息数据结构
100505			项目年度计划拆迁安置信息数据结构

分类编码	一级分类	二级分类	三 级 分 类
100506			单体工程信息数据结构
100507			住房信息数据结构
100508			项目参与单位信息数据结构
100509			项目参与人员信息数据结构
100510			项目进度日志信息数据结构
100511			项目进度拆迁安置信息数据结构
100512			项目建设审批电子档案数据结构
100513			项目建设审批重要证件信息数据结构
100514			项目建设工程施工合同备案信息数据结构
100515			项目拆迁安置合同备案数据结构
100516			土地储备信息数据结构——交换#
200000	操作数据		
200100		资源配置数据	
200101			保障项目台账数据结构
200102			保障项目台账收支明细数据结构——交换#
200103			支持项目台账数据结构
200104			支持项目台账收支明细数据结构——交换#
200105			保障项目资源配置方案数据结构
200106			保障项目配置方案保障对象明细数据结构
200107			支持项目资源配置方案数据结构
200108			支持项目配置方案支持对象明细数据结构
200109			资源配置方案明细数据结构

分类编码	一级分类	二级分类	三 级 分 类
200200		配给管理数据	
200201			保障对象配给顺序数据结构
200202			保障对象选房数据结构
200203			保障对象合同签约数据结构
200204			配给合同电子档案数据结构
200205			补贴应发数据结构
200206			补贴实发数据结构
200207			支持对象资金拨付配置计划数据结构
200208			土地供应记录信息数据结构
200300		配后管理数据	
200301			已配售房源退回数据结构
200302			已配售房源再上市数据结构
200303			已配租房源入住管理数据结构
200304			已配租房源腾退管理数据结构
200305			已配租房源租金应收数据结构
200306			已配租房源租金实收数据结构
200307			每月固定发生款项数据结构
200308			保障对象年审数据结构
200400		规划计划数据	
200401			住房建设规划数据结构
200402			保障户数规划指标数据结构
200403			住房保障规划宏观指标数据结构

分类编码	一级分类	二级分类	三 级 分 类
200404			住房年度建设计划数据结构
200405			住房保障年度计划指标数据结构
200406			年度计划建设项目储备数据结构
200407			补助标准数据结构
200408			以奖代补因素值数据结构
200409			中央省级补助资金分配信息数据结构——交换♯
200500		监督管理数据	
200501			专项检查数据结构
200502			投诉处理信息数据结构
200503			保障对象信用管理数据结构
200504			支持对象行政奖罚数据结构
200505			住房保障工作规范化考核数据结构
200506			住房保障工作规范化考核结果通报和备案数据结构
200507			行政机关工作人员考核评价信息数据结构
200508			行政机关工作人员行政奖罚及通报数据结构
300000	统计数据		
300100		统计分析数据	
300101			统计报表制度信息数据结构
300102			报表定义数据结构
300103			统计指标集合（组）数据结构
300104			统计报表横向维度指标数据结构
300105			统计报表纵向维度指标数据结构
300106			报表与横纵向纬度关系数据结构
300107			报表填报表数据结构

注：♯ 表示该数据结构可用于数据交换。

4 数据结构

4.1 数据结构要素

4.1.1 本标准中数据结构表名的简写应采用汉语拼音的首字母大写缩写形式表示。

4.1.2 各类数据的数据结构应采用下列要素描述：

1 字段名称：数据项的名称或含义。字段右上方的"＊"表示该字段的约束条件为"非空"。

2 字段代码：唯一标识该数据项的代码，对应于数据库中表的字段名，在同一表内是唯一的。采用汉语拼音首字母大写缩写表示，如果同一表内字段代码相同或其他必要情况，追加数字和"＿"的组合形式表示。

3 字段类型：数据项的数据类型，用一个字符串表示，常用值如下：

1) Boolean：布尔型值，取值为真（true，非零值）或假（false，零）。

2) Short：16 位的整数，取值范围为－32768～32767，一般用于表示字典表的代码属性。

3) Integer：32 位的整数，取值范围大约为$-21 \times 10^8 \sim 21 \times 10^8$，一般用于表示数据的序列号（主键）。

4) Long：64 位整数，取值范围约为$-9.22 \times$

$10^{14} \sim 9.22 \times 10^{14}$，一般用于表示较长的数据序列号。

5) Number：可包含指定位数的小数且运算不损失精度的十进制数值型，通常用于表示面积、货币等数据。

6) String：定长字符串，以字节为单位。

7) LongBinary：长二进制类型，以字节为单位，通常用于存储二进制文件数据。

8) Date：日期数据，可包含时间信息。日期统一表示为 YYYY-MM-DD 的形式，时间用 24 小时计时，表示为 hh：mm：ss 的形式。符合《数据和交换格式 信息交换 日期和时间表示法》GB/T 7408 - 2005 的规定。

4 字段长度：数据项包含的字节数。对于 Number 和 String 类型，可以予以指定。其他类型的长度为固定值，可以忽略。

5 小数位数：该值仅对 Number 类型有效，即包含的小数位数。

6 值域：该数据项的取值范围，包括上限、下限以及枚举字典表等。

4.2 原子数据元素

4.2.1 原子数据元素应符合表 4.2.1 中相关属性的规定。

表 4.2.1 原子数据元素表

序号	数据名称	数据代码	数据类型	数据长度	小数位数	计量单位	值 域
1	姓名	XM	String	20			
2	证件号码	ZJHM	String	30			
3	地址	DZ	String	500			
4	电话号码	DHHM	String	20			
5	邮政编码	YZBM	String	6			
6	机构名称	JGMC	String	100			
7	行政区划代码	XZQHDM	String	12			《中华人民共和国行政区划代码》GB/T 2260、《县级以下行政区划代码编制规则》GB/T 10114
8	编号	BH	String	32			
9	金额	JE	Number	16	2	元	
10	日期	RQ	Date				
11	时间	SJ	Date				
12	面积	MJ	Number	15	3	平方米	
13	套数	TS	Integer			套	
14	户数	HS	Integer			户	
15	人数	RS	Integer			人	

4.3 保障规则数据结构

4.3.1 保障规则数据内容应符合《住房保障信息系统技术规范》CJJ/T 196 关于保障规则子系统的数据要求。

4.3.2 保障项目数据结构应符合表 4.3.2 的规定。

表 4.3.2 保障项目数据结构（表名：BZXM）

序号	字段名称	字段代码	字段类型	字段长度	小数位数	计量单位	值域
1	保障项目编号*	BZXMBH	符合表 4.2.1 第 8 行规定				
2	保障项目类别	BZXMLB	Integer				表 A.55 保障对象的保障项目字典表
3	行政区划代码	XZQHDM	符合表 4.2.1 第 7 行规定				
4	收入分类	SRFL	Integer				表 A.52 按收入层次划分保障对象字典表
5	特殊人群分类	TSRQFL	Integer				表 A.53 按特定群体划分保障对象字典表
6	是否启用	SFQY	Boolean				
7	启用日期	QYRQ	符合表 4.2.1 第 10 行规定				

4.3.3 保障对象保障方式数据结构应符合表 4.3.3 的规定。

表 4.3.3 保障对象保障方式数据结构（表名：BZDXBZFS）

序号	字段名称	字段代码	字段类型	字段长度	小数位数	计量单位	值域
1	保障方式编号*	BZFSBH	符合表 4.2.1 第 8 行规定				
2	保障项目编号	BZXMBH	符合表 4.2.1 第 8 行规定				
3	保障方式	BZFS	Integer				表 A.56 保障方式和支持方式字典表
4	是否启用	SFQY	Boolean				
5	启用日期	QYRQ	符合表 4.2.1 第 10 行规定				

4.3.4 保障对象申请条件数据结构应符合表 4.3.4 的规定。

表 4.3.4 保障对象申请条件数据结构（表名：BZDXSQTJ）

序号	字段名称	字段代码	字段类型	字段长度	小数位数	计量单位	值域
1	申请条件编号*	SQTJBH	符合表 4.2.1 第 8 行规定				
2	保障方式申请条件	BZFSSQTJ	Integer				表 A.59 保障对象申请条件取用因素字典表
3	保障方式编号	BZFSBH	符合表 4.2.1 第 8 行规定				
4	保障条件和保障标准计量方式	BZTJHB ZBZJLFS	Integer				表 A.58 保障条件和保障标准计量方式字典表
5	条件起始值	TJQSZ	Number	15	3		
6	与起始值逻辑关系	YQSZLJGX	Integer				表 A.63 逻辑关系字典表

序号	字段名称	字段代码	字段类型	字段长度	小数位数	计量单位	值域
7	条件终止值	TJZZZ	Number	15	3		
8	与终止值逻辑关系	YZZZLJGX	Integer				表 A.63 逻辑关系字典表
9	是否启用	SFQY	Boolean				
10	启用日期	QYRQ	符合表 4.2.1 第 10 行规定				

4.3.5 保障对象申请条件关系数据结构应符合表 4.3.5 的规定。

表 4.3.5 保障对象申请条件关系数据结构（表名：BZDXSQTJGX）

序号	字段名称	字段代码	字段类型	字段长度	小数位数	计量单位	值域
1	申请条件关系编号*	SQTJGXBH	符合表 4.2.1 第 8 行规定				
2	保障方式编号	BZFSBH	符合表 4.2.1 第 8 行规定				
3	是否初始条件	SFCSTJ	Boolean				
4	是否组合条件	SFZHTJ	Boolean				
5	申请条件编号	SQTJBH	符合表 4.2.1 第 8 行规定				
6	申请条件关系 1 编号	SQTJGX1BH	符合表 4.2.1 第 8 行规定				
7	逻辑关系	LJGX	Integer				表 A.63 逻辑关系字典表
8	申请条件关系 2 编号	SQTJGX2BH	符合表 4.2.1 第 8 行规定				
9	是否启用	SFQY	Boolean				
10	启用日期	QYRQ	符合表 4.2.1 第 10 行规定				

4.3.6 保障对象保障标准数据结构应符合表 4.3.6 的规定。

表 4.3.6 保障对象保障标准数据结构（表名：BZDXBZBZ）

序号	字段名称	字段代码	字段类型	字段长度	小数位数	计量单位	值域
1	保障标准编号*	BZBZBH	符合表 4.2.1 第 8 行规定				
2	保障方式编号	BZFSBH	符合表 4.2.1 第 8 行规定				
3	保障标准取用因素	BZBZQYYS	Integer				表 A.57 保障方式的保障标准取用因素字典表
4	保障标准计量方式	BZBZJLFS	Integer				表 A.58 保障条件和保障标准计量方式字典表
5	因素值现有标准	YSZXYBZ	Number	15	3		
6	取用因素实际值	QYYSSJZ	Number	15	3		
7	是否启用	SFQY	Boolean				
8	启用日期	QYRQ	符合表 4.2.1 第 10 行规定				

4.3.7 支持项目数据结构应符合表 4.3.7 的规定。

表 4.3.7 支持项目数据结构（表名：ZCXM）

序号	字段名称	字段代码	字段类型	字段长度	小数位数	计量单位	值域
1	支持项目编号*	ZCXMBH	符合表 4.2.1 第 8 行规定				
2	支持项目类别	ZCXMLB	Integer				表 A.61 支持对象的支持项目字典表
3	行政区划代码	XZQHDM	符合表 4.2.1 第 7 行规定				
4	支持对象类型	ZCDXLX	Integer				表 A.60 支持对象分类字典表
5	是否启用	SFQY	Boolean				
6	启用日期	QYRQ	符合表 4.2.1 第 10 行规定				

4.3.8 支持对象支持方式数据结构应符合表 4.3.8 的规定。

表 4.3.8 支持对象支持方式数据结构（表名：ZCDXZCFS）

序号	字段名称	字段代码	字段类型	字段长度	小数位数	计量单位	值域
1	支持方式编号*	ZCFSBH	符合表 4.2.1 第 8 行规定				
2	支持项目编号	ZCXMBH	符合表 4.2.1 第 8 行规定				
3	支持方式	ZCFS	Integer				表 A.56 保障方式和支持方式字典表
4	是否启用	SFQY	Boolean				
5	启用日期	QYRQ	符合表 4.2.1 第 10 行规定				

4.3.9 支持对象申请条件数据结构应符合表 4.3.9 的规定。

表 4.3.9 支持对象申请条件数据结构（表名：ZCDXSQTJ）

序号	字段名称	字段代码	字段类型	字段长度	小数位数	计量单位	值域
1	支持方式申请条件编号*	ZCFSSQTJBH	符合表 4.2.1 第 8 行规定				
2	支持方式编号	ZCFSBH	符合表 4.2.1 第 8 行规定				
3	支持条件	ZCTJ	Integer				表 A.62 支持对象支持项目申请条件取用因素字典表
4	具体条件	JTTJ	String	2000			
5	是否启用	SFQY	Boolean				
6	启用日期	QYRQ	符合表 4.2.1 第 10 行规定				

4.3.10 支持对象支持标准数据结构应符合表 4.3.10 的规定。

表 4.3.10 支持对象支持标准数据结构（表名：ZCDXZCBZ）

序号	字段名称	字段代码	字段类型	字段长度	小数位数	计量单位	值域
1	支持方式支持标准编号*	ZCFSZCBZBH	符合表 4.2.1 第 8 行规定				

续表4.3.10

序号	字段名称	字段代码	字段类型	字段长度	小数位数	计量单位	值域
2	支持方式编号	ZCFSBH	符合表4.2.1第8行规定				
3	现有标准	XYBZ	Number	15	3		
4	执行标准	ZXBZ	Number	15	3		
5	是否启用	SFQY	Boolean				
6	启用日期	QYRQ	符合表4.2.1第10行规定				

4.3.11 保障规则信息数据结构应符合表4.3.11的规定。

表4.3.11 保障规则信息数据结构——交换（表名：BZGZXX）

序号	字段名称	字段代码	字段类型	字段长度	小数位数	计量单位	值域
1	保障规则信息编号*	BZGZXXBH	符合表4.2.1第8行规定				
2	行政区划代码	XZQHDM	符合表4.2.1第7行规定				
3	保障项目类别	BZXMLB	Integer				表A.55 保障对象的保障项目字典表
4	收入分类	SRFL	Integer				表A.52 按收入层次划分保障对象字典表
5	特殊人群分类	TSRQFL	Integer				表A.53 按特定群体划分保障对象字典表
6	支持项目类别	ZCXMLB	Integer				表A.61 支持对象的支持项目字典表
7	支持对象类型	ZCDXLX	Integer				表A.60 支持对象分类字典表
8	保障（支持）方式	BZ（ZC）FS	Integer				表A.56 保障方式和支持方式字典表
9	保障条件因素	BZTJYS	Integer				表A.59 保障对象申请条件取用因素字典表
10	支持条件因素	ZCTJYS	Integer				表A.62 支持对象支持项目申请条件取用因素字典表
11	保障标准因素	BZBZYS	Integer				表A.57 保障方式的保障标准取用因素字典表
12	支持标准因素	ZCBZYS	Integer				表A.56 保障方式和支持方式字典表
13	保障（支持）条件因素值	BZ（ZC）TJYSZ	String	100			
14	保障（支持）标准因素值	BZ（ZC）BZYSZ	String	100			

4.4 对象调查数据结构

4.4.1 对象调查数据内容应符合《住房保障信息系统技术规范》CJJ/T 196 关于对象调查子系统的数据要求。

4.4.2 调查方案数据结构应符合表 4.4.2 的规定。

表 4.4.2 调查方案数据结构（表名：DCFA）

序号	字段名称	字段代码	字段类型	字段长度	小数位数	计量单位	值域
1	调查方案编号*	DCFABH	符合表 4.2.1 第 8 行规定				
2	调查方案名称	DCFAMC	String	100			
3	行政区划代码	XZQHDM	符合表 4.2.1 第 7 行规定				
4	调查类别	DCLB	Integer				表 A.77 调查类别字典表
5	调查方式	DCFS	Integer				表 A.78 调查方式字典表
6	调查范围	DCFW	Integer				表 A.79 调查范围字典表
7	调查周期类别	DCZQLB	Integer				表 A.74 期别（短期）分类字典表
8	调查开始日期	DCKSRQ	符合表 4.2.1 第 10 行规定				
9	调查截止日期	DCJZRQ	符合表 4.2.1 第 10 行规定				

4.4.3 调查指标库数据结构应符合表 4.4.3 的规定。

表 4.4.3 调查指标库数据结构（表名：DCZBK）

序号	字段名称	字段代码	字段类型	字段长度	小数位数	计量单位	值域
1	指标编号*	ZBBH	符合表 4.2.1 第 8 行规定				
2	指标类别	ZBLB	Integer				表 A.80 基础指标类别字典表
3	指标代码	ZBDM	String	30			
4	指标名称	ZBMC	String	100			
5	指标数据类型	ZBSJLX	String	18			
6	指标数据长度	ZBSJCD	Number	3			
7	指标小数位数	ZBXSWS	Number	2			
8	指标可否为空	JBKFWK	Boolean				

4.4.4 调查表和调查指标信息数据结构应符合表 4.4.4 的规定。

表 4.4.4 调查表和调查指标信息数据结构（表名：DCBHDCZBXX）

序号	字段名称	字段代码	字段类型	字段长度	小数位数	计量单位	值域
1	调查方案编号*	DCFABH	符合表 4.2.1 第 8 行规定				
2	调查表编号*	DCBBH	符合表 4.2.1 第 8 行规定				
3	调查表名称	DCBMC	String	100			
4	指标编号*	ZBBH	符合表 4.2.1 第 8 行规定				

4.4.5 对象调查信息数据结构应符合表4.4.5的规定。

表4.4.5　对象调查信息数据结构——交换（表名：DXDCXX）

序号	字段名称	字段代码	字段类型	字段长度	小数位数	计量单位	值域
1	调查方案编号*	DCFABH	符合表4.2.1第8行规定				
2	行政区划代码	XZQHDM	符合表4.2.1第7行规定				
3	收入层次分类	SRCCFL	Integer				表A.52 按收入层次划分保障对象字典表
4	住房保障项目类别	ZFBZXMLB	Integer				表A.55 保障对象的保障项目字典表
5	住房保障方式	ZFBZFS	Integer				表A.56 保障方式和支持方式字典表
6	符合条件户数	FHTJHS	符合表4.2.1第14行规定				
7	符合条件人数	FHTJRS	符合表4.2.1第15行规定				
8	调查日期	DCRQ	符合表4.2.1第10行规定				

4.5　准入登记数据结构

4.5.1 准入登记数据内容应符合《住房保障信息系统技术规范》CJJ/T 196关于准入登记子系统的数据要求。

4.5.2 申请家庭基本信息数据结构应符合表4.5.2的规定。

表4.5.2　申请家庭基本信息数据结构（表名：SQJTJBXX）

序号	字段名称	字段代码	字段类型	字段长度	小数位数	计量单位	值域
1	申请编号*	SQBH	符合表4.2.1第8行规定				
2	准入登记年度	ZRDJND	Integer				
3	申请人姓名	SQRXM	符合表4.2.1第1行规定				
4	证件类别	ZJLB	Integer				表A.2 个人证件类型字典表
5	证件号码	ZJHM	符合表4.2.1第2行规定				
6	联系电话	LXDH	符合表4.2.1第4行规定				
7	代理人姓名	DLRXM	符合表4.2.1第1行规定				
8	代理人证件类别	DLRZJLB	Integer				表A.2 个人证件类型字典表
9	代理人证件号码	DLRZJHM	符合表4.2.1第2行规定				
10	代理人联系电话	DLRLXDH	符合表4.2.1第4行规定				
11	户籍所在地—县（市）、区	HJSZD_XQ	符合表4.2.1第7行规定				
12	户籍所在地—街道	HJSZD_JD	Integer				表A.28 街道字典表
13	户籍所在地—社区	HJSZD_SQ	Integer				表A.29 社区字典表
14	户籍所在地—路（街、里、巷、小区）	HJSZD_L	String	30			
15	户籍所在地—号	HJSZD_H	String	30			

序号	字段名称	字段代码	字段类型	字段长度	小数位数	计量单位	值域
16	户籍所在地—幢（栋）	HJSZD_Z	String	30			
17	户籍所在地—室	HJSZD_S	String	30			
18	家庭人口数	JTRKS	符合表4.2.1第15行规定				
19	家庭人均年收入	JTRJNSR	符合表4.2.1第9行规定				
20	家庭年总收入	JTNZSR	符合表4.2.1第9行规定				
21	家庭人均建筑面积	JTRJJZMJ	符合表4.2.1第12行规定				
22	家庭总建筑面积	JTZJZMJ	符合表4.2.1第12行规定				
23	是否居住在棚户区	SFJZZPHQ	Boolean				
24	棚户区名称	PHQMC	String	100			
25	棚户区类型	PHQLX	Integer				表A.14 项目类别字典表
26	国有棚户区隶属关系	GYPHQLSGX	Integer				表A.30 棚户区隶属关系字典表
27	是否低收入家庭	SFDSRJT	Boolean				
28	是否为最低生活保障家庭	SFWZDSHBZJT	Boolean				
29	最低生活保障证号	ZDSHBZZH	符合表4.2.1第2行规定				
30	是否享受过住房保障待遇	SFXSGZFBZDY	Boolean				
31	享受住房保障待遇方式	XSZFBZDYFS	Integer				表A.56 保障方式和支持方式字典表
32	办理阶段	BLJD	Integer				表A.47 办理阶段字典表
33	审核人	SHR	符合表4.2.1第1行规定				
34	审核日期	SHRQ	符合表4.2.1第10行规定				
35	审核状态	SHZT	Integer				表A.48 审核状态字典表

4.5.3 申请家庭住房信息数据结构应符合表4.5.3的规定。

表4.5.3 申请家庭住房信息数据结构（表名：SQJTZFXX）

序号	字段名称	字段代码	字段类型	字段长度	小数位数	计量单位	值域
1	房屋编号*	FWBH	符合表4.2.1第8行规定				
2	申请编号*	SQBH	符合表4.2.1第8行规定				
3	准入登记年度	ZRDJND	Integer			年	
4	房屋地址—县（市）、区	FWDZ_XQ	符合表4.2.1第7行规定				
5	房屋地址—街道	FWDZ_JD	Integer				表A.28 街道字典表

续表 4.5.3

序号	字段名称	字段代码	字段类型	字段长度	小数位数	计量单位	值域
6	房屋地址—社区	FWDZ＿SQ	Integer				表 A.29 社区字典表
7	房屋地址—路（街、里、巷、小区）	FWDZ＿L	String	30			
8	房屋地址—号	FWDZ＿H	String	30			
9	户籍所在地—幢（栋）	HJSZD＿Z	String	30			
10	房屋地址—室	FWDZ＿S	String	30			
11	房屋住用状况	FWZYZK	Integer				表 A.31 房屋住用状况字典表
12	产权证编号	CQZBH	符合表 4.2.1 第 2 行规定				
13	产权人姓名	CQRXM	符合表 4.2.1 第 1 行规定				
14	产权人身份证号	CQRSFZH	符合表 4.2.1 第 2 行规定				《公民身份号码》GB 11643
15	产权人是否家庭成员	CQRSFJTCY	Boolean				
16	产权单位	CQDW	符合表 4.2.1 第 6 行规定				
17	产权单位组织机构代码	CQDWZZJGDM	String	9			《全国组织机构代码编制规则》GB 11714
18	房屋性质	FWXZ	Integer				表 A.35 居住房屋性质字典表
19	房屋类型	FWLX	Integer				表 A.36 居住房屋类型字典表
20	成套情况	CTQK	Integer				表 A.37 成套情况字典表
21	房屋完好程度	FWWHCD	Integer				表 A.38 房屋完好程度字典表
22	房屋结构	FWJG	Integer				表 A.21 建筑结构字典表
23	房屋户型	FWHX	Integer				表 A.20 房屋户型字典表
24	房屋配套设施	FWPTSS	Integer				表 A.41 房屋配套设施字典表
25	小区物业管理模式	XQWYGLMS	Integer				表 A.42 小区物业管理模式字典表
26	建筑面积	JZMJ	符合表 4.2.1 第 12 行规定				
27	建成年份	JCNF	Integer				
28	租金	ZJ	符合表 4.2.1 第 9 行规定				

序号	字段名称	字段代码	字段类型	字段长度	小数位数	计量单位	值域
29	住房产权比例分类	ZFCQBLFL	Integer				表 A.32 住房产权比例分类字典表
30	产权性质	CQXZ	Integer				表 A.33 产权性质字典表
31	产权比例	CQBL	Number	4	2		
32	房屋价值	FWJZ	符合表 4.2.1 第 9 行规定				
33	物业单位	WYDW	符合表 4.2.1 第 6 行规定				
34	家庭成员房屋地址类别	JTCYFWDZLB	Integer				表 A.34 家庭成员房屋地址类别字典表
35	房屋配给后原住房处置意向	FWPJHYZFCZYX	Integer				表 A.40 房屋配给后原住房处置意向字典表
36	办理阶段	BLJD	Integer				表 A.47 办理阶段字典表
37	审核人	SHR	符合表 4.2.1 第 1 行规定				
38	审核日期	SHRQ	符合表 4.2.1 第 10 行规定				
39	审核状态	SHZT	Integer				表 A.48 审核状态字典表

4.5.4 申请家庭成员信息数据结构应符合表 4.5.4 的规定。

表 4.5.4　申请家庭成员信息数据结构（表名：SQJTCYXX）

序号	字段名称	字段代码	字段类型	字段长度	小数位数	计量单位	值域
1	家庭成员编号*	JTCYBH	符合表 4.2.1 第 8 行规定				
2	申请编号*	SQBH	符合表 4.2.1 第 8 行规定				
3	准入登记年度	ZRDJND	Integer				
4	与户主关系	YHZGX	Integer				表 A.6 与户主关系字典表
5	家庭成员姓名	JTCYXM	符合表 4.2.1 第 1 行规定				
6	身份证件类别	SFZJLB	Integer				表 A.2 个人证件类型字典表
7	身份证件号码	SFZJHM	符合表 4.2.1 第 2 行规定				《公民身份号码》GB 11643
8	户口性质	HKXZ	Integer				《人口信息管理代码 第 1 部分：户口类别代码》GA 324.1
9	户口年限	HKNX	Number	3		年	
10	是否常住	SFCZ	Boolean				
11	性别	XB	Integer				《个人基本信息分类与代码 第 1 部分：人的性别代码》GB/T 2261.1

序号	字段名称	字段代码	字段类型	字段长度	小数位数	计量单位	值域
12	出生日期	CSRQ	符合表 4.2.1 第 10 行规定				
13	民族	MZ	Integer				《中国各民族名称的罗马字母拼写法和代码》GB 3304
14	联系电话	LXDH	符合表 4.2.1 第 4 行规定				
15	就业情况	JYQK	Integer				表 A.3 就业情况字典表
16	工作单位	GZDW	符合表 4.2.1 第 6 行规定				
17	单位性质	DWXZ	Integer				表 A.13 行政企事业单位类型字典表
18	职业性质	ZYXZ	Integer				《职业分类与代码》GB/T6565
19	文化程度	WHCD	Integer				《学历代码》GB/T 4658
20	婚姻状况	HYZK	Integer				《个人基本信息分类与代码 第2部分：婚姻状况代码》GB/T 2261.2
21	年收入	NSR	符合表 4.2.1 第 9 行规定				
22	特殊人员代码#	TSRYDM	Integer				表 A.7 特殊人员字典表
23	残疾类别	CJLB	Integer				表 A.8 残疾类别字典表
24	残疾等级	CJDJ	Integer				表 A.9 残疾等级字典表
25	荣誉称号级别	RYCHJB	Integer				表 A.10 荣誉称号级别字典表
26	荣誉称号类别	RYCHLB	Integer				《奖励、纪律处分信息，分类与代码 第2部分：荣誉称号和荣誉奖章代码》GB/T8563.2
27	荣誉奖章类别	RYJZLB	Integer				《奖励、纪律处分信息，分类与代码 第2部分：荣誉称号和荣誉奖章代码》GB/T8563.2
28	是否引进人才	SFYJRC	Boolean				
29	是否外来务工人员	SFWLWGRY	Boolean				
30	是否享受住房公积金	SFXSZFGJJ	Boolean				
31	是否享受过福利房	SFXSGFLF	Boolean				
32	是否享受住房补贴	SFXSZFBT	Boolean				

续表 4.5.4

序号	字段名称	字段代码	字段类型	字段长度	小数位数	计量单位	值域
33	是否共同居住	SFGTJZ	Boolean				
34	收入来源	SRLY	Integer				表 A.5 收入来源字典表
35	是否有犯罪记录	SFYFZJL	Boolean				
36	养老保险号	YLBXH	符合表 4.2.1 第 2 行规定				
37	医疗保险号	YLBXH_1	符合表 4.2.1 第 2 行规定				
38	失业保险号	SYBXH	符合表 4.2.1 第 2 行规定				
39	生育保险号	SYBXH_1	符合表 4.2.1 第 2 行规定				
40	工伤保险号	GSBXH	符合表 4.2.1 第 2 行规定				
41	五保合一号	WBHYH	符合表 4.2.1 第 2 行规定				
42	公积金账号	GJJZH	符合表 4.2.1 第 2 行规定				
43	五保证编号	WBZBH	符合表 4.2.1 第 2 行规定				
44	职工特困证号码	ZGTKZHM	符合表 4.2.1 第 2 行规定				
45	办理阶段	BLJD	Integer				表 A.47 办理阶段字典表
46	审核人	SHR	符合表 4.2.1 第 1 行规定				
47	审核日期	SHRQ	符合表 4.2.1 第 10 行规定				
48	审核状态	SHZT	Integer				表 A.48 审核状态字典表

注：# 该字段输入时要求每种特殊人员代码之间使用"/"分隔。

4.5.5 申请家庭资产信息数据结构应符合表 4.5.5 的规定。

表 4.5.5 申请家庭资产信息数据结构（表名：SQJTZCXX）

序号	字段名称	字段代码	字段类型	字段长度	小数位数	计量单位	值域
1	资产编号*	ZCBH	符合表 4.2.1 第 8 行规定				
2	申请编号*	SQBH	符合表 4.2.1 第 8 行规定				
3	准入登记年度	ZRDJND	Integer				
4	所有人姓名	SYRXM	符合表 4.2.1 第 1 行规定				
5	资产类别	ZCLB	Integer				表 A.39 资产类别字典表
6	数量	SL	Number	4			
7	总价值	ZJZ	符合表 4.2.1 第 9 行规定				
8	办理阶段	BLJD	Integer				表 A.47 办理阶段字典表
9	审核人	SHR	符合表 4.2.1 第 1 行规定				
10	审核日期	SHRQ	符合表 4.2.1 第 10 行规定				
11	审核状态	SHZT	Integer				表 A.48 审核状态字典表

4.5.6 公示信息数据结构应符合表 4.5.6 的规定。

表 4.5.6 公示信息数据结构（表名：GSXX）

序号	字段名称	字段代码	字段类型	字段长度	小数位数	计量单位	值域
1	公示编号*	GSBH	符合表 4.2.1 第 8 行规定				
2	申请编号*	SQBH	符合表 4.2.1 第 8 行规定				
3	办理阶段	BLJD	Integer				表 A.47 办理阶段字典表
4	公示开始时间	GSKSSJ	符合表 4.2.1 第 11 行规定				
5	公示截止时间	GSJZSJ	符合表 4.2.1 第 11 行规定				
6	公示方式	GSFS	Integer				表 A.44 公示方式字典表
7	公示地点	GSDD	符合表 4.2.1 第 3 行规定				
8	公示是否通过	GSSFTG	Boolean				

4.5.7 公示期间举报信息数据结构应符合表 4.5.7 的规定。

表 4.5.7 公示期间举报信息数据结构（表名：GSQJJBXX）

序号	字段名称	字段代码	字段类型	字段长度	小数位数	计量单位	值域
1	举报编号*	JBBH	符合表 4.2.1 第 8 行规定				
2	公示编号*	GSBH	符合表 4.2.1 第 8 行规定				
3	申请编号*	SQBH	符合表 4.2.1 第 8 行规定				
4	举报日期	JBRQ	符合表 4.2.1 第 10 行规定				
5	举报内容	JBNR	String	2000			
6	举报方式	JBFS	Integer				表 A.45 举报方式字典表
7	查证人	CZR	符合表 4.2.1 第 1 行规定				
8	查证方式	CZFS	Integer				表 A.43 查证方式字典表
9	查证结果	CZJG	Integer				表 A.46 查证结果字典表

4.5.8 拟保障实施方案信息数据结构应符合表 4.5.8 的规定。

表 4.5.8 拟保障实施方案信息数据结构（表名：NBZSSFAXX）

序号	字段名称	字段代码	字段类型	字段长度	小数位数	计量单位	值域
1	方案编号*	FABH	符合表 4.2.1 第 8 行规定				
2	申请编号*	SQBH	符合表 4.2.1 第 8 行规定				
3	办理阶段	BLJD	Integer				表 A.47 办理阶段字典表
4	拟保障项目类别	NBZXMLB	Integer				表 A.55 保障对象的保障项目字典表

序号	字段名称	字段代码	字段类型	字段长度	小数位数	计量单位	值域
5	拟住房保障方式	NZFBZFS	Integer				表 A.56 保障方式和支持方式字典表
6	保障准入条件编号	BZZRTJBH	符合表 4.2.1 第 8 行规定				
7	标准额度	BZED	符合表 4.2.1 第 9 行规定				
8	拟补贴额度	NBTED	符合表 4.2.1 第 9 行规定				
9	拟配给房屋面积	NPJFWMJ	符合表 4.2.1 第 12 行规定				
10	拟配给房屋户型	NPJFWHX	Integer				表 A.20 房屋户型字典表
11	审核状态	SHZT	Integer				表 A.48 审核状态字典表
12	审核日期	SHRQ	符合表 4.2.1 第 10 行规定				
13	审核人	SHR	符合表 4.2.1 第 1 行规定				

4.5.9 电子档案信息数据结构应符合表 4.5.9 的规定。

表 4.5.9　电子档案信息数据结构（表名：DZDAXX）

序号	字段名称	字段代码	字段类型	字段长度	小数位数	计量单位	值域
1	档案编号 *	DABH	符合表 4.2.1 第 8 行规定				
2	申请编号 *	SQBH	符合表 4.2.1 第 8 行规定				
3	档案类型	DALX	Integer				表 A.49 电子档案类型字典表
4	办理阶段	BLJD	Integer				表 A.47 办理阶段字典表
5	档案名称	DAMC	String	100			
6	档案内容	DANR	String	2000			
7	登记日期	DJRQ	符合表 4.2.1 第 10 行规定				

4.5.10 保障对象准入登记簿信息数据结构应符合表 4.5.10 的规定。

表 4.5.10　保障对象准入登记簿信息数据结构——交换
（表名：BZDXZRDJBXX）

序号	字段名称	字段代码	字段类型	字段长度	小数位数	计量单位	值域
1	申请编号 *	SQBH	符合表 4.2.1 第 8 行规定				
2	调查编号	DCBH	符合表 4.2.1 第 8 行规定				
3	申请人姓名	SQRXM	符合表 4.2.1 第 1 行规定				
4	证件类别	ZJLB	Integer				表 A.2 个人证件类型字典表
5	证件号码	ZJHM	符合表 4.2.1 第 2 行规定				

续表 4.5.10

序号	字段名称	字段代码	字段类型	字段长度	小数位数	计量单位	值域
6	联系电话	LXDH	符合表4.2.1第4行规定				
7	户籍所在地—县(市)、区	HJSZD_XQ	符合表4.2.1第7行规定				《中华人民共和国行政区划代码》GB/T 2260
8	户籍所在地—街道	HJSZD_JD	Integer				表A.28 街道字典表
9	户籍所在地—社区	HJSZD_SQ	Integer				表A.29 社区字典表
10	户籍所在地—路(街、里、巷、小区)	HJSZD_L	String	30			
11	户籍所在地—号	HJSZD_H	String	30			
12	户籍所在地—幢(栋)	HJSZD_Z	String	30			
13	户籍所在地—室	HJSZD_S	String	30			
14	家庭人口数	JTRKS	符合表4.2.1第15行规定				
15	家庭人均年收入	JTRJNSR	符合表4.2.1第9行规定				
16	家庭年总收入	JTNZSR	符合表4.2.1第9行规定				
17	家庭人均资产	JTRJZC	符合表4.2.1第9行规定				
18	家庭总资产	JTZZC	符合表4.2.1第9行规定				
19	家庭人均建筑面积	JTRJJZMJ	符合表4.2.1第12行规定				
20	家庭总建筑面积	JTZJZMJ	符合表4.2.1第12行规定				
21	是否居住在棚户区	SFJZZPHQ	Boolean				
22	是否为最低生活保障家庭	SFWZDSHBZJT	Boolean				
23	最低生活保障证号	ZDSHBZZH	符合表4.2.1第2行规定				
24	申请日期	SQRQ	符合表4.2.1第10行规定				
25	申请家庭收入层次类别	SQJTSRCCLB	Integer				表A.52 按收入层次划分保障对象字典表
26	特定群体类别	TDQTLB	Integer				表A.53 按特定群体划分保障对象字典表
27	申请保障项目类别	SQBZXMLB	Integer				表A.55 保障对象的保障项目字典表
28	申请保障方式	SQBZFS	Integer				表A.56 保障方式和支持方式字典表
29	登记日期	DJRQ	符合表4.2.1第10行规定				
30	实施保障日期	SSBZRQ	符合表4.2.1第10行规定				
31	实施住房保障方式	SSZFBZFS	Integer				表A.56 保障方式和支持方式字典表
32	保障退出日期	BZTCRQ	符合表4.2.1第10行规定				
33	保障状态	BZZT	Integer				表A.50 保障状态字典表
34	最后年审年度	ZHNSND	Integer				

4.5.11 保障住房供给单位登记审批信息数据结构应符合表 4.5.11 的规定。

表 4.5.11 保障住房供给单位登记审批信息数据结构
（表名：BZZFGJDWDJSPXX）

序号	字段名称	字段代码	字段类型	字段长度	小数位数	计量单位	值域
1	审批编号*	SPBH	符合表 4.2.1 第 8 行规定				
2	单位编号*	DWBH	符合表 4.2.1 第 8 行规定				
3	单位名称	DWMC	符合表 4.2.1 第 6 行规定				
4	建设项目编号*	JSXMBH	符合表 4.2.1 第 8 行规定				
5	项目名称	XMMC	String	100			
6	申请支持对象类别	SQZCDXLB	Integer				表 A.60 支持对象分类字典表
7	申请支持项目类别	SQZCXMLB	Integer				表 A.61 支持对象的支持项目字典表
8	申请支持方式	SQZCFS	Integer				表 A.56 保障方式和支持方式字典表
9	申请支持条件编号	SQZCTJBH	符合表 4.2.1 第 8 行规定				
10	标准额度	BZED	符合表 4.2.1 第 9 行规定				
11	应补贴额度	YBTED	符合表 4.2.1 第 9 行规定				
12	应缴纳额度	YJNED	符合表 4.2.1 第 9 行规定				
13	核减额度	HJED	符合表 4.2.1 第 9 行规定				
14	申请额度	SQED	符合表 4.2.1 第 9 行规定				
15	申请日期	SQRQ	符合表 4.2.1 第 10 行规定				
16	核定额度	HDED	符合表 4.2.1 第 9 行规定				
17	审核日期	SHRQ	符合表 4.2.1 第 10 行规定				
18	审核单位	SHDW	符合表 4.2.1 第 6 行规定				

4.5.12 保障住房供给个人登记审批信息数据结构应符合表 4.5.12 的规定。

表 4.5.12 保障住房供给个人登记审批信息数据结构
（表名：BZZFGJGRDJSPXX）

序号	字段名称	字段代码	字段类型	字段长度	小数位数	计量单位	值域
1	审批编号*	SPBH	符合表 4.2.1 第 8 行规定				
2	申请人姓名	SQRXM	符合表 4.2.1 第 1 行规定				
3	申请人证件类别*	SQRZJLB	Integer				表 A.2 个人证件类型字典表
4	申请人证件证号*	SQRZJZH	符合表 4.2.1 第 2 行规定				
5	申请支持对象类别	SQZCDXLB	Integer				表 A.60 支持对象分类字典表
6	申请支持项目类别	SQZCXMLB	Integer				表 A.61 支持对象的支持项目字典表
7	申请支持方式	SQZCFS	Integer				表 A.56 保障方式和支持方式字典表

续表 4.5.12

序号	字段名称	字段代码	字段类型	字段长度	小数位数	计量单位	值域
8	申请支持条件编号	SQZCTJBH	符合表 4.2.1 第 8 行规定				
9	标准额度	BZED	符合表 4.2.1 第 9 行规定				
10	应补贴额度	YBTED	符合表 4.2.1 第 9 行规定				
11	应缴纳额度	YJNED	符合表 4.2.1 第 9 行规定				
12	核减额度	HJED	符合表 4.2.1 第 9 行规定				
13	申请额度	SQED	符合表 4.2.1 第 9 行规定				
14	申请日期	SQRQ	符合表 4.2.1 第 10 行规定				
15	核定额度	HDED	符合表 4.2.1 第 9 行规定				
16	审核日期	SHRQ	符合表 4.2.1 第 10 行规定				
17	审核单位	SHDW	符合表 4.2.1 第 6 行规定				

4.6 保障资金数据结构

4.6.1 保障资金数据内容应符合《住房保障信息系统技术规范》CJJ/T 196 关于保障资金子系统的数据要求。

4.6.2 保障资金支出预算信息数据结构应符合表 4.6.2 的规定。

表 4.6.2 保障资金支出预算信息数据结构（表名：BZZJZCYSXX）

序号	字段名称	字段代码	字段类型	字段长度	小数位数	计量单位	值域
1	预算编号*	YSBH	符合表 4.2.1 第 8 行规定				
2	预算年度*	YSND	Integer			年	
3	资金筹集渠道	ZJCJQD	Integer				表 A.26 资金筹集渠道字典表
4	行政区划代码	XZQHDM	符合表 4.2.1 第 7 行规定				
5	上报预算额度	SBYSED	符合表 4.2.1 第 9 行规定				
6	上报日期	SBRQ	符合表 4.2.1 第 10 行规定				
7	上报单位	SBDW	符合表 4.2.1 第 6 行规定				
8	批准预算额度	PZYSED	符合表 4.2.1 第 9 行规定				
9	资金支出渠道	ZJZCQD	Integer				表 A.56 保障方式和支持方式字典表
10	审批意见	SPYJ	String	2000			
11	审批人	SPR	符合表 4.2.1 第 1 行规定				
12	审批日期	SPRQ	符合表 4.2.1 第 10 行规定				

4.6.3 保障资金支出信息数据结构应符合表 4.6.3 的规定。

表 4.6.3 保障资金支出信息数据结构（表名：BZZJZCXX）

序号	字段名称	字段代码	字段类型	字段长度	小数位数	计量单位	值域
1	支出批次编号*	ZCPCBH	符合表 4.2.1 第 8 行规定				
2	行政区划代码	XZQHDM	符合表 4.2.1 第 7 行规定				
3	资金支出金额	ZJZCJE	符合表 4.2.1 第 9 行规定				

序号	字段名称	字段代码	字段类型	字段长度	小数位数	计量单位	值域
4	资金支出渠道	ZJZCQD	Integer				表 A.56 保障方式和支持方式字典表
5	资金支出日期	ZJZCRQ	符合表 4.2.1 第 10 行规定				
6	支出人	ZCR	符合表 4.2.1 第 1 行规定				
7	接收人	JSR	符合表 4.2.1 第 1 行规定				
8	接收日期	JSRQ	符合表 4.2.1 第 10 行规定				

4.6.4 保障资金决算信息数据结构应符合表 4.6.4 的规定。

表 4.6.4 保障资金决算信息数据结构（表名：BZZJJSXX）

序号	字段名称	字段代码	字段类型	字段长度	小数位数	计量单位	值域
1	资金决算编号*	ZJJSBH	符合表 4.2.1 第 8 行规定				
2	决算年度	JSND	Integer			年	
3	上年度资金结余	SNDZJJY	符合表 4.2.1 第 9 行规定				
4	行政区划代码	XZQHDM	符合表 4.2.1 第 7 行规定				
5	资金筹集渠道	ZJCJQD	Integer				表 A.26 资金筹集渠道字典表
6	收入金额	SRJE	符合表 4.2.1 第 9 行规定				
7	资金支出渠道	ZJZCQD	Integer				表 A.56 保障方式和支持方式字典表
8	支出金额	ZCJE	符合表 4.2.1 第 9 行规定				
9	保障户数	BZHS	符合表 4.2.1 第 14 行规定				
10	报送决算日期	BSJSRQ	符合表 4.2.1 第 10 行规定				

4.7 建设项目数据结构

4.7.1 建设项目数据内容应符合《住房保障信息系统技术规范》CJJ/T 196 关于建设项目子系统的数据要求。

4.7.2 项目信息数据结构应符合表 4.7.2 的规定。

表 4.7.2 项目信息数据结构——交换（表名：XMXX）

序号	字段名称	字段代码	字段类型	字段长度	小数位数	计量单位	值域
1	项目编号*	XMBH	符合表 4.2.1 第 8 行规定				
2	项目提出名称	XMTCMC	String	100			
3	项目立项名称	XMLXMC	String	100			
4	行政区划代码	XZQHDM	符合表 4.2.1 第 7 行规定				
5	项目类别	XMLB	Integer				表 A.14 项目类别字典表
6	建设方式	JSFS	Integer				表 A.15 项目建设和房源筹集方式字典表
7	规划区位	GHQW	Integer				表 A.16 项目规划区位字典表

序号	字段名称	字段代码	字段类型	字段长度	小数位数	计量单位	值域
8	宗地编号	ZDBH	符合表4.2.1第8行规定				
9	棚户区区片原归属单位类别	PHQQPY-GSDWLB	Integer				表 A.30 棚户区隶属关系字典表
10	棚户区区片原归属单位名称	PHQQPY-GSDWMC	符合表4.2.1第6行规定				
11	开发建设单位编号	KFJSDWBH	符合表4.2.1第8行规定				
12	项目地址	XMDZ	符合表4.2.1第3行规定				
13	四至范围	SZFW	String	500			
14	占地面积	ZDMJ	符合表4.2.1第12行规定				
15	单体个数	DTGS	Integer			个	
16	计划开工日期	JHKGRQ	符合表4.2.1第10行规定				
17	计划竣工日期	JHJGRQ	符合表4.2.1第10行规定				
18	实际开工日期	SJKGRQ	符合表4.2.1第10行规定				
19	实际竣工日期	SJJGRQ	符合表4.2.1第10行规定				
20	年度	ND	Integer			年	
21	规划起始日期	GHQSRQ	符合表4.2.1第10行规定				
22	规划终止日期	GHZZRQ	符合表4.2.1第10行规定				
23	规划计划年度类别	GHJHNDLB	Integer				表 A.70 规划计划年度类别字典表
24	规划编号	GHBH	符合表4.2.1第8行规定				
25	规划建设房屋建筑面积	GHJSFWJZMJ	符合表4.2.1第12行规定				
26	规划建设住宅建筑面积	GHJSZZJZMJ	符合表4.2.1第12行规定				
27	规划建设住宅套数	GHJSZZTS	符合表4.2.1第13行规定				
28	房屋已开工面积	FWYKGMJ	符合表4.2.1第12行规定				
29	房屋已竣工面积	FWYJGMJ	符合表4.2.1第12行规定				
30	房屋已停工面积	FWYTGMJ	符合表4.2.1第12行规定				
31	房屋在建面积	FWZJMJ	符合表4.2.1第12行规定				
32	房屋年度新开工面积	FWNDXKGMJ	符合表4.2.1第12行规定				
33	房屋年度竣工面积	FWNDJGMJ	符合表4.2.1第12行规定				
34	住宅已开工面积	ZZYKGMJ	符合表4.2.1第12行规定				
35	住宅已竣工面积	ZZYJGMJ	符合表4.2.1第12行规定				
36	住宅已停工面积	ZZYTGMJ	符合表4.2.1第12行规定				
37	住宅在建面积	ZZZJMJ	符合表4.2.1第12行规定				
38	住宅年度新开工面积	ZZNDXKGMJ	符合表4.2.1第12行规定				

续表 4.7.2

序号	字段名称	字段代码	字段类型	字段长度	小数位数	计量单位	值域
39	住宅年度竣工面积	ZZNDJGMJ	符合表 4.2.1 第 12 行规定				
40	配套公建已开工面积	PTGJYKGMJ	符合表 4.2.1 第 12 行规定				
41	配套公建已竣工面积	PTGJYJGMJ	符合表 4.2.1 第 12 行规定				
42	配套公建已停工面积	PTGJYTGMJ	符合表 4.2.1 第 12 行规定				
43	配套公建在建面积	PTGJZJMJ	符合表 4.2.1 第 12 行规定				
44	配套公建年度新开工面积	PTGJNDXKGMJ	符合表 4.2.1 第 12 行规定				
45	配套公建年度竣工面积	PTGJNDJGMJ	符合表 4.2.1 第 12 行规定				
46	住宅已开工套数	ZZYKGTS	符合表 4.2.1 第 13 行规定				
47	住宅已竣工套数	ZZYJGTS	符合表 4.2.1 第 13 行规定				
48	住宅已停工套数	ZZYTGTS	符合表 4.2.1 第 13 行规定				
49	住宅在建套数	ZZZJTS	符合表 4.2.1 第 13 行规定				
50	住宅年度新开工套数	ZZNDXKGTS	符合表 4.2.1 第 13 行规定				
51	住宅年度竣工套数	ZZNDJGTS	符合表 4.2.1 第 13 行规定				
52	配套公建已开工套数	PTGJYKGTS	符合表 4.2.1 第 13 行规定				
53	配套公建已竣工套数	PTGJYJGTS	符合表 4.2.1 第 13 行规定				
54	配套公建已停工套数	PTGJYTGTS	符合表 4.2.1 第 13 行规定				
55	配套公建在建套数	PTGJZJTS	符合表 4.2.1 第 13 行规定				
56	配套公建年度新开工套数	PTGJNDXKGTS	符合表 4.2.1 第 13 行规定				
57	配套公建年度竣工套数	PTGJNDJGTS	符合表 4.2.1 第 13 行规定				
58	规划建设房屋类型	GHJSFWLX	Integer				表 A.25 规划建设房屋分类字典表
59	已开工面积	YKGMJ	符合表 4.2.1 第 12 行规定				
60	已竣工面积	YJGMJ	符合表 4.2.1 第 12 行规定				
61	已停工面积	YTGMJ	符合表 4.2.1 第 12 行规定				
62	在建面积	ZJMJ	符合表 4.2.1 第 12 行规定				
63	年度新开工面积	NDXKGMJ	符合表 4.2.1 第 12 行规定				
64	年度竣工面积	NDJGMJ	符合表 4.2.1 第 12 行规定				
65	已开工套数	YKGTS	符合表 4.2.1 第 13 行规定				

序号	字段名称	字段代码	字段类型	字段长度	小数位数	计量单位	值域
66	已竣工套数	YJGTS	符合表 4.2.1 第 13 行规定				
67	已停工套数	YTGTS	符合表 4.2.1 第 13 行规定				
68	在建套数	ZJTS	符合表 4.2.1 第 13 行规定				
69	年度新开工套数	NDXKGTS	符合表 4.2.1 第 13 行规定				
70	年度竣工套数	NDJGTS	符合表 4.2.1 第 13 行规定				
71	建设总投资	JSZTZ	符合表 4.2.1 第 9 行规定				
72	住宅总投资	ZZZTZ	符合表 4.2.1 第 9 行规定				
73	资金来源渠道类别	ZJLYQDLB	Integer				表 A.26 资金筹集渠道字典表
74	投资构成类别	TZGCLB	Integer				表 A.27 建设投资构成字典表
75	年度投资量	NDTZL	符合表 4.2.1 第 9 行规定				
76	拆迁居民总户数	CQJMZHS	符合表 4.2.1 第 14 行规定				
77	收入层次类别	SRCCLB	Integer				表 A.52 按收入层次划分保障对象字典表
78	保障方式类别	BZFSLB	Integer				表 A.56 保障方式和支持方式字典表
79	拆迁居民户数	CQJMHS	符合表 4.2.1 第 14 行规定				
80	拆迁房屋总面积	CQFWZMJ	符合表 4.2.1 第 12 行规定				
81	拆迁住宅总面积	CQZZZMJ	符合表 4.2.1 第 12 行规定				
82	拆迁住宅总套数	CQZZZTS	符合表 4.2.1 第 13 行规定				
83	拆迁房屋面积	CQFWMJ	符合表 4.2.1 第 12 行规定				
84	拆迁住宅面积	CQZZMJ	符合表 4.2.1 第 12 行规定				
85	拆迁住宅套数	CQZZTS	符合表 4.2.1 第 13 行规定				
86	安置居民总户数	AZJMZHS	符合表 4.2.1 第 14 行规定				
87	安置补偿方式类别	AZBCFSLB	Integer				表 A.54 居民拆迁安置补偿分类字典表
88	货币补偿金额	HBBCJE	符合表 4.2.1 第 9 行规定				
89	安置居民户数	AZJMHS	符合表 4.2.1 第 14 行规定				
90	安置房屋总面积	AZFWZMJ	符合表 4.2.1 第 12 行规定				
91	安置住宅总面积	AZZZZMJ	符合表 4.2.1 第 12 行规定				
92	安置住宅总套数	AZZZZTS	符合表 4.2.1 第 13 行规定				
93	安置房屋面积	AZFWMJ	符合表 4.2.1 第 12 行规定				
94	安置住宅面积	AZZZMJ	符合表 4.2.1 第 12 行规定				
95	安置住宅套数	AZZZTS	符合表 4.2.1 第 13 行规定				
96	供地总面积	GDZMJ	符合表 4.2.1 第 12 行规定				
97	移交批次编号	YJPCBH	符合表 4.2.1 第 8 行规定				
98	是否已移交	SFYYJ	Boolean				
99	移交日期	YJRQ	符合表 4.2.1 第 10 行规定				
100	移交人	YJR	符合表 4.2.1 第 1 行规定				

4.7.3 项目规划信息数据结构应符合表 4.7.3 的规定。

表 4.7.3 项目规划信息数据结构（表名：XMGHXX）

序号	字段名称	字段代码	字段类型	字段长度	小数位数	计量单位	值域
1	项目规划编号	XMGHBH	符合表 4.2.1 第 8 行规定				
2	建设项目编号*	JSXMBH	符合表 4.2.1 第 8 行规定				
3	规划起始日期	GHQSRQ	符合表 4.2.1 第 10 行规定				
4	规划终止日期	GHZZRQ	符合表 4.2.1 第 10 行规定				
5	规划建设房屋建筑面积	GHJSFWJZMJ	符合表 4.2.1 第 12 行规定				
6	规划建设住宅建筑面积	GHJSZZJZMJ	符合表 4.2.1 第 12 行规定				
7	规划建设住宅套数	GHJSZZTS	符合表 4.2.1 第 13 行规定				
8	规划建设总投资	GHJSZTZ	符合表 4.2.1 第 9 行规定				
9	规划住宅总投资	GHZZZTZ	符合表 4.2.1 第 9 行规定				
10	资金来源渠道类别	ZJLYQDLB	Integer				表 A.26 资金筹集渠道字典表
11	投资构成类别	TZGCLB	Integer				表 A.27 建设投资构成字典表
12	拆迁居民总户数	CQJMZHS	符合表 4.2.1 第 14 行规定				
13	拆迁房屋总面积	CQFWZMJ	符合表 4.2.1 第 12 行规定				
14	拆迁住宅总面积	CQZZZMJ	符合表 4.2.1 第 12 行规定				
15	拆迁住宅总套数	CQZZZTS	符合表 4.2.1 第 13 行规定				
16	安置居民总户数	AZJMZHS	符合表 4.2.1 第 14 行规定				
17	安置房屋总面积	AZFWZMJ	符合表 4.2.1 第 12 行规定				
18	安置住宅总面积	AZZZZMJ	符合表 4.2.1 第 12 行规定				
19	安置住宅总套数	AZZZZTS	符合表 4.2.1 第 13 行规定				
20	供地总面积	GDZMJ	符合表 4.2.1 第 12 行规定				
21	配建廉租住房规划面积	PJLZZFGHMJ	符合表 4.2.1 第 12 行规定				
22	配建廉租住房规划套数	PJLZZFGHTS	符合表 4.2.1 第 13 行规定				
23	配建经济适用住房规划面积	PJJJSYZFGHMJ	符合表 4.2.1 第 12 行规定				
24	配建经济适用住房规划套数	PJJJSYZFGHTS	符合表 4.2.1 第 13 行规定				
25	配建公共租赁住房规划面积	PJGGZLZFGHMJ	符合表 4.2.1 第 12 行规定				
26	配建公共租赁住房规划套数	PJGGZLZFGHTS	符合表 4.2.1 第 13 行规定				
27	配建限价商品住房规划面积	PJXJSPZFGHMJ	符合表 4.2.1 第 12 行规定				
28	配建限价商品住房规划套数	PJXJSPZFGHTS	符合表 4.2.1 第 13 行规定				

4.7.4 项目规划拆迁安置信息数据结构应符合表 4.7.4 的规定。

表 4.7.4 项目规划拆迁安置信息数据结构（表名：XMGHCQAZXX）

序号	字段名称	字段代码	字段类型	字段长度	小数位数	计量单位	值域
1	拆迁安置信息编号*	CQAZXXBH	符合表 4.2.1 第 8 行规定				
2	项目规划编号	XMGHBH	符合表 4.2.1 第 8 行规定				
3	建设项目编号*	JSXMBH	符合表 4.2.1 第 8 行规定				
4	收入层次类别	SRCCLB	Integer				表 A.52 按收入层次划分保障对象字典表
5	保障方式类别	BZFSLB	Integer				表 A.56 保障方式和支持方式字典表
6	拆迁居民户数	CQJMHS	符合表 4.2.1 第 14 行规定				
7	拆迁房屋面积	CQFWMJ	符合表 4.2.1 第 12 行规定				
8	拆迁住宅面积	CQZZMJ	符合表 4.2.1 第 12 行规定				
9	拆迁住宅套数	CQZZTS	符合表 4.2.1 第 13 行规定				
10	安置补偿方式类别	AZBCFSLB	Integer				表 A.54 居民拆迁安置补偿分类字典表
11	货币补偿金额	HBBCJE	符合表 4.2.1 第 9 行规定				
12	安置居民户数	AZJMHS	符合表 4.2.1 第 14 行规定				
13	安置房屋面积	AZFWMJ	符合表 4.2.1 第 12 行规定				
14	安置住宅面积	AZZZMJ	符合表 4.2.1 第 12 行规定				
15	安置住宅套数	AZZZTS	符合表 4.2.1 第 13 行规定				

4.7.5 项目年度计划信息数据结构应符合表 4.7.5 的规定。

表 4.7.5 项目年度计划信息数据结构（表名：XMNDJHXX）

序号	字段名称	字段代码	字段类型	字段长度	小数位数	计量单位	值域
1	项目年度计划编号*	XMNDJHBH	符合表 4.2.1 第 8 行规定				
2	建设项目编号*	JSXMBH	符合表 4.2.1 第 8 行规定				
3	计划年度	JHND	Integer			年	
4	房屋已开工面积	FWYKGMJ	符合表 4.2.1 第 12 行规定				
5	房屋已竣工面积	FWYJGMJ	符合表 4.2.1 第 12 行规定				
6	房屋已停工面积	FWYTGMJ	符合表 4.2.1 第 12 行规定				
7	房屋在建面积	FWZJMJ	符合表 4.2.1 第 12 行规定				
8	房屋年度新开工面积	FWNDXKGMJ	符合表 4.2.1 第 12 行规定				
9	房屋年度竣工面积	FWNDJGMJ	符合表 4.2.1 第 12 行规定				

序号	字段名称	字段代码	字段类型	字段长度	小数位数	计量单位	值域
10	住宅已开工面积	ZZYKGMJ	符合表 4.2.1第12行规定				
11	住宅已竣工面积	ZZYJGMJ	符合表 4.2.1第12行规定				
12	住宅已停工面积	ZZYTGMJ	符合表 4.2.1第12行规定				
13	住宅在建面积	ZZZJMJ	符合表 4.2.1第12行规定				
14	住宅年度新开工面积	ZZNDXKGMJ	符合表 4.2.1第12行规定				
15	住宅年度竣工面积	ZZNDJGMJ	符合表 4.2.1第12行规定				
16	配套公建已开工面积	PTGJYKGMJ	符合表 4.2.1第12行规定				
17	配套公建已竣工面积	PTGJYJGMJ	符合表 4.2.1第12行规定				
18	配套公建已停工面积	PTGJYTGMJ	符合表 4.2.1第12行规定				
19	配套公建在建面积	PTGJZJMJ	符合表 4.2.1第12行规定				
20	配套公建年度新开工面积	PTGJNDXKGMJ	符合表 4.2.1第12行规定				
21	配套公建年度竣工面积	PTGJNDJGMJ	符合表 4.2.1第12行规定				
22	计划建设房屋类型	JHJSFWLX	Integer				表 A.25 规划建设房屋分类字典表
23	已开工面积	YKGMJ	符合表 4.2.1第12行规定				
24	已竣工面积	YJGMJ	符合表 4.2.1第12行规定				
25	已停工面积	YTGMJ	符合表 4.2.1第12行规定				
26	在建面积	ZJMJ	符合表 4.2.1第12行规定				
27	年度新开工面积	NDXKGMJ	符合表 4.2.1第12行规定				
28	年度竣工面积	NDJGMJ	符合表 4.2.1第12行规定				
29	已开工套数	YKGTS	符合表 4.2.1第13行规定				
30	已竣工套数	YJGTS	符合表 4.2.1第13行规定				
31	已停工套数	YTGTS	符合表 4.2.1第13行规定				
32	在建套数	ZJTS	符合表 4.2.1第13行规定				
33	年度新开工套数	NDXKGTS	符合表 4.2.1第13行规定				
34	年度竣工套数	NDJGTS	符合表 4.2.1第13行规定				
35	年度建设总投资	NDJSZTZ	符合表 4.2.1第9行规定				
36	年度住宅总投资	NDZZZTZ	符合表 4.2.1第9行规定				
37	拆迁居民总户数	CQJMZHS	符合表 4.2.1第14行规定				
38	拆迁房屋总面积	CQFWZMJ	符合表 4.2.1第12行规定				
39	拆迁住宅总面积	CQZZZMJ	符合表 4.2.1第12行规定				
40	拆迁住宅总套数	CQZZZTS	符合表 4.2.1第13行规定				

续表 4.7.5

序号	字段名称	字段代码	字段类型	字段长度	小数位数	计量单位	值域
41	安置居民总户数	AZJMZHS	符合表 4.2.1 第 14 行规定				
42	安置房屋总面积	AZFWZMJ	符合表 4.2.1 第 12 行规定				
43	安置住宅总面积	AZZZZMJ	符合表 4.2.1 第 12 行规定				
44	安置住宅总套数	AZZZZTS	符合表 4.2.1 第 13 行规定				
45	供地总面积	GDZMJ	符合表 4.2.1 第 12 行规定				

4.7.6 项目年度计划拆迁安置信息数据结构应符合表 4.7.6 的规定。

表 4.7.6　项目年度计划拆迁安置信息数据结构（表名：XMNDJHCQAZXX）

序号	字段名称	字段代码	字段类型	字段长度	小数位数	计量单位	值域
1	拆迁安置信息编号	CQAZXXBH	符合表 4.2.1 第 8 行规定				
2	项目年度计划编号	XMNDJHBH	符合表 4.2.1 第 8 行规定				
3	建设项目编号*	JSXMBH	符合表 4.2.1 第 8 行规定				
4	收入层次类别	SRCCLB	Integer				表 A.52 按收入层次划分保障对象字典表
5	保障方式类别	BZFSLB	Integer				表 A.56 保障方式和支持方式字典表
6	拆迁居民户数	CQJMHS	符合表 4.2.1 第 14 行规定				
7	拆迁房屋面积	CQFWMJ	符合表 4.2.1 第 12 行规定				
8	拆迁住宅面积	CQZZMJ	符合表 4.2.1 第 12 行规定				
9	拆迁住宅套数	CQZZTS	符合表 4.2.1 第 13 行规定				
10	安置补偿方式类别	AZBCFSLB	Integer				表 A.54 居民拆迁安置补偿分类字典表
11	货币补偿金额	HBBCJE	符合表 4.2.1 第 9 行规定				
12	安置居民户数	AZJMHS	符合表 4.2.1 第 14 行规定				
13	安置房屋面积	AZFWMJ	符合表 4.2.1 第 12 行规定				
14	安置住宅面积	AZZZMJ	符合表 4.2.1 第 12 行规定				
15	安置住宅套数	AZZZTS	符合表 4.2.1 第 13 行规定				

4.7.7 单体工程信息数据结构应符合表 4.7.7 的规定。

表 4.7.7　单体工程信息数据结构（表名：DTGCXX）

序号	字段名称	字段代码	字段类型	字段长度	小数位数	计量单位	值域
1	单体工程编号*	DTGCBH	符合表 4.2.1 第 8 行规定				
2	建设项目编号*	JSXMBH	符合表 4.2.1 第 8 行规定				
3	单体工程类别	DTGCLB	Integer				表 A.25 规划建设房屋分类字典表
4	单体工程名称	DTGCMC	String	100			
5	路（街、巷）	L（JX）	String	50			

序号	字段名称	字段代码	字段类型	字段长度	小数位数	计量单位	值域
6	小区（院）门牌号	XQ（Y）MPH	String	50			
7	楼号	LH	String	50			
8	幢号	ZH	String	50			
9	建筑面积	JZMJ	符合表 4.2.1 第 12 行规定				
10	建筑结构	JZJG	Integer				表 A.21 建筑结构字典表
11	总层数	ZCS	Integer				
12	地上层数	DSCS	Integer				
13	地下层数	DXCS	Integer				
14	地上面积	DSMJ	符合表 4.2.1 第 12 行规定				
15	地下面积	DXMJ	符合表 4.2.1 第 12 行规定				
16	共有土地使用权面积	GYTDSYQMJ	符合表 4.2.1 第 12 行规定				
17	住宅套数	ZZTS	符合表 4.2.1 第 13 行规定				
18	住宅面积	ZZMJ	符合表 4.2.1 第 12 行规定				
19	建设状态	JSZT	Integer				表 A.18 单体建设状态字典表
20	配建廉租住房规划面积	PJLZZFGHMJ	符合表 4.2.1 第 12 行规定				
21	配建廉租住房规划套数	PJLZZFGHTS	符合表 4.2.1 第 13 行规定				
22	配建经济适用住房规划面积	PJJJSYZFGHMJ	符合表 4.2.1 第 12 行规定				
23	配建经济适用住房规划套数	PJJJSYZFGHTS	符合表 4.2.1 第 13 行规定				
24	配建公共租赁住房规划面积	PJGGZLZFGHMJ	符合表 4.2.1 第 12 行规定				
25	配建公共租赁住房规划套数	PJGGZLZFGHTS	符合表 4.2.1 第 13 行规定				
26	配建限价商品住房规划面积	PJXJSPZFGHMJ	符合表 4.2.1 第 12 行规定				
27	配建限价商品住房规划套数	PJXJSPZFGHTS	符合表 4.2.1 第 13 行规定				

4.7.8 住房信息数据结构应符合表 4.7.8 的规定。

表 4.7.8　住房信息数据结构（表名：ZFXX）

序号	字段名称	字段代码	字段类型	字段长度	小数位数	计量单位	值域
1	房屋编号*	FWBH	符合表 4.2.1 第 8 行规定				
2	单体工程编号	DTGCBH	符合表 4.2.1 第 8 行规定				

序号	字段名称	字段代码	字段类型	字段长度	小数位数	计量单位	值域
3	房屋来源	FWLY	Integer				表 A.15 项目建设和房源筹集方式字典表
4	初始房屋性质	CSFWXZ	Integer				表 A.35 居住房屋性质字典表
5	规划建设房屋分类	GHJSFWFL	Integer				表 A.25 规划建设房屋分类字典表
6	所在起始层	SZQSC	Integer			层	
7	所在终止层	SZZZC	Integer			层	
8	名义楼层	MYLC	Integer			层	
9	单元	DY	String	10			
10	房号	FH	String	10			
11	建筑面积	JZMJ	符合表 4.2.1 第 12 行规定				
12	套内建筑面积	TNJZMJ	符合表 4.2.1 第 12 行规定				
13	共用分摊面积	GYFTMJ	符合表 4.2.1 第 12 行规定				
14	阳台面积	YTMJ	符合表 4.2.1 第 12 行规定				
15	朝向	CX	String	20			
16	间数	JS	Integer				
17	户型	HX	Integer				表 A.20 房屋户型字典表
18	共有或共用设施及部位	GYHGYSSJBW	String				表 A.41 房屋配套设施字典表
19	层高	CG	Integer			米（m）	
20	成品标志	CPBZ	String	1			1. 成品 2. 毛坯
21	是否已登记	SFYDJ	Boolean				
22	移交批次编号	YJPCBH	符合表 4.2.1 第 8 行规定				
23	是否已移交	SFYYJ	Boolean				
24	移交日期	YJRQ	符合表 4.2.1 第 10 行规定				
25	移交人	YJR	符合表 4.2.1 第 1 行规定				

4.7.9 项目参与单位信息数据结构应符合表 4.7.9 的规定。

表 4.7.9 项目参与单位信息数据结构（表名：XMCYDWXX）

序号	字段名称	字段代码	字段类型	字段长度	小数位数	计量单位	值域
1	单位编号*	DWBH	符合表 4.2.1 第 8 行规定				
2	单位名称	DWMC	符合表 4.2.1 第 6 行规定				
3	建设项目编号	JSXMBH	符合表 4.2.1 第 8 行规定				
4	参与单位分类	CYDWFL	Integer				表 A.12 参与单位类别字典表

序号	字段名称	字段代码	字段 类型	字段 长度	小数 位数	计量 单位	值域
5	行政区划代码	XZQHDM	符合表 4.2.1 第 7 行规定				
6	主管单位	ZGDW	符合表 4.2.1 第 6 行规定				
7	证件类型	ZJLX	Integer				表 A.11 单位证件类型字典表
8	证件号码	ZJHM	符合表 4.2.1 第 2 行规定				
9	所属行业	SSHY	String	5			《国民经济行业分类》GB/T 4754
10	注册地	ZCD	符合表 4.2.1 第 3 行规定				
11	电话	DH	符合表 4.2.1 第 4 行规定				
12	传真	CZ	符合表 4.2.1 第 4 行规定				
13	地址	DZ	符合表 4.2.1 第 3 行规定				
14	邮编	YB	符合表 4.2.1 第 5 行规定				
15	邮箱	YX	String	50			
16	网址	WZ	String	100			
17	资质名称	ZZMC	String	50			
18	资质证书号	ZZZSH	String	50			
19	资质等级	ZZDJ	String	10		级	
20	资质起始日期	ZZQSRQ	符合表 4.2.1 第 10 行规定				
21	资质终止日期	ZZZZRQ	符合表 4.2.1 第 10 行规定				
22	参与单位类型	CYDWLX	Integer				表 A.13 行政企事业单位类型字典表
23	经营范围	JYFW	String	200			
24	注册资本	ZCZB	符合表 4.2.1 第 9 行规定				
25	从业人数	CYRS	符合表 4.2.1 第 15 行规定				
26	法人代表	FRDB	符合表 4.2.1 第 1 行规定				
27	成立日期	CLRQ	符合表 4.2.1 第 10 行规定				
28	开户银行	KHYH	String	20			
29	银行账号	YHZH	String	30			
30	有职称专业人员数	YZCZYRYS	符合表 4.2.1 第 15 行规定				
31	高级职称人数	GJZCRS	符合表 4.2.1 第 15 行规定				
32	在册人员总数	ZCRYZS	符合表 4.2.1 第 15 行规定				
33	中级职称人数	ZJZCRS	符合表 4.2.1 第 15 行规定				
34	初级职称人数	CJZCRS	符合表 4.2.1 第 15 行规定				
35	营业执照经营开始日期	YYZZJYKSRQ	符合表 4.2.1 第 10 行规定				
36	营业执照经营结束日期	YYZZJYJSRQ	符合表 4.2.1 第 10 行规定				
37	净资产	JZC	符合表 4.2.1 第 9 行规定				
38	总资产	ZZC	符合表 4.2.1 第 9 行规定				

4.7.10 项目参与人员信息数据结构应符合表 4.7.10 的规定。

表 4.7.10　项目参与人员信息数据结构（表名：XMCYRYXX）

序号	字段名称	字段代码	字段类型	字段长度	小数位数	计量单位	值域
1	人员编号*	RYBH	符合表 4.2.1 第 8 行规定				
2	建设项目编号	JSXMBH	符合表 4.2.1 第 8 行规定				
3	人员名称	RYMC	符合表 4.2.1 第 1 行规定				
4	人员分类	RYFL	Integer				表 A.1 人员分类字典表
5	单位编号*	DWBH	符合表 4.2.1 第 8 行规定				
6	证件类型	ZJLX	Integer				表 A.2 个人证件类型字典表
7	证件号码	ZJHM	符合表 4.2.1 第 2 行规定				
8	户籍所在地	HJSZD	符合表 4.2.1 第 7 行规定				
9	职业	ZY	String	50			《职业分类与代码》GB/T 6565
10	性别	XB	Integer				《个人基本信息分类与代码 第 1 部分：人的性别代码》GB/T 2261.1
11	国籍	GJ	String	20			《世界各国和地区名称代码》GB/T 2659
12	民族	MZ	Integer				《中国各民族名称的罗马字母拼写法和代码》GB 3304
13	出生日期	CSRQ	符合表 4.2.1 第 10 行规定				
14	学历	XL	Integer				《学历代码》GB/4658
15	所学专业	SXZY	Integer				《高等学校本科、专科专业名称代码》GB/T1 6835
16	职务	ZW	String	50			
17	职称	ZC	String	50			
18	电话	DH	符合表 4.2.1 第 4 行规定				
19	传真	CZ	符合表 4.2.1 第 4 行规定				
20	地址	DZ	符合表 4.2.1 第 3 行规定				
21	邮编	YB	符合表 4.2.1 第 5 行规定				
22	邮箱	YX	String	50			
23	网址	WZ	String	100			
24	资格名称	ZGMC	String	50			
25	资格证书号	ZGZSH	String	50			
26	发证单位	FZDW	符合表 4.2.1 第 6 行规定				
27	资格等级	ZGDJ	String	10			

序号	字段名称	字段代码	字段类型	字段长度	小数位数	计量单位	值域
28	资格起始日期	ZGQSRQ	符合表 4.2.1 第 10 行规定				
29	资格终止日期	ZGZZRQ	符合表 4.2.1 第 10 行规定				
30	其他执业资格	QTZYZG	String	50			
31	专（兼）职	Z（J）Z	Integer				表 A.4 专（兼）职字典表
32	从事专业工作累计年限	CSZYGZLJNX	Integer			年	

4.7.11 项目进度日志信息数据结构应符合表 4.7.11 的规定。

表 4.7.11　项目进度日志信息数据结构（表名：XMJDRZXX）

序号	字段名称	字段代码	字段类型	字段长度	小数位数	计量单位	值域
1	进度日志编号*	JDRZBH	符合表 4.2.1 第 8 行规定				
2	建设项目编号	JSXMBH	符合表 4.2.1 第 8 行规定				
3	单体工程编号	DTGCBH	符合表 4.2.1 第 8 行规定				
4	记录日期	JLRQ	符合表 4.2.1 第 10 行规定				
5	单体建设进度状态	DTJSJDZT	Integer				表 A.19 单体建设进度状态字典表
6	已完成投资	YWCTZ	符合表 4.2.1 第 9 行规定				
7	资金来源渠道类别	ZJLYQDLB	Integer				表 A.26 资金筹集渠道字典表
8	投资构成类别	TZGCLB	Integer				表 A.27 建设投资构成字典表
9	拆迁居民总户数	CQJMZHS	符合表 4.2.1 第 14 行规定				
10	拆迁房屋总面积	CQFWZMJ	符合表 4.2.1 第 12 行规定				
11	拆迁住宅总面积	CQZZZMJ	符合表 4.2.1 第 12 行规定				
12	拆迁住宅总套数	CQZZZTS	符合表 4.2.1 第 13 行规定				
13	安置居民总户数	AZJMZHS	符合表 4.2.1 第 14 行规定				
14	安置房屋总面积	AZFWZMJ	符合表 4.2.1 第 12 行规定				
15	安置住宅总面积	AZZZZMJ	符合表 4.2.1 第 12 行规定				
16	安置住宅总套数	AZZZZTS	符合表 4.2.1 第 13 行规定				
17	已开工总面积	YKGZMJ	符合表 4.2.1 第 12 行规定				
18	已竣工总面积	YJGZMJ	符合表 4.2.1 第 12 行规定				
19	在建总面积	ZJZMJ	符合表 4.2.1 第 12 行规定				
20	年度新开工总面积	NDXKGZMJ	符合表 4.2.1 第 12 行规定				
21	年度竣工总面积	NDJGZMJ	符合表 4.2.1 第 12 行规定				
22	供地总面积	GDZMJ	符合表 4.2.1 第 12 行规定				
23	配建廉租住房规划面积	PJLZZFGHMJ	符合表 4.2.1 第 12 行规定				

续表 4.7.11

序号	字段名称	字段代码	字段类型	字段长度	小数位数	计量单位	值域
24	配建廉租住房规划套数	PJLZZFGHTS	符合表 4.2.1 第 13 行规定				
25	配建经济适用住房规划面积	PJJJSYZFGHMJ	符合表 4.2.1 第 12 行规定				
26	配建经济适用住房规划套数	PJJJSYZFGHTS	符合表 4.2.1 第 13 行规定				
27	配建公共租赁住房规划面积	PJGGZLZFGHMJ	符合表 4.2.1 第 12 行规定				
28	配建公共租赁住房规划套数	PJGGZLZFGHTS	符合表 4.2.1 第 13 行规定				
29	配建限价商品住房规划面积	PJXJSPZFGHMJ	符合表 4.2.1 第 12 行规定				
30	配建限价商品住房规划套数	PJXJSPZFGHTS	符合表 4.2.1 第 13 行规定				

4.7.12 项目进度拆迁安置信息数据结构应符合表 4.7.12 的规定。

表 4.7.12 项目进度拆迁安置信息数据结构（表名：XMJDCQAZXX）

序号	字段名称	字段代码	字段类型	字段长度	小数位数	计量单位	值域
1	拆迁安置信息编号	CQAZXXBH	符合表 4.2.1 第 8 行规定				
2	进度日志编号*	JDRZBH	符合表 4.2.1 第 8 行规定				
3	收入层次类别	SRCCLB	Integer				表 A.52 按收入层次划分保障对象字典表
4	保障方式类别	BZFSLB	Integer				表 A.56 保障方式和支持方式字典表
5	已签订拆迁安置补偿协议户数	YQDCQAZBCXYHS	符合表 4.2.1 第 14 行规定				
6	拆迁居民户数	CQJMHS	符合表 4.2.1 第 14 行规定				
7	拆迁房屋面积	CQFWMJ	符合表 4.2.1 第 12 行规定				
8	拆迁住宅面积	CQZZMJ	符合表 4.2.1 第 12 行规定				
9	拆迁住宅套数	CQZZTS	符合表 4.2.1 第 13 行规定				
10	安置补偿方式类别	AZBCFSLB	Integer				表 A.54 居民拆迁安置补偿分类字典表
11	货币补偿金额	HBBCJE	符合表 4.2.1 第 9 行规定				
12	安置居民户数	AZJMHS	符合表 4.2.1 第 14 行规定				
13	安置房屋面积	AZFWMJ	符合表 4.2.1 第 12 行规定				
14	安置住宅面积	AZZZMJ	符合表 4.2.1 第 12 行规定				
15	安置住宅套数	AZZZTS	符合表 4.2.1 第 13 行规定				

4.7.13 项目建设审批电子档案数据结构应符合表 4.7.13 的规定。

表 4.7.13　项目建设审批电子档案数据结构（表名：XMJSSPDZDA）

序号	字段名称	字段代码	字段类型	字段长度	小数位数	计量单位	值域
1	证件电子档案编号*	ZJDZDABH	符合表 4.2.1 第 8 行规定				
2	证书编号	ZSBH	符合表 4.2.1 第 8 行规定				
3	建设项目编号	JSXMBH	符合表 4.2.1 第 8 行规定				
4	所属卷序号	SSJXH	符合表 4.2.1 第 8 行规定				
5	所属卷编码	SSJBM	符合表 4.2.1 第 8 行规定				
6	所属卷名称	SSJMC	String	100			
7	所属卷总页数	SSJZYS	Integer			页	
8	图像名称	TXMC	String	100			
9	图像起始页码	TXQSYM	Integer				
10	证书扫描件	ZSSMJ	Long Binary				

4.7.14　项目建设审批重要证件信息数据结构应符合表 4.7.14 的规定。

表 4.7.14　项目建设审批重要证件信息数据结构（表名：XMJSSPZYZJXX）

序号	字段名称	字段代码	字段类型	字段长度	小数位数	计量单位	值域
1	证书编号*	ZSBH	符合表 4.2.1 第 8 行规定				
2	建设项目编号*	JSXMBH	符合表 4.2.1 第 8 行规定				
3	证书名称	ZSMC	Integer				表 A.17 项目建设审批证件类型字典表
4	发证日期	FZRQ	符合表 4.2.1 第 10 行规定				
5	发证机关	FZJG	符合表 4.2.1 第 6 行规定				
6	证书有效起始日期	ZSYXQSRQ	符合表 4.2.1 第 10 行规定				
7	证书有效终止日期	ZSYXZZRQ	符合表 4.2.1 第 10 行规定				
8	土地使用权人	TDSYQR	String	50			
9	坐落	ZL	String	200			
10	地号	DH	String	200			
11	图号	TH	String	200			
12	地类（用途）	DL（YT）	Integer				表 A.23 土地用途字典表
13	土地等级	TDDJ	String	20			
14	取得价格	QDJG	符合表 4.2.1 第 9 行规定				
15	使用权类型	SYQLX	Integer				表 A.22 土地取得方式字典表
16	使用权面积	SYQMJ	符合表 4.2.1 第 12 行规定				
17	独用面积	DYMJ	符合表 4.2.1 第 12 行规定				
18	分摊面积	FTMJ	符合表 4.2.1 第 12 行规定				
19	用地单位	YDDW	符合表 4.2.1 第 6 行规定				
20	工程项目名称	GCXMMC	String	100			

序号	字段名称	字段代码	字段类型	字段长度	小数位数	计量单位	值域
21	用地位置	YDWZ	String	200			
22	用地面积	YDMJ	符合表 4.2.1 第 12 行规定				
23	用地性质	YDXZ	String	30			《城市用地分类与规划建设用地标准》GB 50137
24	建设规模	JSGM	符合表 4.2.1 第 12 行规定				
25	容积率(%)	RJL	Number	5	3		
26	建筑密度(%)	JZMD	Number	5	3		
27	绿地率(%)	LDL	Number	5	3		
28	规划项目名称	GHXMMC	String	100			
29	建设地址	JSDZ	符合表 4.2.1 第 3 行规定				
30	规划许可建筑面积	GHXKJZMJ	符合表 4.2.1 第 12 行规定				
31	规划住宅面积	GHZZMJ	符合表 4.2.1 第 12 行规定				
32	规划商业面积	GHSYMJ	符合表 4.2.1 第 12 行规定				
33	规划办公面积	GHBGMJ	符合表 4.2.1 第 12 行规定				
34	建设单位	JSDW	符合表 4.2.1 第 6 行规定				
35	建设项目名称	JSXMMC	String	100			
36	建设位置	JSWZ	String	50			
37	建设地址	JSDZ	符合表 4.2.1 第 3 行规定				
38	合同价格	HTJG	符合表 4.2.1 第 9 行规定				
39	设计单位	SJDW	符合表 4.2.1 第 6 行规定				
40	施工单位	SGDW	符合表 4.2.1 第 6 行规定				
41	监理单位	JLDW	符合表 4.2.1 第 6 行规定				
42	合同开工日期	HTKGRQ	符合表 4.2.1 第 10 行规定				
43	合同竣工日期	HTJGRQ	符合表 4.2.1 第 10 行规定				
44	售房单位	SFDW	符合表 4.2.1 第 6 行规定				
45	销售项目名称	XSXMMC	String	100			
46	房屋坐落地点	FWZLDD	符合表 4.2.1 第 3 行规定				
47	房屋用途性质	FWYTXZ	Integer				表 A.85 房屋用途性质字典表
48	预销售对象	YXSDX	String	100			
49	批准销售建筑面积	PZXSJZMJ	符合表 4.2.1 第 12 行规定				
50	批准销售建筑套数	PZXSJZTS	符合表 4.2.1 第 13 行规定				
51	外销建筑面积	WXJZMJ	符合表 4.2.1 第 12 行规定				
52	外销建筑套数	WXJZTS	符合表 4.2.1 第 13 行规定				
53	批准销售住宅面积	PZXSZZMJ	符合表 4.2.1 第 12 行规定				
54	批准销售商业面积	PZXSSYMJ	符合表 4.2.1 第 12 行规定				
55	批准销售办公面积	PZXSBGMJ	符合表 4.2.1 第 12 行规定				
56	批准销售其他面积	PZXSQTMJ	符合表 4.2.1 第 12 行规定				

序号	字段名称	字段代码	字段类型	字段长度	小数位数	计量单位	值域
57	拆迁公司	CQGS	符合表 4.2.1 第 6 行规定				
58	拆迁项目名称	CQXMMC	String	100			
59	拆迁许可证号	CQXKZH	符合表 4.2.1 第 8 行规定				
60	拆迁许可开始日期	CQXKKSRQ	符合表 4.2.1 第 10 行规定				
61	拆迁许可结束日期	CQXKJSRQ	符合表 4.2.1 第 10 行规定				
62	拆迁范围	CQFW	String	200			
63	计划拆迁面积	JHCQMJ	符合表 4.2.1 第 12 行规定				

4.7.15 项目建设工程施工合同备案信息数据结构应符合表 4.7.15 的规定。

表 4.7.15 项目建设工程施工合同备案信息数据结构
（表名：XMJSGCSGHTBAXX）

序号	字段名称	字段代码	字段类型	字段长度	小数位数	计量单位	值域
1	记录编号*	JLBH	符合表 4.2.1 第 8 行规定				
2	建设项目编号*	JSXMBH	符合表 4.2.1 第 8 行规定				
3	单体工程编号*	DTGCBH	符合表 4.2.1 第 8 行规定				
4	合同甲方唯一编号	HTJFWYBH	符合表 4.2.1 第 8 行规定				
5	合同乙方唯一编号	HTYFWYBH	符合表 4.2.1 第 8 行规定				
6	合同类别	HTLB	String	20			表 A.84 合同类别字典表
7	合同编号	HTBH	符合表 4.2.1 第 8 行规定				
8	合同名称	HTMC	String	100			
9	合同内容简述	HTNRJS	String	2000			
10	合同金额	HTJE	符合表 4.2.1 第 9 行规定				
11	签订日期	QDRQ	符合表 4.2.1 第 10 行规定				
12	合同约定开工日期	HTYDKGRQ	符合表 4.2.1 第 10 行规定				
13	合同约定竣工日期	HTYDJGRQ	符合表 4.2.1 第 10 行规定				
14	合同有效开始日期	HTYXKSRQ	符合表 4.2.1 第 10 行规定				
15	合同有效结束日期	HTYXJSRQ	符合表 4.2.1 第 10 行规定				
16	合同是否有效	HTSFYX	Boolean				

4.7.16 项目拆迁安置合同备案数据结构应符合表 4.7.16 的规定。

表 4.7.16 项目拆迁安置合同备案数据结构（表名：XMCQAZHTBA）

序号	字段名称	字段代码	字段类型	字段长度	小数位数	计量单位	值域
1	记录编号*	JLBH	符合表 4.2.1 第 8 行规定				
2	建设项目编号*	JSXMBH	符合表 4.2.1 第 8 行规定				
3	拆迁安置合同编号*	CQAZHTBH	符合表 4.2.1 第 8 行规定				
4	合同签订日期	HTQDRQ	符合表 4.2.1 第 10 行规定				

序号	字段名称	字段代码	字段类型	字段长度	小数位数	计量单位	值域
5	合同生效日期	HTSXRQ	符合表 4.2.1 第 10 行规定				
6	收入层次类别	SRCCLB	Integer				表 A.52 按收入层次划分保障对象字典表
7	保障方式类别	BZFSLB	Integer				表 A.56 保障方式和支持方式字典表
8	安置补偿方式类别	AZBCFSLB	Integer				表 A.54 居民拆迁安置补偿分类字典表
9	被拆迁人	BCQR	符合表 4.2.1 第 1 行规定				
10	拆迁房屋面积	CQFWMJ	符合表 4.2.1 第 12 行规定				
11	拆迁住宅面积	CQZZMJ	符合表 4.2.1 第 12 行规定				
12	货币补偿额度	HBBCED	符合表 4.2.1 第 9 行规定				
13	实物安置住宅面积	SWAZZZMJ	符合表 4.2.1 第 12 行规定				
14	实物安置房屋面积	SWAZFWMJ	符合表 4.2.1 第 12 行规定				

4.7.17 土地储备信息数据结构应符合表 4.7.17 的规定。

表 4.7.17　土地储备信息数据结构——交换(表名:TDCBXX)

序号	字段名称	字段代码	字段类型	字段长度	小数位数	计量单位	值域
1	宗地编号 *	ZDBH	符合表 4.2.1 第 8 行规定				
2	宗地名称	ZDMC	String	100			
3	宗地位置	ZDWZ	符合表 4.2.1 第 3 行规定				
4	土地面积	TDMJ	符合表 4.2.1 第 12 行规定				
5	建设用地面积	JSYDMJ	符合表 4.2.1 第 12 行规定				
6	代征地面积	DZDMJ	符合表 4.2.1 第 12 行规定				
7	规划建筑面积	GHJZMJ	符合表 4.2.1 第 12 行规定				
8	规划用途	GHYT	Integer				表 A.23 土地用途字典表
9	开发程度	KFCD	Integer				表 A.24 土地开发程度字典表
10	储备日期	CBRQ	符合表 4.2.1 第 10 行规定				

4.8　资源配置数据结构

4.8.1　资源配置数据内容应符合《住房保障信息系统技术规范》CJJ/T 196 关于资源配置子系统的数据要求。

4.8.2　保障项目台账数据结构应符合表 4.8.2 的规定。

表 4.8.2　保障项目台账数据结构(表名:BZXMTZ)

序号	字段名称	字段代码	字段类型	字段长度	小数位数	计量单位	值域
1	台账编号 *	TZBH	符合表 4.2.1 第 8 行规定				
2	台账分类	TZFL	Integer				表 A.56 保障方式和支持方式字典表

续表 4.8.2

序号	字段名称	字段代码	字段类型	字段长度	小数位数	计量单位	值域
3	期初资金余额	QCZJYE	符合表 4.2.1 第 9 行规定				
4	本期资金增加额	BQZJZJE	符合表 4.2.1 第 9 行规定				
5	本期资金减少额	BQZJJSE	符合表 4.2.1 第 9 行规定				
6	期末资金余额	QMZJYE	符合表 4.2.1 第 9 行规定				
7	期初住房套数	QCZFTS	符合表 4.2.1 第 13 行规定				
8	本期住房增加套数	BQZFZJTS	符合表 4.2.1 第 13 行规定				
9	本期住房减少套数	BQZFJSTS	符合表 4.2.1 第 13 行规定				
10	期末住房套数	QMZFTS	符合表 4.2.1 第 13 行规定				
11	期初住房面积	QCZFMJ	符合表 4.2.1 第 12 行规定				
12	本期住房增加面积	BQZFZJMJ	符合表 4.2.1 第 12 行规定				
13	本期住房减少面积	BQZFJSMJ	符合表 4.2.1 第 12 行规定				
14	期末住房面积	QMZFMJ	符合表 4.2.1 第 12 行规定				
15	期初保障户数	QCBZHS	符合表 4.2.1 第 14 行规定				
16	本期新增保障户数	BQXZBZHS	符合表 4.2.1 第 14 行规定				
17	本期减少保障户数	BQJSBZHS	符合表 4.2.1 第 14 行规定				
18	期末保障户数	QMBZHS	符合表 4.2.1 第 14 行规定				
19	期初保障人数	QCBZRS	符合表 4.2.1 第 15 行规定				
20	本期新增保障人数	BQXZBZRS	符合表 4.2.1 第 15 行规定				
21	本期减少保障人数	BQJSBZRS	符合表 4.2.1 第 15 行规定				
22	期末保障人数	QMBZRS	符合表 4.2.1 第 15 行规定				
23	周期类型	ZQLX	Integer				表 A.74 期别(短期)分类字典表
24	行政区划代码	XZQHDM	符合表 4.2.1 第 7 行规定				
25	统计日期	TJRQ	符合表 4.2.1 第 10 行规定				

4.8.3 保障项目台账收支明细数据结构应符合表 4.8.3 的规定。

表 4.8.3 保障项目台账收支明细数据结构——交换(表名:BZXMTZSZMX)

序号	字段名称	字段代码	字段类型	字段长度	小数位数	计量单位	值域
1	明细账编号*	MXZBH	符合表 4.2.1 第 8 行规定				
2	交接批次编号*	JJPCBH	符合表 4.2.1 第 8 行规定				
3	资源类别	ZYLB	Integer				表 A.82 资源类别字典表
4	台账分类	TZFL	Integer				表 A.56 保障方式和支持方式字典表
5	行政区划代码	XZQHDM	符合表 4.2.1 第 7 行规定				
6	收支类型	SZLX	Integer				表 A.81 收支分类字典表
7	保障户数	BZHS	符合表 4.2.1 第 14 行规定				

序号	字段名称	字段代码	字段类型	字段长度	小数位数	计量单位	值域
8	保障人数	BZRS	符合表 4.2.1 第 15 行规定				
9	金额	JE	符合表 4.2.1 第 9 行规定				
10	套数	TS	符合表 4.2.1 第 13 行规定				
11	建筑面积	JZMJ	符合表 4.2.1 第 12 行规定				
12	接收日期	JSRQ	符合表 4.2.1 第 10 行规定				
13	移交人	YJR	符合表 4.2.1 第 1 行规定				
14	接收人	JSR	符合表 4.2.1 第 1 行规定				

4.8.4 支持项目台账数据结构应符合表 4.8.4 的规定。

表 4.8.4　支持项目台账数据结构(表名:ZCXMTZ)

序号	字段名称	字段代码	字段类型	字段长度	小数位数	计量单位	值域
1	台账编号 *	TZBH	符合表 4.2.1 第 8 行规定				
2	台账分类	TZFL	Integer				表 A.56 保障方式和支持方式字典表
3	期初资金余额	QCZJYE	符合表 4.2.1 第 9 行规定				
4	本期资金增加额	BQZJZJE	符合表 4.2.1 第 9 行规定				
5	本期资金减少额	BQZJJSE	符合表 4.2.1 第 9 行规定				
6	期末资金余额	QMZJYE	符合表 4.2.1 第 9 行规定				
7	期初土地面积	QCTDMJ	符合表 4.2.1 第 12 行规定				
8	本期土地增加面积	BQTDZJMJ	符合表 4.2.1 第 12 行规定				
9	本期土地减少面积	BQTDJSMJ	符合表 4.2.1 第 12 行规定				
10	期末土地面积	QMTDMJ	符合表 4.2.1 第 12 行规定				
11	周期类型	ZQLX	Integer				表 A.74 期别(短期)分类字典表
12	行政区划代码	XZQHDM	符合表 4.2.1 第 7 行规定				
13	收支类型	SZLX	Integer				表 A.81 收支分类字典表
14	统计日期	TJRQ	符合表 4.2.1 第 10 行规定				

4.8.5 支持项目台账收支明细数据结构应符合表 4.8.5 的规定。

表 4.8.5　支持项目台账收支明细数据结构——交换(表名:ZCXMTZSZMX)

序号	字段名称	字段代码	字段类型	字段长度	小数位数	计量单位	值域
1	明细账编号 *	MXZBH	符合表 4.2.1 第 8 行规定				
2	交接批次编号 *	JJPCBH	符合表 4.2.1 第 8 行规定				
3	资源类别	ZYLB	Integer				表 A.82 资源类别字典表
4	台账分类	TZFL	Integer				表 A.56 保障方式和支持方式字典表

序号	字段名称	字段代码	字段类型	字段长度	小数位数	计量单位	值域
5	行政区划代码	XZQHDM	符合表 4.2.1 第 7 行规定				
6	收支类型	SZLX	Integer				表 A.81 收支分类字典表
7	金额	JE	符合表 4.2.1 第 9 行规定				
8	土地面积	TDMJ	符合表 4.2.1 第 12 行规定				
9	接收日期	JSRQ	符合表 4.2.1 第 10 行规定				
10	移交人	YJR	符合表 4.2.1 第 1 行规定				
11	接收人	JSR	符合表 4.2.1 第 1 行规定				

4.8.6 保障项目资源配置方案数据结构应符合表 4.8.6 的规定。

表 4.8.6 保障项目资源配置方案数据结构(表名:BZXMZYPZFA)

序号	字段名称	字段代码	字段类型	字段长度	小数位数	计量单位	值域
1	方案编号*	FABH	符合表 4.2.1 第 8 行规定				
2	保障方式*	BZFS	Integer				表 A.56 保障方式和支持方式字典表
3	保障项目编号*	BZXMBH	符合表 4.2.1 第 8 行规定				
4	方案名称	FAMC	String	100			
5	期别类型*	QBLX	Integer				表 A.74 期别(短期)分类字典表
6	方案确定日期	FAQDRQ	符合表 4.2.1 第 10 行规定				
7	保障对象类型*	BZDXLX	Integer				表 A.52 按收入层次划分保障对象字典表
8	本期保障总户数	BQBZZHS	符合表 4.2.1 第 14 行规定				
9	本期住房分配总套数	BQZFFPZTS	符合表 4.2.1 第 13 行规定				
10	本期住房分配总面积	BQZFFPZMJ	符合表 4.2.1 第 12 行规定				
11	本期补贴总金额	BQBTZJE	符合表 4.2.1 第 9 行规定				

4.8.7 保障项目配置方案保障对象明细数据结构应符合表 4.8.7 的规定。

表 4.8.7 保障项目配置方案保障对象明细数据结构
(表名:BZXMPZFABZDXMX)

序号	字段名称	字段代码	字段类型	字段长度	小数位数	计量单位	值域
1	家庭编号*	JTBH	符合表 4.2.1 第 8 行规定				
2	保障项目编号	BZXMBH	符合表 4.2.1 第 8 行规定				
3	保障方式	BZFS	Integer				表 A.56 保障方式和支持方式字典表
4	方案编号*	FABH	符合表 4.2.1 第 8 行规定				
5	配置状态	PZZT	Integer				表 A.83 资源配置状态字典表
6	配置日期	PZRQ	符合表 4.2.1 第 10 行规定				

4.8.8 支持项目资源配置方案数据结构应符合表4.8.8的规定。

表4.8.8 支持项目资源配置方案数据结构(表名:ZCXMZYPZFA)

序号	字段名称	字段代码	字段类型	字段长度	小数位数	计量单位	值域
1	方案编号*	FABH	符合表4.2.1第8行规定				
2	方案名称	FAMC	String	100			
3	支持项目编号*	ZCXMBH	符合表4.2.1第8行规定				
4	期别类型*	QBLX	Integer				表A.74 期别(短期)分类字典表
5	方案确定日期	FAQDRQ	符合表4.2.1第10行规定				
6	支持方式*	ZCFS	Integer				表A.56 保障方式和支持方式字典表
7	支持对象类型*	ZCDXLX	Integer				表A.60 支持对象分类字典表
8	本期支持对象数量	BQZCDXSL	Integer				
9	本期土地分配总面积	BQTDFPZMJ	符合表4.2.1第12行规定				
10	本期补贴总金额	BQBTZJE	符合表4.2.1第9行规定				

4.8.9 支持项目配置方案支持对象明细数据结构应符合表4.8.9的规定。

表4.8.9 支持项目配置方案支持对象明细数据结构
(表名:ZCXMPZFAZCDXMX)

序号	字段名称	字段代码	字段类型	字段长度	小数位数	计量单位	值域
1	支持对象编号*	ZCDXBH	符合表4.2.1第8行规定				
2	支持项目编号	ZCXMBH	符合表4.2.1第8行规定				
3	支持方式	ZCFS	Integer				表A.56 保障方式和支持方式字典表
4	方案编号*	FABH	符合表4.2.1第8行规定				
5	配置状态	PZZT	Integer				表A.83 资源配置状态字典表
6	配置日期	PZRQ	符合表4.2.1第10行规定				

4.8.10 资源配置方案明细数据结构应符合表4.8.10的规定。

表4.8.10 资源配置方案明细数据结构(表名:ZYPZFAMX)

序号	字段名称	字段代码	字段类型	字段长度	小数位数	计量单位	值域
1	资源编号*	ZYBH	符合表4.2.1第8行规定				
2	资源类别	ZYLB	Integer				表A.82 资源类别字典表
3	方案编号*	FABH	符合表4.2.1第8行规定				
4	配置状态	PZZT	Integer				表A.83 资源配置状态字典表
5	分配日期	FPRQ	符合表4.2.1第10行规定				

4.9 配给管理数据结构

4.9.1 配给管理数据内容应符合《住房保障信息系统技术规范》CJJ/T 196 关于配给管理子系统的数据要求。

4.9.2 保障对象配给顺序数据结构应符合表 4.9.2 的规定。

表 4.9.2 保障对象配给顺序数据结构(表名:BZDXPJSX)

序号	字段名称	字段代码	字段类型	字段长度	小数位数	计量单位	值域
1	申请编号*	SQBH	符合表 4.2.1 第 8 行规定				
2	配给顺序	PJSX	String	20			
3	配给分组	PJFZ	String	20			
4	增加日期	ZJRQ	符合表 4.2.1 第 10 行规定				
5	增加人	ZJR	符合表 4.2.1 第 1 行规定				
6	最后更新日期	ZHGXRQ	符合表 4.2.1 第 10 行规定				
7	最后更新人	ZHGXR	符合表 4.2.1 第 1 行规定				

4.9.3 保障对象选房数据结构应符合表 4.9.3 的规定。

表 4.9.3 保障对象选房数据结构(表名:BZDXXF)

序号	字段名称	字段代码	字段类型	字段长度	小数位数	计量单位	值域
1	申请编号*	SQBH	符合表 4.2.1 第 8 行规定				
2	房屋编号	FWBH	符合表 4.2.1 第 8 行规定				
3	是否已审核	SFYSH	Boolean				
4	审核日期	SHRQ	符合表 4.2.1 第 10 行规定				
5	审核人	SHR	符合表 4.2.1 第 1 行规定				
6	增加日期	ZJRQ	符合表 4.2.1 第 10 行规定				
7	增加人	ZJR	符合表 4.2.1 第 1 行规定				
8	最后更新日期	ZHGXRQ	符合表 4.2.1 第 10 行规定				
9	最后更新人	ZHGXR	符合表 4.2.1 第 1 行规定				

4.9.4 保障对象合同签约数据结构应符合表 4.9.4 的规定。

表 4.9.4 保障对象合同签约数据结构(表名:BZDXHTQY)

序号	字段名称	字段代码	字段类型	字段长度	小数位数	计量单位	值域
1	申请编号*	SQBH	符合表 4.2.1 第 8 行规定				
2	合同类型	HTLX	Integer				表 A.64 配给合同类型字典表
3	合同编号	HTBH	符合表 4.2.1 第 8 行规定				
4	房屋编号	FWBH	符合表 4.2.1 第 8 行规定				
5	补贴金额	BTJE	符合表 4.2.1 第 9 行规定				
6	补贴发放方式	BTFFFS	Integer				表 A.66 补贴发放方式字典表
7	发放起始日期	FFQSRQ	符合表 4.2.1 第 10 行规定				

序号	字段名称	字段代码	字段类型	字段长度	小数位数	计量单位	值域
8	签约人	QYR	符合表 4.2.1 第 1 行规定				
9	签约人身份证号	QYRSFZH	符合表 4.2.1 第 2 行规定				
10	代理人	DLR	符合表 4.2.1 第 1 行规定				
11	代理人身份证号	DLRSFZH	符合表 4.2.1 第 2 行规定				
12	合同签署日期	HTQSRQ	符合表 4.2.1 第 10 行规定				
13	合同生效日期	HTSXRQ	符合表 4.2.1 第 10 行规定				
14	合同有效期	HTYXQ	Integer			年	
15	合同失效日期	HTSXRQ	符合表 4.2.1 第 10 行规定				
16	是否自动续签	SFZDXQ	Boolean				
17	增加日期	ZJRQ	符合表 4.2.1 第 10 行规定				
18	增加人	ZJR	符合表 4.2.1 第 1 行规定				
19	最后更新日期	ZHGXRQ	符合表 4.2.1 第 10 行规定				
20	最后更新人	ZHGXR	符合表 4.2.1 第 1 行规定				

4.9.5 配给合同电子档案数据结构应符合表 4.9.5 的规定。

表 4.9.5　配给合同电子档案数据结构(表名:PJHTDZDA)

序号	字段名称	字段代码	字段类型	字段长度	小数位数	计量单位	值域
1	档案编号*	DABH	符合表 4.2.1 第 8 行规定				
2	合同编号	HTBH	符合表 4.2.1 第 8 行规定				
3	申请编号*	SQBH	符合表 4.2.1 第 8 行规定				
4	档案名称	DAMC	String	100			
5	档案内容说明	DANRSM	String	2000			
6	增加日期	ZJRQ	符合表 4.2.1 第 10 行规定				
7	增加人	ZJR	符合表 4.2.1 第 1 行规定				
8	最后更新日期	ZHGXRQ	符合表 4.2.1 第 10 行规定				
9	最后更新人	ZHGXR	符合表 4.2.1 第 1 行规定				

4.9.6 补贴应发数据结构应符合表 4.9.6 的规定。

表 4.9.6　补贴应发数据结构(表名:BTYF)

序号	字段名称	字段代码	字段类型	字段长度	小数位数	计量单位	值域
1	应发编号*	YFBH	符合表 4.2.1 第 8 行规定				
2	合同编号	HTBH	符合表 4.2.1 第 8 行规定				
3	对象编号	DXBH	符合表 4.2.1 第 8 行规定				
4	对象类型	DXLX	Integer				表 A.51 保障主体类别字典表
5	补贴类型	BTLX	Integer				表 A.56 保障方式和支持方式字典表

续表 4.9.6

序号	字段名称	字段代码	字段类型	字段长度	小数位数	计量单位	值域
6	原标准金额	YBZJE	符合表 4.2.1 第 9 行规定				
7	补贴金额	BTJE	符合表 4.2.1 第 9 行规定				
8	补贴年度	BTND	Integer				
9	补贴月份	BTYF	Integer				
10	应发日期	YFRQ	符合表 4.2.1 第 10 行规定				
11	增加日期	ZJRQ	符合表 4.2.1 第 10 行规定				
12	增加人	ZJR	符合表 4.2.1 第 1 行规定				
13	最后更新日期	ZHGXRQ	符合表 4.2.1 第 10 行规定				
14	最后更新人	ZHGXR	符合表 4.2.1 第 1 行规定				
15	是否已打印单据	SFYDYDJ	Boolean				

4.9.7 补贴实发数据结构应符合表 4.9.7 的规定。

表 4.9.7 补贴实发数据结构(表名:BTSF)

序号	字段名称	字段代码	字段类型	字段长度	小数位数	计量单位	值域
1	实发编号 *	SFBH	符合表 4.2.1 第 8 行规定				
2	应发编号	YFBH	符合表 4.2.1 第 8 行规定				
3	合同编号	HTBH	符合表 4.2.1 第 8 行规定				
4	发放状态	FFZT	Integer				表 A.65 补贴发放状态字典表
5	不足金额	BZJE	符合表 4.2.1 第 9 行规定				
6	不足金额原因	BZJEYY	String	2000			
7	实发日期	SFRQ	符合表 4.2.1 第 10 行规定				
8	实发方式	SFFS	Integer				表 A.66 补贴发放方式字典表
9	增加日期	ZJRQ	符合表 4.2.1 第 10 行规定				
10	增加人	ZJR	符合表 4.2.1 第 1 行规定				
11	最后更新日期	ZHGXRQ	符合表 4.2.1 第 10 行规定				
12	最后更新人	ZHGXR	符合表 4.2.1 第 1 行规定				

4.9.8 支持对象资金拨付配置计划数据结构应符合表 4.9.8 的规定。

表 4.9.8 支持对象资金拨付配置计划数据结构(表名:ZCDXZJBFPZJH)

序号	字段名称	字段代码	字段类型	字段长度	小数位数	计量单位	值域
1	支持对象拨付计划编号 *	ZCDXBFJHBH	符合表 4.2.1 第 8 行规定				
2	支持对象编号	ZCDXBH	符合表 4.2.1 第 8 行规定				
3	拨付总金额	BTZJE	符合表 4.2.1 第 9 行规定				
4	期别类型	QBLX	Integer				表 A.74 期别(短期)分类字典表

序号	字段名称	字段代码	字段类型	字段长度	小数位数	计量单位	值域
5	计划发放周期	JHFFZQ	Integer				
6	开始发放日期	KSFFRQ	符合表 4.2.1 第 10 行规定				
7	增加日期	ZJRQ	符合表 4.2.1 第 10 行规定				
8	增加人	ZJR	符合表 4.2.1 第 1 行规定				
9	最后更新日期	ZHGXRQ	符合表 4.2.1 第 10 行规定				
10	最后更新人	ZHGXR	符合表 4.2.1 第 1 行规定				

4.9.9 土地供应记录信息数据结构应符合表 4.9.9 的规定。

表 4.9.9 土地供应记录信息数据结构(表名:TDGYJLXX)

序号	字段名称	字段代码	字段类型	字段长度	小数位数	计量单位	值域
1	记录编号*	JLBH	符合表 4.2.1 第 8 行规定				
2	宗地编号	ZDBH	符合表 4.2.1 第 8 行规定				
3	建设项目编号*	JSXMBH	符合表 4.2.1 第 8 行规定				
4	宗地名称	ZDMC	String	100			
5	用地批准文件名称	YDPZWJMC	String	100			
6	用地批准文号	YDPZWH	String	30			
7	用地批准日期	YDPZRQ	符合表 4.2.1 第 10 行规定				
8	取得方式	QDFS	Integer				表 A.22 土地取得方式字典表
9	土地面积	TDMJ	符合表 4.2.1 第 12 行规定				
10	土地估值	TDGZ	符合表 4.2.1 第 12 行规定				
11	土地使用年限	TDSYNX	Integer			年	

4.10 配后管理数据结构

4.10.1 配后管理数据内容应符合《住房保障信息系统技术规范》CJJ/T 196 关于配后管理子系统的数据要求。

4.10.2 已配售房源退回数据结构应符合表 4.10.2 的规定。

表 4.10.2 已配售房源退回数据结构(表名:YPSFYTH)

序号	字段名称	字段代码	字段类型	字段长度	小数位数	计量单位	值域
1	申请编号*	SQBH	符合表 4.2.1 第 8 行规定				
2	房屋编号	FWBH	符合表 4.2.1 第 8 行规定				
3	回退原因	HTYY	String	2000			
4	应回退日期	YHTRQ	符合表 4.2.1 第 10 行规定				
5	实回退日期	SHTRQ	符合表 4.2.1 第 10 行规定				
6	是否打印单据	SFDYDJ	Boolean				
7	增加日期	ZJRQ	符合表 4.2.1 第 10 行规定				
8	增加人	ZJR	符合表 4.2.1 第 1 行规定				
9	最后更新日期	ZHGXRQ	符合表 4.2.1 第 10 行规定				
10	最后更新人	ZHGXR	符合表 4.2.1 第 1 行规定				

4.10.3 已配售房源再上市数据结构应符合表 4.10.3 的规定。

表 4.10.3 已配售房源再上市数据结构(表名:YPSFYZSS)

序号	字段名称	字段代码	字段类型	字段长度	小数位数	计量单位	值域
1	申请编号*	SQBH	符合表 4.2.1 第 8 行规定				
2	房屋编号	FWBH	符合表 4.2.1 第 8 行规定				
3	产权证号	CQZH	符合表 4.2.1 第 8 行规定				
4	预售价格	YSJG	符合表 4.2.1 第 9 行规定				
5	指导价格	ZDJG	符合表 4.2.1 第 9 行规定				
6	签约金额	QYJE	符合表 4.2.1 第 9 行规定				
7	房屋所有权证日期	FWSYQZRQ	符合表 4.2.1 第 10 行规定				
8	契税完税凭证日期	QSWSPZRQ	符合表 4.2.1 第 10 行规定				
9	再上市申请日期	ZSSSQRQ	符合表 4.2.1 第 10 行规定				
10	是否优先回购	SFYXHG	Boolean				
11	是否打印单据	SFDYDJ	Boolean				
12	增加日期	ZJRQ	符合表 4.2.1 第 10 行规定				
13	增加人	ZJR	符合表 4.2.1 第 1 行规定				
14	最后更新日期	ZHGXRQ	符合表 4.2.1 第 10 行规定				
15	最后更新人	ZHGXR	符合表 4.2.1 第 1 行规定				

4.10.4 已配租房源入住管理数据结构应符合表 4.10.4 的规定。

表 4.10.4 已配租房源入住管理数据结构(表名:YPZFYRZGL)

序号	字段名称	字段代码	字段类型	字段长度	小数位数	计量单位	值域
1	申请编号*	SQBH	符合表 4.2.1 第 8 行规定				
2	房屋编号	FWBH	符合表 4.2.1 第 8 行规定				
3	入住日期	RZRQ	符合表 4.2.1 第 10 行规定				
4	租金	ZJ	符合表 4.2.1 第 9 行规定				
5	租金是否减免	ZJSFJM	Boolean				
6	租金减免金额	ZJJMJE	符合表 4.2.1 第 9 行规定				
7	是否打印单据	SFDYDJ	Boolean				
8	增加日期	ZJRQ	符合表 4.2.1 第 10 行规定				
9	增加人	ZJR	符合表 4.2.1 第 1 行规定				
10	最后更新日期	ZHGXRQ	符合表 4.2.1 第 10 行规定				
11	最后更新人	ZHGXR	符合表 4.2.1 第 1 行规定				

4.10.5 已配租房源腾退管理数据结构应符合表 4.10.5 的规定。

表 4.10.5 已配租房源腾退管理数据结构(表名:YPZFYTTGL)

序号	字段名称	字段代码	字段类型	字段长度	小数位数	计量单位	值域
1	申请编号*	SQBH	符合表 4.2.1 第 8 行规定				
2	房屋编号	FWBH	符合表 4.2.1 第 8 行规定				

序号	字段名称	字段代码	字段类型	字段长度	小数位数	计量单位	值域
3	腾退日期	TTRQ	符合表 4.2.1 第 10 行规定				
4	是否打印单据	SFDYDJ	Boolean				
5	增加日期	ZJRQ	符合表 4.2.1 第 10 行规定				
6	增加人	ZJR	符合表 4.2.1 第 1 行规定				
7	最后更新日期	ZHGXRQ	符合表 4.2.1 第 10 行规定				
8	最后更新人	ZHGXR	符合表 4.2.1 第 1 行规定				

4.10.6 已配租房源租金应收数据结构应符合表 4.10.6 的规定。

表 4.10.6　已配租房源租金应收数据结构(表名：YPZFYZJYS)

序号	字段名称	字段代码	字段类型	字段长度	小数位数	计量单位	值域
1	应收编号*	YSBH	符合表 4.2.1 第 8 行规定				
2	房屋编号	FWBH	符合表 4.2.1 第 8 行规定				
3	合同编号	HTBH	符合表 4.2.1 第 8 行规定				
4	租金金额	ZJJE	符合表 4.2.1 第 9 行规定				
5	租金年度	ZJND	Integer			年	
6	租金月份	ZJYF	Integer			月	
7	应收日期	YSRQ	符合表 4.2.1 第 10 行规定				
8	增加日期	ZJRQ	符合表 4.2.1 第 10 行规定				
9	增加人	ZJR	符合表 4.2.1 第 1 行规定				
10	最后更新日期	ZHGXRQ	符合表 4.2.1 第 10 行规定				
11	最后更新人	ZHGXR	符合表 4.2.1 第 1 行规定				

4.10.7 已配租房源租金实收数据结构应符合表 4.10.7 的规定。

表 4.10.7　已配租房源租金实收数据结构(表名：YPZFYZJSS)

序号	字段名称	字段代码	字段类型	字段长度	小数位数	计量单位	值域
1	实收编号*	SSBH	符合表 4.2.1 第 8 行规定				
2	应收编号	YSBH	符合表 4.2.1 第 8 行规定				
3	合同编号	HTBH	符合表 4.2.1 第 8 行规定				
4	房屋编号	FWBH	符合表 4.2.1 第 8 行规定				
5	实收金额	SSJE	符合表 4.2.1 第 9 行规定				
6	租金年度	ZJND	Integer			年	
7	租金月份	ZJYF	Integer			月	
8	是否足额收取	SFZESQ	Boolean				
9	未足额收取原因	WZESQYY	String	2000			
10	实收日期	SSRQ	符合表 4.2.1 第 10 行规定				
11	实收方式	SSFS	Integer				表 A.66 补贴发放方式字典表

序号	字段名称	字段代码	字段类型	字段长度	小数位数	计量单位	值域
12	增加日期	ZJRQ	符合表 4.2.1 第 10 行规定				
13	增加人	ZJR	符合表 4.2.1 第 1 行规定				
14	最后更新日期	ZHGXRQ	符合表 4.2.1 第 10 行规定				
15	最后更新人	ZHGXR	符合表 4.2.1 第 1 行规定				

4.10.8 每月固定发生款项数据结构应符合表 4.10.8 的规定。

表 4.10.8 每月固定发生款项数据结构(表名:MYGDFSKX)

序号	字段名称	字段代码	字段类型	字段长度	小数位数	计量单位	值域
1	款项编号*	KXBH	符合表 4.2.1 第 8 行规定				
2	建设项目编号*	JSXMBH	符合表 4.2.1 第 8 行规定				
3	房屋编号	FWBH	符合表 4.2.1 第 8 行规定				
4	发生款项说明	FSKXSM	String	2000			
5	发生年度	FSND	Integer				
6	发生月份	FSYF	Integer				
7	款项金额	KXJE	符合表 4.2.1 第 9 行规定				
8	增加日期	ZJRQ	符合表 4.2.1 第 10 行规定				
9	增加人	ZJR	符合表 4.2.1 第 1 行规定				
10	最后更新日期	ZHGXRQ	符合表 4.2.1 第 10 行规定				
11	最后更新人	ZHGXR	符合表 4.2.1 第 1 行规定				

4.10.9 保障对象年审数据结构应符合表 4.10.9 的规定。

表 4.10.9 保障对象年审数据结构(表名:BZDXNS)

序号	字段名称	字段代码	字段类型	字段长度	小数位数	计量单位	值域
1	年审编号*	NSBH	符合表 4.2.1 第 8 行规定				
2	年审年度	NSND	Integer			年	
3	年审范围日期节点	NSFWRQJD	符合表 4.2.1 第 10 行规定				
4	行政区划代码	XZQHDM	符合表 4.2.1 第 7 行规定				

4.11 规划计划数据结构

4.11.1 规划计划数据内容应符合《住房保障信息系统技术规范》CJJ/T 196 关于规划计划子系统的数据要求。

4.11.2 住房建设规划数据结构应符合表 4.11.2 的规定。

表 4.11.2 住房建设规划数据结构(表名:ZFJSGH)

序号	字段名称	字段代码	字段类型	字段长度	小数位数	计量单位	值域
1	规划编号*	GHBH	符合表 4.2.1 第 8 行规定				
2	规划名称	GHMC	String	100			
3	规划期限类别	GHQXLB	Integer				表 A.75 期别(长期)分类字典表

序号	字段名称	字段代码	字段类型	字段长度	小数位数	计量单位	值域
4	规划级别分类	GHJBFL	Integer				表 A.71 规划级别分类字典表
5	规划组成分类	GHZCFL	Integer				表 A.69 规划组成分类字典表
6	行政区划代码	XZQHDM	符合表 4.2.1 第 7 行规定				
7	父级规划编号	FJGHBH	符合表 4.2.1 第 8 行规定				
8	起始日期	QSRQ	符合表 4.2.1 第 10 行规定				
9	终止日期	ZZRQ	符合表 4.2.1 第 10 行规定				
10	规划年度	GHND	Integer				
11	是否启用	SFQY	Boolean				

4.11.3 保障户数规划指标数据结构应符合表 4.11.3 的规定。

表 4.11.3　保障户数规划指标数据结构(表名:BZHSGHZB)

序号	字段名称	字段代码	字段类型	字段长度	小数位数	计量单位	值域
1	记录编号*	JLBH	符合表 4.2.1 第 8 行规定				
2	规划编号*	GHBH	符合表 4.2.1 第 8 行规定				
3	保障项目类别	BZXMLB	Integer				表 A.55 保障对象的保障项目字典表
4	保障方式	BZFS	Integer				表 A.56 保障方式和支持方式字典表
5	收入层次	SRCC	Integer				表 A.52 按收入层次划分保障对象字典表
6	保障户数	BZHS	符合表 4.2.1 第 14 行规定				

4.11.4 住房保障规划宏观指标数据结构应符合表 4.11.4 的规定。

表 4.11.4　住房保障规划宏观指标数据结构(表名:ZFBZGHHGZB)

序号	字段名称	字段代码	字段类型	字段长度	小数位数	计量单位	值域
1	记录编号*	JLBH	符合表 4.2.1 第 8 行规定				
2	规划编号*	GHBH	符合表 4.2.1 第 8 行规定				
3	城镇人均可支配收入	CZRJKZPSR	符合表 4.2.1 第 9 行规定				
4	市场平均租金	SCPJZJ	符合表 4.2.1 第 9 行规定				
5	城镇人口	CZRK	符合表 4.2.1 第 15 行规定				
6	城镇户均家庭人数	CZHJJTRS	符合表 4.2.1 第 15 行规定				
7	城镇户籍人口数	CZHJRKS	符合表 4.2.1 第 15 行规定				
8	城镇施工住宅房屋建筑面积	CZSGZZFWJZMJ	符合表 4.2.1 第 12 行规定				

序号	字段名称	字段代码	字段类型	字段长度	小数位数	计量单位	值域
9	城镇施工住宅套数	CZSGZZTS	符合表4.2.1第13行规定				
10	城镇新开工住宅房屋建筑面积	CZXKGZZFWJZMJ	符合表4.2.1第12行规定				
11	城镇新开工住宅套数	CZXKGZZTS	符合表4.2.1第13行规定				
12	城镇竣工住宅建筑面积	CZJGZZJZMJ	符合表4.2.1第12行规定				
13	城镇竣工住宅套数	CZJGZZTS	符合表4.2.1第13行规定				
14	城镇住宅建设完成投资	CZZZJSWCTZ	符合表4.2.1第9行规定				
15	城镇住宅建设土地供应面积	CZZZJSTDGYMJ	符合表4.2.1第12行规定				
16	房地产开发施工住宅建筑面积	FDCKFSGZZJZMJ	符合表4.2.1第12行规定				
17	房地产开发施工住宅套数	FDCKFSGZZTS	符合表4.2.1第13行规定				
18	房地产开发新开工住宅建筑面积	FDCKFXKGZZJZMJ	符合表4.2.1第12行规定				
19	房地产开发新开工住宅套数	FDCKFXKGZZTS	符合表4.2.1第13行规定				
20	房地产开发竣工住宅建筑面积	FDCKFJGZZJZMJ	符合表4.2.1第12行规定				
21	房地产开发竣工住宅套数	FDCKFJGZZTS	符合表4.2.1第13行规定				
22	房地产开发住宅建设完成投资	FDCKFZZJSWCTZ	符合表4.2.1第9行规定				
23	房地产开发住宅建设土地供应面积	FDCKFZZJSTDGYMJ	符合表4.2.1第12行规定				
24	全社会固定资产投资	QSHGDZCTZ	符合表4.2.1第9行规定				
25	财政收入	CZSR	符合表4.2.1第9行规定				
26	财政一般预算收入	CZYBYSSR	符合表4.2.1第9行规定				
27	财政支出	CZZC	符合表4.2.1第9行规定				
28	财政一般预算支出	CZYBYSZC	符合表4.2.1第9行规定				

4.11.5 住房年度建设计划数据结构应符合表4.11.5的规定。

表 4.11.5 住房年度建设计划数据结构(表名:ZFNDJSJH)

序号	字段名称	字段代码	字段类型	字段长度	小数位数	计量单位	值域
1	计划编号*	JHBH	符合表 4.2.1 第 8 行规定				
2	规划编号*	GHBH	符合表 4.2.1 第 8 行规定				
3	计划名称*	JHMC	String	100			
4	计划年度	JHND	Integer			年	
5	行政区划代码	XZQHDM	符合表 4.2.1 第 7 行规定				
6	起始日期	QSRQ	符合表 4.2.1 第 10 行规定				
7	终止日期	ZZRQ	符合表 4.2.1 第 10 行规定				
8	是否启用	SFQY	Boolean				

4.11.6 住房保障年度计划指标数据结构应符合表 4.11.6 的规定。

表 4.11.6 住房保障年度计划指标数据结构(表名:ZFBZNDJHZB)

序号	字段名称	字段代码	字段类型	字段长度	小数位数	计量单位	值域
1	记录编号*	JLBH	符合表 4.2.1 第 8 行规定				
2	计划编号*	JHBH	符合表 4.2.1 第 8 行规定				
3	项目类别	XMLB	Integer				表 A.14 项目类别字典表
4	项目建设方式	XMJSFS	Integer				表 A.15 项目建设和房源筹集方式字典表
5	开工套数	KGTS	符合表 4.2.1 第 13 行规定				
6	开工面积	KGMJ	符合表 4.2.1 第 12 行规定				
7	竣工套数	JGTS	符合表 4.2.1 第 13 行规定				
8	竣工面积	JGMJ	符合表 4.2.1 第 12 行规定				
9	完成投资	WCTZ	符合表 4.2.1 第 9 行规定				
10	土地供应面积	TDGYMJ	符合表 4.2.1 第 12 行规定				
11	安置补偿协议户数	AZBCXYHS	符合表 4.2.1 第 14 行规定				
12	拆迁面积	CQMJ	符合表 4.2.1 第 12 行规定				

4.11.7 年度计划建设项目储备数据结构应符合表 4.11.7 的规定。

表 4.11.7 年度计划建设项目储备数据结构
(表名:NDJHJSXMCB)

序号	字段名称	字段代码	字段类型	字段长度	小数位数	计量单位	值域
1	记录编号*	JLBH	符合表 4.2.1 第 8 行规定				
2	规划编号*	GHBH	符合表 4.2.1 第 8 行规定				
3	计划编号*	JHBH	符合表 4.2.1 第 8 行规定				
4	项目类别	XMLB	Integer				表 A.14 项目类别字典表
5	项目建设方式	XMJSFS	Integer				表 A.15 项目建设和房源筹集方式字典表

续表 4.11.7

序号	字段名称	字段代码	字段类型	字段长度	小数位数	计量单位	值域
6	建设项目编号*	JSXMBH	符合表 4.2.1 第 8 行规定				
7	建设项目名称	JSXMMC	String	100			
8	施工房屋建筑面积	SGFWJZMJ	符合表 4.2.1 第 12 行规定				
9	施工住宅建筑面积	SGZZJZMJ	符合表 4.2.1 第 12 行规定				
10	施工住宅套数	SGZZTS	符合表 4.2.1 第 13 行规定				
11	新开工房屋建筑面积	XKGFWJZMJ	符合表 4.2.1 第 12 行规定				
12	新开工住宅建筑面积	XKGZZJZMJ	符合表 4.2.1 第 12 行规定				
13	新开工住宅套数	XKGZZTS	符合表 4.2.1 第 13 行规定				
14	竣工房屋建筑面积	JGFWJZMJ	符合表 4.2.1 第 12 行规定				
15	竣工住宅建筑面积	JGZZJZMJ	符合表 4.2.1 第 12 行规定				
16	竣工住宅套数	JGZZTS	符合表 4.2.1 第 13 行规定				
17	土地供应面积	TDGYMJ	符合表 4.2.1 第 12 行规定				
18	完成投资	WCTZ	符合表 4.2.1 第 9 行规定				

4.11.8 补助标准数据结构应符合表 4.11.8 的规定。

表 4.11.8 补助标准数据结构(表名:BZBZ)

序号	字段名称	字段代码	字段类型	字段长度	小数位数	计量单位	值域
1	补助标准编号*	BZBZBH	符合表 4.2.1 第 8 行规定				
2	补助方式	BZFS	Integer				表 A.67 补助资金分配方式字典表
3	标准值	BZZ	符合表 4.2.1 第 9 行规定				
4	行政区划代码	XZQHDM	符合表 4.2.1 第 7 行规定				

4.11.9 以奖代补因素值数据结构应符合表 4.11.9 的规定。

表 4.11.9 以奖代补因素值数据结构(表名:YJDBYSZ)

序号	字段名称	字段代码	字段类型	字段长度	小数位数	计量单位	值域
1	因素代码*	YSDM	Integer				表 A.68 以奖代补因素字典表
2	因素统计量	YSTJL	Number	15	3		
3	公式	GS	String	200			
4	行政区划代码	XZQHDM	符合表 4.2.1 第 7 行规定				

4.11.10 中央省级补助资金分配信息数据结构应符合表 4.11.10 的规定。

表4.11.10 中央省级补助资金分配信息数据结构——交换
(表名:ZYSJBZZJFPXX)

序号	字段名称	字段代码	字段类型	字段长度	小数位数	计量单位	值域
1	资金分配编号*	ZJFPBH	符合表4.2.1第8行规定				
2	建设项目名称	JSXMMC	String	100			
3	资金用途	ZJYT	Integer				表A.56 保障方式和支持方式字典表
4	补助标准	BZBZ	符合表4.2.1第12行规定				
5	补助套数	BZTS	符合表4.2.1第13行规定				
6	补助面积	BZMJ	符合表4.2.1第12行规定				
7	补助金额	BZJE	符合表4.2.1第9行规定				
8	补助户数	BZHS	符合表4.2.1第14行规定				
9	补助年度	BZND	Integer			年	
10	补助层级	BZCJ	Integer				表A.71 规划级别分类字典表
11	到位日期	DWRQ	符合表4.2.1第10行规定				
12	行政区划代码	XZQHDM	符合表4.2.1第7行规定				

4.12 监督管理数据结构

4.12.1 监督管理数据内容应符合《住房保障信息系统技术规范》CJJ/T 196 关于监督管理子系统的数据要求。

4.12.2 专项检查数据结构应符合表4.12.2的规定。

表4.12.2 专项检查数据结构(表名:ZXJC)

序号	字段名称	字段代码	字段类型	字段长度	小数位数	计量单位	值域
1	检查编号*	JCBH	符合表4.2.1第8行规定				
2	行政区划代码	XZQHDM	符合表4.2.1第7行规定				
3	检查日期	JCRQ	符合表4.2.1第10行规定				
4	检查负责部门	JCFZBM	符合表4.2.1第6行规定				
5	检查负责人	JCFZR	符合表4.2.1第1行规定				
6	检查内容	JCNR	String	2000			
7	检查对象	JCDX	String	100			
8	检查结果	JCJG	String	2000			
9	问题处理结果	WTCLJG	String	2000			
10	问题处理日期	WTCLRQ	符合表4.2.1第10行规定				
11	问题处理人	WTCLR	符合表4.2.1第1行规定				
12	是否列入信用档案*	SFLRXYDA	Boolean				

4.12.3 投诉处理信息数据结构应符合表4.12.3的规定。

表 4.12.3　投诉处理信息数据结构(表名:TSCLXX)

序号	字段名称	字段代码	字段类型	字段长度	小数位数	计量单位	值域
1	投诉事件编号*	TSSJBH	符合表4.2.1第8行规定				
2	行政区划代码	XZQHDM	符合表4.2.1第7行规定				
3	申请编号*(被投诉对象)	SQBH	符合表4.2.1第8行规定				
4	投诉内容	TSNR	String	2000			
5	投诉日期	TSRQ	符合表4.2.1第10行规定				
6	投诉人	TSR	符合表4.2.1第1行规定				
7	投诉人联系电话	TSRLXDH	符合表4.2.1第4行规定				
8	投诉人联系地址	TSRLXDZ	符合表4.2.1第3行规定				
9	投诉人电子邮箱	TSRDZYX	String	30			
10	投诉方式	TSFS	Integer				表 A.45 举报方式字典表
11	投诉处理部门	TSCLBM	符合表4.2.1第6行规定				
12	投诉查证方式	TSCZFS	Integer				表 A.43 查证方式字典表
13	投诉查证结果	TSCZJG	Integer				表 A.46 查证结果字典表
14	投诉处理意见	TSCLYJ	String	2000			
15	投诉处理日期	TSCLRQ	符合表4.2.1第10行规定				
16	投诉处理负责人	TSCLFZR	符合表4.2.1第1行规定				
17	是否列入信用档案*	SFLRXYDA	Boolean				

4.12.4 保障对象信用管理数据结构应符合表4.12.4的规定。

表 4.12.4　保障对象信用管理数据结构(表名:BZDXXYGL)

序号	字段名称	字段代码	字段类型	字段长度	小数位数	计量单位	值域
1	家庭成员编号*	JTCYBH	符合表4.2.1第8行规定				
2	申请编号*	SQBH	符合表4.2.1第8行规定				
3	行政区划代码	XZQHDM	符合表4.2.1第7行规定				
4	列入日期*	LRRQ	符合表4.2.1第10行规定				
5	列入原因	LRYY	Integer				表 A.73 住房保障信用记录类别字典表
6	信用状态	XYZT	Integer				1. 良好 0. 不良
7	撤销日期	CXRQ	符合表4.2.1第10行规定				
8	撤销人	CXR	符合表4.2.1第1行规定				
9	撤销原因	CXYY	String	2000			

4.12.5 支持对象行政奖罚数据结构应符合表4.12.5的规定。

表 4.12.5 支持对象行政奖罚数据结构(表名:ZCDXXZJF)

序号	字段名称	字段代码	字段类型	字段长度	小数位数	计量单位	值域
1	奖罚编号*	JFBH	符合表 4.2.1 第 8 行规定				
2	奖罚日期	JFRQ	符合表 4.2.1 第 10 行规定				
3	行政区划代码	XZQHDM	符合表 4.2.1 第 7 行规定				
4	支持对象编号*	ZCDXBH	符合表 4.2.1 第 8 行规定				
5	支持对象名称	ZCDXMC	String	100			
6	奖罚原因	JFYY	String	2000			
7	奖罚结果	JFJG	String	2000			

4.12.6 住房保障工作规范化考核数据结构应符合表 4.12.6 的规定。

表 4.12.6 住房保障工作规范化考核数据结构(表名:ZFBZGZGFHKH)

序号	字段名称	字段代码	字段类型	字段长度	小数位数	计量单位	值域
1	考核编号*	KHBH	符合表 4.2.1 第 8 行规定				
2	考核日期	KHRQ	符合表 4.2.1 第 10 行规定				
3	行政区划代码	XZQHDM	符合表 4.2.1 第 7 行规定				
4	被考核单位编号*	BKHDWBH	符合表 4.2.1 第 8 行规定				
5	被考核单位名称	BKHDWMC	符合表 4.2.1 第 6 行规定				
6	考核部门	KHBM	符合表 4.2.1 第 6 行规定				
7	考核内容	KHNR	Integer				表 A.72 业务考核内容字典表
8	考核得分	KHDF	Integer				
9	考核结果	KHJG	String	2000			
10	考核人	KHR	符合表 4.2.1 第 1 行规定				

4.12.7 住房保障工作规范化考核结果通报和备案数据结构应符合表 4.12.7 的规定。

表 4.12.7 住房保障工作规范化考核结果通报和备案数据结构
(表名:ZFBZGZGFHKHJGTBHBA)

序号	字段名称	字段代码	字段类型	字段长度	小数位数	计量单位	值域
1	通报备案编号*	TBBABH	符合表 4.2.1 第 8 行规定				
2	行政区划代码	XZQHDM	符合表 4.2.1 第 7 行规定				
3	被考核单位编号*	BKHDWBH	符合表 4.2.1 第 8 行规定				
4	被考核单位名称	BKHDWMC	符合表 4.2.1 第 6 行规定				
5	考核总分	KHZF	Integer				
6	考核结果	KHJG	String	2000			
7	考核意见	KHYJ	String	2000			
8	通报日期	TBRQ	符合表 4.2.1 第 10 行规定				
9	备案日期	BARQ	符合表 4.2.1 第 10 行规定				

4.12.8 行政机关工作人员考核评价信息数据结构应符合表 4.12.8 的规定。

表 4.12.8 行政机关工作人员考核评价信息数据结构
(表名:XZJGGZRYKHPJXX)

序号	字段名称	字段代码	字段类型	字段长度	小数位数	计量单位	值域
1	考核编号*	KHBH	符合表 4.2.1 第 8 行规定				
2	考核日期	KHRQ	符合表 4.2.1 第 10 行规定				
3	考核部门	KHBM	符合表 4.2.1 第 6 行规定				
4	考核负责人	KHFZR	符合表 4.2.1 第 1 行规定				
5	被考核对象编号*	BKHDXBH	符合表 4.2.1 第 8 行规定				
6	被考核对象名称	BKHDXMC	符合表 4.2.1 第 1 行规定				
7	行政区划代码	XZQHDM	符合表 4.2.1 第 7 行规定				
8	考核内容	KHNR	String	2000			
9	考核分值	KHFZ	Integer				
10	考核人	KHR	符合表 4.2.1 第 1 行规定				

4.12.9 行政机关工作人员行政奖罚及通报数据结构应符合表 4.12.9 的规定。

表 4.12.9 行政机关工作人员行政奖罚及通报数据结构
(表名:XZJGGZRYXZJFJTB)

序号	字段名称	字段代码	字段类型	字段长度	小数位数	计量单位	值域
1	奖罚通报编号*	JFTBBH	符合表 4.2.1 第 8 行规定				
2	行政区划代码	XZQHDM	符合表 4.2.1 第 7 行规定				
3	工作人员编号*	GZRYBH	符合表 4.2.1 第 8 行规定				
4	工作人员姓名	GZRYXM	符合表 4.2.1 第 1 行规定				
5	考核总分	KHZF	Integer				
6	考核结果	KHJG	String	2000			
7	奖罚原因	JFYY	String	2000			
8	奖罚结果	JFJG	String	2000			
9	奖罚日期	JFRQ	符合表 4.2.1 第 10 行规定				
10	通报日期	TBRQ	符合表 4.2.1 第 10 行规定				

4.13 统计分析数据结构

4.13.1 统计分析数据内容应符合《住房保障信息系统技术规范》CJJ/T 196 关于统计分析子系统的数据要求。

4.13.2 统计报表制度信息数据结构应符合表 4.13.2 的规定。

表 4.13.2 统计报表制度信息数据结构(表名:TJBBZDXX)

序号	字段名称	字段代码	字段类型	字段长度	小数位数	计量单位	值域
1	报表制度编号*	BBZDBH	符合表 4.2.1 第 8 行规定				
2	报表制度名称	BBZDMC	String	100			
3	制度发布日期	ZDFBRQ	符合表 4.2.1 第 10 行规定				

4.13.3 报表定义数据结构应符合表 4.13.3 的规定。

表 4.13.3 报表定义数据结构(表名:BBDY)

序号	字段名称	字段代码	字段类型	字段长度	小数位数	计量单位	值域
1	报表编号*	BBBH	符合表 4.2.1 第 8 行规定				
2	报表名称	BBMC	String	100			
3	报表制度编号	BBZDBH	符合表 4.2.1 第 8 行规定				

4.13.4 统计指标集合(组)数据结构应符合表 4.13.4 的规定。

表 4.13.4 统计指标集合(组)数据结构(表名:TJZBJHZ)

序号	字段名称	字段代码	字段类型	字段长度	小数位数	计量单位	值域
1	指标集合编号*	ZBJHBH	符合表 4.2.1 第 8 行规定				
2	指标集合名称	ZBJHMC	String	100			
3	创建日期	CJRQ	符合表 4.2.1 第 10 行规定				

4.13.5 统计报表横向维度指标数据结构应符合表 4.13.5 的规定。

表 4.13.5 统计报表横向维度指标数据结构(表名:TJBBHXWDZB)

序号	字段名称	字段代码	字段类型	字段长度	小数位数	计量单位	值域
1	维度指标编号*	WDZBBH	符合表 4.2.1 第 8 行规定				
2	指标集合编号*	ZBJHBH	符合表 4.2.1 第 8 行规定				
3	指标名称	ZBMC	String	200			
4	父级维度编号	FJWDBH	符合表 4.2.1 第 8 行规定				
5	指标属性	ZBSX	Integer				表 A.76 指标属性字典表
6	计量单位	JLDW	String	10			

4.13.6 统计报表纵向维度指标数据结构应符合表 4.13.6 的规定。

表 4.13.6 统计报表纵向维度指标数据结构(表名:TJBBZXWDZB)

序号	字段名称	字段代码	字段类型	字段长度	小数位数	计量单位	值域
1	维度指标编号*	WDZBBH	符合表 4.2.1 第 8 行规定				
2	指标集合编号*	ZBJHBH	符合表 4.2.1 第 8 行规定				
3	指标名称	ZBMC	String	200			
4	父级维度编号	FJWDBH	符合表 4.2.1 第 8 行规定				
5	指标属性	ZBSX	Integer				表 A.76 指标属性字典表
6	计量单位	JLDW	String	10			

4.13.7 报表与横纵向维度关系数据结构应符合表 4.13.7 的规定。

表 4.13.7 报表与横纵向维度关系数据结构(表名:BBYHZXWDGX)

序号	字段名称	字段代码	字段类型	字段长度	小数位数	计量单位	值域
1	报表编号*	BBBH	符合表 4.2.1 第 8 行规定				

序号	字段名称	字段代码	字段类型	字段长度	小数位数	计量单位	值域
2	横向维度编号*	HXWDBH	符合表 4.2.1 第 8 行规定				
3	纵向维度编号*	ZXWDBH	符合表 4.2.1 第 8 行规定				
4	计量单位	JLDW	String	10			

4.13.8 报表填报表数据结构应符合表 4.13.8 的规定。

表 4.13.8　报表填报表数据结构(表名:BBTBB)

序号	字段名称	字段代码	字段类型	字段长度	小数位数	计量单位	值域
1	填报指标编号*	TBZBBH	符合表 4.2.1 第 8 行规定				
2	报表制度编号*	BBZDBH	符合表 4.2.1 第 8 行规定				
3	报表制度名称	BBZDMC	String	100			
4	报表编号*	BBBH	符合表 4.2.1 第 8 行规定				
5	报表名称	BBMC	String	100			
6	横向维度编号*	HXWDBH	符合表 4.2.1 第 8 行规定				
7	横向维度名称	HXWDMC	String	100			
8	纵向维度编号*	ZXWDBH	符合表 4.2.1 第 8 行规定				
9	纵向维度名称	ZXWDMC	String	100			
10	指标填报值	ZBTBZ	Number	20	3		
11	期别类型	QBLX	Integer				表 A.74 期别(短期)分类字典表
12	行政区划代码	XZQHDM	符合表 4.2.1 第 7 行规定				
13	填报单位	TBDW	符合表 4.2.1 第 6 行规定				
14	填表人	TBR	符合表 4.2.1 第 1 行规定				
15	单位负责人	DWFZR	符合表 4.2.1 第 1 行规定				
16	统计负责人	TJFZR	符合表 4.2.1 第 1 行规定				
17	审核负责人	SHFZR	符合表 4.2.1 第 1 行规定				
18	填表日期	TBRQ	符合表 4.2.1 第 10 行规定				

附录 A　属性值字典表

表 A.1　人员分类字典表

代码	名　称
1	法定代表人
2	项目负责人
3	项目管理人员
4	住房捐赠人
9	其他

表 A.2　个人证件类型字典表

代码	名　称
01	居民身份证
02	护照
03	户口簿
04	港澳居民来往内地通行证(回乡证)
05	台湾居民来往大陆通行证(台胞证)
06	港澳台居民身份证
07	军官证
08	文职干部证
09	士兵证
10	(军队)学员证
11	军官退休证
12	离退休干部证明
13	外国人居留证
99	其他

表 A.3　就业情况字典表

代码	名　称
1	行政机关
2	事业单位
3	国有企业
4	民营企业
5	外资或港澳台企业
6	个体
7	军人
8	临时工作
9	失业
10	离退休
11	学生
99	其他

表 A.4　专(兼)职字典表

代码	名　称
1	专职
2	兼职

表 A.5　收入来源字典表

代码	名　称
1	工薪收入
2	经营性净收入
3	财产性收入
4	转移性收入
9	其他

表 A.6　与户主关系字典表

代码	名　称
1	户主
2	配偶
3	子女
4	父母
5	岳父母(公婆)
6	祖父母
7	媳婿
8	孙子女
9	兄弟姐妹
99	其他

表 A.7　特殊人员字典表

代码	名　称
1	孤寡
2	大病重病
3	丧失劳动能力
4	残疾
5	复员军人
6	现役军人
7	残疾军人
8	离退休(职)军人
9	军队"三属"人员
10	归国华侨
11	劳模
12	失业人员
13	刑释人员
14	新就业人员
15	外来务工人员
16	引进人才
17	外国专家
18	移民
19	外国(籍)侨民
99	其他

表 A.8　残疾类别字典表

代码	名　称
1	视力残疾
2	听力残疾
3	语言残疾
4	智力残疾
5	肢体残疾
6	精神残疾
7	多重残疾

表 A.9　残疾等级字典表

代码	名　称
1	一级
2	二级
3	三级
4	四级

表 A.10　荣誉称号级别字典表

代码	名　称
1	国家级荣誉称号
2	省(自治区、直辖市)级荣誉称号
3	部(委)级荣誉称号
4	地(市、厅、局)级荣誉称号
5	区(县、局)级荣誉称号
6	基层单位荣誉称号
7	国际国外荣誉称号

表 A.11　单位证件类型字典表

代码	名　　　称
1	组织机构代码证
2	营业执照
3	事业单位法人证书
4	社会团体法人登记证书
9	其他

表 A.12　参与单位类别字典表

代码	名　　　称
1	开发建设单位
2	施工单位
3	监理单位
4	规划设计单位
5	可行性研究单位
6	勘查设计单位
7	住房捐赠单位
9	其他

表 A.13　行政企事业单位类型字典表

代码	名　　　称
100	内资企业
110	国有企业
120	集体企业
130	股份合作企业
140	联营企业
141	国有联营企业
142	集体联营企业
143	国有与集体联营企业
149	其他联营企业
150	有限责任公司
151	国有独资公司
159	其他有限责任公司
160	股份有限公司
170	私营企业
171	私营独资企业
172	私营合伙企业
173	私营有限责任公司
174	私营股份有限公司
190	其他企业
200	港、澳、台商投资企业
210	合资经营企业(港或澳、台资)
220	合作经营企业(港或澳、台资)

续表 A.13

代码	名　　　称
230	港、澳、台商独资经营企业
240	港、澳、台商投资股份有限公司
300	外商投资企业
310	中外合资经营企业
320	中外合作经营企业
330	外资企业
340	外商投资股份有限公司
400	事业单位
410	全额事业
420	差额事业
430	自收自支事业
440	企业化管理事业
500	行政机关
900	其他单位

表 A.14　项目类别字典表

代码	名　　　称
10	保障性住房
11	廉租住房
12	经济适用住房
13	公共租赁住房
14	限价商品住房
20	各类棚户区改造
21	城市棚户区改造
22	国有工矿棚户区改造
23	国有林区棚户区和国有林场危旧房改造
24	国有垦区危房改造
25	中央下放地方煤矿棚户区改造
30	旧住宅小区整治
40	城中村改造
50	商品房

表 A.15　项目建设和房源筹集方式字典表

代码	名　　　称
1	集中新建
2	配建
3	改建
4	扩建
5	翻建
6	购买
7	租赁
8	捐赠
99	其他

表 A.16 项目规划区位字典表

代码	名称
1	城市规划区外
2	城市建成区之外规划区之内
3	城市建成区之内

表 A.17 项目建设审批证件类型字典表

代码	名称
1	国有土地使用权证
2	建设工程规划许可证
3	建设用地规划许可证
4	施工许可证
5	销售许可证
6	拆迁许可证
9	其他

表 A.18 单体建设状态字典表

代码	名称
1	已报建
2	已初审
3	已批复
4	已开工
5	已竣工
6	已开盘
7	已入住

表 A.19 单体建设进度状态字典表

代码	名称
10	未开工
20	已开工
21	已竣工
22	停工
23	在建

表 A.20 房屋户型字典表

代码	名称
1	一居室
2	二居室
3	三居室
4	四居室
9	其他

表 A.21 建筑结构字典表

代码	名称
1	钢结构
2	钢、钢筋混凝土结构
3	钢筋混凝土结构
4	混合结构
5	砖木结构
9	其他结构

表 A.22 土地取得方式字典表

代码	名称
10	国有土地
11	划拨
12	协议出让
13	转让
14	招拍挂出让
15	国有土地租赁
16	土地使用权作价出资或入股
17	土地使用权授权经营
18	其他
20	集体土地
21	使用集体土地
22	土地使用权入股~
23	土地使用权联营
24	其他

表 A.23 土地用途字典表

代码	名称
1	住宅用地
2	商服用地
3	工业综合用地
4	公共管理与公共服务用地
5	特殊用地
6	商住综合用地
7	其他用地
8	工业用地

表 A.24 土地开发程度字典表

代码	名称
1	三通一平
2	四通一平
3	五通一平
4	六通一平
5	七通一平
6	八通一平

表 A.25 规划建设房屋分类字典表

代码	名称
100000	住宅房屋
101000	安置住房
101010	原地建设
101020	异地建设（筹集）
102000	配建保障性住房
102010	廉租住房

代码	名 称
102020	经济适用住房
102030	公共租赁住房
102040	限价商品房
102050	其他保障性住房
103000	商品住房
109000	其他
200000	配套公建
201000	教育
202000	医疗卫生
203000	文化体育
204000	商业服务
205000	金融邮电
206000	社区服务
207000	市政公用
208000	行政管理
209000	其他

表 A.26　资金筹集渠道字典表

代码	名 称
10000	财政投入
11000	一般预算安排
11100	中央补助资金
11110	中央预算内投资新建廉租住房补助
11120	中央财政廉租住房专项补助
11130	对公共租赁住房的补助
11140	对各类棚户区改造的补助
11141	城市棚户区改造
11142	国有工矿棚户区改造
11143	国有林区棚户区和国有林场危旧房改造
11144	国有垦区危房改造
11145	中央下放地方煤矿棚户区改造
11200	省级财政补助资金
11300	市县财政一般预算安排
12000	提取贷款风险准备金和管理费用后的住房公积金增值收益余额
13000	土地出让净收益中安排的廉租住房保障资金

代码	名 称
14000	中央代地方发行国债
15000	廉租住房和公共租赁住房租金收入
19000	其他
20000	开发建设单位自筹
21000	企业发行债券
22000	企业自有资金
23000	银行贷款
29000	其他
30000	个人筹集
90000	社会捐赠及其他方式筹集的资金

表 A.27　建设投资构成字典表

代码	名 称
1	征地和拆迁安置补偿
2	土地购置和开发投资
3	勘查设计和前期工程费
4	建筑安装工程费
5	小区基础设施建设费
6	非营业性公共配套设施建设费

表 A.28　街道字典表

代码	名 称
130102001	建北街道
130102002	青园街道
...	......

注:本字典表采用现行国家标准《县级以下行政区划代码编制规则》GB/T 10114,根据国家标准调整。

表 A.29　社区字典表

代码	名 称
130102001001	棉一居委会
130102001002	光华路居委会
...	......

注:本字典表采用现行国家标准《县级以下行政区划代码编制规则》GB/T 10114,根据国家标准调整。

表 A.30　棚户区隶属关系字典表

代码	名 称
1	中央直属
2	中央下放地方
3	省属企业
4	地方所属
9	其他

表 A.31 房屋住用状况字典表

代码	名称
1	自有产权
2	租住
3	借住
4	住集体宿舍
5	无固定居所
9	其他

表 A.32 住房产权比例分类字典表

代码	名称
1	无产权
2	部分产权
3	全部产权

表 A.33 产权性质字典表

代码	名称
10	国有房产
11	直管产权
12	自管产权
13	军产
20	集体产权
30	私有房产
40	联营企业房产
50	股份制企业房产
60	港、澳、台胞企业房产
70	涉外房产
90	其他
91	代管产权
92	宗教产权
93	社团产权
99	其他

表 A.34 家庭成员房屋地址类别字典表

代码	名称
1	户籍所在地
2	居住地址
3	他处房产

表 A.35 居住房屋性质字典表

代码	名称
1	商品住房
2	经济适用住房

续表 A.35

代码	名称
3	原有私房
4	公有住房
5	集体土地上住房
6	已购公房
9	其他

表 A.36 居住房屋类型字典表

代码	名称
1	高层
2	多层
3	平房
4	简易住宅
9	其他

表 A.37 成套情况字典表

代码	名称
1	成套住宅
2	非成套住宅

表 A.38 房屋完好程度字典表

代码	名称
1	完好
2	基本完好
3	一般损害
9	严重损害

表 A.39 资产类别字典表

代码	名称
1	银行存款
2	房产
3	土地使用权
4	车辆
5	有价证券
9	其他

表 A.40 房屋配给后原住房处置意向字典表

代码	名称
1	出售
2	出租
3	自用
9	其他

表 A.41 房屋配套设施字典表

代码	名称
1	防盗门
2	空调
3	宽带
4	电话
5	车库
6	阳台封闭
7	家具
8	热水
9	暖气
10	小房
11	天然气
12	灶具
13	家电
14	地下室
15	电梯
16	双人床
17	煤气
18	有线电视
19	自来水
20	独立卫生间
99	其他

表 A.42 小区物业管理模式字典表

代码	名称
1	物业企业管理
2	社区组织管理
3	单位自治管理
9	其他

表 A.43 查证方式字典表

代码	名称
1	入户调查
2	邻里访问
3	信函索证
9	其他

表 A.44 公示方式字典表

代码	名称
1	张贴公告
2	电视
3	报纸
4	网络
9	其他

表 A.45 举报方式字典表

代码	名称
1	电话
2	信件
3	上访
4	网络
9	其他

表 A.46 查证结果字典表

代码	名称
1	举报属实
2	举报部分属实
3	举报不属实

表 A.47 办理阶段字典表

代码	名称
1	受理
2	初审
3	复审
4	终审

表 A.48 审核状态字典表

代码	名称
1	待审核
2	审核中
3	审核通过
4	审核不通过

表 A.49 电子档案类型字典表

代码	名称
10	电子表单
20	电子文件
21	文字
22	图片
23	声音
24	影像
90	其他

表 A.50 保障状态字典表

代码	名称
10	申请审核
20	准予登记
30	不予登记
40	正在实施保障
41	新进入保障
42	已退又转入保障
50	退出保障

表 A.51 保障主体类别字典表

代码	名 称
1	保障对象
2	支持对象
9	其他

表 A.52 按收入层次划分保障对象字典表

代码	名 称
1	最低收入家庭
2	低收入家庭
3	中等偏下收入家庭
4	中等收入家庭
9	其他

表 A.53 按特定群体划分保障对象字典表

代码	名 称
1	新就业职工
2	外来务工人员
3	特殊人才
9	其他

表 A.54 居民拆迁安置补偿分类字典表

代码	名 称
10	实物安置
11	原地回迁
12	异地安置
20	货币安置

表 A.55 保障对象的保障项目字典表

代码	名 称
10	廉租住房保障项目
20	经济适用住房保障项目
30	公共租赁住房保障项目
40	限价商品住房保障项目
50	各类棚户区改造项目
51	城市棚户区改造
52	国有工矿棚户区改造
53	国有林区棚户区和国有林场危旧房改造
54	国有垦区危房改造
55	中央下放地方煤矿棚户区改造
90	其他

表 A.56 保障方式和支持方式字典表

代码	名 称
1000000000	保障方式
1010000000	住房配给
1010100000	配租住房
1010101000	廉租住房
1010102000	公共租赁住房
1010200000	配售住房
1010201000	经济适用住房
1010202000	限价商品住房
1020000000	补贴
1020100000	直接补贴
1020101000	购房补贴
1020101010	中央财政补助
1020101020	省级财政补助
1020101030	市县财政
1020102000	租房补贴
1020102010	中央财政补助
1020102020	省级财政补助
1020102030	市县财政
1020200000	间接补贴
1020201000	税收优惠
1020201010	契税
1020201020	个人所得税
1020201030	印花税
1020202000	行政事业性优惠
1020202010	租赁许可证收费
1020202020	房产测绘费
1020203000	金融支持
1020203010	购房贷款贴息
1020203020	利率优惠
1030000000	租金核减
1090000000	其他
2000000000	支持方式
2010000000	土地配给
2010100000	土地划拨
2010200000	土地出让优惠
2010300000	土地租赁
2010400000	作价入股
2010900000	其他
2020000000	补贴

代码	名 称
2020100000	直接补贴
2020101000	市县财政投入
2020102000	中央投资补助
2020103000	省级投资补助
2020109000	其他
2020200000	间接补贴
2020201000	行政事业性收费
2020201010	防空地下室异地建设费
2020201020	城市房屋拆迁管理费
2020201030	工程定额测定费
2020201040	白蚁防治费
2020201050	建设工程质量监督费
2020201090	其他
2020202000	政府性基金优惠
2020202010	城市基础设施配套费
2020202020	散装水泥专项资金
2020202030	新型墙体材料专项基金
2020202040	城市教育附加费
2020202050	地方教育附加费
2020202060	城镇公用事业附加费
2020202090	其他
2020203000	税费优惠
2020203010	营业税
2020203020	房产税
2020203030	城镇土地使用税
2020203040	土地增值税
2020203050	印花税
2020203060	契税
2020203070	企业所得税
2020203080	个人所得税
2020203090	其他
2020204000	金融支持
2020209000	其他
2090000000	其他

表 A.57 保障方式的保障标准取用因素字典表

代码	名 称
1	配租面积
2	租金补贴标准
3	缴纳租金标准
4	超出配租面积部分的租金价格
5	配售面积
6	配售住房价格

代码	名 称
7	超出配售面积部分的购买价格
8	对原有住房的处置
9	其他

表 A.58 保障条件和保障标准计量方式字典表

代码	名 称
1	按人均标准
2	按人户标准
9	其他

表 A.59 保障对象申请条件取用因素字典表

代码	名 称
10000	定量条件
10100	户籍条件
10101	非农业常住人口年限
10200	住房状况
10201	家庭人均住房建筑面积
10300	财产状况
10301	人均资产量
10400	收入状况
10401	家庭人均月收入
10500	特殊家庭
10501	残疾人口数
10502	残疾人最低等级
10600	支付能力
10601	购房支付能力
20000	定性条件
20100	特殊家庭
20101	是否有残疾人
20102	是否有劳模
20103	是否低收入
20200	户籍条件
20201	是否户籍人口
20202	是否常住人口
20900	其他
20901	是否已经获得住房补贴
20902	是否引进人才
20903	是否外来务工
20904	是否新就业职工

表 A.60　支持对象分类字典表

代码	名　　称
1	保障性住房开发建设和运营单位
2	提供租赁住房的单位
3	捐赠住房单位
4	提供住房个人
5	捐赠住房个人
9	其他

表 A.61　支持对象的支持项目字典表

代码	名　　称
1	廉租住房建设和运营
2	经济适用住房建设和运营
3	公共租赁住房建设和运营
4	限价商品住房建设和运营
5	城市棚户区改造
6	国有工矿棚户区改造
7	国有林区棚户区和林场危旧房改造
8	国有垦区危房改造
9	中央下放地方煤矿棚户区改造
10	对个人出租住房的支持
11	对捐赠住房单位和个人的支持
99	其他

**表 A.62　支持对象支持项目
申请条件取用因素字典表**

代码	名　　称
1	开发资质
2	建设时序(许可证)
3	开发面积

表 A.63　逻辑关系字典表

代码	名　　称
1	与
2	或
3	非
4	大于
5	大于等于
6	小于
7	小于等于
8	等于

表 A.64　配给合同类型字典表

代码	名　　称
1	购房补贴合同
2	租房补贴合同
3	实物配租合同
4	配售签约合同

表 A.65　补贴发放状态字典表

代码	名　　称
1	足额发放
2	未足额发放
3	未发放

表 A.66　补贴发放方式字典表

代码	名　　称
1	现金
2	转账
3	支票
9	其他

表 A.67　补助资金分配方式字典表

代码	名　　称
10	定量补助
11	按户补助
12	按套补助
13	按平方米补助
20	以奖代补
90	其他方式

表 A.68　以奖代补因素字典表

代码	名　　称
1	财政困难系数
2	当年计划购买租赁住房套数
3	当年计划租赁住房补贴户数
9	其他

表 A.69　规划组成分类字典表

代码	名　　称
1	总体规划
2	专项规划
3	子规划
9	其他

表 A.70　规划计划年度类别字典表

代码	名　称
1	规划年度
2	计划年度
3	总规划

表 A.71　规划级别分类字典表

代码	名　称
1	国家级
2	省级
3	地级
4	县级
9	其他

表 A.72　业务考核内容字典表

代码	名　称
100	制度建设
110	建立制度
111	地级以上城市所辖县(市)建立住房保障制度的比例
120	实施保障
121	符合条件的申请家庭享受住房保障的比例
130	制定中长期规划及年度计划
131	制定了住房制度建设的中长期规划
132	制定了住房制度建设年度计划
140	资金来源及资金管理
141	建立了以财政预算安排为主稳定规范的资金筹措和管理制度
142	保障资金实行专户管理,专款专用,未发现挪用现象
150	相关配套措施
151	建立健全目标考核、业务培训、办事公开、限时办理、统计报表、档案管理、监督检查、责任追究等各项制度
200	管理及服务
210	管理机构
211	设置了保障住房管理机构,职责明确
220	人员配备
221	配备了与保障住房保障工作相适应的专职管理人员
230	窗口服务

続表 A.72

代码	名　称
231	设立了对外办事窗口,简化办事手续;保障住房制度的相关政策、申请条件、补贴标准、办理程序、服务电话等在办公地点进行公布
240	服务行为
241	管理人员服务热情,作风清正廉洁,无违法违纪行为
300	实施程序
310	审核
311	对申请人的家庭收入和住房状况按审核程序予以认真审核
320	告知
321	在规定的时限内做出的有关规定,决定按格式文本告知当事人,对不符合条件或不予以登记的,还应说明理由
330	公示
331	在规定的时限内,对规定的事项及时予以公示,并对外公布了举报、投诉电话及信箱
340	实施保障
341	对符合保障住房保障条件的申请人,及时实施相应保障
350	年度复核
351	严格实施了年度复核制度,根据复核结果及时对是否实施保障、保障方式、保障水平予以调整,对复核发现的违法、违规行为及时予以处理
400	动态管理
410	统计报表
411	建立了统一、及时、准确地保障住房统计报表制度
412	统计数据和分析按时报送,无漏报、误报现象
420	档案管理
421	建立了各类保障住房的档案
422	档案内容及时更新,实行动态管理
423	档案管理全部实现电子化,数据完整
430	信息管理
431	建立了保障住房管理信息系统,实现数据的及时录入、维护、更新及上报,满足管理、查询、统计分析的需要

表 A. 73　住房保障信用记录类别字典表

代码	名　称
1	无资格
2	隐瞒
3	弄虚作假
4	擅用
5	长期空置
6	长期欠租
7	逾期未退
9	其他

表 A. 74　期别(短期)分类字典表

代码	名　称
1	即时
2	日
3	周
4	月
5	季度
6	半年
7	年

表 A. 75　期别(长期)分类字典表

代码	名　称
1	三年
2	五年
3	中长期
9	其他

表 A. 76　指标属性字典表

代码	名　称
1	存量
2	流量
3	净流量
4	流入量
5	流出量

表 A. 77　调查类别字典表

代码	名　称
1	经常性调查
2	一次性调查

表 A. 78　调查方式字典表

代码	名　称
1	报告法
2	直接调查法
3	询问法
4	自填法
5	通讯法

表 A. 79　调查范围字典表

代码	名　称
1	全面调查
2	典型调查
3	重点调查
4	抽样调查

表 A. 80　基础指标类别字典表

代码	名　称
1	调查对象家庭基本信息
2	调查对象家庭住房信息
3	调查对象家庭成员信息
4	调查对象家庭资产信息
5	调查对象家庭需求房屋信息

表 A. 81　收支分类字典表

代码	名　称
1	收入
2	支出

表 A. 82　资源类别字典表

代码	名　称
10	房屋
11	集中房源
12	零星房源
20	土地
30	资金

表 A. 83　资源配置状态字典表

代码	名　称
1	未配
2	待配
3	已配

表 A. 84　合同类别字典表

代码	名　称
1	建设工程勘察、设计合同
2	建设工程施工合同
3	建设工程委托监理合同

续表 A.84

代码	名　　称
4	工程项目物资购销合同
5	建设项目借款合同
9	其他合同

表 A.85　房屋用途性质字典表

代码	名　　称
1	住宅
2	办公楼
3	商业营业用房
9	其他

本标准用词说明

　　1 为便于在执行本标准条文时区别对待,对于要求严格程度不同的用词说明如下:

　　1)表示很严格,非这样做不可的:
　　　　正面词采用"必须";反面词采用"严禁"。

　　2)表示严格,在正常情况下均应这样做的:
　　　　正面词采用"应";反面词采用"不应"或"不得"。

　　3)表示允许稍有选择,在条件许可时首先应这样做的:
　　　　正面词采用"宜";反面词采用"不宜"。

　　4)表示有选择,在一定条件下可以这样做的,采用"可"。

　　2 条文中指明应按其他有关标准执行的写法为"应符合……的规定"或"应按……执行"。

引用标准名录

　　1 《中国各民族名称的罗马字母拼写法和代码》GB 3304

　　2 《全国组织机构代码编制规则》GB 11714

　　3 《公民身份号码》GB 11643

　　4 《学历代码》GB/T 4658

　　5 《城市用地分类与规划建设用地标准》GB 50137

　　6 《高等学校本科、专科专业名称代码》GB/T 16835

　　7 《世界各国和地区名称代码》GB/T 2659

　　8 《人口信息管理代码 第 1 部分:户口类别代码》GA 324.1

　　9 《个人基本信息分类与代码 第 1 部分:人的性别代码》GB/T 2261.1

　　10 《个人基本信息分类与代码 第 2 部分:婚姻状况代码》GB/T 2261.2

　　11 《奖励、纪律处分信息分类与代码　第 2 部分:荣誉称号和荣誉奖章代码》GB/T 8563.2

　　12 《中华人民共和国行政区划代码》GB/T 2260

　　13 《县级以下行政区划代码编制规则》GB/T 10114

　　14 《职业分类与代码》GB/T 6565

　　15 《国民经济行业分类》GB/T 4754

　　16 《数据和交换格式　信息交换　日期和时间表示法》GB/T 7408

　　17 《住房保障信息系统技术规范》CJJ/T 196

中华人民共和国行业标准

住房保障基础信息数据标准

CJJ/T 197—2012

条 文 说 明

制 订 说 明

《住房保障基础信息数据标准》CJJ/T 197-2012
经住房和城乡建设部 2012 年 11 月 2 日以第 1534 号
公告批准、发布。

本标准制订过程中，编制组对住房保障基础信息
数据进行了广泛的调查研究，总结了我国住房保障信
息化的实践经验，同时参考、吸收了国外相关的先进
技术法规和规范内容。

为便于住房保障管理与信息系统建设人员在使用
本标准时能正确理解和执行条文规定，《住房保障基
础信息数据标准》编制组按章、节、条顺序编制了本
标准的条文说明，对条文规定的目的、依据以及执行
中需要注意的有关事项进行了说明。但是，本条文说
明不具备与标准正文同等的法律效力，仅供使用者作
为理解和把握标准规定的参考。

目　次

1 总 则

1.0.1 说明制定本标准的目的。本标准旨在通过规范住房保障基础数据的内容、分类、要求等，指导住房保障基础数据的建设、共享和更新，进而推动住房保障信息资源的建设，促进住房保障信息化工作规范有序地发展。

1.0.3 说明本标准与《住房保障信息系统技术规范》的关系，本标准应与《住房保障信息系统技术规范》中的相关内容保持一致。

3 数据分类及编码

3.1 数据分类方法

3.1.1 说明住房保障基础信息数据的分类依据和分类方法。

采用三级的分类方法，可以形成一个完整的树形数据体系，既有助于条理的清晰性，也有助于数据的进一步扩展。

3.1.2 详细说明住房保障基础信息数据内容，此部分应与《住房保障信息系统技术规范》CJJ/T 196 的规定相一致。

住房保障基础信息数据应分为：基础数据、操作数据和统计数据三类。基础数据应包括保障规则、对象调查、准入登记、保障资金、建设项目等方面的数据。操作数据应包括资源配置、配给管理、配后管理、规划计划、监督管理等方面的数据，并应在基础数据的基础上产生。统计数据应在基础数据和操作数据的基础上产生。

3.2 数据分类编码

3.2.1 说明住房保障基础信息数据库的要素。

住房保障基础信息数据库要素采用三级分类编码，形成一个完整的树形层次结构，也可以在此基础上进行扩展，增加新的编码，但新的编码不可再使用已有的编码。

3.2.2 说明分类编码。

一级分类包括基础数据、操作数据和统计数据，涵盖住房保障信息系统的数据范围，只能扩展其子类。

4 数据结构

4.1 数据结构要素

4.1.1、4.1.2 说明数据表结构的要素。

为统一数据结构的描述方式，参考数据库设计的基本方法，采用字段名称、字段代码、字段类型、字段长度、小数位数等基本要素进行描述，其中"字段"的含义与数据库中的"字段"含义基本一致，只是字段类型采用了更为语义化的描述方法。此外，还增加了值域、约束条件等描述信息，说明数据的来源、范围和有效性校验规则。

4.2 原子数据元素

4.2.1 说明住房保障中信息常用的、不可再行拆分的原子数据。对原子数据加以前缀式约束构成具体的数据元素，同时保持数据元素的类型、长度、小数位数、计量单位一致。

4.3 保障规则数据结构

4.3.1 说明保障规则数据应满足的要求。

4.3.2、4.3.3 定义保障规则子系统中的保障项目、保障对象保障方式等数据结构的具体规定。

4.3.4 定义保障规则子系统中保障对象申请条件的具体规定。

4.3.5 定义保障规则子系统中的保障对象申请条件关系。

4.3.6~4.3.11 定义保障规则子系统中的保障对象保障标准、支持项目、支持对象支持方式、支持对象申请条件、支持对象支持标准、保障规则信息等数据结构的具体规定。

4.4 对象调查数据结构

4.4.1 说明对象调查数据应满足的要求。

4.4.2~4.4.5 定义对象调查子系统中的调查方案信息、调查指标库信息、调查表和调查指标信息、对象调查信息等数据结构的具体要求。

4.5 准入登记数据结构

4.5.1 说明准入登记数据应满足的要求。

4.5.2~4.5.12 定义准入登记子系统中的申请家庭基本信息、申请家庭住房信息、申请家庭成员信息、申请家庭资产信息、公示信息、公示期间举报信息、拟保障实施方案信息、电子档案信息、保障对象准入登记簿信息、保障住房供给单位登记审批信息、保障住房供给个人登记审批信息等数据结构的具体要求。

4.6 保障资金数据结构

4.6.1 说明保障资金数据应满足的要求。

4.6.2~4.6.4 定义保障资金子系统中的保障资金支出预算信息、保障资金支出信息、保障资金决算信息等数据内容的具体要求。

4.7 建设项目数据结构

4.7.1 说明建设项目数据应满足的要求。

4.7.2~4.7.17 定义建设项目管理子系统中的项目信息、项目规划信息、项目规划拆迁安置信息、项目年度计划信息、项目年度计划拆迁安置信息、单体工程信息、住房信息、项目参与单位信息、项目参与人员信息、项目进度日志信息、项目进度拆迁安置信息、项目建设审批电子档案、项目建设审批重要证件信息、项目建设工程施工合同备案信息、项目拆迁安置合同备案、土地储备信息等数据结构的具体要求。

4.8 资源配置数据结构

4.8.1 说明资源配置数据应满足的要求。

4.8.2~4.8.10 定义可配资源管理子系统中的保障项目台账、保障项目台账收支明细、支持项目台账、支持项目台账收支明细、保障项目资源配置方案、保障项目配置方案保障对象明细、支持项目资源配置方案、支持项目配置方案支持对象明细、资源配置方案明细等数据结构的具体要求。

4.9 配给管理数据结构

4.9.1 说明配给管理数据应满足的要求。

4.9.2~4.9.9 定义配给管理子系统中的保障对象配给顺序、保障对象选房、保障对象合同签约、配给合同电子档案、补贴应发、补贴实发、支持对象资金拨付配置计划、土地供应记录信息等数据结构的具体要求。

4.10 配后管理数据结构

4.10.1 说明配后管理数据应满足的要求。

4.10.2~4.10.9 定义配后管理子系统中的已配售房源退回、已配售房源再上市、已配租房源入住管理、已配租房源腾退管理、已配租房源租金应收、已配租房源租金实收、每月固定发生款项、保障对象年审等数据结构的具体要求。

4.11 规划计划数据结构

4.11.1 说明规划计划管理数据应满足的要求。

4.11.2~4.11.10 定义规划计划管理子系统中的住房建设规划、保障户数规划指标、住房保障规划宏观指标、住房年度建设计划、住房保障年度计划指标、年度计划建设项目储备、补贴标准、以奖代补因素值、中央省级补助资金分配信息等数据结构的具体要求。

4.12 监督管理数据结构

4.12.1 说明监督管理数据应满足的要求。

4.12.2~14.12.9 定义监督管理子系统中的专项检查、投诉处理信息、保障对象信用管理、支持对象行政奖罚、住房保障工作规范化考核、住房保障工作规范化考核结果通报和备案、行政机关工作人员考核评价信息、行政机关工作人员行政奖罚及通报等数据结构的具体要求。

4.13 统计分析数据结构

4.13.1 说明统计分析数据应满足的要求。

4.13.2~4.13.8 定义统计分析与信息发布子系统中的统计报表制度信息、报表定义、统计指标集合（组）、统计报表横向维度指标、统计报表纵向维度指标、报表与横纵向维度关系、报表填报表等数据结构的具体要求。

表4.13.2 统计报表中的报表制度编号应采用上级发布的报表制度文件编号，如："关于印发《低收入家庭住房保障统计报表制度》的通知"的统计报表制度编号为"建保〔2008〕79号"。

表4.13.3 统计报表中的报表编号应采用上级发布统计报表制度中报表的顺序号，如"关于印发《城市低收入家庭住房保障统计报表制度》的通知"中《一、城市廉租住房保障对象条件情况》的报表编号为"1"。

表4.13.5 统计报表中的维度指标编号应采用上级发布的统计报表中横向的代码，如《一、城市廉租住房保障对象条件情况》中，横向维度指标"数量"的指标编码为"1"。

表4.13.6 统计报表中的维度指标编号应采用上级发布的统计报表中纵向的代码，如《一、城市廉租住房保障对象条件情况》中，纵向指标"按人均标准：家庭人均月收入"的指标编码为"101"。

表4.13.8 统计报表中的填报指标编号应利用报表制度编号、报表编号、横维指标编号和纵维指标编号按照"报表制度编号－报表编号－横维指标编号－纵维指标编号"的规则编号。报表填报表中的报表制度编号、报表编号、横维指标编号和纵维指标编号应严格按照第4.13.3、4.13.5、4.13.6条所规定的编号规则，保证统计报表在各级主管部门向上级上报数据时做到数据分类的统一。示例如下：

报表制度编号	报表制度名称	报表编号	报表名称	横向维度编号	横向维度名称	纵向维度编号	纵向维度名称	填报指标编号
建保〔2008〕79号	城市低收入家庭住房保障统计报表制度	1	城市廉租住房保障对象条件情况	1	数量	101	按人均标准：家庭人均月收入	建保〔2008〕79号-1-1-101

续表

报表制度编号	报表制度名称	报表编号	报表名称	横向维度编号	横向维度名称	纵向维度编号	纵向维度名称	填报指标编号
						102	按户标准：1人户家庭月收入	建保[2008]79号-1-1-102
						103	2人户家庭月收入	建保[2008]79号-1-1-103
						...	......	建保[2008]79号-1-1-...
		2	城市廉租住房保障标准情况	1	数量	101	一、市场平均租金	建保[2008]79号-2-1-101
						102	二、公有住房平均租金	建保[2008]79号-2-1-102
						103	三、实物配租的租金标准	建保[2008]79号-2-1-103
						...	......	建保[2008]79号-2-1-...
		...	......					
建保[2009]293号	保障性安居工程统计报表制度	1	工程项目投资情况基层表	1	合计	101	中央补助项目建设总投资	建保[2009]293号-1-1-101
						102	其中：中央补助资金	建保[2009]293号-1-1-102
						103	省级财政补助	建保[2009]293号-1-1-103
						...	......	
				2	2008年	101	中央补助项目建设总投资	建保[2009]293号-1-2-101
						102	其中：中央补助资金	建保[2009]293号-1-2-102
						103	省级财政补助	建保[2009]293号-1-2-103
						...	......	
				...	......			
		2	工程项目进度情况基层表	1	合计	101	中央补助项目个数	建保[2009]293号-2-1-101
						102	其中：本期末未开工项目个数	建保[2009]293号-2-1-102
						103	本期末已开工项目个数	建保[2009]293号-2-1-103

续表

报表制度编号	报表制度名称	报表编号	报表名称	横向维度编号	横向维度名称	纵向维度编号	纵向维度名称	填报指标编号
						...	......	
				2	2008年	101	中央补助项目个数	建保[2009] 293号-2-2-101
						102	其中：本期末未开工项目个数	建保[2009] 293号-2-2-102
						103	本期末已开工项目个数	建保[2009] 293号-2-2-103

附录A 属性值字典表

A.1~A.84 列举本标准数据结构中用到的字典表。每个字典表的结构应包括两个字段：

1 代码：可以是整型数字，也可以是字符串，在数据库中以代码存储。

2 名称：用于描述代码字段含义的字符串。

字典表代码一旦确定不可修改，新增的代码项不能占用已有的代码。

其中，A.29 社区字典表用于村民委员会、居民委员会及类似村级单位的行政区划代码。代码的1~6位码段应采用现行国家标准《中华人民共和国行政区划代码》GB/T 2260，7~9位码段应采用现行国家标准《县级以下行政区划代码编制规则》GB/T 10114，10~12位码段应采用国家统计局发布的《统计用区划代码》，每年更新一次。

三、附录 工程建设国家标准与住房和城乡建设部行业标准目录

工程建设国家标准目录

序号	标准编号	标准名称	出版社
1	GB/T 50001—2010	房屋建筑制图统一标准	计划
2	GB 50002—2013 代替	建筑模数协调标准	建工
3	GB 50003—2011	砌体结构设计规范	建工
4	GB 50005—2003（2005 年版）	木结构设计规范	建工
5	GB/T 50006—2010	厂房建筑模数协调标准	计划
6	GB 50007—2011	建筑地基基础设计规范	建工
7	GB 50009—2012	建筑结构荷载规范	建工
8	GB 50010—2010	混凝土结构设计规范	建工
9	GB 50011—2010	建筑抗震设计规范	建工
10	GB 50012—2012	Ⅲ、Ⅳ级铁路设计规范	计划
11	GB 50013—2006	室外给水设计规范	计划
12	GB 50014—2006（2011 年版）	室外排水设计规范	计划
13	GB 50015—2003（2009 年版）	建筑给水排水设计规范	计划
14	GB 50016—2006	建筑设计防火规范	计划
15	GB 50017—2003	钢结构设计规范	计划
16	GB 50018—2002	冷弯薄壁型钢结构技术规范	计划
17	GB 50019—2003	采暖通风和空气调节设计规范	计划
18	GB 50021—2001（2009 年版）	岩土工程勘察规范	建工
19	GBJ 22—1987	厂矿道路设计规范	计划
20	GB 50023—2009	建筑抗震鉴定标准	建工
21	GB 50025—2004	湿陷性黄土地区建筑规范	建工
22	GB 50026—2007	工程测量规范	计划
23	GB 50027—2001	供水水文地质勘察规范	计划
24	GB 50028—2006	城镇燃气设计规范	建工
25	GB 50029—2003	压缩空气站设计规范	计划
26	GB 50030—1991	氧气站设计规范	计划
27	GB 50031—1991	乙炔站设计规范	计划
28	GB 50032—2003	室外给水排水和燃气热力工程抗震设计规范	建工
29	GB 50033—2013	建筑采光设计标准	建工
30	GB 50034—2004	建筑照明设计标准	建工
31	GB 50037—1996	建筑地面设计规范	计划
32	GB 50038—2005	人民防空地下室设计规范	内部发行
33	GB 50039—2010	农村防火规范	建工
34	GB 50040—1996	动力机器基础设计规范	计划
35	GB 50041—2008	锅炉房设计规范	计划
36	GB 50045—1995（2005 年版）	高层民用建筑设计防火规范	计划
37	GB 50046—2008	工业建筑防腐蚀设计规范	计划

序号	标 准 编 号	标 准 名 称	出版社
38	GB 50049—2011	小型火力发电厂设计规范	计划
39	GB 50050—2007	工业循环冷却水处理设计规范	计划
40	GB 50051—2013	烟囱设计规范	计划
41	GB 50052—2009	供配电系统设计规范	计划
42	GB 50053—1994	10kV 及以下变电所设计规范	计划
43	GB 50054—2011	低压配电设计规范	计划
44	GB 50055—2011	通用用电设备配电设计规范	计划
45	GB 50056—1993	电热设备电力装置设计规范	计划
46	GB 50057—2010	建筑物防雷设计规范	计划
47	GB 50058—1992	爆炸和火灾危险环境电力装置设计规范	计划
48	GB 50059—2011	35～110kV 变电站设计规范	计划
49	GB 50060—2008	3～110kV 高压配电装置设计规范	计划
50	GB 50061—2010	66kV 及以下架空电力线路设计规范	计划
51	GB/T 50062—2008	电力装置的继电保护和自动装置设计规范	计划
52	GB/T 50063—2008	电力装置的电测量仪表装置设计规范	计划
53	GBJ 64—1983	工业与民用电力装置的过电压保护设计规范	计划
54	GB/T 50065—2011	交流电器装置的接地设计规范	计划
55	GB 50067—1997	汽车库、修车库、停车场设计防火规范	计划
56	GB 50068—2001	建筑结构可靠度设计统一标准	建工
57	GB 50069—2002	给水排水工程构筑物结构设计规范	建工
58	GB 50070—2009	矿山电力设计规范	计划
59	GB 50071—2002	小型水力发电站设计规范	计划
60	GB 50072—2010	冷库设计规范	计划
61	GB 50073—2001	洁净厂房设计规范	计划
62	GB 50074—2002	石油库设计规范	计划
63	GB 50076—2013	室内混响时间测量规范	建工
64	GB 50077—2003	钢筋混凝土筒仓设计规范	计划
65	GB 50078—2008	烟囱工程施工及验收规范	计划
66	GB/T 50080—2002	普通混凝土拌合物性能试验方法标准	建工
67	GB/T 50081—2002	普通混凝土力学性能试验方法标准	建工
68	GB/T 50082—2009	普通混凝土长期性能和耐久性能试验方法标准	建工
69	GB/T 50083—1997	建筑结构设计术语和符号标准	建工
70	GB 50084—2001（2005 年版）	自动喷水灭火系统设计规范	计划
71	GB/T 50085—2007	喷灌工程技术规范	计划
72	GB 50086—2001	锚杆喷射混凝土支护技术规范	计划
73	GBJ 87—1985	工业企业噪声控制设计规范	
74	GB 50089—2007	民用爆破器材工程设计安全规范	计划

序号	标 准 编 号	标 准 名 称	出版社
75	GB 50090—2006	铁路线路设计规范	计划
76	GB 50091—2006	铁路车站及枢纽设计规范	计划
77	GB 50092—1996	沥青路面施工及验收规范	计划
78	GB 50093—2013 GB 50093—2002	自动化仪表工程施工及验收规范 工业自动化仪表工程施工及验收规范	计划
79	GB 50094—2010	球形储罐施工规范	计划
80	GB/T 50095—1998	水文基本术语和符号标准	计划
81	GB 50096—2011	住宅设计规范	建工
82	GBJ 97—1987	水泥混凝土路面施工及验收规范	计划
83	GB 50098—2009	人民防空工程设计防火规范	计划
84	GB 50099—2011	中小学校设计规范	建工
85	GB/T 50102—2003	工业循环水冷却设计规范	计划
86	GB/T 50103—2010	总图制图标准	计划
87	GB/T 50104—2010	建筑制图标准	计划
88	GB/T 50105—2010	建筑结构制图标准	建工
89	GB/T 50106—2010	建筑给水排水制图标准	建工
90	GB/T 50107—2010	混凝土强度检验评定标准	建工
91	GB 50108—2008	地下工程防水技术规范	计划
92	GB 50109—2006	工业用水软化除盐设计规范	计划
93	GBJ 110—1987	卤代烷 1211 灭火系统设计规范	计划
94	GB 50111—2006（2009 年版）	铁路工程抗震设计规范	计划
95	GB 50112—2013	膨胀土地区建筑技术规范	建工
96	GB 50113—2005	滑动模板工程技术规范	计划
97	GB/T 50114—2010	暖通空调制图标准	建工
98	GB 50115—2009	工业电视系统工程设计规范	计划
99	GB 50116—1998	火灾自动报警系统设计规范	计划
100	GBJ 117—1988	工业构筑物抗震鉴定标准	计划
101	GBJ 118—2010	民用建筑隔声设计规范	计划
102	GB 50119—2013	混凝土外加剂应用技术规范	建工
103	GB/T 50121—2005	建筑隔声评价标准	建工
104	GBJ 122—1988	工业企业噪声测量规范	计划
105	GB/T 50123—1999	土工试验方法标准	计划
106	GBJ 124—1988	道路工程术语标准	计划
107	GB/T 50125—2010	给水排水工程基本术语标准	计划
108	GB 50126—2008	工业设备及管道绝热工程施工及验收规范	计划
109	GB 50127—2007	架空索道工程技术规范	计划
110	GB 50128—2005	立式圆筒形钢制焊接油罐施工及验收规范	计划

序号	标准编号	标准名称	出版社
111	GBJ 129—2011	砌体基本力学性能试验方法标准	建工
112	GBJ 130—1990	钢筋混凝土升板结构技术规范	建工
113	GB 50131—2007	自动化仪表工程施工质量验收规范	计划
114	GBJ 132—1990	工程结构设计基本术语和通用符号	计划
115	GB 50134—2004	人民防空工程施工及验收规范	计划
116	GB 50135—2006	高耸结构设计规范	计划
117	GB 50136—2011	电镀废水治理设计规范	计划
118	GB 50137—2011	城市用地分类与规划建设用地标准	建工
119	GB/T 50138—2010	水位观测标准	计划
120	GB 50139—2004	内河通航标准	计划
121	GB 50140—2005	建筑灭火器配置设计规范	计划
122	GB 50141—2008	给水排水构筑物工程施工及验收规范	建工
123	GBJ 142—1990	中、短波广播发射台与电缆载波通信系统的防护间距标准	计划
124	GBJ 143—1990	架空电力线路、变电所对电视差转台、转播台无线电干扰防护间距标准	计划
125	GB 50144—2008	工业建筑可靠性鉴定标准	建工
126	GB 50145—2007	土的工程分类标准	计划
127	GBJ 146—1990	粉煤灰混凝土应用技术规范	计划
128	GB 50147—2010	电气装置安装工程 高压电器施工及验收规范	计划
129	GB 50148—2010	电气装置安装工程 电力变压器、油浸电抗器、互感器施工及验收规范	计划
130	GB 50149—2010	电气装置安装工程 母线装置施工及验收规范	计划
131	GB 50150—2006	电气装置安装工程 电气设备交接试验标准	计划
132	GB 50151—2010	泡沫灭火系统设计规范	计划
133	GB/T 50152—2012	混凝土结构试验方法标准	建工
134	GB 50153—2008	工程结构可靠度设计统一标准	计划
135	GB 50154—2009	地下及覆土火药炸药仓库设计安全规范	计划
136	GB 50155—1992	采暖通风与空气调节术语标准	计划
137	GB 50156—2012	汽车加油加气站设计与施工规范	计划
138	GB 50157—2013	地铁设计规范	建工
139	GB 50158—2010	港口工程结构可靠性设计统一标准	计划
140	GB 50159—1992	河流悬移质泥沙测验规范	计划
141	GB 50160—2008	石油化工企业设计防火规范	计划
142	GB 50161—2009	烟花爆竹工程设计安全规范	计划
143	GB 50162—1992	道路工程制图标准	计划
144	GB 50163—1992	卤代烷 1301 灭火系统设计规范	计划
145	GB 50164—2011	混凝土质量控制标准	建工

序号	标 准 编 号	标 准 名 称	出版社
146	GB 50165—1992	古建筑木结构维护与加固技术规范	建工
147	GB 50166—2007	火灾自动报警系统施工及验收规范	计划
148	GB 50167—1992	工程摄影测量标准	计划
149	GB 50168—2006	电气装置安装工程 电缆线路施工及验收规范	计划
150	GB 50169—2006	电气装置安装工程 接地装置施工及验收规范	计划
151	GB 50170—2006	电气装置安装工程 旋转电机施工及验收规范	计划
152	GB 50171—2012	电气装置安装工程 盘、柜及二次回线结线施工及验收规范	计划
153	GB 50172—2012	电气装置安装工程 蓄电池施工及验收规范	计划
154	GB 50173—1992	电气装置安装工程 35kV 及以下架空电力线路施工及验收规范	计划
155	GB 50174—2008	电子信息系统机房设计规范	计划
156	GB 50175—1993	露天煤矿工程施工及验收规范	计划
157	GB 50176—1993	民用建筑热工设计规范	计划
158	GB 50177—2005	氢气站设计规范	计划
159	GB 50178—1993	建筑气候区划标准	计划
160	GB 50179—1993	河流流量测量规范	计划
161	GB 50180—1993（2002 年版）	城市居住区规划设计规范	建工
162	GB 50181—1993（1998 年版）	蓄滞洪区建筑工程技术规范	计划
163	GB 50183—2004	石油天然气工程设计防火规范	计划
164	GB 50184—2011	工业金属管道工程施工质量验收规范	计划
165	GB 50185—2010	工业设备及管道绝热工程施工质量验收规范	计划
166	GB 50186—1993	港口工程基本术语标准	计划
167	GB 50187—2012	工业企业总平面设计规范	计划
168	GB 50188—2007	镇规划标准	建工
169	GB 50189—2005	公共建筑节能设计标准	建工
170	GB 50190—1993	多层厂房楼盖抗微振设计规范	计划
171	GB 50191—2012	构筑物抗震设计规范	计划
172	GB 50193—1993（2010 年版）	二氧化碳灭火系统设计规范	计划
173	GB 50194—1993	建设工程施工现场供用电安全规范	计划
174	GB 50195—2013	发生炉煤气站设计规范	计划
175	GB 50197—2005	煤炭工业露天矿设计规范	计划
176	GB 50198—2011	民用闭路监视电视系统工程技术规范	计划
177	GB 50199—1994	水利水电工程结构可靠度设计统一标准	计划
178	GB 50200—1994	有线电视系统工程技术规范	计划
179	GB 50201—1994	防洪标准	计划
180	GB 50201—2012	土方与爆破工程施工及验收规范	建工
181	GB 50202—2002	建筑地基基础工程施工质量验收规范	计划

序号	标准编号	标准名称	出版社
182	GB 50203—2011	砌体结构工程施工质量验收规范	建工
183	GB 50204—2002（2010年版）	混凝土结构工程施工质量验收规范	建工
184	GB 50205—2001	钢结构工程施工质量验收规范	计划
185	GB 50206—2012	木结构工程施工质量验收规范	建工
186	GB 50207—2012	屋面工程质量验收规范	建工
187	GB 50208—2011	地下防水工程质量验收规范	建工
188	GB 50209—2010	建筑地面工程施工质量验收规范	计划
189	GB 50210—2001	建筑装饰装修工程质量验收规范	建工
190	GB 50211—2004	工业炉砌筑工程施工及验收规范	计划
191	GB 50212—2002	建筑防腐蚀工程施工及验收规范	计划
192	GB 50213—2010	矿山井巷工程质量验收规范	计划
193	GB/T 50214—2013	组合钢模版技术规范	计划
194	GB 50215—2005	煤炭工业矿井设计规范	计划
195	GB 50216—1994	铁路工程结构可靠度设计统一标准	计划
196	GB 50217—2007	电力工程电缆设计规范	计划
197	GB 50218—1994	工程岩体分级标准	计划
198	GB 50219—1995	水喷雾灭火系统设计规范	计划
199	GB 50220—1995	城市道路交通规划设计规范	计划
200	GB 50222—1995（2001年版）	建筑内部装修设计防火规范	建工
201	GB 50223—2008	建筑工程抗震设防分类标准	建工
202	GB 50224—2010	建筑防腐蚀工程施工质量验收规范	计划
203	GB 50225—2005	人民防空工程设计规范	内部发行
204	GB 50226—2007（2011年版）	铁路旅客车站建筑设计规范	计划
205	GB 50227—2008	并联电容器装置设计规范	计划
206	GB/T 50228—2011	工程测量基本术语标准	计划
207	GB 50229—2006	火力发电厂与变电所设计防火规范	计划
208	GB 50231—2009	机械设备安装工程施工及验收通用规范	计划
209	GB 50233—2005	110~500kV架空送电线路施工及验收规范	计划
210	GB 50235—2010	工业金属管道工程施工规范	计划
211	GB 50236—2011	现场设备、工业管道焊接工程施工规范	计划
212	GB 50242—2002	建筑给水排水及采暖工程施工质量验收规范	建工
213	GB 50243—2002	通风与空调工程施工质量验收规范	计划
214	GB 50251—2003	输气管道工程设计规范	计划
215	GB 50252—2010	工业安装工程施工质量验收统一标准	计划
216	GB 50253—2003（2006年版）	输油管道工程设计规范	计划
217	GB 50254—1996	电气装置安装工程低压电器施工及验收规范	计划
218	GB 50255—1996	电气装置安装工程电力变流设备施工及验收规范	计划

工程建设国家标准目录

序号	标准编号	标准名称	出版社
219	GB 50256—1996	电气装置安装工程起重机电气装置施工及验收规范	计划
220	GB 50257—1996	电气装置安装工程爆炸和火灾危险环境电气装置施工及验收规范	计划
221	GB 50260—2013	电力设施抗震设计规范	计划
222	GB 50261—2005	自动喷水灭火系统施工及验收规范	计划
223	GB/T 50262—1997	铁路工程基本术语标准	计划
224	GB 50263—2007	气体灭火系统施工及验收规范	计划
225	GB 50264—2013	工业设备及管道绝热工程设计规范	计划
226	GB/T 50265—2010	泵站设计规范	计划
227	GB/T 50266—2013	工程岩体试验方法标准	计划
228	GB 50267—1997	核电厂抗震设计规范	计划
229	GB 50268—2008	给水排水管道工程施工及验收规范	建工
230	GB/T 50269—1997	地基动力特性测试规范	计划
231	GB 50270—2010	输送设备安装工程施工及验收规范	计划
232	GB 50271—2009	金属切削机床安装工程施工及验收规范	计划
233	GB 50272—2009	锻压设备安装工程施工及验收规范	计划
234	GB 50273—2009	工业锅炉安装工程施工及验收规范	计划
235	GB 50274—2010	制冷设备、空气分离设备安装工程施工及验收规范	计划
236	GB 50275—2010	风机、压缩机、泵安装工程施工及验收规范	计划
237	GB 50276—2010	破碎、粉磨设备安装工程施工及验收规范	计划
238	GB 50277—2010	铸造设备安装工程施工及验收规范	计划
239	GB 50278—2010	起重设备安装工程施工及验收规范	计划
240	GB/T 50279—1998	岩土工程基本术语标准	计划
241	GB/T 50280—1998	城市规划基本术语标准	建工
242	GB 50281—2006	泡沫灭火系统施工及验收规范	计划
243	GB 50282—1998	城市给水工程规划规范	建工
244	GB/T 50283—1999	公路工程结构可靠度设计统一标准	计划
245	GB 50284—2008	飞机库设计防火规范	计划
246	GB 50285—1998	调幅收音台和调频电视转播台与公路的防护间距标准	计划
247	GB 50286—2013	堤防工程设计规范	计划
248	GB 50287—2006	水力发电工程地质勘察规范	计划
249	GB 50288—1999	灌溉与排水工程设计规范	计划
250	GB 50289—1998	城市工程管线综合规划规范	建工
251	GB 50290—1998	土工合成材料应用技术规范	计划
252	GB/T 50291—1999	房地产估价规范	建工
253	GB 50292—1999	民用建筑可靠性鉴定标准	建工
254	GB 50293—1999	城市电力规划规范	建工

序号	标准编号	标准名称	出版社
255	GB/T 50294—1999	核电厂总平面及运输设计规范	计划
256	GB 50295—2008	水泥工厂设计规范	计划
257	GB 50296—1999	供水管井技术规范	计划
258	GB/T 50297—2006	电力工程基本术语标准	计划
259	GB 50298—1999	风景名胜区规划规范	建工
260	GB 50299—1999（2003 年版）	地下铁道工程施工及验收规范	计划
261	GB 50300—2001	建筑工程施工质量验收统一标准	建工
262	GB 50303—2002	建筑电气工程施工质量验收规范	计划
263	GB 50307—2012	城市轨道交通岩土工程勘察规范	计划
264	GB 50308—2008	城市轨道交通工程测量规范	建工
265	GB 50309—2007	工业炉砌筑工程质量验收规范	计划
266	GB 50310—2002	电梯工程施工质量验收规范	建工
267	GB 50311—2007	综合布线系统工程设计规范	计划
268	GB 50312—2007	综合布线系统工程验收规范	计划
269	GB 50313—2013	消防通信指挥系统设计规范	计划
270	GB/T 50314—2006	智能建筑设计标准	计划
271	GB/T 50315—2011	砌体工程现场检测技术标准	建工
272	GB 50316—2000（2008 年版）	工业金属管道设计规范	计划
273	GB 50317—2009	猪屠宰与分割车间设计规范	计划
274	GB 50318—2000	城市排水工程规划规范	建工
275	GB/T 50319—2013	建设工程监理规范	建工
276	GB 50320—2001	粮食平房仓设计规范	计划
277	GB 50322—2011	粮食钢板筒仓设计规范	计划
278	GB/T 50323—2001	城市建设档案著录规范	建工
279	GB 50324—2001	冻土工程地质勘察规范	计划
280	GB 50325—2010（2013 年版）	民用建筑工程室内环境污染控制规范	计划
281	GB/T 50326—2006	建设工程项目管理规范	建工
282	GB 50327—2001	住宅装饰装修工程施工规范	建工
283	GB/T 50328—2001	建设工程文件归档整理规范	建工
284	GB/T 50329—2012	木结构试验方法标准	建工
285	GB 50330—2002	建筑边坡工程技术规范	建工
286	GB/T 50331—2002	城市居民生活用水量标准	建工
287	GB 50332—2002	给水排水工程管道结构设计规范	建工
288	GB 50333—2002	医院洁净手术部建筑技术规范	计划
289	GB 50334—2002	城市污水处理厂工程质量验收规范	建工
290	GB 50335—2002	污水再生利用工程设计规范	建工
291	GB 50336—2002	建筑中水设计规范	计划

序号	标准编号	标准名称	出版社
292	GB 50337—2003	城市环境卫生设施规划规范	建工
293	GB 50338—2003	固定消防炮灭火系统设计规范	计划
294	GB 50339—2013	智能建筑工程质量验收规范	建工
295	GB/T 50340—2003	老年人居住建筑设计标准	建工
296	GB 50341—2003	立式圆筒形钢制焊接油罐设计规范	计划
297	GB 50342—2003	混凝土电视塔结构技术规范	计划
298	GB 50343—2012	建筑物电子信息系统防雷技术规范	建工
299	GB/T 50344—2004	建筑结构检测技术标准	建工
300	GB 50345—2012	屋面工程技术规范	建工
301	GB 50346—2011	生物安全实验室建筑技术规范	建工
302	GB 50347—2004	干粉灭火系统设计规范	计划
303	GB 50348—2004	安全防范工程技术规范	计划
304	GB/T 50349—2005	建筑给水聚丙烯管道工程技术规范	计划
305	GB 50350—2005	油气集输设计规范	计划
306	GB 50351—2005	储罐区防火堤设计规范	计划
307	GB 50352—2005	民用建筑设计通则	建工
308	GB 50353—2005	建筑工程建筑面积计算规范	计划
309	GB 50354—2005	建筑内部装修防火施工及验收规范	计划
310	GB/T 50355—2005	住宅建筑室内振动限值及其测量方法标准	建工
311	GB/T 50356—2005	剧场、电影院和多用途厅堂建筑声学设计规范	计划
312	GB 50357—2005	历史文化名城保护规划规范	建工
313	GB/T 50358—2005	建设项目工程总承包管理规范	建工
314	GB 50359—2005	煤矿洗选工程设计规范	计划
315	GB 50360—2005	水煤浆工程设计规范	计划
316	GB/T 50361—2005	木骨架组合墙体技术规范	计划
317	GB/T 50362—2005	住宅性能评定技术标准	建工
318	GB/T 50363—2006	节水灌溉工程技术规范	计划
319	GB 50364—2005	民用建筑太阳能热水系统应用技术规范	建工
320	GB 50365—2005	空调通风系统运行管理规范	建工
321	GB 50366—2005（2009 年版）	地源热泵系统工程技术规范	建工
322	GB 50367—2006	混凝土结构加固设计规范	建工
323	GB 50368—2005	住宅建筑规范	建工
324	GB 50369—2006	油气长输管道工程施工及验收规范	计划
325	GB 50370—2005	气体灭火系统设计规范	计划
326	GB 50371—2006	厅堂扩声系统设计规范	计划
327	GB 50372—2006	炼铁机械设备工程安装验收规范	计划
328	GB 50373—2006	通信管道与通信工程设计规范	计划

工程建设国家标准目录

序号	标准编号	标准名称	出版社
329	GB 50374—2006	通信管道工程施工及验收规范	计划
330	GB/T 50375—2006	建筑工程施工质量评价标准	建工
331	GB 50376—2006	橡胶工厂节能设计规范	计划
332	GB 50377—2006	选矿机械设备工程安装验收规范	计划
333	GB/T 50378—2006	绿色建筑评价标准	建工
334	GB/T 50379—2006	工程建设勘察企业质量管理规范	建工
335	GB/T 50380—2006	工程建设设计企业质量管理规范	建工
336	GB 50381—2010	城市轨道交通自动售检票系统工程质量验收规范	计划
337	GB 50382—2006	城市轨道交通通信工程质量验收规范	计划
338	GB 50383—2006	煤矿堤井下消防、洒水设计规范	计划
339	GB 50384—2007	煤矿立井井筒及硐室设计规范	计划
340	GB 50385—2006	矿山井架设计规范	计划
341	GB 50386—2006	轧机机械设备工程安装验收规范	计划
342	GB 50387—2006	冶金机械液压、润滑和气动设备工程安装验收规范	计划
343	GB 50388—2006	煤矿井下机车运输信号设计规范	计划
344	GB 50389—2006	750kV架空送电线路施工及验收规范	计划
345	GB 50390—2006	焦化机械设备工程安装验收规范	计划
346	GB 50391—2006	油田注水工程设计规范	计划
347	GB 50392—2006	机械通风冷却塔工艺设计规范	计划
348	GB 50393—2008	钢质石油储罐防腐蚀工程技术规范	计划
349	GB 50394—2007	入侵报警系统工程设计规范	计划
350	GB 50395—2007	视频安防监控系统工程设计规范	计划
351	GB 50396—2007	出入口控制系统工程设计规范	计划
352	GB 50397—2007	冶金电气设备工程安装验收规范	计划
353	GB 50398—2006	无缝钢管工艺设计规范	计划
354	GB 50399—2006	煤碳工业小型矿井设计规范	计划
355	GB 50400—2006	建筑与小区雨水利用工程技术规范	建工
356	GB 50401—2007	消防通信指挥系统施工及验收规范	计划
357	GB 50402—2007	烧结机械设备工程安装验收规范	计划
358	GB 50403—2007	炼钢机械设备工程安装验收规范	计划
359	GB 50404—2007	硬泡聚氨酯保温防水工程技术规范	计划
360	GB 50405—2007	钢铁工业资源综合利用设计规范	计划
361	GB 50406—2007	钢铁工业环保保护设计规范	计划
362	GB 50408—2007	烧结厂设计规范	计划
363	GB 50410—2007	小型型钢轧钢工艺设计规范	计划
364	GB 50411—2007	建筑节能工程施工质量验收规范	建工
365	GB/T 50412—2007	厅堂音质模型试验规范	建工

序号	标 准 编 号	标 准 名 称	出版社
366	GB 50413—2007	城市抗震防灾规划标准	建工
367	GB 50414—2007	钢铁冶金企业设计防火规范	计划
368	GB 50415—2007	煤矿斜井井筒及硐室设计规范	计划
369	GB 50416—2007	煤矿井底车场硐室设计规范	计划
370	GB 50417—2007	煤矿井下供配电设计规范	计划
371	GB 50418—2007	煤矿井下热害防治设计规范	计划
372	GB 50419—2007	煤矿巷道断面和交岔点设计规范	计划
373	GB 50420—2007	城市绿地设计规范	计划
374	GB 50421—2007	有色金属矿山排土场设计规范	计划
375	GB 50422—2007	预应力混凝土路面工程技术规范	计划
376	GB 50423—2007	油气输送管道穿越工程设计规范	计划
377	GB 50424—2007	油气输送管道穿越工程施工规范	计划
378	GB 50425—2008	纺织工业企业环境保护设计规范	计划
379	GB 50426—2007	印染工厂设计规范	计划
380	GB 50427—2008	高炉炼铁工艺设计规范	计划
381	GB 50428—2007	油田采出水处理设计规范	计划
382	GB 50429—2007	铝合金结构设计规范	计划
383	GB/T 50430—2007	工程建设施工企业质量管理规范	建工
384	GB 50431—2008	带式输送机工程设计规范	计划
385	GB 50432—2007	炼焦工艺设计规范	计划
386	GB 50433—2008	开发建设项目水土保持技术规范	计划
387	GB 50434—2008	开发建设项目水土流失防治标准	计划
388	GB 50435—2007	平板玻璃工厂设计规范	计划
389	GB 50436—2007	线材轧钢工艺设计规范	计划
390	GB 50437—2007	城镇老年人设施规划规范	计划
391	GB 50438—2007	地铁运营安全评价标准	建工
392	GB 50439—2008	炼钢工艺设计规范	计划
393	GB 50440—2007	城市消防远程监控系统技术规范	计划
394	GB/T 50441—2007	石油化工设计能耗计算标准	计划
395	GB 50442—2008	城市公共设施规划规范	建工
396	GB 50443—2007	水泥工厂节能设计规范	计划
397	GB 50444—2008	建筑灭火器配置验收及检查规范	计划
398	GB 50445—2008	村庄整治技术规范	建工
399	GB 50446—2008	盾构法隧道施工与验收规范	建工
400	GB 50447—2008	实验动物设施建筑技术规范	建工
401	GB/T 50448—2008	水泥基灌浆材料应用技术规范	计划
402	GB 50449—2008	城市容貌标准	计划

序号	标 准 编 号	标 准 名 称	出版社
403	GB 50450—2008	煤矿主要通风机站设计规范	计划
404	GB 50451—2008	煤矿井下排水泵站及排水管路设计规范	计划
405	GB/T 50452—2008	古建筑防工业震动技术规范	建工
406	GB 50453—2008	石油化工建（构）筑物抗震设防分类标准	计划
407	GB 50454—2008	航空发动机试车台设计规范	计划
408	GB 50455—2008	地下水封石洞油库设计规范	计划
409	GB 50457—2008	医药工业洁净厂房设计规范	计划
410	GB 50458—2008	跨座式单轨交通设计规范	建工
411	GB 50459—2009	油气输送管道跨越工程设计规范	计划
412	GB 50460—2008	油气输送管道跨越工程施工规范	计划
413	GB 50461—2008	石油化工静设备安装工程施工质量验收规范	计划
414	GB 50462—2008	电子信息系统机房施工及验收规范	计划
415	GB 50463—2008	隔振设计规范	计划
416	GB 50464—2008	视频显示系统工程技术规范	计划
417	GB 50465—2008	煤炭工业矿区总体规划规范	计划
418	GB/T 50466—2008	煤炭工业供热通风与空气调节设计规范	计划
419	GB 50467—2008	微电子生产设备安装工程施工及验收规范	计划
420	GB 50468—2008	焊管工艺设计规范	计划
421	GB 50469—2008	橡胶工厂环境保护设计规范	计划
422	GB 50470—2008	油气输送管道线路工程抗震技术规范	计划
423	GB 50471—2008	煤矿瓦斯抽采工程设计规范	计划
424	GB 50472—2008	电子工业洁净厂房设计规范	计划
425	GB 50473—2008	钢制储罐地基基础设计规范	计划
426	GB 50474—2008	隔热耐磨衬里技术规范	计划
427	GB 50475—2008	石油化工全厂性仓库及堆场设计规范	计划
428	GB/T 50476—2008	混凝土结构耐久性设计规范	建工
429	GB 50477—2009	纺织工业企业职业安全卫生设计规范	计划
430	GB 50478—2008	地热电站岩土工程勘察规范	计划
431	GB/T 50479—2011	电力系统继电保护及自动化设备柜（屏）工程技术规范	计划
432	GB/T 50480—2008	冶金工业岩土勘察原位测试规范	计划
433	GB 50481—2009	棉纺织工厂设计规范	计划
434	GB 50482—2009	铝加工厂工艺设计规范	计划
435	GB 50483—2009	化工建设项目环境保护设计规范	计划
436	GB 50484—2008	石油化工建设工程施工安全技术规范	计划
437	GB/T 50485—2009	微灌工程技术规范	计划
438	GB 50486—2009	钢铁厂工业炉设计规范	计划
439	GB 50487—2008	水利水电工程地质勘察规范	计划

序号	标 准 编 号	标 准 名 称	出版社
440	GB 50488—2009	腈纶工厂设计规范	计划
441	GB 50489—2009	化工企业总图运输设计规范	计划
442	GB 50490—2009	城市轨道交通技术规范	建工
443	GB 50491—2009	铁矿球团工程设计规范	计划
444	GB 50492—2009	聚酯工厂设计规范	计划
445	GB 50493—2009	石油化工可燃气体和有毒气体检测报警设计规范	计划
446	GB 50494—2009	城镇燃气技术规范	建工
447	GB 50495—2009	太阳能供热采暖工程技术规范	建工
448	GB 50496—2009	大体积混凝土施工规范	计划
449	GB 50497—2009	建筑基坑工程监测技术规范	计划
450	GB 50498—2009	固定消防炮灭火系统施工与验收规范	计划
451	GB 50499—2009	麻纺织工厂设计规范	计划
452	GB 50500—2013	建筑工程工程量清单计价规范	计划
453	GB 50501—2007	水利工程工程量清单计价规范	计划
454	GB/T 50502—2009	建筑施工组织设计规范	建工
455	GB/T 50504—2009	民用建筑设计术语标准	计划
456	GB 50505—2009	高炉煤气干法袋式除尘设计规范	计划
457	GB 50506—2009	钢铁企业节水设计规范	计划
458	GB 50507—2010	铁路罐车清洗设施设计规范	计划
459	GB 50508—2010	涤纶工厂设计规范	计划
460	GB/T 50509—2009	灌区规划规范	计划
461	GB/T 50510—2009	泵站更新改造技术规范	计划
462	GB 50511—2010	煤矿井巷工程施工规范	计划
463	GB 50512—2009	冶金露天矿准轨铁路设计规范	计划
464	GB 50513—2009	城市水系规划规范	计划
465	GB 50514—2009	非织造布工厂设计规范	计划
466	GB 50515—2010	导（防）静电地面设计规范	计划
467	GB 50516—2010	加氢站技术规范	计划
468	GB 50517—2010	石油化工金属管道工程施工质量验收规范	计划
469	GB/T 50518—2010	矿井通风安全装备标准	计划
470	GB 50520—2009	核工业铀水冶厂尾矿库、尾渣库安全设计规范	计划
471	GB 50521—2009	核工业铀矿冶工程设计规范	计划
472	GB/T 50522—2009	核电厂建设工程监理规范	计划
473	GB 50523—2010	电子工业职业安全卫生设计规范	计划
474	GB 50524—2010	红外线同声传译系统工程技术规范	计划
475	GB/T 50525—2010	视频显示系统工程测量规范	计划
476	GB 50526—2010	公共广播系统工程技术规范	计划

序号	标准编号	标准名称	出版社
477	GB 50527—2009	平板玻璃工厂节能设计规范	计划
478	GB 50528—2009	烧结砖瓦工厂节能设计规范	计划
479	GB 50529—2009	维纶工厂设计规范	计划
480	GB 50530—2010	氧化铝厂工艺设计规范	计划
481	GB/T 50531—2009	建设工程计价设备材料划分标准	计划
482	GB 50532—2009	煤炭工业矿区机电设备修理设施设计规范	计划
483	GB 50533—2009	煤矿井下辅助运输设计规范	计划
484	GB 50534—2009	煤矿采区车场和硐室设计规范	计划
485	GB 50535—2009	煤矿井底车场设计规范	计划
486	GB 50536—2009	煤矿综采采区设计规范	计划
487	GB/T 50537—2009	油气田工程测量规范	计划
488	GB/T 50538—2010	埋地钢质管道防腐保温层技术标准	计划
489	GB/T 50539—2009	油气输送管道工程测量规范	计划
490	GB 50540—2012	石油天然气站内工艺管道工程施工规范	计划
491	GB 50541—2009	钢铁企业原料场工艺设计规范	计划
492	GB 50542—2009	石油化工厂区管线综合技术规范	计划
493	GB 50543—2009	建筑卫生陶瓷工厂节能设计规范	计划
494	GB 50544—2009	有色金属企业总图运输设计规范	计划
495	GB 50545—2010	110kV~750kV架空输电线路设计规范	计划
496	GB/T 50546—2009	城市轨道交通线网规划编制标准	建工
497	GB 50547—2010	尾矿堆积坝岩土工程技术规范	计划
498	GB 50548—2010	《330kV~750kV架空输电线路勘测规范》	计划
499	GB/T 50549—2010	电厂标识系统编码标准	计划
500	GB 50550—2010	建筑结构加固工程施工质量验收规范	建工
501	GB 50551—2010	球团机械设备安装工程质量验收规范	计划
502	GB/T 50552—2010	煤炭工业露天矿工程建设项目设计文件编制标准	计划
503	GB/T 50553—2010	煤碳工业选煤厂工程建设项目设计文件编制标准	计划
504	GB/T 50554—2010	煤碳工业矿井工程建设项目设计文件编制标准	计划
505	GB 50555—2010	民用建筑节水设计标准	建工
506	GB 50556—2010	工业企业电气设备抗震设计规范	计划
507	GB/T 50557—2010	重晶石防辐射混凝土应用技术规范	计划
508	GB 50558—2010	水泥工厂环境保护设计规范	计划
509	GB 50559—2010	玻璃工厂环境保护设计规范	计划
510	GB 50560—2010	建筑卫生陶瓷工厂设计规范	计划
511	GB/T 50561—2010	建材工业设备安装工程施工及验收规范	计划
512	GB/T 50562—2010	煤碳矿井工程基本术语标准	计划
513	GB/T 50563—2010	城市园林绿化评价标准	建工

序号	标准编号	标准名称	出版社
514	GB/T 50564—2010	金属非金属矿山采矿制图标准	计划
515	GB 50565—2010	纺织工程设计防火规范	计划
516	GB 50566—2010	冶金除尘设备工程安装与质量验收规范	计划
517	GB 50567—2010	炼铁工艺炉壳体结构技术规范	计划
518	GB 50568—2010	油气田及管道岩土工程勘察规范	计划
519	GB 50569—2010	钢铁企业热力设施设计规范	计划
521	GB/T 50571—2010	海上风力发电工程施工规范	计划
522	GB/T 50572—2010	核电厂工程地震调查与评价规范	计划
523	GB 50573—2010	双曲线冷却塔施工与质量验收规范	计划
524	GB 50574—2010	墙体材料应用统一技术规范	建工
525	GB 50575—2010	1kV 及以下配线工程施工与验收规范	计划
526	GB 50576—2010	铝合金结构工程施工质量验收规范	计划
527	GB 50577—2010	水泥工厂职业安全卫生设计规范	计划
528	GB 50578—2010	城市轨道交通信号工程施工质量验收规范	计划
529	GB 50579—2010	航空工业理化测试中心设计规范	计划
530	GB 50580—2010	连铸工程设计规范	计划
531	GB 50581—2010	煤炭工业矿井监测监控系统装备配置标准	计划
532	GB 50582—2010	室外作业场地照明设计标准	建工
533	GB 50583—2010	选煤厂建筑结构设计规范	计划
534	GB 50584—2010	煤气余压发电装置技术规范	计划
535	GB 50585—2010	岩土工程勘察安全规范	计划
536	GB 50586—2010	铝母线焊接工程施工及验收规范	计划
537	GB/T 50587—2010	水库调度设计规范	计划
538	GB 50588—2010	水泥工厂余热发电设计规范	计划
539	GB/T 50589—2010	环氧树脂自流平地面工程技术规范	计划
540	GB/T 50590—2010	乙烯基酯树脂防腐蚀工程技术规范	计划
541	GB 50591—2010	洁净室施工及验收规范	建工
542	GB 50592—2010	煤矿矿井建筑结构设计规范	计划
543	GB/T 50593—2010	煤炭矿井制图标准	计划
544	GB/T 50594—2010	水功能区划分标准	计划
545	GB 50595—2010	有色金属矿山节能设计规范	计划
546	GB/T 50596—2010	雨水集蓄利用工程技术规范	计划
547	GB/T 50597—2010	纺织工程常用术语、计量单位及符号标准	计划
548	GB 5050598—2010	水泥原料矿山工程设计规范	计划
549	GB 50599—2010	灌区改造技术规范	计划
550	GB/T 50600—2010	渠道防渗工程技术规范	计划
551	GB 50601—2010	建筑物防雷工程施工与质量验收规范	计划

序号	标 准 编 号	标 准 名 称	出版社
552	GB/T 50602—2010	球形储罐γ射线全景曝光现场检测标准	计划
553	GB 50603—2010	钢铁企业总图运输设计规范	计划
554	GB/T 50604—2010	民用建筑太阳能热水系统评价标准	建工
555	GB/T 50605—2010	住宅区和住宅建筑内设施工程设计规范	计划
556	GB 50606—2010	智能建筑工程施工规范	计划
557	GB 50607—2010	高炉喷吹煤粉工程设计规范	计划
558	GB 50608—2010	纤维增强复合材料建设工程应用技术规范	计划
559	GB/T 50609—2010	石油化工工厂信息系统设计规范	计划
560	GB/T 50610—2010	车用乙醇汽油储运设计规范	计划
561	GB 50611—2010	电子工程防静电设计规范	计划
562	GB 50612—2010	冶金矿山选矿厂工艺设计规范	计划
563	GB 50613—2010	城市配电网规划设计规范	计划
564	GB 50614—2010	跨座式单轨交通施工及验收规范	建工
565	GB 50615—2010	冶金工业水文地质勘察规范	计划
566	GB 50616—2010	钢冶炼厂工艺设计规范	计划
567	GB 50617—2010	建筑电气照明装置施工与验收规范	计划
568	GB 50618—2011	房屋建筑和市政基础设施工程质量检测技术管理规范	建工
569	GB/T 50619—2010	火力发电厂海水淡化工程设计规范	计划
570	GB/T 50620—2010	粘胶纤维工厂设计规范	计划
571	GB/T 50621—2010	钢结构现场检测技术标准	建工
573	GB/T 50622—2010	用户电话交换系统工程设计规范	计划
574	GB/T 50623—2010	用户电话交换系统工程验收规范	计划
575	GB/T 50624—2010	住宅区和住宅建筑内通信设施工程设计规范	计划
576	GB/T 50625—2010	机井技术规范	计划
577	GB/T 50626—2010	住房公积金支持保障性住房建设项目贷款业务规范	建工
578	GB/T 50627—2010	城镇供热系统评价标准	建工
579	GB 50628—2010	钢管混凝土工程施工质量验收规范	建工
580	GB 50629—2010	板带轧钢工艺设计规范	计划
581	GB 50630—2010	有色金属工程设计防火规范	计划
582	GB 50631—2010	住宅信报箱工程技术规范	计划
583	GB 50632—2010	钢铁企业节能设计规范	计划
584	GB 50633—2010	核电厂工程测量技术规范	计划
585	GB 50634—2010	水泥窑协同处置工业废物设计规范	计划
586	GB 50635—2010	会议电视会场系统工程设计规范	计划
587	GB 50636—2010	城市轨道交通综合监控系统工程设计规范	计划
588	GB/T 50637—2010	弹体毛坯旋压工艺设计规范	计划
589	GB/T 50638—2010	麻纺织设备工程安装与质量验收规范计	计划

工程建设国家标准目录

序号	标 准 编 号	标 准 名 称	出版社
590	GB 50639—2010	锦纶工厂设计规范	计划
591	GB/T 50640—2010	建筑工程绿色施工评价标准	计划
592	GB 50641—2010	有色金属矿山井巷安装工程施工及验收规范	计划
593	GB 50642—2011	无障碍设施施工验收及维护规范	计划
594	GB 50643—2010	橡胶工厂职业安全与卫生设计规范	计划
595	GB/T 50644—2011	油气管道工程建设项目设计文件编制标准	计划
596	GB 50645—2011	石油化工绝热工程施工质量验收规范	计划
597	GB 50646—2011	特种气体系统工程技术规范	计划
598	GB 50647—2011	城市道路交叉口规划规范	计划
599	GB 50648—2011	化学工业循环冷却水系统设计规范	计划
600	GB/T 50649—2011	水利水电工程节能设计规范	计划
601	GB 50650—2011	石油化工装置防雷设计规范	计划
602	GB/T 50651—2011	煤炭工业矿区总体规划文件编制标准	计划
603	GB 50652—2011	城市轨道交通地下工程建设风险管理规范	建工
604	GB 50653—2011	有色金属矿山井巷工程施工规范	计划
605	GB 50654—2011	有色金属工业安装工程质量验收统一标准	计划
606	GB/T 50655—2011	化工厂蒸汽系统设计规范	计划
607	GB 50656—2011	施工企事业安全生产管理规范	计划
608	GB 50657—2011	煤炭露天采矿制图标准	计划
609	GB/T 50658—2011	煤炭工业矿区机电设备修理厂工程建设项目设计文件编制标准	计划
610	GB/T 50659—2011	煤炭工业矿区水煤浆工程建设项目设计文件编制标准	计划
611	GB 50660—2011	大中型火力发电厂设计规范	计划
612	GB 50661—2011	钢结构焊接规范	建工
613	GB/T 50662—2011	水工建筑物抗冰冻设计规范	计划
614	GB/T 50663—2011	核电厂工程水文技术规范	计划
615	GB/T 50664—2011	棉纺织设备工程安装与质量验收规范	计划
616	GB 50665—2011	1000kV架空输电线路设计规范	计划
617	GB 50666—2011	混凝土结构工程施工规范	建工
618	GB 50667—2011	印染设备工程安装与质量验收规范	计划
619	GB/T 50668—2011	节能建筑评价标准	建工
620	GB 50669—2011	钢筋混凝土筒仓施工与质量验收规范	建工
621	GB/T 50670—2011	机械设备安装工程术语标准	计划
622	GB 50671—2011	飞机喷漆机库设计规范	计划
623	GB 50672—2011	钢铁企业综合污水处理厂工艺设计规范	计划
624	GB 50673—2011	有色金属冶炼厂电力设计规范	计划
625	GB/T 50674—2013	核电厂工程气象技术规范	计划
626	GB/T 50675—2011	纺织工程制图标准	计划

序号	标　准　编　号	标　准　名　称	出版社
627	GB/T 50676—2011	铀燃料元件厂混凝土结构厂房可靠性鉴定技术规范	计划
628	GB 50677—2011	空分制氧设备安装工程施工与质量验收规范	计划
629	GB 50678—2011	废弃电器电子产品处理工程设计规范	计划
630	GB 50679—2011	炼铁机械设备安装规范	计划
631	GB/T 50680—2012	城镇燃气工程术语标准	建工
632	GB 50681—2011	机械工业厂房建筑设计规范	计划
633	GB 50682—2011	预制组合立管技术规范	建工
634	GB 50683—2011	现场设备、工业管道焊接工程施工质量验收规范	计划
635	GB 50684—2011	化学工业污水处理与回用设计规范	计划
636	GB 50685—2011	电子工业纯水系统设计规范	计划
637	GB 50685—2011	传染病医院建筑施工及验收规范	建工
638	GB 50687—2011	食品工业洁净用房建筑技术规范	建工
639	GB 50688—2011	城市道路交通设施设计规范	计划
640	GB 50689—2011	通信局（站）防雷与接地工程设计规范	计划
641	GB 50690—2011	石油化工非金属管道工程施工质量验收规范	计划
642	GB/T 50691—2011	油气田地面工程建设项目设计文件编制标准	计划
643	GB/T 50692—2011	天然气处理厂工程建设项目设计文件编制标准	计划
644	GB 50693—2011	坡屋面工程技术规范	建工
645	GB 50694—2011	酒厂设计防火规范	计划
646	GB 50695—2011	涤纶、锦纶、丙纶设备工程安装与质量验收规范	计划
647	GB 50696—2011	钢铁企业冶金设备基础设计规范	计划
648	GB 50697—2011	1000kV 变电站设计规范	计划
649	GB 50698—2011	埋地钢质管道交流干扰防护技术标准	计划
650	GB 50699—2011	液压振动台基础技术规范	计划
651	GB/T 50700—2011	小型水电站技术改造规范	计划
652	GB 50701—2011	烧结砖瓦工厂设计规范	计划
653	9B50702—2011	砌体结构设加固设计规范	建工
654	GB/T 50703—2011	电力系统安全自动装置设计规范	计划
655	GB 50704—2011	硅太阳能电池工厂设计规范	计划
656	GB 50705—2012	服装工厂设计规范	计划
657	GB 50706—2011	水利水电工程劳动安全与工业卫生设计规范	计划
658	GB 50707—2011	河道整治设计规范	计划
659	GB/T 50708—2012	胶合木结构技术规范	建工
660	GB 50709—2011	钢铁企业管道支架设计规范	计划
661	GB 50710—2011	电子工程节能设计规范	计划
662	GB 50711—2011	冶炼烟气制酸设备安装工程施工规范	计划
663	GB 50712—2011	冶炼烟气制酸设备安装工程质量验收规范	计划
664	GB 50713—2011	板带精整工艺设计规范	计划
665	GB 50714—2011	钢管涂层车间工艺设计规范	计划

序号	标准编号	标准名称	出版社
666	GB 50715—2011	地铁工程施工安全评价标准	计划
667	GB 50716—2011	重有色金属冶炼设备安装工程施工规范	计划
668	GB 50717—2011	重有色金属冶炼设备安装工程质量验收规范	计划
669	GB 50718—2011	建材工厂工程建设项目设计文件编制标准	计划
670	GB/T 50719—2011	电磁屏蔽室工程技术规范	计划
671	GB 50720—2011	建设工程施工现场消防安全技术规范	计划
672	GB 50721—2011	钢铁企业给水排水设计规范	计划
673	GB 50722—2011	城市轨道交通建设项目管理规范	建工
674	GB 50723—2011	烧结机械设备安装规范	计划
675	GB 50724—2011	大宗气体纯化及输送系统工程技术规范	计划
676	GB 50725—2011	液晶显示器件生产设备安装工程施工及验收规范	计划
677	GB 50726—2011	工业设备及管道防腐蚀工程施工规范	计划
678	GB 50727—2011	工业设备及管道防腐蚀工程施工质量验收规范	计划
679	GB 50728—2011	工程结构加固材料安全性鉴定技术规范	建工
680	GB 50729—2012	±800kV 及以下直流换流站土建工程施工质量验收规范	计划
681	GB 50730—2011	冶金机械液压、润滑和气动设备工程施工规范	计划
682	GB/T 50731—2011	建材工程术语标准	计划
683	GB/T 50732—2011	城市轨道交通综合监控系统工程施工与质量验收规范	计划
684	GB/T 50733—2011	预防混凝土碱骨料应用技术规程	建工
685	GB 50734—2012	冶金工业建设钻探技术规范	计划
686	GB 50735—2011	铁合金工艺及设备设计规范	计划
687	GB 50736—2012	民用建筑供暖通风与空气调节设计规范	建工
688	GB 50737—2011	石油储备库设计规范	计划
689	GB 50738—2011	通风与空调工程施工规范	建工
690	GB 50739—2011	复合土钉墙基坑支护技术规范	计划
691	GB 50741—2012	1000kV 架空输电线路勘察规范	计划
692	GB 50742—2012	炼钢机械设备安装规范	计划
693	GB/T 50743—2012	工程施工废弃物再生利用技术规范	计划
694	GB/T 50744—2011	轧机机械设备安装规范	计划
695	GB 50745—2012	核电厂常规岛设计规范	计划
696	GB/T 50746—2012	石油化工循环水场设计规范	计划
697	GB 50747—2012	石油化工污水处理设计规范	计划
698	GB/T 50748—2011	选煤工艺制图标准	计划
699	GB 50749—2012	冶金工业建设岩土工程勘察规范	计划
700	GB 50750—2012	粘胶纤维设备工程安装与质量验收规范	计划
701	GB 50751—2012	医用气体工程技术规范	计划
702	GB 50752—2012	电子辐射工程技术规范	计划
703	GB 50753—2012	有色金属冶炼厂收尘设计规范	计划
704	GB 50754—2012	挤压钢管工程设计规范	计划

序号	标 准 编 号	标 准 名 称	出版社
705	GB 50755—2012	钢结构工程施工规范	建工
706	GB/T 50756—2012	钢制储罐地基处理技术规范	计划
707	GB 50757—2012	水泥窑协同处置污泥工程设计规范	计划
708	GB 50758—2012	有色金属加工厂节能设计规范	计划
709	GB 50759—2012	油品装载系统油气回收设施设计规范	计划
710	GB 50760—2012	数字集群通信工程技术规范	计划
711	GB 50761—2012	石油化工钢制设备抗震设计规范	计划
712	GB 50762—2012	秸秆发电厂设计规范	计划
713	GB 50763—2012	无障碍设计规范	建工
714	GB 50764—2012	电厂动力管道设计规范	计划
715	GB 50765—2012	炭素厂工艺设计规范	计划
716	GB 50766—2012	水电水利工程压力钢管制作安装及验收规范	计划
717	GB 50767—2013	火炸药工程设计能耗指标标准	计划
718	GB/T 50768—2012	白蚁防治工程基本术语标准	建工
719	GB/T 50769—2012	节水灌溉工程验收规范	计划
720	GB 50771—2012	有色金属采矿设计规范	计划
721	GB/T 50772—2012	木结构工程施工规范	建工
722	GB 50773—2012	蓄滞洪区设计规范	计划
723	GB 50774—2012	±800kV 及以下换流站干式平波电抗器施工及验收规范	计划
724	GB/T 50775—2012	±800kV 及以下换流站换流阀施工及验收规范	计划
725	GB 50776—2012	±800kV 及以下换流站换流变压器施工及验收规范	计划
726	GB 50777—2012	±800kV 及以下换流站构支架施工及验收规范	计划
727	GB 50778—2012	露天煤矿岩土工程勘察规范	计划
728	GB 50779—2012	石油化工控制室抗爆设计规范	计划
729	GB 50781—2012	电子工厂化学品系统工程技术规范	计划
730	GB 50782—2012	有色金属选矿厂工艺设计规范	计划
731	GB/T 50783—2012	复合地基技术规范	计划
732	GB/T 50784—2013	混凝土结构现场检测技术标准	建工
733	GB/T 50785—2012	民用建筑室内热湿环境评价标准	计划
734	GB/T 50786—2012	建筑电气制图标准	建工
735	GB 50787—2012	民用建筑太阳能空调工程技术规范	建工
736	GB 50788—2012	城镇给水排水技术规范	建工
737	GB/T 50789—2012	±800kV 直流换流站设计规范	计划
738	GB 50790—2013	±800kV 直流架空输电线路设计规范	计划
739	GB 50793—2012	会议电视会场系统工程施工及验收规范	计划
740	GB 50794—2012	光伏发电站施工规范	计划
741	GB 50/T 795—2012	光伏发电工程施工组织设计规范	计划
742	GB/T 50796—2012	光伏发电工程验收规范	计划
743	GB 50797—2012	光伏发电站设计规范	计划

序号	标准编号	标准名称	出版社
744	GB 50798—2012	石油化工大型设备吊装工程规范	计划
745	GB 50799—2012	电子会议系统工程设计规范	计划
746	GB 50800—2012	消声室和半消声室技术规范	计划
747	GB/T 50801—2013	可再生能源建筑应用工程评价标准	建工
748	GB/T 50805—2012	城市防洪工程设计规范	计划
749	GB 50807—2013	铀矿石和铀化合物储存设施安全技术规范	计划
750	GB 50808—2013	城市居住区人民防空工程规划规范内部发行	建工
751	GB 50809—2012	硅集成电路芯片工厂设计规范	计划
752	GB 50810—2012	煤炭工业给水排水设计规范	计划
753	GB/T 50811—2012	燃气系统运行安全评价标准	建工
754	GB/T 50812—2013	化工厂蒸汽凝结水系统设计规范	计划
755	GB/T 50813—2012	石油化工粉体料仓防静电燃爆设计规范	计划
756	GB 50814—2013	电子工程环境保护设计规范	计划
757	GB/T 50815—2013	稀硫酸真空浓缩处理技术规范	计划
758	GB 50816—2012	弹药装药废水处理设计规范	计划
759	GB/T 50817—2013	农田防护林工程设计规范	计划
760	GB/T 50818—2013	石油天然气管道工程全自动超声波检测技术规范	计划
761	GB 50819—2013	油气田集输管道施工规范	计划
762	GB/T 50820—2013	建材矿山工程建设项目设计文件编制标准	计划
763	GB 50821—2012	煤碳工业环境保护设计规范	计划
764	GB/T 50822—2012	中密度纤维板工程设计规范	计划
765	GB/T 50823—2013	油气田及管道工程计算机控制系统设计规范	计划
766	GB/T 50824—2013	农村居住建筑节能设计标准	建工
767	GB 50825—2013	钢铁厂加热炉工程质量验收规范	计划
768	GB 50826—2012	电磁波暗室工程技术规范	计划
769	GB 50827—2012	刨花板工程设计规范	计划
770	GB 50828—2012	防腐木材工程应用技术规范	计划
771	GB 50829—2013	租赁模板脚手架维修保养技术规范	计划
772	GB 50830—2012	冶金矿山采矿设计规范	计划
773	GB/T 50831—2012	城市规划基础资料搜集规范	计划
774	GB/T 50832—2013	1000kV系统电气装置安装工程电气设备交接试验标准	计划
775	GB/T 50833—2012	城市轨道交通工程基本术语标准	建工
776	GB 50834—2013	1000kV构支架施工及验收规范	计划
777	GB 50835—2013	1000kV电力变压器、油浸电抗器、互感器施工及验收规范	计划
778	GB 50836—2013	1000kV高压电器（GIS、HGIS、隔离开关、避雷器）施工及验收规范	计划
779	GB/T 50837—2013	有色金属冶炼工程制图标准	计划
780	GB 50838—2012	城市综合管廊工程技术规范	计划
781	GB/T 50839—2013	城市轨道交通工程安全控制技术规范	建工

序号	标 准 编 号	标 准 名 称	出版社
782	GB 50840—2012	矿浆管线施工及验收规范	计划
783	GB/T 50841—2013	建设工程分类标准	计划
784	GB 50842—2013	建材矿山工程施工与验收规范	计划
785	GB 50843—2013	建筑边坡工程鉴定与加固技术规范	建工
786	GB/T 50844—2013	工程建设标准实施评价规范	建工
787	GB 50845—2013	小水电电网节能改造工程技术规范	计划
788	GB 50846—2012	住宅区和住宅建筑内光纤到户通信设施工程设计规范	计划
789	GB 50847—2012	住宅区和住宅建筑内光纤到户通信设施工程施工及验收规范	计划
790	GB/T 50848—2013	机械工业工程建设项目设计文件编制标准	计划
791	GB 50850—2013	铝电解厂工艺设计规范	计划
792	GB/T 50851—2013	建筑工程人工材料设备机械数据标准	建工
793	GB 50852—2013	建设工程咨询分类标准	建工
794	GB 50854—2013	房屋建筑与装饰工程工程量计算规范	计划
795	GB 50855—2013	仿古建筑工程工程量计算规范	计划
796	GB 50856—2013	通用安装工程工程量计算规范	计划
797	GB 50857—2013	市政工程工程量计算规范	计划
798	GB 50858—2013	园林绿化工程工程量计算规范	计划
799	GB 50859—2013	矿山工程工程量计算规范	计划
800	GB 50860—2013	构筑物工程工程量计算规	计划
801	GB 50861—2013	城市轨道交通工程工程量计算规范	计划
802	GB 50862—2013	爆破工程工程量计算规范	计划
803	GB 50863—2013	尾矿设施设计规范	计划
804	GB/T 50866—2013	光伏发电站接入电力系统设计规范	计划
805	GB 50868—2013	建筑工程容许振动标准	计划
806	GB 50869—2013	生活垃圾卫生填埋处理技术规范	计划
807	GB 50870—2013	建筑施工安全技术统一规范	计划
808	GB 50874—2013	煤炭工业半地下储仓建筑结构设计规范	计划
809	GB/T 50875—2013	工程造价术语标准	计划
810	GB 50881—2013	疾病预防控制中心建筑技术规范	建工
811	GB 50882—2013	轻金属冶炼机械设备安装工程施工规范	计划
812	GB 50883—2013	轻金属冶炼机械设备安装工程质量验收规范	计划
813	GB 50884—2013	钢筒仓技术规范	计划
814	GB/T 50885—2013	水源涵养林工程设计规范	计划
815	GB/T 50876—2013	小型水电站安全检测与评价规范	计划
816	GB/T 50878—2013	绿色工业建筑评价标准	建工
817	GB/T 50887—2013	人造板工程环境保护设计规范	计划
818	GB 50889—2013	人造板工程职业安全卫生设计规范	计划

工程建设国家标准目录

序号	标 准 编 号	标 准 名 称	出版社
819	GB 50890—2013	饰面人造板工程设计规范	计划
820	GB 50891—2013	有色金属冶炼厂自控设计规范	计划
821	GB/T 50893—2013	供电系统节能改造技术规范	建工
8122	GB 50894—2013	机械工业环境保护设计规范	计划
823	GB 50898—2013	细水雾灭火系统技术规范	计划
824	GB/T 50899—2013	房地产估价基本术语标准	建工
825	GB/T 50903—2013	市政工程施工组织设计规范	计划
826	GB/T 50904—2013	非织造布设备工程安装与质量验收规范	计划
827	GB 50906—2013	机械工业厂房结构设计规范	计划
828	GB 50907—2013	抗爆间室结构设计规范	计划
829	GB 50910—2013	机械工业工程节能设计规范	计划

建筑工程行业标准目录

序号	标 准 编 号	标 准 名 称	出版社
1.	JGJ 1—1991	装配式大板居住建筑设计和施工规程	建工
2	JGJ 2—1979	工业厂房墙板设计与施工规程	建工
3	JGJ 3—2010	高层建筑混凝土结构技术规程	建工
4	JGJ 6—2011	高层建筑箱形与筏形基础技术规范	建工
5	JGJ 7—2010	空间网格结构技术规程	建工
6	JGJ 8—2007	建筑变形测量规程	建工
7	JGJ/T 10—2011	混凝土泵送施工技术规程	建工
8	JGJ 12—2006	轻骨料混凝土结构技术规程	建工
9	JGJ/T 14—2011	混凝土小型空心砌块建筑技术规程	建工
10	JGJ/T 15—2008	早期推定混凝土强度试验方法	建工
11	JGJ 16—2008	民用建筑电气设计规范	建工
12	JGJ/T 17—2008	蒸压加气混凝土建筑应用技术规程	建工
13	JGJ 18—2012	钢筋焊接及验收规程	建工
14	JGJ 19—2010	冷拔低碳钢丝应用技术规程	建工
15	JGJ/T 21—1993	V型折板屋盖设计与施工规程	计划
16	JGJ 22—2012	钢筋混凝土薄壳结构设计规程	建工
17	JGJ/T 23—2011	回弹法检测混凝土抗压强度技术规程	建工
18	JGJ 25—2010	档案馆建筑设计规范	建工
19	JGJ 26—2010	严寒和寒冷地区居住建筑节能设计标准	建工
20	JGJ/T 27—2001	钢筋焊接接头试验方法标准	建工
21	JGJ/T 29—2003	建筑涂饰工程施工及验收规程	建工
22	JGJ/T 30—2003	房地产业基本术语标准	建工
23	JGJ 31—2003	体育建筑设计规范	建工
24	JGJ 33—2012	建筑机械使用安全技术规程	建工
25	JGJ 35—1987	建筑气象参数标准	建工
26	JGJ 36—2005	宿舍建筑设计规范	建工
27	JGJ 38—1999	图书馆建筑设计规范	建工
28	JGJ 39—1987	托儿所、幼儿园建筑设计规范	建工
29	JGJ 40—1987	疗养院建筑设计规范	建工
30	JGJ 41—1987	文化馆建筑设计规范	建工
31	JGJ 46—2005	施工现场临时用电安全技术规范	建工
32	JGJ 48—1988	商店建筑设计规范	建工
33	JGJ 49—1988	综合医院建筑设计规范	建工
34	JGJ 50—2001	城市道路和建筑物无障碍设计规范	建工
35	JGJ 51—2002	轻骨料混凝土技术规程	建工
36	JGJ 52—2006	普通混凝土用砂、石质量及检验方法标准	建工
37	JGJ/T 53—2011	房屋渗漏修缮技术规程	建工

序号	标 准 编 号	标 准 名 称	出版社
38	JGJ 55—2011	普通混凝土配合比设计规程	建工
39	JGJ 57—2000	剧场建筑设计规范	建工
40	JGJ 58—2008	电影院建筑设计规范	建工
41	JGJ 59—2011	建筑施工安全检查标准	建工
42	JGJ 60—2012	交通客运站建筑设计规范	建工
43	JGJ 61—2003	网壳结构技术规程	建工
44	JGJ 62—1990	旅馆建筑设计规范	计划
45	JGJ 63—2006	混凝土用水标准	建工
46	JGJ 64—1989	饮食建筑设计规范	建工
47	JGJ 65—2013	液压滑动模板施工安全技术规程	建工
48	JGJ 66—1991	博物馆建筑设计规范	建工
49	JGJ 67—2006	办公建筑设计规范	建工
50	JGJ 69—1990	PY 型预钻式旁压试验规程	建工
51	JGJ/T 70—2009	建筑砂浆基本性能试验方法标准	建工
52	JGJ 72—2004	高层建筑岩土工程勘察规程	建工
53	JGJ 73—1991	建筑装饰工程施工及验收规范	建工
54	JGJ 74—2003	建筑工程大模板技术规程	建工
55	JGJ 75—2012	夏热冬暖地区居住建筑节能设计标准	建工
56	JGJ 76—2003	特殊教育学校建筑设计规范	建工
57	JGJ/T 77—2010	施工企业安全生产评价标准	建工
58	JGJ 79—2012	建筑地基处理技术规范	建工
59	JGJ 80—1991	建筑施工高处作业安全技术规范	计划
60	JGJ 81—2002	建筑钢结构焊接技术规程	建工
61	JGJ 82—2011	钢结构高强度螺栓连接技术规程	建工
62	JGJ 83—2011	软土地区岩土工程勘察规程	建工
63	JGJ 84—1992	建筑岩土工程勘察基本术语标准	建工
64	JGJ 85—2010	预应力筋用锚具、夹具和连接器应用技术规程	建工
65	JGJ/T 87—2012	建筑工程地质勘探与取样技术规程	建工
66	JGJ 88—2010	龙门架及井架物料提升机安全技术规范	建工
67	JGJ 91—1993	科学实验建筑设计规范	建工
68	JGJ 92—2004	无粘结预应力混凝土技术规程	建工
79	JGJ 94—2008	建筑桩基技术规范	建工
70	JGJ 95—2011	冷轧带肋钢筋混凝土结构技术规程	建工
71	JGJ 96—2011	钢框胶合板模板技术规程	建工
72	JGJ/T 97—2011	工程抗震术语标准	建工
73	JGJ/T 98—2010	砌筑砂浆配合比设计规程	建工
74	JGJ 99—1998	高层民用建筑钢结构技术规程	建工

序号	标准编号	标准名称	出版社
75	JGJ 100—1998	汽车库建筑设计规范	建工
76	JGJ 101—1996	建筑抗震试验方法规程	建工
77	JGJ 102—2003	玻璃幕墙工程技术规范	建工
78	JGJ 103—2008	塑料门窗安装及验收规程	建工
79	JGJ/T 104—2011	建筑工程冬期施工规程	建工
80	JGJ/T 105—1996	机械喷涂抹灰施工规程	建工
81	JGJ 106—2003	建筑基桩检测技术规范	建工
82	JGJ 107—2010	钢筋机械连接通用技术规程	建工
83	JGJ 108—1996	带肋钢筋套筒挤压连接技术规程	建工
84	JGJ 109—1996	钢筋锥螺纹接头技术规程	建工
85	JGJ 110—2008	建筑工程饰面砖粘结强度检验标准	建工
86	JGJ/T 111—1998	建筑与市政降水工程技术规范	建工
87	JGJ 113—2009	建筑玻璃应用技术规程	建工
88	JGJ 114—2003	钢筋焊接网混凝土结构技术规程	建工
89	JGJ 115—2006	冷轧扭钢筋混凝土构件技术规程	建工
90	JGJ 116—2009	建筑抗震加固技术规程	建工
91	JGJ 117—1998	民用建筑修缮工程查勘与设计规程	建工
92	JGJ 118—2011	冻土地区建筑地基基础设计规范	建工
93	JGJ/T 119—2008	建筑照明术语标准	建工
94	JGJ 120—2012	建筑基坑支护技术规程	建工
95	JGJ/T 121—1999	工程网络计划技术规程	建工
96	JGJ 122—1999	老年人建筑设计规范	建工
97	JGJ 123—2012	既有建筑地基基础加固技术规范	建工
98	JGJ 124—2012	殡仪馆建筑设计规范	建工
99	JGJ 125—1999（2004 年版）	危险房屋鉴定标准	建工
100	JGJ 126—2000	外墙饰面砖工程施工及验收规程	建工
101	JGJ 127—2000（2006 年版）	看守所建筑设计规范	建工
102	JGJ 128—2010	建筑施工门式钢管脚手架安全技术规范	建工
103	JGJ/T 129—2012	既有居住建筑节能改造技术规程	建工
104	JGJ 130—2011	建筑施工扣件式钢管脚手架安全技术规范	建工
105	JGJ/T 131—2012	体育场馆声学设计及测量规程	建工
106	JGJ/T 132—2009	居住建筑节能检验标准	建工
107	JGJ 133—2001	金属与石材幕墙工程技术规范	建工
108	JGJ 134—2010	夏热冬冷地区居住建筑节能设计标准	建工
109	JGJ 135—2007	载体桩设计规程	建工
110	JGJ/T 136—2001	贯入法检测砌筑砂浆抗压强度技术规程	建工
111	JGJ 137—2001（2002 年版）	多孔砖砌体结构技术规范	建工

序号	标 准 编 号	标 准 名 称	出版社
148	JGJ/T 175—2009	自流平地面工程技术规程	建工
149	JGJ 176—2009	公共建筑节能改造技术规范	建工
150	JGJ/T 177—2009	公共建筑节能检测标准	建工
151	JGJ/T 178—2009	补偿收缩混凝土应用技术规程	建工
152	JGJ/T 179—2009	体育建筑智能化系统工程技术规程	建工
153	JGJ/T 180—2009	建筑施工土石方工程安全技术规范	建工
154	JGJ/T 181—2009	房屋建筑与市政基础设施工程检测分类标准	建工
155	JGJ/T 182—2009	锚杆锚固质量无损检测技术规程	建工
156	JGJ 183—2009	液压升降整体脚手架安全技术规程	建工
157	JGJ 184—2009	建筑施工作业劳动防护用品配备用使用标准	建工
158	JGJ/T 185—2009	建筑工程资料管理规程	建工
159	JGJ/T 186—2009	逆作复合桩基技术规程	建工
160	JGJ/T 187—2009	塔式起重机混凝土基础工程技术规程	建工
161	JGJ/T 188—2009	施工现场临时建筑物技术规范	建工
162	JGJ/T 189—2009	建筑起重机械安全评估技术规程	建工
163	JGJ 190—2010	建筑工程检测试验技术管理规范	建工
164	JGJ/T 191—2009	建筑材料术语标准	建工
165	JGJ/T 192—2009	钢筋阻锈剂应用技术规程	建工
166	JGJ/T 193—2009	混凝土耐久性检验评定标准	建工
167	JGJ/T 194—2009	钢管满堂支架预压技术规程	建工
168	JGJ 195—2010	液压爬升模板工程技术规程	建工
169	JGJ 196—2010	建筑塔式塔式起重机安装、使用、拆卸安全技术规程	建工
170	JGJ/T 197—2010	混凝土预制拼装塔机基础技术规程	建工
171	JGJ 198—2010	施工企业工程建设技术标准化管理规范	建工
172	JGJ 199—2010	型钢水泥土搅拌墙技术规程	建工
173	JGJ/T 200—2010	喷涂聚脲防水工程技术规程	建工
174	JGJ/T 201—2010	石膏砌块砌体技术规程	建工
175	JGJ 202—2010	建筑施工工具式脚手架安全技术规范	建工
176	JGJ 203—2010	民用建筑太阳能光伏系统应用技术规范	建工
177	JGJ/T 204—2010	建筑施工企业管理基础数据标准	建工
178	JGJ/T 205—2010	建筑门窗工程检测技术规程	建工
179	JGJ 206—2010	海砂混凝土应用技术规范	建工
180	JGJ/T 207—2010	装配箱混凝土空心楼盖结构技术规程	建工
181	JGJ/T 208—2010	后锚固法检测混凝土抗压强度技术规程	建工
182	JGJ/T 209—2010	轻型钢结构住宅技术规程	建工
183	JGJ/T 210—2010	刚-柔性桩复合地基技术规程	建工
184	JGJ/T 211—2010	建筑工程水泥—水玻璃双液注浆技术规程	建工

建筑工程行业标准目录

序号	标准编号	标准名称	出版社
185	JGJ/T 212—2010	地下工程渗漏治理技术规程	建工
186	JGJ/T 213—2010	现浇混凝土大直径管桩复合地基技术规程	建工
187	JGJ/T 214—2010	铝合金门窗工程技术规范	建工
188	JGJ 215—2010	建筑施工升降机安装、使用、拆卸安全技术规程	建工
189	JGJ/T 216—2010	铝合金结构工程施工规程	建工
190	JGJ 217—2010	纤维石膏空心大板复合墙体结构技术规程	建工
191	JGJ 218—2010	展览建筑设计规范	建工
192	JGJ 219—2010	混凝土结构用钢筋间隔件应用技术规程	建工
193	JGJ/T 220—2010	抹灰砂浆技术规程	建工
194	JGJ/T 221—2010	纤维混凝土应用技术规程	建工
195	JGJ/T 222—2011	建筑工程可持续性评价标准	建工
196	JGJ/T 223—2010	预拌砂浆应用技术规程	建工
197	JGJ 224—2010	预制预应力混凝土装配整体式框架结构技术规程	建工
198	JGJ/T 225—2010	大直径扩底灌注桩技术规程	建工
199	JGJ/T 226—2011	低张拉控制应力拉索技术规程	建工
200	JGJ 227—2011	低层冷弯薄壁型钢房屋建筑技术规程	建工
201	JGJ/T 228—2010	植物纤维工业灰渣混凝土砌块建筑技术规程	建工
202	JGJ/T 229—2010	民用建筑绿色设计规范	建工
203	JGJ 230—2010	倒置式屋面工程技术规程	建工
204	JGJ 231—2010	建筑施工承插型盘扣式钢管支架安全技术规程	建工
205	JGJ 232—2011	矿物绝缘电缆敷设技术规程	建工
206	JGJ/T 233—2011	水泥土配合比设计规程	建工
207	JGJ/T 234—2011	择压法检测砌筑砂浆抗压强度技术规程	建工
208	JGJ/T 235—2011	建筑外墙防水工程技术规程	建工
209	JGJ/T 236—2011	建筑产品信息系统基础数据规范	建工
210	JGJ 237—2011	建筑遮阳工程技术规范	建工
211	JGJ/T 238—2011	混凝土基层喷浆处理技术规范	建工
212	JGJ/T 239—2011	建(构)筑物移位工程技术规程	建工
213	JGJ/T 240—2011	再生骨料应用技术规程	建工
214	JGJ/T 241—2011	人工砂混凝土应用技术规程	建工
215	JGJ 242—2011	住宅建筑电器设计规范	建工
216	JGJ/T 244—2011	房屋建筑室内装饰装修制图标准	建工
217	JGJ/T 245—2011	房屋白蚁预防技术规程	建工
218	JGJ/T 246—2012	房屋代码编码标准	建工
219	JGJ 248—2012	底部框架—抗震墙砌体房屋抗震技术规程	建工
220	JGJ/T 249—2011	拱形钢结构技术规程	建工
221	JGJ/T 250—2011	建筑与市政工程施工现场专业人员职业标准	建工

序号	标 准 编 号	标 准 名 称	出版社
222	JGJ/T 251—2011	建筑钢结构防腐蚀技术规程	建工
223	JGJ/T 252—2011	房地产市场基础信息数据标准	建工
224	JGJ 253—2011	无机轻集料砂浆保温系统技术规程	建工
225	JGJ/T 254—2011	建筑施工竹脚手架安全技术规范	建工
226	JGJ 255—2012	采光顶与金属屋面技术规程	建工
227	JGJ 256—2011	钢筋锚固板应用技术规程	建工
228	JGJ 257—2012	索结构技术规程	建工
229	JGJ/T 258—2011	预制带肋底板混凝土叠合楼板技术规程	建工
230	JGJ/T 259—2012	混凝土结构耐久性修复与防护技术规程	建工
231	JGJ/T 261—2011	外墙内保温工程技术规程	建工
232	JGJ/T 262—2012	住宅厨房模数协调标准	建工
233	JGJ/T 263—2012	住宅卫生间模数协调标准	建工
234	JGJ/T 264—2012	光伏建筑一体化系统运行与维护规范	建工
235	JGJ/T 265—2012	轻型木桁架技术规范	建工
236	JGJ 266—2011	市政架桥机安全使用技术规程	建工
237	JGJ/T 267—2012	被动式太阳能建筑技术规范	建工
238	JGJ/T 268—2012	现浇混凝土空心楼盖技术规程	建工
239	JGJ/T 269—2012	轻型钢丝网架聚苯板混凝土构件应用技术规程	建工
240	JGJ 270—2012	建筑物倾斜纠偏技术规程	建工
241	JGJ/T 271—2012	混凝土结构工程无机材料后锚固技术规程	建工
242	JGJ/T 272—2012	建筑施工企业信息化评价标准	建工
243	JGJ/T 273—2012	钢丝网架混凝土复合板结构技术规程	建工
244	JGJ/T 274—2012	装饰多孔砖夹心复合墙技术规程	建工
245	JGJ 276—2012	建筑施工起重吊装工程安全技术规范	建工
246	JGJ/T 277—2012	红外热像法检测建筑外墙饰面粘结质量技术规程	建工
247	JGJ 278—2012	房地产登记技术规程	建工
248	JGJ/T 279—2012	建筑结构体外预应力加固技术规程	建工
249	JGJ/T 280—2012	中小学校体育设施技术规程	建工
250	JGJ/T 281—2012	高强混凝土应用技术规程	建工
251	JGJ/T 282—2012	高压喷射扩大头锚杆技术规程	建工
252	JGJ/T 283—2012	自密实混凝土应用技术规程	建工
253	JGJ 284—2012	金融建筑电气设计规范	建工
254	JGJ/T 288—2012	建筑能效标识技术标准	建工
255	JGJ 289—2012	建筑外墙外保温防火隔离带技术规程	建工
256	JGJ/T 290—2012	组合锤法地基处理技术规程	建工
257	JGJ/T 291—2012	现浇塑性混凝土防渗芯墙施工技术规程	建工
258	JGJ/T 292—2012	建筑工程施工现场视频监控技术规范	建工

建筑工程行业标准目录

序号	标 准 编 号	标 准 名 称	出版社
259	JGJ/T 293—2013	淤泥多孔砖应用技术规程	建工
260	JGJ/T 294—2013	高强混凝土强度检测技术规程	建工
261	JGJ/T 296—2013	高抛免振捣混凝土应用技术规程	建工
262	JGJ 297—2013	建筑消能减震技术规程	建工
263	JGJ 298—2013	住宅室内防水工程技术规范	建工
264	JGJ/T 299—2013	建筑防水工程现场检测技术规范	建工
265	JGJ 300—2013	建筑施工临时支撑结构技术规范	建工
266	JGJ/T 301—2013	大型塔式起重机混凝土基础工程技术规程	建工
267	JGJ/T 302—2013	建筑工程施工过程结构分析与监测技术规范	建工
268	JGJ/T 303—2013	渠式切割水泥土连续墙技术规程	建工
269	JGJ/T 304—2013	住宅室内装饰装修工程质量验收规范	建工
270	JGJ 305—2013	建筑施工升降设备设施检验标准	建工
271	JGJ/T 308—2013	磷渣混凝土应用技术规程	建工
272	JGJ/T 309—2013	建筑通风效果测试与评价标准	建工

城镇建设行业标准目录

序号	标准编号	标准名称	出版社
1	CJJ 1—2008	市政道路工程质量检验评定标准	建工
2	CJJ 2—2008	城市桥梁工程施工与质量验收标准	建工
3	CJJ 6—2009	城镇排水管道维护安全技术规程	建工
4	CJJ 7—2007	城市勘察物探规范	建工
5	CJJ /T 8—2011	城市测量规范	建工
6	CJJ 11—2011	城市桥梁设计规范	建工
7	CJJ 12—2013	家用燃气燃烧器具安装及验收规程	建工
8	CJJ 13—2013	供水水文地质钻探与管井施工操作规程	建工
9	CJJ 14—2005	城市公共厕所设计标准	建工
10	CJJ /T 15—2011	城市公共交通站、场、厂工程设计规范	建工
11	CJJ 27—2012	环境卫生设施设置标准	建工
12	CJJ 28—2004	城镇供热管网工程施工及验收规范	建工
13	CJJ /T 29—2010	建筑排水塑料管道工程技术规程	建工
14	CJJ /T 30—2009	城市粪便处理厂运行、维护及其安全技术规程	建工
15	CJJ 32—2011	含藻水给水处理设计规范	建工
16	CJJ 33—2005	城镇燃气输配工程施工及验收规范	建工
17	CJJ 34—2010	城镇供热管网设计规范	建工
18	CJJ 36—2006	城镇道路养护技术规范	建工
19	CJJ 37—2012	城市道路工程设计规范	建工
20	CJJ 39—1991	古建筑修建工程质量检验评定标准（北方地区）	建工
21	CJJ 40—2011	高浊度水给水设计规范	建工
22	CJJ 43—1991	热拌再生沥青混合料路面施工及验收规程	建工
23	CJJ 45—2006	城市道路照明设计标准	建工
24	CJJ 47—2006	生活垃圾转运站技术规范	建工
25	CJJ 48—1992	公园设计规范	建工
26	CJJ 49—1992	地铁杂散电流腐蚀防护技术规程	建工
27	CJJ 51—2006	城镇燃气设施运行、维护和抢修安全技术规程	建工
28	CJJ /T 52—1993	城市生活垃圾好氧静态堆肥处理技术规程	计划
29	CJJ /T 53—1993	民用房屋修缮工程施工规程	建工
31	CJJ /T 54—1993	污水稳定塘设计规范	建工
32	CJJ /T 55—2011	供热术语标准	建工
33	CJJ 56—2012	市政工程勘察规范	建工
34	CJJ 57—2012	城市规划工程地质勘察规范	建工
35	CJJ 58—2009	城镇供水厂运行、维护及安全技术规程	建工
36	CJJ 60—2011	城市污水处理厂运行、维护及其安全技术规程	建工
37	CJJ 61—2003	城市地下管线探测技术规程	建工
38	CJJ 63—2008	聚乙烯燃气管道工程技术规程	建工

序号	标 准 编 号	标 准 名 称	出版社
39	CJJ 64—2009	城市粪便处理厂（场）设计规范	建工
40	CJJ/T 65—2004	市容环境卫生术语标准	建工
41	CJJ/T 66—2011	路面稀浆罩面技术规程	建工
42	CJJ 67—1995	风景园林图例图示标准	建工
43	CJJ 68—2007	城镇排水管渠与泵站维护技术规程	建工
44	CJJ 69—1995	城市人行天桥与人行地道技术规范	建工
45	CJJ 70—1996	古建筑修建工程质量检验评定标准（南方地区）	建工
46	CJJ 71—2000	机动车清洗站工程技术规程	建工
47	CJJ 72—1997	无轨电车供电线网工程施工及验收规范	建工
48	CJJ/T 73—2010	卫星定位城市测量技术规程	建工
49	CJJ 74—1999	城镇地道桥顶进施工及验收规程	建工
50	CJJ 75—1997	城市道路绿化规划与设计规范	建工
51	CJJ/T 76—2012	城市地下水动态观测规程	建工
52	CJJ/T 78—2010	供热工程制图标准	计划
53	CJJ/T 81—2013	城镇供热直埋热水管道技术规程	建工
55	CJJ 82—2012	园林绿化工程施工及验收规范	建工
56	CJJ 83—1999	城市用地竖向规划规范	建工
57	CJJ/T 85—2002	城市绿地分类标准	建工
58	CJJ/T 86—2000	城市生活垃圾堆肥处理厂运行维护及其安全技术规程	建工
59	CJJ/T 87—2000	乡镇集贸市场规划设计标准	建工
60	CJJ/T 88—2000	城镇供热系统安全运行技术规程	建工
61	CJJ 89—2012	城市道路照明工程施工及验收规范	建工
62	CJJ 90—2009	生活垃圾焚烧处理工程技术规范	建工
63	CJJ/T 91—2002	园林基本术语标准	建工
64	CJJ 92—2002	城市供水管网漏损控制及评定标准	建工
65	CJJ 93—2011	城市生活垃圾卫生填埋场运行维护技术规程	建工
66	CJJ 94—2009	城镇燃气室内工程施工及验收规范	建工
67	CJJ 95—2003	城镇燃气埋地钢质管道腐蚀控制技术规程	建工
68	CJJ 96—2003	地铁限界标准	建工
69	CJJ/T 97—2003	城市规划制图标准	建工
70	CJJ/T 98—2003	建筑给水聚乙烯类管道工程技术规程	建工
71	CJJ 99—2003	城市桥梁养护技术规范	建工
72	CJJ 100—2004	城市基础地理信息系统技术规范	建工
73	CJJ 101—2004	埋地聚乙烯给水管道工程技术规程	建工
74	CJJ/T 102—2004	城市生活垃圾分类及其评价标准	建工
75	CJJ 103—2004	城市地理空间框架数据标准	建工
76	CJJ 104—2005	城镇供热直埋蒸汽管道技术规程	建工